国家质量技术基础应用系列丛书

特种设备
法规标准手册

机电类标准卷
起重机械（1）

国家市场监督管理总局特种设备安全监察局　编

中国标准出版社

北　京

图书在版编目（CIP）数据

特种设备法规标准手册. 机电类标准卷. 起重机械. 1/
国家市场监督管理总局特种设备安全监察局编. —北京：
中国标准出版社，2023. 11
ISBN 978-7-5066-8544-3

Ⅰ. ①特… Ⅱ. ①国… Ⅲ. ①设备管理—法规—中国
Ⅳ. ①D922. 292

中国国家版本馆 CIP 数据核字（2023）第 061527 号

中国标准出版社出版发行
北京市朝阳区和平里西街甲 2 号（100029）
北京市西城区三里河北街 16 号（100045）
网址 www. spc. net. cn
总编室：（010）68533533 发行中心：（010）51780238
读者服务部：（010）68523946
中国标准出版社秦皇岛印刷厂印刷
各地新华书店经销

*

开本 787×1092 1/16 印张 76 插页 1 字数 1 781 千字
2023 年 11 月第一版 2023 年 11 月第一次印刷

*

定价(全三册):780.00 元

《特种设备法规标准手册》

编委会

前　言

特种设备是经济社会发展的重要基础设施，关系国计民生，关系人民群众生命财产安全。守住特种设备安全底线，提高特种设备安全监管和节能环保水平，促进行业高质量发展，是切实增强人民群众安全感和幸福感的重要体现。

近年来，随着我国经济水平快速提高，人民群众对安全的需求越来越高，而在用特种设备数量快速增长，尤其是高参数、高危险性及高龄老旧设备日益增多，使特种设备安全风险和监管压力持续增大。要切实提高特种设备安全监管效能，不断释放特种设备促进节能环保潜能，充分发挥特种设备安全与节能对促进高质量发展的作用，其根本是要保证特种设备领域各项法规标准得到有效贯彻实施。为此，国家市场监督管理总局特种设备安全监察局组织编写了《特种设备法规标准手册》（以下简称《手册》），旨在对特种设备安全与节能法治体系进行全面、系统梳理，从而推动形成以科学监管、多元共治为特征的特种设备治理体系，推进特种设备治理标准化、现代化、国际化，为特种设备行业高质量发展提供重要保障。

《手册》收录了特种设备行业现行有效的法规标准，根据特种设备行业特点分为4卷13分册。其中，法律法规卷收录特种设备相关法律、行政法规、部门规章、地方性法规、规范性文件等；安全技术规范卷收录特种设备安全技术规范共43项；承压类标准卷收录现行有效的承压类特种设备标准，分为综合、锅炉与节能、压力容器、压力管道、气瓶、安全附件共6个分册；机电类标准卷收录现行有效的机电类特种设备标准，分为起重机械、电梯、游乐设施、客运索道、场（厂）内专用机动车辆共5个分册。限于成书篇幅、资料收集难度等原因，承压类标准和机电类标准两卷仅收录特种设备常用标准，其中国家标准及能源行业标准以全文形式收录，其余未收录的相关国家标准及行业标准以附件形式仅列出标准目录。

国家市场监督管理总局特种设备安全监察局高度重视《手册》的出版工作，对《手册》框架结构、分卷（册）等顶层设计给予了极大指导。同时，在《手册》编写过程中，中国特种设备检测研究院技术法规研究所、全国锅炉压力容器标准化技

术委员会（SAC/TC 262）、全国气瓶标准化技术委员会（SAC/TC 31）、全国电梯标准化技术委员会（SAC/TC 196）、全国起重机械标准化技术委员会（SAC/TC 227）、全国升降工作平台标准化技术委员会（SAC/TC 335）、全国索道与游乐设施标准化技术委员会（SAC/TC 250）、全国工业车辆标准化技术委员会（SAC/TC 332）等给予了大力支持，相关编写人员收集、查阅了大量资料，在此对他们的辛勤付出一并表示感谢！

期望通过《手册》的出版，为特种设备各类从业人员学习研究、依法监管提供详尽指导，从而进一步提升特种设备安全监管人员、作业人员、检验检测人员的素质能力，为特种设备行业高质量发展保驾护航。同时，希望在全社会的共同努力下，特种设备安全与节能状况能够不断改善，人民群众生命财产安全得到更多保障！

《特种设备法规标准手册》编委会

2023 年 6 月

目　录

◎ 基础方法

◎ 设计规范、安全规程和技术要求

基础方法

ICS 53.020.20
J 8

中华人民共和国国家标准

GB/T 5082—2019/ISO 16715:2014
代替 GB/T 5082—1985

起重机 手势信号

Cranes—Hand signals

(ISO 16715:2014,Cranes—Hand signals used with cranes,IDT)

2019-12-10 发布　　2020-07-01 实施

国家市场监督管理总局
国家标准化管理委员会　发布

前　言

本标准按照 GB/T 1.1—2009 给出的规则起草。

本标准代替 GB/T 5082—1985《起重吊运指挥信号》,与 GB/T 5082—1985 相比,除编辑性修改外主要技术变化如下:

——修改了范围(见第 1 章,1985 年版的“引言”);

——增加了规范性引用文件(见第 2 章);

——修改了术语和定义(见第 3 章,1985 年版的第 1 章);

——修改了手势信号的要求(见第 4 章,1985 年版的第 2 章);

——删除了司机使用的音响信号(见 1985 年版的第 3 章);

——删除了信号的配合应用(见 1985 年版的第 4 章);

——删除了对指挥人员和司机的基本要求(见 1985 年版的第 5 章);

——删除了管理方面的有关规定(见 1985 年版的第 6 章)。

本标准使用翻译法等同采用 ISO 16715:2014《起重机　用于起重机的手势信号》。

与本标准中规范性引用的国际文件有一致性对应关系的我国文件如下:

——GB/T 6974.1—2008　起重机　术语　第 1 部分:通用术语(ISO 4306-1:2007,IDT)

本标准做了下列编辑性修改:

——修改了标准名称;

——对图文做了分离,并对文字进行了编号。

本标准由中国机械工业联合会提出。

本标准由全国起重机械标准化技术委员会(SAC/TC 227)归口。

本标准起草单位:辽宁省安全科学研究院、北京起重运输机械设计研究院有限公司、北京起重运输机械设计研究院有限公司河南分院、河南省矿山起重机有限公司、河南卫华重型机械股份有限公司、上海市机械施工集团有限公司、佛山市南海区特种设备协会、长垣县市场监督管理局、江西起重机械总厂有限公司、河南巨人起重机集团有限公司。

本标准主要起草人:高诚、张培、宋绪鲜、曲大勇、任海涛、吴军、陈晓明、梁建新、王洪波、王光明、刘晓生、翟景运、马薇、尤建阳。

本标准所代替标准的历次版本发布情况为:

——GB/T 5082—1985。

起重机　手势信号

1　范围

本标准规定了用于起重机吊运操作的手势信号。

2　规范性引用文件

下列文件对于本文件的应用是必不可少的。凡是注日期的引用文件，仅注日期的版本适用于本文件。凡是不注日期的引用文件，其最新版本（包括所有的修改单）适用于本文件。

ISO 4306-1　起重机　术语　第1部分：总则（Cranes—Vocabulary—Part 1：General）

3　术语和定义

ISO 4306-1界定的以及下列术语和定义适用于本文件。

3.1

结束指令　cease operation；dogging

卸载后，长久或临时性停止指令。

3.2

回转　slewing；swinging

起重机基座静止，载荷绕轴水平运动。

3.3

运行　travel

起重机的整机（汽车式和轮式）移动。

4　手势信号的要求

4.1　总则

手势信号应符合下列要求：

a）手势信号应合理使用，并被起重机操作人员完全理解；

b）手势信号应清晰、简洁，以防止误解；

c）非特殊的单臂信号可以使用任何一只手臂表示（特殊信号可以用一只左手或右手表示）；

d）指挥人员应遵循以下规定：

　1）处于安全位置；

　2）应被操作人员清楚看见；

　3）便于清晰观察载荷或设备；

e）操作人员接收的手势信号只能由一个人给出，紧急停止信号除外；

f）必要时，信号可以组合使用。

4.2　通用手势信号

4.2.1　操作开始（准备）

手心打开、朝上，水平伸直双臂。如图1所示。

4.2.2 **停止(正常停止)**

单只手臂,手心朝下,从胸前至一侧水平摆动手臂。如图 2 所示。

4.2.3 **紧急停止(快速停止)**

两只手臂,手心朝下,从胸前至两侧水平摆动手臂。如图 3 所示。

4.2.4 **结束指令**

胸前紧扣双手。如图 4 所示。

4.2.5 **平稳或精确的减速**

掌心对扣,环形互搓,如图 5 所示。这个信号发出后应配合发出其他的手势信号。

图 1

图 2

图 3

图 4

图 5

4.3 **垂直运动**

4.3.1 **指示垂直距离**

将伸出的双臂保持在身体正前方,手心上下相对。如图 6 所示。

4.3.2 **匀速起升**

一只手臂举过头顶,握紧拳头并向上伸出食指,连同前臂小幅地水平划圈。如图 7 所示。

4.3.3 **慢速起升**

一只手给出起升信号,另外一只手的手心放在它的正上方。如图 8 所示。

4.3.4 **匀速下降**

向下伸出一只手臂,离身体一段距离,握紧拳头并向下伸出食指,连同前臂小幅地水平划圈。如图 9 所示。

4.3.5 慢速下降

一只手给出下降信号，另外一只手的手心放在它的正下方。如图 10 所示。

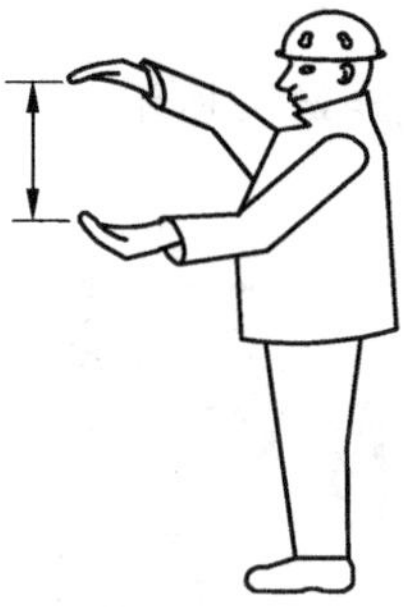

图 6

图 7

图 8

图 9

图 10

4.4 水平运动

4.4.1 指定方向的运行/回转

伸出手臂，指向运行方向，掌心向下。如图 11 所示。

4.4.2 驶离指挥人员

双臂在身体两侧，前臂水平地伸向前方，打开双手，掌心向前，在水平位置和垂直位置之间，重复地上下挥动前臂。如图 12 所示。

4.4.3 驶向指挥人员

双臂在身体两侧，前臂保持在垂直方向，打开双手，掌心向上，重复地上下挥动前臂。如图 13 所示。

4.4.4 两个履带的运行

在运行方向上，两个拳头在身前相互围绕旋转，向前如图 14a) 所示，或向后，如图 14b) 所示。

4.4.5 单个履带的运行

举起一个拳头，指示一侧的履带紧锁。在身体前方垂直地旋转另外一只手的拳头，指示另外一侧的履带运行。如图 15 所示。

4.4.6 **指示水平距离**

在身前水平伸出双臂,掌心相对。如图 16 所示。

4.4.7 **翻转(通过两个起重机或两个吊钩)**

水平、平行地向前伸出两只手臂,按翻转方向旋转 90°。如图 17a)和图 17b)所示。

注:足够的安全余量是每台起重机或吊钩能够承受瞬时偏载的保证。

图 11

图 12

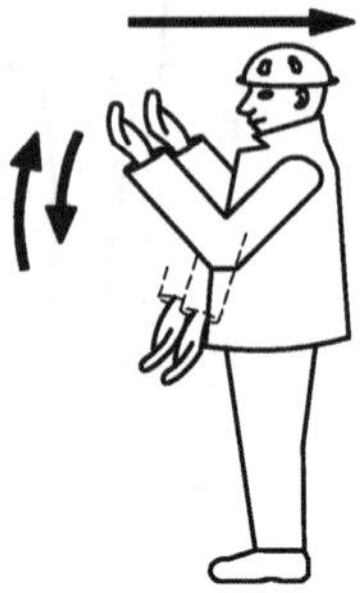

图 13

a)　　　　b)

图 14

图 15

图 16

a)

b)

图 17

4.5 相关部件的运行

4.5.1 主起升机构

保持一只手在头顶,另一只手在身体一侧,如图 18 所示。在这个信号发出之后,任何其他手势信号只用于指挥主起升机构。当起重机具有两套或以上主起升机构时,指挥人员可通过手指指示的方式来明确数量。

4.5.2 副起升机构

垂直地举起一只手的前臂,握紧拳头,另外一只手托于这只手臂的肘部,如图 19 所示。在这个信号发出后,任何其他手势信号只用于指挥副起升机构。

4.5.3 臂架起升

水平地伸出手臂,并向上竖起拇指。如图 20 所示。

4.5.4 臂架下降

水平地伸出手臂,并向下伸出拇指。如图 21 所示。

4.5.5 臂架外伸或小车向外运行

伸出两只紧握拳头的双手在身前,伸出拇指,指向相背。如图 22 所示。

4.5.6 臂架收回或小车向内运行

伸出两只紧握拳头的双手在身前,伸出拇指,指向相对。如图 23 所示。

4.5.7 载荷下降时臂架起升

水平地伸出一只手臂,并向上竖起拇指。向下伸出另一只手臂,离身体一段距离,连同前臂小幅地水平划圈。如图 24 所示。

4.5.8 载荷起升时臂架下降

水平地伸出一只手臂,并向下伸出拇指。另一只手臂举过头顶,握紧拳头并向上伸出食指,连同前臂小幅地水平划圈。如图 25 所示。

图 18

图 19

图 20

图 21

图 22

图 23

图 24

图 25

附　录　A
（资料性附录）
起重吊具的控制

起重吊具的手势信号可用于指示吊具的特殊功能。以下是抓斗开闭的手势信号：

a）　抓斗张开：双臂与肩平齐伸直，掌心向下。如图 A.1 所示。

b）　抓斗关闭：手臂在身体正前方成一环形，十指平行相对。如图 A.2 所示。

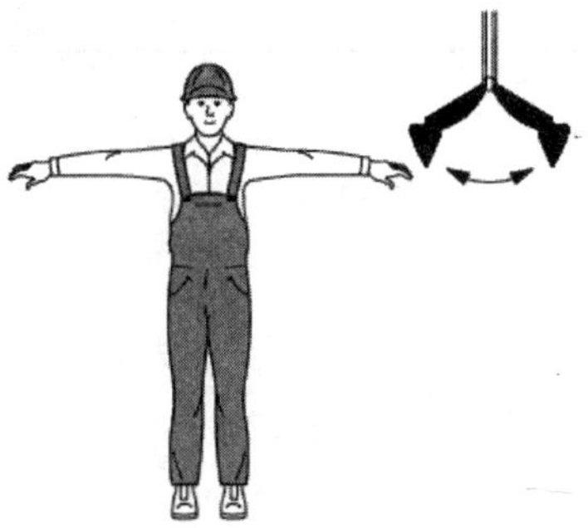

图 A.1

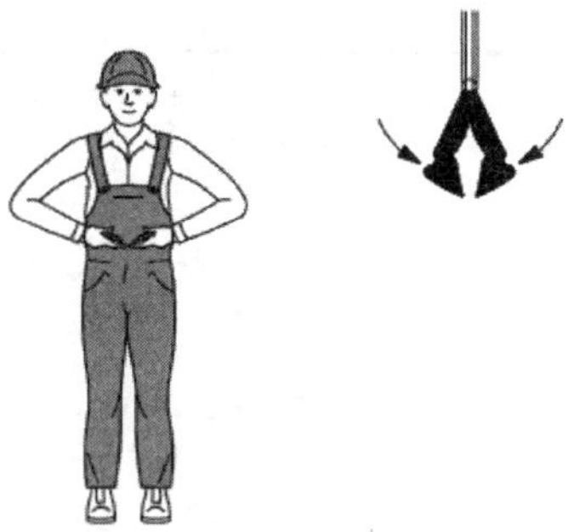

图 A.2

参　考　文　献

［1］　ISO 15513　Cranes—Competency requirements for crane drivers（operators），slingers，signallers and assessors

ICS 53.020.20
CCS J 80

中华人民共和国国家标准

GB/T 5905.1—2023
代替 GB/T 5905—2011

起重机　检验与试验规范
第1部分：通则

Cranes—Inspection and text code—Part 1:General principle

2023-08-06 发布　　2023-08-06 实施

12

国家市场监督管理总局
国家标准化管理委员会　发布

前　言

本文件按照GB/T 1.1—2020《标准化工作导则　第1部分：标准化文件的结构和起草规则》的规定起草。

GB/T 5905《起重机　检验与试验规范》与GB/T 21457《起重机和相关设备　试验中参数的测量精度要求》、GB/T 22414《起重机　速度和时间参数的测量》、GB/T 22415《起重机　对试验载荷的要求》、GB/T 30025《起重机　起重机及其部件质量的测量》共同构成支撑起重机的通用试验方法国家标准体系。

本文件是GB/T 5905《起重机　检验与试验规范》的第1部分。GB/T 5905已经发布了以下部分：

——第1部分：通则。

本文件代替GB/T 5905—2011《起重机　试验规范和程序》，与GB/T 5905—2011相比，除结构调整和编辑性改动外，主要技术变化如下：

a）增加了术语和定义(见第3章)；

b）增加了必要时的噪声测试要求[见4.1d)]；

c）更改了试验条件，包括增加试验载荷要求、极端环境条件，增加仪器仪表要求等(见第5章，2011年版的第5章)；

d）更改了目测检查要求，包括增加气动设备、安全标志和危险图示等目测检查项目(见6.2，2011年版的4.2)；

e）更改了合格试验和检验的名称为“参数测量与性能验证”，并增加了下降深度、轨道公差、跨度、轨距、基距、幅度、悬臂有效伸距、安全距离等参数测量，增加了必要时的重要焊缝质量检测及其无损检测方法(见6.3，2011年版的4.1)；

f）增加了空载试验和额载试验(见6.4.2和6.4.3)；

g）更改了静载试验方法，包括删除“如果起重机的规范允许，还应作起升机构联合动作的静载试验”的规定等(见6.4.4，2011年版的4.3.2)；

h）更改了动载试验方法(见6.4.5，2011年版的4.3.3)；

i）更改了稳定性试验方法(见6.4.6，2011年版的4.3.4)；

j）增加了噪声测试方法(见6.5)；

k）增加了试验记录的要求(见7.1)。

请注意本文件的某些内容可能涉及专利。本文件的发布机构不承担识别专利的责任。

本文件由中国机械工业联合会提出。

本文件由全国起重机械标准化技术委员会(SAC/TC 227)归口。

本文件起草单位：北京起重运输机械设计研究院有限公司、国家起重运输机械质量检验检测中心、浙江中建路桥设备有限公司、太原重工股份有限公司、河南省矿山起重机有限公司、大连理工大学、交通运输部水运科学研究院、浙江省海港投资运营集团有限公司、浙江冠林机械有限公司、辽宁省安全科学研究院、郑州新大方重工科技有限公司、南京市特种设备安全监督检验研究院、宁波市特种设备检验研究院、河南卫华重型机械股份有限公司、法兰泰克重工股份有限公司、浙江省建设工程机械集团有限公司、微特技术有限公司、江西华伍制动器股份有限公司、抚顺永茂建筑机械有限公司、杭州国电机械设计研究院有限公司、新乡市起重设备厂有限责任公司、泰安市质量技术检验检测研究院、江西起重机械总厂有限公司、河南东起机械有限公司、成都市特种设备检验检测研究院、纽科伦(新乡)起重机有限公司、秦皇岛天业通联重工科技有限公司、宁夏天地奔牛银起设备有限公司、南京开关厂股份有限公司、德马科起重机械有限公司、无锡市新华起重工具有限公司、河南省大方重型机器有限公司。

本文件主要起草人:林夫奎、王顺亭、路建湖、童国柱、周继红、张培、董福盛、陶天华、须雷、王欣、张德文、冯华龙、王红华、曲大勇、陈浩、吴祥生、王兴、崔鹏、袁秀峰、何罗波、林仲晨、刘志刚、党森、向阳、刘传贺、刘剑锋、朱瑸、国树东、刘文明、陈永贤、雷金柱、魏福祥、崔天智、吴以国、董彦波、王凯、郭长宇。

本文件及其所代替文件的历次版本发布情况为:

——1986 年首次发布为 GB/T 5905—1986,2011 年第一次修订;

——本次为第二次修订。

引　　言

起重机的产品质量和安全性能关系到人民生命和财产安全，通过试验验证其性能的符合性和安全性，意义重大。GB/T 5905 原为等同转化国际标准 ISO 4310《起重机　试验规范和程序》，是我国起重机械专业领域基础的试验验证标准，标准中规定的动载试验、静载试验等试验方法和要求成为我国起重机械型式试验工作中实施载荷起升试验的依据，并成为我国制定各类产品标准的试验方法和实施产品检验验收的基础性标准。长期以来，为提升起重机械产品质量和安全性能，减少起重机械安全事故，发挥了积极作用。

为使标准更具操作性、适用性和科学性，解决标准实施过程中存在的问题，更好地指导我国起重机的试验与检验工作，保障起重机的产品质量和安全性能，需要对该项国家标准进行修订。本次修订，结合建立健全起重机械试验标准体系以及实际生产的需要，拟将 GB/T 5905《起重机　检验与试验规范》分为以下五个部分：

——第 1 部分：通则。目的在于规定各种类型起重机检验与试验规范的通则。

——第 2 部分：流动式起重机。目的在于规定流动式起重机检验与试验规范的特殊要求。

——第 3 部分：塔式起重机。目的在于规定塔式起重机检验与试验规范的特殊要求。

——第 4 部分：臂架起重机。目的在于规定臂架起重机检验与试验规范的特殊要求。

——第 5 部分：桥式和门式起重机。目的在于规定桥式和门式起重机检验与试验规范的特殊要求。

起重机　检验与试验规范　第1部分:通则

1　范围

本文件规定了验证起重机性能(包括工作参数和承载能力等)的检验和试验项目、试验条件与仪器仪表、要求与方法、记录与报告。

本文件适用于GB/T 6974(所有部分)中所定义的,在制造、改造和起重机的承载结构或部件经过重大修理后,首次投入使用的各类起重机的性能测试。

2　规范性引用文件

下列文件中的内容通过文中的规范性引用而构成本文件必不可少的条款。其中,注日期的引用文件,仅该日期对应的版本适用于本文件;不注日期的引用文件,其最新版本(包括所有的修改单)适用于本文件。

GB/T 3323(所有部分)　焊缝无损检测　射线检测

GB/T 6974(所有部分)　起重机　术语

GB/T 17908　起重机和起重机械　技术性能和验收文件

GB/T 18851(所有部分)　无损检测　渗透检测

GB/T 21457　起重机和相关设备　试验中参数的测量精度要求

GB/T 22414　起重机　速度和时间参数的测量

GB/T 22415　起重机　对试验载荷的要求

GB/T 26951　焊缝无损检测　磁粉检测

GB/T 30025　起重机　起重机及其部件质量的测量

JB/T 10559　起重机械无损检测　钢焊缝超声检测

3　术语和定义

GB/T 6974(所有部分)界定的术语和定义适用于本文件。

4　检验和试验项目

4.1　验证起重机性能的检验和试验项目,包括但不限于以下项目:

a)　目测检查;

b)　参数测量与性能验证;

c)　载荷试验;

d)　噪声测试(必要时)。

4.2　对于批量生产的起重机,用于检验和试验的起重机样机数量应由制造商/供方和需方相互协商解决。

5　试验条件与仪器仪表

5.1　试验条件

5.1.1　为了进行试验，起重机应安装适用于操作的工作装置，且具备满足试验的条件。

5.1.2　试验时，至少应满足以下条件。

a）试验环境满足起重机的工作条件。

b）基础和轨道具备运行起重机的条件，如对于在轨道上运行的起重机，具备在按照起重机规范制造和铺设的轨道上运行的条件；对于轨道上运行的起重机以外的其他起重机，符合订货合同规定。

c）试验载荷误差不超过±1%。

d）在室外进行检验与试验时，至少还符合以下规定：

1）风速不大于 8.3 m/s(30 km/h)，除订货合同中有规定外，不需要起重机处于最不利风作用的方位上；

2）不在暴雨、大雾、暴雪等影响试验安全的极端天气条件下进行。

e）试验场所没有影响起重机正常工作的障碍物，且设置防止无关人员或车辆进入试验区域的警示标志。

注：超出 5.1 规定的要求时，由供需双方协商。

5.2　仪器仪表

5.2.1　检验与试验时，应选取适当准确度和量程的仪器仪表。

5.2.2　所需仪器仪表应检定/校准合格，且在检定/校准有效期内。

6　要求与方法

6.1　概述

6.1.1　本文件规定的起重机检验与试验为基本要求和方法，各机种或零部件的特殊要求及详细方法在本文件的其他部分和产品标准中进行规定，如防爆性能试验、可靠性寿命试验、架桥机过孔试验等。

6.1.2　当起重机的额定起重量取决于稳定性时，规定的试验程序和试验载荷能够验证起重机的抗倾覆稳定性。

6.2　目测检查

目测检查应根据起重机类型，检查包括所有重要部件的规格和/或状态是否符合要求，如：

——电气、液压和气动设备；

——起重机各机构、重要金属结构及其连接件；

——梯子、通道、司机室、平台；

——控制装置、照明和信号、风速测量装置；

——所有安全防护装置；

——卷筒、制动器、减速器及其支撑结构、紧固件；

——钢丝绳或其他索具及其连接件、紧固件；

——滑轮组及其销轴、紧固件的连接件；

——吊钩或其他起重吊具及其连接件、紧固件；

——安全标志和危险图示；

——信息标牌。

检查时,除了正常维护和检查需要打开的盖子(如限位开关盖)外,不应拆开其他部件。

目测检查还应包括审核 GB/T 17908 规定的验收文件和有关技术文件。

6.3 参数测量与性能验证

6.3.1 起重机进行参数测量与性能验证时,应根据 GB/T 17908 的规定进行。并应根据起重机类型,测量或验证不限于以下规定的参数和性能：

——起重机质量(必要时)；

——回转轴线至倾覆线的距离；

——起升高度/下降深度；

——吊钩极限位置；

——轨道公差、跨度、轨距、基距；

——最大与最小幅度；

——悬臂有效伸距；

——起升/下降速度；

——大车和小车运行速度；

——回转速度；

——变幅(俯仰)时间；

——臂架伸缩时间；

——安全距离；

——工作循环时间(必要时)；

——限制器、指示器和安全装置的功能；

——驱动装置的性能,例如在试验载荷状态下电动机的电流；

——重要焊缝质量(必要时)。

根据实际工况,在空载和额定载荷状态下,验证以上基本参数和功能。

6.3.2 起重机及其部件质量(需要时)的测量应符合 GB/T 30025 的规定。

6.3.3 起重机速度和时间参数的测量应符合 GB/T 22414 的规定。

6.3.4 试验中参数的测量精度要求应符合 GB/T 21457 的规定。

6.3.5 重要焊缝的质量检测一般采用超声检测、磁粉检测、射线检测和渗透检测等无损检测方法。采用超声检测时,按照 JB/T 10559 规定的方法执行。采用磁粉检测时,按照 GB/T 26951 规定的方法执行。采用射线检测时,按照 GB/T 3323(所有部分)规定的方法执行。采用渗透检测时,按照GB/T 18851(所有部分)规定的方法执行。

6.4 载荷试验

6.4.1 通用要求

载荷试验包括以下内容：

——空载试验(目的是检验起重机各机构及安全防护装置的性能是否正常,确保加载试验安全)；

——额载试验(目的是通过额定载荷试验检验起重机的相关性能指标)；

——静载试验(目的是检验起重机以及各结构件的承载能力)；

——动载试验(目的是检验起重机各机构和制动器的性能);

——稳定性试验,必要时(目的是检验起重机抵抗倾覆力矩的能力)。

试验载荷的组成、测量以及施加应符合 GB/T 22415 的规定。

6.4.2 空载试验

6.4.2.1 在实施加载试验前,应进行空载试验。

6.4.2.2 在空载条件下,分别运行起重机各机构,做正、反方向运转,累计时间不少于 5 min。试验过程中,各机构和控制系统应运行正常、无任何卡阻等异常现象。起重机限制器、指示器、缓冲器、制动器等安全装置的性能应正常可靠。

6.4.2.3 根据起重机类型和工作需要,测量或验证 6.3 规定的参数和性能。

6.4.3 额载试验

6.4.3.1 在产品标准规定的工况条件下,起吊额定起升载荷,作起重机各机构的运行动作试验,每种动作不应少于 3 次。

6.4.3.2 试验过程中,各工作机构应动作平稳、运行正常,能实现规定的功能和动作,无异常震动、冲击过热、异常噪声等现象。起重机限位装置、缓冲器、制动器等安全防护装置的性能应正常可靠。操纵机构、控制系统、联锁、互锁装置应动作可靠、准确,馈电装置应工作正常。液压(气动)系统应无渗漏现象,润滑系统应工作正常。

6.4.3.3 根据起重机类型和工作需要,测量或验证 6.3 规定的参数和性能。

6.4.4 静载试验

6.4.4.1 试验时应根据实际使用情况使起重机处于主要部件承受最大起升载荷、最大弯矩和/或最大轴向力的位置和状态。试验载荷应逐渐加载,起升至离地面 100 mm～200 mm 处,悬空时间不应少于 10 min,更高值由订货合同等规定。

如果一次静载试验不能使起重机的每一个主要部件都能承受最大弯矩和/或最大轴向力,应在各不利位置起吊相应载荷进行静载试验。

6.4.4.2 如果订货合同等中没有更高值要求,所有起重机的试验载荷都应为 $1.25P$;其中 P 定义为:

a) 对于流动式起重机,为额定起重量(起升机构上载荷的质量,包括有效起重量和吊钩滑轮组的质量);

b) 对于其他类型的起重机,为制造商规定的最大起重量。

6.4.4.3 试验时,如有永久变形,应从头再作试验,但总共不超过三次,不应再有永久变形。试验后,如果未见到裂纹、油漆剥落或对起重机的性能与安全有影响的损坏,连接处也没有出现松动或损坏,则认为该项试验的结果合格。

6.4.5 动载试验

6.4.5.1 起重机的各机构应分别进行 $1.1P$ 的动载试验,如果在起重机规范中有规定时,应作联合动作试验,试验应在各机构承受最大载荷的位置和状态下进行。试验应包括对各机构在其整个运动范围内作反复起动和制动,还应包括对悬挂着的试验载荷作空中起动和制动,此时试验载荷不应发生不受控制的运动。

如果用户要求时,除起升机构外,起重机的各机构可按制造商规定的低速进行 $1.25P$ 的载荷试验。

6.4.5.2 试验过程中,起重机应按操作手册的规定进行控制,且应把加速度、减速度和速度限制在起重机正常工作的范围内。

6.4.5.3 如果各部件能完成其功能试验,并在随后进行的目测检查中未发现机构或结构部件有损坏,且连接处也没有松动或损坏,则认为该项试验的结果合格。

6.4.6 稳定性试验

6.4.6.1 稳定性试验应在规定工作区域内稳定性最不利的位置或状态下进行。如果不同位置或工作区域规定的载荷不同,则应对这些条件有选择地进行稳定性检验。

6.4.6.2 试验载荷应逐渐加载,起升至离地面 100 mm～200 mm 处,悬空时间不应少于 5 min。其中,试验载荷和具体试验方法在本文件的其他部分中进行规定。

6.4.6.3 试验时,如果起重机能够保持稳定,则认为该项试验的结果合格。

6.5 噪声测试

6.5.1 噪声测试至少应包括操作者位置处的 A 计权声压级噪声值。

6.5.2 应根据起重机特点,选择产生噪声最大的运行速度、起升载荷和工作循环等工况下测量。如本文件的其他部分有特殊要求除外。

6.5.3 如果测量值的差值至少有 2 个值不大于 1 dB 时,则试验结束。否则,应继续进行测量,直至测量值的差值满足至少有 2 个值不大于 1 dB 的条件。

6.5.4 在密闭的司机室测量时,应关闭司机室门和窗户,并开启空调或新风系统。对于空调或新风系统的运行速度:如果仅有两个运行速度时,使用最大运行速度;如果有两个以上运行速度时,使用中等运行速度。

6.5.5 噪声测量值应减去背景噪声修正值和环境修正值。

7 记录与报告

7.1 检验与试验过程中,应详细、准确记录检验与试验数据。

7.2 完成检验与试验后,应编写包括检验结果与试验结论的试验报告。

7.3 试验报告应包括但不限于以下内容:起重机的详细制造信息,试验日期、地点和试验人员的姓名,试验依据,每种情况下的载荷、位置、状态、程序和结果,本文件编号。

ICS 53.020.20
CCS J 80

中华人民共和国国家标准

GB/T 6068—2021
代替 GB/T 6068—2008

汽车起重机和轮胎起重机试验规范

Test code for truck crane and tyre crane

2021-05-21 发布 2021-12-01 实施

国家市场监督管理总局
国家标准化管理委员会 发布

前　　言

本文件按照 GB/T 1.1—2020《标准化工作导则　第 1 部分:标准化文件的结构和起草规则》的规定起草。

本文件代替 GB/T 6068—2008《汽车起重机和轮胎起重机试验规范》,与 GB/T 6068—2008 相比,除结构调整和编辑性改动外,主要技术变化如下:

a) 修改了前伸的定义(见 3.1,2008 年版的 3.1);
b) 修改了后伸的定义(见 3.2,2008 年版的 3.2);
c) 修改了最长臂架的定义(见 3.3,2008 年版的 3.3);
d) 删除了对作业性能试验时,风速应不大于 8.3 m/s 的补充说明"这不应理解为必须的或是最不利的作用方向"(见 2008 年版的 4.6);
e) 试验时允许的环境温度修改为"－20 ℃～＋40 ℃"(见 4.7,2008 年版的 4.7);
f) 增加了"试验均在起重机具有相应的机构和功能(如副臂、带载伸缩、带载行驶等)时方才进行,无该机构和功能不予要求"(见 4.9);
g) "磨合试验"修改为"底盘磨合",并修改了底盘磨合的相关内容(见第 5 章,2008 年版的第 5 章);
h) "钢丝绳防脱装置应能有效防止人手挤入钢丝绳与滑轮之间"修改为"钢丝绳防脱装置应有效防止钢丝绳脱落"[见 6.4.2 的 k),2008 年版的 6.4.2 的 l)];
i) 增加了前下部防护装置检验要求(见 6.5.2);
j) 增加了通道、护栏和楼梯检验要求(见 6.5.3);
k) 增加了下降深度限位器检验要求,"角度指示器"名称修改为"仰角指示器",并修改了幅度限位器触发预警的条件(见 6.5.4,2008 年版的 6.5.2);
l) "起重量指示器"修改为"起重量限制器",并修改了起重量限制器触发预警的条件,增加了起重量超过 100%时切断向危险方向运动的各项动作的要求(见 6.5.6,2008 年版的 6.5.4);
m) 增加了防飞溅系统的要求(见 6.5.7);
n) 增加了安全监控管理系统的要求(见 6.5.8);
o) 行驶性能试验增加了"专用试验跑道"(见 9.2.1);
p) 汽车起重机和轮胎起重机行驶试验里程修改为"不应少于 20 km"(见 9.2.2,2008 年版的 9.2.2);
q) 合并了汽车起重机行车制动和停车制动要求(见 9.3.1,2008 年版的 9.3.1.1 和 9.3.1.2);
r) 轮胎起重机的行车制动、驻车制动、最高车速、最低稳定车速、加速性能、爬陡坡试验的工况修改为"制造商规定的行驶状态"(见 9.3.2.1、9.3.2.2、9.4.2、9.5.2、9.6.2、9.7.2,2008 年版的 9.3.2.1、9.3.2.2、9.4.2、9.5.2、9.6.2、9.7.2);
s) 增加了轮胎起重机最高车速小于 24 km/h 时行车制动距离要求(见 9.3.2.1);
t) 最低稳定车速测量时试验天气条件改为"试验时应无雨,风速不超过 3 m/s"(见 9.5.2,2008 年版的 9.5.2);

u) 删除了轮胎起重机加速性能试验记录加速过程“用五轮仪”的内容(见2008年版的9.6.2);
v) 增加了轮胎起重机最大爬陡坡角度的计算公式(见9.7.2);
w) 通过性试验中明确汽车起重机地形通过性试验应符合GB/T 12541的规定,对轮胎起重机不作要求;增加了起重机最小转弯直径的测量要求(见9.8,2008年版的9.8);
x) 增加了汽车起重机侧倾稳定角应不小于15°的要求(见9.9);
y) 修改了额定载荷试验的合格判定[见12.2f),2008年版的12.2f)];
z) 静载荷试验按照支腿支撑的起重机和具有带载行驶功能的起重机分别进行要求(见14.1、14.2,2008年版的14.1、14.2);
aa) 抗后倾覆稳定性试验方法及合格判定修改为“起重机带主臂”和“起重机不带主臂”两种情况(见15.2.2,2008年版的15.2.2);
bb) 接地比压增加了“对支撑接地比压不小于3.5 MPa的起重机,允许在支脚板下垫支脚垫”的说明(见17.3);
cc) 增加了液压系统试验、作业可靠性试验、行驶可靠性试验的合格判定要求(见19.2、20.2、21.2);
dd) “排气污染物测量”修改为“排气烟度测量”,对汽车起重机和轮胎起重机排气烟度测量方法分别进行了要求(见第22章,2008年版的第22章);
ee) 修改了臂架端部在回转平面内的水平静位移评价标准(见24.2.3.2,2008年版的24.2.3.2);
ff) 结构动特性测试方法增加了“对于伸缩角度有限制的,按制造商规定的角度进行”的要求[见24.3.2b)];
gg) “起重机最大起重量超过160 t以上的,可用工业性试验代替作业可靠性试验”修改为“起重机最大起重量超过500 t以上的,可用工业性试验代替作业可靠性试验”(见25.1,2008年版的25.1);
hh) 工业性试验的考核项目“燃油消耗量”修改为“排放及油耗指标验证”,增加了“作业速度参数评价”[见25.2a)和b),2008年版的25.2];
ii) 工业性试验步骤中应记录的试验数据“发动机性能”修改为“排放及油耗指标”[见25.3.3a),2008年版的25.3.3a)]。

请注意本文件的某些内容可能涉及专利。本文件的发布机构不承担识别专利的责任。

本文件由中国机械工业联合会提出。

本文件由全国起重机械标准化技术委员会(SAC/TC 227)归口。

本文件起草单位:中联重科股份有限公司、国家工程机械质量监督检验中心、徐州重型机械有限公司、长沙中联恒通机械有限公司、深圳特种设备安全检验研究院。

本文件主要起草人:罗凯、刘宇新、刘建华、罗贤智、王雅妮、刘劲松、王启涛、贾佳奇、杨武、陆阳陈、彭友谊、陈嘉、崔寒珑、李英智、郭堃、杨威、刘永赞、冯科喜、胡海鹏、李波、李春生、涂凌志、李军。

本文件所代替文件的历次版本发布情况为:

——GB/T 6068.1—1985、GB/T 6068.1—2005;
——GB/T 6068.2—1985、GB/T 6068.2—2005;
——GB/T 6068.4—1985、GB/T 6068.3—2005;
——GB/T 6068—2008。

汽车起重机和轮胎起重机试验规范

1 范围

本文件规定了汽车起重机(含全地面起重机)和轮胎起重机(以下简称起重机)的试验条件、底盘磨合、准备性检验、性能试验、可靠性试验、结构试验、工业性试验和检验规则等。

本文件适用于汽车起重机和轮胎起重机。

2 规范性引用文件

下列文件中的内容通过文中的规范性引用而构成本文件必不可少的条款。其中,注日期的引用文件,仅该日期对应的版本适用于本文件;不注日期的引用文件,其最新版本(包括所有的修改单)适用于本文件。

GB 1495 汽车加速行驶车外噪声限值及测量方法
GB/T 3730.3 汽车和挂车的术语及其定义 车辆尺寸
GB/T 3811 起重机设计规范
GB 3847 柴油车污染物排放限值及测量方法(自由加速法及加载减速法)
GB 4094 汽车操纵件、指示器及信号装置的标志
GB 4785 汽车及挂车外部照明和光信号装置的安装规定
GB/T 5905 起重机 试验规范和程序
GB 7258 机动车运行安全技术条件
GB/T 6974.1 起重机 术语 第1部分:通用术语
GB/T 6974.2 起重机 术语 第2部分:流动式起重机
GB/T 10051.1 起重吊钩 第1部分:力学性能、起重量、应力及材料
GB/T 10051.2 起重吊钩 第2部分:锻造吊钩技术条件
GB/T 10051.3 起重吊钩 第3部分:锻造吊钩使用检查
GB/T 10051.4 起重吊钩 第4部分:直柄单钩毛坯件
GB/T 10051.5 起重吊钩 第5部分:直柄单钩
GB 11567 汽车及挂车侧面和后下部防护要求
GB/T 12534 汽车道路试验方法通则
GB/T 12539 汽车爬陡坡试验方法
GB/T 12540 汽车最小转弯直径、最小转弯通道圆直径和外摆值测量方法
GB/T 12541 汽车地形通过性试验方法
GB/T 12543 汽车加速性能试验方法
GB/T 12544 汽车最高车速试验方法
GB/T 12547 汽车最低稳定车速试验方法
GB/T 12602 起重机械超载保护装置
GB/T 12673 汽车主要尺寸测量方法

GB/T 12674　汽车质量(重量)参数测定方法

GB 12676　商用车辆和挂车制动系统技术要求及试验方法

GB/T 15052　起重机　安全标志和危险图形符号　总则

GB 15082　汽车用车速表

GB 15084　机动车辆　间接视野装置　性能和安装要求

GB 15741　汽车和挂车号牌板(架)及其位置

GB/T 20062　流动式起重机　作业噪声限值及测量方法

GB/T 21457　起重机和相关设备　试验中参数的测量精度要求

GB/T 24818.2　起重机　通道及安全防护设施　第2部分:流动式起重机

GB 26511　商用车前下部防护要求

GB/T 28264　起重机械　安全监控管理系统

GB 34659　汽车和挂车防飞溅系统性能要求和测量方法

GB 36886　非道路移动柴油机械排气烟度限值及测量方法

JB/T 4030.1　汽车起重机和轮胎起重机试验规范　第1部分:作业可靠性试验

JB/T 4030.2　汽车起重机和轮胎起重机试验规范　第2部分:行驶可靠性试验

JB/T 4030.3　汽车起重机和轮胎起重机试验规范　第3部分:液压系统试验

JB/T 9737　流动式起重机　液压油　固体颗粒污染等级、测量和选用

JB/T 9738　汽车起重机

3　术语和定义

GB/T 3730.3、GB/T 6974.1 和 GB/T 6974.2 界定的以及下列术语和定义适用于本文件。

3.1

前伸　front extent

起重机在行驶状态下,车架最前端点(包括前拖钩、车牌、前保险杠及任何固定在车架前部的刚性部件)与臂架最前端点(包括臂尖滑轮及任何固定在臂架最前端的刚性部件)在车辆纵向轴线方向上的水平距离。

3.2

后伸　rear extent

起重机在行驶状态下,车架最后端点(包括备胎及固定在车架上的任何刚性部件)与上车最后端点(包括平衡重及固定在转台后端的任何刚性部件)在车辆纵向轴线方向上的水平距离。

3.3

最长臂架　maximum boom length

由主臂和副臂组成的可用于作业的最大长度的臂架。

注:最长臂架长度为当主臂与副臂夹角为最小值、主臂最长时,主臂尾部铰点中心至最长副臂头部定滑轮中心、沿臂架轴线方向的距离。

4　试验条件

4.1　汽车起重机行驶性能试验条件应符合 GB/T 12534 的规定。

4.2　起重机应安装有试验工况相应的工作装置。

4.3 燃油箱内应有 1/3～2/3 的油量，液压油箱的油面应在油面指示器的规定刻度范围内，水箱加满。

4.4 起重机试验时轮胎充气压力应符合轮胎和起重机制造商的规定，其允差为±3%。

4.5 地面应水平、坚实，倾斜度不大于 1%。

4.6 风速应满足下列要求：

a) 作业性能试验时，风速应不大于 8.3 m/s；

b) 结构试验时，风速应不大于 4 m/s；

c) 行驶可靠性试验时，风速不受上述条件限制。

4.7 环境温度在－20 ℃～＋40 ℃。

4.8 试验载荷应标定准确，其允差：

a) 对于垂直载荷为±1%；

b) 对于水平载荷为±3%。

4.9 在不影响试验效果的情况下，试验项目可按试验内容和载荷情况相互穿插或组合进行。试验均在起重机具有相应的机构和功能（如副臂、带载伸缩、带载行驶等）时方才进行，无该机构和功能不予要求。

4.10 有特殊要求的起重机按合同要求的条件进行试验。

5 底盘磨合

5.1 起重机在型式试验之前应进行底盘磨合，磨合里程为：

——汽车起重机不少于 50 km；

——轮胎起重机不少于 20 km。

磨合分两段进行，每段磨合里程各占总里程的 50%，其中：

——前半段磨合时，发动机转速为额定转速的 50%；

——后半段磨合时，发动机转速为额定转速的 75%。

5.2 如果在磨合期间发现润滑油杂质过多或变质时，应及时更换润滑油。

6 准备性检验

6.1 资料

6.1.1 试验大纲

试验大纲的主要内容应包括：试验条件、试验项目、循环作业内容、试验方法、合格判定原则等。

6.1.2 试验记录

试验记录一般应包括如下内容：

——样车型号及名称；

——发动机型号及编号、最大净功率；

——试验日期、环境温度、风力、风向；

——试验类型、试验项目、技术性能和参数（合格要求、试验数据、合格判定）、作业循环数等；

——试验准备时间、开始时间、停止时间、作业时间等；

——故障名称、原因和处理故障时间；

——产品合格判定；

——操作人员(或司机)、试验人员、校核人员。

6.2 量具及器具

6.2.1 试验用的量具及器具，应具有法定计量部门签发的校准/检定证书，并在有效期内。

6.2.2 试验中参数测量精度应符合 GB/T 21457 的规定。

6.3 调试

起重机应进行如下项目的调试：

a) 发动机和液压泵的工作转速符合设计要求；

b) 液压阀的控制压力符合设计要求；

c) 没有在台架上进行调试的机构，应按设计要求进行调试。

6.4 目测检查

6.4.1 总则

对不拆卸任何零部件或打开遮蔽物就能观察到的部位及零部件进行外观检查，这种检查也应包括某些必需的手动操作。

6.4.2 上车部分

起重机应检查下列项目：

a) 整机不应出现渗漏和表面质量缺陷；

b) 保护装置的安装位置和功能；

c) 所有液压和气压元件、管路外观及其工作状态；

d) 所有液压和气压元件的安装、操作手柄和踏板等的操作性能；

e) 压力传感器安装所对应的量程；

f) 电气线路及元器件安装的正确性和可靠性；

g) 吊钩及连接件的可靠性，钢丝绳、滑轮均不应有缺陷；

h) 冷却水、液压油和燃油的数量等；

i) 危险部位及标志应符合 GB/T 15052 的规定；

j) 吊钩标记应符合 GB/T 10051.1～GB/T 10051.5 的规定；

k) 钢丝绳防脱装置应能有效防止钢丝绳脱落；

l) 起升高度大于 50 m 的起重机应安装风速仪，即时风速参数应能显示在控制装置中；

m) 压力表的精度不低于 1.5 级。

6.4.3 底盘部分

除 6.4.2 以外，对汽车起重机还应检查下列所有项目，轮胎起重机应有选择的检查下列相关项目：

a) 整车标识、车身反光标识和安全防护装置等应符合 GB 7258 的规定；

b) 照明及信号装置的数量、位置和光色应符合 GB 4785 的规定；

c) 后视镜的安装应符合 GB 15084 的规定；

d) 车用安全玻璃、汽车轮胎等国家规定的强制性认证部件应具有认证标志；

e) 号牌板的形状、尺寸、位置及强度要求应符合 GB 15741 的规定;

f) 操纵件、指示器和信号装置的图形符号应符合 GB 4094 的规定。

6.5 安全装置检验

6.5.1 侧防护和后防护

汽车起重机侧防护、后防护应符合 GB 11567 的规定。

6.5.2 前下部防护

汽车起重机前下部防护应符合 GB 26511 的规定。

6.5.3 通道、护栏和楼梯

起重机的通道、护栏和楼梯等安全防护设施应符合 GB/T 24818.2 的规定。

6.5.4 水平仪、仰角指示器、起升高度限位器、下降深度限位器和幅度限位器

在空载试验工况时,对水平仪、仰角指示器、起升高度限位器、下降深度限位器和幅度限位器应进行调整或试验:

a) 臂架全缩、以转台回转平面为基准调整水平仪的归零状态,误差不大于 3%,然后将水平仪牢靠地锁定在关联部位;

b) 臂架全缩,以水平仪归零状态为基准调整基本臂为水平状态,调定角度传感器归零状态,误差不大于 1°;

c) 臂架全缩和最大仰角,起升机构以中速起升吊钩,当吊钩触及起升高度限位器时,起升高度限位器应发出报警信号并切断起升机构向危险方向运行的动作;

d) 臂架全伸和最大仰角,起升机构以中速下降吊钩,当起升机构触及下降深度限位器时,下降深度限位器应发出报警信号并切断起升机构向危险方向运行的动作;

e) 臂架从最小仰角逐渐变幅到最大仰角:

——当仰角达到仰角限值的 90%~100%时,幅度限位器应发出清晰的声或光的持续预警信号;

——当仰角超过仰角限值的 100%时,幅度限位器应发出明显区别于预警信号且清晰的声或光的报警信号,并切断变幅机构向危险方向运行的动作。

6.5.5 力矩限制器

在额定载荷试验工况,对力矩限制器进行试验。

起重机分别在基本臂、中长臂和最长臂的工况下,吊钩先起吊相应额定起重量 80%的试验载荷,然后逐步增加到 100%的试验载荷:

——当实际起重力矩达到相应工况下额定起重力矩值的 90%~100%时,力矩限制器应发出清晰的声或光的持续预警信号;

——当实际起重力矩超过相应工况下额定起重力矩值的 100%时,力矩限制器应发出明显区别于预警信号且清晰的声或光的报警信号,并切断向危险方向运动的各项动作。

6.5.6 起重量限制器

在额定载荷试验工况,对起重量限制器进行试验。

起重机分别在基本臂、中长臂和最长臂的工况下,先起吊相应额定起重量 80%的试验载荷,然后逐步增加到 100%的试验载荷:

——当起重量达到相应工况额定起重量的 90%～100%时，起重量限制器应发出清晰的声或光的持续预警信号；

——当起重量超过相应工况额定起重量的 100%时，起重量限制器应发出明显区别于预警信号且清晰的声或光的报警信号，并切断向危险方向运动的各项动作。

6.5.7 防飞溅系统

汽车起重机防飞溅系统应符合 GB 34659 的规定。

6.5.8 安全监控管理系统

起重机的安全监控管理系统应符合 GB/T 28264 的规定。

7 质量参数测量

7.1 测量项目

测量项目包括：

a) 行驶状态下整机总质量和轴荷；

b) 对于拆装运输的起重机，还应测量被拆装的主要零部件的质量，如副臂、附加平衡重、备件等。

7.2 测量方法

测量方法应符合 GB/T 12674 的规定。测量结果相对于公称值的误差应不大于 3%。

8 几何参数测量

8.1 测量项目

8.1.1 汽车起重机行驶状态的几何参数(见图 1)测量包括下列所有项目，轮胎起重机(见图 2)应有选择的测量下列相关项目：

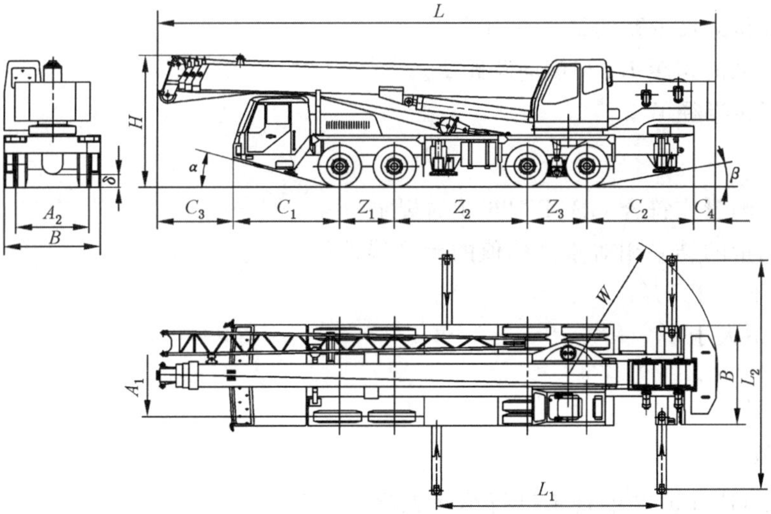

图 1 汽车起重机

a) 整车的长 L、宽 B、高 H；

b) 轴距 Z_1、Z_2、Z_3……；

c) 轮距(单侧单轮胎或单侧双轮胎)A_1、A_2……;

d) 最小离地间隙 δ;

e) 接近角 α 和离去角 β;

f) 前悬 C_1 和后悬 C_2;

g) 前伸 C_3 和后伸 C_4。

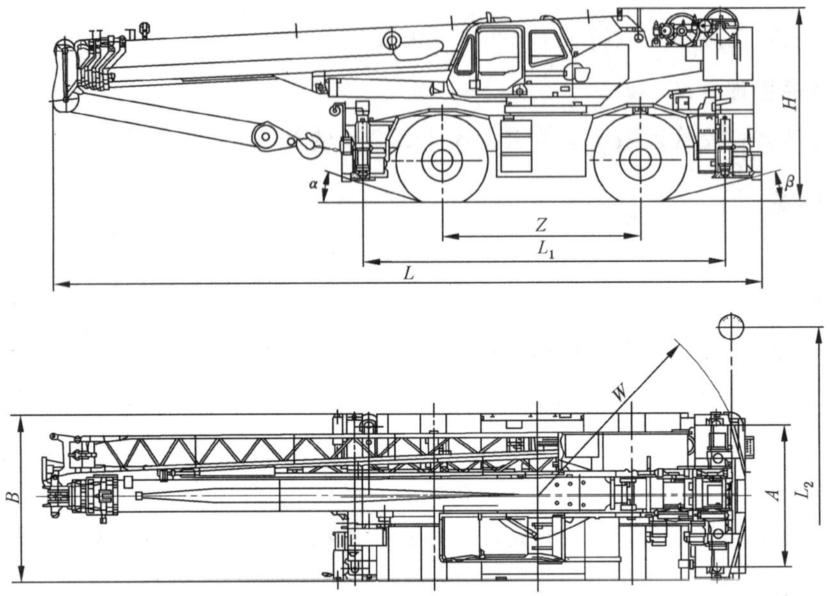

图2 轮胎起重机

8.1.2 起重机作业状态的几何参数测量包括下列所有项目:

a) 基本臂臂长、最长主臂臂长;

b) 臂架的最大仰角和最小仰角;

c) 基本臂和最长主臂的最大起升高度;

d) 支腿的纵向跨距 L_1 和横向跨距 L_2;

e) 尾部回转半径 W。

8.2 测量方法

几何参数的测量应符合 GB/T 12673 的规定。

几何参数测量的结果相对于公称值的允许误差如下:

——尺寸,不大于1%;

——角度,不大于1°。

9 行驶性能试验

9.1 车速表检查

起重机应按 GB 15082 的规定进行车速表检查。

9.2 行驶试验

9.2.1 行驶路面

起重机出厂前应在符合一、二级公路条件的路面上或专用试验跑道进行行驶试验。

9.2.2 行驶里程

汽车起重机和轮胎起重机行驶试验的里程，应不少于 20 km。

9.2.3 检查项目

行驶试验过程中检查项目至少应包括：

a) 整机装配技术状态，包括紧固状况、机构行程和自由间隙等；

b) 各总成的温度(包括发动机水温和机油温度、变速器及驱动桥油温等)是否正常，检查其工作性能及工作状态；

c) 对转向、制动等机构的功能应密切关注，如发现异常应停车检查，找出原因，排除故障；

d) 车辆的外部照明和信号装置的工作状态；

e) 渗漏情况。

9.3 制动性能试验

9.3.1 汽车起重机

汽车起重机制动系统应符合 GB 7258 和 GB 12676 的规定。

9.3.2 轮胎起重机

9.3.2.1 行车制动

轮胎起重机应在制造商规定的行驶状态下进行行车制动试验。

轮胎起重机行车制动性能应在平坦、硬实、清洁、干燥的混凝土或沥青路面上进行。

轮胎起重机在稳定起始制动车速时进行制动。制动起始信号以完全踩下制动踏板瞬间为准，测量由信号发出至完全停车的时间段内，轮胎起重机的滑动距离。制动起始制动车速为 24 km/h时，行车制动距离应不大于 9 m。如果最高车速小于 24 km/h，则以制造商规定的最高车速试验，行车制动距离应不大于 9 m。

试验时，起始制动车速应稳定在规定值的 10%范围内，并用式(1)进行修正：

$$L_x = L_S(v/v_1)^2 \quad \cdots\cdots(1)$$

式中：

L_x ——修正后的制动距离，单位为米(m)；

L_S ——实测的制动距离，单位为米(m)；

v ——规定起始制动车速，单位为千米每小时(km/h)；

v_1 ——实测的起始制动车速，单位为千米每小时(km/h)。

9.3.2.2 驻车制动

轮胎起重机应在制造商规定的行驶状态下进行驻车制动试验。

轮胎起重机停在干燥、清洁、坚实、坡度为 20%的沥青或混凝土路面上，用驻车制动器停车，保持稳定的静止状态。

驻车制动器的效能连续考核 5 min 后，起重机反方向重复上述试验。

试验过程中或试验结束后，轮胎起重机应不滑移。

9.4 最高车速测量

9.4.1 汽车起重机

汽车起重机应按 GB/T 12544 规定的试验方法测量最高车速。

9.4.2 轮胎起重机

车速测量区的路段应为平坦、干燥、清洁、坚实的沥青或混凝土路面，纵向坡度应不大于0.1%，横向坡度应不大于3%。测量区两端应设置准备路段，其长度应使试验样车在驶入测量区前可达到最高车速。

制造商规定的行驶状态，轮胎起重机以稳定的最高车速通过100 m的测量路段。

试验应选择无雨无雾天气，风速不超过3 m/s，轮胎起重机往返方向各试验三次，取平均值，实际最高车速按式(2)计算：

$$v_{max}=3.6S_n/t \qquad \cdots\cdots(2)$$

式中：

v_{max}——实际最高车速(或实际最高稳定车速)，单位为千米每小时(km/h)；

S_n ——测量区段长度，单位为米(m)；

t ——通过测量区的平均时间，单位为秒(s)。

9.5 最低稳定车速测量

9.5.1 汽车起重机

汽车起重机应按GB/T 12547规定的试验方法测量最低稳定车速。

具有带载行驶功能的起重机，还应测量传动系在最低挡、带载行驶所允许的最大起重量的50%时的最低稳定车速。

9.5.2 轮胎起重机

车速测量区的路段为平坦、干燥、清洁、坚实的沥青或混凝土路面，纵向坡度应不大于0.1%，横向坡度应不大于3%。测量区两端应设置准备路段，其长度应使试验样车在驶入测量区前可达到最低稳定车速。试验时应无雨，风速不超过3 m/s。

制造商规定的行驶状态，轮胎起重机以最低稳定车速通过50 m的测量路段。

轮胎起重机往返方向各试验三次，取平均值，实际的最低稳定车速按式(3)计算：

$$v_{min}=3.6S_n/t \qquad \cdots\cdots(3)$$

式中：

v_{min}——实际最低车速(或实际最低稳定车速)，单位为千米每小时(km/h)；

S_n ——测量区段长度，单位为米(m)；

t ——通过测量区的平均时间，单位为秒(s)。

9.6 加速性能试验

9.6.1 汽车起重机

汽车起重机应按GB/T 12543规定的方法进行加速性能试验。

9.6.2 轮胎起重机

车速测量区的路段应为平坦、干燥、清洁、坚实的沥青或混凝土路面，纵向坡度应不大于0.1%，横向坡度应不大于3%。测量区两端应设置准备路段，其长度应使试验样车在驶入测量区前可达到最低稳定车速。

制造商规定的行驶状态，轮胎起重机以测试挡的最低稳定车速为初始速度匀速通过准备路程至加速试验路端起点处，急速将油门踩到底加速至该挡最高车速的90%，记录加速过程，往返试验三次，取其平均值。并作出轮胎起重机加速时间与加速行程的关系曲线。

9.7 爬陡坡试验

9.7.1 汽车起重机

汽车起重机应按 GB/T 12539 规定的试验方法测量最大爬陡坡度。

9.7.2 轮胎起重机

爬陡坡试验的测试路段应为表面平坦、干燥、清洁、坚实、坡道均匀的自然坡道(沥青路面或混凝土路面)，坡道长度超过轮胎起重机整车长度的三倍，其中测试路段的前后设有渐变路段，测试路段的坡道长度不应小于轮胎起重机整车长度的 1.5 倍(见图 3)。

测试路段的纵向坡度不大于 0.1%，横向坡度不大于 3%。

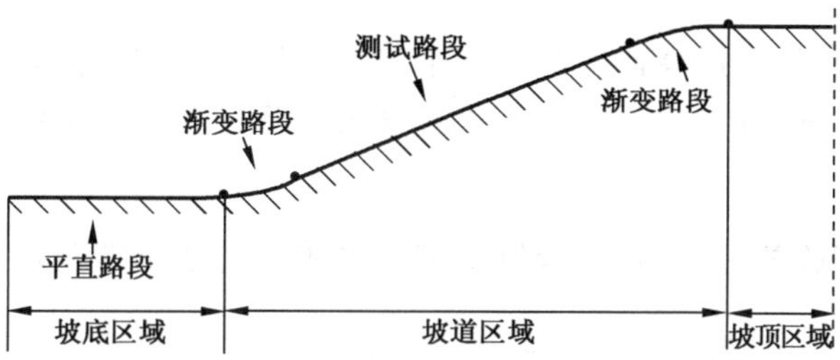

图 3 爬坡道路示意图

制造商规定的行驶状态。试验开始时，轮胎起重机以最低稳定车速接近爬坡起点，然后迅速将发动机油门置于最大供油位置进行爬坡，直到试验终结。爬坡过程中驻车制动一次。检查爬坡、制动情况。试验重复三次。

当轮胎起重机的功率和附着力有潜力时，在同一坡道上用高一挡的速度重复上述试验，然后折算出轮胎起重机在最低挡能连续通过的最大坡度角。

如果没有适当的坡道，可采用变速器较高一挡(如Ⅱ挡)进行试验，按式(4)折算为最大设计总质量，变速器使用最低挡时的爬坡度：

$$a_m = \tan\left[\sin^{-1}\left(\frac{G_{a1}}{G_a}\frac{i_1}{i_2}\sin a_1\right)\right]\times 100\% \qquad \cdots\cdots(4)$$

式中：

a_m ——最大爬坡度；

a_1 ——试验时的实际坡度角，单位为度(°)；

G_{a1}——起重机实际总质量，单位为千克(kg)；

G_a ——起重机设计总质量，单位为千克(kg)；

i_1 ——最低挡总速比；

i_2 ——实际总速比。

9.8 通过性试验

汽车起重机地形通过性试验应符合 GB/T 12541 的规定，轮胎起重机地形通过性试验不做要求。

起重机最小转弯直径的测量应符合 GB/T 12540 的规定。

9.9 侧倾稳定性试验

汽车起重机在整备质量状态下的侧倾稳定角应不小于 15°。

10 作业参数测定

10.1 起升、下降速度

10.1.1 试验工况

支腿(或轮胎)处于规定的作业位置,并且:

a) 基本臂任意工作幅度、任意吊钩倍率、主钩空载;

b) 基本臂任意工作幅度、按主卷扬设计的最大单绳拉力、主钩起吊相应起重量;

c) 最长臂架任意工作幅度、副钩空载;

d) 最长臂架任意工作幅度、按副卷扬设计的最大单绳拉力、副钩起吊相应起重量。

10.1.2 试验方法

分别在规定的工况下,以最高速度起升或下降,测量吊钩或载荷通过 2 m(副钩为 10 m)行程所需的时间。试验重复三次,取平均值作为起升或下降速度的测定值。

10.1.3 合格判定

起升或下降速度试验的测定值,符合制造商的技术文件要求即判定为合格。

10.2 回转速度

10.2.1 试验工况

支腿(或轮胎)处于规定的作业位置,并且:

a) 基本臂为最大仰角;

b) 主钩空载。

10.2.2 试验方法

分别在规定的工况下,回转机构以最高稳定回转速度左、右连续回转各 720°。试验重复三次,取平均值作为回转速度的测定值。

10.2.3 合格判定

回转速度的测定值,符合制造商的技术文件要求即判定为合格。

10.3 变幅时间

10.3.1 试验工况

支腿(或轮胎)处于规定的作业位置,并且:

a) 基本臂;

b) 主钩空载。

10.3.2 试验方法

制造商规定仰角工作范围内,以最高速度起臂、落臂各三次,分别取三次试验结果的平均值作为变幅时间的测定值。

10.3.3 合格判定

变幅时间的测定值,符合制造商的技术文件要求即判定为合格。

10.4 主臂伸、缩时间

10.4.1 试验工况

支腿(或轮胎)处于规定作业位置,并且:

a) 主臂为最大仰角；

b) 主钩空载。

10.4.2 试验方法

主臂以最高速度由全缩(或全伸)状态运动到全伸(或全缩)状态，各试验三次，分别取三次试验结果的平均值作为主臂伸、缩时间的测定值。

对于需要人工或机械辅助以达到伸缩的主臂，允许分段测量伸、缩时间。

10.4.3 合格判定

主臂伸、缩时间的测定值，符合制造商的技术文件要求即判定为合格。

10.5 活动支腿收放时间

10.5.1 试验工况

试验状态工况为：

a) 起重机置于平坦的沥青或混凝土地面上；

b) 起重机处于行驶状态。

10.5.2 试验方法

水平支腿和垂直支腿以最高速度由全缩(或全伸)状态运动到全伸(全缩)状态，各试验三次，分别取三次试验结果的平均值作为支腿收放时间的测定值。

10.5.3 合格判定

支腿收放时间的测定值，符合制造商的技术文件要求即判定为合格。

11 空载试验

11.1 试验工况及试验方法

11.1.1 使用支腿支撑的起重机，支腿处于规定的作业位置，所有轮胎离地：

a) 基本臂和最小工作幅度在作业范围内进行回转、起升，试验以低速和较高速度各进行三次；

b) 最长主臂和相应工作幅度在作业范围内进行回转、起升、伸缩和变幅，试验以低速和较高速度各进行三次。

11.1.2 具有带载行驶功能的起重机，臂架全缩、额定作业行走速度和最小额定工作幅度时：

a) 臂架在正后方，起重机前进 15 m、倒行 15 m；

b) 臂架在正前方，起重机前进 15 m、倒行 15 m。

11.2 合格判定

在试验过程中和试验结束后，符合下列要求应判定为合格：

a) 各机构工作未见异常，没有不正常的声音，各指示装置指示准确，安全装置功能可靠；

b) 液压泵为额定转速(流量)时，液压系统的压力符合设计要求；

c) 回转、起升、伸缩和变幅时，运动平稳；

d) 具有带载行驶功能的起重机，在行走过程中，起动和制动平稳。

12 额定载荷试验

12.1 试验条件及试验方法

12.1.1 使用支腿支撑的起重机，支腿处于规定的作业位置，所有轮胎离地。

12.1.2 具有带载行驶功能的起重机，轮胎满足规定的作业条件。

12.1.3 试验应在安全、操作平稳的前提下，分别以最低速和较高速对表1所列各工况进行试验。

表1 额定载荷试验方法

序号	试验工况	一次循环内容	循环次数
1	基本臂； 最小工作幅度； 最大起重量[a]	臂架在正侧方，载荷由地面起升到最大高度——下降到某一高度——在作业区范围内全程左回转——右回转至原位(中间制动一、二次)——载荷下降到地面，起升、下降过程中各制动一次	2
2	中长臂； 相应的工作幅度； 相应的额定起重量的1/3	臂架在正侧方，载荷起升到离地面200 mm左右——起臂到最小工作幅度——落臂到离地面高度200 mm左右——在作业区范围内全程左(或右)回转——右(或左)回转至原位——载荷起升到最大高度后再下降到地面，起升、下降过程中各制动一次	2
3	最长主臂； 相应的最小工作幅度； 相应的额定起重量	臂架在正侧方，载荷起升到离地面200 mm左右——在作业区范围内全程左(或右)回转——右(或左)回转至原位——载荷起升到最大高度后再下降到地面，起升、下降过程中各制动一次	2
4	最长臂架； 相应的最小工作幅度； 相应的额定起重量	臂架在正侧方，载荷由地面起升到最大高度——下降到某一高度——在作业区范围内全程左回转——右回转至原位(中间制动一、二次)——载荷下降到地面，起升、下降过程中各制动一次	2
5	臂架允许带载伸缩时： 最长主臂； 允许的臂架仰角； 允许的额定起重量	臂架在正侧方，载荷起升到离地面200 mm左右——全伸主臂——全缩主臂——载荷下降到地面	2
6	具有带载行驶功能的起重机带载行驶试验[b]： 基本臂； 允许带载的行驶速度； 相应的中等工作幅度； 允许的额定起重量	臂架在正前方，载荷起升到离地面200 mm左右，前进15 m，倒行15 m，载荷落地； 臂架在正后方，载荷起升到离地面200 mm左右，前进15 m，倒行15 m，载荷落地	2

[a] 不能采用最大起重量工况进行试验的起重机，允许在最大起重力矩的工况下进行试验。

[b] 只具有正前方或正后方带载行驶功能的起重机，则只做一个方向的带载行驶试验。

12.2 合格判定

在试验过程中和试验结束后，符合下列要求应判定为合格：

a) 各部件能完成其性能试验，未发现机构或结构件有损坏，连接处没有松动；
b) 液压泵在设计转速(流量)时，各液压回路的工作压力符合设计要求；
c) 液压系统工作稳定，无异常噪声；
d) 仰角指示器、起重量限制器应符合 JB/T 9738 的规定，力矩限制器误差应符合 GB/T 12602的规定；
e) 各制动器工作可靠、动作准确、起动和制动平稳；
f) 在表 1 序号 1～序号 4 工况试验过程中，臂架在正侧方和正后方，任何支腿不应松动；
g) 具有带载行驶功能的起重机，在带载行驶过程中，起动和制动平稳。

13 动载荷试验

13.1 试验条件及试验方法

13.1.1 使用支腿支撑的起重机，支腿处于规定的作业位置，所有轮胎离地。

13.1.2 具有带载行驶功能的起重机，轮胎满足规定的作业条件。

13.1.3 试验应在安全、操作平稳的前提下，分别以最低速和最高速对表 2 所列各工况进行试验。

表 2 动载荷试验方法

序号	试验工况	一次循环内容	循环次数
1	基本臂； 最小额定工作幅度； 最大起重量[a]的 1.1 倍	臂架在正侧方，载荷由地面起升到最大高度——下降到某一高度——在作业区范围内全程左回转——右回转至原位——载荷下降到地面，起升、下降过程中各制动一次	5
2	中长臂； 相应工作幅度； 相应额定起重量 1/3 的1.1倍	臂架在正侧方，载荷起升到离地面 200 mm 左右——起臂到最小工作幅度——落臂到离地面 200 mm 左右——在作业区范围内全程左(或右)回转——右(或左)回转至原位——载荷起升到最大高度后再下降到地面，起升、下降过程中各制动一次	2
3	最长主臂； 相应的最小工作幅度； 相应额定起重量的 1.1 倍	臂架在正侧方，载荷起升到离地面 200 mm 左右——在作业区范围内全程左(或右)回转——右(或左)回转至原位——载荷起升到最大高度后再下降到地面，起升、下降过程中各制动一次	2
4	最长臂架； 相应的最小工作幅度； 相应额定起重量的 1.1 倍	臂架在正侧方，载荷起升到离地面 200 mm 左右——在作业区范围内全程左(或右)回转——右(或左)回转至原位——载荷起升到最大高度后再下降到地面，起升、下降过程中各制动一次	2
5	具有带载行驶功能的起重机带载行驶试验[b]： 基本臂； 允许的带载行驶速度； 相应的中等工作幅度； 允许的相应额定起重量的1.1倍	臂架在正后前方，载荷起升到离地面 200 mm 左右，前进15 m，倒行 15 m，载荷落地； 臂架在正后方，载荷起升到离地面 200 mm 左右，前进 15 m，倒行 15 m，载荷落地	2
[a] 不能采用最大起重量工况进行试验的起重机，允许在最大起重力矩的工况下进行试验。 [b] 只具有正前方或正后方带载行驶功能的起重机，则只需做一个方向的带载行驶试验。			

13.1.4 试验时，按照使用说明书的要求，把加速度和减速度限制在适合于起重机正常运转的

范围。

13.2 合格判定

在试验过程中和试验结束后,符合下列要求应判定为合格:

a) 基本臂在5次循环(表2序号1试验工况)连续试验结束后,液压油箱内液压油的相对温升不大于45℃,但最高油温不应超过80℃;

b) 试验过程中,在任何起升操作条件下,载荷均不应出现明显的反向动作;

c) 在表2序号1~序号4工况试验过程中,允许有一个支脚松动,但支脚板不应抬离支承面;

d) 在序号5工况,带载行驶试验过程中,起动和制动平稳;

e) 各部件能完成其功能试验,未发现机构或结构件有损坏,连接处也没有出现松动或损坏。

14 静载荷试验

14.1 支腿支撑的起重机

14.1.1 试验工况

静载荷试验的工况为:

a) 支腿处于规定的作业位置,所有轮胎离地;

b) 基本臂在最小工作幅度时,起吊最大起重量的1.25倍或在基本臂最大起重力矩的工况下,起吊额定起重量的1.25倍;

c) 试验时,臂架分别位于正后方、正侧方及支腿压力最大的位置。

14.1.2 试验方法

静载荷试验的方法为:

a) 臂架分别位于正后方、正侧方时,可以一次低速起吊足额试验载荷,亦可先起吊1.1倍的最大起重量的载荷,再逐步无冲击地添加载荷到规定的数值;

b) 在支腿压力最大的位置时,允许先在其他方位起吊足额试验载荷,再回转到规定位置;亦可先在其他方位起吊1.1倍的最大起重量的载荷,回转到规定位置后,再逐步无冲击地添加载荷到规定的数值;

c) 载荷起吊到离地面100 mm~200 mm高度处(垂直支腿处除外),载荷在空中停留至少10 min后再下降到地面;

d) 试验时,允许在规定的范围内调整液压系统中溢流阀的压力,但试验后应调回到规定的数值。

14.1.3 合格判定

在试验过程中和试验结束后,符合下列要求应判定为合格:

a) 机构或结构件未产生裂纹、永久性变形;

b) 未产生对起重性能和安全性能有影响的损坏;

c) 连接处未出现松动或损坏;

d) 油漆无剥落现象;

e) 臂架在规定的作业范围内的任何位置,允许有一个支腿抬起,但其固定支腿最外缘的抬起量不应大于50 mm。

14.2 具有带载行驶功能的起重机

14.2.1 试验工况

静载荷试验的工况为：

a） 所有轮胎处于规定的工作位置；

b） 基本臂在最小工作幅度时，起吊最大起重量的 1.25 倍；

c） 试验时，臂架位于正前方或正后方；

d） 同时具有在正前方和正后方带载行驶功能的起重机，应分别进行臂架在正前方和臂架在正后方的试验。

14.2.2 试验方法

静载荷试验的方法为：

a） 臂架在正前方或正后方时，可以一次低速起吊足额试验载荷，亦可先起吊 1.1 倍的最大起重量的载荷，再逐步无冲击地添加载荷到规定的数值；

b） 载荷起吊到离地面 100 mm～200 mm 高度时，载荷在空中停留至少 10 min 后再下降到地面；

c） 试验时，允许在规定的范围内调整液压系统中溢流阀的压力，但试验后必须调回到规定的数值。

14.2.3 合格判定

在试验过程中和试验结束后，符合下列要求应判定为合格：

a） 机构或结构件未产生裂纹、永久性变形；

b） 未产生对起重性能和安全性能有影响的损坏；

c） 连接处未出现松动或损坏；

d） 油漆无剥落现象。

15 整机稳定性试验

15.1 整机抗倾覆稳定性

15.1.1 整机抗倾覆稳定性试验条件为：

a） 使用支腿支撑的起重机，支腿处于规定的作业位置，所有轮胎离地；

b） 具有带载行驶功能的起重机，轮胎满足规定的作业条件；

c） 臂架处于整机稳定性最小的位置；

d） 风速不大于 8.3 m/s。

15.1.2 试验工况和试验载荷见表 3。

对表中试验载荷的规定如下：

——P 是指在不同幅度下起重机的最大起升载荷。最大起升载荷是由设计规定的。最大起升载荷是指起重机吊起的额定起重量(物品的最大质量与可分吊具或不可分吊具质量的总和)的重力。

——F_i 是将主臂质量 G(作用于质心上)和副臂质量 g(作用于质心上)换算到主臂端部或副臂端部的质量的重力。F_i 的计算方法应符合 GB/T 5905 的规定。

表3　试验工况和试验载荷

序号	支撑形式	试验载荷[b]	试验工况
1	起重机支腿伸出[a]	$1.25P+0.1F_i$	基本臂、中长臂、最长主臂及最长臂架相对应的工作幅度
2	起重机使用轮胎[a]	$1.33P+0.1F_i$	
3	起重机最大行驶速度不大于0.4 m/s	$1.33P+0.1F_i$	
4	起重机最大行驶速度大于0.4 m/s	$1.5P+0.1F_i$	

[a] 与本表相对应的条件是:起重机静止不动,但作升降、变幅、臂架伸缩和回转等动作的载荷试验;或者起重机作整机带载运行,但不做起升、变幅、伸缩臂架和回转等动作。

[b] "试验载荷"是与不大于8.3 m/s的试验风速相对应的。在特殊情况下,如果要求限制最大起升载荷,制造商应明确说明在抗倾覆稳定的校核计算中采用的最大风速值。当考虑其他的最大风速时,制造商也应予以明确说明。

15.1.3　稳定性试验时,按标定的臂架长度、幅度、臂架及吊钩处于稳定性最小的位置和状态,试验载荷无冲击地施加在吊钩上,起重机不倾翻,则认为起重机是稳定的。

15.2　抗后倾覆稳定性

15.2.1　试验条件

起重机处于以下支承条件和质量分布状态时,应配备平衡重:

——起重机放置在坚实、水平的支承面上(最大倾斜度为1%);

——起重机装有规定的最短臂架,且此臂架处于该臂长的最大推荐臂架角度;

——不带主臂;

——将吊钩、吊钩滑轮组或其他取物装置放在地面上;

——外伸支腿使汽车起重机的轮胎脱离支承面或轮胎支承轮胎起重机在支承面上。

15.2.2　试验方法及合格判定

当起重机带主臂时:

——当起重机回转的上部结构纵向轴线与承载底盘纵向轴线成90°时,臂架下面承载侧的支腿或轮胎上的总载荷应不小于起重机总质量重力的15%,则认为起重机是稳定的;

——当起重机回转的上部结构纵向轴线与承载底盘纵向轴线重合时,在制造商规定的工作区域内底盘轻载端轮胎或支腿上的总载荷应不小于起重机总质量重力的15%,在非工作区域内应不小于起重机总质量重力的10%,则认为起重机是稳定的。

当起重机不带主臂时:

——当起重机回转的上部结构纵向轴线与承载底盘纵向轴线成90°时,臂架下面承载侧的支腿或轮胎上的总载荷应不小于起重机总质量重力的5%,则认为起重机是稳定的;

——当起重机回转的上部结构纵向轴线与承载底盘纵向轴线重合时,在制造商规定的工作区域内底盘轻载端轮胎或支腿上的总载荷应不小于起重机总质量重力的5%,在非工作区域内应不小于起重机总质量重力的5%,则认为起重机是稳定的。

16　密封性能试验

16.1　变幅油缸和垂直支腿油缸

16.1.1　试验工况

变幅油缸和垂直支腿油缸的密封性能试验工况为:

a) 基本臂在最小工作幅度下,起吊最大起重量;

b) 臂架位于垂直支腿压力最大的位置;

c) 试验过程中,环境温度的相对温差不大于±5 ℃。

注:不能采用最大起重量工况进行试验的起重机,基本臂时允许采用最大起重力矩工况试验。

16.1.2 试验方法

基本臂在最小的工作幅度下,起吊最大起重量,起升到某一高度后,回转到某一支腿压力最大的位置,试验载荷在空中停稳后,发动机熄火。试验持续 15 min,变幅油缸和垂直支腿油缸的回缩量应不大于 2 mm,载荷下沉量不大于 15 mm。

如果第一次试验结果油缸的回缩量大于 2 mm,可再重复试验两次,取三次试验结果的平均值作为油缸的回缩量。

16.2 水平支腿油缸

起重机按照 9.2 的规定完成行驶试验后,水平支腿的伸出量不大于 3 mm(有插销机构的活动支腿不检查此项内容)。

16.3 合格判定

在空载试验、额定载荷试验、动载荷试验和静载荷试验过程中或试验结束后 15 min 内,发动机、燃油箱、液压油箱、油泵、油马达、液压油缸、液压阀、管接头、油堵等连接部位,不滴油为合格。具体的判断如下:

——固定结合面部位手摸无油膜、相对运动部位目测无油渍为不渗油;

——渗出的油渍面积不超过 100 cm^2 或 15 min 不滴一滴油,视为不滴油。

17 支撑接地比压测定

17.1 试验法

基本臂在最大支反力工况,起吊相应额定起重量,起升到某一高度后,在作业区范围内回转,测量臂架在不同方位时各支承点对地面的压力,并绘制“支承压力-臂架方位”特性曲线,计算各支承点对地面的接地比压。

17.2 计算法

支腿(或轮胎)平均接地比压,用起重机总质量及起吊最大起重量之和的重力对应于支脚(或轮胎)的分力除以相应支脚(或轮胎)接地面积的值来表示,按式(5)计算:

$$Q=F/A \quad \cdots\cdots(5)$$

式中:

Q ——支腿(或轮胎)平均接地比压,单位为千帕(kPa);

F ——起重机总质量及起吊最大起重量之和的重力对应于支脚(或轮胎)的分力,单位为千牛(kN);

A ——支脚(或轮胎)接地面积,单位为平方米(m^2)。

17.3 合格判定

支撑接地比压小于 3 500 kPa 为合格。

注:对支撑接地比压不小于 3 500 kPa 的起重机,允许在支脚板下垫支脚垫。

18 液压油固体颗粒污染测量

第 11 章～第 16 章试验结束后,按 JB/T 9737 规定的方法,检测液压系统中液压油的固体颗粒污染等级,液压油固体颗粒污染等级不应超过 JB/T 9737 的规定。

19 液压系统试验

19.1 试验方法

起重机的液压系统试验应符合 JB/T 4030.3 的规定。

19.2 合格判定

起重机液压系统试验结果应符合制造商设计文件的规定。

20 作业可靠性试验

20.1 试验方法

起重机的作业可靠性试验应符合 JB/T 4030.1 的规定。

20.2 合格判定

起重机作业可靠性试验结果应符合制造商设计文件的规定。

21 行驶可靠性试验

21.1 试验方法

起重机的行驶可靠性试验应符合 JB/T 4030.2 的规定。

21.2 合格判定

起重机行驶可靠性试验结果应符合制造商设计文件的规定。

22 排气烟度测量

汽车起重机如果配有一台发动机,同时供给行驶和起重作业,排气烟度的测量方法应符合 GB 3847 的规定。汽车起重机如果配有两台发动机,底盘发动机的排气烟度测量应符合 GB 3847的规定,上车发动机的排气烟度测量应符合 GB 36886 的规定。

轮胎起重机的排气烟度测量应符合 GB 36886 的规定。

23 噪声测量

23.1 加速行驶车外噪声测量

汽车起重机的加速行驶车外噪声测量方法应符合 GB 1495 的规定。

23.2 作业噪声测量

起重机作业时,机外噪声和司机室内噪声的测量方法应符合 GB/T 20062 的规定。

24 结构试验

24.1 结构应力测试

24.1.1 测试工况及载荷

24.1.1.1 结构应力测试工况及测试项目见表 4。

24.1.1.2 侧载可以采用载荷侧向偏移的方法作用于臂架头部,但应保证在加侧载时不产生铅垂方向的附加分力。水平侧向载荷的方向应与臂架的纵向轴线垂直。侧载系数 φ 取 5%,或者根据制造商提供的侧载系数进行试验。

24.1.1.3　在加载和测试过程中，回转机构或转台应锁定在规定的位置上。

表 4　结构试验工况及载荷表

序号	试验工况	载荷	试验目的	被测结构	测试项目
1	相应的工作幅度和支腿跨距；臂架在正后方、正侧方及支腿最大压力处，基本臂起吊最大起重量 P_{max}	P_{max}	验证主要结构件的强度	车架、支腿、臂架、转台和变幅支架	结构件应力
2	相应的工作幅度和支腿跨距； 臂架在正后方、正侧方及支腿最大压力处，基本臂起吊 1.25 倍最大起重量 P_{max}	1.25 P_{max}			
3	相应的工作幅度和支腿跨距； 基本臂在正侧方起吊最大起重量 P_{max}； 臂架在正侧方加侧载 φP_{max}	P_{max} φP_{max}（侧载）	验证臂架刚度	臂架	臂架端部在变幅平面内垂直于臂架轴线方向的静位移； 臂架端部在回转平面内的水平静位移
4	相应的工作幅度和支腿跨距； 臂架在正侧方，各级主臂全伸起吊相应额定起重量 P_h； 臂架在正侧方加侧载 φP_h	P_h φP_h（侧载）	验证各级主臂的强度和刚度	各级主臂、超起	结构件应力； 各级主臂端部在变幅平面内垂直于臂架轴线方向的静位移； 各级主臂端部在回转平面内的水平静位移
5	相应的工作幅度和支腿跨距； 臂架在正侧方，最长臂架起吊相应额定起重量 P_{fmax}； 臂架在正侧方加侧载 φP_{fmax}	P_{fmax} φP_{fmax}（侧载）	验证主臂和桁架臂的强度及刚度	主臂、桁架臂、超起	结构件应力； 桁架臂端部在变幅平面内垂直于臂架轴线方向的静位移； 桁架臂端部在回转平面内的水平静位移
6	安装工况	安装状态下的自重载荷	验证各结构件的安装强度	臂架、变幅支架	结构件应力
7	行驶状态	自重载荷	转台、臂架支架强度	转台、臂架支架	结构件应力

符号说明：

P_{max}——最大起重量（不能采用最大起重量工况进行试验的起重机，可用最大起重力矩工况时的起重量进行试验）；

P_h——各级主臂（全伸）相应额定起重量；

P_{fmax}——各级桁架臂相应额定起重量；

φ——侧载系数。

24.1.2 测试点的规定

24.1.2.1 应力测试点的选择

24.1.2.1.1 在结构受力分析的基础上，确定危险应力区，危险应力区包括以下三种类型：

a) 均匀高应力区：该区应力达到屈服应力时，会引起结构件的永久变形；

b) 应力集中区：该区内屈服应力的出现不会引起结构件整体的永久变形，但应力集中会影响结构件的疲劳寿命，如孔眼、锐角、焊缝、铰点等断面剧变处；

c) 弹性屈曲区：如受压杆的弹性屈曲，从应力看，该区的最大应力并没有达到材料的屈服点，但可因发生挠曲或过大变形而导致结构的破坏。

24.1.2.1.2 在应力集中区内贴的应变片，应尽可能贴在高应力点上。

承受弯矩最大的断面同时作用有集中载荷时，应考虑在下列两个位置贴片：

a) 应变片贴在集中载荷作用处或集中载荷处 20 mm 范围之内；

b) 应变片贴在集中载荷作用处 20 mm 范围之外，承受弯矩接近最大值，且局部挤压应力影响较小处。

示例：支腿伸出段的根部和臂架伸出段的根部的应力测定。

24.1.2.1.3 桁架结构的弦杆和腹杆，应在节间中部，被测杆件的周向对称贴应变片，最后以平均应力来评定该节间的安全度。

24.1.2.1.4 受压杆件的贴片，应贴在杆件的中部或在其可能屈曲部位。

24.1.2.2 二向应力的贴片

结构承受二向应力状态，如果预先能用某些方法（如脆性涂料法）确定主应变方向时，则可沿主应变方向贴上互相垂直的两个应变片。如果主应变的方向无法确定，则必须贴上由三个应变片组成的应变花。关于应变花的数据处理见 24.1.4.2b)。

24.1.2.3 测点编号

根据选择好的测试部位和确定的测试点，绘制测点分布图，对贴片统一编号，并指明应变片或应变花的粘贴方位。

24.1.3 试验程序

24.1.3.1 检查和调整样机，使之处于正常工作状态。

24.1.3.2 调试和检查有关仪器，合理选择灵敏系数，消除一切不正常现象。

24.1.3.3 测量消除自重影响的应变 ε_0。

测量结构件自重应力，如转台主梁的自重引起的应力，应建立结构的零应力即无应力状态，可采用把结构垫起来，或在构件未装配状态时贴应变片测量应变的基准读数 ε_0。

24.1.3.4 空载应力状态，测量结构件在自重作用下的应变 ε_1。

空载应力状态点将起重机调整到表 4 所规定的测试工况，幅度为测试起重机相应的幅度，吊钩放置地上，回转机构或轮胎应制动或锁住。

如果零应力状态应变基准应变读数 ε_0 无法读出，可以取空载状态作为初始状态，应变仪调零。

24.1.3.5 负载应力状态，测量负载作用下的应变 ε_2。

负载应力状态是起重机按表 4 所规定的测试工况进行加载，其工作幅度允差不大于±1%。如测试工况规定要加侧向载荷，则必须在起重臂两侧分别加侧向载荷测量。

24.1.3.6 卸载至空载应力状态，检查各应变片的回零情况，如果某测点的应变片读数与原数据 ε_1 偏差超过 $\pm 0.03\sigma_s/E$（其中：σ_s——材料屈服极限，E——材料的弹性模量），认为该测点数据无效，应查明原因，按原测试程序重新测量，直到合格。

由风载荷作用造成的应变偏差是属于正常现象，测试时应尽可能选择良好天气，减少风载荷的影响。

24.1.3.7 每次试验应重复做三次，比较测试数据无重大差别。如果误差超过 10 倍的微应变，则应查明原因，并重新测试，直至稳定。

24.1.3.8 观察结构是否有永久变形或局部损坏。如果出现永久变形或局部损坏，应立即终止试验，进行全面检查和分析。

24.1.3.9 试验数据、观察到的现象、试验说明应随时记录。

24.1.4 应力测试数据处理和安全判别方法

24.1.4.1 计算两个测试状态的应力

空载应力（自重引起的应力）σ_1 按式(6)计算：

$$\sigma_1 = E(\varepsilon_1 - \varepsilon_0) \quad \cdots\cdots (6)$$

负载应力 σ_2 按式(7)计算：

$$\sigma_2 = E(\varepsilon_2 - \varepsilon_1) \quad \cdots\cdots (7)$$

式中：

E ——材料的弹性模量，屈服极限小于 500 N/mm^2 时，取 $E=2.06\times10^5$ N/mm^2，屈服极限大于或等于 500 N/mm^2 时的高强度合金钢，如没有提供 E 和 μ 的数值，应取样实测 E 和 μ 的数值；

σ_1 ——空载应力（不测空载应力时，用计算应力代替），单位为牛每平方毫米（N/mm^2）；

σ_2 ——负载应力，单位为牛每平方毫米（N/mm^2）；

ε_0 ——零应力状态应变仪读数；

ε_1 ——空载应力状态应变仪读数；

ε_2 ——负载应力状态应变仪读数。

注：ε_0、ε_1、ε_2 均带正负号，拉应力为正，压应力为负。

结构最大应力取下述两种情况的较大者：

a) 空载应力最大，见式(8)：

$$\sigma_{max} = \sigma_1 \quad \cdots\cdots (8)$$

b) 空载应力与负载应力之代数和最大，见式(9)：

$$\sigma_{max} = \sigma_1 + \sigma_2 \quad \cdots\cdots (9)$$

式中：

σ_{max}——最大应力，单位为牛每平方毫米（N/mm^2）。

注：σ_1 和 σ_2 各带自己的正负号。

24.1.4.2 二向应力状态的数据处理

对于承受二向应力弹塑性材料，按变形能（第四）强度理论计算。其当量单向应力计算如下：

a) 当主应力（变）的方向已知，并测得了两个方向的主应力时，当量单向应力按式(10)计算：

$$\sigma' = \sqrt{\sigma_x^{\ 2} - \sigma_x\sigma_y + \sigma_y^{\ 2}} \quad \cdots\cdots(10)$$

式中：

σ'——当量单向应力，单位为牛每平方毫米(N/mm^2)；

σ_x——最大主应力，单位为牛每平方毫米(N/mm^2)；

σ_y——最小主应力，单位为牛每平方毫米(N/mm^2)。

主应力可由两个方向的主应变值按式(11)、式(12)计算：

$$\sigma_x = E(\varepsilon_x + \mu\varepsilon_y)/(1-\mu^2) \quad \cdots\cdots(11)$$

$$\sigma_y = E(\varepsilon_y + \mu\varepsilon_x)/(1-\mu^2) \quad \cdots\cdots(12)$$

式中：

ε_x ——最大主应变；

ε_y ——最小主应变；

μ ——泊松比。

b) 主应力(变)的方向未知，可用直角应变花测得三个方向的线应变，当量单向应力按式(13)计算：

$$\sigma' = \frac{E}{2}\left[\frac{\varepsilon_a + \varepsilon_c}{1-\mu} + \frac{\sqrt{2}}{1+\mu}\sqrt{(\varepsilon_a - \varepsilon_b)^2 + (\varepsilon_b - \varepsilon_c)^2}\right] \quad \cdots\cdots(13)$$

式中：

ε_a ——a 应变片的应变；

ε_b ——b 应变片的应变；

ε_c ——b 应变片的应变。

应变花的贴片方式如图 4 所示。

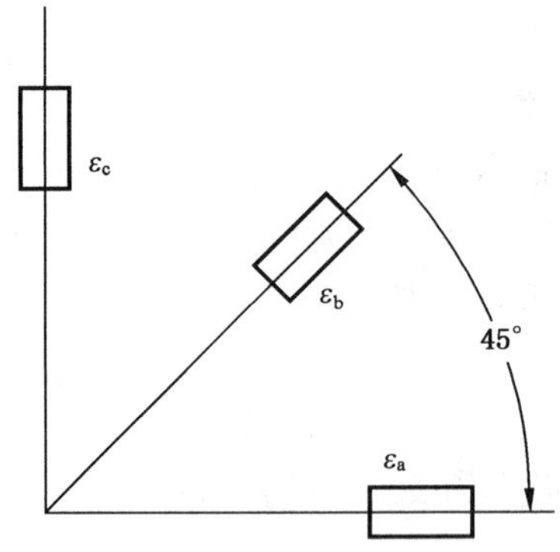

图 4 应变花贴片方式

c) 对于脆性材料，可采用最大应变(第二)强度理论求得当量应力，按式(14)计算：

$$\sigma_x = E\varepsilon_x \quad \cdots\cdots(14)$$

24.1.4.3 测试应力值的安全判别方法

根据表 4 给定的测试工况和载荷进行测试，各危险应力区的安全系数见表 5 的规定；焊缝的许用应力应符合 GB/T 3811 的规定；结构件钢材的许用应力按表 6 的规定。

表 5 结构强度安全系数

试验工况	安全系数最小值 n		
	均匀高应力区(n_{I})	应力集中区(n_{II})	弹性屈曲区(n_{III})
作业状态工况(表 4 序号 1、序号 3、序号 4、序号 5)	1.48	1.1	1.6
作业状态工况和安装工况(表 4 序号 2、序号 6)	1.2	1.05	1.4
行驶状态(表 4 序号 7)	5、7	—	—

注:行驶状态安全系数用于转台和臂架支架的强度判据。起重机底盘有弹性悬挂的,安全系数取小值;无弹性悬挂的,安全系数取大值。

表 6 结构件钢材的许用应力

钢材强度	拉、压、弯 $[\sigma]$	剪切 $[\tau]$	承压 $[\tau_{cd}]$	压杆弹性屈曲 $[\sigma_{cr}]$
$\sigma_s/\sigma_b<0.7$	σ_s/n	$[\sigma]/\sqrt{3}$	$1.4[\sigma]$	σ_{cr}/n
$\sigma_s/\sigma_b\geqslant 0.7$	σ_{Fs}/n			

注 1:$\sigma_{Fs}=0.5\sigma_s+0.35\sigma_b$ 为假想屈服极限。

式中:

σ_s——材料的屈服极限,单位为牛每平方毫米(N/mm²);

σ_b——材料的抗拉强度极限,单位为牛每平方毫米(N/mm²)。

注 2:当 $\sigma_{cr}\leqslant\sigma_p$ 时,取:

$$\sigma_{cr}=\frac{\pi^2 E}{(KL/r)^2}$$

当 $\sigma_{cr}>\sigma_p$ 时,取:

$$\sigma_{cr}=\sigma_s-\left[\frac{\sigma_p-(\sigma_s-\sigma_p)(KL/r)^2}{\pi^2 E}\right]$$

式中:

σ_{cr}——欧拉屈曲临界应力,单位为牛每平方毫米(N/mm²);

n——安全系数;

K——受压杆件长度系数,参见 GB/T 3811;

r——惯性半径,单位为毫米(mm);

L——受压杆件几何长度,单位为毫米(mm);

σ_p——材料的比例极限,单位为牛每平方毫米(N/mm²);

E——材料的弹性模量,单位为牛每平方毫米(N/mm²),对于屈服极限小于 500 N/mm² 时,取 $E=2.06\times10^5$ N/mm²;对于屈服极限等于或高于 500 N/mm² 时的高强度合金钢,如没有提供 E 的数值,E 为实测值。

在起重机行驶中,转台承受较大的运行冲击载荷,自重引起的应力是其主要载荷,因此,应给出转台的自重应力安全系数 n。

a) Ⅰ类——均匀高应力区的自重应力安全系数按式(15)计算:

$$n_{Ⅰ}=\sigma_s/\sigma_r \text{或} \quad n_{Ⅰ}=\sigma_s/\sigma' \qquad (15)$$

式中：

σ_r——结构件中被测部位测出的最大拉应力，单位为牛每平方毫米(N/mm^2)；

注：对于单向应力：塑性材料 $\sigma_r=\sigma_{max}$；脆性材料 $\sigma_r=\sigma_x$。

σ'——当量单向应力，单位为牛每平方毫米(N/mm^2)；

$n_Ⅰ$——Ⅰ类安全系数。

b) Ⅱ类——应力集中区的自重应力安全系数按式(16)计算：

$$n_{Ⅱ}=\sigma_s/\sigma_r \quad \text{或} \quad n_{Ⅱ}=\sigma_s/\sigma' \qquad (16)$$

式中：

$n_Ⅱ$——Ⅱ类安全系数。

c) Ⅲ类——弹性屈曲区，对于弦杆和腹杆等受压元件的自重应力安全系数按式(17)计算：

$$n_{Ⅲ}=1/[\sigma_{ra}/\sigma_{cr}+(\sigma_{rm}-\sigma_{ra})/\sigma_s] \qquad (17)$$

式中：

σ_{ra}——由一个截面上若干个测点的应变读数确定的平均应力，单位为牛每平方毫米(N/mm^2)；

σ_{rm}——压杆被测截面上最大的计算压应力，单位为牛每平方毫米(N/mm^2)；

σ_{cr}——受压杆发生屈曲的临界压应力(见表6)，单位为牛每平方毫米(N/mm^2)；

$n_Ⅲ$——Ⅲ类安全系数。

d) Ⅳ类——板的局部屈曲区

对板可能产生局部屈曲部位，一般要求对所有的试验工况(包括超载试验工况)Ⅳ类区域的应变片读数，都应回到空载时的读数。

24.2 结构位移测量

24.2.1 测量工况及载荷

结构位移测量的工况及载荷见表4。

表4中只规定测量臂架的变形，其他结构件的变形是否需要测量根据具体情况确定。有条件的情况下，支架、支腿、转台等结构件均应测量主要工况下的变形。

24.2.2 测量方法

结构变形的测量值受测试条件的影响，数据不完全是该结构件的受力弹性位移，同时包括基础下沉、结构连接间隙，以及其他结构件的变形对被测结构的影响等，因此测试时应尽可能排除影响因素，测得比较准确的弹性位移。

臂架端部在变幅平面内的变形，可通过臂架起吊额定起重量，测量臂架端部在载荷作用下的垂直分量、水平分量和臂架仰角，然后计算臂架在变幅平面内垂直于臂架轴线方向的静位移；或通过臂架头部固定一个十字架式的标尺，其上有水平和垂直刻度，用经纬仪测量。

24.2.3 箱形伸缩式臂架的变形限值

24.2.3.1 在相应工作幅度起吊额定载荷作用下，只考虑臂架端部变形时，臂架端部在变幅平面内垂直于臂架轴线方向的静位移 f_L 按式(18)评定测试结果：

$$f_L\leqslant kL_C^2 \qquad (18)$$

式中：

f_L ——静位移，单位为厘米(cm)；

L_C ——臂架长度，单位为米(m)；

k ——系数，当 $L_C<45$ m 时，k 值取 0.1；当 $L_C\geq45$ m 时，k 值取 0.1～0.15。

24.2.3.2 在相应工作幅度起吊额定载荷及在臂架端部施加数值为 5%(或制造商提供的侧载系数)的额定载荷的水平侧向力时，臂架端部在回转平面内的水平静位移 Z_L 按式(19)评定测试结果：

$$Z_L\leqslant 0.07{L_C}^2 \quad \cdots\cdots(19)$$

式中：

Z_L——水平静位移，单位为厘米(cm)。

24.3 结构动特性测试

24.3.1 测试项目

测试项目如下：

a) 起重机结构件危险应力区危险点的动态应力；

b) 司机室的振动特性。

24.3.2 测试方法

测试方法如下：

a) 额定载荷，正常操作起升离地或以额定速度下降制动时，测试动应力和振动特性；

b) 对有伸缩臂的起重机，臂架全伸状态、仰角在 40°～50°，空载，测试作缩臂运动时产生的振动。

注：对于伸缩角度有限制的，按制造商规定的角度进行。

24.3.3 动特性的限值

动特性的值如下：

a) 按 24.3.1a) 各部位的最大应力点由振动产生的最大应力不应超过许用应力；

b) 司机室操纵台和座椅处的水平方向和垂直方向加速度应小于 $0.2g_n$(g_n 为标准自由落体加速度)。

24.4 试验报告

24.4.1 试验过程中应做好试验记录和数据整理工作。对不正常现象，应有实况记录，并做出分析意见。

24.4.2 对试验中发现的个别部位的应力、合成应力超出规定值时，虽然没有发现破坏或不正常的现象，但报告中应特别指出，并提出分析意见，做出结构是否可正常工作的明确结论。

25 工业性试验

25.1 试验要求与时间

起重机试验要求应符合制造商的规定。

起重机最大起重量大于 500 t 的，可用工业性试验代替作业可靠性试验。

起重机工业性试验的累计时间根据可靠性指标、特殊用途和用户提出的具体要求，在产品出厂后的第一个大修周期范围内选择，或由质量检测机构确定，一般情况的累计时间不少于半年。

25.2 考核项目

采用以实际使用工况的形式，考核起重机作业功能技术水平和整机性能稳定性。进行工业性试验的起重机应考核如下项目：

a) 排放及油耗指标验证；

b) 作业速度参数评价；

c) 使用可靠性指标验证；

d) 司机劳动条件考核；

e) 技术保养及维修条件；

f) 整机性能稳定性评价。

25.3 试验步骤

25.3.1 起重机通过全面技术检查后，正式投入试验期间的一切操作规程和维护保养均严格按照有关技术文件的规定。

25.3.2 试验期间起重机出现故障应及时排除，并参照附录A中表A.1详细记录试验期间各故障相关零部件的损伤和异常现象，记录维修换件情况及工时消耗等。对损坏零部件应及时进行技术分析和精密测量。

25.3.3 在整个工业性试验过程的初期、中期和末期，对起重机进行下列项目的测定，并参照表A.2详细记录起重机的各项试验数据。例如：

a) 排放及油耗指标；

b) 稳定作业速度；

c) 基本臂、中长臂、最长主臂、最长臂架的最大起重能力；

d) 液压油最高温度；

e) 转台稳定回转速度；

f) 汽车起重机的整车最高稳定行驶速度和行驶制动距离；

g) 轮胎起重机的最高稳定行驶速度和最低稳定行驶速度等。

25.3.4 在整个工业性试验过程期间，每班参照表A.3详细记录起重机的作业工况、作业性能等。

25.4 试验资料汇总

25.4.1 数据统计

在整个工业性试验过程期间，参照表A.4定期统计汇总起重机经济效益的各项指标，参照表A.5定期统计汇总故障。

25.4.2 排放及油耗指标考核

起重机排放及油耗指标应符合制造商规定的技术规格。

25.4.3 作业速度参数评价

起重机作业速度参数应符合制造商规定的技术规格。

25.4.4 使用可靠性指标验证

起重机使用可靠性指标应符合JB/T 4030.1的规定。

25.4.5 司机劳动条件考核

司机劳动条件应符合制造商规定的技术规格，汇总项目如下：

a) 操纵力与结合频繁程度；

b) 司机室的隔音、保暖和通风；

c) 视野与照明；

d) 司机座椅的防震性和舒适性；

e) 发动机的低温起动性能。

25.4.6 起重机的技术保养与维修条件考核

起重机的技术保养与维修条件考核应符合制造商提供的维护保养手册的规定，汇总项目如下：

a) 维修保养劳动量与物资费用支出；

b) 维修保养中的修复工艺性；

c) 维修保养规程的合理性；

d) 改进措施。

25.4.7 作业功能技术水平和整机性能稳定性评价

工业性试验结束后，根据工业性试验过程的初期、中期和末期的试验数据对比，做出起重机的作业功能技术水平和整机性能稳定性评价。起重机作业功能技术水平和整机性能稳定性评价应符合制造商规定的技术规格。

26 检验规则

26.1 分类

起重机的检验分出厂检验和型式检验。

26.2 出厂检验

起重机应经制造厂质量检验部门检验合格后方可出厂。产品出厂时，应附有质量检验部门签发的产品合格证。出厂检验项目见表 7。

26.3 型式检验

26.3.1 进行型式试验的样机应是出厂检验的合格产品。

26.3.2 凡属下面情况之一者，应进行型式检验：

a) 新产品或老产品转厂生产的试制定型时；

b) 产品停产三年后恢复生产时；

c) 正式生产后，如工艺和材料有较大改变，可能影响产品性能时；

d) 出厂检验与上次定型检验有重大差异时；

e) 国家质量监督机构提出进行型式检验要求时。

26.3.3 型式检验项目见表 7。

26.3.4 起重机型式检验时，如属 26.3.2a)、b)和 e)三种情况，应按表 7 规定的内容进行试验；如属26.3.2c)、d)两种情况，可仅对受影响项目进行检验。

表 7 检验项目表

章条编号		检验项目	出厂检验			型式检验		
			试验	测定	目测	试验	测定	目测
准备性检验	6.4.2	上车部分			○			○
	6.4.3	底盘部分			○			○
	6.5.1	侧防护和后防护			○	○		
	6.5.2	前下部防护			○	○		
	6.5.3	通道、护栏和楼梯			○	○		
	6.5.4	水平仪、仰角指示器、起升高度限位器、下降深度限位器和幅度限位器	○			○		
	6.5.5	力矩限制器	○			○		
	6.5.6	起重量限制器	○			○		
	6.5.7	防飞溅系统			○	○		
	6.5.8	安全监控管理系统	○			○		
7		质量参数测量		◇			○	
几何参数测量	8.1.1	a) 整车的长 L、宽 B、高 H		○			○	
		b) 轴距 Z_1、Z_2、Z_3		○			○	
		c) 轮距 A_1、A_2					○	
		d) 最小离地间隙 δ					○	
		e) 接近角 α 和离去角 β					○	
		f) 前悬 C_1 和后悬 C_2					○	
		g) 前伸 C_3 和后伸 C_4					○	
	8.1.2	a) 基本臂臂长、最长主臂臂长					○	
		b) 臂架的最大仰角和最小仰角		○			○	
		c) 基本臂和最长主臂的最大起升高度		◇			○	
		d) 支腿的纵向跨距 L_1 和横向跨距 L_2		○			○	
		e) 尾部回转半径 W					○	

表 7　检验项目表（续）

章条编号		检验项目	出厂检验			型式检验		
			试验	测定	目测	试验	测定	目测
行驶性能试验	9.1	车速表检查	○			○		
	9.2	行驶试验	○			○		
	9.3	制动性能试验				○		
	9.4	最高车速测量				○		
	9.5	最低稳定车速测量				○		
	9.6	加速性能试验				○		
	9.7	爬陡坡试验				○		
	9.8	通过性试验				○		
	9.9	侧倾稳定性试验				○		
作业参数测定	10.1	起升、下降速度	◇			○		
	10.2	回转速度	◇			○		
	10.3	变幅时间	◇			○		
	10.4	主臂伸、缩时间	◇			○		
	10.5	活动支腿收放时间	◇			○		
11		空载试验	○			○		
12		额定载荷试验	○			○		
13		动载荷试验	○			○		
14		静载荷试验	○			○		
15		整机稳定性试验				○		
16		密封性能试验	◇			○		
17		支撑接地比压测定	◇			○		
18		液压油固体颗粒污染测量		○			○	
19		液压系统试验				○		
20		作业可靠性试验				○		
21		行驶可靠性试验				○		
22		排气烟度测量	◇			○		
23		噪声测量	◇			○		
24		结构试验				○		

注：○——应测项目；◇——制造商认为需要时应测项目。

附 录 A
(资料性)
起重机工业性试验记录

起重机工业性试验记录见表 A.1～表 A.5。

表 A.1 故障记录

样机型号:__________ 制造商:__________ 故障发生时间:______年______月______日

试验人员:__________ 记录员:__________

维修人员:__________ 当班司机:__________

样机累计试验时间/h	当班作业方式	故障零部件实际使用时间 h	故障停机时间 h	
			待料时间	修理时间
故障内容				
故障原因分析				
采取措施及效果				

表 A.2 初期、中期和末期试验记录

样机型号:__________ 出厂编号:__________ 制造商:__________

当班司机:__________ 试验人员:__________

主管试验员:__________ 记录员:__________

测 量 项 目			工业性试验初期 年 月 日	工业性试验中期 年 月 日	工业性试验末期 年 月 日
排放及油耗指标	排气污染				
	平均油耗/(kg/h)				
最高稳定作业速度	卷扬动作性能/(m/min)	起升			
		下降			
	伸缩动作性能(伸缩臂时间)/s	主臂伸			
		主臂缩			
	变幅动作性能(起落臂时间)/s	起升			
		下降			
	回转动作性能/(r/min)				

表 A.2 初期、中期和末期试验记录（续）

测量项目			工业性试验初期 年 月 日	工业性试验中期 年 月 日	工业性试验末期 年 月 日
最低稳定作业速度	卷扬动作性能/(m/min)	起升			
		下降			
	伸缩动作性能 (伸缩臂时间)/s	主臂伸			
		主臂缩			
	变幅动作性能 (起落臂时间)/s	起升			
		下降			
	回转动作性能/(r/min)				
最大起重量/相应最小工作幅度/(t/m)	基本臂				
	中长臂				
	最长主臂				
	最长臂架				
最大起重量/相应最大工作幅度/(t/m)	基本臂				
	中长臂				
	最长主臂				
	最长臂架				
轮胎起重机带载行驶	最大起重量/相应最小作业幅度/(t/m)/最高稳定行驶速度/(km/h)	基本臂			
		中长臂			
		最长主臂			
汽车起重机	整机最高稳定行驶速度/(km/h)				
	整机行驶制动距离/m				
轮胎起重机	最高稳定行驶速度/(km/h)				
	最低稳定行驶速度/(km/h)				
液压油最高温度/℃					

表 A.3 作业工况、作业性能记录

样机型号：____________ 出厂编号：____________ 制造商：____________

试验日期：____________ 天气：________ 气温：________℃ 湿度：________

当班司机：____________ 试验人员：____________ 记录员：____________

项目	发动机机油温度/℃	发动机冷却水温度/℃	液压油箱液压油温度/℃
班前			
班后			
时间统计	发动机空转时间______h	技术保养时间______h	
	样机空行时间______h	特殊原因停机时间______h	
	作业始末时间______h	故障原因停机时间______h	
	辅助工作时间______h	纯修理时间______h	
	其他时间______h	纯试验时间______h	

项目			项目		
作业工况（汽车起重机）	基本臂	幅度______m	作业工况（轮胎起重机）	基本臂	幅度______m
		起重量______t			起重量______t
	中长臂	幅度______m			行驶速度______km/h
		起重量______t		中长臂	幅度______m
	最长主臂	幅度______m			起重量______t
		起重量______t			行驶速度______km/h
	最长主臂＋最短副臂	主臂幅度______m		最长主臂	幅度______m
		起重量______t			起重量______t
		副臂安装角______°			行驶速度______km/h
	最长臂架	主臂幅度______m		最长臂架	幅度______m
		起重量______t			起重量______t
		副臂安装角______°			行驶速度______km/h
	道路行驶	最高稳定行驶速度__km/h		道路行驶	最高稳定行驶速度______km/h
		最低稳定行驶速度__km/h			最低稳定行驶速度______km/h
保养内容及人数					
故障情况及其说明					

表 A.4 经济效益的各项指标统计表(定期统计汇总)

样机型号:____________出厂编号:____________制造商:____________

当班司机:____________试验人员:____________记录员:____________

<table>
<tr><th rowspan="2">试验日期</th><th rowspan="2">工作地点</th><th rowspan="2">总试验时间/h</th><th colspan="4">作业时间/h</th></tr>
<tr><th>总作业时间</th><th>在负荷下的纯作业时间</th><th>作业场地改变时的转移运行时间</th><th>发动机空转时间</th></tr>
<tr><td></td><td></td><td></td><td></td><td></td><td></td><td></td></tr>
</table>

<table>
<tr><th colspan="9">停机时间/h</th><th rowspan="3">作业率/%</th></tr>
<tr><th rowspan="2">施工组织上的原因</th><th rowspan="2">司机休息</th><th rowspan="2">气象原因</th><th rowspan="2">排查故障</th><th rowspan="2">更换零部件</th><th colspan="3">技术保养</th><th rowspan="2">总计</th></tr>
<tr><th>台班累计</th><th>定期保养</th><th>各级预修(大、中修)</th></tr>
<tr><td></td><td></td><td></td><td></td><td></td><td></td><td></td><td></td><td></td><td></td></tr>
</table>

表 A.5 故障汇总统计表(定期统计汇总)

样机型号:____________出厂编号:____________制造商:____________

当班司机:____________试验人员:____________记录员:____________

<table>
<tr><th>序号</th><th>损坏的零部件名称</th><th>损坏特征,损坏时零部件已工作的时间/h</th><th>至第一次大修预计的(设计的)使用寿命/h</th><th>消除造成损坏原因所采取的技术措施</th><th>技术措施所产生的效果</th></tr>
<tr><td>1</td><td></td><td></td><td></td><td></td><td></td></tr>
<tr><td>2</td><td></td><td></td><td></td><td></td><td></td></tr>
<tr><td colspan="6"></td></tr>
</table>

<table>
<tr><th rowspan="2">总作业时间/h</th><th colspan="18">故障发生率(次/百分比)</th></tr>
<tr><th>发动机部分</th><th>变速箱</th><th>取力器</th><th>前桥</th><th>中后桥</th><th>传动机构</th><th>臂架</th><th>变幅机构</th><th>回转机构</th><th>伸缩机构</th><th>起升机构</th><th>操纵机构</th><th>液压系统</th><th>电气系统</th><th>车架</th><th>支腿</th><th>其他</th><th>总计</th></tr>
<tr><td></td><td></td><td></td><td></td><td></td><td></td><td></td><td></td><td></td><td></td><td></td><td></td><td></td><td></td><td></td><td></td><td></td><td></td><td></td></tr>
</table>

ICS 01.040.53;53.020.20
J 80

中华人民共和国国家标准

GB/T 6974.1—2008/ISO 4306-1:2007
代替 GB/T 6974.1～6974.5—1986

起重机 术语 第1部分:通用术语

Cranes—Vocabulary—Part 1:General

(ISO 4306-1:2007,IDT)

2008-10-07 发布 2009-04-01 实施

中华人民共和国国家质量监督检验检疫总局
中国国家标准化管理委员会 发布

前　言

GB/T 6974《起重机　术语》分为以下4个部分：

——第1部分：通用术语；

——第2部分：流动式起重机；

——第3部分：塔式起重机；

——第5部分：桥式和门式起重机。

本部分为GB/T 6974《起重机　术语》的第1部分。

本部分等同采用ISO 4306-1:2007《起重机　术语　第1部分：通用术语》(英文版)。

本部分等同翻译ISO 4306-1:2007。

为便于使用，本部分还做了下列编辑性修改：

a) "ISO 4306的本部分"一词改为"GB/T 6974的本部分"；

b) 删除国际标准前言；

c) 按照GB/T 1.1的编写格式，将范围与术语和定义加了章号，其他各章号按序顺延；

d) 增加了中文索引；

e) 对原文中的个别失误做了勘误：

——将4.4.4图示中的双车轮小图移至4.4.3的图示中；

——删去5.1.7的图示中右下方的两个表示横移的箭头；

——将4.4.12图中的"r"改为"r_{min}"；

——在3.6.1中删去"或悬挂式起重机(3.6.2)"。

本部分代替GB/T 6974.1—1986《起重机械名词术语　起重机械类型》、GB/T 6974.2—1986《起重机械名词术语　主要参数》、GB/T 6974.3—1986《起重机械名词术语　一般概念》、GB/T 6974.4—1986《起重机械名词术语　机构和零部件》、GB/T 6974.5—1986《起重机械名词术语　安全指示装置》。

本部分与GB/T 6974.1—1986～GB/T 6974.5—1986相比主要变化：

a) 将标准名称改为与ISO 4306-1名称一致的《起重机　术语　第1部分：通用术语》；

b) 在"第3章起重机类型"中，增加了"按控制方式分类"，删除了"按使用场合分类"；

c) 增加了"臂架起重机""检查速度""起重机限界线""稳定性试验""桅杆位置"等术语；

d) 增加"第9章使用"和"起重机操作员"术语；

e) 将"质量参数内容"改为本部分的第8章"起升载荷"，增加了"可分吊具""固定吊具""起重挠性件"等术语，并给出了关于起升载荷的示例；

f) 制动器、取物装置、限制器和指示器以及起重机具体结构等术语不再细化；

g) 删除了"轻小型起重设备""安装起重机""随车起重机""蒸汽起重机"以及一般不属于通用的术语。

本部分由中国机械工业联合会提出。

本部分由全国起重机械标准化技术委员会(SAC/TC 227)归口。

本部分负责起草单位:北京起重运输机械研究所。

本部分主要起草人:何铀。

本部分所代替标准的历次版本发布情况为:

——GB/T 6974.1—1986;

——GB/T 6974.2—1986;

——GB/T 6974.3—1986;

——GB/T 6974.4—1986;

——GB/T 6974.5—1986。

起重机　术语　第1部分:通用术语

1　范围

GB/T 6974 的本部分规定了起重机领域中最常用的术语。

GB/T 6974 的本部分定义了起重机主要类型、参数、一般概念及其部件的术语。

注：某些定义所附插图仅为参考性简图。

2　术语和定义

起重机　crane

用吊钩或其他取物装置吊挂重物,在空间进行升降与运移等循环性作业的机械。

3　起重机类型

3.1　按构造分类

3.1.1	**桥架型起重机　overhead type crane** 其取物装置悬挂在能沿桥架运行的起重小车、葫芦或臂架起重机上的起重机	
3.1.1.1	**桥式起重机　bridge crane;** overhead travelling crane 其桥架梁通过运行装置直接支承在轨道上的起重机	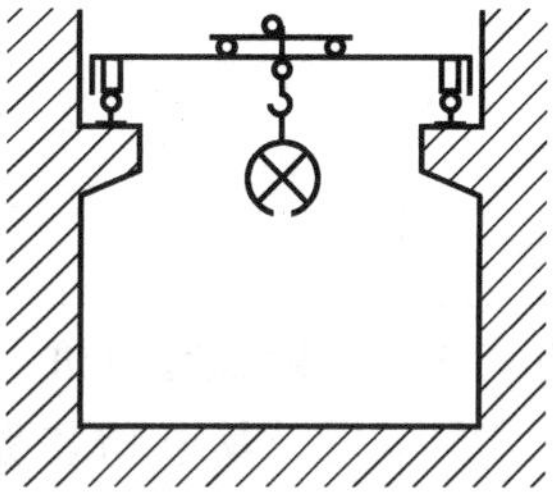
3.1.1.2	**门式起重机　gantry crane;** portal bridge crane 桥架梁通过支腿支承在轨道上的起重机	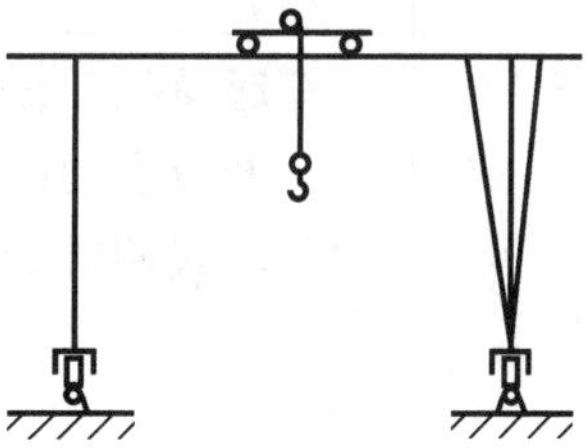

3.1.1.3	**半门式起重机　semi-gantry crane**；semi-portal bridge crane 其桥架梁一端直接支承在轨道上，另一端通过支腿支承在轨道上的起重机	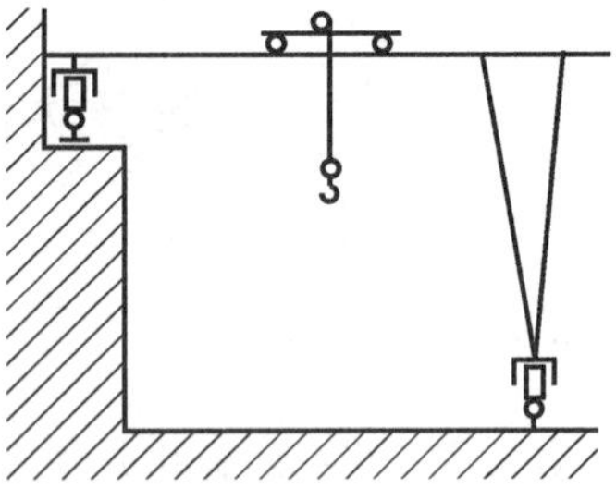
3.1.2	**缆索型起重机　cable type crane** 挂有取物装置的起重小车沿固定在支架上的承载绳索运行的起重机	
3.1.2.1	**缆索起重机　cable crane** 以固定在支架顶部的承载索作为承载件的起重机	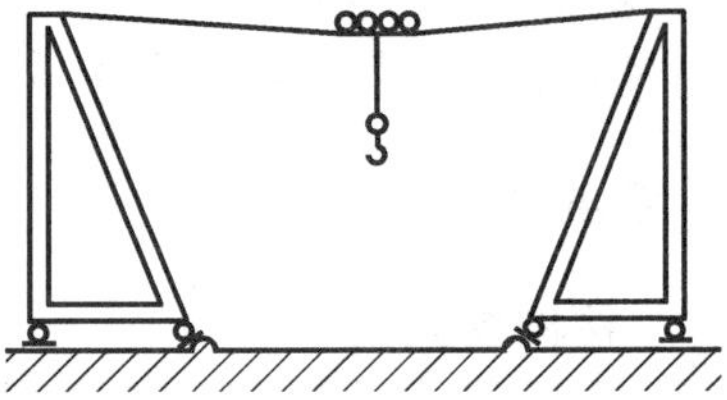
3.1.2.2	**门式缆索起重机　portal cable crane** 承载索作为承载件固定于两支腿上的桥架两端的起重机	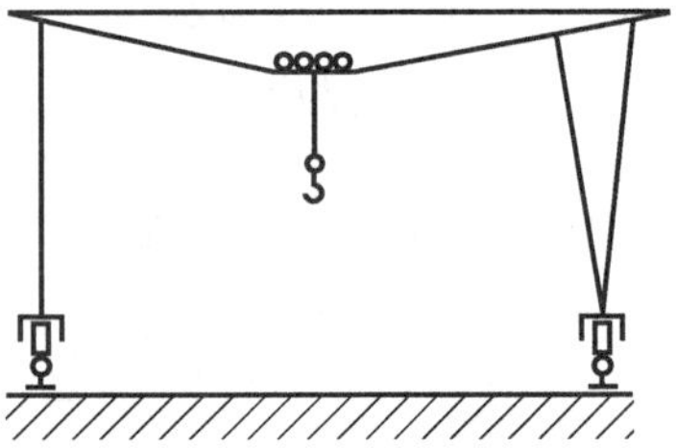
3.1.3	**臂架型起重机　jib type crane** 其取物装置悬挂在臂架上或沿臂架运行的小车上的起重机，参见**臂架起重机**(3.1.3.10)	
3.1.3.1	**门座起重机　portal slewing crane** 安装在门座上，下方可通过铁路或公路车辆的移动式**回转起重机**(3.5.1)	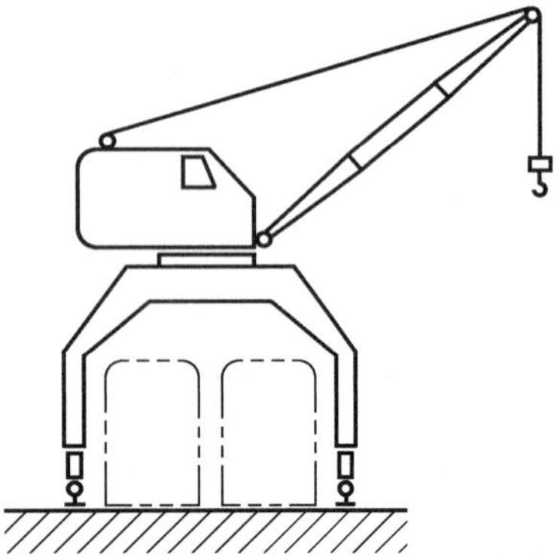

3.1.3.2	**半门座起重机　semi-portal slewing crane** 安装在半门座上，下方可通过铁路或公路车辆的移动式**回转起重机**(3.5.1)	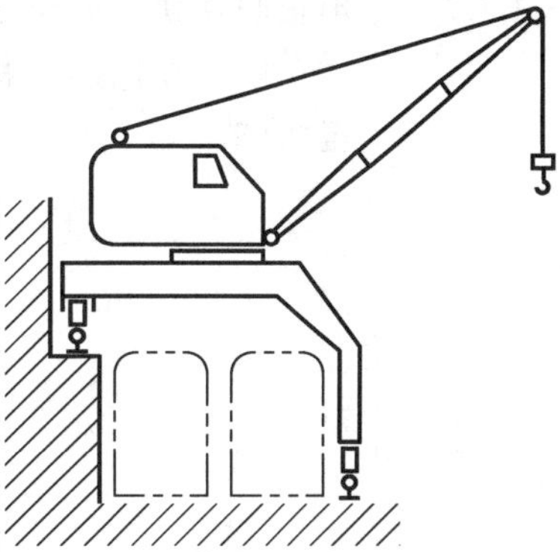
3.1.3.3	**流动式起重机　mobile crane** 可以配置立柱(塔柱)，能在带载或不带载情况下沿无轨路面行驶，且依靠自重保持稳定的**臂架型起重机**(3.1.3)	
3.1.3.4	**塔式起重机　tower crane** 臂架安装在垂直塔身顶部的回转式臂架型起重机	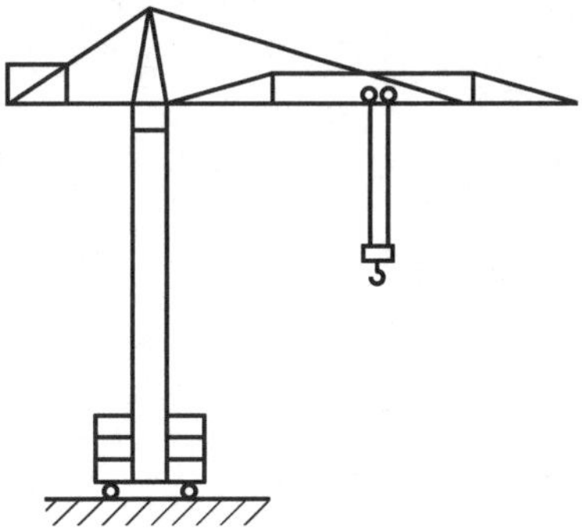
3.1.3.5	**铁路起重机　railway crane** 安装在专用底架上沿铁路轨道运行的起重机	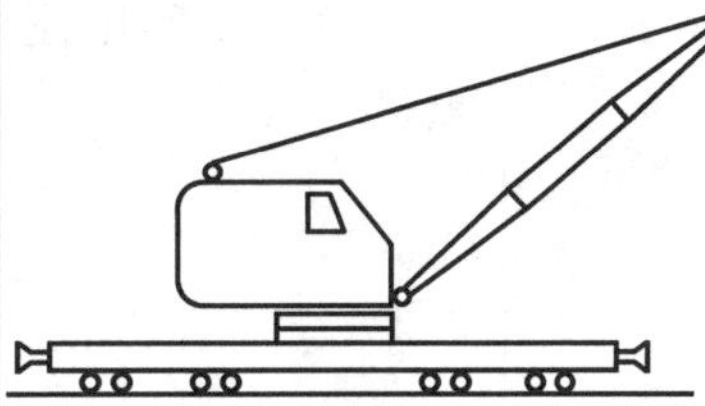
3.1.3.6	**浮式起重机　floating crane** 以自航或拖航的专用浮船船体作支承和运行装置的起重机	

3.1.3.7	**甲板起重机　deck crane** 安装在船舶甲板上,用于装卸船货的**回转起重机**(3.5.1)	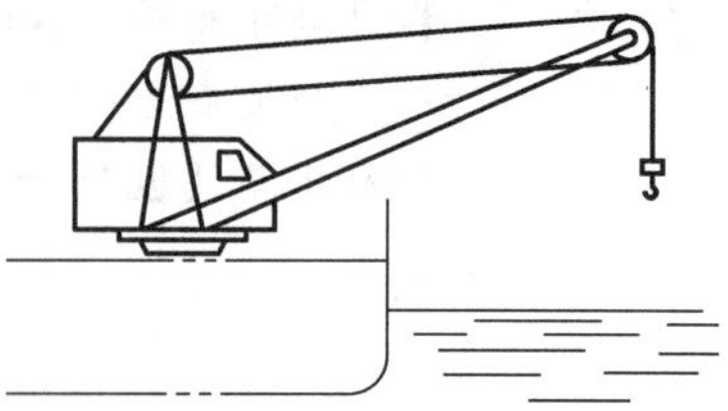
3.1.3.8	**桅杆起重机　derrick crane;** mast crane 其臂架铰接在上下两端均有支承的垂直桅杆下部的**回转起重机**(3.5.1)	
3.1.3.8.1	**缆绳式桅杆起重机　guy-derrick crane** 桅杆顶部用多条缆绳支承的桅杆起重机	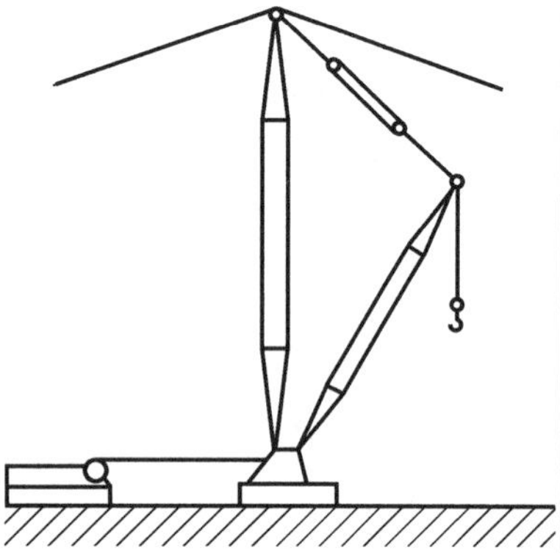
3.1.3.8.2	**刚性斜撑式桅杆起重机　rigid-braced derrick crane** 桅杆顶部用刚性斜撑结构件支撑的桅杆起重机	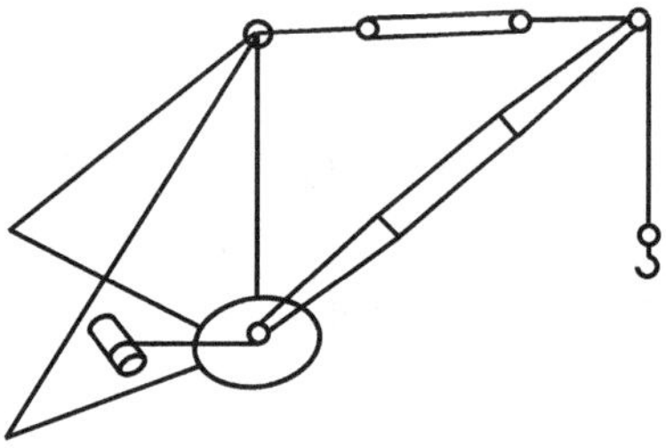
3.1.3.9	**悬臂起重机　cantilever crane** 取物装置悬挂在刚性固定的悬臂(臂架)上,或悬挂在可沿悬臂(臂架)运行的小车上的**臂架起重机**(3.1.3.10)	

3.1.3.9.1	**柱式悬臂起重机　pillar jib crane** 悬臂可绕固定于基座上的定柱回转,或与能在基础内支承回转的转柱固定在一起的悬臂起重机	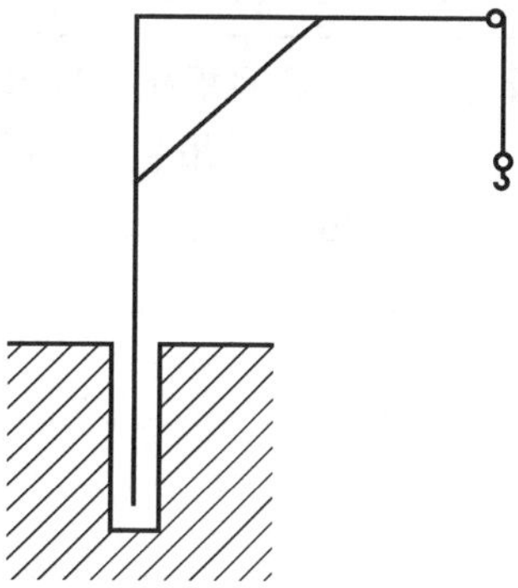
3.1.3.9.2	**壁式悬臂起重机　wall crane** 固定在墙壁上或者可沿安装在墙壁或承重结构上的高架轨道运行的悬臂起重机	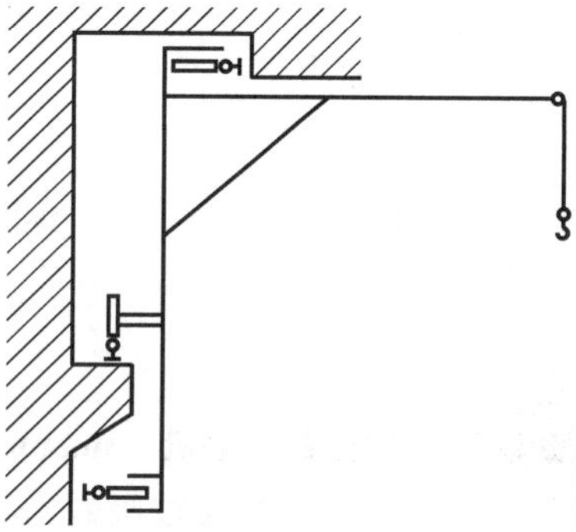
3.1.3.9.3	**自行车式起重机　walking crane** 由高架导轨支撑,可沿地面轨道运行的悬臂起重机	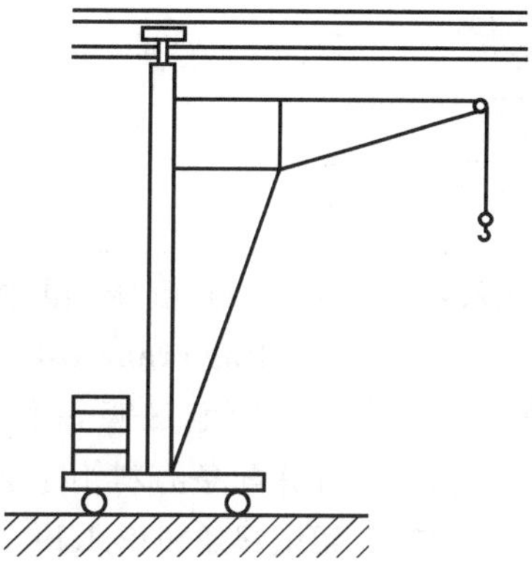
3.1.3.10	**臂架起重机　jib crane** 除了**流动式起重机**(3.1.3.3)、**塔式起重机**(3.1.3.4)、**铁路起重机**(3.1.3.5)、**浮式起重机**(3.1.3.6)和海上起重机以外的**臂架型起重机**(3.1.3)	

3.2 按取物装置分类

3.2.1	**吊钩起重机　hook crane** 用吊钩作为取物装置的起重机	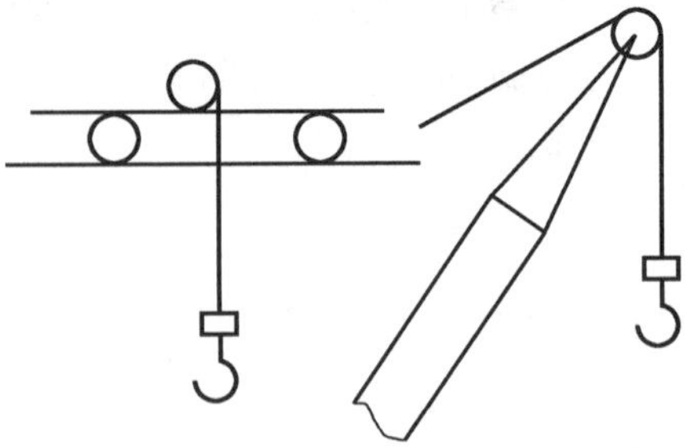
3.2.2	**抓斗起重机　grabbing crane** 用抓斗作为取物装置的起重机	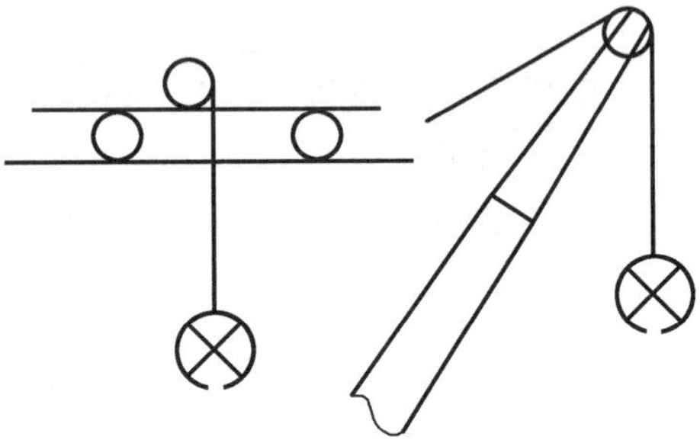
3.2.3	**电磁起重机　magnet crane** 用电磁吸盘作为取物装置的起重机	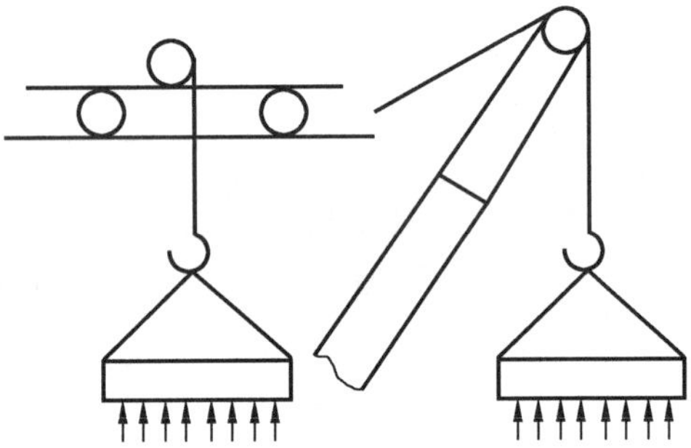
3.2.4	**电磁料箱起重机　box-handling crane with magnet** 用电磁吸盘作为取物装置并配备有料箱搬运装置的**桥架型起重机**(3.1.1)	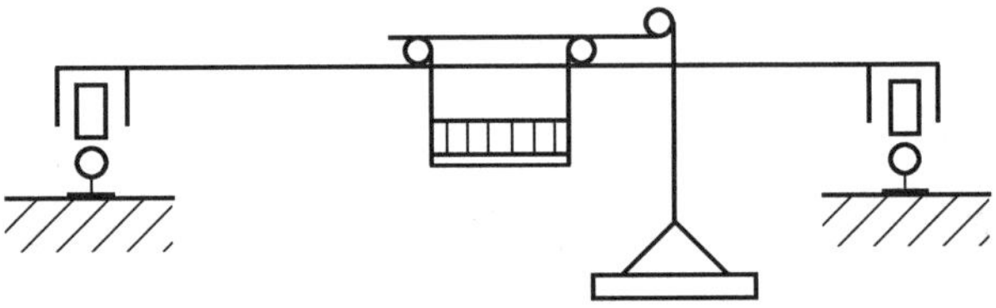
3.2.5	**抓斗料箱起重机　box-handling crane with grab** 用抓斗作为取物装置并配备有料箱搬运装置的**桥架型起重机**(3.1.1)	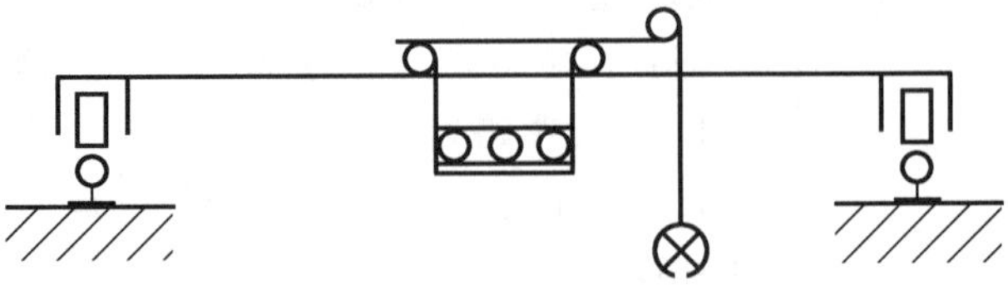

3.2.6	**平炉加料起重机　open-hearth furnace charging crane** 装备有料箱搬运装置的**桥架型起重机**(3.1.1)	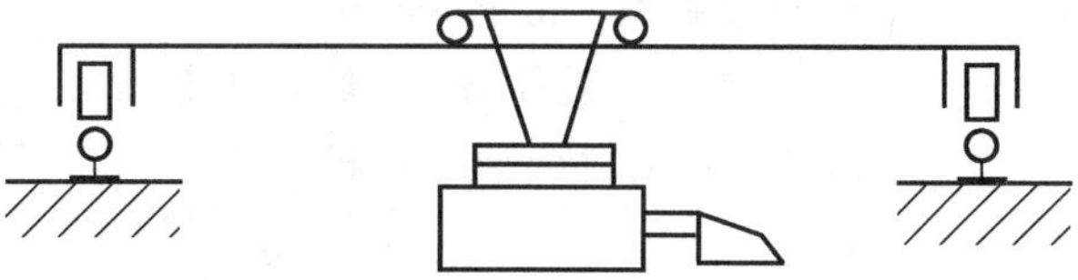
3.2.7	**电极棒起重机　electrode-handling crane** 拔棒起重机 装备有从电解槽中取出电极棒的抓具的**桥架型起重机**(3.1.1)	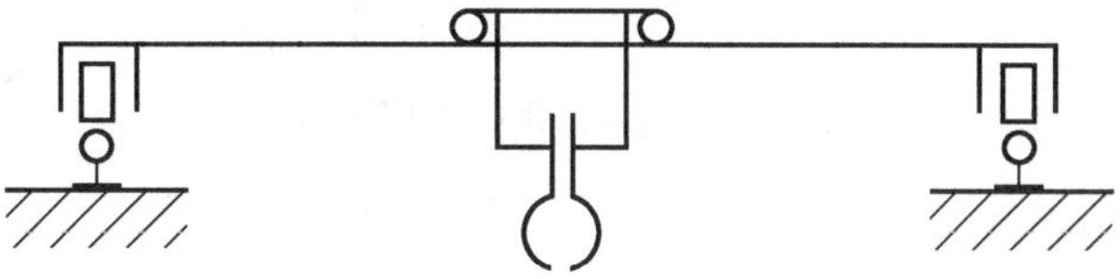
3.2.8	**桥式堆垛起重机　overhead traveling stacking crane** 装备有悬吊立柱且其上带有堆垛货叉的**桥架型起重机**(3.1.1)	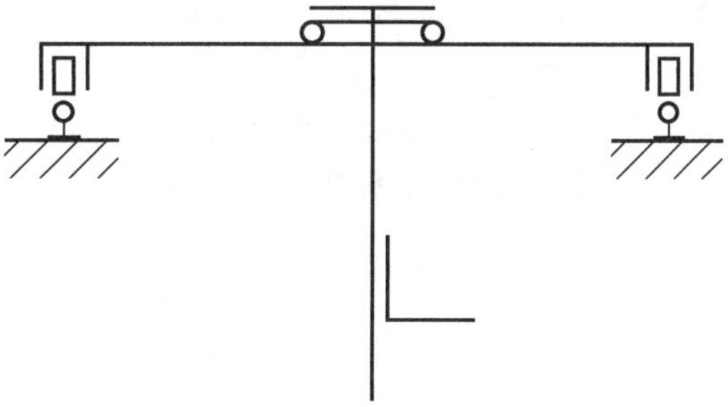
3.2.9	**铸造起重机　ladle crane** 装备钢(铁)水包升降和倾翻机构的**桥架型起重机**(3.1.1)	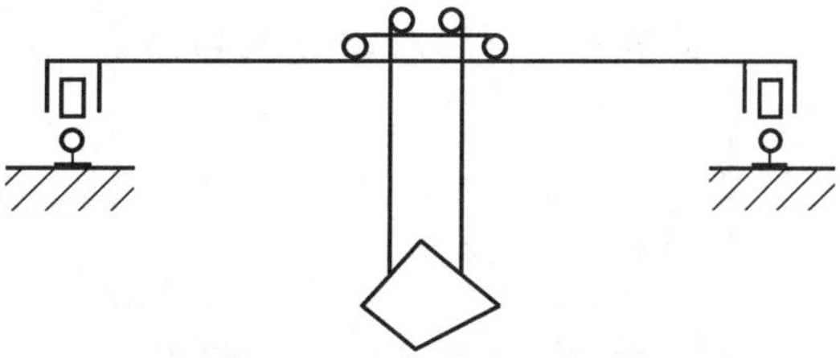
3.2.10	**加热炉装取料起重机　ingot charging crane** 用装在回转立柱下端的水平夹钳,向加热炉内夹送或取出钢锭的**桥架型起重机**(3.1.1)	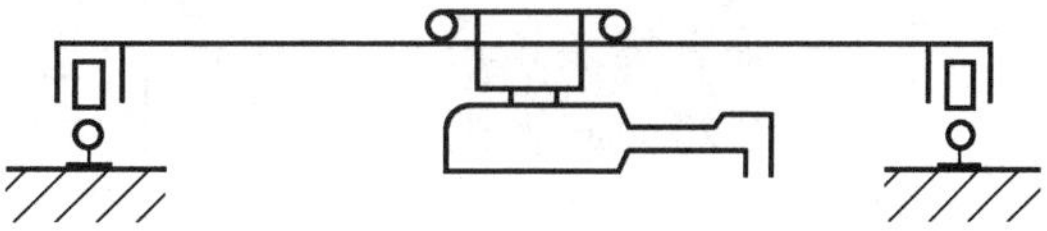

3.2.11	**锻造起重机　forge crane** 装备有锻件升降、搬运和翻转装置的**桥架型起重机**(3.1.1)	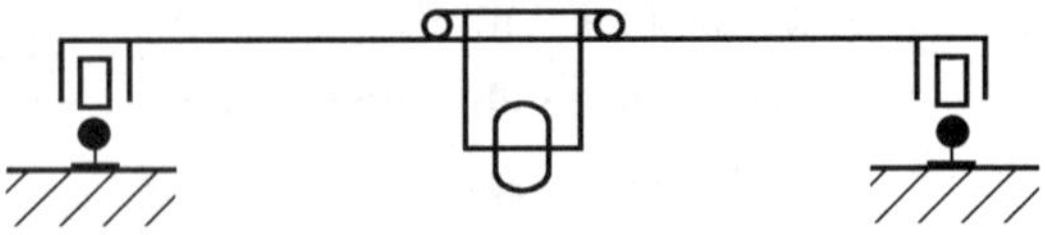
3.2.12	**脱锭起重机　stripper crane** 装备有使钢锭从钢锭模中脱出装置的**桥架型起重机**(3.1.1)	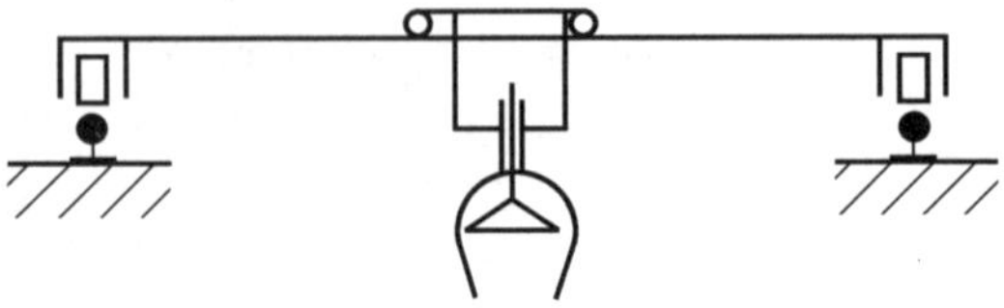
3.2.13	**均热炉夹钳起重机　soaking pit crane** 装备有向均热炉加料的夹钳的**桥架型起重机**(3.1.1)	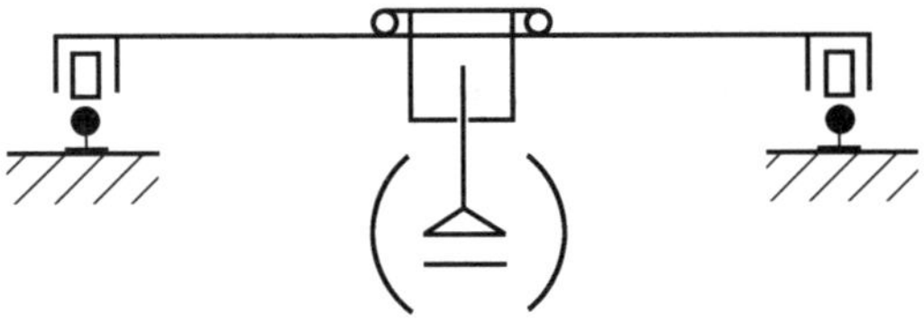
3.2.14	**挂梁起重机　traverse crane** 装备有带吊钩、电磁吸盘或其他取物装置的吊梁，搬运长条形重物的**桥架型起重机**(3.1.1)	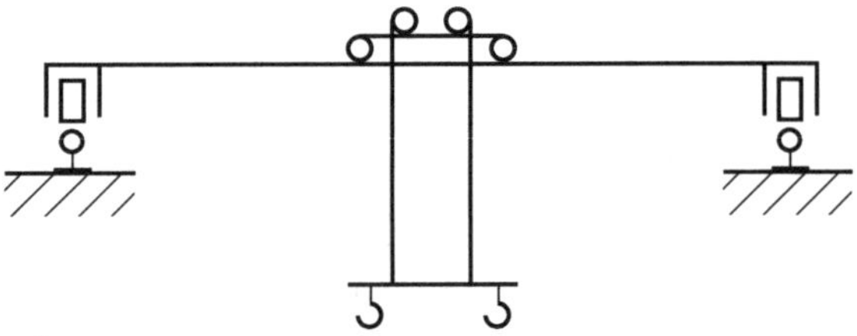
3.2.15	**集装箱起重机　container handling crane** 装有集装箱吊具，用于搬运集装箱的起重机	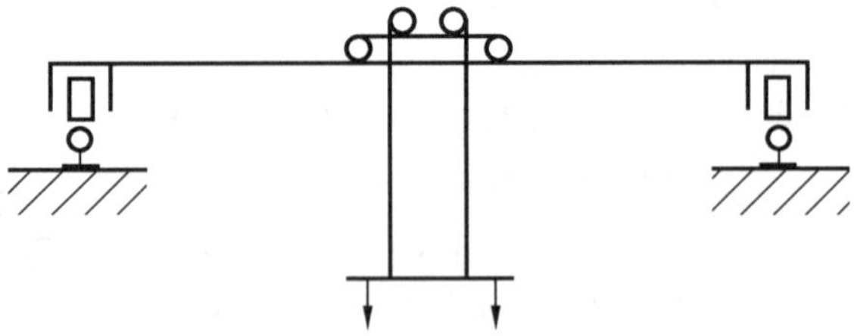

3.3 按移动方式分类

3.3.1	**固定式起重机 fixed-base crane** 固定在基础或其他静止不动的基座上的起重机	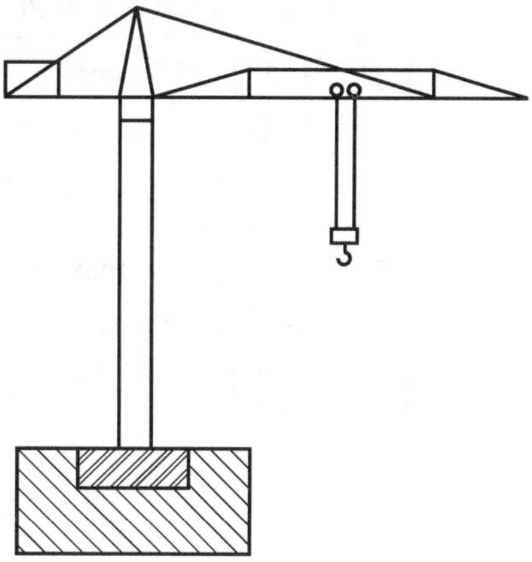
3.3.2	**爬升式起重机 climbing crane** 装在正修建中的建筑物构件上，并能随着建筑物高度的增加借助自有的机构向上移动的起重机	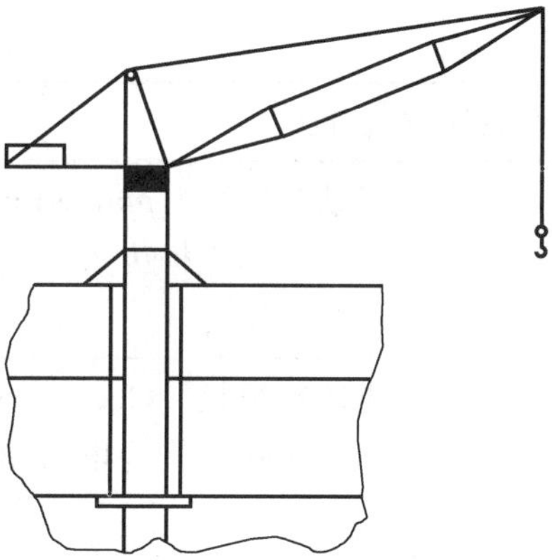
3.3.3	**便移式起重机 portable crane** 安装在底座上,可由人力或借助于辅助设备从一个场地转移至另一场地的起重机	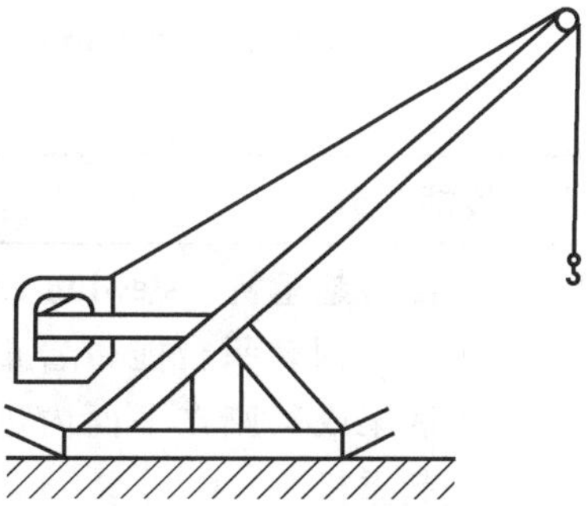
3.3.4	**径向回转起重机 radial crane** 工作时能绕固定的垂直中心线回转的起重机	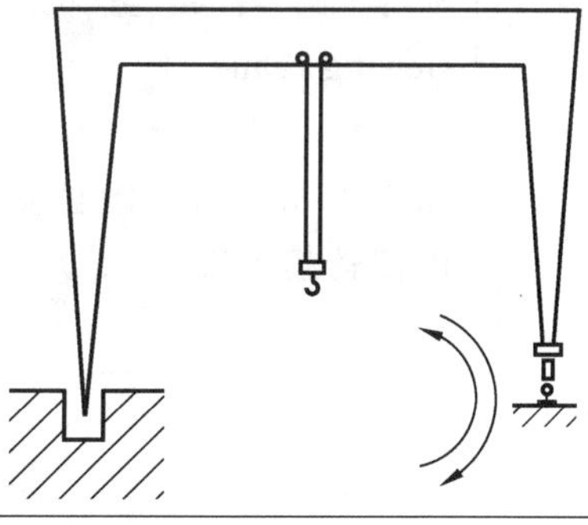

3.3.5	**行走式起重机　travelling crane** 工作时能自行移动的起重机	
3.3.5.1	**自行式起重机　self-propelled crane** 依靠自身运行机构,能在工作时和转移工作场地时运行的起重机	
3.3.5.2	**拖行式起重机　trailer crane** 不带运行动力,但可像拖车一样用牵引车拖行的起重机	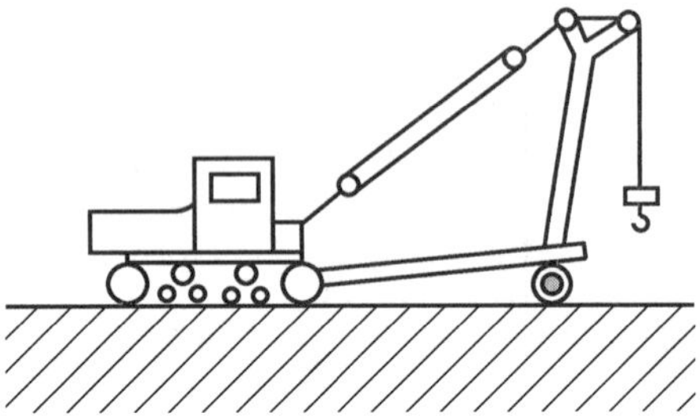

3.4　按驱动方式分类

3.4.1	**手动起重机　manual crane** 工作机构为人力驱动的起重机	
3.4.2	**电动起重机　electric crane** 工作机构为电力驱动的起重机	
3.4.3	**液压起重机　hydraulic crane** 工作机构为液压驱动的起重机	

3.5　按回转能力分类

3.5.1	**回转起重机　slewing crane** 回转平台能带着重物相对于底架或基座在平面内进行转动的起重机	
3.5.1.1	**非全回转起重机　limited slewing crane** 回转平台能在两个相互间夹角小于360°的极限位置之间转动的**回转起重机**(3.5.1)	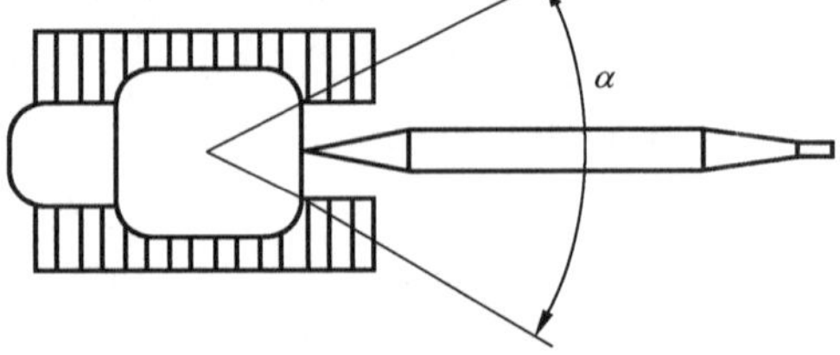

3.5.1.2	**全 回 转 起 重 机　full-circle slewing crane** 　　回转平台能在两个相互间夹角大于 360°的极限位置之间转动的**回转起重机**(3.5.1)	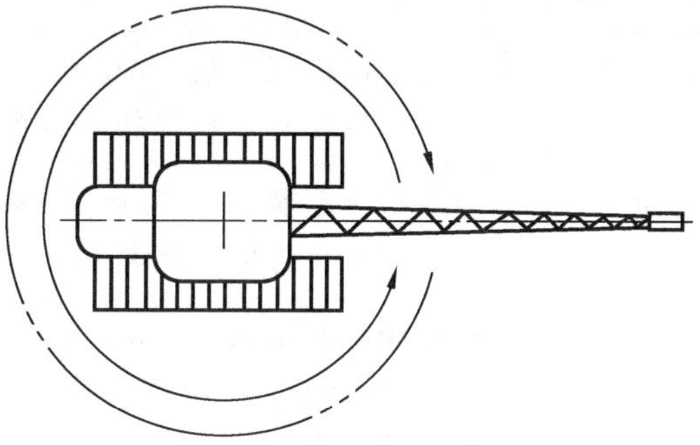
3.5.2	**非回转起重机　non-slewing crane** 　　不能使所吊重物相对于底架在平面内回转的起重机	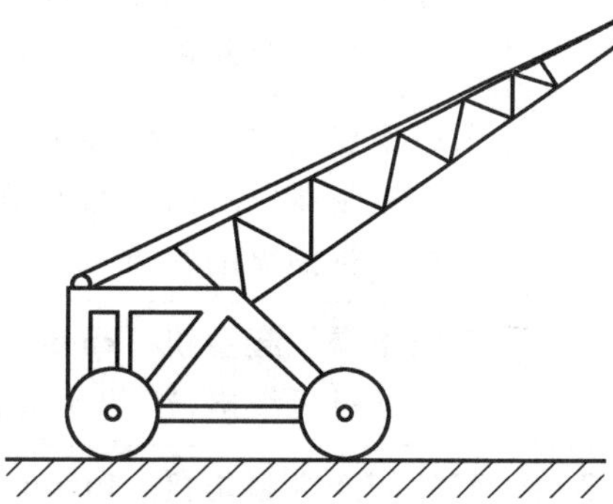

3.6　按支承方式分类

3.6.1	**支承式起重机　supported crane** 　　运行在高架或地面轨道上的**桥架型起重机**(3.1.1)	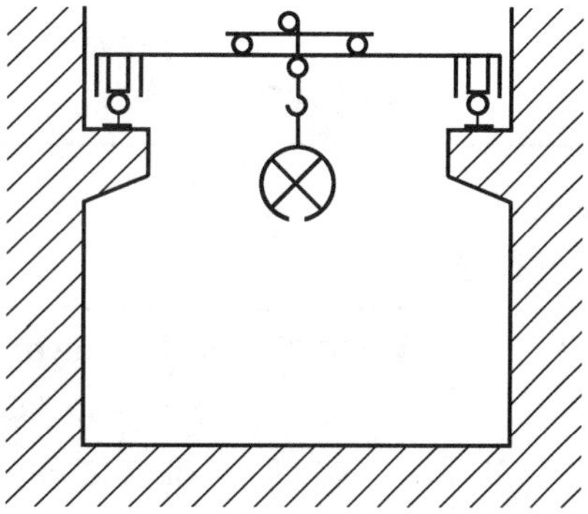
3.6.2	**悬挂式起重机　underslung crane** 　　悬挂在轨道下翼缘上的**桥架型起重机**(3.1.1)	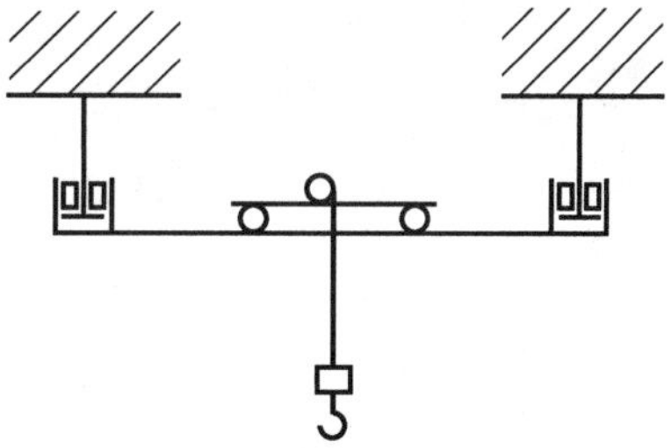

3.7 按操作方式分类

3.7.1	**司机室操纵起重机　cab-operated crane** 司机在起重机司机室内的控制台控制其运行的起重机	
3.7.2	**地面操纵起重机　floor-operated crane** 司机在地面使用悬吊式控制器或无线装置控制的起重机	
3.7.2.1	**按钮操纵起重机　pendant-operated crane** 通过电缆与葫芦小车,或与独立电缆滑车相连的按钮装置进行操作的起重机	
3.7.3	**遥控起重机　remote operated crane** 控制点距起重机有一定距离的起重机	
3.7.3.1	**无线遥控起重机　cableless remote operated crane** 控制器(控制台)与起重机之间无需任何实体连接,可传输司机指令进行操纵的起重机	
3.7.3.1.1	**无线电操纵起重机　radio-operated crane** 通过无线电波(例如微波或其他电磁波)控制的起重机	
3.7.3.1.2	**红外线操纵起重机　infrared rays operated crane** 通过红外线控制的起重机	
3.7.3.2	**有线遥控起重机　cable remote operated crane** 控制台与起重机之间使用电气、液压或光导纤维连接、通过司机指令操纵的起重机	

4 参数

4.1 载荷参数

4.1.1	**起重力矩　load moment** $M = L \times Q$ 幅度 L 和与之相对应的载荷 Q 的乘积	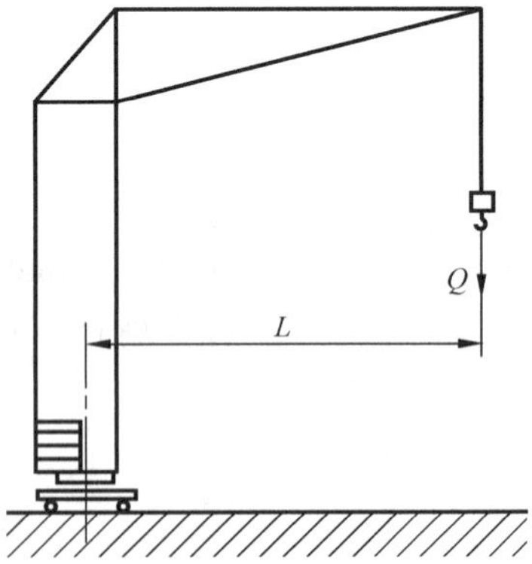

4.1.2	**起重倾覆力矩　load-tipping moment** $M_A = A \times Q$ 载荷中心线至倾覆线的距离 A 和与之相对应的载荷 Q 的乘积	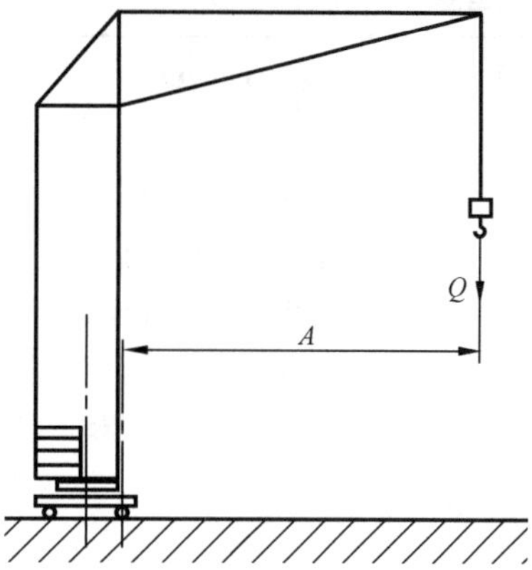
4.1.3	**设计质量　design mass** m_0 不包括压重、平衡重、燃料、油品、润滑剂和水的起重机质量 注：对于臂架型起重机，设计质量包括主臂（臂架）和平衡重（尾部压重），但不含压重、燃料、油品、润滑剂和水的质量。	
4.1.4	**总质量　total mass** m_{tot} 包括压重和平衡重以及按规定量加足的燃料、油品、润滑剂和水在内的起重机质量	
4.1.5	**轮压　wheel load** P 起重机一个车轮作用在轨道或地面上的最大垂直载荷	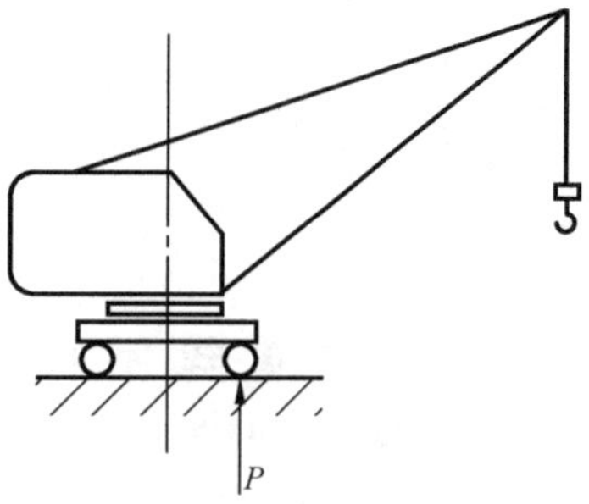

4.2 起重机的线性参数

4.2.1	**幅度 radius** *L* 起重机置于水平场地时,从其回转平台的回转中心线至取物装置(空载时)垂直中心线的水平距离 注 1:空载时幅度符号为 L_0; 注 2:带载时幅度符号为 L_1。	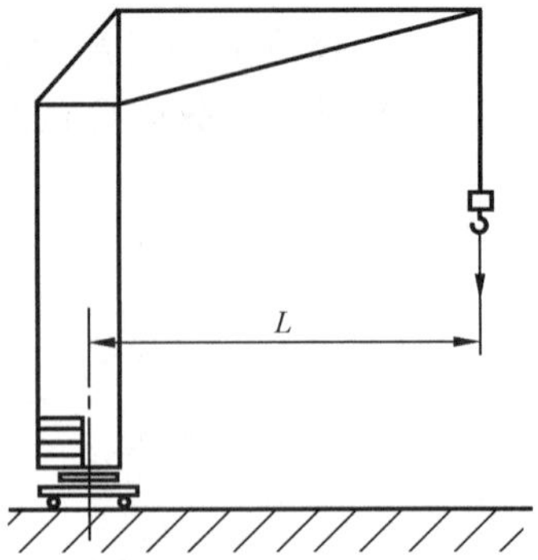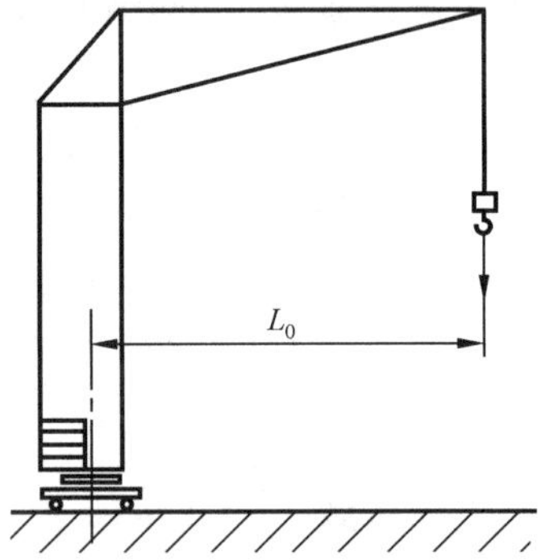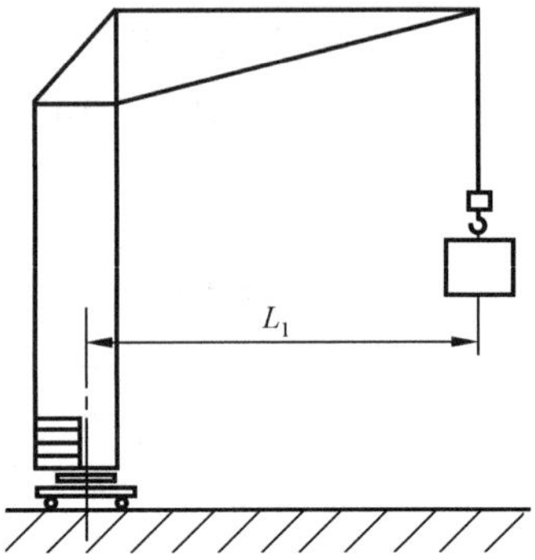
4.2.2	**至倾覆线伸距 outreach to tipping axis** *A* 起重机置于水平场地时,取物装置垂直中心线至倾覆线之间的水平距离	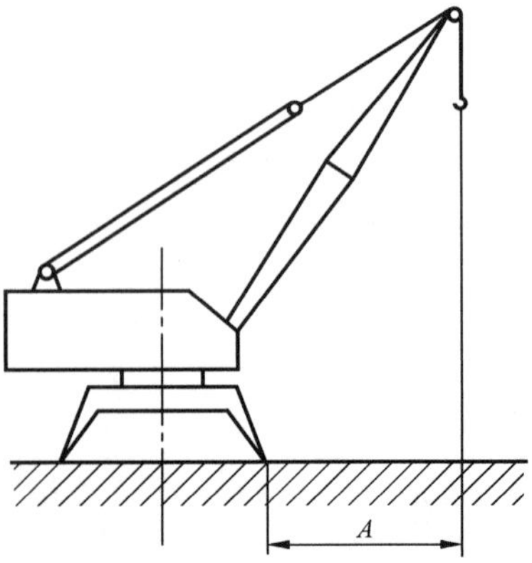

4.2.3	**悬臂有效伸距　outreach from rail** *l* 离悬臂最近的起重机轨道中心线至位于悬臂端部取物装置中心线的最大水平距离	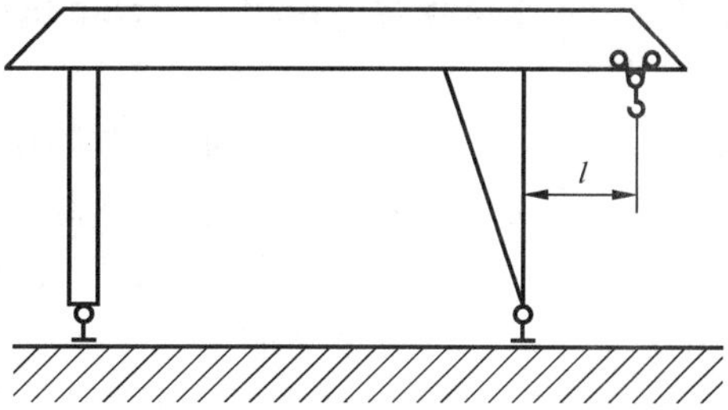
4.2.4	**吊钩极限位置　hook approach** *C* 起重机轨道中心线至取物装置垂直中心线的最小水平距离	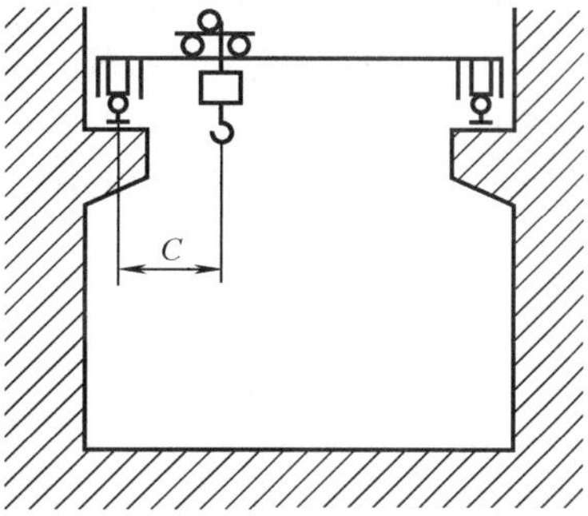
4.2.5	**尾部回转半径　tail radius** *r* 与臂架相反方向的起重机回转部分的最大回转半径	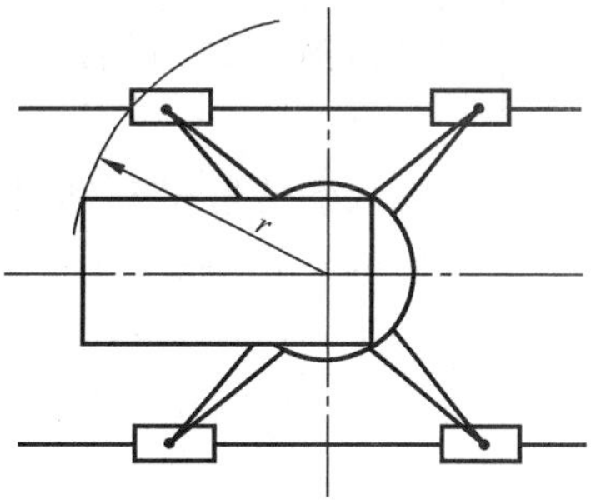
4.2.6	**起升高度　load-lifting height** *H* 起重机支承面至取物装置最高工作位置之间的垂直距离： ——对于吊钩和货叉，量至其支承面； ——对于其他取物装置，量至其最低点(闭合状态) 注：对于桥式起重机，起升高度应从地平面量起。测定起升高度时，起重机应空载置于水平场地上。	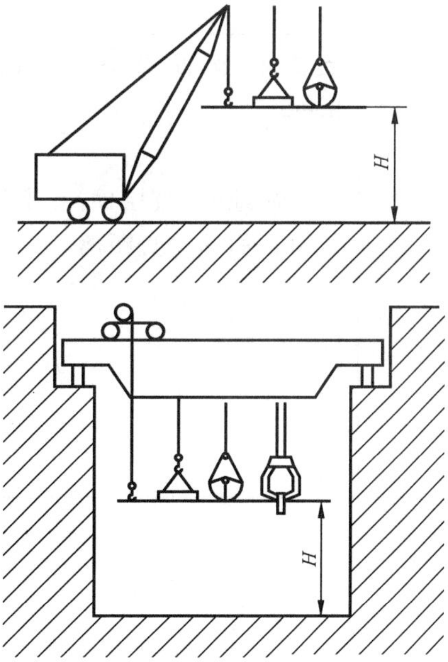

4.2.7	**下降深度　load-lowering height** h 起重机支承面至取物装置最低工作位置之间的垂直距离： ——对于吊钩和货叉，量至其支承面； ——对于其他取物装置，量至其最低点(闭合状态) 注：对于桥式起重机，下降深度应从地平面量起。测量下降深度时，起重机应空载置于水平场地上。	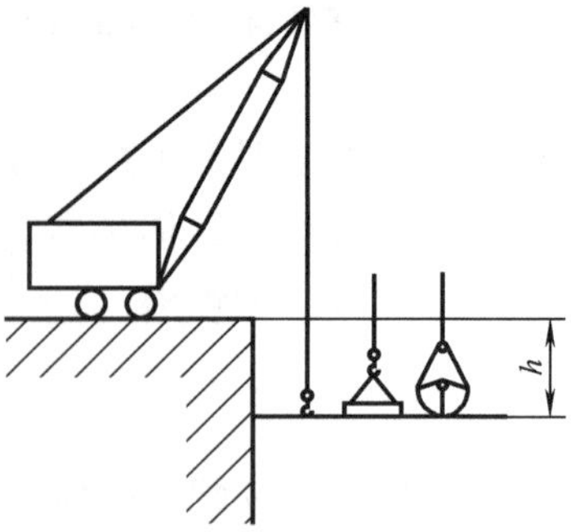 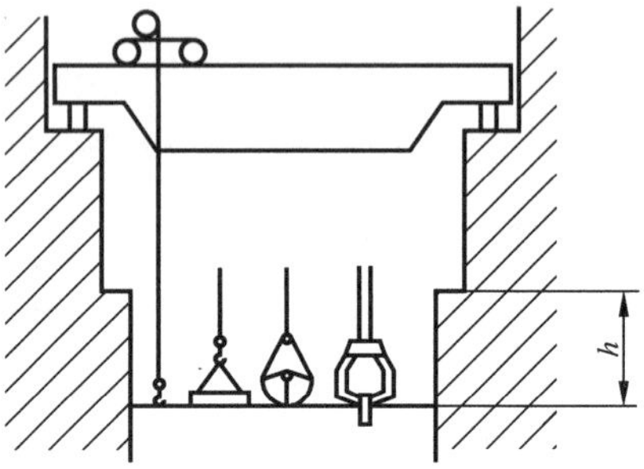
4.2.8	**起升范围　lifting range** D 取物装置最高和最低工作位置之间的垂直距离($D=H+h$) 注：见**起升高度**(4.2.6)和**下降深度**(4.2.7)。	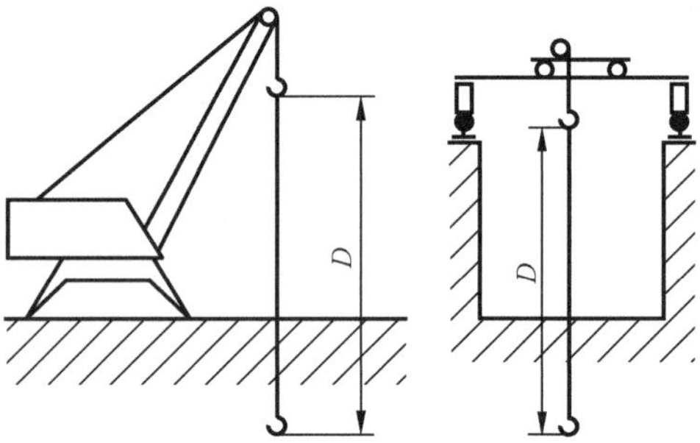
4.2.9	**起重机轨面高度　crane track height** H_0 从地面(底层面)至起重机钢轨轨道顶面的垂直距离	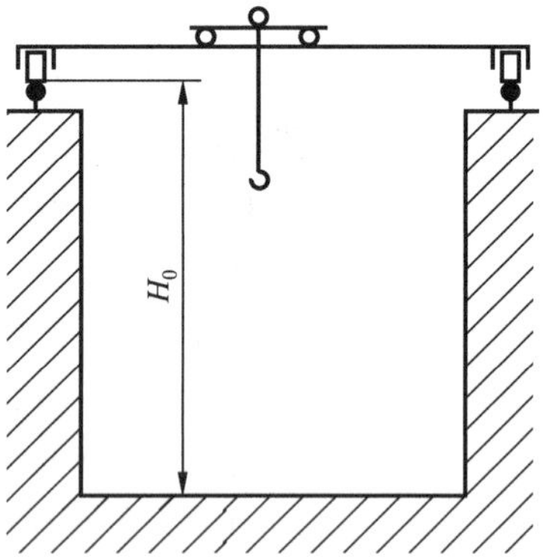

4.3　工作运动速度参数

4.3.1	**起升速度　load-lifting speed；** **下降速度　load-lowering　speed** v_n 在稳定运动状态下，工作载荷的垂直位移速度	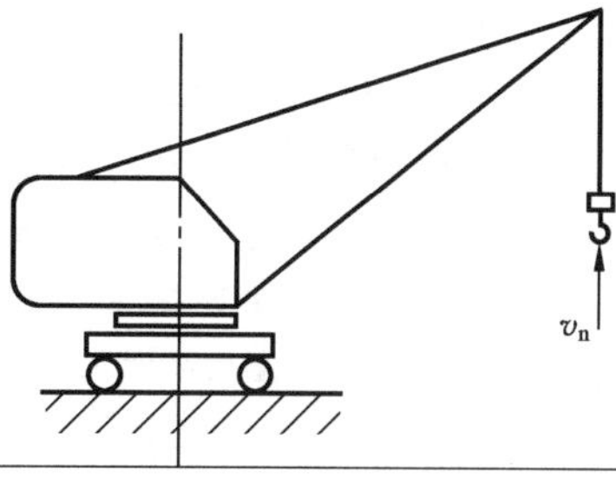
4.3.2	**微速下降速度　precision load-lowering speed** v_m 在稳定运动状态下，进行的安装或堆垛最大工作载荷时能实现的最低下降速度	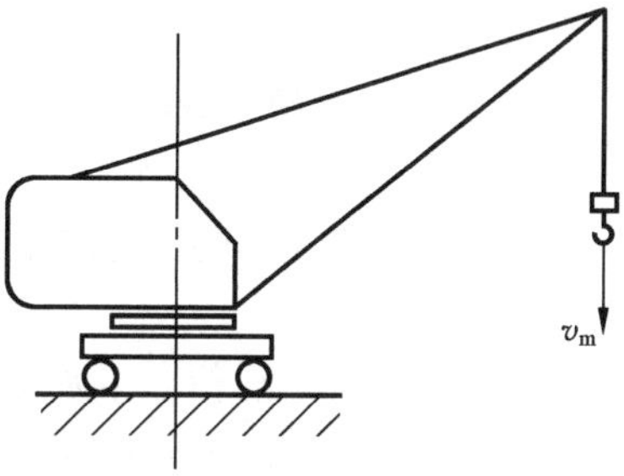
4.3.3	**回转速度　slewing speed** ω 在稳定运动状态下，起重机回转部分的回转角速度 注：在 10 m 高处风速不超过 3 m/s 的条件下，起重机置于水平场地上，带工作载荷、幅度最大时进行测定。	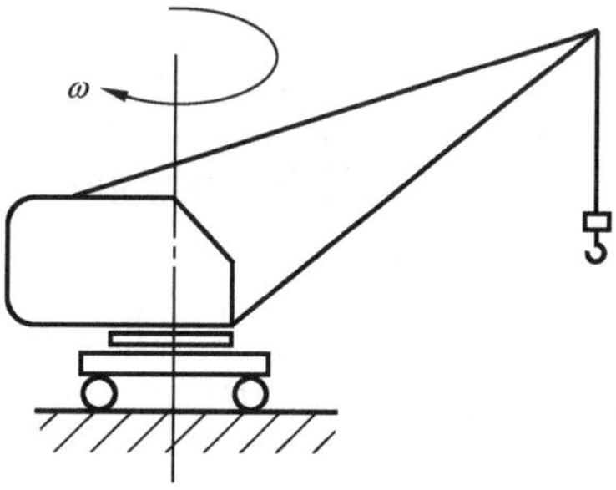
4.3.4	**运行速度　travelling speed** v_k 在稳定运动状态下，起重机的水平位移速度 注：在 10 m 高处风速不超过 3 m/s 的条件下，起重机带工作载荷沿水平路径运行时进行测定。	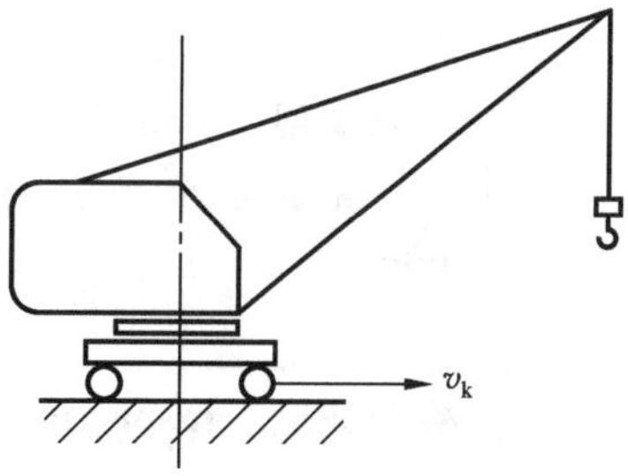
4.3.5	**小车运行速度　crab traversing speed** v_t 在稳定运动状态下，小车作横移时的速度 注：在 10 m 高处风速不超过 3 m/s 条件下，小车带工作载荷沿水平轨道横移时进行测定。	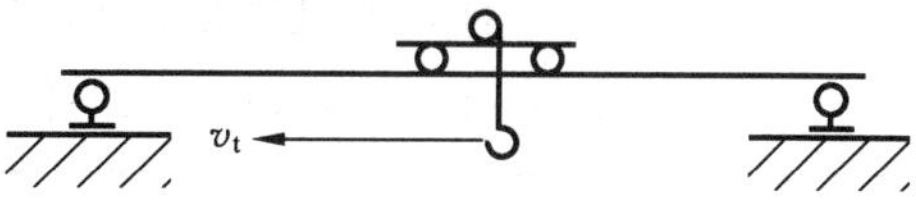

4.3.6	**变幅速度　derricking speed** v_r 在稳定运动状态下,工作载荷水平位移的平均速度 注:在 10 m 高处风速不超过 3 m/s 的条件下,起重机置于水平道路上,其幅度从最大值变成最小值的过程中进行测定。	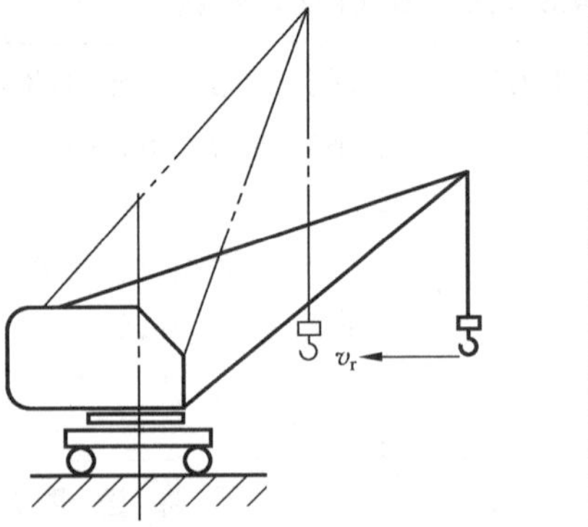
4.3.7	**变幅时间　derricking time** t 幅度从最大值变成最小值所需的时间 注:在 10 m 高处风速不超过 3 m/s 时,起重机置于水平道路上,且其所带载荷等于最大幅度时起重量的条件下进行测定。	
4.3.8	**行驶速度　transport (road) speed** v_{max} 起重机在水平道路行驶状态下,依靠自身动力驱动的最大运行速度	
4.3.9	**作业周期　operation cycle time** 完成一个规定的作业循环所需的时间	
4.3.10	**检查速度　inspection speed** v_s 对起重机零部件和钢丝绳系统进行检验(检查)时的恒定的低速值	

4.4 与起重机路径有关的参数

4.4.1	**起重机基准面　crane datum level** **起重机支承面　crane-bearing level** 支承起重机运行底架的基础或轨道顶面的水平面 注：当支承钢轨或导轨处于不同水平面时，取较低者作为起重机基准面。	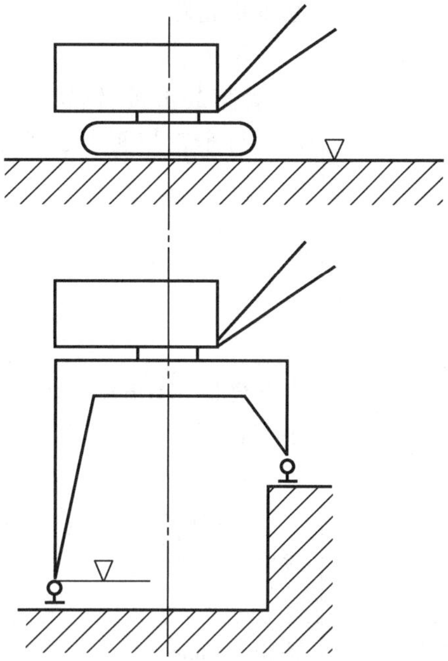
4.4.2	**跨度　span** *S* 〈桥架型起重机〉起重机运行轨道中心线之间的水平距离	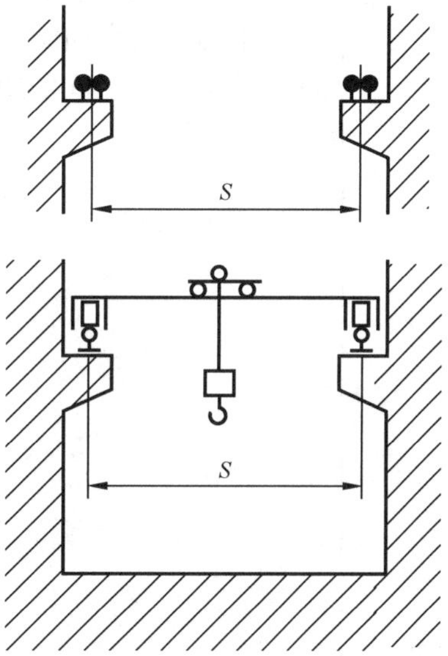

4.4.3	**起重机轨距 track center** 起重机轮距 *K* 〈臂架起重机〉钢轨轨道中心线或起重机运行车轮踏面中心线之间的水平距离	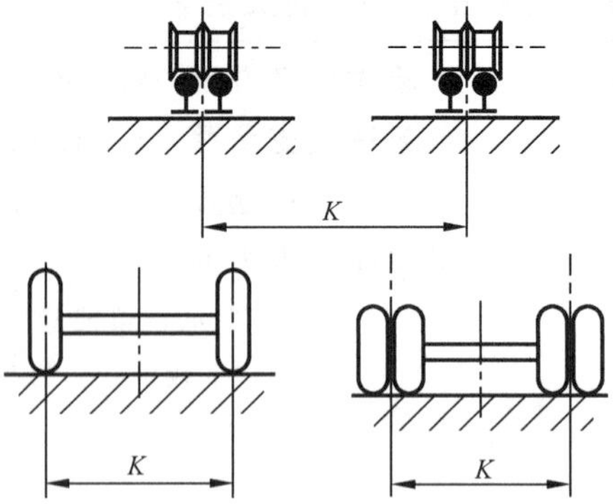
4.4.4	**小车轨距 track center** 小车轮距 *K* 〈起重小车〉运行线路钢轨轨道中心线之间的距离	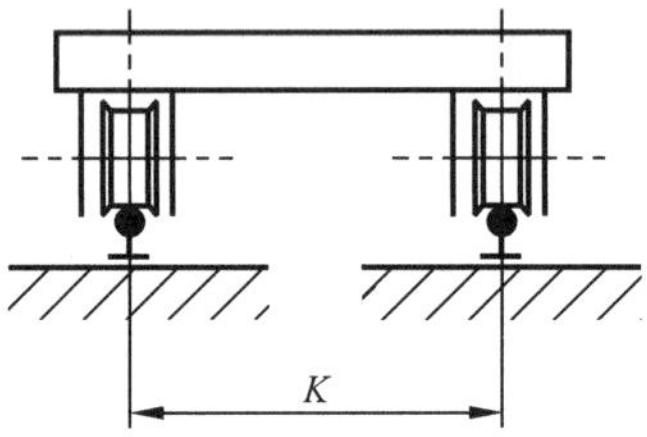
4.4.5	**基距 base** *b* 〈流动式起重机或行走式起重机〉沿平行于起重机纵向运行方向测定的起重机支承中心线之间的距离	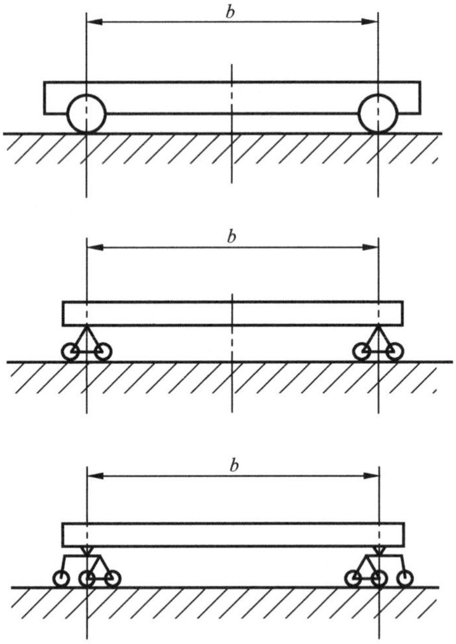
4.4.6	**支腿纵向间距 base on outriggers** b_0 沿平行于起重机纵向运行方向测定的支腿垂直轴线之间的距离	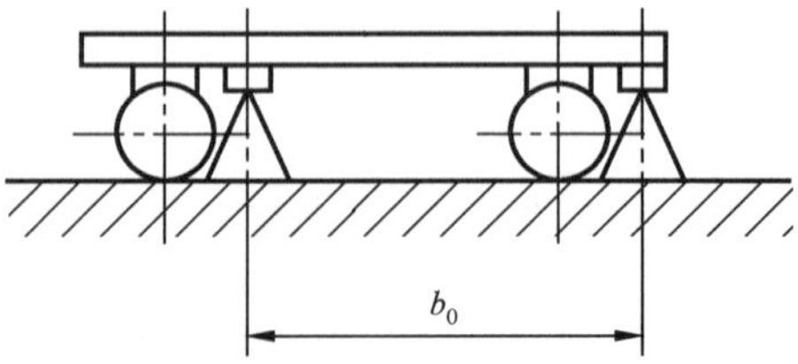

4.4.7	**支腿横向间距　distance between outriggers** K_0 沿垂直于起重机纵向运行方向测定的支腿垂直轴线之间的距离	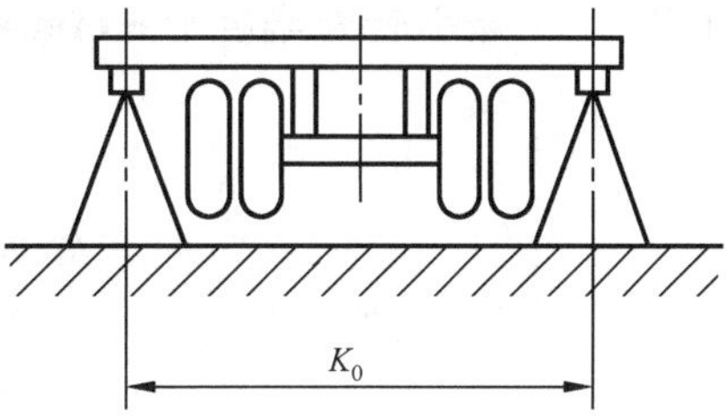
4.4.8	**坡度　gradient** i 起重机在其上工作的道路坡度，由 $i=h/b$ 确定，用百分数表示，为起重机基距的两点之间的标高差值 h 与在坡道上的水平距离 b 之比 注：该标高差值应在此段线路上起重机空载条件下测定。	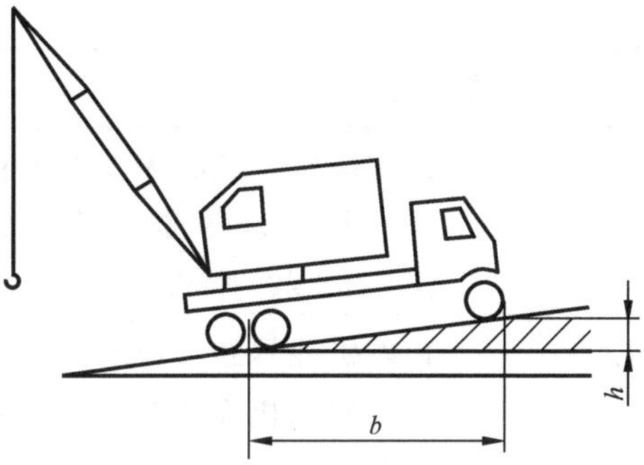
4.4.9	**爬坡能力　gradeability** j 空载起重机以稳定行驶速度爬行的斜坡的最大斜率 $j=h/b$，用百分数表示	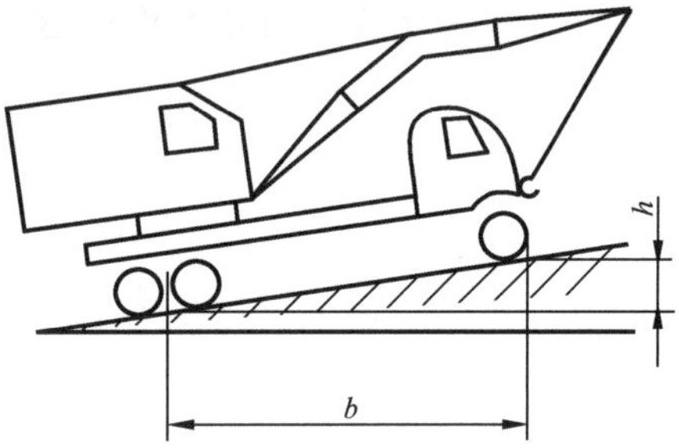
4.4.10	**支承轮廓　support contour** 连接诸如车轮或支腿等支承件垂直轴线的水平投影线段围成的轮廓	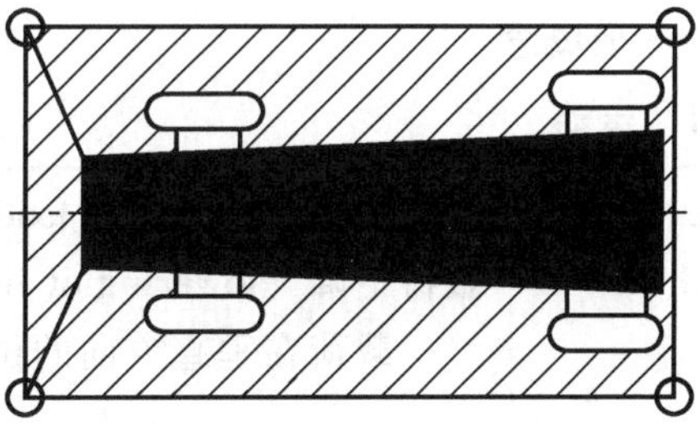
4.4.11	**轨道曲率半径　track curvature radius** r_c 起重机运行轨道曲线段上通过内轨中心线的最小曲率半径	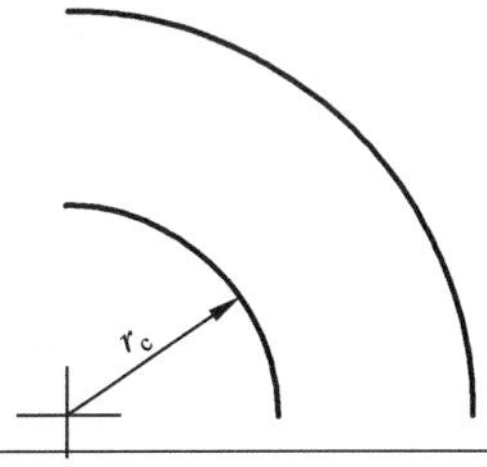

4.4.12	**最小转弯半径　minimum turning radius** r_{min} 起重机转向车轮处于极限偏转位置,其外侧前轮运行轨迹的曲率半径	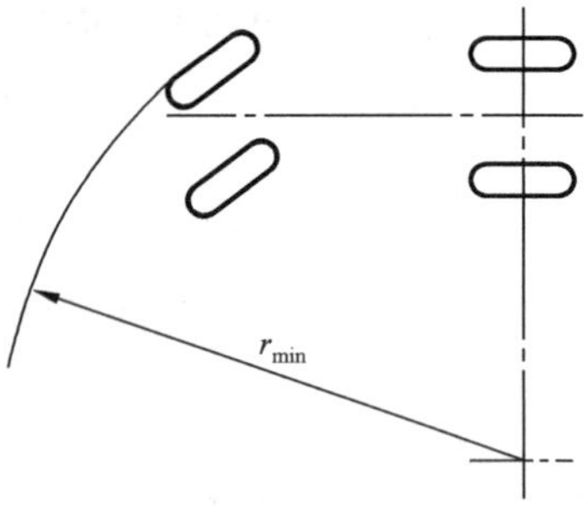

4.5 一般性参数

4.5.1	**工作级别　classification group** 考虑起重机起重量和时间的利用程度以及工作循环次数的特性	
4.5.2	**起重机限界线　crane clearance line** 起重机靠近构筑物工作时,安全作业条件所限定的空间,其边界线只有取物装置在进行搬运作业时才允许逾越	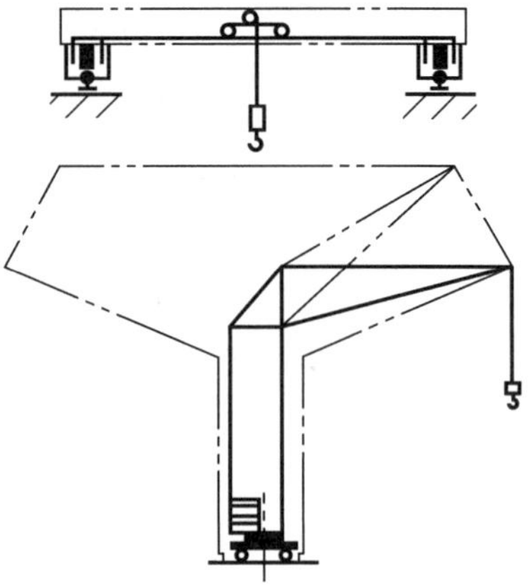

5 一般概念

5.1 运动

5.1.1	**载荷起升　lifting of load** **载荷下降　lowering of load** 载荷在垂直方向的位移	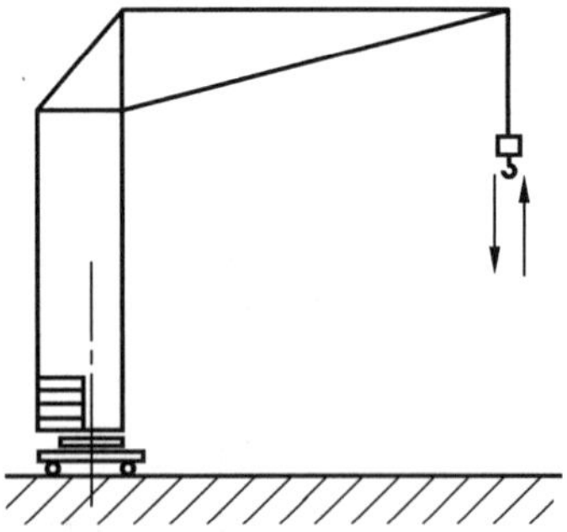

5.1.2	**载荷微速下降　precision load-lowering** 进行安装或堆垛作业时，载荷以最低稳定速度进行的下降动作 注：也可见**微速下降速度**(4.3.2)。	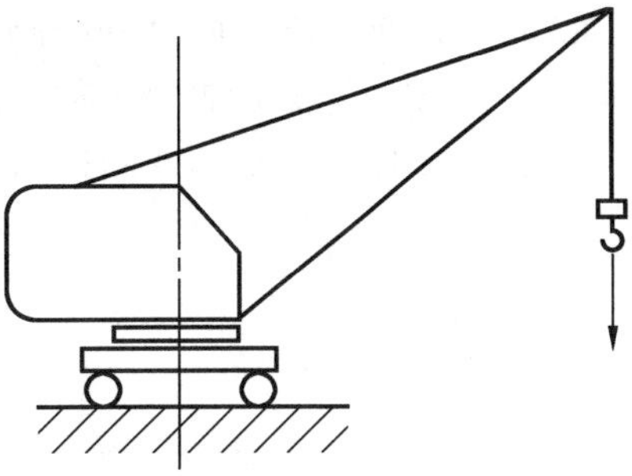
5.1.3	**臂架俯仰　derricking** **臂架变幅　luffing** 臂架在垂直平面内的角运动	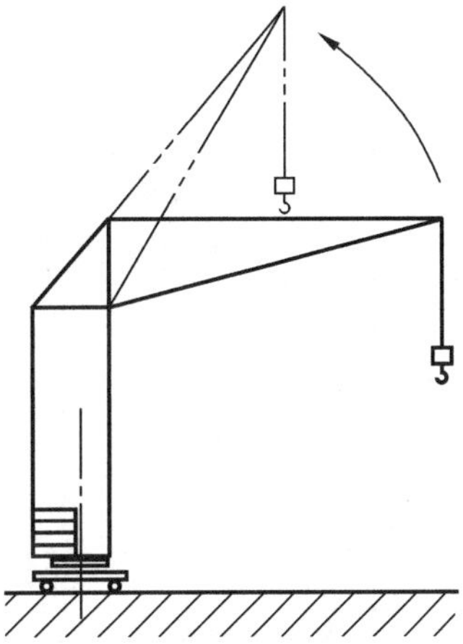
5.1.4	**变幅　change in radius** 通过臂架的俯仰、移动或起重小车的运行使取物装置改变位置	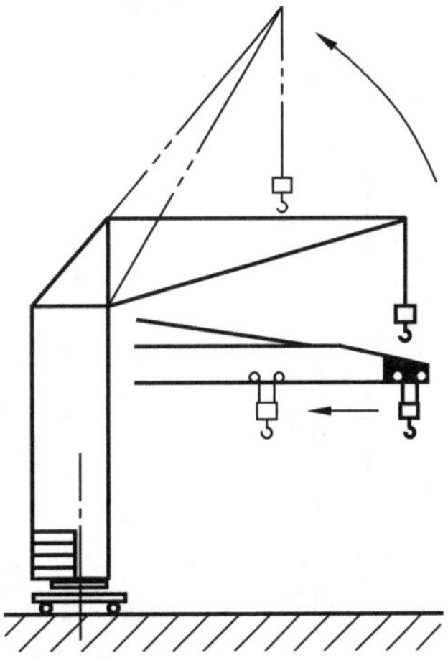

5.1.4.1	**水平变幅　level luffing** 臂架俯仰过程中，载荷的高度能自动保持基本不变的运动	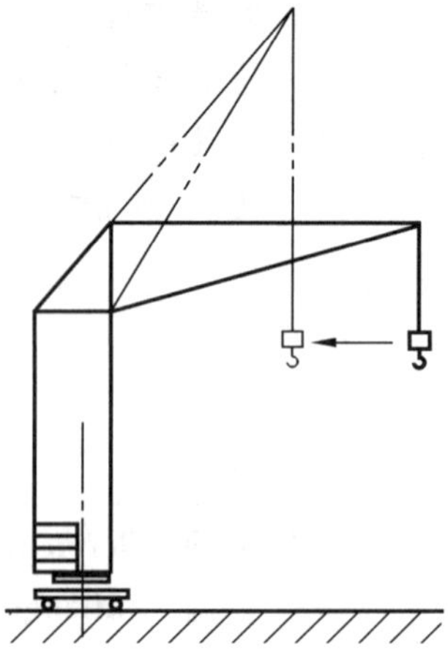
5.1.5	**运行　travelling** 起重机在作业状态下的整体移动	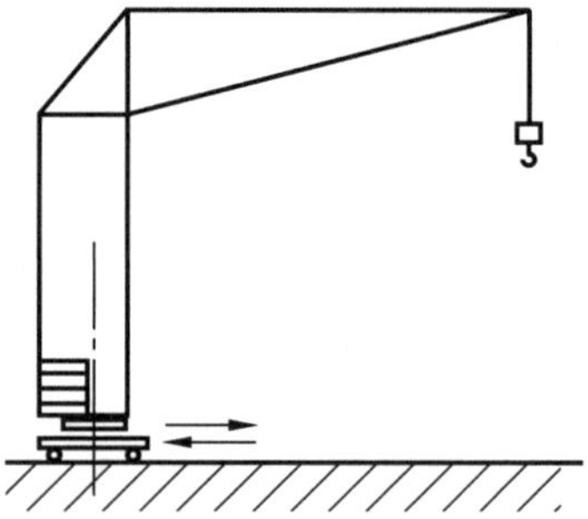
5.1.6	**横移　traversing** 起重小车沿桥架、承载索、臂架或悬臂的横向移动	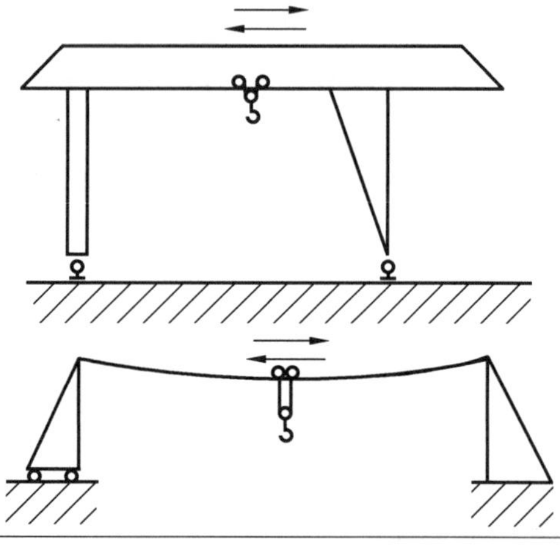
5.1.7	**回转　slewing** 桥架型或臂架型起重机的回转部分在水平面做的角运动	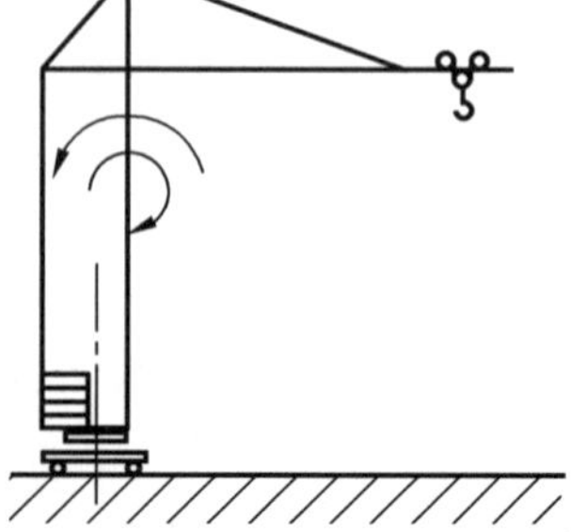

5.1.8	**伸缩　telescoping** 臂架或塔架从基础节改变其长度或高度所做的单节或多节的运动	

5.2　起重机稳定性

5.2.1	**起重机稳定性　crane stability** 起重机抗倾覆力矩的能力	
5.2.2	**工作状态稳定性　stability under working conditions** 起重机抵抗由起升载荷、惯性力、风载荷和其他因素引起的倾覆力矩的能力	
5.2.3	**空载状态稳定性　stability under no-load condition** 起重机抵抗由非工作状态风载荷和其他因素引起的倾覆力矩的能力	

5.3　试验

5.3.1	**静载试验　static test** 对起重机取物装置施加超过额定起重量 $X\%$ 的静载荷所进行的试验	
5.3.2	**动载试验　dynamic test** 对起重机取物装置施加超过额定起重量 $Y\%$ 的载荷下进行工作运动的试验	
5.3.3	**稳定性试验　stability test** 对起重机取物装置施加超过额定起重量 $Z\%$ 的静载荷所进行的试验	

6　部件

6.1	**起升机构　hoisting mechanism** 使载荷升降的机构	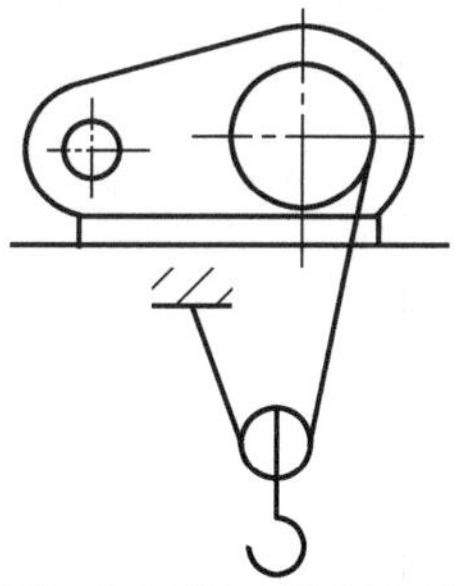
6.2	**起重机运行机构　crane travel mechanism** 使起重机运行的机构	

6.3	**小车或葫芦运行机构　crab or hoist traverse mechanism** 使起重小车或葫芦横移的机构	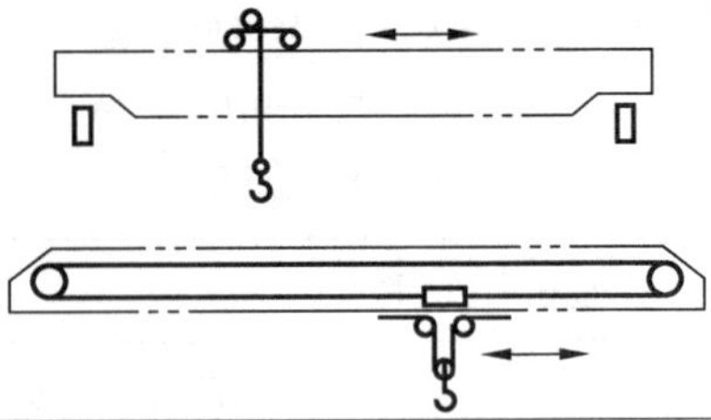
6.4	**变幅机构　derricking mechanism** 通过变换臂架和/或副臂的倾角改变幅度和起升高度的机构	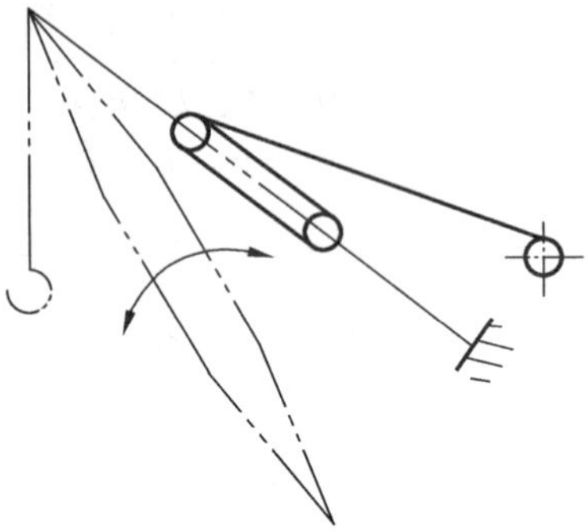
6.5	**回转机构　slewing mechanism** 使起重机回转部分在水平面内转动的机构	
6.6	**卷扬机　winch** 借助于挠性件(钢丝绳或链条)从驱动卷筒传递牵引力的起重装置,其型式有:卷筒式,摩擦轮式,绞盘式	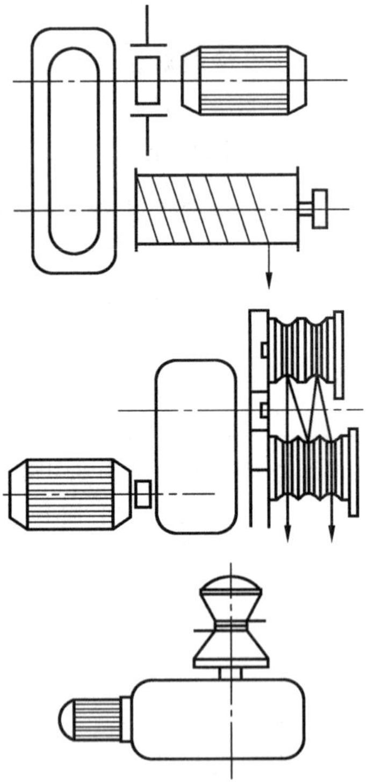

6.7	**起重葫芦　hoist** 装或不装作为独立单元的横移驱动装置的载荷起升机构	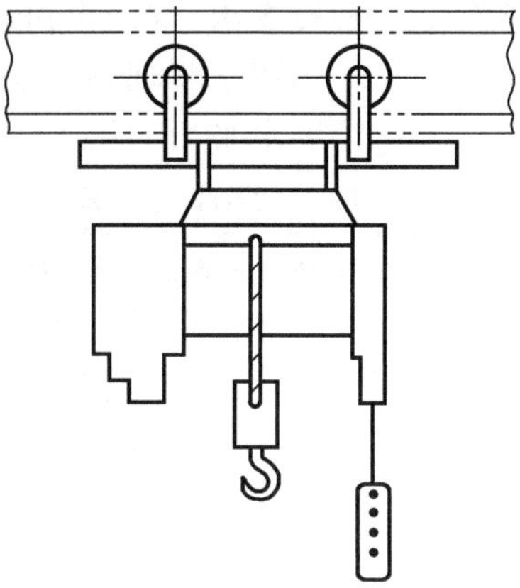
6.8	**底盘　undercarriage** 底架 用于安装转台或起重机塔架，包括使起重机移动的驱动装置的基座	
6.9	**门座　portal** 由带或不带运行机构的支腿支承在地面上的高架结构件	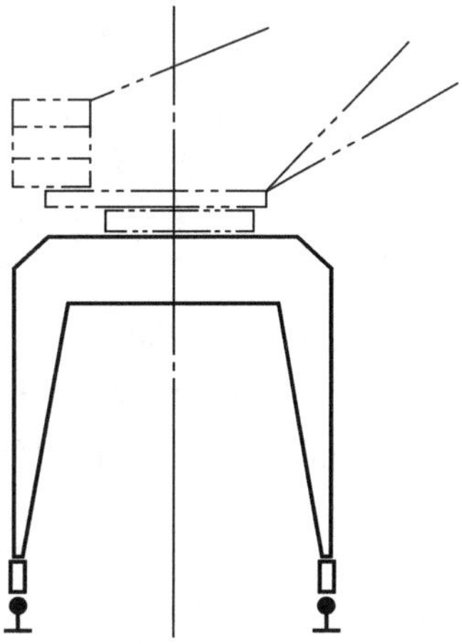
6.10	**平衡台车　bogie** 装有车轮或滚轮并通过铰接使轮压均匀的支承装置	
6.11	**桥架　bridge** 供起重小车在其上横移用的桥架型起重机主要承载结构，或门式和半门式起重机支腿之间的结构件	
6.12	**起重小车　crab**；trolley 使吊挂载荷移动的总成	

6.13	**回转支承　slewing ring** 用于将回转部分的载荷(力矩、垂直力和水平力)传递给非回转部分的部件,也可包括回转齿圈	
6.14	**转台　rotating platform** 放置起重机机构的回转结构件	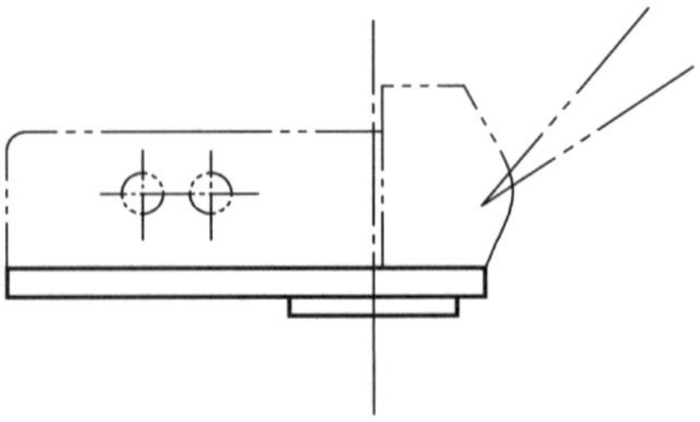
6.15	**塔身 tower** 起重机上支承臂架和/或回转平台,并保证臂架根部必要高度的垂直结构件	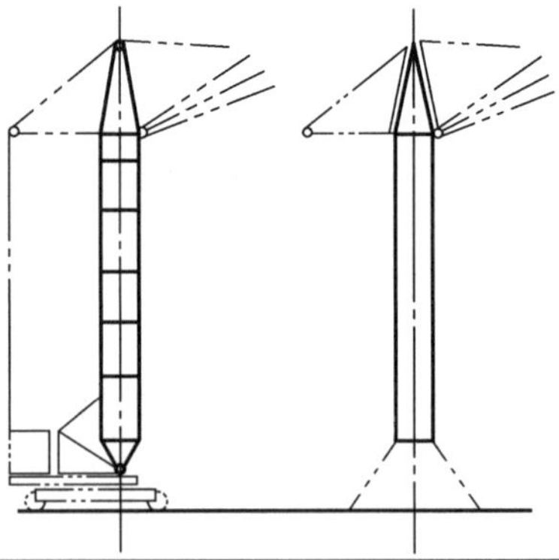
6.16	**立柱　pillar** 支承回转臂架及其载荷并保证必要的起升高度的垂直柱状结构件	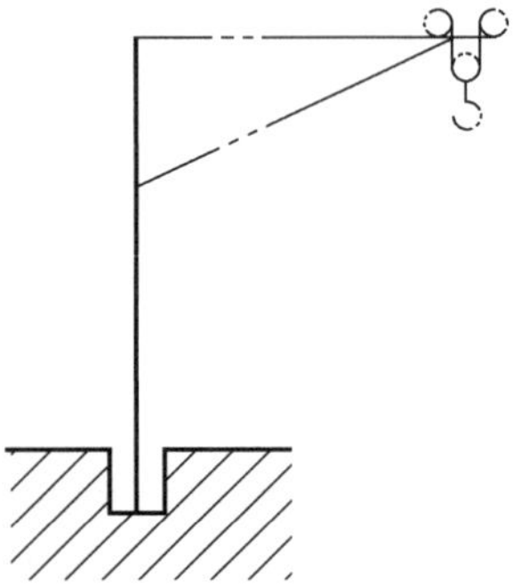
6.17	**臂架　jib**; boom 保证取物装置获得必要幅度和/或起升高度的结构件	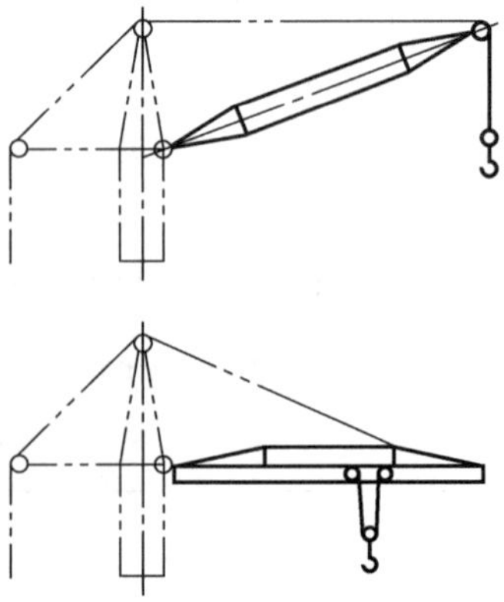

6.18	**桅柱装置　mast attachment** 塔柱装置　tower attachment 由桅柱(塔柱)、带或不带副臂的臂架以及其他必要附件组成的流动式起重机的可替换工作装置	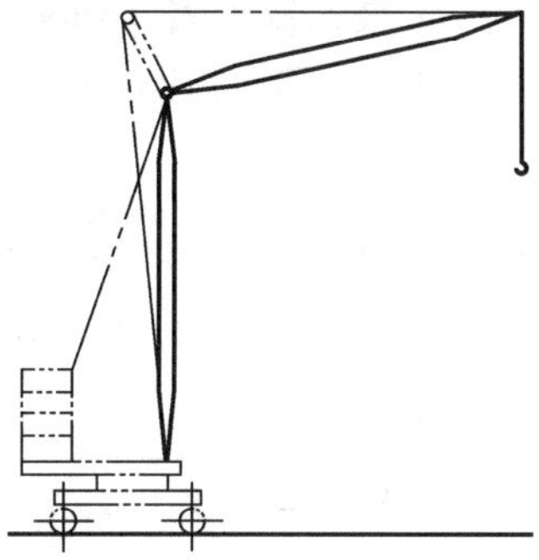
6.19	**平衡重　counterweight** 装在平衡臂或转台上,在起重机作业时用于平衡工作载荷和/或某些起重机部件的重力的重块	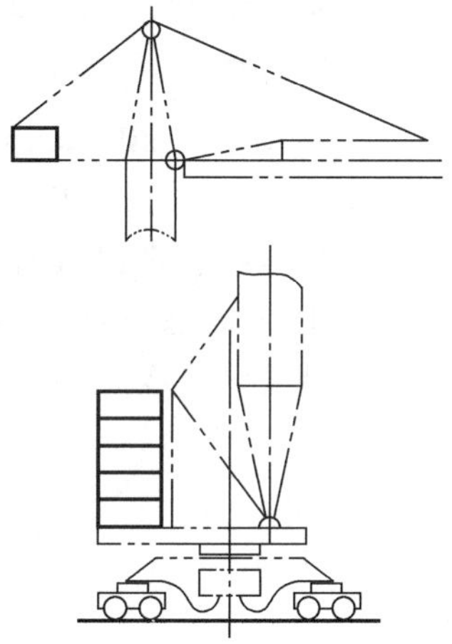
6.20	**压重　ballast** 固定在底架或门座上保证起重机稳定性的重块	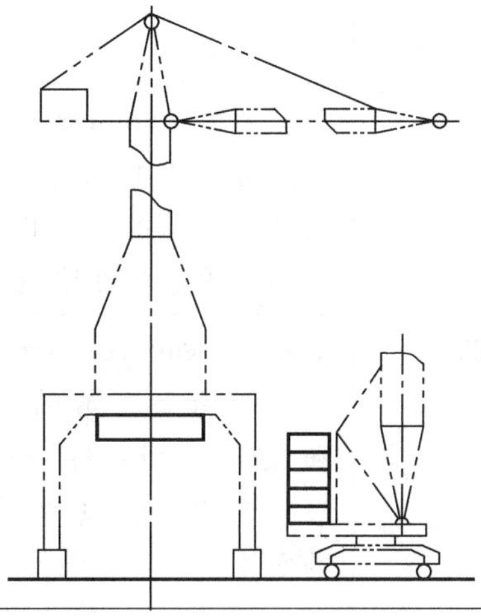
6.21	**制动器　brake** 使起重机机构减速或停止和/或防止其运动的装置	
6.21.1	**卷筒制动器　drum brake** 直接作用在卷扬机的卷筒上的制动器	

6.21.2	**鼓式制动器　shoe brake** 用制动轮和制动瓦作为摩擦副的制动器	
6.21.3	**盘式制动器　disk brake** 用制动盘和制动块作为摩擦副的制动器	
6.22	**防风制动器　rail brake** 将工作状态下的轨道行走起重机压紧在轨顶上,防止其被阵风意外吹动的防滑装置	
6.23	**夹轨器　rail clamp** 将处于非工作状态下的轨行起重机夹紧在轨道沿线任意位置上防止其被非工作状态下的阵风意外地吹动的防滑装置	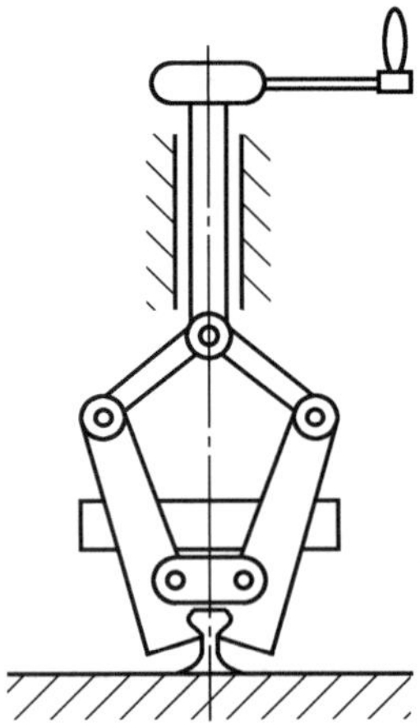
6.24	**锚定装置　anchor** 将处于非工作状态下的轨行起重机夹紧在轨道沿线的停机位上,防止其在暴风的作用下意外地沿轨道滑行的装置	
6.25	**滑轮　sheave**;pulley 具有一个或若干个导槽,用于引导和/或改变钢丝绳(链条)方向的旋转件。滑轮上的钢丝绳(链条)的受力无本质上的变化	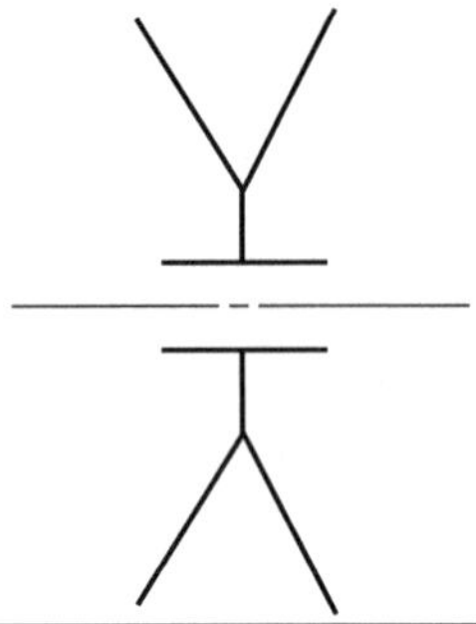
6.25.1	**平衡滑轮　compensating sheave**;compensating pulley 在钢丝绳缠绕系统中,用于均衡钢丝绳伸长量的滑轮	

6.26	**绳索滑轮组　reeving system** 缠绕系统 由滑轮和钢丝绳组成的用于改变力、速度和方向的滑轮组件	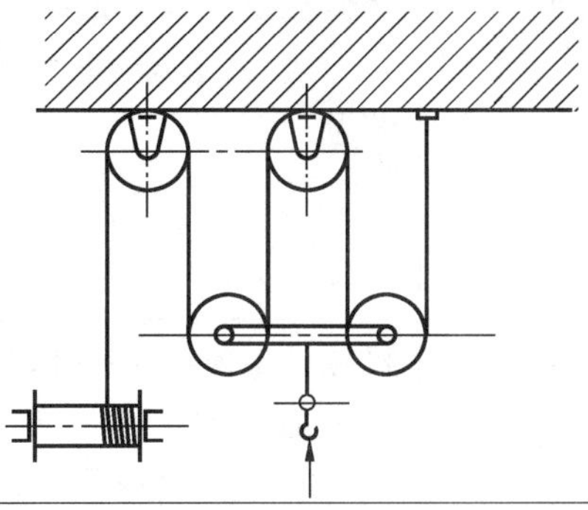
6.27	**吊钩滑轮组　hook assembly** 装有起重吊钩的滑轮组件	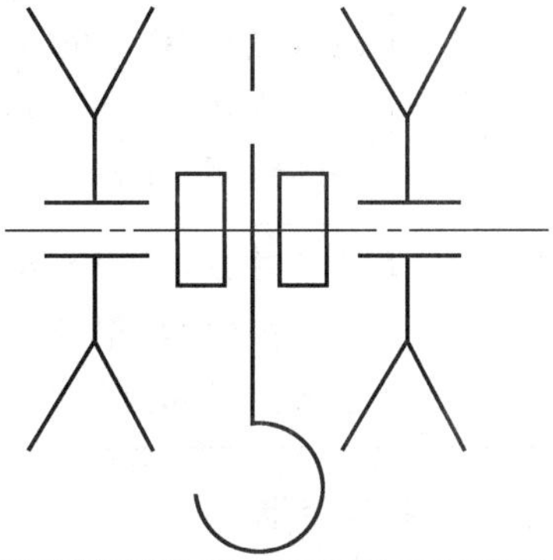
6.28	**取物装置　load-handling device** 用于抓取、持住或搬运重物的装置(如吊钩、抓斗、电磁吸盘、货叉、挂梁、集装箱吊具或其他装置)	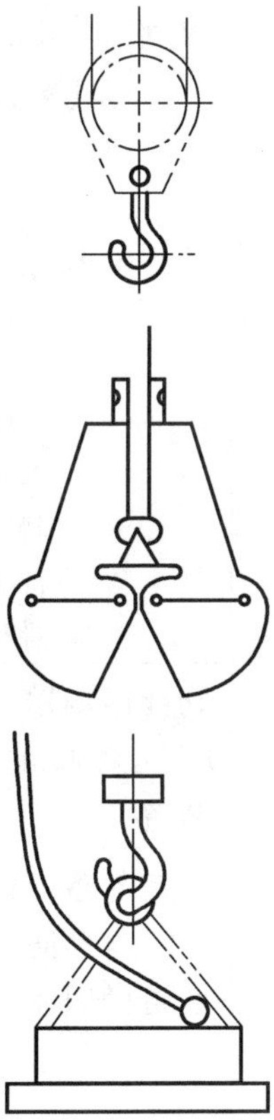

6.29	**外伸支腿 outrigger** 加大起重机作业时的支承轮廓的装置	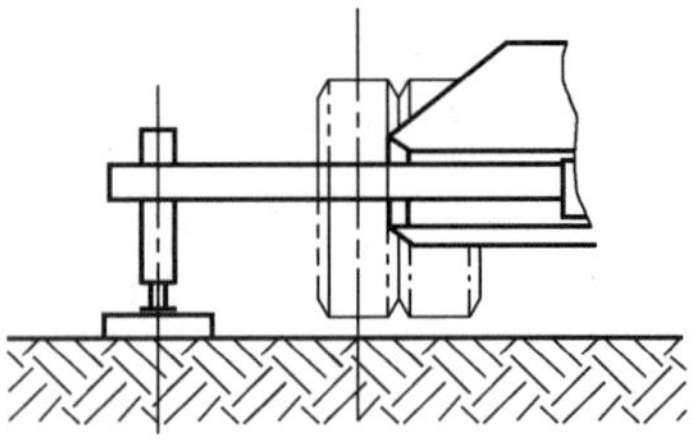
6.30	**机械设备室 machinery room** 能容纳一个或多个起重机驱动装置，人员能进入检查和维护的封闭空间	
6.31	**电气设备室 electrical equipment room** 安放电气设备，人员能进入检查和维护的封闭空间	
6.32	**轨道总成 rail track** 由钢轨、横梁、承轨梁、托架和框架等组成的供起重机在上运行的总成	

7 限制器和指示器

7.1	**限制器 limiting device**;limiter 停止或限制起重机的运动或功能的装置 注1：大多数这类装置在有关的运动或功能达到极限状态时会自动起作用。 注2：除了**功能限制器**(7.1.1)、**额定起重量限制器**(7.1.2)、**运动限制器**(7.1.3)、**缓冲器**(7.1.4)和**终端止挡器**(7.1.5)以外，还包括以下各种性能限制器：偏斜量限制器、钢丝绳卷绕和退绕限制器、回转速度限制器、起升/下降速度限制器、起重机运行速度限制器、起重小车运行速度限制器和安全阀(液压系统内)。	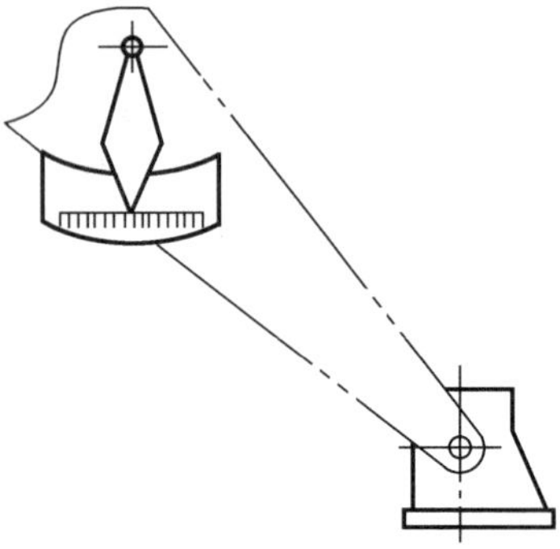
7.1.1	**功能限制器 function limiter** 对起重机指定功能停止和/或限制的装置	
7.1.2	**额定起重量限制器 rated capacity limiter** 自动防止起重机起吊超过规定的额定起重量的限制装置	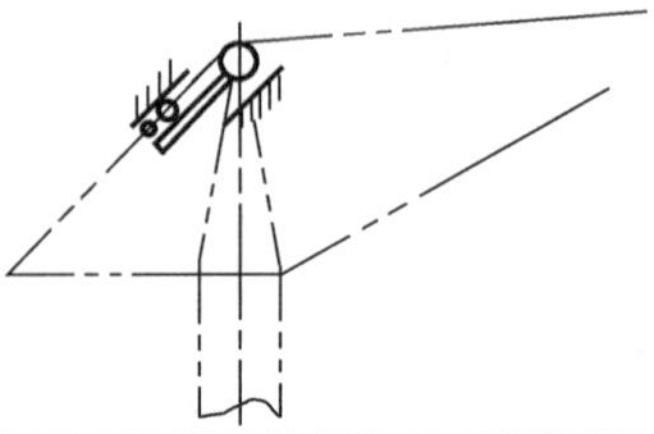

7.1.3	**运动限制器　motion limiter** 对起重机指定运动停止和/或限制的装置 例如：起升限位器、下降限位器、回转限位器、起重机运行限位器、小车运行限位器、臂架俯仰或变幅限位器。	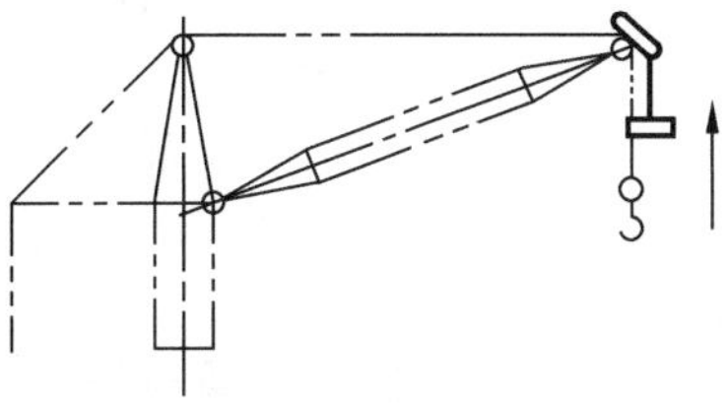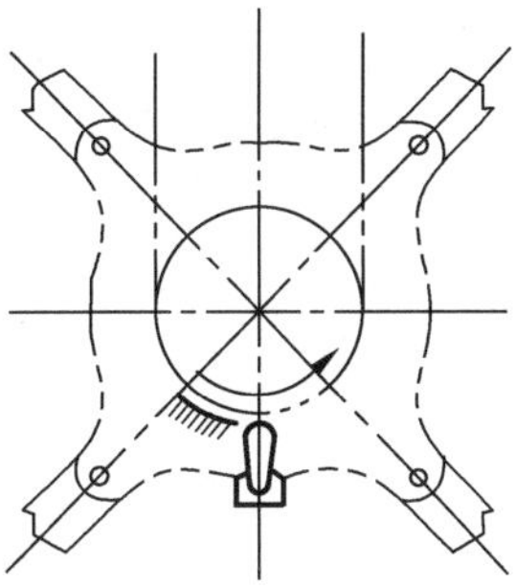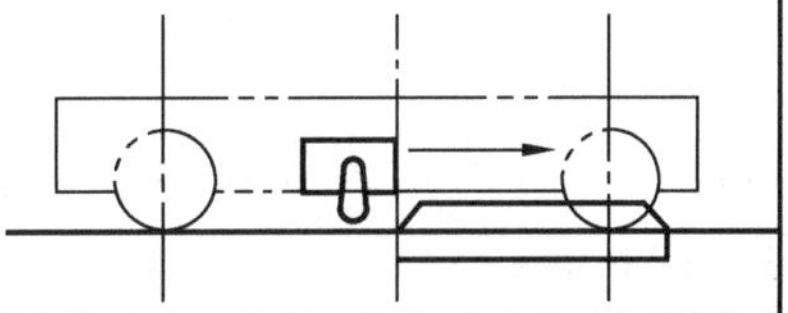
7.1.4	**缓冲器　buffer** 缓和冲击的装置	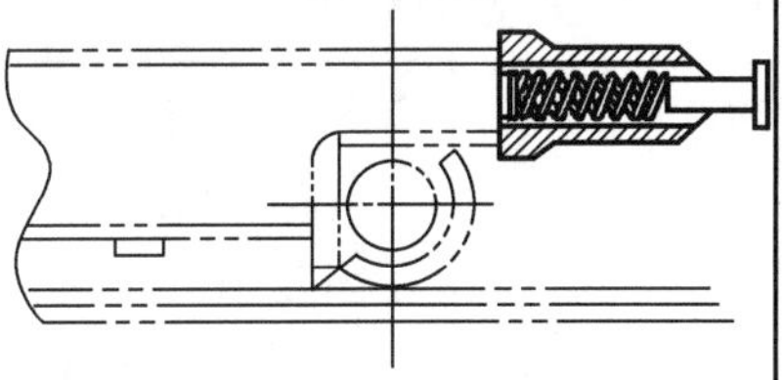
7.1.5	**终端止挡器　end stop** 限制起重机和小车运动的装置	
7.2	**指示器　indicating device**；indicator 向起重机司机发送听觉和/或视觉信号，以便将起重机控制在其合适的工作参数范围内的装置 注：除了**工作参数指示器**(7.2.1)和**额定起重量指示器**(7.2.2)以外，还包括以下各种功能指示器：功能指示器(偏斜指示器、起重机坡度指示器、卷筒旋转指示器、松绳指示器)和位置指示器(幅度指示器、臂架角度指示器)	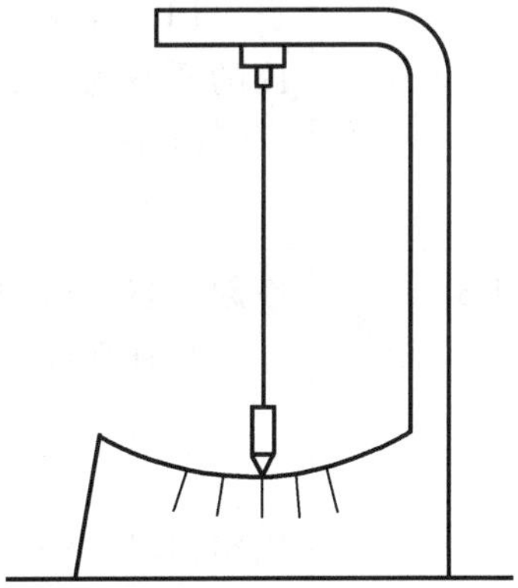

7.2.1	**工作参数指示器　operating parameter indicator** 向起重机司机传送有关工作参数的听觉和/或视觉警示信号的指示装置	
7.2.2	**额定起重量指示器　rated capacity indicator** 自动发出听觉和/或视觉报警信号的指示装置	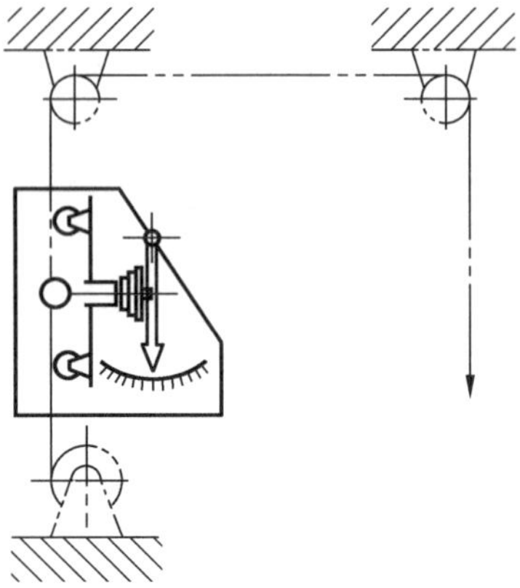

8　起升载荷

8.1　术语、定义和代号

8.1.1	**有效起重量　payload** 吊挂在起重机可分吊具上或无此类吊具，直接吊挂在固定吊具上起升的重物质量 m_{PL}。 注：如起重机在水电站起吊闸门或从水中起吊重物，在考虑有效起重量时还应计及水流的负压或水的吸附作用所产生的力。	
8.1.2	**可分吊具　non-fixed load-lifting attachment** 用于起吊有效起重量，且不包含在起重机的质量之内的质量为 m_{NA} 的装置 注：可分吊具能方便地从起重机上拆下并与有效起重量分开。	
8.1.3	**净起重量　net load** 吊挂在起重机固定吊具上起升的重物质量 m_{NL} 注：质量 m_{NL} 是有效起重量 m_{PL} 和可分吊具质量 m_{NA} 之和： $m_{NL} = m_{PL} + m_{NA}$	
8.1.4	**固定吊具　fixed load-lifting attachment** 能吊挂净起重量，并永久固定在起重挠性件下端的质量为 m_{FA} 的装置 注：固定吊具是起重机的一部分。	

8.1.5	**起重挠性件下起重量　hoist medium load** 吊挂在起重机起重挠性件下端起升的重物质量 m_{HL}。 注：质量 m_{HL} 是有效起重量 m_{PL}、可分吊具质量 m_{NA} 和固定吊具质量 m_{FA} 之和： $m_{HL}=m_{PL}+m_{NA}+m_{FA}$	
8.1.6	**起重挠性件　hoist medium** 从起重机上垂下，例如从起重小车或臂架头部垂下，并由起升机构等设备驱动，使挂在其下端的重物升降的质量为 m_{HM} 的钢丝绳、链条或其他设备 注：起重挠性件是起重机的一部分。	
8.1.7	**总起重量　gross load** 直接吊挂在起重机上，例如挂在起重小车或臂架头部上的重物的质量 m_{GL} 注：质量 m_{GL} 是有效起重量 m_{PL}、可分吊具质量 m_{NA}、固定吊具质量 m_{FA} 和起重挠性件质量 m_{HM} 之和： $m_{GL}=m_{PL}+m_{NA}+m_{FA}+m_{HM}$	
8.1.8	**额定起重量　rated capacity** 在正常工作条件下，对于给定的起重机类型和载荷位置，起重机设计能起升的最大净起重量。对于**流动式起重机**(3.1.3.3)为**起重挠性件下起重量**(8.1.5)	
8.1.9	**最大起重量　maximum capacity** 额定起重量的最大值	

8.2　术语应用举例

图 1 至图 4 和表 1 至表 4 给出了起重机起升载荷术语应用的示例。

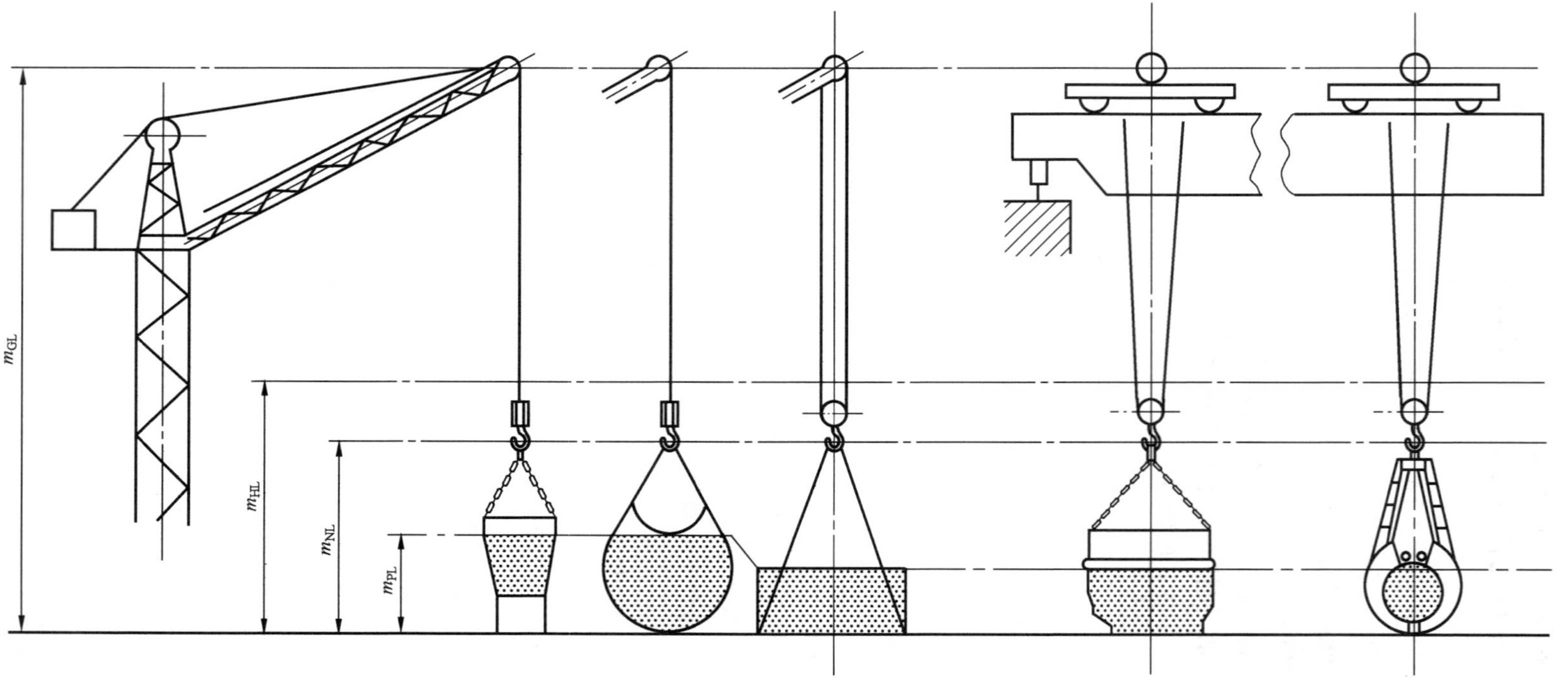

图 1 （见表 1）

表 1

<table>
<tr><td rowspan="4">总起重量
m_{GL}</td><td colspan="3">起重挠性件 m_{HM}</td><td colspan="3">从臂架头部垂下的起升钢丝绳</td><td colspan="2">从起重小车垂下的起升钢丝绳</td></tr>
<tr><td rowspan="3">起重挠性件下起重量
m_{HL}</td><td colspan="2">固定吊具 m_{FA}</td><td>吊钩滑轮组</td><td>吊钩滑轮组</td><td>下滑轮</td><td>下滑轮</td><td>下滑轮</td></tr>
<tr><td rowspan="2">净起重量
m_{NL}</td><td>可分吊具
m_{NA}</td><td>料斗与链条</td><td>网扣</td><td>钢丝绳吊具</td><td>电磁吸盘与链条</td><td>抓斗</td></tr>
<tr><td>有效起重量
m_{PL}</td><td>料斗内物料</td><td>网扣内物料</td><td>包装箱与内含物</td><td>碎铁块</td><td>抓斗内物料</td></tr>
</table>

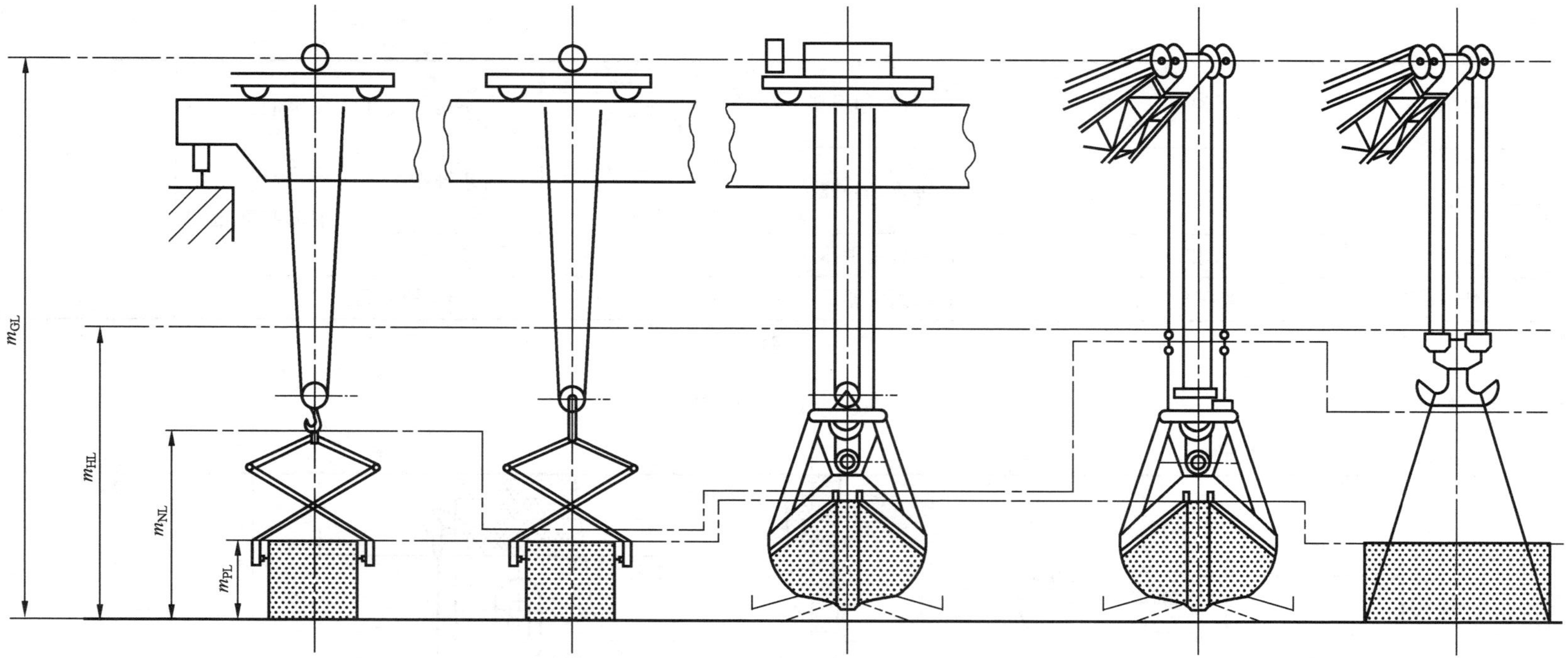

图 2 （见表 2）

表 2

<table>
<tr><td rowspan="4">总起重量
m_{GL}</td><td colspan="3">起重挠性件 m_{HM}</td><td colspan="3">从起重小车垂下的起升钢丝绳</td><td colspan="2">从臂架头部垂下的起升钢丝绳</td></tr>
<tr><td rowspan="3">起重挠性件
下起重量
m_{HL}</td><td colspan="2">固定吊具 m_{FA}</td><td>下滑轮</td><td>夹钳与滑轮[a]</td><td>抓斗[a]</td><td>—</td><td>—</td></tr>
<tr><td rowspan="2">净起重量
m_{NL}</td><td>可分吊具
m_{NA}</td><td>夹钳</td><td>—</td><td>—</td><td>抓斗[b]</td><td>吊钩、吊梁与吊索[b]</td></tr>
<tr><td>有效起重量
m_{PL}</td><td>加工好的
石料</td><td>加工好的
石料</td><td>抓斗内
物料</td><td>抓斗内
物料</td><td>包装箱与内含物</td></tr>
</table>

[a] 这些部件均永久固定在钢丝绳上。

[b] 这些部件非永久固定在钢丝绳上，与钢丝绳的连接很容易拆开。

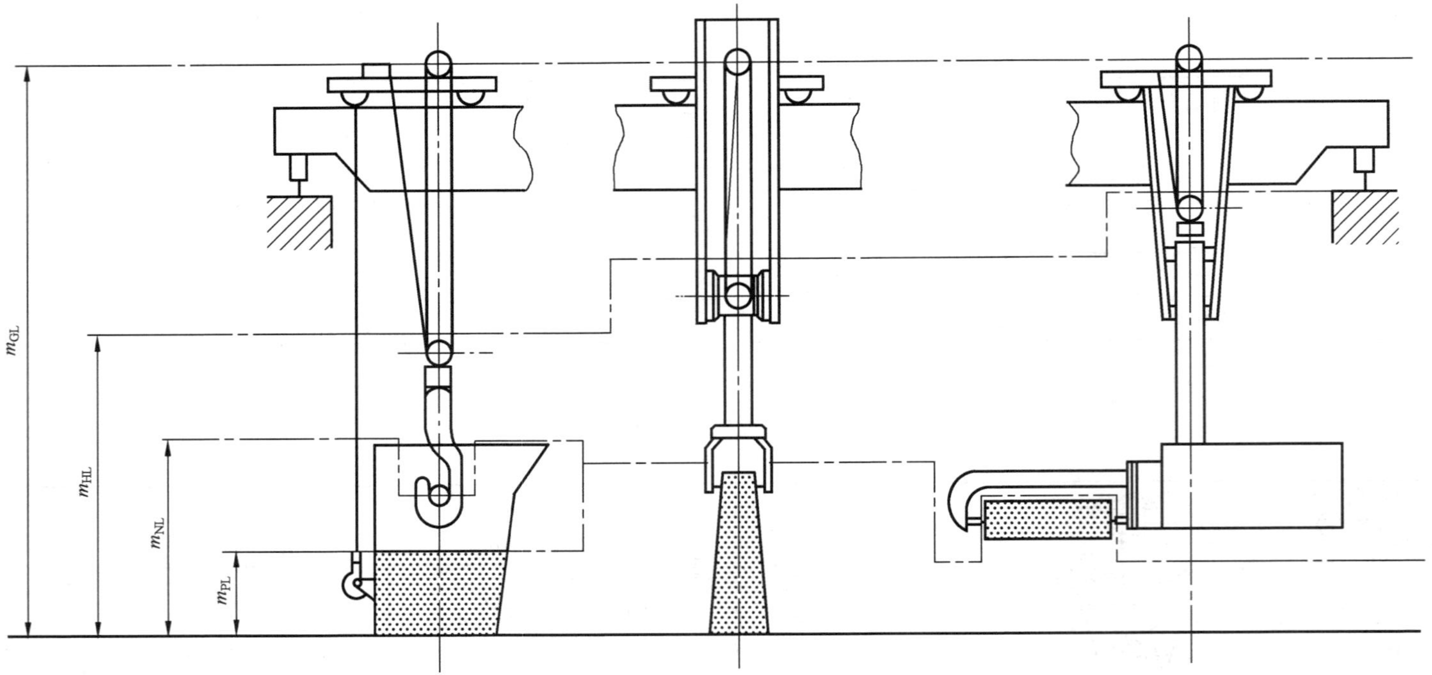

图 3 (见表 3)

表 3

<table>
<tr><td rowspan="4">总起重量
m_{GL}</td><td colspan="3">起重挠性件 m_{HM}</td><td>主起升钢丝绳和副起升钢丝绳</td><td>起升钢丝绳</td><td>起升钢丝绳</td></tr>
<tr><td rowspan="3">起重挠性件下起重量
m_{HL}</td><td colspan="2">固定吊具 m_{FA}</td><td>下滑轮与吊钩组</td><td>夹钳</td><td>夹钳</td></tr>
<tr><td rowspan="2">净起重量
m_{NL}</td><td>可分吊具
m_{NA}</td><td>钢(铁)水包</td><td>—</td><td>—</td></tr>
<tr><td>有效起重量
m_{PL}</td><td>包内含物</td><td>钢锭</td><td>钢锭</td></tr>
</table>

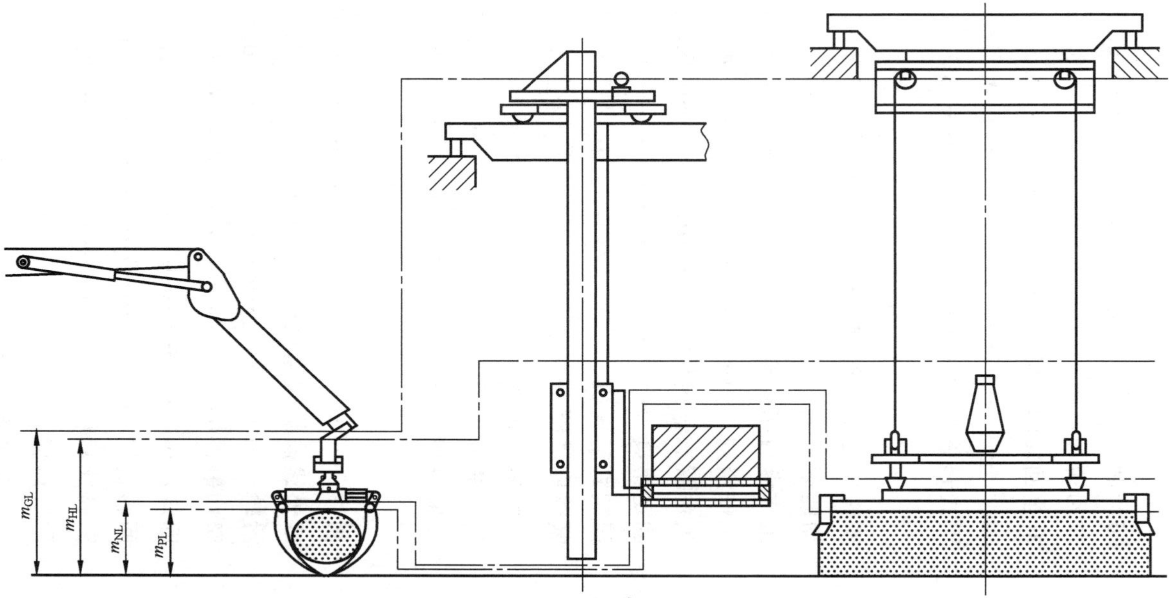

图 4 （见表 4）

表 4

总起重量 m_{GL}	起重挠性件 m_{HM}			—	起升钢丝绳	起升钢丝绳
	起重挠性件下起重量 m_{HL}	固定吊具 m_{FA}		回转装置与抓具	货叉与叉架	集装箱吊具上架
		净起重量 m_{NL}	可分吊具 m_{NA}	—	—	集装箱吊具
			有效起重量 m_{PL}	抓具内含物	托盘货物	集装箱

9 使用

9.1	**起重机操作员 crane operator** 使用(操作)起重机控制装置的人员	

中 文 索 引

K

L

M

P

Q

S

T

W

X

Y

Z

英 文 索 引

D

E

F

G

H

I

J

L

M

S

T

U

W

ICS 01.040.53;53.020.20
J 80

GB

中华人民共和国国家标准

GB/T 6974.2—2017/ISO 4306-2:2012
代替 GB/T 6974.2—2010

起重机 术语
第2部分:流动式起重机

Cranes—Vocabulary—Part 2:Mobile cranes

(ISO 4306-2:2012,IDT)

2017-10-14 发布 2018-05-01 实施

中华人民共和国国家质量监督检验检疫总局
中国国家标准化管理委员会 发布

前　言

GB/T 6974《起重机　术语》分为以下几个部分：

——第1部分：通用术语；

——第2部分：流动式起重机；

——第3部分：塔式起重机；

——第4部分：臂架起重机；

——第5部分：桥式和门式起重机；

——第6部分：铁路起重机。

本部分为GB/T 6974的第2部分。

本部分按照GB/T 1.1—2009给出的规则起草。

本部分代替GB/T 6974.2—2010《起重机　术语　第2部分：流动式起重机》。与GB/T 6974.2—2010相比主要技术变化如下：

——增加了“起重机配置、起重机准备、额定起重量、最大额定起重量”四个术语及定义(见2.1.2、2.1.3、2.1.4和2.1.5)；

——“安装型式”修改为“行走方式”(见2.2,2010年版的2.2)；

——“定长式”修改为“定长臂”“桁架式”修改为“桁架臂”“伸缩式”修改为“伸缩臂”“立柱式(塔式)”修改为“柱式臂(塔式臂)”(见2.4.1、2.4.1.1、2.4.2和2.4.3,2010年版的2.4.1、2.4.1.1、2.4.2和2.4.3)；

——增加三个条文注,分别对柱式臂、副臂的结构特点进行了说明,以及对特殊配置的说明(见2.4.3、2.4.4和2.5.1的注)；

——对随车起重机重新进行了定义(见2.5.2,2010年版2.5.2)。

本部分使用翻译法等同采用ISO 4306-2:2012《起重机　术语　第2部分:流动式起重机》。

本部分作了下列编辑性修改：

——按照GB/T 1.1—2009的编写格式,将“范围”加了章编号,其他各章编号按序顺延；

——将ISO 4306-2:2012中“范围 :ISO 4306规定了用英、法和俄文表达的起重机领域最常用的术语”,改为本部分的第1章“范围:GB/T 6974的本部分界定了起重机最常用的术语”；

——为与我国其他起重机的称谓一致,在2.4.3柱式臂后面增加同义词“(塔式臂)”,在2.4.5铰接臂后面增加同义词“(折叠臂)”。

本部分由中国机械工业联合会提出。

本部分由全国起重机械标准化技术委员会(SAC/TC 227)归口。

本部分起草单位:中联重科股份有限公司、深圳特种设备安全检验研究院。

本部分主要起草人:杨武、李军、罗凯、涂凌志、喻韬、刘松良。

本部分所代替标准的历次版本发布情况为：

——GB/T 6974.6—1986；

——GB/T 6974.2—2010。

起重机　术语
第2部分:流动式起重机

1　范围

GB/T 6974 的本部分界定了起重机最常用的术语。

本部分规定了各种基本型式的自驱动流动式起重机的术语。GB/T 8498 描述的挖掘机和其他建筑机械除外。

2　术语和定义

2.1　总则

2.1.1

流动式起重机　mobile crane

可以配置立柱(塔柱),能在带载或不带载情况下沿无轨路面运行,且依靠自重保持稳定的臂架型起重机。

2.1.2

起重机配置　crane configuration

起重机的零部件和元件的组合或布置。

示例:臂架的组装(主臂臂节、副臂臂节或臂端延伸节的数量和布置)、平衡重的重量和位置(超起平衡重或后置平衡重的数量和布置)。

2.1.3

起重机准备　crane set-up

起重机及其附件作业前操作和定位的准备行为或准备要求。

注:起重机准备包括:

——选择适合起重作业的地面;

——平整地面、作业场地围挡、作业场地封闭和/或起重机就位;

——支腿的位置和设置;

——平衡重的设置;

——上车的设置。

2.1.4

额定起重量　rated capacity

根据起重机配置和起重机准备情况,起重机制造商规定的最大允许载荷。

2.1.5

最大额定起重量　maximum rated capacity

起重机最大设计载荷。

注:最大额定起重量作为起重机基本技术参数经常被提及。

2.2 行走方式

2.2.1

履带式 crawler-mounted

采用履带行走的流动式起重机。

见图1、图2和图7。

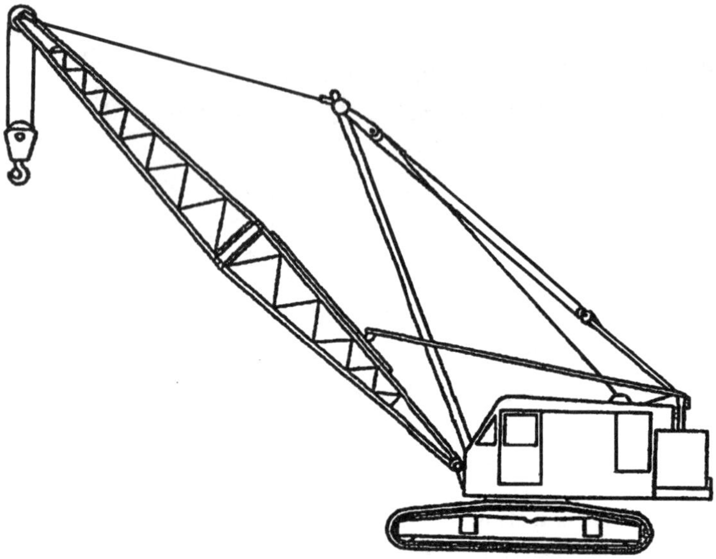

图1 上车回转式桁架臂履带式起重机

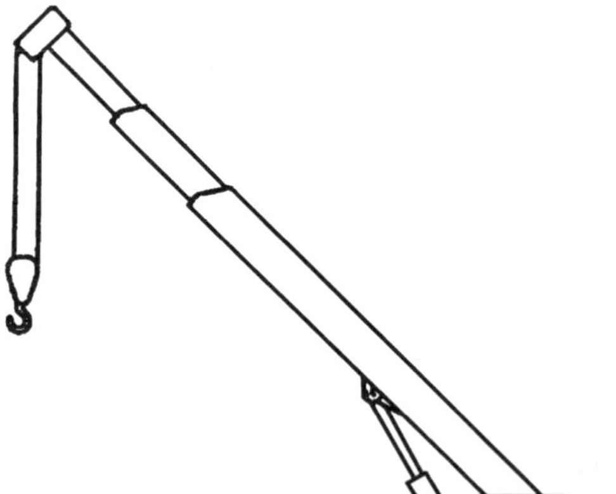

图2 上车回转式伸缩臂履带式起重机

2.2.2

轮式　wheel-mounted

采用轮胎行走的流动式起重机。

见图 3、图 4 和图 5。

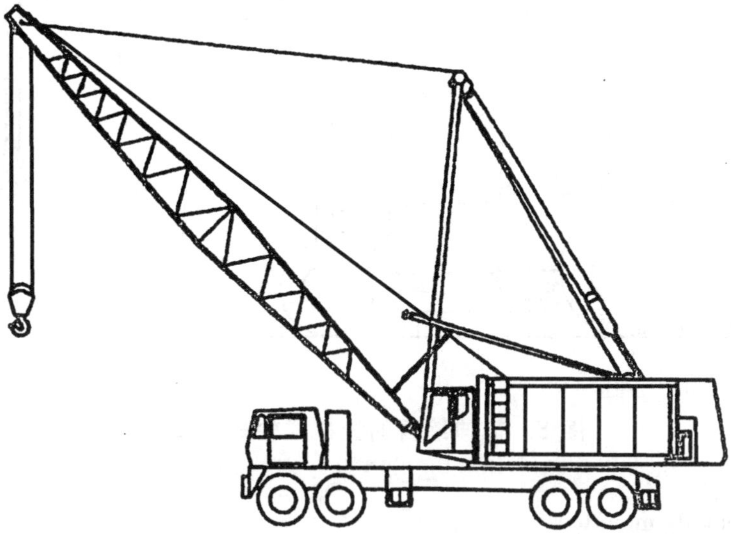

图 3　上车回转式桁架臂轮式起重机

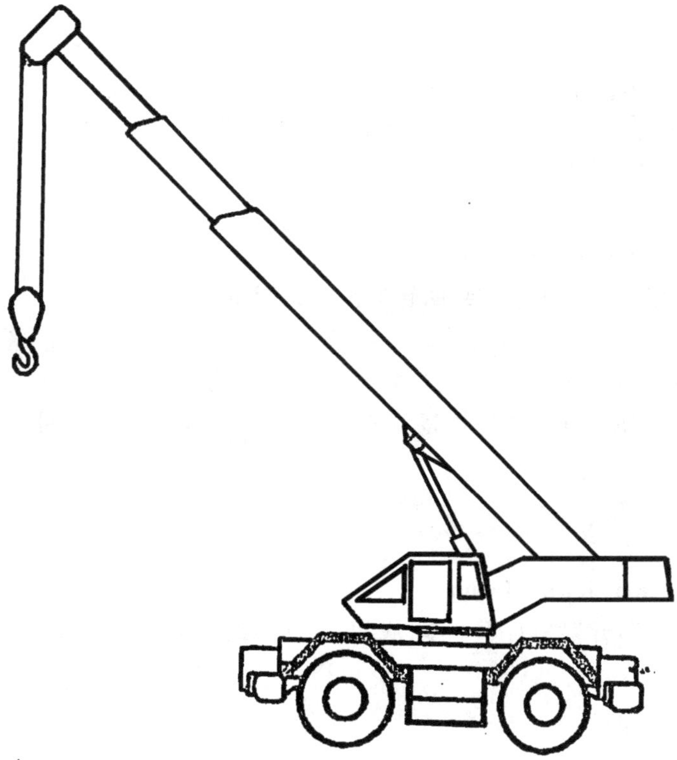

图 4　上车回转式伸缩臂轮式起重机

图 5　带伸缩臂的铰接式轮式起重机

2.2.3

特殊式　specially mounted

采用轮胎、履带以外的其他方式行走的流动式起重机。

2.3　结构型式

2.3.1

上车回转式　slewing upper structure

整个上车连同附件在下车(底架)上回转的流动式起重机。

见图 1 至图 4、图 7、图 8。

2.3.2

臂架回转式　slewing boom

不带上车,臂架相对于下车(底架)回转的流动式起重机。

2.3.3

铰接式　articulated

由两个部分铰接而成,通过这种铰接方式可实现臂架水平回转和起重机转向的流动式起重机。

见图 5。

2.3.4

臂架非回转式　non-slewing boom

带或不带固定上车,臂架相对于下车(底架)不回转的流动式起重机。

见图 6。

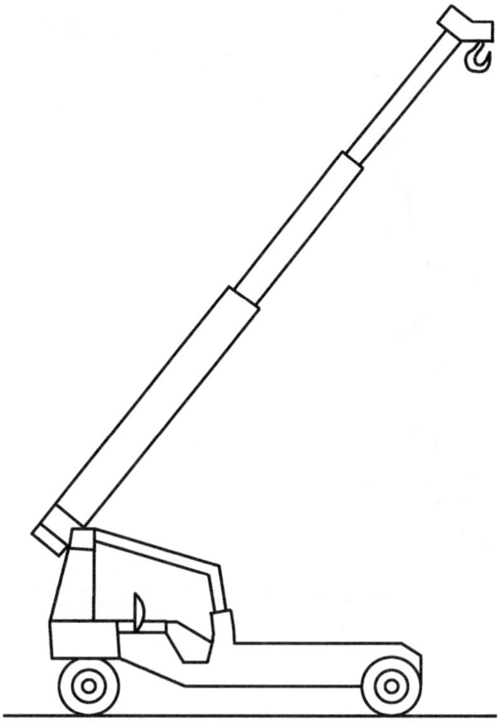

图 6　臂架非回转式轮式起重机

2.4　臂架(附件)型式

2.4.1

定长臂　fixed length boom

作业长度固定的臂架,其长度可以通过增加或减少中间臂节而变化,但不能在作业循环过程中改变。

2.4.1.1

桁架臂　lattice boom

桁架结构的定长臂架。

见图 1 和图 3。

2.4.2

伸缩臂　telescoping boom

由一节基本臂及设置在其中的一节或多节臂节组成,通过臂节的伸缩来改变长度的臂架。

见图 2、图 4、图 5 和图 6。

2.4.3

柱式臂(塔式臂)　mast-mounted boom

安装在垂直或接近垂直的主臂端或其附近位置的臂架。

见图 7。

注:作业期间主臂与柱式臂之间的角度可改变。

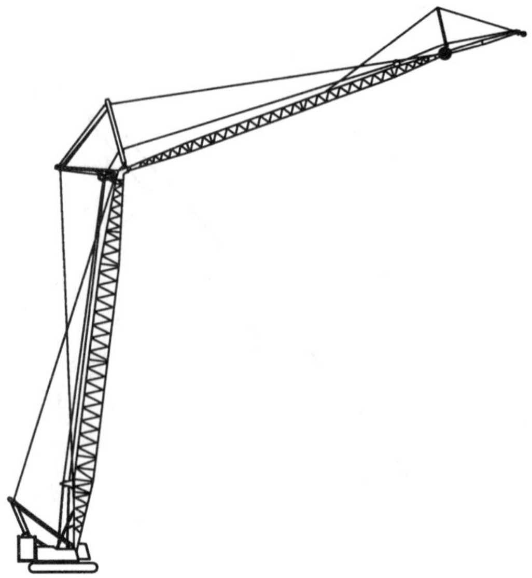

图 7　带副臂的柱式臂履带式起重机

2.4.4

副臂　fly jib

安装在主臂端或柱式臂上或其附近位置,以增加长度和辅助起升的臂架。

见图 7。

注:副臂与主臂之间有一定的夹角。

2.4.5

铰接臂(折叠臂)　articulated boom

由铰接构件组成的,能在垂直平面内绕铰点转动的臂架。

2.5　特殊配置

2.5.1

特殊配置　special configuration

为增加基本型流动式起重机的起重能力或其他功能而加装的各种不同的附加装置。

注:履带式起重机和轮式起重机的特殊配置示例见图 8。

2.5.2

随车起重机　loader crane

通常安装在商用车(包括拖车)上,由一个在基座上方的转台和一个固定到转台上的臂架系统组成的动力驱动的起重装置,用于货物的装卸。

注 1:ISO 3833:1977 定义的商用车,主要用于运输货物,也用于牵引拖车的机动车辆。安装在商用车上的随车起重机示例见图 9。

注 2:动力驱动的起重装置也可安装在其他型式的车辆上。若安装在固定基座上时,即称之为装载起重机。

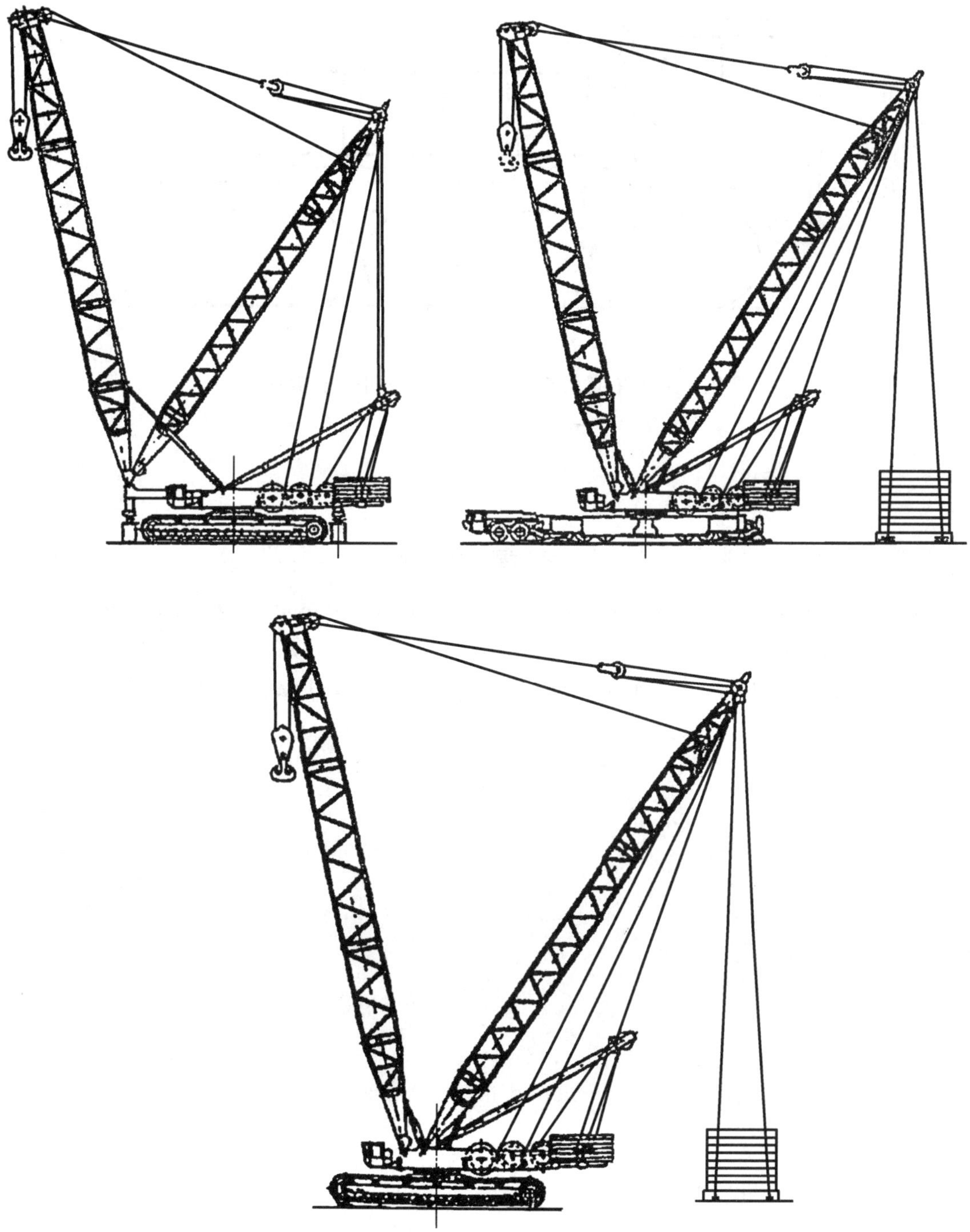

图 8　特殊配置——典型示例

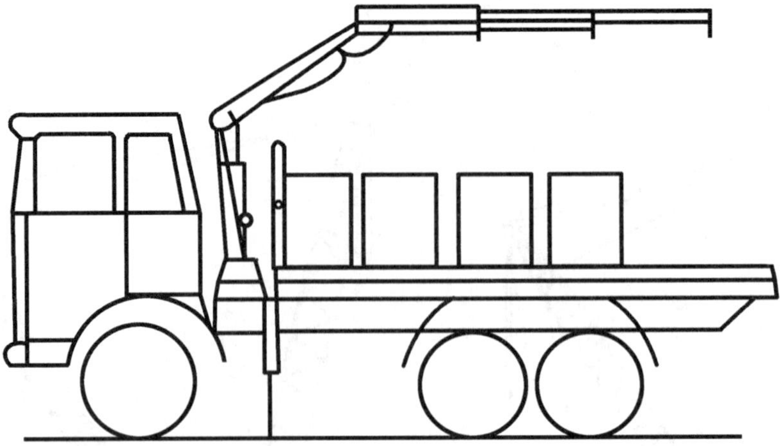

图 9 安装在商用车上的随车起重机——典型示例

参 考 文 献

[1] GB/T 8498 土方机械 基本型式 识别、术语和定义(GB/T 8498—2008,ISO 6165:2006,IDT)

[2] ISO 3833:1977 Road vehicles—Types—Terms and definitions

ICS 01.040.53;53.020.20
J 80

中华人民共和国国家标准

GB/T 6974.3—2008/ISO 4306-3:2003
代替 GB/T 6974.9—1986

起重机　术语
第3部分:塔式起重机

Cranes—Vocabulary—Part 3:Tower cranes

(ISO 4306-3:2003,IDT)

2008-07-09 发布　　2009-02-01 实施

中华人民共和国国家质量监督检验检疫总局
中国国家标准化管理委员会　发布

前　　言

GB/T 6974《起重机　术语》分为以下几个部分：

——第1部分：通用术语；

——第2部分：流动式起重机；

——第3部分：塔式起重机；

——第5部分：桥式和门式起重机。

本部分为GB/T 6974《起重机　术语》的第3部分。

本部分等同采用ISO 4306-3：2003《起重机　术语　第3部分：塔式起重机》(英文版)。

本部分等同翻译ISO 4306-3：2003。

为了便于使用，本部分做了下列编辑性修改：

——"ISO 4306的本部分"一词改为"GB/T 6974的本部分"；

——删除了ISO 4306-3：2003的前言；

——删除了ISO 4306-3：2003第1章中"ISO 4306规定了起重机最常用的术语(英、法、俄文)"，因为此叙述对本部分无意义；

——原文图3和其中序号23、24术语有误，本部分对图3做了修改；序号23术语改为"**23　架设钢丝绳 erection rope**；telescoping rope"；序号24术语改为"**24　平衡重安装装置　ballasting device** "；

——将图中的分图号的图题直接写入，不再另列；

——增加中文和英文的索引。

本部分代替GB/T 6974.9—1986《起重机械名词术语　塔式起重机》。

本部分与GB/T 6974.9—1986相比主要变化如下：

——标准名称改为"起重机　术语　第3部分：塔式起重机"；

——用图例及编号对塔式起重机各类型的术语进行说明。

本部分由中国机械工业联合会提出。

本部分由全国起重机械标准化技术委员会(SAC/TC 227)归口。

本部分起草单位：北京建筑机械化研究院、沈阳连云建筑机械有限责任公司。

本部分主要起草人：孙艳秋、李静、杨晓梅、刘士杰。

本部分所代替标准的历次版本发布情况为：

——GB/T 6974.9—1986。

起重机　术语
第3部分：塔式起重机

1　范围

GB/T 6974 的本部分规定了塔式起重机的通用定义并借助于带相关术语编号的图例来说明各类塔式起重机使用的术语。

本部分适用于：

——可组装与拆卸的塔式起重机；

——永久性安装的塔式起重机。

本部分不适用于：

——可装设塔身的流动式起重机；

——带或不带臂架的安装桅杆。

2　塔式起重机　通用定义

2.1

塔式起重机　tower crane

工作状态时其臂架位于保持基本垂直的塔身的顶部，由动力驱动的回转臂架型起重机。

注1：这类起重机的构造允许其在非工作状态仍处于安装位置，并可以拆卸或降下以便转移至另一工地。

注2：塔式起重机上装有用于载荷起升和下降的装置并通过动臂变幅、水平变幅、回转和整机行走使载荷移动的装置。对某些塔式起重机只要求能完成部分动作，但不必实现全部动作。

注3：这类设备可以固定安装，也可以移动和/或爬升。

3　塔式起重机的类型

塔式起重机由下列4组特征进行描述：

a)　组装：

——由部件组装的；

——自行架设的(不用辅助设备快速架设的)。

b)　回转部位：

——上回转；

——下回转。

c)　臂架类型：

——水平臂架(含平头式)；

——动臂臂架；

——弯折臂架；

——伸缩臂架；

——铰接臂架。

d) 移动：
——行走式；
——固定式（定置式）；
——爬升式。

4 术语表

表1选编了不同类别的塔式起重机，并附有相应插图作参考。

这些插图对术语进行了解释，其定义不言自明。这些术语用序号标识。

表1 塔式起重机的类型

特 征	上回转塔式起重机	下回转塔式起重机
水平臂架	图1	图3、图6
动臂臂架	图2a)	
弯折臂架	图4	
伸缩臂架	图5	
铰接臂架	图7	
由部件组装的塔式起重机	图1、图2、图4、图5、图7	
自行架设的塔式起重机(快速架设)		图3、图6
行走式	图1a)	图3a)
固定式	图1b)	图3b)
内爬升	图2b)	
外爬升	图2c)	

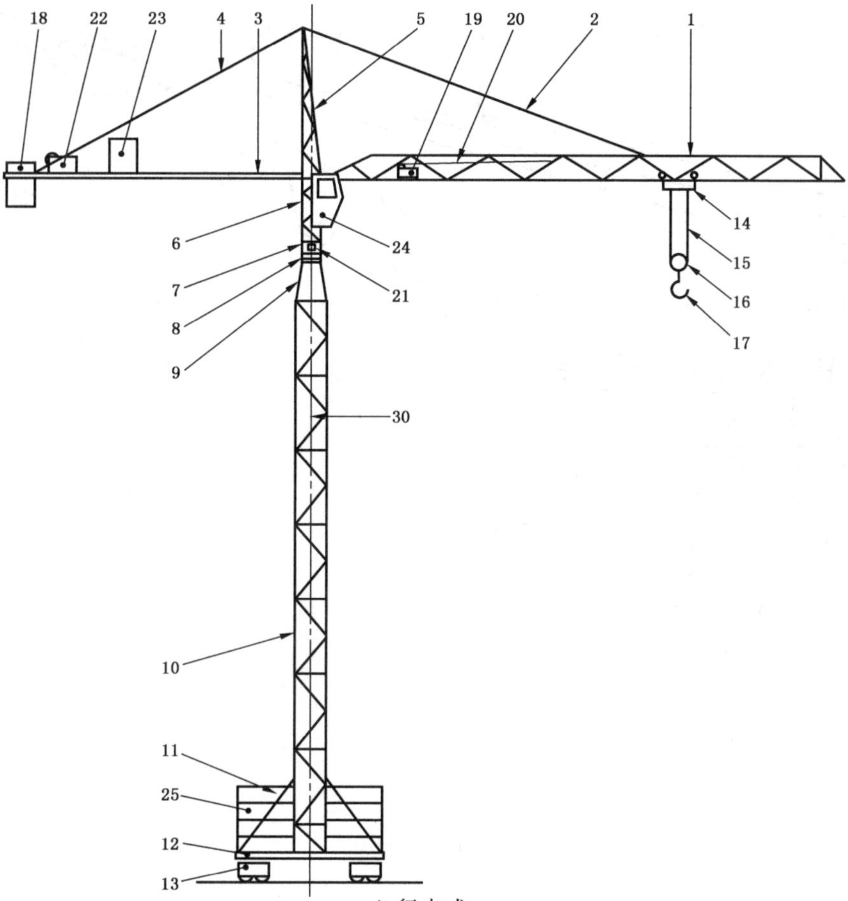

a）行走式

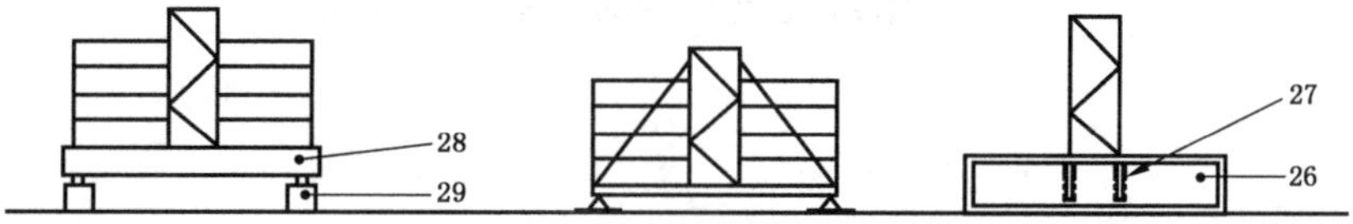

b）固定式

1 ——臂架　**jib**
2 ——臂架拉索　**jib tie**
3 ——平衡臂　**counter-jib**
4 ——平衡臂拉索　**counter-jib tie**
5 ——塔顶　**cat head**
6 ——回转塔身　**cab mast**
7 ——回转平台　**slewing platform**
8 ——回转支承　**slewing ring**
9 ——回转支承座　**slewing ring support**
10——塔身　**tower**
11——塔身撑杆　**tower strut**
12——底架　**undercarriage**
13——行走台车　**bogie**
14——小车　**trolley**
15——起升钢丝绳　**hoisting rope**
16——起升滑轮组　**block assembly**
17——吊钩　**hook**
18——平衡重　**counterweight**
19——小车变幅机构　**trolley travelling mechanism**
20——小车变幅钢丝绳　**trolley travelling rope**
21——回转机构　**slewing mechanism**
22——起升机构　**hoisting winch**
23——电控柜　**electrical control cabinet**
24——司机室　**cab**
25——压重　**base ballast**
26——基础　**foundation**
27——地脚螺栓　**foundation anchor**
28——固定底架　**base frame**
29——支脚　**footing blocks**
30——回转中心　**slewing axis**

图 1　组装式上回转水平臂塔式起重机

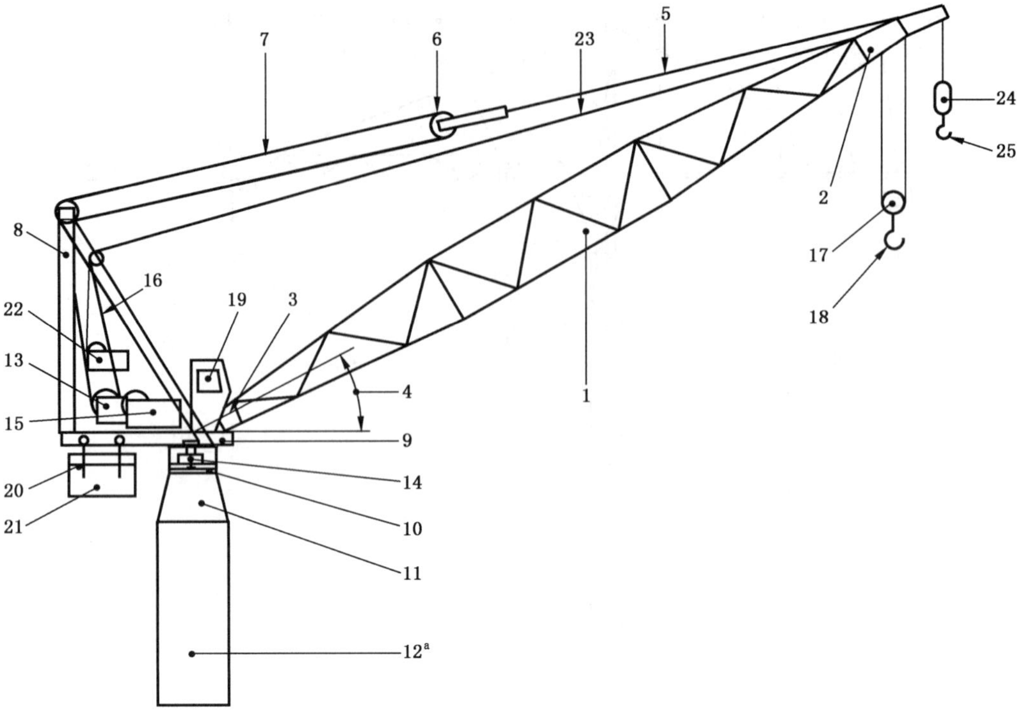

a）动臂臂架

图2　组装式上回转动臂塔式起重机

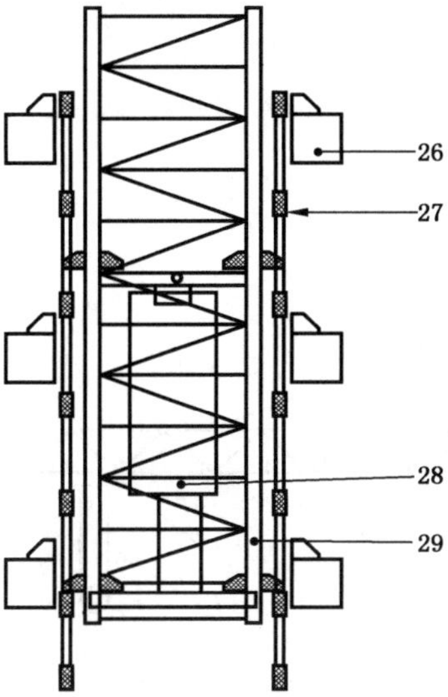

b）内爬升

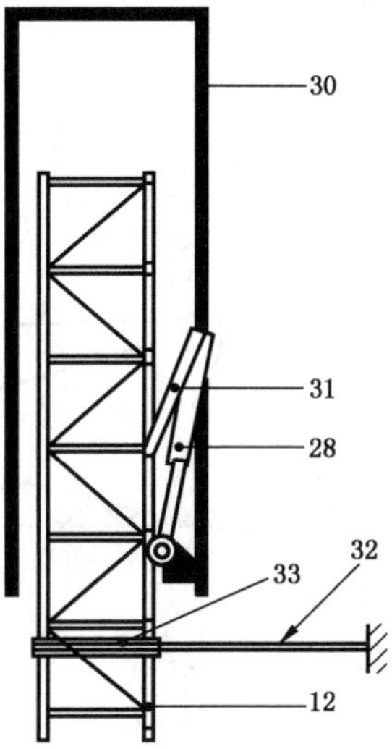

c）外爬升

1 ——动臂臂架　**luffing jib**
2 ——臂头　**jib head**
3 ——臂根　**jib foot**
4 ——臂架仰角　**jib angle**
5 ——臂架拉索或吊索　**jib tie or pendant**
6 ——动臂变幅滑轮组　**luffing block assembly**
7 ——动臂变幅钢丝绳　**luffing rope**
8 ——A 字架(门架)　**A-frame (gantry)**
9 ——回转平台　**slewing platform**
10——回转支承　**slewing ring**
11——回转支承座　**slewing ring support**
12——塔身　**tower**
13——动臂变幅机构　**luffing mechanism**
14——回转机构　**slewing mechanism**
15——起升机构　**hoisting winch**
16——起升钢丝绳　**hoisting rope**
17——起升滑轮组　**block assembly**
18——吊钩　**hook**
19——司机室　**cab**
20——平衡重小车　**counterweight trolley**
21——平衡重　**counterweight**
22——副起升机构　**auxiliary hoisting winch**
23——副起升钢丝绳　**auxiliary hoisting rope**
24——副起升滑轮组　**auxiliary block assembly**
25——副钩　**auxiliary hook**
26——爬升框架　**mast-hoisting frame**
27——爬升梯　**mast-hoisting ladder**
28——爬升装置　**mast-hoisting jack**
29——爬升塔节　**climbing element**
30——爬升套架　**climbing section**
31——支撑靴　**supporting shoe**
32——附着构件　**tie-in onto the building**
33——附着框架　**mast tie frame**

[a] 见图 1。

图 2（续）

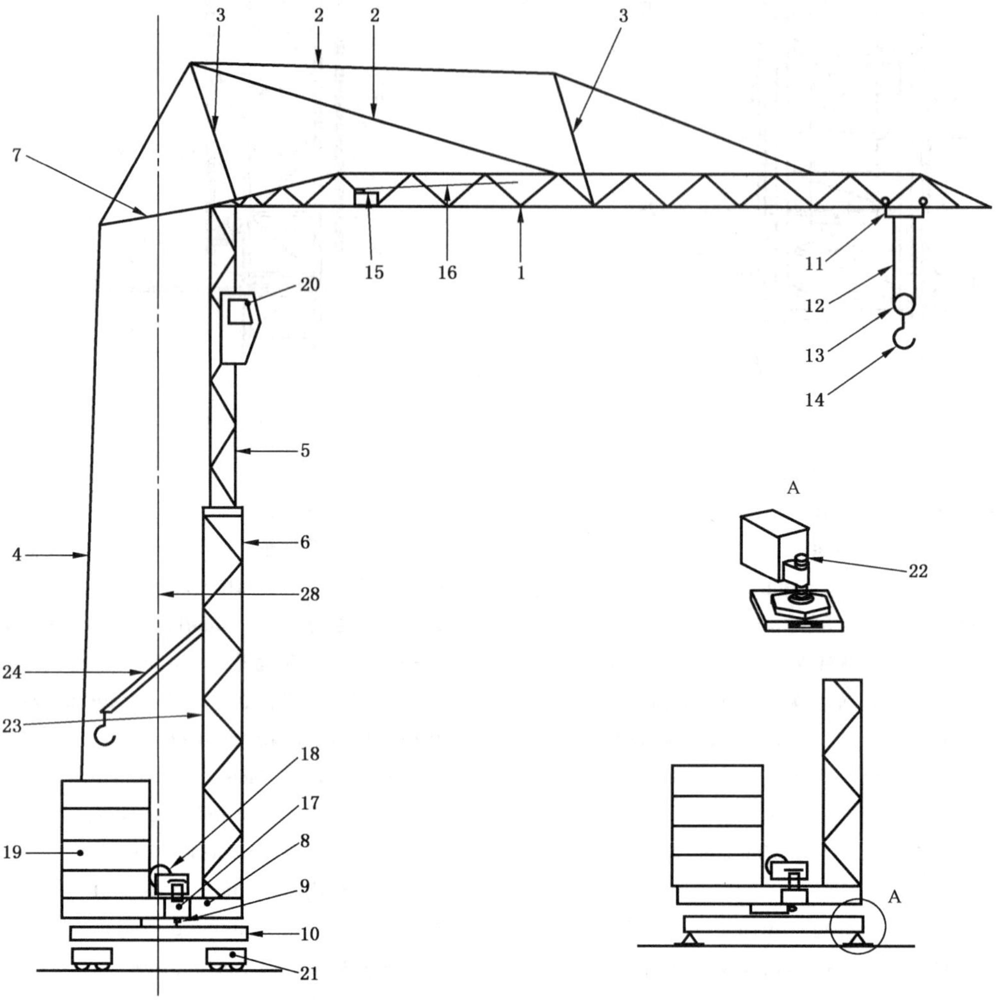

a) 行走式

b) 固定式

图3 自行架设式下回转水平臂塔式起重机

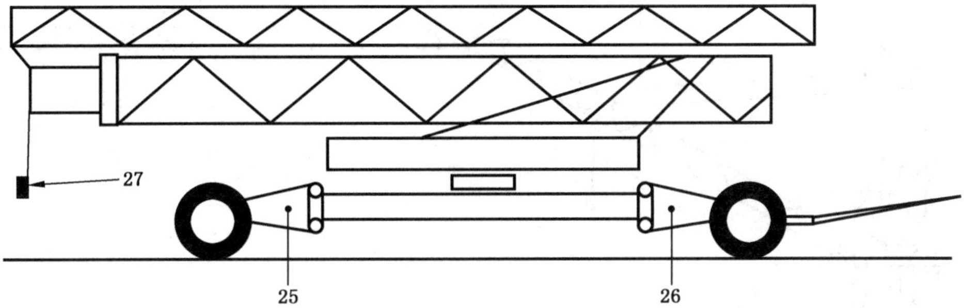

c) 公路拖运式

1 ——臂架 jib

2 ——臂架拉索 jib tie

3 ——臂架撑架 jib support truss

4 ——吊索 pendant

5 ——伸缩塔身 telescopic tower

6 ——外塔身 outer tower

7 ——平衡撑架 counter-jib

8 ——回转平台 slewing platform

9 ——回转支承 slewing ring

10——底架 undercarriage

11——小车 trolley

12——起升钢丝绳 hoisting rope

13——起升滑轮组 block assembly

14——吊钩 hook

15——小车变幅机构 trolley travelling mechanism

16——小车变幅钢丝绳 trolley travelling rope

17——回转机构 slewing mechanism

18——起升机构 hoisting winch

19——平衡重 counterweight

20——司机室 cab

21——行走台车 bogie

22——螺旋千斤顶 screw jack

23——架设钢丝绳 erection rope; telescoping rope

24——平衡重安装装置 ballasting device

25——后桥 rear axle

26——前桥 front axle

转向桥 steering type axle

27——拖行指示灯 lighting of road undercarriage

28——回转中心 slewing axis

图 3（续）

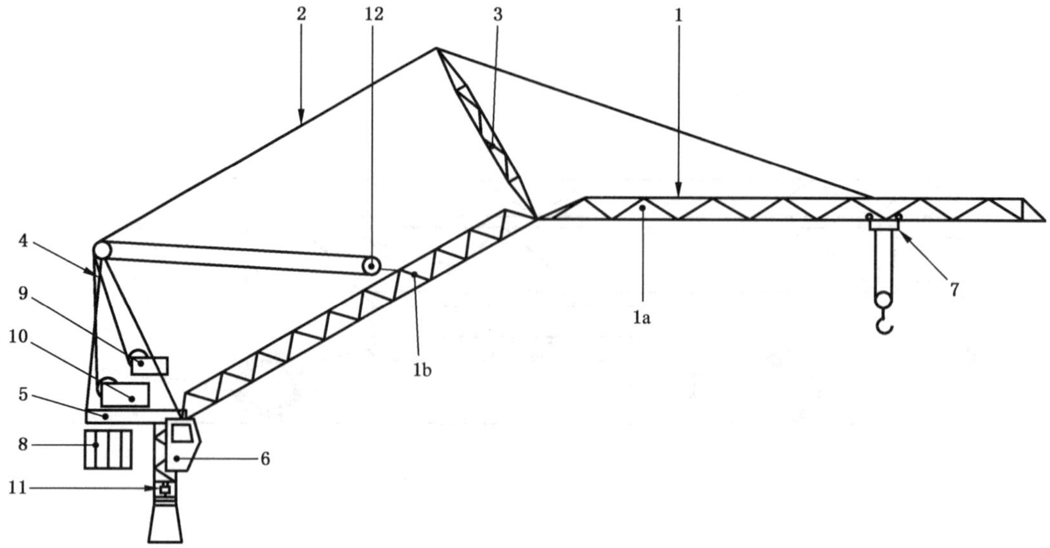

1 ——弯折臂架 gooseneck jib
1a——前臂 fore jib
1b——基本臂 basic jib
2 ——臂架拉索 jib tie
3 ——臂架撑架 jib guy frame
4 ——A 字架(门架) A-frame (gantry)
5 ——回转平台 machinery platform
6 ——司机室 cab
7 ——小车 trolley
8 ——平衡重 counterweight
9 ——动臂变幅机构 luffing mechanism
10——起升机构 hoisting winch
11——回转机构 slewing mechanism
12——动臂变幅滑轮组 luffing rope pulley block

图 4 组装式上回转弯折臂塔式起重机

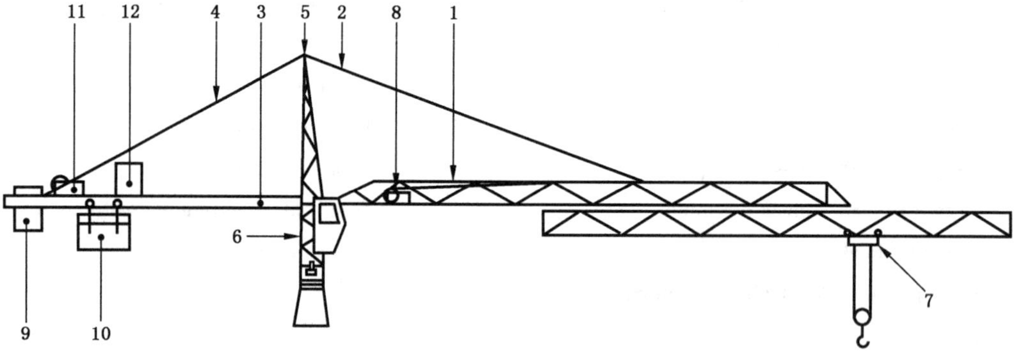

1——伸缩臂架 extending jib
2——臂架拉索 jib tie
3——平衡臂 counter-jib
4——平衡臂拉索 counter-jib tie
5——塔顶 cat head
6——回转塔身 cab mast
7 ——小车 trolley
8 ——伸缩机构 extending mechanism
9 ——固定平衡重 fixed counterweight
10——移动平衡重 movable counterweight
11——起升机构 hoisting winch
12——电控柜 electrical control cabinet

图 5 组装式上回转伸缩臂塔式起重机

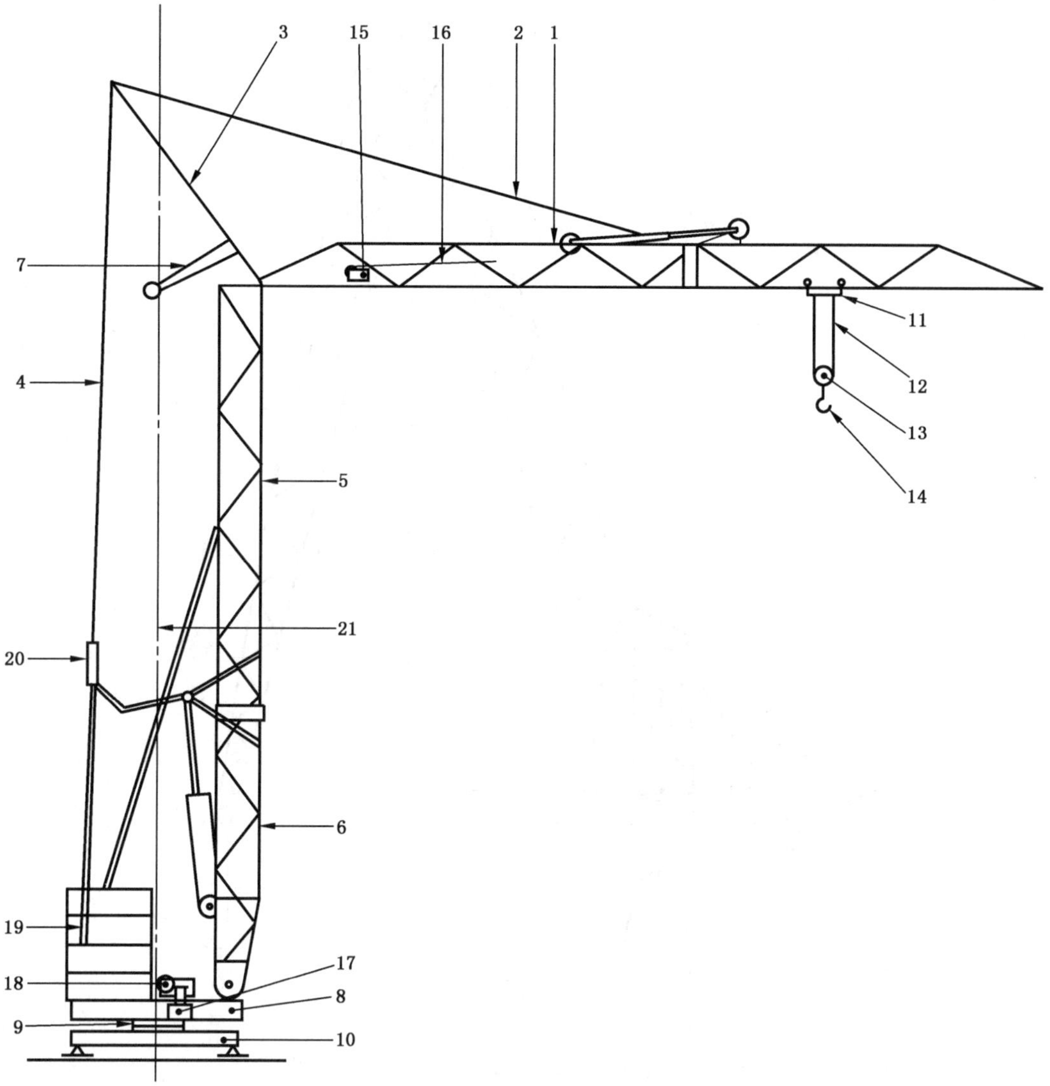

1 ——折叠臂架　folding jib
2 ——臂架拉索　jib tie
3 ——臂架撑架　jib support truss
4 ——吊索　pendant
5 ——上塔身　tower, upper part
6 ——下塔身　tower, lower part
7 ——平衡撑架　counter-jib
8 ——回转平台　slewing platform
9 ——回转支承　slewing ring
10——底架　undercarriage
11——小车　trolley
12——起升钢丝绳　hoisting rope
13——起升滑轮组　block assembly
14——吊钩　hook
15——小车变幅机构　trolley travelling mechanism
16——小车变幅钢丝绳　trolley travelling rope
17——回转机构　slewing mechanism
18——起升机构　hoisting winch
19——平衡重　counterweight
20——臂架倾角调节装置　adjusting connection lug for jib inclination
21——回转中心　slewing axis

图 6　自行架设式下回转折叠水平臂和折叠塔身塔式起重机

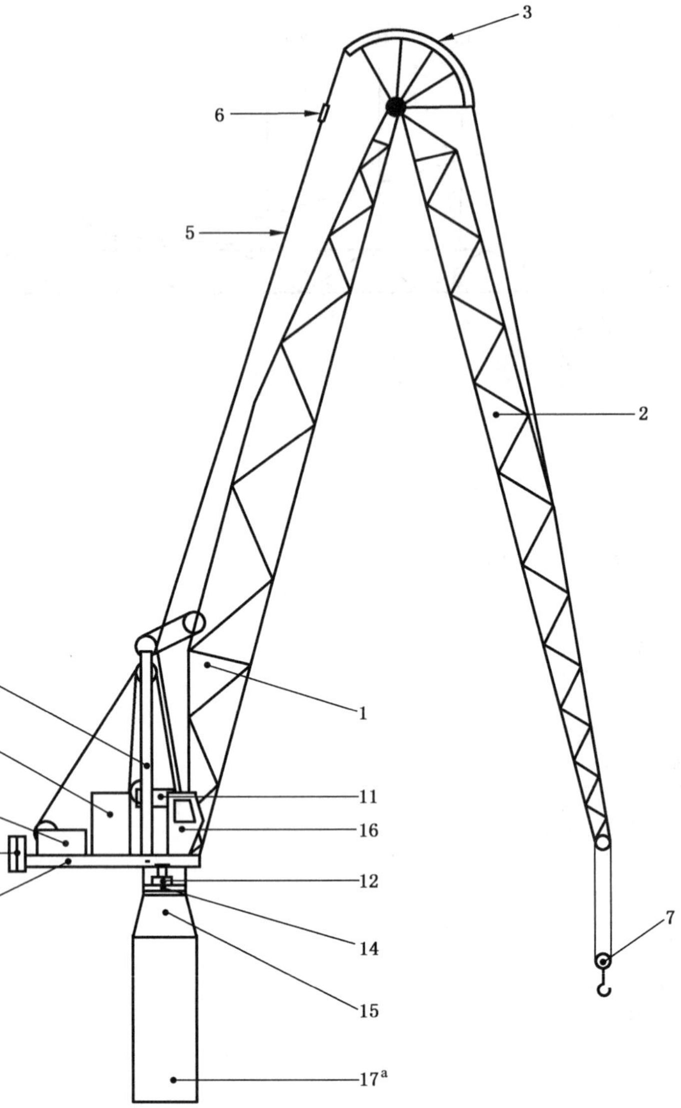

1——基本臂　basic boom

2——前臂　fore boom

3——导绳架　rope guide support

4——A 字架(门架)　A-frame (gantry)

5——张紧绳　tie ropes

6——连接件　yoke

7——起升滑轮组　block assembly

8——平衡臂　counter-jib

9——平衡重　counterweight

10——起升机构　hoisting winch

11——变幅机构　jack-knife motion unit

12——回转机构　slewing mechanism

13——电控柜　electrical control cabinet

14——回转支承　slewing ring

15——回转支承座　slewing ring support

16——司机室　cab

17——塔身　tower

[a] 见图 1。

图 7　组装式上回转铰接臂塔式起重机

参 考 文 献

[1] ISO 4306-1:1990 起重机 术语 第1部分:通用术语

中 文 索 引

A

B

D

F

G

S

T

W

X

Y

Z

英 文 索 引

A

B

C

E

F

G

H

J

L

M

O

P

R

S

T

U

Y

ICS 01.040.53;53.020.20
J 80

中华人民共和国国家标准

GB/T 6974.4—2016
代替 GB/T 6974.10—1986,GB/T 6974.11—1986

起重机　术语
第4部分:臂架起重机

Cranes—Vocabulary—Part 4: Jib cranes

2016-10-13 发布　　2017-05-01 实施

中华人民共和国国家质量监督检验检疫总局
中国国家标准化管理委员会　发布

前　言

GB/T 6974《起重机　术语》分为以下 6 个部分：

——第 1 部分：通用术语；

——第 2 部分：流动式起重机；

——第 3 部分：塔式起重机；

——第 4 部分：臂架起重机；

——第 5 部分：桥式和门式起重机；

——第 6 部分：铁路起重机。

本部分为 GB/T 6974 的第 4 部分。

本部分按照 GB/T 1.1—2009 给出的规则起草。

本部分代替 GB/T 6974.10—1986《起重机械名词术语　门座起重机》、GB/T 6974.11—1986《起重机械名词术语　桅杆起重机》。与 GB/T 6974.10—1986、GB/T 6974.11—1986 相比，主要技术变化如下：

——将标准名称改为《起重机　术语　第 4 部分：臂架起重机》；

——增加了"臂架型起重机""臂架起重机""台架式起重机""悬臂起重机""固定式起重机"等术语和定义。

本部分由中国机械工业联合会提出。

本部分由全国起重机械标准化技术委员会(SAC/TC 227)归口。

本部分起草单位：交通运输部水运科学研究院、大连华锐重工集团股份有限公司、太原科技大学、北京起重运输机械设计研究院、大连博瑞重工有限公司、上海振华重工(集团)股份有限公司、武汉理工大学、南京港机重工制造有限公司、武桥重工集团股份有限公司。

本部分主要起草人：谢琛、张德文、赵宪花、申小强、文豪、林夫奎、田东风、胡吉全、王玥、董志平、熊壮。

本部分所代替标准的历次版本发布情况为：

—— GB/T 6974.10—1986；

—— GB/T 6974.11—1986。

起重机 术语
第4部分:臂架起重机

1 范围

GB/T 6974 的本部分界定了臂架起重机相关的常用术语。

本部分定义了臂架起重机主要类型、变幅特性、平衡特性及零部件的术语。

本部分适用于除流动式起重机、塔式起重机、铁路起重机、浮式起重机和海上起重机以外的臂架起重机。

2 基础术语

2.1

臂架型起重机 jib type crane

其取物装置悬挂在臂架上或沿臂架运行的小车上的起重机。

2.2

臂架起重机 jib crane

除了流动式起重机、塔式起重机、铁路起重机、浮式起重机和海上起重机以外的臂架型起重机。

3 臂架起重机类型

3.1	**门座起重机 portal slewing crane** 安装在门座上,下方可通过铁路或公路车辆的移动式回转起重机。	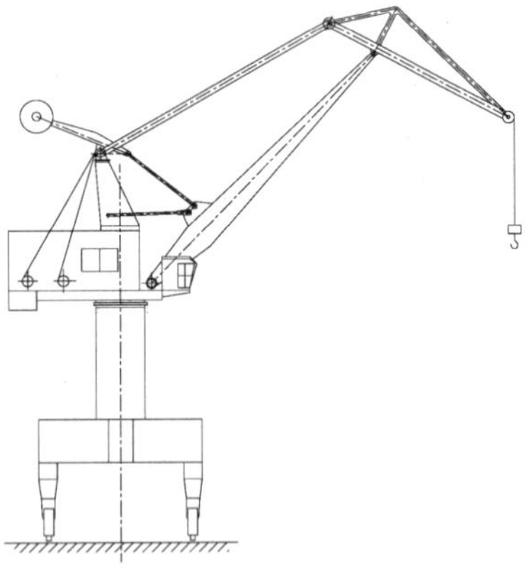
3.1.1	**港口门座起重机 harbour portal slewing crane** 用于港口码头装卸作业,具有较高工作速度的门座起重机。	

3.1.1.1	**港口通用门座起重机　harbour portal slewing crane for general use** 配备有可以更换的吊钩、抓斗等吊具，能装卸不同种类的件杂货、干散货和集装箱等货物的门座起重机。	
3.1.1.2	**带斗门座起重机　kangaroo portal slewing crane** 门座上装有料斗和带式输送系统，用抓斗卸船的门座起重机。	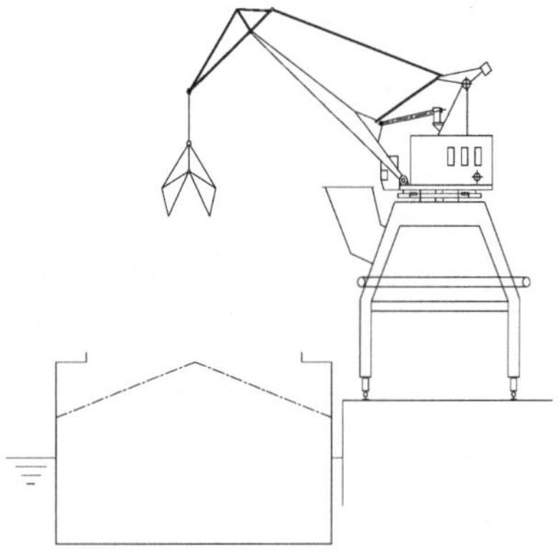
3.1.1.3	**集装箱门座起重机　container portal slewing crane** 专门用于集装箱装卸的门座起重机。	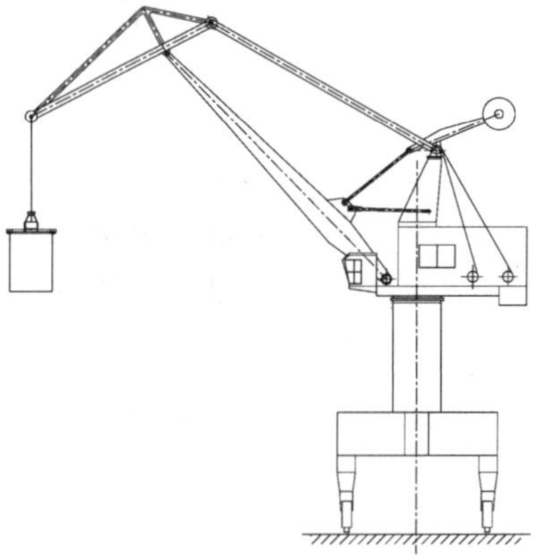
3.1.2	**船厂门座起重机　shipyard portal slewing crane** 专门用于船厂的吊装作业的门座起重机。通常备有两个或多个起重吊钩。	
3.1.3	**水利水电建设用门座起重机　portal slewing crane for water resources and electric power construction** 用于水利电力工程中混凝土吊运、浇筑、水工金属结构件吊装及火力发电工程中机电设备安装等作业用的门座起重机，具有较大的工作幅度和起重能力，且易于拆卸和拼装，便于转移工地。	

3.2	**半门座起重机 semi-portal slewing crane** 安装在半门座上,下方可通过铁路或公路车辆的门座起重机。	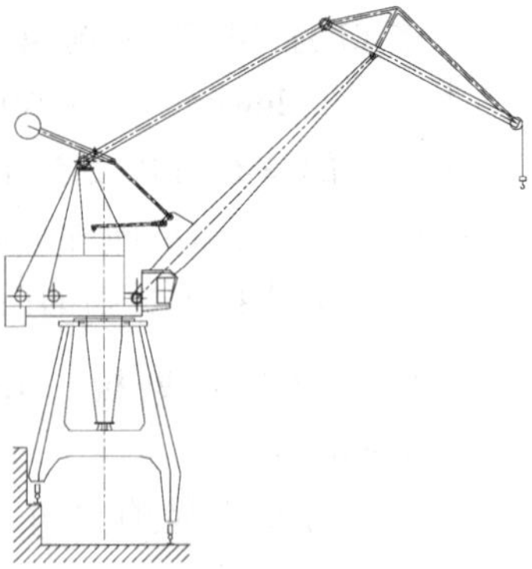
3.3	**台架式起重机 pedestal crane** 安装在运行台车的台架上,可沿轨道运行的臂架起重机。	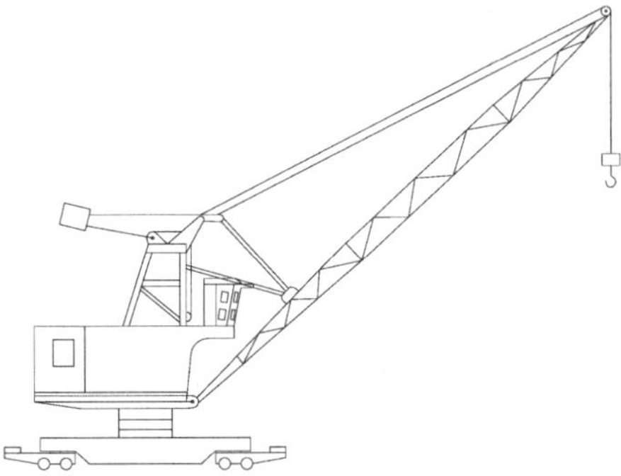
3.4	**高塔柱起重机 high mast crane** 构造上以高塔柱取代普通台架起重机的人字架,且臂架的下铰点设置在塔柱上的起重机。	
3.5	**固定式起重机 fixed-base crane** 固定在基础和其他静止不动的基座上的臂架起重机。	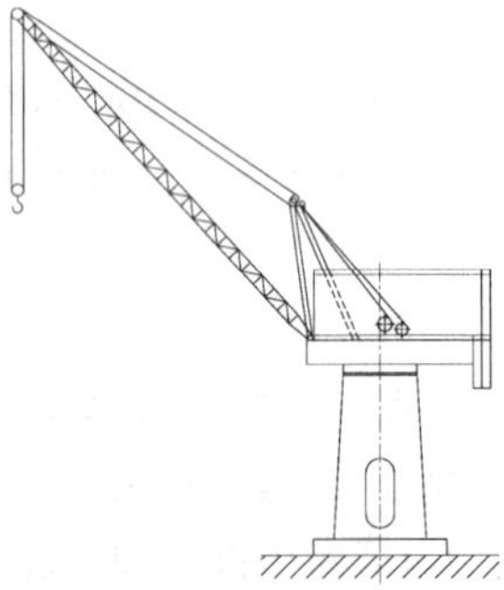

3.6	**梳杆起重机　derrick crane** 以两端通过绳索或支撑固定的桅杆(或相同功能构件)为基本构件,配备或者不配备臂架及回转机构,依靠卷扬机和操作绳索工作的起重机。	
3.6.1	**固定式桅杆起重机　stationary derrick crane** 固定在基础或其他固定底座上的桅杆起重机。	
3.6.1.1	**摇臂式桅杆起重机　rocker derrick crane** 臂架根部铰接在与桅杆底端连接的基座或地梁上,臂架上端用绳索连接在桅杆顶部,桅杆下部铰接于基座,桅杆顶部用缆绳(或拉杆)连接于起重机后方地锚,臂架受两侧牵引绳牵引可左右摆动,受变幅牵引绳牵引可进行俯仰。	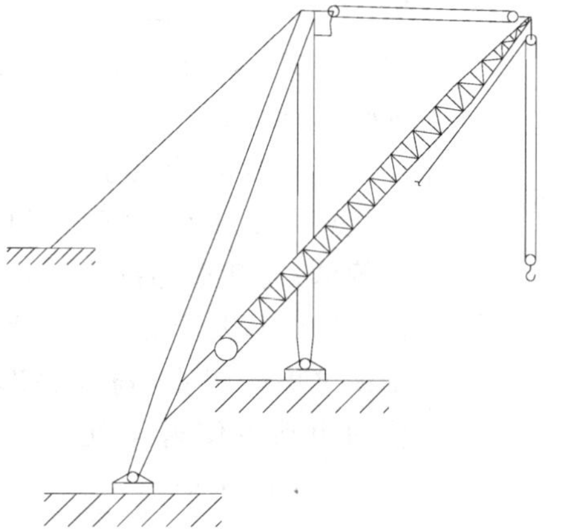
3.6.1.2	**人字架桅杆起重机　shearleg derrick crane** 臂架根部铰接在基座上,臂架上端用绳索连接在桅杆顶部,桅杆底部铰接于基座,桅杆顶部用缆绳(或拉杆)连接于起重机后方地锚,臂架受变幅牵引绳牵引可进行俯仰。	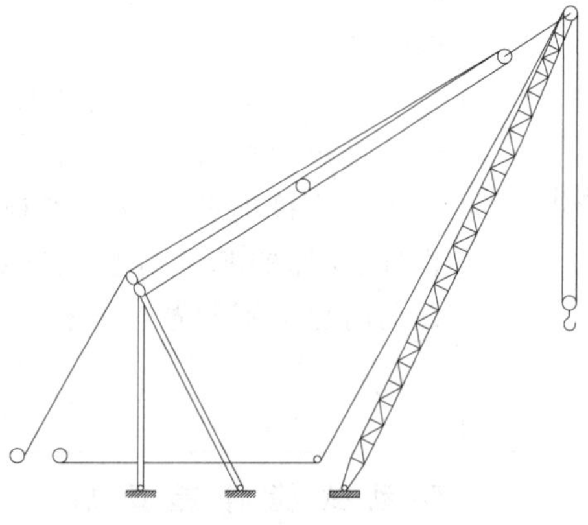
3.6.1.3	**单立柱桅杆起重机　mono-mast derrick crane** 无专门臂架,桅杆底端铰接或固接于基座,桅杆顶部用缆绳(或撑杆)从一个或几个方向上连接于地锚,负载通过桅杆顶滑轮或钢丝绳缠绕系统进行升降。	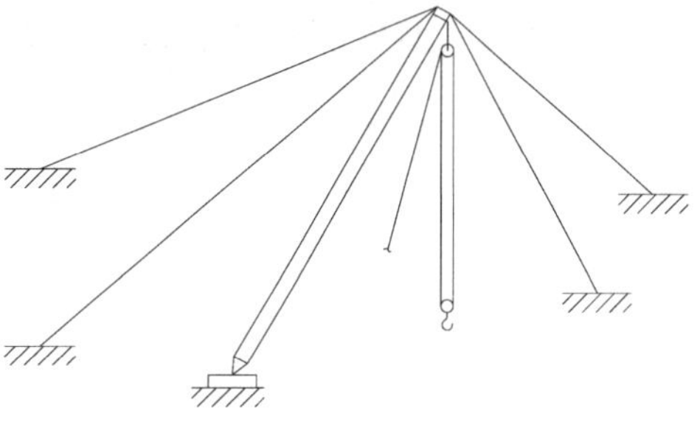

3.6.1.4	**悬臂式桅杆起重机　suspensory derrick crane** 以建筑物的外部竖向构件做桅杆,臂架根部铰接于安装在竖向构件的基座上,臂架上端用绳索连接于竖向构件的合适位置以控制臂架的俯仰,臂架连同负载在两侧牵引绳的作用下可左右摆动。	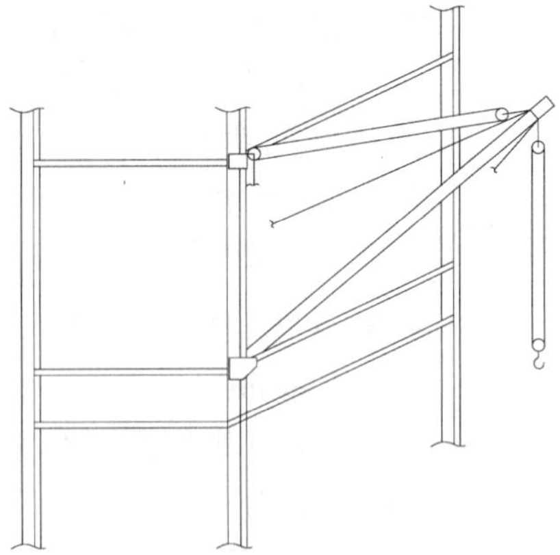
3.6.1.5	**缆绳式桅杆起重机　guy-derrick crane** 臂架根部铰接于桅杆下端,绳索连接臂架上端和桅杆上端并控制臂架的俯仰;桅杆根部铰接于基座,桅杆顶部用绳索从几个方向上牵引连接于地锚使之保持竖直,桅杆底部在回转机构的驱动下使臂架能在一定角度或360°范围内转动。	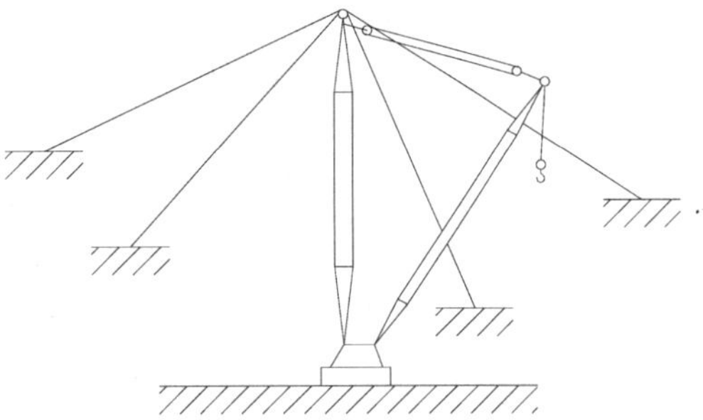
3.6.1.6	**斜撑式桅杆起重机　rigid-braced derrick crane** 两个或两个以上斜撑对桅杆上端进行支撑使桅杆保持竖直,地梁和系梁用来连接桅杆基座和斜撑底端,当桅杆、斜撑的基座自身能满足施加的载荷时也可不配置地梁和系梁。	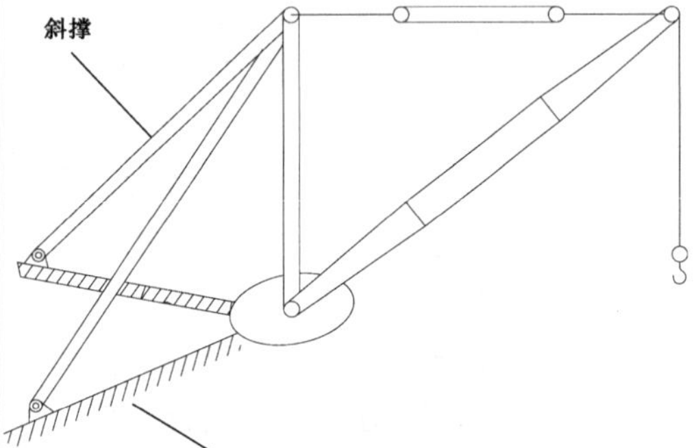
3.6.2	**移动式桅杆起重机　traveling derrick crane** 具有运行底架的桅杆起重机。	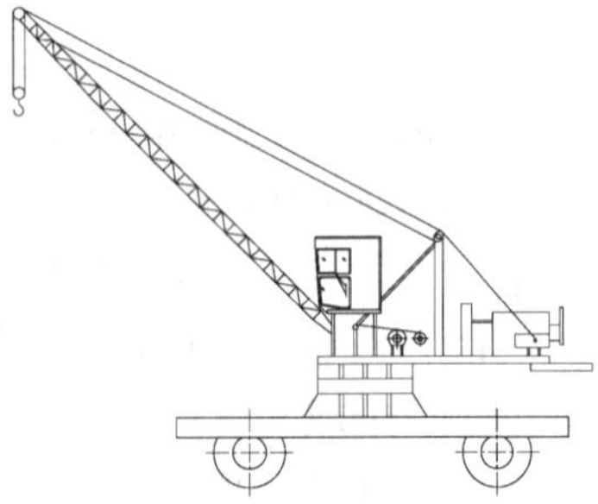

3.7	**悬臂起重机　cantilever crane** 取物装置悬挂在固定的悬臂(臂架)上,或悬挂在可沿悬臂(臂架)运行的小车上的臂架起重机。	
3.7.1	**柱式悬臂起重机　pillar jib crane** 悬臂可绕固定于基座上的定柱回转,或与能在基础内支承回转的转柱固定在一起的悬臂起重机。	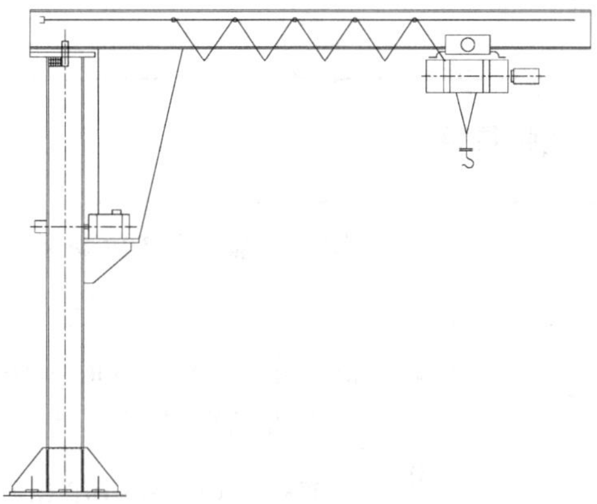
3.7.2	**壁式悬臂起重机　wall crane** 固定在墙壁上或者可沿安装在墙壁或承重结构上的高架轨道运行的悬臂起重机。	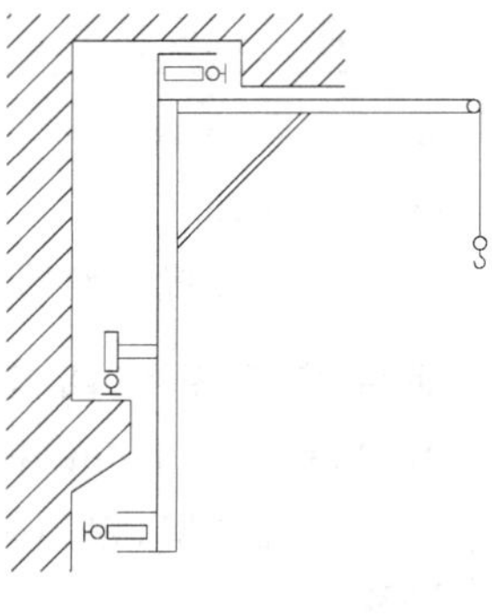 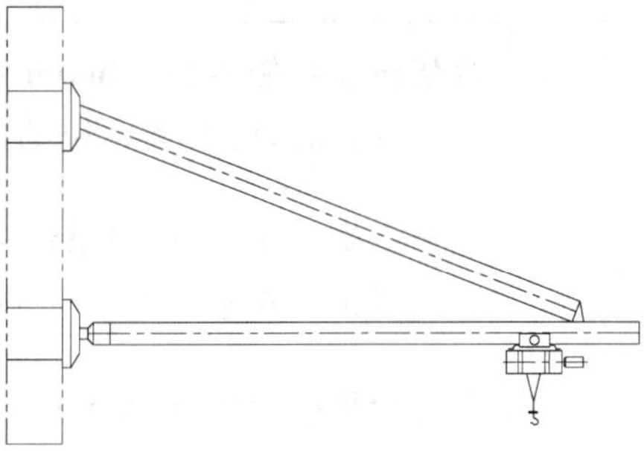

3.7.3	**自行式悬臂起重机 walking crane** 由高架导轨支承,可沿地面轨道运行的悬臂起重机。	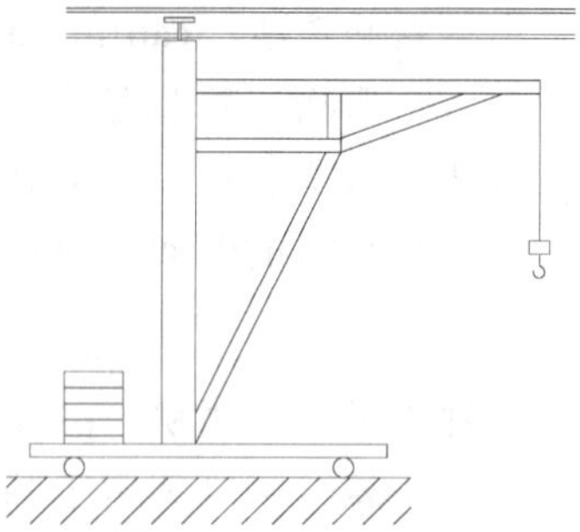

4 变幅特性

4.1	**非工作性变幅(调整性变幅) non-operating luffing** 起重机只允许在空载情况下改变幅度。
4.2	**工作性变幅 operating luffing** 起重机能在带载情况下改变幅度。
4.3	**非水平变幅 unlevel luffing** 起重机变幅时,吊具不能做水平或近似水平移动。
4.4	**水平变幅 level luffing** 起重机变幅时,吊具做水平或近似水平移动。
4.4.1	**单臂架系统滑轮组补偿法 means of compensation with pulley block for single boom system** 通过设置补偿滑轮组,使吊具能近似水平移动。
4.4.2	**组合臂架系统四连杆机构补偿法 means of compensation with four-bar mechanism for double link jib** 通过臂架、象鼻架、拉杆或拉索组成的四联杆式臂架系统,使吊具可作近似水平移动。

5 平衡特性

5.1	**臂架自重平衡系统 boom weight balancing system** 变幅时,使臂架系统的质心高度保持不变或基本不变的系统。
5.2	**完全平衡 complete balance** 臂架与对重的合成质心固定不变,因而臂架的重量得到完全平衡。
5.3	**不完全平衡 incomplete balance** 利用杠杆系统使臂架与对重的合成质心沿近似水平线移动,使臂架系统得到近似平衡。

6 零部件

6.1	**门座 portal** 由带或不带运行机构的支腿支承在地面上的高架结构件。	
6.1.1	**撑杆式门座 portal with prop bar** 由上支承环、撑杆以及横梁和门腿组成的门座。	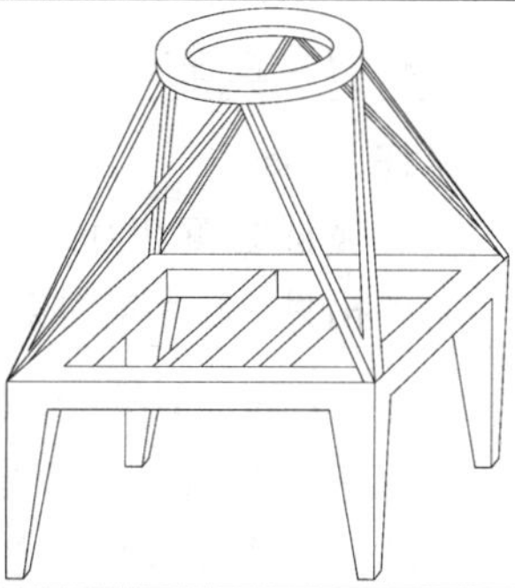
6.1.2	**交叉式门座 cross frame portal** 由两片交叉钢架组成的门座。	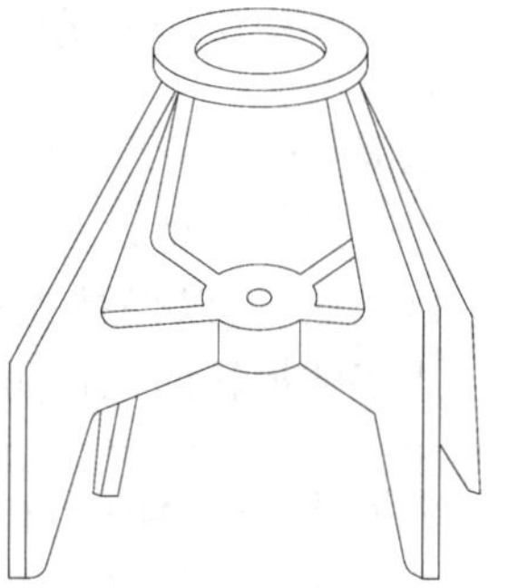
6.1.3	**圆筒形门座 portal with cylindrical structure** 由支承圆筒、横梁和门腿组成的门座。	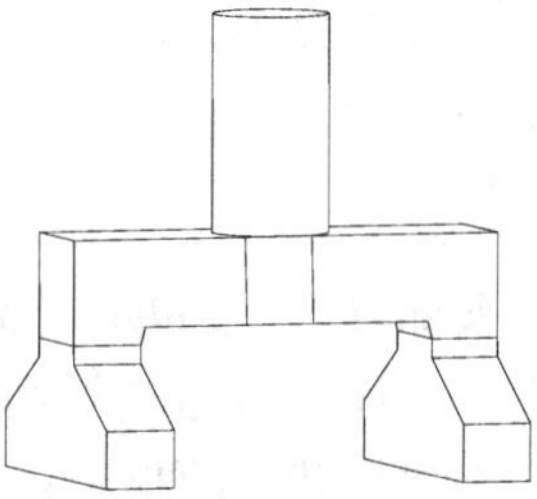
6.1.4	**桁架式门座 trussed portal** 由桁架组成空间结构的门座。	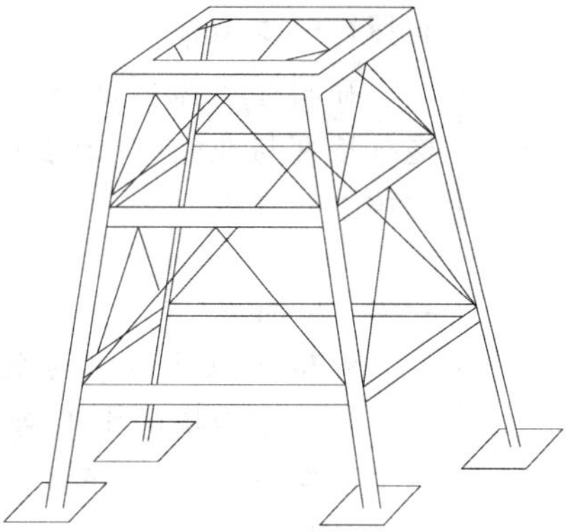

6.2	**臂架 jib** 保证取物装置获得必要幅度和起升高度的结构件。	
6.3	**立柱 pillar** 支承回转装置并保证必要的起升高度的垂直柱状结构件。	
6.4	**桅杆 mast** 桅杆起重机中,连接臂架的直立支撑构件,无臂架时兼做臂架使用。	
6.5	**基座 support-pedestal** 桅杆起重机中固定在基础上的支承装置,用来承受桅杆、臂架、斜撑和动力机构所传递的载荷。	
6.6	**缆绳 guy** 连接桅杆顶部支承件与地锚间的钢丝绳,用以保持桅杆的稳定与竖直或调整桅杆的工作角度。	
6.7	**缆绳顶盖 mast cap** 安装在桅杆顶部枢轴上,用以连接各条缆绳,并允许桅杆作自由回转的盘状盖。	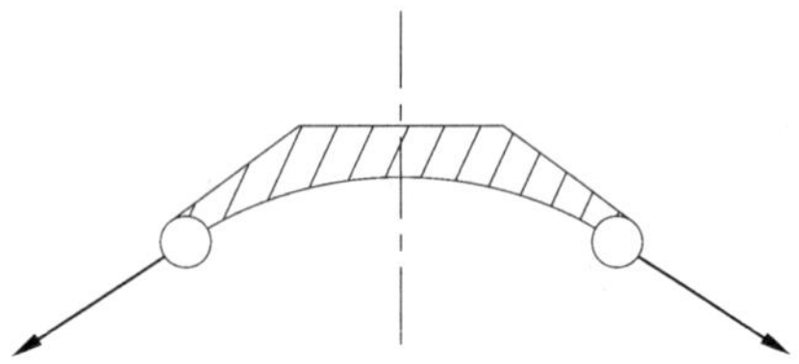
6.8	**顶部枢轴 gudgeon pin** 桅杆顶部与缆绳顶盖相连接、允许桅杆转动的枢轴。	
6.9	**斜撑 back stay** 在斜撑式桅杆起重机中,连接在桅杆顶部与地梁(或地锚)之间的刚性支撑结构件。	见 3.6.1.6
6.10	**地梁 sleeper** 1) 连接在桅杆基座与地锚之间,用于固定斜撑的水平结构件。 2) 连接人字形桅杆、门式桅杆底部的构件。	见 3.6.1.6

6.11	**系梁　bowsill** 连接在两地梁端部之间的紧固支撑构件。	
6.12	**地锚　guy anchor** 埋设于基础中或固定于有足够抗力的建筑物结构上，用以锚固缆绳、地梁或驱动机构的装置。在地面摩擦力足够的条件下，也可采用压置式地锚。	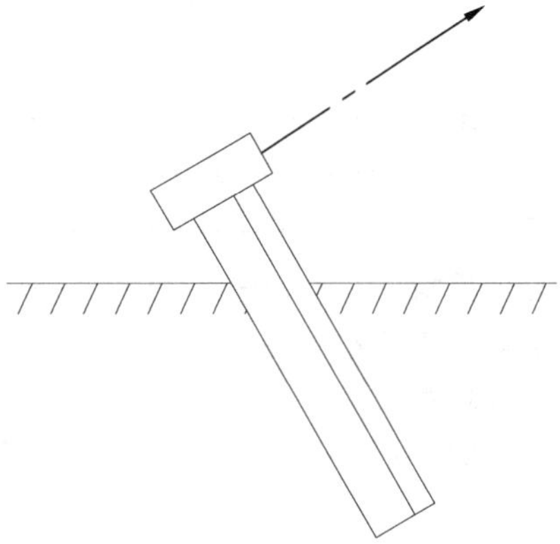
6.13	**支承套　top collar** 在斜撑式桅杆起重机中，安装在桅杆顶部的枢轴上，保证桅杆直立并能做回转运动的上支承装置。	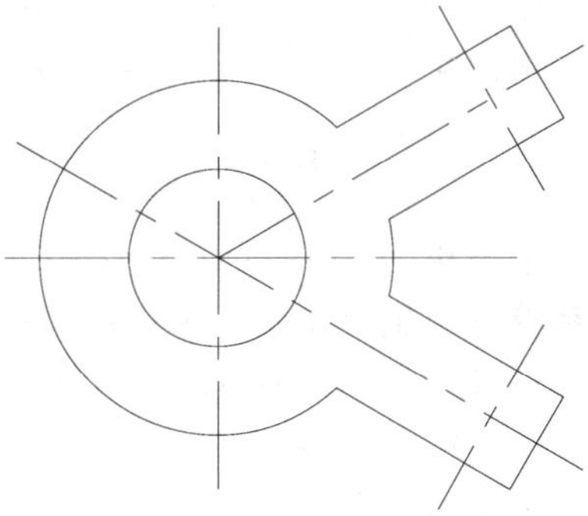
6.14	**紧线器　tightener** 用以调整缆绳张紧力的装置。	

参 考 文 献

[1]　GB/T 6974.1—2008　起重机　术语　第1部分:通用术语

[2]　GB/T 26558—2011　桅杆起重机

[3]　GB/T 20776—2006　起重机械分类

[4]　JB/T 8906—2014　悬臂起重机

索 引

汉语拼音索引

英文对应词索引

S

T

U

W

ICS 01.040.53;53.020.20
J 80

中华人民共和国国家标准

GB/T 6974.5—2008/ISO 4306-5:2005

起重机　术语　第5部分：桥式和门式起重机

Cranes—Vocabulary—Part 5:Bridge and gantry cranes

(ISO 4306-5:2005,IDT)

2008-10-07 发布　　2009-04-01 实施

中华人民共和国国家质量监督检验检疫总局
中国国家标准化管理委员会　发布

前　　言

GB/T 6974《起重机　术语》分为4个部分：

——第1部分：通用术语；

——第2部分：流动式起重机；

——第3部分：塔式起重机；

——第5部分：桥式和门式起重机。

本部分为GB/T 6974《起重机　术语》的第5部分。

本部分等同采用ISO 4306-5:2005《起重机　术语　第5部分：桥式和门式起重机》(英文版)。

本部分等同翻译ISO 4306-5:2005。

为便于使用，本部分做了下列编辑性修改：

——“ISO 4306的本部分”一词改为“GB/T 6974的本部分”；

——删除了国际标准前言；

——删除了各条术语后的作为参考的注；

——按照GB/T 1.1的编写格式将范围、术语和定义加了章号，按每条术语的顺序号编了条号；

——增加了中文索引。

本部分由中国机械工业联合会提出。

本部分由全国起重机械标准化技术委员会(SAC/TC 227)归口。

本部分起草单位：北京起重运输机械研究所。

本部分主要起草人：何铀。

起重机 术语 第5部分：桥式和门式起重机

1 范围

GB/T 6974 定义了起重机领域的最常用术语。GB/T 6974 的本部分定义了桥式和门式起重机的相关术语。

2 术语和定义

2.1

主梁受扭的起重机 torsion beam crane

起重小车装于单梁一侧的桥式或门式起重机。

2.2

角形小车 cantilevered crab;cantilevered trolley

安装于起重机梁一侧的起重小车。见图1。

2.3

回转小车 slewing crab;slewing trolley

在一个水平面内以半径为 $r(r \geqslant 0)$ 的幅度回转的起重小车。见图2。

2.4

往复梁 shuttle beam;shuttle girder

沿自身轴线方向水平移动的起重小车支承梁。见图3。

2.5

带臂架起重机的门式起重机 gantry bridge with traversing jib crane

具有臂架和上部回转结构的小车在桥架轨道上运行的门式起重机。见图4。

注：在设计这种组合型的起重机时，涉及起重机的相关部分，参见 GB/T 6974 的其他部分给出的定义。

2.6

岸边桥架型起重机 ship-to-shore gantry crane

装在岸边、在船和陆地之间搬运货物的桥架型起重机。见图5。

2.7

轮胎式门式起重机 rubber tyred gantry crane

在平地上工作且可多向运行，装有橡胶轮胎的门式起重机。

2.8

悬臂门式起重机 cantilever gantry crane

起重机轨道一侧或两侧外有桥架梁或横向外伸梁的门式或半门式起重机。

2.9

环行起重机 polar crane

在封闭圆形轨道上运行的桥式和门式起重机。

2.10

支承桥架 top running bridge

起重机沿轨道顶面运行的桥架。

2.11

悬挂桥架 underslung bridge

起重机沿轨道梁下翼缘运行的桥架。

2.12

侧向拉力 side pull

起吊线位于非垂直状态时的水平作用力。

2.13

主梁拱度 bridge girder camber

起重机主梁由于受到总自重的影响相对名义水平位置的偏离量。

2.14

预拱度 built-in camber

起重机主梁去除自重的影响相对名义水平位置的偏离量。

2.15

车轮轴距 wheel pitch

相邻轮轴间的水平距离。

2.16

移动司机室驱动装置 bridge cabin drive

使司机室独立运行的机构。

2.17

门架刚性支腿 gantry fixed leg

固定于桥架上,形成一个稳定、灵活的框架的刚性单支腿或双支腿。

2.18

门架柔性支腿 gantry hinged leg

用铰轴连接到门架上的单支腿或双支腿。

2.19

端梁 end carriage;end truck

由板梁或桁架、车轮组等组成的支承桥架梁的构件。

2.20

导向轮 guide roller

带有垂直轴、使起重机或小车保持沿轨道方向运行的轮子。

2.21

单梁桥架 single-girder bridge

具有一根承重梁的桥架。

2.22

双梁桥架 double-girder bridge

具有两根承重梁的桥架。

2.23

多梁桥架　multi girder bridge

具有两根以上承重梁的桥架。例如：三梁桥架。

2.24

悬臂　cantilever

起重小车可在起重机轨道之外运行的伸出结构。

2.25

前伸臂　boom

〈门式起重机〉可以仰起或缩回以获得门架运移空间的悬臂。

2.26

臂架定位钩　boom latch

使臂架保持在全仰起位置时的挂钩。见图5。

2.27

梯形架　pylon

用以支承拉杆顶端装置和臂架起升钢丝绳的框架。见图5。

2.28

前拉杆　front stay

在门架顶端支撑前伸臂或梯形架的杆件、绳或梁。见图5。

2.29

后拉杆　back stay

将前拉杆的水平分力传递到门架下部结构的杆件、绳或梁。见图5。

2.30

端部系梁　end tie;end beam

连接桥架梁端部的构件。

2.31

吊具倾转装置　trimming system

允许取物装置有小的倾斜和转动的钢丝绳滑轮装置。见图6。

2.32

桥架输电系统　bridge conductors

沿起重机桥架布置的向起重小车传输动力和控制信号的导电装置。

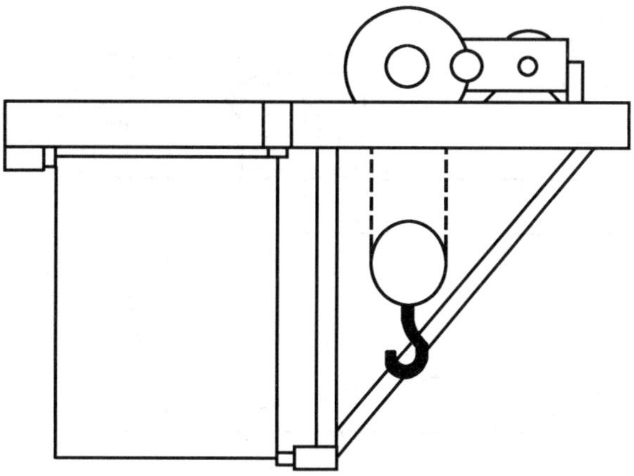

图 1　角形小车

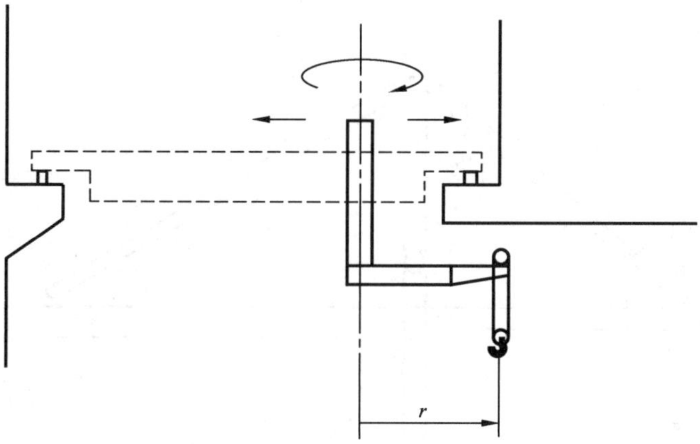

图 2　回转小车

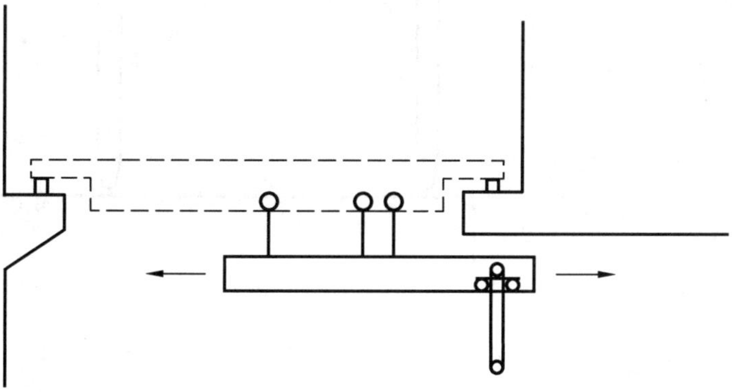

图 3　往复梁

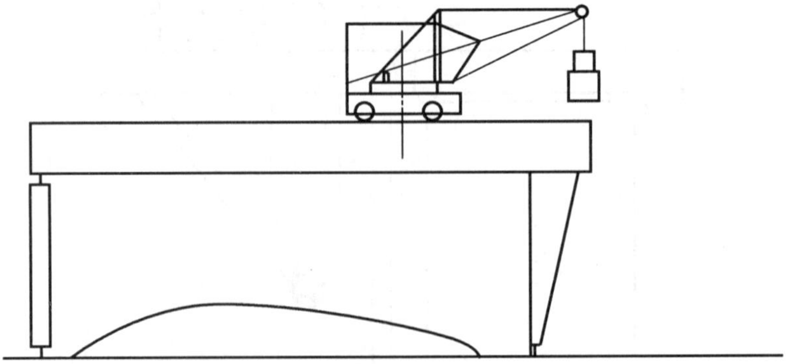

图 4　带臂架起重机的门式起重机

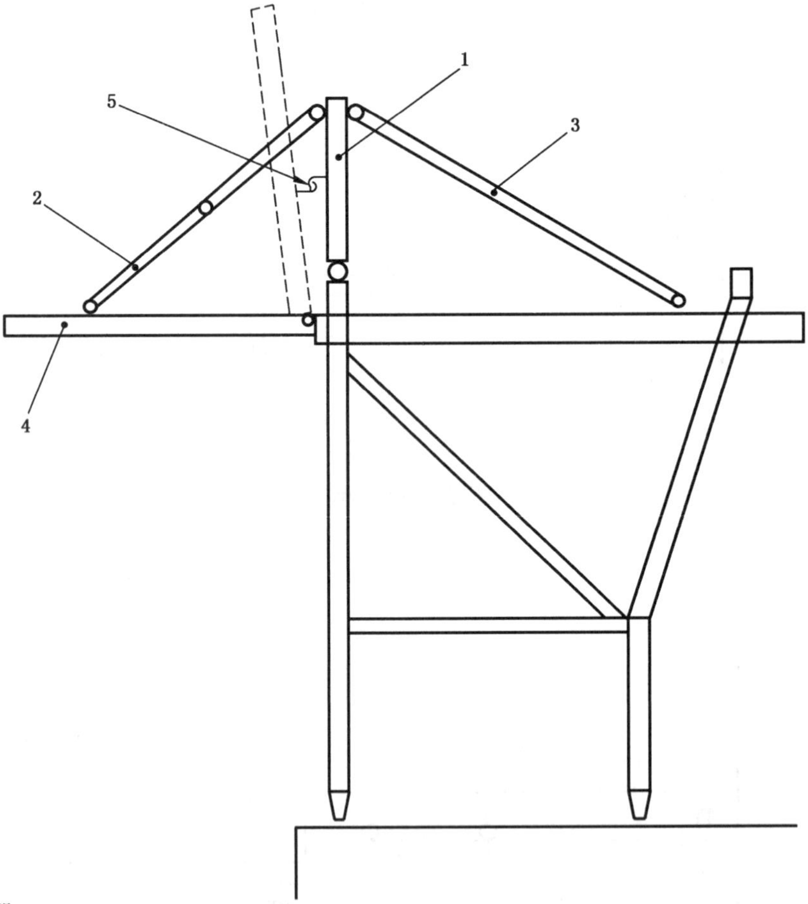

1——梯形架；
2——前拉杆；
3——后拉杆；
4——前伸臂；
5——臂架定位钩。

图 5　岸边桥架型起重机

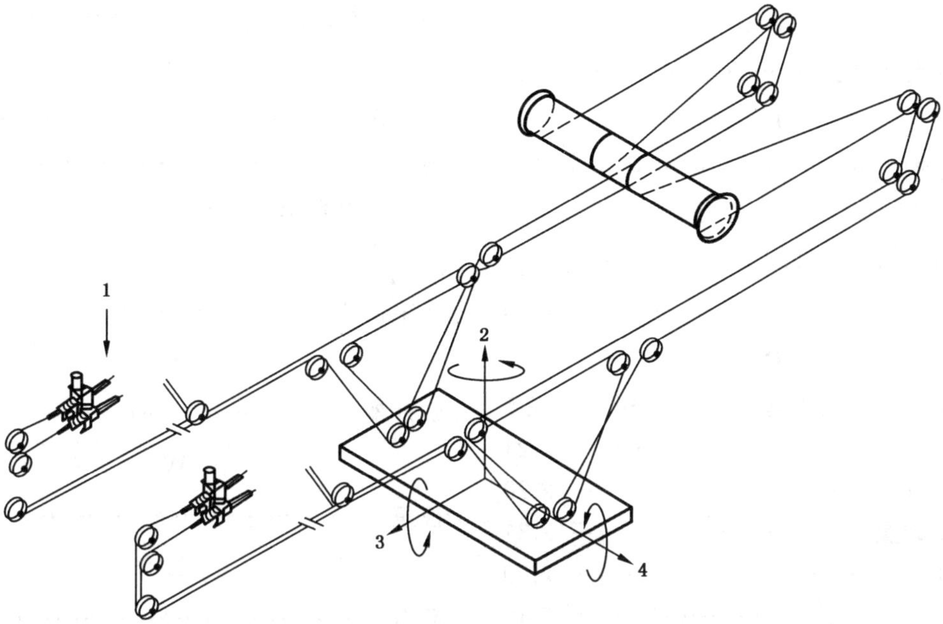

1——纵倾/侧倾/偏斜装置；

2——偏斜；

3——纵倾；

4——侧倾。

通过起升机构的小幅动作对载荷进行定向调整，特别是在搬运集装箱时：

——载荷相对纵轴（主轴）的侧倾；

——载荷相对水平横轴（次轴）的纵向倾斜；

——载荷相对垂直轴的转动。

在起升钢丝绳系统中，平衡装置包括能做上述一种或几种转动的辅助设备。此处是该装置的示例之一。

图 6　吊具倾转装置

参　考　文　献

［1］　ISO 4306-1:1990　起重机　术语　第 1 部分：通用术语

［2］　ISO 7752-5:1985　起重机械　控制装置　布置形式和特性　第 5 部分：桥式和门式起重机

［3］　ISO 8306:1985　起重机　桥式和门式起重机　起重机和轨道公差

中 文 索 引

英 文 索 引

B

C

D

E

F

G

M

P

R

ICS 01.040.53;53.020.20
CCS J 80

中华人民共和国国家标准

GB/T 6974.7—2022
代替 GB/T 6974.8—1986

起重机 术语 第7部分:浮式起重机

Cranes—Vocabulary—Part 7:Floating cranes

2022-07-11 发布

2023-02-01 实施

国家市场监督管理总局
国家标准化管理委员会 发布

前　言

本文件按照 GB/T 1.1—2020《标准化工作导则　第1部分:标准化文件的结构和起草规则》的规定起草。

本文件是 GB/T 6974《起重机　术语》的第7部分。GB/T 6974 已经发布了以下部分:

——第1部分:通用术语;

——第2部分:流动式起重机;

——第3部分:塔式起重机;

——第4部分:臂架起重机;

——第5部分:桥式和门式起重机;

——第6部分:铁路起重机;

——第7部分:浮式起重机。

本文件代替 GB/T 6974.8—1986《起重机械名词术语　浮式起重机》,与 GB/T 6974.8—1986 相比,除结构调整和编辑性改动外,主要技术变化如下:

a) 删除了"蒸汽浮式起重机"术语(见1986年版的1.3.1)、"蒸汽电力浮式起重机"术语(见1986年版的1.3.4);

b) 删除了"航海浮式起重机"术语(见1986年版的1.5.2);

c) 删除了"浮船"术语(见1986年版的2.1)、"推进器"术语(见1986年版的2.2)、"螺旋桨推进器"术语(见1986年版的2.2.1)、"平旋推进器"术语(见1986年版的2.2.2)、"上层结构"术语(见1986年版的2.3);

d) 删除了"横倾"术语(见1986年版的3.1)、"横倾力矩"术语(见1986年版的3.1.1)、"纵倾"术语(见1986年版的3.2)、"纵倾力矩"术语(见1986年版的3.2.1)、"复原力矩"术语(见1986年版的3.3)、"横向复原力矩"术语(见1986年版的3.3.1)、"纵向复原力矩"术语(见1986年版的3.3.2)、"稳性"术语(见1986年版的3.4)、"静稳性"术语(见1986年版的3.4.1)、"动稳性"术语(见1986年版的3.4.2)、"动纵倾角"术语(见1986年版的3.6)、"静纵倾角"术语(见1986年版的3.8)、"最小倾翻力矩"术语(见1986年版的3.9)、"入水角"术语(见1986年版的3.10)、"出水角"术语(见1986年版的3.11);

e) 更改了"内燃电力浮式起重机"术语(见4.2.1.1,见1986年版的1.3.3),增加了"内燃液压浮式起重机"术语(见4.2.1.2)、"岸电浮式起重机"术语(见4.2.2)、"岸电电动浮式起重机"术语(见4.2.2.1)、"岸电液压浮式起重机"术语(见4.2.2.2);

f) 更改了"非全回转浮式起重机"术语(见4.3.2.2,1986年版的1.2.2)、"非回转浮式起重机"术语(见4.3.1,1986年版的1.2.3)、"复合浮式起重机"术语(见4.3.3,1986年版的1.2.4),增加了"非回转可俯仰臂架式浮式起重机"术语(见4.3.1.1)、"固定臂架式浮式起重机"术语(见4.3.1.2)、"回转臂架式浮式起重机"术语(见4.3.2)、"浮趸式桥架式起重机"术语(见4.3.4);

g) 增加了"回转支承式浮式起重机"术语(见4.4.1)、"转柱式浮式起重机"术语(见4.4.2)、

"滚轮式浮式起重机"术语(见 4.4.3)、"台车式浮式起重机"术语(见 4.4.4);

h) 增加了"单臂架式浮式起重机"术语(见 4.5.1)、"伸缩臂架式浮式起重机"术语(见 4.5.1.1)、"定长臂架式浮式起重机"术语(见 4.5.1.2)、"带副臂单臂架浮式起重机"术语(见 4.5.1.3)、"双臂架式浮式起重机"术语(见 4.5.2)、"组合臂架式浮式起重机"术语(见 4.5.3);

i) 增加了"箱型臂架浮式起重机"术语(见 4.6.1)、"桁架式臂架浮式起重机"术语(见 4.6.2)、"管状臂架浮式起重机"术语(见 4.6.3);

j) 增加了"集装箱浮式起重机"术语(见 4.7.3)、"起重磁铁浮式起重机"术语(见 4.7.4);

k) 增加了"安装用浮式起重机"术语(见 4.8.3)、"设备安装用浮式起重机"术语(见 4.8.3.1)、"水工建筑安装用浮式起重机"术语(见 4.8.3.2)、"桥梁安装用浮式起重机"术语(见 4.8.3.3)、"风电安装用浮式起重机"术语(见 4.8.3.4)、"绕桩式风电安装用浮式起重机"术语(见 4.8.3.4.1)、"非绕桩式风电安装用浮式起重机"术语(见 4.8.3.4.2),更改了"救援用浮式起重机"术语(见4.8.4,1986 年版的 1.6.4);

l) 增加了"近海浮式起重机"术语(见 4.9.2)、"深远海浮式起重机"术语(见 4.9.3);

m) 增加了"臂架滑移装置"术语(见 5.3)、"吊钩"术语(见 5.4)、"主钩"术语(见 5.4.1)、"副钩"术语(见 5.4.2)、"小钩"术语(见 5.4.3)、"顶升装置"术语(见 5.5)、"人字架系固装置"术语(见5.6)、"人字架放倒机构"术语(见 5.7)、"副臂"术语(见 5.8)、"锚定装置"术语(见 5.9)、"折线式卷筒"术语(见 5.10)、"桁框架"术语(见 5.11)、"臂架搁架"术语(见 5.12)、"钩箱"术语(见5.13)、"反滚轮装置"术语(见 5.14)、"自由坠落绞车"术语(见 5.15)、"可变倍率卷绕系统"术语(见 5.16)、"主动波浪补偿系统"术语(见 5.17)、"被动波浪补偿系统"术语(见 5.18)、"移动稳钩装置"术语(见 5.19)、"载人系统"术语(见5.20);

n) 更改了"移船绞车"术语(见 5.1,1986 年版的 2.4);

o) 更改了"横倾角"术语(见 6.1,1986 年版的 3.1.2)、"纵倾角"术语(见 6.2,1986 年版的 3.2.2)、"动横倾角"术语(见 6.3,1986 年版的 3.5)、"静横倾角"术语(见 6.4,1986 年版的 3.7);

p) 增加了"垂直加速度"术语(见 6.5)、"横摇周期"术语(见 6.6)、"纵摇周期"术语(见 6.7)、"额定起重量"术语(见 6.8)、"幅度"术语(见 6.9)、"载荷曲线"术语(见 6.10)、"起升范围"术语(见6.11)、"回转速度"术语(见 6.12)、"设计温度"术语(见 6.13);

q) 增加了"浮式起重机的分类"(见附录 A)。

请注意本文件的某些内容可能涉及专利。本文件的发布机构不承担识别专利的责任。

本文件由中华人民共和国交通运输部提出。

本文件由全国起重机械标准化技术委员会(SAC/TC 227)归口。

本文件起草单位:交通运输部水运科学研究院、上海振华重工(集团)股份有限公司、湖南中铁五新重工有限公司、青岛海西重机有限责任公司、武桥重工集团股份有限公司、同济大学、太原科技大学、微特技术有限公司、武汉理工大学、烟台打捞局、大连博瑞重工有限公司。

本文件主要起草人:张德文、宁伟婷、胡贯勇、张维友、赵溦、杨刚、任继新、张氢、武成、文豪、刘元利、李彬、徐承军、戴厚兴、李平辉、夏冰、王全伟、张伟、谢琛、任军辉、赵瑛、瞿朋、张永乐、温皓白。

本文件所代替文件的历次版本发布情况为：

——1986 年首次发布为 GB/T 6974.8—1986；

——本次为第一次修订。

引　言

GB/T 6974 根据分类原则和应用情况，给出了不同类型起重机设计、生产与使用中的常见术语与定义。GB/T 6974 分为 7 个部分。

——第 1 部分：通用术语，规定了起重机领域最常用的术语，定义了起重机主要类型、参数、一般概念及其部件的术语。

——第 2 部分：流动式起重机，规定了各种基本型式的自驱动流动式起重机的术语。

——第 3 部分：塔式起重机，规定了塔式起重机的通用定义并借助于带相关术语编号的图例来说明各类塔式起重机使用的术语。

——第 4 部分：臂架起重机，规定了臂架起重机相关的常用术语，定义了臂架起重机主要类型、变幅特性、平衡特性及零部件的术语。

——第 5 部分：桥式和门式起重机，规定了桥式和门式起重机的相关术语。

——第 6 部分：铁路起重机，规定了铁路起重机的主要类型、一般概念、参数、部件和附属设备等方面的术语和定义。

——第 7 部分：浮式起重机，规定了浮式起重机常用的术语，定义了浮式起重机主要类型、机构和零部件、特性参数等方面的术语。

起重机　术语
第7部分:浮式起重机

1　范围

本文件界定了浮式起重机常用的术语和定义。

本文件适用于附录A给出的浮式起重机。

2　规范性引用文件

本文件没有规范性引用文件。

3　基本术语

3.1

浮式起重机　floating crane

以自航或拖航的专用浮船船体作支承和运行装置的起重机。

[来源:GB/T 6974.1—2008,3.1.3.6]

4　浮式起重机类型

4.1　按航行方式分类

4.1.1

自航浮式起重机　self-propelled floating crane

可独立航行的浮式起重机。

示例:见图1。

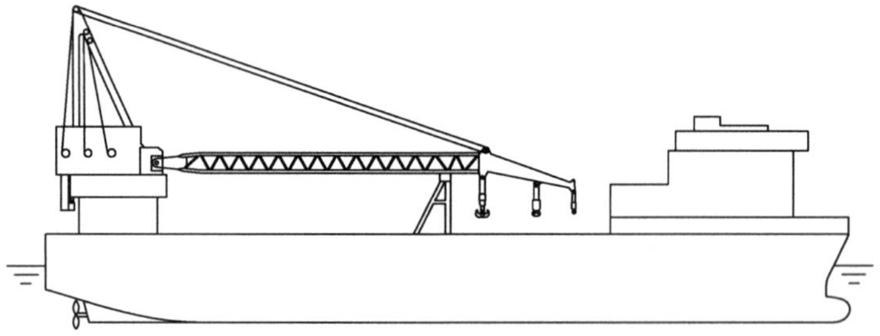

图1　自航浮式起重机

4.1.2

非自航浮式起重机　non-propelled floating crane

依靠拖轮拖航的浮式起重机。

示例:见图2。

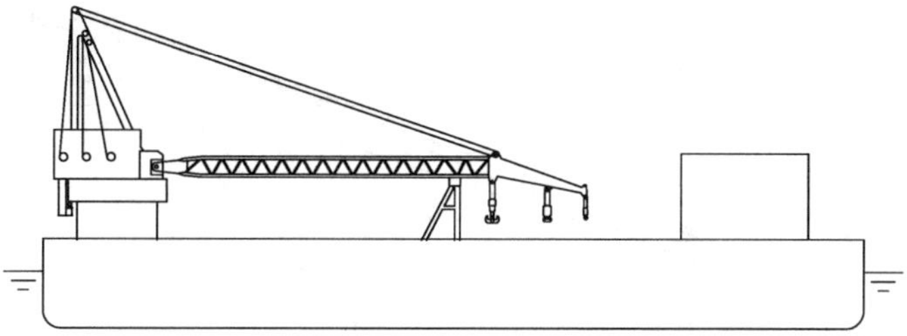

图 2　非自航浮式起重机

4.2　按动力装置分类

4.2.1

内燃浮式起重机　diesel floating crane

采用内燃机作为动力装置的浮式起重机。

4.2.1.1

内燃电动浮式起重机　diesel-electric floating crane

采用内燃发电机组作为动力装置，工作机构为电力驱动的浮式起重机。

4.2.1.2

内燃液压浮式起重机　diesel-hydraulic floating crane

采用内燃机驱动的液压站作为动力装置，工作机构为液压驱动的浮式起重机。

4.2.2

岸电浮式起重机　shore powered floating crane

采用岸基电源作为动力的浮式起重机。

4.2.2.1

岸电电动浮式起重机　shore powered electric floating crane

采用岸基电源作为动力，工作机构为电力驱动的浮式起重机。

4.2.2.2

岸电液压浮式起重机　shore powered hydraulic floating crane

采用岸电驱动的液压站作为动力装置，工作机构为液压驱动的浮式起重机。

4.3　按整机结构形式分类

4.3.1

非回转臂架式浮式起重机　non-slewing boom floating crane

起重机臂架相对浮船不能回转的浮式起重机。

4.3.1.1

非回转可俯仰臂架式浮式起重机　non-slewing and luffing boom floating crane

起重机臂架可俯仰，但相对浮船不能回转的浮式起重机。

示例：见图 3。

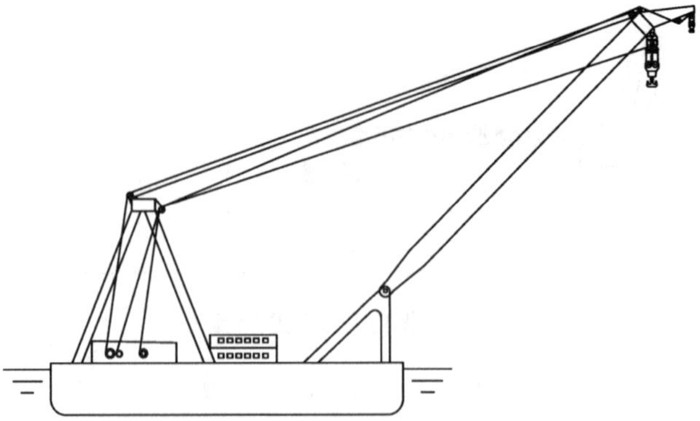

图 3　非回转可俯仰臂架式浮式起重机

4.3.1.2

固定臂架式浮式起重机　fixed boom floating crane

起重机臂架相对浮船既不能回转也不能俯仰的浮式起重机。

示例:见图 4。

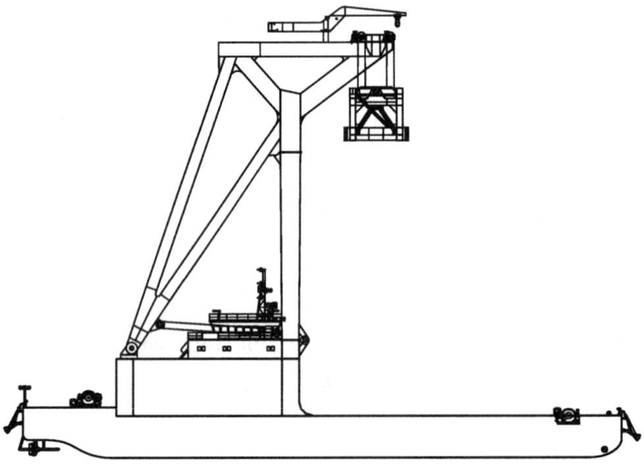

图 4　固定臂架式浮式起重机

4.3.2

回转臂架式浮式起重机　slewing boom floating crane

起重机臂架可绕回转中心线相对浮船回转的浮式起重机。

示例:见图 5。

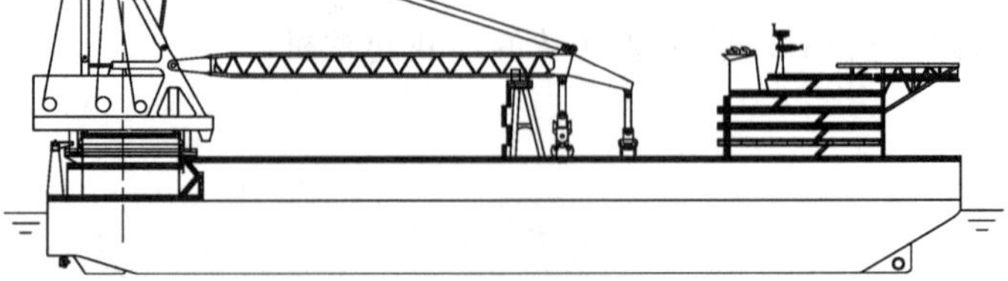

图 5　回转臂架式浮式起重机

4.3.2.1

全回转臂架式浮式起重机　full-circle slewing boom floating crane

回转角度不小于 360°的回转臂架式浮式起重机。

示例：见图 6。

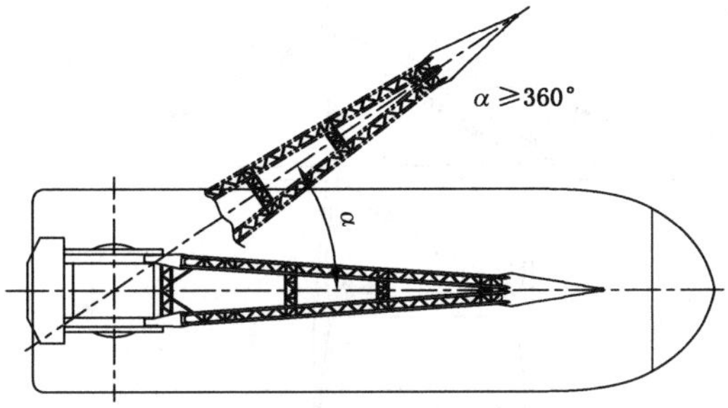

图 6　全回转臂架式浮式起重机

4.3.2.2

有限回转臂架式浮式起重机　limited slewing boom floating crane

回转角度小于 360°的回转臂架式浮式起重机。

示例：见图 7。

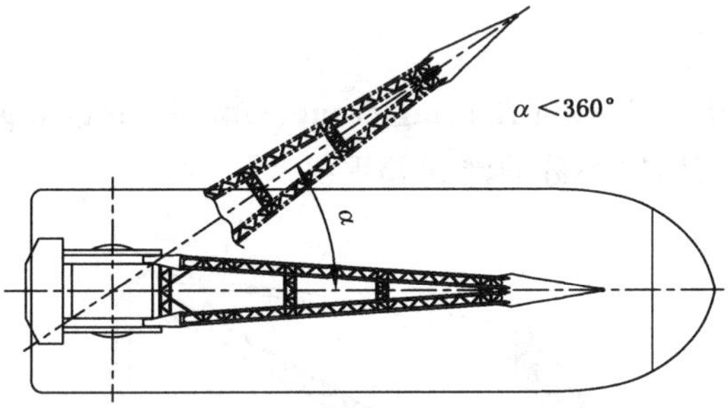

图 7　有限回转臂架式浮式起重机

4.3.3

高架臂架式浮式起重机　elevated boom floating crane

可回转的臂架式起重装置支撑在浮船甲板上固定结构上的浮式起重机。

示例：见图 8。

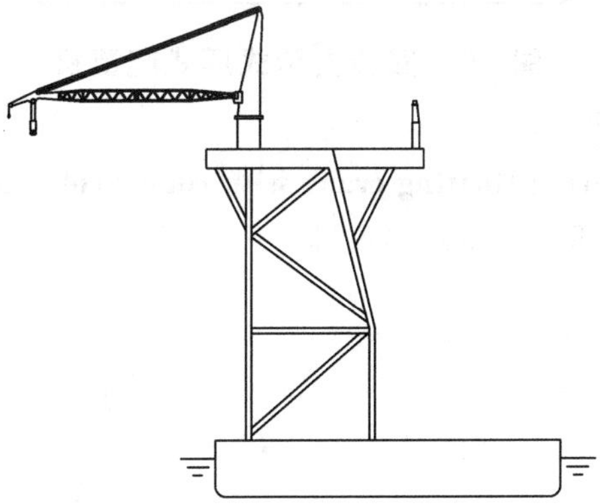

图 8　高架臂架式浮式起重机

4.3.4

浮趸式桥架式起重机　pontoon gantry crane

安装在趸船上的桥式起重机。

示例:见图9。

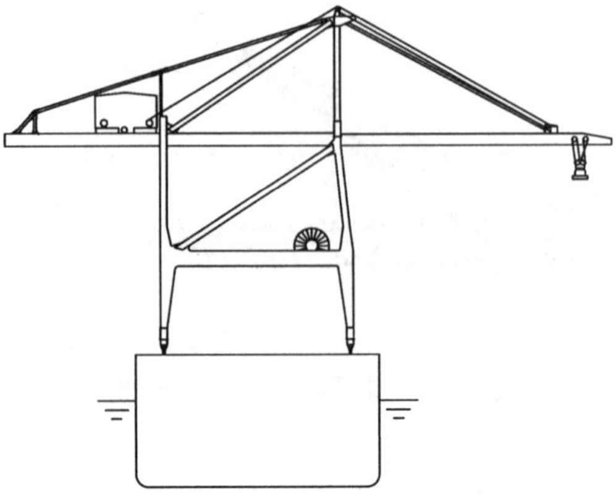

图9　浮趸式桥架式起重机

4.4　按回转方式分类

4.4.1

回转支承式浮式起重机　slewing floating crane with slewing ring

采用回转轴承支承上部回转部分的浮式起重机。

示例:见图10。

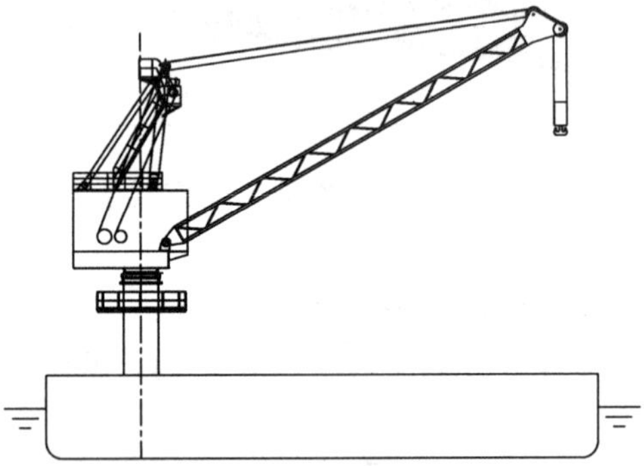

图10　回转支承式浮式起重机

4.4.2

转柱式浮式起重机　slewing floating crane with rotary column

采用转柱支承上部回转部分的浮式起重机。

示例:见图11。

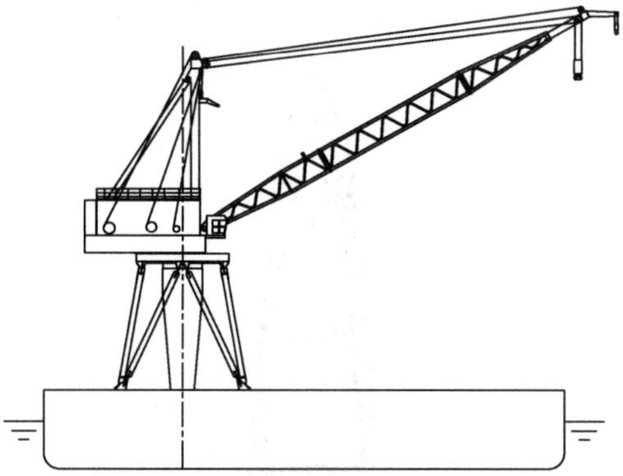

图 11 转柱式浮式起重机

4.4.3

滚轮式浮式起重机 slewing floating crane with slewing roller

采用滚轮-反滚轮支承上部回转部分的浮式起重机。

示例：见图 12。

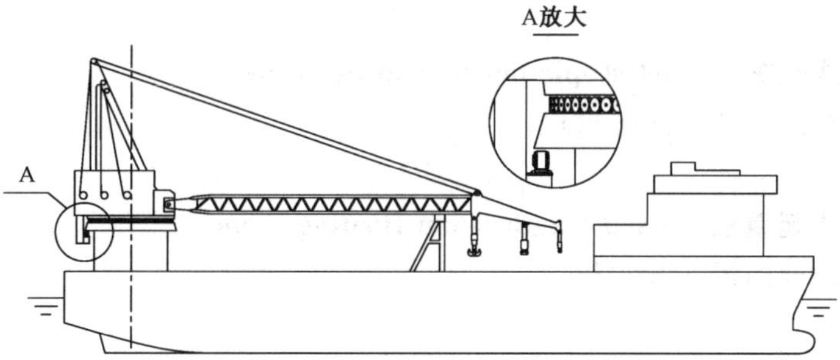

图 12 滚轮式浮式起重机

4.4.4

台车式浮式起重机 slewing floating crane with slewing bogie

采用台车支承上部回转部分的浮式起重机。

示例：见图 13。

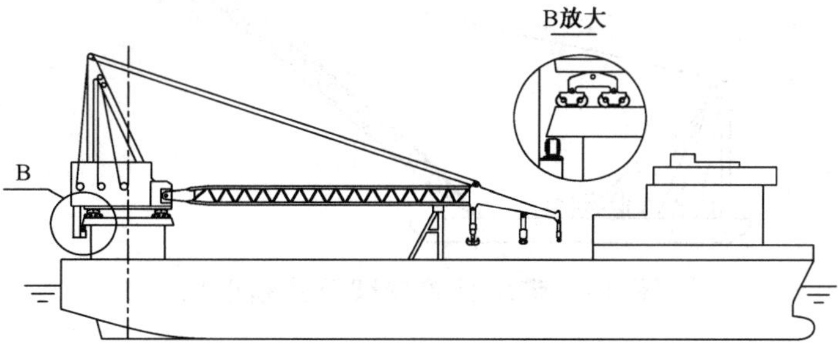

图 13 台车式浮式起重机

4.5 按臂架形式分类

4.5.1

单臂架式浮式起重机 single boom floating crane

起重臂架为单根臂架，取物装置悬挂于臂架头部的浮式起重机。

示例:见图 14。

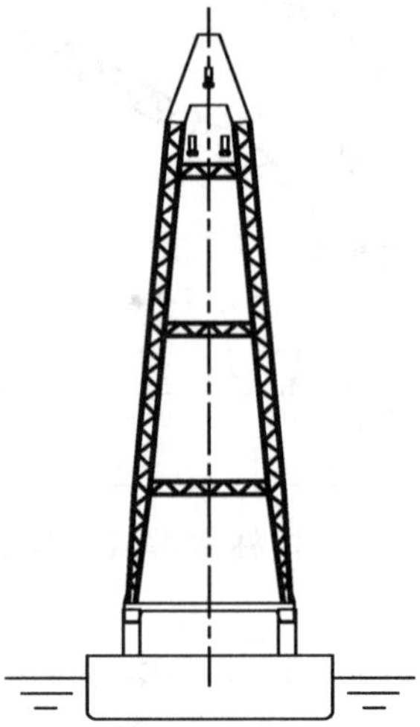

图 14　单臂架式浮式起重机

4.5.1.1

伸缩臂架式浮式起重机　telescopic boom floating crane

臂架长度可伸缩改变的浮式起重机。

4.5.1.2

定长臂架式浮式起重机　fixed length boom floating crane

臂架长度不可改变的浮式起重机。

4.5.1.3

带副臂单臂架浮式起重机　single boom floating crane with fly jib

主臂架上带有副臂架的浮式起重机。

示例:见图 15。

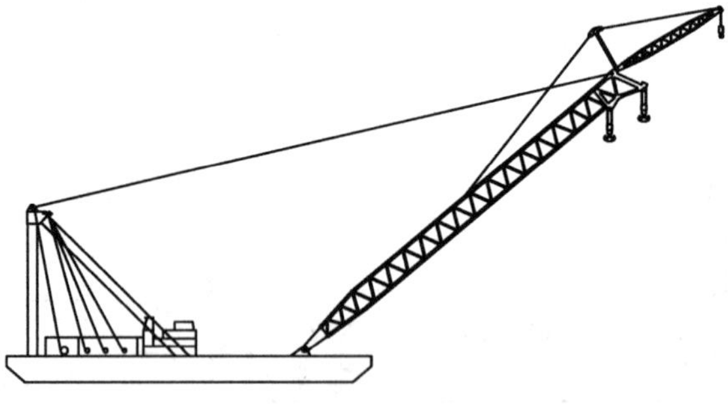

图 15　带副臂单臂架浮式起重机

4.5.2

双臂架式浮式起重机　double boom floating crane

起重臂架为双臂架,取物装置悬挂于臂架头部的浮式起重机。

示例:见图 16。

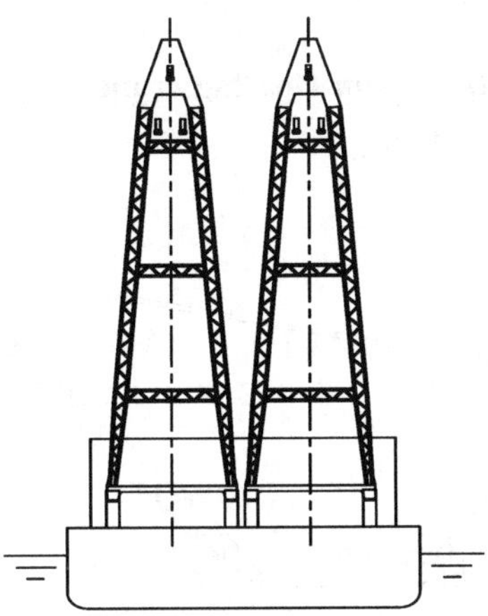

图 16　双臂架式浮式起重机

4.5.3

组合臂架式浮式起重机　double link boom floating crane

起重臂架系统由臂架、象鼻梁、拉杆组成，在变幅过程中象鼻梁前端高度基本不变，使取物装置沿接近水平线的轨迹移动的浮式起重机。

示例：见图 17。

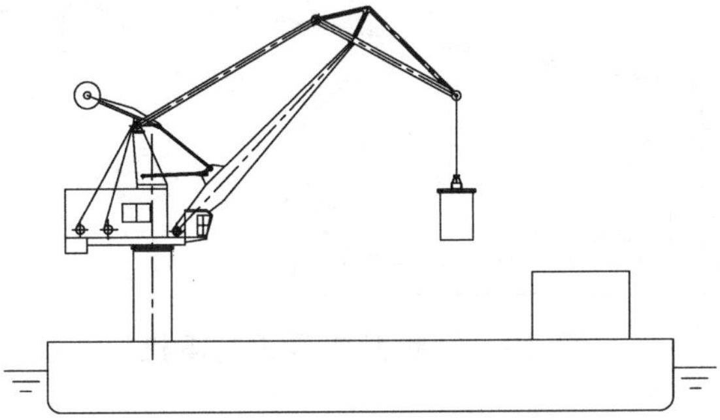

图 17　组合臂架式浮式起重机

4.6　按臂架截面形式分类

4.6.1

箱型臂架浮式起重机　box-section boom floating crane

臂架截面形式为箱形的浮式起重机。

示例：见图 18。

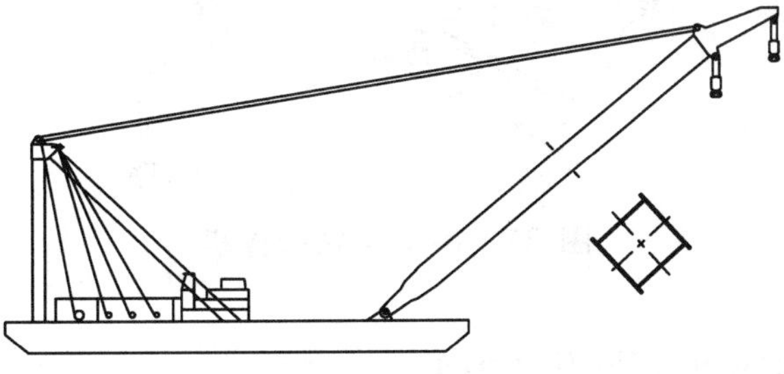

图 18　箱型臂架浮式起重机

4.6.2

桁架式臂架浮式起重机　lattice boom floating crane

臂架结构形式为桁架的浮式起重机。

示例:见图19。

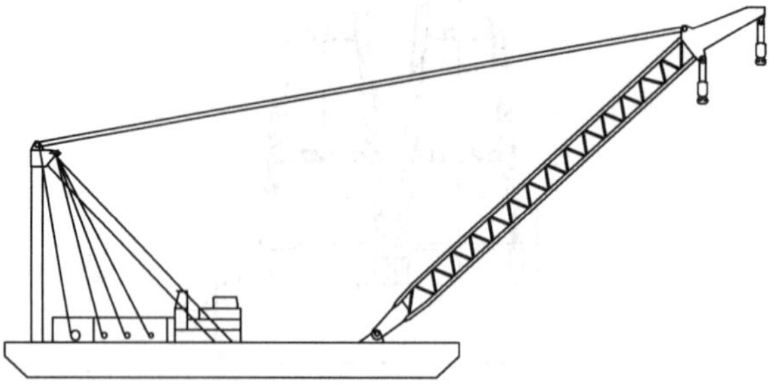

图19　桁架式臂架浮式起重机

4.6.3

管状臂架浮式起重机　tubular boom floating crane

臂架截面形式为管状的浮式起重机。

示例:见图20。

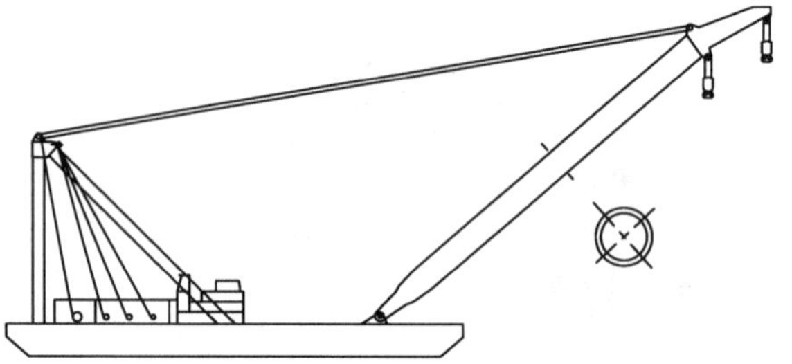

图20　管状臂架浮式起重机

4.7　按取物装置分类

4.7.1

吊钩浮式起重机　hook floating crane

用吊钩作为取物装置的浮式起重机。

示例:见图21。

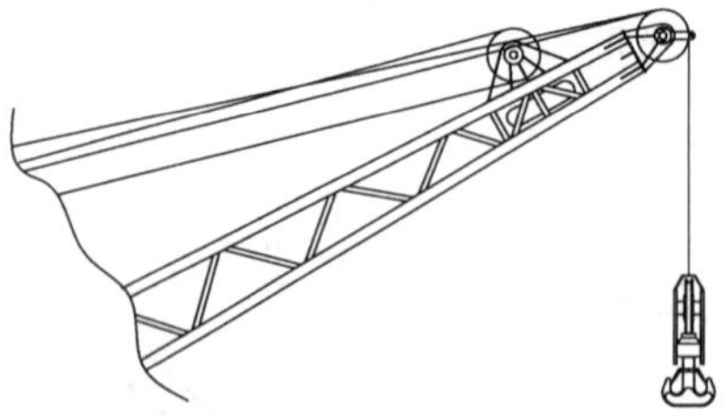

图21　吊钩浮式起重机

4.7.2

抓斗浮式起重机　grabbing floating crane

用抓斗作为取物装置的浮式起重机。

示例:见图 22。

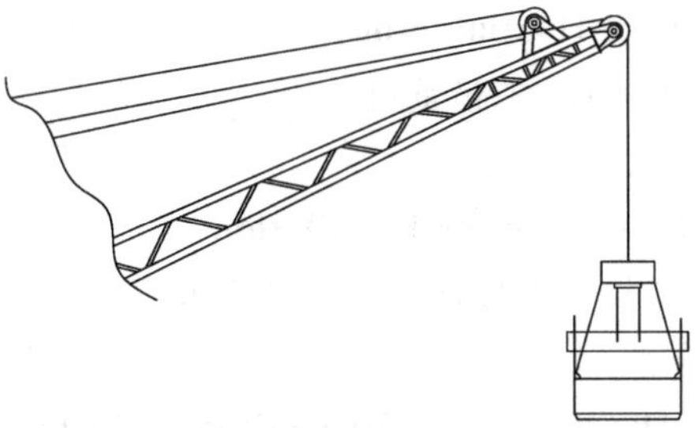

图 22　抓斗浮式起重机

4.7.3

集装箱浮式起重机　container handling floating crane

用集装箱吊具作为取物装置的浮式起重机。

示例:见图 23。

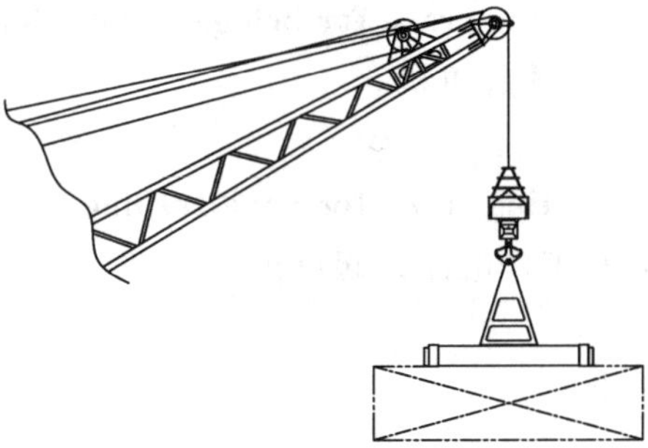

图 23　集装箱浮式起重机

4.7.4

起重磁铁浮式起重机　magnetic floating crane

用起重磁铁作为取物装置的浮式起重机。

示例:见图 24。

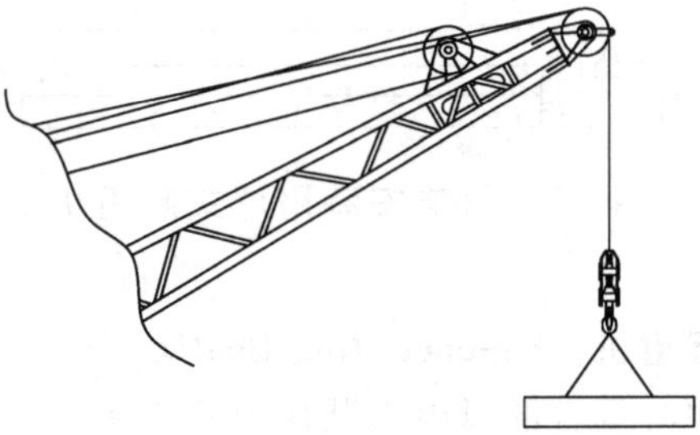

图 24　起重磁铁浮式起重机

4.8　按用途分类

4.8.1

装卸用浮式起重机　floating crane for cargo handling

装卸货物用的浮式起重机。

4.8.2

造船用浮式起重机 shipyard floating crane

用于造船厂船舶下水和舾装的浮式起重机。

4.8.3

安装用浮式起重机 floating crane for installation

用于建造、安装港岸设备和水工建筑物等的浮式起重机。

4.8.3.1

设备安装用浮式起重机 floating crane for equipment installation

用于安装港岸和水上设备的浮式起重机。

4.8.3.2

水工建筑安装用浮式起重机 floating crane for hydraulic structures installation

用于建造、安装水工建筑物的浮式起重机。

4.8.3.3

桥梁安装用浮式起重机 floating crane for bridge installation

用于建造、安装桥梁分段的浮式起重机。

4.8.3.4

风电安装用浮式起重机 floating crane for wind turbine erection

用于海上风电设施设备安装工作的浮式起重机。

示例:见图 25。

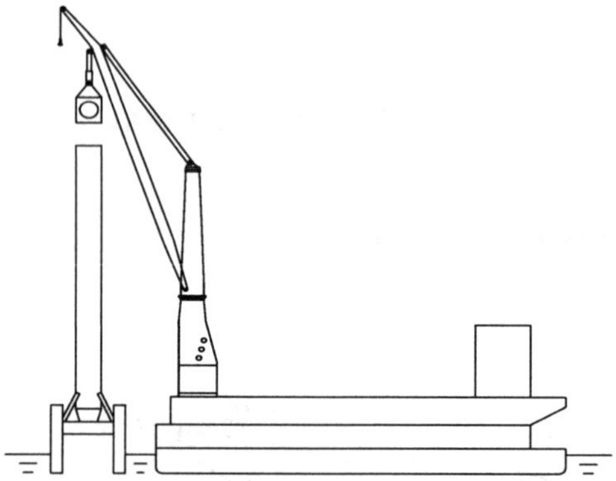

图 25 风电安装用浮式起重机

4.8.3.4.1

绕桩式风电安装用浮式起重机 leg-encircling floating crane for wind turbine erection

起重机回转中心与桩腿中心重合的风电安装用浮式起重机。

示例:见图 26。

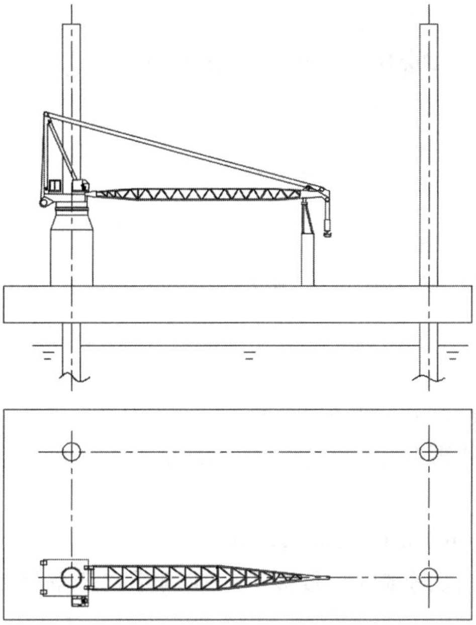

图 26　绕桩式风电安装用浮式起重机

4.8.3.4.2

非绕桩式风电安装用浮式起重机　non leg-encircling floating crane for wind turbine erection

起重机回转中心与桩腿中心不重合的风电安装用浮式起重机。

示例：见图 27。

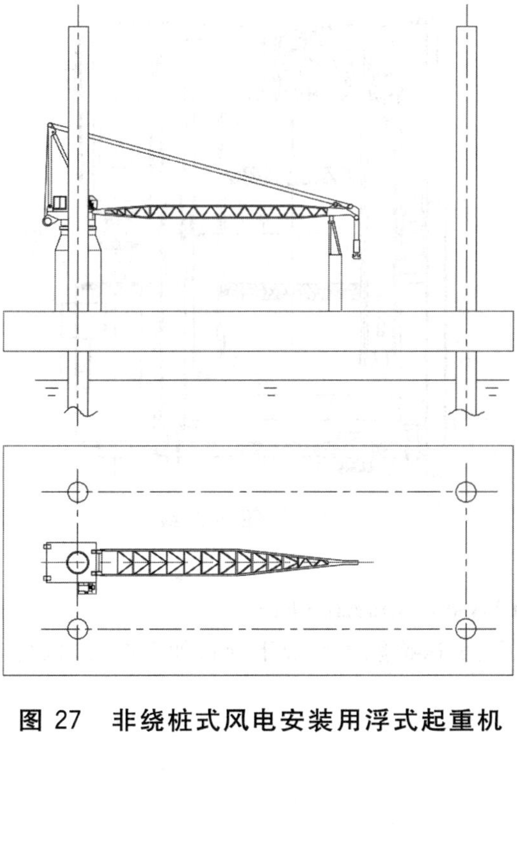

图 27　非绕桩式风电安装用浮式起重机

4.8.4

救助打捞用浮式起重机　floating crane for salvage

用于水上救助打捞工作的浮式起重机。

4.9　按工作水域分类

4.9.1

港湾浮式起重机　harbor floating crane

在港湾、内河航道、造船厂等地从事货物装卸、建筑安装、设备吊装、船舶下水等作业的浮式起重机。

4.9.2

近海浮式起重机　offshore floating crane

可在近海航行、拖航和从事起重、救援等作业的浮式起重机。

4.9.3

深远海浮式起重机　deep sea floating crane

可在深远海航行、拖航和从事起重、救援等作业的浮式起重机。

5　机构和零部件

5.1

移船定位绞车　positioning winch

浮式起重机作业时通过放出或回收缆绳进行移船和定位用的绞车。

示例:见图28。

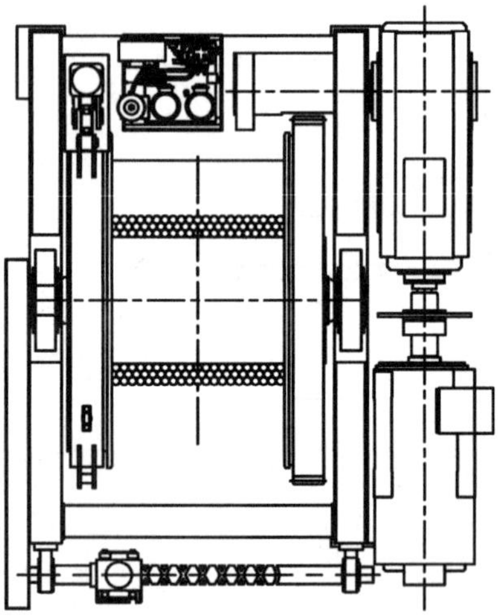

图28　移船定位绞车

5.2

臂架放倒机构　boom lay-down mechanism

浮式起重机在通过桥梁、长途拖航等情况下使臂架系统临时放倒,作业时升起的机构。

示例:见图29。

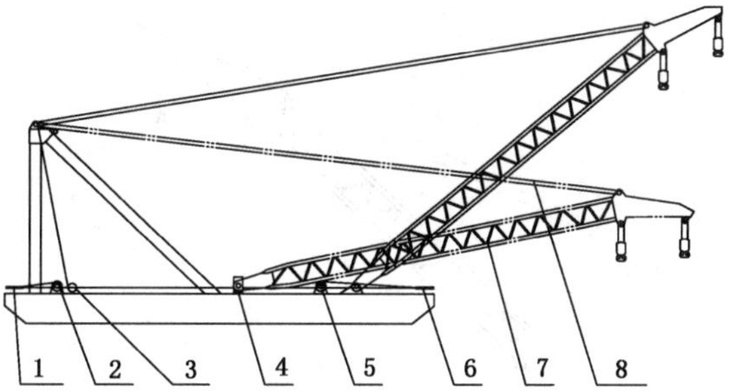

标引序号说明：

1——导向滑轮；
2——牵引绞车；
3——变幅绞车；
4——滚轮；
5——牵引绞车；
6——导向滑轮；
7——臂架；
8——变幅钢丝绳。

图 29 臂架放倒机构

5.3

臂架滑移装置 boom sliding device

对于固定臂架式浮式起重机，将处于放倒状态的臂架向船体中部移动的装置。

示例：见图 30。

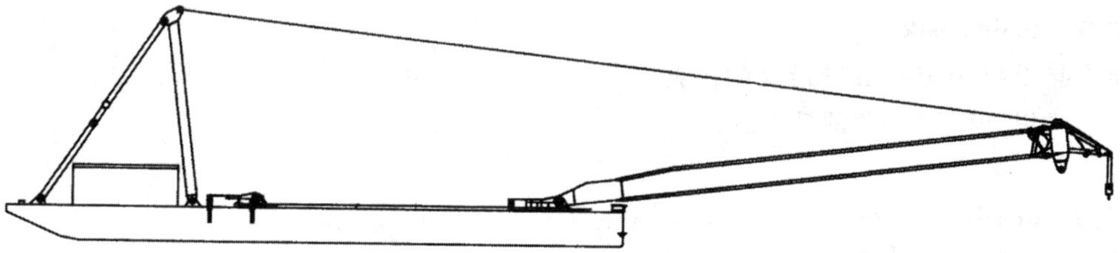

a） 臂架处在工作位置

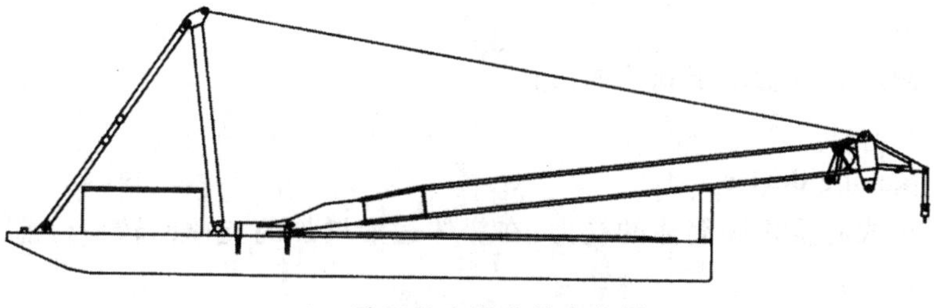

b） 臂架处在滑移终点位置

图 30 臂架滑移装置

5.4

吊钩 hook

浮式起重机臂架前端用于起吊重物的钩状取物装置。

示例：见图 31。

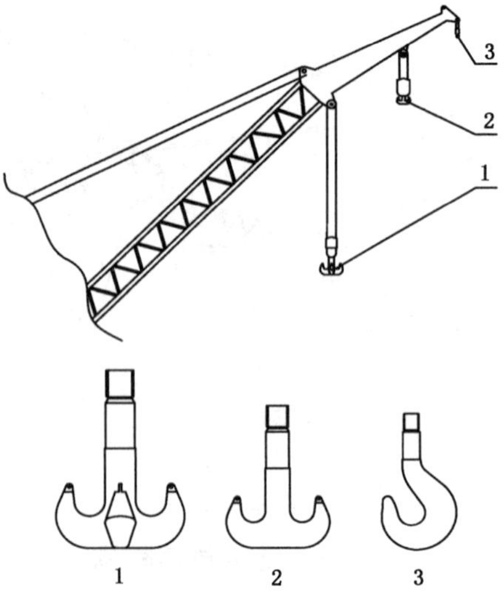

标引序号说明：

1——主钩；　2——副钩；　3——小钩。

图 31　吊钩

5.4.1

主钩　main hook

浮式起重机额定起重量最大的吊钩。

注：通常用于表征起重机的起重能力。

5.4.2

副钩　auxiliary hook

浮式起重机额定起重量次于主钩的吊钩。

5.4.3

小钩　whip hook

浮式起重机额定起重量次于副钩的吊钩。

5.5

顶升装置　jacking device

为分担全回转式起重机圆筒体的受力，在船体边沿增加的支撑回转平台前部延伸结构的承载装置。

示例：见图 32。

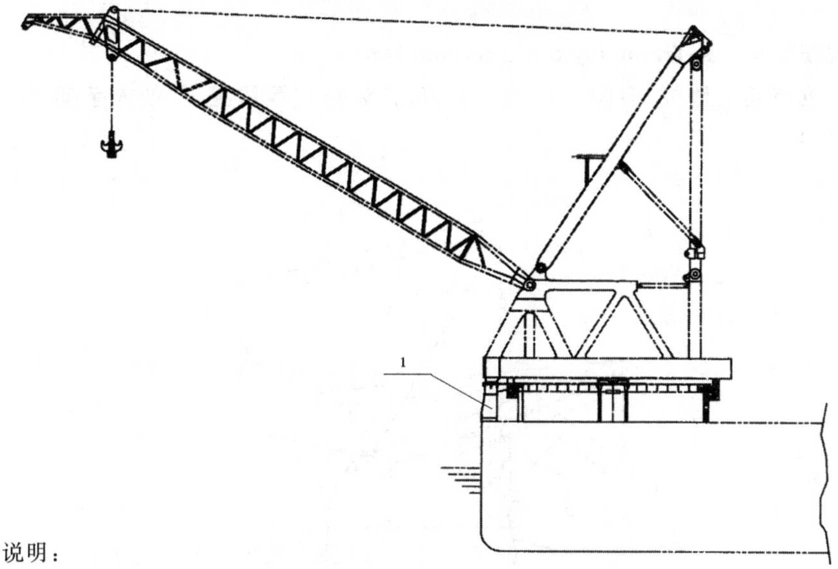

标引序号说明：

1——顶升装置。

图 32　顶升装置

5.6

人字架系固装置　A-frame tie-back device

通过拉拽人字架顶部减小浮式起重机承受倾覆力矩的装置。

示例：见图 33。

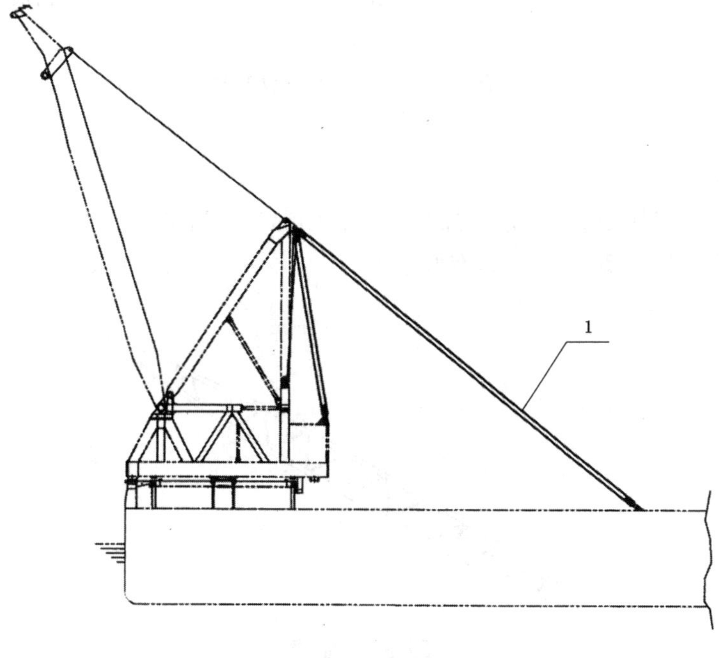

标引序号说明：

1——人字架系固装置。

图 33　人字架系固装置

5.7

人字架放倒机构　A-frame lay-down mechanism

浮式起重机在通过桥梁、有限高要求的航道、长途拖航等情况下,使人字架系统临时放倒及事后升起的机构。

示例:见图 34。

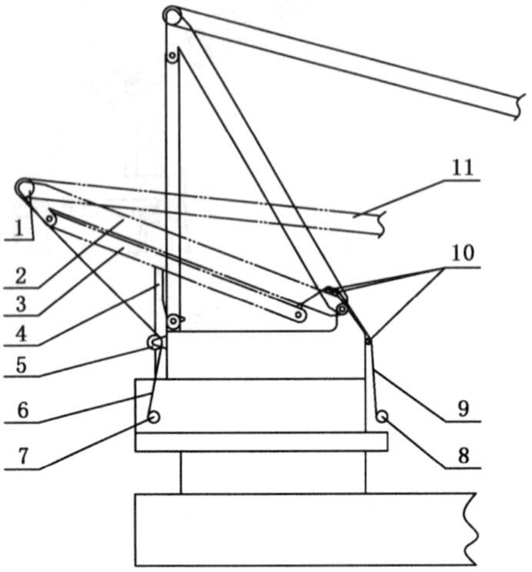

标引序号说明:

1——变幅滑轮;
2——前腿;
3——后拉杆;
4——搁架;
5——排绳装置;
6——钢丝绳;
7——变幅绞车;
8——辅助绞车;
9 ——钢丝绳;
10——导向滑轮;
11——变幅钢丝绳。

图 34　人字架放倒机构

5.8

副臂　fly jib

安装在主臂端或其附近位置,以增加长度和辅助起升的臂架。

[来源:GB/T 6974.2-2017,2.4.4,有修改]

示例:见图 35。

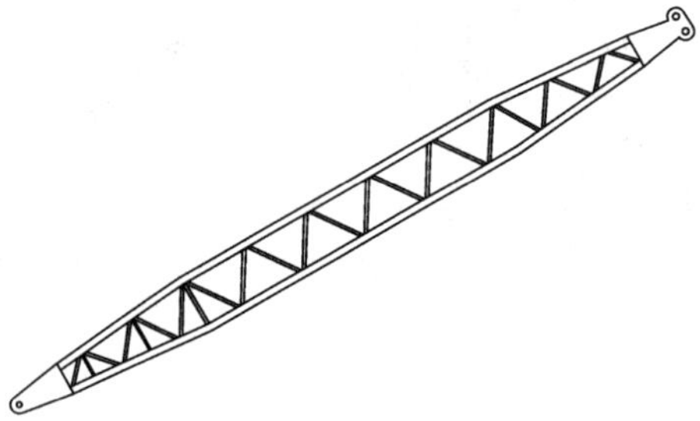

图 35　副臂

5.9

锚定装置　anchor device

用于固定回转式浮式起重机的上部转动结构,防止在船体航行时意外转动的装置。

示例：见图 36。

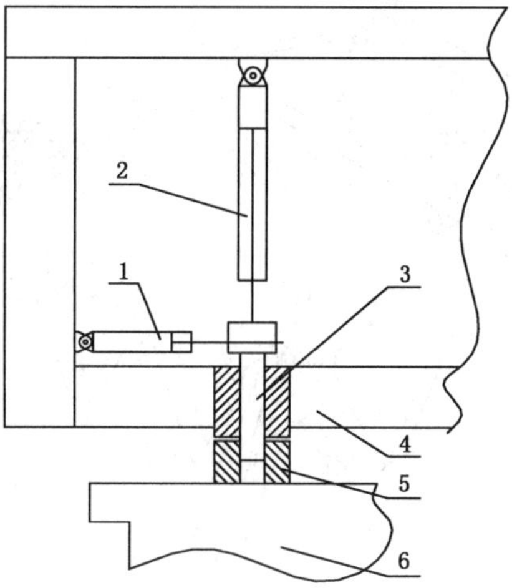

标引序号说明：

1——锁定油缸；
2——锚定油缸；
3——锚定销；
4——回转底盘；
5——锚定座；
6——圆筒体(基座)。

图 36 锚定装置

5.10

折线式卷筒 lebus drum

卷筒表面由直线绳槽段和螺旋绳槽段交替相连的多层卷绕卷筒。

示例：见图 37。

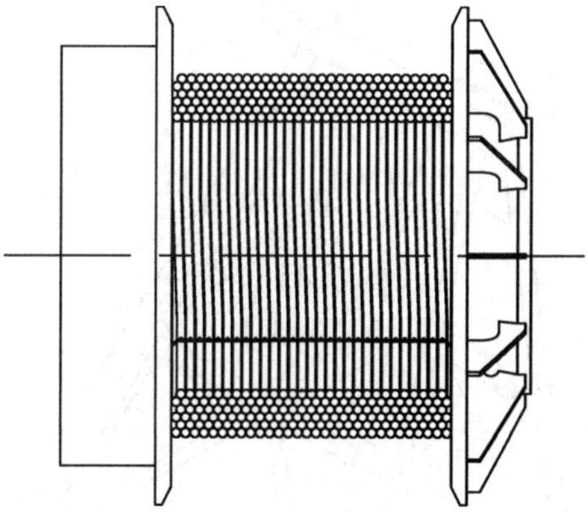

图 37 折线式卷筒

5.11

桁框架 truss frame

在大型浮式起重机中，为增加底盘刚度以及起升高度，在人字架和臂架下方设置的结构架。

示例：见图 38。

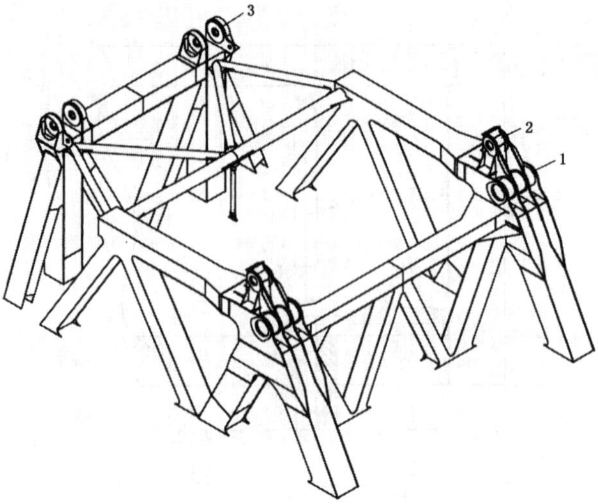

标引序号说明：

1——臂架铰点；　2——人字架压杆下铰点；　3——人字架拉杆下铰点。

图 38　桁框架

5.12

臂架搁架　boom rest

当浮式起重机臂架系统处于放倒状态时，用于搁放臂架的结构。

示例：见图 39。

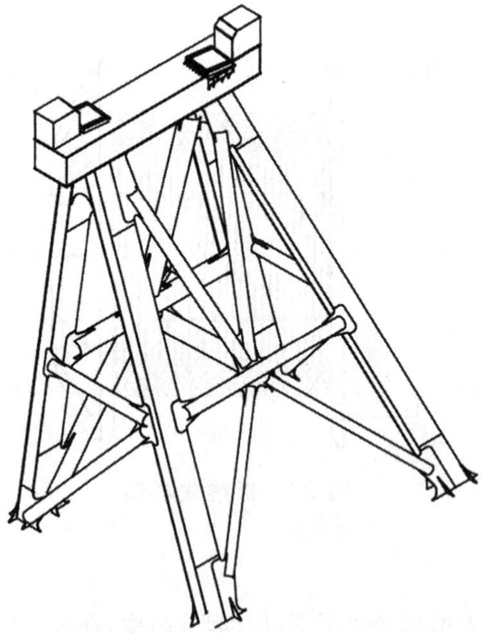

图 39　臂架搁架

5.13

钩箱　hook box

当浮式起重机臂架系统处于放倒状态时，用于搁放起重机吊钩的结构。

示例：见图 40。

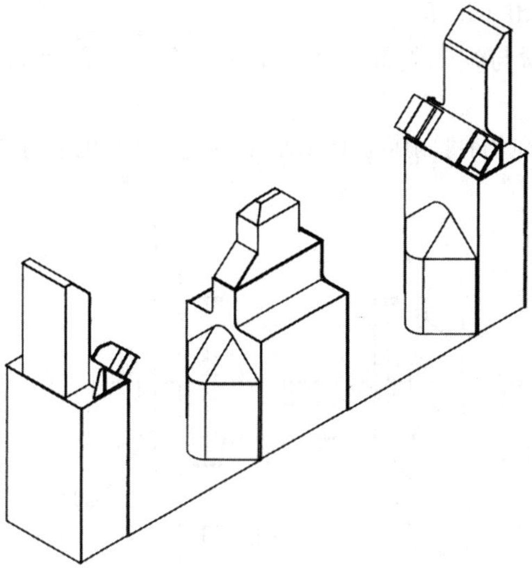

图 40　钩箱

5.14

反滚轮装置　hook roller device

用于承受由倾覆力矩产生的在后半圈(臂架所在反方向)向上的压力，并将力传到筒体上的装置。

示例：见图 41。

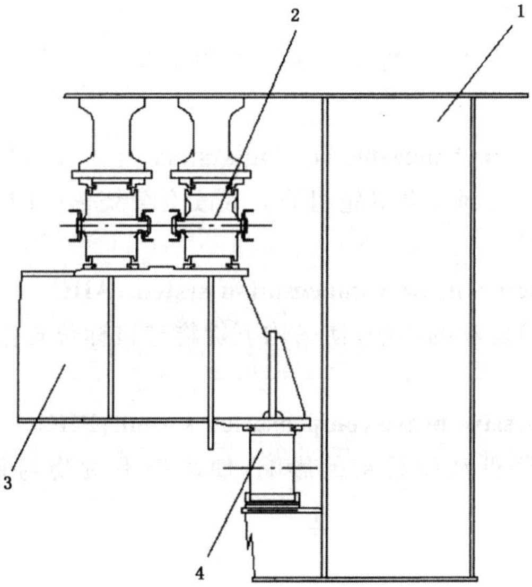

标引序号说明：

1——回转底盘及反滚轮支撑结构；
2——正滚轮；
3——圆筒体；
4——反滚轮。

图 41　反滚轮装置

5.15

自由坠落绞车　free-fall winch

通过控制内涨式离合器与绞车卷筒的离合，使卷筒与动力驱动装置快速分离，吊钩可自由下落的机构。

注：用于载荷的应急释放、沉船打捞前的破碎工况、抓斗挖泥船挖泥前的抓斗下降工况。

示例：见图42。

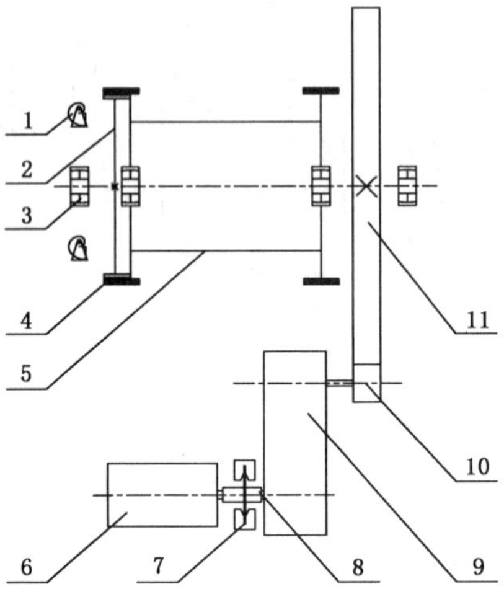

标引序号说明：

1——鼓风机；　4——刹带；　7——制动器；　10——小齿轮；
2——离合器；　5——卷筒；　8——联轴器；　11——大齿轮。
3——轴承座；　6——电动机；　9——减速器；

图42　自由坠落绞车

5.16

可变倍率卷绕系统　ratio changeable reeving system

由重新缠绕钢丝绳或固定部分动滑轮组的方式改变缠绕倍率的组成系统。

5.17

主动波浪补偿系统　active heave compensation system；AHC

通过外部能量降低波浪运动的影响，使吊钩下货物与目标位置保持相对稳定的系统。

5.18

被动波浪补偿系统　passive heave compensation system；PHC

通过储存能量的方式降低波浪运动的影响，使吊钩下货物与目标位置保持相对稳定的系统。

5.19

移动稳钩装置　mobile hook tugger

钢丝绳经沿臂架方向移动的设备与货物或吊钩连接，控制货物或吊钩运动的机构。

示例：见图43。

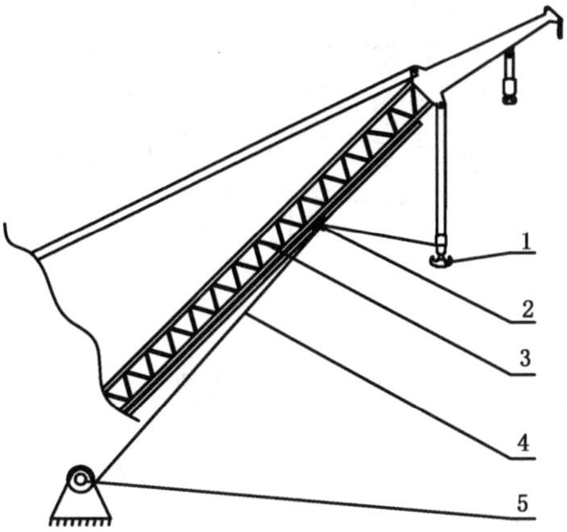

标引序号说明：

1——吊钩；
2——移动小车；
3——臂架；
4——钢丝绳；
5——稳钩绞车。

图 43 移动稳钩装置

5.20

载人系统 man ridding system

由绞车、钢丝绳、滑轮、吊钩和控制系统等组成，在船舶之间输送人员的机构。

示例：见图 44。

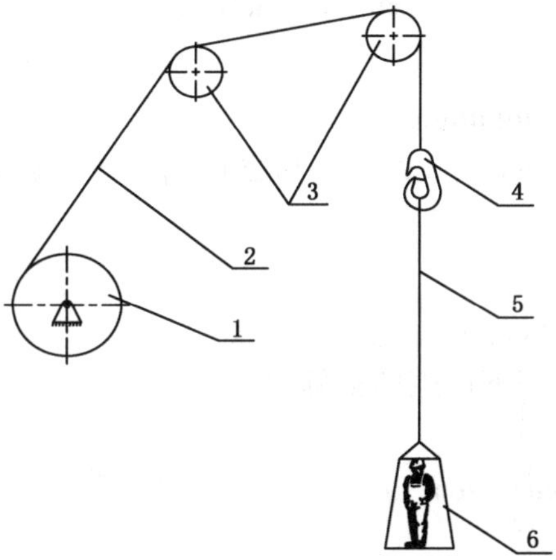

标引序号说明：

1——绞车；
2——钢丝绳；
3——导向滑轮；
4——吊钩；
5——索具；
6——载人吊笼。

图 44 载人系统

6 特性参数

6.1

横倾角 angle of list；angle of heel

浮船正浮时水线面与横倾时水线面之间的夹角。

示例：见图 45。

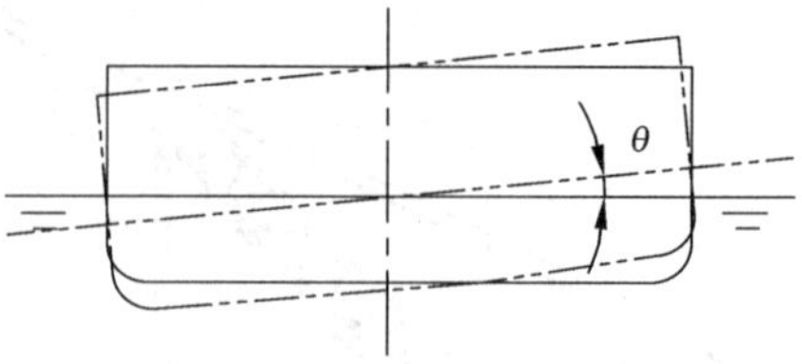

标引序号说明:

θ——横倾角。

图 45 横倾角

6.2

纵倾角 trimming angle

浮船正浮时水线面与纵倾时水线面之间的夹角。

示例:见图 46。

标引序号说明:

ψ——纵倾角。

图 46 纵倾角

6.3

动横倾角 dynamical heeling angle

浮式起重机在动态外力矩作用下,外力矩所做的功等于复原力矩所消耗的功时产生的横倾角。

6.4

静横倾角 statical heeling angle

浮式起重机在静态力矩作用下产生的横倾角。

6.5

垂直加速度 vertical acceleration

船舶沿垂直轴方向的加速度。

6.6

横摇周期 rolling period

船舶绕长度方向水平轴周而复始一个完整角位移运动所用的时间。

6.7

纵摇周期 pitching period

船舶绕宽度方向水平轴周而复始一个完整角位移运动所用的时间。

6.8

额定起重量 rated capacity

在正常工作条件下,浮式起重机设计能起升的最大净起重量。

[来源:GB/T 6974.1—2008,8.1.8,有修改]

6.9

幅度　radius

起重机从回转平台中心线(非回转类时可取为臂架后轴线或其他典型轴线)至取物装置垂直中心线之间的水平距离。

[来源:GB/T 6974.1—2008,4.2.1,有修改]

6.10

载荷曲线　load chart

基于不同环境条件下,以横坐标表示幅度,纵坐标表示对应幅度的起重机安全工作载荷的载荷图。

6.11

起升范围　lifting range

取物装置最高和最低工作位置(上、下极限位置)之间的垂直距离。

注:起升范围为起升高度和下降深度之和。

[来源:GB/T 6974.1—2008,4.2.8,有修改]

6.12

回转速度　slewing speed

在稳定运动状态下,浮式起重机回转部分的回转角速度。

[来源:GB/T 6974.1—2008,4.3.3,有修改]

6.13

设计温度　design temperature

根据年度气象资料确定的最低日平均温度。

附　录　A
(资料性)
浮式起重机的分类

图 A.1 给出了浮式起重机的分类。

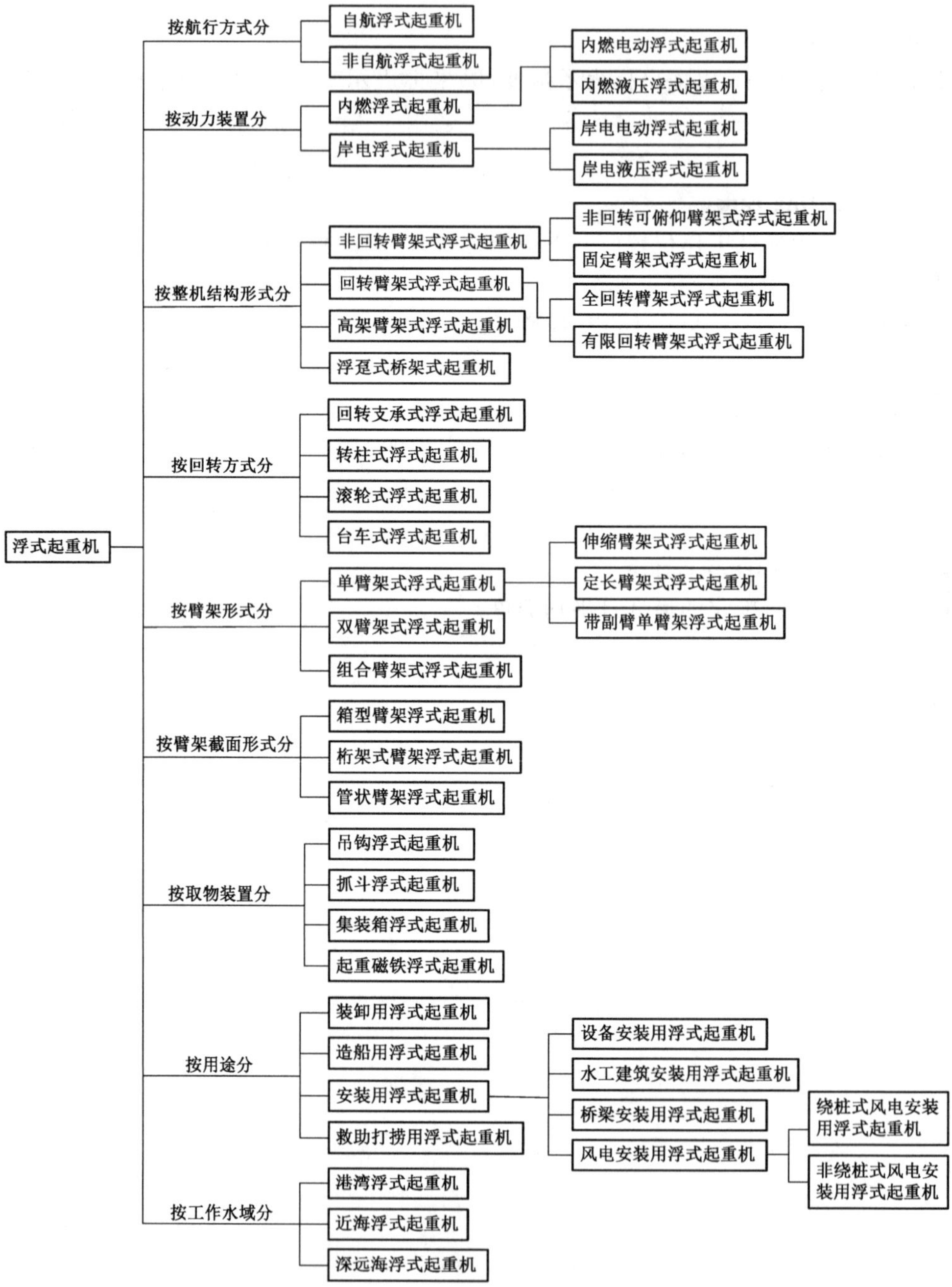

图 A.1　浮式起重机分类

参 考 文 献

[1] GB/T 6974.1—2008 起重机 术语 第1部分:通用术语

[2] GB/T 6974.2—2017 起重机 术语 第2部分:流动式起重机

[3] GB/T 6974.6—2016 起重机 术语 第6部分:铁路起重机

[4] GB/T 7727.3—1987 船舶通用术语 性能

[5] GB/T 17383—2007 船舶和海上技术 挖泥船 分类

[6] ISO 4306-4:2020 Cranes—Vocabulary—Part 4:Jib cranes

[7] EN 13852-2:2004 Cranes—Offshore cranes—Part 2:Floating cranes

索　引

汉语拼音索引

英文对应词索引

C

D

E

F

G

H

J

L

M

N

O

P

R

S

T

V

W

ICS 53.020.20
J 80

中华人民共和国国家标准

GB 15052—2010/ISO 13200:1995
代替 GB 15052—1994

起重机 安全标志和危险图形符号 总则

Cranes—Safety signs and hazard pictorials—General principles

(ISO 13200:1995,IDT)

自 2017 年 3 月 23 日起,本标准转为推荐性标准,编号改为 GB/T 15052—2010。

2011-01-10 发布 2011-12-01 实施

中华人民共和国国家质量监督检验检疫总局
中国国家标准化管理委员会 发布

前言

本标准的第3章、第5章、第6章、第7章、第9章为强制性条文,其余为推荐性条文。

本标准等同采用ISO 13200:1995《起重机　安全标志和危险图形符号　总则》(英文版)。

本标准等同翻译ISO 13200:1995。

为便于使用,本标准做了以下编辑性修改:

——"本国际标准"一词改为"本标准";

——删除了国际标准的前言和引言;

——将国际标准中"机器、设备"一词改为"起重机";

——将国际标准中附录E改为参考文献。

本标准代替GB 15052—1994《起重机械危险部位与标志》。与GB 15052—1994的区别如下:

——本标准全部内容与ISO 13200:1995保持一致。

本标准的附录A、附录B、附录C和附录D为资料性附录。

本标准由中国机械工业联合会提出。

本标准由全国起重机械标准化技术委员会(SAC/TC 227)归口。

本标准负责起草单位:辽宁省安全科学研究院、北京起重运输机械设计研究院。

本标准主要起草人:史向东、崔振元、张孟欣、隋旭。

本标准所代替标准的历次版本发布情况为:

——GB 15052—1994。

根据中华人民共和国国家标准公告(2017年第7号)和强制性标准整合精简结论,本标准自2017年3月23日起,转为推荐性标准,不再强制执行。

起重机
安全标志和危险图形符号　总则

1　范围

本标准规定了 GB/T 6974.1 定义的起重机上的安全标志和危险图形符号的一般设计原则及应用。本标准概括了安全标志的目的，描述了安全标志的基本形式，规定了安全标志的颜色并且提供了组成安全标志各框图的设计指南。

2　规范性引用文件

下列文件中的条款通过本标准的引用而成为本标准的条款。凡是注日期的引用文件，其随后所有的修改单(不包括勘误的内容)或修订版均不适用本标准，然而，鼓励根据本标准达成协议的各方研究是否可使用这些文件的最新版本。凡是不注日期的引用文件，其最新版本适用于本标准。

GB/T 6974.1　起重机　术语　第1部分：通用术语(GB/T 6974.1—2008，ISO 4306-1：2007，IDT)

3　安全标志的目的

3.1　安全标志的目的是：

——提醒人们存在危险或潜在危险；

——识别危险；

——描述危险的特征；

——说明危险可能造成的人身伤害；

——指导人员如何避免危险。

3.2　安全标志应放置在起重机上醒目易见的部位，尽量避免损坏或磨损，并且应具有相当长的预期使用寿命。

3.3　安全标志和危险图形符号可以放置在起重机上或出现在使用维护说明书中。为了避免危险，应将安全标志和危险图形符号放置在靠近危险发生部位或者控制区。

3.4　应避免在起重机上过多地使用安全标志和危险图形符号，因为过度使用会降低使用效果。

注：经验表明，当安全标志和危险图形符号的数量大于7时，将会降低使用效果。

3.5　安全标志和危险图形符号出现在使用维护说明书中，用来强调危险的区域。在说明书中的使用不受3.4的限制。

4　安全标志的形式

4.1　安全标志由一个边框内的两个或两个以上的矩形块组成，矩形块中给出某一产品有关的危险信息。

4.2　安全标志有四种标准形式：

——双框型安全标志:符号框,文字框(见 4.4);

——三框型安全标志:符号框,图形符号框,文字框(见 4.5);

——双框型安全标志:图形符号框,文字框(见 4.6);

——双框型安全标志:两个图形符号框(见 4.7)。

4.3 安全标志优选垂直布置,也可以水平布置。安全标志的形式和布置的最终选择取决于产品销售地区的地域和语言环境、法律规定以及为放置安全标志所提供的空间。

4.4 双框型安全标志:符号框,文字框。见图 1。符号框包括安全警告符号及三个警告词(注意,警告,危险)之一。文字框是描述危险,说明发生危险的后果以及指导如何避免危险的文字信息。

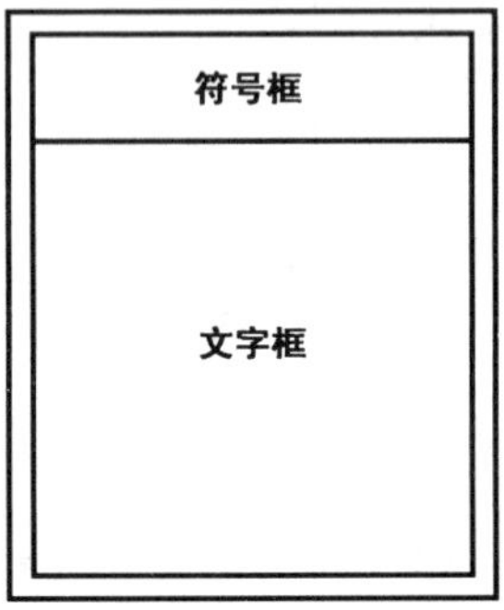

图 1 双框型安全标志:符号框,文字框

4.5 三框型安全标志:符号框,图形符号框,文字框。见图 2。符号框包括安全警告符号和三个警告词之一。图形符号框除了应包含危险图形符号,有时还应包含避免危险的图形符号。文字框包含一段描述危险,说明发生危险的后果以及指导如何避免危险的文字。

垂直布置

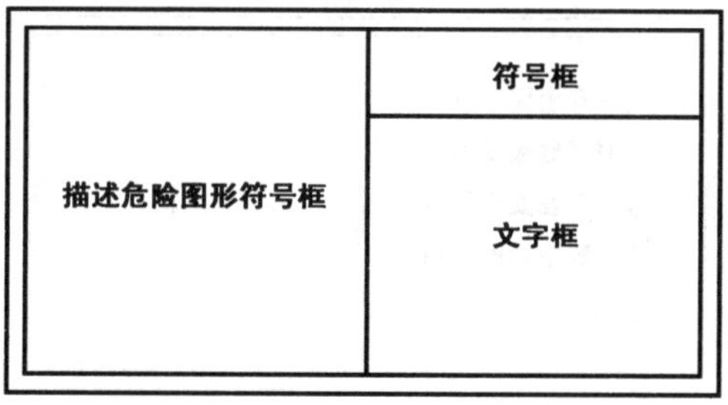

水平布置

图 2　三框型安全标志:符号框,图形符号框,文字框

4.6　双框型安全标志:图形符号框,文字框。见图 3。图形符号框包含一个危险警告三角形中的危险图形符号或者仅仅包含危险警告符号。文字框包含一段描述危险,说明发生危险的后果以及指导如何避免危险的文字。

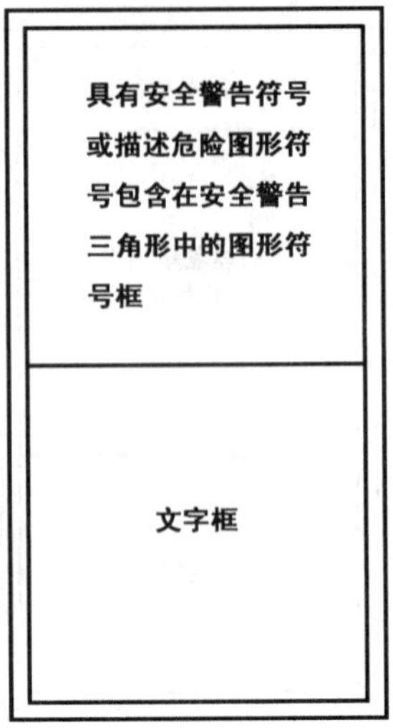

垂直布置

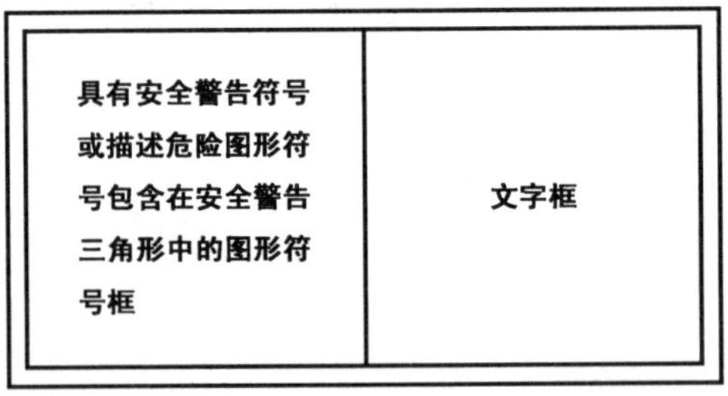

水平布置

图 3 双框型安全标志:图形符号框,文字框

4.7 双框型安全标志:两个图形符号框。见图 4。第一个图形符号框布置描述危险图形符号,它可以包含一个安全警告三角形中的描述危险图形符号,也可以只有危险警告符号。第二个图形符号框布置避免危险图形符号。

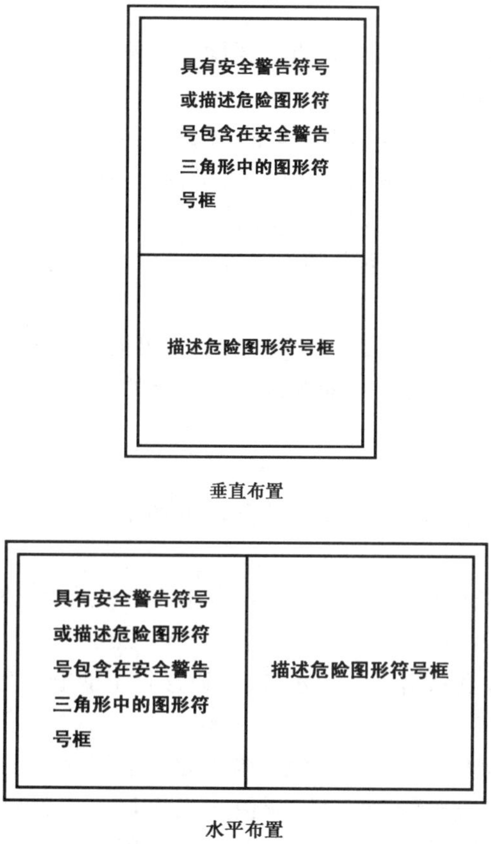

图 4　双框型安全标志：两个图形符号框

4.8　在某些场合，可以对这些标准形式做适当改变。

5　符号框

5.1　安全标志的符号框包含危险警告符号和三个警告词中的一个。

5.2　有一个警告词的安全标志的危险警告符号应如图 5 所示。包含三个警告词之一的安全标志应使用该危险警告符号。

图 5　包含一个警告词的安全标志的安全警告符号

5.3　安全标志可以根据危险情况的相对严重性所采用的警告词进行分类。

5.3.1　有三个警告词：危险、警告和注意。警告词警告人们存在着危险以及危险的相对严重性。

5.3.2 这三个警告词用于防止发生人身伤害的危险。根据对发生危险的可能性以及发生危险的可能后果的估计选择警告词。

——危险。表示即将发生的危险状况,如果不能避免,将导致死亡或者重伤。标有警告词“危险”的安全标志应当谨慎使用,它仅用于最危险的情况。

——警告。表示潜在的危险状况,如果不能避免,可能会导致死亡或者重伤。由警告词“警告”认定的危险状况存在的受伤或死亡的风险程度小于由警告词“危险”认定的危险状况。

——注意。表示潜在的危险状况。如果不能避免,可能导致轻伤或者中等程度的伤害。警告词“注意”也可用于警告在可能导致人身伤害的场合进行不安全作业。

6 图形符号框

6.1 安全标志中的图形符号框包括:一个描述危险的图形符号,一个避免危险的图形符号,或者只有安全警告符号。

6.2 用于安全标志的图形符号有两种基本类型:描述危险和避免危险。

——描述危险图形符号:

描述危险图形符号表示出现危险示意图,通常是不能避免危险而产生的后果。

——避免危险图形符号:

避免危险图形符号表示应如何避免危险指导性示意图。

6.2.1 一个设计完好的描述危险图形符号,应使人能清楚地识别出危险并且应能生动地描绘出不遵守规定的可能后果。同样,一个设计完好的避免危险图形符号,应使人能清楚地理解避免人员触及危险的必要行动。

6.2.2 尽管将两类图形符号组合到同一图形符号中非常困难,但这是可能的。最常用的是使用描述危险图形符号,避免危险图形符号用来补充或者代替文字信息。

6.2.3 在某些场合,可以用一个图形符号表明几种危险。然而,一般情况下应避免这样做,除非这些危险是密切相关的。

6.3 在双框型安全标志上,描述危险图形符号应置于安全警告三角形内。安全警告三角形见图6。

图6 安全警告三角形

6.4 如果在安全警告三角形内不使用描述危险图形符号,则放一个惊叹号成为轮廓式安全警告符号见图 7。

图 7　轮廓式安全警告符号

7　文字框

7.1　安全标志的文字框包含一些文字信息，用来单独或与图形符号框一起描述危险，说明发生危险的可能后果及指导如何避免危险。

7.2　如果描述危险图形符号能充分生动地描述危险以及可能的后果，这两方面信息中的一个或者两个都可以从文字框中删除。同样，如果避免危险图形符号能充分生动地说明如何避免危险，这方面的信息也可以从文字框中删除。如果没有图形符号，文字框中必须包含上述三方面的信息。可能的话，信息应用简单句叙述。

8　语言，翻译以及多语种安全标准

8.1　包含警告词或文字信息的安全标志应采用中文。不带文字的安全标志显然不需要进行语言翻译。然而，作为使用无文字安全标志的产品应具备下述两个条件：

——一种特殊的安全标志，可指导操作者从操作手册中查找产品所使用的安全标志的说明；

——与无文字安全标志相对应的文字信息，用中文写在操作手册中。

8.2　图 8 所示为中文、英文、法文及德文四语种“阅读操作手册”安全标志示例。也允许使用其他几种语言，或者只使用一种语言，只要其中包含产品使用地区的语言。

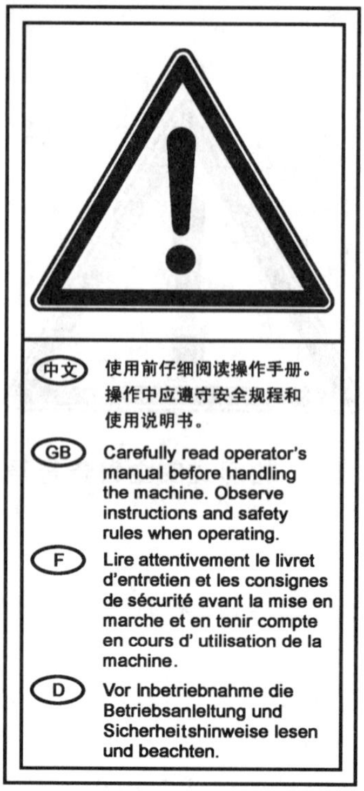

图 8 具有中文、英文、法文、德文四语种"阅读操作手册"安全标志示例

8.3 图 9 所示为无文字"阅读操作手册"安全标志示例，它可代替图 8 所示的单语种或多语种安全标志。

图 9 无文字"阅读操作手册"安全标志示例

9 安全标志的颜色

9.1 符号框的颜色

符号框的颜色取决于所选择的警告词。

9.1.1 危险标志的符号框应为红底白字。安全警告符号应为白色三角形中的红色惊叹号(见图5)。

9.1.2 警告标志的符号框应为橘黄色底黑字。安全警告符号应为黑色三角形中的桔黄色惊叹号(见图5)。

9.1.3 注意标志的符号框应为黄底黑字。安全警告符号为黑色三角形中黄色惊叹号(见图5)。

9.2 图形符号框的颜色

图形符号框的颜色取决于安全标志是否包含三个警告词之一。

9.2.1 包含一个警告词的安全标志图形符号框应为白底黑图。

9.2.2 包含安全警告三角形或轮廓式安全警告符号的安全标志图形符号应为黄底黑图。

9.2.3 其他颜色(例如:红色代表火)可用来强调图形符号的特殊方面。

9.2.4 如果用×、⃠或者表示禁止行为的文字(见附录D中D.9),这些符号应为红色。

9.3 文字框的颜色

文字框的颜色取决于安全标志是否包含三个警告词之一。

9.3.1 包含一个警告词的安全标志文字框应为黑底白字或白底黑字。

9.3.2 无警告词的安全标志文字框应为黄底黑字或白底黑字。

9.4 边框的颜色

边框的颜色取决于所选的警告词以及安全标志是否包含安全警告三角形。

9.4.1 警告词为危险的安全标志的边框应为红色。如果必须将安全标志与附着面的颜色区分开,可使用白色的附加外边框。

9.4.2 警告词为警告的安全标志的边框应为橘黄色。如果必须将安全标志与附着面的颜色区分开,可使用白色或黑色的附加外边框。

9.4.3 警告词为注意的安全标志的边框应为黄色。如果必须将安全标志与附着面的颜色区分开,可使用白色或黑色的附加外边框。

9.4.4 包含安全警告三角形的安全标志的边框应为黄色。如果必须将安全标志与附着面的颜色区分开,可使用白色或黑色附加外边框。

9.5 各框之间分界线的颜色

各框之间的分界线应为黑色。

10 尺寸

安全标志的推荐尺寸(单位为mm)见(图10～图13)。根据需要,尺寸可大些或小些。比例可以按需要改变,以提供足够大的符号框或者为文字框提供足够的空间,确保字体清晰可见。

单位为毫米

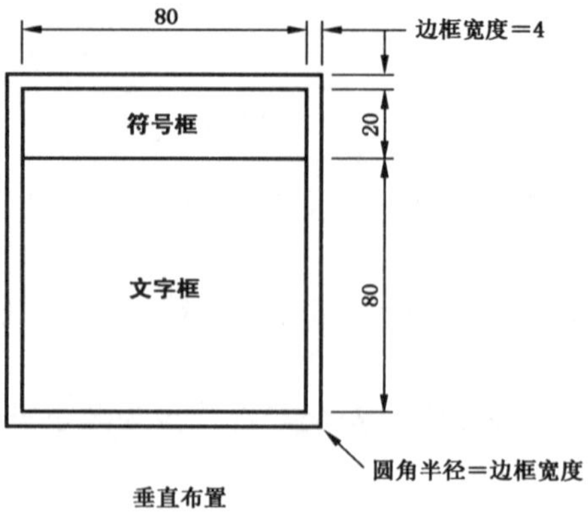

图 10 推荐尺寸:双框型:符号框,文字框

单位为毫米

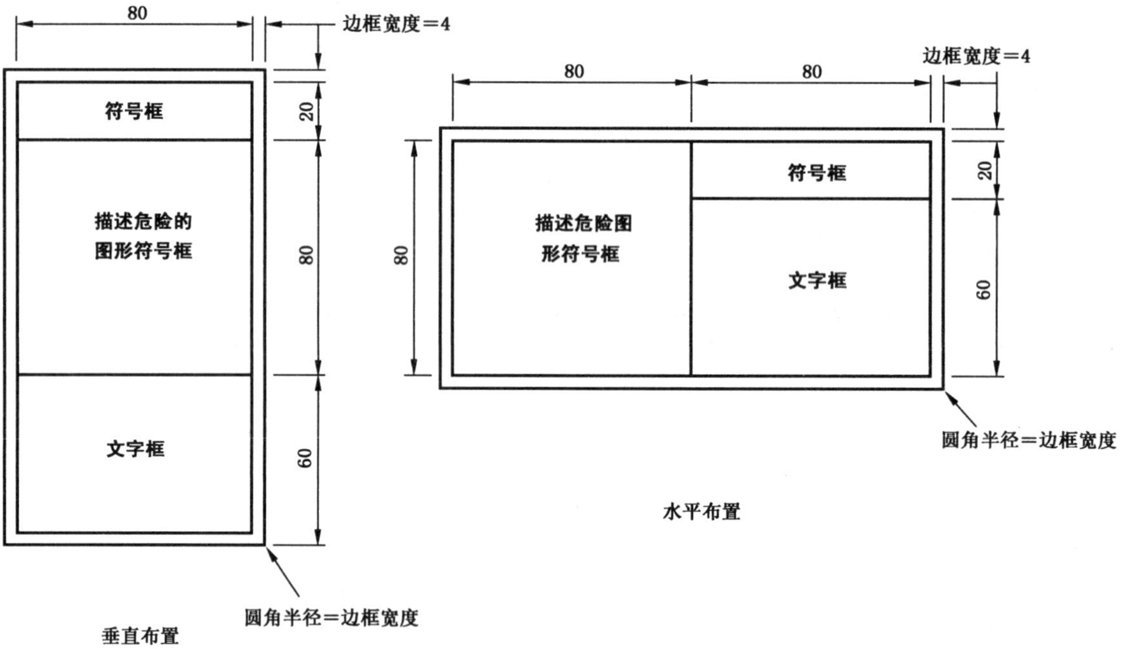

图 11 推荐尺寸:双框型:图形符号框,文字框

单位为毫米

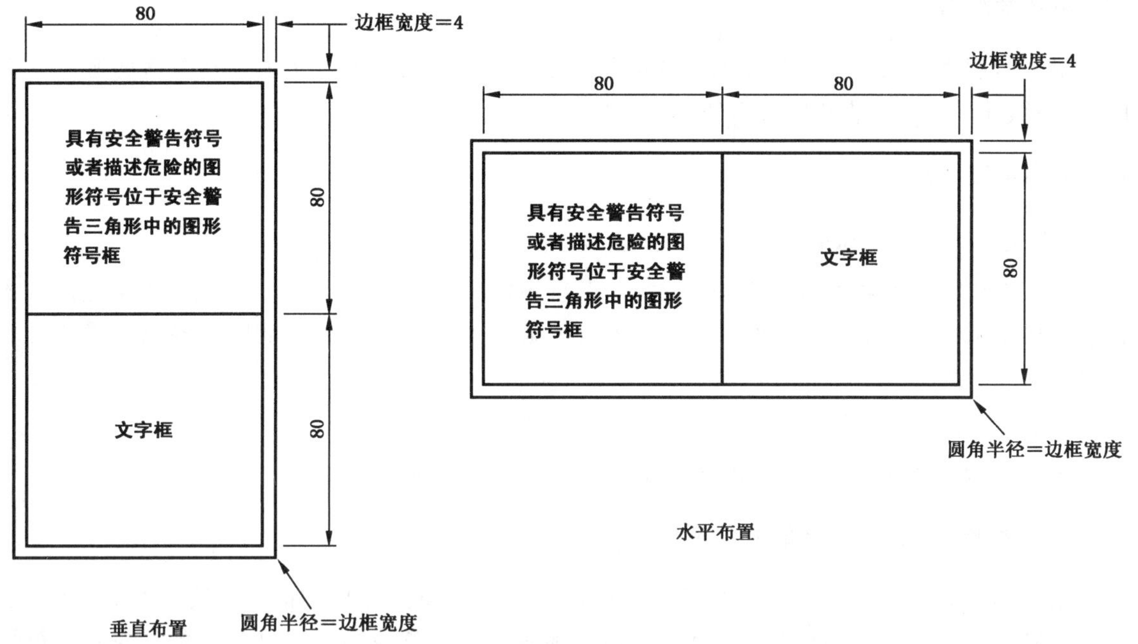

图 12　推荐尺寸:双框型:图形符号框,文字框

单位为毫米

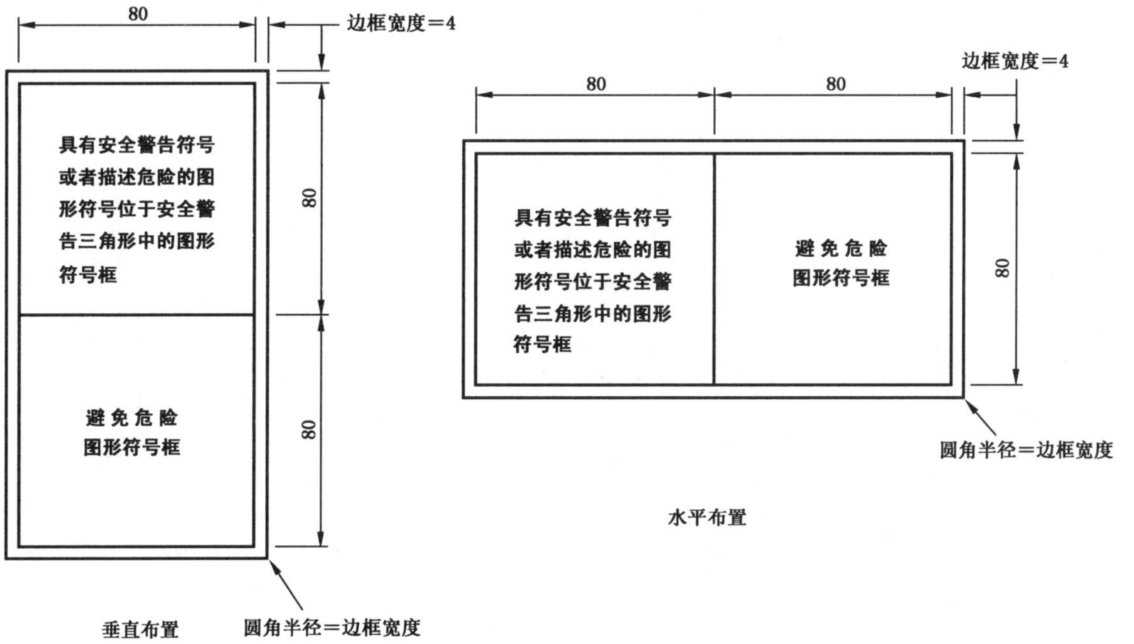

图 13　推荐尺寸:双框型:两个图形符号框

11　描述危险图形符号

附录 A 提供了用于安全标志的描述危险图形符号示例。可以从中选择合适的描述危险的图形符号,并且可能需要开发出附加的描述危险图形符号。

12 避免危险图形符号

附录B提供了拟用于安全标志的避免危险图形符号示例。可以从中选择合适的避免危险图形符号,并且可能需要开发出附加的避免危险图形符号。

13 安全标志示例

13.1 带文字安全标志示例

适合于危险的警告词和文字信息取决于各种不定因素的共同作用,其中包括法定先例。本标准未提供带文字安全标志详例。带文字安全标志应设计成符合本标准以上各条所述的目的和原则。

13.2 无文字安全标志示例

附录C提供了用于许多危险情况下的无文字安全标志示例。

14 危险图形符号图形设计的原则及指南

附录D阐述了好的危险图形符号的图形设计原则及指南,同时对人体及其他图形要素的描绘提供指导。一致性好的视图设计对于清楚地表达描述危险图形符号及避免危险图形符号的含义非常重要。

附　录　A
（资料性附录）
描述危险图形符号

A.1　范围

本附录提供了用于安全标志的描述危险图形符号示例。可以从中选择合适的图形符号，并且可能需要开发其他的描述危险图形符号。

A.2　化学制品（吸入/燃烧）危险

A.2.1　有毒烟雾或有毒气体——窒息

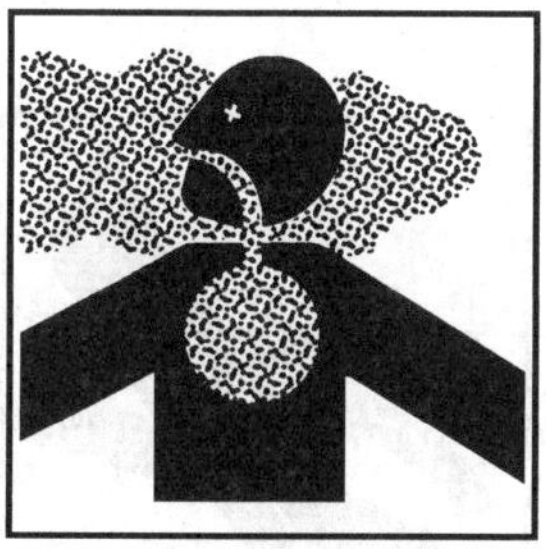

A.3　电气（电击/燃烧）危险

A.3.1　电击/触电

A.3.2　电击/触电

A.4　跌落危险

A.4.1　从高处跌落

A.5　液体(注入,渗漏/喷射)危险

A.5.1　高压液体——注入人体

A.5.2　高压喷射——腐蚀肌体

A.6　机械——挤压危险

A.6.1　挤压全身——力来自上方

A.6.2 挤压手指或手——力来自侧面

A.6.3 由起重机平衡重产生的挤压

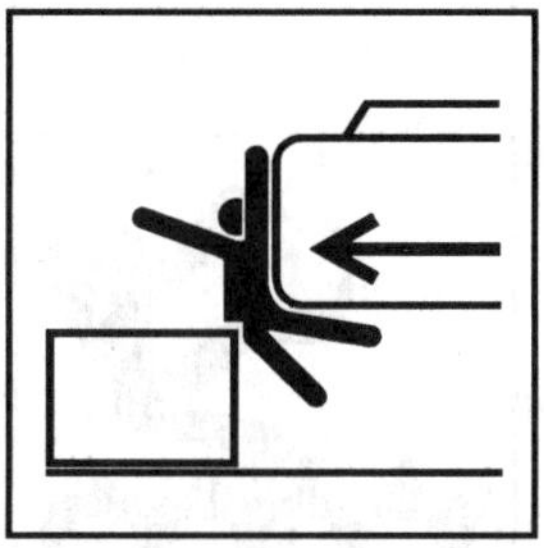

A.7 机械——切断危险

A.7.1 切断手指或手——转子叶片

A.7.2 切断手指或手——发动机风扇

A.8 机械——绞入危险

A.8.1 手臂绞入机器内

A.8.2 腿绞入机器内

A.8.3 手臂绞入——旋转的齿轮

A.8.4 手及手臂绞入——链传动或者齿形带传动装置

A.8.5 手及手臂绞入——带传动装置

A.9 机械——喷射或飞出物危险

A.9.1 喷射或飞出物——面部暴露部分

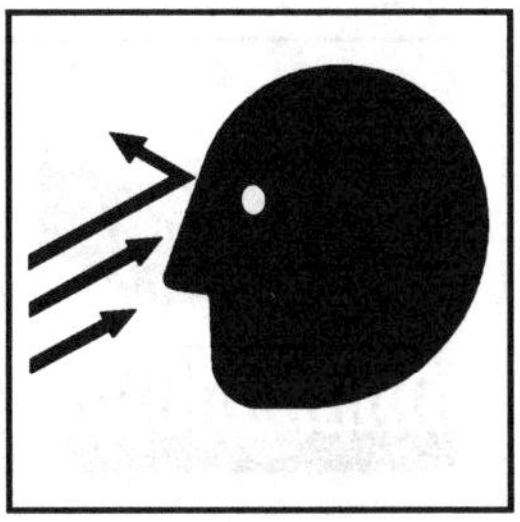

A.9.2 喷射或飞出物——需要保护眼睛

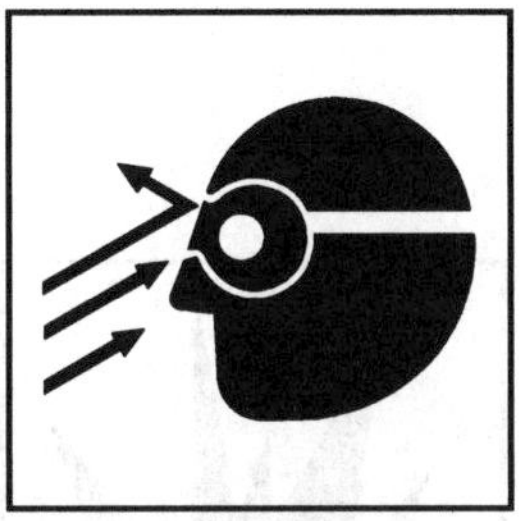

A.9.3 喷射或飞出物——需要保护面部

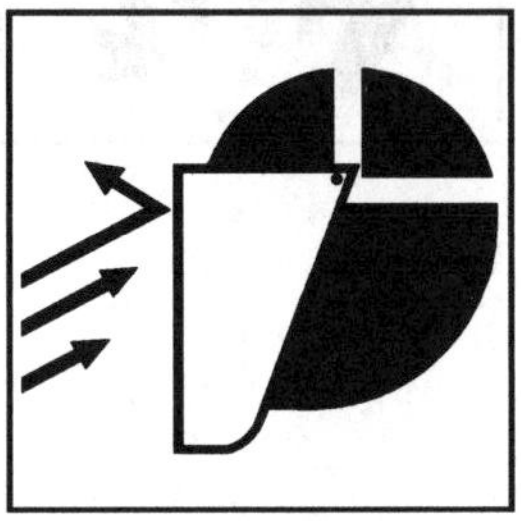

A.10 碰撞/撞倒(前进或倒车时)危险

A.10.1 撞倒——流动式起重机前进或倒车时

A.11　热力(烧伤/触摸)危险

A.11.1　热表面——烧伤手指或手

A.12　热力(燃烧/爆炸)危险

A.12.1　爆炸(例如使用燃油时)

附　录　B
（资料性附录）
避免危险图形符号

B.1　范围

本附录提供了用于安全标志上的避免危险图形符号示例。可从中选用适当的图形符号，并且可能需要开发其他的避免危险图形符号。

B.2　避免危险图形符号

B.2.1　卸臂架时应远离。

B.2.2　进入危险区前，确保起升油缸锁紧。

B.2.3　进入危险区前，安装支撑。

B.2.4　进入危险区前，锁定安全锁。

B.2.5 与起重机保持安全距离。

B.2.6 避开外伸支腿。

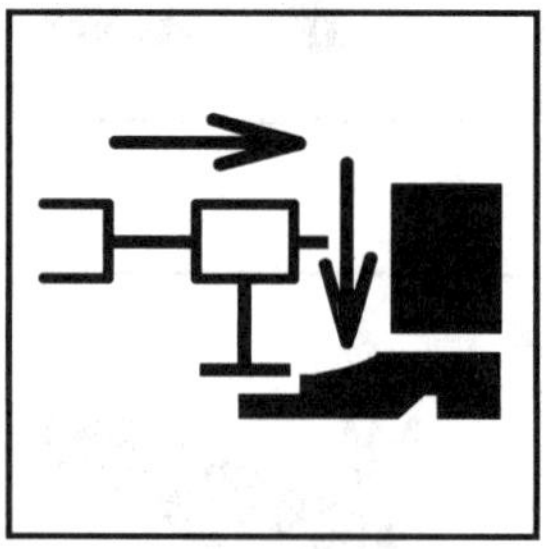

B.2.7 只能从操作台起动发动机。

B.2.8 只允许坐在乘客座位上并且不能挡住司机视野。

B.2.9　远离电源线。

B.2.10　只要零件可以活动，严禁伸进挤压区。

B.2.11　从技术手册中查阅正确的操作程序。

附 录 C
(资料性附录)
无文字安全标志示例

C.1 范围

本附录提供了包含若干种危险的无文字安全标志示例,这些安全标志示例采用垂直布置的双框型(两个图形符号框,无符号框和文字框)。对于其他危险可能需要开发另外的安全标志。每个安全标志的文字说明提供了适用于操作手册中的安全标志的说明性文字的范例。操作手册中的文字可以扩充或者根据对安全标志特殊的使用要求进行修改。

C.2 无文字安全标志示例

C.2.1 拆卸臂架时应躲开。

C.2.2 进入危险区前,确保起升油缸锁紧。

C.2.3　进入危险区前，安装支撑。

C.2.4　进入危险区前，锁定安全锁。

C.2.5　与起重机保持安全距离。

C.2.6 避开外伸支腿。

C.2.7 进行维护或维修工作前,关闭发动机并且拨下钥匙。

C.2.8 远离电源线。

C.2.9 与热表面保持距离。

C.2.10 避免液体喷出。操作方法查阅技术手册。

附 录 D
(资料性附录)
危险图形符号图形设计的原则及指南

D.1 范围

本附录阐述了好的危险图形符号图形设计的原则及指南,同时对人体及其他图形符号元素的描绘提供了指导。一致性好的视图设计对表达描述危险图形符号及避免危险图形符号的含义非常重要。

D.2 设计图形符号指南

虽然每一个安全标志及其图形符号都有其独特内容,但可以提出几条好的图形符号设计的通用指南。

——使用形象的图形符号替代抽象的符号。

——使用人体或其整个部分的实体图形。当所描绘的人物与危险没有直接关系而它的存在对完成图形符号又有必要时,可以使用轮廓图。

——当展示物体、脸或整个人体时,使用最易识别的视图(一般为正视或者侧视)。

——使用图形符号描绘发生的动作,并且展示与危险相关的人体图或身体各部分。

——使用简单图形描绘引起危险的起重机部件。采用危险起重机部件的实体图,除非会对人体识别有影响。使用整机或其实体部分的轮廓图以确定危险区域或危险零部件的相对位置。

——应具体描绘危险,尤其当危险的性质或危险发生的位置并非显而易见时。只有当概括描绘危险和危险状况有可能并充分地表达必要信息时方可采用。

——必要处可使用箭头表示实际或可能的运动方向。在某些情况下,起重机部件的移动在图形符号中不明显,则必须补充箭头。选择和使用箭头图形表示不同类型的运动或空间相对位置关系,应具有一致性。如:下落物或飞出物、起重机零部件运动方向、整机运动方向、压力或作用力方向及远离危险的安全距离。

——在符号会影响禁止行为的识别或者符号的意义不十分清楚处,应避免使用禁止符号(斜叉,带斜杠的圆)。

——不要使用红色表示血。

D.3 人体图

D.3.1 描绘基本人体图

人体图在图形符号中常常是主要组成部分,应当用简单可信的方式描绘。从长远利益讲,图形符号应保持统一。观看的人不需对图形符号仔细研究就可立刻了解图形符号内容,并能确定人身的哪一部分与危险相关或危险发生的方式。此处提供的人体图设计满足了上述具体要求。由此得出:人体图设计不应发生扭曲或者说应该用同一比例,D.3.5 中所述除外。人体图的目的是提醒看到安全标志的人,防止事故发生,而不是一幅艺术作品。

D.3.2 人体图单元格系统

标准的人体图形符号是以统一尺寸的方格或单元格系统为基准。人体全高为12个单元，体宽占2个单元，头部直径为1.75个单元。描绘人体的精确单元尺寸见图D.1。手和脚的端部为半圆。

D.3.3 人体图的生动性

利用人体图的转轴点，可以描绘人体的行为或运动。单元比例应保持统一，除非肢体重叠引起视觉缩短。当此情况发生时，可通过加长0.5个单元来弥补。图D.2展示了不同位置人体图。图形符号中假设的人体位置通常由以下几方面决定：

——危险的性质；

——危险的方向或趋势；

——与危险相关的运动或位置；

——危险所引起的损害形式；

——与起重机操作相关的运动或位置。

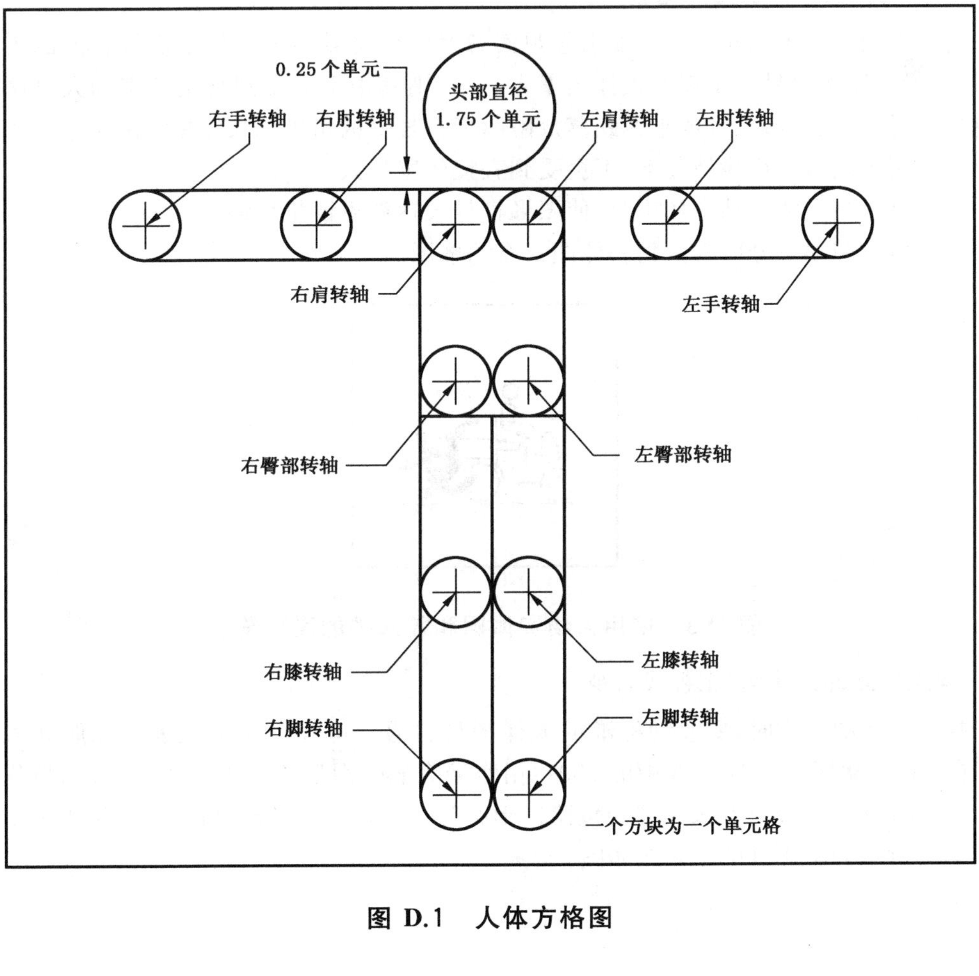

图 D.1 人体方格图

图 D.2　描绘人体图

D.3.4　人体实体图与轮廓图的比较

人物外形的实体图比轮廓图更能引起观察者对图形符号中可能处于危险状况的人物的注意。然而，如果图形符号中出现的人体图不止一个，则其中不会受到直接危害的人可画成轮廓图。例如：碰撞危险图形符号或乘客跌落危险图形符号中的司机。人体轮廓图用于：

——只用于表示在危险情况下，不会受到直接伤害的人；

——只有当与实体图结合使用时，使图形符号表达得更清楚易懂。

图 D.3 所示图形符号即有人物实体图又有轮廓图。

图 D.3　使用人物实体图和轮廓图的图形符号

D.3.5　静止独立的人体图(正视或后视)

当描绘静止的人体时，要改动标准的人体图形符号。医疗设备上把表示肥胖病人的 IEC 符号(符号编号为 IEC 417:1973 中的 5391)用作避免危险图形符号中人物图，表示与危险保持安全距离(见D.8.6)，而且在某些避免危险图形符号中表示远离危险区的意思(见 D.9.2)。

图 D.4 所示为静止自由站立人体图。

图 D.4 静止自由站立人体图(正视或后视)

D.3.6 头部侧视图

当头部与危险相关时,使用头部侧视图:左视或右视。当侧视图中出现人体整体或上半部时,也可使用头部侧视图以便产生人体整体或上半部处于侧视位置的效果。图 D.5 给出了使用头部侧视图的危险图形符号示例。

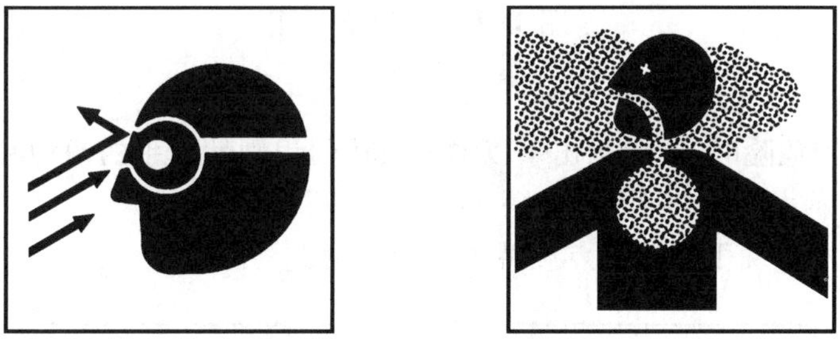

图 D.5 使用头部侧视图的图形符号示例

D.4 上半身

有关手臂、手或头部的危险可通过所有上半身而不是全身视图得到最好的表现。通常情况下,上半身为侧视并且头部也为测视图而非正视图或圆形。上半身侧视图也能有效表达危险运动的方向。如 D.5.2 所示,如果手与危险相关或者如果画出手会有助于视觉表达,应在图上画出手。图 D.6 给出了上半身危险图形符号示例。

图 D.6 使用上半身的危险形符号示例

D.5 手

D.5.1 手和手指图

手的复杂性和手指可能的多种运动使其成为最难描绘的图形符号要素之一。图 D.7 中所示的设计十分注意形状和形式的简单化以便于识别。在全手掌视图中,各手指并拢。在其他的手的视图中,手指可以分开。

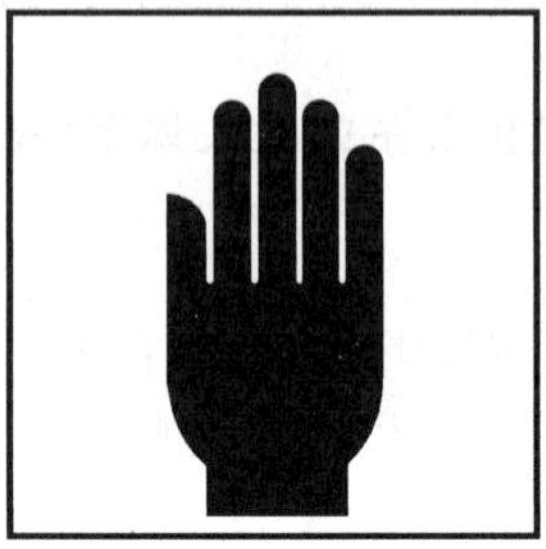

图 D.7 手掌全视图

D.5.2 带手人体图

当手或手臂受到危险时,图中画出手以增加肢体的识别性。手的两种基本位置见图 D.8。

——位置 A 表示大拇指与手臂在同一直线上;

——位置 B 表示手绕手的转轴点旋转了一定角度。

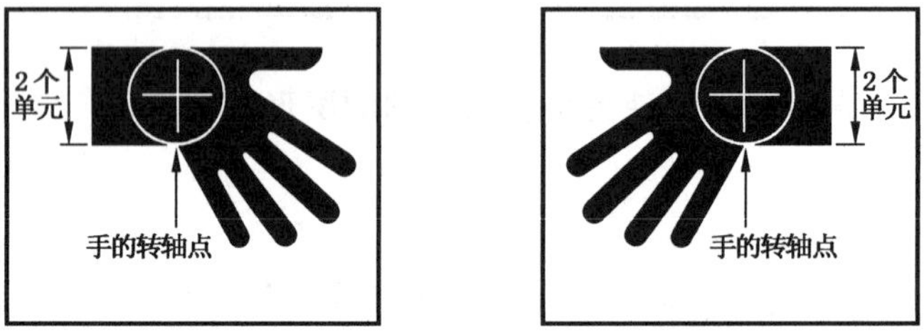

位置 A 拇指与手臂处于同一直线的手

位置 B 绕手的转轴点旋转的手

图 D.8 人体图中手的视图

位置 A 与位置 B 的选择取决于哪一种位置能最好地表达危险状况。为了设计的统一性,即使仅有一只手臂受到危险,两只手臂都应画上手(当示图中包含两只手臂时)。图 D.9 为人体图中画有两只手的危险图形符号示例。

图 D.9　带两只手人体图的图形符号示例

D.5.3　手侧视图

手侧视图能用于很好地表达手的位置情况，使图形符号具有真实感，增加了渲染性以及可理解性。虽然手没按实际画出，但是手指位置却能产生立体效果。

手侧视图是人体图中最难设计的部分。为了视图的统一性，图 D.10 给出了用在图形符号中的几个手侧视图的设计图例。通过对现有图形符号的修改或者根据需要将手指重新定位，画出手侧视图，可以大大节省时间。有些情况需要画出手指的运动，这时应选择最靠近理想位置的手，并做适当的修改。注意手指的画法。不要画成锥形，指尖由 0.25 个单元的圆弧构成。手侧视图仅包含拇指及另外三个手指。

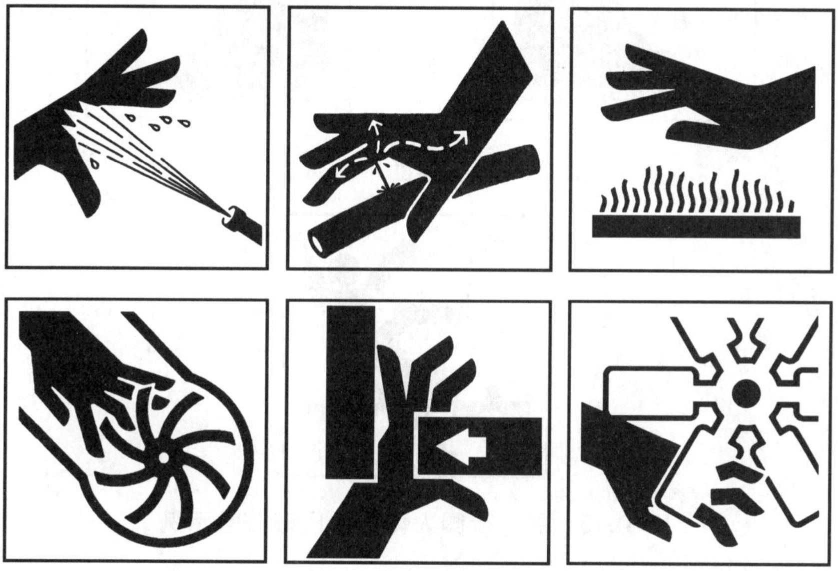

图 D.10　使用手侧视图的图形符号示例

D.6　脚

D.6.1　脚的画法

当一个图形符号仅仅描绘小腿部分或者脚时，应使用图 D.11 所示的鞋或靴子(脚)的标准图。可使用左视图或右视图。

图 D.11 脚画法

D.6.2 带脚的人体图

画出整个人体图能最有效地表达某些与脚或下肢有关的危险；由于图中加上了脚，增加了肢体各部位的可识别性。当画上述图形符号时，应将图 D.12 加到脚的转轴处，并且为了统一起见，不要做任何改动或歪曲。图 D.13 给出了带脚人体图的危险图形符号示例。

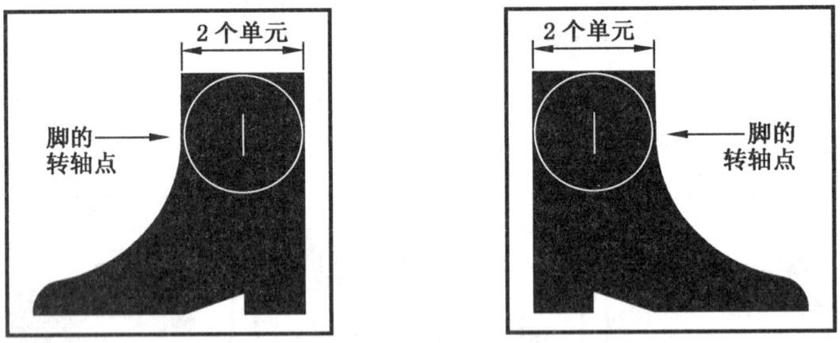

图 D.12 人体图中的脚视图

图 D.13 展示带脚人体图的图形符号示例

D.7 起重机及零部件描绘

D.7.1 一般用轮廓图描绘整个起重机或者起重机的主要部分。采用轮廓图可以避免大块黑色填充区域，因而有利于将人物从起重机或者起重机上引起危险的部件或设备区分开。尤其是当人与起重机离得很近时。单个部件可采用轮廓图或者实体图，但要在二者中选择图形清晰易于识别的。一般来说，实体图让人感到所画的是很重的实体，然而，轮廓图常常可画出更多细节，因而更容易辨别出实际的部件及危险的特征。较小的实体图或线条较宽的轮廓图可使引起危险的起重机部件或起重机更醒目。

D.7.2 图 D.14 给出了描述危险图形中使用整个起重机或起重机主要部件的图形符号示例。

图 D.15 给出了描述危险图形中使用引起危险的单个起重机部件的图形符号示例,没有画出相关起重机的位置。

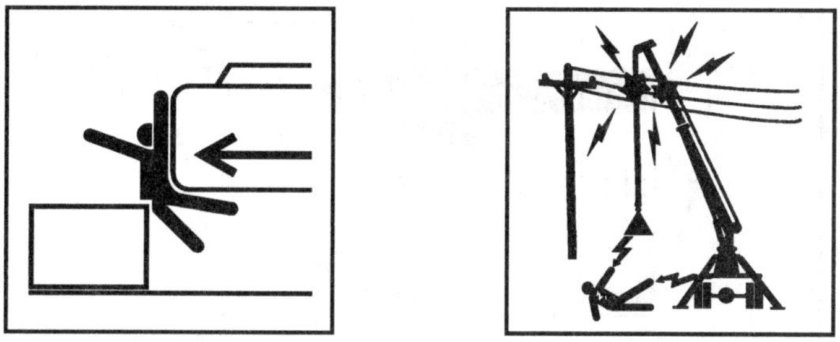

图 D.14　显示起重机及引起危险的主要零部件的图形符号示例

图 D.15　显示引起危险的单个零部件的图形符号示例

D.8　箭头

D.8.1　箭头的使用

为了清楚地表达安全标志的基本信息,图形符号中将使用一些视图要素来表示各种物体、工况及概念,其中主要包括:飞出物或下落物及其运动方向、起重机部件的运动方向、整机运动方向、压力或作用力方向及远离危险的建议。设计的五种形式的箭头用于表达图形符号中的上述内容。

D.8.2　用箭头表示下落物或飞出物体及其运动方向

一般为白底黑色箭头,可以是直的、斜的或者弯曲的。当表示单一物体或几个物体时,箭头尾部应画成实体:当表示断开连续的物体或颗粒时,箭头尾部应画成虚实相间的图形。箭头各部分尺寸见图 D.16。正常情况下,箭头应按下落或飞行物体在给定图形符号中的尺寸比例绘出。图 D.17 给出了使用箭头表示下落或飞行物体及其运动方向的危险图形符号示例。

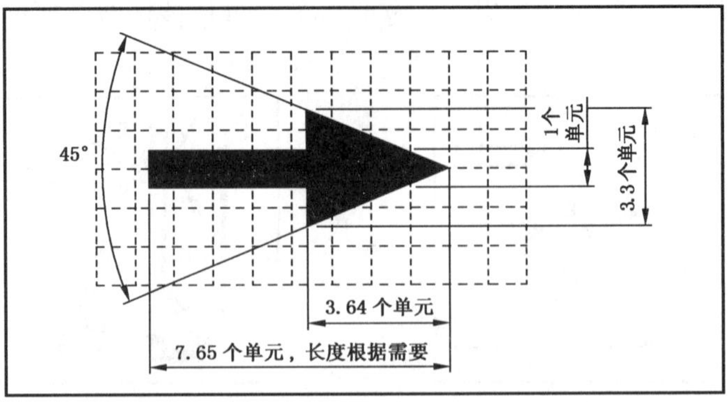

图 D.16 表示下落或飞出物体及其运动方向的箭头

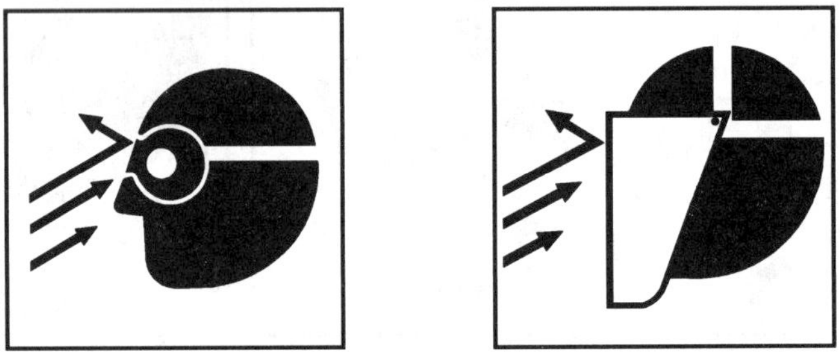

图 D.17 用箭头表示下落或飞出物体及其运动方向的图形符号示例

D.8.3 表示起重机部件运动方向的箭头

一般使用白底黑色箭头,该箭头可以是直的、斜的或者弯曲的。箭头各部分尺寸见图 D.18。虽然对于个别图形符号,箭头尺寸可以做一些变动,但正常情况下,应按图 D.18 所示的实际尺寸的 100%绘出。该箭头应符合 ISO 4196 中规定的运动方向箭头,箭头头部夹角为 60°。图 D.19 给出了使用箭头表示起重机部件运动方向的危险图形符号示例。由于图 D.18 和图 D.20 所示箭头唯一重要的差别是线条相对粗细程度,因而两种箭头几乎完全相同。可能的话,用图 D.18 中的箭头表示起重机部件的运动方向,图 D.20 中的箭头表示整机运动方向。

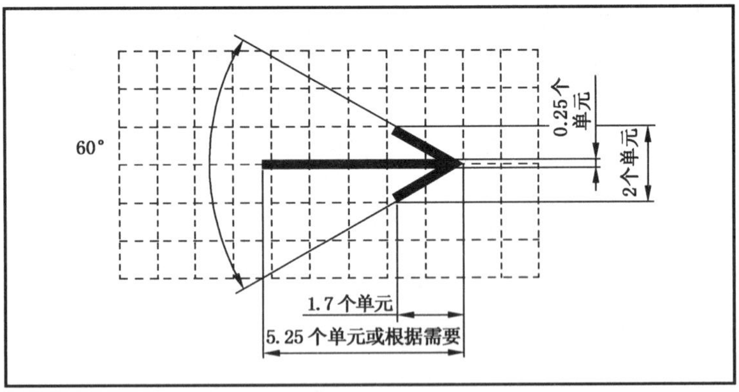

图 D.18 表示起重机部件运动方向的箭头

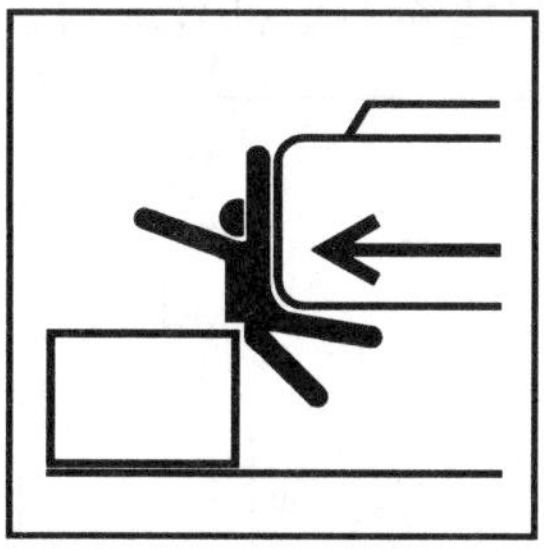

图 D.19　用箭头表示起重机部件运动方向的图形符号

D.8.4　表示整机运动方向的箭头

一般使用白底黑色箭头，该箭头可以是直的、斜的或者弯曲的。箭头各部分尺寸见图 D.20。虽然对于个别图形符号，箭头尺寸可以做一些变动，但通常应按图 D.20 所示实际尺寸的 100%绘出。该箭头应符合 ISO 4196 中规定的运动方向箭头，箭头头部夹角为 60°。图 D.21 给出了使用箭头表示整机运动方向的危险图形符号示例。由于图 D.18 和图 D.20 所示箭头的唯一重要的区别就是线条的相对粗细程度，因而两种箭头几乎完全相同。可能的话，用图 D.18 中的箭头表示机器部件的运动方向，而图 D.20 中的箭头表示整机运动方向。

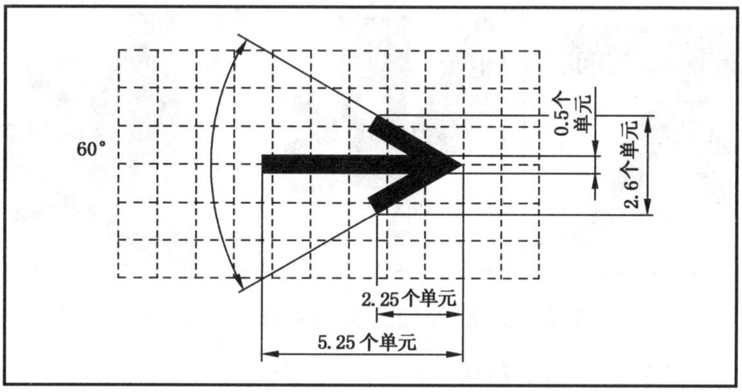

图 D.20　表示整机运动方向的箭头

图 D.21　用箭头表示整机运动方向的图形符号示例

D.8.5　表示施加压力或作用力的箭头

一般使用黑底白色箭头表示压力或者作用力。当描绘特殊的作用力或者压力时，也可使用白底黑色箭头。虽然对于个别图形符号，箭头尺寸可以做一些变动，但通常应按图 D.22 所示实际尺寸的 100%绘出。该箭头应符合 ISO 4196 中规定的作用力箭头，箭头头部夹角为 84°。图

D.23 给出了使用压力或作用力箭头的危险图形符号示例。

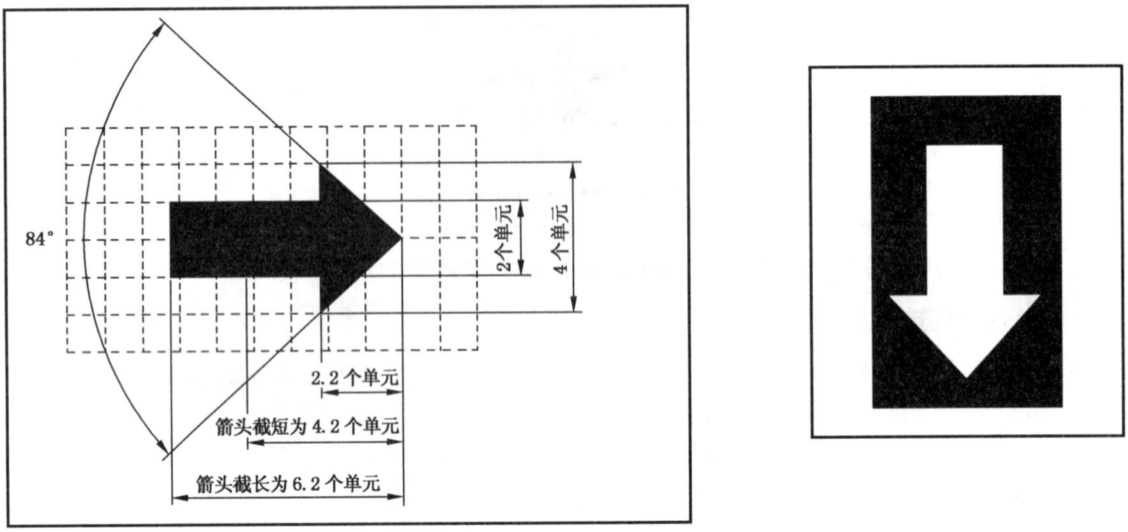

图 D.22 表示施加的压力或作用力的箭头

图 D.23 用箭头表示施加的压力或者作用力的图形符号示例

D.8.6 表示与危险保持安全距离的箭头

该箭头一般使用在避免危险图形符号中，对于带文字安全标志采用白底黑色箭头，对于无文字安全标志采用黄底黑色箭头。箭头各部分尺寸见图 D.24。虽然对于个别图形符号来说，箭头尺寸可以做一些变动，但通常应按图 D.24 所示实际尺寸的 60%绘出。除了将两个箭头的尾部相接外，该箭头还应符合 ISO 4196 中有关为人指路的公众信息符号的运动方向箭头的规定。图 D.25 给出了用箭头表示与危险保持安全距离的图形符号示例。

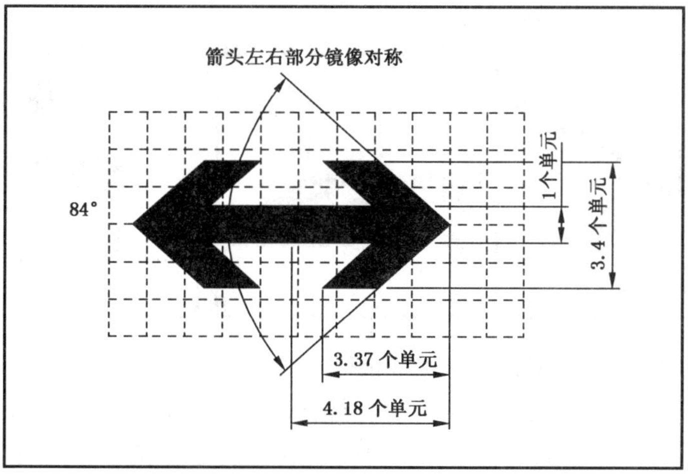

图 D.24　表示与危险保持安全距离的箭头

图 D.25　使用箭头表示与危险保持安全距离的图形符号

D.9　表达禁止行为或者危险区域的概念

D.9.1　避免危险图形符号常常用来表达某个行为是禁止行为或者某人可能处于特定的危险区域。一般使用红色×表示危险区域的概念。用红色的×或者⃠表示禁止行为的概念，一般优先选用红×。这些图形元素如图 D.26 所示。×和⃠的尺寸取决于他们所应用的具体图形符号。它们应足够大以便于识别，这一点非常重要，但是也应注意不要遮住图形符号的其他重要部分。

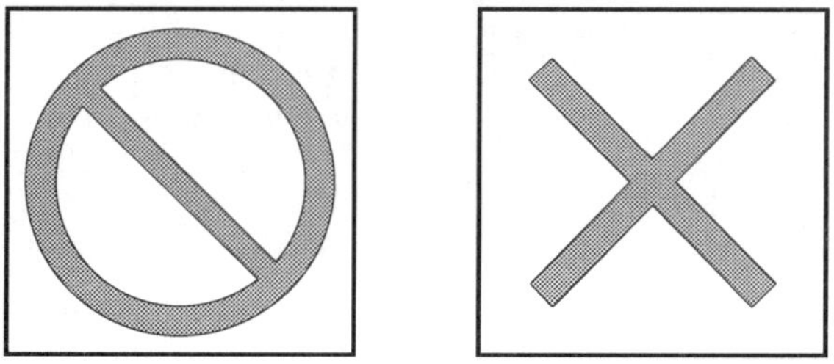

图 D.26　用来表示禁止行为或危险区域的红×或红⃠

D.9.2　红×用于表示禁止行为或者危险区域：一个红×可位于从事禁止行为或者处于危险区域的人体上；红×表示所描绘的行为是禁止行为或者所指出的区域可能是危险区域，且应该避免的反面信息。×的两条斜线相互垂直并与图形符号边框线成 45°。图 D.27 给出了用×表示禁止行为或危险区域的危险图形符号示例。

图 D.27 用红×表示禁止行为或危险区域的图示示例

D.9.3 ⃠带斜杠的红圆圈用于表示禁止行为的概念:一个红⃠可横放于描绘禁止行为的图形符号要素上,表示所描绘的行为是禁止行为。斜线从圆圈的左上角一直到右下角;与水平成45°角,但是为了避免遮住图形符号的重要部分,也可上下调整几度。仅当图形符号的内容很明确时,才可使用⃠。

参 考 文 献

[1] ISO 3461-1:1988 制定图形符号的一般原则 第1部分:设备用图形符号

[2] ISO 3864:1984 安全色与安全标志

[3] ISO 4196:1984 图形符号 箭头的使用

[4] ISO 7000:1989 设备的图形符号 索引和一览表

[5] IEC 417:1973 设备用图形符号 索引综述和单张活页汇编

(IEC 417A:1974,IEC 417B:1975,IEC 417C:1987,IEC 417D:1978,IEC 417E:1980,IEC 417F:1982,IEC 417G:1985,IEC 417H:1987,IEC 417J:1990,IEC 417K:1991,IEC 417L:1993,IEC 417M:1994)

ICS 53.020.20
CCS J 80

中华人民共和国国家标准

GB/T 19924—2021/ISO 4305:2014
代替 GB/T 19924—2005

流动式起重机　稳定性的确定

Mobile cranes—Determination of stability

(ISO 4305:2014,IDT)

2021-04-30 发布　　　　2021-11-01 实施

国家市场监督管理总局
国家标准化管理委员会　发布

前　言

本文件按照 GB/T 1.1—2020《标准化工作导则　第 1 部分:标准化文件的结构和起草规则》的规定起草。

本文件代替 GB/T 19924—2005《流动式起重机　稳定性的确定》,与 GB/T 19924—2005 相比,除结构调整和编辑性改动外,主要技术变化如下:

——增加了术语和定义(见第 3 章);

——履带式起重机稳定性计算由“不大于 0.4 m/s”修改为“不大于 0.1 m/s”和“大于 0.1 m/s 且不大于 0.4 m/s”两种要求(见表 1、表 2,2005 年版的表 1、表 2);

——稳定性计算中的风载荷取值增加了分项安全系数 S(见表 2);

——增加了起重机倾翻角最小值的要求(见表 3);

——后翻稳定性修改为带主臂和不带主臂两种要求(见 4.3,2005 年版的 3.3);

——增加了流动式起重机倾翻角确定准则(见 4.5.4、附录 B);

——履带式起重机端部倾翻线修改为根据驱动轮或导向轮是否离地分别确定(见图 A.5,2005 年版的图 A.5)。

本文件使用翻译法等同采用 ISO 4305:2014《流动式起重机　稳定性的确定》和 ISO 4305:2014/Amd.1:2016《流动式起重机　稳定性的确定　修正案 1》。

与本文件中规范性引用的国际文件有一致性对应关系的我国文件如下:

——GB/T 6974.1—2008　起重机　术语　第 1 部分:通用术语(ISO 4306-1:2007,IDT)

——GB/T 6974.2—2017　起重机　术语　第 2 部分:流动式起重机(ISO 4306-2:2012,IDT)

本文件与 ISO 4305:2014 相比,编辑性修改内容如下:

——增加了“以下简称起重机”(见第 1 章);

——删除了术语“定长臂”的来源说明中“有修改,英文短语‘which length’修改为‘the length of which’”的说明(见 3.1)。

请注意本文件的某些内容可能涉及专利。本文件的发布机构不承担识别专利的责任。

本文件由中国机械工业联合会提出。

本文件由全国起重机械标准化技术委员会(SAC/TC 227)归口。

本文件起草单位:中联重科股份有限公司、国家工程机械质量监督检验中心、长沙中联恒通机械有限公司、深圳特种设备安全检验研究院。

本文件主要起草人:刘宇新、罗凯、王雅妮、刘劲松、杨武、张玉柱、杨威、崔寒珑、姜旭、涂凌志、李军。

本文件于 2005 年首次发布,本次为第一次修订。

流动式起重机　稳定性的确定

1　范围

本文件规定了通过计算验证流动式起重机稳定性应考虑的各种条件，假定起重机运行在坚实、水平的支承面上(倾斜度不大于1%)。

本文件适用于ISO 4306-2定义的流动式起重机(随车起重机除外，以下简称起重机)，即：安装在车轮(轮胎)或履带上，带或不带支腿的起重机。

2　规范性引用文件

下列文件中的内容通过文中的规范性引用而构成本文件必不可少的条款。其中，注日期的引用文件，仅该日期对应的版本适用于本文件；不注日期的引用文件，其最新版本(包括所有的修改单)适用于本文件。

GB/T 5905—2011　起重机　试验规范和程序(ISO 4310:2009,IDT)

ISO 4302　起重机　风载荷的估算(Cranes—Wind load assessment)

ISO 4306-1　起重机　术语　第1部分：通用术语(Cranes—Vocabulary—Part 1:General)

ISO 4306-2　起重机　术语　第2部分：流动式起重机(Cranes—Vocabulary—Part 2:Mobile cranes)

3　术语和定义

ISO 4306-2界定的(主臂、副臂和柱式臂除外)以及下列术语和定义适用于本文件。

3.1

定长臂　fixed-length boom

作业长度固定的臂架，其长度可以通过增加或减少中间臂节而变化，但不能在作业循环过程中改变。

[来源：ISO 4306-2:2012,4.1]

3.2

桁架臂　lattice boom

桁架结构的定长臂。

[来源：ISO 4306-2:2012,4.1.1]

3.3

伸缩臂　telescoping boom

由一节基本臂及设置在其中的一节或多节臂节组成，通过臂节的伸缩来改变长度的臂架。

[来源：ISO 4306-2:2012,4.2]

3.4

柱式臂(塔式臂)　mast-mounted boom

安装在垂直或接近垂直的主臂端或其附近位置的臂架。

注：作业期间主臂与柱式臂之间的角度可改变。

[来源：ISO 4306-2:2012,4.3]

3.5

副臂　fly jib

安装在主臂端或柱式臂上或其附近位置，以增加长度和辅助起升的臂架。

注：副臂与主臂之间有一定的夹角。

[来源：ISO 4306-2:2012,4.4]

3.6

倾翻角　tipping angle

通过倾翻线(支点)的铅垂面和通过倾翻线(支点)及起重机重心的平面形成的夹角。

注1：见图B.1～图B.6。

注2：计算起重机负载时的整体重心，考虑起升载荷作用在主臂或副臂臂端滑轮中心。

4 稳定性的计算

4.1 总则

计算应验证起重机在下列条件下是稳定的：

a) 表1规定的准则；

b) 表2规定的准则；

c) 表3规定的准则；

d) 后翻稳定性(见4.3)；

e) 非工作风载荷时的稳定性(见4.4)。

4.2 稳定性准则

4.2.1 稳定性准则见表1、表2和表3。

4.2.2 以表1、表2和表3规定的准则为基础，应考虑在最小风速为8.3 m/s时，起重机稳定性决定的额定起重量。在特殊情况下，制造商应明确标明，稳定性计算中采用的最大风速。

表1　作用载荷时稳定性计算

起重机结构形式/条件	载荷性质	应考虑的载荷值[a]
在支腿/履带上[b]	作用载荷	$1.25P+0.1F$
在车轮(轮胎)上[b]	作用载荷	$1.33P+0.1F$
在履带上，行驶速度不大于0.1 m/s时	作用载荷	$1.25P+0.1F$
在履带上，行驶速度大于0.1 m/s且不大于0.4 m/s时	作用载荷	$1.33P+0.1F$
在车轮(轮胎)上，行驶速度不大于0.4 m/s时	作用载荷	$1.33P+0.1F$
在履带/车轮(轮胎)上，行驶速度大于0.4 m/s时	作用载荷	$1.50P+0.1F$

[a] 式中：

P——额定起重量(起重挠性件下起重量)，由起重机制造商根据起重机不同结构形式规定，见ISO 4306-1:2007的6.1.5定义。

F——换算到主臂头部或副臂头部的主臂和副臂质量的载荷(F的确定见GB/T 5905—2011)。

该值是为了模拟正常操作条件下产生的动态力。

[b] 起重机结构形式应考虑非行驶状态下进行变幅、起升、伸缩和回转等动作的情况。

表 2 风动载和动态影响下稳定性计算

起重机结构形式/条件	载荷性质	应考虑的载荷值[a]
在支腿/履带上[b]	作用载荷	1.1*P*
	风载荷	*S*·*W*
	惯性力	*D*
在车轮(轮胎)上[b]	作用载荷	1.17*P*
	风载荷	*S*·*W*
	惯性力	*D*
在履带上,行驶速度不大于 0.1 m/s 时	作用载荷	1.1*P*
	风载荷	*S*·*W*
	惯性力	*D*
在履带上,行驶速度大于 0.1 m/s 且不大于 0.4 m/s 时	作用载荷	1.17*P*
	风载荷	*S*·*W*
	惯性力	*D*
在车轮(轮胎)上,行驶速度不大于 0.4 m/s 时	作用载荷	1.17*P*
	风载荷	*S*·*W*
	惯性力	*D*
在履带/车轮(轮胎)上,行驶速度大于 0.4 m/s 时	作用载荷	1.33*P*
	风载荷	*S*·*W*
	惯性力	*D*

[a] 列中:

D——起升、伸缩、回转、变幅或行走时的惯性力。对分级控制的起重机,应采用惯性力的实际值。对无级变速控制的起重机,*D* 的取值为 0。

S——分项安全系数:

对作用在悬吊载荷 *P* 上的风载荷,$S=1.0$;

对作用在起重机结构件(主臂、副臂、桅杆等)上的风载荷,$S=1.2$。

P——见表 1 定义。

W——工作风载荷,应按 ISO 4302 进行计算。

[b] 起重机结构形式应考虑非行驶状态下进行变幅、起升、伸缩和回转等动作的情况。

表 3 倾翻角的最小值

起重机结构形式/条件	倾翻角最小值[a]
在支腿/履带上和履带行驶速度不大于 0.1 m/s 时	4.0°
在车轮(轮胎)上,非行驶状态	4.5°
在履带上,行驶速度大于 0.1 m/s 且不大于 0.4 m/s	4.5°
在车轮(轮胎)上,行驶速度不大于 0.4 m/s	4.5°/5.5°[b]
在履带上,行驶速度大于 0.4 m/s	5.0°

表3 倾翻角的最小值(续)

起重机结构形式/条件	倾翻角最小值[a]
在车轮(轮胎)上,行驶速度大于0.4 m/s	5.0°/6.0°[b]
起重机和/或载荷突然启动或突然停止产生的加速度可能导致起重机和/或载荷不规律的运动(动能),为避免起重机因此原因导致倾翻,应预留足够的势能,计算时应考虑这种动态效应。可采取倾翻角简化计算方法。应对起重机所有起重量在最不利方位进行验算。	
[a] 给出的倾翻角最小值适用于倾斜度不大于1%的支承面。 地面倾斜度大于1%时,倾翻计算(倾翻角方法)应考虑地面倾斜度并在载荷表中标明。 载荷作用点应设置在臂端滑轮中心。 [b] 如已考虑车轮(轮胎)的弹性因素,可采用较小值。	

4.3 后翻稳定性(带或不带主臂)

4.3.1 总则

起重机处于以下条件,平衡重应受限于下列给定的质量分布位置以保证起重机有一个合理的稳定安全系数:

——放置在坚实、水平的支承面上(倾斜度不大于1%);

——装有规定的最短主臂,并处于该臂架的最大仰角;

——吊钩、吊钩滑轮组或其他吊具放置在地面上;

——不带主臂;

——支腿离开支承面,按起重机支承在车轮(轮胎)上计算;

——装有规定的最长主臂或主臂加副臂,处于该组合臂允许的最大仰角,且假定承受最不利方向的工作风载荷。

起重机质量分配原则是:在每种平衡重条件下,均应满足制造商允许的起重机回转的最不稳定位置。

4.3.2 履带式起重机——最短主臂最小工作幅度

4.3.2.1 履带式起重机——总则

在支承最小载荷的底盘侧面或端部倾翻线上的总载荷不应小于起重机总重力的15%。

对于装有可伸缩履带装置的履带式起重机,若履带装置缩回时不能满足上述要求,制造商应在起重机上向司机提供醒目可见的警示信息。

4.3.2.2 履带式起重机——不带主臂

在支承最小载荷的底盘侧面或端部倾翻线上的总载荷不应小于起重机总重力的5%。

对于装有可伸缩履带装置的履带式起重机,若履带装置缩回时不能满足上述要求,制造商应在起重机上向司机提供醒目可见的警示信息。

4.3.3 轮式起重机——最短主臂最小工作幅度

4.3.3.1 轮式起重机——总则

当起重机回转的上部结构纵向轴线与底盘纵向轴线成90°时,起重机臂架下的车轮(轮胎)或支腿上的总载荷不应小于起重机总重力的15%。

当起重机上车回转机构纵向轴线与底盘纵向轴线重合时,在制造商规定的工作区域内底盘轻载端车轮(轮胎)或支腿上的总承载不应小于起重机总重力的15%。在非工作区域内,则不应小于起重机总质量重力的10%。

除非在起重机上为操作者设有醒目的警示信息,否则均应满足起重机在车轮(轮胎)上的有关规定。为了保证足够的后翻稳定性,警示信息应标明支腿的伸出状态要求。

4.3.3.2 轮式起重机——不带主臂

当起重机回转的上部结构纵向轴线与底盘纵向轴线成90°时,底盘承受较小载荷侧的车轮(轮胎)或支腿上的总载荷不应小于起重机总重力的5%。

当起重机回转的上部结构纵向轴线与底盘纵向轴线重合时,在制造商规定的工作区域内底盘轻载端车轮(轮胎)或支腿上的总承载不应小于起重机总重力的5%。在非工作区域内,则不应小于起重机总质量重力的5%。除非在起重机上为操作者设有醒目的警示信息,否则均应满足起重机在车轮(轮胎)上的有关规定。为了保证足够的后翻稳定性,警示信息应标明支腿的伸出状态要求。

4.4 非工作风载荷下的稳定性

制造商应规定起重机非工作状态时应采取的特殊防范措施,以及承受风载荷的工作极限(风载荷的规定见ISO 4302)。

4.5 稳定性的确定

4.5.1 在表1与表2所规定的载荷条件下,P 值在任何情况应满足起重机倾翻力矩小于稳定力矩。

4.5.2 稳定性应按起重机最不利的位置进行计算。此外,影响起重机稳定性的所有载荷、平衡重、附件等,均应取其最不利的数值和位置来考虑。

4.5.3 不同型式起重机的倾翻线和计算稳定力矩相对的倾翻线参见附录A。附录A中的倾翻线只是示意,实际倾翻线应根据具体的设计情况确定。

4.5.4 起重机倾翻角:计算起重机回转到最不稳定的方向时,不同配置、不同额定起重量下的倾翻角应大于或等于表3给出的最小值。倾翻角 α 参见附录B的图B.1~图B.6。计算后倾翻角时,起重机应装有主(副)臂,吊钩应置于地面上。

附　录　A
(资料性)
流动式起重机的倾翻线

A.1　起重机支承在车轮(轮胎)上

A.1.1　车轮(轮胎)不带悬架或悬架装置被锁定(见图 A.1 和图 A.2)

倾翻线是车轮着地点的连线。对于装有双后轴的底盘,应考虑以下两种情况:

a)　轮轴被固定或锁定时,用外轮胎的着地点;

b)　轮轴安装在一个平衡梁上时,用平衡梁的轴线。

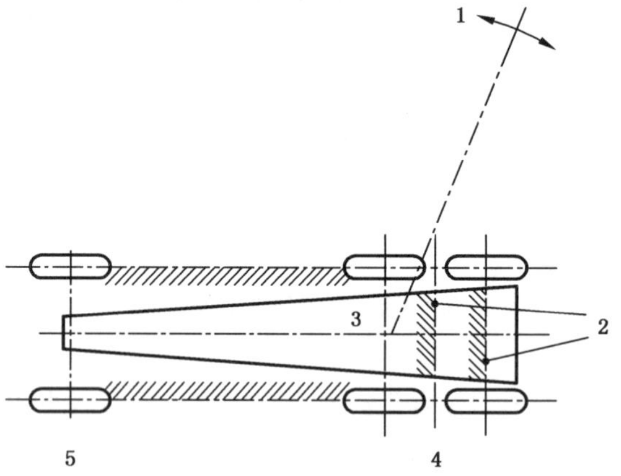

标引序号说明:

1——臂架;

2——平衡梁可摆动的或被锁定的倾翻线;

3——底盘;

4——后轴;

5——前轴。

图 A.1　车轮(轮胎)不带悬架或悬架装置被锁定,单胎

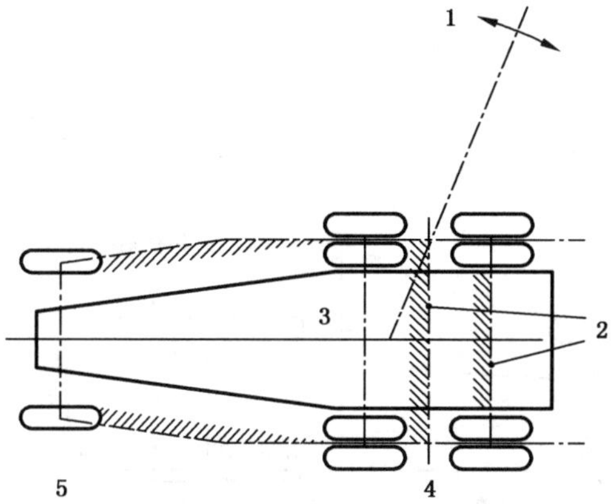

标引序号说明：

1——臂架；

2——平衡梁可摆动或被锁定的倾翻线；

3——底盘；

4——后轴；

5——前轴。

图 A.2　车轮(轮胎)不带悬架或悬架装置被锁定,双胎

A.1.2　车轮悬架装置未锁定(见图 A.3)

倾翻线是悬架装置作用点的连线。

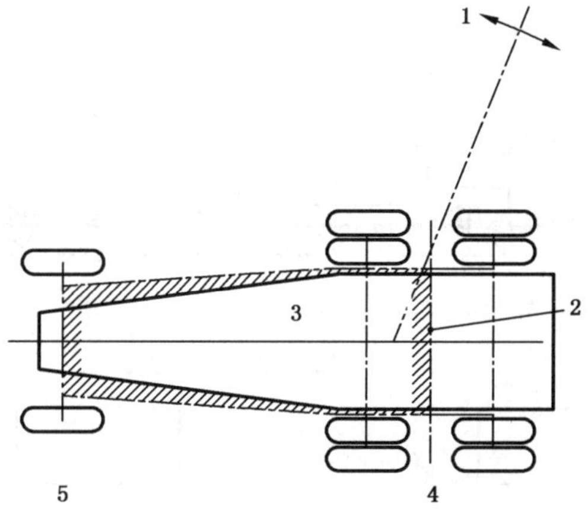

标引序号说明：

1——臂架；

2——平衡梁可摆动的或被锁定的倾翻线；

3——底盘；

4——后轴；

5——前轴。

图 A.3　车轮悬架装置未锁定

A.2　起重机支承在支腿上

A.2.1　起重机支承在支腿上(见图 A.4)

倾翻线是支承中心的连线,如除支腿外,还存在柔性支承(如充气轮胎),则应考虑该柔性支承。

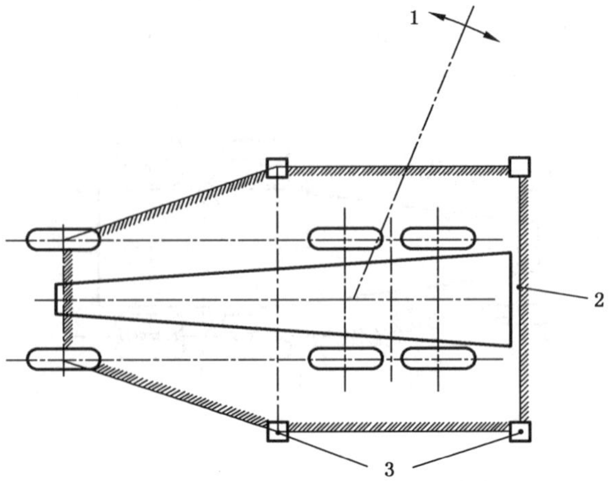

标引序号说明：

1——臂架；

2——支腿倾翻线；

3——支腿。

图 A.4 支腿支承

A.3 起重机支承在履带上(见图 A.5)

支承在履带上的倾翻线见图 A.5。

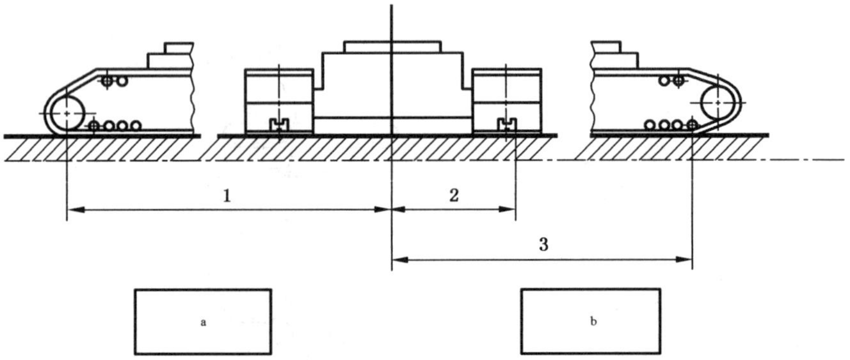

标引序号说明：

1——端部,驱动轮或导向轮未离地；

2——侧方；

3——端部,驱动轮或导向轮离地。

[a] 示例:驱动轮或导向轮未离地。

[b] 示例:驱动轮或导向轮离地。

图 A.5 履带支承

图 A.5 左边所示的倾翻线,适用于驱动轮或导向轮未离地的履带起重机。该倾翻线还适应于驱动轮或导向轮下面放置适当的挡块,以防止倾翻(驱动轮或导向轮能够提供稳定的支承)。

图 A.5 右边所示的倾翻线,适用于驱动轮或导向轮离地的履带起重机。

附　录　B
（资料性）
流动式起重机的倾翻角

B.1　起重机支承在车轮(轮胎)上(见图 B.1 和图 B.2)

B.1.1　轮胎支承

倾翻角:通过倾翻线(支点)的铅垂面(A)和通过倾翻线(支点)及起重机重心的平面(B)形成的夹角(见图 B.1～图 B.6)。

当使用支腿支承时,倾翻线是支腿油缸接触点的连线(图中未显示)。

注:计算起重机负载时的整体重心时,起升载荷作用在主臂或副臂臂端滑轮中心。

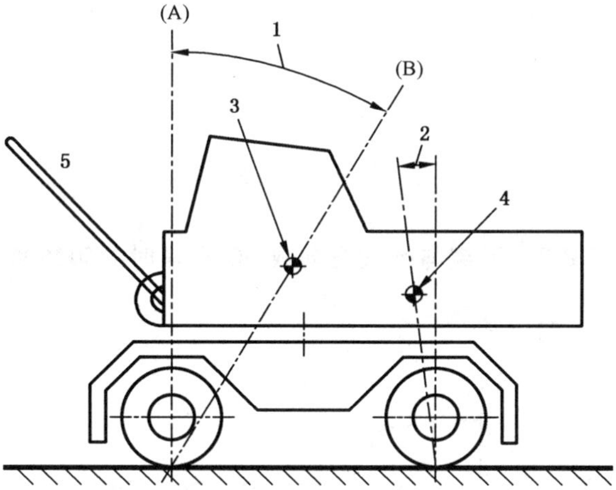

标引序号说明:
1——负载时的倾翻角;
2——空载时的倾翻角;
3——负载时的重心;
4——空载时的重心;
5——臂架。

图 B.1　臂架与行驶方向一致时的倾翻角

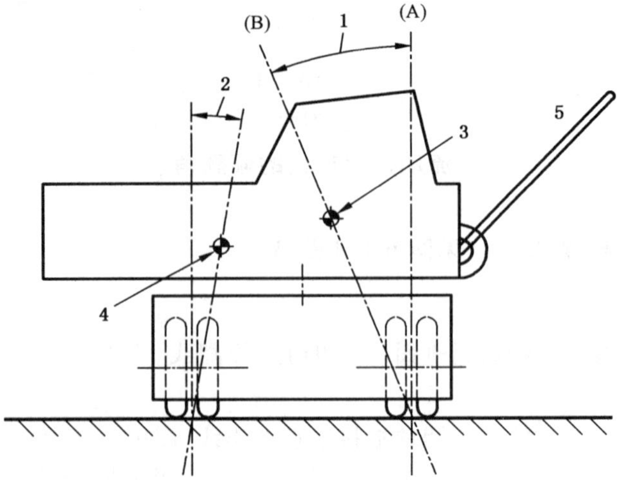

标引序号说明：

1——负载时的倾翻角；

2——空载时的倾翻角；

3——负载时的重心；

4——空载时的重心；

5——臂架。

图 B.2　臂架与行驶方向成 90°夹角时的倾翻角

B.2　履带支承(见图 B.3～图 B.6)

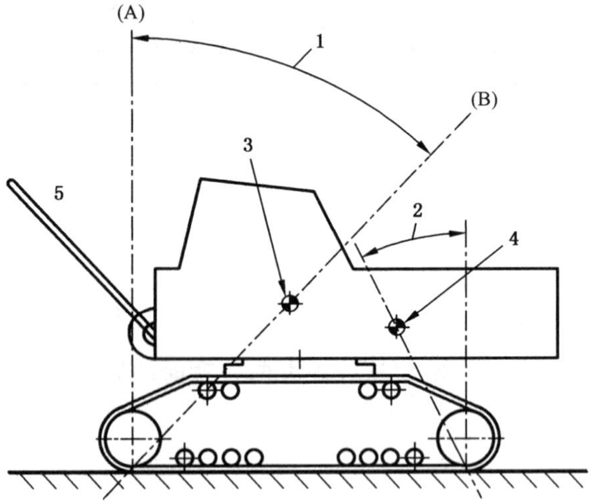

标引序号说明：

1——负载时的倾翻角；

2——空载时的倾翻角；

3——负载时的重心；

4——空载时的重心；

5——臂架。

图 B.3　臂架与行驶方向一致时的倾翻角,驱动轮或导向轮未离地

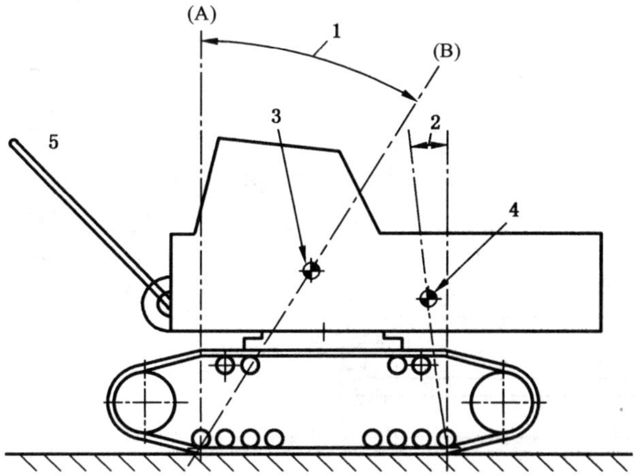

标引序号说明：

1——负载时的倾翻角；

2——空载时的倾翻角；

3——负载时的重心；

4——空载时的重心；

5——臂架。

图 B.4　臂架与行驶方向一致时的倾翻角，驱动轮或导向轮离地

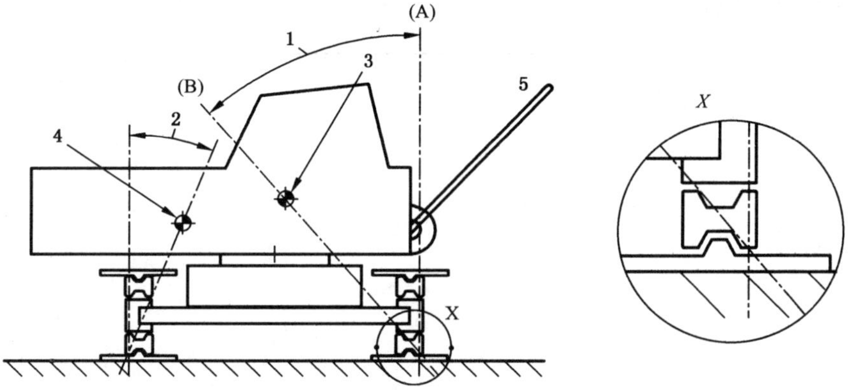

标引序号说明：

1——负载时的倾翻角；

2——空载时的倾翻角；

3——负载时的重心；

4——空载时的重心；

5——臂架。

图 B.5　臂架与行驶方向垂直时的倾翻角，支重轮设计 A

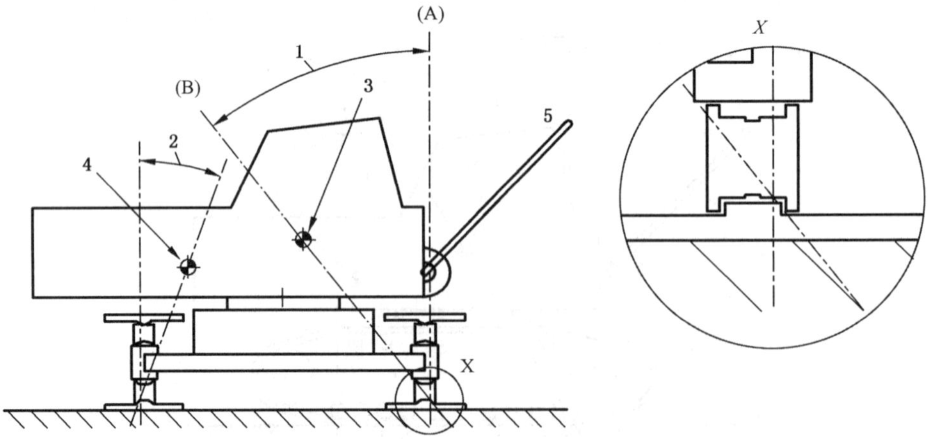

标引序号说明：

1——负载时的倾翻角；

2——空载时的倾翻角；

3——负载时的重心；

4——空载时的重心；

5——臂架。

图 B.6　臂架与行驶方向垂直时的倾翻角，支重轮设计 B

ICS 53.020.20
J 80

中华人民共和国国家标准

GB/T 20062—2017
代替 GB/T 20062—2006

流动式起重机 作业噪声限值及测量方法

Mobile cranes—Limits and measurement methods for operating noise

2017-12-29 发布　　2018-07-01 实施

中华人民共和国国家质量监督检验检疫总局
中国国家标准化管理委员会　发布

前　　言

本标准按照 GB/T 1.1—2009 给出的规则起草。

本标准代替 GB/T 20062—2006《流动式起重机　作业噪声限值及测量方法》。

本标准与 GB/T 20062—2006 相比,主要技术变化如下:

——修改了第 3 章“术语”(见第 3 章,2006 年版的第 3 章);

——修改了噪声限值(见第 4 章,2006 年版的第 4 章);

——修改了噪声的测量方法(见第 5 章,2006 年版的第 5 章及附录 A);

——增加了记录信息要求(见第 6 章);

——增加了报告信息要求(见第 7 章);

——修改了测量报告(见附录 A,2006 年版的附录 B)。

本标准由中国机械工业联合会提出。

本标准由全国起重机械标准化技术委员会(SAC/TC 227)归口。

本标准起草单位:国家工程机械质量监督检验中心、中联重科股份有限公司。

本标准主要起草人:李晓飞、姜书霞、张松涛、姜旭、罗凯、杨武。

本标准所代替标准的历次版本发布情况为:

——GB/T 20062—2006。

流动式起重机
作业噪声限值及测量方法

1 范围

本标准规定了流动式起重机的机外辐射噪声限值、操纵室内噪声限值及测量方法。

本标准适用于GB/T 6974.2所定义的流动式起重机（以下简称“起重机”）。

2 规范性引用文件

下列文件对于本文件的应用是必不可少的。凡是注日期的引用文件，仅注日期的版本适用于本文件。凡是不注日期的引用文件，其最新版本（包括所有的修改单）适用于本文件。

GB/T 3767 声学 声压法测定噪声源声功率级和声能量级 反射面上方近似自由场的工程法

GB/T 3785.1—2010 电声学 声级计 第1部分：规范

GB/T 8170 数值修约规则与极限数值的表示和判定

GB/T 17248.2 声学 机器和设备发射的噪声 工作位置和其他指定位置发射声压级的测量 一个反射面上方近似自由场的工程法

GB/T 21457 起重机和相关设备 试验中参数的测量精度要求

3 术语和定义

下列术语和定义适用于本文件。

3.1

时间平均A计权声压级 time-averaged A-weighted sound pressure level

$L_{pA,T}$

在整个测量时间 T 内，按能量平均得出的A计权声压级。

3.2

A计权声功率级 A-weighted sound power level

L_{WA}

在测量表面上，按能量平均的时间平均A计权声压级得到的量。

3.3

操纵室 operator’s cabin

用于操纵起重作业的司机室。

注：有些型号的起重机操纵室也可操纵起重机行驶。

3.4

背景噪声 environment noise

被测起重机噪声不存在时，周围环境的噪声（包括风噪声）。

4 噪声限值

起重机作业时,机外发射 A 计权声功率级 L_{WA} 和操纵室内发射 A 计权声压级 $L_{pA,T}$ 不应大于表 1 规定的数值。

注:声功率级取决于发射声压级的测量值。

表 1 起重机噪声限值

发动机净功率 P kW	机外发射声功率级 L_{WA} dB(A)	操纵室内发射声压级 $L_{pA,T}$ dB(A)
≤55	101	≤85
>55	$82+11\lg P$	

注 1:P 为发动机净功率。

注 2:公式计算的噪声限值采用"四舍五入法"圆整至整数。

5 测量方法

5.1 一般要求

5.1.1 采集数据的仪器系统应优先选用符合 GB/T 3785.1—2010 的 5.1.5 中Ⅰ级要求的积分平均声级计。

5.1.2 测量仪器应按有关计量仪器的规定进行定期检定,并在测量前后分别进行校准。

5.1.3 测量时应使用 A 频率计权特性和 S 时间计权特性。

5.1.4 测量过程中,应做好记录。如果明显的噪声峰值出现,应记录下来。

5.2 测量环境

5.2.1 试验场地应符合 GB/T 3767 的规定。

5.2.2 在传声器位置上,平均后的背景噪声级宜比被测声压级低 15 dB 以上,至少应低 6 dB。

5.2.3 试验时的环境温度为 −10 ℃～+35 ℃。

5.2.4 试验时距地面 1.5 m 处的风速不应大于 8 m/s。

5.2.5 试验时风速如果超过了传声器制造商给出的允许最大风速范围,应给传声器增加防风装置。

5.3 起重机噪声测量中心的定位

起重机噪声测量面为一个半球面(见图 1),半径为 16 m。如果起重机不适合此半径,也可以按照 GB/T 3767 选用。

对于起重机装有两台发动机的,则起重机噪声测量中心即为起重作业用发动机的几何中心,并应与半球中心重合。测量时,使起重机的行驶方向沿 $+X$ 向,臂架沿 $-X$ 向。如果起重机行驶方向与臂架工作方向一致(无旋转功能的起重机),则起重机(整体)沿 $-X$ 向。

对于起重机装有一台发动机的,同时供给行驶和作业,则起重机噪声测量中心即为发动机和起升卷扬机的中间位置,并应与半球中心重合。

5.4 传声器的布置

5.4.1 机外发射噪声传声器的布置见图 1。

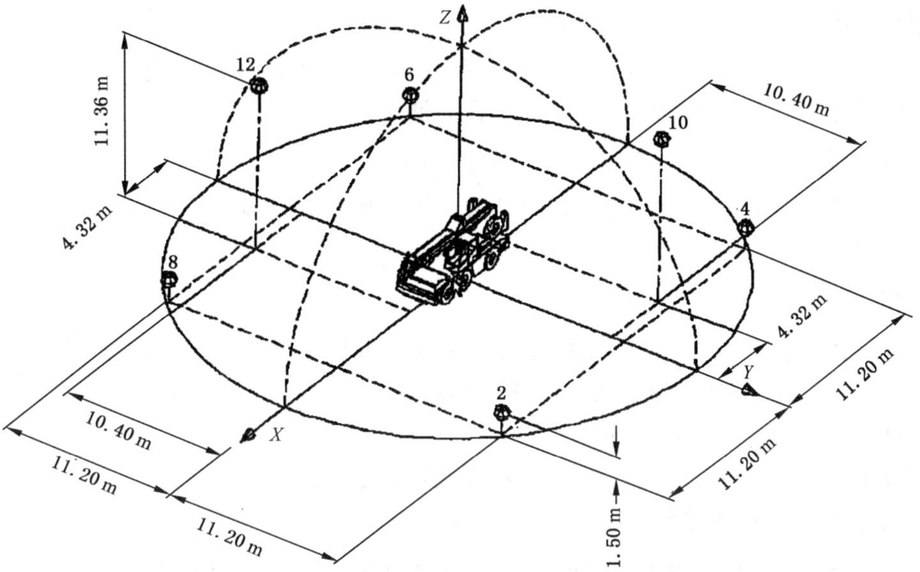

图 1　起重机测量位置及传声器的布置

5.4.2　操纵室内发射噪声传声器应被布置在距操作者头部中心 200 mm±20 mm 的两侧，和眼睛成一条直线的位置。

5.5　操纵室内的测量工况

操纵室内测量工况应符合下列规定：

a）对于操纵室装有风扇或空调系统，测量时要求紧闭门窗；风扇或空调系统在全速额定转速下工作，读取测量数值。如果有快速冷却功能（正常情况下不使用）高速挡不开启。

b）门窗开启，风扇或空调系统关闭，读取测量数值。

c）门窗关闭，风扇或空调系统关闭，读取测量数值。

5.6　起重机的测量工况

5.6.1　一般要求

起重机测量状态应符合以下规定：

a）测量前，应按照制造商提供的操作手册将起重机的发动机和液压系统预热到正常使用的温度，并且按照操作手册执行所有的与安全有关的程序；

b）对于起重机装有两台发动机，则只使用起重作业用发动机，关闭行驶用发动机；

c）对于起重机的发动机装有排风装置，测试时应将其开启，如果排风装置有多个转速，则在排风装置的最高速度运行时进行测量；

d）测量时发动机转速为额定转速的 75%±2%；

e）在重物和吊钩不会产生危险运动的情况下，以最大加减速度运行；

f）在 5.6.2～5.6.5 所确定的工况下，以使用说明书中给出的最大升降、回转、变幅、伸缩速度运行。

5.6.2　起升工况

起重机起吊额定起重量 50% 的重物，选择合适的臂架长度，测量时间持续 15 s～20 s。

5.6.3 回转工况

起重机空载状态下,最短基本臂,将臂架调整到与水平面成40°~50°位置,向左旋转90°,立即反向旋转到初始位置。测量时间为一个工作周期所需时间。

5.6.4 变幅工况

起重机空载状态下,最短基本臂,臂架从最大工作幅度升至最小工作幅度,立即降落到原始位置。测量时间至少为20 s。

5.6.5 臂架伸缩工况

起重机空载状态下,将全缩状态的臂架调整到与水平面成40°~50°位置,将伸缩油缸的第一级全伸,之后立即回收到全缩状态。测量时间应为一个工作周期所需的时间。

注:此过程可能导致其他级油缸的同时动作。

5.7 时间平均A计权声压级$L_{pA,T}$及A计权声功率级L_{WA}的计算

5.7.1 时间平均A计权声压级$L_{pA,T}$

记录5.6.2~5.6.5要求的每种工况所有传声器的时间平均A计权声压级$L_{pA,T}$,应至少测量三次。

测量和计算过程应符合GB/T 17248.2的规定。

从每个工作周期的第i处测得A计权声压级值按式(1)计算得出传声器位置处$L_{pA,T}$加权噪声发射压力级:

$$\overline{L}_{pA,T}=10\times\lg\left[\frac{1}{N}\sum_{i=1}^{N}10^{0.1L_{pA,i}}\right] \quad \cdots\cdots(1)$$

式中:

$\overline{L}_{pA,T}$——在测量面上,时间平均A计权声压级的能量平均值,单位为分贝(dB);

$L_{pA,i}$——从传声器位置i测得的时间平均A计权声压级,单位为分贝(dB);

N——传声器位置总数($N=6$)。

5.7.2 A计权声功率级L_{WA}

按GB/T 3767确定A计权声功率级L_{WA}。

由式(2)计算起重机的A计权声功率级L_{WA}:

$$L_{WA}=\overline{L}_{pA,T}-K_{1A}-K_{2A}+10\lg\left(\frac{S}{S_0}\right) \quad \cdots\cdots(2)$$

式中:

K_{1A}——背景噪声修正值(按GB/T 3767的规定进行修正),单位为分贝(dB);

K_{2A}——环境修正值,单位为分贝(dB);

注1:若测量场所其反射面为坚硬平坦的地面(如沥青或混凝土地面),从声源至测量半球面半径的3倍范围内无反射物,环境修正值K_{2A}的绝对值小于或等于0.5 dB时,则K_{2A}等于0 dB 。

注2:对于砂石地面,当K_{2A}大于0.5 dB时,环境修正值计入声功率的计算。

S——半球测量面的面积,单位为平方米(m^2);

S_0——常数,$S_0=1\ m^2$;

$10\lg\left(\frac{S}{S_0}\right)$——声功率级常值。半球半径为4 m时,取20.0 dB;半球半径为10 m时,取

28.0 dB;半球半径为 16 m 时,取 32.1 dB。

5.8 测量结果的确定

5.8.1 所有中间计算结果(例如声压级和面积计算等)应保留到小数点后一位。试验中参数的测量精度应符合 GB/T 21457 的规定。

5.8.2 对于测得的三个 A 计权测量值中有两个相差不超过 1 dB 时,不必再进行测量;否则应继续测量,直至有两个值彼此之间相差不超过 1 dB。用彼此相差不超过 1 dB 的两个较高值的算术平均值作为报告值。

6 记录信息

6.1 试验样机信息应包括:

——样机制造商;

——样机型号;

——样机编号;

——发动机制造商;

——发动机型号;

——发动机净功率;

——发动机最大额定转速;

——发动机工作转速;

——风扇、空调制造商、型号;

——风扇转速。

6.2 测量环境信息应包括:

——试验场地的气温、风速;

——试验场地的地点、地面情况。

6.3 测量仪器信息应包括:

——噪声测量使用仪器的名称、型号、编号及制造商等;

——仪器的校准日期和校准机构。

6.4 测量数据应包括:

——传声器的位置;

——传声器位置处的背景噪声的时间平均 A 计权声压级 $L_{pA,T}$;

——按 5.6.2～5.6.5 进行每次测量时,传声器位置处的时间平均 A 计权声压级 $L_{pA,T}$;

——按 5.7.1 计算的测量面上的时间平均 A 计权声压级 $L_{pA,T}$;

——按 5.7.2 计算并按 5.8 确定 A 计权声功率级 L_{WA}的最终值。

7 报告信息

7.1 报告应给出以下信息:

——样机制造商;

——样机型号;

——样机编号;

——发动机制造商;

——发动机型号；

——发动机净功率；

——发动机最大额定转速；

——发动机工作转速；

——测量所用试验场地的地面类型；

——按5.8确定的A计权声功率级(按GB/T 8170修约到“个”数位)；

——样机定置和变速器空挡下，油门位置的发动机转数；

——风扇、空调系统类型、包括风扇和空调系统的最大转数和试验中使用的转数；

——燃油箱的油位。

7.2 噪声测量报告示例参见附录A。

附　录　A
（资料性附录）
噪声测量报告

在每份报告中至少应有下面所列内容：

a）　综合参数

1）　制造商信息		
名称：		
地址：		
2）　流动式起重机参数		
制造商：	类别：	型号
尺寸：L ＝　　[m]；	B＝　　[m]；	H＝　　[m]
3）　发动机参数		
制造商：	型号：	
回转速度：	[1/min]	
功率：	[kW]	
排气系统：		
制造商：	型号：	
空气过滤器：		
制造商：	型号：	
4)测量条件		
根据起重机指出测试点，否则参照图1。		
测量区域的地形：		
气象条件：		
天气概况：		
温度：		
气压：		
风速：		
相对湿度：		
5)使用的测量仪器		
制造商：		
型号：		
6)测量结果[见 b)]		
日　期：		
试验场：		

b）　每个动作的测量记录

起升载荷(向上和向下)kg	测量次数	测量点的声压级别							操纵室内的声压级 $L_{pA,T}$		
		2	4	6	8	10	12	$L_{pA,T,max}$	1*	2*	3*
	1										
	2										
	3										
$R=$	m	$L_{WA}=L_{pA,T,max}+10\lg(S/S_0)$ dB(A)									

变幅(向上和向下)	测量次数	测量点的声压级别							操纵室内的声压级 $L_{pA,T}$		
		2	4	6	8	10	12	$L_{pA,T,max}$	1*	2*	3*
	1										
	2										
	3										
$R=$	m	$L_{WA}=L_{pA,T,max}+10\lg(S/S_0)$ dB(A)									

回转(向左和向右)	测量次数	测量点的声压级别							操纵室内的声压级 $L_{pA,T}$		
		2	4	6	8	10	12	$L_{pA,T,max}$	1*	2*	3*
	1										
	2										
	3										
$R=$	m	$L_{WA}=L_{pA,T,max}+10\lg(S/S_0)$ dB(A)									

臂架伸缩(向内和向外)	测量次数	测量点的声压级别							操纵室内的声压级 $L_{pA,T}$		
		2	4	6	8	10	12	$L_{pA,T,max}$	1*	2*	3*
	1										
	2										
	3										
$R=$	m	$L_{WA}=L_{pA,T,max}+10\lg(S/S_0)$ dB(A)									

1*:门窗开起

2*:门窗关闭,没有风扇或空调

3*:门窗关闭,带有风扇或空调

签字	
测 量 者:	时间和地点:
机构名称:	签 名:

参 考 文 献

[1] GB/T 6974.2—2010 起重机 术语 第2部分:流动式起重机

ICS 53.020.20
J 80

中华人民共和国国家标准

GB/T 20776—2006

起重机械分类

Classification for lifting appliances

2006-12-28 发布　　2007-07-01 实施

中华人民共和国国家质量监督检验检疫总局
中国国家标准化管理委员会　发布

前　言

本标准由中国机械工业联合会提出。

本标准由全国起重机械标准化技术委员会(SAC/TC 227)归口。

本标准起草单位:北京起重运输机械研究所。

本标准主要起草人:崔振元。

起重机械分类

1 范围

本标准规定了起重机械的分类原则和方法。

2 规范性引用文件

下列文件中的条款通过本标准的引用而成为本标准的条款。凡是注日期的引用文件,其随后所有的修改单(不包括勘误的内容)或修订版均不适用于本标准,然而,鼓励根据本标准达成协议的各方研究是否可使用这些文件的最新版本。凡是不注日期的引用文件,其最新版本适用于本标准。

GB/T 6974.1—1986 起重机械名词术语 起重机械类型

3 起重机械类型

按照 GB/T 6974.1 起重机械的定义,起重机械按其功能和结构特点分轻小型起重设备、起重机、升降机、工作平台、机械式停车设备五类,详见图 1。

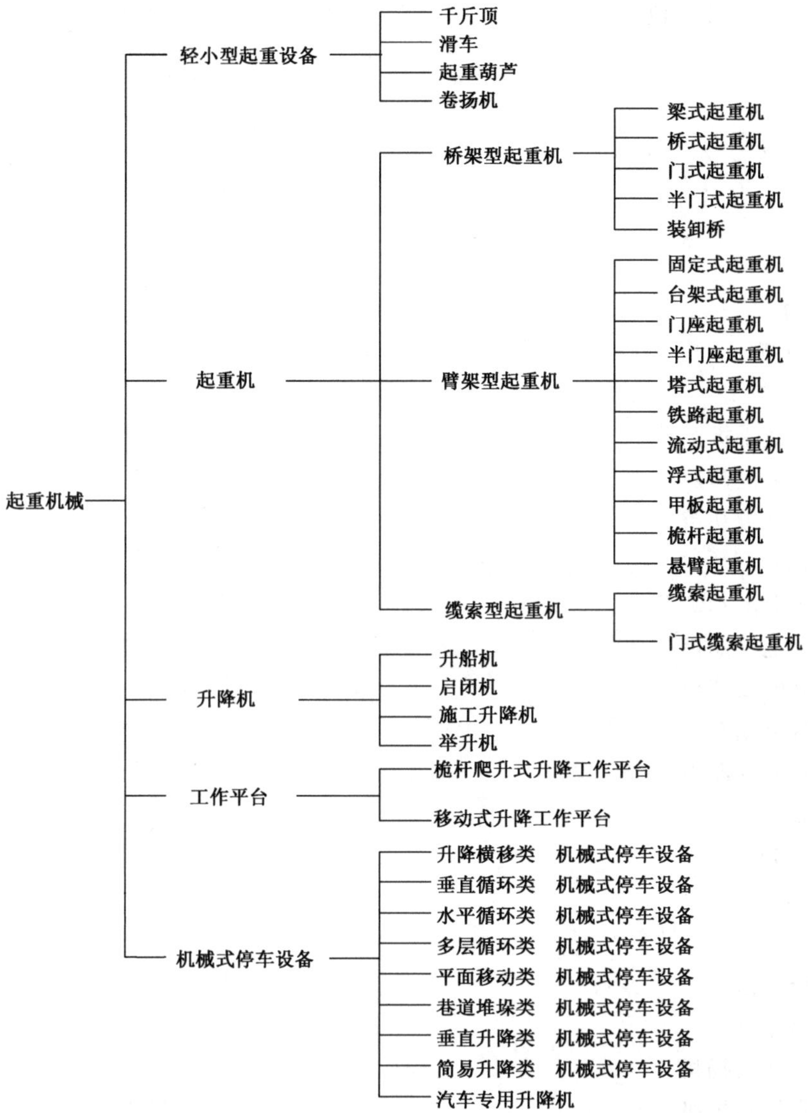

图 1

4　轻小型起重设备

4.1　千斤顶

4.1.1　按构造分

4.1.1.1　机械千斤顶

4.1.1.1.1　螺旋千斤顶

4.1.1.1.2　齿条千斤顶

4.1.1.2　油压千斤顶

4.1.1.2.1　立式油压千斤顶

4.1.1.2.2　立卧式油压千斤顶

4.1.1.3　车库油压千斤顶

4.1.1.4　分离式油压千斤顶

4.2　滑车

4.2.1　按构造分

4.2.1.1　吊钩型滑车

4.2.1.2　链环型滑车

4.2.1.3　吊环型滑车

4.3　起重葫芦

4.3.1　按构造分

4.3.1.1　手拉葫芦

4.3.1.2　手扳葫芦

4.3.1.2.1　钢丝绳手扳葫芦

4.3.1.2.2　环链手扳葫芦

4.3.1.2.3　板链手扳葫芦

4.3.1.3　电动葫芦

4.3.1.3.1　钢丝绳电动葫芦

4.3.1.3.2　环链电动葫芦

4.3.1.3.3　板链电动葫芦

4.3.1.3.4　防爆电动葫芦

4.3.1.3.5　防腐电动葫芦

4.3.1.4　气动葫芦

4.3.1.5　液动葫芦

4.3.1.6　平衡器

4.4　卷扬机

4.4.1　按缠绕方式分

4.4.1.1　卷绕式卷扬机

4.4.1.1.1　单卷筒卷扬机

4.4.1.1.2　双卷筒卷扬机

4.4.1.1.3　多卷筒卷扬机

4.4.1.2　摩擦式卷扬机

5　起重机

5.1　桥架型起重机

5.1.1　梁式起重机

5.1.1.1　按驱动和支承方式分

5.1.1.1.1　手动梁式起重机

5.1.1.1.1.1　手动单梁起重机

5.1.1.1.1.2　手动单梁悬挂起重机

5.1.1.1.1.3　手动双梁起重机

5.1.1.1.2　电动梁式起重机

5.1.1.1.2.1 电动单梁起重机
5.1.1.1.2.2 电动单梁悬挂起重机
5.1.1.1.2.3 柔性组合式悬挂起重机

5.1.1.2 按取物装置分

5.1.1.2.1 吊钩梁式起重机
5.1.1.2.2 抓斗梁式起重机
5.1.1.2.3 电磁梁式起重机
5.1.1.2.4 吊钩、电磁梁式起重机
5.1.1.2.5 吊钩、抓斗梁式起重机
5.1.1.2.6 吊钩、抓斗、电磁梁式起重机

5.1.1.3 按使用场合分

5.1.1.3.1 通用梁式起重机
5.1.1.3.2 专用梁式起重机
5.1.1.3.2.1 防爆梁式起重机
5.1.1.3.2.2 绝缘梁式起重机

5.1.2 桥式起重机

5.1.2.1 按构造分

5.1.2.1.1 单主梁桥式起重机
5.1.2.1.2 双梁桥式起重机
5.1.2.1.3 多梁桥式起重机
5.1.2.1.4 挂梁桥式起重机
5.1.2.1.5 带回转臂架桥式起重机
5.1.2.1.6 双小车桥式起重机
5.1.2.1.7 多小车桥式起重机
5.1.2.1.8 带回转小车桥式起重机
5.1.2.1.9 带导向架桥式起重机
5.1.2.1.10 柔性吊挂桥式起重机
5.1.2.1.11 电动葫芦桥式起重机

5.1.2.2 按取物装置分

5.1.2.2.1 吊钩桥式起重机
5.1.2.2.2 抓斗桥式起重机
5.1.2.2.3 电磁桥式起重机
5.1.2.2.4 抓斗、电磁桥式起重机
5.1.2.2.5 电磁、吊钩桥式起重机
5.1.2.2.6 抓斗、吊钩桥式起重机
5.1.2.2.7 吊钩、抓斗、电磁桥式起重机
5.1.2.2.8 料箱-电磁桥式起重机
5.1.2.2.9 料箱-抓斗桥式起重机
5.1.2.2.10 夹钳桥式起重机

5.1.2.2.11 集装箱桥式起重机

5.1.2.3 **按使用场合分**

5.1.2.3.1 冶金起重机

5.1.2.3.1.1 地面加料起重机

5.1.2.3.1.2 料箱起重机

5.1.2.3.1.3 铸造起重机

5.1.2.3.1.4 脱锭起重机

5.1.2.3.1.5 揭盖起重机

5.1.2.3.1.6 夹钳起重机

5.1.2.3.1.7 板坯搬运起重机

5.1.2.3.1.8 料耙起重机

5.1.2.3.1.9 锻造起重机

5.1.2.3.1.10 淬火起重机

5.1.2.3.1.11 加热炉装取料起重机

5.1.2.3.1.12 电解铝多功能起重机

5.1.2.3.1.13 电解铜多功能起重机

5.1.2.3.2 堆垛起重机

5.1.2.3.2.1 桥式堆垛起重机

5.1.2.3.2.2 巷道堆垛起重机

5.1.2.3.3 防爆桥式起重机

5.1.2.3.4 绝缘桥式起重机

5.1.3 **门式起重机**

5.1.3.1 **按构造分**

5.1.3.1.1 单主梁门式起重机

5.1.3.1.2 双梁门式起重机

5.1.3.2 **按悬臂分**

5.1.3.2.1 无悬臂门式起重机

5.1.3.2.2 单悬臂门式起重机

5.1.3.2.3 双悬臂门式起重机

5.1.3.2.4 铰接悬臂门式起重机

5.1.3.2.5 可伸缩悬臂门式起重机

5.1.3.3 **按支承方式分**

5.1.3.3.1 轨道式门式起重机

5.1.3.3.2 轮胎式门式起重机

5.1.3.4 **按使用场合分**

5.1.3.4.1 通用门式起重机

5.1.3.4.2 造船门式起重机

5.1.3.4.3 水电站门式起重机

5.1.3.4.3.1 坝顶单吊点门式起重机

5.1.3.4.3.2　坝顶双吊点门式起重机
5.1.3.4.3.3　尾水单吊点门式起重机
5.1.3.4.3.4　尾水双吊点门式起重机
5.1.3.4.4　集装箱门式起重机
5.1.3.4.4.1　轮胎式集装箱门式起重机
5.1.3.4.4.2　轨道式集装箱门式起重机
5.1.3.5　按取物装置分
5.1.3.5.1　吊钩门式起重机
5.1.3.5.2　抓斗门式起重机
5.1.3.5.3　电磁门式起重机
5.1.3.5.4　抓斗、电磁门式起重机
5.1.3.5.5　抓斗、吊钩门式起重机
5.1.3.5.6　吊钩、抓斗、电磁门式起重机
5.1.3.6　按起重小车分
5.1.3.6.1　手拉葫芦门式起重机
5.1.3.6.2　电动葫芦门式起重机
5.1.3.6.3　自行小车门式起重机
5.1.3.6.4　牵引小车门式起重机
5.1.3.6.5　带固定臂架小车门式起重机
5.1.3.6.6　带回转臂架小车门式起重机
5.1.3.6.7　带回转司机室小车门式起重机
5.1.4　半门式起重机
5.1.5　装卸桥
5.1.6　岸边集装箱起重机
5.1.7　桥式抓斗卸船机
5.2　臂架型起重机
5.2.1　固定式起重机
5.2.2　台架式起重机
5.2.3　门座起重机
5.2.3.1　按构造分
5.2.3.1.1　组合臂架式门座起重机
5.2.3.1.2　单臂架式门座起重机
5.2.3.2　按回转方式分
5.2.3.2.1　转柱式门座起重机
5.2.3.2.2　转盘式门座起重机
5.2.3.3　按使用场合分
5.2.3.3.1　港口门座起重机
5.2.3.3.1.1　港口通用门座起重机
5.2.3.3.1.2　带斗门座起重机

5.2.3.3.2　船厂门座起重机
5.2.3.3.3　建筑门座起重机
5.2.3.3.4　集装箱门座起重机
5.2.3.3.5　多用途门座起重机
5.2.3.3.6　电站门座起重机
5.2.4　半门座起重机
5.2.5　塔式起重机
5.2.5.1　按支承方式分
5.2.5.1.1　固定式塔式起重机
5.2.5.1.2　移动式塔式起重机
5.2.5.1.2.1　轨道式塔式起重机
5.2.5.1.2.2　轮胎式塔式起重机
5.2.5.1.2.3　汽车式塔式起重机
5.2.5.1.2.4　履带式塔式起重机
5.2.5.2　按爬升方式分
5.2.5.2.1　内爬式塔式起重机
5.2.5.2.2　附着式塔式起重机
5.2.5.3　按回转方式分
5.2.5.3.1　上回转式塔式起重机
5.2.5.3.1.1　塔帽回转式塔式起重机
5.2.5.3.1.2　塔顶回转式塔式起重机
5.2.5.3.1.3　转柱式塔式起重机
5.2.5.3.1.4　上回转平台式塔式起重机
5.2.5.3.2　下回转式塔式起重机
5.2.5.4　按变幅方式分
5.2.5.4.1　小车变幅式塔式起重机
5.2.5.4.2　动臂变幅式塔式起重机
5.2.5.4.3　折臂式塔式起重机
5.2.5.5　按安装方式分
5.2.5.5.1　非快装式塔式起重机
5.2.5.5.2　快装式塔式起重机
5.2.6　铁路起重机
5.2.6.1　按动力装置分
5.2.6.1.1　蒸汽铁路起重机
5.2.6.1.2　内燃铁路起重机
5.2.6.1.3　电力铁路起重机
5.2.6.2　按臂架的结构型式分
5.2.6.2.1　定长臂式铁路起重机
5.2.6.2.2　伸缩臂式铁路起重机

5.2.6.3 按使用场合分

5.2.6.3.1 装卸用铁路起重机

5.2.6.3.2 救援用铁路起重机

5.2.6.3.3 架桥用铁路起重机

5.2.6.3.4 铺轨用铁路起重机

5.2.7 流动式起重机

5.2.7.1 按底盘型式分

5.2.7.1.1 履带起重机

5.2.7.1.2 汽车起重机

5.2.7.1.3 轮胎起重机

5.2.7.1.4 全地面起重机

5.2.7.1.5 随车起重机

5.2.7.2 按回转方式分

5.2.7.2.1 回转流动式起重机

5.2.7.2.2 非回转流动式起重机

5.2.7.3 按臂架型式分

5.2.7.3.1 桁架臂流动式起重机

5.2.7.3.2 箱形臂流动式起重机

5.2.7.3.3 铰接臂流动式起重机

5.2.7.3.4 伸缩臂流动式起重机

5.2.7.4 按使用场合分

5.2.7.4.1 通用流动式起重机

5.2.7.4.2 越野流动式起重机

5.2.7.4.3 专用流动式起重机

5.2.7.4.3.1 集装箱正面吊运起重机

5.2.7.4.3.2 集装箱侧面吊运起重机

5.2.7.4.3.3 集装箱双面吊运起重机

5.2.7.4.3.4 高架集装箱轮胎起重机

5.2.8 浮式起重机

5.2.8.1 按航行方式分

5.2.8.1.1 自航浮式起重机

5.2.8.1.2 非自航浮式起重机

5.2.8.2 按回转方式分

5.2.8.2.1 全回转浮式起重机

5.2.8.2.2 非全回转浮式起重机

5.2.8.2.3 非回转浮式起重机

5.2.8.2.4 复合浮式起重机

5.2.8.3 按取物装置分

5.2.8.3.1 吊钩浮式起重机

5.2.8.3.2　抓斗浮式起重机

5.2.8.4　按工作水域分

5.2.8.4.1　港口浮式起重机

5.2.8.4.2　海洋浮式起重机

5.2.8.4.3　内河浮式起重机

5.2.8.5　按使用场合分

5.2.8.5.1　装卸用浮式起重机

5.2.8.5.2　造船用浮式起重机

5.2.8.5.3　安装用浮式起重机

5.2.8.5.4　救助打捞用浮式起重机

5.2.9　甲板起重机

5.2.10　桅杆起重机

5.2.10.1　按构造分

5.2.10.1.1　固定式桅杆起重机

5.2.10.1.1.1　缆绳式桅杆起重机

5.2.10.1.1.2　斜撑式桅杆起重机

5.2.10.1.1.3　单立柱式桅杆起重机

5.2.10.1.2　移动式桅杆起重机

5.2.11　悬臂起重机

5.2.11.1　按构造分

5.2.11.1.1　柱式悬臂起重机

5.2.11.1.1.1　定柱式悬臂起重机

5.2.11.1.1.2　转柱式悬臂起重机

5.2.11.1.2　壁式悬臂起重机

5.2.11.1.2.1　壁装式悬臂起重机

5.2.11.1.2.2　壁行式悬臂起重机

5.2.11.1.2.3　自行车式起重机

5.2.11.1.3　平衡起重机

5.2.11.1.3.1　固定式平衡起重机

5.2.11.1.3.2　移动式平衡起重机

5.3　缆索型起重机

5.3.1　按构造分

5.3.1.1　固定式缆索起重机

5.3.1.2　摇摆式缆索起重机

5.3.1.3　平移式缆索起重机

5.3.1.4　辐射式缆索起重机

5.3.1.5　门式缆索起重机

5.3.2　按承载索数量分

5.3.2.1　单索缆索起重机

5.3.2.2 双索缆索起重机

5.3.2.3 四索缆索起重机

6 升降机

6.1 升船机

6.1.1 按构造分

6.1.1.1 垂直式升船机

6.1.1.1.1 卷扬式垂直升船机

6.1.1.1.2 平衡重式垂直升船机

6.1.1.1.2.1 钢绳卷扬平衡重式垂直升船机

6.1.1.1.2.2 星轮齿梯平衡重式垂直升船机

6.1.1.1.2.3 螺母螺杆式垂直升船机

6.1.1.1.3 浮筒式垂直升船机

6.1.1.1.4 水压式垂直升船机

6.1.1.2 斜面式升船机

6.1.1.2.1 卷扬式斜面升船机

6.1.1.2.1.1 高低轮式斜面升船机

6.1.1.2.1.2 双层车式斜面升船机

6.1.1.2.1.3 转盘式斜面升船机

6.1.1.2.2 平衡重式斜面升船机

6.1.1.2.3 自行式斜面升船机

6.1.1.2.4 水坡式升船机

6.2 启闭机

6.2.1 按构造分

6.2.1.1 螺杆式启闭机

6.2.1.1.1 手动螺杆式启闭机

6.2.1.1.2 电动螺杆式启闭机

6.2.1.2 卷扬式启闭机

6.2.1.2.1 卷扬式平面闸门启闭机

6.2.1.2.2 卷扬式快速闸门启闭机

6.2.1.2.3 弧形闸门卷扬式启闭机

6.2.1.3 液压式启闭机

6.2.1.3.1 普通平面闸门柱塞式液压启闭机

6.2.1.3.2 弧形闸门活塞式液压启闭机

6.2.1.3.3 弧形闸门柱塞式液压启闭机

6.2.1.3.4 快速平面闸门液压启闭机

6.2.1.3.5 人字闸门液压启闭机

6.3 施工升降机

6.3.1 按构造分

6.3.1.1 齿轮齿条式升降机

6.3.1.2 钢丝绳式升降机

6.3.1.3 混合式升降机

6.3.2 按吊笼的数量分

6.3.2.1 单吊笼升降机

6.3.2.2 双吊笼升降机

6.4 举升机

7 工作平台

7.1 按构造分

7.1.1 桅杆爬升式升降工作平台

7.1.2 移动式升降工作平台

8 机械式停车设备

8.1 按构造分

8.1.1 升降横移类 机械式停车设备

8.1.2 垂直循环类 机械式停车设备

8.1.3 水平循环类 机械式停车设备

8.1.4 多层循环类 机械式停车设备

8.1.5 平面移动类 机械式停车设备

8.1.6 巷道堆垛类 机械式停车设备

8.1.7 垂直升降类 机械式停车设备

8.1.8 简易升降类 机械式停车设备

8.1.9 汽车专用升降机

ICS 53.020.20
CCS J 80

中华人民共和国国家标准

GB/T 20863.1—2021/ISO 4301-1:2016
代替 GB/T 20863.1—2007

起重机　分级
第1部分:总则

Cranes—Classification—Part 1:General

(ISO 4301-1:2016,IDT)

2021-12-31 发布　　2022-07-01 实施

国家市场监督管理总局
国家标准化管理委员会　发布

前　言

本文件按照GB/T 1.1—2020《标准化工作导则　第1部分:标准化文件的结构和起草规则》的规定起草。

GB/T 20863《起重机　分级》与GB/T 3811《起重机设计规范》、GB/T 22437《起重机　载荷与载荷组合的设计原则》、GB/T 30024《起重机　金属结构能力验证》、GB/T 30561《起重机　刚性　桥式和门式起重机》等标准共同构成支撑起重机设计计算的基础性国家标准体系。

本文件是GB/T 20863《起重机　分级》的第1部分。GB/T 20863已经发布了以下部分:

——第1部分:总则;

——第2部分:流动式起重机;

——第3部分:塔式起重机;

——第4部分:臂架起重机;

——第5部分:桥式和门式起重机。

本文件代替GB/T 20863.1—2007《起重机械　分级　第1部分:总则》,与GB/T 20863.1—2007相比,除结构调整和编辑性改动外,主要技术变化如下:

——修改了范围,即增加了平均位移的分级方法(见第1章,2007年版的第1章);

——增加了规范性引用文件(见第2章);

——增加了术语和定义(见第3章);

——增加了符号(见第4章);

——修改了分级用途的内容(见第5章,2007年版的第2章);

——增加了起重机整机平均位移分级的有关内容(见6.1和6.5);

——增加了起重机使用等级为U_9的最大工作循环次数范围(见6.2);

——修改了起重机载荷谱系数名义值和对应的载荷状态级别,即载荷谱系数名义值增加了0.031 3和0.062 5两档,由4个值修改为6个值;载荷状态级别由Q1～Q4共4个级别修改为Q_P0～Q_P5共6个级别(见6.3,2007年版的3.2);

——修改了起重机整机分级,由A1～A8共8个级别修改为A03～A11共15级别(见6.4,2007年版的3.3);

——删除了原文件中的机构工作级别(见2007年版的第4章);

——增加了起重机的零部件工作级别(见第7章)。

本文件使用翻译法等同采用ISO 4301-1:2016《起重机　分级　第1部分:总则》。

与本文件中规范性引用的国际文件有一致性对应关系的我国文件如下:

——GB/T 6974.1—2008 起重机　术语　第1部分:通用术语(ISO 4306-1:2007,IDT);

——GB/T 6974.2—2017 起重机　术语　第2部分:流动式起重机(ISO 4306-2:2012,IDT);

——GB/T 6974.3—2008 起重机　术语　第3部分:塔式起重机(ISO 4306-3:2003,IDT);

——GB/T 6974.5—2008 起重机　术语　第5部分:桥式和门式起重机(ISO 4306-5:

2005,IDT)。

本文件做了下列编辑性修改:

——表7中的平均角位移具有比例关系,原文中的“11.75”存在错误,修改为“11.25”;

——考虑到附录B未在正文中提及,在文件7.4中增加了“机构工作级别的换算指南见附录B”内容;

——原文7.5“平均位移”中引用的6.4“整机工作级别”与该章条的实际内容不相符,修改为引用6.5“平均位移”;

——参考文献中的国际文件,替代为一致性程度为等同采用的我国文件,并根据附录B的引用情况,增加了GB/T 20863.1—2007《起重机械　分级　第1部分:总则》。

请注意本文件的某些内容可能涉及专利。本文件的发布机构不承担识别专利的责任。

本文件由中国机械工业联合会提出。

本文件由全国起重机械标准化技术委员会(SAC/TC 227)归口。

本文件起草单位:北京起重运输机械设计研究院有限公司、大连华锐重工起重机有限公司、深圳市华力特起重机械设备有限公司、北京科正平工程技术检测研究院有限公司、北京起重运输机械设计研究院有限公司河南分院、上海市特种设备监督检验技术研究院、天津港股份有限公司、南京市特种设备安全监督检验研究院、微特技术有限公司、河南卫华重型机械股份有限公司、宁波市特种设备检验研究院、法兰泰克重工股份有限公司、浙江中建路桥设备有限公司、三一海洋重工有限公司、河南省矿山起重机有限公司、杭州华新机电工程有限公司、江西起重机械总厂有限公司。

本文件主要起草人:林夫奎、李军、孟庆龙、任立新、易应强、庆光蔚、高钰敏、聂福全、邱法聚、袁秀峰、童国柱、刘木南、王雪松、姬宏赟、沈策、蔡亚森、谢辉。

本文件及其所代替文件的历次版本发布情况为:

——2007年首次发布为GB/T 20863.1—2007;

——本次为第一次修订。

引　言

起重机用于物料搬运领域，其功能为提升和移动质量在其额定起重量范围内的载荷。然而，他们的工作任务可能有很大不同。起重机的设计需要根据使用工况考虑作业任务，以达到符合购买者要求的安全水平和使用寿命。

分级是购买者和制造商之间关于一台特定起重机能被用于预期工作的一个参考框架。分级也作为一个体系为结构和机械的设计提供合理的依据。

GB/T 20863《起重机　分级》是我国起重机设计计算领域的基础性和通用性标准。GB/T 20863旨在确立起重机整机及其零部件、机构的分级原则和方法，促进贸易合作和技术交流，并为我国起重机的设计、制造、改造、维修、检验、使用等工作，以及供需双方的合同签订，提供技术参考依据。GB/T 20863为等同转化国际标准 ISO 4301，按照与国际标准的一致性和协调性原因，分为以下 5 个部分：

——第 1 部分：总则；

——第 2 部分：流动式起重机；

——第 3 部分：塔式起重机；

——第 4 部分：臂架起重机；

——第 5 部分：桥式和门式起重机。

起重机　分级 第1部分:总则

1　范围

本文件规定了基于使用工况确立的起重机及其零部件的通用分级。使用工况主要用以下参数表示:

——起重机在规定的设计寿命期间应达到的总工作循环次数;

——载荷谱系数,表示吊运不同载荷的相对频次;

——平均位移。

本文件适用于ISO 4306定义的起重机。

2　规范性引用文件

下列文件中的内容通过文中的规范性引用而构成本文件必不可少的条款。其中,注日期的引用文件,仅该日期对应的版本适用于本文件;不注日期的引用文件,其最新版本(包括所有的修改单)适用于本文件。

ISO 4306(所有部分)　起重机　术语(Cranes—Vocabulary)

3　术语和定义

ISO 4306界定的术语和定义适用于本文件。

4　符号

本文件使用的主要符号按表1的规定。

表1　主要符号

符号	说明
A	工作级别
C	总工作循环次数
D	平均位移级别
K_p	起重机载荷谱系数
K_{cp}	零部件载荷谱系数
$P[P]$	起升载荷
Q_p	起重机载荷状态级别
Q_{cp}	零部件载荷状态级别
U	总工作循环次数 C 对应的使用等级

5 分级的用途

5.1 通则

分级有两种实际用途(见 5.2 和 5.3),他们虽然相关,但可认为是两种不同的目的。

确定合理的起重机寿命需要考虑经济、技术、环境以及设备老化等因素的影响。

5.2 商业用途

当起重机和/或起重吊具的采购商和制造商需要对起重机的作业任务达成协议时,就会应用到分级。这时分级可作为合同和技术的参考。

对于为系列生产而设计的起重机、起重吊具或零部件,分级也可用于明确他们的使用工况,以便根据他们的预期使用用途进行选择。

确定的分级应在起重机操作手册中予以明确。

5.3 设计用途

分级的第二个用途是为设计人员提供计算基础,以便进行设计分析,以及验证起重机或零部件在规定工作条件下达到预期寿命的能力。

作为起重机的专业技术人员,设计者可将采购商提供的或制造商预设的(例如在设计系列起重设备时)特定使用工况,纳入设计分析中,同时考虑影响各零部件的其他因素。

起重机运行会引起起重机金属结构和零部件(如钢丝绳、回转支承、车轮和栏杆等)应力或载荷的增加,这些增加的历史数据可用于特定部件的分级。对于分级的方法可在适当的标准中予以规定,如 GB/T 30024 对金属结构的规定。

6 起重机整机分级

6.1 通则

起重机作业任务由下列参数确定:

a) 设计寿命期间的总工作循环次数;

b) 吊运不同载荷的相对频次(载荷谱、载荷状态);

c) 平均位移。

当使用工作级别的参数范围时,应以规定级别内参数的最大值作为设计依据。允许采用中间参数值,但应明确具体的设计值,不应使用级别代替。

6.2 起重机总工作循环次数

在同一作业任务下,起重机的一个工作循环是指从准备起升一个载荷起,到开始起升下一个载荷止的系列动作。作业任务 r 可由给定的起重机配置组合和规定的动作序列来表征。

起重机用于有规律性的作业时(如抓斗卸载作业),工作总循环次数可以从工作小时数和每小时的工作循环次数获得。在其他作业情况下,工作循环次数不易确定,需要基于经验进行估算,例如用于完成不同作业任务的流动式起重机。总工作循环次数 C 是指起重机在设计寿命周期内的所有工作循环次数。

起重机在设计寿命周期内的总工作循环次数可以分为若干个典型作业任务对应的工作循环次数。

起重机的总工作循环次数与使用频次(如每天的)和预期寿命(年)有关。起重机总工作循环次数的范围按表 2 的规定分为 10 个使用等级。

表 2　起重机总工作循环次数 C 对应的使用等级 U

使用等级	总工作循环次数 C
U_0	$C \leqslant 1.6 \times 10^4$
U_1	$1.6 \times 10^4 < C \leqslant 3.15 \times 10^4$
U_2	$3.15 \times 10^4 < C \leqslant 6.3 \times 10^4$
U_3	$6.3 \times 10^4 < C \leqslant 1.25 \times 10^5$
U_4	$1.25 \times 10^5 < C \leqslant 2.5 \times 10^5$
U_5	$2.5 \times 10^5 < C \leqslant 5 \times 10^5$
U_6	$5 \times 10^5 < C \leqslant 1 \times 10^6$
U_7	$1 \times 10^6 < C \leqslant 2 \times 10^6$
U_8	$2 \times 10^6 < C \leqslant 4 \times 10^6$
U_9	$4 \times 10^6 < C \leqslant 8 \times 10^6$

6.3　载荷状态

载荷谱系数 K_p 是用来描述起重机在作业过程中吊运不同净载荷的频繁程度的参数之一。载荷谱系数需考虑相对于额定起升载荷的起升载荷及对应的工作循环次数。

载荷谱系数的 6 个名义值及其对应的载荷状态级别按表 3 的规定执行。

当起重机在设计寿命周期内吊运载荷的大小和相应工作循环次数未知时，应由制造商和采购商协商合理选择载荷状态级别；当能够精确获得载荷大小和相应工作循环次数时，起重机的载荷谱系数可按式(1)计算。

$$K_p = \sum \left[\frac{C_i}{C_T} \left(\frac{P_i}{P_{max}} \right)^m \right] \quad \cdots\cdots(1)$$

式中：

C_i ——与起重机第 i 个起升载荷对应的平均工作循环次数，$C_i = C_1, C_2, C_3, \cdots, C_n$；

C_T ——各起升载荷对应的工作循环次数之和，$C_T = \sum C_i = C_1 + C_2 + C_3 + \cdots + C_n$；

P_i ——第 i 个起升载荷，$P_i = P_1, P_2, P_3, \cdots, P_n$；

P_{max}——起重机的最大起升载荷(额定起升载荷)；

$m=3$，展开后，式(1)转换为式(2)。

$$K_p = \frac{C_1}{C_T}\left(\frac{P_1}{P_{max}}\right)^3 + \frac{C_2}{C_T}\left(\frac{P_2}{P_{max}}\right)^3 + \frac{C_3}{C_T}\left(\frac{P_3}{P_{max}}\right)^3 + \cdots \frac{C_n}{C_T}\left(\frac{P_n}{P_{max}}\right)^3 \quad \cdots\cdots(2)$$

当有多个作业任务 r 时，K_p 值按式(3)计算。

$$K_p = \sum_r \frac{C_r}{C_{Tr}} \times K_{pr} \times \left(\frac{P_{max,r}}{P_{max}}\right)^3 \quad \cdots\cdots(3)$$

式中的下脚标 r 表示每个工作任务。

起重机的载荷谱系数在表 3 中选取最接近(且大于)计算值的名义值 K_p。

表 3 载荷谱系数 K_p 对应的载荷状态级别 Q_p

载荷状态级别 Q_p	载荷谱系数 K_p	使用情况说明
Q_p0	$K_p \leqslant 0.031\ 3$	通常吊运很轻载荷,极少吊运额定起升载荷
Q_p1	$0.031\ 3 < K_p \leqslant 0.062\ 5$	
Q_p2	$0.062\ 5 < K_p \leqslant 0.125$	通常吊运轻载荷,偶尔吊运额定起升载荷
Q_p3	$0.125 < K_p \leqslant 0.25$	通常吊运中等载荷,较频繁吊运额定起升载
Q_p4	$0.25 < K_p \leqslant 0.50$	通常吊运重载荷,频繁吊运额定起升载荷
Q_p5	$0.50 < K_p \leqslant 1.00$	通常吊运接近额定起升载荷的载荷
注:载荷状态级别 Q_p 与 GB/T 20863.1—2007 中的 Q 不同。		

6.4 整机工作级别

根据表 2 规定的使用等级和表 3 规定的载荷状态级别,可得到表 4 规定的起重机整机工作级别。

表 4 起重机的整机工作级别 A

载荷状态级别 Q_p	载荷谱系数名义值 K_p(设计值)	起重机使用等级和总工作循环次数									
		U_0 1.6×10^4	U_1 3.15×10^4	U_2 6.3×10^4	U_3 1.25×10^5	U_4 2.5×10^5	U_5 5.0×10^5	U_6 1.0×10^6	U_7 2.0×10^6	U_8 4.0×10^6	U_9 8.0×10^6
Q_p0	0.031 3	A03	A02	A01	A0	A1	A2	A3	A4	A5	A6
Q_p1	0.062 5	A02	A01	A0	A1	A2	A3	A4	A5	A6	A7
Q_p2	0.125 0	A01	A0	A1	A2	A3	A4	A5	A6	A7	A8
Q_p3	0.250 0	A0	A1	A2	A3	A4	A5	A6	A7	A8	A9
Q_p4	0.500 0	A1	A2	A3	A4	A5	A6	A7	A8	A9	A10
Q_p5	1.000 0	A2	A3	A4	A5	A6	A7	A8	A9	A10	A11

当起重机的载荷状态级别 Q_p 和使用等级 U 未知、仅已知起重机的整机工作级别 A 时,应按表 5 规定的起重机满载工作循环次数 C_f 进行设计计算。

表 5 基于工作级别的设计值

工作级别 A	设计的满载工作循环次数 C_f,$K_p=1$
A03	500
A02	1 000
A01	2 000
A0	4 000
A1	8 000
A2	16 000
A3	31 500

表 5　基于工作级别的设计值（续）

工作级别 A	设计的满载工作循环次数 C_f，$K_p=1$
A4	63 000
A5	125 000
A6	250 000
A7	500 000
A8	1 000 000
A9	2 000 000
A10	4 000 000
A11	8 000 000

6.5　平均位移

6.5.1　通则

具体零部件的疲劳设计需要确定应力历程值。

对于驱动系统，应力循环次数与位移之间、或运行距离与车轮或轴的转动之间、或吊钩路径与钢丝绳弯曲次数之间，存在着直接的比例关系。

在执行作业任务 r 过程中，工作区域 1 和区域 2 之间的任意操作产生的平均线位移或平均角位移（如回转）$\overline{X_r}$，可由经验获取或按式(4)计算。

$$\overline{X_r}=\frac{\sum_{j=1}^{n} n_{rj}\cdot x_{rj}}{\sum_{j=1}^{n} n_{rj}}-\frac{\sum_{i=1}^{m} n_{ri}\cdot x_{ri}}{\sum_{i=1}^{m} n_{ri}} \qquad \cdots\cdots(4)$$

式中：

n_{rj}——在工作区域 2，第 j 个位置的工作频次（$j=1\cdots n$）；

x_{rj}——驱动在工作位置 j 的运行坐标；

n_{ri}——在工作区域 1，第 i 个位置的工作频次（$i=1\cdots m$）；

x_{ri}——驱动在工作位置 i 的运行坐标。

上述参数的图解见图 1。

在一个工作区域内的运动应视为一个独立作业任务。

总位移 $\overline{X}$ 应根据所有作业任务 r 的平均位移 $\overline{X_r}$ 和相应的工作循环次数 C_r 按式(5)计算。

$$\overline{X}=2\times\sum_{r}(\overline{X_r}\cdot C_r) \qquad \cdots\cdots(5)$$

当所有载荷对应的位移相同时，式(5)可视为机构运行的总位移来估算相应零部件的转数或工作循环次数。如果不同载荷的位移存在明显不同时，重载下的短位移和轻载下的长位移，则宜在估算相关零部件的应力谱系数时予以考虑。

桥式起重机的平均位移示例见附录 A。

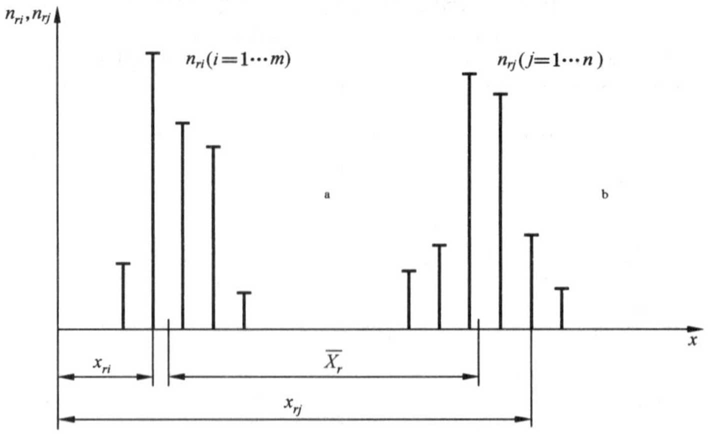

a 工作区域1。

b 工作区域2。

图1　执行作业任务 r 过程中,所考虑驱动在工作区域1和工作区域2内的工作频次 n_{ri} 和 n_{rj},以及在运动方向上的平均线位移

6.5.2　平均线位移

起升机构、小车和大车运行机构的平均线位移按表6的规定分为10个级别。

为清晰使用级别D,不同机构对应不同级别符号。

表6　平均线位移级别D和设计值 X_{lin}

平均线位移级别			平均线位移的范围 $\overline{X}_{lin}$ m	平均线位移的设计值 m
起升机构	小车运行机构	大车运行机构		
D_h0	D_t0	D_c0	$\overline{X}_{lin}\leqslant0.63$	0.63
D_h1	D_t1	D_c1	$0.63<\overline{X}_{lin}\leqslant1.25$	1.25
D_h2	D_t2	D_c2	$1.25<\overline{X}_{lin}\leqslant2.50$	2.50
D_h3	D_t3	D_c3	$2.50<\overline{X}_{lin}\leqslant5$	5
D_h4	D_t4	D_c4	$5<\overline{X}_{lin}\leqslant10$	10
D_h5	D_t5	D_c5	$10<\overline{X}_{lin}\leqslant20$	20
D_h6	D_t6	D_c6	$20<\overline{X}_{lin}\leqslant40$	40
D_h7	D_t7	D_c7	$40<\overline{X}_{lin}\leqslant80$	80
D_h8	D_t8	D_c8	$80<\overline{X}_{lin}\leqslant160$	160
D_h9	D_t9	D_c9	$160<\overline{X}_{lin}\leqslant320$	320

6.5.3　平均角位移

平均角位移的分级按表7的规定分为6个级别。

表 7　平均角位移 $\overline{X}_{ang}$ 的级别 D_a

平均角位移级别	平均角位移 $\overline{X}_{ang}$
D_a0	$\overline{X}_{ang} \leqslant 11.25°$
D_a1	$11.25° < \overline{X}_{ang} \leqslant 22.5°$
D_a2	$22.5° < \overline{X}_{ang} \leqslant 45°$
D_a3	$45° < \overline{X}_{ang} \leqslant 90°$
D_a4	$90° < \overline{X}_{ang} \leqslant 180°$
D_a5	$180° < \overline{X}_{ang} \leqslant 360°$

7　起重机零部件和机构分级

7.1　通则

典型零部件的分级可应用于系列起升机构、大车和小车运行机构或臂架变幅机构。同一起重机的各个零部件的分级可能会不同。

零部件的作业任务由以下参数决定：

a)　零部件在设计寿命期内的总工作循环次数；

b)　吊运不同载荷的相对频次(载荷谱、载荷状态)；

c)　平均位移；

d)　每次运动(例如定位)加速次数的平均值。

当使用工作级别的参数范围时，应以规定级别内参数的最大值作为设计依据。允许采用中间参数值，但应明确具体的设计值，不应使用级别代替。

7.2　零部件的总工作循环次数

零部件的总工作循环次数可从起重机的工作循环中得出。

有时零部件的工作循环次数要少于起重机的工作循环次数，例如下列情况：

a)　卸船机臂架的俯仰；

b)　流动式起重机或塔式起重机的安装/拆卸；

c)　港口起重机从一个工作位置移动到另一个工作位置的运动。

在上述运行情况下，零部件设计寿命期内的总工作循环次数应按起重机总工作循环次数的一定数值或比例确定。

零部件的使用等级应按表 2 的规定执行。

7.3　载荷状态

载荷谱系数 K_{cp} 是确定起重机零部件作业任务的参数之一。载荷谱系数由每个零部件单独确定，表示在零部件工作循环次数内的载荷效应(应力)的变化。

对于起升机构，表示机构在运行期间的载荷变化情况。

对于大车或小车运行机构，表示不同的运输质量，包括有效起重量和自重。

载荷谱系数用来表征零部件承受相对于最大载荷效应而言的特定量级载荷效应，以及对应的工作循环次数。

零部件的载荷谱系数和载荷状态级别应按 6.3 的规定执行，并应将 K_p、Q_p 分别替代为 K_{cp}、Q_{cp}。

7.4 工作级别

根据表 2 规定的使用等级和表 3 规定的载荷状态级别，可得到表 4 规定的整机工作级别。表中的 A 替代为 Ac。

机构工作级别的换算指南见附录 B。

7.5 平均位移

起重机零部件的平均位移可按 6.5 的规定执行。

7.6 运动加速次数

载荷到达预定位置时的预期加速次数是起重机零部件在规定工作条件下的参数之一。如 GB/T 22437.1—2018 中的 6.1.4 考虑了这些加速。

加速次数的平均值 p 按表 8 的规定分为 4 个级别，见图 2 的举例。

表 8 加速次数平均值 p 的级别 P

级别	加速次数的平均值 p
P_0	$p=2$
P_1	$2<p\leqslant4$
P_2	$4<p\leqslant8$
P_3	$8<p$

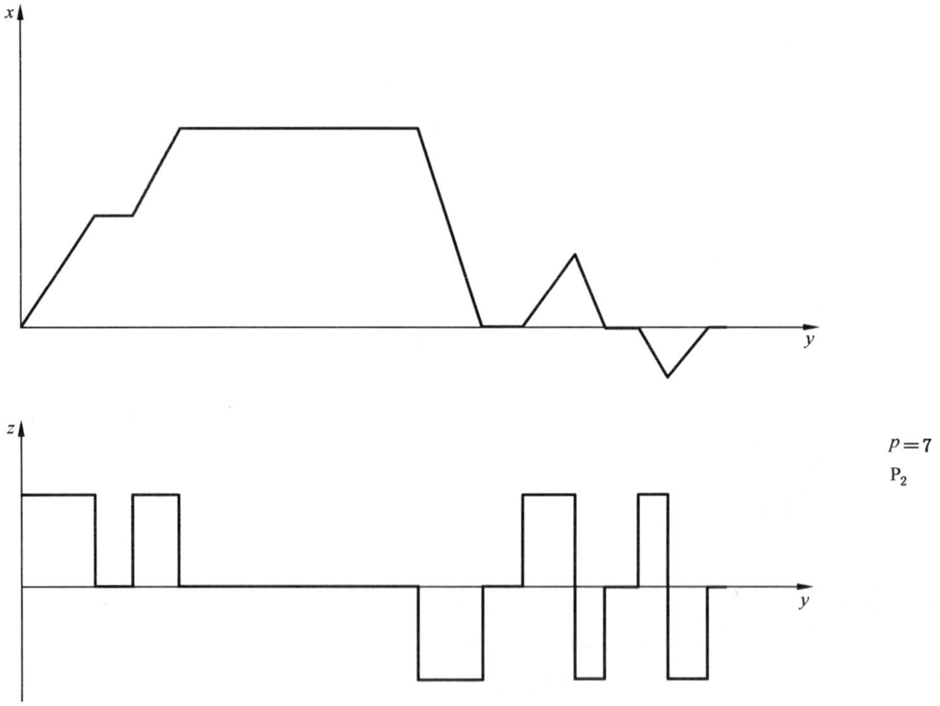

标引序号说明：

x ——速度；

y ——时间；

z ——加速次数。

图 2 级别 P 的举例

7.7 应力历程

应力历程是对疲劳有显著影响的所有应力变化的数值表达。钢丝绳载荷历程或轮压载荷历程与应力历程相近。

应力历程用参数 s 表示，确定该参数的方法可在适当的标准中给出，如 GB/T 30024 给出了金属结构应力历程参数的确定方法。

应力历程参数 s 可分为 12 个级别 S。对于金属结构，级别 S7 表示在满载下的工作循环次数与参考点对应的工作循环次数 2×10^6 相同，见 GB/T 30024—2020 中 6.3 的规定。

对于疲劳评估，需要推算出所考虑位置的应力历程。当在分级过程中仅用一个载荷谱系数来描述所吊运的载荷时，应当推算出产生最大疲劳损伤的相对频次。这是因为在相同的载荷谱系数下，净起重量的不同频次在特定位置会产生不同的疲劳效应。

附　录　A
（资料性）
平均位移示例

桥式起重机的平均位移示例见表 A.1。

表 A.1　确定平均位移的指南

序号	平均位移	作业流程说明
1	根据定义： $h_{ave}=h_{au}+h_{ad}$ 可用下式估算： $h_{au}=h_{ad}=0.5\times h_{max}$ $tr_{ave}=0.5\times w$	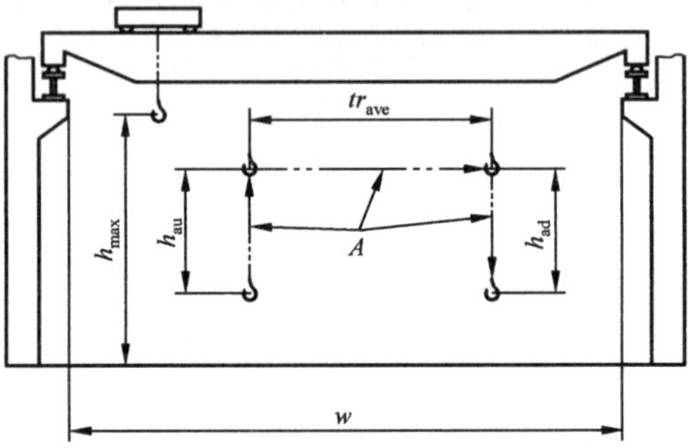 一般工作环境中使用;没有系统的、预先确定的流程
2	平均起升位移与序号 1 相同。 起重机没有在两个工作区域之间运行,仅在一个工作区域内运行时： $tr_{ave1}=0.5\times w_1$ $tr_{ave2}=0.5\times w_2$	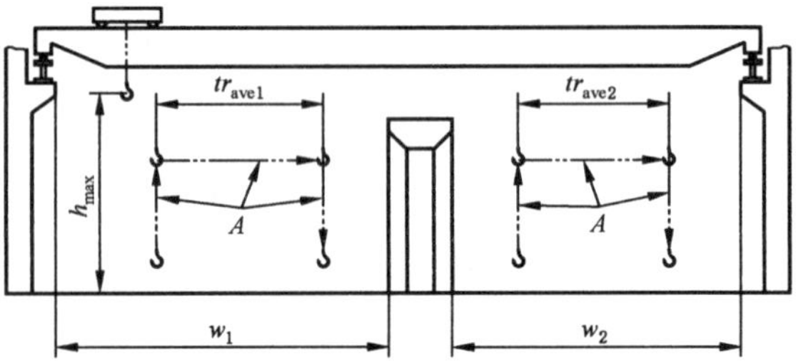 一般工作环境中使用;起重机在两个独立的工作区域运行
3	平均位移由平均的作业流程确定,如右图所示,为抓取载荷位置至料箱的中心距离	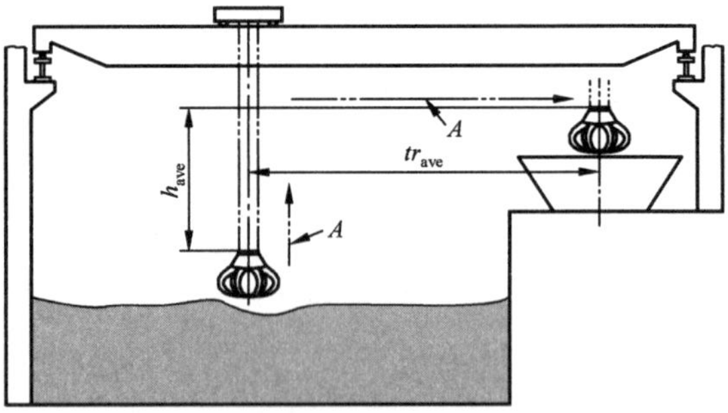 作业流程案例

标引序号说明：

h_{max}、w、w_1、w_2——运行的最大工作范围；

h_{ave}、h_{au}、h_{ad}、tr_{ave1}、tr_{ave2}——平均位移；

A——净起重量的运动方向,即一个工作循环的满载部分。

附　录　B
（资料性）
机构工作级别的换算指南

GB/T 20863.1—2007 中的第 4 章规定了机构的工作级别。

对于满载循环(即 $K_{cp}=1$)，机构工作级别对应的总使用时间 T_f，见表 B.1。

表 B.1　满载循环的总使用时间 T_f

机构工作级别	满载循环的总使用时间 T_f h
M1	100
M2	200
M3	400
M4	800
M5	1 600
M6	3 200
M7	6 300
M8	12 500

对于给定的机构工作级别，对应的零部件工作级别(见 7.4)可以通过一个工作循环的平均时间 t_{av}来确定，计算见式(B.1)。

$$t_{av}=\frac{2\times X_{av}}{v_{av}} \qquad \text{(B.1)}$$

式中：

X_{av}——平均位移；

v_{av}——平均速度。

满载总工作循环次数的设计值 C_f，可按式(B.2)计算。

$$C_f=\frac{T_f}{t_{av}} \qquad \text{(B.2)}$$

对应零部件的工作级别见表 5。

示例：

起重葫芦的工作级别取为 GB/T 20863.1—2007 中规定的 M5，平均起升位移 $X_{av}=5$ m，平均起升速度 $v_{av}=4$ m/min。

$$t_{av}=\frac{2\times X_{av}}{v_{av}}=\frac{2\times 5}{4}=2.5\ \text{min}=0.041\ 66\ \text{h}$$

$$C_f=\frac{T_f(M5)}{t_{av}}=\frac{1\ 600}{0.041\ 66}=38\ 400$$

根据表 5 的规定，零部件的工作级别为 A_c4。

参 考 文 献

[1] GB/T 20863.1—2007 起重机械 分级 第1部分:总则
[2] GB/T 22437.1—2018 起重机 载荷与载荷组合的设计原则 第1部分:总则
[3] GB/T 30024—2020 起重机 金属结构能力验证

ICS 53.020.20
J 80

中华人民共和国国家标准

GB/T 20863.2—2016/ISO 4301-2:2009
代替 GB/T 20863.2—2007

起重机　分级
第2部分:流动式起重机

Cranes—Classification—Part 2:Mobile cranes

(ISO 4301-2:2009,IDT)

2016-10-13 发布　　2017-05-01 实施

中华人民共和国国家质量监督检验检疫总局
中国国家标准化管理委员会　发布

前　　言

GB/T 20863《起重机　分级》分为5个部分：

——第1部分：总则；

——第2部分：流动式起重机；

——第3部分：塔式起重机；

——第4部分：臂架起重机；

——第5部分：桥式和门式起重机。

本部分为GB/T 20863的第2部分。

本部分按照GB/T 1.1—2009给出的规则起草。

本部分代替GB/T 20863.2—2007《起重机械　分级　第2部分：流动式起重机》。

本部分与GB/T 20863.2—2007相比主要技术变化如下：

——将标准名称“起重机械　分级　第2部分：流动式起重机”修改为“起重机　分级　第2部分：流动式起重机”(见封面，2007年版的封面)；

——将范围“本部分适用于ISO 4306-2定义的流动式起重机”修改为“适用于ISO 4306-2定义的基本型自驱动流动式起重机及其部件”(见第1章，2007年版的第1章)；

——增加了“术语和定义”(见第3章)；

——将流动式起重机整机分级和流动式起重机机构分级合并为第4章(见第4章，见2007年版的第3章和第4章)；

——根据使用条件，将“通用吊钩、不连续工作的流动式起重机”一种整机分级“A1”修改为“A1、A2、A3”三种整机分级；将“装备吊桶、抓斗或电磁盘的流动式起重机”一种整机分级“A3”修改为“A3、A4”两种整机分级；将“繁重作业的流动式起重机”一种整机分级“A4”修改为“A4、A4、A5”三种整机分级(见表1，2007年版的表1)；

——根据使用条件和整机分级的细分，各机构分级也相应进行了细化(见表1，2007年版的表2)。

本部分使用翻译法等同采用ISO 4301-2:2009《起重机　分级　第2部分：流动式起重机》。

与本部分中规范性引用的国际文件有一致性对应关系的我国文件如下：

——GB/T 6974.2—2010　起重机　术语　第2部分：流动式起重机(ISO 4306-2:1994，IDT)

——GB/T 20863.1—2007　起重机械　分级　第1部分：总则(ISO 4301-1:1986，IDT)

——GB/T 24811.2—2009　起重机和起重机械　钢丝绳选择　第2部分：流动式起重机　利用系数(ISO 4308-2:1988，IDT)

本部分由中国机械工业联合会提出。

本部分由全国起重机械标准化技术委员会(SAC/TC 227)归口。

本部分起草单位：中联重科股份有限公司。

本部分主要起草人：杨武、罗凯、涂凌志、沈昌武。

本部分所代替标准的历次版本发布情况为：

——GB/T 20863.2—2007。

起重机　分级
第2部分：流动式起重机

1　范围

GB/T 20863 的本部分是根据流动式起重机预期使用寿命期内完成的工作循环数和代表名义载荷状态的载荷谱系数对整机和机构进行分级的。

本部分适用于ISO 4306-2 定义的基本型自驱动流动式起重机及其部件。

2　规范性引用文件

下列文件对于本文件的应用是必不可少的。凡是注日期的引用文件，仅注日期的版本适用于本文件。凡是不注日期的引用文件，其最新版本(包括所有的修改单)适用于本文件。

ISO 4301-1　起重机械　分级　第1部分：总则(Cranes and lifting appliances—Classification—Part 1:General)

ISO 4306-2　起重机　术语　第2部分：流动式起重机(Cranes—Vocabulary—Part 2:Mobile Cranes)

ISO 4308-2　起重机和起重机械　钢丝绳选择　第2部分：流动式起重机　利用系数(Cranes and lifting appliances—Selection of wire ropes—Part 2:Mobile cranes—Coefficient of utilization)

3　术语和定义

ISO 4301-1 和 ISO 4306-2 界定的术语和定义适用于本文件。

4　分级

流动式起重机整机及其机构的分级见表1。

表1　流动式起重机分级

<table>
<tr><th rowspan="3">起重机作业条件</th><th rowspan="3">使用条件</th><th rowspan="3">整机工作级别</th><th colspan="6">机构工作级别</th></tr>
<tr><th rowspan="2">起升</th><th rowspan="2">回转</th><th rowspan="2">变幅</th><th rowspan="2">伸缩</th><th colspan="2">行走(仅在作业现场)</th></tr>
<tr><th>轮式</th><th>履带式</th></tr>
<tr><td rowspan="3">通用吊钩、不连续工作</td><td>很少使用</td><td>A1</td><td>M3</td><td>M2</td><td>M2</td><td>M1</td><td>M1</td><td>M1</td></tr>
<tr><td>间歇使用</td><td>A2</td><td>M4</td><td>M3</td><td>M3</td><td>M2</td><td>M1</td><td>M2</td></tr>
<tr><td>频繁使用</td><td>A3</td><td>M5</td><td>M4</td><td>M4</td><td>M3</td><td>M1</td><td>M2</td></tr>
<tr><td rowspan="2">装备吊桶、抓斗或电磁盘作业</td><td>有规律间歇使用</td><td>A3</td><td>M4</td><td>M3</td><td>M3</td><td>M2</td><td>M1</td><td>M2</td></tr>
<tr><td>频繁使用</td><td>A4</td><td>M5</td><td>M4</td><td>M4</td><td>M3</td><td>M1</td><td>M2</td></tr>
</table>

表 1(续)

<table>
<tr><th rowspan="3">起重机作业条件</th><th rowspan="3">使用条件</th><th rowspan="3">整机工作级别</th><th colspan="6">机构工作级别</th></tr>
<tr><th rowspan="2">起升</th><th rowspan="2">回转</th><th rowspan="2">变幅</th><th rowspan="2">伸缩</th><th colspan="2">行走(仅在作业现场)</th></tr>
<tr><th>轮式</th><th>履带式</th></tr>
<tr><td rowspan="3">繁重作业(如集装箱装卸或普通码头作业)</td><td>有规律间歇使用</td><td>A4</td><td>M5</td><td>M4</td><td>M3</td><td>M1[a]</td><td>M1</td><td>M2</td></tr>
<tr><td>有规律间歇使用</td><td>A4</td><td>M5</td><td>M4</td><td>M3</td><td>M3</td><td>M1</td><td>M2</td></tr>
<tr><td>频繁使用</td><td>A5</td><td>M6</td><td>M5</td><td>M4</td><td>M4</td><td>M1</td><td>M2</td></tr>
<tr><td colspan="9">工作级别与钢丝绳载荷谱系数 Z_p 值或卷筒与滑轮直径比 h 值无关。</td></tr>
<tr><td colspan="9">[a] 臂架不带载伸缩。</td></tr>
</table>

ICS 53.020.20
J 80

中华人民共和国国家标准

GB/T 20863.3—2007/ISO 4301-3:1993

起重机械 分级
第3部分:塔式起重机

Cranes—Classification—
Part 3:Tower cranes

(ISO 4301-3:1993,IDT)

2007-03-21 发布 2007-08-01 实施

中华人民共和国国家质量监督检验检疫总局
中国国家标准化管理委员会 发布

前 言

GB/T 20863《起重机械 分级》分为5个部分：

——第1部分：总则；

——第2部分：流动式起重机；

——第3部分：塔式起重机；

——第4部分：臂架起重机；

——第5部分：桥式和门式起重机。

本部分为GB/T 20863《起重机械 分级》的第3部分。

本部分等同采用ISO 4301-3:1993《起重机 分级 第3部分：塔式起重机》(英文版)。

本部分等同翻译ISO 4301-3:1993。

为了便于使用，本部分做了下列编辑性修改：

——“ISO 4301的本部分”一词改为“GB/T 20863的本部分”；

——删除ISO 4301-3:1993的前言；

——对于ISO 4301-3:1993引用的其他国际标准，有被我国国家标准采用的用转化为我国的国家标准代替对应的国际标准。

本部分由中国机械工业联合会提出。

本部分由全国起重机械标准化技术委员会(SAC/TC 227)归口。

本部分起草单位：北京建筑机械化研究院。

本部分主要起草人：张梅嘉、洪学军。

起重机械　分级
第3部分：塔式起重机

1　范围

GB/T 20863 的本部分是对 ISO 4306-3 定义的塔式起重机进行分级。

注：对于 ISO 4306-1 定义的起重机分级，是根据起重机预期寿命期内完成的工作循环数和代表名义载荷状态的载荷谱系数进行的。见 GB/T 20863.1 。

本部分适用于下列塔式起重机：

——建筑及一般施工用可拆卸的塔式起重机；

——永久性安装的塔式起重机；

——平头式塔式起重机；

——码头及造船厂用塔式起重机。

本部分不适用于下列起重机：

——可以安装塔式起重装置的流动式起重机；

——带或不带臂架的安装用桅杆。

2　规范性引用文件

下列文件中的条款通过 GB/T 20863 的本部分引用而成为本部分的条款。凡是注日期的引用文件，其随后所有的修改单（不包括勘误的内容）或修订版均不适用于本部分，然而，鼓励根据本部分达成协议的各方研究是否可使用这些文件的最新版本。凡是不注日期的引用文件，其最新版本适用于本部分。

GB/T 20863.1　起重机械　分级　第 1 部分：总则（GB/T 20863.1—2007，ISO 4301-1：1986，Cranes and lifting appliances—Classification—Part 1：General，IDT）

ISO 4306-1　起重机　术语　第 1 部分：通用术语

ISO 4306-3　起重机　术语　第 3 部分：塔式起重机

3　术语和定义

ISO 4306-1 及 ISO 4306-3 确立的术语和定义适用于 GB/T 20863 的本部分。

4　塔式起重机类型

根据要完成的工作，塔式起重机可分为下列三种基本类型：

——第 1 类：不经常使用，或具有轻级载荷状态的塔式起重机；

——第 2 类：建筑用塔式起重机；

——第 3 类：经常使用，或具有重级载荷状态的塔式起重机。

5　塔式起重机整机分级

塔式起重机的整机分级见表 1，整机分级的举例见表 2。

表 1 塔式起重机整机分级

起重机类型	整机分级		
	使用等级	载荷状态	工作级别
1	U1～U4	Q1 和 Q2	A1～A4
2	U3 和 U4	Q2	A3 和 A4
3	U4 和 U5	Q2 和 Q3	A4～A6

表 2 塔式起重机整机分级举例

起重机类型	用途	整机分级		
		使用等级	载荷状态	工作级别
1	不经常使用的塔式起重机	U1	Q2	A1
	储料场用塔式起重机	U3	Q1	A2
	钻井平台维修用塔式起重机	U3	Q2	A3
	船坞中修理用塔式起重机	U4	Q2	A4
2	快装式塔式起重机	U3	Q2	A3
	非快装式塔式起重机	U4	Q2	A4
3	船坞中吊装用塔式起重机	U4	Q2	A4
	港口集装箱装卸用塔式起重机	U4	Q2	A4
	造船用塔式起重机	U4	Q3	A5
	用抓斗的塔式起重机	U5	Q3	A6

6 塔式起重机机构分级

塔式起重机的机构分级见表 3,机构分级的举例见表 4。

表 3 塔式起重机机构分级

起重机类型	机构分级														
	使用等级					载荷状态					工作级别				
	H	S	L	D	T	H	S	L	D	T	H	S	L	D	T
1	T1～T4	T1～T4	T1～T3	T1～T3	T1 和 T2	L1 和 L2	L3	L1 和 L2	L1 和 L2	L3	M1～M4	M2～M5	M1～M3	M1～M3	M2 和 M3
2	T3 和 T4	T3 和 T4	T2 和 T3	T2 和 T3	T1 和 T2	L2	L3	L3	L2	L3	M3 和 M4	M4 和 M5	M3 和 M4	M2 和 M3	M2 和 M3
3	T4 和 T5	T4 和 T5	T3 和 T4	T3～T5	T2～T5	L2 和 L3	L2 和 L3	L2 和 L3	L2 和 L3	L2 和 L3	M4～M6	M4～M6	M3～M5	M3～M6	M2～M6

注:H——起升;S——回转;L——动臂变幅;D——小车变幅;T——行走。

表 4 塔式起重机机构分级举例

起重机类型	用途	机构分级														
		使用等级					载荷状态					工作级别				
		H	S	L	D	T	H	S	L	D	T	H	S	L	D	T
1	不经常使用的塔式起重机	T1	T1	T1	T1	T1	L2	L3	L2	L2	L3	M1	M2	M1	M1	M2
	储料场用塔式起重机	T3	T3	T2	T2	T1	L1	L3	L1	L1	L3	M2	M4	M1	M1	M2
	钻井平台维修用塔式起重机	T3	T3	T2	T2	T1	L1	L3	L2	L2	L3	M3	M4	M2	M2	M2
	船坞中修理用塔式起重机	T4	T4	T3	T3	T2	L2	L3	L2	L2	L3	M4	M5	M3	M3	M3
2	快装式塔式起重机	T3	T3	T2	T2	T1	L2	L3	L3	L2	L3	M3	M4	M3	M2	M2
	非快装式塔式起重机	T4	T4	T3	T3	T2	L2	L3	L3	L2	L3	M4	M5	M4	M3	M3
3	船坞中吊装用塔式起重机	T4	T4	T3	T3	T5	L2	L3	L2	L2	L3	M4	M5	M3	M3	M6
	港口集装箱装卸用塔式起重机	T4	T4	T3	T4	T2	L2	L2	L2	L2	L2	M4	M4	M3	M4	M2
	造船用塔式起重机	T4	T4	T3	T3	T4	L3	L3	L3	L3	L3	M5	M5	M4	M4	M5
	用抓斗的塔式起重机	T5	T5	T4	T5	T2	L3	L3	L3	L3	L3	M6	M6	M5	M6	M3

注：H——起升；S——回转；L——动臂变幅；D——小车变幅；T——行走。

ICS 53.020.20
J 80

中华人民共和国国家标准

GB/T 20863.4—2007/ISO 4301-4:1989

起重机械　分级
第4部分:臂架起重机

Cranes—Classification—
Part 4:Jib cranes

(ISO 4301-4:1989,Cranes and related equipment—Classification—
Part 4:Jib cranes,IDT)

2007-03-21 发布　　2007-08-01 实施

中华人民共和国国家质量监督检验检疫总局
中国国家标准化管理委员会　发布

前 言

GB/T 20863《起重机械　分级》分为5个部分：

——第1部分：总则

——第2部分：流动式起重机

——第3部分：塔式起重机

——第4部分：臂架起重机

——第5部分：桥式和门式起重机

本部分为GB/T 20863《起重机械　分级》的第4部分。

本部分等同采用ISO 4301-4：1989《起重机和起重机械　分级　第4部分：臂架起重机》(英文版)。

本部分等同翻译ISO 4301-4：1989。

为便于使用，本部分做了下列编辑性修改：

——“ISO 4301的本部分”一词改为“GB/T 20863的本部分”；

——删除国际标准前言；

——ISO 4301-4：1989引用的ISO 4301-1：1986，用已等同转化为我国的国家标准表示。

本部分由中国机械工业联合会提出。

本部分由全国起重机械标准化技术委员会(SAC/TC 227)归口。

本部分负责起草单位：北京起重运输机械研究所。

本部分主要起草人：何铀。

起重机械　分级
第4部分:臂架起重机

1　范围

GB/T 20863的本部分规定了臂架起重机的工作级别,不包括塔式起重机、流动式起重机和铁路起重机。以起重机及其机构在预期寿命期间完成的工作循环数以及代表名义载荷状态的载荷谱系数为依据进行分级。

2　规范性引用文件

下列文件中的条款通过GB/T 20863的本部分的引用而成为本部分的条款。凡是注日期的引用文件,其随后所有的修改单(不包括勘误的内容)或修订版均不适用于本部分,然而,鼓励根据本部分达成协议的各方研究是否可使用这些文件的最新版本。凡是不注日期的引用文件,其最新版本适用于本部分。

GB/T 20863.1　起重机械　分级　第1部分:总则(GB/T 20863.1—2007,ISO 4301-1:1986,Cranes and lifting appliances—Classification—Part 1:General,IDT)

3　工作级别

起重机整机及机构的工作级别应按GB/T 20863.1进行分级。

臂架起重机根据使用条件分级的一般原则见表1。

在起重机使用等级和载荷状态未知的情况下,工作级别宜按照同类型起重机的最低工作级别考虑。

表1　各种用途的臂架起重机及机构的工作级别

序号	起重机类型	起重机使用频繁程度	整机工作级别	机构工作级别				
				起升	变幅	小车运行	回转	大车运行
1	人力驱动起重机		A1	M1	M1	M1	M1	M1
2	装配用车间起重机		A2	M2	M1	M1	M2	M2
3a)	吊钩式甲板起重机		A4	M3	M3	—	M3	—
3b)	抓斗或电磁甲板起重机		A6	M5	M3	—	M3	—
4	造船起重机		A4	M5	M4	M4	M4	M5
5a)	货场用吊钩起重机		A4	M4	M3	M4	M4	M4
5b)	货场用抓斗或电磁起重机	中等频繁使用[a]	A6	M6	M6	M6	M6	M5
5c)	货场用抓斗或电磁起重机	频繁使用[a]	A8	M8	M7	M7	M7	M6
6a)	港口吊钩起重机	中等频繁使用[a]	A6	M5	M4	—	M5	M3
6b)	港口吊钩起重机	频繁使用[a]	A7	M7	M5	—	M6	M4
6c)	港口抓斗或电磁起重机	中等频繁使用[a]	A7	M7	M6	—	M6	M4
6d)	港口抓斗或电磁起重机	频繁使用[a]	A8	M8	M7	—	M7	M4

[a] "中等频繁使用"和"频繁使用"的含义宜参考GB/T 20863.1。

ICS 53.020.20
J 80

中华人民共和国国家标准

GB/T 20863.5—2007/ISO 4301-5:1991

起重机械　分级
第5部分:桥式和门式起重机

Cranes—Classification—
Part 5: Overhead travelling and portal bridge cranes

(ISO 4301-5:1991,IDT)

2007-03-21 发布　　2007-08-01 实施

中华人民共和国国家质量监督检验检疫总局
中国国家标准化管理委员会　发布

前　　言

GB/T 20863《起重机械　分级》分为5个部分：

——第1部分：总则；

——第2部分：流动式起重机；

——第3部分：塔式起重机；

——第4部分：臂架起重机；

——第5部分：桥式和门式起重机。

本部分为GB/T 20863的第5部分。

本部分等同采用ISO 4301-5:1991《起重机械　分级　第5部分：桥式和门式起重机》(英文版)。

本部分等同翻译ISO 4301-5:1991。

为便于使用，本部分做了下列编辑性修改：

——“ISO 4301的本部分”一词改为“GB/T 20863的本部分”；

——删除ISO 4301-5:1991的前言；

——ISO 4301-5:1991引用的ISO 4301-1:1986，用已等同转化为我国的国家标准表示。

本部分由中国机械工业联合会提出。

本部分由全国起重机械标准化技术委员会(SAC/TC 227)归口。

本部分起草单位：北京起重运输机械研究所，大连重工·起重集团有限公司。

本部分主要起草人：陈璇。

起重机械　分级
第5部分:桥式和门式起重机

1　范围

GB/T 20863 的本部分根据起重机及其机构在预计寿命期间内完成的工作循环次数和代表名义载荷状态的载荷谱系数,规定了桥式和门式起重机的分级。

2　规范性引用文件

下列文件中的条款通过 GB/T 20863 的本部分的引用而成为本部分的条款。凡是注日期的引用文件,其随后所有的修改单(不包括勘误的内容)或修订版均不适用于本部分,然而,鼓励根据本部分达成协议的各方研究是否可使用这些文件的最新版本。凡是不注日期的引用文件,其最新版本适用于本部分。

GB/T 20863.1　起重机械　分级　第1部分:总则(GB/T 20863.1—2007,ISO 4301-1:1986,Cranes and lifting appliance—Classification—Part 1:General,IDT)

3　工作级别

起重机整机及其机构应按 GB/T 20863.1 进行分级。

桥式和门式起重机根据使用条件分级的一般原则见表1。

在起重机使用等级和载荷状态未知的情况下,起重机的工作级别宜按照同类型起重机的最低工作级别考虑。

表1　各种用途的桥式和门式起重机及其机构的工作级别

序号	起重机类型	起重机使用频繁程度	起重机整机工作级别	机构工作级别		
				起升	小车运行	大车运行
1	人力驱动起重机		A1	M1	M1	M1
2	装配用车间起重机		A1	M2	M1	M2
3a)	电站用起重机		A1	M2	M1	M3
3b)	维修用起重机		A1	M3	M1	M2
4a)	车间起重机	很少使用	A2	M3	M2	M3
4b)	车间起重机	中等频繁使用	A3	M4	M3	M4
4c)	车间起重机	频繁使用	A4	M5	M3	M5
5a)	货场用起重机	吊钩式,很少使用	A3	M3	M2	M4
5b)	货场用起重机	抓斗或电磁盘式,频繁使用	A6	M6	M6	M6
6a)	废料场起重机	吊钩式,很少使用	A3	M4	M3	M4
6b)	废料场起重机	抓斗或电磁盘式,中等频繁使用	A6	M6	M5	M6
7	卸船机		A7	M8	M6	M7

表 1（续）

序号	起重机类型	起重机使用频繁程度	起重机整机工作级别	机构工作级别		
				起升	小车运行	大车运行
8a)	集装箱搬运起重机		A5	M6	M6	M6
8b)	岸边集装箱起重机		A5	M6	M6	M4
9	冶金起重机					
9a)	换轧辊起重机		A2	M4	M3	M4
9b)	铸造起重机		A7	M8	M6	M7
9c)	夹钳起重机		A7	M8	M7	M7
9d)	脱锭起重机		A8	M8	M8	M8
9e)	加料起重机		A8	M8	M8	M8
10	铸造车间辅助起重机		A5	M5	M4	M5

ICS 53.020.20
J 80

中华人民共和国国家标准

GB/T 21457—2008/ISO 9373:1989

起重机和相关设备　试验中参数的测量精度要求

Cranes and related equipment—Accuracy requirements for measuring parameters during testing

(ISO 9373:1989,IDT)

2008-02-21 发布　　2008-08-01 实施

中华人民共和国国家质量监督检验检疫总局
中国国家标准化管理委员会　发布

前　　言

本标准等同采用 ISO 9373:1989《起重机和相关设备　试验中参数的测量精度要求》(英文版)。

本标准等同翻译 ISO 9373:1989。

为便于使用,本标准做了下列编辑性修改:

a)　"本国际标准"一词改为"本标准";

b)　用小数点"."代替作为小数点的逗号",";

c)　删除国际标准的前言。

本标准由中国机械工业联合会提出。

本标准由全国起重机械标准化技术委员会(SAC/TC 227)归口。

本标准由北京起重运输机械研究所负责起草。

本标准主要起草人:何铀。

起重机和相关设备　试验中参数的测量精度要求

1　范围

本标准规定了在检测起重机和相关设备时，对试验载荷、距离、时间和其他有关参数的仪表和测量装置的原则要求，并给出了试验中测量相对误差的推荐极限值。

2　对仪表和测量装置的原则要求

2.1　仪表、测量仪器和测量装置应具有足以满足测量精度要求的校准精度。以满足3.1和其他相关标准或产品说明书中所提出测量相对误差的精度要求。

2.2　试验所用的仪表和测量装置应在推荐的时间间隔内或在使用前进行校准。

3　试验中测量的允许基本相对误差

3.1　如预计在多次测量中参数不会出现差别，只需测量一次，不必确定相对误差。

3.2　采用参数实际值的百分数表示的基本相对误差，应作为测量试验载荷、距离、时间和其他相关参数的测量精度。基本相对误差 δ 应用下列方法和公式计算：

2至5次测量时：

$$\delta' = 100\left|\frac{x-\mu}{\mu}\right|$$

5次以上测量时：

$$\delta'' = \frac{100}{\mu}\sqrt{\frac{N(\sum_{i=1}^{N}x_i^2) - (\sum_{i=1}^{N}x_i)^2}{N(N-1)}}$$

式中：

μ——算术平均值，$\mu = \frac{1}{N}\sum_{i=1}^{N}x_i$；

x——极限值；

x_i——第 i 次测量值；

N——x_i 的测量次数；

δ'、δ''——用百分数(%)表示的相对误差。

3.3　测量中基本参数的相对误差极限值见表1的推荐举例。

表1　基本参数的测量相对误差极限值举例

测　量　参　数	相对误差极限值/%
1　尺寸，单位为米(m)：	
a)　其他专业标准或产品说明书未规定的外形基本尺寸	0.5
b)　其他尺寸 d	
$d \leqslant 5$	2
$5 < d \leqslant 20$	1.5
$d > 20$	1

表 1(续)

测量参数	相对误差极限值/%
2　质量(包括起重机零件、装配件与部件、试验载荷、起重量等),单位为千克(kg)	1
3　时间 t(包括一次循环、工作时间、试验持续时间等),单位为秒(s):	
$t \leqslant 10$	4
$10 < t \leqslant 60$	2
$t > 60$	1
4　温度(包括环境温度、工作液温度、油温、水温等),单位为摄氏度(℃)	2
5　平面角 α(如其他专业标准或产品说明书未做规定),单位为弧度(rad):	
$\alpha \leqslant 0.1$	5
$0.1 < \alpha \leqslant 2\pi$	2.5
$\alpha > 2\pi$	1.5
6　工作运动速度,单位为米每秒(m/s)	5
7　角速度,单位为弧度每秒(rad/s)或循环次数每分(1/min)	5
8　力 F(支承地面所受压力,作用在梁和其他部件上的载荷),单位为千牛(kN):	
$F \leqslant 0.2$	2
$0.2 < F \leqslant 100$	1.5
$F > 100$	1
9　电压 U,单位为伏(V):	
$U \leqslant 40$	4
$40 < U \leqslant 500$	3
$U > 500$	1
10　电流强度(包括控制电路和电力回路),单位为安培(A)	2

ICS 53.020.20
J 80

中华人民共和国国家标准

GB/T 22414—2008/ISO 13202:2003

起重机　速度和时间参数的测量

Cranes—Measurement of velocity and time parameters

(ISO 13202:2003,IDT)

2008-10-07 发布　　2009-04-01 实施

中华人民共和国国家质量监督检验检疫总局
中国国家标准化管理委员会　发布

前　言

本标准等同采用 ISO 13202:2003《起重机　速度和时间参数的测量》(英文版)。

本标准等同翻译 ISO 13202:2003。

为便于使用,本标准作了下列编辑性修改:

——“本国际标准”一词改为“本标准”;

——删除国际标准的前言;

——对 ISO 13202 中引用的其他国际标准,用已采用为我国的标准代替对应的国际标准。

本标准的附录 A 为资料性附录。

本标准由中国机械工业联合会提出。

本标准由全国起重机械标准化技术委员会(SAC/TC 227)归口。

本标准起草单位:北京起重运输机械研究所。

本标准主要起草人:赵春晖、陈寰。

起重机　速度和时间参数的测量

1　范围

本标准规定了 GB/T 17908 中确定的起重机速度和时间参数的测量指南。

本标准是对 GB/T 5905 的补充，并覆盖了其中规定的起重机的类型。

2　规范性引用文件

下列文件中的条款通过本标准的引用而成为本标准的条款。凡是注日期的引用文件，其随后所有的修改单(不包括勘误的内容)或修订版均不适用于本标准，然而，鼓励根据本标准达成协议的各方研究是否可使用这些文件的最新版本。凡是不注日期的引用文件，其最新版本适用于本标准。

GB/T 5905　起重机试验规范和程序(GB/T 5905—1986，idt ISO 4310：1981)

GB/T 17908　起重机和起重机械　技术性能和验收文件(GB/T 17908—1999，idt ISO 7363：1986)

GB/T 21457　起重机和相关设备　试验中参数的测量精度要求(GB/T 21457—2008，ISO 9373：1989，IDT)

3　试验条件

试验条件应满足 GB/T 5905 的要求。

在进行试验前，应检查起重机系统和机构在空载运行期间功能是否正常。

用于试验的起重机，应按照制造商的技术要求进行装备，并应符合 GB/T 17908 的要求。

4　测量设备及其精度

在起重机试验中用于测定运动速度和时间参数的测量设备的精度，应按照 GB/T 21457 要求进行选择，并符合国家规范的要求。

在试验中，所测量的运动速度和时间参数值的测量次数及允许公差，应满足 GB/T 21457 的要求。

5　试验程序

在进行速度和时间参数测量前，应完成各项试验循环动作以确保起重机零部件按照试验要求的方法进行试验。

适当时，在满载和空载条件下，应对其他零部件的最大、最小及规定的中间运动速度(或其相关时间参数)进行测量。

起重机或零部件的直线运动速度，应根据测量通过已测定的试验路径长度所需要的时间来计算确定。运动加速度和减速度部分应排除在外。应记录测量结果。

起重机或零部件的角运动速度，应根据测量沿试验路径弧度运动所需要的时间来计算确定。运动加速度和减速度部分应排除在外。应记录测量结果。

表 A.1 给出了计算平均直线运动速度的格式示例。表 A.2 给出了计算平均角运动速度的格式示例。这些值也可按其他适合的格式确定。

6 试验报告

测量运动速度和时间参数的试验报告应包含如下信息：

a) 起重机类型及型号；

b) 起重机识别号或编号；

c) 制造商；

d) 测量日期；

e) 起重机及其设备的描述；

f) 测量设备及方法的描述；

g) 试验条件；

h) 试验地面、道路、轨道的位置及状态(适当时)；

i) 每次试验中起重机的配置；

j) 最大额定起重量的测量结果(列表)；

k) 试验监督人员的姓名。

附　录　A
（资料性附录）
表示速度和时间参数测量结果的格式示例

表 A.1　起重机整机及其零部件的直线运动速度和时间间隔的测量

测量次数	运动方向	时间测量间隔 t/s	测量的路径长度 l/m	运动速度 $v=l/t$/(m/s)
1		t_1	l_1	v_1
2		t_2	l_2	v_2
3		t_3	l_3	v_3
…	…	…	…	…
n		t_n	l_n	v_n
注：平均运动速度：$v_a=(v_1+v_2+v_3+\cdots+v_n)/n$。				

表 A.2　起重机整机及其零部件角运动速度及时间间隔的测量

测量次数	运动方向	时间测量间隔 t/s	测量的路径弧度 α/rad	角速度 $\omega=\alpha/t$/(rad/s)
1		t_1	α_1	ω_1
2		t_2	α_2	ω_2
3		t_3	α_3	ω_3
…	…	…	…	…
n		t_n	α_n	ω_n
注：平均角速度：$\omega_a=(\omega_1+\omega_2+\omega_3+\cdots+\omega_n)/n$。				

ICS 53.020.20
J 80

GB

中华人民共和国国家标准

GB/T 22415—2008/ISO 14518:2005

起重机　对试验载荷的要求

Cranes—Requirements for test loads

(ISO 14518:2005,IDT)

2008-10-07 发布　　2009-04-01 实施

中华人民共和国国家质量监督检验检疫总局
中国国家标准化管理委员会　发布

前　　言

本标准等同采用 ISO 14518:2005《起重机　对试验载荷的要求》(英文版)。

本标准等同翻译 ISO 14518:2005。

为了便于使用,本标准作了下列编辑性修改:

——“本国际标准”一词改为“本标准”;

——删除国际标准的前言;

——对 ISO 14518 中引用的其他国际标准,用已采用为我国的标准代替对应的国际标准。

本标准由中国机械工业联合会提出。

本标准由全国起重机械标准化技术委员会(SAC/TC 227)归口。

本标准起草单位:北京起重运输机械研究所。

本标准主要起草人:赵春晖、陈寰。

起重机 对试验载荷的要求

1 范围

本标准规定了试验载荷的组成和测量方法,以及在起重机试验期间施加试验载荷的步骤。

本标准适用于 GB/T 6974.1 中定义的各类起重机。不包括 GB/T 5905 的内容。

2 规范性引用文件

下列文件中的条款通过本标准的引用而成为本标准的条款。凡是注日期的引用文件,其随后所有的修改单(不包括勘误的内容)或修订版均不适用于本标准,然而,鼓励根据本标准达成协议的各方研究是否可使用这些文件的最新版本。凡是不注日期的引用文件,其最新版本适用于本标准。

GB/T 5905 起重机 试验规范和程序(GB/T 5905—1986,idt ISO 4310:1981)

GB/T 6974.1 起重机 术语 第1部分:通用术语(GB/T 6974.1—2008,ISO 4306-1:2007,IDT)

GB/T 17908 起重机和起重机械 技术性能和验收文件(GB/T 17908—1999,idt ISO 7363:1986)

GB/T 21457 起重机和相关设备 试验中参数的测量精度要求(GB/T 21457—2008,ISO 9373:1989,IDT)

3 术语和定义

下列术语和定义适用于本标准。

3.1

试验载荷 test load

由一个或几个部分组成,用于起重机试验的载荷。

3.2

测量试验载荷质量的直接法 direct method of measuring the mass of a test load

通过称重来确定试验载荷的质量。

3.3

测量试验载荷质量的组合法 combined method of measuring the mass of a test load

通过计算用直接法和/或计算确定的试验载荷各部分质量的总和来确定试验载荷的质量。

3.4

试验载荷的施加 application of test load

在试验循环中,试验载荷的质量传递到起重机结构上的过程。

4 试验载荷的组成和测量

4.1 试验载荷的组成和要求

4.1.1 试验载荷可以是单个单元或由几个部分组成。

4.1.2 试验载荷的组成可为：

——钢和/或其他类型(如混凝土)的块状独立单元体；

——装有同一密度的水、沙子或其他粒状物料的容器。

注：装有试验载荷的任意容积的容器，应能安全地承受试验载荷(如装水的橡胶袋，装沙子的硬质箱子等)。

4.1.3 装承试验载荷的容器应满足如下要求：

——强度足够以承受水或其他粒装填充物的压力；

——形状简单(矩形或圆柱形)，在内壁上应有显示水或其他粒状物料容量、以便进行简单计算的标记；

——试验结束后，能采用有效的方法排净水或清除填充物。

4.2 测量试验载荷的设备和测量精度

4.2.1 测量试验载荷质量的设备应符合国家规范的要求。

4.2.2 试验载荷质量的测量次数和测量精度应符合 GB/T 21457 的规定。

对测量试验载荷质量的直接法和组合法均应满足上述要求。

4.3 采用直接法测量试验载荷的质量

4.3.1 直接法可用于测量单个载荷的质量及由几个部分组成的载荷的总质量。

4.3.2 被测试验载荷应置于地中衡上或使用一台装有称量装置的起重机将载荷提升离地面 100 mm 至 200 mm。测量结果应记录在报告中。

4.4 采用组合法确定试验载荷的质量

4.4.1 在按照试验载荷各部分的质量之和确定试验载荷的质量时，建议由几个已知质量的部分来组成试验载荷，每个部分的质量都已由直接法测得。

在这种情况下，试验载荷的总质量应按照各部分质量的总和来计算。

4.4.2 在按照容器及所装物品的质量总和确定试验载荷的质量时，建议采用装有水、沙子或其他粒状物料容器作为试验载荷。

容器的质量应采用直接法测得。容器内所装物品的质量应称重或按照所装物品占的容积与其密度的乘积来计算。容器内所装物品占的容积应根据容量标记计算。试验载荷的总质量应按照空容器的质量与物品质量的总和计算。结果应记录在报告中。

5 试验载荷的施加

5.1 试验载荷的准备

准备用于试验的载荷应符合起重机的额定起重量，试验类型(静载试验、稳定性试验或动载试验)应按照 GB/T 5905 的规定进行。

5.2 试验程序

5.2.1 用于试验的起重机加载程序应符合起重机制造商的要求。

5.2.2 按照 GB/T 5905 和 GB/T 17908 的规定，在静载试验和稳定性试验中易采用逐渐增加试验载荷的方法。

6 试验报告

测量试验载荷质量的试验报告可作为独立的文件或作为整个起重机试验报告的一部分提交,并应包括下列数据:

a) 载荷的一般数据;

b) 进行载荷测量或计算的机构或人员的名称和地址;

c) 测量日期和地点;

d) 用于测量的设备及其注册登记的日期和最近的校准日期;

e) 试验载荷质量的测量和/或计算的结果。

参 考 文 献

[1] GB/T 20863.1 起重机械 分级 第1部分:总则(GB/T 20863.1—2007,ISO 4301-1:1986,Cranes and lifting appliances—Classification—Part 1:General,IDT).

ICS 53.020.20
J 80

中华人民共和国国家标准

GB/T 23725.1—2009/ISO 9942-1:1994

起重机 信息标牌 第1部分:总则

Cranes—Information labels—Part 1:General

(ISO 9942-1:1994,IDT)

2009-04-24 发布 2010-01-01 实施

中华人民共和国国家质量监督检验检疫总局
中国国家标准化管理委员会 发布

前　言

GB/T 23725《起重机　信息标牌》分为五个部分：

——第1部分：总则；

——第2部分：流动式起重机；

——第3部分：塔式起重机；

——第4部分：臂架起重机；

——第5部分：桥式和门式起重机。

本部分为GB/T 23725的第1部分。

本部分等同采用ISO 9942-1:1994《起重机　信息标牌　第1部分：总则》(英文版)。

本部分等同翻译ISO 9942-1:1994。

为了便于使用，本部分作了下列编辑性修改：

——“ISO 9942的本部分”一词改为“GB/T 23725的本部分”；

——删除国际标准的前言。

本部分由中国机械工业联合会提出。

本部分由全国起重机械标准化技术委员会(SAC/TC 227)归口。

本部分起草单位：北京起重运输机械研究所。

本部分主要起草人：程潞样。

起重机　信息标牌　第1部分：总则

1　范围

GB/T 23725 的本部分规定了用于起重机标志(标记)和操作的标牌的基本要求。

2　标志内容

2.1　制造商的信息

作为基本要求，应在起重机上永久性标出下列信息：

——供货商名称；

——制造商名称；

——制造年份；

——系列号；

——型号。

2.2　载荷数据

应在起重机上永久性且清晰易辨地标出额定起重量。

此信息对于避免超载是必要的，见 GB/T 23725 的其他部分。

3　有关起重机司机操作的信息

3.1　控制设备和指示器

相关信息应张贴在明显可见部位。

更详细信息应能从产品的专用标准中获得。

3.2　起重机司机的任务

起重机司机工作任务的信息应包括操作前、操作中和完成操作之后的各项任务。该信息应以标牌形式永久固定于司机室内的控制设备上或其附近。如无控制台(例如由地面控制的起重机)，该标牌应固定在操作站或起重机电源开关附近。

4　起重机工作区内有关人员的信息

为避免起重机运行期间的人员伤害，有必要根据起重机的类型及其使用情况提供附加信息。

ICS 53.020.20
J 80

中华人民共和国国家标准

GB/T 23725.3—2010/ISO 9942-3:1999

起重机　信息标牌
第3部分:塔式起重机

Cranes—Information labels—Part 3:Tower cranes

(ISO 9942-3:1999,IDT)

2011-01-10 发布　　　　2011-06-01 实施

中华人民共和国国家质量监督检验检疫总局
中国国家标准化管理委员会　发布

前　　言

GB/T 23725《起重机 信息标牌》分为 5 个部分：

——第 1 部分：总则；

——第 2 部分：流动式起重机；

——第 3 部分：塔式起重机；

——第 4 部分：臂架起重机；

——第 5 部分：桥式和门式起重机。

本部分为 GB/T 23725 的第 3 部分。

本部分等同采用 ISO 9942-3：1999《起重机　信息标牌　第 3 部分：塔式起重机》(英文版)。

本部分等同翻译 ISO 9942-3：1999 。

为了便于使用，本部分还做了下列编辑性修改：

a) “ISO 9942 的本部分”一词改为“GB/T 23725 的本部分”；

b) 删除 ISO 9942-3：1999 的前言；

c) 对于 ISO 9942-3：1999 引用的国际标准，用已被采用为我国的标准代替对应的国际标准。

本部分由中国机械工业联合会提出。

本部分由全国起重机械标准化技术委员会(SAC/TC 227)归口。

本部分起草单位：北京建筑机械化研究院、长沙建设机械研究院、抚顺永茂建筑机械有限公司、长沙中联重工科技发展股份有限公司。

本部分主要起草人：蒋慧、许智慧、陈莉萍、周宇。

起重机　信息标牌
第3部分:塔式起重机

1　范围

GB/T 23725的本部分规定了塔式起重机(以下简称塔机)有关信息标牌的最低要求。

2　规范性引用文件

下列文件中的条款通过GB/T 23725的本部分引用而成为本部分的条款。凡是注日期的引用文件,其随后所有的修改单(不包括勘误的内容)或修订版均不适用于本部分,然而,鼓励根据本部分达成协议的各方研究是否可使用这些文件的最新版本。凡是不注日期的引用文件,其最新版本适用于本部分。

GB/T 23725.1—2009　起重机 信息标牌　第1部分:总则(ISO 9942-1:1994,IDT)

3　信息标牌内容

3.1　制造商信息

有关塔机制造商信息应按照GB/T 23725.1—2009中2.1的说明。

3.2　额定起重量信息

每台塔机应配备标有清晰文字和图形的永久性的额定起重量图表,并将其固定于塔机司机能在操作位置和遥控站时的可见处。图表的内容应包括但不限于:

a)　在确定的工作半径、臂架长度、起升绳倍率下,必要时,还应考虑对每种可用的起升绳速度范围及推荐的平衡重配置下的起重机全部额定载荷;

b)　与设备上的限制器及工作程序有关的预防措施或警告提示;

c)　最大允许工作风速;

d)　建议将吊具及其附属装置作为载荷的组成部分。如果下滑轮组被视为载荷的一部分,则应在额定起重量图表中说明。

另外,应使塔机司机能从操作位置易于识别所显示的额定起重量及相应的幅度。如果在工作中臂架的长度和角度是变化的,则还应显示角度。

如果将表示额定起重量的标牌或金属标志装在臂架上,则它们的布置应使塔机司机易读及清晰可见。对用于因工作具有多种配置的塔机,其数据和显示应符合实际的配置情况。

4　塔机司机操作的信息

4.1　控制装置和指示装置

所有控制装置应标有文字或图形符号以表示其功能,必要时,应指示动作方向。这些信息应易于识别并固定在清晰可见的位置。

4.2　紧急情况说明

制造商给出的紧急说明及警告提示应置于塔机司机清楚易见的地方。

4.3 塔机司机的任务

有关塔机司机任务的信息应满足 GB/T 23725.1—2009 中 3.2 的规定。

5 塔机工作区内人员的信息

对塔机上或塔机周围工作人员的危险警告应以文字、警示条纹和/或适当的图形符号形式置于合适的位置。

ICS 53.020.20
J 80

中华人民共和国国家标准

GB/T 25851.1—2010/ISO 11662-1:1995

流动式起重机　起重机性能的试验测定　第1部分:倾翻载荷和幅度

Mobile cranes—Experimental determination of crane performance—Part 1:Tipping loads and radii

(ISO 11662-1:1995,IDT)

2011-01-10 发布　　　　2011-06-01 实施

中华人民共和国国家质量监督检验检疫总局
中国国家标准化管理委员会　发布

前　　言

GB/T 25851《流动式起重机　起重机性能的试验测定》分为3个部分：

——第1部分：倾翻载荷和幅度；

——第2部分：结构特性；

——第3部分：动力特性。

本部分为GB/T 25851的第1部分。

本部分等同采用ISO 11662-1：1995《流动式起重机　起重机性能的试验测定　第1部分：倾翻载荷和幅度》（英文版）。

本部分等同翻译ISO 11662-1：1995。

为便于使用，本部分做了下列编辑性修改：

a） “ISO 11662的本部分”一词改为“GB/T 25851的本部分”；

b） 对于ISO 11662-1：1995引用的及参考文献中的国际标准，用已被等同采用为我国的标准代替对应的国际标准；

c） 将“附录A（资料性附录）参考资料”直接写为“参考文献”。

本部分由中国机械工业联合会提出。

本部分由全国起重机械标准化技术委员会（SAC/TC 227）归口。

本部分起草单位：徐工集团徐州重型机械有限公司、长沙中联重工科技发展股份有限公司。

本部分主要起草人：陈相奇、单增海、刘劲松。

引　言

GB/T 25851 规定了对流动式起重机的额定起重量图表进行验证所采用的测试方法。一般是在新机型的样机上进行一次性测试,然后在测试结果的基础上对额定起重量图表进行必要的修改以符合标准的要求。

流动式起重机　起重机性能的试验测定
第 1 部分：倾翻载荷和幅度

1　范围

GB/T 25851 的本部分规定了当载荷作用在吊钩滑轮组上时，测定流动式起重机最大平衡能力的试验方法。

此试验方法适用于承载能力建立在抗倾覆静阻力基础之上的起重机，但不适用于承载能力是由结构强度决定或者是由起升机构、变幅机构或伸缩机构的性能限制的起重机。

本部分适用于 GB/T 6974.2 定义的所有流动式起重机。

2　规范性引用文件

下列文件中的条款通过 GB/T 25851 的本部分的引用而成为本部分的条款。凡是注日期的引用文件，其随后所有的修改单(不包括勘误的内容)或修订版均不适用于本部分，然而，鼓励根据本部分达成协议的各方研究是否可使用这些文件的最新版本。凡是不注日期的引用文件，其最新版本适用于本部分。

GB/T 6974.2　起重机　术语　第 2 部分：流动式起重机(GB/T 6974.2—2010，ISO 4306-2：1994，IDT)

3　术语和定义

下列术语和定义适用于本部分。

3.1

平衡状态　balance condition

起重机在其载荷倾覆力矩与其具有的最大抗倾覆力矩相等时的受载状态。

3.2

回转中心线　axis of rotation

通过起重机未受载前上车回转所围绕的中心轴线的铅垂线。

3.3

载荷　load

由吊钩滑轮组本身和悬挂在其上的重物的重力所形成的使起重机失去平衡的作用力。

3.4

载荷幅度　radius of load

从受载前投影在支承面上的幅度测量起始点到受载后起升钢丝绳或滑轮组中心的水平距离。

4　原则

加载的方法是先将一已确定大小的砝码自由地悬挂在起重机吊钩滑轮组上，然后增大幅度,直至起重机失去稳定性。或者在固定幅度下,添加增量砝码,直至起重机失去稳定性。

在测定倾覆额定值时,试验员应确保测试是在稳定性最小的方向上进行的。

5 器材

5.1 支承面:由混凝土或其他坚实的材料制成,其尺寸足以保证试验工作不受妨碍。

5.2 载荷幅度测量装置:其精度为±1%或±0.15 m,以较小值为准。

5.3 轮胎压力计:其精度为所测压力的±3%。

5.4 水平距离测量装置:测回转中心线至载荷重心的水平距离。

5.5 试验砝码、吊钩滑轮组、吊具和辅助装置(起升钢丝绳除外)的质量测量装置:其精度为所测载荷的±1%。

5.6 试验砝码、吊钩滑轮组、吊具和辅助装置(起升钢丝绳除外):其误差在已知质量的±1%范围内。

6 试验条件

6.1 为便于试验,起重机上应装备适于以额定载荷进行作业的工作装置。

6.2 对充气轮胎式或履带式起重机进行试验时,应将其放置在水平坚实的支承面上(倾斜度≤1%)。

6.3 在使用充气轮胎支撑起重机进行试验时,轮胎工作时的充气压力应符合轮胎或起重机制造商规定的气压,其允差在±3%之内,且所有轮胎均应处于向前摆正位置。轮胎支撑状态应符合制造商规定。

6.4 对带支腿的起重机进行试验时,在"支腿伸出"状态下起重机应处于水平状态(倾斜度≤1%)。

6.4.1 在充气轮胎式起重机试验过程中使用支腿时,除非起重机的悬挂设计为支腿伸出时轮胎仍留在地面上,否则应用支腿抬起起重机,以保证地面与所有各轮胎之间存在间隙或者使所有轮胎均不再承受起重机重力。

6.4.2 在履带式起重机试验过程中使用支腿时,起重机的安装应保证支腿能坚固地支承在支承面上。

6.5 燃油不应超过燃油箱容积的1/3。冷却液、润滑油与液压油应处于制造商规定的运行时的液位上。

6.6 风向应不会增加起重机的稳定性。

7 试验程序

7.1 试验准备

7.1.1 按制造商规定对起重机进行必要的保养与调整,以确保下列各项符合规定要求:

a) 润滑;

b) 燃油供应;

c) 轮胎充气量;

d) 冷却液供应;

e) 履带张紧力;

f) 螺栓、销轴、绳端固定装置及其他承载件;

g) 离合器、制动器及其他传动件；

h) 臂架长度与索具；

i) 起重机水平度(倾斜度≤1%)。

7.1.2 起重机应由经授权的操作员进行操作。如无特殊规定，新起重机应先进行至少 4 h 的作业，以确信其运行可靠。待预运行结束后，对起重机进行保养与调整使之符合规定要求。

7.1.3 将起重机置于试验场地上处于加载状态，并使行驶系统处于制动状态。

7.1.4 如使用支腿，应将其伸出。将起重机顶起至支腿范围内的轮胎或履带均不承载的位置。

7.1.5 将上车回转中心轴线投影到试验场地的表面上并做出标记。

7.2 试验方法

7.2.1 准备好试验载荷，包括试验砝码、吊钩滑轮组、吊具和辅助装置(如砝码筐等)，以组合成规定的载荷质量，其精度在±1%之内，并做记录。

7.2.2 将起重机上车置于该工况稳定性最小的方位，以起重机保持稳定状态的幅度将载荷吊离地面。然后将臂架俯下少许以增大幅度。为防止过度倾斜，载荷应始终保持在距离地面 0.1 m 以内。如果起重机在调整后的幅度下仍能支承住载荷而不发生倾覆，则测定此新的幅度并加以记录。重复此程序直至达到平衡点，然后记录下载荷幅度和质量。

注：最后调试平衡点时，可能不是通过增大幅度而是通过增加载荷质量进行的。

7.2.3 另一个方法是，测定载荷幅度并对载荷质量逐次少量增加，直至起重机失去稳定性。载荷幅度和起重机失去稳定性之前最后一次使用的载荷质量，将作为平衡点加以记录。

8 承载能力曲线的绘制

需要对起重机确定其在一系列平衡点的承载能力时，应按照 7.2 规定的程序进行。此时应针对所选范围的每个极限值和为绘制曲线所需足够数量的中间点测定载荷与幅度。绘制表示起重机最大承载能力的曲线时，以载荷质量为纵坐标，单位为千克(kg)；以幅度为横坐标，单位为米(m)。对于某一给定的承载能力图表，应针对有代表性的若干臂架长度进行绘制。

9 试验报告

将有关起重机完整的说明、试验位置、倾覆载荷与载荷幅度的数据等均记录在试验数据表中。试验数据表的举例见表 1、图 1 和图 2。

表 1　流动式起重机说明和平衡点数据表

制造商……………… 型号……………… 编号………………

设备状态:新的□　用过的□　已用小时数………………

架设:类型……………… 规格………………

轮胎:规格……………… 子午胎……………… 帘布层……………… 压力(kPa)………………

臂架:类型……………… 长度(m)………………

副臂:类型……………… 长度(m)……………… 与主臂/地面夹角[a]………………

发动机:制造商……………… 型号……………… 编号………………

平衡重:类型……………… 质量(kg)………………

检测方法:增大砝码□　增大幅度□

上车位置	平　衡　点			
	不打支腿		打支腿	
	载荷质量/kg	幅度/m	载荷质量/kg	幅度/m

备注:………………

操作员:……………… 试验日期:………………

[a] 采用固定副臂时,夹角为相对于主臂的角度;采用可变幅副臂时,为相对于地面的角度。

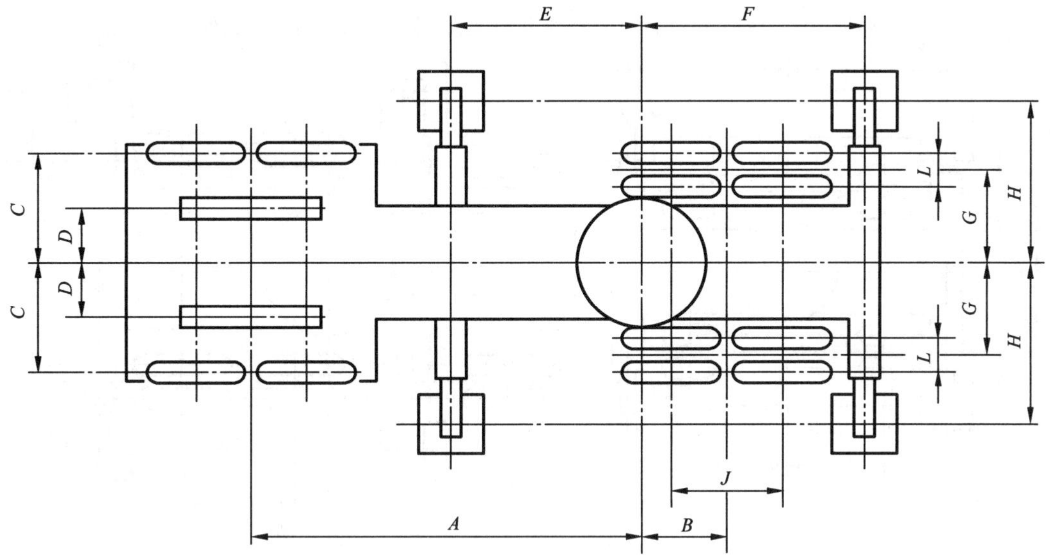

8×4底盘

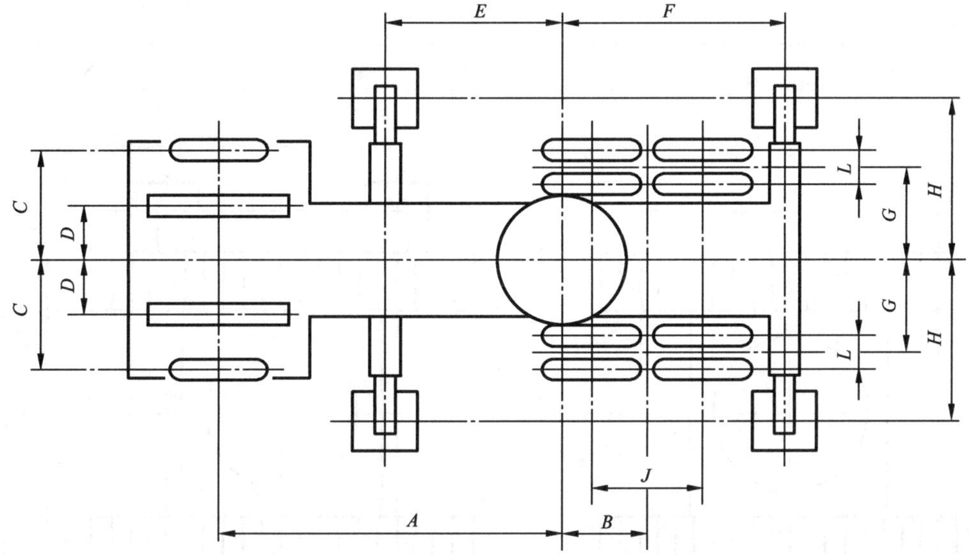

6×4底盘

汽车起重机下车底盘尺寸

A ______________ B ______________ C ______________ D ______________

E ______________ F ______________ G ______________ H ______________

J ______________ L ______________

图 1 汽车起重机下车底盘实际尺寸数据表

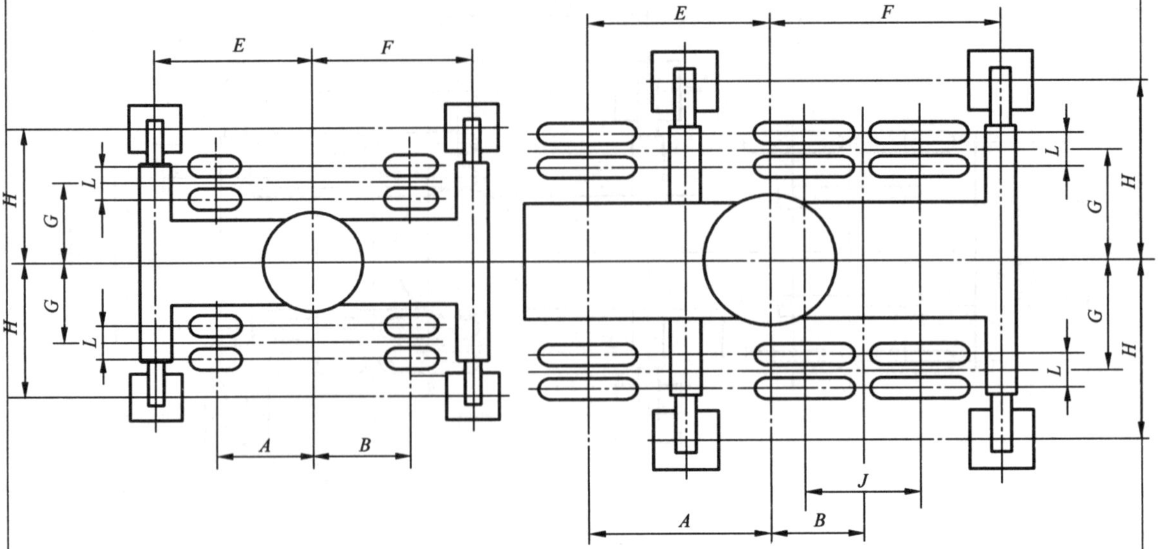

4×2底盘　　轮胎起重机下车底盘尺寸　　6×4底盘

A ________ B ________ E ________ F ________

G ________ H ________ J ________ L ________

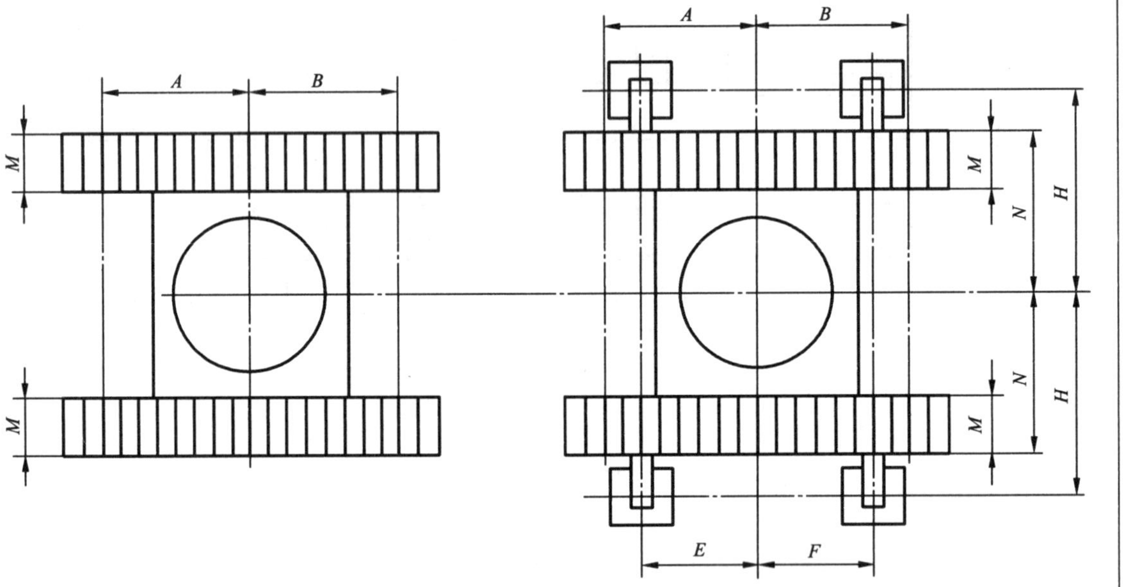

履带　　履带起重机下车底盘尺寸　　带支腿履带

A ________ B ________ E ________ F ________

H ________ M ________ N ________

图2　轮胎起重机和履带起重机下车底盘实际尺寸数据表

参 考 文 献

[1] GB/T 19924—2005 流动式起重机 稳定性的确定(ISO 4305:1991,IDT)

ICS 53.020.20
J 80

中华人民共和国国家标准

GB/T 25195.1—2010/ISO 7296-1:1991

起重机　图形符号
第1部分:总则

Cranes—Graphic symbols—
Part 1:General

(ISO 7296-1:1991,IDT)

2010-09-26 发布　　2011-02-01 实施

中华人民共和国国家质量监督检验检疫总局
中国国家标准化管理委员会　发布

前　　言

GB/T 25195《起重机　图形符号》分为5个部分：

——第1部分：总则；

——第2部分：流动式起重机；

——第3部分：塔式起重机；

——第4部分：臂架起重机；

——第5部分：桥式和门式起重机。

本部分为GB/T 25195的第1部分。

本部分等同采用ISO 7296-1:1991《起重机　图形符号　第1部分：总则》(英文版)，包括其修正案ISO 7296-1:1991/Amd.1:1996。

本部分等同翻译ISO 7296-1:1991。

为了便于使用，本部分作了下列编辑性修改：

——“ISO 7296的本部分”一词改为“GB/T 25195的本部分”；

——将ISO 7296-1:1991中的1.1和1.2分别改写为本部分的第1章和第2章，以下章节号做相应的顺延；

——在第3章和第4章中补充了表的编号表1～表5；

——有关修正案已编入正文中并在它们所涉及的条款的页边空白处用垂直双线标识；

——增加了中文索引。

本部分由中国机械工业联合会提出。

本部分由全国起重机标准化技术委员会(SAC/TC 227)归口。

本部分起草单位：北京起重运输机械研究所。

本部分主要起草人：刘涛。

起重机　图形符号
第1部分:总则

1　范围

GB/T 25195 的本部分规定了用于起重机控制的通用图形符号(第3章)以及控制按钮和信号灯的颜色(第4章)。

图形符号分列在以下几组,由3.1、3.2和3.3给出:

——3.1 用于基本运动方向和开关位置的图形符号;

——3.2 用于司机控制的图形符号;

——3.3 信息图形符号。

注:用于GB/T 25195的本部分的图形符号符合:ISO 3461-1:1988《设定图形符号的一般原则　第1部分:用在设备上的图形符号》、ISO 4196:1984《图形符号　箭头的用法》、ISO 7000:1989《用在设备上的图示符号　索引和对照表》和IEC 417:1973《用于设备的图形符号》。索引、综述和单页的编辑,作为它的补充部分。

2　一般要求

2.1　图形符号见3.1～3.3。

2.2　控制器上的符号应与背景有明显的反差(最好是明亮的控制符号对照暗色的背景)。

2.3　符号应位于或靠近所描述功能的控制器旁。

2.4　当需要不止一个符号时(例如:"接通""断开""向左""向右"),符号的相对安装位置应符合装置运动方向,并能起到提示作用。

2.5　所有符号应位于在司机工作位置处易于识别的地方。

2.6　标明操纵杆移动方向的符号可与其他符号组合使用指明操纵杆的操作。

符号也可以按所示的操作放在控制板上所希望的任意位置。

3　用于控制的图形符号

3.1　用于基本运动方向和开关位置的图形符号见表1。

表 1

序号	符　号	说　明
001	 417-IEC-5022	单向运动 movement in one direction
002	 ISO 7000-1680	操纵杆双向运动[a] control lever, working movement in two directions
003	 ISO 7000-0004	顺时针回转 rotation, clockwise

表 1（续）

序号	符　　号	说　　明
004	 ISO 7000-0004	逆时针回转 rotation,counter-clockwise
005	 ISO 7000-0005	双向回转,未锁定 rotation,both directions, unlocked
006	 ISO 7000-0938	双向回转,锁定 rotation,both directions, locked
007	 ISO 7000-0927	右转 turn right
008	 ISO 7000-0927	左转 turn left
009	 ISO 7000-1681	左-右双向运动 movement in two directions:left-right
010	 417-IEC-5007	接通 on
011	 417-IEC-5008	断开 off
012	 417-IEC-5010	接通-断开 on-off

表 1(续)

序号	符　　号	说　　明
013	 417-IEC-5011	按钮开关 switching on with push-button press only
[a] 当司机室位置可能变化时,应使用基本箭头符号加上表示固定建筑物(或某些静止参考点)的附加符号。箭头方向取决于运动方向(例如:全回转起重机的运行)。		

3.2 用于司机控制的图形符号见表 2。

注:序号 14～19 尚未确定。

表 2

序号	符　　号	说　　明
020	 ISO 7000-1682	取物装置:起升 load-lifting attachment:lift
021	 ISO 7000-1683	取物装置:下降 load-lifting attachment:lower
022	 ISO 7000-1684	臂架上仰;向内变幅 derrick in;luff in
023	 ISO 7000-1685	臂架下降;向外变幅 derrick out;luff out
024	 ISO 7000-1686	伸缩臂伸出 telescopic jib(boom) extended
025	 ISO 7000-1687	伸缩臂缩回 telescopic jib(boom) retracted

表 2(续)

序号	符　　号	说　　明
026	 ISO 7000-1688	小车运行:前进-后退 crab,traversing:forward-reverse
027	 ISO 7000-1689	起重机向前运行 crane,travelling forward
028	 ISO 7000-1690	起重机向后运行 crane,travelling inreverse
029	 ISO 7000-1691	起重机运行:前进-后退[a] crane,travelling:forward-reverse
030	 ISO 7000-1692	自升式起重机:爬升 climbing crane:climb
031	 ISO 7000-1693	自升式起重机:下降 climbing crane:descend
040	 ISO 7000-1694	电磁吸盘接通 magnet, load, on
041	 ISO 7000-1695	电磁吸盘断开 magnet, load, off

表 2（续）

序号	符　　号	说　　明
042	 ISO 7000-1696	夹轨器夹紧 rail clamp engaged
043	 ISO 7000-1697	夹轨器松开 rail clamp disengaged
[a] 当司机室位置可能变化时，应使用基本箭头符号加上表示固定建筑物（或某些静止参考点）的附加符号。箭头方向取决于运动方向（例如：全回转起重机的运行）。		

3.3　信息图形符号见表 3。

注：序号 44～49 尚未确定。

表 3

序号	符　　号	说　　明
050	 ISO 7000-1364	无级可变控制：循环 control, infinitely variable: rotational
051	 417-IEC-5004	无级可变控制：线性 control, infinitely variable: linear
052	 ISO 7000-1698	风速 wind speed
053	 ISO 7000-1699	风向 wind direction
054	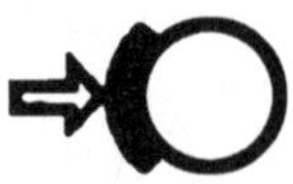 ISO 7000-0020	制动器闭合 brake, applied

表 3（续）

序号	符　号	说　明
055	 ISO 7000-0021	制动器松开 brake，released
056	 ISO 7000-0022	离合器啮合 clutch，engaged
057	 ISO 7000-0023	离合器松开 clutch，disengaged
058	 ISO 7000-0244	喇叭 horn
059	 ISO 7000-0034	温度 temperature
060	 ISO 7000-0089	通风 ventilation
061	 ISO 7000-1421	室内灯/吸顶灯 interior/dome light
062	 ISO 7000-1204	泛光灯 light，flood

表 3（续）

序号	符　号	说　明
063	 ISO 7000-1700	聚光灯 light,spot
064	 ISO 7000-0086	风挡刮雨器 windscreen wiper
065	 ISO 7000-0637	加热器/室内暖气 heater/interior heating
066	 ISO 7000-0027	空调器 air-conditioner
067	 ISO 7000-0635	风挡玻璃除雾器/除霜器 windscreen/windshield demister/defroster

4　控制按钮和信号灯的颜色

4.1　控制按钮颜色见表 4。

表 4

序号	颜　色	用　途	应用实例
4.1.1	红	紧急情况下动作 停车或断路	紧急断路 停车或断路 ——整个系统； ——一台或多台电动机
4.1.2	除红黄外的其他颜色	不受限的功能； 其他控制的操作	—

4.2 信号灯颜色见表 5。

表 5

序号	颜 色	用 途	应用实例
4.2.1	红	紧急情况下动作 需要立即中断的危险情况或紧急事故情况	紧急断路 起重机超载； 危险的阵风
4.2.2	黄	接近危险情况的警告	接近额定载荷； 温度升(降)到规定的极限
4.2.3	绿	安全状况,操作准备就绪	操作(或工作)准备就绪； 系统启动

参 考 文 献

[1] ISO 3461-1:1988 设定图形符号的一般原则 第1部分:用在设备上的图形符号
[2] ISO 4196:1984 图形符号 箭头的用法
[3] ISO 7000:1989 用在设备上的图示符号 索引和对照表
[4] IEC 417:1973 用于设备的图形符号

中 文 索 引

英 文 索 引

A

B

C

D

H

I

L

M

O

R

S

T

V

W

ICS 53.020.20
J 80

中华人民共和国国家标准

GB/T 25195.2—2010/ISO 7296-2:1996

起重机 图形符号
第2部分:流动式起重机

Cranes—Graphical symbols—Part 2:Mobile cranes

(ISO 7296-2:1996,IDT)

2010-09-26 发布 2011-02-01 实施

中华人民共和国国家质量监督检验检疫总局
中国国家标准化管理委员会 发布

前　　言

GB/T 25195《起重机　图形符号》分为5个部分：

——第1部分：总则；

——第2部分：流动式起重机；

——第3部分：塔式起重机；

——第4部分：臂架起重机；

——第5部分：桥式和门式起重机。

本部分为GB/T 25195的第2部分。

本部分等同采用ISO 7296-2：1996《起重机　图形符号　第2部分：流动式起重机》(英文版)。

本部分等同翻译ISO 7296-2：1996。

为了便于使用，本部分作了下列编辑性修改：

——"ISO 7296的本部分"一词改为"GB/T 25195的本部分"；

——将ISO 7296-2：1996的"附录A(资料性附录)　参考资料"并入本部分的"参考文献"；

——增加中文索引和英文索引。

本部分由中国机械工业联合会提出。

本部分由全国起重机械标准化技术委员会(SAC/TC 227)归口。

本部分起草单位：徐工集团徐州重型机械有限公司。

本部分主要起草人：陈宏健、李恩全、东权。

起重机 图形符号
第2部分:流动式起重机

1 范围

GB/T 25195 的本部分规定了操纵装置和其他显示装置的图形符号。

本部分适用于按 GB/T 6974.2 定义的流动式起重机。

注 1：本部分与 GB/T 25195.1 中图形符号之间的分歧将在 GB/T 25195.1 的下一修订版中解决。

注 2：特殊型式机械与设备用图形符号可在 GB/T 25195 的其他部分中查到。

2 规范性引用文件

下列文件中的条款通过 GB/T 25195 的本部分的引用而成为本部分的条款。凡是注日期的引用文件，其随后所有的修改单(不包括勘误的内容)或修订版均不适用于本部分，然而，鼓励根据本部分达成协议的各方研究是否可使用这些文件的最新版本。凡是不注日期的引用文件，其最新版本适用于本部分。

GB/T 6974.2 起重机 术语 第 2 部分:流动式起重机(GB/T 6974.2—2010，ISO 4306-2:1994，IDT)

GB/T 25195.1 起重机 图形符号 第 1 部分:总则(GB/T 25195.1—2010，ISO 7296-1:1991，IDT)

ISO 3461-1:1988 建立图形符号的一般原则 第 1 部分:设备用图形符号

ISO 80416-2:2001 设备用图形符号的基本原则 箭头的形式与使用

3 术语和定义

下列术语和定义适用于 GB/T 25195 的本部分。

3.1

图形符号 graphical symbol

直观的易于理解的图形，采用绘制、印制或其他方法制作来传递非语言的信息。

注：为简便起见，术语“图形符号”以下简称为“符号”。

4 总则

4.1 符号应符合 GB/T 25195 的本部分的规定。在实际使用时，为提高符号制作的清晰度，便于操作者识别，可以对以轮廓形式表示的符号进行填充，除非对某些特殊符号另有说明。

4.2 如果基本图形要素未改变，且操作者易于识别，在某些符号复制和显示时，可以根据需要加粗符号的线条或进行其他微小修改。

4.3 为了改进符号的外观和视觉效果，或为了与使用该符号的设备相协调，在保留符号的基本特征的情况下，可对该符号的线条粗细做必要修改或对符号的边角进行修圆，见 ISO 3461-1:1988 中的 10.2。

4.4 在实际使用时,所有符号应复制到足够大,使操作者易于看清。有关正确选择符号的指南见ISO 3461-1。应按照本部分中所示的方位使用符号,除非某些特殊符号另有说明。

4.5 多数符号都是采用模块化的方法构成,这种方法使各种符号和符号要素按一定逻辑关系组合产生一个新符号。

4.6 如果一个符号表示一台机器或其部件的侧面形状时,则应假定机器在符号图框内从右向左移动。如果一个符号表示一台机器或其部件的顶面形状时,则应假定机器在符号图框内从下向上移动。

4.7 在操纵装置和显示装置上的符号应与其背景反差明显,对大多数操纵装置,最好在暗色背景上用明亮符号。而显示装置则可根据最佳视觉效果选择在暗色背景上用明亮符号或在明亮背景上用暗色符号。当符号图形的颜色被改变时(例如:从白底黑图改为黑底白图,反之亦然),则整个符号颜色也应改变。

4.8 符号应位于被标识的操纵装置或显示装置上或其附近。若某个操纵装置需要一个以上符号时,则这些符号应位于与该操纵装置相关的位置,使操纵装置按符号方向运动即可实现该符号所描述的功能。

4.9 符号中使用的箭头应符合 ISO 80416-2 的要求。有关符号设计的一般原则应符合 ISO 3461-1的要求。

4.10 本部分中的符号给出了 ISO/IEC 的注册号。小于 5000 的注册号参见 ISO 7000,大于 5000 的注册号参见 IEC 417。

4.11 字母和数字可用作符号,但没有在 ISO/TC 145(国际标准化组织图形符号技术委员会)注册或没有在 ISO 7000 中规定。在本部分某些条款里,当字母和数字用在流动式起重机变速器的操纵与显示时,具有其特定含义。本部分所示的字体没有限制,也可以采用其他字体,但应注意确保清晰度。

4.12 本部分中的符号,其大小为其原始尺寸的 32% 。图框标记"└"指 ISO 3461-1 中 75 mm 见方图框的四个角。图框标记不是符号的组成部分,而是用于确保所有符号显示的一致性。

4.13 ISO/TC 145 秘书处备有符号的缩微胶片。

5 颜色

5.1 用于灯光显示时下列颜色具有特定的含义:

——红色:需要立即引起注意的故障、严重故障或危险作业状态;

——黄色或淡黄色:接近危险作业状态;

——绿色:正常作业状态。

5.2 特定功能使用的颜色:

——蓝色:前照灯远光束/高光束显示;

——红色:危险警告显示;

——绿色:转向信号显示。

5.3 如果颜色用于表示加热和/或冷却系统符号,则红色应表示加热,蓝色应表示冷却。

6 基本符号

序号	符　　号	名　　称	ISO/IEC 注册号
6.1		发动机 engine	1156
6.2		变速器 transmission	1166
6.3		液压系统 hydraulic system	1409
6.4		制动系统 brake system	1399
6.5		油 oil	1056
6.6		冷却液(水) coolant(water)	0536

序号	符号	名称	ISO/IEC 注册号
6.7		进气 intake air [只与其他符号(如:发动机)组合时才作为符号元素,在所有应用中应为轮廓线]	1604
6.8		排气 exhaust gas [只与其他符号(如:发动机)组合时才作为符号元素,在所有应用中应是一个被填充的实体]	1605
6.9	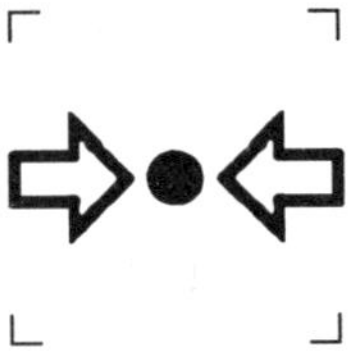	压力 pressure (在未规定压力介质的场合中所用的独立符号)	1701
6.10	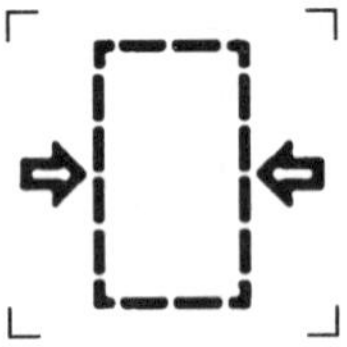	压力 pressure (对于在已规定压力介质的场合下创建的组合符号,用介质符号代替虚线长方形)	应用示例 未注册
6.11		液位指示器 level indicator	0159 的应用
6.12		液位 liquid level (对于在已规定被测液体的场合下创建的组合符号,用液体符号代替虚线长方形)	应用示例 未注册

序号	符　　号	名　　称	ISO/IEC 注册号
6.13	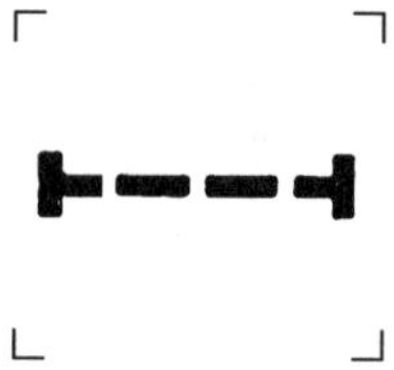	滤清器 filter	1369
6.14		故障/失灵 failure/malfunction	1603
6.15		温度 temperature	0034
6.16	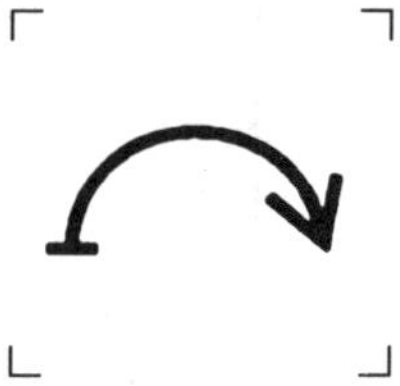	启动开关/机构 start switch/mechanism	1365

7　通用符号

序号	符　　号	名　　称	ISO/IEC 注册号
7.1		加/增加/正极 plus/increase/positive polarity	5005
7.2		减/减少/负极 minus/decrease/negative polarity	5006

序号	符　　号	名　　称	ISO/IEC 注册号
7.3		点烟器 lighter	0620
7.4		蓄电池 battery	0247
7.5		时钟/时间开关/计时器 clock/time switch/timer	5184
7.6		小时计/累计工作小时数 hourmeter/elapsed operating hours	1366
7.7		座椅安全带——仅指膝部带 seatbelt—lap belt only	1702
7.8	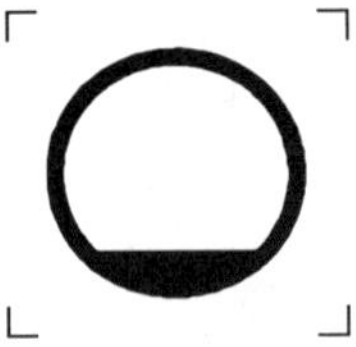	容积——空 volume—empty	1563

序号	符　　号	名　　称	ISO/IEC 注册号
7.9		容积——半满 volume—half-full	1564
7.10		容积——满 volume—full	1565
7.11		机器运行方向——前进 machine travel direction—forwards (用适当的符号代替虚线长方形,可以逆时针旋转 90°作为前进运行方向的侧视图)	应用示例未注册
7.12	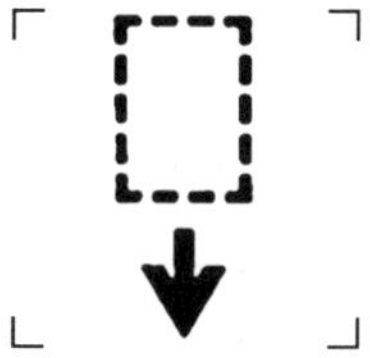	机器运行方向——后退 machine travel direction—backwards (用适当的符号代替虚线长方形,可以逆时针旋转 90°作为后退运行方向的侧视图)	应用示例未注册
7.13		操纵杆操纵方向——双向 control lever operating direction—dual direction (在方向箭头的末端加上适当的符号)	1436
7.14		操纵杆操纵方向——多向 control lever operating direction—multiple direction (在方向箭头的末端加上适当的符号)	1703

序号	符　　号	名　　称	ISO/IEC 注册号
7.15		顺时针旋转 clockwise rotation	0258
7.16		逆时针旋转 counter-clockwise rotation	0937
7.17	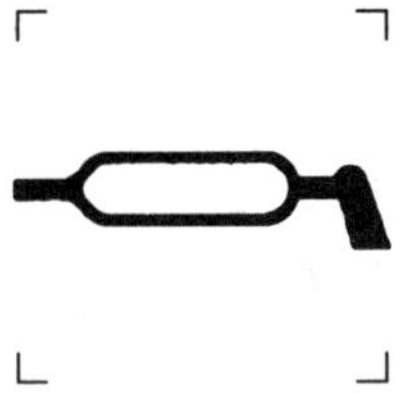	注润滑脂处 grease lubrication point	0787
7.18		注润滑油处 oil lubrication point	0391
7.19		起吊点 lift point	1368
7.20	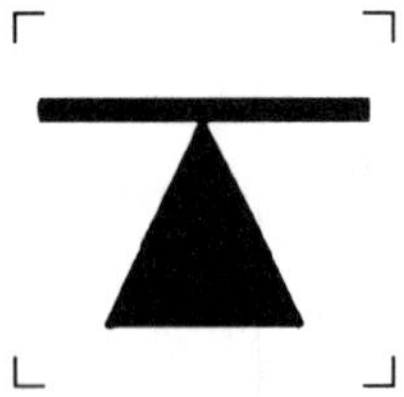	顶升点或支撑点 jack or support point	0542

序号	符　　号	名　　称	ISO/IEC 注册号
7.21		阅读操作手册 read operator′s manual	0790
7.22		锁定 lock	1656

8　发动机符号

序号	符　　号	名　　称	ISO/IEC 注册号
8.1		发动机润滑油 engine lubricating oil (如果仅显示发动机润滑油油位，则该符号可用于指示油位)	1372
8.2		发动机润滑油——压力 engine lubricating—pressure	1374
8.3		发动机润滑油——油位 engine lubricating—level	1373
8.4		发动机润滑油——滤清器 engine lubricating—filter	1376

序号	符　　号	名　　称	ISO/IEC 注册号
8.5		发动机润滑油——温度 engine lubricating—temperature	1375
8.6		发动机冷却液 engine coolant (如果只显示发动机冷却液位,则该符号可用于指示液位)	1377
8.7		发动机冷却液——压力 engine coolant—pressure	1379
8.8		发动机冷却液——液位 engine coolant—level	1378
8.9		发动机冷却液——滤清器 engine coolant—filter	1562
8.10		发动机冷却液——温度 engine coolant—temperature	1380

序号	符　　号	名　　称	ISO/IEC 注册号
8.11		发动机进气/助燃空气 engine intake/combustion air	1381
8.12		发动机进气/助燃空气——压力 engine intake/combustion air—pressure	1382
8.13		发动机进气/助燃空气——滤清器 engine intake/combustion air—filter	1170
8.14		发动机进气/助燃空气——温度 engine intake/combustion air—temperature	1383
8.15		发动机排气 engine exhaust gas	1384
8.16		发动机排气——压力 engine exhaust gas—pressure	1385

序号	符　　号	名　　称	ISO/IEC 注册号
8.17		发动机排气——温度 engine exhaust gas—temperature	1386
8.18		发动机——启动 engine—start	1387
8.19		发动机——停止 engine—stop	1388
8.20		发动机——故障/失灵 engine—failure/malfunction	1371
8.21		发动机——转速/频率 engine—rotational speed/frequency	1389
8.22	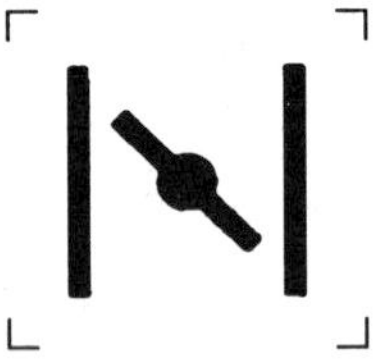	节气门 choke	0243

序号	符　　号	名　　称	ISO/IEC 注册号
8.23		点火装置(辅助起动) primer(start aid)	1370
8.24		电预热(低温辅助起动) electrical preheat(low temperature start aid)	1704
8.25		气体注入(低温辅助起动) gas injection(low temperature start aid)	1547

9　变速器符号

序号	符　　号	名　　称	ISO/IEC 注册号
9.1		变速器油 transmission oil (如果只显示变速器油位,则该符号可用于指示油位)	1397
9.2		变速器油——压力 transmission oil—pressure	1167
9.3		变速器油——油位 transmission oil—level	1398

序号	符　　号	名　　称	ISO/IEC 注册号
9.4		变速器油——滤清器 transmission oil—filter	1169
9.5		变速器油——温度 transmission oil—temperature	1168
9.6		变速器——故障/失灵 transmission—failure/malfunction	1396
9.7		离合器 clutch	1308
9.8	N	中位 neutral	用作符号的字母未注册
9.9	H	高速 high	用作符号的字母未注册

序号	符　　号	名　　称	ISO/IEC 注册号
9.10	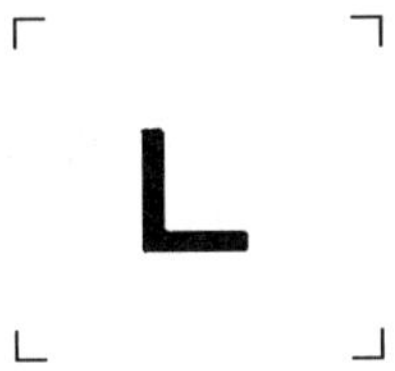	低速 low	用作符号的字母未注册
9.11	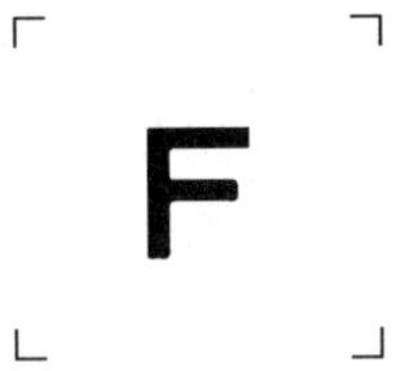	前进 forward	用作符号的字母未注册
9.12		倒车 reverse	用作符号的字母未注册
9.13		停车 park	用作符号的字母未注册
9.14	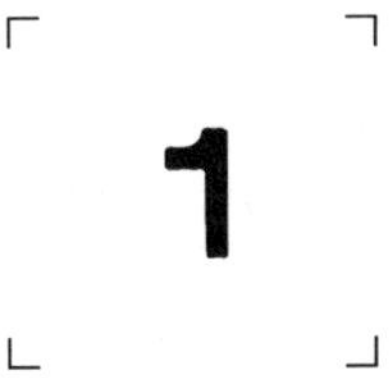	一挡 first gear	用作符号的数字未注册
9.15		二挡 second gear	用作符号的数字未注册

序号	符　　号	名　　称	ISO/IEC 注册号
9.16	3	三挡 third gear (根据需要使用连续数字作为另外的前进挡:如 4 用作四挡等)	用作符号的数字未注册
9.17	R1	倒车一挡 reverse first gear (根据需要使用连续数字作为另外的倒车挡:如 R2 用作倒车二挡等)	用作符号的字母和数字未注册

10　液压系统符号

序号	符　　号	名　　称	ISO/IEC 注册号
10.1		液压油 hydraulic oil (如果仅显示液压油油位,则该符号可用于指示油位)	1411
10.2		液压油——压力 hydraulic oil—pressure	1413
10.3		液压油——油位 hydraulic oil—level	1412
10.4		液压油——滤清器 hydraulic oil—filter	1415

序号	符　　号	名　　称	ISO/IEC 注册号
10.5		液压油——温度 hydraulic oil—temperature	1414
10.6		液压系统——故障/失灵 hydraulic system—failure/malfunction	1410

11 制动系统符号

序号	符　　号	名　　称	ISO/IEC 注册号
11.1		制动油/制动液 brake oil/fluid (如果仅显示制动油/制动液的液位，则该符号可用于指示液位)	1400
11.2		制动系统——压力 brake system—pressure	1402
11.3		制动系统——滤清器 brake system—filter	1404
11.4		制动系统——温度 brake system—temperature	1403

序号	符　　号	名　　称	ISO/IEC 注册号
11.5		制动系统——故障/失灵 brake system—failure/malfunction	0239
11.6		驻车制动器 parking brake	0238
11.7	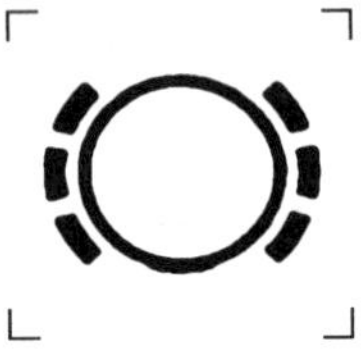	磨损的制动衬垫 worn brake linings	1408
11.8		防抱制动系统——故障/失灵 anti-lock brake system—failure/malfunction	1407

12 燃油符号

序号	符　　号	名　　称	ISO/IEC 注册号
12.1		燃油 fuel (如果只显示燃油油位,则该符号可用于指示液位,燃油型号可在符号内显示)	0245
12.2		燃油——压力 fuel—pressure	1392

序号	符　　号	名　　称	ISO/IEC 注册号
12.3		燃油——油位 fuel—level	1551
12.4		燃油——滤清器 fuel—filter	1393
12.5		燃油——温度 fuel—temperature	1394
12.6		燃油系统——故障/失灵 fuel system—failure/malfunction	1391
12.7		燃油切断 fuel shut-off （不能作为发动机停止符号）	1395 （第二版）
12.8		柴油（压缩点火） diesel fuel(compressor-ignition)	1541

13　照明符号

序号	符　　号	名　　称	ISO/IEC 注册号
13.1	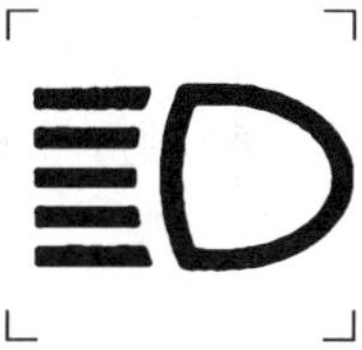	前照灯——远光束/高光束 headlights—main/high beam	0082

序号	符　　号	名　　称	ISO/IEC 注册号
13.2		前照灯——近光束/低光束 headlights—dipped/low beam	0083
13.3		工作灯;泛光灯 worklight;floodlight	1204
13.4		驻车灯 parking light	0240
13.5		危险警示灯 hazard warning lights	0085
13.6		标志灯 beacon	1141 (第二版)
13.7		示廓灯/位置灯 clearance/position lights	0456

序号	符　号	名　称	ISO/IEC 注册号
13.8	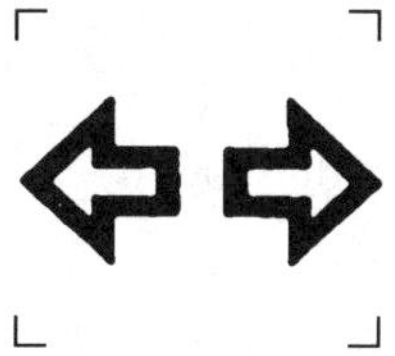	转向信号 turn signals	0084
13.9		前雾灯 front fog-lights (如果前、后雾灯共用一个开关，则应定为前雾灯的符号)	0633
13.10	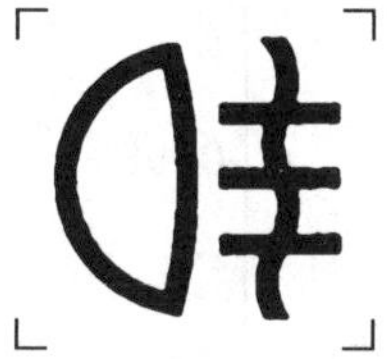	后雾灯 rear fog-lights (如果前、后雾灯共用一个开关，则应定为前雾灯的符号)	0634

14 视窗符号

序号	符　号	名　称	ISO/IEC 注册号
14.1	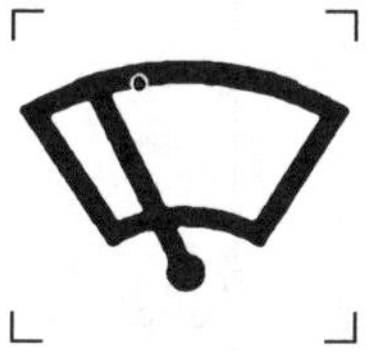	前风窗玻璃/前风挡刮水器 windscreen/windshield wiper	0086
14.2		前风窗玻璃/前风挡清洗器 windscreen/windshield washer	0088
14.3		前风窗玻璃/前风挡清洗器和刮水器 windscreen/windshield washer and wiper	0087

序号	符　　号	名　　称	ISO/IEC 注册号
14.4	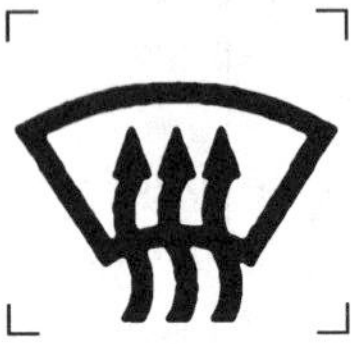	前风窗玻璃/前风挡除雾器/除霜器 windscreen/windshield demister/defroster	0635
14.5		后风窗玻璃刮水器 rear window wiper	0097
14.6		后风窗玻璃清洗器 rear window washer	0099
14.7		后风窗玻璃清洗器和刮水器 rear window washer and wiper	0098
14.8		后风窗玻璃除雾器/除霜器 rear window demister/defroster	0636

15　伸缩式臂架起重机符号

序号	符　　号	名　　称	ISO/IEC 注册号
15.1		臂架——向上变幅 jib(boom)—luffing up(raise)	2220

序号	符　　号	名　　称	ISO/IEC 注册号
15.2		臂架——向下变幅 jib(boom)—luffing down(lower)	2221
15.3		载荷——起升 load—hoist	2222
15.4		载荷——下降 load—lower	2223
15.5	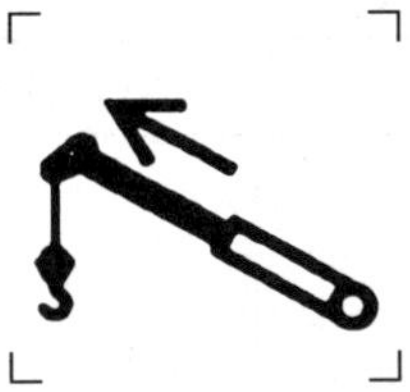	伸缩——伸出 telescope—extend	2224
15.6	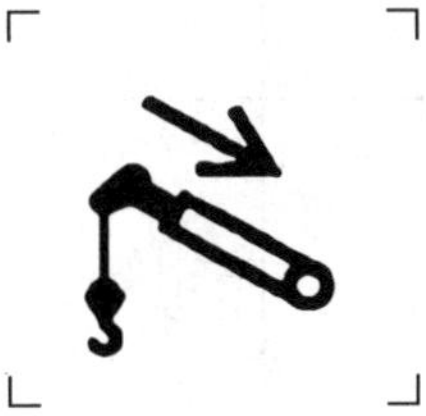	伸缩——缩回 telescope—retract	2225
15.7		臂架——向左回转 jib(boom)—slew left	2226

序号	符　　号	名　　称	ISO/IEC 注册号
15.8		臂架——向右回转 jib(boom)—slew right	2227
15.9		臂架——回转锁定 jib(boom)—slew lock	2228
15.10		臂架——回转制动 jib(boom)—slew brake	2229

16　固定长度臂架起重机符号

序号	符　　号	名　　称	ISO/IEC 注册号
16.1		臂架——向上变幅 jib(boom)—luffing up(raise)	2230
16.2		臂架——向下变幅 jib(boom)—luffing down(lower)	2231
16.3		载荷——起升 load—hoist	2232

序号	符　　号	名　　称	ISO/IEC 注册号
16.4		载荷——下降 load—lower	2233
16.5		臂架——向左回转 jib(boom)—slew left	2234
16.6		臂架——向右回转 jib(boom)—slew right	2235
16.7		臂架——回转锁定 jib(boom)—slew lock	2236
16.8	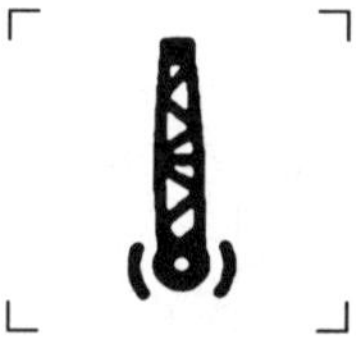	臂架——回转制动 jib(boom)—slew brake	2237

17　抓斗符号

序号	符　　号	名　　称	ISO/IEC 注册号
17.1		抓斗——基本符号 clamshell bucket—basic symbol	1494

序号	符　　号	名　　称	ISO/IEC 注册号
17.2		抓斗——开启 clamshell bucket—open	1495
17.3		抓斗——闭合 clamshell bucket—close	1496
17.4		抓斗——旋转 clamshell bucket—rotate	2082
17.5		抓斗——顺时针旋转 clamshell bucket—rotate clockwise	1497
17.6		抓斗——逆时针旋转 clamshell bucket—rotate counter-clockwise	1498

18 抓钳符号

序号	符　　号	名　　称	ISO/IEC 注册号
18.1		抓钳——基本符号 grapple—basic symbol	1499

序号	符　　号	名　　称	ISO/IEC 注册号
18.2		抓钳——开启 grapple—open	1500
18.3		抓钳——闭合 grapple—close	1501
18.4		抓钳——旋转 grapple—rotate	1502
18.5		抓钳——顺时针旋转 grapple—rotate clockwise	2083
18.6		抓钳——逆时针旋转 grapple—rotate counter-clockwise	2084

19 卷扬符号

序号	符　　号	名　　称	ISO/IEC 注册号
19.1		卷扬——基本符号 winch—basic symbol	1176

序号	符　　号	名　　称	ISO/IEC 注册号
19.2	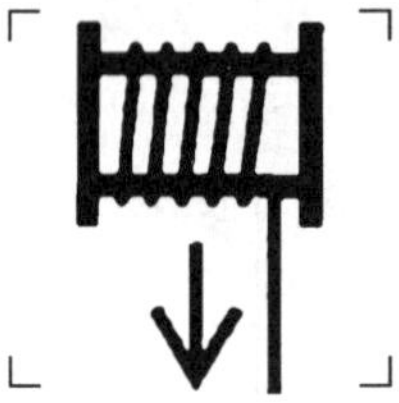	卷扬——卷出 winch—spool out	1539
19.3		卷扬——卷入 winch—spool in	1538
19.4		卷扬——自由卷绕 winch—free spool	1540
19.5		卷扬——锁定 winch—lock	2070
19.6		卷扬——制动 winch—brake	2071

20　支腿符号

序号	符　　号	名　　称	ISO/IEC 注册号
20.1		支腿——基本符号 stabilizer—basic symbol	2072

序号	符　　号	名　　称	ISO/IEC 注册号
20.2	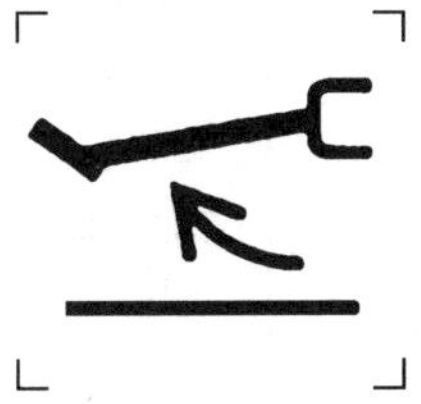	左支腿——上升/升起 left stabilizer—up/raise	2073
20.3		左支腿——下降/降低 left stabilizer—down/lower	2074
20.4		右支腿——上升/升起 right stabilizer—up/raise	1292 (第二版)
20.5		右支腿——下降/降低 right stabilizer—down/lower	1291 (第二版)
20.6		左支腿——伸出 left stabilizer—extend	2075
20.7		左支腿——缩回 left stabilizer—retract	2076

序号	符　　号	名　　称	ISO/IEC注册号
20.8		右支腿——伸出 right stabilizer—extend	1536 (第二版)
20.9		右支腿——缩回 right stabilizer—retract	1537 (第二版)

21　外伸支腿符号

序号	符　　号	名　　称	ISO/IEC注册号
21.1	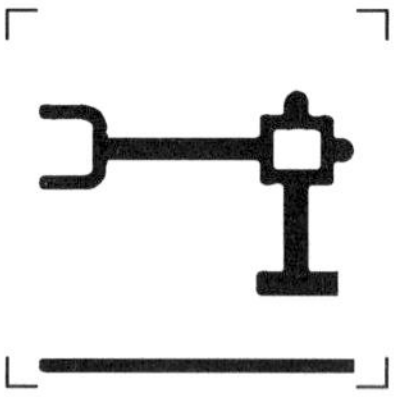	外伸支腿——基本符号 outrigger—basic symbol	2077
21.2	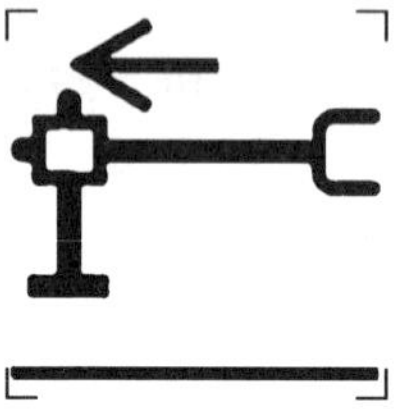	外伸支腿——左支腿梁伸出——水平伸出 outrigger—left beam out—horizontal extension only	2078
21.3		外伸支腿——左支腿梁缩回——水平缩回 outrigger—left beam in—horizontal retraction only	2079
21.4		外伸支腿——右支腿梁伸出——水平伸出 outrigger—right beam out—horizontal extension only	0746 (第二版)

序号	符号	名称	ISO/IEC 注册号
21.5	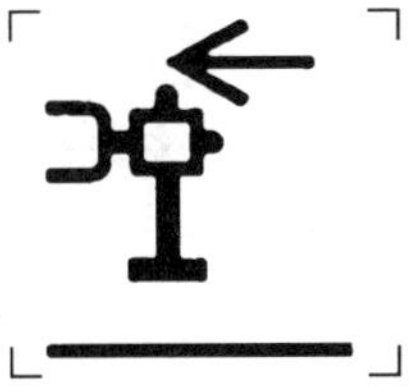	外伸支腿——右支腿梁缩回——水平缩回 outrigger—right beam in—horizontal retraction only	0747 (第二版)
21.6	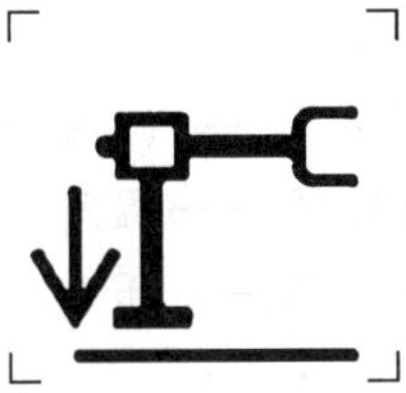	外伸支腿——左油缸下降——垂直伸出 outrigger—left jack down—vertical extension only	2080
21.7	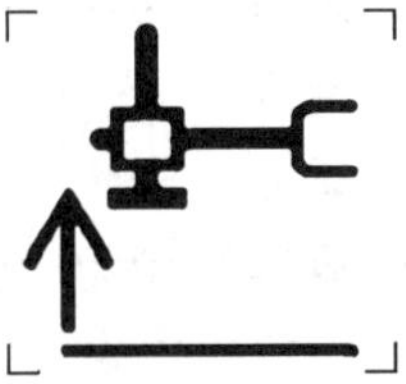	外伸支腿——左油缸上升——垂直缩回 outrigger—left jack up—vertical retraction only	2081
21.8	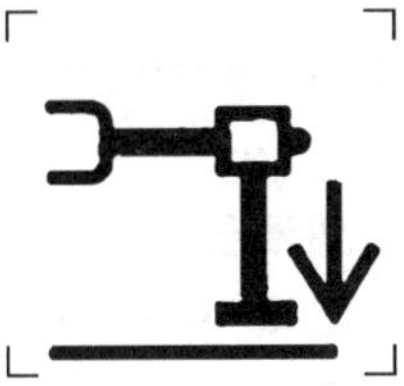	外伸支腿——右油缸下降——垂直伸出 outrigger—right jack down—vertical extension only	0750 (第二版)
21.9		外伸支腿——右油缸上升——垂直缩回 outrigger—right jack up—vertical retraction only	0751 (第二版)

参考文献

[1] ISO 7000:1989 设备用图形符号 索引和对照表

[2] IEC 417:1973 设备用图形符号 索引、一览表、单张资料及其补充件的汇编(IEC 417A:1974、IEC 417B:1975、IEC 417C:1977、IEC 417D:1978、IEC 417E:1980、IEC 417F:1982、IEC 417G:1985、IEC 417H:1987、IEC 417J:1990、IEC 417K:1991、IEC 417L:1993)

中 文 索 引

B

C

D

E

F

G

H

J

L

M

N

P

Q

R

S

T

W

X

Y

Z

英 文 索 引

A

B

C

D

E

F

G

H

I

J

L

M

N

O

P

R

S

T

V

W

ICS 53.020.20
J 80

中华人民共和国国家标准

GB/T 25195.3—2010/ISO 7296-3:2006

起重机　图形符号
第3部分:塔式起重机

Cranes—Graphical symbols—Part 3:Tower cranes

(ISO 7296-3:2006,IDT)

2010-09-26 发布　　2011-02-01 实施

中华人民共和国国家质量监督检验检疫总局
中国国家标准化管理委员会　发布

前　言

GB/T 25195《起重机械　图形符号》分为5个部分：

——第1部分：总则；

——第2部分：流动式起重机；

——第3部分：塔式起重机；

——第4部分：臂架起重机；

——第5部分：桥式和门式起重机。

本部分为GB/T 25195的第3部分。

本部分等同采用ISO 7296-3：2006《起重机　图形符号　第3部分：塔式起重机》(英文版)。

本部分等同翻译ISO 7296-3：2006 。

为了便于使用，本部分作了下列编辑性修改：

——“ISO 7296的本部分”一词改为“GB/T 25195的本部分”；

——删除ISO 7296-3：2006的前言和引言；

——对于ISO 7296-3：2006引用的国际标准，用已被采用为我国的标准代替对应的国际标准；

——按照GB/T 1.1的编写格式，将“范围”、“规范性引用文件”和“图形符号”加了章号；

——增加了中文索引和英文索引。

本部分的附录A为资料性附录。

本部分由中国机械工业联合会提出。

本部分由全国起重机械标准化技术委员会(SAC/TC 227)归口。

本部分起草单位：北京建筑机械化研究院、北京建研机械科技有限公司。

本部分主要起草人：孙艳秋、张海云。

起重机　图形符号
第3部分:塔式起重机

1　范围

GB/T 25195 的本部分规定了在 GB/T 6974.3 中所定义的塔式起重机操作控制装置和其他显示装置的图形符号。

附录 A 列举了各种图形符号组合应用的示例。

2　规范性引用文件

下列文件中的条款通过 GB/T 25195 的本部分的引用而成为本部分的条款。凡是注日期的引用文件,其随后所有的修改单(不包括勘误的内容)或修订版均不适用于本部分,然而,鼓励根据本部分达成协议的各方研究是否可使用这些文件的最新版本。凡是不注日期的引用文件,其最新版本适用于本部分。

GB/T 6974.3　起重机　术语　第3部分:塔式起重机(GB/T 6974.3—2008,ISO 4306-3:2003,IDT)

3　图形符号

序号	符　号	名　　称	ISO/IEC 注册号
1		接通(电源) on (power)	IEC 60417-5007
2	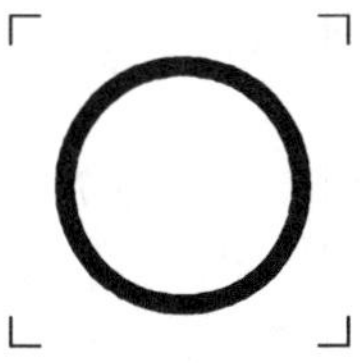	断开(电源) off (power)	IEC 60417-5009
3		接通/断开(按/按) on/off (push/push)	IEC 60417-5010

序号	符　号	名　　称	ISO/IEC 注册号
4		接通/断开(按下按钮) on/off (push button)	IEC 60417-5011
5		喇叭 horn	IEC 60417-5014
6		风扇 ventilator	ISO 7000-1118
7		通风扇；换气扇 ventilating fan; air-circulating fan	ISO 7000-0089
8		温度 temperature	ISO 7000-0034
9		室内暖气 interior heating	ISO 7000-0637B
10		冷气 cooling	ISO 7000-0027

序号	符　号	名　　称	ISO/IEC 注册号
11		旋转标志灯 rotating beacon	ISO 7000-1141A
12		照明;灯 lighting;lamp	IEC 60417-5012
13		泛光灯 floodlight	ISO 7000-1204 (ISO 7296-1062)
14		风挡刮水器 windscreen wiper	ISO 7000-0086
15		风挡清洗器 windscreen washer	ISO 7000-0088
16		风速 wind speed	ISO 7000-1698 (ISO 7296-1052)
17	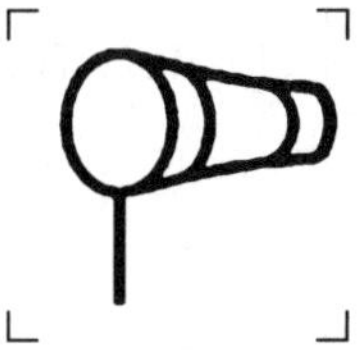	风向 wind direction	ISO 7000-1699 (ISO 7296-1053)
18		钢丝绳卷扬 rope winch	ISO 7000-1176

序号	符　号	名　　称	ISO/IEC 注册号
19		制动器衬垫磨损 brake lining wear	ISO 7000-1408
20		制动器制动 brake on	ISO 7000-0020
21		制动器不制动 brake off	ISO 7000-0021
22	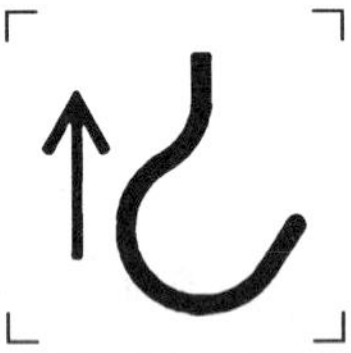	吊钩总成:起升 hook assembly:lift	ISO 7000-1682 (ISO 7296-1020)
23		吊钩总成:下降 hook assembly: lower	ISO 7000-1683 (ISO 7296-1021)
24	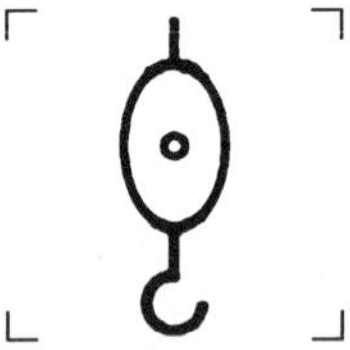	绕绳方式——单绳 rope reeve—single fall	ISO 7000-2755
25	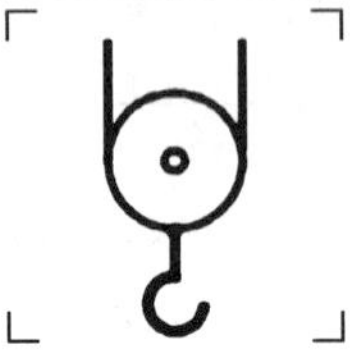	绕绳方式——双绳 rope reeve—two falls	ISO 7000-2756
26		绕绳方式——四绳 rope reeve—four falls	ISO 7000-2757

序号	符　号	名　　称	ISO/IEC 注册号
27		连续回转——三维表示 direction of continuous rotation—three-dimensional presentation	ISO 7000-0440
28	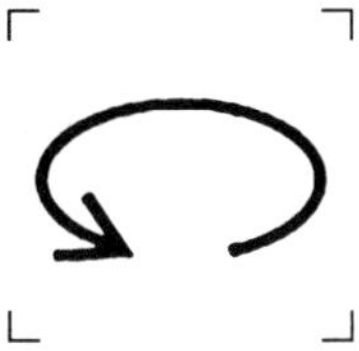	连续回转——逆时针； 反向回转——顺时针 direction of continuous rotation—anticlockwise； slewing counter—clockwise	ISO 7000-0941
29		双向自由回转(臂架风向标) slewing in both directions unlocked (jib weathervaning)	ISO 7000-2761
30	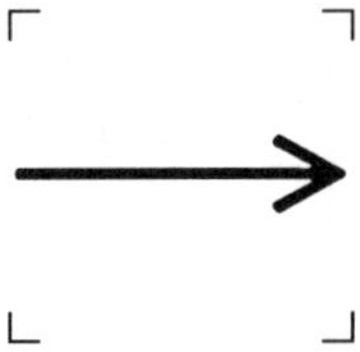	单向运动 movement in one direction	IEC 60417-5022
31		载重小车 crane trolley	ISO 7000-2758
32		上仰变幅 luff in	ISO 7000-1684
33		下俯变幅 luff out	ISO 7000-1685
34		伸缩臂伸出 telescopic boom extend	ISO 7000-1686

序号	符　号	名　　称	ISO/IEC 注册号
35		伸缩臂缩回 telescopic boom retract	ISO 7000-1687
36		起重机基础——轨道基础 crane base—rail mounted	ISO 7000-2759
37		夹轨器夹紧 rail clamp engaged	ISO 7000-1696 (ISO 7296-1042)
38		夹轨器松开 rail clamp disengaged	ISO 7000-1697 (ISO 7296-1043)
39		抓斗闭合 clamshell bucket, close	ISO 7000-1496
40		抓斗开启 clamshell bucket, open	ISO 7000-1495
41		组装式塔式起重机 tower cranes assembled from component parts	ISO 7000-2762
42		自行架设式塔式起重机 self-erecting cranes	ISO 7000-2763

序号	符　号	名　　称	ISO/IEC 注册号
43	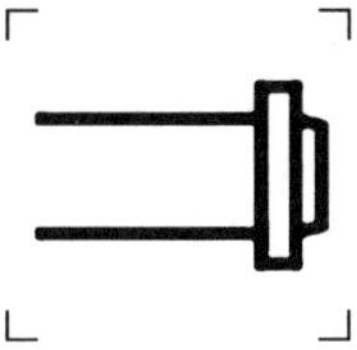	轴 spindle	ISO 7000-0267
44		危险警示 hazard warning	ISO 7000-0085
45		危险 danger	ISO 7000-0434A
46		润滑脂 lubricant grease	ISO 7000-0787
47		润滑油 lubricating oil	ISO 7000-0391
48	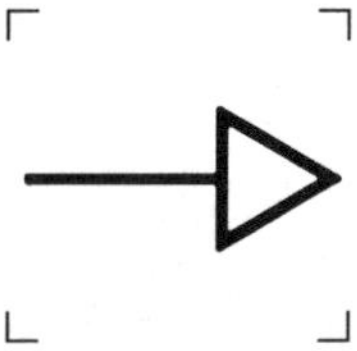	常速运动 normal run	IEC 60417-5107A
49	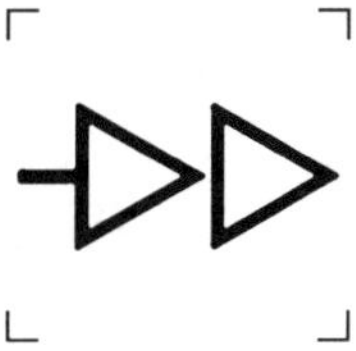	快速运动 fast run	IEC 60417-5108A
50	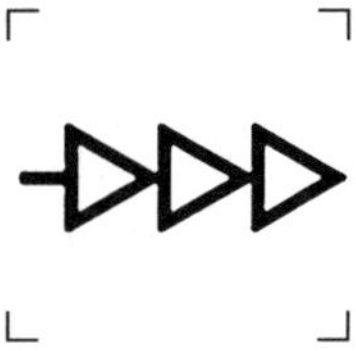	高速 fast speed	ISO 7000-0944

序号	符　号	名　　称	ISO/IEC 注册号
51	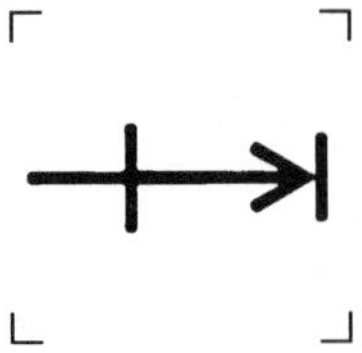	直行超程 over-travel, rectilinear	ISO 7000-0256
52		回转超程 over-travel, rotary	ISO 7000-0781
53	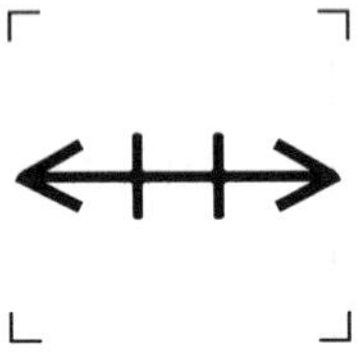	超程限制——双向 limit override—in two directions	ISO 7000-2764
54	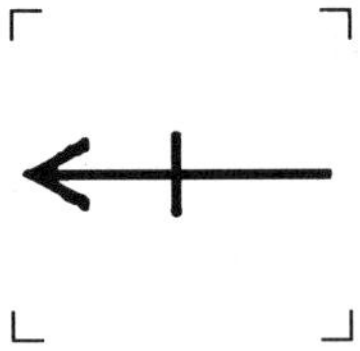	超程限制——单向 limit override—in one direction	ISO 7000-2765
55	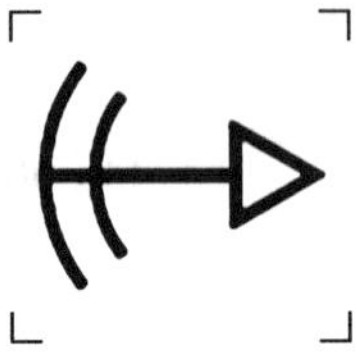	大幅减速运动;大幅减速 much reduced run; much reduced speed	ISO 7000-0528

附 录 A
（资料性附录）
图形符号组合示例

序号	符 号	名 称	ISO/IEC 注册号
1		组装式塔式起重机倾覆力矩限制器——力矩值 turning moment limiting device for tower cranes assembled from component parts—moment value	ISO 7000-2766
2		自行架设式塔式起重机倾覆力矩限制器——力矩值 turning moment limiting device for self-erecting cranes—moment value	ISO 7000-2767
3		起重量限制器——起重量 load limiting device—load value	ISO 7000-2768
4		轨道式起重机行走限位器——单向 crane base—rail mounted, travel limit device—one direction	ISO 7000-2769
5		轨道式起重机行走限位器——双向 crane base—rail mounted, travel limit device—two directions	ISO 7000-2770
6		回转限位器——顺时针 slew limit device—clockwise	ISO 7000-2771

序号	符　号	名　　称	ISO/IEC 注册号
7		回转限位器——逆时针 slew limit device—anticlockwise	ISO 7000-2772
8		上仰限位器 upper luffing limit device	ISO 7000-2773
9		下俯限位器 lower luffing limit device	ISO 7000-2774
10		上仰超程限位器 upper luffing limit override device	ISO 7000-2775
11		下俯超程限位器 lower luffing limit override device	ISO 7000-2776
12		起升高度限位器 upper hoist limit device	ISO 7000-2777
13	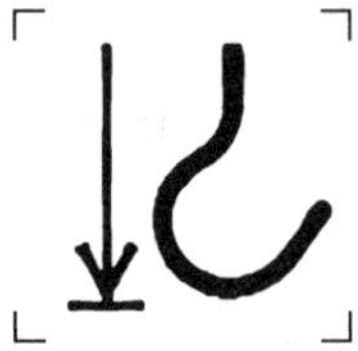	下降深度限位器 lower hoist limit device	ISO 7000-2778
14		起升超程限制 upper hoist limit override	ISO 7000-2779

序号	符　号	名　　称	ISO/IEC 注册号
15		小车向后行走限位器 trolley travelling limit device—backward	ISO 7000-2780
16		小车向前行走限位器 trolley travelling limit device—forward	ISO 7000-2781
17		小车后行 trolley travelling backwards	ISO 7000-2782
18		小车前行 trolley travelling forwards	ISO 7000-2783
19		制动器制动或不制动 brake on or brake off	ISO 7000-1173

参　考　文　献

[1]　ISO 7000:2004　设备用图形符号　索引和一览表(可上网获得:www.graphical-symbols.info/)

[2]　ISO 7296-1:1991　起重机　图形符号　第1部分:总则[1)]

[3]　DIN 30600　图形符号、注册号、标记

[4]　FEM 1.003　塔式起重机　图形符号[2)]

[5]　IEC 60417　设备用图形符号(可上网获得:www.graphical-symbols.info/)

1) 此标准已被GB/T 25195.1—2010等同采用。

2) FEM是欧洲机械搬运协会的缩写。

中 文 索 引

英 文 索 引

A

B

C

D

F

H

I

L

S

T

U

V

W

ICS 53.020.20
J 80

中华人民共和国国家标准

GB/T 25195.4—2021

起重机　图形符号
第4部分:臂架起重机

Cranes—Graphical symbols—Part 4: Jib cranes

2021-05-21 发布　　2021-10-01 实施

国家市场监督管理总局
国家标准化管理委员会　发布

前　　言

GB/T 25195《起重机　图形符号》分为五个部分：

——第 1 部分：总则；

——第 2 部分：流动式起重机；

——第 3 部分：塔式起重机；

——第 4 部分：臂架起重机；

——第 5 部分：桥式和门式起重机。

本部分为 GB/T 25195 的第 4 部分。

本部分按照 GB/T 1.1—2009 给出的规则起草。

本部分由中国机械工业联合会提出。

本部分由全国起重机械标准化技术委员会(SAC/TC 227)归口。

本部分起草单位：交通运输部水运科学研究院、湖南中铁五新重工有限公司、天津港(集团)有限公司、上海振华重工(集团)股份有限公司、大连博瑞重工有限公司、北京起重运输机械设计研究院有限公司、太原科技大学。

本部分主要起草人：谢琛、张德文、张攀攀、张维友、赵滟、李勋、王苹、刘元利、赵春晖、文豪、祁加勇、谢岗、朱昌彪、罗建平、王剑国、肖扬、张久超。

起重机　图形符号
第 4 部分:臂架起重机

1　范围

GB/T 25195 的本部分规定了臂架起重机操作控制装置和其他显示装置的图形符号的总则、颜色和基本符号。

本部分适用于除了流动式起重机、塔式起重机、铁路起重机、浮式起重机和海上起重机以外的臂架型起重机。

2　规范性引用文件

下列文件对于本文件的应用是必不可少的。凡是注日期的引用文件,仅注日期的版本适用于本文件。凡是不注日期的引用文件,其最新版本(包括所有的修改单)适用于本文件。

ISO 3461-1:1988　建立图形符号的一般原则　第 1 部分:设备用图形符号(General principles for the creation of graphical symbols—Part 1: Graphical symbols for use on equipment)

ISO 80416-2　设备用图形符号的基本原则　第 2 部分:箭头的形式与使用(Basic principles for graphical symbols for use on equipment—Part 2: Form and use of arrows)

3　术语和定义

下列术语和定义适用于本文件。

3.1

图形符号　graphical symbol

直观的易于理解的图形,采用绘制、印制或其他方法制作来传递非语音的信息。

4　总则

4.1　在实际使用时,可对以轮廓形式表示的图形符号进行填充,对某些特殊符号另有说明除外。

4.2　基本图形要素未改变,且操作者易于识别,在某些图形符号复制和显示时,可根据需要加粗符号的线条或进行其他微小修改。

4.3　在保留图形符号的基本特征的情况下,可对图形符号的线条粗细做必要修改或对图形符号的边角进行修圆。并应符合 ISO 3461-1:1988 中 10.2 的相关要求。

4.4　符号中使用的箭头应符合 ISO 80416-2 的要求。

4.5　在实际使用时,所有图形符号应复制到足够大,使操作者易于看清。

4.6　在操作装置和显示装置上的图形符号应与其背景反差明显。对大多数操作装置,宜在暗色背景上用明亮符号。而在显示装置上,则可根据最佳视觉效果选择在暗色背景上用明亮符号或在明亮背景上用暗色符号。

4.7 图形符号应位于被标识的操作装置或显示装置上或附近。当需要不止一个符号时(如“接通”“断开”“向左”“向右”),符号的相对安装位置应符合装置运动方向,并能起到提示作用。

4.8 当使用基本符号不能准确表达时,可参选附录A中表A.1给出的组合图形符号。

5 颜色

5.1 用于灯光显示时下列颜色具有特定意义:

——红色:需要立即引起注意的故障、严重故障或危险作业状态;

——黄色:接近危险作业状态;

——绿色:正常作业状态。

5.2 特定功能使用的颜色:

——蓝色:前照灯远光束/高光束显示;

——红色:危险警告显示;

——绿色:转向信号显示。

5.3 颜色用于表示加热或冷却系统符号时,红色表示加热,蓝色表示冷却。

6 基本符号

6.1 用于基本运动方向和开关位置的图形符号见表1。

表1 用于基本运动方向和开关位置的图形符号

序号	符号	名称	ISO/IEC 注册号
1.1		接通(电源) on (power)	IEC 60417-5007
1.2	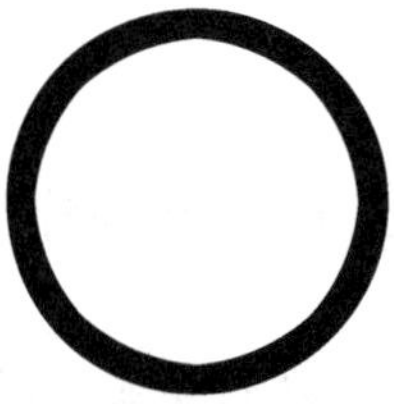	断开(电源) off (power)	IEC 60417-5008
1.3		接通/断开(电源) on/off (push/push)	IEC 60417-5010

表 1（续）

序号	符号	名称	ISO/IEC 注册号
1.4		接通/断开(电源) on/off (push button)	IEC 60417-5011
1.5		启动开关/机构 start switch/mechanism	ISO 7000-1365

6.2 用于司机控制的图形符号见表 2。

表 2 用于司机控制的图形符号

序号	符号	名称	ISO/IEC 注册号
2.1		连续回转—三维表示 direction of continuous rotation-threedimensional presentation	ISO 7000-0440
2.2	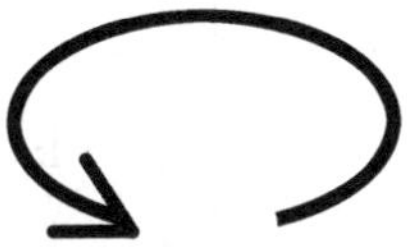	连续回转—逆时针 反向回转—顺时针 direction of continuous rotation-anticlockwise; slewing counter-clockwise	ISO 7000-0941
2.3		双向自由回转(臂架风向标) slewing in both directions unlocked (jib weathervaning)	ISO 7000-2761
2.4		双向回转锁定 rotation,both directions,locked	ISO 7000-0938

表 2（续）

序号	符号	名称	ISO/IEC 注册号
2.5		单向运动 movement in one direction	IEC 60417-5022
2.6		操纵杆双向运动 control lever working movementin two directions	ISO 7000-1680
2.7		吊钩总成:起升 hooks assembly:lift	ISO 7000-1682
2.8		吊钩总成:下降 hooks assembly:lower	ISO 7000-1683
2.9		上仰变幅 luff in	ISO 7000-1684
2.10		下俯变幅 luff out	ISO 7000-1685
2.11		起重机向前运行 crane,travelling forward	ISO 7000-1689

表 2（续）

序号	符号	名称	ISO/IEC 注册号
2.12		起重机向后运行 crane,travelling in reverse	ISO 7000-1690
2.13		起重机运行:前进-后退 crane,travelling:forward-reverse	ISO 7000-1691
2.14		夹轨器夹紧 rail clamp engaged	ISO 7000-1696
2.15		夹轨器松开 rail clamp disengaged	ISO 7000-1697 (ISO 7296-1043)
2.16		抓斗闭合 clamshell bucket,close	ISO 7000-1496
2.17		抓斗开启 clamshell bucket,open	ISO 7000-1495

6.3　信息图形符号见表 3。

表 3　信息图形符号

序号	符号	名称	ISO/IEC 注册号
3.1	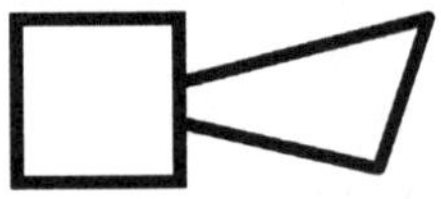	喇叭 horn	IEC 60417-5014
3.2		移动机器报警 moving machine alarm	ISO 7000-2104
3.3		风扇 ventilator	ISO 7000-1118
3.4		通风扇;换气扇 ventilating fan; air-circulating fan	ISO 7000-0089
3.5		温度 temperature	ISO 7000-0034
3.6	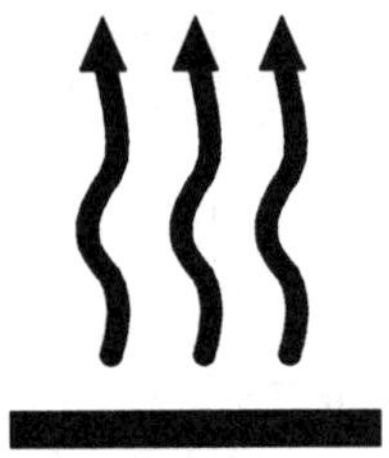	室内暖气 interior heating	ISO 7000-0637B
3.7		冷气 cooling	ISO 7000-0027

表 3（续）

序号	符号	名称	ISO/IEC 注册号
3.8		旋转标志灯 rotating beacon	ISO 7000-1141A
3.9		照明:灯 lighting:lamp	IEC 60417-5012
3.10		泛光灯 floodlight	ISO 7000-1204
3.11	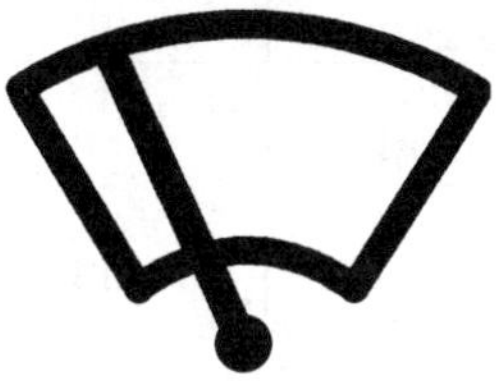	风挡刮水器 windscreen wiper	ISO 7000-0086
3.12		风挡清洗器 windscreen washer	ISO 7000-0088
3.13	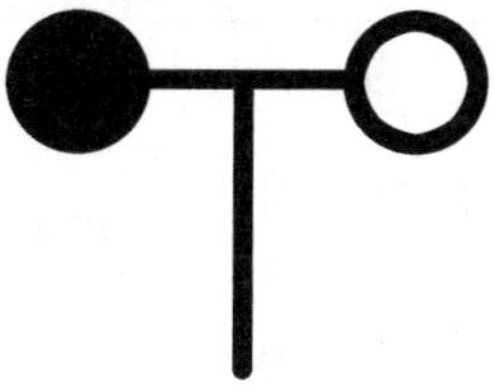	风速 wind speed	ISO 7000-1698
3.14		风向 wind direction	ISO 7000-1699

表 3(续)

序号	符号	名称	ISO/IEC 注册号
3.15	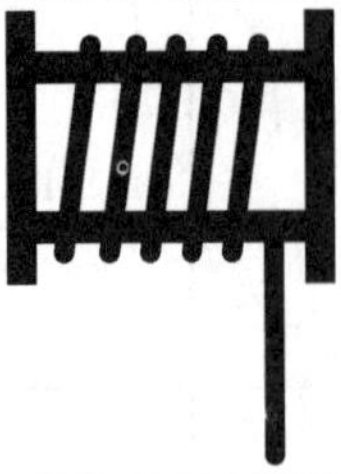	钢丝绳卷扬 rope winch	ISO 7000-1176
3.16		制动器衬垫磨损 brake lining wear	ISO 7000-1408
3.17		制动系统 brake system	ISO 7000-1399
3.18	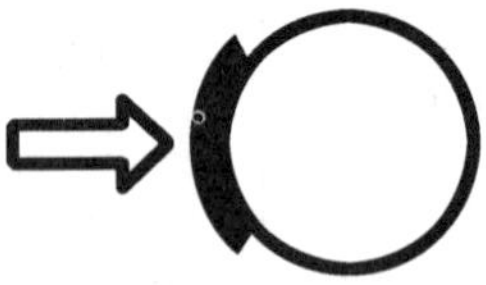	制动器制动 brake on	ISO 7000-0020
3.19	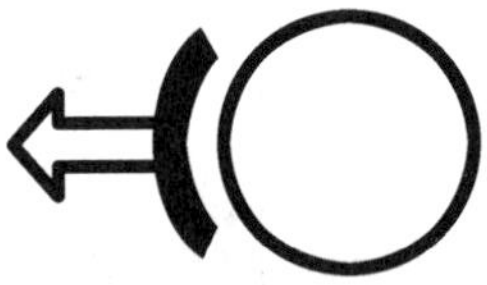	制动器释放 brake off	ISO 7000-0021
3.20		发动机—启动 engine-start	ISO 7000-1387
3.21		发动机—停止 engine-stop	ISO 7000-1388

表 3（续）

序号	符号	名称	ISO/IEC 注册号
3.22		发动机—故障/失灵 engine-failure/malfunction	ISO 7000-1371
3.23		变速器油—温度 transmission oil-temperature	ISO 7000-1168
3.24		变速器油—油位 transmission oil-level	ISO 7000-1398
3.25		变速器—故障/失灵 transmission-failure/malfunction	ISO 7000-1396
3.26		危险警示 hazard warning	ISO 7000-0085
3.27		危险 danger	ISO 7000-0434A

表 3(续)

序号	符号	名称	ISO/IEC 注册号
3.28		故障/失灵 failure/malfunction	ISO 7000-1603
3.29		润滑脂 lubricant grease	ISO 7000-0787
3.30	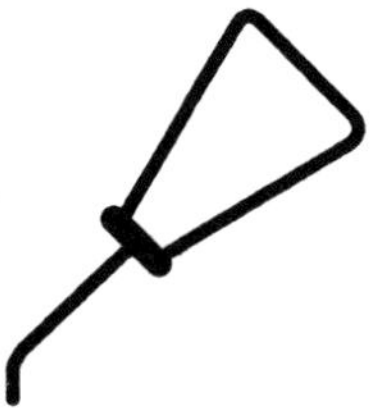	润滑油 lubricant oil	ISO 7000-0391

附　录　A
（资料性附录）
图形符号组合示例

表 A.1 给出了各种图形符号组合应用的示例。

表 A.1　组合图形符号

序号	符号	名称	ISO/IEC 注册号
A.1.1		起重量限制器—起重量 loading limiting device-load value	ISO 7000-2768
A.1.2		轨道式起重机行走限位器—单向 crane base-rail mounted, travel limit device-one direction	ISO 7000-2769
A.1.3		轨道式起重机行走限位器—双向 crane base-rail mounted, travel limit device-two direction	ISO 7000-2770
A.1.4	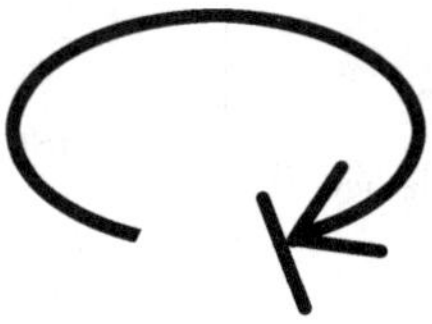	回转限位器—顺时针 slew limit device-clockwise	ISO 7000-2771
A.1.5		回转限位器—逆时针 slew limit device-anticlockwise	ISO 7000-2772

表 A.1（续）

序号	符号	名称	ISO/IEC 注册号
A.1.6	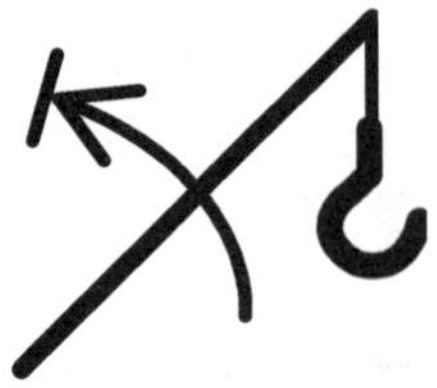	上仰限位器 upper luffing limit device	ISO 7000-2773
A.1.7		下俯限位器 lower luffing limit device	ISO 7000-2774
A.1.8		上仰超程限位器 upper luffing limit override device	ISO 7000-2775
A.1.9		下俯超程限位器 lower luffing limit override device	ISO 7000-2776
A.1.10		起升高度限位器 upper hoist limit device	ISO 7000-2777
A.1.11	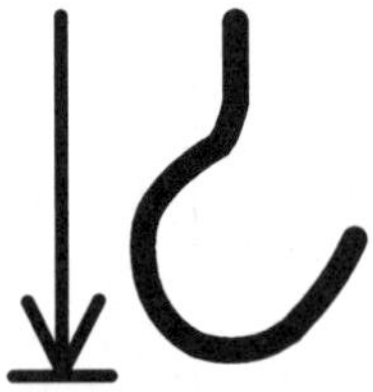	下降深度限位器 lower hoist limit device	ISO 7000-2778

表 A.1（续）

序号	符号	名称	ISO/IEC 注册号
A.1.12		起升超程限位器 upper hoist limit override	ISO 7000-2779

参 考 文 献

［1］ GB/T 25195.1—2010 起重机 图形符号 第1部分:总则

［2］ GB/T 25195.2—2010 起重机 图形符号 第2部分:流动式起重机

［3］ GB/T 25195.3—2010 起重机 图形符号 第3部分:塔式起重机

［4］ ISO 7000:2014 Graphical symbols for use on equipment—Registered symbols

［5］ IEC 60417 Graphical symbols for use on equipment

索 引

汉语拼音索引

英文对应词索引

F

H

I

L

M

O

R

S

T

U

V

W

ICS 01.040.53;53.020.99
J 80

中华人民共和国国家标准

GB/T 26476—2021
代替 GB/T 26476—2011

机械式停车设备　术语

Mechanical parking system—Vocabulary

2021-12-31 发布　　2022-07-01 实施

中华人民共和国国家质量监督检验检疫总局
中国国家标准化管理委员会　发布

前　言

本文件按照 GB/T 1.1—2020《标准化工作导则　第1部分：标准化文件的结构和起草规则》的规定起草。

本文件代替 GB/T 26476—2011《机械式停车设备　术语》，与 GB/T 26476—2011 相比，除结构调整和编辑性改动外，主要技术变化如下：

——修改第1章“范围”中“机械式停车设备的主要类别”为“机械式停车设备的分类、型式”（见第1章，2011年版的第1章）；

——增加了26个术语（见 3.1.1、3.2.1.4、3.3.7～3.3.9、3.3.14～3.3.19、3.3.30、3.6.8、3.6.19、3.6.20、3.7.2、3.8.10、3.8.15～3.8.17、3.9.1、3.9.8～3.9.12）；删除了5个术语（见2011年版的 6.6、6.17、6.20、8.20、8.21）；

——完善了机械式停车设备九大类停车设备术语的定义（见 3.1.2～3.1.10，2011年版的 2.1.1～2.1.9）；

——修改了术语“简易升降类机械式停车设备”“重列式机械式停车设备”“回转盘”“强制驱动”和“轨距”的英文对应词（见 3.1.3、3.2.1.3、3.3.21、3.5.1 和 3.8.11，2011年版的 2.1.2、2.2.3、3.12、5.1 和 8.8）；

——完善了按停车位布置方式、按出入口位置和按人与机械式停车设备关系区分的机械式停车设备型式的术语的定义（见 3.2.1、3.2.2 和 3.2.3，2011年版的 2.2、2.3 和 2.4）；

——修改了术语“横移机构”和“纵移机构”的定义（见 3.3.2 和 3.3.3，2011年版的 3.3 和3.2）；

——修改了术语“升降机”的定义（见 3.3.10，2011年版的 3.8）；修改术语“升降搬运器”为“升降平台”并完善其定义（见 3.3.11，2011年版的 3.9），完善了术语“搬运器”的定义（见 3.3.12，2011年版的 3.7），由此发生变更的术语有“起升机构”“存取交接机构”“防坠落装置”“安全钳”“限速器”“缓冲器”“空载”“额定载荷”“层站”和“平层”（见 3.3.1、3.3.6、3.4.1、3.4.3、3.4.4、3.4.7、3.8.22、3.8.23、3.9.4、3.9.5，2011年版的 3.1、3.6、4.1、4.3、4.4、4.7、8.16、8.17、9.3 和 3.20）；

——修改术语“有轨巷道堆垛机”为“巷道堆垛机”，同时将其定义中的“起重机”修改为“装置”，并完善术语（见 3.3.20，2011年版的 3.10）；

——完善术语“回转盘”的定义，删除“在机械式停车设备中”和“一定角度”，增加“独立的”机械装置（见 3.3.21，2011年版的 3.12）；

——修改术语“轨道”和“导轨”为“运行轨道”、“起升导轨”和“运行导轨”，并重新定义（见 3.3.24、3.3.25和 3.3.26，2011年版的 3.16 和 3.15）；

——修改术语“对重”定义中的“起平衡作用”为“保持曳引能力”（见 3.3.28，2011年版的 3.18）；

——修改术语“出入库台”为“出入库平台”，定义不变（见 3.3.29，2011年版的 3.19）；

——完善术语“限速器”动作的具体作用（见 3.4.4，2011年版的 4.4）；

——完善术语“阻车装置”定义(见 3.4.5,2011 年版的 4.5);
——修改术语“人车误入检测装置”定义,避免歧义(见 3.4.6,2011 年版的 4.6);
——修改了术语“警示装置”的归属位置及其定义(见 3.4.9,2011 年版的 9.6);
——在术语“强制驱动”定义中增加“齿形带、螺杆”,删除“悬吊的”描述(见 3.5.1,2011 年版的 5.1);
——完善术语“曳引驱动”的定义(见 3.5.2,2011 年版的 5.2);
——修改术语“安全出口”的定义(见 3.6.5,2011 年版的 6.5);
——修改术语“大门”为“出入口门”,相应修改“通行门”定义中的“大门”为“出入口门”(见 3.6.6、3.6.11,2011 年版的 6.7、6.11);
——修改术语“自动门”定义中的“用动力”为“在机械式停车设备控制系统控制下”(见 3.6.12,2011 年版的 6.12);
——删除了术语“工作区”定义中的要求性描述(见 2011 年版的 6.19);
——完善术语“底坑”的定义,增加“或地面以下的空间”(见 3.6.21,2011 年版的 6.21);
——修改术语“适停汽车尺寸”定义中的“停车库”为“机械式停车设备”,并完善“最大外形尺寸”的说明(见 3.8.5,2011 年版的 8.5);
——修改了术语“车位高度”和“车位宽度”的归属位置(见 3.8.7、3.8.8,2011 年版的 7.4、7.5),并修改“车位宽度”的定义;
——修改了术语“轨距”的定义(见 3.8.11,2011 年版的 8.8);
——修改术语“轴距”为“搬运器轴距”,并修改其定义(见 3.8.12,2011 年版的 8.9);
——修改了术语“额定速度”定义,不特指搬运器,修改为“机构或部件”(见 3.8.13,2011 年版的8.10);
——修改术语“井道宽度”和“井道深度”为“井道净宽”和“井道净深”,并相应修改定义(见 3.8.18 和 3.8.19,2011 年版的 8.12 和 8.13);
——完善了术语“平层精度”的定义(见 3.8.20,2011 年版的 8.14);
——修改了术语“满载”的定义(见 3.8.24,2011 年版的 8.18);
——修改了术语“机房”的定义(见 3.9.3,2011 年版的 9.2);
——修改了术语“平层”的归属位置(见 3.9.5,2011 年版的 3.20);
——修改术语“电源设备”为“电源”(见 3.9.7,2011 年版的 9.5);
——在术语“周边设备”的定义中删除“停车收费管理系统”(见 3.9.13,2011 年版的 9.7)。

请注意本文件的某些内容可能涉及专利。本文件的发布机构不承担识别专利的责任。

本文件由中国机械工业联合会提出。

本文件由全国起重机械标准化技术委员会(SAC/TC 227)归口。

本文件起草单位:杭州西子智能停车股份有限公司、北京起重运输机械设计研究院有限公司、国家起重运输机械质量监督检验中心、陕西隆翔停车设备集团有限公司、深圳怡丰自动化科技有限公司、山东天辰智能停车有限公司、北京航天汇信科技有限公司、杭州友佳精密机械有限公司、深圳精智机器有限公司、青岛茂源停车设备制造有限公司、江苏润邦智能车库股份有限公司、北京首钢城运控股有限公司、卫华集团有限公司、东杰智能科技集团股份有限公司、深圳市伟创自动化设备有限公司、安徽乐库智能停车设备有限公司、上海禾通涌源停车设备有限公司、上海天地岛川停车设备制造有限公司、广西建工集团建筑机械制造有限责任公司、江苏普腾停车设备有限公司、青岛西海岸泊车管理服务有限公司、上海赐宝停车设备制造有限公司、衡水奇佳停车设备有限公司、广东省特种设备检测研究院东莞检测院、北京鑫华源机械制造有限责任公司、合肥市春华起重机械有限公司、江苏川钿明椿电气机械有限公司、青岛齐星车库有限公司、青岛德盛利立体停车设备有限公司、大洋泊车股份有限公司、佛山市南海区特种设备协会、浙江泊通智能设备有限公司。

本文件主要起草人：王勇、赵春晖、葛燕庆、陶天华、许明金、钟光明、徐卫军、俞成虎、马景山、吕江、梁虎、孙会忠、谢庆均、肖树坤、孟文生、李德虎、郭勇金、吴建锋、沈坚、傅一峰、姜渭、蔡亚森、陆兴华、部效英、吴青海、曹宁宁、冯晓蕾、王耀、梁大伟、刘程泉、王斌、肖飞、李文波、陈迪翔、舒子坚。

本文件及其所代替文件的历次版本发布情况为：

——2011 年首次发布为 GB/T 26476—2011；

——本次为第一次修订。

机械式停车设备　术语

1　范围

本文件界定了机械式停车设备的分类、型式、机构和部件、安全防护装置、驱动、通道及区域、车位、参数等的术语和定义。

本文件适用于升降横移类、简易升降类、平面移动类、巷道堆垛类、垂直升降类、垂直循环类、水平循环类、多层循环类及汽车专用升降机共9大类机械式停车设备。

2　规范性引用文件

本文件没有规范性引用文件。

3　术语和定义

3.1　机械式停车设备分类

3.1.1

机械式停车设备　mechanical parking system

通过机械搬运的方式实现汽车平面或立体停放的设备。

3.1.2

升降横移类机械式停车设备　lift-sliding mechanical parking system

使用载车板或其他载车装置升降和平移存取汽车的机械式停车设备。

3.1.3

简易升降类机械式停车设备　easy lifting mechanical parking system

使用升降或俯仰等机构存取汽车的机械式停车设备。

3.1.4

平面移动类机械式停车设备　horizontal shifting mechanical parking system

使用搬运器在同一水平层上平面移动汽车或载车板，多层时使用升降机来进行不同层间的升降，从而实现存取汽车的机械式停车设备。

3.1.5

巷道堆垛类机械式停车设备　stacking mechanical parking system

使用巷道堆垛机，将汽车水平且垂直移动到停车位，实现存取汽车的机械式停车设备。

3.1.6

垂直升降类机械式停车设备　vertical lifting mechanical parking system

使用升降机将汽车升降到指定层，并通过存取交接动作实现存取汽车的机械式停车设备。

3.1.7

垂直循环类机械式停车设备　vertical circulating mechanical parking system

使用垂直循环机构使载车装置产生循环运动到达出入口层而存取汽车的机械式停车

设备。

3.1.8

水平循环类机械式停车设备　horizontal circulating mechanical parking system

使用水平循环机构使载车装置产生循环运动到达升降机或出入口而存取汽车的机械式停车设备。

3.1.9

多层循环类机械式停车设备　multilayer circulating mechanical parking system

使用上下循环机构或升降机将汽车在不同层的停车位之间进行循环换位来实现汽车存取的机械式停车设备。

3.1.10

汽车专用升降机　lift for vehicle

用于停车库出入口至不同停车楼层间升降搬运汽车的设备。

3.2　机械式停车设备型式

3.2.1　按停车位布置方式

3.2.1.1

横向机械式停车设备　cross mechanical parking system

面向搬运台车或巷道堆垛机的运行方向，停车位车长方向与搬运台车或巷道堆垛机的运行方向垂直布置的机械式停车设备。

3.2.1.2

纵向机械式停车设备　longitudinal mechanical parking system

面向搬运台车或巷道堆垛机的运行方向，停车位车长方向与搬运台车或巷道堆垛机的运行方向平行布置的机械式停车设备。

3.2.1.3

重列式机械式停车设备　multi row mechanical parking system

连续两排及以上的停车位纵向或横向贯穿排列在一起的机械式停车设备。

3.2.1.4

环形机械式停车设备　round mechanical parking system

停车位呈弧形或圆形布置的机械式停车设备。

3.2.2　按出入口位置

3.2.2.1

下部出入式机械式停车设备　parking system with bottom entrance-exit

汽车在下部出入的机械式停车设备。

3.2.2.2

中部出入式机械式停车设备　parking system with middle entrance-exit

汽车在除最上部或最下部以外的其他位置出入的机械式停车设备。

3.2.2.3

上部出入式机械式停车设备　parking system with top entrance-exit

汽车在上部出入的机械式停车设备。

3.2.3 按人与机械式停车设备关系

3.2.3.1

无人方式 nobody allowed

驾驶员不进入工作区,由机械式停车设备将转换区的汽车自动存入停车位,或将汽车从停车位取至转换区的方式。

3.2.3.2

准无人方式 personnel quit mode

驾驶员将汽车开入工作区,人离开后,由机械式停车设备将汽车自动存入停车位,或将汽车从停车位取出的方式。

3.2.3.3

人车共乘方式 both personnel and vehicle allowed

人和汽车一同进入工作区,并与机械式停车设备一起移动到达指定层的方式。

3.3 机构和部件

3.3.1

起升机构 lifting mechanism

机械式停车设备中用以提升升降平台或载车板的升降机构。

3.3.2

横移机构 traverse mechanism

机械式停车设备中垂直于车长方向移动载车板或汽车的机构。

3.3.3

纵移机构 longitudinal mechanism

机械式停车设备中沿车长方向移动载车板或汽车的机构。

3.3.4

水平循环机构 horizontal circulation transfer mechanism

在水平面内循环移动载车板的机构。

3.3.5

垂直循环机构 vertical circulation transfer mechanism

在垂直面内循环移动载车板的机构。

3.3.6

存取交接机构 accessing outfit

在机械式停车设备中用于将汽车或载车板在汽车出入口、升降平台、搬运器、停车位之间交换的机构。

3.3.7

回转机构 slewing mechanism

使汽车水平回转以改变汽车方向的机构。

3.3.8

梳齿机构 combing mechanism

搬运器中使用具有一定间距的梳齿排将汽车托起的机构。

3.3.9

抱夹机构　clamping mechanism

搬运器中使用机械臂将汽车轮胎夹持托起的机构。

3.3.10

升降机　lift

在机械式停车设备中将汽车升降至不同高度的装置。

3.3.11

升降平台 elevating platform

升降机中承载汽车或搬运器、载车板及其他载车装置的平台。

3.3.12

搬运器　load carrier

具有独立的动力驱动机构,水平运送汽车或载车板的装置。

3.3.13

搬运台车　shuttle

在巷道轨道上运行,用于运送汽车、搬运小车或载车板使之到达预定停车位、升降平台或转换区的搬运器。

3.3.14

搬运小车　transfer trolley

在水平面内运行,并直接从停车位、升降平台或转换区存取汽车或载车板的搬运器。

3.3.15

自动导引车　automated guided vehicle;AGV

装备有电磁或光学等自动导引装置,由计算机控制,以轮式移动为特征,自带动力或动力转换装置,并且能够沿规定的导引路径自动行驶的运输工具,一般具有安全防护、移载等多种功能。

[来源:GB/T 30030—2013,2.1]

3.3.16

停车用自动导引车　parking AGV

具有自动搬运、存取汽车功能的自动导引车。

3.3.17

梳齿式停车用自动导引车　comb parking AGV

采用梳齿机构搬运、存取汽车的自动导引车。

3.3.18

抱夹式停车用自动导引车　clamp arms parking AGV

采用抱夹机构搬运、存取汽车的自动导引车。

3.3.19

载车板式停车用自动导引车　pallet parking AGV

采用载车板搬运、存取汽车的自动导引车。

3.3.20

巷道堆垛机 aisle-stacking machine

在巷道内运行,向多层停车位运送汽车的装置。

3.3.21

回转盘 turntable

使汽车水平回转以改变汽车方向的独立的机械装置。

3.3.22

载车板 pallet

用于存放汽车的托板。

3.3.23

梳齿架 comb finger frame

用于承载汽车的梳齿形支撑架。

3.3.24

运行轨道 travelling rails

供巷道堆垛机或搬运器的滚轮在其上滚动、承受载荷,以及供水平轮沿其侧面滚动,承受侧向力的钢制线路。

[来源:JB/T 5319.1—2008,6.9.1,有修改]

3.3.25

起升导轨 lifting guide rails

供升降平台、对重、平衡重等做垂直导向运行及承受侧向力的钢制线路。

[来源:JB/T 5319.1—2008,6.9.3,有修改]

3.3.26

运行导轨 travelling guide rails

供堆垛机、搬运器等运行导向轮沿其侧面滚动,承受侧向力的钢制线路。

[来源:JB/T 5319.1—2008,6.9.2,有修改]

3.3.27

平衡重 counterpoise weight

为节能而设置的平衡全部或部分升降质量的装置。

3.3.28

对重 counterweight

由曳引绳经曳引轮与升降平台相连接,在运行过程中保持曳引能力的装置。

3.3.29

出入库平台 entrance platform

在机械式停车设备出入口处设置的用于汽车出入库的停车平台。

3.3.30

平层定位装置 locking device for leveling

在平层时用来固定升降平台的装置。

3.4 安全防护装置

3.4.1

防坠落装置 anti-dropping device

防止载车板或转换区内的升降平台运行到位后处于空中静态位置时坠落的装置。

3.4.2

自动门防夹装置 anti-clamp device of automatic operated door

当自动门在关闭的过程中有汽车或障碍物出入门时而自动停止或自动开启的安全防护装置。

3.4.3

安全钳 safety gear

升降平台在超速下降时，制动并控制升降平台使其停止运行的机械装置。

3.4.4

限速器 speed limit device

当升降平台的运行速度超过额定速度一定值动作，能切断安全回路或进一步使安全钳或上行超速保护装置起作用，使升降平台减速直到停止的安全装置。

[来源：GB/T 7024—2008，4.68，有修改]

3.4.5

阻车装置 vehicle-block device

在设备区域内，沿汽车行进方向设置的起阻挡汽车作用的装置。

3.4.6

人车误入检测装置 error-entering protection device

在机械式停车设备出入口处设置用于检测设备运行时人员或汽车误入机械式停车设备的装置。

3.4.7

缓冲器 buffer

用于吸收搬运器、升降平台、平衡重、对重等动能的缓冲装置。

3.4.8

紧急停止开关 emergency stop switch

机械式停车设备运行过程中能断开动力及控制电源使设备停止运行的开关。

3.4.9

警示装置 alarm device

机械式停车设备运行时能够发出声和/或光报警信号的装置。

3.5 驱动

3.5.1

强制驱动 positive drive

用链条、齿形带、螺杆或钢丝绳等非摩擦方式的驱动方式。

3.5.2

曳引驱动 traction drive

提升绳(带)依靠驱动轮的摩擦力的驱动方式。

3.5.3

液压驱动 hydraulic drive

依靠液压系统产生动力的驱动方式。

3.6 通道及区域

3.6.1

出入口 access

进出机械式停车设备转换区或工作区最外部的出入口。

3.6.2

人员出入口 personnel access

仅供人员进出机械式停车设备而设置的出入口。

3.6.3

汽车出入口 vehicle access

仅供汽车进出机械式停车设备而设置的出入口。

3.6.4

人车共用出入口 personnel and vehicle access

供人员或汽车共同使用的进出机械式停车设备而设置的出入口。

3.6.5

安全出口 pass exit

用于在紧急情况下人员撤离机械式停车设备所设的出口。

3.6.6

出入口门 main door

外部通道与机械式停车设备之间的门。

3.6.7

工作区域门 working area door

转换区与机械式停车设备工作区之间的门。

3.6.8

栅栏门 palisade door

工作区出入口设置的栅栏形式的门。

3.6.9

侧门 side door

非工作区与转换区之间的门。

3.6.10

检修门 service door

专为维修人员出入工作区所设的门。

3.6.11

通行门　pass door

出入口门的一部分,仅用于步行者通过。

3.6.12

自动门　power operated door

在机械式停车设备控制系统控制下开启或关闭的车库门。

3.6.13

水平滑动门　horizontal sliding door

沿门导轨和地坎槽水平滑动开启或关闭的门。

3.6.14

垂直滑动门　vertical sliding door

沿门两侧垂直导轨滑动开启或关闭的门。

3.6.15

人行通道　walk way

机械式停车设备内仅供人员通行的通道。

3.6.16

汽车通道　drive way

汽车自行驶入的供汽车通行的道路。

3.6.17

转换区　transfer area

汽车由人员驾驶状态和机械式停车设备控制状态相互转换的区域。

3.6.18

工作区　working area

机械式停车设备运行、存放汽车的区域。

3.6.19

井道　well

升降平台在垂直方向运行的通道。

3.6.20

巷道　tunnel

搬运台车或堆垛机在水平方向运行的通道。

3.6.21

底坑　pit

机械式停车设备底层地面以下的井道或地面以下的空间。

3.7　车位

3.7.1

停车位　parking space

在机械式停车设备中,用于最终停放汽车的空间。

3.7.2

充电车位　parking space for charge

具有充电功能的停车位。

3.7.3

混凝土结构停车位　concrete parking space

用钢筋混凝土建筑结构体存放汽车的停车位。

3.7.4

钢结构停车位　steel structure parking space

用钢结构体存放汽车的停车位。

3.8 参数

3.8.1

停车设备高度　overall height

机械式停车设备在垂直方向上所占用空间的总高度,包含停车设备本身和停放汽车的所有高度。

3.8.2

存容量　parking capacity

一套控制系统内机械式停车设备最大存容汽车的数量。

3.8.3

汽车宽度　vehicle width

分别过汽车两侧固定突出部位(不包括后视镜、侧面标志灯、示位灯、转向指示灯、扰性挡泥板、折叠式踏板、防滑链以及轮胎与地面接触变形部分)最外侧点且平行于 Y 平面的两平面之间的距离。

注:Y 平面为沿车长方向且垂直于地面的平面。

3.8.4

汽车全宽　overall width of car

汽车的最大宽度,包括后视镜处于正常位置的宽度。

3.8.5

适停汽车尺寸　dimensions of vehicle suitable for parking

机械式停车设备所能容纳汽车的最大外形尺寸。

注:其中,汽车宽度见 3.8.3。

3.8.6

适停汽车质量　concessional vehicle mass

机械式停车设备中准许停放汽车的最大质量。

注:等于准许停放汽车整车整备质量加 50 kg 物品的质量。

3.8.7

车位高度　parking space height

机械式停车设备中停放适停汽车所需车位的净空高度。

3.8.8

车位宽度　parking space width

两相邻停车位中心线之间的距离，或停车位两侧之间的距离。

3.8.9

层高　distance between floors

机械式停车设备中停车位层与层之间的高度。

注：一般是停车位高度和相应层停车设备设施所占高度之和，当其他设施（如消防、通风等）侵入停车位高度方向位置时，也包括其他设施的高度。

3.8.10

层数　number of floors

机械式停车设备中设有停车位的层的总数。

3.8.11

轨距　wheel rails width

相对两轨道中心线之间的水平距离。

3.8.12

搬运器轴距　wheelbase

搬运器轮轴中心线之间的水平距离。

3.8.13

额定速度　rated speed

在额定电压、额定频率和额定载荷状态下，机构或部件的起升或运行速度。

3.8.14

单车最大进(出)车时间　maximum storage (or retrieval) time of single vehicle

从给出一个进车（或出车）指令开始，将车从出入口停放到机械式停车设备的最不利位置（或将汽车从最不利的位置取出至出入口），直至该停车设备能进行下一个进车（或出车）指令为止所需的时间（不包括辅助时间）。

3.8.15

满库时间　filling time

在不间断的连续运行情况下，将一套全空的机械式停车设备全部存满汽车所需的时间（包括辅助时间）。

3.8.16

清库时间　emptying time

在不间断的连续运行情况下，将一套停满汽车的机械式停车设备中的汽车全部取出所需的时间（包括辅助时间）。

3.8.17

辅助时间　personal user time

驾驶员将汽车开进转换区并准确停车，然后离开所需的时间，或驾驶员进入转换区将汽车开出所需的时间。

3.8.18

井道净宽　well clear width

升降平台宽度方向的水平净空尺寸。

3.8.19

井道净深　well clear depth

垂直于升降平台宽度方向的水平净空尺寸。

3.8.20

平层精度　leveling precision

升降平台平层后实际停止的位置与理论停止的位置在垂直方向上的误差。

3.8.21

停准精度　stay precision

水平运行的搬运器移动到位后,实际停止的位置与理论停止位置在水平方向上的误差。

3.8.22

空载　no load

搬运器或升降平台上无汽车时的工况。

3.8.23

额定载荷　rated load

搬运器或升降平台上最大适停汽车的质量。

3.8.24

满载　full load

每个停车位上都停有相应车位的最大适停汽车质量的工况。

3.8.25

最大偏载　maximum eccentric load

对称设置的机械式停车设备中,一侧的每个停车位均为额定载荷,而另一侧的停车位均为空载时的工况。

3.9　与机械式停车设备有关的术语

3.9.1

机械式停车库　mechanical parking garage

采用机械式停车设备存取、停放汽车的车库。

[来源:JGJ 100—2015,2.0.11,有修改]

3.9.2

适停汽车　cars suitable for parking

机械式停车设备允许停放的汽车。

3.9.3

机房　machine room

安装起升机构驱动装置及相应附属设备的专用房间。

3.9.4

层站　landing

各停车楼层用于出入升降平台的地点。

3.9.5

平层　leveling

升降平台升降至汽车进、出口及各停车层时，实现在垂直方向升降平台与停车层平面平齐的一种运动。

3.9.6

辅助设备　auxiliary equipment

协助机械式停车设备共同完成存取、储存汽车的设备。

注：辅助设备主要包括出入口门及其联锁装置、工作区域门、侧门、检修门、紧急出口、通行门等。

3.9.7

电源　power supply

为机械式停车设备及相关附属设备供电的设施。

3.9.8

控制柜　control cabinet

安装有开关设备、保护电路和辅助设备等电气控制元器件的柜子总成。

3.9.9

配电柜　power cabinet

为机械式停车设备、车库照明、通风等设施传输电源的柜子总成。

3.9.10

收费管理系统　ticketing system

实现计时和收费等功能的管理系统。

3.9.11

汽车信息识别装置　vehicle information identificating device

用于识别汽车标识并读取汽车信息的设备。

3.9.12

引导系统　indicator display system

用于帮助驾驶员将汽车停放到正确位置的系统。

3.9.13

周边设备　peripheral equipment

独立于机械式停车设备以外，具有自身功能的设备。

注：周边设备主要包括消防设施、排水设施、换气通风设施、照明设施等。

3.9.14

操作管理人员　parking equipment attendant

操作管理机械式停车设备的专业人员。

参 考 文 献

[1] GB/T 7024—2008 电梯、自动扶梯、自动人行道术语
[2] GB/T 30030—2013 自动导引车(AGV) 术语
[3] JB/T 5319.1—2008 巷道堆垛起重机 术语
[4] JGJ 100—2015 车库建筑设计规范

索　　引

汉语拼音索引

Z

英文对应词索引

A

B

C

M

N

O

P

R

S

T

V

W

ICS 53.020.99
CCS J 80

中华人民共和国国家标准

GB/T 26559—2021
代替 GB/T 26559—2011

机械式停车设备　分类

Mechanical parking system—Classification

2021-12-31 发布　　2022-07-01 实施

国家市场监督管理总局
国家标准化管理委员会　发布

前　言

本文件按照 GB/T 1.1—2020《标准化工作导则　第 1 部分：标准化文件的结构和起草规则》的规定起草。

本文件代替 GB/T 26559—2011《机械式停车设备　分类》，与 GB/T 26559—2011 相比，除结构调整和编辑性改动外，主要技术变化如下：

——完善了标准范围(见第 1 章，2011 年版的第 1 章)；

——修改了规范性引用文件，删除"GB/T 3730.1—2001　汽车和挂车类型的术语和定义"，并增加参考文献(见第 2 章和参考文献，2011 年版的第 2 章)；

——修改了九大类机械式停车设备基本工作原理示意图，并增加附录"机械式停车设备常见类型"(见 4.1 和附录 A，2011 年版的 3.1)；

——修改并完善了停车设备的型式(见 4.2，2011 年版的 3.2)；

——简化了型号表示方法，并调整了型号表示举例(见第 5 章，2011 年版的第 4 章)；

——完善了汽车组别、尺寸及质量(见第 6 章，2011 年版的第 5 章)；

——修改了适停汽车组别举例(见附录 B，2011 年版的附录 A)。

请注意本文件的某些内容可能涉及专利。本文件的发布机构不承担识别专利的责任。

本文件由中国机械工业联合会提出。

本文件由全国起重机械标准化技术委员会(SAC/TC 227)归口。

本文件起草单位：杭州西子智能停车股份有限公司、北京起重运输机械设计研究院有限公司、国家起重运输机械质量监督检验中心、陕西隆翔停车设备集团有限公司、深圳怡丰自动化科技有限公司、山东天辰智能停车有限公司、深圳精智机器有限公司、北京航天汇信科技有限公司、杭州友佳精密机械有限公司、青岛茂源停车设备制造有限公司、江苏润邦智能车库股份有限公司、深圳市伟创自动化设备有限公司、北京首钢城运控股有限公司、东杰智能科技集团股份有限公司、卫华集团有限公司、安徽乐库智能停车设备有限公司、上海禾通涌源停车设备有限公司、广州广日智能停车设备有限公司、杭州大中泊奥科技股份有限公司、广西建工集团建筑机械制造有限责任公司、江苏普腾停车设备有限公司、青岛西海岸公用事业集团市政管理有限公司、北京鑫华源机械制造有限责任公司、上海赐宝停车设备制造有限公司、江苏川钿明椿电气机械有限公司、衡水奇佳停车设备有限公司、合肥市春华起重机械有限公司、青岛齐星车库有限公司、广东省特种设备检测研究院东莞检测院、青岛德盛利立体停车设备有限公司、大洋泊车股份有限公司、佛山市南海区特种设备协会、浙江泊通智能设备有限公司。

本文件主要起草人：王勇、赵春晖、葛燕庆、陶天华、许明金、钟光明、徐卫军、俞成虎、梁虎、马景山、林夫奎、吕江、孙会忠、谢庆均、郭勇金、肖树坤、李德虎、孟文生、吴建锋、沈坚、黄波、代永赞、姜渭、陆兴华、刘润来、王耀、吴青海、刘程泉、曹宁宁、梁大伟、王斌、谢柳辉、王志武、李文波、梁建新、舒子坚。

本文件及其所代替文件的历次版本发布情况为：

——2011 年首次发布为 GB/T 26559—2011；

——本次为第一次修订。

机械式停车设备　分类

1　范围

本文件规定了机械式停车设备的分类及有关的型式、型号和适停汽车组别、尺寸及质量。

本文件适用于GB/T 3730.1—2001定义的乘用车及商用车中的小型客车、城市客车(以下简称客车)和货车,以及尺寸质量与之相符合的其他汽车的机械式停车设备。

2　规范性引用文件

下列文件中的内容通过文中的规范性引用而构成本文件必不可少的条款。其中,注日期的引用文件,仅该日期对应的版本适用于本文件;不注日期的引用文件,其最新版本(包括所有的修改单)适用于本文件。

GB/T 3730.2　道路车辆　质量　词汇和代码

GB/T 3730.3　汽车和挂车的术语及其定义　车辆尺寸

GB/T 26476　机械式停车设备　术语

3　术语和定义

GB/T 26476界定的术语和定义适用于本文件。

4　分类与型式

4.1　分类

机械式停车设备根据工作原理分为如下九类:

a)　升降横移类机械式停车设备,代号为SH,基本工作原理示意图见图1,常见类型示意图见附录A;

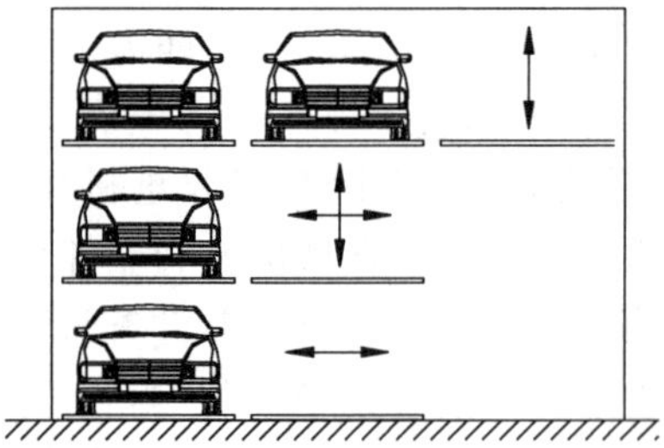

图1

b)　简易升降类机械式停车设备,代号为JS,基本工作原理示意图见图2,常见类型示意图见附录A;

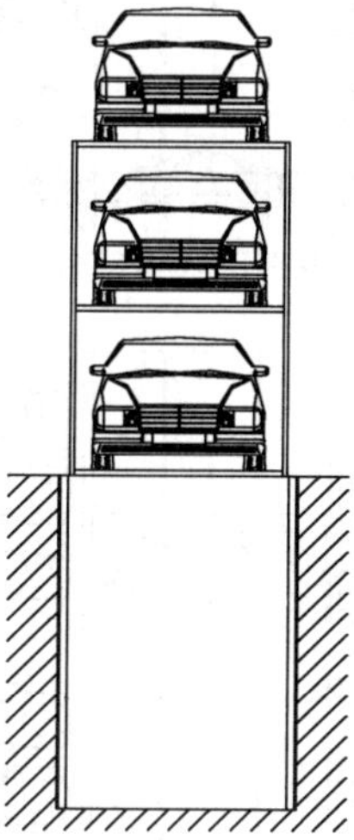

图 2

c) 平面移动类机械式停车设备，代号为 PY，基本工作原理示意图见图 3，常见类型示意图见附录 A；

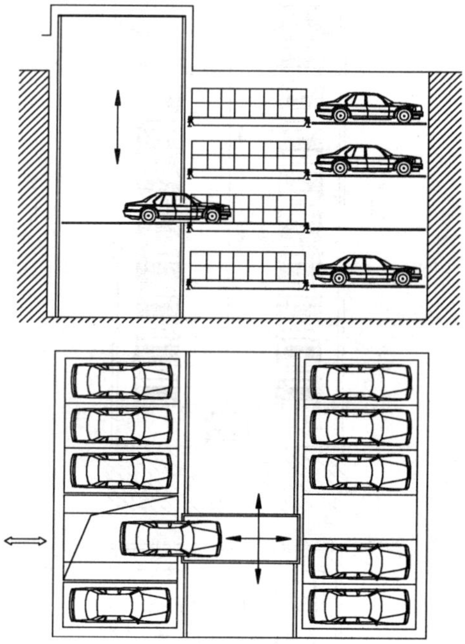

图 3

d) 巷道堆垛类机械式停车设备，代号为 XD，基本工作原理示意图见图 4，常见类型示意图见附录 A；

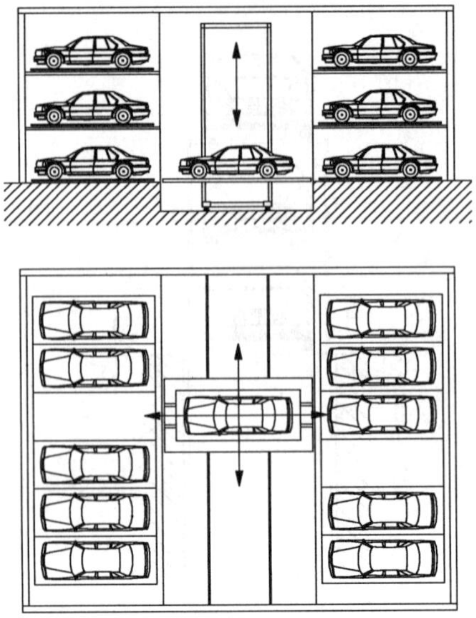

图 4

e） 垂直升降类机械式停车设备，代号为CS，基本工作原理示意图见图5，常见类型示意图见附录A；

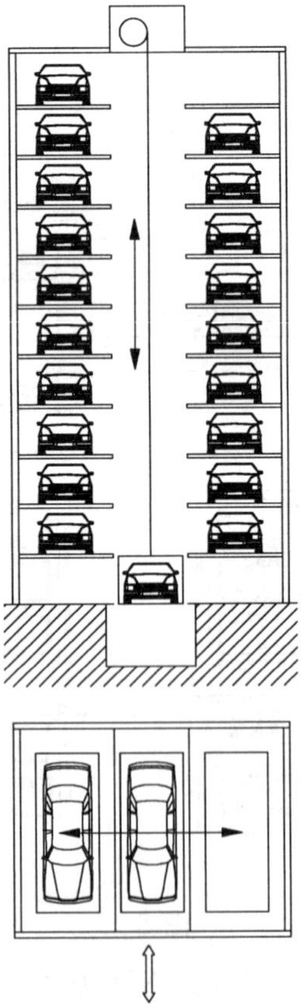

图 5

f) 垂直循环类机械式停车设备，代号为 CX，基本工作原理示意图见图 6，常见类型示意图见附录 A；

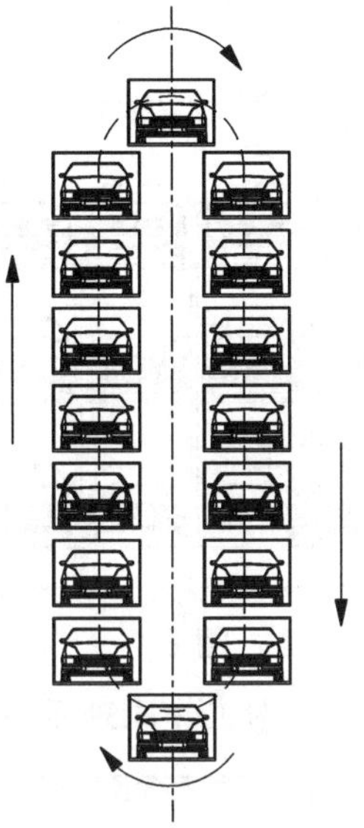

图 6

g) 水平循环类机械式停车设备，代号为 SX，基本工作原理示意图见图 7，常见类型示意图见附录 A；

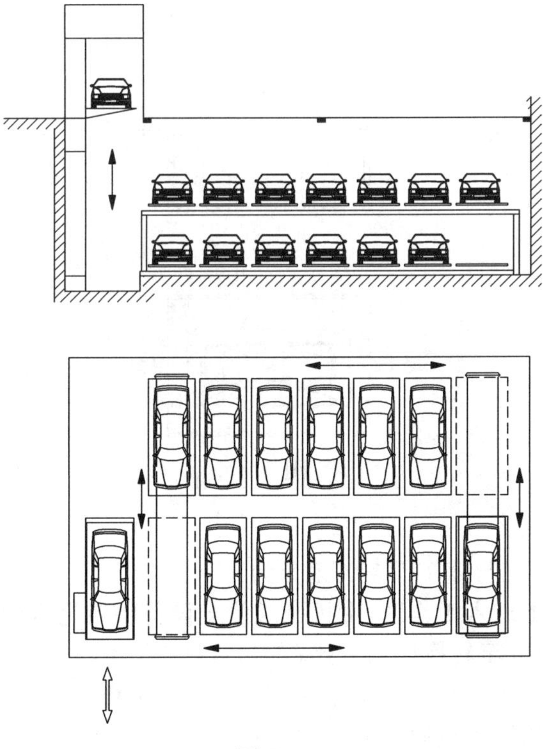

图 7

h) 多层循环类机械式停车设备,代号为 DX,基本工作原理示意图见图 8,常见类型示意图见附录 A;

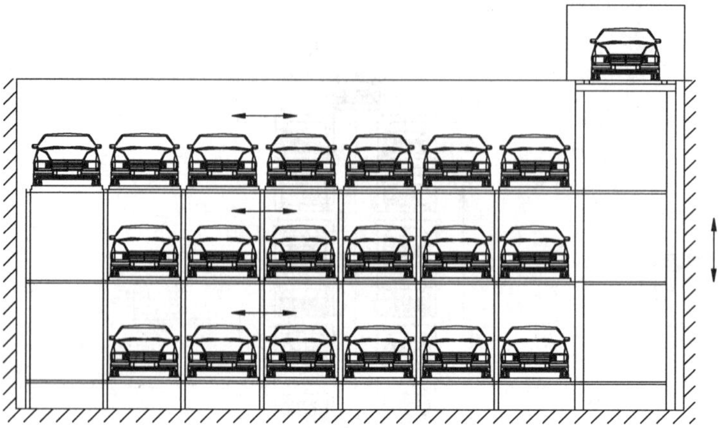

图 8

i) 汽车专用升降机,代号为 QS ,基本工作原理示意图见图 9,常见类型示意图见附录 A。

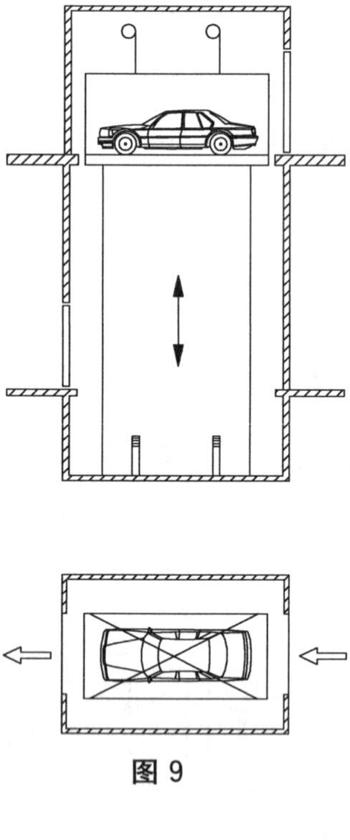

图 9

4.2 型式

4.2.1 机械式停车设备按人与停车设备关系分为:

a) 无人式:驾驶员不进入工作区,由机械式停车设备将转换区的汽车自动存入停车位,或将汽车从停车位取至转换区的方式;

b) 准无人式:驾驶员将汽车开入工作区,人离开后,由机械式停车设备将汽车自动存入停车位,或将汽车从停车位取出的方式;

c) 人车共乘式:人和汽车一同进入工作区,并与机械式停车设备一起移动到达指定层的方式。

4.2.2 机械式停车设备按控制方式分为：

a) 手动式：汽车搬运动作由人工进行控制操作的方式；

b) 半自动式：汽车搬运动作某些环节可自动进行，某些由人工进行控制操作的方式；

c) 全自动式：汽车搬运动作全部自动进行控制的方式。

4.2.3 机械式停车设备按起升方式分为：

a) 钢丝绳起升：通过钢丝绳运动升降载车板或其他载车装置进行汽车搬运的方式；

b) 链条起升：通过链条运动升降载车板或其他载车装置进行汽车搬运的方式；

c) 丝杠起升：通过丝杠运动升降载车板或其他载车装置进行汽车搬运的方式；

d) 液压起升：通过液压缸运动升降载车板或其他载车装置进行汽车搬运的方式；

e) 齿轮齿条起升：通过齿轮齿条啮合升降载车板或其他载车装置进行汽车搬运的方式；

f) 齿形带起升：通过齿形带运动升降载车板或其他载车装置进行汽车搬运的方式；

g) 其他起升：上述六种方式以外的起升方式。

4.2.4 机械式停车设备按出入口位置分为：

a) 下部出入式：汽车在停车设备下部出入；

b) 中部出入式：汽车在停车设备除最上部或最下部以外的其他位置出入；

c) 上部出入式：汽车在停车设备上部出入。

4.2.5 机械式停车设备按停车位布置方式分为：

a) 横向布置：停车位车长方向与搬运台车或巷道堆垛机运行方向垂直的布置方式；

b) 纵向布置：停车位车长方向与搬运台车或巷道堆垛机运行方向平行的布置方式；

c) 重列布置：连续两排及以上的停车位纵向或横向贯穿排列在一起的布置方式；

d) 环形布置：停车位呈弧形或圆形的布置方式。

5 型号

5.1 型号表示方法

机械式停车设备型号表示方法见图 10：

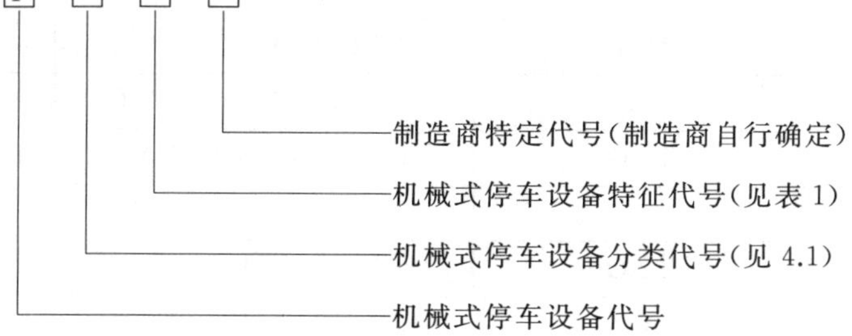

图 10

表 1 机械式停车设备特征代号

起升方式	钢丝绳	链条	丝杠	液压	齿轮齿条	齿形带	其他
特征代号	S	L	G	Y	C	D	制造商自行确定

5.2 型号表示举例

型号表示可参考以下实例:

a) 三层机械式停车设备,升降横移类,使用液压起升,制造商特定代号为C,型号表示为:PSHY-C,型号规格表示为:PSHY-C 型 3 层;

b) 五层机械式停车设备,平面移动类,使用链条起升,制造商无特定代号,型号表示为:PPYL,型号规格表示为:PPYL 型 5 层;

c) 二十五层机械式停车设备,垂直升降类,使用钢丝绳起升,制造商特定代号为S,型号表示为:PCSS-S,型号规格表示为:PCSS-S 型 25 层。

6 适停汽车组别、尺寸及质量

对适合在机械式停车设备中停放的汽车,其尺寸按 GB/T 3730.3 定义的汽车车长、车宽和车高,其质量按 GB/T 3730.2 定义的整车整备质量加 50 kg 物品的质量,分为 X(小型)、Z(中型)、D(大型)、T1(特大 1 型)、T2(特大 2 型)、C(超大型)六个乘用车组,K1(小型)、K2(轻型)、K3(中型)、K4(大型)四个客车组和 H(货车)一个货车组共十一组。

乘用车组别中汽车车长、车宽及质量属同一组别,而车高超出规定尺寸又不超出 2 050 mm 的车型用"组别代号-G"表示。

各组别汽车尺寸及质量见表 2,汽车组别为满足表 2 汽车尺寸及质量的最小组别。各种常见的汽车品牌型号、尺寸及质量举例,见附录 B。

表 2 适停汽车的组别、尺寸及质量

组别名称	组别代号	车长×车宽×车高 mm×mm×mm	质量 kg
小型乘用车	X	≤4 400×1 750×1 450	≤1 300
	X-G	≤4 400×1 750×2 050	
中型乘用车	Z	≤4 700×1 800×1 450	≤1 500
	Z-G	≤4700×1 800×2 050	
大型乘用车	D	≤5 000×1 850×1 550	≤1 700
	D-G	≤5 000×1 850×2 050	
特大 1 型乘用车	T1	≤5 200×1 900×1 550	≤2 000
	T1-G	≤5 200×1 900×2 050	
特大 2 型乘用车	T2	≤5 300×1 900×1 550	≤2 350
	T2-G	≤5 300×1 900×2 050	
超大型乘用车	C	≤5 600×2 050×1 550	≤2 550
	C-G	≤5 600×2 050×2 050	
小型客车	K1	≤5 000×1 850×2 050	≤1 850
轻型客车	K2	≤6 000×2 300×3 300	≤6 000
中型客车	K3	≤9 000×2 450×3 500	≤10 000
大型客车	K4	≤12 000×2 550×3 700	≤13 000
货车	H	≤20 000×2 900×4 500	≤35 000

附　录　A
（资料性）
机械式停车设备常见类型

本附录列入了机械式停车设备的常见类型及其示意图，见表A.1。

表A.1　机械式停车设备常见类型

<table>
<tr><th>分类</th><th colspan="12">示意图</th></tr>
<tr><td rowspan="4">升降横移类</td><td colspan="4">地上两层</td><td colspan="4">地上一层，地下一层</td><td colspan="4">地上三层</td></tr>
<tr><td colspan="4">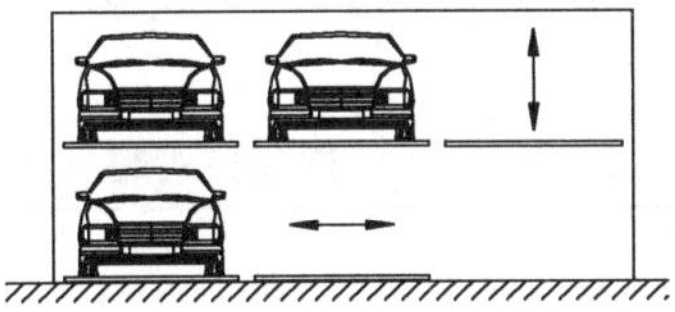</td><td colspan="4">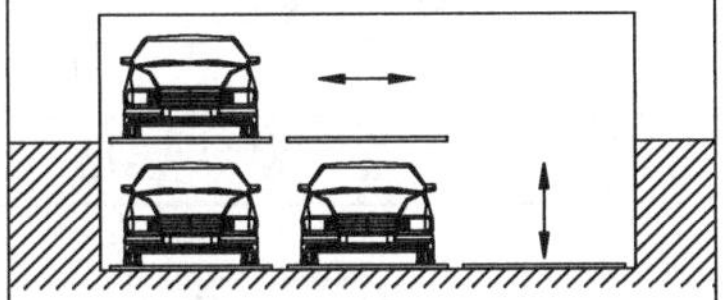</td><td colspan="4">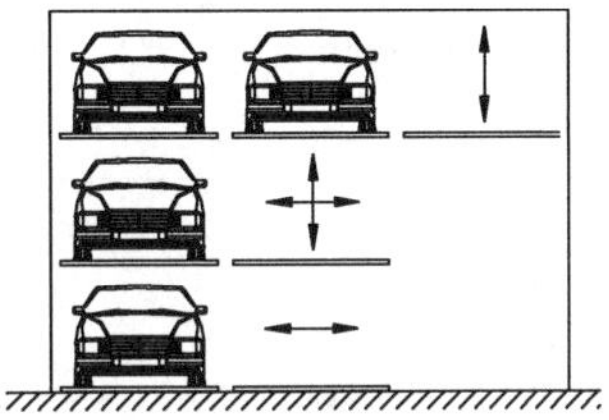</td></tr>
<tr><td colspan="4">地上两层，地下一层</td><td colspan="4">地上四层，地下两层</td><td colspan="4">地上两层</td></tr>
<tr><td colspan="4">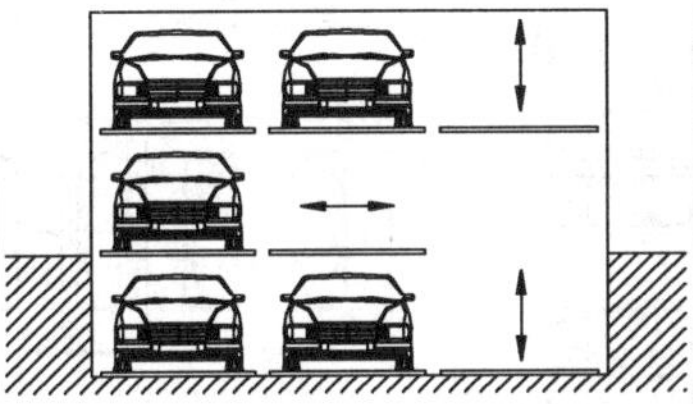</td><td colspan="4">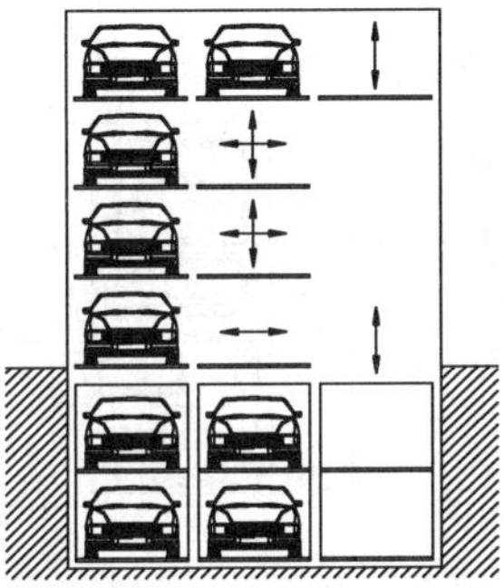</td><td colspan="4">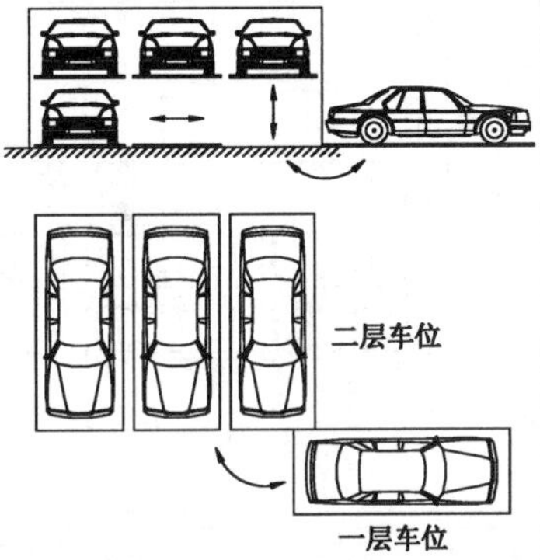</td></tr>
<tr><td rowspan="2">简易升降类</td><td colspan="3">地上两层</td><td colspan="3">地上一层，地下一层</td><td colspan="3">地上一层，地下两层</td><td colspan="3">地上两层（俯仰式）</td></tr>
<tr><td colspan="3">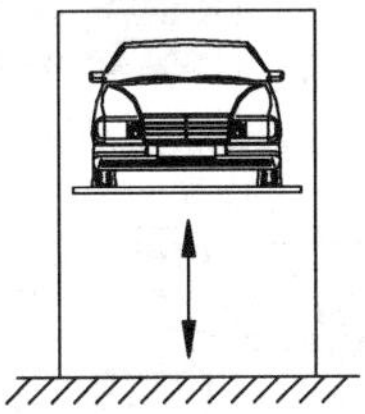</td><td colspan="3">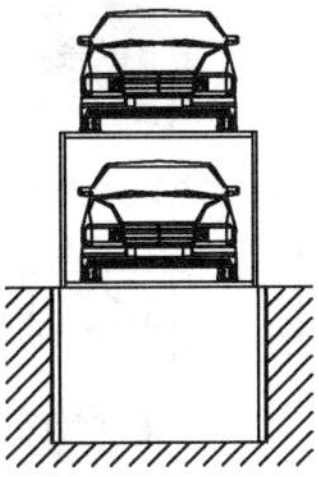</td><td colspan="3">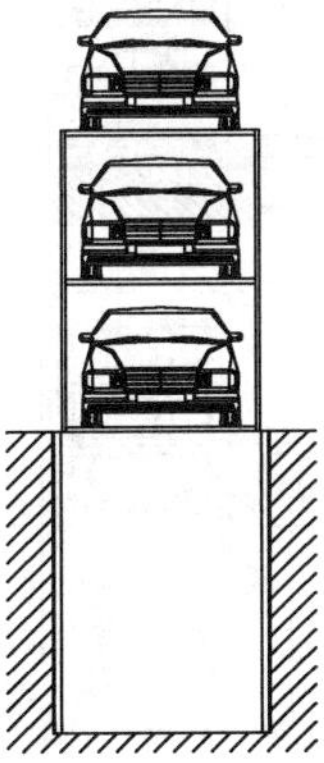</td><td colspan="3"></td></tr>
</table>

表 A.1　机械式停车设备常见类型（续）

<table>
<tr><th>分类</th><th colspan="6">示意图</th></tr>
<tr><td rowspan="2">简易升降类</td><td colspan="6">地上两层</td></tr>
<tr><td colspan="2">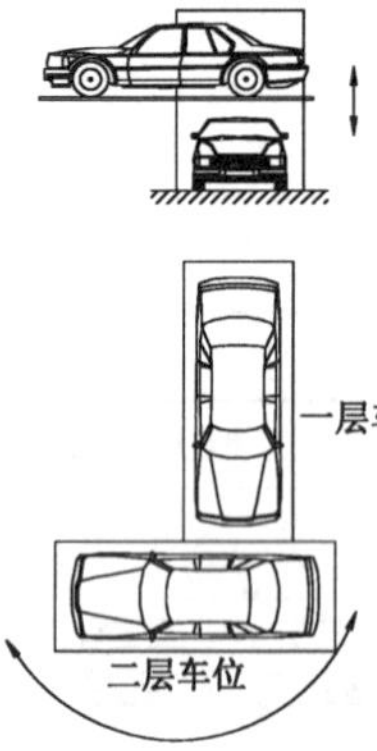
</td><td colspan="2">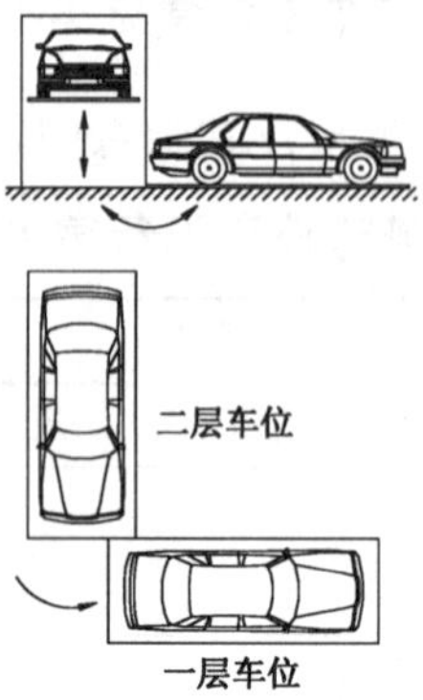
</td><td colspan="2">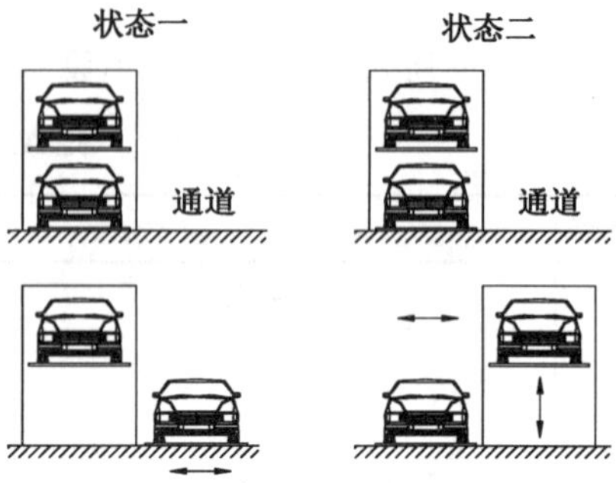
</td></tr>
<tr><td rowspan="2">平面移动类</td><td colspan="2">单层</td><td colspan="2">多层</td><td colspan="2">桥(门)式起重机式</td></tr>
<tr><td colspan="2">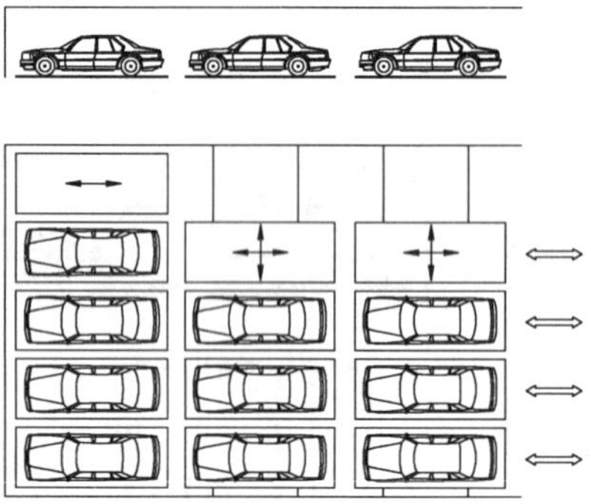</td><td colspan="2">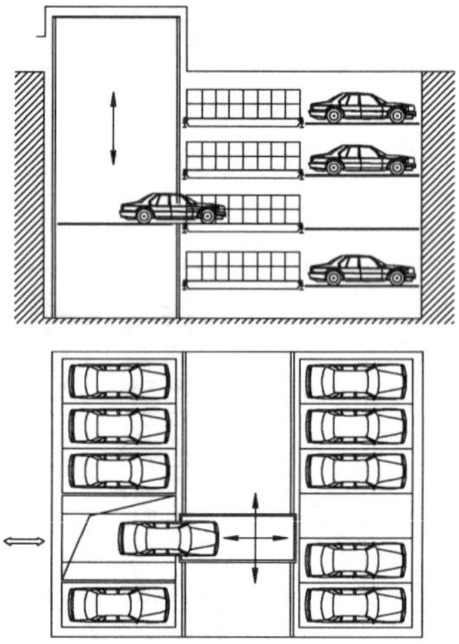</td><td colspan="2">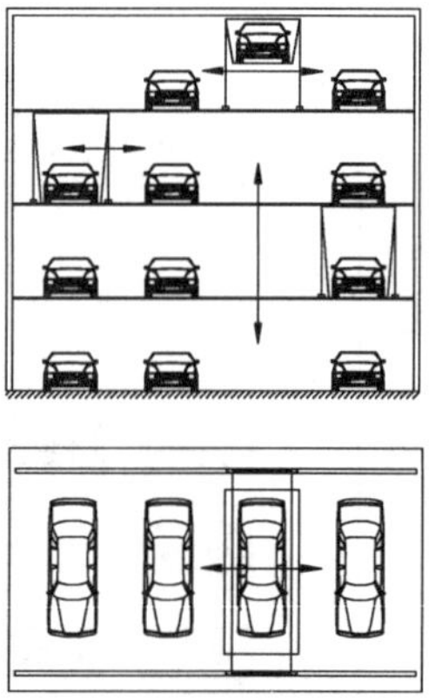</td></tr>
<tr><td rowspan="2">巷道堆垛类</td><td colspan="3">停车位横向布置</td><td colspan="3">停车位纵向布置</td></tr>
<tr><td colspan="3">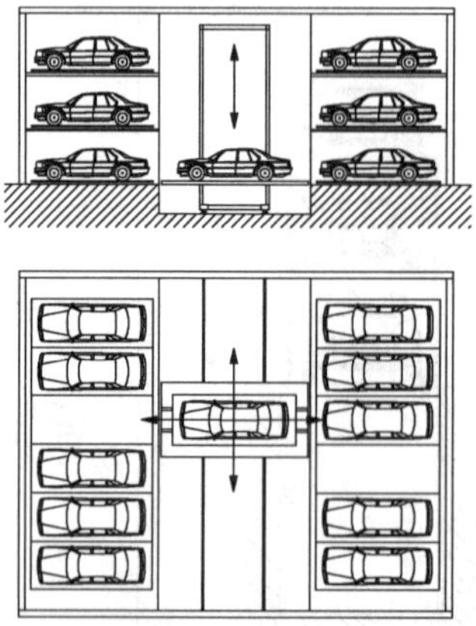</td><td colspan="3">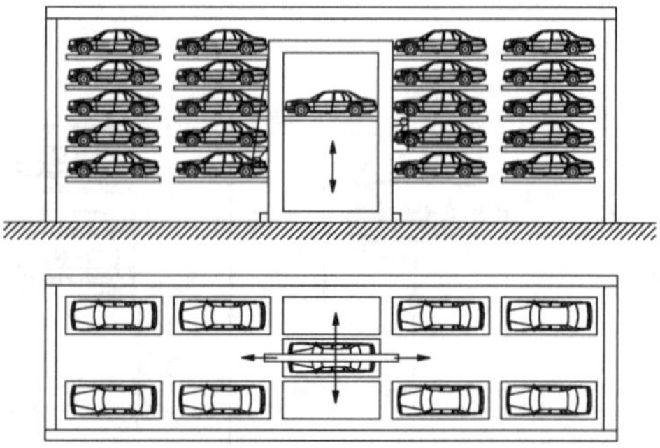</td></tr>
</table>

表 A.1 机械式停车设备常见类型（续）

分类	示意图		
垂直升降类	单列	多列	多列联动
	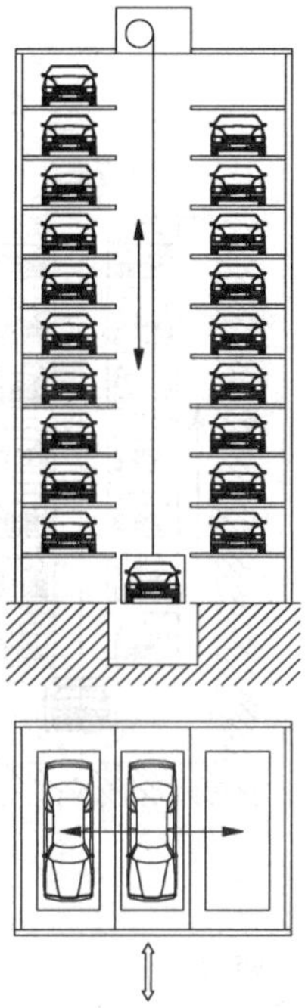	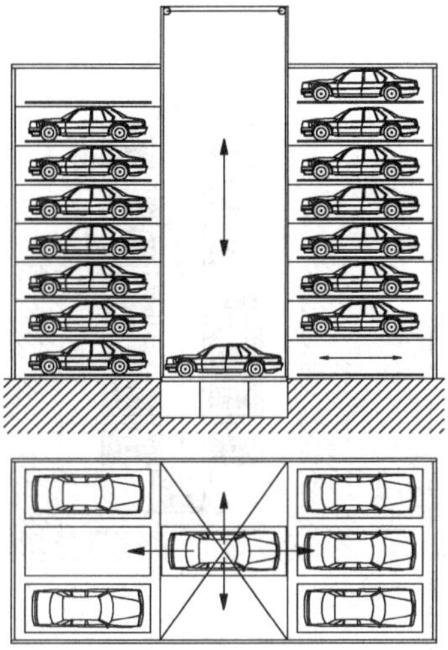	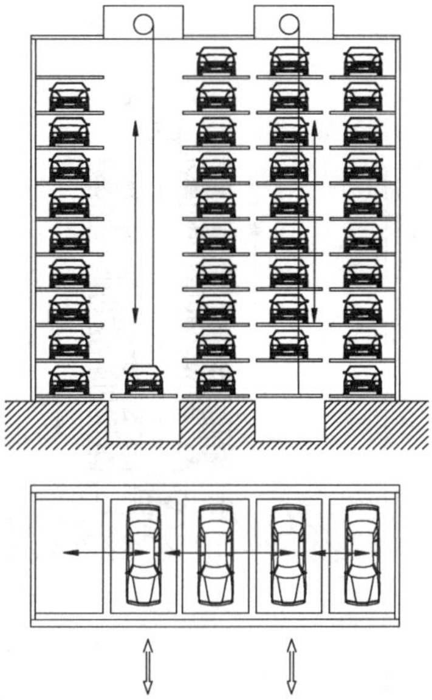
	环形	立柱式	
	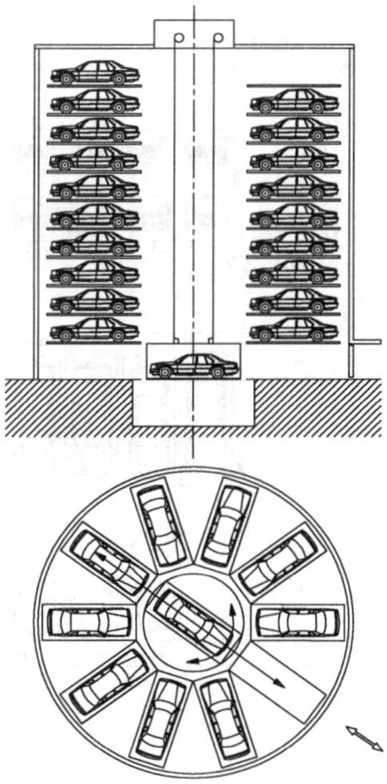	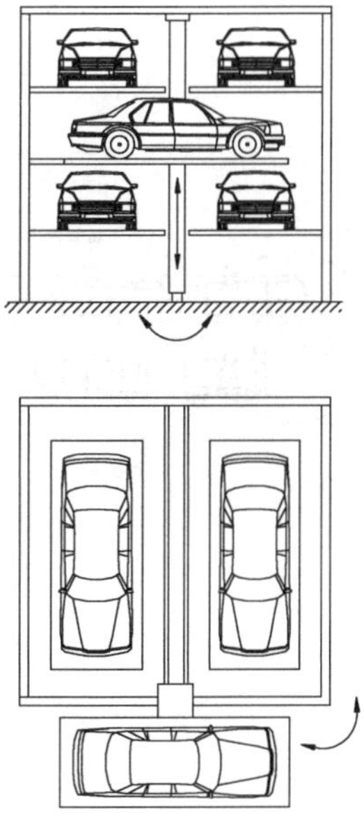	

表 A.1 机械式停车设备常见类型(续)

<table>
<tr><th>分类</th><th colspan="6">示意图</th></tr>
<tr><td rowspan="2">垂直循环类</td><td colspan="2">下部出入</td><td colspan="2">中部出入</td><td colspan="2">上部出入</td></tr>
<tr><td colspan="2">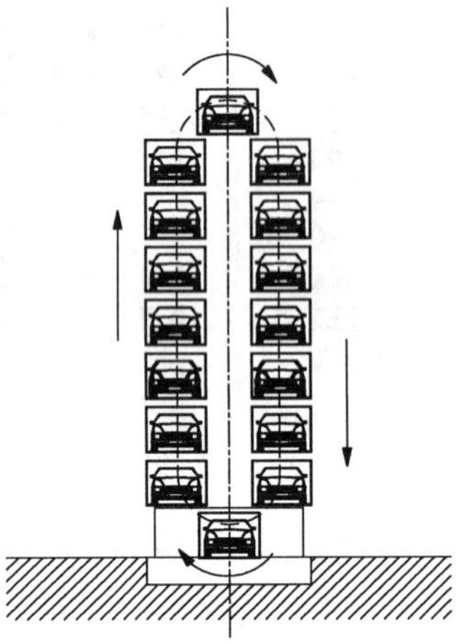</td><td colspan="2">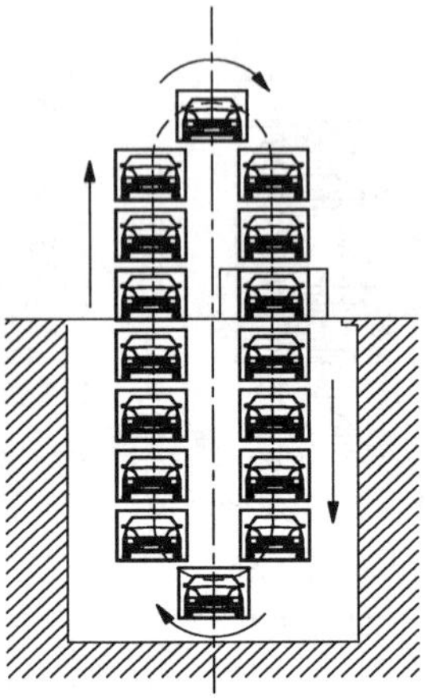</td><td colspan="2">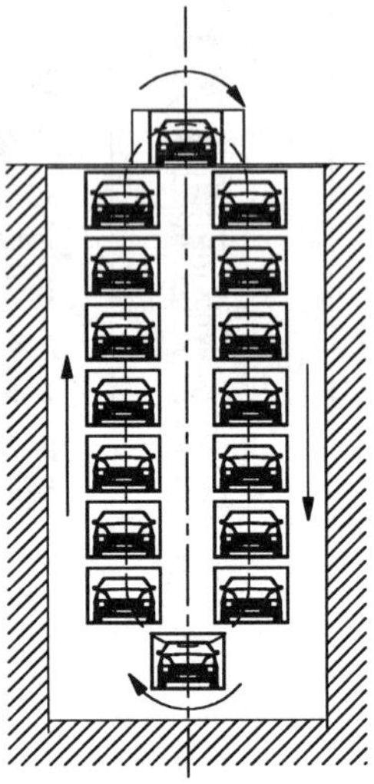</td></tr>
<tr><td rowspan="2">水平循环类</td><td colspan="3">单层</td><td colspan="3">两层</td></tr>
<tr><td colspan="3">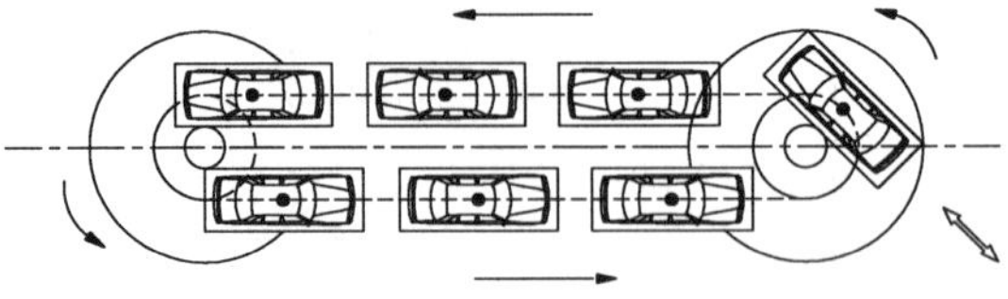</td><td colspan="3">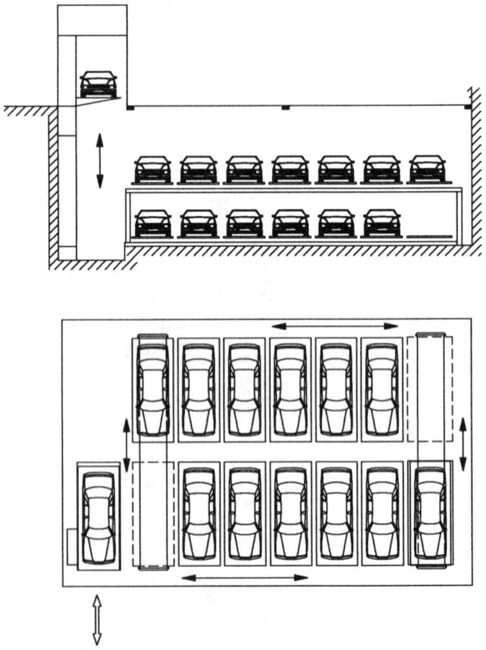</td></tr>
</table>

表 A.1　机械式停车设备常见类型（续）

<table>
<tr><th>分类</th><th colspan="6">示意图</th></tr>
<tr><td rowspan="2">多层循环类</td><td colspan="3">圆形循环</td><td colspan="3">矩形循环</td></tr>
<tr><td colspan="3">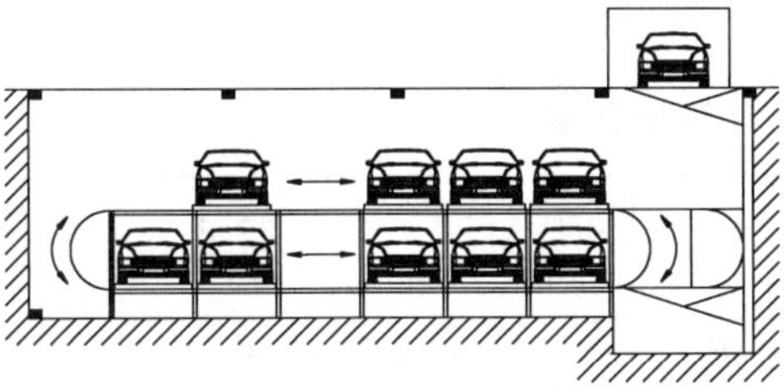</td><td colspan="3">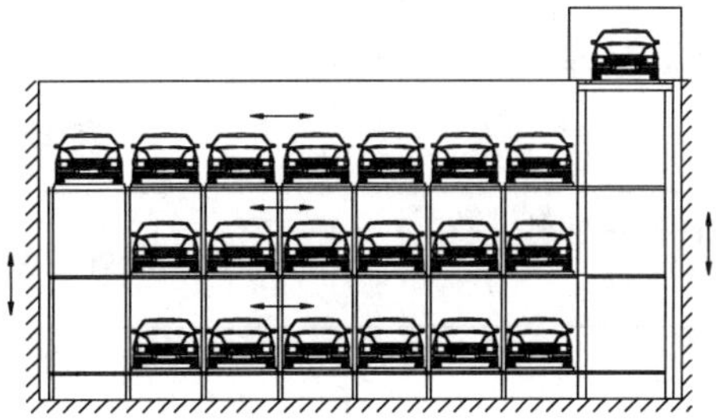</td></tr>
<tr><td rowspan="2">汽车专用升降机</td><td colspan="2">升降式</td><td colspan="2">升降回转式</td><td colspan="2">升降横移式</td></tr>
<tr><td colspan="2">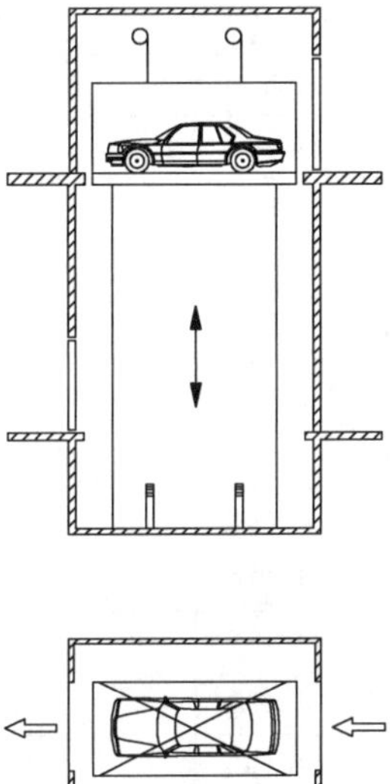</td><td colspan="2">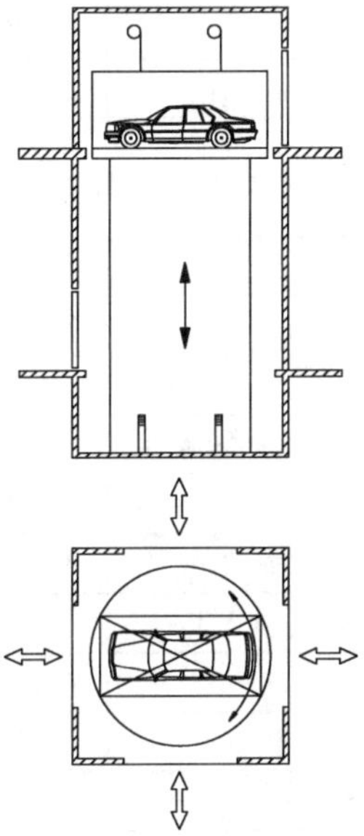</td><td colspan="2">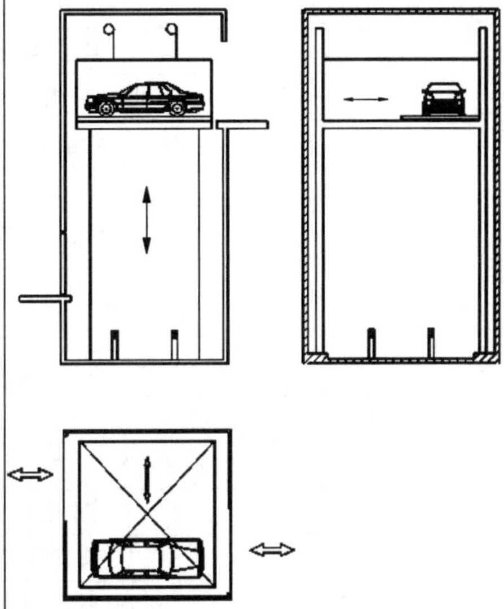</td></tr>
</table>

附 录 B
(资料性)
适停汽车组别举例

本附录列入了适于机械式停车设备停放的汽车尺寸、质量及各种常见的汽车品牌型号、尺寸及质量举例,见表 B.1。

表 B.1 适停汽车举例表

按表 2 的组别代号	汽车品牌型号	车长×车宽×车高 mm×mm×mm	质量 kg
X	大众 Polo 2019 款 Plus 1.5L 自动	4 053×1 740×1 449	1 240
	吉利金刚	4 342×1 692×1 435	1 153
	马自达(进口)MX-5	3 915×1 735×1 245	1 185
X-G	smart fortwo	2 695×1 663×1 555	1 006
	铃木北斗星	3 400×1 575×1 670	950
	宝骏 E200	2 497×1 526×1 616	892
	华泰 EV160B	3 520×1 570×1 490	1 090
	长安奔奔	3 730×1 650×1 530	1 070
	北汽新能源 LITE	2 986×1 676×1 517	1 080
	众泰 E200	2 735×1 600×1 630	1 130
	知豆 D2	2 806×1 540×1 555	925
	江淮 iEV6E	3 660×1 670×1 500	1 235
	昌河北斗星	3 950×1 740×1 690	1 180
	广本飞度 2020 款 1.5CVT 豪华版	4 096×1 695×1 525	1 160
	现代瑞纳 2020 款 1.4L 自动	4 300×1 705×1 460	1 070
	宝骏 310 2017 款 1.5L 手动	4 032×1 680×1 470	1 105
	丰田威驰 FS 2019 款 1.5L CVT	4 140×1 700×1 485	1 175
	起亚 K2	4 400×1 740×1 460	1 122
	长安悦翔	4 390×1 725×1 490	1 100
	起亚 KX CROSS	4 240×1 750×1 505	1 195
	名爵 3 2017 款 1.5L 自动	4 055×1 729×1 521	1 240
	悦纳 RV 2017 款 1.6L 自动精英版	4 190×1 728×1 460	1 215
	铃木利亚纳 A6	4 290×1 720×1 600	1 200
	云雀全界 Q1	3 970×1 730×1 615	1 110
	东风俊风 ER30	3 775×1 665×1 530	1 150
	雷丁 i5	4 055×1 630×1 510	1 060
	雷诺 e 诺	3 737×1 579×1 484	971
	铃木 吉姆尼1.3 自动四驱 3 门	3 665×1 600×1 705	1 175
	尼桑 ADMAX 1500LE	4 270×1 680×1 810	1 200

表 B.1 适停汽车举例表（续）

按表 2 的组别代号	汽车品牌型号	车长×车宽×车高 mm×mm×mm	质量 kg
Z	本田思域 2019 款 220TURBO CVT 燃擎版	4 658×1 800×1 416	1 381
	奥迪 A3	4 312×1 785×1 426	1 390
	马自达 3-昂克赛拉 2020 款 2.0L 自动质豪版	4 662×1 797×1 445	1 435
	现代菲斯塔 2019 款 280TGDi	4 660×1 790×1 425	1 435
	起亚 K3	4 660×1 780×1 450	1 315
	斯巴鲁 BRZ	4 240×1 775×1 320	1 310
	现代 领动 1.5L GLS	4 610×1 800×1 450	1 288
	现代 领动 1.5L GLX/1.5L LUX	4 610×1 800×1 450	1 350
	现代 领动 1.4T GLS/1.4T TOP	4 610×1 800×1 450	1 369
Z-G	MINI 2019 款 2.0T COOPERS	3 832×1 727×1 453	1 395
	丰田威驰 2019 款 1.5L CVT 尊行版	4 420×1 700×1 490	1 175
	现代悦纳 2020 款 1.4LCVT	4 405×1 720×1 455	1 170
	江淮 iEV7	4 320×1 710×1 515	1 390
	凯翼 E3	4 450×1 748×1 493	1 280
	丰田卡罗拉新能源	4 635×1 780×1 455	1 470
	丰田卡罗拉	4 635×1 780×1 455	1 385
	高尔夫 2020 款 280TSI DSG 舒适型	4 259×1 799×1 476	1 380
	别克英朗	4 609×1 798×1 486	1 290
	捷达 VA3	4 501×1 704×1 479	1 175
	雪佛兰科鲁泽 2019 款 RS 330T 自动	4 630×1 798×1 485	1 315
	别克凯越 2020 款 15N CVT 豪华型	4 468×1 765×1 469	1 165
	丰田雷凌 2019 款 双擎 1.8H CVT	4 640×1 780×1 455	1 480
	奔驰 A 级	4 622×1 796×1 454	1 449
	吉利帝豪	4 632×1 789×1 470	1 305
	大众桑塔纳 1.5L 自动	4 475×1 706×1 469	1 205
	雪佛兰 科鲁泽 2019 款 320T	4 614×1 798×1 485	1 295
	日产 骐达 TIIDA 2020 款 1.6L CVT 智尊版	4 393×1 766×1 524	1 309
	现代 悦动 2018 款 1.6L 自动悦心	4 510×1 765×1 470	1 240
	日产 蓝鸟 2020 款 1.6L CVT 智联高能版	4 683×1 780×1 465	1 310
	比亚迪 F3	4 533×1 705×1 490	1 260
	雪铁龙 C4L	4 675×1 780×1 500	1 470
	雪铁龙 爱丽舍	4 427×1 748×1 476	1 250
	雪铁龙 C4 世嘉	4 588×1 800×1 496	1 400

表 B.1 适停汽车举例表(续)

按表 2 的组别代号	汽车品牌型号	车长×车宽×车高 mm×mm×mm	质量 kg
Z-G	雷克萨斯 CT	4 360×1 765×1 455	1 490
	奥迪 Q2L 2020 款 35TFSI 时尚动感型	4 236×1 785×1 548	1 455
	大众 探影 2020 款 280TSI DSG R-Line	4 194×1 760×1 601	1 360
	本田 缤智 2019 款 1.5L CVT 豪华型 国Ⅵ	4 340×1 790×1 605	1 325
	斯柯达 柯米克 2020 款 GT 1.5L 自动舒适版	4 409×1 781×1 606	1 385
	别克 昂科拉 2020 款 20T CVT 豪华型	4 295×1 798×1 616	1 355
	宝骏 510 2019 款 1.5L CVT 优享型 国Ⅵ	4 220×1 740×1 625	1 340
	远景 X3 2018 款 1.5L 自动周年版	4 005×1 760×1 575	1 265
	日产 劲客 2020 款 1.5L CVT 智联尊享版	4 313×1 760×1 588	1 214
	雷诺 科雷缤	4 263×1 797×1 593	1 370
	起亚 KX3 傲跑	4 345×1 800×1 645	1 270
	雪佛兰 创酷	4 270×1 791×1 602	1 310
	北京现代 ix25	4 300×1 790×1 620	1 250
	新宝骏 RS-3	4 300×1 750×1 600	1 350
	高尔夫纯电 2019 款 2.0 TSI GTI 国Ⅴ	4 269×1 799×1 479	1 480
	北汽新能源 2019 款 EC5	4 122×1 750×1 583	1 480
D	MINI CLUBMAN 2019 款 2.0T COOPER S	4 263×1 800×1 479	1 539
	大众 朗逸 2018 款 280TSI DSG	4 670×1 806×1 474	1 368
	大众高尔夫(进口)	4 578×1 799×1 515	1 515
	领克 03	4 639×1 840×1 460	1 572
	福特 福克斯 2020 款 EcoBoost 180 自动	4 671×1 810×1 454	1 466
	雪佛兰 科鲁兹 2018 款 330T 双离合领锋版	4 450×1 807×1 459	1 365
	日产 轩逸 2020 款 1.6L TOP CVT 奢享版	4 641×1 815×1 447	1 328
	大众 宝来 2020 款 280T SI DSG 豪华型	4 663×1 815×1 473	1 370
	宝马 1 系	4 462×1 803×1 446	1 448
	奔驰 CLA200	4 645×1 777×1 417	1 531
	斯柯达 明锐 2019 旅行车 TSI280 DSG	4 675×1 814×1 460	1 380
	现代 领动插电混动 PHS/PHX/PHP	4 610×1 800×1 450	1 595
	奥迪 A3、奥迪 A3(进口)	4 436×1 793×1 386	1 610
	江淮 嘉悦 A5	4 772×1 820×1 492	1 482
	吉利 帝豪新能源	4 631×1 789×1 495	1 620
	现代 菲斯塔纯电动	4 705×1 790×1 435	1 653
	大众 凌渡 2019 款 280T SI DSG	4 615×1 826×1 425	1 420

表 B.1 适停汽车举例表（续）

按表 2 的组别代号	汽车品牌型号	车长×车宽×车高 mm×mm×mm	质量 kg
D	吉利 帝豪 GL 2019 款 1.5T DCT	4 725×1 802×1 478	1 475
	吉利 帝豪 GL 新能源	4 725×1 802×1 493	1 700
	上汽 荣威 Ei5	4 544×1 818×1 536	1 605
	宝马 1 系进口 2018 款 M140i	4 341×1 765×1 458	1 615
	比亚迪 秦 Pro 2018 款	4 765×1 837×1 500	1 410
	奥迪 S3	4 474×1 796×1 392	1 605
	上汽 荣威 i5 2020 款 GL 20T 自动	4 601×1 818×1 489	1 320
	标致 408 2019 款 360THP 自动	4 750×1 820×1 488	1 435
	丰田 卡罗拉双擎 E+ 2019 款 1.8L 旗舰版	4 635×1 775×1 470	1 590
	标致 308 2019 款 自动	4 590×1 820×1 488	1 370
	大众进口甲壳 2018 款 280T SI 沙丘越野版	4 278×1 808×1 486	1 443
	上汽荣威 i6	4 671×1 835×1 464	1 370
	大众 迈腾 2020 款 380T SI DSG	4 865×1 832×1 471	1 630
	日产 天籁 2020 款 2.0T XV AD1 智尊领航版	4 901×1 850×1 447	1 625
	奥迪 A4(进口)2020 款	4 737×1 842×1 428	1 660
	凯迪拉克 ATS-L	4 730×1 824×1 426	1 650
	红旗 H5	4 945×1 845×1 470	1 633
	起亚 K5	4 855×1 835×1 475	1 591
	奔驰 GLA	4 449×1 804×1 535	1 630
	保时捷 718	4 379×1 801×1 295	1 415
	奥迪进口 奥迪 TT	4 191×1 832×1 345	1 575
	别克 上海 LGX 新世纪轿车	4 984×1 845×1 438	1 649
	马自达 睿翼 2.5L 至尊版	4 755×1 795×1 440	1 558
	丰田 凯美瑞 200G 豪华版(新)	4 825×1 820×1 485	1 620
	斯柯达 昊锐 2.0TSI 手自一体优雅版	4 838×1 817×1 462	1 655
	宝来纯电 2020 款 1.5L	4 663×1 815×1 462	1 335
	迈腾新能源 2019 款 208TSI DSG	4 866×1 832×1 464	1 490
	帕萨特新能源 混动 2019 款 380 TSI	4 933×1 836×1 469	1 645
	高尔夫新能源(进口) 2019 款 1.8 TSI	4 578×1 799×1 515	1 506
	索纳塔九 2018 款 2.0 GLS	4 855×1 835×1 485	1 660
	奥迪 TTS 2017 款 TTS coupe	4 191×1 832×1 314	1 495
	北汽新能源 EV5 2019 款	4 675×1 770×1 500	1 690

表 B.1 适停汽车举例表(续)

按表 2 的组别代号	汽车品牌型号	车长×车宽×车高 mm×mm×mm	质量 kg
D-G	大众　高尔夫　嘉旅	4 351×1 807×1 584	1 445
	丰田 C-HR　2020 款　2.0L　豪华版	4 405×1 795×1 565	1 560
	哈弗 H2　2018　1.5T　双离合两驱智尚型　国Ⅵ	4 365×1 814×1 710	1 550
	长安 CS35PLUS	4 335×1 825×1 660	1 485
	起亚 KX3 傲跑新能源	4 290×1 780×1 650	1 700
	北京汽车　BJ　212	4 080×1 840×1 870	1 650
	奇瑞　瑞虎 5x	4 358×1 830×1 670	1 455
	上汽　名爵 ZS	4 323×1 809×1 653	1 368
	上汽　名爵 EZS 纯电动	4 314×1 809×1 620	1 568
	日产　奇骏　2020 款　2.0L　CVT　智联舒适版　2WD	4 675×1 820×1 722	1 558
	日产　逍客　2019 款　2.0L　CVT 旗舰版	4 401×1 837×1 611	1 521
	长安 CS75　2018 款　280T　自动领智型　国Ⅴ	4 650×1 850×1 705	1 700
	吉利　博越　2020 款　1.5TD　自动智联 PRO	4 544×1 831×1 713	1 660
	吉利 ICON	4 350×1 810×1 615	1 495
	奥迪 Q3	4 481×1 848×1 584	1 620
	大众　途岳	4 453×1 841×1 632	1 455
	奇瑞　瑞虎 7	4 500×1 842×1 746	1 532
	三菱　欧蓝德	4 705×1 810×1 710	1 670
	小鹏汽车 G3	4 450×1 820×1 610	1 628
	大众　捷达 VS5	4 419×1 841×1 616	1 405
	大众途观 L　2019 款　280TSI　自动两驱全景舒适版　国Ⅵ	4 712×1 839×1 673	1 620
	别克　昂科威　2019 款　20T　两驱豪华型　国Ⅵ	4 686×1 839×1 686	1 660
	雪佛兰　探界者	4 652×1 843×1 684	1 570
	五菱宏光 PLUS	4 720×1 840×1 810	1 460
	新宝骏 RM-5	4 705×1 806×1 615	1 615
	别克 GL6	4 692×1 794×1 626	1 550
	宝骏 730	4 780×1 780×1 740	1 614
	东风风行　菱智	4 745×1 720×1 940	1 695
	克莱斯勒　PT 漫步者　2.4L　自动	4 288×1 748×1 601	1 610
	标致　308　09 款　SW　豪华型	4 500×1 815×1 555	1 602
	马自达 5　08 款　2.0　自动豪华型	4 565×1 745×1 620	1 619
	斯巴鲁　森林人　2.5　XT　豪华导航型自动	4 560×1 780×1 700	1 635

表 B.1 适停汽车举例表(续)

按表 2 的组别代号	汽车品牌型号	车长×车宽×车高 mm×mm×mm	质量 kg
D-G	途安 08 款 2.0L 智	4 411×1 794×1 670	1 650
	风行 景逸 1.8 TT 自动 逸动版	4 320×1 804×1 620	1 610
	北汽新能源 2019 款 R600	4 200×1 780×1 638	1 650
	传祺 GE3	4 337×1 825×1 658	1 576
T1	雪佛兰 畅巡	4 665×1 813×1 513	1 710
	江淮 IC5	4 770×1 820×1 510	1 750
	比亚迪 秦 Pro 新能源 2018 款	4 765×1 837×1 495	1 740
	北汽新能源 EU5 2020 款 R600	4 650×1 820×1 510	1 730
	本田 雅阁 2018款 锐混动 2.0L 锐尊版	4 893×1 862×1 449	1 673
	丰田 凯美瑞 2019 款 2.5HQ 旗舰版	4 885×1 840×1 455	1 745
	奥迪 a4l 2019 款 45 TF SI quattro 运动型	4 837×1 843×1 432	1 720
	博瑞	4 986×1 861×1 513	1 710
	凯迪拉克 CT5 2020 款 28T 铂金运动版	4 924×1 883×1 453	1 735
	丰田 亚洲龙	4 975×1 850×1 450	1 775
	别克 君威 2019 款 GS 28T 尊贵型	4 902×1 863×1 456	1 585
	别克 君越	5 026×1 866×1 462	1 650
	特斯拉(进口) Model 3 2019 款 Performance 高性能全轮驱动版	4 694×1 850×1 443	1 925
	一汽大众 CC	4 864×1 870×1 447	1 650
	捷豹 XEL	2 778×1 850×1 429	1 780
	奥迪 A4(进口) 2019 款	4 750×1 842×1 433	1 780
	宝马 4 系	4 670×1 825×1 408	1 850
	雪佛兰 迈锐宝 XL	4 933×1 854×1 472	1 520
	本田 INSPIRE	4 910×1 862×1 450	1 621
	奥迪 A5(进口) 2019 款 Cabriolet 45 TFSI quattro 运动型 国Ⅴ	4 700×1 846×1 350	1 760
	福特蒙迪欧 2018 款 EcoBoost 245 智控旗舰型	4 873×1 852×1 470	1 709
	奥迪 S4	4 749×1 842×1 400	1 775
	英菲尼迪 Q50L	4 867×1 823×1 456	1 791
	标致 508	4 870×1 855×1 455	1 589
	雪铁龙 C5	4 825×1 860×1 480	1 665
	皇冠 2018 款 2.0T 时尚版	5 020×1 805×1 480	1 740
	雷克萨斯 ES	4 975×1 866×1 447	1 695

表 B.1 适停汽车举例表(续)

按表 2 的组别代号	汽车品牌型号	车长×车宽×车高 mm×mm×mm	质量 kg
T1	宝马 5 系	5 087×1 868×1 500	1 760
	沃尔沃 S90	5 083×1 879×1 450	1 834
	大众　辉昂	5 074×1 893×1 489	1 885
	捷豹 XFL	5 093×1 880×1 456	1 955
	沃尔沃 V90	4 939×1 879×1 543	1 937
	马自达 CX-4	4 637×1 855×1 524	1 580
	雪佛兰进口　科迈罗	4 786×1 897×1 356	1 620
	蔚揽新能源　2018 款　380　TSI　四驱	4 777×1 832×1 530	1 793
	广汽新能源　2019 款　Aions	4 768×1 880×1 530	1 675
	迈腾新能源　2020 款　GTE	4 865×1 832×1 469	1 800
	帕萨特新能源　2020 款　430　PHEV	4 948×1 836×1 469	1 780
	蔚揽新能源　2019 款　GTE	4 767×1 832×1 501	1 834
	蒙迪欧新能源　2018 款　2.0　PHEV	4 873×1 852×1 470	1 886
	索纳塔插电混动　2018 款　2.0　PHT	4 855×1 835×1 475	1 818
	奥迪 A6L 新能源　2019 款　45　TFSI　Quattro 臻选动感型	5 050×1 886×1 475	1 930
	宝马新能源　2020款　530　Li	5 087×1 868×1 500	1 805
	本田奥德赛场	4 800×1 800×1 545	1 730
T1-G	长城　哈弗 H6　2020 款　1.5GDIT　自动铂金冠军版	4 600×1 860×1 720	1 725
	日产　本田 CR-V　2019 款　240TURBO　CVT 两驱舒适版　国Ⅴ	4 585×1 855×1 679	1 580
	丰田　威兰达	4 665×1 855×1 680	1 715
	丰田　RAV4 荣放	4 600×1 855×1 680	1 720
	本田　皓影	4 634×1 855×1 679	1 648
	福特　锐际	4 585×1 882×1 688	1 709
	林肯　冒险家	4 615×1 887×1 630	1 825
	宝马 X1	4 565×1 821×1 620	1 720
	奔驰 GLB	4 638×1 834×1 687	1 725
	吉利　星越	4 605×1 878×1 643	1 720
	吉利　星越新能源	4 605×1 878×1 643	1 860
	凯迪拉克 XT4	4 600×1 881×1 627	1 692
	斯巴鲁　森林人	4 640×1 815×1 730	1 707
	奔驰 GLC　2020 款　GLC　260L　4MATIC　动感型	4 764×1 898×1 642	1 960

表 B.1 适停汽车举例表（续）

按表2的组别代号	汽车品牌型号	车长×车宽×车高 mm×mm×mm	质量 kg
T1-G	奥迪 Q5L 2020 款 45 TFSI 尊享时尚型	4 765×1 893×1 659	1 925
	宝马 X3 2020 款 xDrive25i 豪华套装	4 717×1 891×1 689	1 910
	大众 探岳	4 589×1 860×1 660	1 650
	Jeep(进口) 牧马人	4 334×1 894×1 839	1 993
	奇瑞 瑞虎 8	4 700×1 860×1 746	1 601
	日产 途达	4 882×1 850×1 835	1 984
	雷克萨斯 NX	4 640×1 845×1 645	1 930
	广汽 传祺 GM6	4 780×1 860×1 730	1 740
	菱智 M5EV	5 145×1 720×1 995	1 870
	金杯 SA 6474	4 797×1 770×2 005	1 870
	北京现代途胜	4 325×1 830×1 730	1 783
	长城哈弗	4 620×1 800×1 710	1 820
	哈弗 09 款 H3 2.0 豪华型	4 650×1 800×1 810	1 820
	嘉誉 09 款 2.0 自动豪华型	4 574×1 704×1 845	1 710
	宝马 X3 xDrive25i 豪华增配型	4 569×1 853×1 674	1 855
	新奥德赛 09 款 2.4 领秀版	4 810×1 802×1 570	1 805
	三菱 格蓝迪 2.4 豪华版 7 座	4 780×1 795×1 700	1 755
	福迪 探索者Ⅲ NHQ 6490Q3	4 855×1 780×1 900	1 820
	北汽新能源 2019 款 EX5	4 480×1 837×1 673	1 820
	帅客新能源 2019 款	4 500×1 695×1 870	1 760
	途观新能源 380TSI 自动四驱	4 712×1 839×1 673	1 845
	途观新能源 380TSI R-Line	4 716×1 859×1 673	1 865
	宝马 X1 新能源 X1 系列	4 565×1 821×1 620	1 720
	昂希诺电动 2020 款	4 195×1 800×1 580	1 708
T2	凯迪拉克 CT6	5 223×1 879×1 492	1 805
	沃尔沃 S90 新能源	5 083×1 879×1 450	2 227
	奔驰 E 级 AMG	4 949×1 852×1 450	2 076
	奥迪 S6	4 943×1 874×1 443	2 050
	雷克萨斯 LS	5 235×1 900×1 450	2 275
	奔驰 S级 S 300L 豪华型	5 206×1 871×1 473	1 950
	红旗世纪星 CA 7202E3L	5 206×1 814×1 422	1 940
	奥迪 A6L 2020 款 55T FSI quattro	5 050×1 886×1 475	2 200

表 B.1 适停汽车举例表（续）

按表 2 的组别代号	汽车品牌型号	车长×车宽×车高 mm×mm×mm	质量 kg
T2-G	路虎 发现神行	4 599×1 894×1 724	2 100
	丰田 普拉多 2018 款 3.5L 自动 TX-L	4 840×1 885×1 890	2 335
	三菱进口 帕杰罗	4 900×1 875×1 900	2 205
	雷克萨斯 RX	4 890×1 895×1 710	2 090
	别克 GL8	5 256×1 878×1 776	1 910
	奥德赛	4 847×1 820×1 702	2 034
	艾力绅	4 950×1 842×1 711	2 030
	广汽 传祺 GM8	5 066×1 884×1 822	2 113
	丰田(进口) 埃尔法	4 975×1 850×1 945	2 340
	雷克萨斯 LM	5 040×1 850×1 945	2 340
	丰田(进口) 威尔法	4 975×1 850×1 890	2 340
C	特斯拉(进口) Model S	4 979×1 964×1 445	2 150
	保时捷 Taycan	4 963×1 966×1 379	2 345
	奥迪 RS 6	4 987×1 936×1 456	2 120
	林肯大陆(进口)	5 115×1 912×1 492	1 987
	奥迪 RS 7	5 012×1 911×1 414	2 100
	宝马 7 系新能源(进口)	5 250×1 902×1 498	2 240
	保时捷 Panamera	5 049×1 937×1 423	1 938
	保时捷 Panamera 新能源	5 049×1 937×1 423	2 332
	宾利 飞驰	5 316×1 978×1 484	2 487
	玛莎拉蒂 总裁	5 262×1 948×1 481	1 970
	奔驰 S 级 AMG 2018 款	5 049×1 913×1 420	2 167
	福特(进口) Mustang	4 787×1 916×1 379	1 752
	陆欧	4 850×1 954×1 399	2 294
	捷豹 F-TYPE	4 482×1 923×1 311	1 770
	奥迪 R8	4 425×1 940×1 236	1 705
	兰博基尼 Huracan	4 520×1 933×1 165	1 615
	法拉利 488	4 605×1 975×1 206	1 535
	迈凯伦 720S	4 544×1 930×1 194	1 333
	宝马 i8	4 689×1 942×1 282	1 590
	法拉利 F8	4 611×1 979×1 206	1 485
	阿斯顿·马丁 DB11	4 739×1 950×1 279	1 920
	雷克萨斯 LC	4 770×1 920×1 345	2 080

表 B.1　适停汽车举例表（续）

按表 2 的组别代号	汽车品牌型号	车长×车宽×车高 mm×mm×mm	质量 kg
C	迈凯伦 GT	4 683×2 045×1 213	1 580
	劳斯莱斯　魅影	5 285×1 947×1 507	2 490
	阿斯顿·马丁　V8　Vantage	4 465×1 942×1 273	1 580
	法拉利　Portofino	4 586×1 938×1 318	1 714
	奥迪 S7　2018 款　4.0T　FSO　quattro	4 982×1 911×1 398	2 095
C-G	劳斯莱斯　古斯特	5 467×1 948×1 556	2 510
	北京越野 BJ40	4 645×1 925×1 871	2 165
	丰田　汉兰达　2018 款　2.0T　四驱豪华版　7 座　国Ⅵ	4 890×1 925×1 715	2 130
	比亚迪　唐　2018 款　2.0T　自动智联尊贵型　7 座　国Ⅴ	4 870×1 940×1 720	1 945
	沃尔沃 XC60 新能源	4 688×1 902×1 658	2 159
	英菲尼迪 QX50	4 705×1 903×1 681	1 930
	凯迪拉克 XT5	4 813×1 903×1 682	1 965
	本田　冠道	4 816×1 942×1 669	1 810
	福特　锐界	4 878×1 925×1 734	2 238
	路虎　发现运动版	4 597×1 904×1 727	2 140
	红旗 HS5	4 760×1 907×1 700	1 855
	保时捷 Macan	4 696×1 923×1 624	1 907
	路虎　揽胜极光	4 371×1 904×1 649	2 005
	本田 UR-V	4 825×1 942×1 670	1 926
	大众　途昂　2020 款　380TSI　四驱舒适版　国Ⅵ	5 039×1 989×1 773	2 095
	保时捷 Cayenne	4 918×1 983×1 696	2 070
	保时捷 Cayenne　新能源	4 918×1 983×1 696	2 456
	大众(进口)　途锐	4 878×1 984×1 717	2 220
	别克　昂科旗	4 981×1 953×1 732	2 100
	长城　哈佛 H9	4 856×1 926×1 900	2 425
	凯迪拉克 XT6	5 056×1 964×1 780	2 120
	理想 ONE	5 020×1 960×1 760	2 350
	林肯　飞行家(进口)	5 080×2 022×1 759	2 103
	Jeep　大切诺基(进口)	4 828×1 943×1 792	2 354
	兰博基尼 Urus	5 112×2 016×1 638	2 250
	蔚来 ES8	5 022×1 962×1 756	2 475

表 B.1 适停汽车举例表(续)

按表 2 的组别代号	汽车品牌型号	车长×车宽×车高 mm×mm×mm	质量 kg
C-G	宝马 X6(进口)	4 947×2 004×1 698	2 240
	福特　探险者(进口)	5 064×2 005×1 798	2 329
	沃尔沃(进口)　XC90	4 953×1 958×1 776	2 435
	吉利　嘉际	4 706×1 909×1 690	1 710
	夏朗	4 854×1 904×1 740	1 908
	江铃福特　途睿欧	4 976×2 032×1 990	2 285
	大众(进口)　迈特威	4 904×1 904×1 970	2 459
	克莱斯勒　大捷龙(进口)	5 176×2 037×1 777	2 119
	奥迪(进口)　Q7　新能源　2019 款　2.0　45T FSI　舒适型	5 069×1 968×1 716	2 165
K1	五菱荣光加长	4 490×1 615×1 900	1 320
	五菱荣光 V	4 415×1 665×1 850	1 190
	华晨鑫源　小海狮 X30	4 100×1 680×1 930	1 240
	东风小康　风光 330	4 365×1 720×1 790	1 300
	东风小康 K07S	4 070×1 560×1 910	1 050
	长安之星 9	4 430×1 655×1 935	1 310
	长安 V3	3 995×1 645×1 910	1 170
	昌河　北汽 EV5　行业版　1.5T　4.5米纯电动厢式运输车(210 km)32.3 kWh	4 500×1 650×1 940	1 550
	上汽 MAXUSEV30	4 500×1 780×1 895	1 470
	东风小康 EC36	4 500×1 680×2 000	1 740
	东风小康 C37	4 500×1 680×2 000	1 420
	九龙 EM3	3 180×1 495×1 720	1 205
	北汽昌河 M50S	4 525×1 700×1 818	1 320
	优优 EV	4 430×1 626×1 965	1 530
	陆地方舟　威图 X35	4 495×1 680×1 990	1 730
	吉林　佳宝 V77	4 020×1 595×1 880	1 165
	北汽幻速 H2	4 520×1 720×1 785	1 375
	长安　睿行 EM80	4 805×1 715×1 990	1 600
K2	江淮　瑞风	5 035×1 820×1 970	1 935
	福田　蒙派克 E　2017 款　2.0L　长轴	5 245×1 825×2 030	2 060
	长安　睿行　EM80　高顶	4 805×1 715×2 200	1 660
	南方金龙　NJL　6420EV	4 165×1 680×1 930	2 380

表 B.1　适停汽车举例表（续）

按表 2 的组别代号	汽车品牌型号	车长×车宽×车高 mm×mm×mm	质量 kg
K2	南京金龙 NJL　6520　BEV	5 200×1 700×2 240	2 050
	九龙 HKL　6520BEV	5 150×1 835×1 890	2 715
	风景 G7	4 840×1 695×2 240	1 890
	江铃福特　全顺	4 974×2 032×2 066	2 240
	上汽 MAXUS　V80	4 950×1 998×2 345	3 900
	依维柯　欧胜	5 670×2 011×2 726	2 930
	丰田进口　HIACE	5 380×1 880×2 285	2 155
	依维柯　得意　2017 款　2.5T　低顶	4 850×2 000×2 150	2 300
	依维柯　得意　2017 款　2.5T　中顶	4 850×2 000×2 495	2 300
	依维柯　褒迪　中顶 5-7 座	4 905×2 000×2 500	2 520
	依维柯　褒迪　中顶 14 座	5 580×2 000×2 540	2 800
	福田汽车　风景　G9　17 座以下	5 380×1 920×2 285	2 210
	中车电动　TEG　6591BEV01	5 995×2 100×2 980	5 050
	中车电动　TEG　6590BEV01	5 990×2 130×3 040	5 250
	九龙　HKL　6600BEV11	5 990×1 880×2 320	2 935
K3	丰田　柯斯达　20 座	7 005×2 040×2 631	3 634
	南京金龙　NJL　6600EVQ	6 005×2 130×2 980	5 240
	南京金龙　NJL　6680EV4	6 800×2 270×2 952	6 185
	北汽福田欧辉　BJ　6650EVCA-7	6 545×2 100×2 930	5 700
	银隆新能源　GTQ　6681BEVB8	6 840×2 290×3 060	6 270
	上饶　SR　6660BEVG2	6 620×2 260×2 980	5 330
	北汽福田欧辉　BJ　68026EVCA-7	8 005×2 450×3 380	8 220
	南方金龙　NJL　6859EV9	8 545×2 040×3 150	9 100
	南方金龙　NJL　6859EV12	8 545×2 400×3 150	9 100
	中车电动　TEG　6900BEV01	8 995×2 450×3 260	9 150
	北方　BFC　6809GBEV7	8 010×2 350×3 000	7 350
	比亚迪　BYD　6810LZEV1	8 060×2 420×3 470	9 050
	南京金龙　NJL　6810BEV22	8 080×2 020×2 870	4 430
	上饶　SR 6800　BEVG1	8 040×2 280×3 020	6 500
	上饶　SR 6810　BEVG1	8 100×2 350×2 920	7 930
	南京金龙　NJL　6706EV1	7 000×2 050×2 860	5 050
	比亚迪　BYD　6710HLEV2	7 110×2 060×2 845	5 750
	比亚迪　BYD　6700H2EV	7 010×2 160×3 210	6 650

表 B.1 适停汽车举例表(续)

按表 2 的组别代号	汽车品牌型号	车长×车宽×车高 mm×mm×mm	质量 kg
K4	北汽福田欧辉 BJ 6816EVCA	8 075×2 500×3 360	8 650
	中车电动 TEG 6852URBEV8	8 540×2 500×3 150	8 750
	青年 JNP 6850LFCEV	8 500×2 450×3 630	8 950
	比亚迪 BYD 6900HLEV	8 995×2 500×3 305	10 050
	南京金龙 NJL 6822EV	8 245×2 480×3 180	8 700
	亚星 YBL 6815HBEV5	8 150×2 460×3 325	7 950
	海格蔚蓝 KLQ 6856GAEVN5	8 545×2 480×3 050	8 250
	申龙 SLK 6803ABEVL1	8 045×2 480×3 430	8 400
	福田欧辉 BJ 6117 EVCA-2	10 990×2 550×3 430	11 550
	北方 BFC 6129 GBEV S1	11 990×2 550×3 250	12 950
	北方 BFC 6115 TBEV	10 990×2 500×3 530	10 700
	南京金龙 NJL 6129EV55	11 990×2 550×3 300	12 700
	南京金龙 NJL 6123EV2	11 990×2 550×3 280	12 750
	南京金龙 NJL 6127EV1	11 600×2 480×3 540	12 700
	比亚迪 BYD 6110LLEV1	10 690×2 500×3 580	12 250
	亚星 YBL 6111HBEV3	10 990×2 500×3 400	10 550
	亚星 YBL 6119HBEV	10 990×2 550×3 525	11 150
	万象 SXC 6105CBEV	10 490×2 500×3 550	11 460
	银隆新能源 GTQ 6119 BEVP8	10 700×2 500×3 210	12 550
	银隆新能源 GTQ 6129 GAHEVC6K	12 000×2 550×3 280	12 850
	银隆新能源 GTQ 6126 GAEVN1	12 000×2 550×3 180	12 500
	银隆新能源 GTQ 6121 H2EV1N2	11 600×2 550×3 310	11 950
	中车电动 TEG 6129BEV10	11 950×2 540×3 380	12 900
	中车电动 TEG 6125BEV09	11 980×2 540×3 280	12 550
	中车电动 TEG 6120EV01	11 650×2 540×3 470	11 850
	中车电动 TEG 6110BEV04	10 900×2 540×3 470	12 000
	中车电动 TEG 6106BEV51	10 490×2 490×3 380	11 950
	中车电动 TEG 6106BEV35	10 490×2 490×3 380	12 450
	中车电动 TEG 6105BEV14	10 500×2 500×3 280	11 500
H	快递货运车	20 000×2 900×4 500	35 000

参　考　文　献

[1] GB/T 3730.1—2001 汽车和挂车类型的术语和定义

ICS 53.020.20
J 80

中华人民共和国国家标准

GB/T 30023—2013/ISO 11994:1997

起重机 可用性 术语

Cranes—Availability—Vocabulary

(ISO 11994:1997,IDT)

2013-11-27 发布 2014-03-01 实施

中华人民共和国国家质量监督检验检疫总局
中国国家标准化管理委员会 发布

前　言

本标准按照 GB/T 1.1—2009 给出的规则起草。

本标准使用翻译法等同采用 ISO 11994:1997《起重机　可用性　术语》(英文版)。

本标准由中国机械工业联合会提出。

本标准由全国起重机械标准化技术委员会(SAC/TC 227)归口。

本标准起草单位:宁波市凹凸重工有限公司、北京起重运输机械设计研究院、国家起重运输机械质量监督检验中心。

本标准负责起草人:赵学明、林夫奎、朱帅。

起重机　可用性　术语

1　范围

本标准规定了 GB/T 6974.1 所定义的各类起重机的可用性通用术语和定义，以便于制定合同并使合同双方易于理解。

这些术语和定义供起重机设计者、制造商、监督检验机构、使用者及其他有关人员使用。

2　规范性引用文件

下列文件对于本文件的应用是必不可少的。凡是注日期的引用文件，仅注日期的版本适用于本文件。凡是不注日期的引用文件，其最新版本(包括所有的修改单)适用于本文件。

GB/T 6974.1—2008　起重机　术语　第1部分：通用术语(ISO 4306-1:2007,IDT)

3　术语和定义

3.1　基本术语

3.1.1

产品　product

作业中考虑其可用性及可靠性(3.1.8)的构件(起重机、组装件、部件、零件)。

3.1.2

适用性　serviceability

产品完成规定功能的能力。

3.1.3

非适用性　unserviceability

产品不具备完成规定功能的能力。

3.1.4

无故障性　failure-free operation

产品在规定的时期或工作时间(3.4.1)内始终保持其适用性(3.1.2)的特性。

3.1.5

维修性　maintainability

产品便于维护和恢复适用性(3.1.2)的特性。

3.1.6

耐久性　durability

按照预定维护和修理要求使产品保持适用性(3.1.2)直至达到临界状态(3.2.1)的特性。

3.1.7

可贮存性　storageability

产品经过适当的贮存和运输之后仍能保持无故障性(3.1.4)、耐久性(3.1.6)及维修性(3.1.5)的特性。

3.1.8

可靠性　reliability

产品在规定的各种条件下，达到所要求的无故障性(3.1.4)、耐久性(3.1.6)、可贮存性(3.1.7)以及可运输性等特性或者其综合特性的能力。

3.2　状态

3.2.1

临界状态　marginal condition

产品进一步使用时其功能无法实现，或需要修复才能恢复到适用性(3.1.2)时的状态。

3.2.2

临界状态判据　marginal condition criteria

在标准、设计和技术文件中规定的产品临界状态(3.2.1)的判据或系列判据。

3.3　缺陷、损坏和失效

3.3.1

缺陷　defect

产品在使用之前、制造或修理过程中发生明显的或潜在的不符合标准、设计和技术文件要求的现象。

3.3.2

损坏　damage

由于某一事件对产品正常状态的干扰所引起的不良状态。

3.3.3

失效　failure

由产品正常适用性(3.1.2)的丧失或减弱引起的事件，若导致非适用性(3.1.3)为"完全"失效，其适用性减弱则为"部分"失效。

3.3.4

间断　interruption

单件暂时失效(3.3.3)或损坏(3.3.2)，或操作人员通过小修可以排除的单件失效或损坏。

3.3.5

失效判据　failure criteria

在标准、设计和技术文件中规定的产品非适用性(3.1.3)的判据或系列判据。

3.3.6

失效原因　failure cause

导致失效发生的现象、过程、事件或状态。

3.3.7

失效效应　failure effect

由失效发生引起的现象、过程、事件或状态。

3.3.8

轻度失效　minor failure

导致轻微后果的失效(3.3.3)。

3.3.9

严重失效 major failure

导致重大后果的失效(3.3.3)。

3.3.10

致命失效 critical failure

危及人的生命、健康或环境,或导致重大经济损失的失效(3.3.3)。

3.3.11

临界失效 marginal failure

由产品临界状态(3.2.1)转变引起的失效(3.3.3)。

3.3.12

独立失效 primary failure

不是由其他类失效引起的失效(3.3.3)。

3.3.13

从属失效 secondary failure

由其他类失效引起的失效(3.3.3)。

3.3.14

突然失效 sudden failure

产品意外转变到非适用状态所表征的失效(3.3.3)。

3.3.15

渐变失效 gradual failure

由一个或多个性能的逐渐变化引起的失效(3.3.3)。

3.3.16

间歇失效 intermittent failure

在某种状态或相同状态下的重复性暂时失效(3.3.3)。

3.3.17

显性失效 explicit failure

在产品使用前或使用过程中,利用常规方法和检验、检测或试验手段可发现的失效(3.3.3)。

3.3.18

隐性失效 latent failure

利用常规方法和检验、检测或试验手段不能发现,但在预防性维护(3.5.1)期间可以显露的失效(3.3.3)。

3.3.19

设计错误失效 design-error failure

由于制定计划、设计规范和标准的不完善或违反规定引起的失效(3.3.3)。

3.3.20

制造失效 manufacturing failure

由于制造或修理(3.5.2)过程的不完善或违反规定引起的失效(3.3.3)。

3.3.21

误用失效 misuse failure

由于违反操作、维护规程及有关条件导致的失效(3.3.3)。

3.3.22

早期失效 early failure

产品在运行期间的早期使用阶段由于未检测到或未消除的隐性缺陷(3.3.1)所引起的失效(3.3.3)。

3.4 时间概念

3.4.1

工作时间 operating time

将产品的工作过程或工作量作为一种模拟量(例如,工作时间用小时、里程表示等)或作为一种整数量(例如工作周期数、起动次数等)来表示。

3.4.2

失效前工作时间 operating time to failure

产品从开始使用至其首次失效(3.3.3)的工作时间(3.4.1)。

3.4.3

无故障工作时间 operating time between failure

产品失效(3.3.3)后从完全恢复适用性(3.1.2)至下次失效之间的工作时间(3.4.1)。

3.4.4

寿命 life

使用寿命 useful life

产品从开始使用或修理(3.5.2)后恢复使用,直至达到临界状态(3.2.1)的累积工作时间(3.4.1)。

3.4.5

寿命期 lifetime

使用寿命期 useful lifetime

产品从开始使用或修理(3.5.2)后恢复使用,直至达到临界状态(3.2.1)的持续使用日期。

3.5 维护与修理

3.5.1

维护 maintenance

确保产品的适用性(3.1.2)的整套措施。

3.5.2

修理 repair

使产品恢复其适用性(3.1.2)的过程。

3.5.3

可修复产品 repairable product

有修理(3.5.2)价值的产品。

3.5.4

不可修复产品　nonrepairable product

无修理(3.5.2)价值的产品。

3.6　可靠性的量度

3.6.1

可靠性指标　reliability index

构成产品可靠性(3.1.8)的一个或多个量化指标。

3.6.2

单项可靠性指标　simple reliability index

产品可靠性的单一特性指标(3.6.1)。

3.6.3

综合可靠性指标　integrated reliability index

两个或多个单项可靠性指标组合成的可靠性指标(3.6.1)。

3.6.4

可靠性预计指标　predicted reliability index

通过计算确定的可靠性指标(3.6.1)。

3.6.5

可靠性评定指标　assessed reliability index

通过试验结果确定的可靠性指标(3.6.1)。

3.6.6

可靠性观测指标　observed reliability index

根据现场数据确定的可靠性指标(3.6.1)。

3.7　无故障性的量度

3.7.1

无故障工作概率　survival probability

产品在规定的工作时间(3.4.1)内无故障的概率。

3.7.2

无故障工作时间的 γ 百分率　γ-percentile operating time to failure

产品无故障的工作时间(3.4.1)用 γ 百分率作为概率描述。

3.7.3

平均首次无故障工作时间　mean operating time to failure

产品出现首次失效(3.3.3)时其工作时间(3.4.1)的数学期望值。

3.7.4

平均无故障工作时间　mean operating time per failure

可修复产品的累积工作时间(3.4.1)与故障次数之比。

3.8 耐久性的量度

3.8.1

寿命的 γ 百分率　γ-percentile life

产品未达到临界状态(3.2.1)时的累积工作时间(3.4.1)用 γ 百分率作为概率描述。

3.8.2

平均寿命　mean life

使用寿命(3.4.4)的数学期望值。

3.8.3

寿命期的 γ 百分率　γ-percentile lifetime

产品在使用期间未达到临界状态(3.2.1)的持续使用日期用 γ 百分率作为概率描述。

3.9 维修性的量度

3.9.1

平均修复时间　mean time to restore

产品失效后恢复其适用性(3.1.2)所需时间的数学期望值。

3.9.2

平均修复工时　mean restoration man-hours

产品失效后恢复其功能所需工时数的数学期望值。

3.10 可用性的量度

3.10.1

可用性系数　availability factor

要求产品随时可用的概率。

3.10.2

使用可用性系数　operational availability factor

要求产品随时可用以及产品在一段规定时间内能够无故障运行(3.1.4)的概率。

索 引

汉语拼音索引

英文索引

ICS 53.020.20
J 80

中华人民共和国国家标准

GB/T 30025—2013/ISO 11629:2004

起重机　起重机及其部件质量的测量

Cranes—Measurement of the mass of a crane and its components

(ISO 11629:2004,IDT)

2013-11-27 发布　　　　2014-03-01 实施

中华人民共和国国家质量监督检验检疫总局
中国国家标准化管理委员会　发布

前　　言

本标准按照 GB/T 1.1—2009 给出的规则起草。

本标准使用翻译法等同采用 ISO 11629:2004《起重机　起重机及其部件质量的测量》(英文版)。

与本标准中规范性引用的国际文件有一致性对应关系的我国文件如下：

——GB/T 6974.1—2008　起重机　术语　第1部分：通用术语(GB/T 6974.1—2008,ISO 4306-1:2007,IDT)；

——GB/T 5905　起重机　试验规范和程序(GB/T 5905—2011,ISO 4310:2009,IDT)；

——GB/T 21457　起重机和相关设备　试验中参数的测量精度要求(GB/T 21457—2008,ISO 9373:1989,IDT)。

为了便于使用,本标准还做了下列编辑性修改：

——将国际标准 ISO 11629:2004 中 4.3 和 5.2 合并为本标准的 5.2；

——因标准正文中并未出现国际标准 ISO 7363《起重机和起重机械　技术性能和验收文件》,故本标准删除了 ISO 11629:2004 中的"参考文献"。

本标准由中国机械工业联合会提出。

本标准由全国起重机械标准化技术委员会(SAC/TC 227)归口。

本标准负责起草单位：三一集团有限公司、北京起重运输机械设计研究院、国家起重运输机械质量监督检验中心。

本标准负责起草人:陈玲、李翠英、易小刚、彭国成、林夫奎。

起重机　起重机及其部件质量的测量

1　范围

本标准规定了起重机和/或其部件质量测量的基本方法。

本标准是对 ISO 4310 的补充,适用于 ISO 4306-1 所定义的各类起重机。

2　规范性引用文件

下列文件对于本文件的应用是必不可少的。凡是注日期的引用文件,仅注日期的版本适用于本文件。凡是不注日期的引用文件,其最新版本(包括所有的修改单)适用于本文件。

ISO 4306-1　起重机　术语　第 1 部分:通用术语(Cranes—Vocabulary—Part 1:General)

ISO 4310　起重机　试验规范和程序(Cranes—Test code and procedures)

ISO 9373　起重机和相关设备　试验中参数的测量精度要求(Cranes and related equipment—Accuracy requirements for measuring parameters during testing)

3　术语和定义

ISO 4306-1 界定的以及下列术语和定义适用于本文件。

3.1

器具　apparatus

测量起重机和/或其部件质量所需的整套设备和装置。

3.2

简单测量　simple measurement

测量结果可以直接从一个测量仪器上读出或从几个同时进行的测量仪器读出的数据经过计算得到。

3.3

复杂测量　complex measurement

测量结果由几个分步连续进行的测量仪器上读出的数据经过计算得到。

4　器具及其精度

4.1　下列器具可用于测量起重机和/或其部件的质量:

a)　天平;

b)　测力计(压缩或拉伸);

c)　刃形支承物;

d)　平板;

e)　水平仪;

f)　辅助起升机构;

g)　吊索具、钢丝绳或链条。

4.2 测量器具的精度应符合 ISO 9373 和国家法规的要求。

5 起重机和/或其部件的测量

5.1 用于整体或拆卸为部件测量质量的起重机，应配有制造商在说明书中规定的其测量质量时所需的设备。

5.2 起重机和/或其部件的测量可以使用简单测量方法，也可使用复杂测量方法，但优先使用简单测量方法。

通过测量装置在支撑点测量反作用力(如图 A.1～图 A.4)。

5.3 按照 5.2 的规定进行测量时，起重机和/或其部件应按以下规定放置在测量装置上：

——所有被测载荷应垂直放置，而不对测量装置产生水平作用力(如图 A.1～图 A.3)；

——支撑点的中心与测量装置的中心重合(如图 A.1)；

——悬挂线应经过被测物体的质心(如图 A.2)；

——平板和刃形支承物应放置在具有更精确地传递载荷(从被测质量到测量装置)的支撑点处(如图 A.3)；

——对于大型起重机和/或部件，被测质量可分步先后放置在测量装置的支承面上(如可分左右或前后侧面)，剩余部分放置在距离测量装置较近的硬面上(如图 A.4)。

5.4 每一个测量结果都应减去平板质量、刃形支承物质量、吊索具质量和其他装置质量(如适用)。

6 测量报告

起重机和/或其部件质量测量的报告至少应包括以下内容：

——起重机和/或部件类型；

——制造商名称；

——测量日期；

——起重机和/或其部件的描述；

——测量条件(见 ISO 4310 规定的试验条件部分)；

——检测人员姓名。

起重机和/或其部件的质量测量结果应列为表格。

附　录　A
（资料性附录）
起重机和/或其部件质量的测量示例

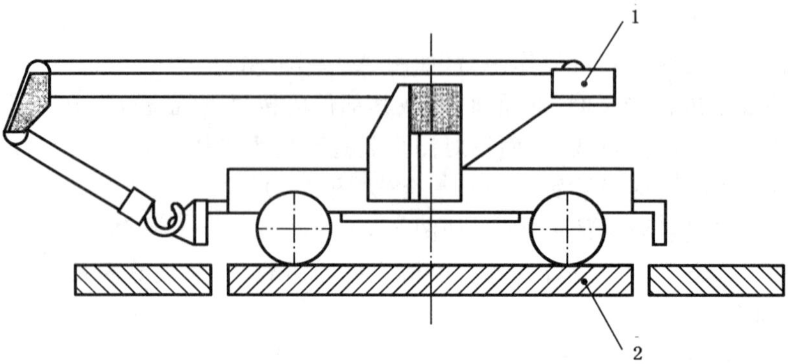

说明：
1——起重机；
2——称量台。

图 A.1　(流动式)起重机的质量测量

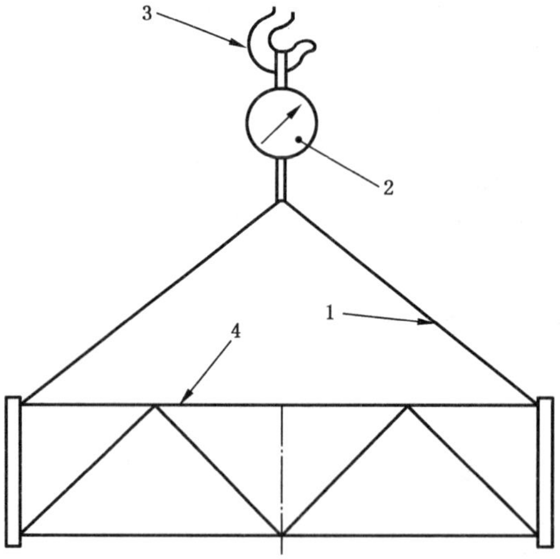

说明：
1——吊索具；
2——测力计；
3——吊钩；
4——起重机部件。

图 A.2　使用测力计测量起重机部件质量

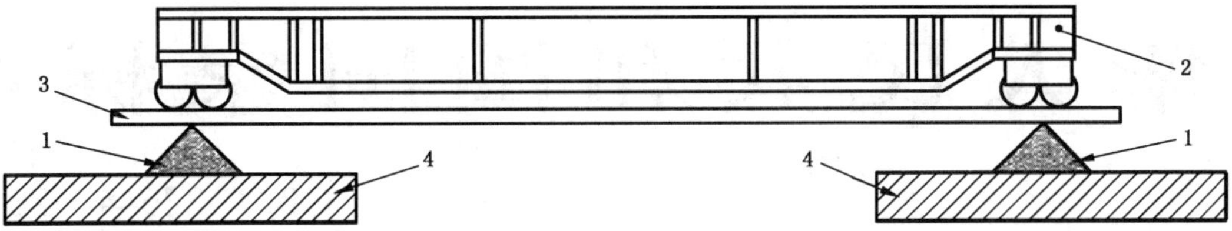

说明：
1——刃形支承物；
2——起重机部件；
3——平板；
4——压力测力计。

图 A.3　使用压力测力计同步测量起重机部件的质量

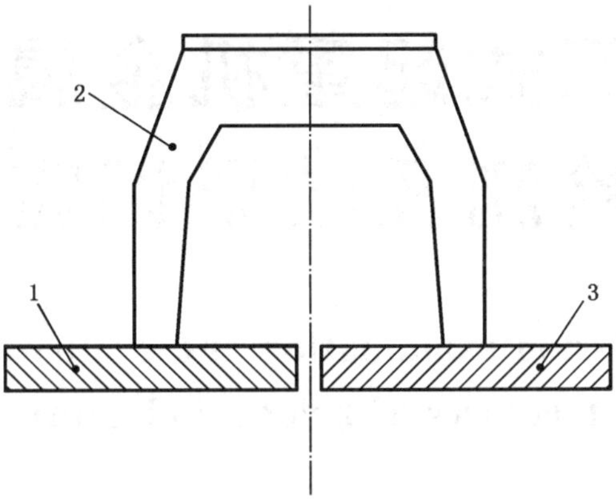

说明：
1——支承面；
2——起重机部件；
3——压力测力计。

图 A.4　使用压力测力计分步测量起重机部件的质量

ICS 53.020.20
J 80

中华人民共和国国家标准

GB/T 32544—2016

桥式与门式起重机金属结构声发射检测及结果评定方法

Acoustic emission examination and evaluation methods of steel structures of bridge and gantry cranes

2016-02-24 发布　　2016-09-01 实施

中华人民共和国国家质量监督检验检疫总局
中国国家标准化管理委员会　发布

前　言

本标准按照 GB/T 1.1—2009 给出的规则起草。

本标准由中国机械工业联合会提出。

本标准由全国起重机械标准化技术委员会(SAC/TC 227)归口。

本标准负责起草单位:中国特种设备检测研究院、国家起重运输机械质量监督检验中心。

本标准参加起草单位:河南省特种设备安全检测研究院、保定市特种设备监督检验所、河北省特种设备监督检验院、天津市特种设备监督检验技术研究院、南京市特种设备质量监督检验研究院、武汉理工大学。

本标准主要起草人:沈功田、吴占稳、贾华龙、刘爱国、尹献德、王旭辉、郭宁潮、牛卫飞、张君娇、叶超、倪大进、赵章焰、刘宏臣、门智峰、刘书彦、田军、臧树恒、廖爱军。

桥式与门式起重机金属结构声发射检测及结果评定方法

1 范围

本标准规定了桥式和门式起重机金属结构的声发射检测及结果评定方法。

本标准适用于GB/T 20776中规定的在用桥式和门式起重机(以下简称起重机)。新制造起重机和其他类型起重机也可参照执行。

2 规范性引用文件

下列文件对于本文件的应用是必不可少的。凡是注日期的引用文件,仅注日期的版本适用于本文件。凡是不注日期的引用文件,其最新版本(包括所有的修改单)适用于本文件。

GB/T 3323 金属熔化焊焊接接头射线照相

GB/T 5905 起重机 试验规范和程序

GB/T 12604.4 无损检测 术语 声发射检测

GB/T 19800 无损检测 声发射检测 换能器的一级校准

GB/T 19801 无损检测 声发射检测 声发射传感器的二级校准

GB/T 20776 起重机械分类

JB/T 6061 无损检测 焊缝磁粉检测

JB/T 6062 无损检测 焊缝渗透检测

JB/T 10559 起重机械无损检测 钢焊缝超声检测

3 术语和定义

GB/T 12604.4界定的以及下列术语和定义适用于本文件。

3.1

声发射源 acoustic emission source

材料中能量快速释放而产生瞬态弹性波的物理源点或部位。

3.2

声发射定位源 acoustic emission location source

通过分析声发射数据确定的被检件上声发射源的位置。

注:常见的几种源定位方法包括区域定位、计算定位和连续信号定位。

3.3

活性 activity

声发射源的事件数随加载过程或时间变化的程度。

3.4

强度 intensity

声发射源的事件所释放的平均弹性能。

3.5

活性缺陷　active defect

因载荷作用而产生瞬态弹性波释放的缺陷。

3.6

最大工作载荷　maximum operating load

在进行声发射检测前的6个月内,起重机承受的最大操作载荷。

4 总则

4.1 声发射检测的主要目的是检测起重机的金属结构件母材、焊缝表面和内部缺陷产生的声发射源,并确定声发射源的部位及评定其等级。

4.2 起重机的声发射检测应在加载过程中进行,加载过程一般包括加载、保载、卸载过程。在被检结构表面布置声发射传感器,接收来自活动缺陷产生的声波并将其转换成电信号,通过检测系统进行信号采集、处理、显示、记录和分析,最终给出声发射源的特性参数、位置及等级。

4.3 应根据检测出的声发射源综合等级划分结果决定是否采用其他无损检测方法复验。

4.4 从事起重机声发射检测的单位应按本标准的要求制定通用检测工艺规程,其内容应至少包括如下要素:

a) 适用范围;
b) 引用标准、法规;
c) 检测人员资格;
d) 检测仪器设备:传感器、前置放大器、系统主机、电缆线、数据采集和分析软件等;
e) 被检设备的信息:设备名称、型式、额定起重量等;
f) 检测区域及传感器布置阵列的确定;
g) 背景噪声及传感器灵敏度测量;
h) 信号衰减测量;
i) 检测过程和数据分析;
j) 检测结果的评定;
k) 检测记录、报告和资料存档;
l) 检验、编制和审核人员;
m) 编制日期。

5 人员资格

5.1 从事声发射检测的人员应掌握一定的声发射检测知识,具有现场检测经验,并掌握一定的起重机械及金属材料专业知识。

5.2 声发射检测人员应具有相应的资质或获得授权。

6 检测系统

声发射检测系统应包括传感器、前置放大器、系统主机和检测分析软件等,其性能应符合附录A的规定。声发射传感器、前置放大器和系统主机应每年至少进行一次校准。声发射传感器的校准按GB/T 19800或GB/T 19801的规定,其他部件的校准按仪器制造商规定的方法进行。

7 检测程序

7.1 检测前的准备

7.1.1 资料审查

资料审查应包括下列内容：

a) 制造文件：产品设计、制造和检验文件及产品质量证明文件等；

b) 使用记录：日常使用状况记录、维护保养记录、运行故障和事故记录等；

c) 检验资料：历次检验报告；

d) 其他资料：修理和改造的文件等。

7.1.2 现场勘察

找出所有可能出现的噪声源，如电磁干扰、振动、摩擦等，应尽可能排除发现的噪声源。

7.1.3 作业指导书或工艺卡的编制

对于每台被检设备或每个被检件，应根据使用的声发射检测系统和现场实际情况，按照通用检测工艺规程编制起重机声发射检测作业指导书或工艺卡，确定声发射检测的区域，同时对被检件进行测绘，画出被检件结构示意图。

7.1.4 检测条件确定

根据现场情况，确定检测条件，建立声发射检测人员和加载人员的联络方式。

7.1.5 传感器阵列的确定

根据被检件结构型式、几何尺寸以及检测目的，确定传感器布置的阵列。如无特殊要求，相邻传感器之间的间距应尽量接近。传感器应直接耦合在被检件的表面上。附录B给出了部分起重机结构型式的声发射传感器布置示意图。

7.1.6 确定加载程序

根据声发射检测目的和检测现场的实际条件，确定加载程序。

7.2 传感器的安装

7.2.1 应按照确定的传感器阵列在被检件上安装传感器。整体检测时，传感器的安装部位应尽量远离螺栓连接、支座、筋板和焊缝部位；局部检测时，被检测部位应尽量位于传感器阵列中间区域。

7.2.2 应对传感器的安装部位进行表面处理，使其表面平整并露出金属光泽。如表面有光滑致密的保护层，可予以保留，但应测量保护层对声发射信号的衰减。

7.2.3 在传感器的安装部位涂上耦合剂，耦合剂应采用声耦合性能良好的材料，耦合剂的使用温度等级应与被检件表面温度相匹配。

7.2.4 应使传感器与被检件表面达到良好的声耦合状态。

7.2.5 采用磁夹具、胶带纸或其他方式将传感器牢固固定在被检件上，并保持传感器与被检件和固定装置的绝缘。

7.3 声发射检测系统的调试

7.3.1 通则

将传感器与前置放大器和系统主机用电缆线连接，开机预热至系统稳定工作状态，对声发射检测系统进行初步工作参数设置，然后按7.3.2～7.3.6的规定依次对系统进行调试。

7.3.2 模拟源

用模拟源来测试检测灵敏度和校准定位。模拟源应能重复发出弹性波。可以采用声发射信号发生器作为模拟源，也可以采用Φ0.3 mm或Φ0.5 mm、硬度为2H的铅笔芯折断信号作为模拟源。铅笔芯伸出长度约为2.5 mm，与被检件表面的夹角为30°左右，离传感器中心100 mm±5 mm处折断，其响应幅度值应取3次以上响应的平均值。

7.3.3 通道灵敏度测量

在检测开始之前和结束之后应进行通道灵敏度的测试。要求对每一个通道进行模拟源声发射幅度值响应测试，每个通道响应的幅度值与所有通道的平均幅度值之差不应大于±4 dB。如系统主机有自动传感器灵敏度测试功能，检测结束后可采用该功能进行通道灵敏度测试。

7.3.4 衰减测量

应进行与声发射检测条件相同的衰减特性测量。如已有检测条件相同的衰减特性数据，可不进行衰减特性测量，但应在本次检测记录和报告中注明该衰减特性数据。

7.3.5 定位校准

采用计算定位时，在被检件上阵列的任何部位，声发射模拟源产生的弹性波至少能被该定位阵列中的传感器接收到，并得到唯一定位结果，定位误差不应超过该传感器阵列中最大传感器间距的±5%。

采用区域定位时，声发射模拟源产生的弹性波应至少能被该区域内的一个传感器接收到。

7.3.6 背景噪声测量

通过降低门槛电压来测量每个通道的背景噪声，每个通道的门槛电压设定值应至少大于背景噪声6 dB，然后对整个检测系统进行背景噪声测量，测量时间不应少于5 min。如果背景噪声接近或大于被检件材料活性缺陷产生的声发射信号强度，应尽可能消除背景噪声的干扰，否则不宜进行声发射检测。

7.4 检测

7.4.1 加载程序

7.4.1.1 应按照GB/T 5905规定的静载试验的加载方法进行。试验载荷(P)宜在额定起重量或最大工作载荷的1.1～1.25倍范围内，根据设备的实际使用情况与用户协商确定。加载时，应根据实际使用情况使起重机处于主要部件承受最大钢丝绳载荷、最大弯矩和/或最大轴向力的位置和状态，载荷缓慢起升至离地100 mm～200 mm高度，悬空保持载荷时间不应少于10 min。

7.4.1.2 加载不应少于2次，第2次加载的试验载荷(P_2)不应超过第1次加载的试验载荷(P_1)，建议P_2为97%P_1。

7.4.2 检测过程中的噪声

加载过程中，应注意下列因素对检测结果的影响：

a) 外部机械振动；

b) 机械摩擦；

c) 电磁干扰；

d) 天气情况,如风、雨、冰雹等的干扰。

7.4.3 检测数据采集与过程观察

7.4.3.1 检测数据应至少采集附录 A 中规定的参数。采用时差定位时,还应采集到达时间的数据;采用区域定位时,还应采集声发射信号到达各传感器次序的信息。

7.4.3.2 检测时应观察声发射撞击数和/或定位源随时间的变化趋势,对于声发射定位源集中出现的部位,应查看是否有外部干扰因素,发现外部干扰因素应停止加载并尽量排除干扰因素。

7.4.3.3 检测中如遇到强噪声干扰时,应暂停检测,需在排除强噪声干扰后再进行检测。

7.4.4 检测数据分析及声发射源部位的确定

7.4.4.1 应在检测数据中标识出检测过程中出现的噪声数据,并在检测记录中注明。

7.4.4.2 利用软件滤波或数据图形显示分析的方法,从检测数据中分离出非相关声发射信号,并在检测记录中注明。

7.4.4.3 根据检测数据确定相关声发射定位源的位置。如需进一步确认声发射源,应通过模拟源定位来确定声发射源的具体部位。确定方法是在被检区域上某位置发射一个模拟源,若得到的定位显示与检测数据中的声发射定位源部位显示一致,则该模拟源的位置为检测到的声发射定位源部位。

7.5 检测记录

7.5.1 检测记录的主要内容不应少于第 10 章规定的内容。

7.5.2 检测时如遇不可排除因素的噪声干扰,如风、雨和摩擦等,应如实记录,并在检测记录中注明。

7.5.3 检测记录和声发射数据应至少保存 6 年。

8 检测结果评定

8.1 通则

检测结果评定以前两次保持载荷过程的声发射信号为依据,加载过程或其他保载过程的信号作为参考。

8.2 声发射源区的确定

采用时差定位时,以声发射源定位比较密集的部位为中心来划定声发射定位源区,定位源间距在传感器间距 10%以内的定位源可被划在同一个源区。

采用区域定位时,声发射定位源区按实际区域来划分。

8.3 声发射源的活性划分

源区的事件数(E)随着保载呈快速增加($E \geqslant 10$ 个/min)时,则认为该部位的声发射源为超强活性。

源区的事件数(E)随着保载呈连续增加(3 个/ min$\leqslant E <$10 个/ min)时,则认为该部位的声发射源为强活性。

源区的事件数(E)随着保载断续出现($E <$3 个/ min)时,则声发射源的活性等级评定按表 1 进行。

表 1　断续出现声发射源的活性等级评定方法

序号	声发射源区的描述	活性等级
1	在两次保载阶段出现的定位源个数：$E \leqslant 3$	弱活性
2	在两次保载阶段出现定位源个数：$3 < E \leqslant 10$	中活性
3	在两次保载阶段出现定位源个数：$E > 10$	强活性

8.4　声发射源的强度划分

声发射源的强度 Q 可用能量、幅度或计数参数来表示。声发射源的强度为源区前 5 个最大的能量、幅度或计数参数的平均值(幅度参数应根据 7.3.4 测得的衰减曲线加以修正)。声发射源的强度划分按表 2 的规定。表 2 中的 a 值、b 值应由试验来确定，包括材料和结构件的破坏性试验。表 3 给出了 Q235 和 Q345 钢采用幅度参数划分源的强度的推荐值。

表 2　声发射源的强度划分方法

源的强度级别	源强度
低强度	$Q < a$
中强度	$a \leqslant Q \leqslant b$
高强度	$Q > b$
注：a、b 表示一个具体的数值，例如在表 3 中的第二列，$a = 55$ dB，$b = 75$ dB。	

表 3　Q235 和 Q345 钢采用幅度参数划分源的强度

源的强度级别	幅度(Q235)	幅度(Q345)
低强度	$Q < 55$ dB	$Q < 60$ dB
中强度	55 dB$\leqslant Q \leqslant$75 dB	60 dB$\leqslant Q \leqslant$80 dB
高强度	$Q > 75$ dB	$Q > 80$ dB
注：数据是经衰减修正后的数据。传感器输出 1 μV 为 0 dB。		

8.5　声发射源的综合等级评定

声发射源的综合等级评定按表 4 的规定。

表 4　声发射源的综合等级评定

声发射源强度等级	声发射源活性等级			
	超强活性	强活性	中活性	弱活性
高强度	Ⅳ	Ⅳ	Ⅲ	Ⅱ
中强度	Ⅳ	Ⅲ	Ⅲ	Ⅰ
低强度	Ⅲ	Ⅲ	Ⅱ	Ⅰ

9　声发射源的复检

Ⅰ级声发射源不需要复检，Ⅱ级声发射源由检测人员根据源部位的实际结构决定是否需要采用其他无损检测方法复检,其他等级的声发射源应按 GB/T 3323、JB/T 10559、JB/T 6061、JB/T 6062 的规定进行无损检测复检。

10 检测报告

声发射检测报告应至少包括下列内容:

a) 设备名称、编号、使用单位、制造单位、额定起重量、工作级别、被检件材质等;

b) 加载史和缺陷情况;

c) 执行与参考标准;

d) 检测方式、仪器型号、耦合剂、传感器型号及固定方式;

e) 各通道灵敏度测试结果;

f) 各通道门槛和系统增益的设置值;

g) 背景噪声的测定值;

h) 衰减特性;

i) 传感器布置示意图;

j) 检测软件名称及数据文件名称;

k) 加载程序;

l) 检测结果分析、源的综合等级划分结果、声发射定位源位置示意图及数据图;

m) 检测结论;

n) 检测日期、检测人员、报告编制和审核人员签字。

检测报告格式参见附录 C。

注:加载史主要是指起重机结构以前所承受过的最大载荷,或者近 6 个月承载的最大载荷,是声发射检测中的一个重要参考因素,加载史和缺陷情况的内容越多越好。

附 录 A
（规范性附录）
声发射检测系统性能要求

A.1 传感器

传感器的响应频率推荐在 100 kHz～400 kHz 范围内，其灵敏度不应小于 60 dB。当选用其他频带范围内的传感器时，应考虑灵敏度的变化，以确保所选频带范围内有足够的接收灵敏度。

传感器应能屏蔽无线电波或电磁噪声干扰。传感器在响应频率和工作温度范围内的灵敏度变化值不应大于 3 dB。传感器与被检件表面之间应保持电绝缘。

A.2 信号线

传感器与前置放大器之间的信号线长度不应超过 2 m，且能够屏蔽电磁噪声干扰。

A.3 信号电缆

前置放大器与系统主机之间的信号电缆应能屏蔽电磁噪声干扰。在任意 30 m 范围内，信号电缆的衰减损失不应大于 1 dB/30 m。信号电缆长度不宜超过 150 m。

A.4 耦合剂

耦合剂应能在试验期间内保持良好的声耦合效果。可选用真空脂、凡士林及黄油。

A.5 前置放大器

前置放大器短路噪声的有效电压值不应大于 7 μV。在工作频率和工作温度范围内，前置放大器的频率响应变化不应超过 3 dB。前置放大器与传感器的频率响应应相匹配，其增益应与系统主机的增益设置相匹配，通常为 40 dB 或 34 dB。前置放大器采用差分电路时，其共模噪声抑制不应低于 40 dB。

A.6 滤波器

放置在前置放大器和系统主机处理器内的滤波器的频率响应应与传感器的频率响应相匹配。

A.7 系统主机

A.7.1 声发射系统主机应有覆盖检验区域的通道数，应至少能实时显示和存储以下声发射信号参数：到达时间、门槛、幅度、振铃计数、能量、上升时间、持续时间、撞击数。

A.7.2 系统主机宜具有接收和记录力、温度等外部传感器输出的电信号的功能。

A.7.3 各个通道的独立采样频率不应低于传感器响应频率中心点频率的 10 倍。

A.7.4 门槛精度应在±1 dB 的范围内。

A.7.5 声发射信号计数测量值的精度应在±5%范围内。

A.7.6 从信号撞击开始算起10 s内,声发射系统应对每个通道具有采集、处理、记录和显示不少于20个/s声发射撞击信号的短时处理能力;当连续监测时,声发射系统应对每个通道具有采集、处理、记录和显示不少于10个/s声发射撞击信号的处理能力。当出现数据堵塞时,系统应能发出报警信号。

A.7.7 峰值幅度测量值的精度应在±2 dB范围内,同时满足信号不失真的动态范围不应小于65 dB。

A.7.8 能量测量值的精度应在±5%范围内。

A.7.9 对于时差定位声发射检测系统,每个通道的上升时间、持续时间和到达时间的分辨率至少应为0.25 μs,精度应在±1 μs范围内,各通道之间的误差不应大于平均值的±3 μs。

A.7.10 系统测量外接参数电压值的精度不应低于满量程的2%。

A.7.11 声发射采集软件应能实时显示声发射信号的参数、声发射信号参数之间和参数随力或时间的关联图,以及声发射定位源的线定位和平面定位图,实时显示的滞后时间不应超过5 s。

A.7.12 声发射分析软件应能回放原始声发射检测数据,并能根据重新设定的条件对声发射检测数据进行滤波、定位、关联和识别等分析处理。

附 录 B
（资料性附录）
声发射传感器布置示意图

图 B.1～图 B.3 为三种常见起重机结构的传感器布置示意图。图中“○”代表声发射传感器。图 B.1 为箱型结构采用线性定位的传感器布置示意图，图 B.2 为工字钢结构采用线性定位的传感器布置示意图，图 B.3 为结构件局部采用平面定位的传感器布置示意图。

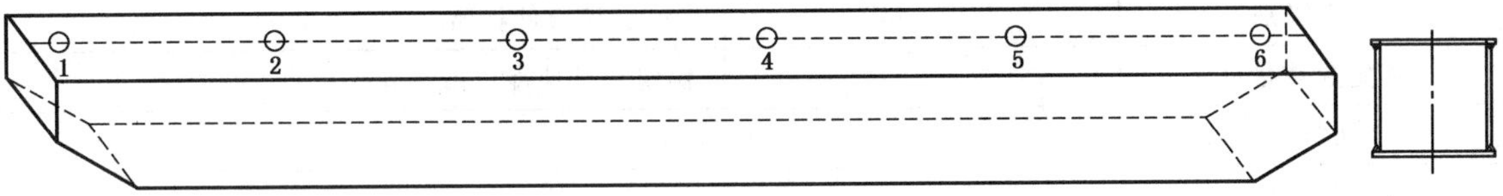

图 B.1 箱型结构传感器布置示意图

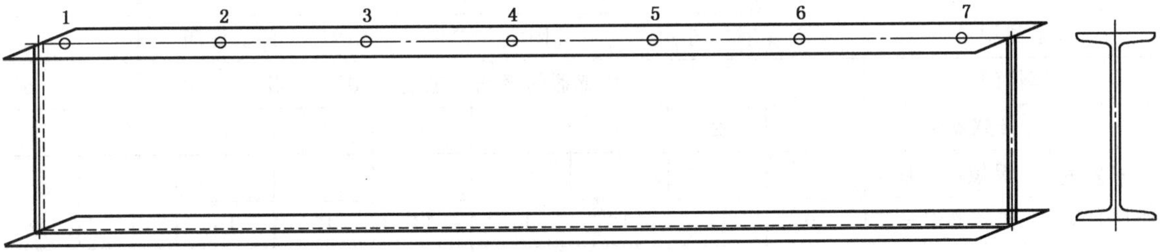

注：工字钢采用铆接或螺栓连接时，在连接部位两侧分别布置传感器。

图 B.2 工字钢结构传感器布置示意图

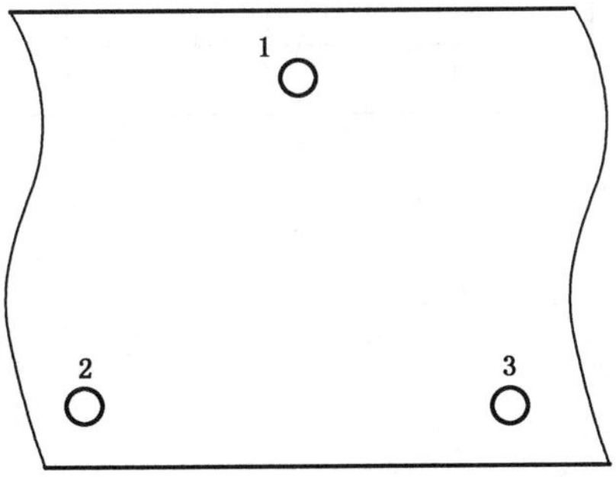

图 B.3 结构件局部采用平面定位的传感器布置示意图

附 录 C
（资料性附录）
声发射检验报告格式

设备名称					使用单位					
设备编号					制造单位					
设备品种(型式)					制造日期					
工作级别					被检件材质					
额定起重量/t					额定起升速度/(m/min)					
加载史										
缺陷情况										
执行与参考标准										
检测方式			仪器型号				检测频率		kHz	
传感器型号			耦合剂		固定方式		检验日期			
模拟源				传感器的平均灵敏度： dB			最大： dB		最小： dB	
传感器灵敏度标定	传感器编号	1	2	3	4	5	6	7	8	9
	灵敏度/dB									
	传感器编号	10	11	12	13	14	15	16	17	18
	灵敏度/dB									
背景噪声< dB			门槛： dB				增益： dB			
信号衰减记录	最大传感器间距			模拟源			衰减测量传感器号			
	模拟源距离/m									
	信号幅度/dB									

传感器布置示意图：

定位校准记录：						
校准阵列传感器号						
校准结果						
检测软件名称						
检测设置文件名称						
数据文件名称						
加载程序：						
被检设备、传感器布置照片：						
检测结果分析、源的综合等级划分结果、声发射定位源位置示意图及数据图：						

<table>
<tr><td colspan="2">检测结论：

</td></tr>
<tr><td colspan="2">检测人员：　　　　　　　　　　　　　　年　月　日</td></tr>
<tr><td>编制人员：　　　　　　年　月　日</td><td>审核人员：　　　　　　年　月　日</td></tr>
</table>

ICS 53.020.20
J 80

中华人民共和国国家标准

GB/T 35975—2018

起重吊具　分类

Load lifting attachments—Classification

2018-02-06 发布　　2018-09-01 实施

中华人民共和国国家质量监督检验检疫总局
中国国家标准化管理委员会　发布

前　言

本标准按照 GB/T 1.1—2009 给出的规则起草。

本标准由中国机械工业联合会提出。

本标准由全国起重机械标准化技术委员会(SAC/TC 227)归口。

本标准负责起草单位:大连滨海起重机吊具有限公司、北京起重运输机械设计研究院、辽宁省安全科学研究院。

本标准参加起草单位:上海港机重工有限公司、上海佩纳沙士吉打机械有限公司、天津港股份有限公司、浙江冠林机械有限公司、山东神力索具有限公司、中煤张家口煤矿机械有限责任公司帕森斯链条分公司、安吉长虹制链有限公司、无锡市新华起重工具有限公司、河南省长垣县质量技术监督局、河南省广兴重型机械有限公司、河南华北起重吊钩有限公司、南昌永旺机电设备有限公司。

本标准主要起草人:马少伟、王学岩、林夫奎、尤建阳、左一凡、蔡亚森、关大为、徐坤、杨智、闫德顺、祝跃进、张体学、袁振江、杨卫波、崔靖、王洪波、韩富伟、王国强、陈永旺、沈欢、蒋立志。

起重吊具　分类

1　范围

本标准规定了起重机械用吊具的常用分类。

本标准适用于起重机械用起重吊具。

2　术语和定义

下列术语和定义适用于本文件。

2.1

起重吊具　load lifting attachment

在起重机械作业中,用于吊运物品的装置。

2.2

可分吊具　non-fixed load lifting attachment

能够方便地从起重机械上拆下的起重吊具。

2.3

固定吊具　fixed load lifting attachment

能吊挂净起重量,并永久固定在起重挠性件下端的起重吊具。

2.4

夹持类起重吊具　gripping type load lifting attachment

通过吊具夹持部分对被吊物品侧面施加正压力,由正压力的作用效果克服被吊物品重力的起重吊具。

2.5

吊挂类起重吊具　suspension type load lifting attachment

通过悬挂方式支撑被吊物品,且被吊物品质心位于吊具与被吊物品受力面下方的起重吊具。

2.6

托叉类起重吊具　pallet folk type load lifting attachment

通过货叉叉取载荷或通过托架支撑载荷,且载荷支撑点在货叉或托架上。

2.7

吸附类起重吊具　adsorption type load lifting attachment

通过真空负压或磁力吸持被吊物品的起重吊具。

2.8

抓斗　grab

依靠斗瓣的闭合和张开,抓取和卸出物料的起重吊具。

3　起重吊具类型

3.1　总则

起重吊具按照与起重机械的连接方式分为可分吊具和固定吊具。

起重吊具按照取物方式分为夹持类、吊挂类、托叉类、吸附类、抓斗及上述种类的组合。

3.2 夹持类起重吊具

3.2.1 按工作原理分类

夹持类起重吊具按照工作原理可分为重力式夹持起重吊具、动力式夹持起重吊具及重力与动力结合使用的混合式夹持起重吊具。

3.2.2 按夹持物品形状分类

夹持类起重吊具按照夹持物品形状可分为板坯夹持起重吊具(如图 1 所示)、方坯夹持起重吊具(如图 2 所示)、立卷夹持起重吊具(如图 3 所示)、圆棒夹持起重吊具(如图 4 所示)等。

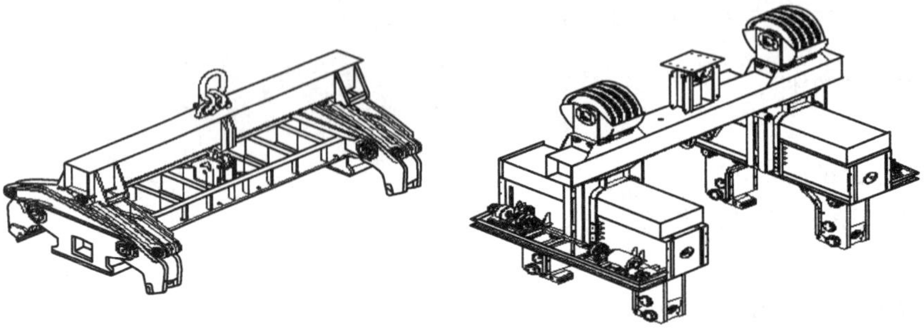

a) 重力式　　b) 动力式　　c) 混合式

图 1 板坯夹持起重吊具

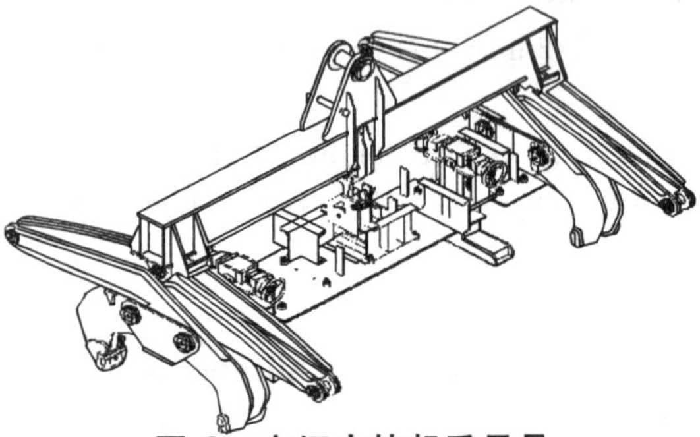

图 2 方坯夹持起重吊具

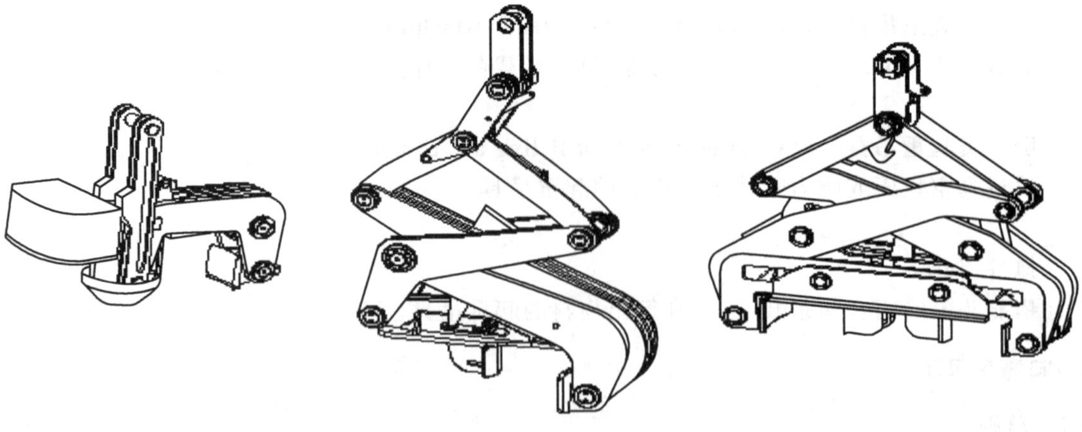

图 3 立卷夹持起重吊具

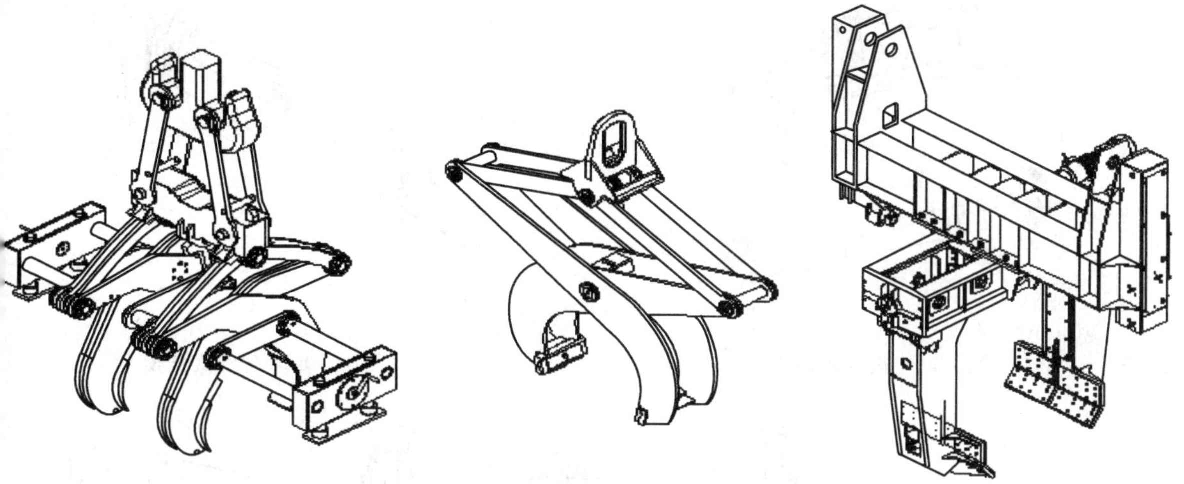

图 4 圆棒夹持起重吊具

3.3 吊挂类起重吊具

3.3.1 总则

吊挂类起重吊具可分为吊钩、挂梁、集装箱吊具、卧卷吊具、C 型钩和其中几种起重吊具的组合。

3.3.2 吊钩

按结构型式分为单钩和双钩，如图 5a)所示。

吊钩按制造方法可分为锻造吊钩和叠片式吊钩，如图 5b)所示。

a) 单钩和双钩　　b) 锻造吊钩和叠片式吊钩

图 5 吊钩

3.3.3 挂梁

挂梁按使用形式可分为固定式挂梁、伸缩式挂梁、旋转式挂梁及伸缩旋转组合式挂梁，如图 6 所示。

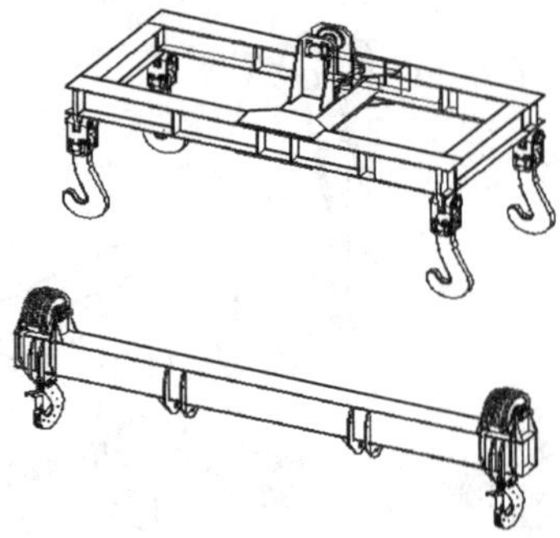

a） 固定式挂梁

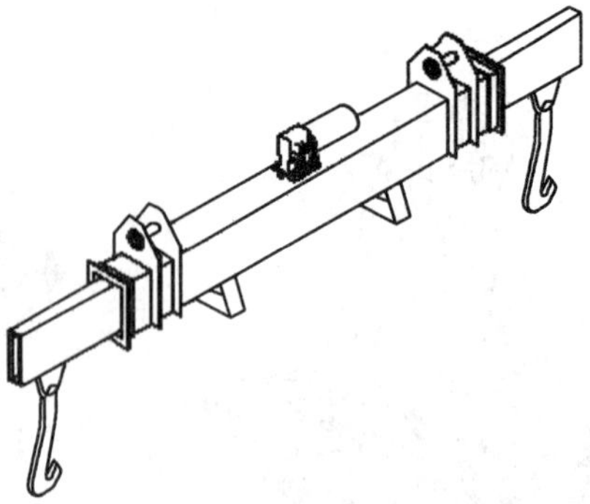

b） 伸缩式挂梁

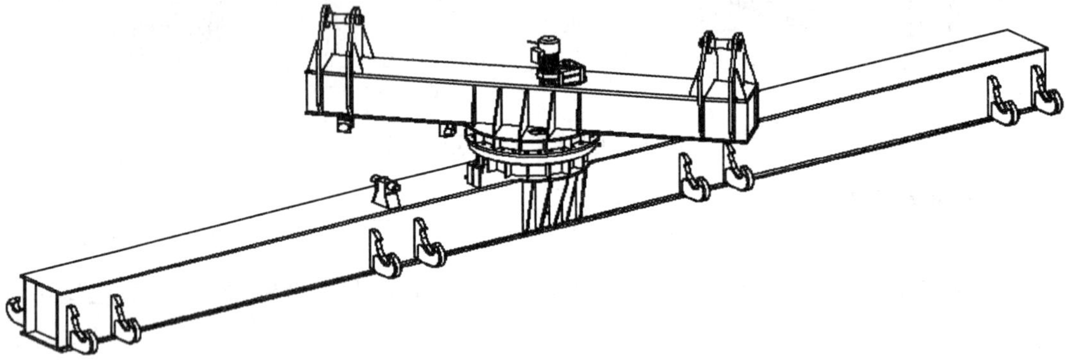

c） 旋转式挂梁

图6 挂梁

3.3.4 集装箱吊具

集装箱吊具可分为固定式集装箱吊具、伸缩式集装箱吊具、旋转式集装箱吊具及伸缩旋转组合式集装箱吊具，如图7所示。

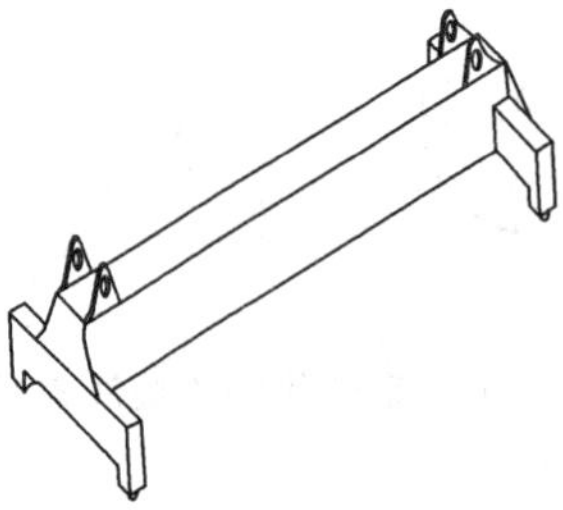

a） 固定式

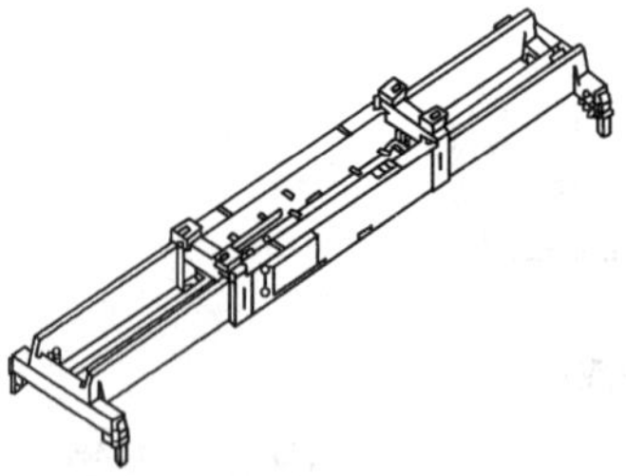

b） 伸缩式

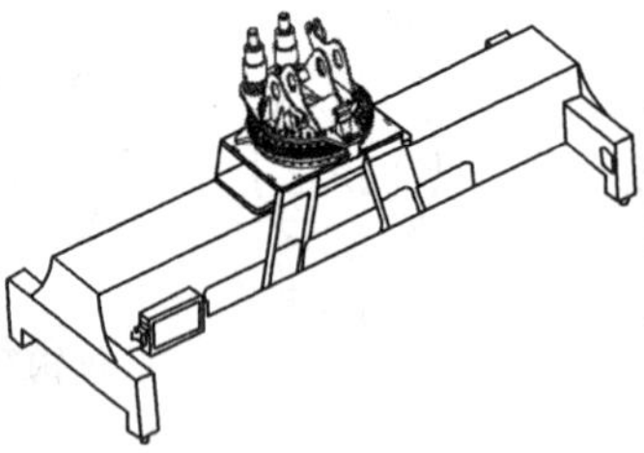

c） 旋转式

图7 集装箱吊具

3.3.5 卧卷吊具

卧卷吊具可分为旋转卧卷吊具、非旋转卧卷吊具，如图8所示。

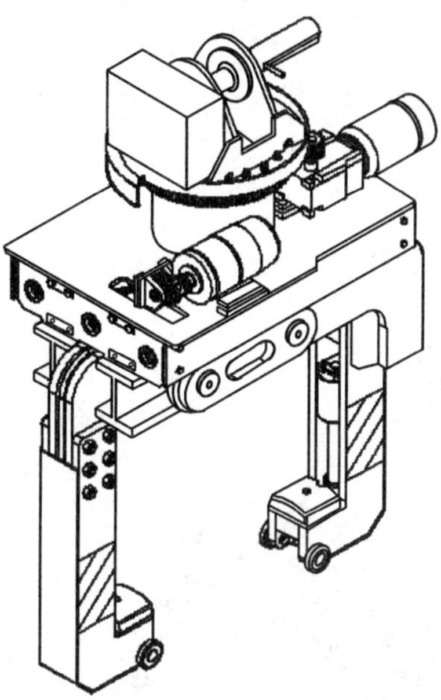

a) 旋转卧卷吊具

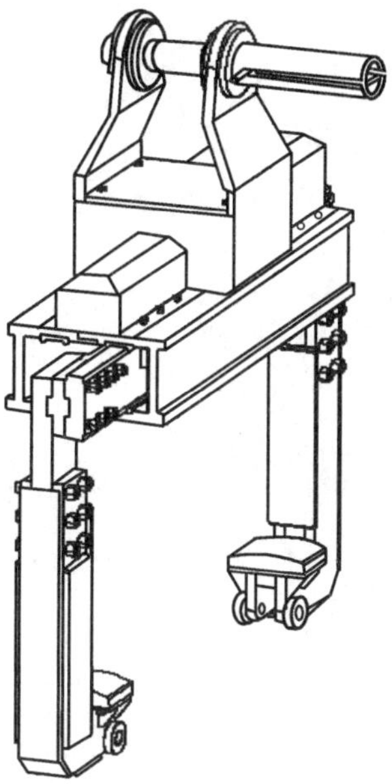

b) 非旋转卧卷吊具

图 8 卧卷吊具

3.3.6 C 型钩

C 型钩分为旋转 C 型钩和非旋转 C 型钩，如图 9 所示。

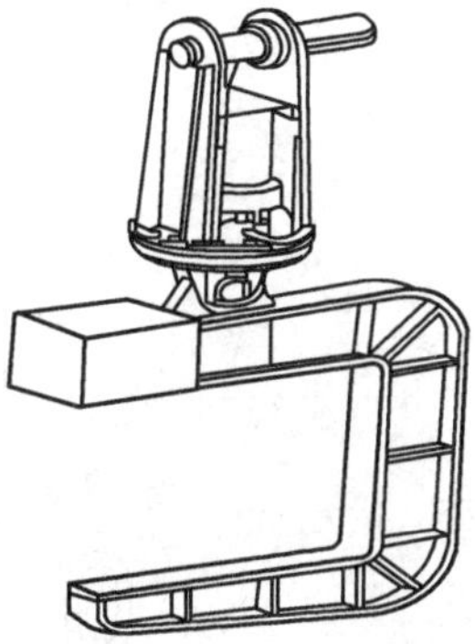

a) 旋转 C 型钩

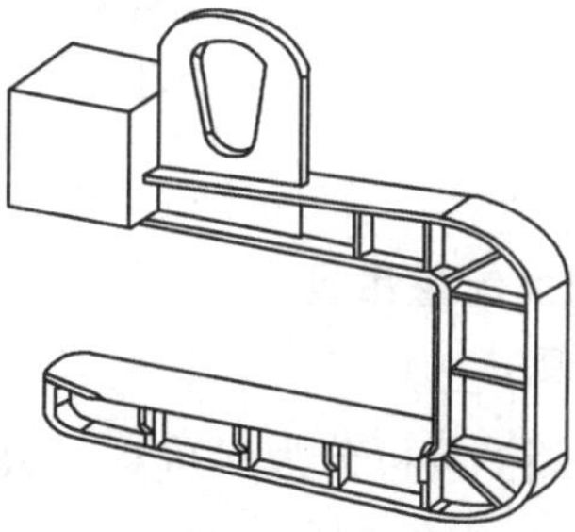

b) 非旋转 C 型钩

图 9 C 型钩

3.4 托叉类起重吊具

托叉类吊具可分为起重叉(如图 10 所示)、板垛吊具(如图 11 所示)。

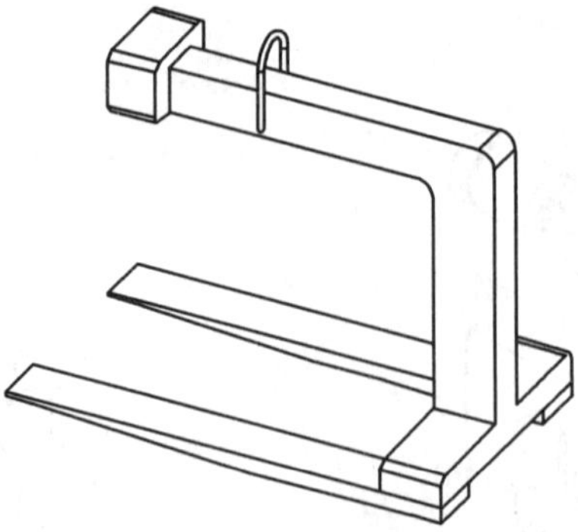

图 10 起重叉

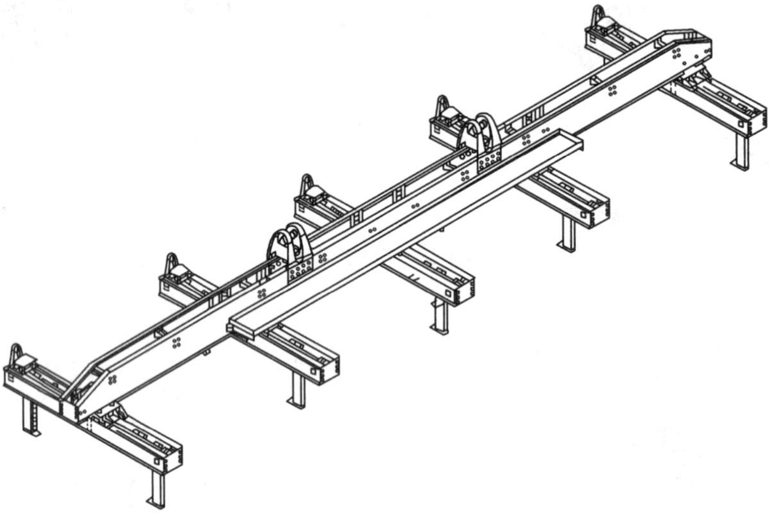

图 11 板垛吊具

3.5 吸附类起重吊具

3.5.1 总则

吸附类吊具可分为起重真空吸盘和起重磁铁,如图 12 所示。

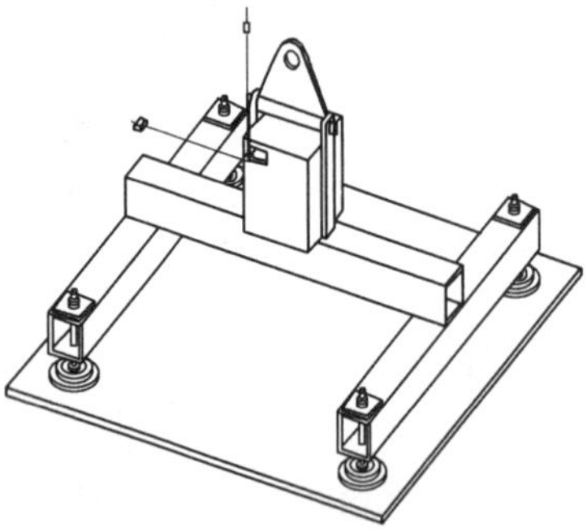

a) 起重真空吸盘

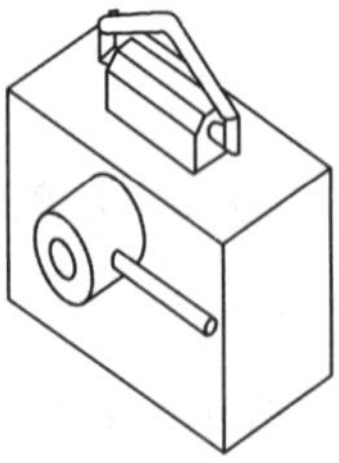

b) 起重永磁铁

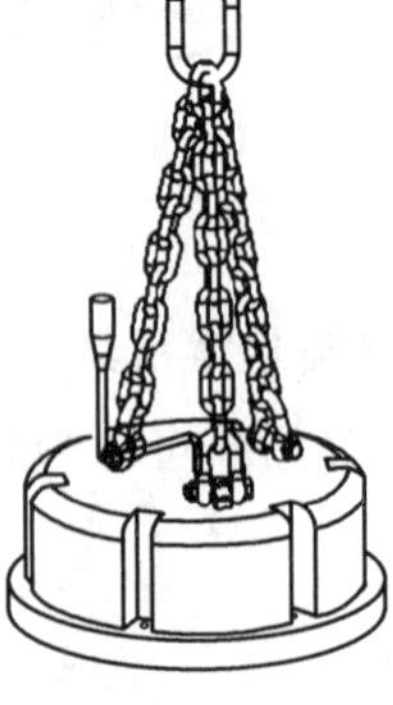

c) 起重电磁铁

图 12 吸附类吊具

3.5.2 起重真空吸盘

起重真空吸盘按动力源可分为动力式真空吸盘和非动力式真空吸盘。

3.5.3 起重磁铁

起重磁铁可分为起重永磁铁和起重电磁铁。其中,起重永磁铁可分为手动永磁铁和电控永磁铁。

3.6 抓斗

3.6.1 按控制抓斗开闭方式分

抓斗按控制开闭方式分为机械抓斗、电动抓斗、电动液压抓斗,如图 13 所示。

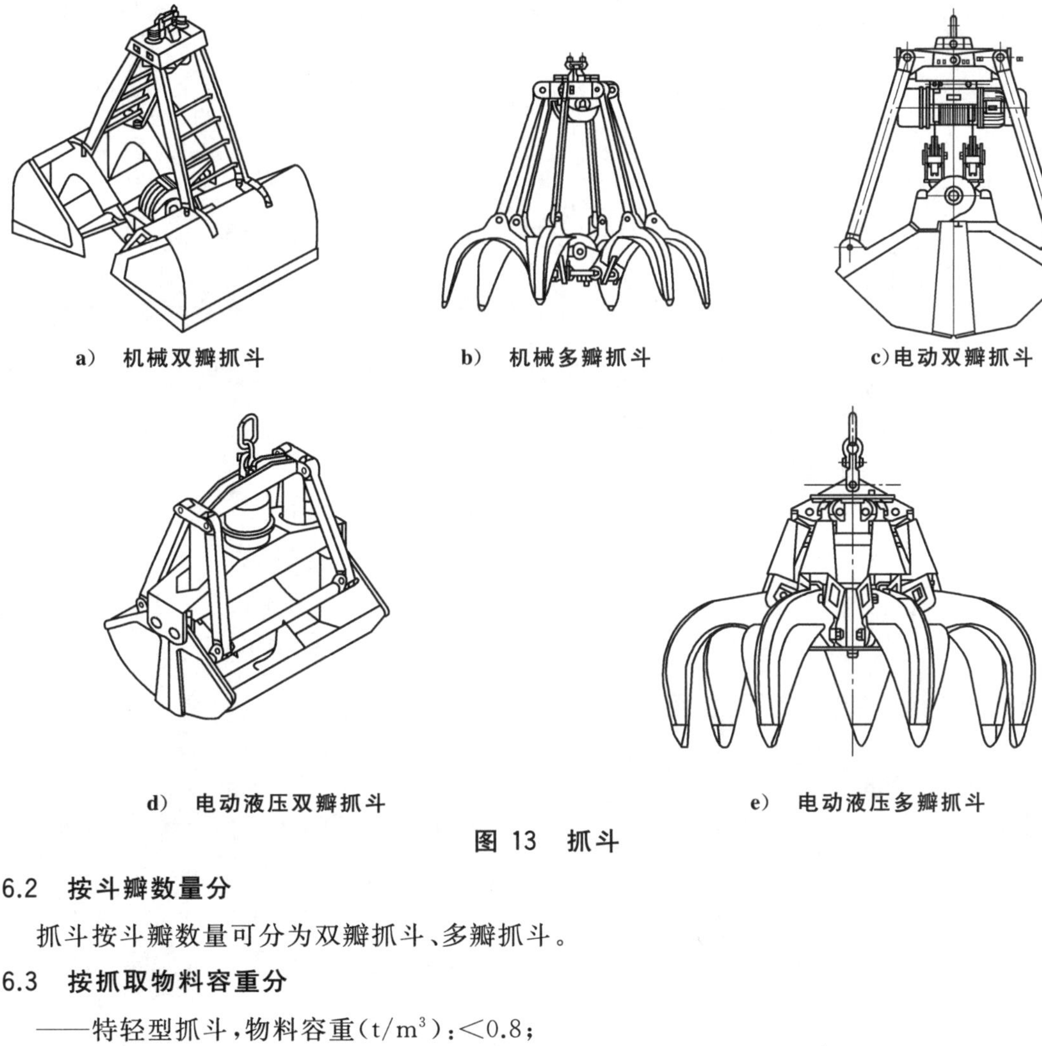

a) 机械双瓣抓斗　　b) 机械多瓣抓斗　　c)电动双瓣抓斗

d) 电动液压双瓣抓斗　　e) 电动液压多瓣抓斗

图 13 抓斗

3.6.2 按斗瓣数量分

抓斗按斗瓣数量可分为双瓣抓斗、多瓣抓斗。

3.6.3 按抓取物料容重分

——特轻型抓斗,物料容重(t/m³):<0.8;

——轻型抓斗,物料容重(t/m³):0.8~1.2;

——中型抓斗,物料容重(t/m³):>1.2~2.0;

——重型抓斗,物料容重(t/m³):>2.0~2.8;

——特重型抓斗,物料容重(t/m³):>2.8。

设计规范、安全规程和技术要求

ICS 53.020.20
J 80

中华人民共和国国家标准

GB/T 783—2013/ISO 2374:1983
代替 GB/T 783—1987

起重机械
基本型的最大起重量系列

Lifting appliances—
Range of maximum capacities for basic models

(ISO 2374:1983,IDT)

2013-11-27 发布 2014-03-01 实施

中华人民共和国国家质量监督检验检疫总局
中国国家标准化管理委员会 发布

前　　言

本标准按照 GB/T 1.1—2009 给出的规则起草。

本标准代替 GB/T 783－1987《起重机械　最大起重量系列》,与 GB/T 783—1987 相比主要技术变化如下:

——增加了“范围”(见第 1 章);

——删除了有关“超定起重量”的术语和定义(见 1987 年版 1.2);

——增加了有关“基本型”的术语和定义(见 2.2)。

本标准使用翻译法等同采用 ISO 2374:1983《起重机械　基本型的最大起重量范围》。

为了便于使用,本标准还做了下列编辑性修改:

——增加了表 1 中注 2 的内容,即“最大起重量大于 1 000 t 时,建议按 R20 优先数系选用”。

本标准由中国机械工业联合会提出。

本标准由全国起重机械标准化技术委员会(SAC/TC 227)归口。

本标准负责起草单位:北京起重运输机械设计研究院、国家起重运输机械质量监督检验中心。

本标准主要起草人:林夫奎、张培。

本标准于 1987 年 3 月首次发布,本次为第一次修订。

起重机械 基本型的最大起重量系列

1 范围

本标准规定了起重机械从 0.1 t 到 1 000 t 范围内最大起重量的推荐值。

本标准适用于所有类型的起重机械。

2 术语和定义

下列术语和定义适用于本文件。

2.1

最大起重量 maximum capacity

安全工作载荷 safe working load

对于给定的起重机械类型和规定的工作级别条件下，起重机械所能起升的额定起重量的最大值。

对臂架型起重机，最大起重量是按工作位置的最小允许臂长和回转半径确定的。

注：最大起重量有很多同义词，如安全工作载荷、起升能力，但最好使用最大起重量。

2.2

基本型 basic model

即主型。根据主型可以进一步开发各种扩展型起重机械，其区别在于臂架长度和/或塔架高度、传动机构型式、钢丝绳缠绕系统等，其最大起重量通过设计计算确定。

3 基本型的最大起重量系列

起重机械的最大起重量系列应符合表 1 所列数值。

表 1 基本型的最大起重量

单位为吨

0.1	1	10	100	1 000
—	—	(11.2)	(112)	
0.125	1.25	12.5	125	
—	—	(14)	(140)	
0.16	1.6	16	160	
—	—	(18)	(180)	
0.2	2	20	200	
—	—	(22.5)	(225)	
0.25	2.5	25	250	
—	—	(28)	(280)	
0.32	3.2	32	320	
—	—	(36)	(360)	
0.4	4	40	400	

表 1(续)

单位为吨

—	—	(45)	(450)	
0.5	5	50	500	
—	—	(56)	(560)	
0.63	6.3	63	630	
—	—	(71)	(710)	
0.8	8	80	800	
—	—	(90)	(900)	

注 1:尽量避免选用括号中的最大起重量参数。

注 2:最大起重量大于 1 000 t 时,按 R20 优先数系选用。

ICS 53.020
J 80

GB

中华人民共和国国家标准

GB/T 3811—2008
代替 GB/T 3811—1983

起重机设计规范

Design rules for cranes

2008-04-30 发布　　　　2009-06-01 实施

中华人民共和国国家质量监督检验检疫总局
中国国家标准化管理委员会　发布

前　言

本标准代替 GB/T 3811—1983《起重机设计规范》。

本标准与 GB/T 3811—1983 相比主要变化如下：

a) 增加了“前言”。

b) 修改了“引言”。

c) 将起重机划分为桥架型起重机、臂架型起重机和缆索型起重机，在“范围”中取消了只适用于电力驱动起重机的限制。

d) 将 GB/T 3811—1983 第 2 章“总则”的内容调整为本标准的：
——第 3 章“分级”，并增加了结构件或机械零件分级的规定；
——第 4 章“计算载荷与载荷组合”；
——第 8 章“整体抗倾覆稳定性和抗风防滑安全性”；
——第 9 章“安全”。

e) 将 GB/T 3811—1983 第 3 章“结构”改为本标准的第 5 章，其内容的主要变化：
——增加了对钢材脆性破坏评价的内容；
——简化了压弯构件整体稳定性计算；
——修改了结构疲劳强度校验计算的有关内容；
——适当调整与修改了对起重机刚性的要求；
——补充了对结构设计的构造要求。

f) 将 GB/T 3811—1983 第 4 章“机构”改为本标准的第 6 章“机械”，其内容的变化如下：
——机构计算充实了电动机容量初选及验算，引入了机构设计的基本内容和机构性能的简要计算等；
——对机械零部件计算进行了修改。

g) 将 GB/T 3811—1983 第 5 章“电气”改为本标准的第 7 章，增加了关于起重机电气调速与控制等内容。

本标准的附录 D、附录 F、附录 G、附录 H、附录 J、附录 K、附录 L、附录 N、附录 O、附录 P、附录 R、附录 S、附录 T 为规范性附录。

本标准的附录 A、附录 B、附录 C、附录 E、附录 I、附录 M、附录 Q、附录 U、附录 V、附录 W 为资料性附录。

本标准由中国机械工业联合会提出。

本标准由全国起重机械标准化技术委员会(SAC/TC 227)归口。

本标准负责起草单位：北京起重运输机械研究所。

本标准参加起草单位：国家起重运输机械质量监督检验中心、上海振华港机(集团)股份有限公司、太原重型机械(集团)有限公司、大连重工·起重集团有限公司、上海港机重工有限公司、上海起重运输机械厂有限公司、南京起重机械总厂有限公司、江苏象王起重机械厂、国电郑州机械设计研究所、天津起重设备有限公司、上海振华港机(集团)丰城制动器有限公司、徐州重型机械厂、四川建设机械(集团)股份有限公司、江阴凯澄起重机械有限公司、广州起重机械有限公司、山东起重机厂有限公司、杭州华新机电工程有限公司、洛阳起重机厂、黑龙江富锦富华起重机有限公司、湖北银轮蒲起机械有限责任公司、上海雄风起重设备厂、佳木斯防爆电机研究所、江西特种电机股份有限公司。

本标准主要起草人:万力、徐格宁、顾迪民、须雷、姚振南、王福绵、赵春晖、陶天华、徐克晋、崔振元、桂佩康、苏国萃、陈玮璋、陶德馨、文豪、翟甲昌、叶佩馨、刘银娥、虞洪、王冰、张仲鹏、王顺亭、顾翠云、朱昌明、李宇力、康志伟、路建湖、陈璇、王晓平、王晓文。

本标准所代替标准的历次版本发布情况为:

——GB/T 3811—1983。

引　言

0.1　使用本标准应考虑到：

a)　本标准不包括所涵盖的起重机设计的特殊问题，如：与非电力驱动的其他驱动装置有关的工作特性分析及各相关部分的设计，在道路及越野地面上行驶运行机构与支承装置的设计，及各类具体起重机的专用特殊部件和结构设计中的特殊问题等；

b)　凡经理论和实践已证明是正确的其他设计计算方法，经设计部门和用户协商同意，也可以在起重机设计中采用。

0.2　对不同工作要求的起重机设计，在使用本标准时允许有所不同：

a)　本标准涉及的各类起重机，其使用条件和工作要求可能有显著的差别，如一台高速运行、载荷繁重、繁忙使用的起重机，与一台平缓运行、载荷轻微、作业清闲的起重机，其工况和要求就很不相同。对使用工况和要求有很大差异的起重机设计，不要求都按本标准的全部内容进行计算，而应允许有所不同。

b)　对那些设计中选用的标准的结构件、机械部件或电气部件，如果已进行过审核或试验并取得合格认可，则认为它们能满足所设计的起重机的工作要求，再进行计算也只是对一个令人满意的结果再作一次验证，故不必再对上述标准部件作校核计算。

c)　对在本标准已做了规定的设计计算项目，如果在所设计的起重机工作中不可能有不利结果的，就没有必要再作校核计算。例如：对于工作级别很低的起重机，就不必进行疲劳计算。

对不同类型和不同工作要求的起重机应采用不完全相同的设计计算：对一台构造简单工作清闲的起重机，或对一台由标准部件组成的起重机，其计算就应简略一些，而不要求按本标准所列的全部内容逐项进行设计计算，但必须保证起重机的安全与可靠。

0.3　起重机用户在确定起重机订货要求及选购起重机产品时，要特别注意确定和选择起重机整机的工作级别和它的机构的工作级别：

a)　用户要根据本标准恰当地提出对起重机工作级别的要求，如果可能还须进一步明确起重机各个机构的工作级别，以确保制造商能按此要求进行设计与制造。

b)　起重机整机的工作级别，由起重机使用等级和起重机载荷状态级别两个因素决定，见3.2及表3。起重机使用等级表明了该起重机工作忙闲程度，由起重机的总工作循环数决定，它可以由起重机预计的使用年数(该起重机报废或被更新之前的使用年数)、每年平均的工作日数，每工作日内平均的起重工作循环次数等三个数的乘积得到。

起重机的载荷状态级别表明了该起重机起吊载荷的轻重程度，由式(1)计算出的载荷谱系数按表2确定。

说明：对以上这两项计算只需作估算即可，不需要作十分精确的计算。

c)　起重机机构工作级别，是将各单个机构分别作为一个整体进行的载荷及运转情况评价，它概略地表示了由该机构的使用等级(设计寿命、工作小时数)和该机构的载荷状态级别(反映载荷轻重状态的级别或载荷谱系数)所决定的机构工作的总体状况，见3.3及表6。机构的使用等级由表4查得，机构的载荷状态级别由式(3)计算出的载荷谱系数按表 5 查得。同样，对机构使用等级和机构载荷状态级别两项计算也只需作估算即可，不需要作十分精确的计算。

d) 如果用户无法提供所需要的起重机的有关数据，从而无法按上述 b)、c)中所述的方法通过计算与查表选出起重机整机或其机构的工作级别时，也可以通过查阅附录 A 及附录 B 中的有关资料，近似地选出所要的起重机的工作级别及其机构的工作级别。但必须说明附录 A 及附录 B 中的这些选择指南并无约束力，只是给出一个选择的参考示例。在起重机招标书和订货单上所确定的起重机及其机构的工作级别，只能由起重机用户提出并做出最终认定。

0.4 起重机的有效使用期：

a) 本标准列出的使用等级，并不是对起重机实际使用工作有效期的保证值。

b) 无论是起重机整机的使用等级(起重机的总工作循环数，或由此结合起重机的工作状况推算出的设计预期的起重机工作寿命年数)，或者起重机机构整体的使用等级(起重机机构运转的总小时数，或由此结合使用状况推算出的设计预期的起重机机构工作寿命小时数)，都只是一个设计时预估值，而绝不是制造商给出的该起重机有效使用期的保证值。

c) 如果在设计中未对该起重机的预期寿命进行充分的注意和考虑，制造时又没有遵循本标准提出的要点从而未达到设计要求，使用中未能按照制造商给出的说明书进行正常操作和定期维护，或者实际使用工况与订购该起重机时提出的要求又有较大的差异，则产品上述设计预期寿命就会与产品实际的有效使用期有比较大的、甚至是很大的出入。

d) 如果起重机是由用户通过招标来确定制造商，招标书上提出的起重机的工作条件与其实际使用情况也较符合，起重机制造商遵从招标书的要求并根据本标准做出的正确设计来进行制造，制造的产品符合相应标准确定的制造技术条件的要求而获得了质量保证，用户也按照制造商给出的说明书进行了正常操作和定期维修保养，则设计者根据本标准对该起重机选出的使用等级的值就与具有设计所确定安全度的起重机及其机构的实际有效使用期相当。

0.5 起重机的用户应注意到：

a) 起升物品的迎风面积——如果这个面积大于附录 E.5 所给出的值，则起重机用户需要另行提供此物品迎风面积的可靠实用的信息。

b) 工作风压——如果起重机工作时的最大风压可能大于表 15 规定的值，则起重机用户需要另行提供起重机工作时应考虑到的最大工作风压的相关信息。

c) 非工作风压——如果按照用户使用现场当地的气象条件的要求，需要起重机按表 18 规定的更大的非工作风压进行起重机设计，则起重机用户应提供该起重机设计应考虑到的非工作风压的准确信息。

起重机设计规范

1 范围

本标准确立了起重机总体、结构、机械、电气与安全等部分设计应共同遵守的必要准则，规定了设计、计算要求和方法，并可作为对设计进行分析和评价的技术依据。

本标准适用于桥架型起重机、臂架型起重机和缆索型起重机，但不涉及上述起重机设计的特殊问题。本标准也可供其他起重机参照使用。

2 规范性引用文件

下列文件中的条款通过本标准的引用而成为本标准的条款。凡是注日期的引用文件，其随后所有的修改单(不包括勘误的内容)或修订版均不适用于本标准，然而，鼓励根据本标准达成协议的各方研究是否可使用这些文件的最新版本。凡是不注日期的引用文件，其最新版本适用于本标准。

GB/T 699 优质碳素结构钢

GB/T 700 碳素结构钢

GB/T 985 气焊、手工电弧焊及气体保护焊焊缝坡口的基本形式与尺寸

GB/T 986 埋弧焊焊缝坡口的基本形式与尺寸

GB/T 1231 钢结构用高强度大六角螺栓、大六角螺母、垫圈技术条件

GB/T 1591 低合金高强度钢(GB/T 1591—1994，neq ISO 4950:1981)

GB 2585 铁路用热轧钢轨

GB 2893 安全色(GB 2893—2001，neq ISO 3864:1984)

GB 2894 安全标志(GB 2894—1996，neq ISO 3864:1984)

GB/T 3077 合金结构钢

GB/T 3098.1 紧固件机械性能 螺栓、螺钉和螺柱(GB/T 3098.1—2000，idt ISO 898-1:1999)

GB/T 3098.2 紧固件机械性能 螺母 粗牙螺纹(GB/T 3098.2—2000，idt ISO 898-2:1992)

GB/T 3480 渐开线圆柱齿轮承载能力计算方法(GB/T 3480—1997，eqv ISO 6336-1～6336-3:1996)

GB/T 3633 钢结构用扭剪型高强度螺栓连接副 技术条件

GB/T 4205 人机界面(MMI)操作规则

GB 4208 外壳防护等级(IP 代码)(GB 4208—1993，eqv IEC 60529:1989)

GB/T 4942.1 旋转电机外壳防护分级(IP 代码)(GB/T 4942.1—2006，IEC 60034-5:2000，IDT)

GB/T 5117 碳钢焊条

GB/T 5118 低合金钢焊条

GB 5226.2　机械安全　机械电气设备　第 32 部分：起重机械技术条件(GB 5226.2—2002，idt IEC 60204-32：1998)

GB/T 5269　传动及输送用双节距精密滚子链和链轮(GB/T 5269—1999，idt ISO 1275：1995)

GB/T 5293　埋弧焊用碳钢焊丝和焊剂

GB/T 8110　气体保护电弧焊用碳钢、低合金钢焊丝

GB 8918　重要用途钢丝绳(GB 8918—2006，ISO 3154：1988，MOD)

GB/T 9439　灰铸铁件

GB/T 10051.1　起重吊钩　机械性能、起重量、应力及材料

GB/T 10062　锥齿轮承载能力计算方法(GB/T 10062.1～GB/T 10062.3—2003，ISO 10300-1～ISO 10300-3：2001，IDT)

GB/T 11264　轻轨

GB/T 11352　一般工程用铸造碳钢件(GB/T 11352—1989，neq ISO 3755：1975)

GB/T 14048.4　低压开关设备和控制设备　机电式接触器和电动机起动器(GB/T 14048.4—2003，IEC 60947-4-1：2000，IDT)

GB/T 14408　一般工程与结构用低合金铸钢件

GB 15052　起重机械危险部位与标志

GB/T 17909.1　起重机　起重机操作手册　第 1 部分：总则(GB 17909.1—1999，idt ISO 9928-1：1990)

GB/T 18453.1　起重机　维护手册　第 1 部分：总则(GB/T 18453.1—2001 ，idt ISO 12478-1：1997)

GB/T 19418　钢的弧焊接头　缺陷质量分级指南(GB/T 19418—2003，ISO 5817：1992，IDT)

GB/T 20118　一般用途钢丝绳(GB/T 20118—2006，ISO/DIS 2408：2002 Steel wire ropes general purpose—Minimum requirements，MOD)

GB/T 20303.1　起重机　司机室　第 1 部分：总则(GB/T 20303.1—2006，ISO 8566-1：1992，IDT)

GB/T 20947　起重用短环链　T 级(T、DAT 和 DT 型)高精度葫芦链条(GB/T 20947—2007，ISO 3077：2001，IDT)

GB 50058　爆炸和火灾危险环境电力装置设计规范

JB/T 6392　起重机车轮

JB/T 7017　起重机用液压缓冲器

JB/T 7687.1　直柄吊钩横梁毛坯件

JB/T 7687.2　直柄吊钩横梁

JB/T 7687.3　直柄吊钩螺母

JB/T 7687.4　直柄吊钩螺母定位板

JB/T 8110.1　起重机　弹簧缓冲器

JB/T 8110.2　起重机　橡胶缓冲器

JB/T 8398　双幅板压制滑轮

JB/T 9005　起重机用铸造滑轮

JB/T 9006　起重机用铸造卷筒

JB/T 10833　起重机用聚氨酯缓冲器

JG/T 5078.1　建筑机械与设备　焊接滑轮

YB/T 5055　起重机钢轨

3　分级

3.1　工作级别的划分

起重机通过起升和移动所吊运的物品完成搬运作业，为适应起重机不同的使用情况和工作要求，在设计和选用起重机及其零部件时，应对起重机及其组成部分进行工作级别的划分，包括：

——起重机整机的分级；

——机构的分级；

——结构件或机械零件的分级。

3.2　起重机整机的分级

3.2.1　起重机的使用等级

起重机的设计预期寿命，是指设计预设的该起重机从开始使用起到最终报废时止能完成的总工作循环数。起重机的一个工作循环是指从起吊一个物品起，到能开始起吊下一个物品时止，包括起重机运行及正常的停歇在内的一个完整的过程。

起重机的使用等级是将起重机可能完成的总工作循环数划分成10个等级，用U_0、U_1、U_2，……，U_9表示，见表1。

表1　起重机的使用等级

使用等级	起重机总工作循环数C_T	起重机使用频繁程度
U_0	$C_T \leqslant 1.60\times10^4$	很少使用
U_1	$1.60\times10^4 < C_T \leqslant 3.20\times10^4$	
U_2	$3.20\times10^4 < C_T \leqslant 6.30\times10^4$	
U_3	$6.30\times10^4 < C_T \leqslant 1.25\times10^5$	
U_4	$1.25\times10^5 < C_T \leqslant 2.50\times10^5$	不频繁使用
U_5	$2.50\times10^5 < C_T \leqslant 5.00\times10^5$	中等频繁使用
U_6	$5.00\times10^5 < C_T \leqslant 1.00\times10^6$	较频繁使用
U_7	$1.00\times10^6 < C_T \leqslant 2.00\times10^6$	频繁使用
U_8	$2.00\times10^6 < C_T \leqslant 4.00\times10^6$	特别频繁使用
U_9	$4.00\times10^6 < C_T$	

3.2.2 起重机的起升载荷状态级别

起重机的起升载荷，是指起重机在实际的起吊作业中每一次吊运的物品质量（有效起重量）与吊具及属具质量的总和（即起升质量）的重力；起重机的额定起升载荷，是指起重机起吊额定起重量时能够吊运的物品最大质量与吊具及属具质量的总和（即总起升质量）的重力。其单位为牛顿（N）或千牛（kN）。

起重机的起升载荷状态级别是指在该起重机的设计预期寿命期限内，它的各个有代表性的起升载荷值的大小及各相对应的起吊次数，与起重机的额定起升载荷值的大小及总的起吊次数的比值情况。

在表 2 中，列出了起重机载荷谱系数 K_P 的 4 个范围值，它们各代表了起重机一个相对应的载荷状态级别。

表 2　起重机的载荷状态级别及载荷谱系数

载荷状态级别	起重机的载荷谱系数 K_P	说　　明
Q1	$K_P \leqslant 0.125$	很少吊运额定载荷，经常吊运较轻载荷
Q2	$0.125 < K_P \leqslant 0.250$	较少吊运额定载荷，经常吊运中等载荷
Q3	$0.250 < K_P \leqslant 0.500$	有时吊运额定载荷，较多吊运较重载荷
Q4	$0.500 < K_P \leqslant 1.000$	经常吊运额定载荷

如果已知起重机各个起升载荷值的大小及相应的起吊次数的资料，则可用式（1）算出该起重机的载荷谱系数：

$$K_P = \sum \left[\frac{C_i}{C_T} \left(\frac{P_{Qi}}{P_{Q\max}} \right)^m \right] \quad \cdots\cdots (1)$$

式中：

K_P——起重机的载荷谱系数；

C_i——与起重机各个有代表性的起升载荷相应的工作循环数，$C_i = C_1, C_2, C_3, \cdots\cdots, C_n$；

C_T——起重机总工作循环数，$C_T = \sum_{i=1}^{n} C_i = C_1 + C_2 + C_3 + \cdots\cdots + C_n$；

P_{Qi}——能表征起重机在预期寿命期内工作任务的各个有代表性的起升载荷，$P_{Qi} = P_{Q1}$，$P_{Q2}, P_{Q3}, \cdots\cdots, P_{Qn}$；

$P_{Q\max}$——起重机的额定起升载荷；

m——幂指数，为了便于级别的划分，约定取 $m=3$。

展开后，式（1）变为：

$$K_P = \frac{C_1}{C_T}\left(\frac{P_{Q1}}{P_{Q\max}}\right)^3 + \frac{C_2}{C_T}\left(\frac{P_{Q2}}{P_{Q\max}}\right)^3 + \frac{C_3}{C_T}\left(\frac{P_{Q3}}{P_{Q\max}}\right)^3 + \cdots\cdots + \frac{C_i}{C_T}\left(\frac{P_{Qn}}{P_{Q\max}}\right)^3 \quad \cdots\cdots (2)$$

由式（2）算得起重机载荷谱系数的值后，即可按表 2 确定该起重机相应的载荷状态级别。

如果不能获得起重机设计预期寿命期内起吊的各个有代表性的起升载荷值的大小及相应

的起吊次数的资料,因而无法通过上述计算得到它的载荷谱系数及确定它的载荷状态级别,则可以由制造商和用户协商选出适合于该起重机的载荷状态级别及确定相应的载荷谱系数。

3.2.3 起重机整机的工作级别

根据起重机的10个使用等级和4个载荷状态级别,起重机整机的工作级别划分为A1～A8共8个级别,见表3。

表3 起重机整机的工作级别

载荷状态级别	起重机的载荷谱系数 K_P	起重机的使用等级									
		U_0	U_1	U_2	U_3	U_4	U_5	U_6	U_7	U_8	U_9
Q1	$K_P \leqslant 0.125$	A1	A1	A1	A2	A3	A4	A5	A6	A7	A8
Q2	$0.125 < K_P \leqslant 0.250$	A1	A1	A2	A3	A4	A5	A6	A7	A8	A8
Q3	$0.250 < K_P \leqslant 0.500$	A1	A2	A3	A4	A5	A6	A7	A8	A8	A8
Q4	$0.500 < K_P \leqslant 1.000$	A2	A3	A4	A5	A6	A7	A8	A8	A8	A8
注:各类起重机的整机分级举例参见附录A。											

3.3 机构的分级

3.3.1 机构的使用等级

机构的设计预期寿命,是指设计预设的该机构从开始使用起到预期更换或最终报废为止的总运转时间,它只是该机构实际运转小时数累计之和,而不包括工作中此机构的停歇时间。机构的使用等级是将该机构的总运转时间分成10个等级,以T_0、T_1、T_2,……,T_9表示,见表4。

3.3.2 机构的载荷状态级别

机构的载荷状态级别表明了机构所受载荷的轻重情况。在表5中,列出了机构载荷谱系数K_m的四个范围值,它们各代表了机构一个相对应的载荷状态级别。

表4 机构的使用等级

使用等级	总使用时间 t_T/h	机构运转频繁情况
T_0	$t_T \leqslant 200$	很少使用
T_1	$200 < t_T \leqslant 400$	
T_2	$400 < t_T \leqslant 800$	
T_3	$800 < t_T \leqslant 1\ 600$	

表 4（续）

使用等级	总使用时间 t_T/h	机构运转频繁情况
T_4	$1\,600 < t_T \leqslant 3\,200$	不频繁使用
T_5	$3\,200 < t_T \leqslant 6\,300$	中等频繁使用
T_6	$6\,300 < t_T \leqslant 12\,500$	较频繁使用
T_7	$12\,500 < t_T \leqslant 25\,000$	频繁使用
T_8	$25\,000 < t_T \leqslant 50\,000$	
T_9	$50\,000 < t_T$	

表 5　机构的载荷状态级别及载荷谱系数

载荷状态级别	机构载荷谱系数 K_m	说　　明
L1	$K_m \leqslant 0.125$	机构很少承受最大载荷，一般承受轻小载荷
L2	$0.125 < K_m \leqslant 0.250$	机构较少承受最大载荷，一般承受中等载荷
L3	$0.250 < K_m \leqslant 0.500$	机构有时承受最大载荷，一般承受较大载荷
L4	$0.500 < K_m \leqslant 1.000$	机构经常承受最大载荷

机构的载荷谱系数 K_m 可用式(3)计算得到：

$$K_m = \sum \left[\frac{t_i}{t_T} \left(\frac{P_i}{P_{max}} \right)^m \right] \qquad \cdots\cdots (3)$$

式中：

K_m——机构载荷谱系数；

t_i——与机构承受各个大小不同等级载荷的相应持续时间，$t_i = t_1, t_2, t_3, \cdots\cdots, t_n$，单位为小时(h)；

t_T——机构承受所有大小不同等级载荷的时间总和，$t_T = \sum_{i=1}^{n} t_i = t_1 + t_2 + t_3 + \cdots\cdots + t_n$，单位为小时(h)；

P_i——能表征机构在服务期内工作特征的各个大小不同等级的载荷，$P_i = P_1, P_2, P_3, \cdots\cdots, P_n$，单位为牛顿(N)；

P_{max}——机构承受的最大载荷，单位为牛顿(N)；

m——同式(1)。

展开后，式(3)变为：

$$K_m=\frac{t_1}{t_T}\left(\frac{P_1}{P_{max}}\right)^3+\frac{t_2}{t_T}\left(\frac{P_2}{P_{max}}\right)^3+\frac{t_3}{t_T}\left(\frac{P_3}{P_{max}}\right)^3+\cdots\cdots+\frac{t_n}{t_T}\left(\frac{P_n}{P_{max}}\right)^3 \quad\cdots\cdots\cdots\cdots(4)$$

式中符号同式(3)。

由式(4)算得机构载荷谱系数的值后，即可按表5确定该机构相应的载荷状态级别。

3.3.3 机构的工作级别

机构工作级别的划分，是将各单个机构分别作为一个整体进行的关于其载荷大小程度及运转频繁情况总的评价，它并不表示该机构中所有的零部件都有与此相同的受载及运转情况。

根据机构的10个使用等级和4个载荷状态级别，机构单独作为一个整体进行分级的工作级别划分为M1～M8共8级，见表6。

表6 机构的工作级别

载荷状态级别	机构载荷谱系数 K_m	机构的使用等级									
		T_0	T_1	T_2	T_3	T_4	T_5	T_6	T_7	T_8	T_9
L1	$K_m \leqslant 0.125$	M1	M1	M1	M2	M3	M4	M5	M6	M7	M8
L2	$0.125 < K_m \leqslant 0.250$	M1	M1	M2	M3	M4	M5	M6	M7	M8	M8
L3	$0.250 < K_m \leqslant 0.500$	M1	M2	M3	M4	M5	M6	M7	M8	M8	M8
L4	$0.500 < K_m \leqslant 1.000$	M2	M3	M4	M5	M6	M7	M8	M8	M8	M8
注：各类起重机的机构分级举例参见附录B。											

3.4 结构件或机械零件的分级

3.4.1 结构件或机械零件的使用等级

结构件或机械零件的一个应力循环是指应力从通过 σ_m 时起至该应力同方向再次通过 σ_m 时为止的一个连续过程。图1所示是包含5个应力循环的时间应力变化历程。

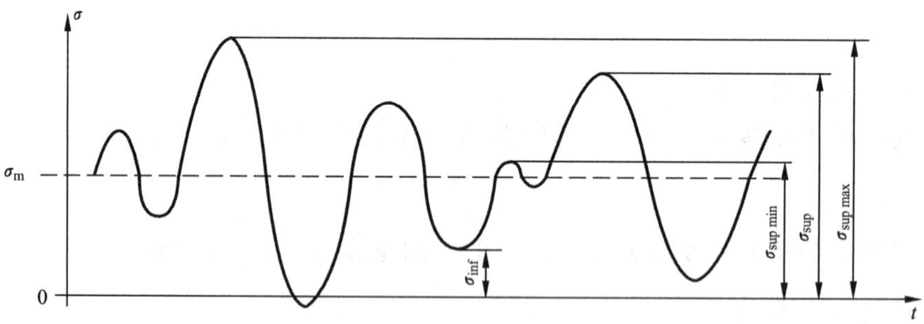

σ_{sup}——峰值应力；

$\sigma_{sup\ max}$——最大峰值应力；

$\sigma_{sup\ min}$——最小峰值应力；

σ_{inf}——谷值应力；

σ_m——总使用时间内所有峰值应力和谷值应力的算术平均值。

图1 随时间变化的5个应力循环举例

结构件或机械零件的总使用时间，是指设计预设的从开始使用起到该结构件报废或该机械零件更换为止的期间内发生的总的应力循环次数。

结构件的总应力循环数同起重机的总工作循环数之间存在着一定的比例关系，某些结构件在一个起重循环内可能经受几个应力循环，这取决于起重机的类别和该结构件在该起重机结构中的具体位置。对各不同的结构件这一比值可能互不相同，但当这一比值已知时，该结构件的总使用时间，即它的总应力循环数便可以从起重机使用等级的总工作循环数中导出。

机械零件的总应力循环数，则应从该零件所归属机构的或该零件的设计预定的总使用时间中导出，推导时要考虑到影响其应力循环的该零件的转速和其他相关的情况。

结构件或机械零件的使用等级，都是将其总应力循环次数分成 11 个等级，分别以代号 B_0，B_1，……，B_{10} 表示，见表 7。

表 7　结构件或机械零件的使用等级

使用等级	结构件或机械零件的总应力循环数 n_T
B_0	$n_T \leqslant 1.6\times10^4$
B_1	$1.6\times10^4 < n_T \leqslant 3.2\times10^4$
B_2	$3.2\times10^4 < n_T \leqslant 6.3\times10^4$
B_3	$6.3\times10^4 < n_T \leqslant 1.25\times10^5$
B_4	$1.25\times10^5 < n_T \leqslant 2.5\times10^5$
B_5	$2.5\times10^5 < n_T \leqslant 5\times10^5$
B_6	$5\times10^5 < n_T \leqslant 1\times10^6$
B_7	$1\times10^6 < n_T \leqslant 2\times10^6$
B_8	$2\times10^6 < n_T \leqslant 4\times10^6$
B_9	$4\times10^6 < n_T \leqslant 8\times10^6$
B_{10}	$8\times10^6 < n_T$

3.4.2　结构件或机械零件的应力状态级别

结构件或机械零件的应力状态级别，表明了该结构件或机械零件在总使用期内发生应力的大小及相应的应力循环情况，在表 8 中列出了应力状态的 4 个级别及相应的应力谱系数范围值。每一个结构件或机械零件的应力谱系数 K_S 可以用式(5)计算得到：

$$K_S = \sum\left[\frac{n_i}{n_T}\left(\frac{\sigma_i}{\sigma_{\max}}\right)^C\right] \qquad \cdots\cdots(5)$$

式中：

K_S——结构件或机械零件的应力谱系数；

n_i——与结构件或机械零件发生的不同应力相应的应力循环数，$n_i = n_1, n_2, n_3, \cdots\cdots, n_n$；

n_T——结构件或机械零件总的应力循环数，$n_T = \sum_{i=1}^{n} n_i = n_1 + n_2 + n_3 + \cdots\cdots + n_n$；

σ_i——该结构件或机械零件在工作时间内发生的不同应力，$\sigma_1 = \sigma_1, \sigma_2, \sigma_3, \cdots\cdots, \sigma_n$；

并设定：$\sigma_1 > \sigma_2 > \sigma_3 \cdots\cdots > \sigma_n$；

对机械零件,每一个循环 n_i 期间内认为发生的应力基本上相等,为 σ_i,而各个循环之间的应力则可以是不同的;

σ_{max}——为应力 $\sigma_1,\sigma_2,\sigma_3,\cdots,\sigma_n$ 中的最大应力;

C——幂指数,与有关材料的性能,结构件或机械零件的种类、形状和尺寸,表面粗糙度以及腐蚀程度等有关,由实验得出,见式(107)、式(108)。

展开后,式(5)变为:

$$K_S=\frac{n_1}{n_T}\left(\frac{\sigma_1}{\sigma_{max}}\right)^C+\frac{n_2}{n_T}\left(\frac{\sigma_2}{\sigma_{max}}\right)^C+\frac{n_3}{n_T}\left(\frac{\sigma_3}{\sigma_{max}}\right)^C+\cdots\cdots+\frac{n_n}{n_T}\left(\frac{\sigma_n}{\sigma_{max}}\right)^C \quad\cdots\cdots\cdots\cdots\cdots\cdots(6)$$

式中符号同式(5)。

对于机械零件,当式(5)、式(6)的 n_T 中某单项应力 σ_i 首次出现 $n_i\geqslant 2\times10^6$ 项时,即取 $n_i=2\times10^6$ 为有效值,并将此 n_i 值作为末项 n_n 的值,后续项不再计入。

由式(6)算得应力谱系数的值后,可按表 8 确定该结构件和机械零件的相应的应力状态级别。

表 8 结构件或机械零件的应力状态级别及应力谱系数

应力状态级别	应力谱系数 K_S
S1	$K_S\leqslant0.125$
S2	$0.125<K_S\leqslant0.250$
S3	$0.250<K_S\leqslant0.500$
S4	$0.500<K_S\leqslant1.000$
某些结构件或机械零件,如已受弹簧加载的零部件,它所受的载荷同以后实际的工作载荷基本无关。在大多数情况下,它们的 $K_S=1$,应力状态级别属于 S4 级。 对于机械零件,计算应力谱系数时所用的应力就是在零件计算截面上出现的总应力。 对于结构件,确定应力谱系数所用的应力是该结构件在工作期间内发生的各个不同的峰值应力,即图 1 中的 $\sigma_{sup\ min},\cdots\sigma_{sup},\cdots,\sigma_{sup\ max}$ 等	

3.4.3 结构件或机械零件的工作级别

根据结构件或机械零件的使用等级及应力状态级别,结构件或机械零件的工作级别划分为 E1～E8 共 8 个级别,见表 9。

表 9 结构件或机械零件的工作级别

应力状态级别	使用等级										
	B_0	B_1	B_2	B_3	B_4	B_5	B_6	B_7	B_8	B_9	B_{10}
S1	E1	E1	E1	E1	E2	E3	E4	E5	E6	E7	E8
S2	E1	E1	E1	E2	E3	E4	E5	E6	E7	E8	E8
S3	E1	E1	E2	E3	E4	E5	E6	E7	E8	E8	E8
S4	E1	E2	E3	E4	E5	E6	E7	E8	E8	E8	E8

4 起重机设计的计算载荷与载荷组合

4.1 原则

4.1.1 本章规定了计算各种载荷及选择载荷组合的原则和方法，以用于验证本标准适用的各种起重机的金属结构件和机械零部件的防强度失效、防弹性失稳和防疲劳失效的能力，并且还用于起重机的抗倾覆稳定性和抗风防滑移安全性的校验计算。

4.1.2 起重机能力验算时应注意计算模型与实际情况的差异。当载荷引起的效应随时间变化时，应采用等效静载荷进行估算。本标准规定可以用刚体动力分析方法为计算基础，但要用动力系数估算作为模拟弹性系统响应时的载荷；也可以选择进行弹性动力分析或现场测试。为反映操作平稳程度的不同，应考虑司机实际操作情况的影响。

4.1.3 结构设计能力验算有两种方法：许用应力设计法或极限状态设计法。无论采用何种方法，在考虑载荷、载荷系数、载荷组合、许用应力和极限设计应力时，都应以本标准的有关章条或附录来确定，或者在可能的情况下以试验或统计数据为基础来确定。

4.1.4 如某载荷不可能出现，则应在验算中略去（如室内起重机不考虑风载荷）。同样，也不考虑起重机说明书中禁止出现的、起重机设计未提出要求的、在起重机设计中已明确要防止或禁止的载荷。

4.2 计算载荷与载荷系数

作用在起重机上的载荷分为常规载荷、偶然载荷、特殊载荷及其他载荷，只有在分析与这些载荷有关的起重机各种可能的载荷组合时，才需要区分这些载荷的不同类别。在起重机承载能力验算中确定载荷效应时要用到许多载荷系数，这些载荷系数及其具体值的选取，可在本标准有关的附录中查到。

4.2.1 常规载荷

常规载荷是指在起重机正常工作时经常发生的载荷，包括由重力产生的载荷，由驱动机构或制动器的作用使起重机加（减）速运动而产生的载荷及因起重机结构的位移或变形引起的载荷。在防屈服、防弹性失稳及在有必要时进行的防疲劳失效等验算中，应考虑这类载荷。

4.2.1.1 自重载荷、额定起升载荷及由垂直运动引起的载荷

4.2.1.1.1 自重载荷 $\boldsymbol{P}_{\mathrm{G}}$

自重载荷是指起重机本身的结构、机械设备、电气设备以及在起重机工作时始终积结在它的某个部件上的物料（如附设在起重机上的漏斗料仓、连续输送机及在它上面的物料）等质量的重力。对某些起重机的使用情况，自重载荷还要包括结壳物料质量的重力，例如黏结在起重机及其零部件上的煤或类似的其他粉末质量的重力，但在 4.2.1.1.2 中规定属于起升载荷的质量重力除外。

4.2.1.1.2 额定起升载荷 $\boldsymbol{P}_{\mathrm{Q}}$

额定起升载荷是指起重机起吊额定起重量时的总起升质量的重力。

4.2.1.1.3 自重振动载荷 $\boldsymbol{\phi}_1\boldsymbol{P}_{\mathrm{G}}$

当物品起升离地时，或将悬吊在空中的部分物品突然卸除时，或悬吊在空中的物品下降制动时，起重机本身（主要是其金属结构）的自重将因出现振动而产生脉冲式增大或减小的动力响应。此自重振动载荷用起升冲击系数 ϕ_1 乘以起重机的自重载荷来考虑，为反映此振动载荷范围的上下限，该系数取为两个值：$\phi_1=1\pm\alpha$，$0\leqslant\alpha\leqslant0.1$。

4.2.1.1.4　起升动载荷 $\phi_2 P_Q$

4.2.1.1.4.1　起升动力效应

当物品无约束地起升离开地面时，物品的惯性力将会使起升载荷出现动载增大的作用。此起升动力效应用一个大于1的起升动载系数 ϕ_2 乘以额定起升载荷 P_Q 来考虑。

4.2.1.1.4.2　起升状态级别

由于起升机构驱动控制型式的不同，物品起升离地时的操作方法会有较大的差异，由此表现出起升操作的平稳程度和物品起升离地的动力特性也会有很大的不同。将起升状态划分为 HC_1～HC_4 四个级别：起升离地平稳的为 HC_1，起升离地有轻微冲击的为 HC_2，起升离地有中度冲击的为 HC_3，起升离地有较大冲击的为 HC_4。与各个级别相应的系数 β_2 和 ϕ_{2min} 值列于表10中，说明见图2。起升状态级别可以根据经验确定，也可以根据起重机的各种具体类型选取，对物品离地未采取专门的较好控制方案的某些起重机，其起升状态级别举例可参见附录C。

表10　β_2 和 ϕ_{2min} 值

起升状态级别	β_2	ϕ_{2min}
HC_1	0.17	1.05
HC_2	0.34	1.10
HC_3	0.51	1.15
HC_4	0.68	1.20

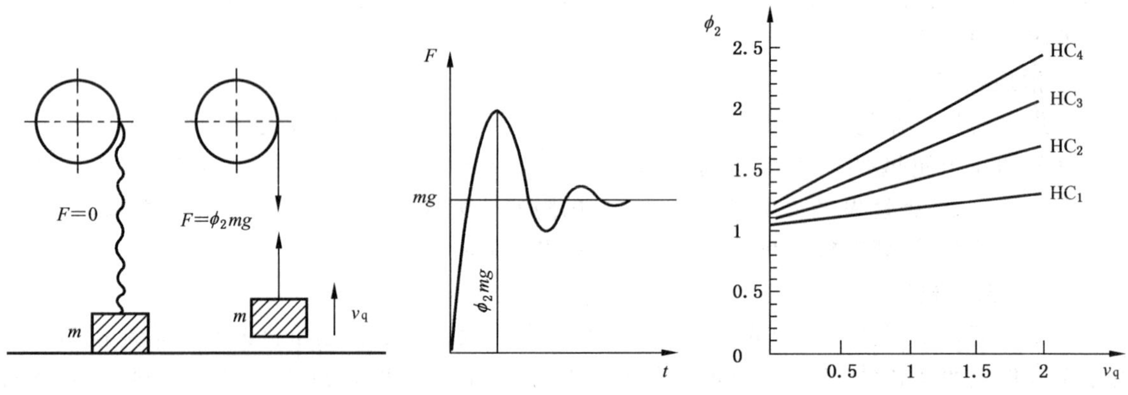

图2　系数 ϕ_2

4.2.1.1.4.3　起升动载系数 ϕ_2

起升动载系数 ϕ_2 与稳定起升速度 v_q 和起升状态级别等有关，其值可以由试验或分析确定，也可以按式(7)计算：

$$\phi_2 = \phi_{2min} + \beta_2 v_q \quad \cdots\cdots(7)$$

式中：

ϕ_2——起升动载系数，由式(7)计算得出，其最大值 ϕ_{2max} 对建筑塔式起重机和港口臂架起重机等起升速度很高的起重机不超过2.2，对其他起重机不超过2.0；

ϕ_{2min}——与起升状态级别相对应的起升动载系数的最小值，见表10；

β_2——按起升状态级别设定的系数，见表 10；

v_q——稳定起升速度，单位为米每秒(m/s)，与起升机构驱动控制型式及操作方法有关，见表 11。其最高值 v_{qmax} 发生在电动机或发电机空载起动(相当于此时吊具、物品及完全松弛的钢丝绳均放置于地面)、且吊具及物品被起升离地时其起升速度已达到稳定起升的最大值。

表 11　确定 ϕ_2 用的稳定起升速度 v_q 值

载荷组合	起升驱动型式及操作方法				
	H1	H2	H3	H4	H5
无风工作 A1、有风工作 B1	v_{qmax}	v_{qmin}	v_{qmin}	0.5 v_{qmax}	$v_q=0$
特殊工作 C1	—	v_{qmax}	—	v_{qmax}	0.5 v_{qmax}

H1——起升驱动机构只能作常速运转，不能低速运转；
H2——起重机司机可选用起升驱动机构作稳定低速运转；
H3——起升驱动机构的控制系统能保证物品起升离地前都作稳定低速运转；
H4——起重机司机可以操作实现无级变速控制；
H5——在起升绳预紧后，不依赖于起重机司机的操作，起升驱动机构就能按预定的要求进行加速控制；
v_{qmax}——稳定的最高起升速度；
v_{qmin}——稳定低速起升速度。

4.2.1.1.5　突然卸载时的动力效应

有的起重机正常工作时会在空中从总起升质量 m 中突然卸除部分起升质量 Δm(例如使用抓斗或起重电磁吸盘进行空中卸载)，这将对起重机结构产生减载振动作用。减小后的起升动载荷用突然卸载冲击系数 ϕ_3 乘以额定起升载荷来计算(见图 3)。

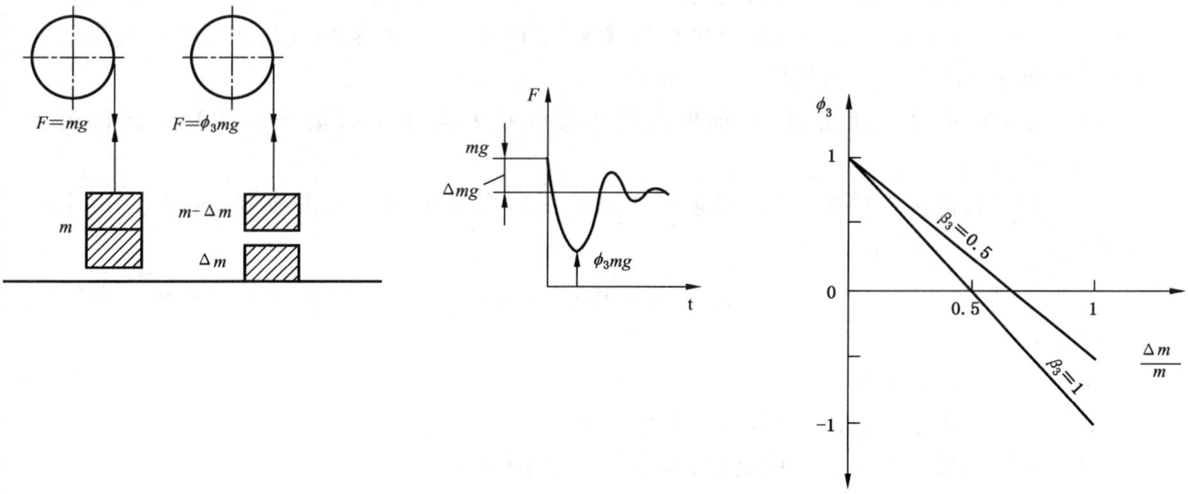

图 3　系数 ϕ_3

空中突然卸载冲击系数 ϕ_3 值由式(8)给出：

$$\phi_3 = 1 - \frac{\Delta m}{m}(1 + \beta_3) \qquad \cdots\cdots(8)$$

式中：

Δm——突然卸除的部分起升质量，单位为千克(kg)；

m——总起升质量，单位为千克(kg)；

β_3——系数，对用抓斗或类似的慢速卸载装置的起重机，$\beta_3=0.5$；对用电磁盘或类似的快速卸载装置的起重机，$\beta_3=1.0$。

4.2.1.1.6 运行冲击载荷

4.2.1.1.6.1 运行冲击动力效应

起重机在不平的道路或轨道上运行时所发生的垂直冲击动力效应，即运行冲击载荷，用运行冲击系数 ϕ_4 乘以起重机的自重载荷与额定起升载荷之和来计算。

4.2.1.1.6.2 在道路上或道路外运行的起重机

在这种情况下，ϕ_4 取决于起重机的构造型式(质量分布)、起重机的弹性和/或悬挂方式、运行速度，以及运行路面的种类和状况。此冲击效应可根据经验、试验或采用适当的起重机和运行路面的模型分析得到。一般可采用以下数据计算：

a) 对轮胎起重机和汽车起重机：

——当运行速度 $v_y \leqslant 0.4$ m/s 时，$\phi_4=1.1$；

——当运行速度 $v_y > 0.4$ m/s 时，$\phi_4=1.3$。

b) 对履带式起重机：

——当运行速度 $v_y \leqslant 0.4$ m/s 时，$\phi_4=1.0$；

——当运行速度 $v_y > 0.4$ m/s 时，$\phi_4=1.1$。

4.2.1.1.6.3 在轨道上运行的起重机

起重机带载或空载运行于具有一定弹性、接头处有间隙或高低错位的钢质轨道上时，发生的垂直冲击动力效应取决于起重机的构造型式(质量分布、起重机的弹性及起重机的悬挂或支承方式)、运行速度和车轮直径及轨道接头的状况等，应根据经验、试验或选用适当的起重机和轨道的模型进行估算。ϕ_4 可按以下规定选取：

a) 对于轨道接头状态良好，如轨道用焊接连接并对接头打磨光滑的高速运行起重机，取 $\phi_4=1$。

b) 对于轨道接头状况一般，起重机通过接头时会发生垂直冲击效应，这时 ϕ_4 可由式(9)确定：

$$\phi_4 = 1.1 + 0.058 v_y \sqrt{h} \qquad \cdots\cdots(9)$$

式中：

ϕ_4——运行冲击系数；

v_y——起重机运行速度，单位为米每秒(m/s)；

h——轨道接头处两轨面的高度差，单位为毫米(mm)。

4.2.1.2 变速运动引起的载荷

4.2.1.2.1 驱动机构(包括起升驱动机构)加速引起的载荷

由驱动机构加速或减速、起重机意外停机或传动机构突然失效等原因在起重机中引起的载荷，可以用刚体动力模型对各部件分别进行计算。计算中要考虑起重机驱动机构的几何特征、驱动的动力特性和机构的质量分布，还要考虑在做此变速运动时出现的机构内部摩擦损失。在计算时，一般是将总起升质量视为固定在臂架端部，或直接悬置在小车的下方。

为了反映实际出现的弹性效应，将机构驱动加（减）速动载系数 ϕ_5 乘以引起加（减）速的驱动力（或力矩）变化值 $\Delta F = ma$（或 $\Delta M = J\varepsilon$），并与加（减）速运动以前的力（F 或 M）代数相加，该增大的力既作用在承受驱动力的部件上成为动载荷，也作用在起重机和起升质量上成为它们的惯性力（见图 4）。ϕ_5 数值的选取决定于驱动力或制动力的变化率、质量分布和传动系统的特性，见表 12。通常，ϕ_5 的较低值适用于驱动力或制动力较平稳变化的系统，ϕ_5 的较高值适用于驱动力或制动力较突然变化的系统。

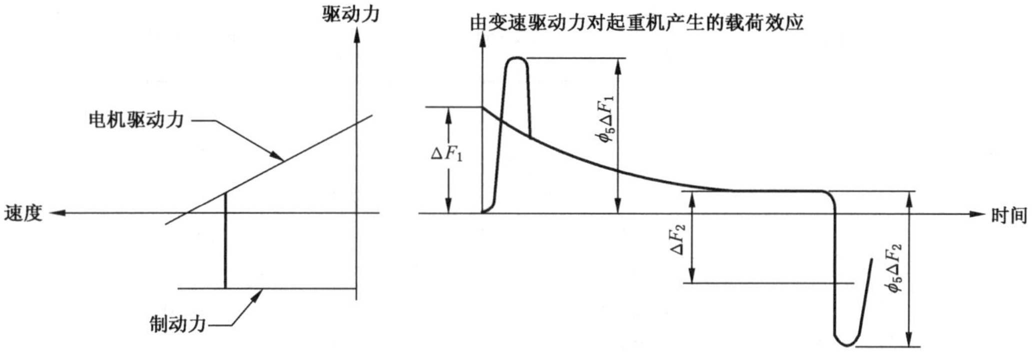

图 4　系数 ϕ_5

表 12　ϕ_5的取值范围

序号	工　　　况	ϕ_5
1	计算回转离心力时	1.0
2	传动系统无间隙，采用无级变速的控制系统，加速力或制动力呈连续平稳的变化	1.2
3	传动系统存在微小的间隙，采用其他一般的控制系统，加速力呈连续的但非平稳的变化	1.5
4	传动系统有明显的间隙，加速力呈突然的非连贯性变化	2.0
5	传动系统有很大的间隙或存在明显的反向冲击，用质量弹簧模型不能进行准确的估算时	3.0
如有依据，ϕ_5 可以采用其他值。		

4.2.1.2.2　水平惯性力

4.2.1.2.2.1　起重机或小车在水平面内进行纵向或横向运动起（制）动时的水平惯性力

起重机或小车在水平面内进行纵向或横向运动起（制）动时，起重机或小车自身质量和总起升质量的水平惯性力，按该质量与运行加速度乘积的 ϕ_5 倍计算，但不大于主动车轮与轨道之间的黏着力,此时取 $\phi_5=1.5$,用来考虑起重机驱动力突变时结构的动力效应。这些惯性力都作用在各相应质量上,挠性悬挂的总起升质量视为与起重机刚性连接。

加(减)速度值可以根据加(减)速时间和所要达到的速度值来推算得到。如果用户未规定或未给出速度和加速度值,则可按表 13 中所列的三种运行工作状况来选择与所要达到的速度相应的加速时间和加速度的参考值。

对于用高加速度高速运行的起重机,常要求所有的车轮都为驱动轮,此时本条所述的水平惯性力不应小于驱动轮或制动轮轮压的 1/30,也不大于它的 1/4。

表 13 加速时间和加速度值

要达到的速度/(m/s)	低速和中速长距离运行		正常使用中速和高速运行		高加速度、高速运行	
	加速时间/s	加速度/ m/s^2	加速时间/s	加速度/ m/s^2	加速时间/s	加速度/ m/s^2
4.00			8.00	0.50	6.00	0.67
3.15			7.10	0.44	5.40	0.58
2.50			6.30	0.39	4.80	0.52
2.00	9.10	0.220	5.60	0.35	4.20	0.47
1.60	8.30	0.190	5.00	0.32	3.10	0.43
1.00	6.60	0.150	4.00	0.25	3.00	0.33
0.63	5.20	0.120	3.20	0.19		
0.40	4.10	0.098	2.50	0.16		
0.25	3.20	0.078				
0.16	2.50	0.064				

4.2.1.2.2.2 起重机的回转离心力和回转与变幅运动起(制)动时的水平惯性力

起重机回转运动时各部(构)件的离心力,用这些部(构)件的质量大小、其质量中心处的回转半径和回转速度来计算,把悬挂的总起升质量视为与起重机臂架端部刚性固接,对塔式起重机则各部(构)件质量和总起升质量的离心力均按最不利位置计算,在计算离心力时 ϕ_5 取为 1。通常,这些离心力对结构起减载作用,可忽略不计。

起重机回转与变幅起(制)动时的水平惯性力,按其各部(构)件质量与该质心的加速度乘积的 ϕ_5 倍计算(对机构计算和抗倾覆稳定性计算取 $\phi_5=1$),并把总起升质量视为与起重机臂端刚性固接,其加(减)速度值取决于该质量在起重机上的位置。对一般的臂架起重机,根据其速度和回转半径的不同,臂架端部的切向和径向加速度值均可在 0.1 m/s^2～0.6 m/s^2 选取,加(减)速时间在 5 s～10 s 选取。物品所受风力单独计算,按最不利方向叠加。

臂架起重机回转和变幅机构起(制)动时的总起升质量产生的综合水平力(包括风力、变幅和回转起制动产生的惯性力和回转运动的离心力),也可以用起重钢丝绳相对于铅垂线的偏摆角引起的水平分力来计算:用起重钢丝绳最大偏摆角 α_{II}(其值见表 14)计算结构、机构强度和起重机整机抗倾覆稳定性,用起重钢丝绳正常偏摆角 α_{I} 计算电动机功率〔此时取 $\alpha_{\text{I}}=(0.25\sim0.3)\alpha_{\text{II}}$〕和机械零件的疲劳强度及磨损〔此时取 $\alpha_{\text{I}}=(0.3\sim0.4)\alpha_{\text{II}}$〕。

表 14　α_{II} 的推荐值

<table>
<tr><td rowspan="2">起重机类别及回转速度</td><td colspan="2">装卸用门座起重机</td><td colspan="2">安装用门座起重机</td><td>轮胎和汽车起重机</td></tr>
<tr><td>$n \geqslant 2$ r/min</td><td>$n < 2$ r/min</td><td>$n \geqslant 0.33$ r/min</td><td>$n < 0.33$ r/min</td><td>—</td></tr>
<tr><td>臂架变幅平面内</td><td>12°</td><td>10°</td><td rowspan="2">4°</td><td rowspan="2">2°</td><td rowspan="2">3°～6°</td></tr>
<tr><td>垂直于臂架变幅平面内</td><td>14°</td><td>12°</td></tr>
</table>

4.2.1.3　位移和变形引起的载荷

应考虑由位移和变形引起的载荷，如由预应力产生的结构件变形和位移引起的载荷，由结构本身或安全限制器准许的极限范围内的偏斜，以及起重机其他必要的补偿控制系统初始响应产生的位移引起的载荷等。

还要考虑由其他因素导致的起重机发生在规定极限范围内的位移或变形引起的载荷，例如由于轨道的间距变化引起的载荷，或由于轨道及起重机支承结构发生不均匀沉陷引起的载荷等。

4.2.2　偶然载荷

偶然载荷是指在起重机正常工作时不经常发生而只是偶然出现的载荷，包括由工作状态的风、雪、冰、温度变化及偏斜运行引起的载荷。在防疲劳失效的计算中通常不考虑这些载荷。

4.2.2.1　偏斜运行时的水平侧向载荷 P_S

起重机偏斜运行时的水平侧向载荷是指装有车轮的起重机或小车在做稳定状态的纵向运行或横向移动时，发生在它的导向装置(例如导向滚轮或车轮的轮缘)上由于导向的反作用引起的一种偶然出现的载荷。

附录D给出了起重机偏斜运行时的水平侧向载荷的经验估算法，它是在把起重机金属结构认为是刚性系统的假设基础上得出的。

4.2.2.2　坡道载荷

起重机的坡道载荷是指位于斜坡(道、轨)上的起重机自重载荷及其额定起升载荷沿斜坡(道、轨)面的分力，按下列规定计算：

a)　流动式起重机：需要计算时，按路面或地面的实际情况考虑；

b)　轨道式起重机(含铁路起重机)：当轨道坡度不超过0.5%时不考虑坡道载荷，否则按出现的实际坡度计算坡道载荷。

4.2.2.3　风载荷

4.2.2.3.1　风载荷估算的原则

对于露天工作的起重机应考虑风载荷的作用。假定风载荷是沿起重机最不利的水平方向作用的静力载荷，计算风压值按不同类型起重机及其工作地区选取。

4.2.2.3.2　计算风压

计算风压与阵风风速有关，可按式(10)计算：

$$p = 0.625 v_s^2 \quad \cdots\cdots(10)$$

式中：

p——计算风压，单位为牛每二次方米(N/m²)；

v_s——计算风速，单位为米每秒(m/s)。

计算风速为空旷地区离地 10 m 高度处的阵风风速，即 3 s 时距的平均瞬时风速。工作状态的阵风风速，其值取为 10 min 时距平均风速的 1.5 倍。非工作状态的阵风风速，其值取为 10 min 时距平均风速的 1.4 倍。计算风压 p、3 s 时距平均瞬时风速 v_s、10 min 时距平均风速 v_p 与风力等级的对应关系参见附录 E 中的 E.4。

4.2.2.3.3 工作状态风载荷 $P_{W\mathrm{II}}$

工作状态风载荷是指起重机在工作时应能承受的最大风力。工作状态风压沿起重机全高取为定值，不考虑高度变化。为限制工作风速不超过极限值而采用风速测量装置时，通常将它安装在起重机的最高处。工作状态计算风压分为 p_{I} 和 p_{II}。p_{I} 是起重机工作状态正常的计算风压，用于选择电动机功率的阻力计算及发热验算；p_{II} 是起重机工作状态最大计算风压，用于计算机构零部件和金属结构强度、结构的刚性及稳定性，验算驱动装置的过载能力以及起重机整机的抗倾覆稳定性、抗风防滑安全性等。

工作状态的计算风速和计算风压列于表 15 中。如果制造商采用不同于表列的风速和风压值，应在起重机设计和使用说明书中予以说明。

表 15 工作状态计算风压和计算风速

地区		计算风压 p/(N/m²)		与 p_{II} 相应的计算风速 v_s/(m/s)
		p_{I}	p_{II}	
在一般风力下工作的起重机	内陆	$0.6p_{\mathrm{II}}$	150	15.5
	沿海、台湾地区及南海诸岛		250	20.0
在 8 级风中应继续工作的起重机			500	28.3

注 1：沿海地区系指离海岸线 100 km 以内的陆地或海岛地区。

注 2：特殊用途的起重机的工作状态计算风压允许做特殊规定。流动式起重机(即汽车起重机、轮胎起重机和履带起重机)的工作状态计算风压，当起重机臂长小于 50 m 时取为 125 N/m²；当臂长大于或等于 50 m 时按使用要求决定。

4.2.2.3.4 风载荷计算

4.2.2.3.4.1 作用在起重机上的工作状态风载荷按以下两种情况计算：

a) 当风向与构件的纵轴线或构架表面垂直时，沿此风向的风载荷按式(11)计算：

$$\left.\begin{aligned} P_{W\mathrm{I}} &= Cp_{\mathrm{I}}A \\ P_{W\mathrm{II}} &= Cp_{\mathrm{II}}A \end{aligned}\right\} \quad \cdots\cdots (11)$$

式中：

$P_{W\mathrm{I}}$——作用在起重机上的工作状态正常风载荷，单位为牛顿(N)；

$P_{W\mathrm{II}}$——作用在起重机上的工作状态最大风载荷，单位为牛顿(N)；

C——风力系数；

p_i——工作状态计算风压，根据计算内容不同，选取表 15 的 p_{I} 或 p_{II}，单位为牛每平方米（N/m^2）；

A——起重机构件垂直于风向的实体迎风面积，单位为平方米（m^2），它等于构件迎风面积的外形轮廓面积 A_0 乘以结构迎风面充实率 φ，即 $A=A_0\varphi$。A_0 和 φ 见图 5 b）中的说明。

起重机结构上总的风载荷为其各组成部分风载荷的总和。

b） 当风向与构件的纵轴线或构架表面呈某一角度时，沿此风向的风载荷由式(12)计算：

$$\left.\begin{aligned}P_{\mathrm{W\,I}}&=Cp_{\mathrm{I}}A\sin^2\theta\\P_{\mathrm{W\,II}}&=Cp_{\mathrm{II}}A\sin^2\theta\end{aligned}\right\}\qquad\cdots\cdots(12)$$

式中：

$P_{\mathrm{W\,I}}$——同式(11)；

$P_{\mathrm{W\,II}}$——同式(11)；

C——同式(11)；

p_i——同式(11)；

A——构件平行于纵轴的正面迎风面积，单位为平方米（m^2）；

θ——风向与构件纵轴或构架表面的夹角（$\theta<90°$），单位为度（°）。

4.2.2.3.4.2 作用在起重机吊运的物品上的风载荷，按式(13)确定：

$$\left.\begin{aligned}P_{\mathrm{WQ\,I}}&=1.2p_{\mathrm{I}}A_{\mathrm{Q}}\\P_{\mathrm{WQ\,II}}&=1.2p_{\mathrm{II}}A_{\mathrm{Q}}\end{aligned}\right\}\qquad\cdots\cdots(13)$$

式中：

$P_{\mathrm{WQ\,I}}$——作用在吊运物品上的工作状态正常风载荷，单位为牛顿(N)；

$P_{\mathrm{WQ\,II}}$——作用在吊运物品上的工作状态最大风载荷，单位为牛顿(N)；

p_i——同式(11)；

A_{Q}——吊运物品的最大迎风面积，单位为平方米（m^2）。如果起重机是吊运某些特定尺寸和形状的物品，则应根据该物品相应的尺寸和外形确定其迎风面积；当该面积不明确时，可参见附录 E 的 E.5 估算物品的迎风面积。

4.2.2.3.5 风力系数

风力系数分为：

a） 单根构件、单片平面桁架结构的风力系数

表 16 给出了单根构件、单片平面桁架结构和机器房的风力系数 C 值。单根构件的风力系数 C 值随构件的空气动力长细比（l/b 或 l/D）而变化。对于大箱形截面构件，还要随构件截面尺寸比 b/d 而变化。空气动力长细比和构件截面尺寸比等在风力系数计算中的定义见图 5 a）、图 5 c）。

表 16　风力系数 C

<table>
<tr><td rowspan="2">类型</td><td colspan="2" rowspan="2">说　明</td><td colspan="6">空气动力长细比 l/b 或 l/D</td></tr>
<tr><td>≤5</td><td>10</td><td>20</td><td>30</td><td>40</td><td>≥50</td></tr>
<tr><td rowspan="8">单根构件</td><td colspan="2">轧制型钢、矩形型材、空心型材、钢板</td><td>1.30</td><td>1.35</td><td>1.60</td><td>1.65</td><td>1.70</td><td>1.90</td></tr>
<tr><td rowspan="2">圆形型钢构件</td><td>$Dv_s<6\ m^2/s$</td><td>0.75</td><td>0.80</td><td>0.90</td><td>0.95</td><td>1.00</td><td>1.10</td></tr>
<tr><td>$Dv_s\geq6\ m^2/s$</td><td>0.60</td><td>0.65</td><td>0.70</td><td>0.70</td><td>0.75</td><td>0.80</td></tr>
<tr><td rowspan="5">箱形截面构件，大于 350 mm 的正方形和 250 mm×450 mm 的矩形</td><td>b/d</td><td></td><td></td><td></td><td></td><td></td><td rowspan="5"></td></tr>
<tr><td>≥2</td><td>1.55</td><td>1.75</td><td>1.95</td><td>2.10</td><td>2.20</td></tr>
<tr><td>1</td><td>1.40</td><td>1.55</td><td>1.75</td><td>1.85</td><td>1.90</td></tr>
<tr><td>0.5</td><td>1.00</td><td>1.20</td><td>1.30</td><td>1.35</td><td>1.40</td></tr>
<tr><td>0.25</td><td>0.80</td><td>0.90</td><td>0.90</td><td>1.00</td><td>1.00</td></tr>
<tr><td rowspan="3">单片平面桁架</td><td colspan="2">直边型钢桁架结构</td><td colspan="6">1.70</td></tr>
<tr><td rowspan="2">圆形型钢桁架结构</td><td>$Dv_s<6\ m^2/s$</td><td colspan="6">1.20</td></tr>
<tr><td>$Dv_s\geq6\ m^2/s$</td><td colspan="6">0.80</td></tr>
<tr><td rowspan="2">机器房等</td><td colspan="2">地面上或实体基础上的矩形外壳结构</td><td colspan="6">1.10</td></tr>
<tr><td colspan="2">空中悬置的机器房或平衡重等</td><td colspan="6">1.20</td></tr>
<tr><td colspan="9">注 1：单片平面桁架式结构上的风载荷可按单根构件的风力系数逐根计算后相加，也可按整片方式选用直边型钢或圆形型钢桁架结构的风力系数进行计算；当桁架结构由直边型钢和圆形型钢混合制成时，宜根据每根构件的空气动力长细比和不同气流状态[$Dv_s<6\ m^2/s$ 或 $Dv_s\geq6\ m^2/s$，D 为圆形型钢直径，单位为米(m)]，采用逐根计算后相加的方法。
注 2：除了本表提供的数据之外，由风洞试验或者实物模型试验获得的风力系数值，也可以使用。</td></tr>
</table>

b)　正方形格构式塔架的风力系数

在计算正方形格构塔架正向迎风面的总风载荷时，应将实体迎风面积乘以下列总风力系数：

1)　由直边型材构成的塔身，总风力系数为：$1.7(1+\eta)$；

2)　由圆形型材构成的塔身：$Dv_s<6\ m^2/s$ 时，总风力系数为：$1.2(1+\eta)$；

$Dv_s\geq6\ m^2/s$ 时，总风力系数为：1.4。

其中挡风折减系数 η 值按表 17 中的 $a/b=1$ 时相对应的结构迎风面充实率 φ 查取。

在正方形塔架中，当风沿塔身截面对角线方向作用时，风载荷最大，可取为正向迎风面风载荷的1.2 倍。

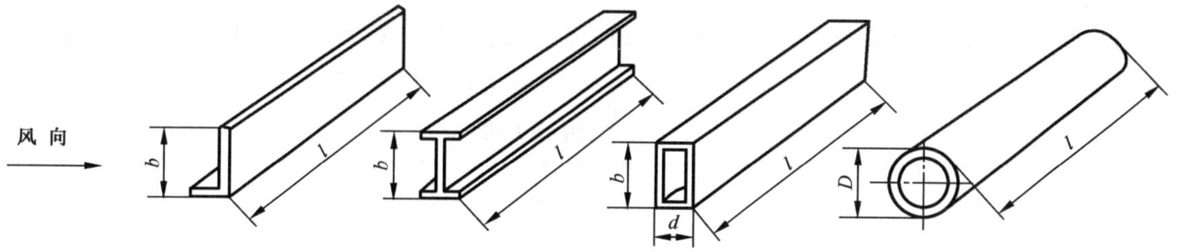

$$空气动力长细比=\frac{构件长度}{迎风面的截面高（宽）度}=\frac{l}{b}\text{或}\frac{l}{D}$$

在格构式结构中，单根构件的长度l_i 取为相邻节点的中心间距，参见b)图。

a)

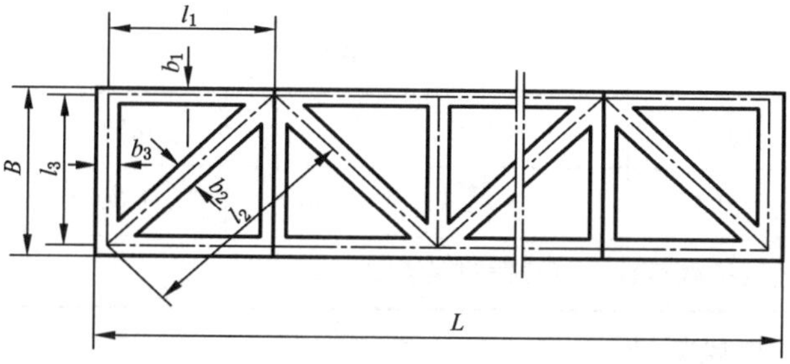

$$结构迎风面充实率\varphi=\frac{实体部分面积}{轮廓面积}=\frac{A}{A_0}=\sum_{i=1}^{n}\frac{l_i\times b_i}{L\times B}=\frac{\sum_{i=1}^{n}l_i\times b_i}{L\times B}$$

b)

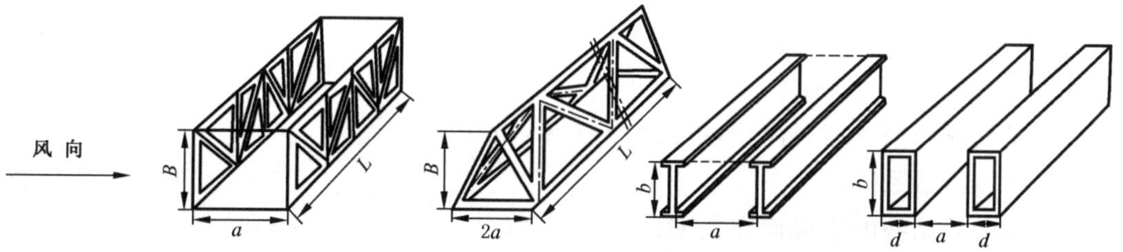

$$间隔比=\frac{两片构件相对面之间的距离}{构件迎风面的高（宽）度}=\frac{a}{b}\text{或}\frac{a}{B}$$，其中 a 取构件外露表面几何形状中的最小可能值

$$构件截面尺寸比=\frac{构件截面迎风面的截面高度}{平行于风向的截面深（宽）度}=\frac{b}{d}（对箱形截面）$$

c)

图 5 风力系数计算中的定义

4.2.2.3.6 挡风折减系数

挡风折减系数的计算有以下两种情况：

a） 两片构件的挡风折减

当两片等高且型式相同的构件或构架平行布置相互遮挡时，迎风面的构件或构架上的风载

荷仍用式(11)或式(12)进行计算;被前片构件遮挡的后片构件的风载荷计算,应考虑前片对后片的挡风折减作用,即用后片的迎风面积乘以挡风折减系数 η 来计算,η 值随图 5 b)定义的结构迎风面的充实率 φ 和图 5 c)定义的间隔比 a/b 的值选取,见表 17。

表 17 挡风折减系数 η

间隔比 a/b	结构迎风面充实率 φ					
	0.1	0.2	0.3	0.4	0.5	≥0.6
0.5	0.75	0.40	0.32	0.21	0.15	0.10
1.0	0.92	0.75	0.59	0.43	0.25	0.10
2.0	0.95	0.80	0.63	0.50	0.33	0.20
4.0	1.00	0.88	0.76	0.66	0.55	0.45
5.0	1.00	0.95	0.88	0.81	0.75	0.68
6.0	1.00	1.00	1.00	1.00	1.00	1.00
注:其他结构的挡风折减系数 η 可参照附录 E 选取。						

b) n 片构件的挡风折减

对于 n 片型式相同且彼此等间隔平行布置的结构或构件,在纵向风力作用下,应考虑前片结构对后片结构的重叠挡风折减作用,此时结构纵向的总迎风面积 A 按式(14)计算:

$$A=(1+\eta+\eta^2+\cdots\cdots+\eta^{n-1})\varphi A_{01}=\frac{1-\eta^n}{1-\eta}\varphi A_{01} \quad \cdots\cdots(14)$$

式中:

A——结构纵向的总迎风面积,单位为平方米(m^2);

η——挡风折减系数;

φ——第一片结构的迎风面充实率;

A_{01}——第一片结构的外形轮廓面积,单位为平方米(m^2)。

当按式(14)算得的迎风面积 A 和用式(11)或式(15)计算结构总风载荷时,因各片结构型式相同,只用其中一片结构的风力系数 C 相乘即可。

4.2.2.4 雪和冰载荷

对于某些地区,应当考虑雪和冰载荷。也应考虑由于冰、雪积结引起受风面积的增大。

4.2.2.5 温度变化引起的载荷

一般情况不考虑温度载荷;但在某些地区,如果起重机在安装时与使用时温度差异很大,或者跨度较大的超静定结构(如跨度达 30 m 以上的双刚性支腿的门式起重机),则应当考虑因温度变化引起结构件膨胀或收缩受到约束所产生的载荷,本项载荷的计算可根据用户提供的有关资料进行。

4.2.3 特殊载荷

特殊载荷是指在起重机非正常工作时或不工作时的特殊情况下才发生的载荷,包括由起重机试验、受非工作状态风、缓冲器碰撞及起重机(或其一部分)发生倾翻、起重机意外停机、传动机构失效或起重机基础受到外部激励等引起的载荷。在防疲劳失效的计算中也不考虑这些载荷。

4.2.3.1 非工作状态风载荷 $P_{W\text{Ⅲ}}$

非工作状态风载荷,是起重机在不工作时能承受的最大风力作用。非工作状态计算风压和与之相应的计算风速列于表 18 中。计算非工作状态风载荷时,要用表 19 所列的风压高度变化系数来计及受风部位离地高度的影响。将此风载荷与起重机相应的自重载荷进行组合,用于验算非工作状态下起重机零部件及金属结构的强度、起重机整机抗倾覆稳定性,并进行起重机的抗风防滑装置、锚定装置等的设计计算。

起重机非工作状态风载荷按式(15)计算:

$$P_{W\text{Ⅲ}} = CK_h p_{\text{Ⅲ}} A \qquad \cdots\cdots (15)$$

式中:

$P_{W\text{Ⅲ}}$——起重机的非工作状态风载荷,单位为牛顿(N);

C——同式(11);

K_h——风压高度变化系数,见表 19;

$p_{\text{Ⅲ}}$——非工作状态计算风压,见表 18,单位为牛每平方米(N/m^2);

A——同式(11)。

在计算非工作状态风载荷时,还应考虑从总起升质量 m 中卸除了有效起升质量 Δm 后还悬吊着的吊具质量 ηm 仍受到的非工作风力的作用,系数为 $\eta = 1-(\Delta m/m)$。

表 18 非工作状态计算风压和计算风速

地　区	计算风压 $p_{\text{Ⅲ}}$[b]/ N/m^2	与 $p_{\text{Ⅲ}}$ 相应的计算风速 v_s[c]/ m/s
内　陆[a]	500～600	28.3～31.0
沿　海[a]	600～1 000	31.0～40.0
台湾地区及南海诸岛	1 500	49.0

a 非工作状态计算风压的取值,内陆的华北、华中和华南地区宜取小值,西北、西南、东北和长江下游等地区宜取大值;沿海以上海为界,上海可取 800 N/m^2,上海以北取小值,以南取大值。在特定情况下,按用户要求,可根据当地气象资料提供的离地 10 m 高处 50 年一遇 10 min 时距年平均最大风速换算得到作为计算风速的 3 s 时距的平均瞬时风速(但不大于 50 m/s)和计算风压 $p_{\text{Ⅲ}}$;若用户还要求此计算风速超过 50 m/s 时,则可作非标准产品进行特殊设计。

b 在海上航行的起重机,可取 $p_{\text{Ⅲ}} = 1\ 800\ N/m^2$,但不再考虑风压高度变化,即取 $K_h = 1$。

c 沿海地区、台湾地区及南海诸岛港口大型起重机抗风防滑系统、锚定装置的设计,所用的计算风速 v_s 不应小于55 m/s。

表 19 风压高度变化系数 K_h

离地(海)面高度 h/m	≤10	10~20	20~30	30~40	40~50	50~60	60~70	70~80	80~90	90~100	100~110	110~120	120~130	130~140	140~150
陆上按 $\left(\frac{h}{10}\right)^{0.3}$ 计算	1.00	1.13	1.32	1.46	1.57	1.67	1.75	1.83	1.90	1.96	2.02	2.08	2.13	2.18	2.23
海上及海岛按 $\left(\frac{h}{10}\right)^{0.2}$ 计算	1.00	1.08	1.20	1.28	1.35	1.40	1.45	1.49	1.53	1.56	1.60	1.63	1.65	1.68	1.70
注：计算非工作状态风载荷时，可沿高度划分成 10 m 高的等风压段，以各段中点高度的系数 K_h(即表列数字)乘以计算风压；也可以取结构顶部的计算风压作为起重机全高的定值风压。															

对臂架长度不大于 30 m 且臂架不工作时能方便放倒在地上的流动式起重机、带伸缩臂架的低位回转起重机和依靠自身机构在非工作时能够将塔身方便缩回的塔式起重机，只需按其低位置进行非工作状态风载荷验算。在这些起重机的使用说明书中都要写明，在不工作时要求将臂架和塔身固定好，以使其能抗御暴风的袭击。

4.2.3.2 碰撞载荷

起重机的碰撞载荷是指同一运行轨道上两相邻起重机之间碰撞或起重机与轨道端部缓冲止挡件碰撞时产生的载荷，起重机应设置减速缓冲装置以减小碰撞载荷。

4.2.3.2.1 作用在缓冲器的连接部件上或止挡件上的缓冲碰撞力

对于桥式、门式、臂架起重机，以额定运行速度计算缓冲器的连接与固定部件上和止挡件上的缓冲碰撞力。

4.2.3.2.2 作用在起重机结构上的缓冲碰撞力

4.2.3.2.2.1 当水平运行速度 $v_y \leq 0.7$ m/s，不必考虑此缓冲碰撞力。

4.2.3.2.2.2 当水平运行速度 $v_y > 0.7$ m/s 时，应考虑以下情况的缓冲碰撞力：

a) 对装有终点行程限位开关及能可靠起减速作用的控制系统的起重机，按减速后的实际碰撞速度(但不小于 50%的额定运行速度)来计算各运动部分的动能，由此算出缓冲器吸收的动能，从而算出起重机金属结构上的缓冲碰撞力。

b) 对未装可靠的自动减速限位开关的起重机，碰撞时的计算速度：大车(起重机)取 85%的额定运行速度，小车取额定运行速度，以此来计算缓冲器所吸收的动能，并按该动能来计算起重机金属结构上的缓冲碰撞力。

c) 在计算缓冲碰撞力时，对于物品被刚性吊挂或装有刚性导架以限制悬吊的物品水平移动的起重机，要将物品质量的动能考虑在内；对于悬吊的物品能自由摆动的起重机，则不考虑物品质量动能的影响。

d) 缓冲碰撞力在起重机上的分布，取决于起重机(对装有刚性导架限制悬吊物品摆动的起重机，还包括物品)的质量分布情况。计算时要考虑小车处在最不利位置，计算中不考虑起升冲击系数 ϕ_1、起升动载系数 ϕ_2 和运行冲击系数 ϕ_4。

4.2.3.2.3 缓冲器碰撞弹性效应系数 ϕ_7

用 ϕ_7 与缓冲碰撞力相乘，来考虑用刚体模型分析所不能估算的弹性效应。ϕ_7 的取值与缓冲器的特性有关：对于具有线性特性的缓冲器（如弹簧缓冲器），ϕ_7 的值取为 1.25；对于具有矩形特性的缓冲器（如液压缓冲器），ϕ_7 的值取为 1.6；对其他特性的缓冲器（如橡胶、聚氨酯缓冲器等），ϕ_7 的值要通过试验或计算确定，见图 6。

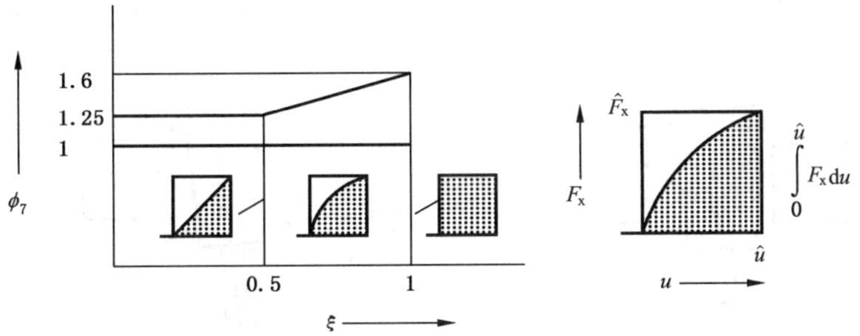

$$\xi = \frac{1}{\hat{F}_x \hat{u}} \int_0^{\hat{u}} F_x du$$

式中：

ξ——相对缓冲能量。具有线性特性的缓冲器，$\xi=0.5$；具有矩形特性的缓冲器，$\xi=1.0$；

$\hat{F}_x$——最大缓冲碰撞力；

$\hat{u}$——最大缓冲行程；

F_x——缓冲碰撞力；

u——缓冲行程。

ϕ_7 的中间值的估算如下：

若 $0 \leqslant \xi \leqslant 0.5$，$\phi_7 = 1.25$；

若 $0.5 < \xi \leqslant 1.0$，$\phi_7 = 1.25 + 0.7(\xi - 0.5)$。

图 6 系数 ϕ_7 的取值

4.2.3.2.4 在刚性导架中升降的悬吊物品的缓冲碰撞力

对于物品沿刚性导架升降的起重机，要考虑该物品和固定障碍物碰撞引起的缓冲碰撞力。此力是作用在物品所在的高度上并力图使起重机小车车轮抬起的水平力，见 4.2.3.3。

4.2.3.3 倾翻水平力 P_{SL}

对带有刚性升降导架的起重机，如果起重机在水平移动时受到水平方向的阻碍与限制，例如在起重机刚性导架中升降的悬吊物品、起重机的取物装置（吊具）或起重机刚性升降导架下端等与障碍物相碰撞，就会产生一个水平方向作用的、引起起重机（大车）或小车倾翻的力，即为倾翻水平力。

如果有倾翻趋势的起重机能够自行回落到正常位置，还应考虑对支承结构的垂直撞击力。

无反滚轮的小车下端碰到障碍物后，使得小车被抬起[图 7 a)]或者使大车主动车轮打滑，倾翻水平力的极限值取这两种情况中的较小者。

有反滚轮的小车在下端碰到障碍物后[图 7 b)]，倾翻水平力仅由大车主动轮打滑条件所限制。

由于倾翻水平力 P_{SL} 的存在，使小车轮压发生变化。无反滚轮的小车在小车的一侧被抬起时，对桥架主梁的影响最大，此时包括小车自重载荷、额定起升载荷及倾翻水平力 P_{SL} 在内的全部载荷均由另一侧的主梁承担；有反滚轮的小车除上述作用力外，还要考虑倾翻水平力 P_{SL} 对主梁的垂直附加载荷 P'_{SL} 的作用，见图 7 b)。

计算中不考虑起升冲击系数 ϕ_1、起升动载系数 ϕ_2 和运行冲击系数 ϕ_4，也不考虑运行惯性力，并假定 P_{SL} 力作用在物品的最低位置上（有物品时）或作用在吊具的最下端（无物品时）。

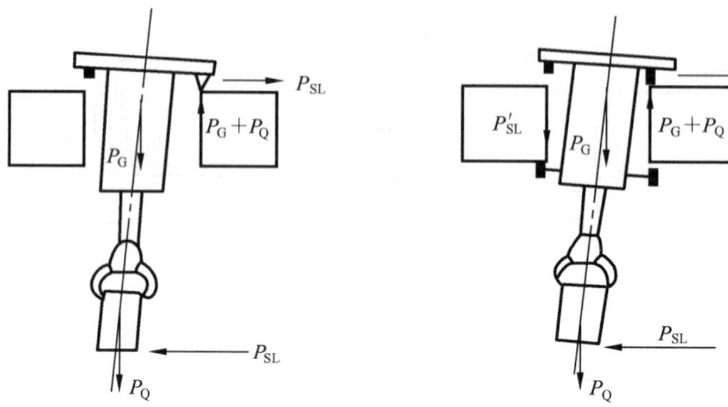

图 7　带刚性升降导架的起重机的倾翻

4.2.3.4　试验载荷

起重机投入使用前，应进行静载试验和动载试验。试验场地应坚实、平整，试验时风速不应大于 8.3 m/s。

4.2.3.4.1　静载试验载荷

试验时起重机静止不动，静载试验载荷作用于起重机最不利位置，且应平稳无冲击地加载。除订货合同有其他要求之外，静载试验载荷取为 1.25 P。其中 P 定义为：

对于流动式起重机，P 为有效起重量与可分及固定吊具质量总和的重力；

对于其他起重机，P 为额定起重量的重力，此额定起重量不包括作为起重机固有部分的任何吊具的质量。

4.2.3.4.2　动载试验载荷

试验时起重机需完成的各种运动和组合运动，动载试验载荷应作用于起重机最不利位置。除订货合同有更高的要求以外，动载试验载荷取为 1.1 P，P 的定义同上。在验算时此项试验载荷应再乘以由式(16)给出的动载试验载荷起升动载系数 ϕ_6。

$$\phi_6 = 0.5(1+\phi_2) \qquad \cdots\cdots(16)$$

式中：

ϕ_6——动载试验载荷起升动载系数；

ϕ_2——同式(7)。

4.2.3.4.3　特殊情况

4.2.3.4.3.1　有特殊要求的起重机，其试验载荷可以取与上述不同而更高的值，应在订货合同或有关的产品标准中规定。

4.2.3.4.3.2 如静载试验和动载试验载荷的数值高于上述的规定，则应按实际试验载荷值验算起重机的承载能力。

4.2.3.5 意外停机引起的载荷

应考虑意外停机瞬间的最不利驱动状态(即意外停机时的突然制动力或加速力与最不利的载荷组合)，按 4.2.1.2.1 估算意外停机引起的载荷，动载系数 ϕ_5 取值见表 12。

4.2.3.6 机构(或部件)失效引起的载荷

在各种特殊情况下都可用紧急制动作为对起重机有效的保护措施，因此机构或部件突然失效时的载荷都可按出现了最不利的状况而采取紧急制动时的载荷来考虑。

当为了安全原因采用两套(双联)机构时，若任一机构的任何部位出现失效，就应认为该机构发生了失效。

对上述两种情况，均应按 4.2.1.2.1 估算此时所引起的载荷，并考虑力的传递过程中所产生的冲击效应。

4.2.3.7 起重机基础受到外部激励引起的载荷

起重机基础受到外部激励引起的载荷是指由于地震或其他震波迫使起重机基础发生振动而对起重机引起的载荷。

只有在它们会构成重大危险时(如对核电站起重机或在其他特殊场合工作的很重要的起重机)，才考虑由这类基础外部激励引起的载荷。

如果政府颁布的条例或特殊的技术规范对此有明确的要求，则应根据相应的法规或专门的规定来考虑这种载荷。起重机的用户应向制造商提出此项要求，并提供当地相应的地震谱等信息以供设计使用。

4.2.3.8 安装、拆卸和运输引起的载荷

应该考虑在安装、拆卸过程中的每一个阶段发生的作用在起重机上的各项载荷，其中包括由8.3 m/s的风速或规定的更大风速引起的风载荷。对于一个构件或部件，在各种情况下都应进行在这项重要载荷作用下的承载能力验算。

在某些情况下，还需要考虑在运输过程中对起重机结构产生的载荷。

4.2.4 其他载荷

其他载荷是指在某些特定情况下发生的载荷，包括工艺性载荷，作用在起重机的平台或通道上的载荷等。

不能用载荷所属的类别来判断它是否是重要的或关键的载荷，因为有相当多的事故仍发生在这些情况下，所以对它亦应予以特别注意。

4.2.4.1 工艺性载荷

工艺性载荷是指起重机在工作过程中为完成某些生产工艺要求或从事某些杂项工作时产生的载荷，由起重机用户或买方提出。一般将它作为偶然载荷或特殊载荷来考虑。

4.2.4.2 走台、平台和其他通道上的载荷

这些载荷都是局部载荷，只作用在起重机结构的这些局部部位及直接支承它们的构件上。

这些载荷的大小与结构的用途和载荷的作用位置有关，如在走台、平台、通道等处应考虑下

述载荷:

——在堆放物料处:3 000 N;

——在只作为走台或通道处:1 500 N。

4.3 起重机金属结构设计的基本设计方法、载荷情况与载荷组合

4.3.1 基本设计方法

在起重机金属结构设计中,通常采用的有许用应力设计法和极限状态设计法两种方法。附录 F 给出了关于这两种方法应用的说明。

4.3.2 载荷情况

在进行起重机及其金属结构计算时,应考虑三种不同的基本载荷情况:

a) A——无风工作情况;

b) B——有风工作情况;

c) C——受到特殊载荷作用的工作情况或非工作情况。

在每种载荷情况中,与可能出现的实际使用情况相对应,又有若干个可能的具体载荷组合。

4.3.3 载荷组合

4.3.3.1 起重机无风工作情况下的载荷组合

起重机无风工作情况下的载荷组合有以下四种:

a) A1——起重机在正常工作状态下,无约束地起升地面的物品,无工作状态风载荷及其他气候影响产生的载荷,此时只应与正常操作控制下的其他驱动机构(不包括起升机构)引起的驱动加速力相组合;

b) A2——起重机在正常工作状态下,突然卸除部分起升质量,无工作状态风载荷及其他气候影响产生的载荷,此时应按 A1 的驱动加速力组合;

c) A3——起重机在正常工作状态下,(空中)悬吊着物品,无工作状态风载荷及其他气候影响产生的载荷,此时应考虑悬吊物品及吊具的重力与正常操作控制的任何驱动机构(包括起升机构)在一连串运动状态中引起的加速力或减速力进行任何的组合;

d) A4——在正常工作状态下,起重机在不平道路或轨道上运行,无工作状态风载荷及其他气候影响产生的载荷,此时应按 A1 的驱动加速力组合。

4.3.3.2 起重机有风工作情况下的载荷组合

起重机有风工作情况下的载荷组合有以下五种:

a) B1～B4——其载荷组合与 A1～A4 的组合相同,但应考虑加上工作状态风载荷及其他气候影响产生的载荷;

b) B5——在正常工作状态下,起重机在带坡度的不平的轨道上以恒速偏斜运行,有工作状态风载荷及其他气候影响产生的载荷。(其他机构不运动)

注:当起重机的具体使用情况认为应该考虑坡道载荷及工艺性载荷时,可以将坡道载荷视作偶然载荷在起重机的无风工作情况下或有风工作情况下的载荷组合中予以考虑,将工艺性载荷视作偶然载荷或特殊载荷予以考虑。

4.3.3.3 起重机受到特殊载荷作用的工作情况或非工作情况下的载荷组合

起重机受到特殊载荷情况下的载荷组合有以下九种:

a) C1——起重机在工作状态下,用最大起升速度无约束地提升地面载荷,例如相当于电

动机或发动机无约束地起升地面上松弛的钢丝绳，当载荷离地时起升速度达到最大值（使用导出的 ϕ_{2max}，其他机构不运动）；

b） C2——起重机在非工作状态下，有非工作状态风载荷及其他气候影响产生的载荷；

c） C3——起重机在动载试验状态下，提升动载试验载荷，并有试验状态风载荷，与载荷组合 A1 的驱动加速力相组合；

d） C4——起重机带有额定起升载荷，与缓冲碰撞力产生的载荷相组合；

e） C5——起重机带有额定起升载荷，与倾翻力产生的载荷相组合；

f） C6——起重机带有额定起升载荷，与意外停机引起的载荷相组合；

g） C7——起重机带有额定起升载荷，与机构失效引起的载荷相组合；

h） C8——起重机带有额定起升载荷，与起重机基础外部激励产生的载荷相组合；

i） C9——起重机在安装、拆卸或运输期间产生的载荷组合。

4.3.4 载荷组合表及其应用

4.3.4.1 载荷组合表

考虑到受以上各类载荷作用的起重机金属结构计算的载荷与载荷组合表见表 20，各类典型起重机的载荷与载荷组合表见附录 G。

表 20 起重机金属结构的载荷与载荷组合表

1	2			3					4						5										6
载荷类别	载荷			载荷组合 A					载荷组合 B						载荷组合 C										行号
				分项载荷系数 γ_{pA}	A1	A2	A3	A4	分项载荷系数 γ_{pB}	B1	B2	B3	B4	B5	分项载荷系数 γ_{pC}	C1	C2	C3	C4	C5	C6	C7	C8	C9	
常规载荷	自重振动载荷、起升动载荷与运行冲击载荷	1. 起重机质量引起的，见4.2.1.1.1和4.2.1.1.3		γ_{pA1}	ϕ_1	ϕ_1	1	—	γ_{pB1}	ϕ_1	ϕ_1	1	—	—	γ_{pC1}	ϕ_1	1	ϕ_1	1	1	1	1	1	1	1
		2. 总起升质量或突然卸除部分起升质量引起的，见4.2.1.1.2、4.2.1.1.4和4.2.1.1.5		γ_{pA2}	ϕ_2	ϕ_3	1	—	γ_{pB2}	ϕ_2	ϕ_3	1	—	—	γ_{pC2}	—	η	—	1	1	1	1	1	—	2
		3. 在不平道路(轨道)上运行起重机的质量和总起升质量引起的，见4.2.1.1.6		γ_{pA3}	—	—	—	ϕ_4	γ_{pB3}	—	—	—	ϕ_4	ϕ_4	γ_{pC3}	—	—	—	—	—	—	—	—	—	3
	驱动加速力	4. 起重机的质量和总起升质量，见4.2.1.2	4.1 不包括起升机构的其他驱动机构加速引起的	γ_{pA4}	ϕ_5	ϕ_5	—	ϕ_5	γ_{pB4}	ϕ_5	ϕ_5	—	ϕ_5	—	γ_{pC4}	—	—	ϕ_5	—	—	—	—	—	—	4
			4.2 包括起升机构的任何驱动机构加速引起的		—	—	ϕ_5	—		—	—	ϕ_5	—	—		—	—	—	—	—	—	—	—	—	5
	位移载荷	位移和变形引起的载荷，见4.2.1.3		γ_{pA5}	1	1	1	1	γ_{pB5}	1	1	1	1	1	γ_{pC5}	1	1	1	1	1	1	1	1	1	6
偶然载荷	气候影响引起的载荷	1. 工作状态风载荷，见4.2.2.3.3							γ_{pB6}	1	1	1	1	1	γ_{pC6}	—	—	1	—	—	—	—	—	—	7
		2. 雪和冰载荷，见4.2.2.4							γ_{pB7}	1	1	1	1	1	γ_{pC7}	—	1	—	—	—	—	—	—	—	8
		3. 温度变化引起的载荷，见4.2.2.5							γ_{pB8}	1	1	1	1	1	γ_{pC8}	—	1	—	—	—	—	—	—	—	9
	偏斜水平侧向载荷	偏斜运行时的水平侧向载荷，见4.2.2.1，4.2.2.2							γ_{pB9}	—	—	—	—	1	γ_{pC9}	—	—	—	—	—	—	—	—	—	10

表 20（续）

1	2	3					4						5										6
载荷类别	载　荷	载荷组合 A					载荷组合 B						载荷组合 C										行号
		分项载荷系数 γ_{pA}	A1	A2	A3	A4	分项载荷系数 γ_{pB}	B1	B2	B3	B4	B5	分项载荷系数 γ_{pC}	C1	C2	C3	C4	C5	C6	C7	C8	C9	
特殊载荷	1. 猛烈地提升地面物品的动载荷，见 4.2.1.1.4												γ_{pC10}	ϕ_{2max}	—	—	—	—	—	—	—	—	11
	2. 非工作状态风载荷，见 4.2.3.1												γ_{pC11}	—	1	—	—	—	—	—	—	—	12
	3. 试验载荷，见 4.2.3.4												γ_{pC12}	—	—	ϕ_6	—	—	—	—	—	—	13
	4. 缓冲碰撞载荷，见 4.2.3.2												γ_{pC13}	—	—	—	ϕ_7	—	—	—	—	—	14
	5. 倾翻水平力，见 4.2.3.3												γ_{pC14}	—	—	—	—	1	—	—	—	—	15
	6. 意外停机引起的载荷，见 4.2.3.5												γ_{pC15}	—	—	—	—	—	ϕ_5	—	—	—	16
	7. 机构失效引起的载荷，见 4.2.3.6												γ_{pC16}	—	—	—	—	—	—	ϕ_5	—	—	17
	8. 起重机基础外部激励引起的载荷，见 4.2.3.7												γ_{pC17}	—	—	—	—	—	—	—	1	—	18
	9. 安装、拆卸和运输时引起的载荷，见 4.2.3.8												γ_{pC18}	—	—	—	—	—	—	—	—	1	19
系数	强度系数 γ_f（许用应力设计法），见 4.3.4.2.3	γ_{fA}					γ_{fB}						γ_{fC}										20
	抗力系数 γ_m（极限状态设计法），见 4.3.4.2.4	γ_m																					21
	特殊情况下的高危险度系数 γ_n，见 4.3.4.2.7	γ_n																					22

注 1：如需考虑坡道载荷时，按 4.2.2.2 计算。

注 2：如需考虑工艺性载荷时，按 4.2.4.1 计算。

注 3：载荷组合 C2 中的 η 是起重机不工作时，从总起升质量 m 中卸除有效起升质量 Δm 后，余下的起升质量（即吊具质量）ηm 的系数，$\eta m = m - \Delta m$，$\eta = 1 - (\Delta m / m)$。

4.3.4.2 载荷组合表的应用

4.3.4.2.1 各项载荷的计算

表 20 中各项乘以动力系数的载荷计算如下：

——第 1 行的载荷为相应质量乘以重力加速度后，再乘以起升冲击系数 ϕ_1 或乘以 1；

——第 2 行的载荷为相应质量乘以重力加速度后，再乘以起升动载系数 ϕ_2、突然卸载冲击系数 ϕ_3 或乘以 1 或乘以 η；

——第 3 行的载荷为相应质量乘以重力加速度后，再乘以运行冲击系数 ϕ_4；

——第 4 行和第 5 行的载荷为相应质量乘以驱动加速度后，再乘以动载荷系数 ϕ_5；

——第 11 行的载荷为相应质量乘以重力加速度后，再乘以最大起升动载系数 ϕ_{2max}；

——第 13 行的载荷为相应质量乘以重力加速度及 1.1(或其他动载试验载荷倍数值)后，再乘以动载试验载荷起升动载系数 ϕ_6；

——第 14 行的载荷为相应质量乘以碰撞停车减速度后，再乘以缓冲器碰撞弹性效应系数 ϕ_7 或按缓冲器吸收的动能算出缓冲碰撞力后，再乘以缓冲器碰撞弹性效应系数 ϕ_7；

——第 16 行和第 17 行的载荷为相应质量乘以相应的停机减速度后，再乘以动载系数 ϕ_5。

4.3.4.2.2 载荷组合的选取

根据所设计起重机的工况要求的实际情况，按 4.3.3 选取相应的载荷组合，并按表 20 或附录 G 中相应的载荷组合表中的内容，进行该载荷组合下的设计计算或承载能力验算。

4.3.4.2.3 用许用应力设计法时载荷组合表的应用

用许用应力设计法时，许用应力值以材料、零件、部件或连接的规定强度 R(例如钢材屈服点、弹性稳定极限或疲劳强度计算中的各个极限应力)除以相应的安全系数 n 来确定。在一般情况下，当高危险度系数 γ_n取为 1 时，安全系数也就是表 20 中的强度系数 γ_{fi}。系数 γ_{fi}的取值范围见附录 H 的表 H.1。

4.3.4.2.4 用极限状态设计法时载荷组合表的应用

用极限状态设计法时，各个计算载荷在进行组合计算前应按各个载荷情况的规定分别乘以各自的分项载荷系数 γ_{pi}和高危险度系数 γ_n，在一般非高危险情况下，高危险度系数 γ_n 取为 1。

极限设计应力以材料、零件、构件或连接的规定强度 R(例如钢材屈服点、弹性稳定极限或疲劳计算中的各个极限应力)除以抗力系数 γ_m 来确定，或以其他广义的极限值作为可接受的极限状态控制值(如相对挠度极限值，结构振动衰减参数的极限值等)。

供选用的分项载荷系数 γ_{pi}列在表 20 的第 3、4 和 5 栏中。

分项载荷系数 γ_{pi}和抗力系数 γ_m 的取值范围见附录 H 的表 H.1。

4.3.4.2.5 关于弹性位移的考核

在某些情况下，太大的弹性变形和位移会妨碍起重机完成它的工作任务，会影响起重机及其结构的稳定性，或者可能干扰机构实现它的正常功能。此时，有关弹性位移的考核就应是承载能力验算的组成部分，并且应将计算的弹性位移同确定的极限值进行适当的对比。

4.3.4.2.6 关于疲劳强度验算

如有必要验算疲劳强度，则应按 5.8 的原则进行。通常，疲劳强度验算应按 A1、A2、A3 和 A4(常规载荷) 等载荷组合考虑。在某些特殊的应用实例中，它甚至还有必要考虑一些偶然载荷及特殊载荷，例如工作状态风载荷，偏斜运行侧向载荷，试验载荷以及与起重机基础外部激励等有关的载荷。

4.3.4.2.7　**高危险度系数的应用**

某些起重机(例如铸造起重机或核工业用起重机)如果发生失效将对人员或经济造成特别严重的后果，在这些特殊情况下，应选用一个其值大于 1 的高危险度系数 γ_n，以便使起重机获得更大的可靠性。此系数值根据特殊的使用要求来选取，一般可取 $\gamma_n=1.05\sim1.1$。

用许用应力设计法时，安全系数 n 等于强度系数 γ_{fi} 和高危险度系数 γ_n 的乘积($n=\gamma_{fi}\cdot\gamma_n$)；用极限状态设计法时，各分项载荷应先乘以高危险度系数 γ_n 后再进行计算与组合。

4.4　起重机机械设计的载荷、载荷情况与载荷组合

4.4.1　机械设计的载荷

4.4.1.1　P_M 型载荷

由电动机驱动转矩或制动器制动转矩所确定的载荷，用 P_M 表示，属于这类载荷的有：

a)　由起升质量垂直位移引起的载荷 P_{MQ}；

b)　由起重机其他的运动部分的质心垂直位移引起的载荷 P_{MG}；

c)　与机构加(减)速有关的起(制)动惯性载荷 P_{MA}；

d)　与机构传动效率中未考虑的摩擦力相对应的载荷 P_{MF}；

e)　工作风压作用在起重机结构或机械设备(或大表面积的起升物品)上的风载荷 P_{MW}。

4.4.1.2　P_R 型载荷

与电动机及制动器的作用无关、作用在机构零件上但不能与驱动轴上的转矩相平衡的反作用力性质的载荷，用 P_R 表示，属于这类载荷的有：

a)　由起升质量引起的载荷 P_{RQ}；

b)　由起重机零部件质量引起的载荷 P_{RG}；

c)　由起重机或它的某些部分作不稳定运动时的加(减)速度引起的惯性载荷 P_{RA}；

d)　由最大非工作风压或锚定装置设计用的极限风压(见表 18)引起的风载荷 P_{RW}。

4.4.2　机械设计的载荷情况与载荷组合

4.4.2.1　机械设计计算要考虑的载荷情况

机械设计计算要考虑以下三种载荷情况：

——情况Ⅰ：无风正常工作情况；

——情况Ⅱ：有风正常工作情况；

——情况Ⅲ：特殊载荷作用情况。

对每种载荷情况应确定一个最大载荷，作为计算的依据。对于不在室外工作、不暴露于风中的起重机，情况Ⅰ和情况Ⅱ是完全相同的。

按 4.4.1 确定各项载荷之后，组合时再乘一个增大系数 γ'_m 来考虑由于计算方法不完善和无法预料的偶然因素会导致实际出现的应力超出计算应力的某种可能性。系数 γ'_m 取决于机构的工作级别，见表 21。

表 21 增大系数 γ'_m 的数值

机构工作级别	M1	M2	M3	M4	M5	M6	M7	M8
γ'_m	1.00	1.04	1.08	1.12	1.16	1.20	1.25	1.30

4.4.2.2 载荷情况Ⅰ(无风正常工作情况)的载荷组合

4.4.2.2.1 P_M 型载荷

P_M 型的最大组合载荷 P_{MmaxI},用 4.4.1.1 所定义的载荷 P_{MQ}、P_{MG}、P_{MA}、P_{MF} 按式(17)进行组合确定:

$$P_{Mmax\,I}=(\bar{P}_{MQ}+\bar{P}_{MG}+\bar{P}_{MA}+\bar{P}_{MF})\gamma'_m \quad \cdots\cdots(17)$$

式中:

P_{MmaxI}——在载荷情况Ⅰ(无风正常工作)中出现的 P_M 型的最大组合载荷,单位为牛顿(N);

$\bar{P}_{MQ}$——由起升质量垂直位移引起的载荷,单位为牛顿(N);

$\bar{P}_{MG}$——由起重机其他的运动部分的质心垂直位移引起的载荷,单位为牛顿(N);

$\bar{P}_{MA}$——与机构加(减)速有关的起(制)动惯性载荷,单位为牛顿(N);

$\bar{P}_{MF}$——与机构传动效率中未考虑的摩擦力相对应的载荷,单位为牛顿(N)。

γ'_m——增大系数;

注:式(17)内所需考虑的载荷并不是其每一项最大值的组合,而是在起重机实际工作中可能发生的最不利的载荷组合时所出现的综合最大载荷值,即式(17)中各项载荷 P 上加横线的含义,以下同。

4.4.2.2.2 P_R 型载荷

P_R 型的最大组合载荷 $P_{Rmax\,I}$,用 4.4.1.2 所定义的载荷 P_{RQ}、P_{RG}、P_{RA} 按式(18)进行组合确定:

$$P_{Rmax\,I}=(\bar{P}_{RQ}+\bar{P}_{RG}+\bar{P}_{RA})\gamma'_m \quad \cdots\cdots(18)$$

式中:

$P_{Rmax\,I}$——在载荷情况Ⅰ(无风正常工作)中出现的 P_R 型的最大组合载荷,单位为牛顿(N);

$\bar{P}_{RQ}$——由起升质量引起的载荷,单位为牛顿(N);

$\bar{P}_{RG}$——由起重机零部件质量引起的载荷,单位为牛顿(N);

$\bar{P}_{RA}$——由起重机或它的某些部分作不稳定运动时的加(减)速度引起的惯性载荷,单位为牛顿(N);

γ'_m——同式(17)。

4.4.2.3 载荷情况 Ⅱ(有风正常工作情况)的载荷组合

4.4.2.3.1 P_M 型载荷

P_M 型的最大组合载荷 $P_{Mmax\,II}$,用 4.4.1.1 所定义的载荷 P_{MQ}、P_{MG}、P_{MF} 并分别按式(19)和式(20)计算的两个组合计算结果中的较大者来确定:

a) 考虑对应于计算风压为 p_I(见表 15)时的风载荷 P_{MWI} 和载荷 P_{MA} 作用的载荷组合,按式(19)确定:

$$P_{\mathrm{Mmax\,II}}=(\bar{P}_{\mathrm{MQ}}+\bar{P}_{\mathrm{MG}}+\bar{P}_{\mathrm{MA}}+\bar{P}_{\mathrm{MF}}+\bar{P}_{\mathrm{MW\,I}})\gamma'_{\mathrm{m}} \qquad (19)$$

式中：

$P_{\mathrm{Mmax\,II}}$——在载荷情况Ⅱ(有风正常工作)中出现的 P_{M} 型的最大组合载荷,单位为牛顿(N)；

$\bar{P}_{\mathrm{MQ}}$——同式(17)；

$\bar{P}_{\mathrm{MG}}$——同式(17)；

$\bar{P}_{\mathrm{MA}}$——同式(17)；

$\bar{P}_{\mathrm{MF}}$——同式(17)；

$\bar{P}_{\mathrm{MW\,I}}$——作用在起重机或大表面积的起升物品上的工作状态风载荷,单位为牛顿(N)；

γ'_{m}——同式(17)。

b) 考虑对应于计算风压为 p_{II}(见表 15)时的风载荷 $P_{\mathrm{MW\,II}}$ 作用的载荷组合,按式(20)确定：

$$P_{\mathrm{Mmax\,II}}=(\bar{P}_{\mathrm{MQ}}+\bar{P}_{\mathrm{MG}}+\bar{P}_{\mathrm{MF}}+\bar{P}_{\mathrm{MW\,II}})\gamma'_{\mathrm{m}} \qquad (20)$$

式中：

$P_{\mathrm{Mmax\,II}}$——同式(19)；

$\bar{P}_{\mathrm{MQ}}$——同式(17)；

$\bar{P}_{\mathrm{MG}}$——同式(17)；

$\bar{P}_{\mathrm{MF}}$——同式(17)；

$\bar{P}_{\mathrm{MW\,II}}$——作用在起重机或大表面积的起升物品上的工作状态风载荷,单位为牛顿(N)；

γ'_{m}——同式(17)。

.4.2.3.2 **P_{R} 型载荷**

P_{R} 型的最大载荷 $P_{\mathrm{Rmax\,II}}$,用 4.4.1.2 所定义的载荷 P_{RQ}、P_{RG}、P_{RA}和对应于计算风压为 p_{II} 见表 15)时的风载荷 $P_{\mathrm{RW\,II}}$ 作用的载荷组合,按式(21)确定：

$$P_{\mathrm{Rmax\,II}}=(\bar{P}_{\mathrm{RQ}}+\bar{P}_{\mathrm{RG}}+\bar{P}_{\mathrm{RA}}+\bar{P}_{\mathrm{RW\,II}})\gamma'_{\mathrm{m}} \qquad (21)$$

式中：

$P_{\mathrm{Rmax\,II}}$——在载荷情况Ⅱ(有风正常工作)中出现的 P_{R}型的最大组合载荷,单位为牛顿(N)；

$\bar{P}_{\mathrm{RQ}}$——同式(18)；

$\bar{P}_{\mathrm{RG}}$——同式(18)；

$\bar{P}_{\mathrm{RA}}$——同式(18)；

$\bar{P}_{\mathrm{RW\,II}}$——工作风压引起的相应风载荷,单位为牛顿(N)。

.4.2.4 **载荷情况Ⅲ(特殊载荷作用情况)的载荷组合**

.4.2.4.1 **P_{M} 型载荷**

在 4.4.1.1 中所定义的 P_{M} 型载荷的最大组合载荷 $P_{\mathrm{Mmax\,III}}$是在具体操作条件下电动机实际能传递给机构的最大载荷。$P_{Mmax III}$ 的值在 4.4.2.5 中给出。

4.4.2.4.2 P_R型载荷

由于起重机或小车与缓冲器或固定障碍物相碰撞所引起的机构受到的载荷通常都远小于结构受到的自重载荷与非工作状态最大风载荷，因此，P_R 型载荷的最大组合载荷 $P_{Rmax III}$ 就可取为在 4.3.3.3 中的载荷情况 C2 给出的载荷，即按式(22)确定：

$$P_{Rmax III}=\bar{P}_{RG}+\bar{P}_{RW III max} \quad\cdots\cdots(22)$$

式中：

$P_{Rmax III}$——在载荷情况Ⅲ(特殊载荷情况)中出现的 P_R 型的最大组合载荷，单位为牛顿(N)；

$\bar{P}_{RG}$——由起重机零部件质量引起的相应载荷，单位为牛顿(N)；

$\bar{P}_{RW III max}$——非工作风压引起的相应最大风载荷，单位为牛顿(N)；

当采用附加的锚定装置或者抗风牵索来保证在极限风压时的起重机整机抗倾翻稳定性时，应考虑这些装置或牵索对相应机构的影响。

4.4.2.5 对上述有关计算 P_M 型载荷的说明和应用

起重机的各机构的功能有：

——使运动质心作纯垂直位移(如起升运动)；

——使运动质心作水平位移的所谓纯水平位移(如横向运行，纵向运行，回转或平衡式变幅运动)；

——使运动质心作垂直和水平相组合的位移(如非平衡式变幅运动)。

4.4.2.5.1 起升运动

$P_{M max}$的计算公式可简化为：

载荷情况Ⅰ和Ⅱ：

$$P_{Mmax II}=(\bar{P}_{MQ}+\bar{P}_{MF})\gamma'_m \quad\cdots\cdots(23)$$

式中符号同式(19)。

此处，由起升加速产生的载荷 P_{MA}忽略不计，因为它同 P_{MQ}相比是微不足道的。

载荷情况Ⅲ：

$$P_{Mmax III}=1.6(\bar{P}_{MQ}+\bar{P}_{MF}) \quad\cdots\cdots(24)$$

式中：

$P_{Mmax III}$——在载荷情况Ⅲ(特殊载荷情况)中出现的 P_M 型的最大组合载荷，单位为牛顿(N)；

其余符号同式(19)。

考虑到 4.4.2.4.1 所提出的一般原则，可以认为能传递到起升机构上的最大组合载荷，实际上限制在 $P_{Mmax I}$ 载荷的 1.6 倍。

4.4.2.5.2 水平运动

P_{Mmax}的计算公式可简化为：

载荷情况Ⅰ，按式(25)计算：

$$P_{Mmax I}=(\bar{P}_{MF}+\bar{P}_{MA})\gamma'_m \quad\cdots\cdots(25)$$

式中符号同式(17)。

载荷情况Ⅱ，取式(26)和式(27)两值中的较大者：

$$P_{Mmax II}=(\bar{P}_{MF}+\bar{P}_{MA}+\bar{P}_{WM I})\gamma' m \quad\cdots\cdots(26)$$

或

$$P_{Mmax II}=(\bar{P}_{MF}+\bar{P}_{MW II})\gamma'_m \quad\cdots\cdots(27)$$

式中符号同式(19)。

载荷情况Ⅲ,对 $P_{\mathrm{Mmax}\mathrm{III}}$,取对应于电动机(或制动器)最大扭矩的载荷。但如果作业条件限制了实际传递的扭矩,例如由于车轮在轨道上打滑,或者由于使用了适当的限制器(如液压联轴器,极限力矩联轴器等),这时就应取实际可能传递的扭矩。

4.4.2.5.3 复合运动

对载荷情况Ⅰ和Ⅱ:载荷 $P_{\mathrm{Mmax}\mathrm{I}}$ 和 $P_{\mathrm{Mmax}\mathrm{II}}$ 用 4.4.2.2.1 和 4.4.2.3.1 给出的通用公式来确定。

对载荷情况Ⅲ:

当用于质心升高运动的功率,同克服加速或风力影响所需的功率相比可以忽略不计时,载荷最大值 $P_{\mathrm{Mmax}\mathrm{III}}$ 取为由电动机最大转矩引起的载荷,此值虽很高,但可以接受,因为它增加了安全性。

反之,当用于克服加速或风力影响所需的功率,同用于质心升高运动的功率相比可以忽略不计时,$P_{\mathrm{Mmax}\mathrm{III}}$ 可以按 $P_{\mathrm{Mmax}\mathrm{III}}=1.6\ P_{\mathrm{Mmax}\mathrm{II}}$ 来计算。

在这两个极限数值之间的各种情况,应根据选用的电动机、起动方式,以及由惯性和风力影响引起的载荷与由质心升高引起的载荷的相对值来进行研究。

当作业条件限制了实际传递给机构的力矩(见 4.4.2.5.2),而它又小于上述数值时,则将此限制的极限力矩作为 $P_{\mathrm{Mmax}\mathrm{III}}$ 的值。

5 结构

本章内容包括金属结构构件及其连接的设计计算和对起重机结构构造的主要设计要求和规定。

5.1 起重机金属结构构件

各类起重机的金属结构各不相同,它们都分别由许多构件组成,而构件则由杆件、板件或壳体组成。按受力情况这些构件分为:

——轴心受拉构件和轴心受压构件;

——受弯构件;

——拉弯构件和压弯构件;

——受扭构件;

——弯扭构件;

——其他复合受力构件。

5.2 结构计算原则

5.2.1 计算方法

起重机结构设计计算可采用许用应力设计法或极限状态设计法。

当结构在外载荷作用下产生了较大变形,以致内力与载荷呈非线性关系时,宜采用极限状态设计法。

5.2.2 计算内容和有关规定

5.2.2.1 计算内容

验算在载荷最不利组合(见 4.3.3、表 20 和附录 G)下,起重机金属结构构件及其连接的强度(含疲劳强度)、刚性和稳定性,是否满足本标准的要求。

5.2.2.2 有关规定

5.2.2.2.1 本章规定的各项内容,均限于在钢材弹性范围内的计算。

5.2.2.2.2 用极限状态设计法进行设计的步骤见附录 F 的 F.3 有关说明。在验算起重机结构和构件的刚性时,载荷用标准值,即取分项载荷系数 $\gamma_{pi}=1$。

5.2.2.2.3 结构件及其连接的疲劳强度仍按许用应力设计法计算。

5.2.2.2.4 本章中的计算公式,是按许用应力设计法给出的。若采用极限状态设计法,则应作如下变更:

a) 除疲劳强度外的所有计算强度和屈曲稳定性的公式,其左侧的弯矩、扭矩、轴向力都应该将相应载荷乘以分项载荷系数 γ_{pi}和高危险度系数 γ_n 后计算得出,右侧的极限设计应力 $\lim\sigma$ 则应该是用钢材屈服点 σ_s 或构件抗屈曲临界应力 σ_{cr}除以抗力系数 γ_m 而得到,即:$\lim\sigma=\sigma_s/\gamma_m$ 或 $\lim\sigma=\sigma_{cr}/\gamma_m$;

b) 在压弯构件稳定性计算的式(51)、式(52)、式(M.1)、式(M.2)、式(M.5)左侧的弯矩项中乘有增大系数$\dfrac{N_E}{N_E-N}$时,其中的 N_E 也应除以 γ_m;

c) 若计算公式中出现有许用应力设计法的安全系数 n 时,则将此安全系数 n 用抗力系数 γ_m 代替。

5.3 材料和许用应力

5.3.1 结构件钢材及其许用应力

5.3.1.1 结构件钢材

5.3.1.1.1 起重机承载结构件的钢材选择,应考虑结构的重要性、载荷特征、应力状态、连接方式和起重机工作环境温度及钢材厚度等因素。

起重机金属结构的主要承载结构的构件,宜采用力学性能不低于 GB/T 700 中的 Q235 钢和GB/T 699中的 20 钢材;当结构需要采用高强度钢材时,可采用力学性能不低于 GB/T 1591 中的 Q345、Q390 和 Q420 钢材。

对厚度大于 50 mm 的钢板,用作焊接承载构件时应慎重,当用作拉伸、弯曲等受力构件时,需增加横向取样的拉伸和冲击韧性的检验,且应满足设计要求。

下列情况的承载结构和构件钢材不应采用沸腾钢:

a) 焊接结构

1) 直接承受动载荷且需要计算疲劳的结构;

2) 虽可以不计算疲劳但工作环境温度低于-20℃时的直接承受动载荷的结构以及受拉、受弯的重要承载结构;

3) 工作环境温度低于或等于-30℃的所有承载结构。

b) 非焊接结构

工作环境温度等于或低于-20℃的直接承受动载荷且需要计算疲劳的结构。

5.3.1.1.2 在设计高强度钢材的结构构件时,应特别注意选择合理的焊接工艺并进行相应的焊接试验,以减少其制造内应力,防止焊缝开裂及控制高强度钢材结构的变形。

5.3.1.1.3 室外工作起重机的结构工作环境温度,在用户未特别提出时,可取为起重机使用地点的年最低日平均温度。对不确定使用地点的起重机，工作环境温度由设计制造单位根据销售情况确定。

5.3.1.1.4　为使所选的结构件钢材具有足够的抗脆性破坏的安全性，应根据影响脆性破坏的条件来选择钢材的质量组别，即应正确评价导致构件钢材脆性破坏的以下各因素的影响：

——纵向残余拉伸应力与自重载荷引起的纵向拉伸应力的联合作用；

——构件材料的厚度；

——工作环境的温度。

考虑影响脆性破坏因素评价的钢材质量组别选择方法参见附录I。

5.3.1.1.5　钢铸件宜采用符合GB/T 11352或GB/T 14408规定的铸钢。

5.3.1.2　结构构件钢材的许用应力

5.3.1.2.1　拉伸、压缩、弯曲许用应力(即:基本许用应力)[$\boldsymbol{\sigma}$]

基本许用应力包括拉伸、压缩、弯曲的许用应力，可按以下两种情况计算：

a)　对于$\sigma_s/\sigma_b<0.7$的钢材，基本许用应力[σ]为钢材屈服点σ_s除以强度安全系数n，见表22。

表22　强度安全系数n和钢材的基本许用应力[$\boldsymbol{\sigma}$]

载荷组合	A	B	C
强度安全系数n	1.48	1.34	1.22
基本许用应力[σ]/(N/mm^2)	$\sigma_s/1.48$	$\sigma_s/1.34$	$\sigma_s/1.22$
注1：在一般非高危险的正常情况下，高危险度系数$\gamma_n=1$，强度安全系数n就是表H.1中的强度系数γ_{fi}。 注2：σ_s值应根据钢材厚度选取，见GB/T 700和GB/T 1591。			

b)　对于$\sigma_s/\sigma_b\geqslant0.7$的高强度钢材，基本许用应力[$\sigma$]按式(28)计算：

$$[\sigma]=\frac{0.5\sigma_s+0.35\sigma_b}{n} \qquad \cdots\cdots(28)$$

式中：

[σ]——钢材的基本许用应力，单位为牛每平方毫米(N/mm^2)；

σ_s——钢材的屈服点。当钢材无明显的屈服点时，取$\sigma_{0.2}$为σ_s($\sigma_{0.2}$为钢材标准拉力试验残余应变达0.2%时的试验应力)，单位为牛每平方毫米(N/mm^2)；

σ_b——钢材的抗拉强度，单位为牛每平方毫米(N/mm^2)；

n——与载荷组合类别相关的强度安全系数，见表22。

5.3.1.2.2　剪切许用应力

剪切许用应力，按式(29)计算：

$$[\tau]=\frac{[\sigma]}{\sqrt{3}} \qquad \cdots\cdots(29)$$

式中：

[τ]——机构件剪切许用应力，单位为牛每平方毫米(N/mm^2)；

[σ]——同式(28)或见表22。

5.3.1.2.3　端面承压许用应力

端面承压许用应力，按式(30)计算：

$$[\sigma_{cd}]=1.4[\sigma] \qquad \cdots\cdots (30)$$

式中：

$[\sigma_{cd}]$——端面承压许用应力,单位为牛每平方毫米(N/mm^2);

$[\sigma]$——同式(28)或见表22。

5.3.2 连接材料及其许用应力

5.3.2.1 焊条、焊丝、焊剂材料

手工焊条应符合GB/T 5117和GB/T 5118的规定。焊丝应符合GB/T 5293和GB/T 8110的规定。

焊条、焊丝和焊剂,应与母材的综合机械性能相适应。

5.3.2.2 高强度螺栓副、销轴材料

高强度螺栓、螺母和垫圈材料应符合GB/T 1231或GB/T 3633的规定。大于M24的扭剪型高强度螺栓副和大于M30的高强度螺栓副,应符合GB/T 3098.1、GB/T 3098.2等的规定。各种规格的螺栓副除选用GB/T 1231规定的材料外,还可采用GB/T 3077规定的用于8.8级的40 Cr和用于10.9级以上的35 CrMo、42 CrMo等钢材。

主要承载连接销轴的材料,宜采用符合GB/T 699的45钢及符合GB/T 3077的40 Cr、35 CrMo、42 CrMo等钢材,并进行必要的热处理。

5.3.2.3 连接的许用应力

5.3.2.3.1 焊缝的许用应力

在焊缝连接的设计中,焊缝应具有与母材同等的综合机械性能。

焊缝承受纵向拉伸、压缩时,许用应力不应超过焊缝纵向拉、压许用应力$[\sigma_h]$,承受剪切时不应超过焊缝的剪切许用应力$[\tau_h]$。根据焊接条件、焊接方法和焊缝质量分级,焊缝的许用应力$[\sigma_h]$、$[\tau_h]$见表23。

表23 焊缝的许用应力[a] 单位为牛每平方毫米

焊缝型式			纵向拉、压许用应力$[\sigma_h]$[d]	剪切许用应力$[\tau_h]$
对接焊缝	质量分级[b]	B级 C级	$[\sigma]$[c]	$[\sigma]/\sqrt{2}$
		D级	$0.8[\sigma]$	$0.8[\sigma]/\sqrt{2}$
角焊缝	自动焊、手工焊		—	$[\sigma]/\sqrt{2}$

a 计算疲劳强度时的焊缝许用应力见5.8.5。

b 焊缝质量分级按GB/T 19418的规定。

c 表中$[\sigma]$为母材的基本许用应力,见表22。

d 施工条件较差的焊缝或受横向载荷的焊缝,表中焊缝许用应力宜适当降低。

5.3.2.3.2 铆钉、螺栓、销轴连接的许用应力

5.3.2.3.2.1 铆钉连接的许用应力

铆钉分剪切铆钉(单剪、双剪或复剪),拉力铆钉和拉剪组合铆钉。

铆钉在承受拉剪组合应力时应分别计算剪切应力和拉伸应力,计算值应分别小于对应的许用应力。

主要承载构件使用铆钉连接时，应避免铆钉受拉。

在连接中沿同一受力方向至少排列两个以上铆钉。

铆钉连接的许用应力见表 24。

表 24　铆钉连接的许用应力（Ⅰ类孔[a]）　　单位为牛每平方毫米

应力种类	铆钉许用应力[b,d]	被连接构件承压许用应力
单剪	0.6[σ][c]	1.5 [σ]
双剪、复剪	0.8[σ]	2[σ]
拉伸	0.2[σ]	—

[a] Ⅰ类孔有：
——在装配好的结构件上按设计孔径钻成的孔；
——在单个零件和结构件上按设计孔径分别用钻模钻成的孔；
——在单个零件上先钻成或冲成较小的孔径，然后在装配好的构件上再扩钻至设计孔径的孔。

[b] 工地安装的连接铆钉，其许用应力宜适当降低。

[c] [σ]为铆钉或构件相应钢材的基本许用应力，见表 22。

[d] 当为埋头或半埋头铆钉时，表中数值乘以 0.8 予以降低。

5.3.2.3.2.2　普通螺栓、销轴连接的许用应力

普通螺栓、销轴连接的许用应力见表 25。

表 25　普通螺栓、销轴连接的许用应力　　单位为牛每平方毫米

接头种类	应力种类	螺栓、销轴许用应力	被连接构件许用应力
A、B级螺栓连接	拉伸	$0.8\sigma_{SP}$[a]$/n$[b]	—
	单剪切	$0.6\sigma_{SP}/n$	—
	双剪切	$0.8\sigma_{SP}/n$	—
	承压	—	1.8[σ][c]
C级螺栓连接	拉伸	$0.8\sigma_{SP}/n$	—
	剪切	$0.6\sigma_{SP}/n$	—
	承压	—	1.4[σ]
销轴连接[d]	弯曲	[σ]	—
	剪切	0.6[σ]	—
	承压	—	1.4[σ]

[a] σ_{SP}——与螺栓性能等级相应的螺栓保证应力，按 GB/T 3098.1 的规定选取。

[b] n——安全系数，按表 22 确定。

[c] [σ]——与螺栓、销轴或构件相应钢材的基本许用应力，见表 22。

[d] 当销轴在工作中可能产生微动时，其承压许用应力宜适当降低。

5.4 结构构件和连接的强度计算

5.4.1 结构构件的强度计算

5.4.1.1 基本原则

起重机结构设计计算的载荷情况与载荷组合应符合 4.3.3、表 20 和附录 G 中的规定，载荷的作用位置、作用方向以及起重机的自身状况(各部分相对位置、运动组合等)均应是对计算的最不利情况。

强度计算的内容包括结构构件受拉、受压、受弯、受扭的应力分析(此应力还包含薄壁杆件约束弯曲或约束扭转时产生的正应力和剪应力、局部弯曲、局部受压及局部承压等产生的局部应力等)和复合应力等的计算，可用一般力学方法，参考有关的文献中的公式、图表等进行，计算出的应力值应小于5.3.1.2规定的许用应力(许用应力设计法)或相应的极限设计应力(极限状态设计法)。

5.4.1.2 局部压应力

当车轮或滑块上的集中载荷作用在构件顶面(无垫板、无轨道)、垫板上(有垫板、无轨道)或轨道上(有轨道、无垫板)时，在其下方的腹板上边缘产生的局部压应力按式(31)计算：

$$\sigma_m = \frac{P}{tc} \leqslant [\sigma] \qquad \cdots\cdots (31)$$

式中：

σ_m——局部压应力的平均值，单位为牛每平方毫米(N/mm²)；

P——一个车轮或滑块上的集中载荷，不计起升动载系数 ϕ_2 及运行冲击系数 ϕ_4，单位为牛顿(N)；

t——腹板板厚，单位为毫米(mm)；

c——集中载荷的分布长度，单位为毫米(mm)；

$$c = l + 2h_y$$

l——集中载荷的作用长度，单位为毫米(mm)，对滑块取 l 为滑块长度，对车轮取 l=50 mm；

h_y——自轨道顶面(有轨道时)或垫板顶面(有垫板无轨道时)或构件顶面(无垫板无轨道时)至腹板上边缘的距离，单位为毫米(mm)；

$[\sigma]$——同式(28)。

5.4.1.3 复合应力

5.4.1.3.1 当构件的同一计算点上受有正应力 σ，剪应力 τ 和局部压应力 σ_m 时，该点的复合应力按式(32)计算：

$$\sqrt{\sigma^2 + \sigma_m^2 - \sigma\sigma_m + 3\tau^2} \leqslant [\sigma] \qquad \cdots\cdots (32)$$

式中：

σ——正应力，单位为牛每平方毫米(N/mm²)；

σ_m——同式(31)；

τ——剪应力，单位为牛每平方毫米(N/mm²)。

式中的 σ 和 σ_m 带各自的正负号，$[\sigma]$见表 22 或式(28)。

5.4.1.3.2 当构件的同一计算点上受有两个方向的正应力 σ_x、σ_y 和剪应力 τ_{xy}时，该点的复合应力按式(33)计算：

$$\sqrt{\sigma_x^2 + \sigma_y^2 - \sigma_x\sigma_y + 3\tau_{xy}^2} \leqslant [\sigma] \qquad \cdots\cdots (33)$$

式中：

σ_x、σ_y——构件同一计算点上所受的两个方向的正应力，带各自的正负号，单位为牛每平方毫米（N/mm^2），其中的每一个应力都应小于表 22 或式(28)的许用应力$[\sigma]$；

τ_{xy}——构件同一计算点上所受的剪应力，其值应小于式(29)的剪切许用应力$[\tau]$，单位为牛每平方毫米（N/mm^2）；

$[\sigma]$——同式(28)或见表 22。

当仅有拉伸（或压缩）应力 σ 和剪切应力 τ 时，按式(34)计算复合应力：

$$\sqrt{\sigma^2+3\tau^2}\leqslant[\sigma] \qquad \cdots\cdots(34)$$

式中：

σ ——拉伸（或压缩）应力，单位为牛每平方毫米（N/mm^2）；

τ ——同式(32)。

5.4.1.4 摩擦型高强度螺栓连接的结构件的强度计算

高强度螺栓连接的轴心受拉和轴心受压结构构件的强度，按式(35)计算：

$$\frac{N'}{A_j}\leqslant[\sigma] \qquad \cdots\cdots(35)$$

式中：

N'——高强度螺栓连接的构件的计算轴向力，单位为牛顿(N)；

$$N'=N(1-0.5\frac{Z_1}{Z})$$

N——作用于连接处的轴向力，单位为牛顿(N)；

Z_1——所计算结构件截面（连接接头一侧的最外列螺栓处）的高强度螺栓数；

Z——在节点或拼接连接接头一侧结构构件上的高强度螺栓的总数；

A_j——所计算结构件截面的净面积，单位为平方毫米（mm^2）；

$[\sigma]$——同式(28)或见表 22。

5.4.2 连接的强度计算

5.4.2.1 焊缝连接

钢熔化焊焊缝连接是起重机金属结构最主要的连接形式，其焊缝的主要型式为对接焊缝和角焊缝，焊缝坡口的基本型式和尺寸应符合 GB/T 985 和 GB/T 986。

5.4.2.1.1 对接焊缝的计算

对接焊缝（焊透的焊缝）的计算应力，按连接中最薄的板厚 t 计算。当无法用引弧板施焊时，每条焊缝的计算长度为其实际长度减去 $2t$。

对接焊缝的计算有以下几种情况：

a) 承受轴向拉伸或压缩的对接焊缝，其纵向拉、压的计算应力，应小于表 23 中规定的焊缝纵向拉、压许用应力。

b) 承受弯矩和剪力联合作用的对接焊缝，应验算其危险点的最大正应力不超过表 23 规定的焊缝纵向拉、压许用应力；最大剪应力不超过表 23 规定的焊缝剪切许用应力。

c) 承受复合应力的对接焊缝，在正应力和剪应力都较大的部位，应按式(36)验算焊缝复合应力：

$$\sqrt{\sigma^2+2\tau^2}\leqslant[\sigma_h] \qquad \cdots\cdots(36)$$

式中：

σ ——同式(34)；

τ ——同式(32)；

$[\sigma_h]$——焊缝的许用应力，单位为牛每平方毫米(N/mm^2)，见表 23；

当对接焊缝的同一计算点上受正应力 σ_x、σ_y 和剪应力 τ_{xy} 的复合作用时，应按式(37)验算焊缝复合应力：

$$\sqrt{\sigma_x^2+\sigma_y^2-\sigma_x\sigma_y+2\tau_{xy}^2}\leqslant[\sigma_h] \qquad (37)$$

式中：

$[\sigma_h]$——同式(36)；

其余符号同式(33)。

5.4.2.1.2 角焊缝的计算

角焊缝应计算其抗剪强度。计算时焊缝的有效高度一般取为 $0.7h_f$，h_f 为较小的焊脚尺寸。若内力沿侧向角焊缝全长分布时，焊缝的计算长度取为其实际长度减去 $2h_f$(如果焊缝为自身闭合或特别注意了在焊缝长度的端部避免出现凹弧时，则不必减去此尺寸)。

当角焊缝受复合内力(轴力、剪力、弯矩、扭矩)作用时，应先分别求出各内力单独作用下的应力，再用求矢量和的方法进行组合，算出合应力后再与表 23 规定的角焊缝的剪切许用应力$[\tau_h]$相比较。

5.4.2.2 螺栓连接

5.4.2.2.1 普通螺栓连接

普通螺栓中的 C 级螺栓连接，此时由于螺栓直径与螺栓孔的配合间隙较大，只能用于受拉力的连接或作安装临时固定用，不应用于受动载荷的主要受力结构中。普通螺栓中的 A、B 级螺栓连接，可以用于受动载荷的结构中。采用普通螺栓连接时，应校验螺杆抗拉和抗剪切破坏的承载力，并校验螺栓孔抗承压破坏的承载力。

5.4.2.2.2 有预拉力的高强度螺栓连接

5.4.2.2.2.1 摩擦型高强度螺栓连接

该连接是利用高强度螺栓的预拉伸，使被连接构件之间相互压紧而产生静摩擦力来传递剪力。

摩擦型高强度螺栓连接的计算有以下五种情况：

a) 在受剪连接中，单个摩擦型高强度螺栓的承载能力，按式(38)计算：

$$[P]=\frac{Z_m\mu P_g}{n} \qquad (38)$$

式中：

$[P]$——受剪连接中单个摩擦型高强度螺栓的许用承载能力，单位为千牛(kN)；

Z_m——传力的摩擦面数；

μ——抗滑移系数(摩擦系数)，按表 26 选取；

P_g——高强度螺栓的预拉力，按表 27 选取，单位为千牛(kN)；

n——见式(28)。

表 26 抗滑移系数 μ

在连接处接合面的处理方法	构件钢号	
	Q235	Q345 及其以上
喷砂	0.45	0.55
喷砂后生赤锈	0.45	0.55
喷砂(酸洗)后涂无机富锌漆	0.35	0.40
钢丝刷清浮锈或未经处理的干净轧制表面	0.3	0.35

表 27 单个高强度螺栓的预拉力 P_g[a]

螺栓等级	抗拉强度 σ_b/(N/mm²)	屈服点 σ_{sl}/(N/mm²)	螺栓有效截面积 A_l/mm²									
			157	192	245	303	353	459	561	694	817	976
			螺栓公称直径 d/mm									
			M16	M18	M20	M22	M24	M27	M30	M33	M36	M39
			单个高强度螺栓的预拉力 P_g/kN									
8.8S	≥800	≥640	70	86	110	135	158	205	250	310	366	437
10.9S	≥1 000	≥900	99	120	155	190	223	290	354	437	515	615
12.9S	≥1 200	≥1 080	119	145	185	229	267	347	424	525	618	738

[a] 表中预拉力值按 $0.7\sigma_{sl} \cdot A_l$ 计算，其中 σ_{sl} 取各档中的最小值。

b) 在受拉连接中，单个摩擦型高强度螺栓沿螺杆轴向的许用承载能力$[P_t]$，按式(39)计算，并不宜大于 $1.0P_g$。

$$[P_t] \leqslant \frac{0.2\sigma_{sl}A_l}{1\,000n\beta} \qquad \cdots\cdots(39)$$

式中：

$[P_t]$——受拉连接中单个摩擦型高强度螺栓沿螺杆轴向的许用承载能力，单位为千牛(kN)；

σ_{sl}——高强度螺栓钢材的屈服点，有确切数据的按值选取，也可按表 27 中最低值选取，单位为牛每平方毫米(N/mm²)；

A_l——螺栓有效截面积，可按表 27 选取，单位为平方毫米(mm²)；

n——同式(38)；

β——载荷分配系数。

β 与连接板总厚度 L 和螺栓(公称)直径 d 有关，按下式计算：

——$L/d \geqslant 3$ 时，$\beta = (0.26 - 0.026\,L/d) + 0.15$；

——$L/d < 3$ 时，$\beta = (0.17 - 0.057\,L/d) + 0.33$。

c) 摩擦型高强度螺栓连接,同时承受摩擦面的剪切和沿螺栓轴线方向的外拉力时,每个高强度螺栓的许用承载能力仍按式(38)计算,但应以 $(P_g-1.25P_t)$ 代替式中的 P_g,P_t 为每个高强度螺栓在其轴线方向所受的外拉力。此拉力不应大于 0.7 P_g。

d) 摩擦型高强度螺栓连接中的螺栓数目 Z,按式(40)计算:

$$\left.\begin{aligned}&\text{在受剪连接中}:Z=\frac{N}{[P]}\\&\text{在受拉连接中}:Z=\frac{N}{[P_t]}\end{aligned}\right\}\qquad\cdots\cdots(40)$$

式中:

Z——摩擦型高强度螺栓连接中的螺栓数目;

N——连接所传递的内力,单位为千牛(kN);

$[P]$——同式(38);

$[P_t]$——同式(39)。

e) 在摩擦型高强度螺栓连接中,为使高强度螺栓达到规定的预拉力,应施加一定的拧紧螺栓螺母的扭矩,其值应由试验得出,但可用式(41)估算:

$$M=KdP_g\qquad\cdots\cdots(41)$$

式中:

M——拧紧力矩,单位为千牛米(kN·m)。

K——螺栓组连接的扭矩系数,视螺纹间的摩擦和螺母与垫圈间的摩擦情况而异:

当螺栓、螺母和垫圈经皂化、磷化处理时,取 $K=0.11\sim0.15$;

当螺栓、螺母和垫圈未做处理时,取 $K=0.15\sim0.20$。

d——螺栓的公称直径,单位为米(m)。

P_g——同式(38)。

摩擦型高强度螺栓应满足 5.3.2.2 相关要求。

5.4.2.2.2.2 承压型高强度螺栓连接

承压型高强度螺栓连接,是当传递的剪力超过构件接触面间的摩擦力后发生滑移,致使螺栓杆抵住孔壁,而通过摩擦与承压共同传力的连接。由于它不适用于直接承受动载荷的结构和在连接处有反向内力作用的结构,因此在起重机承载结构中一般不采用此类连接。如果确有需要采用,应对其进行承剪和承压的计算。

5.5 起重机及其结构构件的刚性计算

5.5.1 轴心受力构件的刚性

5.5.1.1 轴心受力构件的刚性计算

刚性计算按式(42)计算:

$$\lambda\leqslant[\lambda]\qquad\cdots\cdots(42)$$

式中:

λ——结构构件的长细比,见 5.5.1.2;

$[\lambda]$——结构构件的容许长细比,见表 28。

表 28 结构构件的容许长细比[λ]

构件名称		受拉结构件	受压结构件
主要承载结构件	对桁架的弦杆	180	150
	对整个结构	200	180
次要承载结构件(如主桁架的其他杆件、辅助桁架的弦杆等)		250	200
其他构件		350	300

5.5.1.2 结构构件的长细比

5.5.1.2.1 实腹式轴心受力构件的长细比 λ,分为 λ_x 和 λ_y,按式(43)计算:

$$\left.\begin{aligned}\lambda_x=\frac{l_{cx}}{r_x}\\ \lambda_y=\frac{l_{cy}}{r_y}\end{aligned}\right\} \qquad \cdots\cdots(43)$$

式中:

λ_x、λ_y——实腹式轴心受力构件对强轴(x 轴)或弱轴(y 轴)的计算长细比;

l_{cx}、l_{cy}——结构构件对通过截面形心的强轴(x 轴)或弱轴(y 轴)的计算长度,单位为毫米(mm),其计算方法按附录 J 的 J.1;

r_x、r_y——结构构件毛截面对强轴(轴) 或弱轴(轴)的回转半径,单位为毫米(mm);

$$r_x=\sqrt{\frac{I_x}{A}},\qquad r_y=\sqrt{\frac{I_y}{A}}$$

I_x、I_y——结构构件对强轴(x 轴) 或弱轴(y 轴)的毛截面惯性矩,单位为四次方毫米(mm^4);

A——结构构件毛截面面积,单位为平方毫米(mm^2)。

5.5.1.2.2 等截面格构式组合构件的换算长细比 λ_h,按附录 J 中的表 J.5 选取。

5.5.2 起重机的静态刚性

5.5.2.1 桥架型起重机

5.5.2.1.1 跨中位置

5.5.2.1.1.1 手动起重机

手动小车(或手动葫芦)位于桥架主梁跨中位置时,由额定起升载荷及手动小车(或手动葫芦)自重载荷在该处产生的垂直静挠度 f 与起重机跨度 S 的关系,推荐为:$f\leqslant\frac{1}{400}S$。

5.5.2.1.1.2 电动起重机

自行式小车(或电动葫芦)位于桥架主梁跨中位置时,由额定起升载荷及自行式小车(或电动葫芦)自重载荷在该处产生的垂直静挠度 f 与起重机跨度 S 的关系,推荐为:

对低定位精度要求的起重机,或具有无级调速控制特性的起重机;采用低起升速度和低加速度能达到可接受定位精度的起重机:$f\leqslant\frac{1}{500}S$

使用简单控制系统能达到中等定位精度特性的起重机：$f \leqslant \frac{1}{750} S$

需要高定位精度特性的起重机：$f \leqslant \frac{1}{1\ 000} S$

注：定位精度要求的实现取决于不同调速控制系统的完善程度和不同静态刚性指标的互补性匹配，而可接受定位精度是指低与中等之间的定位精度。

5.5.2.1.2 有效悬臂长度位置

自行式小车(或电动葫芦)位于桥架主梁有效悬臂长度位置时，由额定起升载荷及小车(或电动葫芦)自重载荷在该处产生的垂直静挠度 f_1 与有效悬臂长度 L_1 的关系，推荐为：$f_1 \leqslant \frac{1}{350} L_1$

5.5.2.2 塔式起重机

在额定起升载荷(有小车时还应包括在臂端的小车自重载荷)作用下，塔身在其与臂架连接处(或臂架与转柱的连接处)产生的水平静位移 ΔL 与塔身自由高度 H 的关系，推荐为：$\Delta L \leqslant \frac{1.34}{100} H$。

5.5.2.3 箱形伸缩式臂架的轮胎起重机和汽车起重机

5.5.2.3.1 在相应工作幅度起升额定载荷且只考虑臂架的变形时，臂架端部在变幅平面内垂直于臂架轴线方向的静位移 f_L 与臂架长度 L_C 的关系，推荐为：$f_L \leqslant 0.1(L_C/100)^2$。当 $L_C \geqslant$ 45 m 时，式中系数 0.1 值可适当增大。

5.5.2.3.2 在相应工作幅度起升额定载荷及在臂架端部施加数值为 5%额定载荷的水平侧(切)向力时，臂架端部在回转平面内的水平(侧向)静位移 Z_L 与臂架长度 L_C 的关系，推荐为：$Z_L \leqslant 0.07\ (L_C/100)^2$。

5.5.2.4 对各类起重机的其他静态刚性要求

对以上各类起重机其他的静态刚性要求或对其他各类起重机的静态刚性要求，可以由设计者或使用者根据起重机设计本身的需要或起重机使用要求另行提出，并要求在提交给用户的有关资料中说明。当结构在大变形状态下，ΔL 、f_L、Z_L 宜采用非线性分析方法计算。

5.5.3 起重机的动态刚性

对起重机的动态刚性一般不作要求，但当用户从起重机使用条件考虑对此有要求，或从起重机设计角度考虑认为对此性能应有要求时(如：认为对起重机司机健康和起重机正常工作平稳性有影响等)，则进行校核，其指标由设计者与用户确定，并要在提交给用户的有关资料中说明。

注：对桥式和门式起重机的动态刚性可参见 ISO 22986:2007 及有关文献。

5.6 构件抗失稳的计算

5.6.1 轴心受压构件的整体稳定性

5.6.1.1 构件的假想长细比

当计算钢材屈服点大于 235 N/mm² 的轴心受压构件稳定性时，需用假想长细比，对实腹式构件其值 λ_F 按式(44)计算，对格构式构件其值 λ_{hF} 按式(45)计算：

$$\lambda_F = \lambda \sqrt{\frac{\sigma_s}{235}} \qquad \cdots\cdots(44)$$

$$\lambda_{hF} = \lambda_h \sqrt{\frac{\sigma_s}{235}} \qquad \cdots\cdots(45)$$

式中：

λ_F——实腹式构件的假想长细比；

λ——按 5.5.1.2 计算的实腹式构件长细比；

σ_s——轴心受压构件使用的大于 235 N/mm^{2}的钢材屈服点，单位为牛每平方毫米(N/mm^2)。

λ_{hF}——格构式构件的假想长细比；

λ_h——格构式构件的换算长细比。

5.6.1.2 实腹式轴心受压构件的整体稳定性

5.6.1.2.1 实腹式轴心受压构件整体稳定性按式(46)计算：

$$\frac{N}{\varphi A} \leqslant [\sigma] \quad \cdots\cdots (46)$$

式中：

N——构件的轴向力，单位为牛顿(N)；

φ——根据轴心受压构件的假想长细比 λ_F 和构件的截面类别(表 29)确定的轴心受压稳定系数，有对 x 轴的 φ_x 和对 y 轴的 φ_y 之分。φ 值按附录 K 中的表 K.1～表 K.4 选取；

A——同式(43)；

$[\sigma]$——同式(28)或见表 22。

结构构件的长细比计算，见 5.5.1.2。

5.6.1.2.2 单面连接的单角钢受压构件一般都是偏心受载，其稳定性应按压弯构件计算。若按轴心受压构件式(46)计算，则其许用应力应乘以下列折减系数予以降低：

a) 等边角钢为：$0.6+0.0015\lambda$，但不大于 1.0；

b) 短边相连的不等边角钢为：$0.5+0.0025\lambda$，但不大于 1.0；

c) 长边相连的不等边角钢为 0.70。

对中间无联系的单角钢构件，单角钢构件长细比 λ 应按最小回转半径计算。当 $\lambda<20$ 时，取 $\lambda=20$；对中间有联系的单角钢构件，λ 应按平行于角钢联系边的形心轴计算。

5.6.1.3 格构式轴心受压构件的整体稳定性

5.6.1.3.1 整体稳定性仍按式(46)计算，但要用假想换算长细比 λ_{hF} 选取轴压稳定系数 φ 。

5.6.1.3.2 腹杆内力由构件横截面的剪力 Q 确定，Q 按式(47)计算：

$$Q=\frac{A[\sigma]}{85}\sqrt{\frac{\sigma_s}{235}} \quad 或 \quad Q=\frac{N}{85\varphi}\sqrt{\frac{\sigma_s}{235}} \quad \cdots\cdots (47)$$

式中：

Q——格构式构件横截面的剪力，单位为牛顿(N)；

A——同式(43)；

$[\sigma]$——同式(28)或见表 22；

σ_s——同式(45)；

N——同式(46)；

φ——同式(46)。

表 29 轴心受压构件的截面类别

截面分类		对 x 轴	对 y 轴
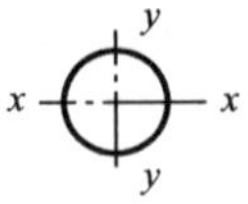 轧制	板厚 $t<40$ mm	a 类	a 类
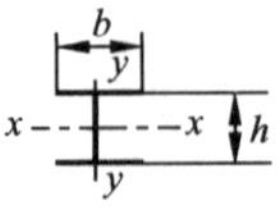 轧制 $b/h\leqslant0.8$	板厚 $t<40$ mm	a 类	b 类
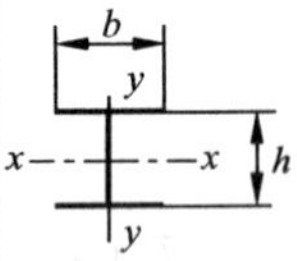 轧制 $b/h>0.8$ 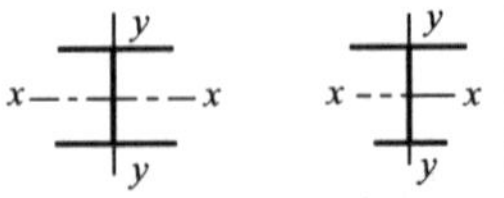 焊接 翼缘为焰切边 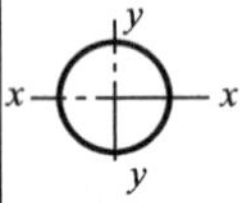 焊接 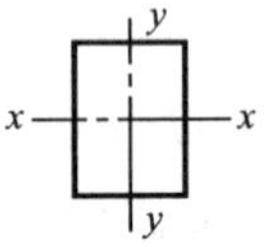 轧制、焊接(板件宽厚比>20)	板厚 $t<40$ mm		b 类
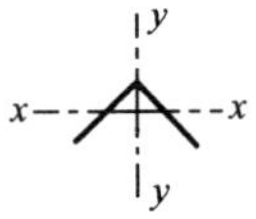 轧制 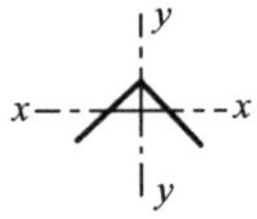 轧制等边角钢	板厚 $t<40$ mm	b 类	b 类
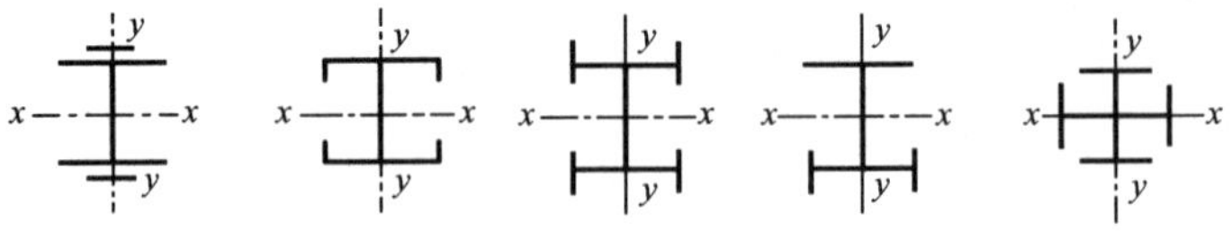 焊接	板厚 $t<40$ mm	b 类	b 类
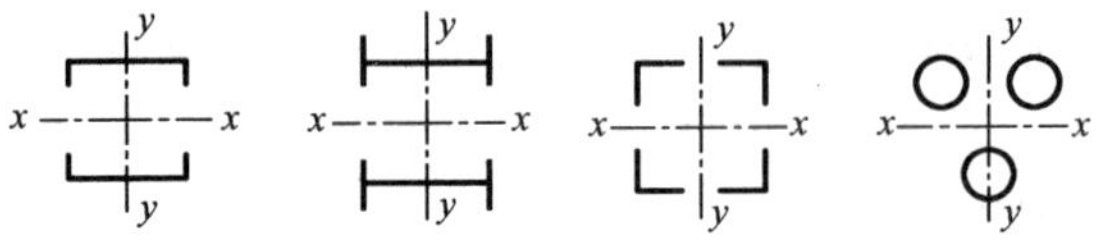	板厚 $t<40$ mm	b 类	b 类
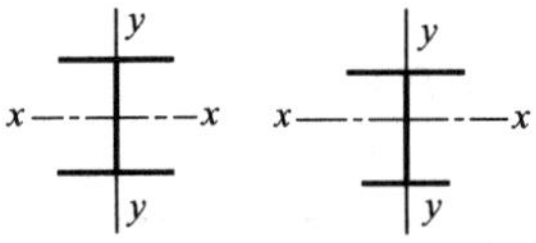 焊接 翼缘为轧制或剪切边 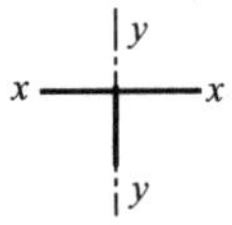 轧制、焊接	板厚 $t<40$ mm	b 类	c 类
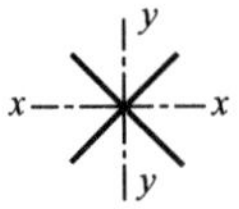 焊接 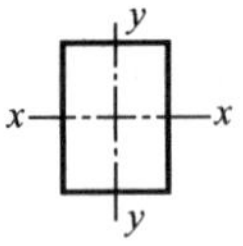 焊接 板件宽厚比$\leqslant20$	板厚 $t<40$ mm	c 类	c 类
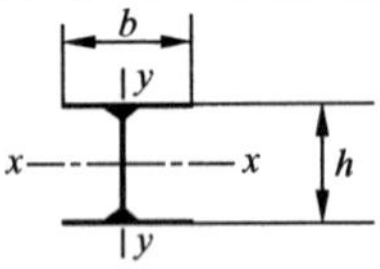 轧制工字形或 H 形截面	40 mm$\leqslant t<$80 mm	b 类	c 类
轧制工字形或 H 形截面	$t\geqslant80$ mm	c 类	d 类

表 29 （续）

截面分类		对 x 轴	对 y 轴
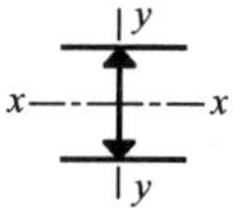 焊接工字形截面，板厚 $t \geqslant 40$ mm	翼缘为焰切边	b 类	b 类
	翼缘为轧制或剪切边	c 类	d 类
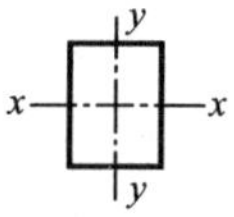 焊接箱形截面，板厚 $t \geqslant 40$ mm	板件宽厚比>20	b 类	b 类
	板件宽厚比≤20	c 类	c 类

5.6.2 受弯构件的整体稳定性

受弯构件的整体稳定性，是指其抗侧向整体弯扭屈曲的稳定性。

5.6.2.1 凡符合下列情况之一的受弯构件，不必验算其整体稳定性：

a） 有刚性较强的走台和铺板与受弯构件的受压翼缘牢固相连，能阻止受压翼缘侧向位移时；

b） 箱形截面受弯构件的截面高度 h 与两腹板外侧之间的翼缘板宽度 b 的比值 $h/b \leqslant 3$，或构件截面足以保证其侧向刚性（如为空间桁架）时；

c） 两端简支且端部支承不能扭转的等截面轧制 H 型钢或焊接工字形截面的受弯构件，其受压翼缘的侧向支承间距 l（无侧向支承点者，则为构件的跨距）与其受压翼缘的宽度 b 之比满足以下条件：

1） 无侧向支承且载荷作用在受压翼缘上时，$l/b \leqslant 13\sqrt{235/\sigma_s}$；

2） 无侧向支承且载荷作用在受拉翼缘上时，$l/b \leqslant 20\sqrt{235/\sigma_s}$；

3） 跨中受压翼缘有侧向支承时，$l/b \leqslant 16\sqrt{235/\sigma_s}$。

5.6.2.2 不符合 5.6.2.1 情况的受弯构件的整体稳定性按以下方法计算：

a） 在最大刚度平面内受弯的构件，按式(48)计算：

$$\frac{M_x}{\varphi_b W_x} \leqslant [\sigma] \quad \cdots\cdots (48)$$

式中：

M_x——绕构件强轴（x 轴）作用的最大弯矩，单位为牛毫米（N·mm）；

φ_b——绕构件强轴弯曲所确定的受弯构件侧向屈曲稳定系数，按附录 L 确定；

W_x——按构件受压最大纤维确定的毛截面抗弯模量，单位为立方毫米（mm^3）；

$[\sigma]$——同式(28)或见表 22。

b） 在两个互相垂直的平面内都受弯的轧制 H 型钢或焊接工字形截面构件，按式(49)计算：

$$\frac{M_x}{\varphi_b W_x} + \frac{M_y}{W_y} \leqslant [\sigma] \quad \cdots\cdots (49)$$

式中：

M_x、M_y——构件计算截面对强轴（x 轴）或对弱轴（y 轴）的弯矩，单位为牛毫米（N·mm）；

W_x、W_y——构件计算截面对强轴（x 轴）或对弱轴（y 轴）的抗弯模量，单位为立方毫米（mm^3）；

$[\sigma]$——同式(28)或见表22。

5.6.3 压弯构件的整体稳定性

5.6.3.1 压弯构件整体稳定性计算

5.6.3.1.1 双向压弯构件的整体弯曲屈曲稳定性计算的简便方法

当 N/N_{Ex} 和 N/N_{Ey} 均小于0.1时，按式(50)计算：

$$\frac{N}{\varphi A}+\frac{M_x}{W_x}+\frac{M_y}{W_y}\leqslant[\sigma] \qquad (50)$$

式中：

N——作用在构件上的轴向力，单位为牛顿(N)；

φ——同式(46)，根据构件结构型式确定的假想长细比 λ_F 或 λ_{hF} 按附录K中的表K.1～表K.4查取；

A——同式(43)；

M_x、M_y——同式(49)；

W_x、W_y——同式(49)；

$[\sigma]$——同式(28)或见表22。

当 N/N_{Ex} 和 N/N_{Ey} 均大于等于0.1时，按式(51)计算：

$$\frac{N}{\varphi A}+\left(\frac{1}{1-\frac{N}{N_{Ex}}}\right)\frac{M_x}{W_x}+\left(\frac{1}{1-\frac{N}{N_{Ey}}}\right)\frac{M_y}{W_y}\leqslant[\sigma] \qquad (51)$$

式中：

N——同式(50)；

φ——同式(46)；

A——同式(43)；

M_x、M_y——同式(49)；

W_x、W_y——同式(49)；

N_{Ex}、N_{Ey}——构件对 x 轴或对 y 轴的名义欧拉临界力，单位为牛顿(N)；

$$N_{Ex}=\frac{\pi^2 EA}{\lambda_x^2},N_{Ey}=\frac{\pi^2 EA}{\lambda_y^2}$$

E——钢材的弹性模量，取 $E=2.06\times10^5$，单位为牛每平方毫米(N/mm^2)；

λ_x、λ_y——构件对强轴(x 轴)或弱轴(y 轴)的计算长细比(格构式构件改用 λ_{hx}、λ_{hy})，见5.5.1.2；

$[\sigma]$——同式(28)或见表22。

5.6.3.1.2 压弯构件整体弯扭屈曲稳定性计算，可按式(52)计算：

$$\frac{N}{\varphi A}+\left[\frac{1}{1-\frac{N}{N_{Ex}}}\right]\frac{M_x}{\varphi_b W_x}\leqslant[\sigma] \qquad (52)$$

式中：

φ_b——构件侧向屈曲稳定系数，见附录L。

其他符号同式(50)和式(51)。

5.6.3.1.3 计算压弯构件整体稳定性时应注意以下几点：

a） 计算单向压弯构件的弯曲屈曲稳定性时，应将式(51)中最后一项删去后使用；

b） 使用式(51)或式(52)时，当 $N/N_{\mathrm{Ei}}<0.1$ 时，则可不计增大系数 $\left(\dfrac{1}{1-\dfrac{N}{N_{\mathrm{Ei}}}}\right)$（即令其为 1.0）；

c） 对两端在两个互相垂直的平面内支承方式不同的等截面构件或变截面构件，一般可选取两个或三个危险截面进行验算。

5.6.3.2 压弯构件整体稳定性计算的其他方法

如果用户有要求或设计者认为确有必要用更详细的方法进行压弯构件稳定性的计算，可参见附录 M 所介绍的方法，或采用积分法或逐步逼近法等方法对构件在压弯联合作用下产生的变形进行精确的计算，或直接用有限元非线性分析。

5.7 板件和壳体抗屈曲的计算

5.7.1 板的局部稳定性计算

5.7.1.1 压缩应力 $\boldsymbol{\sigma}_1$、剪切应力 τ 和局部压应力 $\boldsymbol{\sigma}_{\mathrm{m}}$ 分别作用时板的临界应力

临界应力按式(53)～式 (55)计算：

$$\sigma_{i,1\mathrm{cr}}=\chi K_{\sigma}\sigma_{\mathrm{E}} \qquad \cdots\cdots(53)$$

$$\tau_{i,\mathrm{cr}}=\chi K_{\tau}\sigma_{\mathrm{E}} \qquad \cdots\cdots(54)$$

$$\sigma_{i,\mathrm{mcr}}=\chi K_{\mathrm{m}}\sigma_{\mathrm{E}} \qquad \cdots\cdots(55)$$

式中：

$\sigma_{i,1\mathrm{cr}}$——临界压缩应力，单位为牛每平方毫米（$\mathrm{N/mm^2}$）；

$\tau_{i,\mathrm{cr}}$——临界剪切应力，单位为牛每平方毫米（$\mathrm{N/mm^2}$）；

$\sigma_{i,\mathrm{mcr}}$——临界局部压应力，单位为牛每平方毫米（$\mathrm{N/mm^2}$）；

χ——板边弹性嵌固系数。弯曲应力作用时，对受压翼缘扭转无约束的单腹板工字梁的腹板，可取 $\chi=1.38$；对受压翼缘扭转有约束的工字梁和箱形截面梁的腹板，可取 $\chi=1.64$；剪切应力作用时，对上述梁的腹板均可取 $\chi=1.23$；对其他板和板区格，应参考专门文献加以确定，一般取 $\chi=1$；

K_{σ}、K_{τ}、K_{m}——四边简支板的屈曲系数，取决于板的边长比 $\alpha=a/b$ 和板边载荷（应力）情况。用加劲肋分隔的局部区格板的屈曲系数按附录 N 的表 N.1 求得，包括加劲肋在内的带肋板的屈曲系数按附录 N 的表 N.2 求得。

σ_{E}——四边简支单向均匀受压板的欧拉应力，单位为牛每平方毫米（$\mathrm{N/mm^2}$）。

$$\sigma_{\mathrm{E}}=\frac{\pi^2 E}{12(1-\mu^2)}\left(\frac{t}{b}\right)^2=18.62\left(\frac{100t}{b}\right)^2$$

其中：

E——同式(51)；

μ——泊桑比（$\mu=0.3$）；

t——板厚，单位为毫米（mm）；

b——区格宽度或板的总宽（高）度，单位为毫米（mm）。

当按式(53)、式(55)算出的临界应力或按式(54)算出的临界应力乘以$\sqrt{3}$的值超过 $0.8\sigma_s$ 时，则应参照式(57)求得相应的折减临界应力，用它来替换原超过 $0.8\sigma_s$ 的临界应力。

当加劲肋的构造尺寸符合 5.7.1.5 的规定时，只需要按局部区格计算稳定性，否则应同时计

算局部区格板和带肋板体两种情况的稳定性。

5.7.1.2 **压缩应力 σ_1、剪切应力 τ 和局部压应力 σ_m 同时作用时板的临界复合应力**

临界复合应力按式(56)计算：

$$\sigma_{i,\mathrm{ccr}}=\frac{\sqrt{\sigma_1^2+\sigma_\mathrm{m}^2-\sigma_1\sigma_\mathrm{m}+3\tau^2}}{\frac{1+\psi}{4}\left(\frac{\sigma_1}{\sigma_{i,\mathrm{1cr}}}\right)+\sqrt{\left[\frac{3-\psi}{4}\left(\frac{\sigma_1}{\sigma_{i,\mathrm{1cr}}}\right)+\frac{\sigma_\mathrm{m}}{\sigma_{i,\mathrm{mcr}}}\right]^2+\left(\frac{\tau}{\tau_{i,\mathrm{cr}}}\right)^2}} \quad \cdots\cdots(56)$$

式中：

$\sigma_{i,\mathrm{ccr}}$——压缩应力 σ_1、剪切应力 τ 和局部压应力 σ_m 同时作用时板的临界复合应力，单位为牛每平方毫米(N/mm²)；

$\sigma_{i,\mathrm{1cr}}$、$\tau_{i,\mathrm{cr}}$、$\sigma_{i,\mathrm{mcr}}$——为分别由式(53)、式(54)和式(55)直接求得的临界应力值；

ψ——板边两端应力比，$\psi=\sigma_2/\sigma_1$，见附录 N。

特殊情况：$\tau=0$，$\sigma_\mathrm{m}=0$ 时：$\sigma_{i,\mathrm{ccr}}=\sigma_{i,\mathrm{1cr}}$

$\sigma_1=0$，$\sigma_\mathrm{m}=0$ 时：$\sigma_{i,\mathrm{ccr}}=\sqrt{3}\tau_{i,\mathrm{cr}}$

$\tau=0$，$\sigma_1=0$ 时：$\sigma_{i,\mathrm{ccr}}=\sigma_{i,\mathrm{mcr}}$。

当局部压应力作用于板的受拉边缘时，σ_1 与 σ_m 不相关，可分别取 $\sigma_\mathrm{m}=0$ 以及 $\sigma_1=0$ 进行计算。当临界复合应力 $\sigma_{i,\mathrm{ccr}}$(含特殊情况)超过 $0.8\sigma_\mathrm{s}$ 时，应按式(57)求得相应的折减临界应力 σ_cr，并用折减临界应力 σ_cr 替换超过 $0.8\sigma_\mathrm{s}$ 的临界复合应力 $\sigma_{i,\mathrm{ccr}}$：

$$\sigma_\mathrm{cr}=\sigma_\mathrm{s}\left(1-\frac{1}{1+6.25m^2}\right)=\sigma_\mathrm{s}\rho \quad \cdots\cdots(57)$$

式中：

σ_cr——折减临界应力，单位为牛顿每平方毫米(N/mm²)；

σ_s——同式(28)；

m——大于 $0.8\sigma_\mathrm{s}$ 的临界复合应力(含特殊情况)与钢材的屈服点之比值，$m=\sigma_{i,\mathrm{ccr}}/\sigma_\mathrm{s}$；

ρ——系数，可由表 30 查得。

表 30 m-ρ 表

m	0.8	0.9	1.0	1.1	1.2	1.3	1.4	1.5	1.6	1.9	2.0	2.1	2.3	2.5
ρ	0.80	0.84	0.86	0.88	0.90	0.91	0.93	0.93	0.94	0.96	0.96	0.97	0.97	0.98

5.7.1.3 **板的局部稳定性许用应力和板的局部稳定性计算**

5.7.1.3.1 板的局部稳定性许用应力$[\sigma_\mathrm{cr}]$。

当 $\sigma_{i,\mathrm{ccr}}\leqslant 0.8\sigma_\mathrm{s}$ 时，按式(58)计算；当 $\sigma_{i,\mathrm{ccr}}>0.8\sigma_\mathrm{s}$ 时，按式(59)计算：

$$[\sigma_\mathrm{cr}]=\frac{\sigma_{i,\mathrm{ccr}}}{n} \quad \cdots\cdots(58)$$

$$[\sigma_\mathrm{cr}]=\frac{\sigma_\mathrm{cr}}{n} \quad \cdots\cdots(59)$$

式中：

$[\sigma_\mathrm{cr}]$——板的局部稳定性许用应力，单位为牛顿每平方毫米(N/mm²)；

$\sigma_{i,\mathrm{ccr}}$——同式(56)；

σ_{cr}——同式(57)；

n——板的局部稳定性安全系数，取与强度安全系数一致，见表22。

5.7.1.3.2　板的局部稳定性，按式(60)计算：

$$\sqrt{\sigma_1^2+\sigma_m^2-\sigma_1\sigma_m+3\tau^2}\leqslant[\sigma_{cr}] \qquad (60)$$

式中：

σ_1——板的计算点上的压缩正应力，单位为牛每平方毫米(N/mm^2)；

σ_m——板的计算点上的局部压应力，单位为牛每平方毫米(N/mm^2)；

τ——板的计算点上的剪切应力，单位为牛每平方毫米(N/mm^2)；

$[\sigma_{cr}]$——同式(58)或式(59)。

5.7.1.4　均匀受压翼缘板不必验算局部稳定性的条件

若工字形截面构件的受压翼缘板自由外伸宽度与其厚度之比不大于 $15\sqrt{\frac{235}{\sigma_s}}$ 时，或箱形构件两腹板之间的、或满足5.7.1.5.2要求的纵向加劲肋之间的受压翼缘板宽度与厚度之比不大于 $60\sqrt{\frac{235}{\sigma_s}}$ 时，且板中计算压缩应力不大于 $0.8[\sigma]$ 时，可不必验算其受压翼缘板的局部稳定性。

5.7.1.5　加劲肋的构造尺寸要求

5.7.1.5.1　横向加劲肋

5.7.1.5.1.1　受 $\psi=-1$ 分布载荷(应力)的腹板，其横向加劲肋间距 a 一般不应小于 $0.5b$，且不应大于 $2b$。此处 b 为上、下翼缘板之间的腹板总高(宽)度。

5.7.1.5.1.2　腹板两侧成对配置矩形截面横向加劲肋时，其截面尺寸应按式(61)、式(62)确定：

$$b_s\geqslant\frac{b}{30}+40 \qquad (61)$$

$$t_s\geqslant\frac{1}{15}b_s\sqrt{\frac{\sigma_s}{235}} \qquad (62)$$

式中：

b_s——横向加劲肋的外伸宽度，单位为毫米(mm)；

b——腹板高度，单位为毫米(mm)；

t_s——横向加劲肋的厚度，单位为毫米(mm)。

σ_s——同式(28)。

5.7.1.5.1.3　腹板一侧配置矩形截面横向加劲肋时，为获得与成对配置时相同的线刚度，加劲肋的外伸宽度应大于按式(61)算得的1.2倍，加劲肋的厚度按式(62)确定。

5.7.1.5.1.4　腹板采用非矩形截面横向加劲肋时，其横向加劲肋的截面惯性矩应满足式(63)的要求：

$$I_{s1}\geqslant 3bt^3 \qquad (63)$$

式中：

I_{s1}——横向加劲肋的截面惯性矩，单位为四次方毫米(mm^4)；

b——同式(61)；

t——同式(31)。

5.7.1.5.1.5　腹板同时采用矩形截面的横向加劲肋和纵向加劲肋时，其横向加劲肋应同时满足式(61)、式(62)和式(63)的要求。

5.7.1.5.2 **纵向加劲肋**

5.7.1.5.2.1 受 $\psi=-1$ 分布载荷(应力)的腹板,当 $\frac{a}{b}\leqslant 0.85$ 时,其纵向加劲肋的截面惯性矩应满足式(64)的要求;当 $\frac{a}{b}>0.85$ 时,应满足式(65)的要求:

$$I_{s2}\geqslant 1.5bt^3 \qquad \cdots\cdots(64)$$

$$I_{s2}\geqslant\left(2.5-0.45\frac{a}{b}\right)\left(\frac{a}{b}\right)^2 bt^3 \qquad \cdots\cdots(65)$$

式中:

I_{s2}——腹板纵向加劲肋的截面惯性矩,单位为四次方毫米(mm^4);

a——腹板横向加劲肋的间距,单位为毫米(mm);

b——同式(61);

t——同式(31)。

5.7.1.5.2.2 受 $\psi=1$ 载荷(应力)的均匀受压翼缘板,当纵向加劲肋等间距布置时,若 $\alpha=\frac{a}{b}<\sqrt{2n^2(1+n\delta)-1}$,其纵向加劲肋的截面惯性矩应满足式(66)的要求;若 $\alpha\geqslant\sqrt{2n^2(1+n\delta)-1}$,应满足式(67)的要求:

$$I_{s3}\geqslant 0.092\left\{\frac{\alpha^2}{n}[4n^2(1+n\delta)-2]-\frac{\alpha^4}{n}+\frac{1+n\delta}{n}\right\}bt^3 \qquad \cdots\cdots(66)$$

$$I_{s3}\geqslant 0.092\left\{\frac{1}{n}[2n^2(1+n\delta)-1]^2+\frac{1+n\delta}{n}\right\}bt^3 \qquad \cdots\cdots(67)$$

式中:

I_{s3}——均匀受压翼缘板纵向加劲肋的截面惯性矩,单位为四次方毫米(mm^4);

α——翼缘板的边长比 $\alpha=\frac{a}{b}$,a 为翼缘板横向加劲肋的间距,b 为两腹板间翼缘板的宽度;

n——翼缘板被纵向加劲肋等间距分割的区格数;

δ——单根纵向加劲肋截面面积与翼缘板截面面积之比 $\delta=\frac{b_S t_S}{bt}$,$b_s$、$t_s$ 为单根纵向加劲肋的外伸宽度和厚度,b 为两腹板间翼缘板的宽度,t 为翼缘板的厚度。

5.7.1.5.2.3 加劲肋的截面惯性矩计算:当加劲肋在板两侧成对配置时,其截面惯性矩按板厚中心线为轴线进行计算;一侧配置时,按与板相连接的加劲肋边缘为轴线进行计算。

5.7.2 **圆柱壳体的局部稳定性**

受轴压或压弯联合作用的薄壁圆柱壳体,当壳体壁厚与壳体中面半径之比 $\frac{t}{R}\leqslant\frac{25\sigma_s}{E}$ 时,应计算其局部稳定性。

5.7.2.1 **圆柱壳体受轴压或压弯作用时的临界应力**

圆柱壳体受轴压或压弯作用时的临界应力按式(68)计算:

$$\sigma_{c,cr}=0.2\frac{Et}{R} \qquad \cdots\cdots(68)$$

式中：

$\sigma_{c,cr}$——圆柱壳体受轴压或压弯作用时的临界应力(已考虑圆柱壳直径制造误差不超过 $t/2$)，单位为牛每平方毫米(N/mm^2)；

E——同式(51)；

t——圆柱壳体的壁厚，单位为毫米(mm)；

R——圆柱壳体的中面半径，单位为毫米(mm)。

当按式(68)算得的临界应力超过 $0.8\sigma_s$ 时，应按式(57)进行折减。

5.7.2.2 受轴压或压弯作用的薄壁圆柱壳体的局部稳定性计算

受轴压或压弯作用的薄壁圆柱壳体的局部稳定性按式(69)计算：

$$\frac{N}{A}+\frac{M}{W}\leqslant\frac{\sigma_{c,cr}}{n} \qquad \cdots\cdots(69)$$

式中：

N——见式(50)；

A——圆柱有效壳壁的截面面积(壳体上有孔洞者则按净截面面积计算)，单位为平方毫米(mm^2)；

M——弯矩，单位为牛毫米(N·mm)；

W——圆柱壳体的截面抗弯模量(壳体上有孔洞者则按净截面抗弯模量计算)，单位为立方毫米(mm^3)；

$\sigma_{c,cr}$——同式(68)；

n——同式(59)。

5.7.2.3 加劲环

圆柱壳两端应设置加劲环或设置起相应作用的结构件；当壳体长度大于 10 R 时，还需设置中间加劲环，其间距不大于 10 R。加劲环的截面惯性矩 I_{s4} 应满足式(70)的要求：

$$I_{s4}\geqslant\frac{Rt^3}{2}\sqrt{\frac{R}{t}} \qquad \cdots\cdots(70)$$

式中：

I_{s4}——圆柱壳体加劲环的截面惯性矩，单位为四次方毫米(mm^4)；

R——同式(68)；

t——同式(68)。

当加劲环是对壳体中面内外成对配置时，其截面惯性矩按壳体中面母线为轴线进行计算；单侧配置时，按图 8 所示的组合截面形心轴 $Z-Z$ 及式(71)计算：

$$I_{s4}=I_1+I_2+A_1e_1^2+A_2e_2^2 \qquad \cdots\cdots(71)$$

式中：

I_{s4}——同式(70)；

I_1——圆柱有效壳壁的计算截面惯性矩，单位为四次方毫米(mm^4)；

I_2——加劲环截面的惯性矩，单位为四次方毫米(mm^4)；

A_1——圆柱有效壳壁的计算截面面积，单位为平方毫米(mm^2)；

e_1——圆柱有效壳壁的计算截面形心轴至组合截面形心轴 $Z-Z$ 的距离，单位为毫米(mm)；

A_2——加劲环的截面面积，单位为平方毫米(mm^2)；

e_2——加劲环的截面形心轴至组合截面形心轴 $Z-Z$ 的距离，单位为毫米(mm)；

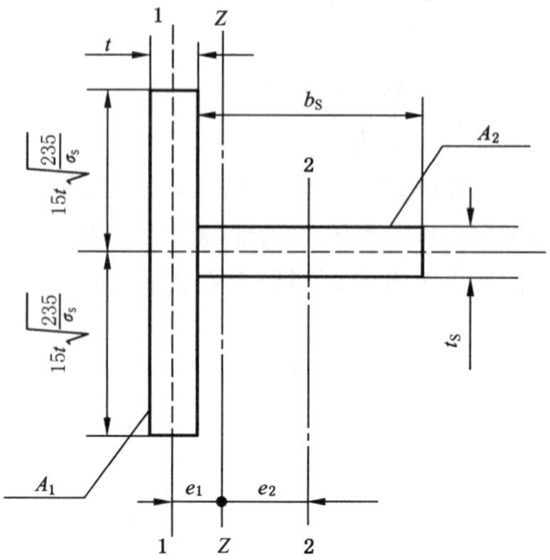

图 8 有效壳壁与加劲环的组合截面计算图

5.8 结构的疲劳强度计算

结构构件及其连接的抗疲劳能力(疲劳极限强度)，取决于构件的工作级别、材料种类、应力变化情况及构件连接的应力集中等级等。

对结构疲劳强度计算，常用应力比法和应力幅法。本标准采用应力比法。

5.8.1 构件(或连接)的最大应力

构件(或连接)中的最大应力 $\sigma_{x\max}$、$\sigma_{y\max}$、$\tau_{xy\max}$ 是按 4.3.3.1 规定的载荷组合 A 中最不利工况确定的，在疲劳计算点上的各个应力循环中，沿 x、y 轴线方向的绝对值最大计算正应力和 xy 轴线形成的平面上的绝对值最大计算剪应力。

5.8.2 应力循环特性

构件(或连接)单独或同时承受正应力(σ_x、σ_y)和剪应力(τ_{xy})作用时，应力循环特性值 r_x、r_y、r_{xy} 按式(72)计算：

$$\left.\begin{aligned} r_x &= \sigma_{x\min}/\sigma_{x\max} \\ r_y &= \sigma_{y\min}/\sigma_{y\max} \\ r_{xy} &= \tau_{xy\min}/\tau_{xy\max} \end{aligned}\right\} \quad \cdots\cdots(72)$$

式中：

$r(r_x、r_y、r_{xy})$——应力循环特性值；

$\sigma_{x\min}$、$\sigma_{y\min}$、$\tau_{xy\min}$——应力循环中与 $\sigma_{x\max}$、$\sigma_{y\max}$、$\tau_{xy\max}$ 相对应的同一疲劳计算点上的一组应力值，单位为牛每平方毫米(N/mm^2)；

$\sigma_{x\max}$、$\sigma_{y\max}$、$\tau_{xy\max}$——构件(或连接)在疲劳计算点上的绝对值最大正应力和绝对值最大剪应力，单位为牛每平方毫米(N/mm^2)；

$\sigma_{x\min}$、$\sigma_{y\min}$、$\tau_{xy\min}$ 是应力循环中与 $\sigma_{x\max}$、$\sigma_{y\max}$、$\tau_{xy\max}$ 相对应的同一疲劳计算点上的一组应力

值(各带正负号),其差值的绝对值为最大。

计算应力循环特性值 r(包括 r_x、r_y、r_{xy})时,最小应力和最大应力应带各自正负号,拉应力为正号,压应力为负号。剪应力按变化约定;移动小车轮压产生的脉动局部压应力,其 r 值为 0。

5.8.3 构件连接的应力集中情况等级

起重机的构件连接和接头对结构件的疲劳强度有很大影响。按应力集中情况,将非焊接件构件连接分为 W_0、W_1、W_2 三个应力集中情况等级,将焊接件构件连接分为 K_0、K_1、K_2、K_3、K_4 五个应力集中情况等级,每个应力集中情况等级中又有一种或多种不同的构件接头型式,见附录 O。随着连接应力集中等级的递增,结构疲劳强度递减。应尽量采用较为合理的应力集中情况等级 K 值,推荐采用 K_2,尽量避免采用 K_4。

5.8.4 结构件的工作级别

结构件的工作级别见 3.4.3。对于有轻微或中等应力集中等级而工作级别较低的结构件,一般不需要进行疲劳强度校核,通常 E4 级(含)以上的结构件应校核疲劳强度。

5.8.5 疲劳许用应力

构件疲劳许用应力按表 31 列出的公式计算,连接件的疲劳许用应力按表 32 计算。表中 r 为应力循环特性,其值按 5.8.2 决定。$[\sigma_{-1}]$为拉伸和压缩疲劳许用应力的基本值,是 $r=-1$ 的对称应力循环试验中得到的疲劳极限(具有 90%的可靠度)除以 1.34 安全系数,并考虑构件工作级别及具体的构件连接的应力集中情况等级和构件的材质等三个因素后的疲劳许用应力值。$[\sigma_{-1}]$值详见表 33。

表 31 构件疲劳许用应力

应力循环特性	疲劳许用应力计算公式		说明
$-1\leqslant r\leqslant 0$	拉伸 t	$[\sigma_{rt}]=\dfrac{5}{3-2r}[\sigma_{-1}]$	x 方向的为$[\sigma_{xrt}]$ y 方向的为$[\sigma_{yrt}]$
	压缩 c	$[\sigma_{rc}]=\dfrac{2}{1-r}[\sigma_{-1}]$	x 方向的为$[\sigma_{xrc}]$ y 方向的为$[\sigma_{yrc}]$
$0<r\leqslant 1$	拉伸 t	$[\sigma_{rt}]=\dfrac{1.67[\sigma_{-1}]}{1-(1-\dfrac{[\sigma_{-1}]}{0.45\sigma_b})r}$	x 方向的为$[\sigma_{xrt}]$ y 方向的为$[\sigma_{yrt}]$
$0<r\leqslant 1$	压缩 c	$[\sigma_{rc}]=1.2[\sigma_{rt}]=\dfrac{2[\sigma_{-1}]}{1-(1-\dfrac{[\sigma_{-1}]}{0.45\sigma_b})r}$	x 方向的为$[\sigma_{xrc}]$ y 方向的为$[\sigma_{yrc}]$
$-1\leqslant r\leqslant 1$	剪切	$[\tau_{xyr}]=\dfrac{[\sigma_{rt}]}{\sqrt{3}}$	本行中的$[\sigma_{rt}]$是根据剪切的 r 值计算的相应于 W_0 的值
计算出的$[\sigma_{rt}]$不应大于 $0.75\sigma_b$,$[\tau_{rc}]$不应大于 $0.9\sigma_b$,$[\tau_{xyr}]$不应大于 $0.75\sigma_b/\sqrt{3}$ 。若超过时,则$[\sigma_{rt}]$取为$0.75\sigma_b$,$[\sigma_{rc}]$取为 $0.9\sigma_b$,$[\tau_{xyr}]$取为 $0.75\sigma_b/\sqrt{3}$。 注:σ_b 为被连接构件钢材的抗拉强度,Q235 的 $\sigma_b=370\ N/mm^2$,Q345 的 $\sigma_b=490\ N/mm^2$。			

表 32 连接的疲劳许用应力

<table>
<tr><th>连接类型</th><th colspan="2">疲劳许用应力计算公式</th><th>说　明</th></tr>
<tr><td rowspan="2">焊缝连接</td><td>拉伸压缩</td><td>同构件疲劳许用应力计算公式</td><td></td></tr>
<tr><td>剪切</td><td>$[\tau_{xyr}]^{a}=\frac{[\sigma_{rt}]}{\sqrt{2}}$</td><td>本行中的$[\sigma_{rt}]$是根据焊缝剪切的 r 值计算的相应于 K_0 的值</td></tr>
<tr><td rowspan="4">A、B级螺栓连接或铆钉连接</td><td>拉伸压缩</td><td>不必进行疲劳计算</td><td>尽量避免螺栓、铆钉在拉伸下工作</td></tr>
<tr><td>单剪</td><td>$[\tau_{xyr}]=0.6[\sigma_{rt}]$,但不应大于 $0.45\sigma_b$</td><td rowspan="2">本行中的$[\sigma_{rt}]$是根据螺栓或铆钉剪切的 r 值计算的相应于 W_2 的值</td></tr>
<tr><td>双剪</td><td>$[\tau_{xyr}]=0.8[\sigma_{rt}]$,但不应大于 $0.6\sigma_b$</td></tr>
<tr><td>承压</td><td>$[\tau_{cyr}]=2.5[\tau_{xyr}]$</td><td>$[\tau_{xyr}]$为螺栓或铆钉的剪切疲劳许用应力</td></tr>
<tr><td colspan="4">[a] 计算出的$[\tau_{xyr}]$不应大于 $0.75\sigma_b/\sqrt{2}$。若超过时,则取 $0.75\sigma_b/\sqrt{2}$ 值代之。σ_b 为连接件钢材的抗拉强度。</td></tr>
</table>

表 33 拉伸和压缩疲劳许用应力的基本值$[\boldsymbol{\sigma}_{-1}]$ 单位为牛每平方毫米

<table>
<tr><th rowspan="3">构件工作级别</th><th colspan="6">非焊接件构件连接的应力集中情况等级</th><th colspan="5">焊接件构件连接的应力集中情况等级</th></tr>
<tr><th colspan="2">W_0</th><th colspan="2">W_1</th><th colspan="2">W_2</th><th>K_0</th><th>K_1</th><th>K_2</th><th>K_3</th><th>K_4</th></tr>
<tr><th>Q235</th><th>Q345</th><th>Q235</th><th>Q345</th><th>Q235</th><th>Q345</th><th colspan="5">Q235 或 Q345</th></tr>
<tr><td>E1</td><td>249.1</td><td>298.0</td><td>211.7</td><td>253.3</td><td>174.4</td><td>208.6</td><td>(361.9)</td><td>(323.1)</td><td>271.4</td><td>193.9</td><td>116</td></tr>
<tr><td>E2</td><td>224.4</td><td>261.7</td><td>190.7</td><td>222.4</td><td>157.1</td><td>183.2</td><td>(293.8)</td><td>262.3</td><td>220.3</td><td>157.4</td><td>94.4</td></tr>
<tr><td>E3</td><td>202.2</td><td>229.8</td><td>171.8</td><td>195.3</td><td>141.5</td><td>160.8</td><td>238.4</td><td>212.9</td><td>178.8</td><td>127.7</td><td>76.6</td></tr>
<tr><td>E4</td><td>182.1</td><td>201.8</td><td>154.8</td><td>171.5</td><td>127.5</td><td>141.2</td><td>193.5</td><td>172.3</td><td>145.1</td><td>103.7</td><td>62.2</td></tr>
<tr><td>E5</td><td>164.1</td><td>177.2</td><td>139.5</td><td>150.6</td><td>114.2</td><td>124.0</td><td>157.1</td><td>140.3</td><td>117.8</td><td>84.2</td><td>50.5</td></tr>
<tr><td>E6</td><td>147.8</td><td>155.6</td><td>125.7</td><td>132.3</td><td>103.5</td><td>108.9</td><td>127.6</td><td>113.6</td><td>95.6</td><td>68.3</td><td>41.0</td></tr>
<tr><td>E7</td><td>133.2</td><td>136.6</td><td>113.2</td><td>116.2</td><td>93.2</td><td>95.7</td><td>103.5</td><td>92</td><td>77.6</td><td>55.4</td><td>33.3</td></tr>
<tr><td>E8</td><td>120.0</td><td>120.0</td><td>102.0</td><td>102.0</td><td>84.0</td><td>84.0</td><td>84.0</td><td>75.0</td><td>63.0</td><td>45.0</td><td>27.0</td></tr>
<tr><td colspan="12">注:括号内的数值为大于 Q235 的 $0.75\sigma_b$(抗拉强度)的理论计算值,仅应用于求取公式(76)用到的$[\sigma_{xr}]$、$[\sigma_{yr}]$和$[\tau_{xyr}]$的值。</td></tr>
</table>

5.8.6 疲劳强度校核

根据载荷组合 A(见 4.3.3.1)的实际可能的最不利工况计算得出的绝对值最大应力,按式(73)~式(76)进行核算:

$$|\sigma_{x\max}|\leqslant\begin{cases}[\sigma_{xrt}]\\[\sigma_{xrc}]\end{cases} \qquad \cdots\cdots(73)$$

$$|\sigma_{y\max}|\leqslant\begin{cases}[\sigma_{yrt}]\\[\sigma_{yrc}]\end{cases} \qquad \cdots\cdots(74)$$

$$|\tau_{xy\max}|\leqslant[\tau_{xyr}] \qquad \cdots\cdots(75)$$

$$\left[\frac{\sigma_{x\max}}{[\sigma_{\mathrm{xr}}]}\right]^2+\left[\frac{\sigma_{y\max}}{[\sigma_{\mathrm{yr}}]}\right]^2-\frac{\sigma_{x\max}\sigma_{y\max}}{[\sigma_{\mathrm{xr}}][\sigma_{\mathrm{yr}}]}+\left[\frac{\tau_{xy\max}}{[\tau_{\mathrm{xyr}}]}\right]^2\leqslant 1.1 \qquad\cdots\cdots(76)$$

式中：

$|\sigma_{x\max}|$——同式(72)的 $\sigma_{x\max}$；

$|\sigma_{y\max}|$——同式(72)的 $\sigma_{y\max}$；

$|\tau_{xy\max}|$——同式(72)的 $\tau_{xy\max}$；

$[\sigma_{\mathrm{xrt}}]$——与 $\sigma_{x\max}$ 相应的拉伸疲劳许用应力，单位为牛每平方毫米(N/mm^2)；

$[\sigma_{\mathrm{xrc}}]$——与 $\sigma_{x\max}$ 相应的压缩疲劳许用应力，单位为牛每平方毫米(N/mm^2)；

$[\sigma_{\mathrm{yrt}}]$——与 $\sigma_{y\max}$ 相应的拉伸疲劳许用应力，单位为牛每平方毫米(N/mm^2)；

$[\sigma_{\mathrm{yrc}}]$——与 $\sigma_{y\max}$ 相应的压缩疲劳许用应力，单位为牛每平方毫米(N/mm^2)；

$[\tau_{\mathrm{xyr}}]$——与 $\tau_{xy\max}$ 相应的剪切疲劳许用应力，单位为牛每平方毫米(N/mm^2)。

在式(73)～式(76)中，$\sigma_{x\max}$、$\sigma_{y\max}$、$\tau_{xy\max}$ 按 5.8.1 计算，$[\sigma_{\mathrm{xrt}}]$、$[\sigma_{\mathrm{yrt}}]$、$[\sigma_{\mathrm{xrc}}]$、$[\sigma_{\mathrm{yrc}}]$、$[\tau_{\mathrm{xyr}}]$，各式中符号下脚标 xr、yr、xyr 分别为 σ_{x}、σ_{y}、τ_{xy} 的应力循环特性，按 5.8.2 计算。

当 $\sigma_{x\max}$、$\sigma_{y\max}$、$\tau_{xy\max}$ 三种应力中某一个最大应力在任何应力循环中均显著大于其他两个最大应力时，可以只用这一个最大应力校核疲劳强度，另两个最大应力可忽略不计。

通常起重机的结构件(或连接)在同一工况下进行疲劳强度校核，为确保安全，也可将同一工况或不同工况的 $\sigma_{x\max}$、$\sigma_{y\max}$、$\tau_{xy\max}$ 组合在一起，按最不利的 r 值计算的疲劳许用应力 $[\sigma_{\mathrm{xrt}}]$、$[\sigma_{\mathrm{yrt}}]$、$[\sigma_{\mathrm{xrc}}]$、$[\sigma_{\mathrm{yrc}}]$、$[\tau_{\mathrm{xyr}}]$ 来进行校核。

式(76)中第三项分子中的 σ_{xmax} 和 σ_{ymax} 应带各自的正负号，分母中的 $[\sigma_{\mathrm{xr}}]$ 和 $[\sigma_{\mathrm{yr}}]$ 则是相应的疲劳许用应力。

从表 33 中的 $[\sigma_{-1}]$ 值看出，当工作级别 E1 ～E3 所对应的构件或连接的应力集中情况等级 W_0、W_1、K_0、K_1、K_2 中的 $[\sigma_{-1}]$ 值有的已大于构件静强度的基本许用应力值 $[\sigma]$，说明可以不必进行单项疲劳强度核算。若 $[\sigma_{-1}]$ 值虽小于静强度基本许用应力值 $[\sigma]$，但计算出的 $[\sigma_{\mathrm{r}}]$($\geqslant[\sigma_{-1}]$)已大于静强度基本许用应力值 $[\sigma]$，则该构件或连接也不必进行单项疲劳强度核算。

5.9 构造要求

5.9.1 一般原则

5.9.1.1 主要承载结构的构造设计应力求简单、受力明确、传力直接、尽量降低应力集中的影响。

5.9.1.2 结构(或结构件)的设计应考虑到制造、检查、运输、安装(拆卸)、使用和维护等的方便和可能性。露天工作的起重机结构应避免积水。

5.9.1.3 应根据起重机的实际工作环境考虑腐蚀对结构钢材的影响(结构有可靠的防腐措施或属于短暂性使用的设备，可不考虑腐蚀的影响)，主要承载结构的钢板和型钢的最小厚度不应小于表 34 的规定。

表 34 钢板和型钢的最小厚度

单位为毫米

环境对钢材腐蚀的影响	开口截面	闭口截面
微 弱[a]	3(2.5)[b]	2.5(2)[b]
中 等	5(4)	4(3)
严 重	6(6)	6(4)

[a] 采用厚度为 3 mm(含)以下的薄板时,结构外露表面应有牢靠的防锈涂漆;

[b] 括号内数值用于流动式起重机。

5.9.1.4 对于动载荷比较严重和受力比较复杂的焊接结构件,除非采取措施减小或消除焊接内应力,否则选用的钢材厚度对碳素钢不宜大于 50 mm,对低合金钢不宜大于 35 mm。

5.9.1.5 对承载后会发生较大弹性变形的结构,在设计时应预先采取与此弹性变形相反的措施,如桥式起重机和门式起重机主梁跨中应作出向上的预拱,门式起重机悬臂段应作出向上的预翘,且这些预变形宜由结构构造或结构件的下料来保证。

5.9.1.6 在设计由疲劳强度控制的主要焊接结构时,应采取各种降低疲劳应力的措施,如改善接头型式降低应力集中等级,对双面连续焊缝的头部进行包裹回焊、采用较大半径的圆弧过渡板以减少内应力等。

5.9.1.7 主要承载结构件在不同连接处允许采用不同的连接方式来传递载荷,但在同一连接处不宜混合使用不同的连接方式。

5.9.1.8 主要承载结构的表面如果长期受到热辐射作用,且表面温度达 150℃以上时,结构设计应考虑有效的隔热防护措施。

5.9.2 焊缝连接

5.9.2.1 对接焊接

对接焊缝的坡口型式应符合 GB/T 985 和 GB/T 986 的规定。

主要承载结构中不等板厚或板宽的对接,均应从一侧或两侧制成不大于 1∶4 的过渡斜度(见图 9)。

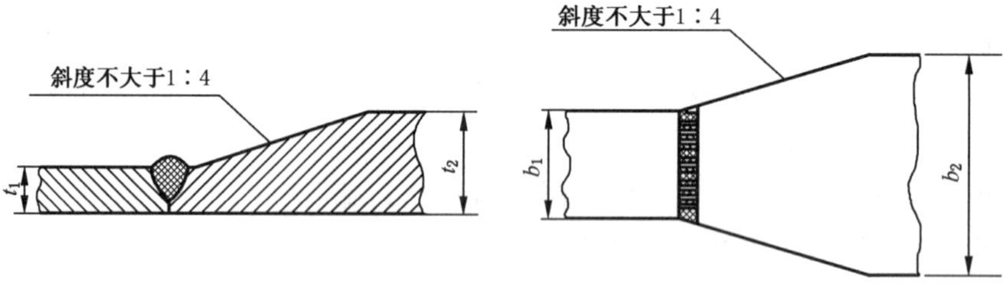

图 9 对接焊缝坡口型式

5.9.2.2 角焊接

5.9.2.2.1 焊脚尺寸

5.9.2.2.1.1 被焊接件厚度小于 4 mm 时,焊脚尺寸等于被焊接件的厚度。

5.9.2.2.1.2 焊脚尺寸不应小于表 35 的规定。

5.9.2.2.1.3 对于一般角焊缝,焊脚尺寸不应大于较薄焊件厚度的 1.2 倍;而对于杆件边缘的角

焊缝(见图 10),还应符合下列要求:

——$t_1 \leqslant 6$ mm 时,$h_f \leqslant t_1$;

——$t_1 > 6$ mm 时,$h_f = t_1 - (1 \sim 2)$mm。

表 35 角焊缝的焊脚尺寸

单位为毫米

较厚焊接件的厚度 t	h_f
$t \leqslant 10$	4(6)
$10 < t \leqslant 20$	6(8)
$20 < t \leqslant 30$	8(10)
注:h_f 数值中,括号外的数值用于碳素钢,括号内的数值用于低合金钢。	

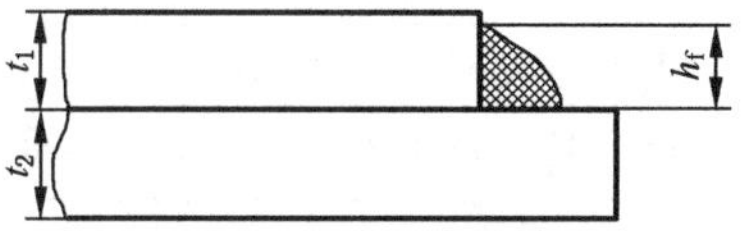

图 10 角焊缝的焊脚

5.9.2.2.2 焊缝形状

受动载荷的主要承载结构,在保证焊缝受剪计算截面面积的情况下,角焊缝的表面应呈微凹弧形或直线形。焊缝直角边的比例:对侧焊缝为 1∶1,对端焊缝为 1∶1.5(长边顺载荷方向)。

5.9.2.2.3 焊缝的计算长度

角焊缝(侧焊缝或端焊缝)的最小计算长度为 8 h_f。对于侧焊缝,当受动载荷时,最大计算长度为 40 h_f;受静载荷时,最大计算长度为 60 h_f;若焊缝长度超过上述规定,超长部分在计算中不予考虑。

5.9.3 铆钉连接和螺栓连接

5.9.3.1 对于需要在使用现场进行整体拼接的大型结构,宜优先考虑采用高强度螺栓连接或铆钉连接。

5.9.3.2 铆合钢板的总厚度一般不应超过铆钉直径的 5 倍。当可以保证铆钉杆塞紧钉孔时,总厚度允许为铆钉直径的 7 倍。

5.9.3.3 在主要承载结构中应采用半圆头铆钉,特殊情况可以采用沉头铆钉。

5.9.3.4 每一杆件在节点处或接头一侧,铆钉或螺栓数不应少于 2 个。沿受力方向,每行铆钉或螺栓数不宜多于 5 个。

5.9.3.5 C 级螺栓连接只允许用在次要构件的连接中或作暂时性连接。

5.9.3.6 对直接承受动载荷的普通螺栓受拉连接,应采用双螺母或其他能防止螺母松动的有效措施。

5.9.3.7 A、B 级螺栓采用铰制孔时,若构件承受脉动载荷,则孔径不应大于[$d + (0.2 \sim 0.3)$]mm,d 为螺栓配合部分的公称直径;若构件承受交变载荷,则孔和螺栓的配合不应低于 H11/h9。

5.9.3.8 铆钉或螺栓布置的极限尺寸见表 36。

表36 铆钉或螺栓布置的极限尺寸

单位为毫米

<table>
<tr><th>名 称</th><th colspan="3">位置和方向</th><th>最大容许距离
(取两者中较小者)</th><th>最小容许距离</th></tr>
<tr><td rowspan="5">中心间距</td><td colspan="3">外排(垂直内力方向或沿内力方向)</td><td>8 d_0 或 12 t</td><td rowspan="5">3 d_0</td></tr>
<tr><td rowspan="3">中间排</td><td colspan="2">垂直内力方向</td><td>16 d_0 或 24 t</td></tr>
<tr><td rowspan="2">沿内力方向</td><td>受压构件</td><td>12 d_0 或 18 t</td></tr>
<tr><td>受拉构件</td><td>16 d_0 或 24 t</td></tr>
<tr><td colspan="3">沿对角线方向</td><td>—</td></tr>
<tr><td rowspan="4">中心至构件边缘的距离</td><td colspan="3">沿内力方向</td><td rowspan="4">4 d_0 或 8 t</td><td>2 d_0</td></tr>
<tr><td rowspan="3">垂直于内力方向</td><td colspan="2">剪切边或手工气割边</td><td rowspan="2">1.5 d_0</td></tr>
<tr><td rowspan="2">轧制边、自动气割或锯割边</td><td>高强度螺栓</td></tr>
<tr><td>其他螺栓或铆钉</td><td>1.2 d_0</td></tr>
<tr><td colspan="6">注1:d_0 为螺栓或铆钉的孔径,t 为外层较薄板件的厚度。
注2:钢板边缘与刚性构件(如角钢、槽钢等)相连的螺栓或铆钉的最大间距,可按中间排的数值选用。</td></tr>
</table>

6 机械

6.1 机构设计计算原则

6.1.1 起升机构

6.1.1.1 电动机初选

6.1.1.1.1 电动机的型式

起升机构一般采用绕线转子异步电动机、笼型异步电动机、自制动异步电动机、交流变频电动机、直流电动机,或适合于起升机构使用特点的其他电动机。

6.1.1.1.2 电动机的初选功率

6.1.1.1.2.1 电动机的稳态起升功率按附录P中的式(P.1)计算。

6.1.1.1.2.2 对YZR系列等能提供有关按 CZ 值计算选择电动机资料的异步电动机,其所需功率按附录P中式(P.7)计算。

6.1.1.1.2.3 对未能提供按 CZ 值计算选择电动机的资料,但已知采用电动机的起升机构工作级别的,其所需功率按附录P中的P.2.4计算。

6.1.1.1.2.4 对能获得负荷图的起升机构,其所需电动机的功率按附录P中的式(P.10)计算。

6.1.1.1.2.5 对下述起重机的起升机构,选择其电动机功率时,还应考虑:

a) 抓斗起重机:如设计的钢丝绳卷绕系统能使闭合绳和支持绳的载荷接近平均分配,则闭合绳机构和支持绳机构电动机功率各取为总计算功率的66%;当采用直流调速或交流变频调速,能实时监控并保证抓斗闭合终止时支持绳与闭合绳载荷准确相等,各机构电动机功率可取为总计算功率的55%。

b) 铸造起重机:起升机构中采用有刚性联系的两套驱动装置双电动机驱动时,每台电动机的功率不小于总计算功率的60%;当要求用一台电动机驱动,起重机以满载(额定载荷)完成一个工作循环时,每台电动机的功率不小于总计算功率的66%;

采用行星差动减速器双电动机驱动时，每台电动机的功率不小于总计算功率的 50%。

c) 水电站门式起重机等起升速度慢、起升行程范围大的起重机或特殊用途的慢速起重机：在一个工作循环中起升机构运转时间往往超过 10 min，其电动机功率应按短时工作方式 S2 选择：在一个工作循环中起升机构平均运转时间为 10 min～30 min 时，S2 标定时间为 30 min；在一个工作循环中起升机构平均运转时间为 30 min～60 min 时，S2 标定时间为 60 min。

6.1.1.1.3 电动机轴上所需的转矩

6.1.1.1.3.1 稳态起升额定起升载荷的转矩

稳态起升额定起升载荷时电动机轴上的转矩 M_N 按式(77)计算：

$$M_N=\frac{P_Q D}{2ai\eta} \qquad \cdots\cdots(77)$$

式中：

M_N——稳态起升额定起升载荷的转矩，单位为牛米(N·m)；

P_Q——额定起升载荷，单位为牛顿(N)；

D——按最外层钢丝绳中心计算的卷筒卷绕直径，单位为米(m)；

a——钢丝绳滑轮组的倍率；

i——由电动机轴到卷筒轴的总传动比；

η——起升物品时起升机构传动装置和滑轮组的总效率。

6.1.1.1.3.2 电动机产生转矩的最低要求

为了加速起升额定载荷或起升试验载荷，以及为补偿电源电压和频率变化所导致的转矩损失，电动机轴上转速 $n=0$ 时产生的转矩应满足式(78)～式(80)的最低要求：

a) 对直接起动的笼型异步电动机：

$$M_d \geqslant 1.6\ M_N \qquad \cdots\cdots(78)$$

式中：

M_d——起动时(转速 $n=0$ 时)电动机轴上具有的转矩；

M_N——同式(77)。

b) 对绕线转子异步电动机：

$$M_d \geqslant 1.9\ M_N \qquad \cdots\cdots(79)$$

式中符号同式(78)。

c) 对采用变频控制的所有类型的电动机：

$$M_d \geqslant 1.4\ M_N \qquad \cdots\cdots(80)$$

式中符号同式(78)。

6.1.1.2 电动机的校验

6.1.1.2.1 电动机的过载校验和发热校验

电动机过载校验，是检验在设计要求的极限起动条件下，所选电动机的最大转矩或堵转转矩是否能满足机构起动的需要，按附录 R 的方法计算。

电动机发热校验,是检验在满足设计要求的正常运转条件下,电动机不应出现过热,按附录S的方法计算。

6.1.1.2.2　**电动机使用环境的功率修正**

若起重机安装使用地点海拔超过1 000 m,或起重机使用环境温度超过40℃,就应对电动机容量进行修正,见7.7.2.4。

6.1.1.3　**制动器**

6.1.1.3.1　**支持制动**

6.1.1.3.1.1　**支持制动的作用**

在起升机构中,支持制动是用来将起升的物品支持在悬空状态,由机械式制动器产生支持制动作用。

6.1.1.3.1.2　**支持制动器的选择**

起升机构的每一套独立的驱动装置至少应装设一个支持制动器。吊运液态金属及其他危险物品的起升机构,每套独立的驱动装置至少应装设两个支持制动器。起升机构制动器的制动距离应满足起重机使用要求。

支持制动器应是常闭式的,制动轮/盘应装在与传动机构刚性联接的轴上。

支持制动器的制动转矩应等于或大于按式(81)计算的制动轴上所需的计算制动转矩 M_Z:

$$M_Z = K_Z \frac{P_Q D \eta'}{2ai} \qquad \cdots\cdots(81)$$

式中:

M_Z——起升机构制动器轴上的计算制动转矩,单位为牛米(N·m);

K_Z——制动安全系数;

P_Q——同式(77);

D——同式(77);

η'——物品下降时起升机构传动装置和滑轮组的总效率;

a——同式(77);

i——由制动器轴到卷筒轴的总传动比。

对于工作特别频繁的起升机构,宜对制动器进行发热校验。

6.1.1.3.1.3　**制动安全系数**

制动安全系数规定如下:

a)　一般起升机构(通常为M5级及其以下级别)不应低于1.50。

b)　重要起升机构(通常为M6级及其以上级别)不应低于1.75。

c)　吊运液态金属和易燃易爆的化学品及危险品的起升机构:每套驱动装置应装有两个支持制动器,每一个制动器的制动安全系数不低于1.25;对于两套彼此有刚性联系的驱动装置,每套装置应装有两个支持制动器,每一个制动器的制动安全系数不应低于1.10;对于采用行星差动减速器传动,每套驱动装置也应装有两个支持制动器,每一个制动器的制动安全系数不应低于1.75。

d)　具有液压制动作用的液压传动起升机构:制动安全系数不应低于1.25。

6.1.1.3.2 **减速制动**

在起升机构中，不宜采用无控制的物品自由下降方式，减速制动是用来将悬挂在空中的正在向下运动的物品减速到停机或到一个较低的下降速度时实施停机制动。

起升机构的减速制动可以由机械式支持制动器来完成，也可以由电气制动来完成。电气制动只用于减速制动，不能用于支持制动和安全制动。

6.1.1.3.3 **安全制动**

在安全性要求特别高的起升机构中，为防止起升机构的驱动装置一旦损坏而出现特殊的事故，在钢丝绳卷筒上装设机械式制动器作安全制动用。此安全制动器在机构失效或传动装置损坏导致物品超速下降，下降速度达到 1.5 倍额定速度前自动起作用。

6.1.1.4 **机构起动、制动时间和加速度的计算**

6.1.1.4.1 **起动时间和起动平均加速度计算**

6.1.1.4.1.1 机构起动时间 t_q，按式(82)计算：

$$t_q=\frac{n\left[k(J_1+J_2)+\dfrac{J_3}{\eta}\right]}{9.55(M_{dq}-M_N)} \qquad \cdots\cdots(82)$$

式中：

t_q——起升机构的起动时间，单位为秒(s)，其值见表 37；

n——电动机额定转速，单位为转每分(r/min)；

k——其他传动件的转动惯量折算到电动机轴上的影响系数，$k=1.05\sim1.20$；

J_1——电动机转子的转动惯量，单位为千克平方米($kg\cdot m^2$)；

J_2——电动机轴上制动轮和联轴器的转动惯量，单位为千克平方米($kg\cdot m^2$)；

J_3——作起升运动的物品的惯量折算到电动机轴上的转动惯量，单位为千克平方米($kg\cdot m^2$)；

$$J_3=\frac{P_QD^2}{4ga^2i^2}$$

P_Q——同式(77)；

D——同式(77)；

g——重力加速度，取 $g=9.81\ m/s^2$；

a——同式(77)；

i——同式(77)；

η——同式(77)；

M_{dq}——电动机平均起动转矩，单位为牛米($N\cdot m$)；

$$M_{dq}=\lambda_{AS}M_n$$

λ_{AS}——电动机平均起动转矩倍数，其值见表 38；

M_n——电动机的额定转矩，单位为牛米($N\cdot m$)；

M_N——见式(77)。

表 37 起升机构起(制)动时间和平均升降加(减)速度值

起重机的用途及类型	起(制)动时间/s	平均加(减)速度/(m/s²)
作精密安装用的起重机	1 ~ 3	≤0.01
吊运液态金属和危险品的起重机	3 ~ 5	≤0.07
通用桥式起重机和通用门式起重机	0.7 ~ 3	0.01 ~ 0.15
冶金工厂中生产率高的起重机	3 ~ 5	0.02 ~ 0.05
港口用门座起重机	1 ~ 3	0.3 ~ 0.7
岸边集装箱起重机	1.5 ~ 5	0.2 ~ 0.8
卸船机	1 ~ 5	0.5 ~ 2.2
塔式起重机	4 ~ 8	0.25 ~ 0.5
汽车起重机	3 ~ 5	0.15 ~ 0.5
注：根据起重机不同的使用要求，对起升机构起(制)动时间或平均升降加(减)速度两者只选一项进行校核计算。		

表 38 电动机平均起动转矩倍数值

电动机型式		λ_{AS}
起重用三相交流绕线式电动机		1.5~1.8
起重用三相笼型电动机	普通型式	电动机堵转转矩倍数
	变频器控制型式	1.5~1.8
并励直流电动机		1.7~1.8
串励直流电动机		1.8~2.0
复励直流电动机		1.8~1.9

6.1.1.4.1.2 起动平均加速度 a_q，按式(83)计算(起动平均加速度值见表 37)：

$$a_q=\frac{v_q}{t_q} \qquad \cdots\cdots(83)$$

式中：

a_q——起升机构的起动平均加速度，单位为米每二次方秒(m/s²)；

v_q——起升速度，单位为米每秒(m/s)；

t_q——同式(82)。

6.1.1.4.2 制动时间和制动平均减速度计算

6.1.1.4.2.1 采用机械式制动器的满载下降制动时间 t_Z，按式(84)计算(制动时间值见表 37)：

$$t_Z=\frac{n'[k(J_1+J_2)+J_3\eta]}{9.55(M_Z-M'_j)} \qquad \cdots\cdots(84)$$

式中：

t_Z——起升机构的制动时间，单位为秒(s)；

n'——满载(额定载荷)下降且制动器投入有效制动转矩时的电动机转速，单位为转每分(r/min)，常取 $n'=1.1\ n$；

k——同式(82)；

η——同式(77)；

M_Z——机械式制动器的计算制动转矩，单位为牛米(N・m)；

M'_j——稳态下降额定载荷时电动机制动轴上的转矩，单位为牛米(N・m)；

$$M'_j=\frac{P_QD}{2ai}\eta'$$

η'——物品下降时起升机构系统的总效率；

其余符号同式(82)。

6.1.1.4.2.2 制动平均减速度，按式(85)计算(除紧急制动外的正常情况制动平均减速度值见表 37)：

$$a_Z=\frac{v'_q}{t_Z} \qquad \cdots\cdots\cdots\cdots\ (85)$$

式中：

a_Z——制动平均减速度，单位为米每二次方秒(m/s²)；

v'_q——满载下降且制动器开始有效制动时的下降速度，单位为米每秒(m/s)，可取 $v'_q=1.1\ v_q$；

t_Z——同式(84)。

除了用支持制动器完成减速制动以外，也可用支持制动器与电气制动并用作减速制动，或单独采用电气制动作减速制动。减速制动仅用来消耗动能，使物品安全减速。在与电气制动并用时，支持制动器的最低制动安全系数仍应满足 6.1.1.3.1.3 的要求。

6.1.1.5 减速器的选择

6.1.1.5.1 在一般情况下，起升机构减速器的设计预期寿命应与该机构工作级别中所对应的使用等级一致。但对一些工作特别繁重，允许在起重机使用期限内更换减速器的，则所选减速器的设计预期寿命可小于该起升机构所对应的机构工作寿命。

6.1.1.5.2 采用起重机用减速器时，当所选用的减速器参数表上标注的工作级别与所设计的起升机构的工作级别不一致时，应引入减速器功率修正系数。

6.1.1.5.3 采用普通用途减速器时，还应用电动机的最大起动转矩验算减速器输入轴的强度，用额定起升载荷(考虑起升动载系数 ϕ_{2max})作用在减速器输出轴上的短暂最大力矩和最大径向力验算减速器输出轴的强度。

6.1.2 有轨运行机构

6.1.2.1 稳态运行阻力

稳态运行阻力 P_j(包括摩擦阻力 P_m、坡道阻力 P_a、按计算风压 P_1 算得的风阻力 P_{WI})，按式(86)计算：

$$P_j=P_m+P_\alpha+P_{WI} \qquad \cdots\cdots\cdots\cdots\ (86)$$

式中：

P_j——稳态运行阻力，单位为牛顿(N)；

P_m——运行摩擦阻力,单位为牛顿(N);

P_α——坡道阻力,单位为牛顿(N);

P_{WI}——按计算风压 P_I 算得的风阻力,单位为牛顿(N)。

在曲线轨道上运行的起重机,还要考虑弯道运行附加阻力;在绳索牵引式运行机构中,还需计算小车运行时起升钢丝绳及运行牵引钢丝绳绕过导向滑轮的阻力。

6.1.2.1.1 **摩擦阻力 P_m**

起重机或起重小车沿直线运行时摩擦阻力 P_m 主要包括车轮踏面的滚动摩擦阻力、车轮轴承的摩擦阻力以及附加摩擦阻力三部分,按式(87)计算:

$$P_m = P_\Sigma \frac{\mu d + 2f_K}{D} C_f \quad \cdots\cdots (87)$$

式中:

P_m——同式(86);

P_Σ——运动部分所有质量的重力,包括吊运物品和起重机或小车等质量的重力,单位为牛顿(N);

μ——车轮轴承摩擦阻力系数,见表39;

d——车轮轴径,单位为毫米(mm);

f_K——车轮沿轨道的滚动摩擦力臂,单位为毫米(mm),见表40;

D——车轮踏面直径,单位为毫米(mm);

C_f——考虑车轮轮缘与轨顶侧面摩擦或牵引供电电缆及集电器摩擦等的附加摩擦阻力系数,见表41。

表39 车轮轴承的摩擦阻力系数 μ

轴承型式	滑动轴承		滚动轴承		
轴承结构	开式	稀油润滑	滚珠或滚柱式	锥形滚子式	调心滚子式
μ	0.1	0.08	0.015	0.02	0.004

表40 车轮的滚动摩擦力臂 f_k

车轮材料	钢轨型式	车轮踏面直径/mm					
		100,160	200,250,315	400,500	630,710	800	900,1 000
钢	平顶	0.25	0.3	0.5	0.6	0.7	0.7
	圆顶	0.3	0.4	0.6	0.8	1.0	1.2
铸铁	平顶	—	0.4	0.6	0.8	0.9	0.9
	圆顶	—	0.5	0.7	0.9	1.2	1.4

表 41　附加摩擦阻力系数 C_f

<table>
<tr><th colspan="2">车轮形状</th><th colspan="2">机　　构</th><th>驱动型式</th><th>C_f</th></tr>
<tr><td rowspan="9">圆柱车轮</td><td>有轮缘</td><td rowspan="2" colspan="2">桥式、门式和门座起重机的大车运行机构</td><td>分别驱动</td><td>1.5</td></tr>
<tr><td>无轮缘
（有水平滚轮）</td><td>分别驱动</td><td>1.1</td></tr>
<tr><td>有轮缘</td><td colspan="2">具有柔性支腿的装卸桥、门式起重机的大车运行机构</td><td>分别驱动</td><td>1.3</td></tr>
<tr><td rowspan="2">有轮缘</td><td rowspan="2">双梁桥式、门式起重机的小车运行机构</td><td>滑线导电</td><td>集中驱动</td><td>1.6</td></tr>
<tr><td>电缆导电</td><td>集中驱动</td><td>1.3</td></tr>
<tr><td>有轮缘</td><td rowspan="4">受偏心载荷的单主梁小车运行机构</td><td rowspan="2">滑线导电</td><td rowspan="2"></td><td>1.6</td></tr>
<tr><td>无轮缘</td><td>1.5</td></tr>
<tr><td>有轮缘</td><td rowspan="2">电缆导电</td><td rowspan="2"></td><td>1.3</td></tr>
<tr><td>无轮缘</td><td>1.2</td></tr>
<tr><td colspan="2" rowspan="2">圆锥车轮（单轮缘）</td><td colspan="2" rowspan="2">悬挂在工字梁或箱形梁下翼缘上的小车运行机构</td><td>单边驱动</td><td>1.5</td></tr>
<tr><td>双边驱动</td><td>2.0</td></tr>
</table>

6.1.2.1.2　坡道阻力 P_α

坡道阻力的计算原则，见 4.2.2.2。

坡道阻力按式(88)计算：

$$P_\alpha=(m+m_i)g\cdot\tan\alpha \qquad \cdots\cdots(88)$$

式中：

P_α——同式(86)；

m——起重机的总起升质量，单位为千克(kg)；

m_i——起重机或小车的质量，单位为千克(kg)；

g——重力加速度，单位为米每二次方秒(m/s^2)；

α——轨道倾斜的角度，单位为度(°)。

6.1.2.1.3　风阻力 P_{WI}

风阻力按 4.2.2.3.4 中的风载荷计算方法计算。

6.1.2.2　电动机初选

6.1.2.2.1　电动机型式选择

电动机型式按附录 P 中的 P.1 的规定选择。

6.1.2.2.2　电动机的初选功率

6.1.2.2.2.1　电动机运行稳态功率按附录 P 中的式(P.2)计算。

6.1.2.2.2.2　对能提供有关按 *CZ* 值计算选择电动机资料的异步电动机，可按附录 P 的式(P.7)计算。

6.1.2.2.2.3　对能获得电动机负荷图的运行机构，可按附录 P 的(P.9)计算。

6.1.2.3　电动机的校验

6.1.2.3.1　电动机的过载校验和发热校验

电动机的过载校验按附录 R 的方法计算；电动机的发热校验按附录 S 的方法计算。

6.1.2.3.2　电动机使用环境的功率修正

电动机使用环境的功率修正见 7.7.2.4。

6.1.2.4　起动时间与起动平均加速度计算

6.1.2.4.1　满载、上坡、迎风运行起动时的起动时间 t_q，按式(89)计算：

$$t_q=\frac{n\left[k(J_1+J_2)m+\frac{J'_3}{\eta}\right]}{9.55(mM_{dq}-M_{dj})} \qquad \cdots\cdots(89)$$

式中：

n——同式(82)；

k——同式(82)；

J_1——同式(82)；

J_2——同式(82)；

m——电动机台数；

J'_3——作平移运动的全部质量的惯量折算到电动机轴上的转动惯量，单位为千克平方米(kg·m²)；

$$J'_3=\frac{(m+m_i)D^2}{4i^2}$$

m——同式(88)；

m_i——同式(88)；

D——车轮踏面直径，单位为米(m)；

i——由电动机轴到车轮的机构总传动比；

η——运行机构总传动效率；

M_{dq}——同式(82)；

M_{dj}——满载、上坡、迎风时作用于电动机轴上的稳态运行阻力矩，单位为牛米(N·m)；

$$M_{dj}=\frac{P_jD}{2i\eta}$$

P_j——同式(86)。

6.1.2.4.2　起动平均加速度 a_y 按式(90)计算：

$$a_y=\frac{v_y}{t_q} \qquad \cdots\cdots(90)$$

式中：

a_y——起动平均加速度，单位为米每二次方秒(m/s²)；

v_y——起重机的稳定运行速度，单位为米每秒(m/s)；

t_q——起重机的运行起动时间，单位为秒(s)，一般取不大于表 13 中的值。

6.1.2.5 **减速器的选择**

6.1.2.5.1 在一般情况下，运行机构减速器的设计预期寿命与该机构工作级别中所对应的使用等级一致。但对一些工作特别繁重，允许在起重机使用期限内更换减速器的，所选减速器的设计预期寿命可小于运行机构的工作寿命。

6.1.2.5.2 在选用减速器时，若其参数表上的工作级别与运行机构的工作级别不一致时，应引入换算减速器使用繁忙条件的功率修正系数。

6.1.2.5.3 与起升机构减速器不同，运行机构减速器在工作时承受双向载荷，且在机构起(制)动时要传递更大的驱动或制动力矩，在选择运行机构的减速器时应特别考虑此因素。

6.1.2.6 **制动器的选择**

运行机构装设制动器的作用一般是为了实现减速制动，并使停止下来的起重机在作业时运行机构能保持不动。

6.1.2.6.1 运行机构机械式制动器的制动转矩与运行摩擦阻力矩之和，应能使处于满载、顺风及下坡状态下运行的起重机或小车在要求的时间内停止下来。

运行机构的制动转矩 M_Z 按式(91)计算：

$$M_Z=\left\{\frac{(P_{WI}+P_\alpha-P'_m)D\eta}{2i}+\frac{n}{9.55t_Z}[km_Z(J_1+J_2)+J'_3\eta]\right\} \cdots\cdots\cdots\cdots (91)$$

式中：

M_Z——运行机构制动转矩，单位为牛米(N·m)；

P_{WI}——同式(86)；

P_α——同式(86)；

P'_m——不考虑轮缘与轨道侧面附加摩擦的摩擦阻力，单位为牛顿(N)；

D——同式(89)；

η——同式(89)；

i——由制动器轴到车轮的机构总传动比；

n——同式(82)；

t_Z——运行机构制动时间，单位为秒(s)；

k——同式(82)；

m_Z——制动器的台数；

J_1,J_2,J'_3——同式(89)。

6.1.2.6.2 制动器的选择条件，一般$[M_Z]\geqslant M_Z$，$[M_Z]$是所选制动器参数表中给出的制动转矩。

6.1.2.6.3 频繁制动的制动器，在同一挡制动力矩的各个制动器中，宜选用制动轮较大的制动器。

6.1.2.6.4 对那些驱动轮与轨道之间有足够大黏着力的露天工作起重机的运行小车，或未采用自动作用夹轨器的起重机，应按式(142)及式(144)计算在顺风、下坡情况下制动装置的总抗风阻力是否能抗御风的吹袭，以防止在有风工作中的起重机发生移动。

6.1.2.7 **打滑计算**

运行机构起动或制动时，起重机或小车不应发生打滑，一般由设计校验主动轮不打滑来保证。计算时钢质车轮与钢轨的黏着系数(静摩擦系数)为:室内工作的取 0.14,室外工作的取 0.12。

6.1.3 回转机构

6.1.3.1 等效回转稳态阻力矩

等效回转稳态阻力矩 M_{eq},按式(92)计算:

$$M_{eq}=M_m+M_W+M_\alpha \qquad (92)$$

式中:

M_{eq}——等效回转稳态阻力矩,单位为牛米(N·m);

M_m——回转摩擦阻力矩,主要是回转支承装置的摩擦阻力矩,单位为牛米(N·m);

M_W——正常工作状态下的等效风阻力矩,按 P_{WI} 风阻力矩的 0.7 倍计算,单位为牛米(N·m);

M_α——等效坡道阻力矩,按坡道阻力矩的 0.7 倍计算,单位为牛米(N·m)。

6.1.3.2 电动机初选

6.1.3.2.1 电动机型式选择

电动机型式按附录 P 中的 P.1 规定选择。

6.1.3.2.2 电动机的初选功率

6.1.3.2.2.1 回转机构电动机等效功率按附录 P 中的式(P.4)计算。

6.1.3.2.2.2 对能提供有关按 CZ 值计算选择电动机资料的绕线转子异步电动机,可按附录 P 中的式(P.8)计算所需电动机功率。

6.1.3.2.2.3 对能获得电动机负荷图的回转机构,可按附录 P 中的式(P.10)计算所需电动机功率。

6.1.3.3 电动机的校验

6.1.3.3.1 电动机的过载校验和发热校验

回转机构电动机的过载校验按附录 R 的方法计算,电动机的发热校验按附录 S 的方法计算。

6.1.3.3.2 电动机使用环境的功率修正

电动机使用环境的功率修正见 7.7.2.4。

6.1.3.3.3 起动加速度计算

对于电动机直接起动的回转机构应计算机构的起动加速度,应使臂架起重机回转臂架头部切向加(减)速度不大于下列数值:对于回转速度较低的安装用起重机,根据起重量大小,此值一般为0.1 m/s^2～0.3 m/s^2;对于回转速度较高的装卸用起重机,根据起重量大小,此值一般为 0.8 m/s^2～1.2 m/s^2。起重量大者取小值。

6.1.3.4 减速器的选择

回转机构的减速器用等效功率进行选择,减速器的工作特点和选择原则与运行机构减速器相同。

6.1.3.5 制动器的选择

在回转机构最不利工作状态下,其制动器应能使回转部分从运动中停止;对塔式起重机,则是使已停住的回转部分在工作中能保持定位不动。制动减速度不宜超过 6.1.3.3.3 的规定。

回转机构的制动转矩按式(93)计算：

$$M_Z=\frac{\sum J\cdot n}{9.55t_Z}+M_C \qquad \cdots\cdots(93)$$

式中：

M_Z——回转机构的制动转矩，单位为牛米(N·m)；

$\sum J$——起重机回转制动时，回转机构及含吊运物品在内的全部回转运动质量换算到电动机轴(制动器轴)上的机构总转动惯量，单位为千克二次方米($kg\cdot m^2$)；

n——同式(82)；

t_Z——回转机构制动时间，单位为秒(s)；

M_C——换算到电动机轴上的等效回转力矩，单位为牛米(N·m)；

$$M_C=\frac{\eta}{i}(M_W+M_\alpha-M_m)$$

η——回转机构的总传动效率；

i——由制动器轴到回转支承装置的回转机构总传动比；

M_W——同式(92)；

M_α——同式(92)；

M_m——同式(92)。

6.1.3.6 极限力矩联轴器的选择

对于有自锁可能的传动机构应装设极限力矩联轴器。非自锁机构如果不装设极限力矩联轴器，则应计算传动机构在事故状态下的静强度。

极限力矩联轴器的摩擦力矩，按式(94)计算：

$$M_{jl}=1.1\left[M_{max}-\frac{(J_1+J_2)n}{9.55t}\right]i_c\eta \qquad \cdots\cdots(94)$$

式中：

M_{jl}——极限力矩联轴器的摩擦力矩，单位为牛米(N·m)；

M_{max}——电动机最大起动转矩或制动器的制动转矩，单位为牛米(N·m)；

J_1,J_2——见式(82)；

n——同式(82)；

t——起、制动时间，单位为秒(s)；

i_c——电动机至极限力矩联轴器的回转机构传动比；

η——电动机至极限力矩联轴器的传动效率。

6.1.4 变幅机构

6.1.4.1 变幅阻力

6.1.4.1.1 非平衡动臂式变幅机构的变幅阻力

在非平衡动臂式变幅机构变幅全过程中的不同幅度位置，变幅牵引构件(如钢丝绳、齿条、螺杆、液压缸活塞等)上的总变幅阻力可能会有较大的变化。每一个变幅位置上变幅牵引构件的最大变幅阻力按式(95)计算：

$$P_Z = P_o + P_l + P_w + P_{sh} + P_e + P_c + P_f + P_\alpha \quad \cdots\cdots (95)$$

式中：

P_Z——非平衡动臂式变幅机构的变幅阻力，单位为牛顿(N)；

P_o——变幅时吊运物品非水平位移所引起的变幅阻力，单位为牛顿(N)；

P_l——臂架系统自重未能完全平衡引起的变幅阻力，单位为牛顿(N)；

P_W——作用在臂架系统上的风载荷引起的变幅阻力，单位为牛顿(N)；

P_{sh}——作用在吊运物品上的风载荷、起重机回转时吊运物品的离心力以及变幅、回转、运行起动或制动时在吊运物品上造成的水平惯性力等引起的起升滑轮组对铅垂线的偏角 α 造成的变幅阻力，单位为牛顿(N)；

P_e——臂架系统在起重机回转时的离心力引起的变幅阻力，单位为牛顿(N)；

P_c——变幅过程中臂架系统相对回转中心线的径向惯性力引起的变幅阻力，单位为牛顿(N)；

P_f——臂架铰轴等关节中的摩擦力和补偿滑轮组的效率造成的变幅阻力，单位为牛顿(N)；

P_α——起重机轨道坡度等引起的变幅阻力，单位为牛顿(N)。

6.1.4.1.2 平衡臂架式变幅机构的变幅等效阻力

平衡臂架式变幅机构每个位置上的变幅阻力也可以采用式(95)计算，而在变幅全过程的变幅等效阻力 F_{Id} 则应按式(96)计算：

$$F_{Id} = \sqrt{\frac{\sum_{i=1}^{n} P_{Ii}^2 \cdot t_i}{\sum_{i=1}^{n} t_i}} \quad \cdots\cdots (96)$$

式中：

F_{Id}——平衡臂架式变幅机构变幅等效阻力，单位为牛顿(N)；

P_{Ii}——臂架从位置 i 到位置 $i+1$ 幅度区段上两个相邻计算位置的变幅阻力的平均值，单位为牛顿(N)；

t_i——P_{Ii} 的作用时间，单位为秒(s)。

6.1.4.1.3 牵引小车式变幅机构的变幅稳态阻力

钢丝绳牵引小车式变幅机构的变幅稳态阻力包括摩擦阻力、等效坡道阻力、起升钢丝绳和牵引钢丝绳绕过导向滑轮所引起的阻力。摩擦阻力包括车轮沿轨道滚动的阻力、车轮轴承内的摩擦阻力以及车轮轮缘与轨道侧面间的附加摩擦阻力，后者一般是用前述两种基本摩擦阻力之和乘以附加摩擦阻力系数 1.50 来考虑，计算见 6.1.2.1.1。

6.1.4.2 电动机初选

6.1.4.2.1 非平衡动臂式变幅机构

非平衡动臂式变幅机构所需电动机功率按附录 P 中的式(P.5)计算。

6.1.4.2.2 平衡臂架式变幅机构

平衡臂架式变幅机构所需电动机功率，按附录 P.2.2 中的式(P.6)计算。

6.1.4.2.3 **牵引小车式变幅机构**

牵引小车式变幅机构所需电动机功率按附录P中的式(P.3)计算。

6.1.4.3 **电动机的校验**

6.1.4.3.1 **电动机的过载校验和发热校验**

变幅机构电动机的过载校验按附录R的方法计算,电动机的发热校验按附录S的方法计算。

6.1.4.3.2 **电动机使用环境功率修正**

电动机使用环境功率修正见7.7.2.4。

6.1.4.3.3 **起动加速度计算**

变幅机构电动机选出之后,应计算机构的起动加速度,起重机变幅时臂架端部水平移动的最大加(减)速度不大于0.6 m/s^2。

6.1.4.4 **减速器的选择**

6.1.4.4.1 **非平衡动臂式变幅机构**

减速器的工作特点和选择原则与起升机构减速器相同。

6.1.4.4.2 **平衡臂架式变幅机构、牵引小车式变幅机构**

减速器的工作特点和选择原则与运行机构减速器相同。

6.1.4.5 **制动器的选择**

6.1.4.5.1 对于平衡臂架式变幅机构,应采用常闭式机械制动器。当用变幅过程中变幅钢丝绳或变幅拉杆中的最大拉力换算到制动器轴上的转矩进行计算时:

——起重机悬吊的物品回转并受工作状态最大风力 $P_{W\mathrm{II}}$ 作用、钢丝绳出现最大摆角 α_{II} 时,制动安全系数不应小于1.25;

——起重机不工作、并受最大非工作风 $P_{W\mathrm{III}}$ 作用时,制动安全系数不应小于1.15。

6.1.4.5.2 对于非平衡动臂式变幅机构,在一般情况下应装一个机械式制动器;在重要情况下应装两个机械式支持制动器或装一个机械式支持制动器和一个停止器。装一个机械式支持制动器时,其制动安全系数不小于1.50;装有两个机械式支持制动器时,每一个制动安全系数不小于1.25。液压变幅机构应装平衡阀。

6.1.4.5.3 对于钢丝绳牵引小车变幅机构,机械式制动器的制动转矩与运行摩擦阻力矩之和,应能使处于不利情况下的变幅小车在要求的时间内停止下来。机械式制动器安全系数不小于1.25。采用常闭式机械式制动器,宜先减速后制动,牵引小车的制动减速度不宜超过0.5 m/s^2。

6.2 起重机的通用机械零件的设计计算

6.2.1 计算内容和方法

起重机机械零件的设计计算包括以下内容,但并非全部零件都要进行以下各项计算,而是根据零件所处的部位及其受载情况进行合理的选择。

6.2.1.1 **强度计算**

强度计算包括抗脆性断裂及防止出现塑性变形的计算,其目的是要验证计算应力不超过所采用材料的许用应力。对传动机构中的大多数零件均要进行此项计算,对受力较大的承载零件也需进行此项计算。在确定许用应力时,对于弹塑性较好的材料($\sigma_s/\sigma_b<0.7$)制成的机械零

件,可以用屈服强度(屈服点)除以安全系数进行强度计算。但对于机械零件中使用较多的高强度材料或经过热处理提高了其机械性能的材料,其屈服强度与抗拉强度之比是较高或很高的(经常 $\sigma_s/\sigma_b \geqslant 0.7$),如果强度计算的许用应力仍根据屈服强度来确定,零件就容易在其所受应力偶然超过这个强度时发生脆性破坏。因此对这类机械零件应该用其钢材的抗拉强度除以安全系数进行强度计算。

6.2.1.2 稳定计算

稳定计算包括对易丧失稳定的零件进行的抗失稳计算,对较长的高速传动轴进行防止达到临界转速的计算等。特别是对于使用高强度材料的机构,更应重视对零件的稳定计算。

6.2.1.3 耐磨及发热计算

耐磨及发热计算包括对受力较大的摩擦磨损件进行耐磨计算和对可能出现较高发热的零部件进行防止过热的计算。对于采用新的金属及非金属材料制成的零件,更应进行此项计算。

6.2.1.4 抗疲劳计算

对承受应力循环次数较多的零件,应进行抗疲劳计算。

起重机机械零件的上述计算都是用安全系数法,即考核这些零件在抗失效方面是否有足够的安全裕度。

6.2.2 计算载荷与载荷情况

6.2.2.1 计算载荷

起重机机构零件受到的载荷基本上可分为两类:P_M 型载荷和 P_R 型载荷,见 4.4.1。

6.2.2.2 载荷情况

起重机机械零件设计计算中的载荷,要考虑在情况Ⅰ:无风正常工作,情况Ⅱ:有风正常工作,情况Ⅲ:特殊载荷作用等三种情况下 P_M、P_R 各类载荷的载荷组合,见 4.4.2。

6.2.3 强度计算

6.2.3.1 许用应力值

6.2.3.1.1 当钢材的屈服点(σ_s)与钢材的抗拉强度(σ_b)之比小于 0.7 时,许用应力[σ]按式(97)确定:

$$[\sigma]=\sigma_s/n_s \qquad \cdots\cdots(97)$$

式中:

[σ]——同式(28);

σ_s——钢材的屈服点,单位为牛每平方毫米(N/mm^2);

n_s——与钢材的屈服点及载荷情况相对应的安全系数,见表 42。

表 42 n_s 和 n_b

载荷情况	安全系数	
	n_s	n_b[a]
Ⅰ和Ⅱ	1.48	2.2
Ⅲ	1.22	1.8

[a] 对灰铸铁,n_b 值要增加 25%。

6.2.3.1.2 对 $\sigma_s/\sigma_b \geqslant 0.7$ 的材料,许用应力[σ]由式(98)确定:

$$[\sigma]=\sigma_b/n_b \qquad \cdots\cdots (98)$$

式中：

$[\sigma]$——同式(28)；

σ_b——机械零件钢材的抗拉强度，单位为牛每平方毫米（N/mm^2）；

n_b——与钢材的抗拉强度及载荷情况相对应的安全系数，见表 42。

6.2.3.2 计算应力与许用应力之间的关系

机械零件危险点的计算应力，用通常的力学方法计算；复合应力按合适的强度理论予以合成。当计算应力与许用应力之间符合以下关系时，即认为该机械零件满足了强度的条件：

a) 纯拉伸：$1.25\sigma_t \leqslant [\sigma]$，$\sigma_t$ 为计算的拉伸应力；

b) 纯压缩：$\sigma_c \leqslant [\sigma]$，$\sigma_c$ 为计算的压缩应力；

c) 纯弯曲：$\sigma_f \leqslant [\sigma]$，$\sigma_f$ 为计算的弯曲应力；

d) 拉伸和弯曲复合：$1.25\sigma_t+\sigma_f \leqslant [\sigma]$；

e) 压缩和弯曲复合：$\sigma_c+\sigma_f \leqslant [\sigma]$；

f) 纯剪切：$\sqrt{3}\tau \leqslant [\sigma]$；

g) 拉伸、弯曲和剪切复合：$\sqrt{(1.25\sigma_t+\sigma_f)^2+3\tau^2} \leqslant [\sigma]$；

h) 压缩、弯曲和剪切复合：$\sqrt{(\sigma_c+\sigma_f)^2+3\tau^2} \leqslant [\sigma]$。

6.2.4 稳定计算

6.2.4.1 抗失稳计算

对易于丧失稳定的零件，计算目的是验证其计算应力是否会超过作为临界应力函数的某个极限应力，超过临界应力就有发生失稳的危险。计算时，要考虑增大系数 γ'_m（见表 21），其数值与机构工作级别有关。

有关零件抗失稳计算可按 5.6 计算。

6.2.4.2 轴的临界转速

对转速超过 400 r/min 的长传动轴，应计算其临界转速，并满足式(99)的要求：

$$n_{max} \leqslant \frac{n_{cr}}{1.2} \qquad \cdots\cdots (99)$$

式中：

n_{max}——轴的实际最大转速，单位为转每分(r/min)；

n_{cr}——轴的临界转速，单位为转每分(r/min)，$n_{cr}=1\ 210\dfrac{\sqrt{d_1^2+d^2}}{l^2}$；

d_1——空心轴的内直径，单位为厘米(cm)，当为实心轴时，$d_1=0$；

d——轴外径，单位为厘米(cm)；

l——轴的支点间距，单位为米(m)。

6.2.5 耐磨及防过热计算

6.2.5.1 耐磨计算

对于受磨损的零件，根据经验应对一些影响磨损的特定物理量进行计算，使之不会导致过度磨损。如对制动器、离合器及滑动支承等,应计算其摩擦表面的单位面积压力强度 p 及与摩擦面相对运动速度 v 乘积的特性系数 pv 值,要求它不超过允许范围。

6.2.5.2 防过热计算

在盘式制动器或鼓式制动器中,摩擦面要选用耐磨损耐高温的材料,制动轮/盘应有良好的散热条件,对频繁动作的制动器还应进行散热计算,应重视温度升高引起制动轮/盘与制动衬垫的摩擦系数变化,必要时应进行制动器热容量的计算。传动系统中采用液力偶合器时应具有足够的散热条件,并应采取防过热的保护措施。

6.2.6 疲劳强度的计算

6.2.6.1 一般方法

零件的疲劳强度主要由以下因素所确定:

——制造零件的材料;

——形状、表面情况、腐蚀状态、尺寸(比例效应)和其他产生应力集中的因素;

——在各种应力循环过程中出现的最小应力和最大应力的比值;

——应力谱;

——应力循环数。

一般情况下,机械零件的疲劳强度要从材料和零件的应力、疲劳循环特性以及与这些特性有关的规律中推导出来。

疲劳强度是以所选用的材料制成的抛光试件在交变拉伸疲劳载荷下的疲劳极限为基础,并采用一些系数来考虑零件的几何形状、表面情况、腐蚀状态和尺寸等因素降低疲劳强度的影响。

借助疲劳极限曲线[史密斯(SMITH)图],由交变载荷(应力循环特征值 $r=-1$)下的疲劳极限可得出与其他应力循环特征值 r 相对应的疲劳极限。在此曲线中,对于疲劳强度曲线的形状作了某些简化假设。

用这种确定实际零件相对于已知应力循环特征值 r 的疲劳极限的方法,可以用来绘制疲劳寿命曲线[威勒(WOHLER)曲线],此曲线表示了在具有相同的应力循环特征值 r 的应力循环下疲劳应力与应力循环数的关系。根据此曲线,利用迈内尔(MINER)疲劳损伤线性累积假设,根据机械零件的工作级别,便可以确定它的疲劳强度。

本标准中所叙述的确定疲劳强度的方法,只适用于材料结构在所考虑的整个截面上是均匀的零件。因此,经过表面处理(如淬硬、氮化、表面硬化)的零件就不能用这个方法,只有当疲劳寿命曲线表示的是由同样材料制造、有相同的形状和尺寸、并受过完全相同的表面处理的零件,才可以由它来确定要计算的零件的疲劳强度。

只需用载荷情况Ⅰ(见 4.4.2.2)进行机械零件疲劳强度计算。

应力循环数小于 8 000 次时,可不必进行疲劳计算。

6.2.6.2 抛光试件在交变载荷($r=-1$)下的疲劳计算

研究表明,机械零件的抛光试件在交变旋转弯曲作用下的疲劳极限值 σ_{bw} 可以近似地作为交变非旋转的弯曲作用下疲劳极限值。

交变轴向拉伸和压缩作用下的疲劳极限值,应比 σ_{bw} 减少 20%。

交变剪切(纯剪切或扭转)作用下的疲劳极限 τ_w,可由式(100)得出:

$$\tau_{w}=\frac{\sigma_{bw}}{\sqrt{3}} \qquad \cdots\cdots(100)$$

式中：

τ_{w}——抛光零件在交变剪切(纯剪切或扭转)作用下的疲劳极限,单位为牛每平方毫米(N/mm^2)；

σ_{bw}——抛光试件在交变旋转弯曲作用下的疲劳极限值,单位为牛每平方毫米(N/mm^2)。

此处给定的σ_{bw}值一般为对应于90%完好率的统计值,对常用的钢材为碳钢的机械零件,σ_{bw}值可按式(101)决定：

$$\sigma_{bw}=0.5\sigma_{b} \qquad \cdots\cdots(101)$$

式中：

σ_{bw}——同式(100)；

σ_{b}——同式(28)。

6.2.6.3 形状、尺寸、表面情况和腐蚀的影响

对所讨论零件,由于其形状、尺寸、表面(机械加工)情况以及其腐蚀状态等因素的影响,必然使其在交变载荷下的疲劳极限相对于抛光试件的理想状态有所降低。分别用系数K_{s},K_{d},K_{u}和K_{c}来考虑这些影响。这些系数可按附录T确定。

所讨论零件在交变载荷($r=-1$)下拉伸,压缩,弯曲和扭转剪切的疲劳极限σ_{wr}或τ_{wr}由式(102)～式(104)给出：

$$\sigma_{wr}=\frac{\sigma_{bw}}{K_{s}K_{d}K_{u}K_{c}} \qquad \cdots\cdots(102)$$

或

$$\tau_{wr}=\frac{\tau_{w}}{K_{s}K_{d}K_{u}K_{c}} \qquad \cdots\cdots(103)$$

在纯剪切情况下,取：

$$\tau_{wr}=\tau_{w} \qquad \cdots\cdots(104)$$

式中：

σ_{wr}或τ_{wr}——零件拉伸,压缩,弯曲和扭转剪切的疲劳极限,单位为牛顿每平方毫米(N/mm^2)；

τ_{w}——同式(100)；

K_{s},K_{d},K_{u},K_{c}——系数。

6.2.6.4 作为r、σ_{b}和σ_{wr}(τ_{wr})函数的疲劳极限

图11为疲劳极限曲线[史密斯(SMITH)图],它表达了疲劳极限σ_{d}(或τ_{d})与极值应力比r、抗拉强度σ_{b}和交变载荷($r=-1$)下疲劳极限σ_{wr}(τ_{wr})之间的假设关系,这些关系也如表43内容所示。

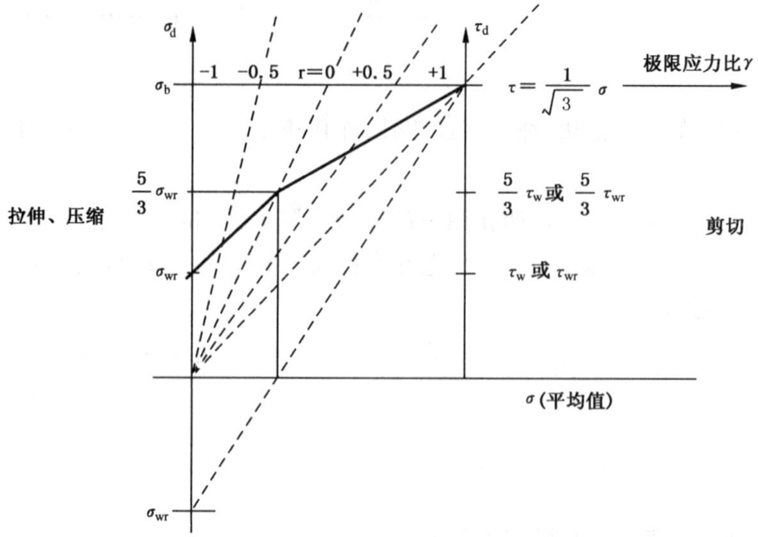

图 11　疲劳极限曲线

表 43　机械零件疲劳极限 $\sigma_d(\tau_d)$ 与 r、σ_b、σ_{wr} 的关系

正应力	$-1\leqslant r<0$	$\sigma_d=\frac{5}{3-2r}\sigma_{wr}$	交变应力
	$0\leqslant r\leqslant 1$	$\sigma_d=\frac{\frac{5}{3}\sigma_{wr}}{1-\left(1-\frac{\frac{5}{3}\sigma_{wr}}{\sigma_b}\right)r}$	脉动应力
剪切应力	$-1\leqslant r<0$	$\tau_d=\frac{5}{3-2r}\tau_{wr}$	交变应力
	$0\leqslant r\leqslant 1$	$\tau_d=\frac{\frac{5}{3}\tau_{wr}}{1-\left(1-\frac{\frac{5}{3}\sqrt{3}\tau_{wr}}{\sigma_b}\right)r}$	脉动应力

6.2.6.5　疲劳寿命曲线(威勒曲线)

图 12 的疲劳寿命曲线表示了当所有应力循环具有相同的幅值和相同的应力循环特征值 r 时,疲劳破坏前能承受的应力循环数 n 和最大应力 $\sigma(\tau)$ 之间的函数关系,假设如下:

a)　对 $n_T\leqslant 8\times 10^3$:

$$\sigma=\sigma_b \quad \cdots\cdots(105)$$

或

$$\tau=\frac{\sigma_b}{\sqrt{3}} \quad \cdots\cdots(106)$$

式中:

σ,τ——最大应力,单位为牛顿每平方毫米(N/mm²);

σ_b——同式(98)。

b） 对 $8\times10^3<n_T<2\times10^6$ 的有限疲劳区，这一函数关系可由图 12 双对数坐标中的 TD 直线来表示：

在所考虑的区间内，威勒曲线的斜率由 C 来表示。

$$C=\tan\varphi=\frac{\log 2\cdot10^6-\log 8\cdot10^3}{\log\sigma_b-\log\sigma_d} \quad \cdots\cdots(107)$$

或

$$C=\tan\varphi=\frac{\log 2\cdot10^6-\log 8\cdot10^3}{\log\frac{\sigma_b}{\sqrt{3}}-\log\tau_d} \quad \cdots\cdots(108)$$

c） 对 $n\geqslant2\times10^6$：

$$\sigma=\sigma_d \quad \cdots\cdots(109)$$

或

$$\tau=\tau_d \quad \cdots\cdots(110)$$

式中：

C——威勒曲线斜率；

$\tan\varphi$——威勒曲线斜率；

σ_b——同式(98)；

σ_d——机械零件的疲劳极限，单位为牛顿每平方毫米（N/mm^2）；

τ_d——机械零件的疲劳极限，单位为牛顿每平方毫米（N/mm^2）；

σ——同式(105)。

上述 C 值表示了该机械零件实际的应力谱系数 K_S 值。

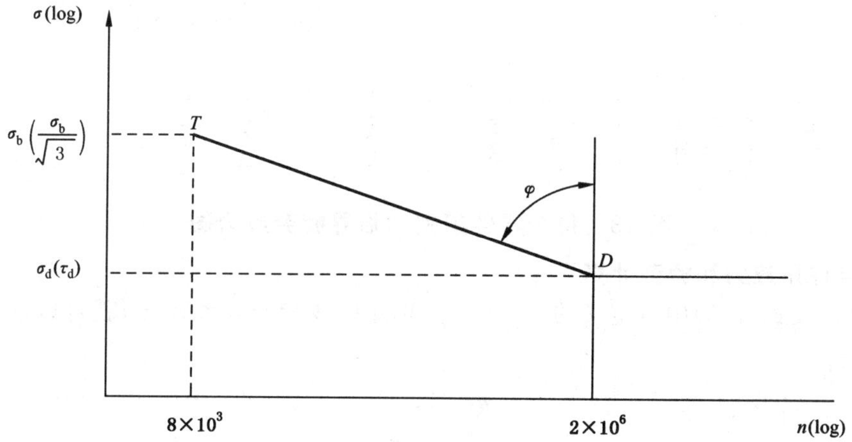

图 12 疲劳寿命曲线

6.2.6.6 机械零件的疲劳强度

一个已知的机械零件，其拉伸或压缩疲劳强度 σ_r 或剪切疲劳强度 τ_r 可以分别用式(111)和式(112)来确定：

$$\sigma_r=(2^{\frac{8-j}{C}})\cdot\sigma_d \quad \cdots\cdots(111)$$

或 $$\tau_r=(2^{\frac{8-j}{C}})\cdot\tau_d \quad\cdots\cdots(112)$$

式中：

σ_r——机械零件的拉伸或压缩疲劳强度，单位为牛顿每平方毫米(N/mm^2)；

j——为该机械零件工作级别的组别号，$j=1\sim8$，见表9；

C——同式(107)；

σ_d——同式(107)；

τ_r——机械零件的剪切疲劳强度，单位为牛顿每平方毫米(N/mm^2)；

τ_d——同式(108)。

根据机械零件总应力循环数 n_T 和应力谱系数 K_S，它们的组别划分和相应于每一组别的临界疲劳应力如图13所示，其中 σ_{jr} 表示用于工作级别的应力。对临界剪切应力，字母 σ 用 τ 来代替。

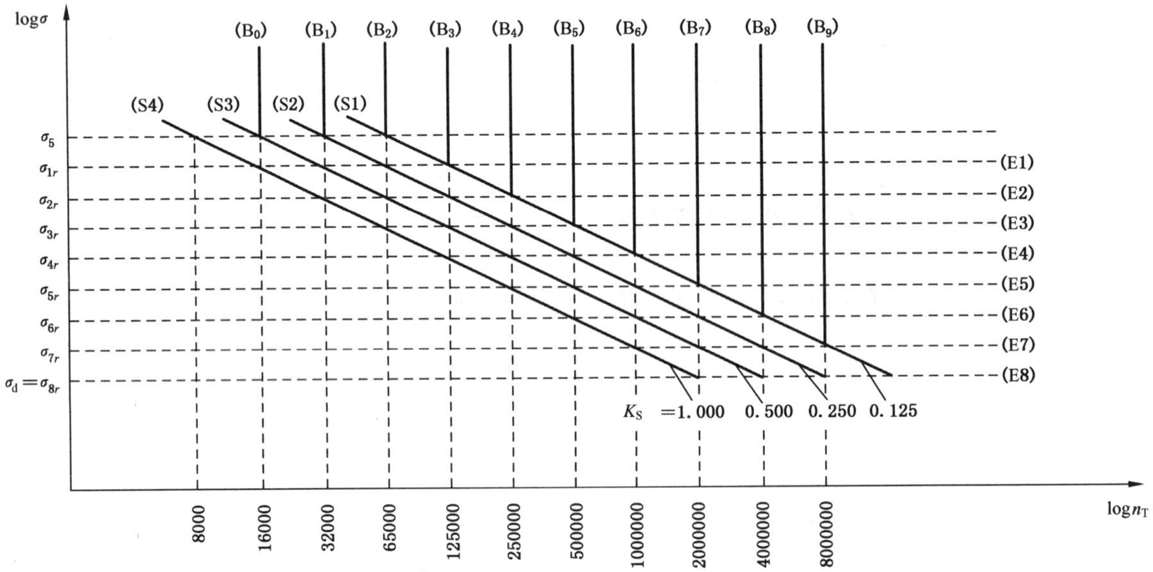

图13 每个零件组别的临界疲劳应力图

6.2.6.7 疲劳许用应力和疲劳计算

将式(111)及式(112)中所定义的 σ_r 和 τ_r 分别除以疲劳安全系数 n_r，就可以求出疲劳许用应力[σ_r]和[τ_r]。

取： $$n_r=3.2^{1/C} \quad\cdots\cdots(113)$$

疲劳许用应力为： $$[\sigma_r]=\frac{\sigma_r}{n_r} \quad\cdots\cdots(114)$$

$$[\tau_r]=\frac{\tau_r}{n_r} \quad\cdots\cdots(115)$$

疲劳计算： $$\sigma\leqslant[\sigma_r] \quad\cdots\cdots(116)$$

式中：

n_r——疲劳安全系数；

C——同式(107)；

$[\sigma_r]$——机械零件拉伸或压缩疲劳许用应力，单位为牛顿每平方毫米（N/mm^2）；

σ_r——同式(111)；

$[\tau_r]$——机械零件的剪切疲劳许用应力，单位为牛顿每平方毫米（N/mm^2）；

τ_r——同式(112)；

σ——最大计算正应力，单位为牛顿每平方毫米（N/mm^2）。

$$\tau \leqslant [\tau_r] \quad \cdots\cdots (117)$$

式中：

τ——最大计算剪切应力，单位为牛顿每平方毫米（N/mm^2）；

$[\tau_r]$——同式(115)。

受具有不同应力循环特征值 r 的正应力和剪切应力同时作用的零件，应满足下述条件：

$$\left(\frac{\sigma_x}{\sigma_{xr}}\right)^2 + \left(\frac{\sigma_y}{\sigma_{yr}}\right)^2 - \left(\frac{\sigma_x \sigma_y}{|\sigma_{xr}| \cdot |\sigma_{yr}|}\right) + \left(\frac{\tau}{\tau_r}\right)^2 \leqslant \frac{1.1}{n_r^2} \quad \cdots\cdots (118)$$

式中：

σ_x、σ_y——x 方向或 y 方向的最大正应力，单位为牛顿每平方毫米（N/mm^2）；

σ_{xr}、σ_{yr}——x 方向或 y 方向的正应力疲劳强度，单位为牛顿每平方毫米（N/mm^2）；

τ——最大剪应力，单位为牛顿每平方毫米（N/mm^2）；

τ_r——同式(112)；

n_r——同式(113)。

如果不能从相应的应力 σ_x、σ_y 和 τ 确定上述关系的最不利情况，就应分别对载荷应力 σ_{xmax}、σ_{ymax}和 τ_{max}以及最不利的相应应力进行计算。

应注意上述计算并不能保证机械零件抗脆性破坏的安全性，只有选择合适的钢材质量组别才能确保这种安全性，可参见附录Ⅰ。

6.3 起重机特殊零部件的选用计算

6.3.1 滚动轴承的选择计算

滚动轴承计算的目的是计算滚动轴承是否能满足在 4.4.2.1 中规定的载荷情况Ⅰ、Ⅱ、Ⅲ中最不利的情况下的静载荷的要求，及在载荷情况Ⅰ、Ⅱ中的较不利的情况下最大动载荷的要求，但对转速低于 10 r/min 的滚动轴承，不必校验其动载承受能力。

6.3.1.1 滚动轴承的设计预期寿命

滚动轴承应具有足够的设计预期寿命，可以根据所在机构的使用等级确定；对作为易损件在使用中可以更换的滚动轴承，其设计预期寿命可以取为比它所在机构的使用等级低一级或低两级。

6.3.1.2 滚动轴承的等效平均动载荷

6.3.1.2.1 承受 P_M 型载荷（见 4.4.1.1）的轴承等效平均动载荷

6.3.1.2.1.1 水平运动的机构中的轴承等效平均动载荷

因为在作业循环周期内，承受 P_M 型载荷的滚动轴承所受的载荷值是变化的，为计算方便起见特确定一个等效平均动载荷 P_{Mmean}，并假定此载荷在 6.3.1.1 中所确定的设计预期寿命期内是不变的，其值为：

对受加速力但不受风力影响的零件上的滚动轴承 $P_{Mmean\,I} = K'_m P_{M\,max\,I}$

$$\cdots\cdots (119)$$

对受加速力又受风力影响的零件上的滚动轴承 $P_{\mathrm{Mmean\,II}}=K'_{\mathrm{m}}P_{\mathrm{M\,max\,II}}$ …………(120)

式中：

$P_{\mathrm{Mmean\,I}}$——水平运动机构中受加速力但不受风力的零件上的滚动轴承的等效平均动载荷，单位为牛顿(N)；

$P_{\mathrm{Mmean\,II}}$——水平运动机构中受加速力又受风力的零件上的滚动轴承的等效平均动载荷，单位为牛顿(N)。

$P_{\mathrm{Mmax\,I}}$、$P_{\mathrm{Mmax\,II}}$ 见 4.4.2.2.1 和 4.4.2.3.1，K'_{m} 为 3.3.2 中所述的机构载荷谱系数 K_{m} 值的立方根。

6.3.1.2.1.2 做复合运动的机构中的轴承等效平均动载荷

机构使运动质量质心既有水平移动又有垂直位移的复合运动(例如非平衡变幅机构运动)的情况下，应将下面两种等效平均动载荷组合起来以确定组合等效平均动载荷：

——由水平加速和风力产生的轴承等效平均动载荷，由 6.3.1.2.1.1 确定；

——由全部运动质量质心的垂直位移引起的轴承等效平均动载荷，由式(121)计算：

$$P'_{\mathrm{M\,max\,II}}=\frac{2P_{\mathrm{M\,max}}+P_{\mathrm{M\,min}}}{3} \qquad \cdots\cdots(121)$$

式中：

$P'_{\mathrm{M\,max\,II}}$——由全部运动质量质心作垂直位移引起的轴承等效平均动载荷，单位为牛顿(N)；

$P_{\mathrm{M\,max}}$——正常工作条件下与轴承相应动载荷的最大值，单位为牛顿(N)；

$P_{\mathrm{M\,min}}$——正常工作条件下与轴承相应动载荷的最小值，单位为牛顿(N)。

6.3.1.2.2 承受 P_{R} 型载荷(见 4.4.1.2)的轴承等效平均动载荷

按 4.4.2，先对无风正常工作的起重机按载荷情况Ⅰ计算轴承所在处的极值动载荷 $P_{R\,\max\,\mathrm{I}}$、$P_{R\,\min\,\mathrm{I}}$，或对有风正常工作的起重机按载荷情况Ⅱ计算轴承所在处的极值动载荷 $P_{R\,\max\,\mathrm{II}}$、$P_{R\,\min\,\mathrm{II}}$，然后按式(122)、式(123)确定出此承受 P_{R} 型载荷的轴承无风工作的等效平均动载荷 $P_{\mathrm{Rmean\,I}}$ 和有风工作的等效平均动载荷 $P_{\mathrm{Rmean\,II}}$：

$$P_{\mathrm{Rmean\,I}}=\frac{2P_{R\mathrm{max\,I}}+P_{R\mathrm{min\,I}}}{3} \qquad \cdots\cdots(122)$$

$$P_{\mathrm{Rmean\,II}}=\frac{2P_{R\mathrm{max\,II}}+P_{R\mathrm{min\,II}}}{3} \qquad \cdots\cdots(123)$$

式中：

$P_{\mathrm{Rmean\,I}}$——轴承无风工作的等效平均动载荷，单位为牛顿(N)；

$P_{\mathrm{Rmean\,II}}$——轴承有风工作的等效平均动载荷，单位为牛顿(N)；

$P_{R\mathrm{max\,I}}$、$P_{R\mathrm{min\,I}}$——无风正常工作的起重机按载荷情况Ⅰ计算轴承所在处的极值动载荷，单位为牛顿(N)；

$P_{R\mathrm{max\,II}}$、$P_{R\mathrm{min\,II}}$——有风正常工作的起重机按载荷情况Ⅱ计算轴承所在处的极值动载荷，单位为牛顿(N)。

6.3.1.2.3 同时承受 P_{M} 和 P_{R} 型载荷的轴承等效平均动载荷

在 6.3.1.2.1 和 6.3.1.2.2 的基础上，将此两种轴承等效平均动载荷组合，即得到该轴承同时承受 P_{M} 和 P_{R} 型载荷时的轴承等效平均动载荷。

6.3.2 钢丝绳

6.3.2.1 钢丝绳选用原则

起重机用钢丝绳应符合 GB/T 20118 的要求，优先采用线接触型钢丝绳。

当起重机进行危险物品装卸作业（如吊运液态熔融金属、高放射性或高腐蚀性物品等），或吊运大件物品、重要设备，且起重机的使用对人身安全及可靠性有较高要求时，应采用 GB 8918 中规定的钢丝绳。

钢丝绳的选择应满足本标准适用的起重机对所使用的钢丝绳规定的最低选用要求。本标准规定的钢丝绳使用的前提是：所采用的钢丝绳出厂时已得到正确润滑，滑轮和卷筒的卷绕直径选择适当（符合 6.3.3.1 要求）。

钢丝绳在滑轮和卷筒上的卷绕直径的选择要以起升机构的工作级别为依据。但对于要经常拆卸钢丝绳的起重机（如建筑用起重机和流动式起重机），由于要求滑轮、卷筒等与钢丝绳相关的部件尺寸紧凑，重量较轻，且可以经常更换钢丝绳，故滑轮、卷筒的卷绕直径选用允许比所在起升机构工作级别低一级，但最低工作级别不应低于 M3 级。

当起重机进行危险物品装卸作业（如吊运液态熔融金属、高放射性或高腐蚀性物品等）时，宜按比该类起重机起升机构常用的工作级别高一级的机构来选择钢丝绳滑轮和卷筒的卷绕直径。

6.3.2.2 钢丝绳结构型式的选择

选用线接触型钢丝绳时，对起升高度很大，吊钩组钢丝绳倍率很小的港口装卸用起重机或建筑塔式起重机，宜采用多层股不旋转钢丝绳；当钢丝绳在腐蚀性较大的环境中工作时，应采用镀锌钢丝绳。

6.3.2.3 钢丝绳直径的选择计算

6.3.2.3.1 确定钢丝绳最大工作静拉力应考虑的因素

6.3.2.3.1.1 起重用（抓斗除外）钢丝绳

计算最大工作静拉力时应考虑下列因素：

——起重机的额定起升载荷；

——下滑轮组和取物装置的自重重力；

——起升钢丝绳缠绕滑轮组的倍率 a 和绕上卷筒的钢丝绳分支数；

——起升高度超过 50 m 时，一般要计及钢丝绳的自重重力；

——在上极限位置若钢丝绳与铅垂线夹角大于 22.5°时，还需要考虑由钢丝绳的倾斜引起钢丝绳拉力的增大；

——钢丝绳系统的总传动效率 η_Σ。对单联滑轮组可按式(124)计算：

$$\eta_\Sigma=\frac{1-\eta_l^a}{(1-\eta_l)a}\cdot\eta_D \qquad \cdots\cdots(124)$$

式中：

η_Σ——钢丝绳系统的总传动效率；

η_l——单个滑轮的效率（滚动轴承取 0.98，滑动轴承取 0.96）；

a——同式(77)；

η_D——导向滑轮的效率。

6.3.2.3.1.2 非起重用钢丝绳

对不专门用于起升垂直载荷的各种钢丝绳，应考虑在 4.4.2 中规定的、在各种用途工况中能反复出现的载荷情况Ⅰ或Ⅱ的最不利情况来确定出钢丝绳的最大工作静拉力 S。当钢丝绳用来做水平运动的牵引时，应考虑牵引对象做水平运动时的摩擦阻力、坡道阻力以及起升钢丝绳绕过起升及导向滑轮系统的阻力等。

6.3.2.3.1.3 **多绳抓斗的钢丝绳**

对于四绳(或双绳)抓斗，其闭合绳和支持绳载荷分配按如下规定：

a) 如使用的系统能自动地且快速地(例如采用差动式电控装置等)使闭合绳和支持绳中的载荷平均分配或将两种绳之间的载荷差异仅限制在闭斗末期或开始张开的一个极短时期内者，则闭合绳和支持绳的最大工作静拉力 S 各取为总载荷的66%除以各自的分支数；当采用直流调速或交流变频调速，并进行了特殊的设计，能实时监控保证抓斗离地时起升与闭合机构载荷准确协调共同承担者，钢丝绳的最大工作静拉力 S 可各取为总载荷的55%除以各自的分支数。

b) 如使用的系统在起升过程中不能使闭合绳和支持绳中的载荷平均分配，而实际上在抓斗闭合及起升初期几乎全部载荷都作用在闭合绳上，则闭合绳最大工作静拉力 S 取为总载荷的100%除以其分支数，支持绳最大工作静拉力 S 取为总载荷的66%除以其分支数。

6.3.2.3.2 **钢丝绳选用计算**

6.3.2.3.2.1 ***C* 系数法**

本方法只适用于运动绳。选取的钢丝绳直径不应小于(最接近于)按式(125)计算的钢丝绳直径。

$$d_{\min}=C\sqrt{S} \qquad \cdots\cdots(125)$$

式中：

$d_{\min}$——钢丝绳的最小直径，单位为毫米(mm)；

C——钢丝绳选择系数，单位为毫米每开二次方牛($mm/\sqrt{N}$)；

S——钢丝绳最大工作静拉力，单位为牛顿(N)。

钢丝绳选择系数 C 取值与钢丝的公称抗拉强度和机构工作级别有关，见表44。

当钢丝绳的 k' 和 σ_t 值与表44中不同时，则可根据工作级别从表44中选择安全系数 n 值并根据所选择钢丝绳的 k' 和 σ_t 值按式(126)换算出适合的钢丝绳选择系数 C，然后再按式(125)选择绳径。

$$C=\sqrt{\frac{n}{k'\cdot\sigma_t}} \qquad \cdots\cdots(126)$$

式中：

n——钢丝绳的最小安全系数，按表44选取；

k'——钢丝绳最小破断拉力系数，见表44注；

σ_t——钢丝的公称抗拉强度，单位为牛每平方毫米(N/mm^2)。

6.3.2.3.2.2 **最小安全系数法**

本方法对运动绳和静态绳都适用。按与钢丝绳所在机构工作级别有关的安全系数选择钢丝绳直径。所选钢丝绳的整绳最小破断拉力应满足式(127)：

$$F_0\geqslant Sn \qquad \cdots\cdots(127)$$

式中：

F_0——钢丝绳的整绳最小破断拉力，单位为千牛(kN)；

S——同式(125)；

n——同式(126)。

表 44　钢丝绳的选择系数 C 和安全系数 n

	机构工作级别	选择系数 C 值 钢丝公称抗拉强度 σ_t/(N/mm²)							安全系数 n	
		1 470	1 570	1 670	1 770	1 870	1 960	2 160	运动绳	静态绳
纤维芯钢丝绳	M1	0.081	0.078	0.076	0.073	0.071	0.070	0.066	3.15	2.5
	M2	0.083	0.080	0.078	0.076	0.074	0.072	0.069	3.35	2.5
	M3	0.086	0.083	0.080	0.078	0.076	0.074	0.071	3.55	3
	M4	0.091	0.088	0.085	0.083	0.081	0.079	0.075	4	3.5
	M5	0.096	0.093	0.090	0.088	0.085	0.083	0.079	4.5	4
	M6	0.107	0.104	0.101	0.098	0.095	0.093	0.089	5.6	4.5
	M7	0.121	0.117	0.114	0.110	0.107	0.105	0.100	7.1	5
	M8	0.136	0.132	0.128	0.124	0.121	0.118	0.112	9	5
钢芯钢丝绳	M1	0.078	0.075	0.073	0.071	0.069	0.067	0.064	3.15	2.5
	M2	0.080	0.077	0.075	0.073	0.071	0.069	0.066	3.35	2.5
	M3	0.082	0.080	0.077	0.075	0.073	0.071	0.068	3.55	3
	M4	0.087	0.085	0.082	0.080	0.078	0.076	0.072	4	3.5
	M5	0.093	0.090	0.087	0.085	0.082	0.080	0.076	4.5	4
	M6	0.103	0.100	0.097	0.094	0.092	0.090	0.085	5.6	4.5
	M7	0.116	0.113	0.109	0.106	0.103	0.101	0.096	7.1	5
	M8	0.131	0.127	0.123	0.120	0.116	0.114	0.108	9	5

注 1：对于吊运危险物品的起重用钢丝绳，一般应比设计工作级别高一级的工作级别选择表中的钢丝绳选择系数 C 和钢丝绳最小安全系数 n 值。对起升机构工作级别为 M7、M8 的某些冶金起重机和港口集装箱起重机等，在使用过程中能监控钢丝绳劣化损伤发展进程，保证安全使用，保证一定寿命和及时更换钢丝绳的前提下，允许按稍低的工作级别选择钢丝绳；对冶金起重机最低安全系数不应小于 7.1，港口集装箱起重机主起升钢丝绳和小车曳引钢丝绳的最低安全系数不应小于 6。伸缩臂架用的钢丝绳，安全系数不应小于 4。

注 2：本表中给出的 C 值是根据起重机常用的钢丝绳 6×19W(S)型的最小破断拉力系数 k'、且只针对运动绳的安全系数用式(125)计算而得。对纤维芯(NF)钢丝绳 $k'=0.330$，对金属丝绳芯(IWR)或金属丝股芯(IWS)钢丝绳 $k'=0.356$。

6.3.3 滑轮和卷筒

6.3.3.1 滑轮和卷筒的卷绕直径

按钢丝绳中心计算的滑轮或卷筒的卷绕直径,用式(128)计算:

$$D=h\cdot d \qquad (128)$$

式中:

D——按钢丝绳中心计算的滑轮或卷筒的卷绕直径,单位为毫米(mm);

h——卷筒、滑轮和平衡滑轮的卷绕直径与钢丝绳直径之比值,分别为 h_1、h_2、h_3,不应小于表 45 的规定值;

d——钢丝绳公称直径,单位为毫米(mm)。

表 45 h_1、h_2、h_3 的值

机构工作级别	卷 筒 h_1	滑轮 h_2	平衡滑轮 h_3
M1	11.2	12.5	11.2
M2	12.5	14	12.5
M3	14	16	12.5
M4	16	18	14
M5	18	20	14
M6	20	22.4	16
M7	22.4	25	16
M8	25	28	18

注 1:采用抗扭转钢丝绳时,h 值按比机构工作级别高一级的值选取。

注 2:对于流动式起重机及某些水工工地用的臂架起重机,建议取 $h_1=16$,$h_2=18$,与工作级别无关。

注 3:臂架伸缩机构滑轮的 h_2 值,可选为卷筒的 h_1 值。

注 4:桥式和门式起重机,取 h_3 等于 h_2。

注 5:用 6.3.2 给出的方法求出的最小钢丝绳直径并由此确定了卷筒和滑轮的最小直径后,只要实际采用的钢丝绳直径不大于原算得的最小直径的 25%、钢丝绳实际的拉力不超过原计算钢丝绳最小直径时用的最大工作静拉力 S 值,则新选的钢丝绳仍可以与算得的卷筒和滑轮的最小直径配用。

注 6:本表的 h 值不能限制或代替钢丝绳制造厂和起重机制造厂之间的协议,当考虑采用不同柔性的新型钢丝绳时尤其如此。

6.3.3.2 滑轮、卷筒的材质和结构型式的选择

6.3.3.2.1 滑轮、卷筒材质的选择

铸造滑轮和卷筒应选用力学性能不低于 GB/T 9439 中的 HT 200,及力学性能不低于 GB/T 11352的 ZG 270-500。

焊接、轧制滑轮和卷筒应选用力学性能不低于 GB/T 700 中的 Q235B;根据使用工况和环境温度的需要,也可采用力学性能不低于 GB/T 1591 中的 Q345。

允许使用满足使用要求的其他材质的滑轮。

6.3.3.2.2 滑轮、卷筒的结构型式

铸造滑轮的结构型式宜采用 JB/T 9005 中规定的型式,铸造卷筒结构型式宜采用 JB/T 9006规定的型式。

双腹板压制滑轮宜采用 JB/T 8398 中规定的型式，焊接滑轮宜采用 JG/T 5078.1 规定的型式。焊接卷筒的结构型式一般为短轴式，可以用卷筒联轴器与减速器连接。

6.3.3.2.3 绳槽半径

钢丝绳的使用寿命不仅与其弯曲半径，即滑轮、卷筒的直径密切有关，还与其和沟槽之间的比压等因素有关。滑轮、卷筒的绳槽半径 r 与钢丝绳公称直径 d 的比值，应取按式(129)确定的值：

$$r=(0.53\sim0.6)d \qquad \cdots\cdots(129)$$

式中：

r——滑轮、卷筒的绳槽半径，单位为毫米(mm)；

d——同式(128)。

6.3.3.3 钢丝绳允许偏斜角

6.3.3.3.1 钢丝绳绕进或绕出滑轮槽时的最大偏斜角(即钢丝绳中心线和与滑轮轴垂直的平面之间的夹角)不应大于 5°。

6.3.3.3.2 钢丝绳绕进或绕出卷筒时，钢丝绳中心线偏离螺旋槽中心线两侧的角度不应大于 3.5°；对大起升高度及 D/d 值较大的卷筒，其钢丝绳偏离螺旋槽中心线的允许偏斜角应由计算确定。

6.3.3.3.3 对于光卷筒无绳槽多层卷绕卷筒，当未采用排绳器时钢丝绳中心线与卷筒轴垂直平面的偏离角度不应大于 1.7°。

6.3.3.4 钢丝绳在卷筒上绳端的固定

吊具下降到最低极限位置时，钢丝绳在卷筒上的剩余安全圈(不包括固定绳端所占的圈数)至少应保持 2 圈(对塔式起重机为 3 圈)。当钢丝绳和卷筒之间的摩擦系数取为 0.1 时，在此安全圈下，绳端固定装置应在承受 2.5 倍钢丝绳最大工作静拉力时不发生永久变形。

6.3.4 车轮与轨道

6.3.4.1 材料

6.3.4.1.1 车轮与滚轮的材料

车轮与滚轮的材料应符合 JB/T 6392 的规定。当采用球墨铸铁时，其踏面和轮缘应进行热处理。

6.3.4.1.2 轨道材料

起重机轨道用材料推荐如下：

——轻轨推荐用力学性能不低于 GB/T 11264 中的 55Q；

——铁路用热轧钢轨推荐用力学性能不低于 GB 2585 中的 U71Mn；

——起重机钢轨推荐用力学性能不低于 YB/T 5055 中的 U71Mn。

注：当采用其他型钢、方钢、扁钢等做轨道时，应注意其材质和硬度的实际情况，必要时可降低轮压，以保证有足够的使用寿命。

6.3.4.2 车轮与滚轮的校验计算

6.3.4.2.1 总则

本计算方法适用于轨道安装与维护良好、车轮调整正确、直径不超过 1 000 mm 的车轮和滚轮的校验计算。应避免采用大直径车轮和滚轮，因为大直径车轮和滚轮的轮压较大，对轨道基础或承轨结构的承载能力要求较高。为减少单个车轮轮压，可采用平衡台车增加车轮数量。

起重机的车轮和滚轮应根据等效工作轮压进行疲劳强度校验计算，应根据最大轮压进行静强度校验计算。

6.3.4.2.2 **计算载荷**

6.3.4.2.2.1 **等效工作轮压**

等效工作轮压按式(130)确定：

$$P_{\text{mean I、II}}=\frac{P_{\text{min I、II}}+2P_{\text{max I、II}}}{3} \quad \cdots\cdots(130)$$

式中：

$P_{\text{mean I}}$——无风正常工作起重机的等效工作轮压，单位为牛顿(N)；

$P_{\text{mean II}}$——有风正常工作起重机的等效工作轮压，单位为牛顿(N)；

$P_{\text{min I、II}}$——按4.4.2.2的载荷情况Ⅰ或按4.4.2.3的载荷情况Ⅱ，起重机空载确定的所验算车轮的最小轮压，单位为牛顿(N)；

$P_{\text{max I、II}}$——按4.4.2.2的载荷情况Ⅰ或按4.4.2.3的载荷情况Ⅱ，起重机满载确定的所验算车轮的最大轮压，单位为牛顿(N)。

6.3.4.2.2.2 **最大轮压**

最大轮压 $P_{\max}$是指在载荷情况Ⅰ、Ⅱ、Ⅲ中最不利状态和位置下最大轮压中的较大者，单位为牛顿(N)。

6.3.4.2.2.3 **确定承压面的有效接触宽度 l**

对具有平坦承压面的轨道，轨顶总宽度为 b，每边倒角圆半径为 r，见图14 a)，轮轨有效接触宽度为：$l=b-2r$。

对于具有平坦、锥形或凸起承压面的轮轨，如车轮在工字钢梁下翼缘上面运行，则轮轨有效接触宽度为：$l=w-r$。

其中车轮踏面宽度 w，下翼缘外侧倒角圆半径为 r，如图14 b)所示，车轮直径 D 应为投影宽度($w-r$)中点上的直径。

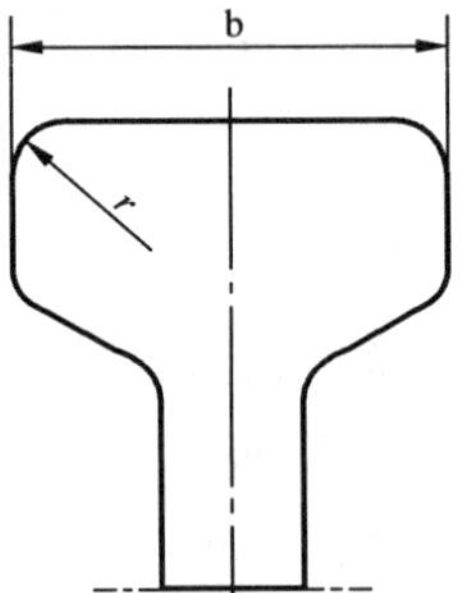

a) 轨顶尺寸

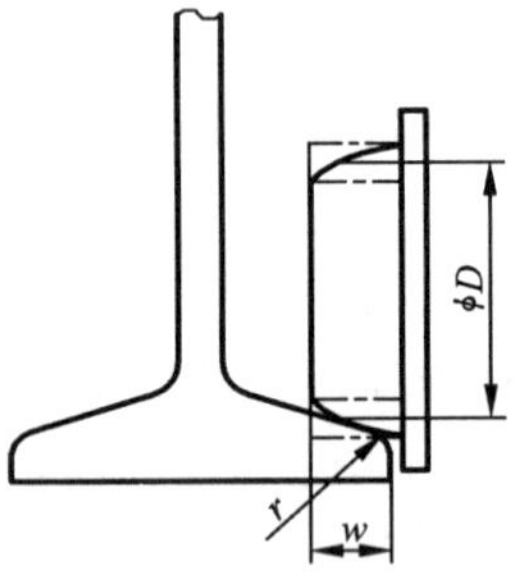

b) 车轮与工字梁下翼缘的接触尺寸

图14 车轮踏面与轨道的接触宽度

6.3.4.2.3 **允许轮压**

允许轮压按式(131)确定：

$$P_{\mathrm{L}}=kDlC \quad \cdots\cdots(131)$$

式中：

P_{L}——正常工作起重机车轮或滚轮的允许轮压，单位为牛顿(N)；

k——车轮或滚轮的许用比压，单位为牛每二次方毫米（N/mm^2），钢质车轮或滚轮按表46选取；

注：对于具有凸起承压面的轨道或车轮（滚轮），许用比压 k 可增加10%。因为这能改善轮轨的接触。

D——车轮或滚轮的踏面直径，单位为毫米（mm）；

l——车轮或滚轮与轨道承压面的有效接触宽度（按6.3.4.2.2.3计算），单位为毫米（mm）；

C——计算系数：

进行车轮或滚轮踏面疲劳校验时，$C=C_1C_2$；

进行车轮或滚轮强度校验时，$C=C_{max}$；

C_1——转速系数，按表47或表48选取；

C_2——车轮所在机构的工作级别系数，按表49选取；

$$C_{max}=C_{1max}C_{2max}，取\ C_{max}=1.9。$$

6.3.4.2.4 车轮或滚轮的疲劳强度校验

车轮或滚轮的疲劳强度应满足式（132）：

$$P_{mean}\leqslant P_L \quad \cdots\cdots(132)$$

式中：

P_{mean}——根据式（130）计算得 $P_{mean\,I}$ 和 $P_{mean\,II}$，两者之中取大者；

P_L——同式（131）。

6.3.4.2.5 车轮或滚轮的静强度校验

车轮或滚轮的静强度应满足式（133）：

$$P_{max}\leqslant 1.9\,kDl \quad \cdots\cdots(133)$$

式中：

P_{max}——最大轮压（见6.3.4.2.2.2，包括考虑动载试验或静载试验的载荷），单位为牛顿（N）。

其他符号同式（131）。

表46 车轮与滚轮的许用比压 k

车轮与滚轮材料的抗拉强度 σ_b/（N/mm^2）	轨道材料最小抗拉强度/（N/mm^2）	许用比压 k/（N/mm^2）
$\sigma_b>500$	350	5.0
$\sigma_b>600$	350	5.6
$\sigma_b>700$	510	6.5
$\sigma_b>800$	510	7.2
$\sigma_b>900$	600	7.8
$\sigma_b>1\,000$	700	8.5
注：σ_b 为车轮或滚轮材料未热处理时的抗拉强度。		

表 47 车轮转速系数 C_1

车轮转速 n/(r/min)	C_1	车轮转速 n/(r/min)	C_1	车轮转速 n/(r/min)	C_1
200	0.66	50	0.94	16	1.09
160	0.72	45	0.96	14	1.10
125	0.77	40	0.97	12.5	1.11
112	0.79	35.5	0.99	11.2	1.12
100	0.82	31.5	1.00	10	1.13
90	0.84	28	1.02	8	1.14
80	0.87	25	1.03	6.3	1.15
71	0.89	22.4	1.04	5.6	1.16
63	0.91	20	1.06	5	1.17
56	0.92	18	1.07		

表 48 车轮直径、运行速度与转速系数 C_1

车轮直径/mm	运行速度/(m/min)														
	10	12.5	16	20	25	31.5	40	50	63	80	100	125	160	200	250
200	1.09	1.06	1.03	1.00	0.97	0.94	0.91	0.87	0.82	0.77	0.72	0.66	—	—	—
250	1.11	1.09	1.06	1.03	1.00	0.97	0.94	0.91	0.87	0.82	0.77	0.72	0.66	—	—
315	1.13	1.11	1.09	1.06	1.03	1.00	0.97	0.94	0.91	0.87	0.82	0.77	0.72	0.66	—
400	1.14	1.13	1.11	1.09	1.06	1.03	1.00	0.97	0.94	0.91	0.87	0.82	0.77	0.72	0.66
500	1.15	1.14	1.13	1.11	1.09	1.06	1.03	1.00	0.97	0.94	0.91	0.87	0.82	0.77	0.72
630	1.17	1.15	1.14	1.13	1.11	1.09	1.06	1.03	1.00	0.97	0.94	0.91	0.87	0.82	0.77
710	—	1.16	1.14	1.13	1.12	1.1	1.07	1.04	1.02	0.99	0.96	0.92	0.89	0.84	0.79
800	—	1.17	1.15	1.14	1.13	1.11	1.09	1.06	1.03	1.00	0.97	0.94	0.91	0.87	0.82
900	—	—	1.16	1.14	1.13	1.12	1.1	1.07	1.04	1.02	0.99	0.96	0.92	0.89	0.84
1 000	—	—	1.17	1.15	1.14	1.13	1.11	1.09	1.06	1.03	1.00	0.97	0.94	0.91	0.87

表 49　工作级别系数 C_2

车轮所在机构工作级别	C_2
M1、M2	1.25
M3、M4	1.12
M5	1.00
M6	0.90
M7、M8	0.80

6.3.5　缓冲器

缓冲器应按碰撞动能及最大碰撞力，并考虑缓冲行程来选用，允许的最大减速度为4 m/s^2。

宜采用 JB/T 7017、JB/T 8110.1、JB/T 8110.2、JB/T 10883 中规定的缓冲器。

6.3.6　联轴器

联轴器应验算所传递的扭矩，并满足式(134)：

$$M_L \leqslant [M_L] \qquad (134)$$

式中：

M_L——联轴器的计算扭矩，按下式计算，单位为牛米(N·m)；

$$M_L = kM'_L$$

k——系数，与工作级别、联轴器的重要性及其所连接的轴有关，一般为 1.3～3.1，起升机构和变幅机构宜取大值；

M'_L——联轴器所连接的轴的传递扭矩，单位为牛米(N·m)；

$[M_L]$——联轴器的许用扭矩，单位为牛米(N·m)。

6.3.7　齿轮设计

起重机用齿轮设计应进行齿面接触强度和轮齿弯曲强度计算，采用的设计计算方法应结合起重机工作特点，并满足不同类型和使用场合的起重机各机构的安全性和可靠度要求。渐开线圆柱齿轮的承载能力计算应符合 GB/T 3480 和 GB/T 10062 的规定。制造厂应阐明齿轮设计所用方法和依据，并按 4.4.2 给出的方法确定齿轮计算载荷，按 3.3.1 确定所在机构的总使用时间，或按 3.4.1 规定的与该计算齿轮相对应的总应力循环数确定其使用等级。

6.3.8　吊钩

6.3.8.1　锻造吊钩

起重吊钩应按照 GB/T 10051.1 的规定选取。

起重吊钩附件(包括吊钩螺母、吊钩横梁等)应按 JB/T 7687.1～JB/T 7687.4 的规定选取。

6.3.8.2　片式吊钩

铸造起重机用片式单钩宜采用低合金高强度钢，其强度计算中相应于钢材的屈服点的安全系数不应低于 2.5。

6.3.9　链条

6.3.9.1　链条的选用和计算应根据最大工作载荷及安全系数，由式(135)计算链条的破断载荷 P_P(用 P_P 选择链条)。

$$P_P \geqslant P_{max} n \qquad (135)$$

式中：

P_P——破断载荷，单位为牛顿(N)；

P_{max}——链条最大工作载荷，单位为牛顿(N)；

n——安全系数，按表50选取。

表50 链条安全系数 n

链条种类	焊接链				片式链	
用途	光滑卷筒或滑轮		链轮		速度 v/(m/s)	
驱动方式	手动	机动	手动	机动	<1	1～1.5
安全系数 n	3	6	4	8	6	8

6.3.9.2 起重用短环链应符合 GB/T 20947 的规定。

6.3.9.3 传动链的主要参数和尺寸应符合 GB/T 5269 的规定，带附件的传动链应满足安装尺寸的要求。

7 电气

7.1 总则

起重机械电气设备应符合 GB 5226.2 和本标准的规定。

7.2 电源和供电

7.2.1 供电电源

7.2.1.1 电网电压

本标准对低压(不高于1 000 V)、三相(3Φ＋PE)、50 Hz/60 Hz 交流供电系统做了规定。对于直流供电及电压高于1 000 V的交流供电系统，其配电线路设计应符合其他相关的标准。

7.2.1.2 电压波动范围

在正常工作条件下，供电系统在起重机械馈电线接入处的电压波动不应超过额定值的±10%。

7.2.2 供电系统

7.2.2.1 接地线

供电系统应提供用于保护接地的装置，如滑触线、集电环或接地线。

7.2.2.2 供电方式

常用的供电方式有电源滑触线、集电器、电缆卷筒和悬挂电缆小车等。

7.2.2.2.1 电源滑触线及其防护

电源滑触线通常采用型钢、铜质刚性滑触线或安全滑触线，根据起重机运行环境及运行速度进行选择。

滑触线应布置合理，与周围设备应有足够的安全距离，或采取安全防护措施，当人靠近时不会意外触及。物品(或吊钩)摆动时，不得碰触到滑触线。

7.2.2.2.2　集电器

刚性滑触线的集电器用自重或弹簧加压，以保证在运行过程中与滑触线接触良好可靠，对于有起重电磁铁或因瞬时掉电会引起控制系统故障的起重机应采用双(或多)集电器。

集电器应具有足够的电流容量，运动灵活。当集电器从滑触线上脱落时，不应造成短路或接地。

7.2.2.2.3　电缆卷筒

采用电缆卷筒供电时，应防止电缆在运动过程中被磨损。对于外径不大于 21.5 mm 的电缆，电缆卷筒底部直径不应小于电缆外径的 10 倍；对于外径大于 21.5 mm 的电缆，电缆卷筒底部直径不应小于电缆外径的 12.5 倍。

电缆卷筒应能自动收缠电缆，电缆卷筒的驱动转矩不应小于收缠电缆时所需的最大转矩。

在放缆过程中，作用在电缆导线上的牵引力应尽可能地小，对于没有加强芯的电缆，作用在铜导线截面上的最大允许拉应力为 15 N/mm^2；对于要求电缆缠绕速度高或电缆自重较重时，应采用具有加强芯的电缆。

电缆卷筒的集电滑环应满足相应的电压等级和电流容量的要求，每个滑环至少有一对电刷。电刷的防护等级应满足环境要求，室外使用不应低于 GB 4208 中的 IP54。

7.2.2.2.4　悬挂电缆小车

采用悬挂电缆小车时，应防止电缆在运动过程中被磨损和发生过度弯曲，其电缆悬挂弯板的曲率半径不应小于电缆外径的 5 倍。

对于扁电缆，电缆的厚度相当于圆电缆的直径。

电缆排布时应保证各电缆长度相等，压板压接牢靠，同一层电缆外径尽可能接近，要避免某一根或少数几根电缆过分受力。悬挂电缆小车相互之间宜设牵引钢丝绳，运行时，当相邻两个悬挂电缆小车间距使得悬垂电缆间的夹角接近 120°时，牵引钢丝绳应完全拉直受力

牵引杆的安装位置，应使得当所有悬挂电缆小车退回到起始位置时，不影响起重机小车运行到端部的极限位置。两悬挂电缆小车间可以设缓冲件，以减少碰撞力和噪声。

7.3　配电系统

7.3.1　主隔离开关

起重机宜装设切断所有电源的主隔离开关，开关应尽量靠近总进线集电器。

7.3.2　总断路器

总电源回路应设置总断路器。总断路器的控制应具有电磁脱扣功能，其额定电流应大于起重机额定工作电流，电磁脱扣电流整定值应大于起重机最大工作电流。总断路器的断弧能力应能断开在起重机上发生的短路电流。

7.3.3　动力电源接触器

动力电源回路宜设能够分断动力线路的接触器。

7.3.4　动力电源紧急分断

紧急情况下，能在司机室和电气室内断开总动力电源和制动器电源。急停按钮为红色非自复位式。

7.3.5　分支线路配电

各机构动力、控制及辅助电源分支线路应采用断路器、熔断器或过电流保护继电器，提供过电流保护功能。当三相动力电路采用熔断器保护时，应具有缺相保护功能。

7.4 电气保护

7.4.1 电动机的保护

电动机应具有如下一种或一种以上的保护功能，具体选用应按电动机及其控制方式确定：

a) 瞬动或反时限动作的过电流保护，其瞬时动作电流整定值应约为电动机最大起动电流的1.25倍；

b) 在电动机内设置热传感元件；

c) 热过载保护。

7.4.2 线路保护

所有外部线路都应具有短路或接地引起的过电流保护功能，在线路发生短路或接地时，瞬时保护装置应能分断线路。对于导线截面较小，外部线路较长的控制线路或辅助线路，当预计接地电流达不到瞬时脱扣电流值时，应增设热脱扣功能，以保证导线不会因接地而引起绝缘烧损。

7.4.3 错相和缺相保护

当错相和缺相会引起危险时，应设错相和缺相保护。

7.4.4 零位保护

起重机各传动机构应设有零位保护。运行中若因故障或失压停止运行后，重新恢复供电时，机构不得自行动作，应人为将控制器置回零位后，机构才能重新起动。

7.4.5 失压保护

当起重机供电电源中断后，凡涉及安全或不宜自动开启的用电设备均应处于断电状态，避免恢复供电后用电设备自动运行。

7.4.6 电动机定子异常失电保护

起重机构电动机应设置定子异常失电保护功能，当调速装置或正反向接触器故障导致电动机失控时，制动器应立即上闸。

7.4.7 超速保护

对于重要的、负载超速会引起危险的起升机构和非平衡式变幅机构应设置超速开关。超速开关的整定值取决于控制系统性能和额定下降速度，通常为额定下降速度的1.25～1.4倍。

7.4.8 行程限位保护

起重机应设有行程限位保护，见9.7.2的规定。

7.4.9 超载保护

起重机存在超载可能时，应设防超载的安全装置，见9.7.3的规定。

7.4.10 接地保护

7.4.10.1 起重机本体的金属结构应与供电线路的地线可靠连接。大车与小车的车轮、任何其他的滚轮或端梁连接采用的铰链均不能替代必需的导电连接，而应另外用专门的接地线将各部分结构件上的接地点连接；司机室与起重机本体接地点之间应用双接地线连接。

7.4.10.2 起重机所有电气设备的金属外壳，金属导线管、金属支架及金属线槽等均应可靠接地。宜采用专门设置的接地线，保证电气设备的可靠接地。

7.4.10.3 接地线及用作接地设施的电导，一般不小于本线路中最大的相电导的1/2，向小车供电的接地线不小于小车上最大用电设备相电导的1/2。

7.4.10.4 严禁用接地线作为载流零线。

7.4.11 避雷保护

对于安装在野外且相对周围地面处在较高位置的起重机，应考虑避除雷击对其高位部件和人员造成损坏和伤害，特别是如下情况：

——易遭雷击的结构件（例如：臂架的支承缆索）；

——连接大部件之间的滚动轴承和车轮（例如：支承回转大轴承，运行车轮轴承）；

——为保证人身安全起重机运行轨道应可靠接地。

7.4.12 其他保护

7.4.12.1 从起重机外部上下起重机的门应装设门开关，当人员上下起重机时，应断开运行机构电源；会涉及人身安全的通道门也应装设门开关，门打开时应断开相应机构的电源。

7.4.12.2 起重机上的电气控制设备中可能触及的带电裸露部分，应有防止触电的防护措施。

7.4.12.3 当室外起重机的总高度大于 30 m，且周围无高于起重机顶尖的建筑物和其他设施，两台起重机之间有可能相碰，或起重机及其结构可能妨碍空运或水运时，应在其端部、顶部装设障碍灯。

7.4.12.4 起重机应设单独的照明变压器。照明变压器应是隔离变压器，禁止采用自耦变压器，照明变压器二次侧一端应接地，照明线路总电源开关应设置断路器及漏电保护开关。

7.4.12.5 安全照明电压不应超过 50 V。

7.4.13 指示器

根据使用需求，可设置指示器以利于司机完成起重吊装作业。指示器主要有起升高度指示器、起升载荷指示器、臂架倾角指示器、塔式起重机工作幅度指示器、臂架回转角度指示器、运行同步指示器及松绳指示器等。

7.5 电气控制

7.5.1 控制元件

7.5.1.1 接触器

接触器应符合 GB 14048.4 的要求。换向接触器和其他同时闭合会引起短路事故的接触器之间，应设置电气联锁和机械联锁。

7.5.1.2 可编程序控制器

可编程序控制器一般根据开关量的输入输出点数和电压等级、模拟量输入输出点数及其他特殊功能要求进行设计选型，在可靠性要求特别高的情况下可使用冗余系统。可编程序控制器应按照制造商的说明书安装。对用于安全保护的联锁信号，如极限限位、超速限制等，应具有直接的继电保护联锁线路。

7.5.1.3 电阻器

7.5.1.3.1 选择电阻器电阻值时应注意：

a) 接电持续率不同的电动机，宜选用不同参数的起重机通用电阻器；接电持续率虽不同但又相近时，允许选用同一规格的电阻器。

b) 起动用电阻器各级电阻选用值与计算值允差±5%；个别级的电阻器选用值允差±10%，但各相总电阻选用允差不应超过±8%。

7.5.1.3.2 选择电阻器发热容量时应注意：

a) 一般按重复短时工作制选择,一个循环周期时间定为60s,接电持续率分别为:100%、70%、50%、35%、25%、17.5%、12.5%、8.8%、6.25%和4.4%;常串级电阻应按长期工作制选择。

b) 电阻器各级电阻的接电持续率,可按不同接入情况选用不同值。同一电阻元件在不同接电持续率时有不同允许电流值,选用元件的允许电流值不应小于电动机额定电流。

7.5.1.3.3 起升机构不应选用频敏电阻器。

7.5.1.3.4 晶闸管定子调压调速系统电阻器的接电持续率应按100%选用,上升和下降用电阻元件在JC=100%下的电流值,不应小于当电动机带额定载荷时上升和下降分别对应的电动机的工作电流。

7.5.1.3.5 变频调速系统采用制动单元时,起升机构电阻器的接电持续率应按100%选用,电阻器的功率值不应小于下降时的额定回馈功率;运行机构电阻器的接电持续率和功率值取决于机构的制动频度与制动转矩。

7.5.1.3.6 电阻器应加防护罩,室内使用时其防护等级不应低于GB 4208中的IP10,室外使用不应低于IP13。

7.5.1.3.7 电阻器应安装牢固,一般4箱及4箱以下的电阻器可直接叠装,超过4箱时在保证散热及温升稳定的情况下可增加叠装箱数。

7.5.2 控制屏(柜)

开关装置、配电装置和装有电气设备的控制屏(柜)可按如下办法加以封闭:

——在专门的密封空间内;

——在起重机主梁结构内。

室外型起重机控制屏(柜)应采用防护式结构。在无遮蔽的场所安装使用时,其外壳防护等级不应低于GB 4208中的IP54,在有遮蔽的场所安装使用时,其外壳防护等级可适当降低。

设备的金属壳体,需焊有保护接地螺钉(或螺母),并在明显处标志保护接地符号;若门上有电气元件,应装设专用的接地线,门应可锁住。

控制屏(柜)应安装牢固,在箱壳和箱柜前面至少要留400 mm宽的净空,地面应无障碍物。

7.5.3 控制系统

7.5.3.1 控制系统性能

起重机在110%的额定载荷下应能可靠工作。

在供电系统电压波动为额定值的−10%时起升额定载荷,无论载荷处于什么位置,系统应保证机构正常工作且不出现溜钩。

除非控制方案允许,无论控制手柄处于什么位置,正常工作时额定载荷下降速度不应超过额定速度的120%。

对运行和回转机构,两个方向的起动和停机应渐进控制。

7.5.3.2 控制电源

控制电源由变压器提供时,二次侧电压不应超过250 V;变压器的二次侧公共端应可靠接地,变压器的公共极不应被任何开关、触点或熔断器隔断,同时应采取适当措施,防止非公共极线路的超载或短路。

7.5.4 控制方式

7.5.4.1 司机室控制

控制器的布置应使司机对起重机工作区域有足够的视角范围和视野，控制手柄的方向应符合GB/T 4205 的规定。

应设置在紧急情况下可迅速断开总动力电源的红色急停按钮，急停按钮应是非自动复位式的，并设置在司机操作方便的地方。

7.5.4.2 地面有线控制

地面控制的起重机由悬挂式控制装置上的按钮、开关等操作元件来控制所有机构的动作，这些按钮或开关装置应是自动复位式的。控制装置上除操作元件外，还应设置一个切断总电源的开关，此开关应是非自动复位式的。

除了对电动机进行直接控制外，控制装置中的电压不应超过 250 V。

控制装置外壳的材料宜采用完全绝缘的或者是有绝缘保护层的材料，对于金属外壳或直接能触摸到的金属零件应单独接地。

外壳防护等级应符合 GB 4208 的规定，室内作业时不低于 IP43，室外作业时不低于 IP54。

悬挂控制装置应采取有效的悬挂承重措施，以防止电缆在悬挂状态时受拉伸。

地面控制的起重机，大小车运行机构空载速度不超过 50 m/min。

7.5.4.3 无线遥控

采用无线遥控方式的起重机，遥控器应具有故障自诊断功能，在任何非正常工作状态下应能实现自动关闭，停止工作；还应具有抗同频干扰信号的能力，受同频干扰时不允许出现误动作。

遥控器的防护等级应符合 GB 4208 的规定，室内使用时不低于 IP43，室外使用时不低于 IP54。

采用无线遥控方式的起重机还应同时满足国家有关安全规程规定的要求。

7.5.4.4 多点控制

起重机要求多点控制时，各控制点间应相互联锁，任一时刻只允许一控制点工作，每一控制点均应装设紧急断电装置。

7.5.5 传动控制方案

7.5.5.1 起重机一般采用交流传动控制系统，在有特殊要求或仅有直流电源情况下，可采用直流传动控制系统。

7.5.5.1.1 交流传动控制方案

起重机采用交流传动控制方案时应考虑以下情况：

a） 一般采用变频、定子调压、能耗制动、涡流制动器、多速电动机等控制方案；

b） 调速系统的电动机、电阻器等主要器件的容量都应按实际工作条件选择和校核；

c） 变频调速可实现额定频率以下的恒转矩调速及额定频率以上的恒功率调速，一般恒功率调速的弱磁升速最高频率不宜大于 2 倍额定频率；

d） 起升机构采用变频调速时，宜采用闭环控制方式。当调速范围大于 1∶10 时，应采用闭环控制。

e） 运行机构采用变频调速时，在调速范围不大于 1∶10 的情况下，可采用开环控制方式；

f） 变频装置的最大输出电流不应小于电动机最大起动电流值，其额定输出电流不应小于电动机在额定负载时的工作电流。在变频器的频率设计中，要避免与起重机结构发生共振；

g) 调压调速装置的额定电流不应小于电动机的额定工作电流,其最大输出电流不应小于电动机所需的最大起动电流。

7.5.5.1.2 **直流传动控制方案**

交流供电时,一般采用直流调压调速和调磁调速;直流供电时,一般采用串励、复励直流电动机系统,调速方案为电枢串电阻调速。

7.5.5.2 采用控制屏控制的绕线转子异步电动机驱动的起升机构,下降时宜设有一挡低速,下降减速过程应有电气制动,但对抓斗等另有要求的起重机可例外。

7.5.5.3 起重机运行机构一般要求能进行反接制动或其他电气制动,以保证在正常运行速度时也能迅速、平稳地制动。

7.5.6 制动器的控制

7.5.6.1 与电动机同时控制的制动器

制动器线路应设有保护装置,在出现故障时能迅速切断电动机和制动器的电源;如电动机接至制动器的导线长度不大于 5 m,制动器可不单独设这样的保护。

7.5.6.2 与电动机分开控制的制动器

制动器的控制要采取预防措施,使得起动和制动时不出现任何失控的运动。

如有电气制动,机械制动应在电气制动之后作用。

电动机通电时制动器不得抱闸,短暂过渡状态除外。

7.5.6.3 安全制动器

对设有安全制动器的起升机构,在正常作业时,其支持制动器动作后,安全制动器延时动作,其延时动作时间可调;在进行紧急制动时,安全制动器应立即动作。

7.5.6.4 意外断电

对于系统意外断电时制动器的动作会引起机械设备损坏倾翻的情况,应采取适当措施保证意外断电时制动器的安全动作过程。

7.6 电气设备的工作环境

7.6.1 防油滴

任何润滑系统、液压系统或其他含油装置在运行和安装时应保证不会使油滴到电气设备上,否则电气设备应加以保护。

7.6.2 环境温度

起重机电气设备应能保证在起重机运行场所的环境温度范围内正常工作。当环境温度不能满足所选电气设备工作要求时,应采取冷却或加温措施。

7.6.3 大气条件

周围空气温度在+40℃的最高温度时,其相对湿度不超过 50%,温度较低时相对湿度可以提高(例如在+20℃时提高为 90%),应考虑到由于温度变化可能偶然发生的凝露现象。

周围空气温度在不超过+25℃时,相对湿度允许短时高达 100%。

7.6.4 海拔

一般起重机的电气设备使用的海拔不超过 1 000 m。起重机若用于海拔 1 000 m 以上,其电气设备的具体数据由相应的产品标准规定。

7.6.5 其他

用于爆炸和火灾危险环境时,电气设备的选择、管线配置敷设等,应符合 GB 50058 的规定;在腐蚀、盐雾和湿热环境使用的,应选择相应的产品。

7.7 电动机选择

7.7.1 电动机选择依据

电动机的选择应依据：

——类型及结构型式；

——供电型式；

——功率；

——工作制、接电持续率；

——额定转矩、堵转转矩和最大转矩；

——额定转速；

——调速方式；

——防护等级；

——环境温度及湿度；

——海拔。

7.7.2 电动机选型说明

7.7.2.1 电动机的型式

起重机应采用适合于起重冶金用的电动机，一般采用绕线转子异步电动机、笼型异步电动机、变频异步电动机、自制动异步电动机和直流电动机，也可采用符合起重机要求的其他类型电动机。

7.7.2.2 防护等级

7.7.2.2.1 电动机外壳防护等级应符合 GB/T 4942.1 的规定：

a) 室内使用时，在正常条件下，防护等级不应低于 IP23；多尘环境下，防护等级不应低于 IP44。

b) 室外使用时，防护等级不应低于 IP54。在可能出现冷凝水的情况下，应确保冷凝水出水孔畅通。

7.7.2.2.2 电动机在有专门的外部防护措施时，可采用较低的防护等级。

7.7.2.3 爆炸性危险环境

在具有爆炸性气体、蒸汽与空气混合物或其他爆炸性危险场所，应采用防爆型电动机。

7.7.2.4 根据环境温度和海拔修正功率

当电动机使用地点的海拔超过 1 000 m 和/或使用环境温度与其额定环境温度不一致时，其输出功率应按实际使用地点的海拔和使用环境温度下的输出功率计算。

根据环境温度和海拔进行电动机功率修正计算，按式(136)进行：

$$P'_N=\frac{P_N}{K} \qquad \cdots\cdots(136)$$

式中：

P'_N——根据环境温度和海拔修正后用来选用电动机的功率，单位为千瓦(kW)；

P_N——未修正的所需电动机的功率，单位为千瓦(kW)；

K——功率修正系数，由图 15 确定。

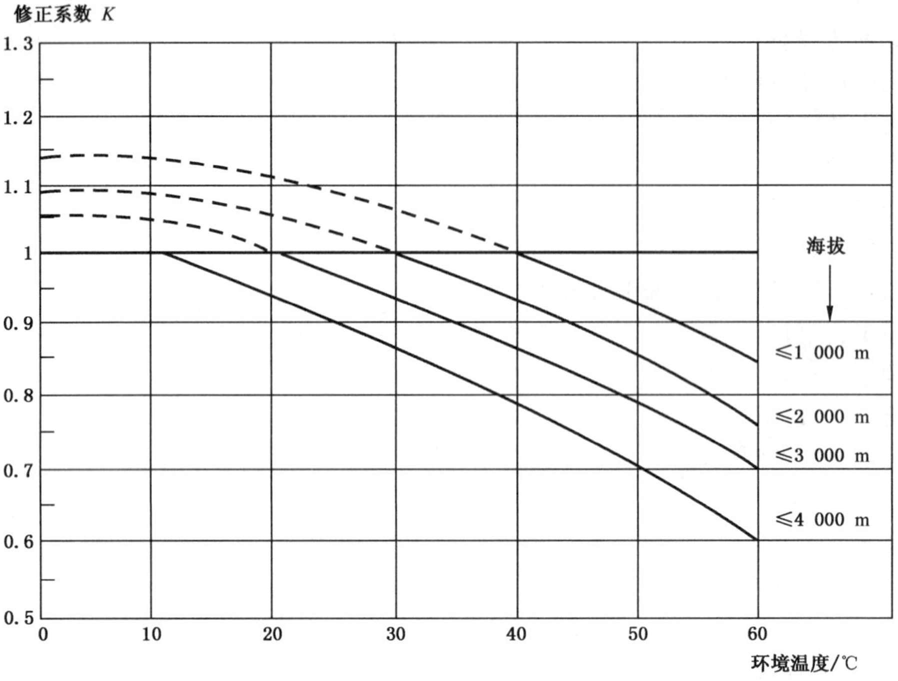

注 1：修正系数 $K>1$ 的值需由电动机制造商和起重机制造商共同确定；

注 2：海拔大于 1 000 m 时，要指出环境温度。

图 15 以环境温度和海拔为函数变量的修正值

7.7.2.5 接电持续率和每小时工作循环数

接电持续率 JC 值用于在工作循环时间小于或等于 10 min 的场合，由式(137)确定：

$$JC=\frac{\text{在起重机一个工作循环中该机构的运转时间}}{\text{起重机一个工作循环的总时间}}\times 100\% \qquad \cdots\cdots(137)$$

起重机各机构的接电持续率 JC 值、CZ 值、稳态负载平均系数 G，是影响电动机发热的重要因素，应根据实际载荷情况计算，并在起重机制造商和买方之间达成一致意见。如无法获得载荷情况的详细资料，可参考附录 Q 表 Q.1 选取。

7.7.3 电动机的过载校验

电动机的过载校验按附录 R 的方法计算。

7.7.4 电动机的发热校验

电动机的发热校验按附录 S 的方法计算。

7.8 电线电缆及其敷设

7.8.1 电线电缆选型

电线电缆应选用铜芯多股软线，并根据电压等级、环境温度、敷设方式来选定。

7.8.2 电线电缆截面选择

7.8.2.1 导线截面应根据导线所承受的负载电流、线路允许的电压降、工作环境温度和敷设方式所要求的机械强度等来确定。

7.8.2.2　起重机外部连接用电线电缆截面选择：对于多股单芯导线，截面不应小于 1.5 mm^2；对于多股多芯电缆，截面不应小于 1.0 mm^2；对于电子装置、油压伺服机构、检测与传感元件的连接线，其截面不做规定。

7.8.3　导线的负载电流

7.8.3.1　导线的负载电流为负载（电动机或其他用电器）在额定载荷下工作时的等效发热电流，即负载的额定工作电流。

7.8.3.2　导线的载流量不应小于负载的额定工作电流。

7.8.3.3　对于供电给单机构电动机的导线，其负载电流为电动机的额定工作电流。

7.8.3.4　对于起重机的总电源导线，其负载电流应按式(138)计算：

$$I_W = I_{N1} + I_{N2} + I_{N3} + I_{AUXI} \quad \cdots\cdots (138)$$

式中：

I_W——总电源导线的额定工作电流，称作起重机工作电流，单位为安培(A)；

I_{N1}——功率最大机构电动机的额定工作电流，单位为安培(A)；

I_{N2}，I_{N3}——其他两个可能同时工作的机构电动机的额定工作电流，单位为安培(A)；

I_{AUXI}——辅助电气设备与控制所需的额定工作电流，单位为安培(A)。

I_W的接电持续率与电动机额定工作电流对应的接电持续率相同，计算时应按等效发热原则统一接电持续率，通常采用$JC=40\%$或$JC=100\%$。作为供电滑线设计依据时，应同时向用户提供工作电流值与相应的接电持续率。

7.8.4　电压降

7.8.4.1　总电压降

对交流电源供电，在尖峰电流时，自供电变压器的低压母线至起重机任何一台电动机端子上的电源的总电压降最大不得超过额定电压的 15%。

7.8.4.2　起重机内部电压降

起重机内部电压降指自起重机供电点至各机构电动机端子，在最大起动电流下，线路可能产生的最大电压降。

对于滑触线供电，起重机供电点指大车集电器；对于电缆卷筒或拖缆供电，起重机供电点指卷筒电缆或拖缆在地面开关柜的接线处。起重机内部电压降不应超过 5%。

特殊情况下，供电电压波动范围和起重机内部电压降，可由制造商和用户协商确定，但总电压降应符合 7.8.4.1 的规定。

7.8.4.3　交流电导线电压降

忽略导线单位长度的感抗时，导线电压降按式(139)计算：

$$\Delta U = \frac{\sqrt{3} L I \cos\varphi}{S\gamma} \quad \cdots\cdots (139)$$

式中：

ΔU——导线的电压降，单位为伏特(V)；

L——导线有效长度，单位为米(m)；

I——最大工作电流，单位为安培(A)；

$\cos\varphi$——功率因数；

S——导线截面，单位为平方毫米(mm^2)；

γ——导线电导率,单位为米每欧姆平方毫米(m/Ω ·mm²),铜取50(m/Ω ·mm²)。

7.8.4.4 最大工作电流

单台电动机的最大工作电流为设计选定的最大起动电流。对于绕线转子电动机一般取2.2 I_N～2.5 I_N,对于变频控制的笼型电动机一般取为1.5 I_N～1.8 I_N,对于直接起动的笼型电动机参照电动机产品样本数据查取。I_N 为电动机的额定工作电流。

单台起重机的最大工作电流,按功率最大机构的电动机处于起动状态、其余可能同时工作机构的电动机处于额定工作状态时的电流进行计算,见式(140)。

一般考虑三个机构同时工作的情况。

$$I_{max}=K\,I_{N1}+I_{N2}+I_{N3} \qquad \cdots\cdots(140)$$

式中:

I_{max}——起重机最大工作电流,单位为安培(A);

K——功率最大机构电动机的起动电流倍数;

I_{N1},I_{N2},I_{N3}——三个机构电动机在额定载荷下的额定工作电流,单位为安培(A)。

7.8.4.5 功率因数

计算电压降时,电动机启动时的功率因数 $\cos\varphi$ 一般选用下列值:

——对于绕线电动机 $\cos\varphi=0.65$;

——对于变频调速笼型电动机 $\cos\varphi=0.8\sim0.82$;

——对于直接起动笼型电动机 $\cos\varphi=0.5$。

7.8.5 导线载流量校正

导线载流量 I_z 按式(141)校正计算:

$$I_z=K_aK_tK_jI_g \qquad \cdots\cdots(141)$$

式中:

K_a——导线或穿管导线多根并列敷设校正系数;

K_t——环境温度校正系数;

K_j——重复短时工作制的接电持续率校正系数;

I_g——电线电缆载流量的基准值,单位为安培(A)。

各载流量计算系数参见附录U。

7.8.6 导线敷设

7.8.6.1 在有机械损伤的地方,导线应敷设于线槽、金属管或软管中;在有化学腐蚀的地方,电缆连接处应采取有效措施,保证接触良好;在有油污侵蚀的地方,要防止油污侵蚀电缆;线槽、导线管的出口处,应防止磨损电缆。

7.8.6.2 电缆固定敷设时,弯曲半径不应小于电缆外径的5倍。至少不应低于制造商提供的相应数据。

7.8.6.3 三相或单相交流电源线穿管应在同一根导线管内。

7.8.6.4 导线的连接及分支点处应设置接线盒,其防护等级应适合周围环境条件。

7.8.6.5 对于控制屏(柜)、接线箱等电气设备的接线端子,若接线端子间的意外连接会造成设备损坏时,应将相关端子明显分开。

7.8.6.6 不同供电电压等级的导线,若各导线的绝缘耐压都大于其中最高的供电电压等级,则可将它们敷设在同一线槽或导线管中,或者安排在同一根电缆内。安全照明电源应单独敷设。

7.8.6.7 变频器输出的动力电缆，敷设时宜与控制电缆分开，条件允许时尽可能避免平行走线，应尽可能远离有电子器件的设备或传感检测元件，重要信号应采取屏蔽措施。

7.8.6.8 导线两端应采用铜质冷压端头(对于直接连接到压接式端子的导线除外)。

7.9 起重吊具的电气

7.9.1 供电

供电电缆应缠绕到电缆卷筒上或收集到吊具上的电缆框内(对于吊具的起升高度小的场所)，它们的机械强度、抗外界影响的性能、耐热或耐水压性能应适合使用条件。

所选用的电缆固定方法应做到使其接头不受任何拉力，电缆不被损坏。

电缆的敷设与防护应排除正常使用时被损坏的可能性。

7.9.2 起重电磁吸盘

7.9.2.1 起重电磁吸盘电源严禁接入其他设备，以免影响其正常工作。

7.9.2.2 必要场合，可设置备用电源(如蓄电池)，备用电源支持时间不宜小于 20 min，在这种情况下，应提供自动充电装置和显示蓄电池电压的指示器，并应有灯光和声响警告装置示警。为及时安全下放所吸物料，该电源允许接入起升制动器回路，或起升制动器应具有手动释放功能。

7.9.2.3 绕组绝缘等级应根据功率损失、环境温度及被吸物料所产生的热辐射量进行选择。

7.9.2.4 通常起重电磁吸盘按接电持续率 50%设计制造，对于其他接电持续率，应由制造商向用户提供相应参数。

7.9.2.5 起重电磁吸盘的拉脱力不应小于所吸物料质量重力的两倍。

7.9.3 电动夹钳

驱动电动机、检测元件、行程开关及电缆敷设等均应满足所需的防护等级及环境温度要求，应具有高可靠性能。

7.9.4 水下液压抓梁

7.9.4.1 液压泵站及其电控设备、行程检测元件等均应有良好的密封措施，确保在其承受相应水压时能正常工作；电缆及其接头的密封方式应能在承受相应的水压时正常工作。

7.9.4.2 抓梁至少应具有抓梁下放到位、销轴退回到位和销轴伸出到位的行程检测及指示功能。

7.9.5 抓斗

7.9.5.1 驱动

驱动电动机应根据抓斗的类型和使用情况(电动抓斗、电动液压抓斗、机械驱动抓斗)设计成 S3、S4 或 S5 工作制。

7.9.5.2 防护等级

室外使用时，电动机和电气设备的防护等级不应低于 GB/T 4942.1 和 GB 4208 中的 IP54；水下作业时，防护等级不应低于 IP57。由于这种设备的特殊使用条件，对振动和冲击应特别加以注意。

7.9.6 吊具回转装置

7.9.6.1 对回转部分的供电

回转部分的供电系统要根据回转范围的要求进行合适的设计。

7.9.6.2 防护等级

如果回转电动机安装在起重机金属结构上，则至少应符合该结构件上其他电动机的防护等级。

如果回转电动机安装在起重吊具上，室内作业时电动机的防护等级不应低于 GB/T 4942.1 中的 IP44，室外作业时电动机的防护等级不应低于 GB/T 4942.1 中的 IP54。

7.9.7 集装箱专用吊具

7.9.7.1 吊具上的用电设备和电气元件安装在防护等级不应低于 GB/T 4942.1 的 IP55 的密封箱中，采用多芯插头/插座与吊具电缆连接，以便于更换吊具。为防止电气元件的松动，密封箱的固定应采取减震措施。

7.9.7.2 吊具应具有与起重机操作系统实现安全联锁的限位开关。这些安全措施至少应包括：只有当所有锁销全部正确插入箱孔时，才能进行锁销的开锁或闭锁动作，当吊具吊离地面时锁销不能有任何动作；只有当所有锁销全部处于全开锁或全闭锁位置时，起升机构才允许动作；当起吊集装箱时，不允许有伸缩动作。

7.10 辅助电气设备

7.10.1 照明

7.10.1.1 司机室

司机室要提供固定的、不炫目的工作照明装置，该装置应布置合理，并具有不小于 30lx 的照度，在起重机主电气线路被切断时，照明装置应能正常工作。

7.10.1.2 工作区域照明

当由起重机提供工作区域照明时，要在起重机合适部位装设投光灯，确保地面有 30lx 的最小照度。投光灯应是防震型的；照明线路不应受起重机主线路控制；应采取预防措施，防止因电动机启动造成压降而使灯熄灭。

7.10.1.3 通道和电气室照明

通道和电气室应装设不受起重机主线路控制的辅助照明装置，平均照度不小于 30lx。

7.10.1.4 紧急照明

当现场照明不能保证安全离开起重机时，应提供配有蓄电池的应急照明灯，司机室内应提供蓄电池充电器。

7.10.1.5 其他

7.10.1.5.1 必要时为检修方便，可配置电压不超过 50 V 的安全照明手提灯，并在必要位置设置相应安全电压电源插座。

7.10.1.5.2 不同电压等级的电源插座应采用不同型式或尺寸的插座。防止不同电压间的混淆。

7.10.2 取暖与降温

7.10.2.1 电气室

电气室的通风散热应满足以下要求：

——提供自然通风或强制通风，以驱散辐射热及电气设备所产生的热能。

——当采用电子设备而工作条件又不能保证电子设备正常工作所需的环境温度时，应装设空调装置。

7.10.2.2 司机室

司机室内应根据供需双方达成的协议设置取暖与降温设备。该装置的供电应与起重机动力线路分开。在环境温度较高的场所，司机室外部或下方应装热反射板，防止或减少司机室受环境温度的影响。

8 整体抗倾覆稳定性和抗风防滑安全性

对在工作或非工作时有可能发生整体倾覆的起重机，应通过计算来校核其整体抗倾覆稳定性所需满足的条件。在露天工作的轨道运行起重机，还应校核其抵抗风吹并防止出现滑移的安全性。

8.1 起重机整体抗倾覆稳定性

8.1.1 基本要求与假定

8.1.1.1 在校核计算中，当稳定力矩的代数和大于倾覆力矩的代数和时，则认为该起重机整机是稳定的。

由自重载荷产生稳定力矩，由除自重载荷外其他载荷产生倾覆力矩，它们都是对所规定的特定倾覆线计算的结果。

在进行起重机整体抗倾覆稳定性计算时，求倾覆力矩所用的计算载荷分别按表 51～表 54 选取(不考虑其他动力系数的影响)。计算中要考虑起重机的结构形态及其零部件的位置，各项载荷与力作用的方向及其影响均按实际可能出现的最不利载荷组合的原则来考虑。

8.1.1.2 校核计算的假定是起重机在坚实、水平的支承面上或轨道上工作。若起重机需要在倾斜面上工作，在校核计算时制造商应考虑此特定条件，加上倾斜坡度的影响并予以说明。

8.1.1.3 对于固定的起重机，在具体使用现场或地区如有地震或其他的基础外部激励效应，则在相应的工作状态或非工作状态抗倾覆稳定性的核算中，将其作为附加的载荷情况予以考虑。对于地震的影响，应参考国家有关部门相应的抗震规范，根据不同地区的抗震设防等级来计算。

8.1.2 流动式起重机整体抗倾覆稳定性

对流动式起重机，应核算验证在下列载荷状态下整体抗倾覆是稳定的：

——无风试验或运行时，按表 51 的规定；

——有风工作或运行时，按表 52 的规定；

——向后倾翻时，按 8.1.2.3 的规定；

——非工作风作用时，按 8.1.2.4 的规定。

流动式起重机的倾覆线参见附录Ⅴ。这些倾覆线只是示意图，在实际计算中应由起重机不同的具体设计来决定。

8.1.2.1 无风试验或运行时的整体抗倾覆稳定性

在风速不大于 8.3 m/s 的风载荷作用下，流动式起重机作稳定性试验或带载运行。用自重载荷与表 51 规定的载荷计算出相应的稳定力矩和倾覆力矩，来判定起重机是否符合整体抗倾覆稳定性的条件。

8.1.2.2 有风工作或运行时的整体抗倾覆稳定性

在工作风载(见 4.2.2.3.3)作用下流动式起重机不移动，但作起升、回转、变幅、臂架伸缩等动作；或仅整机移动，但不做起升、回转、变幅、臂架伸缩等动作。用自重载荷与表 52 规定的载荷算出相应的稳定力矩和倾覆力矩，来判定起重机是否符合整体抗倾覆稳定性的条件。

8.1.2.3 抗后倾覆稳定性

8.1.2.3.1 验算条件

起重机处于以下支承条件和质量分布状态时，应配置平衡重，并保证起重机有一个合理的稳定安全系数：

——起重机放置在坚实、水平的支承面或轨道上(最大坡度为1%)；

——起重机装有规定的最短臂架，且此臂架处于最大推荐臂架角度；

——将吊钩、吊钩滑轮组或其他取物装置放在地面上；

——使外伸支腿脱离支承面，起重机支承在车轮(轮胎)上；

——起重机装有规定的最长主臂或主臂和副臂的组合结构，并且此主臂或臂架组合结构处于最大推荐臂架角度，还承受最不利方向的工作风载荷。

应验算对上述规定的各种质量分布状态及在相应的平衡重配置条件下，对制造商允许的起重机回转到的最不稳定位置，起重机均不应向后倾覆。

表51　流动式起重机整体抗倾覆稳定性校验的计算载荷——无风试验或运行时

起重机的状态和计算条件	载荷性质	计算载荷[a、c]
轮胎起重机、汽车起重机支腿伸出[b]或履带起重机	作用载荷	$1.25\ P_Q+0.1\ F$
轮胎起重机、汽车起重机支腿收回[b]	作用载荷	$1.33\ P_Q+0.1\ F$
轮胎起重机、汽车起重机或履带起重机运行最大运行速度不大于0.4 m/s	作用载荷	$1.33\ P_Q+0.1\ F$
轮胎起重机、汽车起重机或履带起重机运行最大运行速度大于0.4 m/s	作用载荷	$1.5\ P_Q+0.1\ F$

a P_Q 是在不同幅度下起重机的最大起升载荷。F 是将主臂质量 G(作用于质心上)或副臂质量 g(作用于质心上)按力矩相等原理换算到主臂端部或副臂端部的质量的重力。

b 与本表相对应的条件是：起重机静止不动，但作升降、变幅、臂架伸缩和回转等动作的载荷试验，或者起重机作整机带载运行，但不做起升、变幅、臂架伸缩和回转等动作。

c "计算载荷"是与不大于8.3 m/s的试验风速相对应的。在特殊情况下，如果要求限制最大起升载荷，制造商应明确说明在抗倾覆稳定的校核计算中采用的最大风速值。当考虑其他的最大风速时，制造商也应予以明确说明。

表52　流动式起重机整体抗倾覆稳定性校验的计算载荷——有风工作或运行时

起重机的状态和计算条件	载荷性质	计算载荷[a]
轮胎起重机、汽车起重机支腿伸出[b]或履带起重机	作用载荷	$1.1\ P_Q$
	风载荷	P_{WII}
	惯性力	P_D
轮胎起重机、汽车起重机支腿收回[b]	作用载荷	$1.17\ P_Q$
	风载荷	P_{WII}
	惯性力	P_D

表 52（续）

起重机的状态和计算条件	载荷性质	计算载荷[a]
轮胎起重机、汽车起重机或履带起重机运行[c] 最大运行速度不大于 0.4 m/s	作用载荷	1.17 P_Q
	风载荷	P_{WII}
	惯性力	P_D
轮胎起重机、汽车起重机或履带起重机运行[c] 最大运行速度大于 0.4 m/s	作用载荷	1.33 P_Q
	风载荷	P_{WII}
	惯性力	P_D

[a] P_Q 按表 51 定义；P_D 是由于起升、回转、变幅、臂架伸缩或运行等机构驱动产生的惯性力。对于分级变速控制的起重机，P_D应采用产生的实际惯性力值；对于无级变速控制的起重机，P_D 值为 0；P_{WII} 是工作状态下的风载荷，见 4.2.2.3.3。

[b] 与本表相对应的计算条件是：起重机有风工作，不移动，但做起升、回转、变幅、臂架伸缩等动作。

[c] 与此相对应的条件是：起重机有风工作，且整机移动，但不做起升、回转、变幅、臂架伸缩等运动。

8.1.2.3.2 轮胎起重机和汽车起重机

当起重机回转的上部结构纵向轴线与承载底架纵向轴线成 90°角时，臂架下面承载侧的车轮（轮胎）或底架支腿的总载荷不应小于起重机总重力的 15%。

当起重机回转的上部结构纵向轴线与承载底架纵向轴线重合时，在制造商规定的工作区域中承载底架的轻载端，车轮（轮胎）或支腿上的总载荷不应小于起重机总重力的 15%，在非工作区域内则不应小于起重机总重力的 10%。

在起重机上应为操作人员设置醒目可见的警示信息，否则起重机车轮（轮胎）上的载荷均应满足上述有关限制。警示信息应标明为保持足够的抗后倾覆稳定性要求，活动支腿应是处在伸出状态。

8.1.2.3.3 履带起重机

在侧面或支承最小载荷的底盘端部倾覆线上的总载荷不应小于起重机总重力的 15%。

对于装有可收缩履带装置的履带起重机，如果在履带装置缩短时不能满足上述要求，制造商应在起重机上向司机提供醒目可见的警示信息。

8.1.2.4 非工作风载荷作用下的起重机整体抗倾覆稳定性

制造商应规定起重机在工作时承受风载荷的极限以及在非工作状态时应采取的特殊预防措施。非工作风载荷见 4.2.3.1。

8.1.3 塔式起重机整体抗倾覆稳定性

8.1.3.1 塔式起重机的整体抗倾覆稳定性按表 53 中的五种工况校核，并采用有相应载荷系数的计算载荷。

8.1.3.2 在轨道上带载运行的塔式起重机，还应当考虑制造商在起重机出厂文件上规定的两轨道允许的最大垂直高低差和坡度所引起的载荷,作为其他载荷列入表 53 工况Ⅱ中。

8.1.3.3 按表 53 计算时,应考虑塔式起重机所有起升部件质量引起的载荷。

8.1.3.4 工作状态下抗后倾覆稳定性按表 53 中的工况Ⅲ计算。

8.1.3.5 风载荷的作用

8.1.3.5.1 工作状态的风载荷按最不利方向施加作用。

8.1.3.5.2 对于不能随风自由回转的塔式起重机,非工作状态的风载荷按最不利方向施加作用。对于可随风回转的塔式起重机,非工作状态的风载荷应按设计预期的方向施加于塔式起重机的上部结构,并按最不利方向施加于塔式起重机的下部结构。

8.1.3.6 起重机的基础

制造商应提供在允许使用的所有工况中(包括有非工作状态风载荷作用时),塔式起重机对地面或基础作用的载荷,并说明提供的载荷数据所对应的使用工况。如果是用塔式起重机的基础来实现塔式起重机的部分或全部抗倾覆稳定时,制造商还应规定对用作该塔式起重机基础的要求。当塔式起重机需在斜面上作业时,制造商亦应考虑相应的计算工况。

8.1.3.7 临时辅助稳定装置

在表 53 的工况Ⅰ至Ⅳ的状态下,塔式起重机不使用临时辅助稳定装置时,也应是稳定的。

临时辅助稳定装置可以用来满足表 53 中工况Ⅴ,即保证安装或拆卸时的抗倾覆稳定性。

可以用可拆卸的压重来满足表 53 工况Ⅳ的整体抗倾覆稳定性的要求。但当没有这些外加的压重,并且将风载荷取为 1.1 $P_{W\text{Ⅲ}}$ 时,该起重机也应符合稳定要求。

8.1.3.8 关于大变形的影响

在塔式起重机最不利的结构形态和最不利的载荷组合工况下,如果大变形(按二阶理论计算的变形)的影响在塔身中增加的弯矩小于 10%(可按 $N/N_E<0.1$ 界定)时,整体抗倾覆稳定性计算就可以不考虑此大变形的影响(即仍按一阶理论计算),以简化计算。但是,若超过上述范围,则表 53 各工况的倾覆力矩应考虑随上述二阶理论计算的变形增大而增加。

表 53 塔式起重机整体抗倾覆稳定性校验的计算载荷

起重机的工况和计算条件		载荷性质	计算载荷
工作状态	Ⅰ. 基本稳定性 (无风时起升静载试验载荷)	自重载荷	P_G
		起升载荷	1.6 P_Q
		风载荷	0
		惯性力	0
	Ⅱ. 动态稳定性 (有工作风时起升正常工作载荷)	自重载荷	P_G
		起升载荷	1.35 P_Q
		风载荷	$P_{W\text{Ⅱ}}$
		惯性力	P_D

表 53（续）

起重机的工况和计算条件		载荷性质	计算载荷
工作状态	Ⅲ. 抗后倾覆稳定性（有向后吹工作风载，且突然空中卸载）	自重载荷	P_G
		起升载荷	$-0.2\ P_Q$
		风载荷	$P_{W\text{Ⅱ}}$
		惯性力	0
非工作状态	Ⅳ. 抗暴风稳定性（非工作时遭暴风袭击）	自重载荷	P_G
		起升载荷	P_q
		风载荷	$1.2\ P_{W\text{Ⅲ}}$
		惯性力	0
非工作状态	Ⅴ. 装拆稳定性（在许可风中进行装拆）	自重载荷	P_G
		起升载荷	$1.25\ P_a$
		风载荷	$P'_{W\text{Ⅱ}}$
		惯性力	P_D

P_G——自重载荷；
P_D——由机构驱动产生的惯性力，此时取 $\phi_5=1$；
P_Q——最大起升载荷；
P_q——起升吊具、悬垂钢丝绳及起升附件等的重力；
P_a——安装/拆卸时被起吊的安装/拆除的部件的重力；
$P_{W\text{Ⅱ}}$——起重机承受的工作状态风载荷，见 4.2.2.3.3；
$P_{W\text{Ⅲ}}$——起重机承受的非工作状态风载荷，见 4.2.3.1；
$P'_{W\text{Ⅲ}}$——由制造商操作手册给定的或在起重机安装/拆卸作业时限制的风载荷。

8.1.4 除流动式、塔式和浮式起重机以外的起重机整体抗倾覆稳定性

起重机整体抗倾覆稳定性计算中，稳定力矩由自重载荷计算，而倾覆力矩则用表 54 给出的计算载荷计算。

表 54 除流动式、塔式和浮式起重机以外的起重机整体抗倾覆稳定性校验的计算载荷

计算条件	载荷性质	计算载荷
Ⅰ.基本稳定性	作用载荷	$1.5\ P_Q$
	风载荷	0
	惯性力	0
Ⅱ.动态稳定性	作用载荷	$1.3\ P_Q$
	风载荷	$P_{W\text{Ⅱ}}$
	惯性力	P_D
Ⅲ.非工作时最大风载荷	作用载荷	0
	风载荷	$1.2\ P_{W\text{Ⅲ}}$
	惯性力	0
Ⅳ.突然卸载	作用载荷	$-0.2\ P_{\text{Ⅰ}}$
	风载荷	$P_{W\text{Ⅱ}}$
	惯性力	0

P_D——由机构驱动产生的惯性力；

P_Q——最大起升载荷。在起重机工作时的永久性起升附件，无论它是否是规定的起升载荷的组成部分，在计算抗倾覆稳定性时均应计入在最大起升载荷中；

$P_{\text{Ⅰ}}$——起重机的有效载荷，但不包括起重机在工作状态中作为永久性起升附件的重力；

$P_{W\text{Ⅱ}}$——起重机承受的工作状态风载荷，见 4.2.2.3.3；

$P_{W\text{Ⅲ}}$——起重机承受的非工作状态风载荷，见 4.2.3.1。

8.1.4.1 工作状态的抗后倾覆稳定性

当起重机处于卸载状态，所有可移动工作部件都缩回到最靠近向后倾覆线的位置时，按以下规定的方法校验其抗后倾覆稳定性。

8.1.4.1.1 力矩法

按对倾覆线计算，由工作状态风载荷 $P_{W\text{Ⅱ}}$ 和惯性力 P_D 构成的倾覆力矩不应大于稳定力矩的 90%。

8.1.4.1.2 重力法

不考虑风载荷作用时，静止起重机的质心在水平面上的投影位置不应超过从前支点到后倾覆线距离的 80%，典型例子如图 16 所示。

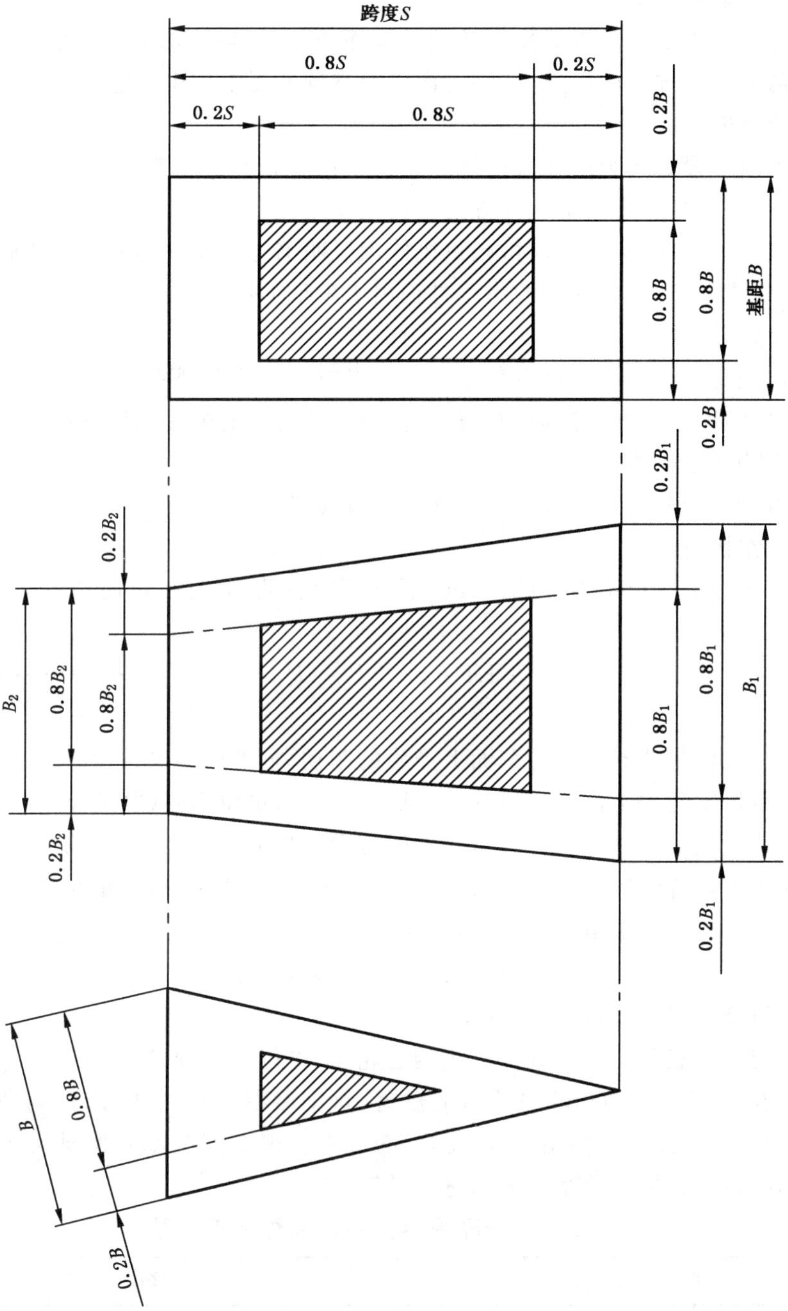

图 16　起重机底座外形图

8.1.4.2　风载荷的作用

工作状态风载荷按最不利的方向施加作用。对于不能随风自由回转的起重机，非工作状态风载荷按最不利的方向施加作用；对可随风回转的起重机，非工作状态风载荷应按设计预期方向作用于起重机的上部结构，并按最不利方向作用于起重机的下部结构。

8.1.4.3 起重机的基础

起重机制造商应规定起重机对作为基础的地面或承载结构物的作用力。如果是用基础来保证起重机全部或部分抗倾覆稳定性,制造商应对基础的要求作出规定。

8.1.4.4 临时辅助稳定装置

临时辅助稳定装置是指为增加起重机的整体抗倾覆稳定性而对起重机基本的或正常的结构增加的临时辅助附件,它应能迅速并方便地投入使用。

当需要设置临时辅助稳定装置时,起重机使用说明书应全面叙述需要的临时辅助稳定装置的类型,正确的安装方法,以及它们的作用是否用于满足工作、非工作、或抗后倾覆的稳定性。

8.1.4.5 关于大变形的影响

对由于固定载荷、变动载荷、风载荷或动载的影响而产生显著弹性变形(即大变形)的起重机,在计算整体抗倾覆稳定性和抗后倾覆稳定性时应计及大的弹性变形的影响。

8.2 起重机抗风防滑安全性

8.2.1 除塔式起重机以外的轨道起重机抗风防滑安全性

8.2.1.1 正常工作状态

起重机正常工作状态设定为带载、顺风、下坡运行制动,此时抗风防滑安全性按式(142)校验计算:

$$P_{Z1} \geqslant 1.1\ P_{W\text{Ⅱ}} + P_{\alpha} + P_{D} - P_{f} \qquad \cdots\cdots(142)$$

式中:

P_{Z1}——运行机构制动器在车轮踏面上产生的制动力,单位为牛顿(N);

$P_{W\text{Ⅱ}}$——起重机承受的工作状态风载荷,见4.2.2.3.3,单位为牛顿(N);

P_{α}——起重机自重载荷与起升载荷沿坡道方向产生的滑行力,单位为牛顿(N);

P_{D}——起重机运行停车减速惯性力,取 $\phi_5=1$,按4.2.1.2.2计算,单位为牛顿(N);

P_{f}——起重机运行摩擦阻力,单位为牛顿(N);

$$P_f = \omega \times (P_Q + P_G)$$

ω——运行摩擦阻力系数,见表55;

$P_Q + P_G$——额定起升载荷与自重载荷产生的总轮压,单位为牛顿(N)。

当制动力 P_{Z1} 大于被制动车轮与轨道的黏着力(即摩擦力)时,P_{Z1} 用被制动车轮与轨道的黏着力代替,计算黏着力时,摩擦系数 f 按表55选取。仅有部分车轮制动力大于车轮与轨道的黏着力时,则应按不同情况的车轮分别进行计算。

表55 运行摩擦阻力系数和静摩擦系数

运行摩擦阻力系数 ω		静摩擦系数 f	
装滑动轴承的车轮	装减摩(滚动)轴承的车轮	轨道与制动车轮之间	轨道与夹轨钳之间
0.015	0.006	0.14	0.25

8.2.1.2 非工作状态

起重机非工作状态的抗风防滑安全性按式(143)校验计算

$$P_{Z2} \geqslant 1.1\ P_{W\text{Ⅲ}} + P_{\alpha G} - P_{f} \qquad \cdots\cdots(143)$$

式中:

P_{Z2}——由制动器与夹轨器、锚定装置或防风拉索等沿轨道方向产生的抗风防滑阻力,单位为牛顿(N)。夹轨器单独作用时：

$$P_{Z2}=Pf$$

P——夹轨器对轨道产生的夹持力，单位为牛顿(N)；

f——静摩擦系数，见表55；

$P_{WⅢ}$——同式(15)；

$P_{\alpha G}$——自重载荷沿坡道方向产生的滑行力，单位为牛顿(N)；

P_f——非工作状态下阻止起重机被风吹移动的摩擦阻力(即被制动轮与轨道的黏着力)，单位为牛顿(N)；

$$P_f=P_Gf$$

P_G——同式(142)。

当制动力等抗风阻力 P_{Z2} 大于被制动车轮与轨道的黏着力时，P_{Z2} 用被制动车轮与轨道的黏着力代替，计算黏着力时，摩擦系数 f 按表55选取。仅有部分车轮制动力大于车轮与轨道的黏着力时，则应按不同情况的车轮分别进行计算。

手工操作夹轨器时，手动的最大操作力不得大于200 N。

实践证明，对于受很大风载荷作用的起重机，如岸边集装箱起重机等，采用将全部车轮(主动轮和从动轮)都制动的方法，可获得良好的抗风防滑安全性。还可采用主动轮两级制动的方式。

8.2.2 轨道塔式起重机抗风防滑安全性

8.2.2.1 正常工作状态

核算抗风防滑安全性时，塔式起重机的正常工作状态设定为带载、顺风、下坡运行制动，此时抗风防滑安全性按式(144)校验计算：

$$P_{Z1}\geqslant 1.2\ P_{WⅡ}+P_{\alpha G}+1.35\ P_{\alpha Q}+P_D-P_f \quad \cdots\cdots(144)$$

式中：

P_{Z1}——同式(142)；

$P_{WⅡ}$——同式(142)；

$P_{\alpha G}$——同式(143)；

$P_{\alpha Q}$——额定起升载荷沿坡道方向产生的滑行力，单位为牛顿(N)；

P_D——同式(142)；

P_f——同式(142)。

当制动力 P_{Z1} 大于被制动车轮与轨道的黏着力时，P_{Z1} 用被制动车轮与轨道的黏着力代替，计算黏着力时，摩擦系数 f 按表55选取。仅有部分车轮制动力大于车轮与轨道的黏着力时，则应按不同情况的车轮分别进行计算。

8.2.2.2 非工作状态

塔式起重机非工作状态的抗风防滑安全性按式(145)校验计算：

$$P_{Z2}\geqslant 1.2\ P_{WⅢ}+P_{\alpha G}+P_{\alpha q}-P_f \quad \cdots\cdots(145)$$

式中：

P_{Z2}——制动器、夹轨器等装置沿轨道方向产生的抗风防滑阻力，单位为牛顿(N)；

$P_{WⅢ}$——同式(15)；

$P_{\alpha G}$——同式(143)；

$P_{\alpha q}$——固定吊具(吊钩、下滑轮组及1/2的悬吊钢丝绳等)的重力沿坡道方向产生的滑行力,单位为牛顿(N);

P_f——同式(143)。

当制动力等抗风阻力 P_{Z2} 大于被制动车轮与轨道的黏着力时,P_{Z2} 用被制动车轮与轨道的黏着力代替,计算黏着力时,摩擦系数 f 按表55选取。仅有部分车轮制动力大于车轮与轨道的黏着力时,则应按不同情况的车轮分别进行计算。

9 安全

9.1 起重机的安全设计计算

起重机结构、机械、电气及整体抗倾覆稳定性和抗风防滑安全性的设计计算等,应按本标准第4章、第5章、第6章、第7章、第8章的规定进行。

9.2 起重机的标记、铭牌、安全标志、限界尺寸和净距

9.2.1 标记、铭牌和安全标志

9.2.1.1 起重机应有标记、铭牌和安全标志。

9.2.1.2 起重机的规格标记应符合下列要求:

a) 额定起重量(或额定起重力矩),应永久性地标明在从地面容易看清的地方。

b) 额定起重量随全幅度范围变化的起重机,应设有明显可见的额定起重量随幅度全程变化的曲线或表格;凡不同幅度段规定有不同额定起重量的,幅度段的划分及各段的额定起重量,均应永久性地标明并明显可见。由制造商提供的操作说明书应能对不同幅度起重量做出更详细说明。

c) 如果起重机配备有几个起升机构,则应分别标明每个起升机构的额定起重量。由制造商提供的操作说明书应指明这些起升机构是否可以同时使用。

9.2.1.3 每台起重机都应在适当的位置装设铭牌,铭牌应至少标明以下内容:

——制造商名称;

——产品名称和型号;

——主要性能参数;

——出厂编号;

——制造日期。

9.2.1.4 应在起重机的合适位置或工作区域设有明显可见的文字安全警示标志,如“起升物品下方严禁站人”“臂架下方严禁停留”“作业半径内注意安全”“未经许可不得入内”等。在起重机的危险部位,应有安全标志,安全标志应符合GB 2894和GB 15052的规定。安全标志的颜色,应符合GB 2893的规定。

9.2.2 界限尺寸和净距

9.2.2.1 在最不利位置和最不利装载条件下,起重机的所有运动部分(吊具和其他取物装置除外)与建筑物的净距规定如下:

——距固定部分不小于0.05 m;

——距任何栏杆或扶手不小于0.10 m;

——距出入区不小于0.50 m(出入区是指允许人员进出的所有通道,但工作平台除外)。

具有水平滚轮或带轮缘车轮导向的桥式起重机等,考虑其沿轨道运行时可能产生一定的偏

斜，其侧方与外部固定部分的间隙尺寸不应小于 0.08 m。

铁路起重机的轮廓线应符合铁路运输轮廓界限。用于铁路装卸的起重机，其任何固定部分不应侵入铁路净空界限。

9.2.2.2　起重机各运动部分的下界限线与下方的一般出入区(从地面或从属于建筑物的固定或活动部分算起，工作或维修平台及类似物除外)之间的垂直距离不应小于 1.7 m，与通常不准人出入的下方的固定或活动部分(例如棚顶、加热器、机械部分和运行在下方的起重机等)及与栏杆顶部的垂直距离不应小于 0.5 m。

9.2.2.3　起重机各运动部分的上界限线与上方的固定或活动部分(例如起重小车的最高处与房顶结构最低点、下垂吊灯、下敷管道或与运行在其上方的起重机的最低点)之间的垂直距离，在保养区域和维修平台等处不应小于 0.5 m。如果不会对人员产生危险，这个距离可以减小到 0.1 m。

9.2.2.4　起重机上任何部件与高压输电线的最小距离如表 56。

表 56　起重机与输电线的最小距离

输电线路电压 V/kV	<1	1～35	≥60
最小距离/m	1.5	3	$0.01(V-50)+3$

9.3　结构安全要求

9.3.1　司机室

起重机司机室应符合 GB/T 20303.1 的规定外。还应满足以下要求。

9.3.1.1　当臂架俯仰摆动或臂架及物品坠落会影响司机室安全时，司机室不应设置在起重臂架的正下方。

9.3.1.2　当存在坠落物砸碰司机室的危险时，司机室顶部应装设有效的防护。

9.3.1.3　在室外或在没有暖气的室内操作的起重机(除气候条件较好外)，宜采用封闭式司机室。在高温、蒸气、有尘、有毒或有害气体等环境下工作的起重机，应采用能提供清洁空气的密封性能良好的封闭司机室。在有暖气的室内工作的起重机司机室、或仅作辅助性质工作较少使用的起重机司机室，可以是敞开式的，敞开式司机室应设高度不小于 1 m 的护栏。

9.3.1.4　除极端恶劣的气候条件外，在工作期间司机室内的工作温度宜保持在 15℃～30℃。长期在高温环境工作的(如某些冶金起重机)司机室内应设降温装置，底板下方应设置隔热板。

9.3.1.5　司机室应有安全出入口；当司机室装有门时，应防止其在起重机工作时意外打开；司机室的拉门和外开门应通向同一高度的水平平台；司机室外无平台时，一般情况下门应向里开；流动式起重机司机室回转门应向外开，滑动门应向后开。

9.3.1.6　司机室的窗离地板高度不到 1 m 时，玻璃窗应做成不可打开的或加以防护，防护高度不应低于 1 m；司机室地板上装有玻璃的部位也应加以防护。司机室底窗和天窗安装防护栏时，防护栏应尽可能不阻挡视线。

9.3.1.7　司机室地板应用防滑的非金属隔热材料覆盖。

9.3.1.8　用于司机室工作面上的照度不应低于 30 lx。

9.3.1.9　重要的操作指示器应有醒目的显示，并安装在司机方便观察的位置。指示器和报警灯及急停开关按钮应有清晰永久的易识别标志。指示器应有合适的量程并应便于读数。报警灯应具有适宜的颜色,危险显示应用红灯。

9.3.2 通道和平台

9.3.2.1 起重机上所有操作部位以及要求经常检查和保养的部位(包括臂架顶端的滑轮和运动部分),凡离地面距离超过 2 m 的,都应能通过斜梯(或楼梯)、平台、通道或直梯到达,梯级的两边应装护栏。不论起重机在什么位置,通道、斜梯(或楼梯)、平台都应有安全入口。如臂架可放到地面或人员可到达的部位进行全面直接检查,或者设有其他构造能进行直观检查时,则臂架上也可以不设置通道。

9.3.2.2 起重机处在正常工作状态下的任何位置时,人员应能方便安全地进出司机室。

如果起重机在任何位置,人员不能直接从地面进入司机室,且司机室地板离地面的高度不超过5 m,司机室内配备有合适的紧急逃逸装置(例如绳梯)时,则司机室进出口可以限制在某些规定的位置。

如果起重机在任何位置,人员都不能直接从地面进入司机室,以及司机室的地板离地面的高度超过 5 m 时,起重机应设置到达司机室的通道;对于桥式起重机等,如能提供适当的装置使人员方便安全地离开司机室,则司机室进出口可以限制在某些规定的位置。

一般情况下应通过斜梯或通道,从同司机室地板一样高且备有栏杆的平台直接进入司机室。平台与司机室入口的水平间隙不应超过 0.15 m,与司机室地板的高低差不应超过 0.25 m。只有在空间受到限制时,才允许通过司机室顶部或地板进入司机室。

9.3.2.3 斜梯、通道和平台的净空高度不应低于 1.8 m。运动部分附近的通道和平台的净宽度不应小于 0.5 m;如果设有扶手或栏杆,在高度不超过 0.6 m 的范围内,通道的净宽度可减至 0.4 m。固定部分之间的通道净宽度不应小于 0.4 m。

起重机结构件内部很少使用的进出通道,其最小净空高度可为 1.3 m,但此时通道宽度应增加到0.7 m。只用于保养的平台,其上面的净空高度可以减到 1.3 m。

9.3.2.4 工作人员可能停留的每一个表面都应当保证不发生永久变形:

a) 2 000 N 的力通过直径为 125 mm 圆盘施加在平台表面的任何位置;

b) 4 500 N/m^2 的均布载荷。

9.3.2.5 通道和平台表面应防滑。地板上的单个孔洞和间隙的尺寸不应使直径为 20 mm 的球体穿过,且孔隙的面积应小于 400 mm^2。

9.3.2.6 通道离下方裸露动力线的高度小于 0.5 m 时,应在这些区域采用实体式地板;当通道靠近动力线时,应对这些动力线加以保护。

9.3.3 斜梯和直梯

凡高度差超过 0.5 m 的通行路径应做成斜梯或直梯。高度不超过 2 m 的垂直面上(例如桥架主梁的走台与端梁之间),可以设踏脚板,踏脚板两侧应设有扶手。

9.3.3.1 斜梯

9.3.3.1.1 斜梯的倾斜角不宜超过 65°,特殊情况下,倾斜角也不应超过 75°(超过 75°时按直梯设计)。

9.3.3.1.2 斜梯两侧应设置栏杆,两侧栏杆的间距:主要斜梯不应小于 0.6 m;其他斜梯可取为 0.5 m;斜梯的一侧靠墙壁时,只在另一侧设置栏杆,栏杆高度不小于 1 m。

9.3.3.1.3 梯级的净宽度不应小于 0.32 m,单个梯级的高度宜取为 0.18 m~0.25 m,斜梯上梯级的进深不应小于梯级的高度，连续布置的梯级，其高度和进深均应为相同尺寸。

9.3.3.1.4 梯级踏板表面要防滑。

9.3.3.2 **直梯**

9.3.3.2.1 直梯两边撑杆的间距不小于 0.40 m，两撑杆之间梯级宽度不应小于 0.30 m，梯级的间距应保持一致宜为 0.23 m～0.30 m，梯级离开固定结构件至少应为 0.15 m，梯级中心 0.1 m 范围内应能承受 1 200 N 的分布垂直力而无永久变形。

9.3.3.2.2 人员出入的爬越孔尺寸，方孔不宜小于 0.63 m×0.63 m，圆孔直径宜取为 0.63m～0.80 m。

9.3.3.2.3 高度 2 m 以上的直梯应有护圈，护圈从 2.0 m 高度起开始安装，护圈直径宜取为 0.6 m～0.8 m。护圈之间应由三或五根间隔布置的纵向板条连接起来，并保证有一根板条正对着直梯的垂直中心线，相邻护圈之间的距离：当护圈设置三根纵向板条时，不应大于 0.9 m，当护圈设置五根纵向板条时，不应大于 1.5 m。安装了纵向板条的护圈在任何一个 0.1 m 的范围内应可以承受 1 000 N 的分布垂直力，不允许有永久变形。

9.3.3.2.4 除非提供有其他合适的把手，直梯的两边撑杆至少要比最上一个梯级高出 1.0 m，当空间受限制时此高出的高度也不应小于 0.8 m。

9.3.3.2.5 装在结构内部的直梯，如果结构件的布置能够保证直径为 0.6 m 的球体不能穿过，则可不设护圈。

9.3.3.2.6 直梯每 10 m 至少应设一个休息平台。如果空间不够，可以将平台靠在整个连续直梯的旁边。

9.3.3.2.7 直梯的终端宜与平台平齐，梯级终端踏板或踏杆不应超过平台平面。

9.3.3.2.8 如梯子在平台处不中断，则护圈也不应中断，但应在护圈侧面开一个宽为 0.5 m、高为1.4 m的洞口，以便人员出入。

9.3.4 **栏杆**

9.3.4.1 在起重机上的以下部位应装设栏杆：

——用于进行起重机安装、拆卸、试验、维修和保养的、且高于地面 2 m 的工作部位；

——通往离地面高度 2 m 以上的操作室、检修保养部位的通道；

——在起重机上存在跌落高度大于 1 m 的危险通道及平台。

9.3.4.2 栏杆的设置应满足以下要求：

——栏杆上部表面的高度不低于 1 m，栏杆下部有高度不低于 0.1 m 的踢脚板，在踢脚板与手扶栏杆之间有不少于一根的中间横杆，它与踢脚板或手扶栏杆的距离不得大于 0.5 m；对净高不超过 1.3 m 的通道，手扶栏杆的高度可以为 0.8 m。

——在手扶栏杆的最危险部位，应能承受水平方向的集中载荷 F 而不发生永久变形，并且其最大位移不应超过 30 mm；载荷 F 按式(146)计算：

$$F = 300\,L \qquad (146)$$

式中：

F——水平方向的集中载荷，单位为牛顿(N)；

L——栏杆的相邻两支柱轴线间的最大距离，单位为米(m)；

载荷 F 的取值，每米不得小于 300 N。

——栏杆允许开口，但开口处应有防止人员跌落的保护措施。

——在沿建筑物墙壁或实体墙结构设置的通道上，允许用扶手代替栏杆，这些扶手的中断长度(例如为让开建筑物的柱子、门孔)不宜超过 1 m。

9.4 机械安全要求

9.4.1 钢丝绳和链条传动系统

9.4.1.1 钢丝绳

9.4.1.1.1 起重机的承载钢丝绳直径，一般不宜小于 6 mm。

9.4.1.1.2 载荷由多根钢丝绳支承时，宜设置能有效地保证各根钢丝绳受力均衡的装置。如果结构上无法消除载荷在各钢丝绳之间分布的不均匀性，则应在设计中予以考虑。

9.4.1.1.3 起升机构和非平衡变幅机构不应使用接长的钢丝绳。

9.4.1.1.4 起升高度较大的起重机，宜采用不旋转钢丝绳，必要时还应有防止钢丝绳旋转的装置和措施。

9.4.1.1.5 吊运熔融金属的起重机，在吊钩组及吊运横梁等处应采取措施保护钢丝绳免受辐射热直接影响，并防止熔融金属喷溅到钢丝绳上。吊运熔化或炽热金属的钢丝绳，应采用金属绳芯或金属股芯等有耐高温性能的重要用途钢丝绳。

9.4.1.1.6 钢丝绳端部的固定和连接应符合如下要求：

a) 用绳卡连接时，应满足表 57 的要求，同时应保证连接强度不小于钢丝绳破断拉力的 85%。

表 57 钢丝绳夹连接时的安全要求

钢丝绳公称直径/mm	≤19	19～32	32～38	38～44	44～60
钢丝绳夹最少数量组	3	4	5	6	7
钢丝绳夹夹座应在钢丝绳长头一边；钢丝绳夹的间距不应小于钢丝绳直径的 6 倍。					

b) 用编结连接时，编结长度不应小于钢丝绳直径的 15 倍，并且不小于 300 mm。连接强度不应小于钢丝绳破断拉力的 75%。

c) 用楔块、楔套连接时，楔套应用钢材制造。连接强度不应小于钢丝绳破断拉力的 75%。

d) 用锥形套浇铸法连接时，连接强度应达到钢丝绳的破断拉力。

e) 用铝合金套压缩法连接时，应以可靠的工艺方法使铝合金套与钢丝绳紧密牢固地贴合，连接强度应达到钢丝绳的破断拉力。

9.4.1.2 链条

链条传动系统中应有防止链条在工作中发生爬链、跳链、保证链条与链轮正确啮合并平稳运转的措施。还应有可靠的导链和防脱链装置以及防止链条在使用中扭转打结和能检查链条松弛的措施。应装设使用可靠的链条罩壳或挡板。

链条端部的固定应安全可靠，设计链条固定装置时，应使其能承受 2.5 倍的链条名义张力且不发生永久变形。对起升机构的链条固定装置，当需要时还应能校验其疲劳强度。

链条的空载端应固定牢固，使其不会被拉脱。此装置应可靠地吸收可能会产生的力。链条固定装置上的螺栓连接应能防止松动,应能检查其拧紧情况,并且在需要时对螺栓能再进一步拧紧。

9.4.1.3 **卷筒**

9.4.1.3.1 钢丝绳在卷筒上应能按顺序整齐排列。只缠绕一层钢丝绳的卷筒,宜做出绳槽。用于多层缠绕的卷筒,宜提供适用的排绳装置或便于钢丝绳自动转层缠绕的凸缘导板等结构。

9.4.1.3.2 多层缠绕的卷筒,应有防止钢丝绳从卷筒端部滑落的凸缘。凸缘直径应比最外层钢丝绳直径大2倍。

9.4.1.3.3 当吊钩处于工作位置最低点时,卷筒上缠绕的钢丝绳,除固定绳尾的圈数外,不应少于2圈(塔式起重机不应少于3圈)。当吊钩处于工作位置最高点时,卷筒上至少还宜留有1整圈的绕绳余量。

9.4.1.3.4 卷筒上钢丝绳尾端的固定装置,应安全可靠并有防松或自紧的性能。如果钢丝绳尾端用压板固定,固定强度不应低于钢丝绳破断拉力的80%,且至少应有两个相互分开的压板夹紧,并用螺栓将压板可靠固定。

9.4.1.3.5 用于起升机构和变幅机构的卷筒,采用筒体内无贯通的支承轴(即"短轴式")的结构时,筒体应采用钢材制造。焊接卷筒的各段对接焊缝,应按要求进行无损探伤检验。

9.4.1.3.6 对于臂架型起重机,当起升绳或变幅绳向斜上方引出时,其缠绕钢丝绳的卷筒与支承部分以及车架或转台底架的连接,应能承受钢丝绳向斜上方的拉力;与卷筒相连的减速器,其上下壳体间或壳体与车架之间的连接,也应能承受钢丝绳的这些载荷。

9.4.1.4 **滑轮**

9.4.1.4.1 滑轮应有防止钢丝绳脱出绳槽的装置或结构。在滑轮罩的侧板和圆弧顶板等处与滑轮本体的间隙不宜超过钢丝绳直径的20%。

9.4.1.4.2 人手可触及的滑轮组,应设置滑轮罩壳。对可能摔落到地面的滑轮组,其滑轮罩壳应有足够的强度和刚度。

9.4.2 **吊钩、吊钩夹套和其他取物装置**

9.4.2.1 起重机械不应使用铸造吊钩。

9.4.2.2 当使用条件或操作方法会导致物品意外脱钩时,应采用带防脱绳的闭锁装置吊钩;当吊钩起升过程中有被钩住的危险时,应选用安全吊钩或采取其他有效措施。

9.4.2.3 吊运物品时需同步供给电能的取物装置(例如电磁盘、马达抓斗或液压抓斗等),其供电电缆的收放速度应与该取物装置升降速度保持一致,在升降过程中电缆不应过分松弛和碰触起重钢丝绳。

9.4.2.4 在可更换的取物装置(如抓斗、起重电磁盘、戽斗、夹钳和吊梁等)上,应永久性地标明其自重和能起吊的最大质量。

9.4.2.5 吊运各类物品的专用辅具,在必要时应有自紧功能或防止物品滑落的装置及措施。

9.4.3 **制动器**

9.4.3.1 动力驱动的起重机(液压缸驱动的除外),其起升、变幅、运行、回转机构都应装可靠的制动装置:当机构要求具有载荷支持作用时,应装设机械常闭式制动器。在运行、回转机构的传动装置中有自锁环节的特殊场合,如能确保不会发生超额定应力的运动,也可以不用制动器。变速机构换挡到中间位置时,制动器或其他装置应能自动地支持住物品。

9.4.3.2 对于需要控制下降制动距离的起重机,其制动距离(控制器转回零位后,从制动器断电至物品停止时的下滑距离)一般可控制为不大于 1 min 内稳定起升距离的 1/65。

9.4.3.3 制动器应便于检查,制动器弹簧应是压缩式的,制动器应可调整,制动衬片应能方便更换。

9.4.3.4 宜选择对制动衬垫的磨损有自动补偿功能的制动器。

9.4.3.5 操纵制动器的控制装置,如踏板、操纵手柄等,应有防滑性能。人工操纵通过手或脚施加在制动器上的力与行程,应符合人类工效学的要求。

9.5 电气安全要求

9.5.1 起重机馈电裸滑触线与周围设备的安全距离和安全防护应符合 7.2.2.2.1 的规定。

9.5.2 供电系统中有触电危险的主滑触线应涂有安全色,并在适当的位置装设安全标志或表示带电的指示灯。

9.5.3 障碍信号灯的设置应符合 7.4.12.3 的规定。

9.5.4 起重机应有指示总电源分合状况的信号,必要时还应设置故障信号或报警信号。信号指示应设置在司机或有关人员视力、听力可及的地点。

9.5.5 避雷保护应符合 7.4.11 的规定。

9.6 控制和操纵的安全与布置

9.6.1 一般原则

9.6.1.1 控制与操纵系统的设计和布置应能避免发生误操作的可能性,保证在正常使用中起重机能安全可靠地运转。

9.6.1.2 应按人类工效学有关的功能要求设计和布置所有控制手柄、手轮、按钮和踏板,并保证有足够的操作空间,最大限度地减轻司机的疲劳,将发生意外时对人员造成的伤害和财产损失的可能性降至最小。

9.6.1.3 控制与操作系统的布置应使司机对起重机工作区域及所要完成的操作有足够的视野。

9.6.1.4 尽可能地将操纵杆(踏板或按钮等)布置在司机手或脚能方便操作的位置。操纵装置的运动方向也应尽可能地设置得适合人的肢体的自然运动。例如:脚踏控制装置应采用向下的脚踏力操作而不能用脚的横向运动触碰操作。

9.6.1.5 用来操纵起重机械控制装置所需的力应与使用此控制装置的使用频度有关,应随机型变化并按人类工效学来考虑。

9.6.1.6 控制起重机的急停按钮,应符合 7.3.4 和 7.5.4.1 的规定。

9.6.2 司机室控制

9.6.2.1 控制装置的操纵

9.6.2.1.1 控制器的操作方向应与其所控制对象的运动方向一致或者是合乎逻辑的关系。

9.6.2.1.2 合适的操作方向是指起重机司机面向控制器时,操纵控制器时手的动作方向和所产生的效应要协调,采用手柄控制操作的见表 58,采用手轮控制操作的见表 59。

9.6.2.2 控制装置的布置与标识

9.6.2.2.1 控制装置的位置设计,应在使其接通一个或几个控制装置时,一般不会无意识地再接通另外的控制装置。

9.6.2.2.2 当操纵装置较多时,起重机主要的控制与操纵装置宜安排在司机座位的右侧。在布置了以手操纵控制器为主要操纵装置的情况下,可以安排脚踏操纵控制器。

表 58　手柄移动方向和起重机运动的关系

机　　构	机构运动方向	手柄移动方向
起升、变幅机构	起升、向里变幅	向着司机(手柄向后)
	下降、向外变幅	离开司机(手柄向前)
回转机构	向右回转	手柄向右
	向左回转	手柄向左

表 59　手轮旋转方向和起重机运动的关系

机构运动方向	手轮旋转方向
起升、向里变幅 向右回转	顺时针旋转
下降、向外变幅 向左回转	逆时针旋转

9.6.2.2.3　在每个控制装置上,或在靠近它的位置处,应贴上文字标志或符号以区别其功能,清晰地表明所操纵实现的起重机械的运动方向。

9.7　安全防护装置的设置要求

9.7.1　总则

安全防护装置是防止起重机械事故的必要措施。包括限制运动行程和工作位置的装置、防起重机超载的装置、防起重机倾翻和滑移的装置、联锁保护装置等,应根据起重机的用途和工作要求设置。

9.7.2　限制运动行程和工作位置的安全装置

9.7.2.1　起升高度限位器

起升机构均应装设起升高度限位器。当取物装置上升到设计规定的上极限位置时,应能自动切断起升动力源。在此极限位置的上方,还应留有足够的空余高度,以适应上升制动行程的要求。在特殊情况下,还可装设防止越程冲顶的第二级起升高度限位器。

需要时,还应设下降深度限位器;当取物装置下降到设计规定的下极限位置时,应能自动切断下降动力源。

电动机作上述运动方向的电源切断后,仍需保留做相反方向运动的电源。

用内燃机驱动,中间无电气、液压、气压等连接环节而直接进行机械连接的起升机构,可以配备灯光或声响报警装置,以替代限位开关。

9.7.2.2　运行行程限位器

起重机和起重小车(悬挂型电动葫芦运行小车除外),应在每个运行方向装设运行行程限位器,在达到设计规定的极限位置时自动切断前进方向的动力源。在运行速度较高(如大于100 m/min),或停车定位要求较严的情况下,宜根据需要装设两级运行行程限位器,第一级发出减速信号并按规定要求减速,第二级应能自动断电并停车。

如果在正常作业时起重机经常到达运行的极限位置,司机室的最大减速度不应超过 2.5 m/s^2。

9.7.2.3 幅度限位器

9.7.2.3.1 对动力驱动的动臂变幅的起重机(液压变幅除外),应在臂架俯仰行程的极限位置处设臂架低位置和高位置的幅度限位器。

9.7.2.3.2 对采用移动小车变幅的塔式起重机,应装设幅度限位装置以防止可移动的起重小车快速达到其最大幅度或最小幅度处。最大变幅速度超过 40 m/min 的起重机,在小车向外运行且当起重力矩达到额定值的 80%时,应自动转换为低速运行。

9.7.2.4 幅度指示器

具有变幅机构的起重机,应装设幅度指示器(或臂架仰角指示器)。

9.7.2.5 防止臂架向后倾翻的装置

具有臂架俯仰变幅机构的起重机,应装设防止臂架后倾装置(例如一个带缓冲的机械式的止挡杆),以保证当变幅机构的行程开关失灵时,能阻止臂架向后倾翻。

9.7.2.6 回转限位

不设回转集电滑环或需要限制回转范围时,回转机构应装设回转角度限位器。

9.7.2.7 回转锁定装置

需要时,流动式起重机及其他回转起重机或起重机的回转部分应装设回转锁定装置。

9.7.2.8 支腿回缩锁定装置

工作时利用支腿支承作业的流动式起重机,支腿伸出定位应由液压系统实现;且应装设支腿回缩锁定装置,使支腿在缩回后,能可靠地锁定。

9.7.2.9 防碰撞装置

当两台或两台以上的起重机或起重小车运行在同一轨道上时,应装设防碰撞装置。在发生碰撞的任何情况下,司机室内的减速度不应超过 5 m/s^2。

9.7.2.10 缓冲器及端部止挡

在轨道上运行的起重机的运行机构、起重小车的运行机构及起重机的变幅机构等均应装设缓冲器或缓冲装置。缓冲器或缓冲装置可以安装在起重机上或轨道端部止挡装置上。

轨道端部止挡装置应牢固可靠,防止起重机脱轨。

螺杆和齿条等变幅驱动机构,应在变幅齿条和变幅螺杆的末端装设端部止挡防脱装置,以防止臂架在低位置发生坠落。

9.7.2.11 偏斜指示器或限制器

跨度大于 40 m 的门式起重机和装卸桥应装设偏斜指示器或限制器。当两侧支腿运行不同步而发生偏斜时,能向司机指示出偏斜情况,在达到设计规定值时,还应使运行偏斜得到调整和纠正。

9.7.2.12 水平仪

利用支腿支承或履带支承进行作业的起重机,应在下车架或底座上装设水平仪,用来检查起重机底座的倾斜程度。

9.7.3 防超载的安全装置

9.7.3.1 起重量限制器

工作中有超载可能的起升机构,应装设起重量限制器。

当实际起重量超过95%额定起重量时,起重量限制器宜发出报警信号。

当实际起重量在100%~110%的额定起重量之间时,起重量限制器起作用,此时应自动切断起升动力源,但应允许物品作下降运动。

内燃机驱动的起升和/或非平衡变幅机构,如果中间没有电气、液压或气压等连接环节而直接与机械连接,该起重机可以配备灯光或声响报警装置来替代起重量限制器。

9.7.3.2 起重力矩限制器

额定起重量随工作幅度变化的起重机,应装设起重力矩限制器。

当实际起重量超过实际幅度所对应的起重量的额定值的95%时,起重力矩限制器宜发出报警信号。

当实际起重量大于实际幅度所对应的额定值但小于110%的额定值时,起重力矩限制器起作用,此时应自动切断不安全方向(上升、幅度增大、臂架外伸或这些动作的组合)的动力源,但应允许机构做安全方向的运动。

内燃机驱动的起升和/或平衡变幅机构,如果中间没有电气、液压或气压等连接环节而直接与机械连接,该起重机可以配备灯光或声响报警装置来替代起重力矩限制器。

9.7.3.3 极限力矩限制装置

对有自锁作用的回转机构,应设极限力矩限制装置。保证当回转运动受到阻碍时,能由此力矩限制器发生的滑动而起到对超载的保护作用。

9.7.4 防倾翻和抗风防滑安全装置

9.7.4.1 抗风防滑装置

9.7.4.1.1 室外工作的轨道式起重机应装设可靠的抗风防滑装置,并应满足规定的工作状态和非工作状态抗风防滑要求。

9.7.4.1.2 工作状态下的抗风制动装置可采用制动器、轮边制动器、夹轨器、顶轨器、压轨器、别轨器等,其制动与释放动作应考虑与运行机构连锁并应能从控制室内自动进行操作。

9.7.4.1.3 起重机只装设抗风制动装置而无锚定装置的,抗风制动装置应能承受起重机非工作状态下的风载荷;当工作状态下的抗风制动装置不能满足非工作状态下的抗风防滑要求时,还应装设牵揽式、插销式或其他形式的锚定装置。起重机有锚定装置时,锚定装置应能独立承受起重机非工作状态下的风载荷。

9.7.4.1.4 非工作状态下的抗风防滑设计,如果只采用制动器、轮边制动器、夹轨器、顶轨器、压轨器、别轨器等抗风制动装置,其制动与释放动作也应考虑与运行机构连锁并能从控制室内自动进行操作。

9.7.4.1.5 锚定装置应确保在下列情况下起重机及其相关部件的安全可靠:

a) 起重机进入非工作状态并且锚定时;
b) 起重机处于工作状态,起重机进行正常作业并实施锚定时;
c) 起重机处于工作状态且在正常作业,突然遭遇超过工作状态极限风速的大风而实施锚定时。

9.7.4.2 防倾翻安全钩

起升吊钩装在主梁一侧的单主梁起重机、有抗震要求的起重机及其他有类似防止起重小车发生倾翻要求的起重机,应装设防倾翻安全钩。

9.7.5 起联锁保护作用的安全装置和措施

9.7.5.1 进入桥式和门式起重机的门,和从司机室登上桥架的舱口门,应能联锁保护;当门打开时,应断开由于机构动作可能会对人员造成危险的机构的电源。

9.7.5.2 司机室设在起重机的运动部分上时,进入司机室的通道口,应能联锁保护;当通道口的门打开时,应断开由于机构动作可能会对人员造成危险的机构的电源。

9.7.5.3 可在两处或多处操作的起重机,应有联锁保护,以保证只能在一处操作,防止两处或多处同时都能操作。

9.7.5.4 当既可以电动,也可以手动驱动时,相互间的操作转换应能联锁。

9.7.5.5 夹轨器等制动装置和锚定装置应能与运行机构联锁。

9.7.5.6 回转锁定装置应能与回转机构联锁。

9.7.5.7 对小车在可俯仰的悬臂上运行而工作的起重机,悬臂俯仰机构与小车运行机构应能联锁,使俯仰悬臂放平后小车方能运行。

9.7.6 其他安全防护装置

9.7.6.1 风速仪及风速报警器

9.7.6.1.1 对于室外作业的高大起重机应安装风速仪,风速仪应安装在起重机上部迎风处。

9.7.6.1.2 对室外作业的高大起重机应装有显示瞬时风速的风速报警器,且当风力大于工作状态的计算风速设定值时,应能发出报警信号。

9.7.6.2 轨道清扫器

当物料有可能积存在轨道上成为运行的障碍时,在轨道上行驶的起重机和起重小车,在台车架(或端梁)下面和小车架下面应装设轨道清扫器,其扫轨板底面与轨道顶面之间的间隙一般为 5 mm~10 mm。

9.7.6.3 防小车坠落保护

塔式起重机的变幅小车及其他起重机要求防坠落的小车,应设置使小车运行时不脱轨的装置,即使轮轴断裂,小车也不能坠落。

9.7.6.4 检修吊笼或平台

需要经常在高空进行起重机自身检修作业的起重机,应装设安全可靠的检修吊笼或平台。

9.7.6.5 导电滑触线的安全防护

9.7.6.5.1 桥式起重机司机室位于大车滑触线一侧,在有触电危险的区段,通向起重机的梯子和走台与滑触线间应设置防护板进行隔离。

9.7.6.5.2 桥式起重机大车滑触线侧应设置防护装置,以防止小车在端部极限位置时因吊具或钢丝绳摇摆而与滑触线意外接触。

9.7.6.5.3 多层布置桥式起重机时,下层起重机应采用电缆或安全滑触线供电。

9.7.6.5.4 其他使用滑触线的起重机,对易发生触电的部位应设防护装置。

9.7.6.6 报警装置

必要时,在起重机上应设置蜂鸣器、闪光灯等作业报警装置。流动式起重机倒退运行时,应发出清晰的报警音响并伴有灯光闪烁信号。

9.7.6.7 防护罩

在正常工作或维修时,为防止异物进入或防止其运行对人员可能造成危险的零部件,应设有保护装置。起重机上外露的、有可能伤人的运动零部件,如开式齿轮、联轴器、传动轴、链轮、链条、传动带、皮带轮等,均应装设防护罩/栏。

在露天工作的起重机上的电气设备应采取防雨措施。

9.7.6.8 防起重机零件掉落的措施

设计上应采取有效措施，防止起重机上的零部件在静止或运动时从空中掉落。

9.8 起重机的使用维护文件

9.8.1 起重机设计者或起重机制造商应向用户提供"起重机操作手册"，指导起重机安全使用，其内容应符合 GB/T 17909.1 的规定。

9.8.2 起重机设计者或制造商应向用户提供"起重机维护手册"，指导对起重机进行正常的维护保养，其内容应符合 GB/T 18453.1 的规定。

9.9 起重机的有效使用期

起重机都是按一定的理论寿命即设计预期寿命进行设计的，但起重机设计预期寿命并不完全等同于起重机的有效使用寿命期。

对起重机的有效使用期起有害影响的主要因素是：

——疲劳现象；

——磨损；

——腐蚀；

——操作、装配和拆装时的偶发事故；

——超载；

——保养不良等。

附　录　A
（资料性附录）
起重机整机分级举例

A.1　流动式起重机分级举例

流动式起重机包括汽车起重机、轮胎起重机(含集装箱正面吊运起重机)、履带起重机。按照起重机的使用情况，流动式起重机整机分级举例见表A.1。

表 A.1　流动式起重机整机分级举例

序号	起重机的使用情况	使用等级	载荷状态	整机工作级别
1	一般吊钩作业，非连续使用的起重机	U_2	Q1	A1
2	带有抓斗、电磁盘或吊桶的起重机	U_3	Q2	A3
3	集装箱吊运或港口装卸用的较繁重作业的起重机	U_3	Q3	A4

A.2　塔式起重机分级举例

按照起重机的类别和使用情况，塔式起重机整机分级举例见表A.2。

表 A.2　塔式起重机整机分级举例

序号	起重机的类别和使用情况	使用等级	载荷状态	整机工作级别
1(a)	很少使用的起重机	U_1	Q2	A1
1(b)	货场用起重机	U_3	Q1	A2
1(c)	钻井平台上维修用起重机	U_3	Q2	A3
1(d)	造船厂舾装起重机	U_4	Q2	A4
2(a)	建筑用快装式塔式起重机	U_3	Q2	A3
2(b)	建筑用非快装式塔式起重机	U_4	Q2	A4
2(c)	电站安装设备用塔式起重机	U_4	Q2	A4
3(a)	船舶修理厂用起重机	U_4	Q2	A4
3(b)	造船用起重机	U_4	Q3	A5
3(c)	抓斗起重机	U_5	Q3	A6

A.3 臂架起重机分级举例

臂架起重机包括人力驱动的臂架起重机、车间电动悬臂起重机、造船用臂架起重机、吊钩式臂架起重机、货场及港口装卸用的吊钩、抓斗、电磁盘或集装箱用臂架起重机及铁路起重机。但不包括塔式起重机和流动式起重机。

按照起重机的类别和使用情况，臂架起重机整机分级举例见表 A.3。

表 A.3 臂架起重机整机分级举例

序号	起重机的类别	起重机的使用情况	使用等级	载荷状态	整机工作级别
1	人力驱动起重机	很少使用	U_2	Q1	A1
2	车间电动悬臂起重机	很少使用	U_2	Q2	A2
3	造船用臂架起重机	不频繁较轻载使用	U_4	Q2	A4
4(a)	货场用吊钩起重机	不频繁较轻载使用	U_4	Q2	A4
4(b)	货场用抓斗或电磁盘起重机	较频繁中等载荷使用	U_5	Q3	A6
4(c)	货场用抓斗、电磁盘或集装箱起重机	频繁重载使用	U_7	Q3	A8
5(a)	港口装卸用吊钩起重机	较频繁中等载荷使用	U_5	Q3	A6
5(b)	港口装船用吊钩起重机	较频繁重载使用	U_6	Q3	A7
5(c)	港口装卸抓斗、电磁盘或集装箱用起重机	较频繁重载使用	U_6	Q3	A7
5(d)	港口装船用抓斗、电磁盘或集装箱起重机	频繁重载使用	U_6	Q4	A8
6	铁路起重机	较少使用	U_2	Q3	A3

A.4 桥式和门式起重机分级举例

根据起重机的类别和使用情况，桥式和门式起重机整机分级举例见表 A.4。

表 A.4　桥式和门式起重机整机分级举例

序号	起重机的类别	起重机的使用情况	使用等级	载荷状态	整机工作级别
1	人力驱动起重机(含手动葫芦起重机)	很少使用	U_2	Q1	A1
2	车间装配用起重机	较少使用	U_3	Q2	A3
3(a)	电站用起重机	很少使用	U_2	Q2	A2
3(b)	维修用起重机	较少使用	U_2	Q3	A3
4(a)	车间用起重机(含车间用电动葫芦起重机)	较少使用	U_3	Q2	A3
4(b)	车间用起重机(含车间用电动葫芦起重机)	不频繁较轻载使用	U_4	Q2	A4
4(c)	较繁忙车间用起重机(含车间用电动葫芦起重机)	不频繁中等载荷使用	U_5	Q2	A5
5(a)	货场用吊钩起重机(含货场电动葫芦起重机)	较少使用	U_4	Q1	A3
5(b)	货场用抓斗或电磁盘起重机	较频繁中等载荷使用	U_5	Q3	A6
6(a)	废料场吊钩起重机	较少使用	U_4	Q1	A3
6(b)	废料场抓斗或电磁盘起重机	较频繁中等载荷使用	U_5	Q3	A6
7	桥式抓斗卸船机	频繁重载使用	U_7	Q3	A8
8(a)	集装箱搬运起重机	较频繁中等载荷使用	U_5	Q3	A6
8(b)	岸边集装箱起重机	较频繁重载使用	U_6	Q3	A7
9	冶金用起重机				
9(a)	换轧辊起重机	很少使用	U_3	Q1	A2
9(b)	料箱起重机	频繁重载使用	U_7	Q3	A8
9(c)	加热炉起重机	频繁重载使用	U_7	Q3	A8
9(d)	炉前兑铁水铸造起重机	较频繁重载使用	U_6～U_7	Q3～Q4	A7～A8

表 A.4（续）

序号	起重机的类别	起重机的使用情况	使用等级	载荷状态	整机工作级别
9(e)	炉后出钢水铸造起重机	较频繁重载使用	U_4～U_5	Q4	A6～A7
9(f)	板坯搬运起重机	较频繁重载使用	U_6	Q3	A7
9(g)	冶金流程线上的专用起重机	频繁重载使用	U_7	Q3	A8
9(h)	冶金流程线外用的起重机	较频繁中等载荷使用	U_6	Q2	A6
10	铸工车间用起重机	不频繁中等载荷使用	U_4	Q3	A5
11	锻造起重机	较频繁重载使用	U_6	Q3	A7
12	淬火起重机	较频繁中等载荷使用	U_5	Q3	A6
13	装卸桥	较频繁重载使用	U_5	Q4	A7

附 录 B
（资料性附录）
起重机机构分级举例

B.1 流动式起重机机构分级举例

流动式起重机各机构单独作为整体的分级举例见表B.1。

表B.1 流动式起重机各机构单独作为整体的分级举例

<table>
<tr><th>序号</th><th colspan="2">机构名称</th><th>起重机整机工作级别</th><th>机构使用等级</th><th>机构载荷状态</th><th>机构工作级别</th></tr>
<tr><td rowspan="3">1</td><td rowspan="3" colspan="2">起升机构</td><td>A1</td><td>T_4</td><td>L1</td><td>M3</td></tr>
<tr><td>A3</td><td>T_4</td><td>L2</td><td>M4</td></tr>
<tr><td>A4</td><td>T_4</td><td>L3</td><td>M5</td></tr>
<tr><td rowspan="3">2</td><td rowspan="3" colspan="2">回转机构</td><td>A1</td><td>T_2</td><td>L2</td><td>M2</td></tr>
<tr><td>A3</td><td>T_3</td><td>L2</td><td>M3</td></tr>
<tr><td>A4</td><td>T_4</td><td>L2</td><td>M4</td></tr>
<tr><td rowspan="3">3</td><td rowspan="3" colspan="2">变幅机构</td><td>A1</td><td>T_2</td><td>L2</td><td>M2</td></tr>
<tr><td>A3</td><td>T_3</td><td>L2</td><td>M3</td></tr>
<tr><td>A4</td><td>T_3</td><td>L2</td><td>M3</td></tr>
<tr><td rowspan="3">4</td><td rowspan="3" colspan="2">臂架伸缩机构</td><td>A1</td><td>T_2</td><td>L1</td><td>M1</td></tr>
<tr><td>A3</td><td>T_2</td><td>L2</td><td>M2</td></tr>
<tr><td>A4</td><td>T_2</td><td>L2</td><td>M2</td></tr>
<tr><td rowspan="6">5</td><td rowspan="6">运行机构</td><td rowspan="3">轮胎式运行机构(仅在工作现场)</td><td>A1</td><td>T_2</td><td>L1</td><td>M1</td></tr>
<tr><td>A3</td><td>T_2</td><td>L2</td><td>M2</td></tr>
<tr><td>A4</td><td>T_2</td><td>L2</td><td>M2</td></tr>
<tr><td rowspan="3">履带运行机构</td><td>A1</td><td>T_2</td><td>L1</td><td>M1</td></tr>
<tr><td>A3</td><td>T_2</td><td>L2</td><td>M2</td></tr>
<tr><td>A4</td><td>T_2</td><td>L2</td><td>M2</td></tr>
<tr><td colspan="7">注：在空载状态下臂架伸缩机构做伸缩动作。</td></tr>
</table>

B.2 塔式起重机机构分级举例

塔式起重机各机构单独作为整体的分级举例见表B.2。

表B.2 塔式起重机各机构单独作为整体的分级举例

序号	起重机的类别和使用情况	起重机整机工作级别	机构使用等级					机构载荷状态					机构工作级别				
			H	S	L	D	T	H	S	L	D	T	H	S	L	D	T
1(a)	很少使用的起重机	A1	T_1	T_1	T_1	T_1	T_1	L2	L3	L2	L2	L3	M1	M2	M1	M1	M2
1(b)	货场用起重机	A2	T_3	T_3	T_2	T_2	T_1	L1	L3	L1	L1	L3	M2	M4	M1	M1	M2
1(c)	钻井平台上维修用起重机	A3	T_3	T_3	T_2	T_2	T_1	L1	L3	L2	L2	L3	M2	M4	M2	M2	M2
1(d)	造船厂舾装起重机	A4	T_4	T_4	T_3	T_3	T_2	L2	L3	L2	L2	L3	M4	M5	M3	M3	M3
2(a)	建筑用快装式塔式起重机	A4	T_3	T_3	T_2	T_2	T_1	L2	L3	L3	L2	L3	M3	M4	M3	M2	M2
2(b)	建筑用非快装式塔式起重机	A4	T_4	T_4	T_3	T_3	T_2	L2	L3	L3	L2	L3	M4	M5	M4	M3	M3
2(c)	电站安装设备用的塔式起重机	A4	T_4	T_4	T_3	T_3	T_2	L2	L2	L2	L2	L3	M4	M4	M3	M3	M3
3(a)	船舶修理厂用起重机	A4	T_4	T_4	T_3	T_3	T_5	L2	L3	L2	L2	L3	M4	M5	M3	M3	M6
3(b)	造船用起重机	A5	T_4	T_4	T_3	T_3	T_4	L3	L3	L3	L3	L3	M5	M5	M4	M4	M5
3(c)	抓斗起重机	A6	T_5	T_5	T_4	T_5	T_2	L3	L3	L3	L3	L3	M6	M6	M5	M6	M3

注：H——起升机构；
S——回转机构；
L——动臂俯仰变幅机构；
D——小车运行变幅机构；
T——大车(纵向)运行机构。

B.3 臂架起重机机构分级举例

臂架起重机各机构单独作为整体的分级举例见表 B.3。

表 B.3 臂架起重机各机构单独作为整体的分级举例

序号	起重机的类别	起重机的使用情况	起重机整机工作级别	机构使用等级					机构载荷状态					机构工作级别				
				H	S	L	D	T	H	S	L	D	T	H	S	L	D	T
1	人力驱动起重机	很少使用	A1	T_1	T_1	T_1	T_2	T_2	L2	L2	L2	L1	L1	M1	M1	M1	M1	M1
2	车间电动悬臂起重机	很少使用	A2	T_2	T_2	T_1	T_1	T_2	L2	L2	L2	L2	L2	M2	M2	M1	M1	M2
3	造船用臂架起重机	不频繁较轻载使用	A4	T_5	T_4	T_4	T_4	T_5	L2	L2	L2	L2	L2	M5	M4	M4	M4	M5
4(a)	货场用吊钩起重机	不频繁较轻载使用	A4	T_4	T_4	T_3	T_4	T_4	L2	L2	L2	L2	L2	M4	M4	M3	M4	M4
4(b)	货场用抓斗或电磁盘起重机	较频繁中等载荷使用	A6	T_5	T_5	T_5	T_5	T_4	L3	L3	L3	L3	L3	M6	M6	M6	M6	M5
4(c)	货场用抓斗、电磁盘或集装箱起重机	频繁重载使用	A8	T_7	T_6	T_6	T_6	T_5	L3	L3	L3	L3	L3	M8	M7	M7	M7	M6
5(a)	港口装卸用吊钩起重机	较频繁中等载荷使用	A6	T_4	T_4	T_4	—	T_3	L3	L3	L2	—	L2	M5	M5	M4	—	M3
5(b)	港口装船用吊钩起重机	较频繁重载使用	A7	T_6	T_5	T_4	—	T_3	L3	L3	L3	—	L3	M7	M6	M5	—	M4
5(c)	港口装卸抓斗、电磁盘或集装箱用起重机	较频繁重载使用	A7	T_6	T_5	T_5	—	T_3	L3	L3	L3	—	L3	M7	M6	M6	—	M4

表 B.3（续）

序号	起重机的类别	起重机的使用情况	起重机整机工作级别	机构使用等级					机构载荷状态					机构工作级别				
				H	S	L	D	T	H	S	L	D	T	H	S	L	D	T
5(d)	港口装船用抓斗、电磁盘或集装箱起重机	频繁重载使用	A8	T_7	T_6	T_6	—	T_3	L3	L3	L3	—	L3	M8	M7	M7	—	M4
6	铁路起重机	较少使用	A3	T_2	T_2	T_2	—	T_1	L3	L2	L3	—	L2	M3	M2	M3	—	M1

注：H——起升机构；
S——回转机构；
L——臂架俯仰变幅机构；
D——小车（横向）运行变幅机构；
T——大车（纵向）运行机构。

B.4 桥式和门式起重机机构分级举例

桥式和门式起重机各机构单独作为整体的分级举例见表 B.4。

表 B.4 桥式和门式起重机各机构单独作为整体的分级举例

序号	起重机的类别	起重机的使用情况	起重机整机的工作级别	机构使用等级			机构载荷状态			机构工作级别		
				H	D	T	H	D	T	H	D	T
1	人力驱动的起重机（含手动葫芦起重机）	很少使用	A1	T_2	T_2	T_2	L1	L1	L1	M1	M1	M1
2	车间装配用起重机	较少使用	A3	T_2	T_2	T_2	L2	L1	L2	M2	M1	M2
3(a)	电站用起重机	很少使用	A2	T_2	T_2	T_3	L2	L1	L2	M2	M1	M3
3(b)	维修用起重机	较少使用	A3	T_2	T_2	T_2	L2	L1	L2	M2	M1	M2
4(a)	车间用起重机（含车间用电动葫芦起重机）	较少使用	A3	T_4	T_3	T_4	L1	L1	L1	M3	M2	M3
4(b)	车间用起重机（含车间用电动葫芦起重机）	不频繁较轻载使用	A4	T_4	T_3	T_4	L2	L2	L2	M4	M3	M4

表 B.4(续)

序号	起重机的类别	起重机的使用情况	起重机整机的工作级别	机构使用等级			机构载荷状态			机构工作级别		
				H	D	T	H	D	T	H	D	T
4(c)	较繁忙车间用起重机(含车间用电动葫芦起重机)	不频繁中等载荷使用	A5	T_5	T_3	T_5	L2	L2	L2	M5	M3	M5
5(a)	货场用吊钩起重机(含货场用电动葫芦起重机)	较少使用	A3	T_4	T_3	T_4	L1	L1	L2	M3	M2	M4
5(b)	货场用抓斗或电磁盘起重机	较频繁中等载荷使用	A6	T_5	T_5	T_5	L3	L3	L3	M6	M6	M6
6(a)	废料场吊钩起重机	较少使用	A3	T_4	T_3	T_4	L2	L2	L2	M4	M3	M4
6(b)	废料场抓斗或电磁盘起重机	较频繁中等载荷使用	A6	T_5	T_5	T_5	L3	L3	L3	M6	M6	M6
7	桥式抓斗卸船机	频繁重载使用	A8	T_7	T_6	T_5	L3	L3	L3	M8	M7	M6
8(a)	集装箱搬运起重机	较频繁中等载荷使用	A6	T_5	T_5	T_5	L3	L3	L3	M6	M6	M6
8(b)	岸边集装箱起重机	较频繁重载使用	A7	T_6	T_6	T_5	L3	L3	L3	M7	M7	M6
9	冶金用起重机											
9(a)	换轧辊起重机	很少使用	A2	T_3	T_2	T_3	L3	L3	L3	M4	M3	M4
9(b)	料箱起重机	频繁重载使用	A8	T_7	T_5	T_7	L4	L4	L4	M8	M7	M8
9(c)	加热炉起重机	频繁重载使用	A8	T_6	T_6	T_6	L3	L4	L3	M7	M8	M7
9(d)	炉前兑铁水铸造起重机	较频繁重载使用	A6～A7	T_7	T_5	T_5	L3	L3	L3	M7～M8	M6	M6
9(e)	炉后出钢水铸造起重机	较频繁重载使用	A7～A8	T_7	T_6	T_6	L4	L3	L3	M8	M7	M6～M7

表 B.4（续）

序号	起重机的类别	起重机的使用情况	起重机整机的工作级别	机构使用等级			机构载荷状态			机构工作级别		
				H	D	T	H	D	T	H	D	T
9(f)	板坯搬运起重机	较频繁重载使用	A7	T_6	T_5	T_6	L3	L4	L4	M7	M7	M8
9(g)	冶金流程线上的专用起重机	频繁重载使用	A8	T_6	T_6	T_7	L4	L3	L4	M8	M7	M8
9(h)	冶金流程线外用的起重机	较频繁中等载荷使用	A6	T_6	T_5	T_5	L2	L2	L3	M6	M5	M6
10	铸工车间用起重机	不频繁中等载荷使用	A5	T_5	T_4	T_5	L2	L2	L2	M5	M4	M5
11	锻造起重机	较频繁重载使用	A7	T_6	T_5	T_5	L3	L3	L3	M7	M6	M6
12	淬火起重机	较频繁中等载荷使用	A6	T_5	T_4	T_5	L3	L3	L3	M6	M5	M6
13	装卸桥	较频繁重载使用	A7	T_7	T_7	T_3	L4	L4	L2	M8	M8	M3

注：H——主起升机构；
D——小车（横向）运行机构；
T——大车（纵向）运行机构。

附 录 C
(资料性附录)
某些起重机的起升状态级别举例

C.1 某些起重机的起升状态级别举例见表 C.1。

表 C.1 某些起重机的起升状态级别举例

起重机类别	起升状态级别
人力驱动起重机	HC_1
电站起重机 安装起重机 车间起重机	HC_2/HC_3
卸船机 货场起重机 } 用起重横梁、吊钩或夹钳	HC_3
卸船机 货场起重机 } 用抓斗或电磁盘	HC_3/HC_4
炉前兑铁水铸造起重机 炉后出钢水铸造起重机 料箱起重机 加热炉装取料起重机(用水平夹钳)	HC_3/HC_4
锻造起重机	HC_4

附　录　D
（规范性附录）
偏斜运行时的水平侧向载荷

D.1　起重机偏斜运行时的水平侧向载荷 P_S

在实际设计中，起重机偏斜运行时的水平侧向载荷 P_S 可按式(D.1)作简化计算：

$$P_S = \frac{1}{2}\sum P \cdot \lambda \quad \cdots\cdots(D.1)$$

式中：

P_S——起重机偏斜运行时的水平侧向载荷，单位为牛顿(N)；

$\sum P$——起重机承受侧向载荷一侧的端梁上与有效轴距有关的相应车轮经常出现的最大轮压之和[与小车位置有关，见图 D.1 a)、图 D.1 b)及图 D.3]，单位为牛顿(N)，不考虑各种动力系数；

λ——水平侧向载荷系数，与起重机跨度 S 和起重机基距 B(或有效轴距 a)的比值 S/B (S/a)有关，按图 D.2 确定。

注：因为许多起重机在起吊额定载荷时小车并不位于桥架端部的极限位置，如电站桥式起重机吊装水轮机转子时的载荷最大，但此时小车不在桥架极限位置；坝顶门式起重机起吊闸门时轮压最大，但此时大车不运行。因此用“最大轮压”来计算偏斜运行侧向载荷比较合理、简明、符合实际情况。此外，用于计算偏斜运行水平侧向载荷的“最大轮压”是“静轮压”，不考虑动力效应。

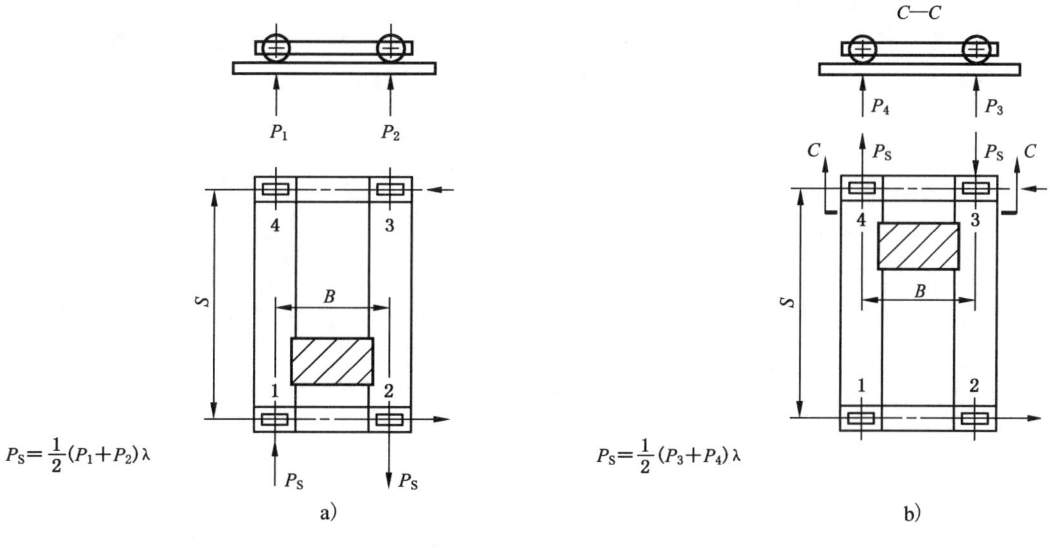

图 D.1　水平侧向载荷的简化计算

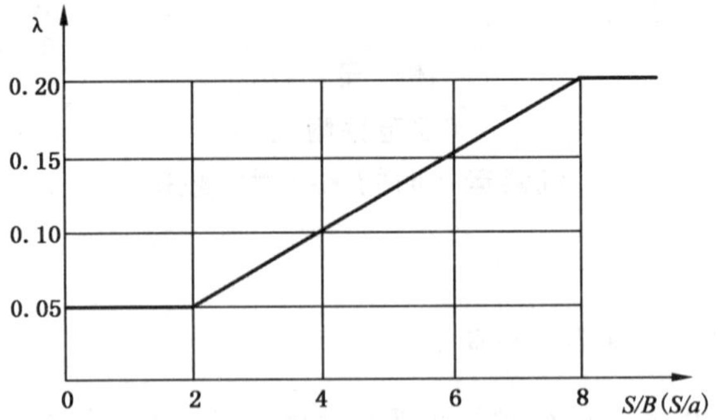

图 D.2　水平侧向载荷系数 λ

D.2　多车轮起重机的有效轴距

在多车轮的起重机中，用起重机有效轴距 a 代替起重机的基距 B 进行水平侧向力的计算更为合理，此有效轴距 a 按下述原则确定：

a) 一侧端梁上装有两个或四个车轮时，有效轴距取端梁两端最外边车轮轴的间距，见图 D.3 a)、图 D.3 b)；

b) 一侧端梁上的车轮不超过八个时，有效轴距取两端最外边两个车轮中心线的间距，见图 D.3 c)、图 D.3 d)；

c) 一侧端梁上的车轮超过八个车轮时，有效轴距取端梁两端最外边三个车轮中心线的间距，见图 D.3 e)；

d) 端梁和用球铰连接的多车轮台车时，有效轴距为两铰链点的间距(水平侧向载荷按一侧全部车轮最大轮压之和计算)；

e) 端梁装有水平导向轮时，有效轴距取端梁两端最外边两个导向轮轴的间距(此时，水平侧向载荷参考 ISO 8686-1:1989 附录 F 的方法计算)。

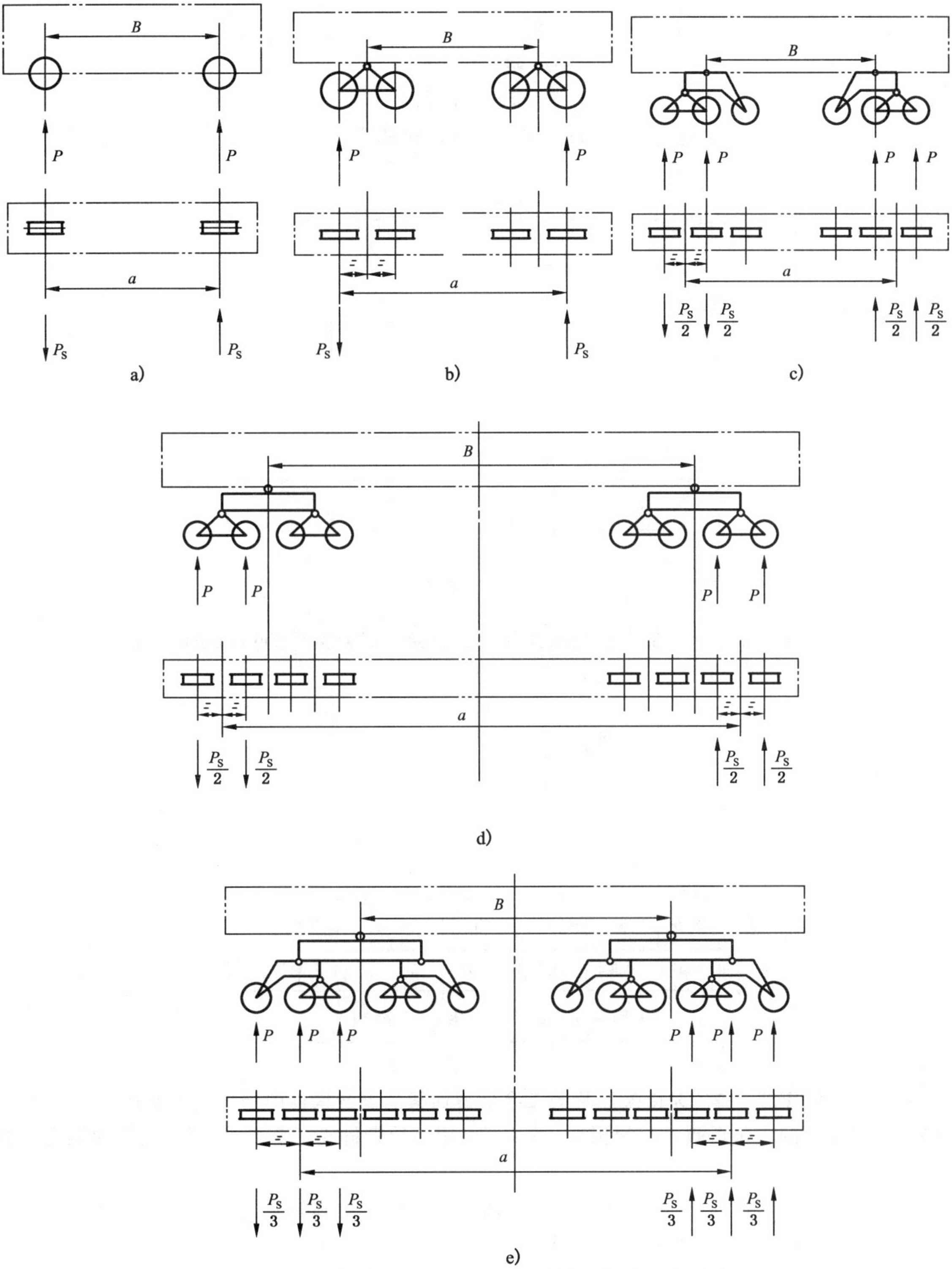

图 D.3　有效轴距及相应车轮轮压

附　录　E
(资料性附录)
关于风载荷计算的资料

E.1　工字形截面梁和桁架的混合结构、后片构件的挡风折减系数 η,见图 E.1 和图 E.2。

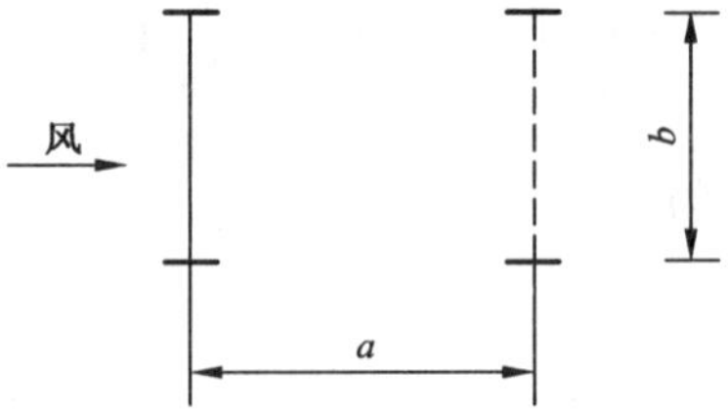

a/b	≤4	>4
η	0	1

图 E.1　前片为工字形截面梁后片为桁架的混合构件的挡风折减系数

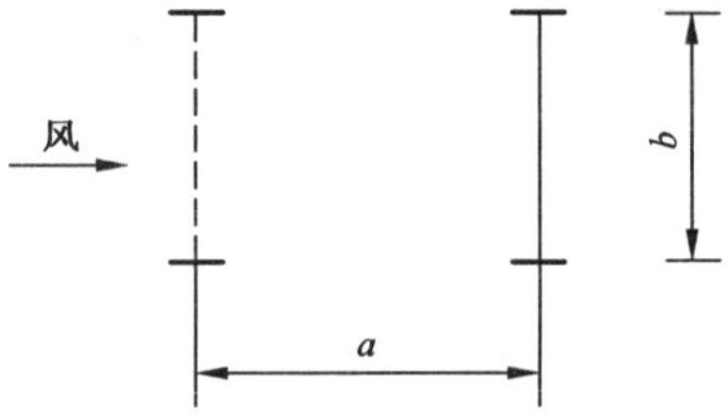

a/b	1	2	3	4	5	6
η	0.5	0.6	0.7	0.8	1	1
注：桁架迎风面的充实率 φ=0.3～0.4。						

图 E.2　前片为桁架后片为工字形截面梁的混合构件的挡风折减系数

E.2　管材制成的三角形截面空间桁架(下弦杆可用矩形管材或组合封闭杆件)的侧向风力系数为 1.3。

E.3　单根梯形截面构件(梁)(空气动力长细比 l/b=10～15,截面高宽比 $b/d\approx1$)在侧向风力作用下风力系数为 1.5～1.6。

E.4　计算风压 p、3 s 时距平均瞬时风速 v_s、10 min 时距平均风速 v_p 与风力等级的对应关系,见表 E.1。

表 E.1 计算风压 p、3 s 时距平均瞬时风速 v_s、10 min 时距平均风速 v_p 与风力等级的对应关系

p/ (N/m^2)	v_s/ (m/s)	v_p/ (m/s)	风级
43	8.3	5.5	4
50	8.9	6.0	4
80	11.3	7.5	5
100	12.7	8.4	5
125	14.1	9.4	5
150	15.5	10.3	5
250	20.0	13.3	6
350	23.7	15.8	7
500	28.3	18.9	8
600	31.0	22.1	9
800	35.8	25.6	10
1 000	40.0	28.6	11
1 100	42.0	30.0	11
1 200	43.8	31.3	11
1 300	45.6	32.6	12
1 500	49.0	35.0	12
1 800	53.7	38.4	13
1 890	55.0	39.3	13

E.5 起重机吊运物品迎风面积的估算值，见表 E.2。

表 E.2 起重机吊运物品迎风面积的估算值

吊运物品质量/t	1	2	3	5 6.3	8	10	12.5	15 16	20	25	30 32	40	50	63	75 80	100	125	150 160	200	250	280	300 320	400
迎风面积估算值/m^2	1	2	3	5	6	7	8	10	12	15	18	22	25	28	30	35	40	45	55	65	70	75	80

附 录 F
(规范性附录)
许用应力设计法和极限状态设计法的应用

F.1 总则

本标准提出的在承载能力验算中用以确定载荷与载荷组合的原则,均适用于采用许用应力设计法或极限状态设计法进行的设计。本附录概括地介绍两种方法的应用。

F.2 许用应力设计法

先计算各个指定的载荷 f_i,必要时用适当的动力系数 ϕ 增大;然后根据表20或附录G所确定的载荷组合将它们进行组合,得出组合载荷 $\bar{F}_j$。用此组合载荷 $\bar{F}_j$ 来确定合成的载荷效应 $\bar{S}_k$,也就是构件的内力。

由作用在某个构件或部件上的载荷效应计算出应力 $\bar{\sigma}_{1l}$,并与由局部效应(内力)引起的任何应力 $\bar{\sigma}_{2l}$ 相组合。得到合成设计应力 $\bar{\sigma}_l$,此应力应同可采纳的应力 admσ(即应力的适当许用值——许用应力)相比较。

可采纳的应力(许用应力)是用强度系数 γ_f(具体数值见表G.1、表G.5、表G.8、表G.11中的安全系数 n)去除规定的强度 R 求得的。强度系数 γ_f 的取值范围列于表H.1中。在有高度危险的场合,还要再除以一个高危险度系数 γ_n 才得到最后的许用应力(见4.3.4.2.6)。

当外载荷与其产生的内力呈非线性关系时,或者在结构某计算点上能产生相反符号应力的外载荷在其组合时引起的应力接近临界值时,为确保承载能力验算的有效性,用许用应力设计法应特别小心。

许用应力设计法的典型流程图示于图F.1。

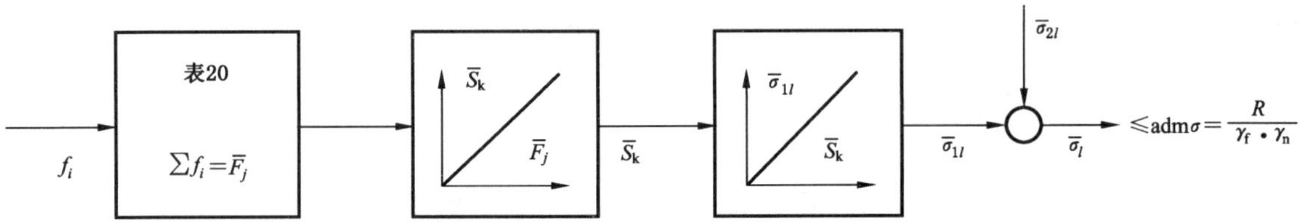

f_i——作用在构件或部件上的载荷 i;

$\bar{F}_j$——组合载荷 $\sum f_i$;

$\bar{S}_k$——在构件或支承部件的 k 截面中的载荷效应,例如由组合载荷 $\bar{F}_j$ 引起的内力;

$\bar{\sigma}_{1l}$——由载荷效应 $\bar{S}_k$ 在个别特定构件 l 中产生的应力;

$\bar{\sigma}_{2l}$——由局部效应在个别特定构件 l 中产生的应力;

$\bar{\sigma}_l$——在个别特定构构件 l 中的合成设计应力;

R——由材料和个别特定构件或连接件所规定的强度或特性抗力,例如对应于钢材屈服点、构件的弹性稳定极限或构件与连接的疲劳强度等各种极限应力;

admσ——可采纳的应力,即许用应力;

γ_f——根据所确定的载荷组合选用规定的强度系数,附录G中的安全系数 n 即为强度系数 γ_f;

γ_n——高危险度系数。

图F.1 用许用应力设计法进行设计的典型流程图

F.3　极限状态设计法

先计算各个指定的载荷或特性载荷 f_i，必要时用适当的动力系数 ϕ 增大，并乘以与相关载荷组合的该项计算载荷相应的分项载荷系数 γ_{pi}，然后根据表 20 或附录 G 所确定的载荷组合将它们进行组合，得出组合载荷 F_j。各个载荷的系数 ϕ 按第 4 章相关条款和附录 G 确定，而分项载荷系数 γ_{pi} 见表 20，其范围列于表 H.1 中。

在有高度危险的特定情况下还要对组合载荷 F_j 乘以高危险度系数 γ_n（见 4.3.4.2.6），得出设计载荷 $\gamma_n F_j$。由此确定设计载荷效应 S_k。由作用在构件或部件上的载荷效应（内力）计算出应力 σ_{1l}，与由采用适当的载荷系数计算出来的局部效应（内力）引起的其他应力 σ_{2l} 相组合，便得到合成设计应力 σ_l，最后再将此合成的设计应力 σ_l 同适当规定的应力极限值 $\lim\sigma$ 相比较。$\lim\sigma$ 是用抗力系数 γ_m 去除规定的强度 R 而获得。$\lim\sigma$ 也可以是其他广义的可接受的极限状态控制值，如控制结构变形的相对挠度极限值，控制结构振动的振动衰减参数的极限状态值等。

极限状态设计法的典型流程图示于图 F.2。

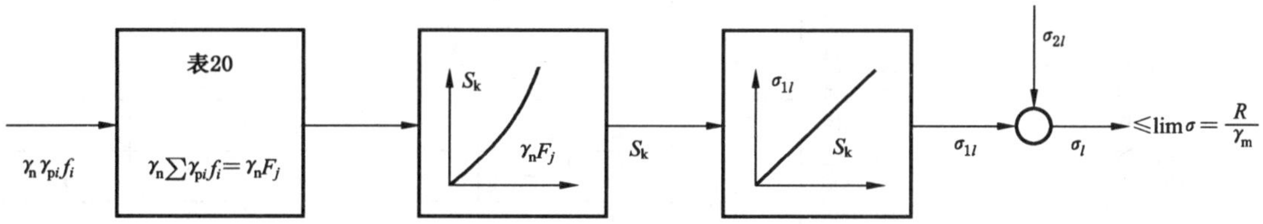

f_i——作用在构件或部件上的载荷 i；

F_j——由载荷 f_i 乘以分项载荷系数 γ_p 后构成的组合载荷 $\sum\gamma_{pi}f_i = F_j$；

$\gamma_n F_j$——在特定情况下考虑了高危险度系数 γ_n 的设计载荷；

S_k——在构件或支承部件 k 截面中的载荷效应，例如由组合载荷 F_j 或设计载荷 $\gamma_n F_j$ 引起的内力；

σ_{1l}——由载荷效应 $\overline{S}_k$ 在个别特定构件 l 中产生的应力；

σ_{2l}——由局部效应在个别特定构件 l 中产生的应力；

σ_l——在个别特定构件 l 中的合成设计应力；

R——由材料和个别特定构件或连接件所规定的强度或特性抗力，例如对应于钢材屈服点、构件的弹性稳定极限或构件与连接的疲劳强度等各种极限状态应力；

$\lim\sigma$——适当规定的应力极限值，极限设计应力，或其他广义的可接受的极限状态控制值；

γ_{pi}——根据所确定的载荷组合，选得的用于各个载荷的分项载荷系数；

γ_m——抗力系数；

γ_n——高危险度系数。

图 F.2　用极限状态设计法进行设计的典型流程图

附 录 G

(规范性附录)

各类典型起重机金属结构计算的载荷与载荷组合

G.1 流动式起重机金属结构计算的载荷与载荷组合

G.1.1 流动式起重机金属结构计算的载荷与载荷组合表

采用许用应力设计法设计时，见表 G.1；采用极限状态设计法设计时，见表 G.2。

表 G.1 采用许用应力设计法设计时流动式起重机金属结构计算的载荷与载荷组合表

1	2			3					4					5						6
载荷类别	载荷			载荷组合 A					载荷组合 B					载荷组合 C						行号
				安全系数 n	A1	A2	A3	A4	安全系数 n	B1	B2	B3	B4	安全系数 n	C1	C2	C3	C4	C5	
常规载荷	自重振动载荷、起升动载荷与运行冲击载荷	1. 起重机质量引起的，见 4.2.1.1.1 和 4.2.1.1.3		1.48	ϕ_1	ϕ_1	1	—	1.34	ϕ_1	ϕ_1	1	—	1.22	ϕ_1	1	ϕ_1	1	1	1
		2. 总起升质量或突然卸除部分起升质量引起的，见 4.2.1.1.2、4.2.1.1.4 和 4.2.1.1.5			ϕ_2	ϕ_3	1	—		ϕ_2	ϕ_3	1	—		—	η	—	1	—	2
		3. 在不平道路(轨道)上运行起重机的质量和总起升质量引起的，见 4.2.1.1.6			—	—	—	ϕ_4		—	—	—	ϕ_4		—	—	—	—	—	3
	驱动加速力	4. 起重机的质量和总起升质量，见 4.2.1.2	4.1 不包括起升机构的其他驱动机构加速引起的		ϕ_5	ϕ_5	—	—		ϕ_5	ϕ_5	—	—		—	—	ϕ_5	—	—	4
			4.2 包括起升机构的任何驱动机构加速引起的		—	—	ϕ_5	—		—	—	ϕ_5	—		—	—	—	—	—	5

表 G.1（续）

1	2		3					4					5						6
载荷类别	载　荷		载荷组合 A					载荷组合 B					载荷组合 C						行号
			安全系数 n	A1	A2	A3	A4	安全系数 n	B1	B2	B3	B4	安全系数 n	C1	C2	C3	C4	C5	
偶然载荷	气候影响引起的载荷	1. 工作状态风载荷，见 4.2.2.3.3		—	—	—	—		1	1	1	1		—	—	1	—	—	6
		2. 雪和冰载荷，见 4.2.2.4		—	—	—	—		1	1	1	1		—	1	—	—	—	7
特殊载荷	1. 猛烈提升地面物品的动载荷，见 4.2.1.1.4			—	—	—	—		—	—	—	—		ϕ_{2max}	—	—	—	—	8
	2. 非工作状态风载荷，见 4.2.3.1		1.48	—	—	—	—	1.34	—	—	—	—	1.22	—	1	—	—	—	9
	3. 试验载荷，见 4.2.3.4			—	—	—	—		—	—	—	—		—	—	ϕ_6	—	—	10
	4. 意外停机引起的载荷，见 4.2.3.5			—	—	—	—		—	—	—	—		—	—	—	ϕ_5	—	11
	5. 安装、拆卸和运输时引起的载荷，见 4.2.3.8			—	—	—	—	—	—	—	—	—		—	—	—	—	1	12

注 1：如需要考虑坡道载荷时，按 4.2.2.2 计算。

注 2：在载荷组合 C2 中的 η 是起重机不工作时，从总起升质量 m 中卸除有效起升质量 Δm 后，余下的起升质量（即吊具质量）ηm 的系数，$\eta m = m - \Delta m$，$\eta = 1 - (\Delta m / m)$。

注 3：表中各项动力系数 ϕ_i 见表 G.3。

注 4：各加速效应的组合，见 G.1.3。

注 5：各个载荷组合的说明，见表 G.4。

表 G.2 采用极限状态设计法设计时流动式起重机金属结构计算的载荷与载荷组合表

1	2		3					4					5						6
载荷类别	载荷		载荷组合 A					载荷组合 B					载荷组合 C						行号
			分项载荷系数 γ_{pA}	A1	A2	A3	A4	分项载荷系数 γ_{pB}	B1	B2	B3	B4	分项载荷系数 γ_{pC}	C1	C2	C3	C4	C5	
常规载荷	自重振动载荷、起升动载荷与运行冲击载荷	1. 起重机质量引起的,见 4.2.1.1.1 和 4.2.1.1.3	1.22	ϕ_1	ϕ_1	1	—	1.16	ϕ_1	ϕ_1	1	—	1.1	ϕ_1	1	ϕ_1	1	1	1
		2. 总起升质量或突然卸除部分起升质量引起的,见 4.2.1.1.2、4.2.1.1.4 和 4.2.1.1.5	1.34	ϕ_2	ϕ_3	1	—	1.22	ϕ_2	ϕ_3	1	—	1.1	—	η	—	1	—	2
		3. 在不平道路(轨道)上运行起重机的质量和总起升质量引起的,见 4.2.1.1.6	1.22	—	—	—	ϕ_4	1.16	—	—	—	ϕ_4	—	—	—	—	—	—	3
	驱动加速力	4. 起重机的质量和总起升质量,见 4.2.1.2:4.1 不包括起升机构的其他驱动机构加速引起的	1.34	ϕ_5	ϕ_5	—	—	1.22	ϕ_5	ϕ_5	—	—	1.1	—	—	ϕ_5	—	—	4
		4.2 包括起升机构的任何驱动机构加速引起的	1.34	—	—	ϕ_5	—	1.22	—	—	ϕ_5	—	—	—	—	—	—	—	5
偶然载荷	气候影响引起的载荷	1. 工作状态风载荷,见 4.2.2.3.3						1.16	1	1	1	1	1.1	—	—	1	—	—	6
		2. 雪和冰载荷,见 4.2.2.4						1.22	1	1	1	1	1.1	—	1	—	—	—	7
特殊载荷	1. 猛烈提升地面物品的动载荷,见 4.2.1.1.4												1.1	ϕ_{2max}	—	—	—	—	8
	2. 非工作状态风载荷,见 4.2.3.1												1.1	—	1	—	—	—	9
	3. 试验载荷,见 4.2.3.4												1.1	—	—	ϕ_6	—	—	10

表 G.2（续）

1	2	3					4					5						6
载荷类别	载　荷	载荷组合 A					载荷组合 B					载荷组合 C						行号
		分项载荷系数 γ_{pA}	A1	A2	A3	A4	分项载荷系数 γ_{pB}	B1	B2	B3	B4	分项载荷系数 γ_{pC}	C1	C2	C3	C4	C5	
特殊载荷	4. 意外停机引起的载荷，见 4.2.3.5											1.1	—	—	—	ϕ_5	—	11
	5. 安装、拆卸和运输时引起的载荷，见 4.2.3.8											1.1	—	—	—	—	1	12
系数	抗力系数 γ_m，见 4.3.4.2.4	1.1																13

注 1：如需要考虑坡道载荷时，按 4.2.2.2 计算。

注 2：在载荷组合 C2 中的 η 是起重机不工作时，从总起升质量 m 中卸除有效起升质量 Δm 后，余下的起升质量（即吊具质量）ηm 的系数，$\eta m = m - \Delta m$，$\eta = 1(\Delta m/m)$。

注 3：表中各项动力系数 ϕ_i 见表 G.3。

注 4：各加速效应的组合，见 G.1.3。

注 5：各个载荷组合的说明，见表 G.4。

G.1.2 载荷与适用的动力系数 ϕ_i

载荷与适用的动力系数 ϕ_i，见表 G.3。

表 G.3 流动式起重机金属结构计算的载荷与动力系数 ϕ_i 的取值

表 G.1 和表 G.2 中的行号	ϕ_i	本标准中的章条号	系数 ϕ_i 值和载荷值
1	ϕ_1	4.2.1.1.3	$\phi_1=1\pm\alpha$ 采用普通吊具工作时，$\alpha=0$ 采用周期循环作用的吊具，如用抓斗、网兜、电磁盘工作时，$\alpha=0.1$ ϕ_1 取大于或小于 1.0，取决于该动力作用对自重载荷是增强了或是削弱了
2	ϕ_2	4.2.1.1.4.3	采用普通吊具工作的起重机，起升等级为 HC_1 此时采用速度无级连续变化的变速驱动控制，$\phi_2=1.0$ 采用周期循环作用的吊具工作的起重机，起升等级为 HC_2 此时采用速度无级连续变化的变速驱动控制，$\phi_2=1.3$ 对其他情况，见 4.2.1.1.4.3
	ϕ_3	4.2.1.1.5	适用于抓斗、网兜、电磁盘及相类似的吊具，按式(8)计算
3	ϕ_4	4.2.1.1.6.2	对轮胎起重机和汽车起重机：当运行速度 $v_y\leqslant0.4$ m/s 时，$\phi_4=1.1$ 当运行速度 $v_y>0.4$ m/s 时，$\phi_4=1.3$ 对履带起重机：当运行速度 $v_y\leqslant0.4$ m/s 时，$\phi_4=1.0$ 当运行速度 $v_y>0.4$ m/s 时，$\phi_4=1.1$
4、5 和 11	ϕ_5	4.2.1.2	对具有无级变速控制的连续变化变速驱动的流动式起重机： 采用普通吊具工作时，$\phi_5=1.2$ 采用周期循环作用的吊具，如抓斗、网兜、电磁盘工作时，$\phi_5=1.5$ 对多级驱动控制的流动式起重机： 采用普通吊具工作时，$\phi_5=1.6$ 采用周期循环作用的吊具，如抓斗、网兜、电磁盘工作时，$\phi_5=2.0$
			还可按表 14 考虑起重机回转和变幅时总起升质量的综合水平力
6		4.2.2.3.3	一般情况取工作状态风压不小于 50 N/m^2，相应的 3 s 时距的平均瞬时风速 8.9 m/s；当起重机臂长小于 50 m 时，可取风压为 125 N/m^2，相应的 3 s 时距的平均风速为 14.1 m/s；当臂长大于或等于 50 m时，按使用要求决定
7		4.2.2.4	对一般可存放在库房中的流动式起重机(如中小吨位的汽车起重机等)可不考虑此项载荷。但是当起重机买方与起重机制造商对此有特殊约定时，亦应考虑此项载荷的影响
8	ϕ_{2max}	4.2.1.1.4.3	仅对用周期循环作用的吊具，如抓斗、网兜、电磁盘工作时，取 $\phi_{2max}=1.6$
9		4.2.3.1	按式(15)计算非工作状态风载荷 P_{WIII}； 对臂架长度不大于 30m 且臂架不工作时能方便放倒在地上的、或带伸缩臂架的流动式起重机，只需按其低位置进行非工作状态风载荷的验算。最大非工作风载荷及此时起重机的外形尺寸等，应由起重机制造商做出规定

表 G.3（续）

表 G.1 和表 G.2 中的行号	ϕ_i	本标准中的章条号	系数 ϕ_i 值和载荷值
10	ϕ_6	4.2.3.4	静载试验载荷按 4.2.3.4.1 取值，动载试验载荷按 4.2.3.4.2 取值，并乘以 ϕ_6。动载试验载荷起升动载系数 ϕ_6 按式(16)决定
11	ϕ_5	4.2.3.5	在紧急停机等严重的情况时，本系数可取为最大值 $\phi_5=3.0$
12		4.2.3.8	在需要时，应考虑此项载荷

G.1.3 加速效应的组合

G.1.3.1 带格构式桁架臂架的履带起重机

G.1.3.1.1 允许的加速度组合如下(见图 G.1)：

——起升(H)和回转(S)；

——起升(H)和臂架俯仰变幅(L)；

——回转(S)和臂架俯仰变幅(L)；

——带载运行(T)。

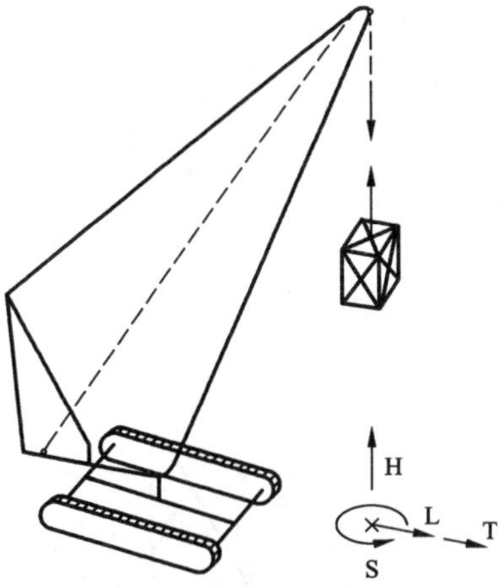

图 G.1 带格构式桁架臂架的履带起重机

G.1.3.1.2 当制造商有特殊规定时，在运行时还可以带有其他运动的加速度。

G.1.3.2 带格构式桁架臂架的轮胎起重机及汽车起重机

G.1.3.2.1 允许的加速度组合如下(见图 G.2)：

——起升(H)和回转(S)；

——起升(H)和臂架俯仰变幅(L)；

——回转(S)和臂架俯仰变幅(L)；

——带载运行(T)。

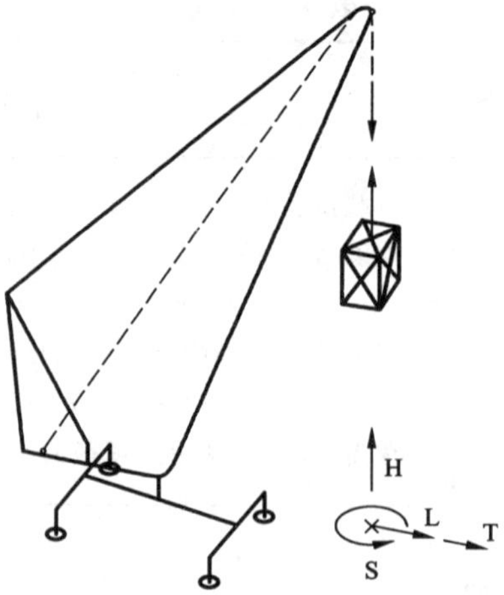

图 G.2 带格构式桁架臂架的轮胎起重机和汽车起重机

G.1.3.2.2 当制造商有特殊规定时,在运行时还可以带有其他运动的加速度。

G.1.3.3 带伸缩式臂架的轮胎起重机及汽车起重机

G.1.3.3.1 允许的加速度组合如下(见图 G.3):

——起升(H)和回转(S);

——起升(H)和臂架俯仰变幅(L);

——起升(H)和臂架伸缩(Te);

——回转(S)和臂架俯仰变幅(L);

——回转(S)和臂架伸缩(Te);

——臂架伸缩(Te)和臂架俯仰变幅(L);

——带载运行(T)。

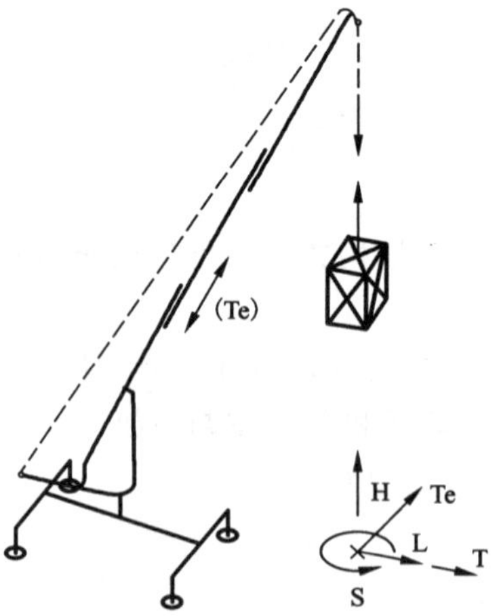

图 G.3 带伸缩式臂架的轮胎起重机及汽车起重机

G.1.3.3.2 当制造商有特殊规定时,在运行时还可以带有其他运动的加速度。

G.1.4 对表 G.1 和 G.2 中的载荷组合的说明(见表 G.4)

表 G.4 流动式起重机载荷组合的说明

表 G.1 和表 G.2 中的载荷组合	说明
A1 和 B1	在无风工作(A1)或有风工作(B1)时,流动式起重机处于正常工作状态,无约束地起升地面物品,另一机构可能同时作不稳定运动
A2 和 B2	在无风工作(A2)或有风工作(B2)时,流动式起重机处于正常工作状态,在空中突然卸除部分起升质量,另一机构可能同时作不稳定运动
A3 和 B3	在无风工作(A3)或有风工作(B3)时,流动式起重机处于正常工作状态,起升机构作从空中起升或下降悬吊物品的运动,另一机构可能同时作不稳定运动
A4 和 B4	在无风工作(A4)或有风工作(B4)时,流动式起重机处于正常行驶状态,在不平的路面上运行,其余各个机构皆不运动
C1	流动式起重机用周期循环作用的吊具从地面突然猛烈起吊物品
C2	流动式起重机处于非工作状态,并受有起重机制造商规定的非工作风载作用
C3	流动式起重机处于符合 4.2.3.4 规定的试验状态
C4	流动式起重机发生符合 4.2.3.5 规定的意外停机
C5	流动式起重机在安装、拆卸和运输时发生的各项载荷的组合

G.2 塔式起重机金属结构计算的载荷与载荷组合

G.2.1 塔式起重机金属结构计算的载荷与载荷组合表

采用许用应力设计法设计时,见表 G.5;采用极限状态设计法设计时,见表 G.6。

表 G.5 采用许用应力设计法设计时塔式起重机金属结构计算的载荷与载荷组合表

1	2			3					4						5										6
载荷类别	载荷			载荷组合 A					载荷组合 B						载荷组合 C										行号
				安全系数 n	A1	A2	A3	A4	安全系数 n	B1	B2	B3	B4	B5	安全系数 n	C1	C2	C3	C4	C5	C6	C7	C8	C9	
常规载荷	自重振动载荷，起升动载荷与运行冲击载荷	1. 起重机质量，见 4.2.1.1.1 和 4.2.1.1.3	1.1 对合成载荷起不利作用的质量引起的 1.2 对合成载荷起有利作用的质量引起的	1.48	ϕ_1	ϕ_1	1	—	1.34	ϕ_1	ϕ_1	1	—	—	1.22	ϕ_1	1	ϕ_1	1	1	1	1	1	1	1
		2. 总起升质量或突然卸除部分起升质量引起的，见 4.2.1.1.2、4.2.1.1.4 和 4.2.1.1.5			ϕ_2	ϕ_3	1	—		ϕ_2	ϕ_3	1	—	—		—	η	—	1	1	1	1	1	—	2
		3. 在不平轨道上运行起重机的质量和总起升质量引起的，见 4.2.1.1.6			—	—	—	ϕ_4		—	—	—	ϕ_4	ϕ_4		—	—	—	—	—	—	—	—	—	3
	驱动加速力	4. 起重机的质量和总起升质量，见 4.2.1.2	4.1 不包括起升机构的其他驱动机构加速引起的		ϕ_5	ϕ_5	—	ϕ_5		ϕ_5	ϕ_5	—	ϕ_5	—		—	—	ϕ_5	—	—	—	—	—	—	4
			4.2 包括起升机构的任何驱动机构加速引起的		—	—	ϕ_5	—		—	—	ϕ_5	—	—		—	—	—	—	—	—	—	—	—	5

表 G.5（续）

1	2		3					4						5										6
载荷类别	载荷		载荷组合 A					载荷组合 B						载荷组合 C										行号
			安全系数 n	A1	A2	A3	A4	安全系数 n	B1	B2	B3	B4	B5	安全系数 n	C1	C2	C3	C4	C5	C6	C7	C8	C9	
常规载荷	位移载荷	5. 位移和变形引起的载荷，见 4.2.1.3		1	1	1	1		1	1	1	1	1		1	1	1	1	1	1	1	1	1	6
偶然载荷	气候影响引起的载荷	1. 工作状态风载荷，见 4.2.2.3.3							1	1	1	1	1		—	—	1	—	—	—	—	—	—	7
		2. 雪和冰载荷，见 4.2.2.4							1	1	1	1	1		—	1	—	—	—	—	—	—	—	8
		3. 温度变化引起的载荷，见 4.2.2.5							1	1	1	1	1		—	1	—	—	—	—	—	—	—	9
	偏斜水平侧向载荷	偏斜运行时的水平侧向载荷，见 4.2.2.1，4.2.2.2	1.48					1.34	—	—	—	—	1	1.22	—	—	—	—	—	—	—	—	—	10
特殊载荷	1. 猛烈提升地面物品的动载荷，见 4.2.1.1.4														ϕ_{2max}	—	—	—	—	—	—	—	—	11
	2. 非工作状态风载荷，见 4.2.3.1														—	1	—	—	—	—	—	—	—	12
	3. 试验载荷，见 4.2.3.4														—	—	ϕ_6	—	—	—	—	—	—	13
	4. 缓冲碰撞载荷，见 4.2.3.2														—	—	—	ϕ_7	—	—	—	—	—	14
	5. 倾翻水平力，见 4.2.3.3														—	—	—	—	1	—	—	—	—	15

表 G.5(续)

1	2	3					4						5										6
载荷类别	载荷	载荷组合 A					载荷组合 B						载荷组合 C										行号
		安全系数 n	A1	A2	A3	A4	安全系数 n	B1	B2	B3	B4	B5	安全系数 n	C1	C2	C3	C4	C5	C6	C7	C8	C9	
特殊载荷	6. 意外停机引起的载荷,见 4.2.3.5	1.48					1.34						1.22	—	—	—	—	—	ϕ_5	—	—	—	16
	7.机构失效引起的载荷,见 4.2.3.6													—	—	—	—	—	—	ϕ_5	—	—	17
	8.起重机基础外部激励引起的载荷,见 4.2.3.7													—	—	—	—	—	—	—	1	—	18
	9. 安装、拆卸和运输时引起的载荷,见 4.2.3.8													—	—	—	—	—	—	—	—	1	19

注 1:如需考虑坡道载荷时,按 4.2.2.2 计算。

注 2:在载荷组合 C2 中的 η 是起重机不工作时,从总起升质量 m 中卸除有效起升质量 Δm 后,余下的起升质量(即吊具质量)ηm 的系数,$\eta m=m-\Delta m$,$\eta=1-(\Delta m/m)$。

注 3:表中各项动力系数 ϕ_i 见表 G.7。

注 4:各加速效应的组合见 G.2.3。

注 5:各个载荷组合的说明见 4.3.3.1~4.3.3.3,用于施工工地的建筑塔式起重机的载荷组合见 G.2.5。

表 G.6 采用极限状态设计法设计时塔式起重机金属结构计算的载荷与载荷组合表

1	2				3					4						5										6
载荷类别	载荷				载荷组合 A					载荷组合 B						载荷组合 C										行号
					C9	分项载荷系数 γ_{pA}	A1	A2	A3	A4	分项载荷系数 γ_{pB}	B1	B2	B3	B4	B5	分项载荷系数 γ_{pC}	C1	C2	C3	C4	C5	C6	C7	C8	
常规载荷	自重振动载荷，起升动载荷与运行冲击载荷	1. 起重机质量，见 4.2.1.1.1 和 4.2.1.1.3	1.1 对合成载荷起不利作用的质量引起的		1.22	ϕ_1	ϕ_1	1	—	1.16	ϕ_1	ϕ_1	1	—	—	1.1	ϕ_1	1	ϕ_1	1	1	1	1	1	1	1
			1.2 对合成载荷起有利作用的质量引起的	1.2.1 当质量及其质心是由试验时整体称量得到时	1.16					1.1						1.05										
				1.2.2 当质量及其质心是由最终零部件表得出时	1.1					1.05						1.0										
		2. 总起升质量或突然卸除部分起升质量引起的，见 4.2.1.1.2、4.2.1.1.4 和 4.2.1.1.5			1.34	ϕ_2	ϕ_3	1	—	1.22	ϕ_2	ϕ_3	1	—	—	1.1	—	η	—	1	1	1	1	1	—	2
		3. 在不平轨道上运行起重机的质量和总起升质量引起的，见 4.2.1.1.6			1.22	—	—	—	ϕ_4	1.16	—	—	—	ϕ_4	ϕ_4	—	—	—	—	—	—	—	—	—	—	3
	驱动加速力	4. 起重机的质量和总起升质量，见 4.2.1.2	4.1 不包括起升机构的其他驱动机构加速引起的		1.34	ϕ_5	ϕ_5	—	ϕ_5	1.22	ϕ_5	ϕ_5	—	ϕ_5	—	1.1	—	—	ϕ_5	—	—	—	—	—	—	4
			4.2 包括起升机构的任何驱动机构加速引起的			—	—	ϕ_5	—		—	—	ϕ_5	—	—	—	—	—	—	—	—	—	—	—	—	5
	位移载荷	位移和变形引起的载荷，见 4.2.1.3			1.16	1	1	1	1	1.1	1	1	1	1	1	1.05	1	1	1	1	1	1	1	1	1	6

表 G.6（续）

1		2	3					4						5										6
载荷类别		载荷	载荷组合 A					载荷组合 B						载荷组合 C										行号
			分项载荷系数 γ_{pA}	A1	A2	A3	A4	分项载荷系数 γ_{pB}	B1	B2	B3	B4	B5	分项载荷系数 γ_{pC}	C1	C2	C3	C4	C5	C6	C7	C8	C9	
偶然载荷	气候影响引起的载荷	1. 工作状态风载荷，见 4.2.2.3.3						1.16	1	1	1	1	1	—	—	—	1	—	—	—	—	—	—	7
		2.雪和冰载荷，见 4.2.2.4						1.22	1	1	1	1	1	1.1	—	1	—	—	—	—	—	—	—	8
		3.温度变化引起的载荷，见 4.2.2.5						1.16	1	1	1	1	1	1.05	—	1	—	—	—	—	—	—	—	9
	偏斜水平侧向载荷	偏斜运行时的水平侧向载荷，见 4.2.2.1，4.2.2.2						1.16	—	—	—	—	1	—	—	—	—	—	—	—	—	—	—	10
特殊载荷		1. 猛烈提升地面物品的动载荷，见 4.2.1.1.4												1.1	ϕ_{2max}	—	—	—	—	—	—	—	—	11
		2. 非工作状态风载荷，见 4.2.3.1												1.1	—	1	—	—	—	—	—	—	—	12
		3. 试验载荷，见 4.2.3.4												1.1	—	—	ϕ_6	—	—	—	—	—	—	13
		4. 缓冲碰撞载荷，见 4.2.3.2												1.1	—	—	—	ϕ_7	—	—	—	—	—	14
		5. 倾翻水平力，见 4.2.3.3												1.1	—	—	—	—	1	—	—	—	—	15
		6. 意外停机引起的载荷，见 4.2.3.5												1.1	—	—	—	—	—	ϕ_5	—	—	—	16
		7. 机构失效引起的载荷，见 4.2.3.6												1.1	—	—	—	—	—	—	ϕ_5	—	—	17
		8. 起重机基础外部激励引起的载荷，见 4.2.3.7												1.1	—	—	—	—	—	—	—	1	—	18
		9. 安装、拆卸和运输时引起的载荷，见 4.2.3.8												1.1	—	—	—	—	—	—	—	—	1	19
系数		抗力系数 γ_m，见 4.3.4.2.4	1.1																					20

注 1：如需要考虑坡道载荷时，按 4.2.2.2 计算。

注 2：在载荷组合 C2 中的 η 是起重机不工作时，从总起升质量 m 中卸除有效起升质量 Δm 后，余下的起升质量（即吊具质量）ηm 的系数，$\eta m = m - \Delta m$，$\eta = 1 - (\Delta m / m)$。

注 3：表中各项动载系数 ϕ_i 见表 G.7。

注 4：各加速效应的组合见 G.2.3。

注 5：各个载荷组合的说明见 4.3.3.1～4.3.3.3，用于施工工地的建筑塔式起重机的载荷组合见 G.2.5。

G.2.2 载荷与适用的动力系数

G.2.2.1 载荷与适用的动力系数 ϕ_i 取值，见表 G.7

表 G.7 塔式起重机金属结构计算的载荷与动力系数 ϕ_i 的取值

表 G.5 和表 G.6 中的行号	ϕ_i	本标准中的章条号	系数 ϕ_i 值和载荷值
1	ϕ_1	4.2.1.1.3	$\phi_1=1\pm\alpha,\alpha=0.1$
2	ϕ_2	4.2.1.1.4.3	塔式起重机起升状态级别为 HC_1，取最小值 $\phi_{2min}=1.05$
	ϕ_3	4.2.1.1.5	适用于抓斗、网兜、戽斗及相类似的吊具，按式(8)计算
3	ϕ_4	4.2.1.1.6.3	对建筑塔式起重机，推荐 $\phi_4=1.1$。当用户与制造商协商同意轨道公差采用与标准不同的值时，ϕ_4 可选用其他值
4 和 5	ϕ_5	4.2.1.2.1	当使用刚性模型进行动态分析时，$\phi_5=1.2,1.5,2.0$，见表 12 序号 2、3、4。如有根据，ϕ_5 可选用其他值
6		4.2.1.3	在需要考虑时，在表 G.6 中应适当考虑分项载荷系数
7		4.2.2.3.3	安装时风压为 125 N/m^2，相应的 3 s 时距的平均瞬时风速为 14.1 m/s；正常工作时风压为 250 N/m^2，相应的 3 s 时距的平均瞬时风速为 20.0 m/s
8		4.2.2.4	在特殊情况下根据使用地区的实际状况考虑雪和冰载荷
9		4.2.2.5	环境温度变化载荷仅在使用地点根据现场情况对此确有要求时才予以适当考虑
10		4.2.2.1	使用普通底架时，偏斜水平运行侧向载荷忽略不计。如此载荷较严重，可按 4.2.2.1 进行分析
11	ϕ_{2max}	表 10	用表 10 中规定的起升状态级别 HC_4 算出的 ϕ_{2max}
12		4.2.3.1	非工作状态风载荷 P_{WIII} 按式(15)计算。对依靠自身机构在不工作时能将塔身方便缩回的塔式起重机，只需按其低位置进行非工作状态风载荷验算
13	ϕ_6	4.2.3.4	静载试验载荷按 4.2.3.4.1，动载试验载荷按 4.2.3.4.2，动载试验载荷起升动载系数 ϕ_6 按式(16)计算
14	ϕ_7	4.2.3.2	当运行速度不大于 0.7 m/s 时，不考虑起重机所受的缓冲碰撞力
15		4.2.3.3	一般情况下不必考虑倾翻水平力的作用，仅在有可能出现此类载荷时才考虑

表 G.7（续）

表 G.5 和表 G.6 中的行号	ϕ_i	本标准中的章条号	系数 ϕ_i 值和载荷值
16	ϕ_5	4.2.3.5	在紧急停机时，本系数可取为最大值，$\phi_5=2.0$
17		4.2.3.6	在需要时，可适当考虑此项载荷，当出现最严重的反向冲击时，可取到本系数的极大值 $\phi_5=3.0$
18		4.2.3.7	在需要时，应适当考虑此项载荷
19		4.2.3.8	在需要时，应考虑此项载荷

G.2.2.2 塔式起重机的某些部件，当它们的质量明显降低会对合成的载荷效应显著有利时，表 G.6 中的分项载荷系数 γ_{pA}、γ_{pB}、γ_{pC} 应适当减小。

G.2.3 加速效应组合

加、减速时作用在塔式起重机结构上的惯性力应按正常操作时产生的最大驱动加速力确定，加速效应按下述进行组合：

a) 当不限制同时操作不同的动作时，起升运动可以与下述运动组合：
   1) 回转及小车变幅；
   2) 回转及臂架俯仰变幅；
   3) 回转及塔式起重机运行；
   4) 回转减速，此时有惯性力和离心力，对离心力取 $\phi_5=1$。

b) 当限制同时操作不同的动作时，惯性力按可能同时操作的动作进行组合。

G.2.4 工作状态的计算风压和 3 s 时距的平均瞬时风速

工作状态的计算风压应限制为：安装时为 125 N/m^2；工作时为 250 N/m^2。相应的 3 s 时距的平均瞬时风速为：安装时为 14.1 m/s；工作时为 20.0 m/s。

上述值推荐用于设计计算，而在操作手册中对实际作业可以规定比此所限制的最大风压相应的更低一些的风速值。

G.2.5 用于施工工地的建筑塔式起重机的载荷组合

用于施工工地的建筑塔式起重机的载荷组合仅需用表 G.5 和 G.6 中的载荷组合 A1、A2、A3、A4、B1、B2、B3、B4、C1、C2、C3、C4、C6、C7、C8、C9 进行安全分析。

G.3 臂架起重机金属结构计算的载荷与载荷组合

G.3.1 臂架起重机金属结构计算的载荷与载荷组合表

许用应力设计法设计用的，见表 G.8；极限状态设计法设计用的，见表 G.9。

表 G.8 采用许用应力设计法设计时臂架起重机金属结构计算的载荷与载荷组合表

1	2		3					4						5										6
载荷类别	载荷		载荷组合 A					载荷组合 B						载荷组合 C										行号
			安全系数 n	A1	A2	A3	A4	安全系数 n	B1	B2	B3	B4	B5	安全系数 n	C1	C2	C3	C4	C5	C6	C7	C8	C9	
常规载荷	自重振动载荷，起升动载荷与运行冲击载荷	1. 起重机质量引起的，见 4.2.1.1.1 和 4.2.1.1.3	1.48	ϕ_1	ϕ_1	1	—	1.34	ϕ_1	ϕ_1	1	—	—	1.22	ϕ_1	1	ϕ_1	1	1	1	1	1	1	1
常规载荷	自重振动载荷，起升动载荷与运行冲击载荷	2. 总起升质量或突然卸除部分起升质量引起的，见 4.2.1.1.2、4.2.1.1.4 和 4.2.1.1.5	1.48	ϕ_2	ϕ_3	1	—	1.34	ϕ_2	ϕ_3	1	—	—	1.22	—	η	—	1	1	1	1	1	—	2
常规载荷	自重振动载荷，起升动载荷与运行冲击载荷	3. 在不平轨道上运行起重机的质量和总起升质量引起的，见 4.2.1.1.6	1.48	—	—	—	ϕ_4	1.34	—	—	—	ϕ_4	ϕ_4	1.22	—	—	—	—	—	—	—	—	—	3
常规载荷	驱动加速力	4. 起重机的质量和总起升质量，见 4.2.1.2：4.1 不包括起升机构的其他驱动机构加速引起的	1.48	ϕ_5	ϕ_5	—	ϕ_5	1.34	ϕ_5	ϕ_5	—	ϕ_5	—	1.22	—	—	ϕ_5	—	—	—	—	—	—	4
常规载荷	驱动加速力	4. 起重机的质量和总起升质量，见 4.2.1.2：4.2 包括起升机构的任何驱动机构加速引起的	1.48	—	—	ϕ_5	—	1.34	—	—	ϕ_5	—	—	1.22	—	—	—	—	—	—	—	—	—	5

表 G.8(续)

1	2		3					4						5										6
载荷类别	载荷		载荷组合 A					载荷组合 B						载荷组合 C										行号
			安全系数 n	A1	A2	A3	A4	安全系数 n	B1	B2	B3	B4	B5	安全系数 n	C1	C2	C3	C4	C5	C6	C7	C8	C9	
常规载荷	位移载荷	位移和变形引起的载荷,见 4.2.1.3	1.48	1	1	1	1	1.34	1	1	1	1	1	1.22	1	1	1	1	1	1	1	1	1	6
偶然载荷	气候影响引起的载荷	1.工作状态风载荷,见 4.2.2.3.3							1	1	1	1	1		—	—	1	—	—	—	—	—	—	7
		2.雪和冰载荷,见 4.2.2.4							1	1	1	1	1		—	1	—	—	—	—	—	—	—	8
		3.温度变化引起的载荷,见 4.2.2.5							1	1	1	1	1		—	1	—	—	—	—	—	—	—	9
	偏斜水平侧向载荷	偏斜运行时的水平侧向载荷,见 4.2.2.1,4.2.2.2							—	—	—	—	1		—	—	—	—	—	—	—	—	—	10
特殊载荷	1. 猛烈提升地面物品的动载荷,见 4.2.1.1.4														ϕ_{2max}	—	—	—	—	—	—	—	—	11
	2. 非工作状态风载荷,见 4.2.3.1														—	1	—	—	—	—	—	—	—	12
	3. 试验载荷,见 4.2.3.4														—	—	ϕ_6	—	—	—	—	—	—	13
	4. 缓冲碰撞载荷,见 4.2.3.2														—	—	—	ϕ_7	—	—	—	—	—	14
	5. 倾翻水平力,见 4.2.3.3														—	—	—	—	1	—	—	—	—	15

表 G.8（续）

1	2	3					4						5										6
载荷类别	载　荷	载荷组合 A					载荷组合 B						载荷组合 C										行号
		安全系数 n	A1	A2	A3	A4	安全系数 n	B1	B2	B3	B4	B5	安全系数 n	C1	C2	C3	C4	C5	C6	C7	C8	C9	
特殊载荷	6. 意外停机引起的载荷，见 4.2.3.5	1.48					1.34						1.22	—	—	—	—	—	ϕ_5	—	—	—	16
	7.机构失效引起的载荷，见 4.2.3.6													—	—	—	—	—	—	ϕ_5	—	—	17
	8.起重机基础外部激励引起的载荷，见 4.2.3.7													—	—	—	—	—	—	—	1	—	18
	9. 安装、拆卸和运输时引起的载荷，见 4.2.3.8													—	—	—	—	—	—	—	—	1	19

注 1：如需要考虑坡道载荷时，按 4.2.2.2 计算。

注 2：在载荷组合 C2 中的 η 是起重机不工作时，从总起升质量 m 中卸除有效起升质量 Δm 后，余下的起升质量（即吊具质量）ηm 的系数，$\eta m = m - \Delta m$，$\eta = 1 - (\Delta m / m)$。

注 3：表中各项动力系数 ϕ_i 见表 G.10。

注 4：各加速效应的组合见 G.3.3。

注 5：各个载荷组合的说明见 4.3.3.1～4.3.3.3。

表 G.9 采用极限状态设计法设计时臂架起重机金属结构计算的载荷与载荷组合表

1	2			3					4						5										6
载荷类别	载荷			组合 A					组合 B						组合 C										行号
				分项载荷系数 γ_{pA}	A1	A2	A3	A4	分项载荷系数 γ_{pB}	B1	B2	B3	B4	B5	分项载荷系数 γ_{pC}	C1	C2	C3	C4	C5	C6	C7	C8	C9	
常规载荷	自重振动载荷,起升动载荷与运行冲击载荷	1. 起重机质量引起的,见 4.2.1.1.1 和 4.2.1.1.3		1.16	ϕ_1	ϕ_1	1	—	1.1	ϕ_1	ϕ_1	1	—	—	1.05	ϕ_1	1	ϕ_1	1	1	1	1	1	1	1
		2. 总起升质量或突然卸除部分起升质量引起的,见 4.2.1.1.2、4.2.1.1.4 和 4.2.1.1.5		1.34	ϕ_2	ϕ_3	1	—	1.28	ϕ_2	ϕ_3	1	—	—	1.22	—	η	—	1	1	1	1	1	—	2
		3. 在不平轨道上运行起重机的质量和总起升质量引起的,见 4.2.1.1.6		1.16	—	—	—	ϕ_4	1.1	—	—	—	ϕ_4	ϕ_4	—	—	—	—	—	—	—	—	—	—	3
	驱动加速力	4. 起重机的质量和总起升质量,见 4.2.1.2	4.1 不包括起升机构的其他驱动机构加速引起的	1.55	ϕ_5	ϕ_5	—	ϕ_5	1.48	ϕ_5	ϕ_5	—	ϕ_5	—	1.41	—	—	ϕ_5	—	—	—	—	—	—	4
			4.2 包括起升机构的任何驱动机构加速引起的	1.55	—	—	ϕ_5	—	1.48	—	—	ϕ_5	—	—	—	—	—	—	—	—	—	—	—	—	5

表 G.9（续）

1	2		3					4						5										6
载荷类别	载　　荷		载荷组合 A					载荷组合 B						载荷组合 C										行号
			分项载荷系数 γ_{pA}	A1	A2	A3	A4	分项载荷系数 γ_{pB}	B1	B2	B3	B4	B5	分项载荷系数 γ_{pC}	C1	C2	C3	C4	C5	C6	C7	C8	C9	
常规载荷	位移载荷	位移和变形引起的载荷，见 4.2.1.3	1.16	1	1	1	1	1.1	1	1	1	1	1	1.05	1	1	1	1	1	1	1	1	1	6
偶然载荷	气候影响引起的载荷	1. 工作状态风载荷，见 4.2.2.3.3						1.16	1	1	1	1	1	—	—	—	1	—	—	—	—	—	—	7
		2. 雪和冰载荷，见 4.2.2.4						1.34	1	1	1	1	1	1.28	—	1	—	—	—	—	—	—	—	8
		3. 温度变化引起的载荷，见 4.2.2.5						1.1	1	1	1	1	1	1.05	—	1	—	—	—	—	—	—	—	9
	偏斜水平侧向载荷	偏斜运行时的水平侧向载荷，见 4.2.2.1，4.2.2.2						1.16	—	—	—	—	1	—	—	—	—	—	—	—	—	—	—	10
特殊载荷	1. 猛烈提升地面物品的动载荷，见 4.2.1.1.4													1.22	ϕ_{2max}	—	—	—	—	—	—	—	—	11
	2. 非工作状态风载荷，见 4.2.3.1													1.22	—	1	—	—	—	—	—	—	—	12
	3. 试验载荷，见 4.2.3.4													1.22	—	—	ϕ_6	—	—	—	—	—	—	13
	4. 缓冲碰撞载荷，见 4.2.3.2													1.41	—	—	—	ϕ_7	—	—	—	—	—	14
	5. 倾翻水平力，见 4.2.3.3													1.41	—	—	—	—	1	—	—	—	—	15

表 G.9(续)

1	2	3					4						5										6
载荷类别	载　荷	载荷组合 A					载荷组合 B						载荷组合 C										行号
		安全系数 n	A1	A2	A3	A4	安全系数 n	B1	B2	B3	B4	B5	安全系数 n	C1	C2	C3	C4	C5	C6	C7	C8	C9	
特殊载荷	6. 意外停机引起的载荷,见 4.2.3.5	1.48					1.34						1.41	—	—	—	—	—	ϕ_5	—	—	—	16
	7. 机构失效引起的载荷,见 4.2.3.6												1.41	—	—	—	—	—	—	ϕ_5	—	—	17
	8. 起重机基础外部激励引起的载荷,见 4.2.3.7												1.41	—	—	—	—	—	—	—	1	—	18
	9. 安装、拆卸和运输时引起的载荷,见 4.2.3.8												1.41	—	—	—	—	—	—	—	—	1	19
系数	抗力系数 γ_m,见 4.3.4.2.4	1.1																					20

注 1:如需要考虑坡道载荷时,按 4.2.2.2 计算。

注 2:在载荷组合 C2 中的 η 是起重机不工作时,从总起升质量 m 中卸除有效起升质量 Δm 后,余下的起升质量(即吊具质量)ηm 的系数,$\eta m = m - \Delta m$,$\eta = 1 - (\Delta m / m)$。

注 3:表中各项动力系数 ϕ_i 见表 G.10。

注 4:各加速效应的组合见 G.3.3。

注 5:各个载荷组合的说明见 4.3.3.1～4.3.3.3。

G.3.2 载荷与适用的动力系数,(见表 G.10)。

表 G.10 臂架起重机金属结构计算的载荷与动力系数 ϕ_i 的取值

表 G.8 及表 G.9 中的行号	ϕ_i	本标准中的章条号	系数 ϕ_i 值和载荷值
1	ϕ_1	4.2.1.1.3	$\phi_1=1+\alpha$,$\alpha=0.05\sim0.1$。ϕ_1 取大于或小于 1.0,取决于该动力作用对自重载荷是增强了或是削弱了
2	ϕ_2	4.2.1.1.4.2	应考虑 4.2.1.1.4.2 规定的不同的起升状态级别
	ϕ_3	4.2.1.1.5	适用于抓斗、网兜、电磁盘及相类似的吊具,按式(8)计算
3	ϕ_4	4.2.1.1.6.3	在轨道上运行的起重机,如果轨道接头处有高低错位或间隙,则按式(9)计算
4 和 5	ϕ_5	4.2.1.2.1	当使用刚性模型进行动态分析时,$\phi_5=1.2$,1.5,2.0,见表 12 序号2、3、4。如有根据,ϕ_5 可选用其他值,也可按表 14 考虑回转和变幅时总起升质量的综合水平力
6			需要考虑时,在表 G.9 中应考虑分项载荷系数
7		4.2.2.3.3	按表 15 中的 p_{II} 计算。在 8 级风中应继续工作的起重机,工作状态风压取为 500 N/m^2,相应的 3 s 时距平均瞬时风速为 28.3 m/s
8		4.2.2.4	按起重机使用地区的雪和冰载荷状况确定
9		4.2.2.5	按起重机使用场所的环境温度变化来确定
10		4.2.2.1	一般情况按附录 D 估算
11	ϕ_{2max}	表 11	根据起重机的起升状态级别,按起重机起升机构驱动型式及操作方法选择表 11 中的 v_q 相应值计算
12		4.2.3.1	按式(15)计算非工作状态风载荷 $P_{W\text{III}}$
13	ϕ_6	4.2.3.4	静载试验载荷按 4.2.3.4.1,动载试验载荷按 4.2.3.4.2,动载试验载荷起升动载系数 ϕ_6 按式(16)计算

表 G.10(续)

表 G.8 及表 G.9 中的行号	ϕ_i	本标准中的章条号	系数 ϕ_i 值和载荷值
14	ϕ_7	4.2.3.2	当运行速度不大于 0.7 m/s 时,不考虑缓冲器的缓冲碰撞力,仅对高速运行的水平小车及其止挡器等部件才考虑此载荷
15		4.2.3.3	一般情况下不必考虑倾翻的水平力的作用,仅在有可能出现此类载荷时才考虑
16	ϕ_5	4.2.3.5	在紧急停机时,本系数可取为最大值 $\phi_5=2.0$
17	ϕ_5	4.2.3.6	在需要时,可适当考虑此项载荷,当出现最严重的反向冲击时,可取到本系数的极大值 $\phi_5=3.0$
18		4.2.3.7	在需要时,可适当考虑此项载荷
19		4.2.3.8	在需要时,应考虑此项载荷

G.3.3 加速效应的组合

加(减)速时,作用在臂架起重机上的惯性力应按正常操作时产生的最大驱动加速力确定,并按下述进行组合:

a) 当不限制同时操作不同的动作时,起升运动可以与下述运动组合:

1) 臂架俯仰变幅;

2) 回转;

3) 回转及小车运行变幅;

4) 回转及臂架俯仰变幅;

5) 回转及起重机运行;

6) 回转减速时,惯性力应与离心力组合,对离心力取 $\phi_5=1$。

b) 当限制同时操作不同的动作时,惯性力则按可能同时操作的动作进行组合。

G.4 桥式和门式起重机金属结构计算的载荷与载荷组合

G.4.1 桥式和门式起重机金属结构计算的载荷与载荷组合表

采用许用应力设计法设计时,见表 G.11;采用极限状态设计法设计时,见表 G.12。

表 G.11 采用许用应力设计法设计时桥式和门式起重机金属结构计算的载荷与载荷组合表

1	2		3					4						5										6
载荷类别	载荷		载荷组合 A					载荷组合 B						载荷组合 C										行号
			安全系数 n	A1	A2	A3	A4	安全系数 n	B1	B2	B3	B4	B5	安全系数 n	C1	C2	C3	C4	C5	C6	C7	C8	C9	
常规载荷	自重振动载荷，起升动载荷与运行冲击载荷	1. 起重机质量引起的，见 4.2.1.1.1 和 4.2.1.1.3	1.48	ϕ_1	ϕ_1	1	—	1.34	ϕ_1	ϕ_1	1	—	—	1.22	ϕ_1	1	ϕ_1	1	1	1	1	1	1	1
		2. 总起升质量或突然卸除部分起升质量引起的，见 4.2.1.1.2、4.2.1.1.4 和 4.2.1.1.5		ϕ_2	ϕ_3	1	—		ϕ_2	ϕ_3	1	—	—		—	η	—	1	1	1	1	—	—	2
		3. 在不平道路(轨道)上运行起重机的质量和总起升质量引起的，见 4.2.1.1.6		—	—	—	ϕ_4		—	—	—	ϕ_4	ϕ_4		—	—	—	—	—	—	—	—	—	3
	驱动加速力	4. 起重机的质量和总起升质量，见 4.2.1.2：4.1 不包括起升机构的其他驱动机构加速引起的		ϕ_5	ϕ_5	—	ϕ_5		ϕ_5	ϕ_5	—	ϕ_5	—		—	—	ϕ_5	—	—	—	—	—	—	4
		4. 起重机的质量和总起升质量，见 4.2.1.2：4.2 包括起升机构的任何驱动机构加速引起的		—	—	ϕ_5	—		—	—	ϕ_5	—	—		—	—	—	—	—	—	—	—	—	5

表 G.11（续）

1	2		3					4						5										6
载荷类别	载荷		载荷组合 A					载荷组合 B						载荷组合 C										行号
			安全系数 n	A1	A2	A3	A4	安全系数 n	B1	B2	B3	B4	B5	安全系数 n	C1	C2	C3	C4	C5	C6	C7	C8	C9	
常规载荷	位移载荷	位移和变形引起的载荷，见 4.2.1.3		1	1	1	1		1	1	1	1	1		1	1	1	1	1	1	1	1	1	6
偶然载荷	气候影响引起的载荷	1. 工作状态风载荷，见 4.2.2.3.3							1	1	1	1	1		—	—	1	—	—	—	—	—	—	7
		2. 雪和冰载荷，见 4.2.2.4							1	1	1	1	1		—	1	—	—	—	—	—	—	—	8
		3. 温度变化引起的载荷，见 4.2.2.5							1	1	1	1	1		—	1	—	—	—	—	—	—	—	9
	偏斜水平侧向载荷	偏斜运行时的水平侧向载荷，见 4.2.2.1，4.2.2.2	1.48					1.34	—	—	—	—	1	1.22	—	—	—	—	—	—	—	—	—	10
特殊载荷	1. 猛烈提升地面物品的动载载荷，见 4.2.1.1.4														ϕ_{2max}	—	—	—	—	—	—	—	—	11
	2. 非工作状态风载荷，见 4.2.3.1														—	1	—	—	—	—	—	—	—	12
	3. 试验载荷，见 4.2.3.4														—	—	ϕ_6	—	—	—	—	—	—	13
	4. 缓冲碰撞载荷，见 4.2.3.2														—	—	—	ϕ_7	—	—	—	—	—	14
	5. 倾翻水平力，见 4.2.3.3														—	—	—	—	1	—	—	—	—	15

表 G.11（续）

1	2	3					4						5										6
载荷类别	载　　荷	载荷组合 A					载荷组合 B						载荷组合 C										行号
		安全系数 n	A1	A2	A3	A4	安全系数 n	B1	B2	B3	B4	B5	安全系数 n	C1	C2	C3	C4	C5	C6	C7	C8	C9	
特殊载荷	6. 意外停机引起的载荷，见 4.2.3.5	1.48					1.34						1.22	—	—	—	—	—	ϕ_5	—	—	—	16
	7. 机构失效引起的载荷，见 4.2.3.6													—	—	—	—	—	—	ϕ_5	—	—	17
	8. 起重机基础外部激励引起的载荷，见 4.2.3.7													—	—	—	—	—	—	—	1	—	18
	9. 安装、拆卸和运输时引起的载荷，见 4.2.3.8													—	—	—	—	—	—	—	—	1	19
系数	特殊情况下的高危险度系数 γ_n，见 4.3.4.2.7	1.05～1.10																					20

注 1：如需要考虑坡道载荷时，按 4.2.2.2 计算，视具体情况可分属于载荷组合 A 或载荷组合 B 的偶然载荷中。

注 2：如需要考虑工艺性载荷时，按 4.2.4.1 计算，视具体情况可归属于载荷组合 C 的特殊载荷中。

注 3：在载荷组合 C2 中的 η 是起重机不工作时，从总起升质量 m 中卸除有效起升质量 Δm 后，余下的起升质量（即吊具质量）ηm 的系数，$\eta m = m - \Delta m$，$\eta = 1 - (\Delta m / m)$。

注 4：表中各项动力系数 ϕ_i 见表 G.13。

注 5：各加速效应的组合见 G.4.3。

注 6：各个载荷组合的说明见 4.3.3.1～4.3.3.3。

表 G.12 采用极限状态设计法设计时桥式和门式起重机金属结构计算的载荷与载荷组合表

1	2			3					4						5										6
载荷类别	载荷			载荷组合 A					载荷组合 B						载荷组合 C										行号
				分项载荷系数 γ_{pA}	A1	A2	A3	A4	分项载荷系数 γ_{pB}	B1	B2	B3	B4	B5	分项载荷系数 γ_{pC}	C1	C2	C3	C4	C5	C6	C7	C8	C9	
常规载荷	自重振动载荷，起升动载荷与运行冲击载荷	1. 起重机质量引起的，见 4.2.1.1.1 和 4.2.1.1.3		1.16	ϕ_1	ϕ_1	1	—	1.05	ϕ_1	ϕ_1	1	—	—	1.05	ϕ_1	1	ϕ_1	1	1	1	1	1	1	1
		2. 总起升质量或突然卸除部分起升质量引起的，见 4.2.1.1.2、4.2.1.1.4 和 4.2.1.1.5		1.34	ϕ_2	ϕ_3	1	—	1.22	ϕ_2	ϕ_3	1	—	—	1.10	—	η	—	1	1	1	1	1	—	2
		3. 在不平道路(轨道)上运行起重机的质量和总起升质量引起的，见 4.2.1.1.6		1.16	—	—	—	ϕ_4	1.05	—	—	—	ϕ_4	ϕ_4	—	—	—	—	—	—	—	—	—	—	3
	驱动加速力	4. 起重机的质量和总起升质量，见 4.2.1.2	4.1 不包括起升机构的其他驱动机构加速引起的	1.55	ϕ_5	ϕ_5	—	ϕ_5	1.41	ϕ_5	ϕ_5	—	ϕ_5	—	1.28	—	—	ϕ_5	—	—	—	—	—	—	4
			4.2 包括起升机构的任何驱动机构加速引起的		—	—	ϕ_5	—		—	—	ϕ_5	—	—		—	—	—	—	—	—	—	—	—	5

表 G.12（续）

1	2		3					4						5										6
载荷类别	载　　荷		载荷组合 A					载荷组合 B						载荷组合 C										行号
			分项载荷系数 γ_{pA}	A1	A2	A3	A4	分项载荷系数 γ_{pB}	B1	B2	B3	B4	B5	分项载荷系数 γ_{pC}	C1	C2	C3	C4	C5	C6	C7	C8	C9	
常规载荷	位移载荷	位移或变形引起的载荷，见 4.2.1.3	1.16	1	1	1	1	1.05	1	1	1	1	1	1.05	1	1	1	1	1	1	1	1	1	6
偶然载荷	气候影响引起的载荷	1.工作状态风载荷，见 4.2.2.3.3						1.10	1	1	1	1	1	1.05	—	—	1	—	—	—	—	—	—	7
		2.雪和冰载荷，见 4.2.2.4						1.28	1	1	1	1	1	1.16	—	1	—	—	—	—	—	—	—	8
		3.温度变化引起的载荷，见 4.2.2.5						1.05	1	1	1	1	1	1.05	—	1	—	—	—	—	—	—	—	9
	偏斜水平侧向载荷	偏斜运行时的水平侧向载荷，见 4.2.2.1，4.2.2.2						1.10	—	—	—	—	1	—	—	—	—	—	—	—	—	—	—	10
特殊载荷	1. 猛烈提升地面物品的动载荷，见 4.2.1.1.4													1.10	ϕ_{2max}	—	—	—	—	—	—	—	—	11
	2. 非工作状态风载荷，见 4.2.3.1													1.10	—	1	—	—	—	—	—	—	—	12
	3. 试验载荷，见 4.2.3.4													1.10	—	—	ϕ_6	—	—	—	—	—	—	13
	4. 缓冲碰撞载荷，见 4.2.3.2													1.28	—	—	—	ϕ_7	—	—	—	—	—	14
	5. 倾翻水平力，见 4.2.3.3													1.28	—	—	—	—	1	—	—	—	—	15

表 G.12(续)

1	2	3					4						5										6
载荷类别	载荷	载荷组合 A					载荷组合 B						载荷组合 C										行号
		分项载荷系数 γ_{pA}	A1	A2	A3	A4	分项载荷系数 γ_{pB}	B1	B2	B3	B4	B5	分项载荷系数 γ_{pC}	C1	C2	C3	C4	C5	C6	C7	C8	C9	
特殊载荷	6. 意外停机引起的载荷,见 4.2.3.5												1.28	—	—	—	—	—	ϕ_5	—	—	—	16
	7.机构失效引起的载荷,见 4.2.3.6												1.28	—	—	—	—	—	—	ϕ_5	—	—	17
	8.起重机基础外部激励引起的载荷,见 4.2.3.7												1.28	—	—	—	—	—	—	—	1	—	18
	9. 安装、拆卸和运输时引起的载荷,见 4.2.3.8												1.28	—	—	—	—	—	—	—	—	1	19
系数	抗力系数 γ_m,见 4.3.4.2.4	1.10																					20
	特殊情况下的高危险度系数 γ_n,见 4.3.4.2.7	1.05～1.10																					21

注 1:如需要考虑坡道载荷时,按 4.2.2.2 计算,视具体情况可分属于载荷组合 A 或载荷组合 B 的偶然载荷中。

注 2:如需要考虑工艺性载荷时,按 4.2.4.1 计算,视具体情况可归属于载荷组合 C 的特殊载荷中。

注 3:在载荷组合 C2 中的 η 是起重机不工作时,从总起升质量 m 中卸除有效起升质量 Δm 后,余下的起升质量(即吊具质量)ηm 的系数,$\eta m=m-\Delta m$,$\eta=1-(\Delta m/m)$。

注 4:表中各项动力系数 ϕ_i 见表 G.13。

注 5:各加速效应的组合见 G.4.3。

注 6:各个载荷组合的说明见 4.3.3.1～4.3.3.3。

G.4.2 载荷与适用的动力系数(见表 G.13)

表 G.13 桥式和门式起重机金属结构计算的载荷与动力系数 ϕ_i 的取值

表 G.11 中的行号	ϕ_i	本标准中的章条号	系数 ϕ_i 值和载荷值
1	ϕ_1	4.2.1.1.3	$\phi_1=1\pm\alpha,\alpha=0.1$
2	ϕ_2	4.2.1.1.4.3	应考虑 4.2.1.1.4.2 规定的不同的起升状态级别和起升机构驱动型式及起升操作方法(表 11)来确定和计算 ϕ_2 的值
2	ϕ_3	4.2.1.1.5	按式(8)计算
3	ϕ_4	4.2.1.1.6.3	在轨道上运行的起重机,如果轨道接头处有高低错位或间隙,则按式(9)计算 ϕ_4
4 和 5	ϕ_5	4.2.1.2.1	当使用刚性模型进行动态分析时,$\phi_5=1.2,1.5,2.0$,见表 12 序号 2、3、4。如有根据,ϕ_5 可选用其他值;对带臂架的回转、变幅、运行小车也可按表 14 考虑回转和变幅时总起升质量的综合水平力,对无臂架的小车不考虑此项水平力
6		4.2.1.3	在需要时适当考虑,在表 G.12 中应考虑分项载荷系数
7		4.2.2.3.3	按表 15 中的 p_{II} 计算,在 8 级风中应继续工作的起重机,工作状态风压取为 500 N/m^2,相应的 3s 时距的平均瞬时风速为 28.3 m/s
8		4.2.2.4	按起重机使用地区的雪和冰载荷状况确定
9		4.2.2.5	按起重机使用场所的环境温度变化来确定
10		4.2.2.1	一般情况按附录 D 估算,需要时,也可按 ISO 8686-1:1989 附录 F 进行分析
11	$\phi_{2\max}$	4.2.1.1.4.3	根据起重机的起升状态级别,按起重机起升机构驱动型式及操作方法选择表 11 中相应的 v_q 值计算
12		4.2.3.1	按式(15)计算 P_{WIII}
13	ϕ_6	4.2.3.4	静载试验载荷按 4.2.3.4.1,动载试验载荷按 4.2.3.4.2。动载试验载荷起升动载系数 ϕ_6 按式(16)计算
14	ϕ_7	4.2.3.2	当运行速度不大于 0.7 m/s 时,不考虑起重机所受的缓冲碰撞力。运行速度大于 0.7 m/s 时,按实际碰撞速度计算
15		4.2.3.3	如有图 7 两种情况之一的,按实际情况分别考虑

表 G.13（续）

表 G.11 中的行号	ϕ_i	本标准中的章条号	系数 ϕ_i 值和载荷值
16	ϕ_5	4.2.3.5	紧急停机时，本系数的最大值可取为，$\phi_5=2.0$
17	ϕ_5	4.2.3.6	在需要时，应考虑此项载荷，当出现最严重的反向冲击时，可取本系数的极大值 $\phi_5=3.0$
18		4.2.3.7	在需要时，应适当考虑此项载荷
19		4.2.3.8	在需要时，应考虑此项载荷

G.4.3 加速效应的组合

桥式和门式起重机的载荷总起升质量的重力是靠起升机构(H)、大车运行机构(T)、小车运行机构(D)以及有时还靠回转机构(S)来移动的(见图 G.4)。

这些机构同时作用于起重机的加速效应取决于起重机的控制系统和使用状态以及载荷是从地面起升还是从悬吊状态起升。考虑到上述情况，表 G.14 给出的加速效应假定将同时作用。

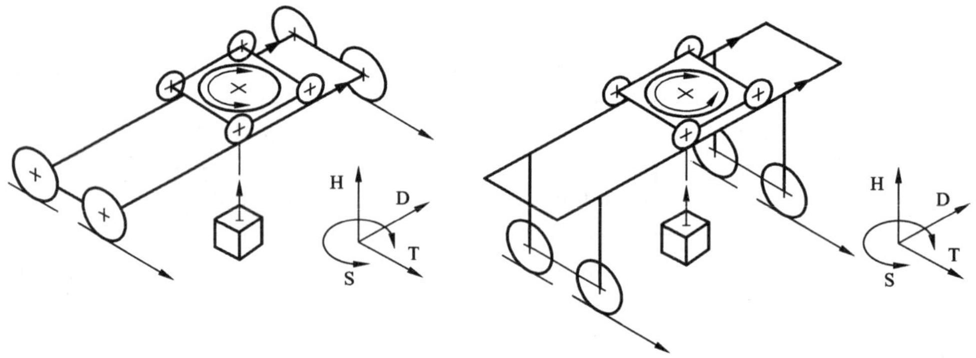

图 G.4 桥式和门式起重机的载荷与运动

总起升质量的重力 mg 在不同的载荷组合内应乘以下列系数：

——载荷组合 A1 和 B1：ϕ_2；

——载荷组合 A2 和 B2：ϕ_3；

——载荷组合 A3 和 B3：$(1+\phi_5\times\frac{\Delta F}{mg})$；

——载荷组合 A4 和 B4：ϕ_4；

——载荷组合 C3：ϕ_6。

驱动加速力可在短暂时间内有显著变化，此力的计算应分以下几种情况：

a) 开始运动时；

b) 对稳定状态运动进行制动时；

c) 在起动过程中对运动进行制动时；

d) 在制动过程中(减速停机)，对运动进行减速时。

根据 4.2.1.2.1，所计算的驱动机构驱动力变化值，即刚体加速力应乘以系数 ϕ_5。

在考虑减速停机时，只有一个这种效应和其他运动相组合。

在载荷组合 C6 或 C7 中，假定在稳定运行状态中只考虑“意外停机”或“机构失效”的动力效应，而不考虑其他动力效应。

表 G.14 加速效应的组合

<table>
<tr><td rowspan="2">控制方式</td><td>起升地面物品</td><td>起升悬吊物品</td></tr>
<tr><td>载荷组合 A1，B1，C1</td><td>载荷组合 A2～A4，B2～B4，C3</td></tr>
<tr><td>用按钮仪表板或双向控制杆控制</td><td>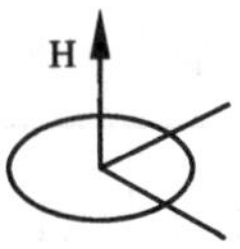</td><td>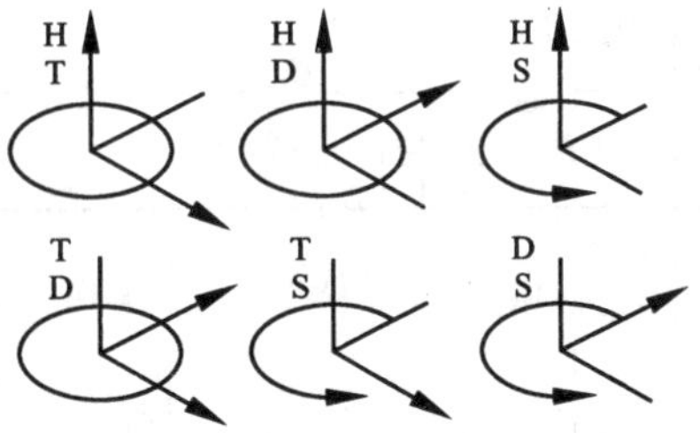</td></tr>
<tr><td rowspan="4">用多向控制杆控制</td><td>电站起重机
安装起重机
车间起重机</td><td>电站起重机 卸船机
安装起重机 储料场起重机
车间起重机 钢厂起重机</td></tr>
<tr><td>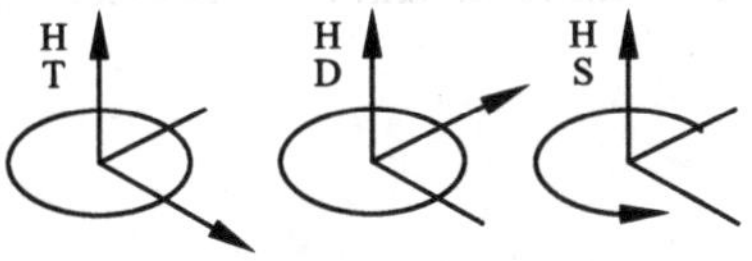</td><td rowspan="3">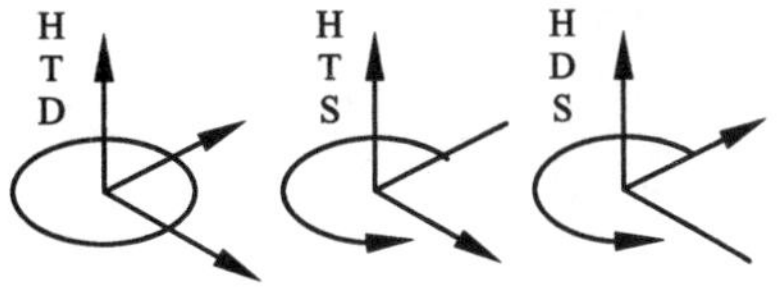</td></tr>
<tr><td>卸船机
储料场起重机
钢厂起重机</td></tr>
<tr><td>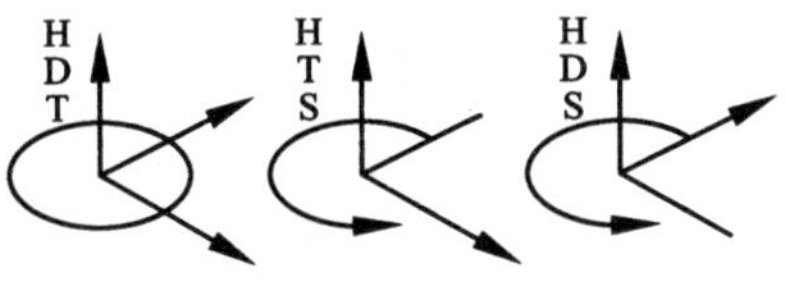</td></tr>
</table>

附　录　H
(规范性附录)
用于载荷组合中的能力验算系数 γ_{fi}、γ_m 和 γ_{pi} 的值

表 H.1 给出了用于载荷组合 A,B 和 C 的能力验算的强度系数 γ_{fi}、抗力系数 γ_m 和分项载荷系数 γ_{pi} 值。

对于各种类型的起重机,各个载荷的 γ_{pi} 值宜从表 H.1 中所列的数值选取,并在本标准中涉及对所述的该类型起重机的相关部分做出说明。如果同一个载荷出现在不止一种载荷组合中,用于该载荷的 γ_{pi} 值应从同一栏中选取。

γ_{pi} 值根据可以确定的相关载荷的精确度来选取。或许有特殊情况,如果载荷效应是降低应力,选用 $\gamma_{pi} \leqslant 1$ 的值也许是恰当的。这些将在本标准有关各种类型起重机的其他部分阐述。

表 H.1　系数[a] γ_{fi}、γ_m 和 γ_{pi} 值

载荷组合	许用应力设计法	极限状态设计法										
	强度系数 γ_{fi}[c]	抗力系数 γ_m	分项载荷系数 γ_{pi}									
A	1.48	1.10	1.16	1.22	1.28	1.34[b]	1.41	1.48	1.55	1.63	1.71	1.80
B	1.34	1.10	1.10	1.16	1.22	1.28[b]	1.34	1.41	1.48	1.55	1.63	1.71
C	1.22	1.10	1.05	1.10	1.16	1.22[b]	1.28	1.34	1.41	1.48	1.55	1.63

[a] 表中系数是按公式 $\gamma = 1.05^{v}$ 计算,式中 $0 \leqslant v \leqslant 12$。

[b] 这些数值用于有效载荷的质量。

[c] 在许用应力设计法中,当高危险度系数 $\gamma_n = 1$ 时,安全系数 n 就是强度系数 γ_{fi};而对于高度危险情况,安全系数 n 等于 $\gamma_{fi} \cdot \gamma_n$,见表 20、表 22 及 4.3.4.2.7。

附 录 I
（资料性附录）
影响脆性破坏因素评价和钢材质量组别的选择

在本标准中已规定了抗屈服、抗失稳、抗疲劳的结构设计计算方法，但在某些情况下，仅有这些计算还不足以说明结构材料已具有了抗脆性破坏的安全性。本附录对影响脆性破坏因素进行评价，并对钢材质量组别进行选择，以保证起重机结构材料抗脆性破坏的安全性。

I.1 对影响脆性破坏因素的评价

在起重机金属结构中，导致构件材料发生脆性破坏的重要影响因素是：

——纵向残余拉伸应力与自重载荷引起的纵向拉伸应力的联合作用；

——构件材料的厚度；

——工作环境的温度。

I.1.1 纵向残余拉伸应力与自重载荷引起的纵向拉伸应力的联合作用的影响

以自重载荷引起的纵向拉伸应力 σ_G 和焊接纵向残余拉伸应力的联合作用，见图 I.1 所示。

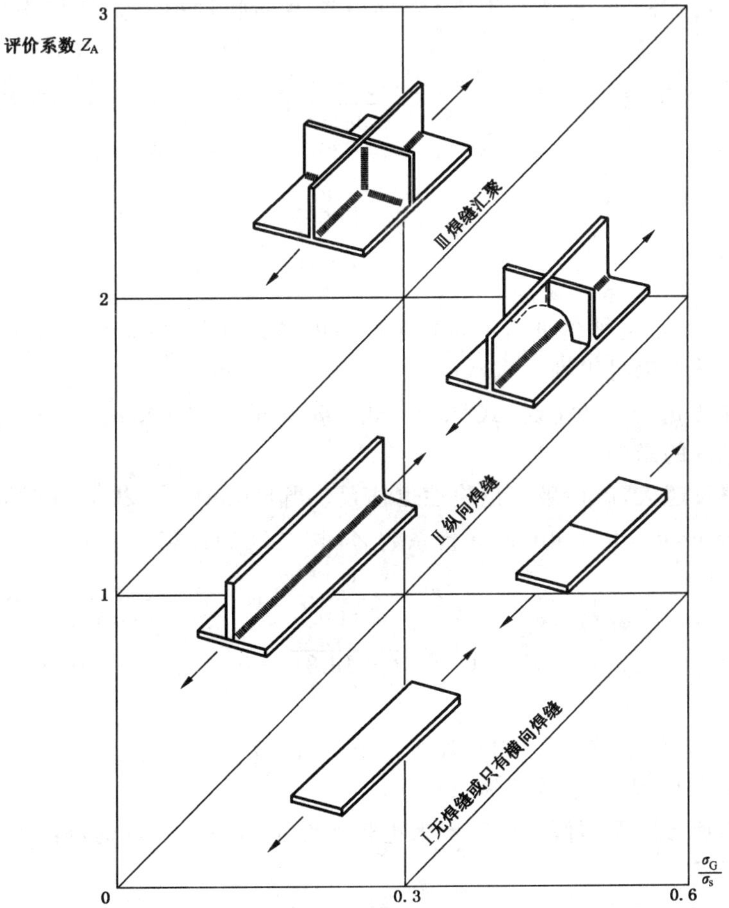

图 I.1 焊缝类型

Ⅰ类焊缝:无焊缝或只有横向焊缝,脆性破坏的危险性小。当起重机自重等永久载荷(γ_P取1)引起的结构构件纵向拉伸应力σ_G与其钢材的屈服点σ_S之比$\sigma_G/\sigma_S>0.3$时,才考虑此因素对脆性破坏的影响。评价系数Z_A按式(Ⅰ.1)计算:

$$Z_A=\frac{\sigma_G}{0.3\sigma_s}-1 \qquad \text{(Ⅰ.1)}$$

式中:

Z_A——(钢材质量组别选择的)残余应力影响评价系数;

σ_G——结构构件纵向拉伸应力,单位为牛每平方毫米(N/mm^2);

σ_s——同式(28)。

Ⅱ类焊缝:只有纵向焊缝的结构,脆性破坏的危险性增加。评价系数Z_A按式(Ⅰ.2)计算:

$$Z_A=\frac{\sigma_G}{0.3\sigma_s} \qquad \text{(Ⅰ.2)}$$

式中:

Z_A——同式(Ⅰ.1);

σ_G——同式(Ⅰ.1);

σ_s——同式(28)。

Ⅲ类焊缝:焊缝汇聚,高度应力集中,脆性破坏的危险性最大。评价系数Z_A按式(Ⅰ.3)计算:

$$Z_A=\frac{\sigma_G}{0.3\sigma_s}+1 \qquad \text{(Ⅰ.3)}$$

式中:

Z_A——同式(Ⅰ.1);

σ_G——同式(Ⅰ.1);

σ_s——同式(28)。

在有条件时,宜对Ⅲ类焊缝进行消除残余应力的热处理(温度宜为600 ℃~650 ℃),处理后可视为Ⅰ类焊缝选取钢材组别。

当钢材的屈强比$\sigma_s/\sigma_b\geqslant0.7$时,式(Ⅰ.1)~式(Ⅰ.3)中的$\sigma_s$以$(0.5\sigma_s+0.35\sigma_b)$代之。

Ⅰ.1.2 构件材料厚度的影响

构件材料的厚度越大,脆性破坏危险性也越大。当$5\ mm\leqslant t\leqslant20\ mm$时评价系数$Z_B$按式(Ⅰ.4)计算,当$20\ mm<t\leqslant100\ mm$时评价系数$Z_B$按式(Ⅰ.5)计算。

$$Z_B=\frac{9}{2\,500}t^2 \qquad \text{(Ⅰ.4)}$$

$$Z_B=0.65\sqrt{t-14.81}-0.05 \qquad \text{(Ⅰ.5)}$$

式中:

Z_B——(钢材质量组别选择的)材料厚度影响评价系数;

t——构件材料厚度,单位为毫米(mm);

对轧制型材和矩形截面用假想厚度t'来进行评价,t'按下述规定确定:

a) 对轧制型材:

1) 对圆截面 $t'=\frac{d}{1.8}$;

2) 对方截面 $t'=\frac{t}{1.8}$；

b) 对截面长边为 b、短边为 d 的矩形截面：

1) 当两边之比 $b/d \leqslant 1.8$ 时，$t'=\frac{b}{1.8}$；

2) 当两边之比 $b/d > 1.8$ 时，$t'=d$。

I.1.3 工作环境温度的影响

在室外的起重机结构的工作环境温度取为起重机使用地点的年最低日平均温度。当起重机的结构工作环境温度在0℃以下时，随着温度的降低，材料脆性破坏的危险性越来越大。不低于－30℃时，评价系数 Z_C 按式(I.6)计算；低于－30℃、高于－55℃时，评价系数 Z_C 按式(I.7)计算。

$$Z_C = \frac{6}{1\ 600}T^2 \qquad \cdots\cdots(I.6)$$

$$Z_C = \frac{-2.25T - 33.75}{10} \qquad \cdots\cdots(I.7)$$

式中：

Z_C——(钢材质量组别选择的)工作环境温度影响评价系数；

T——起重机结构的工作环境温度，单位为摄氏度(℃)。

I.2 所要求的钢材质量组别的确定

I.2.1 综合评价法

将评价系数 Z_A、Z_B、Z_C 相加，得到总评价系数 Z，由表 I.1 查出所要求钢材质量组别。表 I.2给出了各组对应的钢材牌号及相应的冲击韧性值。

表 I.1 与总评价系数有关的钢材质量组别的划分

总评价系数 $\sum Z = Z_A + Z_B + Z_C$	与表 I.2 对应的钢材质量组别
≤2	1
≤4	2
≤8	3
≤16	4

表 I.2　钢材质量组别及钢材牌号

钢材的质量组别	冲击功 A_{KV}/J	冲击韧性的试验温度 T/℃	钢材牌号	国家标准
1			Q235A	GB/T 700
			Q345A Q390A	GB/T 1591
2	≥27	+20	Q235B	GB/T 700
	≥34		Q345B Q390B	GB/T 1591
3	≥27	0	Q235C	GB/T 700
	≥34		Q345C、Q390C Q420C 、Q460C	GB/T 1591
4	≥27	−20	Q235D	GB/T 700
	≥34		Q345D、Q390D、 Q420D、Q460D	GB/T 1591

注 1：如果板材要进行弯曲半径与板厚比小于 10 的冷弯加工，其钢材应适合弯折或冷压折边的要求。
注 2：除明确规定不应采用沸腾钢的情况(见 5.3.1.1.1)外，可适当选用沸腾钢。

附 录 J
（规范性附录）
受压构件的计算长度和格构式构件的换算长细比

J.1 受压构件的计算长度 l_c

J.1.1 同一平面内在不同支承方式下各种截面型式的等截面受压构件的计算长度，按式(J.1)计算：

$$l_c = \mu_1 l \qquad \cdots\cdots\text{(J.1)}$$

式中：

l_c——等截面受压构件的计算长度，单位为毫米(mm)；

l——构件的实际几何长度，单位为毫米(mm)；

μ_1——与支承方式有关的(在两个互相垂直的平面内不一定相同)长度系数，见表 J.1。

J.1.2 变截面受压构件计算长度按式(J.2)计算，此时构件的截面惯性矩取原构件的最大截面惯性矩：

$$l_c = \mu_1 \mu_2 l \qquad \cdots\cdots\text{(J.2)}$$

式中：

l_c——变截面受压构件计算长度，单位为毫米(mm)；

μ_2——变截面长度系数，见表 J.2～表 J.4。等截面时取 $\mu_2 = 1$。

J.1.3 考虑到起重机臂架端部有变幅拉臂钢丝绳或起升钢丝绳时，在理想情况下对臂架回转平面内的变形可能产生阻碍作用，臂架在回转平面内的计算长度可按式(J.3)计算：

$$l_c = \mu_1 \mu_2 \mu_3 l \qquad \cdots\cdots\text{(J.3)}$$

式中：

l_c——臂架在回转平面内的计算长度，单位为毫米(mm)；

μ_3——考虑拉臂钢丝绳或起升钢丝绳阻碍臂架在回转平面内变形的长度系数。

当臂架用拉臂钢丝绳变幅(图 J.1)时，长度系数可由式(J.4)求得：

$$\mu_3 = 1 - \frac{A}{2B} \qquad \cdots\cdots\text{(J.4)}$$

若计算值小于 0.5 时，则 μ_3 取 0.5。

式中：

A、B——几何尺寸，见图 J.1。

当臂架用变幅油缸变幅(图 J.2)时，起升钢丝绳可能影响臂架回转平面内变形的长度系数可由式(J.5)求得：

$$\mu_3 = 1 - \frac{c}{2} \qquad \cdots\cdots\text{(J.5)}$$

式中：

c——计算系数；

$$c=\frac{1}{\cos\alpha+a\sin\theta}\cdot\frac{l}{H}$$

a——钢丝绳滑轮组倍率；

l——臂架长度；

α、θ、H——几何尺寸，见图J.1和图J.2。

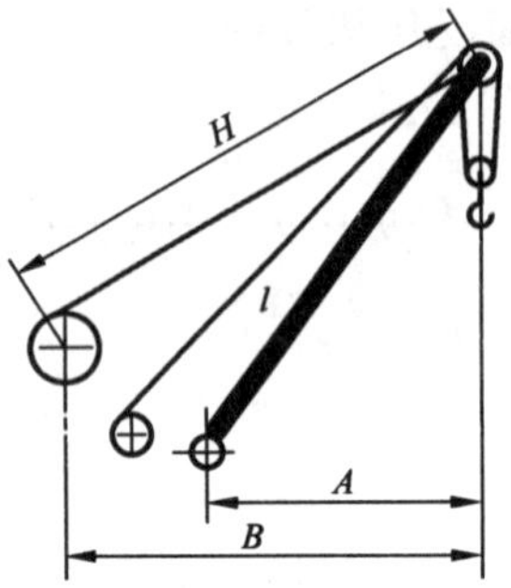

图 J.1

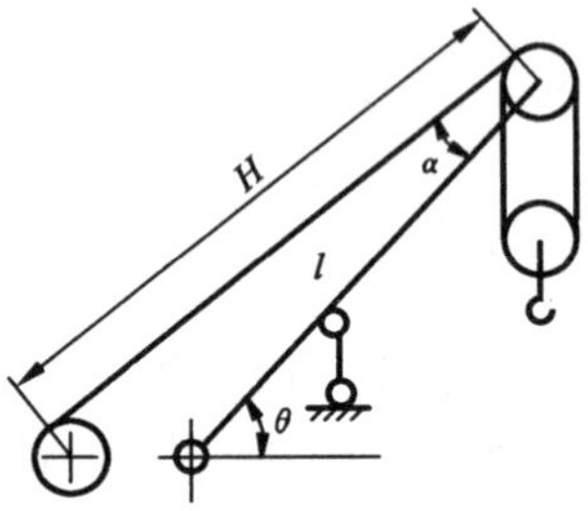

图 J.2

J.2 等截面格构式受压构件的换算长细比

等截面格构式受压构件的换算长细比见表J.5。

表 J.1 在同一平面内与支承方式有关的长度系数 μ_1 值

a/l	构件支承方式					
	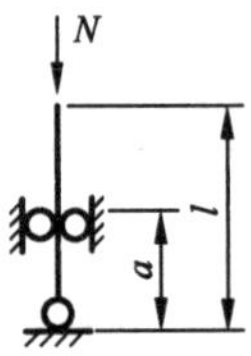					
0	2.00	0.70	0.50	2.00	0.70	0.50
0.1	1.87	0.65	0.47	1.85	0.65	0.46
0.2	1.73	0.60	0.44	1.70	0.59	0.43
0.3	1.60	0.56	0.41	1.55	0.54	0.39
0.4	1.47	0.52	0.41	1.40	0.49	0.36
0.5	1.35	0.50	0.44	1.26	0.44	0.35
0.6	1.23	0.52	0.49	1.11	0.41	0.36
0.7	1.13	0.56	0.54	0.98	0.41	0.39
0.8	1.06	0.60	0.59	0.85	0.44	0.43
0.9	1.01	0.65	0.65	0.76	0.47	0.46
1.0	1.00	0.70	0.70	0.70	0.50	0.50

表 J.2 两端铰支非对称变化构件的变截面长度系数 μ_2 值

变截面形式	I_{min}/I_{max}	μ_2
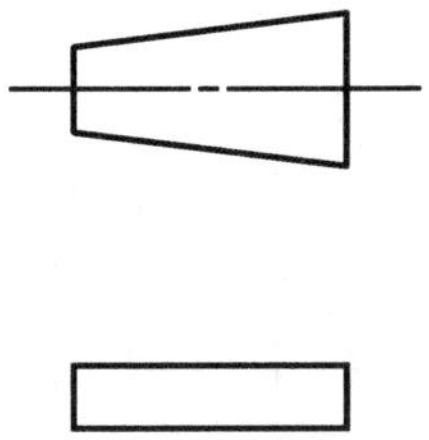 I_x 呈线性变化 $n=1$	0.1	1.45
	0.2	1.35
	0.4	1.21
	0.6	1.13
	0.8	1.06
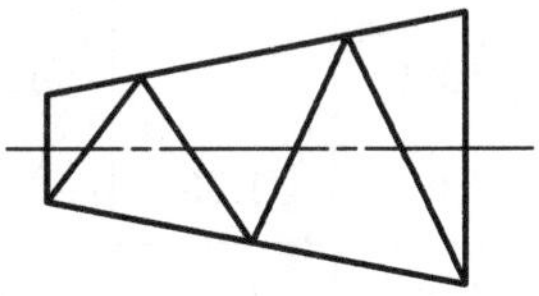 I_x 呈抛物线变化 $n=2$	0.1	1.66
	0.2	1.45
	0.4	1.24
	0.6	1.13
	0.8	1.05

表 J.3 两端铰支对称变化构件的变截面长度系数 μ_2 值

变截面形式：

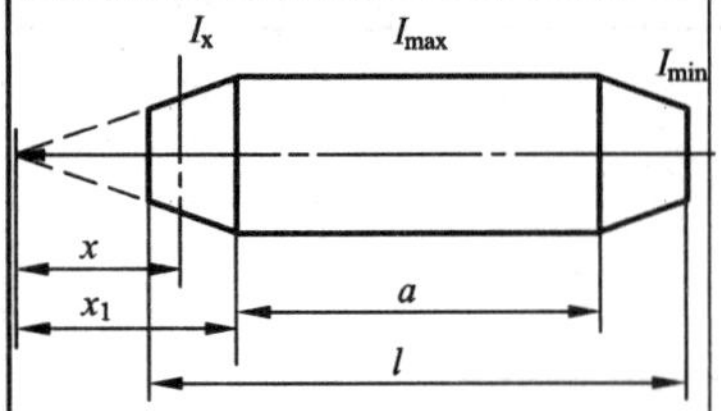

$$\frac{I_x}{I_{max}}=\left(\frac{x}{x_1}\right)^n, m=\frac{a}{l}$$

构件两端：

n=1

n=2

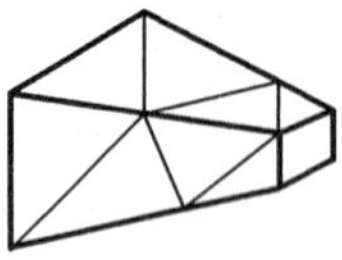

n=3

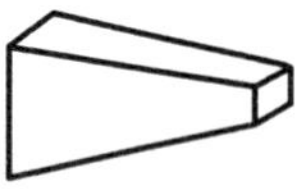

n=4

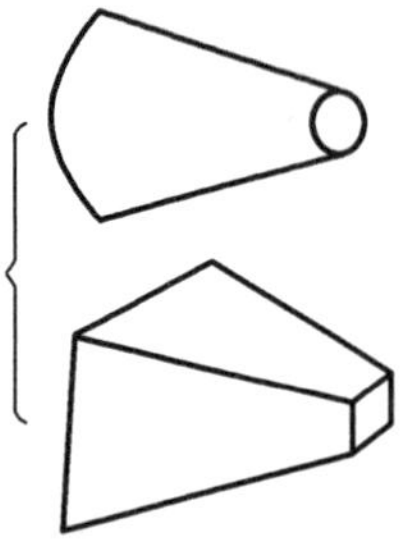

I_{min}/I_{max}	n	μ_2 (m=0)	m=0.2	m=0.4	m=0.6	m=0.8
0.1	1	1.23	1.14	1.07	1.02	1.00
	2	1.35	1.22	1.10	1.03	1.00
	3	1.40	1.31	1.12	1.04	1.00
	4	1.43	1.33	1.13	1.04	1.00
0.2	1	1.19	1.11	1.05	1.01	1.00
	2	1.25	1.15	1.07	1.02	1.00
	3	1.27	1.16	1.08	1.03	1.00
	4	1.28	1.17	1.08	1.03	1.00
0.4	1	1.12	1.07	1.04	1.01	1.00
	2	1.14	1.08	1.04	1.01	1.00
	3	1.15	1.09	1.04	1.01	1.00
	4	1.15	1.09	1.04	1.01	1.00
0.6	1	1.07	1.04	1.02	1.01	1.00
	2	1.08	1.05	1.02	1.01	1.00
	3	1.08	1.05	1.02	1.01	1.00
	4	1.08	1.05	1.02	1.01	1.00
0.8	1	1.03	1.02	1.01	1.00	1.00
	2	1.03	1.02	1.01	1.00	1.00
	3	1.03	1.02	1.01	1.00	1.00
	4	1.03	1.02	1.01	1.00	1.00

表 J.4 箱形伸缩臂变截面长度系数 μ_2 值

伸缩臂几何特性 (a)

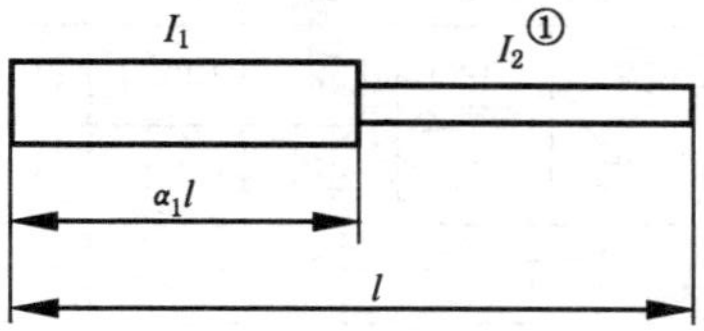

$\beta_2^{②}=\frac{I_1}{I_2}$ $\alpha_1=0.6$

伸缩臂几何特性 (b)

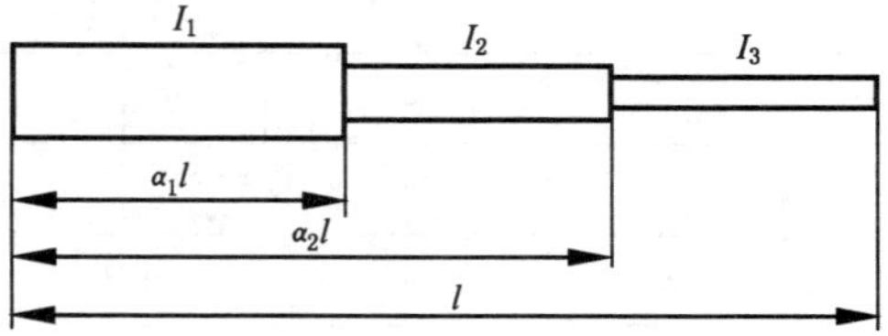

$\alpha_1=0.4, \beta_2=\frac{I_1}{I_2}$;

$\alpha_2=0.7, \beta_3=\frac{I_2}{I_3}$;

β_2	1.3	1.6	1.9	2.2	2.5	1.3		1.6		1.9		2.2		2.5	
β_3	—	—	—	—	—	1.3	2.5	1.3	2.5	1.3	2.5	1.3	2.5	1.3	2.5
μ_2	1.015	1.030	1.045	1.061	1.077	1.053	1.089	1.099	1.144	1.144	1.198	1.189	1.250	1.232	1.301

伸缩臂几何特性 (c)

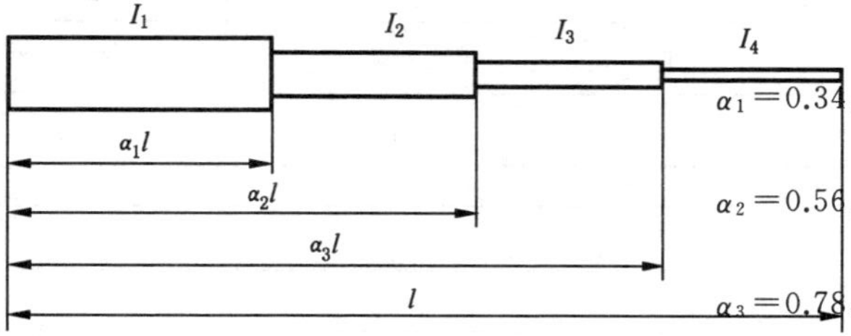

$\alpha_1=0.34, \beta_2=\frac{I_1}{I_2}$;

$\alpha_2=0.56, \beta_3=\frac{I_2}{I_3}$;

$\alpha_3=0.78, \beta_4=\frac{I_3}{I_4}$;

β_2	1.3										1.6							
β_3	1.3		1.6		1.9		2.2		2.5		1.3		1.6		1.9		2.2	
β_4	1.3	2.5	1.3	2.5	1.3	2.5	1.3	2.5	1.3	2.5	1.3	2.5	1.3	2.5	1.3	2.5	1.3	2.5
μ_2	1.086	1.105	1.113	1.138	1.140	1.170	1.167	1.203	1.194	1.236	1.147	1.171	1.179	1.210	1.212	1.249	1.244	1.288

β_2	1.6		1.9										2.2					
β_3	2.5		1.3		1.6		1.9		2.2		2.5		1.3		1.6		1.9	
β_4	1.3	2.5	1.3	2.5	1.3	2.5	1.3	2.5	1.3	2.5	1.3	2.5	1.3	2.5	1.3	2.5	1.3	2.5
μ_2	1.277	1.327	1.207	1.235	1.244	1.279	1.281	1.325	1.319	1.370	1.356	1.414	1.264	1.296	1.306	1.346	1.348	1.397

表 J.4（续）

β_2	2.2				2.5									
β_3	2.2		2.5		1.3		1.6		1.9		2.2		2.5	
β_4	1.3	2.5	1.3	2.5	1.3	2.5	1.3	2.5	1.3	2.5	1.3	2.5	1.3	2.5
μ_2	1.390	1.447	1.432	1.497	1.319	1.355	1.366	1.411	1.412	1.466	1.458	1.521	1.504	1.576

伸缩臂几何特性

(d)

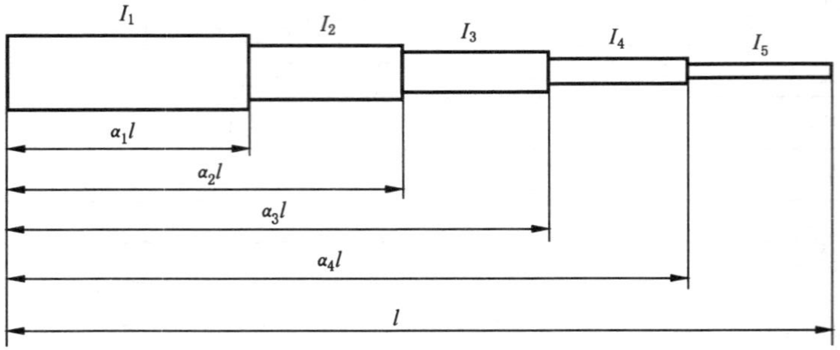

$\alpha_1=0.24, \beta_2=\dfrac{I_1}{I_2}$;

$\alpha_2=0.43, \beta_3=\dfrac{I_2}{I_3}$;

$\alpha_3=0.62, \beta_4=\dfrac{I_3}{I_4}$;

$\alpha_4=0.81, \beta_5=\dfrac{I_4}{I_5}$;

β_2	1.3																			
β_3	1.3				1.6				1.9				2.2				2.5			
β_4	1.3		2.5		1.3		2.5		1.3		2.5		1.3		2.5		1.3		2.5	
β_5	1.3	2.5	1.3	2.5	1.3	2.5	1.3	2.5	1.3	2.5	1.3	2.5	1.3	2.5	1.3	2.5	1.3	2.5	1.3	2.5
μ_2	1.152	1.168	1.245	1.281	1.206	1.226	1.320	1.364	1.259	1.283	1.392	1.444	1.310	1.338	1.461	1.520	1.360	1.392	1.529	1.594

β_2	1.6																			
β_3	1.3				1.6				1.9				2.2				2.5			
β_4	1.3		2.5		1.3		2.5		1.3		2.5		1.3		2.5		1.3		2.5	
β_5	1.3	2.5	1.3	2.5	1.3	2.5														
μ_2	1.240	1.259	1.349	1.391	1.302	1.326	1.435	1.486	1.363	1.391	1.517	1.577	1.422	1.455	1.597	1.664	1.480	1.517	1.673	1.748

表 J.4（续）

β_2	1.9																			
β_3	1.3				1.6				1.9				2.2				2.5			
β_4	1.3		2.5		1.3		2.5		1.3		2.5		1.3		2.5		1.3		2.5	
β_5	1.3	2.5	1.3	2.5	1.3	2.5	1.3	2.5	1.3	2.5	1.3	2.5	1.3	2.5	1.3	2.5	1.3	2.5	1.3	2.5
μ_2	1.322	1.344	1.446	1.493	1.392	1.420	1.542	1.599	1.461	1.493	1.634	1.701	1.527	1.564	1.722	1.798	1.591	1.633	1.807	1.890
β_2	2.2																			
β_3	1.3				1.6				1.9				2.2				2.5			
β_4	1.3		2.5		1.3		2.5		1.3		2.5		1.3		2.5		1.3		2.5	
β_5	1.3	2.5	1.3	2.5	1.3	2.5	1.3	2.5	1.3	2.5	1.3	2.5	1.3	2.5	1.3	2.5	1.3	2.5	1.3	2.5
μ_2	1.400	1.425	1.537	1.590	1.478	1.508	1.642	1.706	1.553	1.588	1.743	1.817	1.626	1.666	1.839	1.922	1.696	1.741	1.931	2.022
β_2	2.5																			
β_3	1.3				1.6				1.9				2.2				2.5			
β_4	1.3		2.5		1.3		2.5		1.3		2.5		1.3		2.5		1.3		2.5	
β_5	1.3	2.5	1.3	2.5	1.3	2.5	1.3	2.5	1.3	2.5	1.3	2.5	1.3	2.5	1.3	2.5	1.3	2.5	1.3	2.5
μ_2	1.474	1.501	1.623	1.681	1.559	1.591	1.737	1.806	1.640	1.678	1.845	1.925	1.718	1.762	1.949	2.039	1.794	1.843	2.048	2.147

注 1：I_i 为第 i 节臂的截面平均惯性矩；

注 2：若 β_i 值处在 1.3 和 2.5 之间，可用线性插值法查得 μ_2 值。

表 J.5　等截面格构式构件换算长细比 λ_h 计算公式

项次	构件截面形式	缀材类别	计算公式	符号意义
1	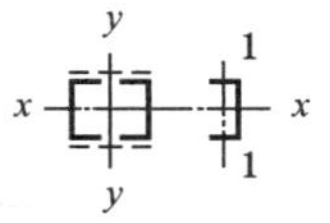 (a)	缀板	$\lambda_{hy}=\sqrt{\lambda_y^2+\lambda_1^2}$	λ_y——整个构件对虚轴 $y-y$ 的长细比 λ_1——单肢对 1—1 轴的长细比，其计算长度取缀板间的净距离（铆接构件取缀板边缘铆钉中心间的距离）
2		缀条	$\lambda_{hy}=\sqrt{\lambda_y^2+27\frac{A}{A_1}}$	A——构件横截面所截各弦杆（主肢）的毛截面面积之和 A_1——构件横截面所截各斜缀条的毛截面面积之和
3	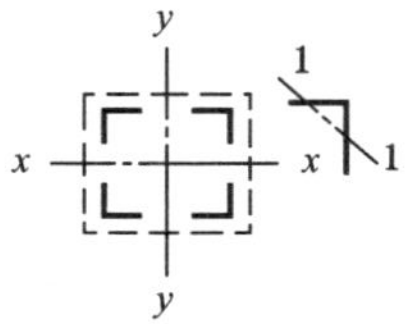 (b)	缀板	$\lambda_{hx}=\sqrt{\lambda_x^2+\lambda_1^2}$ $\lambda_{hy}=\sqrt{\lambda_y^2+\lambda_1^2}$	λ_x、λ_y——整个构件分别对虚轴 $x-x$ 或 $y-y$ 的长细比 λ_1——单肢对最小刚度轴 1—1 的长细比，其计算长度取缀板间的净距离（铆接构件取缀板边缘铆钉中心间的距离）
4		缀条	$\lambda_{hx}=\sqrt{\lambda_x^2+40\frac{A}{A_{1x}}}$ $\lambda_{hy}=\sqrt{\lambda_y^2+40\frac{A}{A_{1y}}}$	A_{1x}——构件横截面所截垂直于 $x-x$ 轴的平面内各斜缀条的毛截面面积之和 A_{1y}——构件横截面所截垂直于 $y-y$ 轴的平面内各斜缀条的毛截面面积之和
5	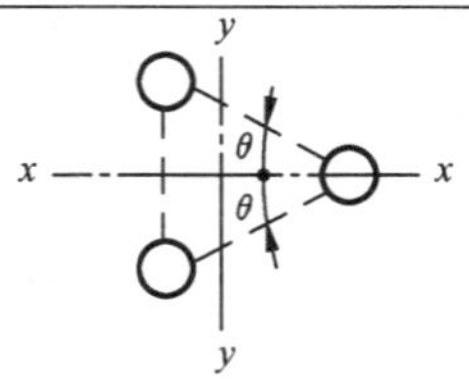 (c)	缀条	$\lambda_{hx}=\sqrt{\lambda_x^2+\frac{42A}{A_1(1.5-\cos^2\theta)}}$ $\lambda_{hy}=\sqrt{\lambda_y^2+\frac{42A}{A_1\cos^2\theta}}$	λ_x、λ_y——整个构件分别对虚轴 $x-x$ 或 $y-y$ 的长细比 A——构件横截面所截各弦杆的毛截面面积之和 A_1——构件横截面所截各斜缀条的毛截面面积之和 θ——缀条所在平面与 x 轴的夹角

缀板组合结构件的单肢长细比 λ_1 不应大于 40。缀板尺寸应符合下列规定：缀板沿柱纵向的宽度不应小于肢件轴线间距离的 2/3，厚度不应小于该距离的 1/40，且不小于 6 mm。

斜缀条与结构件轴线间倾角应保持在 40°～70°范围内。

附 录 K
（规范性附录）
轴心受压构件的稳定系数

K.1 a类、b类、c类、d类截面轴心受压构件的稳定系数 φ 的选择见表K.1～表K.4。

表 K.1 a类截面轴心受压构件的稳定系数 φ

$\lambda\sqrt{\frac{\sigma_s}{235}}$	0	1	2	3	4	5	6	7	8	9
0	1.000	1.000	1.000	1.000	0.999	0.999	0.998	0.998	0.997	0.996
10	0.995	0.994	0.993	0.992	0.991	0.989	0.988	0.986	0.985	0.983
20	0.981	0.979	0.977	0.976	0.974	0.972	0.970	0.968	0.966	0.964
30	0.963	0.961	0.959	0.957	0.955	0.952	0.950	0.948	0.946	0.944
40	0.941	0.939	0.937	0.934	0.932	0.929	0.927	0.924	0.921	0.919
50	0.916	0.913	0.910	0.907	0.904	0.900	0.897	0.894	0.890	0.886
60	0.883	0.879	0.875	0.871	0.867	0.863	0.858	0.854	0.849	0.844
70	0.839	0.834	0.829	0.824	0.818	0.813	0.807	0.801	0.795	0.789
80	0.783	0.776	0.770	0.763	0.757	0.750	0.743	0.736	0.728	0.721
90	0.714	0.706	0.699	0.691	0.684	0.676	0.668	0.661	0.653	0.645
100	0.638	0.630	0.622	0.615	0.607	0.600	0.592	0.585	0.577	0.570
110	0.563	0.555	0.548	0.541	0.534	0.527	0.520	0.514	0.507	0.500
120	0.494	0.488	0.481	0.475	0.469	0.463	0.457	0.451	0.445	0.440
130	0.434	0.429	0.423	0.418	0.412	0.407	0.402	0.397	0.392	0.387
140	0.383	0.378	0.373	0.369	0.364	0.360	0.356	0.351	0.347	0.343
150	0.339	0.335	0.331	0.327	0.323	0.320	0.316	0.312	0.309	0.305
160	0.302	0.298	0.295	0.292	0.289	0.285	0.282	0.279	0.276	0.273
170	0.270	0.267	0.264	0.262	0.259	0.256	0.253	0.251	0.248	0.246

表 K.1(续)

$\lambda\sqrt{\frac{\sigma_s}{235}}$	0	1	2	3	4	5	6	7	8	9
180	0.243	0.241	0.238	0.236	0.233	0.231	0.229	0.226	0.224	0.222
190	0.220	0.218	0.215	0.213	0.211	0.209	0.207	0.205	0.203	0.201
200	0.199	0.198	0.196	0.194	0.192	0.190	0.189	0.187	0.185	0.183
210	0.182	0.180	0.179	0.177	0.175	0.174	0.172	0.171	0.169	0.168
220	0.166	0.165	0.164	0.162	0.161	0.159	0.158	0.157	0.155	0.154
230	0.153	0.152	0.150	0.149	0.148	0.147	0.146	0.144	0.143	0.142
240	0.141	0.140	0.139	0.138	0.136	0.135	0.134	0.133	0.132	0.131
250	0.130	—	—	—	—	—	—	—	—	—
注：见表 K.4 注。										

表 K.2 b 类截面轴心受压构件的稳定系数 φ

$\lambda\sqrt{\frac{\sigma_s}{235}}$	0	1	2	3	4	5	6	7	8	9
0	1.000	1.000	1.000	0.999	0.999	0.998	0.997	0.996	0.995	0.994
10	0.992	0.991	0.989	0.987	0.985	0.983	0.981	0.978	0.976	0.973
20	0.970	0.967	0.963	0.960	0.957	0.953	0.950	0.946	0.943	0.939
30	0.936	0.932	0.929	0.925	0.922	0.918	0.914	0.910	0.906	0.903
40	0.899	0.895	0.891	0.887	0.882	0.878	0.874	0.870	0.865	0.861
50	0.856	0.852	0.847	0.842	0.838	0.833	0.828	0.823	0.818	0.813
60	0.807	0.802	0.797	0.791	0.786	0.780	0.774	0.769	0.763	0.757
70	0.751	0.745	0.739	0.732	0.726	0.720	0.714	0.707	0.701	0.694
80	0.688	0.681	0.675	0.668	0.661	0.655	0.648	0.641	0.635	0.628
90	0.621	0.614	0.608	0.601	0.594	0.588	0.581	0.575	0.568	0.561

表 K.2（续）

$\lambda\sqrt{\frac{\sigma_s}{235}}$	0	1	2	3	4	5	6	7	8	9
100	0.555	0.549	0.542	0.536	0.529	0.523	0.517	0.511	0.505	0.499
110	0.493	0.487	0.481	0.475	0.470	0.464	0.458	0.453	0.447	0.442
120	0.437	0.432	0.426	0.421	0.416	0.411	0.406	0.402	0.397	0.392
130	0.387	0.383	0.378	0.374	0.370	0.365	0.361	0.357	0.353	0.349
140	0.345	0.341	0.337	0.333	0.329	0.326	0.322	0.318	0.315	0.311
150	0.308	0.304	0.301	0.298	0.295	0.291	0.288	0.285	0.282	0.279
160	0.276	0.273	0.270	0.267	0.265	0.262	0.259	0.256	0.254	0.251
170	0.249	0.246	0.244	0.241	0.239	0.236	0.234	0.232	0.229	0.227
180	0.225	0.223	0.220	0.218	0.216	0.214	0.212	0.210	0.208	0.206
190	0.204	0.202	0.200	0.198	0.197	0.195	0.193	0.191	0.190	0.188
200	0.186	0.184	0.183	0.181	0.180	0.178	0.176	0.175	0.173	0.172
210	0.170	0.169	0.167	0.166	0.165	0.163	0.162	0.160	0.159	0.158
220	0.156	0.155	0.154	0.153	0.151	0.150	0.149	0.148	0.146	0.145
230	0.144	0.143	0.142	0.141	0.140	0.138	0.137	0.136	0.135	0.134
240	0.133	0.132	0.131	0.130	0.129	0.128	0.127	0.126	0.125	0.124
250	0.123	—	—	—	—	—	—	—	—	—
注：见表 K.4 注。										

表 K.3 c 类截面轴心受压构件的稳定系数 φ

$\lambda\sqrt{\frac{\sigma_s}{235}}$	0	1	2	3	4	5	6	7	8	9
0	1.000	1.000	1.000	0.999	0.999	0.998	0.997	0.996	0.995	0.993
10	0.992	0.990	0.988	0.986	0.983	0.981	0.978	0.976	0.973	0.970
20	0.966	0.959	0.953	0.947	0.940	0.934	0.928	0.921	0.915	0.909
30	0.902	0.896	0.890	0.884	0.877	0.871	0.865	0.858	0.852	0.846
40	0.839	0.833	0.826	0.820	0.814	0.807	0.801	0.794	0.788	0.781
50	0.775	0.768	0.762	0.755	0.748	0.742	0.735	0.729	0.722	0.715
60	0.709	0.702	0.695	0.689	0.682	0.676	0.669	0.662	0.656	0.649
70	0.643	0.636	0.629	0.623	0.616	0.610	0.604	0.597	0.591	0.584
80	0.578	0.572	0.566	0.559	0.553	0.547	0.541	0.535	0.529	0.523
90	0.517	0.511	0.505	0.500	0.494	0.488	0.483	0.477	0.472	0.467
100	0.463	0.458	0.454	0.449	0.445	0.441	0.436	0.432	0.428	0.423
110	0.419	0.415	0.411	0.407	0.403	0.399	0.395	0.391	0.387	0.383
120	0.379	0.375	0.371	0.367	0.364	0.360	0.356	0.353	0.349	0.346
130	0.342	0.339	0.335	0.332	0.328	0.325	0.322	0.319	0.315	0.312
140	0.309	0.306	0.303	0.300	0.297	0.294	0.291	0.288	0.285	0.282
150	0.280	0.277	0.274	0.271	0.269	0.266	0.264	0.261	0.258	0.256
160	0.254	0.251	0.249	0.246	0.244	0.242	0.239	0.237	0.235	0.233
170	0.230	0.228	0.226	0.224	0.222	0.220	0.218	0.216	0.214	0.212
180	0.210	0.208	0.206	0.205	0.203	0.201	0.199	0.197	0.196	0.194
190	0.192	0.190	0.189	0.187	0.186	0.184	0.182	0.181	0.179	0.178
200	0.176	0.175	0.173	0.172	0.170	0.169	0.168	0.166	0.165	0.163
210	0.162	0.161	0.159	0.158	0.157	0.156	0.154	0.153	0.152	0.151
220	0.150	0.148	0.147	0.146	0.145	0.144	0.143	0.142	0.140	0.139
230	0.138	0.137	0.136	0.135	0.134	0.133	0.132	0.131	0.130	0.129
240	0.128	0.127	0.126	0.125	0.124	0.124	0.123	0.122	0.121	0.120
250	0.119	—	—	—	—	—	—	—	—	—
注：见表 K.4 注。										

表 K.4　d类截面轴心受压构件的稳定系数 φ

$\lambda\sqrt{\frac{\sigma_s}{235}}$	0	1	2	3	4	5	6	7	8	9
0	1.000	1.000	0.999	0.999	0.998	0.996	0.994	0.992	0.990	0.987
10	0.984	0.981	0.978	0.974	0.969	0.965	0.960	0.955	0.949	0.944
20	0.937	0.927	0.918	0.909	0.900	0.891	0.883	0.874	0.865	0.857
30	0.848	0.840	0.831	0.823	0.815	0.807	0.799	0.790	0.782	0.774
40	0.766	0.759	0.751	0.743	0.735	0.728	0.720	0.712	0.705	0.697
50	0.690	0.683	0.675	0.668	0.661	0.654	0.646	0.639	0.632	0.625
60	0.618	0.612	0.605	0.598	0.591	0.585	0.578	0.572	0.565	0.559
70	0.552	0.546	0.540	0.534	0.528	0.522	0.516	0.510	0.504	0.498
80	0.493	0.487	0.481	0.476	0.470	0.465	0.460	0.454	0.449	0.444
90	0.439	0.434	0.429	0.424	0.419	0.414	0.410	0.405	0.401	0.397
100	0.394	0.390	0.387	0.383	0.380	0.376	0.373	0.370	0.366	0.363
110	0.359	0.356	0.353	0.350	0.346	0.343	0.340	0.337	0.334	0.331
120	0.328	0.325	0.322	0.319	0.316	0.313	0.310	0.307	0.304	0.301
130	0.299	0.296	0.293	0.290	0.288	0.285	0.282	0.280	0.277	0.275
140	0.272	0.270	0.267	0.265	0.262	0.260	0.258	0.255	0.253	0.251
150	0.248	0.246	0.244	0.242	0.240	0.237	0.235	0.233	0.231	0.229
160	0.227	0.225	0.223	0.221	0.219	0.217	0.215	0.213	0.212	0.210
170	0.208	0.206	0.204	0.203	0.201	0.199	0.197	0.196	0.194	0.192
180	0.191	0.189	0.188	0.186	0.184	0.183	0.181	0.180	0.178	0.177
190	0.176	0.174	0.173	0.171	0.170	0.168	0.167	0.166	0.164	0.163
200	0.162	—	—	—	—	—	—	—	—	—

注 1：表 K.1～表 K.4 中指的 a、b、c、d 类截面，见表 29。

注 2：表 K.1～表 K.4 中的 φ 值系按下列公式计算：

当 $\lambda_n=\frac{\lambda}{\pi}\sqrt{\sigma_s/E}\leqslant 0.215$ 时：$\varphi=1-\alpha_1\lambda_n^2$

当 $\lambda_n>0.215$ 时：$\varphi=\frac{1}{2\lambda_n^2}\left[(\alpha_2+\alpha_3\lambda_n+\lambda_n^2)-\sqrt{(\alpha_2+\alpha_3\lambda_n+\lambda_n^2)^2-4\lambda_n^2}\right]$

式中：

α_1、α_2、α_3——系数，根据表 29 的截面分类，由表 K.5 查用；

λ_n　　——正侧长细比；λ——构件长细比。

注 3：当构件的 $\lambda\sqrt{\sigma_s/235}$ 值超出表 K.1～表 K.4 的范围时，则 φ 值按注 2 所列的公式计算。σ_s 为钢材的屈服点，单位为牛每平方毫米（N/mm^2）。

表 K.5 系数 α_1、α_2、α_3

<table>
<tr><th colspan="2">截面类别</th><th>α_1</th><th>α_2</th><th>α_3</th></tr>
<tr><td colspan="2">a 类</td><td>0.41</td><td>0.986</td><td>0.152</td></tr>
<tr><td colspan="2">b 类</td><td>0.65</td><td>0.965</td><td>0.300</td></tr>
<tr><td rowspan="2">c 类</td><td>$\lambda_n \leqslant 1.05$</td><td rowspan="2">0.73</td><td>0.906</td><td>0.595</td></tr>
<tr><td>$\lambda_n > 1.05$</td><td>1.216</td><td>0.302</td></tr>
<tr><td rowspan="2">d 类</td><td>$\lambda_n \leqslant 1.05$</td><td rowspan="2">1.35</td><td>0.868</td><td>0.915</td></tr>
<tr><td>$\lambda_n > 1.05$</td><td>1.375</td><td>0.432</td></tr>
</table>

附 录 L
（规范性附录）
受弯构件的侧向屈曲稳定系数（整体稳定系数）$\boldsymbol{\varphi_b}$

L.1 承受端弯矩和横向载荷时的等截面焊接工字形组合截面和轧制H型钢构件简支梁的侧向屈曲稳定系数 φ_b 按式（L.1）计算：

$$\varphi_b=\beta_b\frac{4\ 320Ah}{\lambda_y^2 W_x}\left[k(2m-1)+\sqrt{1+(\frac{\lambda_y t}{4.4h})^2}\right]\frac{235}{\sigma_s} \quad \cdots\cdots(L.1)$$

式中：

φ_b——侧向屈曲稳定系数；

β_b——简支梁受横向载荷的等效临界弯矩系数，见表L.1；

λ_y——受弯构件（梁）对弱轴（y 轴）的长细比，由式（43）算得；

A——同式（43）；

h——构件截面的全高，单位为毫米（mm）；

W_x——按受压最大纤维确定的截面对强轴（x 轴）的抗弯模量，单位为立方毫米（mm^3）；

k——截面对称系数，对双轴对称截面取为1，对单轴对称截面取为0.8；

m——受压翼缘对弱轴（y 轴）的惯性矩与全截面对弱轴（y 轴）的惯性矩之比，双轴对称为0.5；

t——构件截面的受压翼缘厚度，单位为毫米（mm）；

σ_s——同式（28）。

表 L.1 H型钢和等截面工字形简支梁的整体稳定等效临界弯矩系数 $\boldsymbol{\beta_b}$

项次	侧向支承	载荷		$\xi \leqslant 2.0$	$\xi > 2.0$	适用范围
1	跨中无侧向支承	均布载荷作用在	上翼缘	$0.69+0.13\xi$	0.95	双轴对称焊接工字形截面、加强受压翼缘的单轴对称焊接工字形截面、轧制H型钢截面
2			下翼缘	$1.73-0.20\xi$	1.33	
3		集中载荷作用在	上翼缘	$0.73+0.18\xi$	1.09	
4			下翼缘	$2.23-0.28\xi$	1.67	

表 L.1（续）

<table>
<tr><th>项次</th><th>侧向支承</th><th colspan="2">载荷</th><th>$\xi \leqslant 2.0$</th><th>$\xi > 2.0$</th><th>适用范围</th></tr>
<tr><td>5</td><td rowspan="3">跨度中点有一个侧向支承点</td><td rowspan="2">均布载荷作用在</td><td>上翼缘</td><td colspan="2">1.15</td><td rowspan="6">双轴对称焊接工字形截面、加强受压翼缘的单轴对称焊接工字形截面、加强受拉翼缘的单轴对称焊接工字形截面、轧制H型钢截面</td></tr>
<tr><td>6</td><td>下翼缘</td><td colspan="2">1.40</td></tr>
<tr><td>7</td><td colspan="2">集中载荷作用在截面高度上任意位置</td><td colspan="2">1.75</td></tr>
<tr><td>8</td><td rowspan="2">跨中有不少于两个等距离侧向支承点</td><td rowspan="2">任意载荷作用在</td><td>上翼缘</td><td colspan="2">1.20</td></tr>
<tr><td>9</td><td>下翼缘</td><td colspan="2">1.40</td></tr>
<tr><td>10</td><td colspan="3">梁端有弯矩，但跨中无载荷作用</td><td colspan="2">$1.75-1.05(\frac{M_2}{M_1})+0.3(\frac{M_2}{M_1})^2$，但$\leqslant 2.3$</td></tr>
<tr><td colspan="7">注 1：$\xi=\frac{tl_1}{b_1 h}$，其中 l_1 为跨度或受压翼缘的计算（自由）长度，b_1 和 t 为受压翼缘的宽度和厚度。
注 2：M_1、M_2 为梁的端弯矩，使梁产生同向曲率时 M_1 和 M_2 取同号，产生反向曲率时取异号，$|M_1| \geqslant |M_2|$。
注 3：表中项次 3、4 和 7 的集中载荷是指一个或少数几个集中载荷位于跨中附近的情况，对其他情况的集中载荷，应按表中项次 1、2、5、6 内的数值采用。
注 4：表中项次 8、9 的 β_b，当集中载荷作用在侧向支承点处时，取 $\beta_b=1.20$。
注 5：载荷作用在上翼缘系指作用点在上翼缘表面，方向指向截面形心；载荷作用在下翼缘，系指作用在下翼缘表面，方向背向截面形心。
注 6：I_1 和 I_2 分别为工字形截面受压翼缘和受拉翼缘对 y 轴的惯性矩，对 $m=\frac{I_1}{I_1+I_2}>0.8$ 的加强受压翼缘工字形截面，下列项次算出的 β_b 值应乘以相应的系数：
项次 1：当 $\xi \leqslant 1.0$ 时，乘以 0.95；
项次 3：当 $\xi \leqslant 0.5$ 时，乘以 0.90；当 $0.5<\xi \leqslant 1.0$ 时，乘以 0.95。</td></tr>
</table>

L.2 轧制普通工字钢，两端简支的受弯构件，其 φ_b 值查表 L.2。

当算出或查出的 φ_b 值大于 0.8 时，用按式(L.2)算出的或从表 L.3 中查取的修正值 φ'_b 代替 φ_b。

$$\varphi'_b=\frac{\varphi_b^2}{\varphi_b^2+0.16} \qquad \text{(L.2)}$$

式中：

φ'_b——轧制普通工字钢，两端简支的受弯构件侧向屈曲稳定系数的修正值；

φ_b——轧制普通工字钢，两端简支的受弯构件侧向屈曲稳定系数。

表 L.2　轧制普通工字钢，两端简支梁构件的 φ_b 值

载荷情况			工字钢型号	自由长度 l/m								
				2	3	4	5	6	7	8	9	10
跨中无侧向支承点的构件	集中载荷作用于	上翼缘	10～20	2.0	1.30	0.99	0.80	0.68	0.58	0.53	0.48	0.43
			22～32	2.4	1.48	1.09	0.86	0.72	0.62	0.54	0.49	0.45
			36～63	2.8	1.60	1.07	0.83	0.68	0.56	0.50	0.45	0.40
		下翼缘	10～20	3.1	1.95	1.34	1.01	0.82	0.69	0.63	0.57	0.52
			22～40	5.50	2.80	1.84	1.37	1.07	0.86	0.73	0.64	0.56
			45～63	7.30	3.60	2.30	1.62	1.20	0.96	0.80	0.69	0.60
	均布载荷作用于	上翼缘	10～20	1.7	1.12	0.84	0.68	0.57	0.50	0.45	0.41	0.37
			22～40	2.1	1.30	0.93	0.73	0.60	0.51	0.45	0.40	0.36
			45～63	2.6	1.45	0.97	0.73	0.59	0.50	0.44	0.38	0.35
		下翼缘	10～20	2.5	1.55	1.08	0.83	0.68	0.56	0.52	0.47	0.42
			22～40	4.00	2.20	1.45	1.10	0.85	0.70	0.60	0.52	0.46
			45～63	5.60	2.80	1.80	1.25	0.95	0.78	0.65	0.55	0.49
跨中有侧向支承点的构件（不论载荷作用点在截面高度上的位置）			10～20	2.2	1.39	1.01	0.79	0.66	0.57	0.52	0.47	0.42
			22～40	3.0	1.80	1.24	0.96	0.76	0.65	0.56	0.49	0.43
			45～63	4.00	2.20	1.38	1.01	0.80	0.66	0.56	0.49	0.43

注 1：集中载荷指一个或少数几个集中载荷位于跨中附近的情况，对其他情况的载荷均按均布载荷考虑。

注 2：载荷作用在上翼缘系指作用点在翼缘表面，方向指向截面形心；载荷作用在下翼缘也系指作用在翼缘表面，方向背向截面形心。

注 3：φ_b 适用于 Q235 号钢，当用其他钢号时，查得的 φ_b 应乘以 $235/\sigma_s$。

注 4：φ_b 不小于 2.5 时不需再验算其侧向屈曲稳定性；表中大于 2.5 的 φ_b 值，为其他钢号换算查用。

表 L.3　稳定系数 φ_b 的修正值 φ'_b

φ_b	0.80	0.85	0.90	0.95	1.00	1.05	1.10	1.15	1.20	1.25	1.30
φ'_b	0.800	0.818	0.835	0.850	0.862	0.874	0.883	0.892	0.901	0.908	0.913
φ_b	1.35	1.40	1.45	1.50	1.55	1.60	1.80	2.00	2.20	2.40	≥2.50
φ'_b	0.919	0.925	0.930	0.934	0.938	0.941	0.953	0.961	0.968	0.973	1.000

L.3　轧制槽钢的简支梁构件，不论载荷的形式和作用的位置，其 φ_b 值按式（L.3）计算，大于 1 者取 1。

$$\varphi_b = \frac{570bt}{lh} \frac{235}{\sigma_s} \qquad \cdots\cdots (L.3)$$

式中：

φ_b——轧制槽钢的简支梁构件的侧向屈曲稳定系数；

b——受压翼缘的宽度，单位为毫米(mm)；

t——受压翼缘的平均厚度，单位为毫米(mm)；

l——受压翼缘的计算(自由)长度，单位为毫米(mm)；

h——槽钢截面高度，单位为毫米(mm)。

附　录　M
（资料性附录）
压弯构件整体稳定性计算

本方法的计算公式是在两个互相垂直的平面内约束条件相同、在弹性工作阶段的等截面构件的前提下推导的。

M.1　双向压弯构件的整体稳定性计算

M.1.1　当结构构件受有轴向压缩力 N 和绕强轴（x 轴）的弯矩 M_{ox}、M_{hx} 及绕弱轴（y 轴）的弯矩 M_{oy}、M_{hy} 时，应按式（M .1）计算其弯曲屈曲的整体稳定性，按式（M.2）计算其侧向弯扭屈曲的整体稳定性：

$$\frac{N}{\varphi\psi A}+\left(\frac{N_{Ex}}{N_{Ex}-N}\right)\frac{C_{ox}M_{ox}+C_{hx}M_{hx}}{W_x}+\left(\frac{N_{Ey}}{N_{Ey}-N}\right)\frac{C_{oy}M_{oy}+C_{hy}M_{hy}}{W_y}\leqslant[\sigma] \quad \cdots\cdots(\text{M.1})$$

$$\frac{N}{\varphi_y\psi_y A}+\left(\frac{N_{Ex}}{N_{Ex}-N}\right)\frac{C_{ox}M_{ox}+C_{hx}M_{hx}}{\varphi_b W_x}\leqslant[\sigma] \quad \cdots\cdots(\text{M.2})$$

式中：

N——同式（46）。

$\varphi\psi$——轴压稳定系数 φ 和其修正系数 ψ 的乘积，有 $\varphi_x\psi_x$ 和 $\varphi_y\psi_y$ 之分，取其小值。

A——同式（43）。

φ——同式（46），有对 x 轴的 φ_x 和对 y 轴的 φ_y 之分。

ψ——轴压稳定系数的修正系数。

φ_b——受弯构件侧向弯扭屈曲稳定系数。

$$\psi_x=\frac{N_{Ex}-N}{N_{Ex}-\varphi_x[\sigma_s A(1-\varphi_x)+N]} \quad \cdots\cdots(\text{M.3})$$

N_{Ex}——同式（51）。

$$N_{Ex}=\frac{\pi^2 EA}{\lambda_x^2}$$

$$\psi_y=\frac{N_{Ey}-N}{N_{Ey}-\varphi_y[\sigma_s A(1-\varphi_y)+N]} \quad \cdots\cdots(\text{M.4})$$

N_{Ey}——同式（51）。

$$N_{Ey}=\frac{\pi^2 EA}{\lambda_y^2}$$

λ_x、λ_y——构件的长细比，按 5.5.1.2 计算。

C_{ox}、C_{oy}——端部弯矩不等的折减系数，C_{ox}、C_{oy}的计算值不小于 0.4。当小于 0.4 时，取为 0.4。

$$C_{ox}=0.6+0.4(M'_{ox}/M_{ox})$$

$$C_{oy}=0.6+0.4(M'_{oy}/M_{oy})$$

M'_{ox}/M_{ox}、M'_{oy}/M_{oy}——结构件两端的端部弯矩比值，其绝对值不大于1，两个端弯矩使构件轴线产生同向挠曲时，其比值为正(+)，反向挠曲时，其比值为负(-)。

M_{ox}、M_{oy}——构件的端部弯矩，单位为牛毫米(N·mm)。

C_{hx}、C_{hy}——横向载荷弯矩系数，$C_h=1-k\dfrac{N}{N_{Ei}}$。其中 k 的值为：

a) 当横向载荷为一个集中力，且两端简支或一端固接一端自由时，$k=0.2$；

b) 当为多个集中载荷或分布载荷，且两端简支时， $k=0$；

c) 当为多个集中载荷或分布载荷，一端固接一端自由时， $k=0.3$；

d) 无论何种载荷，一端固接一端简支时， $k=0.3$；

e) 无论何种载荷，两端固接时， $k=0.4$；

N_{Ex}、N_{Ey}对应于 C_{hx}、C_{hy}。无法判定时，取 $C_h=1$。

M_{hx}、M_{hy}——由横向载荷在构件中引起的弯矩，单位为牛毫米(N·mm)。当 M_h 与 M_0 方向相反，且 $|C_hM_h|<2C_0M_0$ 时，取 M_h 为零。

W_x、W_y——结构构件截面受压侧的抗弯模量，单位为三次方毫米(mm^3)。

φ_b——受弯构件侧向弯扭屈曲稳定系数，φ_b 按附录 L 选取。

符合 5.6.2.1 情况之一的双向压弯构件，不必验算其侧向弯扭屈曲的整体稳定性。

若式(M .1)中第 2 项和第 3 项之和(即弯矩所引起的应力)与第 1 项(即轴力引起的应力)之比，小于或等于($\psi-1$)时，则双向压弯构件应按轴压公式(46)验算其整体稳定性。

M.1.2 对空间格构式构件还应将其受压弦杆及受压腹杆视为轴心压杆，以验算其单肢稳定性。

M.2 单向压弯构件的整体稳定性计算

M.2.1 单向压弯构件，弯矩绕强轴(x 轴)作用时，其整体稳定性按式(M.2)计算。

M.2.2 单向压弯构件，弯矩绕弱轴(y 轴)作用时，其整体稳定性按式(M.5)计算：

$$\frac{N}{\varphi\psi A}+\left[\frac{N_{Ey}}{N_{Ey}-N}\right]\frac{C_{oy}M_{oy}+C_{hy}M_{hy}}{W_y}\leqslant[\sigma] \qquad \cdots\cdots\cdots\cdots\cdots\cdots (M.5)$$

式中符号同式(M.1)。

当 $\dfrac{\left[\dfrac{N_{Ey}}{N_{Ey}-N}\right]\dfrac{C_{oy}M_{oy}+C_{hy}M_{hy}}{W_y}}{\dfrac{N}{\varphi\psi A}}\leqslant\psi-1$ 时，则应按轴压公式(46)验算其整体稳定性。式中符号同前。

M.3 对两端在两个互相垂直平面内支承方式不同的等截面构件或变截面构件整体稳定性计算

对两端在两个互相垂直平面内支承方式不同的等截面构件或变截面构件整体稳定性计算仍用式(M.1)和式(M.2)，但应取两个或三个危险截面进行验算。

M.4 用极限状态法设计时的计算变更

当用极限状态法计算时，式(M.1)、式(M.2)和式(M.5)应按 5.2.2.2.4 的规定变更。当 $\dfrac{N}{N_E}<0.1$ 时，上述各式中的弯矩项可按一阶弯矩考虑。

M.5 计算起重机压弯构件整体稳定性时对制造误差的考虑

当计算起重机压弯构件时，可将构件的制造误差引起的初始变形（f_0）或使用后由于磨损产生的间隙引起的位移（f'_0）所形成的附加弯矩（$N \cdot f_0$ 或 $N \cdot f'_0$）加在式（M.1）的第二项 M_{ox} 和第三项 M_{oy} 上。此时式中第一项的 $\varphi\psi$ 取为 1。

附 录 N
(规范性附录)
薄板局部稳定性计算中的屈曲系数

N.1 用加劲肋分隔的局部区格简支板的屈曲系数 *K*

用加劲肋分隔的局部区格简支板的屈曲系数按表 N.1 计算。

表 N.1 局部区格简支板的屈曲系数 *K*

<table>
<tr><th>序号</th><th colspan="2">载 荷(应力)情 况</th><th>$\alpha=a/b$</th><th>K</th></tr>
<tr><td rowspan="2">1</td><td rowspan="2">均压或不均匀压缩
$0\leqslant\psi\leqslant1$</td><td rowspan="2">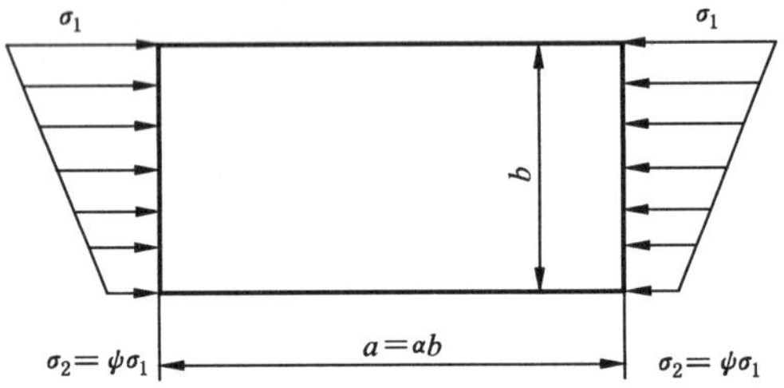</td><td>$\alpha\geqslant1$</td><td>$K_\sigma=\dfrac{8.4}{\psi+1.1}$</td></tr>
<tr><td>$\alpha<1$</td><td>$K_\sigma=(\alpha+\dfrac{1}{\alpha})^2\dfrac{2.1}{\psi+1.1}$</td></tr>
<tr><td rowspan="2">2</td><td rowspan="2">纯弯曲或以拉为主的弯曲
$\psi\leqslant-1$</td><td rowspan="2">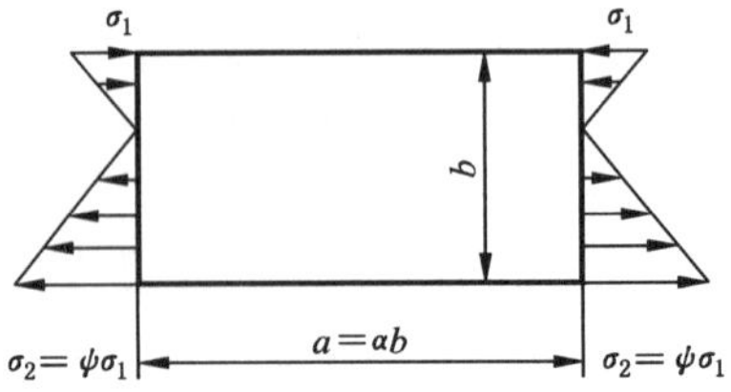</td><td>$\alpha\geqslant\dfrac{2}{3}$</td><td>$K_\sigma=23.9$</td></tr>
<tr><td>$\alpha<\dfrac{2}{3}$</td><td>$K_\sigma=15.87+\dfrac{1.87}{\alpha^2}+8.6\alpha^2$</td></tr>
<tr><td>3</td><td>以压为主的弯曲
$-1<\psi<0$</td><td>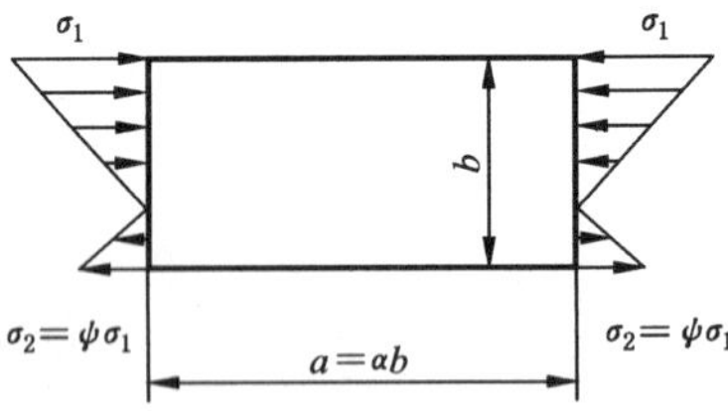</td><td></td><td>$K_\sigma=(1+\psi)K'_\sigma-\psi K''_\sigma+10\psi(1+\psi)$
K'_σ——$\psi=0$ 时的屈曲系数(序号 1)
K''_σ——$\psi=-1$ 时的屈曲系数(序号 2)</td></tr>
<tr><td rowspan="2">4</td><td rowspan="2">纯剪切</td><td rowspan="2">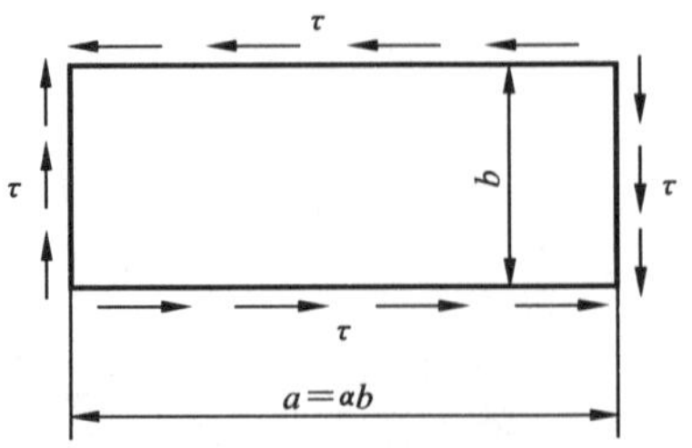</td><td>$\alpha\geqslant1$</td><td>$K_\tau=5.34+\dfrac{4}{\alpha^2}$</td></tr>
<tr><td>$\alpha<1$</td><td>$K_\tau=4+\dfrac{5.34}{\alpha^2}$</td></tr>
</table>

表 N.1（续）

序号	载 荷（应力）情 况		$\alpha=a/b$	K
5	单边局部压缩	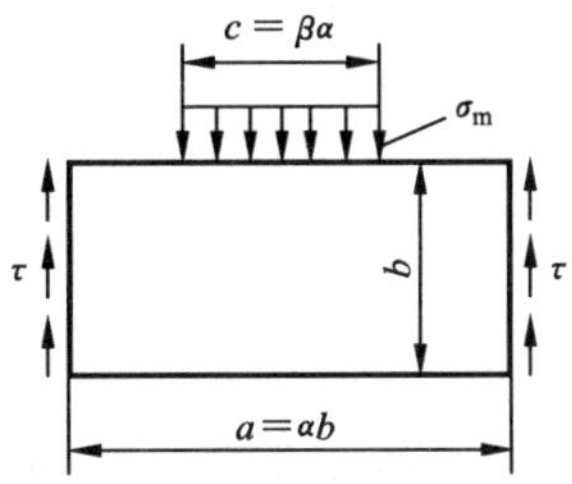	$\alpha\leqslant 1$	$K_m=\dfrac{2.86}{\alpha^{1.5}}+\dfrac{2.65}{\alpha^2\beta}$
			$1<\alpha\leqslant 3$	$K_m=(2+\dfrac{0.7}{\alpha^2})(\dfrac{1+\beta}{\alpha\beta})$ 当 $\alpha>3$ 时，按 $a=3b$ 计算 α,β,K_m 值
6	双边局部压缩	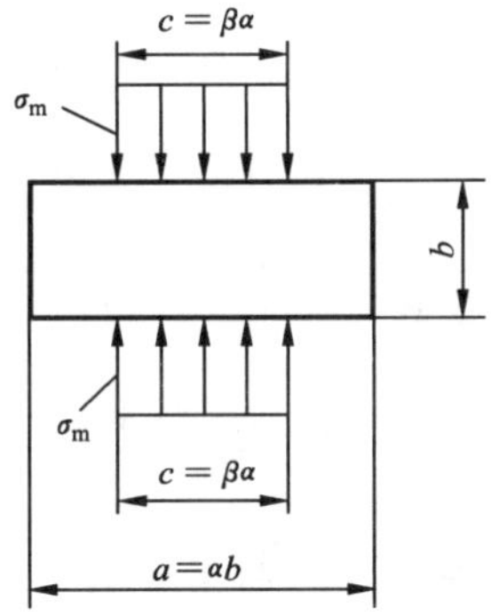		$K_m=0.8K'_m$ K'_m——按序号 5 计算的 K_m 值
注：σ_1 为板边最大压应力，$\psi=\sigma_2/\sigma_1$ 为板边两端应力比；σ_1，σ_2 各带自己的正负号。				

N.2 用加劲肋分隔的局部区格简支板的局部压应力及其分布长度的计算

确定下区格局部压应力值 $\sigma_m(y)$ 及其扩散区长度 $c(y)$ 时，可参照局部压应力 σ_m 和分布长度 C 沿板宽方向的变化公式，即式(N.1)和式(N.2)计算：

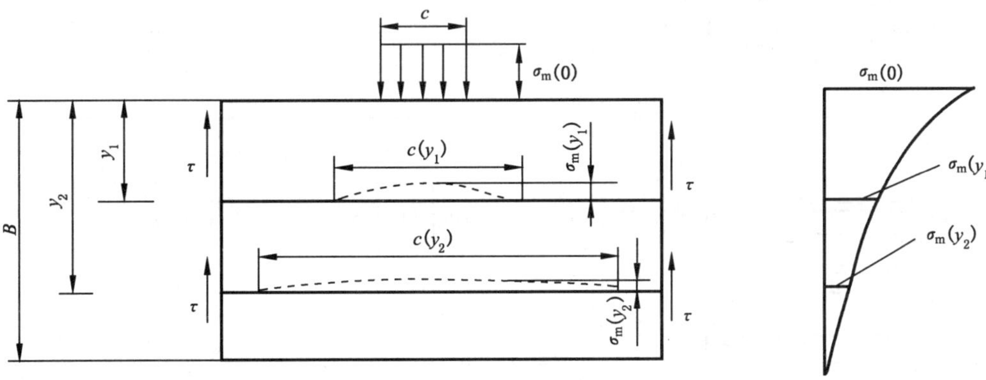

图 N.1

$$\sigma_m(y)=\frac{2\sigma_m}{\pi}\left[\arctan\frac{c}{y}-3\left(\frac{y}{B}\right)^2\left(1-\frac{2y}{3B}\right)\arctan\frac{c}{B}\right] \qquad \cdots\cdots(N.1)$$

$$c(y)=c\frac{\sigma_m}{\sigma_m(y)}\left(1-\frac{y}{B}\right) \qquad \cdots\cdots(N.2)$$

式中：

$\sigma_m(y)$——局部压应力σ_m沿板宽方向变化到y处的值，单位为牛每平方毫米(N/mm²)；

$c(y)$——局部压应力的分布长度C沿板宽方向变化到y处的值，单位为毫米(mm)；

y——以局部压应力作用边为原点向另一边方向的坐标，即板的上边缘至下区格上边缘的距离，单位为毫米(mm)；

B——腹板的总宽(高)度，单位为毫米(mm)。

$\arctan\frac{c}{y}$、$\arctan\frac{c}{B}$的单位为弧度。

N.3 包括加劲肋在内的带肋筒支板的屈曲系数 *K*

包括加劲肋在内的带肋筒支板的屈曲系数K按表N.2计算。

表 N.2 带肋筒支板的屈曲系数 *K*

<table>
<tr><th>序号</th><th colspan="2">载荷(应力)情况</th><th>K</th></tr>
<tr><td>1</td><td>压缩</td><td>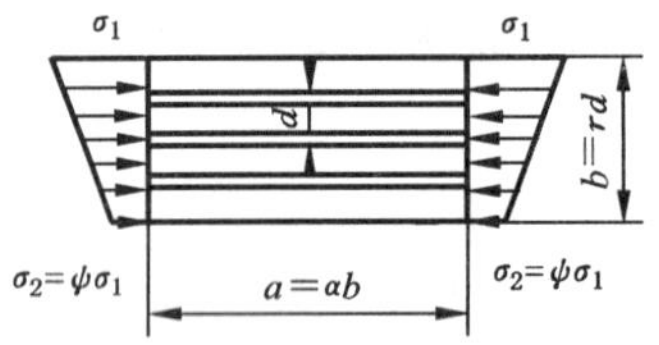</td><td>$K_\sigma=\frac{(1+\alpha^2)^2+r\cdot\gamma_a}{\alpha^2(1+r\cdot\delta_a)}\cdot\frac{2}{1+\psi}$</td></tr>
<tr><td>2</td><td>纯剪切</td><td>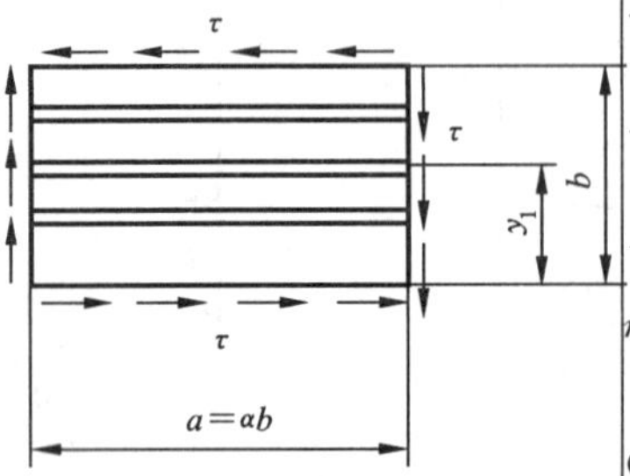</td><td>
<table>
<tr><td colspan="12">K_τ值</td></tr>
<tr><td>m</td><td>5</td><td>10</td><td>20</td><td>30</td><td>40</td><td>50</td><td>60</td><td>70</td><td>80</td><td>90</td><td>100</td></tr>
<tr><td>K_τ</td><td>6.98</td><td>7.7</td><td>8.67</td><td>9.36</td><td>9.6</td><td>10.4</td><td>10.8</td><td>11.1</td><td>11.4</td><td>11.7</td><td>12</td></tr>
</table>
$m=2\sum_{i=1}^{r-1}\sin^2(\frac{\pi y_i}{b})\gamma_a$，加劲肋等距离平分板宽时，$2\sum_{i=1}^{r-1}\sin^2(\frac{\pi y_i}{b})=r$
</td></tr>
</table>

表 N.2（续）

<table>
<tr><td>序号</td><td colspan="2">载 荷（应力）情 况</td><td>K</td></tr>
<tr><td>3</td><td>局部压缩</td><td>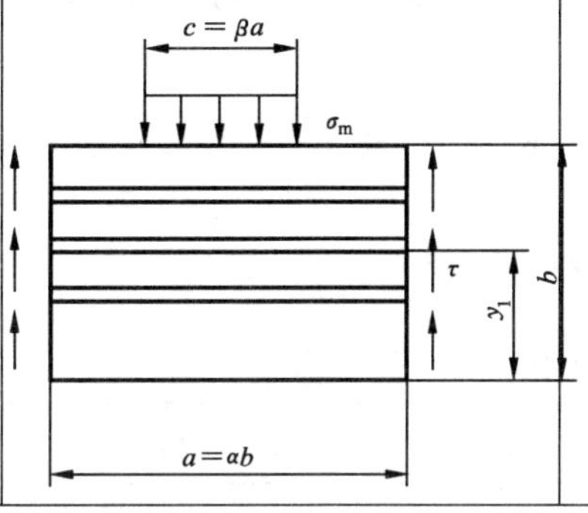</td><td>$K_m = K'_m(1+\eta)$
K'_m——按表 N.1 中的序号 5 计算的 K_m 值
$\eta = \dfrac{\sum_{i=1}^{r-1}\left(\sin\dfrac{\pi y_i}{b} - \dfrac{1}{4}\sin\dfrac{2\pi y_i}{b}\right)^2}{\alpha^4 + \dfrac{5}{4}\alpha^2 + \dfrac{17}{32}} \cdot \gamma_a$</td></tr>
<tr><td colspan="4">注：$\gamma_a = \dfrac{EI_S}{bD}$，$\delta_a = \dfrac{A_S}{bt}$；
I_s——单根纵向加劲肋截面惯性矩，单位为四次方毫米（mm^4），当加劲肋在板两侧成对配置时，其截面惯性矩按板厚中心线为轴线计算；一侧配置时，按与板相连的加劲肋边缘为轴线计算；
A_s——单根纵向加劲肋截面面积，单位为平方毫米（mm^2）；
r——板被加劲肋的分隔数；
$D = \dfrac{Et^3}{12(1-v^2)}$（$v$ 为钢材的泊桑比）。</td></tr>
</table>

附　录　O

(规范性附录)

用于结构疲劳强度计算的构件连接的应力集中情况等级和构件接头型式

构件可以用铆钉、螺栓或焊缝进行连接。

起重机常用的焊接型式有对接焊、双面坡口对接焊(K形焊)和角焊,焊接质量分为普通质量(O.Q)和特殊质量(S.Q)两类,如表O.1所示。

在表O.1中还对某些型式的焊接接头做出了焊接检验的规定。

表 O.1　焊接质量

焊接型式	焊接质量	焊接方式	代号	焊接检验	代号
全深范围内的对接焊	特殊质量(S.Q)	在封焊之前,焊根要刮光(或修光);焊缝在平行于受力方向与被连接板磨平,无端头焊口	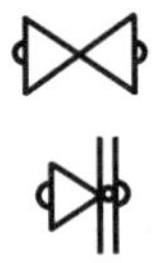	焊缝全长(100%)进行检验(例如,用X射线)	P100
	普通质量(O.Q)	在封焊之前,焊根要刮光(或修光);无端头焊口		如果计算应力大于0.8倍许用应力,焊缝全长进行检验	P100
				否则,至少抽检焊缝长度的10%	P10
在两连接件所形成的角落中进行的K形焊。其中一个连接件在焊缝处开有坡口	特殊质量(S.Q)	在另一侧焊接前,焊根要刮光(或修光);焊缝边缘无咬边,必要时打磨;完全焊透		进行拉伸检验,垂直于受力方向的钢板在拉伸载荷下不发生层状撕裂	D
	普通质量(O.Q)	两条焊缝间未熔透的宽度≤3 mm 			
在两连接件所形成的角落中进行的角焊	特殊质量(S.Q)	焊缝的边缘无咬边,必要时打磨		进行拉伸检验,垂直于受力方向的钢板在拉伸载荷下不发生层状撕裂	D
	普通质量(O.Q)				

表 O.2 所列各种不同的连接方法是按照他们所产生的应力集中情况的大小来进行分类的。

对一条给定的焊缝来说，其应力集中情况随接头所受的载荷型式而变。

例如：对一个角焊缝接头进行纵向拉伸、压缩（0.31）或纵向剪切（0.51）时，应力集中情况等级划归为 K_0 类；进行横向拉伸或压缩（3.2 或 4.4）时，其应力集中情况等级则划归为 K_3 或 K_4 类。

表 O.2　构件连接的应力集中情况等级和构件接头型式

构件接头型式的标号	说　明	图	代　号
1——非焊接件 应力集中情况等级 W_0			
W_0	母材均匀，构件表面无接缝或不需连接（实体杆），无切口应力集中效应，除非后者可以计算		
应力集中情况等级 W_1			
W_1	钻孔构件；用于铆钉或螺栓连接的钻孔构件，其中的铆钉或螺栓承载可高达许用值的 20%；用于高强度螺栓连接的钻孔构件，其中高强度螺栓的最大承载可高达许用值的 100%	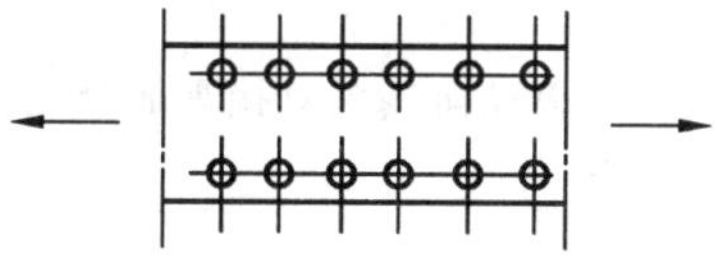	
应力集中情况等级 W_2			
$W_{2\text{-}1}$	用于铆钉或螺栓连接的钻孔构件，其中的铆钉或螺栓承受双剪	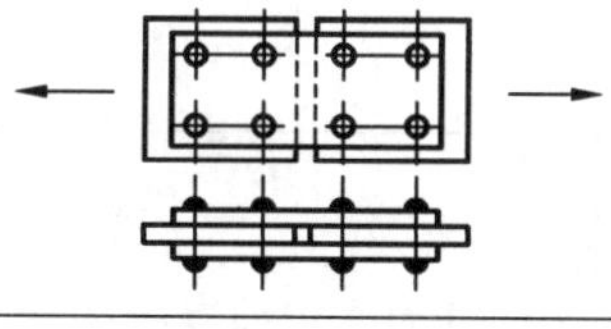	
$W_{2\text{-}2}$	用于铆钉或螺栓连接的钻孔构件，其中的铆钉或螺栓承受单剪（考虑偏心承载）。构件没有支承	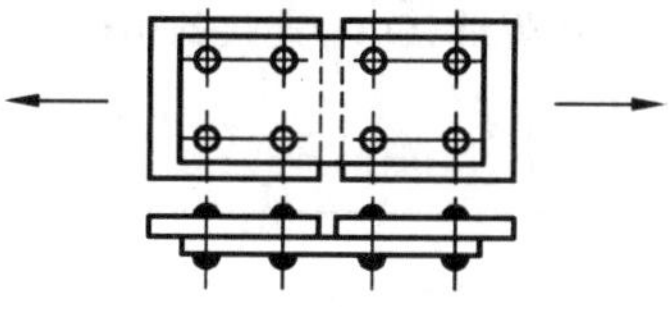	
$W_{2\text{-}3}$	用铆钉或螺栓装配的钻孔构件，其中的铆钉或螺栓承受单剪，构件作支承或导向用	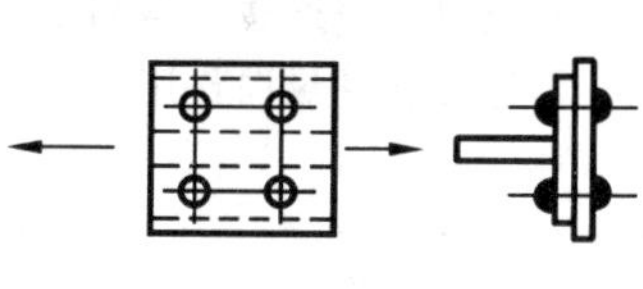	

表 O.2（续）

构件接头型式的标号	说　明	图	代　号
2——焊接件 应力集中情况等级 K_0——轻度应力集中			
0.1	焊缝垂直于力的方向，用对接焊缝(S.Q)连接的构件		
0.11	焊缝垂直于力的方向，用对接焊缝(S.Q)连接不同厚度的构件。不对称斜度 1/4～1/5(或对称斜度 1/3)	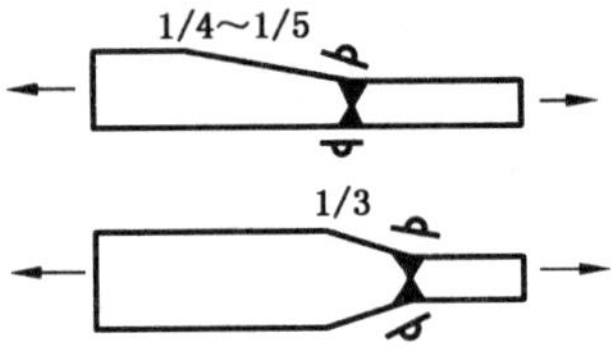	
0.12	腹板横向接头对接焊缝(S.Q)	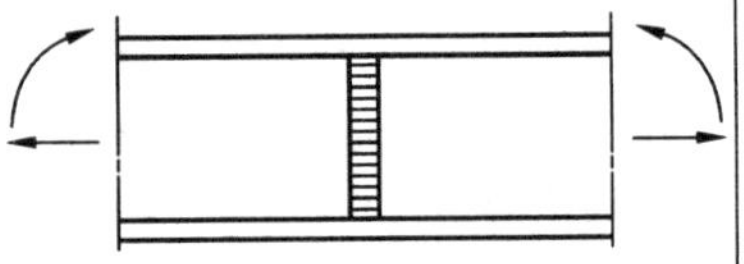	
0.13	焊缝垂直于力的方向，用对接焊缝(S.Q)镶焊的角撑板	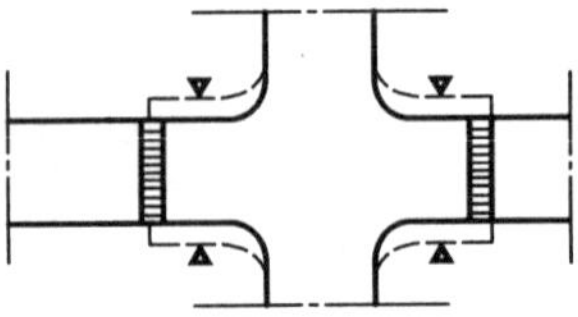	
0.3	焊缝平行于力的方向，用对接焊缝(O.Q)连接的构件	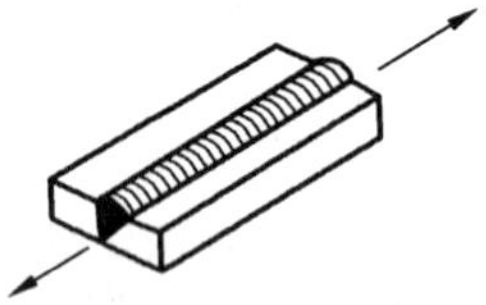	
0.31	焊缝平行于力的方向，用角焊缝(O.Q)连接的构件(力沿连接构件纵向作用)	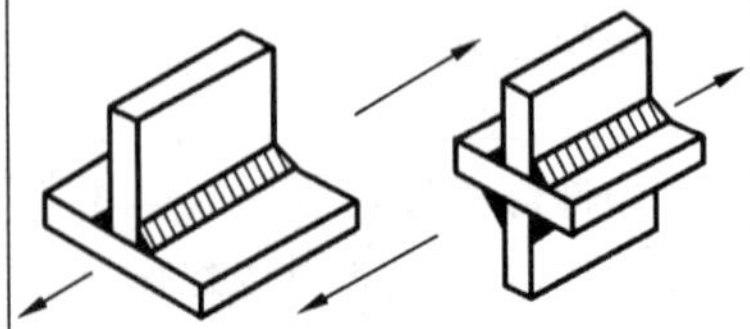	

表 O.2（续）

构件接头型式的标号	说　明	图	代　号
应力集中情况等级 K_0——轻度应力集中			
0.32	梁的翼缘型钢和腹板之间的对接焊缝(O.Q)	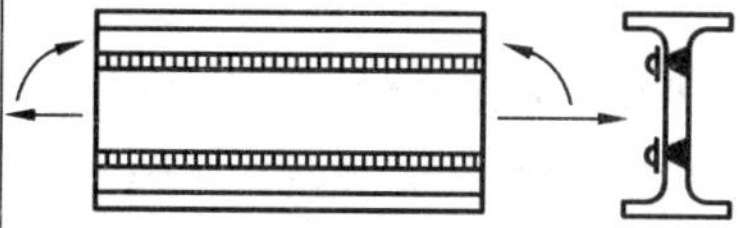	
0.33	梁的翼缘和腹板之间的 K 形焊缝或角焊缝(O.Q)，梁按复合应力计算(见 5.4.1.3)		
0.5	纵向剪切情况下的对接焊缝(O.Q)	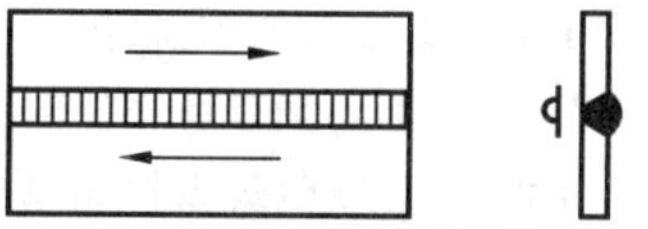	
0.51	纵向剪切情况下的角焊缝(O.Q)或 K 形焊缝(O.Q)	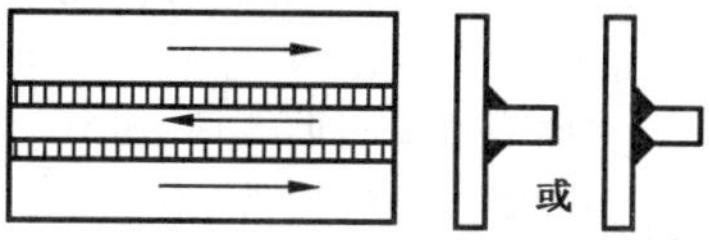	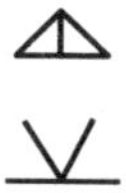
应力集中情况等级 K_1——适度应力集中			
1.1	焊缝垂直于力的方向，用对接焊缝(O.Q)连接的构件	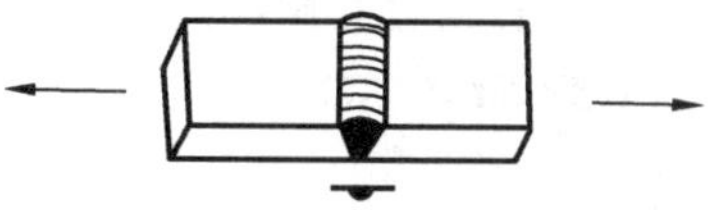	
1.11	焊缝垂直于力的方向，用对接焊缝(O.Q)连接不同厚度的构件。不对称斜度 1/4～1/5(或对称斜度 1/3)	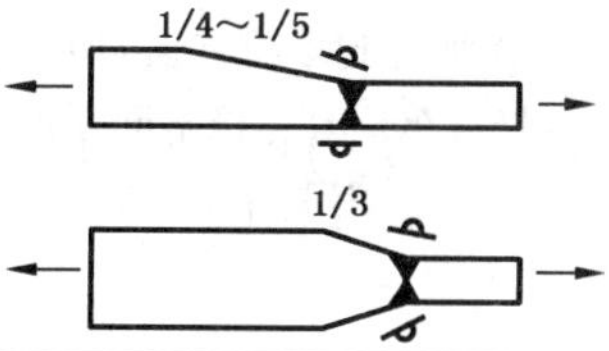	
1.12	腹板横向接头的对接焊缝(O.Q)	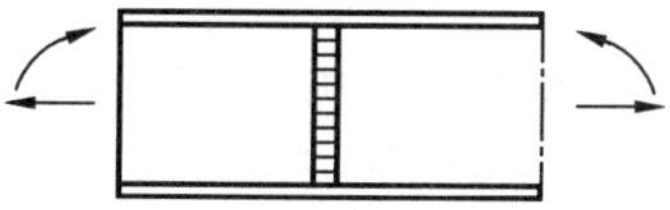	

表 O.2（续）

构件接头型式的标号	说　　明	图	代　号
应力集中情况等级 K_1——适度应力集中			
1.13	焊缝垂直于力的方向，用对接焊缝(O.Q)连接的撑板	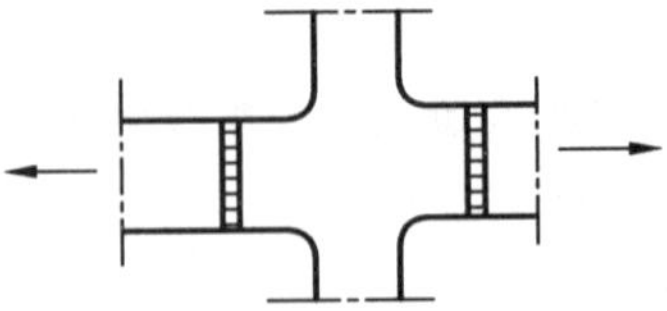	
1.2	焊缝垂直于力的方向，用连续K形焊缝(S.Q)将构件连接到连续的主构件上	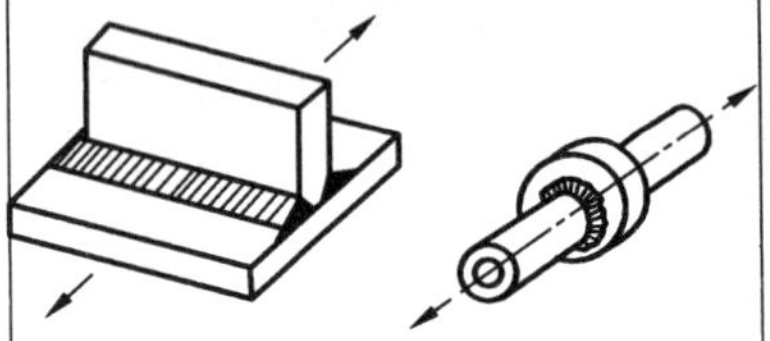	
1.21	焊缝垂直于力的方向，用角焊缝(S.Q)将加强肋连接到腹板上，焊缝包过腹板加强肋的各角		
1.3	焊缝平行于力的方向，用对接焊缝连接的构件(不检查焊缝)	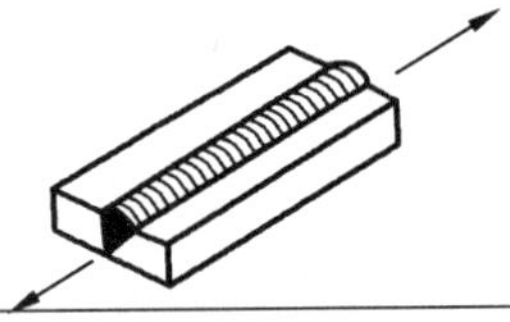	
1.31	弧形翼缘板和腹板之间的K形焊缝(S.Q)	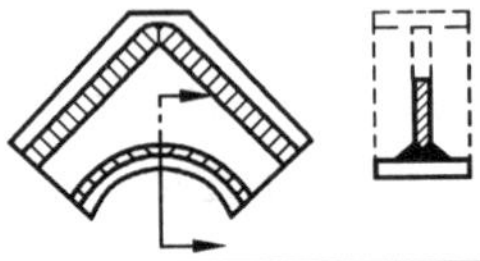	
应力集中情况等级 K_2——中等应力集中			
2.1	焊缝垂直于力的方向，用对接焊缝(O.Q)连接不同厚度的构件。不对称斜度 1/3(或对称斜度 1/2)	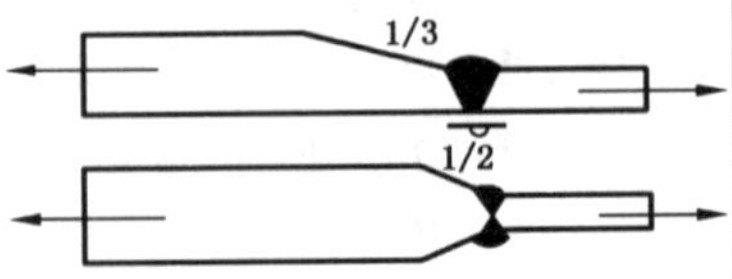	
2.11	焊缝垂直于力的方向，用对接焊缝(S.Q)连接的型钢	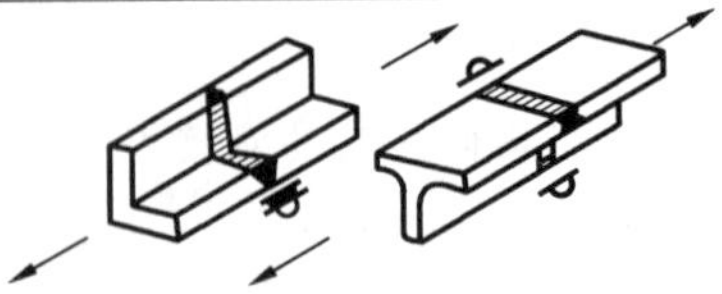	

表 O.2（续）

构件接头型式的标号	说　　明	图	代　号
应力集中情况等级 K_2——中等应力集中			
2.12	焊缝垂直于力的方向，用对接焊缝（S.Q）连接节点板与型钢	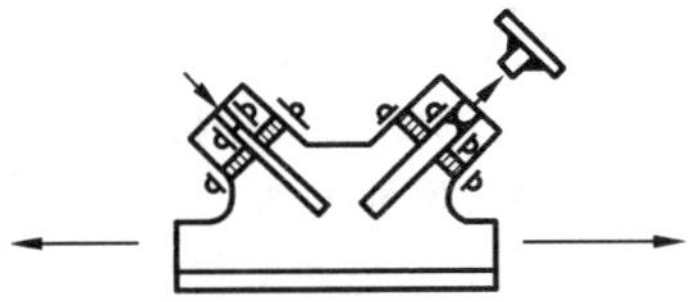	
2.13	焊缝垂直于力的方向，用对接焊缝（S.Q）将辅助角撑板焊在各扁钢的交叉处，焊缝端部经打磨以防止出现应力集中	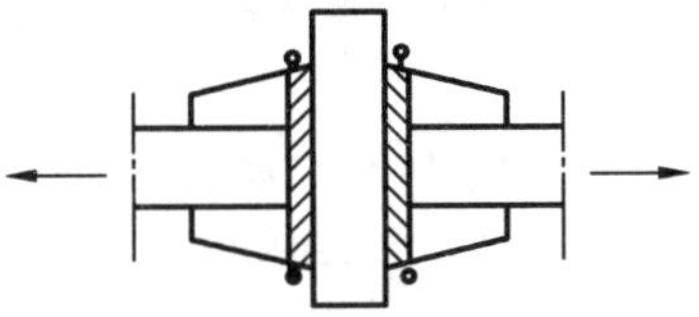	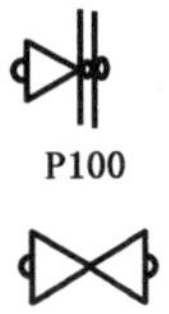
2.2	焊缝垂直于力的方向，用角焊缝（S.Q）将横隔板、腹板加劲肋、圆环或套筒连接到主构件上	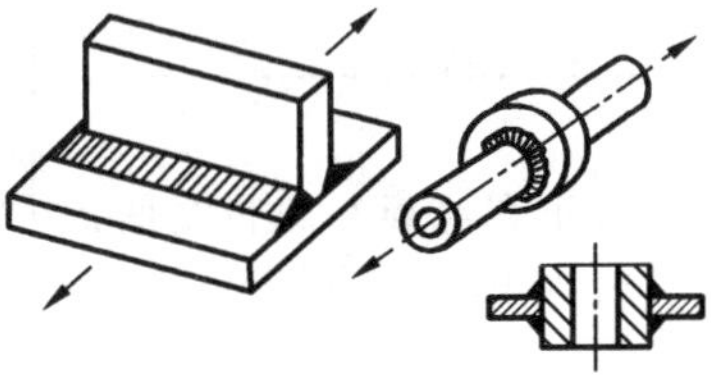	
2.21	用角焊缝（S.Q）将切角的横向加劲肋焊在腹板上，焊缝不包角	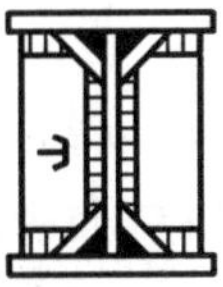	
2.22	用角焊缝（S.Q）焊接的带切角的横隔板，焊缝不包角		
2.3	焊缝平行于力的方向，用对接焊缝（S.Q）将构件焊接到连续的主构件的边缘上，这些构件的端部有斜度或圆角，焊缝端头经打磨以防止出现应力集中	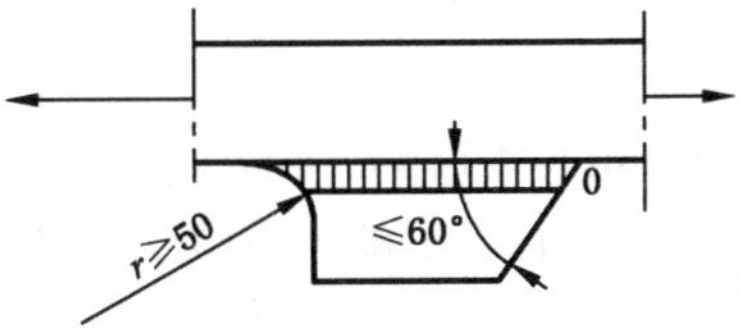	

表 O.2（续）

构件接头型式的标号	说　明	图	代　号
应力集中情况等级 K_2——中等应力集中			
2.31	焊缝平行于力的方向，将构件焊接到连续的主构件上，这些构件的端部有斜度或圆角，在焊缝端头相当于十倍厚度的长度上为K形焊缝(S.Q)，焊缝端头经打磨以防止出现应力集中	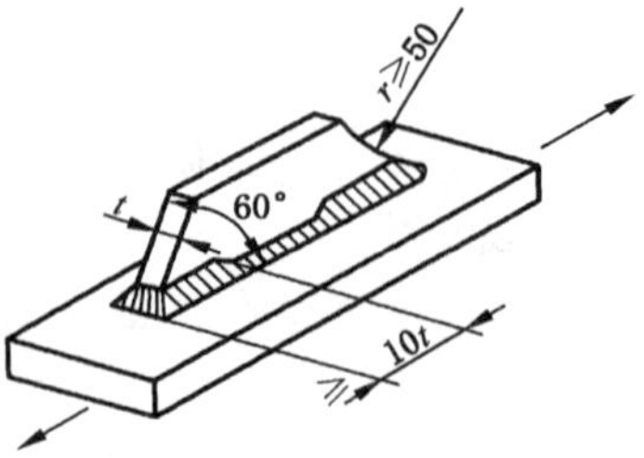	
2.33	用角焊缝(S.Q)将扁钢(板边斜度1/3)连接到连续的主构件上，扁钢端部在 x 区域内用角焊缝焊接，$h_f=0.5t$	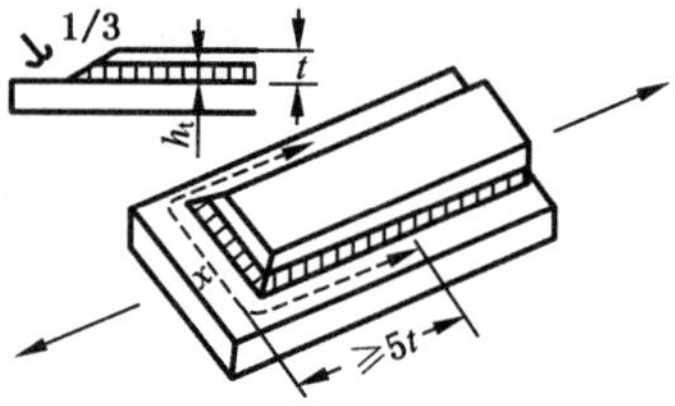	
2.34	弧形翼缘板和腹板之间的K形焊缝(O.Q)	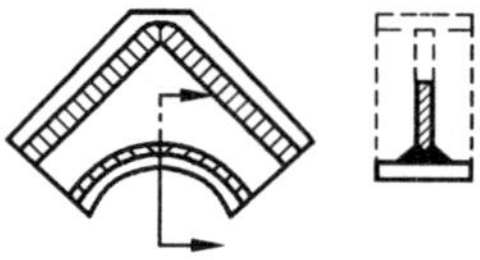	
2.4	焊缝垂直于力的方向，用K形焊缝(S.Q)连接的十字形接头	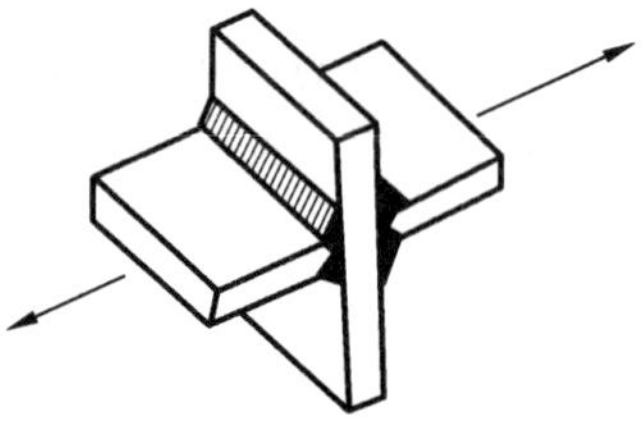	D 
2.41	翼缘板和腹板之间的K形焊缝(S.Q)，集中载荷垂直于焊缝，作用在腹板平面内	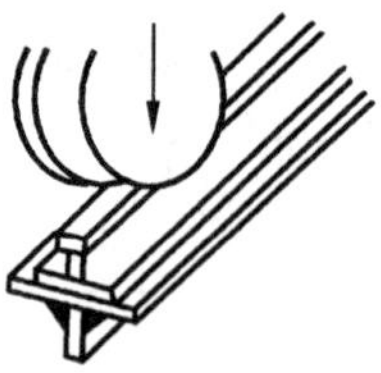	
2.5	用K形焊缝(S.Q)连接承受弯曲应力和剪切应力的构件	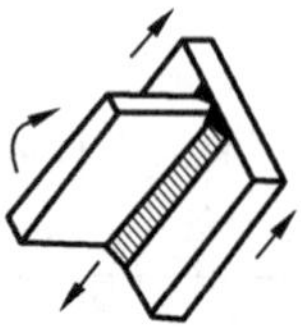	

表 O.2（续）

构件接头型式的标号	说　　明	图	代　号
应力集中情况等级 K_3——严重应力集中			
3.1	焊缝垂直于力的方向，用对接焊缝（O.Q）连接不同厚度的构件。不对称斜度 1/2，或对称无斜度。	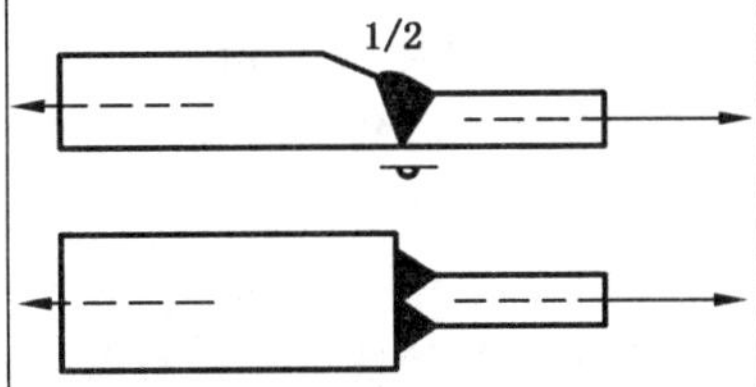	 P100 或 P10 
3.11	有背面垫板而无封底焊缝的对接焊缝，背面垫板用间断的定位搭焊缝固定	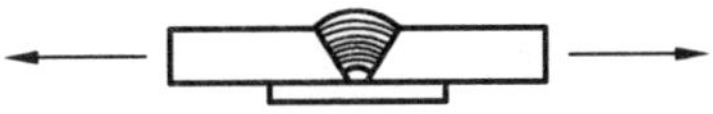	
3.12	管件对接焊，对接焊缝根部用背（里）面垫件支承，但无封底焊缝	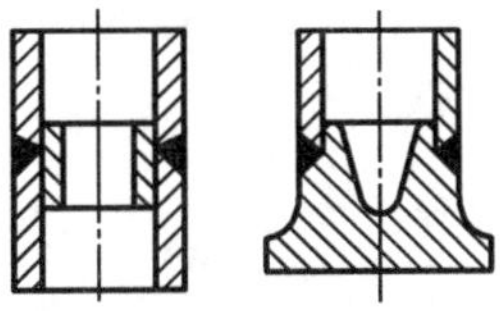	
3.13	用对接焊缝（O.Q）将辅助角撑板焊接到各扁钢的交叉处，焊缝端头经打磨以防止出现应力集中	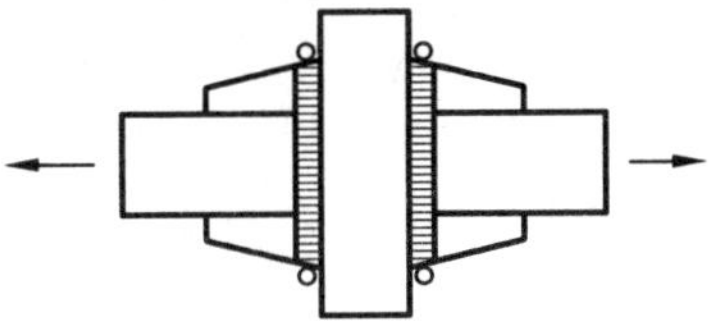	 P100 或 P10 
3.2	焊缝垂直于力的方向，用角焊缝（O.Q）将构件焊接到连续的主构件上，这些构件仅承受主构件所传递的小部分载荷	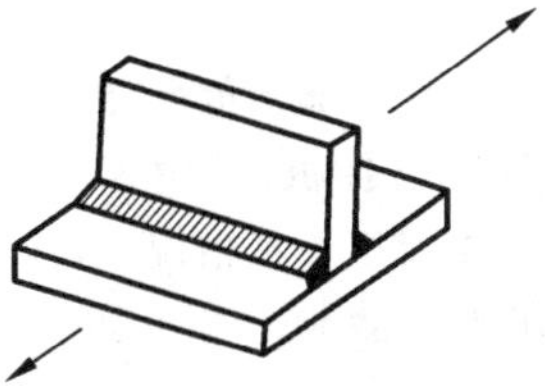	
3.21	用连续角焊缝（O.Q）连接腹板，加劲肋或横隔板。	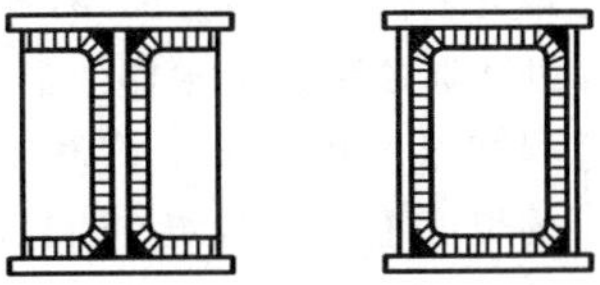	
3.3	焊缝平行于力的方向，用对接焊缝（O.Q）将构件焊接到连续构件的边缘上，这些构件的端部有斜度，焊缝端头经打磨，以避免出现应力集中	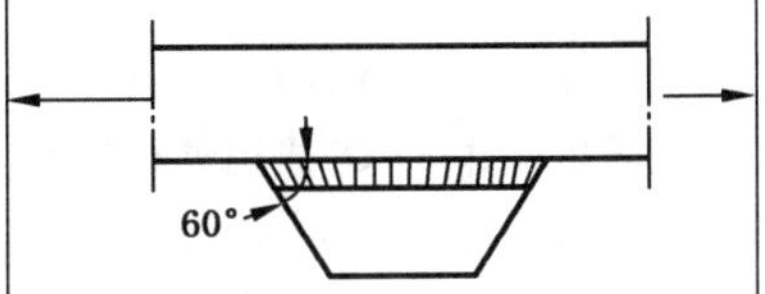	 

表 O.2（续）

构件接头型式的标号	说　明	图	代　号
应力集中情况等级 K_3——严重应力集中			
3.31	焊缝平行于力的方向，将构件焊接到连续主构件上。这些构件的端部有斜度或圆角。焊缝端头相当于十倍厚度的长度上为角焊缝(S.Q)，焊缝端头经打磨以避免出现应力集中	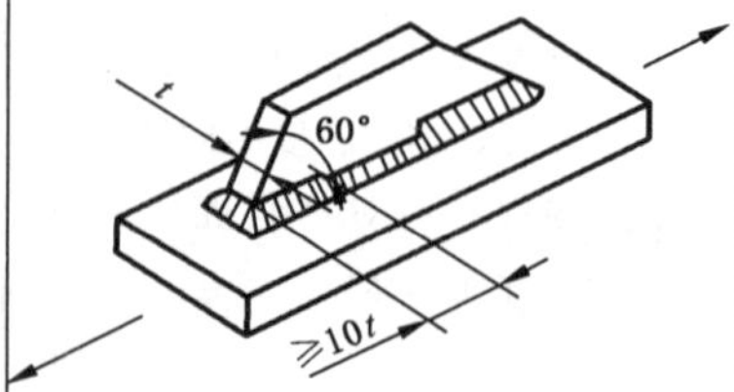	
3.32	穿过连续构件伸出一块板，板端沿力的方向有斜度或圆角，在相当于十倍厚度的长度上用K形焊缝(O.Q)固定。	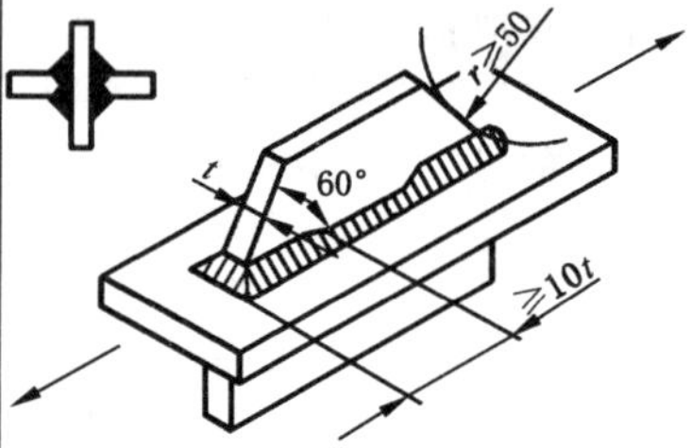	
3.33	焊缝平行于力的方向，用指定范围内的角焊缝(S.Q)将扁钢焊接到连续主构件上。其中 $t_1<1.5t_2$。	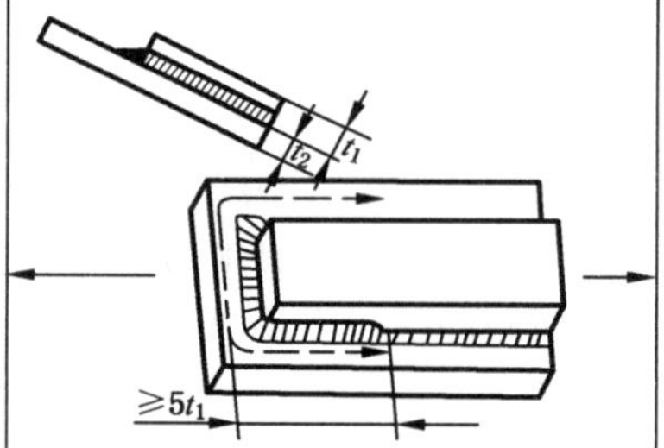	
3.34	在构件端部用角焊缝(S.Q)固定连接板，其中 $t_1<t_2$。在单面连接板情况下，应考虑偏心载荷。	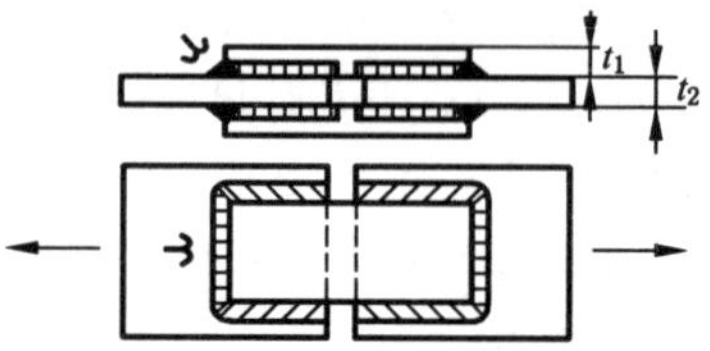	
3.35	焊缝平行于力的方向，将加劲肋焊接到连续主构件上，焊缝端头相等于十倍厚度的长度上为角焊缝(S.Q)，且经打磨以避免出现应力集中。	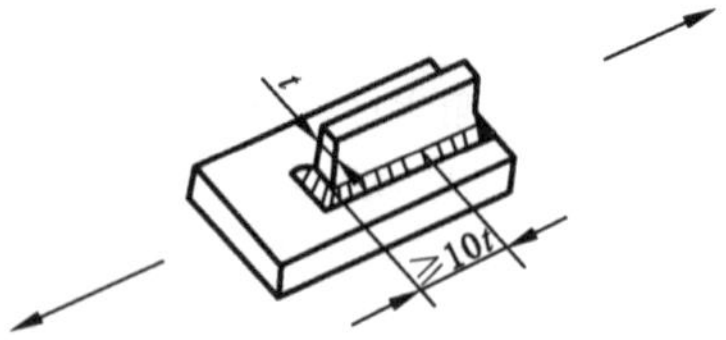	
3.36	焊缝平行于力的方向，用间断角焊缝(O.Q)或用焊在缺口间的角焊缝(O.Q)将加劲肋固定到连续主构件上。	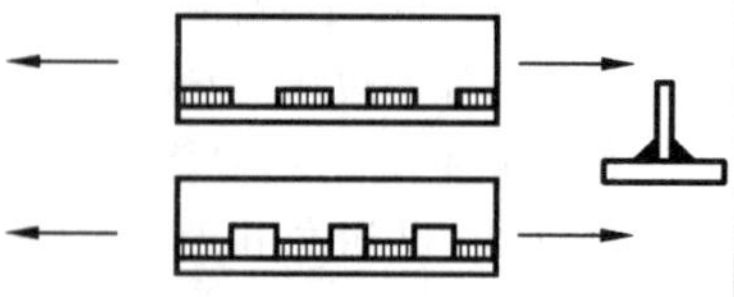	

表 O.2（续）

构件接头型式的标号	说　明	图	代　号
应力集中情况等级 K_3——严重应力集中			
3.4	焊缝垂直于力的方向，用 K 形焊缝(O.Q)做成的十字形接头。	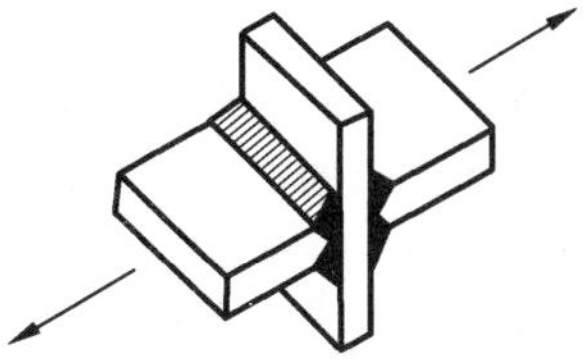	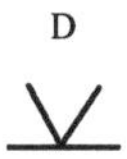
3.41	翼缘板和腹板之间的 K 形焊缝(O.Q)。集中载荷垂直于焊缝，作用在腹板平面内。	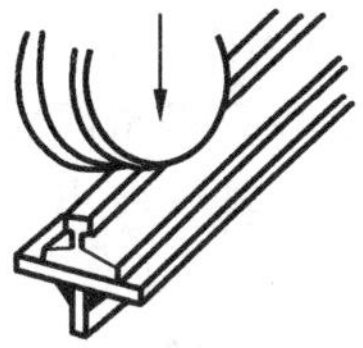	
3.5	用 K 形焊缝(O.Q)连接承受弯曲应力和剪切应力的构件。	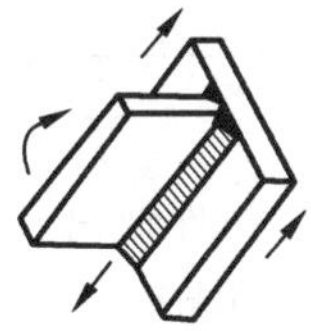	
3.6	用角焊缝(S.Q)将型钢或管子焊到连续构件上。	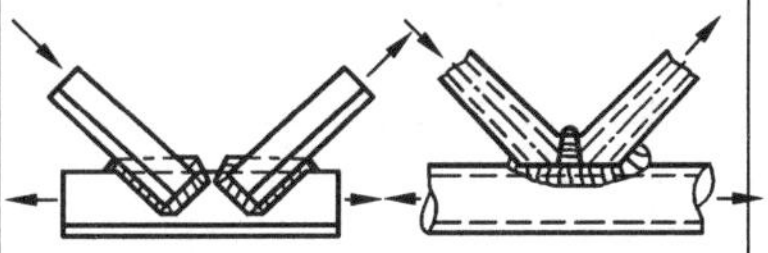	
应力集中情况等级 K_4——非常严重的应力集中			
4.1	焊缝垂直于力的方向，用对接焊缝(O.Q)连接不同厚度的构件。不对称无斜度。		
4.11	焊缝垂直于力的方向，用对接焊缝(O.Q)将扁钢交叉连接(无辅助角撑)。	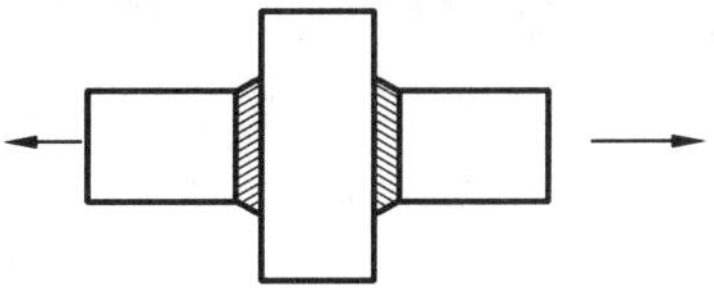	
4.12	焊缝垂直于力的方向，用单边坡口焊缝作成十字形接头(相交构件)。	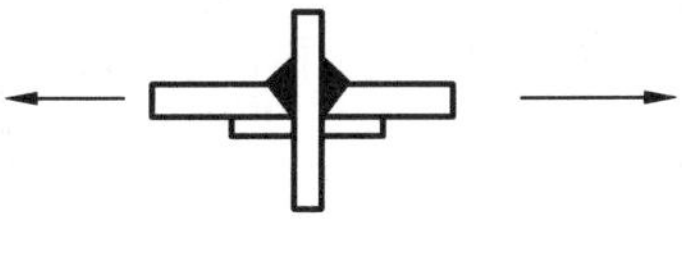	

表 O.2(续)

构件接头型式的标号	说　明	图	代　号
应力集中情况等级 K_4——非常严重的应力集中			
4.3	焊缝平行于力的方向,将端部呈直角的构件焊接到连续主构件的侧面。	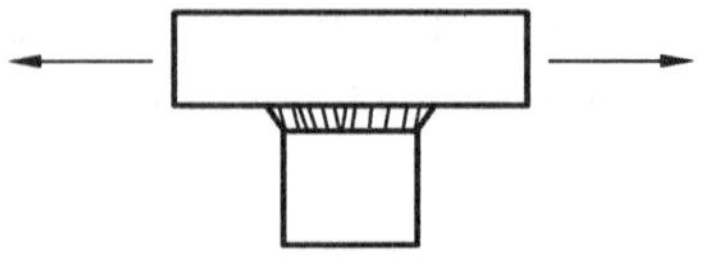	
4.31	焊缝平行于力的方向,用角焊缝(O.Q)将端部呈直角的构件焊到连续主构件上。构件承受由主构件传递来的大部分载荷。	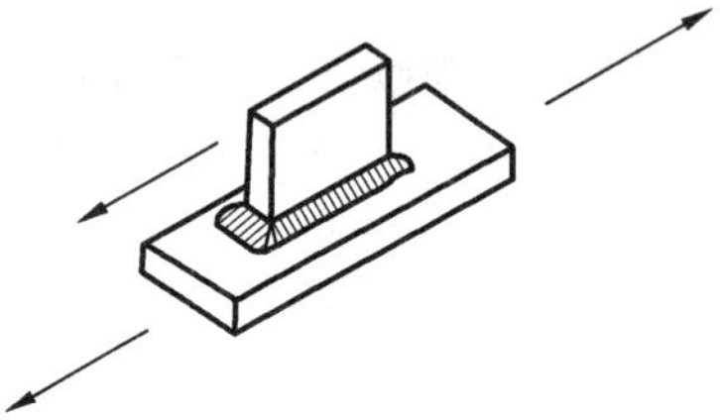	
4.32	穿过主构件伸出一块端部呈直角的平板,且用角焊缝(O.Q)固定。	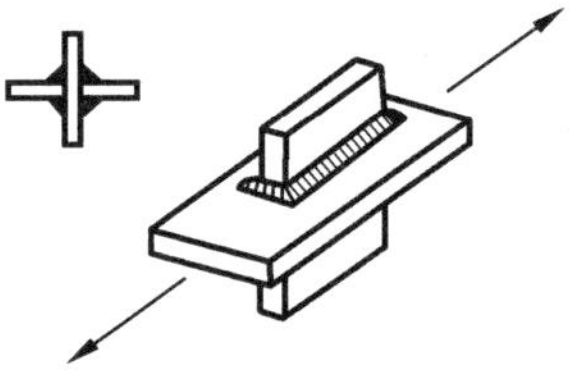	
4.33	焊缝平行于力的方向,用角焊缝(O.Q)将扁钢焊接到连续主构件上。	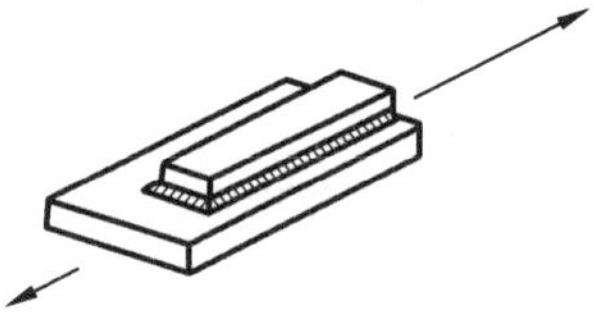	
4.34	用角焊缝(O.Q)固定连接板($t_1=t_2$),在单面连接板的情况下,应考虑偏心载荷。	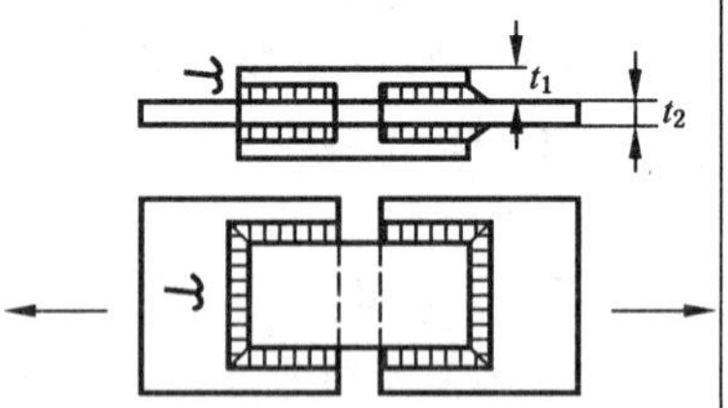	
4.35	在槽内或孔内,用角焊缝(O.Q)将一个构件焊接到另一个上。	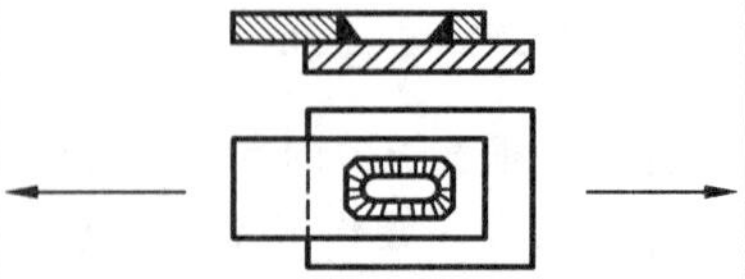	

表 O.2（续）

构件接头型式的标号	说　明	图	代　号
应力集中情况等级 K_4——非常严重的应力集中			
4.36	用角焊缝(O.Q)或者对接焊缝(O.Q)将连接板固定在两个连续的主构件之间。	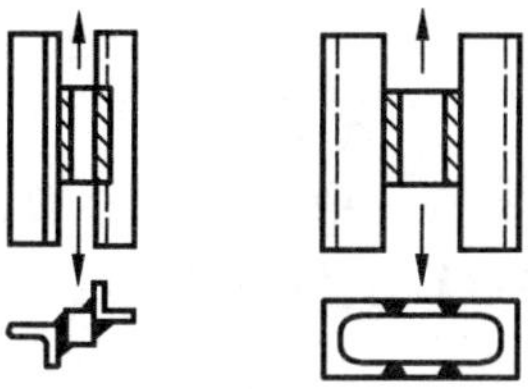	
4.4	焊缝垂直于力的方向,用角焊缝(O.Q)做成的十字形接头。	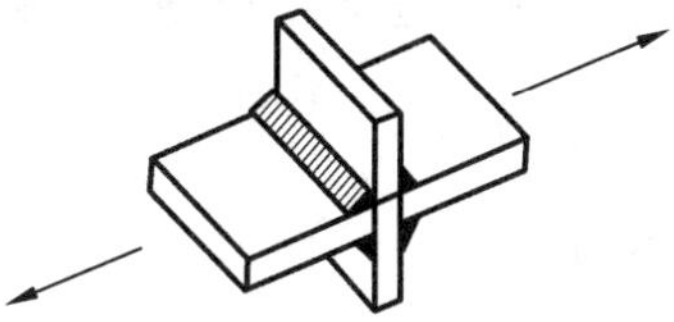	
4.41	翼缘板和腹板之间的角焊缝(O.Q),集中载荷垂直于焊缝,作用在腹板平面内。	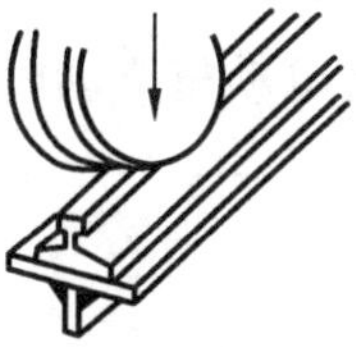	
4.5	用角焊缝(O.Q)连接承受弯曲应力和剪切应力的构件。	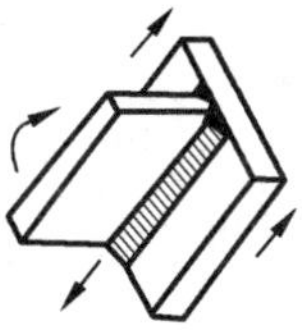	
4.6	用角焊缝(O.Q)将型钢或管子焊接到连续主构件上。	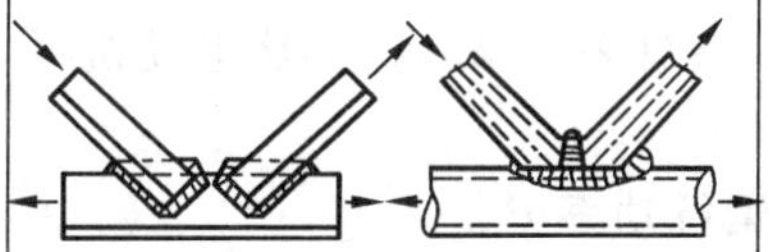	

附 录 P
(规范性附录)
起重机各机构电动机的初选

P.1 电动机的型式

P.1.1 起重机的主要机构一般选用起重冶金用系列异步电动机、直流电动机,在电动葫芦等起升机构中,也可采用锥形转子制动异步电动机或圆柱形转子转动电动机,或适合于起重机使用特点的其他电动机。

P.1.2 在具有爆炸性气体的危险场合使用的起重机,应选防爆系列起重用电动机。

P.2 电动机功率的初选方法

P.2.1 稳态计算功率法

P.2.1.1 起升机构

P.2.1.1.1 稳态起升功率 P_N

当起升机构用同一台电动机驱动时,其稳态计算功率 P_N 按式(P.1)计算:

$$P_N=\frac{P_Q \cdot v_q}{1\,000\eta} \qquad \cdots\cdots(P.1)$$

式中:

P_N——电动机的稳态起升功率,单位为千瓦(kW);

P_Q——同式(77);

v_q——同式(83);

η——起升机构总效率。

P.2.1.1.2 电动机初选

对未能提供 CZ 值及相应计算数据的电动机,可以用式(P.1)的计算结果,并考虑该机构实际的接电持续率(参见表 Q.2),直接从电动机样本上初选出所需要的电动机。

P.2.1.2 运行机构

P.2.1.2.1 稳态运行功率 P_N

稳态运行功率 P_N 按式(P.2)计算:

$$P_N=\frac{P_j \cdot v_y}{1\,000\ \eta \cdot m} \qquad \cdots\cdots(P.2)$$

式中:

P_N——电动机的稳态运行功率,单位为千瓦(kW);

P_j——同式(86);

v_y——运行速度,单位为米每秒(m/s);

η——同式(89);

m——运行机构电动机台数。

P.2.1.2.2 电动机初选

用式(P.2)计算所得的结果乘以一个大于 1 的系数,从电动机样本上初选所需的电动机。对室外作业的起重机,此系数为 1.1～1.3;对室内作业起重机及室外作业的装卸桥小车,此系数为 1.2～2.6。运行速度高者取大值。

P.2.1.3　牵引小车式运行机构

P.2.1.3.1　稳态运行功率

牵引小车式变幅机构与牵引小车式运行机构作用原理相似，如果其驱动轮（或卷筒）上的转矩为 M，则牵引小车式变幅机构（即小车运行机构）电动机的稳态变幅（运行）功率 P_N，可以按式（P.3）计算：

$$P_N = \frac{M \cdot n}{9\,550\,\eta} \qquad \cdots\cdots\cdots\cdots(P.3)$$

式中：

P_N——电动机的稳态变幅（运行）功率，单位为千瓦（kW）；

M——驱动轮（或卷筒）的转矩，单位为牛米（N·m）；

n——驱动轮（或卷筒）的转速，单位为转每分（r/min）；

η——同式（89）。

P.2.1.3.2　电动机初选

用式（P.3）计算所得的结果从电动机样本上初选所需的电动机。

P.2.2　等效功率法

P.2.2.1　回转机构

P.2.2.1.1　等效功率 P_e

等效功率 P_e 按式（P.4）计算：

$$P_e = \frac{M_{eq} \cdot n}{9\,550\,\eta} \qquad \cdots\cdots\cdots\cdots(P.4)$$

式中：

P_e——回转机构电动机的等效回转功率，单位为千瓦（kW）；

M_{eq}——同式（92）；

n——起重机回转速度，单位为转每分（r/min）；

η——同式（93）。

P.2.2.1.2　电动机初选

用式（P.4）计算所得的结果从电动机样本上初选所需的电动机。当惯性力较大时，应将惯性力与等效阻力相加，以考虑惯性力的影响。

P.2.2.2　变幅机构

P.2.2.2.1　非平衡动臂式变幅机构

P.2.2.2.1.1　变幅机构电动机的等效变幅功率

变幅机构电动机的等效变幅功率由式（P.5）计算：

$$P_e = \frac{P_{eq} v_b}{1\,000\,a\eta} \qquad \cdots\cdots\cdots\cdots(P.5)$$

式中：

P_e——变幅机构电动机的等效变幅功率，单位为千瓦（kW）；

P_{eq}——变幅牵引构件上的等效变幅力，简化计算取 $P_{eq} = P_{Zmax}$，单位为牛顿（N），P_{Zmax} 按式（95）计算；

v_b——变幅牵引构件的运动线速度，单位为米每秒（m/s）；

a——同式（77）；

η——变幅机构总传动效率。

P.2.2.2.1.2　电动机初选

用式(P.5)计算所得的结果和该机构的接电持续率(见附录Q),便可从电动机样本上初选所需的电动机。

P.2.2.2.2　平衡臂架式变幅机构

P.2.2.2.2.1　变幅机构电动机的等效变幅功率

变幅机构电动机的等效变幅功率由式(P.6)计算:

$$P_e = \frac{F_{Id} \cdot v_b}{1\,000\,\eta} \qquad \cdots\cdots(\text{P.6})$$

式中:

P_e——同式(P.5);

F_{Id}——同式(96);

v_b——牵引构件(钢丝绳、齿条、螺杆、液压缸、活塞等)的线速度,单位为米每秒(m/s);

η——同式(P.5)。

P.2.2.2.2.2　电动机初选

用式(P.6)计算所得的结果从电动机样本上初选所需的电动机。

P.2.3　稳态负载系数法

稳态负载系数法适用于各机构中能给出有关资料的绕线转子异步电动机。

P.2.3.1　所选电动机的功率

所选电动机的功率按式(P.7)或式(P.8)计算:

$$P_n \geqslant GP_N \qquad \cdots\cdots(\text{P.7})$$

$$P_n \geqslant GP_e \qquad \cdots\cdots(\text{P.8})$$

式中:

P_n——所选电动机在相应的 CZ 值和实际接电持续率 JC 值下的功率,单位为千瓦(kW);

G——稳态负载平均系数;

P_N——电动机的稳态功率,见式(P.1)~式(P.3);

P_e——电动机的等效功率,见式(P.4)~式(P.6)。

各种起重机各机构的接电持续率 JC,稳态负载平均系数 G,均应根据实际的载荷情况计算。如在设计时,无法获得其详细资料,则可参照附录Q中的 JC、CZ、G 值选取。

G 的具体数值见表P.1。

表P.1　稳态负载平均系数 G

稳态负载平均系数	起升机构	运行机构			回转机构		变幅机构
		室内起重机小车	室内起重机大车	室外起重机	室内	室外	
G_1	0.7	0.7	0.85	0.75	0.8	0.5	0.7
G_2	0.8	0.8	0.90	0.8	0.85	0.6	0.75
G_3	0.9	0.9	0.95	0.85	0.9	0.7	0.8
G_4	1.0	1.0	1.0	0.9	1.0	0.8	0.85

P.2.3.2　电动机的初选

用式(P.7)、式(P.8)计算所得的结果从电动机样本上初选所需的电动机。

P.2.4　等效接电持续率经验法(用于起升机构)

P.2.4.1　等效接电持续率 JC'

与机构工作级别对应的初选电动机用的等效接电持续率 JC',见表 P.2。

表 P.2　机构工作级别与等效接电持续率 JC'

起升机构工作级别	电动机等效接电持续率 JC'/%
M1～M3	15～25
M4～M5	25
M6	40
M7～M8	60

P.2.4.2　初选电动机

根据式(P.1)计算的结果,按照起升机构工作级别,由表 P.2 查出等效接电持续率 JC'后,从电动机样本上可初选出所需的电动机。

P.2.5　等效平均功率法

P.2.5.1　等效平均功率法的计算

在得到电动机的负荷图后(例如:对做起升运动的起升机构,和做水平运动的运行、回转、平衡变幅等机构,见图 P.1),便可计算出等效平均阻力矩 M_{med} 和等效平均功率,并初选出所需的电动机。

等效平均阻力矩按式(P.9)计算:

$$M_{\text{med}}=\sqrt{\frac{M_1^2t_1+M_2^2t_2+M_3^2t_3+\cdots\cdots+M_n^2t_n}{t_1+t_2+t_3+\cdots\cdots+t_n}} \qquad \text{(P.9)}$$

式中:

M_{med}——等效平均阻力矩,单位为牛米(N·m);

$M_1,M_2,M_3,\cdots,M_n$——为包括电动机转动及移动质量全部惯性力在内的各个阶段的转矩值。在变载荷情况下,至少取 10 个连续工作循环中载荷最大的一个循环计算;

$t_1,t_2,t_3,\cdots,t_n$——发生不同转矩的时间段,静止时间不计入。

等效平均功率按式(P.10)计算:

$$P_{\text{med}}=\frac{M_{\text{med}}n}{9\ 550\ \eta} \qquad \text{(P.10)}$$

式中:

M_{med}——同式(P.9);

n——电动机转速,单位为转每分(r/min);

η——机构的总效率。

P.2.5.2 电动机的初选

如果电动机的一次负载运行时间不超过 10 min,按式(P.10)计算结果从电动机样本上选出的 S3 工作制的电动机即为所要求的电动机。

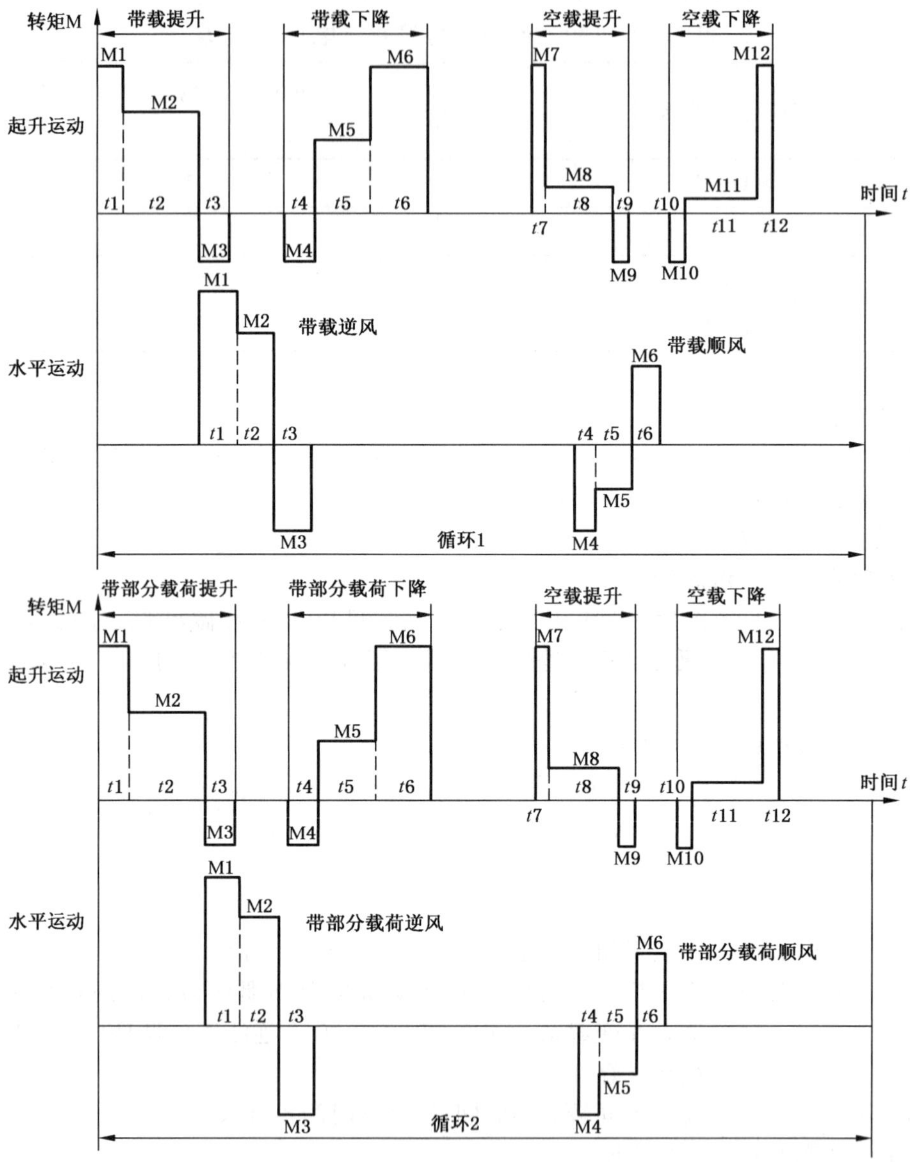

图 P.1 电动机负荷图举例

附　录　Q

（资料性附录）

起重机机构电动机容量选择计算中的 JC 值、CZ 值和 G 值

各种起重机每个机构的接电持续率 JC 值，惯量增加率 C 与折合的每小时全起动次数 Z 的乘积 CZ 值，及稳态负载平均系数 G 值，应根据实际载荷及控制情况计算。如设计时无法获得其详细资料，可参考表 Q.1 计算。初选电动机时，可参考表 Q.2 及表 Q.3 确定。

但是对于采用调速系统的机构，其起、制动和点动次数与非调速系统相比，已发生了较大的变化，因此确定其 CZ 值时，应充分考虑此因素。

表 Q.1　JC、CZ、G 值

起重机型式		用途	起升机构			副起升机构			小车运行机构			大车运行机构			回转机构			变幅机构		
			JC/%	CZ	G	JC/%	CZ	G	JC/%	CZ	G	JC/%	CZ	G	JC/%	CZ	G	JC/%	CZ	G
桥式起重机	吊钩式	电站安装及检修用	15～25	150	G_2	15～25	150	G_1	15	300	G_1	15	600	G_1						
		车间及仓库用	25	150	G_2	25	150	G_2	25	300	G_2	25	600	G_2						
		繁忙的工作车间、仓库用	40	300	G_2	25	150	G_2	25	600	G_2	40	1 000	G_2						
	抓斗式	间断装卸用	40	450	G_2				40	800	G_2	40	1 500	G_2						
门式起重机	吊钩式	一般用途	25	150	G_2	25	150	G_2	25	300	G_2	25	450	G_2						
门座起重机	吊钩式	安装用	25	150	G_2	25	150	G_2				25	150	G_2	25	300	G_2	25	150	G_2
	吊钩式	装卸用	40	300	G_2							15	150	G_2	25	1 000	G_2	25	600	G_2
	抓斗式		60	450	G_3							15	150	G_2	40	1 000	G_2	40	600	G_2
注：表中稳态负载平均系数 G_1、G_2、G_3 的值，可由表 P.1 选取。																				

表 Q.2 垂直运动机构的接电持续率和每小时工作循环数参考值

起重机类型				接电持续率 JC/%		
序号	名称	特点	每小时工作循环数	起升	铰接臂俯仰	臂架俯仰
1	安装用臂架起重机		2～25	25～40		25
2	电站、机加工车间安装起重机		2～25	15～40		
3	货场装卸桥	吊钩	20～60	40	S2 15 min～30 min	
4	货场装卸桥	抓斗或电磁盘	25～80	60～100	S2 15 min～30 min	
5	车间起重机		10～15	25～40		
6	抓斗或电磁起重机、繁忙的仓库及货场用门式起重机		40～120	40～100		
7	铸造起重机		3～10	40～60		
8	均热炉起重机		30～60	40～60		
9	锻造起重机		6	40		
10	岸边装卸用起重机 岸边集装箱起重机	吊钩或其他吊具	20～60	40～60	S2 15 min～30 min	
11	卸货用抓斗或电磁起重机		20～80	40～100	S2 15 min～30 min	
12	船厂臂架起重机	吊钩	20～50	40		40
13	门座起重机	吊钩	40	60		40～60
14	门座起重机 集装箱起重机	抓斗、电磁盘或集装箱吊具	25～60	60～100		40～60
15	建筑用塔式起重机		20	40～60		25～40
16	桅杆起重机		10	S1 或 S2 30 min		S1 或 S2 30 min
17	铁路起重机		10	40		

表 Q.3　水平运动机构的接电持续率和每小时工作循环数参考值

起重机类型				接电持续率 JC/%		
序号	名　　称	特点	每小时工作循环数	大车运行	小车运行	回转
1	安装用臂架起重机		2～25	25～40	25～40	25
2	电站、机加工车间安装起重机		2～25	25	25	
3	货场装卸桥	吊钩	20～60	25～40	40～60	15～40
4	货场装卸桥	抓斗或电磁盘	25～80	15～40	60	40
5	车间起重机		10～15	25～40	25～40	
6	抓斗或电磁起重机、繁忙的仓库及货场用门式起重机		40～120	60～100	40～60	
7	铸造起重机		3～10	40～60	40～60	
8	均热炉起重机		30～60	40～60	40～60	40
9	锻造起重机		6	25	25	100
10	岸边装卸用起重机 岸边集装箱起重机	吊钩或其他吊具	20～60	15～40	40～60	15～40
11	卸货用抓斗或电磁起重机		20～80	15～60	40～100	40
12	船厂臂架起重机	吊钩	20～50	25～40	40	25
13	门座起重机	吊钩	40	15～25	40	25～40
14	门座起重机 集装箱起重机	抓斗、电磁盘或集装箱吊具	25～60	25～40		40～60
15	建筑用塔式起重机		20	15～40	25	40～60
16	桅杆起重机		10			25
17	铁路起重机		10			25

附 录 R
(规范性附录)
电动机的过载校验

R.1 起升机构电动机过载校验

起升机构电动机按式(R.1)进行过载校验计算：

$$P_{N} \geqslant \frac{H}{m\lambda_{m}} \cdot \frac{P_{Q}v_{q}}{1\,000\,\eta} \quad \cdots\cdots\cdots\cdots (R.1)$$

式中：

P_N——电动机的额定功率，单位为千瓦(kW)；

H——系数，按有电压损失(交流电动机－15%，直流电动机和变频电动机不考虑)、最大转矩或堵转转矩有允差(绕线转子异步电动机－10%，笼型异步电动机－15%，直流电动机和变频电动机不考虑)、起升额定载荷等条件确定。绕线转子异步电动机和笼型异步电动机取$H=2.5$；变频异步电动机取$H=2.2$；直流电动机取$H=1.4$；

m——同式(89)；

λ_m——相对于P_N时的电动机最大转矩倍数(电动机制造商提供)，对于直接全压起动的笼型电动机，堵转转矩倍数$\lambda_m \geqslant 2.2$；

P_Q——同式(77)；

v_q——额定起升速度，单位为米每秒(m/s)；

η——同式(P.1)。

R.2 轨道运行式运行机构电动机过载校验

轨道运行式运行机构电动机过载校验按式(R.2)计算：

$$P_{N} \geqslant \frac{1}{m\lambda_{AS}}\left\{\left[P_{\Sigma}(\omega+m_{\alpha})+P_{WII}\right]\frac{v_{y}}{1\,000\,\eta}+\frac{\sum Jn^{2}}{91\,200\,t_{q}}\right\} \quad \cdots\cdots\cdots\cdots (R.2)$$

式中：

P_N——同式(R.1)；

m——同式(89)；

λ_{AS}——相对于P_N的平均起动转矩倍数。其值应根据所选电动机的λ_m值及其控制系统方案确定。通常情况下可参考下列取值：绕线转子异步电动机取1.7，采用频敏变阻器时取1，笼型异步电动机取$0.9\lambda_m$(相对于P_N时的电动机最大转矩倍数，由电动机制造商提供)，串励直流电动机取1.9，复励直流电动机取1.8，他励直流电动机取1.7，变频调速电动机取1.7；

P_Σ——同式(87)；

ω——同式(142)。车轮为滑动轴承的$\omega=0.015$，车轮为滚动轴承的$\omega=0.006$；

m_α——坡道阻力系数，按4.2.2.2的规定计算；

P_{WII}——工作状态风载荷，单位为牛顿(N)，按4.2.2.3.1确定；

v_y——起重机(或小车)的运行速度，单位为米每秒(m/s)；

η——同式(89)；

$\sum J$——机构对电动机轴的总惯量，即包含直线运动质量和传动机构的全部质量的惯量折算到电动机轴上的转动惯量和电动机轴上自身的转动惯量之和，单位为千克平方米($kg \cdot m^2$)；

n——同式(82)；

t_q——运行机构起动时间，单位为秒(s)。

R.3 回转机构电动机过载校验

回转机构电动机过载校验按式(R.3)计算：

$$P_N \geqslant \frac{H}{m\lambda_m} \cdot \frac{(M_m + M_{\alpha max} + M_{W\text{II}} + M_{\alpha \text{I}})n}{9\ 550\ i\eta} \quad \cdots\cdots (R.3)$$

式中：

P_N——同式(R.1)；

H——系数，绕线转子异步电动机取 $H=1.55$，笼型异步电动机取 $H=1.6$，直流电动机取 $H=1$；

m——同式(89)；

λ_m——同式(R.1)(电动机制造商提供)；

M_m——同式(92)；

$M_{\alpha max}$——回转最大坡道阻力矩，单位为牛米($N \cdot m$)；

$M_{W\text{II}}$——由计算风压 p_{II} 引起的最大风阻力矩，单位为牛米($N \cdot m$)；

$M_{\alpha \text{I}}$——由起重绳正常偏摆角 α_{I}(见 4.2.1.2.2.2)计算的回转水平阻力矩，单位为牛米($N \cdot m$)；

i——回转机构的总传动比；

η——同式(93)；

n——同式(82)。

R.4 变幅机构电动机过载校验

变幅机构电动机过载校验按式(R.4)进行：

$$P_N \geqslant \frac{H}{m\lambda_m} \cdot \frac{\sum F_{max} v_b}{1\ 000\ \eta} \quad \cdots\cdots (R.4)$$

式中：

P_N——同式(R.1)；

H——系数，绕线转子异步电动机取 $H=1.55$，笼型异步电动机取 $H=1.6$，直流电动机取 $H=1$；

m——同式(89)；

λ_m——同式(R.1)(电动机制造商提供)；

$\sum F_{max}$——包括臂架及平衡系统的自重载荷、额定起升载荷、由计算风压 p_{II} 产生风载荷、由起重绳正常偏摆角 α_{I} 计算的水平力及臂架系统各转动铰点的摩擦力在变幅齿条(或变幅螺杆、油缸、钢丝绳等)上的分力之和，在各变幅位置所有值的最大变幅力，单位为牛顿(N)；

v_b——变幅齿条(或螺杆、油缸、钢丝绳等)的运动线速度，单位为米每秒(m/s)；

η——同式(P.5)。

附 录 S
(规范性附录)
电动机的发热校验

S.1 直接起动方式下笼型异步电动机发热校验

直接起动方式下笼型异步电动机发热校验应满足式(S.1)的要求：

$$C_k(1-\eta_N)P_{S1}T>(1-\eta_m)P_m t_N+(P_{S1}\frac{I_D}{I_N}t_E-\frac{10^{-3}Jn_m^2}{180}) \quad \cdots\cdots\cdots\cdots(S.1)$$

式中：

C_k——与电动机类型有关的修正系数，由制造商提供。如未提及，则对于4极或4极以上的电动机取 $C_k=1$；

η_N——电动机在 P_{S1} 时的效率；

P_{S1}——连续工作制(S1)时电动机的额定功率，单位为千瓦(kW)；

T——一个工作循环的总时间，单位为秒(s)；

$$T=t_N+t_E+t_S$$

t_N——一个循环期内恒速工作的时间，单位为秒(s)；

t_E——一个循环期内起动制动的等效时间，单位为秒(s)；

$$t_E=\frac{\pi n_m J}{30\ M_a}(d_c+0.5\ d_i+3f)$$

n_m——电动机在 P_m 时的转速，单位为转每分(r/min)；

J——所有运动质量换算到电动机轴上的总转动惯量，单位为千克平方米(kg·m²)；

d_c——每小时全起动次数；

d_i——每小时点动或不完全起动次数；

f——每小时电气制动次数；

M_a——电动机平均加速转矩，单位为牛米(N·m)；

$$M_a=M_{dq}-M_m$$

M_{dq}——同式(82)；

M_m——不考虑起制动阶段的电动机平均阻转矩，单位为牛米(N·m)；

t_S——一个循环期内停止的时间，单位为秒(s)；

η_m——电动机在功率 P_m 时的效率；

$$P_m=\frac{M_m n_m}{9\ 550\ \eta_m}$$

I_D——电动机的起动电流，单位为安培(A)；

I_N——电动机的额定工作电流，单位为安培(A)。

S.2 绕线转子异步电动机及变频控制笼型电动机的发热验算

S.2.1 按 *G* 值、*JC* 值、*CZ* 值选出的电动机(见 P.2.3)的发热校验

S.2.1.1 起升机构电动机的发热校验

S.2.1.1.1 稳态平均功率

稳态平均功率按式(S.2)计算：

$$P_S=G\frac{P_Q v_q}{1\ 000\ \eta} \qquad \cdots\cdots(S.2)$$

式中：

P_S——稳态平均功率，单位为千瓦(kW)；

G——同式(P.7)，见表 P.1 和表 Q.1；

P_Q——同式(77)；

v_q——同式(83)；

η——同式(P.1)。

S.2.1.1.2 *JC* 值

JC 值参见附录 Q。

S.2.1.1.3 *CZ* 值

S.2.1.1.3.1 折合的全起动次数 Z，按式(S.3)计算：

$$Z=d_c+gd_i+rf \qquad \cdots\cdots(S.3)$$

式中：

Z——折合的每小时全起动次数；

d_c——同式(S.1)；

d_i——同式(S.1)；

f——同式(S.1)；

g,r——折合系数，一般可取 $g=0.25$，$r=0.8$。

按 Z 值划分起动等级，一般为每小时 150，300，600 次。

S.2.1.1.3.2 惯量增加率 C，按式(S.4)计算：

$$C=\frac{J_d+J_e}{J_d} \qquad \cdots\cdots(S.4)$$

式中：

C——惯量增加率；

J_d——电动机的转动惯量，单位为千克平方米(kg·m²)；

J_e——电动机以外的运动质量折算到电动机轴上的转动惯量，单位为千克平方米(kg·m²)。

S.2.1.1.3.3 惯量增加率 C 与折合的每小时全起动次数 Z 的乘积 CZ 值是起制动影响电动机发热的重要参数。CZ 值的常用数值是 150、300、450、600 和 1 000。

S.2.1.1.4 发热校验

根据上述方法计算出 P_S、JC 及 CZ 值，所选用的电动机在相应 CZ 值、JC 值下，如其输出功率满足式(S.5)的要求，则电动机发热校验合格。

$$P\geqslant P_S \qquad \cdots\cdots(S.5)$$

S.2.1.2 运行机构电动机的发热校验

S.2.1.2.1 稳态平均功率 P_S，按式(S.6)计算：

$$P_S=G\left[P_\Sigma(\omega+m_\alpha)+P_{WI}\right]\frac{v_y}{1\ 000\ m\eta} \qquad \cdots\cdots(S.6)$$

式中：

P_S——同式(S.2)；

G——同式(P.7)，见表 P.1 和表 Q.1；

P_Σ——同式(87)；

ω——同式(R.2)；

m_α——同式(R.2)；

P_{WI}——同式(86)；按起重机正常工作状态的计算风压 p_I 计算，室内取 $P_{WI}=0$；

v_y——同式(R.2)；

m——同式(89)；

η——同式(89)。

S.2.1.2.2 发热校验的其余步骤，按 S.2.1.1.2～S.2.1.1.4 进行。

S.2.1.3 回转机构电动机的发热校验

S.2.1.3.1 稳态平均功率按式(S.7)计算：

$$P_S=G\frac{(M_m+M_\alpha+M_{WI})n}{9\ 550\ mi\eta} \qquad \text{(S.7)}$$

式中：

P_S——同式(S.2)；

G——同式(P.7)，见表 P.1，表 Q.1；

M_m——同式(S.1)；

M_α——见式(92)；

M_{WI}——按计算风压 p_I 计算的等效风阻力矩，单位为牛米(N·m)；

m——同式(89)；

i——同式(R.3)；

η——同式(93)。

S.2.1.3.2 发热校验的其余步骤按 S.2.1.1.2～S.2.1.1.4 进行。

S.2.1.4 变幅机构电动机发热验算

S.2.1.4.1 普通臂架变幅机构，因为它属于非平衡的、非工作性的变幅机构，所以按其变幅力和变幅钢丝绳卷绕线速度计算确定的电动机功率而选用的电动机，一般不需要进行电动机的发热校验。

S.2.1.4.2 平衡臂架变幅机构电动机的发热校验

S.2.1.4.2.1 稳态平均功率按式(S.8)计算：

$$P_S=Gv_b\frac{\sqrt{\dfrac{\sum P_{Ii}{}^2t_i}{\sum t_i}}}{1\ 000\ m\eta} \qquad \text{(S.8)}$$

式中：

G——同式(P.7)，见表 P.1 和表 Q.1；

v_b——额定变幅速度，单位为米每秒(m/s)；

$\sum P_{Ii}$——在第 i 个变幅位置，由包括臂架及平衡系统的自重载荷、额定起升载荷、由计算风压 p_I 产生的风载荷、由起重绳正常偏摆角 α_I 计算的水平力及臂架系统各转动铰点的摩擦力等产生的在变幅齿条(或变幅螺杆、油缸、钢丝绳等)上的分力之和，单位为牛顿(N)；α_{I} 见 4.2.1.2.2.2，p_1 见表 15；

t_i——每一变幅位置间隔所需时间，单位为秒(s)；可由变幅齿条(或螺杆、油缸、钢丝绳等)行程 l 及移动速度 v_b 按下式算出：

$$t_i=\frac{l_{i+1}-l_i}{v_b}$$

m——同式(89)；

η——同式(P.5)。

S.2.1.4.2.2　发热校验的其余步骤按 S.2.1.1.2～S.2.1.1.4 进行。

S.2.2　按机构工作级别及其等效接电持续率进行电动机的发热校验

S.2.2.1　起升机构电动机的发热校验

S.2.2.1.1　起升机构电动机静功率按式(S.9)校验：

$$P_N=\frac{P_Q v_q}{1\ 000\ \eta} \qquad \cdots\cdots (S.9)$$

式中：

P_N——起升机构电动机静功率，单位为千瓦(kW)；

P_Q——同式(77)；

v_q——同式(83)。

S.2.2.1.2　机构工作级别与电动机等效接电持续率 JC′值的关系，见表 P.2。

S.2.2.1.3　电动机的发热校验

按表 P.2 查出机构所需的电动机的等效接电持续率，并采用式(S.9)算出的起升机构所需的电动机的静功率，电动机在相应的接电持续率下的输出功率应大于等于静功率，则电动机的发热校验通过。

S.2.2.2　运行机构电动机的发热校验

S.2.2.2.1　运行机构电动机发热计算

运行机构电动机发热计算功率按式(S.10)计算：

$$P_S=\frac{1}{m}\left([P_\Sigma(\omega+m_\alpha)+P_{WI}]\frac{v_y}{1\ 000\cdot\eta}+\frac{\sum J n^2}{182\ 400\ t_q}\right) \qquad \cdots\cdots (S.10)$$

式中：

P_S——运行机构电动机发热计算功率，单位为千瓦(kW)；

m——电动机台数；

P_Σ——同式(87)；

ω——同式(R.2)；

m_α——同式(R.2)；

P_{WI}——同式(86)；

v_y——同式(R.2)；

η——同式(89)；

$\sum J$——同式(R.2)；

n——同式(82)；

t_q——同式(R.2)。

S.2.2.2.2 电动机的发热校验

电动机的发热校验按表 P.2 查出机构所需的电动机的等效接电持续率，并采用式(S.10)计算出运行机构所需的电动机的发热计算功率，电动机在相应的接电持续率下的输出功率大于等于发热计算功率，则电动机的发热校验通过。

S.2.3 按平均损耗法验算电动机的发热

按 S.2.1 的方法验算电动机的发热，仅对桥式、门式、门座等类型的起重机采用的 YZR 系列交流异步绕线转子电动机最为合适，而对其他型式的电动机，其他工况与控制方式差别较大的起重机，特别是对采用涡流制动器、晶闸管定子调压等调速系统的电动机，可采用推荐的平均损耗法进行发热校验。

按平均损耗法验算电动机发热的基本步骤是：

a) 确定该电动机在起重机工作机构中的典型负载图；

b) 考虑各运行时段的电动机数据，如停机时散热条件恶化等冷却系数标么值、固定损耗与可变损耗的比值等，计算出电动机运行后的温升与连续定额时温升的比率 R_n；

c) 当电动机为断续定额基准时，求出断续定额与连续定额的损耗比 P_ξ；

d) 按式(S.11)求出运行后的温升与断续定额时温升的比率 $R_{n\xi}$：

$$R_{n\xi}=P_\xi R_n \qquad \cdots\cdots (S.11)$$

式中：

$R_{n\xi}$——运行后的温升与断续定额时温升的比率；

P_ξ——电动机断续定额与连续定额的损耗比；

R_n——电动机运行后的温升与连续定额时温升的比率；

当 $R_{n\xi}\leqslant1$，则认为电动机发热校验合格。

附 录 T

（规范性附录）

形状系数 K_S、尺寸系数 K_d、表面情况系数 K_u、腐蚀系数 K_c 的确定

抛光试件的疲劳极限是一个试验数据，实际使用中的零件从来就达不到这个数值。许多因素——形状、尺寸、表面情况（机加工质量）和可能的腐蚀——引起不连续性，造成“切口效应”，使零件按常规材料力学初等方法计算的许用应力值降低。分别用大于或等于1的系数 K_S、K_d、K_u、K_c 除以抛光试件的疲劳极限来考虑这些因素的影响。

T.1 形状系数 K_S 确定方法

形状系数 K_S 表示有圆弧过渡的截面变化、环形槽、横向孔及轮毂固定方法等造成的应力集中。

图 T.1 和图 T.2 给出了适用于直径 $D=10$ mm 的形状系数 K_S 值，它们是金属材料抗拉强度的函数。

图 T.1 给出的系数 K_S 用于 $D/d=2$ 的阶梯轴，对于其他的 D/d 值，K_S 可参用表 T.1 的修正系数求得。曲线图 T.2 给出了一些 K_S 值，用于孔、环形槽和键槽。

直径超过 10 mm 时要引入尺寸系数 K_d。

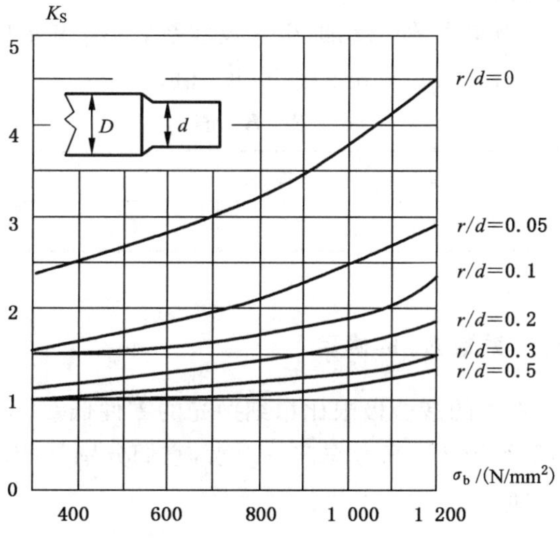

图 T.1 形状系数 K_S（直径 $D=10$ mm，阶梯截面 $D/d=2$）

对其他的 D/d 值，由曲线$(r/d)+q$ 求得 K_S，表 T.1 列出修正系数 q 值。

表 T.1 $D/d\leqslant 2$ 时修正系数 q 值

D/d	1.05	1.1	1.2	1.3	1.4	1.6	2
q	0.13	0.1	0.07	0.052	0.04	0.022	0

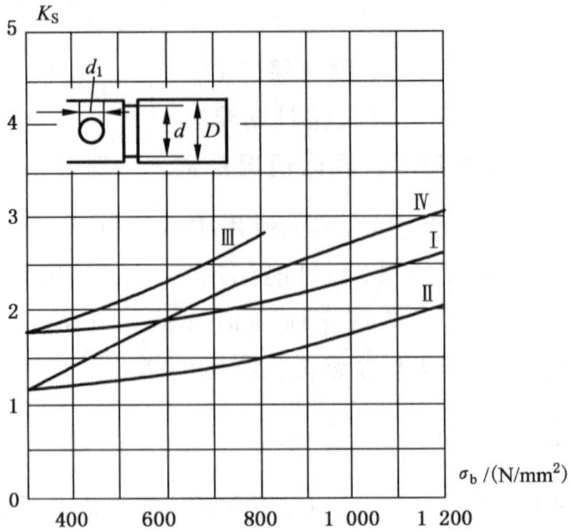

曲线Ⅰ:横向孔 $d_1=0.175\ d$;

曲线Ⅱ:环形槽:深 1 mm;

曲线Ⅲ:用键与轮毂相连;

曲线Ⅳ:用压配合与轮毂相连。

图 T.2　形状系数 K_S(直径 $D=10$ mm,孔,环形槽,键槽)

T.2　尺寸系数 K_d 的确定方法

直径大于 10 mm 时,应力集中效应增加,引入尺寸系数 K_d 来加以考虑。

表 T.2 给出了 d 由 10 mm～400 mm 的系数 K_d 值。

表 T.2　K_d 值

d/mm	10	20	30	50	100	200	400
K_d	1	1.1	1.25	1.45	1.65	1.75	1.8

T.3　表面情况(机加工方法)系数 K_u 的确定

经验表明:表面粗加工零件的疲劳极限比精细抛光的零件低。

用图 T.3 给出的机加工系数 K_u 来考虑这一因素,它们分别是相对于磨削或用金刚砂精细抛光的表面,及粗加工的表面。

T.4　腐蚀系数 K_c 的确定

腐蚀对钢材的疲劳极限有非常明显的影响,用系数 K_c 来加以考虑。

图 T.3 还对淡水和海水腐蚀的两种情况给出了系数 K_c 值。

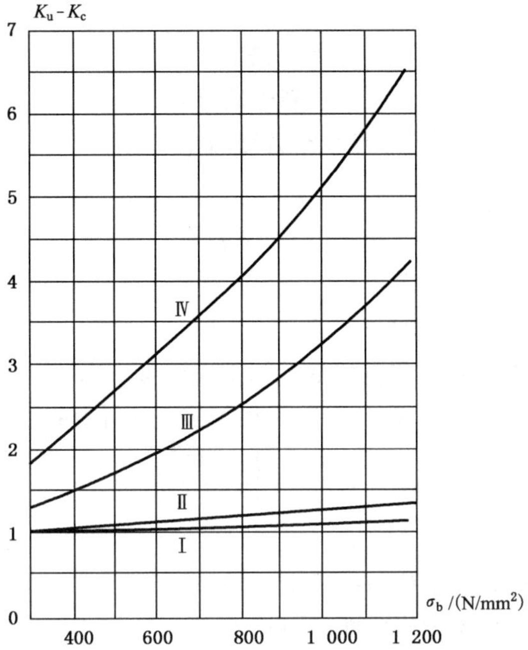

K_u 值：曲线Ⅰ，表面磨削或精细抛光；

曲线Ⅱ，表面粗加工。

K_c 值：曲线Ⅲ，表面受淡水腐蚀；

曲线Ⅳ，表面受海水腐蚀。

图 T.3 加工系数 K_u、腐蚀系数 K_c

附 录 U
(资料性附录)
导线载流量的校正

导线载流量的计算公式：

$$I_z = K_a K_t K_j I_g \qquad \text{(U.1)}$$

式中：

I_z——导线的载流量，单位为安培(A)。

K_a——同式(141)，一般对穿钢管电线取0.9，对电缆取0.8。

K_t——同式(141)，常见值见表U.1。K_t值也可按下式计算：

$$K_t = \sqrt{\frac{T_1 - T_0}{T_1 - T_2}}$$

式中：

T_1——线芯最高工作温度，单位为摄氏度(℃)；

T_0——工作环境温度，单位为摄氏度(℃)；

T_2——额定工作环境温度，25℃(或45℃)。

K_j——同式(141)，工作循环时间取为10 min，按下式计算：

$$K_j = \sqrt{\frac{1 - e^{-\frac{600}{T}}}{1 - e^{-\frac{600 \cdot JC}{T}}}}$$

式中：

JC——接电持续率；

T——导线发热时间常数，单位为秒(s)，由电缆制造商提供。

I_g——同式(141)，由电缆制造商提供。

表U.1 导线载流量的温度校正系数 K_t

额定工作环境温度/℃	线芯最高工作温度/℃	工作环境温度/℃										
		+25	+30	+35	+40	+45	+50	+55	+60	+65	+70	+75
+25	+60	1.000	0.926	0.845	0.756	0.655	0.535	—	—	—	—	—
	+65	1.000	0.935	0.865	0.791	0.707	0.612	0.500	—	—	—	—
	+70	1.000	0.943	0.882	0.816	0.745	0.667	0.577	0.471	—	—	—
+45	+65	—	1.323	1.225	1.118	1.000	0.866	0.707	—	—	—	—
	+70	—	1.265	1.183	1.095	1.000	0.894	0.775	0.632	—	—	—
	+80	—	1.195	1.134	1.069	1.000	0.926	0.845	0.756	0.655	0.535	—
	+85	—	1.173	1.118	1.061	1.000	0.935	0.866	0.791	0.707	0.612	0.500

附　录　V
（资料性附录）
流动式起重机的倾覆线

在本附录中，图 V.1～图 V.5 只是流动式起重机的倾覆线的示意图，实际倾覆线取决于各起重机的具体设计。

V.1　起重机支承在车轮（轮胎）上

V.1.1　车轮（轮胎）不带悬架或悬架装置被锁定（见图 V.1 和图 V.2）

倾覆线为车轮着地点的连线。对于装有双轮轴或多后轴摆动悬架的底盘，应考虑以下两种情况：

a)　摆动悬架轴被固定或被锁定的情况下，则为外车轮（轮胎）着地点的连线；

b)　车轮安装在可摆动悬架上时，则为摆动轴的轴线。

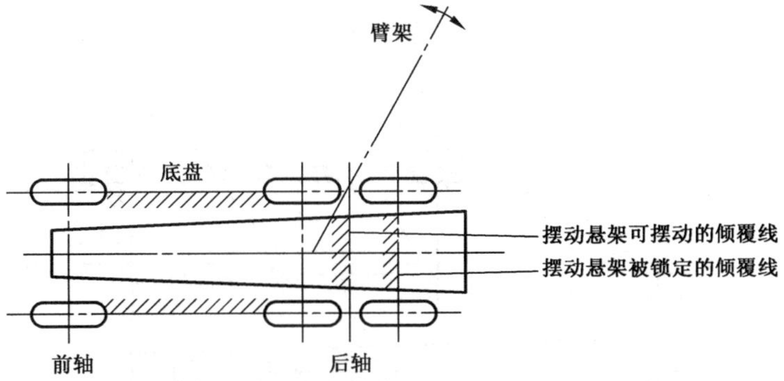

图 V.1

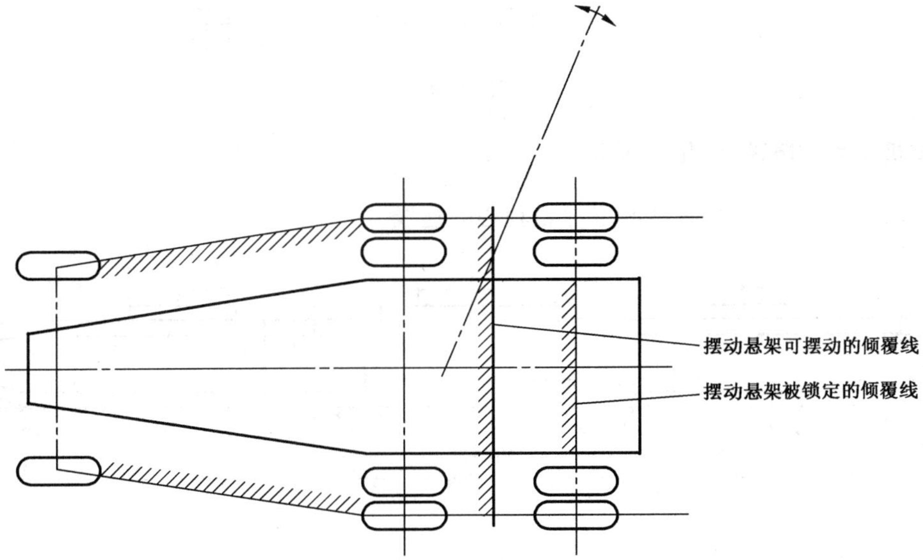

图 V.2

V.1.2 车轮悬架装置未锁定(见图 V.3)

倾覆线是悬架装置作用点的连线。

V.2 起重机支承在外伸支腿上(见图 V.4)

倾覆线是各支承中心点的连线,但除外伸支腿外,还存在柔性支承面(如充气轮胎),则应考虑此柔性支承面。

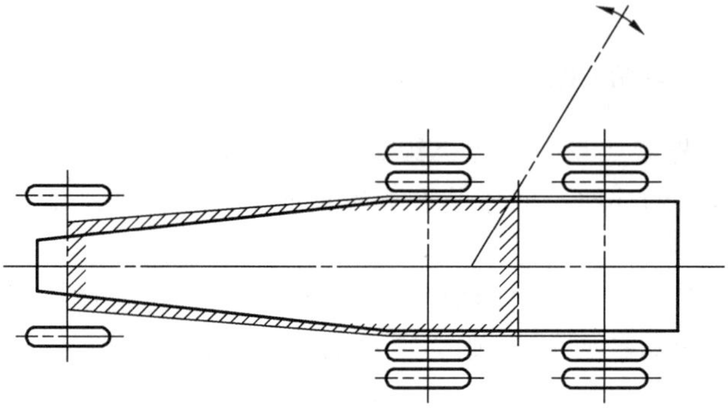

图 V.3

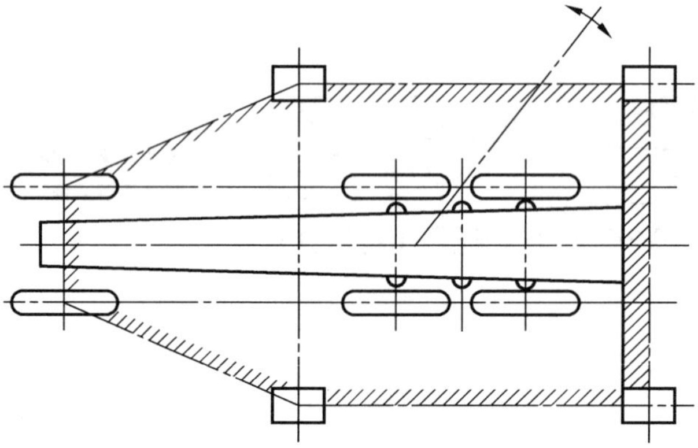

图 V.4

V.3 起重机支承在履带上(见图 V.5)

倾覆线是驱动轮轴心的连线和引导轮轴心的连线。

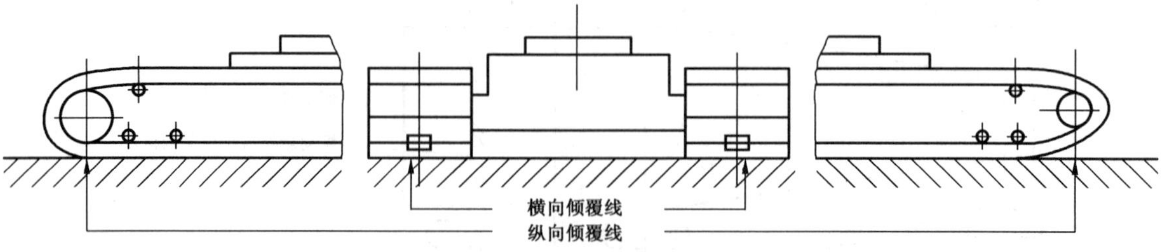

图 V.5

附　录　W
（资料性附录）
符号和代号

表 W.1　符号/代号表

符号或代号	单　位	含　　　义	备　注
A	m^2	起重机构件垂直于风向的实体迎风面积	式(11)
A	m^2	构件平行于纵轴的正面迎风面积	式(12)
A	m^2	结构纵向的总迎风面积	式(14)
A	mm^2	结构构件毛截面面积	式(43)
A	mm^2	圆柱有效壳壁的截面面积	式(69)
A	m 或 mm	几何尺寸	式(J.4)
A_j	mm^2	结构件截面的净面积	式(35)
A_l	mm^2	螺栓有效截面积	式(39)
A_Q	m^2	吊运物品的最大迎风面积	式(13)
A_0	m^2	构件迎风面积的外形轮廓面积	式(11)
A_{01}	m^2	第一片结构的外形轮廓面积	式(14)
A_1	mm^2	圆柱有效壳壁的计算截面面积	式(71)图 8
A_2	mm^2	加劲环的截面面积	式(71)图 8
a	mm	腹板横向加劲肋的间距	式(65)
a	mm	翼缘板横向加劲肋的间距	式(66)
a	—	钢丝绳滑轮组的倍率	式(77)
a_q	m/s^2	起升机构的起动平均加速度	式(83)
a_y	m/s^2	运行机构起动平均加速度	式(90)
a_Z	m/s^2	制动平均减速度	式(85)
B	m	起重机的基距	式(D.1)

表 W.1（续）

符号或代号	单位	含义	备注
B	m 或 mm	几何尺寸	式(J.4)
B	m 或 mm	腹板的总宽(高)度	式(N.1)
b	mm	区格宽度或板的总宽(高)度	式(53)～式(55)
b	mm	腹板高度	式(61)
b	mm	两腹板间翼缘板的宽度	式(66)
b	mm	受压翼缘的宽度	式(L.3)
b_s	mm	横向加劲肋的外伸宽度	式(61)
C	—	风力系数	式(11)
C	—	威勒曲线斜率	式(107)
C	$mm/\sqrt{N}$	钢丝绳选择系数	式(125)
C	—	计算系数	式(131)
C	—	幂指数	式(5)
C	—	惯量增加率	式(S.4)
C_f	—	附加摩擦阻力系数	式(87)
C_i		与起重机各个有代表性的起升载荷相应的工作循环数	式(1)
C_k	—	修正系数	式(S.1)
C_T		起重机总工作循环数	式(1)
C_1	—	转速系数	式(131)
C_2	—	车轮所在机构的工作级别系数	式(131)
C_{ox}、C_{oy}	—	端部弯矩不等的折减系数	式(M.2)
C_{hx}、C_{hy}	—	横向载荷弯矩系数	式(M.1)
c	mm	集中载荷的分布长度	式(31)
c	—	计算系数	式(J.5)
$c(y)$	mm	局部压应力的分布长度 C 沿板宽方向变化到 y 处的值	式(N.2)
D	m	按最外层钢丝绳中心计算的卷筒卷绕直径	式(77)
D	mm	车轮踏面直径	式(87)
D	m	车轮踏面直径	式(89)
D	mm	按钢丝绳中心计算的滑轮和卷筒的卷绕直径	式(128)
D	mm	车轮或滚轮的踏面直径	式(131)
d	m	螺栓的公称直径	式(41)
d	mm	车轮轴径	式(87)

表 W.1（续）

符号或代号	单　位	含　　　义	备　注
d	cm	轴外径	式(99)
d	mm	钢丝绳公称直径	式(128)
d_1	cm	空心轴的内直径	式(99)
d_c		(电动机)每小时全起动次数	式(S.1)
d_i		(电动机)每小时点动或不完全起动次数	式(S.1)
d_{min}	mm	钢丝绳的最小直径	式(125)
E	N/mm^2	钢材的弹性模量	式(51)
e_1	mm	圆柱有效壳壁的计算截面形心轴至组合截面形心轴 $Z—Z$ 的距离	式(71)图 8
e_2	mm	加劲环的截面形心轴至组合截面形心轴 $Z—Z$ 的距离	式(71)图 8
F	N	水平方向的集中载荷	式(146)
F_{Id}	N	平衡臂架式变幅机构变幅等效阻力	式(96)
$\sum F_{max}$	N	(用于变幅机构电动机过载校验的各变幅位置中的)最大变幅力	式(R.4)
F_0	KN	钢丝绳的整绳最小破断拉力	式(127)
f		(电动机)每小时电气制动次数	式(S.1)
f_K	mm	车轮沿轨道的滚动摩擦力臂	式(87)
G	—	稳态负载平均系数	式(P.7)
g	m/s^2	重力加速度	式(82)
g	—	折合系数	式(S.3)
H	—	起升机构电动机过载校验系数	式(R.1)
H	—	回转机构电动机过载校验系数	式(R.3)
H	—	变幅机构电动机过载校验系数	式(R.4)
h	mm	轨道接头处两轨面的高度差	式(9)
h	mm	构件截面的全高	式(L.1)
$h(h_1、h_2、h_3)$	—	卷筒、滑轮和平衡滑轮的卷绕直径与钢丝绳直径之比值	式(128)
h	mm	槽钢截面高度	式(L.3)
h_y	mm	承载件顶面至腹板上边缘的距离	式(31)
I	A	(计算导线电压降时的)最大工作电流	式(139)
I_{AUXI}	A	(起重机)辅助电气设备与控制系统所需的额定工作电流	式(138)

表 W.1(续)

符号或代号	单　位	含　　　义	备　注
I_D	A	电动机的起动电流	式(S.1)
I_g	A	电线电缆载流量的基准值	式(141)
I_{max}	A	起重机最大工作电流	式(140)
I_N	A	电动机的额定工作电流	式(S.1)
I_{N1}	A	(起重机)功率最大机构电动机的额定工作电流	式(138)
I_{N2}、I_{N3}	A	(起重机)其他两个可能同时工作的机构电动机的额定工作电流	式(138)
I_{N1},I_{N2},I_{N3}	A	三个机构电动机在额定载荷下的额定工作电流	式(140)
I_{s1}	mm^4	横向加劲肋的截面惯性矩	式(63)
I_{s2}	mm^4	腹板纵向加劲肋的截面惯性矩	式(64)
I_{s3}	mm^4	均匀受压翼缘板纵向加劲肋的截面惯性矩	式(66)
I_{s4}	mm^4	圆柱壳体加劲环的截面惯性矩	式(70)
I_W	A	总电源导线的额定工作电流	式(138)
I_x、I_y	mm^4	结构构件对强轴(x 轴)或弱轴(y 轴)的毛截面惯性矩	式(43)
I_z	A	导线的载流量	式(U.1)
I_1	mm^4	圆柱有效壳壁的计算截面惯性矩	式(71)
I_2	mm^4	加劲环截面的惯性矩	式(71)
i	—	由电动机轴到卷筒轴的总传动比	式(77)
i	—	由制动器轴到卷筒轴的总传动比	式(81)
i	—	由电动机轴到车轮的机构总传动比	式(89)
i	—	由制动器轴到车轮的机构总传动比	式(91)
i	—	回转机构的总传动比	式(R.3)
i_c	—	电动机至极限力矩联轴器的回转机构传动比	式(94)
J	$kg\cdot m^2$	所有运动质量换算到电动机轴上的总转动惯量	式(S.1)
JC	—	机构的接电持续率	式(137)
J_1	$kg\cdot m^2$	电动机转子的转动惯量	式(82)
J_2	$kg\cdot m^2$	电动机轴上制动轮和联轴器的转动惯量	式(82)
J_3	$kg\cdot m^2$	作起升运动的物品的惯量折算到电动机轴上的转动惯量	式(82)
J'_3	$kg\cdot m^2$	作平移运动的全部质量的惯量折算到电动机轴上的转动惯量	式(89)
J_d	$kg\cdot m^2$	电动机的转动惯量	式(S.4)

表 W.1（续）

符号或代号	单　位	含　　　　义	备　注
J_e	kg・m²	电动机以外的运动质量折算到电动机轴上的转动惯量	式(S.4)
$\sum J$	kg・m²	起重机回转制动时，全部回转运动质量换算到电动机轴(制动器轴)上的机构总转动惯量	式(93)
$\sum J$	kg・m²	机构对电动机轴的总惯量	式(R.2)
j	—	机械零件工作级别的组别号	式(111)
K	—	螺栓组连接的扭矩系数	式(41)
K	—	功率修正系数	式(136)
K	—	功率最大机构电动机的起动电流倍数	式(140)
K_a	—	导线敷设校正系数	式(141)
K_h	—	风压高度变化系数	式(15)
K_j	—	重复短时工作制的接电持续率校正系数	式(141)
K_m	—	机构载荷谱系数	式(3)
K'_m	—	机构载荷谱系数 K_m 值的立方根	式(119)
K_P	—	起重机的载荷谱系数	式(1)
K_S	—	结构件或机械零件的应力谱系数	式(5)
K_t	—	环境温度校正系数	式(141)
K_Z	—	制动安全系数	式(81)
K_s,K_d,K_u,K_c	—	系数	式(102)
K_σ、K_τ、K_m	—	四边简支板的屈曲系数	式(53)～式(55)
k	—	其他传动件的转动惯量折算到电动机轴上的影响系数	式(82)
k	N/mm²	车轮或滚轮的许用比压	式(131)
k	—	系数	式(134)
k	—	截面对称系数	式(L.1)
k'	—	钢丝绳最小破断拉力系数	式(126)
L	m	导线有效长度	式(139)
L	m	相邻两支柱轴线间的最大距离	式(146)
l	mm	集中载荷的作用长度	式(31)
l	m	轴的支点间距	式(99)
l	mm	车轮或滚轮与轨道承压面的有效接触宽度	式(131)
l	m 或 mm	构件的实际几何长度	式(J.1)

表 W.1(续)

符号或代号	单位	含义	备注
l	m 或 mm	臂架长度	式(J.5)
l	mm	受压翼缘的计算(自由)长度	式(L.3)
l_c	mm	等截面受压构件的计算长度	式(J.1)
l_c	mm	变截面受压构件计算长度	式(J.2)
l_c	mm	臂架在回转平面内的计算长度	式(J.3)
l_{cx}、l_{cy}	mm	结构构件对通过截面形心的强轴(x 轴)或弱轴(y 轴)的计算长度	式(43)
M	kN·m	拧紧力矩	式(41)
M	N·mm	弯矩	式(69)
M	N·m	驱动轮(或卷筒)的转矩	式(P.3)
M_a	N·m	电动机平均加速转矩	式(S.1)
M_c	N·m	换算到电动机轴上的等效回转力矩	式(93)
M_d	N·m	起动时(转速 $n=0$ 时)电动机轴上具有的转矩	式(78)
M_{dj}	N·m	满载(额定起升载荷)、上坡、迎风时作用于电动机轴上的稳态运行阻力矩	式(89)
M_{dq}	N·m	电动机平均起动转矩	式(82)
M_{eq}	N·m	等效回转稳态阻力矩	式(92)
M'_j	N·m	稳态下降额定载荷时电动机制动轴上的转矩	式(84)
M_{jl}	N·m	极限力矩联轴器的摩擦力矩	式(94)
M_L	N·m	联轴器的计算扭矩	式(134)
M'_L	N·m	联轴器连接轴的传递扭矩	式(134)
$[M_L]$	N·m	联轴器的许用扭矩	式(134)
M_m	N·m	回转摩擦阻力矩	式(92)
M_m	N·m	不考虑起制动阶段的电动机平均阻转矩	式(S.1)
M_{max}	N·m	电动机最大起动转矩或制动器的制动转矩	式(94)
M_N	N·m	稳态起升额定起升载荷的转矩	式(77)
M_n	N·m	电动机的额定转矩	式(82)
M_{med}	N·m	等效平均阻力矩	式(P.9)
M_W	N·m	正常工作状态下的等效风阻力矩,按 P_{WI} 风阻力矩的 0.7 倍计算	式(92)
M_Z	N·m	起升机构制动器轴上的计算制动转矩	式(81)
M_Z	N·m	机械式制动器的计算制动转矩	式(84)
M_Z	N·m	运行机构制动转矩	式(91)

表 W.1（续）

符号或代号	单　位	含　　　　义	备　注
M_Z	N·m	回转机构的制动转矩	式(93)
M_{hx}、M_{hy}	N·mm	由横向载荷引起的弯矩	式(M.1)
M_{ox}、M_{oy}	N·mm	端部弯矩	式(M.1)
M_x	N·mm	绕构件强轴(x 轴)作用的最大弯矩	式(48)
M_x、M_y	N·mm	构件计算截面对强轴(x 轴)或对弱轴(y 轴)的弯矩	式(49)
M_1，M_2，M_3，…，M_n	N·mm	为包括电动机转动及移动质量全部惯性力在内的各个阶段的转矩值	式(P.9)
$M_{W\,I}$	N·m	按计算风压 p_I 计算的等效风阻力矩	式(S.7)
$M_{W\,II}$	N·m	由计算风压 p_{II} 引起的最大风阻力矩	式(R.3)
M_α	N·m	等效坡道阻力矩	式(92)
$M_{\alpha I}$	N·m	由起重绳正常偏摆角 α_I(见表 14)计算的回转水平阻力矩	式(R.3)
$M_{\alpha max}$	N·m	回转最大坡道阻力矩	式(R.3)
M'_{ox}/M_{ox}，M'_{oy}/M_{oy}	—	结构件两端的端部弯矩比值	式(M.4)
m	—	幂指数	式(1)
m	kg	总起升质量	式(8)
m	—	$m=\sigma_{i,ccr}/\sigma_s$	式(57)
m	台	电动机台数	式(89)
m	—	受压翼缘对弱轴(y 轴)的惯性矩与全截面对弱轴(y 轴)的惯性矩之比	式(L.1)
m	台	运行机构电动机台数	式(P.2)
m	kg	起重机的总起升质量	式(88)
Δm	kg	突然卸除的部分起升质量	式(8)
m_i	kg	起重机或小车的质量	式(88)
m_Z	台	制动器的台数	式(91)
m_α	—	坡道阻力系数	式(R.2)
N	N	作用于连接处的轴向力	式(35)
N	kN	连接所传递的内力	式(40)
N	N	构件的轴向力	式(46)
N	N	作用在构件上的轴向力	式(50)
N'	N	高强度螺栓连接的构件的计算轴向力	式(35)
N_{Ex}、N_{Ey}	N	对 x 轴或对 y 轴的名义欧拉临界力	式(51)
n	—	与载荷组合类别相关的强度安全系数	式(28)

表 W.1(续)

符号或代号	单位	含义	备注
n	—	钢丝绳的最小安全系数	式(126)
n	—	安全系数	式(135)
n		翼缘板被纵向加劲肋等间距分割的区格数;	式(66)
n	r/min	电动机额定转速	式(82)
n	r/min	驱动轮(或卷筒)的转速	式(P.3)
n	r/min	起重机回转速度	式(P.4)
n	r/min	电动机转速	式(P.10)
n'	r/min	满载下降且制动器投入有效制动转矩时的电动机转速	式(84)
n_b	—	与钢材的抗拉强度相对应的安全系数	式(98)
n_{cr}	r/min	轴的临界转速	式(99)
n_i	—	与结构件或机械零件发生的不同应力相应的应力循环数	式(5)
n_m	r/min	电动机在 P_m 时的转速	式(S.1)
n_{max}	r/min	轴的实际最大转速	式(99)
n_r	—	疲劳安全系数	式(113)
n_s	—	与钢材的屈服点相对应的安全系数	式(97)
n_T	—	结构件或机械零件总的应力循环数	式(5)
P	N	一个车轮或滑块上的集中载荷	式(31)
P	N	夹轨器对轨道产生的夹持力	式(143)
$[P]$	kN	单个摩擦型高强度螺栓的许用承载能力	式(38)
$\sum P$	N	起重机承受侧向载荷一侧的端梁上与有效轴距有关的相应车轮经常出现的最大轮压之和	式(D.1)
P_c	N	变幅过程中臂架系统相对回转中心线的径向惯性力引起的变幅阻力	式(95)
P_D	N	起重机运行减速停车惯性力	式(144)
P_e	kW	回转机构电动机的等效回转功率	式(P.4)
P_e	kW	变幅机构电动机的等效变幅功率	式(P.5)
P_e	kW	电动机的等效功率	式(P.7)
P_e	N	臂架系统在起重机回转时的离心力引起的变幅阻力	式(95)
P_{eq}	N	变幅牵引构件上的等效变幅力	式(P.5)
P_f	N	臂架铰轴等关节中的摩擦力和补偿滑轮组的效率造成的变幅阻力	式(95)
P_f	N	起重机运行摩擦阻力	式(142)

表 W.1(续)

符号或代号	单　位	含　　　　义	备　注
P_f	N	非工作状态下起重机被风吹移动时的摩擦阻力	式(143)
P_g	kN	高强度螺栓的预拉力	式(38)
P_i	N	能表征机构在服务期内工作特征的各个大小不同等级的载荷	式(3)
$P_{Ⅰi}$	N	臂架从位置 i 到位置 $i+1$ 幅度区段上两个相邻计算位置的变幅阻力的平均值	式(96)
$\sum P_{Ⅰi}$	N	在第 i 个变幅位置,由各相关载荷在变幅齿条上产生的分力之和	式(S.8)
P_j	N	稳态运行阻力	式(86)
P_L	N	正常工作起重机车轮或滚轮的允许轮压	式(131)
P_{MA}	N	与机构加(减)速有关的惯性载荷	式(17)
P_{MF}	N	与机构传动效率中未考虑的摩擦力相对应的载荷	式(17)
P_{MG}	N	由起重机其他的运动部分的质心垂直位移引起的载荷	式(17)
P_{Mmax}	N	正常工作条件下与轴承相应动载荷的最大值	式(121)
$P_{MmaxⅠ}$	N	在载荷情况Ⅰ(无风正常工作)中出现的 P_M 型的最大组合载荷	式(17)
$P_{MmaxⅡ}$	N	在载荷情况Ⅱ(有风正常工作)中出现的 P_M 型的最大组合载荷	式(19)
$P_{MmaxⅢ}$		在载荷情况Ⅲ(特殊载荷情况)中出现的 P_M 型的最大组合载荷	式(24)
$P'_{MmaxⅡ}$	N	由全部运动质量质心作垂直位移引起的轴承等效平均动载荷	式(121)
$P_{MmeanⅠ}$	N	水平运动机构中受加速力但不受风力的零件上的滚动轴承的等效平均动载荷	式(119)
$P_{MmeanⅡ}$	N	水平运动机构中受加速力又受风力的零件上的滚动轴承的等效平均动载荷	式(120)
P_{Mmin}	N	正常工作条件下与轴承相应动载荷的最小值	式(121)
P_{MQ}	N	由起升质量垂直位移引起的载荷	式(17)
$\bar{P}_{MWⅠ}$	N	作用在起重机或大表面积的起升物品上的工作状态风载荷	式(19)
$\bar{P}_{MWⅡ}$	N	作用在起重机或大表面积的起升物品上的工作状态风载荷	式(20)
P_m	N	运行摩擦阻力	式(86)
P'_m	N	不考虑轮缘与轨道侧面附加摩擦的摩擦阻力	式(91)

表 W.1(续)

符号或代号	单　位	含　　义	备　注
P_{max}	N	机构承受的最大载荷	式(3)
P_{max}	N	链条最大工作载荷	式(135)
P_{max}	N	最大轮压	式(133)
$P_{max\,I、II}$	N	起重机满载时确定的车轮最大轮压	式(130)
P_{mean}	N	$P_{mean\,I}$ 和 $P_{mean\,II}$ 两者之中取大者	式(132)
$P_{mean\,I}$	N	无风正常工作起重机的等效工作轮压	式(130)
$P_{mean\,II}$	N	有风正常工作起重机的等效工作轮压	式(130)
$P_{min\,I、II}$	N	起重机空载时确定的车轮最小轮压	式(130)
P_N	kW	未修正的所需电动机的功率	式(136)
P_N	kW	电动机的稳态起升功率	式(P.1)
P_N	kW	电动机的稳态运行功率	式(P.2)
P_N	kW	电动机的稳态变幅功率	式(P.3)
P_N	kW	电动机的额定功率	式(R.1)
P_N	kW	起升机构电动机静功率	式(S.9)
P'_N	kW	根据环境温度和海拔修正后用来选用电动机的功率	式(136)
P_n	kW	所选电动机的功率	式(P.7)
P_O	N	变幅时吊运物品非水平位移所引起的变幅阻力	式(95)
P_P	N	破断载荷	式(135)
P_Q	N	额定起升载荷	式(77)
P_{Qi}	N	起重机在预期寿命期内工作的各个有代表性的起升载荷	式(1)
P_{Qmax}	N	起重机的额定起升载荷	式(1)
P_Q+P_G	N	起升载荷与自重载荷产生的总轮压	式(142)
P_{RA}	N	由加(减)速度引起的惯性载荷	式(18)
P_{RQ}	N	由起重机零部件质量引起的载荷	式(18)
$\bar{R}_{RG}$	N	由起重机零部件质量引起的相应载荷	式(22)
$P_{Rmax\,I}$	N	在载荷情况Ⅰ(无风正常工作)中出现的 P_R 型的最大组合载荷	式(18)
$P_{Rmax\,II}$	N	在载荷情况Ⅱ(有风正常工作)中出现的 P_R 型的最大组合载荷	式(21)
$P_{Rmax\,III}$	N	在载荷情况Ⅲ(特殊载荷情况)中出现的 P_R 型的最大组合载荷	式(22)
$P_{Rmax\,I}$、$P_{Rmin\,I}$	N	按载荷情况Ⅰ计算轴承所在处的极值动载荷	式(122)
$P_{Rmax\,II}$、$P_{Rmin\,II}$	N	按载荷情况Ⅱ计算轴承所在处的极值动载荷	式(123)

表 W.1（续）

符号或代号	单 位	含 义	备 注
$P_{\text{Rmean I}}$	N	轴承无风工作的等效平均动载荷	式(122)
$P_{\text{Rmean II}}$	N	轴承有风工作的等效平均动载荷	式(123)
$\bar{P}_{\text{RQ}}$	N	起升质量引起的载荷	式(18)
$\bar{P}_{\text{RW II}}$	N	工作风压引起的相应风载荷	式(21)
$\bar{P}_{\text{RW III max}}$	N	非工作风压引起的相应最大风载荷	式(22)
P_{S}	N	起重机偏斜运行时的水平侧向载荷	式(D.1)
P_{S}	kW	稳态平均功率	式(S.2)
P_{S1}	kW	连续工作制(S1)时电动机的额定功率	式(S.1)
P_{sh}	N	作用在吊运物品上的相关载荷引起的起升滑轮组对铅垂线的偏角 α 造成的变幅阻力	式(95)
$[P_{\text{t}}]$	kN	单个摩擦型高强度螺栓沿螺杆轴向的许用承载能力	式(39)
P_{W}	N	作用在臂架系统上的风载荷引起的变幅阻力	式(95)
$P_{\text{W I}}$	N	作用在起重机上的工作状态正常风载荷	式(11)
$P_{\text{W I}}$	N	按计算风压 P_1 算得的风阻力	式(86)
$P_{\text{W II}}$	N	作用在起重机上的工作状态最大风载荷	式(11)
$P_{\text{W II}}$	N	起重机承受的工作状态风载荷	式(142)
$P_{\text{W II}}$	N	工作状态风载荷	式(R.2)
$P_{\text{W III}}$	N	起重机的非工作状态风载荷	式(15)
$P_{\text{WQ I}}$	N	作用在吊运物品上的工作状态正常风载荷	式(13)
$P_{\text{WQ II}}$	N	作用在吊运物品上的工作状态最大风载荷	式(13)
P_{Z}	N	非平衡动臂式变幅机构的变幅阻力	式(95)
P_{Z1}	N	运行机构制动器在车轮踏面上产生的制动力	式(142)
P_{Z2}	N	由制动器与夹轨器、锚定装置或防风拉索等沿轨道方向产生的抗风阻力	式(143)
P_{Z2}	N	制动器、夹轨器等装置沿轨道方向产生的抗风防滑力	式(145)
P_{α}	N	坡道阻力	式(86)
P_{α}	N	起重机轨道坡度等引起的变幅阻力	式(95)
P_{α}	N	自重载荷与起升载荷沿坡道方向产生的滑行力	式(142)
$P_{\alpha\text{G}}$	N	自重载荷沿坡道方向产生的滑行力	式(143)
$P_{\alpha\text{Q}}$	N	起升载荷沿坡道方向产生的滑行力	式(144)
$P_{\alpha\text{q}}$	N	固定吊具的重力沿坡道方向产生的滑行力	式(145)
P_1	N	臂架系统自重未能完全平衡引起的变幅阻力	式(95)

表 W.1(续)

符号或代号	单　位	含　　　义	备　注
P_{ξ}	—	电动机断续定额与连续定额的损耗比	式(S.11)
p	N/m^2	计算风压	式(10)
p_i	N/m^2	工作状态计算风压	式(11)
$p_{\text{Ⅲ}}$	N/m^2	非工作状态计算风压	式(15)
P_{Σ}	N	运动部分所有质量的重力	式(87)
Q	N	格构式构件横截面的剪力	式(47)
R	(mm)	圆柱壳体的中面半径	式(68)
R_n	—	电动机运行后的温升与连续定额时温升的比率	式(S.11)
$R_{n\xi}$	—	运行后的温升与断续定额时温升的比率	式(S.11)
$r(r_x、r_y、r_{xy})$	—	应力循环特性值	式(72)
r	mm	滑轮、卷筒的绳槽半径	式(129)
r	—	折合系数	式(S.3)
$r_x、r_y$	mm	结构构件毛截面对强轴(x 轴)或弱轴(y 轴)的回转半径	式(43)
S	N	钢丝绳最大工作静拉力	式(125)
S	mm^2	导线截面	式(139)
T	℃	起重机结构的工作环境温度	式(I.6)
T	s	导线发热时间常数	式(U.1)
T	s	电动机的一个工作循环的总时间	式(S.1)
T_0	℃	工作环境温度	式(U.1)
T_1	℃	线芯最高工作温度	式(U.1)
T_2	℃	额定工作环境温度	式(U.1)
t	mm	腹板板厚	式(31)
t	mm	板厚	式(53)
t	mm	圆柱壳体的壁厚	式(68)
t	s	起、制动时间	式(94)
t	mm	构件材料厚度	式(I.4)
t	mm	构件截面的受压翼缘厚度	式(L.1)
t	mm	受压翼缘的平均厚度	式(L.3)
t_E	s	一个循环期内起动制动的等效时间	式(S.1)
t_i	h	与机构承受各个大小不同等级的载荷的相对应时间的分别累计值	式(3)
t_i	s	$P_{Ⅰi}$的作用时间	式(96)

表 W.1（续）

符号或代号	单　位	含　　　　义	备　注
t_i	s	每一变幅位置间隔所需时间	式(S.8)
t_N	s	一个循环期内恒速工作的时间	式(S.1)
t_q	s	起升机构的起动时间	式(82)
t_q	s	起重机的运行起动时间	式(90)
t_s	mm	横向加劲肋的厚度	式(62)
t_s	mm	单根纵向加劲肋的外伸厚度	式(67)
t_S	s	一个循环期内停止的时间	式(S.1)
t_T	h	机构承受所有大小不同等级的载荷时间的总和	式(3)
t_Z	s	起升机构的制动时间	式(84)
t_Z	s	运行机构制动时间	式(91)
t_Z	s	回转机构制动时间	式(93)
$t_1, t_2, t_3, \cdots, t_n$	s	发生不同转矩的时间段	式(P.9)
ΔU	V	导线的电压降	式(139)
v_b	m/s	变幅牵引构件的运动线速度	式(P.5)
v_b	m/s	牵引构件(钢丝绳、齿条、螺杆、液压缸、活塞等)的线速度	式(P.6)
v_b	m/s	变幅齿条(或螺杆、油缸、钢丝绳等)的运动线速度	式(R.4)
v_b	m/s	额定变幅速度	式(S.8)
v_q	m/s	稳定起升速度	式(7)
v_q	m/s	起升速度	式(83)
v_q	m/s	额定起升速度	式(R.1)
v'_q	m/s	满载下降且制动器开始有效制动时的下降速度	式(85)
v_s	m/s	计算风速	式(10)
v_y	m/s	起重机运行速度	式(9)
v_y	m/s	起重机稳定运行速度	式(90)
v_y	m/s	运行速度	式(P.2)
v_y	m/s	起重机(或小车)的运行速度	式(R.2)
W	mm^3	圆柱壳体的截面抗弯模量(壳体上有孔洞者则按净截面抗弯模量计算)	式(69)
W_x	mm^3	按构件受压最大纤维确定的毛截面抗弯模量	式(48)
W_x	mm^3	按受压最大纤维确定的截面对强轴(x 轴)的抗弯模量	式(L.1)

表 W.1(续)

符号或代号	单位	含义	备注
W_x、W_y	mm^3	构件计算截面对强轴(x 轴)或对弱轴(y 轴)的抗弯模量	式(49)
W_x、W_y	mm^3	结构构件截面受压侧的抗弯模量	式(M.1)、式(M.2)
y	—	以局部压应力作用边为原点向另一边方向的坐标	式(N.1)
Z		在节点或拼接连接接头一侧结构构件上的高强度螺栓的总数	式(35)
Z		摩擦型高强度螺栓连接中的螺栓数目	式(40)
Z		(电动机)折合的每小时全起动次数	式(S.3)
Z_A	—	(钢材质量组别选择的)残余应力影响评价系数	式(I.1)
Z_B	—	(钢材质量组别选择的)材料厚度影响评价系数	式(I.4)
Z_C	—	(钢材质量组别选择的)工作环境温度影响评价系数	式(I.6)
Z_m		传力的摩擦面数	式(38)
Z_1		所计算结构件截面(连接接头一侧的最外列螺栓处)的高强度螺栓数	式(35)
α	—	翼缘板的边长比	式(66)
α	(°)	轨道倾斜角度	式(88)
α、θ、H		几何尺寸	式(J.5)
β	—	载荷分配系数	式(39)
β_b	—	简支梁受横向载荷的等效临界弯矩系数	式(L.1)
β_2	—	(用于计算起升动载荷系数 ϕ_2 的)按起升状态级别设定的系数	式(7)
β_3	—	(计算部分有效荷重突然卸载冲击系数 ϕ_3 时用的)系数	式(8)
γ	$m/\Omega \cdot mm^2$	导线电导率	式(139)
γ'_m	—	增大系数	式(17)
δ	—	单根纵向加劲肋截面面积与翼缘板截面面积之比	式(66)
η	—	挡风折减系数	式(14)
η	—	起升物品时起升机构传动装置和滑轮组的总效率	式(77)
η	—	运行机构总传动效率	式(89)
η	—	回转机构的总传动效率	式(93)
η	—	电动机至极限力矩联轴器的传动效率	式(94)
η	—	起升机构总效率	式(P.1)
η	—	变幅机构总传动效率	式(P.5)

表 W.1（续）

符号或代号	单　位	含　　　义	备　注
η	—	机构的总效率	式(P.10)
η'	—	物品下降时起升机构传动装置和滑轮组的总效率	式(81)
η'	—	物品下降时起升机构系统的总效率	式(84)
η_D	—	导向滑轮的效率	式(124)
η_l	—	单个滑轮的效率	式(124)
η_m	—	电动机在功率 P_m 时的效率	式(S.1)
η_N	—	电动机在 P_{S1} 时的效率	式(S.1)
η_Σ	—	钢丝绳系统的总传动效率	式(124)
θ	°	风向与构件纵轴或构架表面的夹角	式(12)
λ	—	水平侧向载荷系数	式(D.1)
λ	—	按 5.5.1.2 计算的实腹式构件长细比	式(44)
$[\lambda]$	—	结构构件的容许长细比	式(42)
λ_{AS}	—	电动机平均起动转矩倍数	式(82)
λ_{AS}	—	相对于 P_N 的平均起动转矩倍数	式(R.2)
λ_h	—	格构式结构件的换算长细比	式(45)
λ_{hF}	—	格构式构件的假想长细比	式(45)
λ_F	—	实腹式构件的假想长细比	式(44)
λ_m	—	相对于 P_N 时的电动机最大转矩倍数	式(R.1)
λ_y	—	受弯构件(梁)对弱轴(y 轴)的长细比	式(L.1)
λ_x、λ_y	—	实腹式轴心受力构件对强轴(x 轴)或弱轴(y 轴)的计算长细比	式(43)
λ_x、λ_y	—	构件对强轴(x 轴)或弱轴(y 轴)的计算长细比	式(51)
μ	—	抗滑移系数	式(38)
μ	—	泊桑比	式(53)
μ	—	车轮轴承摩擦阻力系数	式(87)
μ_1	—	与支承方式有关的(在两个互相垂直的平面内不一定相同)长度系数	式(J.1)
μ_2	—	变截面长度系数	式(J.2)
μ_3	—	考虑拉臂钢丝绳或起升钢丝绳阻碍臂架在回转平面内变形的长度系数	式(J.3)
ρ	—	系数	式(57)
σ	N/mm^2	正应力	式(32)
σ	N/mm^2	拉伸(或压缩)应力	式(34)

表 W.1(续)

符号或代号	单位	含义	备注
σ	N/mm^2	最大应力	式(105)
σ	N/mm^2	最大计算正应力	式(116)
$[\sigma]$	N/mm^2	钢材的基本许用应力	式(28)
σ_b	N/mm^2	钢材的抗拉强度	式(28)
σ_b	N/mm^2	机械零件钢材的抗拉强度	式(98)
σ_{bw}	N/mm^2	抛光试件在交变旋转弯曲作用下的疲劳极限值	式(100)
σ_{cr}	N/mm^2	(抗屈曲临界复合应力的)折减临界应力	式(57)
$\sigma_{c,cr}$	N/mm^2	(圆柱壳体受轴压或压弯作用时的)临界应力	式(68)
$[\sigma_{cd}]$	N/mm^2	端面承压许用应力	式(30)
$[\sigma_{cr}]$	N/mm^2	板的局部稳定性许用应力	式(58)
σ_d	N/mm^2	机械零件的疲劳极限	式(107)
σ_E	N/mm^2	四边简支单向均匀受压板的欧拉应力	式(53)
σ_G	N/mm^2	结构构件纵向拉伸应力	式(I.1)
$[\sigma_h]$	N/mm^2	焊缝许用应力	式(36)
σ_i	N/mm^2	该结构构件或机械零件在工作时间内发生的不同应力	式(5)
$\sigma_{i,ccr}$	N/mm^2	压缩应力 σ_1、剪切应力 τ 和局部压应力 σ_m 同时作用时板的临界复合应力	式(56)
$\sigma_{i,mcr}$	N/mm^2	临界局部压应力	式(55)
$\sigma_{i,1cr}$	N/mm^2	临界压缩应力	式(53)
σ_m	N/mm^2	局部压应力的平均值	式(31)
σ_m	N/mm^2	板的计算点上的局部压应力	式(60)
$\sigma_m(y)$	N/mm^2	局部压应力 σ_m 沿板宽方向变化到 y 处的值	式(N.1)
σ_{max}	N/mm^2	为应力 $\sigma_1,\sigma_2,\sigma_3,\cdots,\sigma_n$ 中的最大应力	式(5)
σ_r	N/mm^2	机械零件的拉伸疲劳强度	式(111)
$[\sigma_r]$	N/mm^2	机械零件拉伸或压缩疲劳许用应力	式(114)
σ_s	N/mm^2	钢材的屈服点	式(28)
σ_s	N/mm^2	轴心受压构件使用的大于 235 N/mm^2 的钢材屈服点	式(45)
σ_s	N/mm^2	钢材的屈服点	式(97)
σ_{sl}	N/mm^2	高强度螺栓钢材的屈服点	式(39)
σ_t	N/mm^2	钢丝的公称抗拉强度	式(126)
σ_{wr}	N/mm^2	零件拉伸,压缩,弯曲的疲劳极限	式(102)
σ_x、σ_y	N/mm^2	构件同一计算点上所受的两个方向的正应力	式(33)

表 W.1（续）

符号或代号	单　位	含　　　义	备　注
σ_x、σ_y	N/mm^2	（机械零件中）x 方向或 y 方向的最大正应力	式(118)
σ_{xr}、σ_{yr}	N/mm^2	x 方向或 y 方向正应力的疲劳强度	式(118)
σ_{xmax}、σ_{ymax}、τ_{xymax}	N/mm^2	构件(或连接)在疲劳计算点上的绝对值最大正应力和绝对值最大剪应力	式(72)
σ_{xmin}、σ_{ymin}、τ_{xymin}	N/mm^2	应力循环中与 σ_{xmax}、σ_{ymax}、τ_{xymax} 相对应的同一疲劳计算点上的一组应力值	式(72)
$[\sigma_{xrc}]$	N/mm^2	x 方向的$[\sigma_{rc}]$值，与 σ_{xmax} 相应的压缩疲劳许用应力	式(73)
$[\sigma_{xrt}]$	N/mm^2	x 方向的$[\sigma_{rt}]$值，与 σ_{xmax} 相应的拉伸疲劳许用应力	式(73)
$[\sigma_{yrc}]$	N/mm^2	y 方向的$[\sigma_{rc}]$值，与 σ_{ymax} 相应的压缩疲劳许用应力	式(74)
$[\sigma_{yrt}]$	N/mm^2	y 方向的$[\sigma_{rt}]$值，与 σ_{ymax} 相应的拉伸疲劳许用应力	式(74)
σ_1	N/mm^2	板的计算点上的压缩正应力	式(60)
τ	N/mm^2	剪应力	式(32)
τ	N/mm^2	板的计算点上的剪切应力	式(60)
τ	N/mm^2	最大剪应力	式(106)
τ	N/mm^2	最大计算剪切应力	式(117)
τ	N/mm^2	最大剪应力	式(118)
$[\tau]$	N/mm^2	结构件剪切许用应力	式(29)
τ_d	N/mm^2	机械零件的疲劳极限	式(108)
$\tau_{i,cr}$	N/mm^2	临界剪切应力	式(54)
τ_r	N/mm^2	机械零件的剪切疲劳强度	式(112)
$[\tau_r]$	N/mm^2	机械零件的剪切疲劳许用应力	式(115)
τ_{xy}	N/mm^2	构件同一计算点上所受的剪应力	式(33)
$[\tau_{xyr}]$	N/mm^2	结构件计算点上在 xy 平面内与 τ_{xymax} 相应的剪切疲劳许用应力	式(75)
τ_w	N/mm^2	抛光零件在交变剪切(纯剪切或扭转)作用下的疲劳极限	式(100)
τ_{wr}	N/mm^2	扭转剪切的疲劳极限	式(103)
ϕ_2	—	起升动载系数	式(7)
ϕ_{2min}	—	与起升状态级别相对应的起升动载系数的最小值	式(7)
ϕ_3	—	空中突然卸载的冲击系数	式(8)
ϕ_4	—	运行冲击系数	式(9)
ϕ_6	—	动载试验载荷起升动载系数	式(16)
φ	—	第一片结构的迎风面充实率	式(14)

表 W.1(续)

符号或代号	单位	含义	备注
φ	—	轴心受压稳定系数	式(46)
$\tan\varphi$	—	威勒曲线斜率	式(107)
φ_b	—	绕构件强轴弯曲所确定的受弯构件侧向屈曲稳定系数	式(48)
φ_b	—	构件侧向屈曲稳定系数	式(52)
φ_b	—	侧向屈曲稳定系数	式(L.1)
φ_b	—	轧制槽钢的简支梁构件的侧向屈曲稳定系数	式(L.3)
φ_b	—	受弯构件侧向弯扭屈曲稳定系数	式(M.2)
φ_b'	—	轧制普通工字钢,两端简支的受弯构件侧向屈曲稳定系数的修正值	式(L.2)
$\varphi\psi$	—	轴压稳定系数 φ 和其修正系数 ψ 的乘积	式(M.1)
$\cos\varphi$	—	功率因数	式(139)
χ	—	简支板边弹性嵌固系数	式(53)
ψ	—	板边两端应力比	式(56)
ψ	—	轴压稳定系数的修正系数	式(M.2)
ω	—	运行摩擦阻力系数	式(142)

参 考 文 献

[1] GB/T 17908—1999 起重机和起重机械 技术性能和验收文件(idt ISO 7363:1986)

[2] GB/T 19924—2005 流动式起重机 稳定性的确定(ISO 4305:1991,IDT)

[3] GB/T 20863.1—2007 起重机械 分级 第1部分:总则(ISO 4301-1:1986,IDT)

[4] GB/T 20863.2—2007 起重机械 分级 第2部分:流动式起重机(ISO 4301-2:1985,IDT)

[5] GB/T 20863.3—2007 起重机械 分级 第3部分:塔式起重机(ISO 4301-3:1993,IDT)

[6] GB/T 20863.4—2007 起重机械 分级 第4部分:臂架起重机(ISO 4301-4:1989,IDT)

[7] GB/T 20863.5—2007 起重机械 分级 第5部分:桥式和门式起重机(ISO 4301-5:1991,IDT)

[8] GB/T 20303.1—2006 起重机 司机室 第1部分:总则(ISO 8566-1:1992,IDT)

[9] GB/T 20303.2—2006 起重机 司机室 第2部分:流动式起重机(ISO 8566-2:1995,IDT)

[10] GB/T 20303.3—2006 起重机 司机室 第3部分:塔式起重机(ISO 8566-3:1992,IDT)

[11] GB/T 20303.4—2006 起重机 司机室 第4部分:臂架起重机(ISO 8566-4:1998,IDT)

[12] GB/T 20303.5—2006 起重机 司机室 第5部分:桥式和门式起重机(ISO 8566-5:1992,IDT)

[13] ISO 4302:1981 起重机 风载荷估算

[14] ISO 4304:1987 除流动式和浮式起重机以外的起重机 稳定性基本要求

[15] ISO 4308-1:2003 起重机和起重机械 钢丝绳选择 第1部分:总则

[16] ISO 7752-1:1983 起重机械 控制装置 布置形式和特性 第1部分:基本原则

[17] ISO 7752-2:1985 起重机械 控制装置 布置形式和特性 第2部分:流动式起重机基本布置和要求

[18] ISO 7752-3:1993 起重机械 控制装置 布置形式和特性 第3部分:塔式起重机

[19] ISO 7752-4:1989 起重机械 控制装置 布置形式和特性 第4部分:臂架起重机

[20] ISO 7752-5:1985 起重机械 控制装置 布置形式和特性 第5部分:桥式和门式起重机

[21] ISO 8686-1:1989 起重机 载荷和载荷组合设计原则 第1部分:总则

[22] ISO 8686-2:2004 起重机 载荷和载荷组合设计原则 第2部分:流动式起重机

[23] ISO 8686-3:1998 起重机 载荷和载荷组合设计原则 第3部分:塔式起重机

[24] ISO 8686-4:2005 起重机 载荷和载荷组合设计原则 第4部分:臂架起重机

[25] ISO 8686-5:1992 起重机 载荷和载荷组合设计原则 第5部分:桥式和门式起重机

[26] ISO 9942-1:1994 起重机 信息标牌 第1部分:总则
[27] ISO 9942-3:1999 起重机 信息标牌 第3部分:塔式起重机
[28] ISO 10245-1:1994 起重机 限制器和指示器 第1部分:总则
[29] ISO 10245-2:1994 起重机 限制器和指示器 第2部分:流动式起重机
[30] ISO 10245-3:1999 起重机 限制器和指示器 第3部分:塔式起重机
[31] ISO 10245-4:2004 起重机 限制器和指示器 第4部分:臂架起重机
[32] ISO 10245-5:1995 起重机 限制器和指示器 第5部分:桥式和门式起重机
[33] ISO 10972-1:1998 起重机 对机构的要求 第1部分:总则
[34] ISO 11660-1:1999 起重机 通道及安全防护设施 第1部分:总则
[35] ISO 11660-2:1994 起重机 通道及安全防护设施 第2部分:流动式起重机
[36] ISO 11660-3:1999 起重机 通道及安全防护设施 第3部分:塔式起重机
[37] ISO 11660-5:2001 起重机 通道及安全防护设施 第5部分:桥式和门式起重机
[38] ISO 12210-1:1998 工作和非工作状态下的锚定装置 第1部分:总则
[39] ISO 12210-4:1998 工作和非工作状态下的锚定装置 第4部分:臂架起重机
[40] ISO 12480-1:1997 起重机 安全使用 第1部分:总则
[41] ISO 22986:2007 起重机 刚性 桥式和门式起重机
[42] EN 13001-1:2004 起重机安全 通用设计 第1部分:一般原则和要求
[43] EN 13001-2:2004 起重机安全 通用设计 第2部分:载荷效应
[44] BS 2573/1:1983 起重机设计规范 第1部分:分级、应力计算和结构设计原则
[45] BS 2573/2:1980 起重机设计规范 第2部分:分级、应力计算和机构设计原则
[46] DIN 15018/1:1984 起重机 钢结构 验证和分析
[47] DIN 15018/2:1984 起重机 钢结构 设计和构造原则
[48] DIN 15018/3:1984 流动式起重机 钢结构计算原则
[49] DIN 15019-1:1979 起重机 稳定性
[50] DIN 15019-2:1979 流动式起重机(无轨式) 稳定性试验载荷和计算
[51] DIN 15025:1978 起重机 司机室内控制器的操作方向和布置
[52] FEM 1.001:1998 欧洲起重机械设计规范
[53] JIS B 8821:2004 起重机钢结构的计算标准

ICS 53.020.20
J 80

中华人民共和国国家标准

GB/T 5031—2019
代替 GB/T 5031—2008

塔式起重机

Tower crane

2019-08-30 发布　　　　2020-03-01 实施

国家市场监督管理总局
中国国家标准化管理委员会　发布

前　言

本标准按照GB/T 1.1—2009给出的规则起草。

本标准代替GB/T 5031—2008《塔式起重机》。与GB/T 5031—2008相比主要技术变化如下：

——增加了“定置式塔机”“爬升支撑装置”“换步支撑装置”等术语(见3.13、3.14、3.15)；

——修改了型号分类方法和标识原则(见4.1、4.2,2008年版的4.1和4.2)；

——修改了“平衡重与压重”的技术要求(见5.2.1,2008年版的5.2.1.1)；

——补充修订了对“爬升装置”的要求(见5.2.3、5.6.11)；

——调整了对“钢丝绳防脱装置”的要求(见5.6.10,2008年版的5.6.10)；

——增加了“爬升装置”试验方法(见6.7)；

——增加了“动臂变幅幅度限制装置检验”方法(见附录D.6)；

——删除了“可靠性”要求及试验方法(见2008年版的5.2.5、6.4、附录F)；

——删除了附录A和附录I,改为直接引用标准(见2008年版的5.3.1.2、11.5.4、附录A、附录I)。

本标准由中国机械工业联合会提出。

本标准由全国起重机械标准化技术委员会(SAC/TC 227)归口。

本标准负责起草单位:北京建筑机械化研究院有限公司。

本标准参加起草单位:中联重科股份有限公司、沈阳三洋建筑机械有限公司、抚顺永茂建筑机械有限公司、徐州建机工程机械有限公司、湖北江汉建筑工程机械有限公司、北京市建设机械与材料质量监督检验站、哈尔滨工业大学、四川建设机械(集团)股份有限公司、浙江省建设机械集团有限公司、江苏正兴建设机械有限公司、广西建工集团建筑机械制造有限责任公司、山东鸿达建工集团有限公司、上海市建筑科学研究院(集团)有限公司、浙江虎霸建设机械有限公司、哈尔滨东建机械制造有限公司、江麓机电集团有限公司、成都久和建机科技有限责任公司、辽宁省安全科学研究院、广东省建筑科学研究院集团有限公司、北京正和工程装备服务有限公司、上海市建工设计研究总院有限公司、江西江特电机有限公司、中国新兴建设开发有限责任公司、北京城建五建设集团有限公司、中铁建设集团有限公司、江西中天机械有限公司、江西华伍制动器股份有限公司、北京建工土木工程有限公司、中国建设教育协会。

本标准主要起草人:罗文龙、姚金柯、喻乐康、李国威、才冰、米成宏、田广范、文朝辉、王凯晖、兰朋、廖多常、金鹤翔、王兴杰、姜渭、付剑雄、郑军、周志勇、樊斌、王一华、祝丽蓉、史向东、肖鸣、陈云龙、汤坤林、卢天星、杨杰、沈宏志、田凯、罗斌飞、杜军华、游大江、帅玉兵、刘承桓。

本标准所代替标准的历次版本发布情况为：

——GB 5031—1985、GB/T 5031—1994、GB/T 5031—2008；

——GB 9462—1988、GB/T 9462—1999；

——GB/T 17806—1999；

——GB/T 17807—1999。

塔式起重机

1 范围

本标准规定了塔式起重机(以下简称塔机)的分类与标识、技术要求、试验方法、检验规则、信息标志、包装、运输和贮存、安装及爬升、使用检查。

本标准适用于GB/T 6974.3所定义的塔式起重机。

本标准不适用于可装设塔身的流动式起重机,带或不带臂架的安装桅杆。

2 规范性引用文件

下列文件对于本文件的应用是必不可少的。凡是注日期的引用文件,仅注日期的版本适用于本文件。凡是不注日期的引用文件,其最新版本(包括所有的修改单)适用于本文件。

GB/T 699　优质碳素结构钢

GB/T 700　碳素结构钢

GB/T 985.1　气焊、焊条电弧焊、气体保护焊和高能束焊的推荐坡口

GB/T 985.2　埋弧焊的推荐坡口

GB/T 1591　低合金高强度结构钢

GB/T 3098.1　紧固件机械性能　螺栓、螺钉和螺柱

GB/T 3098.2　紧固件机械性能　螺母

GB/T 3274　碳素结构钢和低合金结构钢热轧钢板和钢带

GB/T 3323　金属熔化焊焊接接头射线照相

GB/T 3766　液压传动　系统及其元件的通用规则和安全要求

GB/T 4728(所有部分)　电气简图用图形符号

GB/T 5117　非合金钢及细晶粒钢焊条

GB/T 5118　热强钢焊条

GB 5144　塔式起重机安全规程

GB/T 5226.32　机械电气安全　机械电气设备　第32部分:起重机械技术条件

GB/T 5293　埋弧焊用非合金钢及细晶粒钢实心焊丝、药芯焊丝和焊丝-焊剂组合分类要求

GB/T 5972　起重机　钢丝绳　保养、维护、检验和报废

GB/T 6974.1　起重机　术语　第1部分:通用术语

GB/T 6974.3　起重机　术语　第3部分:塔式起重机

GB/T 8110　气体保护电弧焊用碳钢、低合金钢焊丝

GB/T 8918　重要用途钢丝绳

GB/T 10051.1　起重吊钩　第1部分:力学性能、起重量、应力及材料

GB/T 10051.2　起重吊钩　第2部分:锻造吊钩技术条件

GB/T 12470　埋弧焊用热强钢实心焊丝、药芯焊丝和焊丝-焊剂组合分类要求

GB/T 13752　塔式起重机设计规范

GB/T 14292　碳素结构钢和低合金结构钢热轧条钢技术条件
GB/T 20118　钢丝绳通用技术条件
GB/T 20303.3　起重机　司机室和控制站　第3部分:塔式起重机
GB/T 20863.3　起重机械　分级　第3部分:塔式起重机
GB/T 24817.3　起重机　控制装置布置形式和特性　第3部分:塔式起重机
GB/T 24818.3　起重机　通道及安全防护设施　第3部分:塔式起重机
GB/T 26557　吊笼有垂直导向的人货两用施工升降机
GB/T 27546　起重机械　滑轮
GB/T 28264　起重机械　安全监控管理系统
GB/T 31052.1　起重机械　检查与维护规程　第1部分:总则
GB/T 31052.3　起重机械　检查与维护规程　第3部分:塔式起重机
JB/T 2300　回转支承
JB/T 5946　工程机械　涂装通用技术条件
JB/T 5947　工程机械　包装通用技术条件
JB/T 10559　起重机械无损检测　钢焊缝超声检测
JB/T 10837　建筑施工机械与设备　三排柱式回转支承
JB/T 10838　建筑施工机械与设备　单排交叉滚柱(锥)式回转支承
JB/T 10839　建筑施工机械与设备　单排球式回转支承
JB/T 11157　塔式起重机　钢结构制造与检验
JB/T 11865　塔式起重机车轮技术条件
JGJ 332　建筑塔式起重机安全监控系统应用技术规程

3　术语和定义

GB/T 6974.1、GB/T 6974.3 界定的以及下列术语和定义适用于本文件。

3.1

安全距离　safety pass clearance

塔机运动部分与周围障碍物之间的最小允许距离。

3.2

工作状态　in-service

塔机处于司机控制之下进行作业的状态(含吊载运转、空载运转或间歇停机)。

3.3

非工作状态　out-of-service

已安装架设完毕的塔机,不吊载,所有机构停止运动,切断动力电源,并采取防风保护措施的状态。

3.4

最大工作压力　maximum working pressure

正常操作状态下液压回路或元件中的最大压力。

3.5

独立起升高度　non-tie-in load-lifting height

塔机运行或固定独立状态时,空载、塔身处于最大高度、吊钩处于最小幅度的最大允许高度处，吊钩支承面对塔机基准面的最大垂直距离。

注 1：对动臂变幅塔机，起升高度分为最大幅度时起升高度和最小幅度时起升高度。

注 2：对固定式塔机基准面为基础上表面，对轨道运行式塔机基准面为轨顶。

3.6

小车变幅速度　trolley-travelling speed

对小车变幅塔机，吊载最大幅度时的额定起重量，小车稳定运行的速度。

3.7

全程变幅时间　luffing speed

对动臂变幅塔机，吊载最大幅度时的额定起重量，臂架仰角从最小角度到最大角度所需要的时间。

3.8

回转速度　slewing speed

额定起重力矩载荷状态、吊钩位于最大高度时的稳定回转速度。

3.9

慢降速度　creep speed

起升滑轮组为最小倍率，吊载该倍率允许的额定起重量，吊钩稳定下降时的最低速度。

3.10

运行速度　crane-travelling speed

空载，起重臂平行于轨道方向时塔机稳定运行的速度。

3.11

额定起重力矩　rated load moment

与基本臂最大幅度相同或相近臂长组合状态，基本臂最大幅度与相应额定起重量的乘积。

3.12

平头式塔机　flat-top crane

臂架与塔身为 T 形结构型式的上回转塔机。

3.13

定置式塔机　stationary tower crane

一次组装到位，不带爬升的组装式固定式塔机

3.14

爬升支撑装置　climbing supporting device(shoe)

爬升式塔机爬升时连接爬升液压缸与塔身踏步或爬梯的传力装置。

3.15

爬升换步装置　climbing shift-supporting device(shoe)

爬升式塔机用于实现爬升液压缸卸载、爬升支撑装置换步的支撑装置。

4　分类与标识

4.1　分类

4.1.1　按组装方式

塔机按组装方式分为自行架设塔机和组装式塔机。

4.1.2 按回转部位

塔机按回转部位分为上回转塔机和下回转塔机。

4.1.3 组装式塔机按上部结构特征

组装式塔机按上部结构特征分为水平臂(含平头式)小车变幅塔机、倾斜臂小车变幅塔机、动臂变幅塔机、伸缩臂小车变幅塔机和折臂小车变幅塔机。

动臂变幅塔机按臂架结构型式分为定长臂动臂变幅塔机与铰接臂动臂变幅塔机。

4.1.4 组装式塔机按中部结构特征

组装式塔机按中部结构特征分为爬升式塔机和定置式塔机。

4.1.5 爬升式塔机按爬升特征

爬升式塔机按爬升特征分为内爬式塔机和外爬式塔机。

4.1.6 按基础特征

组装式塔机按基础特征分为轨道运行式塔机和固定式塔机,固定式塔机又分为固定底架压重塔机和固定基础塔机。

自行架设塔机按基础特征分为轨道运行式塔机和固定式塔机。

4.1.7 自行架设塔机按上部结构特征

自行架设塔机按上部结构特征分为水平臂小车变幅塔机、倾斜臂小车变幅塔机、动臂变幅塔机。

4.1.8 自行架设塔机按转场运输方式

自行架设塔机按转场运输方式分为车载式和拖行式。

4.2 标识

4.2.1 制造商应在产品技术资料、样本和产品显著部位标识产品型号,型号中至少应包含塔机的额定起重力矩,单位为吨米(t·m)。

4.2.2 额定起重力矩按表1规定。

表1 额定起重力矩

<table>
<tr><th>额定起重力矩
t·m</th><th>基本臂最大幅度
m</th><th>相应额定起重量
t</th></tr>
<tr><td>16</td><td>16</td><td rowspan="3">1</td></tr>
<tr><td>20</td><td>20</td></tr>
<tr><td>25</td><td rowspan="2">25</td></tr>
<tr><td>31.5</td><td>1.26</td></tr>
<tr><td>40</td><td rowspan="2">30</td><td>1.34</td></tr>
<tr><td>50</td><td>1.67</td></tr>
<tr><td>63</td><td rowspan="2">35</td><td>1.8</td></tr>
<tr><td>80</td><td>2.29</td></tr>
<tr><td>100</td><td rowspan="2">40</td><td>2.5</td></tr>
<tr><td>125</td><td>3.13</td></tr>
</table>

表 1（续）

额定起重力矩 t·m	基本臂最大幅度 m	相应额定起重量 t
160	45	3.56
200		4.4
250		5.6
315	50	6.3
400		8
500		10
630	55	11.46
>630		按实际起重量计算
注：最大臂长小于基本臂时，额定力矩为最大幅度与相应额定起重量的乘积。		

5 技术要求

5.1 一般规定

5.1.1 塔机的设计准则和计算方法应符合机械基本原理及 GB/T 13752 的规定，新产品定型前应按附录A 进行结构测试验证。

5.1.2 未做特殊申明时，产品应能在以下条件下正常使用：

a) 工作环境温度－20 ℃～＋40 ℃，相对湿度不大于 90%（不凝露）；

b) 安装架设时塔机顶部 3 s 时距平均瞬时风速不大于 12 m/s，工作状态时不大于 20 m/s，非工作状态时风压按 GB/T 13752 规定；

c) 无易燃和/或易爆气体、粉尘等非危险场所；

d) 海拔高度 1 000 m 以下；

e) 工作电源符合 GB/T 5226.32 规定；

f) 塔机基础符合产品使用说明书中的规定；

g) 使用工作级别不高于产品使用说明书的规定。

5.1.3 对额定起重力矩大于或等于 63 t·m 的塔机，最大臂长组合时最大幅度处额定起重量应不小于 1 000 kg。

5.1.4 在空载、额定载荷、110%额定载荷、125%静载、连续作业试验中应满足：

a) 控制装置操作灵活、动作准确；

b) 各机构运转平稳、制动可靠；

c) 紧固件连接无松动、销轴定位可靠；

d) 结构、焊缝及关键零部件无损伤；

e) 机构无泄漏、渗油面积不大于 1 500 mm^2；

f) 机构温升、噪声在限定范围内。

5.2 整机

5.2.1 平衡重与压重

5.2.1.1 平衡重和压重应有与臂架组合长度相匹配的明确安装位置，且固定可靠、不移位。

5.2.1.2 平衡重和压重应在吊装、运输和使用中不破损，且重量不受气候影响。

5.2.1.3 可拆分吊装的平衡重和压重，应易于区分且装拆方便，每块平衡重和压重都应在本身明显的位置标识重量。

5.2.1.4 移动式平衡重的移动轨迹应唯一，平衡重不随臂架运动自动按函数关系移动时，应有让司机清晰识别其位置的措施或指示装置。

5.2.2 稳定性要求

5.2.2.1 塔机部件实际重量误差应不大于设计值的±2%，整机抗倾覆稳定性应符合GB/T 13752的规定。

5.2.2.2 自行架设塔机在架设、变换工作方式及拖行时，应满足稳定性要求。使用说明书应规定架设程序和方法、操作要求与安全措施。

5.2.2.3 组装式塔机安装稳定性应符合 GB/T 13752 的规定，使用说明书应规定安装顺序及关键步骤检查要求和注意事项。每个吊装部件均应给出吊装位置、轮廓尺寸及重量，并根据需要设置吊装装置，如：吊环、销轴等。

5.2.3 爬升装置

5.2.3.1 塔机的爬升装置应有可靠的导向，爬升装置的结构强度、刚度应符合 GB/T 13752 规定。爬升支撑装置及踏步强度应按爬升动力系统最大能力效应进行验算。

5.2.3.2 爬升速度宜不大于 0.8 m/min。

5.2.3.3 正常爬升中即使液压缸完全伸出，爬升装置的导向仍应可靠有效。

5.2.3.4 换步支撑装置应有被锁定或自动停靠在不干涉爬升装置升降运动位置的装置或功能。

5.2.4 主要性能参数误差

塔机安装到设计规定的最大独立高度时，主要性能参数误差应符合：

a) 空载时，最大幅度误差不大于设计值的±2%，最小幅度误差不大于设计值的±10%；

b) 独立起升高度不小于设计值；

c) 各机构运动速度误差不大于设计值的±5%；

d) 起升机构应具有慢速下降功能，慢降速度根据服务需求确定，但不大于 9 m/min；

e) 尾部回转半径不大于其设计值 100 mm；

f) 固定底架压重塔机支腿纵、横向跨距的误差不大于设计值的±1%；

g) 轨道运行的塔机，其轨距误差不大于设计值的±0.1%，且不大于±6 mm；

h) 整体拖运时的宽度、长度和高度均不大于其设计值；

i) 空载、风速不大于 3 m/s 状态下，独立状态塔身(或附着状态下最高附着点以上塔身)轴心线的侧向垂直度误差不大于 0.4%，最高附着点以下塔身轴心线的垂直度误差不大于 0.2%。

5.2.5 刚性要求

在额定载荷作用下，塔机起重臂根部连接处的水平静位移应不大于 $1.34H\%$(H 为最大独立状态下起重臂根部连接处至塔机基准面的垂直距离)。

额定载荷启制动时，司机室水平振动加速度应小于 $0.2g$(g 为重力加速度)。

5.2.6 外观及表面防护

5.2.6.1 塔机表面应涂漆防锈，特殊标志及涂膜质量应符合 JB/T 5946 的规定。

5.2.6.2　外露并需拆卸的销轴、螺栓、链条等连接件及弹簧、液压缸活塞杆等应采取非涂装的防锈措施。

5.2.7　噪声

5.2.7.1　塔机工作时，司机室内噪声应不大于 80 dB(A)。

5.2.7.2　塔机工作时，在距各传动机构边缘 1 m、上方 1.5 m 处测得的噪声值应不大于 90 dB(A)。

5.3　结构

5.3.1　材料

5.3.1.1　主要承载构件应采用镇静钢，钢材牌号及质量组别应符合设计文件的规定并有相关的证明文件。

5.3.1.2　主要承载构件钢材质量组别应根据对塔机结构脆性破坏影响因素的评价结果进行选择。评价与选择方法见 GB/T 13752。

5.3.1.3　主要承载构件宜使用热轧轧制型材，冷拔、冷轧型材应经退火后使用。厚度大于 50 mm钢板的使用应符合 GB/T 13752 的规定。

5.3.1.4　用于焊接的主体材料应具有良好的可焊性。可按表 2 评定钢材的可焊性，不符合表 2 规定时，应采取焊前预热、焊后保温等措施。

表 2　钢材可焊性评定指标

钢材类别	$w(C)$ %	C_E %
碳素结构钢(GB/T 700) 优质碳素结构钢(GB/T 699)	≤0.25	—
低合金高强度结构钢(GB/T 1591)	—	≤0.46

表 2 中 C_E 为含碳元素当量，C_E按式(1)计算。

$$C_E = w(C) + \frac{w(Mn)}{6} + \frac{w(Cr)+w(Mo)+w(V)}{5} + \frac{w(Ni)+w(Cu)}{15} \quad \cdots\cdots(1)$$

式中：

$w(C)$ ——C 元素在钢材中的质量分数；

$w(Mn)$ ——Mn 元素在钢材中的质量分数；

$w(Cr)$ ——Cr 元素在钢材中的质量分数；

$w(Mo)$ ——Mo 元素在钢材中的质量分数；

$w(V)$ ——V 元素在钢材中的质量分数；

$w(Ni)$ ——Ni 元素在钢材中的质量分数；

$w(Cu)$ ——Cu 元素在钢材中的质量分数。

5.3.1.5　当需要接料时，接头的型式与强度应充分考虑其对结构疲劳的影响和受力要求，每个杆件的接料处应不多于一处。

5.3.1.6　型材缺陷的限制应符合 GB/T 14292 的规定，板材缺陷的限制应符合 GB/T 3274 的规定。

5.3.1.7　材料代用应保证不降低原设计的强度、刚度、稳定性、疲劳强度，不影响原设计规定的性能和功能要求。

材料代用后,自重比原设计重量增大3%以上或迎风面积增加较多时,应按GB/T 13752中的要求重新进行计算校核。

材料代用还应考虑加工制造时产生的影响,如应力集中、可焊性、热处理性、内应力等,不得降低承载能力和使用寿命。

5.3.2 连接

5.3.2.1 焊接

5.3.2.1.1 焊接环境

结构焊接时应根据焊接方法、构件复杂程度、母材强度、厚度等确定焊接环境,对母材强度级别σ_s大于345 MPa、母材厚度大于40 mm的非交叉焊缝结构焊接,焊接环境应符合以下要求:

a) 气体保护焊焊接处附近风速不大于2 m/s;

b) 焊接区域局部环境温度不低于−20 ℃;

c) 焊接处被焊件表面温度不低于0 ℃;

d) 不在雨、雪中焊接且被焊件表面干燥。

5.3.2.1.2 焊接材料

手工焊接用焊条应符合GB/T 5117或GB/T 5118的规定。选择的焊条型号应与被焊件材料牌号、焊缝所受载荷类型、焊接方法等相适应。主要受力构件宜采用低氢型焊条。

气体保护焊用焊丝应符合GB/T 8110的规定。选择的焊丝型号应与焊接方法相匹配。

埋弧焊用焊丝与焊剂质量及组配应符合GB/T 5293和GB/T 12470的规定。选择的焊剂牌号应与被焊件材料牌号、焊缝所受载荷类型相匹配。

5.3.2.1.3 接头

焊接接头型式应符合GB/T 985.1、GB/T 985.2的规定。

塔身标准节(以下简称标准节)螺栓连接套、踏步部位宜进行局部抗撕裂能力验算。

5.3.2.1.4 质量

焊接质量应符合JB/T 11157的规定。

5.3.2.1.5 无损探伤

关键受力对接焊缝应进行无损探伤,质量不低于GB/T 3323的Ⅱ级或JB/T 10559的Ⅰ级验收要求。

5.3.2.2 螺栓连接

主要受力结构件间的螺栓连接应采用高强度螺栓,高强度螺栓副应符合GB/T 3098.1和GB/T 3098.2的规定,并应有性能等级符号标识及合格证书。

标准节、回转支承等类似受力连接用高强度螺栓应提供楔荷载合格证明。

5.3.2.3 销轴连接

销轴连接应有可靠的轴向定位,并符合GB 5144的要求。

5.3.3 互换性

主要结构件(如臂架、塔顶、回转平台、回转支承座和标准节等)的加工应有必要的工艺装备，保证顺利装配。

同规格塔身标准节应能任意组装。主肢结合处外表面阶差应不大于 2 mm。

标准节之间采用摩擦型高强螺栓连接时，连接螺栓应不采用锤击即可顺利穿入，螺栓按规定紧固后主肢端面接触面积应不小于应接触面面积的 70%。

5.3.4 结构表面

在钢丝绳运动中有可能接触到的结构表面不应有尖角。

5.3.5 排水

塔机钢结构外露表面不应有存水。封闭的管件和箱形结构内部不应存留水。

5.3.6 通道及安全防护设施

通道及安全防护设施的设置应符合 GB/T 24818.3 的规定。

5.3.7 司机室

司机室应符合 GB/T 20303.3 的规定。

5.4 机械

5.4.1 机构

5.4.1.1 设计准则

5.4.1.1.1 起升机构

动力驱动的起升机构应能使载荷以可控制的速度上升或下降。不应有单独靠重力下降的运动。

起升机构的工作级别应符合 GB/T 20863.3 的要求。

5.4.1.1.2 动臂变幅机构

动力驱动的动臂变幅机构应能使臂架和载荷以可控制的速度变幅。不应有单独靠重力下降的运动。

动臂变幅机构的工作级别应符合 GB/T 20863.3 的要求。

5.4.1.1.3 小车变幅机构

小车变幅机构应能使变幅小车带载在水平或倾斜的臂架上运行。

如小车变幅机构还要承受载荷的分力，则还应符合起升机构中的相关要求。

小车变幅机构应能使小车带着载荷沿塔机臂架结构以可控制的速度双向运动(无论臂架斜度如何)。

不应有单独靠重力作用的运动。

小车变幅机构的工作级别应符合 GB/T 20863.3 的要求。

5.4.1.1.4 运行机构

如塔机安装有运行机构，则运行机构应能使塔机在直线轨道或特制的曲线轨道上运行。

运行机构至少应在两个支脚上提供驱动力，车轮直径和数量应满足各支脚承载要求。

塔机应装备有非工作状态用的抗风防滑锚定装置。其抵抗力应按 GB/T 13752 中有关非工作状态风力产生的滑移力进行估算。

运行机构的工作级别应符合 GB/T 20863.3 的要求。

5.4.1.1.5 回转机构

回转机构应能使臂架和载荷在正常工作风力作用下可控回转。

宜采用集电器供电,不使用集电器时,应设置限位器限制臂架两个方向的旋转角度。电缆应安装固定在不会被损坏的位置。

回转机构的工作级别应符合 GB/T 20863.3 的要求。

5.4.1.2 电动机

电动机的选择应符合 GB/T 13752 的规定。

5.4.1.3 联轴器

5.4.1.3.1 起升和动臂变幅机构

电动机和减速箱间联轴器中的弹性元件即使损坏也不应发生危险运动。

联轴器类型应基于机构总体设计、使用和性能要求进行选择,对不均匀的旋转体应做动平衡,使其能:

a) 避免振动;

b) 抑制有害的扭矩峰值;

c) 补偿被连接件的同轴度误差。

5.4.1.3.2 运行机构

采用液力联轴器或等效装置以降低启动冲击时,制动器或制动系统应安装在液力联轴器的输出端。

采用其他型式联轴器的要求见 5.4.1.3.1。

5.4.1.3.3 回转机构

采用液力联轴器或等效装置以降低启动冲击时,制动器或制动系统应安装在液力联轴器的输出端。

采用其他型式联轴器的要求见 5.4.1.3.1。

5.4.1.4 制动器

5.4.1.4.1 一般要求

当提升动力被切断时,制动器应自动动作。制动器的热效能应适合小时制动次数、使用环境温度和允许温升的要求。

制动器的设计应满足在紧急情况下,满载从最高处下降制动,考虑制动器的发热和散热后,制动器应有足够的制动力使载荷以可控制的速度下降。

电动机和制动器控制回路的设计应保证,电动机产生的任何电动势能不影响制动要求。

制动弹簧的可靠性应适合制动器预期寿命与预期制动次数的要求。制动器系统的设计应保证制动弹簧的预压力不会影响弹簧的弹性常数。

应有防止污染物渗入而影响制动性能的防护措施。

5.4.1.4.2 起升机构

制动力矩应不小于额定载荷产生力矩的 1.5 倍。

制动衬垫表面应与制动轮(或盘)相适应以避免不均匀磨损,并不应使用有危害的材料(如:石棉)制造。

最大额定起重量 25 t 及以上塔机宜装设安全制动器并符合 5.4.1.4.3 的要求。

5.4.1.4.3 动臂变幅机构

应设有可由操作者和超速保护开关控制的、直接作用于卷筒凸缘上的安全制动器。

应采取措施来自动控制支持制动器和安全制动器的动作时间次序，防止产生不当的冲击载荷。

制动力矩应不小于额定载荷产生力矩的 1.5 倍。

当提升动力被切断时，支持制动器应自动动作，安全制动器可稍后作用。

使用手册应至少提供制动磨损检查的时间间隔和建议步骤。

制动衬垫表面应与制动轮（或盘）相适应以避免不均匀磨损，并不应使用有危害的材料（如：石棉）制造。

5.4.1.4.4 小车变幅机构

在最恶劣工况和试验工况下，制动器应能将小车可靠制停在要求位置。

应设有极限限制装置以防止小车冲出臂架。

5.4.1.4.5 运行机构

制动器应使塔机平缓制停，制造商应充分考虑加速度值。

总的制动力矩应能抵抗按 GB/T 13752 估算的工作状态作用于塔机上的风载荷。

5.4.1.4.6 回转机构

制动力矩应使塔机回转部分在正常工作状态风力作用下保持不动。

若采用常闭式制动器，塔机进入非工作状态时应可通过手动或遥控方式解除制动，确保臂架能随风转动。若采用遥控解除方式，遥控系统应有安全触点和指示以确保制动分离。

5.4.1.5 液压系统

5.4.1.5.1 概述

液压系统及相关元件的性能应符合 GB/T 3766 的要求。

5.4.1.5.2 液压油

液压油的物理和化学特性应满足使用和预期循环次数的要求。

液压油的黏度确定应考虑塔机工作温度范围及温升，保证系统准确工作。

5.4.1.5.3 油箱

应设有最高、最低油面的标识。

放油孔大小和位置的选择应能限制油的流速以避免形成紊流。

5.4.1.5.4 滤油器

过滤能力应能满足液压元件工作的要求。

滤油器规格应能满足所有工况，考虑允许温升后预期黏度变化范围内流速的需要。

滤油器设计成只为一部分集成回路使用时，如果说明书中提供了它们的清洗和更换清单，则可不设堵塞指示器。这种情况下，要有详细的滤油器拆洗以及系统部件拆洗和油箱清洗的详细程序。如没有提供堵塞指示器时，建议安装旁路以便滤油器堵住时油液从旁路通过。

5.4.1.5.5 液压回路

液压回路的设计与制造应遵循即使有一个或更多的元件损坏或发生故障也要使事故风险

为最小的原则。

液压回路的特性设计应使在一切正常操作状况下,液压缸和保压装置运动的可控制。

回路中应有防止系统超压的装置,主要点应能预先观测到压力值。

应有预防在执行机构长期不动作后产生气穴现象的措施。

5.4.1.5.6 泵

泵的流量和压力应满足工作的要求。

泵的极限压力应大于溢流阀的设定压力。为避免泵或其他元件的损坏,应防止或限制发动机的反转。如不会造成损坏,则可只标有现场选择运动方向的指令或警告。

5.4.1.5.7 管路及接头

管路及接头的极限承受能力应不小于各自最大工作压力的 4 倍。

宜选用具有安全功能的油管和接头。

5.4.1.5.8 液压缸

在正常状态下,考虑可预见的如温度变化造成压力增大等情况下液压缸产生的最大力不应对结构产生破坏。

使用单作用缸时,应保证活塞杆的安全收回。

回路的设计应能防止液压缸内腔的部分或全部为真空。使用说明书应有使用前检查系统可能形成真空的检查要求和处理方法。

应考虑塔机在使用环境条件下和停用时期活塞杆的防腐蚀。

液压缸应有截止阀,截止阀应通过硬管连接到液压缸或直接安装在液压缸上,在无动力或油管失效时停止液压缸动作,并应有防止超压的功能。

当外载作用使液压缸运动时,应有保持活塞杆速度稳定的装置,以防止对结构的振动。

液压缸的安装除了要方便部件的拆卸,还要易于塔机和相关部件的维修操作。

5.4.1.5.9 阀

需要使用者进行调整的阀应安装在方便操作的地方。

5.4.1.6 齿轮传动

5.4.1.6.1 起升机构

起升机构的承载能力应根据外载、驱动力矩和制动力矩计算。

轴的强度应满足由外载荷产生的最大瞬间弯曲、扭转和剪切的要求。

齿轮传动装置的固定及其与卷筒轴的连接应考虑同轴度误差和机架结构变形等的影响。

应能不用拆卸齿轮传动装置即可检查和补充润滑剂。

当齿轮传动装置设计成可交替驱动几个卷筒时,则每个卷筒都应有单独的控制运动的措施。

5.4.1.6.2 动臂变幅机构

动臂变幅机构的承载能力应根据提升臂架连同载荷及其附件的力、驱动力矩和制动力矩计算。

轴的强度应满足由外载荷产生的最大瞬间弯曲、扭转和剪切的要求。

齿轮传动装置的固定和与卷筒轴的连接应考虑同轴度误差和机架结构变形等的影响。

应能不用拆卸齿轮传动装置即可检查和补充润滑剂。

当齿轮传动装置设计成可交替驱动几个卷筒时，则每个卷筒都应有单独的控制运动的措施。

5.4.1.6.3 运行机构

轨道运行的塔机，其运行机构应设有即使在某一支承轮失效时也能对塔机形成有效支撑的装置，装置应在失效点下坠 5 mm 前作用。

5.4.1.6.4 回转机构

不应使用自锁减速器，以便在需要时臂架能随风旋转。

传动零件应按电动机的输出扭矩或制动器的制动力矩中的最大值选择计算。

5.4.1.7 钢丝绳和卷筒

5.4.1.7.1 总则

钢丝绳应符合 GB/T 8918 或 GB/T 20118 的规定。

钢丝绳的选择应符合 GB/T 13752 的规定。

钢丝绳的端部固定应符合 GB 5144 的规定。

钢丝绳的维护保养、检验及报废应符合 GB/T 5972 的规定。

5.4.1.7.2 起升机构

卷筒表面应光滑以防止钢丝绳的不正常磨损。

卷筒的最小卷绕直径应符合 GB/T 13752 的规定，钢丝绳偏离与卷筒轴垂直平面的角度应不大于 1.5°。

卷筒宜加工折线绳槽，绳槽深度应在 $0.25d \sim 0.40d$，绳槽半径应在 $0.525d \sim 0.650d$（d 为钢丝绳公称直径）。

卷筒两端均应有侧板，在达到最大设计许用容绳量时，侧板外缘高度超出缠绕钢丝绳外表面应不小于 2 倍钢丝绳直径；容绳量的设计应保证在最大起升高度时，吊钩下降到最低位置状态，卷筒上应存有不少于 3 圈安全圈。

5.4.1.7.3 动臂变幅机构

卷筒表面应光滑以防止钢丝绳的不正常磨损。

卷筒的最小卷绕直径应符合 GB/T 13752 的规定，钢丝绳偏离与卷筒轴垂直平面的角度不大于 1.5°。

卷筒宜加工折线绳槽，绳槽深度应在 $0.25d \sim 0.40d$，绳槽半径应在 $0.525d \sim 0.650d$（d 为钢丝绳公称直径）。

卷筒两端均应有侧板，在臂架仰角达到最大角度状态时，侧板外缘高度超出缠绕钢丝绳外表面应不小于 2 倍钢丝绳直径；容绳量的设计应保证在臂架仰角达到最小角度状态，卷筒上应存有不少于 3 圈安全圈。

5.4.1.7.4 小车变幅机构

牵引小车两个方向运动的钢丝绳宜设计成彼此独立。卷筒应加工绳槽。在全臂长工作时，两绳间应空余不少于 1 个绳槽。

复合槽摩擦轮驱动系统只能用于近似水平载荷场合。其摩擦力矩不小于 2 倍最恶劣工况的需求力矩。

驱动绳轮应有不少于3个绳槽;张紧装置和导向轮宜为一体。复合槽轮宜用楔形槽。

应有保持张力的装置以保证正常工作。

计算时,钢丝绳与绳轮间的摩擦系数取值宜不超过0.10。

钢丝绳设计选择时应考虑以下因素:

a) 臂架倾斜角度;

b) 车轮滚动阻力;

c) 轮缘产生的摩擦阻力;

d) 起升钢丝绳引起的摩擦阻力;

e) 提升载荷的力(对没有载荷平移系统的倾斜臂架塔机);

f) 张紧装置的作用;

g) 风力影响;

h) 机械惯性。

5.4.1.8 维护保养

5.4.1.8.1 机构的设计应使维护保养方便且容易实现,更换易损件时应不需要拆卸整个机构。

5.4.1.8.2 机构的设计应方便检查。尤其是对回转支承连接螺栓、齿轮啮合处和回转支承润滑的检查。

5.4.2 吊钩

5.4.2.1 吊钩的选择应符合GB/T 10051.1的规定。

5.4.2.2 吊钩的制造、质量及检验应符合GB/T 10051.2的规定。

5.4.2.3 吊钩应设有防止吊索或吊具非人为脱出的装置。

5.4.3 滑轮

5.4.3.1 滑轮的最小卷绕直径应符合GB/T 13752的规定,钢丝绳绕进或绕出滑轮时偏斜的最大角度不应大于4°。

5.4.3.2 装配好的滑轮应运转灵活,绳槽槽底及槽侧跳动应符合GB/T 27546的规定。

5.4.4 车轮

车轮应符合JB/T 11865的规定。

5.4.5 回转支承

5.4.5.1 回转支承应符合JB/T 10837、JB/T 10838、JB/T 10839或JB/T 2300的规定。

5.4.5.2 回转支承及其安装螺栓的选择应符合GB/T 13752的规定。

5.5 电气

5.5.1 总则

塔机电气系统应同时满足GB/T 5226.32和本标准的要求。对用于易燃和/或易爆场所的塔机还应符合相关的防爆标准要求。

5.5.2 电源与供电

5.5.2.1 凡无特殊要求的塔机,采用380 V、50 Hz的三相交流电源。在正常工作条件下,供电系统在塔机馈电线接入处的电压波动应不超过额定值的±10%。根据用户的特殊要求也可以采用其他参数的三相交流电源,电源的容量及压降应满足整机工作的要求。

5.5.2.2 总电源回路应设置总断路器。总断路器应具有电磁脱扣功能,其额定电流应大于塔机额定工作电流,电磁脱扣电流整定值应大于塔机最大工作电流并符合整定要求。总断路器的断弧能力应能断开在塔机上发生的短路电流。

5.5.2.3 应采用 TN-S 接零保护系统供电。工作零线应与塔机的接地线(保护零线)严格分开。

5.5.2.4 导线的选用应符合 GB/T 13752 相关规定。

5.5.2.5 轨道运行的塔机应采用电缆卷筒或类似装置供电。采用电缆卷筒供电时应满足:

a) 对于外径不大于 21.5 mm 的电缆,电缆卷筒底部直径不小于电缆外径的 10 倍;对于外径大于 21.5 mm 的电缆,电缆卷筒底部直径不小于电缆外径的 12.5 倍。

b) 电缆卷筒能自动收放电缆,电缆卷筒的驱动转矩不小于放电缆时所需的最大转矩。

c) 在收放电缆过程中,作用在电缆导线上的力尽可能地小。对于没有加强芯的电缆,作用在铜导线截面上的最大拉力为 15 N/mm^2;要求收放速度高或电缆自重较重时,采用具有加强芯的电缆。

d) 电缆卷筒的集电滑环满足相应的电压等级和电流容量的要求,每个滑环至少有一对电刷,电刷的防护等级不低于 IP54。

5.5.2.6 沿塔身垂直悬挂的电缆应使用电缆网套或其他装置悬挂,其挂点数量应根据电缆的规格、型号、长度及塔机工作环境确定,保证电缆在使用中不被损坏。

5.5.2.7 电缆需接长时,应采用中间接线盒,接线盒的防护等级应不低于 IP44。

5.5.2.8 回转处采用集电器供电的塔机,集电滑环应满足相应的电压等级和电流容量的要求,每个滑环至少应有一对电刷,电刷的防护等级应不低于 IP54。集电器的设计应方便维护与检查。

5.5.3 控制系统

5.5.3.1 控制系统的图形符号应符合 GB/T 4728.1～GB/T 4728.13 的规定。

5.5.3.2 控制系统的设计应符合 GB/T 13752 的规定,控制回路电源应取自隔离变压器。在供电系统电压波动到额定值的 90%时,无论载荷处于什么位置,系统应保证机构正常工作且不出现溜钩。

5.5.3.3 电器元件的选择应符合塔机工作环境及机构工作级别的要求。

5.5.3.4 采用的电子控制装置抗群脉冲干扰等级应不低于 2 000 V 级,并应能在温度－20 ℃～＋60 ℃、相对湿度不大于 95%(25 ℃时)的环境下正常工作。

5.5.3.5 各限位开关动作应灵敏可靠,防护等级不低于 IP44。

5.5.3.6 控制系统配线(含外接线、缆)固定应整齐可靠、便于检修。所有导线端部及接线端子应有正确的标记、编号,并与电气原理图和布线图一致。软线缆不应直接接入端子。

5.5.3.7 动力电路和控制电路的对地绝缘电阻应不低于 0.5 MΩ。

5.5.3.8 电控柜(配电箱)应有门锁。门内应有电气原理图或布线图、操作指示等,门外应设有有电危险的警示标志。防护等级应不低于 IP44。

5.5.3.9 电气系统的安装应便于维护。

5.5.4 控制装置

5.5.4.1 控制装置宜优先采用联动操纵台(固定式、遥控式)。操纵台的布置形式和特性应符合

GB/T 24817.3的规定。

5.5.4.2 操纵台应操纵灵活、动作准确可靠,操作杆应能自动回零且具有防止因无意刮碰而引起机构误动作的功能。

5.5.4.3 可以在两处或两处以上分别操纵的控制系统,应设有可靠的电气互锁装置。

5.5.4.4 操纵力不应超过 100 N,推荐采用如下值:

a) 左右方向的操作,控制在 5 N~40 N;

b) 前后方向的操作,控制在 8 N~60 N。

5.5.4.5 采用有线遥控式操纵台时,其控制电路电压应不高于 48 V,防护等级应不低于 IP44。

5.5.4.6 采用无线遥控式操纵台时,除满足 5.5.4.1~5.5.4.4 外,还应符合 GB/T 13752 的规定。

5.5.5 电气保护

5.5.5.1 电动机的保护

电动机应具有如下一种或一种以上保护,具体选用应按电动机及其控制方式确定:

a) 短路保护;

b) 在电动机内设置热传感元件;

c) 热过载保护。

5.5.5.2 线路保护

所有线路都应具有短路或接地故障引起的过电流保护功能,在线路发生短路或接地故障时,瞬时保护装置应能分断线路。

5.5.5.3 错相与缺相保护

电源电路中应设有错相与缺相保护装置。

5.5.5.4 零位保护

塔机各机构控制回路应设有零位保护。初始供电以及运行中因故障或失压停止运行后重新恢复供电时,机构应不能自行动作,只有控制装置置零位后,机构才能重新启动。

5.5.5.5 失压保护

当塔机供电电源中断后,凡涉及安全或不宜自动开启的用电设备均应处于断电状态,避免恢复供电时用电设备自动启动。

5.5.5.6 欠压与过压保护

应设置欠压与过压保护装置,当电压低于 85%或高于 110%额定电压时,装置应发出报警或自动切断电源电路。

5.5.5.7 紧急停止

司机操作位置处应设置紧急停止按钮,在紧急情况下能方便切断塔机控制系统电源。紧急停止按钮应为红色非自动复位式。

5.5.5.8 预减速保护

具有多挡变速的变幅机构,应设有自动减速功能使变幅到达极限位置前自动降为低速运行。

具有多挡变速的起升机构,应设有自动减速功能使吊钩在到达上限位前自动降为低速运行。

5.5.5.9 超速开关

动臂变幅机构应设置超速开关，超速开关的整定值取决于控制系统性能和额定下降速度，通常为最大外变幅速度的 1.25 倍～1.4 倍。

5.5.5.10 避雷保护

塔机主体结构、电动机机座和所有电气设备的金属外壳、导线的金属保护管均应可靠接地，其接地电阻应不大于 4 Ω。采用多处重复接地时，其接地电阻应不大于 10 Ω。

5.5.6 照明、信号

5.5.6.1 司机室应有照明设施，照度不应低于 30 lx。照明电路电压应不大于 250 V，在司机室主电气线路被切断时，照明设施应能正常工作。

5.5.6.2 塔顶高于 30 m 的塔机，其最高点及臂端应安装红色障碍指示灯，指示灯的供电应不受停机影响。

5.5.6.3 自行架设塔机在转场运输时应装有直流 24 V 的宽度、高度、长度、转向及刹车警示灯，其性能及控制应符合交通安全的要求。

5.5.6.4 控制装置上应设有电源开合状态信号指示、超起重力矩和超起重量的报警或信号指示。

5.5.7 其他

5.5.7.1 司机室用取暖、降温设备应采用单独电源供电。选用冷暖风机时应选用防护式，并固定安装、外壳接地。

5.5.7.2 若设置升降机，其电气设计、安全设施应符合 GB/T 26557 的规定。

5.6 安全装置

5.6.1 起升高度限位器

5.6.1.1 动臂变幅的塔机，当吊钩装置顶部升至对应位置起重臂下端的最小距离为 800 mm 处时，应能立即停止起升运动，但应有下降运动。对没有变幅重物平移功能的动臂变幅的塔机，还应同时切断向外变幅控制回路电源。

5.6.1.2 小车变幅的塔机，吊钩装置顶部升至小车架下端的最小距离为 800 mm 处时，应能立即停止起升运动，但应有下降运动。

5.6.1.3 所有型式塔机，当钢丝绳松弛可能造成卷筒乱绳或反卷时应设置下限位器，在吊钩不能再下降或卷筒上钢丝绳只剩 3 圈时应能立即停止下降运动。

5.6.2 幅度限位器

5.6.2.1 动臂变幅的塔机，应设置幅度限位开关，在臂架到达相应的极限位置前开关动作，停止臂架继续往极限方向变幅。

5.6.2.2 小车变幅的塔机，应设置小车行程限位开关和终端缓冲装置。限位开关动作后应保证小车停车时其端部距缓冲装置最小距离为 200 mm。

5.6.3 动臂变幅幅度限制装置

动臂变幅的塔机，应设置臂架极限位置的限制装置。该装置应能有效防止臂架向后倾翻。

5.6.4 回转限位器

回转处不设集电器供电的塔机，应设置正反两个方向回转限位开关，开关动作时臂架旋转角度应不大于±540°。

5.6.5 运行限位器

轨道运行的塔机，每个运行方向应设置限位装置，其中包括限位开关、缓冲器和终端止挡。应保证开关动作后塔机停车时其端部距缓冲器最小距离为 1 000 mm，终端止挡距轨道终端最小距离为1 000 mm。

5.6.6 起重力矩限制器和起重量限制器

5.6.6.1 当起重力矩大于相应幅度额定值并小于额定值 110％时，应停止上升和向外变幅动作，但应有下降和内变幅动作。

5.6.6.2 力矩限制器控制定码变幅的触点和控制定幅变码的触点应分别设置，且能分别调整。

5.6.6.3 小车变幅的塔机，如最大变幅速度超过 40 m/min，在小车向外运行，且起重力矩达到额定值的 80％时，变幅速度应自动转换为不大于 40 m/min 的速度运行。

5.6.6.4 当起重量大于最大额定起重量并小于 110％ 额定起重量时，应停止上升方向动作，但应有下降方向动作。具有多挡变速的起升机构，限制器应对各挡位具有防止超载的作用。

5.6.6.5 在塔机达到额定起重力矩和/或额定起重量的 90％ 以上时，应能向司机发出断续的声光报警。在塔机达到额定起重力矩和/或额定起重量的 100％ 以上时，应能发出连续清晰的声光报警，且只有在降低到额定工作能力 100％ 以内时报警才能停止。

5.6.7 小车断绳保护装置

小车变幅塔机应设置双向小车变幅断绳保护装置。

5.6.8 小车防坠落装置

小车轮应有轮缘或设有水平导向轮以防止小车脱离臂架。

变幅牵引力使小车有偏转趋势时，小车轮应无轮缘并设有水平导向轮。

应设置小车防坠落装置，即使车轮失效小车也不得脱离臂架坠落，装置应在失效点下坠10 mm前作用。

5.6.9 抗风防滑装置

轨道运行的塔机，应设置非工作状态抗风防滑装置，其强度应满足 5.4.1.1.4 的要求。

5.6.10 钢丝绳防脱装置

起升与变幅滑轮的入绳和出绳切点附近、起升卷筒及动臂变幅卷筒均应设有钢丝绳防脱装置，该装置表面与滑轮或卷筒侧板外缘间的间隙不应超过钢丝绳直径的 20％，装置应有足够的刚度，可能与钢丝绳接触的表面不应有棱角。

卷扬机驱动的自行架设塔机架设绳轮系统，滑轮组间钢丝绳采用交叉 8 字形穿绕时可不设钢丝绳防脱装置。

5.6.11 爬升装置防脱功能

爬升式塔机爬升支撑装置应有直接作用于其上的预定工作位置锁定装置。在加节、降节作业中，塔机未到达稳定支撑状态(塔机回落到安全状态或被换步支撑装置安全支撑)被人工解除锁定前，即使爬升装置有意外卡阻，爬升支撑装置也不应从支撑处(踏步或爬梯)脱出。

爬升式塔机换步支撑装置工作承载时，应有预定工作位置保持功能或锁定装置。

5.6.12 安全监控管理系统

塔机宜安装符合 GB/T 28264 或 JGJ 332 要求的安全监控管理系统。

5.6.13 风速仪

除起升高度低于 30 m 的自行架设塔机外，塔机应配备风速仪，当风速大于工作允许风速时，应能发出停止作业的警报。

5.6.14 工作空间限制器

用户需要时，塔机可装设工作空间限制器，参见附录 B。对单台塔机，工作空间限制器应在正常工作时根据需要限制塔机进入某些特定的区域或进入该区域后不允许吊载。对群塔（两台以上），该限制器还应限制塔机的回转、变幅和整机运行区域以防止塔机间结构、起升绳或吊重发生相互碰撞。

当群塔作业的工作空间限制器间采用有线通信时，应采取有效措施防止电缆（电线）意外损坏。

5.7 制造商提供的技术资料

5.7.1 销售塔机时应提供的资料

制造商在签订供货合同时应提供有关资料，参见附录 C。该资料应作为合同附件存入设备档案。

5.7.2 供货时应提供的资料

5.7.2.1 制造商供货时应提供塔机的使用说明书，使用说明书内容至少应包括：

a） 场地的准备、塔机基础及附着的设计资料：

1） 适用于所售塔机结构型式，在最大独立安装状态时塔机对基础的垂直作用力、水平作用力、倾覆力矩和扭转力矩。并应说明主要作用力是来自工作状态还是非工作状态，以及相应的风速和作用方向。对轨道运行的塔机，可用轮压或台车负荷来描述。

2） 适用于所售塔机结构型式，按制造商推荐的附着间距范围和悬臂高度时塔身附着点的作用力。并应说明主要作用力是来自工作状态还是非工作状态，以及相应的风速和作用方向。当附着不当会对塔身受力造成影响时，应在文件的适当位置对安装人员给出警示，必要时应用示意图对附着细部进行描述和说明。

3） 对轨道运行的塔机，应说明满足抗风防滑要求所能承受的最大风速，以及当超过工作风速时应采取的安全措施。

4） 基础要求（含固定基础塔机连接埋件形位公差要求）。

5） 架设安装的场地要求。

6） 平衡重和压重的要求。

b） 组装式塔机安装说明：

1） 构件与部件的轮廓尺寸及重量。

2） 必要时，推荐构件与部件的吊点及吊挂方法。

3） 按规定程序安装/拆卸时，非均衡构件和部件的重心位置。

4） 推荐的安装方法和顺序。当构件强度或稳定性限制需采用特殊安装方法或安装顺序时，应在文件的适当位置对安装人员给出警示。

5） 关键部件的连接细节。必要时应用示意图进行描述和说明：

- 螺栓、销轴和其他所需零部件；
- 连接处的安装方法；
- 高强螺栓的预紧力矩或预紧力；
- 在安装过程中各步骤控制力矩或力的要点。

6） 爬升操作说明及要求。

c） 自行架设塔机架设说明：

1） 底架调平要求；

2） 架设中作业人员站位要求；

3） 立塔前的检查要求；

4） 架设程序说明及检查要求。

d） 安装后的检查、调试和使用说明：

应详细说明塔机安装后应进行的检查内容、方法和要求，尤其是安全装置的种类、安装位置、工作原理、调试方法与要求。以及关键零件（如螺栓）的重复使用限制条件等。

e） 与塔机操作使用有关的资料、数据和建议。至少应包括以下内容：

1） 正确的操作方法与限制操作要求；

2） 主要性能参数，包括但不限于起重特性图表、起重量与起升速度关系图表、电气原理图等；

3） 司机交接班要求；

4） 动臂变幅塔机非工作状态安全停放角；

5） 其他能保证按设计要求进行操作以及能减少事故和设备损坏可能性的建议。

f） 维护要求与建议：

应提供有关塔机维护保养的说明和检查维护频度的建议。并提供与 GB/T 31052.3 检查要求有关的详细技术资料和基础数据。

g） 整机外廓尺寸：

应提供与所售塔机结构型式相符的整机外廓尺寸数据，例如图 1～图 5 所标尺寸。

5.7.2.2 其他

制造商还应提供设备清单、配件目录及政府相关主管部门要求的其他资料。

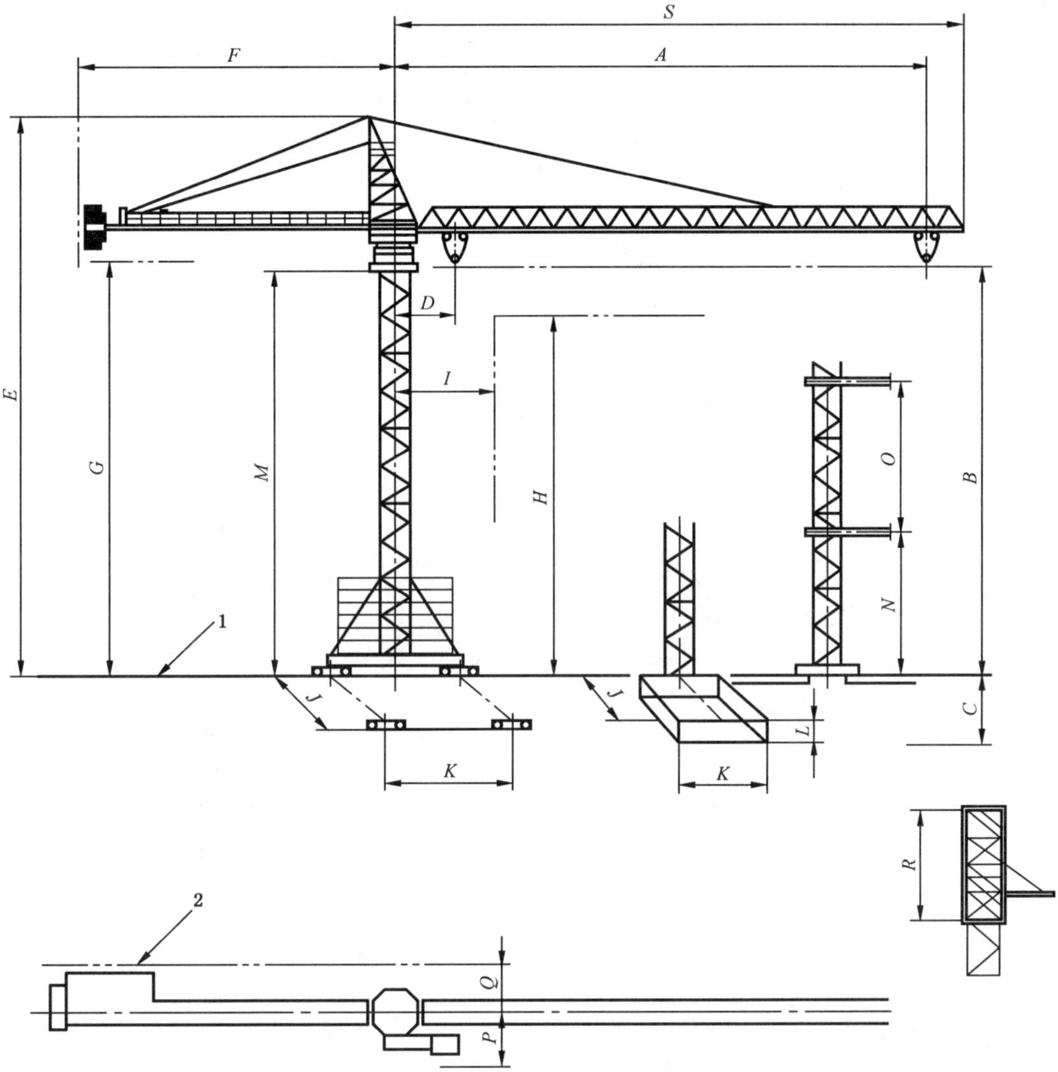

说明：

1 ——基准面；

2 ——建筑物界线；

A ——最大幅度；

B ——基准面以上吊钩最大起升高度；

C ——基准面以下吊钩最大下降高度；

D ——最小幅度；

E ——塔顶顶部距基准面的最大垂直距离；

F ——尾部回转半径；

G ——尾部以下净高；

H ——障碍物的最大高度；

I ——塔身中心到障碍物的最小距离；

J ——轨距，或基础宽度；

K ——轴距，或基础长度；

L ——基础深度；

M ——最大独立塔身高度；

N ——第一道附着高度；

O ——附着间距；

P ——司机室侧边的最小间隙；

Q ——司机室对侧的最小间隙；

R ——爬升架高度；

S ——最大回转半径。

图 1　制造商应提供的塔机使用尺寸示例——水平臂塔机

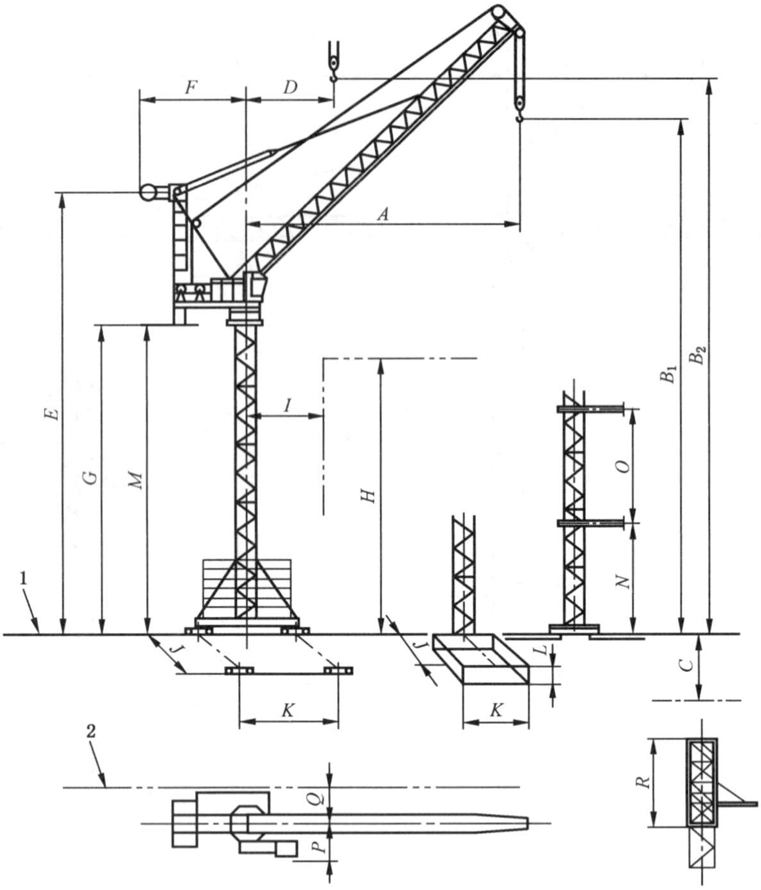

说明：

1 ——基准面；

2 ——建筑物界线；

A ——最大幅度；

B_1——最大幅度时基准面以上吊钩最大起升高度；

B_2——最小幅度时基准面以上吊钩最大起升高度；

C ——基准面以下吊钩最大下降高度；

D ——最小幅度；

E ——塔顶顶部距基准面的最大垂直距离；

F ——尾部回转半径；

G ——尾部以下净高；

H ——障碍物的最大高度；

I ——塔身中心到障碍物的最小距离；

J ——轨距，或基础宽度；

K ——轴距，或基础长度；

L ——基础深度；

M ——最大独立塔身高度；

N ——第一道附着高度；

O ——附着间距；

P ——司机室侧边的最小间隙；

Q ——司机室对侧的最小间隙；

R ——爬升架高度。

图 2　制造商应提供的塔机使用尺寸示例——动臂变幅塔机

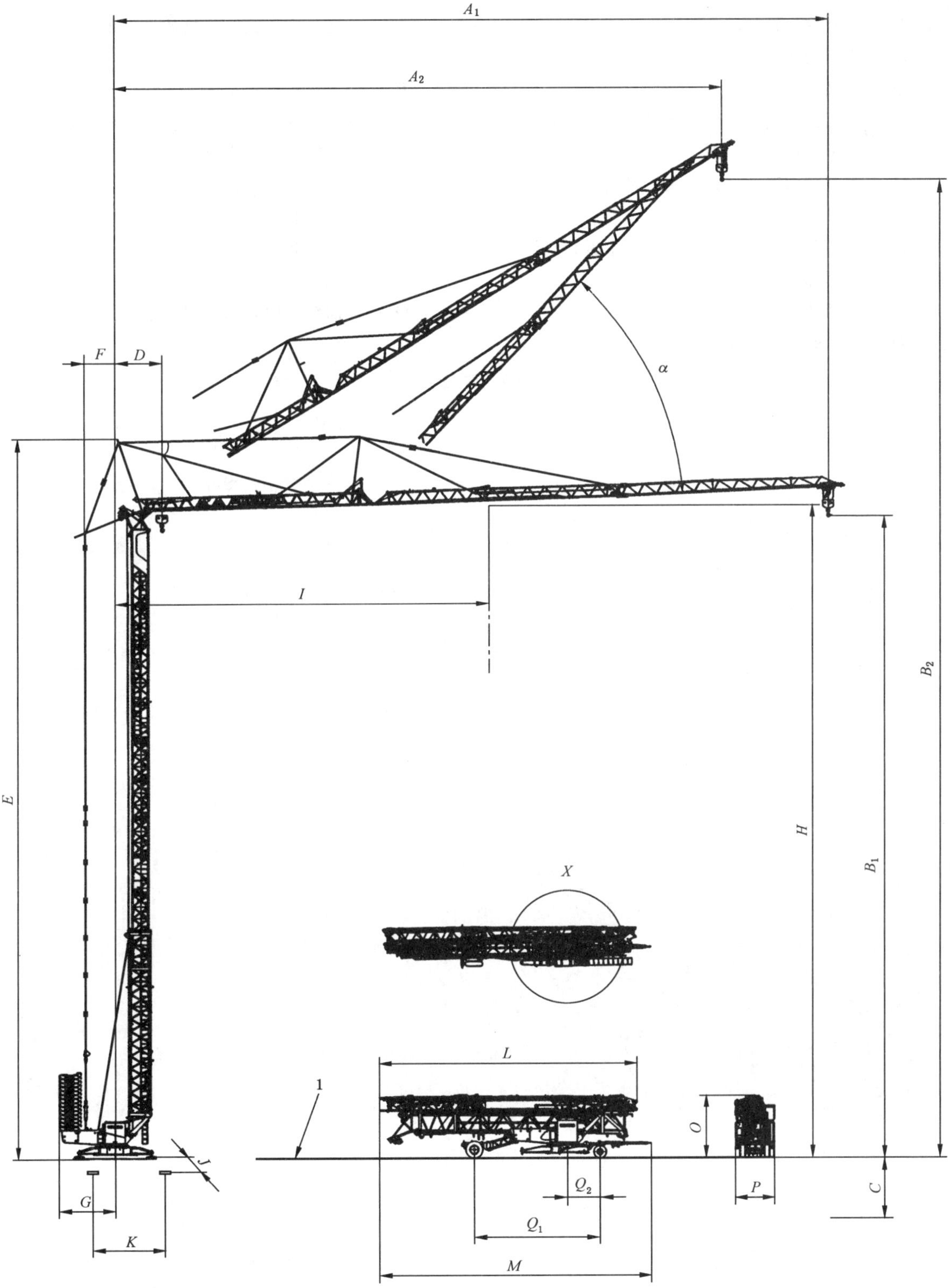

图 3　制造商应提供的塔机使用尺寸示例——拖行式自行架设塔机

说明：

1 ——基准面；

A_1——最大幅度；

A_2——最大幅度；

B_1——最大幅度基准面以上吊钩最大起升高度；

B_2——最大幅度基准面以上吊钩最大起升高度；

C ——基准面以下吊钩最大下降高度；

D ——最小幅度；

E ——塔顶顶部距基准面的最大垂直距离；

F ——尾部回转半径；

G ——回转平台的回转半径；

H ——障碍物的最大高度；

I ——塔身中心到障碍物的最小距离；

J ——支腿宽度；

K ——支腿长度；

L ——运输状态下去掉轮轴时塔机的总长；

M ——运输状态下塔机的总长；

α ——臂架的位置；

O ——运输状态下塔机的高度；

P ——运输状态下塔机的宽度；

Q_1——轴距；

Q_2——前轴与回转轴之间的距离。

图 3（续）

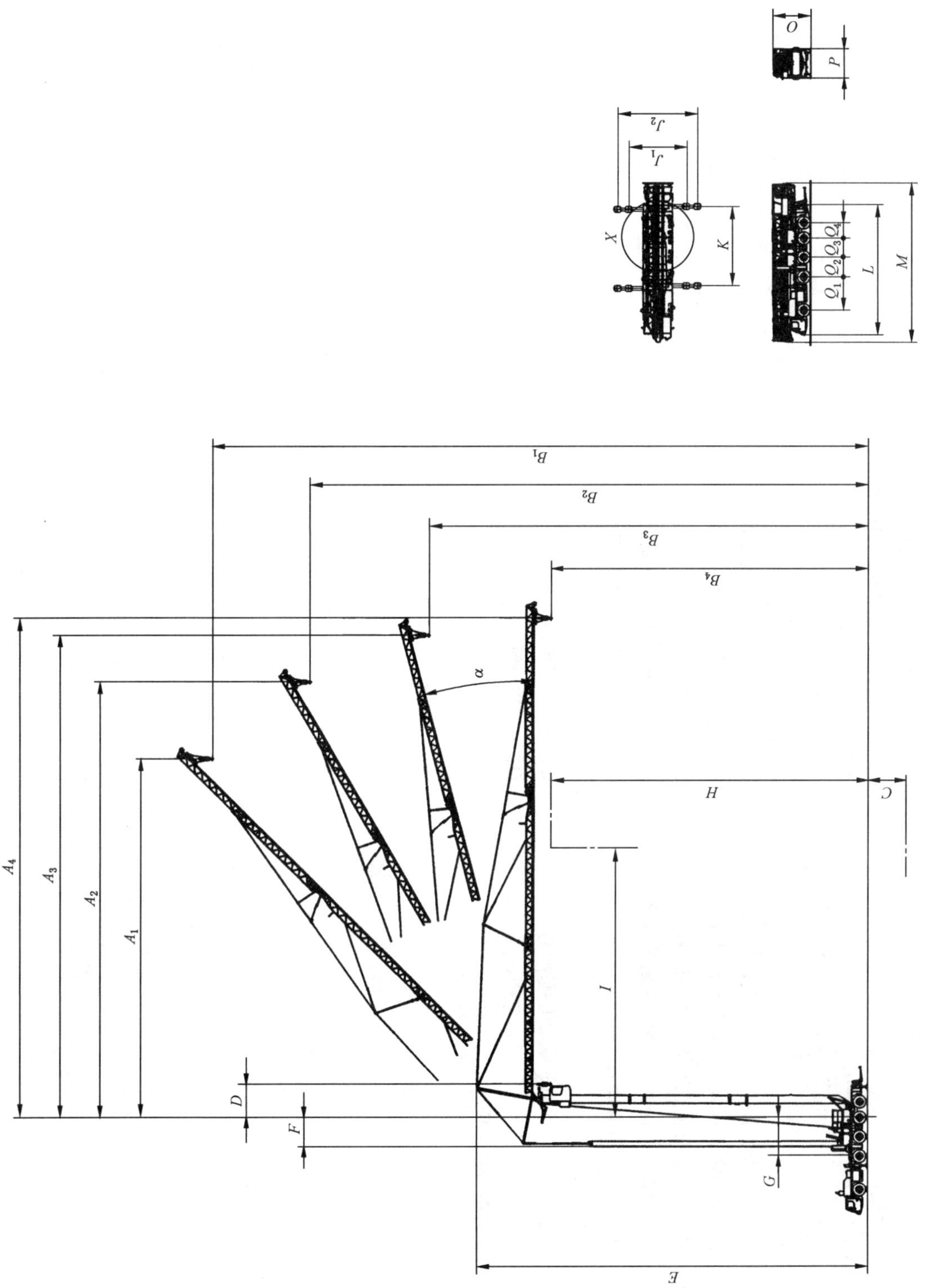

图 4 制造商应提供的塔机使用尺寸示例——车载式自行架设塔机

说明：

1 ——基准面；

A_1——最大幅度；

A_2——最大幅度；

A_3——最大幅度；

A_4——最大幅度；

B_1——最大幅度基准面以上吊钩最大起升高度；

B_2——最大幅度基准面以上吊钩最大起升高度；

B_3——最大幅度基准面以上吊钩最大起升高度；

B_4——最大幅度基准面以上吊钩最大起升高度；

C ——基准面以下吊钩最大下降高度；

D ——最小幅度；

E ——塔顶顶部距基准面的最大垂直距离；

F ——尾部回转半径；

G ——回转平台的回转半径；

H ——障碍物的最大高度；

I ——塔身中心到障碍物的最小距离；

J_1 ——支腿宽度；

J_2 ——支腿宽度；

K ——支腿长度；

L ——运输状态下去掉轮轴时塔机的总长；

M ——运输状态下塔机的总长；

α ——臂架的位置；

O ——运输状态下塔机的高度；

P ——运输状态下塔机的宽度；

Q_1 ——轴间距；

Q_2 ——轴间距；

Q_3 ——轴间距；

Q_4 ——轴间距。

图 4（续）

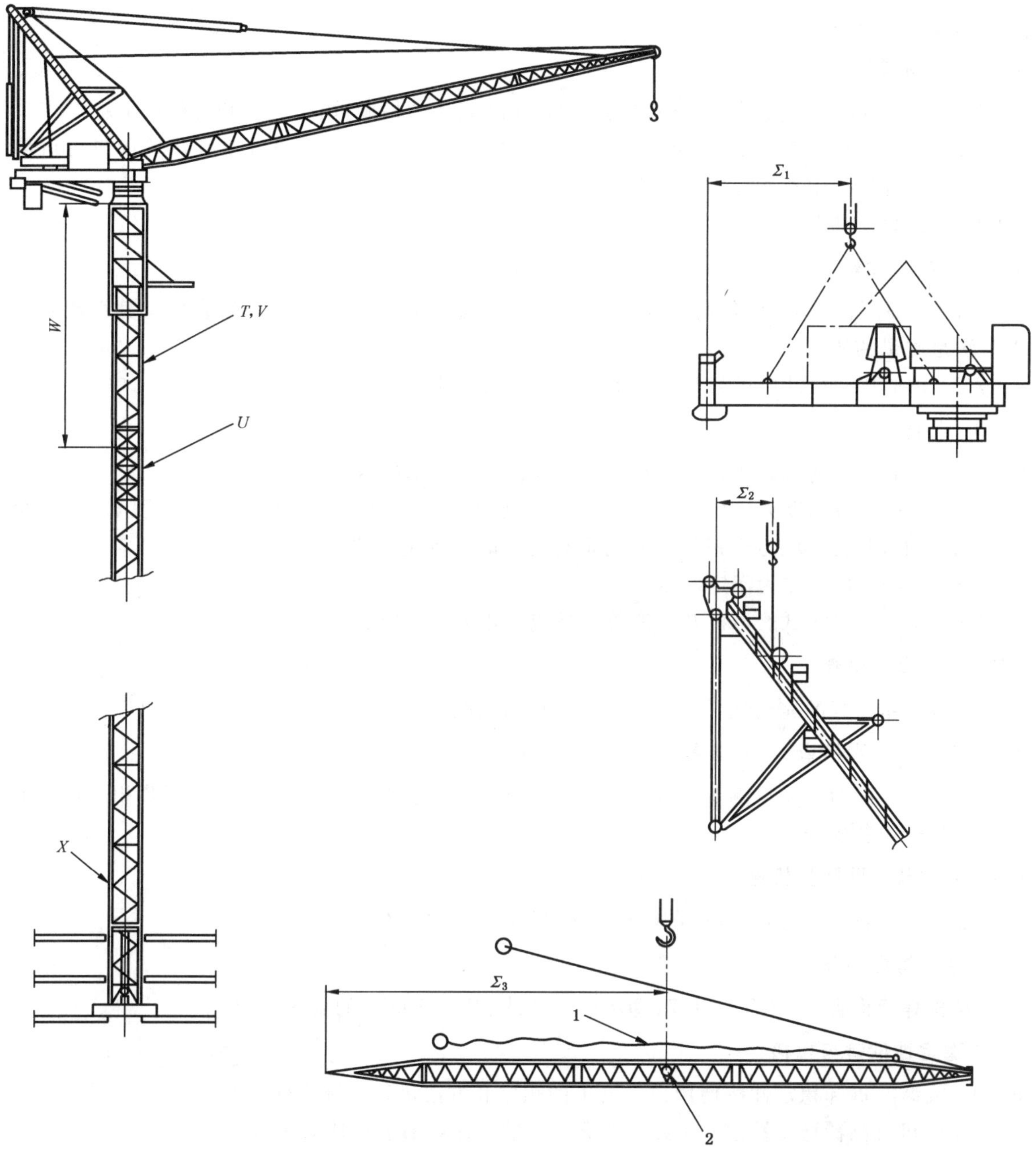

说明：

1 ——安装拉索；

2 ——重心；

T ——塔身标准节数量；

U ——塔身加强节数量；

V ——标准节外形尺寸和质量；

W ——附着点以上的最大悬臂高度；

X ——内爬式塔身的数量和质量；

$\Sigma_1,\Sigma_2,\Sigma_3$——装运或安装用吊装部件的重心位置。

图 5　制造商应提供的塔机附加使用尺寸示例

6 试验方法

6.1 试验条件

6.1.1 试验样机

6.1.1.1 试验样机应有完整的结构、配套机械、电气设备的检验数据、记录和合格证。

6.1.1.2 试验样机应装配完备、调试合格。试验期间,按照使用说明书要求在试验前进行班前保养。在试验过程中不允许修配或更换零部件。

6.1.1.3 试验样机应为设计规定的标准基本机型。

6.1.2 仪器、设备

6.1.2.1 测试用的仪器、设备均应有产品合格证,应是在检定周期内且检定合格。其性能和精度应满足测量的要求。

6.1.2.2 试验用载荷的质量与其标定值的误差应不大于1%。

6.1.3 其他

6.1.3.1 试验塔机的基础或轨道应符合制造商使用说明书的规定。

6.1.3.2 试验环境温度为−15 ℃～+40 ℃。试验时风速不超过8.3 m/s,对小车变幅速度、全程变幅时间、回转速度、运行速度及侧向垂直度测试时风速不超过3 m/s。

6.1.3.3 电源电压误差为额定电压的±10%。

6.1.3.4 参与塔机测试的司机及指挥等人员应有相关的资质。

6.2 技术资料检查

审查技术资料的完整性,计算书中载荷及组合、验算项目的完整性及合规性。

6.3 零部件外观检查、尺寸与重量测量、标准节互换性

在整机装配前采用目测等常规方法检查。标准节互换性应通过任意抽取两节相同规格的标准节进行组装检查。

6.4 外观及表面防护检查

非涂装件目测检查,涂装质量检查按JB/T 5946的要求进行。

6.5 结构焊缝检查

结构焊缝检查按JB/T 11157、GB/T 3323或JB/T 10559的要求进行。

6.6 稳定性试验与校核

6.6.1 安装与拆卸稳定性按使用说书要求的顺序和方法进行实际操作检验。

6.6.2 整机抗倾覆稳定性按6.3实测零部件重量对计算书进行比对审查。

6.7 爬升装置试验

爬升装置试验在最低安装状态按空载、静态和动态分别进行:

a) 空载试验,液压缸全伸测量液压系统超压保护是否有效,目测液压缸截止阀是否符合要求。

b) 静态试验,在液压缸初顶状态,调整配平载荷幅度,使前后不平衡力矩到25% M(M为吊钩最小幅度时塔机全部被顶起部件重量对液压缸轴线的力矩),爬升100 mm～200 mm时静置1 h,回位到安全状态后检查导向及爬升装置结构是否损伤;反向力矩重复上述实

验效果应一致。

c) 动态试验，按使用说书要求进行一个标准节安装爬升操作，目测检查爬升导向、爬升支撑装置、爬升换步装置是否符合要求。

6.8 空载试验

6.8.1 常规方法测量工作幅度、起升高度等主要性能参数。

6.8.2 侧向垂直度检查，应在塔身最大独立安装高度、空载、臂架相对塔身 0°和 90°时分别沿臂架方向测量(见图 6)，标尺贴靠在塔身结构中心的最低处和最高处，读出两处的值。侧向垂直度按式(2)计算。

$$\Delta L=\frac{|L_1-L_2|}{\Delta H} \quad \cdots\cdots(2)$$

式中：

ΔL ——侧向垂直度；

L_1 ——上部测量点标尺读数，单位为毫米(mm)；

L_2 ——下部测量点标尺读数，单位为毫米(mm)；

ΔH——两个测量点间的高度差，单位为毫米(mm)。

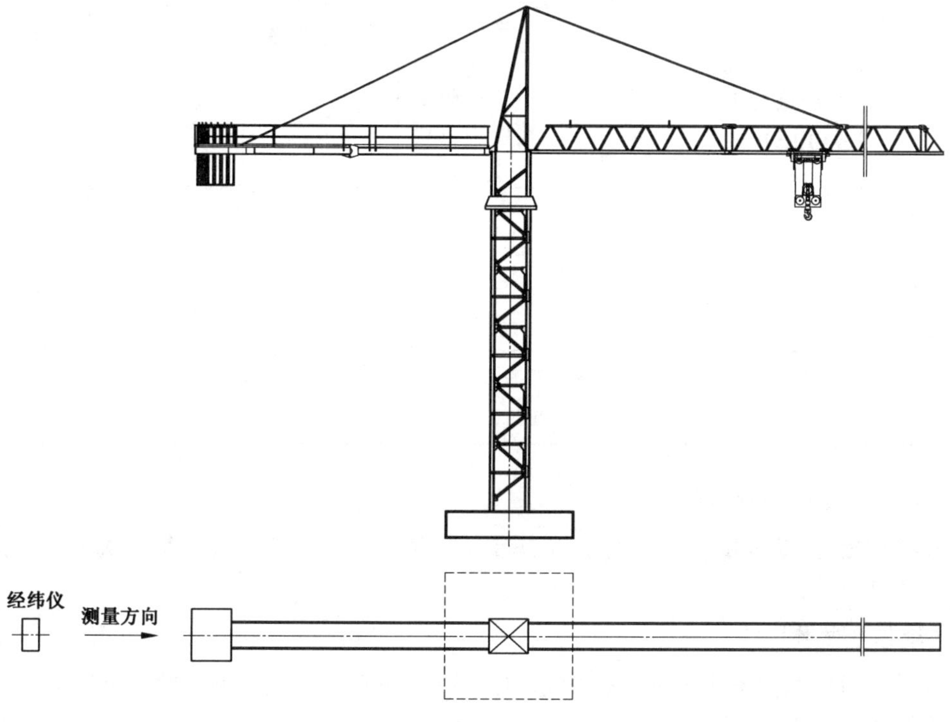

图 6 侧向垂直度测量方向示意图

6.8.3 测量电气系统绝缘、接地电阻。

6.8.4 目测检查销轴连接、结构表面、排水、通道及安全防护设施、机械防护、标志。

6.8.5 操作起升、回转、变幅、运行各动作，检查机构运行、控制装置操控、电气保护、行程限位器的动作准确性和可靠性等是否符合规定。

6.9 额定载荷试验

额定载荷试验按表 3 进行。每一工况试验不少于 3 次。各参数的测定值取为 3 次测量的算术平均值。

表 3 额定载荷试验

<table>
<tr><th rowspan="3">工况</th><th colspan="5">试验方法</th><th rowspan="3">试验目的</th></tr>
<tr><th rowspan="2">起升</th><th colspan="2">变幅</th><th rowspan="2">回转</th><th rowspan="2">运行</th></tr>
<tr><th>动臂变幅</th><th>小车变幅</th></tr>
<tr><td>最大幅度相应的额定起重量</td><td rowspan="3">在起升全程范围内以额定速度进行起升、下降,在每一起升、下降过程中进行不少于三次的正常制动</td><td>在最大幅度和最小幅度间,臂架以额定速度进行俯仰变幅</td><td>在最大幅度和最小幅度间,小车以额定速度进行两个方向变幅</td><td rowspan="2">以额定速度进行左右回转。对不能全回转的塔机,应超过最大回转角</td><td rowspan="2">以额定速度往复行走。臂架垂直于轨道,吊重离地 500 mm 左右,往返运行不小于 20 m</td><td rowspan="2">测量各机构的运动速度;机构及司机室噪声;力矩限制器、起重量限制器精度</td></tr>
<tr><td>最大额定起重量相应的最大幅度</td><td>—</td><td>在最小幅度和对应该起重量允许的最大幅度间,小车以额定速度进行两个方向变幅</td></tr>
<tr><td>具有多挡变速的起升机构,每挡速度允许的额定起重量</td><td colspan="4">—</td><td>测量每挡工作速度</td></tr>
<tr><td colspan="7">对设计规定不能带载变幅的动臂式塔机,可不按本表规定进行带载变幅试验。
对可变速的其他机构,应进行试验并测量各挡工作速度。</td></tr>
</table>

6.10 110%额定载荷动载试验

110%额定载荷动载试验按表 4 进行。每一工况试验不少于 3 次。每一次的动作停稳后再进行下一次启动。

6.11 连续作业试验

连续作业循环次数不少于 30 次,中途因故停机,循环次数应重新计算。

作业循环的规定:吊重为 70%最大额定起重量,在相应幅度起升不小于 10 m,回转 180°以上再回到原位,在相应幅度至最小幅度间往返变幅一次,吊重下降到地面。这一作业过程为一次作业循环。

对于轨道运行的塔机,作业循环还应包括往返运行 20 m 以上距离。

试验完毕测量减速器温升,检查各部件是否有损坏及异常现象。

6.12 安全装置试验

安全装置试验方法按附录 D 进行。

6.13 拖行试验

对拖行式自行架设塔机，拖行试验总里程应不少于 20 km，其中 1.2 倍最大拖行速度连续拖运里程不少于 5 km。

表 4 110%额定载荷动载试验

<table>
<tr><th rowspan="3">工况</th><th colspan="5">试验方法</th><th rowspan="3">试验目的</th></tr>
<tr><th rowspan="2">起升</th><th colspan="2">变幅</th><th rowspan="2">回转</th><th rowspan="2">运行</th></tr>
<tr><th>动臂变幅</th><th>小车变幅</th></tr>
<tr><td>最大幅度相应额定起重量的 110%</td><td rowspan="4">在起升全程范围内以额定速度进行起升、下降</td><td>在最大幅度和最小幅度间，臂架以额定速度进行俯仰变幅</td><td>在最大幅度和最小幅度间，小车以额定速度进行两个方向变幅</td><td rowspan="3">以额定速度进行左右回转。对不能全回转的塔机，应超过最大回转角</td><td rowspan="3">以额定速度往复行走，臂架垂直于轨道，吊重离地 500 mm 左右，往返运行不小于 20 m</td><td rowspan="4">根据设计要求进行组合动作试验，并目测检查各机构运转的灵活性和制动器的可靠性。卸载后检查机构及结构各部件有无松动和破坏等异常现象</td></tr>
<tr><td>起吊最大额定起重量的 110%，在该吊重相应的最大幅度时</td><td rowspan="2">—</td><td rowspan="2">在最小幅度和对应该起重量允许的最大幅度间，小车以额定速度进行两个方向变幅</td></tr>
<tr><td>在上两个幅度的中间幅度处，相应额定起重量的 110%</td></tr>
<tr><td>具有多挡变速的起升机构，每挡速度允许的额定起重量的 110%</td><td colspan="4">—</td></tr>
<tr><td colspan="7">对设计规定不能带载变幅的动臂式塔机，可不按本表规定进行带载变幅试验。</td></tr>
</table>

6.14 125%额定载荷静载试验

125%额定载荷静载试验按表 5 进行，试验时臂架分别位于与塔身成 0°和 45°的两个方位。

表 5 125%额定载荷静载试验

<table>
<tr><th>工况</th><th>试验方法</th><th>试验目的</th></tr>
<tr><td>最大幅度相应额定起重量的 125%</td><td rowspan="3">起升额定载荷，离地 100 mm～200 mm，停稳后，逐次加载至 125%，测量载荷离地高度，停留 10 min 后同一位置测量并进行比较</td><td rowspan="3">检查制动器可靠性，并在卸载后目测检查塔机是否出现可见裂纹、永久变形、油漆剥落、连接松动及其他可能对塔机性能和安全有影响的隐患</td></tr>
<tr><td>起吊最大额定起重量的 125%，在该吊重相应的最大幅度时</td></tr>
<tr><td>在上两个幅度的中间幅度处，相应额定起重量的 125%</td></tr>
<tr><td colspan="3">试验时不准许对制动器进行调整。
试验时允许对力矩限制器、起重量限制器进行调整。试验后应重新将其调整到规定值。</td></tr>
</table>

7 检验规则

7.1 分类

塔机检验分为型式检验和出厂检验。

7.2 型式检验

7.2.1 有下列情况之一时,应进行型式检验:

a) 新产品投放市场前;

b) 产品结构、材料或工艺有较大变动,可能影响产品性能和质量;

c) 产品停产1年以上,恢复生产。

7.2.2 型式检验时,随机抽取一台样机,并进行标记、封存。允许在塔机安装架设前进行抽样。

7.2.3 型式检验时,在表E.2的4种组合中,任一组合的判定数被达到,样机即判定为不合格。

型式检验时,首次抽样样机不合格,允许进行修复、调试或更换易损件后重检,仍不合格应重新抽样。第二次抽样样机仍不合格,应判定该批产品不合格。

7.2.4 型式检验项目和合格判定见附录E。

7.3 出厂检验

7.3.1 产品出厂前应进行出厂检验,所有项目均应合格并出具合格证。

7.3.2 出厂检验项目见附录E。

8 信息标志

8.1 标志

8.1.1 制造商标志

每台塔机均应有耐用金属标牌永久清晰地标识以下信息:

a) 产品名称和型号标识;

b) 产品制造编号和出厂日期;

c) 制造商名称;

d) 制造许可证号。

8.1.2 额定能力标志

每台塔机均应有耐用且清晰的图表标牌,该标牌应固定在司机处于操作位时可见的位置,其图表应包括但不限于以下内容:

a) 对应不同臂长、倍率时各幅度的起重量、合适的起升速度及得当的平衡重布置;

b) 与限制器和操作步骤有关的警告提示;

c) 最大允许工作风速;

d) 应将吊索及附加取物装置作为起升载荷组成部分的提示。

8.2 有关司机操作的信息

8.2.1 控制装置和指示装置

所有控制装置应标有文字或符号以指示其功能,并在适当的位置指示操作的动作方向。信息应易于识别且清晰可见。

8.2.2 紧急情况说明

制造商认为必要的一些紧急情况说明和警告提示信息应做成标牌，并固定在司机可看到的位置。

8.2.3 塔机司机任务信息

有关司机在操作塔机之前、操作过程中及操作完成后的各项任务信息，应以标牌形式永久固定在司机室内，无司机室时(如采用遥控操纵台)应固定在塔机电源开关附近。

8.3 塔机工作区域有关人员的警告信息

可能影响在塔机上或塔机周围工作人员安全的危险警告信息，应以文字、图形和/或符号标牌的形式给出并固定在合适的位置。

8.4 设备可追溯性信息

塔机的标准节、臂架、拉杆、塔顶等主要结构件应设有可追溯制造日期的永久性标志。

9 包装、运输和贮存

9.1 包装

9.1.1 塔机及其零部件的包装应符合 JB/T 5947 的规定。

9.1.2 装箱单应与实物相符，装箱单内容应包括产品制造编号、箱号、箱内零部件名称与数量、重量、连接件使用部位、发货日期、检验员签字等。

9.1.3 零部件应有识别标志，如标牌、标签等。标牌、标签应牢固清晰。

9.1.4 在向用户提供整机时，制造商应随机提供：

a) 订货合同规定的其他附属设备、装置及备件；

b) 安装、维修保养所必需的专用工具；

c) 5.7.2 规定的技术资料。

9.2 运输

9.2.1 塔机的运输应符合铁路、公路交通运输的规定。

9.2.2 自行架设塔机整体拖运还应满足：

a) 拖运装置应设有制动、转向装置，并符合通用牵引车辆的要求。

b) 塔机回转部分应锁止，以防止机构损坏；

c) 最大轴荷应符合道路桥梁限载要求。

9.3 贮存

9.3.1 塔机贮存时，应采取措施防止结构变形。长期贮存时，弹簧、轮胎、液压缸均应卸去载荷，轮胎应适当充气。

9.3.2 长期贮存时，应定期清理、涂漆。裸露的装配面应采取有效的防腐措施，电气系统、塑料零件、橡胶制品应避免日光直晒和油污以防止过早老化。

9.3.3 长期贮存后启用时，应按第 11 章要求进行全面检查。

9.3.4 塔机贮存时，应保存有详细档案，贮存期间的所有变动情况均应详细记入档案。

10 安装及爬升

10.1 人员的职责和基本要求

10.1.1 总则

要求进行吊装作业的组织或个人应指派一个全权代表(以下简称指派人员)全面管理塔机的安装、拆卸、爬升工作。指派人员不应是塔机司机。

10.1.2 指派人员的职责

指派人员应负有以下职责:

a) 对塔机安装相关事项进行审核,包括:工作计划、塔机安装位置的选择、工作规程和监管。还应包括与其他责任团体的协商以及确保在必要时与相关各组织之间的协作。

b) 安排对塔机进行全面的检查、检验等,以及确认设备已按要求进行维护。

c) 保证故障和事故报告的程序有效运行,以及对故障和事故采取必要的正确处理方法。

d) 负有组织塔机安装、拆卸、爬升的责任。

e) 核实通道的梯子、休息平台及其附件与制造商的说明书相一致。

f) 其他参见 10.2、10.3 中关于指派人员的职责。

10.1.3 塔机安装人员

10.1.3.1 职责

塔机安装人员负责根据制造商使用说明书安装塔机(见 10.3)。在安装过程中应指定一人作为"安装主管"全过程监管安装工作。

10.1.3.2 基本要求

塔机安装人员应符合以下条件:

a) 具有资格证书;

b) 年龄大于 18 周岁;

c) 适应该项工作,特别是视力、听力、灵活性和反应能力;

d) 具备安全搬运重物,包括安装塔机的体力;

e) 能够登高作业;

f) 具有估计载荷质量、平衡载荷及判断距离、高度和净空的能力;

g) 经过吊装及信号技术的培训;

h) 具有根据载荷的情况选择吊具和附件的能力;

i) 在塔机安装、拆卸以及所安装类型塔机的操作方面经过全面培训;

j) 在所安装类型塔机的安全装置的安装和调试方面经过全面培训;

k) 完全熟悉并掌握制造商使用说明书中相关章节的要求;

l) 能熟练并正确使用所有个人安全防护装备。

10.1.4 塔机安装主管

10.1.4.1 职责

塔机安装主管在塔机的整个安装/拆卸、爬升过程中不应离开现场。塔机安装主管除具有塔机安装员的职责外还具有以下职责:

a) 管理所有安装人员和在安装/拆卸过程中可能用到的相关辅助起重设备的操作人员。

b） 提供保证塔机按塔机安装工作计划运行的技术措施。

c） 保证塔机的附属设施与安装报告完全一致。

d） 查证所有安装人员都配备有必要的工具和个人安全保护设备。

e） 保证通道设备随安装过程的逐步正确安装，以便于安装人员使用。尤其要注意：

1） 梯子连接螺栓；

2） 扶手，尤其是休息平台和检查平台的扶手；

3） 从地面到最低的梯子的下端或塔机底架的通道；

4） 从建筑物到塔机的通道。

f） 其他参见10.3.3、10.3.4、10.3.8中关于安装主管的职责。

10.1.4.2 基本要求

塔机安装主管除满足塔机安装员的要求外还应满足以下条件：

a） 有5年以上塔机或类似设备的安装与拆卸工作经验并接受过安装主管方面的培训；

b） 熟悉并拥有该塔机的用户手册；

c） 接受过对塔机安装拆卸人员进行管理的培训；

d） 能证实安装过程中使用设备的适用性。

10.2 塔机安装位置选择

10.2.1 通则

塔机安装位置的选择应考虑所有影响其安全操作的因素，特别注意以下几点：

a） 地基承载和附着条件；

b） 现场和附近的其他危险因素；

c） 在工作或非工作状态下风力的影响；

d） 满足安装架设(拆卸)空间和运输通道(含辅助起重机站位)要求。

10.2.2 地基承载和附着条件

10.2.2.1 一般要求

指派人员应确保安装处的地基承载能力和附着物能够承受塔机在工作状态和非工作状态所施加的载荷。

当塔机安装位置靠近已经存在或即将建成的建筑物的地基时，指派人员应确保地基已按照设计的要求进行了处理。

在安装(拆卸)或使用中，当塔机附近地区地基受到其他施工影响时，应及时咨询设计师(建筑)，对塔机基础整体或局部进行维护。

无论采用轨道基础、特殊基础还是固定基础安装，均应保证基础的公差满足塔机安装使用的要求。

需要附着使用时，附着结构型式应遵照制造商的要求或主管工程师确认的计算结果设计选用，并应校核附着结构和附着物的承载能力。

10.2.2.2 固定基础

采用固定基础安装时，固定基础的尺寸应满足塔机工作状态和非工作状态稳定要求以及地基承载能力的要求。固定基础应由专业工程师设计。

当设计的基础要求降低塔机的独立使用高度时，应在设计文件中清晰地标明允许的最大独立使用高度并确保按其执行。

10.2.2.3 轨道基础

轨道的选用和铺设应符合制造商使用说明书和GB 5144的要求。

轨道上(内)不应存放物料,建议对整个轨道范围采用围挡封闭以防止未授权人员进入。

当有交通工具需要通过轨道的情况时,应采取特别措施以防止发生碰撞和干扰轨道。

轨道不应焊接使用。

在计算整机稳定性时,不应记入抗风防滑锚定装置的有利作用。

轨道应定期(最长不超过1个月)检查,有超差、悬空等异常情况时应立即处理。

在任何需要时或非工作状态下应及时锁定抗风防滑锚定装置。

10.2.2.4 特殊基础

当需要采用如钢结构平台等特殊基础时,指派人员应保证该基础是由专业工程师设计并能满足塔机使用要求。

10.2.3 周围障碍物

10.2.3.1 通则

塔机的安装选址应充分考虑周边障碍物对塔机操作和塔机运行对周边的影响,如附近建筑物、其他塔机、公共场所(包括学校、商场等)、公共交通区域(包括公路、铁路、航运等)。在塔机及其载荷不能避开这类障碍时,应向有关政府部门咨询。

塔机基础应避开任何地下设施,无法避开时,应对地下设施采取保护措施,预防灾害事故发生。

10.2.3.2 高架电气线路和电缆

塔机离开高架电缆线的安全距离应符合GB 5144的要求。对不能确认不带电的电缆线应按带电考虑,对不能确认为低压的电缆线应按高压考虑。在无法满足要求时,应采取切实的保护措施并经相关部门许可。

10.2.3.3 航空站/飞机场和航线附近的塔机管理

当塔机在航空站/飞机场和航线附近安装使用时,指派人员应向相关部门通报并获得许可。

10.2.3.4 强磁场区域的塔机管理

当塔机在强磁场区域(如电视发射台、发射塔、雷达站附近等)安装使用时,指派人员应采取保护措施以防止塔机运行切割磁力线发电而对人员造成伤害,并应确认磁场不会对塔机控制系统(采用遥控操作时应特别注意)造成影响。

10.2.3.5 群塔安装

群塔安装时,塔机间安全距离应符合GB 5144的规定。动臂变幅塔机采用改变非工作状态臂架安全停放角度实现安全距离时,指派人员应采取由专业工程师书面确认的非吊钩挂载方式的防止臂架后翻附加措施。

10.3 安装、拆卸和爬升(降)

10.3.1 工作计划

塔机的安装、拆卸和爬升(降)均应制定详细的工作计划并经相应的监督。在计划阶段,安装施工组织可采用列检查表的方式以确保没有遗漏。计划应由具有实践操作经验的人制定,在施工前应召开全部有关人员参加的工作会议以使每个人都明白操作程序和自己的职责。工作计划至少应包含以下内容:

a) 塔机进场(出场)运输方式;

b) 装/拆过程中辅助起重机的选择和站位;

c) 运输车辆的进出通道安排;

d) 塔机安装处的场地情况;

e) 塔机需要安装的最大高度和臂架长度;

f) 周围障碍物情况(见 10.2.3);

g) 安装过程中需要的所有专用起重设备;

h) 与相邻设施业主的联络;

i) 按法规要求需要联系的当地政府部门和机构;

j) 必要的道路封闭安排;

k) 从制造商使用说明书中获得的以安装人员能完全理解的语言表述的实用信息;

l) 塔机安装施工区域应用绳索或类似物进行围挡以阻止无关人员进入。

10.3.2 供电

塔机的供电应符合政府主管部门的要求,同时还应注意以下几点(与设计要求无关):

a) 在通电之前应检查电源与塔机设备性能的兼容性;

b) 应提供电路保险或断路器;

c) 应严格保证工作过程中不损坏、拖拽电缆;

d) 除塔机内部电源开关外,还应备有明显可见的外部开关用于切断塔机电源。

10.3.3 执行

塔机的安装、拆卸和爬升(降)应在安装主管指挥下按照制造商使用说明书要求进行。安装主管在认为场地条件、气候、障碍物或其他原因不能保证安全时有权终止作业。

塔机安装主管应密切联络施工区域内所有人员并认真考虑区域内任何人员发出的信息或预警。

10.3.4 管理

在塔机的安装、拆卸和爬升(降)过程中,安装主管还应负责对辅助起重机操作司机进行管理。

指派人员应保证所有的操作一直处于监督员的监管之下。

10.3.5 安装前的检查

所有部件在安装前均应按 GB/T 31052.3 要求进行检查以证实处于良好状态。

所有部件的吊点均应进行标识或确认。

10.3.6 天气

塔机的安装、拆卸和爬升(降)不应在超过制造商规定的允许最大风速、雨、雪、大雾和塔机结构上结冰等气候条件下进行。应特别注意对爬升(降)作业的风速限制。

气候条件(如塔机结构、走台上等有冰)有可能对安装人员造成危险时,不应进行安装、拆卸或爬升(降)作业。

10.3.7 制造商有关塔机安装、拆卸和爬升(降)的说明

塔机安装、拆卸和爬升(降)的操作程序应严格遵循制造商使用说明书中的要求进行。确因条件限制需要变动时,为确保塔机安装时的稳定性和不对塔机结构及机械施加额外载荷,任何与指定程序有偏离的操作方法均应由制造商或专业工程师提供。这点对塔机的爬升(降)作业尤为重要。

10.3.8 塔机的爬升(降)

10.3.8.1 通则

爬升装置是用于加高或降低塔机高度的执行机构。为便于说明,附录F描述了两种主要的爬升方式。

如附录F所述,大部分塔机采用的爬升原理基本一致,但爬升装置的具体结构型式和操作方式因塔身的不同而不同,任何情况下均应注意制造商使用说明书中的说明。

10.3.8.2 指派人员

指派人员应保持计划的可控性和爬升作业的交接验证。应对使用说明书中的相关要求非常熟悉,并对爬升作业负有管理的责任。

指派人员应考虑到所有与爬升作业有关的风险,制定切实有效的作业计划并确保:

a) 塔机的基础或支撑结构有足够的强度满足塔机新的工作状态受力要求;
b) 塔机爬升时回转锁定且不会被其他结构影响;
c) 邻近固有设施的要求,包括:铁路、机场及其他邻近设施,保证知会了这些设施的拥有者;
d) 当邻近塔机在工作时,已同塔机协调员协商;
e) 重新安装的塔机已经经过有效的维护和保养,处于良好状态;
f) 施工中需要使用的设备准备齐全并已经过有效的维护和保养,处于良好状态;
g) 已经任命安装主管,安装主管应非常熟悉作业安全计划和施工塔机爬升的特殊要求并对整个操作过程负责;
h) 有应急预案并准备了必要的救援设施;
i) 为安装队伍提供了制造商有关当前塔机的最新使用说明、施工中要用到的标准节和爬升装置。

10.3.8.3 安装主管

安装主管应完成下列工作:

a) 开始作业前保证安装队伍中的所有人员在作业中遵守安全规定,熟悉安全作业计划,了解作业塔机的规格型号和爬升特殊要求;
b) 开始作业前保证对作业中需要使用的设备进行检查,确认处于良好状态;
c) 开始作业前确认施工塔机操作状态良好,无影响作业的缺陷;应特别注意爬升装置的安装程序,并保证塔机垂直度在制造商容许的范围内;
d) 开始作业前确认在作业中气候状况不会对塔机的稳定性造成影响;
e) 保证在开始作业前对所有人员的通信设备进行检查,确认处于良好状态;
f) 保证作业中臂架位置和塔机的平衡状态符合制造商的要求;

g) 保证在作业过程中对气候条件进行监视；一般状况下，爬升作业时塔机顶部风速不应超过12 m/s。

10.3.8.4 爬升之后的塔机再调校

塔机爬升完成后在交付使用前应按 GB/T 31052.3 要求进行检查。

10.3.9 部件与材料

10.3.9.1 部件替换

只有经过制造商的正式书面许可，不同型号塔机间的结构部件才可替换使用。

替换结构部件后的新组合塔机应重新进行测试并将替换的部件清单详细列入测试报告中。

10.3.9.2 材料

没有制造商的详细书面说明不允许修理或替换。

高延伸率螺栓副的重复使用应严格按照制造商使用说明书中的要求进行。

除非制造商使用说明书中另有规定，高强度摩擦型螺栓副不应重复使用。

除非制造商使用说明书中另有规定，回转支承用螺栓只要一拆卸即应更换，并按制造商使用说明书中的要求紧固。

11 使用检查

塔机应按 GB/T 31052.1 及 GB/T 31052.3 要求进行检查与维护。

附　录　A
(规范性附录)
结构试验方法

A.1　结构应力测试

A.1.1　测试工况及载荷

A.1.1.1　结构应力测试的工况和载荷见表A.1。

A.1.1.2　侧载可以采用吊重侧向偏移的方法实施,但必须保证在加侧载时不得产生铅垂方向的附加分力。水平侧向载荷的方向应与臂架的纵向轴线垂直。水平侧载大小按10%起重量确定。

A.1.1.3　在加载和测试过程中,回转机构或转台应制动在规定的位置上。

表A.1　结构应力测试的工况和载荷

序号	测试工况	载荷	试验目的	被测结构	测试项目
1	最大额定起重量相应的最大幅度,臂架与轨道方向垂直	QH及1.25QH	验证主要结构件的强度和刚度	臂架、拉杆、塔身、回转平台、回转支承座、底架、支腿	结构件的静应力及臂架根部水平变位
2	最大额定起重量相应的最大幅度,臂架与轨道成45°角	QH及1.25QH	验证主要结构件的强度和刚度	塔身、回转支承座、底架、支腿	结构件的静应力及臂架根部水平变位
3	小车位于臂架跨中,制造商提供的测试点位置	QH及1.25QH	验证塔机的强度和刚度	臂架、拉杆	臂架及臂架拉杆的静应力
4	最大幅度、臂架与轨道方向垂直	QH及1.25QH	验证主要结构件的强度和刚度	臂架、拉杆、塔身、回转平台、回转支承座、底架、支腿	结构件的静应力及臂架根部水平变位
5	最大幅度、臂架与轨道成45°角	QH及1.25QH	验证主要结构件的强度和刚度	塔身、回转支承座、底架、支腿	结构件的静应力及臂架根部水平变位
6	最大幅度、臂架与轨道方向垂直	QH及10%QH(侧载)	验证主要结构件的强度和刚度	臂架、塔身、回转平台、回转支承座、底架、支腿	结构件的静应力
注1:QH——相应幅度下的额定起重量。 注2:动臂式塔机无工况"3"。					

A.1.2　测试点的规定

A.1.2.1　应力测试点的选择

A.1.2.1.1　应力测试点应选择在危险应力区,危险应力区应在结构受力分析的基础上确定,可以分为以下三种类型:

a)　均匀应力区——在较大面积内的应力都几乎相等的应力区,屈服应力的出现,将引起结构件的永久变形；

b) 应力集中区——该区内屈服应力的出现不会引起结构件的永久变形，但应力集中会影响结构件的疲劳寿命，如孔眼、锐角、焊缝、铰点等断面剧变处；

c) 弹性屈曲区——如受压杆和板的弹性屈曲，从应力看，该区的最大应力并没有达到材料的屈服点，但可因发生挠曲或过大变形而导致结构件的破坏。

A.1.2.1.2 测定弦杆和腹杆的应力，应在节间中部对称贴应变片，最后以平均应力和计算出的最大应力来评定该节间的安全度。

A.1.2.1.3 在应力集中区内贴应变花，测出其主应力和最大应力。

A.1.2.2 平面(二向)应力区的贴片

结构承受平面应力状态，如果预先能用某些方法(如脆性涂料法)确定主应力方向，则可沿主应变方向贴上互相垂直的两个应变片。如果主应变的方向无法确定，则应贴上由 3 个应变片组成的应变花，关于应变花的数据处理见 A.1.4.3。

A.1.2.3 测点编号

根据选择好的测试部位和确定的测试点，绘制测点分布图，对贴片统一编号，并指明应变片或应变花的贴片位置。

A.1.3 试验程序

A.1.3.1 检查和调整样机，使之处于正常工作状态。

A.1.3.2 调试和检查有关仪器，合理选择灵敏系数，消除所有不正常现象。

A.1.3.3 测量消除自重影响的应变片基准 ε_0。

A.1.3.4 测量在空载应力状态时应变片在自重作用下的读数 ε_1。

空载应力状态是将塔机调整到表 A.1 所规定的测试工况。幅度同对应的测试工况、吊钩落地、回转机构或转台应制动或锁住，运行机构处于制动状态。如果零应力状态基准 ε_0 无法读出，可以取空载状态做初始状态，应变仪调零。

A.1.3.5 测量应变片在负载应力状态下的读数 ε_2。

负载应力状态是塔机按表 A.1 规定进行加载。其幅度允差不大于±1%。如测试工况规定要加侧向载荷，则应在臂架侧分别加侧向载荷来测量。

A.1.3.6 卸载至空载应力状态，检查各应变片的回零情况。如果某测点的应变片读数与原数据 ε_1 偏差超过 $\pm 0.03\sigma_s/E$，认为该测点数据无效，应查明原因，按原测试程序重新测量，直到合格。

注： σ_s 为材料屈服极限；E 为弹性模量。

A.1.3.7 每项试验应重复做 3 次，比较测试数据无重大差别。如果误差超过 10 倍的微应变，则应查明原因，并重新测试，直至稳定。

A.1.3.8 观察结构是否有永久变形或局部损坏。如果出现永久变形或局部损坏应立即终止试验，进行全面检查和分析。

A.1.3.9 测试数据、观察到的现象和说明应随时记录。

A.1.4 应力测试的数据处理和安全判别方法

A.1.4.1 计算两个测试状态的应力

空载应力(自重应力)σ_1 按式(A.1)计算：

$$\sigma_1 = E(\varepsilon_1 - \varepsilon_0) \quad \cdots\cdots (A.1)$$

负载应力 σ_2 按式(A.2)计算：

$$\sigma_2 = E(\varepsilon_2 - \varepsilon_1) \quad \cdots\cdots (A.2)$$

式中：

σ_1——空载应力(不测空载应力时，用计算应力代替)，单位为兆帕(MPa)；

σ_2——负载应力，单位为兆帕(MPa)；

ε_0——零应力状态应变仪读数；

ε_1——空载应力状态应变仪读数；

ε_2——负载应力状态应变仪读数。

注：ε_0、ε_1 和 ε_2 均带正负号，拉应变为正，压应变为负。

A.1.4.2 最大单向应力

最大单向应力由空载应力与负载应力的代数和决定。按式(A.3)计算。

$$\sigma_{max} = \sigma_1 + \sigma_2 \quad \cdots\cdots (A.3)$$

式中：

σ_{max}——最大应力，单位为兆帕(MPa)。

注：σ_1 和 σ_2 各带自己的正负号。

A.1.4.3 平面(二向)应力状态的数据处理

对于承受二向应力的弹塑性材料，按变形能(第四)强度理论计算，其当量单向应力计算如下：

a) 当主应力(变)的方向已知，并测得了两个方向的主应力时，当量单向应力按式(A.4)计算。

$$\sigma' = \sqrt{\sigma_x^2 + \sigma_x\sigma_y + \sigma_y^2} \quad \cdots\cdots (A.4)$$

式中：

σ'——当量单向应力，单位为兆帕(MPa)；

σ_x——最大主应力，单位为兆帕(MPa)；

σ_y——最小主应力，单位为兆帕(MPa)。

主应力可由主应变求得，按式(A.5)、式(A.6)计算。

$$\sigma_x = E(\varepsilon_x + \mu\varepsilon_y)/(1-\mu^2) \quad \cdots\cdots (A.5)$$

$$\sigma_y = E(\varepsilon_y + \mu\varepsilon_x)/(1-\mu^2) \quad \cdots\cdots (A.6)$$

式中：

ε_x——最大主应变；

ε_y——最小主应变；

μ——泊松比。

b) 主应力(变)的方向未知，可用应变花测得3个方向的线应变。当量单向应力按式(A.7)计算。

$$\sigma' = \frac{E}{2}\left[\frac{\varepsilon_a + \varepsilon_c}{1-\mu} + \frac{2}{1+\mu}\sqrt{(\varepsilon_a - \varepsilon_b)^2 + (\varepsilon_b - \varepsilon_c)^2}\right] \quad \cdots\cdots (A.7)$$

式中：

ε_a——a应变片的应变；

ε_b ——b 应变片的应变；

ε_c ——c 应变片的应变。

应变花的贴片方式见图 A.1。

c) 对于脆性材料，可采用最大应变(第二)强度理论求得当量应力，按式(A.8)计算。

$$\sigma_x = E\varepsilon_x \quad \cdots\cdots (A.8)$$

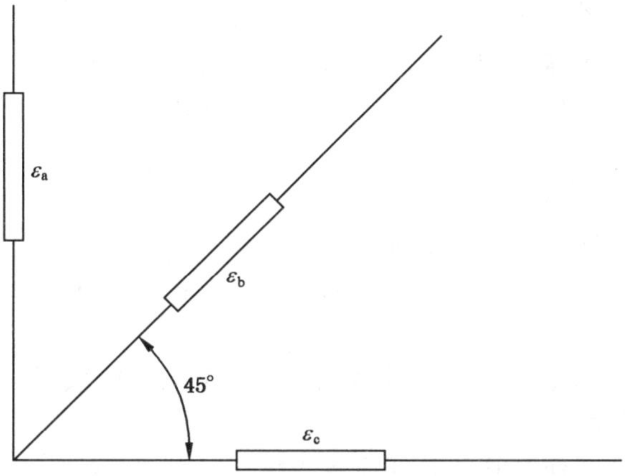

图 A.1

A.1.4.4 测试应力值的安全判别方法

A.1.4.4.1 一般要求

根据表 A.1 测试工况及载荷进行测试，测得结构的最大应力，应满足下列分类给出的安全判据，各危险应力区的安全系数见表 A.2。超载工作状况只用于考核结构完整性，卸载后不得出现可见裂纹，永久变形，油漆剥落，连接松动。

表 A.2 结构强度安全系数(最小值)

均匀应力区(n_{I})	应力集中区(n_{II})	弹性屈曲区(n_{III})
1.48	1.1	1.6

A.1.4.4.2 Ⅰ类——均匀应力区

安全系数按式(A.9)计算。

$$n_{\mathrm{I}} = \sigma_s/\sigma_r \text{ 或 } n_{\mathrm{I}} = \sigma_s/\sigma' \quad \cdots\cdots (A.9)$$

式中：

σ_r ——根据表 E.1 给定的测试工况和载荷进行测试时，结构中被测部位测出的最大拉应力(对于单向应力、塑性材料 σ_r 相应于 σ_{max}；脆性材料 σ_r 相当于 σ_x)，单位为兆帕(MPa)；

n_{I}——安全系数。

A.1.4.4.3 Ⅱ类——应力集中区

安全系数按式(A.10)计算。

$$n_{\mathrm{II}} = \sigma_s/\sigma_r \text{ 或 } n_{\mathrm{II}} = \sigma_s/\sigma' \quad \cdots\cdots (A.10)$$

式中：

n_{II}——安全系数。

A.1.4.4.4 Ⅲ类——弹性屈曲区

对于弦杆和腹杆等受压元件的安全系数，按式(A.11)计算。

$$n_{\text{Ⅲ}} = 1/[\sigma_{ra}/\sigma_{cr} + (\sigma_{rm} - \sigma_{ra})/\sigma_s] \quad \cdots\cdots(\text{A.11})$$

式中：

σ_{ra}——由一个截面上若干个测点的应变读数确定的平均应力，单位为兆帕(MPa)；

σ_{rm}——压杆被测截面上最大的计算压应力，单位为兆帕(MPa)；

σ_{cr}——受压杆发生屈曲的临界应力，单位为兆帕(MPa)；

$n_{\text{Ⅲ}}$——安全系数。

对于σ_{cr}的计算如下：

a) 当欧拉临界应力低于比例极限时，按式(A.12)计算。

$$\sigma_{cr} = \pi^2 E/(K \cdot L/r)^2 < \sigma_p \quad \cdots\cdots(\text{A.12})$$

式中：

K ——长度折算系数。一些常见情况可以用下列经验数据：

对于主弦杆，$K=1.0$；

对于以全截面与管状弦杆连接的腹杆，$K=0.75$；

对于以全截面与角形或"T"形弦杆连接的腹杆，$K=0.9$。

L ——受压杆件长度，单位为毫米(mm)。

r ——截面惯性半径，单位为毫米(mm)。

σ_p ——材料比例极限，单位为兆帕(MPa)。

b) 当欧拉临界应力高于比例极限时，按式(A.13)计算。

$$\sigma_{cr} = \sigma_s - \left[\frac{\sigma_p(\sigma_s - \sigma_p)(KL/r)^2}{\pi^2 E}\right] > \sigma_p \quad \cdots\cdots(\text{A.13})$$

A.1.4.4.5 Ⅳ类——板的局部屈曲区

一般要求对所有的试验工况(包括超载试验工况)Ⅳ类区域的应变片读数，都应能回到空载时的读数。

A.2 臂架根部连接处位移测量

臂架根部连接处位移测量工况和载荷见表A.1。以额定载荷工况进行判定，变位限制值见5.2.5。

A.3 结构动特性测试

A.3.1 对塔机结构动特性的测试项目为：

a) 危险应力区危险点的动应力；

b) 司机室的振动特性。

A.3.2 测量方法为在额定载荷下，正常操作起升离地时和额定速度下降制动时，测试动应力和振动特性。

A.3.3 对动特性的限制如下：

a) 按A.3.1 a)，各部件的最大应力点由振动产生的最大应力不应超过许用应力；

b) 司机室水平振动加速度应符合5.2.5的规定。

A.4 试验报告

试验应进行记录和数据整理，并提出报告。对不正常现象，应有实况记录，并做出分析意见。

对试验发现的个别部位的合应力或结构变位超出规定值时，虽然没有发现破坏或不正常现象，报告中也应特别指出，并提出分析意见，做出结构是否可正常工作的明确结论。

附 录 B
（资料性附录）
工作空间限制器——防碰撞/分区装置的规定

B.1 范围

本附录说明了关于在塔机上安装工作空间限制器(例如禁止重叠、躲避固定障碍物等)和与此相关的防碰撞装置(针对交迭安装塔机)的要求。

B.2 电源供应

B.2.1 工作空间限制器

因工作空间限制器不能脱离塔机而独立工作,当塔机电源切断时,工作空间限制器电源应同时自动切断。

B.2.2 防碰撞装置

因塔机停止工作时,防碰撞装置仍需运行,在切断塔机机构动力和控制电源时,应继续给防碰撞装置供电。

B.3 要求

在设计和制造塔机时应考虑到能够安装工作空间限制器和/或防碰撞装置。为此,塔机应满足:

a) 为可选择安装的防碰撞装置预置必要的设备;或

b) 安装传感器,以输出防碰撞装置运行时的必要信息;或

c) 根据 b)中要求,预置传感器的安装参考选择点。

塔机制造商应给出防碰撞装置控制塔机运动或功能的必要连接点。

防碰撞装置连接点的选择应使防碰撞装置的动作与塔机机构的正常操作协调一致(在停止惯性运动之前减速、机械制动的使用等)。尤其是,应符合塔机制造商规定的启动和停止操作步骤,避免导致意外的突然动作。

所有与防碰撞装置控制塔机运动的连接点应安装到一个专门的控制箱里,或者装到一个专门的接线盒内。塔机出厂已安装有防碰撞装置时,不要求安装专门的控制箱或接线盒。

B.4 信号

指示信号应在塔机司机的视野范围内。指示信号可使用信号灯、仪表盘或屏幕显示。

B.5 使用说明

B.5.1 塔机安装的说明

B.5.1.1 提醒塔机安装人员/司机以避免下列危险(见图 B.1):

a) 移动的塔机与固定障碍物之间发生碰撞。

b) 进入禁止区域或危险空域。

c） 由下列情况引起的不同塔机运行中发生碰撞：

1） 两塔机交迭工作时，高位塔机的起升绳与低位塔机的平衡臂之间的碰撞；

2） 高位塔机的起升绳与低位塔机的臂架之间的碰撞；

3） 当两塔机在相同的轨道或在非常接近的轨道上运行时，低位塔机的臂架和/或平衡臂与高位塔机的塔身之间的碰撞。

B.5.1.2 提示塔机安装人员/司机，为了降低危险，安装工作空间限制器和/或防碰撞装置是必要的。

B.5.1.3 建议当高位塔机的起升绳与低位塔机的平衡臂有可能发生碰撞时，应将低位塔机的平衡臂运动覆盖区域设置为禁止区域。

B.5.2 防碰撞装置正确安装的说明

应如下详细叙述：

a） 装置的电源供应：

如果防碰撞装置由塔机制造商提供，塔机制造商应给出装置要求的电源特性信息（电压、功率、接地方法等）。

b） 防碰撞装置运行要求的信息：

1） 如果防碰撞装置所需要的信息可以从塔机上现有传感器获得，则应说明它们的特征和可行的连接[见 B.3 b)]；

2） 或者，防碰撞装置所需要的信息不可以从塔机上获得，则应说明可安装的传感器和安装参考选择点特征（传感器输出信号特性和种类、切断运动的方式和特征及其他相关特性）。[见 B.3 c)]。

c） 防碰撞装置的运行：

说明防碰撞装置实现控制塔机运行和功能的必要的连接点和连接点的特征。

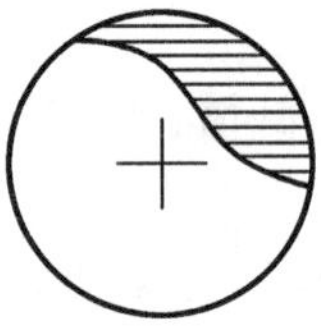

A

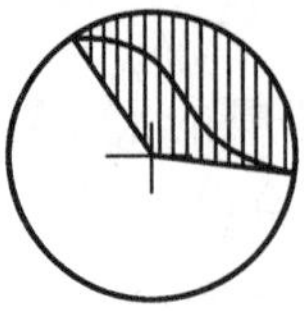

A1

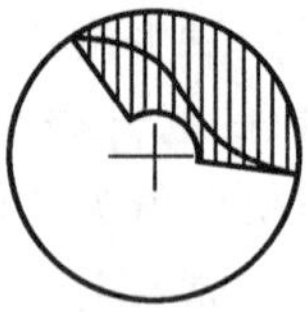

A2

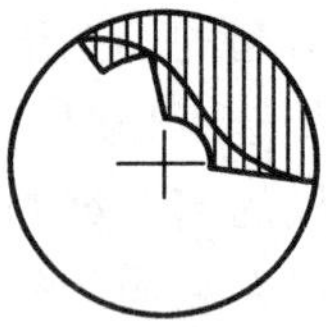

A3

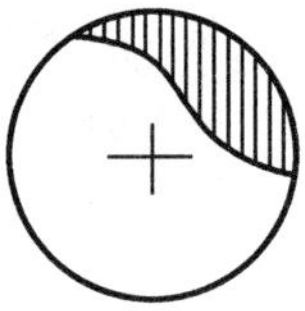

A4

禁止区域：

A1 禁止接近扇形区域；　A2 禁止接近环形区域；

A3 禁止接近多个环形区域；　A4 禁止接近具有一定外形轮廓的区域。

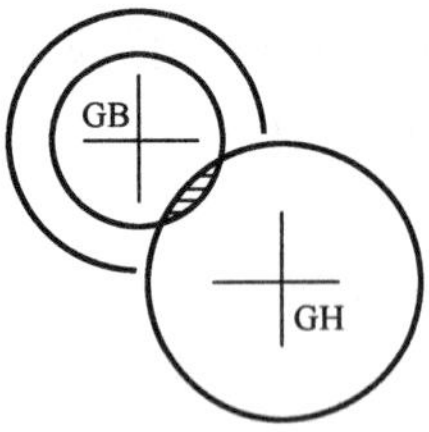

B

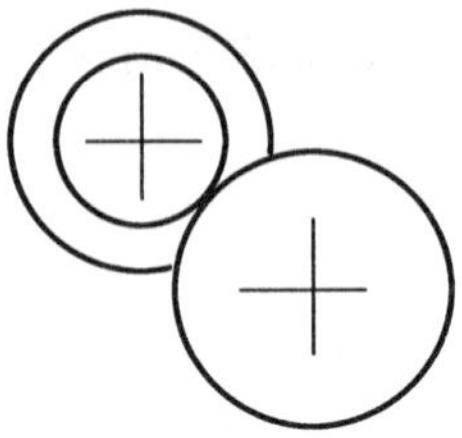

B1

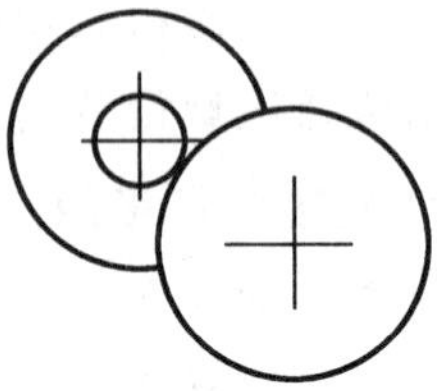

B2

避免碰撞的解决方案：

B 平衡臂/起升绳；　B1 更改布局；　B2 重新选择设备。

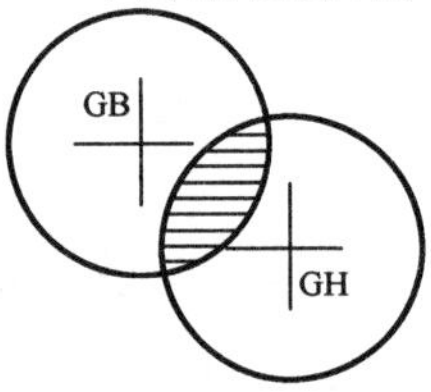

C

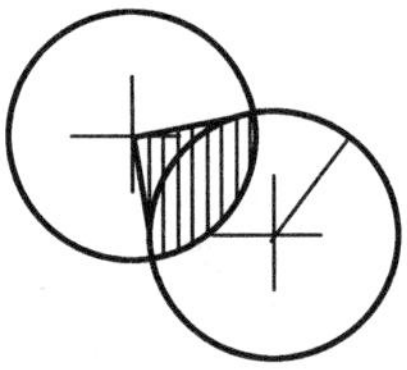

C1

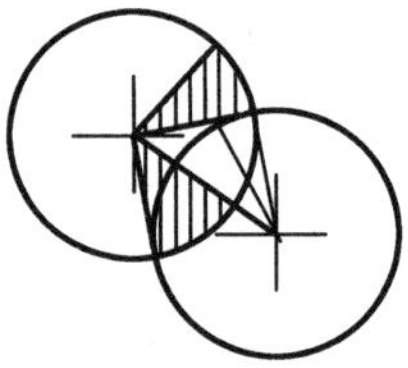

C2

通过禁止低位塔机接近特定区域：

C1 高位塔机的臂架处于任意位置；　C2 考虑高位塔机臂架的可能位置。

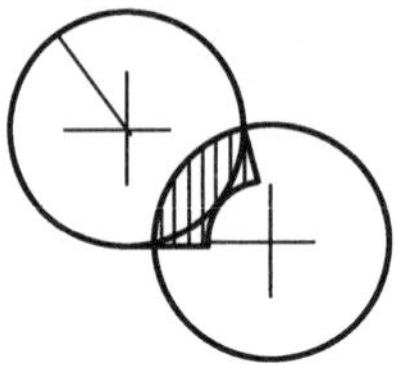

C3

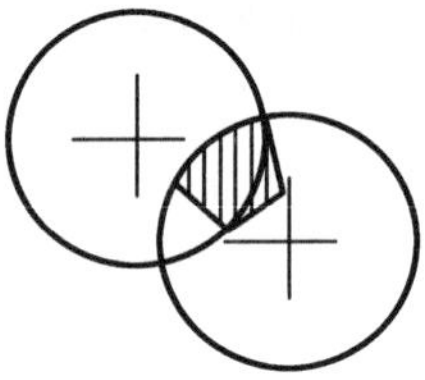

C4

通过禁止高位塔机接近特定区域：

C3 低位塔机的臂架处于任意位置；　C4 考虑低位塔机臂架可能系固位置。

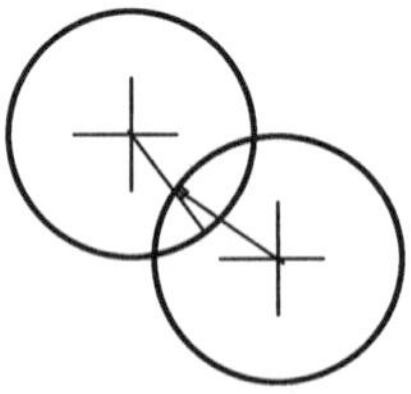

C5

通过监测高位塔机钢丝绳和低位塔机臂架的相对位置：

C5 安装追踪装置。

▤ 重叠区域　　　　Ⅲ 禁止接近区域

GH:高位塔机　　　　GB:低位塔机

图 B.1　交迭安装示例和可能的解决方案

附　录　C
（资料性附录）
订购塔机时制造商应提供的资料

<table>
<tr><td colspan="2">供货单或订货单格式[a]</td></tr>
<tr><td colspan="2">公司名称：</td></tr>
<tr><td colspan="2">公司地址：</td></tr>
<tr><td colspan="2">联系人：</td></tr>
<tr><td colspan="2">联系电话：</td></tr>
<tr><td colspan="2">塔机安装地：</td></tr>
<tr><td colspan="2">塔机的型号及名称：　　　　　　　　数量：</td></tr>
<tr><td colspan="2">产品设计标准：
产品制造标准：</td></tr>
<tr><td colspan="2">额定起重能力：(需要时应单独提供幅度-起重量列表)
主起升：　　　　起升倍率
最大起重量及其相应幅度：　______　t　　幅度为：　______　m
最大幅度及其相应起重量：　______　m　　起重量为：　______　t</td></tr>
<tr><td colspan="2">副起升(需要时)：　　　　起升倍率
最大起重量及其相应幅度：　______　t　　幅度为：　______　m
最大幅度及其相应起重量：　______　m　　起重量为：　______　t</td></tr>
<tr><td colspan="2">起升高度</td></tr>
<tr><td>水平臂(见图 1 示例)</td><td>动臂(见图 2 示例)</td></tr>
<tr><td colspan="2">主起升：　　　　起升倍率
在基准面以上：　　　　m
在基准面以下：　　　　m</td></tr>
<tr><td colspan="2">副起升(需要时)：　　　　起升倍率
在基准面以上：　　　　m
在基准面以下：　　　　m</td></tr>
<tr><td colspan="2">操作方式：　司机室固定联动台　　　　有线遥控　　　　无线遥控</td></tr>
<tr><td colspan="2">工作速度</td></tr>
<tr><td>正常速度
主起升：　______　m/min
副起升：　______　m/min
大车行走：　______　m/min
小车变幅：　______　m/min
动臂变幅(全程变幅时间)：　____　mim</td><td>慢降速度(如有时)
______　m/min
______　m/min
______　m/min
______　m/min</td></tr>
</table>

钢丝绳型式、规格及长度： 主起升： 副起升： 变幅(小车/动臂)：
轨距(适用时)：________ m　　钢轨型号： 轮压：　工作状态 ________ N　　非工作状态 ________ N 每米轨道作用载荷：工作状态________ N　　非工作状态 ________ N 最大独立状态基础受力： 工作状态：　垂直力：______N　水平力：____N　倾翻力矩______N·m　扭矩______N·m 非工作状态：垂直力：______N　水平力：____N　倾翻力矩______N·m　扭矩______N·m 架设状态：　垂直力：______N　水平力：____N　倾翻力矩______N·m　扭矩______N·m
塔机工作制说明： 整机及各机构的工作级别(按 GB/T 20863.3 或与需方协议结果)
设计计算风压：安装状态：______ Pa　工作状态：______ Pa　非工作状态：______ Pa
载荷类型：　　搬运物料类型：
吊钩或其他类型取物装置：
设计许用 气候状态(包括如：风速、降雨量和污染等)： 工作风速：________ m/s 工作环境温度：________ ℃　　相对湿度：________% 最高温度：________ ℃　　相对湿度：________% 最低温度：________ ℃　　相对湿度：________% 其他：
供电系统(柴油发电机或工业供电)： 电缆卷筒、集电器或电缆直供：(详细说明)
电力供应： 电压：__________ V　相位：________ 频率：__________ Hz　容量：________ kVA
限位器型号规格(起升/变幅/回转/运行)： 限制器型号规格(起重量/力矩)： 显示器型号规格：
特殊要求情况说明，如： 危险的气体、水蒸气、固体或挥发性液体环境使用； 用于电镀、酸洗或热镀作业； 用于盐碱气氛中时应说明暴露程度； 需要防范白蚁的特殊说明； 不能预先给定净空尺寸的障碍物； 供电电压的变化超过正常电压 10% 的情况； 其他
法律或技术的其他特殊要求说明： 如制造许可等
几种净空要求(见图 1)： *G*：________ m；　*H*：________ m；　*I*：________ m
[a] 本附录给出的订单形式仅供参考。

附　录　D
（规范性附录）
安全装置试验方法

D.1　起重力矩限制器试验

D.1.1　试验按定幅变码和定码变幅方式分别进行。各项重复 3 次。要求每次均能满足要求。

D.1.2　定幅变码试验方法如下：

a)　在最大工作幅度 R_0 处以正常工作速度起升额定起重量 Q_0，力矩限制器不应动作，能够正常起升。载荷落地，加载至 110% Q_0 后以最慢速度起升，力矩限制器应动作，载荷不能起升，并输出报警信号；

b)　取 0.7 倍最大额定起重量（0.7 Q_m），在相应允许最大工作幅度 $R_{0.7}$ 处，重复 a)项试验。

D.1.3　定码变幅试验方法如下：

a)　空载测定对应最大额定起重量（Q_m）的最大工作幅度 R_m、$0.8R_m$ 及 $1.1R_m$ 值，并在地面标记；

b)　在小幅度处起升最大额定起重量（Q_m）离地 1 m 左右，慢速变幅至 R_m～$1.1R_m$ 间时，力矩限制器应动作，切断外变幅和起升回路电源，并输出报警信号。退回，重新从小幅度开始，以正常速度向外变幅，在到达 $0.8R_m$ 时应能自动转为低速往外变幅，在到达 R_m～$1.1R_m$ 间时，力矩限制器应动作，切断外变幅和起升回路电源，并输出报警信号；

c)　空载测定对应 0.5 倍最大额定起重量（0.5 Q_m）的最大工作幅度 $0.5R_{0.5}$、$0.8R_{0.5}$ 及 $1.1R_{0.5}$ 值，并在地面标记；

d)　重复 b)项试验。

D.2　起重量限制器试验

D.2.1　总则

试验按以下程序进行，各项重复 3 次。要求每次均能满足要求。

D.2.2　最大额定起重量试验

正常起升最大额定起重量 Q_m，起重量限制器应不动作，允许起升。

载荷落地，加载至 110% Q_m 后以最慢速度起升，起重量限制器应动作，切断所有挡位起升回路电源，载荷不能起升并输出报警信号。

D.2.3　速度限制试验

对于具有多挡变速且各挡起重量不一样的起升机构，应分别对各挡位进行试验，方法同 D.2.2。试验载荷按各挡位允许的最大起重量计算。

D.3　安全监控管理系统精度试验

D.3.1　总则

安全监控管理系统精度用幅度、起重量与力矩 3 项参数的显示精度表征，试验按以下程序进行,各项重复3次。要求每次均能满足要求。

D.3.2 幅度显示精度试验

空载状态下,取最大工作幅度的30%($R_{0.3}$)、60%($R_{0.6}$)、90%($R_{0.9}$),小车在取点附近小范围内往返运行两次后停止,测定小车的实际幅度$R_{0.3实}$、$R_{0.6实}$、$R_{0.9实}$,读取显示器相应显示幅度$R_{0.3显}$、$R_{0.6显}$、$R_{0.9显}$。分别计算它们的算术平均值$R_{实}$和$R_{显}$,显示精度按式(D.1)计算。

$$\Delta R = \frac{|R_{实} - R_{显}|}{R_{实}} \times 100\% \quad \cdots\cdots(\text{D.1})$$

式中:

ΔR ——幅度显示精度;

$R_{实}$ ——3次实际幅度的算术平均值,单位为米(m);

$R_{显}$ ——对应的3次显示幅度的算术平均值,单位为米(m)。

D.3.3 起重量显示精度试验

分别起升最大额定载荷的30%($Q_{0.3}$)、60%($Q_{0.6}$)、90%($Q_{0.9}$),读取相应的显示起重量$Q'_{0.3}$、$Q'_{0.6}$、$Q'_{0.9}$,分别计算它们的算术平均值Q及Q',显示精度按式(D.2)计算。

$$\Delta Q = \frac{|Q - Q'|}{R_{实}} \times 100\% \quad \cdots\cdots(\text{D.2})$$

式中:

ΔQ ——起重量显示精度;

Q ——3次实际起重量的算术平均值,单位为千克(kg);

Q' ——对应的3次显示起重量的算术平均值,单位为千克(kg)。

D.3.4 力矩显示精度试验

起升额定起重量Q_0,分别在最大工作幅度的30%($R_{0.3}$)、60%($R_{0.6}$)、90%($R_{0.9}$)附近小范围内往返运行两次后停止,测定小车的实际幅度$R_{0.3实}$、$R_{0.6实}$、$R_{0.9实}$,读取显示器相应显示力矩$M_{0.3显}$、$M_{0.6显}$、$M_{0.9显}$并计算其算术平均值M',显示精度按式(D.3)计算。

$$\Delta M = \frac{|M - M'|}{M} \times 100\% \quad \cdots\cdots(\text{D.3})$$

式中:

ΔM ——起重力矩显示精度;

M' ——3次显示起重力矩的算术平均值,单位为千牛米(kN·m);

M ——对应的3次实际起重力矩的算术平均值,单位为千牛米(kN·m),M按式(D.4)计算。

$$M = \frac{9.8 \times Q_0 \times (R_{0.3实} + R_{0.6实} + R_{0.9实})}{3\ 000} \quad \cdots\cdots(\text{D.4})$$

式中:

Q_0——额定起重量(见D.1.1),单位为千克(kg)。

D.4 行程限位装置试验

各行程限位装置的试验应在塔机空载状态下按正常工作速度进行。

各项试验重复进行 3 次，限位装置动作后，停机位置应符合 5.6 的规定。

D.5 小车防坠落装置检验

小车防坠落装置的功能通过尺寸测量方法进行校核。小车单边（或单轮）上轨后，对边（或对角）支承轮失效时，装置应能保证小车不会脱出臂架而坠落，校核时应考虑加工误差和小车上载荷的影响。即小车相对臂架处于极限位置时，小车应能可靠地悬挂在臂架上。

D.6 动臂变幅幅度限制装置检验

动臂变幅幅度限制装置功能通过空载运动目测及查验计算书的方式进行。吊钩空载，臂架内变幅到设计最大仰角（最小幅度），目测内变幅控制回路应自动断电，且机械止挡已开始对臂架形成反向推力（如：弹性伸缩阻挡杆已接近弹性元件压缩极限，移动式平衡重已对臂架形成反向推力），查验计算书有此状态臂架防后翻能力验算。

附 录 E
(规范性附录)
塔式起重机检验项目及判定

塔机型式检验及出厂检验项目按表 E.1 规定。

按表 E.2 判定是否合格。

表 E.1 检验项目表

序号	检验项目		要求	检验方法	项目分类	检验类别		备注
						型式	出厂	
1	一般规定	计算书	5.1.1	6.2	A	○		
		随行文件	5.7.2		B	○	○	
		结构测试	5.1.1	附录 A	A	○		
		控制装置	5.1.4	6.8、6.9、6.10、6.11、6.12	A	○	○	
		机构运转、密封、温升	5.1.4		B	○	○	
		螺栓、销轴连接	5.1.4		B	○	○	
		结构、焊缝及关键零部件	5.1.4		A	○	○	
2	整机	平衡重与压重	5.2.1	6.8	A	○	○	
		稳定性	5.2.2	6.6	A	○		
		爬升装置	5.2.3	6.7	A	○		
		最大幅度误差	5.2.4	6.8	C	○		
		最小幅度误差	5.2.4		C	○		
		独立起升高度	5.2.4		C	○		
		最大幅度起升高度(动臂变幅塔机)	5.2.4		C	○		
		起升速度误差	5.2.4	6.9	C	○		
		变幅速度误差	5.2.4		C	○		
		回转速度误差	5.2.4		C	○		
		运行速度误差	5.2.4		C	○		
		慢降速度	5.2.4		B	○		
		尾部回转半径	5.2.4	6.3	C	○	○	
		固定式塔机的支腿跨距	5.2.4		B	○	○	
		轨道运行式塔机的轨距	5.2.4		B	○	○	
		整体拖运外形尺寸	5.2.4		C	○		
		塔身轴心线侧向垂直度	5.2.4	6.8	B	○	○	
		静态刚性	5.2.5	附录 A	B	○		
		动态刚性	5.2.5		C	○		
		外观及表面防护	5.2.6	6.4	C	○	○	
		噪声	5.2.7	6.9	B	○		

表 E.1（续）

<table>
<tr><th rowspan="2">序号</th><th rowspan="2" colspan="3">检验项目</th><th rowspan="2">要求</th><th rowspan="2">检验方法</th><th rowspan="2">项目分类</th><th colspan="2">检验类别</th><th rowspan="2">备注</th></tr>
<tr><th>型式</th><th>出厂</th></tr>
<tr><td rowspan="8">3</td><td rowspan="8">结构</td><td colspan="2">材料</td><td>5.3.1</td><td>6.3</td><td>A</td><td>○</td><td>○</td><td></td></tr>
<tr><td colspan="2">焊接质量</td><td>5.3.2.1.4、5.3.2.1.5</td><td>6.5</td><td>A</td><td>○</td><td>○</td><td></td></tr>
<tr><td colspan="2">螺栓连接</td><td>5.3.2.2</td><td>6.2</td><td>B</td><td>○</td><td>○</td><td></td></tr>
<tr><td colspan="2">标准节互换性</td><td>5.3.3</td><td>6.3</td><td>A</td><td>○</td><td></td><td></td></tr>
<tr><td colspan="2">结构表面</td><td>5.3.5</td><td rowspan="6">6.8</td><td>B</td><td>○</td><td>○</td><td></td></tr>
<tr><td colspan="2">排水</td><td>5.3.6</td><td>C</td><td>○</td><td></td><td></td></tr>
<tr><td colspan="2">通道及安全防护设施</td><td>5.3.7</td><td>B</td><td>○</td><td>○</td><td></td></tr>
<tr><td colspan="2">司机室</td><td>5.3.8</td><td>B</td><td>○</td><td></td><td></td></tr>
<tr><td rowspan="20">4</td><td rowspan="20">机构</td><td rowspan="4">起升机构</td><td>联轴器</td><td>5.4.1.3.1</td><td>A</td><td>○</td><td></td><td></td></tr>
<tr><td>制动器防护</td><td>5.4.1.4.1</td><td>C</td><td>○</td><td>○</td><td></td></tr>
<tr><td>制动器</td><td>5.4.1.4.2</td><td>6.9、6.10、6.11</td><td>A</td><td>○</td><td>○</td><td></td></tr>
<tr><td>卷筒凸缘高度</td><td>5.4.1.7.2</td><td rowspan="3">6.8</td><td>B</td><td>○</td><td></td><td>按说明书最大容绳量</td></tr>
<tr><td rowspan="5">动臂变幅机构</td><td>联轴器</td><td>5.4.1.3.1</td><td>A</td><td>○</td><td></td><td></td></tr>
<tr><td>制动器防护</td><td>5.4.1.4.1</td><td>C</td><td>○</td><td>○</td><td></td></tr>
<tr><td>主制动器</td><td>5.4.1.4.3</td><td>6.9、6.10、6.11</td><td>A</td><td>○</td><td>○</td><td></td></tr>
<tr><td>附加制动器</td><td>5.4.1.4.3</td><td rowspan="6">6.8</td><td>A</td><td>○</td><td>○</td><td></td></tr>
<tr><td>卷筒凸缘高度</td><td>5.4.1.7.3</td><td>B</td><td>○</td><td></td><td></td></tr>
<tr><td rowspan="2">小车变幅机构</td><td>制动器防护</td><td>5.4.1.4.1</td><td>C</td><td>○</td><td>○</td><td></td></tr>
<tr><td>卷筒绳槽</td><td>5.4.1.7.4</td><td>B</td><td>○</td><td></td><td></td></tr>
<tr><td rowspan="2">运行机构</td><td>轮、轴失效防护</td><td>5.4.1.6.3</td><td>A</td><td>○</td><td>○</td><td></td></tr>
<tr><td>供电装置</td><td>5.5.2.5</td><td>C</td><td>○</td><td></td><td></td></tr>
<tr><td rowspan="2">回转机构</td><td>制动器</td><td>5.4.1.4.6</td><td rowspan="2">6.8</td><td>B</td><td>○</td><td>○</td><td></td></tr>
<tr><td>减速器</td><td>5.4.1.6.4</td><td>A</td><td>○</td><td></td><td></td></tr>
<tr><td rowspan="2">液压系统</td><td>超压保护</td><td>5.4.1.5.5</td><td rowspan="2">6.7</td><td>A</td><td>○</td><td>○</td><td></td></tr>
<tr><td>液压缸截止阀</td><td>5.4.1.5.8</td><td>A</td><td>○</td><td>○</td><td></td></tr>
<tr><td>吊钩</td><td>防脱钩装置</td><td>5.4.2.3</td><td>6.8</td><td>B</td><td>○</td><td>○</td><td></td></tr>
<tr><td rowspan="5">5</td><td rowspan="5">电气</td><td colspan="2">绝缘</td><td>5.5.3.7</td><td rowspan="5">6.8</td><td>A</td><td>○</td><td>○</td><td></td></tr>
<tr><td colspan="2">控制装置</td><td>5.5.4</td><td>A</td><td>○</td><td>○</td><td></td></tr>
<tr><td colspan="2">电动机保护</td><td>5.5.5.1</td><td>B</td><td>○</td><td>○</td><td></td></tr>
<tr><td colspan="2">线路保护</td><td>5.5.5.2</td><td>B</td><td>○</td><td>○</td><td></td></tr>
<tr><td colspan="2">错相与缺相保护</td><td>5.5.5.3</td><td>A</td><td>○</td><td>○</td><td></td></tr>
</table>

表 E.1（续）

序号	检验项目		要求	检验方法	项目分类	检验类别		备注
						型式	出厂	
5	电气	零位保护	5.5.5.4	6.8	A	○	○	
		失压保护	5.5.5.5	6.9	A	○		
		欠压与过压	5.5.5.6		A	○		
		紧急停止	5.5.5.7	6.8	A	○	○	
		预减速保护	5.5.5.8		C	○		
		超速开关	5.5.5.9		B	○		
6	安全装置	起升高度限位器	5.6.1		B	○	○	
		幅度限位器	5.6.2		B	○	○	
		回转限位器	5.6.4		B	○	○	
		运行限位器	5.6.5		B	○	○	大车运行
		动臂变幅幅度限制装置	5.6.3	6.13	A	○		
		起重力矩限制器	5.6.6		A	○	○	
		起重量限制器	5.6.6		A	○	○	
		小车变幅断绳保护	5.6.7	6.8	A	○		
		小车防坠落装置	5.6.8 和 5.4.1.4.4	6.13	A	○		
		抗风防滑装置	5.6.9	6.8	A	○	○	大车运行
		钢丝绳防脱装置	5.6.10		B	○	○	
		爬升装置防脱功能	5.6.11	6.7	A	○	○	
		安全监控管理系统	5.6.12	6.13	B	○	○	
7	信息标志	标志	8.1	6.8	C	○	○	
		司机操作信息	8.2		C	○	○	
		警告信息	8.3		C	○	○	
		设备信息	8.4		C	○	○	
8	自行架设塔机拖行		9.2.2	6.14	B	○		
注：○——检验项目。								

表 E.2　样机检验判定

检验项目	不合格项数量及组合			
	1	2	3	4
A类	1	0	0	0
B类	0	2	1	0
C类	0	0	3	6

附　录　F
（资料性附录）
塔机爬升操作

F.1　总则

塔机爬升是指通过适当的装置改变塔身高度的过程，塔机爬升包括升塔和降塔。

本附录说明了以下两种主要的爬升方法：

a)　外爬升——通过使用爬升架爬升系统嵌入标准节来改变塔机高度的爬升方式(见 F.2)；

b)　内爬升——通过爬升系统直接在支撑塔机的建筑物上进行爬升的方式(不需嵌入标准节)(见 F.3)。

为清楚起见，本附录描述了这两种主要爬升方法的一般要求。

应注意，虽然大部分塔机使用的爬升原理相同，但各种塔机的结构构造型式千差万别，在任何情况下均应关注制造商使用说明书中的有关特殊说明。

F.2　外爬升操作

一个典型的爬升结构由一个一面开口的金属桁架、一个标准节引进装置和一套安装在爬升架内的爬升液压缸系统组成。爬升架为一整体并有三面包裹住塔身，在开口的一面预先提升一个新的要安装的标准节。

典型的爬升操作过程如下：

a)　将爬升架可靠固定在塔机回转部分的下面，爬升液压缸的支腿在塔身的顶升支撑点上[见图 F.1 b)]。

b)　通过塔机本身将一个新的标准节提起并放到爬升架上[见图 F.1 c)]。然后通过配平使塔机上部结构相对爬升液压缸中心前后平衡并将臂架保持在正确的位置。

c)　给爬升液压缸加力伸出，使连接在塔身顶部的塔机上部结构上升直到足够放入一个新标准节的距离 [见图 F.1 d)]。通过爬升液压缸和爬升架的延展，将新标准节引入爬升架并与塔身对正[见图 F.1 e)]。下降爬升液压缸和爬升架直到塔机上部结构连接到新标准节的顶部；分离引进装置[见图 F.1 f)]并继续下降塔机上部结构和新标准节直到将新标准节下部与塔身顶部连接[见图 F.1 g)]。重复相同的过程[见图 F.1 h)和图 F.1 i)]，即可继续进行加节。

F.3　内爬升操作

当塔机安装并支撑在建设中的建筑物内时，就需要随建筑施工的进程在建筑物内爬升(见图 F.2)。

塔机由两套环梁支撑。在安装时，塔机被这两套环梁夹持住，允许塔机的工作载荷通过环梁传递给建筑物。

要爬升到上一个平面时，在塔机上环梁上部合适的距离再安装一套环梁；然后通过配平使塔机的倾覆力矩最小，松开环梁中夹持塔身的装置，使用塔身底部的爬升部件和液压装置将塔机升高，当塔身底部到达中环梁时，将塔机夹持在中环梁和上环梁间，即可将下环梁移开留待下次爬升使用。

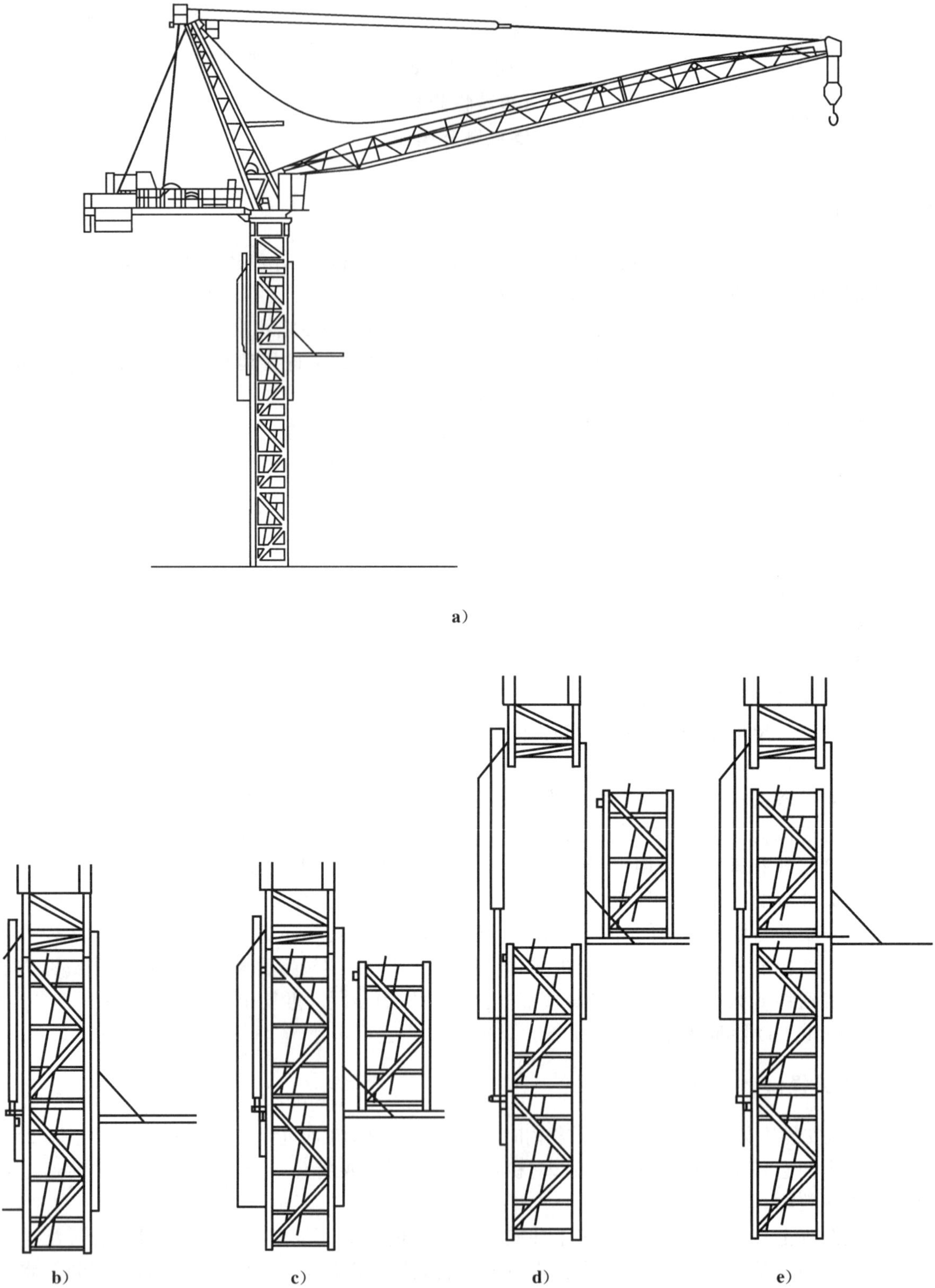

图 F.1 外爬升

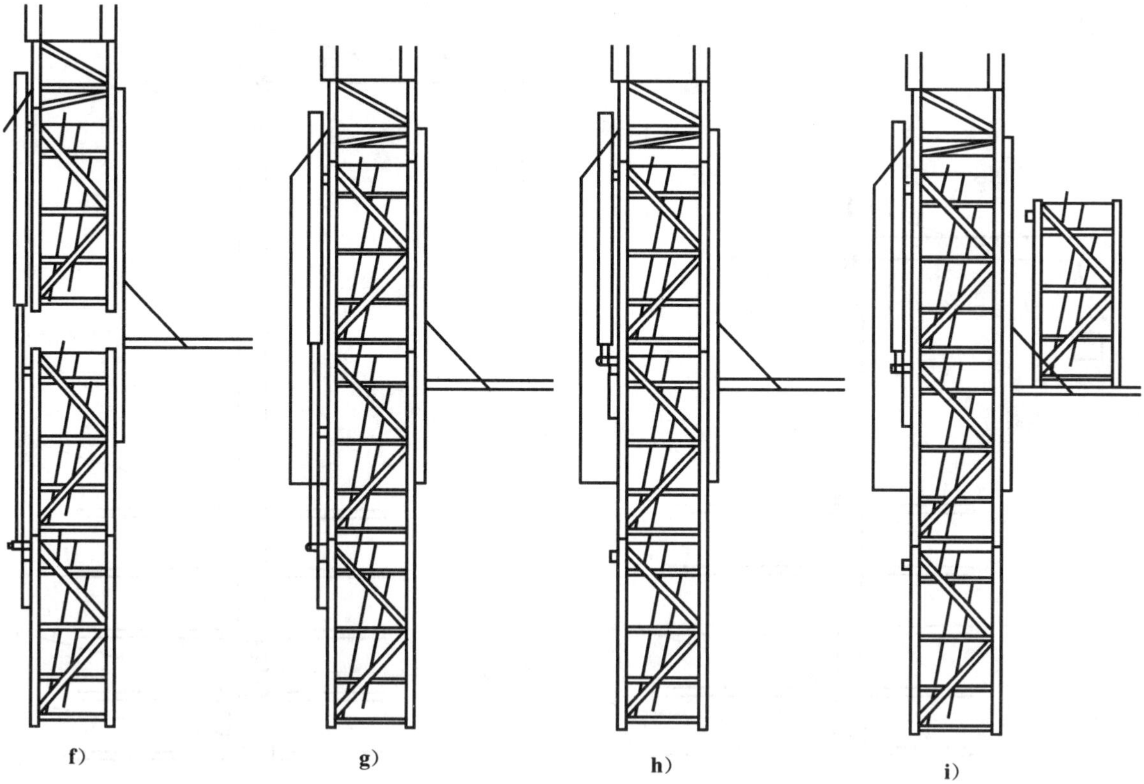

图 F.1（续）

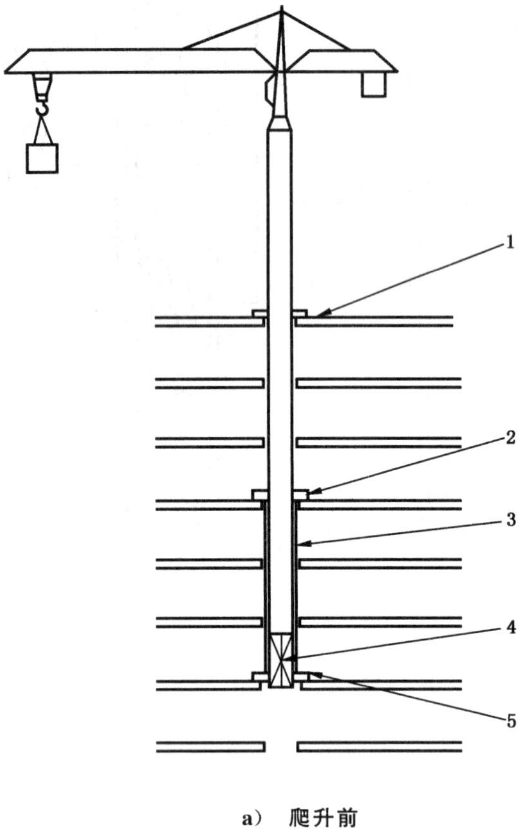

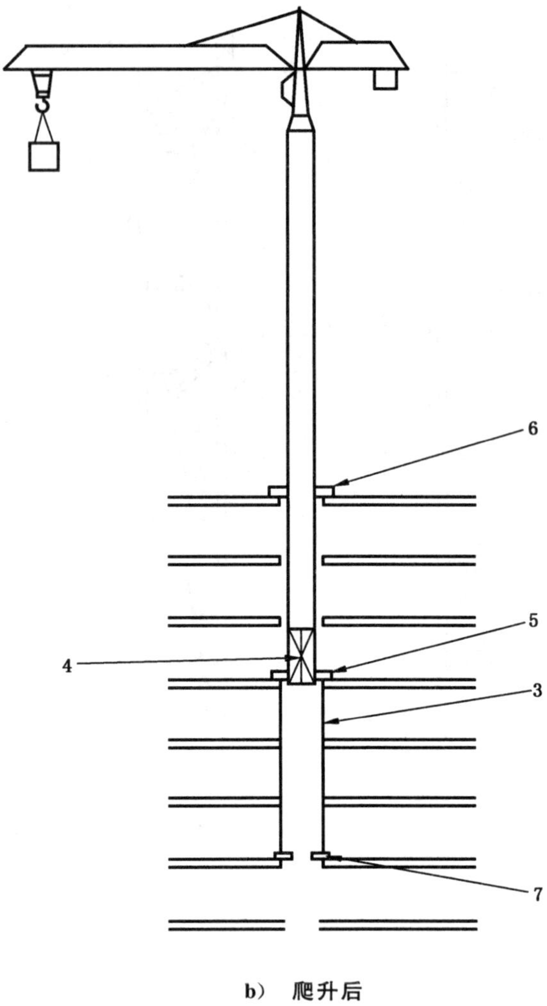

说明：

1——新的顶部环梁(爬升前安装)；
2——中部环梁(先前的顶部环梁)；
3——爬升支撑；
4——爬升部件和液压装置；
5——底部环梁；
6——顶部环梁；
7——旧的底部环梁(要移走的)。

图 F.2 内爬升

ICS 53.020.20
J 80

中华人民共和国国家标准

GB 5144—2006
代替 GB 5144—1994

塔式起重机安全规程

Safety code for tower cranes

2006-06-02 发布 2007-10-01 实施

中华人民共和国国家质量监督检验检疫总局
中国国家标准化管理委员会 发布

前　言

本标准的3.7、4.1、4.2.1、4.2.2.1、4.2.2.3、4.3、4.4、4.5、4.6.7、4.7.4、4.8、5.2.1、5.2.4、5.3.1、5.4.1、5.5.2、5.6.1、5.6.2、6.3.3.2、7.1、7.2、7.3、7.3.1、7.3.2、7.4、8.3.3、8.5.1、10.6 b)、10.8e)、10.9、11.1为推荐性的,其余为强制性的。

本标准代替GB 5144—1994《塔式起重机安全规程》。

本标准参考了ISO 7752-3:1993《起重机　控制　布置和特性　第3部分:塔式起重机》、ISO 11660-1:1999《起重机　通道、护板和限制装置　第1部分:总则》、ISO 11660-3:1999《起重机　通道、护板和限制装置　第3部分:塔式起重机》的有关内容。

本标准与GB 5144—1994相比主要变化如下:

——增加对自升式塔机顶升加节、频繁拆装的起重臂的连接、结构件正常工作年限及主要结构件可追溯的永久标志等要求;

——采用有关国际标准的部分内容;

——调整部分条款为推荐性。

本标准由中华人民共和国建设部提出。

本标准由全国起重机械标准化技术委员会归口。

本标准起草单位:北京建筑机械化研究院、长沙建设机械研究院、四川建设机械(集团)股份有限公司、北京市建筑工程机械厂、上海宝达工程机械有限公司、重庆大江信达股份有限公司工程机械厂、湖南湘潭江麓建筑机械有限公司、广西建工集团建筑机械制造有限责任公司、江苏省正兴建设机械有限公司、上海市建设机械检测中心、北京中建正和建筑机械施工有限公司。

本标准主要起草人:虞洪、许武全、何振础、易明、魏吉祥、童明军、王福国、付剑雄、胡浪、杨道华、史洪泉、杨定平、钱进。

本标准所代替标准的历次版本发布情况为:

——GB 5144—1985、GB 5144—1994。

塔式起重机安全规程

1 范围

本标准规定了塔式起重机(以下简称塔机)在设计、制造、安装、使用、维修、检验等方面应遵守的安全技术要求。

本标准适用于各种建筑用塔机。其他用途的塔机可参照执行。

本标准不适用于汽车式、轮胎式及履带式的塔机。

2 规范性引用文件

下列文件中的条款通过本标准的引用而成为本标准的条款。凡是注日期的引用文件,其随后所有的修改单(不包括勘误的内容)或修订版均不适用于本标准,然而,鼓励根据本标准达成协议的各方研究是否可使用这些文件的最新版本。凡是不注日期的引用文件,其最新版本适用于本标准。

GB/T 5972 起重机用钢丝绳检验和报废实用规范(ISO 4309:1990,IDT)

GB/T 5973 钢丝绳用楔形接头

GB/T 5975 钢丝绳用压板

GB/T 5976 钢丝绳夹

GB/T 9462—1999 塔式起重机技术条件

GB/T 13752—1992 塔式起重机设计规范

JG/T 53 塔式起重机车轮技术条件

JG/T 54—1999 塔式起重机司机室技术条件

JG/T 100 塔式起重机操作使用规程

JG/T 5112 塔式起重机钢结构制造与检验

3 整机

3.1 塔机的工作条件应符合 GB/T 9462—1999 中 4.1.1、4.1.3、4.1.4 的规定。

3.2 塔机的抗倾翻稳定性应符合 GB/T 9462—1999 中 4.1.6 的规定。

3.3 自升式塔机在加节作业时,任一顶升循环中即使顶升油缸的活塞杆全程伸出,塔身上端面至少应比顶升套架上排导向滚轮(或滑套)中心线高 60 mm。

3.4 塔机应保证在工作和非工作状态时,平衡重及压重在其规定位置上不位移、不脱落,平衡重块之间不得互相撞击。当使用散粒物料作平衡重时应使用平衡重箱,平衡重箱应防水,保证重量准确、稳定。

3.5 在塔身底部易于观察的位置应固定产品标牌。标牌的内容应符合 GB/T 9462—1999 中 7.1.1 的规定。

在塔机司机室内易于观察的位置应设有常用操作数据的标牌或显示屏。标牌或显示屏的内容应包括幅度载荷表、主要性能参数、各起升速度挡位的起重量等。标牌或显示屏应牢固、可靠,字迹清晰、醒目。

3.6 塔机制造商提供的产品随机技术文件应符合 GB/T 9462 的有关规定。

对于塔机使用说明书除应符合 GB/T 9462—1999 中 7.2.6 的规定外,还应包括以下内容:

a) 根据塔机主要承载结构件使用材料的低温力学性能、机构的使用环境温度范围及有关因素决定塔机的使用温度、正常工作年限或者利用等级、载荷状态、工作级别以及各种工况的许用风压;

b) 安全装置的调整方法、调整参数及误差指标;

c) 对于在安装起重臂前先安装平衡重块的塔机,应注明平衡重块的数量、规格及位置;

d) 起重臂组装完毕后,对其连接用销轴、安装定位板等连接件的检查项目和检查方法;

e) 在塔身加节、降节过程中,安全的作业步骤、使用的平衡措施及检查部位和检查项目;

f) 所用钢丝绳的型式、规格和长度;

g) 高强度螺栓所需的预紧力或预紧力矩及检查要点;

h) 起重臂、平衡臂各组合长度的重心及拆装吊点的位置。

3.7 使用单位应建立塔机设备档案,档案至少应包括:

a) 每次安装地点、使用时间及运转台班记录;

b) 每次启用前按 GB/T 9462 中的有关规定进行常规检验的记录;

c) 大修、更换主要零部件、变更、检查和试验等记录;

d) 设备、人身事故记录;

e) 设备存在的问题和评价。

4 结构

4.1 材料

塔机主要承载结构件所使用的材料应符合 GB/T 9462—1999 中 4.3.1.1 和 4.3.1.2 的规定。

4.2 连接

4.2.1 焊接

塔机主要承载结构件及焊缝的制造要求和检验应符合 JG/T 5112 的有关规定。

4.2.2 螺栓、销轴

4.2.2.1 塔机使用的连接螺栓及销轴材料应符合 GB/T 13752—1992 中 5.4.2.2 的规定。

4.2.2.2 起重臂连接销轴的定位结构应能满足频繁拆装条件下安全可靠的要求。

4.2.2.3 自升式塔机的小车变幅起重臂,其下弦杆连接销轴不宜采用螺栓固定轴端挡板的形式。当连接销轴轴端采用焊接挡板时,挡板的厚度和焊缝应有足够的强度、挡板与销轴应有足够的重合面积,以防止销轴在安装和工作中由于锤击力及转动可能产生的不利影响。

4.2.2.4 采用高强度螺栓连接时,其连接表面应清除灰尘、油漆、油迹和锈蚀。应使用力矩扳手或专用扳手,按使用说明书要求拧紧。塔机出厂时应根据用户需要提供力矩扳手或专用扳手。

4.3 梯子、扶手和护圈

4.3.1 不宜在与水平面呈 65°～75°设置梯子。

4.3.2 与水平面呈不大于 65°的阶梯两边应设置不低于 1 m 高的扶手,该扶手支撑于梯级两边的竖杆上,每侧竖杆中间应设有横杆。

阶梯的踏板应采用具有防滑性能的金属材料制作,踏板横向宽度不小于 300 mm,梯级间隔不大于 300 mm，扶手间宽度不小于 600 mm。

4.3.3 与水平面呈 75°～90°的直梯应满足下列条件：

a) 边梁之间的宽度不小于 300 mm；

b) 踏杆间隔为 250 mm～300 mm；

c) 踏杆与后面结构件间的自由空间(踏脚间隙)不小于 160 mm；

d) 边梁应可以抓握且没有尖锐边缘；

e) 踏杆直径不小于 16 mm，且不大于 40 mm；

f) 踏杆中心 0.1 m 范围内承受 1 200 N 的力时，无永久变形；

g) 塔身节间边梁的断开间隙不应大于 40 mm。

4.3.4 高于地面 2 m 以上的直梯应设置护圈，护圈应满足下列条件：

a) 直径为 600 mm～800 mm；

b) 侧面应用 3 条或 5 条沿护圈圆周方向均布的竖向板条连接；

c) 最大间距：侧面有 3 条竖向板条时为 900 mm；侧面有 5 条竖向板条时为 1 500 mm；

d) 任何一个 0.1 m 的范围内可以承受 1 000 N 的垂直力时，无永久变形。

4.3.5 当梯子设于塔身内部，塔身结构满足以下条件，且侧面结构不允许直径为 600 mm 的球体穿过时[见图 1a)]，可不设护圈：

a) 正方形塔身边长不大于 750 mm，见图 1b)；

单位为毫米

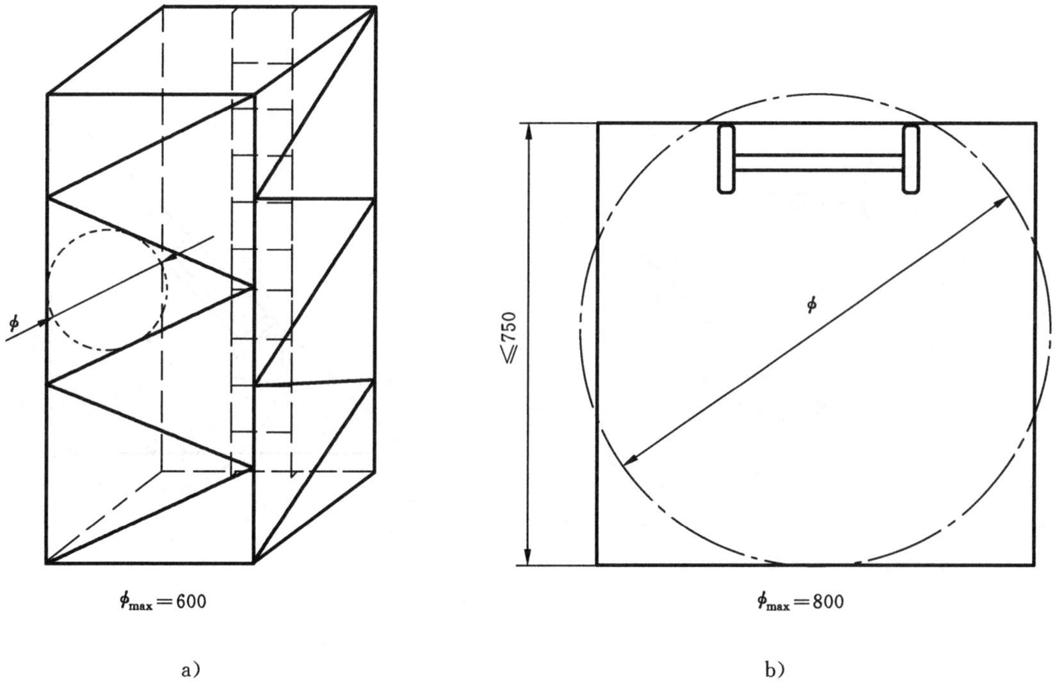

图 1

b) 等边三角形塔身边长不大于 1 100 mm，见图 2；

单位为毫米

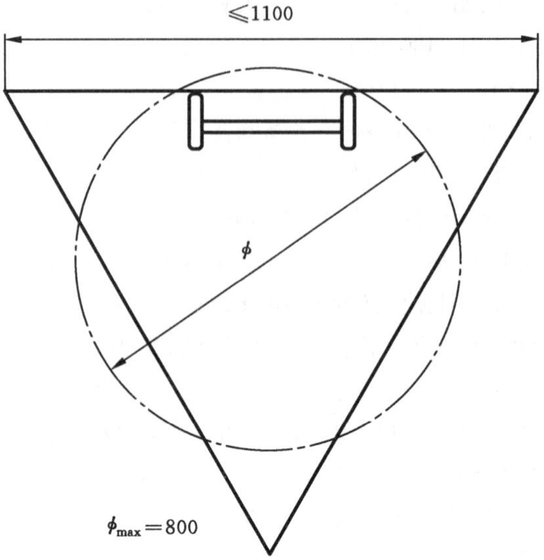

图 2

c) 直角等腰三角形塔身边长不大于 1 100 mm,见图 3a);或梯子沿塔身对角线方向布置,边长不大于 1 100 mm,见图 3b);

单位为毫米

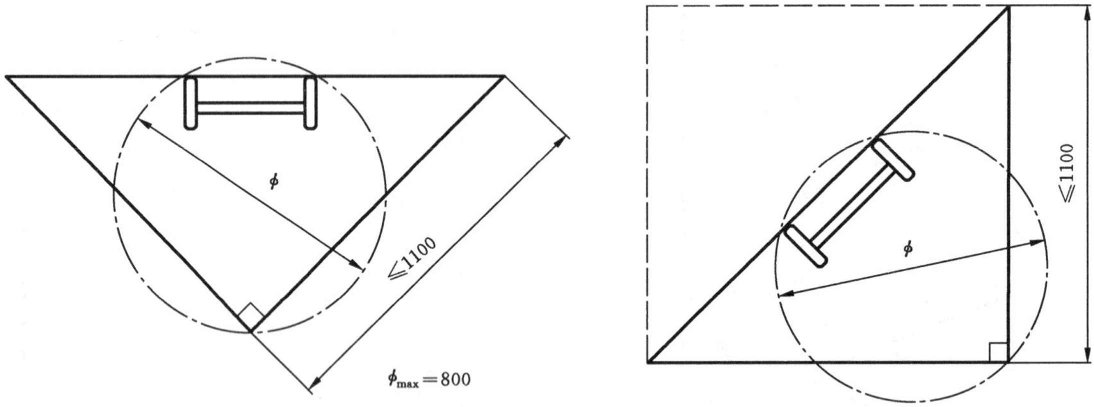

a)　　b)

图 3

d) 筒状塔身直径不大于 1 000 mm,见图 4;

e) 快装式塔机。

单位为毫米

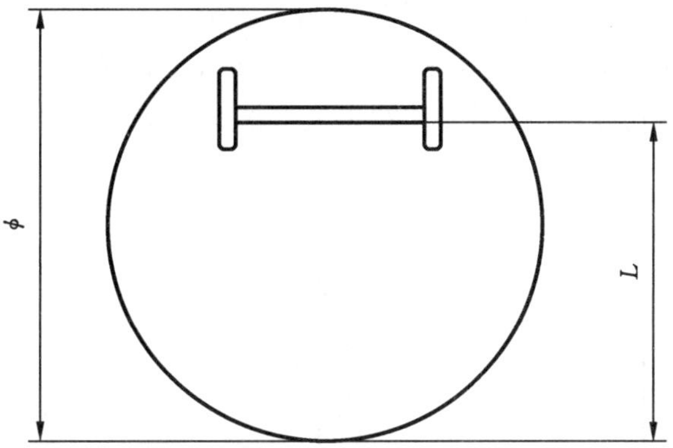

$\phi_{max} \leqslant 1000$

$600 \leqslant L \leqslant 800$

图 4

4.4 平台、走道、踢脚板和栏杆

4.4.1 在操作、维修处应设置平台、走道、踢脚板和栏杆。

4.4.2 离地面 2 m 以上的平台和走道应用金属材料制作,并具有防滑性能。在使用圆孔、栅格或其他不能形成连续平面的材料时,孔或间隙的大小不应使直径为 20 mm 的球体通过。在任何情况下,孔或间隙的面积应小于 400 mm^2。

4.4.3 平台和走道宽度不应小于 500 mm,局部有妨碍处可以降至 400 mm。平台和走道上操作人员可能停留的每一个部位都不应发生永久变形,且能承受以下载荷:

a) 2 000 N 的力通过直径为 125 mm 圆盘施加在平台表面的任何位置;

b) 4 500 N/m^2 的均布载荷。

4.4.4 平台或走道的边缘应设置不小于 100 mm 高的踢脚板。在需要操作人员穿越的地方,踢脚板的高度可以降低。

4.4.5 离地面 2 m 以上的平台及走道应设置防止操作人员跌落的手扶栏杆。手扶栏杆的高度不应低于 1 m,并能承受 1 000 N 的水平移动集中载荷。在栏杆一半高度处应设置中间手扶横杆。

4.4.6 除快装式塔机外,当梯子高度超过 10 m 时应设置休息小平台。

4.4.6.1 梯子的第一个休息小平台应设置在不超过 12.5 m 的高度处,以后每隔 10 m 内设置一个。

4.4.6.2 当梯子的终端与休息小平台连接时,梯级踏板或踏杆不应超过小平台平面,护圈和扶手应延伸到小平台栏杆的高度。休息小平台平面距下面第一个梯级踏板或踏杆的中心线不应大于 150 mm。

4.4.6.3 如梯子在休息小平台处不中断,则护圈也不应中断。但应在护圈侧面开一个宽为 0.5 m,高为 1.4 m 的洞口,以便操作人员出入。

4.5 起重臂走道

4.5.1 起重臂符合下列情况之一时,可不设置走道:

a) 截面高度小于 0.85 m;

b) 快装式塔机;

c） 变幅小车上设有与小车一起移动的挂篮。

4.5.2 对于正置式三角形的起重臂，走道的设置如下所示：

a） 起重臂断面内净空高度 h 大于或等于 1.8 m 时，走道及扶手应设置在起重臂的内部，且至少应设置一边扶手，扶手安装在走道上部 1 m 处，见图 5。

单位为毫米

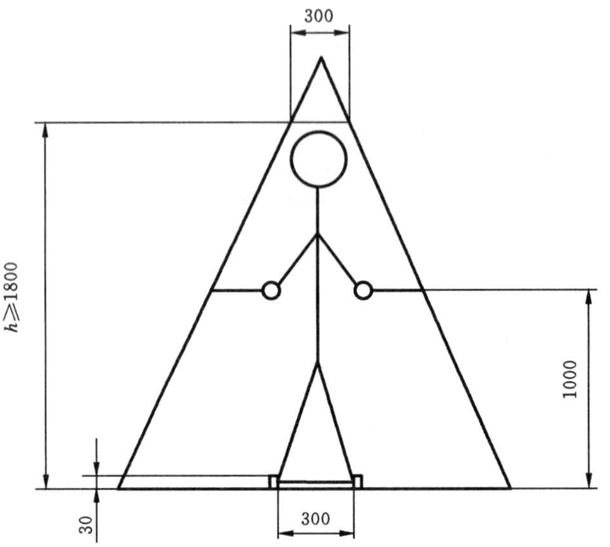

h——净空高度（为头和脚两平面内均能满足 300 mm 净宽度的前提下的高度）。

图 5

b） 起重臂高度 H 大于或等于 1.5 m，但起重臂断面内净空高度 h 小于 1.8 m 时，走道及扶手应沿着起重臂架的一侧设置，见图 6。

单位为毫米

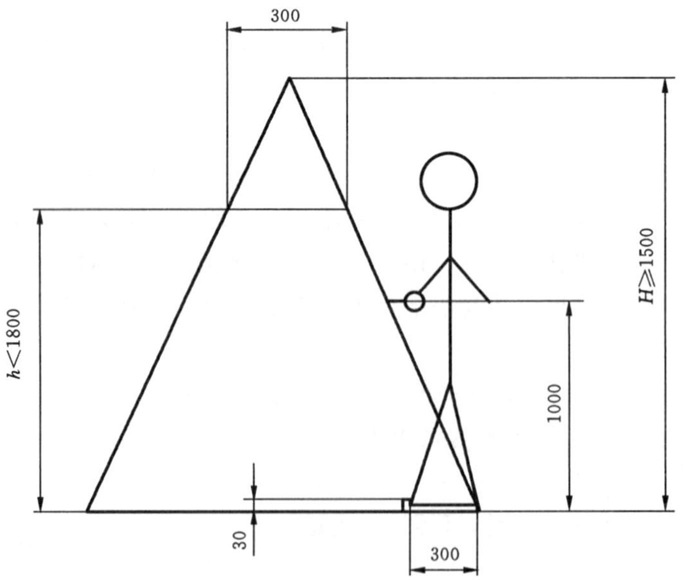

图 6

c) 起重臂高度 H 大于或等于 0.85 m,且小于 1.5 m 时,走道及扶手应沿着臂架的一侧设置,见图 7。

单位为毫米

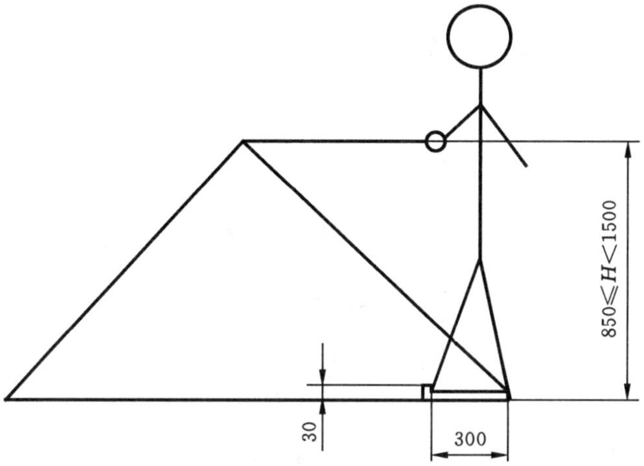

图 7

4.5.3 对于倒置式三角形的起重臂,走道的设置如下所示:

a) 起重臂断面内净空高度 h 大于或等于 1.8 m 时,走道及扶手应设置在起重臂的内部,且至少应设置一边扶手,扶手安装在走道上部 1 m 处,见图 8。

单位为毫米

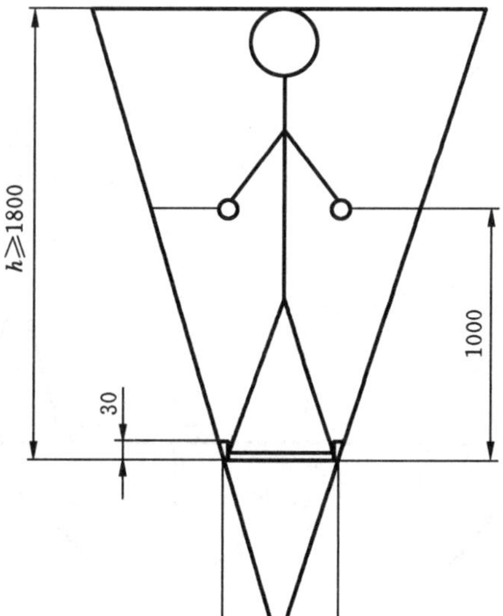

图 8

b) 当起重臂是格构式时,起重臂断面内净空高度 h 大于或等于 1.5 m 时,走道及扶手应设置在起重臂的内部,且至少应设置一边扶手,扶手安装在走道上部 1 m 处,见图 9。

单位为毫米

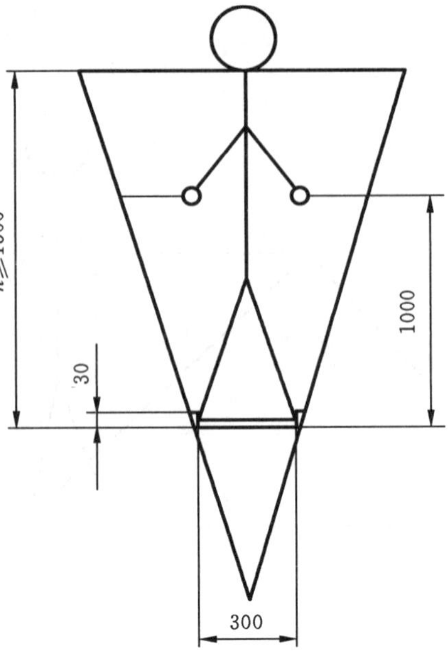

图 9

c) 当起重臂高度均不满足 4.5.3 a)或 b)时,走道及扶手应设置在起重臂的上部,且扶手应设置在走道上边 1 m 的外侧,见图 10。

单位为毫米

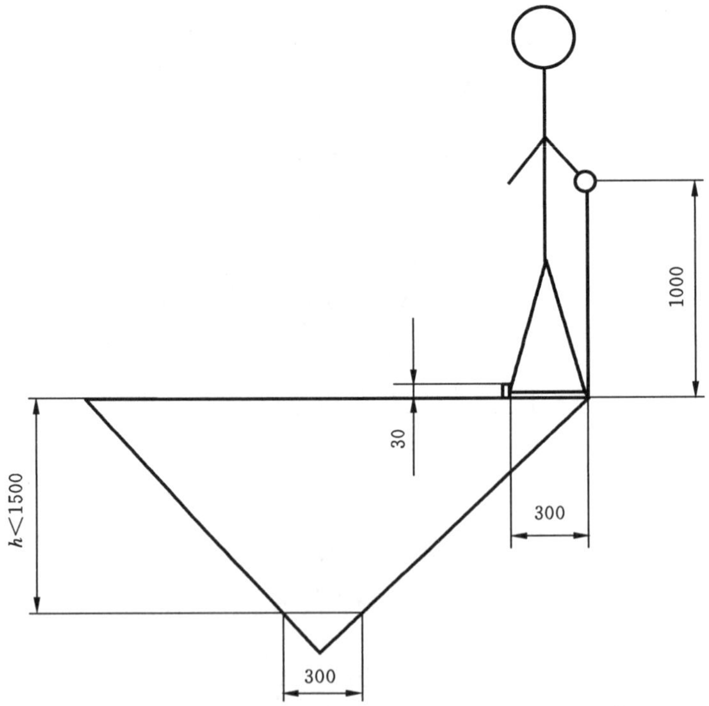

图 10

4.6 司机室

4.6.1 小车变幅的塔机起升高度超过 30 m 的、动臂变幅塔机起重臂铰点高度距轨顶或支承面高度超过 25 m 的，在塔机上部应设置一个有座椅并能与塔机一起回转的司机室。

司机室不能悬挂在起重臂上。在正常工作情况下，塔机的活动部件不应撞击司机室。

如司机室安装在回转塔身结构内，则应保证司机的视野开阔。

4.6.2 司机室门、窗玻璃应使用钢化玻璃或夹层玻璃。司机室正面玻璃应设有雨刷器。

4.6.3 可移动的司机室应设有安全锁止装置。

4.6.4 司机室内应配备符合消防要求的灭火器。

4.6.5 对于安置在塔机下部的操作台，在其上方应设有顶棚，顶棚承压试验应满足 JG/T 54—1999 中 4.2 的规定。

4.6.6 司机室应通风、保暖和防雨；内壁应采用防火材料；地板应铺设绝缘层。

当司机室内温度低于 5℃时，应装设非明火取暖装置；当司机室内温度高于 35℃时，应装设防暑通风装置。

4.6.7 司机室的落地窗应设有防护栏杆。

4.7 结构件的报废及工作年限

4.7.1 塔机主要承载结构件由于腐蚀或磨损而使结构的计算应力提高，当超过原计算应力的 15%时应予报废。对无计算条件的当腐蚀深度达原厚度的 10%时应予报废。

4.7.2 塔机主要承载结构件如塔身、起重臂等，失去整体稳定性时应报废。如局部有损坏并可修复的，则修复后不应低于原结构的承载能力。

4.7.3 塔机的结构件及焊缝出现裂纹时，应根据受力和裂纹情况采取加强或重新施焊等措施，并在使用中定期观察其发展。对无法消除裂纹影响的应予以报废。

4.7.4 塔机主要承载结构件的正常工作年限按使用说明书要求或按使用说明书中规定的结构工作级别、应力循环等级、结构应力状态计算。若使用说明书未对正常工作年限、结构工作级别等做出规定，且不能得到塔机制造商确定的，则塔机主要承载结构件的正常使用不应超过 1.25×10^5 次工作循环。

4.8 自升式塔机结构件标志

塔机的塔身标准节、起重臂节、拉杆、塔帽等结构件应具有可追溯出厂日期的永久性标志。同一塔机的不同规格的塔身标准节应具有永久性的区分标志。

4.9 自升式塔机后续补充结构件要求

4.9.1 自升式塔机出厂后，后续补充的结构件（塔身标准节、预埋节、基础连接件等）在使用中不应降低原塔机的承载能力，且不能增加塔机结构的变形。

4.9.2 对于顶升作业，不应降低原塔机滚轮（滑道）间隙的精度、滚轮（滑道）接触重合度、踏步位置精度的级别。

4.9.3 对于安装拆卸作业，不应降低原塔机连接销轴孔、连接螺栓孔安装精度的级别。

5 机构及零部件

5.1 一般要求

5.1.1 在正常工作或维修时，机构及零部件的运动对人体可能造成危险的，应设有防护装置。

5.1.2 应采取有效措施，防止塔机上的零件掉落造成危险。可拆卸的零部件如盖、箱体及外壳等应与支座牢固连接,防止掉落。

5.2 钢丝绳

5.2.1 钢丝绳直径的计算与选择应符合 GB/T 13752—1992 中 6.4.2 的规定。在塔机工作时,承载钢丝绳的实际直径不应小于 6 mm。

5.2.2 钢丝绳的安装、维护、保养、检验及报废应符合 GB/T 5972 的有关规定。

5.2.3 钢丝绳端部的固接应符合下列要求:

a) 用钢丝绳夹固接时,应符合 GB/T 5976 中的规定,固接强度不应小于钢丝绳破断拉力的 85%;

b) 用编结固接时,编结长度不应小于钢丝绳直径的 20 倍,且不小于 300 mm,固接强度不应小于钢丝绳破断拉力的 75%;

c) 用楔形接头固接时,楔与楔套应符合 GB/T 5973 中的规定,固接强度不应小于钢丝绳破断拉力的 75%;

d) 用锥形套浇铸法固接时,固接强度应达到钢丝绳的破断拉力;

e) 用铝合金压制接头固接时,固接强度应达到钢丝绳破断拉力的 90%;

f) 用压板固接时,压板应符合 GB/T 5975 中的规定,固接强度应达到钢丝绳的破断拉力。

5.2.4 塔机起升钢丝绳宜使用不旋转钢丝绳。未采用不旋转钢丝绳时,其绳端应设有防扭装置。

5.3 吊钩

5.3.1 吊钩应符合 GB/T 9462—1999 中 4.4.1 的规定。

5.3.2 吊钩禁止补焊,有下列情况之一的应予以报废:

a) 用 20 倍放大镜观察表面有裂纹;

b) 钩尾和螺纹部分等危险截面及钩筋有永久性变形;

c) 挂绳处截面磨损量超过原高度的 10%;

d) 心轴磨损量超过其直径的 5%;

e) 开口度比原尺寸增加 15%。

5.4 卷筒和滑轮

5.4.1 卷筒和滑轮的最小卷绕直径的计算,应符合 GB/T 13752—1992 中 6.4.3.1 的规定。

5.4.2 卷筒两侧边缘超过最外层钢丝绳的高度不应小于钢丝绳直径的 2 倍。

5.4.3 钢丝绳在卷筒上的固定应安全可靠,且符合 5.2.3 中有关要求。钢丝绳在放出最大工作长度后,卷筒上的钢丝绳至少应保留 3 圈。

5.4.4 当最大起重量不超过 1 t 时,小车牵引机构允许采用摩擦牵引方式。

5.4.5 卷筒和滑轮有下列情况之一的应予以报废:

a) 裂纹或轮缘破损;

b) 卷筒壁磨损量达原壁厚的 10%;

c) 滑轮绳槽壁厚磨损量达原壁厚的 20%;

d) 滑轮槽底的磨损量超过相应钢丝绳直径的 25%。

5.5 制动器

5.5.1 塔机的起升、回转、变幅、行走机构都应配备制动器。

对于电力驱动的塔机,在产生大的电压降或在电气保护元件动作时,不允许导致各机构的动作失去控制。

动臂变幅的塔机，应设有维修变幅机构时能防止卷筒转动的可靠装置。

5.5.2 各机构制动器的选择应符合 GB/T 13752—1992 中 6.2 的规定。

5.5.3 制动器零件有下列情况之一的应予以报废：

a） 可见裂纹；

b） 制动块摩擦衬垫磨损量达原厚度的 50％；

c） 制动轮表面磨损量达 1.5 mm～2 mm；

d） 弹簧出现塑性变形；

e） 电磁铁杠杆系统空行程超过其额定行程的 10％。

5.6 车轮

5.6.1 车轮的计算、选择应符合 GB/T 13752—1992 中 6.4.4 的规定。

5.6.2 车轮的技术要求应符合 JG/T 53 中的有关规定。

5.6.3 车轮有下列情况之一的应予以报废：

a） 可见裂纹；

b） 车轮踏面厚度磨损量达原厚度的 15％；

c） 车轮轮缘厚度磨损量达原厚度的 50％。

6 安全装置

6.1 起重量限制器

6.1.1 塔机应安装起重量限制器。如设有起重量显示装置，则其数值误差不应大于实际值的±5％。

6.1.2 当起重量大于相应挡位的额定值并小于该额定值的 110％时，应切断上升方向的电源，但机构可作下降方向的运动。

6.2 起重力矩限制器

6.2.1 塔机应安装起重力矩限制器。如设有起重力矩显示装置，则其数值误差不应大于实际值的±5％。

6.2.2 当起重力矩大于相应工况下的额定值并小于该额定值的 110％时，应切断上升和幅度增大方向的电源，但机构可作下降和减小幅度方向的运动。

6.2.3 力矩限制器控制定码变幅的触点或控制定幅变码的触点应分别设置，且能分别调整。

6.2.4 对小车变幅的塔机，其最大变幅速度超过 40 m/min，在小车向外运行，且起重力矩达到额定值的 80％时，变幅速度应自动转换为不大于 40 m/min 的速度运行。

6.3 行程限位装置

6.3.1 行走限位装置

轨道式塔机行走机构应在每个运行方向设置行程限位开关。在轨道上应安装限位开关碰铁，其安装位置应充分考虑塔机的制动行程，保证塔机在与止挡装置或与同一轨道上其他塔机相距大于 1 m 处能完全停住，此时电缆还应有足够的富余长度。

6.3.2 幅度限位装置

6.3.2.1 小车变幅的塔机，应设置小车行程限位开关。

6.3.2.2 动臂变幅的塔机应设置臂架低位置和臂架高位置的幅度限位开关，以及防止臂架反弹后翻的装置。

6.3.3 起升高度限位器

6.3.3.1 塔机应安装吊钩上极限位置的起升高度限位器。起升高度限位器应满足GB/T 9462—1999 中 4.7.1 的规定。

6.3.3.2 吊钩下极限位置的限位器,可根据用户要求设置。

6.3.4 回转限位器

回转部分不设集电器的塔机,应安装回转限位器。塔机回转部分在非工作状态下应能自由旋转;对有自锁作用的回转机构,应安装安全极限力矩联轴器。

6.4 小车断绳保护装置

小车变幅的塔机,变幅的双向均应设置断绳保护装置。

6.5 小车断轴保护装置

小车变幅的塔机,应设置变幅小车断轴保护装置,即使轮轴断裂,小车也不会掉落。

6.6 钢丝绳防脱装置

滑轮、起升卷筒及动臂变幅卷筒均应设有钢丝绳防脱装置,该装置与滑轮或卷筒侧板最外缘的间隙不应超过钢丝绳直径的20%。

吊钩应设有防钢丝绳脱钩的装置。

6.7 风速仪

起重臂根部铰点高度大于50 m的塔机,应配备风速仪。当风速大于工作极限风速时,应能发出停止作业的警报。

风速仪应设在塔机顶部的不挡风处。

6.8 夹轨器

轨道式塔机应安装夹轨器,使塔机在非工作状态下不能在轨道上移动。

6.9 缓冲器、止挡装置

塔机行走和小车变幅的轨道行程末端均需设置止挡装置。缓冲器安装在止挡装置或塔机(变幅小车)上,当塔机(变幅小车)与止挡装置撞击时,缓冲器应使塔机(变幅小车)较平稳地停车而不产生猛烈的冲击。

缓冲器的设计应符合GB/T 13752—1992 中 6.4.9 的规定。

6.10 清轨板

轨道式塔机的台车架上应安装排障清轨板,清轨板与轨道之间的间隙不应大于5 mm。

6.11 顶升横梁防脱功能

自升式塔机应具有防止塔身在正常加节、降节作业时,顶升横梁从塔身支承中自行脱出的功能。

7 操纵系统

7.1 操纵系统的设计和布置应能避免发生误操作的可能性,使塔机在正常使用中能安全可靠地运行。

7.2 应按人机工程学有关的功能要求设置所有控制手柄、手轮、按钮和踏板,并应有宽裕的操作空间。

7.3 对于手柄控制或轮式控制器,一般选择右手控制起升和行走机构,左手控制回转和小车变幅或动臂变幅机构。

7.3.1　采用手柄控制操作时，机构运动方向应与图11及表1规定的手柄方向一致。

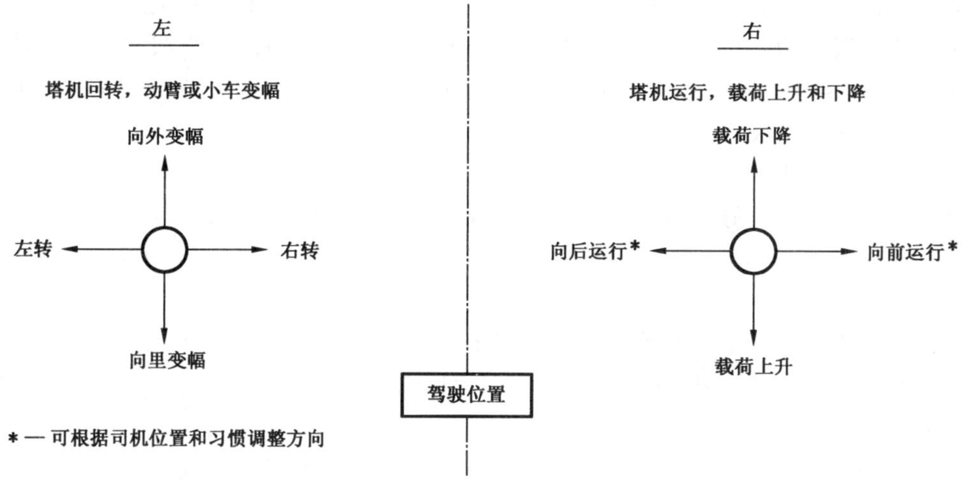

图 11

表 1

机构运动方向		手柄方向
起升、变幅机构	上升、向里变幅	向着司机（手柄向后）
	下降、向外变幅	离开司机（手柄向前）
回转机构	向右回转 向左回转	手柄向右 手柄向左
行走机构	可根据司机位置和习惯调整方向	

7.3.2　采用轮式控制器操作时，机构运动方向应与表2规定的手轮旋转方向一致。

表 2

机构运动方向	手轮旋转方向
上升、向里变幅，向右回转	顺时针旋转
下降、向外变幅，向左回转	逆时针旋转

7.4　手柄或操纵杆的操作应轻便灵活，操作力不应大于100 N，操作行程不应大于400 mm；踏板的操作力不应大于200 N，脚踏行程不应大于200 mm。

在一般情况下，宜使用如下数值：

a）　对于左右向的操纵杆，操作力为5 N～40 N；

b）　对于前后向的操纵杆，操作力为8 N～60 N；

c）　对于踏板，操作力为10 N～150 N。

7.5　在所有的手柄、手轮、按钮及踏板的附近处，应有表示用途和操作方向的标志。标志应牢固、可靠，字迹清晰、醒目。

8　电气系统

8.1　一般规定

8.1.1　电气设备应使塔机的传动性能和控制性能准确可靠，在紧急情况下能切断电源，安全停车。在塔机安装、维修、调整和使用中不应任意改变电路。

8.1.2 电气元件的选择应考虑塔机工作时振动大、接电频繁、露天作业等特点。

8.1.3 塔机的金属结构、轨道、所有电气设备的金属外壳、金属线管、安全照明的变压器低压侧等均应可靠接地,接地电阻不大于4 Ω。重复接地电阻不大于10 Ω。接地装置的选择和安装应符合电气安全的有关要求。

8.1.4 电气设备安装应牢固。需要防震的电器应有防震措施。

8.1.5 电气连接应接触良好,防止松脱。导线、线束应用卡子固定,以防摆动。

8.1.6 电气柜(配电箱)应有门锁。门内应有原理图或布线图、操作指示等,门外应有警示标志。

8.1.7 主电路和控制电路的对地绝缘电阻不应小于0.5 MΩ。

8.1.8 零线和接地线必须分开,接地线严禁作载流回路。

8.2 电气控制与操纵

8.2.1 电气控制设备和元件应设置于柜内,能防雨、防灰尘。电阻器应设于操作人员不易接触的地方,并有防护措施。

8.2.2 采用有线遥控装置时,地面控制与司机室内控制应具有电气联锁。地面控制装置的不带电金属外壳和塔机结构之间应连接专用的接地线,接地电阻符合8.1.3的规定。

8.2.3 采用无线遥控方式操纵的,在失控时塔机应能自行停止工作。

8.2.4 采用联动控制台操纵时,联动控制台应具有零位自锁和自动复位功能。

8.2.5 操纵系统中应设有能对工作场地起警报作用的声响信号。

8.3 电气保护

8.3.1 塔机应根据GB/T 13752—1992中7.7的要求设置短路、过流、欠压、过压及失压保护、零位保护、电源错相及断相保护。

8.3.2 塔机应设置非自动复位的、能切断塔机总控制电源的紧急断电开关。该开关应设在司机操作方便的地方。

8.3.3 塔机电源进线处宜设主隔离开关,或采取其他隔离措施。隔离开关应有明显标记。

8.3.4 各限位开关应能可靠地停止机构的运动,但机构可做相反方向的运动。

8.4 照明、信号

8.4.1 塔机应有良好的照明。照明的供电不受停机影响。

8.4.2 固定式照明装置的电源电压不应超过220 V,严禁用金属结构作为照明线路的回路。

可携式照明装置的电源电压不应超过48 V,交流供电的严禁使用自耦变压器。

8.4.3 司机室内照明照度不应低于30 lx。

8.4.4 电气室及机务专用电梯的照明照度不应低于5 lx。

8.4.5 塔顶高度大于30 m且高于周围建筑物的塔机,应在塔顶和臂架端部安装红色障碍指示灯,该指示灯的供电不应受停机的影响。

8.4.6 快装式塔机在拖行时应装有直流24 V的示宽灯、高度指示灯、长度指示灯、转向指示灯及刹车灯。

8.4.7 在司机室内明显位置应装有总电源开合状况的指示信号。

8.4.8 安全装置的指示信号或声响报警信号应设置在司机和有关人员视力、听力可及的地方。

8.5 **导线及其敷设**

8.5.1 塔机所用的电缆、电线应符合 GB/T 13752—1992 中 7.5 的规定。

8.5.2 电线若敷设于金属管中，则金属管应经防腐处理。如用金属线槽或金属软管代替，应有良好的防雨及防腐措施。

8.5.3 导线的连接及分支处的室外接线盒应防水，导线孔应有护套。

8.5.4 导线两端应有与原理图一致的永久性标志和供连接用的电线接头。

8.5.5 固定敷设的电缆弯曲半径不应小于 5 倍电缆外径。除电缆卷筒外，可移动电缆的弯曲半径不应小于 8 倍电缆外径。

8.6 **电缆卷筒**

8.6.1 轨道式塔机的电缆卷筒应具有张紧装置，电缆收放速度应与塔机运行速度同步。

8.6.2 电缆在卷筒上的连接应牢固，以保护电气接点不被拉曳。

8.7 **集电器**

8.7.1 集电滑环应满足相应电压等级和电流容量的要求。每个滑环至少有一对碳刷，碳刷与滑环的接触面积不应小于理论接触面积的 80%，且接触平稳。

8.7.2 滑环与滑环间的绝缘电阻不小于 1 MΩ。滑环间最小电气间隙不小于 8 mm，且经过耐压试验，无击穿、闪络现象。

9 液压系统

9.1 液压系统应有防止过载和液压冲击的安全装置。安全溢流阀的调定压力不应大于系统额定工作压力的 110%，系统的额定工作压力不应大于液压泵的额定压力。

9.2 顶升液压缸应具有可靠的平衡阀或液压锁，平衡阀或液压锁与液压缸之间不应用软管连接。

10 安装、拆卸与试验

10.1 塔机安装、拆卸及塔身加节或降节作业时，应按使用说明书中有关规定及注意事项进行。

10.1.1 架设前应对塔机自身的架设机构进行检查，保证机构处于正常状态。

10.1.2 塔机在安装、增加塔身标准节之前应对结构件和高强度螺栓进行检查，若发现下列问题应修复或更换后方可进行安装：

a) 目视可见的结构件裂纹及焊缝裂纹；

b) 连接件的轴、孔严重磨损；

c) 结构件母材严重锈蚀；

d) 结构件整体或局部塑性变形，销孔塑性变形。

10.1.3 小车变幅的塔机在起重臂组装完毕准备吊装之前，应检查起重臂的连接销轴、安装定位板等是否连接牢固、可靠。

当起重臂的连接销轴轴端采用焊接挡板时，则在锤击安装销轴后，应检查轴端挡板的焊缝是否正常。

10.2 安装、拆卸、加节或降节作业时，塔机的最大安装高度处的风速不应大于 13 m/s，当有特殊要求时，按用户和制造厂的协议执行。

10.3 塔机的尾部与周围建筑物及其外围施工设施之间的安全距离不小于 0.6 m。

10.4 有架空输电线的场合，塔机的任何部位与输电线的安全距离，应符合表3的规定。

如因条件限制不能保证表3中的安全距离，应与有关部门协商，并采取安全防护措施后方可架设。

表 3

安全距离/m	电压/kV				
	<1	1～15	20～40	60～110	220
沿垂直方向	1.5	3.0	4.0	5.0	6.0
沿水平方向	1.0	1.5	2.0	4.0	6.0

10.5 两台塔机之间的最小架设距离应保证处于低位塔机的起重臂端部与另一台塔机的塔身之间至少有2 m的距离；处于高位塔机的最低位置的部件(吊钩升至最高点或平衡重的最低部位)与低位塔机中处于最高位置部件之间的垂直距离不应小于2 m。

10.6 混凝土基础应符合下列要求：

a) 混凝土基础应能承受工作状态和非工作状态下的最大载荷，并应满足塔机抗倾翻稳定性的要求。

b) 对混凝土基础的抗倾翻稳定性计算及地面压应力的计算应符合GB/T 13752—1992中4.6.3的规定及GB/T 9462—1999中附录A的规定。

c) 使用单位应根据塔机原制造商提供的载荷参数设计制造混凝土基础。

d) 若采用塔机原制造商推荐的混凝土基础，固定支腿、预埋节和地脚螺栓应按原制造商规定的方法使用。

10.7 碎石基础应符合下列要求：

a) 当塔机轨道敷设在地下建筑物(如暗沟、防空洞等)的上面时，应采取加固措施。

b) 敷设碎石前的路面应按设计要求压实，碎石基础应整平捣实，轨枕之间应填满碎石。

c) 路基两侧或中间应设排水沟，保证路基无积水。

10.8 塔机轨道敷设应符合下列要求：

a) 轨道应通过垫块与轨枕可靠地连接，每间隔6 m应设一个轨距拉杆。钢轨接头处应有轨枕支承，不应悬空。在使用过程中轨道不应移动；

b) 轨距允许误差不大于公称值的1/1000，其绝对值不大于6 mm；

c) 钢轨接头间隙不大于4 mm，与另一侧钢轨接头的错开距离不小于1.5 m，接头处两轨顶高度差不大于2 mm；

d) 塔机安装后，轨道顶面纵、横方向上的倾斜度，对于上回转塔机应不大于3/1000；对于下回转塔机应不大于5/1000。在轨道全程中，轨道顶面任意两点的高度差应小于100 mm；

e) 轨道行程两端的轨顶高度宜不低于其余部位中最高点的轨顶高度。

10.9 塔机试验应符合下列要求：

a) 新设计的各传动机构、液压顶升和各种安全装置，凡有专项试验标准的，应按专项试验标准进行各项试验，合格后方可装机。

b) 塔机的型式试验、出厂检验和常规检验按GB/T 9462中的有关规定执行。

11　操作与使用

11.1　塔机的操作使用应符合 JG/T 100 的有关规定，司机、装拆工、指挥人员应具有有关部门发放的资格证书。

11.2　每台作业的塔机司机室内应备有一份有关操作维修内容的使用说明书。

11.3　在正常工作情况下，应按指挥信号进行操作。但对特殊情况的紧急停车信号，不论何人发出，都应立即执行。

ICS 53.020.20
J 80

中华人民共和国国家标准

GB/T 6067.1—2010
代替 GB/T 6067—1985

起重机械安全规程　第1部分：总则

Safety rules for lifting appliances—Part 1: General

2010-09-26 发布　　　　2011-06-01 实施

中华人民共和国国家质量监督检验检疫总局
中国国家标准化管理委员会　发布

前　　言

本部分的3.1、3.3.3～3.3.11、3.4、3.5、3.6.4、3.6.5、3.7.1.2、3.7.1.4、3.7.2.3、3.8、3.9、4.1、4.2.1～4.2.5、4.2.6.1～4.2.6.4、4.2.6.6、5.1、5.5、5.6、5.8、5.9、5.11～5.13、6.2、7.6～7.8、8、9、10.1.4、10.1.5、13.3～13.5、13.7.1、13.7.2、15.3.3、16～18为强制性条文，其他为推荐性条文。

GB 6067《起重机械安全规程》由以下7个部分组成：

——第1部分：总则；

——第2部分：流动式起重机；

——第3部分：塔式起重机；

——第4部分：臂架起重机；

——第5部分：桥式和门式起重机；

——第6部分：缆索起重机；

——第7部分：轻小型起重设备。

本部分为GB 6067《起重机械安全规程》的第1部分。

本部分代替GB/T 6067—1985《起重机械安全规程》。

本部分与GB/T 6067—1985相比主要变化如下：

——本部分对起重机械及各零部件的安全要求均进行了细化，将原标准中有些属于产品技术要求的内容删除；

——增加了起重机械的标记、标牌、安全标志、界限尺寸与净距的安全要求；

——增加了起重机械操作管理要求；

——增加了起重机械人员的选择、职责和基本要求；

——增加了起重机械的安全性、选用、设置、安装与拆卸、操作、检查、试验、维护与修理、使用状态安全评估等的要求；

——删除了“为吊运各类物品而设的专用辅具”“常用简易起重设备”的有关要求；

——删除了表1～表5、表7～表15以及表16(部分内容)；将表17改为表A.1。

本部分的附录A为规范性附录。

本部分由中国机械工业联合会提出。

本部分由全国起重机械标准化技术委员会(SAC/TC 227)归口。

本部分负责起草单位：辽宁省安全科学研究院、北京起重运输机械设计研究院。

本部分参加起草单位：大连重工·起重集团有限公司、太原重型机械集团有限公司、徐州重型机械有限公司、上海振华港机(集团)股份有限公司、卫华集团有限公司、上海起重运输机械厂有限公司、山东丰汇设备技术有限公司、德马格起重机械(上海)有限公司、国电郑州机械设计研究所、长沙建设机械研究院、广东省特种设备检测院。

本部分主要起草人：尤建阳、崔振元、陶天华、王中平、王福绵、路建湖。

本部分所代替标准的历次版本发布情况为：

——GB/T 6067—1985。

起重机械安全规程　第1部分:总则

1　范围

GB 6067 的本部分规定了起重机械的设计、制造、安装、改造、维修、使用、报废、检查等方面的基本安全要求。

本部分适用于桥式和门式起重机、流动式起重机、塔式起重机、臂架起重机、缆索起重机及轻小型起重设备的通用要求。对特定型式起重机械的特殊要求在 GB 6067 的其他部分中给出。

本部分不适用于浮式起重机、甲板起重机及载人等起重设备。如不涉及基本安全的特殊问题,本部分也可供其他起重机械参考。

2　规范性引用文件

下列文件中的条款通过 GB 6067 的本部分的引用而成为本部分的条款。凡是注日期的引用文件,其随后所有的修改单(不包括勘误的内容)或修订版均不适用于本部分,然而,鼓励根据本部分达成协议的各方研究是否可使用这些文件的最新版本。凡是不注日期的引用文件,其最新版本适用于本部分。

GB 2893　安全色

GB/T 3323　金属熔化焊焊接头射线照相(GB/T 3323—2005,EN 1435:1997,MOD)

GB/T 3811—2008　起重机设计规范

GB/T 4842　氩

GB/T 5117　碳钢焊条(GB/T 5117—1995,eqv ANSI/AWS A5.1:1991)

GB/T 5118　低合金钢焊条(GB/T 5118—1995,neq ANSI/AWS A5.5:1981)

GB 5226.2—2002　机械安全　机械电气设备　第 32 部分:起重机械技术条件(idt IEC 60204-32:1998)

GB/T 5293　埋弧焊用碳钢焊丝和焊剂(GB/T 5293—1999,eqv ANSI/AWS A5.17:1989)

GB/T 5905　起重机试验规范和程序(GB/T 5905—1986,idt ISO 4310:1981)

GB/T 5972　起重机　钢丝绳保养、维护、安装、检验和报废(GB/T 5972—2009,ISO 4309:2004,IDT)

GB/T 8110　气体保护电弧焊用碳钢、低合金钢焊丝(GB/T 8110—2008,AWS A5.18M:2005,MOD;AWS A5.28M:2005,MOD)

GB 8918　重要用途钢丝绳(GB 8918—2006,ISO 3154:1988 MOD)

GB/T 10051.1　起重吊钩　机械性能、起重量、应力及材料(GB/T 10051.1—1988,eqv DIN 15403-3:1982)

GB/T 10051.2　起重吊钩　直柄吊钩技术条件(GB/T 10051.2—1988,eqv DIN 15401-2:1982)

GB/T 10051.3　起重吊钩　直柄吊钩使用检查(GB/T 10051.3—1988,eqv DIN 15405-1:

1979)

GB/T 12470　埋弧焊用低合金钢焊丝和焊剂

GB 15052　起重机　安全标志和危险图形符号　总则

GB/T 17908　起重机和起重机械　技术性能和验收文件(GB/T 17908—1999,idt ISO 7363:1986)

GB/T 17909.1　起重机　起重机操作手册　第1部分:总则(GB/T 17909.1—1999,idt ISO 9928-1:1990)

GB/T 18453　起重机　维护手册　第1部分:总则(GB/T 18453—2001,idt ISO 12478-1:1997)

GB/T 18875　起重机　备件手册(GB/T 18875—2002,ISO 10973:1995,IDT)

GB/T 19418　钢的弧焊接头　缺陷质量分级指南(GB/T 19418—2003,ISO 5817:1992,IDT)

GB/T 20303.1　起重机　司机室　第1部分:总则(GB/T 20303.1—2006,ISO 8566-1:1992,IDT)

GB/T 20652　M(4)、S(6)和T(8)级焊接吊链(GB/T 20652—2006,ISO 4778:1981,IDT)

GB/T 20947　起重用短环链 T级(T、DAT和DT型)高精度葫芦链(GB/T 20947—2007,ISO 3077:2001,IDT)

GB/T 25196.1　起重机　状态监控　第1部分:总则(GB/T 25196.1—2010,ISO 12482-1:1995,IDT)

GB 50054　低压配电设计规范

GB 50058　爆炸和火灾危险环境电力装置设计规范

HG/T 2537　焊接用二氧化碳

JB/T 6061　无损检测　焊缝磁粉检测(JB/T 6061—2007,ISO 17638:2003,MOD)

JB/T 6062　无损检测　焊缝渗透检测

JB/T 10559　起重机械无损检测　钢焊缝超声检测

JGJ 81　建筑钢结构焊接技术规程

JGJ 82　钢结构高强度螺栓连接的设计施工及验收规程

3　金属结构

3.1　总则

3.1.1　起重机械金属结构设计时,应合理选用材料、结构型式和构造措施,满足结构构件在运输、安装和使用过程中的强度(含疲劳强度)、稳定性、刚性和有关安全性方面的要求,并符合防火、防腐蚀要求。

3.1.2　在金属结构设计文件中,应注明钢材牌号、连接材料的型号,对重要的受力构件还应注明对钢材所要求的力学性能、化学成分及其他的附加保证项目。另外,还应注明所要求的焊缝形式、焊缝质量等级。

3.2　材料

起重机械承载结构构件的钢材选择应符合GB/T 3811—2008中5.3的规定。

3.3　结构件焊接要求

3.3.1　金属结构制作或安装施工单位应根据JGJ 81或有关标准制定本单位的钢结构焊接技术

规程。

3.3.2 制造单位或安装施工单位对其首次采用的钢材型号、焊接材料、焊接方法、接头形式、焊接位置、焊后热处理工艺以及焊接参数、预热或后热工艺措施等各种参数的组合条件，应进行焊接工艺评定。

3.3.3 结构件焊接材料应符合下列要求：

a) 手工焊接采用的焊条型号应与主体金属力学性能相适应，且应符合 GB/T 5117 或 GB/T 5118 的规定。焊丝应符合 GB/T 8110 或 GB/T 5293 的规定。

b) 自动焊接或半自动焊接采用的焊丝和相应的焊剂应与主体金属力学性能相适应，应符合GB/T 5293和 GB/T 12470 的相关规定。

c) 气体保护焊使用的氩气应符合 GB/T 4842 的规定，其纯度应不低于 99.95%；使用的二氧化碳气体应符合 HG/T 2537 的规定。

3.3.4 全焊透熔化焊焊接接头的焊缝等级应符合 JB/T 10559 中焊缝等级 1、2、3 级的分级规定。

3.3.5 焊缝内部缺陷的检验应符合下列要求：

a) 1 级焊缝应进行 100%的检验。采用超声波检验时其评定合格等级应达到JB/T 10559中 1 级焊缝的验收准则要求。采用射线检验时应达到 GB/T 3323 的规定，其评定合格等级不应低于Ⅱ级；

b) 2 级焊缝可根据具体情况进行抽检，采用超声波检验时其评定合格等级应达到 JB/T 10559中 2 级焊缝的验收准则要求。采用射线检验时应达到 GB/T 3323 的规定，其评定合格等级不应低于Ⅲ级；

c) 3 级焊缝可根据具体情况进行抽检，采用超声波检验时其评定合格等级应达到 JB/T 10559中 3 级焊缝的验收准则要求。射线探伤不做规定。

3.3.6 有下列情况之一时应进行表面探伤：

a) 外观检查怀疑有裂纹；

b) 设计文件规定；

c) 检验员认为有必要时。

磁粉探伤应符合 JB/T 6061 的规定；渗透探伤应符合 JB/T 6062 的规定。

3.3.7 钢的弧焊接头缺陷质量分级应符合下列规定：

a) 1 级焊缝钢的弧焊接头缺陷质量分级应符合 GB/T 19418 的 B 级；

b) 2 级焊缝钢的弧焊接头缺陷质量分级应符合 GB/T 19418 的 C 级；

c) 3 级焊缝钢的弧焊接头缺陷质量分级应符合 GB/T 19418 的 D 级。

3.3.8 焊工应经专业部门考试合格并取得合格证书且在有效期内。持证焊工应在其考试合格项目及其认可范围内施焊。

3.3.9 1 级焊缝施焊后应具有可追溯性。

3.3.10 焊缝无损检测人员应取得相应无损检测资格；报告编制人员和签发人员应持有相应探伤方法的Ⅱ级或Ⅱ级以上资格证书。

3.3.11 焊接质量检验人员应在金属结构制造、检验和测试方面经过培训并取得相应资质。检验人员应至少完成下列工作任务：

a) 应证实使用的相关材料符合本规程要求。

b) 应审核操作过程中的焊接程序符合焊接技术规程规定的要求。

c) 检验施工所用焊接设备符合规定的要求。

d) 检验焊缝尺寸、长度和位置符合焊接技术规程或设计图样的要求。

e) 应检查焊接材料符合所规定的适用位置，且焊接电流和极性符合焊条型号有关分类的要求。

f) 应采用合适的量具测量焊缝的尺寸和外形。应采用强光、放大镜以及其他有助于这种检验的手段目测检验焊缝、母材上裂纹以及其他不连续性的缺陷。

3.4 高强度螺栓连接

3.4.1 高强度螺栓连接的设计施工及验收应符合 JGJ 82 的规定。

3.4.2 高强度螺栓连接处构件接触面应按设计要求作相应处理，应保持干燥、整洁，不应有飞边、毛刺、焊接飞溅物、焊疤、氧化铁皮、污垢等，除设计要求外接触面不应涂漆。

3.4.3 高强度螺栓应按起重机械安装说明书的要求，用扭矩扳手或专用工具拧紧。连接副的施拧顺序和初拧、复拧扭矩应符合设计要求和 JGJ 82 的规定。扭矩扳手应定期标定并应有标定记录。高强度螺栓应有拧紧施工记录。

3.5 司机室

3.5.1 起重机司机室应符合 GB/T 20303.1 的规定。

3.5.2 当臂架俯仰摆动或臂架及物品坠落会影响司机室安全时，司机室不应设置在起重臂架的正下方。

3.5.3 当存在坠落物砸碰司机室的危险时，司机室顶部应装设有效的防护。

3.5.4 在室外或在没有暖气的室内操作的起重机(除气候条件较好外)，宜采用封闭式司机室。在高温、蒸气、有尘、有毒或有害气体等环境下工作的起重机，应采用能提供清洁空气的密封性能良好的封闭司机室。在有暖气的室内工作的起重机司机室或仅作辅助性质工作较少使用的起重机司机室，可以是敞开式的，敞开式司机室应设高度不小于 1 m 的护栏。

3.5.5 除极端恶劣的气候条件外，在工作期间司机室内的工作温度宜保持在 15 ℃～30 ℃。长期在高温环境工作的(如某些冶金起重机)司机室内应设降温装置，底板下方应设置隔热板。

3.5.6 司机室应有安全出入口；当司机室装有门时，应防止其在起重机工作时意外打开；司机室的拉门和外开门应通向同一高度的水平平台；司机室外无平台时，一般情况下门应向里开；流动式起重机司机室回转门应向外开，滑动门应向后开。

3.5.7 司机室的窗离地板高度不到 1 m 时，玻璃窗应做成不可打开的或加以防护，防护高度不应低于 1 m；玻璃窗应采用钢化玻璃或相当的材料。司机室地板上装有玻璃的部位也应加以防护。司机室底窗和天窗安装防护栏时，防护栏应尽可能不阻挡视线。

3.5.8 司机室地板应用防滑的非金属隔热材料覆盖。

3.5.9 司机室工作面上的照度不应低于 30 lx。

3.5.10 重要的操作指示器应有醒目的显示，并安装在司机方便观察的位置。指示器和报警灯及急停开关按钮应有清晰永久的易识别标志。指示器应有合适的量程并应便于读数。报警灯应具有适宜的颜色，危险显示应用红灯。

3.6 通道与平台

3.6.1 起重机上所有操作部位以及要求经常检查和保养的部位(包括臂架顶端的滑轮和运动部分)，凡离地面距离超过 2 m 的，都应通过斜梯(或楼梯)、平台、通道或直梯到达，梯级的两边应装设护栏。不论起重机在什么位置,通道、斜梯(或楼梯)、平台都应有安全入口。如臂架可放到地面或人员可到达的部位进行全面直接检查,或者设有其他构造能进行直观检查时,则臂架上也可以不设置通道。

3.6.2 起重机处在正常工作状态下的任何位置时,人员应能方便安全地进出司机室。

如果起重机在任何位置,人员不能直接从地面进入司机室,且司机室地板离地面的高度不超过5 m,司机室内配备有合适的紧急逃逸装置(例如绳梯)时,则司机室进出口可以限制在某些规定的位置。

如果起重机在任何位置,人员都不能直接从地面进入司机室,以及司机室的地板离地面的高度超过5 m时,起重机应设置到达司机室的通道;对于桥式起重机等,如能提供适当的装置使人员方便安全地离开司机室,则司机室进出口可以限制在某些规定的位置。

一般情况下应通过斜梯或通道,从同司机室地板一样高且备有栏杆的平台直接进入司机室。平台与司机室入口的水平间隙不应超过0.15 m,与司机室地板的高低差不应超过0.25 m。只有在空间受到限制时,才允许通过司机室顶部或地板进入司机室。

3.6.3 斜梯、通道和平台的净空高度不应低于1.8 m。运动部分附近的通道和平台的净宽度不应小于0.5 m;如果设有扶手或栏杆,在高度不超过0.6 m的范围内,通道的净宽度可减至0.4 m。固定部分之间的通道净宽度不应小于0.4 m。

起重机结构件内部很少使用的进出通道,其最小净空高度可为1.3 m,但此时通道净宽度应增加到0.7 m。只用于保养的平台,其上面的净空高度可以减到1.3 m。

3.6.4 工作人员可能停留的每一个表面都应当保证不发生永久变形:

a) 2 000 N的力通过直径为125 mm圆盘施加在平台表面的任何位置;

b) 4 500 N/m^2 的均布载荷。

3.6.5 任何通道基面上的孔隙,包括人员可能停留区域之上的走道、驻脚台或平台底面上的狭缝或空隙,都应满足如下要求:

a) 不允许直径为20 mm的球体通过;

b) 当长度大于或等于200 mm时,其最大宽度为12 mm。

3.6.6 通道离下方裸露动力线的高度小于0.5 m时,应在这些区域采用实体式地板;当通道靠近动力线时,应对这些动力线加以保护。

3.7 斜梯与直梯

凡高度差超过0.5 m的通行路径应做成斜梯或直梯。高度不超过2 m的垂直面上(例如桥架主梁的走台与端梁之间),可以设踏脚板,踏脚板两侧应设有扶手。

3.7.1 斜梯

3.7.1.1 斜梯的倾斜角不宜超过65°。特殊情况下,倾斜角也不应超过75°(超过75°时按直梯设计)。

3.7.1.2 斜梯两侧应设置栏杆,两侧栏杆的间距:主要斜梯不应小于0.6 m;其他斜梯可取为0.5 m。斜梯的一侧靠墙壁时,只在另一侧设置栏杆,栏杆高度不小于1 m。

3.7.1.3 梯级的净宽度不应小于0.32 m,单个梯级的高度宜取为0.18 m～0.25 m,斜梯上梯级的进深不应小于梯级的高度,连续布置的梯级,其高度和进深均应为相同尺寸。

3.7.1.4 梯级踏板表面应防滑。

3.7.2 直梯

3.7.2.1 直梯两侧撑杆的间距不应小于0.40 m,两侧撑杆之间梯级宽度不应小于0.30 m,梯级的间距应保持一致，宜为 0.23 m～0.30 m，梯级离开固定结构件至少应为 0.15 m，梯级中心 0.1 m范围内应能承受 1 200 N 的分布垂直力而无永久变形。

3.7.2.2　人员出入的爬越孔尺寸，方孔不宜小于 0.63 m×0.63 m，圆孔直径宜取为 0.63 m～0.80 m。

3.7.2.3　高度 2 m 以上的直梯应有护圈，护圈从 2.0 m 高度起开始安装，护圈直径宜取为 0.6 m～0.8 m。护圈之间应由三或五根间隔布置的纵向板条连接起来，并保证有一根板条正对着直梯的垂直中心线，相邻护圈之间的距离：当护圈设置三根纵向板条时，不应大于 0.9 m，当护圈设置五根纵向板条时，不应大于 1.5 m。安装了纵向板条的护圈在任何一个 0.1 m 的范围内应可以承受 1 000 N的分布垂直力，不允许有永久变形。

3.7.2.4　除非提供有其他合适的把手，直梯的两边撑杆至少要比最上一个梯级高出 1.0 m，当空间受限制时此高出的高度也不应小于 0.8 m。

3.7.2.5　装在结构内部的直梯，如果结构件的布置能够保证直径为 0.6 m 的球体不能穿过，则可不设护圈。

3.7.2.6　直梯每 10 m 至少应设一个休息平台。如果空间不够，可以将平台靠在整个连续直梯的旁边。

3.7.2.7　直梯的终端宜与平台平齐，梯级终端踏板或踏杆不应超过平台平面。

3.7.2.8　如梯子在平台处不中断，则护圈也不应中断，但应在护圈侧面开一宽为 0.5 m、高为 1.4 m的洞口，以便人员出入。

3.8　栏杆

3.8.1　在起重机上的以下部位应装设栏杆：

——用于进行起重机安装、拆卸、试验、维修和保养，且高于地面 2 m 的工作部位；

——通往离地面高度 2 m 以上的操作室、检修保养部位的通道；

——在起重机上存在跌落高度大于 1 m 的危险通道及平台。

3.8.2　栏杆的设置应满足以下要求：

——栏杆上部表面的高度不低于 1 m，栏杆下部有高度不低于 0.1 m 的踢脚板，在踢脚板与手扶栏杆之间有不少于一根的中间横杆，它与踢脚板或手扶栏杆的距离不得大于 0.5 m；对净高不超过 1.3 m 的通道，手扶栏杆的高度可以为 0.8 m；

——在手扶栏杆上的任意点任意方向应能承受的最小力为 1 000 N，且无永久变形；

——栏杆允许开口，但开口处应有防止人员跌落的保护措施；

——在沿建筑物墙壁或实体墙结构设置的通道上，允许用扶手代替栏杆，这些扶手的中断长度(例如为让开建筑物的柱子、门孔)不宜超过 1 m。

3.9　金属结构的修复及报废

3.9.1　主要受力构件失去整体稳定性时不应修复，应报废。

3.9.2　主要受力构件发生腐蚀时，应进行检查和测量。当主要受力构件断面腐蚀达设计厚度的 10%时，如不能修复，应报废。

3.9.3　主要受力构件产生裂纹时，应根据受力情况和裂纹情况采取阻止措施，并采取加强或改变应力分布措施，或停止使用。

3.9.4　主要受力构件因产生塑性变形，使工作机构不能正常地安全运行时，如不能修复，应报废。

4 机构及零部件

4.1 机构

起重机械各机构的构成与布置,均应满足使用需要,保证安全可靠。零部件的选择与计算应符合 GB/T 3811 中的有关规定。

4.1.1 起升机构应满足下列要求:

a) 按照规定的使用方式应能够稳定的起升和下降额定载荷;

b) 吊运熔融金属及其他危险物品的起升机构,每套独立驱动装置应装有两个支持制动器;在安全性要求特别高的起升机构中,应另外装设安全制动器;

c) 起升机构应采取必要的措施避免起升过程中钢丝绳缠绕;

d) 当吊钩处于工作位置最低点时,卷筒上缠绕的钢丝绳,除固定绳尾的圈数外,不应少于2圈;当吊钩处于工作位置最高点时,卷筒上还宜留有至少1整圈的绕绳余量。

4.1.2 运行机构应满足下列要求:

a) 按照规定的使用方式应能够使整机和小车平稳地启动和停止;

b) 露天工作的轨道运行式起重机应设有可靠的防风装置。

4.1.3 回转机构在工作状态下,按照规定的使用方式应能够平稳地启动和停止。

4.1.4 变幅机构应满足下列要求:

a) 按照规定的使用方式,起升机构悬吊额定载荷时,动臂变幅机构应能够提升和下降臂架并能保持在静止状态(不允许带载变幅的变幅机构应保持臂架在静止状态);

b) 采用钢丝绳变幅的机构,变幅机构的卷筒必须有足够的容绳量,保证完成起重臂从最大幅度到最小幅度位置的作业。

4.2 零部件

4.2.1 钢丝绳

4.2.1.1 钢丝绳安全系数应符合 GB/T 3811—2008 中表 44 的规定。

4.2.1.2 载荷由多根钢丝绳支承时,宜设置能有效地保证各根钢丝绳受力均衡的装置。如果结构上无法消除载荷在各钢丝绳之间分布的不均匀性,则应在设计中予以考虑。

4.2.1.3 起升机构和非平衡变幅机构不应使用接长的钢丝绳。

4.2.1.4 吊运熔融或炽热金属的钢丝绳,应采用性能不低于 GB 8918 规定的钢丝绳。

4.2.1.5 钢丝绳端部的固定和连接应符合如下要求:

a) 用绳夹连接时,应满足表1的要求,同时应保证连接强度不小于钢丝绳最小破断拉力的85%。

表1 钢丝绳夹连接时的安全要求

钢丝绳公称直径/mm	≤19	19~32	32~38	38~44	44~60
钢丝绳夹最少数量/组	3	4	5	6	7
注:钢丝绳夹夹座应在受力绳头一边;每两个钢丝绳夹的间距不应小于钢丝绳直径的6倍。					

b) 用编结连接时,编结长度不应小于钢丝绳直径的15倍,并且不小于300 mm。连接强度不应小于钢丝绳最小破断拉力的75%。

c）用楔块、楔套连接时，楔套应用钢材制造。连接强度不应小于钢丝绳最小破断拉力的75％。

d）用锥形套浇铸法连接时，连接强度应达到钢丝绳的最小破断拉力。

e）用铝合金套压缩法连接时，连接强度应达到钢丝绳最小破断拉力90％。

4.2.1.6 钢丝绳的保养、维护、安装、检验、报废应符合GB/T 5972的有关规定。

4.2.2 吊钩、吊钩夹套及其他取物装置

4.2.2.1 锻造吊钩的机械性能、起重量、应力及材料应符合GB/T 10051.1的规定。

4.2.2.2 起重机械不应使用铸造吊钩。

4.2.2.3 当使用条件或操作方法会导致重物意外脱钩时，应采用防脱绳带闭锁装置的吊钩；当吊钩起升过程中有被其他物品钩住的危险时，应采用安全吊钩或采取其他有效措施。

4.2.2.4 吊运物品时需同步供给电能的取物装置（例如电磁吸盘、电动抓斗或液压抓斗等），其供电电缆的收放速度应与该取物装置升降速度相匹配，在升降过程中电缆不应过分松弛和碰触起重钢丝绳。

4.2.2.5 在可分吊具上，应永久性地标明其自重和能起吊物品的最大质量。

4.2.2.6 锻造吊钩缺陷不得补焊。

4.2.2.7 锻造吊钩的标志应永久、清晰。标志的内容应符合GB/T 10051.2的规定。

4.2.2.8 锻造吊钩达到GB/T 10051.3的有关报废指标时，应更换。

4.2.2.9 片式吊钩缺陷不得补焊。

4.2.2.10 片式吊钩出现下列情况之一时，应更换：

a）表面裂纹；

b）每一钩片侧向变形的弯曲半径小于板厚的10倍；

c）危险断面的总磨损量达名义尺寸的5％。

4.2.3 起重用短环链

4.2.3.1 短环链的材料和制造、标志应符合GB/T 20947和GB/T 20652的规定。

链条传动系统应保证链条与链轮正确啮合并平稳运转。应装设可靠的导链和脱链装置，应防止链条松弛而脱开链轮。应保证链条的润滑。在受力状态下，严禁链条扭转和打结。链条的承载端与端件的连接应安全可靠。应使其能可靠地支持住4倍的链条极限工作载荷的静拉伸力，必要时还应校验其疲劳强度。链条空载端应被牢固地固定住，以防止链条过卷而脱开链轮。应使其在2倍的链条极限工作载荷的静拉伸力下不会被拉脱。

4.2.3.2 起重用钢制圆环非校准链出现下列情况之一时，应报废：

a）裂纹；

b）严重的锈蚀或粘有不能除去的附着物；

c）明显的变形；

d）链环的环间磨损达原直径的10％；

e）吊链的极限工作载荷的标牌和标签脱落，且所需信息未在主环上或通过其他方式标示。

4.2.3.3 起重用钢制圆环校准链出现下列情况之一时，应报废：

a）裂纹。

b）严重的划痕和裂口。

c) 明显的变形。

d) 严重的腐蚀。

e) 有不能除去的附着物。

f) 卡尺测量的长度增量超过了链条制造厂的推荐值。在缺少链条制造厂的推荐值时,如果用卡尺在任意的5、7、9或11环测量的链环长度超过了未经使用的同样链环总的长度下述值,应予更换,即电动的为2%,手动的为3%。

g) 如果内环的磨损面粗糙,表明链条磨损严重,此时链条应立即报废。

4.2.4 卷筒

4.2.4.1 钢丝绳在卷筒上应能按顺序整齐排列。只缠绕一层钢丝绳的卷筒,应做出绳槽。用于多层缠绕的卷筒,应采用适用的排绳装置或便于钢丝绳自动转层缠绕的凸缘导板结构等措施。

4.2.4.2 多层缠绕的卷筒,应有防止钢丝绳从卷筒端部滑落的凸缘。当钢丝绳全部缠绕在卷筒后,凸缘应超出最外面一层钢丝绳,超出的高度不应小于钢丝绳直径的1.5倍(对塔式起重机是钢丝绳直径的2倍)。

4.2.4.3 卷筒上钢丝绳尾端的固定装置,应安全可靠并有防松或自紧的性能。如果钢丝绳尾端用压板固定,固定强度不应低于钢丝绳最小破断拉力的80%,且至少应有两个相互分开的压板夹紧,并用螺栓将压板可靠固定。

4.2.4.4 焊接卷筒体的环向对接焊缝和纵向对接焊缝经外观检查合格后应做无损检测。对环形对接焊缝进行50%检验,用射线检测时不应低于GB/T 3323缺陷分级中的Ⅱ级,用超声波检测时不应低于JB/T 10559缺陷分级中的1级。纵向对接焊缝进行20%检验,但至少要保证卷筒两端各160 mm范围内做检验,用射线检测时不应低于GB/T 3323缺陷分级中的Ⅲ级,用超声波检测时不应低于JB/T 10559缺陷分级中的3级。

4.2.4.5 卷筒出现下述情况之一时,应报废:

a) 影响性能的表面缺陷(如:裂纹等);

b) 筒壁磨损达原壁厚的20%。

4.2.5 滑轮

4.2.5.1 滑轮应有防止钢丝绳脱出绳槽的装置或结构。在滑轮罩的侧板和圆弧顶板等处与滑轮本体的间隙不应超过钢丝绳公称直径的0.5倍。

4.2.5.2 人手可触及的滑轮组,应设置滑轮罩壳。对可能摔落到地面的滑轮组,其滑轮罩壳应有足够的强度和刚性。

4.2.5.3 滑轮出现下述情况之一时,应报废:

a) 影响性能的表面缺陷(如:裂纹等);

b) 轮槽不均匀磨损达3 mm;

c) 轮槽壁厚磨损达原壁厚的20%;

d) 因磨损使轮槽底部直径减少量达钢丝绳直径的50%。

4.2.6 制动器

4.2.6.1 动力驱动的起重机,其起升、变幅、运行、回转机构都应装可靠的制动装置(液压缸驱动的除外);当机构要求具有载荷支持作用时,应装设机械常闭式制动器。在运行、回转机构的传动装置中有自锁环节的特殊场合,如能确保不发生超过许用应力的运动或自锁失效,也可以不用制动器。

4.2.6.2 对于动力驱动的起重机械，在产生大的电压降或在电气保护元件动作时，不允许导致各机构的动作失去控制。

4.2.6.3 对于吊钩起重机，起吊物在下降制动时的制动距离（控制器在下降速度最低档稳定运行，拉回零位后，从制动器断电至物品停止时的下滑距离）不应大于 1 min 内稳定起升距离的 1/65。

4.2.6.4 制动器应便于检查，常闭式制动器的制动弹簧应是压缩式的，制动器应可调整，制动衬片应能方便更换。

4.2.6.5 宜选择对制动衬垫的磨损有自动补偿功能的制动器。

4.2.6.6 操纵制动器的控制装置，如踏板、操纵手柄等，应有防滑性能。手施加于操纵控制装置操纵手柄的力不应超过 160 N，脚施加于操纵控制装置脚踏板的力不应超过 300 N。

4.2.6.7 制动器的零件出现下述情况之一时，其零件应更换或制动器报废：

a) 驱动装置
   1) 磁铁线圈或电动机绕组烧损；
   2) 推动器推力达不到松闸要求或无推力。
b) 制动弹簧
   1) 弹簧出现塑性变形且变形量达到了弹簧工作变形量的 10%以上；
   2) 弹簧表面出现 20%以上的锈蚀或有裂纹等缺陷的明显损伤。
c) 传动构件
   1) 构件出现影响性能的严重变形；
   2) 主要摆动铰点出现严重磨损，并且磨损导致制动器驱动行程损失达原驱动行程 20%以上时。
d) 制动衬垫
   1) 铆接或组装式制动衬垫的磨损量达到衬垫原始厚度的 50%；
   2) 带钢背的卡装式制动衬垫的磨损量达到衬垫原始厚度的 2/3；
   3) 制动衬垫表面出现炭化或剥脱面积达到衬垫面积的 30%；
   4) 制动衬垫表面出现裂纹或严重的龟裂现象。
e) 制动轮出现下述情况之一时，应报废：
   1) 影响性能的表面裂纹等缺陷；
   2) 起升、变幅机构的制动轮，制动面厚度磨损达原厚度的 40%；
   3) 其他机构的制动轮，制动面厚度磨损达原厚度的 50%；
   4) 轮面凹凸不平度达 1.5 mm 时，如能修理，修复后制动面厚度应符合 4.2.6.7e)中 2)、3)的要求。

4.2.7 在钢轨上工作的铸造车轮

在钢轨上工作的车轮出现下列情况之一时，应报废：

a) 影响性能的表面裂纹等缺陷；
b) 轮缘厚度磨损达原厚度的 50%；
c) 轮缘弯曲变形达原厚度的 20%；
d) 踏面厚度磨损达原厚度的 15%；
e) 当运行速度低于 50 m/min 时，圆度达 1 mm；当运行速度高于 50 m/min 时，圆度达

0.1 mm时。

4.2.8 传动齿轮

使用维护说明书中没有提供传动齿轮报废指标的，出现下列情况之一时，应报废：

a) 轮齿塑性变形造成齿面的峰或谷比理论齿形高于或低于轮齿模数的 20%；

b) 轮齿折断大于或等于齿宽的 1/5，轮齿裂纹大于或等于齿宽的 1/8；

注：轮齿的裂纹未达到报废标准时，应设法除掉，制止发展。

c) 齿面点蚀面积达轮齿工作面积的 50%；或 20%以上点蚀坑最大尺寸达 0.2 模数；或对于起升、非平衡变幅机构的 20%的点蚀坑深度达 0.1 模数；或对于其他机构的 20%的点蚀坑深度达0.15 模数；

d) 齿面胶合面积达工作齿面面积的 20%及胶合沟痕的深度达 0.1 模数；

e) 齿面剥落的判定准则与齿面点蚀的判定准则相同；

f) 对于起升、非平衡变幅机构齿根两侧磨损量之和达 0.1 模数；对于其他机构齿根两侧磨损量之和达 0.15 模数；

g) 吊运炽热金属或易燃易爆等危险品的起升、非平衡变幅机构，其传动齿轮的齿面点蚀面积及齿面剥落达 4.2.8c)、e)中的 50%时；或齿根两侧磨损达 4.2.8f)中的 50%时。

5 液压系统

5.1 液压系统应有防止过载和冲击的安全装置。采用溢流阀时，溢流阀的最高工作压力不得大于系统最大工作压力的 1.1 倍，同时不得大于液压泵的额定压力。

5.2 为了故障诊断的需要，应在系统中适当位置设压力检测点并在回路图中注明。

5.3 系统中应防止系统背压对制动器的意外控制和损坏零部件。

5.4 液压系统应有符合液压元件对介质清洁度要求的过滤器或其他防止油污染的装置。

5.5 液压系统中，应有防止被物品或臂架等部件作用，使液压马达超速的措施或装置，如平衡阀。

5.6 平衡阀与变幅液压油缸、伸缩臂液压油缸、顶升液压油缸和液压马达的连接应是刚性连接。如果与平衡阀的连接管路过长，在靠近压力管路接头处应装设自动保护装置(防破裂阀)以避免出现任何意外的起升物品下降。

5.7 液压系统的液压油应按照设备使用说明书的要求，根据环境条件选用；油箱的最高和最低油位应有明显的油位标志。液压系统工作时，液压油的最高温升不得影响安全性能。

5.8 液压系统应在合适部位设置排气装置。

5.9 液压系统中使用的蓄能器，应在其上或附近的明显处设置安全警示标志。应在标志或使用说明书中标明蓄能器的预定压力和充填介质的充气量。

5.10 应采取有效措施防止液压系统在装配、安装、保养和维修过程中落入污物，污染度应符合使用说明书的规定。

5.11 液压钢管连同它们的终端部件，爆破压力与工作压力的安全系数不应小于 2.5。

5.12 液压软管连同它们的终端部件，爆破压力与工作压力的安全系数不应小于 4。

5.13 液压油缸的端口和阀(例如：保护阀)之间的焊接或装配连接件，爆破压力与工作压力的安全系数不小于 2.5。

5.14 对于工作压力超过 5 MPa 和/或温度超过 50 ℃，并位于起重机操作者 1 m 之内液压软管,应加装防护安全措施。

6 电气

6.1 实际环境和运行条件

6.1.1 总则

电气设备应适合在本部分规定的实际环境和运行条件使用。当实际环境或运行条件超出规定范围时,供方和用户之间应有一个协议,电气设备的具体数据由相应的产品标准规定。

6.1.2 电磁兼容性(EMC)

电气设备不应产生高于其预定使用场合相适应的电磁骚扰等级。此外,电气设备还应具有足够的抗电磁骚扰能力,使其在预期环境中能正常工作。

6.1.3 环境温度

电气设备应能在预定环境温度中工作。对所有电气设备的一般要求在环境温度 0 ℃至+40 ℃范围内应能正常工作。对于高温环境(如热带地区、钢厂、造纸厂)和寒冷的环境,必须规定附加要求。

6.1.4 湿度

最高温度为+40 ℃时,空气的相对湿度不超过 50%,电气设备应能正常工作。在较低温度下可允许较高的相对湿度,例如+20 ℃时为 90%。

若湿度偏高应采用适当的附加设施(如内装加热器、空调器、排水孔)来避免偶然性凝露的有害影响。

6.1.5 海拔

电动机正常使用地点的海拔高度不超过 1 000 m;电器正常使用地点的海拔高度不超过 2 000 m。当超过正常规定的海拔高度时,应进行修正。

6.1.6 防护

电气设备应有防止固体物和液体侵入的防护措施。

若电气设备安装处的实际环境中存在污染物(如灰尘、酸类物、腐蚀性气体、盐类物)时,应提高电气设备的适应性,保证设备在寿命周期的正常使用。

6.1.7 防油滴

任何润滑系统、液压系统或其他含油装置在运行和安装时应保证不会使油滴到电气设备上,否则电气设备应加以保护。

6.1.8 离子和非离子辐射

当电气设备受到辐射(如微波、紫外线、激光、射线)时,为避免设备误动作和预防绝缘老化,应采取防护措施。

6.1.9 振动、冲击和碰撞

当电气设备在安装和使用过程中存在振动、冲击和碰撞影响时,应采取必要的减振措施保证设备正常使用。

6.1.10 其他

用于爆炸和火灾危险环境时,电气设备的选择、管线配置敷设等,应符合 GB 50058 的规定。

6.2 配电系统

6.2.1 电源切断

起重机械应装设切断起重机械总电源的电源开关。

电源开关可以是隔离开关、与开关电器一起使用的隔离器、具有隔离功能的断路器。上述三种型式的电源开关应符合 GB 5226.2—2002 中 5.3.2、5.3.3 的要求。

6.2.2 总断路器

总电源回路应设置总断路器,总断路器的控制应具有电磁脱扣功能,其额定电流应大于起重机额定工作电流,电磁脱扣电流整定值应大于起重机最大工作电流。总断路器的断弧能力应能断开在起重机上发生的短路电流。

6.2.3 动力电源接触器

动力电源回路宜设能够分断动力线路的接触器。

6.2.4 紧急停止开关

每台起重机械应备有一个或多个可从操作控制站操作的紧急停止开关,当有紧急情况时,应能够停止所有运动的驱动机构。紧急停止开关动作时不应切断可能造成物品坠落的动力回路(如电磁盘、气动吸持装置)。紧急停止开关应为红色,并且不能自动复位。

需要时,紧急停止开关还可另外设置在其他部位。

对于那些可造成附带危险的起重机械驱动机构,不需要停止所有运动驱动机构,例如,对于门式起重机,利用其靠近地面所设置的紧急停止开关,在地面上操作停止起重机大车运行即可。

7 控制与操作系统

7.1 控制与操作系统的设计和布置应能避免发生误操作的可能性,保证在正常使用中起重机械能安全可靠地运转。

7.2 应按人类工效学有关的功能要求设计和布置所有控制手柄、手轮、按钮和踏板,并保证有足够的操作空间,最大限度地减轻司机的疲劳,将发生意外时对人员造成的伤害和引起财产损失的可能性降至最小。

7.3 控制与操作系统的布置应使司机对起重机械工作区域及所要完成的操作有足够的视野。

7.4 应将操作杆(踏板或按钮等)布置在司机手或脚能方便操作的位置。操纵装置的运动方向应设置得适合人的肢体的自然运动。例如:脚踏控制装置应采用向下的脚踏力操作而不能用脚的横向运动触碰操作。控制与操作装置应用文字或代码清晰地标明其功能(如用途、机构的运动方向等)。

7.5 用来操纵起重机械控制装置所需的力应与使用此控制装置的使用频度有关,应随机型变化并按人类工效学来考虑。

7.6 对于采用多个操作控制站控制一台起重机械的同一机构(如司机室操纵和地面操纵),应具有互锁功能,在任何给定时间内只允许一个操作控制站工作。应装有显示操作控制站工作状态的装置。每个操作控制站均应设置紧急停止开关。

7.7 采用无线遥控的起重机械,起重机械上应设有明显的遥控工作指示灯。

7.8 采用无线控制系统(例如无线电、红外线)应符合下列要求:

——应采取措施(如钥匙操作开关、访问码)防止擅自使用操作控制站。

——每个操作控制站应带有一个预定由其控制的一台或数台起重机械的明确标记。

——操作控制站应设置一个启动起重机械上的紧急停止功能的紧急停止开关(见 6.2.4)。无线控制系统对停止信号的响应时间应不超过 550 ms。

——当检测不到高频载波或收不到数据信号时,应实现被动急停功能,应在 1.5 s 之内切断通道电源。当通道的突发噪声干扰超过 1 s 或在 1 s 检测不到正确的地址码等,应切断通道电源。

8 电气保护

8.1 电动机的保护

电动机应具有如下一种或一种以上的保护功能,具体选用应按电动机及其控制方式确定:

a) 瞬动或反时限动作的过电流保护,其瞬时动作电流整定值应约为电动机最大起动电流的1.25 倍;

b) 在电动机内设置热传感元件;

c) 热过载保护。

8.2 线路保护

所有线路都应具有短路或接地引起的过电流保护功能,在线路发生短路或接地时,瞬时保护装置应能分断线路。对于导线截面较小,外部线路较长的控制线路或辅助线路,当预计接地电流达不到瞬时脱扣电流值时,应增设热脱扣功能,以保证导线不会因接地而引起绝缘烧损。

8.3 错相和缺相保护

当错相和缺相会引起危险时,应设错相和缺相保护。

8.4 零位保护

起重机各传动机构应设有零位保护。运行中若因故障或失压停止运行后,重新恢复供电时,机构不得自行动作,应人为将控制器置回零位后,机构才能重新起动。

8.5 失压保护

当起重机供电电源中断后,凡涉及安全或不宜自动开启的用电设备均应处于断电状态,避免恢复供电后用电设备自动运行。

8.6 电动机定子异常失电保护

起升机构电动机应设置定子异常失电保护功能,当调速装置或正反向接触器故障导致电动机失控时,制动器应立即上闸。

8.7 超速保护

对于重要的、负载超速会引起危险的起升机构和非平衡式变幅机构应设置超速开关。超速开关的整定值取决于控制系统性能和额定下降速度,通常为额定速度的 1.25～1.4 倍。

8.8 接地与防雷

8.8.1 交流供电起重机电源应采用三相(3Φ＋PE)供电方式。设计者应根据不同电网采用不同型式的接地故障保护,并由用户负责实施。接地故障保护应符合 GB 50054 的有关规定。

8.8.2 起重机械本体的金属结构应与供电线路的保护导线可靠连接。起重机械的钢轨可连接到保护接地电路上。但是,它们不能取代从电源到起重机械的保护导线(如电缆、集电导线或滑触线)。司机室与起重机本体接地点之间应用双保护导线连接。

8.8.3 起重机械所有电气设备外壳、金属导线管、金属支架及金属线槽均应根据配电网情况进行可靠接地(保护接地或保护接零)。

8.8.4　严禁用起重机械金属结构和接地线作为载流零线(电气系统电压为安全电压除外)。

8.8.5　在每个引入电源点,外部保护导线端子应使用字母 PE 来标明。其他位置的保护导线端子应使用图示符号 ⏚ 或用字母 PE,或用黄/绿双色组合标记。

8.8.6　保护导线只用颜色标识时,应在导线全长上使用黄/绿双色组合。如果保护导线能容易地按其形状、位置或结构(如编织导线)识别,或者绝缘导线难以购到,则不必在导线全长上使用颜色代码。但应在端头或易接近部位上清楚地标明图示符号 ⏚ 或黄/绿双色组合标记。

8.8.7　对于安装在野外且相对周围地面处在较高位置的起重机,应考虑避除雷击对其高位部件和人员造成损坏和伤害,特别是如下情况:

——易遭雷击的结构件(例如:臂架的支承缆索);

——连接大部件之间的滚动轴承和车轮(例如:支承回转大轴承,运行车轮轴承);

——为保证人身安全起重机运行轨道应可靠接地。

8.8.8　对于保护接零系统,起重机械的重复接地或防雷接地的接地电阻不大于 10 Ω。对于保护接地系统的接地电阻不大于 4 Ω。

8.9　绝缘电阻

对于电网电压不大于 1 000 V 时,在电路与裸露导电部件之间施加 500 V(d.c)时测得的绝缘电阻不应小于 1 MΩ。

对于不能承受所规定的测试电压的元件(如半导体元件、电容器等),试验时应将其短接。试验后,被试电器进行外观检查,应无影响继续使用的变化。

8.10　照明与信号

8.10.1　每台起重机的照明回路的进线侧应从起重机械电源侧单独供电,当切断 6.2.1 所述起重机械总电源开关时,工作照明不应断电。各种工作照明均应设短路保护。

8.10.2　当室外起重机总高度大于 30 m 时,且周围无高于起重机械顶尖的建筑物和其他设施,两台起重机械之间有可能相碰,或起重机械及其结构妨碍空运或水运,应在其端部装设红色障碍灯。灯的电源不应受起重机停机影响而断电。

8.10.3　起重机应有指示总电源分合状况的信号,必要时还应设置故障信号或报警信号。信号指示应设置在司机或有关人员视力、听力可及的地点。

9　安全防护装置

9.1　总则

安全防护装置是防止起重机械事故的必要措施。包括限制运动行程和工作位置的装置、防起重机超载的装置、防起重机倾翻和滑移的装置、联锁保护装置等。本章列出了典型起重机械安全防护装置,起重机械安全装置的设置要求见附录 A。其他类型起重机械的安全防护装置见各分标准。

9.2　限制运动行程与工作位置的安全装置

9.2.1　起升高度限位器

起升机构均应装设起升高度限位器。用内燃机驱动,中间无电气、液压、气压等传动环节而直接进行机械连接的起升机构,可以配备灯光或声响报警装置,以替代限位开关。

当取物装置上升到设计规定的上极限位置时,应能立即切断起升动力源。在此极限位置的上方，还应留有足够的空余高度，以适应上升制动行程的要求。在特殊情况下，如吊运熔融金属，还应装设防止越程冲顶的第二级起升高度限位器，第二级起升高度限位器应分断更高一级的动力源。

需要时，还应设下降深度限位器；当取物装置下降到设计规定的下极限位置时，应能立即切断下降动力源。

上述运动方向的电源切断后，仍可进行相反方向运动（第二级起升高度限位器除外）。

9.2.2 运行行程限位器

起重机和起重小车（悬挂型电动葫芦运行小车除外），应在每个运行方向装设运行行程限位器，在达到设计规定的极限位置时自动切断前进方向的动力源。在运行速度大于 100 m/min，或停车定位要求较严的情况下，宜根据需要装设两级运行行程限位器，第一级发出减速信号并按规定要求减速，第二级应能自动断电并停车。

如果在正常作业时起重机和起重小车经常到达运行的极限位置，司机室的最大减速度不应超过2.5 m/s^2。

9.2.3 幅度限位器

9.2.3.1 对动力驱动的动臂变幅的起重机（液压变幅除外），应在臂架俯仰行程的极限位置处设臂架低位置和高位置的幅度限位器。

9.2.3.2 对采用移动小车变幅的塔式起重机，应装设幅度限位装置以防止可移动的起重小车快速达到其最大幅度或最小幅度处。最大变幅速度超过 40 m/min 的起重机，在小车向外运行且当起重力矩达到额定值的 80%时，应自动转换为低于 40 m/min 的低速运行。

9.2.4 幅度指示器

具有变幅机构的起重机械，应装设幅度指示器（或臂架仰角指示器）。

9.2.5 防止臂架向后倾翻的装置

具有臂架俯仰变幅机构（液压油缸变幅除外）的起重机，应装设防止臂架后倾装置（例如一个带缓冲的机械式的止挡杆），以保证当变幅机构的行程开关失灵时，能阻止臂架向后倾翻。

9.2.6 回转限位

需要限制回转范围时，回转机构应装设回转角度限位器。

9.2.7 回转锁定装置

需要时，流动式起重机及其他回转起重机的回转部分应装设回转锁定装置。

9.2.8 支腿回缩锁定装置

工作时利用垂直支腿支承作业的流动式起重机械，垂直支腿伸出定位应由液压系统实现；且应装设支腿回缩锁定装置，使支腿在缩回后，能可靠地锁定。

9.2.9 防碰撞装置

当两台或两台以上的起重机械或起重小车运行在同一轨道上时，应装设防碰撞装置。在发生碰撞的任何情况下，司机室内的减速度不应超过 5 m/s^2。

9.2.10 缓冲器及端部止挡

在轨道上运行的起重机的运行机构、起重小车的运行机构及起重机的变幅机构等均应装设缓冲器或缓冲装置。缓冲器或缓冲装置可以安装在起重机上或轨道端部止挡装置上。

轨道端部止挡装置应牢固可靠，防止起重机脱轨。

有螺杆和齿条等的变幅驱动机构，还应在变幅齿条和变幅螺杆的末端装设端部止挡防脱装置，以防止臂架在低位置发生坠落。

9.2.11 偏斜指示器或限制器

跨度大于40 m的门式起重机和装卸桥宜装设偏斜指示器或限制器。当两侧支腿运行不同步而发生偏斜时，能向司机指示出偏斜情况，在达到设计规定值时，还应使运行偏斜得到调整和纠正。

9.2.12 水平仪

利用支腿支承或履带支承进行作业的起重机，应装设水平仪，用来检查起重机底座的倾斜程度。

9.3 防超载的安全装置

9.3.1 起重量限制器

对于动力驱动的1 t及以上无倾覆危险的起重机械应装设起重量限制器。对于有倾覆危险的且在一定的幅度变化范围内额定起重量不变化的起重机械也应装设起重量限制器。

需要时，当实际起重量超过95%额定起重量时，起重量限制器宜发出报警信号(机械式除外)。

当实际起重量在100%～110%的额定起重量之间时，起重量限制器起作用，此时应自动切断起升动力源，但应允许机构做下降运动。

内燃机驱动的起升和/或非平衡变幅机构，如果中间没有电气、液压或气压等传动环节而直接与机械连接，该起重机械可以配备灯光或声响报警装置来替代起重量限制器。

9.3.2 起重力矩限制器

额定起重量随工作幅度变化的起重机，应装设起重力矩限制器。

当实际起重量超过实际幅度所对应的起重量的额定值的95%时，起重力矩限制器宜发出报警信号。

当实际起重量大于实际幅度所对应的额定值但小于110%的额定值时，起重力矩限制器起作用，此时应自动切断不安全方向(上升、幅度增大、臂架外伸或这些动作的组合)的动力源，但应允许机构做安全方向的运动。

内燃机驱动的起升和/或平衡变幅机构，如果中间没有电气、液压或气压等传动环节而直接与机械连接，该起重机械可以配备灯光或声响报警装置来替代起重力矩限制器。

9.3.3 极限力矩限制装置

对有自锁作用的回转机构，应设极限力矩限制装置。保证当回转运动受到阻碍时，能由此力矩限制器发生的滑动而起到对超载的保护作用。

9.4 抗风防滑和防倾翻装置

9.4.1 抗风防滑装置

9.4.1.1 室外工作的轨道式起重机应装设可靠的抗风防滑装置，并应满足规定的工作状态和非工作状态抗风防滑要求。

9.4.1.2 工作状态下的抗风制动装置可采用制动器、轮边制动器、夹轨器、顶轨器、压轨器、别轨器等，其制动与释放动作应考虑与运行机构联锁并应能从控制室内自动进行操作。

9.4.1.3 起重机只装设抗风制动装置而无锚定装置的，抗风制动装置应能承受起重机非工作状态下的风载荷；当工作状态下的抗风制动装置不能满足非工作状态下的抗风防滑要求时，还应装设牵缆式、插销式或其他形式的锚定装置。起重机有锚定装置时，锚定装置应能独立承受起重机非工作状态下的风载荷。

9.4.1.4 非工作状态下的抗风防滑设计，如果只采用制动器、轮边制动器、夹轨器、顶轨器、压轨器、别轨器等抗风制动装置，其制动与释放动作也应考虑与运行机构联锁，并应能从控制室内自动进行操作（手动控制防风装置除外）。

9.4.1.5 锚定装置应确保在下列情况下起重机及其相关部件的安全可靠：

a） 起重机进入非工作状态并且锚定时；

b） 起重机处于工作状态，起重机进行正常作业并实施锚定时；

c） 起重机处于工作状态且在正常作业，突然遭遇超过工作状态极限风速的风载而实施锚定时。

9.4.2 防倾翻安全钩

起重吊钩装在主梁一侧的单主梁起重机、有抗震要求的起重机及其他有类似防止起重小车发生倾翻要求的起重机，应装设防倾翻安全钩。

9.5 联锁保护

9.5.1 进入桥式起重机和门式起重机的门，和从司机室登上桥架的舱口门，应能联锁保护；当门打开时，应断开由于机构动作可能会对人员造成危险的机构的电源。

9.5.2 司机室与进入通道有相对运动时，进入司机室的通道口，应设联锁保护；当通道口的门打开时，应断开由于机构动作可能会对人员造成危险的机构的电源。

9.5.3 可在两处或多处操作的起重机，应有联锁保护，以保证只能在一处操作，防止两处或多处同时都能操作。

9.5.4 当既可以电动，也可以手动驱动时，相互间的操作转换应能联锁。

9.5.5 夹轨器等制动装置和锚定装置应能与运行机构联锁。

9.5.6 对小车在可俯仰的悬臂上运行的起重机，悬臂俯仰机构与小车运行机构应能联锁，使俯仰悬臂放平后小车方能运行。

9.6 其他安全防护装置

9.6.1 风速仪及风速报警器

9.6.1.1 对于室外作业的高大起重机应安装风速仪，风速仪应安置在起重机上部迎风处。

9.6.1.2 对室外作业的高大起重机应装有显示瞬时风速的风速报警器，且当风力大于工作状态的计算风速设定值时，应能发出报警信号。

9.6.2 轨道清扫器

当物料有可能积存在轨道上成为运行的障碍时，在轨道上行驶的起重机和起重小车，在台车架（或端梁）下面和小车架下面应装设轨道清扫器，其扫轨板底面与轨道顶面之间的间隙一般为5 mm～10 mm。

9.6.3 防小车坠落保护

塔式起重机的变幅小车及其他起重机要求防坠落的小车，应设置使小车运行时不脱轨的装置，即使轮轴断裂，小车也不能坠落。

9.6.4 检修吊笼或平台

需要经常在高空进行起重机械自身检修作业的起重机，应装设安全可靠的检修吊笼或平台。

9.6.5 导电滑触线的安全防护

9.6.5.1 桥式起重机司机室位于大车滑触线一侧，在有触电危险的区段，通向起重机的梯子和走台与滑触线间应设置防护板进行隔离。

9.6.5.2 桥式起重机大车滑触线侧应设置防护装置,以防止小车在端部极限位置时因吊具或钢丝绳摇摆与滑触线意外接触。

9.6.5.3 多层布置桥式起重机时,下层起重机应采用电缆或安全滑触线供电。

9.6.5.4 其他使用滑触线的起重机械,对易发生触电的部位应设防护装置。

9.6.6 报警装置

必要时,在起重机上应设置蜂鸣器、闪光灯等作业报警装置。流动式起重机倒退运行时,应发出清晰的报警音响并伴有灯光闪烁信号。

9.6.7 防护罩

在正常工作或维修时,为防止异物进入或防止其运行对人员可能造成危险的零部件,应设有保护装置。起重机上外露的、有可能伤人的运动零部件,如开式齿轮、联轴器、传动轴、链轮、链条、传动带、皮带轮等,均应装设防护罩/栏。

在露天工作的起重机上的电气设备应采取防雨措施。

10 起重机械的标记、标牌、安全标志、界限尺寸与净距

10.1 标记、标牌与安全标志

10.1.1 起重机应有标记、标牌和安全标志。

10.1.2 起重机的规格标记应符合下列要求:

a) 额定起重量(或额定起重力矩),应永久性标明。

b) 额定起重量随全幅度范围变化的起重机,应设有明显可见的额定起重量随幅度全程变化的曲线或表格;凡不同幅度段规定有不同额定起重量的,幅度段的划分及各段的额定起重量,均应永久性地标明并明显可见。由制造商提供的操作说明书应能对不同幅度起重量做出更详细的说明。

c) 如果起重机配备有多个起升机构,则应分别标明每个起升机构的额定起重量。由制造商提供的操作说明书应指明这些起升机构是否可以同时使用。

10.1.3 每台起重机都应在适当的位置装设标牌,标牌应至少标明以下内容:

——制造商名称;

——产品名称和型号;

——主要性能参数;

——出厂编号;

——制造日期。

10.1.4 应在起重机的合适位置或工作区域设有明显可见的文字安全警示标志,如"起升物品下方严禁站人""臂架下方严禁停留""作业半径内注意安全""未经许可不得入内"等。在起重机的危险部位,应有安全标志和危险图形符号,安全标志和危险图形符号应符合 GB 15052 的规定。安全标志的颜色,应符合 GB 2893 的规定。

10.1.5 采用高压供电的起重机械,应在高压供电位置及高压控制设备处设置警示标志。如"高压危险"等。

10.2 界限尺寸和净距

10.2.1 在最不利位置和最不利装载条件下,起重机的所有运动部分(吊具和其他取物装置除

外)与建筑物的净距规定如下：

——距固定部分不小于 0.05 m；

——距任何栏杆或扶手不小于 0.10 m；

——距出入区不小于 0.50 m(出入区是指允许人员进出的所有通道,但工作平台除外)。

10.2.2 起重机械各运动部分的下界限线与下方的一般出入区(从地面或从属于建筑物的固定或活动部分算起,工作或维修平台及类似物除外)之间的垂直距离不应小于 1.7 m,与通常不准人出入的下方的固定或活动部分(例如棚顶、加热器、机械部分和运行在下方的起重机等)及与栏杆顶部的垂直距离不应小于 0.5 m。

10.2.3 起重机械各运动部分的上界限线与上方的固定或活动部分(例如起重小车的最高处与房顶结构最低点、下垂吊灯、下敷管道或与运行在其上方的起重机的最低点)之间的垂直距离,在保养区域和维修平台等处不应小于 0.5 m。如果不会对人员产生危险,这个距离可以减小到 0.1 m。

11 起重机操作管理

11.1 安全工作制度

应建立起重机安全工作制度,无论是进行单项作业还是一组重复性作业,所有起重机作业都应遵守。起重机在某地作业或永久固定(如在厂内或码头)的起重机作业均应遵守此项原则。安全工作制度应包括以下内容：

a) 工作计划:所有起重机都应制定工作计划以确保操作安全并应将所有潜在的危险考虑在内。应由具有丰富工作经验并经指定的人员制定工作计划。对于重复性作业或循环作业,该计划应在首次操作时制定,并定期检查,确保计划内容不变。

b) 起重机和起重设备的正确选用、提供和使用。

c) 起重机和起重设备的维护、检查和检验等。

d) 制定专门的培训计划并确定明确自身职责的主管人员以及与起重操作有关的其他人员。

e) 由通过专门培训并拥有必要权限的授权人员实行全面的监督。

f) 获取所有必备证书和其他有效文件。

g) 在未被批准的情况下,任何时候禁止使用或移动起重机。

h) 与起重作业无关人员的安全。

i) 与其他有关方的协作,目的是在避免伤害事故或安全防护方面达成的共识或合作关系。

j) 设置包括起重机操作人员能理解的通信系统。

k) 故障及事故的发生应及时报告并做好记录。

l) 使用单位应根据所使用起重机械的种类、构造的复杂程度,以及使用的具体情况,建立必要的规章制度。如交接班制度、安全操作规程、绑挂指挥规程、维护保养制度、定期自行检查制度、检修制度、培训制度、设备档案制度等。

m) 使用单位应建立设备档案,设备档案应包括下列内容：

——起重机械出厂的技术文件；

——安装、大修、改造的记录及其验收资料；

——运行检查、维修保养和定期自行检查的记录；

——监督检验报告与定期检验报告；

——设备故障与事故记录；

——与设备安全有关的评估报告。

注1：对安全作业而言，有必要保证所有的人员使用同一种语言，进行清晰地沟通。

注2：起重作业应考虑任何必要的准备，包括起重机的场地、安装和拆卸等。

安全工作制度应向所有相关部门进行有效通报。

11.2 起重作业计划

所有起重作业计划应保证安全操作并充分考虑到各种危险因素。计划应由有经验的主管人员制定。如果是重复或例行操作，这个计划仅需首次制定就可以，然后进行周期性的复查以保证没有改变的因素。

计划应包括如下：

a) 载荷的特征和起吊方法；

b) 起重机应保证载荷与起重机结构之间保持符合有关规定的作业空间；

c) 确定起重机起吊的载荷质量时，应包括起吊装置的质量；

d) 起重机和载荷在整个作业中的位置；

e) 起重机作业地点应考虑可能的危险因素、实际的作业空间环境和地面或基础的适用性；

f) 起重机所需要的安装和拆卸；

g) 当作业地点存在或出现不适宜作业的环境情况时，应停止作业。

11.3 故障及事故报告

指派人员应保证坚持有效的故障及事故报告制度。该制度应包括告知指派人员，记录故障排除的结果以及起重机再次投入使用的许可手续。该制度还应包括及时通报以下情况：

a) 每日检查或定期检查中发现的故障；

b) 在其他时间发现的故障；

c) 不论轻重与否的突发事件或意外事件；

d) 无论何原因发生的过载情况；

e) 发生的危险情况或事故报告。

12 人员的选择、职责和基本要求

12.1 总则

起重机械的安全操作取决于主管人员的选择。

某些人员如起重机械司机的培训和经验记录将有助于主管人员的选派。合适的选派将会确保所有的相关人员能够被高效地组织起来，以保证工作处于互相协作的良好局面。因酗酒、吸毒或其他不良习惯的影响而削弱其工作效率的人员不允许进入工作人员队伍。所有工作人员都应明确自己的职责(见12.2～12.7)。应对正在接受培训的工作人员进行有效的监督。

注：在某些环境中，某个人承担的职责可能不止一种，正如12.2～12.7中所述。

12.2 指派人员的职责

指派人员应负有以下的职责：

a) 机械操作相关事项进行审核，包括提出工作计划、起重机械、起升机构和设备的选择；工作指导和监管。这些对保证安全工作是必要的。还应包括与其他责任方的协商以及确保在必要时各相关组织之间的协作。

b) 保证对起重机械的全面检查、检验，以及确认设备已经维护。

c) 保证报告故障和事故的有效程序以及采取必要的正确处理方式。

d) 负有组织和控制起重机械操作的责任。保证主管人员的指派要像司机和其他起重作业人员的指派一样。

指派人员应被赋予执行所有职责的必要权力。特别是在其认为继续操作可能产生危险时，某些导致危险的作业情况下，指派人员拥有停止操作的权力。

在适当的情况下，指派人员可将工作任务委托给他人，但还要担负其工作职责。

在吊运重物时，起重机械司机不适宜管理起重机械操作。

12.3 起重机司机

12.3.1 职责

司机应遵照制造商说明书和安全工作制度负责起重机的安全操作。除接到停止信号之外，在任何时候都只应服从吊装工或指挥人员发出的可明显识别的信号。

12.3.2 基本要求

司机应具备以下条件：

a) 具备相应的文化程度；

b) 年满 18 周岁；

c) 在视力、听力和反应能力方面能胜任该项工作；

d) 具有安全操作起重机的体力；

e) 具有判断距离、高度和净空的能力；

f) 在所操作的起重机械上受过专业培训，并有起重机及其安全装置方面的丰富知识；

g) 经过起重作业指挥信号的培训，理解起重作业指挥信号，听从吊装工或指挥人员的指挥；

h) 熟悉起重机械上的灭火设备并经过使用培训；

i) 熟知在各种紧急情况下处置及逃逸手段；

j) 具有操作起重机械的资质；出于培训目的在专业技术人员指挥监督下的操作除外。

注：适合操作起重机械的健康证明年限不得超过 5 年。

12.4 吊装工

12.4.1 职责

吊装工负责在起重机械的吊具上吊挂和卸下重物，并根据相应的载荷定位的工作计划选择适用的吊具和吊装设备。

吊装工负责按计划实施起重机械的移动和重物搬运。当吊装工不止一人时，则在任一次操作中，根据他们相对起重机的位置，只应由其中一人负责。当该吊装工处于司机看不见的位置时，为确保操作信号的连续性，指挥人员必须将信号传送给司机，使用视觉或听觉信号均可。

在起重机械工作中，如果指挥起重机械和载荷移动的职责移交给其他有关人员，吊装工应向司机说明情况。而且，司机和被移交者应明确各自应负有的责任。

12.4.2 基本要求

吊装工应具备下列条件：

a) 具备相应的文化程度；

b) 年满 18 周岁;

c) 在视力、听力和反应能力方面能胜任该项工作;

d) 具备搬动吊具和组件的体力;

e) 具有估计起吊物品质量、平衡载荷及判断距离、高度和净空的能力;

f) 经过吊装技术的培训;

g) 具有根据物品的情况选择合适的吊具及组件的能力;

h) 经过起重作业指挥信号的培训,理解并能熟练使用起重作业指挥信号;

i) 需要使用听觉设备(如对讲机)时,能熟练使用该设备并能发出准确、清晰的口令;

j) 熟悉起重机的性能及相关参数,具有指挥起重机和载荷安全移动的能力;

k) 具有担负该项工作的资质。出于培训的目的在专业技术人员指挥监督下的操作除外。

12.5 指挥人员

12.5.1 职责

指挥人员应负有将信号从吊装工传递给司机的责任。指挥人员可以代替吊装工指挥起重机械和载荷的移动,但在任何时候只能由一人负责。

在起重机械工作中,如果把指挥起重机械安全运行和载荷搬运的工作职责移交给其他有关人员,指挥人员应向司机说明情况。而且,司机和被移交者应明确其应负的责任。

12.5.2 基本要求

指挥人员应具备下列条件:

a) 具备相应的文化程度;

b) 年满 18 周岁;

c) 在视力、听力和反应能力方面能胜任该项工作;

d) 具有判断距离、高度和净空的能力;

e) 经过起重作业指挥信号的培训,理解并能熟练使用起重作业指挥信号;

f) 需要使用听觉设备(如对讲机)时,能熟练使用该设备并能发出准确、清晰的口令;

g) 熟悉起重机的性能及相关参数,具有指挥起重机和载荷安全移动的能力;

h) 具有担负该项工作的资质;出于培训的目的在专业技术人员指挥监督下的操作除外。

12.6 安装人员

12.6.1 职责

安装人员负责按照安装方案及制造商提供的说明书安装起重机械,当需要两个或两个以上安装人员时,应指定一人作为“安装主管”在任何时候监管安装工作。

12.6.2 基本要求

安装人员应具备下列条件:

a) 具备相应的文化程度;

b) 年满 18 周岁;

c) 在视力、听力和反应能力方面能胜任该项工作;

d) 具有安全搬运物品包括起重机械安装工作的体力;

e) 能够胜任高空作业环境,出于培训的目的在专业技术人员指挥监督下的操作除外;

f) 具有估计重物质量、平衡重物及判断距离、高度和净空的能力;

g) 经过吊装技术及起重作业指挥信号的培训;

h） 具有根据物品的情况选择合适的吊具及吊装设备的能力；

i） 在起重机安装、拆卸以及所安装的起重机的操作方面培训合格；

j） 在所安装的起重机上的安全装置的安装和调试方面培训合格。

12.7 维护人员

12.7.1 职责

维护人员的职责是维护起重机械以及对起重机械的安全使用和正常操作负责。他们应遵照制造商提供的维护手册并在安全工作制度下对起重机械进行所有必要的维护。

12.7.2 基本要求

维护人员应该符合下列条件：

a） 具备相应的文化程度；

b） 熟悉所维修的起重机械及其危险性；

c） 受过相应的教育和培训，包括学习特种设备使用方面的相关课程；

d） 熟悉起重机械维护的有关工作程序和安全防护措施。

13 安全性

13.1 总则

在现场负责所进行全面管理的人员或组织以及起重机操作中的人员对起重机械的安全运行都负有责任。主管人员应保证安全教育和起重作业中各项安全制度的落实。起重作业中与安全性有关的环节包括起重机械的使用、维修和更换安全装备、安全操作规程等所涉及的各类人员的责任应落实到位。

13.2 指挥起重机械操作的人员识别

指挥起重机械操作的人员（吊装工或指挥人员）应易于为起重机械司机所识别，例如通过穿着明亮色彩的服装或使用无线电传呼信号。

注：当选择明亮色彩着装时，应考虑背景，照明形式和其他相关因素。

13.3 人员的安全装备

指派人员应保证安全装备符合下列要求：

a） 人员安全装备适合工作现场状况，如安全帽、安全眼镜、安全带、安全靴和听力保护装置；

b） 在工作前后检查安全装备，按规定程序进行维护或在必要时进行更换；

c） 在需要时应保存检查和维修记录；

d） 某些安全装备（例如安全帽和安全带）应根据有关规定定期更换；由于撞击损坏的安全装备应立即更换。

13.4 人员安全装备的使用

所有正在起重作业的工作人员、现场参观者或与起重机械邻近的人员应了解相关的安全要求。有关人员应向这些人员讲解人身安全装备的正确使用方法并要求他们使用这些装备。

13.5 安全通道与紧急逃逸

13.5.1 总则

安全通道和紧急逃生装置在起重机运行以及检查、检验、试验、维护、修理、安装和拆卸过程中均应处于良好状态。

13.5.2 登上或离开起重机械

任何人登上或离开起重机械,均需报告在岗起重机械司机并获许可。

13.5.3 人员须知

应在人员须知中规定仅使用(并应该使用)正规安全通道和紧急逃逸方式。

13.6 灭火器

应配备必要的灭火器材。

13.7 技术文件

13.7.1 额定起重量图表

见10.1.2b)。

13.7.2 说明书

制造商提供的有关说明书应包括GB/T 17908的有关内容,并符合GB/T 17909.1、GB/T 18453及GB/T 18875的规定。

13.7.3 调试及检验证书和检验报告

所有要求的检查、检验和调试报告或证书均应妥善地保存。

14 起重机械的选用

所需各种类型起重机械的性能和形式在满足其工作要求的同时,还应满足安全要求。

选用起重机械应考虑下列内容:

a) 载荷的质量、规格和特点;

b) 工作速度、工作半径、跨度、起升高度和工作区域;

c) 整机工作级别、结构件工作级别、机构工作级别;

d) 起重机械的工作时间或永久安装的起重机械的预期工作寿命;

e) 场地和环境条件(温度、湿度、海拔、腐蚀性、易燃易爆等)或现有建筑物形成的障碍;

f) 起重机的通道、安装、运行、操作和拆卸所占用的空间;

g) 其他特殊操作要求或强制性规定。

15 起重机的设置

15.1 总则

起重机械的设置应主要考虑下列影响其安全操作的因素:

a) 起重机械的支撑条件;

b) 现场和附近的其他危险因素;

c) 工作和非工作状态下风力的影响;

d) 具备在施工场地设置或安装起重机械以及在起重作业完成之后拆卸和移动起重机械的通道。

15.2 起重机械竖立或支撑条件

指派人员应确保地面或其他支撑设施能承受起重机械施加的载荷,主管人员应对此做出评估。

起重机械在工作状态、非工作状态和在安装、拆卸过程中产生的载荷应从起重机械制造商或起重机械设计、制造方面的权威机构获得。该载荷应包括下列组合载荷：

a) 起重机械(包括配重、平衡重或需要时的基础)的净重；

b) 重物及吊具的净重；

c) 起重机械运行引起的动载荷；

d) 由最大允许风速导致的风载荷，考虑工作场地的暴露程度。

起重机械在工作状态下可能产生较大的载荷，但非工作状态和安装、拆卸过程产生的载荷也应加以考虑。

指派人员应负责确保地面或支撑设施能使起重机械在制造商规定的工作级别和参数下工作。

15.3 起重机械周围的障碍物

15.3.1 总则

起重机械作业应考虑其周围的障碍物，如附近的建筑、其他起重机、车辆或正在进行装卸作业的船只、堆垛的货物、公共交通区域包括高速公路、铁路和河流。

不应忽视通向或来自地下设施的危险如煤气管道或电缆线。应采取措施使起重机械避开任何地下设施，如果避不开，应对地下设施实施保护措施，预防灾害事故发生。

起重机械或其吊载通过有障碍物的地方，应注意观察下列环境：

a) 现场条件允许时，起重机械的运行路线应清晰地标识，使其远离障碍物。起重机械的任何部件与障碍物之间应有足够的间隙。如不能达到规定的间隙要求，应采取有效措施防止任何阻挡或被挤住的危险。

b) 在起重机械附近周期性堆放货物的地方，在地面上应长期标记其边界线。

15.3.2 馈电裸滑线的安全距离

起重机械馈电裸滑线与周围设备的安全距离应符合表 2 的规定。否则应采取安全防护措施。

表 2 起重机馈电裸滑线与周围设备的安全距离 单位为毫米

项　　目	安全距离及偏差
距地面高度	>3 500
距汽车通道高度	>6 000
距一般管道	>1 000
距氧气管道及设备	>1 500
距易燃气体及液体管道	>3 000

15.3.3 架空电线和电缆

起重机在靠近架空电缆线作业时，指派人员、操作者和其他现场工作人员应注意以下几点：

a) 在不熟悉的地区工作时，检查是否有架空线；

b) 确认所有架空电缆线路是否带电；

c) 在可能与带电动力线接触的场合，工作开始之前，应首先考虑当地电力主管部门的意见；

d) 起重机工作时，臂架、吊具、辅具、钢丝绳、缆风绳及载荷等，与输电线的最小距离应符合表 3 的规定。

表 3　起重机与输电线的最小距离

输电线路电压 V/kV	<1	1～20	35～110	154	220	330
最小距离/m	1.5	2	4	5	6	7

当起重机械进入到架空电线和电缆的预定距离之内时，安装在起重机械上的防触电安全装置可发出有效的警报。但不能因为配有这种装置而忽视起重机的安全工作制度。

15.3.4　起重机械与架空电线的意外触碰

如果起重机械触碰了带电电线或电缆，应采取下列措施：

a)　司机室内的人员不要离开；

b)　警告所有其他人员远离起重机械，不要触碰起重机械、绳索或物品的任何部分；

c)　在没有任何人接近起重机械的情况下，司机应尝试独立地开动起重机械直到动力电线或电缆与起重机械脱离；

d)　如果起重机械不能开动，司机应留在驾驶室内。设法立即通知供电部门。在未确认处于安全状态之前，不要采取任何行动；

e)　如果由于触电引起的火灾或者一些其他因素，应离开司机室，要尽可能跳离起重机械，人体部位不要同时接触起重机械和地面；

f)　应立刻通知对工程负有相关责任的工程师，或现场有关的管理人员。在获取帮助之前，应有人留在起重机附近，以警告危险情况。

15.3.5　空港/飞机场附近的起重机械管理

当起重机械在空港/飞机场附近使用时，应遵守当地的法规。

16　安装与拆卸

16.1　施工计划

起重机械的安装与拆卸应做出施工计划并应严格监督管理，施工计划的制定与起重机械操作的程序相同(见 11.1、11.2)。

正确的安装与拆卸程序应保证：

a)　应有特殊类型起重机械的安装维护和使用说明书；

b)　安装人员未完全理解说明书及有关的操作规程之前，不能进行安装作业；

c)　整个安装和拆卸作业应按照说明书进行，并且由安装主管人员负责；

d)　参与工作的所有人员都具有扎实的操作知识；

e)　更换的部件和构件应为合格品；

f)　如果将起重机械从安装地点移至另外的工作地点，应采用制造商推荐的方法；

g)　起重机械的状态应符合制造商所规定的各种限制。

改变任何预定程序或技术参数应经起重机械设计者或工程师的同意。

16.2　安全防护装置

在安装和拆卸的过程中，有时需断开或短接起重力矩限制器、起重量限制器或运行限位器等安全防护装置的开关，使安全防护装置丧失功能，在起重机被交付使用之前，起重机施工的指派人员应保证所有安全防护装置功能正常。

17 起重机械的操作

17.1 总则

起重机械安全操作一般要求如下：

a） 司机操作起重机械时，不允许从事分散注意力的其他操作。

b） 司机体力和精神不适时，不得操作起重设备。

c） 司机应接受起重作业人员的起重作业指挥信号的指挥。当起重机的操作不需要信号员时，司机负有起重作业的责任。无论何时，司机随时都应执行来自任何人发出的停止信号。

d） 司机应对自己直接控制的操作负责。无论何时，当怀疑有不安全情况时，司机在起吊物品前应和管理人员协商。

e） 在离开无人看管的起重机之前，司机应做到下列要求：

1） 被吊载荷应下放到地面，不得悬吊；

2） 使运行机构制动器上闸或设置其他的保险装置；

3） 把吊具起升到规定位置；

4） 根据情况，断开电源或脱开主离合器；

5） 将所有控制器置于“零位”或空档位置；

6） 固定住起重机械防止发生意外的移动；

7） 当采用发动机提供动力时，应使发动机熄火；

8） 露天工作的起重机械，当有超过工作状态极限风速的大风警报或起重机处于非工作状态时，为避免起重机移动应采用夹轨器和/或其他装置使起重机固定。

f） 如对于电源切断装置或启动控制器有报警信号，在指定人员取消这类信号之前，司机不得接通电路或开动设备。

g） 在接通电源或开动设备之前，司机应查看所有控制器，使其处于“零位”或空挡位置。所有现场人员均在安全区内。

h） 如果在作业期间发生供电故障，司机应该做到下列要求：

1） 在适合的情况下，使制动器上闸或设置其他保险装置；

2） 应切断所有动力电源或使离合器处于空挡位置；

3） 如果可行，可借助对制动器的控制把使悬吊载荷放到地面。

i） 司机应熟悉设备和设备的正常维护。如起重机械需要调试或修理，司机应把情况迅速地报告给管理人员并应通知接班司机。

j） 在每一个工作班开始，司机应试验所有控制装置。如果控制装置操作不正常，应在起重机械运行之前调试和修理。

k） 当风速超过制造厂规定的最大工作风速时，不允许操作起重机械。

l） 起重机械的轨道或结构上结冰或其周围能见度下降的气候条件下操作起重机械时，应减慢速度或提供有效的通信等手段保证起重机的安全操作。

m） 夜班操作起重机时，作业现场应有足够的照度。

17.2 载荷的吊运

17.2.1 载荷在吊运前应通过各种方式确认起吊载荷的质量。同时，为了保证起吊的稳定性，应通过各种方式确认起吊载荷质心，确立质心后，应调整起升装置，选择合适的起升系挂位置，保证载荷起升时均匀平衡，没有倾覆的趋势。

17.2.2 起吊载荷的质量应符合下列要求：

a) 除了按 18.2.1 规定的试验要求之外，起重机械不得起吊超过额定载荷的物品；

b) 当不知道载荷的精确质量时，负责作业的人员要确保吊起的载荷不超过额定载荷。

17.2.3 系挂物品应符合下列要求：

a) 起重绳索或链条不能缠绕在物品上；

b) 物品要通过吊索或其他有足够承载能力的装置挂在吊钩上；

c) 链条不能用螺栓或钢丝绳进行连接；

d) 吊索或链条不应沿着地面拖曳。

17.2.4 悬停载荷应符合下列要求：

a) 司机不能在载荷悬停时离开控制器；

b) 任何人不得在悬停载荷的下方停留或通过；

c) 当出现符合 17.2.4a)要求的例外情况时，如果载荷悬停在空中的时间比正常提升操作时间长时，在司机离开控制器前应保证禁止起重机械做回转和运行等其他方向的运动并采取必要的预防措施。

17.2.5 移动载荷应符合下列要求：

a) 有关人员在指挥起吊作业时应注意下列要求：

1) 采用合适的吊索具；

2) 载荷刚被吊离地面时，要保证安全，而且载荷在吊索具或提升装置上要保持平衡；

3) 载荷在运行轨迹上应与障碍物保持一定的间距。

b) 在开始起吊前，应注意下列要求：

1) 起重钢丝绳或起重链条不得产生扭结；

2) 多根钢丝绳或链条不得缠绕在一起；

3) 采用吊钩的起吊方式应使载荷转动最小；

4) 如果有松绳现象，应进行调整，确保钢丝绳在卷筒或滑轮位置上的松弛现象被排除；

5) 考虑风对载荷和起重机械的影响；

6) 起吊的载荷不得与其他的物体卡住或连接。

c) 起吊过程中要注意：

1) 起吊载荷时不得突然加速和减速；

2) 载荷和钢丝绳不得与任何障碍物刮碰；

3) 对无反接制动性能的起重机，除特殊紧急情况外，不得利用打返车进行制动。

d) 起重机械不许斜向拖拉物品(为特殊工况设计的起重机械除外)。

e) 吊运载荷时，不得从人员上方通过。

f) 每次起吊接近额定载荷的物品时，应慢速操作，并应先把物品吊离地面较小的高度，试验制动器的制动性能。

g) 起重机械进行回转、变幅和运行时，要避免突然的起动和停止。吊运速度应控制在使物品的摆动半径在规定的范围内。当物品的摆动有危险时，应做出标志或限定的轮廓线。

17.3 多台起重机械的联合起升

17.3.1 总则

在多台起重机械的联合起升操作中，由于起重机械之间的相互运动可能产生作用于起重机械、物品和吊索具上的附加载荷，而这些附加载荷的监控是困难的。因此，只有在物品的尺寸、性能、质量或物品所需要的运动由单台起重机械无法操作时才使用多台起重机械操作。

多台起重机械的操作应制定联合起升作业计划（见 11.1、11.2 ），还应包括仔细估算每台起重机按比例所搬运的载荷。基本要求是确保起升钢丝绳保持垂直状态。多台起重机所受的合力不应超过各台起重机单独起升操作时的额定载荷。

17.3.2 多台起重机械的起升操作应考虑的主要因素

17.3.2.1 重物的质量

应了解或计算重物的总质量及其分布。对于从图样中获得的相关参数，应给出在铸件和轧制件的预留公差和制造公差。

17.3.2.2 质心

由于制造公差和轧制裕度、焊接金属的质量等各种因素的影响，可能确定不了精确的质心，造成分配到每台起重机械的载荷比例是不准确的。必要时，应采用有关方法精确地确定质心。

17.3.2.3 取物装置的质量

取物装置的质量应作为起重机计算起升载荷的一部分。当搬运较重的或形状复杂的重物时，从起重机械额定起重量中扣除取物装置的质量可能更重要。因而应该准确地了解取物装置以及必要的吊钩组件的质量及其分布情况。

17.3.2.4 取物装置的承载能力

应确定在起升操作中取物装置内部产生的力的分布。取物装置应留有超过所需均衡载荷的充分的载荷裕度。除非有针对特殊起升操作的专门要求。为适应联合起升操作过程中产生的载荷或作用力的分布与方向的最大变化，可能有必要使用特殊取物装置。

17.3.2.5 起重机械的同步动作

多台起重机械的起升过程中，应使作用在起重机械上力的方向和大小变化保持到最小；应尽可能使用额定起重量相等和相同性能的起重机械；应采取措施使各种不均衡降至最小，例如起重机械难于达到精确同步、起升速度的不均衡等。

17.3.2.6 监控设备

监控设备用于监控载荷的角度和每根起重绳稳定地通过起升操作的垂直度和作用力。这种监控设备的使用有助于将起重机上的载荷控制在规定值之内。

17.3.2.7 起升操作的监督

应有被授权人员参加并全面管理多台起重机的联合起升操作，只有该人员才能发出作业指令。但在突发事件中，目睹险情发生的人可以给出常用停止信号的情况除外。

如果从一个位置无法观察到全部所需的观测点，安排在其他地点的观察人员应把有关情况及时向指派人员报告。

17.3.2.8 联合起升操作过程中的承载能力要求

如果当 17.3.2.1～17.3.2.6 的相关因素达到规定的合格要求并被指派人员所认可，那么，每台起重机操作就可以达到其额定载荷。

当上述有关因素不能达到规定的合格要求时，指派人员应根据具体情况决定对起重机降低额定载荷使用。可降低到额定载荷的75%或更多。

17.4 抓斗和电磁吸盘

17.4.1 总则

当起重机在特殊工况下使用例如抓斗或电磁吸盘搬运重物时，不仅应将抓斗、电磁吸盘或其他取物装置的质量与载荷一同估算，而且还应考虑由于起重机快速移动、抓斗吸附效应、撞击等引起的附加载荷。通常抓斗和抓取的物料或电磁铁和吸附的物料的总质量应小于起重机在正常工作状态下对应的额定起重量。

起重机的设计人员和其他授权工程师应对特殊承载率做周密的考虑。

17.4.2 抓斗装置

对抓斗起重机，起升载荷应为抓斗和抓取物料的总质量；物料的质量取决于所搬运物料的密度。基本要求是所用抓斗适合搬运的物料，它与起重机的安全工作载荷相关。任何情况下只要存在不确定因素就应进行检查。

17.4.3 电磁吸盘

电磁吸盘应标记经试验确定的安全工作载荷，试验的方法是使用与起吊重物且与性质相同的物质，检验电磁吸盘在额定起重量下的功能是否正常。

电磁吸盘未与被起升重物接触时，不应通电。电磁吸盘应小心地下降到重物上，在操作中不允许碰到固体障碍物。炽热金属不应使用电磁盘起吊，特殊设计工况除外。

不使用时应断电，防止磁铁过热；电磁盘不应搁置在地面上而应放在木质平台上。

17.5 真空吸盘

17.5.1 真空吸盘应定期检查，在使用期间应保证有足够的真空度。

每个真空吸盘都应用一个装置固定，在任何时候起重机司机都应看到真空度的显示数值，当真空度为80%或低于设计工作真空度和(或)在真空泵失效的情况下，地面附近的任何工作人员和司机都能听到声响报警。

17.5.2 每个真空吸盘都应具备在真空泵失效时，仍具有足够的真空度支持悬吊重物一段充裕的时间(容许安全裕度)的功能，在这段时间内，重物能被安全地从最大起升高度降至地面。

每个真空吸盘都应装备适用的真空计，真空计的位置和尺寸应适合，在起升和卸下重物的时候读取数字简易。真空计上应刻有明显的红色标记，该标记以下为设备禁用区。

真空吸盘只能起吊表面与真空衬垫相适合的重物。

17.5.3 真空设备应按如下标准制造：

a) 每个真空衬垫能承重等同载荷直至整个装置能正常工作；

b) 重物的接触表面保持水平悬垂直至能正常工作；

c) 重物表面无任何松散物质，防止真空衬垫不能有效地接触重物表面。

17.5.4 在首次使用或大修后，应由授权人员使用试验载荷对真空装置进行调试。试验载荷表面应与最不利的表面型式相似，直至整个装置能正常工作。

真空装置特别是真空软管和衬垫在每次或每天起升操作之前都应检查，每周工作开始时应对报警装置进行测试。

17.6 遥控起重机

为防止未经许可使用起重机，例如通过无线电信号传输控制起重机的司机应注意：

a） 随身携带遥控器；

b） 短期离开时，拔出钥匙随身携带；

c） 长期离开或不使用起重机时，妥善保管遥控器。

注：起重机不使用时，应有妥善保管遥控器的措施。

如遥控器固定在皮带或背带上，司机在打开遥控器之前就应穿好背带，防止起重机的突然操作。遥控器只能在操作起重机时打开，并且在解开背带之前关闭遥控器。

使用遥控起重机时的遥控区域应在常规范围内进行测试。在每次开始移动起重机时或当司机换人时也应检查遥控范围，确保在规定的限制区域内操作起重机械。

18 检查、试验、维护与修理

18.1 检查

18.1.1 总则

指派人员应保证检查符合本标准的要求。

18.1.2 日常检查

在每次换班或每个工作日的开始，对在用起重机械应按其类型针对下列适合的内容进行日常检查：

a） 按制造商手册的要求进行检查；

b） 检查所有钢丝绳在滑轮和卷筒上缠绕正常，没有错位；

c） 外观检查电气设备，不允许沾染润滑油、润滑脂、水或灰尘；

d） 外观检查有关的台面和（或）部件，无润滑油和冷却剂等液体的洒落；

e） 检查所有的限制装置或保险装置以及固定手柄或操纵杆的操作状态，在非正常工作情况下采取措施进行检查；

f） 按制造商的要求检查超载限制器的功能是否正常，并按制造商的要求进行日常检查；

g） 具有幅度指示功能的超载限制器，应检查幅度指示值与臂架实际幅度的符合性；

h） 检查各气动控制系统中的气压是否处于正常状态，如制动器中的气压；

i） 检查照明灯、挡风屏雨刷和清洗装置是否能正常使用；

j） 外观检查起重机车轮和轮胎的安全状况；

k） 空载时检查起重机械所有控制系统是否处于正常状态；

l） 检查所有听觉报警装置能否正常操作；

m） 出于对安全和防火的考虑，检查起重机是否处于整洁环境，并且远离油罐、废料、工具或物料，已有安全储藏措施的情况除外；检查起重机械的出入口，要求无障碍以及相应的灭火设施应完备；

n） 检查防风锚定装置（固定时）的安全性以及起重机械运行轨道上有无障碍物；

o） 在开动起重机械之前，检查制动器和离合器的功能是否正常；

p） 检查液压和气压系统软管在正常工作情况下是否有非正常弯曲和磨损；

q） 在操作之前，应确定在设备或控制装置上没有插入电缆接头或布线装置；

r） 应做好检查记录并加以保存归档。

18.1.3 周检

正常情况下每周检查一次,或按制造商规定的检查周期和根据起重机械的实际使用工况制定检查周期进行检查。除了按18.1.2规定的检查内容外,还应根据起重机械类型针对下列适合的内容进行检查:

a) 按制造商的使用说明书要求进行检查。

b) 检查所有钢丝绳外观有无断丝、挤压变形、笼状扭曲变形或其他的损坏迹象及过度的磨损和表面锈蚀情况。起重链条有无变形、过度磨损和表面锈蚀情况。

c) 检查所有钢丝绳端部结点、旋转接头、销轴和固定装置的连接情况。还需检查滑轮和卷筒的裂纹和磨损情况。所有的滑轮装置有无损坏及卡绳情况。

d) 检查起重机械结构有无损坏,例如桥架或桁架式臂架有无缺损、弯曲、上拱、屈曲以及伸缩臂的过量磨损痕迹、焊接开裂、螺栓和其他紧固件的松动现象。

e) 如果结构检查发现危险的征兆,则需要去除油漆或使用其他的无损检测技术来确定危害的存在。

f) 对于高强度螺栓连接,应按规定的扭矩要求和制造商规定的时间间隔进行检查。

g) 检查吊钩和其他吊具、安全卡、旋转接头有无损坏、异常活动或磨损。检查吊钩柄螺纹和保险螺母有无可能因磨损或锈蚀导致的过度转动。

h) 在空载情况下,检查起重机械所有控制装置的功能。

i) 超载限制器应按其使用说明书的要求进行定期标定。

j) 对液压起重机械,检查液压系统有无渗漏。

k) 检查制动器和离合器的功能。

l) 检查流动式起重机上的轮胎压力以及轮胎是否有损坏、轮盘和外胎轮面的磨损情况。还需检查轮子上螺栓的紧固情况。

m) 对在轨道上运行的起重机,应检查轨道、端部止挡,如有锚固也需进行检查。检查除去轨道上异物的安全装置及其状况;

n) 如有防摆锁,应进行检查。

o) 应做好检查记录并加以保存归档。

18.1.4 不经常使用的起重机械检查

18.1.4.1 除了备用起重设备外,一台起重机械如果停止使用一个月以上,但不超过一年的起重机械应在使用前按18.1.2的规定进行检查;

18.1.4.2 一台起重机械如果停止使用一年以上,在使用前应按18.1.3的规定进行检查。

18.2 试验

18.2.1 总则

对于新制造的、新安装的、改造和大修的起重机械在初次使用之前及起重机械发生重大设备事故之后的再次使用应进行载荷起升能力试验。上述改造是指改变起重机械受力结构、机构或控制系统致使起重机械的性能参数与技术指标发生变更;大修是指需要通过拆卸或更新主要受力结构部件,亦包括对机构或控制系统进行整体修理,但大修后起重机械的性能参数与技术指标不应变更。起重机械的载荷起升能力试验包括静载试验、动载试验、稳定性试验(适用时)。试验前应先进行目测检查和空载试验。空载试验中各操纵与控制装置应操作灵活、可靠;各机构运动平稳、准确,不允许有爬行、振颤、冲击等异常现象;各限位装置、防护装置动作准确、可靠。

目测检查与载荷起升能力试验的内容应按 GB/T 5905 规定进行。试验应由有资格的人员进行。

试验后,起重机械的超载防护装置应重新标定,并达到规定的要求。

18.2.2 试验记录

应制定具有签字栏和日期栏的试验记录以供使用。记录的内容至少要有试验工况、程序、试验要求、有资格的检验人员和负责人员的签名。

18.3 维护

18.3.1 预防性维护

18.3.1.1 应在起重机械制造厂建议的基础上建立预防性的维护计划,并制定注明日期的维护记录以供使用。

18.3.1.2 所有需要润滑的运动零件或器件应定期进行润滑。应检查润滑系统的供给情况。严格遵守制造厂规定的润滑部位(点)、润滑保养级别和润滑形式。如果没有装备自动润滑系统,设备应在停机状态下进行润滑,并应按 18.3.2.1 的要求采取防护措施。

18.3.1.3 更换的主要零部件应符合原制造商规定的技术要求。应经制造商同意,方可采用代用件及代用材料。

18.3.2 维护程序

18.3.2.1 起重机械重大调整或检修之前,应采取下列预防措施:

a) 运行式起重机械应开到指定的位置,避免对作业区内的其他起重机械造成干扰;

b) 全部控制装置应置于零位或空挡位置;

c) 除了试验目的之外,应把主开关或紧急开关置于断路位置并锁住;

d) 指定人员应设置警示标志牌;

e) 在同一轨道上有其他起重机械作业时,应在轨道上设置停止器或其他装置,避免对起重机械的维修工作造成干扰;

f) 当在轨道上不能设置临时的停止器时,应在有利于观察的位置上安排指挥人员,以提示司机注意接近维修工作区的情况。

18.3.2.2 起重机械调整或检修后,全部安全装置应重新安装调整完毕并应达到其相应的功能,拆除并移去维修设备,同时完成有关规定的试验,起重机械才能投入使用。警示标志牌应由指派人员拆除。

18.4 调试与修理

18.4.1 总则

按 18.1.2、18.1.3 检查出危险状况都应在起重机械重新作业之前被改正。调试和修理工作应由专业人员来进行。

18.4.2 部件或器件的调试

起重机械应保持经常性调试,以保证部件或器件的功能正确,经常调试的项目包括:

——功能性的操作机构;

——限制装置;

——控制系统;

——制动系统;

——动力装置。

18.4.3 金属结构的焊接补强与修理

金属结构的焊接补强与修理后的质量应符合3.3的有关规定。施工之前应制定工作计划。工作计划至少应包括下列内容：

a) 确定原结构所用母材类型。确定母材对焊接的适应性；

b) 对补强或修理的部位进行应力分析。应确定所有使用条件下的静载荷和动载荷。应考虑构件在以往的服役中可能遭受的累积损坏；

c) 承受周期性载荷的构件应在设计中考虑以前的载荷经历，如果不知道载荷经历，必要时应进行疲劳应力计算；

d) 对进行加热、焊接或热切割的构件应考虑其允许的承载程度，必要时应减轻载荷。考虑到升高的温度将遍布有关横截面的各处，因此，应审核承载构件的局部或整体稳定性；

e) 应对已腐蚀或其他性质受损部件做出复原性修理，或更换整个构件的决定；

f) 应制定有关工艺要求；

g) 应规定外观检查或必要的无损检测的质量检查要求。

19 起重机械使用状态的安全评估

起重机械应按18.1.3的规定进行检查。按GB/T 25196.1的规定进行起重机械使用状态的安全评估。

表 A.1　安全防护装置在典型起重机械上的设置要求

序号	安全防护装置名称	桥式和门式起重机						流动式起重机								塔式起重机		臂架起重机						缆索起重机		电动葫芦	
		通用桥式起重机		通用门式起重机		梁式起重机		汽车起重机		轮胎起重机		履带起重机		铁路起重机				门座起重机		固定式起重机		悬臂式起重机					
		程度要求	要求范围	程度要求	要求范围	程度要求	要求范围	程度要求	要求范围	程度要求	要求范围	程度要求	要求范围	程度要求	要求范围	程度要求	要求范围	程度要求	要求范围	程度要求	要求范围	程度要求	要求范围	程度要求	要求范围	程度要求	要求范围
1	起重量限制器	应装	动力驱动	应装	动力驱动	应装	动力驱动									应装	动力驱动	应装	额定起重量不随幅度而变化的	应装	额定起重量不随幅度而变化的	应装		应装		应装	
2	起重力矩限制器							应装		应装		应装		应装		应装		应装	额定起重量随幅度而变化的	应装	额定起重量随幅度而变化的						
3	起升高度限位器	应装	动力驱动的	应装	动力驱动的	应装	动力驱动	应装		应装		应装		应装		应装		应装		应装		应装		应装		应装	
4	下降深度限位器	应装	根据需要	应装	根据需要	应装	根据需要	应装	根据需要	应装	根据需要	应装	根据需要	应装	根据需要	应装	根据需要	应装	根据需要	应装	根据需要	应装	根据需要	应装	根据需要	应装	根据需要
5	运行行程限位器	应装	动力驱动的并且在大车和小车运行的极限位置	应装	动力驱动的并且在大车和小车运行的极限位置（悬挂葫芦小车除外）	应装	动力驱动的在大车运行的极限位置									应装		应装				应装		应装			
6	幅度限位器															应装		应装	在吊臂幅度的极限位置	应装	在吊臂幅度的极限位置						
7	偏斜指示器或限制器			宜装	跨度等于或大于40m时																						
8	幅度指示器							应装		应装		应装		应装				应装		宜装							
9	联锁保护安全装置	应装	按9.5有关要求	应装	按9.5有关要求	应装	按9.5有关要求									应装	按9.5有关要求	应装	按9.5有关要求	应装	按9.5.2有关要求						
10	水平仪							应装		应装		应装															
11	防止臂架向后倾翻的装置							应装	油缸变幅除外	应装		应装	油缸变幅除外	应装	油缸变幅除外	应装	动臂变幅的	应装	单臂架钢丝绳变幅	应装							
12	极限力矩限制装置															应装	有可能自锁的旋转机构	应装	有可能自锁的旋转机构	应装	有可能自锁的旋转机构						
13	缓冲器	应装	在大车、小车运行机构或轨道端部	应装	在大车、小车运行机构或轨道端部	应装	在大车运行机构或轨道端部									应装		应装	在运行机构或轨道端部			应装	在大车、小车运行机构或轨道端部	应装	在大车运行机构或轨道端部		
14	抗风防滑装置	应装	室外工作的	应装	室外工作的	应装	室外工作的									应装	行走式	应装						应装			
15	风速风级报警器			应装	起升高度大于12 m时			应装	起升高度大于50 m时	应装	起升高度大于50 m时	应装	起升高度大于50 m时			应装	臂架铰点高度大于50 m时	应装						应装			
16	垂直支腿回缩锁定装置							应装		应装				应装													
17	回转锁定装置							应装		应装		应装		应装													
18	防倾翻安全钩			应装	按9.4.7的要求																						
19	轨道清扫器	应装	动力驱动的大车运行机构上	应装	在大车运行机构	应装	在大车运行机构									应装	行走式	应装						应装			
20	端部止挡	应装	在运行机构	应装	在运行机构	应装	在运行机构									应装	在行走式的运行机构与变幅机构	应装	在运行机构与变幅机构	应装	在变幅机构	应装	在运行机构	应装	在运行机构		
21	导电滑线防护板	应装																应装	采用滑线导电结构的			应装	采用滑线导电结构的				
22	作业报警装置	宜装		宜装				应装		应装		应装						应装	大车运行								
23	暴露的活动零部件的防护罩	应装	有伤人可能的	应装	有伤人可能的	应装	有伤人可能的	应装	有伤人可能的	应装	有伤人可能的	应装	有伤人可能的	应装	有伤人可能的	应装	有伤人可能的	应装	有伤人可能的	应装	有伤人可能的			应装	有伤人可能的		
24	电气设备的防雨罩	应装	室外工作的防护等级不能满足要求时	应装	室外工作的防护等级不能满足要求时	应装	室外工作的防护等级不能满足要求时	应装	室外工作的防护等级不能满足要求时	应装	室外工作的防护等级不能满足要求时	应装	室外工作的防护等级不能满足要求时	应装	室外工作的防护等级不能满足要求时	应装	室外工作的防护等级不能满足要求时	应装	室外工作的防护等级不能满足要求时	应装	室外工作的防护等级不能满足要求时	应装	室外工作的防护等级不能满足要求时	应装	室外工作的防护等级不能满足要求时		
25	防小车坠落保护															应装											
26	防碰撞装置	宜装	在同一轨道运行工作的两台以上的	宜装	在同一轨道运行工作的两台以上的	宜装	在同一轨道运行工作的两台以上的											宜装	在同一轨道运行工作的两台以上的								

附 录 A
（规范性附录）
安全防护装置在典型起重机械上的设置

参 考 文 献

[1] GB/T 3797—2005 电气控制设备.

[2] GB 5144—2006 塔式起重机安全规程.

[3] GB/T 20305—2006 起重用钢制圆环校准链正确使用和维护导则(ISO 7592:1983，IDT).

[4] GB/T 22166—2008 非校准起重圆环链和吊链 使用和维护(ISO 3056:1986，IDT).

[5] GB 50017—2003 钢结构设计规范.

[6] GB 50055—1993 通用用电设备配电设计规范.

[7] GB 50205—2001 钢结构工程施工质量验收规范.

[8] GB 50256—1996 电气装置安装工程起重机电气装置施工及验收规范.

[9] JB/T 5664—1991 重载齿轮 失效判据.

[10] JB/T 6128—2008 水电站门式起重机.

[11] JB/T 8437—1996 起重机械无线遥控装置.

[12] JGJ 46—1988 施工现场临时用电安全技术规范.

[13] SL/T 241—1999 水利水电建设用起重机技术条件.

[14] ISO 10972-1:1998 起重机 对机构的要求 第1部分:总则.

[15] ISO 11660-1:2008 起重机 通道及安全防护设施 第1部分:总则.

[16] ISO 11660-2:1994 起重机 通道及安全防护设施 第2部分:流动式起重机.

[17] ISO 12480-1:1997 起重机 安全使用 第1部分:总则.

[18] ANSI/ASME B30.4—2003 门座、塔式和立柱式起重机.

[19] AS 2550.1:1993 起重机安全使用 第1部分:总则.

[20] AWS D1.1 :2000 美国钢结构焊接规范.

[21] BS 7121/1-1989 起重机安全使用实用规范 第1部分:总则.

[22] DIN 15405-2:1979 起重吊钩 片式吊钩使用检查.

[23] EN 13000—2004 流动式起重机.

[24] EN 14492-1:2007 起重机 电动卷扬起升机构和葫芦起升机构 第1部分:电动卷扬起升机构.

[25] FEM 1.001:1998 欧洲起重机械设计规范.

[26] 电业安全工作规程(热力和机械部分)电安生[1994]227号.

ICS 53.020.20
J 80

中华人民共和国国家标准

GB 6067.5—2014
部分代替 GB/T 18224—2008,GB/T 19912—2005,GB/T 21920—2008

起重机械安全规程 第5部分:桥式和门式起重机

Safety rules for lifting appliances—Part 5: Bridge and gantry cranes

自2017年3月23日起,本标准转为推荐性标准,编号改为GB/T 6067.5—2014。

2014-09-03 发布　　2015-02-01 实施

中华人民共和国国家质量监督检验检疫总局
中国国家标准化管理委员会　发布

前　言

本部分的3.2、3.4、3.6.1～3.6.4、3.6.6、3.6.7、3.7.1～3.7.4、3.7.6～3.7.10、4.2、4.3.1.2～4.3.1.5、4.3.2、4.3.3.1、4.3.3.3、4.3.4、4.3.5.1～4.3.5.5、4.3.5.7～4.3.5.9、4.3.6、4.3.7、4.3.8.1、6.1.2、6.2.1、6.2.2、6.2.3.1、6.2.4～6.2.9、6.3、7.2、7.3b)、7.4、第8章、第9章、10.2为强制性条文；凡引用GB 6067.1的条款，均按GB 6067.1的规定；其他条文为推荐性条文。

GB 6067《起重机械安全规程》由以下7个部分组成：

——第1部分：总则；

——第2部分：流动式起重机；

——第3部分：塔式起重机；

——第4部分：臂架起重机；

——第5部分：桥式和门式起重机；

——第6部分：缆索起重机；

——第7部分：轻小型起重设备。

本部分为GB 6067《起重机械安全规程》的第5部分。

本部分按照GB/T 1.1—2009给出的规则起草。

本部分由中国机械工业联合会提出。

本部分由全国起重机械标准化技术委员会(SAC/TC 227)归口。

本部分负责起草单位：大连华锐重工集团股份有限公司、北京起重运输机械设计研究院、国家起重运输机械质量监督检验中心。

本部分参加起草单位：上海起重运输机械厂有限公司、大连博瑞重工有限公司、德马格起重机械(上海)有限公司、科尼起重机设备(上海)有限公司、广州起重机械有限公司、卫华集团有限公司、南京起重机械总厂有限公司、山起重型机械股份有限公司、浙江众擎起重机械制造有限公司、象王重工股份有限公司、重庆起重机厂有限责任公司、三一集团有限公司、江西华伍制动器股份有限公司、宜昌市微特电子设备有限公司。

本部分主要起草人：吴刚、王顺亭、李秀苓、赵春晖、张延全、陈瑞明、赵燚、张毅、刘元利、须雷、高宁、邝海坚、孙明尧、李本宏、王丰顺、阮曙峰、李洪伟、罗祯利、张寒、聂春华、高钰敏。

根据中华人民共和国国家标准公告(2017年第7号)和强制性标准整合精简结论，本标准自2017年3月23日起，转为推荐性标准，不再强制执行。

起重机械安全规程
第5部分:桥式和门式起重机

1 范围

GB 6067的本部分规定了桥式和门式起重机(以下简称起重机)的设计、制造、安装、改造、维修、使用、检查、报废等方面的基本安全要求。

本部分适用于GB/T 20776中确定的桥架型起重机。

如不涉及基本安全的特殊问题,本部分也可供其他起重机械参考。

2 规范性引用文件

下列文件对于本文件的应用是必不可少的。凡是注日期的引用文件,仅注日期的版本适用于本文件。凡是不注日期的引用文件,其最新版本(包括所有的修改单)适用于本文件。

GB/T 1591—2008 低合金高强度结构钢

GB 2970—2004 厚钢板超声波检验方法

GB/T 3323 金属熔化焊焊接接头射线照相

GB/T 3805—2008 特低电压(ELV)限值

GB/T 3811—2008 起重机设计规范

GB 3836.1 爆炸性环境 第1部分:设备通用要求

GB 3836.15 爆炸性气体环境用电气设备 第15部分:危险场所电气安装(煤矿除外)

GB 6067.1—2010 起重机械安全规程 第1部分:总则

GB 8918 重要用途钢丝绳

GB 12476.1 可燃性粉尘环境用电气设备 第1部分:用外壳和限制表面温度保护的电气设备 第1节:电气设备的技术要求

GB 12476.2 可燃性粉尘环境用电气设备 第2部分:选型和安装

GB 15052 起重机 安全标志和危险图形符号 总则

GB/T 20303.5 起重机 司机室 第5部分:桥式和门式起重机

GB/T 20776 起重机械分类

GB/T 20878 不锈钢和耐热钢 牌号及化学成分

GB/T 27546 起重机械 滑轮

JB/T 6406 电力液压鼓式制动器

JB/T 7020—2006 电力液压盘式制动器

JB/T 8110.2 起重机 橡胶缓冲器

JB/T 9008(所有部分) 钢丝绳电动葫芦

JB/T 10559 起重机械无损检测 钢焊缝超声检测

JB/T 10833 起重机用聚氨酯缓冲器

3 金属结构

3.1 基本要求

应符合 GB 6067.1—2010 中第 3 章的有关规定。

3.2 金属结构

以承载结构件的下翼缘作为起重小车轨道，厚度降至翼缘厚度设计值的 10%时，如不能修复，应报废。

3.3 材料

起重机承载结构构件的钢材选择应符合 GB/T 3811—2008 中 5.3 的规定。

3.4 通道与平台

3.4.1 室外工作的起重机，通道与平台上应采取防积水措施。

3.4.2 通道与平台踏面应具有防滑性能。

3.5 斜梯

斜梯高度大于 10 m 时，每隔 5 m～10 m 应设休息平台。

3.6 防辐射热装置及防火板

3.6.1 吊运熔融金属或炽热物品的起重机直接受热辐射的司机室底部应设防热辐射板。

3.6.2 吊运熔融金属或炽热物品的起重机(以下翼缘作为运行轨道的起重机除外)直接受辐射热的主梁、起重横梁底部应设防辐射热装置。

3.6.3 以下翼缘作为运行轨道的、吊运熔融金属或炽热物品的起重机，应在起重小车底部设防辐射热装置。

3.6.4 防热辐射板应设置可靠的防坠落措施。

3.6.5 受火焰直接影响的起重机(如钢厂加料跨铸造起重机)，宜在火焰直接灼烧主结构部位设置防火板。

3.6.6 吊运熔融金属或炽热物品的起重机直接受辐射热的通道与平台的布线部位应设置隔热层。

3.6.7 吊运熔融金属或炽热物品的起重机，应对直接受辐射热的电气设备采取防护措施。

3.7 司机室

3.7.1 司机室应符合 GB/T 20303.5 的规定。

3.7.2 司机室的布置应使司机便于操作，应保证司机在面向吊具服务区域或面向司机室走行方向时，所有操作手柄均在司机的操控范围内。

3.7.3 司机室的布置应保证吊具在服务区域内任何位置均可被司机看到。如果司机看不到位于特定设计位置的吊具时，应采取辅助措施让司机间接看到或了解吊具位置。

3.7.4 司机室应设有门锁、灭火器和电铃(或报警器)，必要时还应设置通信联络装置。

3.7.5 司机室不宜安装在振动相对较大的位置。

3.7.6 移动司机室应设置安全钩或其他防坠落安全装置。

3.7.7 取物装置和司机室的外廓间距，在任何情况下都不应小于 0.4 m；且当起重吊具与司机室底部可能相碰时，起升机构应设置减速装置，在减速停止后起重吊具与司机室的安全距离不应小于起升机构最低档速度下 2.5 s 的行程。

3.7.8 有绝缘要求的起重机，当存在氟化氢气体腐蚀玻璃影响司机视线的情况时，司机室的玻璃应便于更换。

3.7.9 吊运熔融金属或炽热物品的起重机，应采用封闭式司机室，并设有效的隔热层，隔热层应为阻燃材料。

3.7.10 自行式移动司机室应设置极限限位开关。

4 机构及零部件

4.1 基本要求

应符合 GB 6067.1—2010 中第 4 章的有关规定。

4.2 机构

4.2.1 地面有线控制的起重机，大小车运行机构运行速度不应大于 50 m/min。

4.2.2 应采取措施，保证在车轮、车轮轴承发生破裂或车轮轴发生断裂的情况下，小车架和桥架跌落距离不超过 0.025 m。

4.2.3 吊运熔融金属的起重机，主起升机构(电动葫芦除外)传动链应满足下列条件之一：

a) 主起升机构设置两套驱动装置，并在输出轴刚性连接；

b) 主起升机构设置两套驱动装置，在输出轴上无刚性连接时或主起升机构设置一套驱动装置时，均应在钢丝绳卷筒上设置安全制动器；

注：两套驱动装置指两台电动机、两套减速系统、一套或多套卷筒装置和四套制动器。

c) 对于额定起重量不大于 16 t 的起重机，在设计起升机构时其工作级别应至少比实际作业条件所要求的高 2 级，最小工作级别不应低于 M5。

4.2.4 吊运熔融金属的起重机，主起升机构的钢丝绳应满足以下条件：

a) 双吊点应采用四根钢丝绳缠绕系统；

b) 单吊点至少采用两根钢丝绳缠绕系统；

c) 安全系数应符合 GB/T 3811 中的相关规定，对于额定起重量不大于 16 t 的起重机，其安全系数不应小于 5.6。

4.2.5 吊运熔融金属的起重机，主起升机构的钢丝绳缠绕系统不应采用平衡滑轮。

4.2.6 吊运熔融金属的起重机，额定起重量不大于 16 t 时，可采用电动葫芦作为起升机构，电动葫芦除应满足 JB/T 9008(所有部分)的规定外，还应满足下列要求：

a) 当额定起重量大于 5 t，电动葫芦除设置一个工作制动器外，还应设置安全制动器。安全制动器设置在电动葫芦的低速级上，当工作制动器失效或传动部件破断时，能够可靠地支持住额定载荷。

b) 当额定起重量小于或等于 5 t 时，电动葫芦除设置一个工作制动器外，也宜在低速级上设置安全制动器，否则电动葫芦应按 1.5 倍额定起重量设计。

c) 选用具有高温隔热功能的电动葫芦。

d) 电动葫芦的工作级别不应低于 M6。

4.2.7 吊运立式井淬火热处理工艺工件的起重机，起升机构制动器应设有紧急松闸装置。

4.2.8 锻造起重机吊运的物品放置在支撑面上，承受有规律的冲击载荷并产生垂直方向的位移，相应的起升机构应设置缓冲装置和松闸机构。

4.2.9 有防爆要求的起重机运行机构和小车运行机构，在起动和制动过程中应平稳，应能避免车轮打滑及产生目视可见的火花。车轮和轨道接触面应保持不锈蚀，接触良好，避免因锈蚀而产生火花。

4.2.10 防爆桥式起重机防爆分类为ⅡC、ⅢB、ⅢC级时，起重机大小车运行速度不应超过16 m/min，其他防爆分类的起重机大小车运行速度不应超过25 m/min；起重机起升速度不应超过8 m/min，钢丝绳卷入速度不应超过28 m/min。防爆梁式起重机大车运行速度不应大于25 m/min。

4.2.11 有防爆要求的起重机卷筒及吊钩滑轮组的设计，应使钢丝绳绕进或绕出卷筒时，钢丝绳偏离螺旋槽两侧的角度不应大于3°。

4.2.12 防爆等级为ⅡC、ⅢB、ⅢC的起重机，如果采用开式齿轮传动，则应采用无火花材料。

注：有防爆要求的起重机指在爆炸性气体环境和爆炸性粉尘环境中工作的起重机。

4.3 零部件

4.3.1 钢丝绳

4.3.1.1 起升机构采用多根(偶数根)钢丝绳时，宜选用旋向对称的钢丝绳，并对称布置。

4.3.1.2 吊运熔融金属或炽热物品的起重机，应采用性能不低于GB 8918规定的金属绳芯或金属股芯的耐高温钢丝绳。

4.3.1.3 吊运熔融金属的起重机，安全系数应符合GB/T 3811—2008中表44的相关规定，对于额定起重量不大于16 t的起重机，其安全系数不应小于5.6。

4.3.1.4 有防爆要求的起重机应采用性能不低于GB 8918规定的钢丝绳，钢丝绳的安全系数应比GB/T 3811—2008中表44规定的安全系数高一级。

4.3.1.5 用于多层卷绕时，应采用性能不低于GB 8918规定的钢芯钢丝绳。

4.3.2 卷筒

多层缠绕的卷筒，应有防止钢丝绳从卷筒端部滑落的凸缘。当钢丝绳全部缠绕在卷筒后，凸缘应超出最外一层钢丝绳，超出的高度不应小于钢丝绳直径的1.5倍。

4.3.3 滑轮

4.3.3.1 吊运熔融金属的起重机不应采用灰铸铁滑轮。

4.3.3.2 冶金起重机推荐采用轧制滑轮。采用铸造滑轮时，应符合GB/T 27546的规定。

4.3.3.3 滑轮槽应光洁平滑，不应有损伤钢丝绳的缺陷。

4.3.4 制动器

4.3.4.1 有防爆要求的起重机应采用防爆型制动器，除以电动葫芦为起升机构的防爆起重机外，其他防爆起重机的起升机构应设置两套制动器。

4.3.4.2 用于腐蚀性环境的制动器应采用防腐型制动器，防腐技术条件不应低于JB/T 6406及JB/T 7020—2006中5.5.1.2b)规定的防腐要求。

4.3.5 吊具

4.3.5.1 吊运熔融金属起重机的焊接吊叉，其受力方向应与钢板的轧制压延纤维方向一致，且钢板的力学性能不应低于GB/T 1591—2008表1的Q345B钢板。

4.3.5.2 吊运熔融金属起重机的起重横梁下翼缘板不应有对接焊缝。

4.3.5.3 吊运熔融金属起重机的起重横梁中的主要承载件，如滑轮组侧板、吊耳板等，当板厚超过

0.04 m时,在下料前应进行超声检测,并应达到GB/T 2970—2004中表4规定的Ⅰ级质量。

4.3.5.4 吊运熔融金属的起重机,在吊钩组及吊运横梁等处应采取措施保护钢丝绳免受辐射热直接影响,并防止熔融金属喷溅到钢丝绳上。

4.3.5.5 起重机吊运的炽热物品工件需进入液体介质内时,在吊钩的动滑轮组处,应采取防液体喷溅措施。

4.3.5.6 用于钢厂连铸及轧制过程中搬运和堆垛棒状方坯的料耙起重机,料耙的耙齿宜采用材料性能不低于GB/T 1591—2008表1中的Q345钢材;耙齿的对接焊缝应当焊透,焊后退火处理,用射线检测应达到GB/T 3323中的BⅡ级焊接接头质量要求;用超声波检测应达到JB/T 10559中1级质量要求。

4.3.5.7 有防磁要求的起重机,吊钩应采用防磁材料,材料的力学性能不应低于GB/T 20878中的0Cr18Ni9。

4.3.5.8 有防爆要求的起重机当防爆分类为ⅡC、ⅢB、ⅢC时,吊钩应采取能防止撞击或摩擦而产生危险火花的措施。

4.3.5.9 有防爆要求的起重机吊钩滑轮组侧板的外表面应标出警示语,如"禁止触地、碰撞"等。

4.3.6 缓冲器

有防爆要求的起重机缓冲器应选用符合JB/T 10833规定的聚氨酯缓冲器或符合JB/T 8110.2规定的橡胶缓冲器,表面电阻不应大于10^9 Ω。

4.3.7 车轮

有防爆要求的起重机的防爆分类为ⅡC、ⅢB、ⅢC时,车轮踏面及轮缘部分应采用不因撞击、摩擦而引燃爆炸性气体混合物的铜合金或其他材料制造。

4.3.8 其他

4.3.8.1 有防爆要求的起重机限位开关上的碰轮及电缆滑车的滚轮,应采用青铜或黄铜或表面电阻不应大于10^9 Ω的工程塑料;防爆分类为ⅡC、ⅢB、ⅢC级时,电缆滑车的牵引线应采用不锈钢钢丝绳。

4.3.8.2 有防爆要求的起重机,小车运行轨道接头处应采用焊接连接;起重机轨道宜采用焊接连接,连接处应平滑、平整;未采用焊接连接的接缝处,其横向错位和高低差不应大于0.5 mm,间隙不应大于1 mm。起重机和小车在通过接头处时应无冲击现象。

5 液压系统

起重机的液压系统应符合GB 6067.1—2010中第5章的相关规定。

6 电气

6.1 总则

6.1.1 电气部分应符合GB 6067.1—2010中第6章的有关规定。

6.1.2 起重机的电气设备必须保证传动性能和控制性能准确可靠。有防爆要求起重机的电气设备和元件的选用应当符合相应防爆级别的要求,如果选用电气元件是非防爆的,应加防爆外壳或者采取防爆措施以满足相应防爆级别的要求。对强磁场、粉尘、腐蚀性环境的起重机,电气控制装置应采取相应的措施。

6.2 供电及电路

6.2.1 供电

有防爆要求起重机的大车、小车馈电应采用软电缆导电，起重机供电电缆应采用带接地芯线的电缆。

6.2.2 电源滑触线及其防护

6.2.2.1 电源滑触线通常采用安全滑触线、刚性滑触线或型钢。

6.2.2.2 被吊物品（或吊钩）摆动时，不应碰触到电源滑触线。

6.2.2.3 刚性滑触线或型钢的布置应与周围设备有足够的安全距离，或采取安全防护措施。

6.2.3 动力电源接触器

6.2.3.1 起重机总动力电源回路应设总动力电源接触器，能够分断所有机构的动力线路。起重机上所设总断路器能远程分断所有机构的动力回路时，可不设总动力电源接触器。

6.2.3.2 换向接触器和其他同时闭合会引起短路事故的接触器之间，对于以电动葫芦为起升机构的起重机，应设置电气联锁，对于其他起重机应设置电气联锁和机械联锁。

6.2.4 控制系统

6.2.4.1 起重机控制系统应保证控制性能符合机械与电气系统的要求。

6.2.4.2 当采用可编程序控制器参与起重机控制时，对用于安全保护的联锁信号（如起升终极限位、超速等）和紧急断电开关，应具有直接的继电保护联锁线路。

6.2.5 起重电磁吸盘电路

6.2.5.1 对带电磁吸盘的起重机，起重电磁吸盘的电源在交流侧的接线，应保证在起重机内部各种事故断电（起重机集电器不断电）时，起重电磁吸盘供电不切断，吸持物不脱落。

6.2.5.2 对带电磁吸盘的起重机，如果工作时因失电导致物品坠落可能造成危害时，起重机断电状态下电磁铁的保磁时间不应小于 15 min。

6.2.5.3 设置备用电源（如蓄电池）时，应同时提供自动充电装置及其电压的指示器，当滑线失电、备用电源投入或系统故障时应有灯光和声响警告装置示警。

6.2.6 制动器的控制

6.2.6.1 与电动机同时控制的制动器，电动机至制动器的导线长度大于 5 m 时，制动器线路应设有保护装置。

6.2.6.2 与电动机分开控制的制动器应符合以下要求：

a） 制动器的控制应采取预防措施，防止启动和制动时出现任何失控的运动。如有电气制动，正常运行时，机械制动应在电气制动之后作用。除短暂过渡状态外，电动机通电时制动器不得闭合。

b） 对吊运熔融金属和其他危险物品的起升机构，制动器的控制应采取防止因一个接触器损坏、粘连造成控制失效的措施。

6.2.6.3 安全制动器应符合以下要求：

a） 对设有安全制动器的起升机构，在正常作业时，安全制动器应在高速轴制动器闭合后延时闭合，其延时动作时间可调；

b） 安全制动器的控制，应有防止因一个接触器损坏、粘连造成控制失效的措施。

6.2.6.4 意外断电时的制动应符合以下要求：

a) 对于系统意外断电时制动器的动作会引起机械设备损坏倾翻的情况，应采取适当措施保证意外断电时制动器的安全动作过程；

b) 设置应急驱动装置的起升或俯仰机构，机构的工作制动器应参与应急驱动过程的制动保护。

6.2.7 分支线路配电

各机构动力、控制及辅助电源分支线路应采用断路器、熔断器或过电流保护继电器，提供过电流保护功能。当三相动力电路采用熔断器保护时，应具有缺相保护功能。

6.2.8 紧急停止开关

6.2.8.1 每台起重机械应备有一个或多个从操作控制站操纵的紧急停止开关，当有紧急情况时，应能够停止所有运动的驱动机构。紧急停止开关动作时不应切断可能造成物品坠落的动力回路(如电磁盘、气动吸持装置)。紧急停止开关应为红色、不能自动复位，并且应采用闭点控制。需要时，紧急停止开关还可另外设置在其他部位。

6.2.8.2 对于那些可造成附带危险的起重机械驱动机构，不需要停止所有运动驱动机构。例如，对于门式起重机，利用其靠近地面所设置的紧急停止开关，在地面上操作停止起重机大车运行即可。

6.2.8.3 造船门式起重机联动控制台、电气室、上小车房、下小车房及起重机刚、柔支腿的易于操作位置均应设紧急停车开关。

6.2.9 电线电缆及配线

6.2.9.1 有防爆要求的起重机，电气设备之间的连线，应采用橡套铜芯多股电缆，且中间不允许有接头，必要时可设防爆分线盒。

6.2.9.2 吊运熔融金属和炽热物品的起重机上直接受热辐射的电缆应选用阻燃耐高温电缆或对电缆采取隔热措施。

6.3 用于有防爆要求起重机的电气设备

6.3.1 防爆电气设备的选择应当符合 GB 3836.1 和 GB 12476.1 的规定，其性能应满足相应的防爆类别和最高表面温度的要求。

6.3.2 除煤矿用防爆电气设备外，其他爆炸性气体环境用防爆电气设备的安装应符合 GB 3836.15的规定；爆炸性粉尘环境用防爆电气设备的安装应符合 GB 12476.2 的规定。

7 控制与操作系统

7.1 控制与操作系统应符合 GB 6067.1—2010 中第 7 章的有关规定。

7.2 对板坯搬运起重机，应采取防止夹钳打开误操作导致板坯坠落的措施。

7.3 控制器应符合以下要求：

a) 操作手柄的动作方向宜与机构动作的方向一致；

b) 操纵手柄应设有防止因意外碰撞而使电路接通的保护装置。

7.4 吊运熔融金属或炽热物品的起重机应当采用司机室、遥控或非跟随式等远离热源的操作方式，并且保证操作人员的操作视野。采用遥控或非跟随式操作方式的起重机应设置操作人员安全通道。

8 电气保护

8.1 基本要求

电气保护的基本要求应符合 GB 6067.1—2010 中第 8 章的有关规定。

8.2 有绝缘要求的起重机特殊电气保护

8.2.1 有绝缘要求的起重机应设有三级绝缘(例如:吊钩与钢丝绳动滑轮组之间的绝缘、起升机构与小车架之间的绝缘、小车架与桥架之间的绝缘),其每级绝缘电阻值不应小于 1.0 MΩ。

8.2.2 有绝缘要求的起重机应设置绝缘失效自动声光报警装置,报警装置应与电源总开关联锁。

8.2.3 起重机在非工作状态下,小车架上的感应电压不应超过 GB/T 3805—2008 表 1 中环境状况 3 正常(无故障)状态下的电压限值(交流 30 V,直流 70 V)。

8.3 有防爆要求的起重机特殊电气保护

用于爆炸性气体和可燃性粉尘环境的起重机,其主回路、控制电路、所有电气设备的相间绝缘电阻和对地绝缘电阻不应小于 1.5 MΩ。

8.4 超速保护

8.4.1 电控调速(包括可控硅定子调压、涡流制动、能耗制动、可控硅供电、直流机组供电等)的起升机构、行星差动的起升机构均应设超速保护。

8.4.2 对于吊运熔融金属和其他危险物品的起重机,其起升机构应设超速保护,额定起重量不大于 5 t 的电动葫芦除外。

9 安全防护装置

9.1 基本要求

起重机的安全防护装置应符合 GB 6067.1—2010 中第 9 章的有关规定,设置要求见附录 A 中的表 A.1。

9.2 限制运动行程和工作位置的安全装置

吊运熔融金属的起重机,主起升机构在上升极限位置应设置不同形式双重二级保护装置,并且能够控制不同的断路装置,当起升高度大于 20 m 时,还应当设置下降极限位置限位器。

9.3 防超载的安全装置

9.3.1 对于双小车或多小车的起重机,各起升机构均应装有起重量限制器,当各起升机构单独作业时,起重量限制器的限制值为各起升机构的额定起重量;当各起升机构起吊重量超过规定的限制值时应能自动切断起升动力源。联合起吊作业时,如果抬吊重量超过规定的抬吊限制值或各起升机构的起重量超过规定的限制值,起重量限制器应能自动切断各起升机构的起升动力源,但应允许机构做下降运动。

9.3.2 有防爆要求的起重机应装防爆型起重量限制器。

9.4 双小车或多小车的联锁保护

同一台起重机双小车或多小车联动时,两台或多台小车间应设联锁保护:当任何一个起升机构的高度限位器动作,两个或多个起升机构应同时停止;当任何一个起升机构超载保护动作,两个或多个起升机构应同时停止;当前方小车的前进限位器动作或后方小车的后退限位器动作,两个或多个小车机构应同时停止。

9.5 安全制动器

9.5.1 吊运熔融金属的起重机,主起升机构(电动葫芦除外)传动链设置两套驱动机构且输出轴无刚性连接或设置一套驱动机构时,均应在钢丝绳卷筒上设置安全制动器。对于额定起重量不大于 16 t 且大于 5 t 的吊运熔融金属的起重机,电动葫芦除设置一个工作制动器外,还应在电动葫芦低速级上设置安全制动器;如果额定起重量不大于 5 t,电动葫芦除设置一个工作制动器外,还宜在电动葫芦低速级上设置安全制动器,否则电动葫芦应按 1.5 倍额定起重量设计。

9.5.2 岸边集装箱起重机的变幅机构应设置安全制动器。

9.5.3 桥式抓斗卸船机的变幅机构应设置安全制动器。

10 起重机的标记、标牌、安全标志、界限尺寸与净距

10.1 起重机的标记、标牌、安全标志、界限尺寸与净距应符合 GB 6067.1—2010 中第 10 章的有关规定。

10.2 安全标志和危险图形符号应符合 GB 15052 的规定。安全标志和危险图形符号可以放在起重机上或出现在使用维护说明书中,为了避免危险,应将安全标志和危险图形符号放置在靠近危险发生部位或者控制区。

11 起重机操作管理

起重机操作管理应符合 GB 6067.1—2010 中第 11 章的有关规定。

12 人员的选择、职责和基本要求

人员的选择、职责和基本要求应符合 GB 6067.1—2010 中第 12 章的有关规定。

13 安全性

起重机的安全性应符合 GB 6067.1—2010 中第 13 章的有关规定。

14 起重机的选用

起重机的选用应符合 GB 6067.1—2010 中第 14 章的有关规定。

15 起重机的设置

起重机的设置应符合 GB 6067.1—2010 中第 15 章的有关规定。

16 安装与拆卸

起重机的安装与拆卸应符合 GB 6067.1—2010 中第 16 章的有关规定。

17 起重机的操作

起重机的操作应符合 GB 6067.1—2010 中第 17 章的有关规定。

18 检查、试验、维护与修理

起重机的检查、试验、维护与修理应符合 GB 6067.1—2010 中第 18 章的有关规定。

19 起重机使用状态的安全评估

起重机使用状态的安全评估应符合 GB 6067.1—2010 中第 19 章的有关规定。

附　录　A
(规范性附录)
安全防护装置在桥式和门式起重机上的设置

安全防护装置在桥式和门式起重机上的设置要求见表 A.1。

表 A.1　安全防护装置在桥式和门式起重机上的设置要求

序号	安全防护装置名称	通用桥式起重机		通用门式起重机		半门式起重机	
		程度要求	要求范围	程度要求	要求范围	程度要求	要求范围
1	起重量限制器	应装	动力驱动的	应装	动力驱动的	应装	动力驱动的
2	起升高度限位器	应装	动力驱动的	应装	动力驱动的	应装	动力驱动的
3	下降深度限位器	应装	根据需要	应装	根据需要	应装	根据需要
4	运行行程限位器	应装	动力驱动的并且在大车和小车运行的极限位置	应装	动力驱动的并且在大车和小车运行的极限位置	应装	动力驱动的并且在大车和小车运行的极限位置
5	偏斜指示器或限制器	—		宜装	跨度大于 40 m 时	宜装	跨度大于 40 m 时
6	超速保护	应装	按 GB/T 6067.1—2010 中 8.7 及本部分中 8.4 的有关要求	应装	按 GB/T 6067.1—2010 中 8.7 及本部分中 8.4 的有关要求	应装	按 GB/T 6067.1—2010 中 8.7 及本部分中 8.4 的有关要求
7	安全制动器	—		—		—	
8	联锁保护安全装置	应装	按 GB/T 6067.1—2010 中 9.5 及本部分中 9.4 的有关要求	应装	按 GB/T 6067.1—2010 中 9.5 及本部分中 9.4 的有关要求	应装	按 GB/T 6067.1—2010 中 9.5 及本部分中 9.4 的有关要求
9	缓冲器	应装	在大车、小车运行机构或轨道端部	应装	在大车、小车运行机构或轨道端部	应装	在大车、小车运行机构或轨道端部
10	抗风防滑装置	应装	室外工作的	应装	室外工作的	应装	室外工作的
11	风速风级报警器	—		应装	起升高度大于 12 m 时	应装	起升高度大于 12 m 时
12	小车防倾翻安全钩	—	—	应装	按 GB 6067.1—2010 中 9.4.2 的要求	应装	按 GB 6067.1—2010 中 9.4.2 的要求
13	轨道清扫器	应装	动力驱动的大车运行机构上	应装	在大车运行机构	应装	在大车运行机构
14	端部止挡	应装	在运行机构	应装	在运行机构	应装	在运行机构
15	导电滑线防护板	应装		—		—	
16	作业报警装置	—		应装		应装	
17	暴露的活动零部件的防护罩	应装	有伤人可能的	应装	有伤人可能的	应装	有伤人可能的
18	电气设备的防雨罩	应装	室外工作的防护等级不能满足要求时	应装	室外工作的防护等级不能满足要求时	应装	室外工作的防护等级不能满足要求时
19	防碰撞装置	应装	在同一轨道运行工作的两台或两台以上的	应装	在同一轨道运行工作的两台或两台以上的	应装	在同一轨道运行工作的两台或两台以上的

表 A.1(续)

序号	安全防护装置名称	葫芦桥式起重机		葫芦门式起重机		电动单梁起重机	
		程度要求	要求范围	程度要求	要求范围	程度要求	要求范围
1	起重量限制器	应装	动力驱动的	应装	动力驱动的	应装	动力驱动的
2	起升高度限位器	应装	动力驱动的	应装	动力驱动的	应装	动力驱动的
3	下降深度限位器	应装	根据需要	应装	根据需要	应装	根据需要
4	运行行程限位器	应装	动力驱动的并且在大车和小车运行的极限位置	应装	动力驱动的并且在大车和小车运行的极限位置(悬挂葫芦小车除外)	应装	动力驱动的并且在大车和小车运行的极限位置(悬挂葫芦小车除外)
5	偏斜指示器或限制器	—		宜装	跨度大于 40 m 时	—	
6	超速保护	—		—		应装	按 GB/T 6067.1—2010 中 8.7 及本部分中 8.4 的有关要求
7	安全制动器	—		—		—	
8	联锁保护安全装置	应装	按 GB/T 6067.1—2010 中 9.5 及本部分中 9.4 的有关要求	应装	按 GB/T 6067.1—2010 中 9.5 及本部分中 9.4 的有关要求	应装	按 GB/T 6067.1—2010 中 9.5 及本部分中 9.4 的有关要求
9	缓冲器	应装	在大车、小车运行机构或轨道端部	应装	在大车、小车运行机构或轨道端部	应装	在大车、小车运行机构或轨道端部
10	抗风防滑装置	应装	室外工作的	应装	室外工作的	应装	室外工作的
11	风速风级报警器	—		应装	室外工作且起升高度大于 12 m 时	—	
12	小车防倾翻安全钩	—		应装	按 GB 6067.1—2010 中 9.4.2 的要求	应装	按 GB 6067.1—2010 中 9.4.2 的要求
13	轨道清扫器	应装	动力驱动的大车运行机构上	应装	在大车运行机构	应装	动力驱动的大车运行机构上
14	端部止挡	应装	在运行机构	应装	在运行机构	应装	在运行机构
15	导电滑线防护板	应装		—		应装	
16	作业报警装置	—		宜装		—	
17	暴露的活动零部件的防护罩	应装	有伤人可能的	应装	有伤人可能的	应装	有伤人可能的
18	电气设备的防雨罩	应装	室外工作的防护等级不能满足要求时	应装	室外工作的防护等级不能满足要求时	应装	室外工作的防护等级不能满足要求时
19	防碰撞装置	应装	在同一轨道运行工作的两台或两台以上的	应装	在同一轨道运行工作的两台或两台以上的	应装	在同一轨道运行工作的两台或两台以上的

表 A.1(续)

序号	安全防护装置名称	电动悬挂起重机		防爆桥式起重机		防爆梁式起重机	
		程度要求	要求范围	程度要求	要求范围	程度要求	要求范围
1	起重量限制器	应装	动力驱动的	应装	动力驱动的	应装	动力驱动的
2	起升高度限位器	应装	动力驱动的	应装	动力驱动的	应装	动力驱动的
3	下降深度限位器	应装	根据需要	应装	根据需要	应装	根据需要
4	运行行程限位器	应装	动力驱动的并且在大车和小车运行的极限位置	应装	动力驱动的并且在大车和小车运行的极限位置	应装	动力驱动的并且在大车和小车运行(单梁小车除外)的极限位置
5	偏斜指示器或限制器	—		—		—	
6	超速保护	应装	按 GB/T 6067.1—2010 中 8.7 及本部分中 8.4 的有关要求	应装	按 GB/T 6067.1—2010 中 8.7 及本部分中 8.4 的有关要求	应装	按 GB/T 6067.1—2010 中 8.7 及本部分中 8.4 的有关要求
7	安全制动器	—		—		—	
8	联锁保护安全装置	应装	按 GB/T 6067.1—2010 中 9.5 及本部分中 9.4 的有关要求	应装	按 GB/T 6067.1—2010 中 9.5 及本部分中 9.4 的有关要求	应装	按 GB/T 6067.1—2010 中 9.5 及本部分中 9.4 的有关要求
9	缓冲器	应装	在大车、小车运行机构或轨道端部	应装	在大车、小车运行机构或轨道端部	应装	在大车、小车运行机构或轨道端部
10	抗风防滑装置	应装	室外工作的	应装	室外工作的	应装	室外工作的
11	风速风级报警器	—		—		—	
12	小车防倾翻安全钩	—		—		—	
13	轨道清扫器	—	—	应装	动力驱动的大车运行机构上	应装	动力驱动的大车运行机构上
14	端部止挡	应装	在运行机构	应装	在运行机构	应装	在运行机构
15	导电滑线防护板	—		应装		应装	
16	作业报警装置	—		宜装		宜装	
17	暴露的活动零部件的防护罩	应装	有伤人可能的	应装	有伤人可能的	应装	有伤人可能的
18	电气设备的防雨罩	应装	室外工作的防护等级不能满足要求时	应装	室外工作的防护等级不能满足要求时	应装	室外工作的防护等级不能满足要求时
19	防碰撞装置	应装	在同一轨道运行工作的两台或两台以上的	应装	在同一轨道运行工作的两台或两台以上的	应装	在同一轨道运行工作的两台或两台以上的

表 A.1(续)

序号	安全防护装置名称	绝缘桥式起重机		造船门式起重机		料箱起重机	
		程度要求	要求范围	程度要求	要求范围	程度要求	要求范围
1	起重量限制器	应装	动力驱动的	应装	动力驱动的	应装	动力驱动的
2	起升高度限位器	应装	动力驱动的	应装	动力驱动的	应装	动力驱动的
3	下降深度限位器	应装	根据需要	应装	根据需要	应装	根据需要
4	运行行程限位器	应装	动力驱动的并且在大车和小车运行的极限位置	应装	动力驱动的并且在大车和小车运行的极限位置	应装	动力驱动的并且在大车和小车运行的极限位置
5	偏斜指示器或限制器	—		宜装	跨度大于40m时	—	
6	超速保护	应装	按 GB/T 6067.1—2010 中 8.7 及本部分中 8.4 的有关要求	应装	按 GB/T 6067.1—2010 中 8.7 及本部分中 8.4 的有关要求	应装	按 GB/T 6067.1—2010 中 8.7 及本部分中 8.4 的有关要求
7	安全制动器	—		—		—	
8	联锁保护安全装置	应装	按 GB/T 6067.1—2010 中 9.5 及本部分中 9.4 的有关要求	应装	按 GB/T 6067.1—2010 中 9.5 及本部分中 9.4 的有关要求	应装	按 GB/T 6067.1—2010 中 9.5 及本部分中 9.4 的有关要求
9	缓冲器	应装	在大车、小车运行机构或轨道端部	应装	在大车、小车运行机构或轨道端部	应装	在大车、小车运行机构或轨道端部
10	抗风防滑装置	—		应装	—	—	
11	风速风级报警器	—		应装		—	
12	小车防倾翻安全钩	—		应装	按 GB/T 6067.1—2010 中 9.4.2 的要求	—	
13	轨道清扫器	应装	动力驱动的大车运行机构上	应装	在大车运行机构	应装	动力驱动的大车运行机构上
14	端部止挡	应装	在运行机构	应装	在运行机构	应装	在运行机构
15	导电滑线防护板	应装		—		应装	
16	作业报警装置	宜装		应装		应装	
17	暴露的活动零部件的防护罩	应装	有伤人可能的	应装	有伤人可能的	应装	有伤人可能的
18	电气设备的防雨罩	—		应装	防护等级不能满足要求时	—	
19	防碰撞装置	应装	在同一轨道运行工作的两台或两台以上的	应装	在同一轨道运行工作的两台或两台以上的	应装	在同一轨道运行工作的两台或两台以上的

表 A.1(续)

序号	安全防护装置名称	锻造起重机		板坯搬运起重机		铸造起重机	
		程度要求	要求范围	程度要求	要求范围	程度要求	要求范围
1	起重量限制器	应装	动力驱动的	应装	动力驱动的	应装	动力驱动的
2	起升高度限位器	应装	动力驱动的	应装	动力驱动的	应装	动力驱动的
3	下降深度限位器	应装	根据需要	应装	根据需要	应装	根据需要
4	运行行程限位器	应装	动力驱动的并且在大车和小车运行的极限位置	应装	动力驱动的并且在大车和小车运行的极限位置	应装	动力驱动的并且在大车和小车运行的极限位置
5	偏斜指示器或限制器	—		—		—	
6	超速保护	应装	按 GB/T 6067.1—2010 中 8.7 及本部分中 8.4 的有关要求	应装	按 GB/T 6067.1—2010 中 8.7 及本部分中 8.4 的有关要求	应装	按 GB/T 6067.1—2010 中 8.7 及本部分中 8.4 的有关要求
7	安全制动器	—		—		应装	按本部分中 9.5 的有关要求
8	联锁保护安全装置	应装	按 GB/T 6067.1—2010 中 9.5 及本部分中 9.4 的有关要求	应装	按 GB/T 6067.1—2010 中 9.5 及本部分中 9.4 的有关要求	应装	按 GB/T 6067.1—2010 中 9.5 及本部分中 9.4 的有关要求
9	缓冲器	应装	在大车、小车运行机构或轨道端部	应装	在大车、小车运行机构或轨道端部	应装	在大车、小车运行机构或轨道端部
10	抗风防滑装置	—		—		—	
11	风速风级报警器	—		—		—	
12	小车防倾翻安全钩	—		—		—	
13	轨道清扫器	应装	动力驱动的大车运行机构上	应装	动力驱动的大车运行机构上	应装	动力驱动的大车运行机构上
14	端部止挡	应装	在运行机构	应装	在运行机构	应装	在运行机构
15	导电滑线防护板	应装		应装		应装	
16	作业报警装置	应装		应装		应装	
17	暴露的活动零部件的防护罩	应装	有伤人可能的	应装	有伤人可能的	应装	有伤人可能的
18	电气设备的防雨罩	—		—		—	
19	防碰撞装置	应装	在同一轨道运行工作的两台或两台以上的	应装	在同一轨道运行工作的两台或两台以上的	应装	在同一轨道运行工作的两台或两台以上的

表 A.1（续）

序号	安全防护装置名称	淬火起重机		料耙起重机		岸边集装箱起重机	
		程度要求	要求范围	程度要求	要求范围	程度要求	要求范围
1	起重量限制器	应装	动力驱动的	应装	动力驱动的	应装	动力驱动的
2	起升高度限位器	应装	动力驱动的	应装	动力驱动的	应装	动力驱动的
3	下降深度限位器	应装	根据需要	应装	根据需要	应装	根据需要
4	运行行程限位器	应装	动力驱动的并且在大车和小车运行的极限位置	应装	动力驱动的并且在大车和小车运行的极限位置	应装	动力驱动的并且在大车和小车运行的极限位置
5	偏斜指示器或限制器	—		—		—	
6	超速保护	应装	按 GB/T 6067.1—2010 中 8.7 及本部分中 8.4 的有关要求	应装	按 GB/T 6067.1—2010 中 8.7 及本部分中 8.4 的有关要求	应装	按 GB/T 6067.1—2010 中 8.7 及本部分中 8.4 的有关要求
7	安全制动器	—		—		应装	按本部分中 9.5 的有关要求
8	联锁保护安全装置	应装	按 GB/T 6067.1—2010 中 9.5 及本部分中 9.4 的有关要求	应装	按 GB/T 6067.1—2010 中 9.5 及本部分中 9.4 的有关要求	应装	按 GB/T 6067.1—2010 中 9.5 及本部分中 9.4 的有关要求
9	缓冲器	应装	在大车、小车运行机构或轨道端部	应装	在大车、小车运行机构或轨道端部	应装	在大车、小车运行机构或轨道端部
10	抗风防滑装置	—		—		应装	
11	风速风级报警器	—		—		应装	
12	小车防倾翻安全钩	—		—		—	—
13	轨道清扫器	应装	动力驱动的大车运行机构上	应装	动力驱动的大车运行机构上	应装	在大车运行机构
14	端部止挡	应装	在运行机构	应装	在运行机构	应装	在运行机构
15	导电滑线防护板	应装		应装		—	
16	作业报警装置	应装		应装		应装	
17	暴露的活动零部件的防护罩	应装	有伤人可能的	应装	有伤人可能的	应装	有伤人可能的
18	电气设备的防雨罩	—		—		应装	防护等级不能满足要求时
19	防碰撞装置	应装	在同一轨道运行工作的两台或两台以上的	应装	在同一轨道运行工作的两台或两台以上的	应装	在同一轨道运行工作的两台或两台以上的

表 A.1(续)

序号	安全防护装置名称	桥式抓斗卸船机		轨道式集装箱门式起重机		轮胎式集装箱门式起重机	
		程度要求	要求范围	程度要求	要求范围	程度要求	要求范围
1	起重量限制器	应装	动力驱动的	应装	动力驱动的	应装	动力驱动的
2	起升高度限位器	应装	动力驱动的	应装	动力驱动的	应装	动力驱动的
3	下降深度限位器	应装	根据需要	应装	根据需要	—	—
4	运行行程限位器	应装	动力驱动的并且在大车和小车运行的极限位置	应装	动力驱动的并且在大车和小车运行的极限位置	应装	动力驱动的并且在小车运行的极限位置
5	偏斜指示器或限制器	—		宜装	跨度大于 40 m 时	—	
6	超速保护	应装	按 GB/T 6067.1—2010 中 8.7 及本部分中 8.4 的有关要求	应装	按 GB/T 6067.1—2010 中 8.7 及本部分中 8.4 的有关要求	应装	按 GB/T 6067.1—2010 中 8.7 及本部分中 8.4 的有关要求
7	安全制动器	应装	按本部分中 9.5 的有关要求	—		—	
8	联锁保护安全装置	应装	按 GB/T 6067.1—2010 中 9.5 及本部分中 9.4 的有关要求	应装	按 GB/T 6067.1—2010 中 9.5 及本部分中 9.4 的有关要求	应装	按 GB/T 6067.1—2010 中 9.5 及本部分中 9.4 的有关要求
9	缓冲器	应装	在大车、小车运行机构或轨道端部	应装	在大车、小车运行机构或轨道端部	应装	在小车运行机构或轨道端部
10	抗风防滑装置	应装	—	应装	—	应装	—
11	风速风级报警器	应装		应装		应装	
12	小车防倾翻安全钩	—	—	—	—	—	—
13	轨道清扫器	应装	在大车运行机构	应装	在大车运行机构	—	—
14	端部止挡	应装	在运行机构	应装	在运行机构	应装	在小车运行机构
15	导电滑线防护板	—		—		—	
16	作业报警装置	应装		应装		应装	
17	暴露的活动零部件的防护罩	应装	有伤人可能的	应装	有伤人可能的	应装	有伤人可能的
18	电气设备的防雨罩	应装	防护等级不能满足要求时	应装	防护等级不能满足要求时	应装	防护等级不能满足要求时
19	防碰撞装置	应装	在同一轨道运行工作的两台或两台以上的	应装	在同一轨道运行工作的两台或两台以上的	—	

参 考 文 献

[1] GB/T 14405—2011 通用桥式起重机
[2] GB/T 26457—2011 桥式抓斗卸船机
[3] GB/T 27997—2011 造船门式起重机
[4] JB/T 5897 防爆桥式起重机
[5] JB/T 7688.2—2008 冶金起重机技术条件 第 2 部分:料箱起重机
[6] JB/T 7688.3—2008 冶金起重机技术条件 第 3 部分:锻造起重机
[7] JB/T 7688.4 冶金起重机技术条件 第 4 部分:板坯搬运起重机
[8] JB/T 7688.5—2012 冶金起重机技术条件 第 5 部分:铸造起重机
[9] JB/T 7688.6—2008 冶金起重机技术条件 第 6 部分:淬火起重机
[10] JB/T 7688.7—2008 冶金起重机技术条件 第 7 部分:料耙起重机
[11] TSG Q002—2008 起重机械安全技术监查规程——桥式起重机
[12] FEM 1001:1998 起重机设计规范
[13] 宫本智著.葫芦式起重机.天津科学技术出版社,2009 年 8 月

ICS 53.020.20
J 80

中华人民共和国国家标准

GB/T 10183.1—2018/ISO 12488-1:2012
代替 GB/T 10183.1—2010

起重机 车轮及大车和小车轨道公差 第1部分:总则

Cranes—Tolerances for wheels and travel and traversing tracks—Part 1:General

(ISO 12488-1:2012,IDT)

2018-05-14 发布 2018-12-01 实施

940 中华人民共和国国家质量监督检验检疫总局
中国国家标准化管理委员会 发布

前　言

GB/T 10183《起重机　车轮及大车和小车轨道公差》分为以下2个部分：

——第1部分：总则；

——第4部分：臂架起重机。

本部分为GB/T 10183的第1部分。

本部分按照GB/T 1.1—2009给出的规则起草。

本部分代替GB/T 10183.1—2010《起重机　车轮及大车和小车轨道公差　第1部分：总则》，与GB/T 10183.1—2010相比主要技术内容变化如下：

——对轨道公差b_s、c_h的定义进行修改，明确了检测长度范围。

——车轮直径公差ΔD的定义进行修订。

——轴孔和轮轴中心的倾斜度φk和φr，按照ISO 12488-1进行了规范。

——终端止挡器或缓冲器的平行度公差F_{max}按照ISO 12488-1进行了规范。

——对表2～表7中的图形、定义和公差进行了更正。

本部分使用翻译法等同采用ISO 12488-1:2012《起重机　车轮及大车和小车轨道公差　第1部分：总则》（英文版）。

与本部分中规范性引用的国际文件有一致性对应关系的我国文件如下：

——GB/T 1182—2008　产品几何技术规范（GPS）　几何公差　形状、方向、位置和跳动公差标注（ISO 1101:2004，IDT）；

——GB/T 1800.2—2009　产品几何技术规范（GPS）　极限与配合　第2部分：标准公差等级和孔、轴极限偏差表（ISO 286-2:1988，MOD）；

——GB/T 6974.1—2008　起重机　术语　第1部分：通用术语（ISO 4306-1:2007，IDT）。

为了便于使用，本部分还做了下列编辑性修改：

——对ISO 12488-1:2012中部分公差符号做了编辑性的调整，同时，公差符号与对应示意图不一致也做了订正；

——表2（续）中F的公差值由$0.8S$，$1.0S$等分别改为$\pm0.8S$，$\pm1.0S$等；

——表5（续）中F的公差值3级由±12.6改为±12.5。

本部分由中国机械工业联合会提出。

本部分由全国起重机械标准化技术委员会（SAC/TC 227）归口。

本部分负责起草单位：大连华锐重工集团股份有限公司、北京起重运输机械设计研究院。

本部分参加起草单位：中国合格评定国家认可中心、苏州市通安起重机械有限公司、法兰泰克重工股份有限公司、上海工程技术大学、河南卫华重型机械股份有限公司、苏州腾冉电气设备股份有限公司、斯泰尔起重设备（上海）有限公司。

本部分主要起草人：曾令、蔡亚森、潘锋、秦义校、金红萍、黄立新、吴军、张明军、李树渊。

引　　言

GB/T 10183 的本部分规定的要求以及给出的导则和设计准则,反映了目前起重机械的设计水平的要求,给出了导则和设计准则。所规定的准则,体现了能保证达到基本安全要求并使部件具有充裕的使用寿命的成功设计经验。偏离这些准则一般会导致风险增大或寿命缩短。但也应承认,技术创新与新材料的采用等有可能会产生新的方案,最终获得同等的或更高的安全性与耐久性。

起重机　车轮及大车和小车轨道公差
第1部分：总则

1　范围

GB/T 10183的本部分规定了ISO 4306-1定义的起重机及其轨道的安装和运行状态下的公差。本部分提出这些要求的目的是为了消除由于结构正常尺寸或形位偏差引起的过载，从而提高起重机的运行安全性和保证各部件达到其预期寿命。

本部分规定的公差均为极限值。本部分不适用于载荷效应引起的弹性变形。为达到预定的使用性能要求，需要在设计阶段采用其他设计准则考虑这些弹性变形。

对于特定类型起重机的具体公差值，在GB/T 10183的其他各部分中规定。

2　规范性引用文件

下列文件对于本文件的应用是必不可少的。凡是注日期的引用文件，仅注日期的版本适用于本文件。凡是不注日期的引用文件，其最新版本(包括所有的修改单)适用于本文件。

ISO 286-2　产品几何技术规范(GPS)　极限与配合　第2部分：标准公差等级和孔、轴极限偏差表[Geometrical product specifications(GPS)—Limits and fits—Part 2：Tables of standard tolerance classes and limit deviations for holes and shafts]

ISO 1101　产品几何技术规范(GPS)　几何公差　形状、方向、位置和跳动公差标注[Geometrical product specifications (GPS)—Geometrical tolerancing—Tolerances of form, orientation, location and run-out]

ISO 4306-1　起重机　术语　第1部分：通用术语(Cranes—Vocabulary—Part 1：General)

3　术语和定义

下列术语和定义适用于本文件。

3.1

构造公差　construction tolerance

起重机投入运行之前，在新装、改装、重装或维修组装起重机期间，由起重机整机及其轨道的装配产生的偏离规定尺寸的允许量值。

注1：此种情况适用于新装的或经过维修的、改装的起重机及其轨道。

注2：该量值既可以用极限尺寸偏差的绝对值也可以用几何允许偏差表示。

3.2

运行公差　operational tolerance

起重机及其轨道在使用后，产生的偏离规定尺寸的允许量值。

注：该量值既可以用极限尺寸偏差的绝对值也可以用允许的几何偏差表示。

4　符号

下列符号适用于本文件。

A ——与大车或小车运行轨道任一点处的轨道中心有关的或与大车或小车车轮中心有关的跨度公差。

B ——大车轨道全长上任一点处,在水平投影面内的直线度公差。

b ——轨道顶部任一点处,在 2 m 检测长度内水平投影面的直线度公差(抽样值)。

C ——大车轨道全长上任一点处,轨道中心顶部的直线度公差。

c ——大车轨道顶部任一处,在 2 m 检测长度内的直线度公差(抽样值)。

a ——沿轨道纵向的水平导向轮之间的中心距(轮距)。

e ——沿轨道纵向的两个车轮轴线之间或台车之间的中心距(基距)。

h_F ——轨道顶面至水平导向轮底面的距离。

S ——两轨道中心之间的距离(大车为跨度,小车为轨距)。

‰ ——用垂直距离与水平距离之比的 1/1 000 表示的倾斜度。

D ——车轮直径。

D_t ——车轮直径公差。

E ——轨道上任一点处,在与之成直角的方向上,相对应的两轨道测点间的高度差。

F ——终端止挡器或缓冲器的平行度公差。

G ——轨道横截面相对于水平面的倾斜度。

H_F ——轨道焊接接头的垂直错位值。

H_S ——轨道接头的水平错位值。

H_X ——对 H_S的修整区进行磨削后的平整度。

K ——轨道中心相对于腹板中心线的偏差。

ΔD ——耦合和独立驱动的起重机/小车车轮的直径公差。

Δe ——水平投影面内车轮基距公差。

ΔF ——水平投影面内导向轮的水平偏斜。

Δh_F ——水平导向轮底面至轨道上平面的高度差。

Δh_r ——车轮接触点高度公差(车轮接触点的平面度)。

ΔN ——水平投影面内车轮的同位差。

αF ——水平导向轮轴在垂直于轨道方向上的平行度公差(在轨道横截面方向水平轮轴线的倾斜度)。

βF ——水平导向轮轴在沿轨道方向上的平行度公差(在轨道纵向截面方向水平轮轴线的倾斜度)。

φk ——水平投影面内轴孔中心线倾斜度。

φr ——水平投影面内轮轴中心线倾斜度。

τk ——垂直平面内轴孔平行度公差(轴孔垂直倾斜度)。

τr ——垂直平面内轮轴平行度公差(车轮垂直倾斜度)。

b_s ——在靠近焊接轨道接头 1 m 的检测长度内的直线度公差。

c_h ——在靠近焊接轨道接头 2 m 的检测长度内的直线度公差。

以上符号及其含义适用于 GB/T 10183 的所有部分。

如果构造公差的符号同时也适用于运行公差(例如,用于使用说明书中),则应添加下标 w(例如 A_w,B_w,C_w,E_w)。

必要时，还可以添加辅助下标，如：

A_{w1}表示大车轨道跨度的运行公差；

A_{w2}表示小车轨道轨距的运行公差；

A_{w3}表示起重机跨度的运行公差；

A_{w4}表示小车轨距的运行公差。

5 公差分级

确定公差等级的主要依据是起重机在整个寿命期内的总运行距离，但系统的敏感度以及在GB/T 10183 的其他各部分中规定的公差等级也应予以考虑。

注：就 GB/T 10183 本部分而言，系统敏感度是指系统对由意外偏离产生的公差所导致的载荷效应的反应程度(参见 ISO 8686-1:1989 中的 6.1.5)。对于高敏感度系统，可能需要选用比表 1 中所列的更高一级的公差等级。

表 1 公差等级

公差等级	大车与小车运行距离极限值 km
1	50 000≤L
2	10 000≤L<50 000
3	L<10 000，用于永久性敷设的轨道
4	用于为建筑和安装目的敷设的临时轨道
注：L 是相应的大车/小车运行机构的正常运行速度和规定工作时间的乘积，其中工作时间可取用户规定的数值或者参考该机构的分级而确定(参见 ISO 4301-1)。	

6 公差值

6.1 总则

不同等级的公差值和参数应按表 2、表 3、表 4、表 5、表 6 和表 7 的规定。

6.2 热效应

表 2、表 3、表 4、表 5、表 6 和表 7 中所列的公差值适用的工作环境温度为 20 ℃。当起重机运行场所的平均环境温度不符合此条件时，公差值应做相应调整。

6.3 车轮接触点高度公差的应用

表 4 和表 5 规定的起重机或小车车轮接触点高度公差(车轮接触点平面度)Δh_r 以及表 2 和表 3 规定的相应的轨道公差适用于在大车或小车钢轨上运行的刚性结构，即适用于主梁、小车架或门架的箱形梁结构。对于由开式断面构成的框架结构，所用公差可以低一级或两级。

6.4 构造公差

6.4.1 总则

进行检测时，起重机应处于空载状态；起重机及其轨道的支承方式应与运行时相同。表 2～表 6 给出了相应的公差值。

如果技术文件要求采用区分各类公差的方法,应参照本部分的相应表格,在与本部分中相关表格对应的公差符号后加下角标。

例如:A_2表示按表 2 规定的大车轨道构造公差。

6.4.2 钢轨接头

钢轨接头的构造公差应符合表 6 的规定。

6.5 运行公差

表 7 中规定的运行公差应在起重机空载时检测。

注:公差超过表 7 中数值会使运行性能下降到不可接受的程度,并引起附加应力,导致钢轨、车轮、导向轮等磨损增大,还可能损坏支承结构。如检测发现超过表 7 中的公差值,应由胜任的工程师进行研究分析并采取相应措施。

表 2　大车运行轨道 1 级～4 级的构造公差

公差参数			公差值				
符号	对本表的说明	示意图	1 级	2 级	3 级	4 级	单位
A	大车轨道上任一点处，起重机轨道中心之间跨度 S 的公差	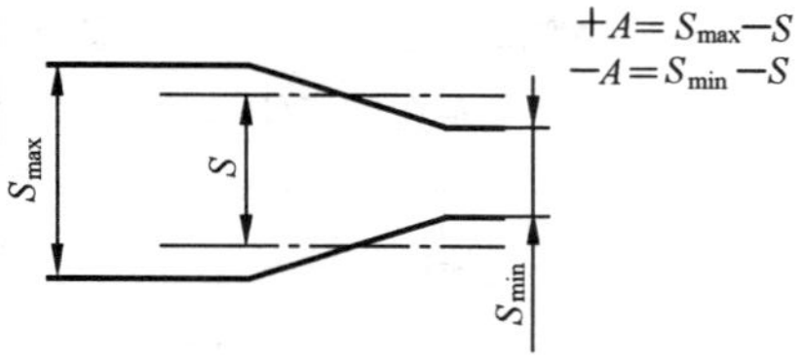 	$S≤16$ m 时，±3；$S>16$ m 时，±[3+0.25($S-16$)]；极限值为±10 S 单位为 m	$S≤16$ m 时，±5；$S>16$ m 时，±[5+0.25($S-16$)]；极限值为±15 S 单位为 m	$S≤16$ m 时，±8；$S>16$ m 时，±[8+0.25($S-16$)]；极限值为±20 S 单位为 m	$S≤16$ m 时，±12.5；$S>16$ m 时，±[12.5+0.25($S-16$)] 极限值为±25 S 单位为 m	mm
B	大车轨道全长上任一点处，起重机轨道顶部水平直线度公差	起重机轨道在水平投影面内的位置 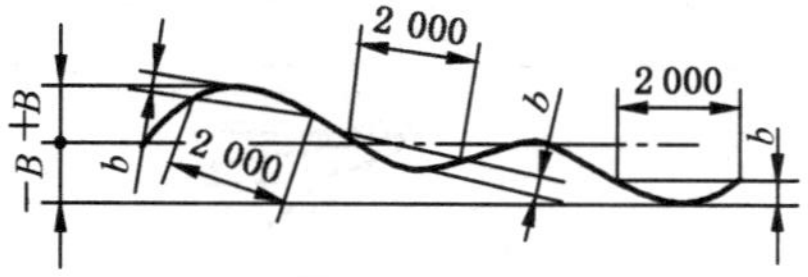 	±5	±10	±20	±40	mm
b	轨道顶部任一点处 2 000 mm（抽样值）检测长度内的水平直线度公差		1	1	2	4	mm
C	大车轨道全长上任一点处，起重机轨道中心顶部的直线度公差	起重机轨道顶部（沿轴心线方向） 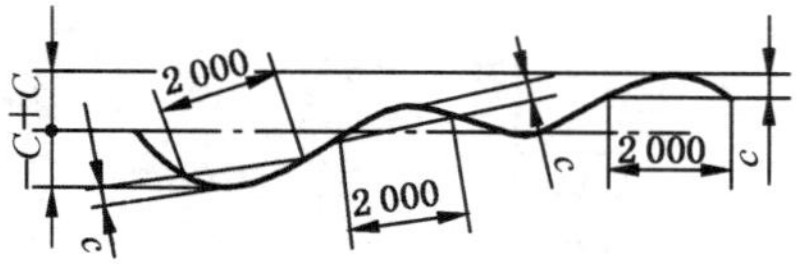 	±5	±10	±20	±40	mm
c	起重机轨道顶部任一点处 2 000 mm（抽样值）检测长度内的直线度公差		1	2	4	8	mm
E	大车轨道上任一点处，在与之成直角的方向上，相对应的两轨道测点之间的高度差	起重机大车轨道顶部高低差（侧向倾斜） 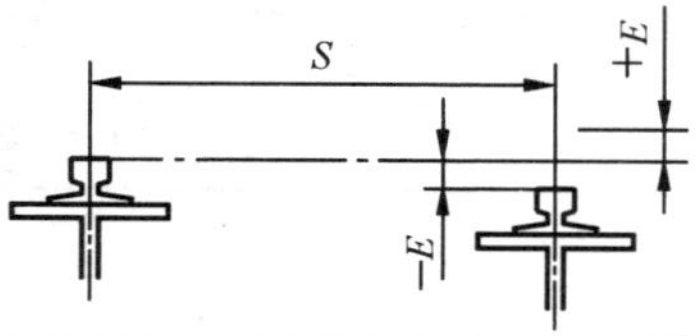 	±0.5S， S 单位为 m； 极限值为±5	±1.0S， S 单位为 m； 极限值为±10	±2S， S 单位为 m； 极限值为±20	±4S， S 单位为 m； 极限值为±40	mm

表 2（续）

公差参数			公差值				
符号	对本表的说明	示意图	1 级	2 级	3 级	4 级	单位
F	大车轨道上垂直于纵向轴线的终端止挡器或缓冲器的平行度公差，符号为//	在水平投影面内的位置（符号按 ISO 1101）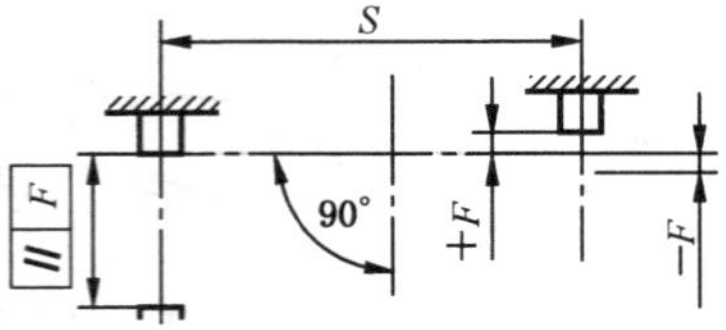	$\pm0.8S$；极限值为 ±8 S 单位为 m	$\pm1.0S$；极限值为 ±10 S 单位为 m	$\pm1.25S$；极限值为 ±12.5 S 单位为 m	$\pm1.6S$；极限值为 ±16 S 单位为 m	mm
G（见表 3）	大车轨道上任一点处，钢轨横截面的倾斜度，符号为∠	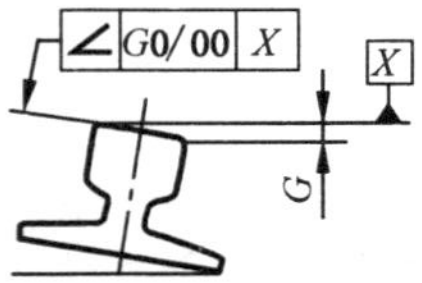	4	6	9	12	‰
Δh_r	大车轨道上任一点处，车轮接触点高度差（平面度）	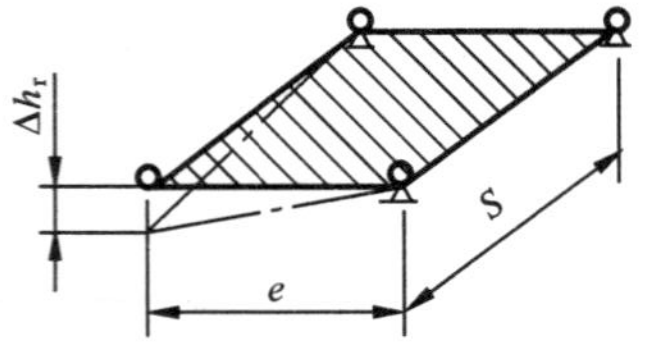	$0.5S$（或 $0.5e$），极限值为 5 e 与 S 单位为 m，选两者中较小者代入 e 或 S	$1.0S$（或 $1.0e$），极限值为 10 e 与 S 单位为 m，选两者中较小者代入 e 或 S	$1.6S$（或 $1.6e$），极限值为 16 e 与 S 单位为 m，选两者中较小者代入 e 或 S	$2.0S$（或 $2.0e$），极限值为 20 e 与 S 单位为 m，选两者中较小者代入 e 或 S	mm
K	大车轨道上任一点处，轨道中心相对于腹板中心的偏差	t_{min}——腹板的最小厚度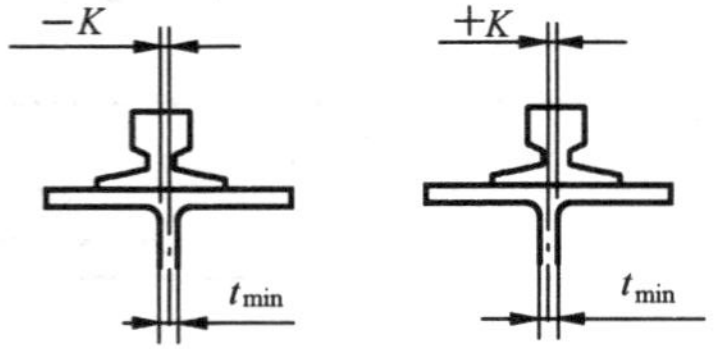	$\pm0.5t_{min}$			—	mm

表 3　小车运行轨道 1 级～4 级的构造公差

公差参数			公差值				
符号	对本表的说明	示意图	1 级	2 级	3 级	4 级	单位
A	小车轨道上任一点处，小车轨道中心之间的轨距 S 的公差	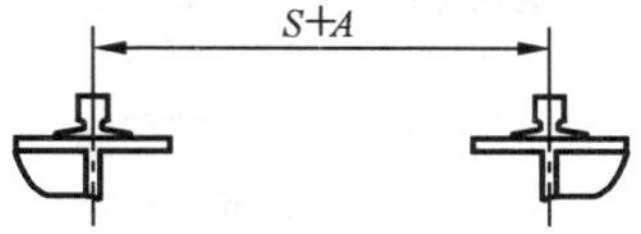	±3	±5	±8	±12.5	mm
			适用于所有 $S\leqslant 16$ m 的轨距				
b	轨道顶部任一点处 2 000 mm（抽样值）检测长度上的水平直线度公差	小车钢轨在水平投影面内的位置（基准符号按 ISO 1101）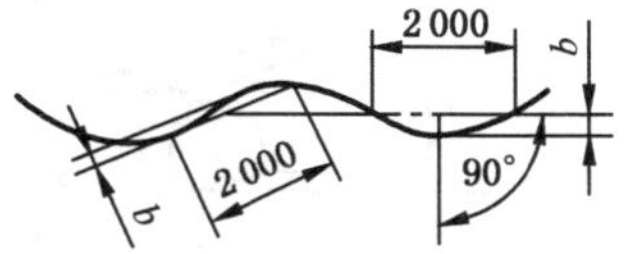	1	1	2	4	mm
E	小车轨道上任一点处，在与之成直角的方向上，相对应的两钢轨测点之间的高度差	小车轨道高低差（侧向倾斜）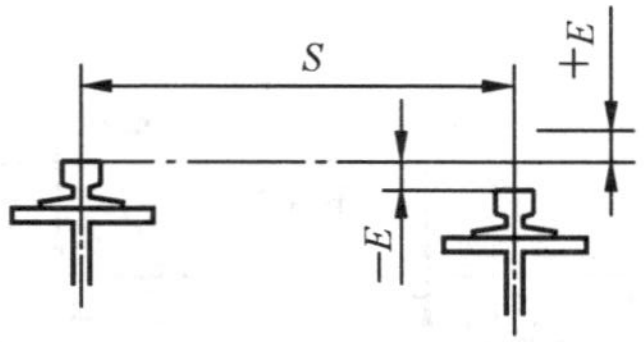	$S\leqslant 2$ m 时，±3.2；$S>2$ m 时，±1.6S S 单位为 m 极限值为±6.3	$S\leqslant 2$ m 时，±4.2；$S>2$ m 时，±2S S 单位为 m 极限值为±8	$S\leqslant 2$ m 时，±5；$S>2$ m 时，±2.5S S 单位为 m 极限值为±10	$S\leqslant 2$ m 时，±6.3；$S>2$ m 时，±3.2S S 单位为 m 极限值为±12.5	mm
Δh_r	小车轨道上任一点处，车轮接触点高度差（平面度）	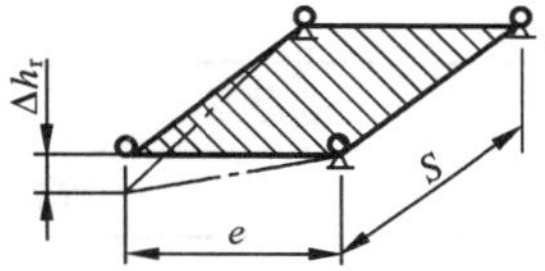	$S\leqslant 2$ m 时，1.6；$S>2$ m 时，0.8S S 单位为 m 极限值为 3.2	$S\leqslant 2$ m 时，2；$S>2$ m 时，1.0S S 单位为 m 极限值为 4	$S\leqslant 2$ m 时，2.5；$S>2$ m 时，1.25S S 单位为 m 极限值为 5	$S\leqslant 2$ m 时，3.2；$S>2$ m 时，1.6S S 单位为 m 极限值为 6.3	mm

表 3（续）

公差参数			公差值				
符号	对本表的说明	示意图	1 级	2 级	3 级	4 级	单位
F	小车轨道上垂直于纵向轴线的终端止挡器或缓冲器的平行度公差，符号为//	在水平投影面内的位置 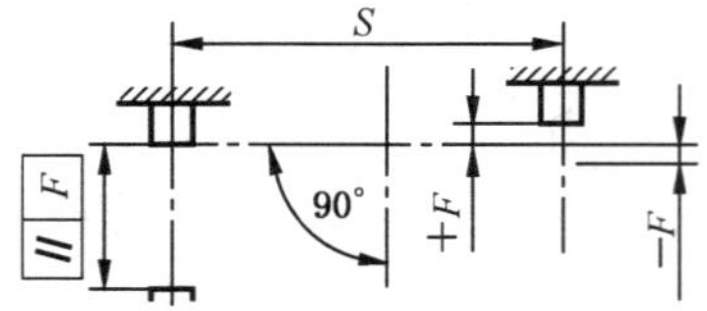	$\pm0.8S$； 极限值为±8 S 单位为 m	$\pm1.0S$； 极限值为±10 S 单位为 m	$\pm1.25S$； 极限值为±12.5 S 单位为 m	$\pm1.6S$； 极限值为±16 S 单位为 m	mm
G （见注）	小车轨道上任一点处，轨道横截面的倾斜度，符号为∠	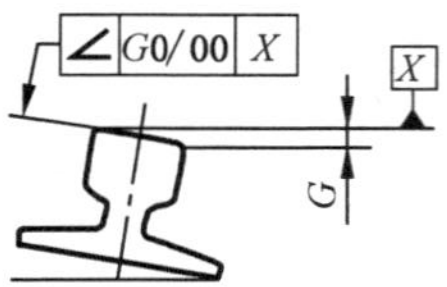	4	6	9	12	‰
K	小车轨道上任一点处，轨道中心相对于腹板中心的偏差，符号为//	t_{min}——腹板的最小厚度 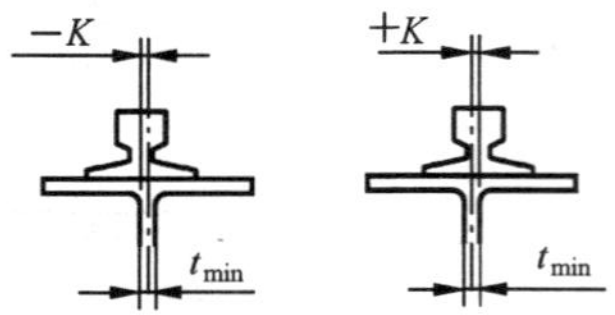	$\pm0.5t_{min}$			—	mm

注：参数 G 仅适用于特定的平顶小车轨道，对顶部呈弧状凸出的小车轨道则不必考虑 G 的公差。

表 4　起重机车轮 1 级～4 级的构造公差

公差参数			公差值				
符号	对本表的说明	示意图	1 级	2 级	3 级	4 级	单位
A	起重机带轮缘车轮中心之间跨度 S 的公差	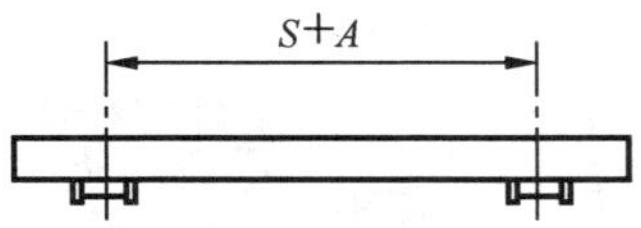	$S\leqslant10$ m 时，±2；$S>10$ m 时，$\pm[2+0.1(S-10)]$ S 单位为 m	$S\leqslant10$ m 时，±2.5；$S>10$ m 时，$\pm[2.5+0.1(S-10)]$ S 单位为 m	$S\leqslant10$ m 时，±3.2；$S>10$ m 时，$\pm[3.2+0.1(S-10)]$ S 单位为 m	$S\leqslant10$ m 时，±4；$S>10$ m 时，$\pm[4+0.1(S-10)]$ S 单位为 m	mm
A	起重机无轮缘车轮中心之间跨度 S 的公差；一侧车轮带导向轮	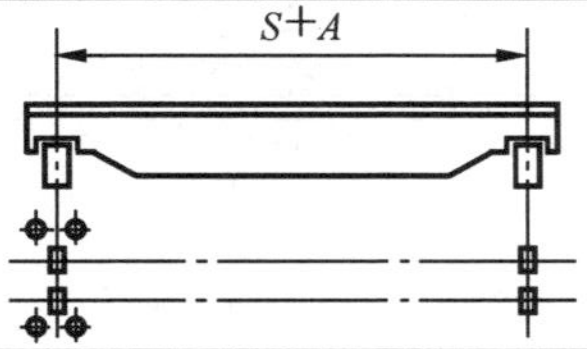	$S\leqslant10$ m 时，±3.2；$S>10$ m 时，$\pm[3.2+0.1(S-10)]$ S 单位为 m	$S\leqslant10$ m 时，±4；$S>10$ m 时，$\pm[4+0.1(S-10)]$ S 单位为 m	$S\leqslant10$ m 时，±5；$S>10$ m 时，$\pm[5+0.1(S-10)]$ S 单位为 m	$S\leqslant10$ m 时，±6.3；$S>10$ m 时，$\pm[6.3+0.1(S-10)]$ S 单位为 m	mm
Δe	起重机车轮基距 e 或 8 轮起重机台车基距 e 的公差	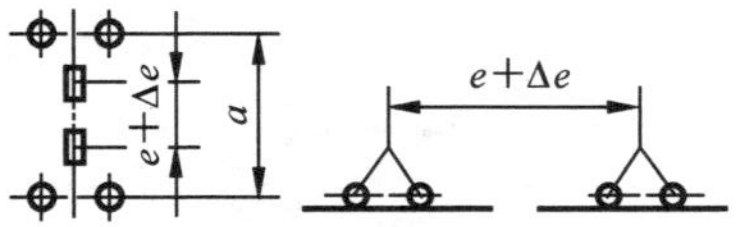	$e\leqslant3$ m 时，±3.2；$e>3$ m 时，$\pm1.0e$；e 单位为 m	$e\leqslant3$ m 时，±4；$e>3$ m 时，$\pm1.25e$；e 单位为 m	$e\leqslant3$ m 时，±5；$e>3$ m 时，$\pm1.6e$；e 单位为 m	$e\leqslant3$ m 时，±6.3；$e>3$ m 时，$\pm2e$；e 单位为 m	mm
ΔN	起重机车轮或 8 轮起重机台车的同位差	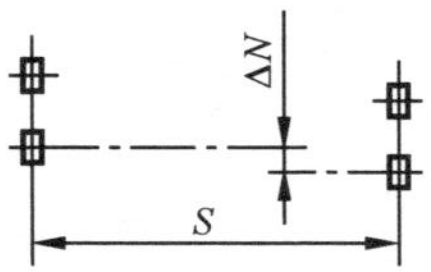	分别驱动：±5；一套成对驱动：$S\leqslant20$ m 时，±2；$S>20$ m 时，$\pm[2+0.2(S-20)]$ S 单位为 m	分别驱动：±6.3；一套成对驱动：$S\leqslant20$ m 时，±2.5；$S>20$ m 时，$\pm[2.5+0.2(S-20)]$ S 单位为 m	分别驱动：±8；一套成对驱动：$S\leqslant20$ m 时，±3.2；$S>20$ m 时，$\pm[3.2+0.2(S-20)]$ S 单位为 m	分别驱动：±10；一套成对驱动：$S\leqslant20$ m 时，±4；$S>20$ m 时，$\pm[4+0.2(S-20)]$ S 单位为 m	mm
ΔF	导向轮或带轮缘车轮水平偏斜	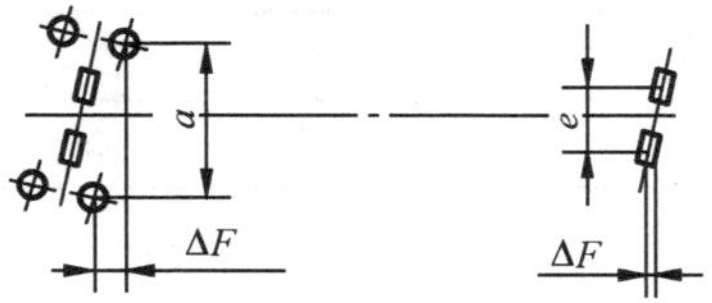	$\pm0.32a$，a 单位为 m；$\pm0.4e$，e 单位为 m	$\pm0.4a$，a 单位为 m；$\pm0.5e$，e 单位为 m	$\pm0.5a$，a 单位为 m；$\pm0.63e$，e 单位为 m	$\pm0.63a$，a 单位为 m；$\pm0.8e$，e 单位为 m	mm

表 4（续）

公差参数			公差值				
符号	对本表的说明	示意图	1 级	2 级	3 级	4 级	单位
Δh_r	车轮接触点高度公差。 对于给定与轮压有关的结构刚度，车轮接触点高度差应限制在使被动轮平均轮压（带载小车位于跨中）的变化不超过 5% 的范围内。如果没有进行这一计算，高度公差 Δh_r 按本表规定选用。起重机各车轮接触点的高度差是车轮接触点到由其他 3 个车轮接触点构成的 S，e 平面的最大垂直距离。 对于静定支承的起重机，可采用 $\Delta h_r = 0.4S$	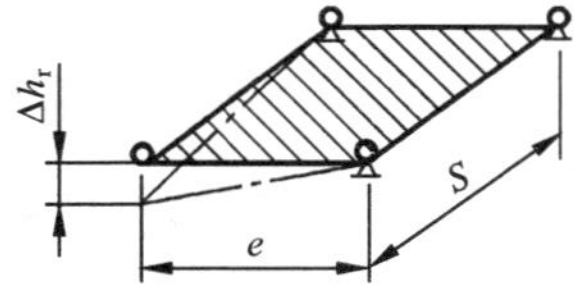	$S \leqslant 10$ m 时，$\leqslant 2$； $S > 10$ m 时， $\leqslant [2+0.1(S-10)]$ S 单位为 m	$S \leqslant 10$ m 时，$\leqslant 2.5$； $S > 10$ m 时， $\leqslant [2.5+0.1(S-10)]$ S 单位为 m	$S \leqslant 10$ m 时，$\leqslant 3.2$； $S > 10$ m 时， $\leqslant [3.2+0.1(S-10)]$ S 单位为 m	$S \leqslant 10$ m 时，$\leqslant 4$； $S > 10$ m 时， $\leqslant [4+0.1(S-10)]$ S 单位为 m	mm
ΔD	耦合和独立驱动车轮直径公差。 a/S 无轮缘 e/S 带轮缘	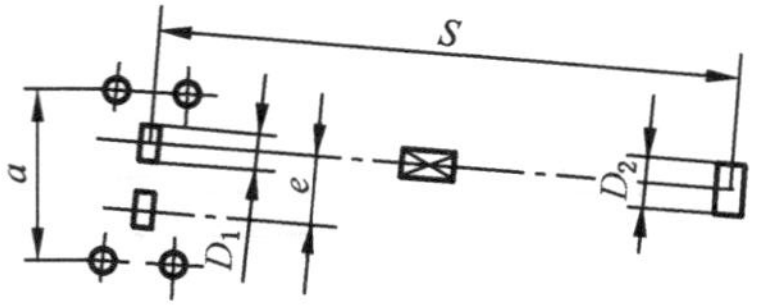$\Delta D = D_1 - D_2$；$D = \frac{D_1 + D_2}{2}$；$D_1 > D_2$； 当车轮采用机械或电动耦合时，有必要检查，其最大允许的直径差是否要求增大 e 和 a 的尺寸或者将公差降低。对于带两组耦合驱动装置的起重机，ΔD 应除以 1.4	D_1 和 D_2 直径公差按 ISO 286-2 规定取 h9； $1.6aD/S$， D 单位为 m； $1.6eD/S$， D 单位为 m	D_1 和 D_2 直径公差按 ISO 286-2 规定取 h9； $2.0aD/S$， D 单位为 m； $2.0eD/S$， D 单位为 m	D_1 和 D_2 直径公差按 ISO 286-2 规定取 h9； $2.5aD/S$， D 单位为 m； $2.5eD/S$， D 单位为 m	D_1 和 D_2 直径公差按 ISO 286-2 规定取 h9； $3.2aD/S$， D 单位为 m； $3.2eD/S$， D 单位为 m	mm

表 4（续）

公差参数			公差值				
符号	对本表的说明	示意图	1级	2级	3级	4级	单位
φk	水平投影面内轴孔中心线倾斜度	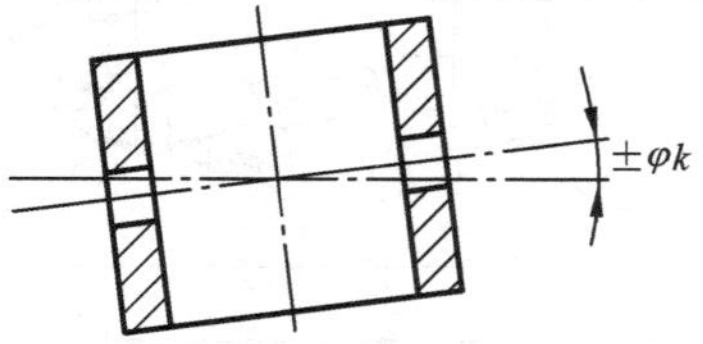	±0.3	±0.4	±0.5	±0.63	‰
φr	水平投影面内车轮轴心线倾斜度	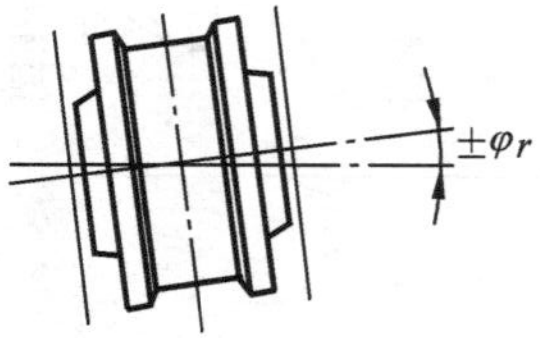	±0.4	±0.5	±0.63	±0.8	‰
τk	垂直平面内轴孔倾斜度；此公差针对空载起重机（不带小车），在端梁或靠近端梁处设有无约束支承。近似选择公差平均值时，应使起重机带载时（满载小车位于跨中）其弹性变形能使车轮轴处于水平位置	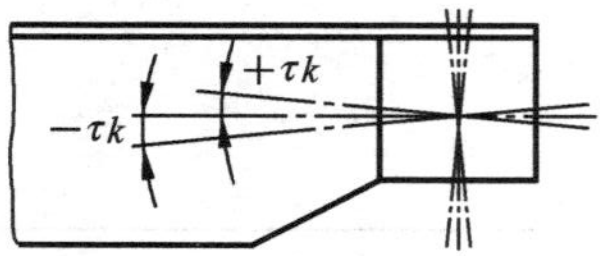	+1.9 −0.4		+2.4 −0.5		‰

表 4（续）

公差参数			公差值				
符号	对本表的说明	示意图	1 级	2 级	3 级	4 级	单位
τr	垂直平面内轮轴倾斜度；此公差针对空载起重机（不带小车），在端梁或靠近端梁处设有无约束支承。近似选择公差平均值时，应使起重机带载时（满载小车位于跨中）其弹性变形能使车轮轴处于水平位置	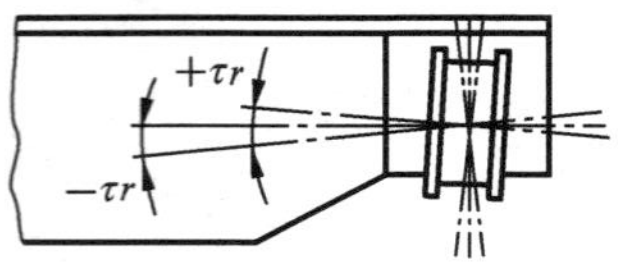	$^{+2.0}_{-0.5}$		$^{+2.6}_{-0.6}$		‰
F	终端止挡器或起重机缓冲器垂直于纵向轴线的平行度公差；符号为 //	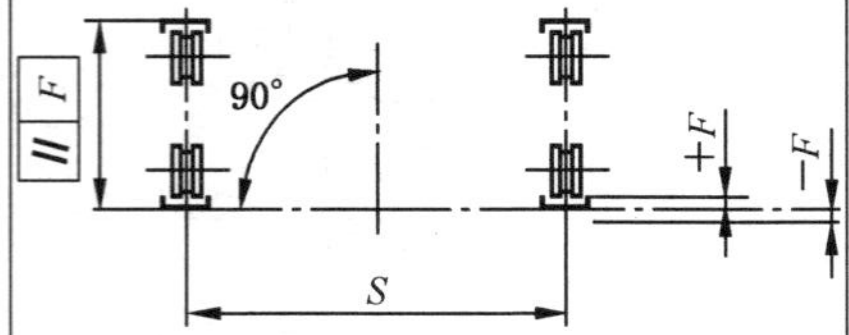	$\pm 0.8S$，极限值为 ±8，S 单位为 m	$\pm 1.0S$，极限值为 ±10，S 单位为 m	$\pm 1.25S$，极限值为 ±12.5，S 单位为 m	$\pm 1.6S$，极限值为 ±16，S 单位为 m	mm
αF	水平导向轮在垂直于大车轨道方向上的轴向平行度公差	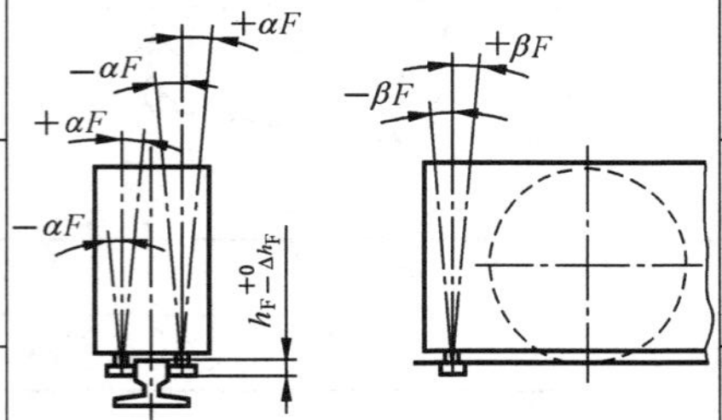	±0.5	±0.63	±0.8	±1	‰
βF	水平导向轮在沿大车轨道方向上的轴向平行度公差		±0.3	±0.4	±0.5	±0.63	
Δh_F	h_F 的高度公差		$^{+0}_{-1}$	$^{+0}_{-1.6}$	$^{+0}_{-2.5}$	$^{+0}_{-4}$	mm

表 5　公差等级 1 级～4 级的小车车轮构造公差和表 4 中的导向轮公差

公差参数			公差值				
符号	对本表的说明	示意图	1 级	2 级	3 级	4 级	单位
A	小车带轮缘车轮中心之间轨距 S 的公差	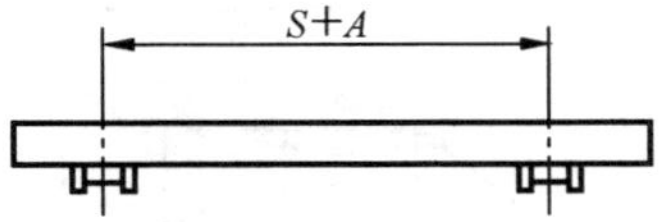	$S\leqslant2$ m 时，±1；$S>2$ m 时，$\pm[1+0.1(S-2)]$ S 单位为 m	$S\leqslant2$ m 时，±2；$S>2$ m 时，$\pm[2+0.1(S-2)]$ S 单位为 m	$S\leqslant2$ m 时，±2.5；$S>2$ m 时，$\pm[2.5+0.1(S-2)]$ S 单位为 m	$S\leqslant2$ m 时，±3.2；$S>2$ m 时，$\pm[3.2+0.1(S-2)]$ S 单位为 m	mm
A	小车无轮缘车轮中心之间轨距 S 的公差；一侧车轮带导向轮	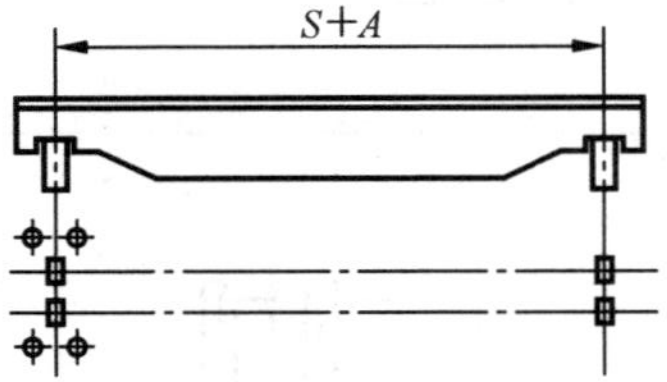	$S\leqslant2$ m 时，±1.6；$S>2$ m 时，$\pm[1.6+0.1(S-2)]$ S 单位为 m	$S\leqslant2$ m 时，±3.2；$S>2$ m 时，$\pm[3.2+0.1(S-2)]$ S 单位为 m	$S\leqslant2$ m 时，±4；$S>2$ m 时，$\pm[4+0.1(S-2)]$ S 单位为 m	$S\leqslant2$ m 时，±5；$S>2$ m 时，$\pm[5+0.1(S-2)]$ S 单位为 m	mm
Δe	小车车轮基距 e 或 8 轮小车平衡台车基距 e 的公差	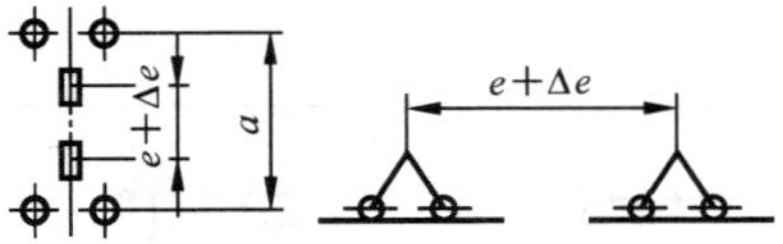	$e\leqslant3$ m 时，±3.2；$e>3$ m 时，$\pm1.0e$；e 单位为 m	$e\leqslant3$ m 时，±4；$e>3$ m 时，$\pm1.25e$；e 单位为 m	$e\leqslant3$ m 时，±5；$e>3$ m 时，$\pm1.6e$；e 单位为 m	$e\leqslant3$ m 时，±6.3；$e>3$ m 时，$\pm2e$；e 单位为 m	mm
ΔN	小车车轮或 8 轮小车平衡台车的同位差	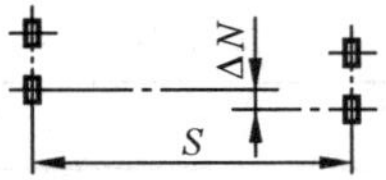	分别驱动时，±5；成对驱动时，±2	分别驱动时，±6.3；成对驱动时，±2.5	分别驱动时，±8；成对驱动时，±3.2	分别驱动时，±10；成对驱动时，±4	mm

表 5(续)

公差参数			公差值				
符号	对本表的说明	示意图	1级	2级	3级	4级	单位
ΔF	导向轮或车轮轮缘水平偏斜	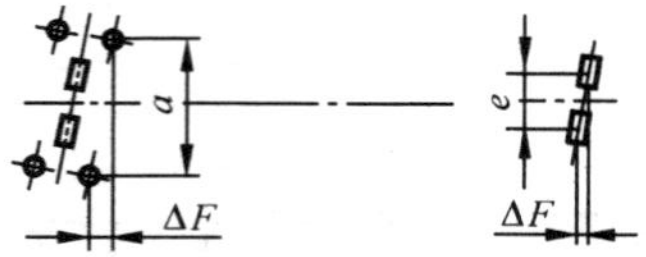	$\pm 0.32a$, a 单位为 m; $\pm 0.4e$, e 单位为 m	$\pm 0.4a$, a 单位为 m; $\pm 0.5e$, e 单位为 m	$\pm 0.5a$, a 单位为 m; $\pm 0.63e$, e 单位为 m	$\pm 0.63a$, a 单位为 m; $\pm 0.8e$, e 单位为 m	mm
ΔD	单独或联合驱动的小车车轮直径公差	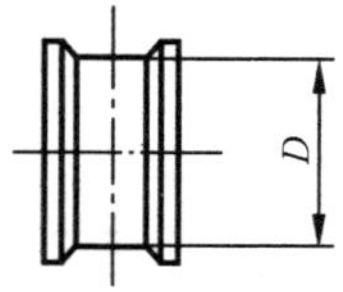	h9 直径公差按 ISO 286-2 的规定	h9 直径公差按 ISO 286-2 的规定	h9 直径公差按 ISO 286-2 的规定	h9 直径公差按 ISO 286-2 的规定	mm
Δh_r	车轮接触点高度差	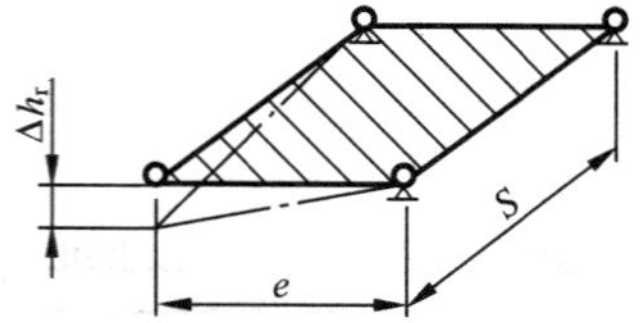	$S \leqslant 2$ m 时, $\leqslant 1.6$; $S > 2$ m 时, $\leqslant [1.6+0.1(S-2)]$ S 单位为 m	$S \leqslant 2$ m 时, $\leqslant 2$; $S > 2$ m 时, $\leqslant [2+0.1(S-2)]$ S 单位为 m	$S \leqslant 2$ m 时, $\leqslant 2.5$; $S > 2$ m 时, $\leqslant [2.5+0.1(S-2)]$ S 单位为 m	$S \leqslant 2$ m 时, $\leqslant 3.2$; $S > 2$ m 时, $\leqslant [3.2+0.1(S-2)]$ S 单位为 m	mm
φk	小车架水平投影面内轴孔倾斜度	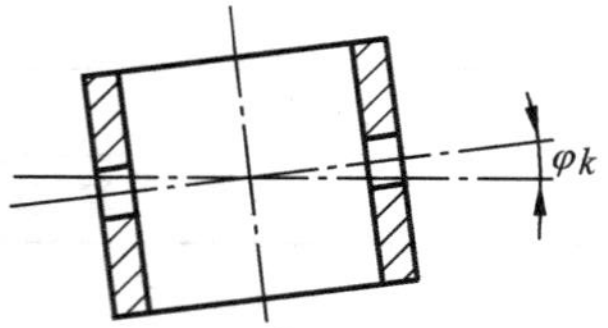	± 0.3	± 0.4	± 0.5	± 0.63	‰

表 5（续）

公差参数			公差值				
符号	对本表的说明	示意图	1 级	2 级	3 级	4 级	单位
φr	小车架水平投影面内轮轴倾斜度	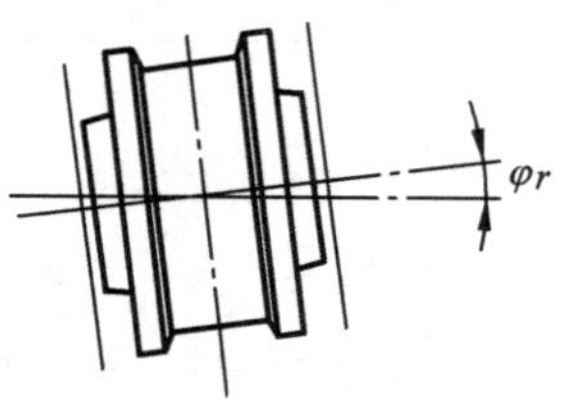	±0.4	±0.5	±0.63	±0.8	‰
τk	小车架垂直平面内轴孔倾斜度	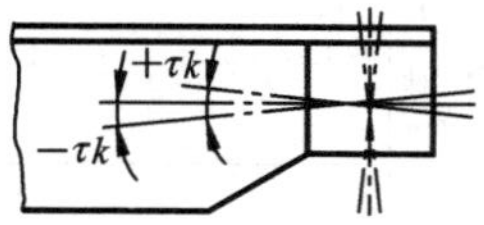	+1.9 −0.4	+2.4 −0.5			‰
τr	小车轮垂直平面内轮轴倾斜度	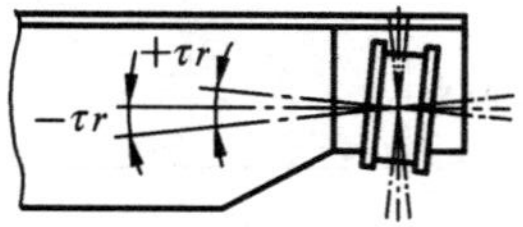	+2.0 −0.5		+2.6 −0.6		‰
F	终端止挡器或起重机缓冲器垂直于纵向轴线的平行度公差；代号为//	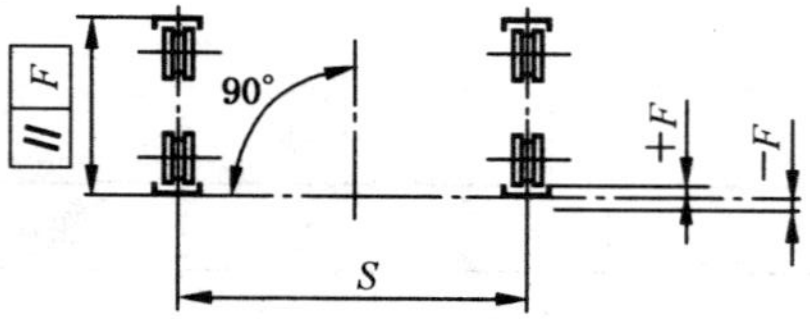	±0.8S； 极限值为±8 S 单位为 m	±1.0S； 极限值为±10 S 单位为 m	±1.25S； 极限值为±12.5 S 单位为 m	±1.6S； 极限值为±16 S 单位为 m	mm

注：导向轮的公差值见表 4。

表 6 钢轨接头构造公差

公差参数			参数值	
符号	说明	图示	所有等级	单位
H_F	轨道翼缘处焊接接头的垂直错位值	H_F应磨平 	0(制造厂生产焊) ≤1(现场焊)	mm
H_S	轨道头部的水平错位值	水平投影面内的位置 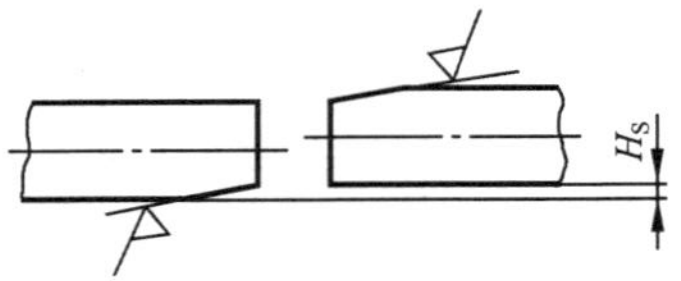	≤1 以 1∶50 的斜度将错位处磨平	mm
b_s	轨道接头在水平投影面内的倾斜度 b_s和顶部(倾斜度)c_h,b_s检测长度为 1 m 和 c_h检测长度为 2 m	接头焊缝附近的不平处应在钢轨头部磨平修整,不应有缺口 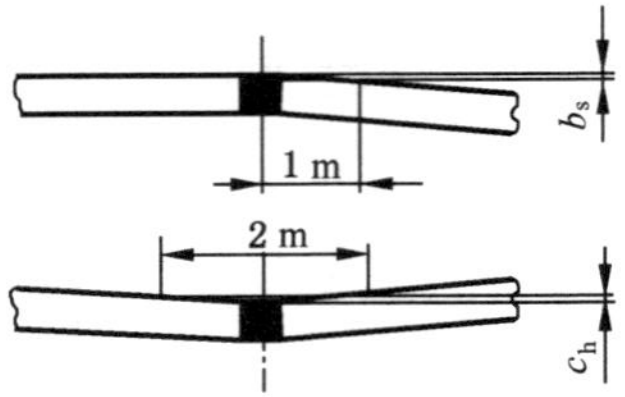	2	mm
c_h			2	mm
H_X	对 H_S的修整区进行磨削后的平整度,钢轨接头错开布置时,靠近钢轨固定处的接头可不必打磨		≤0.5	mm

注:可拆卸钢轨接头应符合本表的要求。

表 7　公差等级 1 级～4 级的大车和小车运行轨道及起重机和小车车轮运行公差

公 差 参 数			公 差 值				
符号	对本表的说明	示意图	1 级	2 级	3 级	4 级	单位
A_{w1}	大车轨道上任一点处，起重机钢轨中心之间的跨度公差	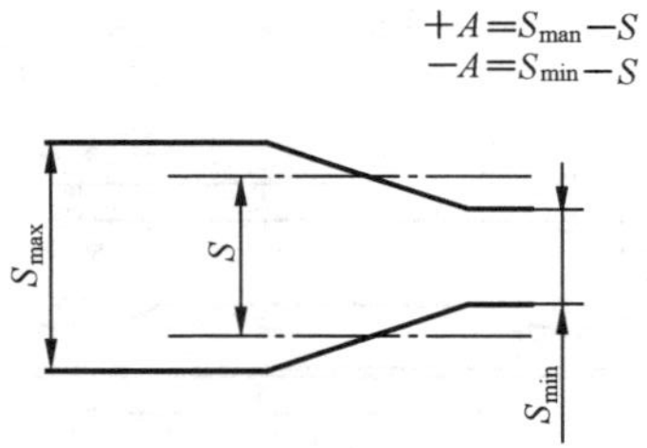	$S\leqslant16$ m 时，±10；$S>16$ m 时，±[10+0.25(S−16)] S 单位为 m	$S\leqslant16$ m 时，±16；$S>16$ m 时，±[16+0.25(S−16)] S 单位为 m	$S\leqslant16$ m 时，±25；$S>16$ m 时，±[25+0.25(S−16)] S 单位为 m	$S\leqslant16$ m 时，±40；$S>16$ m 时，±[40+0.25(S−16)] S 单位为 m	mm
B_{w1}	大车轨道上任一点处，起重机钢轨头部水平直线度公差	起重机钢轨在水平投影面内的位置 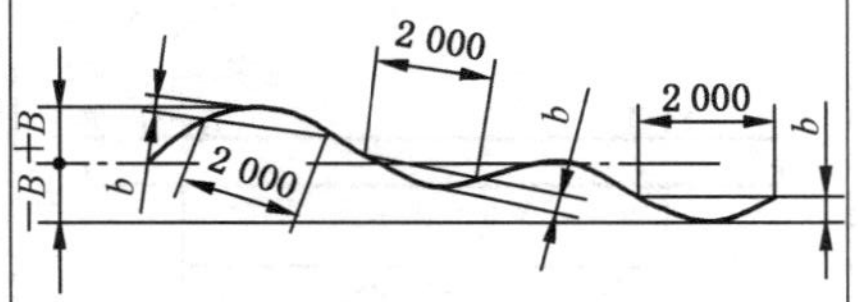	±10	±20	±40	±80	mm
E_{w1}	大车轨道上任一点处，在与之成直角的方向上，相对应的两轨道测点之间的高度差	大车轨道高低差 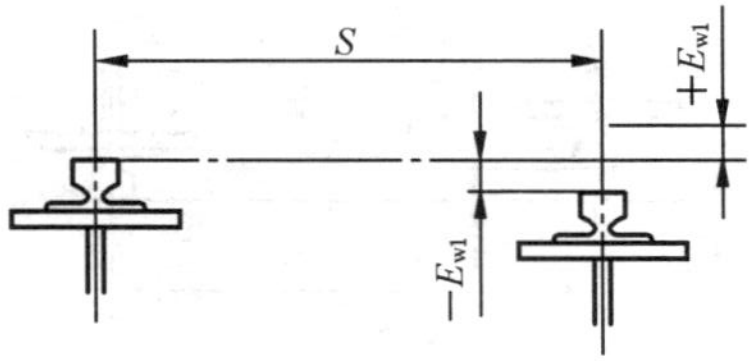	±10	±20	±40	±80	mm
A_{w2}	小车轨道上任一点处，轨道中心之间的轨距公差	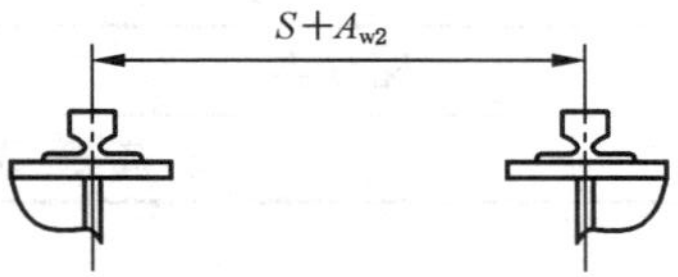	±6；适用于所有 $S\leqslant16$ m 的轨距	±10；适用于所有 $S\leqslant16$ m 的轨距	±16；适用于所有 $S\leqslant16$ m 的轨距	±25；适用于所有 $S\leqslant16$ m 的轨距	mm

表 7(续)

公差参数			公差值				
符号	对本表的说明	示意图	1 级	2 级	3 级	4 级	单位
E_{w2}	小车轨道上任一点处，在与之成直角的方向上，相对应的两轨道测点之间的高度差	小车轨道高低差 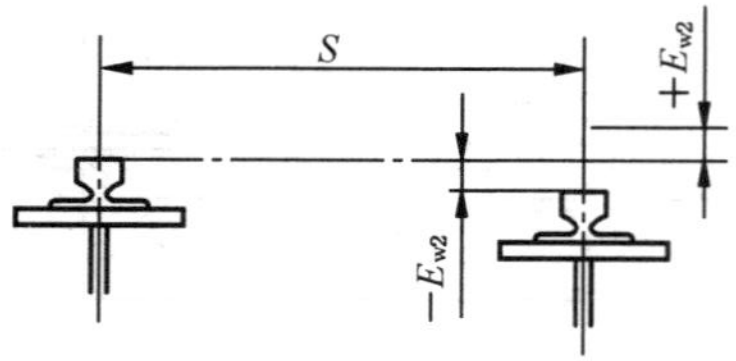	±12.5	±16	±20	±25	mm
A_{w3}	起重机带轮缘车轮中心之间跨度 S 的公差	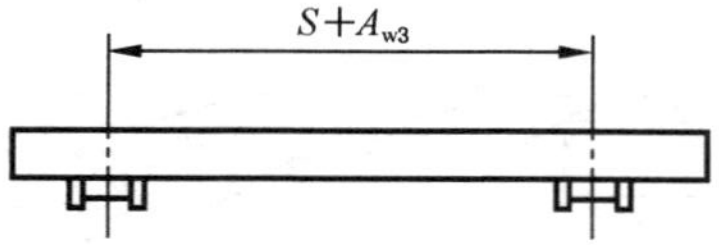	$S\leqslant10$ m 时，±5； $S>10$ m 时， $\pm[5+0.2(S-10)]$ S 单位为 m	$S\leqslant10$ m 时，±8； $S>10$ m 时， $\pm[8+0.2(S-10)]$ S 单位为 m	$S\leqslant10$ m 时，±12.5； $S>10$ m 时， $\pm[12.5+0.2(S-10)]$ S 单位为 m	$S\leqslant10$ m 时，±20； $S>10$ m 时， $\pm[20+0.2(S-10)]$ S 单位为 m	mm
A_{w3}	一侧车轮带导向轮时，起重机无轮缘的车轮中心之间跨度 S 的公差	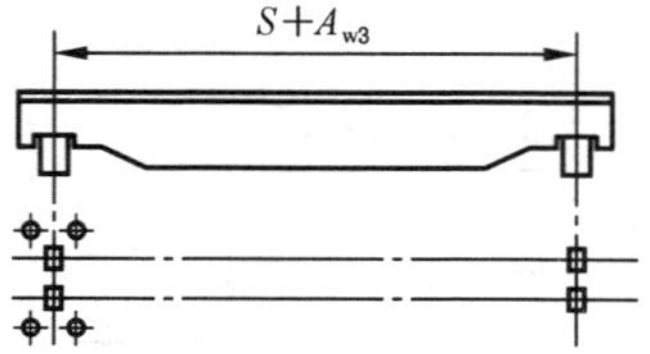	$S\leqslant10$ m 时，±12.5； $S>10$ m 时， $\pm[12.5+0.2(S-10)]$ S 单位为 m	$S\leqslant10$ m 时，±14； $S>10$ m 时， $\pm[14+0.2(S-10)]$ S 单位为 m	$S\leqslant10$ m 时，±16； $S>10$ m 时， $\pm[16+0.2(S-10)]$ S 单位为 m	$S\leqslant10$ m 时，±20； $S>10$ m 时， $\pm[20+0.2(S-10)]$ S 单位为 m	mm
D_{tw3}	起重机单独驱动车轮直径公差	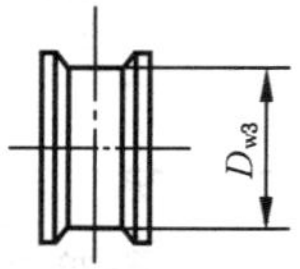	h18 公差按 ISO 286-2				mm
D_{tcw3}	起重机成对驱动车轮直径公差		IT12	IT13	IT14	IT14	mm
			公差按 ISO 286-2				

表 7（续）

公差参数			公差值				
符号	对本表的说明	示意图	1 级	2 级	3 级	4 级	单位
A_{w4}	小车带轮缘车轮中心之间轨距 S 的公差	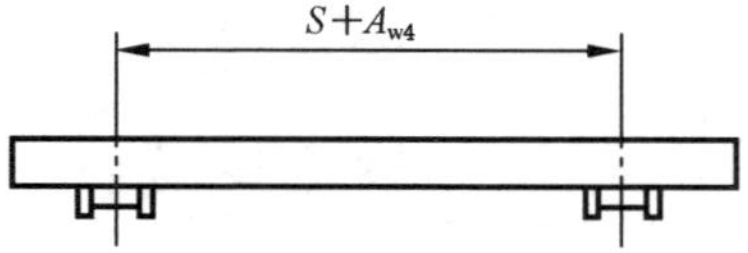	$S\leqslant 2$ m 时，±3；$S>2$ m 时，±[3+0.2(S−2)] S 单位为 m	$S\leqslant 2$ m 时，±6；$S>2$ m 时，±[6+0.2(S−2)] S 单位为 m	$S\leqslant 2$ m 时，±8；$S>2$ m 时，±[8+0.2(S−2)] S 单位为 m	$S\leqslant 2$ m 时，±12；$S>2$ m 时，±[12+0.2(S−2)] S 单位为 m	mm
	一侧车轮带导向轮时，小车无轮缘的车轮中心之间轨距 S 的公差	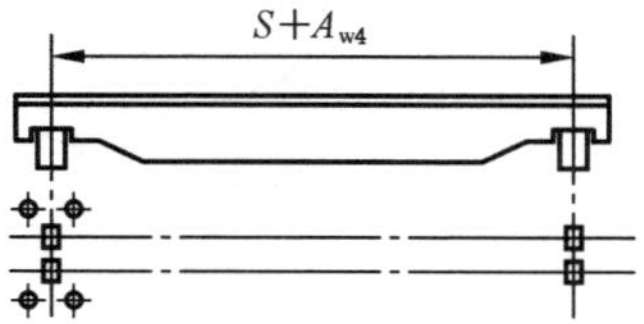	$S\leqslant 2$ m 时，±5；$S>2$ m 时，±[5+0.2(S−2)] S 单位为 m	$S\leqslant 2$ m 时，±10；$S>2$ m 时，±[10+0.2(S−2)] S 单位为 m	$S\leqslant 2$ m 时，±12；$S>2$ m 时，±[12+0.2(S−2)] S 单位为 m	$S\leqslant 2$ m 时，±16；$S>2$ m 时，±[16+0.2(S−2)] S 单位为 m	mm
D_{tw4}	小车单独驱动车轮直径公差	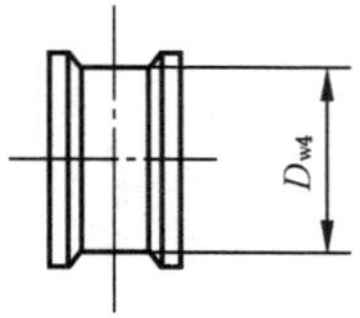	h18 公差按 ISO 286-2				mm
D_{tcw4}	小车成对驱动车轮直径公差		IT12	IT13	IT14	IT14	mm
			公差按 ISO 286-2				

参 考 文 献

[1] ISO 4301-1 起重机和起重机械 分级 第1部分:总则
[2] ISO 8686-1:1989 起重机 载荷与载荷组合的设计原则 第1部分:总则

ICS 53.020.20
J 80

中华人民共和国国家标准

GB/T 10183.4—2010/ISO 12488-4:2004

起重机　车轮及大车和小车轨道公差 第4部分:臂架起重机

Cranes—Tolerances for wheels and travel and traversing tracks—Part 4:Jib Cranes

(ISO 12488-4:2004,IDT)

2011-01-10 发布　　2011-06-01 实施

中华人民共和国国家质量监督检验检疫总局
中国国家标准化管理委员会 发布

前　言

GB/T 10183《起重机　车轮及大车和小车轨道公差》分为2个部分：

——第1部分：总则；

——第4部分：臂架起重机。

本部分为GB/T 10183的第4部分。

本部分等同采用ISO 12488-4:2004《起重机　车轮及大车和小车运行轨道公差　第4部分：臂架起重机》(英文版)。

本部分等同翻译ISO 12488-4:2004。

为便于使用，本部分做了下列编辑性修改：

a) "ISO 12488的本部分"一词改为"GB/T 10183的本部分"；

b) 删除了ISO 12488-4:2004的前言；

c) 对于ISO 12488-4:2004引用的国际标准，已被等同采用为我国标准的用我国标准代替对应的国际标准。

本标准对ISO 12488-4:2004中的笔误做了改正，如6.1中"表3至表8"改为"表2至表7"；6.2中"表5和表6"改为"表4和表5"。

本部分由中国机械工业联合会提出。

本部分由全国起重机械标准化技术委员会(SAC/TC 227)归口。

本部分负责起草单位：大连重工·起重集团有限公司、北京起重运输机械设计研究院。

本部分参加起草单位：大连理工大学。

本部分主要起草人：吕新民、桂佩康、何铀、杜长顺、滕儒民。

引　言

GB/T 10183 的本部分规定了反映当代起重机械的设计水平的要求，给出了导则和设计准则。所规定的准则，体现了能保证达到基本安全要求并使部件具有充裕的使用寿命的成功设计经验。偏离这些准则一般会导致风险增大或寿命缩短。但也应承认，技术创新与新材料的采用等有可能会产生新的方案，最终获得同等的或更高的安全性与耐久性。

起重机　车轮及大车和小车轨道公差
第4部分:臂架起重机

1　范围

GB/T 10183的本部分规定了由GB/T 6974.1定义的臂架起重机及其轨道的公差。

GB/T 10183的本部分不适用于在曲线轨道上运行的臂架起重机。

2　规范性引用文件

下列文件中的条款通过GB/T 10183的本部分的引用而成为本部分的条款。凡是注日期的引用文件,其随后所有的修改单(不包括勘误的内容)或修订版均不适用于本部分,然而,鼓励根据本部分达成协议的各方研究是否可使用这些文件的最新版本。凡是不注日期的引用文件,其最新版本适用于本部分。

GB/T 6974.1　起重机　术语　第1部分:通用术语(GB/T 6974.1—2008,ISO 4306-1:2007,IDT)

GB/T 10183.1—2010　起重机　车轮及大车和小车运行轨道公差　第1部分:总则(ISO 12488-1:2005,IDT)

3　术语和定义

GB/T 10183.1规定的术语和定义适用于本部分。

4　符号

GB/T 10183.1规定的符号适用于本部分。

5　公差分级

刚性支撑结构的臂架起重机应按GB/T 10183.1—2010中的2级公差设计。

铰接支撑门架结构的起重机应按GB/T 10183.1—2010中的3级公差设计。

注:其他公差等级的使用可根据制造商和买方的协议确定。

6　公差

6.1　总则

各级公差由GB/T 10183.1—2010的表2至表7给出。

6.2　多轮结构

臂架起重机通常具有多轮结构,例如,以2至16个车轮通过台车架、平衡梁和上部平衡梁与每个角相连接的结构。应使用GB/T 10183.1—2010的表4和表5中给出的公差值,包括与台车、平衡梁和门架结构有关的公差值。下列基本公差应考虑:

A——用于“同一排”的所有车轮;

Δe——用于所有车轮基距 e 以及台车或平衡梁内的车轮内基距 e；

Δh_r——用于车轮底面的平均值，是与门架相连接的所有车轮或台车或平衡梁的累计垂直公差。

符号 Φk、Φr、τ_k、τ_r 可用于所有车轮，并且是与门架相连的台车或平衡梁的公差累计平均值。

ICS 53.020.20
J 80

中华人民共和国国家标准

GB/T 12602—2020
代替 GB/T 12602—2009

起重机械超载保护装置

Safety devices against over loading for lifting appliances

2020-03-31 发布 2020-10-01 实施

国家市场监督管理总局
国家标准化管理委员会 发布

前　言

本标准按照 GB/T 1.1—2009 给出的规则起草。

本标准代替 GB/T 12602—2009《起重机械超载保护装置》，与 GB/T 12602—2009 相比，除编辑性修改外主要技术变化如下：

——修改了规范性引用文件(见第 2 章，2009 年版的第 2 章)；

——修改了术语和定义(见第 3 章，2009 年版的第 3 章)；

——修改了装置的工频耐受电压(见 4.2.7，2009 年版的 4.1.8.2)；

——删除了自动停止型与综合型限制器的分类及自动停止型的综合误差[见 2009 年版的 4.2.1.2 a)、b)和 4.2.1.6 a)]；

——增加了对起重机械负载状况连续检测的功能要求(见 4.3.1.4)；

——增加了装置的记录、通信要求(见 4.3.2.5)；

——删除了试验室条件下的指示器示值误差试验(见 2009 年版的 4.3.5)；

——修改了指示器的示值误差(见 4.4.2.3，2009 年版的 4.3.5)；

——修改了试验方法中的有关内容(见第 5 章，2009 年版的第 5 章)；

——增加了交变湿热试验，删除了恒定湿热试验(见 5.2.9，2009 年版的 5.2.11)；

——增加了装机试验的一般规定(见 5.3)。

本标准由中国机械工业联合会提出。

本标准由全国起重机械标准化技术委员会(SAC/TC 227)归口。

本标准起草单位：辽宁省安全科学研究院、北京起重运输机械设计研究院有限公司、微特技术有限公司、北京起重运输机械设计研究院有限公司河南分院、徐州重型机械有限公司、常州市常欣电子衡器有限公司、三一汽车起重机械有限公司、河南省矿山起重机有限公司、法兰泰克重工股份有限公司、河南卫华重型机械股份有限公司、河南恒达机电设备有限公司、上海共久电气有限公司、天津港股份有限公司、南京市特种设备安全监督检验研究院、中国长江电力股份有限公司葛洲坝水力发电厂、江西起重机械总厂有限公司、佛山市南海区特种设备协会、湖北三思科技股份有限公司、河南省华祥起重机械有限公司。

本标准主要起草人：尤建阳、唐超、王志友、赵春晖、高钰敏、赵增晖、林夫奎、朱长建、王益丰、邓连喜、马文波、袁秀峰、吴军、徐进、王照岳、闫德顺、张军、陈钢、刘晓生、梁建新、张鹏程、韩永亮、历桂杰、安一多。

本标准所代替标准的历次版本发布情况为：

——GB 7950—1987、GB 7950—1999；

——GB 12602—1990、GB/T 12602—2009。

起重机械超载保护装置

1 范围

本标准规定了起重机械超载保护装置的术语和定义、技术要求、试验方法、检验规则、标志、包装、运输及贮存。

本标准适用于电动葫芦、桥式起重机、门式起重机、流动式起重机、塔式起重机和臂架起重机所使用的超载保护装置(以下简称"装置")。其他类型起重机械使用的超载保护装置可参照使用。

2 规范性引用文件

下列文件对于本文件的应用是必不可少的。凡是注日期的引用文件,仅注日期的版本适用于本文件。凡是不注日期的引用文件,其最新版本(包括所有的修改单)适用于本文件。

GB/T 2423.4—2008　电工电子产品环境试验　第2部分:试验方法　试验Db　交变湿热(12 h+12 h循环)

GB/T 3811—2008　起重机设计规范

GB/T 4208—2017　外壳防护等级(IP代码)

GB/T 8923.1—2011　涂覆涂料前钢材表面处理　表面清洁度的目视评定　第1部分:未涂覆过的钢材表面和全面清除原有涂层后的钢材表面的锈蚀等级和处理等级

GB/T 13306　标牌

GB/T 13384　机电产品包装通用技术条件

GB/T 14048.1—2012　低压开关设备和控制设备　第1部分:总则

GB/T 17626.5　电磁兼容　试验和测量技术　浪涌(冲击)抗扰度试验

GB/T 24810.1　起重机　限制器和指示器　第1部分:总则

3 术语和定义

GB/T 24810.1界定的以及下列术语和定义适用于本文件。

3.1

超载保护装置　safety devices against overloading

起重机械工作时,对于超载作业有保护和/或提示作用的安全装置,包括额定起重量限制器(以下简称"限制器")、指示器。

3.2

动作值　action value

装机条件下,限制器起超载保护作用时起重机械的实际载荷值。

试验室条件下,模拟限制器在起重机械上实际布置情况,对力传感器模拟其实际受力状态加载,使限制器发生超载保护作用,并输出判定限制器可以使起重机械停止向不安全方向动作的相应控制信号时,力传感器承受的实际模拟加载值。

3.3

设定值 set value

限制器标定的动作值。

3.4

综合误差 combined error

限制器在装机条件下,动作值偏离设定值的相对误差。

3.5

动作误差 action error

限制器在试验室条件下,动作值偏离设定值的相对误差。

3.6

配置 configuration

对于流动式起重机、塔式起重机和臂架起重机等,其结构件、平衡重、支撑件或外伸支腿、吊钩滑轮组缠绕系统的组合和布置及依据制造商的使用说明书和运行准备进行的类似构件的组合、定位和安装。

3.7

不安全方向 dangerous directions

起重机械超载时,使得载荷或力矩增大及其他加剧危险动作的方向。

3.8

安全方向 safety directions

起重机械超载时,使得载荷或力矩减小及其他降低危险动作的方向。

4 技术要求

4.1 环境条件

装置应在下列环境条件下正常工作:

a) 温度:−20 ℃～60 ℃;

b) 相对湿度:20 ℃时为 90%;

c) 海拔:不大于 2 000 m。

注:超过上述环境条件时,由用户和制造商协商解决。

4.2 基本要求

4.2.1 元件标识

装置外露的可操作元件(开关、旋钮等),应有清晰、持久的外部标识。标识应明确。文字标识应至少有简体中文。

4.2.2 材料与构造

装置所用的元器件应严格筛选。应选用具有足够强度和耐久性的材料。各安装件、连接件应有防松和防水措施。金属件应根据使用环境,做相应防腐处理。

装置的构造应便于安装、调整、润滑和检修。外壳无裂纹等缺陷。

4.2.3 系统有效性

起重机械工作时,装置应自动运行,连续工作。在装置上不应装设可切断装置供电电源的开关。

4.2.4 强度

装置的任何部件安装于起重机械承载系统中时,其强度不应小于该系统中承载部件的强度。

4.2.5 耐振动冲击性

装置应能承受起重机械工作所引起的振动和冲击,并应能通过表1和表2规定的振动和冲击试验,试验后,零部件不应松动、脱落、破损,导线不应断开,装置应能正常工作。

表 1

振动频率/Hz	加速度/(m/s^2)	振动时间/h		
		上下	左右	前后
30	40	4	2	2

表 2

冲击加速度/(m/s^2)	冲击时间/ms	冲击次数		
		上下	左右	前后
30 g	<18	3	3	3

4.2.6 供电电源

使用供电电源的装置,在以下电压波动范围内应正常工作:

a) 交流电源供电,0.9倍~1.1倍额定电压;

b) 直流供电,0.85倍~1.35倍额定电压。

4.2.7 工频耐受电压

使用交流电源的装置,应能通过表3规定的工频耐受电压试验。在试验期间装置应无绝缘击穿和闪络现象。

表 3

单位为伏特

额定绝缘电压 U_i	介电试验电压交流有效值
$U_i \leqslant 60$	1 000
$60 < U_i \leqslant 300$	1 500
$300 < U_i \leqslant 690$	1 890
$690 < U_i \leqslant 800$	2 000
$800 < U_i \leqslant 1\ 000$	2 200

4.2.8 绝缘电阻

使用交流电源的装置,绝缘电阻不应低于1 MΩ。

4.2.9 交变湿热性能

交变湿热试验后装置应满足以下要求:

a) 无明显破损和变形;

b) 装置应能通过表3规定的工频耐电压试验,在试验期间装置应无绝缘击穿和闪络现象;

c) 装置应能正常工作。

4.2.10 防护等级

装置的防护等级应符合以下规定：

a) 室内部分不应低于 GB/T 4208—2017 规定的 IP 44；

b) 室外部分不应低于 GB/T 4208—2017 规定的 IP 65；

c) 传感器不应低于 GB/T 4208—2017 规定的 IP 65。

4.2.11 抗干扰性

使用交流电源的装置应具有抗干扰措施，并应能通过表 4 和表 5 规定的浪涌抗扰度试验。试验期间装置应能正常工作。

表 4

单位为伏特

开路试验电压	
线对线	1 000
线对地	2 000

表 5

单位为微秒

规定	波前时间	半波峰时间
开路试验电压	1.2	50
短路电流	8	20

4.3 限制器

4.3.1 总则

4.3.1.1 限制器应适合起重机械的设计用途，不应降低起重机械的起重能力。

4.3.1.2 当载荷达到额定起升载荷的 90%～95%时，应发出视觉和/或听觉预警信号。当载荷达到动作值时，应能自动停止起重机械向不安全方向继续动作，并应发出视觉和听觉报警信号，同时应能允许起重机械向安全方向动作。预警与报警信号的要求应符合 4.4.1.2、4.4.1.3 的要求。

对于仅具有自动停止功能的限制器(例如弹簧式、摩擦扭矩式、泄压阀式等直接作用的限制器)，可不具备预警与报警功能。

4.3.1.3 限制器应适应起重机械配置和/或载荷位置引起的额定起重量的变化。在起重机械起吊作业过程中，限制器应自动地执行规定的功能，不需要手动再设定或调整。

4.3.1.4 限制器正常工作状态下，应能够连续地检测到起重机械起升、运行、制动等工况下的实际负载状况。限制器一旦动作，应能持续可靠地保持执行规定的功能，直到超载解除。任何对起重机械的操作控制方式，不应影响限制器的动作功能，除非限制器设置可以解除 4.3.1.2 规定功能的解除开关，解除开关为特殊情况时使用。该解除开关应为自动复位型或者可以锁定，解除开关应经主管人员同意方可开启使用。

4.3.1.5 各类型起重机械使用的限制器的设定值及动作值应满足以下要求：

a) 电动葫芦、桥式和门式起重机、臂架起重机限制器的设定值应满足式(1)中规定的范围，其动作值也应在式(1)中的范围内起作用(一般情况下，设定值与动作值应在起重机额定起升载荷的 100%～110%)：

$$1+\frac{a}{g}<\frac{Q_L}{Q_{GL}}<\phi_2 \quad \cdots\cdots(1)$$

式中：

a ——起升设计的平均加速度，单位为米每二次方秒(m/s^2)；

g ——重力加速度，单位为米每二次方秒(m/s^2)；

Q_L ——设定值，单位为千牛(kN)；

Q_{GL}——总起升载荷，包括起重挠性件自重载荷、固定式吊具自重载荷和额定起升载荷(额定起升载荷＝可分式吊具自重载荷＋有效载荷)构成，单位为千牛(kN)；

ϕ_2 ——GB/T 3811—2008 规定的起升动载系数。

b) 流动式起重机限制器的设定值应在起重机额定起升载荷的 100%～110%，其动作值也在此范围内起作用。

c) 塔式起重机限制器的设定值应在起重机额定起升载荷的 102%～110%，其动作值也在此范围内起作用。

4.3.1.6 限制器的综合误差应符合以下规定：

a) 限制器综合误差不应超过 5%，综合误差按式(2)计算：

$$\varepsilon_{ZG}=\frac{|Q_{Zd}-Q_L|}{Q_L}\times 100\% \quad \cdots\cdots(2)$$

式中：

ε_{ZG} ——综合误差；

Q_{Zd} ——装机条件下动作值，单位为千牛(kN)；

Q_L ——装机条件下设定值，单位为千牛(kN)。

b) 对额定起重量不变的起重机械，综合误差有效范围仅指相对设定值的误差，非全量程。对额定起重量随工作幅度变化的起重机械，综合误差的有效范围应在使用说明书和产品标牌上明确说明，原则上应能满足配用起重机械的全部使用工况。

4.3.1.7 限制器动作误差不应超过 3%，动作误差按式(3)计算：

$$\varepsilon_G=\frac{|Q_d-Q_s|}{Q_s}\times 100\% \quad \cdots\cdots(3)$$

式中：

ε_G ——动作误差；

Q_d——试验室条件下动作值，单位为千牛(kN)；

Q_s——试验室条件下设定值，单位为千牛(kN)。

4.3.1.8 限制器的过载能力应能承受配用起重机械的最大试验载荷。试验后，限制器应能执行规定的功能，符合规定的误差要求。

4.3.1.9 限制器应能承受以额定载荷加载 1 000 次的连续作业试验。试验后，限制器应能执行规定的功能，符合规定的误差要求。

4.3.2 以力传感器为测力元件的限制器附加要求

4.3.2.1 安装于桥式和门式起重机、臂架起重机上的限制器应具备能区别起重机实际超载与正常作业时吊物起升、制动、运行等产生的动载影响的功能。

4.3.2.2 限制器应有自检功能，对报警、显示等功能进行检验。在起重机械不加载的情况下，能确定限制器的有效性。

4.3.2.3　如果供电电源中断，限制器应保留其设置。

4.3.2.4　限制器宜有对起重机械工作时间、工作循环及超载动作等危险状态进行记录的功能。

4.3.2.5　对于具有记录功能的限制器宜留有通信输出接口，其中采用数字通信型接口时，通信协议应符合国家现行标准规定的对外开放的协议，方便使用者获得重量/力矩等基本数据。

4.4　指示器

4.4.1　额定起重量指示器

4.4.1.1　额定起重量指示器应具备下列功能：

a）　当载荷达到额定起重量 90%～95%时，应发出视觉和/或听觉的预警信号；

b）　当载荷达到报警动作值时，应发出视觉和/或听觉的报警信号。

4.4.1.2　视觉和/或听觉信号应清晰和连续，信号一经触发，应在起重机械吊载一个工作循环过程中持续保持，直至超载解除。音响预警与报警信号应不同，并与起重机械环境噪声有明显区别。距发声部位 1 m 及在司机位置测量均不应低于 75 dB(A)。灯光预警信号应使用黄色，灯光报警信号应使用红色，应在司机视野范围内清晰可见。

4.4.1.3　起重机械操作员不应从控制站取消警告，除非在同一状况下同时使用了听觉和视觉警告，在这种情况下听觉警告可以在其作用 5 s 之后通过操作手动取消装置来取消。如果使用了这种取消装置，在起重机械需要恢复听觉警告时应自动作用。

在起重机械校准和试验期间可取消听觉警告。

4.4.2　数值信息指示器

4.4.2.1　提供数值信息的指示器应满足以下基本要求：

a）　指示器的设置应满足司机各操纵位置清晰可见；

b）　模拟显示应从左到右、从下到上或顺时针方向增加；

c）　指示器的响应时间应与所示参数的变化速度相适宜，使之总是显示当前的状态。

4.4.2.2　如果起重机械能以不同的配置工作，指示器应有起重机械配置的指示信息。若装配了配置选择装置，在该装置上宜提供所选配置的直接描述或代码，该代码可以通过代码/配置列表来核对。

4.4.2.3　起重量指示器、臂架长度指示器、幅度指示器的各示值与实际值相对误差及臂架角度指示器的示值与实际值偏差应符合表 6 的要求。

表 6

指示参数	装机条件下	
起重量[a]	±5% 对于流动式起重机为 0～10%	
臂架角度	臂架角度≥65°	0°～−2°
	臂架角度<65°	0°～ −3°
臂架长度	±2%	
幅度	0～10%	

[a] “起重量”指在动作值处的显示值。

4.5 涂装

4.5.1 装置应在裸露的金属表面涂装防护层。

4.5.2 涂装时,钢材表面应进行除锈处理,处理等级应达到 GB/T 8923.1—2011 中规定的 Sa2 级或 St2 级。

4.5.3 涂装时,面漆应均匀、细致、光亮、完整和色泽一致,不应有粗糙不平、漏漆、错漆、皱纹、针孔及严重流挂等缺陷。

5 试验方法

5.1 目测检查

5.1.1 目测检查装置样品:

a) 结构牢固,装配件是否松动;

b) 外壳是否有裂纹、砂眼、划痕等缺陷;

c) 传感器、插接件等部件的装配位置是否与说明书相符;

d) 各连接部位及进线孔是否有防水措施;

e) 查阅主要部件所用材料的质量证明,检查是否符合设计计算书规定;

f) 外露的可操作元件是否有标识;

g) 是否装设供电电源开关;

h) 如果设置功能解除开关和音响信号取消装置,检查是否符合要求。

5.1.2 查验装置样品是否符合以下要求:

a) 对于安装于起重机械承载系统中的装置的零部件,查验相应的材料质量证明、设计图样和设计计算书,并确认其强度不应小于该系统中承载部件的强度。

b) 具有配用起重机械动载荷状态的分析、计算和处理功能。必要时用信号发生器模拟动载荷状态,对限制器样品输入动载荷信号。

5.1.3 对于以力传感器为测力元件的限制器,将样品部件按接线图连接,组成一个完整系统,开机时查验是否具有自检功能。

5.1.4 对于提供数值信息的指示器,查验样品指示器的设置位置是否正确和信息是否清晰正确。

5.1.5 对于配有起重机械配置选择装置的以力传感器为测力元件的指示器,目测检查配置选择装置是否满足配置的要求。如果配置选择装置,应检查装置上所配置的直接描述或代码是否与使用相符。

5.1.6 对于以力传感器为测力元件的限制器,样品部件按接线图连接,组成一个完整系统,用信号发生器模拟加载,在加载过程中断开样品供电电源,恢复供电电源后,查验样品设置是否为原设置。

5.2 试验室试验

5.2.1 动作误差试验

5.2.1.1 开始试验直至 5.2.12 试验结束,不得调整装置设定值。

5.2.1.2 如果没有特殊说明,试验顺序从 5.2.1～5.2.12 依次进行。电池供电的装置,可不做 5.2.7、5.2.8 和 5.2.10 试验。

5.2.1.3 试验方法如下:

将样品部件按接线图连接,组成一个完整系统,按产品技术资料规定,确定样品设定值。样品通电，处于工作状态。

使用试验机对样品的载荷传感器加载，加载速度控制在 1 kN/s。对应每个测试点，加载使装置动作。对每个测试点均应反复试验 3 次。每个测试点加载过程中，当载荷达到额定起重量的 90%～95%时，查验样品音响或灯光预警信号。

当载荷达到动作点时，查验样品声光报警信号。用声级计 A 计权挡距发声部位 1 m 测量报警音响强度。

取 3 次动作值的算术平均值计算动作误差。

5.2.1.4 测试点的选择规定如下：

对额定起重量不变的起重机械，测试点为装置设定值。

对额定起重量不随工作幅度变化的起重机械，测试点为最大工作幅度点。

对额定起重量随工作幅度变化的起重机械，测试点应不少于起重机械额定起重量图表范围内所对应的 5 个点，并应尽可能包括最大、中间和最小 3 个点。测试前，用产品角度、长度传感器或位置转换开关分别给出相应幅度的测试点。试验室如难以实现，也可以用模拟信号替代。

5.2.2 振动试验

振动试验过程中，装置为非通电状态。试验按表 1 规定的参数条件进行。试验后按 5.2.1 检测动作误差是否符合规定。

5.2.3 冲击试验

冲击试验过程中，装置为非通电状态。试验按表 2 规定的参数条件进行。试验后按 5.2.1 检测动作误差是否符合规定。

5.2.4 高温试验

将装置放入高温试验箱，待箱内温度达到 60 ℃后，历时 16 h，取出后在 30 min 内按 5.2.1 检测动作误差是否符合规定。

5.2.5 低温试验

将装置放入低温试验箱，待箱内温度达到－20 ℃后，历时 16 h，取出后在 30 min 内按 5.2.1 检测动作误差是否符合规定。

5.2.6 电压波动试验

交流电源供电时，分别施加 0.9 倍～1.1 倍额定电压 10 min 及 60 min；直流供电时，分别施加0.85 倍～1.35 倍额定电压 10 min 及 60 min。在降压及升压过程中分别按 5.2.1 检测动作误差是否符合规定。

5.2.7 绝缘电阻试验

在装置的电源进线端与外壳金属部分之间，应用相应绝缘电压等级（至少 500 V）的绝缘测量仪器进行绝缘电阻测量。

5.2.8 工频耐受电压试验

工频耐受电压试验应按 GB/T 14048.1—2012 中 8.3.3.4 规定的方法进行。

5.2.9 交变湿热试验

湿热试验过程中，装置为非通电状态。

试验前，装置应先通过 5.2.7 和 5.2.8 试验。

交变湿热试验依据 GB/T 2423.4—2008 在高温温度 40 ℃，循环次数为 2 次，24 h 为一个周期的条件下进行。待恢复 1 h～2 h 后,按 GB/T 14048.1—2012 中 8.3.3.4 规定的方法进行工频耐受电压试验。试验后按 5.2.1 检测动作误差是否符合规定。

5.2.10 抗干扰试验

按照 GB/T 17626.5 的相应规定选择试验设备,试验设备的浪涌波形应符合表 5 的规定。在装置的供电电源上迭加一个表 4 规定的参数试验电压,施加的时间不少于 30 min。在此期间,装置是否工作正常,按 5.2.1 检测动作误差是否符合规定。

5.2.11 过载能力试验

将样品部件按接线图连接,组成一个完整系统,对力传感器施加相当于其装配在起重机械上所受最大实际载荷值,加载 3 次后,按 5.2.1 检测动作误差是否符合规定。

5.2.12 连续作业试验

把力传感器放到加载试验机上,将样品部件按接线图连接,组成一个完整系统,对力传感器施加相当于其装配在起重机械上对应起重机械额定载荷时力传感器所受实际载荷值。施加预负载 3 次,每次加载到实际载荷值后退回到零负载。施加 3 次预负载后,相隔 1 min,再正式进行试验。

以上述载荷值累计加载 1 000 次,每次加载到载荷值后,保持 10 s,再退回到零负载。

加载 1 000 次后,按 5.2.1 检测动作误差是否符合规定。

5.3 装机试验

5.3.1 一般规定

5.3.1.1 以力传感器作为起重机械负载测量元件的限制器经试验室试验后,限制器按实际配置于起重机械上进行装机试验。

5.3.1.2 以其他特殊方式进行起重机械负载测量的限制器,无法在试验室进行试验时,限制器按实际配置于起重机械上进行装机试验。

5.3.2 试验条件

试验用起重机械应按规定进行调整检查和试运行。试验场地、环境条件应符合有关规定。试验用重物精度不低于 1%,并应满足试验范围需要,装置应预先标定。

5.3.3 额定起重能力试验

按配用起重机械有关标准中额定载荷试验方法和程序,吊运相应的额定载荷进行试验,起重机械应能正常工作。对于具有多挡变速性能的起升机构,应分别对各挡位进行试验。

5.3.4 综合误差及动作功能与指示功能试验

5.3.4.1 试验要求如下:

a) 对额定起重量不变的起重机械:吊起重物离地面 100 mm～200 mm 处制动停止,以逐渐加载方式致使装置动作,限制器动作功能符合 4.3.1.2 的规定,实测起重量。将重物下降至地面,控制系统恢复正常,以起重机械具有的起升操作方式(包括点动),再次缓慢起吊该重物,限制器是否可靠动作。

b) 对额定起重量随工作幅度变化、允许带载变幅的起重机械:对应每个测试点准备试验重物,以小于测试点的工作幅度起吊,逐渐增加工作幅度使装置动作,限制器动作功能符合 4.3.1.2 的规定,实测工作幅度后在额定起重量图表上查出对应的额定起重量,如果实测工作幅度在额定起重量图表上不能直接查到相应额定起重量,应按起重机械制造厂提供的计算方法和其他规定的方法计算出额定起重量。在此状态下，将重物下降至地面，控制系统恢复正常，以起重机械具有的起升操作方式（包括点动），再次缓慢起吊该重物，限制器是否可靠动作。

c) 对额定起重量随工作幅度变化、不准许带载变幅的起重机械：对应每个测试点的工作幅度，吊起重物离地面 100 mm～200 mm 处后停止起升，逐渐加载使装置动作，限制器动作功能符合 4.3.1.2 的规定，实测起重量。根据测试点的实测工作幅度，在额定起重量图表上查出对应的额定起重量，如果实测工作幅度在额定起重量图表上不能直接查到相应额定起重量，应按起重机械制造厂提供的计算方法和其他规定的方法计算出额定起重量。在此状态下，将重物下降至地面，控制系统恢复正常，以起重机械具有的起升操作方式（包括点动），再次缓慢起吊该重物，限制器是否可靠动作。

5.3.4.2 对应每个测试点应反复试验三次。

试验过程中，对预、报警信号的要求同时检测，对于指示器的相应项目内容可同时进行试验，其要求应符合 4.4 的规定。

每次测试中，应监视所加试验重物的总重量，如果超过了起重机械当时配置所对应额定起重量的 110%，无论装置动作与否，应立即停止该次试验。

6 检验规则

6.1 检验分类

装置的检验分为出厂检验、型式检验。

6.2 出厂检验

每台装置都应由制造厂进行出厂检验，出厂检验的项目见表 7。

表 7

序号	检验项目名称	检验分类		技术要求	试验方法
		出厂检验	型式检验		
1	目测检查装置样品	√	√	4.2.1、4.2.2 4.2.3、4.3.1.4 4.4.1.3	5.1.1
2	高温试验		√	4.1 a)	5.2.4
3	低温试验		√	4.1 a)	5.2.5
4	耐振动冲击性试验		√	4.2.5	5.2.2、5.2.3
5	电压波动试验		√	4.2.6	5.2.6
6	绝缘电阻试验	√	√	4.2.8	5.2.7
7	工频耐受电压试验	√	√	4.2.7	5.2.8
8	交变湿热试验		√	4.2.9	5.2.9
9	抗干扰试验		√	4.2.11	5.2.10
10	额定起重能力试验	√	√	4.3.1.1	5.3.3
11	限制器的功能型式		√	4.3.1.2	5.2.1、5.3.4
12	限制器的自动工作性能		√	4.3.1.3	5.2.1、5.3.4

表 7（续）

序号	检验项目名称	检验分类		技术要求	试验方法
		出厂检验	型式检验		
13	限制器动作后连续执行规定功能的能力		√	4.3.1.4	5.2.1、5.3.4
14	限制器的设定值及动作值	√	√	4.3.1.5	5.2.1、5.3.4
15	限制器的综合误差试验		√	4.3.1.6	5.3.4
16	限制器的动作误差试验	√	√	4.3.1.7	5.2.1
17	过载能力试验		√	4.3.1.8	5.2.11
18	连续作业试验		√	4.3.1.9	5.2.12
19	限制器处理动载荷的功能		√	4.3.2.1	5.1.2
20	限制器的开机自检功能	√	√	4.3.2.2	5.1.3
21	限制器电源中断后保留其设置的功能		√	4.3.2.3	5.1.6
22	指示器的信号功能		√	4.4.1.1	5.2.1.3、5.3.4
23	指示器的信号型式		√	4.4.1.2	5.2.1.3、5.3.4
24	指示器的设置型式		√	4.4.2.1	5.1.4
25	指示器的起重机械配置信息指示型式		√	4.4.2.2	5.1.5
26	指示器的示值误差试验		√	4.4.2.3	5.3.4

6.3 型式检验

6.3.1 凡有下列情况时应进行型式检验：

a) 新产品或老产品转厂生产的试制定型鉴定；

b) 正式生产后，如产品结构、材料、工艺、功能等有较大改变，可能影响产品性能时；

c) 出厂检验结果与上次型式检验有较大差异时；

d) 产品停止生产 1 年后恢复生产时；

e) 国家质量监督机构提出进行型式检验要求时。

6.3.2 型式检验项目见表 7。

7 标志、包装、运输及贮存

7.1 标志

在产品的明显位置处应安装标牌，其要求应符合 GB/T 13306 的规定。标牌上应至少标出如下内容：

a) 名称和型号；

b) 制造商名称；

c) 产品编号；

d) 出厂日期。

7.2 包装

产品的包装应符合 GB/T 13384 的规定。产品出厂时至少应附带如下随行文件：

a） 产品合格证；

b） 产品使用说明书。

7.3 运输及贮存

7.3.1 运输中应避免雨雪直接淋袭和强烈振动冲击。

7.3.2 装置应贮存在通风、无强烈电磁场影响、无其他腐蚀性气体的仓库中。

ICS 53.020.20
J 80

中华人民共和国国家标准

GB/T 13752—2017
代替 GB/T 13752—1992

塔式起重机设计规范

Design rules for tower cranes

(ISO 4310:2009,IDT)

2017-02-28 发布　　2017-09-01 实施

中华人民共和国国家质量监督检验检疫总局
中国国家标准化管理委员会　发布

前　言

本标准按照 GB/T 1.1—2009 给出的规则起草。

本标准代替 GB/T 13752—1992《塔式起重机设计规范》。本标准与 GB/T 13752—1992 相比主要变化如下：

a) 增加了“前言”和“引言”(见“前言”和“引言”)；
b) 在“范围”中，由原来的适用于“电力驱动塔式起重机”，改为适用于“电力或内燃机(发动机)驱动的塔式起重机”；
c) 对“总则”的内容作了以下变动(见第 4 章)：
   1) 增加了“验算”条款，规定了验算的基本原则，引入了能力验证的极限状态法；
   2) 将 GB/T 13752—1992“结构”中的“结构的工作级别”“载荷组合”和“机构”中的“机构的工作级别”调整到本标准的“总则”中，增加了机械零件的工作级别；
   3) 将 GB/T 13752—1992“结构”中的“载荷组合”调整到本标准的“总则”中，对“载荷”“载荷组合”的内容作了较大的充实和修改，尤其是增加了与极限状态法有关的内容；
   4) 对“抗倾覆稳定性和抗风防滑安全性”“轨道和基础”等内容做了充实和修改；
d) 对“结构”的内容作了以下变动(见第 5 章)：
   1) 增加了按极限状态法进行设计计算的内容；
   2) 增加了对钢材脆性破坏评价的内容；
   3) 增加了销轴和管件焊接接头验算的内容；
   4) 简化了压弯构件整体稳定性验算公式；
   5) 给出了常用附着支撑的柔度计算公式；
   6) 给出了精确的双吊点起重臂拉索力计算公式；
   7) 给出了更为细化和精确的受压构件计算长度系数；
   8) 修改了结构疲劳强度验算的内容；
   9) 适当调整了刚性要求；
   10) 调整和充实了结构设计的构造要求；
e) 对“机构”的内容做了以下变动(见第 6 章)：
   1) 对于机构的设计计算，充实了电动机容量初选及验算，引入了机构设计的基本内容和机构性能的简要计算等，增加了液压系统、爬升系统设计计算的内容等；
   2) 对于机械零部件的设计计算，结合国内外技术发展现状和相关标准进行了修改和调整，例如修改和充实了机械零部件疲劳计算、焊接和铸造卷筒设计计算等内容。
f) 对“电气”的内容作了以下变动(见第 7 章)：
   结合国内外技术发展现状和相关标准进行了修改和调整，增加了无线遥控、电气调速与控制等新内容。

本标准由中国机械工业联合会提出。

本标准由全国起重机械标准化技术委员会(SAC/TC 227)归口。

本标准负责起草单位:北京建筑机械化研究院、中联重科股份有限公司、哈尔滨工业大学。

本标准参加起草单位:廊坊凯博建设机械科技有限责任公司、四川建设机械(集团)股份有限公司、抚顺永茂建筑机械有限公司、北京华电万方管理体系认证中心、浙江省建设机械集团有限公司、山东丰汇设备技术有限公司、山东大汉建设机械有限公司、山东省特种设备检验研究院、湖北江汉建筑工程机械有限公司、山东省德州生建机械有限责任公司、广西建工集团建筑机械制造有限责任公司、哈尔滨东建机械制造有限公司、辽宁省安全科学研究院、辽宁连云建筑机械制造有限公司、山东省建筑科学研究院、中国建筑第二工程局有限公司、江苏正兴建设机械有限公司、云南冶金力神重工有限公司、上海市建筑科学研究院科技发展总公司、山东鸿达重工机械制造有限公司、重庆长风机械制造有限责任公司、北京建研机械科技有限公司。

本标准主要起草人:田广范、陆念力、喻乐康、兰朋、易德辉、郑兴、胡宇智、罗文龙、兰建平、刘春林、孙田、吴恩宁、仉健康、康与宙、史勇、肖学全、文朝辉、刘晓东、林永、樊滨、秦可新、王晓庆、王乔、郭寒竹、杨道华、赵勇、陈爱华、付剑雄、周晓荣、孙艳秋。

本标准所代替标准的历次版本发布情况为:

——GB/T 13752—1992。

引　言

0.1　本标准未包括塔式起重机设计的所有问题。本标准未涉及的内容，执行其他塔式起重机标准和 有关通用标准的规定。

0.2　在保证塔式起重机安全可靠的前提下，对于使用条件和工作要求不同的塔式起重机的设计，不要求按本标准所列的全部内容逐项进行设计计算，例如：

——对已按塔式起重机的有关要求进行过审核或试验并取得合格认可的标准件（如标准的结构件、机械或电气零部件），通常不必再作校核计算；

——对工作级别很低的塔式起重机，通常不必进行疲劳验算；

——对一台构造简单且较少使用的塔式起重机，或对一台由标准部件组成的起重机，其计算就可简略一些。

0.3　塔式起重机用户在确定订货要求及选购产品时，需特别注意确定和选择塔式起重机及其机构的工作级别。用户需根据本标准恰当地提出塔式起重机的工作级别，如果可能还需进一步明确塔式起重机各个机构的工作级别，以确保制造商能对其进行设计与制造。用户也可按本标准的有关示例近似地选出所需的塔式起重机及其机构的工作级别。但需要说明的是，本标准给出的只是参考示例，并无约束力。

0.4　本标准列出的使用等级，并不是对塔式起重机实际使用工作有效期的保证值。无论是塔式起重机的使用等级，还是其机构的使用等级，都只是一个设计时的预估值，而决不是制造商给出的该塔式起重机或其机构有效使用期的保证值。对于某一塔式起重机，如果在设计中未充分注意和估算其预期寿命，或者制造时未达到正确的设计要求，或者使用中未能按照制造商提供的说明书进行操作和维护，或者实际使用工况与订购该塔式起重机时提出的要求有较大的差异，则其设计预期寿命就与其实际有效使用期有比较大的出入；反之，其设计预期寿命与其实际有效使用期就可能很接近。

塔式起重机设计规范

1 范围

本标准规定了 GB/T 6974.3 所定义的塔式起重机设计计算的规则、要求和方法。

本标准适用于：

——可组装与拆卸的塔式起重机；

——永久性安装的塔式起重机；

——电力或内燃机(发动机)驱动的塔式起重机；

——其他型式或用途的塔式起重机。

本标准不适用于：

——可装设塔身的流动式起重机；

——带或不带臂架的安装桅杆；

——标准发布前制造的塔式起重机。

2 规范性引用文件

下列文件对于本文件的应用是必不可少的。凡是注日期的引用文件，仅注日期的版本适用于本文件。凡是不注日期的引用文件，其最新版本(包括所有的修改单)适用于本文件。

GB/T 699 优质碳素结构钢

GB/T 700 碳素结构钢

GB/T 985.1 气焊、焊条电弧焊、气体保护焊和高能束焊的推荐坡口

GB/T 985.2 埋弧焊的推荐坡口

GB/T 1231 钢结构用高强度大六角头螺栓、大六角螺母、垫圈技术条件

GB/T 1591 低合金高强度结构钢

GB/T 1800.2—2009 产品几何技术规范(GPS) 极限与配合 第2部分：标准公差等级和孔、轴极限偏差表

GB/T 2423.56—2006 电工电子产品环境试验 第2部分：试验方法 试验Fh：宽带随机振动(数字控制)和导则

GB 2585 铁路用热轧钢轨

GB/T 3077 合金结构钢

GB/T 3098.1 紧固件机械性能 螺栓、螺钉和螺柱

GB/T 3098.2 紧固件机械性能 螺母 粗牙螺纹

GB/T 3098.4 紧固件机械性能 螺母 细牙螺纹

GB/T 3480 渐开线圆柱齿轮承载能力计算方法

GB/T 3480.5 直齿轮和斜齿轮承载能力计算 第5部分：材料的强度和质量

GB/T 3632 钢结构用扭剪型高强度螺栓连接副

GB/T 3766 液压系统通用技术条件

GB/T 3811—2008　起重机设计规范

GB 4208　外壳防护等级(IP 代码)

GB/T 4942.1　旋转电机整体结构的防护等级(IP 代码)　分级

GB/T 5117　非合金钢及细晶粒钢焊条

GB/T 5118　热强钢焊条

GB 5144　塔式起重机安全规程

GB 5226.2—2002　机械安全　机械电气设备　第 32 部分:起重机械技术条件

GB/T 5293　埋弧焊用碳钢焊丝和焊剂

GB/T 6974.1　起重机　术语　第 1 部分:通用术语

GB/T 6974.3　起重机　术语　第 3 部分:塔式起重机

GB/T 8110　气体保护电弧焊用碳钢、低合金钢焊丝

GB 8918　重要用途钢丝绳

GB/T 9439　灰铸铁件

GB/T 10051.1　起重吊钩　第 1 部分:力学性能、起重量、应力及材料

GB/T 10051.8　起重吊钩　第 8 部分:吊钩横梁毛坯件

GB/T 10051.9　起重吊钩　第 9 部分:吊钩横梁

GB/T 10051.10　起重吊钩　第 10 部分:吊钩螺母

GB/T 10051.11　起重吊钩　第 11 部分:吊钩螺母防松板

GB/T 10062(所有部分)　锥齿轮承载能力计算方法

GB/T 10183.1　起重机　车轮及大车和小车轨道公差　第 1 部分:总则

GB/T 11264　热轧轻轨

GB/T 11352　一般工程用铸造碳钢件

GB 14048.4　低压开关设备和控制设备　第 4-1 部分:接触器和电动机起动器　机电式接触器和电动机起动器(含电动机保护器)

GB/T 14408　一般工程与结构用低合金钢铸件

GB/T 16855.1—2008　机械安全　控制系统有关安全部件　第 1 部分:设计通则

GB/T 20118　一般用途钢丝绳

GB/T 20303.3　起重机　司机室　第 3 部分:塔式起重机

GB/T 23723.3　起重机　安全使用　第 3 部分:塔式起重机

GB/T 24810.3　起重机　限制器和指示器　第 3 部分:塔式起重机

GB/T 24817.3　起重机械　控制装置布置形式和特性　第 3 部分:塔式起重机

GB/T 24818.3　起重机　通道及安全防护设施　第 3 部分:塔式起重机

GB/T 26477.1　起重机　车轮和相关小车承轨结构的设计计算　第 1 部分:总则

GB 26557　吊笼有垂直导向的人货两用施工升降机

GB/T 27546　起重机械　滑轮

GB/T 28264　起重机械　安全监控管理系统

GB 50007　建筑地基基础设计规范

GB 50010　混凝土结构设计规范

GB 50017　钢结构设计规范

JB/T 7017　起重机用液压缓冲器

JB/T 8110.1　起重机　弹簧缓冲器

JB/T 8110.2　起重机　橡胶缓冲器

JB/T 9006　起重机 卷筒

JB/T 10833　起重机用聚氨酯缓冲器

JB/T 11865　塔式起重机车轮技术条件

JB/T 11866　塔式起重机用限矩型液力偶合器

JG/T 5078.1　建筑机械与设备　焊接滑轮

JGJ 79　建筑地基处理技术规范

JGJ 94　建筑桩基技术规范

YB/T 5055　起重机用钢轨

3　术语、定义和符号代号

3.1　术语和定义

GB/T 6974.1 和 GB/T 6974.3 界定的术语和定义适用于本文件。

3.2　符号代号

本标准使用的主要符号、代号及其单位、含义等见附录 V。

4　总则

4.1　验算

4.1.1　通则

计算的目的是从理论上证明:在考虑了用户、设计者和/或制造商之间约定的使用条件以及安装、拆卸和运输情况后,塔式起重机的设计符合防止机械危险的安全要求。

如果载荷效应的极值或载荷效应历程超出了相应的极限状态,就可能发生危险。因此应证明:同时作用在塔式起重机上的所有载荷,在乘以各自的分项载荷系数后计算出的载荷效应极值,以及估算的载荷效应历程,在塔式起重机任何关键点上都不超出相应的极限状态。为此,采用极限状态法和许用应力法来进行验证。

极限状态法(见 4.1.7.1)考虑了载荷的概率特性,而许用应力法(见 4.1.7.2)则未考虑,所以许用应力法只在特定情况下可靠。

有些情况要求更高的安全水平,则可商定和采用高危险度系数 γ_n(见 4.4.2)。

为了反映塔式起重机实际的不利工况和载荷作用的顺序,应对塔式起重机的个别过程或典型使用(有代表性的载荷历程)的载荷作用进行分析。

先进和公认的理论方法或实验方法,只要符合本标准的原则,原则上都可以采用。

图 1 为塔式起重机验算的一般流程示意图。

4.1.2　塔式起重机与载荷的模型

塔式起重机或其部件的运动、内力(齿轮上的力矩、钢丝绳力等)和损耗的分析计算,采用刚体动力学模型。

在该模型中,马达转矩和/或制动力矩应与任何作用在移动部件的载荷如损耗、质量的重力、塔式起重机或其部件运动引起的载荷以及风力相平衡。

由这个刚体动力学模型和载荷模型，可得到位移、速度、加速度和/或内力的任何变化以及相应的加速度和/或内力的瞬时值。

如果计算符合约定的使用条件，则这些变化是估算载荷效应历程（如热当量）和应力历程的基础。由于采用刚体动力学模型算出的加速度和内力的变化和瞬时值，只代表了实际过程的平均值，为估算其突然变化而引起的载荷实际值，这些平均值应乘以动力系数 ϕ_i（见 4.3）来放大。

在某些塔式起重机或其配置中，不同驱动机构同时动作产生的所有载荷互不影响，对此驱动机构的载荷作用可独立考虑。在有些情况下，不同驱动机构同时动作产生的载荷互相影响，对此应考虑其影响。

塔式起重机或其部件的任一机械零件和/或构件上的名义应力（也称为标称应力），通常可采用适当的弹性静力学模型来计算，该模型由梁或更复杂的单元构成，如平面应力单元、板或壳单元。

名义应力是按材料的纯弹性强度理论算出的应力，不包括局部的应力集中效应。

4.1.3 载荷作用的模拟

为模拟塔式起重机或其部件上的载荷作用随时间变化的过程，应将在塔式起重机预定使用中出现的不相关过程所引起的等效静载荷施加到弹性静力学模型上，该等效静载荷应与该起重机或其部件的配置和支撑条件相符合。

注：在本标准中，术语“载荷”或“载荷作用”，是指在塔式起重机或其部件上引起载荷效应的任何行为或情况，如作用力、预定位移和意外位移和/或运动、温度、风压。

4.3 中给出了等效静载荷。这些等效静载荷代表了塔式起重机使用中的载荷作用。

4.1.4 载荷组合和载荷效应

载荷叠加的方式应使其所产生的载荷效应对所考虑的使用情况达到瞬时极值，这样的载荷叠加称为载荷组合。基本的载荷组合见 4.4。

在确定载荷组合时，应考虑塔式起重机的用途，还应考虑其控制系统、对使用的规范性说明和任何其他的内在条件，这都与能力验证的具体目的有关。

对某一载荷组合而言，同时作用的所有载荷其大小、位置和方向的选择，应使极值载荷效应出现在所考虑的零部件或设计点中。因此，为确定所有设计关键点的极值应力，在同一载荷组合中，应考虑多个加载过程或塔式起重机的多个配置，例如起重小车的不同位置。

在进行静力验算时，应使用内力或名义应力来表示载荷效应的上、下极端值。与塔式起重机或其部件的既定使用条件和运动学特性相结合，这些极值就限定了验证疲劳强度的内力或名义应力的历程。

验证疲劳强度时，应明确重要应力循环的次数和大小。

4.1.5 极限状态

本标准的极限状态，是指如果超出就可能导致塔式起重机工作特性失效的整机、其零部件或材料的状态。承载能力极限状态和正常使用极限状态之间是有区别的，具体为：

a) 达到承载能力极限状态的表现有：
   1) 名义应力作用引起塑性变形或摩擦连接件的滑动；
   2) 零部件或连接件的失效（如静强度失效、疲劳失效或形成危险裂缝）；
   3) 塔式起重机或其部件的弹性失稳（如构件屈曲、薄板屈曲）；

4） 塔式起重机或其部件的刚体失稳(如倾覆、移位)；

b） 达到正常使用极限状态的表现有：

1） 出现损害塔式起重机预定使用的变形(如损害运动零部件功能、部件间隙的变形)；

2） 出现损害塔式起重机司机或结构或妨碍操作性能的振动；

3） 超出温度极限(如马达、制动器过热)。

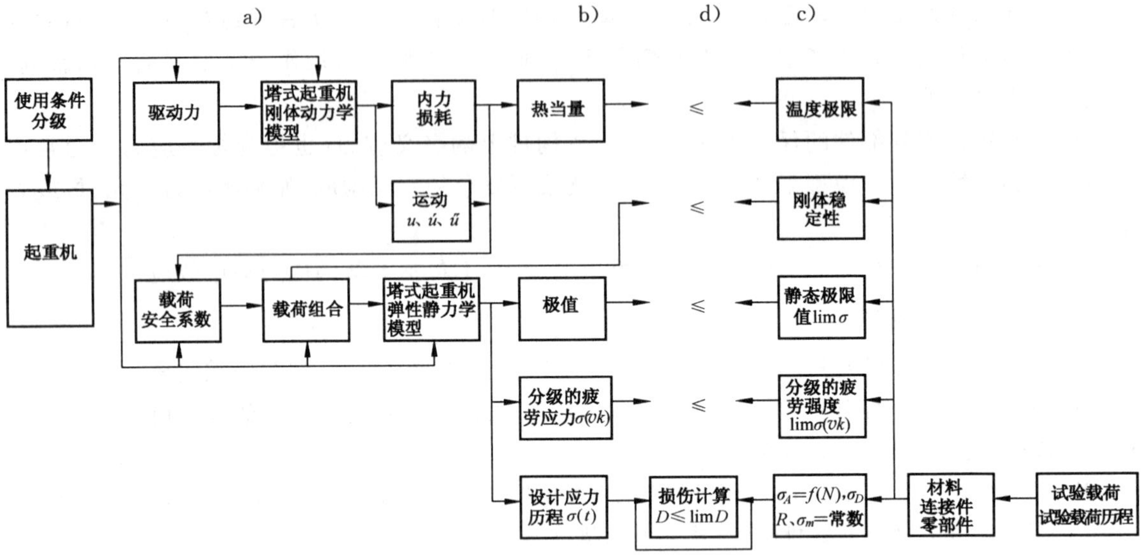

说明：

a） 塔式起重机与载荷的模型；

b） 载荷作用；

c） 极限状态；

d） 验证。

图1 塔式起重机验算的一般流程

4.1.6 能力验证

与材料选择、制造技术和规定的使用条件三者相适应的极限状态，应在能力验证中说明。

为确认未超出承载能力极限状态，应进行下列验证：

a） 构件、连接件和零部件的强度验证：

1)在静载荷和等效静载荷作用下；

2)在循环载荷(疲劳)作用下；

b） 塔式起重机及其部件的弹性稳定性验证；

c） 刚体稳定性验证。

为确认未超出正常使用极限状态，应考虑下列因素并在必要时对其验证：

a） 变形验证；

b） 振动；

c） 热性能。

4.1.7 能力验证方法

4.1.7.1 极限状态法

极限状态法适用于所有塔式起重机及其所有部分且不受任何限制。

注：极限状态法的全面介绍见 ISO 2394，也可参见 GB 50068。

应算出单个特征载荷 f_i，必要时用动力系数 ϕ_i 放大，再乘以相应的分项载荷系数 γ_p 或折算分项载荷系数 $\bar{\gamma}_p$，并按所考虑的载荷组合，将其组合到 F_j。

F_j 确定之后，也应乘以适当的高危险度系数 γ_n。$\gamma_n F_j$ 的乘积用来确定所产生的载荷效应 S_k，即结构件或机械零件中的内力，或是连接件和支撑结构中的作用力。

为证实不会发生静强度失效和弹性失稳，应计算载荷效应作用在特定构件或零部件上所产生的名义设计应力 σ_{1l}，并与局部效应引起的任何应力 σ_{2l} 进行合成，σ_{2l} 也是利用相应的分项载荷系数 γ_p 和商定的高危险度系数 γ_n 计算出来的。

合成的设计应力 σ_l 应与极限设计应力 $\lim\sigma$ 比较。极限设计应力 $\lim\sigma$ 用材料、连接件或零部件的特定强度或特征抗力 R 除以抗力系数 $\gamma_m = 1.10$ 算出，其可靠概率（可靠度）不低于 95%。

验算刚体稳定性时，应该证明，在乘以各自分项载荷系数的载荷的联合作用下，刚体不会产生运动。所有超出特定限度的支撑，如处于拉伸状态的车轮/轨道或处于受压状态的钢丝绳，应忽略不计。这意味着，在弹性静力学模型中，相应的限制性支撑应设为“无作用的”。其余确实的和/或摩擦性的支撑力应足以确保刚体稳定性。

图 2 为极限状态法的典型流程图。基于力、力矩、挠度验算的极限状态法应通过对前述的类推来应用。

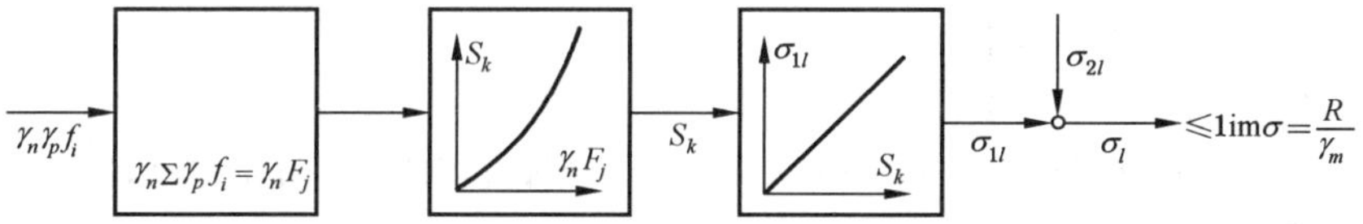

说明：

f_i ——作用在构件或零部件上的特征载荷 i；

F_j ——载荷组合 j 用动力系数 ϕ_i 放大后得出的组合载荷；

S_k ——由组合载荷 F_j 引起的构件或支撑部件的 k 截面上的载荷效应，例如内力和力矩；

σ_{1l} ——由载荷效应 S_k 引起的特定构件 l 上的应力；

σ_{2l} ——由局部效应引起的特定构件 l 上的应力；

σ_l ——特定构件 l 上的合成设计应力；

R ——材料、特定构件或特定连接件的特定强度或特征抗力，如相应于屈服点、弹性稳定极限或疲劳强度的应力（极限状态）；

$\lim\sigma$ ——极限设计应力；

γ_p ——按所考虑的载荷组合，适用于单个载荷的分项载荷系数；

γ_n ——高危险度系数，必要时采用；

γ_m ——抗力系数。

图 2　极限状态法的典型流程图

4.1.7.2 许用应力法

对于质量分布类别为 MDC1（见 4.4.3）这种载荷作用与载荷效应呈线性关系的起重机，可采用许用应力法进行能力验算。对于 MDC2(见 4.4.3)系统中载荷作用与载荷效应呈线性关系的那些部分,也可使用许用应力法。

许用应力法是极限状态法的一个特例,其分项载荷系数取相同的值,与抗力系数相结合,形成总安全系数 γ_f。

应算出单个特性载荷 f_i,必要时用动力系数 ϕ_i 放大,并按所考虑的载荷组合将其进行组合。组合载荷 $\bar{F}_j$ 用来确定所产生的载荷效应 $\bar{S}_k$,即结构件或机械零件中的内力,或是连接件和支撑结构中的作用力。

为证实不会发生静强度失效和弹性失稳,应计算载荷效应作用在特定构件或零部件上所产生的名义应力 $\bar{\sigma}_{1l}$,并与局部效应引起的任何应力 $\bar{\sigma}_{2l}$ 进行合成。合成应力 $\bar{\sigma}_l$ 应与许用应力 admσ 比较。许用应力 admσ 用材料、连接件或零部件的特定强度或特征抗力 R 除以总安全系数 γ_f,必要时再除以高危险度系数 γ_n 算出,其可靠概率(可靠度)不低于 95%。

图 3 为许用应力法的典型流程图。

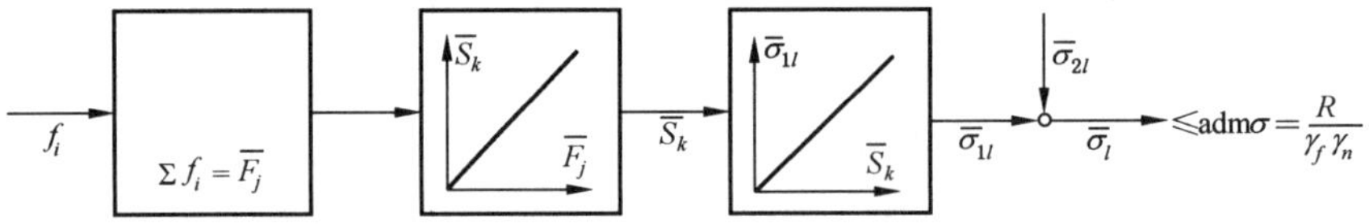

说明:

f_i ——作用在构件或零部件上的特征载荷 i;

$\bar{F}_j$ ——载荷组合 j 用动力系数 ϕ_i 放大后得出的组合载荷;

$\bar{S}_k$ ——由组合载荷 $\bar{F}_j$ 引起的构件或支撑部件的 k 截面上的载荷效应,例如内力和力矩;

$\bar{\sigma}_{1l}$ ——由载荷效应 $\bar{S}_k$ 引起的特定构件 l 上的应力;

$\bar{\sigma}_{2l}$ ——由局部效应引起的特定构件 l 上的应力;

$\bar{\sigma}_l$ ——特定构件 l 上的合成应力;

R ——材料、特定构件或特定连接件的特定强度或特征抗力,例如相应于屈服点、弹性稳定极限或疲劳强度的应力(极限状态);

admσ ——许用应力;

γ_f ——按所考虑的载荷组合,适用于特定强度的总安全系数;

γ_n ——高危险度系数,必要时采用。

图 3 许用应力法的典型流程图

4.2 分级

4.2.1 通则

分级用来确定单独设计和制造的塔式起重机和/或其零部件的使用条件,也用于说明为批量生产而设计的塔式起重机和/或其零部件的使用条件,以便按其预定使用来进行选择。分级包括:

——整机分级;

——机构分级;

——结构件或机械零件分级。

4.2.2～4.2.4 仅给出了塔式起重机及其零部件常用的使用等级和工作级别,除此之外的其他使用等级和工作级别见 GB/T 3811—2008 的第 3 章。

4.2.2　整机分级

4.2.2.1　整机的使用等级

塔式起重机的设计预期寿命，是指设计预设的该塔式起重机从开始使用到最终报废时能完成的总工作循环数。一个工作循环是指塔式起重机从准备起升有效载荷开始，到准备起升下一个有效载荷为止的一个连续的运动。

塔式起重机的使用等级根据其可能完成的总工作循环数分 U1～U5 共 5 个等级，见表 1。

表 1　塔式起重机的使用等级

使用等级	总工作循环数 C_T	使用频繁程度
U1	$1.60\times10^4<C_T\leqslant3.20\times10^4$	很少使用
U2	$3.20\times10^4<C_T\leqslant6.30\times10^4$	
U3	$6.30\times10^4<C_T\leqslant1.25\times10^5$	
U4	$1.25\times10^5<C_T\leqslant2.50\times10^5$	不频繁使用
U5	$2.50\times10^5<C_T\leqslant5.00\times10^5$	中等频繁使用

4.2.2.2　整机的载荷状态

塔式起重机的载荷状态，是指在其设计预期寿命期限内，其各个不同的净载荷(净起重量的重力)及相应的工作循环数，与最大净载荷(额定起重量的重力)及总工作循环数的比值情况，用载荷谱系数 K_P 来表征，分为 Q1～Q4 共 4 个等级，见表 2。塔式起重机的载荷状态通常在Q1～Q3 之间。

载荷谱系数 K_P 用来描述塔式起重机在工作期间搬运的不同净载荷，也用来描述起升机构在工作期间的载荷变化情况。

表 2　塔式起重机的载荷状态及载荷谱系数

载荷状态	载荷谱系数 K_P	说明
Q1	$K_P\leqslant0.125$	很少吊运额定载荷，经常吊运较轻载荷
Q2	$0.125<K_P\leqslant0.250$	较少吊运额定载荷，经常吊运中等载荷
Q3	$0.250<K_P\leqslant0.500$	有时吊运额定载荷，经常吊运较重载荷
Q4	$0.500<K_P\leqslant1.000$	经常吊运额定载荷

如果已知塔式起重机各个起升载荷及相应的工作循环数资料，则其载荷谱系数 K_P 可用式(1)计算。

$$K_P=\sum\left[\frac{C_i}{C_T}\left(\frac{P_{Qi}}{P_{Q\max}}\right)^3\right] \qquad \cdots\cdots(1)$$

式中：

K_P ——塔式起重机的载荷谱系数；

C_i ——大小为 P_{Qi} 的净载荷的工作循环数；

C_T ——塔式起重机的总工作循环数，$C_T=C_1+C_2+C_3+\cdots+C_n$；

P_{Qi} ——塔式起重机在预期寿命期限内起升的各个不同的净载荷的大小，$P_{Qi}=P_{Q1}$，

$P_{Q2}, P_{Q3}, \cdots, P_{Qn}$,单位为牛顿(N);

$P_{Q\max}$——塔式起重机的最大净载荷(额定起重量的重力),单位为牛顿(N)。

展开后,式(1)变为式(2):

$$K_P = \frac{C_1}{C_T}\left(\frac{P_{Q1}}{P_{Q\max}}\right)^3 + \frac{C_2}{C_T}\left(\frac{P_{Q2}}{P_{Q\max}}\right)^3 + \frac{C_3}{C_T}\left(\frac{P_{Q3}}{P_{Q\max}}\right)^3 + \cdots + \frac{C_n}{C_T}\left(\frac{P_{Qn}}{P_{Q\max}}\right)^3 \quad \cdots\cdots(2)$$

式中符号同式(1)。

如果不能获得塔式起重机的各个起升载荷及相应的工作循环数资料,则可由制造商与用户协商选出合适的载荷谱系数和载荷状态。

4.2.2.3 整机的工作级别

根据塔式起重机的使用等级和载荷状态,塔式起重机可分为 A1～A7 共 7 个工作级别,见表 3。塔式起重机的工作级别通常在 A1～A6 之间。

表 3 塔式起重机的工作级别

载荷状态	载荷谱系数 K_P	使用等级				
		U1	U2	U3	U4	U5
Q1	$K_P \leqslant 0.125$	A1	A1	A2	A3	A4
Q2	$0.125 < K_P \leqslant 0.250$	A1	A2	A3	A4	A5
Q3	$0.250 < K_P \leqslant 0.500$	A2	A3	A4	A5	A6
Q4	$0.500 < K_P \leqslant 1.000$	A3	A4	A5	A6	A7

4.2.2.4 分类及其整机分级

根据要完成的工作,塔式起重机可分为三种基本类型,见表 4。

表 4 塔式起重机类型

类型	说　明
1	不经常使用或具有轻级载荷状态的塔式起重机
2	建设施工用塔式起重机
3	经常使用或具有重级载荷状态的塔式起重机

各类塔式起重机的整机分级见表 5,整机分级举例见表 6。

表 5 各类塔式起重机的整机分级

类型	整机分级		
	使用等级	载荷状态	工作级别
1	U1～U4	Q1、Q2	A1～A4
2	U3、U4	Q2	A3、A4
3	U4、U5	Q2、Q3	A4～A6

表 6　各类塔式起重机的整机分级举例

类型	用途	整机分级		
		使用等级	载荷状态	工作级别
1	不经常使用的塔式起重机	U1	Q2	A1
	货场用塔式起重机	U3	Q1	A2
	钻井平台维修用塔式起重机	U3	Q2	A3
	船舶修理厂用塔式起重机	U4	Q2	A4
2	建设施工用自行架设式塔式起重机	U3	Q2	A3
	建设施工用组装式塔式起重机	U4	Q2	A4
3	造船厂舾装用塔式起重机	U4	Q2	A4
	港口集装箱装卸用塔式起重机	U4	Q2	A4
	造船用塔式起重机	U4	Q3	A5
	抓斗塔式起重机	U5	Q3	A6

4.2.3　机构分级

4.2.3.1　机构的使用等级

机构的设计预期寿命，是指设计预设的该机构从开始使用到预期更换或最终报废时的总运转时间，不包括工作中该机构的停歇时间。塔式起重机机构的使用等级根据其可能的总运转时间分成 T1～T5 共 5 个等级，见表 7。

表 7　塔式起重机机构的使用等级

使用等级	总运转时间 t_T h	运转频繁程度
T1	$200<t_T\leqslant 400$	很少使用
T2	$400<t_T\leqslant 800$	
T3	$800<t_T\leqslant 1\,600$	
T4	$1\,600<t_T\leqslant 3\,200$	不频繁使用
T5	$3\,200<t_T\leqslant 6\,300$	中等频繁使用

4.2.3.2　机构的载荷状态

机构的载荷状态表明机构受载的轻重程度，用载荷谱系数 K_m 表征，分为 L1～L4 共 4 个等级，见表 8。塔式起重机机构的载荷状态通常在 L1～L3 之间。

如果已知机构的各个载荷及相应的持续时间，则其载荷谱系数 K_m 可用式(3)计算。

$$K_m=\sum\left[\frac{t_i}{t_T}\left(\frac{P_i}{P_{\max}}\right)^3\right] \quad \cdots\cdots(3)$$

式中：

K_m ——机构的载荷谱系数；

t_i ——机构承受的大小为 P_i 的载荷的持续时间，单位为小时(h)；

t_T ——所有不同载荷作用的总持续时间，$t_T=t_1+t_2+t_3+\cdots+t_n$，单位为小时(h)；

P_i ——机构在工作期限内承受的各个不同载荷的大小，$P_i=P_1,P_2,P_3,\cdots,P_n$，单位为牛顿(N)；

P_{max} ——机构承受的最大载荷，即 $P_1, P_2, P_3, \cdots, P_n$ 中的最大值，单位为牛顿(N)。

展开后，式(3)变为式(4)：

$$K_m = \frac{t_1}{t_T}\left(\frac{P_1}{P_{max}}\right)^3 + \frac{t_2}{t_T}\left(\frac{P_2}{P_{max}}\right)^3 + \frac{t_3}{t_T}\left(\frac{P_3}{P_{max}}\right)^3 + \cdots + \frac{t_n}{t_T}\left(\frac{P_n}{P_{max}}\right)^3 \quad \cdots\cdots\cdots\cdots(4)$$

式中符号同式(3)。

表 8 塔式起重机机构的载荷状态及载荷谱系数

载荷状态	载荷谱系数 K_m	说　明
L1	$K_m \leqslant 0.125$	机构很少承受最大载荷，一般承受较轻载荷
L2	$0.125 < K_m \leqslant 0.250$	机构较少承受最大载荷，一般承受中等载荷
L3	$0.250 < K_m \leqslant 0.500$	机构有时承受最大载荷，一般承受较大载荷
L4	$0.500 < K_m \leqslant 1.000$	机构经常承受最大载荷

4.2.3.3 机构的工作级别

机构按其使用等级和载荷状态分为 M1～M7 共 7 个工作级别，见表 9。塔式起重机机构的工作级别通常在 M1～M6 之间。

机构的工作级别表示各个机构分别作为一个整体的受载和运转频繁程度情况，而并不表示机构的所有零部件都与整体相同。

表 9 塔式起重机机构的工作级别

载荷状态	载荷谱系数 K_m	使用等级				
		T1	T2	T3	T4	T5
L1	$K_m \leqslant 0.125$	M1	M1	M2	M3	M4
L2	$0.125 < K_m \leqslant 0.250$	M1	M2	M3	M4	M5
L3	$0.250 < K_m \leqslant 0.500$	M2	M3	M4	M5	M6
L4	$0.500 < K_m \leqslant 1.000$	M3	M4	M5	M6	M7

4.2.3.4 各类塔式起重机的各个机构分级

各类塔式起重机的各个机构分级见表 10，机构分级举例见表 11。

表 10 各类塔式起重机的各个机构分级

类型	机构分级														
	使用等级					载荷状态					工作级别				
	H	S	L	D	T	H	S	L	D	T	H	S	L	D	T
1	T1～T4	T1～T4	T1～T3	T1～T3	T1、T2	L1、L2	L3	L1、L2	L1、L2	L3	M1～M4	M2～M5	M1～M3	M1～M3	M2、M3
2	T3、T4	T3、T4	T2、T3	T2、T3	T1、T2	L2	L3	L3	L2	L3	M3、M4	M4、M5	M3、M4	M2、M3	M2、M3
3	T4、T5	T4、T5	T3、T4	T3～T5	T2～T5	L2、L3	L2、L3	L2、L3	L2、L3	L2、L3	M4～M6	M4～M6	M3～M5	M3～M6	M2～M6

注：H——起升； S——回转； L——动臂变幅； D——小车变幅； T——行走。

表 11　各类塔式起重机的各个机构分级举例

类型	用途	机构分级														
		使用等级					载荷状态					工作级别				
		H	S	L	D	T	H	S	L	D	T	H	S	L	D	T
1	不经常使用的塔式起重机	T1	T1	T1	T1	T1	L2	L3	L2	L2	L3	M1	M2	M1	M1	M2
	货场用塔式起重机	T3	T3	T2	T2	T1	L1	L3	L1	L1	L3	M2	M4	M1	M1	M2
	钻井平台维修用塔式起重机	T3	T3	T2	T2	T1	L1	L3	L2	L2	L3	M3	M4	M2	M2	M2
	船舶修理厂用塔式起重机	T4	T4	T3	T3	T2	L2	L3	L2	L2	L3	M4	M5	M3	M3	M3
2	建设施工用自行架设式塔式起重机	T3	T3	T2	T2	T1	L2	L3	L3	L2	L3	M3	M4	M3	M2	M2
	建设施工用组装式塔式起重机	T4	T4	T3	T3	T2	L2	L3	L3	L2	L3	M4	M5	M4	M3	M3
3	造船厂舾装用塔式起重机	T4	T4	T3	T3	T5	L2	L3	L2	L2	L3	M4	M5	M3	M3	M6
	港口集装箱装卸用塔式起重机	T4	T4	T3	T4	T2	L2	L2	L2	L2	L2	M4	M4	M3	M4	M2
	造船用塔式起重机	T4	T4	T3	T3	T4	L3	L3	L3	L3	L3	M5	M5	M4	M4	M5
	抓斗塔式起重机	T5	T5	T4	T5	T2	L3	L3	L3	L3	L3	M6	M6	M5	M6	M3
注：H——起升；　S——回转；　L——动臂变幅；　D——小车变幅；　T——行走。																

4.2.4　结构件或机械零件分级

4.2.4.1　结构件或机械零件的使用等级

结构件或机械零件的总使用时间，是指设计预设的该结构件报废或该机械零件更换为止的期间内发生的总应力循环数。结构件或机械零件的一个应力循环是指应力从通过 σ_m 时起至该应力同方向再次通过 σ_m 时为止的一个连续过程，其中 σ_m 为在总使用时间内所有峰值应力与谷值应力的算术平均值。图 4 为随时间变化的 5 个应力循环举例。

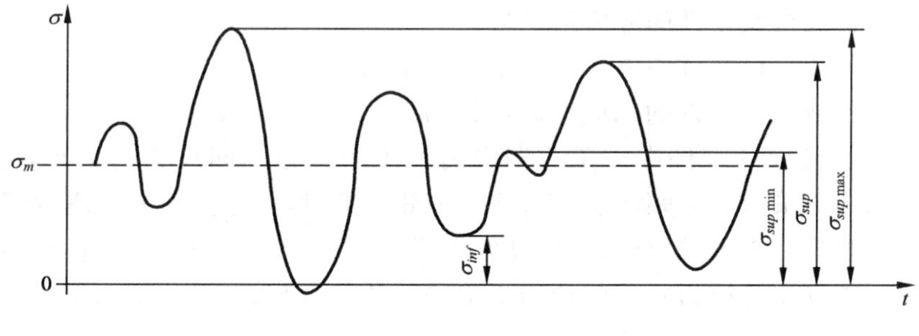

说明：

σ_{sup} ——峰值应力；

σ_{inf} ——谷值应力；

$\sigma_{sup\ max}$ ——最大峰值应力；

$\sigma_{sup\ min}$ ——最小峰值应力；

σ_m ——总使用时间内所有峰值应力和谷值应力的算术平均值。

图 4　随时间变化的 5 个应力循环举例

结构件的总应力循环数与塔式起重机的总工作循环数之间有一定的比例关系，某些结构件在塔式起重机一个工作循环内可能经受几次应力循环，这取决于塔式起重机的类型和结构件在塔式起重机结构中的位置,不同的结构件可能各不相同。如果已知这一比例关系,结构件的总应力循环数便可由塔式起重机使用等级的总工作循环数导出。

机械零件的总应力循环数应由其归属的机构或设计预定的总使用时间导出,推导时应考虑影响其应力循环的转速和其他相关情况。

塔式起重机结构件或机械零件的使用等级根据其可能的总应力循环数分为 B1～B8 共8个等级,见表 12。

表 12 塔式起重机结构件或机械零件的使用等级

使用等级	结构件或机械零件的总应力循环数 n_T
B1	$1.60\times10^4 < n_T \leqslant 3.20\times10^4$
B2	$3.20\times10^4 < n_T \leqslant 6.30\times10^4$
B3	$6.30\times10^4 < n_T \leqslant 1.25\times10^5$
B4	$1.25\times10^5 < n_T \leqslant 2.50\times10^5$
B5	$2.50\times10^5 < n_T \leqslant 5.00\times10^5$
B6	$5.00\times10^5 < n_T \leqslant 1.00\times10^6$
B7	$1.00\times10^6 < n_T \leqslant 2.00\times10^6$
B8	$2.00\times10^6 < n_T \leqslant 4.00\times10^6$

4.2.4.2 结构件或机械零件的应力状态

结构件或机械零件的应力状态表明其在总使用期内发生各个应力的大小及其相应的应力循环情况,用应力谱系数 K_S 来表征,分为 S1～S4 共 4 个等级,见表 13。每个结构件或机械零件的应力谱系数 K_S 可用式(5)计算。

$$K_S = \sum\left[\frac{n_i}{n_T}\left(\frac{\sigma_i}{\sigma_{\max}}\right)^C\right] \qquad \cdots\cdots(5)$$

式中:

K_S ——结构件或机械零件的应力谱系数;

n_i ——结构件或机械零件中大小为 σ_i 的应力的循环数;

n_T ——结构件或机械零件的总应力循环数,$n_T = n_1+n_2+n_3+\cdots+n_n$;

σ_i ——结构件或机械零件中在工作期限内发生的各个不同应力的大小,$\sigma_i=\sigma_1,\sigma_2,\sigma_3,\cdots,\sigma_n$;在采用应力幅法进行防疲劳失效验算时,$\sigma_i$ 为应力半幅值;在采用应力比法进行防疲劳失效验算时,σ_i 为应力峰值(见图 4);对于机械零件,认为每个 n_i 循环期间内发生的应力 σ_i 其幅值与峰值是一致的,因为其平均应力定为零;

$\sigma_{\max}$——为 $\sigma_1,\sigma_2,\sigma_3,\cdots,\sigma_n$ 中的最大者;

C ——幂指数,与相关材料的性能、结构件或机械零件的类别、形状和尺寸以及表面粗糙度与腐蚀程度等有关,由实验得出,见 GB/T 3811—2008 的式(107)和式(108)。

展开后,式(5)变为式(6):

$$K_S = \frac{n_1}{n_T}\left(\frac{\sigma_1}{\sigma_{\max}}\right)^C + \frac{n_2}{n_T}\left(\frac{\sigma_2}{\sigma_{\max}}\right)^C + \frac{n_3}{n_T}\left(\frac{\sigma_3}{\sigma_{\max}}\right)^C + \cdots + \frac{n_n}{n_T}\left(\frac{\sigma_n}{\sigma_{\max}}\right)^C \qquad \cdots\cdots(6)$$

式中符号同式(5)。

表 13　结构件或机械零件的应力状态及应力谱系数

应力状态	应力谱系数 K_S
S1	$K_S \leqslant 0.125$
S2	$0.125 < K_S \leqslant 0.250$
S3	$0.250 < K_S \leqslant 0.500$
S4	$0.500 < K_S \leqslant 1.000$
注：某些结构件或机械零件，如受弹簧加载的零部件，其所受载荷与塔式起重机或其结构/机构所承受的工作载荷基本无关，大多数情况下，其 $K_S = 1$，应力状态为 S4。	

4.2.4.3　结构件或机械零件的工作级别

结构件或机械零件按其使用等级和应力状态分为 E1～E8 共 8 个工作级别，见表 14。

表 14　塔式起重机结构件或机械零件的工作级别

应力状态	应力谱系数 K_S	使用等级							
		B1	B2	B3	B4	B5	B6	B7	B8
S1	$K_S \leqslant 0.125$	E1	E1	E1	E2	E3	E4	E5	E6
S2	$0.125 < K_S \leqslant 0.250$	E1	E1	E2	E3	E4	E5	E6	E7
S3	$0.250 < K_S \leqslant 0.500$	E1	E2	E3	E4	E5	E6	E7	E8
S4	$0.500 < K_S \leqslant 1.000$	E2	E3	E4	E5	E6	E7	E8	E8

4.3　载荷

4.3.1　通则

4.3.1.1　概述

作用在塔式起重机上的载荷分为常规载荷(见 4.3.1.2)、偶然载荷(见 4.3.1.3)、特殊载荷(见 4.3.1.4)。此外还有作用在局部部位的通道载荷(见 4.3.5)。

在防刚体失稳、静强度失效、弹性失稳以及必要的抗疲劳失效验算中，应考虑上述载荷。

此外，应考虑由于用户的特别要求而产生的载荷，如坡道载荷(位于倾斜支承结构或轨道上的塔式起重机自重载荷及其起升载荷沿倾斜面的分力)，当规定轨道或基础的坡度不超过 0.5%时，则可不考虑坡道载荷；当用户提出坡度要求或未按前述要求做出规定时，则应考虑相应坡度引起的载荷并将其归入常规载荷。

如某载荷不可能出现，则应略去不计，如在室内工作的不考虑风载荷。同样，在塔式起重机使用说明书中禁止出现的载荷，也应略去。

4.3.1.2　常规载荷

常规载荷包括：

a)　作用在塔式起重机质量上的起升效应和重力效应；

b)　垂直作用在起升载荷上的惯性效应和重力效应；

c)　在不平轨道上运行引起的载荷；

d)　塔式起重机所有驱动机构加速引起的载荷；

e)　位移引起的载荷。

注：常规载荷经常出现在正常作业中。

4.3.1.3 偶然载荷

偶然载荷包括：

a) 工作状态风载荷；

b) 冰雪载荷；

c) 温度变化引起的载荷；

d) 偏斜运行引起的载荷。

注：偶然载荷不经常出现，在疲劳估算中通常忽略不计。

4.3.1.4 特殊载荷

特殊载荷包括：

a) 以最大起升速度提升地面载荷而引起的载荷；

b) 非工作状态风载荷；

c) 试验载荷；

d) 缓冲力产生的载荷；

e) 意外停机引起的载荷；

f) 机构或零部件失效引起的载荷；

g) 塔式起重机基础受到外部激励引起的载荷；

h) 安装、拆卸和运输引起的载荷。

注：特殊载荷也不经常出现，在疲劳估算中通常也忽略不计。

4.3.2 常规载荷

4.3.2.1 作用在塔式起重机质量上的起升效应和重力效应

当塔式起重机从地面升起载荷时，或者突然卸除悬吊在空中的全部载荷或部分载荷时，应考虑其结构的振动效应，此时塔式起重机或其部件质量的重力应乘以动力系数 ϕ_1。ϕ_1 按下列规定取值：

——对于质量分布类别为 MDC1(见 4.4.3)的塔式起重机部件：$\phi_1=1+\alpha,0\leqslant\alpha\leqslant0.1$；

——对于质量分布类别为 MDC2(见 4.4.3)的塔式起重机部件：$\phi_1=1\pm\alpha,0\leqslant\alpha\leqslant0.05$。

采用$1+\alpha$ 还是 $1-\alpha$，取决于重力的作用在验算所选的校核点(关键点)上是增加了还是减小了载荷效应。

塔式起重机的质量包括工作时始终设置在其上的零部件的质量；对于某些塔式起重机或其应用，可能还需考虑外来聚集物(如黏结在其上的灰浆或其他粉末)增加的质量。但不包括 4.3.2.2.1 中规定的起升载荷质量。

4.3.2.2 垂直作用在起升载荷上的惯性效应和重力效应

4.3.2.2.1 起升无约束的地面载荷

在起升无约束的地面载荷时，应考虑由此引起的动力效应，此时起升载荷质量的重力应乘以动力系数 ϕ_2(见图 5)。

注 1：此动力效应，发生在起升载荷离地瞬间，驱动机构加速之际。

起升载荷质量包括有效起升载荷质量(有效起重量)、吊具和部分悬垂的起升钢丝绳等的质量。

注 2：部分悬垂的起升钢丝绳质量，建议取为按起升高度计算的起升钢丝绳质量的 50%。

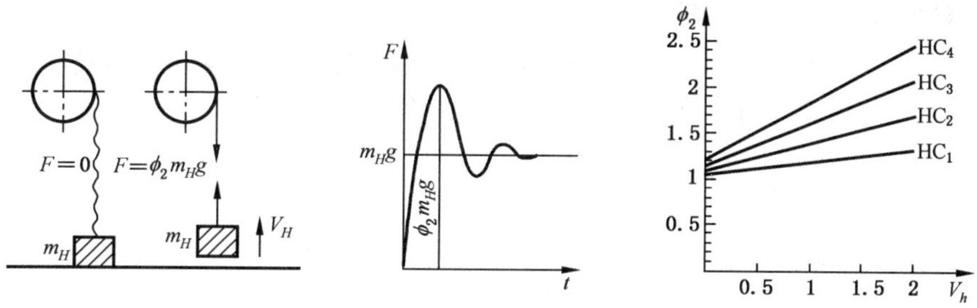

图 5　动力系数 ϕ_2

动力系数 ϕ_2 按式(7)计算。

$$\phi_2 = \phi_{2\min} + \beta_2 v_h \qquad \cdots\cdots\cdots\cdots(7)$$

式中：

ϕ_2 ——起升动力系数；

$\phi_{2\min}$ ——与起升状态级别相对应的起升动力系数的最小值，见表 15；

β_2 ——按起升状态级别设定的系数，见表 15；

v_h ——稳定起升速度，单位为米每秒(m/s)，与起升驱动型式及其操作方法有关，见表 16。

根据塔式起重机的动力特性和弹性特性，将其起升状态划分为 HC_1～HC_4 四个级别：结构刚度小且驱动系统有平稳的动力特性的为 HC_1 级，结构刚度大且驱动系统有速度突变的动力特性的为 HC_4 级，介于两者之间的为 HC_2 级和 HC_3 级。起升状态级别可以根据经验或塔式起重机的各具体类型确定。塔式起重机的起升状态级别举例参见附录 A。

ϕ_2 的值也可通过试验或分析来确定，此时不需考虑起升状态级别。

表 15　β_2 和 ϕ_2 值

起升状态级别	β_2	$\phi_{2\min}$
HC_1	0.17	1.05
HC_2	0.34	1.10
HC_3	0.51	1.15
HC_4	0.68	1.20

表 16　计算 ϕ_2 用的稳定起升速度 v_h 值

载荷组合 (见 4.4.5 和表 24)	起升驱动型式及其操作方法				
	HD1	HD2	HD3	HD4	HD5
A1 和 B1	$v_{h\max}$	v_{hCS}	v_{hCS}	$0.5v_{h\max}$	0
C1	—	$v_{h\max}$	—	$v_{h\max}$	$0.5v_{h\max}$

注：HD1 ——微速不可用，或者无微速也能开始起升；
HD2 ——只有在微速时才能开始起升；
HD3 ——在载荷起升离地前，起升机构的控制一直保持稳定微速；
HD4 ——开始起升是通过无级变速完成的；
HD5 ——起升机构的控制是自动的，并能保证变速带来的动态力可忽略不计；
$v_{h\max}$ ——最大稳定起升速度；
v_{hCS} ——稳定起升微速。

4.3.2.2.2　突然卸除部分起升载荷

对于以在空中突然卸除部分起升载荷为正常工作的塔式起重机,如使用抓斗或电磁盘在空中卸载的塔式起重机,作用在其上的最大动力效应,可用起升载荷乘以动力系数 ϕ_3(见图 6)来考虑。

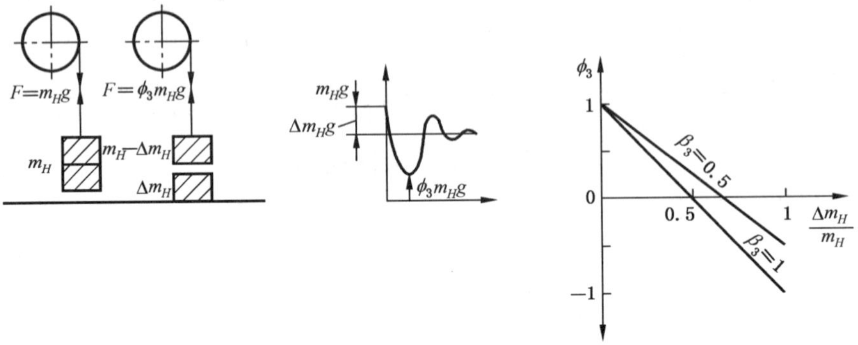

图 6　动力系数 ϕ_3

动力系数 ϕ_3 按式(8)计算:

$$\phi_3=1-\frac{\Delta m_H}{m_H}(1+\beta_3) \quad \cdots\cdots(8)$$

式中:

ϕ_3 ——突然卸载动力系数;

Δm_H ——在空中突然卸除的部分起升载荷质量(通常为有效起重量),单位为千克(kg);

m_H ——起升载荷质量,单位为千克(kg);

β_3 ——系数,对抓斗或类似的慢速卸载装置,$\beta_3=0.5$;对电磁盘或类似的快速卸载装置,$\beta_3=1.0$。

4.3.2.3　在不平轨道上运行引起的载荷

塔式起重机带载或空载运行在不平轨道上引起的垂直动力效应,应采用适当的塔式起重机或小车与运行轨道的模型,通过试验或计算进行估算和确定。

在计算其运行的动力效应时,应考虑其垂直加速效应,此时塔式起重机和起升载荷质量的重力应乘以动力系数 ϕ_4。

对于符合 GB/T 10183.1 的塔式起重机轮轨系统,当运行速度不大于 1.0 m/s 时,可取 $\phi_4=1.1$;当运行速度在 1.0 m/s～1.5 m/s 之间时,可取 $\phi_4=1.2$。对于小车轮轨系统,如果运行轨道的接头经过处理消除了阶差,则可取 $\phi_4=1.0$。

注:ϕ_4 值也可按 GB/T 22437.1—2008 的附录 D 或 EN 13001-2:2004+A3:2009 的 4.2.2.3 给出的单质量-弹簧模型估算。

4.3.2.4　驱动机构加速引起的载荷

驱动力产生的加速或减速在塔式起重机中引起的载荷,可用刚体动力学模型来计算。为此需要将总起升载荷视为固定在起重臂的端部或直接固定在小车的下方。

驱动力引起的载荷效应 $\hat{S}$ 作用在承受驱动力的部件上,也作用在塔式起重机和总起升载荷(总起重量的重力)上。由于刚体动力分析不能直接反映弹性效应,所以载荷效应 $\hat{S}$ 应使用

动力系数 ϕ_5 来计算(见图 7),如式(9)所示。

$$\hat{S}=S_i+\phi_5\Delta S \qquad \cdots\cdots(9)$$

式中:

$\hat{S}$ ——驱动力引起的载荷效应;

ΔS ——由驱动力变化量 $\Delta F(\Delta F=F_i-F_f)$ 引起的载荷效应变化量,$\Delta S=S_f-S_i$;

S_i、S_f ——由 F_i 和 F_f 引起的初始(i)载荷效应和最终(f)载荷效应;

F_i、F_f ——初始(i)驱动力和最终(f)驱动力;

ϕ_5 ——驱动机构加减速动力系数。

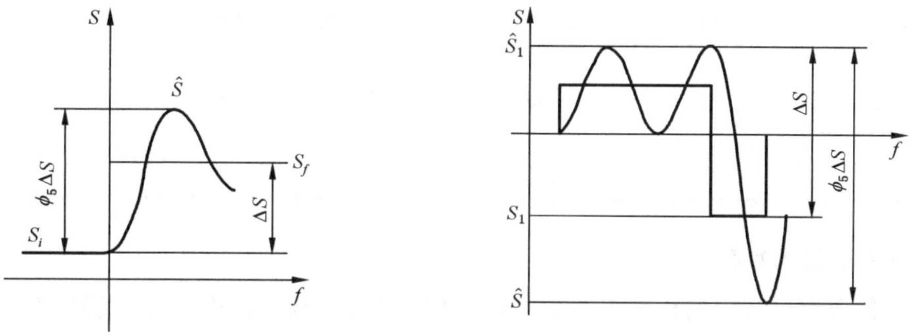

a) 驱动力从稳定状态开始变化　　b) 就位时的状况

图 7 动力系数 ϕ_5

ϕ_5 值按表 17 选取。

表 17 ϕ_5 的取值范围

序号	ϕ_5	适用情况
1	1.0	离心力
2	$1\leqslant\phi_5\leqslant1.5$	驱动机构没有反向冲击或者有不影响动态力的反向冲击,且驱动力变化平稳
3	$1.5\leqslant\phi_5\leqslant2$	驱动机构没有反向冲击或者有不影响动态力的反向冲击,但驱动力变化突然
4	3.0	驱动机构的反向冲击很大,又没有用"弹簧-质量模型"进行更精确的估算

如果一个可传递的动态力被摩擦力或驱动机构的特性所限定,则应采用该限定力和适合该系统的系数 ϕ_5,例如在轨道上运行的塔式起重机,其在水平面内起动和制动所引起的惯性力,就不应大于主动车轮与轨道之间的黏着力。

塔式起重机或起重小车在水平面内起动或制动时,其加、减速度值可以根据加、减速时间和所要达到的速度值来推算得到。如果未知,则可参考表 18 中所列的三种运行工作状况来选择与所要达到的速度相应的加速时间和加速度值。

表 18 加速时间和加速度值

要达到的速度 m/s	低速和中速长距离运行		正常使用中速和高速运行		高加速度、高速运行	
	加速时间 s	加速度 m/s^2	加速时间 s	加速度 m/s^2	加速时间 s	加速度 m/s^2
4.00	—	—	8.00	0.50	6.00	0.67
3.15	—	—	7.10	0.44	5.40	0.58
2.50	—	—	6.30	0.39	4.80	0.52
2.00	9.10	0.220	5.60	0.35	4.20	0.47
1.60	8.30	0.190	5.00	0.32	3.10	0.43
1.00	6.60	0.150	4.00	0.25	3.00	0.33
0.63	5.20	0.120	3.20	0.19	—	—
0.40	4.10	0.098	2.50	0.16	—	—
0.25	3.20	0.078	—	—	—	—
0.16	2.50	0.064	—	—	—	—

4.3.2.5 位移引起的载荷

应考虑包含在设计中的位移引起的载荷,例如在限定范围内引发补偿修正系统(如修正偏斜)响应必需的位移,或由预加应力引起的位移。

还需考虑的其他载荷,包括可能由在规定限制范围内的位移引起的载荷,例如由轨道之间的高度或轨距变化引起的载荷,或由支承物的不均匀沉降引起的载荷。

4.3.3 偶然载荷

4.3.3.1 工作状态风载荷

4.3.3.1.1 工作状态风载荷的估算

露天工作的塔式起重机应考虑风载荷的作用。假定风可沿任意水平方向吹(即可沿塔式起重机最不利的方向作用)。计算工作状态风载荷时,认为所有高度上的计算风压(计算风速)不变。

a) 垂直作用在塔式起重机构件纵轴线上的风载荷按式(10)计算。

$$\left.\begin{array}{l}\text{验算塔式起重机结构时:}P_{W1}=p_w CA\\ \text{验算起动驱动力时:}P_{W2}=\varepsilon_s p_w CA\\ \text{验算控制运动的驱动力时:}P_{W3}=\varepsilon_m p_w CA\end{array}\right\}\quad\cdots\cdots(10)$$

式中:

P_{W1}——验算工作状态下塔式起重机结构时,垂直作用在所指构件纵轴线上的风载荷,单位为牛顿(N);

P_{W2}——验算工作状态下起动驱动力时,垂直作用在所指构件纵轴线上的风载荷,单位为牛顿(N);

P_{W3}——验算工作状态下控制运动的驱动力时,垂直作用在所指构件纵轴线上的风载荷,单位为牛顿(N);

C ——所指构件的空气动力系数,与构件的特征面积 A 一起使用,见附录 B;

A ——所指构件的特征面积,单位为平方米(m^2),见附录 B;

ε_s ——起动驱动力系数,通常取 $\varepsilon_s=0.7$;

ε_m ——平均驱动力系数，通常取 $\varepsilon_m=0.37$；

p_w ——工作状态计算风速为 v_w 时的计算风压，单位为牛顿每平方米（N/m^2），见式（11）和表 19。

b) 沿风向作用在总起升载荷上的风载荷，其计算式同式（10）；但此时式中相关符号的含义有所不同，说明如下：

P_{W1}——工作状态沿风向作用在总起升载荷上的风载荷，单位为牛顿（N）；

C ——总起升载荷沿风向的空气动力系数；缺少总起升载荷详细资料时，取 $C=2.4$；

A ——总起升载荷在垂直于风向的平面上的投影面积，单位为平方米（m^2）；缺少总起升载荷详细资料时，取 $A=0.000\,5m_H$，其中 m_H 是总起升载荷的质量，单位为千克（kg），但 A 不应小于 $0.8\ m^2$。

4.3.3.1.2 工作状态的计算风压和计算风速

计算风压 p_w 按式（11）计算。

$$p_w=0.625v_w^2 \qquad \cdots\cdots(11)$$

式中：

p_w——工作状态计算风压，单位为牛顿每平方米（N/m^2）；常用的工作状态计算风压值见表 19；

v_w——工作状态计算风速，单位为米每秒（m/s），见表 19。

当风向与塔式起重机某一构件纵轴线不垂直时，应采用垂直于该构件纵轴线的计算风速分量 v_{ws} 来计算 p_w，$v_{ws}=v_w\cdot\sin\alpha_w$，其中 α_w 为风向与所指构件纵轴线之间的夹角。但计算沿风向作用在总起升载荷上的风载荷时，不应用 v_{ws} 代替 v_w。

计算风速 v_w 为空旷平坦地面离地高 10 m 处或海拔 10 m 处的阵风风速，即 3 s 时距平均瞬时风速，取为同样情况和高度处 10 min 时距平均风速 v_p 的 1.5 倍，即 $v_w=1.5v_p$。

10 min 时距平均风速 v_p 与风力等级（蒲福风级）有关，应按塔式起重机工作地的气象数据选取。如果塔式起重机可能在不同地区使用，则应将其设计成可适用于那些地区。

表 19 给出了工作状态常用的计算风速和计算风压值及其与 10 min 时距平均风速 v_p、风力等级的对应关系。制造商采用的风速和风压值，包括不同于表 19 的风速和风压值以及安装拆卸和试验时的风速和风压值，应在塔式起重机设计和使用说明书中说明。

表 19 工作状态常用的计算风压 p_w 和计算风速 v_s 及其相对应的 10 min 时距平均风速 v_p 和风力等级

工作条件	计算风压 p_w N/m^2	计算风速 v_w m/s	10 min 时距平均风速 v_p m/s	风力等级
预定只在较低风力中工作	125	14.1	9.4	5
在正常风力中工作	250	20.0	13.3	6
在 8 级风中继续工作	500	28.3	18.9	8

如果在塔式起重机最高处测得的风速在增加并趋向于达到计算风速 v_w，则应对其进行防护或应将其配置转换为安全的配置。这是因为防护塔式起重机的方法和/或措施以及所需的时间不同，所以应在风速较低的时候就开始进行防护。

注：任何细长的构件，当将其以纵轴线垂直于风向的方式放置在风流中时，可能会发生气动弹性振颤（如驰振或形成涡旋）。因此相应于工作状态和非工作状态风的情况，需考虑从设计上采取措施来防止这

些效应。

4.3.3.2 冰雪载荷

对于某些地区,应说明和考虑冰雪载荷,也应考虑因冰雪积结而增加的受风面积。

4.3.3.3 温度变化引起的载荷

对于某些地区,应说明和考虑当地的温度变化。

4.3.3.4 偏斜运行引起的载荷

设有导向装置(导向滚轮或车轮轮缘)的塔式起重机或小车,当其以恒速纵向或横向移动时,会在车轮的导向装置处产生偏斜载荷。该载荷是由导向的反作用力引起的水平力,导向反作用力使车轮偏离其自由滚动、自然纵行或横移的方向。

上述偏斜载荷一般视为偶然载荷,但其出现的频率随塔式起重机或小车的类型、配置、轮轴的平行度精度和维护情况而变化。在个别情况下,偏斜载荷的出现频率决定着是将其视为偶然载荷还是常规载荷。

采用车轮轮缘导向的,塔式起重机偏斜运行在轮缘与轨道之间引起的水平侧向力按附录C计算。

注:采用滚轮导向的,塔式起重机偏斜运行在车轮与轨道之间、导向装置与导轨之间引起的侧向力和切向力,可以用一个简化的机械模型来计算,见GB/T 22437.1—2008的附录F或EN 13001-2:2004+A3:2009的4.2.3.3。

使用普通底架时,塔式起重机的偏斜载荷可忽略不计。

由轨道运行机构的驱动力产生的加速或减速而在质量非对称分布的塔式起重机中引起的水平力(如有的话),视为常规载荷,在4.3.2.4中考虑。

4.3.4 特殊载荷

4.3.4.1 以最大起升速度提升地面载荷而引起的载荷

按4.3.2.2.1和表24,将用最大起升速度提升无约束的地面载荷而在塔式起重机上产生的动力效应所引起的载荷,视为特殊载荷纳入载荷组合C1。此时,动力系数ϕ_2按表16给出的与载荷组合C1相对应的稳定起升速度值来估算。

4.3.4.2 非工作状态风载荷

4.3.4.2.1 非工作状态风载荷的估算

应验算塔式起重机在非工作状态承受风力的能力。计算非工作状态风载荷时,应考虑不同高度上计算风压或计算风速的变化情况。

a) 垂直作用在塔式起重机构件纵轴线上的非工作状态风载荷按式(12)计算。

$$P_{WN}=K_h\,p_n\,CA \quad\quad (12)$$

式中:

P_{WN}——非工作状态垂直作用在所指构件纵轴线上的风载荷,单位为牛顿(N);

C——所指构件的空气动力系数,与构件的特征面积A一起使用,见附录B;

A——所指构件的特征面积,单位为平方米(m^2),见附录B;

K_h——风压高度变化系数,见表21;

p_n——非工作状态计算风速为v_n时的计算风压,单位为牛顿每平方米(N/m^2),见式(15)和表20。

b) 沿风向作用在剩余起升载荷上的非工作状态风载荷,其计算式同式(12);但此时式中相关符号的含义有所不同，说明如下：

P_{WN}——沿风向作用在剩余起升载荷上的风载荷，单位为牛顿(N)；

C ——剩余起升载荷沿风向的空气动力系数；缺少剩余起升载荷详细资料时，取 $C=2.4$；

A ——剩余起升载荷在垂直于风向的平面上的投影面积，单位为平方米(m^2)；缺少剩余起升载荷详细资料时，剩余起升载荷的投影面积按式(13)计算，但 A 不应小于 0.8 m^2。

$$A=0.000\,5\eta m_H \qquad \cdots\cdots(13)$$

式中：

m_H ——总起升载荷的质量，单位为千克(kg)；

η ——非工作状态下剩余起升载荷的系数，按式(14)计算。

$$\eta=1-\frac{\Delta m_H}{m_H} \qquad \cdots\cdots(14)$$

式中：

Δm_H——非工作状态要求从总起升载荷中卸除的起升载荷(通常为有效起升载荷或净起升载荷)的质量，单位为千克(kg)；

m_H ——同式(13)。

4.3.4.2.2 非工作状态计算风压和计算风速

计算风压 p_n 按式(15)计算。

$$p_n=0.625v_n^2 \qquad \cdots\cdots(15)$$

式中：

p_n——非工作状态计算风压，单位为牛顿每平方米(N/m^2)，见表 20；

v_n——非工作状态计算风速，单位为米每秒(m/s)，见表 20。

当风向与塔式起重机某一构件纵轴线不垂直时，应采用垂直于该构件纵轴线的计算风速分量 v_{nc} 来计算 p_n，$v_{nc}=v_n\cdot\sin\alpha_w$，其中 α_w 为风向与所指构件纵轴线之间的夹角。但计算沿风向作用在剩余起升载荷上的风载荷时，不应用 v_{nc} 代替 v_n。

计算风速 v_n 为空旷平坦地面离地高 10 m 处或海拔 10 m 处 50 年一遇的 10 min 时距平均暴风风速 v_b 的 1.4 倍，即 $v_n=1.4v_b$。v_b 根据风速观测数据经概率统计得出，与风力等级(蒲福风级)有关。

50 年一遇的 10 min 时距平均暴风风速 v_b 应按塔式起重机工作地的气象数据选取。如果塔式起重机可能在不同地区使用，则应将其设计成可适用于那些地区。在 $v_b\geqslant36$ m/s 或 $v_n\geqslant$ 50 m/s 的地区使用的塔式起重机，用户和制造商应就某些特殊条件达成一致。

如果在有产生飓风的地区安装塔式起重机或延长其使用周期，则按上述公式算出的非工作状态计算风速和风压，应根据气象资料和/或空气动力学方面的因素进行修正。

对依靠自身机构在非工作状态时能够将塔身方便缩回的塔式起重机，只需按其低位置进行非工作状态风载荷验算。这应在塔式起重机的使用说明书中写明，要求不工作时将塔身缩回固定好，以使其能抗御暴风的袭击。

表 22 给出了非工作状态常用的计算风速和计算风压值及其与 10 min 时距平均暴风风速 v_b、风力等级的对应关系。制造商采用的任何非工作状态风速和风压值，均应在塔式起重机设计和使用说明书中说明。

不同高度的计算风速 $v_n(h)$ 值,可按式(16)计算。

$$v_n(h)=[(h/10)^{0.14}+0.4]v_b \qquad \cdots\cdots(16)$$

式中:

$v_n(h)$——高度 h 处的非工作状态计算风速,单位为米每秒(m/s);

h ——离地面或海面的高度,单位为米(m);

v_b ——50 年一遇的 10 min 时距平均暴风风速,单位为米每秒(m/s)。

引入式(16),式(12)、式(15)可改为式(17):

$$\left.\begin{aligned}P_{WN}&=p_n(h)\times C\times A\\p_n(h)&=0.625\ (K_{hv}\times v_b)^2\end{aligned}\right\} \qquad \cdots\cdots(17)$$

式中:

$p_n(h)$——高度 h 处的非工作状态计算风压,单位为牛顿每平方米(N/m²);

K_{hv} ——风速高度变化系数,$K_{hv}=(h/10)^{0.14}+0.4$;

式中其他符号同式(12)、式(16)。

表 20 非工作状态计算风压和计算风速

地 区	计算风压 p_n^{b} N/m²	与 p_n 相应的计算风速 v_n^{c} m/s
内 陆[a]	500～600	28.3～31.0
沿 海[a]	600～1 000	31.0～40.0
台湾地区及南海诸岛	1 500	49.0

[a] 非工作状态计算风压的取值,内陆的华北、华中和华南地区宜取小值,西北、西南、东北和长江下游等地区宜取大值;沿海以上海为界,上海可取 800 N/m²,上海以北取小值,以南取大值。可根据当地气象资料提供的10 m高处 50 年一遇的 10 min 时距平均暴风风速 v_b 来算出计算风速 $v_n/v_n(h)$ 和计算风压 $p_n/p_n(h)$。

[b] 海上航行的塔式起重机,可取 $p_n=1\ 800$ N/m²,但不再考虑风压高度变化,即取 $K_h=1$。

[c] 沿海地区、台湾地区及南海诸岛港口大型塔式起重机抗风防滑系统及锚定装置的设计,所用的计算风速 v_n 不应小于 55 m/s(v_b 不应小于 39.3 m/s)。

表 21 风压高度变化系数 K_h

项目: $K_h=\left[\dfrac{(h/10)^{0.14}+0.4}{1.4}\right]^2$

高度 h m	≤10	10～20	20～30	30～40	40～50	50～60	60～70	70～80	80～90	90～100	100～110	110～120	120～130	130～140	140～150
K_h	1.00	1.09	1.21	1.29	1.36	1.42	1.47	1.52	1.56	1.60	1.63	1.67	1.70	1.73	1.75
高度 h m	150～160	160～170	170～180	180～190	190～200	200～210	210～220	220～230	230～240	240～250	250～260	260～270	270～280	280～290	290～300
K_h	1.78	1.80	1.83	1.85	1.87	1.89	1.91	1.93	1.95	1.97	1.99	2.01	2.02	2.04	2.05

注: 计算非工作状态风载荷时,可沿高度划分成 10 m 高的等风压段,以各段中点高度的系数 K_h(即表列数字)乘以计算风压;也可以取结构顶部的计算风压作为塔式起重机全高的定值风压。

表 22　非工作状态常用的计算风压 p_n 和计算风速 v_n 及其相对应的 10 min 时距平均风速 v_b 和风力等级

p_n N/m²	v_n m/s	v_b m/s	风力等级
600	31.0	22.1	9
800	35.8	25.6	10
1 000	40.0	28.6	11
1 100	42.0	30.0	11
1 200	43.8	31.3	11
1 300	45.6	32.6	12
1 500	49.0	35.0	12
1 800	53.7	38.4	13
1 890	55.0	39.3	13

4.3.4.3　试验载荷

试验载荷应作用在处于工作状态配置的塔式起重机上，试验过程中其配置不应改变，如加大平衡重。

试验载荷应乘以动力系数 ϕ_6。系数 ϕ_6 的取值如下：

a)　动载试验：试验载荷由驱动机构以塔式起重机工作的方式来移动，试验载荷所包含的净起升载荷(净起重量的重力)至少应为额定起重量重力的 110%。此时 ϕ_6 按式(18)计算。

$$\phi_6 = 0.5(1+\phi_2) \qquad \cdots\cdots(18)$$

式中：

ϕ_6——动载试验时的载荷动力系数；

ϕ_2——按 4.3.2.2 计算的动力系数。

b)　静载试验：试验时不使用驱动机构，试验载荷用加载的方式加在塔式起重机上，试验载荷所包含的净起升载荷(净起重量的重力)至少应为额定起重量的 125%。此时 $\phi_6=1$。

验算试验载荷工况时，至少应考虑由计算风速 $v_w=8.3$ m/s(对应计算风压 $p_w=43$ N/m²)引起的风载荷。

4.3.4.4　缓冲力产生的载荷

在使用缓冲器时，用刚体分析法算出的因碰撞而产生的力，应乘以考虑其弹性效应的动力系数 ϕ_7。

动力系数 ϕ_7 的取值如下：

——对于具有线性特性的缓冲器：$\phi_7=1.25$；

——对于具有矩形特性的缓冲器：$\phi_7=1.6$；

——对于具有其他特性的缓冲器，应采用经计算或试验证明的 ϕ_7 值(见图 8)。

ϕ_7 的中间值可按式(19)估算。

$$\left.\begin{array}{ll} 0\leqslant\xi\leqslant0.5 \text{ 时：} & \phi_7=1.25 \\ 0.5\leqslant\xi\leqslant1 \text{ 时：} & \phi_7=1.25+0.7(\xi-0.5) \end{array}\right\} \qquad \cdots\cdots(19)$$

式中的 ξ 值见图 8。

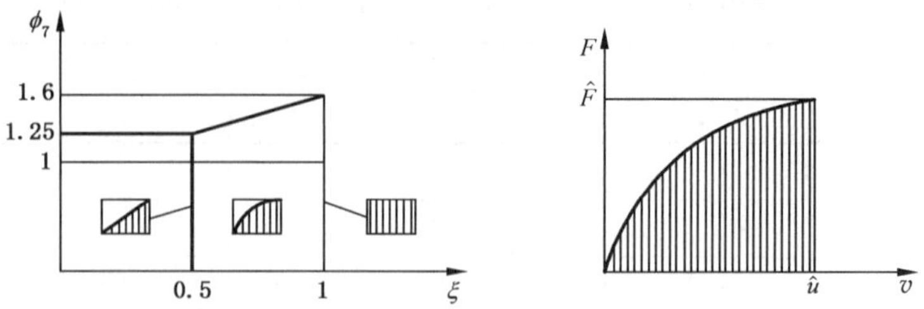

说明：

$$\xi = \frac{1}{\hat{F}\hat{u}}\int_0^{\hat{u}} F_b \mathrm{d}u$$

式中：

ξ ——相对缓冲能量；

$\hat{F}$ ——最大缓冲力；

F_b——缓冲力；

$\hat{u}$ ——最大缓冲行程；

u ——缓冲行程。

图8　动力系数 ϕ_7

缓冲力应由塔式起重机所有相关部件以0.7倍～1倍的额定速度运行时的动能来算出；如果有特殊措施保证该值较小(例如另外设有使运动减速的自动控制系统)，则即使该值小于0.7也可采用。如果塔式起重机或小车绕垂直轴的转动受到限制，且其结构是刚性的，则两侧缓冲器的变形应认为相等；此时若缓冲器的特性也类似，则两侧的缓冲力将相等。

如果塔式起重机或小车绕垂直轴的转动不受限制，或其结构是挠性的，缓冲力的计算应考虑相关质量的分布情况和缓冲器特性。

计算缓冲力时，不需要考虑水平方向上无约束(自由摆动)的悬挂载荷的动力效应。但是，如果塔式起重机在与缓冲器发生碰撞之前降低了运行速度，向前摆动的载荷有可能在缓冲器压缩的同时接近其最大摆幅，此时应将起升载荷的质量乘以减速度作为接触缓冲器之前增大的水平载荷。

当塔式起重机的运行速度不大于0.7 m/s且装有终端行程限位开关时，可不必考虑缓冲力。

4.3.4.5　意外停机引起的载荷

意外停机(如停电)引起的载荷按4.3.2.4计算，计算时应考虑停机瞬间最不利的驱动状态(即加速力与起升载荷的最不利组合)。

如缺乏详细数据，计算时可取 $\phi_5=2.0$。

4.3.4.6　机构或部件预期失效引起的载荷

如果采用工作制动加紧急制动为塔式起重机提供保护，则认为失效和紧急制动动作均发生在最不利状态下。

当为了安全而采用两套机构或部件，或者其他保护措施时，若任一系统的任何部分失效，则应认为该机构、部件或保护措施发生了失效。

由此产生的载荷应按 4.3.2.4 计算，计算时考虑所产生的冲击。

4.3.4.7 塔式起重机基础受到外部激励引起的载荷

塔式起重机基础受到外部激励的实例是地震或其他振波引起的振动。在必要时，由外部激励引起的载荷应明确规定和考虑。

4.3.4.8 安装、拆卸和运输引起的载荷

应考虑在安装、拆卸过程中的每一个阶段发生的作用在塔式起重机上的各项载荷，包括由计算风速 $v_w=14.1\ m/s$（对应计算风压 $p_w=125\ N/m^2$，不考虑高度变化）引起的风载荷。构件或部件在任何情况下都应进行在这些载荷作用下的承载能力验算。

在某些情况下，也需考虑在运输过程中产生的载荷，如整体拖运时拖运轮组所受的载荷，并应考虑运输时的动力效应。

4.3.5 作用在塔式起重机通道上的载荷

作用在塔式起重机通道上的载荷都是局部载荷，只作用在通道及其支承构件上。这些载荷的大小与结构的用途和载荷的作用位置有关。

应考虑下列载荷：

——可堆放物料处的垂直载荷：3 000 N；

——只作通道用时所承受的垂直载荷：1 500 N；

——栏杆扶手应能承受不小于 300 N 的水平载荷，具体视其位置和用途而定。

4.4 载荷组合

4.4.1 通则

采用“极限状态法”进行验算时，选定的载荷组合中的载荷需乘以分项载荷系数 γ_p（见表 24）。

也可采用有总安全系数 γ_f 的“许用应力法”。

本标准给出的安全系数是根据经验并考虑了特定载荷或加载的通常误差而确定的。

4.4.2 高危险度系数应用

在某些情况下工作的塔式起重机（例如核能用塔式起重机），如失效会对人员或经济造成极为严重的后果，因此引入特定的高危险度系数来提高其可靠性。高危险度系数按式(20)计算。

$$\gamma_n=1.05^{n_r} \qquad \cdots\cdots(20)$$

式中：

γ_n——高危险度系数；

n_r——幂指数，$1\leqslant n_r\leqslant 14$；$n_r$ 应根据具体使用要求来选取。

对于有高度危险的情况，当采用许用应力法时，应用高危险度系数 γ_n 来放大总安全系数以降低许用应力；当采用极限状态法时，应用高危险度系数 γ_n 来放大组合载荷。

4.4.3 质量分布类别

对应于分项载荷系数在重力载荷中的应用，可将塔式起重机划分为两个质量分布类别：

a) 质量分布类别为 MDC1 的塔式起重机：

对于塔式起重机或其部件，如果作用在塔式起重机不同部件质量上的重力引起的所有载荷，都增加了验算所选的所有关键点的载荷效应（“不利”）且不受预加位移（“预加应力”）的影响，则认为这些塔式起重机或其部件的质量分布类别为 MDC1（见图 9）。

对这种情况,应采用特定的分项载荷系数 γ_p 值(见表 23)。

b) 质量分布类别为 MDC2 的塔式起重机:

塔式起重机或其一个部件,如果其中至少有一个基本构件,塔式起重机某一部分质量的重力载荷在其上减小了其载荷效应,或者其载荷效应受预加位移("预加应力")的影响,则认为该塔式起重机或该部件的质量分布类别为 MDC2(见图 9)。对这种情况,总质量应分为"不利的质量"(其重力作用增加了所产生的载荷效应)和"有利的质量"(其重力作用降低了所产生的载荷效应)。

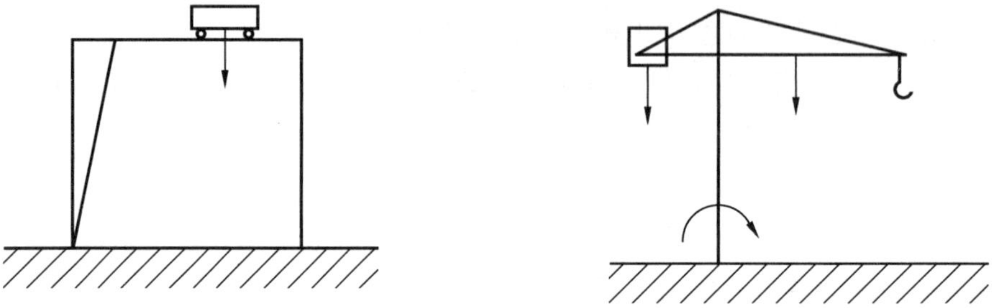

a) 质量分布类别为 MDC1 的塔式起重机　　b) 质量分布类别为 MDC2 的塔式起重机

图 9 两种不同的质量分布类别示意图

4.4.4 塔式起重机质量的分项载荷系数

对于塔式起重机的质量,分项载荷系数 γ_p 应根据塔式起重机部件质量的确定方法和载荷效应的类型按表 23 选取。

分项载荷系数的选取应对每一个相关的荷载组合分别进行,并且一个质量在不同的载荷组合中可能有不同的分项载荷系数。

对于质量分布类别为 MDC2 的起重机,其某一质量,对其某一基本构件的某一载荷效应可能被认为是"有利的",而对另一载荷效应、另一基本构件或另一载荷组合则可能被认为是"不利的"。如果该质量的作用能减小所产生的载荷效应,就认为是"有利的"。如果塔式起重机的一个部件(如塔式起重机的上部回转结构)既有有利质量又有不利质量,则其在同一个载荷组合中只能有一个与其重心相关的分项载荷系数。

表 23 分项载荷系数 γ_p 的值

确定塔式起重机部件的质量和重心的方法	4.4.5 的载荷组合					
	A		B		C	
	MDC1/MDC2 不利	MDC2 有利	MDC1/MDC2 不利	MDC2 有利	MDC1/MDC2 不利	MDC2 有利
计算	1.22	1.00	1.16	1.00	1.10	1.00
称量	1.16	1.10	1.10	1.05	1.05	1.00

4.4.5 载荷组合说明

表 24 给出了各种基本载荷组合,用于防静强度失效和弹性失稳验算。

在验算疲劳强度时,应考虑载荷组合 A 并将所有分项载荷系数 γ_p 设为 1.0。某些情况下载荷组合 B 和/或 C 可能对疲劳的影响很大，也应予以考虑。

考虑无风工作、有风工作和在特殊载荷作用下工作或非工作三种情况，表 24 将载荷组合分为 A、B、C 三类：

a) 载荷组合 A 包括常规载荷的组合：

- A1：起升和下降载荷

  通常应将这些载荷进行组合，以反映两个运动方向上的满载或空载的塔式起重机在加速、减速和就位时的情况；以及在起升地面载荷或起升位于地面的吊具时，只应与在预定的正常驱动控制下进行正常工作的其他驱动机构（不包括起升机构）引起的驱动加速力相组合；

- A2：突然卸除部分起升载荷

  此时应按 A1 的驱动加速力组合；

- A3：悬挂着载荷或吊具

  悬挂着载荷或吊具时，应与在预定的正常驱动控制下进行正常工作的任何驱动机构（包括起升机构）或这些机构在就位移动时连续的一系列动作引起的驱动加速力或减速力进行任何组合；

- A4：在不平轨道上运行

  此时应按 A1 的驱动加速力组合。

b) 载荷组合 B 包括常规载荷与偶然载荷的组合：

- B1～B4：与相应的载荷组合 A1～A4 相同，但还应考虑工作状态风载荷和其他环境作用引起的载荷；
- B5：塔式起重机正常工作时在不平轨道上恒速偏斜运行，有工作状态风载荷和其他环境作用引起的载荷。

c) 载荷组合 C 包括常规载荷、偶然载荷和特殊载荷的组合：

- C1：塔式起重机在工作状态下，以最大起升速度起升地面载荷，所采用的 ϕ_2 见 4.3.2.2.1；
- C2：塔式起重机在非工作状态下，包括非工作状态风载荷和其他环境作用引起的载荷；
- C3：塔式起重机在试验状态下，包括试验风载荷；对于动载试验，还应按 A1 的驱动加速力组合；
- C4：塔式起重机带有起升载荷与缓冲力相组合；
- C5：塔式起重机带有起升载荷与意外停机引起的载荷相组合；
- C6：塔式起重机带有起升载荷与机构失效引起的载荷相组合；
- C7：塔式起重机带有起升载荷与起重机基础受外部激励引起的载荷相组合；
- C8：塔式起重机安装、拆卸和运输引起的载荷。

表 24　载荷与载荷组合表

载荷类型	载荷 f_i	行号 i	相应条款	载荷组合 A 分项载荷系数 γ_p	A1	A2	A3	A4	载荷组合 B 分项载荷系数 γ_p	B1	B2	B3	B4	B5	载荷组合 C 分项载荷系数 γ_p	C1	C2	C3	C4	C5	C6	C7	C8
常规载荷	重力 加速力 冲击力：塔式起重机质量	1	4.3.2.1	γ_p[a]	ϕ_1	ϕ_1	1	—	γ_p[a]	ϕ_1	ϕ_1	1	—	—	γ_p[a]	ϕ_1	1	ϕ_1	1	1	1	1	1
	重力 加速力 冲击力：起升载荷质量	2	4.3.2.2	1.34	ϕ_2	ϕ_3	1	—	1.22	ϕ_2	ϕ_3	1	—	—	1.1	—	η	—	1	1	1	1	—
	重力 加速力 冲击力：在不平轨道上运行的塔式起重机和起升载荷质量	3	4.3.2.3	1.22	—	—	—	ϕ_4	1.16	—	—	—	ϕ_4	ϕ_4	—	—	—	—	—	—	—	—	—
	驱动加速力：塔式起重机和起升载荷质量 不含起升机构	4	4.3.2.4	1.34	ϕ_5	ϕ_5	—	ϕ_5	1.22	ϕ_5	ϕ_5	—	ϕ_5	—	1.1	—	—	ϕ_5	—	—	—	—	—
	驱动加速力：塔式起重机和起升载荷质量 含起升机构	5			—	—	ϕ_5	—		—	—	ϕ_5	—	—		—	—	—	—	—	—	—	—
	位移引起的载荷	6	4.3.2.5	1	1	1	1	1	1	1	1	1	1	1	1	1	1	1	1	1	1	1	1
偶然载荷	环境作用：工作状态风载荷	7	4.3.3.1	—	—	—	—	—	1.22	1	1	1	1	1	1.16	—	—	1	—	—	—	—	—
	环境作用：冰雪载荷	8	4.3.3.2	—	—	—	—	—	1.22	1	1	1	1	1	1.1	—	1	—	—	—	—	—	—
	环境作用：温度变化引起的载荷	9	4.3.3.3	—	—	—	—	—	1.16	1	1	1	1	1	1.05	—	1	—	—	—	—	—	—
	偏斜载荷	10	4.3.3.4	—	—	—	—	—	1.16	—	—	—	—	1	—	—	—	—	—	—	—	—	—
特殊载荷	最大起升速度起升地面载荷	11	4.3.4.1	—	—	—	—	—	—	—	—	—	—	—	1.1	ϕ_2	—	—	—	—	—	—	—
	非工作状态风载荷	12	4.3.4.2	—	—	—	—	—	—	—	—	—	—	—	1.16	—	1	—	—	—	—	—	—
	试验载荷	13	4.3.4.3	—	—	—	—	—	—	—	—	—	—	—	1.1	—	—	ϕ_6	—	—	—	—	—
	缓冲力	14	4.3.4.4	—	—	—	—	—	—	—	—	—	—	—	1.1	—	—	—	ϕ_7	—	—	—	—
	意外停机引起的载荷	15	4.3.4.5	—	—	—	—	—	—	—	—	—	—	—	1.1	—	—	—	—	ϕ_5	—	—	—
	机构失效引起的载荷	16	4.3.4.6	—	—	—	—	—	—	—	—	—	—	—	1.1	—	—	—	—	—	ϕ_5	—	—
	基础受外部激励引起的载荷	17	4.3.4.7	—	—	—	—	—	—	—	—	—	—	—	1.1	—	—	—	—	—	—	1	—
	安装、拆卸和运输发生的载荷	18	4.3.4.8	—	—	—	—	—	—	—	—	—	—	—	1.1	—	—	—	—	—	—	—	1
总安全系数 γ_f				—	1.48				—	1.34					—	1.22							
抗力系数 γ_m				1.1	—				1.1	—					1.1	—							

[a] 塔式起重机质量的分项载荷系数见表 23。

4.5 抗倾覆稳定性和抗风防滑安全性

4.5.1 基本要求与假定

4.5.1.1 塔式起重机应通过计算来校核其整体抗倾覆稳定性。对于露天工作并在轨道上运行的塔式起重机,还应校核其抗风防滑安全性。

4.5.1.2 校核计算的假定是,塔式起重机在坚实、水平的支承面上或轨道上工作。若塔式起重机需要在倾斜面上工作,在校核计算时制造商应考虑此特定条件,加上倾斜坡度的影响并予以说明。

注:也可按 GB/T 20304—2006 的第 4 章来进行抗倾覆稳定性的验算。

4.5.2 抗倾覆稳定性

4.5.2.1 抗倾覆稳定性的验算

塔式起重机整体或其部件的抗倾覆稳定性(刚体稳定性),按表 25 规定的五种工况和计算载荷进行验算。

在验算中,塔式起重机的配置及其零部件的位置、各项载荷和力作用的方向及其影响,均按实际可能出现的最不利组合来考虑。

对于表 25 规定的每种工况,分别计算其各项载荷对倾覆边的力矩,当稳定力矩的代数和大于倾覆力矩的代数和时,则认为该塔式起重机在该工况下其整体是稳定的。其中自重载荷产生稳定力矩,除自重载荷外其他载荷产生倾覆力矩。

4.5.2.2 在轨道上带载运行的塔式起重机

对于在轨道上带载运行的塔式起重机,还应当考虑制造商在使用说明书中规定的轨道允许的最大垂直高度差和坡度所引起的载荷,并将其作为其他载荷列入表 25 工况Ⅱ中。

4.5.2.3 地震或其他的基础外部激励效应

在具体使用现场或地区如有地震或其他的基础外部激励效应,则在相应的工作状态或非工作状态抗倾覆稳定性验算中,将其作为附加的载荷情况予以考虑(参见 4.3.4.7)。

4.5.2.4 吊具质量引起的载荷

按表 25 计算时,应考虑塔式起重机所有吊具引起的载荷,包括工作状态所用的固定吊具。

4.5.2.5 抗后倾覆稳定性

工作状态下抗后倾覆稳定性按表 25 中的工况Ⅲ计算。

4.5.2.6 风载荷的作用

4.5.2.6.1 工作状态风载荷按最不利方向施加。

4.5.2.6.2 对于不能随风自由回转的塔式起重机,非工作状态风载荷按最不利方向施加。对于可随风回转的塔式起重机,非工作状态风载荷应按设计预期的方向施加于塔式起重机的上部结构,并按最不利方向施加于塔式起重机的下部结构。

4.5.2.7 塔式起重机的基础

制造商应提供在允许使用的所有工况中(包括有非工作状态风载荷作用时),塔式起重机对地面或基础作用的载荷,并说明与其相对应的使用工况。如果用塔式起重机的基础来实现其部分或全部抗倾覆稳定时,制造商还应规定对该基础的要求。当塔式起重机需在斜面上作业时,制造商应考虑相应的验算工况。

4.5.2.8 临时辅助稳定装置

在表 25 的工况Ⅰ至Ⅳ的状态下，塔式起重机不使用临时辅助稳定装置时，也应是稳定的。

临时辅助稳定装置可用来满足表 25 中工况Ⅴ的抗倾覆稳定性要求，即可用临时辅助稳定装置来保证安装或拆卸时的抗倾覆稳定性。

可用可拆卸的压重来满足表 25 工况Ⅳ的抗倾覆稳定性要求。但当没有这些外加的压重，并且将风载荷取为 1.1 P_{WN}[P_{WN} 见式(12)]时，该塔式起重机也应符合稳定要求。

表 25 抗倾覆稳定性验算的工况和计算载荷

工况和计算条件		载荷名称	载荷值
正常工作状态	Ⅰ 基本稳定性(静态、无风)	自重载荷	P_G
		起升载荷	$1.6P_Q$
		风 载 荷	0
		惯 性 力	0
	Ⅱ 动态稳定性(动态、有风)	自重载荷	P_G
		起升载荷	$1.35P_Q$
		风 载 荷	P_{W1}
		惯 性 力	P_D
	Ⅲ 抗后倾覆稳定性(有向后吹的风，且突然空中卸载)	自重载荷	P_G
		起升载荷	$-0.2P_Q$
		风 载 荷	P_{W1}
		惯 性 力	0
非工作状态	Ⅳ 抗暴风稳定性(非工作时遭暴风袭击)	自重载荷	P_G
		起升载荷	P_{Q1}
		风 载 荷	$1.2P_{WN}$
		惯 性 力	0
安装拆卸	Ⅴ安装拆卸稳定性(在许可的风中进行安装或拆卸)	自重载荷	P_G
		水平载荷	$0.1\ P_2$
		垂直载荷	$1.16\ P_2$
		风 载 荷	P'_{W1}
		惯 性 力	P_D

注：P_G ——自重载荷(塔式起重机的重力)，见 4.3.2.1；
P_D ——由机构驱动产生的惯性力，此时取 $\phi_5=1$，见 4.3.2.4；
P_Q ——包含额定起重量的总起重量的重力；
P_{Q1} ——剩余起升载荷；
P_2 ——安装或拆卸时被装上或拆除的部件的重力，见图 10 的示例；
P_{W1} ——塔式起重机工作状态风载荷，见式(10)；
P_{WN} ——塔式起重机非工作状态风载荷，见式(12)；
P'_{W1} ——塔式起重机安装拆卸工况的风载荷，见 4.3.4.8。

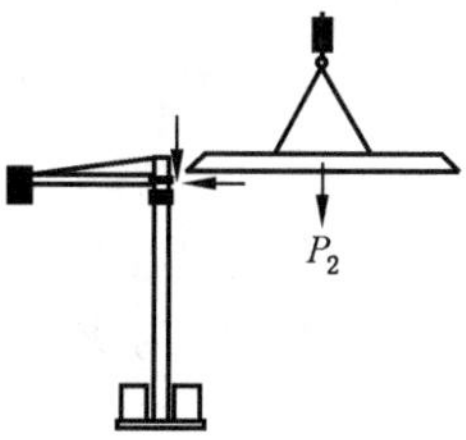

图 10　安装起重臂时的载荷 P_2 示例

4.5.2.9　变形的影响

如果按二阶理论计算的塔式起重机在最不利的配置和最不利的载荷组合工况下的变形在塔身中增加的弯矩不大于 10%(可按 $N/N_E<0.1$ 界定，N、N_E 见 5.4.2.1.1)，则在抗倾覆稳定性验算中可不考虑此变形的影响，以简化计算。但是，如该变形的影响超出上述范围，则表 25 各工况的倾覆力矩应考虑按二阶理论计算的变形的影响。

4.5.2.10　安装和拆卸过程中的抗倾覆稳定性

应根据塔式起重机的型式和安装/拆卸程序，对在安装和拆卸过程中各个阶段的危险状态进行抗倾覆稳定性验算。

4.5.3　抗风防滑安全性

4.5.3.1　基本要求

对于露天工作并在轨道上运行的塔式起重机，无论工作状态还是非工作状态，其在轨道的每个位置都应保持稳定，不应在相应极限风力作用下沿轨道滑移。

4.5.3.2　正常工作时

核算抗风防滑安全性时，塔式起重机的正常工作状态设定为带载、顺风、下坡运行制动，此时抗风防滑安全性按式(21)验算。

$$P_{Z1} \geqslant 1.2\ P_{W1} + P_{\alpha G} + 1.35\ P_{\alpha Q} + P_D - P_f \qquad \cdots\cdots(21)$$

式中：

P_{Z1}——运行机构制动器在车轮踏面上产生的制动力，单位为牛顿(N)；

P_{W1}——同式(10)；

$P_{\alpha G}$——自重载荷沿坡道方向产生的滑行力，单位为牛顿(N)；

$P_{\alpha Q}$——额定起升载荷沿坡道方向产生的滑行力，单位为牛顿(N)；

P_D——塔式起重机运行停机减速惯性力，单位为牛顿(N)，按 4.3.2.4 计算，取 $\phi_5=1$；

P_f——塔式起重机运行摩擦阻力，单位为牛顿(N)。$P_f=\omega(P_G+P_Q)$，其中 P_G、P_Q 见表 25，ω 为运行摩擦阻力系数，按表 26 选取。

当制动力 P_{Z1} 大于被制动车轮与轨道的黏着力(即摩擦力)时，P_{Z1} 用被制动车轮与轨道的黏着力代替。计算黏着力时，摩擦系数 f 按表 26 选取。仅有部分车轮制动力大于车轮与轨道的黏着力时，则应按不同情况的车轮分别进行计算。

4.5.3.3　非工作状态

在非工作状态(暴风侵袭)，应使用锚定装置(如夹轨器)防止塔式起重机在非工作状态最大风力作用下沿轨道滑移。塔式起重机非工作状态的抗风防滑安全性按式(22)验算。

$$P_{Z2} \geqslant 1.2\, P_{WN} + P_{\alpha G} + P_{\alpha Q1} - P_f \quad \cdots\cdots(22)$$

式中：

P_{Z2} ——制动器、夹轨器等装置沿轨道方向产生的抗风防滑阻力，单位为牛顿(N)，夹轨器单独作用时 $P_{Z2}= P\times f$，其中 P 为夹轨器对轨道产生的夹持力，f 为摩擦系数，按表 26 选取；

P_{WN} ——塔式起重机非工作状态风载荷，单位为牛顿(N)，见式(12)；

$P_{\alpha G}$ ——同式(21)；

$P_{\alpha Q1}$ ——剩余起升载荷(即表 25 的 P_{Q1})沿坡度产生的滑行力，单位为牛顿(N)；

P_f ——非工作状态下塔式起重机的运行摩擦阻力，单位为牛顿(N)；$P_f=\omega(P_G+P_{Q1})$，其中 P_G、P_{Q1} 见表 25，ω 为运行摩擦阻力系数，按表 26 选取。

当制动器的制动力大于被制动车轮与轨道的黏着力时，则用其黏着力来代替其抗风防滑阻力而计算出 P_{Z2}。计算黏着力时，摩擦系数 f 按表 26 选取。仅有部分车轮制动力大于车轮与轨道的黏着力时，则应按不同情况的车轮分别进行计算。

表 26 运行摩擦阻力系数和摩擦系数

运行摩擦阻力系数 ω		摩擦系数 f	
装滑动轴承的车轮	装减摩(滚动)轴承的车轮	轨道与制动车轮之间	轨道与夹轨钳之间
0.015	0.006	0.14	0.25

4.6 支承反力的确定

4.6.1 基本原则

确定塔式起重机支承反力时，应考虑塔式起重机及其底架、支腿与基础组成的系统的联合工作情况。附着式和内爬式塔式起重机还应考虑与建筑物支承组成的系统的联合工作。

4.6.2 轨道运行式和带有底架的固定式塔式起重机

4.6.2.1 垂直支承反力

支座或车轮(台车)的垂直支承反力一般按刚性底架四支点支承来计算。当一个车轮或支座的支承反力出现负值时，应按三支点支承重新计算。

4.6.2.2 轨道运行式塔式起重机的水平支承反力(水平力)

轨道运行式塔式起重机沿轨道方向的水平支承反力(由运行机构制动所产生)的绝对值，不应大于制动车轮与轨道之间的黏着力。

轨道运行式塔式起重机的缓冲力见 4.3.4.4，偏斜运行引起的偏斜载荷见 4.3.3.4。

4.6.3 附着式塔式起重机

塔身附着于建筑物或构筑物的塔式起重机，应按弹性支座的多跨连续梁来计算其支承反力，该力即为附着装置的载荷。

塔身上部最高附着点(塔身悬臂支承端)的支承反力最大，应取该反力值作为附着装置及建筑物支承装置的计算载荷。

4.6.4 内爬式塔式起重机

计算内爬式塔式起重机支承反力时，应根据具体支承方案确定简化力学模型。

4.7 轨道和基础

4.7.1 通则

4.7.1.1 塔式起重机的轨道和地基基础应能承受塔式起重机工作状态和非工作状态的最大载荷，并应满足塔式起重机抗倾覆稳定性的要求。

4.7.1.2 塔式起重机地基基础设计，应以所设置场地的岩土工程勘察报告作为地质条件的依据。

4.7.1.3 如果基础设计限制了塔式起重机的独立高度，应明确说明这种情况下最大独立高度。

4.7.1.4 在具体使用现场或地区如有地震或其他的基础外部激励效应，或者政府法令或技术规范对此有明确的要求，则塔式起重机用户应向基础设计者提出要求并提供地震谱等信息，设计者在设计验算中应将其作为特殊载荷予以考虑。

4.7.2 轨道及其基础

应特别注意轨道转弯处的设计、布置和敷设。

不应焊接或加热轨道，除非得到熟悉材料和焊接的专业工程师的许可。

塔式起重机的大车运行轨道应符合 GB 5144、GB/T 10183.1 的要求。

轨道基础按工作需要可采用碎石基础或混凝土基础，并符合 GB 5144 的要求。

4.7.3 固定式混凝土基础

4.7.3.1 通则

4.7.3.1.1 安装塔式起重机的固定式混凝土基础，应尽量采用方形基础。

4.7.3.1.2 地基主要受力层的承载力特征值 f_a 不宜小于 1.60×10^5 N/m²，并由所设置场地的岩土工程勘察来验证。如不满足要求，宜按 JGJ 79 的规定对地基进行处理，使其满足要求。

当基础宽度大于 3 m 或埋置深度大于 0.5 m 时，应将岩土工程勘察报告提供的地基承载力特征值，按 GB 50007 的规定进行修正。经过处理的复合地基，其 f_a 值应按 JGJ 79 的规定计算。

4.7.3.2 混凝土基础验算的基本要求

4.7.3.2.1 混凝土基础至少应验算表 25 规定的五种工况。

4.7.3.2.2 在验算时，塔式起重机的结构形态及其零部件的位置、各项载荷和力作用的方向及其影响，均按实际可能出现的最不利组合来考虑。

4.7.3.2.3 在采用表 25 规定的计算载荷进行验算时，基础底面允许部分脱开地基土的面积不应大于其底面面积的 1/2。

基础的强度及其地基的承载能力和稳定性应满足 4.7.3.3～4.7.3.5 的要求。此外，还应注意某些施工等对地基产生干扰的情况。

4.7.3.3 方形地基承载能力和基础底面脱开地基土的面积的验算

4.7.3.3.1 基础底面平均压应力 p_k

基础底面平均压应力 p_k 应满足式(23)。

$$p_k=\frac{F_k+G_k}{b^2}\leqslant f_a \qquad \cdots\cdots(23)$$

式中：

p_k——基础底面处的平均压应力值，单位为牛顿每平方米(N/m²)；

F_k——塔式起重机作用于基础顶的垂直载荷,单位为牛顿(N),见图 11;

G_k——基础及其上土的自重载荷(重力),单位为牛顿(N),见图 11;

b ——基础底面边长,单位为米(m),见图 11;

f_a——修正后的地基承载力特征值,单位为牛顿每平方米(N/m^2),见 4.7.3.1.2。

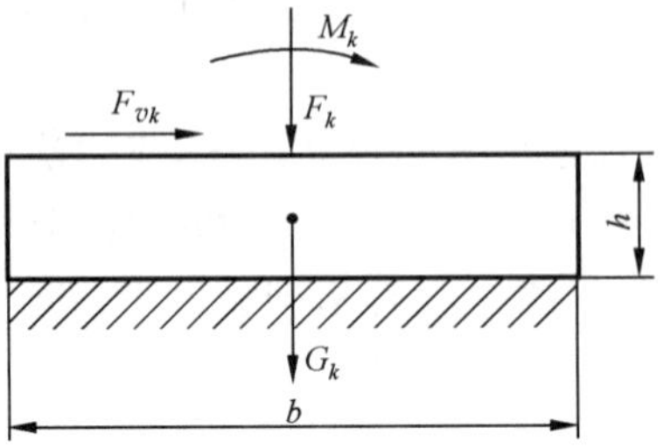

图 11 作用在基础上的载荷

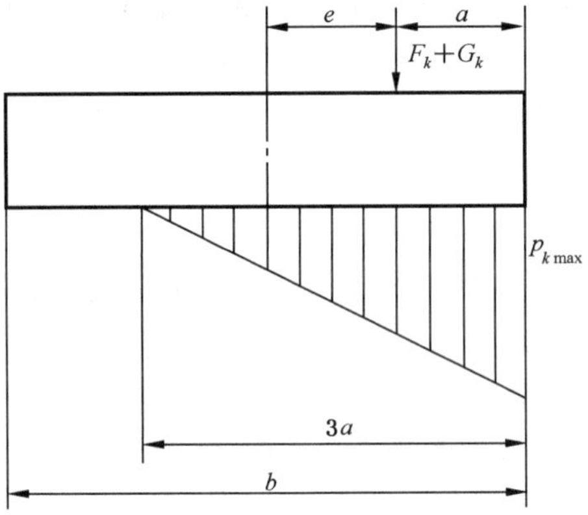

图 12 偏心距 $e>b/6$ 时的基础底面压应力计算示意图

4.7.3.3.2 基础底面最大压应力 $p_{k\max}$ 和最小压应力 $p_{k\min}$

基础底面边缘的最大压应力 $p_{k\max}$ 应满足式(24),基础底面边缘的最小压应力 $p_{k\min}$ 按式(25)计算。

$$p_{k\max}=\frac{F_k+G_k}{b^2}+\frac{M_k+F_{vk}\times h}{W}\leqslant 1.2\ f_a \quad \cdots\cdots(24)$$

$$p_{k\min}=\frac{F_k+G_k}{b^2}-\frac{M_k+F_{vk}\times h}{W} \quad \cdots\cdots(25)$$

式中:

$p_{k\max}$——基础底面边缘的最大压应力值,单位为牛顿每平方米(N/m^2);

$p_{k\min}$——基础底面边缘的最小压应力值,单位为牛顿每平方米(N/m^2);

M_k ——塔式起重机起重臂与基础底面某一边平行时,作用于基础顶面的力矩值,单位为牛顿米(N·m),见图 11;

F_{vk} ——塔式起重机起重臂与基础底面某一边平行时,作用于基础顶面的水平载荷值,单位为牛顿(N),见图 11;

h ——基础的厚度,单位为米(m),见图 11;

W ——基础地面的抵抗矩，单位为三次方米(m^3)，$W=b^3/6$；

式中其他符号同式(23)。

4.7.3.3.3 基础底面脱开地基土面积的验算

当按式(25)计算的 $p_{k\ min}<0$(即偏心距 $e>b/6$)时，基础底面边缘的最大压应力 $p_{k\ max}$应满足式(26)，同时应验算基础底面脱开地基土的面积。

按 4.7.3.2.3 的规定，在采用表 25 规定的计算载荷进行验算时，基础底面允许部分脱开地基土的面积不应大于其底面面积的 1/2，即偏心距 e 应满足式(27)。

$$p_{k\ max}=\frac{2(F_k+G_k)}{3ba}\leqslant 1.2f_a \qquad \cdots\cdots(26)$$

式中：

a ——合力作用点至基础底面最大压力边缘的距离，单位为米(m)，见图 12，$a=(b/2)-e$；

式中其他符号同式(23)、式(24)。

$$e=\frac{M_k+F_{vk}\times h}{F_k+G_k}\leqslant\frac{b}{3} \qquad \cdots\cdots(27)$$

式中：

e ——偏心距，即合力作用点至基础中心的距离，单位为米(m)，见图 12；

式中其他符号同式(23)、式(24)。

4.7.3.4 地基稳定性验算

设置在斜坡上或边坡附近的塔式起重机基础，应按 GB 50007 的规定进行地基稳定性验算。

4.7.3.5 基础的强度和构造

基础的强度和构造，应根据具体情况，按 GB 50010、JGJ 94 进行设计和验算。

基础中与塔式起重机连接的钢结构构件，应按 4.7.3.2 和第 5 章等有关规定进行设计和验算。

基础的厚度不宜小于 1 m。

4.8 运输

塔式起重机的运输应符合铁路和公路运输的有关规定。

整体拖运的塔式起重机的拖运轮组的轴负荷不应超过 1.3×10^5 N。拖运轮组应设有驻车制动器，保证在 6%的坡度上能可靠制动。

4.9 平衡重

上回转塔式起重机可按塔身受载最小的原则确定平衡重质量。

下回转塔式起重机应根据抗倾覆稳定性条件确定平衡重质量。

4.10 安全要求

塔式起重机应符合 GB 5144 规定的安全要求。

5 结构

5.1 通则

5.1.1 一般要求

塔式起重机金属结构应进行强度(包括疲劳强度)、刚性和弹性稳定性验算，并满足抗脆性破坏规定的要求。

本标准不考虑材料的塑性影响，即不接受按塑性理论计算的极限承载能力。

本标准仅考虑名义应力，即采用传统材料弹性强度理论计算的应力，不包括局部应力集中效应，见4.1.2。如果在本标准规定的验算中采用其他应力计算方法(如有限元分析)计算的应力，则会得到偏于保守的结果。

5.1.2 计算方法

塔式起重机钢结构及其连接的设计计算可采用极限状态法或许用应力法。当结构件内力与载荷呈非线性关系时，宜采用极限状态法，见4.1.7。

极限状态法和许用应力法的验算步骤见4.1.7。采用“极限状态法”进行验算时，选定的载荷组合中的载荷(见4.3和4.4)需先乘以各自的分项载荷系数 γ_p(见表24)。

5.1.3 计算规定

5.1.3.1 本章中计算公式均按极限状态法给出。若用许用应力法，则所有强度和弹性稳定计算公式左端的弯矩、扭矩、轴向力都不考虑分项载荷系数 γ_p 和高危险度系数 γ_n(见4.4.2)，右端的极限设计应力 limσ 改为许用应力[σ]，许用应力[σ]用屈服点 σ_s 除以总安全系数 γ_f(见表24)得到，即：[σ]$=\sigma_S/\gamma_f$；管接头计算时所有的 γ_{M5} 用 $\gamma_f\gamma_{M5}/\gamma_m$ 代替(γ_m 为抗力系数，取为1.1，见表24)。

此外，若用许用应力法进行弹性稳定性验算，则在正文和附录J的公式中，所有轴力比 N/N_E 处，均需在 N 前乘以 $\alpha=1.22$ 的调整系数，式(55)中的轴力 N 也需乘以该 α 调整系数。

5.1.3.2 用极限状态法验算结构和构件静态刚性时，取分项载荷系数 $\gamma_p=1$。

5.2 材料及其极限设计应力

5.2.1 结构件材料及其极限设计应力

5.2.1.1 结构件材料

5.2.1.1.1 塔式起重机承载结构件钢材的选择，应考虑结构的重要性、载荷特征、应力状态、连接方式和塔式起重机工作温度等因素。

主要承载结构的构件，宜采用力学性能不低于GB/T 700规定的Q235或GB/T 699规定的20钢；也可采用力学性能不低于GB/T 1591规定的Q345高强度钢材。

采用厚度大于50 mm的钢板作为焊接承载构件时应慎重，当用作拉伸、弯曲等受力构件时，需增加横向取样的拉伸和冲击韧性检验。

下列承载结构的构件不应采用沸腾钢：

a) 符合下列情况的焊接结构：
   - 直接承受动载荷且需要验算疲劳的结构；
   - 虽可以不验算疲劳但工作环境温度低于－20 ℃时直接承受动载荷的结构以及受拉、受弯的重要承载结构；
   - 工作环境温度低于或等于－30 ℃的所有承载结构。

b) 工作环境温度低于或等于－20 ℃时直接承受动载荷且需要计算疲劳的非焊接结构。

5.2.1.1.2 采用高强度钢材的结构构件，应特别注意选择合理的焊接工艺，进行相应的焊接试验，以减小其内应力，防止焊缝开裂及控制高强度钢材结构的变形。

5.2.1.1.3 室外工作塔式起重机的结构工作环境温度，在用户未特别提出时，可取为塔式起重机使用地点的年最低日平均温度。对不确定使用地点的塔式起重机，工作环境温度由设计制造单位根据销售情况确定。

5.2.1.1.4　为使所选的结构件钢材具有足够的抗脆性破坏安全性,应根据影响脆性破坏的条件来选择钢材的质量组别,即应评价导致构件钢材材脆性破坏的下列各因素的影响:

——纵向残余拉伸应力与自重载荷引起的纵向拉伸应力的联合作用;

——构件材料的厚度;

——工作环境的温度。

考虑影响脆性破坏因素评价的钢材质量组别选择方法参见附录 D。

5.2.1.1.5　钢铸件宜采用符合 GB/T 11352 或 GB/T 14408 的铸钢。

5.2.1.2　结构件材料的极限设计应力

结构件材料的极限设计应力见表 27。

表 27　结构件材料的极限设计应力

材料的屈服点 σ_s 与抗拉强度 σ_b 的比值	拉伸、压缩、弯曲极限设计应力 $\lim\sigma$	剪切极限设计应力 $\lim\tau$	端面承压极限设计应力 $\lim\sigma_c$
$\frac{\sigma_s}{\sigma_b}\leqslant 0.7$ 时	$\lim\sigma=\frac{\sigma_s}{\gamma_m}$	$\lim\tau=\frac{\lim\sigma}{\sqrt{3}}$	$\lim\sigma_c=1.4\lim\sigma$
$\frac{\sigma_s}{\sigma_b}>0.7$ 时	$\lim\sigma=\frac{0.5\sigma_s+0.35\sigma_b}{\gamma_m}$		

注:σ_s ——材料的屈服点(当材料无明显的屈服点时,取 σ_s 为 $\sigma_{0.2}$,$\sigma_{0.2}$ 为材料标准拉力试验残余应变达 0.2%时的试验应力),单位为牛顿每平方毫米(N/mm^2);

σ_b ——材料的抗拉强度,单位为牛顿每平方毫米(N/mm^2);

$\lim\sigma$ ——材料的拉伸、压缩、弯曲极限设计应力,单位为牛顿每平方毫米(N/mm^2);

γ_m ——抗力系数,取为 1.1;

$\lim\tau$ ——材料的剪切极限设计应力,单位为牛顿每平方毫米(N/mm^2);

$\lim\sigma_c$——材料的端面承压极限设计应力,单位为牛顿每平方毫米(N/mm^2)。

5.2.2　连接材料及其极限设计应力

5.2.2.1　焊条、焊丝

手工焊接所用焊条应符合 GB/T 5117、GB/T 5118 的要求。焊丝应符合 GB/T 8110、GB/T 5293的要求。

直接承受动载荷的焊接结构宜采用碱性低氢型焊条。

焊条、焊丝及焊剂应与母材的力学性能相适应。

5.2.2.2　螺栓、销轴等

普通螺纹连接用螺栓、螺母的机械性能和材料应符合 GB/T 3098.1、GB/T 3098.2 和 GB/T 3098.4的要求。

高强度螺栓、螺母和垫圈的机械性能和材料应符合 GB/T 1231 和 GB/T 3632 的要求;对于未包含在 GB/T 1231 和 GB/T 3632 内的,应符合 GB/T 3098.1、GB/T 3098.2 和 GB/T 3098.4的要求。

销轴的材料宜采用符合 GB/T 699 规定的 45 钢或符合 GB/T 3077 规定的 40Cr、35CrMo、42CrMo 等钢材,并进行必要的热处理。

5.2.2.3 连接材料的极限设计应力

焊缝的极限设计应力见表28,螺栓、销轴连接的极限设计应力见表29。

表28 焊缝的极限设计应力

焊缝形式			拉、压极限设计应力 $\lim\sigma_W$	剪切极限设计应力 $\lim\tau_W$
对接焊缝	质量分级	B、C	$\lim\sigma$	$\frac{\lim\sigma}{\sqrt{2}}$
		D	$0.8\lim\sigma$	$0.8\frac{\lim\sigma}{\sqrt{2}}$
角焊缝	自动焊、手工焊		—	$\frac{\lim\sigma}{\sqrt{2}}$

注1:$\lim\sigma$——见表27。
注2:表中给出的极限设计应力是计算焊缝静强度时采用的数值,计算疲劳强度时见疲劳计算的有关规定。
注3:焊缝质量分级按GB/T 19418的规定。

表29 螺栓和销轴连接的极限设计应力

接头种类	应力种类	螺栓或销轴	结构件
铰制孔螺栓连接(A、B级螺栓)	拉伸	$\lim\sigma'=0.8\frac{\sigma_{sl}}{\gamma_m}$	—
	单剪切	$\lim\tau=\frac{\sigma_{sl}}{1.3\sqrt{3}\gamma_m}$	—
	多剪切	$\lim\tau=\frac{\sigma_{sl}}{\sqrt{3}\gamma_m}$	—
	单剪切承压	—	$\lim\sigma_c=1.4\lim\sigma$
	多剪切承压	—	$\lim\sigma_c=1.8\lim\sigma$
普通螺栓连接(C级螺栓)	拉伸	$\lim\sigma'=0.8\frac{\sigma_{sl}}{\gamma_m}$	—
	单剪切	$\lim\tau=\frac{\sigma_{sl}}{1.3\sqrt{3}\gamma_m}$	—
	多剪切	$\lim\tau=\frac{\sigma_{sl}}{\sqrt{3}\gamma_m}$	—
	单剪切承压	—	$\lim\sigma_c=1.1\lim\sigma$
	多剪切承压	—	$\lim\sigma_c=1.4\lim\sigma$

表 29（续）

<table>
<tr><th>接头种类</th><th>应力种类</th><th>螺栓或销轴</th><th>结构件</th></tr>
<tr><td rowspan="5">销轴连接</td><td>拉伸</td><td>$\lim\sigma' = \lim\sigma$</td><td>—</td></tr>
<tr><td>单剪切</td><td>$\lim\tau = \frac{\lim\sigma}{1.3\sqrt{3}}$</td><td>—</td></tr>
<tr><td>多剪切</td><td>$\lim\tau = \frac{\lim\sigma}{\sqrt{3}}$</td><td>—</td></tr>
<tr><td>单剪切承压</td><td>—</td><td>$\lim\sigma_c = 1.1\lim\sigma$</td></tr>
<tr><td>多剪切承压</td><td>—</td><td>$\lim\sigma_c = 1.4\lim\sigma$</td></tr>
<tr><td colspan="4">注 1：$\lim\sigma'$——螺栓或销轴的拉伸极限设计应力，单位为牛顿每平方毫米（N/mm^2）；
$\lim\tau$——螺栓或销轴的剪切极限设计应力，单位为牛顿每平方毫米（N/mm^2）；
$\lim\sigma_c$——螺栓或销轴连接中的结构件端面承压极限设计应力，单位为牛顿每平方毫米（N/mm^2）；
$\lim\sigma$——见表 27；
γ_m——抗力系数，取为 1.1；
σ_{sl}——与螺栓性能等级相对应的螺栓名义屈服点，见表 30。
注 2：当销轴在工作中可能产生微动时，应采用多剪切形式，结构件的承压极限设计应力适当降低，取单剪切形式的承压极限设计应力。</td></tr>
</table>

表 30 螺栓和螺柱的机械性能

<table>
<tr><th rowspan="3">序号</th><th rowspan="3">机械性能</th><th colspan="10">性能等级</th></tr>
<tr><th rowspan="2">4.6</th><th rowspan="2">4.8</th><th rowspan="2">5.6</th><th rowspan="2">5.8</th><th rowspan="2">6.8</th><th colspan="2">8.8</th><th>9.8</th><th rowspan="2">10.9</th><th rowspan="2">12.9</th></tr>
<tr><th>$d \leqslant 16mm$</th><th>$d > 16mm$</th><th>$d \leqslant 16mm$</th></tr>
<tr><td>1</td><td>抗拉强度 σ_{bl}
N/mm^2</td><td>400</td><td>400</td><td>500</td><td>500</td><td>600</td><td>800</td><td>800</td><td>900</td><td>1 000</td><td>1 200</td></tr>
<tr><td>2</td><td>名义屈服点 σ_{sl}
N/mm^2</td><td>240</td><td>320</td><td>300</td><td>400</td><td>480</td><td>640</td><td>640</td><td>720</td><td>900</td><td>1 080</td></tr>
<tr><td colspan="12">注：d——螺栓或螺柱公称直径。</td></tr>
</table>

5.3 静强度验算

5.3.1 结构件的强度验算

5.3.1.1 通则

塔式起重机受拉、受压、受弯、受扭结构件的强度验算可按通常的力学方法进行，计算应力应小于规定的极限设计应力（极限状态法）或许用应力（许用应力法）。此外，视结构件受力的具体情况，还应进行 5.3.1.2～5.3.1.5 的强度验算。

5.3.1.2 复合应力

当结构件的同一验算点上受有两个方向的较大正应力 σ_x、σ_y 及较大的剪应力 τ 时，还应按式(28)验算复合应力。

$$\sqrt{\sigma_x^2+\sigma_y^2-\sigma_x\sigma_y+3\tau^2}\leqslant \lim\sigma \quad \cdots\cdots(28)$$

式中：

σ_x、σ_y——结构件同一验算点上两个垂直方向的正应力，带各自的正负号，单位为牛顿每平方毫米(N/mm^2)；

τ ——结构件同一验算点上的剪应力，单位为牛顿每平方毫米(N/mm^2)；

$\lim\sigma$ ——见表27。

5.3.1.3 普通螺栓连接的结构件

普通螺栓连接的轴心受拉(压)结构件的强度按式(29)验算。

$$\frac{\gamma_s N}{A_j}\leqslant \lim\sigma \quad \cdots\cdots(29)$$

式中：

A_j ——所验算截面的净面积，单位为平方毫米(mm^2)，见图13；

N ——作用于连接处的轴向力，单位为牛顿(N)；

γ_s ——考虑开孔对结构件应力的影响系数，取 $\gamma_s=1.2$；

$\lim\sigma$ ——见表27。

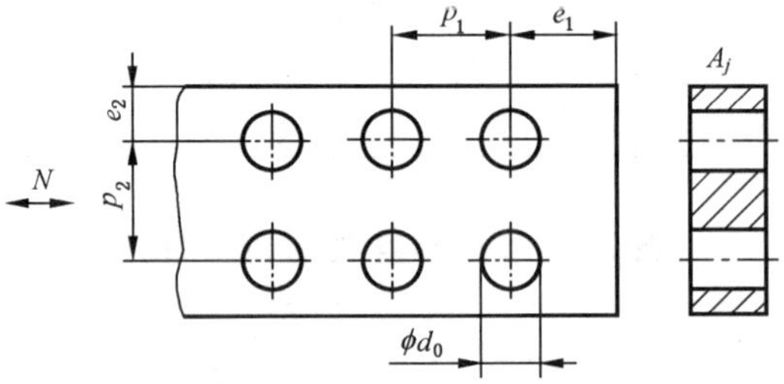

图13 螺栓连接接头

5.3.1.4 摩擦型高强度螺栓连接的结构件

高强度螺栓连接的轴心受拉(压)结构件的强度按式(30)验算。

$$\frac{N'}{A_j}\leqslant \lim\sigma \quad \cdots\cdots(30)$$

式中：

A_j ——所验算截面的净面积，单位为平方毫米(mm^2)；

$\lim\sigma$ ——见表27；

N' ——作用于连接处的计算轴向力，单位为牛顿(N)，按式(31)计算。

$$N'=N\left(1-0.5\frac{n_1}{n}\right) \quad \cdots\cdots(31)$$

式中：

N ——作用于连接处的轴向力，单位为牛顿(N)；

n ——结构件一端或对称连接一边的高强度螺栓数，见图14；

n_1 ——所验算截面处(连接接头的最外列螺栓处)的高强度螺栓数，见图14。

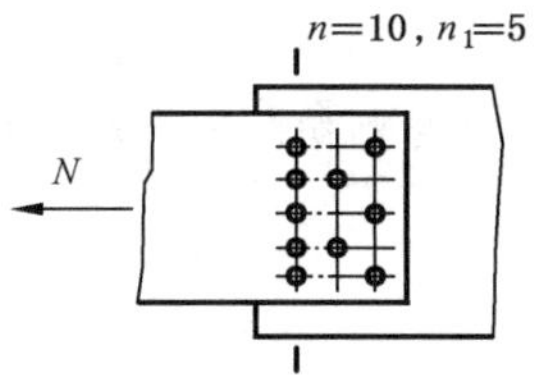

图 14 高强度螺栓连接

5.3.1.5 销轴连接的结构件

5.3.1.5.1 通则

本标准中的销轴连接验算，适用于符合下列条件的销轴连接：

——销轴为圆形；

——不约束被连接件之间转动；

——承受载荷的销轴连接，即不适用于只作为附属便利工具的销轴连接；

——销轴和孔之间的配合公差符合 GB/T 1800.2—2009 的 h13/H13 或更紧密；在承受变向载荷时，应采用紧密的配合公差；

——所有销轴均有防止其脱出销轴孔的防脱装置；

——当预定允许销轴连接在承载的情况下转动时，防脱装置应能限制销轴的轴向位移；

——被连接件的刚度应能限制其平面外（出平面）的局部变形（表面凹陷）。

5.3.1.5.2 抗剪承载能力

销轴连接的轴心受拉结构件按式(32)验算其抗剪承载能力。

$$\frac{N}{2t(c+d_0/2)} \leqslant \lim\tau \quad \cdots\cdots\cdots\cdots(32)$$

式中：

N ——作用于连接处的轴向力，单位为牛顿(N)；

b、c、t ——几何尺寸，单位为毫米(mm)，见图 15，要求 $c \geqslant b$；

d_0 ——销孔直径，单位为毫米(mm)，见图 15；

$\lim\tau$ ——见表 27。

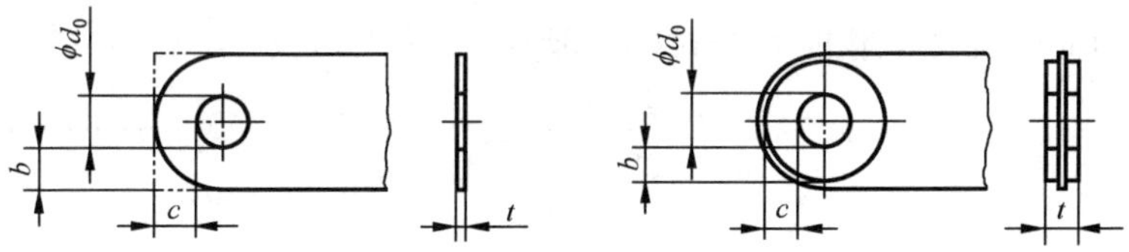

图 15 销轴连接接头

5.3.1.5.3 抗拉承载能力

销轴连接的轴心受拉结构件应按式(33)验算其抗拉承载能力：

$$\frac{\gamma_s N}{2tb_e} \leqslant \lim\sigma \quad \cdots\cdots\cdots\cdots(33)$$

式中：

N ——作用于连接处的轴向力，单位为牛顿(N)；

b_e ——尺寸，取($2t+16$ mm)和 b 两者中的小值，b、t 为几何尺寸，单位为毫米(mm)，见

图 15；

γ_s ——考虑开孔对结构件应力的影响系数，取 $\gamma_s=1.2$；

$\lim\sigma$——见表 27。

5.3.2 连接的强度验算

5.3.2.1 焊缝连接

对接焊缝连接的计算应力按连接中最薄的板厚 t 计算，当不用引弧板施焊时，焊缝的计算长度为实际长度减去 $2t$。

对接焊缝受拉(压)力和剪力共同作用时的强度按式(34)验算。

$$\sqrt{\sigma^2+2\tau^2}\leqslant \lim\sigma_W \qquad \cdots\cdots(34)$$

式中：

σ ——焊缝的拉(压)力应力，单位为牛顿每平方毫米(N/mm^2)；

τ ——焊缝的剪应力，单位为牛顿每平方毫米(N/mm^2)；

$\lim\sigma_W$——见表 28。

角焊缝按照抗剪强度验算，焊缝的有效高度一般取 $0.7h_f$，h_f 为较小的焊脚尺寸；焊缝的计算长度取为实际长度减去 $2h_f$；当角焊缝受不同方向力作用时，应先求得作用在焊缝上的轴力、剪力、扭矩和弯矩，分别计算各自产生的剪应力按方向叠加，最后按式(35)验算合成剪应力。

$$\sqrt{\tau_x^2+\tau_y^2}\leqslant \lim\tau_W \qquad \cdots\cdots(35)$$

式中：

τ_x、τ_y——同一验算点上两个垂直方向的剪应力，单位为牛顿每平方毫米(N/mm^2)；

$\lim\tau_W$——见表 28。

5.3.2.2 螺栓连接

5.3.2.2.1 普通螺栓连接

5.3.2.2.1.1 通则

普通螺栓中的C级螺栓连接只能用于使螺栓受拉的连接和临时固定，不应用于承受动载的主要受力结构；A级和B级螺栓连接可用于承受动载的结构。普通螺栓应根据表 29 给定的极限设计应力验算螺杆的拉伸、抗剪承载能力以及螺栓孔的抗挤压承载能力。

5.3.2.2.1.2 抗剪承载能力

每个螺栓剪切面的抗剪承载能力按式(36)验算。

$$\frac{F}{A}\leqslant \lim\tau \qquad \cdots\cdots(36)$$

式中：

F ——作用于该螺栓螺杆截面的剪力，单位为牛顿(N)；

A ——螺栓螺杆的截面积，单位为平方毫米(mm^2)；如果剪切面在光面螺杆的范围内，则 A 为按光面螺杆直径计算的截面积；如果剪切面在螺杆螺纹范围内，则 A 为按螺纹螺杆的有效直径计算的有效面积(螺栓有效计算面积)；

$\lim\tau$——见表 29。

5.3.2.2.1.3 抗挤压承载能力

每个螺栓挤压面的抗挤压承载能力按式(37)验算。

$$\frac{\alpha\times F}{d\times t}\leqslant \lim\sigma_c \qquad \cdots\cdots(37)$$

式中：

F ——作用于该螺栓的剪力，单位为牛顿(N)；

d ——螺栓公称直径，单位为毫米(mm)；

t ——螺栓挤压面厚度(不含有螺纹部分)，单位为毫米(mm)；

$\lim\sigma_c$ ——见表 29；

α ——系数，取为$(3d_0/e_1)$、(σ_b/σ_{bl})和 1.0 三者之中的较大值，其中：

σ_b ——螺栓连接中结构件的抗拉强度，单位为牛顿每平方毫米(N/mm^2)；

σ_{bl} ——螺栓材料的抗拉强度，见表 30；

d_0 ——螺栓孔直径，单位为毫米(mm)，见图 13；

e_1 ——几何尺寸，单位为毫米(mm)，见图 13。

图 13 所示的几何尺寸 e_1、e_2、p_1、p_2和 d_0应同时满足式(38)。

$$e_1 \geqslant 2d_0, e_2 \geqslant 1.5d_0, p_1 \geqslant 3d_0, p_2 \geqslant 3d_0 \quad \cdots\cdots(38)$$

5.3.2.2.1.4 抗拉承载能力

普通螺栓用于拉力连接，分为允许连接接合面分离和不允许连接接合面分离两种情况进行验算：

——如果不允许连接的接合面分离，则螺栓应施加预紧力，并按 5.3.2.2.2.3 的高强螺栓承受拉力的相关规定进行验算；

——如果允许连接接合面分离，则每个螺栓抗拉承载能力按式(39)验算。

$$\frac{F}{A_l} \leqslant \lim\sigma' \quad \cdots\cdots(39)$$

式中：

F ——作用于该螺栓的拉力，单位为牛顿(N)；

A_l ——螺栓有效计算面积，单位为平方毫米(mm^2)；

$\lim\sigma'$——见表 29。

5.3.2.2.2 高强度螺栓连接

5.3.2.2.2.1 通则

高强度螺栓连接可以承受剪力、拉力、力矩和组合载荷。

5.3.2.2.2.2 承受剪力

高强度螺栓连接接头所承受的剪力是通过接头摩擦面之间的摩擦力来传递的，接头所承受的剪力不应大于所有螺栓极限承载能力之和，单个螺栓的极限承载能力按式(40)计算。

$$\lim F_{ts} = \frac{\mu F_1 Z_s}{\gamma_s \gamma_m} \quad \cdots\cdots(40)$$

式中：

$\lim F_{ts}$——单个高强度螺栓的极限承载能力，单位为牛顿(N)；

μ ——抗滑移系数，按表 31 选取；

F_1 ——单个高强度螺栓的预紧力，单位为牛顿(N)，按表 32 确定；

Z_s ——接头摩擦面数；

γ_s ——连接孔形影响系数，按表 33 确定；

γ_m ——抗力系数，取为 1.1。

表 31　抗滑移系数 μ 值

连接处接合面的处理方法	构件材料钢号	
	Q235	Q345 及其以上
喷砂或喷砂后生赤锈	0.45	0.50
喷砂(酸洗)后涂无机富锌漆	0.35	0.40
钢丝刷清浮锈或未经处理的干净轧制表面	0.30	0.35

表 32　单个高强度螺栓的预紧力 F_1 值

性能等级	抗拉强度 σ_{bl} N/mm²	屈服点 σ_{sl} N/mm²	预紧力 F_1 kN									
			M16	M18	M20	M22	M24	M27	M30	M33	M36	M39
8.8	≥800	≥640	70	86	110	135	158	205	250	310	366	437
10.9	≥1 000	≥900	99	120	155	190	223	290	354	437	515	615
12.9	≥1 200	≥1 080	119	145	185	229	267	347	424	525	618	738
螺栓有效计算面积 A_l mm²			157	192	245	303	353	459	561	694	817	976
注：表中预紧力值按 $0.7\sigma_{sl}A_l$ 计算，其中 σ_{sl} 取各挡中的最小值。												

表 33　高强度螺栓连接孔形影响系数 γ_s

摩擦面出现滑移的影响	螺栓连接通孔类型			
	精或中等装配[a]	粗装配[b]或较短长孔[c]	短长孔[d]或 长孔[e]	长孔[f]
严重	1.14	1.34	1.63	2.00
不严重	1.00	1.14	1.41	1.63

[a] 精装配或中等装配圆通孔，按 GB/T 5277 确定。

[b] 粗装配圆通孔，按 GB/T 5277 确定。

[c] 长孔，且长度≤1.25d，受力方向垂直孔长方向，d——螺栓公称直径，单位为毫米(mm)。

[d] 长孔，且长度≤1.25d，受力方向平行孔长方向。

[e] 长孔，且长度>1.25d，受力方向垂直孔长方向。

[f] 长孔，且长度>1.25d，受力方向平行孔长方向。

5.3.2.2.2.3　承受拉力

高强度螺栓连接承受拉力时，接头接合面之间有分离趋势。接头设计应保证在外拉力作用下，接合面之间有一定的压紧力，不应出现分离现象，同时要求高强度螺栓不破坏。因此，在轴向受拉的连接中，单个高强度螺栓在螺杆轴向所能承受的极限拉力 $\lim F_N$ 按式(41)计算，并不应大于 $0.8F_1$(F_1 为螺栓的预紧力，见表 32)。

$$\lim F_N = \frac{0.2\sigma_{sl}A_l}{\gamma_m\beta} \quad \cdots\cdots(41)$$

式中：

$\lim F_N$——单个高强度螺栓在螺杆轴向所能承受的极限拉力，单位为牛顿(N)；

σ_{sl} ——高强度螺栓材料的屈服点，单位为牛顿每平方毫米(N/mm²)，可取为表 32 中的最低值；

A_l ——高强度螺栓有效截面积，单位为平方毫米(mm^2)，可按表 32 选取；

γ_m ——抗力系数，取为 1.1；

β ——载荷分配系数，与连接板总厚度 L 和螺栓直径 d 有关，按表 34 选取；但对图 16 所示的连接形式(例如塔身标准节的连接)，则一律取 $\beta=0.21$。

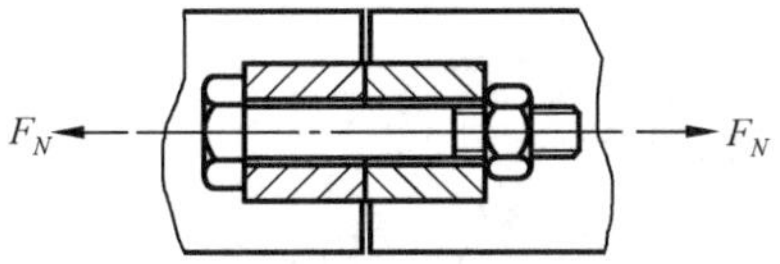

图 16　连接接头

表 34　载荷分配系数 $\boldsymbol{\beta}$ 值

L/d	0.5	1.0	2.0	3.0	4.0	5.0	6.0	7.0	10
β	0.472	0.443	0.386	0.332	0.306	0.280	0.254	0.228	0.150
注：L——连接板总厚度，单位为毫米(mm)； d——螺栓公称直径，单位为毫米(mm)。									

5.3.2.2.2.4　承受力矩

当接头承受与剪切面平行的扭矩时，扭矩不得大于所有螺栓极限承载能力所产生的力矩之和。

当接头受与螺栓轴线方向平行的弯矩时，接头各螺栓所受的拉力不等，此时，受拉力最大的螺栓所承受的轴向拉力不应大于按式(41)计算的极限拉力 $\lim F_N$，并不应大于 $0.8F_1$。

5.3.2.2.2.5　承受剪力、拉力和力矩组合载荷

承受剪力、拉力和力矩组合载荷的高强度螺栓连接接头，各螺栓连接处所受的拉力和剪力不等，单个螺栓的极限剪切承载能力按式(42)计算，要求式(42)不出现负值，且接头所受剪力不应大于所有螺栓极限承载能力之和，力矩不应大于所有螺栓极限承载能力所产生的力矩之和。

$$\lim F_{lt}=\frac{\mu(F_1-1.25F_N)Z_s}{\gamma_s\gamma_m} \quad\cdots\cdots(42)$$

式中：

$\lim F_{lt}$——单个高强度螺栓的极限剪切承载能力，单位为牛顿(N)；

μ ——抗滑移系数，按表 31 选取；

F_1 ——单个高强度螺栓的预紧力，单位为牛顿(N)，按表 32 确定；

Z_s ——接头摩擦面数；

F_N ——单个高强度螺栓在螺杆轴向所承受的拉力，单位为牛顿(N)，当螺杆轴向力计算得值为压力时，取 $F_N=0$；

γ_s ——连接孔形影响系数，按表 33 确定；

γ_m ——抗力系数，取为 1.1。

5.3.2.2.2.6　承受挤压

承受挤压的高强度螺栓连接不适用于直接承受动力载荷的结构，因此在塔式起重机承重结构中一般不采用。如果确有需要采用，可按 GB 50017 等有关标准的规定进行高强度螺栓承压型连接的设计与计算。

5.3.2.3　销轴连接

5.3.2.3.1　通则

销轴连接应符合 5.3.1.5.1 的规定。

销轴连接应根据表 29 给定的极限设计应力分别验算销轴的抗弯、抗剪承载能力以及销轴孔的抗挤压承载能力。

5.3.2.3.2　抗剪承载能力

销轴抗剪承载能力按式(43)验算。

$$\frac{4F}{3A} \leqslant \lim\tau \qquad \cdots\cdots(43)$$

式中：

F ——作用于销轴截面的剪力，单位为牛顿(N)；

A ——销轴截面积，单位为平方毫米(mm^2)；

$\lim\tau$ ——见表 29。

5.3.2.3.3　抗挤压承载能力

销轴抗挤压承载能力按式(44)验算。

$$\frac{\alpha \times F}{d \times t} \leqslant \lim\sigma_c \qquad \cdots\cdots(44)$$

式中：

F ——作用于销轴连接的外力，单位为牛顿(N)，如图 17 所示，取 F_3；

d ——销轴直径，单位为毫米(mm)；

t ——销轴挤压面厚度，单位为毫米(mm)；取 t_1+t_2 和 t_3 中的小值，见图 17；

$\lim\sigma_c$ ——见表 29；

α ——系数，取为(σ_s/σ_{sp})和 1.0 二者之中的较大值；

σ_s ——销轴连接中结构件的屈服点，单位为牛顿每平方毫米(N/mm^2)；

σ_{sp} ——销轴材料的屈服点，单位为牛顿每平方毫米(N/mm^2)。

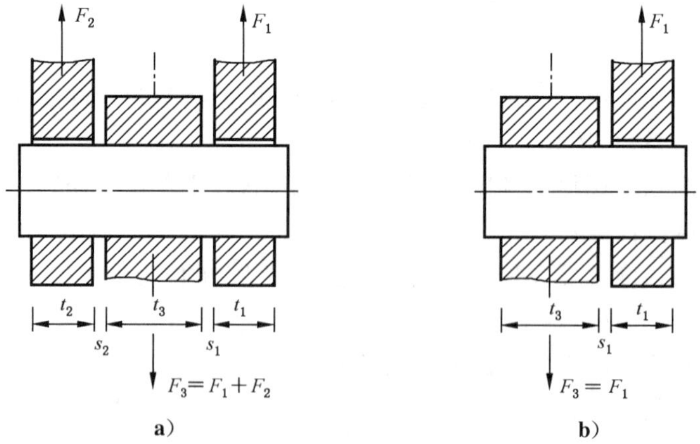

图 17　销轴连接

5.3.2.3.4　抗弯承载能力

销轴抗弯承载能力可按式(45)验算。

$$\frac{F_1(2s_1+t_{1,3})}{2W}\leqslant \lim\sigma' \text{ 且 } \frac{F_2(2s_2+t_{1,3})}{2W}\leqslant \lim\sigma' \quad \cdots\cdots\cdots\cdots(45)$$

式中：

F_1、F_2——拉(压)力，单位为牛顿(N)，见图 17；

W ——销轴截面的抗弯模量，单位为三次方毫米(mm^3)；

$t_{1,3}$ ——$t_{1,3}=\max(t_1,t_3)$，t_1、t_3 为被连接件的厚度，单位为毫米(mm)，见图 17；

s_1、s_2 ——被连接件之间的间隙，单位为毫米(mm)，见图 17；

$\lim\sigma'$ ——见表 29。

5.3.3 管件焊接接头

对于由圆形、方形或矩形截面管件组成的格构式结构件中的同平面及多平面焊接接头，除了应按前面的要求验算各管件母材和连接焊缝的强度外，还应按附录 E 给出的规则验算接头本身的极限承载能力。

5.4 弹性稳定性验算

5.4.1 轴心受压构件

5.4.1.1 实腹式轴心受压构件稳定性验算

实腹式轴心受压构件按式(46)验算稳定性。

$$\frac{N}{\varphi A}\leqslant \lim\sigma \quad \cdots\cdots\cdots\cdots(46)$$

式中：

N ——构件的轴向压力，单位为牛顿(N)；

A ——构件的毛截面面积，单位为平方毫米(mm^2)；

φ ——轴心受压稳定系数(取截面两主轴稳定系数较小者)，根据构件的最大长细比 λ 或假想长细比 λ_F(λ 和 λ_F 见 5.4.1.4)和截面类型(见表 35)按附录 H 的表 H.1～表 H.4 选取。

表 35 轴心受压构件的截面类型

<table>
<tr><th colspan="5">截面形式</th><th>对 x 轴</th><th>对 y 轴</th></tr>
<tr><td colspan="4">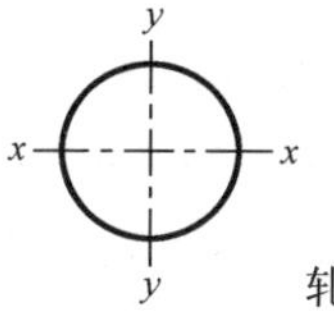
轧制</td><td rowspan="3">板厚
t<40 mm</td><td>a 类</td><td>a 类</td></tr>
<tr><td colspan="4">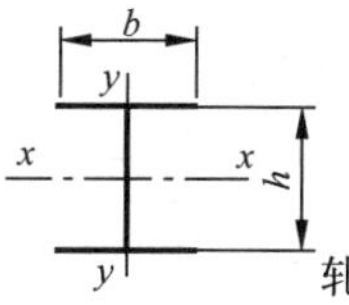
轧制，b/h≤0.8</td><td>a 类</td><td>b 类</td></tr>
<tr><td>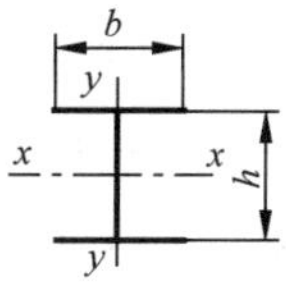
轧制，b/h>0.8</td><td>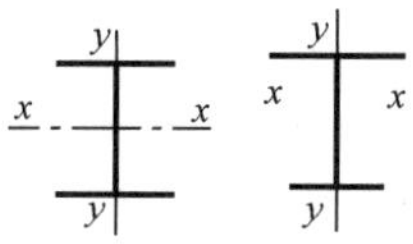
焊接，翼缘为焰切边</td><td>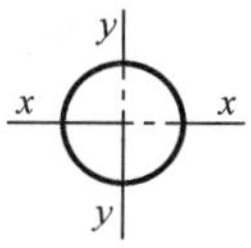
焊接</td><td>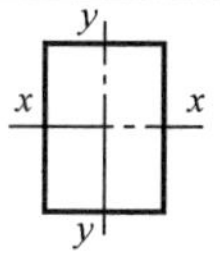
轧制、焊接
板件宽厚比>20</td><td>b 类</td><td>b 类</td></tr>
</table>

表 35（续）

<table>
<tr><th colspan="3">截面形式</th><th>对 x 轴</th><th>对 y 轴</th></tr>
<tr><td>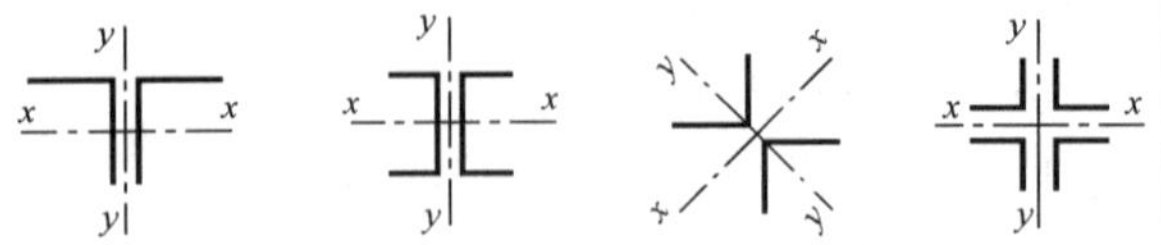
轧制</td><td>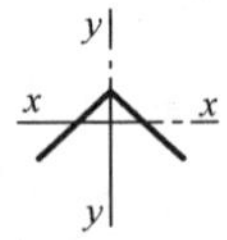
轧制等边角钢</td><td rowspan="5">板厚
$t\lt 40$ mm</td><td rowspan="3">b 类</td><td rowspan="3">b 类</td></tr>
<tr><td colspan="2">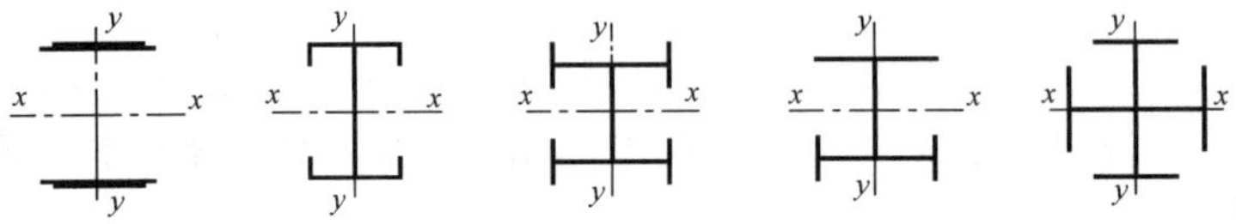
焊接</td></tr>
<tr><td colspan="2">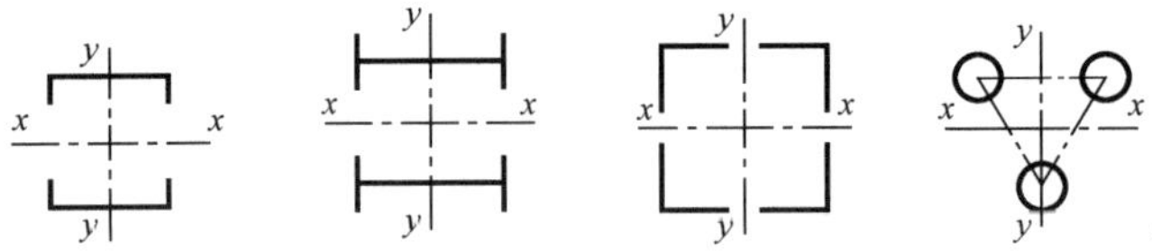
格构式</td></tr>
<tr><td>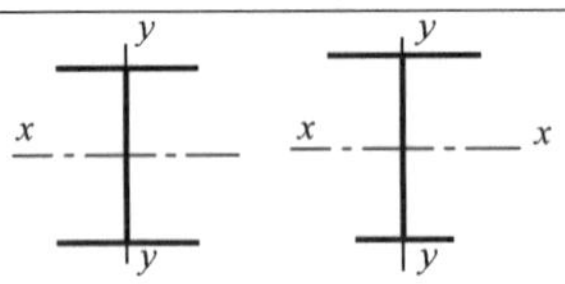
焊接，翼缘为轧制或剪切边</td><td>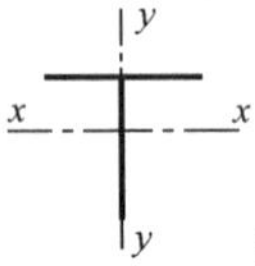
轧制、焊接</td><td>b 类</td><td>c 类</td></tr>
<tr><td>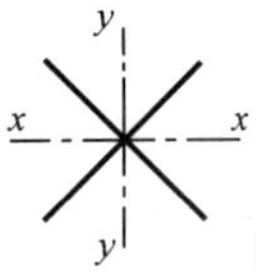
焊接</td><td>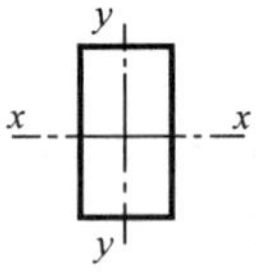
焊接，板件宽厚比≤ 20</td><td>c 类</td><td>c 类</td></tr>
<tr><td rowspan="2">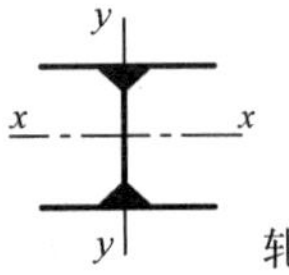
轧制工字形或 H 形截面</td><td colspan="2">40 mm$\leq$板厚 $t\lt 80$ mm</td><td>b 类</td><td>c 类</td></tr>
<tr><td colspan="2">板厚 $t\geq 80$ mm</td><td>c 类</td><td>d 类</td></tr>
<tr><td rowspan="2">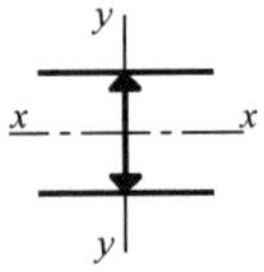
焊接工字形截面，板厚 $t\geq 40$ mm</td><td colspan="2">翼缘为焰切边</td><td>b 类</td><td>b 类</td></tr>
<tr><td colspan="2">翼缘为轧制或剪切边</td><td>c 类</td><td>d 类</td></tr>
<tr><td rowspan="2">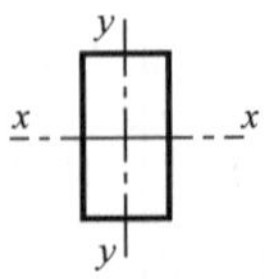
焊接箱型截面，板厚 $t\geq 40$ mm</td><td colspan="2">板件宽厚比$\gt 20$</td><td>b 类</td><td>b 类</td></tr>
<tr><td colspan="2">板件宽厚比≤ 20</td><td>c 类</td><td>c 类</td></tr>
</table>

5.4.1.2 角钢轴心受压构件稳定性验算

单面连接的单角钢受压构件一般都是偏心受载，其稳定性应按压弯构件验算。若按轴心受压构件的验算式(46)进行验算，则其极限设计应力应乘以下列折减系数予以降低：

a) 等边角钢为：$0.6+0.0015\lambda$，但不大于1.0；

b) 短边相连的不等边角钢为：$0.5+0.0025\lambda$，但不大于1.0；

c) 长边相连的不等边角钢为：0.7。

对于中间无联系的单角钢构件，其长细比 λ 应按最小回转半径计算；对于中间有联系的单角钢构件，其长细比 λ 应按平行于联系边的形心轴计算；当 $\lambda<20$ 时，取 $\lambda=20$。

5.4.1.3 格构式构件轴心受压稳定性验算

格构式轴心受压构件的整体稳定性仍按式(46)验算，但要用换算长细比 λ_h 或假想换算长细比 λ_{hF} 选取轴心受压构件的稳定系数 φ，λ_h 按G.2确定，λ_{hF} 按5.4.1.4.2计算和应用。

5.4.1.4 构件的长细比

5.4.1.4.1 实腹式构件的长细比 λ 有 λ_x、λ_y 之分，按式(47)计算。

$$\lambda_x=\frac{l_c}{r_x},\quad \lambda_y=\frac{l_c}{r_y} \qquad \cdots\cdots(47)$$

式中：

λ_x、λ_y——构件对通过形心的强轴(x 轴)或弱轴(y 轴)的长细比；

l_c ——构件的计算长度，单位为毫米(mm)，按G.1确定；

r_x、r_y——构件毛截面对通过形心的强轴(x 轴)或弱轴(y 轴)的回转半径，单位为毫米(mm)，按式(48)计算。

$$r_x=\sqrt{\frac{I_x}{A}},\quad r_y=\sqrt{\frac{I_y}{A}} \qquad \cdots\cdots(48)$$

式中：

I_x、I_y——构件对通过形心的强轴(x 轴)或弱轴(y 轴)的毛截面惯性矩，单位为四次方毫米(mm^4)；

A ——同式(46)。

5.4.1.4.2 对于材料屈服点 σ_s 大于235 N/mm^2 的轴心受压构件，计算其稳定时，实腹式构件需要用假想长细比 λ_F 代替长细比 λ，格构式构件需要用假想换算长细比 λ_{hF} 代替换算长细比 λ_h。假想长细比 λ_F 假想换算长细比 λ_{hF} 分别按式(49)和式(50)计算。

对实腹式构件：
$$\lambda_F=\lambda\sqrt{\frac{\sigma_s}{235}} \qquad \cdots\cdots(49)$$

对格构式构件：
$$\lambda_{hF}=\lambda_h\sqrt{\frac{\sigma_s}{235}} \qquad \cdots\cdots(50)$$

式中：

λ_F ——实腹式构件的假想长细比；

λ ——实腹式构件的长细比，见5.4.1.4.1；

λ_{hF} ——格构式构件的假想换算长细比；

λ_h ——格构式构件的换算长细比，按G.2确定；

σ_s ——构件材料的屈服点，单位为牛顿每平方毫米(N/mm^2)；当材料的屈服点 σ_s 与抗拉强度σ_b的比值大于0.7时,式中σ_s用$0.5\sigma_s+0.35\sigma_b$代替。

5.4.1.5 轴心受压构件横截面的剪力

轴心受压构件横截面的剪力Q用式(51)求得。

$$Q=\frac{N}{85\varphi}\sqrt{\frac{\sigma_s}{235}} \qquad \cdots\cdots(51)$$

式中:

Q ——轴心受压构件横截面的剪力,单位为牛顿(N);

N、φ ——同式(46)。

格构式轴心受压构件的剪力由腹杆承受。

5.4.2 双向或单向压弯构件

5.4.2.1 双向或单向压弯构件稳定性验算

5.4.2.1.1 双向压弯构件的整体稳定性计算的简便的方法

当N/N_{Ex}和N/N_{Ey}均小于0.1时,双向压弯构件的整体稳定性按式(52)验算(可取多个危险截面分别进行验算)。

$$\frac{N}{\varphi A}+\frac{M_x}{W_x}+\frac{M_y}{W_y}\leqslant \lim\sigma \qquad \cdots\cdots(52)$$

式中:

N、A、φ ——同式(46);

M_x、M_y ——构件计算截面上对强轴(x轴)和对弱轴(y轴)的弯矩,单位为牛顿毫米(N·mm);

W_x、W_y ——构件计算截面对强轴(x轴)和对弱轴(y轴)的抗弯模量,单位为三次方毫米(mm^3);

$\lim\sigma$ ——见表27;

N_{Ex}、N_{Ey}——分别为构件对强轴(x轴)和对弱轴(y轴)的名义欧拉临界力,单位为牛顿(N),按式(53)计算。

$$N_{Ex}=\frac{\pi^2 EA}{\lambda_x^2},\quad N_{Ey}=\frac{\pi^2 EA}{\lambda_y^2} \qquad \cdots\cdots(53)$$

式中:

E ——钢材的弹性模量,$E=2.06\times10^5\,N/mm^2$;

A ——同式(46);

λ_x、λ_y——构件对通过形心的强轴(x轴)或弱轴(y轴)的长细比,对于实腹式构件按5.4.1.4.1确定,对格构式构件替换为按G.2确定的换算长细比λ_{hx}、λ_{hy}。

当N/N_{Ex}和N/N_{Ey}均大于0.1时,双向压弯构件的整体稳定性按式(54)验算(可取多个危险截面分别进行验算)。

$$\frac{N}{\psi\varphi A}+\left(\frac{1}{1-N/N_{Ex}}\right)\frac{M_x}{W_x}+\left(\frac{1}{1-N/N_{Ey}}\right)\frac{M_y}{W_y}\leqslant \lim\sigma \qquad \cdots\cdots(54)$$

式中:

$\psi\varphi$ ——轴心受压稳定系数φ和其修正系数ψ的乘积,有$\varphi_x\psi_x$和$\varphi_y\psi_y$之分,取其中的小值;

φ ——同式(46)轴心受压稳定系数;

ψ ——轴心受压稳定系数的修正系数,有对x轴的ψ_x和对y轴的ψ_y之分,按式(55)计算;

式中的其他符号同式(52)。

$$\left.\begin{aligned}\psi_x &= \frac{N_{Ex}-N}{N_{Ex}-\varphi_x[\sigma_s A(1-\varphi_x)+N]}\\ \psi_y &= \frac{N_{Ey}-N}{N_{Ey}-\varphi_y[\sigma_s A(1-\varphi_y)+N]}\end{aligned}\right\} \quad \cdots\cdots(55)$$

式中：

σ_s——构件材料的屈服点，单位为牛顿每平方毫米（N/mm^2）；当材料的屈服点 σ_s 与抗拉强度 σ_b 的比值大于 0.7 时，式中 σ_s 用 $0.5\sigma_s+0.35\sigma_b$ 代替；

式中其他符号同式(52)和式(54)。

5.4.2.1.2 压弯构件的整体弯扭屈曲稳定性计算

压弯构件的整体弯扭屈曲稳定性按式(56)计算。

$$\frac{N}{\psi\varphi A}+\left(\frac{1}{1-N/N_{Ex}}\right)\frac{M_x}{\varphi_b W_x}\leqslant \lim\sigma \quad \cdots\cdots(56)$$

式中：

φ_b——构件侧向屈曲稳定系数，见附录 I；

式中其他符号同式(52)和式(54)。

5.4.2.1.3 压弯构件稳定性验算的其他方法

当对压弯构件稳定性验算有更高的要求时，可参考附录 J 的方法，或参考国内外相关标准，或采用成熟的非线性分析方法。

5.4.2.2 受弯构件的侧向屈曲稳定性

5.4.2.2.1 凡符合下列情况之一的受弯构件，可不验算其侧向屈曲稳定性：

a) 有刚性较强的走台和铺板与受弯构件的受压翼缘牢固相连，能阻止受压翼缘侧向位移时；

b) 箱形截面受弯构件的截面高度 h 与两腹板外侧之间的翼缘板宽度 b 的比值 $h/b\leqslant 3$ 时，或构件截面足以保证其侧向刚性（如为空间桁架）时；

c) 两端简支且端部支承不能扭转的等截面轧制 H 型钢或焊接工字型截面的受弯构件，其受压翼缘的侧向支承间距 l（无侧向支承点者，则为构件的跨距）与其受压翼缘的宽度 b 之比值满足以下条件：

- 无侧向支承且荷载作用在受压翼缘上，$l/b\leqslant 13\sqrt{235/\sigma_s}$；
- 无侧向支承且荷载作用在受拉翼缘上，$l/b\leqslant 20\sqrt{235/\sigma_s}$；
- 跨中受压翼缘有侧向支承时，$l/b\leqslant 16\sqrt{235/\sigma_s}$。

5.4.2.2.2 不属于 5.4.2.2.1 情况的受弯构件的整体稳定性按下列方法验算：

a) 在最大刚度平面内受弯的构件按式(57)验算。

$$\frac{M_x}{\varphi_b W_x}\leqslant \lim\sigma \quad \cdots\cdots(57)$$

式中：

M_x ——绕构件强轴（x 轴）作用的最大弯矩，单位为牛顿毫米（N·mm）；

W_x ——按受压最大纤维确定的毛截面抗弯模量，单位为三次方毫米（mm^3）；

φ_b ——绕构件强轴弯曲所确定的受弯构件侧向屈曲稳定系数，按附录 I 确定；

$\lim\sigma$ ——见表 27。

b) 在两个互相垂直的平面内都受弯的轧制 H 型钢或焊接工字形截面构件按式(58)验算。

$$\frac{M_x}{\varphi_b W_x}+\frac{M_y}{W_y}\leqslant \lim\sigma \qquad \cdots\cdots(58)$$

式中：

M_x、M_y——构件计算截面上对强轴(x 轴)和对弱轴(y 轴)的弯矩，单位为牛顿毫米(N·mm)；

W_x、W_y——构件计算截面对强轴(x 轴)和对弱轴(y 轴)的抗弯模量，单位为三次方毫米(mm^3)；

式中其他符号同式(57)。

5.5 疲劳强度验算

5.5.1 通则

结构构件及其连接的抗疲劳能力(疲劳极限强度)，取决于构件的工作级别、材料种类、应力变化情况及构件连接的应力集中等级等。

结构疲劳强度的计算常用应力比法和应力幅法。本标准采用应力比法。

5.5.2 构件(或连接)的最大应力

构件(或连接)中的最大应力 $\sigma_{x\max}$、$\sigma_{y\max}$、$\tau_{xy\max}$ 是按 4.4.5 的载荷组合 A 中最不利工况确定的，其分别为在疲劳计算点上的各个应力循环中，沿 x、y 轴线方向的绝对值最大计算正应力和 xy 轴线形成的平面上绝对值最大计算剪应力。

5.5.3 应力循环特性

构件(或连接)单独或同时承受正应力(σ_x、σ_y)和剪应力(τ_{xy})作用时，应力循环特性值 r (r_x、r_y、r_{xy})按式(59)计算。

$$\left.\begin{aligned} r_x &= \sigma_{x\min}/\sigma_{x\max} \\ r_y &= \sigma_{y\min}/\sigma_{y\max} \\ r_{xy} &= \tau_{xy\min}/\tau_{xy\max} \end{aligned}\right\} \qquad \cdots\cdots(59)$$

式中：

$r(r_x、r_y、r_{xy})$ ——应力循环特性值；

$\sigma_{x\max}$、$\sigma_{y\max}$、$\tau_{xy\max}$ ——在构件(或连接)疲劳计算点上的绝对值最大的正应力和绝对值最大的剪应力，单位为牛顿每平方毫米(N/mm^2)；

$\sigma_{x\min}$、$\sigma_{y\min}$、$\tau_{xy\min}$ ——应力循环中与 $\sigma_{x\max}$、$\sigma_{y\max}$、$\tau_{xy\max}$ 相对应的同一疲劳计算点上的一组应力值，其与最大应力值(均各带正负号)之差的绝对值为最大，单位为牛顿每平方毫米(N/mm^2)；其也应按载荷组合 A 加以确定，但载荷大小、位置、方向和组合工况应根据塔式起重机的各种可能作业循环确定。

计算应力循环特性 r(包括 r_x、r_y、r_{xy})时，最小应力和最大应力应带各自正负号，拉应力为正号，压应力为负号；剪应力按变化约定。移动小车轮压产生的脉动局部压应力，其 r 值为 0。

5.5.4 构件连接的应力集中情况等级

塔式起重机的构件连接和接头对结构件的疲劳起着很大的影响。按应力集中情况，对非焊接件分为 W_0、W_1、W_2 三个应力集中情况等级，对焊接件分为 K_0、K_1、K_2、K_3、K_4 五个应力集中情况等级，每个应力集中情况等级中又有一种或多种不同的构件接头连接型式，见附录 K。随着连接应力集中情况等级的递增，结构疲劳强度递减。应尽量采用较为合理的应力集中情况等级，推荐采用 K_2，尽量避免采用 K_4。

5.5.5 结构件的工作级别

结构件的工作级别见 4.2.4.3。通常工作级别为 E4 级(含)以上的结构件宜校核疲劳强度。

5.5.6 疲劳强度

构件疲劳强度按表 36 列出的公式计算,连接件的疲劳强度按表 37 计算。表中 r 为应力循环特性,其值按 5.5.3 决定。σ_{-1} 为拉伸和压缩疲劳强度的基本值(见表 38),是 $r=-1$ 的对称应力循环试验中得到的试验疲劳极限(有 90%的可靠度)除以 1.34 抗力系数(见表 39),并考虑构件工作级别及具体的构件连接类别两个因素后的疲劳强度值。

表 36 构件疲劳强度

应力循环特性	疲劳强度计算公式[a]		备注
$r\leqslant 0$	拉伸 t	$\sigma_{rt}=\dfrac{5}{3-2r}\sigma_{-1}$	x 方向的为 σ_{xrt} y 方向的为 σ_{yrt}
	压缩 c	$\sigma_{rc}=\dfrac{2}{1-r}\sigma_{-1}$	x 方向的为 σ_{xrc} y 方向的为 σ_{yrc}
$r>0$	拉伸 t	$\sigma_{rt}=\dfrac{1.67\sigma_{-1}}{1-\left(1-\dfrac{\sigma_{-1}}{0.45\sigma_b}\right)r}$	同上
	压缩 c	$\sigma_{rc}=1.2\sigma_{rt}$	同上
$-1\leqslant r\leqslant 1$	剪切(构件)	$\tau_{xyr}=\dfrac{\sigma_{rt}}{\sqrt{3}}$	根据剪切 r 值计算相应于 W_0 的 σ_{rt}
	剪切(焊缝)	$\tau_{xyr}=\dfrac{\sigma_{rt}}{\sqrt{2}}$	
[a] 计算出的 σ_{rt} 不应大于 $0.75\sigma_b$,σ_{rc} 不应大于 $0.9\sigma_b$,τ_{xyr} 不应大于 $0.75\sigma_b/\sqrt{3}$。若超过时,则疲劳强度取为前述相应的限值。σ_b 为被连接构件材料的抗拉强度,Q235 材料的 $\sigma_b=370\ \text{N/mm}^2$,Q345 材料的 $\sigma_b=490\ \text{N/mm}^2$。			

表 37 连接件的疲劳强度

连接类型	疲劳强度计算公式		说明
焊缝	拉伸压缩	同构件疲劳强度计算公式	—
	剪切	$\tau_{xyr}{}^{a}=\dfrac{\sigma_{rt}}{\sqrt{2}}$	本行的 σ_{rt} 是根据焊缝剪切的 r 值计算的相应于 K_0 的值
A、B 级螺栓连接	拉伸压缩	不必进行疲劳验算	尽量避免螺栓在拉伸下工作
	单剪[a]	$\tau_{xyr}=0.6\sigma_{rt}$,但不应大于 $0.45\sigma_b$	本行的 σ_{rt} 是根据螺栓剪切的 r 值计算的相应于 W_2 的值
	多剪[a]	$\tau_{xyr}=0.8\sigma_{rt}$,但不应大于 $0.6\sigma_b$	
	承压	$\sigma_{cr}=2.5\tau_{xyr}$	τ_{xyr} 为螺栓的剪切疲劳强度
[a] 计算出的 τ_{xyr} 不应大于 $0.75\sigma_b/\sqrt{2}$,否则取其为 $0.75\sigma_b/\sqrt{2}$。σ_b 为连接件材料的抗拉强度。			

表 38　拉伸和压缩疲劳强度的基本值 σ_{-1}(抗力系数为 1.34 时)

单位为牛顿每平方毫米

构件工作级别	非焊接件构件连接类别						焊接件构件连接类别				
	W_0		W_1		W_2		K_0	K_1	K_2	K_3	K_4
	Q235	Q345	Q235	Q345	Q235	Q345	Q235 或 Q345				
E1	249.1	298.0	211.7	253.3	174.4	208.6	[316.9]	[323.1]	271.4	193.9	116
E2	224.4	261.7	190.7	222.4	157.1	183.2	[293.8]	262.3	220.3	157.4	94.4
E3	202.2	229.8	171.8	195.3	141.5	160.8	238.4	212.9	178.8	127.7	76.6
E4	182.1	201.8	154.8	171.5	127.5	141.2	193.5	172.3	145.1	103.7	62.2
E5	164.1	177.2	139.5	150.6	124.2	124.0	157.1	140.3	117.8	84.2	50.5
E6	147.8	155.6	125.7	132.3	103.5	108.9	127.6	113.6	95.6	68.3	41.0
E7	133.2	136.6	113.2	116.2	93.2	95.7	103.5	92	77.6	55.4	33.3
E8	120.0	120.0	102.0	102.0	84.0	84.0	84.0	75.0	63.0	45.0	27.0

注 1：括号[ ]内的数值为大于 0.75 倍的 Q235 抗拉强度 σ_b 的理论计算值，仅应用于式(63)所用的 σ_{xr}、σ_{yr} 和 τ_{xyr} 的值。

注 2：抗力系数为 1.28 时，表中值需乘以 1.05，抗力系数为 1.16 或 1.0 时，表中值需乘以 1.16 或 1.34。抗力系数见表 39。

表 39　疲劳强度用抗力系数 γ_{mf}

γ_{mf}			
易接近性	失效-安全构件	非失效-安全构件	
		对人员无危险	对人员有危险
易接近的接头细部	1.0	1.16	1.28
不易接近的接头细部	1.16	1.28	1.34

注：失效-安全构件是指那些失效后果较小的构件，例如某个件的局部失效不会导致整个结构失效或载荷坠落。

非失效-安全构件是指一个件的局部失效会立即导致结构失效或载荷坠落。

5.5.7 疲劳强度验算

根据载荷组合 A(见 4.4.5)的实际可能最不利工况计算得出的绝对值最大的应力，按式(60)～式(63)进行验算。

$$|\sigma_{x\max}| \leqslant \begin{cases} \sigma_{xrt} \\ \sigma_{xrc} \end{cases} \qquad \cdots\cdots(60)$$

$$|\sigma_{y\max}| \leqslant \begin{cases} \sigma_{yrt} \\ \sigma_{yrc} \end{cases} \qquad \cdots\cdots(61)$$

$$|\tau_{xy\max}| \leqslant \tau_{xyr} \qquad \cdots\cdots(62)$$

$$\left(\frac{\sigma_{x\max}}{\sigma_{xr}}\right)^2 + \left(\frac{\sigma_{y\max}}{\sigma_{yr}}\right)^2 - \frac{\sigma_{x\max}\sigma_{y\max}}{|\sigma_{xr}\sigma_{yr}|} + \left(\frac{\tau_{xy\max}}{\tau_{xyr}}\right)^2 \leqslant 1.1 \qquad \cdots\cdots(63)$$

式中：

$\sigma_{x\max}$、$\sigma_{y\max}$、$\tau_{xy\max}$——同式(59)；

σ_{xrt} ——与 $\sigma_{x\max}$ 相应的拉伸疲劳强度，单位为牛顿每平方毫米(N/mm²)；

σ_{xrc} ——与 $\sigma_{x\max}$ 相应的压缩疲劳强度，单位为牛顿每平方毫米(N/mm²)；

σ_{yrt} ——与 $\sigma_{y\max}$ 相应的拉伸疲劳强度，单位为牛顿每平方毫米(N/mm²)；

σ_{yrc} ——与 $\sigma_{y\max}$ 相应的压缩疲劳强度，单位为牛顿每平方毫米(N/mm²)；

τ_{xyr} ——与 $\tau_{xy\max}$ 相应的剪切疲劳强度，单位为牛顿每平方毫米(N/mm²)；

σ_{xr} ——与 $\sigma_{x\max}$ 相应的拉伸或压缩疲劳强度，单位为牛顿每平方毫米(N/mm²)；

σ_{yr} ——与 $\sigma_{y\max}$ 相应的拉伸或压缩疲劳强度，单位为牛顿每平方毫米(N/mm²)。

在式(60)～式(63)中：$\sigma_{x\max}$、$\sigma_{y\max}$、$\tau_{xy\max}$ 按 5.5.2 计算；σ_{xrt}、σ_{xrc}、σ_{yrt}、σ_{yrc} 和 τ_{xyr} 各式中符号的下角标 xr、yr、xyr 分别为 σ_x、σ_y、τ_{xy} 的应力循环特性，按 5.5.3 计算。

当 $\sigma_{x\max}$、$\sigma_{y\max}$、$\tau_{xy\max}$ 三种应力中某一个最大应力在任何应力循环中均显著大于其他两个最大应力时，可以只用这一个最大应力校核疲劳强度，另两个最大应力可忽略不计。

通常塔式起重机结构件(或连接)在同一工况下进行疲劳强度校核。但为确保安全和计算简便，也可将同一工况或不同工况的 $\sigma_{x\max}$、$\sigma_{y\max}$、$\tau_{xy\max}$ 组合在一起，用按最不利的 r 值计算的疲劳强度 σ_{xrt}、σ_{xrc}、σ_{yrt}、σ_{yrc} 和 τ_{xyr} 来进行校核。

式(63)左侧第三项分子中的 $\sigma_{x\max}$ 和 $\sigma_{y\max}$ 应带各自的正负号，分母中的 σ_{xr} 和 σ_{yr} 则是相应的疲劳强度。

从表 39 中的 σ_{-1} 可见，当工作级别 E1～E3 所对应的构件或连接的应力集中情况等级 W_0、W_1、W_2、K_0、K_1、K_2 中的 σ_{-1} 值大于构件静强度的极限设计值 $\lim\sigma$ 时，可以不必进行疲劳强度核算。若 σ_{-1} 值小于静强度极限设计值 $\lim\sigma$，但计算出的 σ_r 大于静强度极限设计值 $\lim\sigma$ 时，则该构件或连接也不必进行单项疲劳强度核算。

5.6 刚性要求

5.6.1 构件的刚性

构件的刚性应满足式(64)。

$$\lambda \leqslant \lim\lambda，即：\lambda_x \leqslant \lim\lambda \text{ 且 } \lambda_y \leqslant \lim\lambda \qquad (64)$$

式中：

λ ——构件的长细比，见 5.4.1.4；

λ_x、λ_y——构件对通过形心的强轴(x 轴)或弱轴(y 轴)的长细比，见 5.4.1.4；

$\lim\lambda$ ——构件的控制长细比，见表 40。

注：对受拉构件，其长细比仍按 5.4.1.4 给出的公式计算，但构件的计算长度取其实际长度。如有可靠装置或措施使受拉构件在拆装及运输过程中得以妥善保护，则其可不受式(64)的限制。

表 40 构件的控制长细比 limλ

构件名称		受拉构件	受压构件
主要承载构件	桁架的弦杆	180	150
	整个结构	200	180
次要承载构件(如主桁架的其他杆、辅助桁架的弦杆等)		250	200
其他结构件		350	300

5.6.2 静态刚性

塔式起重机的静态刚性,以规定的载荷作用于指定位置时产生弹性变形的结构在某一位置处的静位移值来表征。

塔身处于独立状态的塔式起重机,在额定起升载荷作用下,起重臂根部连接处的水平静位移推荐不大于 $1.34h/100$,其中 h 为起重臂根部连接处至直接支撑整个塔身的平面的垂直距离。前述的水平静位移 Δ_x 可按式(65)计算。

$$\Delta_x = \frac{1}{1-\dfrac{N}{N_E}}\Delta_M \qquad \cdots\cdots(65)$$

式中:

Δ_x ——起重臂根部连接处的水平静位移,单位为毫米(mm);

N ——塔身与臂架连接处以上塔身顶部所有垂直力(包括塔身自重在此处的折算力,参见附录F)的合力,且所有 γ_f、γ_m 和 γ_p 系数的值全部取1,单位为牛顿(N);

N_E ——欧拉临界载荷 N_{Ex} 和 N_{Ey} 中的较小者,N_{Ex} 和 N_{Ey} 按式(66)计算,单位为牛顿(N);

Δ_M ——塔身中心线处的弯矩 M 引起的起重臂根部连接处的水平位移,单位为毫米(mm)。

$$\left.\begin{aligned} N_{Ex} &= \frac{\pi^2 EI_x}{(\mu_1\mu_2 h)^2} \\ N_{Ey} &= \frac{\pi^2 EI_y}{(\mu_1\mu_2 h)^2} \end{aligned}\right\} \qquad \cdots\cdots(66)$$

式中:

μ_1、μ_2 ——构件的计算长度系数,见附录G;

E ——钢材的弹性模量,$E=2.06\times10^5\ \mathrm{N/mm^2}$;

I_x、I_y ——构件对通过形心的强轴(x 轴)或弱轴(y 轴)的毛截面惯性矩,单位为四次方毫米($\mathrm{mm^4}$);

h ——起重臂根部连接处至直接支撑整个塔身的平面的垂直距离,单位为毫米(mm)。

5.6.3 动态刚性

塔式起重机的动态刚性,以满载情况下吊重处于最低位置时系统的最低阶固有频率(简称为满载自振频率)来表征。

塔式起重机一般不验算动态刚性。当用户或设计本身对此有特殊要求时,可进行验算。

5.7 构造要求

5.7.1 一般原则

5.7.1.1 结构杆件重心线应尽量与结构几何图形中心线相重合,连接焊缝和螺栓组重心线应尽量与杆件重心线相重合。

5.7.1.2 主要承载结构的构造设计应力求简单、受力明确,传力直接,尽量降低应力集中的影响。

5.7.1.3 结构(或结构件)的设计应考虑到制造、检查、运输、安装(拆卸)、使用和维护等的方便和可能性。露天工作的塔式起重机结构应避免积水。

5.7.1.4 对于动载荷比较严重和受力复杂的焊接结构件，除非采取措施减小或消除焊接内应力，否则选用的钢材厚度，对碳素钢不宜大于 50 mm，对低合金钢不宜大于 35 mm。

5.7.1.5 应根据塔式起重机的实际工作环境考虑腐蚀对结构的影响，主要承载结构的钢板和型钢的最小厚度不应小于表 41 的规定。

表 41 钢板和型钢的最小厚度

单位为毫米

腐蚀环境	开口截面	闭口截面
微弱[a]	3	2.5
中等	5	4
严重	6	6
[a] 采用该行所列的薄板时，结构外露表面需有可靠的防锈涂漆。		

5.7.1.6 主要承载结构件在不同连接处允许采用不同的连接方式来传递载荷，但同一连接处不宜混合使用不同的连接方式。

5.7.1.7 对于需要在使用现场作整段拼接的大型结构，宜优先考虑采用高强度螺栓连接。

5.7.1.8 焊接梁的横向加劲肋与翼缘板相接处应切角，当切成斜角时，其宽约 $b/3$(但不大于 40 mm)，高约 $b/2$(但不大于 60 mm)，其中 b 为加劲肋的宽度，见图 18。

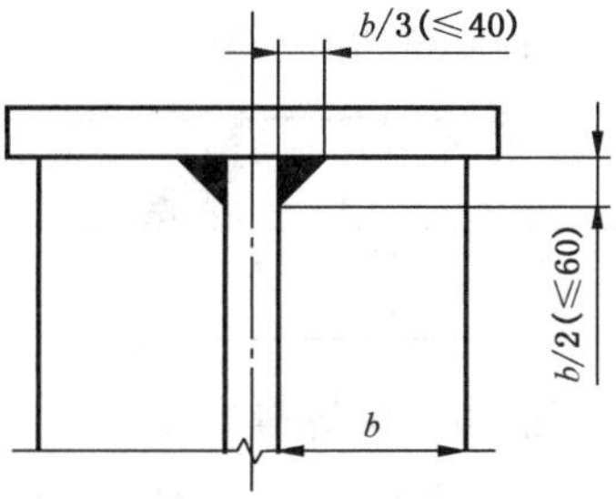

图 18 焊接梁的横向加劲肋与翼缘板相接处的切角

5.7.1.9 桁架节点板厚度一般根据所连接杆件内力的大小确定，但不应小于 5 mm。

5.7.2 焊接连接

5.7.2.1 对接焊接

对接焊接的坡口形式，应符合 GB/T 985.1、GB /T 985.2。

主要承载结构中不等板厚或板宽的对接焊，当焊件的板厚或板宽相差 4 mm 以上时，应分别在厚度方向或宽度方向，从一侧或两侧作成不大于 1∶4 的过渡斜度(见图 19)。

图 19 不等板厚或板宽对接焊接的过渡

5.7.2.2　角焊接

5.7.2.2.1　角焊缝焊脚尺寸 h_w(见图 20)的最小值应符合表 42 的规定,且不应小于 $1.5\sqrt{\delta}$,其中 δ 为较厚焊件的厚度(当采用低氢型碱性焊条施焊时,δ 可取为较薄焊件的厚度)。但对自动焊,角焊缝焊脚尺寸的最小值可减小 1 mm。当焊件厚度不大于 4 mm 时,角焊缝焊脚尺寸的最小值应与焊件厚度相同。

表 42　角焊缝焊脚尺寸 h_w 的最小值

单位为毫米

焊接件较厚件的厚度 δ	h_w 的最小值
$\delta \leqslant 10$	4/6
$10 < \delta \leqslant 20$	6/8
$20 < \delta \leqslant 30$	8/10
注:h_w 的最小值中,分子用于碳素钢,分母用于低合金钢。	

5.7.2.2.2　角焊缝焊脚尺寸 h_w 也不宜大于较薄焊件厚度的 1.2 倍(钢管结构除外)。但对于板件边缘的角焊缝(见图 20),应符合下列要求:

——δ_1(较薄焊件的厚度)不大于 6 mm 时,h_w 不大于 δ_1;

——δ_1 大于 6 mm 时,h_w 比 δ_1 小 1 mm~2 mm。

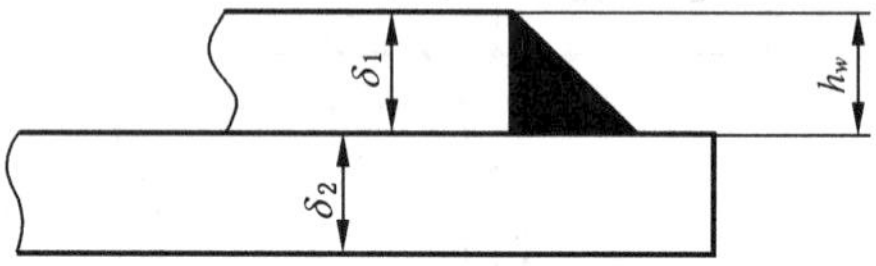

图 20　角焊缝焊脚尺寸

5.7.2.2.3　承受动载荷的主要承载结构,角焊缝的表面应呈凹弧形或直线形。角焊缝焊脚尺寸的比例(焊缝截面两短边尺寸之比),对正面角焊缝宜为 1∶1.5(长边顺内力方向),对侧面角焊缝可为 1∶1。

5.7.2.2.4　侧面或正面角焊缝的长度应使计算长度不小于 $8h_w$ 和 40 mm。

5.7.2.2.5　侧面角焊缝承受静载荷或间接承受动载荷时的计算长度不宜大于 $60h_w$,承受动载荷时的计算长度不宜大于 $40h_w$。当焊缝长度大于上述数值时,超过部分在计算中一般不予考虑;但内力沿侧面角焊缝全长分布时,焊缝的计算长度不受此限。

5.7.3　螺栓连接

5.7.3.1　每一杆件在节点处或接头一侧的螺栓数不应少于 2 个。沿受力方向,每行螺栓数不宜多于 5 个。

5.7.3.2　A、B 级螺栓采用铰制孔时,若构件承受脉动载荷,则孔径不应大于 d+(0.2 mm~0.3 mm),d 为螺栓公称直径;若构件承受交变载荷,则孔和螺栓的配合不应低于 H11/h9。

5.7.3.3　螺栓布置的极限尺寸见表 43。

表 43 螺栓布置的极限尺寸

<table>
<tr><th>项目</th><th colspan="2">位置、边缘尺寸等</th><th>最大距离
(取两者中较小者)</th><th>最小距离</th></tr>
<tr><td rowspan="3">螺栓孔中心间距
(图 13 的 p_1、p_2)</td><td colspan="2">外排</td><td>$8d_0$或 12δ</td><td rowspan="3">$3d_0$</td></tr>
<tr><td rowspan="2">中间排</td><td>受压构件</td><td>$12d_0$或 18δ</td></tr>
<tr><td>受拉构件</td><td>$16d_0$或 24δ</td></tr>
<tr><td rowspan="2">螺栓孔中心到被连接件
边缘的距离</td><td colspan="2">图 13 的 e_1</td><td rowspan="2">$4d_0$或 8δ</td><td>$2d_0$</td></tr>
<tr><td colspan="2">图 13 的 e_2</td><td>$1.5d_0$</td></tr>
<tr><td colspan="5">注：d_0——螺栓孔直径,单位为毫米(mm)；
δ ——较薄被连接件的厚度,单位为毫米(mm)。</td></tr>
</table>

5.7.4 走台、梯子、栏杆和司机室

走台、梯子、栏杆和司机室应符合 GB/T 24818.3、GB/T 20303.3 的要求。

6 机构

6.1 起升机构

6.1.1 电动机初选

6.1.1.1 电动机的型式

电动机型式可按 L.1 选择。

6.1.1.2 电动机的初选功率

6.1.1.2.1 电动机的稳态起升功率 P_N 按式(L.1)计算。

6.1.1.2.2 对 YZR 系列等能提供有关按 CZ 值计算选择电动机资料的异步电动机,其所需电动机的功率按式(L.6)计算。

6.1.1.2.3 对未能提供按 CZ 值计算选择电动机的资料,但已知起升机构工作级别的,其所需电动机的功率按 L.2.4 计算。

6.1.1.2.4 对能获得负荷图(见图 L.1)的起升机构,其所需电动机的功率按式(L.9)计算。

6.1.1.2.5 对下述起升机构,选择其电动机功率时,还应考虑:

a) 由两套相同的独立起升机构并联,共同驱动一个起升载荷,如果有能适时监控两套起升机构的载荷和速度相同的措施,每套起升机构电动机功率宜不小于总计算功率的 55%；

b) 由两台电动机共同驱动一个起升卷筒,两台电动机之间刚性连接,每台电动机的功率宜不小于总计算功率的 55%；采用行星差动减速器双电动机驱动时,每台电动机的功率宜不小于总计算功率的 50%；

c) 对于起升行程大、起升速度慢或特殊用途的慢速塔式起重机,如其在一个工作循环中起升机构运转时间超过 10 min,其电动机功率应按下列短时工作制 S2 选择：

 1) 当一个工作循环中起升机构平均运转时间为 10 min～30 min 时,则 S2 为 30 min；

 2) 当一个工作循环中起升机构平均运转时间为 30 min～60 min 时,则 S2 为 60 min。

注：在选择抓斗塔式起重机起升机构电动机功率时,需考虑 GB/T 3811—2008 中 6.1.1.1.2.5a)的规定。

6.1.1.3 电动机轴上所需的转矩

6.1.1.3.1 稳态起升总起升载荷的转矩

稳态起升总起升载荷时电动机轴上的转矩 M_N 按式(67)计算。

$$M_N = \frac{P_Q D}{2ai\eta} \qquad \cdots\cdots(67)$$

式中：

M_N——稳态起升总起升载荷的转矩，单位为牛顿米(N·m)；

P_Q——总起升载荷，即总起重量的重力，包括额定起重量、吊具及部分悬垂的钢丝绳等质量的重力(参见 4.3.2.2.1 的注 2)，并考虑载荷组合 A 且将所有分项载荷系数 γ_p 设为 1.0，单位为牛顿(N)；

D——按最外层钢丝绳中心计算的卷筒卷绕直径，单位为米(m)；

a——钢丝绳滑轮组的倍率；

i——由电动机轴到卷筒轴的总传动比；

η——起升物品时起升机构传动装置和绳轮系统的总效率。

6.1.1.3.2 电动机产生转矩的最低要求

为了加速起升总起升载荷或试验载荷，以及为补偿电源电压和频率变化所导致的转矩损失，电动机轴上转速 $n=0$ 时产生的转矩应满足式(68)～式(70)的最低要求。

a) 对直接起动的笼型异步电动机：

$$M_d \geqslant 1.6M_N \qquad \cdots\cdots(68)$$

式中：

M_d——起动时(转速 $n=0$ 时)电动机轴上具有的转矩，单位为牛米(N·m)；

M_N——稳态起升总起升载荷的转矩，单位为牛米(N·m)。

b) 对绕线转子异步电动机：

$$M_d \geqslant 1.9M_N \qquad \cdots\cdots(69)$$

式中符号同式(68)。

c) 对采用变频控制的所有类型的电动机：

$$M_d \geqslant 1.4M_N \qquad \cdots\cdots(70)$$

式中符号同式(68)。

6.1.2 电动机的校验

6.1.2.1 电动机的过载校验和发热校验

电动机过载校验，是验算在设计要求的极限起动条件下，所选电动机的最大转矩或堵转转矩是否能满足机构起动的需要，校验方法见附录 N。

电动机发热校验，是验算在设计要求的正常运转条件下，电动机不应出现过热，校验方法见附录 O。

6.1.2.2 电动机使用环境的功率修正

若塔式起重机安装使用地点海拔超过 1 000 m 或使用环境温度与其额定环境温度不一致时，应对电动机功率进行修正，见 7.5.2.3。

6.1.3 制动器的选择

6.1.3.1 支持制动

6.1.3.1.1 支持制动的作用

在起升机构中，支持制动是用来将起升的物品保持在悬空状态。应由机械式制动器产生支持制动作用。

6.1.3.1.2 支持制动器的选择

起升机构的每一套独立的驱动装置应装设至少一个支持制动器。起升机构制动器的制动距离应满足塔式起重机使用要求。

支持制动器应是常闭式的，制动轮/盘应装在与传动机构刚性联接的轴上。

支持制动器的制动转矩不应小于按式(71)计算的制动轴上所需的制动转矩 M_Z。

$$M_Z = K_Z \frac{P_Q D \eta'}{2ai} \quad \cdots\cdots\cdots\cdots (71)$$

式中：

M_Z——起升机构制动器轴上所需的制动转矩，单位为牛米(N·m)；

K_Z——制动安全系数，见 6.1.3.1.3；

η'——物品下降时起升机构传动装置和绳轮系统的总效率；

i——由制动器轴到卷筒轴的总传动比；

式中其他符号同式(67)。

6.1.3.1.3 制动安全系数

制动安全系数规定如下：

a) 一般起升机构(通常为 M5 级及其以下级别)不应低于 1.5；

b) 重要起升机构(通常为 M6 级及其以上级别)不应低于 1.75；

c) 有液压制动作用的液压传动起升机构不应低于 1.25。

6.1.3.2 减速制动

除抓斗和其他特殊设计的塔式起重机外，起升机构不应采用无控制的荷重自由下落的下降方式。减速制动的作用是将悬挂在空中的正在向下运动的物品减速到停止或减速到一个较低的下降速度。

起升机构的减速制动可由机械式支持制动器兼任完成，也可由电气制动来完成。推荐分别设置支持制动与减速制动。电气制动应只用于减速制动，不应用于支持制动和安全制动。

6.1.3.3 安全制动

对于安全性要求特别高的起升机构，为避免因起升机构的支持制动器失效及减少因传动链损坏而引发的事故，应在传动链末端(钢丝绳卷筒)上装设机械式制动器做安全制动器用。此安全制动器在支持制动器失效或传动装置损坏导致物品超速下降，下降速度达到 1.5 倍额定速度(但不超过电动机和传动链的极限转速)前应自动起作用。

应采取措施来自动控制支持制动器和安全制动器的动作顺序，防止产生不当的冲击载荷。

安全制动器与起升电动机之间应设联锁保护装置，使得在安全制动器撤去制动力矩前，起升机构不能起动。

6.1.4 起动、制动时间和加速度

6.1.4.1 起动时间和起动平均加速度

6.1.4.1.1 起升机构起动时间 t_q 按式(72)计算。

$$t_q = \frac{n\left[k(J_1 + J_2) + \frac{J_3}{\eta}\right]}{9.55(M_{dq} - M_N)} \quad \cdots\cdots (72)$$

式中：

t_q ——起升机构的起动时间，单位为秒(s)；

n ——电动机额定转速，单位为转每分(r/min)；

k ——其他传动件的转动惯量折算到电动机轴上的影响系数，$k=1.05\sim1.2$；

J_1 ——电动机转子的传动惯量，单位为千克二次方米(kg·m²)；

J_2 ——电动机轴上制动轮和联轴器的传动惯量，单位为千克二次方米(kg·m²)；

J_3 ——作起升运动的物品的惯量折算到电动机轴上的传动惯量，单位为千克二次方米(kg·m²)，按式(73)计算；

M_{dq} ——电动机平均起动转矩，单位为牛顿米(N·m)，按式(74)计算；

式中其他符号同式(67)。

$$J_3 = \frac{P_Q D^2}{4ga^2 i^2} \quad \cdots\cdots (73)$$

式中：

g ——重力加速度，单位为米每二次方秒(m/s²)；

式中其他符号同式(67)、式(72)。

$$M_{dq} = \lambda_{AS} \times M_n \quad \cdots\cdots (74)$$

式中：

λ_{AS} ——电动机平均起动转矩倍数，见表44；

M_n ——电动机的额定转矩，单位为牛米(N·m)；

式中其他符号同式(72)。

表44 电动机平均起动转矩倍数 λ_{AS}

电动机型式		λ_{AS}
起重用三相交流绕线式电动机		1.5～1.8
起重用三相笼型电动机	普通型式	电动机堵转转矩倍数
	变频器控制型式	1.5～1.8
并励直流电动机		1.7～1.8
串励直流电动机		1.8～2.0
复励直流电动机		1.8～1.9

6.1.4.1.2 起动平均加速度 a_q 按式(75)计算；正常情况下起动平均加速度不宜大于 0.8 m/s²。

$$a_q = \frac{v_q}{t_q} \quad \cdots\cdots (75)$$

式中：

a_q——起升机构的起动平均加速度，单位为米每二次方秒(m/s^2)；

v_q——起升速度，单位为米每秒(m/s)；

t_q——同式(72)。

6.1.4.2 制动时间和制动平均减速度

6.1.4.2.1 采用机械式制动器制动的满载下降制动时间 t_z 按式(76)计算。

$$t_z = \frac{n'[k(J_1 + J_2) + J_3\eta]}{9.55(M_z - M'_j)} \quad \cdots\cdots(76)$$

式中：

t_z ——起升机构的制动时间，单位为秒(s)；

n' ——满载(额定载荷)下降且制动器投入有效制动转矩时的电动机转速，单位为转每分钟(r/min)，常取 $n'=1.1n$，n 为电动机额定转速；

M_Z ——同式(71)；

M'_j ——稳态下降额定载荷时电动机制动轴上的转矩，单位为牛米(N·m)，按式(77)计算；

式中其他符号同式(67)、式(72)。

$$M'_j = \frac{P_Q D}{2ai}\eta' \quad \cdots\cdots(77)$$

式中：

η'——物品下降时起升机构传动装置和绳轮系统的总效率；

式中其他符号同式(67)、式(76)。

6.1.4.2.2 制动平均减速度按式(78)计算；除紧急制动外，正常情况下制动平均减速度不宜大于 0.8 m/s^2。

$$a_z = \frac{v'_q}{t_z} \quad \cdots\cdots(78)$$

式中：

a_z——制动平均减速度，单位为米每二次方秒(m/s^2)；

v'_q——满载下降且制动器开始有效制动时的下降速度，单位为米每秒(m/s)，可取 $v'_q = 1.1v_q$，v_q 为起升速度；

t_z ——同式(76)。

6.1.5 减速器的选择

6.1.5.1 在一般情况下，起升机构减速器的设计预期寿命应与该机构工作级别中所对应的使用等级一致。但对一些工作特别繁重、允许在塔式起重机使用期限内更换减速器的起升机构，其减速器的设计预期寿命可小于该起升机构的使用等级。

6.1.5.2 采用起重机用减速器时，当所选用的减速器参数表上标注的工作级别与所设计的起升机构的工作级别不一致时，应引入减速器功率修正系数。

6.1.5.3 采用普通用途减速器时，还应用电动机的最大起动转矩验算减速器输入轴的强度，用最大起升载荷(总起升载荷考虑起升动力系数 ϕ_2 及绳轮系统效率)作用在减速器输出轴上的短暂最大力矩和最大径向力验算减速器输出轴的强度。

6.2 运行机构

6.2.1 稳态运行阻力

6.2.1.1 总则

塔式起重机沿直线轨道运行时，稳态运行阻力 P_j 按式(79)计算。

$$P_j = P_m + P_a + P_{W3} \quad \cdots\cdots(79)$$

式中：

P_j ——稳态运行阻力，单位为牛顿(N)；

P_m ——运行摩擦阻力，单位为牛顿(N)；

P_a ——坡道阻力，单位为牛顿(N)；

P_{W3} ——同式(10)。

当塔式起重机在曲线轨道上运行时，还应考虑弯道运行的附加阻力。

6.2.1.2 运行摩擦阻力 P_m

塔式起重机沿直线运行时，摩擦阻力 P_m 主要包括车轮踏面的滚动摩擦阻力、车轮轴承的摩擦阻力以及附加摩擦阻力三部分，按式(80)计算。

$$P_m = P_\Sigma \frac{\mu d + 2f_K}{D} C_f \quad \cdots\cdots(80)$$

式中：

P_m ——同式(79)；

P_Σ ——运动部分所有质量的重力，包括吊运物品和塔式起重机或小车等质量的重力，单位为牛顿(N)；

μ ——车轮轴承摩擦阻力系数，见表45；

d ——车轮轴径，单位为毫米(mm)；

f_K ——车轮沿轨道的滚动摩擦力臂，单位为毫米(mm)，见表46；

D ——车轮踏面直径，单位为毫米(mm)；

C_f ——考虑车轮轮缘与轨顶侧面摩擦或牵引供电电缆及集电器摩擦等的附加摩擦阻力系数，一般取1.5。

表45 车轮轴承的摩擦阻力系数 μ

轴承型式	滑动轴承		滚动轴承		
轴承结构	开式	稀油润滑	滚珠或滚柱式	锥形滚子式	调心滚子式
μ	0.1	0.08	0.015	0.02	0.004

表46 车轮的滚动摩擦力臂 f_K　　单位为毫米

车轮材料	钢轨型式	车轮踏面直径 D					
		100,160	200,250,315	400,500	630,710	800	900,1 000
钢	平顶	0.25	0.3	0.5	0.6	0.7	0.7
	圆顶	0.3	0.4	0.6	0.8	1.0	1.2
铸铁	平顶	—	0.4	0.6	0.8	0.9	0.9
	圆顶	—	0.5	0.7	0.9	1.2	1.4

6.2.1.3　坡道阻力 P_a

坡道阻力按式(81)计算。

$$P_a=(m+m_i)g\tan\alpha \quad \cdots\cdots(81)$$

式中：

P_a——同式(79)；

m——塔式起重机的总起升质量，单位为千克(kg)；

m_i——塔式起重机或小车的质量，单位为千克(kg)；

g——重力加速度，单位为米每二次方秒(m/s²)；

α——轨道倾斜的角度，单位为度(°)。当轨道坡度不超过0.5%时取 $\tan\alpha=0.005$，否则按出现的实际坡度计算坡道载荷。

6.2.2　电动机初选

6.2.2.1　电动机型式

电动机型式可按L.1选择。

6.2.2.2　电动机的初选功率

6.2.2.2.1　电动机稳态运行功率按式(L.2)计算。

6.2.2.2.2　对能提供有关按CZ值计算选择电动机资料的绕线转子异步电动机，可按式(L.6)计算所需的功率。

6.2.2.2.3　对能获得电动机负荷图(见图L.1)的运行机构，可按式(L.9)计算所需电动机功率。

6.2.3　电动机的校验

6.2.3.1　电动机的过载校验和发热校验

电动机过载校验方法见附录N，发热校验方法见附录O。

6.2.3.2　电动机使用环境的功率修正

电动机使用环境的功率修正见7.5.2.3。

6.2.4　起动时间与起动平均加速度

6.2.4.1　满载、上坡、迎风运行起动时的起动时间 t_q 按式(82)计算。

$$t_q=\frac{n\left[k(J_1+J_2)m'+\dfrac{J'_3}{\eta}\right]}{9.55(m'M_{dq}-M_{dj})} \quad \cdots\cdots(82)$$

式中：

t_q——运行机构的起动时间，单位为秒(s)；

m'——电动机台数；

J'_3——作平移运动的全部质量的惯量折算到电动机轴上的转动惯量，单位为千克二次方米(kg·m²)，按式(83)计算；

η——运行机构总传动效率；

M_{dj}——满载、上坡、迎风时作用于电动机轴上的稳态运行阻力矩，单位为牛米(N·m)，按式(84)计算；

式中其他符号同式(72)。

$$J'_3=\frac{(m+m_i)D^2}{4i^2} \qquad (83)$$

式中：

D ——车轮踏面直径，单位为米(m)；

i ——由电动机轴到车轮的机构总传动比；

式中其他符号同式(81)、式(82)。

$$M_{dj}=\frac{P_jD}{2i\eta} \qquad (84)$$

式中：

P_j——同式(79)；

式中其他符号同式(82)、式(83)。

6.2.4.2 起动平均加速度 a_y 按式(85)计算。无特殊要求时，电动机容量及机构控制系统应使塔式起重机的平均线加速度在 0.05 m/s² ～0.07 m/s² 范围内，起重量大者取小值。

$$a_y=\frac{v_y}{t_q} \qquad (85)$$

式中：

a_y——起动平均加速度，单位为米每二次方秒(m/s²)；

v_y——塔式起重机的稳定运行速度，单位为米每秒(m/s)；

t_q ——同式(82)。

6.2.5 减速器的选择

6.2.5.1 在一般情况下，运行机构减速器的设计预期寿命与该机构工作级别中所对应的使用等级一致。但对一些工作特别繁重、允许在塔式起重机使用期限内更换减速器的运行机构，其减速器的设计预期寿命可小于运行机构的使用等级。

6.2.5.2 采用起重机用减速器时，当所选用的减速器参数表上标注的工作级别与所设计的运行起升机构的工作级别不一致时，应引入减速器功率修正系数。

6.2.5.3 与起升机构减速器不同，运行机构减速器在工作时承受双向载荷，且在机构起(制)动时要传递更大的驱动或制动力矩，在选择运行机构的减速器时应特别考虑此因素。

6.2.6 制动器的选择

6.2.6.1 通则

运行机构装设制动器的作用一般是为了实现减速制动，并使停止下来的塔式起重机在作业时运行机构能保持不动。

如采用常闭式制动器，宜先减速后制动。

6.2.6.2 制动转矩的验算

运行机构机械式制动器的制动转矩与运行摩擦阻力矩之和，应能使处于满载、顺风及下坡状态下运行的塔式起重机在要求的时间内停止下来。

运行机构的制动转矩 M_z 按式(86)计算。

$$M_z=\frac{[P_{W3}+P_a-P'_m]D\eta}{2i}+\frac{n}{9.55t_z}[km_z(J_1+J_2)+J'_3\eta] \qquad (86)$$

式中：

M_z ——运行机构制动转矩，单位为牛米(N·m)；

P_{W3} ——同式(10)；

P_a ——同式(79)；

P_m' ——不考虑轮缘与轨道侧面附加摩擦的摩擦阻力，单位为牛顿米(N·m)；

D ——同式(83)；

η ——同式(82)；

i ——由制动器轴到车轮的机构总传动比；

n、k、J_1、J_2 ——同式(72)；

J_3' ——同式(82)；

t_z ——运行机构制动时间，单位为秒(s)；

m_z ——制动器台数。

6.2.6.3 **制动器的选择条件**

一般$[M_Z]\geqslant M_Z$，且应使制动减速度值在 0.05 m/s^2～0.07 m/s^2 的范围内，起重量大者取小值。$[M_Z]$为所选制动器标准规格参数表中给出的制动转矩。

6.2.7 **打滑验算**

运行机构起动或制动时，塔式起重机不应发生打滑，一般由设计校验主动轮不打滑来保证。计算时钢质车轮与钢轨的黏着系数(静摩擦系数)取 0.12。

对于采用限矩型液力耦合器的运行机构，可不进行起动时的打滑验算。

6.3 **回转机构**

6.3.1 **等效回转稳态阻力矩**

等效回转稳态阻力矩 M_{eq} 按式(87)计算。

$$M_{eq}=M_m+M_W+M_a \quad \cdots\cdots(87)$$

式中：

M_{eq}——等效回转稳态阻力矩，单位为牛米(N·m)；

M_m——回转摩擦阻力矩，主要是回转支承装置的摩擦阻力矩，单位为牛米(N·m)；

M_W——正常工作状态下的等效风阻力矩，单位为牛米(N·m)，其中风阻力 P_{W3} 按式(10)计算；

M_a——等效坡道阻力矩，按坡道阻力矩(按 0.5%坡度计算)的 0.7 倍计算，单位为牛米(N·m)。

6.3.2 **电动机初选**

6.3.2.1 **电动机型式**

电动机型式可按 L.1 选择。

6.3.2.2 **电动机的初选功率**

6.3.2.2.1 回转机构电动机等效功率按式(L.4)计算。

6.3.2.2.2 对能提供有关按 CZ 值计算选择电动机资料的绕线转子异步电动机，可按式(L.7)计算所需电动机功率。

6.3.2.2.3 对能获得电动机负荷图(见图 L.1)的回转机构，可按式(L.9)计算所需电动机功率。

6.3.3 电动机的校验

6.3.3.1 电动机的过载校验和发热校验

电动机过载校验方法见附录N,发热校验方法见附录O。

6.3.3.2 电动机使用环境的功率修正

电动机使用环境的功率修正见7.5.2.3。

6.3.3.3 起动加速度

对于电动机直接起动的回转机构应计算机构的起动加速度,以使塔式起重机起重臂头部切向加(减)速度符合下列要求:

a) 对于回转速度较低的安装用塔式起重机,加(减)速度值应在0.1 m/s^2～0.3 m/s^2范围内,起重量大者取小值;

b) 对于回转速度较高的建筑施工和吊运混凝土用塔式起重机,加(减)速度值应在0.4 m/s^2～0.8 m/s^2范围内,起重量大者取小值。

6.3.4 减速器的选择

回转机构的减速器按等效功率进行选择,减速器的工作特点和选择原则与运行机构减速器相同。

回转减速器的输出齿轮应配有罩盖或其他装置以避免其破裂时坠落。

6.3.5 制动器的选择

在回转机构最不利工作状态和最大回转半径时,其制动器应能使回转部分从运动中停止,且还应能使已停住的回转部分在工作中保持定位不动。一般情况下,宜先减速后制动,且其制动减速度应满足6.3.3.3的要求,并应确保塔式起重机的回转部分在计算风压大于 p_w(见表19)时能自由回转。

回转机构的制动转矩按式(88)计算。

$$M_z = \frac{\sum J \times n}{9.55 t_Z} + M_C \qquad \cdots\cdots(88)$$

式中:

M_z ——回转机构的制动转矩,单位为牛米(N·m);

$\sum J$ ——塔式起重机回转制动时,回转机构及含吊运物品在内的全部回转运动质量换算到电动机轴(制动器轴)上的机构总转动惯量,单位为千克二次方米($kg \cdot m^2$);

n ——同式(72);

t_z ——回转机构制动时间,单位为秒(s);

M_C ——换算到电动机轴上的等效回转力矩,单位为牛米(N·m),按式(89)计算。

$$M_C = \frac{\eta}{i}(M_W + M_a - M_m) \qquad \cdots\cdots(89)$$

式中:

η ——回转机构的总传动效率;

i ——从制动器轴到回转支承装置的回转机构总传动比;

式中其他符号同式(87)。

6.4 变幅机构

6.4.1 变幅阻力

6.4.1.1 动臂变幅机构的变幅阻力

动臂变幅机构变幅全过程中的不同幅度位置，变幅驱动件（如钢丝绳、齿轮、螺杆、液压缸活塞等）上的总变幅阻力可能会有较大变化。每一个变幅位置上变幅驱动件的最大变幅阻力按式（90）计算。

$$P_z = P_o + P_l + P_W + P_{sh} + P_e + P_c + P_f + P_a \quad \cdots\cdots\cdots\cdots(90)$$

式中：

P_z ——动臂变幅机构的变幅阻力，单位为牛顿（N）；

P_o ——变幅时吊运物品非水平位移所引起的变幅阻力，单位为牛顿（N）；

P_l ——臂架系统自重未能完全平衡引起的变幅阻力，单位为牛顿（N）；

P_W ——作用在臂架系统上的风载荷引起的变幅阻力，单位为牛顿（N）；

P_{sh} ——作用在吊运物品上的风载荷、塔式起重机回转时吊运物品的离心力以及变幅、回转、运行起动或制动时在吊运物品上造成的水平惯性力等引起的起升滑轮组对铅垂线的偏角 α 造成的变幅阻力，单位为牛顿（N）；

P_e ——臂架系统在塔式起重机回转时的离心力引起的变幅阻力，单位为牛顿（N）；

P_c ——变幅过程中臂架系统相对回转中心线的径向惯性力引起的变幅阻力，单位为牛顿（N）；

P_f ——臂架铰轴等关节中的摩擦力和补偿滑轮组的效率造成的变幅阻力，单位为牛顿（N）；

P_a ——行走轨道坡度等引起的变幅阻力，单位为牛顿（N）。

6.4.1.2 动臂变幅机构在变幅全过程的变幅等效阻力

动臂变幅机构在变幅全过程的变幅等效阻力 P_{Id} 按式（91）计算。

$$P_{Id} = \sqrt{\frac{\sum_{i=1}^{n} P_{Ii}^2 \times t_i}{\sum_{i=1}^{n} t_i}} \quad \cdots\cdots\cdots\cdots(91)$$

式中：

P_{Id} ——动臂变幅机构等效阻力，单位为牛顿（N）；

P_{Ii} ——臂架从位置 i 到位置 $i+1$ 幅度区段上两个相邻计算位置的变幅阻力的平均值，单位为牛顿（N）；

t_i ——P_{Ii} 的作用时间，单位为秒（s）。

6.4.1.3 小车变幅机构的变幅阻力

6.4.1.3.1 变幅静阻力

小车变幅机构的变幅静阻力包括摩擦阻力、等效坡道阻力（按 1% 坡度计算）、起升钢丝绳和牵引钢丝绳绕过导向滑轮所引起的阻力。摩擦阻力包括车轮沿轨道滚动的阻力、车轮轴承内的摩擦阻力以及车轮轮缘与轨道侧面间的附加摩擦阻力，后者一般是用前述两种基本摩擦阻力之和乘以附加系数 k 来考虑，当小车采用无轮缘式车轮时，附加系数 k 取 1.1，当采用有轮缘式车轮时，附加系数 k 取 1.5；摩擦阻力计算见 6.2.1.1。

6.4.1.3.2 稳定变幅最大牵引力

计算稳定变幅最大牵引力时,应考虑摩擦阻力(同 6.4.1.3.1)、正常工作状态下的最大风阻力 P_{W1}[见式(10)]、满载运行时的最大坡道阻力(按 2%坡度计算)、起升钢丝绳和牵引钢丝绳绕过导向滑轮所引起的阻力、牵引钢丝绳保持一定垂度所需的张力。

6.4.2 电动机初选

6.4.2.1 动臂变幅机构

动臂变幅机构所需电动机功率按式(L.5)计算。

6.4.2.2 小车变幅机构

小车变幅机构所需电动机功率按式(L.3)计算。

6.4.3 电动机的校验

6.4.3.1 电动机的过载校验和发热校验

电动机过载校验方法见附录 N,发热校验方法见附录 O。

6.4.3.2 电动机使用环境的功率修正

电动机使用环境的功率修正见 7.5.2.3。

6.4.3.3 起动加速度计算

变幅机构电动机选出之后,应根据电动机容量和控制系统计算机构的起动加速度。动臂塔式起重机变幅时,起重臂头部水平移动的加(减)速度不宜大于 0.6 m/s^2;牵引小车式变幅时,变幅小车的加(减)速度不宜大于 0.5 m/s^2。

6.4.4 减速器的选择

6.4.4.1 动臂变幅机构

减速器的工作特点和选择原则与起升机构减速器相同。

6.4.4.2 小车变幅机构

减速器的工作特点和选择原则与运行机构减速器相同。

6.4.5 制动器的选择

6.4.5.1 动臂变幅机构的制动器应符合下列要求:

a) 应至少装设一个常闭式机械支持制动器,制动轮/盘应与传动机构刚性联接;
b) 应设有可由操作者或超速保护开关控制的、直接作用于传动链末端(钢丝绳卷筒)的安全制动器,以防止支持制动器失效和减少因传动链损坏而引发的事故,也可在更换或维修电动机、传动装置和支持制动器时提供制动;
c) 支持制动器、安全制动器的制动安全系数应分别不小于 1.5;
d) 应采取措施来自动控制支持制动器和安全制动器的动作顺序,防止产生不当的冲击载荷;
e) 制动减速度不应大于 0.6 m/s^2;
f) 使用说明书应至少提供制动器零部件磨损检查的时间间隔和步骤;
g) 安全制动器与动臂变幅电动机之间应设联锁保护装置,使得在安全制动器撤去制动力矩前,动臂变幅机构不能起动;
h) 制动衬垫表面应与制动轮/盘相匹配以避免不当磨损。

6.4.5.2 小车变幅机构的制动器应符合下列要求:

a) 制动器的制动转矩加上运行摩擦阻力转矩(不包括侧面的摩擦阻力转矩)应能使处于不利情况下的变幅小车在要求的时间内停住(所要求的时间按塔式起重机工作条件决定);

b) 制动器安全系数不应小于 1.25;

c) 应采用常闭制动器,且先减速后制动,制动减速度应符合 6.4.3.3 的要求。

6.5 爬升系统

6.5.1 通则

爬升系统包括外爬升系统和内爬升系统,用于增加或降低上回转塔式起重机的工作高度。

爬升系统的顶升传动装置宜采用液压油缸。

6.5.2 载荷和载荷组合

6.5.2.1 载荷

爬升系统的载荷包括常规载荷、偶然载荷和特殊载荷。

6.5.2.1.1 常规载荷

常规载荷是指塔式起重机上部在爬升系统上爬升所产生的载荷,包括被顶起的塔式起重机部分的自重载荷、起升载荷以及可能的相关爬升的载荷效应,如动力效应、摩擦载荷等。如无详细资料,爬升中的摩擦载荷可近似地取为被顶起部分总重力的 10%～20%。

6.5.2.1.2 偶然载荷

偶然载荷包括所考虑的设计偏离力矩和爬升工作时安装工况的风载荷。

偏离力矩是在爬升过程中,平衡力矩可能偏离的数值。设计偏离力矩是设计所考虑的由于对塔式起重机上部平衡的任何可能的调整所引起的偏离力矩,其值应至少为可能发生的最大力矩的 10%。该最大力矩是由塔式起重机质量的重力(无任何起升载荷)对爬升系统爬升传动装置(例如油缸)轴线产生的。

设计所考虑的安装工况风载荷,最小计算风速为 14 m/s,对应计算风压为 125 N/m^2。

6.5.2.1.3 特殊载荷

特殊载荷包括异常安装工况风载荷、由爬升传动装置(例如油缸)能力引起的最大载荷和静态试验载荷偏离力矩。

静态试验载荷偏离力矩取为设计偏离力矩的 1.25 倍,可视其为由于起升载荷增加了质量 η_c 而引起的。

注:此处的静态试验是指对爬升系统进行的静态试验,例如 EN 14439:2006+A2:2009 的附录 F 规定,爬升系统应在 1.25 倍设计偏离力矩下进行静态试验。

设计所考虑的异常安装工况风载荷,即爬升系统由于故障而停止一段时间时突然增加的风载荷,最小计算风速为 20 m/s,对应计算风压为 250 N/m^2。

6.5.2.2 载荷组合

6.5.2.2.1 计算中应考虑的载荷和载荷组合以及安全系数见表 47。

表 47 将载荷组合分为 LC1、LC2、LC3 三类:

a) 载荷组合 LC1 为常规载荷的组合;

b) 载荷组合 LC2 为常规载荷与偶然载荷的组合,等于载荷组合 LC1 加上所考虑的设计偏离力矩和爬升工作时安装工况风载荷;

c) 载荷组合 LC3 包括常规载荷与偶然载荷、特殊载荷的组合，有 LC3.1、LC3.2、LC3.3 三种情况：

- LC3.1：考虑塔式起重机爬升工作的特殊情况，用异常安装工况风载荷替代载荷组合 LC2 中的安装工况风载荷；
- LC3.2：考虑爬升系统的能力可能引起爬升框架支撑的最大可能载荷的特殊情况；
- LC3.3：考虑爬升系统在静态试验条件下的特殊情况。

6.5.2.2.2 对于在爬升工作期间有可能无法使塔式起重机返回安全状态(如由于电源故障)的情况，应使用载荷组合 LC3.1。

注：允许用附加的方法来满足载荷组合 LC3.1。

6.5.2.2.3 爬升系统的载荷循环数少，不必考虑疲劳。

表 47 爬升系统的载荷和载荷组合

载荷类别	载荷		i	载荷组合 LC1	载荷组合 LC2	载荷组合 LC3		
						LC3.1	LC3.2	LC3.3
常规载荷	重力、加速度、冲击	塔式起重机质量	1	1	1	1	1	1
		起升载荷质量	2	1	1	1	1	$1+\eta_c$
偶然载荷	环境作用	安装工况风载荷	3	—	1	—	1	1
	安装	设计偏离力矩	4	—	1	1	1	—
特殊载荷	异常安装工况风载荷		5	—	—	1	—	—
	安装，由爬升传动装置(例如油缸)引起的最大载荷		6	—	—	—	1	—
	静态试验载荷偏离力矩		7	—	—	—	—	1
总安全系数				1.48	1.34	1.22		

6.5.3 顶升速度

顶升速度不应大于 1.5 m/min，宜取 0.3 m/min～0.8 m/min，大型塔式起重机取小值。

6.5.4 液压爬升系统

6.5.4.1 液压爬升系统油箱容积可按式(92)确定。

$$V=\frac{\pi D^2 L_a n}{2\times 10^6} \qquad \cdots\cdots(92)$$

式中：

V ——油箱容积，单位为升(L)；

D ——油缸内腔直径，单位为毫米(mm)；

n ——油缸数目；

L_a——油缸行程，单位为毫米(mm)。

6.5.4.2 爬升用液压油缸应校核稳定性，校核方法参见附录 P。

6.5.4.3 液压系统及元件应符合 6.9.1 的要求。

6.6 自行架设机构和辅助机构

自行架设机构是塔式起重机为完成自身架设作业而设置的机构。辅助机构是为方便塔式起重机的维修、安装、拆卸等作业而设置的机构。

自行架设机构及辅助机构的设计，应根据不同的使用条件及最不利工况的载荷确定机构传动性能和零部件力学性能，确保安全、方便、可靠。

6.7 通用机械零件

6.7.1 通则

塔式起重机机械零件的设计计算包括强度(含疲劳强度)、稳定性、耐磨及防过热等验算。但并非全部零件都要进行这些验算，而应根据零件所处的部位及其受载情况合理地选择必要的验算项目。

本章给出的塔式起重机机械零件验算方法都是安全系数法。

6.7.2 计算载荷

塔式起重机机械零件的计算载荷，如本章的其他条款有规定，则应执行其规定，否则应按 4.3 和 4.4 考虑有关载荷及载荷组合 A、B、C，但取分项载荷系数 $\gamma_p=1$。

6.7.3 静强度验算

6.7.3.1 通则

静强度验算包括抗脆性断裂及防止出现塑性变形验算，为此应验证其计算应力不超过所采用材料的许用应力。传动机构中的大多数零件均应进行此项验算，其他受力较大的零件也应进行此项验算。

对于弹塑性较好的材料(屈服点 σ_s 与抗拉强度 σ_b 之比小于 0.7)，其许用应力应用材料的屈服点除以安全系数 n_s 来计算(见 6.7.3.2.1)；对于高强度材料或经过热处理提高了机械性能的材料(屈服点 σ_s 与抗拉强度 σ_b 之比不小于 0.7)，为防止其发生脆性破坏，其许用应力应用材料的抗拉强度除以安全系数 n_b 来计算(见 6.7.3.2.2)。

6.7.3.2 许用应力值

6.7.3.2.1 当钢材的屈服点 σ_s 与钢材的抗拉强度 σ_b 之比小于 0.7 时，许用应力值 $[\sigma]$ 按式(93)确定。

$$[\sigma]=\sigma_s/n_s \qquad \cdots\cdots(93)$$

式中：

$[\sigma]$——钢材的基本许用应力，单位为牛顿每平方毫米(N/mm^2)；

σ_s ——钢材的屈服点，单位为牛顿每平方毫米(N/mm^2)；

n_s ——与钢材的屈服点及载荷组合相对应的安全系数，见表 48。

6.7.3.2.2 当钢材的 $\sigma_s/\sigma_b \geqslant 0.7$ 时，许用应力值 $[\sigma]$ 按式(94)确定。

$$[\sigma]=\sigma_b/n_b \qquad \cdots\cdots(94)$$

式中：

$[\sigma]$——钢材的基本许用应力，单位为牛顿每平方毫米(N/mm^2)；

σ_b ——钢材的抗拉强度，单位为牛顿每平方毫米(N/mm^2)；

n_b ——与钢材的抗拉强度及载荷组合相对应的安全系数，见表 48。

表 48　安全系数 n_s 和 n_b

载荷组合	安全系数	
	n_s	n_b [a]
A 和 B	1.48	2.2
C	1.22	1.8

[a] 对灰铸铁，n_b 值增加 25%。

6.7.3.3　**计算应力与许用应力之间的关系**

机械零件危险点的计算应力，用通常的力学方法计算，复合应力按合适的强度理论予以合成。当计算应力与许用应力$[\sigma]$之间符合以下关系时，即认为该机械零件满足了强度条件：

a)　纯拉伸：$1.25\sigma_t \leqslant [\sigma]$，$\sigma_t$ 为计算的拉伸应力；

b)　纯压缩：$\sigma_c \leqslant [\sigma]$，$\sigma_c$ 为计算的压缩应力；

c)　纯弯曲：$\sigma_f \leqslant [\sigma]$，$\sigma_f$ 为计算的弯曲应力；

d)　拉伸和弯曲复合：$1.25\sigma_t + \sigma_f \leqslant [\sigma]$；

e)　压缩和弯曲复合：$\sigma_c + \sigma_f \leqslant [\sigma]$；

f)　纯剪切：$\sqrt{3}\tau \leqslant [\sigma]$；

g)　拉伸、弯曲和剪切复合：$\sqrt{(1.25\sigma_t + \sigma_f)^2 + 3\tau^2} \leqslant [\sigma]$；

h)　压缩、弯曲和剪切复合：$\sqrt{(\sigma_c + \sigma_f)^2 + 3\tau^2} \leqslant [\sigma]$。

6.7.4　**稳定性验算**

6.7.4.1　**通则**

稳定性验算计算包括对易丧失弹性稳定的零件进行的防弹性失稳验算、对较长的高速传动轴进行防止达到临界转速的验算等。对于采用高强度材料的零件，更应重视其弹性稳定性验算。

6.7.4.2　**弹性稳定性验算**

对易于弹性失稳的零件应验算其弹性稳定性，验算可按 5.4 进行。

6.7.4.3　**轴的临界转速**

对转速超过 400 r/min 的长传动轴，应计算其临界转速，并满足式(95)。

$$n_{\max} \leqslant \frac{n_{cr}}{1.2} \qquad \cdots\cdots(95)$$

式中：

$n_{\max}$——轴的实际最大转速，单位为转每分(r/min)；

n_{cr} ——轴的临界转速，单位为转每分(r/min)，$n_{cr} = 1\,210\,\frac{\sqrt{d_1^2 + d^2}}{l^2}$；

d_1 ——空心轴的内直径，单位为厘米(cm)；当为实心轴时，$d_1 = 0$；

d ——轴外径，单位为厘米(cm)；

l ——轴的支点间距，单位为米(m)。

6.7.5 耐磨及防过热验算

6.7.5.1 通则

耐磨及发热验算包括对受力较大的摩擦磨损件进行耐磨验算和对可能出现较高发热的零件进行防止过热验算。对于采用新金属及非金属材料制成的该类零件，更应进行此项验算。

6.7.5.2 耐磨验算

对于受磨损的零件，根据经验应对一些影响磨损的特定物理量进行验算，使之不会导致过度磨损。如对制动器、离合器及滑动支承等，应验算其摩擦表面的单位面积压力强度 p 及与摩擦面相对运动速度 v 乘积的特性系数 pv 值，该值不应超过允许范围。

6.7.5.3 防过热验算

对于盘式或鼓式制动器，其摩擦面应选用耐磨损耐高温的材料，制动轮/盘应有良好的散热条件；对频繁动作的制动器应进行散热验算；温度升高会引起制动轮/盘与制动衬垫之间的摩擦系数变化，必要时应进行制动器热容量验算。采用液力偶合器的传动系统应具有足够的散热条件，并应采取防过热的保护措施。

6.7.6 疲劳强度验算

6.7.6.1 通则

对承受应力循环次数较多的零件，应进行抗疲劳验算。

6.7.6.2 一般方法

机械零件的疲劳强度主要由以下因素确定：

——制造零件的材料；

——形状、表面情况、腐蚀状态、尺寸(比例效应)和其他产生应力集中的因素；

——在各种应力循环过程中出现的最小应力和最大应力的比值；

——应力谱；

——应力循环数。

实际机械零件在交变载荷(应力循环特征值 $r=-1$，即对称应力循环)下的疲劳极限，以其所采用的材料制成的抛光试件在交变载荷(应力循环特征值 $r=-1$)下的疲劳极限为基础，用考虑零件的几何形状、表面情况、腐蚀状态和尺寸等因素对疲劳强度不利影响的一些系数来进行修正。

借助疲劳极限曲线[史密斯(SMITH)图，见图 21]，由交变载荷(应力循环特征值 $r=-1$)下的疲劳极限，可得出与其他应力循环特征值 r 相对应的疲劳极限。该图中的疲劳强度曲线的形状作了线性简化。

这种确定实际零件相对于已知应力循环特征值 r 的疲劳极限的方法，可以用来绘制疲劳寿命曲线[威勒(WOHLER)曲线，见图 22]，此曲线表示了在具有相同的应力循环特征值 r 的应力循环下疲劳应力与应力循环数的关系。根据此曲线，利用迈因纳(MINER)疲劳损伤线性累积理论，结合机械零件的工作级别，便可确定其疲劳强度。

本标准中确定疲劳强度的方法，不适用于经过表面处理(如淬硬、氮化、表面硬化)的零件。某一疲劳寿命曲线只能用来确定在材料、形状和尺寸以及加工处理方面均与其所代表的零件相同的那些零件的疲劳强度。

应力循环数小于 8 000 次时，可不必进行疲劳计算。

6.7.6.3　抛光试件在交变载荷(应力循环特征值 $r=-1$)下的疲劳极限

研究表明,机械零件的抛光试件在交变旋转弯曲作用下的疲劳极限值 σ_{bw},可近似地作为交变非旋转弯曲作用下疲劳极限值。

交变轴向拉伸和压缩作用下的疲劳极限值,应比 σ_{bw} 减少 20%。

交变剪切(纯剪切或扭转)作用下的疲劳极限 τ_w 可由式(96)导出。

$$\tau_w=\frac{\sigma_{bw}}{\sqrt{3}} \qquad \cdots\cdots(96)$$

式中:

τ_w ——抛光零件在交变剪切(纯剪切或扭转)作用下的疲劳极限,单位为牛顿每平方毫米(N/mm^2);

σ_{bw} ——抛光试件在交变旋转弯曲作用下的疲劳极限值,单位为牛顿每平方毫米(N/mm^2)。

此处给定的 σ_{bw} 值,一般为对应于 90%完好率的统计值。对常用的材质为碳钢的机械零件,其 σ_{bw} 值可按式(97)确定。

$$\sigma_{bw}=0.5\sigma_b \qquad \cdots\cdots(97)$$

式中:

σ_{bw} ——同式(96);

σ_b ——钢材的抗拉强度,单位为牛顿每平方毫米(N/mm^2)。

6.7.6.4　形状、尺寸、表面情况和腐蚀的影响

对于所使用的零件,由于其形状、尺寸、表面(机械加工)情况及其腐蚀状态等因素的影响,其在交变载荷下的疲劳极限相对于抛光试件的理想状态必然有所降低。分别用系数 K_s、K_d、K_u 和 K_c 来考虑这些影响。这些系数可按附录 Q 确定。

零件在交变载荷(应力循环特征值 $r=-1$)下拉伸、压缩、弯曲和扭转剪切的疲劳极限 σ_{wr} 或 τ_{wr} 由式(98)~式(100)给出。

$$\sigma_{wr}=\frac{\sigma_{bw}}{K_sK_dK_uK_c} \qquad \cdots\cdots(98)$$

或

$$\tau_{wr}=\frac{\tau_w}{K_sK_dK_uK_c} \qquad \cdots\cdots(99)$$

在纯剪切情况下,取:

$$\tau_{wr}=\tau_w \qquad \cdots\cdots(100)$$

式中:

σ_{wr}、τ_{wr} ——零件拉伸、压缩、弯曲和扭转剪切的疲劳极限,单位为牛顿每平方毫米(N/mm^2);

σ_{bw}、τ_w ——同式(96);

K_s、K_d、K_u、K_c ——系数,按附录 Q 确定。

6.7.6.5　疲劳极限曲线(史密斯图)

图 21 的疲劳极限曲线表达了疲劳极限 σ_d(或 τ_d)与极值应力比 r(即应力循环特征值 r)、抗拉强度 σ_b 和交变载荷(应力循环特征值 $r=-1$)下的疲劳极限 σ_{wr}(τ_{wr})之间的假设关系,这

些关系也如表 49 所示。

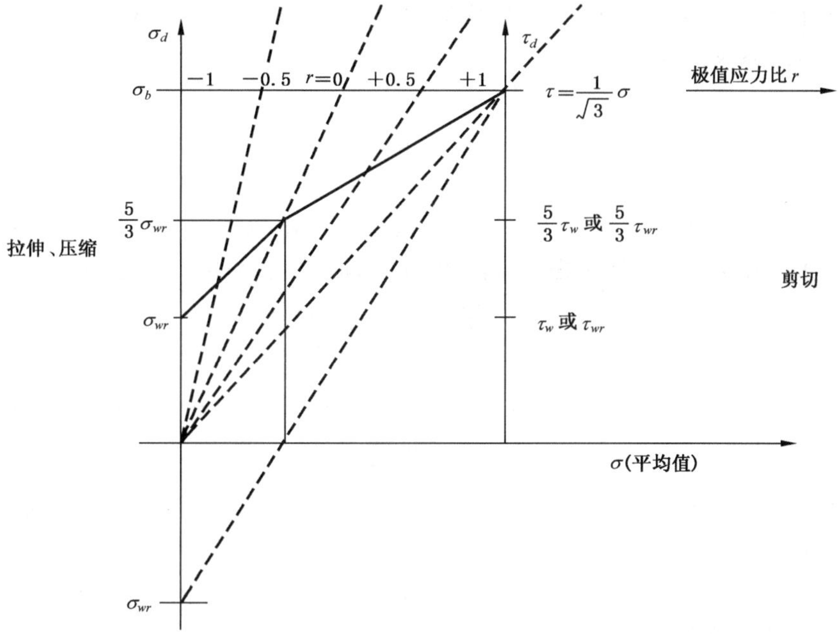

图 21　疲劳极限曲线

表 49　机械零件疲劳极限 $\boldsymbol{\sigma}_d(\tau_d)$ 与 r、$\boldsymbol{\sigma}_b$、$\boldsymbol{\sigma}_{wr}$ 的关系

正应力	$-1\leqslant r<0$	$\sigma_d=\frac{5}{3-2r}\sigma_{wr}$	交变应力
	$0\leqslant r\leqslant 1$	$\sigma_d=\frac{\frac{5}{3}\sigma_{wr}}{1-\left(1-\frac{\frac{5}{3}\sigma_{wr}}{\sigma_b}\right)r}$	脉动应力
剪切应力	$-1\leqslant r<0$	$\tau_d=\frac{5}{3-2r}\tau_{wr}$	交变应力
	$0\leqslant r\leqslant 1$	$\tau_d=\frac{\frac{5}{3}\tau_{wr}}{1-\left(1-\frac{\frac{5}{3}\sqrt{3}\tau_{wr}}{\sigma_b}\right)r}$	脉动应力

6.7.6.6 疲劳寿命曲线(威勒曲线)

图22的疲劳寿命曲线表示了当所有应力循环具有相同的幅值和相同的应力循环特征值 r 时,疲劳破坏前能承受的应力循环数 n_T 和最大应力 σ (τ)之间的函数关系,见式(101)~式(106)。

a) 对于 $n_T \leqslant 8 \times 10^3$:

$$\sigma = \sigma_b \qquad (101)$$

或

$$\tau = \frac{\sigma_b}{\sqrt{3}} \qquad (102)$$

b) 对于 $8 \times 10^3 < n_T < 2 \times 10^6$ 的有限疲劳区,这一函数关系可由图22双对数坐标中的TD直线来表示。在所考虑的区间内,威勒曲线的斜率由 C 来表示:

$$C = \tan\varphi = \frac{\lg 2 \times 10^6 - \lg 8 \times 10^3}{\lg\sigma_b - \lg\sigma_d} \qquad (103)$$

或

$$C = \tan\varphi = \frac{\lg 2 \times 10^6 - \lg 8 \times 10^3}{\lg \frac{\sigma_b}{\sqrt{3}} - \lg\tau_d} \qquad (104)$$

c) 对于 $n_T \geqslant 2 \times 10^6$:

$$\sigma = \sigma_d \qquad (105)$$

或

$$\tau = \tau_d \qquad (106)$$

式(101)~式(106)中:

σ、τ ——最大应力,单位为牛顿每平方毫米(N/mm²);

σ_b ——钢材的抗拉强度,单位为牛顿每平方毫米(N/mm²);

C ——威勒曲线斜率;

$\tan\varphi$ ——威勒曲线斜率;

σ_d ——机械零件的疲劳极限,单位为牛顿每平方毫米(N/mm²);

τ_d ——机械零件的剪切疲劳极限,单位为牛顿每平方毫米(N/mm²)。

上述 C 值表示了该机械零件实际的应力谱系数 K_s 值。

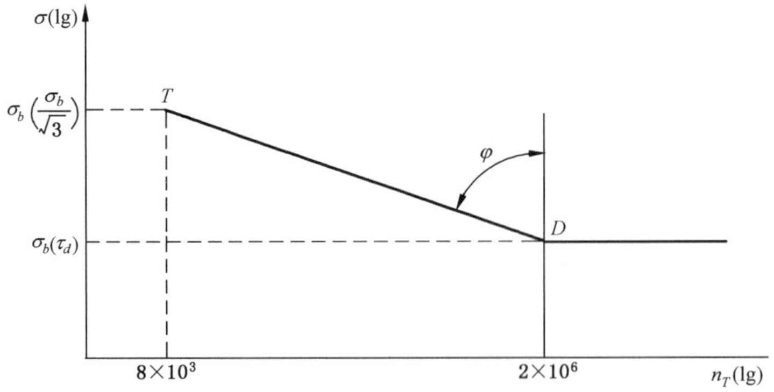

图22 疲劳寿命曲线

6.7.6.7 疲劳强度

一个已知的机械零件,其拉伸或压缩疲劳强度 σ_r 或剪切疲劳强度 τ_r 可以分别用式(107)和式(108)来确定。

$$\sigma_r = 2^{\frac{8-j}{C}} \cdot \sigma_d \qquad \cdots\cdots(107)$$

或

$$\tau_r = 2^{\frac{8-j}{C}} \cdot \tau_d \qquad \cdots\cdots(108)$$

式中：

σ_r ——机械零件的拉伸或压缩疲劳强度，单位为牛顿每平方毫米（N/mm^2）；

j ——该机械零件工作级别的组别号，$j=1\sim8$，见表 14；

τ_r ——机械零件的剪切疲劳强度，单位为牛顿每平方毫米（N/mm^2）；

C ——威勒曲线斜率；

σ_d ——机械零件的疲劳极限，单位为牛顿每平方毫米（N/mm^2）；

τ_d ——机械零件的剪切疲劳极限，单位为牛顿每平方毫米（N/mm^2）。

机械零件总应力循环数 n_T 和应力谱系数 K_S 的组别划分和相应于每一组别的临界疲劳应力如图 23 所示，其中 σ_{jr} 表示用于工作级别的应力。对临界剪切应力，字母 σ 用 τ 来代替。

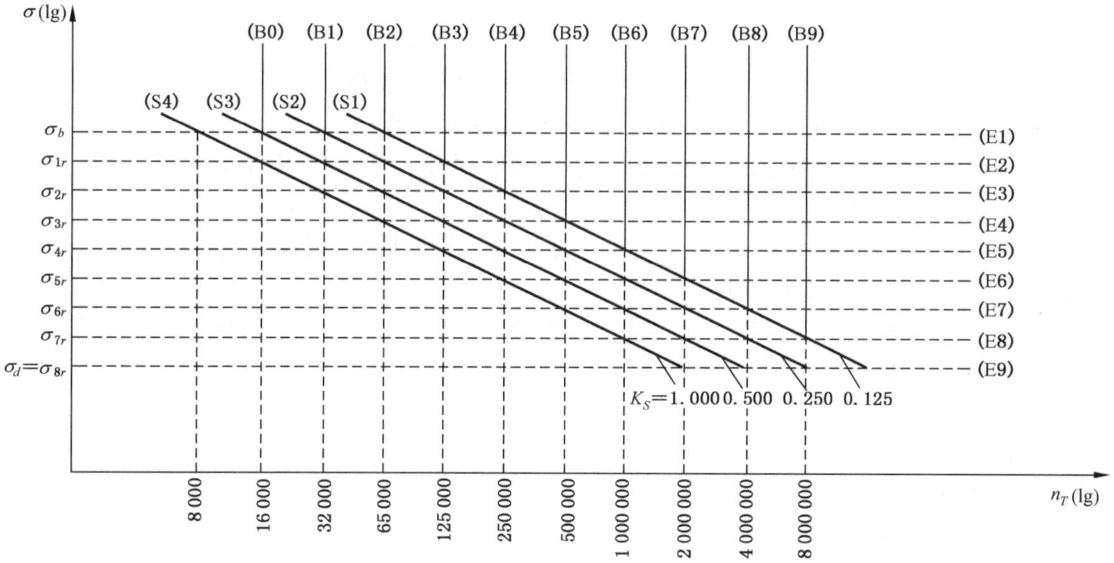

图 23 每个零件组别的临界疲劳应力图

6.7.6.8 疲劳许用应力和疲劳验算

将式(107)及式(108)中所定义的 σ_r 和 τ_r 分别除以安全系数 n_r[见式(109)]，可求出疲劳许用应力$[\sigma_r]$和$[\tau_r]$，见式(110)和式(111)。

取：

$$n_r = 3.2^{\frac{1}{C}} \qquad \cdots\cdots(109)$$

疲劳许用应力为：

$$[\sigma_r] = \frac{\sigma_r}{n_r} \qquad \cdots\cdots(110)$$

$$[\tau_r] = \frac{\tau_r}{n_r} \qquad \cdots\cdots(111)$$

疲劳验算见式(112)和式(113)。

$$\sigma \leqslant [\sigma_r] \qquad \cdots\cdots(112)$$

或

$$\tau \leqslant [\tau_r] \qquad \cdots\cdots(113)$$

式(109)～式(113)中：

n_r ——疲劳安全系数;

C ——威勒曲线斜率;

$[\sigma_r]$——机械零件拉伸或压缩疲劳许用应力,单位为牛顿每平方毫米(N/mm^2);

$[\tau_r]$——机械零件的剪切疲劳许用应力,单位为牛顿每平方毫米(N/mm^2);

σ_d ——机械零件的疲劳极限,单位为牛顿每平方毫米(N/mm^2);

τ_d ——机械零件的剪切疲劳极限,单位为牛顿每平方毫米(N/mm^2);

σ ——最大正应力,单位为牛顿每平方毫米(N/mm^2)。

受具有不同应力循环特征值 r 的正应力和剪切应力同时作用的零件,应满足式(114)。

$$\left(\frac{\sigma_x}{\sigma_{xr}}\right)^2+\left(\frac{\sigma_y}{\sigma_{yr}}\right)^2-\left(\frac{\sigma_x\times\sigma_y}{|\sigma_{xr}|\times|\sigma_{yr}|}\right)^2+\left(\frac{\tau}{\tau_r}\right)^2\leqslant\frac{1.1}{n_r^2}\qquad\cdots\cdots(114)$$

式中:

σ_x、σ_y ——x 方向或 y 方向的最大正应力,单位为牛顿每平方毫米(N/mm^2);

σ_{xr}、σ_{yr} ——x 方向或 y 方向的正应力疲劳强度,单位为牛顿每平方毫米(N/mm^2);

τ ——最大剪应力,单位为牛顿每平方毫米(N/mm^2);

τ_r ——机械零件的剪切疲劳强度,单位为牛顿每平方毫米(N/mm^2);

n_r ——疲劳安全系数。

如果不能确定相应应力 σ_x、σ_y 和 τ 前述关系的最不利的情况,则应分别计算相应于载荷的 $\sigma_{x\max}$、$\sigma_{y\max}$ 和 $\tau_{\max}$ 以及最不利的相应应力。

应注意上述计算并不能保证机械零件抗脆性破坏的安全性,只有选择合适的钢材质量组别才能确保这种安全性,可参见附录 D。

6.8 特殊零部件

6.8.1 钢丝绳

6.8.1.1 钢丝绳选用原则

塔式起重机用钢丝绳应符合 GB/T 20118 的要求。

当塔式起重机用于吊运危险或重要物品时,应采用符合 GB 8918 的钢丝绳。

承载钢丝绳的公称直径不应小于 6 mm。

钢丝绳的选择应满足本标准规定的最低要求。本标准规定的钢丝绳使用的前提是:所采用的钢丝绳出厂时已得到正确润滑,滑轮和卷筒的卷绕直径选择符合 6.8.2.1。

6.8.1.2 钢丝绳结构型式的选择

起升用钢丝绳宜采用阻旋转钢丝绳。

6.8.1.3 钢丝绳直径的选择

6.8.1.3.1 确定钢丝绳最大工作静拉力

确定钢丝绳最大工作静拉力时,应考虑:

a) 对起升用钢丝绳,计算最大工作静拉力时,应考虑下列因素:
   - 塔式起重机的总起升载荷,包括额定起重量、吊具及部分悬垂钢丝绳的重力;部分悬垂的起升钢丝绳的重力,建议取为按起升高度计算的起升钢丝绳重力的 50%;
   - 起升钢丝绳缠绕滑轮组的倍率 a 和绕上卷筒的钢丝绳分支数;
   - 吊钩在起升到上极限位置时,如果钢丝绳与铅垂线夹角大于 22.5°时,还需要考虑由钢丝绳的倾斜引起钢丝绳拉力的增大；

- 钢丝绳系统的总传动效率 η_{Σ}，可按式(115)计算；
- 增大系数 γ'_m，考虑动力效应及无法预料的偶然因素会导致实际出现的钢丝绳拉力超出计算拉力的某种可能性；系数 γ'_m 取决于机构的工作级别，见表 50。

$$\eta_{\Sigma}=\frac{1-\eta_l^a}{(1-\eta_l)a}\times\eta_D \quad \cdots\cdots(115)$$

式中：

η_{Σ}——钢丝绳系统的总传动效率；

η_l——单个滑轮的效率(采用滚动轴承的取 0.98，采用滑动轴承的取 0.96)；

a——钢丝绳滑轮组的倍率；

η_D——导向滑轮的效率。

表 50　增大系数 γ'_m 的数值

机构工作级别	M1	M2	M3	M4	M5	M6
γ'_m	1.00	1.04	1.08	1.12	1.16	1.20

b) 对不专门用于起升垂直载荷的其他各种用途钢丝绳，计算最大工作静拉力时，宜考虑下列因素：

- 按工作状况下最不利载荷组合确定钢丝绳的最大工作静拉力 S；
- 当钢丝绳用作水平运动的牵引时，应考虑牵引对象做水平运动时的摩擦阻力、坡道阻力以及起升钢丝绳绕过起升及导向滑轮系统的阻力等；
- 当钢丝绳用作动臂变幅运动的牵引时，除按 6.4.1.1 考虑最大变幅阻力外，还应考虑钢丝绳缠绕滑轮组的倍率 a、滑轮组的效率及增大系数 γ'_m；滑轮组的效率可参照式(115)计算；增大系数 γ'_m 同起升用钢丝绳，见表 50，但对于静态钢丝绳，取 $\gamma'_m=1$。

6.8.1.3.2　钢丝绳选用计算

在本标准中，钢丝绳选用计算采用 C 系数法或最小安全系数法，具体如下：

a) C 系数法。

本方法只适合用于运动钢丝绳。选用的钢丝绳直径不应小于按式(116)计算的钢丝绳直径。

$$d_{\min}=C\sqrt{S} \quad \cdots\cdots(116)$$

式中：

$d_{\min}$——钢丝绳的最小直径，单位为毫米(mm)；

S——钢丝绳最大工作静拉力，单位为牛顿(N)，按 6.8.1.3.1 确定；

C——钢丝绳选择系数，单位为 $mm/\sqrt{N}$，与钢丝的公称抗拉强度、钢丝绳最小安全系数、钢丝绳结构有关，按式(117)计算。

$$C=\sqrt{\frac{n}{k'\sigma_t}} \quad \cdots\cdots(117)$$

式中：

n——钢丝绳最小安全系数，按表 51 选取；

k'——钢丝绳最小破断拉力系数，见表 52；

σ_t——钢丝的公称抗拉强度,单位为牛顿每平方毫米(N/mm²)。

b) 最小安全系数法。

本方法对运动钢丝绳和静态钢丝绳都适用。按与钢丝绳所在机构工作级别有关的安全系数选择钢丝绳直径。所选钢丝绳的最小破断拉力应满足式(118)。

$$F_0 \geqslant Sn \qquad \cdots\cdots(118)$$

式中:

F_0——钢丝绳最小破断拉力,单位为千牛(kN);

S ——同式(116);

n ——同式(117)。

表51 最小安全系数 n 值

机构工作级别	M1	M2	M3	M4	M5	M6
静态钢丝绳	2.5	2.5	3.0	3.5	4.0	4.5
运动绳钢丝	3.15	3.35	3.55	4.0	4.5	5.6
注:对于吊运危险载荷、重要物品的主起升钢丝绳,一般选择比设计工作级别高一级的 n 值。						

表52 钢丝绳最小破断拉力系数 k'

组别	类别	最小破断拉力系数 k'	
		纤维芯钢丝绳	钢芯钢丝绳
		k'_1	k'_2
1	6×7	0.332	0.359
2	6×19	0.330	0.356
3	6×37		
4	8×19	0.293	0.346
5	8×37		
6	18×7	0.310	0.328
7	18×19		
8	34×7	0.308	0.318
9	35W×7	—	0.360
10	6V×7	0.375	0.398
11	6V×19	0.360	0.382
12	6V×37		
13	4V×39	0.360	—
14	6Q×19+6V×21	0.360	—

注1:在第11组钢丝绳中,股含纤维芯6V×21、6V×24结构钢丝绳的最小破断拉力系数,比表中所列的数小8%,6V×30结构钢丝绳的最小破断拉力系数,比表中所列的数小10%;在第12组钢丝绳中,股为线接触结构6V×37S钢丝绳的最小破断拉力系数则比表中所列的数大3%。

注2:如果选用特殊结构钢丝绳,需由钢丝绳制造商提供 k' 值,并明确在产品证书中。

6.8.1.4 钢丝绳端部的固定

钢丝绳端部的固接应安全可靠。可采用的绳端固接方法和要求见 GB 5144。

6.8.2 滑轮和卷筒

6.8.2.1 滑轮和卷筒的卷绕直径

滑轮和卷筒(第一层)钢丝绳中心的卷绕直径按式(119)计算。

$$D=h\times d \qquad (119)$$

式中:

D ——滑轮和卷筒(第一层)钢丝绳中心的卷绕直径,单位为毫米(mm);

h ——卷筒、滑轮和平衡滑轮的卷绕直径与钢丝绳公称直径之比值,分别为 h_1、h_2、h_3,不应小于表 53规定的值;

d ——钢丝绳公称直径,单位为毫米(mm)。

表 53 系数 *h*

机构工作级别	卷筒 h_1		滑轮 h_2		平衡滑轮 h_3	
	普通钢丝绳	阻旋转钢丝绳	普通钢丝绳	阻旋转钢丝绳	普通钢丝绳	阻旋转钢丝绳
M1	11.2	12.5	12.5	14	11.2	12.5
M2	12.5	14	14	16	12.5	14
M3	14	16	16	18	12.5	14
M4	16	18	18	20	14	16
M5	18	20	20	22.4	14	16
M6	20	22.4	22.4	25	16	18

注 1:按 6.8.1 的方法算得的最小钢丝绳直径并用其确定了卷筒和滑轮的最小直径后,只要实际采用的钢丝绳直径不超出原算得的最小直径的 125%、钢丝绳实际的拉力不超过原计算钢丝绳最小直径时用的最大工作静拉力 S 值,则新选的钢丝绳仍可以与算得的卷筒和滑轮的最小直径配用。

注 2:本表的 h 值不能限制或代替钢丝绳制造商和塔式起重机制造商之间的协议,当采用不同柔性的新型钢丝绳时尤其如此。

6.8.2.2 滑轮、卷筒材料和结构型式选择

6.8.2.2.1 滑轮、卷筒材料

采用金属材料铸造的滑轮和卷筒,应选用力学性能不低于 GB/T 9439 中的 HT200 或力学性能不低于 GB/T 11352 中的 ZG270-500。

焊接、轧制滑轮和卷筒应选用力学性能不低于 GB/T 700 中的 Q235B;根据使用工况和环境温度的需要,也可采用力学性能不低于 GB/T 1591 中的 Q345B。

允许采用满足使用要求的其他材质的滑轮。

6.8.2.2.2 滑轮、卷筒的结构型式

铸造滑轮和双辐板压制滑轮宜符合 GB/T 27546,焊接滑轮宜符合 JG/T 5078.1。

铸造卷筒的结构型式宜符合 JB/T 9006。

6.8.2.2.3 绳槽半径

滑轮、卷筒的绳槽半径 r 与钢丝绳公称直径 d 的比值应满足式(120)。

$$r=(0.53\sim 0.6)d \qquad \cdots\cdots(120)$$

式中：

r——滑轮、卷筒的绳槽半径，单位为毫米(mm)；

d——同式(119)。

6.8.2.3 钢丝绳允许偏角

6.8.2.3.1 钢丝绳绕进或绕出滑轮槽时的最大偏斜角(即钢丝绳中心线和垂直滑轮轴平面之间的角度)不应大于4°；对阻旋转钢丝绳不应大于2°。

6.8.2.3.2 钢丝绳绕进或绕出卷筒时偏离绳槽两侧的角度不应大于3.5°；对阻旋转钢丝绳不应大于2°。

6.8.2.3.3 对于无绳槽卷筒和多层缠绕卷筒，钢丝绳偏离垂直卷筒轴平面的角度不应大于1.5°。大于1.5°时应设置排绳器或导向装置。

6.8.2.4 钢丝绳在卷筒上的固定

钢丝绳在卷筒上的固定应安全可靠。钢丝绳在放出最大工作长度后，卷筒上的钢丝绳至少应保留3圈。当钢丝绳和卷筒之间的摩擦系数取为0.1时，在此安全圈下，绳端固定装置应在承受2.5倍钢丝绳最大工作静拉力时不发生永久变形。

6.8.2.5 卷筒壁和侧板厚度的计算

卷筒壁及其侧板的厚度计算参见附录R。

6.8.3 车轮与轨道

6.8.3.1 材料

6.8.3.1.1 车轮的材料

车轮的材料及热处理应符合JB/T 11865的规定。

6.8.3.1.2 轨道材料

塔式起重机轨道用材料推荐如下：

——采用轻轨时，推荐用力学性能不低于GB/T 11264中55Q的材料；

——采用重轨时，推荐用力学性能不低于GB 2585中U71Mn的材料；

——采用起重机钢轨时，推荐用力学性能不低于YB/T 5055中U71Mn的材料。

注：当采用其他型钢、方钢、扁钢等做轨道时，需注意其材质和硬度的实际情况，必要时可降低轮压，以保证有足够的使用寿命。

6.8.3.2 车轮的校验计算

车轮的校验计算应符合GB/T 26477.1，但其中的载荷和载荷组合按4.3和4.4确定。

6.8.4 缓冲器

缓冲器应按碰撞动能及最大碰撞力，并考虑缓冲行程来选用，最大减速度不超过设计允许值。

宜采用符合JB/T 7017、JB/T 8110.1、JB/T 8110.2、JB/T 10833的缓冲器。

6.8.5 联轴器

6.8.5.1 机械式联轴器的选择

机械式联轴器，一般可从联轴器标准规格中选取，然后验算所传递的转矩，使其满足式

(121)。

$$M_L \leqslant [M_L] \quad \cdots\cdots(121)$$

式中：

$[M_L]$——联轴器的许用转矩，单位为牛米（N·m）；

M_L ——联轴器的计算转矩，单位为牛米（N·m），按式(122)计算。

$$M_L = kM'_L \quad \cdots\cdots(122)$$

式中：

k ——系数，与工作级别、联轴器的重要性及所连接的轴有关，一般为1.3～3.1，起升机构和动臂变幅机构宜取大值；

M'_L——需要联轴器传递的转矩，单位为牛米（N·m）。

6.8.5.2 液力偶合器的选择

一般采用限矩形(yox)液力偶合器和普通型(yop)液力偶合器。

限矩型液力偶合器根据泵轮转速 n_B、额定转差率 S 和传递功率 P，按 JB/T 11866 中选取。

普通型液力偶合器根据泵轮转速 n_B 和传递功率 P 从制造商产品标准中选取。

6.8.6 电磁离合器的选择

起升机构采用的摩擦片电磁离合器一般是离合器不带载荷时在静态下离合。可从摩擦片电磁离合器的标准规格表中选用，然后按所传递的静摩擦转矩进行验算，使其满足式(123)。

$$M_L \leqslant [M_L] \quad \cdots\cdots(123)$$

式中：

$[M_L]$——电磁离合器规格参数表中给出的额定转矩，单位为牛米（N·m）；

M_L ——电磁离合器的计算转矩，单位为牛米（N·m），按式(124)计算。

$$M_L = kM'_L \quad \cdots\cdots(124)$$

式中：

k ——电磁离合器的安全系数，k 一般取2.0；

M'_L——电磁离合器的计算基本载荷，单位为牛米（N·m）。参照4.3.2.4计算；其中驱动机构加减速动力系数 φ_5 在1.1～1.5取值。

6.8.7 齿轮设计

塔式起重机用齿轮设计应进行齿面接触强度和轮齿弯曲强度计算，采用的设计计算方法应结合塔式起重机工作特点，并满足不同类型和使用场合的塔式起重机各机构的安全性和可靠度要求。渐开线圆柱齿轮的承载能力计算应符合 GB/T 3480、GB/T 3480.5 和 GB/T 10062 的规定。

制造商应阐明齿轮设计所用方法和依据，并按4.3和4.4给出的方法（分项载荷系数取为1）确定齿轮计算载荷，按4.2.3确定其所在机构的总使用时间，或按4.2.4确定其使用等级。

6.8.8 回转支承

6.8.8.1 回转支承的选型原则

回转支承按回转机构工作级别选取。

6.8.8.2 回转支承计算工况及载荷

回转支承应根据4.4中的载荷组合B、C及安装状态最大载荷（分项载荷系数取为1），分别计算作用在回转支承中心的载荷,将每种计算工况的载荷组合为轴向力 F_V、水平力 F_h 和倾翻力矩 M。

6.8.8.3 回转支承选型验算

根据 6.8.8.2 中的载荷 F_V、F_h、M 计算当量外载荷 F_{eq},计算方法参见附录 S 的 S.1。

回转支承的当量静载荷 F_0 以回转支承供应商提供的参数为准;如供应商不能提供,则可参考 S.2 的方法进行计算。

所选回转支承应满足式(125)。

$$F_0 \geqslant K_{ns} \times F_{eq} \qquad \cdots\cdots(125)$$

式中:

F_0——回转支承当量静容量,单位为牛顿(N);

F_{eq}——回转支承当量外载荷,单位为牛顿(N);

K_{ns}——回转支承安全系数,取不小于表 54 的值。

表 54 回转支承安全系数 K_{ns}

回转机构工作级别	M1～M3	M4	M5	M6
正常工作状态	1.15	1.25	1.35	1.45
非工作状态	1.15	1.15	1.15	1.15
安装状态	1.15	1.15	1.15	1.15

6.8.8.4 回转支承安装螺栓

6.8.8.4.1 安装螺栓及其配套螺母应分别选用 8.8 级及 8 级以上的高强度螺栓副。

6.8.8.4.2 安装螺栓应进行静强度验算,验算方法参见 S.3.1。

6.8.8.4.3 当回转支承与其相连的上下支座采用螺纹孔安装时,螺栓在上下支座上的最小拧入深度不应小于规定值,参见表 S.4。

6.8.9 吊钩

6.8.9.1 吊钩应按 GB/T 10051.1 的规定选取。

6.8.9.2 起重吊钩附件(包括吊钩螺母、吊钩横梁等)应按 GB/T 10051.8～10051.11 的规定选取。

6.8.9.3 吊钩应设有防止取物装置非人为脱出的装置。

6.9 液压系统及内燃发动机

6.9.1 液压系统

6.9.1.1 基本要求

液压系统及相关元件的特性应符合 GB/T 3766 的规定。

6.9.1.2 液压油

液压油的物理和化学特性应满足使用和预期循环次数的要求。

液压油的黏度应确保系统在塔机工作温度范围内正常工作。

6.9.1.3 油箱

油箱的最高和最低油位应有标识。

回油口的尺寸与位置选择应能限制液压油的流速，以避免产生紊流。

6.9.1.4　**滤油器**

液压系统应安装滤油器，滤油器的过滤能力应满足液压元件的工作要求。

考虑允许的温升，在预期黏度变化范围内，滤油器的规格应能满足所有工况下的额定流量要求。

如果没有安装堵塞指示器，建议安装旁路以便滤油器发生堵塞时液压油可从旁路通过。

6.9.1.5　**液压回路**

当一个或多个元件出现失效或发生故障时，液压回路的设计制造应能使风险降到最低。

液压回路的设计应保证在正常操作情况下，油缸和其他驱动装置运动的可控制性。

每个液压回路至少要有一个测压点。

考虑到执行机构可能长期不动作，应采取措施防止气穴现象。

应采取可靠措施，使液压系统的工作油温不超过 80 ℃。

6.9.1.6　**泵**

在设计的工作范围内，泵应能提供所需的流量。

泵的最大工作压力不应小于溢流阀的设定压力。

应采取有效措施防止或限制动力机反转，尤其是该反转会损坏泵或其他部件时；当动力机反转的损坏风险可忽略时，则可只提供现场检查运动方向的指示或警告。

6.9.1.7　**管路与接头**

软管和接头的破断压力不应小于各自最大工作压力的 4 倍。

液压安全阀应通过硬管与油缸相连，宜直接安装在油缸上。以防止油缸所支承的载荷在管路压力不足(例如管路泄漏)或油管失效时发生意外下降。

具有安全功能的管路和接头的安装位置应便于安全检查及维护。

6.9.1.8　**油缸**

在正常工作状态下，考虑到所有可预见的过压(如温度变化引起的)，油缸产生的最大力不应对油缸及与之相联的构件产生破坏。

当使用单作用油缸时，应确保活塞杆安全收回。

回路应能防止油缸内腔部分或全部真空。应提供在每次使用前对可能形成的真空进行检查和处理的方法。

考虑到设备的工作环境和停用时间，应防止活塞杆腐蚀。

油缸应有液压锁，当动力不足或油管失效时可以停止油缸运动。液压锁应能解除任何有危险的过压。

当活塞杆在外载作用下运动时，应装有保持活塞杆平稳运动的装置，以防止对结构产生任何振动。

油缸的安装除了应方便部件的拆卸外，还应方便对塔机和相关部件的维护操作。

6.9.1.9　**阀**

要求使用者调节的阀应安装在易于接近的位置。

6.9.1.10　**防止超压**

应采取措施防止工作压力超出规定的最大工作压力；应采取适当的预防或构造措施防止工

作压力(包括瞬时尖峰压力)超出 1.6 倍规定的额定工作压力。

6.9.1.11 防止传动装置意外起动

应有措施防止塔式起重机机构在液压动力中断(包括正常中断和故障中断)后重新供应时发生任何意外动作,例如采用电气联锁或动力中断时控制装置自动回复零位的方法来防止。

6.9.2 发动机

安装在塔式起重机上的内燃发动机,其性能参数和附属装置(如冷却装置、起动装置、蓄电装置等)应与塔式起重机工作状况和环境相匹配。如工作环境温度较低,应具有冷起动性能。

7 电气

7.1 通则

塔式起重机电气系统应符合 GB 5226.2 和本标准的规定。

注:GB 5226.2 中的"载荷保持装置"即本标准中的"取物装置",取物装置包括吊具。

7.2 电气设备的工作环境

7.2.1 环境温度

塔式起重机电气设备应能保证在其运行场所的环境温度范围内正常工作。当环境温度不能满足所选电气设备工作要求时,应采取冷却或加温措施。

7.2.2 湿度

当最高环境温度为 40 ℃下的相对湿度不超过 50%时,电气设备应能正常工作;温度较低时相对湿度可较大(例如+20 ℃时可为 90%)。当环境温度不超过+25 ℃时,应允许相对湿度短时达到 100%。

应考虑到由于温度变化可能偶然发生的凝露现象。

7.2.3 海拔

一般塔式起重机的电气设备使用的海拔不超过 1 000 m。塔式起重机若用于海拔 1 000 m 以上,其电气设备的具体数据由相应的产品标准规定,电动机功率的修正见 7.5.2.3。

7.2.4 防油滴

任何润滑系统、液压系统或其他含油装置在运行和安装时,应保证不会有油滴到电气设备上,否则电气设备应加以保护。

7.3 电源

7.3.1 塔式起重机采用 380 V、50 Hz 三相交流电源,应采用 TN-S 接零保护系统(俗称三相五线制)供电。根据用户要求也可以采用其他参数的三相交流电源,其配电线路设计应符合相关的标准。

7.3.2 在正常工作条件下,供电系统在塔式起重机馈电线接入处的电源波动不应超过额定值的±10%。

7.3.3 塔式起重机宜装设可切断所有电源的主隔离开关,开关应可锁定于断开位置,并尽量靠近总供电控制屏(柜)或集电器。

7.3.4 控制电压应选择下列等级:

交流:380 V、220 V、127 V、48 V、36 V、24 V;

直流：220 V、110 V、48 V、24 V、12 V。

控制电源由变压器提供时，二次侧电压不应超过 250 V；变压器的二次侧公共端应可靠接地，变压器的公共极不应被任何开关、触点或断路器（熔断器）隔断，同时应采用适当措施，防止非公共极线路的超载或短路。

7.3.5 对于行走式塔式起重机，其电源线应通过能自行卷放的电缆卷筒引入。电缆卷筒的最小直径应大于电源电缆允许的弯曲直径。一般情况下，电缆外径小于 21.5 mm 时，卷筒的最小直径至少是电缆外径的 10 倍；当电缆外径大于 21.5 mm 时，卷筒最小直径至少是电缆外径的 12.5 倍。电缆卷筒的集电环应满足相应的电压等级和电流容量的要求。每个滑环至少配有一对电刷，电刷的接触电压降应小于 1.5 V，电流密度一般取 15 A/cm^2～20 A/cm^2。电刷的防护等级不低于 IP54。

7.3.6 电缆铜芯承受的最大拉应力不应超过 20 N/mm^2。

7.4 控制系统及操纵装置

7.4.1 通则

控制系统应满足各机构工作速度的要求，包括机构起动和制动加减速度的要求。

7.4.2 起升机构控制系统的设计原则

起升机构控制系统应根据下列原则进行设计：

a) 塔式起重机在 110% 的额定载荷下应能可靠工作；

b) 在供电系统电压波动为额定值的 −10% 时起升额定载荷，无论载荷处于什么位置，系统应保证机构正常工作；

c) 除非预定的控制方案允许，否则无论控制手柄处于什么位置，正常工作时额定载荷下降速度不应超过额定速度的 120%；

d) 具有机械换挡或电磁换挡的起升机构，其控制电路中应有防止司机误操作的保护措施。

7.4.3 对各机构控制系统的设计原则

对塔式起重机的各个机构，两个方向的起动和停机应渐进控制。

7.4.4 操纵装置

操纵装置优先采用联动操纵台。操纵台的布置应符合 GB/T 24817.3，并应设置在紧急情况下可迅速断开总动力电源、停止所有运动的红色急停按钮。急停按钮应是非自动复位式的，并设置在司机操作方便的地方。

7.4.5 遥控装置

地面有线操纵装置，其控制所有机构动作的按钮、开关等操作元件应是自动复位式的。除操作元件外，还应设有能切断总电源的红色急停按钮，此按钮应是非自动复位式的。

该装置应具有良好的绝缘性能，对于金属外壳或直接能触摸到的金属零件应单独接地。其外壳防护等级，室内作业时不应低于 GB 4208 规定的 IP43，室外作业时不应低于 IP54。

悬挂控制装置应采取有效措施，防止电缆在悬挂时承受过大的拉力。

地面控制的塔式起重机，大小车运行机构空载速度不应超过 50 m/min。

无线遥控器的防护等级，室内使用时不应低于 GB 4208 规定的 IP43，室外使用时不应低于 IP54。

无线控制装置和控制系统应按 GB 5226.2—2002 的 9.2.7 进行设计,并满足附录 U 的附加要求。

采用无线遥控方式的塔式起重机还应同时满足国家有关安全规程规定的要求。

7.4.6 多点控制

塔式起重机要求多点控制时,各控制点间应相互联锁,任一时刻只允许一个控制点工作。每一控制点均应装设能切断总电源的红色急停按钮,且操作任一急停按钮,所有的控制点都应无法工作。

7.4.7 制动器的控制

7.4.7.1 与电动机同时控制的制动器,其线路应设有保护装置,在出现故障时能迅速切断电动机和制动器的电源;如电动机接至制动器的导线长度不大于 5 m,制动器可不单独设这样的保护。与电动机分开控制的制动器,其控制应采取预防措施,以使起动和制动时不出现任何失控的运动。

7.4.7.2 如有电气制动,机械制动应在电气制动之后作用。电动机通电时制动器不得制动,短暂过渡状态除外。

7.4.7.3 对设有安全制动器的起升机构,在正常作业时,其支持制动器动作后,安全制动器如需动作应延时进行,且其延时动作时间应可调;在进行紧急制动时,安全制动器应立即动作。

7.4.7.4 对于系统意外断电时制动器的动作会引起机械设备损坏倾翻的情况,应采取适当措施保证意外断电时制动器的安全动作过程。

7.5 电动机

7.5.1 电动机选择依据

电动机应依据类型及结构型式、供电型式、功率、工作制、接电持续率、额定转矩、堵转转矩和最大转矩、额定转速、调速方式、防护等级、环境温度及湿度、海拔等因素来选择。对于有特殊要求的电动机(如空载超速,特殊防护和特殊保护等)应向制造商另行提出。

7.5.2 电动机选型说明

7.5.2.1 电动机的型式

塔式起重机用电动机的型式应符合 L.1 的要求。

7.5.2.2 防护等级

7.5.2.2.1 电动机外壳防护等级应符合 GB/T 4942.1 的规定,室外使用时,防护等级不应低于 IP44。在可能出现冷凝水的情况下,应确保冷凝水出水孔畅通。

7.5.2.2.2 电动机在有专门的外部防护措施时,可采用较低的防护等级。

7.5.2.3 根据环境温度和海拔的修正功率

当电动机使用地点的海拔超过 1 000 m 和/或使用环境温度与其额定环境温度不一致时,其输出功率应按实际使用地点的海拔和使用环境温度进行修正,见式(126)。

$$P'_N=\frac{P_N}{K} \qquad \cdots\cdots(126)$$

式中:

P'_N——根据环境温度和海拔修正后用来选用电动机的功率,单位为千瓦(kW);

P_N——未修正的所需电动机的功率,单位为千瓦(kW);

K ——功率修正系数，按图 24 确定。

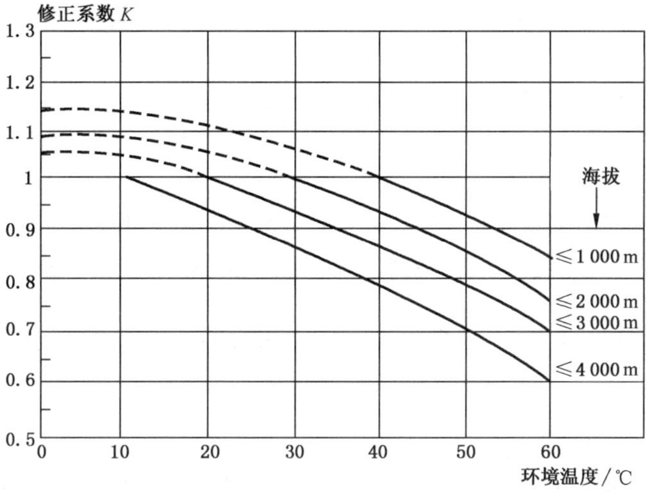

注 1：修正系数 $K>1$ 的值，由电动机制造商和塔式起重机制造商共同确定。

注 2：海拔大于 1 000 m 时，需要指出环境温度。

图 24　以环境温度和海拔为函数变量的功率修正系数值

7.5.2.4　接电持续率和每小时工作循环数

接电持续率 JC 值用于工作循环时间小于或等于 10 min 的场合，由式(127)确定。

$$JC=\frac{t_1}{t}\times 100\% \qquad (127)$$

式中：

t_1——在塔式起重机一个工作循环中该机构的运转时间；

t ——塔式起重机一个工作循环的总时间。

塔式起重机各机构的接电持续率 JC 值、CZ 值、稳态负载平均系数 G，是影响电动机发热的重要因素，应根据实际载荷情况计算，并在塔式起重机制造商和买方之间达成一致意见。如无法获得载荷情况的详细资料，可参考表 M.1 选取。

7.6　电气元件

7.6.1　制动器的电驱动元件

制动器的电驱动元件应按电源电压、频率、使用环境条件及对应机构的工况（接电持续率，每小时动作次数等）来选定。

7.6.2　电阻器

7.6.2.1　接电持续率不同的电动机，宜选用不同参数的塔式起重机通用电阻器；接电持续率虽不同但又相近时，允许选用同一规格的电阻器。

7.6.2.2　起动用电阻器各级电阻选用值与计算值允差±5%；个别级的电阻器选用值允差±10%，但各相总电阻选用允差不应超过±8%。

7.6.2.3　塔式起重机用电阻器为重复短时工作制，一循环周期为 60 s，其接电持续率分为 4.4%、6.25%、8.8%、12.5%、17.5%、25%、35%、50%、70%、100%。各级电阻的容量应按不同的接入时间长短来选择。

7.6.2.4 同一电阻元件，在不同接电持续率时有不同的允许电流值，该值不应小于电动机的工作电流，为了减小电阻器箱数，个别级别选用电阻元件的允许电流值可比电动机工作电流小5%。

7.6.2.5 晶闸管定子调压调速系统电阻器的接电持续率按100%选用，上升和下降用电阻元件在JC=100%下的电流值，不应小于当电动机带额定负荷时上升和下降分别对应的电动机的工作电流。

7.6.2.6 变频调速系统采用制动单元时，起升机构电阻器的接电持续率应按100%选用，电阻器的功率值不应小于下降时的额定回馈功率；其他机构电阻器的接电持续率和功率值取决于机构的制动频度与制动转矩。

7.6.2.7 电阻器应加防护罩，室内使用时其防护等级不应低于GB 4208规定中的IP10，室外使用不应低于IP13。

7.6.3 接触器

接触器应符合GB 14048.4的要求。接触器应按其工作电流及预期使用寿命根据生产厂提供的选用曲线进行选用。对于使用频繁、工况较为复杂的接触器容量选大一级使用为宜。

换向接触器和其他同时闭合会引起短路事故的接触器之间，应设置电气联锁或机械联锁。

7.6.4 可编程序控制器

可编程序控制器一般根据开关量的输入输出点数和电压等级，模拟量输入输出点数及其他特殊功能要求进行设计选型，如有特殊要求，可采用冗余系统。可编程序控制器应按照制造商的说明书安装。对用于安全保护的联锁信号，如超速限制等，应具有直接的继电保护联锁线路。

7.7 电线电缆

7.7.1 一般规定

移动的电源电缆应选用重型橡套电缆。其他外露的连接电力的电缆至少应选用中型橡套电缆。

7.7.2 电线电缆截面选择

7.7.2.1 导线截面应根据导线所承受的负载电流、线路允许的电压降、工作环境温度和敷设方式所要求的机械强度来确定。

7.7.2.2 塔式起重机外部连接用电线电缆截面选择：对于多股单芯导线，截面不应小于1.5 mm^2；对于多股多芯电缆，截面不应小于1.0 mm^2；对于电子装置、油压伺服机构、检测与传感元件的连接线，其截面不做规定。

7.7.2.3 导线截面积根据导线载流量不小于导线负载电流并考虑最大允许电压降来决定，参见附录T。

7.7.3 导线的敷设

7.7.3.1 控制屏(柜)内的连接线可敷设于线槽中，导线两端应设有与电气原理图一致的编号标记(或工艺编号)。

7.7.3.2 外部连接导线可敷设于线槽、金属管或软管中，电缆可直接敷设。在有机械损伤、化学腐蚀、油污侵蚀的地方，电缆应有防护措施；线槽、导线管的出口处，应防止磨损电缆。

7.7.3.3 固定敷设的电缆，其弯曲半径不得小于5倍电缆外径，至少不应低于制造商提供的相应数据。除电缆卷筒以外,移动电缆的弯曲半径不得小于 8 倍电缆外径。塔身悬挂电缆的固定,宜使用电缆网套悬挂方式,每 20 m 设置一个电缆网套。

7.7.3.4 电缆需加长时,应设置中间接线盒,接线盒固定在便于检修的地方。接线盒内应采用标准接线端子,其容量应满足导线载流量的要求,并有与导线相同的编号。接线盒的防护等级应适合周围环境,且不低于 IP44。

7.7.3.5 三相或单相交流电源线应穿在同一根导线管内。

7.7.3.6 对于控制屏(柜)、接线箱等电气设备的接线端子,若接线端子间的意外连接会造成设备损坏时,应将相关端子明显区分或标示。

7.7.4 电压损失

7.7.4.1 尖峰电流

对于交流供电,在尖峰电流时,自供电变压器的低压母线至塔式起重机任何一台电动机端子上的总电压损失不应超过额定电压的 15%。

7.7.4.2 交流电导线电压降

忽略导线单位长度的感抗时,导线电压降按式(128)计算。

$$\Delta U=\frac{\sqrt{3}LI\cos\varphi}{S\gamma} \qquad \cdots\cdots(128)$$

式中:

ΔU ——导线的电压降,单位为伏特(V);

L ——导线有效长度,单位为米(m);

I ——最大工作电流,单位为安培(A),见 7.7.4.3;

$\cos\varphi$ ——功率因数,见 7.7.4.4;

S ——导线截面积,单位为平方毫米(mm^2);

γ ——导线电导率,单位为米每欧姆平方毫米[$m/(\Omega\cdot mm^2)$],铜取 50 $m/(\Omega\cdot mm^2)$。

7.7.4.3 最大工作电流

单台电动机的最大工作电流为设计选定的最大起动电流。对于绕线转子电动机一般取 2.2I_N~2.5 I_N,对于变频控制的笼型电动机一般取为 1.5 I_N~1.8 I_N,对于直接起动的笼型电动机参照电动机产品样本数据查取。I_N 为电动机的额定工作电流。

单台塔式起重机的最大工作电流,按功率最大机构的电动机处于起动状态,其余可能同时工作机构的电动机处于额定工作状态时的电流进行计算,见式(129)。

一般考虑三个机构同时工作的情况。

$$I_{max}=K\ I_{N1}+I_{N2}+I_{N3} \qquad \cdots\cdots(129)$$

式中:

I_{max} ——塔式起重机最大工作电流,单位为安培(A);

K ——功率最大机构电动机的起动电流倍数;

I_{N1}、I_{N2}、I_{N3}——三个机构电动机在额定载荷下的额定工作电流,单位为安培(A)。

7.7.4.4 功率因数

计算电压降时,电动机启动时的功率因数 $\cos\varphi$ 一般选用下列值:

——对于绕线电动机:$\cos\varphi$ =0.65;

——对于变频调速笼型电动机：$\cos\varphi=0.8\sim0.82$；

——对于直接起动笼型电动机：$\cos\varphi=0.5$。

7.7.4.5 导线载流量校正

导线载流量 I_X 按式(130)校正计算：

$$I_X=K_aK_tK_jI_g \qquad \cdots\cdots(130)$$

式中：

I_X ——导线载流量，单位为安培(A)；

K_a ——导线或穿管导线多根并列敷设校正系数；

K_t ——环境温度校正系数；

K_j ——重复短时工作制的接电持续率校正系数；

I_g ——电线电缆载流量的基准值，单位为安培(A)。

各载流量计算系数参见附录T。

7.8 控制屏(柜)

7.8.1 基本要求

7.8.1.1 控制屏(柜)的结构应能满足工作环境的要求(振动、冲击等)，塔式起重机控制屏(柜)应采用防护式结构。在无遮挡的场所安装使用时，其外壳防护等级宜不低于GB 4208中的IP4X；在有遮挡的场所安装使用时，其外壳防护等级可适当降低。

7.8.1.2 控制屏(柜)内元件布置应保证有足够的拆修距离和电气元件要求的安全距离。同时各元件动作产生的热量、电弧、振动、磁场不得影响其他元件正常功能的发挥，不得引起误动作。

7.8.1.3 控制屏(柜)的金属壳体(包括柜门)应有保护接地螺钉(或螺母)，并在明显处标志保护接地符号；门应可锁住。

7.8.2 安装要求

7.8.2.1 控制屏(柜)应安装牢固，箱壳和箱柜前应保持至少400 mm的净空，地面应无障碍物，以便于检修工作。

7.8.2.2 控制屏(柜)应具有便于吊装的设施(吊环等)。

7.9 电气保护

7.9.1 电动机的保护

电动机应具有如下一种或一种以上的保护功能，具体选用应按电动机及其控制方式确定：

a) 瞬动或反时限动作的过电流保护，其瞬时动作电流整定值应约为电动机最大起动电流的1.25倍；

b) 在电动机内设置热传感元件；

c) 热过载保护。

7.9.2 线路保护

所有外部线路都应具有短路或接地引起的过电流保护功能，在线路发生短路或接地时，瞬时保护装置应能分断线路。对于导线截面较小，外部线路较长的控制线路或辅助线路，当预计接地电流达不到瞬时脱扣电流值时，应增设热过载保护功能，以保证导线不会因接地而引起绝缘烧毁。

7.9.3 错相和缺相保护

电源电路中应装设错相及缺相保护装置。

7.9.4 零位保护

塔式起重机各传动机构应设有零位保护。初始供电以及运行中因故障或失压停止运行后重新恢复供电时，机构不得自行动作，应人为将控制装置置回零位后，机构才能重新起动。

7.9.5 失压保护

当塔式起重机供电电源中断后，凡涉及安全或不宜自动开启的用电设备均应处于断开状态，避免恢复供电后用电设备自动运行。

7.9.6 欠压及过压保护

为保证正常工作，应设置欠压及过压报警装置。当电压低于 $0.85Ue$ 和高于 $1.1Ue$（Ue 为电源额定电压值）时，应报警或自动切断电源电路。

7.9.7 电动机保护

因正反向接触器故障导致电动机定子异常失电，或因调速装置故障导致电动机失控时，制动器应立即制动。

7.9.8 超速保护

对于非平衡式变幅机构应设置超速开关，超速开关的整定值取决于控制系统性能和额定下降速度（或设计允许值），通常为额定下降速度的 1.25 倍～1.4 倍，超速保护应激发适当的控制响应。

7.9.9 避雷保护

对于安装在野外且相对周围地面处在较高位置的塔式起重机，至少应按 GB/T 23723.3 的规定接地。

7.9.10 限制器和指示器

塔式起重机应按 GB/T 24810.3 的规定配备限制器和指示器。

7.9.11 塔式起重机运行状态数据记录装置

塔式起重机宜根据使用需要和有关规定配备运行状态数据记录装置，运行状态数据记录装置宜符合 GB/T 28264 的相关规定。

7.9.12 其他保护

7.9.12.1 应在司机操作方便的地方设置紧急情况下可以迅速断开总电源的红色急停按钮。

7.9.12.2 带涡流制动的起升控制线路，应具有涡流电流检测功能，防止因涡流回路故障而造成吊具滑降。

7.9.12.3 直流他激电动机应有失磁保护。

7.9.12.4 在塔式起重机上的电气控制设备中，人可能触及的带电裸露部分应设有防止触电的防护措施。

7.9.12.5 当塔式起重机的总高度大于 30 m 时，应在其端部、顶部装设红色障碍指示灯，其供电应不受停机影响。

7.10 接地

7.10.1 所有电气设备正常不带电的金属外壳、金属管线、安全照明变压器低压侧等均应可靠接地。当电气设备直接固定在金属结构件上并有可靠电气接触时,可不必另装电气连接线。

7.10.2 接地线及用作接地设施的电导,一般不小于本线路中最大的相电导的1/2。

7.10.3 接地线与设备的连接可用螺钉连接或焊接。螺钉连接应采取防松和防锈措施。

7.10.4 接地线严禁作载流零线。

7.11 照明、信号、通讯

7.11.1 照明

7.11.1.1 司机室应提供固定的、不炫目的工作照明装置,该装置应布置合理,并具有不小于30 lx的照度,在塔式起重机司机室主电气线路被切断时,照明装置应能正常工作。

7.11.1.2 固定式照明装置的电源电压不应超过220 V,严禁用塔式起重机的金属结构作为照明线路的回路。

7.11.1.3 可携式照明装置的电源电压不应超过50 V。

7.11.1.4 塔式起重机应设单独的照明变压器。照明变压器应是隔离变压器,禁止采用自耦变压器,照明变压器二次侧一端应接地,照明线路总电源开关应设置断路器及漏电保护开关。

7.11.2 信号

7.11.2.1 司机室至少应具有下列信号指示:

a) 总电源开合状态指示信号;

b) 超过设定风速的报警或指示信号(对于配备了风速仪的塔式起重机);

c) 超起重量和超起重力矩报警或信号指示。

7.11.2.2 行走式塔式起重机在行走过程中应具有警示措施。

7.11.2.3 信号可以是灯光、音响或仪表指示。信号装置应设置在操作人员或现场人员视力听力可及的地方。

7.11.3 通信

根据用户的要求选配通信设备,通信设备可选用无线电对讲机等。

7.12 其他

7.12.1 司机室内如配置取暖用电热器,应采用固定式防护。

7.12.2 若设置有操作、检查、维护人员乘用的升降机,其电气设计及安全设施应符合GB 26557的规定。

7.12.3 对在特殊环境和特殊工况下使用的塔式起重机的电气设计和选用的电气元件应满足相应的特殊要求。

附 录 A
（资料性附录）
塔式起重机的起升状态级别举例

塔式起重机的起升状态级别举例见表 A.1。

表 A.1 各类塔式起重机的起升状态级别举例

塔式起重机类型	用途	起升状态级别
1	不经常使用的塔式起重机	HC_1
	货场用塔式起重机	HC_1
	钻井平台维修用塔式起重机	HC_2
	船舶修理厂用塔式起重机	HC_2
2	建设用自行架设式塔式起重机	HC_1，HC_2
	建设用组装式塔式起重机	HC_1，HC_2
3	造船厂舾装用塔式起重机	HC_1，HC_2
	港口集装箱装卸用塔式起重机	HC_2
	造船用塔式起重机	HC_2
	抓斗塔式起重机	HC_3

注：对于起升机构控制系统能自动保证平稳起、制动的塔式起重机，其起升状态级别可比表中列示的起升状态级别低 1 级（如 HC_3 可降为 HC_2，HC_2 可降为 HC_1）。

附　录　B
(规范性附录)
空气动力系数

B.1　总则

由理论方法或实验方法得出的先进和公认的空气动力系数值,都可使用。

B.1.1　构件的空气动力系数

构件的空气动力系数 C 按式(B.1)计算。

$$C = C_0 \times \psi \qquad \cdots\cdots(B.1)$$

式中:

C_0——无限长直的等截面构件的空气动力系数。具有一个或多个实心截面或一个空心截面的构件称为单根构件;平面或空间格构式结构件可由单根构件组合而成。

ψ——折减系数,为适合有限长构件而折减 C_0。ψ 与单根构件的空气动力长细比 λ 有关;如果是格构式构件,ψ 还与其充实率 φ 有关。

ψ、λ 和 φ 之间的关系见图 B.1。

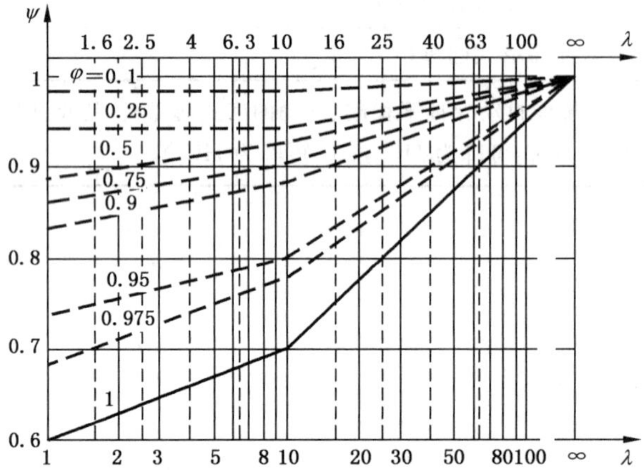

图 B.1　折减系数 ψ 与空气动力长细比 λ、结构充实率 φ 之间的关系

B.1.2　空气动力长细比

空气动力长细比 λ 按式(B.2)计算。

$$\lambda = l_a / d \qquad \cdots\cdots(B.2)$$

式中:

λ——空气动力长细比;

d——构件的特征尺寸,单位为米(m),见本附录的各个表格;

l_a——构件的空气动力长度,单位为米(m),按式(B.3)计算。

$$l_a = \alpha \times l \qquad \cdots\cdots(B.3)$$

式中：

l_a——同式(B.2)；

l ——构件长度，即其两节点之间的距离，单位为米(m)；如果该构件与其他构件连接，其长度取为其两端接点中心之间的距离；

α ——相对空气动力长度，与构件的位置和可能靠近构件的挡风阻碍物(如地面、建筑物)有关，见表B.1。

B.1.3 结构充实率

平面格构式构件的充实率 φ 按式(B.4)计算。

$$\varphi=\sum_j A_j/A_c \qquad \cdots\cdots\cdots\cdots(\text{B.4})$$

式中：

φ ——平面格构式构件的充实率；

$\sum_j A_j$——单根构件及其节点板在格构式结构件平面上的投影面积的总和，单位为平方米(m^2)，见图B.2；

A_c ——格构式结构件的轮廓面积，单位为平方米(m^2)，$A_c = d \times l$，见图B.2。

注：空间格构式构件的充实率即为其迎风一面的格构式结构的充实率。

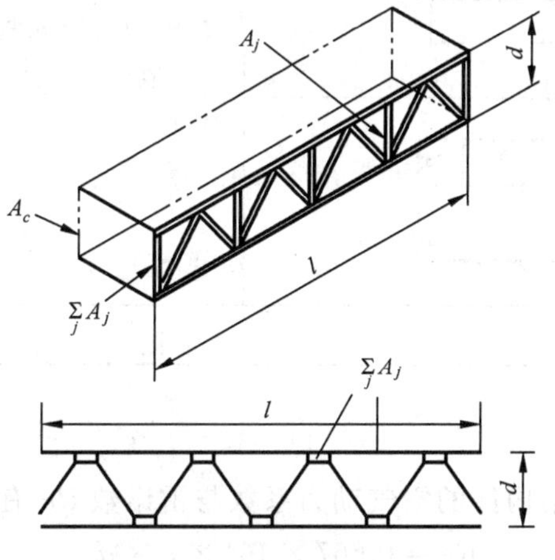

图 B.2 格构式结构件示例

表 B.1 单根构件和格构式构件的相对空气动力长度 α

构件和阻碍物迎风的位置[a]		α
1	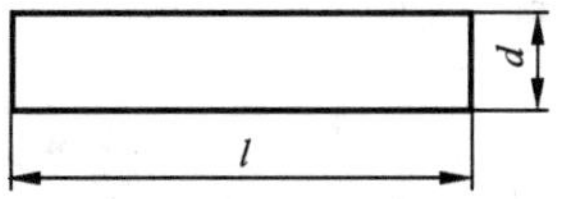	1
2	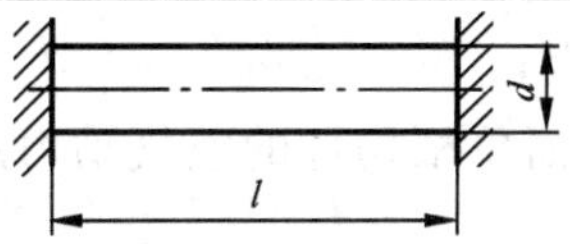	∞

表 B.1(续)

<table>
<tr><th colspan="2">构件和阻碍物迎风的位置 [a]</th><th>α</th></tr>
<tr><td>3</td><td>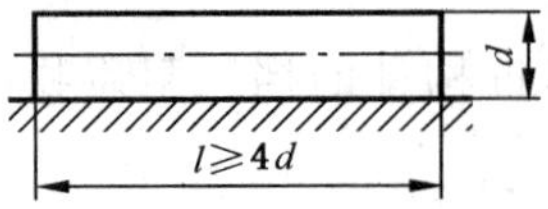
</td><td>1</td></tr>
<tr><td>4</td><td>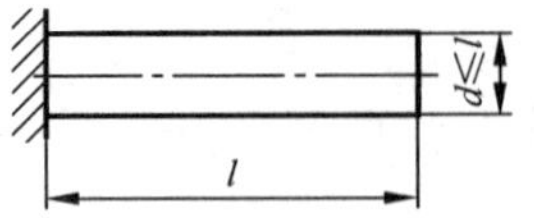
</td><td rowspan="4">a) 非圆形构件:
$l\leqslant15$ m,$\alpha=2.0$
$l\geqslant50$ m,$\alpha=1.4$ } 如算出的 λ 值>70,则取 $\lambda=70$
b) 圆形构件:
$l\leqslant15$ m,$\alpha=1.0$
$l\geqslant50$ m,$\alpha=0.7$ } 如算出的 λ 值>70,则取 $\lambda=70$
15 m$\leqslant l\leqslant$50 m 时的 α 值,用 $l=15$ m和 50 m 时的 α 值按线性插入法确定,且当算出的 λ 值>70 时,取$\lambda=70$</td></tr>
<tr><td>5</td><td>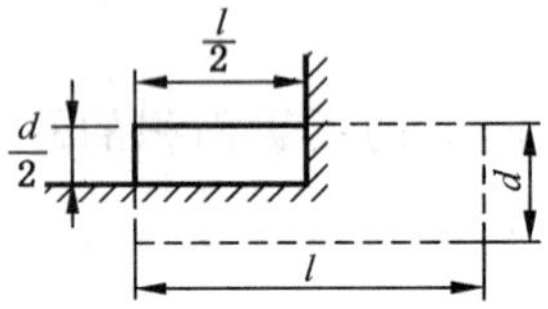
</td></tr>
<tr><td>6</td><td>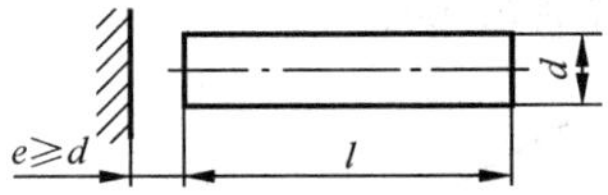
</td></tr>
<tr><td>7</td><td>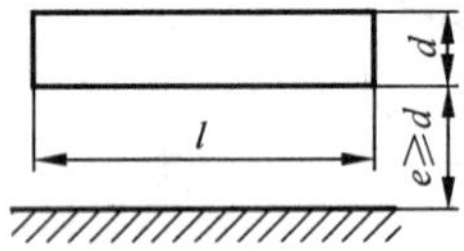
</td></tr>
<tr><td colspan="3">[a] 逆时针旋转 90°也成立。</td></tr>
</table>

B.1.4 雷诺数

某些单根构件和格构式结构件的空气动力系数与雷诺数 Re 有关。雷诺数按式(B.5)确定。

$$Re=0.667\times10^{5}\times v\times d \qquad \text{(B.5)}$$

式中:

Re ——雷诺数;

d ——构件的特征尺寸,单位为米(m),见本附录的各个表格;

v ——风速,单位为米每秒(m/s)。对于工作状态风载荷,应用 v_w 或 v_p 代替 v(见 4.3.3.1);对于非工作状态风载荷,应用 $v_n(h)$代替 v(见 4.3.4.2)。

B.2 单根构件

本章给出了下列图表:

——表 B.2:圆形截面单根构件的空气动力系数 C_0;

——图 B.3:与雷诺数 Re 相关的更准确的圆形截面单根构件的空气动力系数 C_0;

——图 B.4:风向角 β 及相应的风载荷的定义;

——表 B.3：直边单根结构件的空气动力系数 C_{0y}、C_{0z}；

——表 B.4：三角形和矩形空心截面单根结构件的空气动力系数 C_0。

表 B.2　圆形截面单根构件的空气动力系数 C_0

序号	构件的形状与位置			特征面积 A	C_0
	构件	空气动力长细比	风向角 β		
1	圆形 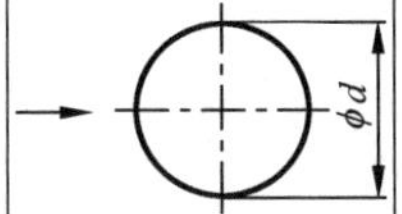	$l/d \leqslant \infty$	垂直于构件轴线	$d \cdot l$	$C_0 = 1.20$ 更准确的 C_0 按图 B.3 选取
2	管、杆件	$l/d > 100$	垂直于构件轴线	$d \cdot l$	$Re \leqslant 2 \times 10^5$，　$C_0 = 1.20$
					$4 \times 10^5 \leqslant Re \leqslant 10^6$，　$C_0 = 0.70$
					$Re > 10^6$ 或 $2 \times 10^5 \leqslant Re \leqslant 4 \times 10^5$ 时，C_0 按图 B.3 确定
3	钢丝绳	$l/d > 100$	垂直于构件轴线	$d \cdot l$	$Re \leqslant 2 \times 10^5$，　$C_0 = 1.20$
					$4 \times 10^5 \leqslant Re \leqslant 10^6$，　$C_0 = 0.90$
					$Re > 10^6$ 或 $2 \times 10^5 \leqslant Re \leqslant 4 \times 10^5$ 时，C_0 按图 B.3 确定

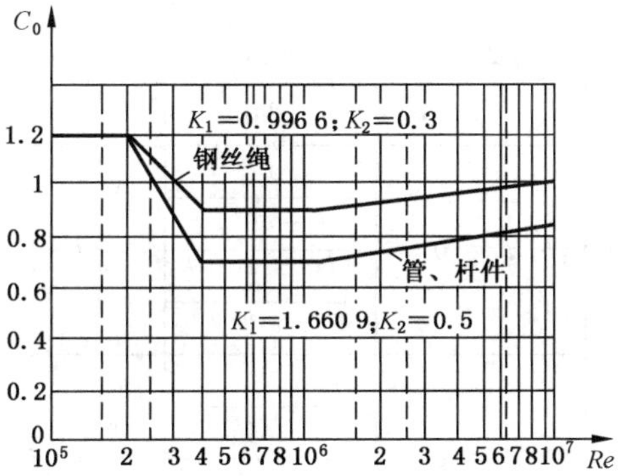

说明：

当 $2 \times 10^5 \leqslant Re \leqslant 4 \times 10^5$ 时，$C_0 = 1.2 - K_1 \lg[Re/(2 \times 10^5)]$

式中粗糙度 K_1 的取值如下：

对钢丝绳：$K_1 = 0.996\,6$；对管和杆件：$K_1 = 1.660\,9$。

当 $Re \geqslant 10^6$ 时，$C_0 = 1.2 - \dfrac{K_2}{1 + 0.41 \times \lg(Re/10^6)}$

式中粗糙度 K_2 的取值如下：

对钢丝绳：$K_2 = 0.3$；对管和杆件：$K_2 = 0.5$；

图 B.3　与雷诺数 Re 相关的更准确的圆形截面单根构件的空气动力系数 C_0

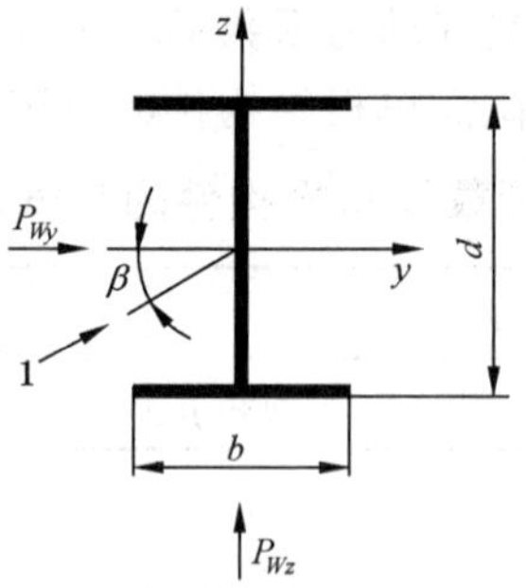

说明：

1——风向。

图 B.4　风向角 β 及相应的风载荷的定义

表 B.3　直边单根构件的空气动力系数 C_{0y}、C_{0z}

序号	构件的形状与位置			特征面积 A	C_{0y}	C_{0z}
	构件	截面尺寸比值	风向角 β			
1	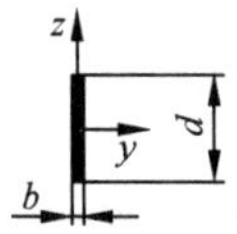	$b/d \leqslant 0.1$	0°	$d \cdot l$	2.0	0
			±45°		1.3	±0.13
			90°		0	0.1
2	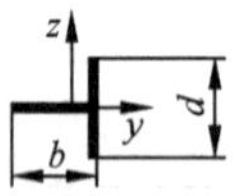	$b/d=1$	0°	$d \cdot l$	1.65	0
			±45°		2.2	±1.0
			±90°		1.3	2.1
3	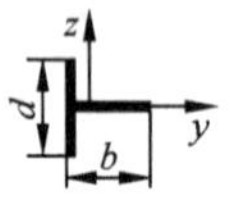	$b/d=1$	0°	$d \cdot l$	2.0	0
			±45°		1.15	±0.8
			±90°		−1.3	2.1
4	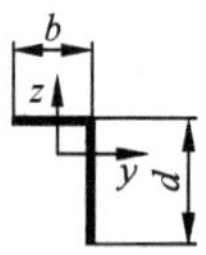	$b/d=0.5$	0°	$d \cdot l$	2.0	1.0
			+45°		1.8	0.8
			−45°		1.3	−0.2
			90°		1.75	1.25
5	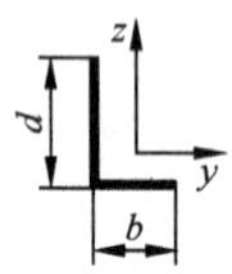	$b/d=0.5$	0°	$d \cdot l$	2.0	−0.1
			+45°		1.55	0.7
			−45°		1.55	−0.8
			90°		−0.25	0.8
6	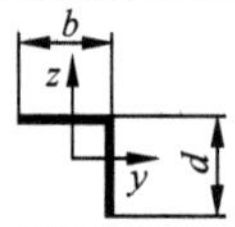	$b/d=1$	0°	$d \cdot l$	1.8	2.0
			+45°		1.8	1.8
			90°		2.0	1.8
7	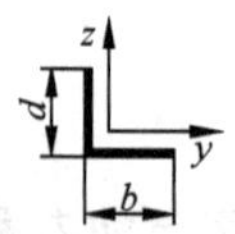	$b/d=1$	0°	$d \cdot l$	1.9	−0.2
			+45°		1.4	1.4
			−45°		0.7	−1.8
			90°		−0.2	1.9

表 B.3（续）

序号	构件的形状与位置			特征面积 A	C_{0y}	C_{0z}
	构件	截面尺寸比值	风向角 β			
8	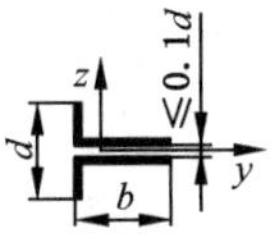	$b/d=0.9$	0°	$d\cdot l$	1.6	0
			±45°		1.4	0
			±90°		−0.9	0.7
9	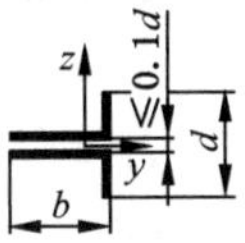	$b/d=0.9$	0°	$d\cdot l$	1.4	0
			±45°		0.4	±1.0
			±90°		0.9	0.7
10	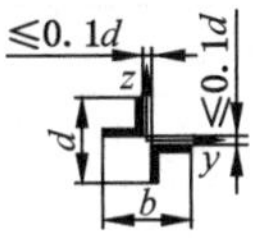	$b/d=1$	0°	$d\cdot l$	1.7	0
			±45°		0.85	±0.85
			90°		0	1.7
11	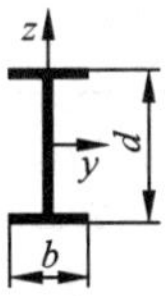	$b/d=0.5$	0°	$d\cdot l$	2.0	0
			±45°		1.8	±0.6
			±90°		0	0.8
		$b/d=0.66$	0°		1.85	0
			±45°		1.7	±1.0
			±90°		0	1.2
		$b/d=1$	0°		1.7	0
			±45°		1.5	±1.5
			±90°		0	1.7
12	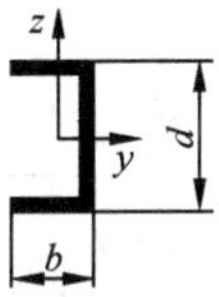	$b/d=0.5$	0°	$d\cdot l$	2.1	0
			±45°		1.8	±0.6
			±90°		0	0.7
13	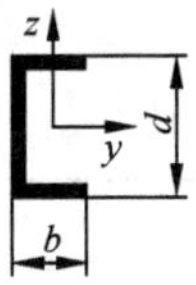	$b/d=0.5$	0°	$d\cdot l$	1.8	0
			±45°		1.8	±0.5
			±90°		0	0.7
14	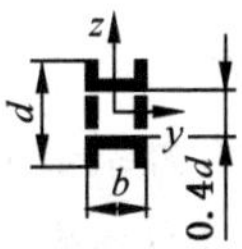	$b/d=0.6$	0°	$d\cdot l$	2.1	0
			±45°		1.6	±1.2
			±90°		0	1.2

注：表 B.3 给出的风力系数 C_{0y} 和 C_{0z} 与结构件截面的 y 轴和 z 轴有关，还与 β 角所确定的风向有关。y、z 方向的风载荷 P_{Wy}、P_{Wz} 根据 4.3.3.1 和 4.3.4.2 给出 P_{W1}、P_{WN} 的算式计算。见图 B.4。

表 B.4　三角形和矩形空心截面单根构件的空气动力系数 C_0

序号	构件的形状与位置			特征面积 A	C_0
	构件	截面尺寸比值	风向角 β		
1	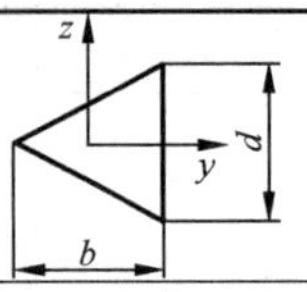	$1 \leqslant b/d \leqslant 1.4$	0°	$d \cdot l$	1.2
			0°		
			0°		
2	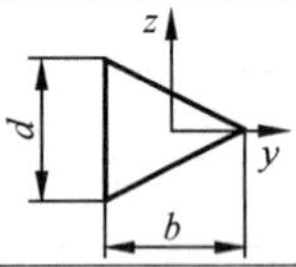	$1 \leqslant b/d \leqslant 1.4$	0°	$d \cdot l$	2
			0°		
			0°		
3	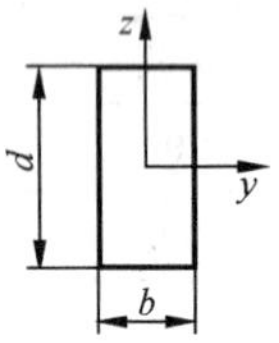	$b/d=0.5$	0°	$d \cdot l$	2.2
		$b/d=1$	0°	$d \cdot l$	2.0
		$b/d=2$	0°	$d \cdot l$	1.5
		$b/d=3$	0°	$d \cdot l$	1.3
		$b/d=4$	0°	$d \cdot l$	1.0
4	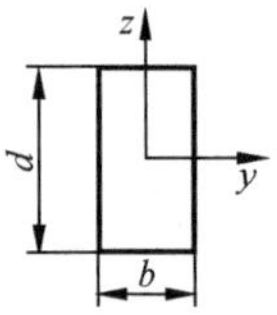 有 $r/d=1/24$ 的圆角	$b/d=0.5$	0°	$d \cdot l$	2.1
		$b/d=1.0$	0°	$d \cdot l$	1.5
		$b/d=2.0$	0°	$d \cdot l$	1.1
5	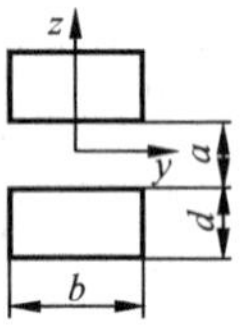	$a/d=0.5$，　$b/d=2$	0°	$2d \cdot l$	1.6
		$a/d=1$，　$b/d=2$	0°	$2d \cdot l$	1.5
		$a/d=2$，　$b/d=2$	0°	$2d \cdot l$	1.4
6	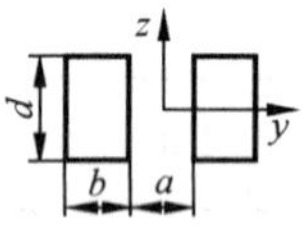	$a/d=0.5$，　$b/d=0.5$	0°	$d \cdot l$	1.25
		$a/d=1$，　$b/d=0.5$	0°	$d \cdot l$	1.30
		$a/d=2$，　$b/d=0.5$	0°	$d \cdot l$	1.40

B.3　平面和空间格构式构件

本章给出了下列图表：

——表 B.5：平面和空间格构式构件的特征面积 A 和空气动力系数 C_0；

——图 B.5：单根构件为圆形和非圆形的平面格构式构件，其空气动力系数 C_0 与 φ 的关系；

——图 B.6：单根构件为圆形和非圆形的空间格构式构件，其空气动力系数 C_0 与 φ 的关系；

——图 B.7：单根构件为圆形的平面格构式构件，其空气动力系数 C_0 与 Re 和 φ 的关系；

——图 B.8：单根构件为圆形、截面为三角形和正方形的格构式构件，其空气动力系数 C_0 与 Re 和 φ 的关系。

表 B.5　平面和空间格构式构件的特征面积 A 和空气动力系数 C_0

序号	构件的形状与位置	特征面积 A	C_0
1	单根构件：非圆形 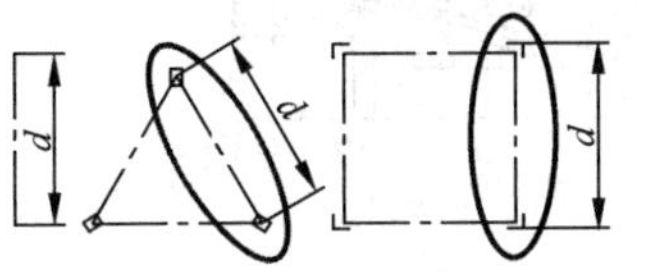	$A=\sum_j A_j$，$\varphi=\dfrac{A}{d\times l}$ $\sum_j A_j$ ——一个面(d)所有单根构件和节点板在其平面上的投影面积总和	平面构件见图 B.5； 空间构件见图 B.6
2	单根构件：圆形和非圆形 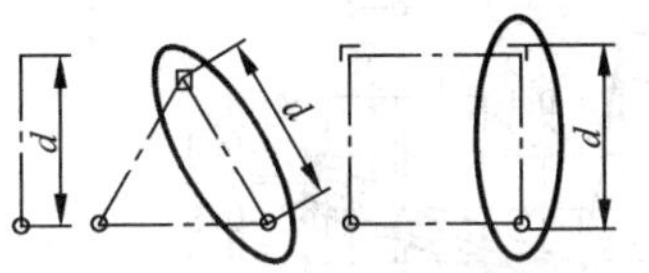	$A=\sum_j A_j$，$\varphi=\dfrac{A}{d\times l}$ $\sum_j A_j$ ——面积总和，同序号 1	平面构件见图 B.5； 空间构件见图 B.6
3	单根构件：圆形（无节点连接板） 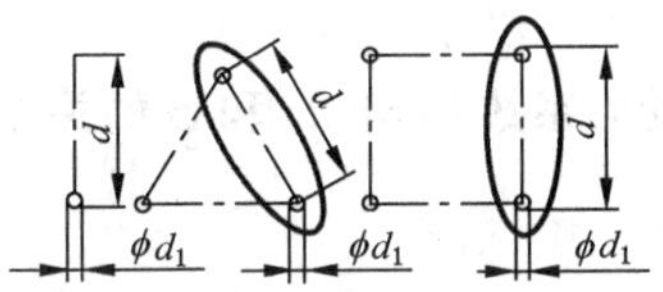	$A=\sum_j A_j$，$\varphi=\dfrac{A}{d\times l}$ $\sum_j A_j$ ——一个面(d)所有单根构件在其平面上的投影面积总和。 $Re=0.667\cdot10^5\cdot v\cdot d_1$（见 B.1.4）	平面构件见图 B.7； 空间三角形构件见图 B.8a)； 空间正方形构件见图 B.8b)

注：对于单个平面/空间格构式构件，本表给出的 A 是最终面积，不需再按 B.4 计算并列布置的结构件的特征面积。

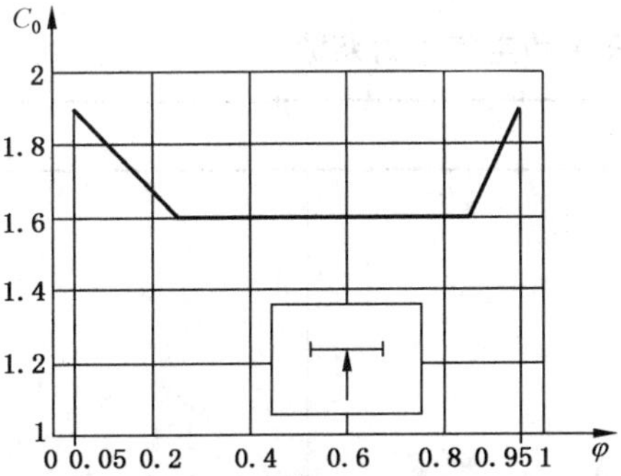

图 B.5　单根构件为圆形和非圆形的平面格构式构件，其空气动力系数 C_0 与 φ 的关系

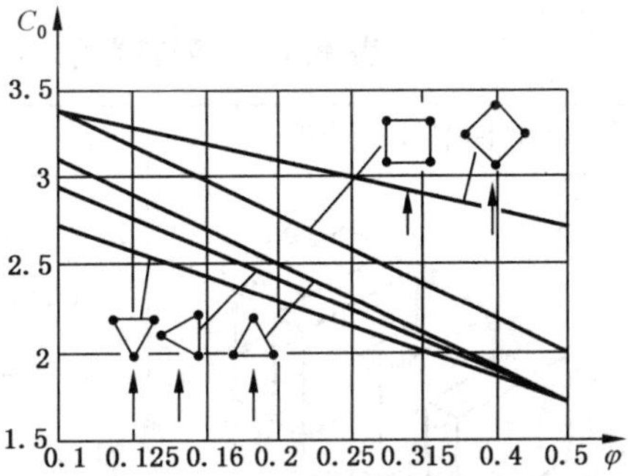

图 B.6　单根构件为圆形和非圆形的空间格构式构件，其空气动力系数 C_0 与 φ 的关系

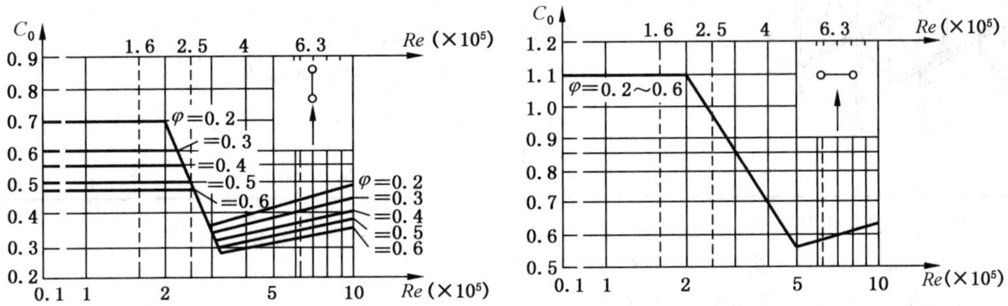

图 B.7　单根构件为圆形的平面格构式构件，其空气动力系数 C_0 与 Re 和 φ 的关系

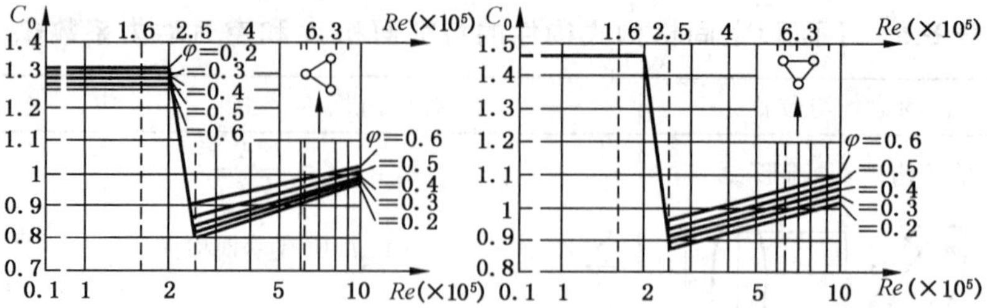

a) 三角形截面

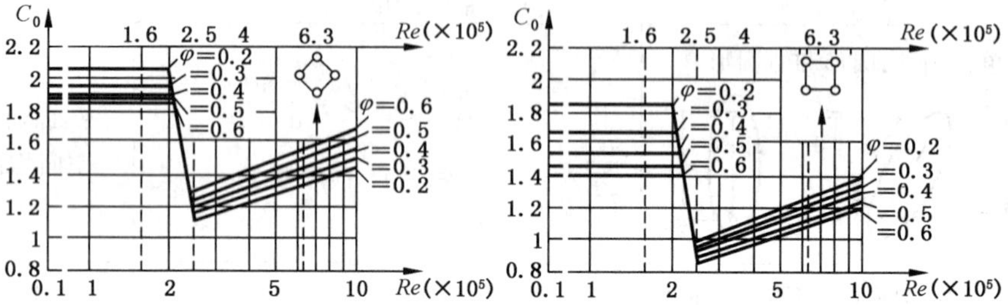

b) 正方形截面

图 B.8 单根构件为圆形的空间格构式构件,其空气动力系数 C_0 与 Re 和 φ 的关系

B.4 并列布置的结构件

本章给出了下列图表:

——表 B.6:并列布置的结构件的特征面积 A 和空气动力系数 C_0;

——图 B.9:并列布置的结构件的挡风系数 η。

表 B.6 并列布置的结构件的特征面积 A 和空气动力系数 C_0

构件的形状与位置	特征面积 A	C_0
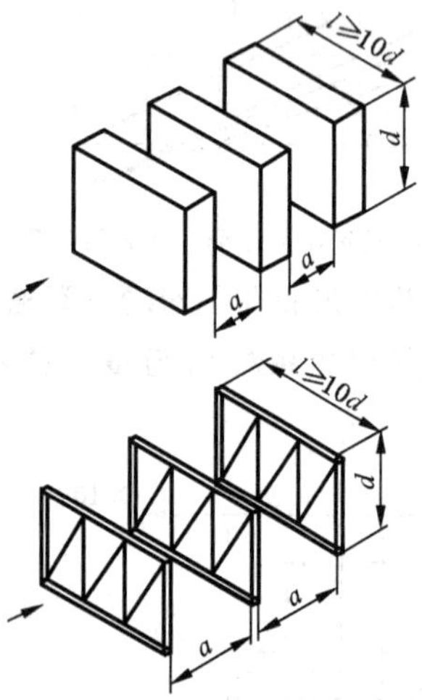	n_m——平行排列并相同的构件数 如 $1 \leqslant n_m \leqslant 9$: $A=\frac{1-\eta^{n_m}}{1-\eta}A_1$ 如 $n_m>9$: $A=\left[\frac{1-\eta^9}{1-\eta}+(n_m-9)\eta^8\right]A_1$ 此时 $\eta \geqslant 0.10$。 式中: A_1——一个构件的特征面积; η ——挡风系数,取决于结构充实率 φ,并与构件间隔与高度之比 a/d 有关,按图 B.9 取值	一个构件的空气动力系数
下列情况也可使用上述公式: a) 风速方向偏离垂直于构件表面的方向达到 $\beta=5°$; b) 构件的形式不相同,可取其最大特征面积 A_{1max}; c) 构件之间的距离不等,可取其最大距离 a_{max}。		

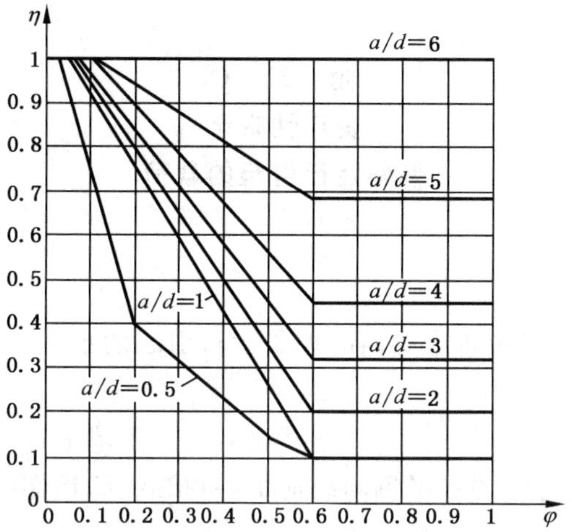

图 B.9 并列布置的结构件的挡风系数 η

附　录　C

(资料性附录)

偏斜运行引起的载荷

C.1　通则

本附录适用于估算采用车轮轮缘导向时偏斜运行引起的水平侧向载荷。

C.2　水平侧向载荷 P_S

在实际设计中,偏斜运行时的水平侧向载荷 P_S 可按式(C.1)作简化计算。

$$P_S=\frac{1}{2}\sum P\cdot\lambda \qquad\cdots\cdots(C.1)$$

式中:

P_S ——偏斜运行时的水平侧向载荷,单位为牛顿(N);

$\sum P$ ——承受侧向载荷一侧的端梁上与有效轴距有关的相应车轮经常出现的最大轮压之和[与小车位置有关,见图 C.1a)、图 C.1b)及图 C.3],单位为牛顿(N),不考虑各种动力系数 ϕ_i;

λ ——水平侧向载荷系数,与起重机跨度 S 和起重机基距 B(或有效轴距 a)的比值 $S/B(S/a)$ 有关,按图 C.2 确定。

注:因为许多起重机在起吊额定载荷时小车并不位于桥架端部的极限位置,因此用“最大轮压”来计算偏斜运行侧向载荷比较合理、简明、符合实际情况。此外,用于计算偏斜运行水平侧向载荷的“最大轮压”是“静轮压”,不考虑动力效应。

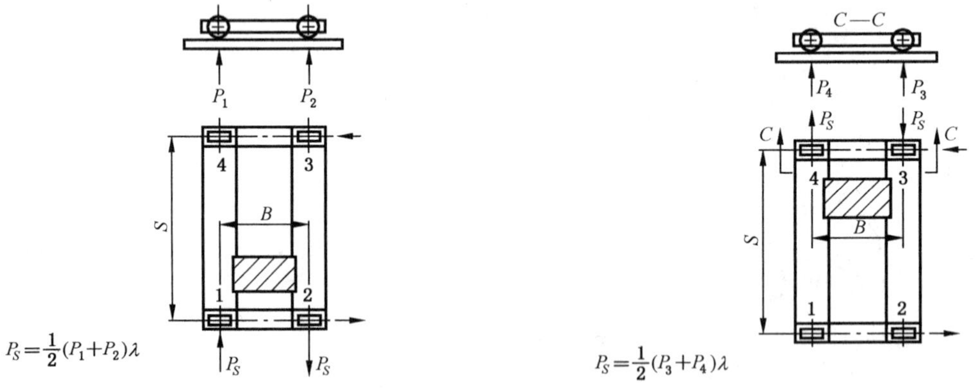

a)　　　　b)

图 C.1　水平侧向载荷的简化计算

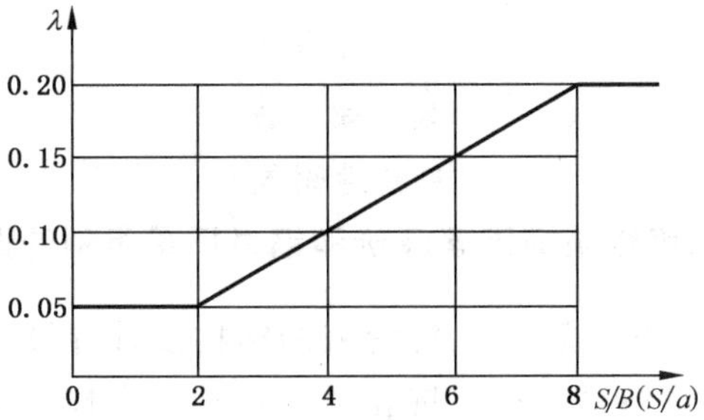

图 C.2　水平侧向载荷系数 λ

C.3　多车轮系统的有效轴距

在多车轮的起重机中，用起重机有效轴距 a 代替起重机的基距 B 进行水平侧向力的计算更为合理，此有效轴距 a 按下述原则确定：

a)　一侧端梁上装有两个或四个车轮时，有效轴距取端梁两端最外边车轮轴的间距见图 C.3a)、图 C.3b)；

b)　一侧端梁上的车轮不超过八个时，有效轴距取两端最外边两个车轮中心线的间距见图 C.3c)、图 C.3d)；

c)　一侧端梁上的车轮超过八个车轮时，有效轴距取端梁两端最外边三个车轮中心线的间距见图 C.3e)；

d)　端梁上是用球铰链接的多车轮台车时，有效轴距为两铰链点的间距(水平偏斜侧向载荷按一侧全部车轮最大轮压之和计算)。

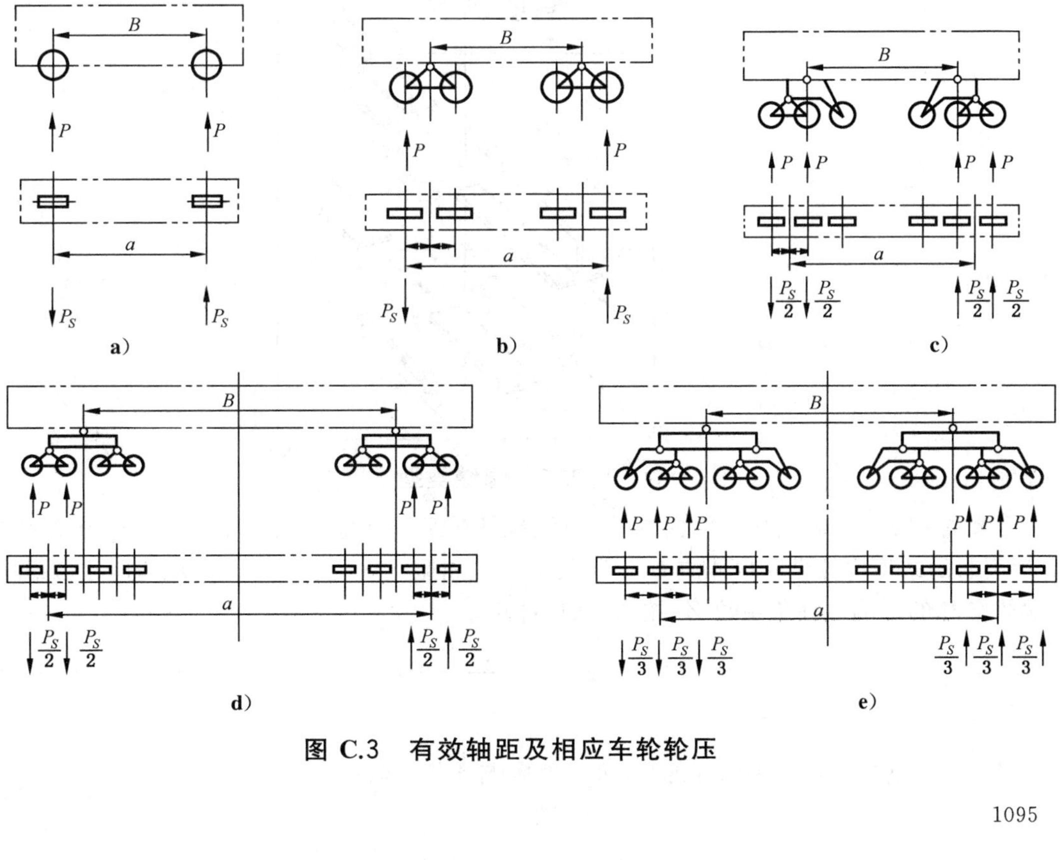

图 C.3　有效轴距及相应车轮轮压

附 录 D
(资料性附录)
影响脆性破坏因素评价和钢材质量组别的选择

在本标准中已规定了抗屈服、抗失稳、抗疲劳的结构设计计算方法,但在某些情况下,仅有这些计算还不足以说明结构材料已具有了抗脆性破坏的安全性。本附录对影响脆性破坏因素进行评价,并对钢材质量组别进行选择,以保证起重机结构材料抗脆性破坏的安全性。

D.1 对影响脆性破坏因素的评价

在塔式起重机金属结构中,导致构件材料发生脆性破坏的重要影响因素是:

——纵向残余拉伸内应力与自重载荷引起的纵向拉伸应力的联合作用;

——构件材料的厚度;

——工作环境的温度。

D.1.1 纵向残余拉伸应力与自重载荷引起的纵向拉伸应力的联合作用的影响

以自重载荷引起的纵向拉伸应力 σ_G 和焊接纵向残余拉伸应力的联合作用,见图 D.1 所示。

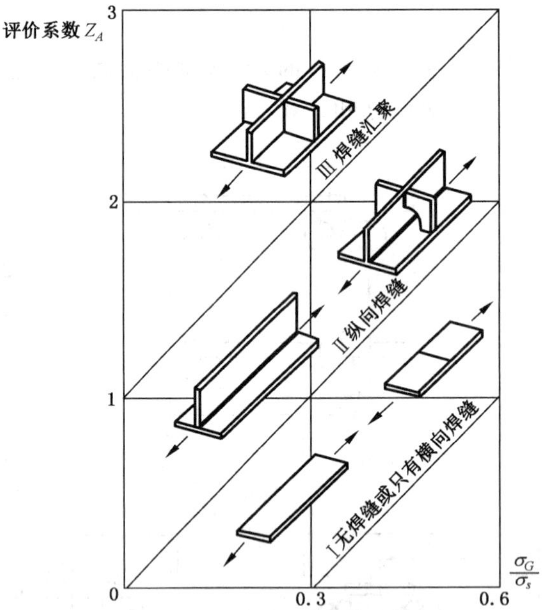

图 D.1 焊缝类型

Ⅰ类焊缝:无焊缝或只有横向焊缝,脆性破坏的危险性小。当起重机自重等永久载荷(γ_p 取 1)引起的结构构件纵向拉伸应力 σ_G 与其钢材的屈服点 σ_s 之比 $\sigma_G/\sigma_s>0.3$ 时,才考虑此因素对脆性破坏的影响。评价系数 Z_A 按式(D.1)计算。

$$Z_A=\frac{\sigma_G}{0.3\sigma_s}-1 \qquad \cdots\cdots(D.1)$$

式中:

Z_A——(钢材质量组别选择的)残余应力影响评价系数;

σ_G ——结构构件纵向拉伸应力，单位为牛顿每平方毫米（N/mm^2）；

σ_s ——钢材的屈服点。当钢材无明显的屈服点时，取 $\sigma_{0.2}$ 为 σ_s（$\sigma_{0.2}$ 为钢材标准拉力试验残余应变达 0.2%时的试验应力），单位为牛顿每平方毫米（N/mm^2）。

Ⅱ类焊缝：只有纵向焊缝的结构，脆性破坏的危险性增加。评价系数 Z_A 按式(D.2)计算。

$$Z_A = \frac{\sigma_G}{0.3\sigma_s} \quad \cdots\cdots\cdots\cdots (D.2)$$

式中符号同式(D.1)。

Ⅲ类焊缝：焊缝汇集，高度应力集中，脆性破坏的危险性最大。评价系数 Z_A 按式(D.3)计算。

$$Z_A = \frac{\sigma_G}{0.3\sigma_s} + 1 \quad \cdots\cdots\cdots\cdots (D.3)$$

式中符号同式(D.1)。

在有条件时，宜对Ⅲ类焊缝进行消除残余应力的热处理（温度宜为 600 ℃～650 ℃），处理后可视为Ⅰ类焊缝选取钢材组别。

当钢材的屈强比 $\sigma_s/\sigma_b > 0.7$，式(D.1)～式(D.3)中的 σ_s 以 $(0.5\sigma_s + 0.35\sigma_b)$ 代之。

D.1.2 构件材料厚度的影响

构件材料的厚度越大，脆性破坏危险性也越大。当 5 mm$\leqslant t \leqslant$20 mm 时，评价系数 Z_B 按式(D.4)计算，当 20 mm$< t \leqslant$100 mm 时评价系数 Z_B 按式(D.5)计算。

$$Z_B = \frac{9}{2\,500}t^2 \quad \cdots\cdots\cdots\cdots (D.4)$$

$$Z_B = 0.65\sqrt{t - 14.81} - 0.05 \quad \cdots\cdots\cdots\cdots (D.5)$$

式中：

Z_B ——（钢材质量组别选择的）材料厚度影响评价系数；

t ——构件材料厚度，单位为毫米(mm)。

对轧制型材和矩形截面用假想厚度 t' 来进行评价，t' 按下列规定确定：

a) 对轧制型材：

  1) 对圆截面：$t' = \frac{d}{1.8}$，其中 d 为圆截面直径；

  2) 对方截面：$t' = \frac{t}{1.8}$，其中 t 为方截面边长；

b) 对截面长边为 b、短边为 d 的矩形截面：

  1) 当两边之比 $\frac{b}{d} \leqslant 1.8$ 时，$t' = \frac{b}{1.8}$；

  2) 当两边之比 $\frac{b}{d} > 1.8$ 时，$t' = d$。

D.1.3 工作环境温度的影响

起重机的结构的工作环境温度取为塔式起重机使用地点的年最低日平均温度。当塔式起重机的结构工作环境温度在 0 ℃以下时，随着温度的降低，材料脆性破坏的危险性越来越大。不低于－30 ℃时，评价系数 Z_C 按式(D.6)计算，低于－30 ℃、高于－55 ℃时，评价系数 Z_C 按式(D.7)计算。

$$Z_C = \frac{6}{1\,600}T^2 \qquad \cdots\cdots\cdots\cdots(\text{D.6})$$

$$Z_C = \frac{-2.25T - 33.75}{10} \qquad \cdots\cdots\cdots\cdots(\text{D.7})$$

式中：

Z_C——(钢材质量组别选择的)工作环境温度影响评价系数；

T ——起重机结构的工作环境温度，单位为摄氏度(℃)。

D.2 钢材质量组别的选择

对钢材质量组别的选择采用综合评价法。将评价系数 Z_A、Z_B、Z_C 相加，得到总评价系数 Z，由表 D.1 查出所要求钢材质量组别。表 D.2 给出了各组对应的钢材牌号及相应的冲击韧性值。

表 D.1 与总评价系数有关的钢材质量组别的划分

总评价系数 $\sum Z = Z_A + Z_B + Z_C$	与表 D.2 对应的钢材质量组别
≤2	1
≤4	2
≤8	3
≤16	4

表 D.2 钢材质量组别及钢材牌号

钢材的质量组别	冲击韧性 A_{KV} J	冲击韧性的试验温度 T ℃	钢材牌号	国家标准
1	—	—	Q235A	GB/T 700
			Q345B Q390B	GB/T 1591
2	≥27	+20	Q235B	GB/T 700
	≥34		Q345B Q390B	GB/T 1591
3	≥27	0	Q235C	GB/T 700
	≥34		Q345C、Q390C、 Q420C、Q460C	GB/T 1591
4	≥27	−20	Q235D	GB/T 700
	≥34		Q345D、Q390D、 Q420D、Q460D	GB/T 1591
注1：如果板材要进行弯曲半径与板厚比小于10的冷弯加工，其钢材需符合弯折或冷压折边的要求。 注2：除明确规定不允许采用沸腾钢的情况(见5.2.1.1.1)外，可适当选用沸腾钢。				

附　录　E
（规范性附录）
管件焊接接头的承载能力

E.1　通则

E.1.1　本附录给出了塔式起重机常见管件焊接接头的极限承载能力验算规则，极限承载能力以接头腹杆的设计轴向抗力的形式给出。

本附录给出的规则适用于材料的屈服点不大于 460 N/mm^2 的接头，当接头材料的屈服点大于355 N/mm^{2}时，接头的设计轴向抗力需乘以 0.9 的系数。

E.1.2　假定腹杆所受弯矩很小，计算中只考虑轴向力。如果腹杆受较大弯矩，应对接头进行加强。

E.1.3　典型的管件焊接接头形式及其尺寸和内力定义见图 E.1。

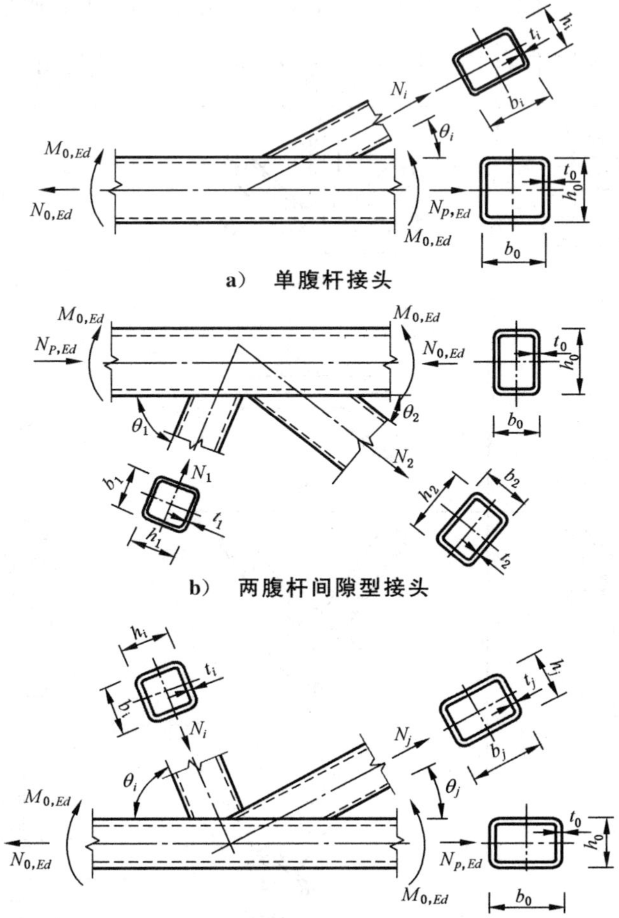

图 E.1　管件焊接接头及其尺寸、内力定义

E.2 管件接头类型

本附录的规则仅限于图 E.2 所示的接头类型，且满足下列要求：

——管件的公称壁厚不应小于 2.5 mm，并且除非采取特别措施确保材料厚度方向性能是足够的，否则壁厚也不应大于 25 mm；

——支管不应穿入或穿过主管；

——腹杆和弦杆的连接焊缝应沿全周连续焊接并平滑过渡；

——在节点汇集的杆件端部，其横截面形状不应改变，例如不包括端部压扁的连接；

——由不同截面或不同强度等级的腹杆搭接，应遵循承载能力小的杆件搭接于承载能力大的杆件、壁厚较薄的杆件搭接于壁厚较厚的杆件和宽度较窄的杆件搭接于宽度较宽的杆件的原则；

——弦杆和腹杆之间以及相邻的腹杆之间的夹角 $\theta_i \geqslant 30°$（见图 E.1）；

——在间隙型接头中，为确保形成满意焊缝的充足间距，腹杆之间的间隙 g 应满足：$g \geqslant t_1 + t_2$[见图 E.1b)和图 E.3]；

——在搭接型接头中，搭接应足够大，以确保腹杆充分相连而使剪力足以从一个腹杆传递到其他腹杆，搭接率 λ_{ov} 应满足：$\lambda_{ov} = \frac{q}{p} \times 100\% \geqslant 25\%$ [见图 E.1c)和图 E.3]。

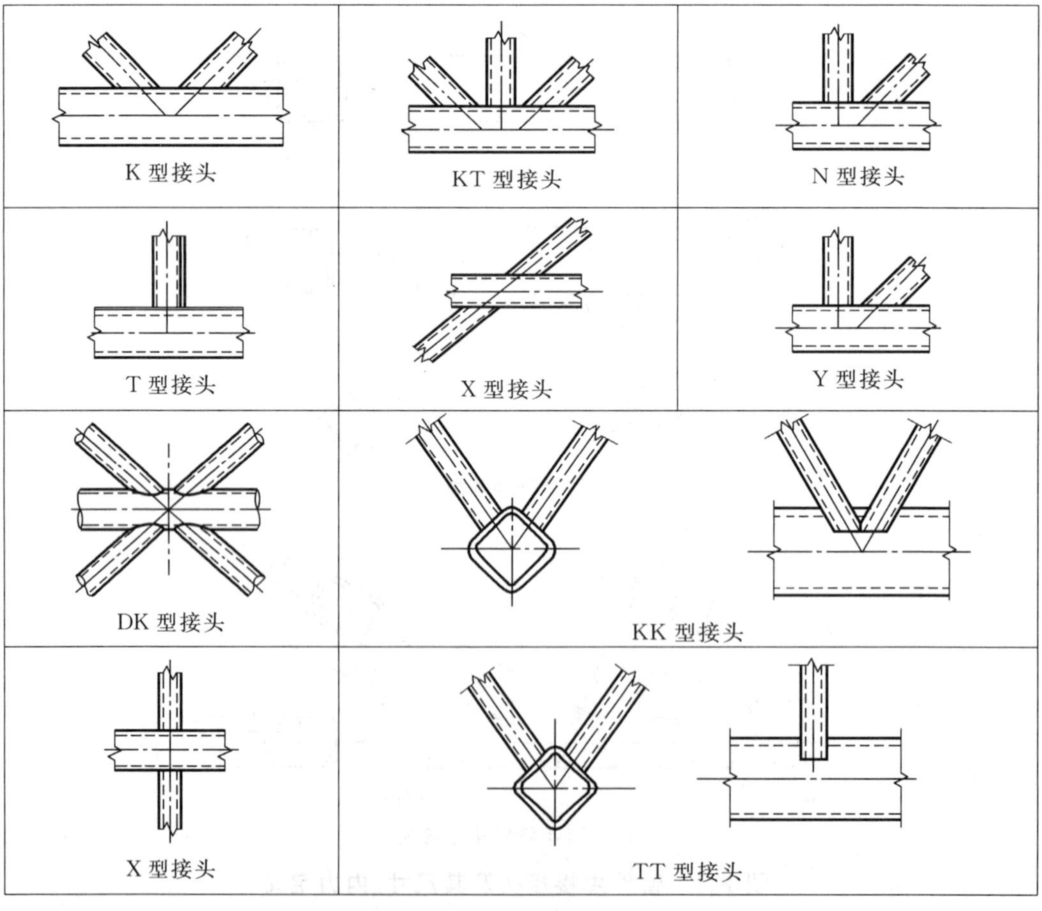

图 E.2 管件接头类型

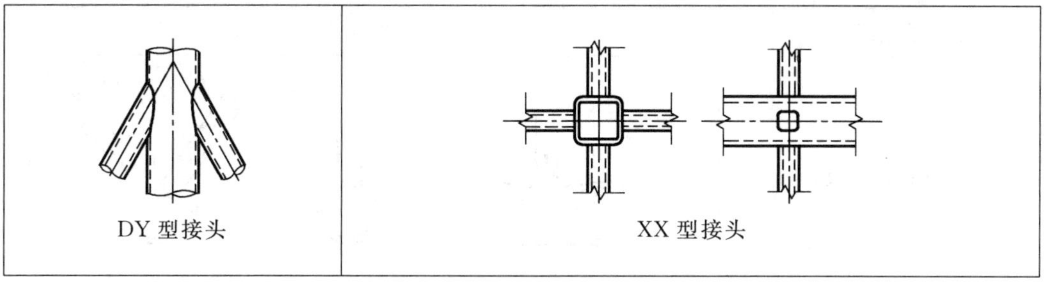

图 E.2（续）

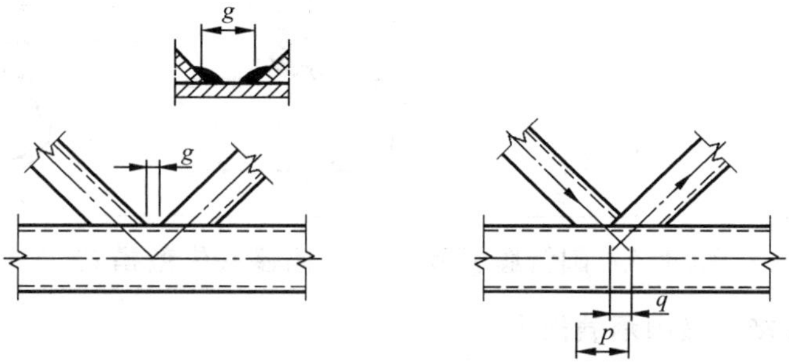

图 E.3　间隙和搭接尺寸的定义

E.3　圆管之间的焊接接头

E.3.1　圆管之间焊接接头的几何尺寸

验算承载能力时，圆管腹杆和圆管弦杆之间焊接接头几何尺寸的有效范围，除应符合 E.2 的要求外，还应符合表 E.1。

表 E.1　圆管腹杆和圆管弦杆之间焊接接头几何尺寸的有效范围

有效范围	说明
$0.2 \leqslant d_i/d_0 \leqslant 1.0$	d_i——腹杆直径；d_0——弦杆直径；t_0——弦杆壁厚；t_i——腹杆壁厚。参见图 E.1
$10 \leqslant d_0/t_0 \leqslant 50$，但对 X 型接头：$10 \leqslant d_0/t_0 \leqslant 40$	
$10 \leqslant d_i/t_i \leqslant 50$	

E.3.2　圆管之间焊接接头的失效模式

对于接头几何尺寸的有效范围符合 E.3.1 的圆管腹杆和圆管弦杆之间焊接接头，仅考虑弦杆正面失效和冲剪失效两种模式：

a)　失效模式 a：弦杆正面失效，包括（弦杆正面的塑性失效）或弦杆塑性化（弦杆横截面塑性失效）；

b)　失效模式 b：冲剪失效，空心管件弦杆壁的冲剪失效（萌生裂纹导致腹杆从弦杆裂开）。

图 E.4 给出了圆管腹杆和弦杆之间接头失效模式的示例。

失效模式	轴向载荷
a(弦杆正面失效)	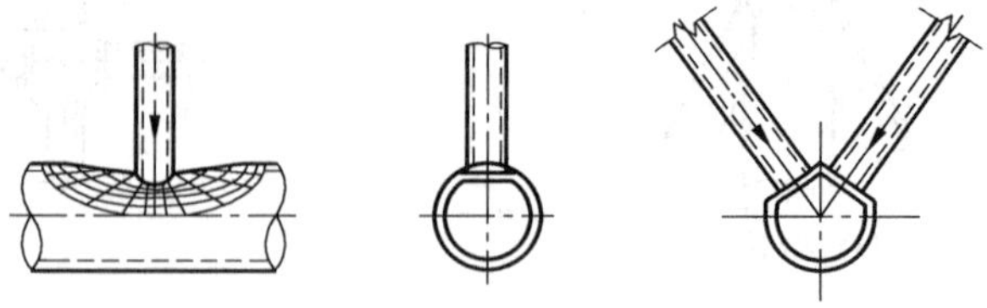
b(冲剪失效)	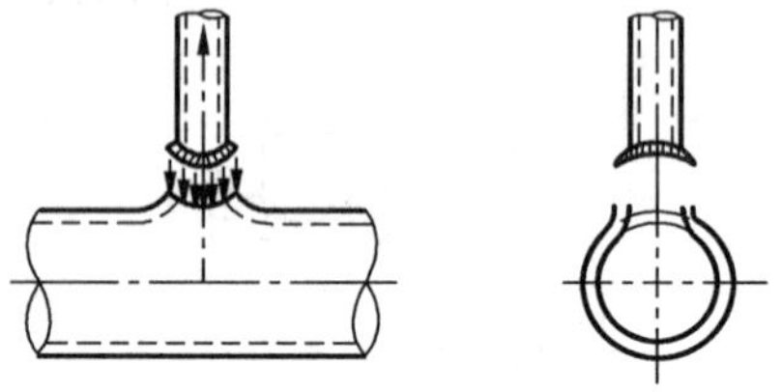

图 E.4　圆管腹杆和弦杆之间接头失效模式

E.3.3　圆管之间焊接接头极限承载能力

对于同平面焊接接头,接头的设计轴向内力 $N_{i,Ed}$ 不应大于接头的设计轴向抗力 $N_{i,Rd}$,设计轴向抗力由表 E.2 算得。设计抗力应取为所用适用失效模式中的最小值。表 E.3 给出了圆管腹杆和圆管弦杆之间特殊类型焊接接头设计标准。

当接头为多平面接头时,其每一相关平面内的设计抗力乘以表 E.4 给出的折减系数 μ 后均应满足上述的设计标准。

表 E.2　圆管腹杆和圆管弦杆之间焊接接头的设计轴向抗力

<table>
<tr><td colspan="2">失效模式 a:弦杆正面失效——T 和 Y 接头</td></tr>
<tr><td>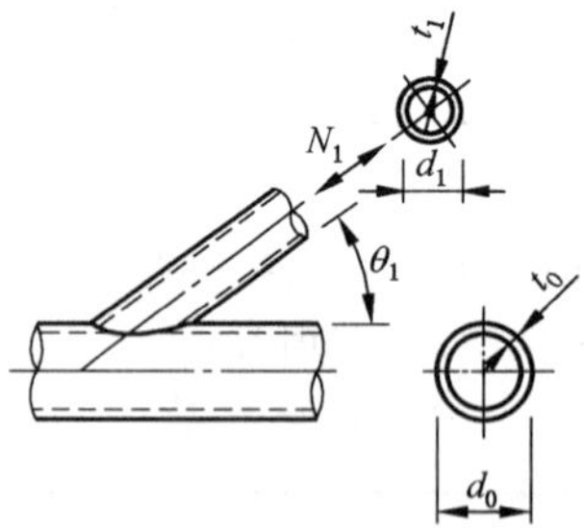
</td><td>$$N_{1,Rd}=\frac{\gamma^{0.2}k_p\sigma_{s0}t_0^2}{\sin\theta_1}(2.8+14.2\beta^2)/\gamma_{M5}$$
式中:$\gamma=d_0/2t_0$;　$\beta=d_1/d_0$;
$\gamma_{M5}=1.0$;　σ_{s0}——弦杆材料的屈服点</td></tr>
<tr><td colspan="2">失效模式 a:弦杆正面失效——X 接头</td></tr>
<tr><td>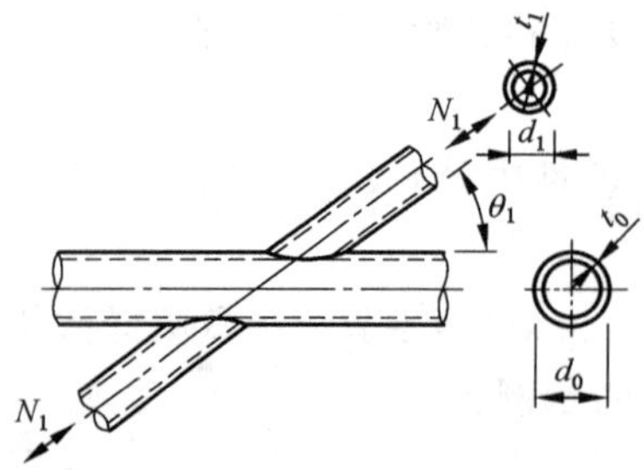
</td><td>$$N_{1,Rd}=\frac{k_p\sigma_{s0}t_0^2}{\sin\theta_1}\frac{5.2}{(1-0.81\beta)}/\gamma_{M5}$$</td></tr>
</table>

表 E.2(续)

失效模式 a:弦杆正面失效——K 和 N 间隙型或搭接型接头	
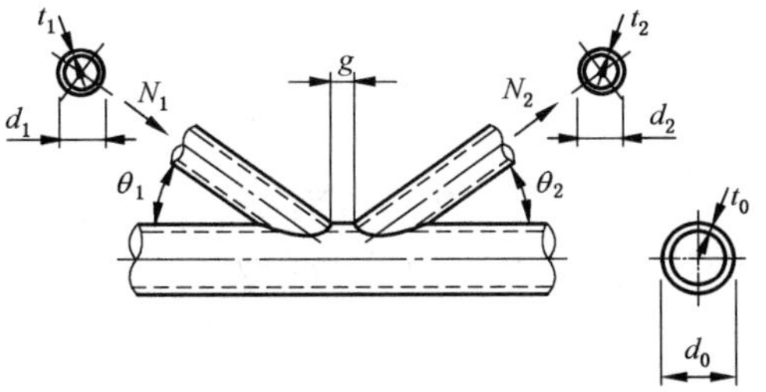	$N_{1,Rd}=\frac{k_g k_p \sigma_{s0} t_0^2}{\sin\theta_1}\left(1.8+10.2\frac{d_1}{d_0}\right)/\gamma_{M5}$ $N_{2,Rd}=\frac{\sin\theta_1}{\sin\theta_2}N_{1,Rd}$
失效模式 b:冲剪失效——K、N 和 KT 间隙型接头和所有的 T、Y、X 接头,[i = 1、2 或 3]	
当 $d_i \leqslant d_0-2t_0$ 时,$N_{i,Rd}=\frac{\sigma_{s0}}{\sqrt{3}}t_0\pi d_i\ \frac{1+\sin\theta_i}{2\sin^2\theta_i}/\gamma_{M5}$	
系数 k_g 和 k_p	
$k_g=\gamma^{0.2}\left(1+\frac{0.024\gamma^{1.2}}{1+\exp(0.5g/t_0-1.33)}\right)$(见图 E.5),对于搭接型接头,$g=-q$。 对受压弦杆:$k_p=1-0.3n_p(1+n_p)$;$n_p=\lvert N_{p,Ed}\rvert/(\sigma_{s0}A_0\gamma_{M5})$; A_0——弦杆截面积。 对受拉弦杆:$k_p=1.0$	

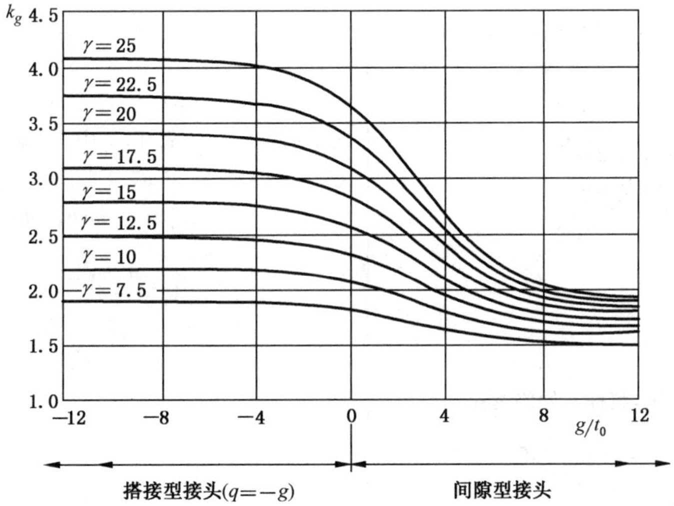

说明:

γ ——系数,见表 E.2;

q ——搭接型接头中腹杆之间的搭接长度,见图 E.3;

g ——间隙型接头中腹杆之间的间隙,见图 E.3、表 E.2;

t_0 ——弦杆壁厚,见表 E.2。

图 E.5 用于表 E.2 的系数 k_g 值

表 E.3　圆管腹杆和圆管弦杆之间特殊类型焊接接头验算准则

接头类型	设计标准
两腹杆同时受拉或同时受压 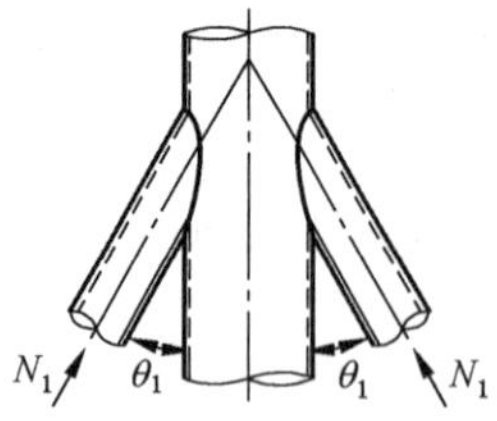	$N_{1,Ed} \leqslant N_{1,Rd}$ 式中：$N_{1,Rd}$——表 E.2 中 X 接头的 $N_{1,Rd}$ 值
腹杆 1 始终受压，腹杆 2 始终受拉 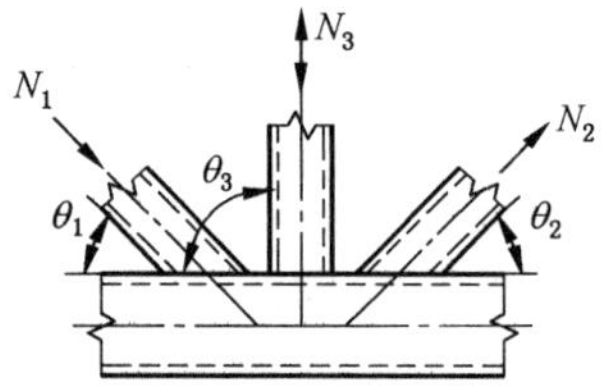	$N_{1,Ed}\sin\theta_1 + N_{3,Ed}\sin\theta_3 \leqslant N_{1,Rd}\sin\theta_1$ $N_{2,Ed}\sin\theta_2 \leqslant N_{1,Rd}\sin\theta_1$ 式中：$N_{1,Rd}$——表 E.2 中 K 接头的 $N_{1,Rd}$ 值，但 d_1/d_0 用 $(d_1+d_2+d_3)/3d_0$ 代替；d_1、d_2、d_3 分别为三根腹杆的直径
所有腹杆应始终都受拉或都受压 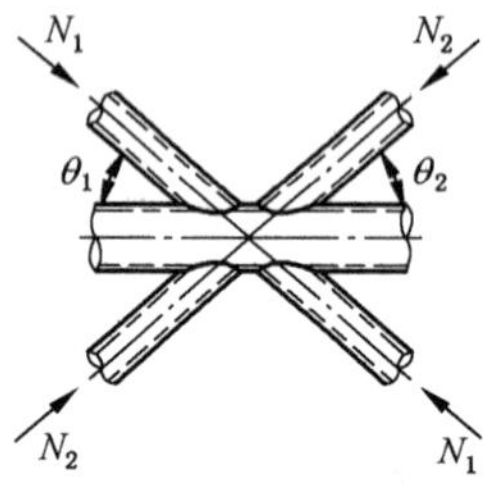	$N_{1,Ed}\sin\theta_1 + N_{2,Ed}\sin\theta_2 \leqslant N_{x,Rd}\sin\theta_x$ 式中：$N_{x,Rd}$——表 E.2 中 X 接头的 $N_{1,Rd}$ 值，$N_{x,Rd}\sin\theta_x$ 为 $\lvert N_{1,Rd}\sin\theta_1\rvert$ 和 $\lvert N_{2,Rd}\sin\theta_2\rvert$ 中的大者
腹杆 1 始终受压，腹杆 2 始终受拉 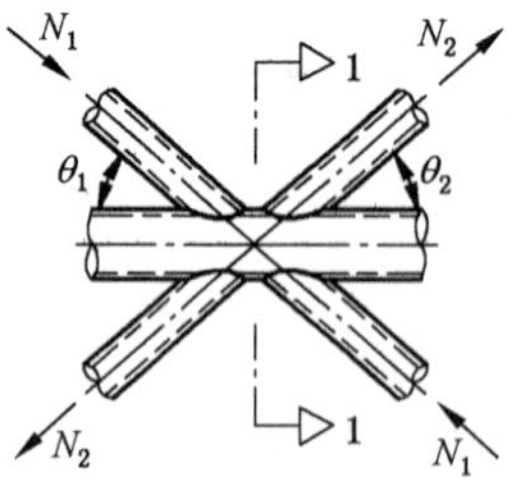	$N_{i,Ed} \leqslant N_{i,Rd}$ 式中：$N_{i,Rd}$——表 E.2 中 K 接头的 $N_{i,Rd}$ 值 对间隙型接头，还需验算弦杆的 1—1 截面的强度

表 E.4 多平面接头的减小系数

<table>
<tr><th>接头类型</th><th>减小系数 μ</th></tr>
<tr><td colspan="2">TT 接头 $60° \leqslant \phi \leqslant 90°$</td></tr>
<tr><td>腹杆 1 可受拉或受压
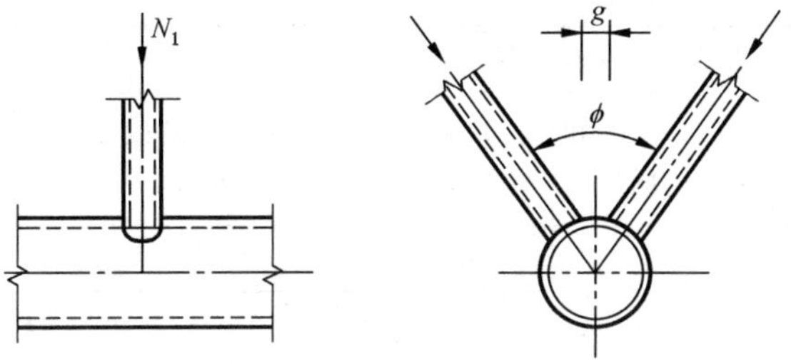</td><td>$\mu=1.0$</td></tr>
<tr><td colspan="2">XX 接头</td></tr>
<tr><td>腹杆 1 和 2 可受拉或受压。如果一个杆受拉另一个杆受压，则 $N_{2,Ed}/N_{1,Ed}$ 为负的
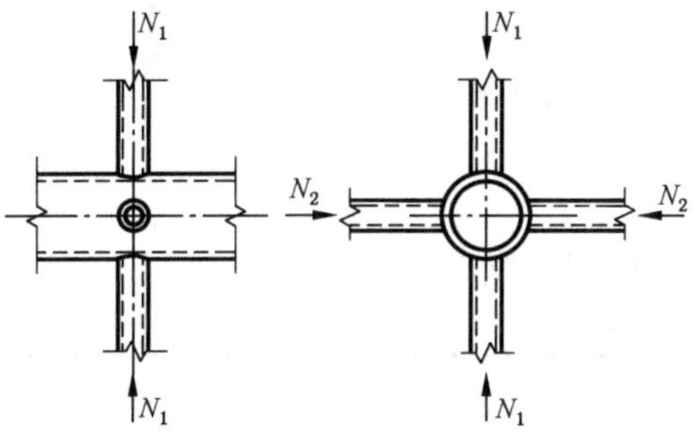</td><td>$\mu=1+0.33N_{2,Ed}/N_{1,Ed}$
考虑 $N_{1,Ed}$ 和 $N_{2,Ed}$ 的符号，$\lvert N_{2,Ed} \rvert \leqslant \lvert N_{1,Ed} \rvert$</td></tr>
<tr><td colspan="2">KK 接头</td></tr>
<tr><td>腹杆 1 始终受压，腹杆 2 始终受拉
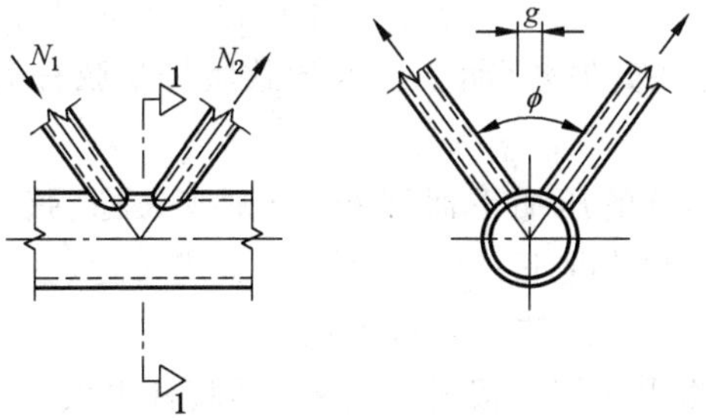</td><td>$\mu=0.9$
对间隙型接头，还需验算弦杆的 1—1 截面的强度</td></tr>
</table>

E.4 矩形(含方形)截面管之间及其与圆管腹杆的焊接接头

E.4.1 焊接接头的几何尺寸

验算接头承载能力时,圆管或矩形截面管腹杆和矩形截面管弦杆之间焊接接头几何尺寸的有效范围,除应符合 E.2 的要求外,还应符合表 E.5。

表 E.5 圆管腹杆或矩形截面管腹杆和矩形截面管弦杆之间焊接接头几何尺寸的有效范围

<table>
<tr><th rowspan="3">接头类型</th><th colspan="6">接头参数[$i=1$ 或 2,$j=$被搭接的腹杆]</th></tr>
<tr><th rowspan="2">b_i/b_0 或
d_i/b_0</th><th colspan="2">b_i/t_i 和 h_i/t_i 或 d_i/t_i</th><th rowspan="2">h_0/b_0 和
h_i/b_i</th><th rowspan="2">b_0/t_0 和
h_0/t_0</th><th rowspan="2">间隙或搭接型
b_i/b_j</th></tr>
<tr><th>受压</th><th>受拉</th></tr>
<tr><td>T、Y 或 X</td><td>$b_i/b_0 \geqslant 0.25$</td><td rowspan="2">$b_i/t_i \leqslant 35$
且
$h_i/t_i \leqslant 35$</td><td rowspan="3">$b_i/t_i \leqslant 35$
且
$h_i/t_i \leqslant 35$</td><td rowspan="3">$\geqslant 0.5$
但 $\leqslant 2.0$</td><td>$\leqslant 35$</td><td>—</td></tr>
<tr><td>K 间隙型
N 间隙型</td><td>$b_i/b_0 \geqslant 0.35$ 且
$\geqslant 0.1+0.01b_0/t_0$</td><td>$\leqslant 35$</td><td>$0.5(1-\beta) \leqslant g/b_0 \leqslant 1.5(1-\beta)$ [a]
且 $g \geqslant t_1+t_2$</td></tr>
<tr><td>K 搭接型
N 搭接型</td><td>$b_i/b_0 \geqslant 0.25$</td><td></td><td></td><td>$25\% \leqslant \lambda_{ov} \leqslant 100\%$ [b]
且 $b_i/b_j \geqslant 0.75$</td></tr>
<tr><td>圆管腹杆</td><td>$0.4 \leqslant d_i/b_0 \leqslant 0.8$</td><td></td><td>$d_i/t_i \leqslant 50$</td><td colspan="3">同上,但用 d_i 取代 b_i、d_j 取代 b_j</td></tr>
</table>

注:β ——腹杆与弦杆平均直径或宽度之比;在 K 和 N 接头中,腹杆为圆管的 $\beta=(d_1+d_2)/2b_0$,腹杆为矩形管的 $\beta=(b_1+b_2+h_1+h_2)/4b_0$;

λ_{ov} ——搭接型接头搭接率,见 E.2 和图 E.3;

g ——间隙型接头中腹杆之间的间隙,见图 E.3、表 E.7~表 E.9。

其他尺寸参数符号见图 E.1、表 E.2、表 E.7~表 E.9。

[a] 如果 $g/b_0>1.5(1-\beta)$ 且 $g>t_1+t_2$,则视该接头为两个独立的 T 或 Y 接头。

[b] 搭接部分可增加,以使被搭接的腹杆的趾部焊接到弦杆。

E.4.2 焊接接头的失效模式

对于接头几何尺寸的有效范围符合 E.4.1 的圆管腹杆或矩形截面管腹杆和矩形截面管弦杆之间焊接接头,考虑下列失效模式:

a) 失效模式 a:弦杆正面失效,包括弦杆正面失效(弦杆正面的塑性失效)或弦杆塑性化(弦杆横截面塑性失效);

b) 失效模式 b:冲剪失效,空心管件弦杆壁的冲剪失效(萌生裂纹导致腹杆从弦杆裂开);

c) 失效模式 c:弦杆剪切失效;

d) 失效模式 d:弦杆侧壁失效,在腹杆组成部分的压缩下而屈服、压溃或失稳(弦杆侧壁屈折或屈曲)的弦杆侧壁失效;在腹杆受压的情况下,由于屈服、压服或失稳(弦杆侧壁或弦杆腹板屈折或屈曲)而引起弦杆侧壁失效(或弦杆腹板失效);

e) 失效模式 e:腹杆失效,有效宽度减小(焊缝或腹杆组成部分开裂)的腹杆失效;

图 E.6 给出了矩形截面管腹杆和矩形截面管弦杆之间接头失效模式的示例。

失效模式	轴向载荷
a(弦杆正面失效)	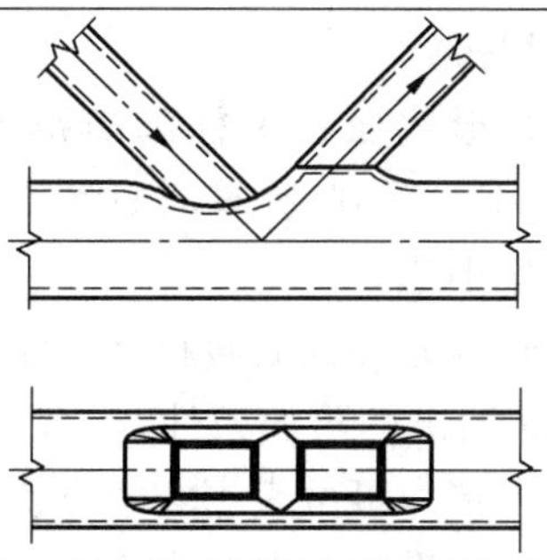
b(冲剪失效)	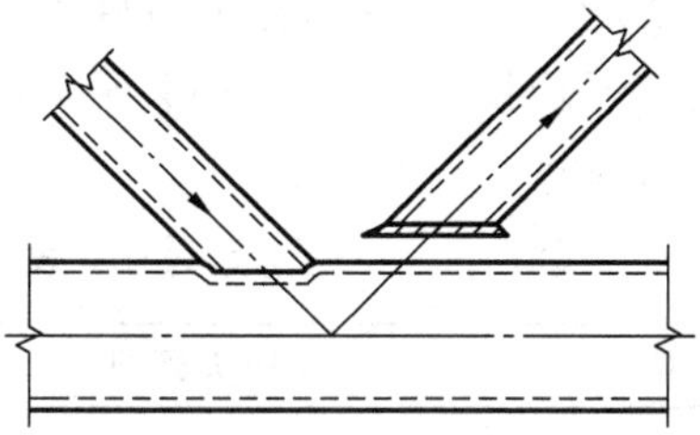
c(弦杆剪切失效)	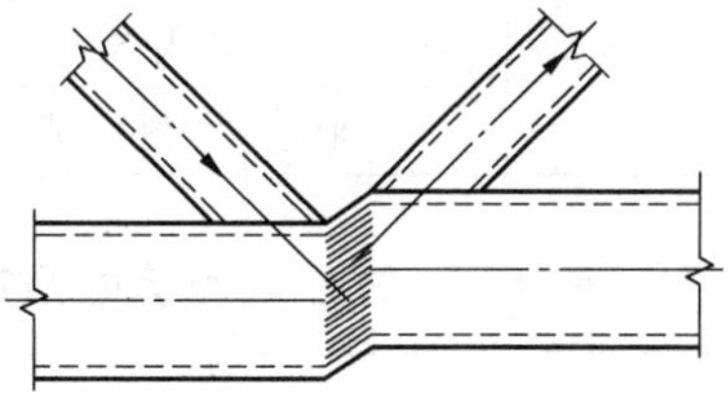
d(弦杆侧壁失效)	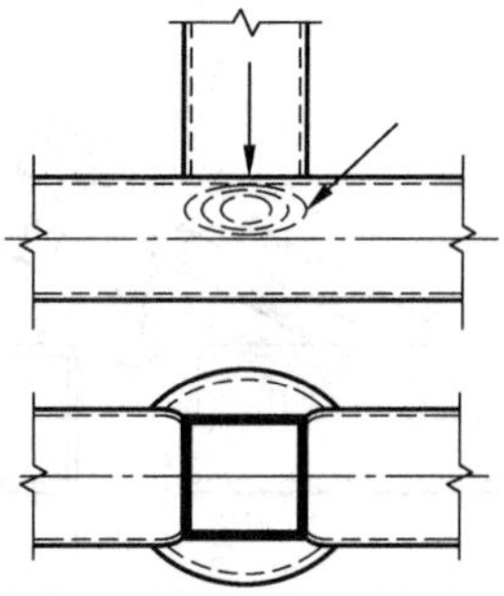
e(腹杆失效)	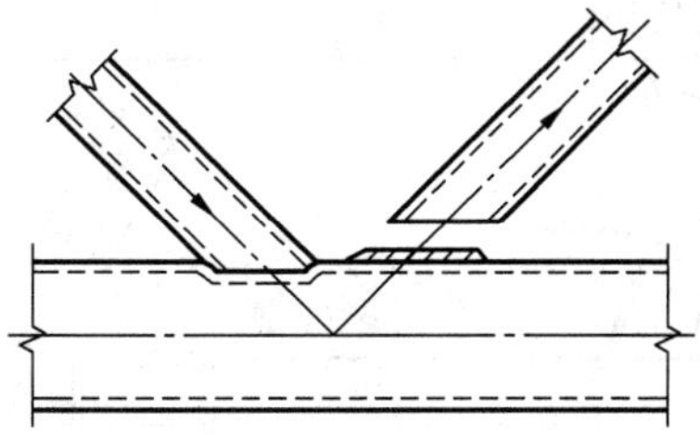

图 E.6　矩形截面管腹杆和矩形截面管弦杆之间接头失效模式

E.4.3 焊接接头极限承载能力

对于同平面接头：

——圆管或矩形截面管腹杆和矩形截面管弦杆之间焊接接头的设计轴向抗力，可由表E.7～表E.9得到；验算时只考虑表中所列的失效模式，设计抗力应取为所有适用失效模式的最小值；

——对于圆管或方形截面腹杆和方形截面弦杆之间的焊接接头，如果接头的几何尺寸还满足表E.6列出的附加条件，只有弦杆正面失效和腹杆失效两种失效模式需要考虑，其设计轴向抗力可由表E.7给出的公式确定；

——焊接接头的设计轴向内力 $N_{i,Ed}$ 不应大于设计轴向抗力 $N_{i,Rd}$；

——表E.10给出了某些常用的特殊类型焊接接头应满足的设计标准。

当接头为多平面接头时，每一相关平面内的设计抗力乘以表E.11给出的折减系数 μ 后均应满足上述设计标准。

表 E.6 表 E.7 用的附加条件

腹杆类型	接头类型	接头参数	
方形截面管	T、Y或X	$\beta = b_i/b_0 \leqslant 0.85$	$b_0/t_0 \geqslant 10$
	K间隙型或N间隙型	$0.6 \leqslant (b_1 + b_2)/2b_1 \leqslant 1.3$	$b_0/t_0 \geqslant 15$
圆管	T、Y或X		$b_0/t_0 \geqslant 10$
	K间隙型或N间隙型	$0.6 \leqslant (d_1 + d_2)/2d_1 \leqslant 1.3$	$b_0/t_0 \geqslant 15$

表 E.7 方形截面管或圆管之间焊接接头的设计轴向抗力

接头类型	设计抗力[i=1或2，j=被搭接的腹杆]
T、Y和X接头	弦杆正面失效 $\beta \leqslant 0.85$
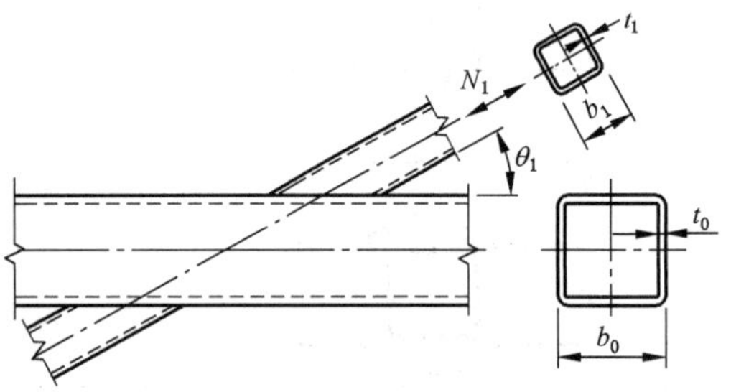	$N_{1,Rd} = \dfrac{k_n \sigma_{s0} t_0^2}{(1-\beta)\sin\theta_1}\left(\dfrac{2\beta}{\sin\theta_1} + 4\sqrt{1-\beta}\right)/\gamma_{M5}$
K和N间隙型接头	弦杆正面失效 $\beta \leqslant 1.0$
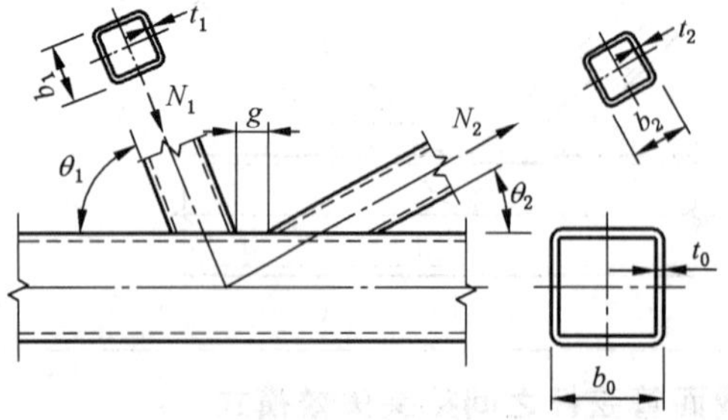	$N_{i,Rd} = \dfrac{8.9 k_n \sigma_{s0} t_0^2 \sqrt{\gamma}}{\sin\theta_i}\left(\dfrac{b_1 + b_2}{2b_0}\right)/\gamma_{M5}$

表 E.7(续)

接头类型	设计抗力[$i=1$ 或 2,j=被搭接的腹杆]
K 和 N 搭接型接头[a]	腹杆失效 $25\%\leqslant\lambda_{ov}<50\%$
腹杆 i 或 j 可受拉或受压,但应一个受拉另一个受压 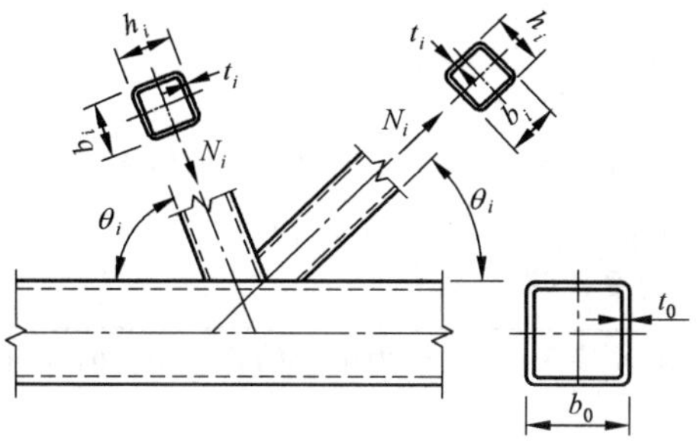	$N_{i,Rd}=\sigma_{si}t_i\left(b_{eff}+b_{e,ov}+\frac{\lambda_{ov}}{50}(2h_i-4t_i)\right)/\gamma_{M5}$
	腹杆失效 $50\%\leqslant\lambda_{ov}<80\%$
	$N_{i,Rd}=\sigma_{si}t_i(b_{eff}+b_{e,ov}+2h_i-4t_i)/\gamma_{M5}$
	腹杆失效 $\lambda_{ov}\geqslant80\%$
	$N_{i,Rd}=\sigma_{si}t_i(b_i+b_{e,ov}+2h_i-4t_i)/\gamma_{M5}$
参数 b_{eff}、$b_{e,ov}$ 和 k_n	
$b_{eff}=\frac{10}{b_0/t_0}\frac{\sigma_{s0}t_0}{\sigma_{si}t_i}b_i$,但 $b_{eff}\leqslant b_i$	对受压弦杆:$k_n=1.3-0.4n/\beta$,但 $k_n\leqslant1.0$, $n=\lvert N_{0,Ed}\rvert/(\sigma_{s0}A_0\gamma_{M5})$ 对受拉弦杆:$k_n=1.0$
$b_{e,ov}=\frac{10}{b_j/t_j}\frac{\sigma_{sj}t_j}{\sigma_{si}t_i}b_i$,但 $b_{e,ov}\leqslant b_i$	
对于圆管腹杆,用 π/4 乘以上述的抗力,用 d_1 取代 b_1 和 h_1,用 d_2 取代 b_2 和 h_2。	
注:β ——腹杆与弦杆平均直径或宽度之比;在 T、Y 和 X 接头中,腹杆为圆管的 $\beta=d_1/b_0$,腹杆为矩形截面管的 $\beta=b_1/b_0$;在 K 和 N 接头中,腹杆为圆管的 $\beta=(d_1+d_2)/2b_0$,腹杆为矩形截面管的 $\beta=(b_1+b_2+h_1+h_2)/4b_0$; λ_{ov} ——搭接型接头搭接率,见 E.2 和图 E.3; σ_{si}、σ_{sj} ——分别为腹杆 i 和 j 材料的屈服点。	
[a] 只验算搭接腹杆。	

表 E.8 矩形截面管或圆管腹杆和矩形截面管弦杆之间 T、X 和 Y 焊接接头的设计轴向抗力

接头类型	设计抗力[$i=1$]
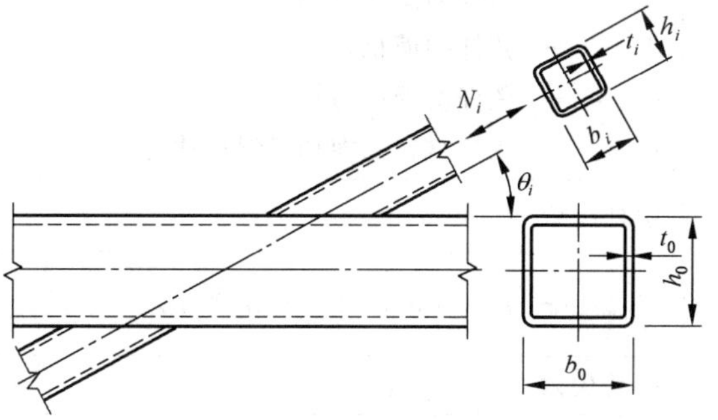	弦杆正面失效 $\beta\leqslant0.85$
	$N_{i,Rd}=\frac{k_n\sigma_{s0}t_0^2}{(1-\beta)\sin\theta_i}\left[\frac{2h_i}{b_0\sin\theta_1}+4\sqrt{1-\beta}\right]/\gamma_{M5}$
	弦杆侧壁屈曲[a] $\beta=1.0$[b]
	$N_{i,Rd}=\frac{\sigma_b t_0}{\sin\theta_i}\left(\frac{2h_i}{\sin\theta_1}+10t_0\right)/\gamma_{M5}$
	腹杆失效 $\beta\geqslant0.85$
	$N_{i,Rd}=\sigma_{si}t_i(2b_{eff}+2h_i-4t_i)/\gamma_{M5}$
	冲剪 $0.85\leqslant\beta\leqslant(1-1/\gamma)$
	$N_{i,Rd}=\frac{\sigma_{s0}t_0}{\sqrt{3}\sin\theta_1}\left(\frac{2h_i}{\sin\theta_1}+2b_{e,p}\right)/\gamma_{M5}$

表 E.8（续）

接头类型	设计抗力[$i=1$]
对于圆管腹杆，用 $\pi/4$ 乘以上述的抗力，用 d_1 取代 b_1 和 h_1，用 d_2 取代 b_2 和 h_2	
对受拉：$\sigma_b=\sigma_{s0}$ 对受压：$\sigma_b=\varphi\sigma_{s0}$（T 和 Y 接头） $\sigma_b=0.8\varphi\sigma_{s0}\sin\theta_i$（X 接头） 其中 φ 为轴心受压构件的稳定系数（见附录 H），其所对应的长细比 λ 由下式确定： $\lambda=3.46\left(\frac{h_0}{t_0}-2\right)\sqrt{\frac{1}{\sin\theta_i}}$	$b_{eff}=\frac{10}{b_0/t_0}\frac{\sigma_{s0}t_0}{\sigma_{si}t_i}b_i$，但 $b_{eff}\leqslant b_i$
	$b_{e,p}=\frac{10}{b_0/t_0}b_i$，但 $b_{e,p}\leqslant b_i$
	对受压弦杆：$k_n=1.3-0.4n/\beta$，但 $k_n\leqslant 1.0$， $n=\lvert N_{0,Ed}\rvert/(\sigma_{s0}A_0\gamma_{M5})$ 对受拉弦杆：$k_n=1.0$
注：β——腹杆与弦杆平均直径或宽度之比；在 T、Y 和 X 接头中，腹杆为圆管的 $\beta=d_1/b_0$，腹杆为矩形截面管的 $\beta=b_1/b_0$。	
[a] 对于 $\theta<90°$ 的 X 接头，使用该值和表 E.9 中对 K 和 N 间隙型接头给出的弦杆侧壁设计剪切抗力中较小的值。 [b] 对于 $0.85\leqslant\beta\leqslant 1.0$，在 $\beta=0.85$ 时的弦杆正面失效的值和 $\beta=1.0$ 时的弦杆侧壁失效（侧壁屈曲或弦杆受剪）的控制值之间用插入法得出。	

表 E.9　矩形截面管或圆管腹杆和矩形截面管弦杆之间 K 和 N 焊接接头的设计轴向抗力

接头类型	设计抗力[$i=1$ 或 2]
K 和 N 间隙型接头	弦杆表面失效
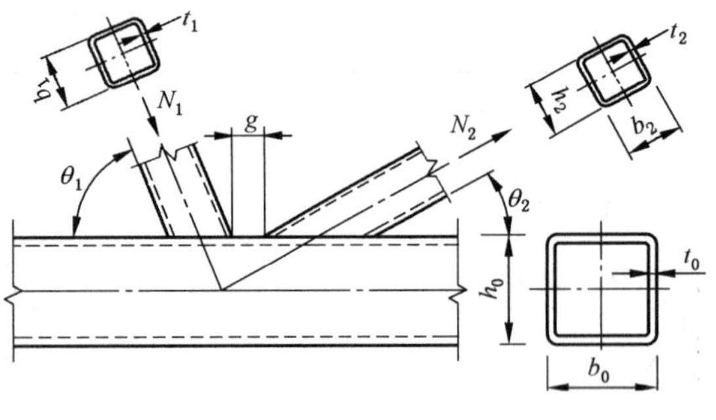	$N_{i,Rd}=\frac{8.9k_n\sigma_{s0}t_0^2\sqrt{\gamma}}{\sin\theta_i}\beta/\gamma_{M5}$
	弦杆剪切失效
	$N_{i,Rd}=\frac{\sigma_{s0}A_v}{\sqrt{3}\sin\theta_i}/\gamma_{M5}$ $N_{0,Rd}=$ $\left[(A_0-A_v)\sigma_{s0}+A_v\sigma_{s0}\sqrt{1-(V_{Ed}/V_{pl,Rd})^2}\right]/\gamma_{M5}$ 式中： A_v ——弦杆的受剪面积； A_0 ——弦杆的面积； V_{Ed} ——弦杆所受剪力； $V_{pl,Rd}$ ——弦杆材料的剪切极限承载力
	腹杆失效
	$N_{i,Rd}=\sigma_{si}t_i(b_i+b_{eff}+2h_i-4t_i)/\gamma_{M5}$
	冲剪失效　　$\beta\leqslant(1-1/\gamma)$
	$N_{i,Rd}=\frac{\sigma_{s0}t_0}{\sqrt{3}\sin\theta_i}\left(\frac{2h_i}{\sin\theta_i}+b_i+b_{e,p}\right)/\gamma_{M5}$

表 E.9（续）

接头类型	设计抗力[$i=1$ 或 2]
K 和 N 搭接型接头	同表 E.7
对于圆管腹杆，用 $\pi/4$ 乘以上述的抗力，用 d_1 取代 b_1 和 h_1，用 d_2 取代 b_2 和 h_2	
$A_v=(2h_0+\alpha b_0)t_0$ 对方形或矩形截面管腹杆： $\alpha=\sqrt{\dfrac{1}{1+\dfrac{4g^2}{3t_0^2}}}$ 其中 g 为间隙型接头中腹杆之间的间隙，见图 E.3、表 E.7～表 E.9 等。 对圆管腹杆：$\alpha=0$	$b_{eff}=\dfrac{10}{b_0/t_0}\dfrac{\sigma_{s0}t_0}{\sigma_{si}t_i}b_i$，但 $b_{eff}\leqslant b_i$
	$b_{e,p}=\dfrac{10}{b_0/t_0}b_i$，但 $b_{e,p}\leqslant b_i$
	对受压弦杆：$k_n=1.3-0.4n/\beta$，但 $k_n\leqslant 1.0$ $n=\|N_{0,Ed}\|/(\sigma_{s0}A_0\gamma_{M5})$ 对受拉弦杆：$k_n=1.0$
注：β——腹杆与弦杆平均直径或宽度之比；在 K 和 N 接头中，腹杆为圆管的 $\beta=(d_1+d_2)/2b_0$，腹杆为矩形管的 $\beta=(b_1+b_2+h_1+h_2)/4b_0$。	

表 E.10　矩形截面管腹杆和矩形截面管弦杆之间特殊类型焊接接头的验算准则

接头类型	设计标准
腹杆可以受拉或受压，但对两腹杆都应作用在同一方向 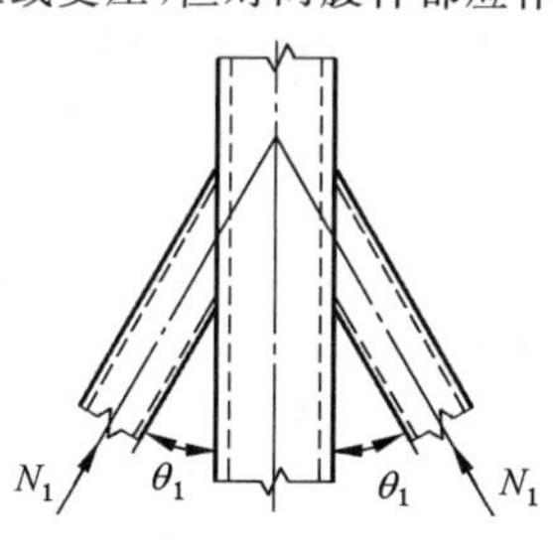	$N_{1,Ed}\leqslant N_{1,Rd}$ 式中： $N_{1,Rd}$——表 E.8 中 X 接头的 $N_{1,Rd}$ 值
腹杆 1 始终受压，腹杆 2 始终受拉 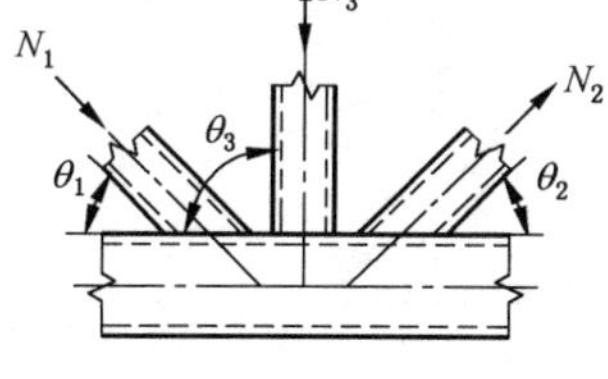	$N_{1,Ed}\sin\theta_1+N_{3,Ed}\sin\theta_3\leqslant N_{1,Rd}\sin\theta_1$ $N_{2,Ed}\sin\theta_2\leqslant N_{1,Rd}\sin\theta_1$ 式中： $N_{1,Rd}$——表 E.9 中 K 接头的 $N_{1,Rd}$ 值，但 $(b_1+b_2+h_1+h_2)/4b_0$ 用 $(b_1+b_2+b_3+h_1+h_2+h_3)/6b_0$ 代替
所有腹杆应始终都受拉或都受压 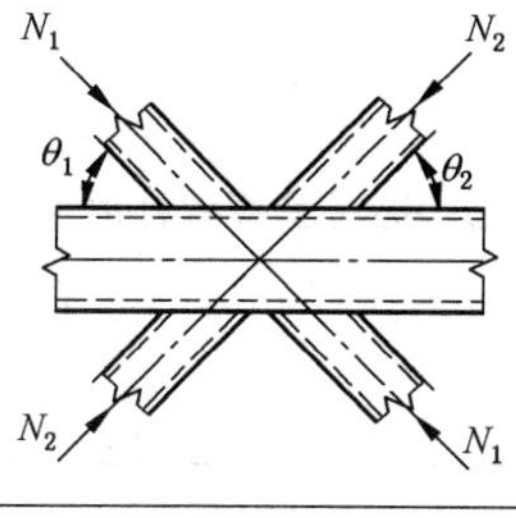	$N_{1,Ed}\sin\theta_1+N_{2,Ed}\sin\theta_2\leqslant N_{x,Rd}\sin\theta_x$ 式中： $N_{x,Rd}$——表 E.8 中 X 接头的 $N_{i,Rd}$ 值，$N_{x,Rd}\sin\theta_x$ 为 $\|N_{1,Rd}\sin\theta_1\|$ 和 $\|N_{2,Rd}\sin\theta_2\|$ 中的大者

表 E.10(续)

接头类型	设计标准
腹杆 1 始终受压,腹杆 2 始终受拉 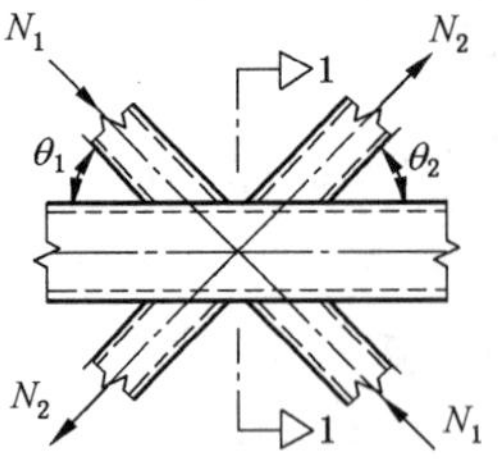	$N_{i,Ed} \leqslant N_{i,Rd}$ 式中: $N_{i,Rd}$——表 E.9 中 K 接头的 $N_{i,Rd}$ 值。 对间隙型接头,还需验算弦杆的 1—1 截面的强度

表 E.11 多平面接头的减小系数

接头类型	减小系数 μ
TT 接头 $60° \leqslant \varphi \leqslant 90°$	
腹杆 1 可受拉或受压 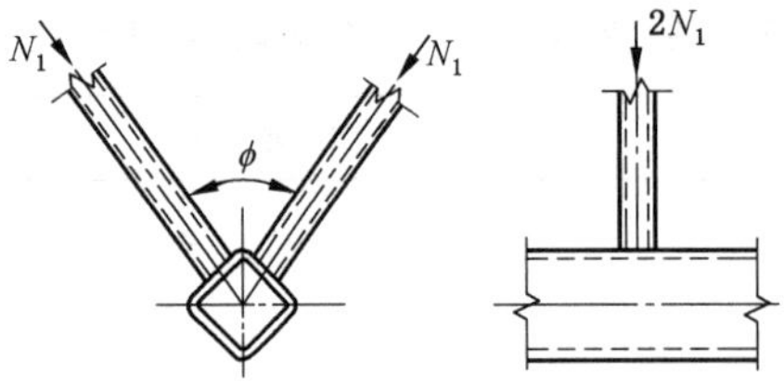	$\mu = 0.9$
XX 接头	
腹杆 1 和 2 可受拉或受压。如果一个杆受拉另一个杆受压,则 $N_{2,Ed}/N_{1,Ed}$ 为负的 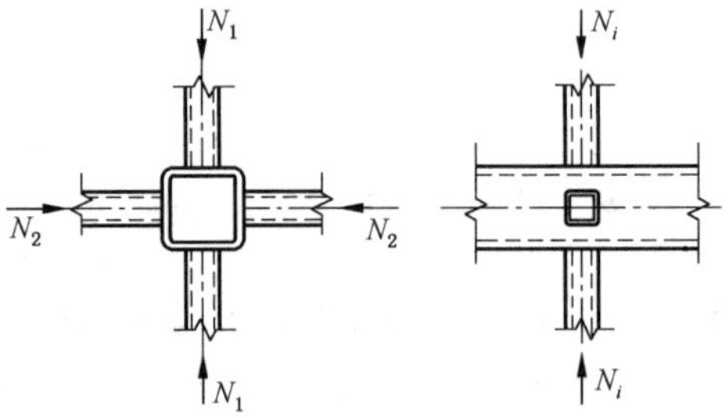	$\mu = 0.9(1 + 0.33N_{2,Ed}/N_{1,Ed})$ 考虑 $N_{1,Ed}$ 和 $N_{2,Ed}$ 的符号,$\lvert N_{2,Ed} \rvert \leqslant \lvert N_{1,Ed} \rvert$
KK 接头	
腹杆 1 始终受压,腹杆 2 始终受拉 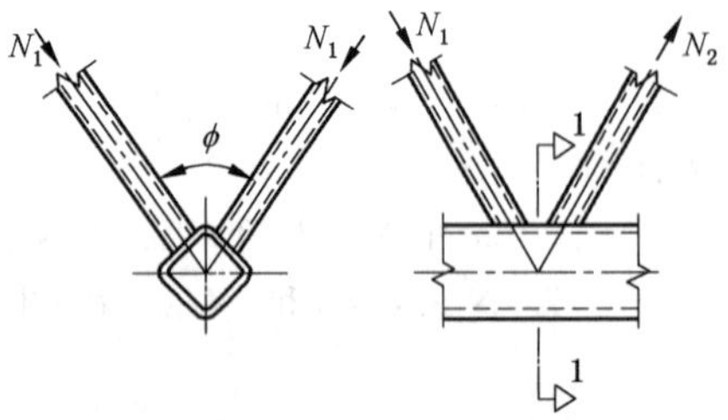	$\mu = 0.9$ 对间隙型接头,还需验算弦杆的 1—1 截面的强度

附　录　F
（资料性附录）
受有均布载荷的结构件的折算轴向力

在图 F.1 所示的长度为 L 的结构件上，作用有均布载荷 q，q 与结构件纵轴线间的夹角为 θ。则结构件可等效为受有均布横向载荷 $q\sin\theta$ 和端部集中载荷 F_{Ne}，$F_{Ne}=\dfrac{qL}{K_N}\cos\theta$，如图 F.2 所示；其中 K_N 为与结构件支承方式有关的系数，当结构件为两端简支支承时，K_N 取为 2；结构件悬臂时，K_N 取为 3。

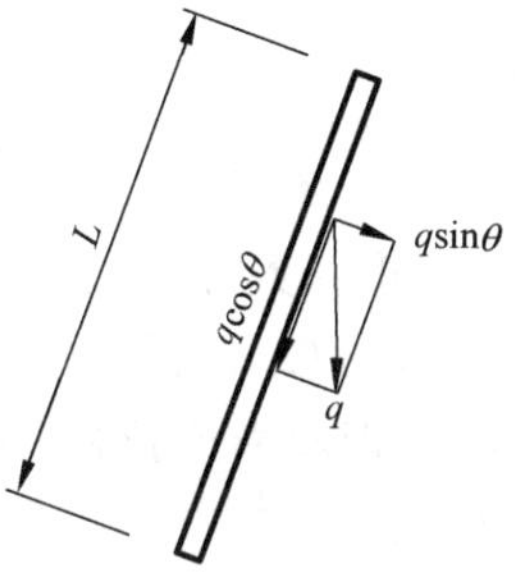

图 F.1　结构件承受均布载荷

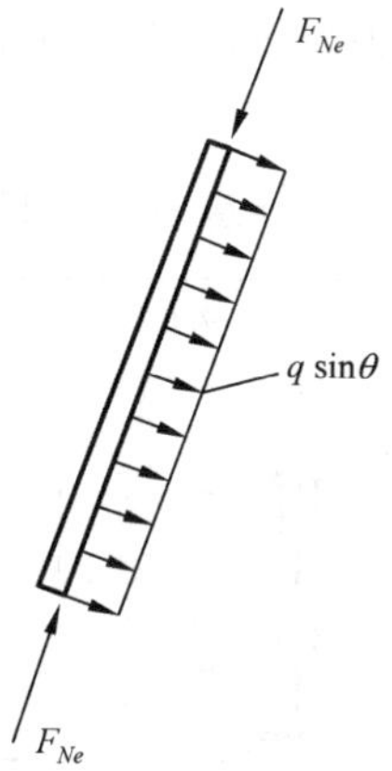

图 F.2　等效计算载荷

附 录 G
(规范性附录)
受压构件的计算长度和格构式构件的换算长细比

G.1 受压构件的计算长度 l_c

G.1.1 受压构件计算长度 l_c 的计算

受压构件的计算长度 l_c,按式(G.1)计算。

$$l_c = \mu_1 \mu_2 \mu_3 \mu_4 l \qquad \cdots\cdots(\text{G.1})$$

式中:

l_c ——受压构件的计算长度,单位为毫米(mm);

l ——构件的实际几何长度,单位为毫米(mm);

μ_1 ——与构件支承方式有关的计算长度系数(在两个相互垂直的平面内不一定相同),见 G.1.2;

μ_2 ——变截面构件的计算长度系数,见 G.1.3;等截面时取 $\mu_2 = 1$;

μ_3 ——对于端部或中间部位有拉索(钢丝绳或拉杆)的构件,考虑拉索非保向力作用的受压构件的计算长度系数,见 G.1.4;

μ_4 ——考虑双轴向力作用的受压结构件的计算长度系数,见 G.1.5。

G.1.2 与构件支承方式有关的计算长度系数 μ_1

G.1.2.1 符合表 G.1 所示支承情况且附着支撑的变形可以忽略的构件,其计算长度系数 m_1 值可按表 G.1 查取。

表 G.1 计算长度系数 μ_1 值

a/l	构件支承方式					
	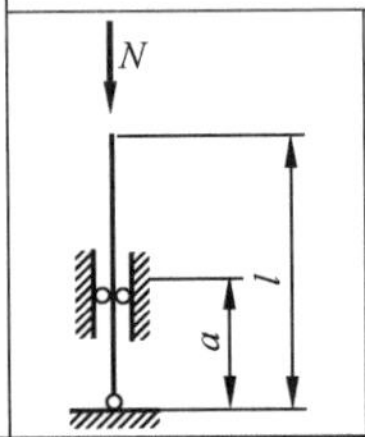	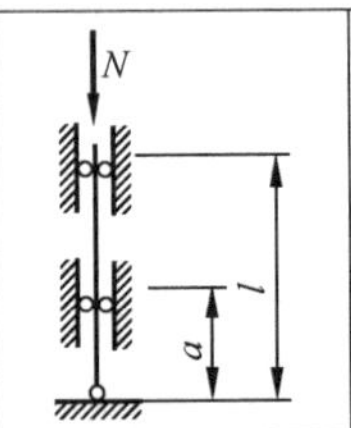	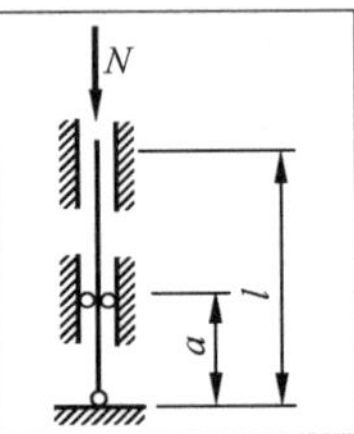	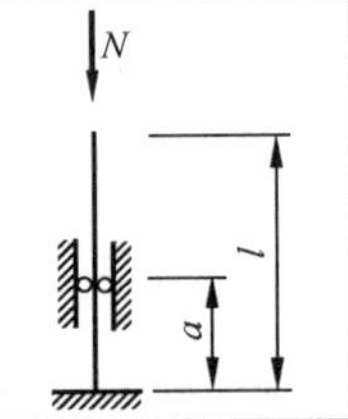	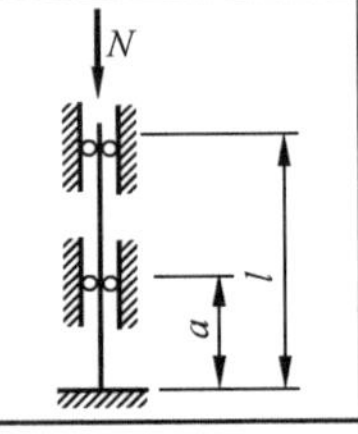	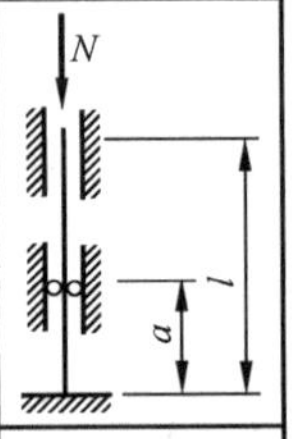
0	2.00	0.70	0.50	2.00	0.70	0.50
0.1	1.87	0.65	0.47	1.85	0.65	0.46
0.2	1.73	0.60	0.44	1.70	0.59	0.43
0.3	1.60	0.56	0.41	1.55	0.54	0.39
0.4	1.47	0.52	0.41	1.40	0.49	0.36
0.5	1.35	0.50	0.44	1.26	0.44	0.35
0.6	1.23	0.52	0.49	1.11	0.41	0.36
0.7	1.13	0.56	0.54	0.98	0.41	0.39
0.8	1.06	0.60	0.59	0.85	0.44	0.43
0.9	1.01	0.65	0.65	0.76	0.47	0.46
1.0	1.00	0.70	0.70	0.70	0.50	0.50

G.1.2.2 对于具有两道、三道及四道以上附着支撑的塔身，取其最上面的悬臂段 l 为结构几何长度时，其计算长度系数 μ_1，可根据塔身的抗弯刚度 EI_{a1}、EI_{a2}、附着支撑的柔度 C_δ 及各部分长度的比例关系，按表 G.2 查取，表 G.2 中的 K_t 按式(G.2)计算。

$$K_t = \frac{6EI_{a1}C_\delta}{l_0^3} \qquad \cdots\cdots\cdots\cdots\cdots\cdots\cdots\cdots (\text{G.2})$$

式中：

K_t ——表示塔身及附着支撑特性的无量纲系数；

l_0 ——附着点之间或附着点与基础或附着点与底座之间的距离，单位为毫米(mm)；

I_{a1} ——塔身 l_0 段截面按某轴的抗弯截面惯性矩，单位为四次方毫米(mm^4)；

E ——钢材的弹性模量，$E=2.06\times10^5\,N/mm^2$，同式(53)；

C_δ ——在所计算的平面内附着支撑的柔度，一般可不计锚固附着支撑的建筑物或结构物本身的柔度，只计算附着支撑本身及其附属部件的柔度，单位为毫米每牛顿(mm/N)。常见附着支撑的柔度(不计锚固附着支撑的建筑物或结构物本身的柔度)按式(G.3)～式(G.8)计算。

a) 单侧三杆式附着支撑(见图 G.1)的柔度按式(G.3)、式(G.4)计算。

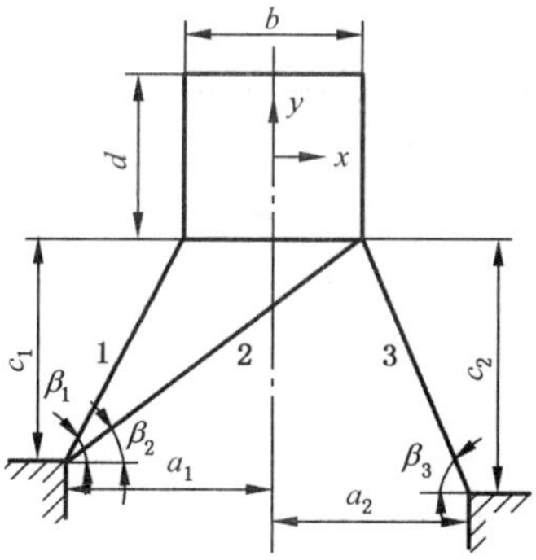

图 G.1 单侧三杆式附着支撑

x 方向的柔度：

$$C_{\delta x} = \left(\frac{d}{2b\sin\beta_1}\right)^2 \times \frac{l_1}{EA_1} + \left(\frac{(2c_1+d)b\sin\beta_3 - dR}{2bR\sin\beta_2}\right)^2 \times \frac{l_2}{EA_2} + \left(\frac{2c_1+d}{2R}\right)^2 \times \frac{l_3}{EA_3} \cdots (\text{G.3})$$

y 方向的柔度：

$$C_{\delta y} = \left(\frac{1}{2\sin\beta_1}\right)^2 \times \frac{l_1}{EA_1} + \left(\frac{R-2a_1\sin\beta_3}{2R\sin\beta_2}\right)^2 \times \frac{l_2}{EA_2} + \left(\frac{a_1}{R}\right)^2 \times \frac{l_3}{EA_3} \cdots\cdots (\text{G.4})$$

式中：

A_i ——杆 i 的截面积，单位为平方毫米(mm^2)；

l_i ——杆 i 的长度，单位为毫米(mm)，可表示为：$l_1=\sqrt{c_1^2+(a_1-b/2)^2}$，$l_2=\sqrt{c_1^2+(a_1+b/2)^2}$，$l_3=\sqrt{c_2^2+(a_2-b/2)^2}$；

β_i ——杆 i 的角度，见图 G.1，也可表示为：$\beta_1=\arctan\left(\frac{c_1}{a_1-b/2}\right)$，$\beta_2=\arctan\left(\frac{c_1}{a_1+b/2}\right)$，$\beta_3=\arctan\left(\frac{c_2}{a_2-b/2}\right)$；

R ——$R=(a_1+b/2)\sin\beta_3+c_1\cos\beta_3$；

a_1、a_2、b、c_1、c_2、d ——几何尺寸，见图 G.1，单位为毫米(mm)；

E ——钢材的弹性模量，$E=2.06\times10^5\ \text{N/mm}^2$，同式(53)。

b) 单侧对称四杆式附着支撑(见图 G.2)的柔度按式(G.5)、式(G.6)计算。

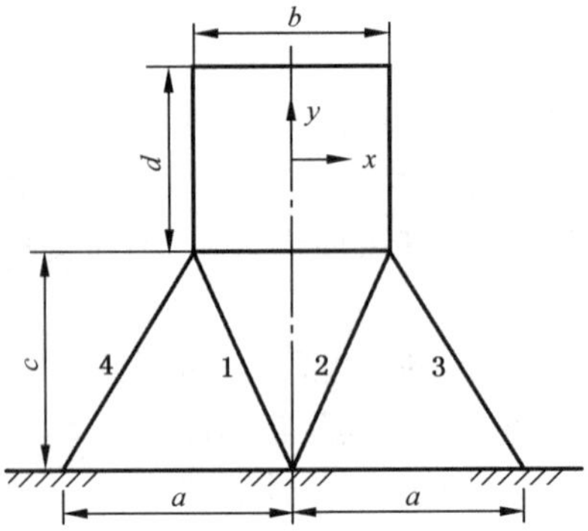

图 G.2 单侧对称四杆式附着支撑

x 方向的柔度：

$$C_{\delta x}=\left(\frac{d}{b}-\frac{2c+d}{2a}\right)^2\times\frac{l_1^3}{2c^2EA_1}+\left(\frac{2c+d}{2a}\right)^2\times\frac{l_3^3}{2c^2EA_3} \quad\cdots\cdots\cdots\cdots(\text{G.5})$$

y 方向的柔度：

$$C_{\delta y}=\left(\frac{l_3^3A_1}{l_1^3A_3+l_3^3A_1}\right)^2\times\frac{l_1^3}{2c^2EA_1}+\left(\frac{l_1^3A_3}{l_1^3A_3+l_3^3A_1}\right)^2\times\frac{l_3^3}{2c^2EA_3} \quad\cdots\cdots\cdots(\text{G.6})$$

式中：

A_i ——杆 i 的截面积，单位为平方毫米(mm^2)，且 $A_1=A_2$，$A_3=A_4$；

l_i ——杆 i 的长度，单位为毫米(mm)，且 $l_1=l_2=\sqrt{c^2+b^2/4}$，$l_3=l_4=\sqrt{c^2+(a-b/2)^2}$；

a、b、c、d ——几何尺寸，见图 G.2，单位为毫米(mm)；

E ——钢材的弹性模量，$E=2.06\times10^5\ \text{N/mm}^2$，同式(53)。

c) 双侧对称四杆式附着支撑(见图 G.3)的柔度按式(G.7)、式(G.8)计算。

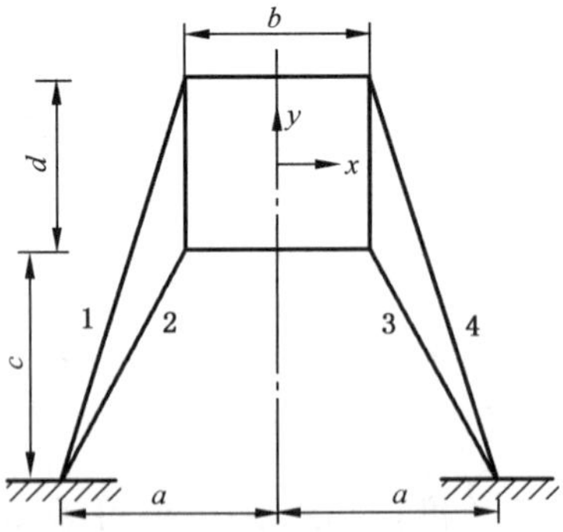

图 G.3 双侧对称四杆式附着支撑

x 方向的柔度：

$$C_{\delta x}=\left(\frac{2bc}{d(2a-b)}-1\right)^2\times\frac{l_1^3}{8a^2EA_1}+\left(\frac{2b(c+d)}{d(2a-b)}+1\right)^2\times\frac{l_2^3}{8a^2EA_2} \quad \cdots\cdots(\text{G.7})$$

y 方向的柔度：

$$C_{\delta y}=\frac{l_1^3l_2^3}{2E(c^2l_1^3A_2+(c+d)^2l_2^3A_1)} \quad \cdots\cdots\cdots\cdots\cdots\cdots\cdots\cdots(\text{G.8})$$

式中：

A_i ——杆 i 的截面积，单位为平方毫米（mm^2），且 $A_1=A_4$，$A_2=A_3$；

l_i ——杆 i 的长度，单位为毫米（mm），且 $l_1=l_4=\sqrt{(c+d)^2+(a-b/2)^2}$，$l_2=l_3=\sqrt{c^2+(a-b/2)^2}$；

a、b、c、d ——几何尺寸，见图 G.3，单位为毫米（mm）；

E ——钢材的弹性模量，$E=2.06\times10^5 N/mm^2$，同式（53）。

表 G.2 柔性附着塔身计算长度系数 μ_1 值

K_t		0.00			0.01			0.05			0.25			1.00		
I_{a1}/I_{a2}		1.0	1.1	1.2	1.0	1.1	1.2	1.0	1.1	1.2	1.0	1.1	1.2	1.0	1.1	1.2
附着道数 $n=1$																
l/l_0	0.2	4.90	4.69	4.51	4.92	4.71	4.53	5.01	4.80	4.61	5.56	5.32	5.11	7.46	7.12	6.83
	0.3	3.85	3.70	3.58	3.86	3.72	3.59	3.94	3.79	3.66	4.33	4.16	4.01	5.57	5.32	5.11
	0.4	3.35	3.23	3.14	3.36	3.25	3.15	3.42	3.30	3.21	3.73	3.59	3.47	4.64	4.45	4.28
	0.5	3.06	2.97	2.89	3.07	2.98	2.90	3.12	3.03	2.95	3.37	3.26	3.16	4.09	3.93	3.79
	0.6	2.87	2.79	2.73	2.88	2.80	2.74	2.92	2.85	2.78	3.14	3.04	2.96	3.73	3.59	3.47
	0.7	2.74	2.67	2.62	2.75	2.68	2.63	2.79	2.72	2.66	2.97	2.89	2.82	3.47	3.35	3.25
	0.8	2.64	2.59	2.54	2.65	2.59	2.55	2.69	2.63	2.57	2.85	2.77	2.71	3.28	3.18	3.09
	0.9	2.57	2.52	2.48	2.58	2.53	2.48	2.61	2.55	2.51	2.75	2.68	2.63	3.14	3.04	2.96
	1.0	2.51	2.46	2.43	2.52	2.47	2.43	2.55	2.50	2.46	2.67	2.61	2.57	3.02	2.93	2.86
	1.1	2.46	2.42	2.39	2.47	2.43	2.39	2.49	2.45	2.41	2.61	2.56	2.51	2.92	2.85	2.78
	1.2	2.42	2.38	2.35	2.43	2.39	2.36	2.45	2.41	2.38	2.56	2.51	2.47	2.85	2.77	2.71
	1.3	2.39	2.35	2.33	2.40	2.36	2.33	2.42	2.38	2.35	2.52	2.47	2.43	2.78	2.71	2.65
	1.4	2.36	2.33	2.30	2.37	2.33	2.31	2.39	2.35	2.32	2.48	2.44	2.40	2.72	2.66	2.61
附着道数 $n=2$																
l/l_0	0.2	5.54	5.30	5.09	5.58	5.34	5.12	5.75	5.49	5.27	6.58	6.29	6.03	8.20	7.82	7.50
	0.3	4.22	4.05	3.90	4.25	4.08	3.93	4.39	4.21	4.05	4.97	4.76	4.58	6.04	5.77	5.54
	0.4	3.60	3.47	3.36	3.63	3.50	3.38	3.74	3.60	3.48	4.19	4.02	3.88	4.98	4.77	4.59
	0.5	3.25	3.14	3.05	3.27	3.16	3.07	3.36	3.25	3.16	3.73	3.59	3.48	4.36	4.18	4.03
	0.6	3.02	2.93	2.86	3.04	2.95	2.88	3.12	3.03	2.95	3.43	3.31	3.21	3.95	3.80	3.67
	0.7	2.86	2.79	2.72	2.88	2.80	2.74	2.95	2.87	2.80	3.21	3.11	3.03	3.66	3.53	3.41
	0.8	2.75	2.68	2.63	2.76	2.70	2.64	2.83	2.76	2.69	3.06	2.97	2.89	3.44	3.32	3.23
	0.9	2.66	2.60	2.55	2.67	2.61	2.56	2.73	2.67	2.61	2.94	2.86	2.79	3.28	3.17	3.08
	1.0	2.59	2.54	2.49	2.60	2.55	2.50	2.66	2.60	2.55	2.84	2.77	2.71	3.14	3.05	2.97
	1.1	2.53	2.49	2.45	2.55	2.50	2.46	2.59	2.54	2.50	2.76	2.69	2.64	3.04	2.95	2.87
	1.2	2.49	2.44	2.41	2.50	2.45	2.42	2.54	2.49	2.45	2.70	2.63	2.58	2.95	2.87	2.80
	1.3	2.45	2.41	2.37	2.46	2.42	2.38	2.50	2.46	2.42	2.64	2.58	2.54	2.87	2.80	2.73
	1.4	2.42	2.38	2.35	2.43	2.39	2.36	2.46	2.42	2.39	2.59	2.54	2.50	2.81	2.74	2.68

表 G.2（续）

K_t		0.00			0.01			0.05			0.25			1.00		
I_{a1}/I_{a2}		1.0	1.1	1.2	1.0	1.1	1.2	1.0	1.1	1.2	1.0	1.1	1.2	1.0	1.1	1.2
附着道数 $n=3$																
l/l_0	0.2	5.67	5.42	5.20	5.71	5.45	5.23	5.85	5.59	5.36	6.61	6.31	6.05	8.76	8.36	8.01
	0.3	4.28	4.11	3.96	4.31	4.13	3.98	4.43	4.25	4.09	4.98	4.77	4.59	6.39	6.10	5.85
	0.4	3.63	3.50	3.39	3.66	3.52	3.41	3.76	3.62	3.50	4.20	4.03	3.89	5.22	5.00	4.81
	0.5	3.27	3.16	3.07	3.29	3.18	3.09	3.38	3.26	3.17	3.73	3.60	3.48	4.54	4.36	4.19
	0.6	3.03	2.95	2.87	3.06	2.96	2.89	3.13	3.04	2.95	3.43	3.32	3.22	4.09	3.93	3.80
	0.7	2.87	2.80	2.73	2.89	2.81	2.75	2.96	2.88	2.81	3.22	3.12	3.03	3.78	3.64	3.52
	0.8	2.76	2.69	2.63	2.77	2.70	2.65	2.83	2.76	2.70	3.06	2.97	2.89	3.55	3.42	3.32
	0.9	2.67	2.61	2.56	2.68	2.62	2.57	2.74	2.67	2.62	2.94	2.86	2.79	3.37	3.26	3.16
	1.0	2.60	2.54	2.50	2.61	2.56	2.51	2.66	2.60	2.55	2.84	2.77	2.71	3.22	3.12	3.04
	1.1	2.54	2.49	2.45	2.55	2.50	2.46	2.60	2.54	2.50	2.76	2.70	2.64	3.11	3.02	2.94
	1.2	2.49	2.45	2.41	2.50	2.46	2.42	2.55	2.50	2.46	2.70	2.64	2.59	3.01	2.93	2.85
	1.3	2.45	2.41	2.38	2.46	2.42	2.39	2.50	2.46	2.42	2.64	2.59	2.54	2.93	2.85	2.79
	1.4	2.42	2.38	2.35	2.43	2.39	2.36	2.47	2.42	2.39	2.60	2.54	2.50	2.86	2.79	2.73
附着道数 $n\geqslant4$																
l/l_0	0.2	5.70	5.45	5.23	5.73	5.48	5.26	5.86	5.60	5.37	6.62	6.32	6.06	8.78	8.38	8.03
	0.3	4.29	4.12	3.96	4.32	4.14	3.99	4.43	4.25	4.09	4.99	4.78	4.60	6.40	6.11	5.86
	0.4	3.64	3.50	3.39	3.66	3.53	3.41	3.76	3.62	3.50	4.20	4.03	3.89	5.23	5.01	4.81
	0.5	3.27	3.16	3.07	3.29	3.18	3.09	3.38	3.27	3.17	3.74	3.60	3.48	4.55	4.36	4.20
	0.6	3.04	2.95	2.87	3.06	2.97	2.89	3.13	3.04	2.95	3.43	3.32	3.22	4.10	3.94	3.80
	0.7	2.88	2.80	2.73	2.89	2.82	2.75	2.96	2.88	2.81	3.22	3.12	3.03	3.78	3.64	3.52
	0.8	2.76	2.69	2.63	2.77	2.71	2.65	2.83	2.76	2.70	3.06	2.97	2.90	3.55	3.43	3.32
	0.9	2.67	2.61	2.56	2.68	2.62	2.57	2.74	2.67	2.62	2.94	2.86	2.79	3.37	3.26	3.16
	1.0	2.60	2.54	2.50	2.61	2.56	2.51	2.66	2.60	2.55	2.84	2.77	2.71	3.23	3.13	3.04
	1.1	2.54	2.49	2.45	2.55	2.50	2.46	2.60	2.54	2.50	2.76	2.70	2.64	3.11	3.02	2.94
	1.2	2.49	2.45	2.41	2.50	2.46	2.42	2.55	2.50	2.46	2.70	2.64	2.59	3.02	2.93	2.86
	1.3	2.45	2.41	2.38	2.46	2.42	2.39	2.50	2.46	2.42	2.64	2.59	2.54	2.94	2.86	2.79
	1.4	2.42	2.38	2.35	2.43	2.39	2.36	2.47	2.42	2.39	2.60	2.54	2.50	2.87	2.79	2.73

示例：

具有 3 道附着支撑的塔机(见图 G.4)，上部悬臂段长度为 l，对应的截面抗弯惯性矩为 I_{a1}，其下的塔身附着间距为 l_0，对应的塔身截面抗弯惯性矩为 I_{a1}。已知 $l/l_0=0.7$，$I_{a1}/I_{a2}=1.1$，塔身及附着架的无量纲柔度系数 $K_t=0.05$，则查表得计算长度系数 $\mu_1=2.88$，则悬臂段 l 的计算长度为 $2.88l$，即其欧拉临界力可表示为：$N_E=\dfrac{\pi^2 EI_{a2}}{(2.88l)^2}$

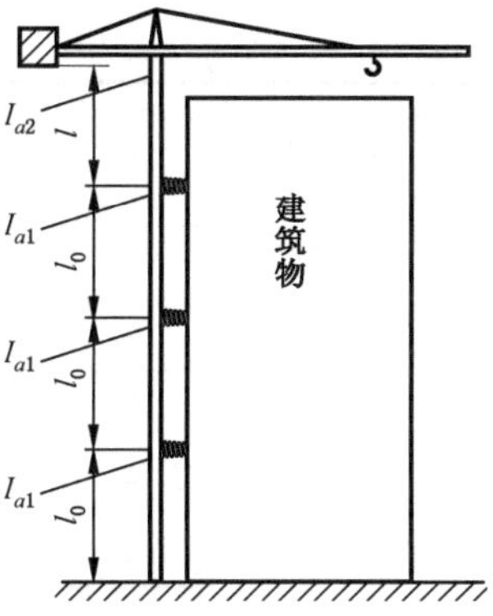

图 G.4 附着塔身及其有关参数示意图

G.1.3 变截面结构件的计算长度系数 μ_2

变截面结构件的计算长度系数 μ_2，可按截面惯性矩变化形式，从表 G.3、表 G.4、表 G.5 中插值选取，此时取该变截面构件的最大截面惯性矩 I_{max} 作为计算用的截面惯性矩。计算等截面构件时，μ_2 取为 1。

表 G.3 变截面构件计算长度系数 μ_2 值

变截面形式	I_{min}/I_{max}	μ_2	变截面形式	I_{min}/I_{max}	μ_2
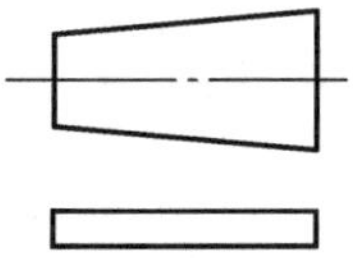 I 呈线性变化	0.01	1.30/1.61	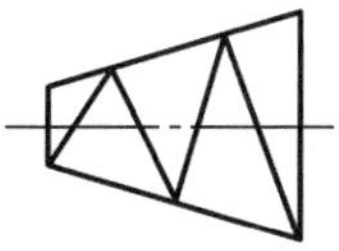 I 呈抛物线变化	0.01	1.92/2.40
	0.05	1.26/1.52		0.05	1.46/1.88
	0.1	1.23/1.45		0.1	1.35/1.66
	0.2	1.19/1.35		0.2	1.25/1.45
	0.4	1.12/1.21		0.4	1.14/1.24
	0.6	1.07/1.13		0.6	1.08/1.13
	0.8	1.03/1.06		0.8	1.03/1.05
 I 呈三次变化	0.01	1.95/2.83	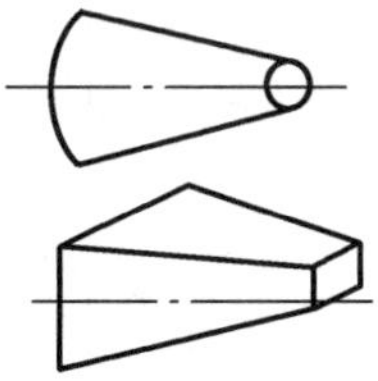 I 呈四次变化	0.01	2.14/3.16
	0.05	1.55/2.01		0.05	1.61/2.11
	0.1	1.40/1.73		0.1	1.43/1.78
	0.2	1.27/1.48		0.2	1.28/1.50
	0.4	1.15/1.25		0.4	1.15/1.26
	0.6	1.08/1.13		0.6	1.08/1.14
	0.8	1.03/1.06		0.8	1.03/1.06

注：对悬臂支撑构件（I_{max} 端固定，I_{min} 端自由，$\mu_1=2$），取分子值；对两端铰支的构件（$\mu_1=1$），取分母值。

表 G.4 两端铰支对称变截面构件计算长度系数 μ_2 值

变截面形式

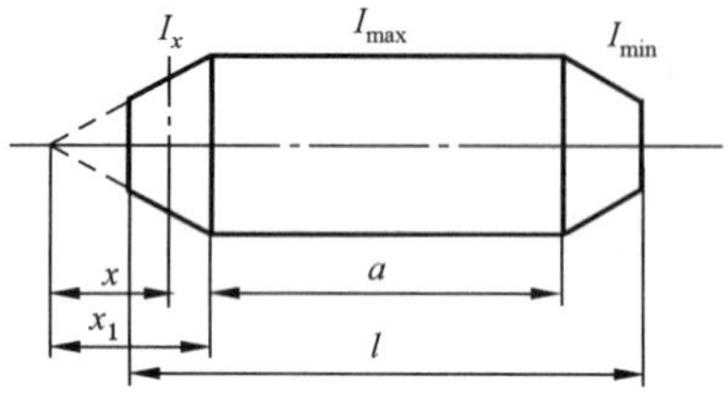

$$\frac{I_x}{I_{max}}=\left(\frac{x}{x_1}\right)^n, m=\frac{a}{l}$$

n=1

n=2

n=3

n=4

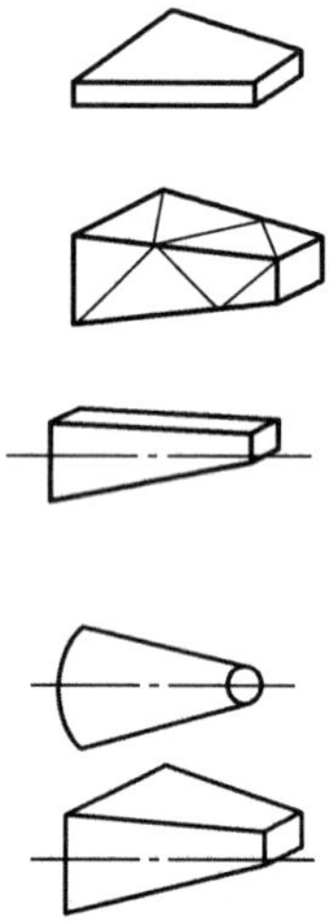

I_{min}/I_{max}	n	μ_2 m=0	0.2	0.4	0.6	0.8
0.01	1	1.30	1.18	1.08	1.03	1.00
	2	1.69	1.44	1.22	1.07	1.01
	3	1.95	1.64	1.34	1.11	1.01
	4	2.14	1.78	1.43	1.14	1.02
0.05	1	1.26	1.16	1.07	1.02	1.00
	2	1.46	1.29	1.14	1.04	1.01
	3	1.55	1.35	1.18	1.06	1.01
	4	1.61	1.39	1.20	1.06	1.01
0.1	1	1.23	1.14	1.07	1.02	1.00
	2	1.35	1.22	1.10	1.03	1.00
	3	1.40	1.25	1.12	1.04	1.00
	4	1.43	1.27	1.13	1.04	1.00
0.2	1	1.19	1.11	1.05	1.01	1.00
	2	1.25	1.15	1.07	1.02	1.00
	3	1.27	1.16	1.08	1.03	1.00
	4	1.28	1.17	1.08	1.03	1.00
0.4	1	1.12	1.07	1.04	1.01	1.00
	2	1.14	1.08	1.04	1.01	1.00
	3	1.15	1.09	1.04	1.01	1.00
	4	1.15	1.09	1.04	1.01	1.00
0.6	1	1.07	1.04	1.02	1.01	1.00
	2	1.08	1.05	1.02	1.01	1.00
	3	1.08	1.05	1.02	1.01	1.00
	4	1.08	1.05	1.02	1.01	1.00
0.8	1	1.03	1.02	1.01	1.00	1.00
	2	1.03	1.02	1.01	1.00	1.00
	3	1.03	1.02	1.01	1.00	1.00
	4	1.03	1.02	1.01	1.00	1.00

表 G.5 阶梯变截面构件计算长度系数 μ_2 值

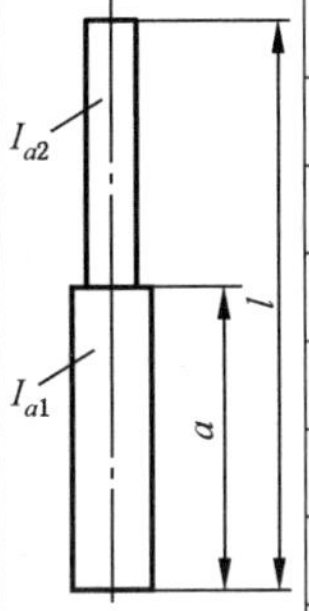

a/l	I_{a1}/I_{a2}						
	2.5	2.25	2.00	1.75	1.50	1.25	1.00
0.01	1.58/1.58	1.50/1.50	1.41/1.41	1.32/1.32	1.22/1.22	1.12/1.12	1.00/1.00
0.10	1.49/1.58	1.42/1.50	1.34/1.41	1.27/1.32	1.18/1.22	1.10/1.12	1.00/1.00
0.20	1.39/1.56	1.33/1.48	1.27/1.40	1.21/1.31	1.14/1.22	1.07/1.11	1.00/1.00
0.30	1.30/1.52	1.26/1.44	1.21/1.36	1.16/1.28	1.11/1.20	1.05/1.10	1.00/1.00
0.40	1.22/1.45	1.18/1.38	1.15/1.31	1.11/1.24	1.07/1.16	1.04/1.08	1.00/1.00
0.50	1.14/1.35	1.12/1.30	1.09/1.24	1.07/1.18	1.05/1.12	1.02/1.06	1.00/1.00
0.60	1.08/1.24	1.06/1.20	1.05/1.16	1.04/1.12	1.02/1.08	1.01/1.04	1.00/1.00
0.70	1.03/1.13	1.03/1.10	1.02/1.08	1.02/1.06	1.01/1.04	1.01/1.02	1.00/1.00
0.80	1.01/1.04	1.01/1.03	1.01/1.03	1.00/1.02	1.00/1.01	1.00/1.01	1.00/1.00
0.90	1.00/1.01	1.00/1.00	1.00/1.00	1.00/1.00	1.00/1.00	1.00/1.00	1.00/1.00
1.00	1.00/1.00	1.00/1.00	1.00/1.00	1.00/1.00	1.00/1.00	1.00/1.00	1.00/1.00

注 1：对悬臂支撑构件(I_{a1}端固定、I_{a2}端自由，$\mu_1=2$)，取分子值；对两端铰支的构件($\mu_1=1$)，取分母值。

注 2：对多阶梯变截面构件可用相同的方法反复运用，每次减少一个截面数量，最终得到一个等效的等截面构件。

示例 1：

三节阶梯变截面悬臂支撑构件计算长度系数按下列方法确定：

已知 $l_1:l_2:l_3=4:3:3$，$I_{a1}/I_{a2}=I_{a2}/I_{a3}=1.5$。

先对图 a)上部臂节 2 和 3 子结构求计算长度系数。由 $I_{a2}/I_{a3}=1.5$，$a/l=l_2/(l_2+l_3)=0.5$，查表 G.5 分子值得$\mu_2'=1.05$。

再对等效二节阶梯变截面构件图 b)求计算长度系数。由 $\dfrac{I_{a1}}{I_{a2}}=1.5$，$\dfrac{a}{l}=\dfrac{l_1}{l_1+\mu_2'(l_1+l_2)}=\dfrac{4}{4+1.05\times(3+3)}=0.388$，查表 G.5 分子值得 $\mu_2''=1.077$。

最后得三节阶梯变截面悬臂构件的计算长度系数：

$$\mu_2=\mu_2''\cdot[l_1+\mu_2'\cdot(l_2+l_3)]/(l_1+l_2+l_3)=1.077\times[4+1.05\times(3+3)]/(4+3+3)=1.11$$

即对应的欧拉临界力为：$N_E=\dfrac{\pi^2EI_{a1}}{(\mu_1\times\mu_2\times l)^2}=\dfrac{\pi^2EI_{a1}}{[2\times1.11\times(l_1+l_2+l_3)]^2}$

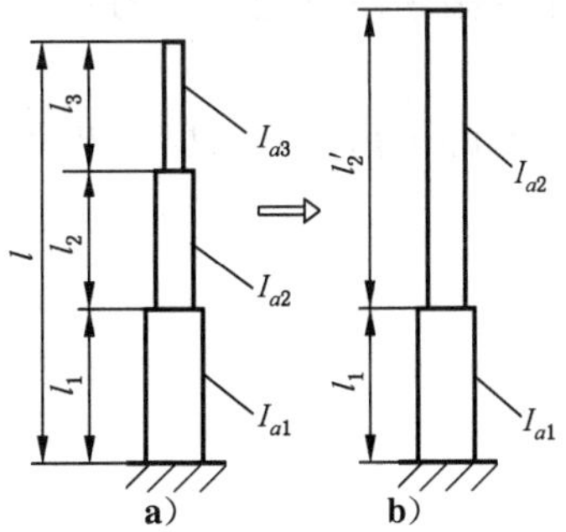

a)　　b)

示例2：

三节阶梯变截面两端铰支构件计算长度系数按下列方法确定：

假定构件几何参数同上，先对上部臂节2和3子结构查表G.5分母值得：$\mu_2'=1.12$。

对所得的等效二节阶梯变截面构件查表G.5分母值得计算长度系数：$\mu_2''=1.174$。

最后得三节阶梯变截面两端铰支柱的计算长度系数：

$$\mu_2=\mu_2''\cdot[l_1+\mu_2'\cdot(l_2+l_3)]/(l_1+l_2+l_3)=1.17\times[4+1.12\times(3+3)]/(4+3+3)=1.26$$

对应的欧拉临界力为：$N_E=\dfrac{\pi^2 EI_{a1}}{(\mu_1\times\mu_2\times l)^2}=\dfrac{\pi^2 EI_{a1}}{[1\times1.26\times(l_1+l_2+l_3)]^2}$

表G.5以外的二节阶梯变截面结构欧拉临界力及计算长度系数，可由求解下列失稳特征方程获得：

悬臂支撑二阶梯变截面结构失稳特征方程：

$k_1\sin(k_1\times l_1)\sin(k_2\times l_2)-k_2\cos(k_1\times l_1)\cos(k_2\times l_2)=0$

两端铰支二阶梯变截面结构失稳特征方程：

$k_1\cos(k_1\times l_1)\sin(k_2\times l_2)+k_2\sin(k_1\times l_1)\cos(k_2\times l_2)=0$

式中：$k_i=\sqrt{N/(EI_{ai})}$

解上述失稳特征方程，可得结构欧拉临界力 $N_E=k_i^2 EI_{ai}$，对应的计算长度系数为：

$$\mu=\mu_1\mu_2=\frac{\pi}{l}\sqrt{\frac{EI_{a1}}{N_E}}$$

G.1.4 受有非保向力的受压构件的计算长度系数 μ_3

G.1.4.1 通则

计算起重臂在回转平面内的稳定性时，如果起重臂拉索(包括动臂变幅起重臂端部的起升或变幅拉臂钢丝绳)具有一定的侧向刚度，一般应考虑拉索非保向力的有利影响(即考虑拉索非保向力对起重臂在回转平面内变形的阻碍作用)；当不计起重臂支座的弹性影响时，考虑拉索非保向力有利影响的受压构件的计算长度系数 μ_3 可按G.1.4.2、G.1.4.3确定。

对于所受外力为保向力的受压构件，或虽受有非保向力但可忽略其有利影响的受压构件，μ_3 取为1。

G.1.4.2 动臂变幅或小车变幅单吊点起重臂的计算长度系数 μ_3

对于动臂变幅起重臂或小车变幅单吊点起重臂，如果取 OC 段的长度为构件的几何长度(见图G.5和图G.6)，且取 $\mu_1=2$ 时，μ_3 可按式(G.9)计算。

$$\mu_3=1-\frac{l_A}{2l_B} \qquad \cdots\cdots\cdots\cdots (G.9)$$

式中：

l_A——动臂变幅起重臂或小车变幅单吊点起重臂的 OC 段的长度，单位为毫米(mm)，见图G.5和图G.6；

l_B——动臂变幅起重臂或小车变幅单吊点起重臂的相关尺寸，单位为毫米(mm)，见图G.5和图G.6。

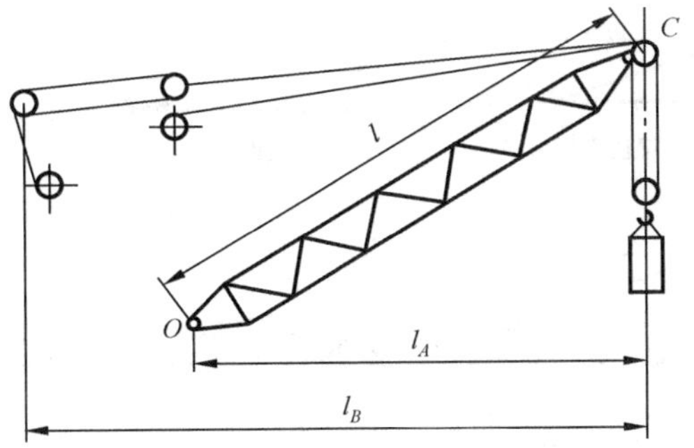

图 G.5　动臂变幅起重臂

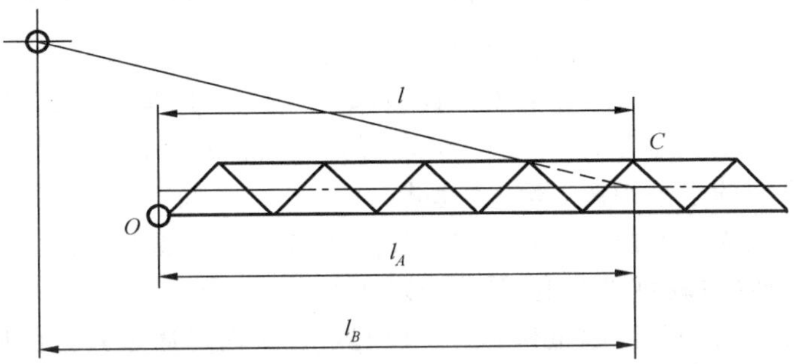

图 G.6　小车变幅单吊点起重臂

G.1.4.3　小车变幅双吊点起重臂的计算长度系数 μ_3

G.1.4.3.1　小车变幅双吊点起重臂计算长度系数 μ_3 的确定

对于小车变幅双吊点起重臂(见图 G.7)和臂架中间部位有铰点的小车变幅双单吊点起重臂(见图 G.8),同时考虑两根起重臂拉索非保向力的影响,如果取 OA 段长度(即 l_1)为结构几何长度,μ_3 可取表 G.6～表 G.12 中的分子值;如果取 AB 段长度(即 l_2)为结构件几何长度,μ_3 可取表 G.6～表 G.12 中的分母值。表 G.6～表 G.12 已考虑了起重臂的变截面和双拉索作用的影响,所以采用了这些表格中的 μ_3 后,应取 $\mu_1=\mu_2=\mu_4=1$。

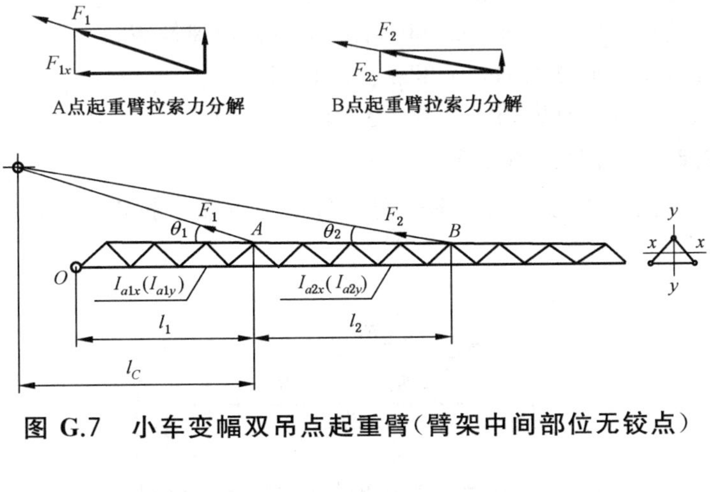

图 G.7　小车变幅双吊点起重臂(臂架中间部位无铰点)

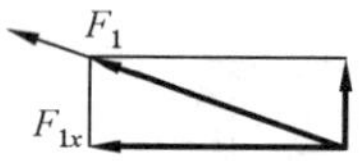

A点起重臂拉索力分解

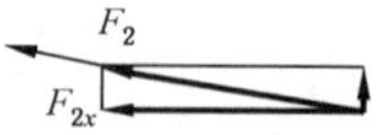

B点起重臂拉索力分解

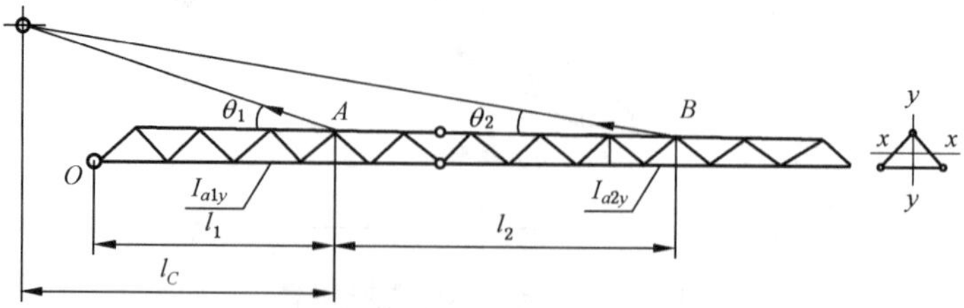

图 G.8 小车变幅双吊点起重臂(臂架中间部位有铰点)

图 G.7、图 G.8 和表 G.6～表 G.12 中的各符号的含义如下：

l_1、l_2 ——分别为 OA 段起重臂和 AB 段起重臂的长度，单位为毫米(mm)；

l_C ——为拉索1(靠近起重臂根部铰点的拉索)在起重臂上的固定点与其上部固定点之间的水平距离，单位为毫米(mm)；

I_{a1x}、I_{a2x}——分别为 OA 段起重臂和 AB 段起重臂截面对通过其截面形心的水平轴(即 x-x 轴)的截面惯性矩，单位为四次方毫米(mm^4)；

I_{a1y}、I_{a2y}——分别为 OA 段起重臂和 AB 段起重臂截面对通过其截面形心的垂直轴(即 y-y 轴)的截面惯性矩，单位为四次方毫米(mm^4)；

F_{1x}、F_{2x}——分别为起重臂拉索力 F_1 和 F_2 在水平方向上的分力，单位为牛顿(N)，$F_{1x}=F_1\cdot\cos\theta_1$，$F_{2x}=F_2\cdot\cos\theta_2$；

θ_1、θ_2 ——分别为起重臂拉索1和拉索2与起重臂截面形心连线之间的夹角；

F_1、F_2 ——所计算工况下的起重臂拉索力(内力)，单位为牛顿(N)，见 G.1.4.3.2、图 G.9。

对格构式三角形起重臂的截面惯性矩，应根据折算长细比按式(G.10)进行惯性矩折算。

$$I_{hx}=I_x\left(\frac{\lambda_x}{\lambda_{hx}}\right)^2,\quad I_{hy}=I_y\left(\frac{\lambda_y}{\lambda_{hy}}\right)^2 \qquad \cdots\cdots(\text{G.10})$$

式中：

I_x、I_y ——起重臂分别对虚轴 x-x 和 y-y 的截面惯性矩；

I_{hx}、I_{hy} ——起重臂分别对虚轴 x-x 和 y-y 的折算截面惯性矩；

λ_x、λ_y ——起重臂分别对虚轴 x-x 和 y-y 的长细比；

λ_{hx}、λ_{hy} ——起重臂分别对虚轴 x-x 和 y-y 的折算长细比。

G.1.4.3.2 双吊点起重臂拉索力的计算

G.1.4.3.2.1 双吊点起重臂拉索力的计算模型见图 G.9，起重臂拉索力 F_1、F_2 分别按式(G.11)和式(G.12)计算。

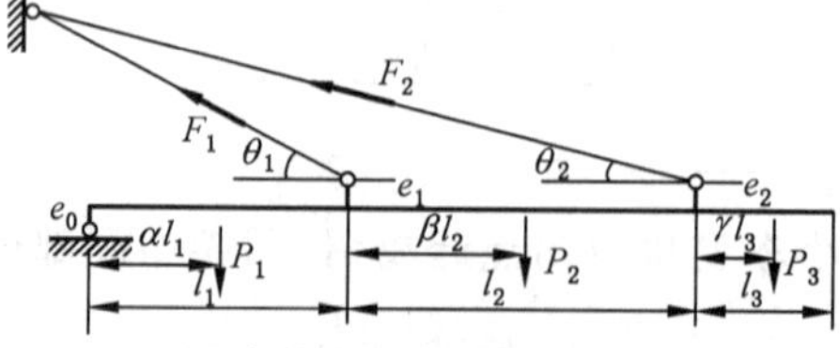

图 G.9 双吊点起重臂拉索力的计算模型图

$$F_2=-\frac{\Delta_P}{\delta} \qquad \cdots\cdots\cdots\cdots\cdots\cdots\cdots\cdots(\text{G.11})$$

$$F_1=-F_2N_2+N_P \qquad \cdots\cdots\cdots\cdots\cdots\cdots\cdots\cdots(\text{G.12})$$

式中：

Δ_P ——力法广义荷载位移，按式(G.13)计算；

δ ——力法位移系数，按式(G.14)计算；

N_2 ——拉索力 F_2 为单位力时引起的拉索力 F_1 的内力，按式(G.15)计算；

N_P ——载荷(吊重) P_i 和自重 q_i 引起的拉索力 F_1 的内力，按式(G.16)计算；

F_1、F_2——起重臂拉索力(内力)，单位为牛顿(N)。

$$\begin{aligned}\Delta_P=\;&N_P\left[\frac{\cos\theta_1(\cos\theta_2-N_2\cos\theta_1)}{K_{01}}-\frac{N_2}{K_1}\right]-\frac{l_2}{6EI_2}\times\Big\{e_2\cos\theta_2\times[3P_3(l_2+2\gamma l_3)+3P_2l_2\beta^2\\&+3q_3l_3(l_2+l_3)+q_2l_2^2]+l_2\sin\theta_2\times\left[P_3(2l_2+3\gamma l_3)+P_2l_2\beta^2(3-\beta)+\frac{3q_2l_2^2+q_3l_3(8l_2+6l_3)}{4}\right]\Big\}\\&+\frac{l_1}{6EI_1}\Big\{e_0(\cos\theta_2-N_2\cos\theta_1)\times\Big[N_P(2e_0-e_1)\cos\theta_1+P_3(l_2+\gamma l_3)+P_2\beta l_2+P_1\alpha l_1(3\alpha-2-\alpha^2)\\&+\frac{q_3(4l_2l_3+2l_3^2)+2q_2l_2^2-q_1l_1^2}{4}\Big]-(e_2\cos\theta_2+l_2\sin\theta_2-N_2e_1\times\cos\theta_1)\times\Big[N_P(e_0-2e_1)\times\cos\theta_1\\&+2P_3(l_2+\gamma l_3)+2P_2\beta l_2-P_1l_1(\alpha-\alpha^3)+\frac{q_3l_3(8l_2+4l_3)+4q_2l_2^2-q_1l_1^2}{4}\Big]\Big\} \qquad \cdots\cdots\cdots(\text{G.13})\end{aligned}$$

$$\begin{aligned}\delta=\;&\frac{1}{K_2}+\frac{N_2^2}{K_1}+\frac{\cos^2\theta_2+(\cos\theta_2-N_2\cos\theta_1)^2}{K_{02}}+\frac{l_2}{3EI_2}[3e_2^2\cos^2\theta_2+l_2^2\sin^2\theta_2\\&+3e_2l_2\cos\theta_2\sin\theta_2]+\frac{l_1}{3EI_1}\Big\{[(e_0-e_2)\cos\theta_2-(e_0-e_1)N_2\cos\theta_1-l_2\sin\theta_2]^2\\&+e_0(\cos\theta_2-N_2\cos\theta_1)\times(e_2\cos\theta_2+l_2\sin\theta_2-e_1N_2\cos\theta_1)\Big\} \qquad \cdots\cdots\cdots\cdots(\text{G.14})\end{aligned}$$

$$N_2=\frac{(l_1+l_2)\sin\theta_2+(e_0+e_2)\cos\theta_2}{l_1\sin\theta_1+(e_0+e_1)\cos\theta_1} \qquad \cdots\cdots\cdots\cdots\cdots\cdots\cdots\cdots(\text{G.15})$$

$$N_P=\frac{P_1\alpha l_1+P_2(l_1+\beta l_2)+P_3(l_1+l_2+\gamma l_3)+q_1l_1^2/2+q_2l_2(l_1+l_2/2)+q_3l_3(l_1+l_2+l_3/2)}{l_1\sin\theta_1+(e_0+e_1)\cos\theta_1}$$

$$\cdots\cdots\cdots\cdots\cdots\cdots\cdots\cdots(\text{G.16})$$

$$K_1=\frac{E_1A_1}{S_1},K_2=\frac{E_2A_2}{S_2},K_{01}=\frac{EA_{01}}{l_1},K_{02}=\frac{EA_{02}}{l_2} \qquad \cdots\cdots\cdots\cdots(\text{G.17})$$

式中：

l_1、l_2、l_3、αl_1、βl_2、γl_3——各相关尺寸，单位为毫米(mm)，见图 G.9；

P_1、P_2、P_3 ——载荷(吊重)，单位为牛顿(N)，见图 G.9；

q_1、q_2、q_3 ——起重臂单位长度自重，单位为牛顿每毫米(N/mm)；

I_1、I_2 ——分别为起重臂 l_1、l_2 臂段的截面惯性矩，单位为四次方毫米(mm^4)；

A_{01}、A_{02} ——分别为起重臂 l_1、l_2 臂段的截面积，单位为平方毫米(mm^2)；

K_{01}、K_{02} ——分别为起重臂 l_1、l_2 的轴向刚度，单位为牛顿每毫米(N/mm)；

E ——钢材的弹性模量，$E=2.06\times10^5\ N/mm^2$，同式(53)；

K_1、K_2 ——分别为拉索 1 和拉索 2 的拉伸刚度，单位为牛顿每毫米(N/mm)；

S_1、S_2 ——分别为拉索1和拉索2的长度，单位为毫米(mm)；

E_1、E_2 ——分别为拉索1和拉索2材料的弹性模量，单位为牛顿每平方毫米(N/mm^2)；

A_1、A_2 ——分别为拉索1和拉索2的截面积，单位为平方毫米(mm^2)；

e_0 ——起重臂根部铰接点到起重臂截面形心连线的垂直距离，单位为毫米(mm)，见图G.9；

e_1、e_2 ——分别为拉索1和拉索2在起重臂上的固定点到起重臂截面形心连线的垂直距离，单位为毫米(mm)，见图G.9；

θ_1、θ_2 ——分别为拉索1和拉索2与起重臂截面形心连线的夹角，单位为度(°)，见图G.9；

式中其他符号同式(G.11)和式(G.12)。

G.1.4.3.2.2 大多数情况下，双吊点起重臂拉索力可采用图G.10所示的简化模型计算，图中尺寸 l_1、l_2、l_3 以及 S_1、S_2 为拉索1和拉索2的延长线与起重臂截面形心连线相交后得到的相应尺寸。起重臂拉索力 F_1、F_2 仍按式(G.11)和式(G.12)计算，但 Δ_P 按式(G.18)计算，δ 按式(G.19)计算，N_2 按式(G.20)计算，N_P 按式(G.21)计算；而式(G.18)和式(G.19)中的 K_1、K_2 仍按式(G.17)计算，但式(G.17)的 S_1、S_2 分别取为拉索1和拉索2的延长线与起重臂截面形心连线的交点到拉索上部固定点的距离，单位为毫米(mm)。

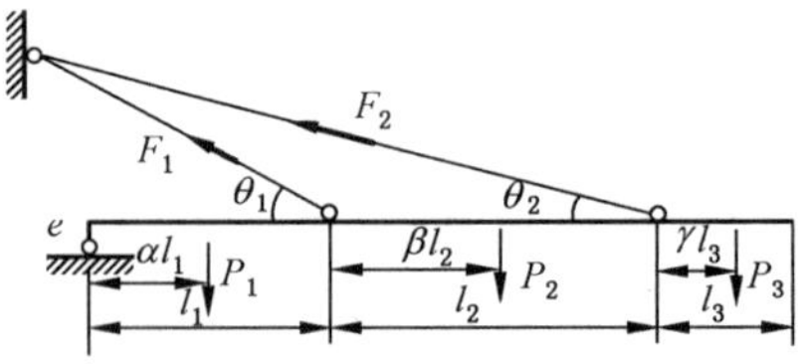

图G.10 双吊点起重臂拉索力的简化计算模型图

$$\Delta_P = -N_P\frac{N_2}{K_1} - \frac{l_2^2\sin\theta_2}{6EI_2}\left[P_3(2l_2+3\gamma l_3)+P_2l_2\beta^2(3-\beta)+\frac{3q_2l_2^2+q_3l_3(8l_2+6l_3)}{4}\right]$$
$$+\frac{l_1}{6EI_1}\Bigg\{e(\cos\theta_2-N_2\cos\theta_1)\Big[P_3(l_2+\gamma l_3)+P_2\beta l_2+P_1\alpha l_1(3\alpha-2-\alpha^2)$$
$$+\frac{q_3(4l_2l_3+2l_3{}^2)+2q_2l_2^2-q_1l_1^2}{4}+2eN_P\cos\theta_1\Big]-l_2\sin\theta_2\times\Big[eN_P\cos\theta_1$$
$$+2P_3(l_2+\gamma l_3)+2P_2\beta l_2-P_1l_1(\alpha-\alpha^3)+\frac{q_3l_3(8l_2+4l_3)+4q_2l_2^2-q_1l_1^2}{4}\Big]\Bigg\} \quad\text{……(G.18)}$$

$$\delta=\frac{1}{K_2}+\frac{N_2^2}{K_1}+\frac{l_2^3\sin^2\theta_2}{3EI_2}$$
$$+\frac{l_1}{3EI_1}\{[e(\cos\theta_2-N_2\cos\theta_1)-l_2\sin\theta_2]^2+el_2\sin\theta_2(\cos\theta_2-N_2\cos\theta_1)\} \quad\text{…(G.19)}$$

$$N_2=\frac{(l_1+l_2)\sin\theta_2+e\cos\theta_2}{l_1\sin\theta_1+e\cos\theta_1} \quad\text{……(G.20)}$$

$$N_P=\frac{P_1\alpha l_1+P_2(l_1+\beta l_2)+P_3(l_1+l_2+\gamma l_3)+q_1l_1^2/2+q_2l_2(l_1+l_2/2)+q_3l_3(l_1+l_2+l_3/2)}{l_1\sin\theta_1+e\cos\theta_1}$$

…………………………(G.21)

式中：

l_1、l_2、l_3、αl_1、βl_2、γl_3——各相关尺寸，单位为毫米(mm)，其中 l_1、l_2、l_3 为拉索 1 和拉索 2 的延长线与起重臂截面形心连线相交后得到的尺寸，见图 G.10；

K_1、K_2——仍按式(G.17)计算，但其中的 S_1、S_2 分别取为拉索 1 和拉索 2 的延长线与起重臂截面形心连线的交点到拉索上部固定点的距离，单位为毫米(mm)，见图 G.10；

e——起重臂根部铰接点到起重臂截面形心连线的垂直距离，单位为毫米(mm)，见图 G.10；

式中的其他符号同式(G.11)～式(G.17)。

G.1.5 考虑具有双轴向力作用的受压构件的计算长度系数 μ_4

计算如图 G.7、图 G.8 所示的小车变幅双吊点起重臂在起升平面内的稳定性时，一般应考虑起重臂的整体性和双拉索力沿起重臂截面形心连线分力同时起作用的影响。对于考虑该影响的计算长度系数 μ_4，如果取 OA 段长度(即 l_1)为结构件几何长度，μ_4 可取表 G.13 中的分子值；如果取 AB 段长度(即 l_2)为结构件几何长度，μ_4 可取表 G.13 中的分母值。表 G.13 已考虑了起重臂的变截面影响，所以采用了表 G.13 中的 μ_4 后，应取 $\mu_2=1$。

表 G.13 中的符号同 G.1.4.3.1。

对于不属于上述情况的受压构件，μ_4 可取为 1 或其他合理的值。

G.2 等截面格构式构件的换算长细比 λ_h

等截面格构式构件的换算长细比 λ_h 见表 G.14。

表 G.6 双吊点起重臂回转平面内计算长度系数 μ_3(此时 $\mu_1=\mu_2=\mu_4=1$)

I_{a2y}/I_{a1y}	$F_{2x}/(F_{2x}+F_{1x})$	l_1/l_2						
		1.0	0.9	0.8	0.7	0.6	0.5	0.4
1.0	0.25	1.12/2.24	1.15/2.07	1.19/1.91	1.25/1.75	1.34/1.61	1.49/1.49	1.72/1.38
	0.50	1.41/2.00	1.48/1.88	1.57/1.77	1.68/1.67	1.84/1.56	2.07/1.46	2.42/1.37
	0.75	1.68/1.94	1.77/1.84	1.88/1.74	2.04/1.65	2.24/1.55	2.52/1.46	2.96/1.36
	1.00	1.91/1.91	2.02/1.82	2.16/1.73	2.34/1.64	2.58/1.55	2.91/1.45	3.41/1.36
0.85	0.25	1.14/2.10	1.18/1.95	1.23/1.81	1.31/1.68	1.42/1.57	1.58/1.46	1.85/1.36
	0.50	1.47/1.91	1.54/1.81	1.65/1.72	1.78/1.62	1.96/1.53	2.21/1.44	2.60/1.36
	0.75	1.75/1.86	1.86/1.78	1.99/1.69	2.16/1.61	2.39/1.52	2.70/1.44	3.18/1.35
	1.00	2.00/1.85	2.13/1.76	2.28/1.68	2.48/1.60	2.75/1.52	3.12/1.44	3.67/1.35

表 G.6(续)

I_{a2y}/I_{a1y}	$F_{2x}/(F_{2x}+F_{1x})$	l_1/l_2						
		1.0	0.9	0.8	0.7	0.6	0.5	0.4
0.70	0.25	1.18/1.97	1.22/1.84	1.29/1.73	1.38/1.62	1.52/1.52	1.71/1.43	2.01/1.35
	0.50	1.54/1.83	1.64/1.74	1.76/1.66	1.91/1.58	2.12/1.50	2.41/1.42	2.84/1.34
	0.75	1.86/1.80	1.98/1.72	2.13/1.65	2.33/1.57	2.58/1.50	2.94/1.42	3.47/1.34
	1.00	2.13/1.78	2.27/1.71	2.45/1.64	2.68/1.57	2.98/1.50	3.39/1.42	4.01/1.34
0.55	0.25	1.24/1.84	1.30/1.74	1.39/1.65	1.51/1.57	1.67/1.49	1.90/1.41	2.25/1.34
	0.50	1.67/1.75	1.78/1.68	1.92/1.61	2.10/1.54	2.35/1.48	2.68/1.41	3.18/1.33
	0.75	2.02/1.73	2.16/1.67	2.34/1.60	2.57/1.54	2.87/1.47	3.28/1.40	3.89/1.33
	1.00	2.32/1.72	2.49/1.66	2.70/1.60	2.96/1.54	3.31/1.47	3.78/1.40	4.49/1.33
注:本表为 $l_1/l_C=1.1$ 时求得。l_1、l_C 见图 G.7、图 G.8。								

表 G.7 双吊点起重臂回转平面内计算长度系数 μ_3(此时 $\mu_1=\mu_2=\mu_4=1$)

I_{a2y}/I_{a1y}	$F_{2x}/(F_{2x}+F_{1x})$	l_1/l_2						
		1.0	0.9	0.8	0.7	0.6	0.5	0.4
1.0	0.25	1.16/2.32	1.19/2.14	1.23/1.97	1.29/1.80	1.38/1.65	1.52/1.52	1.75/1.40
	0.50	1.45/2.05	1.52/1.93	1.60/1.81	1.72/1.70	1.88/1.59	2.10/1.49	2.45/1.39
	0.75	1.72/1.98	1.81/1.88	1.92/1.78	2.07/1.68	2.28/1.58	2.56/1.48	2.99/1.38
	1.00	1.95/1.95	2.06/1.86	2.20/1.76	2.38/1.67	2.62/1.57	2.95/1.48	3.45/1.38
0.85	0.25	1.18/2.17	1.21/2.02	1.26/1.87	1.34/1.73	1.45/1.60	1.61/1.48	1.87/1.38
	0.50	1.50/1.96	1.58/1.85	1.68/1.75	1.81/1.65	1.99/1.56	2.25/1.46	2.63/1.37
	0.75	1.79/1.91	1.89/1.82	2.03/1.73	2.20/1.64	2.42/1.55	2.74/1.46	3.22/1.37
	1.00	2.04/1.88	2.17/1.80	2.32/1.71	2.52/1.63	2.79/1.54	3.16/1.46	3.71/1.37
0.70	0.25	1.21/2.03	1.26/1.89	1.32/1.77	1.41/1.66	1.55/1.55	1.74/1.46	2.04/1.36
	0.50	1.58/1.87	1.67/1.78	1.79/1.69	1.94/1.61	2.15/1.53	2.44/1.44	2.87/1.36
	0.75	1.89/1.83	2.02/1.75	2.17/1.68	2.36/1.60	2.62/1.52	2.98/1.44	3.51/1.36
	1.00	2.17/1.81	2.31/1.74	2.49/1.67	2.72/1.59	3.02/1.52	3.44/1.44	4.06/1.36
0.55	0.25	1.27/1.88	1.33/1.78	1.42/1.68	1.54/1.59	1.70/1.51	1.93/1.43	2.28/1.35
	0.50	1.70/1.78	1.81/1.71	1.95/1.64	2.13/1.57	2.38/1.50	2.71/1.42	3.21/1.35
	0.75	2.05/1.76	2.20/1.69	2.38/1.63	2.60/1.56	2.90/1.49	3.32/1.42	3.93/1.35
	1.00	2.36/1.75	2.53/1.69	2.73/1.62	3.00/1.56	3.35/1.49	3.83/1.42	4.54/1.35
注:本表为 $l_1/l_C=1.05$ 时求得。l_1、l_C 见图 G.7、图 G.8。								

表 G.8　双吊点起重臂回转平面内计算长度系数 μ_3（此时 $\mu_1=\mu_2=\mu_4=1$）

I_{a2y}/I_{a1y}	$F_{2x}/(F_{2x}+F_{1x})$	l_1/l_2						
		1.0	0.9	0.8	0.7	0.6	0.5	0.4
1.0	0.25	1.20/2.41	1.23/2.22	1.27/2.03	1.33/1.86	1.41/1.69	1.55/1.55	1.78/1.42
	0.50	1.49/2.11	1.56/1.98	1.64/1.86	1.76/1.74	1.91/1.62	2.14/1.51	2.48/1.41
	0.75	1.76/2.03	1.85/1.93	1.97/1.82	2.12/1.71	2.32/1.61	2.60/1.50	3.03/1.40
	1.00	2.00/2.00	2.11/1.90	2.25/1.80	2.43/1.70	2.67/1.60	3.00/1.50	3.50/1.40
0.85	0.25	1.22/2.25	1.26/2.09	1.30/1.92	1.37/1.77	1.48/1.64	1.64/1.51	1.90/1.40
	0.50	1.54/2.01	1.62/1.90	1.72/1.79	1.85/1.69	2.03/1.59	2.28/1.49	2.67/1.39
	0.75	1.83/1.95	1.94/1.86	2.07/1.76	2.24/1.67	2.46/1.57	2.78/1.48	3.26/1.39
	1.00	2.09/1.93	2.21/1.84	2.37/1.75	2.57/1.66	2.84/1.57	3.21/1.48	3.76/1.39
0.70	0.25	1.25/2.09	1.30/1.95	1.36/1.82	1.45/1.69	1.58/1.58	1.77/1.48	2.07/1.38
	0.50	1.62/1.91	1.71/1.82	1.82/1.73	1.98/1.64	2.18/1.55	2.47/1.46	2.91/1.38
	0.75	1.93/1.87	2.06/1.79	2.21/1.71	2.40/1.62	2.66/1.54	3.02/1.46	3.56/1.37
	1.00	2.21/1.85	2.36/1.77	2.54/1.70	2.76/1.62	3.07/1.54	3.48/1.46	4.10/1.37
0.55	0.25	1.31/1.94	1.37/1.82	1.45/1.72	1.56/1.62	1.72/1.53	1.95/1.45	2.30/1.37
	0.50	1.73/1.82	1.84/1.74	1.99/1.67	2.17/1.59	2.41/1.52	2.75/1.44	3.25/1.36
	0.75	2.09/1.79	2.23/1.72	2.41/1.65	2.64/1.58	2.94/1.51	3.36/1.44	3.97/1.36
	1.00	2.40/1.78	2.57/1.71	2.78/1.65	3.04/1.58	3.39/1.51	3.88/1.44	4.59/1.36

注：本表为 $l_1/l_C=1.0$ 时求得。l_1、l_C 见图 G.7、图 G.8。

表 G.9　双吊点起重臂回转平面内计算长度系数 μ_3（此时 $\mu_1=\mu_2=\mu_4=1$）

I_{a2y}/I_{a1y}	$F_{2x}/(F_{2x}+F_{1x})$	l_1/l_2						
		1.0	0.9	0.8	0.7	0.6	0.5	0.4
1.0	0.25	1.25/2.51	1.28/2.31	1.31/2.11	1.37/1.92	1.45/1.74	1.59/1.59	1.81/1.45
	0.50	1.54/2.18	1.61/2.04	1.69/1.91	1.80/1.78	1.96/1.66	2.18/1.54	2.52/1.43
	0.75	1.81/2.09	1.90/1.98	2.02/1.86	2.17/1.75	2.37/1.64	2.65/1.53	3.08/1.42
	1.00	2.05/2.05	2.16/1.95	2.30/1.84	2.48/1.74	2.72/1.63	3.05/1.53	3.55/1.42
0.85	0.25	1.27/2.34	1.30/2.16	1.35/1.99	1.42/1.83	1.52/1.68	1.67/1.54	1.93/1.42
	0.50	1.59/2.07	1.66/1.95	1.76/1.84	1.89/1.73	2.07/1.62	2.32/1.51	2.70/1.41
	0.75	1.88/2.00	1.98/1.90	2.11/1.80	2.28/1.70	2.51/1.60	2.83/1.51	3.31/1.41
	1.00	2.14/1.97	2.26/1.88	2.42/1.79	2.62/1.69	2.80/1.60	3.26/1.50	3.81/1.41
0.70	0.25	1.30/2.17	1.34/2.02	1.40/1.87	1.48/1.74	1.61/1.62	1.80/1.51	2.09/1.40
	0.50	1.66/1.96	1.75/1.86	1.86/1.77	2.02/1.67	2.22/1.58	2.51/1.49	2.95/1.39
	0.75	1.98/1.91	2.10/1.83	2.25/1.74	2.45/1.65	2.71/1.57	3.07/1.48	3.60/1.39
	1.00	2.26/1.89	2.40/1.81	2.58/1.73	2.81/1.65	3.12/1.56	3.54/1.48	4.16/1.39
0.55	0.25	1.35/2.00	1.41/1.88	1.49/1.76	1.60/1.66	1.76/1.56	1.98/1.47	2.33/1.38
	0.50	1.77/1.86	1.88/1.78	2.02/1.70	2.21/1.62	2.45/1.54	2.79/1.46	3.29/1.38
	0.75	2.13/1.83	2.28/1.75	2.46/1.68	2.69/1.61	2.99/1.54	3.41/1.46	4.02/1.38
	1.00	2.44/1.81	2.61/1.74	2.82/1.68	3.09/1.61	3.44/1.53	3.93/1.46	4.64/1.38

注：本表为 $l_1/l_C=0.95$ 时求得。l_1、l_C 见图 G.7、图 G.8。

表 G.10 双吊点起重臂回转平面内计算长度系数 μ_3(此时 $\mu_1=\mu_2=\mu_4=1$)

I_{a2y}/I_{a1y}	$F_{2x}/(F_{2x}+F_{1x})$	l_1/l_2						
		1.0	0.9	0.8	0.7	0.6	0.5	0.4
1.0	0.25	1.31/2.62	1.34/2.40	1.37/2.19	1.42/1.99	1.50/1.80	1.63/1.63	1.84/1.47
	0.50	1.59/2.25	1.66/2.11	1.74/1.97	1.85/1.83	2.00/1.70	2.23/1.57	2.57/1.45
	0.75	1.87/2.15	1.96/2.03	2.07/1.91	2.22/1.79	2.42/1.68	2.70/1.56	3.13/1.45
	1.00	2.11/2.11	2.22/2.00	2.36/1.89	2.54/1.78	2.78/1.67	3.11/1.56	3.61/1.44
0.85	0.25	1.33/2.44	1.36/2.25	1.40/2.06	1.46/1.89	1.56/1.72	1.71/1.58	1.96/1.45
	0.50	1.64/2.14	1.71/2.01	1.81/1.89	1.94/1.77	2.11/1.65	2.36/1.54	2.75/1.43
	0.75	1.93/2.06	2.04/1.95	2.17/1.84	2.33/1.74	2.56/1.64	2.88/1.53	3.36/1.43
	1.00	2.19/2.02	2.32/1.92	2.48/1.83	2.68/1.73	2.94/1.63	3.32/1.53	3.87/1.43
0.70	0.25	1.35/2.26	1.39/2.09	1.45/1.93	1.53/1.79	1.65/1.65	1.83/1.53	2.13/1.42
	0.50	1.71/2.02	1.79/1.91	1.91/1.81	2.06/1.71	2.27/1.61	2.55/1.51	2.99/1.41
	0.75	2.03/1.96	2.15/1.87	2.30/1.78	2.50/1.69	2.76/1.60	3.12/1.51	3.65/1.41
	1.00	2.31/1.94	2.46/1.85	2.64/1.77	2.87/1.68	3.17/1.59	3.59/1.50	4.22/1.41
0.55	0.25	1.39/2.07	1.45/1.93	1.53/1.81	1.63/1.70	1.79/1.59	2.02/1.50	2.36/1.40
	0.50	1.81/1.90	1.92/1.82	2.06/1.73	2.25/1.65	2.49/1.57	2.83/1.48	3.33/1.40
	0.75	2.18/1.87	2.32/1.79	2.50/1.71	2.73/1.64	3.04/1.56	3.46/1.48	4.08/1.40
	1.00	2.49/1.85	2.66/1.78	2.88/1.71	3.15/1.63	3.50/1.56	3.99/1.48	4.70/1.40
注:本表为 $l_1/l_C=0.9$ 时求得。l_1、l_C 见图 G.7、图 G.8。								

表 G.11 双吊点起重臂回转平面内计算长度系数 μ_3(此时 $\mu_1=\mu_2=\mu_4=1$)

I_{a2y}/I_{a1y}	$F_{2x}/(F_{2x}+F_{1x})$	l_1/l_2						
		1.0	0.9	0.8	0.7	0.6	0.5	0.4
1.0	0.25	1.37/2.74	1.39/2.51	1.43/2.28	1.48/2.07	1.55/1.86	1.67/1.67	1.88/1.51
	0.50	1.65/2.33	1.71/2.18	1.79/2.03	1.90/1.88	2.06/1.74	2.28/1.61	2.62/1.48
	0.75	1.92/2.22	2.01/2.09	2.13/1.97	2.28/1.84	2.48/1.72	2.76/1.59	3.19/1.47
	1.00	2.17/2.17	2.28/2.06	2.42/1.94	2.60/1.82	2.84/1.70	3.17/1.59	3.68/1.47
0.85	0.25	1.38/2.55	1.41/2.34	1.45/2.14	1.51/1.95	1.61/1.78	1.75/1.62	2.00/1.48
	0.50	1.69/2.21	1.77/2.07	1.86/1.94	1.99/1.81	2.16/1.69	2.41/1.57	2.80/1.46
	0.75	1.99/2.12	2.09/2.00	2.22/1.89	2.39/1.78	2.62/1.67	2.94/1.56	3.41/1.45
	1.00	2.25/2.08	2.38/1.97	2.54/1.87	2.74/1.77	3.01/1.66	3.38/1.56	3.93/1.45
0.70	0.25	1.40/2.35	1.44/2.17	1.50/2.00	1.57/1.84	1.69/1.70	1.87/1.57	2.16/1.45
	0.50	1.76/2.08	1.84/1.96	1.96/1.85	2.11/1.75	2.31/1.64	2.60/1.54	3.04/1.44
	0.75	2.08/2.01	2.20/1.92	2.35/1.82	2.55/1.72	2.81/1.63	3.17/1.53	3.71/1.43
	1.00	2.37/1.98	2.52/1.89	2.70/1.80	2.93/1.71	3.23/1.62	3.66/1.53	4.28/1.43
0.55	0.25	1.45/2.14	1.50/2.00	1.57/1.86	1.68/1.74	1.83/1.63	2.05/1.52	2.40/1.42
	0.50	1.86/1.95	1.97/1.86	2.11/1.77	2.29/1.68	2.54/1.60	2.88/1.51	3.38/1.42
	0.75	2.23/1.91	2.37/1.83	2.55/1.75	2.78/1.67	3.09/1.59	3.51/1.50	4.13/1.42
	1.00	2.55/1.89	2.72/1.82	2.93/1.74	3.20/1.66	3.56/1.58	4.05/1.50	4.77/1.42
注:本表为 $l_1/l_C=0.85$ 时求得。l_1、l_C 见图 G.7、图 G.8。								

表 G.12　双吊点起重臂回转平面内计算长度系数 μ_3（此时 $\mu_1=\mu_2=\mu_4=1$）

I_{a2y}/I_{a1y}	$F_{2x}/(F_{2x}+F_{1x})$	l_1/l_2						
		1.0	0.9	0.8	0.7	0.6	0.5	0.4
1.0	0.25	1.43/2.86	1.45/2.62	1.49/2.38	1.54/2.15	1.61/1.93	1.72/1.72	1.93/1.54
	0.50	1.71/2.42	1.77/2.26	1.85/2.10	1.96/1.94	2.11/1.79	2.33/1.65	2.67/1.51
	0.75	1.99/2.30	2.08/2.16	2.19/2.03	2.34/1.89	2.54/1.76	2.82/1.63	3.25/1.50
	1.00	2.24/2.24	2.35/2.12	2.49/1.99	2.67/1.87	2.91/1.75	3.25/1.62	3.75/1.50
0.85	0.25	1.44/2.66	1.47/2.44	1.51/2.23	1.57/2.03	1.66/1.84	1.80/1.66	2.05/1.51
	0.50	1.75/2.28	1.82/2.14	1.92/2.00	2.04/1.87	2.22/1.73	2.47/1.61	2.85/1.49
	0.75	2.05/2.18	2.15/2.06	2.28/1.94	2.45/1.83	2.68/1.71	3.00/1.60	3.48/1.48
	1.00	2.32/2.14	2.45/2.03	2.60/1.92	2.81/1.81	3.07/1.70	3.45/1.59	4.01/1.48
0.70	0.25	1.46/2.45	1.50/2.26	1.55/2.08	1.63/1.90	1.74/1.75	1.92/1.60	2.21/1.48
	0.50	1.81/2.15	1.90/2.02	2.01/1.90	2.16/1.79	2.36/1.68	2.65/1.57	3.09/1.46
	0.75	2.14/2.07	2.26/1.97	2.41/1.86	2.61/1.76	2.87/1.66	3.23/1.56	3.77/1.46
	1.00	2.43/2.04	2.58/1.94	2.76/1.85	2.99/1.75	3.30/1.66	3.72/1.56	4.35/1.46
0.55	0.25	1.50/2.22	1.55/2.07	1.62/1.92	1.72/1.79	1.87/1.67	2.10/1.55	2.44/1.45
	0.50	1.91/2.01	2.02/1.91	2.16/1.81	2.34/1.72	2.58/1.63	2.93/1.53	3.43/1.44
	0.75	2.28/1.96	2.43/1.87	2.61/1.79	2.84/1.70	3.15/1.62	3.57/1.53	4.20/1.44
	1.00	2.61/1.93	2.78/1.85	2.99/1.78	3.27/1.70	3.62/1.61	4.12/1.53	4.84/1.44

注：本表为 $l_1/l_C=0.8$ 时求得。l_1、l_C 见图 G.7、图 G.8。

表 G.13　双吊点起重臂起升平面内计算长度系数 μ_4（此时 $\mu_2=1$）

I_{a2x}/I_{a1x}	$F_{2x}/(F_{2x}+F_{1x})$	l_1/l_2						
		1.0	0.9	0.8	0.7	0.6	0.5	0.4
1.0	0.25	0.87/1.73	0.88/1.58	0.90/1.43	0.92/1.29	0.95/1.14	1.00/1.00	1.10/0.88
	0.50	0.90/1.27	0.92/1.17	0.96/1.08	1.00/0.99	1.08/0.92	1.21/0.86	1.43/0.81
	0.75	0.94/1.09	0.98/1.02	1.04/0.96	1.12/0.91	1.25/0.86	1.43/0.83	1.72/0.80
0.85	0.25	0.88/1.63	0.90/1.49	0.91/1.35	0.94/1.21	0.97/1.07	1.03/0.95	1.15/0.84
	0.50	0.92/1.20	0.95/1.11	0.98/1.03	1.04/0.95	1.13/0.88	1.27/0.83	1.52/0.79
	0.75	0.97/1.04	1.02/0.98	1.08/0.92	1.18/0.88	1.31/0.84	1.52/0.81	1.84/0.78
0.70	0.25	0.90/1.51	0.92/1.38	0.94/1.25	0.96/1.13	1.00/1.00	1.07/0.89	1.21/0.81
	0.50	0.95/1.12	0.98/1.04	1.02/0.97	1.09/0.90	1.19/0.85	1.36/0.81	1.64/0.77
	0.75	1.02/0.98	1.07/0.93	1.14/0.88	1.25/0.85	1.41/0.81	1.63/0.79	1.99/0.77
0.55	0.25	0.92/1.37	0.94/1.26	0.96/1.14	0.99/1.03	1.04/0.92	1.13/0.84	1.31/0.78
	0.50	0.98/1.03	1.02/0.96	1.08/0.90	1.16/0.85	1.29/0.81	1.49/0.78	1.81/0.76
	0.75	1.07/0.92	1.14/0.88	1.23/0.84	1.36/0.81	1.54/0.79	1.80/0.77	2.20/0.75

表 G.14 等截面格构式构件的换算长细比 λ_h

构件截面形式	缀材类别	计算公式	符号意义
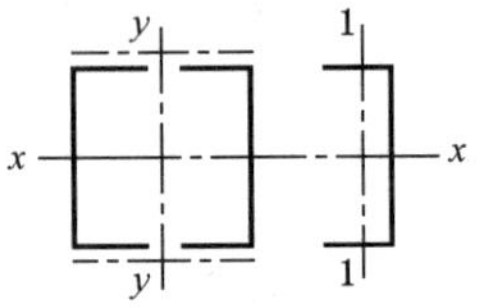	缀板	$\lambda_{hy}=\sqrt{\lambda_y^2+\lambda_1^2}$	λ_y——整个构件对虚轴 y-y 的长细比； λ_1[a]——单肢对 1-1 轴的长细比，其计算长度取缀板间的净距离
	缀条	$\lambda_{hy}=\sqrt{\lambda_y^2+27\dfrac{A_R}{A_{R1}}}$	A_R——构件横截面所截各弦杆(主肢)的毛截面面积之和； A_{R1}——构件横截面所截各斜缀条的毛截面面积之和
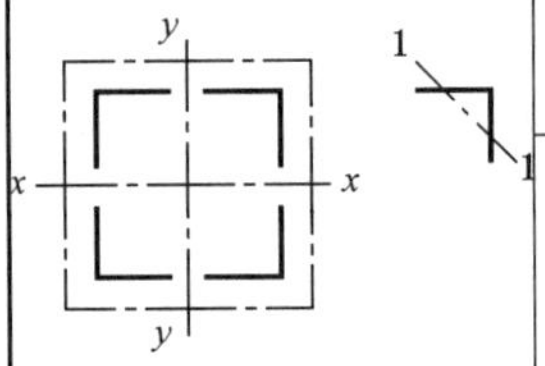	缀板	$\lambda_{hx}=\sqrt{\lambda_x^2+\lambda_1^2}$ $\lambda_{hy}=\sqrt{\lambda_y^2+\lambda_1^2}$	λ_x、λ_y——整个构件分别对虚轴 x-x 或 y-y 的长细比； λ_1[a]——单肢对最小刚度轴的长细比，其计算长度取缀板间的净距离
	缀条	$\lambda_{hx}=\sqrt{\lambda_x^2+40\dfrac{A_R}{A_{R1x}}}$ $\lambda_{hy}=\sqrt{\lambda_y^2+40\dfrac{A_R}{A_{R1y}}}$	A_{R1x}——构件横截面所截垂直于 x-x 轴的平面内各斜缀条的毛截面面积之和； A_{R1y}——构件横截面所截垂直于 y-y 轴的平面内各斜缀条的毛截面面积之和
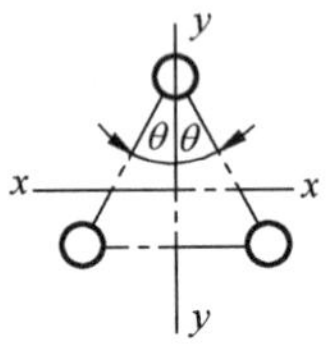	缀条	$\lambda_{hx}=\sqrt{\lambda_x^2+\dfrac{42A_R}{A_{R1}\cos^2\theta}}$ $\lambda_{hy}=\sqrt{\lambda_y^2+\dfrac{42A_R}{A_{R1}(1.5-\cos^2\theta)}}$	λ_x、λ_y——整个构件分别对虚轴 x-x 或 y-y 的长细比； A_R——构件横截面所截各弦杆(主肢)的毛截面面积之和； A_{R1}——构件横截面所截各斜缀条的毛截面面积之和； θ[b]——缀条所在平面与 y 轴的夹角

[a] 缀板组合构件的单肢长细比 λ_1 不应大于 40。缀板尺寸应符合下列规定：缀板沿肢件轴线方向的宽度不应小于肢件轴线间距离的 2/3，厚度不应小于该距离的 1/40，且不小于 6 mm。

[b] 斜缀条轴线与组合构件的轴线间的夹角应保持在 40°～70°范围之内。

附 录 H
（规范性附录）
轴心受压构件的稳定系数

a 类、b 类、c 类、d 类截面（见表 35）轴心受压构件的稳定系数 φ 的选择见表 H.1～表 H.4。表 H.1～表 H.4 中的 φ 值由式(H.1)算出。

$$\left.\begin{aligned}&\text{当 }\lambda_n=\frac{\lambda}{\pi}\sqrt{\sigma_s/E}\leqslant 0.215\text{ 时：}\varphi=1-\alpha_1\lambda_n^2\\&\text{当 }\lambda_n>0.215\text{ 时：}\varphi=\frac{1}{2\lambda_n^2}\left[(\alpha_2+\alpha_3\lambda_n+\lambda_n^2)-\sqrt{(\alpha_2+\alpha_3\lambda_n+\lambda_n^2)^2-4\lambda_n^2}\right]\end{aligned}\right\}\cdots\text{(H.1)}$$

式中：

λ_n ——正则长细比；

λ ——构件长细比，见 5.4.1.4；

α_1、α_2、α_3——系数，根据表 35 的截面分类，由表 H.5 查取；

E ——钢材的弹性模量，$E=2.06\times10^5\text{N/mm}^2$，同式(53)；

σ_s ——构件材料的屈服点，单位为牛顿每平方毫米（N/mm^2）。

注：当构件假想长细比 $\lambda_F=\lambda\sqrt{\sigma_s/235}$ 的值超出表 H.1～表 H.4 的范围时，φ 值按式(H.1)计算。

表 H.1 a 类截面轴心受压构件的稳定系数 φ

$\lambda\sqrt{\frac{\sigma_s}{235}}$	0	1	2	3	4	5	6	7	8	9
0	1.000	1.000	1.000	1.000	0.999	0.999	0.998	0.998	0.997	0.996
10	0.995	0.994	0.993	0.992	0.991	0.989	0.988	0.986	0.985	0.983
20	0.981	0.979	0.977	0.976	0.974	0.972	0.970	0.968	0.966	0.964
30	0.963	0.961	0.959	0.957	0.955	0.952	0.950	0.948	0.946	0.944
40	0.941	0.939	0.937	0.934	0.932	0.929	0.927	0.924	0.921	0.919
50	0.916	0.913	0.910	0.907	0.904	0.900	0.897	0.894	0.890	0.886
60	0.883	0.879	0.875	0.871	0.867	0.863	0.858	0.854	0.849	0.844
70	0.839	0.834	0.829	0.824	0.818	0.813	0.807	0.801	0.795	0.789
80	0.783	0.776	0.770	0.763	0.757	0.750	0.743	0.736	0.728	0.721
90	0.714	0.706	0.699	0.691	0.684	0.676	0.668	0.661	0.653	0.645
100	0.638	0.630	0.622	0.615	0.607	0.600	0.592	0.585	0.577	0.570
110	0.563	0.555	0.548	0.541	0.534	0.527	0.520	0.514	0.507	0.500
120	0.494	0.488	0.481	0.475	0.469	0.463	0.457	0.451	0.445	0.440
130	0.434	0.429	0.423	0.418	0.412	0.407	0.402	0.397	0.392	0.387
140	0.383	0.378	0.373	0.369	0.364	0.360	0.356	0.351	0.347	0.343
150	0.339	0.335	0.331	0.327	0.323	0.320	0.316	0.312	0.309	0.305
160	0.302	0.298	0.295	0.292	0.289	0.285	0.282	0.279	0.276	0.273

表 H.1(续)

$\lambda\sqrt{\frac{\sigma_s}{235}}$	0	1	2	3	4	5	6	7	8	9
170	0.270	0.267	0.264	0.262	0.259	0.256	0.253	0.251	0.248	0.246
180	0.243	0.241	0.238	0.236	0.233	0.231	0.229	0.226	0.224	0.222
190	0.220	0.218	0.215	0.213	0.211	0.209	0.207	0.205	0.203	0.201
200	0.199	0.198	0.196	0.194	0.192	0.190	0.189	0.187	0.185	0.183
210	0.182	0.180	0.179	0.177	0.175	0.174	0.172	0.171	0.169	0.168
220	0.166	0.165	0.164	0.162	0.161	0.159	0.158	0.157	0.155	0.154
230	0.153	0.152	0.150	0.149	0.148	0.147	0.146	0.144	0.143	0.142
240	0.141	0.140	0.139	0.138	0.136	0.135	0.134	0.133	0.132	0.131
250	0.130	—	—	—	—	—	—	—	—	—

表 H.2 b 类截面轴心受压构件的稳定系数 φ

$\lambda\sqrt{\frac{\sigma_s}{235}}$	0	1	2	3	4	5	6	7	8	9
0	1.000	1.000	1.000	0.999	0.999	0.998	0.997	0.996	0.995	0.994
10	0.992	0.991	0.989	0.987	0.985	0.983	0.981	0.978	0.976	0.973
20	0.970	0.967	0.963	0.960	0.957	0.953	0.950	0.946	0.943	0.939
30	0.936	0.932	0.929	0.925	0.922	0.918	0.914	0.910	0.906	0.903
40	0.899	0.895	0.891	0.887	0.882	0.878	0.874	0.870	0.865	0.861
50	0.856	0.852	0.847	0.842	0.838	0.833	0.828	0.823	0.818	0.813
60	0.807	0.802	0.797	0.791	0.786	0.780	0.774	0.769	0.763	0.757
70	0.751	0.745	0.739	0.732	0.726	0.720	0.714	0.707	0.701	0.694
80	0.688	0.681	0.675	0.668	0.661	0.655	0.648	0.641	0.635	0.628
90	0.621	0.614	0.608	0.601	0.594	0.588	0.581	0.575	0.568	0.561
100	0.555	0.549	0.542	0.536	0.529	0.523	0.517	0.511	0.505	0.499
110	0.493	0.487	0.481	0.475	0.470	0.464	0.458	0.453	0.447	0.442
120	0.437	0.432	0.426	0.421	0.416	0.411	0.406	0.402	0.397	0.392
130	0.387	0.383	0.378	0.374	0.370	0.365	0.361	0.357	0.353	0.349
140	0.345	0.341	0.337	0.333	0.329	0.326	0.322	0.318	0.315	0.311
150	0.308	0.304	0.301	0.298	0.295	0.291	0.288	0.285	0.282	0.279
160	0.276	0.273	0.270	0.267	0.265	0.262	0.259	0.256	0.254	0.251
170	0.249	0.246	0.244	0.241	0.239	0.236	0.234	0.232	0.229	0.227
180	0.225	0.223	0.220	0.218	0.216	0.214	0.212	0.210	0.208	0.206
190	0.204	0.202	0.200	0.198	0.197	0.195	0.193	0.191	0.190	0.188
200	0.186	0.184	0.183	0.181	0.180	0.178	0.176	0.175	0.173	0.172

表 H.2（续）

$\lambda\sqrt{\frac{\sigma_s}{235}}$	0	1	2	3	4	5	6	7	8	9
210	0.170	0.169	0.167	0.166	0.165	0.163	0.162	0.160	0.159	0.158
220	0.156	0.155	0.154	0.153	0.151	0.150	0.149	0.148	0.146	0.145
230	0.144	0.143	0.142	0.141	0.140	0.138	0.137	0.136	0.135	0.134
240	0.133	0.132	0.131	0.130	0.129	0.128	0.127	0.126	0.125	0.124
250	0.123	—	—	—	—	—	—	—	—	—

表 H.3 c 类截面轴心受压构件的稳定系数 φ

$\lambda\sqrt{\frac{\sigma_s}{235}}$	0	1	2	3	4	5	6	7	8	9
0	1.000	1.000	1.000	0.999	0.999	0.998	0.997	0.996	0.995	0.993
10	0.992	0.990	0.988	0.986	0.983	0.981	0.978	0.976	0.973	0.970
20	0.966	0.959	0.953	0.947	0.940	0.934	0.928	0.921	0.915	0.909
30	0.902	0.896	0.890	0.884	0.877	0.871	0.865	0.858	0.852	0.846
40	0.839	0.833	0.826	0.820	0.814	0.807	0.801	0.794	0.788	0.781
50	0.775	0.768	0.762	0.755	0.748	0.742	0.735	0.729	0.722	0.715
60	0.709	0.702	0.695	0.689	0.682	0.676	0.669	0.662	0.656	0.649
70	0.643	0.636	0.629	0.623	0.616	0.610	0.604	0.597	0.591	0.584
80	0.578	0.572	0.566	0.559	0.553	0.547	0.541	0.535	0.529	0.523
90	0.517	0.511	0.505	0.500	0.494	0.488	0.483	0.477	0.472	0.467
100	0.463	0.458	0.454	0.449	0.445	0.441	0.436	0.432	0.428	0.423
110	0.419	0.415	0.411	0.407	0.403	0.399	0.395	0.391	0.387	0.383
120	0.379	0.375	0.371	0.367	0.364	0.360	0.356	0.353	0.349	0.346
130	0.342	0.339	0.335	0.332	0.328	0.325	0.322	0.319	0.315	0.312
140	0.309	0.306	0.303	0.300	0.297	0.294	0.291	0.288	0.285	0.282
150	0.280	0.277	0.274	0.271	0.269	0.266	0.264	0.261	0.258	0.256
160	0.254	0.251	0.249	0.246	0.244	0.242	0.239	0.237	0.235	0.233
170	0.230	0.228	0.226	0.224	0.222	0.220	0.218	0.216	0.214	0.212
180	0.210	0.208	0.206	0.205	0.203	0.201	0.199	0.197	0.196	0.194
190	0.192	0.190	0.189	0.187	0.186	0.184	0.182	0.181	0.179	0.178
200	0.176	0.175	0.173	0.172	0.170	0.169	0.168	0.166	0.165	0.163
210	0.162	0.161	0.159	0.158	0.157	0.156	0.154	0.153	0.152	0.151
220	0.150	0.148	0.147	0.146	0.145	0.144	0.143	0.142	0.140	0.139
230	0.138	0.137	0.136	0.135	0.134	0.133	0.132	0.131	0.130	0.129
240	0.128	0.127	0.126	0.125	0.124	0.124	0.123	0.122	0.121	0.120
250	0.119	—	—	—	—	—	—	—	—	—

表 H.4 d类截面轴心受压构件的稳定系数 φ

$\lambda\sqrt{\frac{\sigma_s}{235}}$	0	1	2	3	4	5	6	7	8	9
0	1.000	1.000	0.999	0.999	0.998	0.996	0.994	0.992	0.990	0.987
10	0.984	0.981	0.978	0.974	0.969	0.965	0.960	0.955	0.949	0.944
20	0.937	0.927	0.918	0.909	0.900	0.891	0.883	0.874	0.865	0.857
30	0.848	0.840	0.831	0.823	0.815	0.807	0.799	0.790	0.782	0.774
40	0.766	0.759	0.751	0.743	0.735	0.728	0.720	0.712	0.705	0.697
50	0.690	0.683	0.675	0.668	0.661	0.654	0.646	0.639	0.632	0.625
60	0.618	0.612	0.605	0.598	0.591	0.585	0.578	0.572	0.565	0.559
70	0.552	0.546	0.540	0.534	0.528	0.522	0.516	0.510	0.504	0.498
80	0.493	0.487	0.481	0.476	0.470	0.465	0.460	0.454	0.449	0.444
90	0.439	0.434	0.429	0.424	0.419	0.414	0.410	0.405	0.401	0.397
100	0.394	0.390	0.387	0.383	0.380	0.376	0.373	0.370	0.366	0.363
110	0.359	0.356	0.353	0.350	0.346	0.343	0.340	0.337	0.334	0.331
120	0.328	0.325	0.322	0.319	0.316	0.313	0.310	0.307	0.304	0.301
130	0.299	0.296	0.293	0.290	0.288	0.285	0.282	0.280	0.277	0.275
140	0.272	0.270	0.267	0.265	0.262	0.260	0.258	0.255	0.253	0.251
150	0.248	0.246	0.244	0.242	0.240	0.237	0.235	0.233	0.231	0.229
160	0.227	0.225	0.223	0.221	0.219	0.217	0.215	0.213	0.212	0.210
170	0.208	0.206	0.204	0.203	0.201	0.199	0.197	0.196	0.194	0.192
180	0.191	0.189	0.188	0.186	0.184	0.183	0.181	0.180	0.178	0.177
190	0.176	0.174	0.173	0.171	0.170	0.168	0.167	0.166	0.164	0.163
200	0.162	—	—	—	—	—	—	—	—	—

表 H.5 系数 α_1、α_2、α_3

截面类别		α_1	α_2	α_3
a类		0.41	0.986	0.152
b类		0.65	0.965	0.300
c类	$\lambda_n \leqslant 1.05$	0.73	0.906	0.595
	$\lambda_n > 1.05$		1.216	0.302
d类	$\lambda_n \leqslant 1.05$	1.35	0.868	0.915
	$\lambda_n > 1.05$		1.375	0.432

附 录 I

（规范性附录）

受弯梁构件侧向屈曲稳定系数（整体稳定系数）φ_b

I.1 承受端弯矩和横向载荷时的等截面焊接工字形组合截面和轧制 H 型钢构件简支梁的侧向屈曲稳定系数 φ_b 按式(I.1)计算：

$$\varphi_b = \beta_b \times \frac{4\ 320}{\lambda_y^2} \times \frac{Ah}{W_x} \times \left[k(2m-1) + \sqrt{1+\left(\frac{\lambda_y t_b}{4.4h}\right)^2}\right] \times \frac{235}{\sigma_s} \quad \cdots\cdots\cdots\cdots\cdots (\text{I.1})$$

式中：

φ_b ——侧向屈曲稳定系数（整体稳定系数）；

β_b ——简支梁受横向载荷的等效临界弯矩系数，见表 I.1；

λ_y ——受弯构件（梁）截面对弱轴（y 轴）的长细比，由式(47)算得；

A ——构件毛截面面积，单位为平方毫米（mm^2）；

h ——构件截面的全高，单位为毫米（mm）；

t_b ——构件受压翼缘厚度，单位为毫米（mm）；

W_x ——按受压最大纤维确定的截面对强轴（x 轴）的抗弯模量，单位为三次方毫米（mm^3）；

k ——截面对称系数，对双轴对称截面取为 1，对单轴对称截面取为 0.8；

m ——受压翼缘对弱轴（y 轴）的惯性矩与全截面对弱轴（y 轴）的惯性矩之比，双轴对称为 0.5；

σ_s ——构件材料的屈服点，单位为牛顿每平方毫米（N/mm^2）；当材料的屈服点 σ_s 与抗拉强度 σ_b 的比值大于 0.7 时，式中 σ_s 用 $0.5\sigma_s+0.35\sigma_b$ 代替。

表 I.1 H 型钢和等截面工字形简支梁的整体稳定等效临界弯矩系数 φ_b

项次	侧向支承	载荷		$\xi\leqslant 2.0$	$\xi>2.0$	适用范围
1		均布载荷作用在	上翼缘	$0.69+0.13\xi$	0.95	
2	跨中无侧向支承		下翼缘	$1.73-0.20\xi$	1.33	双轴对称焊接工字形截面、加强受压翼缘的单轴对称焊接工字形截面、轧制 H 型钢截面
3		集中载荷作用在	上翼缘	$0.73+0.18\xi$	1.09	
4			下翼缘	$2.23-0.28\xi$	1.67	
5		均布载荷作用在	上翼缘	1.15		
6	跨度中点有一个侧向支承点		下翼缘	1.40		
7		集中载荷作用在截面高度上任意位置		1.75		
8	跨中有不少于两个等距离侧向支承点	任意载荷作用在	上翼缘	1.20		双轴对称焊接工字形截面、加强受压翼缘的单轴对称焊接工字形截面、加强受拉翼缘的单轴对称焊接工字形截面、轧制 H 型钢截面
9			下翼缘	1.40		
10	梁端有弯矩,但跨中无载荷作用			$1.75-1.05\left(\frac{M_2}{M_1}\right)+0.3\left(\frac{M_2}{M_1}\right)^2$ 但$\leqslant 2.3$		

注 1:$\xi=\frac{tl_1}{b_1h}$,其中 l_1 为跨度或受压翼缘的计算(自由)长度,b_1 和 t 为受压翼缘的宽度和厚度。

注 2:M_1、M_2 为梁的端弯矩,使梁产生同向曲率时 M_1 和 M_2 取同号,产生反向曲率时取异号,$|M_1|\geqslant|M_2|$。

注 3:表中项次 3、4 和 7 的集中载荷是指一个或少数几个集中载荷位于跨中附近的情况,对其他情况的集中载荷,按表中项次 1、2、5、6 内的数值采用。

注 4:表中项次 8、9 的 β_b,当集中载荷作用在侧向支承点处时,取 $\beta_b=1.20$。

注 5:载荷作用在上翼缘系指作用点在上翼缘表面,方向指向截面形心;载荷作用在下翼缘,系指作用在下翼缘表面,方向背向截面形心。

注 6:I_1 和 I_2 分别为工字形截面受压翼缘和受拉翼缘对 y 轴的惯性矩,对 $m=\frac{I_1}{I_1+I_2}>0.8$ 的加强受压翼缘工字形截面,下列项次算出的 β_b 值需乘以相应的系数:

项次 1:当 $\xi\leqslant 1.0$ 时,乘以 0.95;

项次 3:当 $\xi\leqslant 0.5$ 时,乘以 0.90;当 $0.5<\xi\leqslant 1.0$ 时,乘以 0.95。

I.2 两端简支的轧制普通工字钢受弯构件,其 φ_b 值按表 I.2 查取。

表 I.2 两端简支的轧制普通工字钢梁构件的 φ_b 值

载荷情况			工字钢型号	自由长度 l m								
				2	3	4	5	6	7	8	9	10
跨中无侧向支承点的构件	集中载荷作用于	上翼缘	10～20	2.00	1.30	0.99	0.80	0.68	0.58	0.53	0.48	0.43
			22～32	2.40	1.48	1.09	0.86	0.72	0.62	0.54	0.49	0.45
			36～63	2.80	1.60	1.07	0.83	0.68	0.56	0.50	0.45	0.40
		下翼缘	10～20	3.10	1.95	1.34	1.01	0.82	0.69	0.63	0.57	0.52
			22～40	5.50	2.80	1.84	1.37	1.07	0.86	0.73	0.64	0.56
			45～63	7.30	3.60	2.30	1.62	1.20	0.96	0.80	0.69	0.60
	均布载荷作用于	上翼缘	10～20	1.70	1.12	0.84	0.68	0.57	0.50	0.45	0.41	0.37
			22～40	2.10	1.30	0.93	0.73	0.60	0.51	0.45	0.40	0.36
			45～63	2.60	1.45	0.97	0.73	0.59	0.50	0.44	0.38	0.35
		下翼缘	10～20	2.50	1.55	1.08	0.83	0.68	0.56	0.52	0.47	0.42
			22～40	4.00	2.20	1.45	1.10	0.85	0.70	0.60	0.52	0.46
			45～63	5.60	2.80	1.80	1.25	0.95	0.78	0.65	0.55	0.49
跨中有侧向支承点的构件（不论载荷作用点在截面高度上的位置）			10～20	2.20	1.39	1.01	0.79	0.66	0.57	0.52	0.47	0.42
			22～40	3.00	1.80	1.24	0.96	0.76	0.65	0.56	0.49	0.43
			45～63	4.00	2.20	1.38	1.01	0.80	0.66	0.56	0.49	0.43

注 1：集中载荷指一个或少数几个集中载荷位于跨中附近的情况，对其他情况的载荷均按均布载荷考虑。

注 2：载荷作用在上翼缘系指作用点在翼缘表面，方向指向截面形心；载荷作用在下翼缘也系指作用在翼缘表面，方向背向截面形心。

注 3：φ_b 适用于 Q235 号钢，当用其他钢号时，查得的 φ_b 需乘以 $235/\sigma_s$。

注 4：φ_b 不小于 2.5 时不需再验算其侧向屈曲稳定性；表中大于 2.5 的 φ_b 值，为其他钢号换算查用。

I.3 当算出或查出的 φ_b 值大于 0.8 时，应用按式(I.2)计算的或用从表 I.3 中查取的修正值 φ_b' 代替 φ_b。

$$\varphi'_b=\frac{\varphi_b^2}{\varphi_b^2+0.16} \qquad \text{(I.2)}$$

式中：

φ_b'——稳定系数修正值；

φ_b——同式(I.1)。

表 I.3 稳定系数修正值 φ_b'

φ_b	0.80	0.85	0.90	0.95	1.00	1.05	1.10	1.15	1.20	1.25	1.30
φ_b'	0.800	0.818	0.835	0.850	0.862	0.874	0.883	0.892	0.901	0.908	0.913
φ_b	1.35	1.40	1.45	1.50	1.55	1.60	1.80	2.00	2.20	2.40	≥2.50
φ_b'	0.919	0.925	0.930	0.934	0.938	0.941	0.953	0.961	0.968	0.973	1.000

I.4 简支的轧制槽钢梁构件,不论载荷的形式和作用的位置,其 φ_b 值按式(I.3)计算,大于 1 者取 1。

$$\varphi_b = \frac{570bt_b}{lh} \times \frac{235}{\sigma_s} \qquad \cdots\cdots(\text{I.3})$$

式中:

φ_b——简支的轧制槽钢梁构件的侧向屈曲稳定系数;

b ——受压翼缘的宽度,单位为毫米(mm);

h ——槽钢构件截面的全高,单位为毫米(mm);

t_b ——构件受压翼缘的平均厚度,单位为毫米(mm);

l ——受压翼缘的计算(自由)长度,单位为毫米(mm);

σ_s ——构件材料的屈服点,单位为牛顿每平方毫米(N/mm^2);当材料的屈服点 σ_s 与抗拉强度 σ_b 的比值大于 0.7 时,式中 σ_s 用 $0.5\sigma_s + 0.35\sigma_b$ 代替。

附　录　J
（资料性附录）
压弯构件整体稳定性验算

本方法适用于在两个相互垂直的平面内约束条件相同、在弹性工作阶段的等截面构件。

J.1　双向压弯构件的整体稳定性验算

J.1.1　受有轴向压力以及绕强轴（x 轴）的弯矩和绕弱轴（y 轴）的弯矩的构件，应按式（J.1）验算其弯曲屈曲的整体稳定性，按式（J.2）验算其侧向弯扭屈曲的整体稳定性。可取多个危险截面分别进行验算。

$$\frac{N}{A\varphi\psi}+\left[\frac{1}{1-N/N_{Ex}}\right]\frac{C_{0x}M_{0x}+C_{Hx}M_{Hx}}{W_x}+\left[\frac{1}{1-N/N_{Ey}}\right]\frac{C_{0x}M_{0x}+C_{Hy}M_{Hy}}{W_y}\leqslant \lim\sigma \quad \cdots（J.1）$$

$$\frac{N}{A\varphi_y\psi_y}+\left[\frac{1}{1-N/N_{Ex}}\right]\frac{C_{0x}M_{0x}+C_{Hx}M_{Hx}}{\varphi_b W_x}\leqslant \lim\sigma \quad \cdots\cdots\cdots\cdots\cdots\cdots（J.2）$$

式中：

N ——构件的轴向压力，单位为牛顿（N）；

A ——构件毛截面面积，单位为平方毫米（mm^2）；

$\varphi\psi$ ——同式（54）轴心受压稳定系数 φ 和其修正系数 ψ 的乘积，有 $\varphi_x\psi_x$ 和 $\varphi_y\psi_y$ 之分，取其中的小值；

φ ——同式（52）的轴心受压稳定系数，有对 x 轴的 φ_x 和对 y 轴的 φ_y 之分；

ψ ——轴心受压稳定系数的修正系数，有对 x 轴的 ψ_x 和对 y 轴的 ψ_y 之分，按式（55）计算；

N_{Ex}、N_{Ey} ——同式（52）；

W_x、W_y ——构件计算截面对强轴（x 轴）和对弱轴（y 轴）的抗弯模量，单位为三次方毫米（mm^3）；

M_{0x}、M_{0y} ——构件的端部弯矩，单位为牛顿毫米（N·mm）；

M_{Hx}、M_{Hy} ——由横向载荷在构件中引起的最大弯矩，单位为牛顿毫米（N·mm）；当 M_H 与 M_0 方向相反，且 $|C_H M_H|<2C_0M_0$ 时，取 M_H 为零；若抗弯模量 W 上下（或左右）不同，有 $W_{大}$、$W_{小}$ 之分，且 M_H 在 $W_{小}$ 侧产生压力，则当 $|C_H M_H|\times(W_{大}/W_{小})<2C_0M_0$ 时，取 M_H 为零；

C_{0x}、C_{0y} ——端部弯矩不等的折减系数，按式（J.3）计算；C_{0x}、C_{0y} 的计算值均应不小于 0.4，否则取其为 0.4；

C_{Hx}、C_{Hy} ——横向载荷弯矩系数，可按式（J.4）计算。系数 C_H 的精确计算见 J.5；

φ_b ——受弯构件侧向弯扭屈曲稳定性系数，按附录 I 选取。

符合 5.4.2.2.1 规定的构件，不必验算其侧向弯扭屈曲的整体稳定性。

$$\left.\begin{aligned}C_{0x}&=0.6+0.4(M'_{0x}/M_{0x})\\C_{0y}&=0.6+0.4(M'_{0y}/M_{0y})\end{aligned}\right\} \quad \cdots\cdots\cdots\cdots\cdots\cdots（J.3）$$

式中：

M'_{0x}/M_{0x}、M'_{0y}/M_{0y}——结构件两端的端部弯矩比值，其绝对值不大于1；两个端弯矩使构件轴线产生同向挠曲时，其比值为正(+)，反向挠曲时，其比值为负(−)。

$$C_H = 1 - kN/N_E \qquad \cdots\cdots(\text{J.4})$$

式中：

k ——系数，按表J.1取值；

N_E——分为与C_{Hx}、C_{Hy}相对应的N_{Ex}、N_{Ey}，见式(53)。

表J.1未提供的其他情况，取$C_H=1$。

表J.1 系数 *k* 的取值

序号	载荷和支承情况	k
1	当横向载荷为集中力，且两端简支或一端固接一端自由时	0.2
2	当为多个集中载荷或分布载荷，且两端简支时	0
3	当为多个集中载荷或分布载荷，一端固接一端自由时	0.3
4	无论何种载荷，一端固接一端简支时	0.3
5	无论何种载荷，两端固接时	0.4

若式(J.1)中第2项和第3项之和(即弯矩所引起的应力)与第1项(即轴力引起的应力)之比小于或等于($\psi-1$)时，也就是式(J.5)成立时，则双向压弯构件应按轴压公式(46)验算其整体稳定性。

$$\frac{\left[\dfrac{1}{1-N/N_{Ex}}\right]\dfrac{C_{0x}M_{0x}+C_{Hx}M_{Hx}}{W_x}+\left[\dfrac{1}{1-N/N_{Ey}}\right]\dfrac{C_{0x}M_{0x}+C_{Hy}M_{Hy}}{W_y}}{\dfrac{N}{A\varphi\psi}} \leqslant \psi-1 \qquad \cdots\cdots(\text{J.5})$$

式中符号同式(J.1)和式(J.2)。

J.1.2 对空间格构式构件还应将其受压弦杆及受压腹杆视为轴心压杆，以验算其单肢稳定性。

J.2 单向压弯构件的整体稳定性验算

J.2.1 单向压弯构件，弯矩绕强轴(x轴)作用时，其整体稳定性按式(J.2)验算。

J.2.2 单向压弯构件，弯矩绕弱轴(y轴)作用时，其整体稳定性按式(J.6)验算。

当式(J.7)成立时，则应按轴压公式(46)验算其整体稳定性。

$$\frac{N}{A\varphi\psi}+\left[\frac{1}{1-N/N_{Ey}}\right]\frac{C_{0y}M_{0y}+C_{Hy}M_{Hy}}{W_y} \leqslant \lim\sigma \qquad \cdots\cdots(\text{J.6})$$

$$\frac{\left[\dfrac{1}{1-N/N_{Ey}}\right]\dfrac{C_{0y}M_{0y}+C_{Hy}M_{Hy}}{W_y}}{\dfrac{N}{A\varphi\psi}} \leqslant \psi-1 \qquad \cdots\cdots(\text{J.7})$$

式中符号同式(J.1)和式(J.2)。

J.3 对两端在两个相互垂直平面内支承方式不同的等截面或变截面构件整体稳定性验算

对两端在两个相互垂直平面内支承方式不同的等截面或变截面构件整体稳定性计算仍可用式(J.1)和式(J.2),但应取两个以上危险截面进行验算。

J.4 计算压弯构件整体稳定性时对制造误差的考虑

当计算压弯构件时,可将构件的制造误差引起的初始变形 f_0 或使用后由于磨损产生的间隙引起的位移 f'_0 所形成的附加弯矩 Nf_0 或 Nf'_0 加到式(J.1)的 M_{0x}、M_{0y} 上。此时式中的第一项中的 $\varphi\psi$ 取为1。

J.5 横向载荷弯矩系数 C_H 的计算公式

横向载荷弯矩系数 C_H 是一个等效换算系数,用其将由于横向载荷引起的最大弯矩换算成式(J.8)中的等效杆端弯矩 M_0,即 $M_0=C_HM_H$。因此,计算时可以不考虑材料的抗力系数。在有轴向压力的情况下,任何横向载荷引起的弯矩以及变形引起的附加弯矩之和应与端弯矩引起的最终弯矩相等,即:

$$\left(\frac{1}{1-N/N_E}\right)M_0=M_H+\left(\frac{1}{1-N/N_E}\right)N\Delta_H \qquad \text{(J.8)}$$

式中:

N ——构件的轴向压力,单位为牛顿(N),同式(J.1);

N_E ——同式(52);

M_0 ——构件的端部弯矩,单位为牛顿毫米(N·mm);

M_H ——横向载荷在构件中引起的弯矩,单位为牛顿毫米(N·mm);

Δ_H ——横向载荷引起的变形,单位为毫米(mm)。

将 $C_HM_H=M_0$ 带入式(J.8),即可写出 C_H 的表达式(J.9)。

$$\begin{aligned}C_H&=1-\frac{N}{N_E}+\frac{N\Delta_H}{M_H}\\&=1-\left(1-\frac{N_E\Delta_H}{M_H}\right)\frac{N}{N_E}\\&=1-K_H\frac{N}{N_E}\end{aligned} \qquad \text{(J.9)}$$

式中:

K_H——系数,随 Δ_H、M_H 和 N_E 而变,见式(J.10);

式中其他符号同式(J.8)。

$$K_H=1-\frac{N_E\Delta_H}{M_H}=1-\frac{\Delta_H}{M_H}\times\frac{\pi^2EI}{(\mu l)^2} \qquad \text{(J.10)}$$

式中符号同式(J.8)、式(J.9)。

在计算 K_H 时,构件已转化为一根等截面的假想构件,其计算长度 $l_c=\mu l$ 也已经由长度系数 $\mu(\mu=\mu_1\mu_2)$ 转换(见附录G,附录G中未提供的其他情况可按能量法自行推导)。如果在计

算 Δ_H 时使用当量惯性矩 I_e，则式(J.10)可改写成：

$$K_H = 1 - \frac{N_E \Delta_H}{M_H} = 1 - \frac{\Delta_H}{M_H} \times \frac{\pi^2 E I_e}{(\mu_1 l)^2} \quad \cdots\cdots\cdots\cdots\cdots\cdots\cdots\cdots (\text{J.11})$$

式中：

I_e——当量惯性矩，$I_e = I/\mu_2^2$；

式中其他符号同式(J.8)。

示例：

对图 J.1 所示的一端自由一端固接的压弯构件，可得到：

$$M_H = \frac{q}{2} l^2, \Delta_H = \frac{q}{8EI_e} l^4, \mu_1 = 2$$

代入式(J.11)，则：

$$K_H = 1.0 - \frac{ql^4}{8EI_e} \times \frac{\pi^2 EI_e}{4l^2} \times \frac{2}{ql^2} = 1 - \frac{\pi^2}{16} = 0.38$$

代入式(J.9)，则 $C_H = 1 - 0.38\frac{N}{N_E}$。但为方便计算，取 $C_H = 1 - 0.4\frac{N}{N_E}$，即为表 J.1 中序号 3。

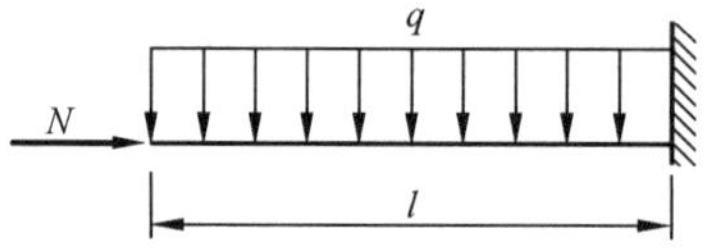

图 J.1　一端自由一端固接的压弯构件

表 J.2　横向载荷弯矩系数 C_H

序号	支承和受力情况	C_H	备注
1	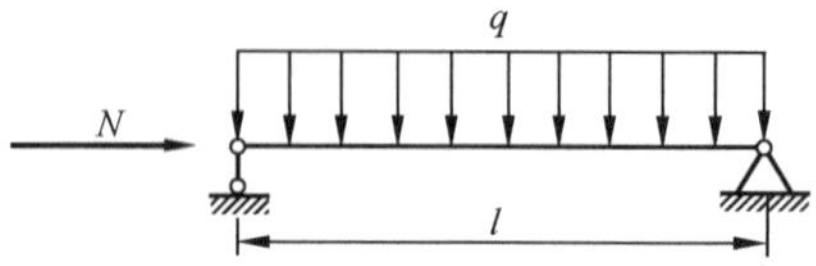	1.0	$M_H = \frac{q}{8} l^2$ $N_E = \frac{\pi^2 EI_a}{(\mu_2 l)^2}$
2	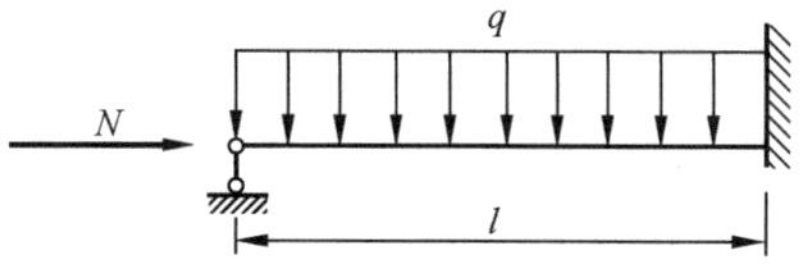	$1 - 0.3\frac{N}{N_E}$	$M_H = \frac{3q}{4} l^2$ $N_E = \frac{\pi^2 EI_a}{0.49(\mu_2 l)^2}$
3	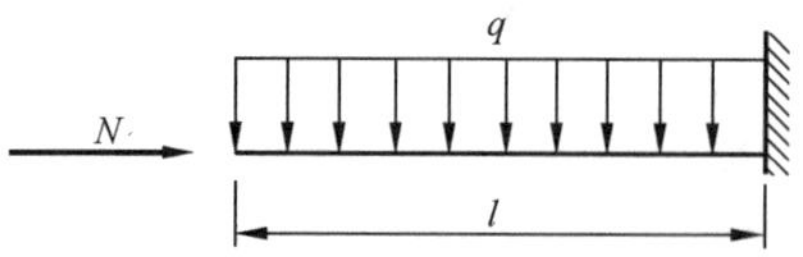	$1 - 0.4\frac{N}{N_E}$	$M_H = \frac{q}{2} l^2$ $N_E = \frac{\pi^2 EI_a}{4(\mu_2 l)^2}$
4	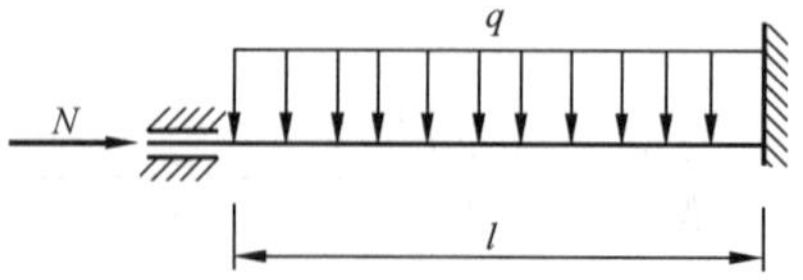	$1 - 0.4\frac{N}{N_E}$	$M_H = \frac{q}{24} l^2$ $N_E = \frac{\pi^2 EI_a}{0.25(\mu_2 l)^2}$

表 J.2（续）

序号	支承和受力情况	C_H	备注
5	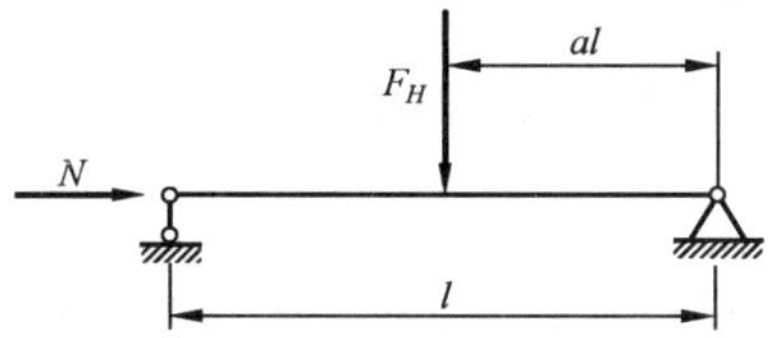	$1-0.2\dfrac{N}{N_E}$	$M_H=F_Hal(1-a)$ $N_E=\dfrac{\pi^2EI_a}{(\mu_2l)^2}$
6	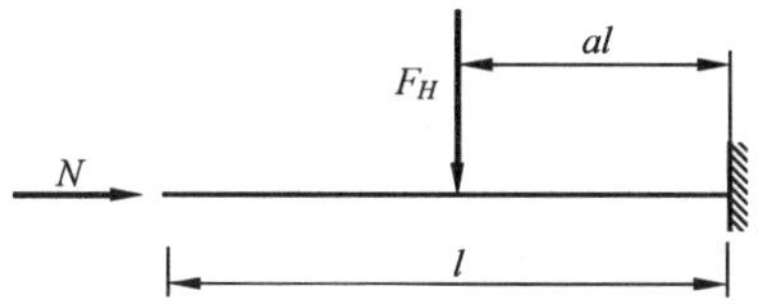	$1-[1-0.4(3a-a^2)]\dfrac{N}{N_E}$	$M_H=F_Hal$ $N_E=\dfrac{\pi^2EI_a}{4(\mu_2l)^2}$
7	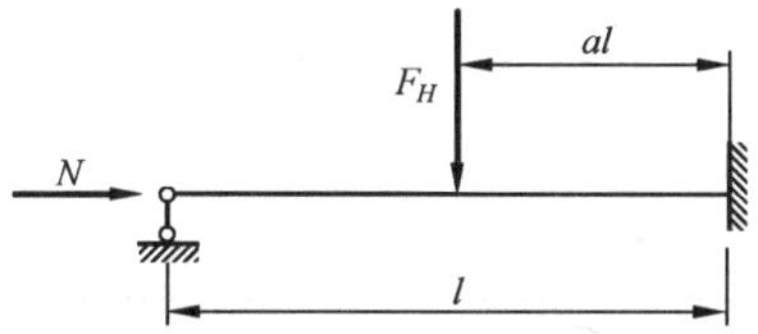	$1-0.4\dfrac{N}{N_E}$	$M_H=\dfrac{5}{32}F_Hl$ $N_E=\dfrac{\pi^2EI_a}{0.49(\mu_2l)^2}$
8	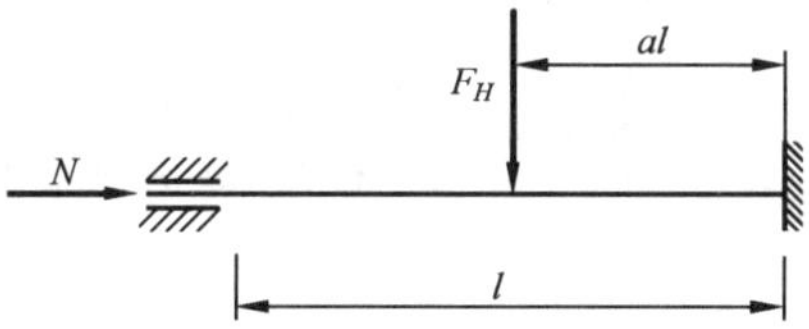	$1-0.6\dfrac{N}{N_E}$	$M_H=2F_Hla^2(1-a)^2$ $N_E=\dfrac{\pi^2EI_a}{0.25(\mu_2l)^2}$
9	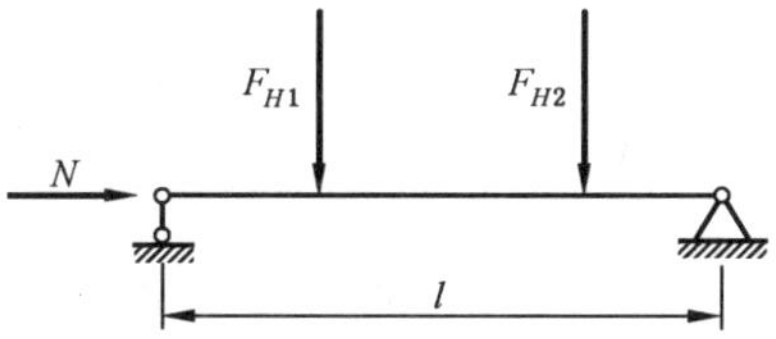	1.0	M_H取M_{max} $N_E=\dfrac{\pi^2EI_a}{(\mu_2l)^2}$

附 录 K
(规范性附录)
用于结构疲劳计算的构件连接应力集中情况等级和构件接头型式

K.1 构件可以用螺栓或焊缝进行连接。

起重机常用的焊接型式有对接焊、双面坡口对接焊(K 形焊)和角焊,焊接质量分为普通质量(O.Q)和特殊质量(S.Q)两类,如表 K.1 所示。

在表 K.1 中还对某些型式的焊接接头给出了焊接检验的规定。

K.2 表 K.2 给出了构件连接的应力集中情况等级和构件接头型式,其中所列各种不同的连接方法是按其所产生的应力集中情况的大小来进行分类的。

对一条给定的焊缝来说,其应力集中情况随接头所受的载荷型式而变。

例如:对一个角焊缝接头进行纵向拉伸、压缩(0.31)或纵向剪切(0.51)时,应力集中情况等级划归为 K_0 类;进行横向拉伸或压缩(3.2 或 4.4)时,其应力集中情况等级则划归为 K_3 或 K_4 类。

表 K.1 焊接质量

焊接型式	焊接质量	焊接方式	代号	焊接检验	代号
全深范围内的对接焊	特殊质量(S.Q)	在封焊之前,焊根要刮光(或修光);焊缝在平行于受力方向与被连接板磨平,无端头焊口	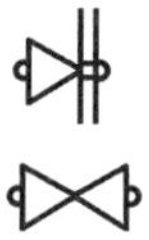	焊缝全长(100%)进行检验(例如用 X 射线)	P100
	普通质量(O.Q)	在封焊之前,焊根要刮光(或修光);无端头焊口	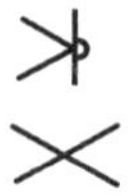	如果计算应力大于 0.8 倍许用应力,焊缝全长进行检验	P100
				否则,至少抽检焊缝长度的 10%	P10
在两连接件所形成的角落中进行的 K 形焊。其中一个连接件在焊缝处开有坡口	特殊质量(S.Q)	在另一侧焊接前,焊根要刮光(或修光);焊缝边缘无咬边,必要时打磨;完全焊透		进行拉伸检验,垂直于受力方向的钢板在拉伸载荷下不发生层状撕裂	D
	普通质量(O.Q)	两条焊缝间未熔透的宽度≤3 mm 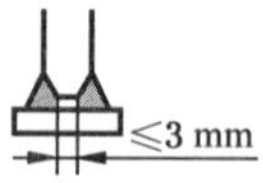			
在两连接件所形成的角落中进行的角焊	特殊质量(S.Q)	焊接的边缘无咬边,必要时打磨		进行拉伸检验,垂直于受力方向的钢板在拉伸载荷下不发生层状撕裂	D
	普通质量(O.Q)				

表 K.2 构件连接的应力集中情况等级和构件接头型式

1——非焊接件 应力集中情况等级 W_0			
构件接头型式的标号	说明	图	代号
W_0	母材均匀，零件表面无接缝或不需连接（实体杆），无切口应力集中效应，除非后者可以计算	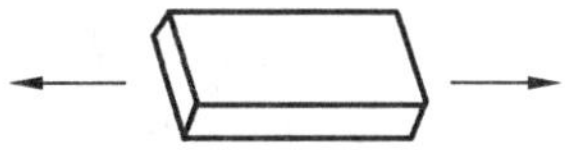	
应力集中情况等级 W_1			
构件接头型式的标号	说明	图	代号
W_1	钻孔零件；用于螺栓连接的钻孔零件，其中的螺栓承载可高达许用值的20%；用于高强度螺栓连接的钻孔零件，其中高强度螺栓的最大承载可高达许用值的100%	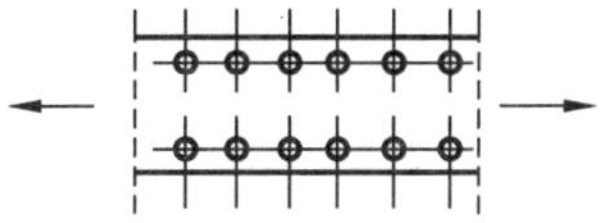	
应力集中情况等级 W_2			
构件接头型式的标号	说明	图	代号
$W_{2\text{-}1}$	用于螺栓连接的钻孔零件，其中的螺栓承受复剪	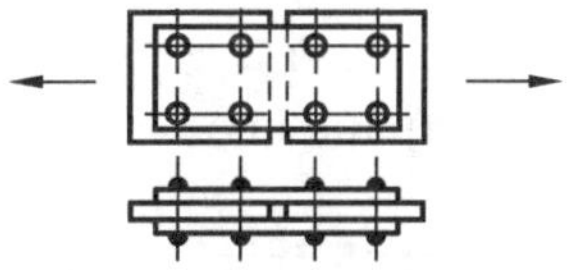	
$W_{2\text{-}2}$	用于螺栓连接的钻孔零件，其中的螺栓承受单剪（考虑偏心承载）。零件没有支承	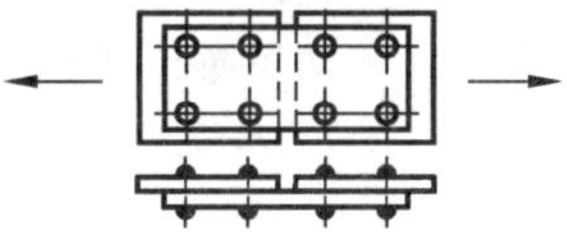	
$W_{2\text{-}3}$	用螺栓装配的钻孔零件，其中的螺栓承受单剪，零件作支承或导向用	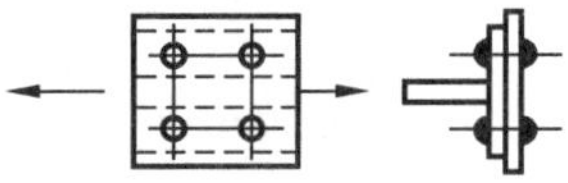	
2——焊接件 应力集中情况等级 K_0——轻度应力集中			
构件接头型式的标号	说明	图	代号
0.1	焊缝垂直于力的方向，用对接焊缝（S.Q）连接的零件		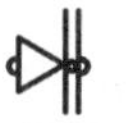 P100 
0.11	焊缝垂直于力的方向，用对接焊缝（S.Q）连接不同厚度的零件。不对称斜度1/4至1/5（或对称斜度1/3）	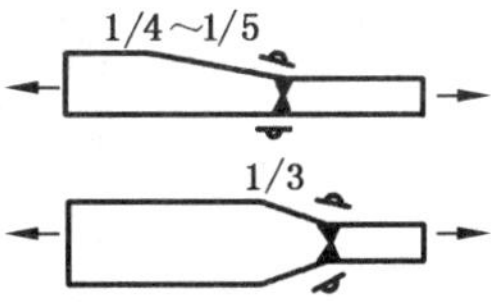	 P100 
0.12	腹板横向接头对接焊（S.Q）	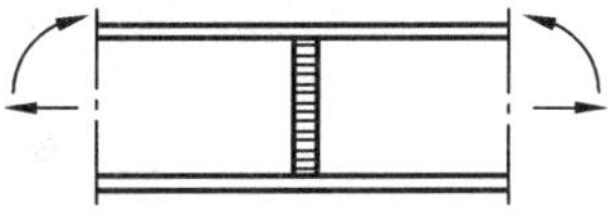	 P100 

表 K.2(续)

应力集中情况等级 K_0——轻度应力集中(续)			
构件接头型式的标号	说明	图	代号
0.13	焊缝垂直于力的方向,用对接焊缝(S.Q)镶焊的角撑板	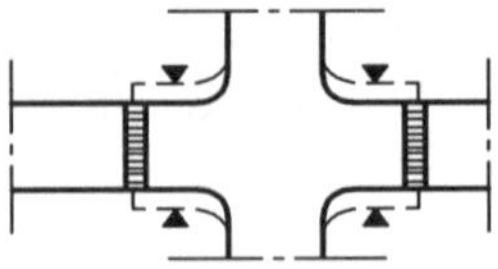	
0.3	焊缝平行于力的方向,用对接焊缝(O.Q)连接的零件	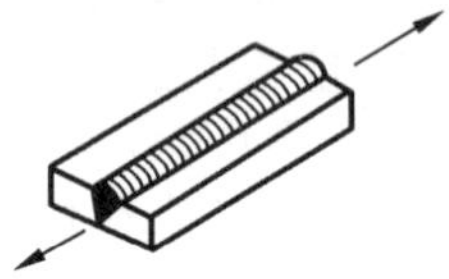	
0.31	焊缝平行于力的方向,用角焊缝(O.Q)连接的零件(力沿连接零件的纵向作用)	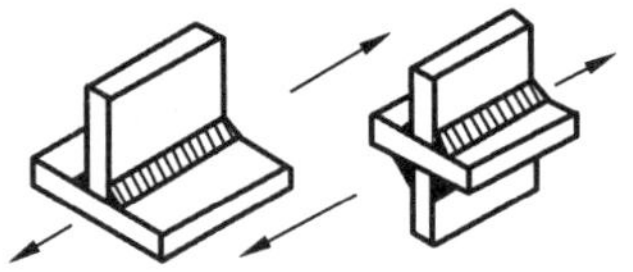	
0.32	梁的翼缘型钢和腹板之间的对接焊(O.Q)	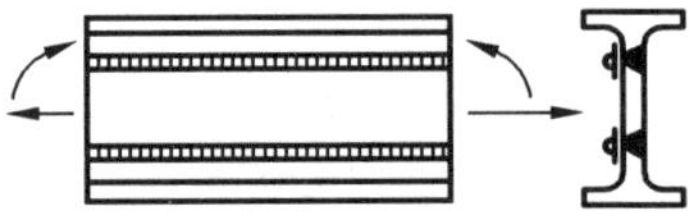	
0.33	梁的翼缘和腹板之间的 K 形焊或角焊(O.Q),梁按复合应力计算(见 5.4.1.3)	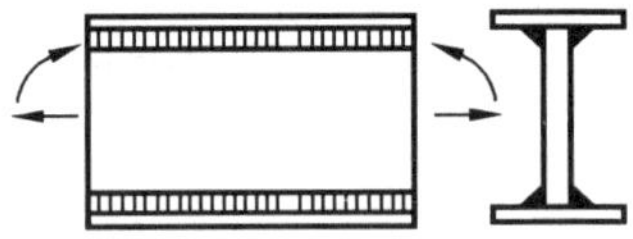	
0.5	纵向剪切情况下的对接焊(O.Q)	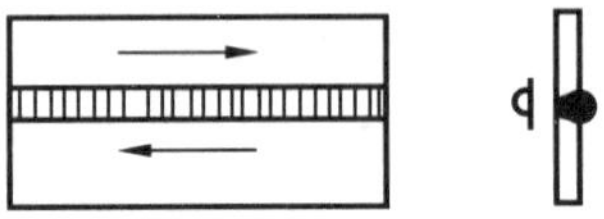	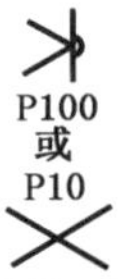
0.51	纵向剪切情况下的角焊(O.Q)或 K 形焊(O.Q)	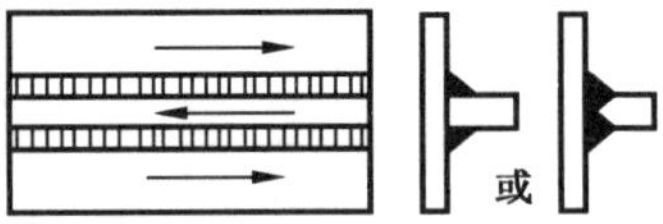	
应力集中情况等级 K_1——适度应力集中			
构件接头型式的标号	说明	图	代号
1.1	焊缝垂直于力的方向,用对接焊缝(O.Q)连接的零件	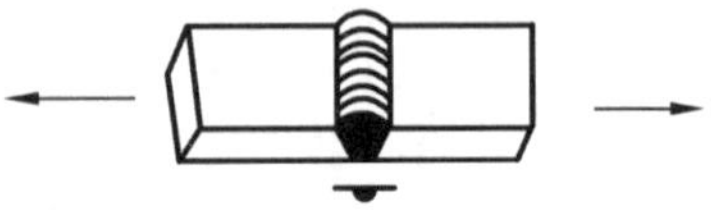	
1.11	焊缝垂直于力的方向,用对接焊缝(O.Q)连接不同厚度的零件。不对称斜度 1/4 至 1/5(或对称斜度 1/3)	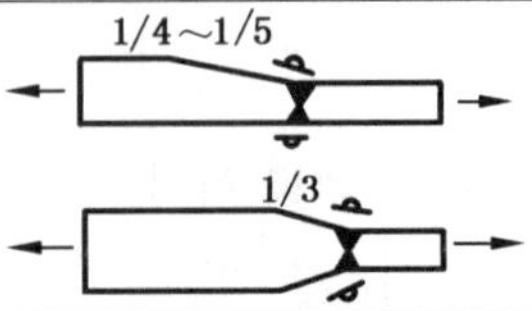	

表 K.2（续）

应力集中情况等级 K_1——适度应力集中（续）			
构件接头型式的标号	说明	图	代号
1.12	腹板横向接头对接焊（O.Q）	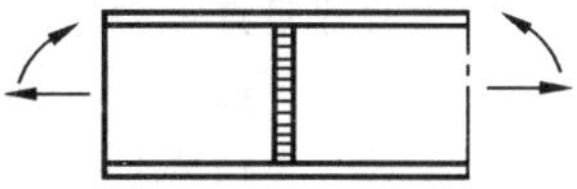	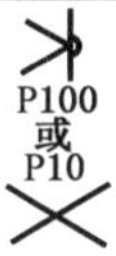
1.13	焊缝垂直于力的方向，用对接焊缝（O.Q）连接的撑板	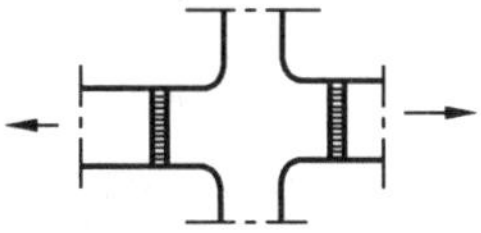	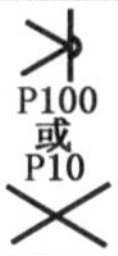
1.2	焊缝垂直于力的方向，连续 K 形焊缝（S.Q）将零件连接到连续的主构件上	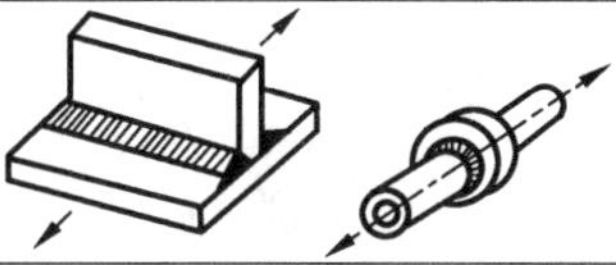	
1.21	焊缝垂直于力的方向，用角焊缝（S.Q）将加强筋连接到腹板上，焊缝包过腹板加强筋的各角		
1.3	焊缝平行于力的方向，用对接焊缝连接的零件（不检查焊缝）	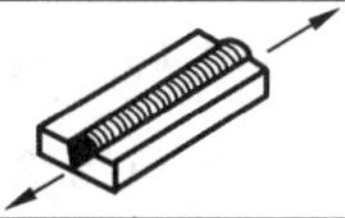	
1.31	弧形翼缘板和腹板之间的 K 形焊缝（S.Q）	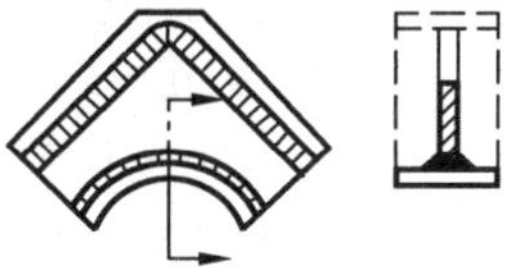	
应力集中情况等级 K_2——中等应力集中			
构件接头型式的标号	说明	图	代号
2.1	焊缝垂直于力的方向，用对接焊缝（O.Q）连接不同厚度的零件。不对称斜度 1/3（或对称斜度 1/2）	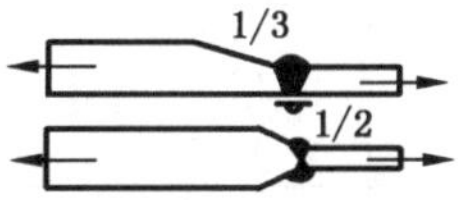	
2.11	焊缝垂直于力的方向，用对接焊缝（S.Q）连接的型钢	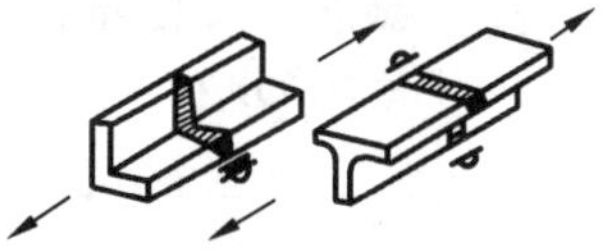	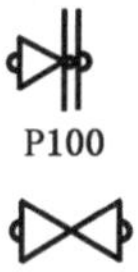
2.12	焊缝垂直于力的方向，用对接焊缝（S.Q）连接节点板与型钢	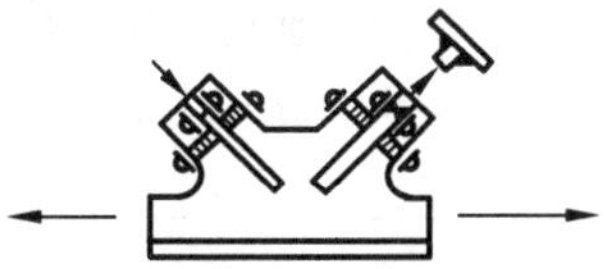	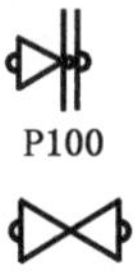
2.13	焊有辅助角撑板、各扁钢的交叉处，为焊缝垂直于力的方向的对接焊（S.Q），焊缝端部经打磨以防止出现应力集中	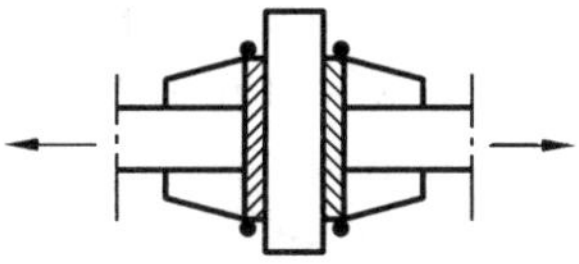	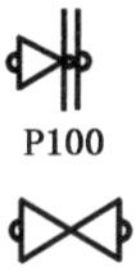

表 K.2(续)

应力集中情况等级 K_2——中等应力集中(续)			
构件接头型式的标号	说明	图	代号
2.2	焊缝垂直于力的方向,用角焊缝(S.Q)将横隔板、腹板加强筋、圆环或套筒连接到主构件上	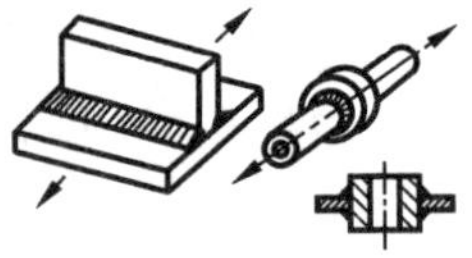	
2.21	用角焊缝(S.Q)将切角的横向加劲肋焊在腹板上,焊缝不包角		
2.22	用角焊缝(S.Q)焊接的带切角的横隔板,焊缝不包角		
2.3	焊缝平行于力的方向,用对接焊缝(S.Q)将零件焊接到连续的主构件的边缘上,这些零件的端部有斜度或圆角,焊缝端头经打磨以防止出现应力集中	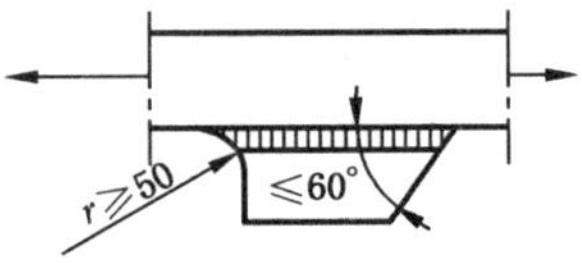	
2.31	焊缝平行于力的方向,将零件焊接到连续的主构件上,这些零件的端部有斜度或圆角,在焊缝端头相当于10倍厚度的长度上为K形焊(S.Q),焊缝端头经打磨以防止出现应力集中	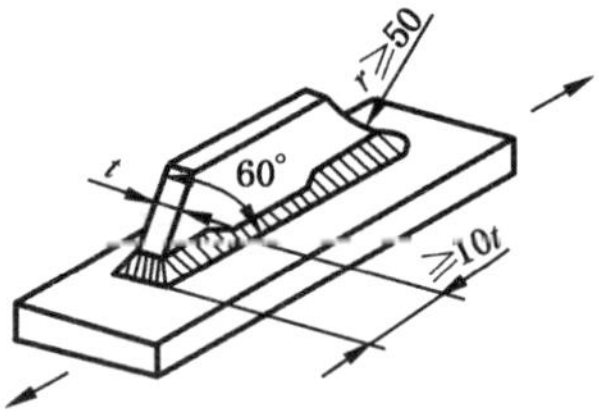	
2.33	用角焊缝(S.Q)将扁钢(坡口斜度1/3)连接到连续的构件上,角焊在 x 区域上进行,$h_f=0.5t$	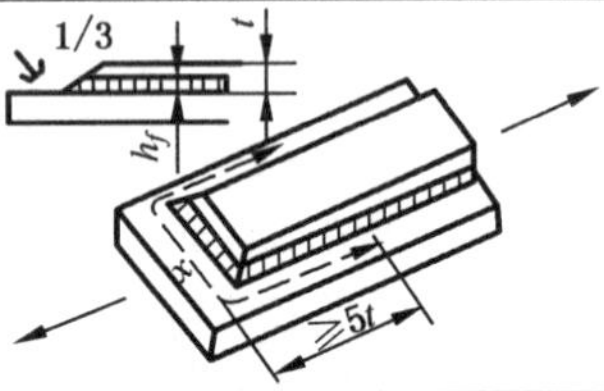	
2.34	弧形翼缘板和腹板之间的K形焊缝(O.Q)	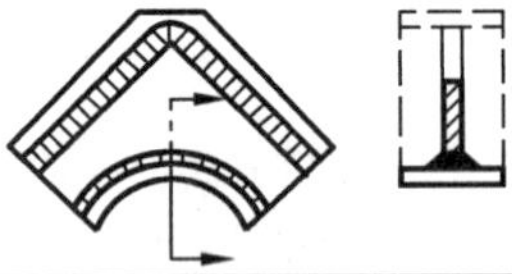	
2.4	焊缝垂直于力的方向,用K形焊缝(S.Q)连接的十字形接头	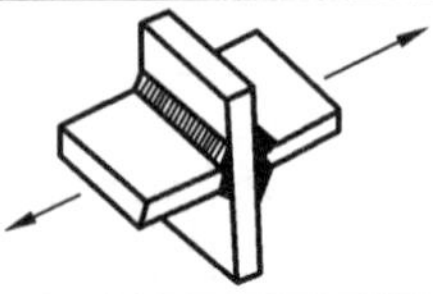	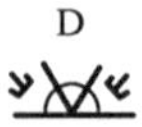
2.41	翼缘板和腹板之间的K形焊(S.Q)。集中载荷垂直于焊缝,作用在腹板平面内	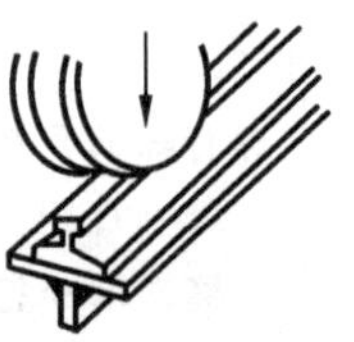	

表 K.2（续）

构件接头型式的标号	说明	图	代号
应力集中情况等级 K_2——中等应力集中（续）			
2.5	用K形焊缝（S.Q）连接承受弯曲或剪切应力的零件		
应力集中情况等级 K_3——严重应力集中			
构件接头型式的标号	说明	图	代号
3.1	焊缝垂直于力的方向，用对接焊缝（O.Q）连接不同厚度的零件。不对称斜度1/2，或对称无斜度	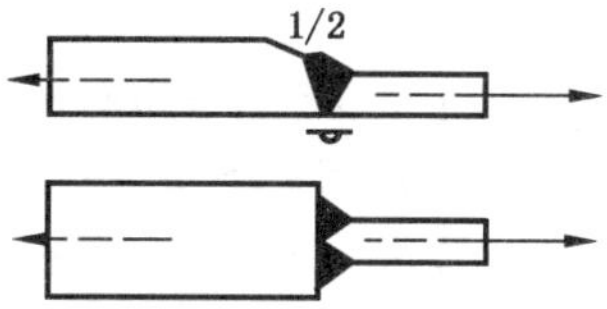	
3.11	有背面垫板而无封底焊缝的对接焊，背面垫板用间断的定位搭焊缝固定		
3.12	管件对接焊，对焊根部用背面垫件支承，但无封底焊缝	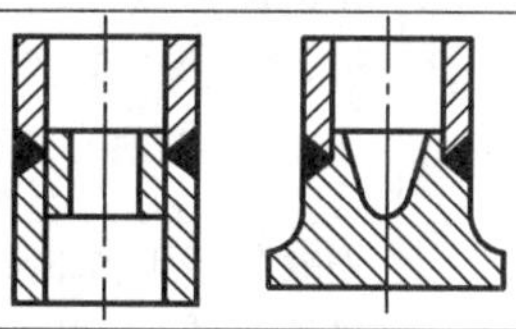	
3.13	焊有辅助角撑板，各扁钢的交叉处对接焊（O.Q），焊缝端头经打磨以防止出现应力集中	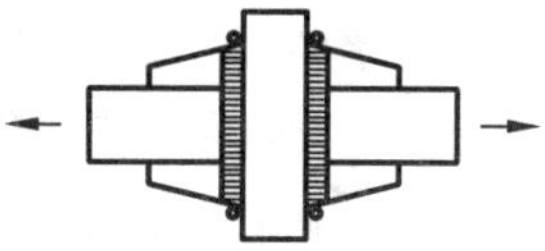	
3.2	焊缝垂直于力的方向，用角焊缝（O.Q）将零件焊接到连续的主构件上，这些零件仅承受主构件所传递的小部分载荷	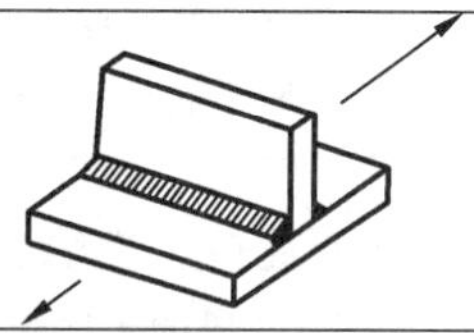	
3.21	用连续角焊缝（O.Q）连接腹板，加强筋或横隔板	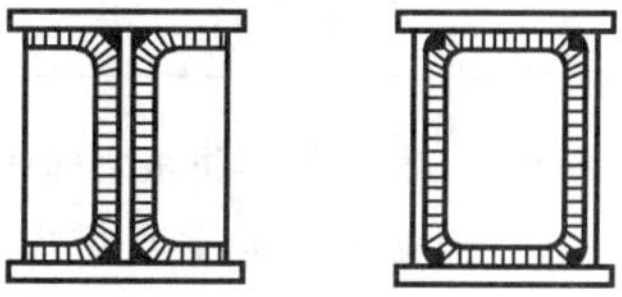	
3.3	焊缝平行于力的方向，用对接焊缝（O.Q）将零件焊接到连续构件的边缘上，这些零件的端部有斜度，焊缝端头经打磨，以避免出现应力集中	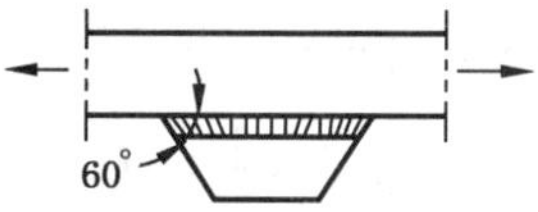	
3.31	焊缝平行于力的方向，将零件焊接到连续构件上。这些零件的端部有斜度或圆角。焊缝端头相当于10倍厚度的长度上为角焊（S.Q），焊缝端头经打磨以避免出现应力集中	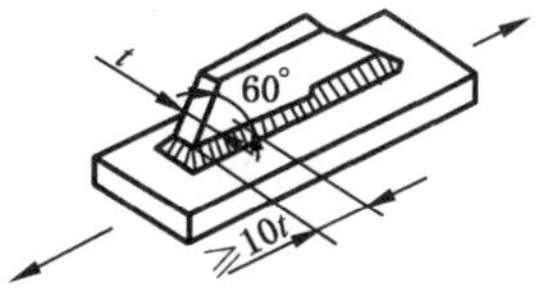	

表 K.2(续)

应力集中情况等级 K_3——严重应力集中(续)			
构件接头型式的标号	说明	图	代号
3.32	穿过连续构件伸出一块板,板端沿力的方向有斜度或圆角,在相当于10倍厚度的长度上用K形焊缝(O.Q)固定	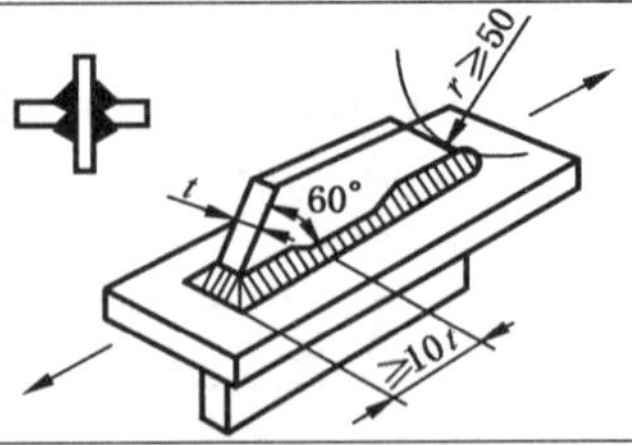	
3.33	焊缝平行于力的方向,用指定范围内的角焊缝(S.Q)将扁钢焊接到连续构件上。其中 $t_1 < 1.5t_2$	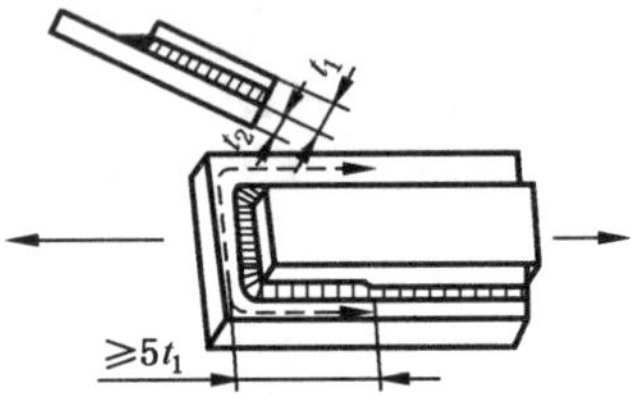	
3.34	在构件端部用角焊缝(S.Q)固定连接板,其中 $t_1 < t_2$。在单面连接板情况下,应考虑偏心载荷	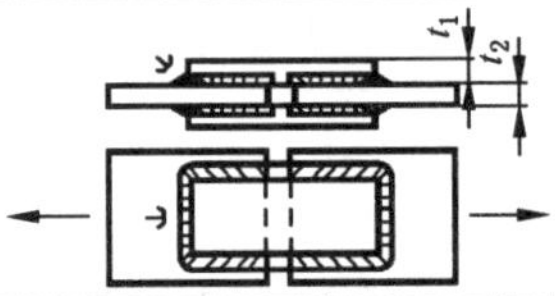	
3.35	焊缝平行于力的方向,将加强筋焊接到连续构件上,焊缝端头相等于10倍厚度的长度上为角焊(S.Q),且经打磨以避免出现应力集中		
3.36	焊缝平行于力的方向,用间断角焊缝(O.Q)或用焊在缺口间的角焊缝(O.Q)将加劲肋固定到连续构件上	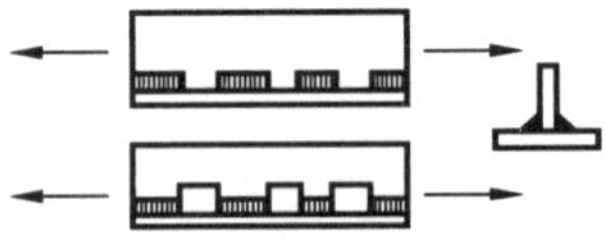	
3.4	焊缝垂直于力的方向,用K形焊缝(O.Q)做成的十字形接头	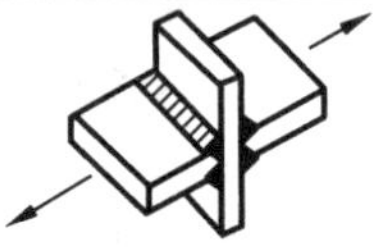	
3.41	翼缘板和腹板之间的K形焊缝(O.Q)。集中载荷垂直于焊缝,作用在腹板平面内	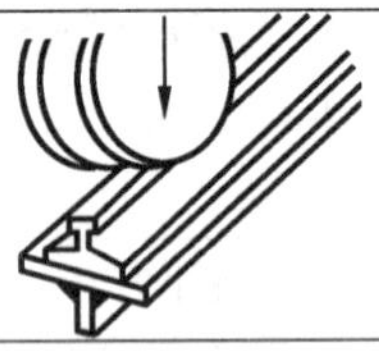	
3.5	用K形焊缝(O.Q)连接承受弯曲应力和剪切应力的零件		
3.7	用角焊缝(S.Q)将型钢或管子焊到连续构件上	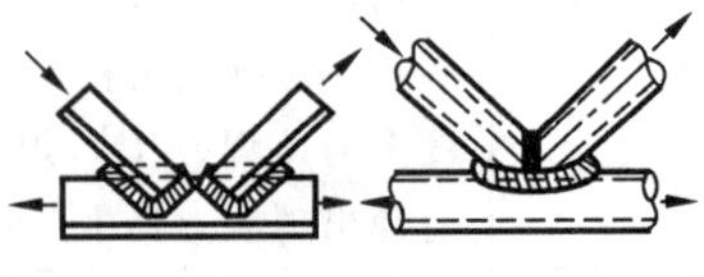	

表 K.2（续）

应力集中情况等级 K_4——非常严重的应力集中			
构件接头型式的标号	说明	图	代号
4.1	焊缝垂直于力的方向，用对接焊缝(O.Q)连接不同厚度的零件。不对称无斜度		
4.11	在扁钢交叉处焊缝垂直于力的方向的对接焊(O.Q)(无辅助角撑)	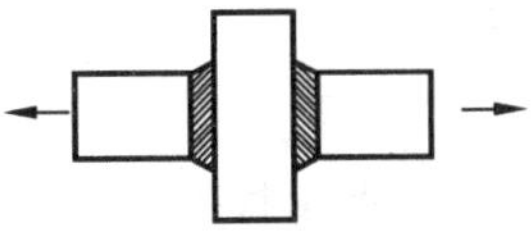	
4.12	在相交零件间(十字形接头)焊缝垂直于力的方向的单边坡口焊		
4.3	焊缝平行于力的方向，将端部呈直角的零件焊接到连续构件的侧面	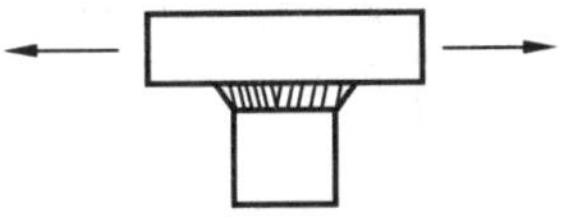	
4.31	焊缝平行于力的方向，用角焊缝(O.Q)将端部呈直角的零件焊到连续主构件上。零件承受由主构件传递来的大部分载荷	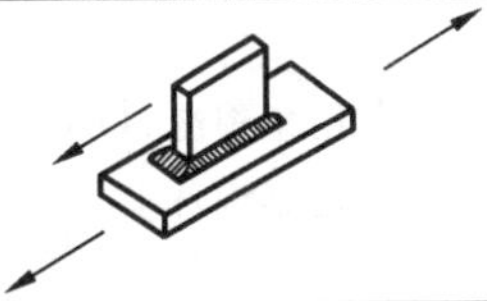	
4.32	穿过主构件伸出一块端部呈直角的平板，且用角焊缝(O.Q)固定	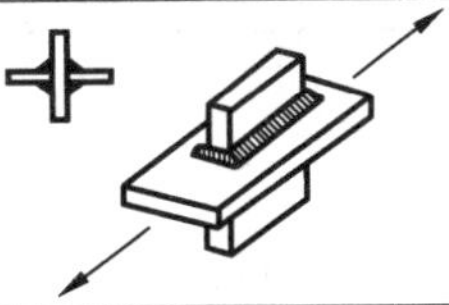	
4.33	焊缝平行于力的方向，用角焊缝(O.Q)将扁钢焊接到连续构件上	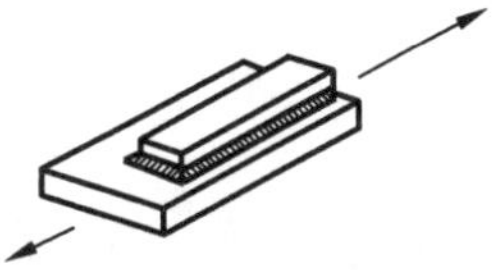	
4.34	用角焊缝(O.Q)固定连接板($t_1=t_2$)，在单面连接板的情况下，应考虑了偏心载荷	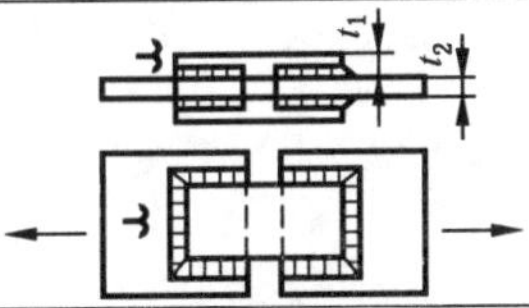	
4.35	在槽内或孔内，用角焊缝(O.Q)将一个零件焊接到另一个上	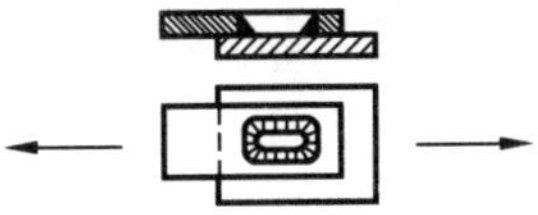	
4.36	用角焊缝(O.Q)或者对接焊缝(O.Q)将连接板固定在两连续的主构件之间	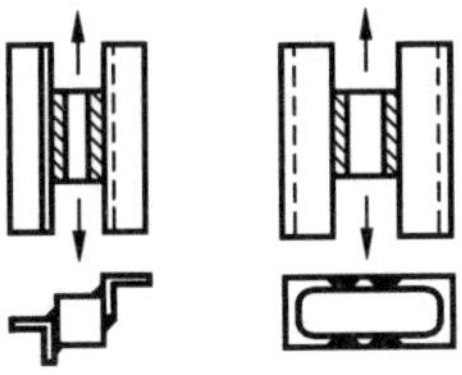	

表 K.2(续)

应力集中情况等级 K_4——非常严重的应力集中(续)			
构件接头型式的标号	说明	图	代号
4.4	焊缝垂直于力的方向,用角焊缝(O.Q)做成的十字接头	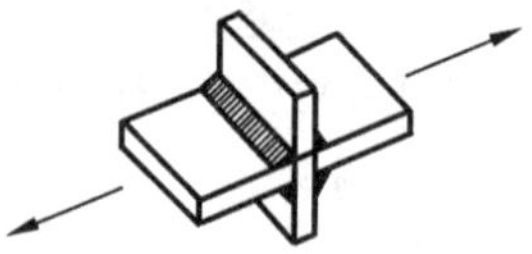	D 
4.41	翼缘板和腹板之间的角焊(O.Q)。集中载荷垂直于焊缝,作用在腹板平面内	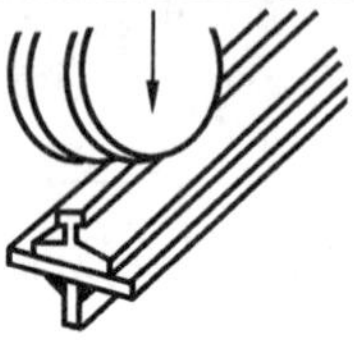	
4.5	用角焊缝(O.Q)连接承受弯曲和剪切应力的零件		D 
4.6	用角焊缝(O.Q)将型钢或管子焊接到连续构件上	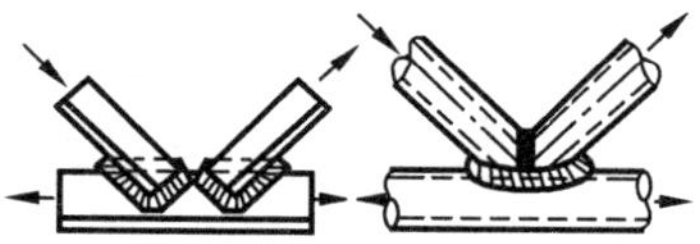	

附　录　L
（规范性附录）
塔式起重机各机构电动机的初选

L.1　电动机的型式

L.1.1　塔式起重机的主要机构一般选用起重冶金用系列异步电动机、直流电动机，或适合于塔式起重机使用特点的其他电动机。

L.1.2　在具有爆炸性气体的危险场合使用的塔式起重机，应选防爆系列起重用电动机。

L.2　电动机功率的初选方法

L.2.1　稳态计算功率法

L.2.1.1　起升机构

L.2.1.1.1　稳态起升功率

稳态起升功率 P_N 按式(L.1)计算。

$$P_N = \frac{P_Q v_q}{1\,000\eta} \qquad \cdots\cdots\cdots\cdots\cdots\cdots\cdots\cdots (\text{L.1})$$

式中：

P_N——电动机的稳态起升功率，单位为千瓦(kW)；

P_Q——同式(67)；

v_q——起升速度，单位为米每秒(m/s)；

η——起升机构传动装置和绳轮系统总效率。

L.2.1.1.2　电动机初选

对未能提供 *JC* 值、*CZ* 值及相应计算数据的电动机，可以用式(L.1)的计算结果，并考虑该机构实际的接电持续率(参见附录 M)，直接从电动机样本上初选出所需要的电动机。

L.2.1.2　运行机构

L.2.1.2.1　稳态运行功率

稳态运行功率 P_N 按式(L.2)计算。

$$P_N = \frac{P_j v_y}{1\,000\eta m} \qquad \cdots\cdots\cdots\cdots\cdots\cdots\cdots\cdots (\text{L.2})$$

式中：

P_N——电动机的稳态运行功率，单位为千瓦(kW)；

P_j——同式(79)；

v_y——运行速度，单位为米每秒(m/s)；

η——运行机构的总传动效率；

m——运行机构电动机台数。

L.2.1.2.2　电动机初选

用式(L.2)计算所得的结果乘以一个大于 1 的系数，从电动机样本上初选所需的电动机。

对塔式起重机,此系数为1.1~1.3,运行速度高者取大值。

L.2.1.3 小车变幅机构

L.2.1.3.1 稳定变幅功率

小车变幅机构,如果卷筒上的转矩为M,电动机稳定变幅功率P_N,可以按式(L.3)计算。

$$P_N=\frac{M\times n}{9\ 550\eta} \qquad \text{(L.3)}$$

式中:

P_N——电动机的稳态变幅功率,单位为千瓦(kW);

M——卷筒的转矩,单位为牛米(N·m);

n——卷筒的转速,单位为转每分(r/min);

η——变幅机构总传动效率。

L.2.1.3.2 电动机初选

用式(L.3)计算所得的结果从电动机样本上初选所需的电动机。

L.2.2 等效功率法

L.2.2.1 回转机构

L.2.2.1.1 等效功率 P_e

等效功率P_e按式(L.4)计算。

$$P_e=\frac{M_{eq}\times n}{9\ 550\eta} \qquad \text{(L.4)}$$

式中:

P_e——回转机构电动机的等效回转功率,单位为千瓦(kW);

M_{eq}——等效回转稳态阻力矩,单位为牛米(N·m);

n——回转速度,单位为转每分(r/min);

η——回转机构的总传动效率。

L.2.2.1.2 电动机初选

用式(L.4)计算所得的结果从电动机样本上初选所需的电动机。当惯性力较大时,应将惯性力与等效阻力相加,以考虑惯性力的影响。

L.2.2.2 动臂变幅机构

L.2.2.2.1 动臂变幅机构电动机的等效变幅功率

动臂变幅机构电动机的等效变幅功率由式(L.5)计算。

$$P_e=\frac{P_{Id}\times v_b}{1\ 000\eta} \qquad \text{(L.5)}$$

式中:

P_e——动臂变幅机构电动机的等效变幅功率,单位为千瓦(kW);

P_{Id}——同式(91);

v_b——变幅动滑轮组的移动速度,单位为米每秒(m/s);

η——变幅机构及绳轮系统总传动效率。

L.2.2.2.2 电动机初选

用式(L.5)计算所得的结果从电动机样本上初选所需的电动机。

L.2.3 稳态负载系数法

稳态负载系数法适用于各机构中能给出有关资料的绕线转子异步电动机。

L.2.3.1 所选电动机的功率

所选电动机的功率按式(L.6)或式(L.7)计算。

$$P_n \geqslant GP_N \qquad \cdots\cdots\cdots\cdots\cdots\cdots\cdots\cdots(L.6)$$

$$P_n \geqslant GP_e \qquad \cdots\cdots\cdots\cdots\cdots\cdots\cdots\cdots(L.7)$$

式中：

P_n ——所选电动机在相应的 CZ 值和实际接电持续率 JC 值下的功率，单位为千瓦(kW)；

G ——稳态负载平均系数；

P_N ——电动机的稳态功率，见式(L.1)～式(L.3)；

P_e ——电动机的等效功率，见式(L.4)～式(L.5)。

各种塔式起重机各机构的接电持续率 JC，稳态负载平均系数 G，均应根据实际的载荷情况计算。如在设计时，无法获得其详细资料，则可参照附录 M 中的 JC、CZ、G 值选取。

L.2.3.2 电动机的初选

用式(L.6)、式(L.7)计算所得的结果从电动机样本上初选所需的电动机。

L.2.4 等效接电持续率经验法(用于起升机构)

L.2.4.1 等效接电持续率 JC'

与机构工作级别对应的初选电动机用的等效接电持续率 JC'，见表 L.1。

表 L.1 机构工作级别与等效接电持续率 JC'

起升机构工作级别	电动机等效接电持续率 JC' %
M1～M3	15～25
M4～M5	25
M6	40

L.2.4.2 初选电动机

根据式(L.1)计算的结果，按照起升机构工作级别，由表 L.1 查出等效接电持续率 JC'后，从电动机样本上可初选出所需的电动机。

L.2.5 等效平均功率法

L.2.5.1 等效平均功率法的计算

得到电动机的负荷图(见图 L.1)后，便可计算出等效平均阻力矩 M_{med} 和等效平均功率 P_{med}，并初选出所需的电动机。

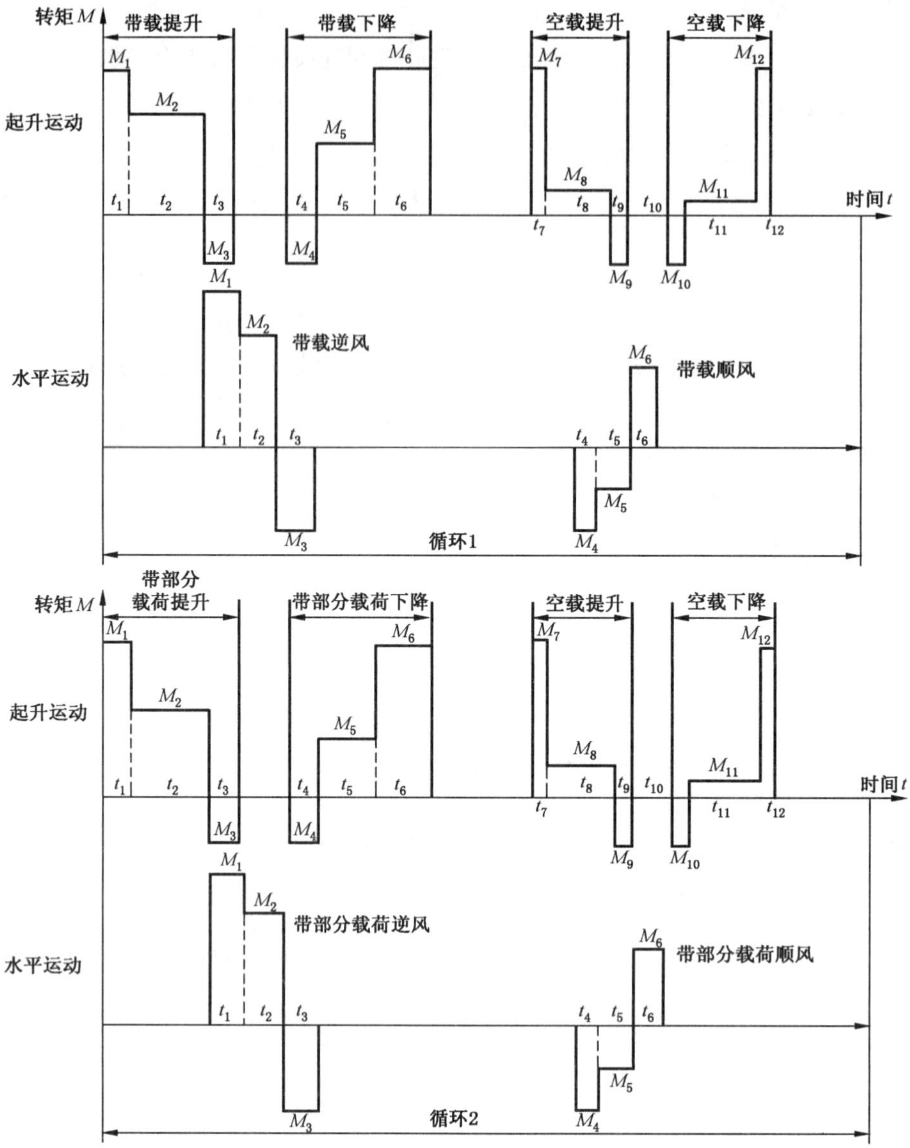

图 L.1 电动机负荷图举例

等效平均阻力矩按式(L.8)计算。

$$M_{med}=\sqrt{\frac{M_1^2t_1+M_2^2t_2+M_3^2t_3+\cdots+M_n^2t_n}{t_1+t_2+t_3+\cdots+t_n}} \quad \cdots\cdots\cdots\cdots(\text{L.8})$$

式中：

M_{med} ——等效平均阻力矩,单位为牛米(N·m)；

t_1、t_2、t_3、…、t_n ——发生不同转矩的时间段,静止时间不计入；

M_1、M_2、M_3、…、M_N ——为包括电动机转动及移动质量全部惯性力在内的各个阶段的转矩值。在变载荷情况下,至少取10个连续工作循环中载荷最大的一个循环计算。

等效平均功率按式(L.9)计算。

$$P_{med}=\frac{M_{med}n}{9\ 550\eta} \quad \cdots\cdots\cdots\cdots(\text{L.9})$$

式中：

P_{med}——等效平均功率，单位为千瓦(kW)；

M_{med}——同式(L.8)；

n ——电动机转速，单位为转每分(r/min)；

η ——机构传动装置和绳轮系统的总效率。

L.2.5.2 电动机的初选

如果电动机的一次负载运行时间不超过10 min，按式(L.9)计算结果从电动机样本上选出的S3工作制的电动机即为所要求的电动机。

附　录　M
（资料性附录）
塔式起重机机构电动机容量选择计算中的 *JC*、*CZ*、*G* 值

塔式起重机每个机构的接电持续率 JC 值、惯量增加率 C 与折合的每小时全起动次数 Z 的乘积 CZ 值以及稳态负载平均系数 G 值，应根据实际载荷及控制情况计算，如设计时无法获取其详细资料，则可参考表 M.1 选取。

表 M.1　机构的 *JC*、*CZ*、*G* 值

塔式起重机类型	用途	起升机构			回转机构			运行机构			小车变幅机构			动臂变幅机构		
		$JC\%$	CZ	G	$JC\%$	CZ	G	$JC\%$	CZ	G	$JC\%$	CZ	G	$JC\%$	CZ	G
1	不经常使用	25	150	G_2	25	150	G_2	15	150	G_1	25	150	G_2	15	150	G_2
	货场用	25	150	G_2	25	150	G_2	15	150	G_1	25	150	G_2	15	150	G_2
	钻井平台维修用	25	300	G_2	25	300	G_2	15	150	G_1	25	300	G_2	15	300	G_2
	船舶修理厂用	40	300	G_2	40	300	G_2	15	150	G_1	25	300	G_2	15,25	300	G_2
2	建设用自行架设式	25,40	300	G_2	25,40	300 600	G_2	15,25	150 300	G_1 G_2	25,40	300	G_2	15,25	300	G_2
	建设用组装式	40,60	300 600	G_2 G_3	40	600	G_2	15 25	150 300	G_1 G_2	25,40	300	G_2	25	300	G_2
3	造船厂舾装用	40	300 600	G_2	40	600	G_2	25	300	G_2	25	300	G_2	25	300	G_2
	港口集装箱装卸用	40	300 600	G_2	40	600	G_2	25	300	G_2	25	300	G_2	25	300	G_2
	造船用	40,60	300	G_2 G_3	40,60	300 600	G_2	15 25	150 300	G_1 G_2	40	300	G_2	25	300	G_2
	使用抓斗工作	40,60	300	G_2 G_3	40,60	300 600	G_2	15 25	150 300	G_1 G_2	40	300	G_2	25	300	G_2

注 1：电动机的接电持续率 JC 值，在一个工作循环时间小于 10 min 时，按式(127)计算；在一个工作循环时间大于 10 min 时，需与电动机生产厂家联系。

注 2：G 的具体数值见表 M.2。

表 M.2　*G* 的具体数值

G	起升机构	运行机构	回转机构	变幅机构
G_1	0.70	0.75	0.50	0.70
G_2	0.80	0.80	0.60	0.75
G_3	0.90	0.85	0.70	0.80
G_4	1.00	0.90	0.80	0.85

附　录　N
（规范性附录）
电动机的过载校验

N.1　起升机构电动机

起升机构电动机按式(N.1)进行过载校验计算。

$$P_N \geqslant \frac{H}{m\lambda_m} \times \frac{P_Q v_q}{1\ 000\eta} \qquad \cdots\cdots\cdots\cdots\cdots\cdots\cdots\cdots(\text{N.1})$$

式中：

P_N——电动机的额定功率，单位为千瓦(kW)；

P_Q——同式(67)；

v_q——额定起升速度，单位为米每秒(m/s)；

η——起升物品时起升机构传动装置和滑轮组的总效率；

λ_m——相对于P_N时的电动机最大转矩倍数(电动机制造厂提供)，对于直接全压起动的笼型电动机，堵转转矩倍数$\lambda_m \geqslant 2.2$；

H——系数，按有电压损失(交流电动机－15%，直流电动机和变频电动机不考虑)、最大转矩或堵转转矩有容差(绕线转子异步电动机－10%，笼型异步电动机－15%，直流电动机和变频电动机不考虑)、起升额定载荷等条件确定，绕线转子异步电动机和笼型异步电动机取$H=2.0\sim2.5$，变频异步电动机取$H=2.2$，直流电动机取$H=1.4$；

m——电动机台数。

N.2　运行机构和小车变幅机构电动机过载校验

运行机构电动机过载校验按式(N.2)计算。

$$P_N \geqslant \frac{1}{m\lambda_{AS}}\left\{\left[P_{\Sigma}(\omega + m_a) + P_{W2}\right]\frac{v_y}{1\ 000\eta} + \frac{\sum J \times n^2}{91\ 200 t_q}\right\} \qquad \cdots\cdots\cdots\cdots(\text{N.2})$$

式中：

P_N——电动机的额定功率，单位为千瓦(kW)；

m——电动机台数；

λ_{AS}——相对于P_N的平均起动转矩倍数，其值应根据所选电动机的λ_m值及其控制系统方案确定，通常情况下可参考下列取值；绕线转子异步电动机取1.7，采用频敏变阻器时取1，笼型异步电动机取$0.9\lambda_m$(相对于P_N时的电动机最大转矩倍数，由电动机制造商提供)，串励直流电动机取1.9，复励直流电动机取1.8，他励直流电动机取1.7，对变频调速电动机取1.7；

P_{Σ}——运动部分所有质量的重力，包括吊运物品和起重机或小车等质量的重力，单位为牛顿(N)；

ω——运行摩擦阻力系数，对车轮为滑动轴承，$\omega=0.015$；对车轮为滚动轴承，$\omega=0.006$；

m_a ——坡道阻力系数,小车变幅机构按 2%,运行机构按 0.5%,或按出现的实际坡度计算坡道载荷;

P_{W2} ——工作状态风载荷,按 4.3.3.1 确定,单位为牛顿(N);风载荷按最不利的水平方向作用的静力载荷;

v_y ——运行速度,单位为米每秒(m/s);

η ——机构总传动效率;

$\sum J$ ——机构对电动机轴的总惯量,即包含直线运动质量和传动机构的全部质量的惯性折算到电动机轴上的转动惯量和电动机轴上自身的转动惯量之和,单位为千克平方米($kg \cdot m^2$);

n ——电动机的额定转速,单位为转每分(r/min);

t_q ——运行机构起动时间,单位为秒(s)。

N.3 回转机构电动机过载校验

回转机构电动机过载校验按式(N.3)计算。

$$P_N \geqslant \frac{H}{m\lambda_m} \times \frac{(M_m + M_{a\max} + M_W + M_{aI})n}{9\ 550 i\eta} \qquad \cdots\cdots\cdots\cdots(\text{N.3})$$

式中:

P_N ——电动机的额定功率,单位为千瓦(kW);

H ——系数,绕线转子异步电动机取 $H=1.55$,笼型异步电动机取 $H=1.6$,直流电动机取 $H=1$;

m ——电动机台数;

λ_m ——同式(N.1);

M_m ——回转摩擦阻力矩,主要是回转支承装置的摩擦阻力矩,单位为牛米(N·m);

$M_{a\max}$ ——回转最大坡道阻力矩,单位为牛米(N·m);

M_W ——由 P_{W2}[见式(10)]引起的最大风阻力矩,单位为牛米(N·m);

M_{al} ——由钢丝绳正常偏摆角 α_l 计算的回转水平阻力矩,单位为牛米(N·m);

i ——回转机构总传动比;

η ——回转机构总传动效率;

n ——电动机的额定转速,单位为转每分(r/min)。

N.4 动臂变幅机构电动机过载校验

动臂变幅机构电动机过载校验按式(N.4)进行。

$$P_N \geqslant \frac{H}{m\lambda_m} \times \frac{\sum F_{\max} v_b}{1\ 000\eta} \qquad \cdots\cdots\cdots\cdots(\text{N.4})$$

式中:

P_N ——电动机的额定功率,单位为千瓦(kW);

H ——同式(N.3);

m ——电动机台数;

λ_m ——同式(N.1);

$\sum F_{max}$——包括臂架及平衡系统的自重载荷、总起升载荷、风载荷 P_{W2}［见式(10)］、由起重绳正常偏角 α_l 计算的水平力及臂架系统各转动铰点的摩擦力在变幅动滑轮组上的分力和，在各变幅位置时所有值中取其最大变幅力，单位为牛顿(N)；

v_b ——变幅动滑轮组的移动速度，单位为米每秒(m/s)；

η ——变幅机构总传动效率。

附　录　O
(规范性附录)
电动机的发热校验

O.1　直接起动方式下笼型异步电动机发热校验

O.1.1　直接起动方式下笼型异步电动机发热校验应满足式(O.1)的要求。

$$C_k(1-\eta_N)P_{S1}T > (1-\eta_m)P_m t_N + \left(P_{S1}\times\frac{I_D}{I_N}\times t_E - \frac{J\times n_m^2\times 10^{-3}}{180}\right) \quad\cdots\cdots(\text{O.1})$$

式中：

C_k ——与电动机类型有关的修正系数，由制造厂商提供，如未提及，则对于4极或4极以上的电动机取 $C_k=1$；

η_N ——电动机在 P_{S1} 时的效率；

P_{S1} ——连续工作制(S1)时电动机的额定功率，单位为千瓦(kW)；

T ——一个工作循环的总时间，单位为秒(s)，按式(O.2)计算；

η_m ——电动机在功率 P_m 时的效率；

P_m ——一个循环期内恒速工作时电动机的平均功率，单位为千瓦(kW)，按式(O.3)计算；

t_N ——一个循环期内恒速工作的时间，单位为秒(s)；

I_D ——电动机的起动电流，单位为安培(A)；

I_N ——电动机的额定工作电流，单位为安培(A)；

t_E ——一个循环期内起动制动的等效时间，单位为秒(s)，按式(O.4)计算；

n_m ——电动机在 P_m 时的转速，单位为转每分(r/min)；

J ——所有运动质量换算到电动机轴上的总转动惯量，单位为千克二次方米($kg\cdot m^2$)。

$$T=t_N+t_E+t_S \quad\cdots\cdots(\text{O.2})$$

式中：

t_S——一个循环期内停止的时间，单位为秒(s)；

式中其他符号同式(O.1)。

$$P_m=\frac{M_m n_m}{9\ 550\eta_m} \quad\cdots\cdots(\text{O.3})$$

式中：

M_m——不考虑起制动阶段的电动机平均阻转矩，单位为牛米(N·m)；

式中其他符号同式(O.1)。

$$t_E=\frac{\pi n_m J}{30M_a}\times(d_c+0.5d_i+3f) \quad\cdots\cdots(\text{O.4})$$

式中：

d_c ——每小时全起动次数；

d_i ——每小时点动或不完全起动次数；

f ——每小时电气制动次数；

M_a——电动机平均加速转矩，单位为牛顿米(N·m)，按式(O.5)计算；

式中其他符号同式(O.1)。

$$M_a = M_{dq} - M_m \quad \text{(O.5)}$$

式中：

M_{dq}——同式(72)，电动机平均起动转矩，单位为牛米(N·m)；

M_m——不考虑起制动阶段的电动机平均阻转矩，单位为牛米(N·m)；

式中其他符号同式(O.4)。

O.1.2 当缺少电动机相关数据而无法进行上述发热校验时，可按式(O.6)进行近似计算，或通过对机构的模拟实验进行校验。

$$P_N \geqslant \frac{M_{re} n_m}{9\ 550 \eta K_Z} \quad \text{(O.6)}$$

式中：

P_N——电动机额定功率，其工作制为S3，接电持续率$JC\%$与实际机构的值相同，单位为千瓦(kW)；

M_{re}——最不利工作循环的等效平均阻力转矩，单位为牛米(N·m)，按式(O.7)计算；

n_m——电动机转速，单位为转每分(r/min)；

K_Z——系数，按O.1.3确定。

$$M_{re} = \sqrt{\frac{\sum M_{ri}^2 t_i}{\sum t_i}} \quad \text{(O.7)}$$

式中：

M_{ri}——工作时间t_i内相应的电动机阻力转矩，包括启、制动转矩，单位为牛米(N·m)；

t_i——机构工作循环中各运转时间，不包括停机时间，单位为秒(s)。

当式(O.7)中的数据不能确定时，可按式(O.8)取近似值。

$$M_{re} = M_r \times K_G \quad \text{(O.8)}$$

式中：

M_r——电动机静阻力转矩，单位为牛米(N·m)；

K_G——系数，对起升、变幅、运行机构取$K_G=0.67\sim0.79$；对回转机构取$K_G=0.79$。

O.1.3 系数K_Z按式(O.9)计算。

$$K_Z = 1 - \frac{Z}{1\ 000} \quad \text{(O.9)}$$

式中：

K_Z——同式(O.6)；

Z——电动机每小时折算全起动次数，按式(O.10)计算。

$$Z = d_c + g d_i + r f \quad \text{(O.10)}$$

式中：

Z——同式(O.9)；

d_c——每小时全起动次数；

d_i——每小时点动或不完全起动次数；

f——每小时电制动次数；

g、r——折算系数，由生产厂给定，一般可按表 O.1 确定。

当缺少实际数据时，可按表 O.2 确定 Z 值。

对于采用 S4、S5 工作制电动机的情况，只需根据相应的 $JC\%$ 值和 Z 值确定功率 P_n，此时 K_Z 取为 1。

表 O.1　g、r 值

电动机类型	g	r
绕线异步电动机	0.25	0.80
笼型异步电动机	0.50	3.00

表 O.2　电动机每小时折算全起动次数 Z 值

塔式起重机类别	用途说明	起升机构		回转机构		运行机构		小车变幅机构		动臂变幅机构	
		$JC\%$	Z	$JC\%$	Z	$JC\%$	Z	$JC\%$	Z	$JC\%$	Z
1	不经常使用	25	60	25	60	15	60	25	60	15	60
	货场用	25	60	25	60	15	60	25	60	15	60
	钻井平台维修用	25	150	25	150	15	60	25	150	15	150
	船舶修理厂用	40	150	40	150	15	60	25	150	15 25	150
2	建设用自行架设式	25 40	150	25 40	150 300	15 25	60 150	25 40	150	15 25	150
	建设用组装式	40 60	150 300	40	300	15 25	60 150	25 40	150	25	150
3	造船厂舾装用	40	150 300	40	300	25	150	25	150	25	150
	港口集装箱装卸用	40	150 300	40	300	25	150	25	150	25	150
	造船用	40 60	150	40 60	150 300	15 25	60 150	40	150	25	150
	使用抓斗工作	40 60	150	40 60	150 300	15 25	60 150	40	150	25	150

O.2 绕线转子异步电动机及变频控制笼型电动机的发热验算

O.2.1 按照 *G* 值、*JC* 值、*CZ* 值选用电动机的发热校验

O.2.1.1 起升机构电动机的发热校验

O.2.1.1.1 稳态平均功率，按式(O.11)计算：

$$P_S = G \times \frac{P_Q v_q}{1\ 000\eta} \quad \cdots\cdots\cdots\cdots\cdots\cdots\cdots\cdots (\text{O.11})$$

式中：

P_S——稳态平均功率，单位为千瓦(kW)；

G ——稳态负载平均系数，参见附录 M 的表 M.1，同式(L.6)；

P_Q——同式(67)，总起升载荷，单位为牛顿(N)；

v_q ——物品起升速度，单位为米每秒(m/s)；

η ——起升物品时起升机构传动装置和绳轮系统的总效率。

O.2.1.1.2 JC 值参见附录 M。

O.2.1.1.3 CZ 值按下列规定计算：

a) 折合的全起动次数 Z 按式(O.10)计算；

b) 惯量增加率 C 按式(O.12)计算；

$$C = \frac{J_d + J_e}{J_d} \quad \cdots\cdots\cdots\cdots\cdots\cdots\cdots\cdots (\text{O.12})$$

式中：

C ——惯性增加率；

J_d——电动机转动惯量，单位为千克二次方米(kg · m²)；

J_e——电动机以外，运动质量折算到电动机轴上的转动惯量，单位为千克二次方米(kg · m²)。

c) 惯量增加率 C 与折合的每小时全起动次数 Z 乘积 CZ 是起制动影响电动机发热的重要参数。CZ 值的常用值为 150、300、450 和 600。

O.2.1.1.4 根据按 O.2.1.1.1～O.2.1.1.3 确定的 P_S、JC 及 CZ 值进行发热校验。所选用的电动机在相应 CZ 值、JC 值下，如其输出功率 P 满足式(O.13)的要求，则电动机发热校验合格。

$$P \geqslant P_S \quad \cdots\cdots\cdots\cdots\cdots\cdots\cdots\cdots (\text{O.13})$$

O.2.1.2 运行机构和小车变幅机构的发热校验

O.2.1.2.1 稳态平均功率 P_S 按式(O.14)计算。

$$P_S = G[P_\Sigma(\omega + m_a) + P_{W3}] \times \frac{v_y}{1\ 000m\eta} \quad \cdots\cdots\cdots\cdots\cdots\cdots (\text{O.14})$$

式中：

P_S ——稳态平均功率，单位为千瓦(kW)；

G ——稳态负载平均系数，参见表 M.1，同式(L.6)；

P_Σ ——运动部分所有质量的重力，包括吊运物品和起重机或小车等质量的重力，单位为牛顿(N)；

ω ——运行摩擦阻力系数，对车轮为滑动轴承，$\omega=0.015$；对车轮为滚动轴承，$\omega=0.006$；

m_a ——坡道阻力系数；对运行机构，按 0.005 选取；对小车变幅机构，按 1%选取；

P_{W3}——风阻力,单位为牛顿(N),见式(10);

v_y ——起重机或小车运行速度,单位为米每秒(m/s);

m ——电动机台数;

η ——运行机构总传动效率。

O.2.1.2.2 根据按 O.2.1.2.1 确定的 P_S,按 O.2.1.1.2~O.2.1.1.4 进行发热校验。

O.2.1.3 回转机构的发热校验

O.2.1.3.1 稳态平均功率按式(O.15)计算。

$$P_S = G \times \frac{(M_m + M_a + M_W)n}{9\ 550mi\eta} \quad \cdots\cdots\cdots\cdots(O.15)$$

式中:

P_S ——稳态平均功率,单位为千瓦(kW);

G ——稳态负载平均系数,参见表 M.1,同式(L.6);

M_m ——回转摩擦阻力矩,主要是回转支承装置的摩擦阻力矩,单位为牛米(N·m);

M_a ——等效坡道阻力矩,按坡道阻力矩 0.7 倍计算,单位为牛米(N·m);

M_W ——由 P_{W3}[见式(10)]引起的风阻力矩,单位为牛米(N·m);

m ——电动机台数;

i ——回转机构总传动比;

η ——回转机构总传动效率。

O.2.1.3.2 根据按 O.2.1.3.1 确定的 P_S,按 O.2.1.1.2~O.2.1.1.4 进行发热校验。

O.2.1.4 动臂变幅机构电动机发热验算

O.2.1.4.1 稳态平均功率按式(O.16)计算。

$$P_S = Gv_b \times \frac{\sqrt{\dfrac{\sum P_{Ii}^2 t_i}{\sum t_i}}}{1\ 000m\eta} \quad \cdots\cdots\cdots\cdots(O.16)$$

式中:

P_S——稳态平均功率,单位为千瓦(kW);

G ——稳态负载平均系数,参见表 M.1,同式(L.6);

v_b ——额定变幅速度,单位为米每秒(m/s);

P_{Ii}——在第 i 个变幅位置,由包括臂架及平衡系统自重、总起升载荷、风载荷 P_{W3}、由起重绳偏摆角 α_I 计算的水平力及臂架系统各转动铰点的摩擦力等产生的在变幅动滑轮组上的分力之和,单位为牛顿(N);

t_i ——每一变幅位置间隔所需要时间,单位为秒(s);可由变幅动滑轮组行程 l 及移动速度 v_b 按式(O.17)算出;

m ——电动机台数;

η ——变幅机构总传动效率。

$$t_i = \frac{l_{i+1} - l_i}{v_b} \quad \cdots\cdots\cdots\cdots(O.17)$$

式中:

l_i ——变幅动滑轮组在变幅位置 i 处的行程,单位为米(m);

l_{i+1}——变幅动滑轮组在变幅位置 $i+1$ 处的行程，单位为米(m)；

v_b ——变幅动滑轮组的移动速度，单位为米每秒(m/s)。

O.2.1.4.2　根据按 O.2.1.4.1 确定的 P_S，按 O.2.1.1.2～O.2.1.1.4 进行发热校验。

O.2.2　按机构工作级别及其等效接电持续率进行电动机的发热校验

O.2.2.1　起升机构电动机的发热校验

O.2.2.1.1　起升机构电动机的静功率按式(O.18)校验。

$$P_N = \frac{P_Q v_q}{1\ 000\eta} \quad \cdots\cdots\cdots\cdots\cdots\cdots\cdots\cdots\cdots(O.18)$$

式中：

P_N——起升机构电动机的静功率，单位为千瓦(kW)；

P_Q——同式(67)；

v_q ——物品起升速度，单位为米每秒(m/s)。

O.2.2.1.2　机构工作级别与电动机等效接电持续率 JC' 值的关系见附录 L 的表 L.1。

O.2.2.1.3　电动机的发热校验按表 M.1 查出机构所需的电动机等效接电持续率，并采用式(O.18)算出起升机构电动机所需的电动机静功率，电动机在相应接电持续率下的输出功率应大于或等于静功率，则电动机的发热校验通过。

O.2.2.2　运行机构和小车变幅机构的发热校验

O.2.2.2.1　运行机构电动机发热计算

运行机构电动机发热计算功率按式(O.19)计算。

$$P_S = \frac{1}{m} \times \left\{ [P_\Sigma (\omega + m_a) + P_{W3}] \times \frac{v_y}{1\ 000\eta} + \frac{\sum J n^2}{182\ 400 t_q} \right\} \quad \cdots\cdots\cdots(O.19)$$

式中：

P_S ——运行机构电动机发热计算功率，单位为千瓦(kW)；

m ——电动机台数；

P_Σ ——运动部分所有质量的重力，包括吊运物品和起重机或小车等质量的重力，单位为牛顿(N)；

ω ——运行摩擦阻力系数，对车轮为滑动轴承，$\omega=0.015$；对车轮为滚动轴承，$\omega=0.006$；

m_a ——坡道阻力系数；对运行机构，按 0.5%选取；对小车变幅机构，按 1%选取；

P_{W3}——正常工作状态下的风阻力，单位为牛顿(N)，见式(10)；

v_y ——起重机或小车运行速度，单位为米每秒(m/s)；

η ——运行机构总传动效率；

$\sum J$ ——机构对电动机轴的总惯量，即包含直线运动质量和传动机构的全部质量的惯性折算到电动机轴上的转动惯量和电动机轴上自身的转动惯量之和，单位为千克二次方米(kg·m²)；

n ——电动机的额定转速，单位为转每分(r/min)；

t_q ——机构起动时间，单位为秒(s)。

O.2.2.2.2　电动机发热校验

按表 L.1 查出机构所需的电动机等效接电持续率，并采用式(O.15)算出运行/小车变幅机构所需的电动机发热计算功率，电动机在相应接电持续率下的输出功率应大于或等于发热计算功率,则电动机的发热校验通过。

O.2.3 按平均损耗法验算电动机发热

按O.2.1方法验算的电动机发热,仅对塔式起重机采用YZR系列交流异步绕线转子电动机最为适合,而对其他型式的电动机,其他工况与控制方式差别较大的塔式起重机,特别是对采用涡流制动器、晶闸管定子调压调速系统的电动机,可采用推荐的平均损耗法进行发热校验。

按平均损耗法验算电动机发热的基本步骤是:

a) 确定该电动机在塔式起重机工作机构中的典型负载图;

b) 考虑各运行时段的电动机数据,如停机时散热条件恶化等冷却系数标么值,固定损耗与可变损耗的比值等,计算出电动机运行后的温升与连续定额时温升的比率R_n;

c) 当电动机为断续定额基准时,求出断续定额与连续定额的损耗比P_ξ;

d) 按式(O.20)求出运行后的温升与断续定额时的温升比率$R_{n\xi}$。

$$R_{n\xi}=P_\xi R_n \qquad \cdots\cdots\cdots\cdots(\text{O}.20)$$

式中:

$R_{n\xi}$——运行后的温升与断续定额时温升的比率;

P_ξ——电动机断续定额与连续定额的损耗比;

R_n——电动机运行后的温升与连续定额时温升的比率。

当$R_{n\xi}\leqslant1$,则认为电动机发热校验合格。

附　录　P
（资料性附录）
液压油缸稳定性校验

油缸的稳定性可按式(P.1)校核。

$$F_N \leqslant \frac{F_{cr}}{K_{nh}} \quad \cdots\cdots(\text{P.1})$$

式中：

F_N ——油缸的轴向载荷，单位为牛顿(N)，爬升系统油缸按 6.5.2 特别是 6.5.2.1.1 确定，其他用途的油缸按 4.3 和 4.4 或系统最大压力确定；按 4.3 和 4.4 确定时，分项载荷系数取为 1；

F_{cr} ——油缸的临界载荷，按式(P.2)计算，单位为牛顿(N)；

K_{nh} ——安全系数，$K_{nh}=2.5\sim3.5$。

$$F_{cr}=\frac{k_s \cdot \pi^2 E I_a}{l^2} \quad \cdots\cdots(\text{P.2})$$

式中：

k_s ——支撑条件系数，按表 P.1 确定；

E ——材料的弹性模量，$E=2.06\times10^5\,\text{N/mm}^2$，同式(53)；

I_a ——活塞杆横截面惯性矩，单位为四次方毫米(mm^4)；

l ——油缸计算长度，按表 P.1 确定，单位为毫米(mm)。

表 P.1　油缸支撑条件系数 k_s 和计算长度 l

支撑方式和计算长度 l	说明	k_s
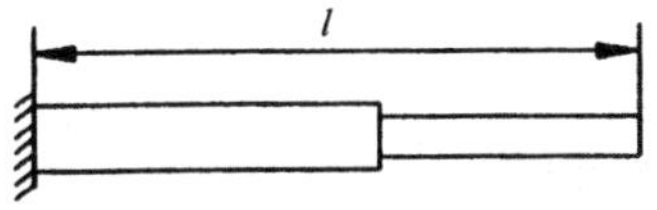	一端固定，一端自由	0.25
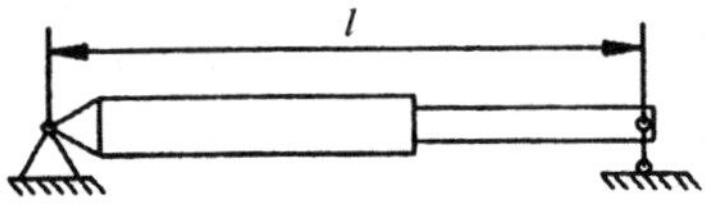	两端铰接	1
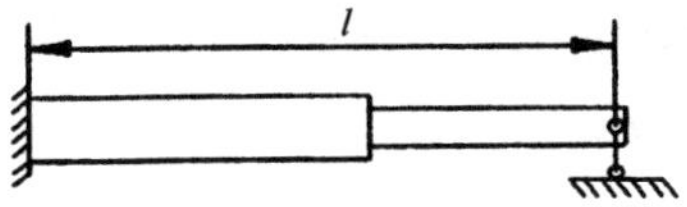	一端固定，一端铰接	2
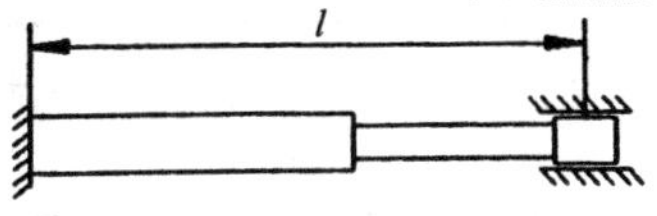	两端固定	4

附 录 Q
(规范性附录)
形状系数 K_s、尺寸系数 K_d、表面情况系数 K_u、腐蚀系数 K_c 的确定

抛光试件的疲劳极限是一个试验数据，实际使用中的零件从来达不到这个数值。许多因素[如形状、尺寸、表面情况(机加工质量)和可能的腐蚀]引起不连续性，造成“切口效应”，使零件按常规材料力学等方法计算的许用应力值降低。分别用大于或等于 1 的系数 K_s、K_d、K_u、K_c 除以抛光试件的疲劳极限来考虑这些因素的影响。

Q.1 形状系数 K_s 的确定方法

形状系数 K_s 表示有圆弧过渡的截面变化、环形槽、横向孔及轮毂固定方法等造成的应力集中。

图 Q.1 和图 Q.2 给出了适用于直径 $D=10$ mm 的形状系数 K_s 值，其是金属材料抗拉强度的函数。

图 Q.1 给出的系数 K_s 用于 $D/d=2$ 的阶梯轴，对于其他的 D/d 值，K_s 可参用表 Q.1 的修正系数求得。图 Q.2 给出了一些用于孔、环形槽和键槽的 K_s 值。

直径超过 10 mm 时应要引入尺寸系数 K_d。

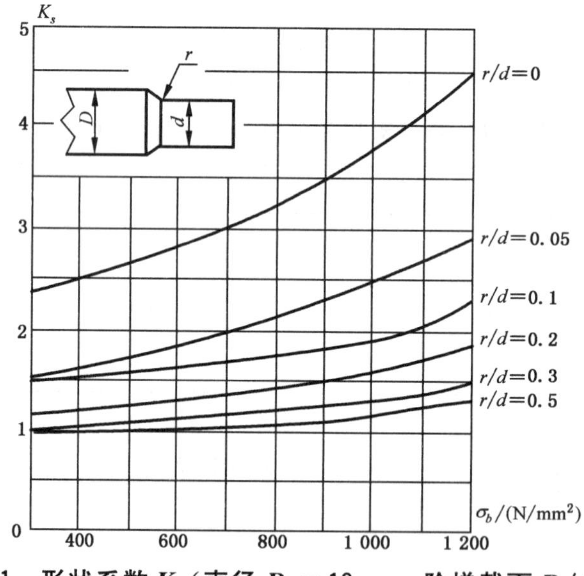

图 Q.1 形状系数 K_s(直径 $D=10$ mm，阶梯截面 $D/d=2$)

对其他的 D/d 值，由曲线$(r/d)+q$ 求得 K_s，表 Q.1 列出了修正系数 q 值。

表 Q.1 $D/d\leqslant 2$ 时修正系数 q 值

D/d	1.05	1.1	1.2	1.3	1.4	1.6	2
q	0.13	0.1	0.07	0.052	0.04	0.022	0

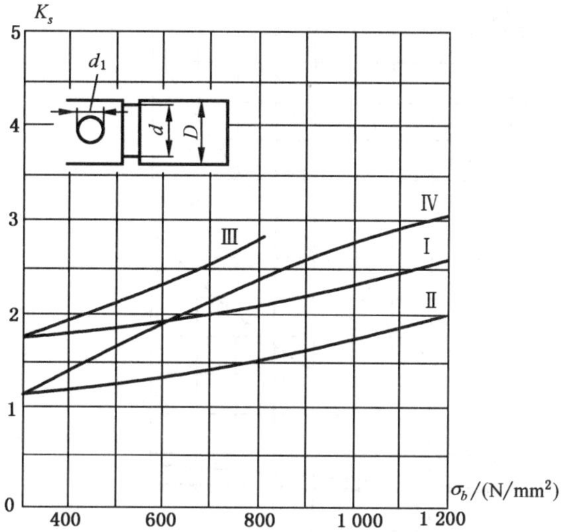

说明：

曲线Ⅰ——横向孔 $d_1=0.175d$；

曲线Ⅱ——环形槽：深 1 mm；

曲线Ⅲ——用键与轮毂相连；

曲线Ⅳ——用压配合与轮毂相连。

图 Q.2　形状系数 K_s（直径 $D=10$ mm，孔，环型槽，键槽）

Q.2　尺寸系数 K_d 的确定方法

直径大于 10 mm 时，应力集中效应增加，引入尺寸效应系数 K_d 来加以考虑。

表 Q.2 给出了 d 为 10 mm～400 mm 的系数 K_d 值。

表 Q.2　K_d 值

d/mm	10	20	30	50	100	200	400
K_d	1	1.1	1.25	1.45	1.65	1.75	1.8

Q.3　表面情况（机加工方法）系数 K_u 的确定

经验表明，表面粗加工零件的疲劳极限比精细抛光的零件低。

用图 Q.3 给出的表面情况（机加工方法）系数 K_u 来考虑这一因素，其分别是相对于磨削或用金刚砂精细抛光的表面及粗加工的表面。

Q.4　腐蚀系数 K_c 的确定

腐蚀对钢材的疲劳极限有非常明显的影响，用系数 K_c 来加以考虑。

图 Q.3 还对淡水和海水腐蚀的两种情况给出了系数 K_c 值。

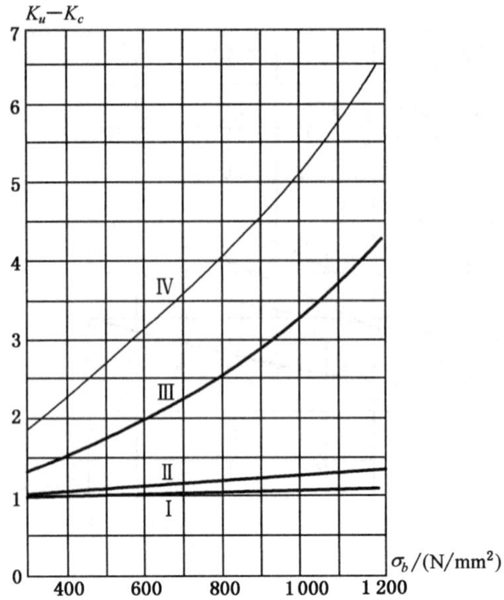

说明 ：

K_u值——曲线Ⅰ,表面磨削或精细抛光；

曲线Ⅱ,表面粗加工。

K_c值——曲线Ⅲ,表面受淡水腐蚀；

曲线Ⅳ,表面受海水腐蚀。

图 Q.3 加工系数 K_u、腐蚀系数 K_c

附　录　R
（资料性附录）
卷筒壁和侧板厚度的计算方法

R.1　总则

本方法适用于容绳宽度 B 不大于三倍卷筒直径 D_d 的卷筒。但对于 $D_d \geqslant 1\ 200$ mm、$B > 2D_d$ 的卷筒，还应进行卷筒壁的稳定性验算。

对于容绳宽度 B 大于三倍卷筒直径 D_d 的卷筒，还应考虑弯曲和扭转的影响。

R.2　焊接卷筒

R.2.1　通则

本方法适用于单层和多层卷绕的钢板焊接卷筒。

R.2.2　卷筒壁厚计算

对于卷筒容绳宽度不大于三倍卷筒直径的卷筒，由受力分析可知卷筒壁所受弯曲、扭转应力较小，故按钢丝绳绕出处的压应力和局部弯曲应力计算。

R.2.2.1　钢丝绳绕出处卷筒壁的压应力 σ_c 按式(R.1)计算。

$$\sigma_c = 0.5\frac{S}{\delta \cdot p_d} \qquad \cdots\cdots(\text{R.1})$$

式中：

σ_c ——钢丝绳绕出处卷筒壁的压应力，单位为牛顿每平方毫米(N/mm^2)；

S ——钢丝绳最大工作静拉力，单位为牛顿(N)；

δ ——卷筒壁厚，单位为毫米(mm)；

p_d ——钢丝绳沿卷筒轴向卷绕的节距，单位为毫米(mm)；对槽面卷筒，取 $p_d = p$，其中 p 为卷筒绳槽节距，单位为毫米(mm)；对光面卷筒，取 $p_d = 1.01d$，其中 d 为钢丝绳直径，单位为毫米(mm)。

R.2.2.2　钢丝绳绕出处卷筒壁的局部弯曲应力 σ_{bc} 按式(R.2)计算。

$$\sigma_{bc} = 0.96 \times \frac{S}{\sqrt{D_d \delta^3}} \qquad \cdots\cdots(\text{R.2})$$

式中：

σ_{bc} ——钢丝绳绕出处卷筒壁局部弯曲应力，单位为牛顿每平方毫米(N/mm^2)；

S、δ ——同式(R.1)；

D_d ——卷筒直径，对槽面卷筒为钢丝绳槽底直径，单位为毫米(mm)，见图 R.1。

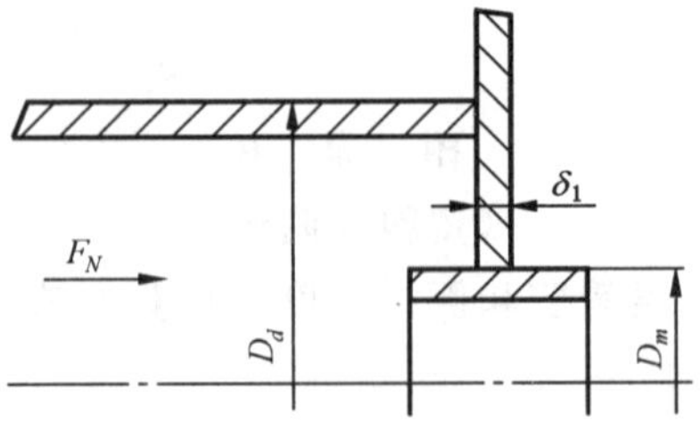

图 R.1 侧板厚度计算示意图

R.2.2.3 卷筒壁强度应满足式(R.3)。

$$\sigma_c + \sigma_{bc} \leqslant [\sigma] \quad \cdots\cdots (R.3)$$

式中:

σ_c、σ_{bc}——同式(R.1)、式(R.2);

$[\sigma]$ ——材料的许用应力,单位为牛顿每平方毫米(N/mm^2),按式(R.4)计算。

$$[\sigma] = \frac{\sigma_s}{K_d K_n} \quad \cdots\cdots (R.4)$$

式中:

$[\sigma]$——同式(R.3);

σ_s ——材料的屈服点,单位为牛顿每平方毫米(N/mm^2);

K_d——根据机构工作级别选定的系数,按表 R.1 选取;

K_n——安全系数,取 $K_n=2.0$。

表 R.1 与机构工作级别有关的系数 K_d

机构工作级别	M1~M4	M5	M6	M7~M8
K_d	1	1.12	1.25	1.40

R.2.3 卷筒侧板厚度计算

卷筒侧板厚度按式(R.5)验算。

$$\sigma'_{bc} = 1.44 \times \left(1 - \frac{2}{3} \times \frac{D_m}{D_d}\right) \times \frac{F_N}{\delta_1^2} \leqslant [\sigma] \quad \cdots\cdots (R.5)$$

式中:

σ'_{bc} ——卷筒侧板弯曲应力,单位为牛顿每平方毫米(N/mm^2);

F_N ——计算轴向力,单位为牛顿(N),一般取 $F_N=0.1S$,S 同式(R.1);

$[\sigma]$ ——同式(R.3);

D_m、D_d、δ_1——卷筒几何尺寸,见图 R.1,单位为毫米(mm)。

R.3 铸造卷筒

R.3.1 卷筒壁厚计算

卷筒壁厚按式(R.6)或式(R.7)验算。

$$\frac{A_n S}{\delta p_d} \leqslant [\sigma_c] \quad \cdots\cdots (R.6)$$

$$\delta \geqslant \frac{A_n S}{[\sigma_c] p_d} \quad \cdots\cdots(R.7)$$

式中：

δ ——卷筒壁厚，单位为毫米(mm)；

A_n ——多层卷绕系数，按表R.2选取；

$[\sigma_c]$ ——材料许用压应力，单位为牛顿每平方毫米(N/mm^2)，对铸铁材料HT200，取$[\sigma_c]=150\ N/mm^2$；对铸钢材料按式(R.8)计算；

S、p_d——同式(R.1)。

$$[\sigma_c] = \frac{\sigma_b}{K_d K_{n1}} \quad \cdots\cdots(R.8)$$

式中：

$[\sigma_c]$——同式(R.6)、式(R.7)；

σ_b ——铸钢材料的抗拉强度，单位为牛顿每平方毫米(N/mm^2)；

K_{n1} ——安全系数，取$K_{n1}=2.8$；

K_d ——同式(R.4)，按表R.1选取。

表 R.2 多层卷绕系数 A_n

卷绕层数	1	2	3	4	≥5
多层卷绕系数 A_n	0.65	1.15	1.45	1.55	1.60

R.3.2 卷筒侧板板厚计算

卷筒侧板板厚按式(R.9)或式(R.10)验算。

$$\frac{B_n S}{\delta^2} \leqslant [\sigma_e] \quad \cdots\cdots(R.9)$$

$$\delta_2 \geqslant \sqrt{\frac{B_n S}{[\sigma_e]}} \quad \cdots\cdots(R.10)$$

式中：

δ_2 ——侧板根部板厚(不计圆角部分)，单位为毫米(mm)；

B_n ——综合影响系数，铸铁卷筒按表R.3选取，铸钢卷筒按表R.4选取；

S ——同式(R.1)；

$[\sigma_e]$——铸造材料许用应力，单位为牛顿每平方毫米(N/mm^2)。对铸钢材料，取$[\sigma_e]=[\sigma_c]$，$[\sigma_c]$按式(R.8)计算；对铸铁材料按式(R.11)计算。

$$[\sigma_e] = \frac{\sigma_b}{K_{zt}} \quad \cdots\cdots(R.11)$$

式中：

$[\sigma_e]$——同式(R.9)、式(R.10)；

σ_b ——铸铁材料的抗拉强度，单位为牛顿每平方毫米(N/mm^2)；

K_{zt} ——铸铁卷筒侧板的安全系数，根据机构的工作级别在3～5中选取。

表 R.3 铸铁卷筒综合影响系数 B_n

D/d	卷绕层数					
	1	2	3	4	5	6
13	0.051 9	0.148 4	0.306 5	0.587 5	0.899 1	1.289 6
14	0.047 2	0.142 3	0.291 9	0.554 3	0.856 3	1.228 2
15	0.043 7	0.135 5	0.278 0	0.523 8	0.815 5	1.158 7
16	0.040 8	0.129 0	0.264 8	0.513 7	0.776 7	1.093 1
17	0.038 5	0.122 9	0.252 3	0.484 7	0.739 7	1.041 1
18	0.036 7	0.117 0	0.240 2	0.461 5	0.704 5	0.991 5
19	0.034 8	0.111 2	0.228 7	0.440 1	0.672 7	0.947 7
20	0.033 7	0.106 0	0.218 3	0.420 5	0.643 6	0.907 6
21	0.031 6	0.101 2	0.208 8	0.402 7	0.618 9	0.870 7
22	0.030 1	0.096 8	0.200 0	0.386 2	0.592 3	0.836 6
23	0.028 9	0.092 8	0.192 0	0.372 2	0.569 5	0.805 0
24	0.027 7	0.089 1	0.184 5	0.357 0	0.548 4	0.775 7
25	0.026 6	0.085 7	0.177 7	0.344 0	0.528 8	0.748 5
26	0.025 6	0.082 6	0.171 3	0.331 9	0.510 5	0.723 0
27	0.024 6	0.079 6	0.165 3	0.320 6	0.493 4	0.699 2

注：表中 D 为卷筒节径(即第一层钢丝绳中心圆直径)，d 为钢丝绳公称直径，二者的单位均为毫米(mm)。对于表中未列出的 D/d 值和卷绕层数，其所对应的综合系数 B_n，可用插入法求得。

表 R.4 铸钢卷筒综合影响系数 B_n

D/d	卷绕层数					
	1	2	3	4	5	6
13	0.079 4	0.284 6	0.454 5	0.852 3	1.253 2	1.699 8
14	0.075 6	0.271 1	0.432 9	0.812 8	1.193 5	1.634 4
15	0.072 0	0.258 2	0.412 3	0.775 1	1.136 7	1.571 5
16	0.068 6	0.245 9	0.401 6	0.738 2	1.082 6	1.511 1
17	0.065 3	0.234 2	0.382 5	0.704 0	1.033 7	1.442 4
18	0.062 2	0.223 0	0.364 3	0.670 5	0.987 0	1.378 1
19	0.059 0	0.211 9	0.346 9	0.639 4	0.942 4	1.317 2
20	0.056 1	0.201 9	0.331 0	0.611 1	0.901 6	1.261 5
21	0.053 5	0.192 8	0.316 6	0.585 1	0.864 1	1.210 2
22	0.051 1	0.184 5	0.303 3	0.561 2	0.829 7	1.162 8
23	0.048 9	0.176 9	0.291 1	0.540 8	0.797 7	1.118 9
24	0.046 9	0.169 8	0.279 8	0.518 8	0.768 2	1.078 2
25	0.045 1	0.163 3	0.269 4	0.482 2	0.715 1	1.004 9
26	0.043 4	0.157 3	0.259 7	0.474 0	0.703 2	0.988 3
27	0.041 8	0.151 7	0.250 7	0.465 8	0.691 2	0.971 8

注：表中 D 为卷筒节径(即第一层钢丝绳中心圆直径)，d 为钢丝绳公称直径，二者的单位均为毫米(mm)。对于表中未列出的 D/d 值和卷绕层数，其所对应的综合系数 B_n，可用插入法求得。

附　录　S
（资料性附录）
回转支承选型及其安装螺栓的相关计算

S.1　回转支承当量外载荷的计算

回转支承的当量外载荷根据回转支承结构的型式分别按式(S.1)～式(S.3)计算：

a)　单排及双排球式回转支承：

$$F_{eq}=F_V+\frac{4.37M}{D_0}+3.44F_h \quad \cdots\cdots(S.1)$$

b)　单排交叉滚柱式回转支承：

$$F_{eq}=F_V+\frac{4.5M}{D_0}+2.5F_h \quad \cdots\cdots(S.2)$$

c)　三排柱式回转支承：

$$F_{eq}=F_V+\frac{4.5M}{D_0} \quad \cdots\cdots(S.3)$$

式中：

F_{eq}——回转支承当量外载荷，单位为牛顿(N)，同式(125)；

F_V——作用在回转支承中心的轴向力，单位为牛顿(N)；

F_h——作用在回转支承中心的水平力，单位为牛顿(N)；

M——作用在回转支承中心的倾覆力矩，单位为牛米(N·m)；

D_0——滚动体中心圆直径，单位为米(m)，对于双排球式及三排柱式回转支承，D_0均为下排滚动体中心圆直径。

S.2　回转支承当量静容量的计算

回转支承的当量静容量根据回转支承结构的型式分别按式(S.4)～式(S.7)计算：

a)　单排球式：

$$F_0=f_0d_0^2Z_0\sin\theta \quad \cdots\cdots(S.4)$$

b)　单排交叉滚柱式：

$$F_0=f_0d_0^2l_0\frac{Z_0}{2}\sin\theta \quad \cdots\cdots(S.5)$$

c)　双排球式：

$$F_0=f_0d_0^2Z_0 \quad \cdots\cdots(S.6)$$

d)　三排柱式：

$$F_0=f_0d_0l_0Z_0 \quad \cdots\cdots(S.7)$$

式中：

F_0——回转支承当量静容量，单位为牛顿(N)，同式(125)；

d_0——钢球或滚柱直径，对圆锥形滚柱 d_0为中径，单位为毫米(mm)；

θ——公称接触角，对单排球式 θ 为 50°；对交叉滚柱式 θ 为 45°；

f_0——静容量系数，由滚道表面硬度决定，按表 S.1 选取，单位为牛顿每毫米(N/mm)；

l_0——滚柱的接触长度，对单排交叉滚柱式，滚柱为圆柱形，l_0取为0.75d_0；对三排柱式或采用圆锥滚柱、腰鼓形滚柱的交叉滚柱式，l_0取为0.85d_0，单位均为毫米(mm)；

Z_0——钢球或滚柱个数，对双排球式或三排柱式，Z_0为上排滚动体个数，Z_0按式(S.8)计算。

$$Z_0=\frac{\pi D_0 1\,000-d_0}{d_0+b} \qquad \text{(S.8)}$$

式中：

D_0——上排滚动体中心圆直径。按上式计算的Z_0值，对单排球式及双排球式应圆整至较小的整数；对单排交叉滚柱式及三排柱式应圆整至较小的偶数，单位为米(m)。

b——隔离块有效隔离宽度，按表S.2选取，单位为毫米(mm)。

d_0——同式(S.4)～式(S.7)。

表S.1 静容量系数 f_0

滚道表面硬度 HRC		60	59	58	57	56	55	53	51	50	48	46
静容量系数 N/mm²	单排及双排球式	58	53	49	44	40	38	31	25	22	16	10
	交叉滚柱及三排柱式	116	106	98	88	80	76	62	50	44	32	20

表S.2 隔离块有效隔离宽度 b

单位为毫米

钢球或滚柱直径 d_0	16	20	25	32	40	50	60
隔离块有效隔离宽度 b	3	3	4	4	5	5	6

S.3 安装螺栓的静强度验算和最小拧入深度

S.3.1 安装螺栓的静强度验算

回转支承安装螺栓的静强度应满足式(S.9)。

$$F_{sp}\geqslant F_{P\max} \qquad \text{(S.9)}$$

式中：

F_{sp}——螺栓应力达到螺栓材料屈服点90%时的最大允许载荷，按表S.3选取，单位为牛顿(N)；

$F_{P\max}$——螺栓实际最大载荷，单位为牛顿(N)，按式(S.10)计算。

$$F_{P\max}=F_1+K_cF_N \qquad \text{(S.10)}$$

式中：

F_1——螺栓初始预紧力，单位为牛顿(N)，按式(S. 11)计算；

K_c——载荷叠加系数，K_c取为0.25；

F_N——工作载荷，单位为牛顿(N)，按式(S.12)计算。

$$F_1=(0.6\sim 0.7)\sigma_s A_S \qquad \text{(S.11)}$$

式中：

σ_s——螺栓材料的屈服点，单位为牛顿每平方毫米(N/mm²)；

A_S——螺纹有效截面积，标准螺栓的A_S值可按表S.3选取，单位为平方毫米(mm²)。

$$F_N=\frac{K_gM}{D_1 n}-\frac{F_V}{n} \qquad \text{(S.12)}$$

式中：

K_g——载荷分配系数，对单排球式及双排球式，$K_g=4.37$；对交叉滚柱式及三排柱式，$K_g=4.10$；

n——回转支承内圈安装螺栓数；

D_1——回转支承内圈安装螺栓孔分布圆直径，单位为米(m)；

M——同式(S.1)；

F_V——同式(S.1)。

表 S.3　螺栓最大允许载荷和预紧力矩(摩擦系数 $\mu=0.14$)

螺栓性能等级			8.8			10.9			12.9		
螺栓材料屈服点			640 N/mm²			900 N/mm²			1 080 N/mm²		
螺纹规格	螺纹有效截面积 A_S mm²	螺纹最小截面积 A_{d1} mm²	最大允许载荷 F_{sp} N	理论预紧力矩 M_{sp} N·m	实际使用预紧力矩 M_p N·m	最大允许载荷 F_{sp} N	理论预紧力矩 M_{sp} N·m	实际使用预紧力矩 M_p N·m	最大允许载荷 F_{sp} N	理论预紧力矩 M_{sp} N·m	实际使用预紧力矩 M_p N·m
M5	14.2	12.7	6 350	6	5.5	8 950	8.5	7.5	10 700	10	9
M6	20.1	17.9	9 000	10	9.0	12 600	14	12.5	15 100	17	15
M8	36.6	32.8	16 500	25	22.5	23 200	35	31.5	27 900	41	36
M10	58.0	53.3	26 200	49	44	36 900	69	62	44 300	83	75
M12	84.3	76.2	38 300	86	77.5	54 000	120	110	64 500	145	130
M14	115	105	52 500	135	120	74 000	190	170	88 500	230	210
M16	157	144	73 000	210	190	102 000	295	265	123 000	355	320
M18	192	175	88 000	290	260	124 000	405	365	148 000	485	435
M20	245	225	114 000	410	370	160 000	580	520	192 000	690	620
M22	303	282	141 000	550	500	199 000	780	700	239 000	930	840
M24	353	324	164 000	710	640	230 000	1 000	900	276 000	1 200	1 080
M27	459	427	215 000	1 050	950	302 000	1 500	1 350	363 000	1 800	1 620
M30	561	519	262 000	1 450	1 300	368 000	2 000	1 800	442 000	2 400	2 160
M33	694	647	326 000			458 000			550 000		
M36	817	759	382 000			538 000			645 000		
M39	976	913	460 000			646 000			776 000		
M42	1 120	1 045	526 000			739 000			887 000		
M45	1 300	1 224	614 000	由实验决定		863 000	由实验决定		1 035 000	由实验决定	
M48	1 470	1 377	692 000			973 000			1 167 000		
M52	1 760	1 652	833 000			1 171 000			1 406 000		
M56	2 030	1 905	959 000			1 349 000			1 619 000		
M60	2 360	2 227	1 120 000			1 576 000			1 801 000		

注：$M_p=0.9M_{sp}$。

S.3.2 螺栓最小拧入深度

当回转支承与其相连接的上下支座采用螺纹孔安装时，螺栓在上下支座上的最小拧入深度应符合表 S.4 的规定。

表 S.4 上下支座上的最小拧入螺纹深度

螺纹性能等级		8.8	8.8	10.9	10.9	12.9	12.9
螺纹直径 d 与螺距 p 之比(d/p)		<9	≥9	<9	≥9	<9	≥9
上下支座材料的屈服点 σ_s	≥280 N/mm²	1.0d	1.25d		1.4d		1.6d
	≥500 N/mm²	0.9d	1.00d		1.2d		1.4d
	≥900 N/mm²	0.8d	0.90d		1.0d		1.1d
注：当螺纹规格不大于 M30 时取 $d/p<9$，大于或等于 M33 时取 $d/p\geqslant 9$。							

附　录　T
（资料性附录）
导线的载流量

导线载流量按式（T.1）计算。

$$I_Z = K_a K_t K_j I_g \qquad \cdots\cdots\cdots\cdots\cdots\cdots\cdots\cdots\text{(T.1)}$$

式中：

I_Z ——导线的载流量，单位为安培（A）；

K_a ——电缆或穿管电线多根并列敷设校正系数，一般对穿钢管电线取 0.9，对电缆取 0.8；

K_t ——环境温度校正系数，常用值见表 T.1，K_t 值也可按式（T.2）计算；

K_j ——重复短时工作制的接电持续率校正系数，工作循环时间取为 10 min，常用值见表 T.2，K_j 值也可按式（T.3）计算；

I_g ——电线电缆载流量的基准值，由电缆制造商提供，单位为安培（A）。

$$K_t = \sqrt{\frac{t_1 - t_0}{t_1 - t_2}} \qquad \cdots\cdots\cdots\cdots\cdots\cdots\cdots\cdots\text{(T.2)}$$

式中：

t_1——线芯最高工作温度，单位为摄氏度（℃）；

t_0——工作环境温度，单位为摄氏度（℃）；

t_2——额定工作环境温度，25 ℃（或 45 ℃）。

$$K_j = \sqrt{\frac{1 - e^{-\frac{600}{t}}}{1 - e^{-\frac{600JC}{t}}}} \qquad \cdots\cdots\cdots\cdots\cdots\cdots\cdots\cdots\text{(T.3)}$$

式中：

JC ——接电持续率；

t ——导线发热时间常数，由电缆制造商提供，单位为秒（s）。

表 T.1　导线载流量的温度校正系数 K_t

额定工作环境温度 ℃	线芯最高工作温度 ℃	工作环境温度 ℃										
		+25	+30	+35	+40	+45	+50	+55	+60	+65	+70	+75
+25	+60	1.000	0.926	0.845	0.756	0.655	0.535	—	—	—	—	—
	+65	1.000	0.935	0.865	0.791	0.707	0.612	0.500	—	—	—	—
	+70	1.000	0.943	0.882	0.816	0.745	0.667	0.577	0.471			
+45	+65	—	1.323	1.225	1.118	1.000	0.866	0.707	—	—	—	—
	+70	—	1.265	1.183	1.095	1.000	0.894	0.775	0.632	—	—	—
	+80	—	1.195	1.134	1.069	1.000	0.926	0.845	0.756	0.655	0.535	—
	+85	—	1.173	1.118	1.061	1.000	0.935	0.866	0.791	0.707	0.612	0.500

表 T.2 导线的接电持续率校正系数 K_j

导线型号	接电持续率%	线芯截面积 mm²												
		1.5	2.5	4	6	10	16	25	35	50	70	95	120	150
BX、BX 铜芯橡皮线	25	1.313	1.417	1.477	1.550	1.614	1.678	1.754	1.790	1.834	1.849	1.876	1.880	1.898
	40	1.149	1.212	1.249	1.296	1.336	1.377	1.425	1.448	1.476	1.486	1.503	1.505	1.517
YC、YCW、CF、CFR 单芯电缆	25	1.250	1.304	1.324	1.398	1.461	1.520	1.604	1.645	1.701	1.742	1.784	1.807	1.830
	40	1.111	1.143	1.155	1.200	1.240	1.277	1.330	1.356	1.391	1.417	1.444	1.459	1.473
YC、YCW、CF、CFR 三芯电缆	25	1.490	1.531	1.590	1.640	1.696	1.750	1.808	1.803	1.838	1.865	1.887	1.902	1.912
	40	1.258	1.284	1.321	1.353	1.388	1.422	1.460	1.479	1.479	1.495	1.510	1.519	1.526

表 T.3 导线载流量的基准

线芯截面积 mm²	铜芯电缆						重型橡套电缆				船用电缆			
	BX、BXR 铜芯橡皮线		BV、BVR 铜芯塑料线		发热时间常数 s		YC、YCW 单芯电缆		YC、YCW 三芯电缆		CF、CFR 单芯电缆		CF、CFR 三芯电缆	
	25 ℃时载流量 A						25 ℃时载流量 A	发热时间常数 s	25 ℃时载流量 A	发热时间常数 s	45 ℃时载流量 A	发热时间常数 s	45 ℃时载流量 A	发热时间常数 s
	明敷	穿管	明敷	穿管	明敷	穿管								
1.5	27	18	24	17	86	184	—	—	—	—	20	152	14	307
2.5	35	25	32	24	116	248	37	179	26	347	26	179	19	347
4	45	33	42	31	138	295	47	190	34	419	35	190	25	419
6	58	43	55	41	172	368	52	235	43	497	44	235	32	497
10	185	60	75	57	212	453	75	282	63	613	61	282	44	613
16	110	77	105	73	267	571	112	336	84	774	81	336	58	774
25	145	100	138	95	370	791	148	438	115	1 050	105	438	77	1 050
35	180	122	170	115	442	945	183	506	142	1 020	135	506	94	1 020
50	230	154	215	146	573	1 230	226	626	176	1 270	165	626	120	1 270
70	285	193	265	183	641	1 370	289	746	224	1 540	205	746	145	1 540
95	345	235	325	225	797	1 770	353	917	273	1 870	250	917	180	1 870
120	400	270	375	260	820	1 750	415	1 040	316	2 180	290	1 040	205	2 180
150	470	310	430	300	980	2 090	—	—	—	—	335	1 200	240	2 450

注 1：本表数值以长期工作制（*JC*100%），环境温度＋25 ℃（或＋45 ℃）时的载流量为基准值。

注 2：表中穿管电线载流量以三根单芯电线穿钢管空气中敷设情况为基准。为简化起见，塔式起重机上所用电线不论其敷设方式，敷设部位，一般按三根单芯电线穿钢管空气中敷设选用截面，当穿管电线根数超过三根时，选用的截面适当降低载流量。

附　录　U
（规范性附录）
无线控制装置和控制系统的附加要求

U.1　总则

当未经授权而使用的措施被激活时，发射器不应发射信号。

U.2　控制装置限制器

U.2.1　发射器的激活应显示在发射器上，并不应起动起重机的任何动作。

U.2.2　只有当其接收的帧包含正确的地址和正确的命令时，接收器才应输出运行命令到控制系统。

U.2.3　只有在至少接收到一个无任何运行命令但包含起动命令的正确的帧的情况下，起重机开关才应接通动力（即控制在“on”状态）。

U.2.4　任何情况造成起重机停机后（如电源故障、更换电池或丢失信号的情况），为避免意外动作，系统只能在起重机操作者将控制装置回复至“off”一段适当的时间后，例如接收到至少一个没有任何运行命令的帧后，才能输出会引起任何起重机动作的运行命令。

U.2.5　每当起重机开关断开时，从接收器输出的有关起重机动作的所有运行命令应停止。

U.3　停机

U.3.1　执行停机功能的无线控制系统的部分，是GB/T 16855.1－2008的3.1定义的起重机控制系统的安全相关部件。

U.3.2　当在1.0 s内没有正确接收到有效帧时，控制系统应激发停止所有起重机动作的命令。应对预知的起重机使用情况进行试验，以确保额外的危险不会导致这个时间值延长。

U.3.3　除非接收器监测到控制系统状态与接收器的输出状态相符，否则U.3.2中的停机也应断开起重机开关。如果接收器监测到控制系统状态与接收器的输出状态相符，则起重机开关断开可最多延迟到5 min。

U.3.4　如果GB 5226.2—2002的9.2.5.4.2要求的0类的紧急停机功能导致任何额外风险，则停机功能可为1类。

U.4　串行数据通信

U.4.1　在无线控制装置运行过程中，帧应重复发送。

U.4.2　系统应为除以20的一帧中的总位数，提供一个至少为4的汉明距离，以确保传输可靠性，或者提供其他可以保证同等级别可靠性的措施，从而使通过一个错误帧的概率小于10^{-8}。

U.5　多人操作的控制站的使用

U.5.1　从一个发射器到另一个发射器的控制转移应是不可能的，除非已通过特别为此目的而设计的有意动作，使第一台发射器无效。

U.5.2 应有措施,使几个成对的发射器/接收器能在传输范围内,没有相互有害干扰地运行。

U.5.3 U.5.2 中的措施应予以保护,以防止偶然或意外变化。

U.6 电池供电的操作人员控制站

(当发射器的电池电压变低,以致不能保证可靠传输时)在警告和 GB 5226.2—2002 的 9.2.7.6 要求的时间后,发射器应自动进入锁定关闭状态(即接收器停止起重机所有动作,起重机开关断开)。

U.7 接收器

接收器应能承受 GB/T 2423.56—2006 中试验 Fd 的随机宽带振动试验。

U.8 警示

如预计人员有可能在起重机或起重机部件(例如行走起重机、回转平衡重)附近,且有被困住、撞到等风险,则至少应有下列标志和警告:

a) 起重机入口处:起重机配有无线控制系统的标志;且

b) 下列任选其一:

 1) 无线控制系统工作时,持续的视觉警告;或

 2) 起重机动作前,自动听觉和/或视觉警告。

附 录 V
（资料性附录）
本标准使用的符号和代号

本标准使用的符号和代号见表 V.1。

表 V.1 本标准使用的符号和代号表

符号或代号	单位	含 义	备 注
A	m^2	所指构件的特征面积	式(10)、式(12)
A	m^2	总起升载荷在垂直于风向的平面上的投影面积	式(10)
A	m^2	剩余起升载荷在垂直于风向的平面上的投影面积	式(12)
A	m^2	假定的剩余起升载荷投影面积	式(13)
A	mm^2	螺栓螺杆的截面积	式(36)
A	mm^2	销轴截面积	式(43)
A	mm^2	构件毛截面面积	式(46)、式(I.1)、式(J.1)、式(J.2)
A_{01}、A_{02}	mm^2	分别为起重臂 l_1、l_2 臂段的截面积	式(G.17)
A_1、A_2	mm^2	分别为拉索 1 和拉索 2 的截面积	式(G.17)
A_c	m^2	格构式结构件的轮廓面积	式(B.4)
$A_i(A_1 \sim A_3)$	mm^2	杆 i 的截面积	式(G.3)、式(G.4)
$A_i(A_1 \sim A_4)$	mm^2	杆 i 的截面积，且 $A_1 = A_2, A_3 = A_4$	式(G.5)～式(G.6)
$A_i(A_1 \sim A_4)$	mm^2	杆 i 的截面积，且 $A_1 = A_4, A_2 = A_3$	式(G.7)～式(G.8)
A_j	mm^2	所验算截面的净面积	式(29)、式(30)
$\sum_j A_j$	m^2	单根构件及其节点板在格构式结构件平面上的投影面积的总和	式(B.4)
A_l	mm^2	螺栓有效计算面积	式(39)
A_l	mm^2	高强度螺栓有效截面积	式(41)
A_n	—	多层卷绕系数	式(R.6)、式(R.7)
A_S	mm^2	螺纹有效截面积	式(S. 11)
a	m	合力作用点至基础底面最大压力边缘的距离	式(26)
a	—	钢丝绳滑轮组的倍率	式(67)、式(115)
a、b、c、d	mm	几何尺寸	式(G.5)～式(G.6)
a、b、c、d	mm	几何尺寸	式(G.7)～式(G.8)
a_1、a_2、b、c_1、c_2、d	mm	几何尺寸	式(G.3)～式(G.4)
a_q	m/s^2	起升机构的起动平均加速度	式(75)
a_y	m/s^2	动平均加速度	式(85)

表 V.1(续)

符号或代号	单位	含　　义	备　注
a_z	m/s^2	制动平均减速度	式(78)
B_n	—	综合影响系数	式(R.9)、式(R.10)
b	m	基础底面边长	式(23)
b	mm	几何尺寸	式(32)
b	mm	受压翼缘的宽度	式(I.3)
b	mm	隔离块有效隔离宽度	式(S.8)
b_e	mm	尺寸	式(33)
C	—	幂指数	式(5)
C	—	所指构件的空气动力系数	式(10)、式(12)
C	—	总起升载荷沿风向的空气动力系数	式(10)
C	—	剩余起升载荷沿风向的空气动力系数	式(12)
C		威勒曲线斜率	式(103)、式(104)
C	$mm/N^{\frac{1}{2}}$	钢丝绳选择系数	式(116)
C	—	惯性增加率	式(O.12)
C_0	—	无限长直的等截面构件的空气动力系数	式(B.1)
C_{0x}、C_{0y}	—	端部弯矩不等的折减系数	式(J.1)、式(J.2)
C_{Hx}、C_{Hy}	—	横向载荷弯矩系数,可按式(J.4)计算	式(J.1)、式(J.2)
C_f	—	考虑车轮轮缘与轨顶侧面摩擦或牵引供电电缆及集电器摩擦等的附加摩擦阻力系数	式(80)
C_i		大小为 P_{Qi} 的净载荷的工作循环数	式(1)
C_k	—	与电动机类型有关的修正系数	式(O.1)
C_T		塔式起重机的总工作循环数	式(1)
C_δ	mm/N	在所计算的平面内附着支撑的柔度	式(G.2)
c	mm	几何尺寸	式(32)
D	m	按最外层钢丝绳中心计算的卷筒卷绕直径	式(67)
D	mm	车轮踏面直径	式(80)、式(83)
D	mm	油缸内腔直径	式(92)
D	mm	滑轮和卷筒(第一层)钢丝绳中心的卷绕直径	式(119)
D_0	m	滚动体中心圆直径	式(S.1)～式(S.3)
D_0	m	上排滚动体中心圆直径	式(S.8)
D_1	m	回转支承内圈安装螺栓孔分布圆直径	式(S.12)
D_d	mm	卷筒直径	式(R.2)
D_m、δ_1	mm	卷筒几何尺寸	式(R.5)
d	mm	螺栓公称直径	式(37)

表 V.1（续）

符号或代号	单位	含　义	备　注
d	mm	销轴直径	式(44)
d	mm	车轮轴径	式(80)
d	cm	轴外径	式(95)
d	mm	钢丝绳公称直径	式(119)
d	m	构件的特征尺寸	式(B.2)、式(B.5)
d_0	mm	销孔直径	式(32)
d_0	mm	螺栓孔直径	式(37)
d_0	mm	钢球或滚柱直径，对圆锥形滚柱为中径	式(S.4)～式(S.7)
d_1	cm	空心轴的内直径，当为实心轴时，$d_1=0$	式(95)
d_c		每小时全起动次数	式(O.4)、式(O.10)
d_i		每小时点动或不完全起动次数	式(O.4)、式(O.10)
d_{min}	mm	钢丝绳的最小直径	式(116)
E	N/mm²	钢材的弹性模量	式(53)
E_1、E_2	N/mm²	分别为拉索 1 和拉索 2 材料的弹性模量	式(G.17)
e	m	偏心距(合力作用点至基础中心的距离)	式(27)
e	mm	起重臂根部铰接点到起重臂截面形心连线的垂直距离	式(G.18)～式(G.21)
e_0	mm	起重臂根部铰接点到起重臂截面形心连线的垂直距离	式(G.13)～式(G.16)
e_1	mm	几何尺寸	式(37)
e_1、e_2	mm	分别为拉索 1 和拉索 2 在起重臂上的固定点到起重臂截面形心连线的垂直距离	式(G.13)～式(G.16)
e_2	mm	几何尺寸	式(38)
F	N	作用于螺栓螺杆截面的剪力	式(36)
F	N	作用于螺栓的剪力	式(37)
F	N	作用于螺栓的拉力	式(39)
F	N	作用于销轴截面的剪力	式(43)
F	N	作用于销轴连接的外力	式(44)
F_0	kN	钢丝绳整绳最小破断拉力	式(118)
F_0	N	回转支承当量静容量	式(125)
F_1	N	高强度螺栓的预紧力	式(40)、式(42)
F_1	N	螺栓初始预紧力	式(S.10)
F_1、F_2	N	拉(压)力	式(45)
F_1、F_2	N	起重臂拉索力(内力)	式(G.11)、(G.12)
F_{cr}	N	油缸的临界载荷	式(P.1)
F_{eq}	N	回转支承当量外载荷	式(125)

表 V.1(续)

符号或代号	单位	含　义	备　注
F_h	N	作用在回转支承中心的水平力	式(S.1)、式(S.2)
F_i、F_f		初始(i)驱动力和最终(f)驱动力	式(9)
F_k	N	塔式起重机作用于基础顶的垂直载荷	式(23)
$\sum F_{max}$	N	包括臂架及平衡系统的自重载荷、总起升载荷、风载荷P_{W2}、由起重绳正常偏角α_1计算的水平力及臂架系统各转动铰点的摩擦力在变幅动滑轮组上的分力和,在各变幅位置时所有值中取其最大变幅力	式(N.4)
F_N	N	单个高强度螺栓在螺杆轴向所承受的拉力	式(42)
F_N	N	油缸的轴向载荷	式(P.1)
F_N	N	计算轴向力	式(R.5)
F_N	N	工作载荷	式(S.10)
$F_{P\max}$	N	螺栓实际最大载荷	式(S.9)
F_{sp}	N	螺栓应力达到螺栓材料屈服点90%时的最大允许载荷	式(S.9)
F_V	N	作用在回转支承中心的轴向力	式(S.1)~式(S.3)
F_{vk}	N	塔式起重机起重臂与基础底面某一边平行时,作用于基础顶面的水平载荷值	式(24)、式(25)
$\lim F_{lt}$	N	单个高强度螺栓的极限剪切承载能力	式(42)
$\lim F_N$	N	单个高强度螺栓在螺杆轴向所能承受的极限拉力	式(41)
$\lim F_{ts}$	N	单个高强度螺栓的极限承载能力	式(40)
f		每小时电气制动次数	式(O.4)、式(O.10)
f_0	N/mm	静容量系数	式(S.5)~式(S.7)
f_a	N/m^2	修正后的地基承载力特征值	式(23)
f_K	mm	车轮沿轨道的滚动摩擦力臂	式(80)
G	—	稳态负载平均系数	式(L.6)、(L.7)
G_k	N	基础及其上土的自重载荷(重力)	式(23)
g	m/s^2	重力加速度	式(73)、式(81)
g、r	—	折算系数	式(O.10)
H	—	系数	式(N.1)、式(N.3)
h	m	离地面或海面的高度	式(15)
h	m	基础的厚度	式(24)、式(25)
h	mm	起重臂根部连接处至直接支撑整个塔身的平面的垂直距离	式(66)
h	—	卷筒、滑轮和平衡滑轮的卷绕直径与钢丝绳直径之比值	式(119)
h	mm	构件截面的全高	式(I.1)

表 V.1（续）

符号或代号	单位	含义	备注
h	mm	槽钢构件截面的全高	式(I.3)
I	A	最大工作电流	式(128)
I_1、I_2	mm^4	分别为起重臂 l_1、l_2 臂段的截面惯性矩	式(G.13)、式(G.14)
I_a	mm^4	活塞杆横截面惯性矩	式(P.2)
I_{a1}	mm^4	塔身 l_0 段截面按某轴的抗弯截面惯性矩	式(G.2)
I_D	A	电动机的起动电流	式(O.1)
I_e		当量惯性矩	式(J.11)
I_g	A	电线电缆载流量的基准值	式(130)、式(T.1)
I_{hx}、I_{hy}		起重臂分别对虚轴 x-x 和 y-y 的折算截面惯性矩	式(G.10)
I_{max}	A	塔式起重机最大工作电流	式(129)
I_N	A	电动机的额定工作电流	式(O.1)
I_{N1}、I_{N2}、I_{N3}	A	三个机构电动机在额定载荷下的额定工作电流	式(129)
I_X	A	导线载流量	式(130)
I_x、I_y	mm^4	构件对通过形心的强轴(x 轴)或弱轴(y 轴)的毛截面惯性矩	式(48)、式(66)
I_x、I_y		起重臂分别对虚轴 x-x 和 y-y 的截面惯性矩	式(G.10)
I_Z	A	导线的载流量	式(T.1)
i	—	由电动机轴到卷筒轴的总传动比	式(67)
i	—	由制动器轴到卷筒轴的总传动比	式(71)
i	—	由电动机轴到车轮的机构总传动比	式(83)
i	—	由制动器轴到车轮的机构总传动比	式(86)
i	—	从制动器轴到回转支承装置的回转机构总传动比	式(89)
i	—	回转机构总传动比	式(N.3)、式(O.15)
J	$kg \cdot m^2$	所有运动质量换算到电动机轴上的总转动惯量	式(O.2)
$\sum J$	$kg \cdot m^2$	机构对电动机轴的总惯量，即包含直线运动质量和传动机构的全部质量的惯性折算到电动机轴上的转动惯量和电动机轴上自身的转动惯量之和	式(N.2)、式(O.19)
JC		接电持续率	式(T.3)
J_1	$kg \cdot m^2$	电动机转子的传动惯量	式(72)
J_2	$kg \cdot m^2$	电动机轴上制动轮和联轴器的传动惯量	式(72)
J_3	$kg \cdot m^2$	作起升运动的物品的惯量折算到电动机轴上的传动惯量	式(72)
J'_3	$kg \cdot m^2$	作平移运动的全部质量的惯量折算到电动机轴上的转动惯量	式(82)
J_d	$kg \cdot m^2$	电动机转动惯量	式(O.12)
J_e	$kg \cdot m^2$	电动机以外，运动质量折算到电动机轴上的转动惯量	式(O.12)

表 V.1(续)

符号或代号	单位	含　义	备　注
j	—	机械零件工作级别的组别号	式(107)、式(108)
K	—	功率修正系数	式(126)
K	—	功率最大机构电动机的启动电流倍数	式(129)
K_{01}、K_{02}	N/mm	分别为起重臂 l_1、l_2 的轴向刚度	式(G.13)、式(G.14)、式(G.17)
K_Z	—	系数	式(O.6)
K_{zt}	—	铸铁卷筒侧板的安全系数	式(R.11)
k	—	其他传动件的转动惯量折算到电动机轴上的影响系数	式(72)
k	—	系数,与工作级别、联轴器的重要性及所连接的轴有关	式(122)
k	—	电磁离合器的安全系数	式(124)
k	—	截面对称系数	式(I.1)
k	—	系数	式(J.4)
k'	—	钢丝绳最小破断拉力系数	式(117)
k_s	—	支撑条件系数	式(P.2)
L	m	导线有效长度	式(128)
L_a	mm	油缸行程	式(92)
l	m	轴的支点间距	式(95)
l	m	构件长度	式(B.3)
l	mm	构件的实际几何长度	式(G.1)
l	mm	受压翼缘的计算(自由)长度	式(I.3)
l	mm	油缸计算长度	式(P.2)
l_0	mm	附着点之间或附着点与基础或附着点与底座之间的距离	式(G.2)
l_0	mm	滚柱的接触长度	式(S.5)、式(S.7)
l_1、l_2、l_3、αl_1、βl_2、γl_3	mm	各相关尺寸	式(G.13)~式(G.17)
l_1、l_2、l_3、αl_1、βl_2、γl_3	mm	各相关尺寸,其中 l_1、l_2、l_3 为拉索 1 和拉索 2 的延长线与起重臂截面形心连线相交后得到的尺寸	式(G.18)~式(G.21)
l_a	m	构件的空气动力长度	式(B.2)
l_c	mm	构件的计算长度	式(47)
l_c	mm	受压构件的计算长度	式(G.1)
$l_i(l_1 \sim l_3)$	mm	杆 i 的长度	式(G.3)~式(G.4)
$l_i(l_1 \sim l_4)$	mm	杆 i 的长度,且 $l_1=l_2$、$l_3=l_4$	式(G.5)~式(G.6)
$l_i(l_1 \sim l_4)$	mm	杆 i 的长度,且 $l_1=l_4$,$l_2=l_3$	式(G.7)~式(G.8)
l_i	m	变幅动滑轮组在变幅位置 i 处的行程	式(O.17)

表 V.1(续)

符号或代号	单位	含　义	备　注
l_{i+1}	m	变幅动滑轮组在变幅位置 $i+1$ 处的行程	式(O.17)
M	N·m	卷筒的转矩	式(L.3)
M	N·m	作用在回转支承中心的倾覆力矩	式(S.1)～式(S.3)
M_0	N·mm	构件的端部弯矩	式(J.8)
M_{0x}、M_{0y}	N·mm	构件的端部弯矩	式(J.1)、式(J.2)
M'_{0x}/M_{0x}、M'_{0y}/M_{0y}	—	结构件两端的端部弯矩比值	式(J.3)
M_1、M_2、M_3 $\cdots M_N$	N·m	为包括电动机转动及移动质量全部惯性力在内的各个阶段的转矩值	式(L.8)
M_a	N·m	等效坡道阻力矩	式(87)、式(O.15)
M_a	N·m	电动机平均加速转矩	式(O.4)
M_{aI}	N·m	由钢丝绳正常偏摆角 α_I 计算的回转水平阻力矩	式(N.3)
$M_{a\max}$	N·m	回转最大坡道阻力矩	式(N.3)
M_C	N·m	换算到电动机轴上的等效回转力矩	式(88)
M_d	N·m	起动时(转速 $n=0$ 时)电动机轴上具有的转矩	式(68)
M_{dj}	N·m	满载、上坡、迎风时作用于电动机轴上的稳态运行阻力矩	式(82)
M_{dq}	N·m	电动机平均起动转矩	式(72)
M_{eq}	N·m	等效回转稳态阻力矩	式(87)、式(L.4)
M_H	N·mm	横向载荷在构件中引起的弯矩	式(J.8)
M_{Hx}、M_{Hy}	N·mm	由横向载荷在构件中引起的最大弯矩	式(J.1)、式(J.2)
M'_j	N·m	稳态下降额定载荷时电动机制动轴上的转矩	式(76)
M_k	N·m	塔式起重机起重臂与基础底面某一边平行时，作用于基础顶面的力矩值	式(24)、式(25)
M_L	N·m	联轴器的计算转矩	式(121)
M_L	N·m	电磁离合器的计算转矩	式(123)
$[M_L]$	N·m	联轴器的许用转矩	式(121)
$[M_L]$	N·m	电磁离合器规格参数表中给出的额定转矩	式(123)
M'_L	N·m	需要联轴器传递的转矩	式(122)
M'_L	N·m	电磁离合器的计算基本载荷	式(124)
M_m	N·m	回转摩擦阻力矩，主要是回转支承装置的摩擦阻力矩	式(87)、式(N.3)、式(O.15)
M_m	N·m	不考虑起制动阶段的电动机平均阻转矩	式(O.3)、式(O.5)
M_{med}	N·m	等效平均阻力矩	式(L.8)
M_N	N·m	稳态起升总起升载荷的转矩	式(67)、式(68)

表 V.1(续)

符号或代号	单位	含　义	备　注
M_n	N·m	电动机的额定转矩	式(74)
M_r	N·m	电动机静阻力转矩	式(O.8)
M_{re}	N·m	最不利工作循环的等效平均阻力转矩	式(O.6)
M_{ri}	N·m	工作时间 t_i 内相应的电动机阻力转矩,包括启、制动转矩	式(O.7)
M_W	N·m	正常工作状态下的等效风阻力矩	式(87)
M_W	N·m	由 P_{W3} 引起的最大风阻力矩	式(N.3)
M_W	N·m	由 P_{W3} 引起的风阻力矩	式(O.15)
M_x	N·mm	绕构件强轴(x 轴)作用的最大弯矩	式(57)
M_x、M_y	N·mm	构件计算截面上对强轴(x 轴)和对弱轴(y 轴)的弯矩	式(52)、式(58)
M_Z	N·m	起升机构制动器轴上所需的制动转矩	式(71)
M_Z	N·m	运行机构制动转矩	式(86)
M_Z	N·m	回转机构的制动转矩	式(88)
m	kg	塔式起重机的总起升质量	式(81)
m	—	受压翼缘对弱轴(y 轴)的惯性矩与全截面对弱轴(y 轴)的惯性矩之比	式(I.1)
m		运行机构电动机台数	式(L.2)
m		电动机台数	式(N.1)～式(N.4)、式(O.14)、式(O.15)、式(O.17)、式(O.19)
m'		电动机台数	式(82)
m_a	—	坡道阻力系数	式(N.2)、式(O.14)、式(O.19)
m_H	kg	起升载荷质量	式(8)
m_H	kg	总起升载荷的质量	式(13)
Δm_H	kg	在空中突然卸除的部分起升载荷质量(通常为有效起重量)	式(8)
Δm_H	kg	非工作状态要求从总起升载荷中卸除的起升载荷(通常为有效起升载荷或净起升载荷)的质量	式(14)
m_i	kg	塔式起重机或小车的质量	式(81)
m_z		制动器台数	式(86)
N	N	作用于连接处的轴向力	式(29)、式(31)～式(33)
N	N	构件的轴向压力	式(46)、式(J.1)
N	N	塔身与臂架连接处以上塔身顶部所有垂直力(包括塔身自重在此处的折算力)的合力	式(65)

表 V.1（续）

符号或代号	单位	含　义	备　注
N'	N	作用于连接处的计算轴向力	式(30)
N_2		拉索力 F_2 为单位力时引起的拉索力 F_1 之内力	式(G.12)
N_E	N	欧拉临界载荷 N_{Ex} 和 N_{Ey} 中的较小者	式(65)
N_E		分为与 C_{Hx}、C_{Hy} 相对应的 N_{Ex}、N_{Ey}	式(J.4)
N_{Ex}、N_{Ey}	N	分别为构件对强轴（x 轴）和对弱轴（y 轴）的名义欧拉临界力	式(52)
N_P		载荷（吊重）P_i 和自重 q_i 引起的拉索力 F_1 之内力	式(G.12)
n		结构件一端或对称连接一边的高强度螺栓数	式(31)
n	r/min	电动机额定转速	式(72)、式(N.2)、式(N.3)、式(O.19)
n		油缸数目	式(92)
n	—	钢丝绳最小安全系数	式(117)
n	r/min	卷筒的转速	式(L.3)
n	r/min	回转速度	式(L.4)
n	r/min	电动机转速	式(L.9)
n		回转支承内圈安装螺栓数	式(S.12)
n'	r/min	满载（额定载荷）下降且制动器投入有效制动转矩时的电动机转速	式(76)
n_1		所验算截面处（连接接头的最外列螺栓处）的高强度螺栓数	式(31)
n_b	—	与钢材的抗拉强度及载荷组合相对应的安全系数	式(94)
n_{cr}	r/min	轴的临界转速	式(95)
n_i		结构件或机械零件中大小为 σ_i 的应力的循环数	式(5)
n_m	r/min	电动机在 P_m 时的转速	式(O.1)
n_m	r/min	电动机转速	式(O.6)
$n_{\max}$	r/min	轴的实际最大转速	式(95)
n_r	—	幂指数	式(20)
n_r	—	疲劳安全系数	式(109)～式(111)
n_s	—	与钢材的屈服点及载荷组合相对应的安全系数	式(93)
n_T		结构件或机械零件的总应力循环数	式(5)
P_1、P_2、P_3	N	载荷（吊重）	式(G.16)
P_a	N	坡道阻力	式(79)
P_a	N	行走轨道坡度等引起的变幅阻力	式(90)
P_c	N	变幅过程中臂架系统相对回转中心线的径向惯性力引起的变幅阻力	式(90)

表 V.1(续)

符号或代号	单位	含　义	备　注
P_D	N	塔式起重机运行停机减速惯性力	式(21)
P_e	N	臂架系统在塔式起重机回转时的离心力引起的变幅阻力	式(90)
P_e	kW	回转机构电动机的等效回转功率	式(L.4)
P_e	kW	动臂变幅机构电动机的等效变幅功率	式(L.5)
P_f	N	塔式起重机运行摩擦阻力	式(21)
P_f	N	非工作状态下塔式起重机的运行摩擦阻力	式(22)
P_f	N	臂架铰轴等关节中的摩擦力和补偿滑轮组的效率造成的变幅阻力	式(90)
P_{Id}	N	动臂变幅机构等效阻力	式(91)
P_{Ii}	N	臂架从位置 i 到位置 $i+1$ 幅度区段上两个相邻计算位置的变幅阻力的平均值	式(91)
P_{Ii}	N	在第 i 个变幅位置,由包括臂架及平衡系统自重、总起升载荷、风载荷 P_{W3}、由起重绳偏摆角 α_I 计算的水平力及臂架系统各转动铰点的摩擦力等产生的在变幅动滑轮组上的分力之和	式(O.16)
P_i	N	机构在工作期限内承受的各个不同载荷的大小	式(3)
P_j	N	稳态运行阻力	式(79)
P_l	N	臂架系统自重未能完全平衡引起的变幅阻力	式(90)
P_m	N	运行摩擦阻力	式(79)
P_m	kW	一个循环期内恒速工作时电动机的平均功率	式(O.1)
P'_m	N·m	不考虑轮缘与轨道侧面附加摩擦的摩擦阻力	式(86)
$P_{\max}$	N	机构承受的最大载荷	式(3)
P_{med}	kW	等效平均功率	式(L.9)
P_N	kW	未修正的所需电动机的功率	式(126)
P_N	kW	电动机的稳态起升功率	式(L.1)
P_N	kW	电动机的稳态运行功率	式(L.2)
P_N	kW	电动机的稳态变幅功率	式(L.3)
P_N	kW	电动机的额定功率	式(N.1)～式(N.4)、式(O.6)
P_N	kW	起升机构电动机的静功率	式(O.18)
P'_N	kW	根据环境温度和海拔修正后用来选用电动机的功率	式(126)
P_n	kW	所选电动机在相应的 CZ 值和实际接电持续率 JC 值下的功率	式(L.6)、式(L.7)
P_o	N	变幅时吊运物品非水平位移所引起的变幅阻力	式(90)

表 V.1(续)

符号或代号	单位	含　义	备　注
P_Q	N	总起升载荷,即总起重量的重力,包括额定起重量、吊具及部分悬垂的钢丝绳等质量的重力	式(67)
P_{Qi}	N	塔式起重机在预期寿命期限内起升的各个不同的净载荷的大小	式(1)
$P_{Q\max}$	N	塔式起重机的最大净载荷(额定起重量的重力)	式(1)
P_S	N	偏斜运行时的水平侧向载荷	式(C.1)
P_S	kW	稳态平均功率	式(O.11)、式(O.14)、式(O.15)
P_S	kW	运行机构电动机发热计算功率	式(O.19)
P_{S1}	kW	连续工作制(S1)时电动机的额定功率	式(O.1)
P_{sh}	N	作用在吊运物品上的风载荷、塔式起重机回转时吊运物品的离心力以及变幅、回转、运行起动或制动时在吊运物品上造成的水平惯性力等引起的起升滑轮组对铅垂线的偏角 α 造成的变幅阻力	式(90)
P_W	N	作用在臂架系统上的风载荷引起的变幅阻力	式(90)
P_{W1}	N	验算工作状态下塔式起重机结构时,垂直作用在所指构件纵轴线上的风载荷	式(10)
P_{W1}	N	工作状态沿风向作用在总起升载荷上的风载荷	式(10)
P_{W2}	N	验算工作状态下起动驱动力时,垂直作用在所指构件纵轴线上的风载荷	式(10)、式(N.2)
P_{W3}	N	验算工作状态下控制运动的驱动力时,垂直作用在所指构件纵轴线上的风载荷	式(10)
P_{WN}	N	非工作状态垂直作用在所指构件纵轴线上的风载荷	式(12)
P_{WN}	N	沿风向作用在剩余起升载荷上的风载荷	式(12)
P_Z	N	动臂变幅机构的变幅阻力	式(90)
P_{Z1}	N	运行机构制动器在车轮踏面上产生的制动力	式(21)
P_{Z2}	N	制动器、夹轨器等装置沿轨道方向产生的抗风防滑阻力	式(22)
$P_{\alpha G}$	N	自重载荷沿坡道方向产生的滑行力	式(21)
$P_{\alpha Q}$	N	额定起升载荷沿坡道方向产生的滑行力	式(21)
$P_{\alpha Q1}$	N	剩余起升载荷沿坡度产生的滑行力	式(22)
P_Σ	N	运动部分所有质量的重力,包括吊运物品和塔式起重机或小车等质量的重力	式(80)、式(O.14)、式(O.19)
P_ξ	—	电动机断续定额与连续定额的损耗比	式(O.20)
$\sum P$	N	承受侧向载荷一侧的端梁上与有效轴距有关的相应车轮经常出现的最大轮压之和	式(C.1)、式(N.2)

表 V.1 (续)

符号或代号	单位	含　义	备　注
p_1	mm	几何尺寸	式(38)
p_2	mm	几何尺寸	式(38)
p_d	mm	钢丝绳沿卷筒轴向卷绕的节距	式(R.1)
p_k	N/m^2	基础底面处的平均压应力值	式(23)
$p_{k\max}$	N/m^2	基础底面边缘的最大压应力值	式(24)
$p_{k\min}$	N/m^2	基础底面边缘的最小压应力值	式(25)
p_n	N/m^2	非工作状态计算风速为 v_n 时的计算风压	式(12)、式(15)
$p_n(h)$	N/m^2	高度 h 处的非工作状态计算风压	式(17)
p_w	N/m^2	工作状态计算风速为 v_w 时的计算风压	式(10)、式(11)
q_1、q_2、q_3	N/mm	起重臂单位长度自重	式(G.16)
R		$R=(a_1+b/2)\sin\beta_3+c_1\cos\beta_3$	式(G.3)～式(G.4)
R_e	—	雷诺数	式(B.5)
R_n	—	电动机运行后的温升与连续定额时温升的比率	式(O.20)
$R_{n\xi}$	—	运行后的温升与断续定额时温升的比率	式(O.20)
r	mm	滑轮、卷筒的绳槽半径	式(120)
$r(r_x、r_y、r_{xy})$	—	应力循环特性值	式(59)
r_x、r_y	mm	构件毛截面对通过形心的强轴(x 轴)或弱轴(y 轴)的回转半径	式(47)
S	N	钢丝绳最大工作静拉力	式(116)、式(R.1)
S	mm^2	导线截面	式(128)
$\hat{S}$		驱动力引起的载荷效应	式(9)
ΔS		由驱动力变化量 $\Delta F(\Delta F=F_i-F_f)$ 引起的载荷效应变化量	式(9)
S_1、S_2	mm	分别为拉索 1 和拉索 2 的长度	式(G.17)
S_i、S_f		由 F_i 和 F_f 引起的初始(i)载荷效应和最终(f)载荷效应	式(9)
s_1、s_2	mm	被连接件之间的间隙	式(45)
T	℃	起重机结构的工作环境温度	式(D.6)、式(D.7)
T	s	一个工作循环的总时间	式(O.1)
t	mm	几何尺寸	式(32)
t	mm	螺栓挤压面厚度(不含有螺纹部分)	式(37)
t	mm	销轴挤压面厚度	式(44)
t	mm	构件材料厚度	式(D.4)、式(D.5)
t	s	导线发热时间常数	式(T.3)
t_0	℃	工作环境温度	式(T.2)

表 V.1（续）

符号或代号	单位	含　义	备　注
t_1	℃	线芯最高工作温度	式(T.2)
$t_1, t_2, t_3, \cdots, t_n$		发生不同转矩的时间段，静止时间不计入	式(L.8)
$t_{1,3}$	mm	$t_{1,3}=\max(t_1, t_3)$，t_1、t_3 为被连接件的厚度	式(45)
t_2	℃	额定工作环境温度	式(T.2)
$t_{2,3}$	mm	$t_{2,3}=\max(t_2, t_3)$，t_2、t_3 为被连接件的厚度	式(45)
t_b	mm	构件受压翼缘厚度	式(I.1)
t_b	mm	构件受压翼缘的平均厚度	式(I.3)
t_E	s	一个循环期内起动制动的等效时间	式(O.1)
t_i	h	机构承受的大小为 P_i 的载荷的持续时间	式(3)
t_i	s	P_{Ii} 的作用时间	式(91)
t_i	s	机构工作循环中各运转时间，不包括停机时间	式(O.7)
t_i	s	每一变幅位置间隔所需要时间	式(O.16)
t_N	s	一个循环期内恒速工作的时间	式(O.1)
t_T	h	(机构承受的)所有不同载荷作用的总持续时间	式(3)
t_q	s	起升机构的起动时间	式(72)
t_q	s	运行机构的起动时间	式(82)、式(N.2)
t_q	s	机构起动时间	式(O.19)
t_S	s	一个循环期内停止的时间	式(O.2)
t_z	s	起升机构的制动时间	式(76)
t_z	s	运行机构制动时间	式(86)
t_z	s	回转机构制动时间	式(88)
ΔU	V	导线的电压降	式(128)
V	L	油箱容积	式(92)
v	m/s	风速	式(B.5)
v_b	m/s	50 年一遇的 10 min 时距平均暴风风速	式(16)
v_b	m/s	变幅动滑轮组的移动速度	式(L.5)、式(N.4)、式(O.17)
v_b	m/s	额定变幅速度	式(O.16)
v_h	m/s	稳定起升速度	式(7)
v_n	m/s	非工作状态计算风速	式(15)
$v_n(h)$	m/s	高度 h 处的非工作状态计算风速	式(16)
v_q	m/s	起升速度	式(75)、式(L.1)、式(O.11)、式(O.18)
v_q	m/s	额定起升速度	式(N.1)

表 V.1(续)

符号或代号	单位	含　　义	备　注
v'_q	m/s	满载下降且制动器开始有效制动时的下降速度	式(78)
v_w	m/s	工作状态计算风速	式(11)
v_y	m/s	塔式起重机的稳定运行速度	式(85)
v_y	m/s	运行速度	式(L.2)、式(N.2)
v_y	m/s	起重机或小车运行速度	式(O.14)、式(O.19)
W	m^3	基础地面的抵抗矩	式(24)、式(25)
W	mm^3	销轴截面的抗弯模量	式(45)
W_x	mm^3	按受压最大纤维确定的毛截面抗弯模量	式(57)
W_x	mm^3	按受压最大纤维确定的截面对强轴(x 轴)的抗弯模量	式(I.1)
W_x、W_y	mm^3	构件计算截面对强轴(x 轴)和对弱轴(y 轴)的抗弯模量	式(52)、式(58)
W_x、W_y	mm^3	构件计算截面对强轴(x 轴)和对弱轴(y 轴)的抗弯模量	式(J.1)、式(J.2)
Z		电动机每小时折算全起动次数	式(O.9)
Z_0		钢球或滚柱个数	式(S.4)~式(S.7)
Z_A	—	(钢材质量组别选择的)残余应力影响评价系数	式(D.1)
Z_B	—	(钢材质量组别选择的)材料厚度影响评价系数	式(D.4)、式(D.5)
Z_C	—	(钢材质量组别选择的)工作环境温度影响评价系数	式(D.6)、式(D.7)
Z_s		接头摩擦面数	式(40)、式(42)
α	—	系数	式(37)
α	—	系数	式(44)
α	(°)	轨道倾斜的角度	式(81)
α	—	相对空气动力长度	式(B.3)
α_1、α_2、α_3	—	系数	式(H.1)
β	—	载荷分配系数	式(41)
β_2	—	按起升状态级别设定的系数	式(7)
β_3	——	(计算突然卸载动力系数 ϕ_3 用的)系数	式(8)
β_b	—	简支梁受横向载荷的等效临界弯矩系数	式(I.1)
β_i(β_1~β_3)		杆 i 的角度	式(G.3)~式(G.4)
Δ_H	mm	横向载荷引起的变形	式(J.8)
Δ_m	mm	塔身中心线处的弯矩 M 引起的起重臂根部连接处的水平位移	式(65)
Δ_p		力法广义荷载位移	式(G.11)
Δ_x	mm	起重臂根部连接处的水平静位移	式(65)
δ	—	力法位移系数	式(G.11)
δ	mm	卷筒壁厚	式(R.1)、式(R.6)、式(R.7)

表 V.1（续）

符号或代号	单位	含　　义	备　注
δ_2	mm	侧板根部板厚(不计圆角部分)	式(R.9)、式(R.10)
ε_s	—	起动驱动力系数	式(10)
ε_m	—	平均驱动力系数	式(10)
ϕ_2	—	起升动力系数	式(7)、式(18)
$\phi_{2\min}$	—	与起升状态级别相对应的起升动力系数的最小值	式(7)
ϕ_3	—	突然卸载动力系数	式(8)
ϕ_5	—	驱动机构加减速动力系数	式(9)
ϕ_6	—	动态试验载荷动力系数	式(18)
ϕ_7	—	缓冲器碰撞时,考虑其弹性效应的动力系数	式(19)
γ	m/(Ω·mm)²	导线电导率	式(128)
γ_m	—	抗力系数	式(40)～式(42)
γ_n	—	高危险度系数	式(20)
γ_s	—	考虑开孔对结构件应力的影响系数	式(29)、式(33)
γ_s	—	考虑孔形的影响系数	式(40)、式(42)
η	—	非工作状态下剩余起升载荷的系数	式(13)、式(14)
η	—	起升物品时起升机构传动装置和绳轮系统的总效率	式(67)、式(L.1)、式(N.1)、式(O.11)
η	—	运行机构总传动效率	式(82)、式(L.2)、式(O.14)、式(O.19)
η	—	回转机构的总传动效率	式(89)、式(L.4)、式(N.3)、式(O.15)
η	—	变幅机构总传动效率	式(L.3)、式(N.4)、式(O.17)
η	—	变幅机构及绳轮系统总传动效率	式(L.5)
η	—	机构传动装置和绳轮系统的总效率	式(L.9)
η	—	机构总传动效率	式(N.2)
η'	—	物品下降时起升机构传动装置和绳轮系统的总效率	式(71)、式(77)
η_D	—	导向滑轮的效率	式(115)
η_l	—	单个滑轮的效率	式(115)
η_m	—	电动机在功率 P_m 时的效率	式(O.1)
η_N	—	电动机在 P_{S1} 时的效率	式(O.1)
η_Σ	—	钢丝绳系统的总传动效率	式(115)
φ	—	轴心受压稳定系数	式(46)
φ	—	平面格构式构件的充实率	式(B.4)

表 V.1(续)

符号或代号	单位	含义	备注
φ_b	—	构件侧向屈曲稳定系数	式(56)
φ_b	—	绕构件强轴弯曲所确定的受弯构件侧向屈曲稳定系数	式(57)
φ_b	—	侧向屈曲稳定系数(整体稳定系数)	式(I.1)
φ_b	—	简支的轧制槽钢梁构件的侧向屈曲稳定系数	式(I.3)
φ_b	—	受弯构件侧向弯扭屈曲稳定性系数	式(J.2)
φ'_b	—	稳定系数修正值	式(I.2)
$\varphi\psi$	—	轴心受压稳定系数 φ 和其修正系数 ψ 的乘积,有 $\varphi_x\psi_x$ 和 $\varphi_y\psi_y$ 之分	式(54)
$\tan\varphi$		威勒曲线斜率	式(103)、式(104)
$\cos\varphi$		功率因数	式(128)
λ	—	实腹式构件的长细比	式(49)、式(64)
λ	—	构件长细比	式(H.1)
λ	—	空气动力长细比	式(B.2)
λ	—	水平侧向载荷系数	式(C.1)
λ_{AS}	—	电动机平均起动转矩倍数	式(74)
λ_{AS}	—	相对于 P_N 的平均起动转矩倍数	式(N.2)
λ_F	—	实腹式构件的假想长细比	式(49)
λ_h	—	格构式构件的换算长细比	式(50)
λ_{hF}	—	格构式构件的假想换算长细比	式(50)
λ_{hx}、λ_{hy}	—	起重臂分别对虚轴 x-x 和 y-y 的折算长细比	式(G.10)
λ_m	—	相对于 P_N 时的电动机最大转矩倍数	式(N.1)
λ_n	—	正则长细比	式(H.1)
λ_x、λ_y	—	构件对通过形心的强轴(x 轴)或弱轴(y 轴)的长细比	式(47)、式(53)、式(64)
λ_x、λ_y	—	起重臂分别对虚轴 x-x 和 y-y 的长细比	式(G.10)
λ_y	—	受弯构件(梁)截面对弱轴(y 轴)的长细比	式(I.1)
$\lim\lambda$	—	构件的控制长细比	式(64)
μ	—	抗滑移系数	式(40)、式(42)
μ	—	车轮轴承摩擦阻力系数	式(80)
μ_1、μ_2	—	构件的计算长度系数	式(66)
μ_1	—	与构件支承方式有关的计算长度系数	式(G.1)
μ_2	—	变截面构件的计算长度系数	式(G.1)
μ_3	—	对于端部或中间部位有拉索(钢丝绳或拉杆)的构件,考虑拉索非保向力作用的受压构件的计算长度系数	式(G.1)
μ_4	—	考虑双轴向力作用的受压结构件的计算长度系数	式(G.1)

表 V.1（续）

符号或代号	单位	含 义	备 注
θ	(°)	公称接触角	式(S.4)、式(S.5)
θ_1、θ_2	(°)	分别为拉索 1 和拉索 2 与起重臂截面形心连线之间的夹角	式(G.13)～式(G.16)
σ	N/mm²	焊缝的拉(压)力应力	式(34)
σ、τ	N/mm²	最大应力	式(101)、式(102)
σ	N/mm²	最大正应力	式(112)
σ_b	N/mm²	螺栓连接中结构件的抗拉强度	式(37)
σ_b	N/mm²	钢材的抗拉强度	式(94)
σ_b	N/mm²	铸钢材料的抗拉强度	式(R.8)
σ_b	N/mm²	铸铁材料的抗拉强度	式(R.11)
σ_{bc}	N/mm²	钢丝绳绕出处卷筒壁局部弯曲应力	式(R.2)
σ'_{bc}	N/mm²	卷筒侧板弯曲应力	式(R.5)
σ_{bl}	N/mm²	螺栓材料的抗拉强度	式(37)
σ_{bw}	N/mm²	抛光试件在交变旋转弯曲作用下的疲劳极限值	式(96)
σ_c	N/mm²	钢丝绳绕出处卷筒壁的压应力	式(R.1)
σ_d	N/mm²	机械零件的疲劳极限	式(105)
σ_G	N/mm²	结构构件纵向拉伸应力	式(D.1)
σ_i		结构件或机械零件中在工作期限内发生的各个不同应力的大小	式(5)
$\sigma_{\max}$		为 $\sigma_1,\sigma_2,\sigma_3,\cdots,\sigma_n$ 中的最大者	式(5)
σ_r	N/mm²	机械零件的拉伸或压缩疲劳强度	式(107)
σ_s	N/mm²	销轴连接中结构件的屈服点	式(44)
σ_s	N/mm²	构件材料的屈服点	式(49)、式(55)、式(H.1)、式(I.1)、式(I.3)
σ_s	N/mm²	材料的屈服点	式(R.4)
σ_s	N/mm²	钢材的屈服点	式(93)、式(D.1)
σ_s	N/mm²	螺栓材料的屈服点	式(S. 11)
σ_{sl}	N/mm²	高强度螺栓材料的屈服点	式(41)
σ_{sp}	N/mm²	销轴材料的屈服点	式(44)
σ_t	N/mm²	钢丝的公称抗拉强度	式(117)
σ_{wr}、τ_{wr}	N/mm²	零件拉伸、压缩、弯曲和扭转剪切的疲劳极限	式(98)～式(100)
σ_x、σ_y	N/mm²	结构件同一验算点上两个垂直方向的正应力	式(28)
$\sigma_{x\max}$、$\sigma_{y\max}$、$\tau_{xy\max}$	N/mm²	在构件(或连接)疲劳计算点上的绝对值最大的正应力和绝对值最大的剪应力	式(59)

表 V.1(续)

符号或代号	单位	含　义	备　注
$\sigma_{x\ \min}$、$\sigma_{y\ \min}$、$\tau_{xy\ \min}$	N/mm^2	应力循环中与 $\sigma_{x\ \max}$、$\sigma_{y\ \max}$、$\tau_{xy\ \max}$ 相对应的同一疲劳计算点上的一组应力值,其与最大应力值(均各带正负号)之差的绝对值为最大	式(59)
σ_{xrt}	N/mm^2	与 $\sigma_{x\max}$ 相应的拉伸疲劳强度	式(60)~式(63)
σ_{xrc}	N/mm^2	与 $\sigma_{x\max}$ 相应的压缩疲劳强度	式(60)~式(63)
σ_x、σ_y	N/mm^2	x 方向或 y 方向的最大正应力	式(114)
σ_{xr}、σ_{yr}	N/mm^2	x 方向或 y 方向的正应力疲劳强度	式(114)
σ_{yrt}	N/mm^2	与 $\sigma_{y\max}$ 相应的拉伸疲劳强度	式(60)~式(63)
σ_{yrc}	N/mm^2	与 $\sigma_{y\max}$ 相应的压缩疲劳强度	式(60)~式(63)
σ_{xr}	N/mm^2	与 $\sigma_{x\max}$ 相应的拉伸或压缩疲劳强度	式(60)~式(63)
σ_{yr}	N/mm^2	与 $\sigma_{y\max}$ 相应的拉伸或压缩疲劳强度	式(60)~式(63)
$\lim\sigma$	N/mm^2	结构件材料的拉压极限设计应力	式(28)
$\lim\sigma$	N/mm^2	构件材料的极限设计应力	式(52)、式(57)
$\lim\sigma_c$	N/mm^2	螺栓连接中结构件的抗挤压极限设计应力	式(37)
$\lim\sigma_c$	N/mm^2	销轴连接中结构件的抗挤压极限设计应力	式(44)
$\lim\sigma_W$	N/mm^2	焊缝的拉压极限设计应力	式(34)
$\lim\sigma'$	N/mm^2	螺栓的拉伸极限设计应力	式(39)
$\lim\sigma'$	N/mm^2	销轴的拉伸极限设计应力	式(45)
$[\sigma]$	N/mm^2	钢材的基本许用应力	式(93)、式(94)
$[\sigma]$	N/mm^2	材料的许用应力	式(R.3)
$[\sigma_c]$	N/mm^2	材料许用压应力	式(R.6)、式(R.7)
$[\sigma_e]$	N/mm^2	铸造材料许用应力	式(R.9)、式(R.10)
$[\sigma_r]$	N/mm^2	机械零件拉伸或压缩疲劳许用应力	式(110)、式(112)
$\sum J$	$kg\cdot m^2$	塔式起重机回转制动时,回转机构及含吊运物品在内的全部回转运动质量换算到电动机轴(制动器轴)上的机构总转动惯量	式(88)
τ	N/mm^2	结构件同一验算点上的剪应力	式(28)
τ	N/mm^2	焊缝的剪应力	式(34)
τ	N/mm^2	最大剪应力	式(113)、式(114)
τ_d	N/mm^2	机械零件的剪切疲劳极限	式(106)
τ_r	N/mm^2	机械零件的剪切疲劳强度	式(108)
$[\tau_r]$	N/mm^2	机械零件的剪切疲劳许用应力	式(111)
τ_w	N/mm^2	抛光零件在交变剪切(纯剪切或扭转)作用下的疲劳极限	式(96)
τ_x、τ_y	N/mm^2	同一验算点上两个垂直方向的剪应力	式(35)
τ_{xyr}	N/mm^2	与 $\tau_{xy\max}$ 相应的剪切疲劳强度	式(60)~式(63)

表 V.1（续）

符号或代号	单位	含　　义	备　注
$\lim\tau$	N/mm^2	结构件材料的剪切极限设计应力	式(32)
$\lim\tau$	N/mm^2	螺栓的剪切极限设计应力	式(36)
$\lim\tau$	N/mm^2	销轴的剪切极限设计应力	式(43)
$\lim\tau_w$	N/mm^2	焊缝的剪切极限设计应力	式(35)
ω	—	运行摩擦阻力系数	式(N.2)、式(O.14)、式(O.19)
ξ	—	相对缓冲能量	式(19)
ψ	—	轴心受压稳定系数的修正系数，有对 x 轴的 ψ_x 和对 y 轴的 ψ_y 之分	式(54)
ψ	—	折减系数，为适合有限长构件而折减 C_0	式(B.1)

参 考 文 献

[1] GB/T 5277 紧固件 螺栓和螺钉通孔

[2] GB/T 19418 钢的弧焊接头 缺陷质量分级指南

[3] GB/T 20304—2006 塔式起重机 稳定性要求

[4] GB/T 20863.1—2007 起重机 分级 第1部分：总则

[5] GB/T 20863.3—2007 起重机 分级 第3部分：塔式起重机

[6] GB/T 22437.1—2008 起重机 载荷与载荷组合的设计原则 第1部分：总则

[7] GB/T 22437.3—2008 起重机 载荷和载荷组合的设计原则 第3部分：塔式起重机

[8] GB/T 24809.3—2009 起重机 对机构的要求 第3部分：塔式起重机

[9] GB/T 24811.1—2009 起重机和起重机械 钢丝绳选择 第1部分：总则

[10] GB 50068—2001 建筑结构可靠度设计统一标准

[11] ISO 2394:1998 General principles on reliability for structures

[12] ISO 6336-1:2006 Calculation of load capacity of spur and helical gears—Part 1: Basic principles, introduction and general influence factors

[13] ISO 6336-2:2006 Calculation of load capacity of spur and helical gears—Part 2: Calculation of surface durability (pitting)

[14] ISO 6336－3:2006 Calculation of load capacity of spur and helical gears—Part 3: Calculation of tooth bending strength

[15] ISO 20332:2008 Cranes—Proof of competence of steel structures

[16] EN 13001-1: 2004 + A1: 2009 Cranes—General design—Part 1: General principles and requirements

[17] EN 1991-1-4:2005 Eurocode 1: Actions on structures—Part 1-4: General ac-

tions—Wind actions

[18] EN 1993-1-8: 2005 Eurocode 3: Design of steel structures—Part 1-8: Design of joints

[19] EN 13001-1:2004+A1:2009 Cranes—General design—Part 1:General principles and requirements

[20] EN 13001-2:2004+A3:2009 Crane safety—General design—Part 2:Load effects

[21] prEN 13001-3-1:2008 Cranes—General design—Part 3.1:Limit states and proof of competence of steel structures

[22] EN 14439:2006+A2:2009 Cranes—Safety—Tower cranes

[23] FEM 1.001:1998 Rules for the design of hoisting appliances

国家质量技术基础应用系列丛书

特种设备法规标准手册

机电类标准卷
起重机械（2）

国家市场监督管理总局特种设备安全监察局 编

中国标准出版社
北 京

图书在版编目（CIP）数据

特种设备法规标准手册．机电类标准卷．起重机械．2/国家市场监督管理总局特种设备安全监察局编．—北京：中国标准出版社，2023．11

ISBN 978-7-5066-8544-3

Ⅰ．①特…　Ⅱ．①国…　Ⅲ．①设备管理—法规—中国
Ⅳ．①D922．292

中国国家版本馆 CIP 数据核字（2023）第 061527 号

中国标准出版社出版发行
北京市朝阳区和平里西街甲 2 号（100029）
北京市西城区三里河北街 16 号（100045）
网址 www．spc．net．cn
总编室：（010）68533533　发行中心：（010）51780238
读者服务部：（010）68523946
中国标准出版社秦皇岛印刷厂印刷
各地新华书店经销
*
开本 787×1092　1/16　印张 71　字数 1 676 千字
2023 年 11 月第一版　　2023 年 11 月第一次印刷
*
定价(全三册):780.00 元

《特种设备法规标准手册》

编委会

前　言

特种设备是经济社会发展的重要基础设施，关系国计民生，关系人民群众生命财产安全。守住特种设备安全底线，提高特种设备安全监管和节能环保水平，促进行业高质量发展，是切实增强人民群众安全感和幸福感的重要体现。

近年来，随着我国经济水平快速提高，人民群众对安全的需求越来越高，而在用特种设备数量快速增长，尤其是高参数、高危险性及高龄老旧设备日益增多，使特种设备安全风险和监管压力持续增大。要切实提高特种设备安全监管效能，不断释放特种设备促进节能环保潜能，充分发挥特种设备安全与节能对促进高质量发展的作用，其根本是要保证特种设备领域各项法规标准得到有效贯彻实施。为此，国家市场监督管理总局特种设备安全监察局组织编写了《特种设备法规标准手册》（以下简称《手册》），旨在对特种设备安全与节能法治体系进行全面、系统梳理，从而推动形成以科学监管、多元共治为特征的特种设备治理体系，推进特种设备治理标准化、现代化、国际化，为特种设备行业高质量发展提供重要保障。

《手册》收录了特种设备行业现行有效的法规标准，根据特种设备行业特点分为4卷13分册。其中，法律法规卷收录特种设备相关法律、行政法规、部门规章、地方性法规、规范性文件等；安全技术规范卷收录特种设备安全技术规范共43项；承压类标准卷收录现行有效的承压类特种设备标准，分为综合、锅炉与节能、压力容器、压力管道、气瓶、安全附件共6个分册；机电类标准卷收录现行有效的机电类特种设备标准，分为起重机械、电梯、游乐设施、客运索道、场（厂）内专用机动车辆共5个分册。限于成书篇幅、资料收集难度等原因，承压类标准和机电类标准两卷仅收录特种设备常用标准，其中国家标准及能源行业标准以全文形式收录，其余未收录的相关国家标准及行业标准以附件形式仅列出标准目录。

国家市场监督管理总局特种设备安全监察局高度重视《手册》的出版工作，对《手册》框架结构、分卷（册）等顶层设计给予了极大指导。同时，在《手册》编写过程中，中国特种设备检测研究院技术法规研究所、全国锅炉压力容器标准化技

术委员会(SAC/TC 262)、全国气瓶标准化技术委员会(SAC/TC 31)、全国电梯标准化技术委员会(SAC/TC 196)、全国起重机械标准化技术委员会(SAC/TC 227)、全国升降工作平台标准化技术委员会(SAC/TC 335)、全国索道与游乐设施标准化技术委员会(SAC/TC 250)、全国工业车辆标准化技术委员会(SAC/TC 332)等给予了大力支持,相关编写人员收集、查阅了大量资料,在此对他们的辛勤付出一并表示感谢!

期望通过《手册》的出版,为特种设备各类从业人员学习研究、依法监管提供详尽指导,从而进一步提升特种设备安全监管人员、作业人员、检验检测人员的素质能力,为特种设备行业高质量发展保驾护航。同时,希望在全社会的共同努力下,特种设备安全与节能状况能够不断改善,人民群众生命财产安全得到更多保障!

《特种设备法规标准手册》编委会

2023 年 6 月

目　录

◎ 设计规范、安全规程和技术要求

设计规范、安全规程和技术要求

ICS 53.020.20
J 80

中华人民共和国国家标准

GB/T 14405—2011
代替 GB/T 14405—1993

通用桥式起重机

Bridge crane for general purpose

2011-05-12 发布 2011-12-01 实施

中华人民共和国国家质量监督检验检疫总局
中国国家标准化管理委员会 发布

前　言

本标准按照GB/T 1.1—2009给出的规则起草。

本标准代替GB/T 14405—1993《通用桥式起重机》。

本标准与GB/T 14405—1993相比主要变化如下：

——修改了额定起重量的定义，并将额定起重量范围扩大至320 t；

——修改了车轮、大车和小车轨道的公差要求；

——调整了主梁跨中垂直静挠度指标；

——调整了主梁在跨中的上拱度要求；

——调整了起重机在室外工作时的最低温度；

——调整了起重机运行速度参数；

——增加了“前言”及“术语和定义”；

——增加了“多小车”起重机的相关内容；

——增加了钢结构用高强度大六角头螺栓连接和盘式制动器的制动盘端面跳动要求；

——增加了焊缝表面质量的要求；

——增加了对“地面有线操纵、无线遥控操纵和多点操纵”的安全要求；

——增加了“在易触电、滑跌、磕碰、挤伤等不安全处设置相应的安全警示牌”等内容；

——增加了主要项的检验方法；

——删除了起重机的型号表示方法；

——删除了起重机金属结构件的材料选用和结构件制造过程的控制公差；

——删除了附录A。

请注意本文件的某些内容可能涉及专利。本文件的发布机构不承担识别这些专利的责任。

本标准由中国机械工业联合会提出。

本标准由全国起重机械标准化技术委员会(SAC/TC 227)归口。

本标准负责起草单位：大连重工·起重集团有限公司、北京起重运输机械设计研究院、国家起重运输机械质量监督检验中心。

本标准参加起草单位：卫华集团有限公司、上海起重运输机械厂有限公司、株洲天桥起重机股份有限公司、山起重型机械股份公司、大连博瑞重工有限公司、新乡市起重设备厂有限责任公司、重庆起重机厂有限责任公司、广州起重机械有限公司、南京起重机械总厂有限公司、江苏象王起重机有限公司、德马格起重机械(上海)有限公司、浙江众擎起重机械制造有限公司、宁波市凹凸重工有限公司、上海雄风起重设备厂有限公司、江苏三马起重机械制造有限公司、江苏万富安机械有限公司、西安神力起重运输机械有限公司、柳州起重机器有限公司、江西华伍制动器股份有限公司、武汉港迪电气有限公司。

本标准主要起草人：苏冬、徐丽华、王顺亭、崔振元、林夫奎、柏松、王德芳、孙明尧、徐忠毅、郑正国、刘永庆、范生引、汤保昌、罗祯利、邝海坚、李本宏、葛明、须雷、董富祥、赵学明、许长山、徐志宏、张明良、阎民良、李旭生、聂春华、王彩。

本标准所代替标准的历次版本发布情况为：

——GB/T 14405—1993。

通用桥式起重机

1 范围

本标准规定了额定起重量为3.2 t～320 t通用桥式起重机的型式分类与基本参数、技术要求、试验方法、检验规则、标志、包装、运输及贮存。

本标准适用于在一般环境中工作的通用桥式起重机(以下简称起重机)。其取物装置为吊钩或抓斗或起重电磁铁(电磁吸盘),或同时用其中二种或三种。

对于额定起重量大于320 t的通用桥式起重机或其他桥式起重机的相同部分,亦可参照使用。

本标准不适用于下列条件下使用的起重机:

——易燃易爆、可燃性气体、粉尘及有腐蚀性气体环境;

——核辐射环境、有毒气体环境。

2 规范性引用文件

下列文件对于本文件的应用是必不可少的。凡是注日期的引用文件,仅注日期的版本适用于本文件。凡是不注日期的引用文件,其最新版本(包括所有的修改单)适用于本文件。

GB/T 191 包装储运图示标志

GB 755—2008 旋转电机 定额和性能

GB/T 1228 钢结构用高强度大六角头螺栓

GB/T 1229 钢结构用高强度大六角螺母

GB/T 1230 钢结构用高强度垫圈

GB/T 1231 钢结构用高强度大六角头螺栓、大六角螺母、垫圈 技术条件

GB 2893 安全色

GB/T 3323 金属熔化焊焊接接头射线照相

GB/T 3632 钢结构用扭剪型高强度螺栓连接副

GB/T 3811—2008 起重机设计规范

GB 4208 外壳防护等级(IP代码)

GB 5226.1 机械电气安全 机械电气设备 第1部分:通用技术条件

GB 5226.2 机械安全 机械电气设备 第32部分:起重机械技术条件

GB/T 5905 起重机试验规范和程序

GB 6067.1—2010 起重机械安全规程 第1部分:总则

GB/T 6974.1 起重机 术语 第1部分:通用术语

GB/T 6974.5 起重机 术语 第5部分:桥式和门式起重机

GB 8918　重要用途钢丝绳

GB/T 8923　涂装前钢材表面锈蚀等级和除锈等级

GB/T 9286　色漆和清漆　漆膜的划格试验

GB/T 10051.1～10051.12—2010　起重吊钩

GB/T 10095(所有部分)　圆柱齿轮　精度制

GB/T 10183.1　起重机　车轮及大车和小车运行轨道公差　第1部分:总则

GB 12602　起重机械超载保护装置

GB/T 13306　标牌

GB/T 13384　机电产品包装通用技术条件

GB 14048.1—2006　低压开关设备和控制设备　第1部分:总则

GB 15052　起重机　安全标志和危险图形符号　总则

GB/T 19418　钢的弧焊接头　缺陷质量分级指南

GB/T 20118　一般用途钢丝绳

GB/T 20303.1　起重机　司机室　第1部分:总则

GB/T 20303.5　起重机　司机室　第5部分:桥式和门式起重机

GB/T 21971　YZD系列起重用多速三相异步电动机　技术条件

GB/T 21972.1　起重及冶金用变频调速三相异步电动机　技术条件　第1部分:YZP系列起重及冶金用变频调速三相异步电动机

GB/T 24809.5　起重机　对机构的要求　第5部分:桥式和门式起重机

GB/T 24811.1　起重机和起重机械　钢丝绳选择　第1部分:总则

JB/T 5870　YZR系列起重及冶金用中型高压绕线转子三相异步电动机　技术条件

JB/T 6391.1　滑接输电装置　第1部分:绝缘防护型滑接输电装置

JB/T 6391.2　滑接输电装置　第2部分:刚体滑接输电导轨装置

JB/T 6392　起重机　车轮

JB/T 6406　电力液压鼓式制动器

JB/T 7017　起重机　液压缓冲器

JB/T 7019　盘式制动器　制动盘

JB/T 7020　电力液压盘式制动器

JB/T 7076　YEZS系列起重用双速锥形转子制动三相异步电动机　技术条件

JB/T 7077　YZRE系列起重及冶金用电磁制动绕线转子三相异步电动机　技术条件

JB/T 7078　YZRF、YZRG系列起重及冶金强迫通风型绕线转子三相异步电动机　技术条件

JB/T 7685　电磁鼓式制动器

JB/T 7842　YZR-Z系列起重机专用绕线转子三相异步电动机　技术条件

JB/T 8110.1　起重机　弹簧缓冲器

JB/T 8110.2　起重机　橡胶缓冲器

JB/T 8398　双辐板压制滑轮
JB/T 8437　起重机械无线遥控装置
JB/T 8905.1　起重机用三支点减速器
JB/T 8905.2　起重机用底座式减速器
JB/T 8905.3　起重机用立式减速器
JB/T 8905.4　起重机用套装减速器
JB/T 8955　YZR2 系列起重及冶金用绕线转子三相异步电动机　技术条件
JB/T 9003　起重机用三合一减速器
JB/T 9005(所有部分)　起重机用铸造滑轮
JB/T 9006(所有部分)　起重机用铸造卷筒
JB/T 10104　YZ 系列起重及冶金用三相异步电动机　技术条件
JB/T 10105　YZR 系列起重及冶金用绕线转子三相异步电动机　技术条件
JB/T 10360　YZ2 系列起重及冶金用三相异步电动机　技术条件
JB/T 10559　起重机械无损检测　钢焊缝超声检测
JB/T 10730　直流起重电磁铁
JB/T 10816　起重机用底座式硬齿面减速器
JB/T 10817　起重机用三支点硬齿面减速器
JB/T 10833　起重机用聚氨酯缓冲器
JGJ 82　钢结构高强度螺栓连接的设计、施工及验收规程
JG/T 5078.1　建筑机械与设备　焊接滑轮
JJG 4　钢卷尺检定规程

3　术语和定义

GB/T 6974.1 和 GB/T 6974.5 界定的术语和定义适用于本文件。

4　型式分类与基本参数

4.1　型式分类

4.1.1　起重机按其取物装置分为:

a)　吊钩桥式起重机;
b)　抓斗桥式起重机;
c)　电磁桥式起重机;
d)　二用桥式起重机;
e)　三用桥式起重机。

4.1.2　起重机按操纵方式分为:

a)　司机室操纵;
b)　地面有线操纵;

c) 无线遥控操纵；

d) 多点操纵。

4.1.3 吊钩桥式起重机按小车数量分为：

a) 单小车吊钩桥式起重机；

b) 双小车吊钩桥式起重机；

c) 多小车吊钩桥式起重机。

4.1.4 常用的起重机如图 1 所示

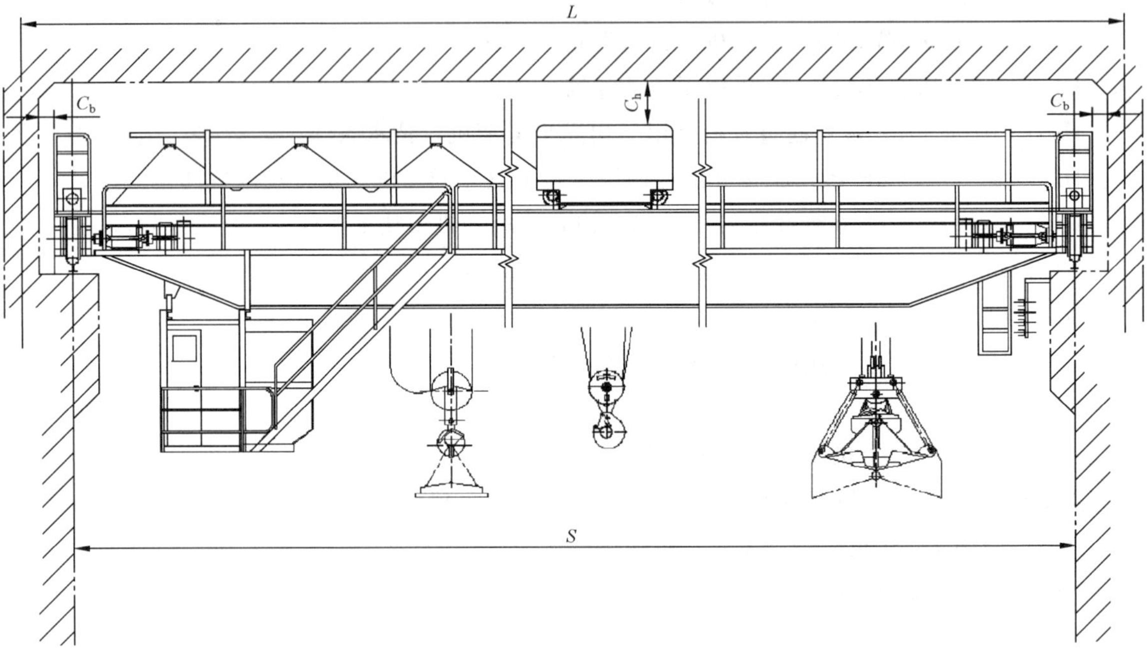

图 1

4.2 基本参数

4.2.1 按 GB/T 3811 的规定，起重机的工作级别分为 A1～A8，见表 1。

表 1

载荷状态级别	载荷谱系数 K_p	使用等级									
		U_0	U_1	U_2	U_3	U_4	U_5	U_6	U_7	U_8	U_9
Q1	$K_p \leqslant 0.125$	A1	A1	A1	A2	A3	A4	A5	A6	A7	A8
Q2	$0.125 < K_p \leqslant 0.250$	A1	A1	A2	A3	A4	A5	A6	A7	A8	A8
Q3	$0.250 < K_p \leqslant 0.500$	A1	A2	A3	A4	A5	A6	A7	A8	A8	A8
Q4	$0.500 < K_p \leqslant 1.000$	A2	A3	A4	A5	A6	A7	A8	A8	A8	A8

4.2.2 应优先采用表 2 所规定的起重机额定起重量(代号 G_n)。

表 2

单位为吨

取物装置			起重机的起重量系列
吊钩	单小车		3.2;5;6.3;8;10;12.5;16;20;25;32;40;50;63;80;100;125;140;160;200;250;280;320
吊钩	双小车	等量	2.5+2.5;3.2+3.2;4+4;5+5;6.3+6.3;8+8;10+10;12.5+12.5;16+16;20+20;25+25;32+32;40+40;50+50;63+63;80+80;100+100;125+125;140+140;160+160
吊钩	双小车	不等量	小车的起重量应符合单小车起重机起重量系列,总起重量不应超过 320
吊钩	多小车		各小车的起重量应符合单小车起重机起重量系列,总起重量不应超过 320
抓斗			3.2;5;6.3;8;10;12.5;16;20;25;32;40;50
电磁			3.2;5;6.3;8;10;12.5;16;20;25;32;40;50

注 1:当设有主、副起升机构时,起重量的匹配一般为 3∶1~5∶1,并用分子分母形式表示,如:80/20 t;50/10 t 等。

注 2:吊钩桥式起重机双小车、多小车的起重量限定方式应在合同中约定,总起重量应符合单小车的起重量系列。

4.2.3 应优先采用表 3 给定的起重机标准跨度(代号 S)。

表 3

单位为米

起重量 G_n t		建筑物跨度定位轴线间距 L,见图 1										
		12	15	18	21	24	27	30	33	36	39	42
		跨度 S										
≤50	无通道	10.5	13.5	16.5	19.5	22.5	25.5	28.5	31.5	34.5	37.5	40.5
≤50	有通道	10	13	16	19	22	25	28	31	34	37	40
>50~125			—	16	19	22	25	28	31	34	37	40
>125~320		—	—	15.5	18.5	21.5	24.5	27.5	30.5	33.5	36.5	39.5

注 1:有无通道,系指建筑物上沿着起重机运行线路是否留有人行安全通道。

注 2:建筑物跨度定位轴线间距 L 和起重机跨度超过表中给定值时,按每 3 m 一档延伸。

4.2.4 应优先采用表 4 给定的起重机起升高度(代号 H)。

表 4

单位为米

起重量 G_n t	吊钩				抓斗		电磁
	一般起升高度		加大起升高度		一般起升高度	加大起升高度	一般起升高度
	主钩	副钩	主钩	副钩			
≤50	12~16	14~18	24	26	18~26	30	16
>50~125	20	22	30	32	—	—	—
>125~320	22	24	32	34	—	—	—

注 1:有范围的起升高度,其具体值视起重机系列设计的通用方法而定,与起重量有关。

注 2:表中所列为起升高度常用值(必要时,经供需双方协商,也可超出此限),用户在订货时应提出实际需要的起升高度,其实际值通常从 6 m 始每增加 2 m 为一档,取偶数。

4.2.5 起重机各机构工作速度(单位:m/min)的名义值,一般宜在下列数系中选取:

0.63;0.8;1.0;1.25;1.6;2.0;2.5;3.2;4.0;5.0;6.3;8.0;10;12.5;16;20;25;32;40;50;56;63;71;80;90;100。

4.2.6 起重机各机构工作速度应优先采用表5和表6中所推荐的数值。调速产品可与用户协商解决。

吊钩起重机的速度见表5;抓斗、电磁、二用及三用起重机的速度见表6。

表5

单位为米每分

起重量	类别	工作级别	主钩起升速度	副钩起升速度	小车运行速度	起重机运行速度
≤50 t	高速	M7、M8	6.3~20	10~25	40~63	71~100
	中速	M4~M6	4~12.5	5~16	25~40	56~90
	低速	M1~M3	2.5~8	4~12.5	10~25	20~50
>50~125	高速	M6、M7	4~12.5	5~16	32~40	56~90
	中速	M4、M5	2.5~8	4~12.5	20~36	50~71
	低速	M1~M3	1.25~4	2.5~10	10~20	20~40
>125~320	高速	M6、M7	2.5~8	4~12.5	25~40	50~71
	中速	M4、M5	1.25~4	2.5~10	16~25	32~63
	低速	M1~M3	0.63~2	2~8	10~16	16~32

注1:在同一范围内的各种速度,具体值的大小应与起重量成反比,与工作级别和工作行程成正比。

注2:地面有线操纵起重机运行的速度按低速类别取值。

注3:起重机的运行速度也可高于112 m/min,此时应注意引起5.1.2的变化。

表6

单位为米每分

起重机类别	起升速度	小车运行速度	起重机运行速度
抓斗桥式起重机	20~63	25~56	71~100
二用桥式起重机	20~50	25~50	50~100
电磁桥式起重机	10~25	20~50	40~90
三用桥式起重机	6.3~16	20~50	40~90

注:起重机的运行速度也可高于112 m/min,此时应注意引起5.1.2的变化。

4.2.7 起重机与厂房间的间隙尺寸(见图1)一般应符合以下要求:上方间隙 C_h≥200 mm,侧方间隙C_b≥100 mm。

5 技术要求

5.1 工作环境条件

5.1.1 起重机的电源为三相交流(三相四线制),频率为50 Hz/60 Hz,电压≤1 000 V(根据需要也可为3 kV、6 kV或10 kV)。供电系统在起重机馈电线接入处的电压波动不应超过额定电压的±10%,起重机内部电压损失应符合GB/T 3811的规定。

5.1.2 起重机运行的轨道安装应符合 GB/T 10183.1 表 2 中的 2 级公差要求(起重机运行的速度≥112 m/min 时,轨道安装应达到 1 级公差)。

5.1.3 起重机运行轨道的接地电阻值不应大于 4 Ω(由用户负责)。

5.1.4 起重机安装使用地点的海拔不超过 1 000 m(超过 1 000 m 时应按 GB 755 的规定对电动机进行容量校核,超过 2 000 m 时应对电器件进行容量校核)。

5.1.5 吊运物品对起重机吊钩部位的辐射热温度不超过 300 ℃的环境。

5.1.6 起重机在室内工作时的气候条件:

a) 环境温度不超过+40 ℃,在 24 h 内的平均温度不超过+35 ℃;

b) 环境温度不低于−5 ℃;

c) 在+40 ℃的温度下相对湿度不超过 50%。

5.1.7 起重机在室外工作时的气候条件:

a) 环境温度不超过+40 ℃,在 24 h 内的平均温度不超过+35 ℃,环境温度不低于−20 ℃。

b) 环境温度不超过+25 ℃时的相对湿度允许暂时高达 100%;

c) 工作风压不应大于:内陆 150 Pa(相当于 5 级风),沿海 250 Pa(相当于 6 级风);

d) 非工作状态的最大风压:一般为 800 Pa(相当于 10 级风),也可另行约定。

5.1.8 电动机的运行条件应符合 GB 755—2008 中第 6 章和第 7 章的规定。

5.1.9 电器的正常使用安装和运行条件应符合 GB 14048.1—2006 中第 6 章的规定。

注:超过上述范围规定时,由用户与制造商协商解决。

5.2 基本要求

5.2.1 起重机各机构及其布置、机构部件的构造和功能,应符合 GB/T 24809.5 的规定。起重机的设计、制造还应符合 GB/T 3811—2008、GB 6067.1—2010 和本标准的有关规定。

5.2.2 起重机电气设备应符合 GB 5226.1、GB 5226.2 和本标准的规定。电气传动系统、电气控制系统所涉及的元器件选用、布置以及导线敷设、辅助设施,均应符合 GB/T 3811—2008 第 7 章的规定。

5.3 使用性能

5.3.1 起重机的起重能力应达到额定起重量。

5.3.1.1 对于固定式吊具的起重机,其额定起重量是指吊挂在起重机固定吊具上重物的最大质量;对于可分式吊具的起重机,其额定起重量是指可分吊具的质量与吊挂在起重机可分吊具上重物的最大质量之和。

5.3.1.2 对于双小车或多小车不联合作业的起重机,其额定起重量是指单小车所能吊起的最大起重量。

5.3.1.3 对于双小车或多小车联合作业的起重机,当抬吊重量不大于单个小车最大起重量时,其额定起重量是指单小车所能吊起的最大起重量;当抬吊重量大于单个小车最大起重量时,其额定起重量是指联合作业时所能抬吊的最大起重量。

5.3.2 与起重机使用有关的参数,应符合 4.2 和用户在订货合同中提出的要求。

5.3.3 对吊钩起重机,起吊物品在下降制动时的制动距离(机构控制器处在下降速度的最低档稳定运行,拉回零位后,从制动器断电至重物停止时的下滑距离)不应大于1 min内稳定起升距离的1/65。

5.3.4 对吊钩起重机,当起升机构的工作级别高于M4,且额定起升速度等于或高于5 m/min时要求制动平稳,应采用电气制动方法,保证在(0.2～1.0)G_n范围内下降时,制动前的电动机转速降至同步转速的1/3以下,该速度应能稳定运行。

5.3.5 抓斗所抓取的物料特性,应符合抓斗设计和合同约定的规定。抓斗的抓满率不应小于90%。

5.3.6 起重电磁铁的吸重能力不应小于其额定值,但也不应使所属机构过载。

5.3.7 起重机的静态刚性(额定起重量和小车自重在主梁跨中所产生的垂直静挠度f与起重机跨度S的比)应考虑定位精度的需要。推荐选取下述范围中的一个值,并在合同中注明:

a) 对低定位精度要求的起重机,或具有无级调速控制特性的起重机,采用低起升速度和低加速度能达到可接受定位精度的起重机: $f \leqslant S/500$;

b) 使用简单控制系统能达到中等定位精度特性的起重机: $f \leqslant S/750$;

c) 需要高定位精度特性的起重机: $f \leqslant S/1\,000$。

5.3.8 起重机的动态刚性一般不作规定。当用户从起重机使用条件考虑对此有要求时,由供需双方协商解决。

5.3.9 起重机做静载试验时,应能承受1.25倍额定起重量的试验载荷,其主梁不应产生永久变形。静载试验后的主梁:当空载小车在极限位置时,上拱最高点应在跨度中部$S/10$范围内,其值不应小于$0.7S/1\,000$。试验后进行目测检查,各受力金属结构件应无裂纹、永久变形,无油漆剥落或对起重机的性能与安全有影响的损坏,各连接处也应无松动或损坏。

5.3.10 起重机做动载试验时,应能承受1.1倍额定起重量的试验载荷。试验过程中各部件应能完成其功能试验,制动器等安全装置动作灵敏可靠。试验后进行目测检查,各机构或结构的构件不应有损坏,连接处也不应出现损坏或松动。

5.3.11 起重机静载试验、动载试验的载荷超载倍数有特殊要求时,可由供需双方在订货合同中约定。

5.3.12 起重机和小车运行速度的允许偏差为设计值的±10%(慢速时允许误差为名义值的±25%);起升速度的允许偏差为设计值的±10%,下降速度的允许偏差为设计值的－5%～＋25%。

5.3.13 起重机的起升高度不应小于名义值的97%。

5.3.14 吊具左右极限位置的允许偏差为±100 mm。

5.4 安全、防护

5.4.1 总则

起重机的安全与防护应符合GB 6067.1、GB/T 3811—2008第9章和本标准的相关规定。

5.4.2 起升机构

5.4.2.1 制动器应是常闭式的。制动安全系数的选择应符合GB/T 3811的规定。

5.4.2.2 应安装起重量限制器。限制器应符合GB 12602的规定。

5.4.2.3 对于双小车或多小车的起重机：各单小车均应装有起重量限制器，起重量限制器的限制值为各单小车的额定起重量，当单个小车起吊重量超过规定的限制值时应能自动切断起升动力源。联合起吊作业时，如果抬吊重量超过规定的抬吊限制值及各小车的起重量超过规定的限制值，起重量限制器应能自动切断各小车的起升动力源。

5.4.2.4 双小车或多小车联合作业的起重机进行起吊作业时，吊点数一般不应超过三个。

5.4.2.5 应设起升高度限位装置。当取物装置上升到设定的极限位置时，应能自动切断上升方向电源，此时钢丝绳在卷筒上应留有一圈空槽；当需要限定下极限位置时，应设下降深度限位装置，除能自动切断下降方向电源外，钢丝绳在卷筒上的缠绕，除不计固定钢丝绳的圈数外，至少还应保留两圈。

5.4.2.6 钢丝绳的选择，应符合 GB/T 3811—2008 中表 44 对安全系数的要求和 GB/T 24811.1 的规定。

5.4.2.7 钢丝绳的绳端固定和连接应牢固、可靠、便于检查和维修，并符合 GB 6067.1—2010 中 4.2.1.5的规定。

5.4.2.8 取物装置（如起重电磁铁、可卸抓斗等）供电电缆的收放，应保证电缆的受力合理，且在升降过程中电缆不应与起重钢丝绳发生接触、摩擦。

5.4.3 运行机构

5.4.3.1 起重机和小车的运行机构均应设行程开关、止挡、扫轨板和缓冲器。

5.4.3.2 同一轨道上有两台起重机或小车时，相互间应设防碰撞装置。如需严格控制相互间距离时，宜设定距装置。

5.4.3.3 室外用的起重机，应设抗风防滑装置。小车及桥架上的电气设备应设防雨罩（设备本身已有防雨功能者可除外）。

5.4.4 司机室

5.4.4.1 应符合 GB/T 20303.1 和 GB/T 20303.5 的规定。

5.4.4.2 司机室应设门锁、灭火器和电铃或警报器，必要时还应设置通讯装置。

5.4.4.3 司机室内的适当部位至少应留有一个备用插座。

5.4.4.4 应在司机方便操作的地方设置急停开关和接通、断开起重机总电源（照明信号除外）。

5.4.4.5 取物装置和司机室间的外廓间距，在任何情况下都不应小于 0.4 m。

5.4.4.6 司机室带有外平台、栏杆时，则平台、栏杆应符合 5.4.5 的要求，此时司机室的门可向外开。

5.4.4.7 当起重机裸露供电滑触线和司机室在同一端时，应在司机室的适当部位加有效防护，防止触电，也应能方便地检修馈电集电器。

5.4.5 通道与平台、栏杆、梯子

起重机的通道与平台、栏杆、梯子的设置应符合 GB 6067.1—2010 中 3.6～3.8 的规定。

5.4.6 电气保护和联锁保护

5.4.6.1 电气保护

起重机应有以下电气保护：

a) 电动机的保护:电动机应具有过电流、内设热传感元件、热过载这三种保护中的一种或一种以上的保护功能,具体选用应按电动机及其控制方式确定;

b) 线路保护:所有外部线路都应具有短路或接地保护;

c) 失压保护:当供电电源中断后,凡涉及安全及不宜自动开启的用电设备均应处于断电状态;

d) 零位保护:起重机各机构应设有零位保护;

e) 错相和缺相保护:当错相和缺相会引起危险时,应设错相和缺相保护;

f) 超速保护:电控调速的起升机构、行星差动的起升机构均应设超速保护;

g) 失磁保护:能耗制动的调速系统,或有因失磁而重物下坠导致安全事故可能的系统,应设失磁保护;

h) 超载保护:起升机构均应设超载保护。

5.4.6.2 联锁保护

起重机应有以下联锁保护:

a) 涉及人身安全的通道门应装设门开关(电气联锁保护装置);当任何一个门打开时,应断开起重机相应机构的电源;

b) 起重机要求多点操纵时,各操作点之间应相互联锁,保证任一时刻只有一个操作点处于工作状态下,每个操作点均应设置紧急断电装置;

c) 室外起重机的抗风防滑装置,应与运行机构联锁;

d) 对于双小车或多小车的起重机应根据各种特定的使用工况,在电气设计上对各机构设置联锁保护。

5.4.7 绝缘和接地

5.4.7.1 起重机电控设备中各电路的绝缘电阻,在一般环境中不应小于 1 MΩ。

5.4.7.2 起重机上所有电气设备,正常不带电的金属外壳,金属线管,照明变压器低压侧的一端等均应可靠的接地。应采用专门设置的接地线,保证电器设备的可靠性。

5.4.7.3 接地线一般不应小于本线路中最大相电导的 1/2。

5.4.7.4 不应采用接地线作为载流零线。

5.4.8 防护和警示、报警

5.4.8.1 起重机上外露的、有伤人可能的旋转零部件,如开式齿轮、联轴器、传动轴,应装设防护罩;如无加防护罩的可能时,应设安全标志和警示牌。

5.4.8.2 起重机供电电源与司机室非同侧时,宜在供电侧设检修吊笼。

5.4.8.3 应在起重机的合适位置或工作区域设有明显可见的文字安全警示标志,如"起升物品下方严禁站人"等。在起重机的危险部位,应有安全标志和危险图形符号,安全标志和危险图形符号应符合 GB 2893 和 GB 15052 的规定。

5.4.8.4 起重机上的电气设备中可能触及的带电裸露部分,应有防止触电的防护措施、安全标志和警示牌。

5.4.8.5 起重机应有指示总电源分合状况的信号,必要时还应设置故障信号或报警信号。

5.4.9 噪声

起重机工作时产生的噪声,在无其他外声干扰的情况下,在司机操作位置处测量(闭式司机室关窗),噪声不应大于 85 dB(A)。

5.5 主要零部件

5.5.1 电动机

优先选用符合下列标准的电动机:JB/T 5870、JB/T 7076、JB/T 7077、JB/T 7078、JB/T 7842、JB/T 8955、JB/T 10104、JB/T 10105、JB/T 10360。视需要也可选用符合 GB/T 21972.1 的变频电动机或符合 GB/T 21971 的多速电动机。

5.5.2 钢丝绳

用于多层卷绕时,应采用符合 GB 8918 中的钢芯钢丝绳;对于钢丝绳韧性要求较高的起重机应优先采用符合 GB 8918 中的纤维芯钢丝绳;其他情况宜用不低于 GB/T 20118 中的钢丝绳。

5.5.3 制动器

应优先选用符合如下标准的制动器:JB/T 6406、JB/T 7019、JB/T 7020、JB/T 7685。

5.5.4 联轴器

不推荐采用有可能使制动轮(盘)产生浮动的联轴器。

5.5.5 减速器和齿轮传动

5.5.5.1 应优先选用符合如下标准的减速器:JB/T 8905.1、JB/T 8905.2、JB/T 8905.3、JB/T 8905.4、JB/T 9003、JB/T 10816、JB/T 10817。

5.5.5.2 选用其他减速器时,硬齿面齿轮副的精度不低于 GB/T 10095(所有部分)中的 6 级,中硬齿面则不应低于 8-8-7 级。

5.5.5.3 如用开式齿轮传动,则齿轮副精度不应低于 GB/T 10095(所有部分)中的 9 级。

5.5.6 滑轮和卷筒

5.5.6.1 铸造滑轮的结构型式宜符合 JB/T 9005(所有部分)的规定,铸造卷筒的结构型式宜符合JB/T 9006(所有部分)的规定。

5.5.6.2 双腹板压制滑轮宜符合 JB/T 8398 的规定,焊接滑轮宜符合 JG/T 5078.1 的规定;焊接卷筒的结构型式一般为短轴式。

5.5.7 吊钩

应优先选用符合 GB/T 10051.1～10051.12—2010 规定的吊钩。

5.5.8 车轮

应优先选用符合 JB/T 6392 规定的车轮。

5.5.9 缓冲器

应优先选用符合 JB/T 8110.1、JB/T 8110.2、JB/T 7017、JB/T 10833 规定的缓冲器。

5.5.10 抓斗

选用或设计的抓斗，抓取粉状物、砂子及粮食物料时，抓斗的斗口接触处的间隙不应大于2 mm。

5.5.11 起重电磁铁

应优先选用符合 JB/T 10730 规定的直流起重电磁铁。

5.5.12 遥控装置

起重机的无线遥控装置除应符合 JB/T 8437 的规定外，还应符合 5.4.4.4 的要求。地面有线控制装置，也应符合 5.4.4.4 的要求。

5.6 主要构件连接

5.6.1 焊接

5.6.1.1 焊缝外观检查不得有目测可见的裂纹、气孔、固体夹杂、未熔合和未焊透等缺陷。

5.6.1.2 主梁受拉翼缘板的对接焊缝表面质量，应达到 GB/T 19418 中的“B”级，焊缝内部质量应进行无损探伤。射线探伤时不应低于 GB/T 3323 中规定的质量等级Ⅱ；超声波探伤时不应低于JB/T 10559中的 1 级。

5.6.2 螺栓连接

钢结构采用高强度螺栓完成构件间的连接时，其连接接头应符合 JGJ 82 的规定。大六角头高强度螺栓接头所用螺栓、螺母、垫圈及其技术要求应分别符合 GB/T 1228、GB/T 1229、GB/T 1230、GB/T 1231 的规定。扭剪型高强度螺栓接头所用的钢结构用扭剪型高强度螺栓连接副应符合GB/T 3632 的规定。

5.7 桥架

5.7.1 主梁应有上拱度，并应满足 5.3.9 的要求。

5.7.2 主梁在水平方向产生的弯曲：不应大于 $S_1/2\ 000$，S_1 为两端始于第一块大肋板(或节间)间的实测长度，在离上翼缘板约 100 mm 的大肋板(或竖杆)处测量。对轨道居中的正轨箱形梁及半偏轨箱形梁，当 $G_n \leqslant 50$ t 时只能向走台侧凸曲；对偏轨箱形梁、单腹板或桁架梁，应同时兼顾到 5.7.7 和 5.7.8 的需要。

5.7.3 主梁腹板的局部翘曲：以 1 m 平尺检测，离上翼缘板 $H/3$ 以内不应大于 0.7 t，其余区域不应大于 1.2 t(见图 2)。

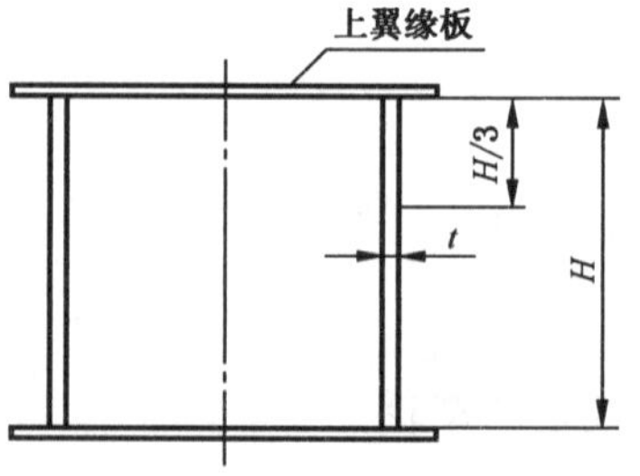

图 2

5.7.4 箱形主梁上翼缘板的水平偏斜值 $C \leqslant B/200$（见图 3），此值应在大肋板或节点处测量。

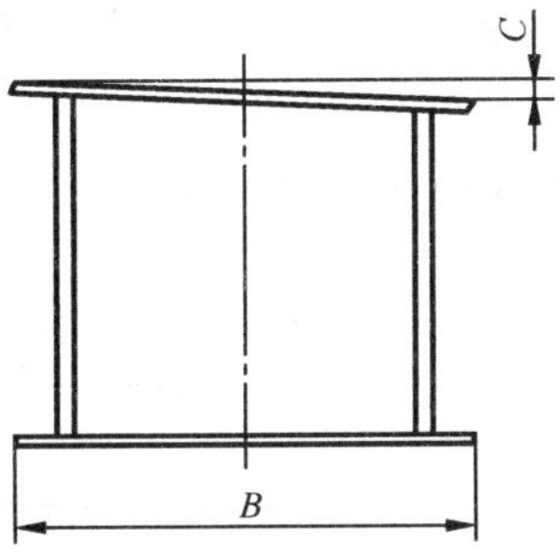

图 3

5.7.5 箱形梁腹板的垂直偏斜值 $h \leqslant H/200$（见图 4），此值应在大肋板或节点处测量。

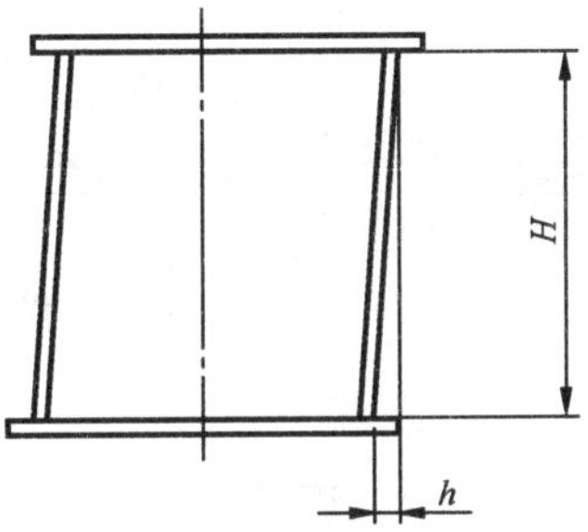

图 4

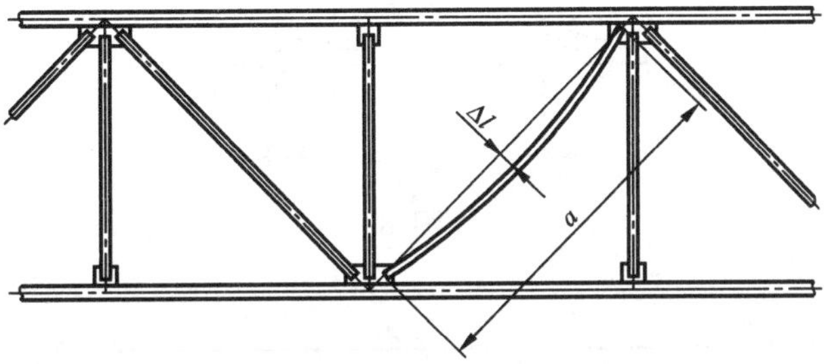

图 5

5.7.6 桁架梁杆件的直线度 $\Delta l \leqslant 0.001\,5a$（见图 5）。

5.7.7 小车轨道一般宜用整根钢轨（将接头焊为一体），钢轨的接头应满足以下要求：

a) 接头处钢轨顶部的垂直错位值 $H_F \leqslant 1$ mm、水平错位值 $H_S \leqslant 1$ mm，应将错位处以 1∶50的斜度磨平（GB/T 10183.1 中表 6）钢轨接头构造公差，见图 6；

b) 连接后的钢轨顶部在水平面内的直线度 b，在任意 2 m 测量范围内不应大于 1 mm。即GB/T 10183.1表 3 中 2 级公差，见图 7；

c) 小车钢轨上任一点处，轨道中心相对于梁腹板中心的位置偏移量 $K \leqslant 0.5\ t_{min}$（GB/T 10183.1表 3 中的 2 级公差），见图 8（含焊接型 T 形钢）；

d) 不采用焊接接头的轨道也应符合上述 a)、b)、c) 的要求，但头部间隙不应大于 2 mm；

e) 对正轨箱形梁及半偏轨箱形梁的小车轨道,当不采用焊接方法时,接缝应在肋板上方,允差不应大于 10 mm;

f) 对正轨箱形梁及半偏轨箱形梁的小车轨道,两端最短一段钢轨长度不应小于 1.5 m,并在两端加施焊挡铁;

g) 轨道底面与承轨梁翼缘横隔板处应接触良好。

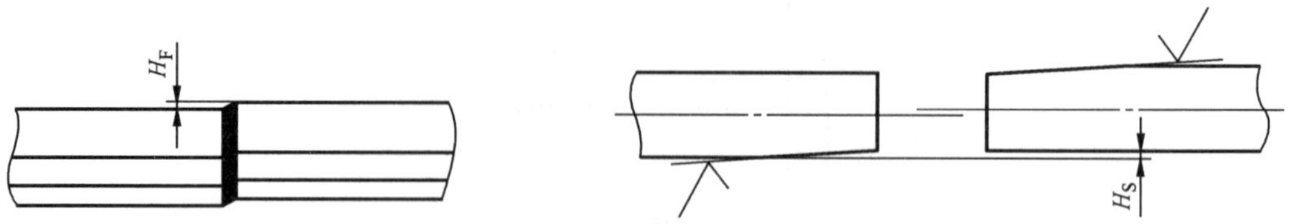

图 6

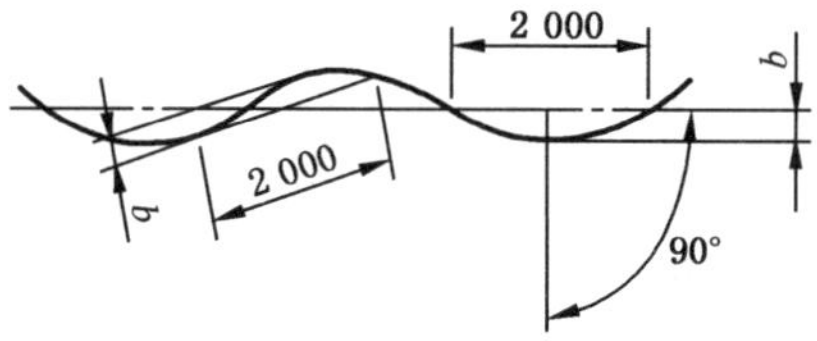

图 7

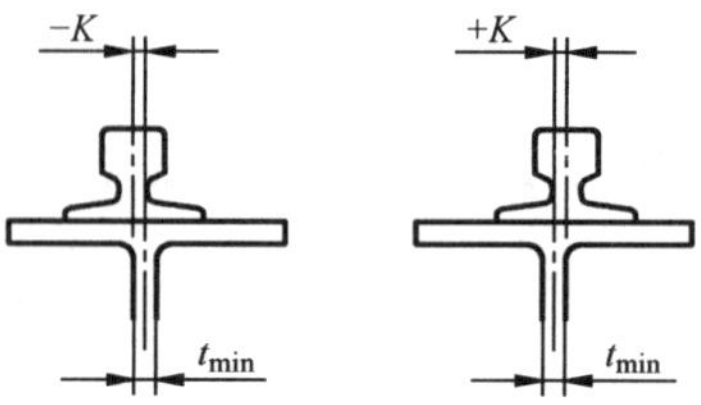

图 8

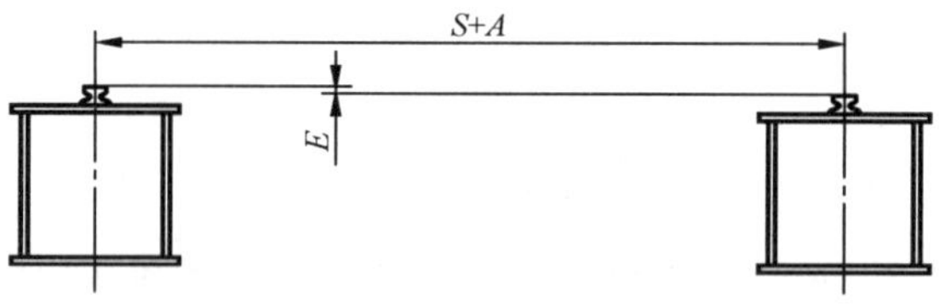

图 9

5.7.8 小车轨距 $S \leqslant 16$ m 时(见图 9),轨距 S 的公差 A 不应超过下列数值:

a) $G_n \leqslant 50$ t 的对称正轨箱形梁及半偏轨箱形梁,

在轨道端部:A 为 ± 2 mm;

在轨道中部:轨道长度 $\leqslant 19.5$ m 时,A 为 $^{+5}_{+1}$ mm;

轨道长度 > 19.5 m 时,A 为 $^{+7}_{+1}$ mm。

b) 其他梁时(GB/T 10183.1 表 3 中的 2 级公差),A 为±5 mm。

5.7.9 小车轨道上任一点处,在与之垂直的方向上,相对应两轨道测点之间的高度差 E (GB/T 10183.1表 3 中的 2 级公差,见图 9)应符合下列要求:

$S \leqslant 2$ m 时,$E = 4.2$ mm;

$S > 2$ m 时,$E = 2.0S$ mm,且 $E \leqslant 8$ mm,S 以 m 为单位。

5.7.10 小车轨道上任一点处,车轮接触点高度差 Δh_r,不应超过下列数值(GB/T 10183.1 表 3 中的2 级公差,见图 10):

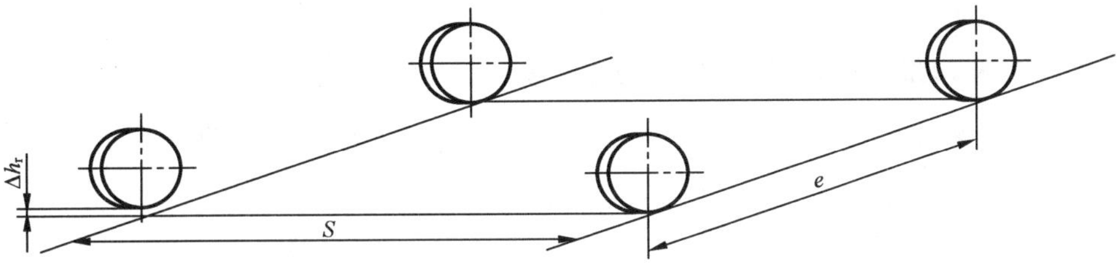

图 10

轨距 $S \leqslant 2$ m 时,$\Delta h_r = 2$ mm;

轨距 $S > 2$ m 时,$\Delta h_r = 1.0S$ mm,且 $\Delta h_r \leqslant 4$ mm;S 单位为 m。

5.8 装配

5.8.1 制动轮及制动盘的安装

制动轮安装后,应保证其径向圆跳动不应超过表 7 规定的值;制动盘安装后,应保证其盘端面跳动不应超过表 8 规定值。

表 7

制动轮直径 mm	≤250	>250~500	>500~800
径向跳动 μm	100	120	150

表 8

制动盘直径 mm	≤355	>355 ~500	>500 ~710	>710 ~1 250	>1 250 ~2 000	>2 000 ~3 150	>3 150 ~5 000	>5 000
端面跳动 μm	100	120	150	200	250	300	400	500

5.8.2 车轮的安装

车轮安装后,应保证基准端面上的跳动不应超过表 9 规定值。

表 9

车轮直径 mm	≤250	>250～500	>500～800	>800～900	>900～1 000
端面跳动 μm	100	120	150	200	250

5.8.3 传动链连接件的安装

传动链中各部件间的连接,同一轴线的偏斜角不应大于所用联轴器允许的安装误差。

5.8.4 小车车轮和起重机车轮、导向轮的构造公差

5.8.4.1 带轮缘车轮中心之间的跨度公差 A(GB/T 10183.1 表 5、表 4 的 2 级公差),见图 11。

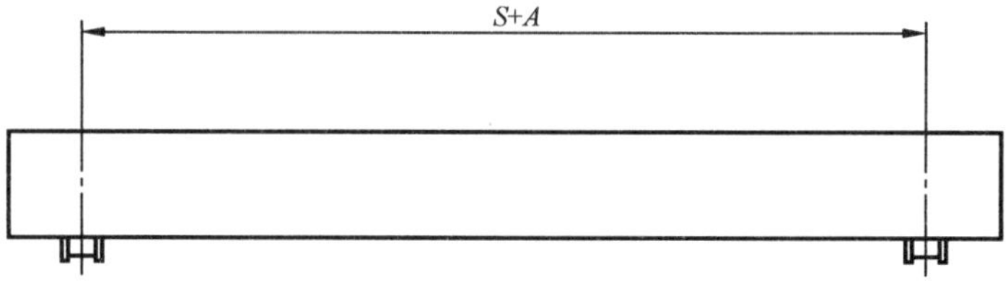

图 11

小车:$S \leqslant 2$ m 时,$A = \pm 2$ mm;

$S > 2$ m 时,$A = \pm[2 + 0.1(S - 2)]$mm,S 单位为 m。

上式经圆整和简化的公差值,可按表 10 选取。

表 10

S m	≤2	>2～4	>4～6	>6～8	>8～10	>10～12	>12～14	>14～16
A mm	±2	±2.2	±2.4	±2.6	±2.8	±3	±3.2	±3.5

起重机:$S \leqslant 10$ m 时,$A = \pm 2.5$ mm;

$S > 10$ m 时,$A = \pm[2.5 + 0.1(S - 10)]$mm,$S$ 单位为 m。

上式经圆整和简化的公差值,可按表 11 选取。

表 11

S m	≤10	>10～15	>15～20	>20～25	>25～30	>30～35	>35～40
A mm	±2.5	±3	±3.5	±4	±4.5	±5	±5.5

5.8.4.2 一侧车轮带导向轮时,无轮缘车轮中心之间的跨度公差 A,(GB/T 10183.1 中表 5、表 4的2 级公差),见图 12。

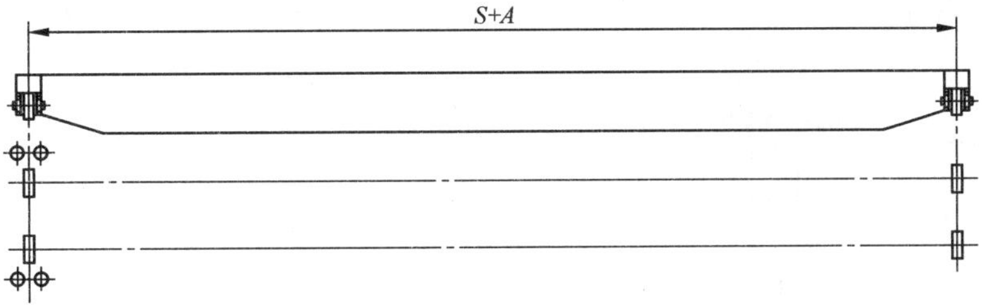

图 12

小车：$S \leqslant 2$ m 时，$A=\pm 3.2$ mm；

$S>2$ m 时，$A=\pm[3.2+0.1(S-2)]$mm，S 单位为 m。

上式经圆整和简化的公差值，可按表 12 选取。

表 12

S m	≤2	>2～4	>4～6	>6～8	>8～10	>10～12	>12～14	>14～16
A mm	±3.2	±3.4	±3.6	±3.8	±4	±4.2	±4.4	±4.6

起重机：$S \leqslant 10$ m 时，$A=\pm 4$ mm；

$S>10$ m 时，$A=\pm[4+0.1(S-10)]$mm，S 单位为 m。

上式经圆整和简化的公差值，可按表 13 选取。

表 13

S m	≤10	>10～15	>15～20	>20～25	>25～30	>30～35	>35～40
A mm	±4	±4.5	±5	±5.5	±6	±6.5	±7

5.8.4.3 起重机和小车运行机构的车轮基距为 e（或 8 轮和 8 轮以上的最上层运行平衡架轴间水平距离为 e）时的公差 Δe（GB/T 10183.1 中表 5、表 4 的 2 级公差），见图 13。

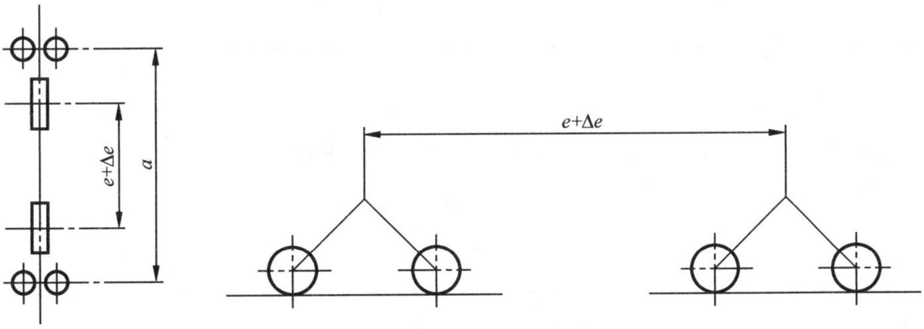

图 13

小车和起重机：$e \leqslant 3$ m 时 $\Delta e=\pm 4$ mm；$e>3$ m 时 $\Delta e=\pm 1.25e$ mm，e 单位为 m。

5.8.4.4 导向轮或带轮缘车轮水平偏斜 ΔF（GB/T 10183.1 中表 5、表 4 的 2 级公差），见图 14。

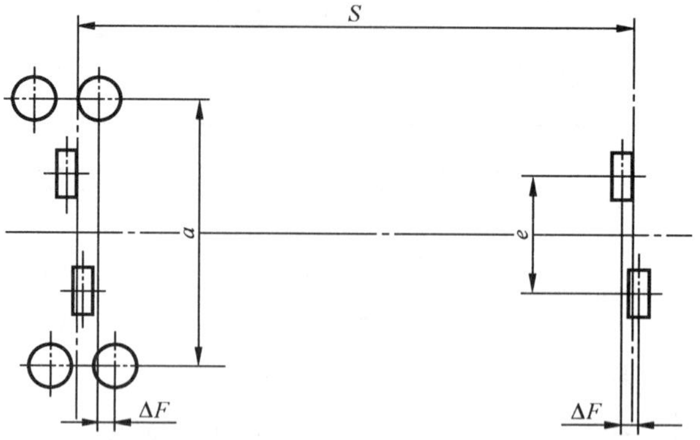

图 14

小车和起重机:对导向轮,$\Delta F \leqslant 0.4a$ mm,a 单位为 m;

对带轮缘车轮,$\Delta F \leqslant 0.5e$ mm,e 单位为 m。

5.8.4.5 车轮接触点高度公差 Δh_r(GB/T 10183.1 中表 5、表 4 的 2 级公差),见图 15。

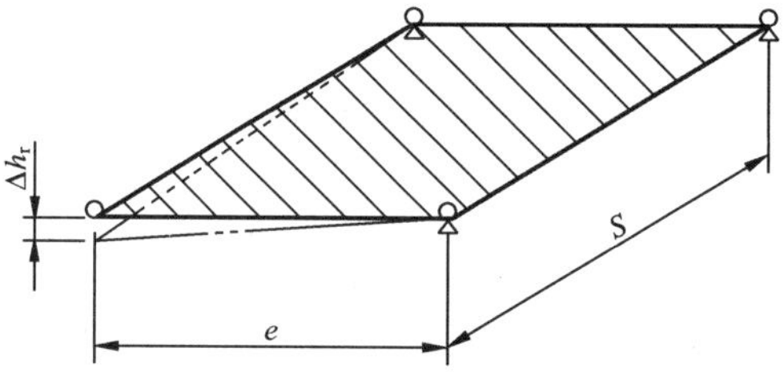

图 15

小车:$S \leqslant 2$ m　　$\Delta h_r \leqslant 2$ mm;

$S > 2$ m　　$\Delta h_r \leqslant 2 + 0.1(S - 2)$ mm,S 单位为 m。

上式经圆整和简化的公差值,Δh_r 可按表 14 选取。

表 14

S m	≤2	>2~4	>4~6	>6~8	>8~10	>10~12	>12~14	>14~16
Δh_r mm	2	2.2	2.4	2.6	2.8	3	3.2	3.5

起重机:$S \leqslant 10$ m 时,$\Delta h_r \leqslant 2.5$ mm;

$S > 10$ m 时,$\Delta h_r \leqslant 2.5 + 0.1(S - 10)$ mm,S 单位为 m。

上式经圆整和简化的公差值,可按表 15 选取。

表 15

S m	≤10	>10~15	>15~20	>20~25	>25~30	>30~35	>35~40
Δh_r mm	2.5	3	3.5	4	4.5	5	5.5

5.8.4.6 镗孔型轴承箱车轮在水平投影面内车轮轴中心线倾斜度 φ_r(GB/T 10183.1 中表 5、表 4 的2 级公差),见图 16。

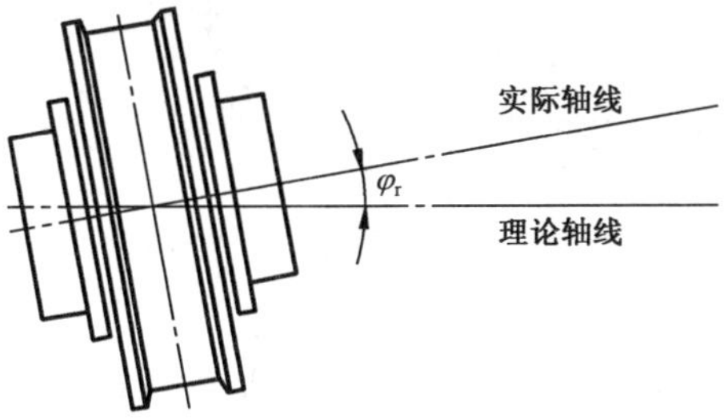

图 16

小车和起重机:$\varphi_r = \pm 0.5‰$。

5.8.4.7 角型轴承箱车轮在水平投影面内车轮轴中心线倾斜度 φ_r

当采用焊接连接的端梁及角型轴承箱结构,并用测量车轮端面来控制车轮偏斜时,测量值 $|P_1-P_2|$(见图 17)。对于四个车轮的起重机和小车不应大于表 16 的规定,但同一轴线上的两个小车车轮的偏斜方向应相反;对于多于四轮的起重机和小车,单个平衡梁(平衡台车)下的两个车轮按表 16,同一轨道上的所有车轮间不得大于 $E_1/800$,(E_1 为测量长度)且不控制车轮偏斜方向。

表 16

机构工作级别	M1	M2～M5	M6～M8
$\|P_1-P_2\|$	$\leqslant E_1/800$	$\leqslant E_1/1\,000$	$\leqslant E_1/1\,200$

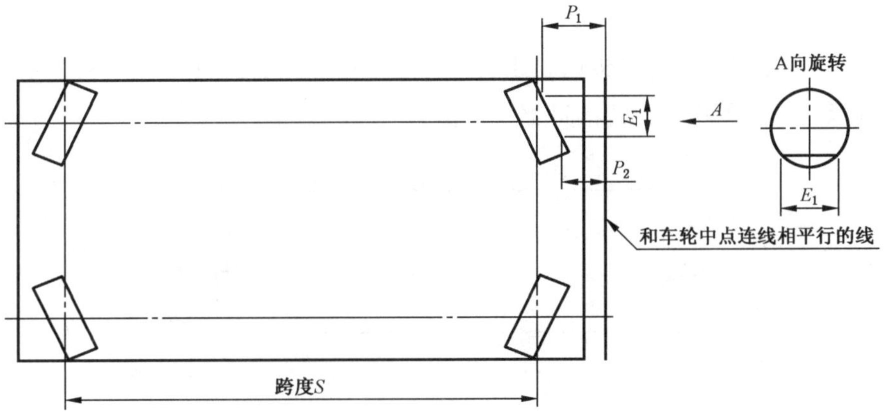

图 17

5.8.4.8 垂直平面内车轮轴中心线倾斜度 τr (车轮垂直倾斜度,即 GB/T 10183.1 中表 5、表 4 的 2 级公差),见图 18。

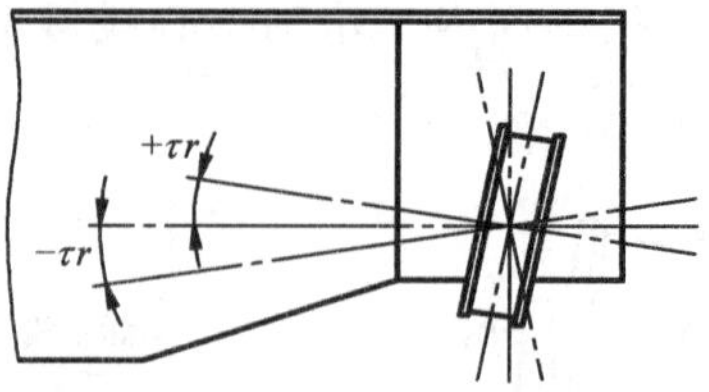

图 18

小车和起重机：$-0.5‰\leqslant \tau r\leqslant +2‰$

5.8.4.9 水平导向轮在垂直于轨道方向上的轴线倾斜度公差 αF，水平导向轮在沿轨道方向的轴线倾斜度公差 βF，水平导向轮底面至轨道上平面高度 hF 的高度差 ΔhF（GB/T 10183.1 中表 4 的 2 级公差），见图 19。弧面水平导向轮或 QU 型轨道可不考虑 αF 的影响。

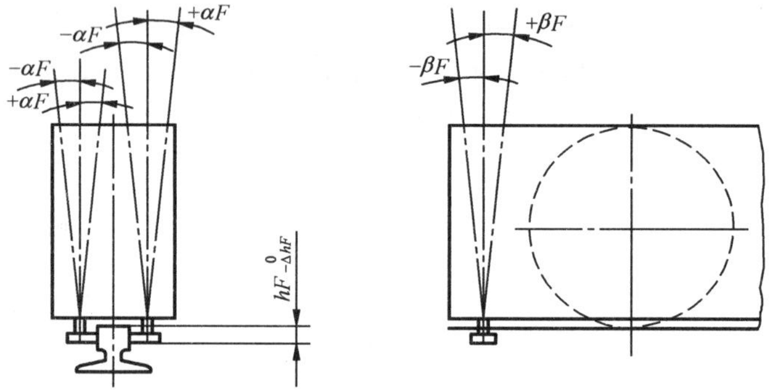

图 19

起重机：$\alpha F=0.63‰$；$\beta F=0.4‰$；$\Delta hF=^{\ 0}_{-1.6}$ mm。

5.8.5 终端止挡器或缓冲器的安装

终端止挡器或缓冲器垂直于纵向轴线的平行度公差 F_{max}（即 GB/T 10183.1 中表 2、表 3 的 2 级公差），见图 20。（图中左侧为缓冲器头部图形）

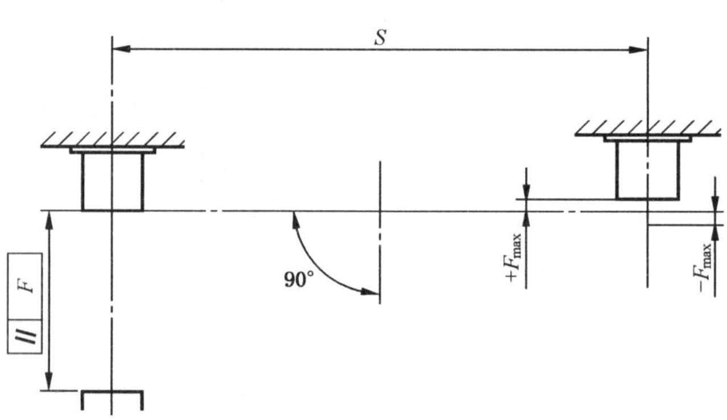

图 20

小车和起重机：$F_{max}=1.0S$ mm，且 $F_{max}\leqslant 10$ mm，S 单位为 m。

5.9 电气设备

5.9.1 电气设备的选用原则

5.9.1.1 一般采用交流传动控制系统，在有特殊要求或仅有直流电源情况下，可采用直流传动控制系统。

5.9.1.2 除辅助机构外，应采用符合5.5.1规定的电动机，必要时也可采用符合起重机要求的其他类型电动机。

5.9.1.3 选择电阻器时应注意：

a) 接电持续率不同的电动机，宜选用不同参数的起重机标准电阻器。如特殊需要，也可由起重机制造商自行设计，但应符合GB/T 3811—2008中7.5.1.3的要求；

b) 起升机构不应选用频敏电阻器。

5.9.1.4 起重机进线处应设隔离开关或熔断器箱。

5.9.1.5 当采用按钮盒控制时，控制电压不应大于50 V。

5.9.1.6 对电磁起重机，起重电磁铁的电源在交流侧的接线，应保证在起重机内部各种事故断电(起重机集电器不断电)时，起重电磁铁供电不切断，即吸持物不脱落。

5.9.1.7 如果用户要求对起重电磁铁设置备用电源(如蓄电池)时，备用电源支持时间不宜小于20 min，应同时提供自动充电装置及其电压的指示器，并应有灯光和声响警告装置示警。该电源可接入起升制动器回路，或起升制动器应具有手动释放功能。

5.9.1.8 当选用可编程序控制器(PLC)时，对用于安全保护的联锁信号，如极限限位、超速等，应具有直接的继电保护联锁线路。

5.9.2 馈电装置

5.9.2.1 设计应满足GB/T 3811—2008中7.2.2.2的要求。

5.9.2.2 起重机电源馈电装置优先采用符合JB/T 6391.1、JB/T 6391.2要求的滑接输电装置，也可采用电缆、铜线或其他新型馈电装置。

5.9.2.3 小车馈电装置应采用悬挂电缆小车导电或符合JB/T 6391.1、JB/T 6391.2要求的滑接输电装置。用户有特殊要求时，也可采用铜线、型钢或其他新型馈电装置。

5.9.2.4 小车采用悬挂电缆导电时，应满足以下要求：

a) 在桥架或小车架的适当部位设置固定的接线盒(箱)；

b) 为使车体运动过程中电缆不受过大拉力，可附加电缆牵引绳索；

c) 宜采用扁电缆；

d) 采用圆电缆时，电缆截面在2.5 mm^2及以下的可选用多芯电缆，4 mm^2及以上的可选用三芯或四芯电缆，其中16 mm^2及以上的圆电缆宜选用单芯电缆。

5.9.3 电气设备的安装

5.9.3.1 电气设备应安装牢固，在主机工作过程中，不应发生目测可见的相对于主机的水平移动和垂直跳动。

5.9.3.2 起重机或小车运行时，馈电装置中裸露带电部分与金属构件之间的最小距离应大于30 mm，起重机运行时可能产生相对晃动时，其间距应大于最大晃动量加30 mm。

5.9.3.3 四箱及四箱以下的电阻器可以直接叠装，五箱及六箱叠装时，应考虑加固措施并要求各箱之间的间距不应小于80 mm，间距过小时应降低容量使用或采取其他相应措施。

5.9.3.4　电阻器应加防护罩,并注意散热需要的空间。室内使用时其防护等级不应低于GB 4208中的IP10,室外使用不应低于IP13。

5.9.3.5　安装在电气室内的电气设备,其防护等级可以为GB 4208中的IP00,此时应有适当的防护措施,如防护栅栏、防护网等;室内应留有不小于0.6 m宽的检修通道。

5.9.3.6　室内使用的起重机,安装在桥架上的电气设备应无裸露的带电部分,最低防护等级为GB 4208中的IP30。

5.9.3.7　室外使用的起重机,桥架上的控制柜,安装在无遮蔽场合时,其外壳防护等级不应低于GB 4208中的IP54;有遮蔽场合安装使用时,外壳防护等级可适当降低;但应满足防护要求。

5.9.4　导线及其敷设

5.9.4.1　起重机上应采用铜芯、多股、有护套的绝缘导线,司机室内允许采用无护套的铜芯、多股、塑料绝缘导线。

5.9.4.2　起重机上移动用电缆,宜采用丁腈聚氯乙烯扁型软电缆,橡胶扁型软电缆,重型橡套软电缆或船用软电缆。

5.9.4.3　起重机上的配线应采用截面不小于1.5 mm^2 的多股单芯导线的多股多芯导线。对电子装置、油压伺服机构、传感元件等连接线的截面不做规定。

5.9.4.4　不同机构、不同电压种类和电压等级的电线敷设,应尽量分开。安全照明线宜单独敷设。

5.9.4.5　交流载流25 A以上的单芯电线(或电缆)不允许单独穿金属线管。

5.9.4.6　传送低电压、低功率的电缆线,不应与动力电缆或不同电压等级的电缆线使用同一根多芯电缆,必要时还应采用屏蔽电缆。

5.9.4.7　所有导线中均不应有中间接头,照明线允许在设备附近用过渡端子连接。

5.9.4.8　应采用有防松措施的接线座。

5.9.4.9　电线敷设可采用线管、线槽或电缆桥架,且应尽量引接到电气设备附近,尽量避免人员可能触及外露电线。对有相对移动的场合,可穿金属软管敷设。

5.9.4.10　电缆允许直接敷设,但在有机械损伤、化学腐蚀、油污浸蚀的地方应有防护措施。

5.9.4.11　电缆固定敷设的弯曲半径不应小于5倍电缆外径,扁形移动电缆的弯曲半径不应小于10倍电缆厚度,圆形移动电缆的弯曲半径不应小于8倍电缆外径。

5.9.4.12　导线穿过的金属管、孔、洞处,必须有保护措施,以防止导线磨损。

5.9.4.13　接线盒(箱)的内腔,应有足够的引线空间。

5.9.4.14　导线与其端头的连接应采用专用的冷压钳将导线与冷压铜端头压紧、不会脱落。

5.9.4.15　线管、线槽、电缆桥架内、司机室地板下等导线密集的地方,应将导线整理成束,导线的两端应有与电路图或接线图一致的永久性识别标记和线束号。

5.9.4.16　室外使用的起重机、司机室、电气室和电气设备的进出线孔、电缆桥架、线槽和线管的进出线口均应采取防雨措施,且不应积水。

5.9.5　照明及其他

5.9.5.1　司机室和电气室内的工作面平均照度不应低于30 lx。必要时可补充桥下作业面用照明,桥下照明应考虑三个方向的防震措施。其灯具的安装应能方便地检修和更换灯泡。

5.9.5.2　固定式照明的电压不宜超过220 V,严禁用金属结构做照明线路的回路。可携式照明的电压不应超过36 V,交流供电时,应使用隔离变压器。起重机上至少应具有2只供插接可携式照明用的插座。

5.9.5.3 照明、信号应设专用电路，电源应从主断路器(或主刀开关)进线端分接。当主断路器(或主刀开关)断开时，照明信号电路不应断电，照明、信号电路及其各分支电路均应设置短路保护。

5.10 涂装

5.10.1 涂装前的钢材表面处理

主梁、端梁、平衡梁等重要结构件应进行喷(抛)丸的除锈处理，达到 GB/T 8923 中的 Sa2 $\frac{1}{2}$级；其余构件应达到 Sa2 级或 St2 级(手工除锈)。

5.10.2 涂漆质量

5.10.2.1 起重机面漆应均匀，细致、光亮、完整和色泽一致，不得有粗糙不平、漏漆、错漆、皱纹、针孔及严重流挂等缺陷。

5.10.2.2 推荐的漆膜总厚度：对室内起重机为 75 μm～105 μm；对室外起重机为 80 μm～120 μm。根据起重机工作环境需要，也可供需双方另行约定。

5.10.2.3 漆膜附着力应符合 GB/T 9286 中规定的一级质量要求。

6 试验方法

6.1 总则

起重机试验应遵循 GB/T 5905 规定的规范和程序。试验前和试验中，应进行相关检查和检测。本标准提供的常用检查和检测方法，适用于起重机的最终检验、试验。

6.2 桥架的装配检测

6.2.1 桥架的装配检测条件

6.2.1.1 桥架的支承点应尽量接近车轮位置，以端梁上翼缘板的四个基准点(车轮支承中心顶点)调平，其误差在跨度方向不大于 3 mm、基距方向不大于 2 mm。

6.2.1.2 避免日照的影响。

6.2.2 起重机跨度偏差检查

检查的顺序和方法如下：

a) 在按图 21 所示的测量部位测量起重机跨度时，应采用表 17 规定的拉力值和修正值；

b) 测量时钢卷尺和起重机温度应一致，钢卷尺不得摆动并自然下垂；

c) 测量所得钢卷尺上的读数加上表 17 所列修正值，再加上钢卷尺的计量修正量(正或负，必须经相关计量资质部门检定合格，并在有效期内)，即为起重机的实际跨度。

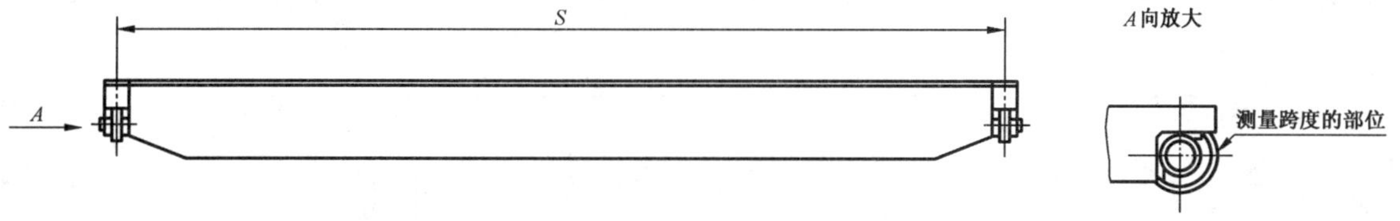

图 21

表 17

起重机跨度 m	拉力值 N	钢卷尺截面尺寸 mm 10×0.25	13×0.2	15×0.2	15×0.25
		修正值 mm			
10.5;10.0 13.5;13.0 16.5;16.0;15.5 19.5;19.0;18.5	147	2.0 2.5 3.0 3.5	2.0 2.5 2.5 3.0	1.5 2.0 2.0 2.5	1.0 1.5 1.5 1.5
22.5;22.0;21.5 25.5;25.0;24.5 28.5;28.0;27.5 31.5;31.0;30.5 34.5;34.0;33.5		3.5 4.0 4.0 4.0 4.0	3.5 3.5 3.5 3.5 3.5	2.5 2.5 2.5 2.0 1.5	1.0 0.5 0 −0.5 −1.5
37.5;37.0;36.5 40.5;40.0;39.5		3.5 3.5	3.0 2.5	1.0 0	−3.0 −4.5
注 1：表中的修正值已经扣除了根据 JJG 4—1999 规定检定时施加 49 N 力所产生的弹性伸长。 注 2：当跨度更大时，采取对在测钢卷尺加一浮动支点于 1/2 跨度处，使三测点在同一直线上，再按 1/2 跨度值选取表中对应跨度的修正值，将该修正值乘 2 后即为更大跨度的修正值。					

6.2.3 主梁的水平方向弯曲度和上拱度的检测

6.2.3.1 主梁水平方向弯曲度的检测

6.2.3.1.1 检测宜在起重机负载试验之前进行，并避免日照的影响。

6.2.3.1.2 在主梁腹板上方，离上翼缘板约 100 mm 处，将两等高块分别置于主梁的两端，紧拉一根直径为 ϕ0.49 mm～ϕ0.52 mm 的钢丝平行于上翼缘板，从主梁端部第一块大隔板起，在每块大隔板处用钢尺测量腹板与钢丝间间距(走台侧，可参考图 22)并记录。每个间距与等高块之差即为主梁的水平方向弯曲值。负值表明主梁向走台侧凸曲，正值表明主梁向走台侧凹曲，弯曲最大绝对值与主梁两端第一块大隔板间距离之比即为主梁水平方向弯曲度。

6.2.3.2 主梁上拱度的检测

6.2.3.2.1 起重机主梁实有上拱度应在静载试验后检测(使空载小车在极限位置)，并避免日照的影响。

6.2.3.2.2 用图 22 所示的拉钢丝法测量主梁上拱度时，钢丝直径为 ϕ0.49 mm～ϕ0.52 mm，拉力为 147 N。在测得数中扣除表 18 所列因钢丝自重影响的修正值 Δ，即为主梁实有上拱度。

表 18

起重机跨度 S m	10～ 10.5	13～ 13.5	15.5～ 16.5	18.5～ 19.5	21.5～ 22.5	24.5～ 25.5	27.5～ 28.5	30.5～ 31.5	33.5～ 34.5	36.5～ 37.5	39.5～ 40.5
钢丝下垂修正值 Δ mm	1.5	2.5	3.5	4.5	6.0	8.0	10.0	12.5	15	17.5	20.5
注：当跨度更大时可用下式计算修正值 Δ，$\Delta=0.012\,86\,S^2$ mm，跨度 S 以 m 为单位。											

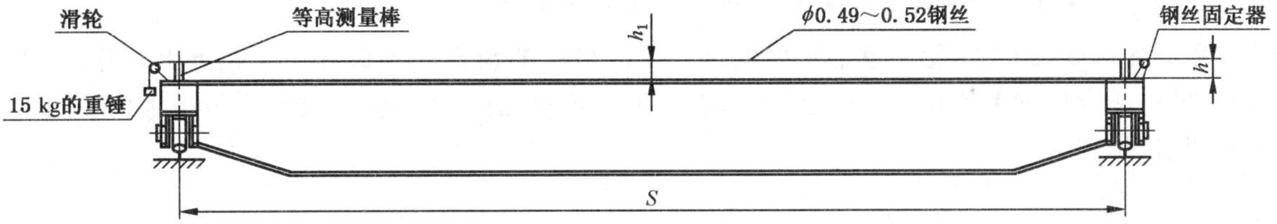

图 22

6.2.4 小车轨道直线度的检测

将两等高支架分别置于轨道的两端(轨距外侧),按图 23 所示拉紧一根直径为 ϕ0.49 mm～ϕ0.52 mm的钢丝,然后用钢尺测量钢丝与轨道头侧面间的距离,测点间距不应大于 2 m,测至轨道全长。取钢丝与轨道头侧面间距的最大值与等高支架之差即是该钢轨头部的水平直线度。

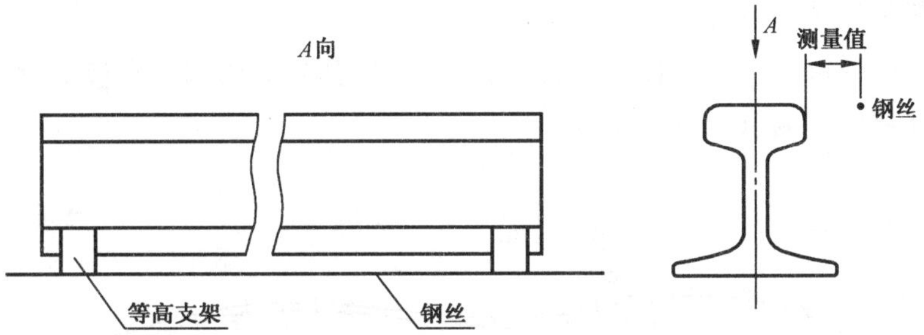

图 23

6.2.5 小车轨道中心相对于腹板中心偏差的检测

如图 24 中 a),记录用钢直尺测量轨道底部尺寸得出的数值除以 2 为 a 值,轨道梁主腹板厚度值除以 2 为 a_1 值,用钢尺分别测量 x 和 x_1 值,则 $K = |(a+x)-(a_1+x_1)|$ 为实测值

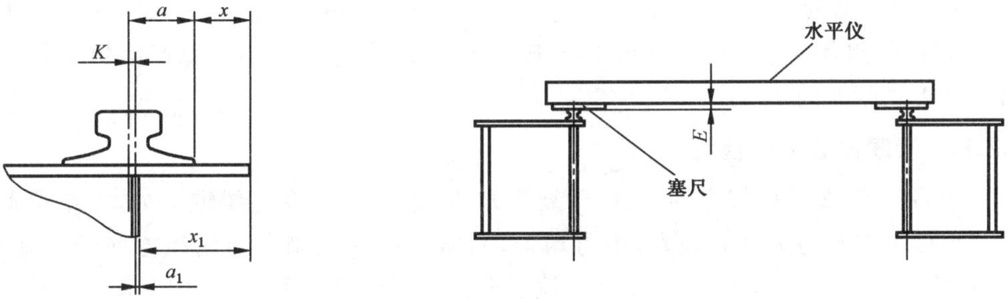

a)　　b)

图 24

6.2.6 小车轨道上任一点处相对应的两轨道测点间高度差 *E* 的检测

如图 24 中 b),记录调整塞尺使水平仪达到水平状态时的厚度值,就是其高度差 E 值。

6.2.7 小车轨距检测

使钢尺(或有依托钢卷尺)与轨距中心线呈 90°,至少分别测量轨道的两端和跨中三点,这三点的轨距实测值与公称值之差,不应大于小车轨距公差 A。

6.2.8 小车轨道上任一点处车轮接触点高度差 Δh_r 的检测

用刚性良好,四个车轮支承点平面度符合9级精度的模拟小车放在小车轨道上,在全长上移动,可在任意位置上停止,用塞尺检查车轮踏面与轨道之间的间隙,在全长上取最大值定为此项实测值,如图25。

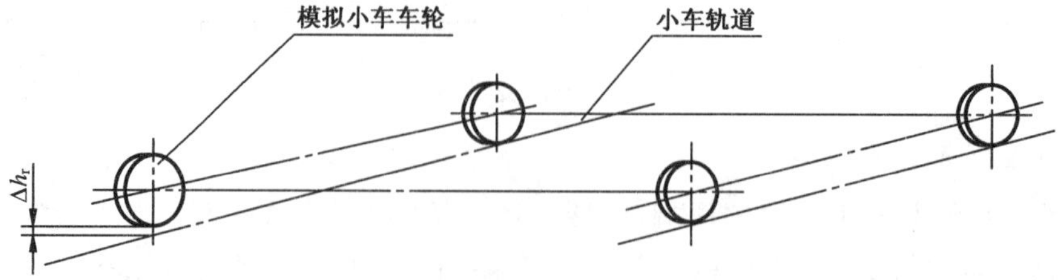

图 25

6.2.9 主梁腹板局部翘曲检测

测量方向和位置可以任意选择,按图26方法测量,其量具内侧与腹板间隙的最大值即为主梁腹板局部翘曲数值。测量长度为1 m。

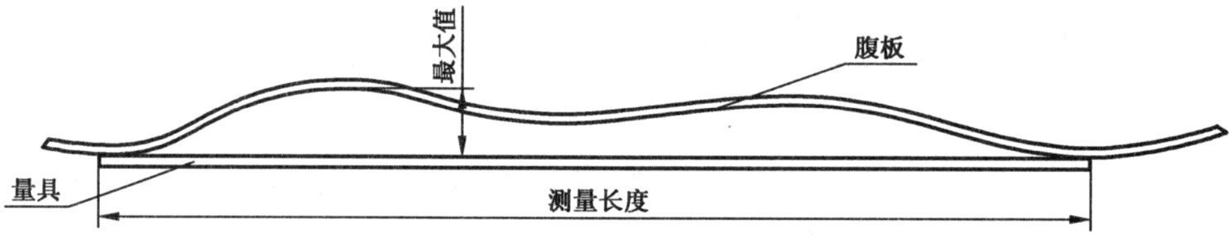

图 26

6.2.10 漆膜总厚度的检测

使用漆膜厚度仪在主梁、端梁上每10 m^2(不足10 m^2 的按10 m^2 计)作为一处,每处测3~5点,每处所测各点厚度的平均值不低于总厚度的90%,也不高于总厚度的120%,测得的最小值不低于总厚度的70%。

6.2.11 漆膜附着力的检测

按GB/T 9286中规定的刀具,用划格方法(如图27),在主梁取6处,在端梁取4处进行测试。划格时刀具与被测面垂直,用力均匀,划格后用软毛刷沿对角线方向轻轻地顺、逆各刷三次,再检查漆层剥落面积,切口交叉处涂层允许有少许薄片脱落,其剥落面积不应大于5%。

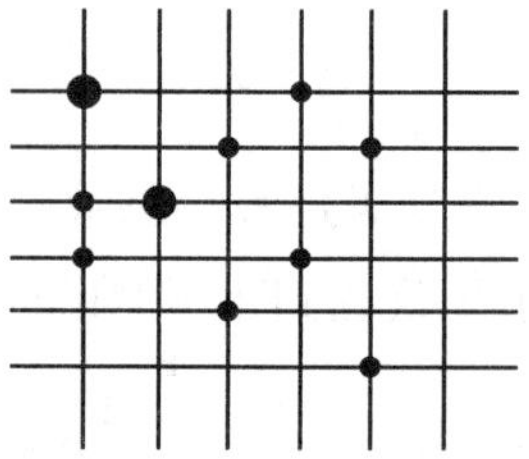

图 27

6.3 机械安装的检测

6.3.1 小车车轮跨度和车轮接触点高度差的检测

6.3.1.1 小车车轮跨度的检测

用钢直尺(或有依托钢卷尺)测量小车车轮跨度,参见 6.2.2 及图 21。

6.3.1.2 小车车轮接触点高度差的检测

将被测小车安放在标准轨道上(也可在平台上放置等高块来代替),然后用塞尺检查每个车轮踏面与轨道之间的间隙,如图 28。

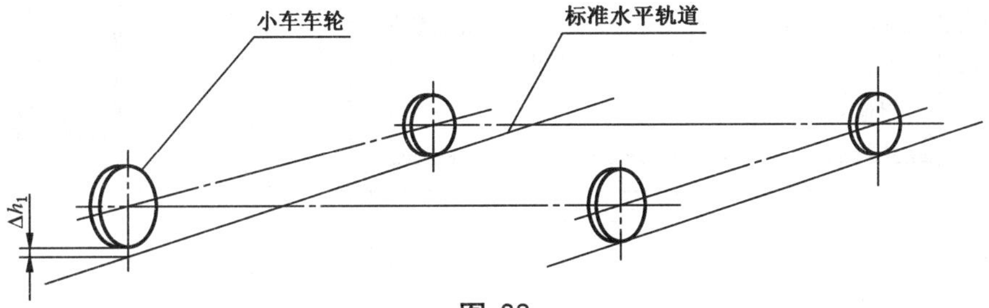

图 28

6.3.2 车轮轴线倾斜度的检测

6.3.2.1 起重机及小车车轮在水平投影面内车轮轴中心线倾斜度 φ_r 的检测

方法 1:适用于车轮轴承座为角型轴承箱式。

测出车轮基准端面跳动最大值(A 点),使之处于铅垂方向位置如图 29,在车轮基准端面侧测量。

在同一端梁的两个车轮基准端面下部,用 ϕ0.49 mm～ϕ0.52 mm 钢丝拉一直线,线端固定在专用支架上,将 ϕ8 mm 绝缘标准棒分别放在两个车轮上支持钢丝,使钢丝离开车轮端面。把电路通断装置两根引线分别接在钢丝和端梁上,用 ϕ8.00 mm 标准尺寸以上或以下尺寸的检测棒(用 0.02 mm 单位递增或递减)试测 P_1 及 P_2,当蜂鸣器或指示灯亮时,换用相邻下一级检测棒测试,若不响或不亮,则取它们之间的平均数值分别为 P_1 和 P_2、P_1 和 P_2 与绝缘标准棒之差的绝对值与测量长度(E_1)的比值即为此项实测值。

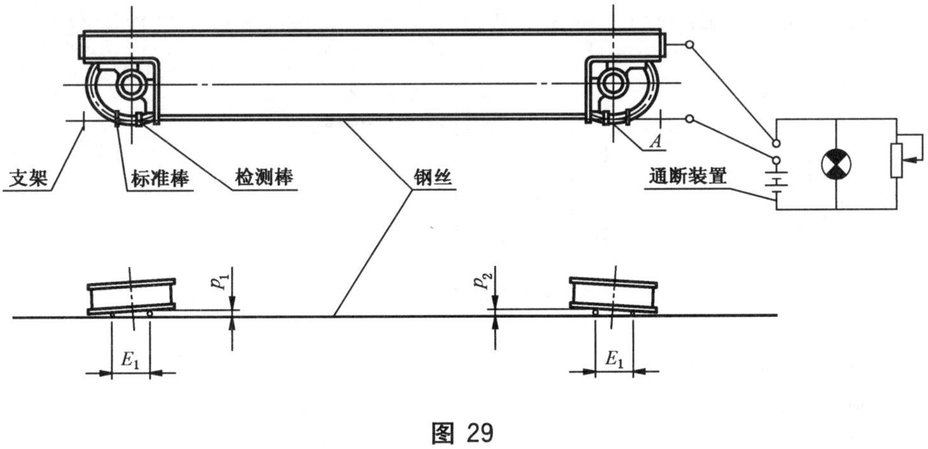

图 29

方法 2:适用于车轮轴承座为腹板镗孔式(只在型式试验时检测)。

建立测量点：如图30所示，各车轮处均以 O 为圆心，在接近于车轮踏面直径的 ϕE 圆周上确定四个测量点 A、B、C 及 D，其中前三点需在腹板上分别钻出 $\phi 18$ mm 的孔备测量用。

确定基准线：在小车轨道两端 S_1、S_2 距离处(见图30)，用卡子各固定一根钢尺(或钢卷尺)，并以两轨道的内侧面为量点，分别找出两钢尺上的小车轨距的中分点，并做标记。

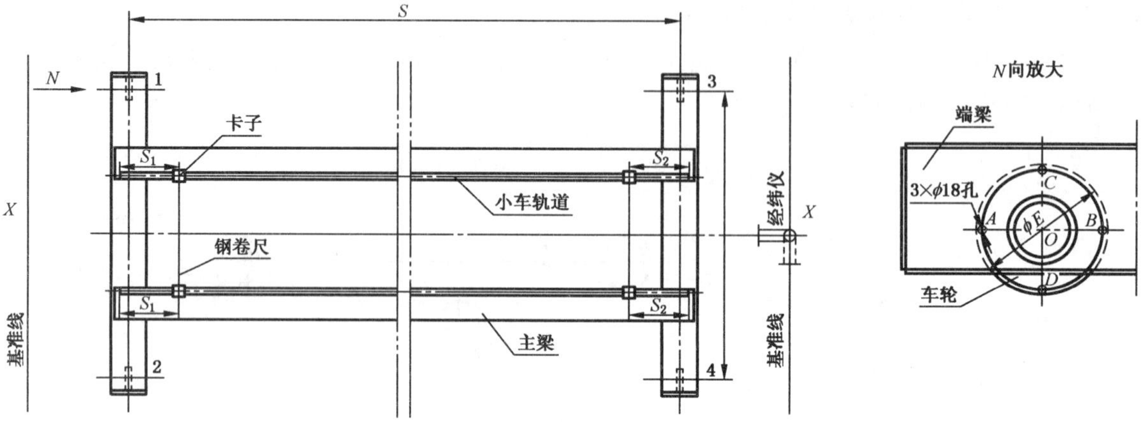

图 30

将经纬仪放置在端梁外侧的中间部位，待整平后，观察两根钢卷尺上的读数(轨距中分点)，一直调到两中分点重合为止。然后将经纬仪的照准部转动90°，这是从望远镜中观察出的方向(通过镜中的十字线)可作为一条垂直于大车横向中心线(或平行于纵向中心线)的测量基准线。

测点读数：将内径千分尺的固定测头碰靠在测点上(或通过图30中 $\phi 18$ 的孔)，为使测量稳定，可用一个磁铁支架支撑住内径千分尺，见图31。

检测时，拧动内径千分尺的微分筒；另一人则从经纬仪的望远镜中进行观察。先使固定套管的纵刻线与望远镜中的刻线相重合，然后再调整微分筒，使微分筒端面与望远镜中的垂直线相重合。这时，内径千分尺上的刻度值，即为该点的第一次读数。当各点的测值读出后，再将被测车轮转过180°；仍用上法，对各个测点读数。故此法亦可称为“二次读数法”。

当一个车轮各点测读完毕。可以将经纬仪的镜筒垂直反向转动180°，这样就可以测量另一个车轮上四个测点的二次读数了。

另一根端梁上的两个车轮，如上所述的测量方法可分别测得各点的二次读数。

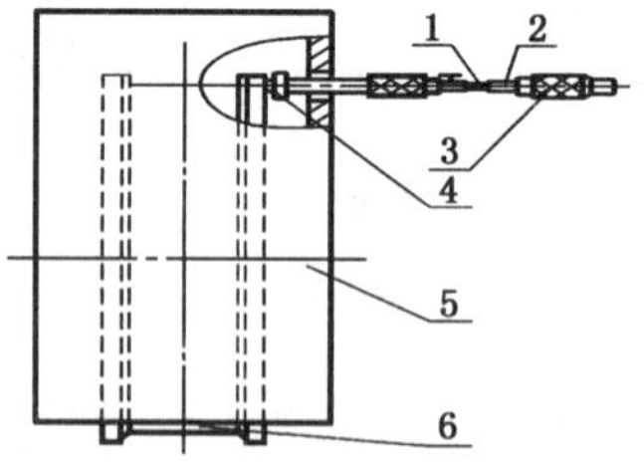

说明：

1——固定套管纵刻线；

2——微分筒内径千分尺；

3——微分筒端面；

4——固定测头；

5——端梁；

6——车轮。

图 31

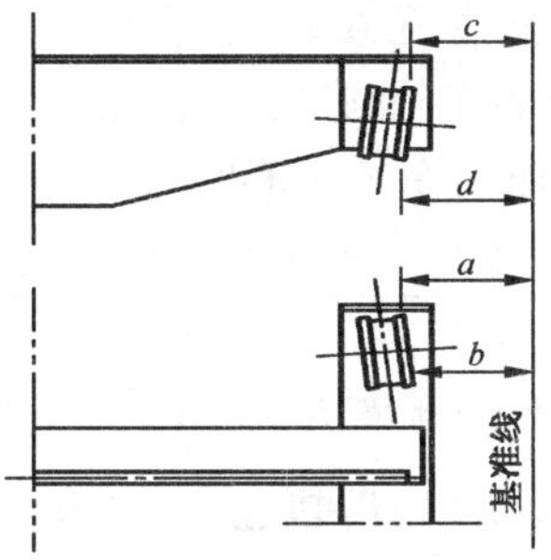

图 32

计算偏斜值:图 32 为车轮在垂直与水平平面内的安装状态。

设图示车轮的偏斜方向为正,则反其向者为负。图中 a、b、c 及 d 代表相应各测点到基准线之间的距离。在计算中,所注下脚编号即表某个车轮的数据,所注上脚"′"和"″"即表示该点的第一及第二次读数。

例如,图 30 中车轮 1 在水平面内车轮轴中心线偏斜度 φ_{r1}:

$$\varphi_{r1}=\frac{(a'_1+a''_2)/2-(b'_1+b''_2)/2}{E_1}$$

6.3.2.2 起重机及小车车轮在垂直平面内车轮轴中心线倾斜度(空载小车位于跨端)τr 的检测

方法 1(仲裁):适用于车轮轴承座位为角型轴承箱式。

把磁力座垂直倾斜仪吸在车轮基准端面上,如图 33。顺时针旋转百分尺,当听到百分尺棘轮响声时,记下百分尺读数,令其为 a。继续旋转百分尺同时观察水平指示器,当水平指示器水平时,停止旋转,并且记下百分尺读数令其为 b。则 a、b 二个读数之差与测量长度之比即为此项实测值。

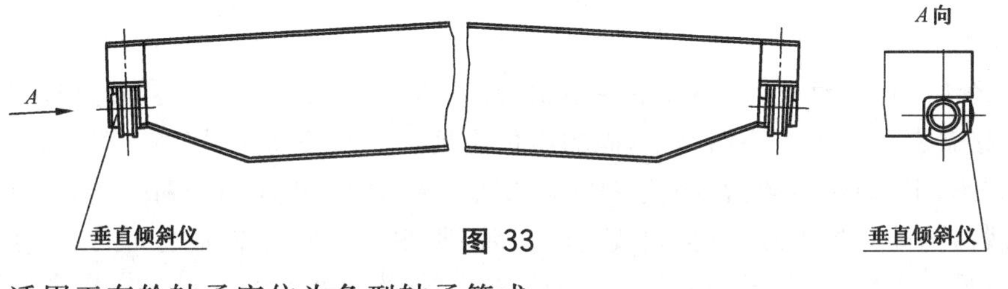

图 33

方法 2:适用于车轮轴承座位为角型轴承箱式。

将矩形水平仪靠在车轮的基准端面上,下部垫塞尺使水平仪器恢复水平,此时所垫塞尺总厚度与测量长度之比即为此项实测值,如图 34。

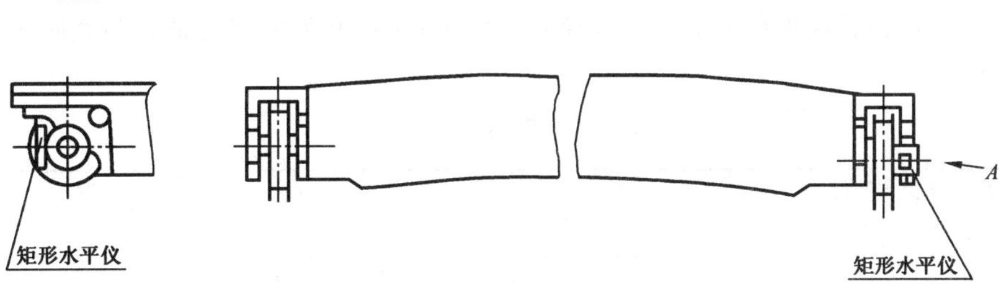

图 34

方法 3:适用于车轮轴承座为腹板镗孔式。

参见 6.3.2.1 中方法 2 的内容,得出各车轮测量点 C、D 的第一次和第二次读数,然后计算偏斜值。

例如,图 30 中车轮 1 在垂直平面内车轴中心线倾斜度公差(车轮垂直倾斜度)$\tau\gamma_1$:

$$\tau\gamma_1=\frac{(d'_1+d''_2)/2-(c'_1+c''_2)/2}{E_1}$$

6.3.2.3 水平导向轮在垂直于轨道和沿轨道方向上的轴线倾斜度公差 αF 和 βF 的检测

将矩形水平仪分别沿垂直轨道(αF)和沿轨道(βF)方向,放于水平导向轮的上水平侧面,在水平仪下部垫塞尺使水平仪恢复水平,此时所垫塞尺总厚度与测量长度之比即为此项实测值。

6.4 机构速度和制动距离的检测

6.4.1 机构速度的检测

各起升机构的升、降速度和各运行机构的运行速度均可用下述方法中的一种进行检测。

方法 1(仲裁):

设置两个已记录距离的开关,当触杆离开第一开关即触动开始计时,触杆触到第二开关时则计时终了,并用该记录的时间间隔去除记录的距离,即得出所测速度。

方法 2:

在规定的稳定运行状态下,记录仪表所测得电动机或卷筒的相应转速,再进行速度和调速比的换算。

6.4.2 起升机构下降制动距离的检测

方法 1(仲裁):

在机构高速级轴线上的一个传动件(例如,轴或联轴器)上,对圆周作不少于 12 等分的标记(越明显越好),将光电计数器与机构控制系统联锁,断电瞬时开始计数。计数器的测头对准等分标记,在起升机构以慢速挡稳定下降制动停止后,用所测的计数进行换算。

方法 2:

采用直径为 1 mm 钢丝绳,一端系一小砣,另一端与固定的微动开关(触点常闭)相连,常闭触点接在用接触器控制的下降回路中,砣的质量应足以使开关动作,切断下降电路,测量时小砣放在载荷(砝码)上,当额定载荷以慢速挡下降到某一位置时,小砣与载荷分离,此时下降电路立即被切断,载荷随即开始下降制动,到载荷停住后,所测得小砣与载荷之间的垂直距离,即为下降制动距离,连测三次,取其平均值。

6.5 起重机噪声的检测

在跨中起吊额定载荷,同时开动起重机运行机构和起升机构,但不得同时开动两个起升机构。在操作座椅处用声级计 A 档读数测噪声,测试时脉冲声峰值除外。总噪声与背景噪声之差应大于 3 dB(A)。总噪声值减去表 19(背景噪声修正值)所列的修正值即为实际噪声,然后取三次的平均值。

表 19

总噪声与背景噪声之差值 dB(A)	3	4	5	6	7	8	9	10	>10
修正值 dB(A)	3	2	2	1	1	1	0.5	0.5	0

对于地面操纵的起重机(含遥控起重机),噪声测定取为地面的模拟位置,距负载小车垂线下旁不大于 6 m 处测量。

6.6 电控设备中各电路绝缘电阻的检测

在空气的相对湿度小于 85%,用 500 V 兆欧表分别测量各机构主回路、控制回路,对地的绝缘电阻。

6.7 验证抓斗的抓满率

在新堆放的松散物料中,物料面成水平状态,抓取五次,以平均值计算抓满率。物料的粒度,当抓斗容积不大于 2 m^3 时,90%在 40 mm 以下,最大粒度不应大于 100 mm;当容积大于 2 m^3 时,90%在60 mm以下,最大粒度不应大于 150 mm。当试验物料的堆积容重小于抓斗的设计值时,以体积计抓满率;当堆积容重大于抓斗的设计值时,以抓取重量计抓满率。

试验和计量,应在天气无风、视野良好、无障碍物的平坦地面及面积不小于 25 m^2 的场地上进行。

体积计量法:在计量场地中心向外成 90°拉钢卷尺,以 0.5 m 单位连续做标志,如图 35。由操作熟练、经验丰富的司机来操纵抓斗起重机,使抓斗从物料堆抓取物料,投放到标志中心(O)处。连续抓取投 5 次,取新堆物料在标志线接触处数值的平均值,测取新堆物料的底圆半径 R、高度 h,然后按圆锥体体积公式,计算实际抓取物料的体积,除以 5 后,再与抓斗设计容积之比即为抓斗抓满率。

$$V=\frac{h}{3}\pi R^2$$

式中:

h ——料堆高度,单位为米(m);

R ——料堆底圆半径,单位为米(m)。

重量计量法:将五次抓取的物料放入一个容器内,称取总重量,除以 5 后,再与设计抓取重量之比,即为抓斗抓满率。

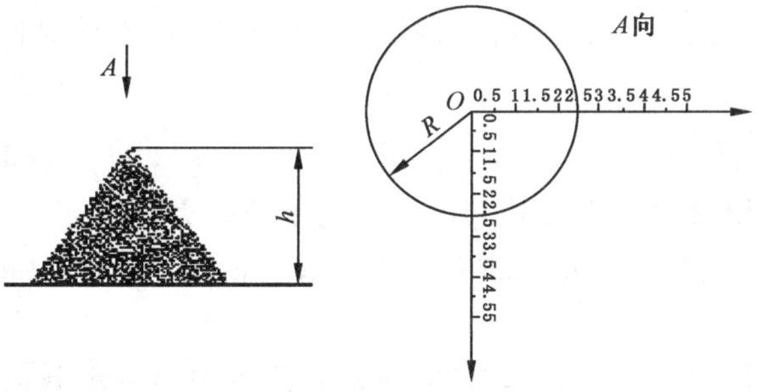

图 35

6.8 验证起重电磁铁的吸重能力和电控系统的保磁能力

6.8.1 验证起重电磁铁的吸重能力

用表面平面度应小于 3 mm、面积应大于电磁吸盘面积,其重量与起重电磁铁额定吸持能力相等的试块进行吸重试验。

将起重电磁铁放在被吸持物的表面上,起重电磁铁通电后,开动起升机构离地 100 mm~

200 mm,验证其吸重能力。

6.8.2 验证起重电磁铁电控系统的正确性

起重电磁铁通电吸持重物,开动起升机构使重物离地 100 mm～200 mm 悬空,按动司机室中紧急开关切断起重机内部电源后,吸持重物不坠落,以验证整流装置的交流侧接在起重机的电源线上。

6.8.3 验证起重电磁铁备用电源的保磁能力

起重电磁铁通电吸持重物,开动起升机构使重物离地 100 mm～200 mm 悬空,从按动司机室中紧急开关切断起重机内部电源开始计时,在规定时间内被吸持的重物不应坠落。此间,观察自动充电装置及其电压的指示器达到或超过规定保磁时间时,灯光和声响警告装置应正常报警或警示。

6.9 整机试验

6.9.1 目测检验

目测检验应包括所有重要部分的规格和(或)状态是否符合要求,如:各机构、电气设备、安全装置、制动器、控制器、照明和信号系统;起重机金属结构及其连接件、梯子、通道、司机室和走台;所有的防护装置;吊钩或其他取物装置及其连接件;钢丝绳及其固定件;滑轮组及其轴向的紧固件。检查时,不必拆开任何部件,但应打开在正常维护和检查时应打开的盖子,如限位开关盖。

目测检验还应包括检查必备的证书是否已提供并经过审核。

6.9.2 空载试验

6.9.2.1 试验前,用 500 V 兆欧表分别测量各机构主回路、控制回路,对地的绝缘电阻。

6.9.2.2 接通电源,开动各机构,使小车沿主梁全长、起重机沿轨道适当长度往返运行各不少于 3 次,应无任何卡阻现象,检查限位开关、缓冲器工作是否正常,吊具左右极限位置是否符合要求。分别开动主、副起升机构作起升范围全程运行,检查运转是否正常,控制系统和安全装置是否符合要求及灵敏准确,检查起升范围是否符合要求。

6.9.2.3 空运转试验时,分别开动各机构,做正、反方向运转,累计时间不少于 5 min。并做好记录。

6.9.3 静载试验

静载试验的目的是检验起重机及其部件的结构承载能力。

每个起升机构的静载试验应分别进行,静载试验的载荷为 $1.25G_n$,试验前应调整好制动器。

首先对主起升机构作静载试验。起升额定载荷(逐渐增至额定载荷),小车在桥架全长往返运行,并开动起重机运行机构(不允许同时开动 3 个机构),检查各项性能应达到设计要求。卸去载荷,将空载小车停放在极限位置(抓斗、起重电磁铁应放至落地),定出检测基准点。

主起升机构置于主梁最不利位置,先按 $1.0G_n$ 加载(双小车或多小车时,按合同约定进行试验),起升离地面 100 mm～200 mm 处悬空,再无冲击地加载至 $1.25G_n$ 后,悬空时间不少于 10 min。卸去载荷将空载小车停放在极限位置(应使抓斗及起重电磁铁落地),按 6.2.3.2 的方法检查起重机主梁基准点处应无永久变形、且主梁实有上拱度符合 5.3.9 的要求,即可终止试验。如有永久变形,需从头再作试验,但总共不超过三次,不应再有永久变形。

试验后，目测检查是否出现永久变形、油漆剥落或对起重机的性能和安全有影响的损坏，检查连接处是否出现松动或损坏。

试验的超载载荷部分，应是无冲击地加载。抓斗起重机的静载试验，宜在额定载荷的基础上，再向斗内一块一块地添加比重较大的重物（例如，生铁块）的方法直至达到静载试验载荷；吊钩起重机的静载试验的超载部分（电磁起重机，可摘下起重电磁铁，在吊钩上按此法加载），宜采用附加水箱，向箱内注水，达到无冲击地加载。

6.9.4 额定载荷试验

目的是通过额定载荷试验进一步测试起重机的相关功能指标。

主起升机构按 $1.0G_n$ 加载，作起重机和小车运行机构、起升机构的联合动作，只允许同时开动两个机构（但主、副起升机构不应同时开动）。此间按 6.4.1、6.4.2 和 6.5 分别检测各机构的速度（含调速）、制动距离和起重机的噪声。

按 6.7 方法检测抓斗的抓取性能，按 6.8.1、6.8.2 和 6.8.3 方法验证起重电磁铁的吸重能力、电控系统的正确性和备用电源的保磁能力。

依合同约定检测起重机的静态刚性。先将空载小车放在极限位置，在主梁跨中找好基准点，将小车主起升机构置于主梁最不利位置，按额定起重量加载，载荷离地 100 mm～200 mm 处悬空，保持10 min。测得主梁下挠数值后卸载，将主梁下挠数值再除以起重机的跨度，即为起重机的静态刚性。

6.9.5 动载试验

动载试验的目的主要是验证起重机各机构和制动器的功能。

起重机各机构的动载试验应先分别进行，而后作联合动作的试验。作联合动作的试验时，同时开动的机构不应超过两个。

起升机构按 $1.1G_n$ 加载，试验中对每种动作应在其行程范围内作反复运动的起动和制动，对悬挂着的试验载荷作空中起动时，试验载荷不应出现反向动作。试验时应按该机的电动机接电持续率留有操作的间歇时间，按操作规程进行控制，且必须注意把加速度、减速度和速度限制在起重机正常工作的范围内。按接电持续率及其工作循环，试验时间至少应延续 1 h。

试验后，目测检查各机构或结构的构件是否有损坏，检查连接处是否出现松动或损坏。

7 检验规则

7.1 检验分类

起重机的检验分出厂检验和型式试验。

7.2 出厂检验

7.2.1 每台起重机出厂前都应进行相关检验，检验合格后（包括用户的特殊要求检验项目）方能出厂。制造商应向用户提供起重机《产品合格证明书》和检测报告。

7.2.2 出厂检验项目见表 20。

表 20

序号	项目名称	出厂检验	型式检验	检验要求	检验方法
1	目测检验	√	√	5 章相关条款	6.9.1
2	空载试验	—	√		6.9.2

表 20(续)

序号	项目名称	出厂检验	型式检验	检验要求	检验方法
3	小车车轮跨度	√	√	5.8.4 及图样	6.3.1.1
4	小车轨距	√	√	5.7.8 及图样	6.2.7
5	小车轨道直线度	√	√	5.7.7	6.2.4
6	小车轨道中心相对腹板中心的偏差	√	√	5.7.7 及图样	6.2.5
7	相对应两轨道测点之间的高度差 E	√	√	5.7.9	6.2.6
8	小车轨道任一点处车轮接触点高度差 Δh_r	√	√	5.7.10	6.2.8
9	主梁水平方向弯曲度	√	√	5.7.2	6.2.3.1
10	主梁腹板(或杆件)局部翘曲	√	√	5.7.3、5.7.6	6.2.9
11	小车车轮接触点高度差	√	√	5.8.4 及图样	6.3.1.2
12	起重机跨度	√	√	5.8.4.1、5.8.4.2 及图样	6.2.2
13	车轮在水平投影面内车轮轴中心线倾斜度 φ_r	√	√	5.8.4.6、5.8.4.7 及图样	6.3.2.1
14	车轮在垂直平面内车轮轴中心线倾斜度(空载小车位于跨端)τr	√	√	5.8.4.8 及图样	6.3.2.2
15	水平导向轮在垂直轨道和沿轨道方向上的轴线倾斜度公差 αF 和 βF	√	√	5.8.4.9 及图样	6.3.2.3
16	静载试验	—	√	5.3.9	6.9.3
17	主梁上拱度	—	√	5.3.9	6.2.3.2
18	额定载荷试验	—	√	5.3.1	6.9.4
19	主梁静态刚性	—	√	5.3.7	6.9.4
20	机构速度和调速功能	—	√	5.3.4 及图样	6.4.1
21	吊具起升高度	—	√	5.3.13	
22	吊具极限位置	—	√	5.3.14	
23	起升机构下降制动距离	—	√	5.3.3	6.4.2
24	起重机噪声	—	√	5.4.9	6.5
25	验证抓斗的抓满率	—	√	5.3.5	6.7
26	验证起重电磁铁的吸重能力	—	√	5.3.6	6.8.1
27	验证起重电磁铁电控系统的正确性	—	√	5.9.1.6	6.8.2
28	验证起重电磁铁备用电源的保磁能力	—	√	5.9.1.7	6.8.3
29	动载试验	—	√	5.3.10	6.9.5
30	漆膜总厚度	√	√	5.10.2.2	6.2.10

表 20（续）

序号	项 目 名 称	出厂检验	型式检验	检验要求	检验方法
31	漆膜附着力	√	√	5.10.2.3	6.2.11
32	电控设备中各电路的绝缘电阻	√	√	5.4.7.1	6.6

7.2.3 起重机宜在制造商进行整体预装，并进行空运转试验。否则，应采取有效措施保证各分部在使用现场进行整体总装的正确性。

7.2.4 组装后各部件应分别进行空运转试验，正、反方向运转，各试验累计时间不应少于5 min。

7.2.5 制造商的质量检验部门按产品图样及本标准进行逐项检验，只有检验合格后才准予验收，并向用户签发《产品合格证明书》。

7.3 型式试验

7.3.1 有下列情况之一时，应进行型式检验：

a） 新产品或老产品转厂生产的试制定型鉴定；

b） 正式生产后，如结构、材料、工艺有较大改变，可能影响产品性能时；

c） 产品停产达一年以上后恢复生产时；

d） 出厂检验结果与上次型式检验有较大差异时；

e） 国家质量监督机构提出进行型式检验要求时。

7.3.2 如制造商没有条件进行型式试验时，则应到用户使用现场作型式试验。

7.3.3 型式试验的检验项目见表 20。

8 标志、包装、运输及贮存

8.1 标志

8.1.1 标志一般采用标牌方式表示，标牌应符合 GB/T 13306 的规定。

8.1.2 每台起重机应在跨中醒目位置设置额定起重量标牌，并可另设置产品质量等级标牌。在额定起重量标牌上应标出：

a） 额定起重量；

b） 制造商名称和厂标、商标(如有时)。

8.1.3 在起重机司机室内(无司机室时应在小车上)明显位置应安装起重机标牌，标牌的内容应有：

a） 起重机名称；

b） 主要性能参数；

c） 制造日期或生产编号；

d） 制造商名称。

8.2 包装

8.2.1 起重机的包装应符合 GB/T 13384 及 GB/T 191 的有关规定。

8.2.2 需要解体的零部件连接处应有清晰的对应性永久标记和编号；电线接头应进行编号。

8.2.3 外露加工面应涂上防锈剂，防止锈蚀。

8.2.4 起重机在发货时应包括下列随机文件：

a) 产品合格证明书；

b) 产品使用操作维护说明书；

c) 装箱单；

d) 安装图；

e) 备件及易损件清单；

f) 主要外购件的合格证和说明书；

g) 专用工具、仪器清单(如有时)；

h) 其他。

8.2.5 危险、易碎、防潮等包装箱、件，应分别注明危险、易碎、放置方向等符号字样。

8.2.6 大型零部件和包装箱的质量、重心、吊挂点、应有标志，并应标明件号。

8.3 运输及贮存

8.3.1 起重机的运输应符合铁路、公路、航运的有关运输要求。

8.3.2 起重机的贮存，应对零部件妥善保管，注意防锈、防潮、通风和防止变形。

8.3.3 起重机的贮存，应防止大型结构件变形和锈蚀。

ICS 53.020.20
J 80

中华人民共和国国家标准

GB/T 14406—2011
代替 GB/T 14406—1993

通用门式起重机

Gantry crane for general purpose

2011-05-12 发布　　　　2011-12-01 实施

中华人民共和国国家质量监督检验检疫总局
中国国家标准化管理委员会　发布

前　言

本标准按照 GB/T 1.1—2009 给出的规则起草。

本标准代替 GB/T 14406—1993《通用门式起重机》。

本标准与 GB/T 14406—1993 相比主要变化如下：

——修改了额定起重量的定义，并将额定起重量范围扩大至 320 t；

——修改了车轮、大车和小车轨道的公差要求；

——调整了起重机运行速度参数；

——调整了主梁跨中和有效悬臂位置垂直静挠度指标；

——调整了起重机在室外工作时的最低温度；

——调整了主梁跨中的上拱度和悬臂端的上翘度要求；

——增加了“多小车”起重机的相关内容；

——增加了“前言”及“术语和定义”；

——增加了钢结构用高强度大六角头螺栓连接和盘式制动器的制动盘端面跳动要求；

——增加了焊缝的表面质量要求；

——增加了对“地面有线操纵、无线遥控操纵和多点操纵”的安全要求；

——增加了“在易触电、滑跌、磕碰、挤伤等不安全处设置相应的安全警示牌”等内容；

——增加了单主梁及水平反滚轮的有关内容；

——增加了主要项的检验方法；

——删除了起重机型号的表示方法；

——删除起重机金属结构件的材料选用和结构件制造过程的控制公差；

——删除了附录 A。

请注意本文件的某些内容可能涉及专利。本文件的发布机构不承担识别这些专利的责任。

本标准由中国机械工业联合会提出。

本标准由全国起重机械标准化技术委员会(SAC/TC 227)归口。

本标准负责起草单位：大连重工·起重集团有限公司、北京起重运输机械设计研究院、国家起重运输机械质量监督检验中心。

本标准参加起草单位：卫华集团有限公司、上海起重运输机械厂有限公司、株洲天桥起重机股份有限公司、山起重型机械股份公司、大连博瑞重工有限公司、重庆起重机厂有限责任公司、江苏象王起重机有限公司、广州起重机械有限公司、南京起重机械总厂有限公司、德马格起重机械(上海)有限公司、浙江众擎起重机械制造有限公司、宁波市凹凸重工有限公司、江苏三马起重机械制造有限公司、江苏万富安机械有限公司、郑州大方桥梁机械有限公司、江西华伍制动器股份有限公司、武汉港迪电气有限公司。

本标准主要起草人：曾令、付凤芝、陶天华、路建湖、郭胜伟、孙明尧、徐忠毅、郑正国、刘永庆、钱勇、罗祯利、葛明、邝海坚、李本宏、须雷、董富祥、赵学明、徐志宏、张明良、陈浩、聂春华、王彩。

本标准所代替标准的历次版本发布情况为：

——GB/T 14406—1993。

通用门式起重机

1 范围

本标准规定了额定起重量为3.2 t～320 t的通用门式起重机的型式分类与基本参数、技术要求、试验方法、检验规则、标志、包装、运输及贮存。

本标准适用于露天作业的通用门式起重机(以下简称起重机),其取物装置为吊钩、抓斗或起重电磁铁(电磁吸盘),或同时用其中二种或三种。

对于额定起重量大于320 t的通用门式起重机或其他门式起重机的相同部分,亦可参照使用。

本标准不适用于下列条件下使用的起重机:

——易燃易爆、可燃性气体、粉尘及有腐蚀性气体环境;

——核辐射环境、有毒气体环境。

2 规范性引用文件

下列文件对于本文件的应用是必不可少的。凡是注日期的引用文件,仅注日期的版本适用于本文件。凡是不注日期的引用文件,其最新版本(包括所有的修改单)适用于本文件。

GB/T 191 包装储运图示标志

GB 755—2008 旋转电机 定额和性能

GB/T 1228 钢结构用高强度大六角头螺栓

GB/T 1229 钢结构用高强度大六角螺母

GB/T 1230 钢结构用高强度垫圈

GB/T 1231 钢结构用高强度大六角头螺栓、大六角螺母、垫圈 技术条件

GB 2893 安全色

GB/T 3323 金属熔化焊焊接接头射线照相

GB/T 3632 钢结构用扭剪型高强度螺栓连接副

GB/T 3811—2008 起重机设计规范

GB 4208 外壳防护等级(IP代码)

GB 5226.1 机械电气安全 机械电气设备 第1部分:通用技术条件

GB 5226.2 机械安全 机械电气设备 第32部分:起重机械技术条件

GB/T 5905 起重机试验规范和程序

GB 6067.1—2010 起重机械安全规程 第1部分:总则

GB/T 6974.1 起重机 术语 第1部分:通用术语

GB/T 6974.5 起重机 术语 第5部分:桥式和门式起重机

GB 8918 重要用途钢丝绳

GB/T 8923 涂装前钢材表面锈蚀等级和除锈等级

GB/T 9286 色漆和清漆 漆膜的划格试验

GB/T 10051.1～10051.12—2010　起重吊钩

GB/T 10095(所有部分)　圆柱齿轮　精度制

GB/T 10183.1　起重机　车轮及大车和小车运行轨道公差　第1部分:总则

GB 12602　起重机械超载保护装置

GB/T 13306　标牌

GB/T 13384　机电产品包装通用技术条件

GB 14048.1—2006　低压开关设备和控制设备　第1部分:总则

GB/T 15052　起重机　安全标志和危险图形符号　总则

GB/T 19418　钢的弧焊接头　缺陷质量分级指南

GB/T 20118　一般用途钢丝绳

GB/T 20303.1　起重机　司机室　第1部分:总则

GB/T 20303.5　起重机　司机室　第5部分:桥式和门式起重机

GB/T 21971　YZD系列起重用多速三相异步电动机　技术条件

GB/T 21972.1　起重及冶金用变频调速三相异步电动机　技术条件　第1部分:YZP系列起重及冶金用变频调速三相异步电动机

GB/T 24809.5　起重机　对机构的要求　第5部分:桥式和门式起重机

GB/T 24811.1　起重机和起重机械　钢丝绳选择　第1部分:总则

JB/T 5000.8—2007　重型机械通用技术条件　第8部分:锻件

JB/T 5870　YZR系列起重及冶金用中型高压绕线转子三相异步电动机　技术条件

JB/T 6391.1　滑接输电装置　第1部分:绝缘防护型滑接输电装置

JB/T 6391.2　滑接输电装置　第2部分:刚体滑接输电导轨装置

JB/T 6392　起重机　车轮

JB/T 6406　电力液压鼓式制动器

JB/T 7017　起重机　液压缓冲器

JB/T 7019　盘式制动器　制动盘

JB/T 7020　电力液压盘式制动器

JB/T 7076　YEZS系列起重用双速锥形转子制动三相异步电动机　技术条件

JB/T 7077　YZRE系列起重及冶金用电磁制动绕线转子三相异步电动机　技术条件

JB/T 7078　YZRF/YZRG系列起重及冶金强迫通风型绕线转子三相异步电动机　技术条件

JB/T 7842　YZR-Z系列起重专用绕线转子三相异步电动机　技术条件

JB/T 7685　电磁鼓式制动器

JB/T 8110.1　起重机　弹簧缓冲器

JB/T 8110.2　起重机　橡胶缓冲器

JB/T 8398　双辐板压制滑轮

JB/T 8437　起重机械无线遥控装置

JB/T 8905.1　起重机用三支点减速器

JB/T 8905.2　起重机用底座式减速器

JB/T 8905.3　起重机用立式减速器

JB/T 8905.4　起重机用套装减速器
JB/T 8955　YZR2 系列起重及冶金用绕线转子三相异步电动机　技术条件
JB/T 9003　起重机用三合一减速器
JB/T 9005(所有部分)　起重机用铸造滑轮
JB/T 9006(所有部分)　起重机用铸造卷筒
JB/T 10104　YZ 系列起重及冶金用三相异步电动机　技术条件
JB/T 10105　YZR 系列起重及冶金用绕线转子三相异步电动机　技术条件
JB/T 10360　YZ2 系列起重及冶金用三相异步电动机　技术条件
JB/T 10559　起重机械无损检测　钢焊缝超声检测
JB/T 10730　直流起重电磁铁
JB/T 10816　起重机用底座式硬齿面减速器
JB/T 10817　起重机用三支点硬齿面减速器
JB/T 10833　起重机用聚氨酯缓冲器
JGJ 82　钢结构高强度螺栓连接的设计、施工及验收规程
JG/T 5078.1　建筑机械与设备 焊接滑轮
JJG 4　刚卷尺检定规程

3　术语和定义

GB/T 6974.1 和 GB/T 6974.5 界定的术语和定义适用于本文件。

4　型式分类与基本参数

4.1　型式分类

4.1.1　起重机按主梁分为：

a)　单主梁门式起重机(见图 1)；
b)　双主梁门式起重机(见图 2)。

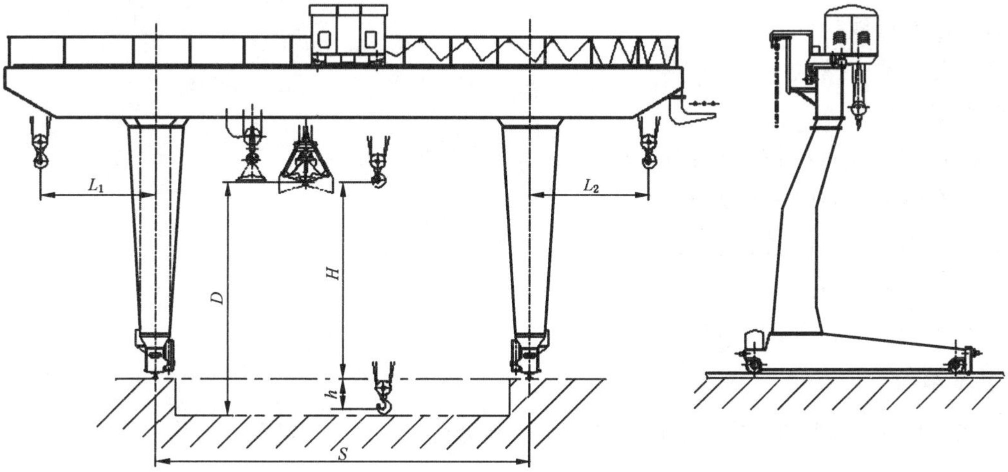

图 1

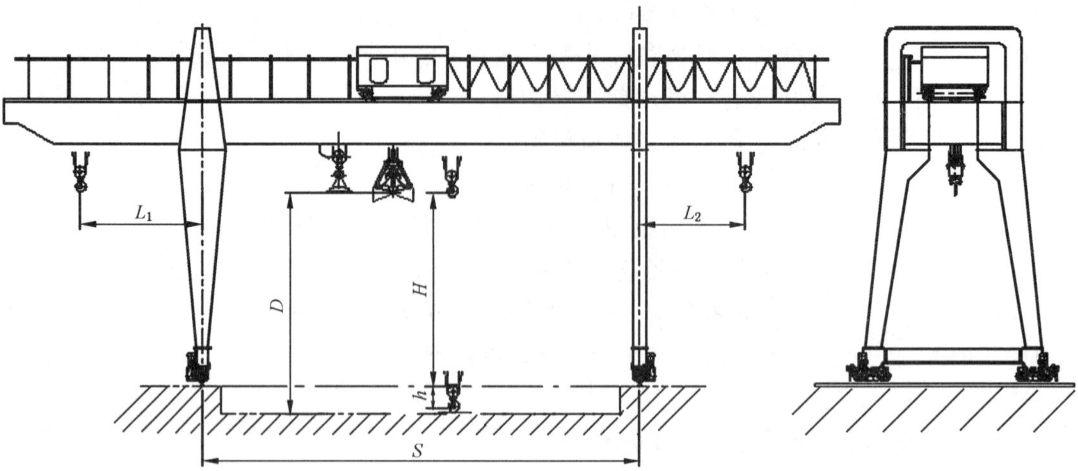

图 2

4.1.2 起重机按悬臂分为：

a) 双悬臂门式起重机；

b) 单悬臂门式起重机；

c) 无悬臂门式起重机。

4.1.3 起重机按取物装置分为：

a) 吊钩门式起重机；

b) 抓斗门式起重机；

c) 电磁门式起重机；

d) 二用门式起重机；

e) 三用门式起重机。

4.1.4 起重机按操纵方式分为：

a) 司机室操纵；

b) 地面有线操纵；

c) 无线遥控操纵；

d) 多点操纵。

4.1.5 吊钩门式起重机按小车数量分为：

a) 单小车吊钩门式起重机；

b) 双小车吊钩门式起重机；

c) 多小车吊钩门式起重机。

4.1.6 常用的起重机如图 1、图 2 所示。

4.2 基本参数

4.2.1 按 GB/T 3811 的规定，起重机的工作级别分为 A1～A8，如表 1 所示。

表 1

载荷状态级别	载荷谱系数 K_p	使用等级									
		U_0	U_1	U_2	U_3	U_4	U_5	U_6	U_7	U_8	U_9
Q1	$K_p \leqslant 0.125$	A1	A1	A1	A2	A3	A4	A5	A6	A7	A8
Q2	$0.125 < K_p \leqslant 0.250$	A1	A1	A2	A3	A4	A5	A6	A7	A8	A8
Q3	$0.250 < K_p \leqslant 0.500$	A1	A2	A3	A4	A5	A6	A7	A8	A8	A8
Q4	$0.500 < K_p \leqslant 1.000$	A2	A3	A4	A5	A6	A7	A8	A8	A8	A8

4.2.2 起重机的额定起重量(代号 G_n)应优先采用表 2 所给定的数值。

表 2　　单位为吨

取物装置			起重机的起重量系列
吊钩	单小车	单主梁	3.2;5;6.3;8;10;12.5;16;20;25;32;40;50
		双梁	3.2;5;6.3;8;10;12.5;16;20;25;32;40;50;63;80;100;125;140;160;200;250;280;320
	双小车	等量	2.5+2.5;3.2+3.2;4+4;5+5;6.3+6.3;8+8;10+10;12.5+12.5;16+16;20+20;25+25; 32+32;40+40;50+50;63+63;80+80;100+100;125+125;140+140;160+160
		不等量	小车的起重量应符合单小车起重机起重量系列,总起重量不超过 320
	多小车		各小车的起重量应符合单小车起重机起重量系列,总起重量不超过 320
抓斗			3.2;5;6.3;8;10;12.5;16;20;25;32;40;50
电磁			3.2;5;6.3;8;10;12.5;16;20;25;32;40;50

注 1:当设有主、副钩时,起重量的匹配一般为 3∶1～5∶1,并用分子分母形式表示,如:80/20 t;50/10 t 等。

注 2:吊钩门式起重机双小车、多小车的起重量限定方式应在合同中约定,总起重量应符合单小车的起重量系列。

4.2.3 起重机的跨度(代号 S)应优先采用表 3 中给定的数值。

表 3　　单位为米

起重量 G_n t	跨度 S									
≤50	10	14	18	22	26	30	35	40	50	60
>50～125	—	—	18	22	26	30	35	40	50	60
>125～320		—	18	22	26	30	35	40	50	60

注:跨度超过表中给定值时,按每 10 m 一档延伸。

4.2.4 起重机设有悬臂时,有效悬臂的长度(见图 1、图 2 中的 L_1、L_2)列于表 4。

表 4 单位为米

跨度 S	有效悬臂长度 L_1 或 L_2
10～14	3.5
18～26	3～6
30～35	5～10
40～60	6～15

4.2.5 起重机的起升范围(见图 1、图 2 中的 H、h)一般不超过表 5 的规定。

表 5 单位为米

起重量 G_n t	跨度 S	吊钩起重机起升高度 H	起升范围 D			
			抓斗起重机		电磁起重机	
			起升高度 H	下降深度 h	起升高度 H	下降深度 h
≤50	10～26	12	8	4	10	2
	30～60		10	2		
>50～125	18～60	14	—	—	—	—
>125～320	18～60	16	—	—	—	—

注 1：有范围的起升高度，其具体值视起重机系列设计的通用方法而定，与起重量有关。

注 2：表中所列为起升范围常用值(必要时，经供需双方协商，也可超出此限)，用户在订货时应提出实际需要的起升高度和下降深度，其实际值通常从 6 m 始每增加 2 m 为一档，取偶数。

4.2.6 起重机各机构工作速度(单位：m/min)的名义值，一般宜在下列数系中选取：

0.63；0.8；1.0；1.25；1.6；2.0；2.5；3.2；4.0；5.0；6.3；8.0；10；12.5；16；20；25；32；40；50；56；63。

4.2.7 起重机各机构工作速度应优先采用表 6 和表 7 中所推荐的数值。吊钩起重机的速度列于表 6，抓斗、二用、三用及电磁起重机的速度列于表 7。调速产品可与用户协商解决。

表 6 单位为米每分

起重量 t	类别	工作级别	主钩起升速度	副钩起升速度	小车运行速度	起重机运行速度
≤50	高速	M7	6.3～16	10～20	40～63	50～63
	中速	M4～M6	5～12.5	8～16	32～50	32～50
	低速	M1～M3	2.5～8	6.3～12.5	10～25	10～20
>50～125	高速	M6	5～10	8～16	32～40	32～50
	中速	M4～M5	2.5～8	6.3～12.5	25～32	16～25
	低速	M1～M3	1.25～4	4～12.5	10～16	10～16
>125～320	中速	M4～M5	1.25～4	2.5～10	20～25	10～20
	低速	M1～M3	0.63～2	2～8	10～16	6～12

注 1：在同一范围内的各种速度，具体值的大小应与起重量成反比，与工作级别和工作行程成正比。

注 2：地面有线操纵起重机运行的速度按低速类别取值。

表 7

单位为米每分

起重机类别	起升速度	小车运行速度	起重机运行速度
抓斗门式起重机	25～50	40～50	32～50
二用门式起重机	25～50		
电磁门式起重机	16～32		
三用门式起重机	6.3～16		

5 技术要求

5.1 工作环境条件

5.1.1 起重机的电源为三相交流(三相四线制),频率为 50 Hz/60 Hz,电压≤1 000 V(根据需要也可为 3 kV、6 kV 或 10 kV)。供电系统在起重机馈电线接入处的电压波动不应超过额定电压的±10%,起重机内部电压损失应符合 GB/T 3811 的规定。

5.1.2 起重机运行的轨道安装应符合 GB/T 10183.1 表 2 中的 2 级公差要求。

5.1.3 起重机运行轨道的接地电阻值不应大于 4 Ω(由用户负责)。

5.1.4 起重机安装使用地点的海拔不超过 1 000 m(超过 1 000 m 时应按 GB 755 的规定对电动机容量进行校核,超过 2 000 m 时应对电器件进行容量校核)。

5.1.5 吊运物品对起重机吊钩部位的辐射热温度不超过 300 ℃的环境。

5.1.6 起重机工作时的气候条件:

a) 环境温度不超过+40 ℃,在 24 h 内的平均温度不超过+35 ℃,环境温度不低于−20 ℃;

b) 环境温度不超过+25 ℃时的相对湿度允许短时达 100%;

c) 工作风压不应大于:内陆 150 Pa(相当于 5 级风),沿海 250 Pa(相当于 6 级风);

d) 非工作状态的最大风压:一般为 800 Pa(相当于 10 级风),也可另行约定。

5.1.7 电动机的运行条件应符合 GB 755—2008 中第 6 章和第 7 章的规定。

5.1.8 电器的正常使用安装和运输条件应符合 GB 14048.1—2006 中第 6 章的规定。

注:超过上述范围规定时,由用户与制造商协商解决。

5.2 基本要求

5.2.1 起重机各机构及其布置、机构部件的构造和功能,应符合 GB/T 24809.5 的规定。起重机的设计、制造还应符合 GB/T 3811、GB 6067.1 和本标准的有关规定。

5.2.2 起重机电气设备应符合 GB 5226.1、GB 5226.2 和本标准的规定。电气传动系统、电气控制系统所涉及的元器件选用、布置以及导线敷设、辅助设施也均应符合 GB/T 3811—2008 第 7 章的规定。

5.3 使用性能

5.3.1 起重机的起重能力应达到额定起重量。

5.3.1.1 对于固定式吊具的起重机,其额定起重量是指吊挂在起重机固定吊具上重物的最大质量;对于可分式吊具的起重机,其额定起重量是指可分吊具的质量与吊挂在起重机可分吊具上重物的最大质量之和。

5.3.1.2 对于双小车或多小车不联合作业的起重机,其额定起重量是指单小车所能吊起的最大起重量。

5.3.1.3 对于双小车或多小车联合作业的起重机，当抬吊重量不大于单个小车最大起重量时，其额定起重量是指单小车所能吊起的最大起重量；当抬吊重量大于单个小车最大起重量时，其额定起重量是指联合作业时所能抬吊的最大起重量。

5.3.2 与起重机使用有关的参数，应符合4.2和用户在订货合同中提出的要求。

5.3.3 对吊钩起重机，起吊物品在下降制动时的制动距离(机构控制器处在下降速度的最低档稳定运行，拉回零位后，从制动器断电至重物停止时的下滑距离)不应大于1 min内稳定起升距离的1/65。

5.3.4 对吊钩起重机，当起升机构的工作级别高于M4，且额定起升速度等于或高于5 m/min时要求制动平稳，应采用电气制动方法，保证在(0.2～1.0)G_n范围内下降时，制动前的电动机转速降至同步转速的1/3以下，该速度应能稳定运行。

5.3.5 抓斗所抓取的物料特性，应符合抓斗设计和合同约定的规定。抓斗的抓满率不应小于90%。

5.3.6 起重电磁铁的吸重能力不应小于其额定值，但也不应使所属机构过载。

5.3.7 起重机的静态刚性(额定起重量和小车自重在主梁跨中或有效悬臂长度位置产生的垂直静挠度f或f_1与起重机跨度S或有效悬臂长度L_1的比)应考虑定位精度的需要。推荐选取下述范围中的一个值，并在合同中注明：

a) 对低定位精度要求的起重机，或具有无级调速控制特性的起重机，采用低起升速度和低加速度能达到可接受定位精度的起重机： $f \leqslant S/500$；
b) 使用简单控制系统能达到中等定位精度特性的起重机： $f \leqslant S/750$；
c) 需要高定位精度特性的起重机： $f \leqslant S/1000$；
d) 有悬臂的起重机： $f_1 \leqslant L_1/350$。

注：起重机静态刚性指标应在合同中注明。

5.3.8 起重机的动态刚性一般不作规定。当用户从起重机使用条件考虑对此有要求时，由供需双方商定。

5.3.9 起重机做静载试验时，应能承受1.25倍额定起重量的试验载荷，其主梁和悬臂不应产生永久变形。静载试验后的主梁和悬臂，当空载小车处于支腿支点位置(无悬臂时在极限位置)时，上拱最高点应在跨度中部$S/10$范围内，其值不应小于$0.7S/1\,000$；悬臂端的上翘度不应小于$0.7L/350$。试验后进行目测检查，各受力金属结构件应无裂纹、永久变形、无油漆剥落或对起重机的性能与安全有影响的损坏，各连接处也应无松动或损坏。

5.3.10 起重机做动载试验时，应能承受1.1倍额定起重量的试验载荷。试验过程中各部件应能完成其功能试验，制动器等安全装置动作灵敏可靠。试验后进行目测检查，各机构或结构的构件不应有损坏，连接处也不应出现损坏或松动。

5.3.11 起重机静载试验、动载试验的载荷超载倍数有特殊要求时，可由供需双方在订货合同中约定。

5.3.12 起重机和小车运行速度的允许偏差为设计值的±10%(慢速时允许误差为名义值的±25%)，起升速度的允许偏差为设计值的±10%，下降速度的允许偏差为设计值的－5%～＋25%。

5.3.13 起重机的起升范围不应小于名义值的97%。

5.3.14 吊具左右极限位置的允许偏差为±100 mm。

5.4 安全、防护

5.4.1 总则

起重机的安全与防护应符合 GB 6067.1、GB/T 3811—2008 第 9 章和本标准的相关规定。

5.4.2 起升机构

5.4.2.1 制动器应是常闭式的。制动安全系数的选择应符合 GB/T 3811 的规定。

5.4.2.2 应安装起重量限制器。限制器应符合 GB 12602 的规定。

5.4.2.3 对于双小车或多小车的起重机：各单小车均应装有起重量限制器，起重量限制器的限制值为各单小车的额定起重量，当单个小车起吊重量超过规定的限制值时应能自动切断起升动力源。联合起吊作业时，如果抬吊重量超过规定的抬吊限制值及各小车的起重量超过规定的限制值，起重量限制器应能自动切断各小车的起升动力源。

5.4.2.4 双小车或多小车联合作业的起重机进行起吊作业时，吊点数一般不应超过三个。

5.4.2.5 应设起升高度限位装置，当取物装置上升到设定的极限位置时，应能自动切断上升方向电源；此时钢丝绳在卷筒上应留有至少一圈空槽；当需要限定下极限位置时，应设下降深度限位装置，除能自动切断下降方向电源外，钢丝绳在卷筒上的缠绕，除不计固定钢丝绳的圈数外，至少还应保留两圈。

5.4.2.6 钢丝绳的选择，应符合 GB/T 3811—2008 中表 44 对安全系数的要求和 GB/T 24811.1 的规定。

5.4.2.7 钢丝绳的绳端固定和连接应牢固、可靠、便于检修，并符合 GB 6067.1—2010 中 4.2.1.5 的规定。

5.4.2.8 取物装置（如起重电磁铁、可卸抓斗）供电电缆的收放，应保证电缆的受力合理，且在升降过程中电缆不应与起重钢丝绳发生接触、摩擦。

5.4.3 运行机构

5.4.3.1 起重机和小车的运行机构均应设置行程开关、止挡、扫轨板和缓冲器。

5.4.3.2 反滚轮式小车应设防倾翻的安全装置。

5.4.3.3 同一轨道上有两台起重机或小车时，相互间应设防碰撞装置。如需严格控制相互间距离时，宜设定距装置。

5.4.3.4 起重机应设夹轨器、锚定装置或其他抗风防滑装置。小车及门架上的电气设备应设防雨罩（设备本身已有防雨功能的可除外）。

5.4.4 司机室

5.4.4.1 应符合 GB/T 20303.1 和 GB/T 20303.5 的规定。

5.4.4.2 应设有门锁、灭火器和电铃或警报器，必要时还应设置通讯装置。

5.4.4.3 司机室内的适当部位至少应留有一个备用插座。

5.4.4.4 应在司机方便操作的地方设置急停开关和接通、断开起重机总电源的开关（照明信号除外）。

5.4.4.5 取物装置和司机室间的外廓间距，在任何情况下都不应小于 0.4 m。

5.4.4.6 司机室应具有符合结构要求和操作安全的最大视野。

5.4.4.7 司机室带有外平台、栏杆时，则平台、栏杆应符合 5.4.5 的要求，此时司机室门可向外开。

5.4.5 **通道与平台、栏杆、梯子**

起重机的通道与平台、栏杆、梯子的设置应符合 GB 6067.1—2010 中 3.6～3.8 的规定。

5.4.6 **电气保护和联锁保护**

5.4.6.1 **电气保护**

起重机应有以下电气保护：

a) 电动机保护：电动机应具有过电流、内设热传感元件、热过载这三种保护中的一种或一种以上的保护功能。具体选用应按电动机及其控制方式确定；

b) 线路保护：所有外部线路都应具有短路或接地保护；

c) 失压保护：当供电电源中断后，凡涉及安全及不宜自动开启的用电设备均应处于断电状态；

d) 零位保护：起重机各机构应设有零位保护；

e) 错相和缺相保护：当错相和缺相会引起危险时，应设错相和缺相保护；

f) 超速保护：电控调速的起升机构、行星差动起升机构应设超速保护；

g) 失磁保护：能耗制动的调速系统，或有因失磁而重物下坠导致安全事故可能的系统，应设失磁保护；

h) 超载保护：起升机构均应设超载保护。

5.4.6.2 **联锁保护**

起重机应有以下联锁保护：

a) 涉及人身安全的通道门应装设门开关(电气联锁保护装置)。当任何一个门打开时，应断开起重机相应机构的电源；

b) 起重机要求多点操纵时，各操作点之间应相互联锁，保证任一时刻只有一个操作点处于工作状态下，每个操作点均应设置紧急断电装置；

c) 起重机抗风防滑装置应与运行机构联锁；

d) 对于双小车或多小车的起重机应根据各种特定的使用工况，在电气设计上对各机构设置联锁保护。

5.4.7 **绝缘和接地**

5.4.7.1 起重机电控设备中各电路的绝缘电阻，在一般环境中不应小于 1 MΩ。

5.4.7.2 起重机上所有电气设备，正常不带电的金属外壳，金属线管，照明变压器低压侧的一端等均应可靠的接地。应采用专门设置的接地线，保证电器设备的可靠性。

5.4.7.3 接地线一般不应小于本线路中最大相电导的 1/2。

5.4.7.4 不应采用接地线作为载流零线。

5.4.8 **防护和警示、报警**

5.4.8.1 起重机上外露的、有伤人可能的旋转零部件，如开式齿轮、联轴器、传动轴等，应装设防护罩；如无加防护罩的可能时，应设安全标志和警示牌。

5.4.8.2 宜在起重机的入口处，设置登机信号。

5.4.8.3 应在起重机的合适位置或工作区域设有明显可见的文字安全警示标志，如“起升物品下方严禁站人”等。在起重机的危险部位，应有安全标志和危险图形符号，安全标志和危险图形符号应符合 GB 2893 和 GB 15052 的规定。

5.4.8.4　起重机上的电气设备中可能触及的带电裸露部分，应有防止触电的防护措施、安全标志和警示牌。

5.4.8.5　起重机的总高度大于 30 m，且周围无高于起重机最高点的建筑物和其他设施，应在其端部和顶部装设障碍灯。

5.4.8.6　起重机应有指示总电源分合状况的信号，必要时还应设置故障信号或报警信号。

5.4.8.7　应装设起重机运行声光报警器。

5.4.9　噪声

起重机工作时产生的噪声，在无其他外声干扰的情况下，在司机操作位置处测量(闭式司机室关窗)，噪声不应大于 85 dB(A)。

5.5　主要零部件

5.5.1　电动机

优先选用符合下列标准的电动机：JB/T 5870、JB/T 7076、JB/T 7077、JB/T 7078、JB/T 7842、JB/T 8955、JB/T 10104、JB/T 10105、JB/T 10360。视需要也可选用符合GB/T 21972.1的变频电动机或符合 GB/T 21971 的多速电动机。

5.5.2　钢丝绳

用于多层卷绕时，应采用符合 GB 8918 中的钢芯钢丝绳；对于钢丝绳韧性要求较高的起重机应优先采用符合 GB 8918 中的纤维芯钢丝绳；其他情况宜用不低于 GB/T 20118 要求的钢丝绳。

5.5.3　水平反滚轮轴

水平反滚轮式小车的反滚轮轴和反滚轮平衡梁轴应按 JB/T 5000.8—2007 第Ⅴ组锻件检验。

5.5.4　制动器

应优先选用符合如下标准的制动器：JB/T 6406、JB/T 7019、JB/T 7020、JB/T 7685。

5.5.5　联轴器

不推荐采用有可能使制动轮(盘)产生浮动的联轴器。

5.5.6　减速器和齿轮传动

5.5.6.1　应优先选用符合如下标准的减速器：JB/T 8905.1、JB/T 8905.2、JB/T 8905.3、JB/T 8905.4、JB/T 9003、JB/T 10816、JB/T 10817。

5.5.6.2　选用其他减速器时，硬齿面齿轮副的精度不应低于 GB/T 10095(所有部分)中的 6 级，中硬齿面则不应低于 8-8-7 级。

5.5.6.3　如用开式齿轮传动，则齿轮副精度不低于 GB/T 10095(所有部分)中规定的 9 级。

5.5.7　滑轮和卷筒

5.5.7.1　铸造滑轮的结构型式宜符合 JB/T 9005(所有部分)的规定，铸造卷筒的结构型式宜符合JB/T 9006(所有部分)的规定。

5.5.7.2　双腹板压制滑轮宜符合 JB/T 8398 的规定，焊接滑轮宜符合 JG/T 5078.1 的规定；焊接卷筒的结构型式一般为短轴式，可以用卷筒联轴器与减速器连接。

5.5.8 吊钩

应优先选用符合 GB/T 1005.1～10051.12—2010 规定的吊钩。

5.5.9 车轮

应优先选用符合 JB/T 6392 规定的车轮。

5.5.10 缓冲器

应优先选用符合 JB/T 7017、JB/T 8110.1、JB/T 8110.2、JB/T 10833 规定的缓冲器。

5.5.11 抓斗

选用或设计的抓斗，抓取粉状物、砂子及粮食物料时，抓斗的斗口接触处的间隙不应大于 2 mm。

5.5.12 起重电磁铁

应优先采用符合 JB/T 10730 规定的直流起重电磁铁。

5.5.13 遥控装置

起重机的无线遥控装置除应符合 JB/T 8437 的规定外，还应符合 5.4.4.4 要求。地面有线控制装置，应符合 5.4.4.4 的要求。

5.6 主要构件连接

5.6.1 焊接

5.6.1.1 焊缝外观检查不得有目测可见的裂纹、气孔、固体夹杂、未熔合和未焊透等缺陷。

5.6.1.2 主梁、支腿和下横梁受拉区的翼缘板和腹板的对接焊缝表面质量应达到 GB/T 19418 中的“B”级，焊缝内部质量应进行无损探伤。射线探伤时不应低于 GB/T 3323 中规定的质量等级Ⅱ；超声波探伤时不应低于 JB/T 10559 中的 1 级。

5.6.2 螺栓连接

钢结构采用高强度螺栓完成构件间的连接时，其连接接头应符合 JGJ 82 的规定。大六角头高强度螺栓接头所用螺栓、螺母、垫圈及其技术要求应分别符合 GB/T 1228、GB/T 1229、GB/T 1230、GB/T 1231 的规定。扭剪型高强度螺栓接头所用的钢结构用扭剪型高强度螺栓连接副应符合GB/T 3632 的规定。

5.7 门架

5.7.1 主梁应有上拱度，悬臂应有上翘，并应满足 5.3.9 的要求。

5.7.2 主梁在水平方向产生的弯曲：正轨箱形梁和半偏轨箱形梁，不应大于 $S_1/2\,000$（S_1 为两端始于第一个大肋板或节间之间的实测长度，在离上翼缘板约 100 mm 的大肋板或竖杆处测量）。最大不得超过 20 mm。当 $G_n \leqslant 50$ t 时，只能向走台侧凸曲；偏轨箱形梁、单腹板梁及桁架梁最大不得超过 15 mm，并应满足小车轨道的各项要求（见 5.7.7）。

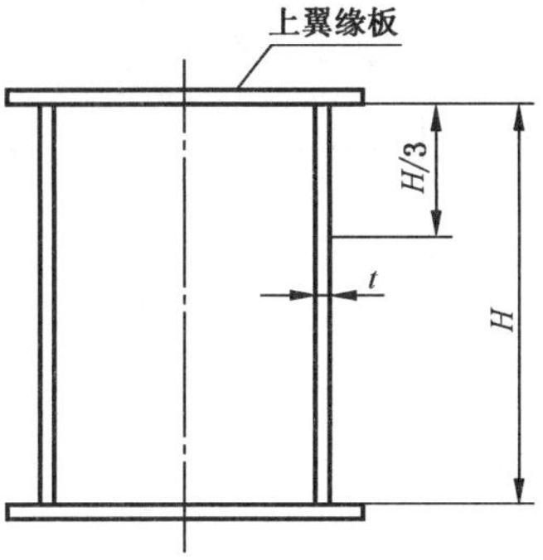

图 3

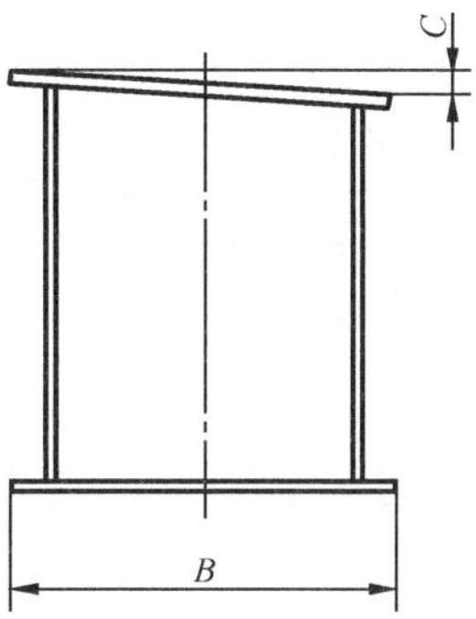

图 4

5.7.3 主梁腹板的局部翘曲：以 1 m 平尺检测，离上翼缘板 $H/3$ 以内不应大于 0.7 t，其余区域不应大于 1.2 t(见图 3)。

5.7.4 箱形主梁上翼缘板的水平偏斜值 $C \leqslant B/200$(见图 4)，此值应在大肋板或节点处测量。对于偏轨箱形梁，推荐安装轨道侧处于高位。

5.7.5 箱形梁腹板的垂直偏斜 $h \leqslant H/200$(见图 5)，此值应在大肋板或节点处测量。

5.7.6 桁架梁杆件的直线度 $\Delta l \leqslant 0.0015a$(见图 6)。

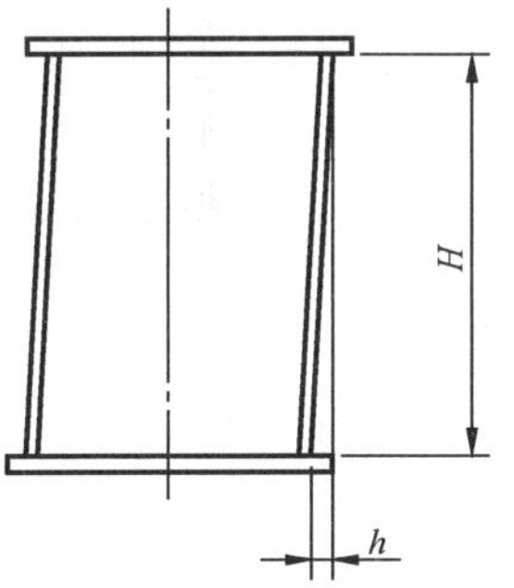

图 5

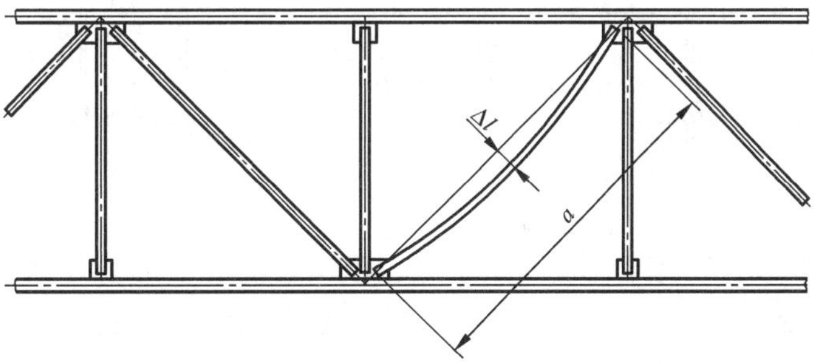

图 6

5.7.7 小车轨道一般宜用整根钢轨(将接头焊为一体)，钢轨的接头应满足以下要求：

a) 接头处钢轨头顶部的垂直错位值 $H_F \leqslant 1$ mm、水平错位值 $H_S \leqslant 1$ mm，应将错位处以 1∶50 的斜度磨平(GB/T 10183.1 中表 6)钢轨接头构造公差，见图 7；

b) 连接后的钢轨顶部在水平面内的直线度 b，在任意 2 m 测量范围内不应大于 1 mm。即GB/T 10183.1 表 3 中 2 级公差，见图 8；

c) 不采用焊接接头的轨道也应符合上述 a)、b)的要求，但头部间隙不应大于 2 mm；

d) 小车钢轨上任一点处，轨道中心相对于承轨梁腹板中心的位置偏移量 $K \leqslant 0.5t_{min}$ (GB/T 10183.1表 3 中的 2 级公差)，见图 9(含焊接型 T 形钢)；

e) 对正轨箱形梁及半偏轨箱形梁的小车轨道，当不采用焊接方法时，接缝应放在肋板上方，允差不应大于 10 mm；

f) 对正轨箱形梁及半偏轨箱形梁的小车轨道，两端最短一段钢轨长度不应小于 1.5 m，并在端部加施焊挡铁；

g) 轨道底面与承轨梁翼缘横隔板处应接触良好。

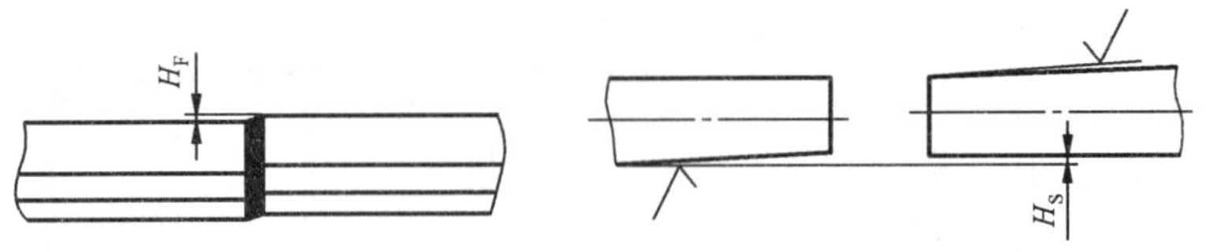

图 7

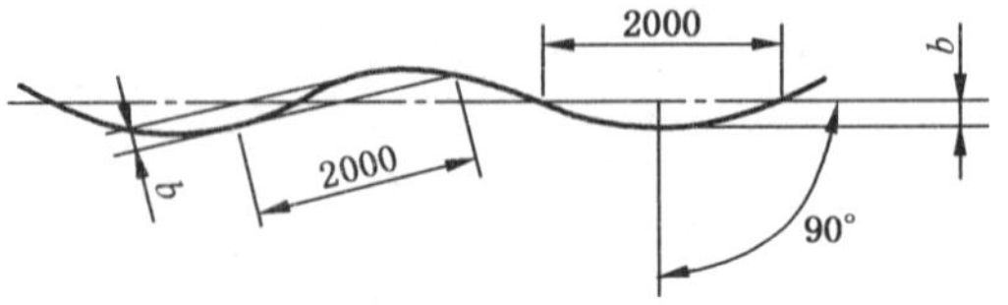

图 8

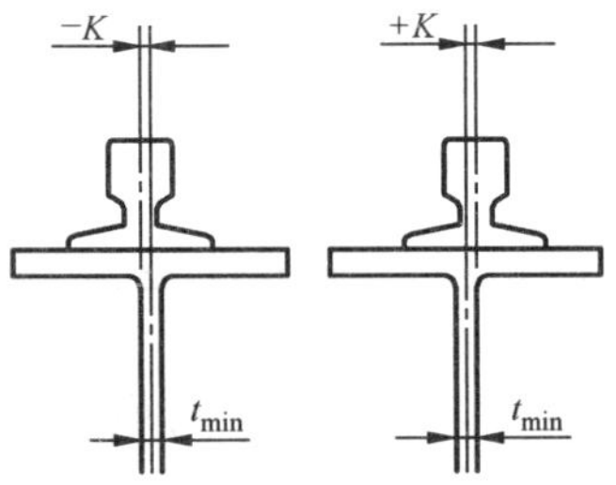

图 9

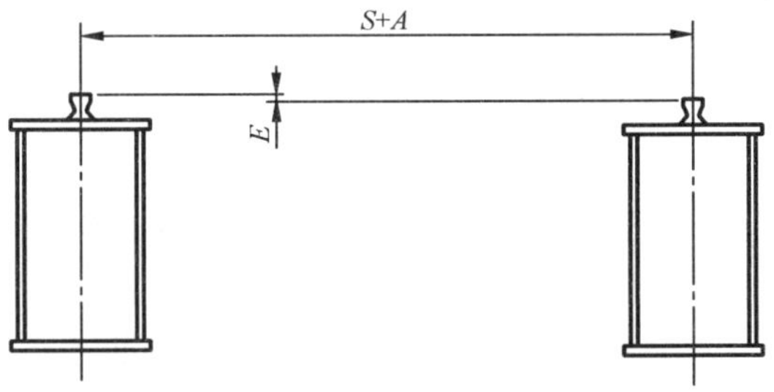

图 10

5.7.8 小车轨距 $S \leqslant 16$ m 时(见图 10),轨距 S 的公差 A 不应超过下列数值:

a) $G_n \leqslant 50$ t 的对称正轨箱形梁及半偏轨箱形梁,

在轨道端部:A 为 ± 2 mm;

在轨道中部:当轨道长度 $\leqslant 19.5$ m 时,A 为 ${}^{+5}_{+1}$ mm;

当轨道长度 > 19.5 m 时,A 为 ${}^{+7}_{+1}$ mm。

b) 偏轨箱形梁、单腹板梁及桁架梁等其他梁时,A 为 ± 5 mm(GB/T 10183.1 表 3 中的 2 级公差,)见图 11。

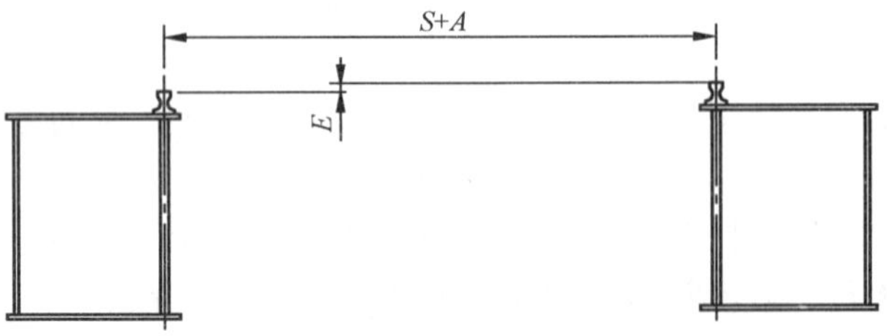

图 11

5.7.9 小车轨道上任一点处,在与之垂直的方向上,相对应的两轨道测点之间的高度差 E(GB/T 10183.1 表 3 中的 2 级公差,见图 11)应符合下列要求:

$S \leqslant 2$ m 时，$E=4.2$ mm；

$S>2$ m 时，$E=2.0S$ mm，且 $E \leqslant 8$ mm；S 单位为 m。

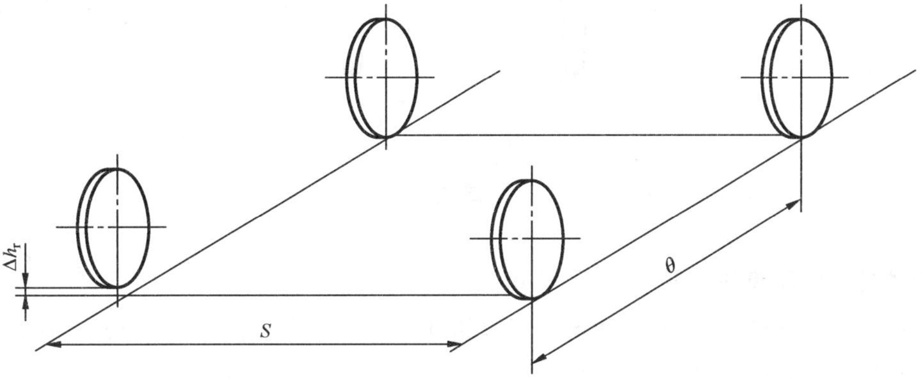

图 12

5.7.10 非单主梁起重机，小车轨道上任一点处，车轮接触点高度差 Δh_r 不应超过下列数值(GB/T 10183.1 表 3 中的 2 级公差，见图 12)：

轨距 $S \leqslant 2$ m 时，$\Delta h_r=2$ mm；

轨距 $S>2$ m 时，$\Delta h_r=1.0S$ mm，且 $\Delta h_r \leqslant 4$mm ；S 单位为 m。

5.7.11 单主梁同一横截面上轨距的偏差(见图 13)应符合以下规定：

a) 主车轮轨道中心线与垂直反滚轮轨道中心线间，水平方向的轨距 S_a 的偏差 $A_a={}^{+5}_{0}$ mm；

b) 主车轮轨道面与垂直反滚轮轨道面，垂直方向轨距 S_b 的偏差 $A_b={}^{+6}_{-2}$ mm；

c) 主车轮轨道中心线与上水平反滚轮轨道面，水平方向轨距 S_c 的偏差 $A_c={}^{+3}_{-2}$ mm；

d) 主车轮轨道中心线与下水平反滚轮轨面，水平方向距离 S_d 的偏差 $A_d=\pm 3$ mm；

e) 主车轮轨道面与下水平反滚轮轨道中心间，垂直方向轨距 S_e 的偏差 $A_e={}^{+6}_{-2}$ mm；

f) 主车轮轨道面与上水平反滚轮轨道中心线间，垂直方向轨距 S_f 的偏差 $A_f=\pm 2$ mm。

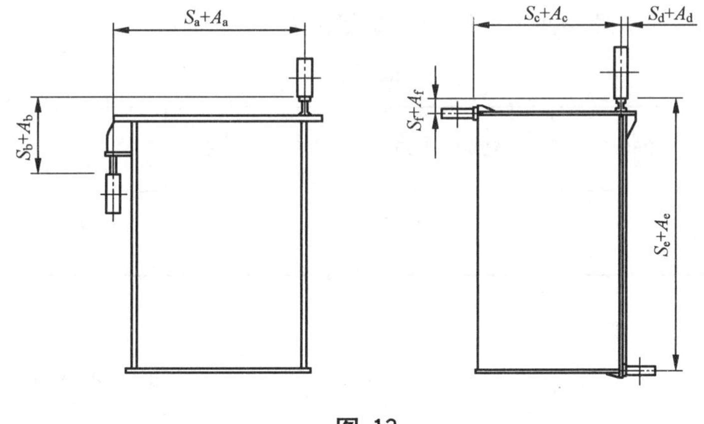

图 13

5.7.12 刚性支腿与主梁在跨度方向的垂直度，一般应为 $h_1 \leqslant H_1/1\,000$，见图 14。

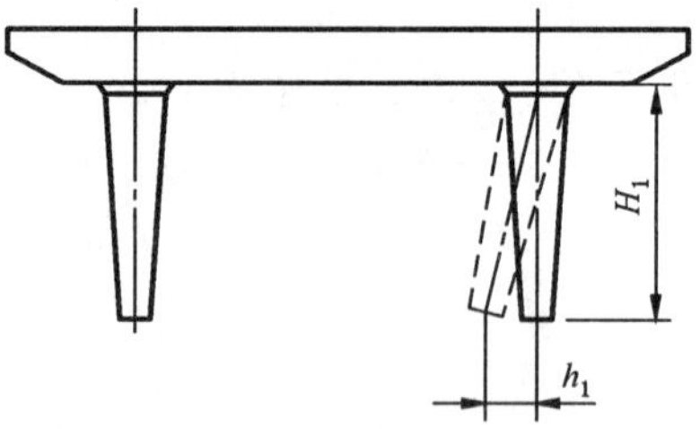

图 14

5.8 装配

5.8.1 制动轮和制动盘的安装

制动轮安装后，应保证其径向圆跳动不应超过表 8 规定的值；制动盘安装后，应保证其盘端面跳动不应超过表 9 规定值。

表 8

制动轮直径 mm	≤250	>250～500	>500～800
径向跳动 μm	100	120	150

表 9

制动盘直径 mm	≤355	>355 ～500	>500 ～710	>710 ～1 250	>1 250 ～2 000	>2 000 ～3 150	>3 150 ～5 000	>5 000
端面跳动 μm	100	120	150	200	250	300	400	500

5.8.2 车轮的安装

车轮安装后，应保证基准端面上的跳动不应超过表 10 规定值。

表 10

车轮直径 mm	≤250	>250～500	>500～800	>800～900	>900～1 000
端面圆跳动 μm	100	120	150	200	250

5.8.3 传动链连接件的安装

传动链中各部件间的连接，同一轴线的偏斜角不应大于所用联轴器允许的安装误差。

5.8.4 起重机跨度的构造公差

起重机跨度 S(见图 1 和图 2)的构造公差 A，应符合如下规定(见图 15)：

a） 当跨度 $S \leqslant 26$ m 时，$A = \pm 8$ mm，且两侧跨度 S_1 和 S_2 的相对差 $\Delta F \leqslant 8$ mm；

b） 当跨度 $S > 26$ m 时，$A = \pm 10$ mm，且两侧跨度 S_1 和 S_2 的相对差 $\Delta F \leqslant 10$ mm。

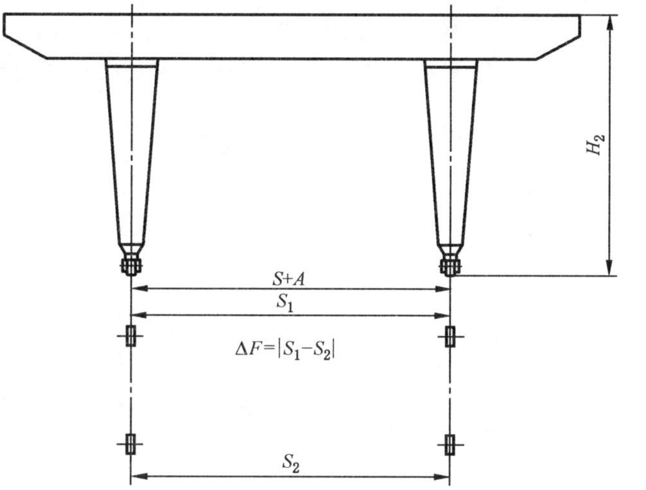

图 15

5.8.5 单主梁小车车轮构造公差

单主梁小车的车轮构造公差(见图 16),主车轮与反滚轮、水平反滚轮在主梁横截面内应符合以下规定:

a) 水平导向轮与主轨道间的侧隙为$^{+2}_{+1}$ mm;

b) 水平方向车轮轨距 S_a 的偏差 $A_a = {}^{0}_{-3}$ mm;

c) 垂直方向的踏面间距 S_b 的偏差 $A_b = {}^{0}_{-3}$ mm;

d) 水平方向主车轮踏面中心与上水平反滚轮踏面间距 S_c 的偏差 $A_c = {}^{0}_{-3}$ mm;

e) 主车轮踏面中心与下水平反滚轮踏面间距 S_d 的偏差 $A_d = \pm 3$mm;

f) 垂直方向主车轮踏面与下水平反滚轮踏面中心间距 S_e 的偏差 $A_e = {}^{0}_{-3}$ mm;

g) 主车轮踏面与上水平反滚轮踏面中心间距 S_f 的偏差 $A_f = {}^{+3}_{0}$ mm;

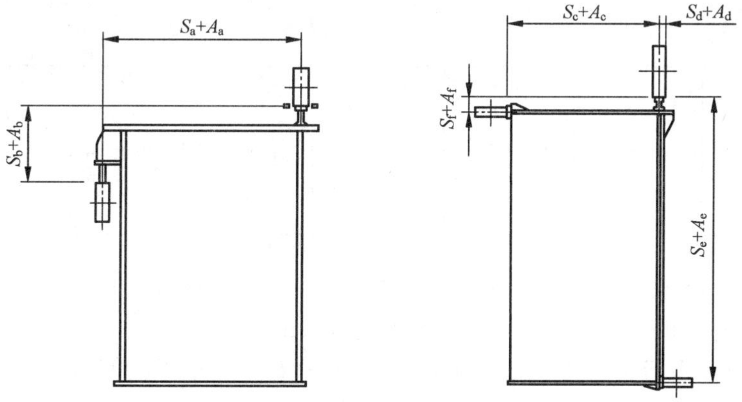

图 16

h) 水平导向轮在垂直于轨道方向上的轴线倾斜度公差 αF，水平导向轮在沿轨道方向的轴线倾斜度公差 βF，水平导向轮底面至轨道上平面高度 h_F 的公差 Δh_F(GB/T 10183.1 中表 4 的 2 级公差)，见图 17。弧面水平导向轮或 QU 型轨道可不考虑 αF 的影响。

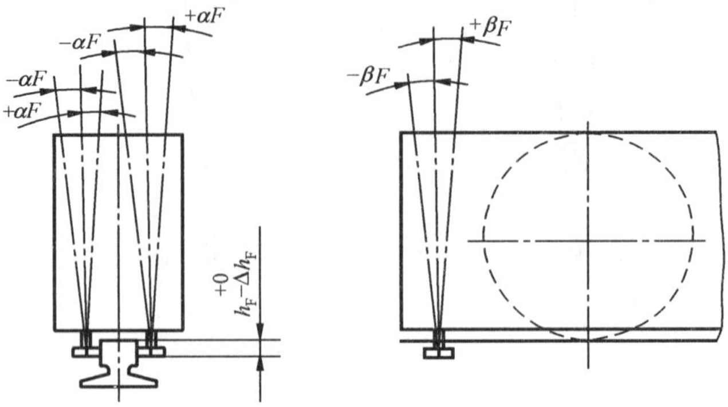

图 17

$\alpha F=0.63‰$；$\beta F=0.4‰$；$\Delta h_F={}^{0}_{-1.6}$ mm。

5.8.6 双主梁小车车轮和起重机车轮、导向轮的构造公差

5.8.6.1 带轮缘车轮中心的跨度公差 A(GB/T 10183.1 表 5、表 4 的 2 级公差)，见图 18。

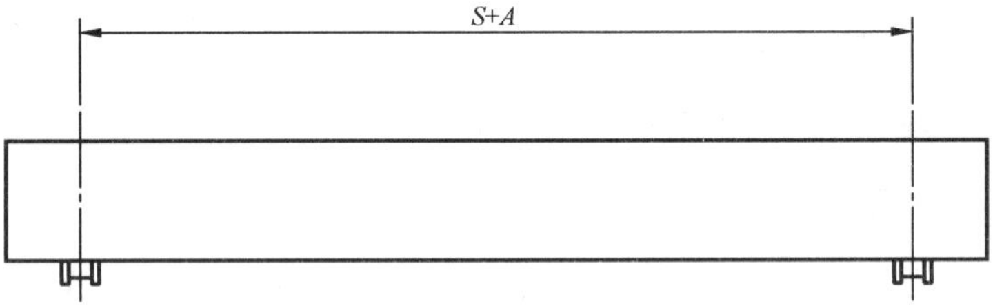

图 18

小车：$S \leqslant 2$ m 时，$A=\pm 2$ mm；

$S>2$ m 时，$A=\pm[2+0.1(S-2)]$mm，式中 S 单位为 m。

上式经圆整和简化的公差值，可按表 11 选取。

表 11

S m	≤2	>2～4	>4～6	>6～8	>8～10	>10～12	>12～14	>14～16
A mm	±2	±2.2	±2.4	±2.6	±2.8	±3	±3.2	±3.5

起重机：$S \leqslant 26$ m 时，$A=\pm 8$ mm　　相对差 8 mm；

$S>26$ m 时，$A=\pm 10$ mm　　相对差 10 mm。

5.8.6.2 起重机及小车运行机构的车轮基距 e(或 8 轮和 8 轮以上的最上层运行平衡架轴间水平距离为 e)时的公差 Δe(GB/T 10183.1 中表 4、表 5 的 2 级公差)，见图 19。

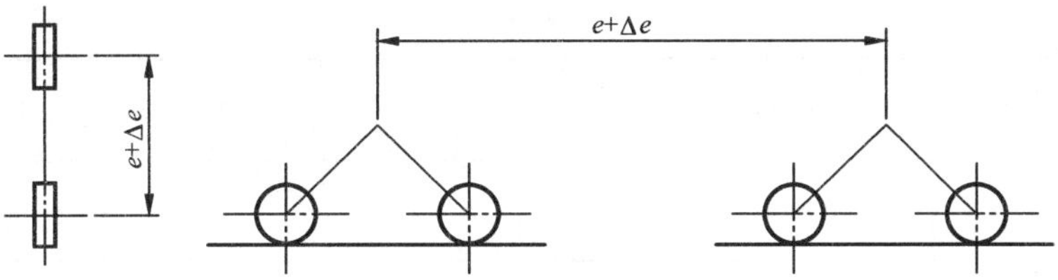

图 19

小车和起重机：$e \leqslant 3$ m 时　$\Delta e = \pm 4$ mm；$e > 3$ m 时　$\Delta e = \pm 1.25e$ mm，e 单位为 m。

5.8.6.3　带轮缘车轮的水平偏斜 ΔF（GB/T 10183.1 中表 5、表 4 的 2 级公差），见图 20。

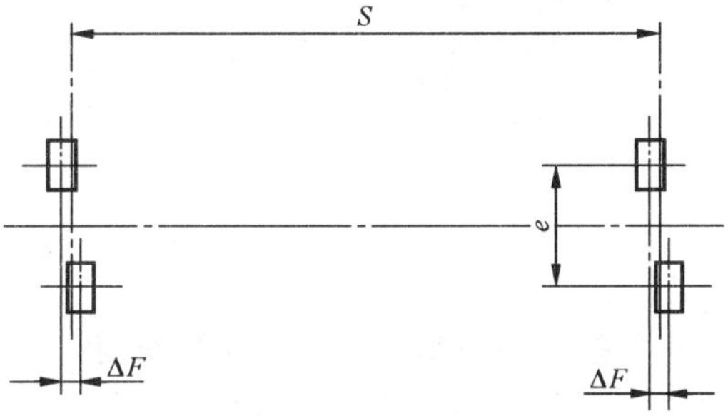

图 20

小车和起重机：对带轮缘车轮 $\Delta F \leqslant 0.5e$ mm，e 单位为 m。

5.8.6.4　车轮接触点高度公差 Δh_r（GB/T 10183.1 中表 4、表 5 的 2 级公差），见图 21。

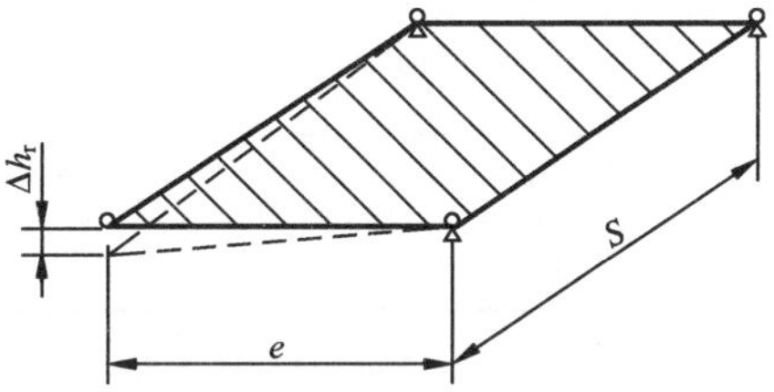

图 21

小车：$S \leqslant 2$ m　　$\Delta h_r \leqslant 2$ mm；

　　$S > 2$ m　　$\Delta h_r \leqslant 2 + 0.1(S - 2)$mm，$S$ 单位为 m。

上式经圆整和简化的公差值，Δh_r 可按表 12 选取。

表 12

S m	≤2	>2～4	>4～6	>6～8	>8～10	>10～12	>12～14	>14～16
Δh_r mm	2	2.2	2.4	2.6	2.8	3	3.2	3.5

起重机：$S \leqslant 10$ m 时，$\Delta h_r \leqslant 2.5$ mm；

　　$S > 10$ m 时，$\Delta h_r \leqslant 2.5 + 0.1(S - 10)$mm，$S$ 单位为 m。

上式经圆整和简化的偏差值，可按表 13 选取。

表 13

S m	≤10	>10～15	>15～20	>20～25	>25～30	>30～35	>35～40
Δh_r mm	2.5	3	3.5	4	4.5	5	5.5

5.8.6.5 镗孔型轴承箱车轮在水平投影面内车轮轴中心线倾斜度 φ_r(GB/T 10183.1 中表 5、表 4 的2 级公差),见图 22。

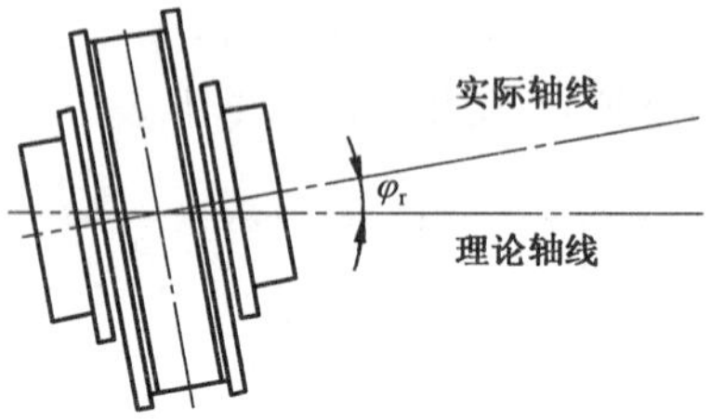

图 22

小车和起重机:$\varphi_r = \pm 0.5‰$。

5.8.6.6 角型轴承箱车轮在水平投影面内车轮轴中心线倾斜度 φ_r。

当采用焊接连接的端梁及角型轴承箱结构,并用测量车轮端面来控制车轮偏斜时,测量值 $|P_1-P_2|$,(见图 23)。对于四个车轮的起重机和小车不应大于表 14 的规定,但同一轴线上的两个小车车轮的偏斜方向应相反;对于多于四轮的起重机和小车,单个平衡梁(平衡台车)下的两个车轮按表 14,同一轨道上的所有车轮间不得大于 $E_1/800$,(E_1 为测量长度)且不控制车轮偏斜方向。

表 14

机构工作级别	M1	M2～M5	M6～M8
$\lvert P_1-P_2\rvert$	$\leqslant E_1/800$	$\leqslant E_1/1\ 000$	$\leqslant E_1/1\ 200$

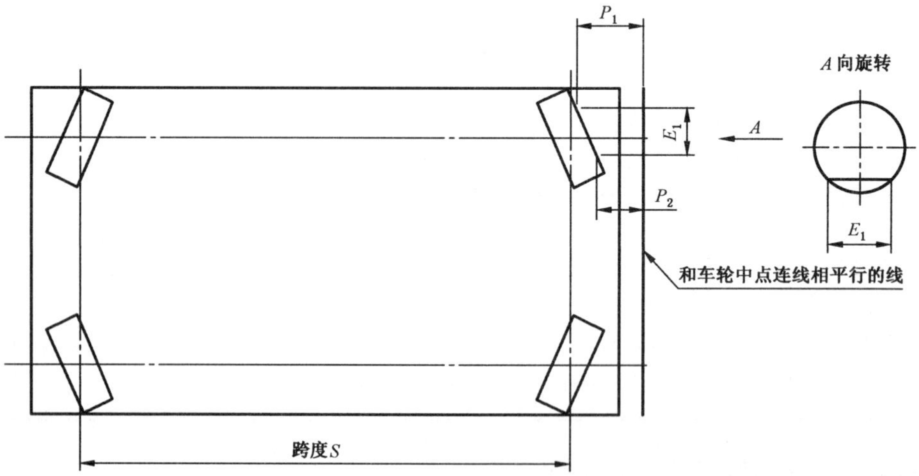

图 23

5.8.6.7　垂直平面内车轮轴中心线倾斜度公差 τr（车轮垂直倾斜度，即 GB/T 10183.1 中表 5、表 4 的 2 级公差），见图 24。

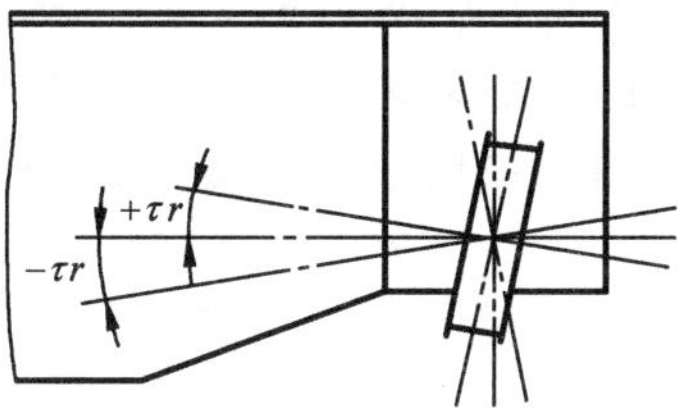

图 24

小车和起重机：$-0.5‰\leqslant\tau r\leqslant+2‰$。

5.8.7　终端止档器或缓冲器的安装

终端止挡器或缓冲器垂直于纵向轴线的平行度公差 F_{max}（即 GB/T 10183.1 中表 2、表 3 的 2 级公差），见图 25。（图中左侧为缓冲器头部图形）

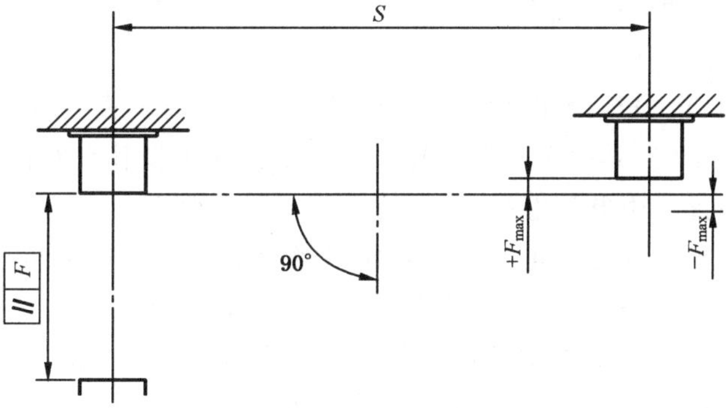

图 25

小车和起重机：$F_{max}=1.0S$ mm，且 $F_{max}\leqslant 10$ mm，S 单位为 m。

5.9　电气设备

5.9.1　电气设备的选用原则

5.9.1.1　一般采用交流传动控制系统，在有特殊要求或仅有直流电源情况下，可采用直流传动控制系统。

5.9.1.2　除辅助机构外，应采用符合 5.5.1 规定的电动机，必要时也可采用符合起重机要求的其他类型电动机。

5.9.1.3　选择电阻器时应注意：

a）接电持续率不同的电动机，宜选用不同参数的起重机标准电阻器。如特殊需要，也可由起重机制造商自行设计，但应符合 GB/T 3811—2008 中 7.5.1.3 的要求；

b）起升机构不应选用频敏电阻器。

5.9.1.4　起重机进线处应设隔离开关或熔断器箱。

5.9.1.5　当采用按钮盒控制时，控制电压不应大于 50 V。

5.9.1.6　对电磁起重机，起重电磁铁的电源在交流侧的接线，应保证在起重机内部各种事故断电(起重机集电器不断电)时,起重电磁铁供电不切断,即吸持物不脱落。

5.9.1.7 如果用户要求对起重电磁铁设置备用电源(如蓄电池)时,备用电源支持时间不宜小于20 min,应同时提供自动充电装置及其电压的指示器,并应有灯光和声响警告装置示警。该电源可接入起升制动器回路,或起升制动器应具有手动释放功能。

5.9.1.8 当选用可编程序控制器(PLC)时,对用于安全保护的联锁信号,如极限限位、超速等,应具有直接的继电保护联锁线路。

5.9.2 馈电装置

5.9.2.1 设计应满足 GB/T 3811—2008 中 7.2.2.2 的要求。

5.9.2.2 起重机电源馈电装置一般采用电缆卷筒供电,也可采用型钢、铜线或其他新型馈电装置。

5.9.2.3 小车馈电装置应采用悬挂电缆小车导电或符合 JB/T 6391.1、JB/T 6391.2 要求的滑接输电装置。用户有特殊要求时,也可采用铜线、型钢或其他新型馈电装置。

5.9.2.4 小车采用悬挂电缆导电时,应满足以下要求:

a) 在门架或小车架的适当部位设置固定的接线盒(箱);

b) 为使车体运动过程中电缆不受过大拉力,可附加电缆牵引绳索;

c) 宜采用扁电缆;

d) 采用圆电缆时,电缆截面在 2.5 mm^2 及以下的可选用多芯电缆,4 mm^2 及以上的可选用三芯或四芯电缆,其中 16 mm^2 及以上的圆电缆宜选用单芯电缆。

5.9.2.5 起重机馈电装置采用电缆卷筒供电时,应满足以下要求:

a) 电缆卷筒的集电滑环应满足相应的电压等级和电流容量的要求,每个滑环至少有一对电刷,电刷的防护等级应满足环境要求,且不应低于 IP54;

b) 要有防止电缆在运动过程中被拉断和磨损的措施;

c) 在电缆卷筒附近便于操作处,设置电缆收放操作箱。

5.9.3 电气设备的安装

5.9.3.1 电气设备应安装牢固,在主机工作过程中,不应发生目测可见的相对于主机的水平移动和垂直跳动。

5.9.3.2 起重机或小车运行时,馈电装置的裸露带电部分与金属构件之间的最小距离应大于30 mm,起重机运行可能产生相对晃动时,其间距应大于最大晃动量加 30 mm。

5.9.3.3 四箱及四箱以下的电阻器可以直接叠装,五箱及六箱叠装时,应考虑加固措施并要求各箱之间的间距不应小于 80 mm,间距过小时应降低容量使用或采取其他相应措施。

5.9.3.4 电阻器应加防护罩,并注意散热需要的空间。室内使用时其防护等级不应低于GB 4208中的 IP10,室外使用不应低于 IP13。

5.9.3.5 安装在电气室内的电气设备,其防护等级可以为 GB 4208 中的 IP00,此时应有适当的防护措施,如防护栅栏、防护网等;室内应留有不小于 0.6 m 宽的检修通道。

5.9.3.6 门架上的控制柜,安装在无遮蔽场合时,其外壳防护等级不应低于 GB 4208 中的IP54;有遮蔽场合安装使用时,外壳防护等级可适当降低;但应满足防护要求。

5.9.4 导线及其敷设

5.9.4.1 起重机上应采用铜芯、多股、有护套的绝缘导线,司机室内允许采用无护套的铜芯、多股、塑料绝缘导线。

5.9.4.2 起重机上的配线移动用电缆，宜采用丁腈聚氯乙烯扁型软电缆、橡胶扁型软电缆、重型橡套软电缆或船用软电缆。

5.9.4.3 起重机上的配线应采用截面不小于 1.5 mm^2 的多股单芯导线的多股多芯导线。对电子装置，油压伺服机构，传感元件等连接线的截面不做规定。

5.9.4.4 不同机构、不同电压种类和电压等级的电线敷设，应尽量分开。安全照明线宜单独敷设。

5.9.4.5 交流载流 25 A 以上的单芯电线(或电缆)不允许单独穿金属线管。

5.9.4.6 传送低电压、低功率的电缆线，不应与动力电缆线或不同电压等级的电缆线使用同一根多芯电缆，必要时还应采用屏蔽电缆。

5.9.4.7 所有导线中均不应有中间接头，照明线允许在设备附近用过渡端子连接。

5.9.4.8 应采用有防松措施的接线座。

5.9.4.9 电线敷设可采用线管、线槽或电缆桥架，且应尽量引接到电气设备附近，尽量避免人员可能触及外露电线。对有相对移动的场合，可穿金属软管敷设。

5.9.4.10 电缆允许直接敷设，但在有机械损伤、化学腐蚀、油污浸蚀的地方应有防护措施。

5.9.4.11 电缆固定敷设的弯曲半径不应小于 5 倍电缆外径，扁形移动电缆的弯曲半径不应小于 10 倍电缆厚度。圆形移动电缆的弯曲半径不应小于 8 倍电缆外径。

5.9.4.12 导线穿过的金属管、孔、洞处，必须有保护措施，以防止导线磨损。

5.9.4.13 接线盒(箱)的内腔，应有足够的引线空间。

5.9.4.14 导线与其端头的连接应采用专用的冷压钳将导线与冷压铜端头压紧、不会脱落。

5.9.4.15 线管、线槽、电缆桥架内、司机室地板下等导线密集的地方，应将导线整理成束，导线的两端应有与电路图或接线图一致的永久性识别标记和线束号。

5.9.4.16 起重机、司机室、电气室和电气设备的进出线孔、电缆桥架、线槽和线管的进出线口均应采取防雨措施，且不应积水。

5.9.5 照明及其他

5.9.5.1 司机室和电气室内的工作面平均照明度不应低于 30 lx。必要时可补充桥下作业面用照明，桥下照明应考虑三个方向的防震措施。其灯具的安装应能方便地检修和更换灯泡。

5.9.5.2 固定式照明的电压不宜超过 220 V，严禁用金属结构做照明线路的回路。可携式照明的电压不应超过 36 V，交流供电时，应使用隔离变压器。起重机上至少应具有 2 只供插接可携式照明装置用的插座。

5.9.5.3 照明、讯号应设专用电路，电源应从主断路器(或主刀开关)进线端分接。当主断路器(或主刀开关)断开时，照明、讯号电路不应断电，照明、讯号电路及其各分支电路均应设置短路保护。

5.10 涂装

5.10.1 涂装前的钢材表面处理

主梁、端梁、支腿、下平衡梁等重要结构件应进行喷(抛)丸除锈处理，达到 GB/T 8923 中的 Sa2 $\frac{1}{2}$ 级；其余构件应达到 Sa2 级或 St2 级(手工除锈)。

5.10.2 涂漆质量

5.10.2.1 起重机面漆应均匀、细致、光亮、完整和色泽一致,不得有粗糙不平、漏漆、错漆、皱纹、针孔及严重流挂等缺陷。

5.10.2.2 推荐油漆漆膜总厚度为 80 μm~120 μm。根据起重机工作环境需要,也可供需双方另行约定。

5.10.2.3 漆膜附着力应符合 GB/T 9286 中规定的一级质量要求。

6 试验方法

6.1 总则

起重机试验应遵循 GB/T 5905 规定的规范和程序。试验前和试验中应进行相关检查和检测。本标准提供的常用检查和检测方法,适用于起重机的最终检验、试验。

6.2 门架的装配检测

6.2.1 门架的检测条件

6.2.1.1 门架在架设安装于起重机运行轨道上并经阶段性检验后进行。

6.2.1.2 避免日照的影响。

6.2.2 起重机跨度偏差检查

检查顺序和方法如下:

a) 在按图 26 所示的测量部位测量起重机跨度时,应采用表 15 规定的拉力值和修正值;

b) 测量时钢卷尺和起重机温度应一致,钢卷尺不得摆动并自然下垂;

c) 测量所得钢卷尺上的读数加上表 15 所列修正值,再加上钢卷尺的计量修正量(正或负,必须经相关计量资质部门检定合格,并在有效期内),即为起重机的实际跨度。

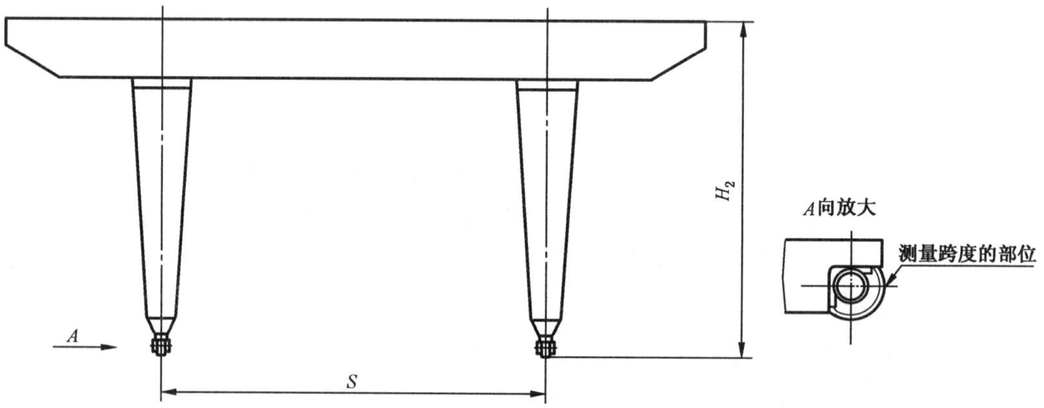

图 26

表 15

起重机跨度 m	拉力值 N	钢卷尺截面尺寸 mm			
		10×0.25	13×0.2	15×0.2	15×0.25
		修正值 mm			
10	147	2.0	2.0	1.5	1.0
14		2.5	2.5	2.0	1.5
18		3.0	3.0	2.5	1.5
22		3.5	3.5	2.5	1.0
26		4.0	3.5	2.5	0.5
30		4.0	3.5	2.0	−0.5
35		4.0	3.5	1.5	−2.0
40		3.5	2.5	0	−4.5
45		2.5	1.5	−1.5	−8.0
50		1.0	0	−4.5	−13.0
55		−1.0	−2.0	−7.5	−18.0
60		−3.0	−5.0	−11.5	−25.5

注 1：表中的修正值已经扣除了根据 JJG 4 规定检定时施加 49 N 力所产生的弹性伸长。

注 2：当跨度更大时，采取对在测钢卷尺加一浮动支点于 1/2 跨度处，使三测点在同一直线上，再按 1/2 跨度值选取表中对应跨度的修正值，将该修正值乘 2 后即为更大跨度的修正值。

6.2.3　主梁的水平方向弯曲度和上拱度的检测

6.2.3.1　主梁水平方向弯曲度的检测

6.2.3.1.1　检测宜在起重机负载试验之前进行，并避免日照的影响。

6.2.3.1.2　在主梁腹板上方，离上翼缘板约 100 mm 处，将两等高块分别置于主梁长向的两端，紧拉一根直径为 ϕ0.49 mm～ϕ0.52 mm 的钢丝平行于上翼缘板，从主梁端部第一块大隔板起，在每块大隔板处用钢尺测量腹板与钢丝间间距（走台侧，可参考图 27）并记录。每个间距与等高块之差即为主梁的水平方向弯曲值。负值表明主梁向走台侧凸曲，正值表明主梁向走台侧凹曲，弯曲最大绝对值与主梁两端第一块大隔板间距离之比即为主梁水平方向弯曲度。

6.2.3.2　主梁上拱度和悬臂上翘度的检测

6.2.3.2.1　起重机主梁实有上拱度、悬臂上翘度应在静载试验后检测（使空载小车在支腿支点处，无悬臂时在极限位置），并避免日照的影响。

6.2.3.2.2　用经纬仪测量，测点必须距镜头 2 m 以上。

6.2.4 小车轨道直线度的检测(单主梁时,为主小车轨道)

将两等高支架分别置于轨道的两端(轨距外侧),按图 27 所示拉紧一根直径为 ϕ0.49 mm~ϕ0.52 mm钢丝,然后用钢尺测量钢丝与轨道头侧面间的距离,测点间距不应大于 2m,测至轨道全长。取钢丝与轨道头侧面间距的最大值与等高支架之差,即是该钢轨头部的水平直线度。

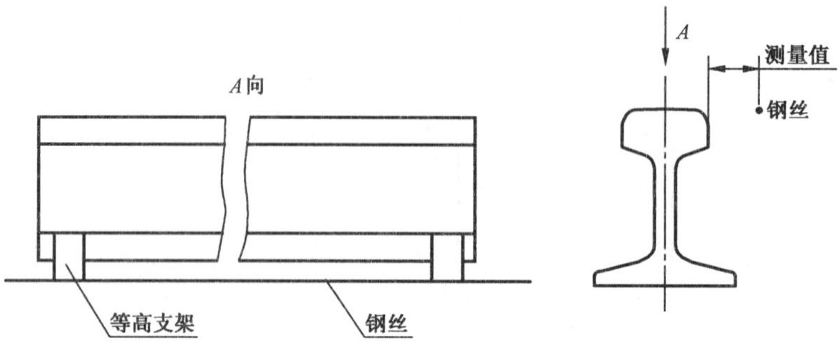

图 27

6.2.5 小车轨道中心相对于腹板中心偏差的检测

如图 28 中 a),用钢尺测量轨道底部尺寸得出的数值除以 2 为 a 值,轨道梁主腹板厚度值除以 2 为 a_1 值,用钢尺分别测量 x 和 x_1 值,则 $K=|(a+x)-(a_1+x_1)|$ 为实测值。

6.2.6 小车轨道上任一点处相对应的两轨道测点间高度差 E 的检测

如图 28 中 b),记录调整塞尺使水平仪达到水平状态时的厚度值,就是其高度差 E 值。

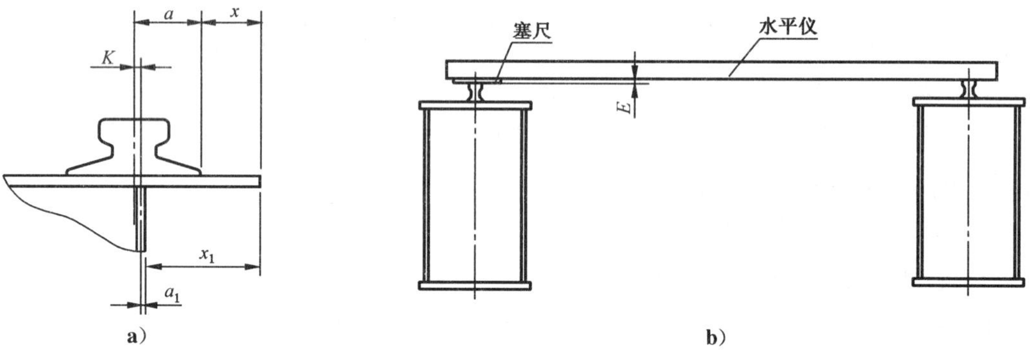

图 28

6.2.7 小车轨距的检测

6.2.7.1 双主梁时,使钢尺(或有依托钢卷尺)与轨距跨度中心线成 90°,至少分别测量轨道的两端和跨中三点,这三点的轨距实测值与公称值之差,不应大于小车轨距公差 A。

6.2.7.2 单主梁垂直和水平反滚轮时,使用大钢直尺、小钢尺和等高垫块,其中等高垫块的高度 $H_2=H_1$(主轨道安装后的高度),分别按图避风测量,取三次测量平均值:

a) S_a 和 S_b(图 29):$W_2-0.5W_1-0.5W_4-W_3=S_a$,$H_3=S_b$;

b) S_c 和 S_f(图 30):$W_2-0.5W_1-W_3=S_c$,$H_3-0.5W_4=S_f$;

c) S_e 和 S_d(图 31):$W_2-0.5W_1-W_3=S_d$,$H_3-0.5W_4=S_e$。

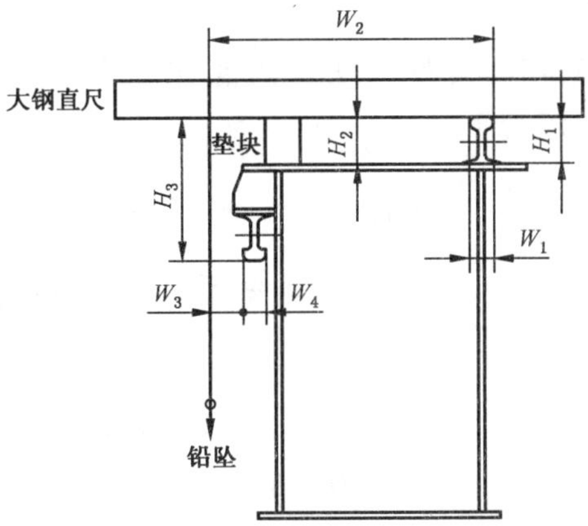

图 29

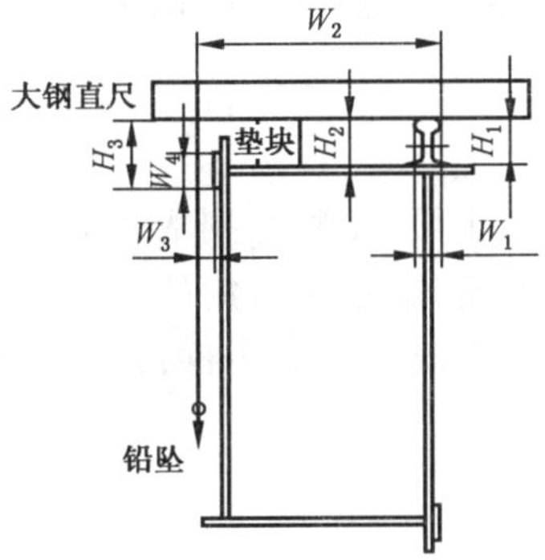

图 30

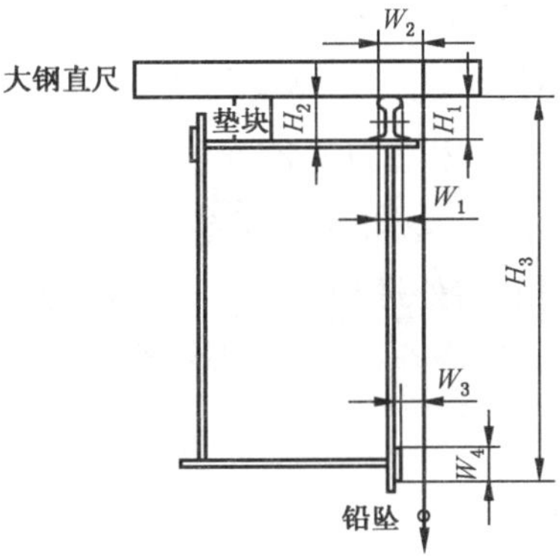

图 31

6.2.8　小车轨道上任一点处车轮接触点高度差 Δh_r（双主梁小车）的检测

用刚性良好，四个车轮支承点平面度符合 9 级精度的模拟小车放在小车轨道上，在全长上移动，可在任意位置上停止，用塞尺检查车轮踏面与轨道之间的间隙，在全长上取最大值定为此项实测值，如图 32。

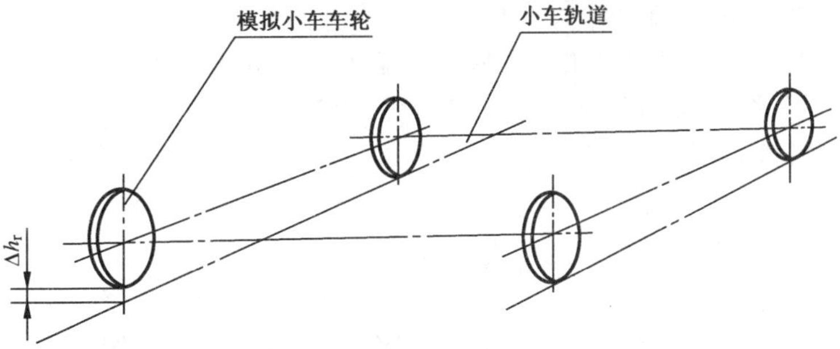

图 32

6.2.9 主梁腹板局部翘曲的检测

测量方向和位置可以任意选择，按图33方法测量，其量具内侧与腹板间隙的最大值即为主梁腹板局部翘曲数值。测量长度为1 m。

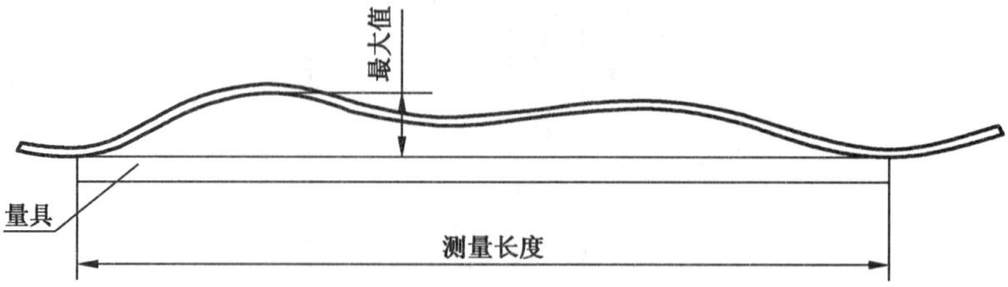

图 33

6.2.10 漆膜总厚度的检测

使用漆膜厚度仪在主梁、支腿和下横梁上每10 m^2(不足10 m^2的按10 m^2计)作为一处，每处测3～5点，每处所测各点厚度的平均值不低于总厚度的90%，也不高于总厚度的120%，测得的最小值不低于总厚度的70%。

6.2.11 漆膜附着力的检测

按GB/T 9286中规定的刀具，用划格方法(如图34)，在主梁、支腿分别取六处，在端梁、下横梁分别取四处进行测试。划格时刀具与被测面垂直，用力均匀，划格后用软毛刷沿对角线方向轻轻地顺、逆各刷三次，再检查漆层剥落面积，切口交叉处涂层允许有少许薄片脱落，其剥落面积不应大于5%。

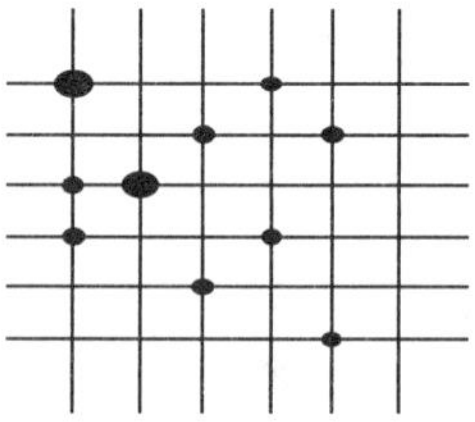

图 34

6.3 机械安装的检测

6.3.1 单主梁小车车轮跨度的检测

6.3.1.1 宜在安装架设前，在地面进行复检。

6.3.1.2 利用大钢直尺、小钢尺、直角尺在专用台架上将空载小车垫平后，利用强力磁铁和卡兰使大钢直尺处于水平状态，按图测量，取三次测量平均值。

垂直反滚轮式小车(见图35)：

$$W_2-0.5W_1+0.5W_3+W_4=S_a, H_1+H_3=S_b$$

两主车轮和反滚轮，按照一种固定状态测量。

$$W_2-0.5W_1+W_3=S_c, H_1+H_2+0.5H_3=S_f\text{(见图 36)}$$

$$H_1+H_3+0.5W_4=S_e, W_3-W_2+0.5W_1=S_d\text{(见图 37)}$$

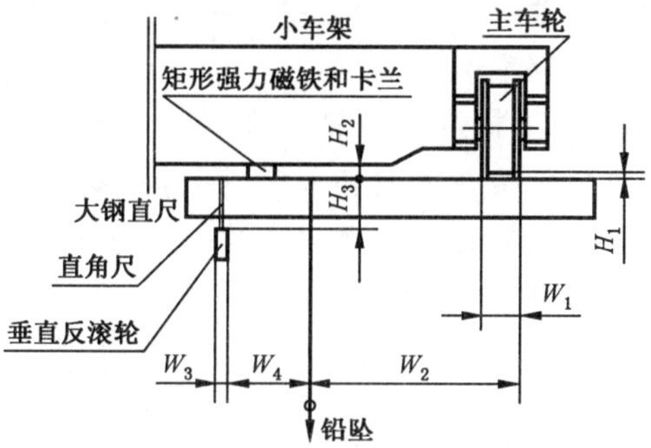

图 35

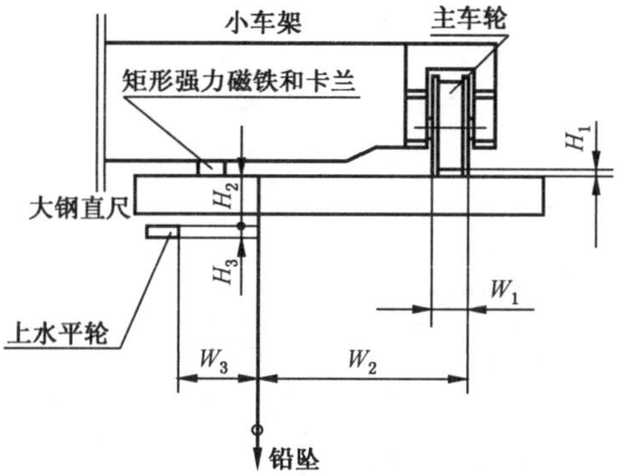

图 36

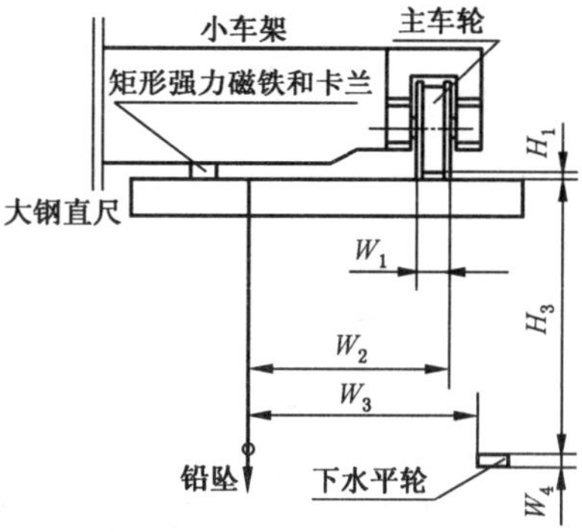

图 37

6.3.2 双主梁小车车轮跨度和车轮接触点高度差的检测

6.3.2.1 小车车轮跨度的检测

用钢直尺(或有依托钢卷尺)测量小车车轮跨度,参见 6.2.2 及图 26。

6.3.2.2 车轮接触点高度差的检测

将被测小车安放在标准轨道上(也可在平台上放置等高块来代替),然后用塞尺检查每个车轮踏面与轨道之间的间隙,如图 38。

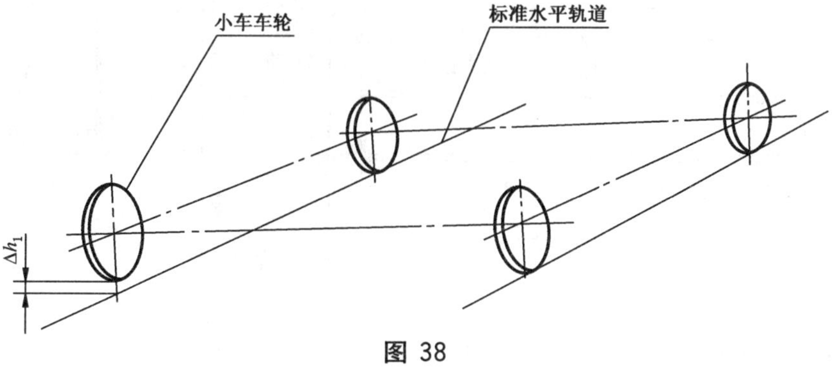

图 38

6.3.3 车轮轴线倾斜度的检测

6.3.3.1 起重机及小车车轮在水平投影面内车轮轴中心线倾斜度 φ_r 的检测

方法 1:适用于车轮轴承座为角型轴承箱式。

测出车轮基准端面跳动最大值(A 点),使之处于铅垂方向位置如图 39,在车轮基准端面侧测量。在同一下横梁的两个车轮基准端面下部,用 ϕ0.49 mm～ϕ0.52 mm 钢丝拉一直线,线端固定在专用支架上,将 ϕ8 mm 绝缘标准棒分别放在两个车轮上支持钢丝,使钢丝离开车轮端面。把电路通断装置两根引线分别接在钢丝和下横梁上,用 ϕ8.00 mm 标准尺寸以上或以下尺寸的检测棒(用 0.02 mm 单位递增或递减)试测 P_1 及 P_2,当蜂鸣器或指示灯亮时,换用相邻下一级检测棒测试,若不响或不亮,则取它们之间的平均数值分别为 P_1 和 P_2,P_1 和 P_2 与绝缘标准棒之差的绝对值与测量长度(E_1)的比值即为此项实测值。

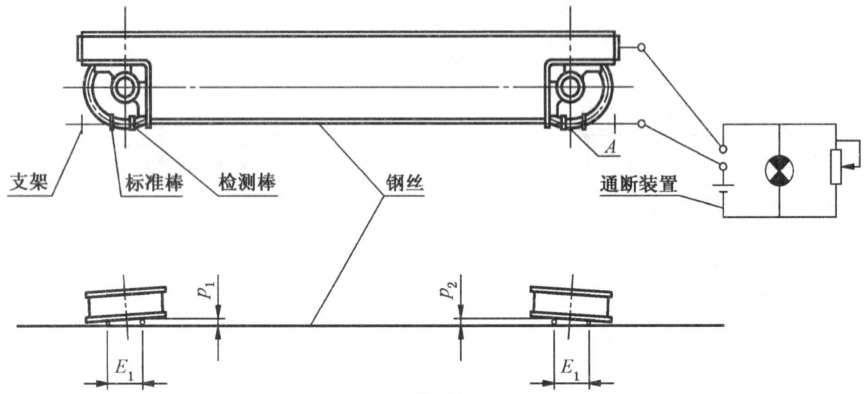

图 39

方法 2:适用于车轮轴承座为腹板镗孔式(只在型式试验时检测)。

建立测量点:如图 40 所示,各车轮处均以 O 为圆心,在接近于车轮踏面直径的 ϕE 圆周上确定四个测量点 A、B、C 及 D,其中前三点需在腹板上分别钻出 ϕ18 mm 的孔备测量用。

确定基准线:在小车轨道两端 S_1、S_2 距离处(见图 40),用卡子固定一根钢尺(或钢卷尺),并以两轨道的内侧面为量点,分别找出两钢尺上的小车轨距的中分点,并做标记。

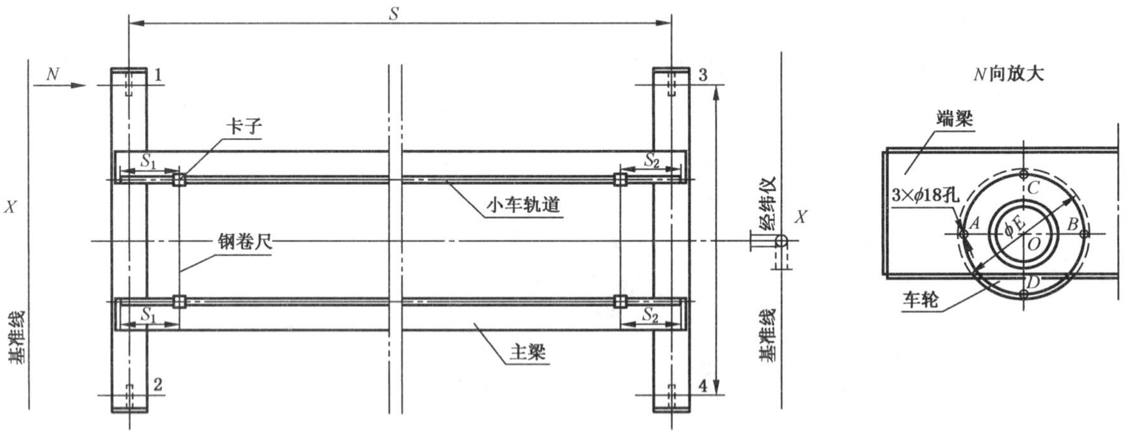

图 40

将经纬仪放置在下横梁外侧的中间部位,待整平后,观察两根钢卷尺上的读数(轨距中分点),一直调到两中分点重合为止。然后将经纬仪的照准部转动 90°,这是从望远镜中观察出的方向(通过镜中的十字线)可作为一条垂直于大车横向中心线(或平行于纵向中心线)的测量基准线。

测点读数:将内径千分尺的固定测头碰靠在测点上(或通过 ϕ18 的孔),为使测量稳定,可用一个磁铁支架支撑住内径千分尺，见图 41。

检测时，拧动内径千分尺的微分筒；另一人则从经纬仪的望远镜中进行观察。先使固定套管的纵刻线与望远镜中的刻线相重合，然后再调整微分筒，使微分筒端面与望远镜中的垂直线相重合。这时，内径千分尺上的刻度值，即为该点的第一次读数。当各点的测值读出后，再将被测车轮转过 180°；仍用上法，对各个测点读数。故此法亦可称为“二次读数法”。

当一个车轮各点测读完毕。可以将经纬仪的镜筒垂直反向转动 180°，这样就可以测量另一个车轮上四个测点的二次读数了。

另一根下横梁上的两个车轮，如上所述的测量方法可分别测得各点的二次读数。

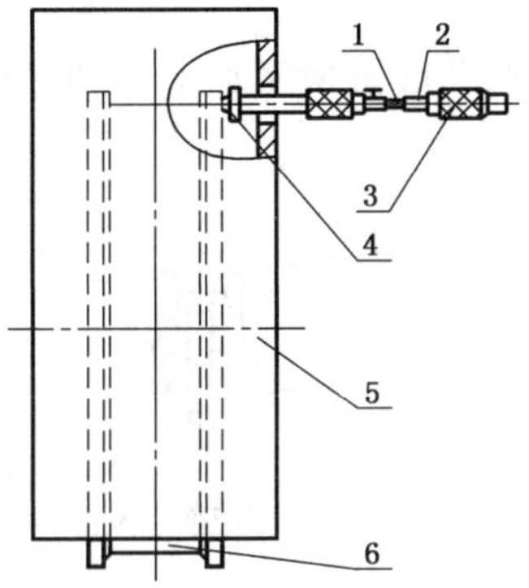

说明：

1——固定套管纵刻线；
2——微分筒内径千分尺；
3——微分筒端面；
4——固定测头；
5——下横梁；
6——车轮。

图 41

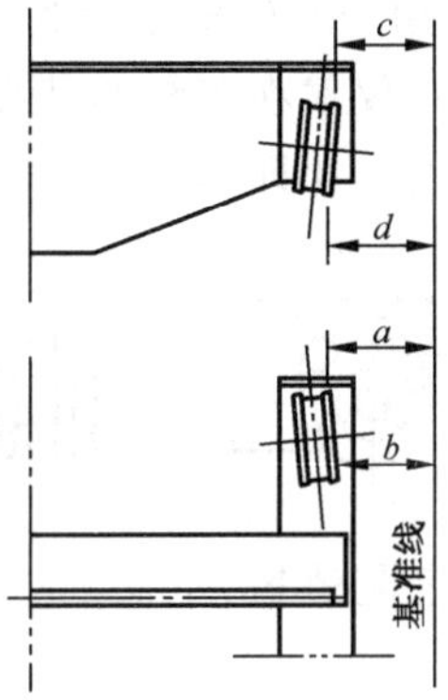

图 42

计算偏斜值：图 42 为车轮在垂直与水平平面内的安装状态。

设图示车轮的偏斜方向为正，则反其向者为负。图中 a、b、c 及 d 代表相应各测点到基准线之间的距离。在计算中，所注下脚编号即表某个车轮的数据，所注上脚“$'$”和“$''$”即表示该点的第一及第二次读数。

例如：如图 42 中车轮 1 在水平面内车轮轴中心线倾斜度 φ_{r1}：

$$\varphi_{r1}=\frac{(a'_1+a''_2)/2-(b'_1+b''_2)/2}{E_1}$$

6.3.3.2 起重机及小车车轮在垂直平面内车轮轴中心线倾斜度公差（空载小车位于跨端）τr 的检测

方法 1（仲裁）：适用于车轮轴承座为角型轴承箱式。

把磁力座垂直倾斜仪吸在车轮基准端面上，如图 43。顺时针旋转百分尺，当听到百分尺棘轮响声时，记下百分尺读数，设其为 a。继续旋转百分尺同时观察水平指示器，当水平指示器水平时，停止旋转，并且记下百分尺读数设其为 b。则 a、b 二个读数之差与测量长度之比即为此项实测值。

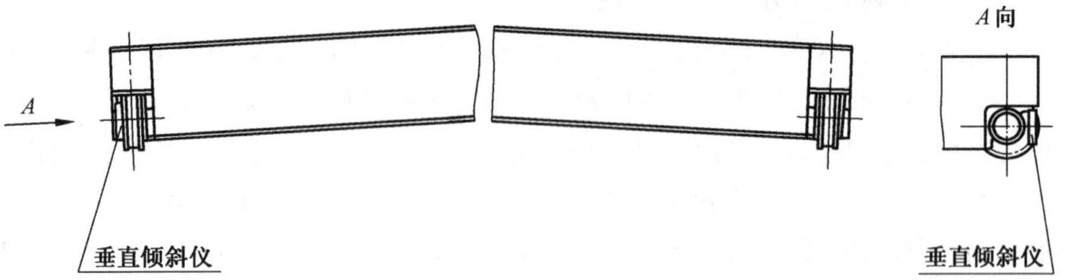

图 43

方法 2:适用于车轮轴承座为角型轴承箱式。

将矩形水平仪靠在车轮的基准端面上,下部垫塞尺使水平仪器恢复水平,此时所垫塞尺总厚度与测量长度之比即为此项实测值,如图 44。

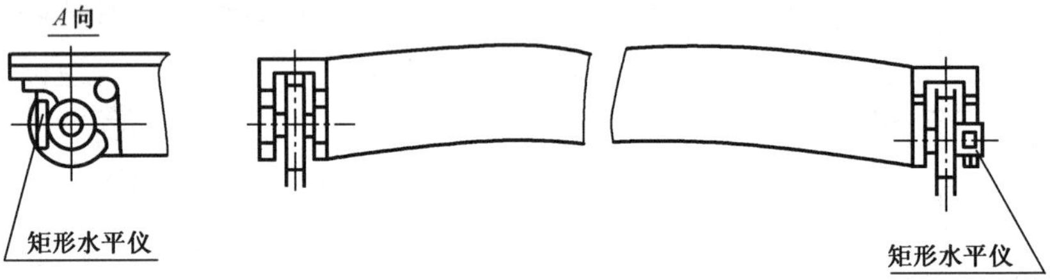

图 44

方法 3:适用于车轮轴承座为腹板镗孔式。

参见 6.3.3.1 中方法 2 的内容,得出各车轮测量点 C、D 的第一次和第二次读数,然后计算偏斜值。

例如:如图 42 中车轮 1 的垂直平面内车轮轴中心线倾斜度公差(车轮垂直倾斜度)τ_{r1} 的检测:

$$\tau_{r1}=\frac{(d'_1+d''_2)/2-(c'_1+c''_2)/2}{E_1}$$

6.3.3.3 水平导向轮在垂直于轨道和沿轨道方向上的轴线倾斜度公差 αF 和 βF 的检测

将矩形水平仪分别沿垂直轨道(αF)和平行轨道(βF)方向,放于水平导向轮的上水平侧面,在水平仪下部垫塞尺使水平仪恢复水平,此时所垫塞尺总厚度与测量长度之比即为此项实测值。

6.4 机构速度与制动距离的检测

6.4.1 机构速度的检测

各起升机构的升、降速度和各运行机构的运行速度均可用下述方法中的一种进行检测。

方法 1(仲裁):

设置两个已记录距离的开关,当触杆离开第一开关即触动开始计时,触杆触到第二开关时则计时终了,并用该记录的时间间隔去除记录的距离,即得出所测速度。

方法 2:

在规定的稳定运行状态下,记录仪表所测得电动机或卷筒的相应转速,再进行速度和调速比的换算。

6.4.2 起升机构下降制动距离的检测

方法1(仲裁):

在机构高速级轴线上的一个传动件(如:轴或联轴器)上,对圆周作不少于12等分的标记(越明显越好),将光电计数器与机构控制系统联锁,断电瞬时开始计数。计数器的测头对准等分标记,在起升机构以慢速挡稳定下降制动停止后,用所测的计数值进行换算。

方法2:

采用直径为1 mm钢丝绳,一端系一小砣,另一端与固定的微动开关(触点常闭)相连,常闭触点接在用接触器控制的下降回路中,砣的质量应足以使开关动作,切断下降电路,测量时小砣放在载荷(砝码)上,当额定载荷以慢速挡下降到某一位置时,小砣与载荷分离,此时下降电路立即被切断,载荷随即开始下降制动,到载荷停住后,所测得小砣与载荷之间的垂直距离,即为下降制动距离,连测三次,取其平均值。

6.5 起重机噪声的检测

在跨中起吊额定载荷,同时开动起重机运行机构和起升机构,但不得同时开动两个起升机构。在操作座椅处用声级计A档读数测噪声,测试时脉冲声峰值除外。总噪声与背景噪声之差应大于3 dB(A)。总噪声值减去表16(背景噪声修正值)所列的修正值即为实际噪声,然后取三次的平均值。

表 16

总噪声与背景噪声之差值 dB(A)	3	4	5	6	7	8	9	10	>10
修正值 dB(A)	3	2	2	1	1	1	0.5	0.5	0

对于地面操纵的起重机(含遥控起重机),噪声测定取为地面的模拟位置,距负载小车垂线下旁不大于6 m处测量。

6.6 电控设备中各电路绝缘电阻的检测

在空气的相对湿度小于85%,用500 V兆欧表分别测量各机构主回路、控制回路,对地的绝缘电阻。

6.7 验证抓斗的抓满率

在新堆放的松散物料中,物料面成水平状态,抓取五次,以平均值计算抓满率。物料的粒度,当抓斗容积不应大于2 m^3时,90%在40 mm以下,最大粒度不应大于100 mm;当容积大于2 m^3时,90%在60 mm以下,最大粒度不应大于150 mm。当试验物料的堆积容重小于抓斗的设计值时,以体积计抓满率;当堆积容重大于抓斗的设计值时,以抓取重量计抓满率。

试验、计量应在天气无风、视野良好、无障碍物的平坦地面及面积不小于25 m^2的场地上进行。

体积计量法:在计量场地中心向外成90°拉钢卷尺,以0.5 m单位连续做标志,如图45。由操作熟练,经验丰富的司机操纵抓斗起重机,使抓斗从物料堆抓取物料,投放到标志中心(O)处。连续抓取投5次,取新堆物料在标志线接触处数值的平均值,测量新物料堆底圆半径R、高度h,然后按圆锥体体积公式,计算实际抓取物料的体积,除以5后,再与抓斗设计容积之比即为抓斗抓满率。

$$V=\frac{h}{3}\pi R^2$$

式中：

h ——料堆高度，单位为米(m)；

R ——料堆底圆半径，单位为米(m)。

重量计量法：将五次抓取的物料放入一个容器内，称取总重量，再除以5后，再与设计抓取重量之比，即为抓斗抓满率。

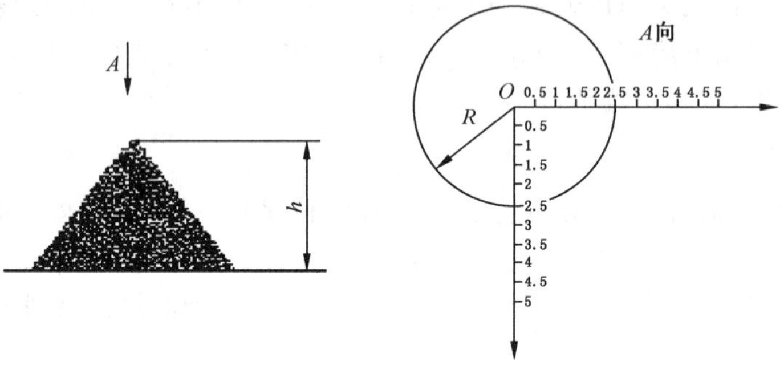

图 45

6.8 验证起重电磁铁的吸重能力和电控系统的保磁能力

6.8.1 验证起重电磁铁的吸重能力

用表面平面度应小于3 mm、面积应大于起重电磁铁吸盘面积，其重量与起重电磁铁额定吸持能力相等的试块进行吸重试验。

将起重电磁铁放在被吸持物的表面上，起重电磁铁通电后，开动起升机构离地100 mm～200 mm，验证其吸重能力。

6.8.2 验证起重电磁铁电控系统的正确性

起重电磁铁通电吸持重物，开动起升机构使重物离地100 mm～200 mm悬空，按动司机室中紧急开关切断起重机内部电源后，吸持重物不应坠落，以验证整流装置的交流侧接在起重机的电源线上。

6.8.3 验证起重电磁铁备用电源的保磁能力

起重电磁铁通电吸持重物，开动起升机构使重物离地100 mm～200 mm悬空，从按动司机室中紧急开关切断起重机内部电源开始计时，在规定时间内被吸持的重物不应坠落。此间，观察自动充电装置及其电压的指示器达到或超过规定保磁时间时，灯光和声响警告装置应正常报警或警示。

6.9 整机试验

6.9.1 目测检验

目测检验应包括所有重要部分的规格和(或)状态是否符合要求，如：各机构、电气设备、安全装置、制动器、控制器、照明和信号系统；起重机金属结构及其连接件、梯子、通道、司机室和走台；所有的防护装置；吊钩或其他取物装置及其连接件；钢丝绳及其固定件；滑轮组及其轴向的紧固件。检查时，不必拆开任何部件，但应打开在正常维护和检查时应打开的盖子，如限位开关盖。

目测检验还应包括检查必备的证书是否已提供并经过审核。

6.9.2 空载试验

6.9.2.1 试验前，用 500 V 兆欧表分别测量各机构主回路、控制回路，对地的绝缘电阻。

6.9.2.2 接通电源，开动各机构，使小车沿主梁全长、起重机沿轨道适当长度往返运行各不少于 3 次，应无任何卡阻现象，检查限位开关、缓冲器工作是否正常，吊具左右极限位置是否符合要求。分别开动主、副起升机构作起升范围全程运行，检查运转是否正常，控制系统和安全装置是否符合要求及灵敏准确，检查起升范围是否符合要求。

6.9.2.3 空运转试验时，分别开动各机构，做正、反方向运转，累计时间不少于 5 min。并做好记录。

6.9.3 静载试验

静载试验的目的是检验起重机及其部件的结构承载能力。

每个起升机构的静载试验应分别进行，静载试验的载荷为 $1.25G_n$，试验前应调整好制动器。

首先对主起升机构作静载试验，起升额定载荷（逐渐增至额定载荷），小车在门架全行程往返运行，并开动起重机运行机构（不允许同时开动 3 个机构），检查各项性能应达到设计要求。卸去载荷，将空载小车停放在支腿支点（无悬臂时，在极限位置）（抓斗、起重电磁铁应放至落地），分别定出主梁中部、悬臂端的检测基准点。

主起升机构依次置于主梁和悬臂最不利位置（主梁中部和悬臂端），分别按 $1.0G_n$ 加载（双小车或多小车时，按合同约定进行试验），起升离地面 100 mm～200 mm 处悬空，再无冲击地逐渐加载至$1.25G_n$后，悬空时间不少于 10 min。卸去载荷将空载小车停放在支腿支点（无悬臂时，在极限位置）（抓斗及起重电磁铁应使之落地），按 6.2.3.2 的方法检查起重机主梁和悬臂各基准点处应无永久变形、且主梁实有上拱度和悬臂的上翘度符合 5.3.9 的规定，即可终止试验。如有永久变形，需从头再做试验，但总共不应超过三次，不应再有永久变形。

试验后，目测检查是否出现永久变形、油漆剥落或对起重机的性能和安全有影响的损坏，检查连接处是否出现松动或损坏。

试验的超载载荷部分，应是无冲击地加载。抓斗起重机的静载试验，宜在额定载荷的基础上，再向斗内一块一块无冲击地添加比重较大的重物（例如，生铁块）直至达到静载试验载荷；吊钩起重机的静载试验的超载部分（电磁起重机，可摘下起重电磁铁，在吊钩上按此法加载），宜采用附加水箱，向箱内注水，达到无冲击地加载。

6.9.4 额定载荷试验

目的是通过额定载荷试验进一步测试起重机的相关功能指标。

主起升机构按 $1.0G_n$ 加载，作起重机和小车运行机构、起升机构的联合动作，只允许同时开动两个机构（但主、副起升机构不应同时开动）。此间按 6.4.1、6.4.2 和 6.5 分别检测各机构的速度（含调速）、制动距离和起重机的噪声。

按 6.7 方法检测抓斗的抓取性能，按 6.8.1、6.8.2 和 6.8.3 方法验证起重电磁铁的吸重能力、电控系统的正确性和备用电源的保磁能力。

依合同约定检测静刚性。先将空载小车停放在支腿支点(无悬臂时,在极限位置),在主梁跨中和有效悬臂位置找好基准点,然后将小车起升机构依次放在主梁和悬臂最不利位置(主梁中部,悬臂端部),分别按额定起重量加载,载荷离地面 100 mm～200 mm,保持 10 min。测量基准点的下挠数值后卸载,将主梁基点下挠数值除以起重机的跨度,即为起重机跨中的静态刚性;将悬臂基点下挠数值除以有效悬臂长度,即为悬臂的静态刚性。

6.9.5 动载试验

动载试验的目的主要是验证起重机各机构和制动器的功能。

起重机各机构的动载试验应先分别进行,然后作联合动作。作联合动作试验时,同时开动的机构不应超过两个。

起升机构按 $1.1G_n$ 加载,试验中对每种动作应在其行程范围内作反复运动的起动和制动,对悬挂着的试验载荷作空中起动时,试验载荷不应出现反向动作。试验时应按该机的电动机接电持续率留有操作的间歇时间,按操作规程进行控制,且必须注意把加速度、减速度和速度限制在起重机正常工作的范围内。按接电持续率及其工作循环,试验时间至少应延续 1 h。

试验后,目测检查各机构或结构的构件是否有损坏,检查连接处是否出现松动或损坏。

7 检验规则

7.1 检验分类

起重机的检验分出厂检验和型式试验。

7.2 出厂检验

7.2.1 每台起重机出厂前都应进行相关检验,检验合格后(包括用户的特殊要求检验项目)方能出厂。制造商应向用户提供起重机《产品合格证明书》和检测报告。

7.2.2 出厂检验项目见表 17。

表 17

序号	项目名称	出厂检验	型式试验	检验要求	试验方法
1	目测检验	√	√	5 章相关条款	6.9.1
2	空载试验		√		6.9.2
3	起重机跨度	√	√	5.8.4 及图样	6.2.2
4	小车轨距	√	√	5.7.8 及图样	6.2.7
5	小车轨道直线度	√	√	5.7.7 b)	6.2.4
6	小车轨道中心相对腹板中心的偏差	√	√	5.7.7 d)及图样	6.2.5
7	单主梁轨距的偏差	√	√	5.7.11	6.3.1.2
8	相对应两轨道测点之间的高度差 E	√	√	5.7.9	6.2.6
9	小车轨道任一点处车轮接触点高度差 Δh_r	√	√	5.7.10	6.2.8
10	主梁水平方向弯曲度	√	√	5.7.2	6.2.3.1
11	主梁腹板(或杆件)局部翘曲	√	√	5.7.3	6.2.9
12	小车车轮接触点高度差	√	√	5.8.6.4 及图样	6.3.2.2

表 17（续）

序号	项目名称	出厂检验	型式试验	检验要求	试验方法
13	车轮在水平投影面内车轮轴心线倾斜度 φ_r	√	√	5.8.6.5，5.8.6.6 及图样	6.3.3.1
14	车轮在垂直平面内车轮轴中心线倾斜度(空载小车位于跨端)τr	√	√	5.8.6.7 及图样	6.3.3.2
15	水平导向轮在垂直轨道和沿轨道方向上的轴线倾斜度公差 αF 和 βF	√	√	5.8.5 h)及图样	6.3.3.3
16	静载试验	—	√	5.3.9	6.9.3
17	主梁上拱度和悬臂上翘度	—	√	5.3.9	6.2.3.2
18	额定载荷试验	—	√	5.3.1	6.9.4
19	主梁静态刚性	—	√	5.3.7	6.9.4
20	机构速度和调速功能	—	√	5.3.4 及图样	6.4.1
21	吊具起升高度	—	√	5.3.13	
22	吊具极限位置	—	√	5.3.14	
23	起升机构下降制动距离	—	√	5.3.3	6.4.2
24	起重机噪声	—	√	5.4.9	6.5
25	验证抓斗的抓满率	—	√	5.3.5	6.7
26	验证起重电磁铁的吸重能力	—	√	5.3.6	6.8.1
27	验证起重电磁铁电控系统的正确性	—	√	5.9.1.6	6.8.2
28	验证起重电磁铁备用电源的保磁能力	—	√	5.9.1.7	6.8.3
29	动载试验	—	√	5.3.10	6.9.5
30	漆膜总厚度	√	√	5.10.2.2	6.2.10
31	漆膜附着力	√	√	5.10.2.3	6.2.11
32	电控设备中各电路的绝缘电阻	√	√	5.4.7.1	6.6

7.2.3 起重机宜在制造商进行总体预装或小车(钢丝绳及吊具除外)、支腿与下横梁、支腿与主梁、大车运行机构等分别进行预装，达到总体预装的要求。检查零部件的完整性及几何尺寸的正确性，并应有预装标记。支腿与主梁若不预装，则应采取可靠的工艺方法保证其几何尺寸的正确性。

7.2.4 组装后各部件应分别进行空运转试验，正、反方向运转，各试验累计时间不应少于 5 min。

7.2.5 制造商的质量检验部门按产品图样及本标准进行逐项检验，只有检验合格后才准予验收，并向用户签发《产品合格证明书》。

7.3 型式试验

7.3.1 有下列情况之一时，应进行型式试验：

a) 新产品或老产品转厂生产的试制定型鉴定；

b) 正式生产后，如结构、材料、工艺有较大改变，可能影响产品性能时；

c) 产品停产达一年以上后恢复生产时；

d) 出厂检验结果与上次型式检验有较大差异时；

e) 国家质量监督机构提出进行型式检验要求时。

7.3.2 型式检验项目见表17。

8 标志、包装、运输及贮存

8.1 标志

8.1.1 标志一般采用标牌表示，标牌应符合GB/T 13306的规定。

8.1.2 每台起重机应在跨中醒目位置设置额定起重量标牌，并可另设置产品质量等级标牌。在额定起重量标牌上应标出：

a) 额定起重量；

b) 制造商名称和厂标、商标(如有时)。

8.1.3 在起重机司机室内(无司机室时在小车上)明显位置应安装起重机标牌，标牌的内容应有：

a) 起重机名称；

b) 主要性能参数；

c) 制造日期或生产编号；

d) 制造商名称。

8.2 包装

8.2.1 起重机的包装应符合GB/T 191及GB/T 13384的有关规定。

8.2.2 需要解体的零部件连接处应有清晰的对应性永久标记和编号；电线接头应进行编号。

8.2.3 外露加工面应涂上防锈剂，防止锈蚀。

8.2.4 在起重机出厂前至少应包括下列随机文件：

a) 产品合格证明书；

b) 产品使用操作维护说明书；

c) 装箱单；

d) 安装图；

e) 备件及易损件清单；

f) 主要外购件的合格证和说明书；

g) 专用工具、仪器清单(如有时)；

h) 其他。

8.2.5 危险、易碎、防潮等包装箱、件，应分别注明危险、易碎、放置方向等符号字样。

8.2.6 大型零部件和包装箱的质量、重心、吊挂点、应有标志，并应标明件号。

8.3 运输及贮存

8.3.1 起重机的运输应符合铁路、公路、航运的有关运输要求。

8.3.2 起重机的贮存，应对零部件妥善保管，注意防锈、防潮、通风和防止变形。

8.3.3 起重机的贮存，应防止大型结构件的变形和锈蚀。

ICS 53.020.20
J 80

中华人民共和国国家标准

GB/T 14560—2022
代替 GB/T 14560—2016

履 带 起 重 机

Crawler cranes

2022-07-11 发布　　2023-02-01 实施

中华人民共和国国家质量监督检验检疫总局
中 国 国 家 标 准 化 管 理 委 员 会　发布

前　言

本文件按照 GB/T 1.1—2020《标准化工作导则　第 1 部分:标准化文件的结构和起草规则》的规定起草。

本文件代替 GB/T 14560—2016《履带起重机》,与 GB/T 14560—2016 相比,除结构调整和编辑性改动外,主要技术变化如下:

——更改了规范性引用文件(见第 2 章,2016 年版的第 2 章);
——更改了术语和定义(见第 3 章,2016 年版的第 3 章);
——更改了工作场地海拔的要求(见 4.1.1,2016 年版的 4.1.1);
——更改了非工作风速的要求(见 4.1.3,2016 年版的 4.1.3);
——增加了伸缩机构运行速度相对误差的要求(见 4.2.1.5);
——增加了排气烟度限值要求(见 4.2.3);
——更改了焊缝缺陷质量分级和焊缝检测要求(见 4.2.6,2016 年版的 4.2.5);
——更改了臂架头部位移的要求(见 4.2.8,2016 年版的 4.2.7);
——更改了变幅机构的要求(见 4.4.2,2016 年版的 4.4.2);
——增加了伸缩机构的要求(见 4.4.3);
——增加了密封性能试验时密封性要求(见 4.5.1.8);
——更改了幅度限位器、防止臂架向后倾翻的装置、角度限位器的要求(见 4.8.2.3、4.8.2.4、4.8.2.5,2016 年版的 4.8.2.3、4.8.2.4、4.8.2.5);
——更改了主要尺寸测定的内容(见 5.3.1,2016 年版的 5.3.1);
——更改了最高起升速度、最高回转速度的试验方法(见 5.3.3.1、5.3.3.3,2016 年版的 5.3.3.1、5.3.3.3);
——增加了主臂伸、缩时间的测量方法(见 5.3.3.5);
——增加了跑偏量测试图(见 5.5.2);
——空载试验中增加了臂架伸缩的试验方法(见 5.6.2.5);
——更改了额定载荷试验方法(见 5.7.2.1,2016 年版的 5.7.2.1);
——更改了动载荷试验方法(见 5.8.2.1、5.8.2.3,2016 年版的 5.8.2.1、5.8.2.3);
——更改了静载荷试验方法(见 5.9.2,2016 年版的 5.9.2);
——更改了密封性能试验方法(见 5.11,2016 年版的 5.11);
——将“发动机排气污染物测量”更改为“排气烟度测量”(见 5.13,2016 年版的 5.13);
——增加了箱形臂起重机主要结构示意图(见图 A.3);
——更改了起重机臂架组合示意图(见附录 B,2016 年版的附录 B);
——更改了履带平均接地比压计算方法(见附录 C,2016 年版的附录 C);
——更改了结构试验方法(见 D.1.1.1、D.1.1.3,2016 年版的 D.1.1.1、D.1.1.3);
——更改了检验项目表(见表 E.1,2016 年版的表 E.1)。

请注意本文件的某些内容可能涉及专利。本文件的发布机构不承担识别专利的责任。

本文件由中国机械工业联合会提出。

本文件由全国起重机械标准化技术委员会(SAC/TC 227)归口。

本文件起草单位:徐工集团工程机械股份有限公司建设机械分公司、太原科技大学、中机科(北京)车辆检测工程研究院有限公司、中联重科股份有限公司、浙江三一装备有限公司、辽宁抚挖重工机械股份有限公司。

本文件主要起草人:孙丽、徐格宁、周波、孙影、张卫东、彭继文、张玉柱、刘普、韩雷、李伟涛、王宪国、孟祥吉、陈宏健。

本文件及其所代替文件的历次版本发布情况为:

——1993 年首次发布为 GB/T 14560—1993;

——2011 年第一次修订时,并入了 GB/T 13330—1991《150 t 以下履带起重机性能试验方法》的内容;

——2016 年第二次修订,本次为第三次修订。

履 带 起 重 机

1 范围

本文件规定了履带起重机的技术要求、试验方法、检验规则、使用说明书与标志、包装、运输和贮存。

本文件适用于以内燃机为动力的液压式履带起重机(以下简称“起重机”)。

2 规范性引用文件

下列文件中的内容通过文中的规范性引用而构成本文件必不可少的条款。其中,注日期的引用文件,仅该日期对应的版本适用于本文件;不注日期的引用文件,其最新版本(包括所有的修改单)适用于本文件。

GB/T 3766 液压传动 系统及其元件的通用规则和安全要求

GB/T 3811 起重机设计规范

GB/T 5226.32 机械电气安全 机械电气设备 第32部分:起重机械技术条件

GB/T 6067.1 起重机械安全规程 第1部分:总则

GB/T 6974.1 起重机 术语 第1部分:通用术语

GB/T 6974.2 起重机 术语 第2部分:流动式起重机

GB/T 7935 液压元件 通用技术条件

GB/T 8918 重要用途钢丝绳

GB/T 9969 工业产品使用说明书 总则

GB/T 10051.1 起重吊钩 第1部分:力学性能、起重量、应力及材料

GB/T 10051.2 起重吊钩 第2部分:锻造吊钩技术条件

GB/T 12265.3 机械安全 避免人体各部位挤压的最小间距

GB/T 12602 起重机械超载保护装置

GB/T 13306 标牌

GB/T 13384 机电产品包装通用技术条件

GB/T 15052 起重机 安全标志和危险图形符号 总则

GB/T 19418 钢的弧焊接头 缺陷质量分级指南

GB/T 20062 流动式起重机 作业噪声限值及测量方法

GB/T 20118 钢丝绳通用技术条件

GB/T 20303.2 起重机 司机室 第2部分:流动式起重机

GB 20891 非道路移动机械用柴油机排气污染物排放限值及测量方法(中国第三、四阶段)

GB/T 21457 起重机和相关设备 试验中参数的测量精度要求

GB/T 21458 流动式起重机 额定起重量图表

GB/T 22358　土方机械　防护与贮存
GB/T 23821　机械安全　防止上下肢触及危险区的安全距离
GB/T 24809.2—2015　起重机　对机构的要求　第2部分:流动式起重机
GB/T 24817.2　起重机　控制装置布置形式和特性　第2部分:流动式起重机
GB/T 24818.2　起重机　通道及安全防护设施　第2部分:流动式起重机
GB/T 28264　起重机械　安全监控管理系统
GB/T 34198　起重机用钢丝绳
GB/T 34529　起重机和葫芦　钢丝绳、卷筒和滑轮的选择
GB 36886　非道路移动柴油机械排气烟度限值及测量方法
GB/T 37910.1—2019　焊缝无损检测　射线检测验收等级　第1部分:钢、镍、钛及其合金
JB/T 4198.1　工程机械用柴油机　第1部分:技术条件
JB/T 5946　工程机械　涂装通用技术条件
JB/T 8727　液压软管总成
JB/T 9737　流动式起重机　液压油　固体颗粒污染等级、测量和选用
JB/T 10559—2018　起重机械无损检测　钢焊缝超声检测
YB/T 5359　压实股钢丝绳

3　术语和定义

GB/T 6974.1、GB/T 6974.2 界定的以及下列术语和定义适用于本文件。

3.1

桁架臂　lattice boom

由型材或组合截面杆件连接而成的杆系结构臂架。

3.2

箱形臂　box boom

由板材成型或连接而成的封闭中空截面的板系结构臂架。

3.3

主臂　main boom

与转台铰接,用于支撑载荷提升、可以变幅的构件。

3.4

副臂　jib

与主臂端部连接,以增加臂架长度和辅助起升的构件。

3.4.1

变幅副臂　luffing jib

在作业过程中,可改变与主臂夹角的副臂。

3.4.2

固定副臂　fixed jib

在作业过程中,不改变与主臂夹角的副臂。

3.5

主臂桅杆　main boom mast

与转台铰接,钢丝绳通过其头部的滑轮组能使主臂变幅的构件。

3.6

副臂桅杆　fly jib mast

与主臂端部或附近部件铰接,用于支撑副臂的构件。

3.7

超起桅杆　superlift mast

一端与转台或主变幅桅杆铰接,另一端通过连接件与主臂和超起平衡重连接,能改变臂架工作幅度、提高起重性能的构件。

3.8

超起装置　superlift device

通过增设超起桅(臂)杆、超起平衡重和辅助机构,改善构件受力状况及整机稳定性,从而提高起重性能的装置。

3.9

超起工况　superlift operating mode

使用超起装置的起重机作业工况。

3.10

标准工况　standard operating mode

不使用超起装置的起重机作业工况。

3.11

最低稳定起升速度　minimun stable lift speed

起升机构持续稳定运行的最低速度。

4　技术要求

4.1　工作条件

4.1.1　工作环境温度为-20 ℃~40 ℃,工作场地海拔不应超过 2 000 m。

4.1.2　工作风速应满足如下要求:

——臂架长度不大于 50 m 时,风速不应超过 14.1 m/s;

——臂架长度大于 50 m 时,风速不应超过 9.8 m/s。

注:均为 3 s 瞬时风速。

4.1.3　非工作风速应满足如下要求。

a)　桁架臂起重机:

1)　在主臂工况中,当主臂长度不小于 50 m、风速大于或等于 21 m/s 时,应将整个臂架放倒在地面上;

2)　在副臂工况中,当主臂加副臂组合长度不小于 50 m、风速大于或等于 15 m/s 时,应将整个臂架放倒在地面上。

b)　箱形臂起重机:

1)　当风速大于 15.5 m/s 时,应将副臂收回;

2)　当风速超过 20.0 m/s 时,应将整个臂架收回至非工作状态。

注:均为 3 s 瞬时风速。

4.1.4　工作地面应坚实、平整,地面倾斜度不应大于 1%。若制造商允许回转平面的倾斜度更大或更小，应提供相应的额定起重量图表。

工作过程中支撑地面不应有下陷。必要时根据不同地面允许的静载荷采取相应措施，以满足工作地面的承载要求。地面或支撑面的承载能力应大于起重机当前工况下最大接地比压。

注：超过上述范围时，由供需双方协商解决。

4.2 整机

4.2.1 一般要求

4.2.1.1 300 t 以上起重机宜带超起装置，起重机结构形式见附录 A，起重机常见臂架组合形式见附录 B。

4.2.1.2 起重机的设计计算应符合 GB/T 3811 的有关规定。

4.2.1.3 起重机的额定起重量图表应符合 GB/T 21458 的规定。

4.2.1.4 起重机应具有在规定条件下的带载行走功能。

4.2.1.5 起升、变幅、伸缩、回转和行走等机构的运行应平稳，其运行速度与设计值的相对误差不应大于 5%。

4.2.1.6 起重机的主要外形尺寸误差不应大于 1%。

4.2.1.7 额定载荷状态下，起升机构卷扬钢丝绳的单绳微动速度不应大于 5 m/min。

4.2.1.8 在没有人为干预的情况下，空载行走状态的起重机以最低稳定速度前进或后退行走 20 m，其跑偏量不应大于±250 mm。

4.2.1.9 起重机作业过程中液压油箱内的相对温升不应超过 40 ℃，且最高油温不应超过 80 ℃。

4.2.1.10 主臂、副臂、桅杆等有后倾可能时，应设置防止臂架向后倾翻的装置。主臂桅杆宜配置自扳起装置。

4.2.1.11 空载、带基本臂的起重机在平整、坚实、干燥的地面上直线行驶时，设计爬坡能力应满足表 1 的规定。

表 1 设计爬坡能力

最大起重量		设计爬坡能力
不带超起装置	≤450 t	≥15%
	>450 t	≥10%
带超起装置		≥5%

4.2.1.12 发动机的技术要求应符合 JB/T 4198.1 的规定，排气污染物排放限值应符合 GB 20891的规定。

4.2.1.13 起重机在空载和额定载荷各工况下，应动作平稳，无异响或抖动。工作速度达到技术文件的要求。制动可靠且在任何提升操作条件下载荷均不应出现明显的反向动作。

在动载和静载试验过程中或试验结束后，起重机的结构件不应产生裂纹、永久变形、油漆剥落。零部件不应产生对起重机的性能与安全有影响的损坏，连接处无出现松动或损坏。

4.2.1.14 起重机的履带平均接地比压计算应符合附录 C 的规定。

4.2.2 噪声

起重机在正常工作条件下运行时，司机耳旁噪声和机外辐射噪声声功率级限值应符合

GB/T 20062的规定。

4.2.3 排气烟度

起重机的排气烟度限值应符合 GB 36886 的规定。

4.2.4 整机抗倾覆稳定性

4.2.4.1 起重机在进行静态稳定性试验过程中,应不倾覆。

4.2.4.2 起重机在进行抗后倾覆稳定性试验时,分别测量或计算臂架一侧倾覆线上的总载荷,不应小于起重机总质量重力的 15%。

4.2.5 可靠性

4.2.5.1 可靠性试验时,起重机的作业率不应低于 85%。

4.2.5.2 可靠性试验时,最大起重量小于 800 t 的起重机可靠性试验总时间不应超过 350 h;最大起重量大于或等于 800 t 的起重机,可靠性试验总时间不做规定。

4.2.6 焊接

4.2.6.1 结构件的焊缝质量应满足机械性能设计计算的要求,焊缝缺陷质量分级应符合 GB/T 19418的规定。

4.2.6.2 主要受力构件受拉区的对接焊缝,应进行探伤检测。射线探伤时,不应低于 GB/T 37910.1—2019 中验收等级 2 级;超声波探伤时,不应低于 JB/T 10559—2018 中验收等级 1 级。

4.2.7 涂装

起重机涂装技术要求应符合 JB/T 5946 的规定。

4.2.8 臂架头部位移

4.2.8.1 按附录 D 的测试工况,桁架臂起重机臂架头部最大侧向位移,应满足下列要求:

a) 臂架组合的头部侧向水平位移不应大于整个臂架组合长度的 2%;

b) 单个臂架的侧向水平位移不应大于单个臂架长度的 2%,每个臂架的侧向水平位移不包括由连接部件变形(倾斜或扭转)所引起的侧向水平位移。

对安装在一个臂架上的单副臂,应满足公式(1)(见图 1):

$$Z_j \leqslant 0.02L_j + Z_b + Z'(L_j\cos\beta) + \theta(L_j\sin\beta) \quad \cdots\cdots(1)$$

式中:

Z_j ——副臂头部侧向水平位移,单位为毫米(mm);

L_j ——副臂长度,单位为毫米(mm);

Z_b ——主臂头部侧向水平位移,单位为毫米(mm);

Z' ——臂架倾斜度;

β ——副臂与主臂夹角,单位为度(°)。

Z'计算见公式(2):

$$Z' = (Z_b - Z_1)/L_1 \quad \cdots\cdots(2)$$

式中:

Z_1——在主臂头部下方的距主臂头 L_1 处的主臂侧向水平位移,单位为毫米(mm);

L_1——主臂沿 Y 轴任意投影长度,单位为毫米(mm)。

θ 计算见公式(3):

$$\theta=(Z_b-Z_2)/L_2 \qquad \cdots\cdots(3)$$

式中:

Z_2——副臂撑杆顶部侧向水平位移,单位为毫米(mm);

L_2——副臂撑杆沿 Y 轴投影长度,单位为毫米(mm)。

若倾斜度 Z' 和转角 θ 不能通过计算得出,则公式(1)中的后两项可删去。

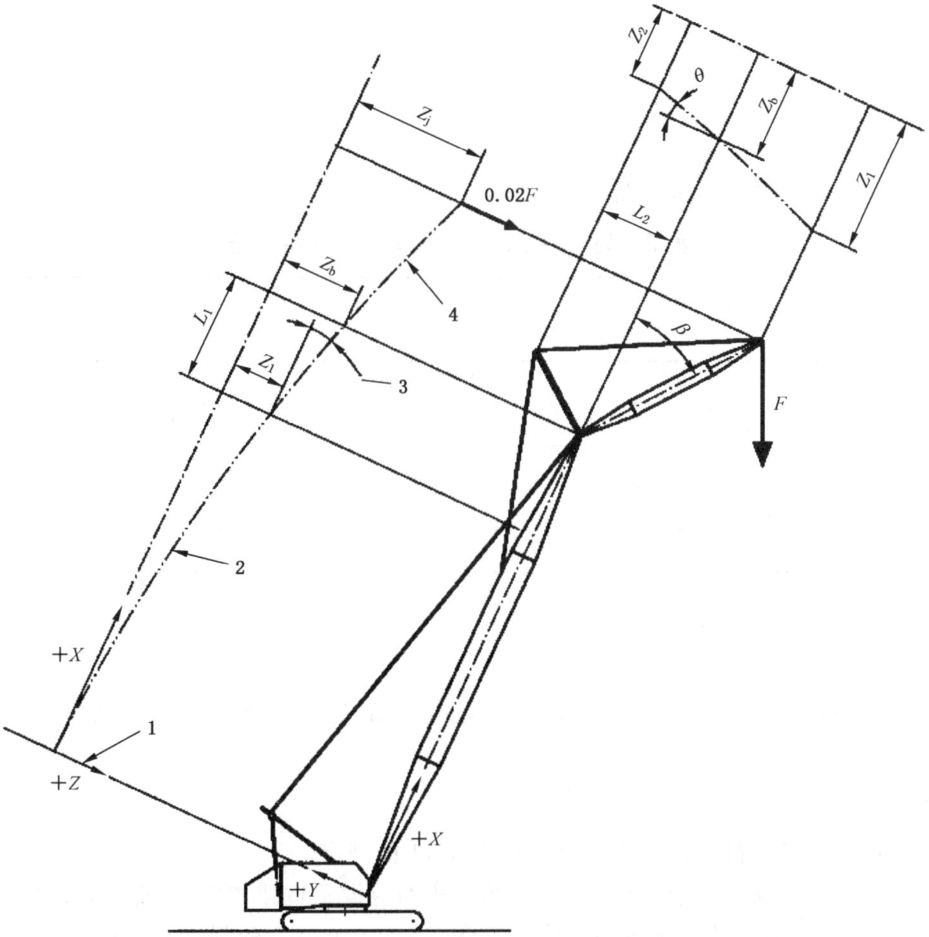

标引序号说明:

1——起重臂架根部中心线;

2——起重臂架中心线;

3——臂架倾斜度 Z';

4——副臂中心线;

F——额定载荷。

图 1 侧向位移计算示意图

4.2.8.2 箱形臂起重机在相应工作幅度起吊额定载荷作用下,只考虑臂架头部变形时,臂架头部在变幅平面内垂直于臂架轴线方向的静位移 f_L 按公式(4)计算:

$$f_L \leqslant kL_C^2 \qquad \cdots\cdots(4)$$

式中：

f_L ——静位移，单位为厘米(cm)；

L_C ——臂架长度，单位为米(m)；

k ——系数，当 $L_C<45$ m 时，k 值取 0.1；当 $L_C \geqslant 45$ m 时，k 值取 0.1～0.15。

4.2.8.3 箱形臂起重机在相应工作幅度起吊额定载荷及在臂架头部施加数值为 5%(或制造商提供的侧载系数)的额定载荷的水平侧向力时，臂架头部在回转平面内的水平静位移 Z_L 按公式(5)计算：

$$Z_L \leqslant 0.07L_C^2 \qquad \cdots\cdots(5)$$

式中：

Z_L ——水平静位移，单位为厘米(cm)；

L_C ——同公式(4)。

4.2.8.4 箱形臂起重机在额定载荷下，臂架头部水平侧(切)向位移不应超过表 2 的规定。

表 2 臂架头部水平侧(切)向位移限值

臂长 L m	限值 mm
$L \leqslant 40$	600
$40<L \leqslant 65$	1 500
$65<L \leqslant 85$	2 500
$85<L \leqslant 100$	3 500
$L>100$	5 000

4.3 结构

4.3.1 一般要求

起重机结构件材料和结构型式应满足使用过程中的强度、刚性、稳定性、防腐和有关安全性方面的要求。选用新材料应进行工艺验证。

4.3.2 臂架

4.3.2.1 起重机臂架材料的选择应符合 GB/T 3811 的规定。

4.3.2.2 当臂架截面高度大于 2 m 时，臂架的上表面应设置臂架的安装、拆卸、维修和保养的通道及安全防护设施，通道及安全防护设施应符合 GB/T 24818.2 的规定。

4.3.3 底盘

履带的张紧程度应可调。对于具有伸缩平移功能的履带架，其伸缩运动应平稳。

4.3.4 司机室

4.3.4.1 司机室应符合 GB/T 20303.2 的规定。

4.3.4.2 司机室工作面上的照度不应低于 50 lx。

4.4 机构及零部件

4.4.1 起升机构

4.4.1.1 起重作业时，载荷起升或下降动作应平稳，载荷在任何位置均能可靠停稳。

4.4.1.2 载荷在空中停稳后，再次启动提升载荷时，在任何提升操作条件下，载荷均不应出现明显的反向动作。

4.4.1.3 严禁起重机带载自由下降，应通过动力来控制载荷的下降速度。若采用重力下降，应符合GB/T 24809.2—2015 中 4.2.6 的要求。

4.4.1.4 起升机构宜配置卷筒旋转指示器或监视装置，将其设置在操作人员易于观察的位置。

4.4.1.5 起升机构应设置常闭式制动器，制动器的制动力矩应不小于 1.5 倍的最大工作扭矩。在紧急状态下制动不应导致结构、钢丝绳、卷筒及机构的损害。

4.4.1.6 对于采用多卷扬同步单钩作业的起重机，应具有同步功能。

4.4.2 变幅机构

4.4.2.1 变幅机构应能在操作者控制下使臂架在任何位置均平稳地停止；在操作人员未进行操作时，应能保持住臂架以及额定载荷。

4.4.2.2 采用钢丝绳变幅机构时，起重机应设置常闭式制动器。常闭式制动器应能承受不小于1.5 倍的最大工作扭矩。

4.4.2.3 采用液压油缸变幅时，同步动作的两个液压缸之间连接装置的设计应能避免其中一个液压缸可能出现过载。

4.4.2.4 采用钢丝绳变幅机构时，应有防臂架后倾的限位装置。

4.4.3 伸缩机构

4.4.3.1 伸缩机构应能可靠地支撑各伸出臂段，能在操作者控制下使起重臂平稳地伸缩到预定的臂长，并能对额定载荷进行有效的控制。

4.4.3.2 伸缩机构应提供伸缩钢丝绳检验的通道。

4.4.3.3 应在伸缩液压缸上安装一套保持装置（如平衡阀），以防止液压系统意外失效（如管路破裂）时起重臂不受控制地回缩。

4.4.3.4 单缸插销伸缩机构每节臂的臂长选择不应少于两个臂长位置。

4.4.3.5 单缸插销伸缩机构应能根据伸缩缸的载荷状态控制液压缸的工作压力，缸销、臂销液压缸应有机械互锁装置。

4.4.4 卷筒

4.4.4.1 多层缠绕的卷筒，应有防止钢丝绳从卷筒端部滑落的凸缘，凸缘超出工作层最外层钢丝绳的高度不应小于钢丝绳直径 1.5 倍。

4.4.4.2 起升卷筒的容绳量应满足：

a） 当采用制造商推荐的穿绳法和钢丝绳尺寸时，能完成制造商规定的任何工况下的起重作业；

b） 吊具下降到制造商规定的最低极限位置时，钢丝绳在卷筒上的剩余安全圈（不包括固定绳端所占的圈数）至少应保持 2 圈。

4.4.4.3 变幅卷筒的容绳量应满足：

a） 当采用制造商推荐的穿绳法和钢丝绳尺寸时，臂架在 0°到最大仰角的所有位置上都应能使臂架准确变幅；

b） 臂架下降到制造商规定的最低极限位置时，钢丝绳在卷筒上的剩余安全圈（不包括固定绳端所占的圈数）至少应保持 2 圈。

4.4.4.4 卷筒绳槽表面和绳槽棱边应光洁平滑,不应损伤钢丝绳的表面。

4.4.4.5 卷筒的卷绕直径与钢丝绳公称直径的比值应符合 GB/T 34529 的规定。

4.4.4.6 卷筒宜设置钢丝绳不跳出卷筒,甚至在钢丝绳松弛状态时也不能跳出卷筒的防护装置。

4.4.5 滑轮

4.4.5.1 滑轮轮槽应是光滑的,且表面不应有可能造成钢丝绳损坏的缺陷。

4.4.5.2 滑轮上应配备防止钢丝绳脱槽的保护装置,该装置表面与滑轮最外缘间的间隙不应超过钢丝绳直径的 1/3 或 10 mm 中较小值。

4.4.5.3 所有滑轮的支承处均应设有润滑装置。

4.4.5.4 起重作业时人手可触及的滑轮组,应设置滑轮罩壳。对可能滑落到地面的滑轮组,其滑轮罩壳应有足够的强度和刚度。

4.4.5.5 起升滑轮和变幅滑轮的卷绕直径与钢丝绳公称直径的比值应符合 GB/T 34529 的规定。

4.4.6 钢丝绳

4.4.6.1 钢丝绳的选择应符合 GB/T 3811 的规定。起升钢丝绳宜选用阻旋转的钢丝绳。

4.4.6.2 钢丝绳应符合 GB/T 8918、GB/T 20118、GB/T 34198 和 YB/T 5359 的规定。

4.4.6.3 钢丝绳端部的固定和连接应符合 GB/T 3811 的规定。

4.4.7 吊钩和吊钩滑轮组

4.4.7.1 吊钩的选用应符合 GB/T 10051.1 的规定。吊钩的制造、质量及检验应符合 GB/T 10051.2 的规定。

4.4.7.2 吊钩应设置防脱装置。吊钩滑轮组应设置挡绳装置。

4.4.8 回转机构

4.4.8.1 回转机构应能随着起重机正常工作的要求而启动或停止,启动和停止应平稳。

4.4.8.2 回转机构宜设置回转自由滑转系统,该系统应具有减少或消除由起升载荷重心与钢丝绳不在同一条铅垂线上而引起的对臂架产生的侧向力的功能。

4.4.8.3 回转机构应设置制动器,制动器的制动力矩应不小于 1.25 倍的最大工作扭矩,最大工作扭矩包括风载荷和允许的倾斜载荷。制动器在所有允许的回转位置应都能起作用。

4.4.9 行走机构

4.4.9.1 行走机构应具有向前和向后行走及单侧转向和原地转向的功能。

4.4.9.2 起重机以最高运行速度行走时,应保证启动和制动时的安全。

4.4.10 超起装置

4.4.10.1 超起系统应设置检测超起平衡重(不含平衡重小车)离开地面状况的装置,采用超起平衡重小车时应能显示超起平衡重利用率。

4.4.10.2 超起平衡重采用液压油缸提升时,提升油缸应具有单独调整功能,保证超起平衡重底板的水平度。

4.4.10.3 在操作者位置,应有让操作者方便了解在特定工况下所需匹配的超起平衡重重量的提示装置或措施。

4.5 液压系统

4.5.1 一般要求

4.5.1.1 液压系统的设计、制造、安装和配管等技术要求应符合 GB/T 3766 的规定。

4.5.1.2 液压元件应能保证在最大工作压力(包括超载试验时的压力)和最大运行速度时,正常工作而不失效。液压元件的技术要求应符合 GB/T 7935 的规定。

4.5.1.3 平衡阀与被控元件之间应采用刚性连接,且间距尽量短。

每个液压回路都应有压力限制装置以防止超压,限制压力值不应超过最大工作压力的 110%。

4.5.1.4 每个液压回路应配有一个显示压力的装置或一个压力检测接口。

4.5.1.5 液压钢管及其接头的安全系数不应小于 2.5。

4.5.1.6 液压系统中,液压油固体颗粒污染等级应符合 JB/T 9737 的规定。

4.5.1.7 起重机在正常工作时(包括性能试验过程),液压系统不应有渗漏油现象。

4.5.1.8 在密封性能试验时,固定结合面不应渗油,相对运动部位不应滴油。手摸无油膜或目测无油渍为不渗油,渗出的油渍面积不超过 100 cm^2 或无油滴出现为不滴油。箱形臂起重机变幅油缸的回缩量不应大于 2 mm,载荷下沉量不应大于 15 mm。

4.5.2 液压软管

4.5.2.1 液压软管的技术要求应符合 JB/T 8727 的规定,其安全系数不应小于 4。

4.5.2.2 液压软管最小弯曲半径应符合软管制造商的规定。

4.5.2.3 当液压软管的工作压力大于 5 MPa 或温度高于 50 ℃,且与操作者距离小于 1 m,又没有其他遮挡时,应采取保护措施以免软管失效对操作人员造成伤害。

4.5.3 液压油缸

4.5.3.1 承载液压油缸(如支腿油缸、桅杆顶升油缸)应装有与之采用刚性连接的安全装置(如液压锁、平衡阀等),以防止因液压管路意外破裂而导致安全事故。

4.5.3.2 两并联同步油缸应设置防过载液压阀,当一个油缸失效时,另一个油缸可避免过载。

4.5.3.3 液压油缸的端口和阀(例如保护阀)之间的焊接或装配连接件,爆破压力与工作压力的安全系数不应小于 2.5。

4.5.4 液压油箱

液压油箱应有满足液压系统正常工作的有效容积。液压油箱的结构至少应满足如下要求:

——良好的密封性能,密封效果应符合 4.5.1.7 的要求;

——设置降低液压系统颗粒污染的过滤器和检测最高、最低油位的装置;

——设置排放口和清洗孔以便于液压油箱内部清洗。

4.6 电气系统

4.6.1 电气系统应符合 GB/T 5226.32 的规定。

4.6.2 采用无线遥控操作方式的起重机,无线遥控的电气系统应具有监控和故障自诊断功能,在任何非正常工作状态下应能实现自动关闭、停止工作,并应具有抗同频干扰信号的能力。

4.6.3 起重机要求多点控制时,应有互锁功能,每一控制点均应设置紧急停止开关。

4.7 操纵系统与控制系统

4.7.1 操纵手柄、操纵踏板、按钮、指示器及信号等装置应安装在便于操纵或观测的位置,并在其附近配置清晰的符号及图形标识,以说明它们的用途和操纵方向。操纵手柄的动作方向与被操纵机构的运动方向应符合 GB/T 24817.2 的规定。

4.7.2 操纵手柄和操纵踏板的操纵力及行程应符合表 3 的规定。

表 3 操纵手柄和操纵踏板操纵力及行程

项目		操纵力 N	操纵行程 mm
操纵手柄	安装在控制台上	≤50	—
	安装在地板上	≤160	≤260
操纵踏板		≤225	≤260
由于载荷变化而影响操纵力的大小时,应在额定起重量下测量。 **注**:行程是指从空挡(中间位置)到前、后或左、右位置移动的直线距离。			

4.7.3 操纵手柄或按钮动作应灵活、不互相干扰。各操纵手柄和操纵踏板在中位时,不应因震动而离位。

4.7.4 起重机应设置紧急停止装置。当遇到紧急情况时,紧急停止装置的按钮应保持在接通位置,直到紧急情况解除。

4.7.5 起重机处于非工作状态时,控制系统应能可靠地防止起重机意外启动。

4.7.6 为防止误操作,控制系统中应设有附加的保护装置(如钥匙开关)。

4.7.7 起重机开始作业时应有音响报警,警示起重机附近的人员。

4.7.8 支腿操纵机构设置位置应使操作人员清楚地看见活动支腿运动方向,否则,应有音响报警。

4.8 安全要求

4.8.1 一般要求

起重机应按照 GB/T 6067.1 的要求设置相应的安全防护装置。

4.8.2 限制运动行程与工作位置的安全装置

4.8.2.1 起升高度限位器

起重机应配置起升高度限位器。当取物装置上升到设计规定的上极限位置时,应能立即切断起升动力源。在此极限位置的上方,还应留有足够的空余高度,以适应上升制动行程的要求。

4.8.2.2 下降深度限位器

起重机应配置下降深度限位器。当取物装置下降到设计规定的下极限位置时,应能立即切断下降动力源,确保在卷筒上缠绕的钢丝绳满足 4.4.4.2 的要求。

4.8.2.3 幅度限位器

采用钢丝绳变幅的起重机应配置幅度限位器。臂架在极限位置时,控制系统应自动停止变幅向危险方向动作,并确保在卷筒上缠绕的钢丝绳满足 4.4.4.3 的要求。

4.8.2.4 防止臂架向后倾翻的装置

采用钢丝绳变幅的起重机应配置防止臂架、超起桅杆、副臂桅杆向后倾翻的装置。该装置可吸收钢丝绳或吊具因故障突然释放载荷造成的冲击,防止臂架或桅杆向后倾覆。

4.8.2.5 角度限位器

采用钢丝绳变幅的起重机应设置角度限位器。角度限位器应有效限制主臂、副臂的最大、最小工作角度。

4.8.2.6 水平仪

水平仪应安装在起重机的司机室中或操作者附近的视线之内。水平仪的显示误差不应大于±0.1°。

4.8.3 防超载的安全装置

起重机应配置力矩限制器，力矩限制器的技术要求应符合 GB/T 12602 的规定并至少应具备以下功能。

a） 操作中能持续显示额定起重量或额定起重力矩、实际起重量或实际起重力矩、载荷百分比，并应通过指示灯显示载荷状态：
   1） 绿灯亮表示实际起重量或实际起重力矩小于实际幅度所对应的相应额定起重量或额定起重力矩的 90%；
   2） 黄灯亮表示实际起重量或实际起重力矩在实际幅度所对应的相应额定起重量或额定起重力矩的 90%～100%，同时蜂鸣器断续报警；
   3） 红灯亮表示实际起重量或实际起重力矩大于实际幅度所对应的相应额定起重量或额定起重力矩的 100%，同时蜂鸣器连续报警。

b） 报警消音功能。

c） 显示工作幅度、臂架仰角。

d） 当实际起重量在 100%～110%额定起重量时，自动停止起重机向危险方向的动作。

e） 允许强制作业功能，打开强制作业开关，起重机应允许在额定起重量的 100%～110%操作，工作速度应满足：
   1） 采用电控系统的起重机，其工作速度小于最大允许工作速度的 15%；
   2） 采用液控系统的起重机，其工作速度小于最大允许工作速度的 25%。

f） 在达到起升高度、下降深度、超载、角度限位等极限状态时，应显示相应的报警指示。即使打开强制作业开关，上述报警指示不应自动解除。

4.8.4 安全防护装置

4.8.4.1 故障显示装置

起重机应设置故障显示装置，故障显示方式应使用文字、图形或语音等。故障显示装置至少应具有以下功能：

a） 当控制系统出现通信故障、超载保护装置出现系统故障时，应能显示相应的故障；

b） 当机油压力过低、水温过高、液压滤清器堵塞时应报警。

4.8.4.2 三色指示灯报警装置

应在司机室外明显位置设置三色（绿色、黄色、红色）指示灯报警装置。三色指示灯指示起重机实际载荷状况应符合 4.8.3a）的规定。

4.8.4.3 警示灯

起重机应设置臂架顶端警示灯。

4.8.4.4 风速仪

起重机臂长大于 50 m 时应设置风速仪。起重机风速仪的安装应符合 GB/T 6067.1 的规定。

4.8.4.5 安全监控管理系统

安装安全监控管理系统的起重机应符合 GB/T 28264 的规定。

4.8.4.6 防护装置

4.8.4.6.1 控制装置位置的设计应确保安全距离符合 GB/T 12265.3 和 GB/T 23821 的规定。

4.8.4.6.2 在正常工作或维修时,为防止异物进入或防止其运行对人员可能造成危险,应设置保护装置。起重机上外露的、有可能伤人的零部件,如开式齿轮、链轮、链条等,均应装设防护罩/栏。

4.8.4.6.3 防护罩/栏应牢固可靠。防护罩/栏应能承受一个 90 kg 重的人而不会发生永久变形。

4.8.4.6.4 如果安全通道只可能带个人保护装置(如安全带)和/或移动通道系统(如移动平台或移动梯子),应在说明书中提供选择、安装及安全使用的说明。

4.8.4.7 安全警示标志

应在起重机的可能发生危险的部位或工作区域设置明显可见的安全警示标志,安全警示标志应符合 GB/T 15052 的规定。

5 试验方法

5.1 试验条件

5.1.1 根据试验工况,起重机应装上设计规定的全部工作装置。

5.1.2 燃油箱内应有 1/3～2/3 的油量,液压油箱的油面应在油面指示器规定的刻度范围内。

5.1.3 地面应坚实、平整,倾斜度不应大于 0.5%。

5.1.4 作业性能试验时,风速不应大于 8.3 m/s;结构试验时,风速不应大于 4 m/s。

5.1.5 试验时的环境温度在－20 ℃～40 ℃。

5.1.6 试验载荷应标定准确,相对于标定值的允差应符合 GB/T 21457 的规定。

5.1.7 在不影响试验效果的情况下,试验项目可按试验内容和载荷情况相互穿插或组合进行。

5.2 试验准备

5.2.1 资料

试验时,应准备试验大纲和试验记录等。

5.2.2 测量精度

试验中参数的测量精度应符合 GB/T 21457 的规定。

5.3 主要参数测定

5.3.1 主要尺寸

桁架臂起重机外形尺寸见图 2,箱形臂起重机外形尺寸见图 3。测定项目为:

a) 最长主臂长度和最长副臂长度;

b) 最长主臂最大起升高度;

c) 起重机外廓尺寸：总长(L/L')、总宽(B_2)和总高(H)；

d) 履带的相关尺寸：履带长度(L_3)、履带接地长度(L_4)、履带宽度(B_1)、履带高度(H_1)和两履带总宽(伸/缩)(B_2/B)。

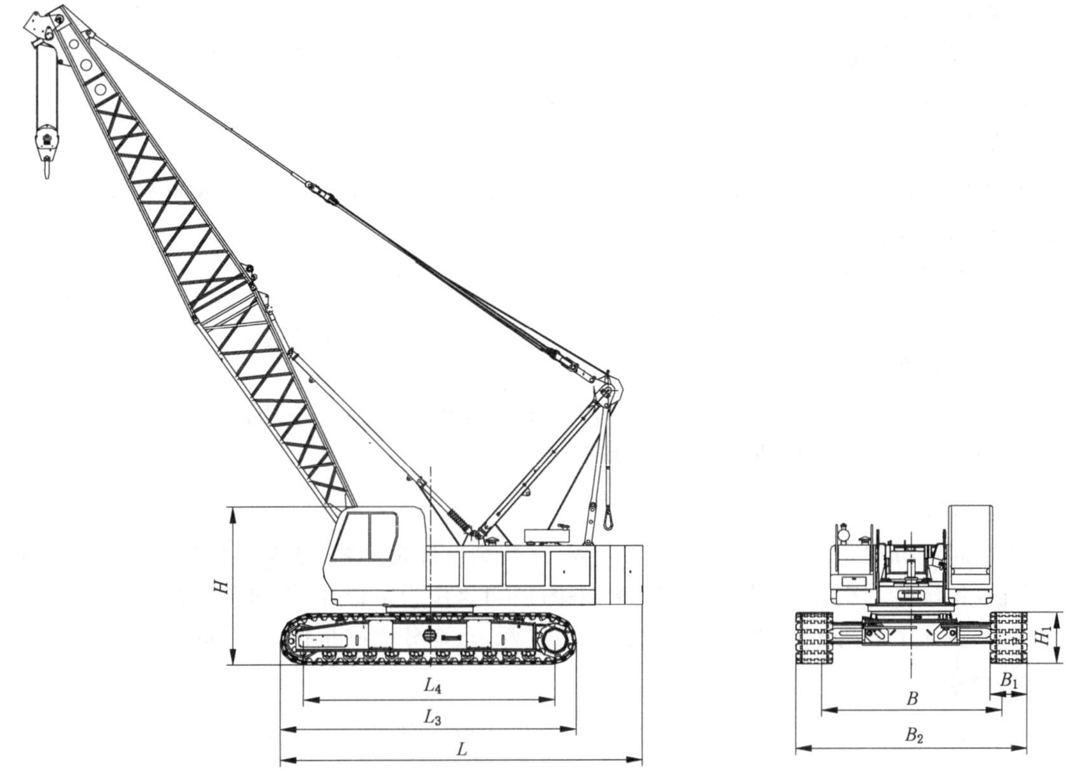

图 2 桁架臂起重机外形尺寸

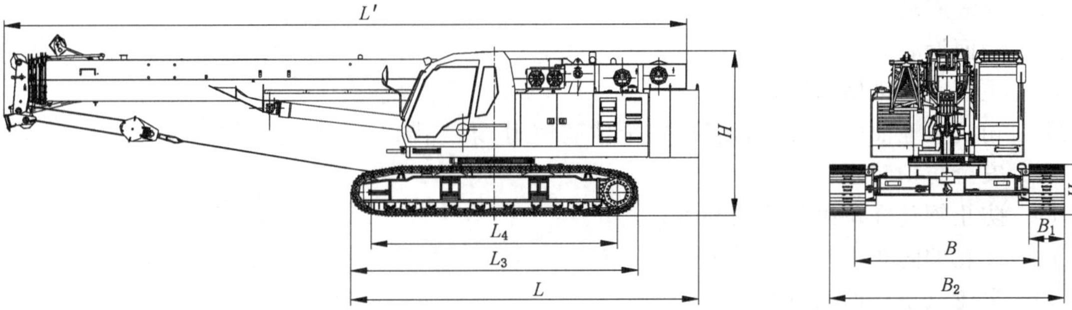

图 3 箱形臂起重机外形尺寸

5.3.2 操纵力及操纵行程

操纵手柄和操纵踏板的操纵力：测量点为操纵手柄和操纵踏板中央点。

操纵手柄和操纵踏板的操纵行程：测量操纵手柄和操纵踏板中央点的直线移动距离。

5.3.3 工作参数

5.3.3.1 最高起升速度

以最高速度起升，测量吊钩通过 2 m(主钩)行程所需要的时间，计算起升速度。试验重复

三次,取其平均值作为最高起升速度。试验工况如下:

——桁架臂起重机试验工况为基本臂为70°仰角、空载;

——箱形臂起重机试验工况为基本臂为最大仰角、空载。

5.3.3.2 最低稳定起升速度

最长主臂、额定载荷工况时,测量吊钩通过1 m(副钩)行程所需要的时间,计算起升速度。试验重复三次,取其平均值作为最低稳定起升速度。

5.3.3.3 最高回转速度

以最高速度左、右回转,测量回转360°所需要的时间,试验重复三次,计算回转速度,取其平均值作为最高回转速度。工况如下:

——桁架臂起重机:基本臂为70°仰角、空载;

——箱形臂起重机:基本臂为最大仰角、空载。

5.3.3.4 变幅时间

基本臂、空载工况时,测量臂架在工作仰角范围内以最高速度全程起臂、落臂所需要的时间,试验重复三次,取其平均值作为变幅时间。

5.3.3.5 主臂伸、缩时间

箱形臂起重机主臂为最大仰角、主钩空载,以最高速度由全缩(或全伸)状态运动到全伸(或全缩)状态,各试验三次,分别取三次试验结果的平均值作为主臂伸、缩时间的测定值。

对于需要人工或机械作辅助以达到伸缩的主臂,允许分段测量伸、缩时间。

5.4 外观检查

外观检查一般为目测检查,这种检查应不拆卸任何零部件或打开遮蔽物,可包括某些必要的手动操作。同时还应检查全部必备的证书是否提供并经过审核。

目测检查不应少于如下项目:

a) 焊缝质量;

b) 表面涂装质量;

c) 主臂上的维修通道;

d) 司机室地面防滑、门窗定位、安全玻璃使用、第二出口;

e) 安全防护装置;

f) 防止钢丝绳跳出卷筒的装置;

g) 滑轮的防止钢丝绳脱槽装置;

h) 滑轮支承处的润滑装置;

i) 起重作业时人手可触及的滑轮组的滑轮罩壳;

j) 吊钩的标记和防脱装置,吊钩滑轮组的挡绳装置;

k) 液压管路、线束的敷设及保护;

l) 操纵件的操作、标牌和标志;

m) 液压油油位;

n) 起重机标牌和额定起重量图表。

5.5 行走性能试验

5.5.1 最高行走速度

试验工况为：

——空载；

——基本臂仰角为45°；

——起升和回转制动器均处于制动工况。

分别测量起重机以最高速度前进或后退各20 m所需的时间，计算起重机的最高行走速度。试验重复各三次，分别取前进或后退三次试验的平均值作为起重机的最高行走速度。

5.5.2 跑偏量

试验工况为：

——空载；

——基本臂为45°仰角；

——起升和回转制动器均处于制动工况。

起重机在没有人工干预的情况下，以最低稳定速度前进或后退行走各20 m的跑偏量 e。试验重复三次，取最大值作为起重机的跑偏量。跑偏量测试图见图4。

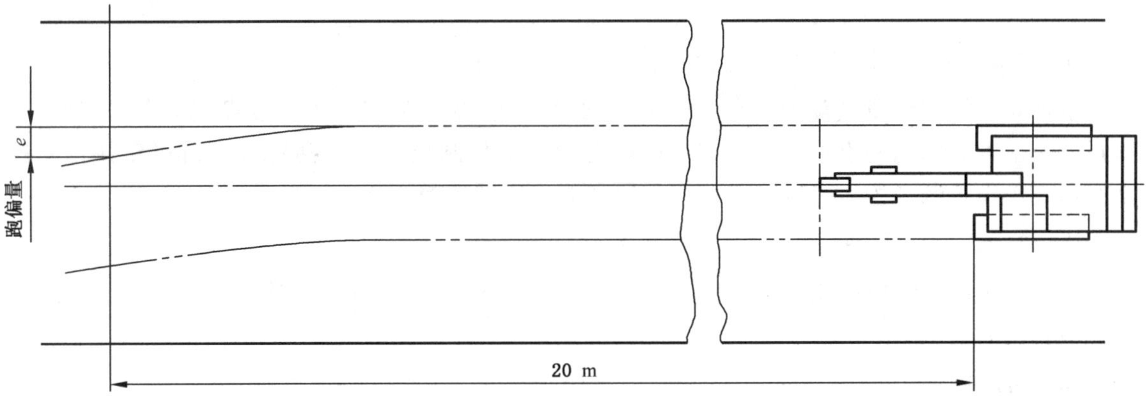

标引符号说明：

e——跑偏量。

图4 跑偏量测试图

5.5.3 行走制动功能

试验工况为：

——空载；

——基本臂为最大仰角；

——起升和回转制动器均处于制动工况。

起重机在低速挡行走状态，以允许最高速度行走，能够可靠制动，测量试验重复三次。

5.5.4 履带架伸缩功能

履带架可以伸缩的起重机，履带架距离由最小调整到最大，再由最大调整到最小，观察履带架伸缩平稳性，试验重复三次。

5.6 空载试验

5.6.1 试验目的

检查起重机各机构能否在规定的工作范围内正常动作,各种指示和限位装置是否能工作正常。

5.6.2 试验方法

5.6.2.1 吊钩升降

基本臂、主臂+固定副臂或主臂+变幅副臂的臂架组合时,起升吊钩,当吊钩达到设计规定的极限位置时高度限位器报警,并自动停止吊钩起升动作。操作强制开关后可继续向相同方向动作。试验重复三次。

5.6.2.2 起升卷筒上钢丝绳过放

吊钩以低速下降,当起升卷筒上缠绕的钢丝绳还剩2圈时(除固定绳尾的圈数外)下降深度限位器报警,并自动停止向危险方向运动。操作强制开关后可继续向相同方向动作。试验重复三次。

5.6.2.3 回转

基本臂分别以高速和低速进行全程范围内左右各回转360°,左右回转过程各制动一次。试验重复三次。

5.6.2.4 变幅

主臂+变幅副臂或主臂+固定副臂时,分别对主臂、副臂和桅杆进行全程范围内的变幅,变幅到中间位置时制动一次。幅度达到设计规定的上下限制位置时,变幅限位器报警,并自动停止变幅。操作强制开关后可继续向相同方向变幅。试验重复三次。

5.6.2.5 伸缩

主臂由全缩(或全伸)状态运动到全伸(或全缩)状态,以低速和较高速度各进行三次,伸、缩过程中各制动一次。

5.6.2.6 防后倾

对主臂+变幅副臂和超起装置的臂架组合形式,分别使主臂、变幅副臂或桅杆的防后倾装置起作用。臂架或桅杆的后倾角度到限制位置时,系统自动报警,并自动停止向危险方向运动,可向安全方向动作。试验重复三次。

5.7 额定载荷试验

5.7.1 试验目的

验证起重机各机构在起吊相应工况100%额定起重量的试验载荷时的性能。

验证超载保护装置、三色指示灯和安全监控管理系统的报警功能。

5.7.2 试验方法

5.7.2.1 起吊额定载荷

额定载荷试验的臂架组合、试验工况和试验循环内容见表4。

每种工况按表4规定的一次循环内容重复试验3次。

表 4　额定载荷试验

类别	臂架组合	序号	试验工况	一次循环内容
标准工况	基本臂	1	最大起重量[a]、相应工作幅度	载荷起升到最大高度后，再下降到地面，载荷在下降过程中制动一次
		2	最大工作幅度、相应额定起重量	
	中长主臂	3	最小工作幅度、相应额定起重量	载荷起升到臂架可以回转的离地高度，在作业区范围内左右回转 360°，在左右回转过程中各制动一次、两次。 载荷起升到最大高度后，再下降到地面，载荷在升降过程中各制动一次
		4	最大工作幅度、相应额定起重量	载荷起升离地，起臂至最小工作幅度，再落臂至最大工作幅度，再将载荷下降到地面，在起、落臂过程中各制动一次
	最长主臂	5	最小工作幅度、相应额定起重量	载荷起升到臂架可以回转的离地高度，在作业区范围内左右回转 360°，在左右回转过程中各制动一次、两次。 载荷起升到最大高度后，再下降到地面，载荷在升降过程中各制动一次
		6	最大工作幅度、相应额定起重量	载荷起升离地，起臂至最小工作幅度，再落臂至最大工作幅度，再将载荷下降到地面，在起、落臂过程中各制动一次
	基本臂＋最短副臂[b]	7	最大工作幅度、相应额定起重量	载荷起升离地，起臂至最小工作幅度，再落臂至最大工作幅度，再将载荷下降到地面，在起、落臂过程中各制动一次
		8	最小工作幅度、相应额定起重量	载荷起升到臂架可以回转的离地高度，在作业区范围内左右回转 360°，在左右回转过程中各制动一次、两次。 载荷起升至最大高度后，再下降到地面，载荷在下降过程中制动一次
	中长主臂＋中长副臂[b]	9	最大工作幅度、相应额定起重量	载荷起升离地，起臂至最小工作幅度，再落臂至最大工作幅度，再将载荷下降到地面，在起、落臂过程中各制动一次
		10	最小工作幅度、相应额定起重量	载荷起升到臂架可以回转的离地高度，在作业区范围内左右回转 360°，在左右回转过程中各制动一次、两次。 载荷起升至最大高度后，再下降到地面，载荷在下降过程中制动一次
	最长主臂＋最短副臂[b]	11	最大工作幅度、相应额定起重量	载荷起升离地，起臂至最小工作幅度，再落臂至最大工作幅度，再将载荷下降到地面，在起、落臂过程中各制动一次

表 4　额定载荷试验（续）

类别	臂架组合	序号	试验工况	一次循环内容
标准工况	最长主臂＋最短副臂[b]	12	最小工作幅度、相应额定起重量	载荷起升到臂架可以回转的离地高度，在作业区范围内左右回转360°，在左右回转过程中各制动一次、两次。 载荷起升至最大高度后，再下降到地面，载荷在下降过程中制动一次
	最长主臂[c]＋最长副臂[b]	13	最大工作幅度、相应额定起重量	载荷起升离地，起臂至最小工作幅度，再落臂至最大工作幅度，再将载荷下降到地面，在起、落臂过程中各制动一次
		14	最小工作幅度、相应额定起重量	载荷起升到臂架可以回转的离地高度，在作业区范围内左右回转360°，在左右回转过程中各制动一次、两次。 载荷起升至最大高度后，再下降到地面，载荷在下降过程中制动一次
超起工况	基本臂	15	最大起重量[a]、相应工作幅度	载荷起升到最大高度后，再下降到地面，载荷在下降过程中制动一次
		16	最大工作幅度和相应的超起平衡重、超起平衡重回转半径、相应额定起重量	
	中长主臂	17	最小工作幅度和相应的超起平衡重、超起平衡重回转半径、相应额定起重量	载荷起升到臂架可以回转的离地高度，在作业区范围内左右回转360°，在左右回转过程中各制动一次、两次。 载荷起升到最大高度后，再下降到地面，载荷在升降过程中各制动一次
		18	最大工作幅度和相应的超起平衡重、超起平衡重回转半径、相应额定起重量	载荷起升离地，起臂至最小工作幅度，再落臂至最大工作幅度，再将载荷下降到地面，在起、落臂过程中各制动一次
	最长主臂	19	最小工作幅度和相应的超起平衡重、超起平衡重回转半径、相应额定起重量	载荷起升到臂架可以回转的离地高度，在作业区范围内左右回转360°，在左右回转过程中各制动一次、两次。 载荷起升到最大高度后，再下降到地面，载荷在升降过程中各制动一次
		20	最大工作幅度和相应的超起平衡重、超起平衡重回转半径、相应额定起重量	载荷起升离地，起臂至最小工作幅度，再落臂至最大工作幅度，再将载荷下降到地面，在起、落臂过程中各制动一次
	基本臂＋最短副臂[b]	21	最大工作幅度和相应的超起平衡重、超起平衡重回转半径、相应额定起重量	载荷起升离地，起臂至最小工作幅度，再落臂至最大工作幅度，再将载荷下降到地面，在起、落臂过程中各制动一次

表 4 额定载荷试验（续）

类别	臂架组合	序号	试验工况	一次循环内容
超起工况	基本臂＋最短副臂[b]	22	相应的超起平衡重、超起平衡重回转半径、最小工作幅度、相应额定起重量	载荷起升到臂架可以回转的离地高度，在作业区范围内左右回转 360°，在左右回转过程中各制动一次、两次。 载荷起升到最大高度后，再下降到地面，载荷在升降过程中各制动一次
	中长主臂＋中长副臂[b]	23	相应的超起平衡重、超起平衡重回转半径、最大工作幅度、相应额定起重量	载荷起升离地，起臂至最小工作幅度，再落臂至最大工作幅度，再将载荷下降到地面，在起、落臂过程中各制动一次
		24	相应的超起平衡重、超起平衡重回转半径、最小工作幅度、相应额定起重量	载荷起升到臂架可以回转的离地高度，在作业区范围内左右回转 360°，在左右回转过程中各制动一次、两次。 载荷起升到最大高度后，再下降到地面，载荷在升降过程中各制动一次
	最长主臂＋最短副臂[b]	25	相应的超起平衡重、超起平衡重回转半径、最大工作幅度、相应额定起重量	载荷起升离地，起臂至最小工作幅度，再落臂至最大工作幅度，再将载荷下降到地面，在起、落臂过程中各制动一次
		26	相应的超起平衡重、超起平衡重回转半径、最小工作幅度、相应额定起重量	载荷起升到臂架可以回转的离地高度，在作业区范围内左右回转 360°，在左右回转过程中各制动一次、两次。 载荷起升到最大高度后，再下降到地面，载荷在升降过程中各制动一次
	最长主臂[c]＋最长副臂[b]	27	相应的超起平衡重、超起平衡重回转半径、最大工作幅度、相应额定起重量	载荷起升离地，起臂至最小工作幅度，再落臂至最大工作幅度，再将载荷下降到地面，在起、落臂过程中各制动一次
		28	相应的超起平衡重、超起平衡重回转半径、最小工作幅度、相应额定起重量	载荷起升到臂架可以回转的离地高度，在作业区范围内左右回转 360°，在左右回转过程中各制动一次、两次。 载荷起升到最大高度后，再下降到地面，载荷在升降过程中各制动一次

[a] 不能采用最大起重量工况进行试验的箱形臂起重机，允许在最大起重力矩的工况下进行试验。

[b] 副臂分为固定副臂和变幅副臂。

[c] 最长主臂为安装最长副臂时的最长主臂。

5.7.2.2 带载行走

5.7.2.2.1 标准工况试验

中长主臂、最小工作幅度、臂架位于行走方向的正前方，起吊带载行走工况 100％额定起重量的试验载荷，载荷起升到离地高度 500 mm 左右，起重机以最低稳定速度直线前进和后退行走各 20 m。

前进或后退行走过程中各制动一次。试验重复三次。

5.7.2.2.2 超起工况试验

相应的超起平衡重、超起平衡重回转半径、中长主臂、最小工作幅度、臂架位于行走方向的正前方，起吊带载行走工况100%额定起重量的试验载荷，载荷起升到离地高度500 mm左右，起重机以最低稳定速度直线前进和后退行走各20 m。

前进和后退行走过程中各制动一次。试验重复三次。

5.7.2.3 安全装置验证

在试验过程中，验证超载保护装置、三色指示灯和安全监控管理系统的报警功能。

5.8 动载荷试验

5.8.1 试验目的

验证起重机的各机构在起吊相应工况110%额定起重量时各机构和制动器的功能。

验证超载保护装置、三色指示灯和安全监控管理系统的报警功能。

在试验过程中或试验结束后，检查起重机的零部件是否产生对起重机的性能与安全有影响的损坏，连接处没有出现松动或损坏。

5.8.2 试验方法

5.8.2.1 起吊110%额定载荷

动载荷试验的臂架组合、试验工况、试验循环内容见表5。

每种工况按表5规定的一次循环内容重复试验三次。

表5 动载荷试验

<table>
<tr><th>类别</th><th>臂架组合</th><th>序号</th><th>试验工况</th><th>一次循环内容</th></tr>
<tr><td rowspan="5">标准工况</td><td rowspan="2">基本臂</td><td>1</td><td>110%最大起重量[a]、相应工作幅度</td><td rowspan="2">载荷起升到最大高度后，再下降到地面，载荷在下降过程中制动一次</td></tr>
<tr><td>2</td><td>最大工作幅度、相应110%额定起重量</td></tr>
<tr><td rowspan="2">中长主臂</td><td>3</td><td>最小工作幅度、相应110%额定起重量</td><td>载荷起升到臂架可以回转的离地高度，在作业区范围内左右回转360°，在左右回转过程中各制动一次、两次。
载荷起升到最大高度后，再下降到地面，载荷在升降过程中各制动一次</td></tr>
<tr><td>4</td><td>最大工作幅度、相应110%额定起重量</td><td>载荷起升离地，起臂至最小工作幅度，再落臂至最大工作幅度，再将载荷下降到地面，在起、落臂过程中各制动一次</td></tr>
<tr><td>最长主臂</td><td>5</td><td>最小工作幅度、相应110%额定起重量</td><td>载荷起升到臂架可以回转的离地高度，在作业区范围内左右回转360°，在左右回转过程中各制动一次、两次。
载荷起升到最大高度后，再下降到地面，载荷在升降过程中各制动一次</td></tr>
</table>

表 5　动载荷试验（续）

类别	臂架组合	序号	试验工况	一次循环内容
标准工况	最长主臂	6	最大工作幅度、相应 110% 额定起重量	载荷起升离地，起臂至最小工作幅度，再落臂至最大工作幅度，再将载荷下降到地面，在起、落臂过程中各制动一次
	基本臂＋最短副臂[b]	7	最大工作幅度及相应 110% 额定起重量	载荷起升离地，起臂至最小工作幅度，再落臂至最大工作幅度，再将载荷下降到地面，在起、落臂过程中各制动一次
	基本臂＋最短副臂[b]	8	最小工作幅度、相应 110% 额定起重量	载荷起升到臂架可以回转的离地高度，在作业区范围内左右回转 360°，在左右回转过程中各制动一次、两次。 载荷起升至最大高度后，再下降到地面，载荷在下降过程中制动一次
	中长主臂＋中长副臂[b]	9	最大工作幅度及相应 110% 额定起重量	载荷起升离地，起臂至最小工作幅度，再落臂至最大工作幅度，再将载荷下降到地面，在起、落臂过程中各制动一次
		10	最小工作幅度、相应 110% 额定起重量	载荷起升到臂架可以回转的离地高度，在作业区范围内左右回转 360°，在左右回转过程中各制动一次、两次。 载荷起升至最大高度后，再下降到地面，载荷在下降过程中制动一次
	最长主臂＋最短副臂[b]	11	最大工作幅度及相应 110% 额定起重量	载荷起升离地，起臂至最小工作幅度，再落臂至最大工作幅度，再将载荷下降到地面，在起、落臂过程中各制动一次
		12	最小工作幅度、相应 110% 额定起重量	载荷起升到臂架可以回转的离地高度，在作业区范围内左右回转 360°，在左右回转过程中各制动一次、两次。 载荷起升至最大高度后，再下降到地面，载荷在下降过程中制动一次
	最长主臂[c]＋最长副臂[b]	13	最大工作幅度及相应 110% 额定起重量	载荷起升离地，起臂至最小工作幅度，再落臂至最大工作幅度，再将载荷下降到地面，在起、落臂过程中各制动一次
		14	最小工作幅度、相应 110% 额定起重量	载荷起升到臂架可以回转的离地高度，在作业区范围内左右回转 360°，在左右回转过程中各制动一次、两次。 载荷起升至最大高度后，再下降到地面，载荷在下降过程中制动一次

表5 动载荷试验(续)

类别	臂架组合	序号	试验工况	一次循环内容
超起工况	基本臂	15	最小工作幅度和相应的超起平衡重、超起平衡重回转半径、相应110%额定起重量	载荷起升到最大高度后,再下降到地面,载荷在下降过程中制动一次
		16	最大工作幅度和相应的超起平衡重、超起平衡重回转半径、相应110%额定起重量	
	中长主臂	17	最小工作幅度和相应的超起平衡重、超起平衡重回转半径、相应110%额定起重量	载荷起升到臂架可以回转的离地高度,在作业区范围内左右回转360°,在左右回转过程中各制动一次、两次。 载荷起升到最大高度后,再下降到地面,载荷在升降过程中各制动一次
		18	最大工作幅度和相应的超起平衡重、超起平衡重回转半径、相应110%额定起重量	载荷起升离地,起臂至最小工作幅度,再落臂至最大工作幅度,再将载荷下降到地面,在起、落臂过程中各制动一次
	最长主臂	19	最小工作幅度和相应的超起平衡重、超起平衡重回转半径、相应110%额定起重量	载荷起升到臂架可以回转的离地高度,在作业区范围内左右回转360°,在左右回转过程中各制动一次、两次。 载荷起升到最大高度后,再下降到地面,载荷在升降过程中各制动一次
		20	最大工作幅度和相应的超起平衡重、超起平衡重回转半径、相应110%额定起重量	载荷起升离地,起臂至最小工作幅度,再落臂至最大工作幅度,再将载荷下降到地面,在起、落臂过程中各制动一次
	基本臂+最短副臂[b]	21	最大工作幅度和相应的超起平衡重、超起平衡重回转半径、相应110%额定起重量	载荷起升离地,起臂至最小工作幅度,再落臂至最大工作幅度,再将载荷下降到地面,在起、落臂过程中各制动一次
		22	相应的超起平衡重、超起平衡重回转半径、最小工作幅度、相应110%额定起重量	载荷起升到臂架可以回转的离地高度,在作业区范围内左右回转360°,在左右回转过程中各制动一次、两次。 载荷起升到最大高度后,再下降到地面,载荷在升降过程中各制动一次
	中长主臂+中长副臂[b]	23	最大工作幅度及相应的超起平衡重、超起平衡重回转半径、相应110%额定起重量	载荷起升离地,起臂至最小工作幅度,再落臂至最大工作幅度,再将载荷下降到地面,在起、落臂过程中各制动一次
		24	相应的超起平衡重、超起平衡重回转半径、最小工作幅度、相应110%额定起重量	载荷起升到臂架可以回转的离地高度,在作业区范围内左右回转360°,在左右回转过程中各制动一次、两次。 载荷起升到最大高度后,再下降到地面,载荷在升降过程中各制动一次

表 5　动载荷试验（续）

类别	臂架组合	序号	试验工况	一次循环内容
超起工况	最长主臂＋最短副臂[b]	25	最大工作幅度及相应的超起平衡重、超起平衡重回转半径、相应 110%额定起重量	载荷起升离地，起臂至最小工作幅度，再落臂至最大工作幅度，再将载荷下降到地面，在起、落臂过程中各制动一次
		26	相应的超起平衡重、超起平衡重回转半径、最小工作幅度、相应 110%额定起重量	载荷起升到臂架可以回转的离地高度，在作业区范围内左右回转 360°，在左右回转过程中各制动一次、两次。 载荷起升到最大高度后，再下降到地面，载荷在升降过程中各制动一次
	最长主臂[c]＋最长副臂[b]	27	最大工作幅度及相应的超起平衡重、超起平衡重回转半径、相应 110%额定起重量	载荷起升离地，起臂至最小工作幅度，再落臂至最大工作幅度，再将载荷下降到地面，在起、落臂过程中各制动一次
		28	相应的超起平衡重、超起平衡重回转半径、最小工作幅度、相应 110%额定起重量	载荷起升到臂架可以回转的离地高度，在作业区范围内左右回转 360°，在左右回转过程中各制动一次、两次。 载荷起升到最大高度后，再下降到地面，载荷在升降过程中各制动一次

[a] 不能采用最大起重量工况进行试验的箱形臂起重机，允许在最大起重力矩的工况下进行试验。

[b] 副臂分为固定副臂和变幅副臂。

[c] 最长主臂为安装最长副臂时的最长主臂。

5.8.2.2　带载行走

5.8.2.2.1　标准工况试验

中长主臂、最小工作幅度、臂架位于行走方向的正前方，起吊带载行走工况 110%额定起重量的试验载荷，载荷起升到离地高度 500 mm 左右，起重机以最低稳定速度直线前进和后退行走各 20 m。

试验重复三次。

5.8.2.2.2　超起工况试验

相应的超起平衡重、超起平衡重回转半径、中长主臂、最小工作幅度、臂架位于行走方向的正前方，起吊带载行走时相应工况 110%额定起重量的试验载荷，载荷起升到离地高度 500 mm 左右，起重机以最低稳定速度直线前进和后退行走各 20 m。

试验重复三次。

5.8.2.3　起升机构制动性能

基本臂、最小工作幅度时，起吊相应工况 110%额定起重量的试验载荷，载荷起升到离地 3 m高处停留至少 5 min，起升机构未见打滑。

注：不能采用最大起重量工况进行试验的箱形臂起重机，允许在最大起重力矩的工况下进行试验。

5.8.2.4 安全装置验证

在试验过程中,验证超载保护装置、三色指示灯和安全监控管理系统的报警功能:

a) 试验载荷在相应工况 100%～110%额定起重量时,额定起重量限制装置应连续报警,并自动停止向危险方向运动,允许向安全方向动作,操作强制开关后可继续向相同方向动作;

b) 试验载荷超过相应工况 100%额定起重量时,三色指示灯的红灯亮,并报警。

5.9 静载荷试验

5.9.1 试验目的

验证起重机及其各部分结构的承载能力。

在试验过程中或试验结束后,检查起重机的零部件是否产生裂纹、永久变形、油漆剥落;零部件是否产生对起重机的性能与安全有影响的损坏、连接处没有出现松动或损坏。

5.9.2 试验方法

在标准工况和超起工况时分别进行如下试验:

起重机在基本臂、基本臂+最短副臂组合,臂架处于最不利的方向,起吊相应工况额定起重量最大值的 1.25 倍试验载荷,载荷起升到离地高度 200 mm 左右,停留 10 min 后,再下降到地面。

注:不能采用最大起重量工况进行试验的箱形臂起重机,允许在最大起重力矩的工况下进行试验。

5.10 整机抗倾覆稳定性试验

5.10.1 试验目的

验证起重机的静稳定性、抗后倾覆稳定性。

5.10.2 静态稳定性

5.10.2.1 基本臂

臂架处于起重机稳定性最不利位置,臂架仰角处于产生最大倾覆力矩的工作幅度、起吊相应工况($1.25P_Q+0.1F$)的试验载荷。慢速起升载荷到一定的离地高度,停留 10 min。

注 1:P_Q——由起重机制造商规定的在不同幅度下起重机的额定起重量的重力。

注 2:F——将主臂质量或副臂质量换算到主臂端部或副臂端部的质量重力。

5.10.2.2 最长主臂

臂架处于起重机稳定性最不利位置,臂架仰角处于产生最大倾覆力矩的工作幅度、起吊相应工况($1.25P_Q+0.1F$)的试验载荷。慢速起升载荷到一定的离地高度,停留 10 min。

5.10.2.3 最长主臂+最长副臂(含固定副臂或变幅副臂)

臂架处于起重机稳定性最不利位置,臂架仰角处于产生最大倾覆力矩的工作幅度、起吊相应工况($1.25P_Q+0.1F$)的试验载荷,分别对不同的臂架组合形式进行试验。慢速起升载荷到一定的离地高度,停留 10 min。

注:最长主臂为安装最长副臂时的最长主臂。

5.10.3 抗后倾覆稳定性

按设计工况配置对基本臂进行试验。臂架位于最大仰角,分别处于起重机的正侧方、正前方和正后方,吊钩和其他取物装置放在地面上。

当试验条件不具备时，可采用计算法。

5.11 密封性能试验

在空载试验、额定载荷试验、动载荷试验和静载荷试验过程中或试验结束后 15 min 内，检查液压油箱、油泵、油马达、液压油缸、液压阀、管接头、油堵等连接部位有无渗漏。

箱形臂起重机以基本臂在最小工作幅度下，起吊最大额定起重量，起升到某一高度后，回转到起重机的正侧方，试验载荷在空中停稳后，发动机熄火。试验持续 15 min，检查变幅油缸的回缩量及载荷的下沉量。

注：不能采用最大起重量工况进行试验的箱形臂起重机，允许在最大起重力矩的工况下进行试验。

5.12 噪声测量

司机室内噪声和机外辐射噪声功率级的测量方法应符合 GB/T 20062 的规定。

5.13 排气烟度测量

排气烟度的测量方法按 GB 36886 的规定进行。

5.14 液压油固体颗粒污染测量

5.5～5.11 规定的试验结束后，对液压油箱中的液压油进行固体颗粒污染检测，检测方法按 JB/T 9737 的规定进行。

5.15 结构试验

5.15.1 试验目的

验证起重机在起吊相应工况的试验载荷时主要结构件的应力、测试应力的安全判别、结构动特性测试和结果处理方法。

5.15.2 试验方法

起重机的结构试验方法应符合附录 D 的规定。

5.16 可靠性试验

5.16.1 试验目的

评定起重机在规定条件和预定的时间内强化作业状态下的工作能力、考察起重机在作业时整机和零部件的可靠性、主要零部件的耐磨性、整机基本性能的稳定程度和液压油的温度等。

5.16.2 一般要求

5.16.2.1 起重机应在规定的时间内完成表 6 规定的循环次数。规定的试验时间包括作业时间和有效停机时间，不包括臂架和超起装置的安装时间。如果样机超出规定时间，则不计可靠性指标。

5.16.2.2 试验期间，样机若出现致命故障，如：主要结构件永久性变形、重要焊接开裂、翻车等，本次试验应终止，不计可靠性指标。

5.16.2.3 试验完成后，应对关键焊缝进行探伤检测。

5.16.2.4 操作应满足如下要求：

a） 操作人员应严格执行使用说明书规定的操作规程，应平稳操作，确保设备和人身安全；

b） 按使用说明书的要求完成每日(班)的正常保养；

c） 试验期间不准许带故障作业；

d) 试验样机每天作业时间一般不少于 8 h。

5.16.3 试验方法

可靠性试验的臂架组合、循环次数、试验工况、一次循环内容和试验总时间见表 6。

5.16.4 作业率计算方法

作业率按公式(6)计算。

$$R=\frac{T_1}{T_1+T_2}\times 100\% \quad \cdots\cdots (6)$$

式中：

R ——作业率；

T_1 ——总作业时间，单位为小时(h)；

T_2 ——故障排除总时间，单位为小时(h)。

表 6 可靠性试验

类别	臂架组合	循环次数 A	B	C	D	E	F	试验工况	一次循环内容
标准工况	基本臂	50	40	30	15	5	5	最小工作幅度、最大起重量	载荷起升到最大起升高度后，再下降到地面，载荷在下降过程中制动一次
		50	40	30	15	5	5	最大工作幅度、相应额定起重量	
	中长主臂	200	150	35	20	10	5	最小工作幅度、相应额定起重量	载荷起升到臂架可以回转的离地高度，在作业区范围内左右回转 360°，在左右回转过程中各制动一次、两次。 载荷起升到最大起升高度后，再下降到地面，载荷在升降过程中各制动一次
		200	150	35	20	10	5	最大工作幅度、相应额定起重量	载荷起升离地，起臂至最小工作幅度，再落臂至最大工作幅度，再将载荷下降到地面，在起、落臂过程中各制动一次
	最长主臂	100	80	35	20	15	5	最小工作幅度、相应额定起重量	载荷起升到臂架可以回转的离地高度，在作业区范围内左右回转 360°，在左右回转过程中各制动一次、两次。 载荷起升到最大高度后，再下降到地面，载荷在升降过程中各制动一次
		100	80	35	20	15	5	最大工作幅度、相应额定起重量	载荷起升离地，起臂至最小工作幅度，再落臂至最大工作幅度，再将载荷下降到地面，在起、落臂过程中各制动一次

表 6　可靠性试验（续）

类别	臂架组合	循环次数						试验工况	一次循环内容
		A	B	C	D	E	F		
标准工况	最长主臂[a]＋最长副臂	200	150	35	25	15	5	最大工作幅度、相应额定起重量	载荷起升离地，起臂至最小工作幅度（固定副臂工况）/副臂起臂至最小工作幅度（变幅副臂工况），载荷起升至最大高度后，再下降到地面。载荷在下降过程中制动一次
	带载行走	100	80	50	20	10	5	中长主臂、最小工作幅度、臂架位于行走方向的正前方、相应额定起重量	试验载荷起升到离地高度约 500 mm 左右，起重机以最低稳定速度直线前进和后退行走各 20 m
超起工况	基本臂	100	40	30	15	5	5	最小工作幅度和相应的超起平衡重、超起平衡重回转半径、相应额定起重量	载荷起升到最大起升高度后，再下降到地面，载荷在下降过程中制动一次
		100	40	30	15	5	5	最大工作幅度和相应的超起平衡重、超起平衡重回转半径、相应额定起重量	
	中长主臂	100	80	35	20	10	5	最小工作幅度和相应的超起平衡重、超起平衡重回转半径、相应额定起重量	载荷起升到臂架可以回转的离地高度，在作业区范围内左右回转 360°，在左右回转过程中各制动一次、两次。 载荷起升到最大高度后，再下降到地面，载荷在升降过程中各制动一次
		100	80	35	20	10	5	最大工作幅度和相应的超起平衡重、超起平衡重回转半径、相应额定起重量	载荷起升离地，起臂至最小工作幅度，再落臂至最大工作幅度，再将载荷下降到地面，在起、落臂过程中各制动一次
	最长主臂	100	80	35	20	15	5	最小工作幅度和相应的超起平衡重、超起平衡重回转半径、相应额定起重量	载荷起升到臂架可以回转的离地高度，在作业区范围内左右回转 360°，在左右回转过程中各制动一次、两次。 载荷起升到最大高度后，再下降到地面，载荷在升降过程中各制动一次
		100	80	35	20	15	5	最大工作幅度和相应的超起平衡重、超起平衡重回转半径、相应额定起重量	载荷起升离地，起臂至最小工作幅度，再落臂至最大工作幅度，再将载荷下降到地面，在起、落臂过程中各制动一次

表 6　可靠性试验(续)

类别	臂架组合	循环次数						试验工况	一次循环内容
		A	B	C	D	E	F		
超起工况	最长主臂[a]＋最长副臂	100	80	35	30	15	5	相应的超起平衡重、超起平衡重回转半径、最大工作幅度、相应额定起重量	载荷起升离地,起臂至最小工作幅度(固定副臂工况)/副臂起臂至最小工作幅度(变幅副臂工况),载荷起升至最大高度后,再下降到地面。载荷在下降过程中制动一次
超起工况	带载行走	100	80	50	20	10	5	相应的超起平衡重、超起平衡重回转半径、中长主臂、最小工作幅度、臂架位于行走方向的正前方,相应额定起重量	试验载荷起升到离地高度约 500 mm 左右,起重机以最低稳定速度直线前进和后退行走各 20 m
试验总时间/h		350	350	350	—	—	—	—	

注 1:A——最大起重量 $P<150$ t 的起重机;B——最大起重量 150 t$\leqslant P_{Qmax}<$300 t 的起重机;C——最大起重量 300 t$\leqslant P_{Qmax}<$800 t 的起重机;D——最大起重量 800 t$\leqslant P_{Qmax}<$1 600 t 的起重机;E——最大起重量 1 600 t$\leqslant P_{Qmax}<$3 000 t 的起重机;F——最大起重量 $P_{Qmax}\geqslant$3 000 t 的起重机。

注 2:副臂分为固定副臂和变幅副臂,试验时按起重机的实际配置确定,原则上优先变幅副臂。

[a] 最长主臂为安装最长副臂时的最长主臂。

6　检验规则

6.1　分类

起重机的检验分出厂检验和型式检验。

6.2　出厂检验

起重机应逐台进行出厂检验,检验合格后由质量检验部门签发产品合格证。

出厂检验项目及各项目缺陷等级应符合附录 E 的规定,载荷试验时至少应选取三个工况。

6.3　型式检验

6.3.1　进行型式检验的样机应是出厂检验的合格产品,型式检验项目应符合附录 E 的规定。检验样机采用随机方法抽取 1 台,抽样基数不限。

6.3.2　凡属下面情况之一者,应进行型式检验:

a)　新产品或老产品转厂生产的试制定型时;

b)　产品停产三年后恢复生产时;

c)　已定型或批量生产的产品,如主要结构、工艺和材料有较大改变,可能影响产品性能时,应对相应试验进行补充试验;

d)　出厂检验结果与上次型式检验有重大差异时;

e)　当国家质量监督机构提出进行型式检验要求时。

属于 a)、b)和 e)的情况时,应按表 E.1 规定的项目进行检验;属于 c)、d)两种情况时,可仅对受影响的项目进行检验。

6.3.3 起重机的合格判定见表7。

首次样机不合格，允许对其缺陷项目进行修复、调试或更换易损件后，重检其缺陷项目。如重检仍不合格，应重新抽取样机。第二台样机再不合格，则判样机不合格。制造商应对该型号的产品进行整改，整改完成后再进行型式检验。

表7 合格判定表

缺陷等级	缺陷数量及组合			
	1	2	3	4
致命	1	0	0	0
关键	0	2	1	0
重要	0	1	2	3
一般	0	0	2	4

注1：在四组组合中，任一组合的判定数被达到，则产品或样机为不合格。

注2：重复的检验项目其故障只计算一次。

7 使用说明书与标志

7.1 使用说明书

使用说明书应符合GB/T 9969的规定。使用说明书的主要内容至少应包括以下内容：

a) 安全说明；

b) 技术特性说明；

c) 使用、操作说明；

d) 装配、起吊、拆卸和运输的说明；

e) 故障分析与排除说明；

f) 维修和保养说明。

7.2 标志

7.2.1 起重机标志和各种指示信息应包含中文。

7.2.2 应在起重机机身明显位置固定标牌，标牌应符合GB/T 13306的规定。

7.2.3 标牌至少应包括以下内容：

a) 产品型号和名称；

b) 最大起重量；

c) 额定功率；

d) 出厂编号；

e) 生产日期；

f) 制造商名称。

8 包装、运输和贮存

8.1 包装

8.1.1 起重机应按使用说明书规定的运输图要求进行解体,被解体的部件要有识别标志,以免发生混淆。

8.1.2 解体后的零部件应按照 GB/T 13384 的规定进行包装。包装时应合理摆放垫木,底盘、履带、平衡重、吊钩滑轮组、臂架臂节等基本处于水平状态,并使机件的表面不受损伤。

8.1.3 起重机至少应附有如下随行文件:

a) 产品合格证;

b) 使用说明书;

c) 装箱单;

d) 随机备件和随机工具清单。

8.2 运输

8.2.1 整机分解后的外形尺寸、重量应符合运输条件。

8.2.2 主要运输部件应在明显位置设置永久性的质量(重量)标识。

8.2.3 在运输过程中,应将固定起重机的机械锁止装置或液压锁止装置锁止。

8.2.4 驾驶员在运输前或运输中,应检查部件是否处于运输状态。应有措施保证起重机其他装载零件已锁定。

8.3 贮存

起重机贮存应符合 GB/T 22358 的有关规定。

附　录　A
（资料性）
起重机主要结构示意图

A.1　不带超起装置的桁架臂起重机主要结构示意图见图 A.1。

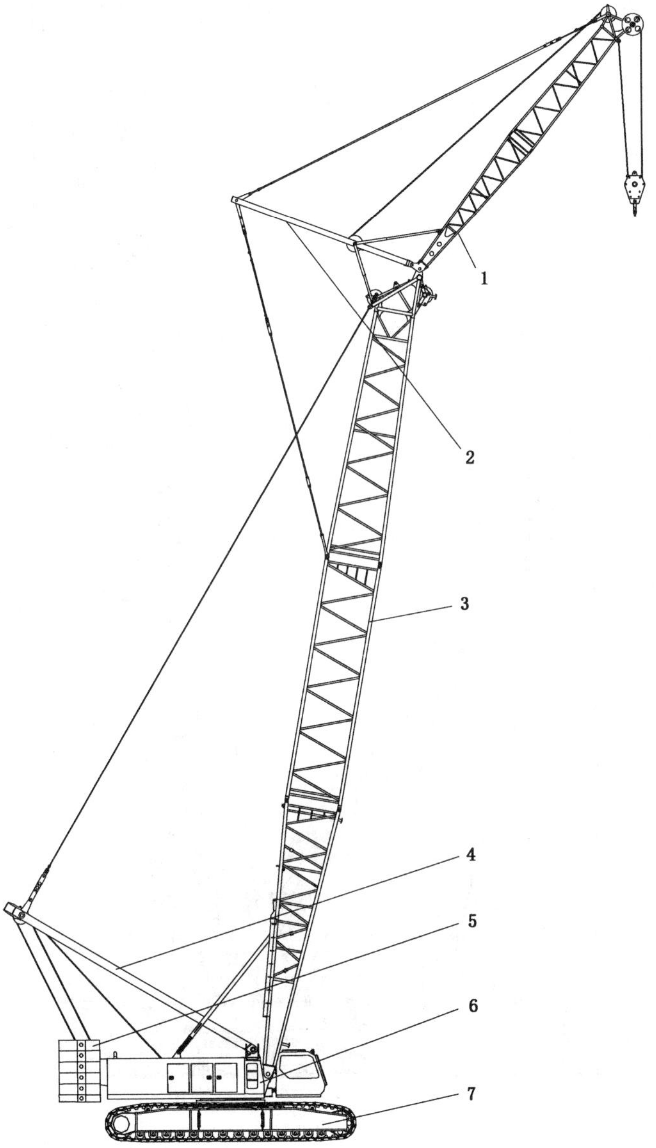

标引序号说明：

1——副臂；

2——副臂桅杆；

3——主臂；

4——主臂桅杆或 A 型架(人字架)；

5——平衡重；

6——转台；

7——底盘。

图 A.1　不带超起装置的桁架臂起重机

A.2 带有超起装置的桁架臂起重机主要结构示意图见图 A.2。

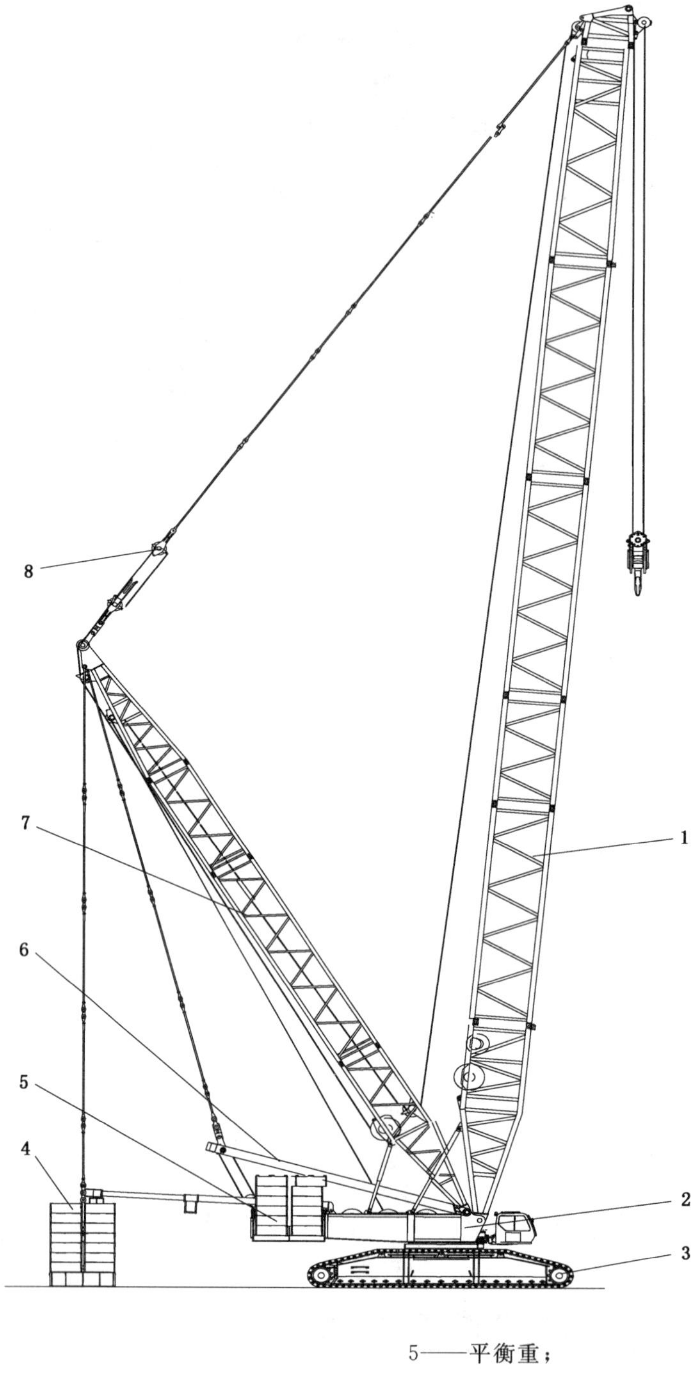

标引序号说明：

1——臂架；

2——转台；

3——底盘；

4——超起平衡重；

5——平衡重；

6——主臂桅杆或 A 型架(人字架)；

7——超起桅杆；

8——滑轮装置。

图 A.2 带有超起装置的桁架臂起重机

A.3 箱形臂起重机主要结构示意图见图 A.3。

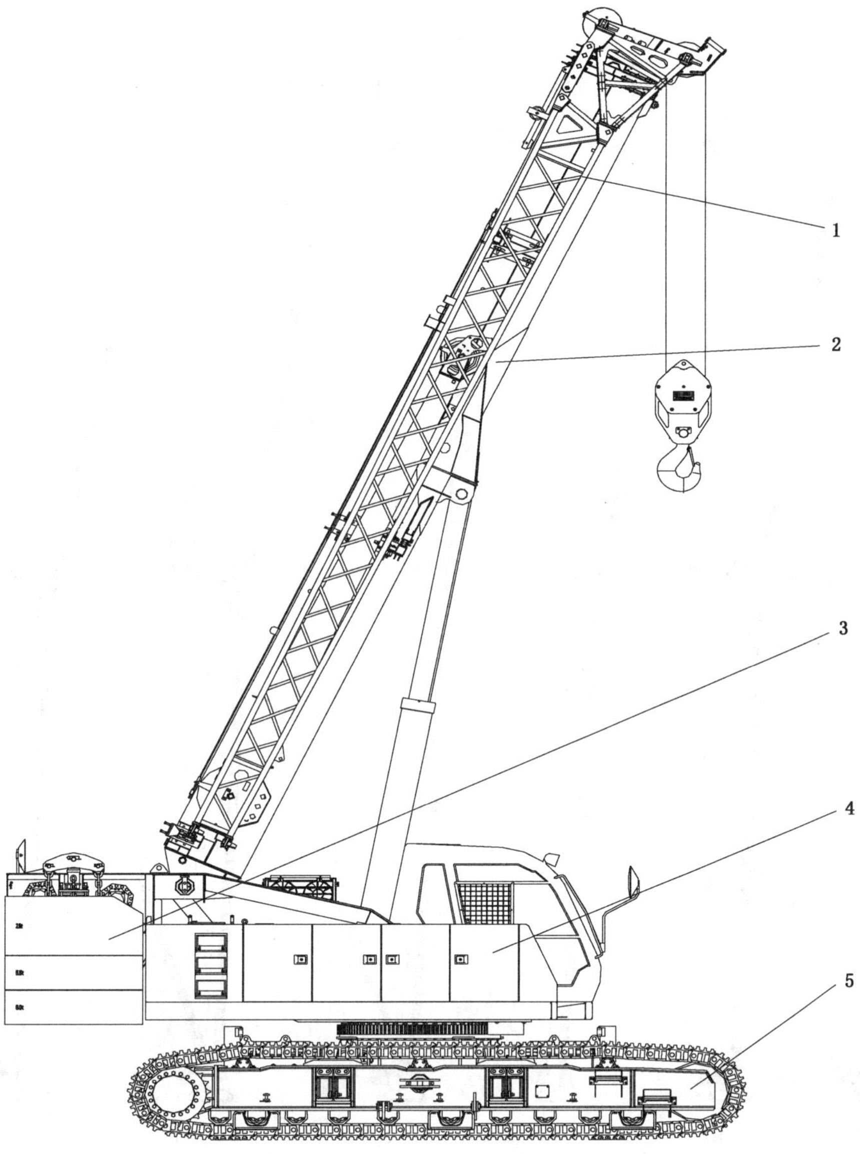

标引序号说明：

1——副臂；

2——主臂；

3——平衡重；

4——转台；

5——底盘。

图 A.3 箱形臂起重机

附 录 B
（资料性）
起重机臂架组合主要形式

起重机臂架组合主要形式示意图见图 B.1、图 B.2。

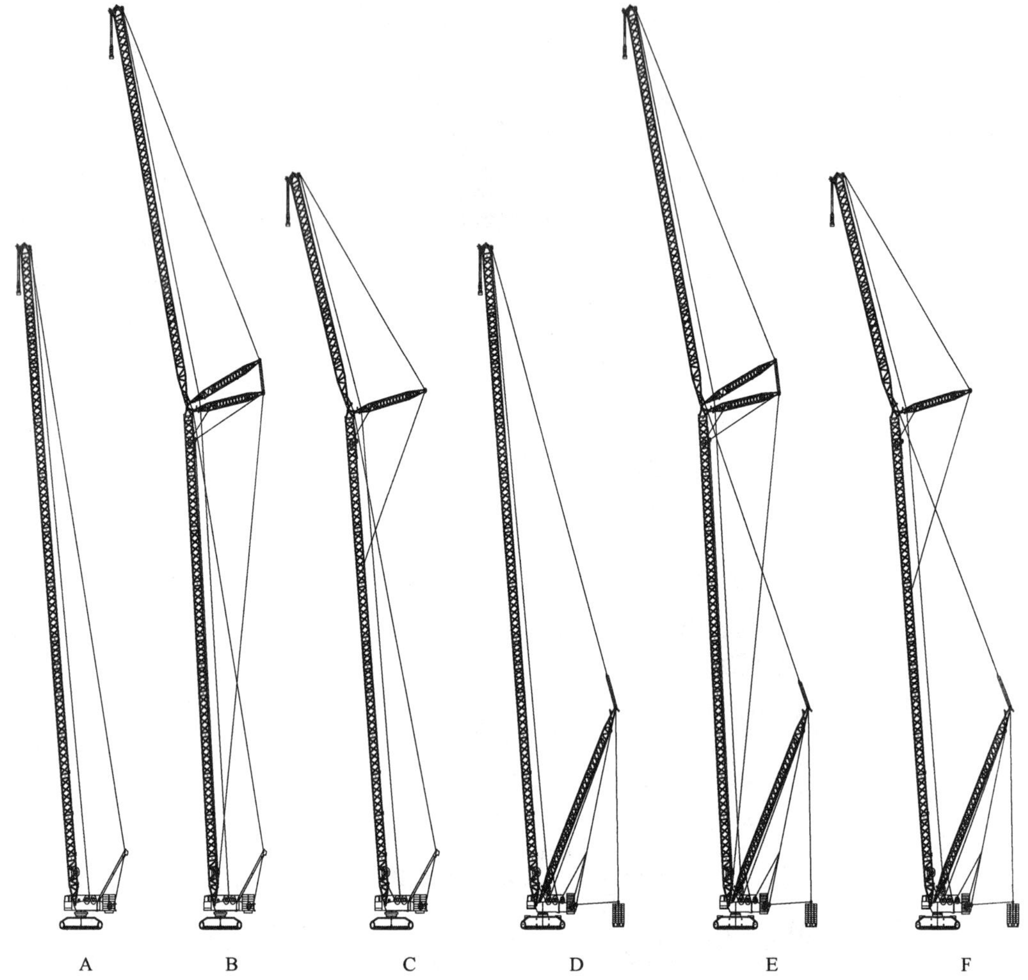

标引序号说明：

A ——主臂结构的起重机；

B ——主臂＋变幅副臂结构的起重机；

C ——主臂＋固定副臂结构的起重机；

D ——带超起平衡重的臂架结构的起重机；

E ——主臂＋变幅副臂和超起平衡重的臂架结构的起重机；

F ——主臂＋固定副臂和超起平衡重的臂架结构的起重机。

图 B.1 桁架臂臂架组合示意图

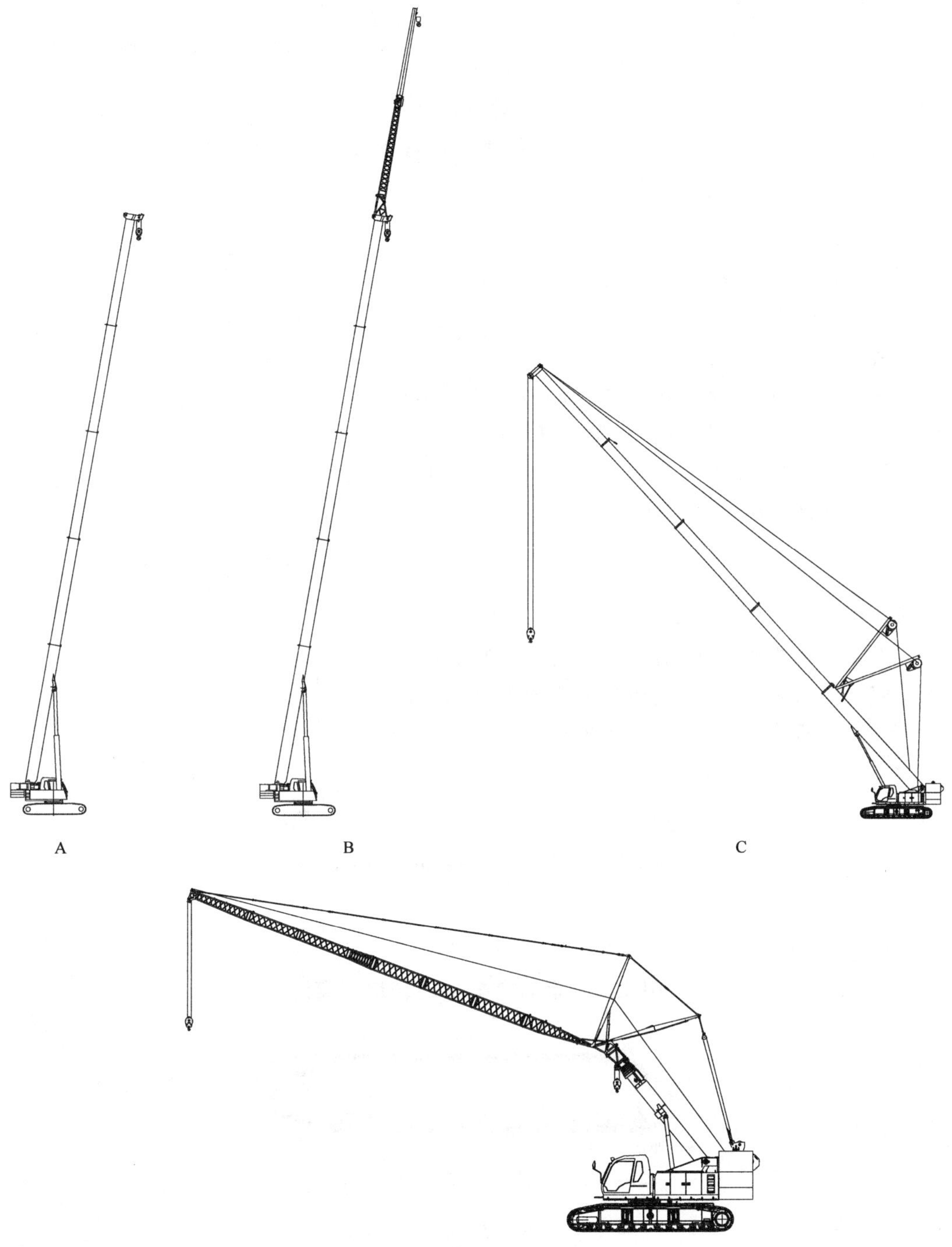

标引序号说明：

A ——主臂结构的箱形臂起重机；

B ——主臂＋副臂结构的箱形臂起重机；

C ——带超起装置的箱形臂起重机；

D ——主臂＋变幅副臂的箱形臂起重机。

图 B.2　箱形臂臂架组合示意图

附 录 C
(规范性)
履带平均接地比压计算方法

履带平均接地比压计算方法如下：

a） 履带接地长度 L_4 见图 C.1、图 C.2、图 C.3；

b） 接地面积按公式(C.1)计算。

$$A = L_4 \times 2B_1 \quad \cdots\cdots\cdots (C.1)$$

式中：

A ——履带接地面积，单位为平方毫米(mm^2)；

L_4 ——履带接地长度，单位为毫米(mm)；

B_1 ——左或右侧履带板宽度(见图 2)，单位为毫米(mm)。

c） 平均接地比压按公式(C.2)计算。

$$T = \frac{W \times g}{A} \quad \cdots\cdots\cdots (C.2)$$

式中：

T ——履带平均接地比压，单位为兆帕(MPa)；

W ——起重机的设计自重，单位为千克(kg)；

g ——重力加速度，单位为米每二次方秒(m/s^2)。

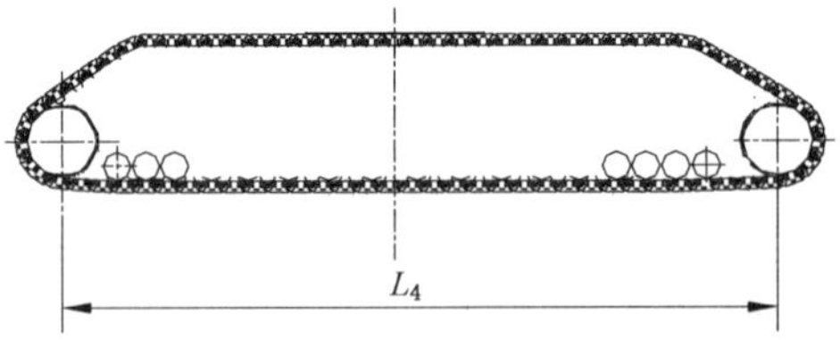

图 C.1 驱动轮与从动轮均不离地

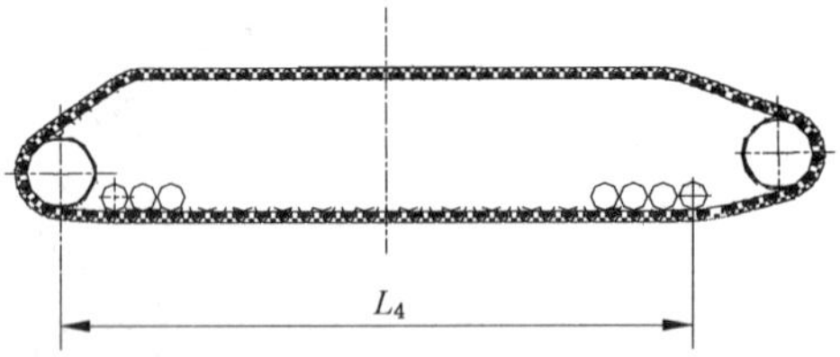

图 C.2 驱动轮或从动轮离地

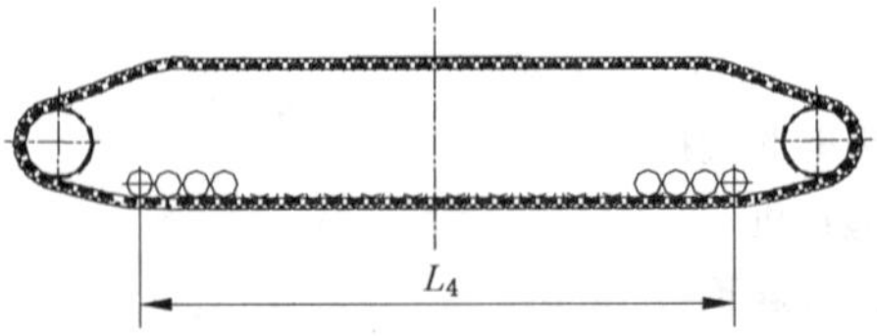

图 C.3 驱动轮与从动轮均离地

附 录 D
（规范性）
结构试验方法

D.1 结构应力测试

D.1.1 测试工况及载荷

D.1.1.1 结构应力测试工况及测试项目见表 D.1。

D.1.1.2 在加载和测试过程中，回转机构或转台应制动或锁定在规定的位置上。

表 D.1 结构应力试验工况及载荷

序号	试验工况		试验目的	被测结构	测试项目
	臂架组合	载荷			
1	基本臂	P_{Qmax}[a]	验证主要结构件的强度和刚性	基本臂、转台、底架、变幅支架、臂架拉杆	结构静应力
2		$1.25P_{Qmax}$[a]			
3	中长主臂	P_Q	验证中长主臂的强度和刚性	中长主臂	结构静应力
4	最长主臂	P_Q ϕP_Q （侧载）	验证最长主臂的强度和刚性	最长主臂	结构静应力、臂架头部侧向位移
5	基本臂＋最短副臂、相应的工作幅度	P_Q	验证基本臂＋副臂不同组合的强度和刚性	主臂、副臂、转台	结构静应力
6		$1.25P_Q$			
7	最长主臂[b]＋最长副臂 相应的工作幅度	P_Q ϕP_Q （侧载）	验证最长主臂＋副臂不同组合的强度和刚性	主臂、副臂、转台	结构静应力、臂架头部侧向位移
8	最大起重力矩工况	P_Q	验证主要结构件的强度和刚性	基本臂、转台、底架、变幅支架、臂架拉杆	结构静应力
9	安装工况	安装状态下的自重载荷	验证各结构件的安装强度	主臂、副臂、变幅支架、臂架拉杆	结构静应力

注：P_{Qmax}——最大起重量；P_Q——不同幅度下的额定起重量；ϕ——侧载系数。

[a] 不能采用最大起重量工况进行试验的箱形臂起重机，允许在最大起重力矩的工况下进行试验。

[b] 最长主臂为安装最长副臂时的最长主臂。

D.1.1.3 侧载试验时，桁架臂起重机侧载系数取 2%，箱形臂起重机侧载系数取 5%，或根据制造商提供的侧载系数进行试验。

D.1.1.4 在施加侧向载荷，测试臂架头部侧向位移工况时，应保证空载状态下，与转台相连臂架根部轴线的倾斜度在 0.25%以内。

D.1.2 测试点的规定

D.1.2.1 应力测试点的选择

D.1.2.1.1 在结构受力分析的基础上，确定危险应力区，危险应力区包括以下三种类型。

a) 均匀高应力区：该区应力达到屈服应力时，会引起结构件的永久变形。

b) 应力集中区：该区内屈服应力的出现不会引起结构件整体的永久变形，但应力集中会影响结构件的疲劳寿命，如孔眼、锐角、焊缝、铰点等断面剧变处。

c) 弹性屈曲区：如受压杆的弹性屈曲，从应力看，该区的最大应力并没有达到材料的屈服点，但可因发生挠曲或过大变形而导致结构的破坏。

D.1.2.1.2 桁架结构的弦杆和腹杆，应在节间中部对称贴应变片，最后以平均应力来评定该节间的安全度。

D.1.2.1.3 在应力集中区内贴的应变片，应尽可能贴在高应力点上。

承受弯矩最大的断面同时作用有集中载荷时，应考虑在下列两个位置贴片：

a) 应变片贴在集中载荷作用处或集中载荷处 20 mm 范围之内；

b) 应变片贴在集中载荷作用处 20 mm 范围之外，复合应力最大处或其他危险部位。

如：支腿伸出段的根部和臂架伸出段的根部的应力测定。

D.1.2.1.4 受压杆件的贴片，应贴在杆件的中部或在其可能屈曲部位。

D.1.2.2 二向应力的测试

结构承受二向应力状态，如果预先能用某些方法（如脆性涂料法）确定主应变方向时，则可沿主应变方向贴上互相垂直的两个应变片。如果主应变的方向无法确定，则应贴上由三个应变片组成的应变花。关于应变花的数据处理见 D.1.4.2 b)。

D.1.2.3 测点编号

根据选择好的测试部位和确定的测试点，绘制测点分布图，对贴片统一编号，并指明应变片或应变花的贴片位置。

D.1.3 试验程序

D.1.3.1 检查和调整样机，使之处于正常工作状态。

D.1.3.2 接好应变检测系统，调试应变片和检查有关仪器，合理选择灵敏系数，消除一切不正常现象。

D.1.3.3 测量消除自重影响的应变片基准读数 σ_0。

对于需要测量自重应力的结构件，应消除自重影响，记录零应力状态的读数。如无法消除自重影响，即不测零应力状态。处理数据的办法见 D.1.4.1 的规定。

D.1.3.4 空载应力状态，测量结构件在自重作用下应变 σ_1。

空载应力状态点将起重机调整到表 D.1 所规定的测试工况，工作幅度为测试起重机相应载荷作用下的工作幅度。吊钩放置地上。回转机构或转台应制动或锁住。

如果零应力状态应变基准应变读数 σ_0 无法读出，可以取空载状态作为初始状态，应变仪调零。

D.1.3.5 负载应力状态，测量负载作用下的应变 σ_0。

负载应力状态是起重机按表 D.1 所规定的测试工况进行加载，其工作幅度允差不应大于 ±1%。

D.1.3.6 卸载至空载应力状态，检查各应变片的回零情况，如果某测点的应变片读数与原数据 σ_1 偏差超过 $\pm 0.03\sigma_s/E$（式中：σ_s——材料屈服极限；E——材料弹性模数），认为该测点数据无效，应查明原因，按原测试程序重新测量，直到合格。

由风载荷作用造成的应变偏差属于正常现象，测试时应尽可能选择良好天气，减少风载的影响。

D.1.3.7 每次试验应重复做三次，比较测试数据有无重大差别。如果误差超过10倍的微应变，则应查明原因，并重新测试，直至稳定。

D.1.3.8 观察结构是否有永久变形或局部损坏。如果出现永久变形或局部损坏，应立即终止试验，进行全面检查和分析。

D.1.3.9 试验数据、观察到的现象、试验说明应随时记录。

D.1.4 应力测试数据的处理和安全判别方法

D.1.4.1 计算两个测试状态的应力

空载应力（自重引起的应力）σ_1 按公式（D.1）计算。

$$\sigma_1 = E(\varepsilon_1 - \varepsilon_0) \quad \cdots\cdots(\text{D.1})$$

负载应力 σ_2 按公式（D.2）计算。

$$\sigma_2 = E(\varepsilon_2 - \varepsilon_1) \quad \cdots\cdots(\text{D.2})$$

式中：

σ_1——空载应力（不测空载应力时，用计算应力代替），单位为兆帕（MPa）；

σ_2——负载应力，单位为兆帕（MPa）；

ε_0——零应力状态应变仪读数；

ε_1——空载应力状态应变仪读数；

ε_2——负载应力状态应变仪读数。

注：ε_0、ε_1、ε_2 均带正负号，拉应力为正，压应力为负。

结构最大应力取下述两种情况的较大者：

a) 空载应力最大，见公式（D.3）。

$$\sigma_{max} = \sigma_1 \quad \cdots\cdots(\text{D.3})$$

b) 空载应力与负载应力之代数和最大，见公式（D.4）。

$$\sigma_{max} = \sigma_1 + \sigma_2 \quad \cdots\cdots(\text{D.4})$$

式中：

σ_{max}——最大应力，单位为兆帕（MPa）。

注：σ_1 和 σ_2 各带自己的正负号。

D.1.4.2 二向应力状态的数据处理

对于承受二向应力弹塑性材料，按变形能（第四）强度理论计算。其当量单向应力计算如下：

a) 当主应力（变）的方向已知，并测得了两个方向的主应力时，当量单向应力按公式（D.5）计算。

$$\sigma' = \sqrt{\sigma_x^2 - \sigma_x\sigma_y + \sigma_y^2} \quad \cdots\cdots(\text{D.5})$$

式中：

σ'——当量单向应力，单位为兆帕（MPa）；

σ_x——最大主应力，单位为兆帕(MPa)；

σ_y——最小主应力，单位为兆帕(MPa)。

主应力可由两个方向的主应变值按公式(D.6)、公式(D.7)计算。

$$\sigma_x = E(\varepsilon_x + \mu\varepsilon_y)/(1-\mu^2) \quad \cdots\cdots (D.6)$$

$$\sigma_y = E(\varepsilon_y + \mu\varepsilon_x)/(1-\mu^2) \quad \cdots\cdots (D.7)$$

式中：

E——材料的弹性模数，屈服极限小于 500 N/mm^{2}时，取 $E=2.1\times10^5$ N/mm^2，屈服极限等于或高于 500 N/mm^{2}时的高强度合金钢，如没有提供 E 和 μ 的数值，应取样实测 E 和 μ 的数值；

ε_x——最大主应变；

ε_y——最小主应变；

μ——泊松比。

b) 主应力(变)的方向未知，可用直角应变花测得三个方向的线应变，当量单向应力按公式(D.8)计算。

$$\sigma' = \frac{E}{2}\left[\frac{\varepsilon_a+\varepsilon_c}{1-\mu} + \frac{\sqrt{2}}{1+\mu}\sqrt{(\varepsilon_a-\varepsilon_b)^2+(\varepsilon_b-\varepsilon_c)^2}\right] \quad \cdots\cdots (D.8)$$

式中：

ε_a—— a 应变片的应变；

ε_b—— b 应变片的应变；

ε_c—— c 应变片的应变。

应变花的贴片方式如图 D.1 所示。

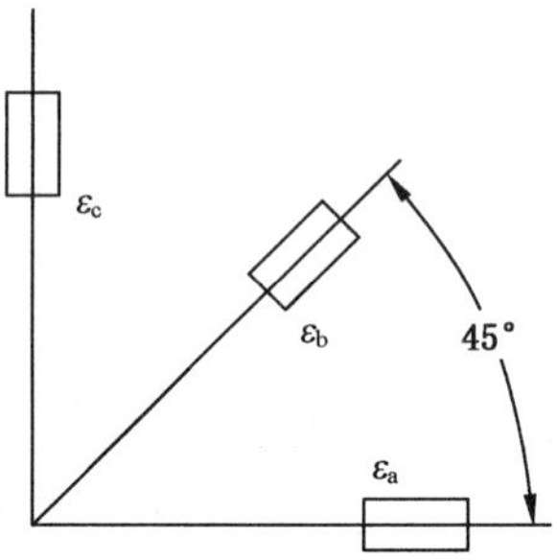

图 D.1 贴片方式

c) 对于脆性材料，可采用最大应变(第二)强度理论求得当量应力，按公式(D.9)计算。

$$\sigma_x = E\varepsilon_x \quad \cdots\cdots (D.9)$$

D.1.4.3 测试应力值的安全判别方法

D.1.4.3.1 根据表 D.1 给定的测试工况和载荷进行测试，测得结构的最大应力，应满足下列分类给出的安全判据，各危险应力区的安全系数列于表 D.2。

D.1.4.3.2 焊缝的许用应力应符合 GB/T 3811 的规定。

D.1.4.3.3 结构件钢材的许用应力列于表 D.3。

表 D.2　结构强度安全系数

试验工况	安全系数最小值 n		
	均匀高应力区 n_{I}	应力集中区 n_{II}	弹性屈曲区 n_{III}
作业状态工况(表 D.1 序号 1、3、4、5、7、8)	1.48	1.1	1.6
安装工况(表 D.1 序号 9)	1.34	1.05	1.5
静载荷试验工况(表 D.1 序号 2、6)	1.22	—[a]	1.4
[a] 仅观察结构变形情况,对安全系数取值不做要求。			

表 D.3　结构件钢材的许用应力

钢材强度	拉、压、弯$[\sigma]$	剪切$[\tau]$	承压$[\sigma_{cd}]$	压杆弹性屈曲$[\sigma_{cr}]$
$\sigma_s/\sigma_b<0.7$	σ_s/n	$[\sigma]/\sqrt{3}$	$1.4[\sigma]$	σ_{cr}/n
$\sigma_s/\sigma_b\geqslant0.7$	σ_{Fs}/n			

注 1:$\sigma_{Fs}=0.5\sigma_s+0.35\sigma_b$ 为假想屈服极限。

式中:

σ_s——材料的屈服极限,单位为牛顿每平方毫米(N/mm^2);

σ_b——材料的抗拉强度极限,单位为牛顿每平方毫米(N/mm^2);

σ_{cr}——欧拉屈曲临界应力,单位为牛顿每平方毫米(N/mm^2)。

注 2:当 $\sigma_{cr}\leqslant\sigma_p$ 时,取:

$$\sigma_{cr}=\frac{\pi^2 E}{(Kl/r)^2}$$

当 $\sigma_{cr}\geqslant\sigma_p$ 时,取:

$$\sigma_{cr}=\sigma_s-\left[\frac{\sigma_p(\sigma_s-\sigma_p)(Kl/r)^2}{\pi^2 E}\right]=\sigma_s-\left[\frac{(\sigma_y-\sigma_{rc})(\sigma_s-\sigma_p)(Kl/r)^2}{\pi^2 E}\right]$$

式中:

K——受压杆件长度系数,参见 GB/T 3811;

r——惯性半径,单位为毫米(mm);

l——受压杆件几何长度单位为毫米(mm);

σ_p——材料的比例极限应力,单位为牛顿每平方毫米(N/mm^2);

σ_y——材料屈服应力,单位为牛顿每平方毫米(N/mm^2);

σ_{rc}——材料残余应力,单位为牛顿每平方毫米(N/mm^2);

E——材料的弹性模数,单位为牛顿每平方毫米(N/mm^2);
屈服极限小于 500 N/mm^2 时,取 $E=2.1\times10^5$ N/mm^2,屈服极限大于或等于 500 N/mm^2 时的高强度合金钢,如没有提供 E 的数值,应取样实测 E 的数值。

D.1.4.3.4　在起重机行走中,转台承受较大的运行冲击载荷,自重引起的应力是其主要载荷,因此,给出转台的自重应力安全系数 n。

a)　Ⅰ类——均匀高应力区的自重应力安全系数按公式(D.10)计算。

$$n_{\mathrm{I}}=\sigma_s/\sigma_r \quad 或 \quad n_{\mathrm{I}}=\sigma_s/\sigma' \qquad \text{(D.10)}$$

式中:

σ_r——结构件中被测部位测出的最大拉应力,单位为兆帕(MPa);

注：对于单向应力：塑性材料 $\sigma_r=\sigma_{max}$，脆性材料 $\sigma_r=\sigma_x$。

σ'——当量单向应力，单位为兆帕(MPa)；

n_{I}——Ⅰ类安全系数。

b) Ⅱ类——应力集中区的自重应力安全系数按公式(D.11)计算。

$$n_{\mathrm{II}}=\sigma_s/\sigma_r \quad 或 \quad n_{\mathrm{II}}=\sigma_s/\sigma' \tag{D.11}$$

式中：

n_{II}——Ⅱ类安全系数。

c) Ⅲ类——弹性屈曲区，对于弦杆和腹杆等受压元件的自重应力安全系数按公式(D.12)计算。

$$n_{\mathrm{III}}=1/[\sigma_{ra}/\sigma_{cr}+(\sigma_{rm}-\sigma_{ra})/\sigma_s] \tag{D.12}$$

式中：

σ_{ra}——由一个截面上若干个测点的应变读数确定的平均应力，单位为兆帕(MPa)；

σ_{rm}——压杆被测截面上最大的计算压应力，单位为兆帕(MPa)；

σ_{cr}——受压杆发生屈曲的临界压应力(见表 D.3)，单位为兆帕(MPa)；

n_{III}——Ⅲ类安全系数。

d) Ⅳ类——板的局部屈曲区。

对板可能产生局部屈曲部位，一般要求对所有的试验工况(包括超载试验工况)，Ⅳ类区域的应变片读数，都应回到空载时的读数。

D.2 结构动特性测试

D.2.1 测试项目如下：

a) 起重机结构件危险应力区危险点的动态应力；

b) 司机室的振动特性。

D.2.2 测试方法如下：

a) 额定载荷在正常操作起升离地或以额定速度下降制动时，测试动应力和振动特性；

b) 起重机最长主臂工况下，臂架仰角在 40°～50°，空载，作变幅运动时产生的振动。

D.2.3 动特性的限值如下：

a) 按 D.2.1 a)各部位的最大应力点由振动产生的最大应力不应超过许用应力；

b) 司机室操纵台和座椅处的水平方向和垂直方向加速度应小于 $0.2g$。

D.3 试验报告

D.3.1 试验过程中应进行记录和数据整理。对不正常现象，应有实况记录，并提出分析意见。

D.3.2 对试验中发现的个别部位的应力、合成应力超出规定值时，虽然没有发现破坏或不正常的现象，报告中应特别指出，并提出分析意见，做出结构是否可正常工作的明确结论。

附　录　E
（规范性）
检验项目

检验项目见表 E.1。

表 E.1　检验项目表

序号	检验项目		技术要求	试验方法	缺陷等级				检验类别	
					致命	关键	重要	一般	型式	出厂
1	主要参数测定	主要尺寸	4.2.1.6	5.3			√		●	●
2		操纵力	4.7.2					√	●	
3		操纵行程	4.7.2					√	●	
4		起升速度	4.2.1.5				√		●	●
5		最低稳定起升速度	4.2.1.5				√		●	●
6		回转速度	4.2.1.5				√		●	●
7		变幅时间	4.2.1.5				√		●	●
8		伸缩时间	4.2.1.5				√		●	●
9	外观检查	焊缝质量	4.2.6	5.4		√			●	●
10		涂装质量	4.2.7				√		●	●
11		主臂上的维修通道	4.3.2.2				√		●	●
12		司机室	4.3.4			√			●	●
13		钢丝绳不跳出卷筒的装置	4.4.4.6			√			●	●
14		防止钢丝绳脱槽装置	4.4.5.2			√			●	●
15		滑轮的支承处润滑装置	4.4.5.3				√		●	●
16		人手可触及的滑轮组的滑轮罩壳	4.4.5.4				√		●	●
17		吊钩标记、防脱装置和吊钩滑轮组的挡绳装置	4.4.7			√			●	●
18		液、电路的敷设及保护	4.5.1.1 4.6.1					√	●	●
19		操纵件的操作、标牌和标志	4.7.1					√	●	●
20		安全防护装置	4.8.4		√				●	●
21		液压油油位	4.5.4				√		●	●
22		起重机标牌和额定起重量图表	4.2.1.3 7.2				√		●	●

表 E.1 检验项目表（续）

序号	检验项目			技术要求	试验方法	缺陷等级				检验类别	
						致命	关键	重要	一般	型式	出厂
23	行走性能试验	行走速度		4.2.1.5	5.5			√		●	
24		跑偏量		4.2.1.8				√		●	●
25		行走制动性能		4.4.9.2			√			●	
26		履带伸缩性能		4.3.3					√	●	
27		履带平均接地比压		4.1.4			√			●	
28	空载试验	载荷升降平稳性		4.2.1.13	5.6		√			●	●
29		起升高度限位器功能		4.8.2.1		√				●	●
30		下降深度限位器功能		4.8.2.2		√				●	●
31		变幅制动性能		4.2.1.13		√				●	●
32		幅度限位器功能		4.8.2.3			√			●	●
33		回转制动性能		4.2.1.13		√				●	●
34		防止臂架向后倾翻的装置功能		4.8.2.4		√				●	●
35	额定载荷试验	载荷升降平稳性		4.2.1.13	5.7		√			●	●
36		起升制动性能		4.2.1.13		√				●	●
37		载荷再次启动提升时的制动性能		4.4.1.2				√		●	●
38		变幅平稳性		4.2.1.13			√			●	●
39		变幅制动性能		4.2.1.13		√				●	●
40		回转启动和停止性能		4.4.8.1		√				●	●
41		回转制动性能		4.2.1.13				√		●	●
42		带载行走性能		4.2.1.4		√				●	●
43		带载行走制动性能		4.4.9.2		√				●	●
44		超起装置[a]	平衡重离地检测装置 平衡重利用率检测装置	4.4.10.1					√	●	●
45			平衡重油缸单独调整	4.4.10.2					√	●	●
46		电气系统	无线遥控功能	4.6.2				√		●	●
47			多点控制互锁功能	4.6.3		√				●	●
48		液压系统密封性		4.5.1.7	5.11			√		●	●
49		力矩限制器的显示和报警性能		4.8.3	5.7	√				●	●
50		故障显示功能		4.8.4.1				√		●	●
51		三色指示灯报警装置功能		4.8.4.2				√		●	●
52		安全监控管理系统		4.8.4.5				√		●	●

表 E.1　检验项目表（续）

序号	检验项目		技术要求	试验方法	缺陷等级				检验类别	
					致命	关键	重要	一般	型式	出厂
53	动载荷试验	载荷升降平稳性	4.2.1.13	5.8		√			●	●
54		起升制动性能	4.2.1.13		√				●	●
55		载荷再次启动提升时的制动性能	4.4.1.2			√			●	●
56		变幅平稳性	4.2.1.13			√			●	●
57		变幅制动性能	4.2.1.13		√				●	●
58		回转启动和停止性能	4.4.8.1			√			●	●
59		回转制动性能	4.2.1.13				√		●	●
60		带载行走性能	4.2.1.4		√				●	●
61		液压系统密封性	4.5.1.7	5.11			√		●	●
62		力矩限制器的显示和报警性能	4.8.3	5.8	√				●	●
63	动载荷试验	故障显示功能	4.8.4.1	5.8			√		●	●
64		三色指示灯报警装置功能	4.8.4.2				√		●	●
65		安全监控管理系统	4.8.4.5				√		●	●
66		对产品性能与安全有影响的损坏	4.2.1.13		√				●	●
67		连接处松动或损坏	4.2.1.13			√			●	●
68	静载荷试验	起升制动性能	4.2.1.13	5.9	√				●	●
69		变幅制动性能	4.2.1.13		√				●	●
70		液压系统的密封性	4.5.1.7	5.11			√		●	●
71		结构件裂纹、永久变形、油漆剥落	4.2.1.13	5.9	√				●	●
72		对起重机性能与安全有影响的损坏	4.2.1.13		√				●	●
73		连接处松动或损坏	4.2.1.13			√			●	●
74		故障显示器功能	4.8.4.1				√		●	●
75	整机抗倾覆稳定性试验	静态稳定性	4.2.4.1	5.10	√				●	●
76		抗后倾覆稳定性	4.2.4.2		√				●	●
77	密封性能试验		4.5.1.8	5.11	√				●	●
78	噪声测量	司机耳旁噪声	4.2.2	5.12	√				●	
79		机外辐射噪声	4.2.2		√				●	
80	排气烟度测量		4.2.3	5.13	√				●	
81	液压油固体颗粒污染测量		4.5.1.6	5.14		√			●	●
82	结构试验		4.2.1.13	5.15	√				●	

表 E.1 检验项目表(续)

序号	检验项目		技术要求	试验方法	缺陷等级				检验类别	
					致命	关键	重要	一般	型式	出厂
83	臂架头部位移		4.2.8	5.15	√				●	
84	可靠性试验	作业率	4.2.5.1	5.16	√				●	
85		液压油温度	4.2.1.9				√		●	

注:√——缺陷等级;●——必做项目。

[a] 适用于具有带超起装置的起重机。

ICS 03.220.40;53.020.20
R 46

中华人民共和国国家标准

GB/T 14783—2009
代替 GB/T 14783—1993,GB/T 15362—1994

轮胎式集装箱门式起重机

Rubber tired gantry crane

2009-05-11 发布 2009-12-20 实施

中华人民共和国国家质量监督检验检疫总局
中国国家标准化管理委员会 发布

前　　言

本标准代替 GB/T 14783—1993《轮胎式集装箱门式起重机技术条件》和 GB/T 15362—1994《轮胎式集装箱门式起重机试验方法》,将 GB/T 15362 的内容纳入 GB/T 14783 中。

本标准与 GB/T 14783—1993 相比主要技术差异如下：

——取消了“术语”;

——对“齿轮和减速器”内容进行了修改和完善(见 3.6.1);

——对“联轴器”的选型要求进行了补充(见 3.6.3);

——取消原“主要部件”,将原小车轨道内容纳入“小车车轮和轨道”(见 3.6.7),将原起升机构、小车运行机构和大车运行机构内容纳入“机构”(见 3.7),其他内容单列成条(见 3.6);

——对“动力装置”内容进行了补充(见 3.8);

——对“试验方法”内容进行了修改和完善(见第 4 章)。

本标准的附录 A 为资料性附录。

本标准由中华人民共和国交通运输部提出。

本标准由交通运输部港机标准归口单位归口。

本标准起草单位:上海振华港口机械(集团)股份有限公司、上海港机重工有限公司、交通部水运科学研究院。

本标准主要起草人:李海波、胡桂军、何刚、李国辉、饶京川、李伟。

本标准所代替标准的历次版本发布情况为：

——GB/T 14783—1993;

——GB/T 15362—1994。

轮胎式集装箱门式起重机

1 范围

本标准规定了轮胎式集装箱门式起重机(以下简称起重机)的技术要求、试验方法、检验规则、标志和运输等。

本标准适用于装卸符合 GB/T 1413 规定的国际集装箱的起重机。

2 规范性引用文件

下列文件中的条款通过本标准的引用而成为本标准的条款。凡是注日期的引用文件,其随后所有的修改单(不包括勘误的内容)或修订版均不适用于本标准,然而,鼓励根据本标准达成协议的各方研究是否可使用这些文件的最新版本。凡是不注日期的引用文件,其最新版本适用于本标准。

GB/T 699 优质碳素结构钢

GB/T 700 碳素结构钢(GB/T 700—2006,ISO 630:1995,NEQ)

GB/T 985.1 气焊、焊条电弧焊、气体保护焊和高能束焊的推荐坡口(GB/T 985.1—2008,ISO 9692-1:2003,MOD)

GB/T 985.2 埋弧焊推荐坡口(GB/T 985.2—2008,ISO 9692-2:1998,MOD)

GB/T 1184 形状和位置公差 未注公差值(GB/T 1184—1996,eqv ISO 2768-2:1989)

GB/T 1228 钢结构用高强度大六角头螺栓(GB/T 1228—2006,ISO 7412:1984,NEQ)

GB/T 1229 钢结构用高强度大六角螺母(GB/T 1229—2006,ISO 4775:1984,NEQ)

GB/T 1230 钢结构用高强度垫圈(GB/T 1230—2006,ISO 7416:1984,NEQ)

GB/T 1231 钢结构用高强度大六角头螺栓、大六角头螺母、垫圈技术条件

GB/T 1413 系列 1 集装箱 分类、尺寸和额定质量(GB/T 1413—2008,ISO 668:1995,IDT)

GB/T 1591 低合金高强度结构钢

GB/T 1801 极限与配合 公差带和配合的选择(GB/T 1801—1999,eqv ISO 1829:1975)

GB 2893 安全色(GB 2893—2008,ISO 3864-1:2002,Graphical symbols—Safety colours and safety signs—Part 1:Design principles for safety signs in workplaces and public areas,MOD)

GB 2894 安全标志及其使用导则

GB/T 3077 合金结构钢

GB/T 3220 集装箱吊具的尺寸和起重量系列

GB/T 3323 金属熔化焊焊接接头射线照相(GB/T 3323—2005,EN 1435:1997,MOD)

GB/T 3766 液压系统通用技术条件(GB/T 3766—2001,eqv ISO 4413:1998)

GB/T 3811 起重机设计规范

GB/T 5117 碳钢焊条(GB/T 5117—1995,eqv ANSI/AWSA5.1:1991)

GB/T 5118　低合金钢焊条(GB/T 5118—1995,eqv ANSI/AWSA5.5:1981)

GB/T 5293　埋弧焊用碳钢焊丝和焊剂

GB/T 6067　起重机械安全规程(GB/T 6067—1985,neq NF E52-122:1975)

GB/T 8110　气体保护电弧焊用碳钢、低合金钢焊丝(GB/T 8110—2008,AWSA5.18M:2005,MOD)

GB 8918　重要用途钢丝绳(GB 8918—2006,ISO 3154:1988,Stranded wire ropes for mine hoisting—Technical delivery requirements,MOD)

GB/T 8923　涂装前钢材表面锈蚀等级和除锈等级(GB/T 8923—1988,eqv ISO 8501-1:1988)

GB/T 9286　色漆和清漆　漆膜的划格试验(GB/T 9286—1998,eqv ISO 2409:1992)

GB/T 10095(所有部分)　圆柱齿轮　精度制(GB/T 10095—2008,ISO 1328(所有部分),IDT)

GB/T 10096　齿条精度

GB/T 11345　钢焊缝手工超声波探伤方法和探伤结果分级

GB/T 11352　一般工程用铸造碳钢件(GB/T 11352—2009,ISO 3755:1991,MOD)

GB/T 12470　埋弧焊用低合金钢焊丝和焊剂

GB/T 14957　熔化焊用钢丝

GB 16710.1　工程机械　噪声限值

GB/T 16710.2　工程机械　定置试验条件下机外辐射噪声的测定(GB/T 16710.2—1996,ISO/DIS 6393:1995,MOD)

GB/T 16710.3　工程机械　定置试验条件下司机位置处噪声的测定(GB/T 16710.2—1996,ISO/DIS 6394:1995 ADM1:1996,MOD)

GB/T 16710.4　工程机械　动态试验条件下机外辐射噪声的测定(GB/T 16710.4—1996,eqv ISO 6395:1988)

GB/T 16710.5　工程机械　动态试验条件下司机位置处噪声的测定(GB/T 16710.5—1996,eqv ISO 6396:1992)

GB/T 20303.1　起重机　司机室　第1部分:总则(GB/T 20303.1—2006,ISO 8566-1:1992,IDT)

GB/T 20303.5　起重机　司机室　第5部分:桥式和门式起重机(GB/T 20303.5—2006,ISO 8566-5:1992,IDT)

CB/T 3123　船用轧制钢材气割面质量技术要求

JT/T 90　港口装卸机械风载荷计算及防风安全要求

3　技术要求

3.1　工作条件

3.1.1　工作环境温度为−20 ℃～+40 ℃,最大相对湿度不大于95%,有凝露。

3.1.2　工作时风速不大于20 m/s;非工作时风速不大于44 m/s。

3.1.3　起重机的工作级别宜为A6、A7。

3.1.4　起重机行走通道地面坡度应不大于1%,局部坡度不大于3%。跨度两侧行走通道地面坡度应同向，即同为上坡或下坡。

3.1.5 如有其他特殊要求，按订货合同或技术规格书规定。

3.2 整机要求

3.2.1 起重机的设计、制造应符合 GB/T 3811 和本标准的有关规定。

3.2.2 起重机作业时的噪声应符合 GB 16710.1 的规定，座椅处司机耳边噪声应符合 GB/T 20303.1的规定。

3.2.3 起重机在做静载试验时，应能承受 1.25 倍额定起重量的试验载荷。试验后各构件均不应产生裂纹、永久变形、油漆打皱及其他异常情况。

3.2.4 起重机在做额定载荷试验时，应能承受额定起重量的试验载荷。试验中各机构应工作正常、无异常响声、结构件完好。

3.2.5 起重机在做动载试验时，应能承受 1.1 倍额定起重量的试验载荷。试验中各机构应工作正常，无异常响声，结构件完好无损。

3.2.6 起重机在做可靠性试验时，应持续进行 8 h 的作业试验，起重机不应出现因缺陷（包括漏油）而发生的故障。若一旦发生故障，且在 15 min 内又不能修复，或故障出现二次以上，则可靠性试验应重作。

3.2.7 起重机做金属结构应力测定时，结构强度、刚度应满足设计要求，无残余变形和损坏现象，焊缝无裂纹，表面油漆不打皱。

3.2.8 起重机应完成不少于 5 000 自然箱的起重作业工业性试验，工业性试验作业时间内包括可靠性试验作业循环次数。试验中起重机不应发生重大损坏或性能异常现象。

3.3 主要技术参数的允许偏差

3.3.1 起升速度的允许偏差为公称值的－3％～＋10％。

3.3.2 小车运行速度的允许偏差为公称值的－3％～＋10％。

3.3.3 大车运行速度的允许偏差为公称值的±10％。

3.3.4 轮压和质量的允许偏差为公称值的±5％。

3.3.5 起升高度的允许偏差为公称值的（0～5）％。

3.3.6 跨距、基距、轴距和内净空的允许偏差为公称值的±1％。

3.3.7 外形尺寸的允许偏差为公称值的±2％。

3.4 材料

3.4.1 主要零件的材料应有材料生产厂的出厂合格证明书，否则应取样试验，其化学成分、机械性能应符合标准。采用本标准规定之外的材料，应有可靠的理论或试验依据，并有起重机制造厂技术部门的签证。

3.4.2 用于起重机金属结构中主要受力构件的材料性能不低于表 1 的规定。钢号 Q235B、Q235C 应符合 GB/T 700 的规定；Q345B 应符合 GB/T 1591 的规定。

表 1

工作环境温度/℃	＞－20	≤－20	
钢号	Q235B	Q235C	Q345B

3.4.3 起升卷筒应采用焊接结构，其材料性能应不低于 GB/T 700 中的 Q235B。

3.4.4 起升钢丝绳滑轮轮缘的材料性能应不低于 GB/T 699 中的 35 钢。

3.4.5 齿轮、小车车轮材料性能不低于 GB/T 699 中的 45 钢或 GB/T 11352 中的 ZG310-570 铸钢。

3.4.6　联轴器材料性能应不低于 GB/T 699 中的 45 钢或 GB/T 11352 中的 ZG310-570 铸钢。

3.4.7　齿轮轴、滑轮轴材料性能应不低于 GB/T 699 中的 35 钢。

3.4.8　集装箱吊具转锁材料性能应不低于 GB/T 3077 中的 40Cr 钢。

3.5　结构件

3.5.1　结构件制造的允许偏差应符合表 2 的规定。

表 2　　单位为毫米

<table>
<tr><th>序号</th><th>检查项目</th><th>简　图</th><th colspan="2">允许偏差</th></tr>
<tr><td>1</td><td>构件的直线度
a)　垂直方向
b)　水平方向</td><td>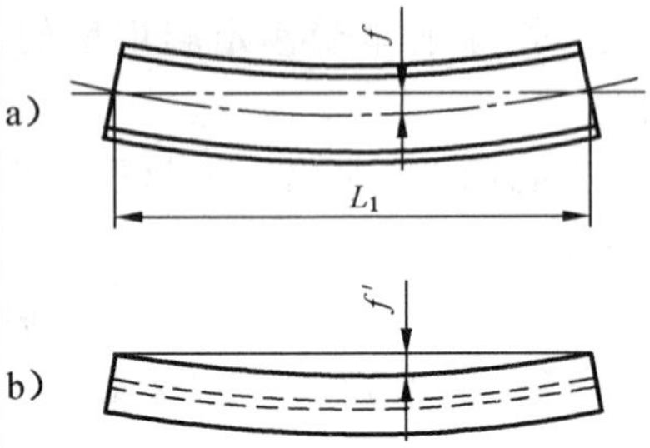</td><td colspan="2">a)　$f \leqslant \frac{1}{1\,000} L_1$
b)　$f' \leqslant \frac{1}{2\,000} L_1$</td></tr>
<tr><td>2</td><td>梁的上拱度偏差</td><td>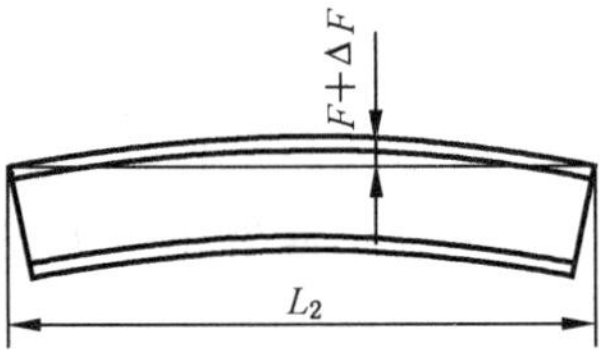</td><td colspan="2">$\Delta F = {}^{+0.40F}_{-0.05F}$
F——图纸规定的拱度</td></tr>
<tr><td rowspan="6">3</td><td rowspan="6">箱形梁(工字梁)
两端的扭曲度</td><td rowspan="6">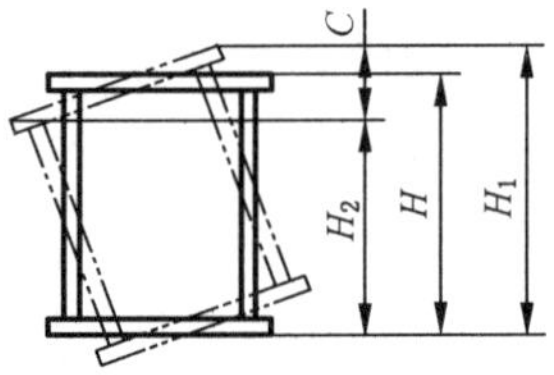
$C = H_1 - H_2$</td><td>梁的长度(L)</td><td>C</td></tr>
<tr><td>$L \leqslant 5\,000$</td><td>≤4</td></tr>
<tr><td>$5\,000 < L \leqslant 10\,000$</td><td>≤6</td></tr>
<tr><td>$10\,000 < L \leqslant 20\,000$</td><td>≤8</td></tr>
<tr><td>$20\,000 < L \leqslant 30\,000$</td><td>≤10</td></tr>
<tr><td>$30\,000 < L \leqslant 50\,000$</td><td>≤15</td></tr>
<tr><td>4</td><td>箱形梁(工字梁)
腹板的垂直度</td><td>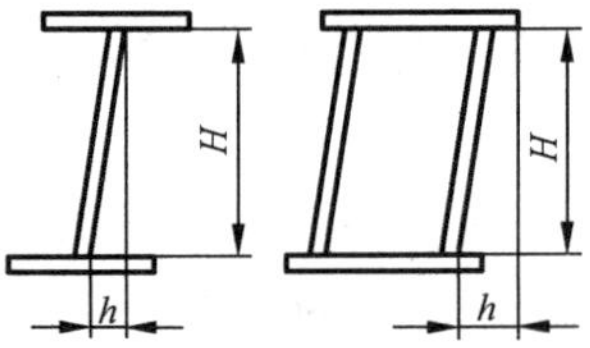</td><td colspan="2">$h \leqslant \frac{1}{200} H$
(此值在筋板或节点处测量)</td></tr>
<tr><td>5</td><td>a)　工字梁翼缘板的平面度
b)　箱形梁(工字梁)上翼缘板的水平倾斜度</td><td>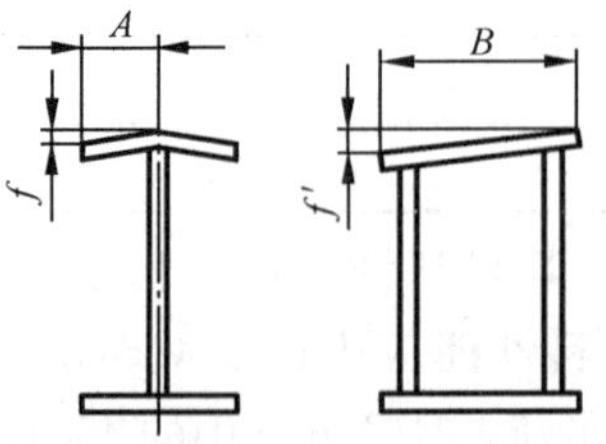</td><td colspan="2">a)　$f \leqslant \frac{1}{100} A$
(f 值在筋板处测量)
b)　$f' \leqslant \frac{1}{200} B$
(f 值在筋板处测量)</td></tr>
</table>

表 2（续）

单位为毫米

序号	检查项目	简　　图	允许偏差
6	相配梁高度差	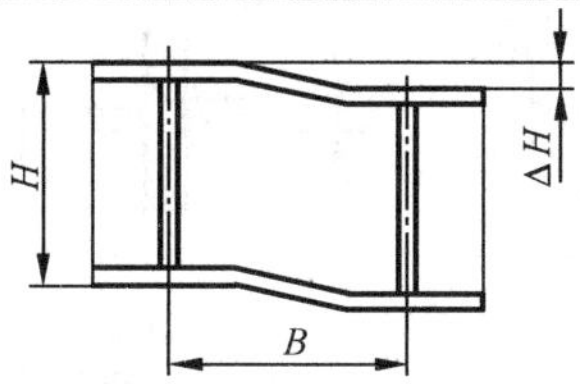	$\Delta H \leqslant \frac{1.5}{1\ 000}B$ 但不大于 10 （ΔH 在筋板处测量）
7	构件尺寸偏差和对角线偏差	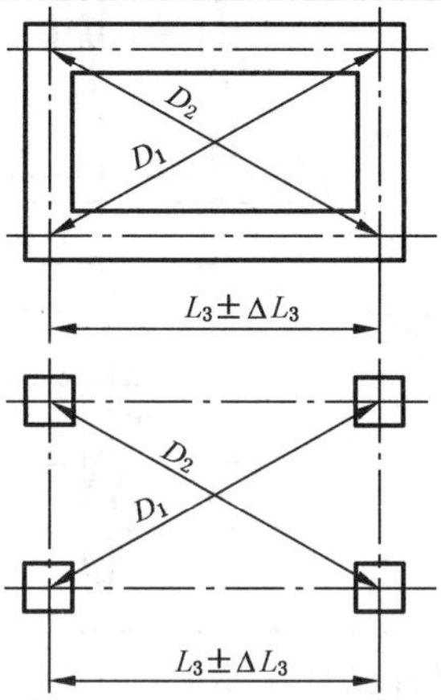	当长度 $L_3 < 7\ 000$ 时：$\Delta L_3 \leqslant 3$，$\lvert D_1 - D_2 \rvert \leqslant 4$； 当长度 $L_3 \geqslant 7\ 000$ 时：$\Delta L_3 \leqslant 5$，$\lvert D_1 - D_2 \rvert \leqslant 7$
8	a）筋板（隔板）相对位置偏差 b）筋板（隔板）对箱形梁（工字梁）腹板或翼缘板的垂直度	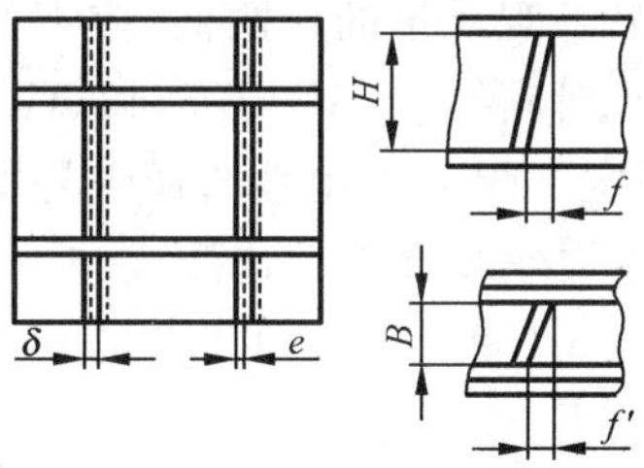	a）$e \leqslant \frac{1}{2}\delta$ b）$f \leqslant \frac{3}{1\ 000}H$ $f' \leqslant \frac{3}{1\ 000}B$
9	箱形梁（工字梁）腹板的波浪度	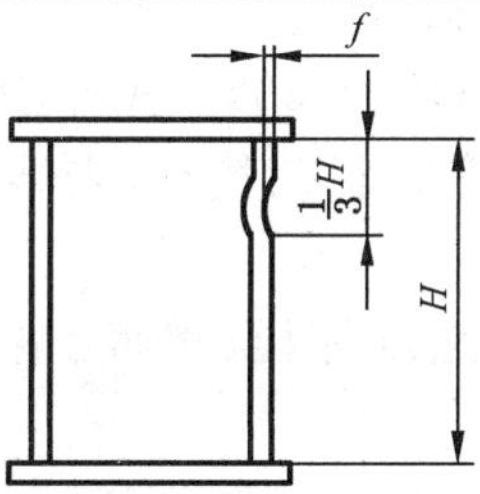	用 1 m 平尺检查 a）在受压区 $\frac{1}{3}H$ 的区域内：$f \leqslant 0.7\delta$；但在相邻筋板间凹凸不超过一处 b）其余区域内：$f \leqslant 1.2\delta$
10	箱形梁（工字梁）翼缘板的波浪度	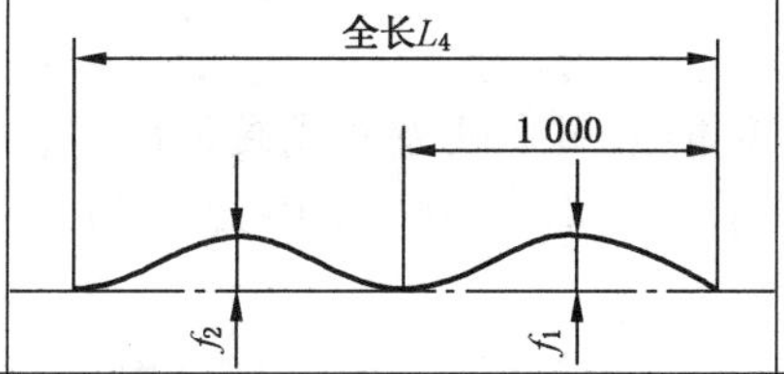	用 1 m 平尺检查 $f_1 \leqslant 3$ 全长 $f_2 \leqslant \frac{1.5}{1\ 000}L_4$
11	a）操纵室围壁波浪度 b）机器房围壁波浪度 c）棚顶波浪度 d）平台波浪度	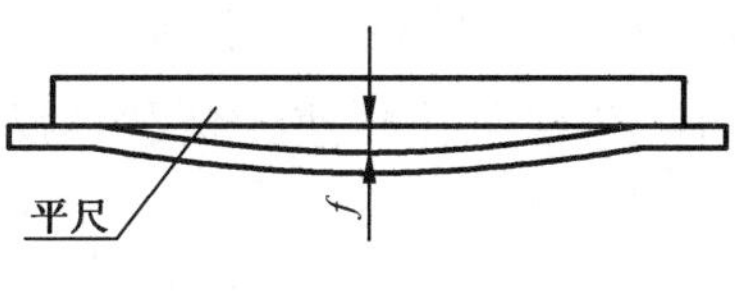	用 1 m 平尺检查 a）$f \leqslant 5$； b）$f \leqslant 6$； c）$f \leqslant 10$； d）$f \leqslant 8$

表 2（续） 单位为毫米

序号	检查项目	简　　图	允许偏差
12	贯通筋板错位量	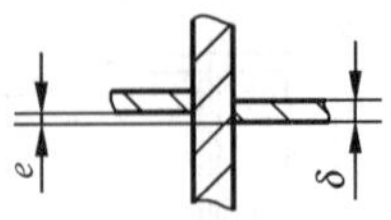	$e \leqslant 0.3\delta$
13	a) 支座耳板垂直度 b) 支座开挡尺寸偏差	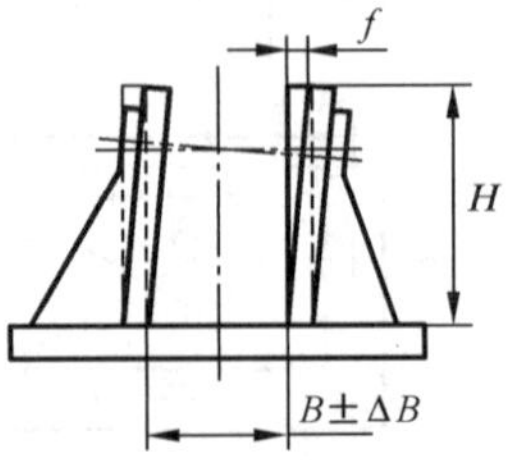	a) $f \leqslant \frac{1}{100}H$ b) $\Delta B \leqslant \frac{1}{100}H$
14	法兰面角变形偏差	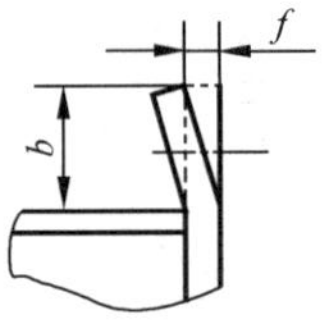	$f \leqslant \frac{1}{30}b$

3.5.2 主梁宜设拱度，拱度值应符合设计要求。

3.5.3 凡影响产品性能以及产品外观质量的切割面，应不低于 CB/T 3123 中规定的 2 级。

3.5.4 焊接用的焊条、焊丝与焊剂应符合 GB/T 5117、GB/T 5118、GB/T 5293、GB/T 8110、GB/T 12470、GB/T 14957 的规定。焊条的型号选择应与主体构件材料强度以及焊缝所受载荷类型相适应。自动焊或半自动焊焊丝和焊剂的选配应与主体构件材料强度相适应。

3.5.5 焊缝坡口应符合 GB/T 985.1 和 GB/T 985.2 的规定。特殊需要的坡口形式和尺寸，可根据具体情况规定并在图样上注明。

3.5.6 主要受力结构件(如主梁、支腿、小车架、台车架、吊具架、起升卷筒)对接焊缝质量应不低于 GB/T 11345 中规定的Ⅰ级和 GB/T 3323 中规定的Ⅱ级。

3.5.7 所有焊缝均不应有焊漏、烧穿、裂纹、气孔、未熔合、严重咬边、夹渣、熔瘤等影响性能和外观质量的缺陷。

3.5.8 用于连接金属结构件的高强度螺栓、螺母、垫圈应符合 GB/T 1228～GB/T 1231 的规定。

3.6 主要零部件

3.6.1 齿轮与减速器

3.6.1.1 齿轮应经热处理，尽可能采用中硬齿面或硬齿面啮合。

3.6.1.2 齿轮副的精度应不低于 GB/T 10095 中规定的 8-8-7 级。齿条副的精度应不低于 GB/T 10096中规定的 9-8-8 级。

3.6.1.3 减速器以工作转速无负载运转时，在箱体剖分面等高线上，距减速器前后左右 1 m 处测量，噪声应不大于 85 dB(A)。

3.6.1.4 减速器在正常润滑条件下，以工作转速无负载正反各运转 1 h 后，轴承处温升应不超过 45 K。

3.6.1.5 减速器应无渗漏现象。

3.6.1.6 减速器过载能力、安全系数与热功率应符合所选用相关减速器的规范要求。

3.6.2 制动轮与制动器

3.6.2.1 制动器的选择和使用应符合 GB/T 3811 和 GB/T 6067 的相关规定。

3.6.2.2 直接安装在轴上的盘式制动器圆盘对轴的端面跳动量应不大于 0.2 mm。

3.6.2.3 制动轮对基准轴线径向圆跳动公差值应不低于 GB/T 1184 中的 7 级。直接安装在轴上的制动轮,其径向圆跳动应不低于 GB/T 1184 中的 9 级。

3.6.2.4 制动器弹簧经过三次全压缩后,不应有永久变形。

3.6.2.5 装配后的制动器,各铰点应转动灵活,符合有关技术文件的规定。

3.6.3 联轴器

3.6.3.1 联轴器的转速、转矩和安装要求等应符合相应型式联轴器标准规范的规定。

3.6.3.2 弹性套柱销联轴器的两个半联轴器的相对径向圆跳动 ΔY 和相对端面圆跳动 ΔX 偏差值见图 1、图 2 和表 3。

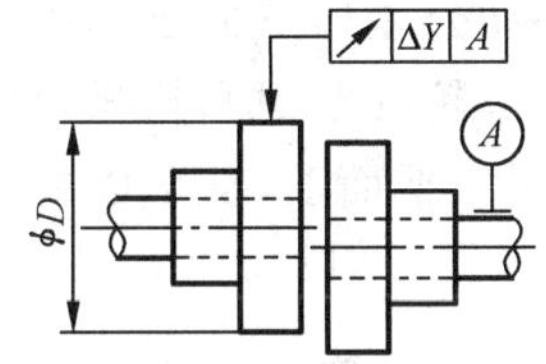

图 1

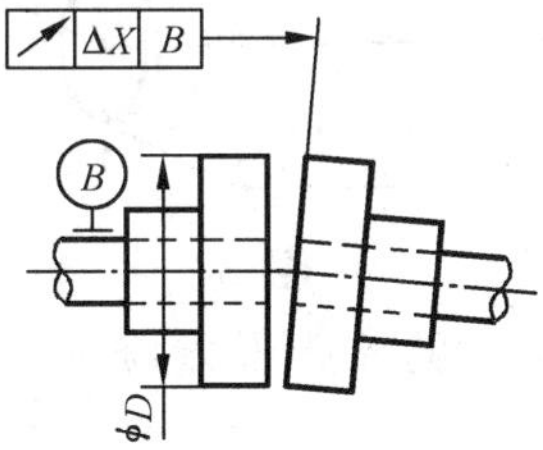

图 2

表 3 单位为毫米

D	ΔY	ΔX
$100<D\leqslant180$	0.14	0.16
$180<D\leqslant280$	0.16	0.18
$280<D\leqslant380$	0.18	0.20
$380<D\leqslant500$	0.20	0.25

3.6.3.3 齿轮联轴器的两个半联轴器的相对端面跳动和相对径向圆跳动的偏差值为 0.2 mm。

3.6.4 钢丝绳

3.6.4.1 钢丝绳应符合 GB 8918 的要求,且优先采用线接触型钢丝绳。

3.6.4.2 钢丝绳端部固定、连接应符合 GB/T 6067 的相关规定。

3.6.4.3 钢丝绳禁止接长使用。

3.6.5 **滑轮**

3.6.5.1 滑轮公称直径与钢丝绳公称直径的比值应符合 GB/T 3811 的相关规定。

3.6.5.2 钢丝绳绕进或绕出滑轮时偏斜的最大的允许角度不大于 5°。

3.6.5.3 滑轮上应设有钢丝绳防脱槽装置，防脱槽装置与滑轮最外缘间隙不应超过钢丝绳直径的 20%。

3.6.5.4 滑轮槽应光洁平滑，不应有损坏钢丝绳的缺陷。

3.6.6 **卷筒**

3.6.6.1 卷筒公称直径与钢丝绳直径的比值应符合 GB/T 3811 的相关规定。

3.6.6.2 钢丝绳绕进或绕出卷筒时，单层缠绕钢丝绳对绳槽的每一侧的偏斜角应不大于 3.5°。

3.6.6.3 起升卷筒切槽后，壁厚尺寸偏差应不大于 3 mm。

3.6.7 **小车车轮和轨道**

3.6.7.1 车轮踏面直径的精度不低于 GB/T 1801 中的 h9 级。

3.6.7.2 车轮踏面对基准轴线的圆跳动公差值不低于 GB/T 1184 中的 9 级。

3.6.7.3 车轮宜采用钢材轧制。铸造车轮的踏面和轮缘内侧不应有气孔、夹渣等缺陷。

3.6.7.4 小车的四个车轮踏面，应在同一平面上，支承面的最大不平度 t 应不大于轨距 K 的 0.1%，见图 3。

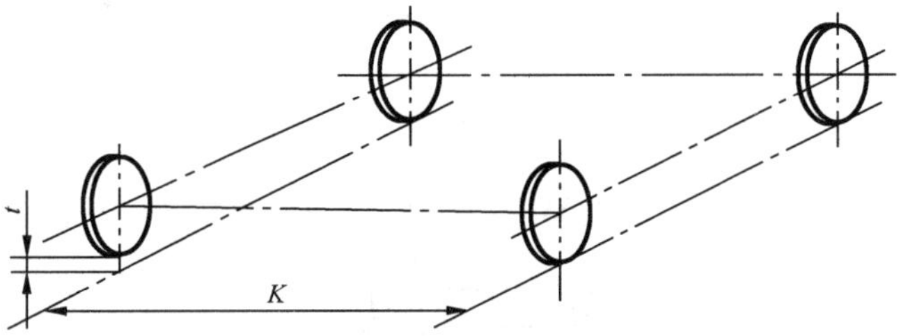

图 3

3.6.7.5 从同一轴线上一对车轮处量出的轮距误差应不大于±2 mm。两轮距 K_1 及 K_2 相对差应不大于 2 mm。

3.6.7.6 车轮的水平偏斜值为 $P \leqslant (1/1\ 000)L$，L 为测量长度，水平偏斜方向按图 4 所示。

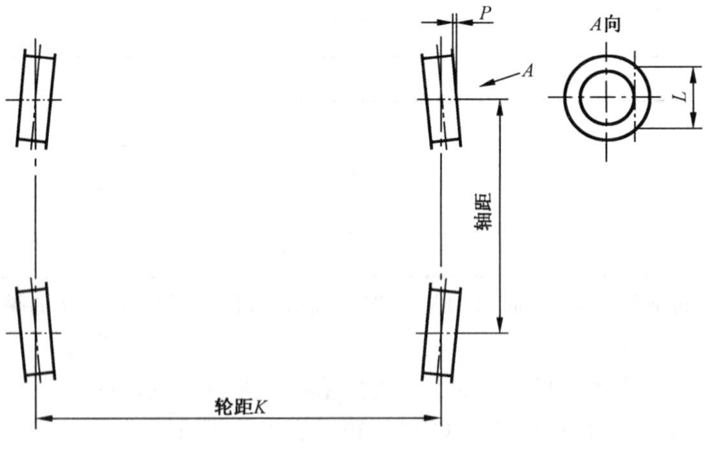

图 4

3.6.7.7 车轮的垂直偏斜值为 $\alpha=(0\sim2.5/1\,000)L$，$L$ 为测量长度，正号为上端向外，见图 5（车轮不受载荷下测量）。

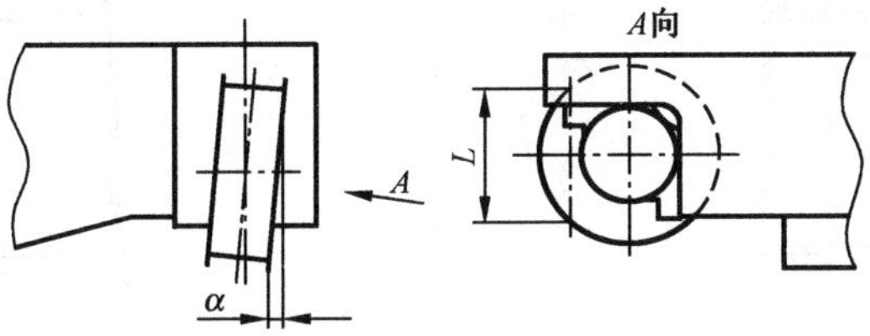

图 5

3.6.7.8 同一侧轨道上车轮的同位差 δ 应不大于 2 mm，见图 6。

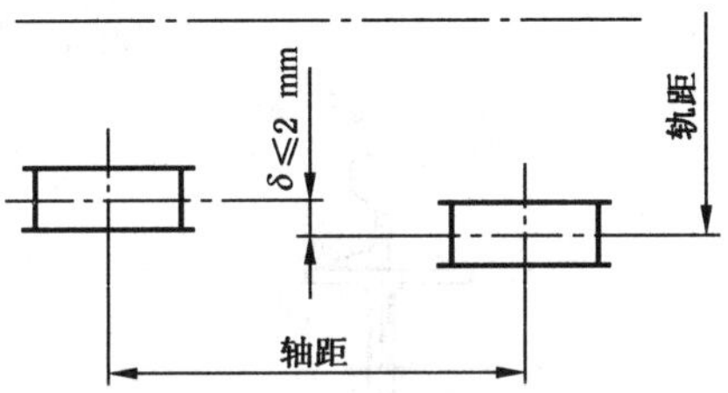

图 6

3.6.7.9 如采用水平导轮，则一侧两导轮之间的中心线与轨道中心线的偏差应不大于±1 mm，见图 7。

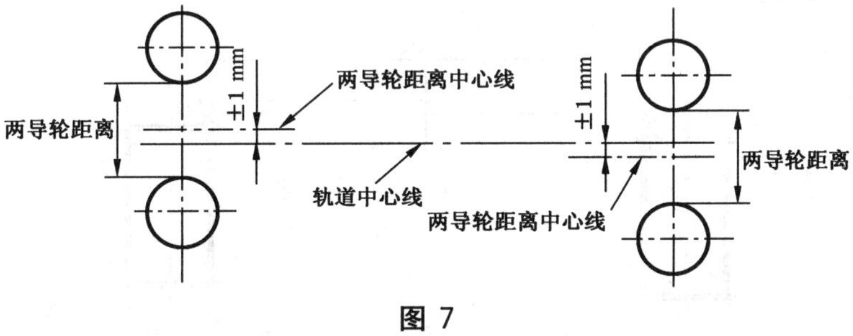

图 7

3.6.7.10 小车轨距 K 的允许偏差值 ΔK：

——轨道设在承轨梁中部：$\Delta K=\pm4$ mm，见图 8；

——轨道设在承轨梁内侧：$\Delta K=0$ mm～$+8$ mm，见图 9。

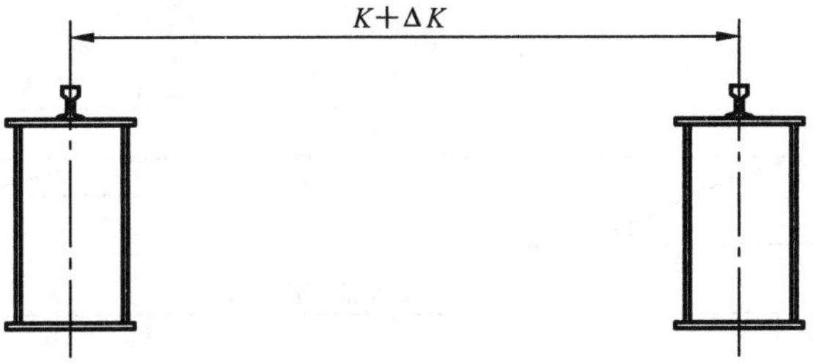

图 8

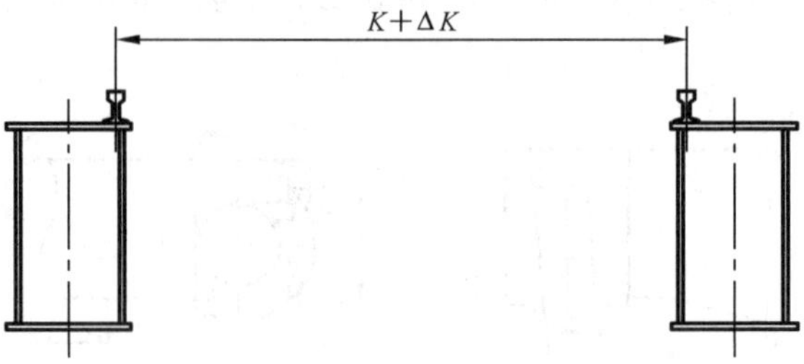

图 9

3.6.7.11　小车轨道中心线与轨道支承腹板中心线的位置偏差应不大于其腹板厚度 t 的 1/2,见图 10。

图 10

3.6.7.12　同一横截面上,左右小车轨道顶面的高低误差 ΔH 应不大于轨距 K 的 0.15%,最大值应不超过 10 mm,见图 11。

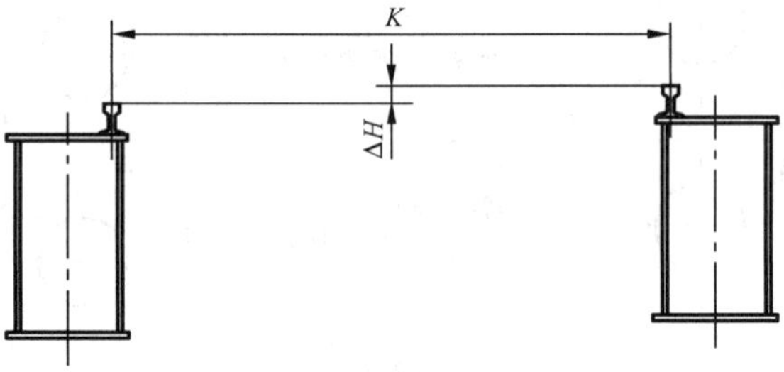

图 11

3.6.7.13　小车轨道的侧向直线度(见图 12)应符合下列要求:

——每 2 m 长度内的偏差不大于 1 mm;

——在轨道全长范围内的偏差不大于 5 mm。

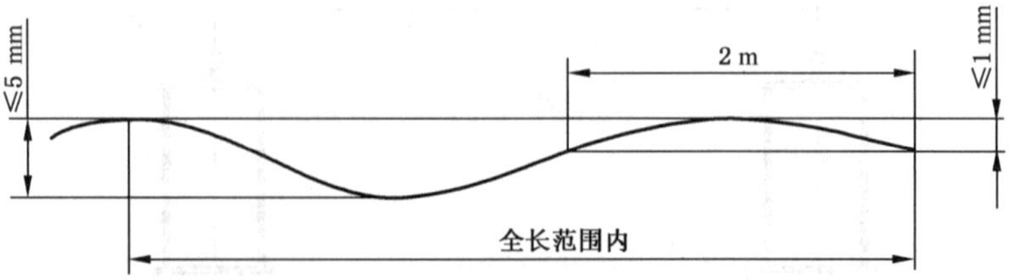

图 12

3.6.7.14 小车轨道宜用整根轨道或用接头焊接的整根轨道，否则应满足以下要求：轨道接头处轨面的高低差应不大于 1 mm；侧面左右错位差应不大于 1 mm；间隙应为 0 mm～2 mm。

3.6.7.15 如仅在一根轨道上采用水平导向轮，则轨距极限偏差可为 3.6.7.10 中的数据的 3 倍，对3.6.7.13 中的非导向轨道的直线度要求可以降低。

3.6.8 轮胎

轮胎充气压力应符合轮胎制造厂的规定，其允许偏差为±3%之内。

3.7 机构

3.7.1 起升机构

3.7.1.1 起升机构工作级别宜为 M6、M7。

3.7.1.2 起升机构应采用恒功率调速。

3.7.1.3 电动机容量可按起吊额定起重量在工作循环内发热计算确定，但应进行过载校验。

3.7.1.4 起升机构不应采用开式齿轮传动。

3.7.2 小车运行机构

3.7.2.1 小车运行机构工作级别宜为 M6、M7。

3.7.2.2 运行静阻力应符合 GB/T 3811 中的相关规定，其中等效坡度阻力应包括主梁拱度阻力、道路坡度阻力、轮胎变形坡度阻力等。

3.7.2.3 小车运行机构起动或制动的加(减)速度值及相应的加(减)速时间按 GB/T 3811 的相关规定选取。

3.7.3 大车运行机构

3.7.3.1 大车运行机构工作级别宜为 M5、M6。

3.7.3.2 大车运行速度一般可分空载(仅载吊具)运行速度和满载运行速度。载箱运行是作倒箱短距离移位，其速度值宜不小于 25 m/min。

3.7.3.3 大车运行机构应具有保持起重机直线行驶的纠偏装置，当大车运行车轮偏离行走中心 300 mm 时，大车运行距离在 9 m 内应能纠正。

3.7.3.4 大车运行机构可转向 90°后直线行驶，90°转向系在空载、大车不运行工况下，并宜在指定地点特定路面下进行。

3.7.3.5 大车运行机构制动器应有简便的机械方式能使制动器处于释放状态，以便拖运起重机。

3.7.3.6 在未采用定轴转向的起重机上，应装设手控装置，使轮胎各自可转至小于 90°的任何一角度。

3.8 动力装置

3.8.1 起重机的动力装置可为柴油发电机组，亦可采用由电力通过电缆卷筒或高架滑触线等型式为其提供动力，或是两者的组合形式。

3.8.2 如采用柴油发电机组为动力装置，应满足下列要求：

a) 在发动机附近应设置操纵发动机起动、停车装置，司机室内应设置停车装置；

b) 发动机燃油油箱容量应能保证起重机 36 h 工作的需要，并应有明显标志油位的指示器；

c) 发动机除自带充电设备外，另应装设可用岸电充电的设备。

3.9 集装箱吊具及回转、减摇装置

3.9.1 集装箱吊具应能装卸 GB/T 1413 规定的国际集装箱，其转锁的位置尺寸和公差应不低于GB/T 3220 的规定。

3.9.2 伸缩吊具本体的伸缩臂或横梁处应设有可对大宗件货进行装卸用的吊耳。

3.9.3 伸缩吊具宜采用具有上架的结构,吊具上架可与吊具本体分开,两者之间用易拆装的转锁或销轴连接。

3.9.4 吊具转锁热处理加工后,应进行无损探伤检查,不应有裂纹,并不应修补。

3.9.5 吊具离地面 2.4 m 时,吊具应在水平平面内按纵向中心线可进行回转±5°。

3.9.6 起重机宜装设能抑制吊具或吊具与集装箱摇摆的减摇装置。

3.10 司机室

司机室应符合 GB/T 20303.5 的相关规定。

3.11 液压系统

3.11.1 液压系统应符合 GB/T 3766 中的规定。

3.11.2 液压系统装配前,接头、管路及通道(包括铸造型芯孔、钻孔)应清洗干净,不许有任何污物(铁屑、毛刺、纤维状杂质等)。

3.11.3 主要液压元件(油泵、油缸、阀类等)应有制造厂出具的合格证书。

3.11.4 液压系统应有防止过载和冲击的安全装置,溢流阀调整压力应不大于系统额定工作压力的 110%。

3.11.5 油箱应有足够的容量,在无冷却装置下,液压油的循环周期应不少于 2 min,工作油温应不超过 70 ℃。

3.12 电气设备

3.12.1 电气设备设计及选择应符合 GB/T 3811 的有关规定。

3.12.2 电气设备和电气元件应适用于港口等工作环境,并符合工作级别和工作制度的要求。

3.12.3 电气设备应有良好的绝缘性能,用 500 V 兆欧表测量:电动机、电阻器的绝缘电阻冷态时不低于 1 MΩ 或热态时不低于 0.5 MΩ;控制柜、操纵台等成套电气设备的绝缘电阻,一次回路不低于1 MΩ;二次回路不低于 0.5 MΩ;单独的电器元件绝缘电阻不低于 1.5 MΩ。

3.12.4 交流和直流的不同电压等级的导线都宜分开敷设。

3.12.5 除动力传动控制屏与控制台等成套设备内应用聚氯乙烯塑料绝缘铜芯软线外,其余宜采用绝缘多股铜芯电缆。动力回路的导线截面应不小于 2.5 mm^2,控制照明回路的导线截面应不小于1.5 mm^2;装有电子设备控制柜的导线截面应不小于 0.2 mm^2。

3.12.6 吊具电缆应选用特殊的挠性多芯软电缆,并应在吊具上架和吊具本体之间设置多芯插头与插座,以便吊具快速更换。

3.12.7 所有连接导线两端应有与原理图、配线表一致的明显编号,标明线号、线束号、去向等。

3.12.8 小车供电应保证拖带电缆时轻便、灵活,并应保证电缆的弯曲半径在允许的范围内。

3.12.9 电气房的照明度应不低于 50 lx;主要通道及扶梯平台入口处的照明度应不低于 20 lx;作业面的照明度应不低于 50 lx,司机室的照明度应不低于 50 lx。

3.12.10 直流电路系统中应设有过流、过压、失磁、零位等保护。

3.12.11 交流电路系统中应设有短路、过载、失压、漏电、缺相等保护。

3.12.12 起重机应可接岸电,以供设备预热、维修及照明等用。

3.13 安全保护装置

3.13.1 超速、超载限制器

3.13.1.1 当起升载荷达到额定起重量的 100%时,应能发出提示性报警。

3.13.1.2 当起升载荷达到额定起重量的 110%时,应自动切断上升电源,但可下降放下物件。

3.13.1.3 当升降速度超过空载额定升降速度的 115%时,超速装置应能切断起升电动机电源。

3.13.2 极限保护装置

3.13.2.1 应装设上升终点前减速、上升终点停止、上升极限位置停止、下降终点前减速、下降终点停止的限位位置保护。

3.13.2.2 小车运行机构两端均应装设终点前减速、终点停止、终点极限位置停止的安全保护装置,以及缓冲器和车轮的车挡等。

3.13.3 联锁保护装置

3.13.3.1 大车运行机构与大车转向机构应装设联锁保护。如车轮锁销全部退出后方可转向;车轮锁销全部进销后方可允许大车运行等。

3.13.3.2 吊具着箱后,起升机构应切断下降电源,绳索不再继续下降。

3.13.3.3 吊具吊起集装箱后,吊具应不能伸缩、转锁应不能转动、大车应不能转向。

3.13.3.4 吊具转锁当未全部进入集装箱顶角件孔穴时,转锁应有防止转动的联锁装置。

3.13.3.5 当吊具上架与吊具本体连接件拆卸后,吊具电缆插头仍插入吊具本体的插座时,应设有吊具上架不能起升的联锁装置;当吊具上架与吊具本体连接件装妥后,吊具电缆插头未插入吊具本体插座时,应设有整个吊具不能起升的联锁装置。

3.13.4 防触箱装置

起重机应设大车运行防触箱装置,当起重机与集装箱碰撞之前,应能发出讯号报警,并立即切断继续向前运行电源,但可倒退行驶。

3.13.5 防台风系拉设施和楔块

3.13.5.1 起重机宜设置防台风系拉设施,抗风能力应满足 JT/T 90 的要求,防台风系拉设施应始终保持良好的技术状态。

3.13.5.2 为防止由于风载荷引起起重机沿路面滑移,应设置楔块。

3.13.6 报警装置

3.13.6.1 起重机应设置风速报警器,并宜有瞬时风速的显示能力。

3.13.6.2 起重机应设置声光报警器,运行时应能发出报警声光信号。

3.13.7 灭火器

起重机应在电气房、发动机房、司机室附近设置灭火器。

3.13.8 发动机保护装置

发动机应配备冷却水温过高、机油压力过低和超速等的保护装置。

3.13.9 故障监视诊断装置

应设置有效的故障监视诊断装置以便及时报警,确保安全作业,缩短排除故障时间。

3.13.10 急停装置

在司机室、小车、电气房与发动机一侧的扶梯口,都应装有事故紧停按钮,可在紧急状态下切断动力电源。

3.14 涂装和外观

3.14.1 表面处理

3.14.1.1 在涂装前构件表面应进行除铁锈、焊渣、毛刺、灰尘、油脂、盐、污泥、氧化皮等预处理,以保证表面光滑平整。

3.14.1.2 除锈质量等级按 GB/T 8923 的规定:用手工方式除锈为 St3 级,用化学处理和抛(喷)丸(或其他磨料)方式除锈为 Sa2 $\frac{1}{2}$级。

3.14.1.3 表面处理后 4 h 内应喷涂一道干膜厚度为 15 μm～20 μm 的底漆，作为钢材预处理后的短期保护，在正式涂层开始涂装时，需进行二次表面处理去除。

3.14.2 涂层与漆膜厚度

涂层、涂料品种、最低干膜厚及道数见表 4。

表 4

涂层	涂料品种	最低干膜厚/μm	道数
底涂层	环氧富锌底漆	60	1
中间涂层	环氧后浆漆	100	1
面涂层	脂肪族聚氨酯面漆	60	2
总干膜厚度		220	—

3.14.3 涂装颜色

产品的安全标志颜色应符合 GB 2893、GB 2894 的规定。

3.14.4 漆膜附着力

涂层的漆膜附着力应不低于 GB/T 9286 中规定的 1 级。

3.14.5 外观

起重机外观质量应达到：

a) 零、部件表面不应有明显变形及损伤，应平整、无粘砂和余留冒口，焊缝要均匀美观；

b) 油漆色泽均匀，没有涂斑、漏漆和剥落；

c) 紧固件无松动漏装；

d) 管线排列整齐；

e) 不应有油液外露；

f) 标牌、性能表牌、吊装标志和功能标志应齐全，安装位置应合理，表示应清楚。

4 试验方法

4.1 试验条件

4.1.1 试验时风速不超过 13.8 m/s，环境温度为－20 ℃～＋40 ℃，相对湿度不大于 95%，有凝露。

4.1.2 试车场地应水平坚实，坡度不大于 1%，跨度两侧行走通道，地面坡度应同向，即同为上坡或下坡。

4.1.3 如采用轮胎原地转向，转向试验场地表面应光滑，轮胎转向处应垫钢板或采用高标号水泥路面。

4.1.4 轮胎的工作压力应符合 3.6.8 的规定。

4.1.5 燃油、润滑油、液压油和冷却液应按使用要求装至工作液面，油的品质应符合设计规定的要求。

4.1.6 试验载荷应标定准确，其允许偏差为±1%。

4.2 整机调试和试验准备

4.2.1 试验前应进行静态检查，所有构件、机构及附属装置的安装是否准确、可靠。

4.2.2 所有金属结构件的焊接及高强度螺栓的连接应牢固。

4.2.3 各传动件、紧固件及钢丝绳端部连接应牢固可靠。

4.2.4 检查液压系统中液压元件与管路固定及与管路间连接时密封性和可靠性。

4.2.5 检测电气设备(电动机、电阻器、电器元件、电缆等)的绝缘电阻值。

4.2.6 检测柴油机的额定转速、发电机电压,检查司机室内停车装置是否正常、灵敏。

4.2.7 各机构按设计要求调试完毕后,结构和传动件均能正常工作,整机无异常现象。

4.2.8 检查和调试所有安全保护装置。通过三次试验,确认安全保护装置的动作灵敏性、可靠性及准确性。

4.3 空载试验

4.3.1 几何参数测定

测量起重机有关尺寸,以三次测量的算术平均值作为测定数据:

a) 跨距、基距、大车行走轮轴距;

b) 内净空即起重机门框内部宽度方向的通过尺寸;

c) 整机外形尺寸即全长、全宽、全高。

4.3.2 起升机构

4.3.2.1 将起升机构上升到极限位置,测量起升高度。

4.3.2.2 将起升机构上升到极限位置,试验上升极限位置停止保护装置的可靠性。

4.3.2.3 测定空载起升(下降)速度和电机的电流、电压及转速值。测取空载下吊具以最高速度起升(下降),吊具稳定运行通过 10 m 行程所需的时间,以三次测量的算术平均值作为起升(下降)速度。

4.3.2.4 将起升机构上升(下降)到极限位置,检查上升(下降)终点前减速性能。

4.3.2.5 吊具升降时观察吊具的电缆储放情况,应保证电缆储放正常。

4.3.3 小车运行机构

4.3.3.1 将小车分别运行至主梁两端终点极限位置,试验小车在主梁两端终点前减速、终点停止、终点极限位置停止的安全保护装置的可靠性,并测量小车行程。

4.3.3.2 测定小车的空载运行速度和电机的电流、电压及转速值。测取空载下小车以最高稳定速度运行通过 10 m 行程所需的时间,以三次测量的算术平均值作为小车运行速度。

4.3.3.3 检查小车车轮与轨道接触情况,运行时不应出现啃轨现象。

4.3.3.4 检查小车供电电缆跟随小车运行情况,运行时应轻便、灵活、平稳。

4.3.4 大车运行机构

4.3.4.1 测定大车的空载运行速度和电机的电流、电压及转速值。起重机沿轨道以最高速度运行,测量空载下整机稳定通过 10 m 行程所需的时间,以三次测量的算术平均值作为大车运行速度。

4.3.4.2 测定大车运行的纠偏效果。使大车运行车轮偏离行走中心 300 mm,测取纠正后大车的运行距离。

4.3.4.3 试验大车防触箱装置的可靠性。

4.3.5 转向机构

4.3.5.1 小车停在主梁中部,将车轮从 0°～90°和 90°～0°转向各两次,测定车轮转向时间与液压系统工作压力。

4.3.5.2 检查大车运行机构与大车转向机构的联锁保护装置的可靠性。

4.3.5.3 有定轴转向或手控分别转向的起重机,也应按其设计要求进行试验。

4.3.6 集装箱吊具及回转、减摇装置

4.3.6.1 测定集装箱吊具转锁间距和对角线距离公差值。

4.3.6.2 检验吊具联锁的可靠性。

4.3.6.3 检验吊具上架与吊具本体连接处和起升机构联锁的可靠性。

4.3.6.4 测量伸缩吊具的伸缩时间,观察转锁“开”“闭”指示的准确性。

4.3.6.5 测定吊具离地 2.4 m,吊具按其水平纵向中心线向两侧各偏转的角度,以三次测量的算术平均值作为吊具回转角度,并测量偏转所需时间和液压系统压力。

4.3.6.6 观察吊具在升降过程中,减摇钢丝绳是否能及时跟踪。

4.3.6.7 小车运行制动后,应有明显的减摇效果,测定小车制动 5 s 后吊具的最大摆幅。

4.4 静载试验

4.4.1 试验前可调整超载限制器、制动器等,但试验后应调回到规定的数值。

4.4.2 试验时小车应停在主梁中部,先起吊额定载荷,离地 100 mm～200 mm,然后无冲击地逐渐加载至 1.25 倍额定起重量,并停留 10 min。

4.4.3 测定起吊 1.25 倍额定起重量时主梁中部的下挠值和轮胎压缩量。

4.5 额定载荷试验

4.5.1 测定在额定载荷下的起升速度、小车运行速度、大车运行速度和各自电机的电流、电压及转速值,其试验方法可参照 4.3.2.3、4.3.3.2 和 4.3.4.1。

4.5.2 测定在额定载荷下吊具回转角度,其试验方法可参照 4.3.6.5。

4.5.3 测定在额定载荷下的减摇效果,其试验方法可参照 4.3.6.6 和 4.3.6.7。

4.5.4 进行额定载荷下起升、小车运行试验三次,试验过程中,起升、小车制动各三次。

4.5.5 测定起吊额定起重量时主梁中部的下挠值和轮胎压缩量,其试验方法可参照 4.4.2。

4.6 动载试验

4.6.1 起重机应按操作规程进行控制,各机构均为中挡速度或 2/3 高速运转。

4.6.2 起重机作升降运动三次,其中中间制动二次、小车前后运行三次、吊具回转三次,并作大车往返运行等动作。

4.6.3 批量生产中,应抽一台作紧急制动试验。

4.7 可靠性试验

4.7.1 距起重机横行方向约 30 m 长范围内选一试车场地,进行起重机起吊额定载荷模拟作业试验。

4.7.2 每连续 10 次作业循环后,大车空载运行 30 m 远,再回原地继续进行作业。

4.7.3 每 2 h 左右,将大车运行至转向点进行 90°转向,并横向行走 6 m,再回至转向点,将行走轮转回,再运行至原地,继续进行作业。

4.7.4 作业循环中各种运动皆以最大加速度和最大速度进行工作。

4.8 轮压和质量参数测定

4.8.1 非工作轮压:小车位于动力装置一侧的工作极限位置,集装箱吊具无负荷,测量各车轮负荷值。

4.8.2 工作轮压:小车位于动力装置一侧的工作极限位置,集装箱吊具载有额定起重量的物件,测量各车轮负荷值。

4.8.3 集装箱吊具质量:如集装箱吊具系由吊具上架与吊具组合时,则应分别测出其质量。

4.8.4 起重机总质量:在吊具无载荷时测定。

4.9 噪声测定

起重机作业时,在司机室内和发动机一侧进行噪声测定,其测量方法应符合 GB/T 16710.2～

GB/T 16710.5 的规定。

4.10 金属结构应力测定

4.10.1 主梁、支腿、鞍梁、小车架横梁、大车平衡梁、吊具本体、吊具外伸梁等主要结构件应进行应力测定。

4.10.2 分别以额定载荷、动载(1.1 倍额定载荷)、偏载(额定载荷重心与箱体形心距其纵向方向偏离箱体长度的 10%),在额定工作速度时进行应力测定,试验的测量次数为三次,取三次测量的算术平均值作为测量值。

4.10.3 以静载(1.25 倍额定载荷)且各工作机构为非工作状态时进行应力测定,试验的测量次数为三次,取三次测量的算术平均值作为测量值。

4.11 工业性试验

4.11.1 工业性试验中将作业日期、作业时间、吊运箱数量、故障情况等填入表 A.1 中。

4.11.2 做模拟性试生产时,每吊运 10 箱后,大车移动两个箱位距离,且每天至少进行 90°转向两次。

4.11.3 在试验前、吊运 3 000 箱、5 000 箱时,分别对起重机的主要技术性能进行阶段性的测定,测定数据记入表 A.2 中。

4.11.4 工业性试验后应对主要易损件和运动部件以及发生异常的部分进行拆检,并对检查测量零件的结果记入表 A.3 中。

4.11.5 工业性试验应由制造厂和用户共同负责记录数据和进行试验总结,对试验期间起重机出现的任何不正常现象或事故应详细记录并提出分析和处理意见。

5 检验规则

5.1 型式检验

5.1.1 有下列情况之一时,应进行型式检验:

a) 新产品或老产品转厂生产的试制定型鉴定;

b) 正式生产后,如结构、材料、工艺有较大改变,可能影响产品性能时;

c) 产品停产达三年以上后,恢复生产时;

d) 出厂检验结果与上次型式检验有较大差异时;

e) 国家质量监督机构提出进行型式检验要求时。

5.1.2 型式检验项目见表 5。

5.2 出厂检验

5.2.1 每台起重机都应进行出厂检验,检验合格后(包括用户特殊要求检验项目)方能出厂,出厂产品应附有产品合格证明书。

5.2.2 出厂检验项目见表 5。

表 5

序号	检验项目	检验分类		检验要求	试验方法
		出厂检验	型式试验		
1	安全保护装置可靠性	√	√	3.13	4.2.8
2	电气设备的绝缘电阻值	√	√	3.12.3	4.2.5
3	几何参数测定	√	√	3.3.6 和 3.3.7	4.3.1

表 5（续）

序号	检验项目	检验分类		检验要求	试验方法
		出厂检验	型式试验		
4	各机构运行速度		√	3.3.1、3.3.2 和3.3.3	4.3.2.3、4.3.3.2 和 4.3.4.1
5	起升高度及极限位置保护	√	√	3.3.5 和 3.13.2.1	4.3.2
6	小车极限位置保护	√	√	3.13.2.1	4.3.3.1 和 4.3.3.2
7	大车运行纠偏	√	√	3.7.3.3	4.3.4.2 和 4.5.3
8	大车转向机构		√	3.7.3.4	4.3.5
9	吊具转锁间距和对角线距离	√	√	3.9.1	4.3.6.1
10	吊具回转角度	√	√	3.9.5	4.3.6.5 和 4.5.2
11	吊具减摇装置	√	√	3.9.6	4.3.6.6、4.3.6.7 和 4.5.3
12	额定载荷试验	√	√	3.2.4	4.5
13	静载试验		√	3.2.3	4.4
14	动载试验		√	3.2.5	4.6
15	可靠性试验		√	3.2.6	4.7
16	轮压和质量参数测定		√	3.3.4	4.8
17	噪声测定	√	√	3.2.2	4.9
18	金属结构应力测定		√	3.2.7	4.10
19	工业性试验		√	3.2.8	4.11

6 标志和运输

6.1 标志

6.1.1 每台产品应在主梁和吊具上装设醒目的起重量标志。

6.1.2 应在起重机支腿的适当位置装设产品标牌。产品标牌的型式及尺寸应符合有关标准的规定，并应包括下列内容：

a) 产品型号和名称；

b) 制造厂名称；

c) 主要技术参数；

d) 产品编号；

e) 制造日期。

6.1.3 在司机室内应装设主要参数表标牌。

6.1.4 各种操纵手柄、开关及信号装置近旁，应装设指示功能的标牌，并应表示位置和控制方向。

6.2 运输

6.2.1 产品的运输应符合铁路、公路、航运的有关运输要求。

6.2.2 在解体运输中，对长大件和可自由移动的部件，应垫平绑扎牢固，防止运输变形、移位、碰撞。

6.2.3 在起重机整机吊运中，应防止小车在主梁上移位和起重机在船上的移位，并应防止门架变形等。

附　录　A
（资料性附录）
工业性试验记录表格

A.1　工业性运转试验日报

工业性运转试验日报见表 A.1。

表 A.1　工业性运转试验日报

起止时间	集装箱规格	吊运箱次			装载总质量 t	停机原因	备注
		空箱	重箱	总数			
纯作业时间 h		发动机运行时间 h		故障停机时间 h		柴油消耗量/电消耗量 kg/kWh	
操作人				填报人			
日期				日期			

A.2　技术参数测量值

技术参数测量值见表 A.2。

表 A.2　技术参数测量值

机构	负载	方向	设计速度	测量行程	时间				实测速度	备注
					1	2	3	平均		
起升	空	起升								
		下降								
	满	起升								
		下降								
小车运行	空	前								
		后								
	满	前								
		后								
大车行走	空	左								
		右								
	满	左								
		右								

表 A.2(续)

机构	负载	方向	设计速度	测量行程	时间				实测速度	备注
					1	2	3	平均		
大车转向	空	0°～90°								
		90°～0°								
吊具回转	空	前								
		后								
	满	前								
		后								
吊具伸缩	空	伸出								
		缩回								

A.3 拆检零件实测记录

拆检零件实测记录见表 A.3。

表 A.3 拆检零件实测记录

零件名称	件　数	项　数	原图要求	实测数据	备　注

ICS 03.220.40;53.020.20
R 46

中华人民共和国国家标准

GB/T 15361—2009
代替 GB/T 15360—1994,GB/T 15361—1994

岸边集装箱起重机

Quayside container crane

2009-06-04 发布 2010-01-01 实施

中华人民共和国国家质量监督检验检疫总局
中国国家标准化管理委员会 发布

前　言

本标准代替 GB/T 15361—1994《岸边集装箱起重机技术条件》和 GB/T 15360—1994《岸边集装箱起重机试验方法》,将原 GB/T 15360 的内容纳入 GB/T 15361 中。

本标准与 GB/T 15361—1994 相比主要技术差异如下:

——修改了钢丝绳出入滑轮的偏角(见 3.6.1.5);

——修改了制动带(或制动瓦)与制动轮(或制动盘)接触面积应不小于总面积的百分比。(见 3.6.2.8);

——删除了对大车轨道的要求(见 3.6.5);

——对"液压系统"的相关内容进行了修改和补充(见 3.6.6);

——对"涂装和外观"进行了修改和完善(见 3.8);

——增加并简化修改了试验方法的相关内容(见第 4 章)。

本标准的附录 A 为资料性附录。

本标准由中华人民共和国交通运输部提出。

本标准由交通部港机标准归口单位归口。

本标准起草单位:上海振华港口机械(集团)股份有限公司、上海港机重工有限公司、交通部水运科学研究院。

本标准主要起草人:丁敏、商伟军、山建国、刘晋川、杨勤、于同工。

本标准所代替标准的历次版本发布情况为:

——GB/T 15360—1994;

——GB/T 15361—1994。

岸边集装箱起重机

1 范围

本标准规定了岸边集装箱起重机(以下简称起重机)的技术要求、试验方法、检验规则、标志和运输等方面的内容。

本标准适用于岸边装卸符合 GB/T 1413 的 20 ft 和 40 ft 国际集装箱的起重机。

2 规范性引用文件

下列文件中的条款通过本标准的引用而成为本标准的条款。凡是注日期的引用文件,其随后所有的修改单(不包括勘误的内容)或修订版均不适用于本标准,然而,鼓励根据本标准达成协议的各方研究是否可使用这些文件的最新版本。凡是不注日期的引用文件,其最新版本适用于本标准。

GB/T 699　优质碳素结构钢

GB/T 700　碳素结构钢(GB/T 700—2006,ISO 630:1995,NEQ)

GB/T 755　旋转电机　定额和性能

GB/T 985.1　气焊、焊条电弧焊、气体保护焊和高能束焊的推荐坡口(GB/T 985.1—2008,ISO 9692-1:2003,焊接及相关工艺　推荐的焊接坡口　第1部分:钢的焊条电弧焊、熔化极气体保护焊、气焊、TIG 焊和高能束焊,MOD)

GB/T 985.2　埋弧焊推荐坡口(GB/T 985.2—2008,ISO 9692-2:2003,焊接及相关工艺　推荐的焊接坡口　第2部分:钢的埋弧焊,MOD)

GB/T 1182　形状和位置公差　通则、定义、符号和图样表示方法(GB/T 1182—1996,eqv ISO 1101:96)

GB/T 1228　钢结构用高强度大六角头螺栓(GB/T 1228—2006,ISO 7412:1984,NEQ)

GB/T 1229　钢结构用高强度大六角螺母(GB/T 1229—2006,ISO 4775:1984,NEQ)

GB/T 1230　钢结构用高强度垫圈(GB/T 1230—2006,ISO 7416:1984,NEQ)

GB/T 1231　钢结构用高强度大六角头螺栓、大六角螺母、垫圈技术条件

GB/T 1413　系列1集装箱　分类、尺寸和额定质量(GB/T 1413—1998,idt ISO 668:1995)

GB/T 1591　低合金高强度结构钢(GB/T 1591—1994,neq ISO 4950:1981)

GB/T 1800.4　极限与配合　标准公差等级和孔、轴的极限偏差(GB/T 1800.4—1999,eqv ISO 286-2-88)

GB 2893　安全色(GB 2893—2001,neq ISO 3864:1984)

GB 2894　安全标志(GB 2894—1996,neq ISO 3864:1984)

GB/T 3077　合金结构钢(GB/T 3077—1999,neq DIN EN 10083-1:1991)

GB/T 3220　集装箱吊具的尺寸和起重量系列

GB/T 3323　金属熔化焊焊接接头射线照相(GB/T 3323—2005,EN 1435:1997,MOD)

GB/T 3766　液压系统通用技术条件(GB/T 3766—2001,eqv ISO 4413:1998)

GB/T 3797　电气控制设备

GB/T 3811 起重机设计规范

GB/T 3859 半导体电力变流器

GB/T 3886.1 半导体电力变流器用于调速电气传动系统的一般要求 第一部分：关于直流电动机传动额定值的规定(GB/T 3886.1—2001,idt IEC 61136-1:1992)

GB/T 5117 碳钢焊条(GB/T 5117—1995,eqv ANSI/AWSA5.1:1991)

GB/T 5118 低合金钢焊条(GB/T 5118—1995,eqv ANSI/AWSA5.5:1981)

GB 5226.2 机械安全 机械电气设备 第32部分:起重机械技术条件(GB 5226.2—2002,IEC 60204-32:1998,IDT)

GB/T 6067 起重机械安全规程(GB/T 6067—1985,neq NF E52-122:1975)

GB 6450 干式电力变压器(GB 6450—1986,eqv IEC 60726:1982)

GB 8918 重要用途钢丝绳(GB 8918—2006,ISO 3154:1988,Stranded wire ropes for mine hoisting—Technical delivery requirements,MOD)

GB/T 8923 涂装前钢材表面锈蚀等级和除锈等级(GB/T 8923—1988,eqv ISO 8501-1:1988)

GB/T 9286 色漆和清漆 漆膜的划格试验(GB/T 9286—1998,eqv ISO 2409:1992)

GB 9331.1 额定电压0.6/1 kV及以下船用电力电缆和电线一般规定

GB/T 9332.1 船用控制电缆一般规定

GB/T 10095(所有部分) 圆柱齿轮 精度制

GB/T 10096 齿条精度

GB/T 10228 干式电力变压器技术参数和要求

GB/T 10236 半导体变流器与供电系统的兼容及干扰防护导则

GB/T 11345 钢焊缝手工超声波探伤方法和探伤结果分级

GB/T 11352 一般工程用铸造碳钢件(GB/T 11352—1989,ISO 3527-75,REF)

GB/T 12668(所有部分) 调速电气传动系统(IEC 61800,IDT)

GB 12972.1 矿用橡套软电缆 第一部分:一般规定

GB/T 13384 机电产品包装通用技术条件

GB/T 14957 熔化焊用钢丝

GB/T 20303.1 起重机 司机室 第1部分:总则

GB/T 20303.5 起重机 司机室 第5部分:桥式和门式起重机(GB/T 20303.5—2006,ISO 8566-5:1992,IDT)

GB 50150 电气装置安装工程 电气设备交接试验

GB 50168 电气装置安装工程 电缆线路施工及验收规范

GB 50170 电气装置安装工程 旋转电机施工及验收规范

GB 50254 电气装置安装工程 低压电器施工及验收规范

GBJ 147 电气装置安装工程 高压电器施工及验收规范

GBJ 148 电气装置安装工程变压器、油浸电抗器、互感器施工及验收规范

CB/T 3123 船用轧制钢材气割面质量技术要求

JT/T 622 港口装卸机械电气安全规程

3 技术要求

3.1 工作级别和环境条件

3.1.1 起重机的工作级别应为A6～A8。

3.1.2 工作环境温度为－20 ℃～＋40 ℃。

3.1.3 最大相对湿度应不大于95％(有凝露、盐雾)。

3.1.4 工作风速应不大于20 m/s;非工作风速应不大于50 m/s。

3.1.5 工作环境条件如有特殊要求,按供需方协议执行。

3.2 整机要求

3.2.1 起重机的设计、制造应符合GB/T 3811和本标准的有关规定。

3.2.2 起重机在做空载试验时,各机构、电气控制系统、液压系统及吊具应在规定的工作范围内正常动作,各限位器及安全装置应符合GB/T 6067的规定,司机室操作手柄、操作按钮与各机构动作应一致。

3.2.3 起重机在做静载试验时,各机构、结构强度应满足要求,不应产生裂纹、永久变形、油漆打皱,起重机的性能与安全不应出现异常,连接处无松动。

3.2.4 起重机在做额定载荷试验时,各机构应工作正常,各部件完好无损,连接处无松动,结构强度、刚度应满足要求,结构件不应产生裂纹、永久变形、表面油漆打皱等现象。

3.2.5 起重机在做动载试验时,各机构应工作正常,各机构、结构强度应满足要求,无残余变形和损坏现象,连接处无松动,无异常响声,固定结合面不渗油,运动结合面无异常渗油和滴油现象。

3.2.6 起重机在做可靠性试验时,不允许带故障作业,作业时不允许进行保养工作;固定结合面不允许渗油,有相对运动部位不允许有异常渗油和滴油现象。

3.2.7 起重机应完成不少于8 000自然箱的起重作业工业性试验。工业性试验作业时间内包括可靠性试验作业循环次数。试验中起重机不得发生重大损坏或性能异常现象。

3.3 主要工作速度的允许偏差

3.3.1 起升速度为公称值的－3％～10％。

3.3.2 小车运行速度为公称值的－3％～10％。

3.3.3 大车运行速度为公称值的±10％。

3.3.4 单程俯仰时间为公称值的±1 min。

3.4 材料

3.4.1 主要零件的材料应有材料生产厂的合格证书,否则应进行化验和试验,其化学成分、机械性能均达到标准规定时方可使用。

3.4.2 金属结构主要受力构件的材料性能应不低于表1的规定。钢号Q235B,Q235C应符合GB/T 700的规定;Q345B应符合GB/T 1591的规定。

表 1

工作环境温度/℃	＞－20	－20
钢　　号	Q235B	Q235C,Q345B

3.4.3 焊接卷筒和轧制滑轮的材料性能应不低于GB/T 700中的Q235B钢。

3.4.4 车轮、齿轮的材料性能应不低于GB/T 699中的45钢或GB/T 11352中的ZG310～570钢。

3.4.5 吊具转锁的材料性能应不低于GB/T 3077中的40Cr钢。

3.4.6 主要零件经过热处理后材料表面硬度应符合表2的规定。

表 2

<table>
<tr><th colspan="2">零件名称</th><th>硬　　度</th><th>消除应力方法</th></tr>
<tr><td colspan="2">钢制动轮的制动面</td><td>45 HRC～55 HRC,深度 2 mm 处不低于 40 HRC</td><td>—</td></tr>
<tr><td colspan="2">车轮踏面和轮缘内侧面</td><td>300 HB～380 HB,深度不小于 15 mm</td><td>—</td></tr>
<tr><td colspan="2">电缆小车滚轮踏面</td><td>45 HRC～55 HRC,深度不小于 2 mm</td><td></td></tr>
<tr><td rowspan="2">消除内应力</td><td>铸件(如:箱体、制动轮、齿轮等)</td><td>—</td><td>时效</td></tr>
<tr><td>焊接件(如卷筒、齿轮、箱体等)</td><td>—</td><td>振动或退火</td></tr>
</table>

3.5 结构件

3.5.1 结构件制造的允许偏差应符合表 3 的规定。

表 3 结构件制造允许偏差

单位为毫米

<table>
<tr><th>序号</th><th>检查项目</th><th>简　　图</th><th colspan="2">允许偏差</th></tr>
<tr><td>1</td><td>构件的直线度
a) 垂直方向;
b) 水平方向</td><td>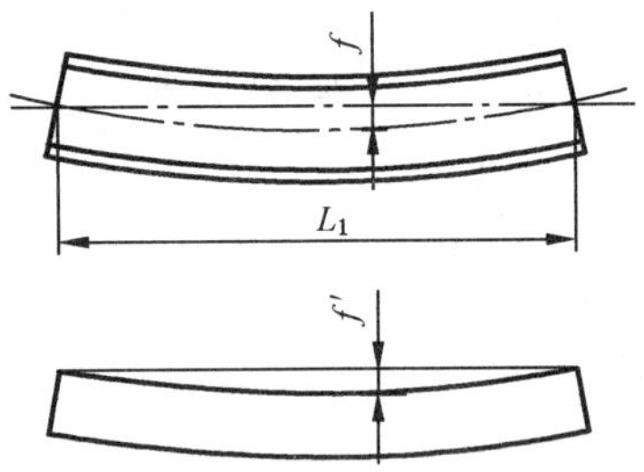
</td><td colspan="2">a) $f \leqslant \frac{1}{1\ 000} L_1$
b) $f' \leqslant \frac{1}{2\ 000} L_1$</td></tr>
<tr><td>2</td><td>梁的上拱度偏差</td><td>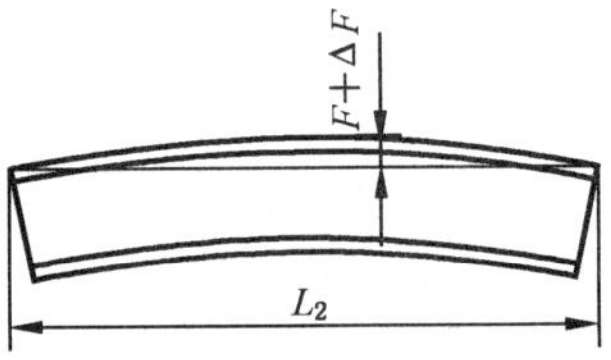
</td><td colspan="2">$\Delta F = ^{+0.30F}_{-0.05F}$
F 为设计规定的拱度</td></tr>
<tr><td rowspan="6">3</td><td rowspan="6">箱形梁(工字梁)两端的扭曲度</td><td rowspan="6">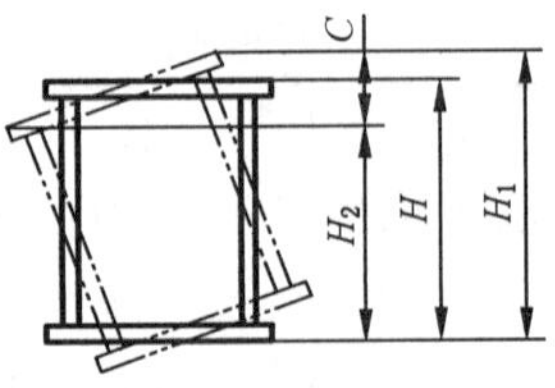
</td><td>梁的长度</td><td>C</td></tr>
<tr><td>≤5 000</td><td>≤4</td></tr>
<tr><td>>5 000～10 000</td><td>≤6</td></tr>
<tr><td>>10 000～20 000</td><td>≤8</td></tr>
<tr><td>>20 000～30 000</td><td>≤10</td></tr>
<tr><td>>30 000～50 000</td><td>≤15</td></tr>
</table>

表 3（续） 单位为毫米

序号	检查项目	简　　图	允许偏差
4	箱形梁(工字梁) 腹板的垂直度	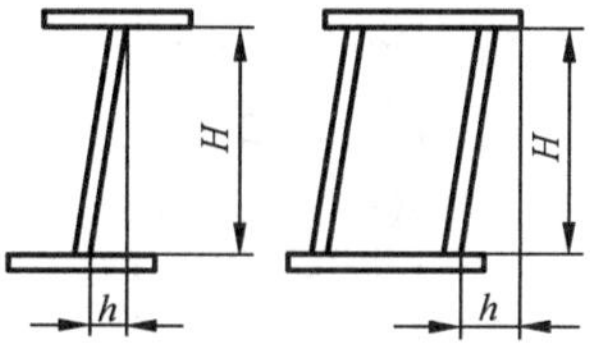	$h \leqslant \frac{1}{200}H$ (此值在筋板或节点处测量)
5	a)　工字梁翼缘板的平面度； b)　箱形梁(工字梁)上翼缘板的水平倾斜度	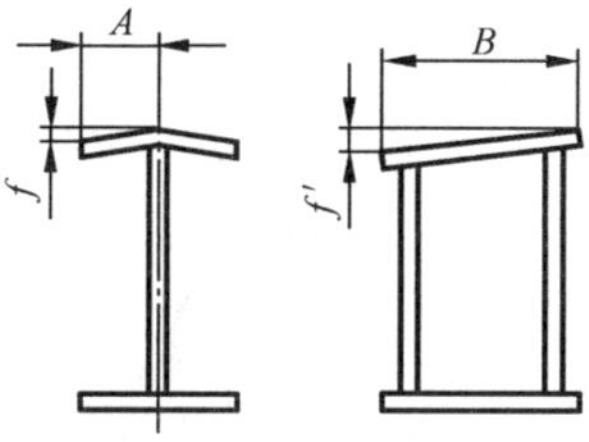	a)　$f \leqslant \frac{1}{100}A$ (f 值在筋板处测量) b)　$f' \leqslant \frac{1}{200}B$ (f'值在筋板处测量)
6	相配梁高度差	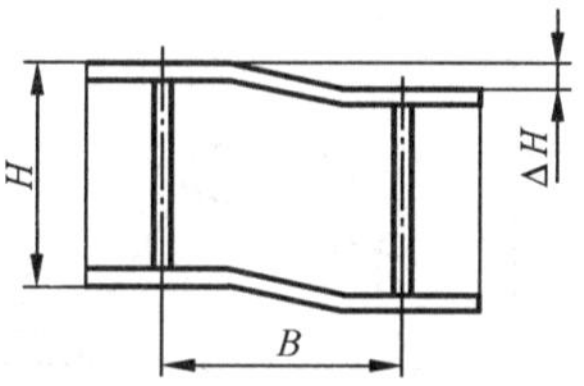	$\Delta H \leqslant \frac{1.5}{1\ 000}B$ 但不大于 10 (ΔH 在筋板处测量)
7	构件尺寸偏差和对角线偏差	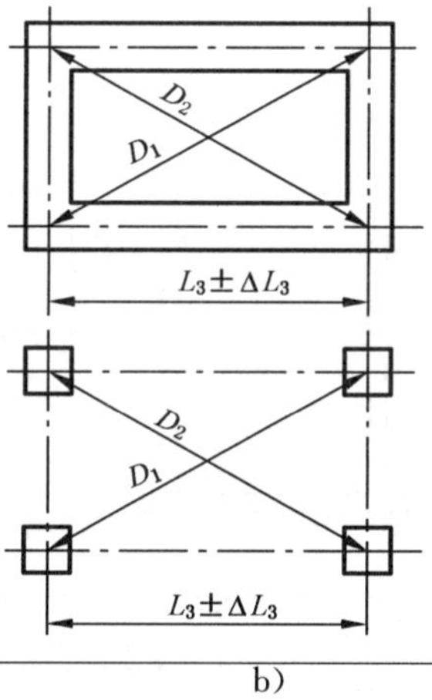	当跨距 $L_3 < 7\ 000$ 时： $\Delta L_3 \leqslant 3$，$\lvert D_1 - D_2 \rvert \leqslant 4$； 当跨距 $L_3 \geqslant 7\ 000$ 时： $\Delta L_3 \leqslant 5$，$\lvert D_1 - D_2 \rvert \leqslant 7$
8	a)　筋板(隔板)相对位置偏差； b)　筋板(隔板)对箱形梁(工字梁)腹板或翼缘板的垂直度	a) 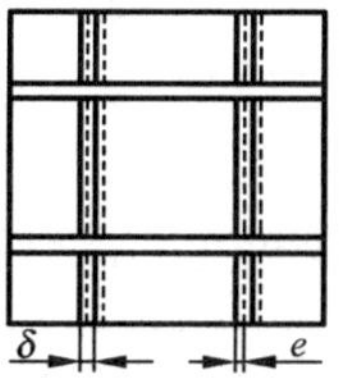 b) 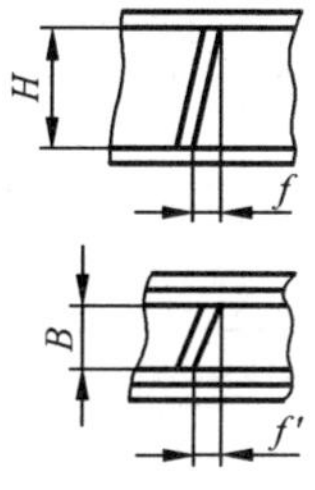	a)　$e \leqslant \frac{1}{2}\delta$ b)　$f \leqslant \frac{3}{1\ 000}H$ $f' \leqslant \frac{3}{1\ 000}B$

表 3（续）

单位为毫米

<table>
<tr><th>序号</th><th colspan="2">检查项目</th><th>简　　图</th><th colspan="2">允许偏差</th></tr>
<tr><td rowspan="2">9</td><td rowspan="2">筒体圆度偏差</td><td>圆筒加工</td><td>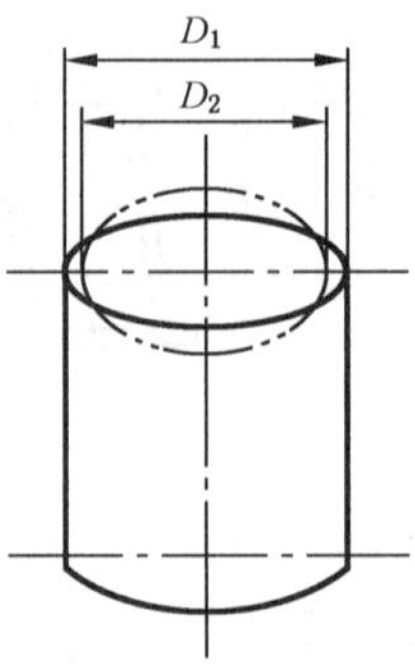</td><td colspan="2">$\delta<6, D>1\ 500$：
$D_1-D_2\leqslant\frac{5}{1\ 000}D$
$\delta<6, D<1\ 500$：
$D_1-D_2\leqslant\frac{3}{1\ 000}D$
$\delta>6$：
$D_1-D_2\leqslant\frac{3}{1\ 000}D$
D——名义直径；
δ——圆筒壁厚</td></tr>
<tr><td>圆筒对接</td><td>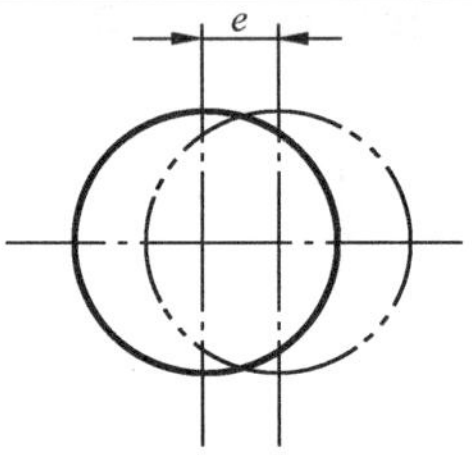</td><td colspan="2">$e\leqslant\frac{1}{8}\delta$
δ 为圆筒壁厚</td></tr>
<tr><td rowspan="4">10</td><td colspan="2" rowspan="4">扭曲变形量</td><td rowspan="4">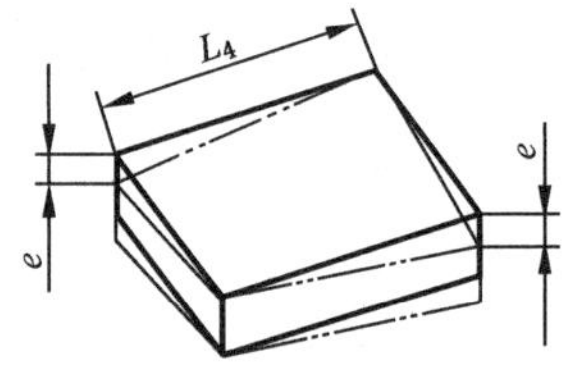</td><td>L_4</td><td>e</td></tr>
<tr><td>2 000</td><td>$\leqslant\frac{1}{1\ 000}L_4+2$</td></tr>
<tr><td>>2 000～5 000</td><td>$\leqslant\frac{1}{1\ 000}L_4+4$</td></tr>
<tr><td>>5 000～15 000</td><td>$\leqslant\frac{1}{1\ 000}L_4+7$</td></tr>
<tr><td>11</td><td colspan="2">箱形梁(工字梁)腹板的波浪度</td><td>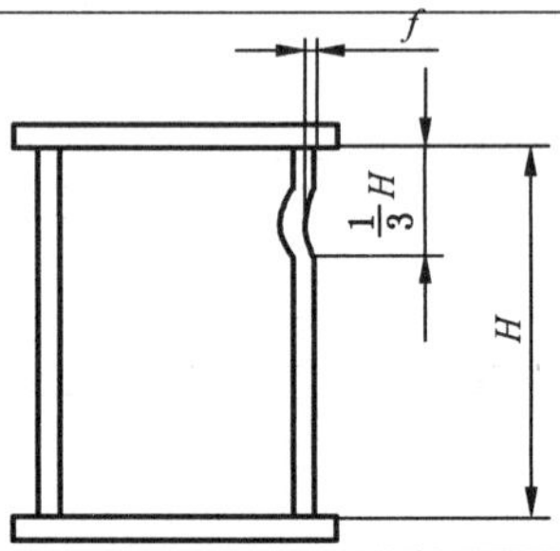</td><td colspan="2">用 1 m 平尺检查：
a)　在受压区 $\frac{1}{3}H$ 的区域内，$f\leqslant0.7\delta$；但在相邻筋板间凹凸不超过一处。
b)　其余区域内：$f\leqslant1.2\delta$</td></tr>
<tr><td>12</td><td colspan="2">箱形梁(工字梁)翼缘板的波浪度</td><td>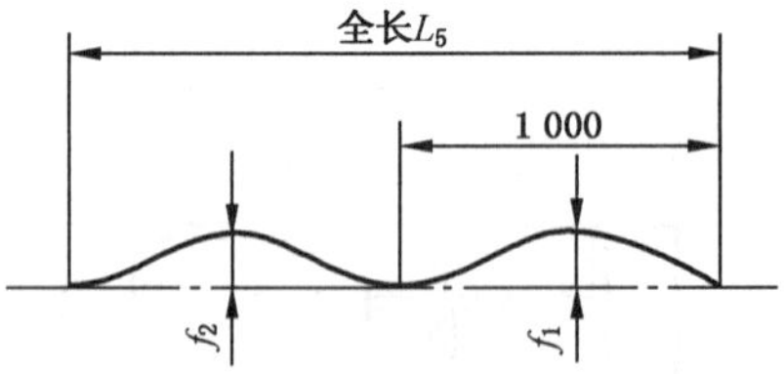</td><td colspan="2">用 1 m 平尺检查：
$f_1\leqslant3$；
全长 $f_2\leqslant\frac{1.5}{1\ 000}L_5$</td></tr>
<tr><td>13</td><td colspan="2">a)　操纵室围壁波浪度；
b)　机器房围壁波浪度；
c)　棚顶波浪度；
d)　平台波浪度</td><td>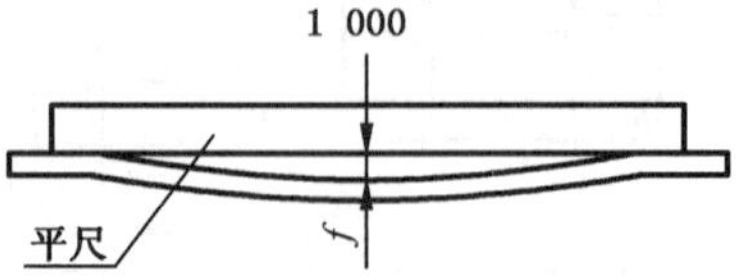</td><td colspan="2">用 1 m 平尺检查：
a)　$f\leqslant5$；
b)　$f\leqslant3$；
c)　$f\leqslant8$；
d)　$f\leqslant8$</td></tr>
</table>

表 3（续） 单位为毫米

序号	检查项目	简　　图	允许偏差
14	贯通筋板错位量	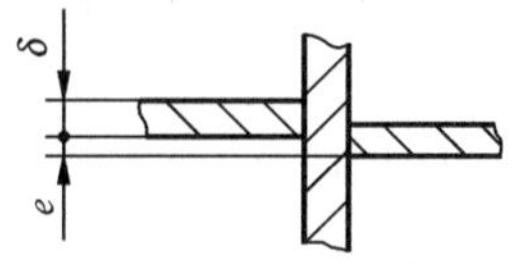	$e \leqslant 0.3\delta$
15	a）桁架腹杆轴线对理论轴线的偏差； b）腹杆的直线度； c）桁架节距偏差	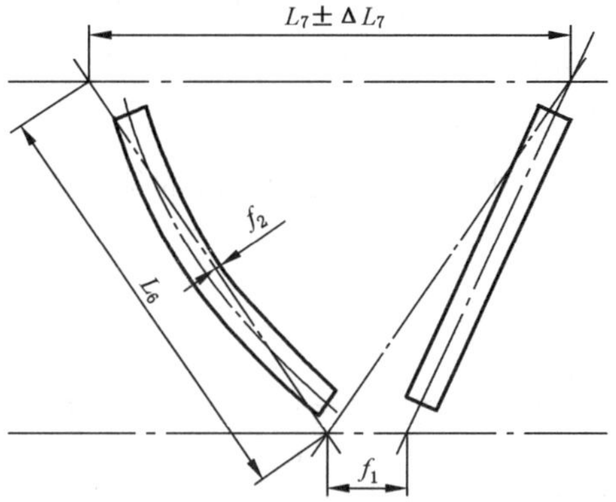	a）$f_1 \leqslant 5$ b）$f_2 \leqslant \frac{1.5}{1\,000}L_6$ c）$\Delta L_7 \leqslant \frac{3}{1\,000}L_7$
16	a）支座耳板垂直度； b）制作开挡尺寸偏差	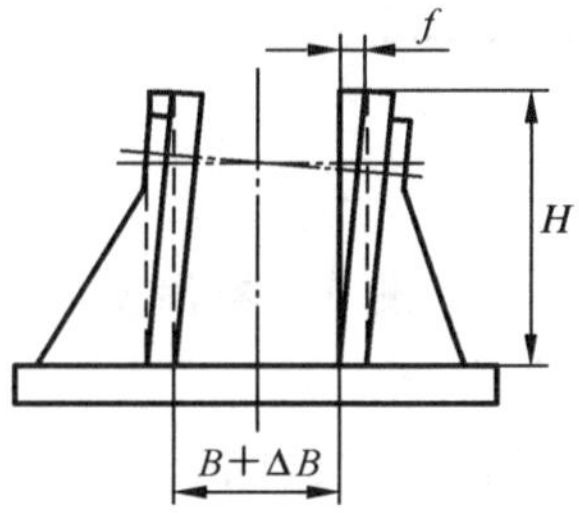	a）$f \leqslant \frac{1}{100}H$ b）$\Delta B \leqslant \frac{1}{100}H$
17	法兰面角变形偏差	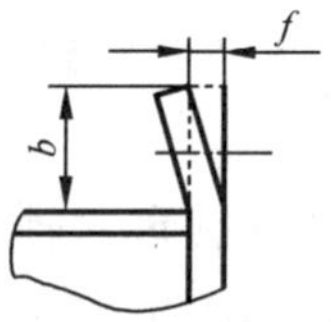	$b<100, f \leqslant \frac{1}{50}b$ $f \leqslant 1+\frac{1}{100}b$

3.5.2 凡影响产品外观质量和产品性能的切割面，不得低于 CB/T 3323 中规定的 2 级。

3.5.3 焊接用的焊条、焊丝与焊剂应符合 GB/T 5117，GB/T 5118 和 GB/T 14957 的规定，并应与被焊结构件的材料强度相适应。

3.5.4 焊缝型式应符合 GB/T 985.1 和 GB/T 985.2 的规定。

3.5.5 主要受拉结构件的对接焊缝质量不得低于 GB/T 11345 中规定的Ⅰ级和 GB/T 3323 中规定的Ⅱ级。

3.5.6 所有焊缝均不得有漏焊、烧穿、裂纹、未焊透、熔瘤、咬边、夹渣、凹坑等影响性能和外观质量的缺陷。

3.5.7 用于连接金属结构件的高强度螺栓、螺母、垫圈应符合 GB/T 1228～GB/T 1231 的规定。

3.6 主要零部件

3.6.1 钢丝绳、滑轮及卷筒

3.6.1.1 优先采用线接触钢丝绳。钢丝绳的选用应符合 GB 8918 和设计要求。

3.6.1.2 钢丝绳禁止接长使用。

3.6.1.3 钢丝绳端部固定的要求应符合 GB/T 6067 的规定。

3.6.1.4 钢丝绳出入滑轮槽的偏角不得大于 5°。

3.6.1.5 钢丝绳绕进或绕出卷筒时的允许偏角应符合 GB/T 3811 的规定。

3.6.1.6 滑轮公称直径及卷筒公称直径与钢丝绳直径的比值应符合 GB/T 3811 的规定。

3.6.1.7 卷筒切槽后，壁厚尺寸偏差不得大于 3 mm。

3.6.1.8 卷筒的安装，其理论中心线与实际中心线的偏差值应满足图 1 的要求。

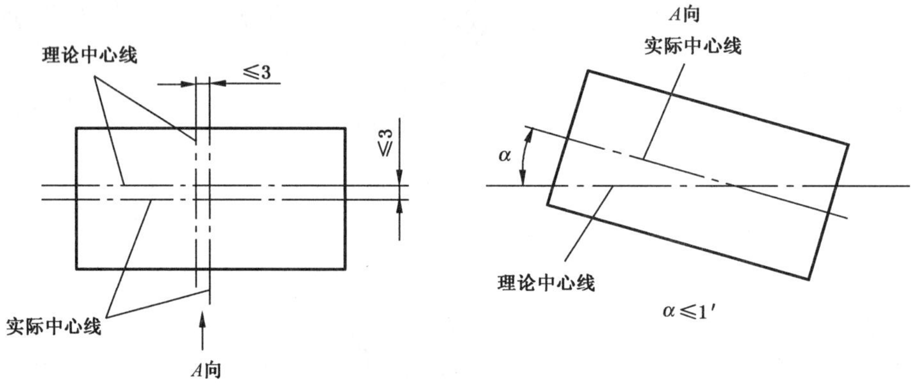

图 1 卷筒安装平面

3.6.2 制动轮(或制动盘)及制动器

3.6.2.1 制动轮(或制动盘)上不得有裂纹，成品制动轮(或制动盘)的制动面上不得有影响使用性能的缺陷，也不得焊补。

3.6.2.2 直接安装在轴上的制动轮，其径向圆跳动和端面跳动分别不得低于 GB/T 1182 中规定的9 级和 10 级。

3.6.2.3 直接安装在轴上的盘式制动器圆盘对轴的端面跳动量不得大于 0.2 mm。

3.6.2.4 制动器的选取和使用应符合 GB/T 6067 的规定。

3.6.2.5 制动瓦与制动带应紧密贴合，如采用铆接，铆钉应埋入制动带厚度的一半以上，如采用粘接，应严格按有关工艺进行，保证紧密贴合。

3.6.2.6 制动器弹簧经过三次全压缩后，不得有永久变形。

3.6.2.7 制动器应留有补偿行程。

3.6.2.8 装配后的制动器，各铰点应转动灵活。制动带(或制动瓦)与制动轮(或制动盘)接触面积应不小于总面积的 70%。

3.6.3 齿轮及减速器

3.6.3.1 齿轮应经热处理，宜采用中硬齿面或硬齿面啮合。

3.6.3.2 齿轮副的精度应不低于 GB/T 10095 中规定的 8-8-7 级，齿条副的精度应不低于 GB/T 10096中规定的 9-8-8 级。

3.6.3.3 减速器应无渗漏现象。

3.6.3.4　减速器在正常润滑条件下以额定转速无负载正反向运转 1 h 后，轴承处温升不得超过 45 K。

3.6.3.5　减速器以工作转速无负载运转时，在箱体剖分面等高线上，距减速器前后左右各 1 m 处测量，噪声不得大于 85 dB(A)。

3.6.3.6　减速器在安装时，其理论中心线与实际中心线的偏差值应符合图 2 要求。

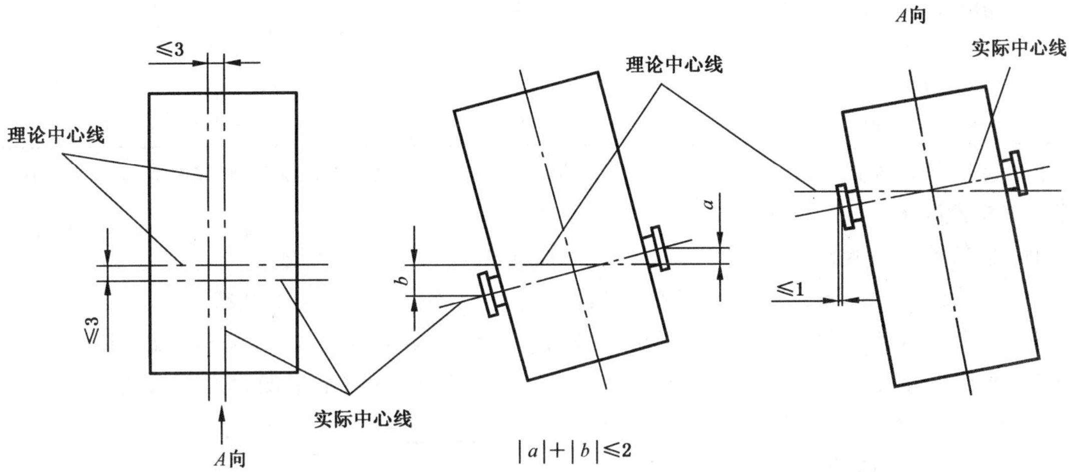

图 2　减速器安装平面

3.6.4　联轴器

3.6.4.1　弹性圈柱销联轴器的两个半联轴器的相对外圆的径向圆跳动 ΔY 和相对端面跳动 ΔX 偏差值见表 4 和图 3、图 4。

当联轴器的转速超过 1 000 r/min 时其跳动的偏差值按表 4 列举的数值升高一挡。

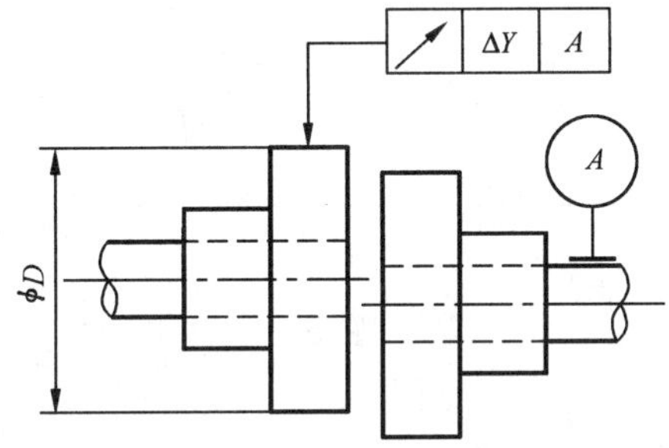

图 3

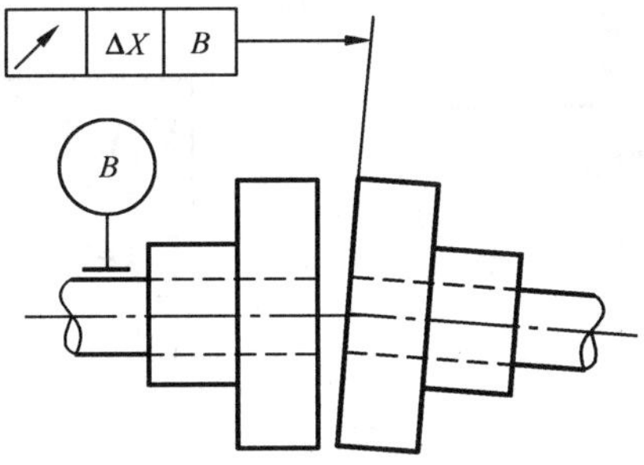

图 4

表 4

单位为毫米

D	ΔY	ΔX
100 <D≤180	0.14	0.16
180<D≤280	0.16	0.18
280<D≤380	0.18	0.20
380<D≤580	0.20	0.22
580<D≤800	0.25	0.30

3.6.4.2 齿轮联轴器的两个半联轴器的相对端面跳动和相对径向圆跳动的偏差值为 0.2 mm。

3.6.5 **车轮及轨道**

3.6.5.1 车轮踏面直径的尺寸公差应不低于 GB/T 1800.4 中的 h9 级。

3.6.5.2 车轮踏面对基准线的圆跳动公差值应不低于 GB/T 1182 中的 9 级。

3.6.5.3 车轮宜采用钢材轧制，铸造车轮的踏面和轮缘内侧不得有气孔、夹渣等缺陷。

3.6.5.4 车轮水平偏斜的偏差值 P 不大于 0.001 L 为测量长度，水平偏斜方向按图 5 所示。

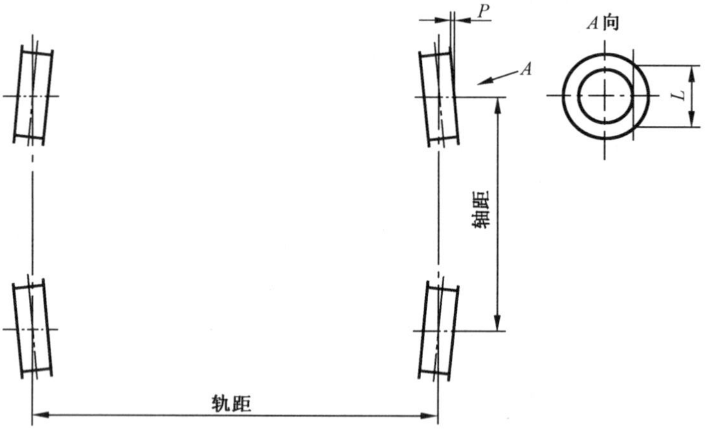

图 5

3.6.5.5 车轮垂直偏斜的偏差值 f 及 f'见图 6：

——车轮向外倾 f≤0.002 5 L，见图 6a)；

——车轮向内倾 f≤0.001 L，见图 6b)。

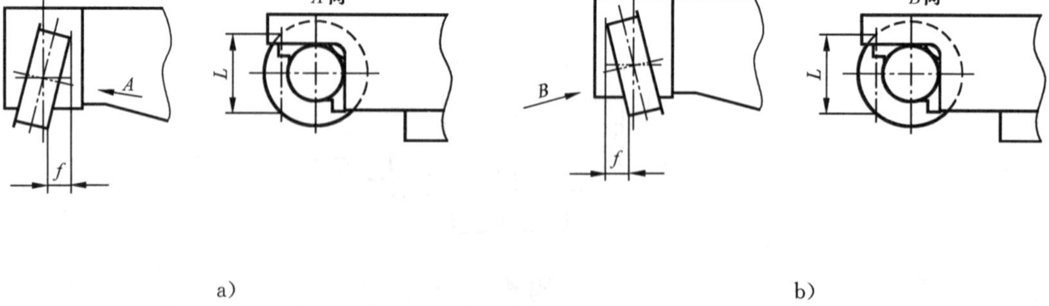

图 6

3.6.5.6 同一侧轨道上相邻车轮的同位偏差值 Δd 不大于 2 mm，见图 7。

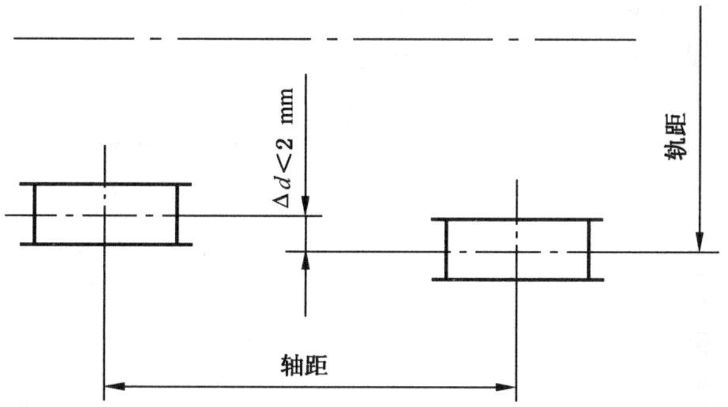

图 7

3.6.5.7 同一侧两水平导轮距离的中心线同轨道中心的偏差值不得大于±1 mm，见图 8。

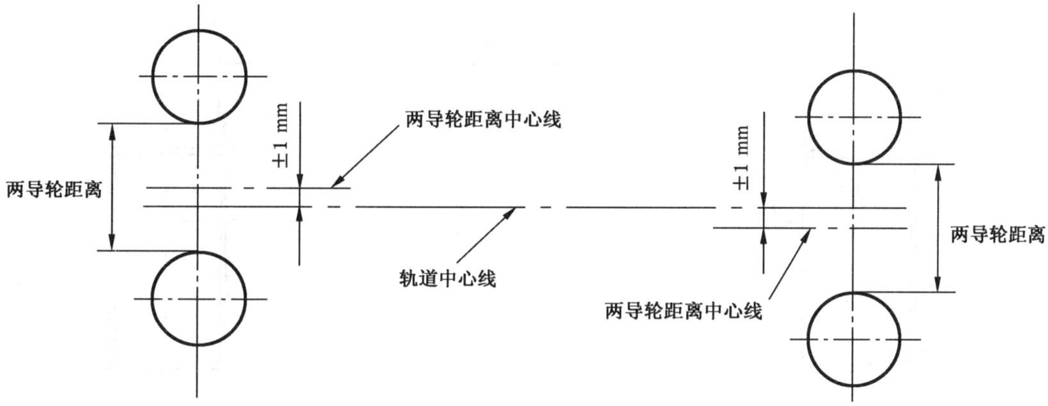

图 8

3.6.5.8 小车轨道中心线与轨道梁支承腹板中心线的位置偏差值不得大于其腹板厚度 δ 的 1/2，见图 9。

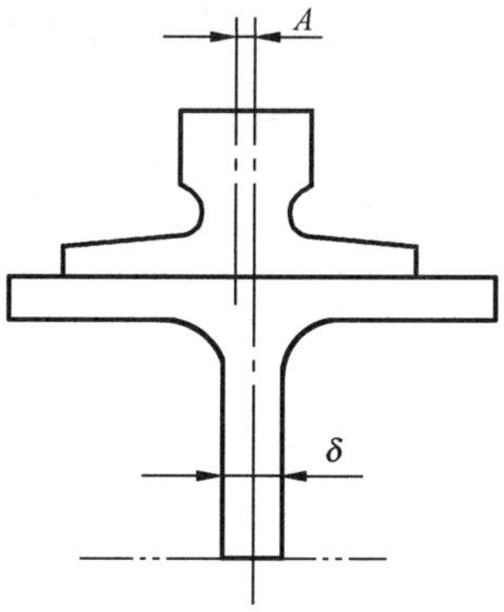

图 9

3.6.5.9 小车轨距与名义尺寸 S 的允许偏差值 ΔS 见图 10：

——轨道设在承轨梁中部：$\Delta S=\pm 3$ mm；

——轨道设在承轨梁内侧：$\Delta S=0\sim 6$ mm。

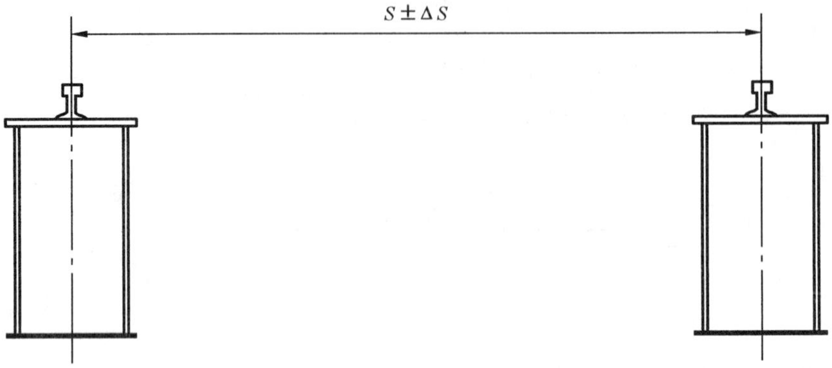

a)

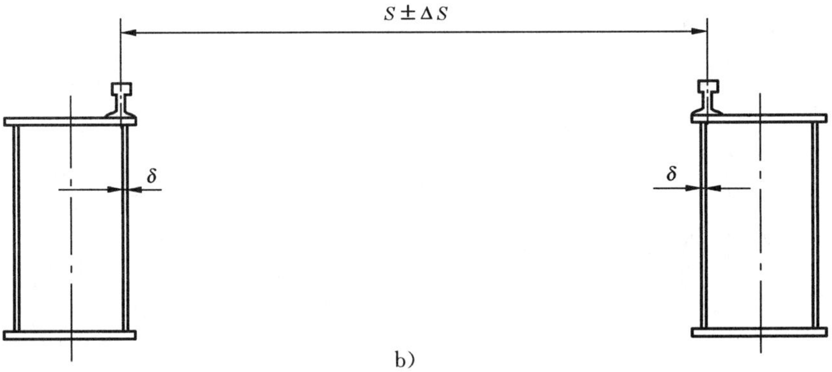

b)

图 10

3.6.5.10 在垂直于小车运行方向的平面内，两根轨道顶面的高低偏差值 ΔH 不得大于轨距的 0.15%，最大值不得超过 10 mm，见图 11。

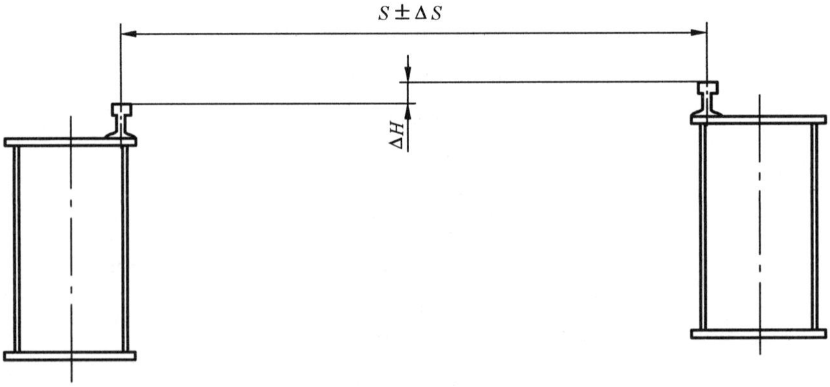

图 11

3.6.5.11 同一小车的四个车轮踏面，应在同一平面上，支承面的最大不平度当轨距不超过 3 m 时，不大于 3 mm；当轨距大于 3 m 时，则不大于轨距的±0.1%。见图 12。

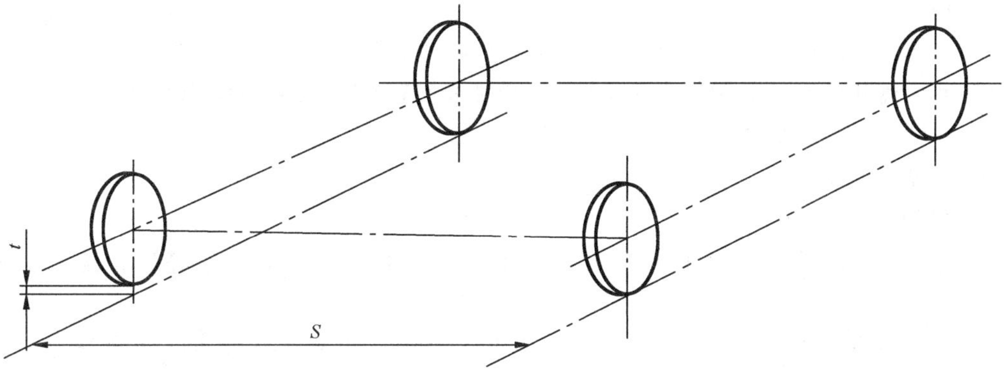

图 12

3.6.5.12 小车轨道中心线同小车轨道理论中心线之差，在任意 10 m 长度不得超过 2.5 mm。见图 13。

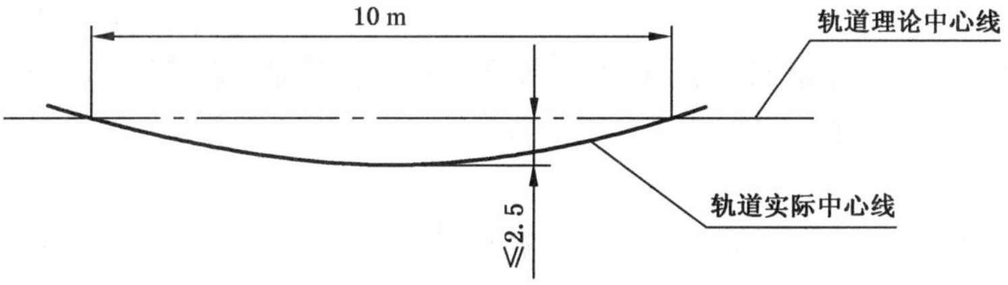

图 13

3.6.5.13 轨道接头应对齐，允许两个接头的高低和侧向错位值不大于 1 mm，间隙不大于 2 mm。

3.6.6 液压系统

3.6.6.1 主要液压元件(油缸、油泵、阀类等)应附有制造厂的合格证书。

3.6.6.2 软管、硬管和接头连接可靠，不得有渗漏现象。

3.6.6.3 液压系统应符合 GB/T 3766 的规定，液压系统装配前，接头、管路及通道(包括铸造芯孔、钻孔)应清洗干净，不允许有任何污物(如铁屑、毛刺纤维状杂物等)。

3.6.6.4 对系统的液压油应使用符合规定品质的液压油，并定期进行检查、化验、更换。

3.6.6.5 液压系统应有防止过载和冲击的安全装置，溢流阀调整压力不得大于系统额定工作压力的 110%，并且应具有防松和防止擅自调整措施。

3.6.7 润滑系统

在起重机出厂前应对每个油路各部位逐个检查确保畅通。

3.6.8 司机室

司机室应符合 GB/T 20303.1 和 GB/T 20303.5 的规定。

3.6.9 集装箱吊具及回转减摇装置

3.6.9.1 集装箱吊具应能装卸符合 GB/T 1413 的 20 ft 和 40 ft 国际集装箱，其转锁的位置尺寸和公差应不低于 GB/T 3220 的规定。

3.6.9.2 伸缩吊具宜采用具有上架的结构,吊具上架可与吊具本体分开,两者之间用易拆装的转锁或销轴连接。

3.6.9.3 吊具转锁热处理加工后,应进行无损探伤检查,不应有裂纹,并不得修补。

3.6.9.4 吊具离开地面后应能沿水平平面纵、横轴线回转±3°,沿垂直中心线回转±5°。

3.6.9.5 宜设置能抑制吊具或吊具与集装箱摇摆的自动减摇装置。

3.7 电气设备

3.7.1 一般要求

3.7.1.1 电气设备的设计和选择,应符合 GB/T 3811、GB 5226.2 和其他等效和相关专业技术标准。

3.7.1.2 设置在室内的电气设备防护等级应不低于 IP23。设置在室外的电气设备防护等级应不低 IP55,即应为防水型,凡非防水型的电气设备应另加防水措施。室内高压电动机接线盒外壳防护等级至少应达到 IP44。

3.7.1.3 电气设备应有良好的绝缘性能,按照 GB 50150,GB 50254,GBJ 147,GBJ 148、JT/T 622的规定检查和验收。电子线路的绝缘电阻按其专业标准规定检查。

3.7.1.4 电气传动控制设备应符合 GB/T 3859,GB/T 3886.1,GB/T 3797,GB/T 12668 的技术要求。

3.7.1.5 除设计有特殊要求外,电气装置安装、施工、验收应遵照 GB 50168,GB 50170,GBJ 147,GBJ 148 的有关规定。

3.7.2 特殊要求

3.7.2.1 主、副动力变压器应选用干式自冷环氧型变压器,宜用铜芯浇铸。初级线圈应设±2×2.5%的手动调节分接头(断电切换)。变压器的技术条件宜满足 GB 6450,GB/T 10228 的规定。

3.7.2.2 高、低压开关柜宜采用整体防护型,置于室内时,防护等级应不低于 IP23,置于室外时,防护等级不低于 IP55。柜内应设有防冷凝加热器、检修照明灯;通风口应有防尘措施;电缆进出口施工完毕应密封。所有操作、指示设备应放在正面,并设有功能指示标牌。

3.7.2.3 各主要机构驱动电动机及发电机(功率大于 15 kW)应设防冷凝加热器,宜设测温保护装置、带强迫通风机时风口应有防尘措施,并应符合 GB/T 755 的技术要求。

3.7.2.4 交流电气设备应能在供电电源谐波成分不大于 5%的情况下正常工作。

3.7.2.5 照明电源与动力电源应分开设置,当动力电源切断时,照明电源不能失电。照明箱上各支路开关应有指示标牌。

3.7.2.6 高压供电的起重机应设有码头供电的低压备用电源;当高压电源切断时,由它供应照明、防冷凝加热器、维修等电源。高压电源应有相序等联锁保护。

3.7.2.7 机内应设有机内电话系统、无线对讲机及有线扩音广播器。

3.7.2.8 机上采用的可编程序控制器(PLC)、微型计算机(PC)所有部件应坚固、可靠,适合于海港起重机的高温、振动、潮湿的恶劣工作环境。起重机动作的顺序、联锁等均由 PLC 软件完成,但紧急保护功能,行程终端保护仍须由硬件完成。

3.7.2.9 功率因素补偿和谐波抑制采用的措施和指标,应由用户和供货商协商决定,并宜符合 GB/T 10236 有关规定。

3.7.3 电气设备安装

3.7.3.1 电力电子和微电子控制的驱动调速柜、PLC 控制柜、微型计算机监控数据管理,故障诊断系统柜及设备应安装在设有空气调节设备的防振的专用电气室内。

3.7.3.2 电气设备安装应考虑必要防振措施。起重机运转时不应有不正常振动。电气柜体应用螺栓与底座紧固,严禁将开关柜与底座直接焊接。

3.7.3.3 高、低压开关柜内,应一律采用铜质母线,分相色标应符合国家标准。柜前操作距离,高压柜不小于 1 m;低压柜不小于 0.6 m。按有关安全规程配置必要防护用品。

3.7.3.4 行程(接近)开关的撞(滑)杆(块)及支架,测速、测位装置(测速发电机、编码器)的支架或底座应牢固、可靠。

3.7.3.5 风速报警器的风标,应安装于不受外物阻碍处,并宜具有瞬时风速的显示能力。荷重传感器应安装于能灵敏反映荷重变化,有利正常、可靠工作的地方。电阻器应有防护外罩,应装于通风散热良好位置。

3.7.3.6 吊具控制箱宜安装在司机室内。

3.7.4 线缆敷设

3.7.4.1 电缆的选择要求如下:

a) 室内、金属构件内部暗敷及室外电缆宜选用符合 GB 9331.1,GB/T 9332.1 的船用橡套电缆。外护层选择应着重考虑每根电缆安装使用可能受到的机械作用。如外护层机械强度不够时,应安装在管子、管道或电缆槽内,或采取其他防护措施。

b) 高压供电电缆宜选用高压橡套分相屏蔽重型挠性软电缆。6 kV 及 6 kV 以下的电缆应符合 GB 12972.1 的规定。

c) 悬挂电缆、吊具伸缩等移动电缆均应选用船用橡套软电缆;通讯及弱电控制电缆应选用专门橡套分芯屏蔽多芯软电缆。电缆小车之间应有足够强度的铁链、钢绳等连接和牵引,其长度应比同节电缆短 0.5 m～1 m;以承受运行过程中的机械拉力,并余留长度的 5%～10%,余留一定数量备用芯。

d) 吊具供电控制电缆,应选用特殊耐油橡套挠性多芯软电缆,并应设置防水型多芯插座(插头),以便快速更换吊具,余留一定数量备用芯。

e) 露天电梯轿厢的供电控制电缆应选用电梯专用电缆,并应设置张紧、防风等装置。

f) 高压电缆应单独敷设,动力电缆、强电控制电缆,弱电控制电缆应分别敷设。用于PLC,PC 调速装置等弱电通讯、检测、反馈线路应选用屏蔽线缆。

g) 所有露天接线箱限位开关、进出电缆宜从箱底部出入。

3.7.4.2 起重机应采用多股铜芯电缆或电线,线芯最小截面为:

a) 动力线路 2.5 mm^2;

b) 控制线路 1.5 mm^2;

c) 电子设备、通信设备、传感器件等内部导线不做规定。

3.7.4.3 对有机械损伤、化学腐蚀、油气浸蚀场合应采取适当防护措施。电缆穿管、槽用管子、管道、电缆槽内壁应光滑。

3.7.4.4 弯曲半径的选择要求如下:

a) 电缆穿管,每根管子 90°弯头应不超过两处;管子弯曲半径不低于 6 倍管子外径。

b) 固定敷设的弯曲内半径不小于 6 倍电缆总外径。非金属护套铠包装或编结的热塑性、弹性材料绝缘电缆当总外径 D 不大于 25 mm 时，最小弯曲内半径 $4D$。

c) 移动电缆弯曲半径不小于 8 倍电缆外径。

3.7.4.5 穿管系数(电缆外径截面积之和与管子或管道或电缆槽内截面积之比)不应大于 0.4。

3.7.4.6 用作电缆机械性保护的金属罩壳，应采取有效防腐蚀措施。电缆紧固件、支承、托架和附件均应采用耐蚀材料制成或进行适当防蚀处理。

3.7.4.7 电缆紧固件或扎带应坚固，并应具有足够表面积和一定形状，以紧固电缆而不损伤护套或外护层，不得由于起重机工作时的振动而产生附加应力和磨损。

3.7.4.8 所有接头应压接牢固、可靠，所有紧固件均应采用铜质或镀锌件。

3.7.4.9 电缆管、管道、电缆槽的接头处应保证机械和电气上的连续性，并应可靠接地。布置上应使水不能在内部积聚。它们的端部应采取措施以便电缆的护套或外护层不致受损。

3.7.4.10 高压电缆头应按专用工艺制作。高压电缆应按有关规定进行试验。

3.7.4.11 大于 1 000 V 供电电缆应尽可能远离低压电缆敷设，应敷设在不易受机械损伤的部位，应尽量远离工作人员经常操作、维修和通过的场所。

3.7.5 安全联锁及故障检测

3.7.5.1 所有安全联锁、限位、信号指示、报警、故障检测装置应符合设计要求。

3.7.5.2 至少应在司机室操纵台、变幅操纵台、电气室、机房及大车行走车架上设置“紧停按钮”，在紧急情况下能切断操作电源，停止各机构工作。

3.7.5.3 大车运行机构应设有清晰的工作性音响警告信号或声光警告信号。

3.7.5.4 除 GB/T 3811 规定的一般安全联锁保护外，本起重机至少应有下列各项联锁保护装置：

a) 高、低压供电系统漏电检测保护；

b) 高压进线(开关)柜应设有检修时安全接地开关；

c) 小车停车位置与外臂架动作联锁，外臂架位置与小车动作联锁；

d) 采用分离小车防摇时，分离收拢动作与起升高度、小车位置应有必要联锁；

e) 吊具各动作与升降控制应有安全联锁，吊起箱后禁止转锁转动；

f) 俯仰机构安全钩应设置完善的安全联锁；

g) 电缆卷筒收、放缆终端及方向与大车运行联锁；

h) 起升、俯仰机构的超速保护，当起升电动机超过弱磁允许最高转速 115%或俯仰电动机超过额定转速的 115%时，保护装置应动作停止该机构运行；

i) 大车防爬楔、锚定、夹(顶)轨器、防撞等装置与大车运行的联锁。

3.7.5.5 应设有故障显示及报警装置。主要功能为超风速、超负荷、超速(起升、俯仰)、短路、过流、过压、过载、过热，堵转过流、失压、失磁、失反馈、漏电、缺相、调速装置和 PLC 控制系统主要故障显示等。宜采用故障自诊断能力强的调速驱动装置和 PLC 控制装置。

3.7.5.6 故障诊断、数据管理系统各项功能应符合设计规定要求。

3.7.6 接地与防雷

3.7.6.1 起重机大车轨道接地电阻应不大于 4 Ω，规定应接地的所有点整机接地电阻应不大于 10 Ω。

3.7.6.2 起重机接地、防雷安装、施工、验收应符合 GB/T 3811、GB 50168，GB 50170 各项要求。

3.7.6.3 开关柜、操作台、接地铜绞线最小截面为 2.5 mm^2。

3.7.6.4 高压电气设备接地铜绞线截面按容量选用，最小为 6 mm^2。

3.7.6.5 电缆金属护套或金属外护层应两端有效接地，但最后分路允许只作电源端接地，对于控制、通讯和仪表设备电缆，由于技术上原因，若一端接地较为有利时，应一端接地。

3.7.6.6 外臂架与后桥架间应设跨接软铜绞线，作接地线可靠电气连接，截面不小于 70 mm^2。外臂架端部和梯形架顶部，均应设避雷针。针体至少应高出航空障碍灯 300 mm。起重机应考虑设有将雷电安全引至地面轨道的设施。

3.7.6.7 采用 PLC、PC 等微电子设备的控制、监视、管理、诊断系统的接地施工应按上述设备特殊要求设计进行。

3.7.6.8 在金属结构铰接处应增设跨接软线。

3.7.7 照明

3.7.7.1 机器房、电气室、司机室、理货员室平均照度应为 50 lx。

3.7.7.2 起重机外臂架、主梁及小车上应装有足够功率灯具，使起重机下方工作面的平均照度达到 50 lx。

3.7.7.3 起重机各主要通道、扶梯、平台入口处、照度不小于 20 lx。

3.7.7.4 起重机门腿下部应设照明灯具加强大车行走轨道平面的照度。

3.7.7.5 起重机梯形架顶部、外臂架顶端应各安装红色航空障碍灯。当交流电源消失后应自动切换到备用电源。

3.8 涂装和外观

3.8.1 表面处理

3.8.1.1 在涂装前构件表面应进行除铁锈、焊渣、毛刺、灰尘、油脂、盐、污泥、氧化皮等预处理，以保证表面光滑平整。

3.8.1.2 除锈质量等级按 GB/T 8923 的规定：用手工方式除锈为 St3 级，用化学处理和抛（喷）丸（或其他磨料）方式除锈为 Sa2½级。

3.8.1.3 表面处理后 4 h 内应喷涂一道干膜厚度为 15 μm～20 μm 的底漆，作为钢材预处理后的短期保护，在正式涂层开始涂装时，需进行二次表面处理去除。

3.8.2 涂层与漆膜厚度

涂层、涂料品种、最低干膜厚及道数见表 5。

表 5

涂　　层	涂料品种	最低干膜厚/μm	道　　数
底涂层	环氧富锌底漆	60	1
中间涂层	环氧后浆漆	100	1
面涂层	脂肪族聚氨酯面漆	60	2
总干膜厚度		220	—

3.8.3 涂装颜色

产品的安全标志颜色应符合 GB 2893、GB 2894 的规定。

3.8.4 漆膜附着力

涂层的漆膜附着力应不低于 GB/T 9286 中规定的 1 级。

3.8.5 外观

起重机外观质量应达到：

a) 零、部件表面不得有明显变形及损伤，应平整、无粘砂和余留冒口，焊缝应均匀美观；

b) 油漆色泽均匀，没有涂斑、漏漆和剥落；

c) 紧固件无松动漏装；

d) 管线排列整齐；

e) 不得有油液外露；

f) 标牌、性能表牌、吊装标志和功能标志应齐全，安装位置应合理，表示应清楚。

4 试验方法

4.1 试验条件

4.1.1 起重机应达到正常工作状态。

4.1.2 选择无雨、无雪天气进行试验。

4.1.3 试验时风速应不大于 13.80 m/s，结构应力测试时风速应不大于 8.3 m/s。

4.1.4 试验时环境温度应在－20 ℃～＋45 ℃之间，结构试验时应在 0 ℃～40 ℃之间。

4.1.5 最大相对湿度应不大于 95％，可有凝露、盐雾。

4.1.6 试验载荷应标定准确，其允许偏差为±1％。

4.2 试验准备

4.2.1 试验前目检样机外观，样机的全部工作装置应满足生产需要与设计要求，各传动机构，电气系统调试完毕后均能正常动作，整机无异常现象。

4.2.2 所有金属结构件的焊接及高强度螺栓的连接应牢固。

4.2.3 钢丝绳的缠绕应符合设计及工作要求，钢丝绳端部的紧固应安全、可靠。

4.2.4 检查各传动件、紧固件的安装情况，连接部位应牢固，润滑和密封性应良好。

4.2.5 检查各液压元件的耐压性及管路间连接的密封性和可靠性。

4.2.6 检测电缆、电机、各电气元件、变压器的绝缘电阻值。

4.2.7 检查变压供电系统的可靠性及其变压数值，照明电源与动力电源是否分开设置。

4.2.8 检查所有安全装置和限位装置是否符合规定。

4.2.9 检查整机的避雷装置、风速报警器是否有效。

4.2.10 检查防风、锚定装置的锁定销、锚定地坑、锚链及夹轨器的工作安全性与可靠性。

4.3 质量、几何参数

4.3.1 质量

测量运行小车处于海侧轨道与陆侧轨道中间位置，吊具悬空时起重机的总质量、大车轮压值，以三次测量的算术平均值作为测定数据。

4.3.2 几何参数

测量起重机有关尺寸是否符合下列设计要求：

a) 整机外形尺寸即全长、全宽、全高(工作时与非工作时)；

b) 跨距、基距；

c) 前伸距、后伸距；

d）主梁下净空高度；

e）小车轨距、小车轮距。

4.4 技术性能参数

4.4.1 起升速度

分别测取空载与额定载荷下起重机以最高速度起升(下降)，吊具稳定运行通过10 m行程所需的时间，以三次测量的算术平均值作为起升（下降)速度。

4.4.2 小车运行速度

分别测取空载与额定载荷下小车以最高稳定速度运行通过10 m行程所需的时间，以三次测量的算术平均值作为小车运行速度。

4.4.3 吊具回转角度、倾转角度与速度

吊具空载与额定载荷下以最高回转速度回转、倾转，测量回转角度、倾转角度及相应的回转时间、倾转时间，以三次测量的算术平均值作为吊具回转角度、倾转角度与速度。

4.4.4 前臂梁俯仰速度与角度

前臂梁以最高速度从水平状态俯仰至上升极限位置并挂钩，再脱钩下降至水平状态，分别测量前臂梁全程上升、下降所用时间及前臂梁与水平面的夹角，以三次测量的算术平均值作为前臂梁俯仰速度与角度。

4.4.5 大车运行速度

起重机沿轨道以最高速度运行，测量吊具空载下整机稳定运行通过10 m行程所需的时间，以三次测量的算术平均值作为大车运行速度。

4.5 空载试验

4.5.1 空载试验指起重机在空载情况下能否正常动作。

4.5.2 将吊具从码头平面处上升至终点和极限位置，检查减速开关上终点与极限开关动作的准确性和可靠性。

4.5.3 将前臂梁俯仰至最高位置再下降至水平状态，上、下终点报警和限位应准确，其间终点前减速保护、超速保护及断电保护应有效。俯仰安全钩装置的动作与作用应安全，可靠。

4.5.4 将小车运行至最大前伸距极限位置，反向运行至最大后伸距极限位置，前、后伸距终点低速保护及极限后报警和限位应准确。

4.5.5 将大车运行至码头端部极限位置，端部报警和限位应准确。大车移动时应有报警声。两台起重机之间防撞限位装置应有效。

4.5.6 移动整机，检查起重机供电电缆卷筒的电缆缠绕长度，电缆在缠绕过程中不得有电缆松弛现象，检查电缆卷筒终点开关的准确性和可靠性。

4.5.7 吊具的伸缩、导板动作、平面回转、倾斜及转锁动作应满足设计要求，指示灯显示、限位、联锁应可靠。

4.5.8 空载试验应在工作范围内以最低工作速度和空载额定速度分别进行起升、小车运行、大车运行、前臂梁俯仰、吊具动作试验，次数不少于三次，测量电机最大电流值、稳态电流值、励磁电流值、电压值。

4.5.9 观察司机视野，司机室应符合GB/T 20303.5的规定。

4.6 静载试验

4.6.1 静载试验是验证起重机承受1.25倍额定载荷时各零部件和结构件的承载能力。

4.6.2 试验时，吊具与试验载荷分别位于最大工作前伸距、最大工作后伸距、海侧与陆侧轨道中间位置。

4.6.3 试验时允许调整起重量限制器及液压系统安全溢流阀压力，但试验后应调回到规定的数值。

4.6.4 静载试验时，试验载荷悬空离地面 100 mm～200 mm 高度，并停留 10 min。

4.6.5 作静载试验时，试验载荷应尽量避免出现载荷冲击现象。

4.6.6 测量前臂梁、主梁、前门形框、后门形框的挠度、变位，测量次数应不少于三次，取三次测量的算术平均值作为测量的挠度及变位量，具体要求如下：

a) 吊具与试验载荷位于最大工作前伸距，测量前臂梁最大工作前伸距位置的下挠度，监测前门形框与主梁连接处、后门形框与主梁连接处的变位量；

b) 吊具与试验载荷位于海侧与陆侧轨道中间位置，测量主梁海侧轨道与陆侧轨道中间位置的下挠度，监测前门形框与主梁连接处、后门形框与主梁连接处的变位量；

c) 吊具与试验载荷位于最大工作后伸距，测量主梁最大工作后伸距位置的下挠度，监测前门形框与主梁连接处、后门形框与主梁连接处的变位量。

4.6.7 测定前臂梁、主梁、前门形框、后门形框、前拉杆、中拉杆、后拉杆、斜撑杆、水平撑杆等主要结构件的应力，测量次数应不少于三次，取三次测量的算术平均值作为测量值。

4.7 额定载荷试验

4.7.1 额定载荷试验是检验起重机各工作机构及主要结构件在额定载荷下的工作性能及承载能力。

4.7.2 额定载荷试验的工况见表 6。

表 6

序号	试验工况	一次循环内容	循环次数
1	前臂梁呈水平状态；最大工作前伸距；额定起重量	试验载荷由海侧轨道与陆侧轨道中间地面起升至最大高度(中间制动一次)——运行至最大工作前伸距处(中间制动一次)——下降至接近地面(中间制动一次)——再上升至最大高度——运行至原位——下降到地面	3
2	前臂梁呈水平状态；最大工作后伸距；额定起重量	试验载荷由海侧轨道与陆侧轨道中间地面起升至最大高度(中间制动一次)——运行至最大工作后伸距处(中间制动一次)——下降至接近地面(中间制动一次)——再上升至最大高度——运行至原位——下降到地面	3

4.7.3 测量前臂梁、主梁、前门形框、后门形框的挠度、变位，测定方法同 4.6.6。

4.7.4 测定在额定载荷下吊具回转角度倾转角度与速度。测定方法见 4.4.3。

4.7.5 测取电机工作时最大电流、稳态电流、励磁电流、电枢电压值。各机构起、制动时间测量值应符合设计要求。

4.7.6 在完成表 6 规定的试验后，应进行额定载荷下起升、小车运行同时联合动作试验三次，试验过程中，起升、小车制动各进行三次。此外按表 1 序号 1 规定的循环内容进行二次偏心载荷试验，偏心距为箱体长、宽的 10%。

4.7.7 试验时，测定前臂梁、主梁、前门形框、后门形框、前拉杆、中拉杆、后拉杆、斜撑杆、水平撑杆等主要结构件的应力，测量次数应不少于三次，取三次测量的算术平均值作为测量值。

4.7.8 测量司机室座席处在起升、小车运行同时联合动作时的垂直方向和水平方向的加速度，测量值应不大于 $0.2g$。

4.7.9 检查小车运行至前臂梁与主梁铰点附近时，前臂梁小车轨道与主梁小车轨道交叉处的下沉情况。

4.8 动载试验

4.8.1 动载试验是验证起重机的机构、结构和制动器在1.1倍额定载荷作用下的工作性能及承载能。

4.8.2 试验时，各机构均为中档速度运转或2/3高速运转。

4.8.3 试验中应包括悬挂着的载荷作空中起升运动，试验载荷在空中起动时均不得出现反向动作和瞬时下滑现象。

4.8.4 动载试验工况中起重量为1.1倍额定起重量，循环次数为两次，其他按额定载荷试验工况进行试验。

4.8.5 在完成4.8.4规定的循环内容后，应进行1.1倍额定载荷下起升、小车运行同时联合动作试验一次，试验过程中，起升、小车制动各进行二次。

4.8.6 测定前臂梁、主梁、前门形框、后门形框、前拉杆、中拉杆、后拉杆、斜撑杆、水平撑杆等主要结构件的应力，测量次数应不少于三次，取三次测量的算术平均值作为测量值。

4.9 可靠性试验

4.9.1 可靠性试验的作业循环情况和试验数据应填入记录表中，表格样式参见附录A。

4.9.2 作业可靠性试验的循环次数和基本工况见表7和表8。

表 7

机　　构	基本工况循环次数
起升机构	8 000
小车运行机构	8 000
吊具回转机构	200

表 8

序号	起重机工作机构	试验工况	一次循环的内容	循环次数占一次循环的百分数/%
1	起升机构；小车运行机构	最大工作前伸距；额定载荷；额定工作速度	试验载荷由海侧轨道与陆侧轨道中间地面起升到最大高度——运行至最大工作前伸距处——下降至某一高度——起升至某一高度——运行至原位——下降至地面	30

表 8（续）

序号	起重机工作机构	试验工况	一次循环的内容	循环次数占一次循环的百分数/%
2	起升机构；小车运行机构；吊具回转机构	前臂梁中间位置；额定载荷；额定工作速度	试验载荷由海侧轨道与陆侧轨道中间地面起升到最大高度——运行至前臂梁中间位置——下降至某一高度——吊具回转——起升至某一高度——运行至原位——吊具回转——下降到地面	60
3	起升机构；小车运行机构	最大工作后伸距；额定载荷；额定工作速度	试验载荷由海侧轨道与陆侧轨道中间地面起升到最大高度——运行至最大工作后伸距处——下降至某一高度——起升至某一高度——运行至原位——下降到地面	10
注：表中序号 2 吊具回转机构只进行 200 次基本工况循环次数试验。				

4.9.3　微动下降作业在表 8 中序号 2 的下降行程中进行，微动下降行程为 1 m～1.5 m，然后制动。

4.9.4　以额定速度完成表 8 规定的各种工况，每种工况的一次循环时间测量五次，取其算术平均值作为该工况完成一次循环的时间，用公式(1)计算各工况完成规定循环次数所需要的作业时间。

$$T_i = t_i n_i \quad \cdots\cdots(1)$$

式中：

T_i——某一工况所需的作业时间，单位为小时(h)；

t_i——某一工况一次循环的时间，单位为小时(h)；

n_i——某一工况的循环次数。

完成作业可靠性试验所需的总作业时间为：

$$T = \sum_{i=1}^{n} T_i \quad \cdots\cdots(2)$$

式中：

T——可靠性试验总作业时间，单位为小时(h)；

n——基本工况数。

4.9.5　可靠性试验后，应对起升机构，小车运行机构，吊具回转机构、吊具回转支承的关键零部件进行拆检，详细记录拆检的情况，必要的零件要拍照。详细检查结构件是否出现裂纹、焊缝开裂、结构永久变形等。对液压系统应测定液压油污染情况。

4.9.6　可靠性试验结论如下：

a)　作业率应按公式(3)计算，并满足如下的要求：

$$A \geqslant [A]$$
$$[A]=91\%$$

作业率计算公式如下：

$$A=[T_0/(T_0+T_1)]\times 100\% \quad \cdots\cdots(3)$$

式中：

A——作业率；

T_0——总作业时间，单位为小时(h)；

T_1——维修时间，单位为小时(h)。

b) 试验平均无故障工作时间应不小于 200 h，试验的平均无故障工作时间按公式(4)计算：

注：故障是指在规定的作业时间内，出现危及人身安全或对产品基本功能有影响的零部件的重大损坏而使被检测样机发生停机的故障。

$$T_2=T_0/(n+1) \quad \cdots\cdots(4)$$

式中：

T_2——平均无故障工作时间，单位为小时(h)；

n——总故障次数。

c) 起重机应在规定的试验时间内完成表 7 规定的循环次数，规定的试验时间(包括作业时间和维修时间)按公式(5)计算：

$$T_n=T/[A] \quad \cdots\cdots(5)$$

式中：

T_n——规定的试验时间，单位为小时(h)；

T——按公式(2)确定的数值；

$[A]=91\%$。

4.9.7 新产品的可靠性试验，允许更换零件，按其损坏的性质决定是否重新进行与该部位有关的可靠性试验。

4.9.8 新产品的可靠性试验，其维修时间，只记故障排除时间。

4.10 工业性试验

4.10.1 工业性试验是对新产品和较大改进后的产品的设计、工艺和使用可靠性进行验证，为以后的产品提供实践和技术依据。

4.10.2 工业性试验应由制造厂和用户(典型用户)共同负责并详细记录作业条件、试验工况、每次起吊的载荷、总作业时间。对试验期间起重机出现的任何不正常现象或事故应详细记录并提出分析和处理意见。

4.11 噪声测定

起重机作业时，密封的司机室内噪声应符合 GB/T 20303.1 的规定。

4.12 试验结果的计算和评定

在完成本章规定的试验后，应对检测数据进行整理与计算，写出试验评定报告。

试验报告要标明所试验样机的编号、型号、规格及执行的产品标准代号，记下试验日期、地点及检测人员的姓名，详细记录每种试验工况下的载荷、位置、状态、程序和结论，并将试验结论和检测结果列成表格注明。

5 检验规则

5.1 型式检验

5.1.1 新产品的型式检验,应完成第4章规定的全部试验内容,试验原则上应在同一台样机上进行。

5.1.2 定型或批量生产的起重机有下列情况之一,应抽样一台进行型式检验中相应内容的试验:

——改变主要传动系总成;

——主要结构件设计及生产工艺有重大改变时;

——产品停产三年后,恢复生产时;

——国家质量监督机构提出对产品质量抽查的要求时;

——出厂检验结果与上次型式试验有较大差异时。

5.2 出厂检验

5.2.1 每台起重机都应进行出厂检验,检验合格后(包括用户特殊要求检验项目)方能出厂,出厂产品应附有产品合格证明书。

5.2.2 产品的出厂检验应按4.3,4.4,4.6,4.7,4.8,4.11以及3.2的规定进行。

6 标志和运输

6.1 标志

6.1.1 每台产品应装设醒目的起重量标志。

6.1.2 应在起重机的明显处装设制造厂标牌,内容如下:

a) 产品型号和名称;

b) 制造厂名称;

c) 主要技术参数;

d) 产品编号;

e) 制造日期。

6.1.3 在司机室内应装设主要参数表标牌。

6.1.4 各种操纵手柄、开关及信号装置近旁,应装设指示功能的标牌,并应表示位置和控制方向。

6.1.5 大型零、部件和包装箱的重量、重心、吊挂点,应有标志,并应标明件号。

6.1.6 标牌、性能表牌、吊装标志和功能标志应齐全,安装位置要合理,表示要清楚。

6.2 运输

6.2.1 长大件和可自由移动的部件,应垫平绑扎牢固,防止变形、移位、碰撞。

6.2.2 产品的包装与运输应符合GB/T 13384和铁路、公路、航运的有关运输要求。

附　录　A
（资料性附录）
可靠性试验记录表

岸边集装箱起重机可靠性试验记录表样式见表 A.1。

表 A.1

试验样机名称：________________________ 试验样机型号：________________________

检测地点：________________________ 检测日期：________________________

天气情况：晴（阴）________________ 风速：________________ 温度：________________

检测仪器：____

制造厂：________________________ 司机：________________________

年	月	日	开机、停机时间	作业内容及作业循环次数	累计作业时间	故障情况及修理内容	每日试验情况记录	修理时间	
								人时数	小时数

ICS 53.020.20;03.220.40
R 46

中华人民共和国国家标准

GB/T 17495—2009
代替 GB/T 17495—1998

港口门座起重机

The harbour portal crane

2009-10-30 发布　　2010-03-01 实施

180 中华人民共和国国家质量监督检验检疫总局
中国国家标准化管理委员会 发布

前　言

本标准代替 GB/T 17495—1998《港口门座起重机技术条件》。

本标准与 GB/T 17495—1998 相比主要技术差异如下：

——对“电气设备一般要求和电线电缆”进行了补充和修改(见 3.13.1 和 3.13.2)。

——对“涂装和外观”进行了修改和完善(见 3.15)。

——补充和完善了港口门座起重机的试验方法(见第 4 章)。

——对“检验规则”进行了修改和完善(见第 5 章)。

本标准附录 A 为资料性附录。

本标准由中华人民共和国交通运输部提出。

本标准由交通部水运科学研究院归口。

本标准起草单位：上海振华港口机械(集团)股份有限公司、上海港机重工有限公司、交通部水运科学研究院。

本标准主要起草人：张振雄、谢琛、张明海、胡奇、胡桂军、郑见粹、李安芳。

本标准所代替标准的历次版本发布情况为：

——GB/T 17495—1998。

港口门座起重机

1 范围

本标准规定了港口门座起重机(以下简称起重机)的技术要求、试验方法、检验规则、标志和运输。

本标准适用于港口件杂货、散货、集装箱、成套设备等装卸作业用的起重机。船厂、电站用的同类起重机亦可参照使用。

2 规范性引用文件

下列文件中的条款通过本标准的引用而成为本标准的条款。凡是注日期的引用文件,其随后所有的修改单(不包括勘误的内容)或修订版均不适用于本标准,然而,鼓励根据本标准达成协议的各方研究是否可使用这些文件的最新版本。凡是不注日期的引用文件,其最新版本适用于本标准。

GB/T 699 优质碳素结构钢

GB/T 700 碳素结构钢(GB/T 700—2006,ISO 630:1995,NEQ)

GB 755 旋转电机 定额和性能(GB 755—2008,IEC 60034-1:2004,IDT)

GB/T 985.1 气焊、焊条电弧焊、气体保护焊和高能束焊的推荐坡口(GB/T 985.1—2008,ISO 9692-1:2003,MOD)

GB/T 985.2 埋弧焊的推荐坡口(GB/T 985.2—2008,ISO 9692-2:1998,MOD)

GB/T 1031 表面粗糙度 参数及其数值(GB/T 1031—1995,neq ISO 468:1982)

GB/T 1184 形状和位置公差 未注公差值(GB/T 1184—1996,eqv ISO 2768-2:1989)

GB/T 1228 钢结构用高强度大六角头螺栓(GB/T 1228—2006,ISO 7412:1984,NEQ)

GB/T 1229 钢结构用高强度大六角螺母(GB/T 1229—2006,ISO 4775:1984,NEQ)

GB/T 1230 钢结构用高强度垫圈(GB/T 1230—2006,ISO 7416:1984,NEQ)

GB/T 1231 钢结构用高强度大六角头螺栓、大六角螺母、垫圈技术条件

GB/T 1348 球墨铸铁件(GB/T 1348—2009,ISO 1083:2004,MOD)

GB/T 1413 系列1集装箱 分类、尺寸和额定质量(GB/T 1413—2008,ISO 668:1995,IDT)

GB/T 1591 低合金高强度结构钢

GB/T 1801 产品几何技术规范(GPS) 极限与配合 公差带和配合的选择(GB/T 1801—2009,ISO 1829:1975,MOD)

GB 2893 安全色(GB 2893—2008,ISO 3864-1:2002,MOD)

GB 2894 安全标志及其使用导则

GB/T 3077 合金结构钢

GB/T 3220 集装箱吊具的尺寸和起重量系列

GB/T 3323　金属熔化焊焊接接头射线照相

GB/T 3766　液压系统通用技术条件(GB/T 3766—2001,eqv ISO 4413:1998)

GB/T 3797　电气控制设备

GB/T 3811　起重机设计规范

GB/T 4323　弹性套柱销联轴器

GB/T 5117　碳钢焊条

GB/T 5118　低合金钢焊条

GB 5226.2　机械安全　机械电气设备　第32部分:起重机械技术条件(GB 5226.2—2002,idt IEC 60204-32:1998)

GB/T 5293　埋弧焊用碳钢焊丝和焊剂

GB/T 5796(所有部分)　梯形螺纹

GB/T 5973　钢丝绳用楔形接头

GB/T 5975　钢丝绳用压板

GB/T 5976　钢丝绳夹

GB/T 6067　起重机械安全规程

GB/T 6946　钢丝绳铝合金压制接头

GB/T 7935　液压元件　通用技术条件

GB/T 8110　气体保护电弧焊用碳钢、低合金钢焊丝

GB 8918　重要用途钢丝绳(GB 8918—2006,ISO 3154:1988,MOD)

GB/T 8923　涂装前钢材表面锈蚀等级和除锈等级(GB/T 8923—1988,eqv ISO 8501-1:1988)

GB/T 9286　色漆和清漆　漆膜的划格试验(GB/T 9286—1998,eqv ISO 2409:1992)

GB/T 9439　灰铸铁件

GB/T 10051.1　起重吊钩　机械性能、起重量、应力及材料(GB/T 10051.1—1988,eqv DIN 15400)

GB/T 10051.2　起重吊钩 直柄吊钩技术条件(GB/T 10051.2—1988,eqv DIN 15401)

GB/T 10095(所有部分)　圆柱齿轮　精度制

GB/T 10096　齿条精度

GB/T 11345　钢焊缝手工超声波探伤方法和探伤结果分级

GB/T 11352　一般工程用铸造碳钢(GB/T 11352—2009,ISO 3755:1991,ISO 4999:2003,MOD)

GB/T 12470　埋弧焊用低合金钢焊丝和焊剂

GB 12602　起重机械超载保护装置

GB/T 12668.2　调速电气传动系统　第2部分:一般要求　低压交流变频电气传动系统额定值的规定(GB/T 12668.2—2002,IEC 61800-2:1998,IDT)

GB/T 13384　机电产品包装通用技术条件

GB/T 14957　熔化焊用钢丝

GB/T 17587.3　滚珠丝杠副　第3部分:验收条件和验收检验(GB/T 17587.3—1998,

eqv ISO 3408-3:1992)

GB/T 20303.1 起重机 司机室 第1部分:总则(GB/T 20303.1—2006,ISO 8566-1:1992,IDT)

GB/T 20303.4 起重机 司机室 第4部分:臂架起重机(GB/T 20303.4—2006,ISO 8566-4:1992,IDT)

GB 50150 电气装置安装工程 电气设备交接试验标准

GB 50168 电气装置安装工程电缆线路施工及验收规范

GBJ 148 电气装置安装工程 电力变压器、油浸电抗器、互感器施工及验收规范

CB/T 3123 船用轧制钢材气割面质量技术要求

JB/T 5901 十字轴万向联轴器

JB/T 6406 电力液压鼓式制动器

JB/T 7019 盘式制动器 制动盘

JB/T 7020 电力液压盘式制动器

JB/T 10603 电力液压推动器

JGJ 82 钢结构高强度螺栓连接的设计、施工及验收规程

JTJ 244 港口设备安装工程质量检验标准

3 技术要求

3.1 整机要求

3.1.1 起重机的设计应符合GB/T 3811和本标准的规定。

3.1.2 起重机应按规定程序批准的图样和有关技术文件进行制造和安装,并符合本标准的规定。

3.1.3 起重机在进行额定载荷试验时,各机构应工作正常、无异常响声,各部件应完好无损,连接处应无松动,结构件应无裂纹、永久变形、表面油漆打皱,焊缝应无裂纹,电气元件应完好无损,整机动作应满足设计所规定的性能要求。

3.1.4 起重机在进行动载试验时,应能承受1.1倍额定起重量的试验载荷。对工作级别为A7～A8的起重机,则试验载荷按设计规定确定。试验中各机构应工作正常、无异常响声;各机构与结构强度应满足设计要求,无残余变形和损坏现象,连接处应无松动;固定结合面不应渗油,运动结合面不应滴油;电气元件应完好无损。

3.1.5 起重机在做静载试验时,应能承受1.25倍额定起重量的试验载荷。对工作级别为A7～A8的起重机,则试验载荷按设计规定确定。试验中各机构与结构应无裂纹、永久变形、油漆打皱,连接处应无松动,接合面不应渗油,起重机无异常。

3.1.6 起重机在做稳定性试验时,作业稳定性试验载荷和静稳定性试验载荷应按GB/T 3811规定执行。

3.1.7 新产品应完成不少于1 000 h的起重作业工业性试验。试验中起重机各部分不应发生较大损坏或性能异常现象。试验期间不允许起重机同一处发生故障3次以上(含3次)。

3.2 工作级别和环境条件

3.2.1 起重机工作级别与起重机机构工作级别见表1。

表 1　起重机工作级别与起重机机构工作级别

序号	起重机类型	工作条件	整机级别	各工作机构级别			
				起升	变幅	回转	运行
1	吊钩起重机	经常中等使用	A6	M6	M4	M5	M3
2	吊钩起重机	繁忙使用	A7	M7	M5	M6	M4
3	抓斗、电磁吸盘、集装箱起重机	经常中等使用	A7	M7	M6	M6	M4
4	抓斗、电磁吸盘、集装箱起重机	繁忙使用	A8	M8	M7	M7	M4

3.2.2　**环境条件**

3.2.2.1　工作环境温度为－25 ℃～＋45 ℃。

3.2.2.2　最大相对湿度不大于95％，可有凝露、盐雾。

3.2.2.3　工作风速不超过20 m/s。非工作风速为44 m/s，亦可根据用户要求确定。

3.2.2.4　起重机运行轨道的安装应符合JTJ 244的要求。

3.2.2.5　起重机的电源为三相交流，频率为50 Hz，电压为380 V，根据用户要求亦可采用其他参数三相交流电源。电动机和电器允许电压波动的上限为额定电压的＋10％，下限(尖峰电流时)为额定电压的－10％。

3.3　**主要性能参数允许偏差**

3.3.1　起升速度(满载稳定速度)为公称值的±5％。

3.3.2　变幅速度(满载平均速度)为公称值的±5％。

3.3.3　回转速度(满载稳定速度)为公称值的±5％。

3.3.4　运行速度(空载稳定速度)为公称值的±10％。

3.3.5　起升范围(起升高度和下降深度)为公称值的0～2％。

3.3.6　最大幅度为公称值的0～2％，最小幅度为公称值的－2％～0。

3.3.7　尾部回转半径为公称值的±2％。

3.3.8　轨距允许偏差为±5 mm。当轨距公称值大于15 m时，轨距允许偏差为±10 mm。

3.3.9　整机质量为设计公称值的±3％。

3.4　**材料**

3.4.1　用于制造起重机的材料，应有材料生产厂的出厂合格证书，对重要构件材料应抽样化验和试验，其化学成分、机械性能应符合相应标准的规定。

3.4.2　金属结构件的材质，对碳素结构钢应符合GB/T 700的规定，对低合金高强度结构钢应符合GB/T 1591的规定，重要结构件材料的选用应不低于表2的规定。

表 2　重要结构件材料

工作环境温度		＞－20 ℃		≤－20 ℃
工作级别		A6	A7、A8	A6～A8
钢材牌号	δ≤20 mm	Q235B	Q235B	Q235D、Q345
	δ＞20 mm	Q235B	Q235C	Q235D、Q345
注：在≤－20 ℃环境中材料的冲击功 A_{kv} 不应低于27 J。				

3.4.3 卷筒材料应满足以下要求：

——焊接件应不低于 GB/T 700 中的 Q235B；

——铸钢件应不低于 GB/T 11352 中的 ZG230-450；

——铸铁件应不低于 GB/T 9439 中的 HT250。

3.4.4 滑轮材料应满足以下要求：

——轧制件应不低于 GB/T 700 中的 Q235B；当起重机工作级别为 A8 时，应不低于 GB/T 699中的 35 钢；

——焊接件应不低于 GB/T 700 中的 Q235B 或 GB/T 699 中的 35 钢；

——铸钢件应不低于 GB/T 11352 中的 ZG230-450；

——铸铁件(仅用于工作级别低于 M7)应不低于 GB/T 9439 中的 HT200。

3.4.5 吊钩材料应满足以下要求：

——锻件应不低于 GB/T 10051.1 中的 DG20、DG20Mn；

——板件应不低于 GB/T 700 中的 Q235B 或 Q235D(环境温度低于－20 ℃时)、GB/T 1591中的 Q345D(环境温度低于－20 ℃时)。

3.4.6 集装箱吊具转锁材料应不低于 GB/T 3077 中的 40Cr。

3.4.7 车轮材料应满足以下要求：

——轧制件应不低于 GB/T 699 中的 60 钢；

——锻造件应不低于 GB/T 699 中的 45 钢；

——铸钢件应不低于 GB/T 11352 中的 ZG340-640。

3.4.8 联轴器材料应满足以下要求：

——锻造件应不低于 GB/T 699 中的 45 钢；

——铸钢件应不低于 GB/T 11352 中的 ZG310-570。

3.4.9 制动轮材料应满足以下要求：

——锻造件应不低于 GB/T 699 中的 45 钢；

——铸钢件应不低于 GB/T 11352 中的 ZG310-570；

——铸铁件应不低于 GB/T 1348 中的 QT600-3 或 GB/T 9439 中的 HT250，起升机构和钢丝绳变幅机构不采用上述两种材料。

3.4.10 齿轮轴、滑轮轴材料应不低于 GB/T 699 中 35 钢；其他轴材料应不低于 GB/T 699 中的 45 钢。

3.4.11 齿轮材料应满足以下要求：

——锻造件应不低于 GB/T 699 中 45 钢；

——铸钢件应不低于 GB/T 11352 中的 ZG310-570。

3.5 零部件

3.5.1 钢丝绳及接头

3.5.1.1 钢丝绳及接头应符合 GB/T 6067 的规定。钢丝绳型号应符合 GB 8918 规定并禁止接长使用。

3.5.1.2 钢丝绳的安全系数应符合 GB/T 3811 与 GB/T 6067 的规定。

3.5.1.3 钢丝绳用压板固定在卷筒上时，每端应不少于 3 块压板，固定在卷筒侧壁上时若用一块板固定，则压板与钢丝绳接触长度不应少于 6 倍钢丝绳直径。采用楔块固定时，钢丝绳应贴紧楔块的圆弧段并将其楔紧。

3.5.1.4 采用铝合金套压制接头时，应符合 GB/T 6946 的规定；采用钢丝绳夹接头时，应符合 GB/T 5976 的规定；采用楔形接头时，应符合 GB/T 5973 的规定；采用绳卡接头和编结接头时，应符合 GB/T 6067 的规定。

3.5.1.5 旋转接头不应有裂纹，接头装配后应转动灵活，无滞留现象。

3.5.2 吊钩

3.5.2.1 锻造吊钩应符合 GB/T 10051.1 与 GB/T 6067 的规定。

3.5.2.2 吊钩硬度应逐件检验。吊钩表面应光洁，不应有飞边、毛刺、尖角、重皮、锐角、剥裂等缺陷。吊钩存在裂纹、凹陷、孔穴等缺陷时禁止使用，并不应焊补后使用。

3.5.2.3 吊钩柄中心线与钩腔中心应重合，其偏移量应符合 GB/T 10051.2 的规定。

3.5.2.4 吊钩应设置能防止钢丝绳脱钩的装置。

3.5.2.5 板钩柄部中心线与板钩各片钢板的轧制方向应与吊钩整体受力方向一致，并标明轧制方向。

3.5.2.6 板钩各钩片与板钩悬挂夹板的钢板在轧制后应正火。

3.5.2.7 板钩与钢丝绳接触的内边应进行切削加工，加工余量不应少于 3 mm，并应切除在应力最大的截面上因气割形成的热影响区。钩腔的机械加工应满足加装钩鞍的需求。

3.5.2.8 板钩各钩片和悬挂夹板应无锈蚀和氧化皮，无表面裂纹和内部开裂。有缺陷的钩片不应使用。

3.5.2.9 板钩各钩片和悬挂夹板上不应出现任何焊接现象。

3.5.2.10 吊钩组的设计应保证起重机在装卸作业时不应发生钩挂舱口的现象。

3.5.2.11 检验吊钩的试验载荷按 GB/T 6067 的规定取值，试验时间不应少于 10 min，试验后吊钩开口处残余变形不应大于原钩口尺寸的 0.25%。

3.5.3 滑轮与卷筒

3.5.3.1 滑轮、卷筒的卷绕直径与钢丝绳直径的比值 h 为选择系数，见表 3。

表 3 选择系数 h_1、h_2 和 h_3

机构工作级别	卷筒 h_1	滑轮 h_2	平衡滑轮 h_3
M3	14.0	16.0	12.5
M4	16.0	18.0	14.0
M5	18.0	20.0	14.0
M6	20.0	22.4	16.0
M7	22.4	25.0	16.0
M8	25.0	28.0	18.0

注：采用不旋转钢丝绳时，h 值应按比机构工作级别高一级的值选取。

3.5.3.2 钢丝绳绕进或绕出滑轮时偏斜的最大允许角度不应大于 5°。

3.5.3.3 对设有防止钢丝绳脱槽装置的滑轮，其最外缘与防脱槽装置间隙不应大于钢丝绳直径的 20%。

3.5.3.4　滑轮槽应光洁平滑，装配后不应有可损坏钢丝绳的缺陷。

3.5.3.5　滑轮槽侧斜向圆跳动(离槽顶 10 mm 处)和槽底径向圆跳动，在滑轮装配后应满足表 4 的规定。

表 4　滑轮槽侧斜向圆跳动和槽底径向圆跳动允许值　　单位为毫米

滑轮加工类别	槽侧斜向圆跳动	槽底径向圆跳动
切削加工滑轮	(1/1 000)D	(1/1 000)D
轧制滑轮	(3/1 000)D	(2/1 000)D
注：D 为滑轮槽底直径。		

3.5.3.6　滑轮槽底直径允许极限偏差见表 5。

表 5　滑轮槽底直径允许极限偏差值　　单位为毫米

滑轮槽底直径 D	允许极限偏差 ΔD
$160<D\leqslant400$	0～+2.5
$400<D\leqslant600$	0～+3.0
$600<D\leqslant800$	0～+4.0
$800<D\leqslant1\ 000$	0～+5.0
$1\ 000<D\leqslant1\ 200$	0～+6.0

3.5.3.7　滑轮绳槽半径 R 允许极限偏差见表 6。

表 6　滑轮绳槽半径允许极限偏差　　单位为毫米

绳槽半径 R		允许极限偏差 ΔR
	$\leqslant5.5$	0～+1.0
	$5.5<R\leqslant15$	0～+2.0
	$15<R\leqslant32$	0～+4.0

3.5.3.8　滑轮外径允许极限偏差见表 7。

表 7　滑轮外径允许极限偏差　　单位为毫米

滑轮外径 D_1	允许极限偏差 ΔD_1
$\leqslant250$	0～−1.0
$250<D_1\leqslant500$	0～−1.2
$500<D_1\leqslant1\ 000$	0～−1.6
$1\ 000<D_1\leqslant1\ 200$	0～−2.0
$1\ 200<D_1\leqslant1\ 500$	0～−2.5

3.5.3.9 卷筒上用压板固定钢丝绳时，压板应符合 GB/T 5975 的规定。

3.5.3.10 卷筒上的钢丝绳安全圈数不应少于 3 圈。

3.5.3.11 钢丝绳在卷筒上应排列整齐。钢丝绳绕进或绕出卷筒时：单层缠绕钢丝绳对绳槽的每一侧的偏斜角不应大于 3.5°；光面卷筒单层或多层缠绕钢丝绳偏离卷筒轴线垂直平面的角度不应大于 2°。卷筒上应设有防钢丝绳脱槽装置。

3.5.3.12 多层缠绕钢丝绳卷筒的两侧边缘高度应超过钢丝绳缠绕的最外层，超过的高度应不小于钢丝绳直径的 2.5 倍。

3.5.3.13 卷筒绳槽加工后，槽底壁厚尺寸偏差为公称值的±8%。同一卷筒上左右旋绳槽的底径尺寸公差带应不低于 GB/T 1801 中规定的 h12，绳槽底径的径向圆跳动不应大于 1/1 000D（D——绳槽底径）。

3.5.4 车轮

3.5.4.1 车轮踏面直径的尺寸公差带应不低于 GB/T 1801 中规定的 h9。

3.5.4.2 车轮踏面和基准端面（端面上加工深为 1.5 mm 的沟槽作标志）对孔轴线的径向及端面圆跳动应不低于 GB/T 1184 中规定的 9 级。

3.5.4.3 车轮热处理后，其踏面和轮缘内侧面硬度应为 300 HB～380 HB，淬硬层深 15 mm 处，硬度应不小于 260 HB。

3.5.4.4 车轮上不应有裂纹，其踏面和轮缘内侧面不应有影响使用性能的缺陷，且不应焊补。

3.5.5 制动轮、制动盘

3.5.5.1 制动轮或制动盘上不应有裂纹，制动面上不应有影响使用性能的缺陷，且不应焊补。

3.5.5.2 直接安装在轴上的制动轮，其径向圆跳动不应低于 GB/T 1184 中规定的 9 级。

3.5.5.3 钢质制动轮或制动盘的制动面应在热处理后使用。

3.5.5.4 制动盘安装后，其制动面对轴线的端面圆跳动量不应大于 0.2mm。

3.5.6 联轴器

3.5.6.1 齿式联轴器应满足以下要求：

——GⅠCL 型、GⅡCL 型、GⅠCLZ 型、GⅡCLZ 型、GCLD 型、NGCL 型、NGCLZ 型的许用角向补偿量与许用径向补偿量应符合表 8、表 9 规定。

——齿式联轴器许用角向补偿量见表 8；

——齿式联轴器许用径向补偿量见表 9；

——齿式联轴器的内、外齿的啮合应润滑良好。

表 8 齿式联轴器许用角向补偿量 单位为毫米

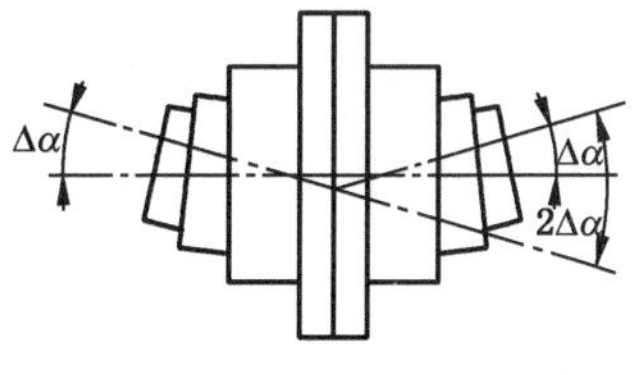

联轴器型号	许用角向补偿量	
	$\Delta\alpha$	$2\cdot\Delta\alpha$
CL、CLZ	0°30′	1°
GⅠCL、GⅠCLZ、GⅡCL、GⅡCLZ、GCLD、NGCL、NGCLZ	1°30′	3°

表 9 齿式联轴器许用径向补偿量

单位为毫米

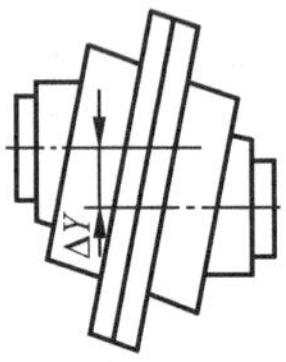

联轴器型号	CL1	CL2	CL3	CL4	CL5	CL6	CL7	CL8	CL9	CL10
许用径向补偿量 ΔY	0.40	0.65	0.80	1.00	1.25	1.35	1.60	1.80	1.90	2.10
联轴器型号	CL11	CL12	CL13	CL14	CL15	CL16	CL17	CL18	CL19	—
许用径向补偿量 ΔY	2.40	3.00	3.20	3.50	4.50	4.60	5.40	6.10	6.30	—

联轴器型号	GⅠCL1	GⅠCL2	GⅠCL3	GⅠCL4	GⅠCL5	GⅠCL6	GⅠCL7	GⅠCL8
许用径向补偿量 ΔY	1.96	2.36	2.75	3.27	3.8	4.3	4.7	5.24
联轴器型号	GⅠCL9	GⅠCL10	GⅠCL11	GⅠCL12	GⅠCL13	GⅠCL14	GⅠCL15	GⅠCL16
许用径向补偿量 ΔY	5.63	6.81	7.46	8.77	10.08	11.15	11.36	13.3
联轴器型号	GⅠCL17	GⅠCL18	GⅠCL19	GⅠCL20	GⅠCL21	GⅠCL22	GⅠCL23	GⅠCL24
许用径向补偿量 ΔY	13.87	14.53	15.71	16.49	17.02	17.28	18.06	18.6
联轴器型号	GⅠCL25	GⅠCL26	GⅠCL27	GⅠCL28	GⅠCL29	GⅠCL30	—	—
许用径向补偿量 ΔY	19.4	19.9	19.92	21.2	21.1	21.7	—	—

联轴器型号	GⅡCL1 NGCL1	GⅡCL2 NGCL2	GⅡCL3 GCLD1 NGCL3	GⅡCL4 GCLD2 NGCL4	GⅡCL5 GCLD3 NGCL5	GⅡCL6 GCLD4 NGCL6	GⅡCL7 GCLD5 NGCL7
许用径向补偿量 ΔY	1.0	1.0	1.1	1.2	1.4	1.4	1.5
联轴器型号	GⅡCL8 GCLD6 NGCL8	GⅡCL9 GCLD7 NGCL9	GⅡCL10 GCLD8 NGCL10	GⅡCL11 GCLD9 NGCL11	GⅡCL12 GCLD10 NGCL12	GⅡCL13 NGCL13	GⅡCL14 NGCL14
许用径向补偿量 ΔY	1.7	1.8	2.0	2.1	2.3	2.6	4.5
联轴器型号	GⅡCL15	GⅡCL16	GⅡCL17	GⅡCL18	GⅡCL19	GⅡCL20	GⅡCL21
许用径向补偿量 ΔY	4.8	5.3	5.4	5.8	6	6.4	6.6
联轴器型号	GⅡCL22	GⅡCL23	GⅡCL24	GⅡCL25	—	—	—
许用径向补偿量 ΔY	6.8	8.0	8.4	8.5	—	—	—

CLZ 型和 GⅠCLZ 型、GⅡCLZ、NGCLZ 型联轴器的许用径向补偿量见下图：

CLZ 型按下式计算：

$\Delta Y = A \cdot \tan\Delta\alpha = A \cdot \tan 30' = 0.008\ 73A$

GⅠCLZ 型、GⅡCLZ、NGCLZ 型按下式计算：

$\Delta Y = A \cdot \tan\Delta\alpha = A \cdot \tan 1°30' = 0.026\ 2A$

式中：A——中间轴两端连接的外齿轴套齿中心间距离。

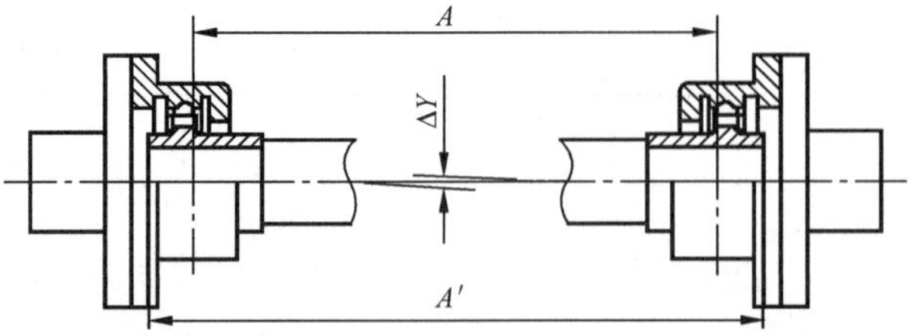

3.5.6.2 弹性套柱销联轴器应符合 GB/T 4323 的规定。

3.5.6.3 十字轴万向联轴器应符合 JB/T 5901 的规定。

3.5.7 制动器

3.5.7.1 制动器选择应符合 GB/T 3811 与 GB/T 6067 的相关规定。

3.5.7.2 电力液压鼓式制动器应符合 JB/T 6406 和 JB/T 10603 的规定，并满足以下要求：

——制动时，软质制动衬垫与制动轮接触面积应不小于制动衬垫总面积的 70%、硬质与半硬质制动衬垫与制动轮接触面积应不小于制动衬垫总面积的 50%；

——制动瓦块与制动衬垫应紧密贴合，粘接的制动衬垫应严格按照相关工艺要求粘贴，铆接的制动衬垫应达到铆钉头埋入制动衬垫厚度的一半以上；

——制动器弹簧经 3 次全压缩后，不应有永久变形；

——制动器装配后各铰点应转动灵活。

3.5.7.3 盘式制动器应符合 JB/T 7019 和 JB/T 7020 的规定，并应满足以下要求：

——制动时，制动衬垫与制动盘接触面积应不小于制动衬垫总面积的 75%；

——在松闸状态下，制动衬垫与制动盘的间隙应不小于 0.5 mm，液压推动器的工作行程应不大于推动器总行程的 2/3；

——制动衬垫中心线应通过制动盘中心，偏差不应大于 2 mm；

——制动衬垫外缘与制动盘外缘应留 3 mm 距离，如图 1 所示；

——液压推动器宜注入 10 号或 25 号变压器油。

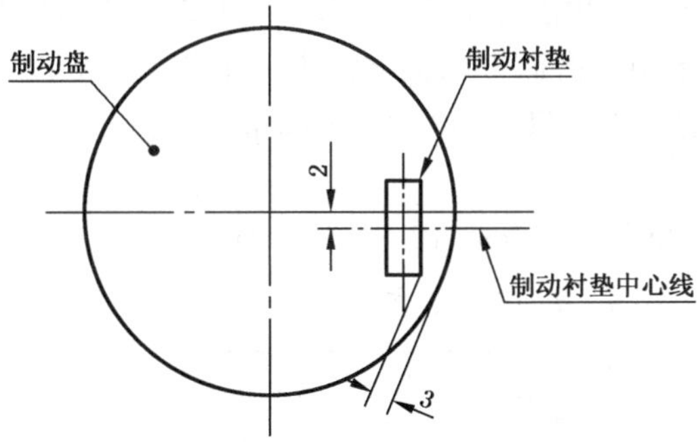

图 1 制动衬垫安装平面示意图

3.5.8 减速器

3.5.8.1 减速器渐开线齿轮副的精度对软齿面应不低于 GB/T 10095 中规定的 8-8-7 级，对中硬齿面

应不低于 GB/T 10095 中规定的 8-7-7 级，对硬齿面应不低于 GB/T 10095 中规定的 7-7-6 级。

3.5.8.2 起升、变幅和回转机构宜采用中硬齿面或硬齿面齿轮减速器；运行机构宜采用中硬齿面或软齿面齿轮减速器。

3.5.8.3 减速器齿轮副的齿面接触斑点不应低于表 10 规定的数值。

表 10 减速器齿轮副的齿面接触斑点

名　称	齿面接触斑点/%	
	按齿高	按齿长
硬齿面	60	80
中硬齿面	50	70
软齿面	40	50

3.5.8.4 减速器齿轮副的齿面硬度不应低于表 11 规定的数值。

表 11 减速器齿轮副的齿面硬度

名　　称	齿面硬度
硬齿面	54 HRC～62 HRC
中硬齿面	小齿轮 291 HB～323 HB,大齿轮 269 HB～291 HB
软齿面	小齿轮 240 HB～270 HB,大齿轮 190 HB～230 HB

3.5.8.5 减速器应进行正反方向各 2 h 的空载试验。试验时,减速器运转应平稳、无异常响声,在箱体部分面等高线上,距减速器前、后、左、右 1 m 处的噪声不应大于 85 dB(A)。

3.5.8.6 减速器应进行正反方向各 1 h 的负荷试验。负荷试验时应按额定负荷的 25%、50%、75%、100%四个阶段逐步加载,试验时减速器油池温度不应超过环境温度 35 ℃,轴承温度不应超过环境温度 40 ℃。

3.5.8.7 减速器箱体应经时效或退火处理,以消除或减小内应力。

3.5.8.8 装配好的减速器应转动灵活,各连接处与密封处无渗漏现象。

3.5.9 开式齿轮副与齿轮齿条副

3.5.9.1 齿部不应有影响使用性能的缺陷,也不应焊补。

3.5.9.2 齿轮副与齿轮齿条副的精度应不低于 GB/T 10095 与 GB/T 10096 中规定的 9-8-8 级。

3.5.9.3 齿轮副与齿轮齿条副的齿面接触斑点按齿高不应低于 30%,按齿长不应低于 40%。

3.5.9.4 齿面粗糙度不应低于 GB/T 1031 中 $Ra\,6.3\ \mu m$。

3.5.10 销齿

3.5.10.1 销齿传动的公差配合应符合表 12 规定的数值。

表 12 销齿传动的公差配合

项　　目	公差或配合				备　注
	齿距 p				
	$<10\pi$	$<20\pi$	$<30\pi$	$<50\pi$	
齿轮的制造公差与配合					
两相邻齿同侧面间齿距 p 的偏差	±0.05	±0.10	±0.15	±0.20	
齿顶圆直径 d_{a1} 的公差带	h8				
齿顶圆周对轴孔中心的圆跳动量 t	$t\leqslant 0.10$		$t\leqslant 0.15$		
齿面与轴孔轴线平行度公差值 f	$f\leqslant 0.05$		$f\leqslant 0.10$		
销轮的制造公差与配合					
销齿孔中心距(齿距)的偏差	±0.15	±0.25	±0.40	±0.55	
销齿与夹板孔的配合	H7/h6				
节圆直径 d_2 的公差带	h9～h10				d_2 小用 h10,d_2 大用 h9
节圆周对轴孔中心的圆跳动量 t	$t\leqslant 0.50$		$t\leqslant 1.50$		
注:销齿传动中心距 a 的偏差,按一般齿轮的中心距偏差 $\frac{1}{2}$IT9 确定。					

3.5.10.2 齿面与销轮表面的粗糙度不应低于 GB/T 1031 中 $Ra\,6.3\ \mu m$。

3.5.10.3 齿面硬度不应低于 50 HRC,有效硬化深度应不小于 2 mm;销轮工作表面硬度不应低于40 HRC,有效硬化深度应不小于 2 mm。

3.5.11 滑动螺旋副

3.5.11.1 滑动螺旋副应符合 GB/T 5796 的规定。

3.5.11.2 滑动螺旋副的螺杆与螺母贴合面处的粗糙度不应低于 GB/T 1031 中 $Ra1.6\ \mu m$。

3.5.11.3 滑动螺旋副梯形螺纹的中径公差带推荐采用 7H/7e。

3.5.11.4 螺杆材料宜选用 50Mn 或 38CrMoAlA,螺母材料宜选用 ZCuAl10Fe3。

3.5.12 滚动螺旋副

3.5.12.1 滚动螺旋副应符合 GB/T 17587.3 的规定。

3.5.12.2 滚动螺旋副的精度推荐采用 4 级或 5 级。

3.5.12.3 滚动螺旋副丝杠材料宜选用 38CrMoAlA,工作表面硬度不应低于 56 HRC;滚动螺旋副螺母材料宜选用 GCr15 或 9Cr18,工作表面硬度为 60 HRC。

3.6 结构件

3.6.1 焊缝

3.6.1.1 焊缝坡口应符合 GB/T 985.1 和 GB/T 985.2 的规定。特殊需要的坡口形式和尺寸,可根据具体情况规定并在图样上注明。

3.6.1.2 所有焊缝均不应有漏焊、烧穿、裂纹、气孔、未熔合、严重咬边、夹渣、熔瘤、凹坑等影响性能和外观质量的缺陷。重要焊缝应打上焊工代号钢印。

3.6.1.3 对现场安装时施焊的重要焊缝,应在实物上用钢印或涂漆的方法做出明显的“安装重要焊缝”标记,并按相关技术要求进行检验。

3.6.1.4 重要焊缝在外观检查后应进行无损检测,焊缝质量射线探伤不低于 GB/T 3323 中Ⅱ级要求,超声波探伤不低于 GB/T 11345 中Ⅰ级质量要求。

3.6.1.5 焊接用焊条、焊丝与焊剂应符合 GB/T 5117、GB/T 5118、GB/T 5293、GB/T 8110、GB/T 12470、GB/T 14957 的规定,焊条与焊丝的选择应与主体构件材料强度以及焊缝所受载荷类型相适应。

3.6.1.6 未注焊缝高度的角焊缝,其焊缝高度宜不小于被焊接件中较薄连接件板厚的 80%。

3.6.1.7 对应保证的焊接件切割面质量,应不低于 CB/T 3123 中规定的 2 级。

3.6.2 连接结构件的高强度螺栓副

3.6.2.1 用于连接结构件的高强度大六角螺栓、大六角螺母、高强度垫圈及技术要求,应符合 GB/T 1228～1231 的规定,并按设计规定的安装规程进行安装和检验。

3.6.2.2 对高强度螺栓连接的结构件结合面应按 JGJ 82 的规定进行处理。

3.6.3 连接结构件的铰制孔用螺栓副

3.6.3.1 螺栓的机械性能等级应不低于 8.8 级,螺母的机械性能等级应不低于 8 级。

3.6.3.2 螺栓与铰制孔的配合宜采用 GB/T 1801 中 H8/h8。

3.6.4 结构件材料的表面预处理

3.6.4.1 结构件材料的表面预处理应按矫形、除锈、涂防锈层的顺序依次进行。

3.6.4.2 预处理前的钢材应去除油污和水分。

3.6.4.3 重要焊接结构件的钢板、型钢、钢管等在焊接前应进行表面预处理。

3.6.4.4 材料经预处理后,不应有牢固的轧制氧化皮和其他污物,经喷丸处理的材料表面应呈现有光泽的银白色(重要结构件达到 GB/T 8923 中的 Sa2$\frac{1}{2}$级)。

3.6.5 结构件制造的允许偏差

3.6.5.1 焊接成型后的结构件,其形状和位置偏差不应超过表 13 的规定。

表 13 结构件制造允许偏差 单位为毫米

<table>
<tr><th>序号</th><th>简　　图</th><th colspan="2">检查项目</th><th>允许偏差</th></tr>
<tr><td rowspan="2">1</td><td>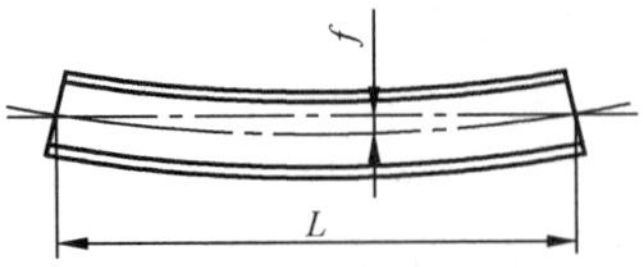</td><td rowspan="2">构件直线度</td><td>垂直方向</td><td>$f\leqslant\frac{1}{1\ 500}L$</td></tr>
<tr><td>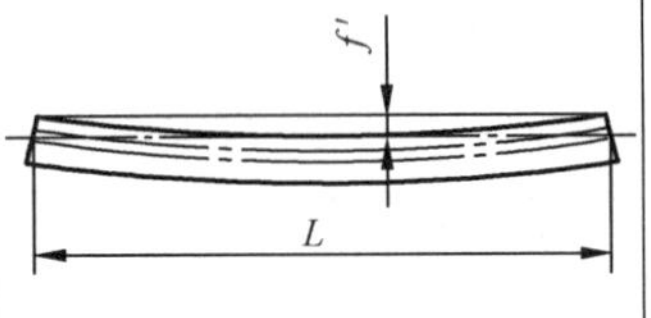</td><td>水平方向</td><td>$f'\leqslant\frac{1}{1\ 500}L$</td></tr>
<tr><td>2</td><td>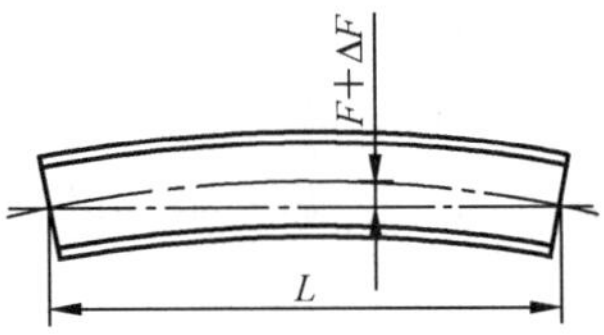</td><td colspan="2">梁上拱偏差</td><td>$\Delta F=\begin{matrix}+0.30F\\-0.05F\end{matrix}$
F 为图样规定拱度</td></tr>
<tr><td rowspan="5">3</td><td rowspan="5">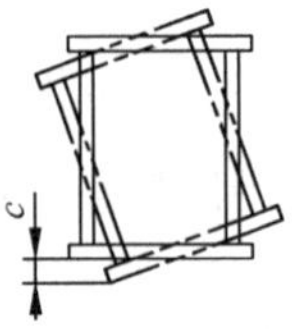</td><td colspan="2" rowspan="5">箱形梁、工字梁
扭曲度</td><td>构件长 $L\leqslant5\ 000$　$c\leqslant4$</td></tr>
<tr><td>$5\ 000<L\leqslant10\ 000$　$c\leqslant6$</td></tr>
<tr><td>$10\ 000<L\leqslant20\ 000$　$c\leqslant8$</td></tr>
<tr><td>$20\ 000<L\leqslant30\ 000$　$c\leqslant10$</td></tr>
<tr><td>$30\ 000<L\leqslant50\ 000$　$c\leqslant15$</td></tr>
<tr><td>4</td><td>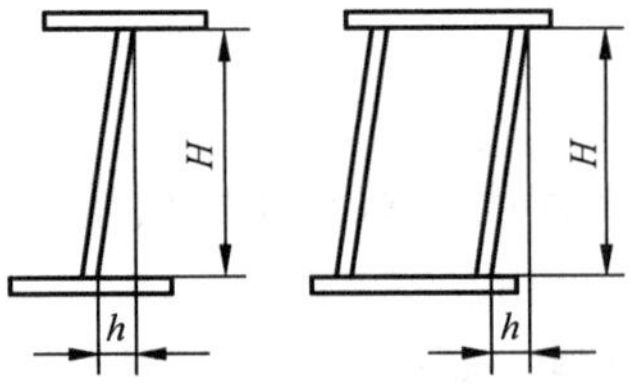</td><td colspan="2">箱形梁、工字梁
腹板垂直度</td><td>$h\leqslant\frac{1}{300}H$,
在筋板或节点处测量</td></tr>
<tr><td rowspan="2">5</td><td rowspan="2">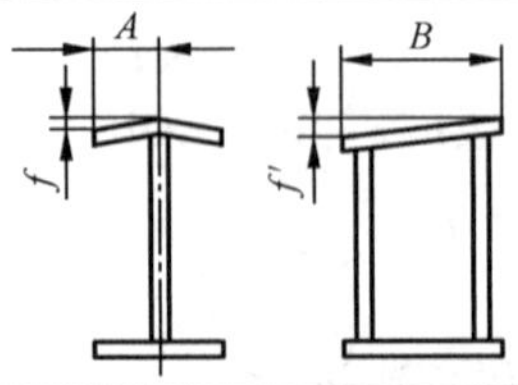</td><td colspan="2">工字梁翼缘板翘曲度</td><td>$f'\leqslant\frac{1}{100}A$,在筋板处测量,$f'\leqslant6$</td></tr>
<tr><td colspan="2">箱形梁上翼缘
水平翘曲度</td><td>$f'\leqslant\frac{1}{300}B$,在肋板处测量</td></tr>
<tr><td>6</td><td>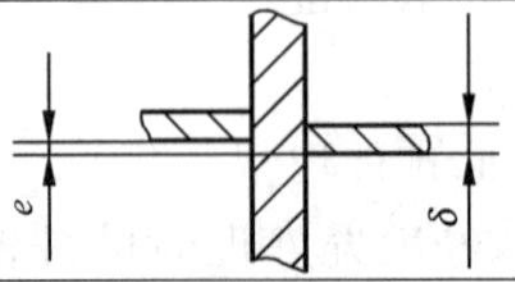</td><td colspan="2">筋板相对错位量</td><td>$e\leqslant0.3\delta$</td></tr>
</table>

表 13（续）

单位为毫米

序号	简 图	检查项目	允许偏差
7	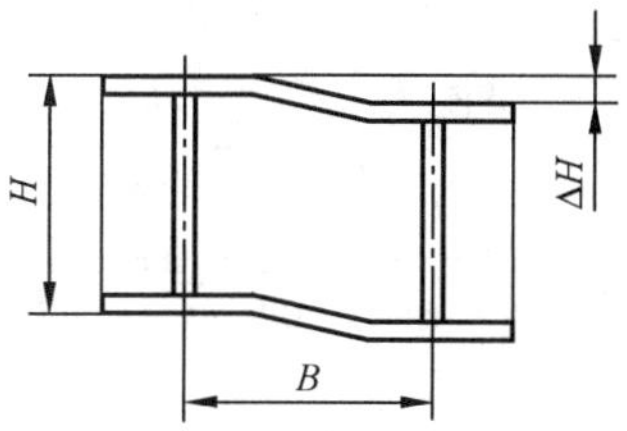	相配梁高度差	$\Delta H \leqslant \frac{1}{1\,000}B, \Delta H \leqslant 10$
8	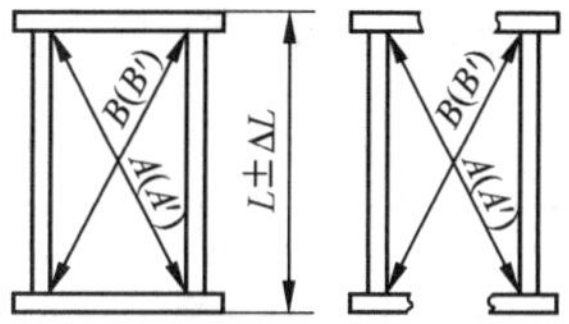	构件尺寸偏差	$L \leqslant 7\,000 \quad \Delta L \leqslant 3$ $L > 7\,000 \quad \Delta L \leqslant 5$
		两对角线长度之差	$L \leqslant 7\,000 \quad \lvert A-B \rvert \leqslant 4$ $L > 7\,000 \quad \lvert A-B \rvert \leqslant 7$ 关联：$\lvert A-A' \rvert \leqslant 1, \lvert B-B' \rvert \leqslant 1$
9	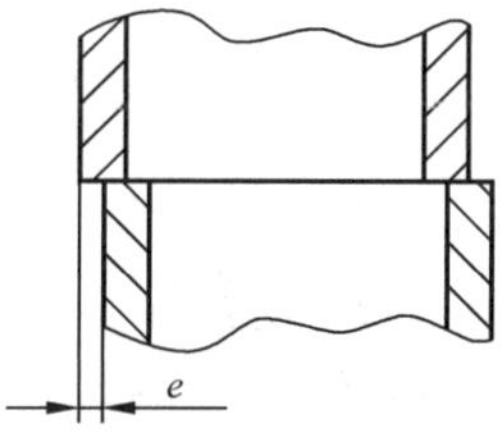	筒体对接厚度错位	$e \leqslant 0.2\delta, e \leqslant 2.5$
	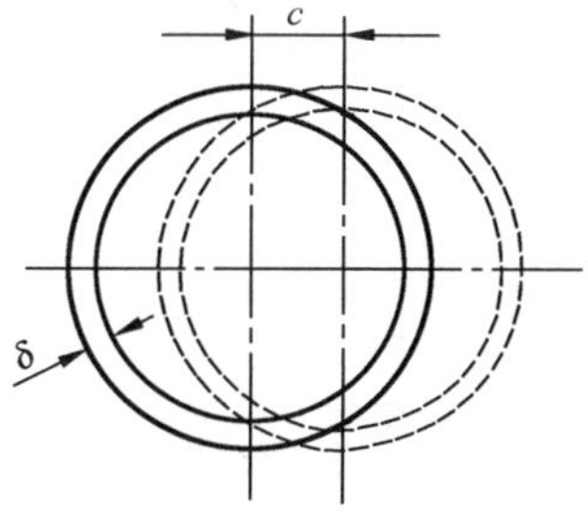	筒体对接中心偏差	$c \leqslant 0.2\delta$ δ 为圆筒壁厚
10	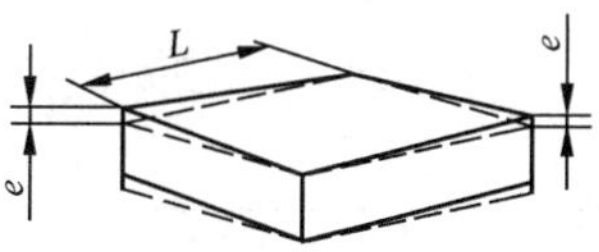	翘曲变形量	$L \leqslant 2\,000 \quad e \leqslant \frac{1}{1\,000}L+2$ $2\,000 < L \leqslant 5\,000 \quad e \leqslant \frac{1}{1\,000}L+4$ $5\,000 < L \leqslant 150\,000 \quad e \leqslant \frac{1}{1\,000}L+7$
11	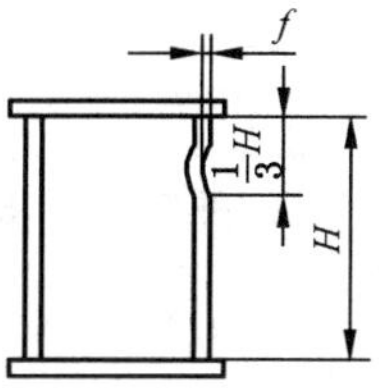	箱形梁、工字梁腹板平面度	用1 m直尺检查：在受压 $\frac{1}{3}H$ 区域内，且相邻筋板间凹凸不超过一处，$f \leqslant 0.6\delta$ 在其余区域内 $f \leqslant \frac{\delta}{2}+\frac{H}{500}, f \leqslant 15$

表 13(续)

单位为毫米

序号	简图	检查项目		允许偏差
12	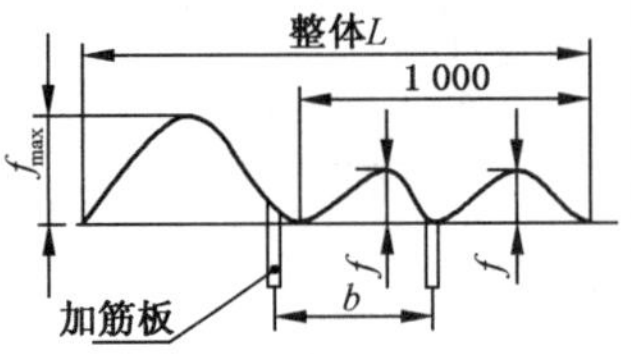	箱形梁、工字梁翼缘板平面度1 m内整体加筋板之间		用1 m直尺检查 $f\leqslant3$
				整体 $f_{max}\leqslant\frac{1.5}{1\ 000}L$
			加筋板之间	$b\leqslant500$ $f'\leqslant2$
			加筋板之间	$500<b\leqslant2\ 000$ $f'\leqslant\frac{1}{250}b$
			加筋板之间	$b>2\ 000$ $f'\leqslant8$
13	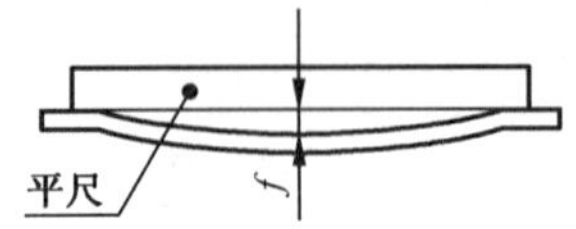	司机室围壁平面度	用1 m直尺检查	$f\leqslant5$
		机器房围壁平面度	用1 m直尺检查	$f\leqslant5$
		棚顶平面度	用1 m直尺检查	$f\leqslant8$
		平台平面度	用1 m直尺检查	$f\leqslant6$
14	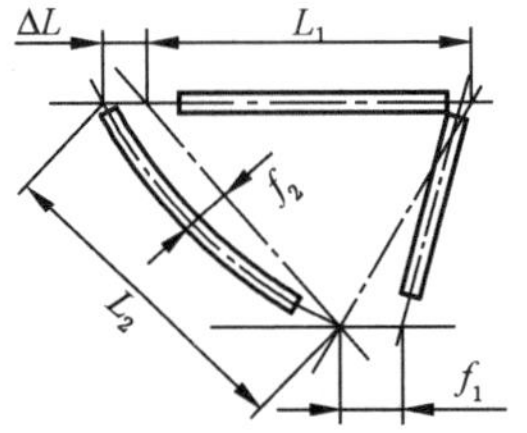	桁架腹杆轴线对理论轴线的偏差		$f_1\leqslant5$
		腹杆的直线度		$f_2\leqslant\frac{1.5}{1\ 000}L_2$
		桁架节距偏差		$\Delta L\leqslant\frac{3}{1\ 000}L_1$
15	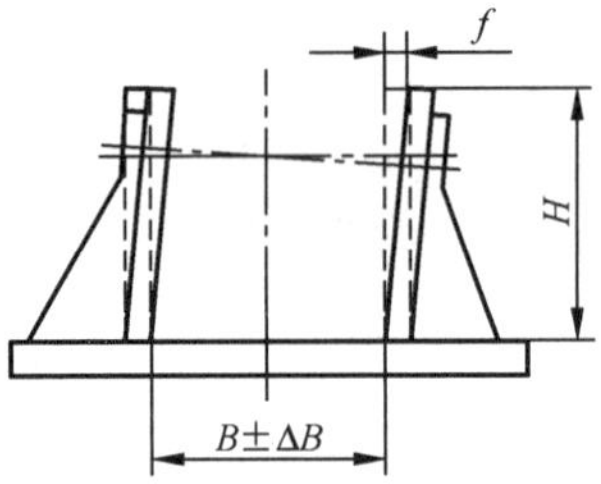	支座耳板垂直度		$f\leqslant\frac{1}{200}H$
		支座开挡尺寸偏差		$\Delta B\leqslant\frac{1}{250}B$
16	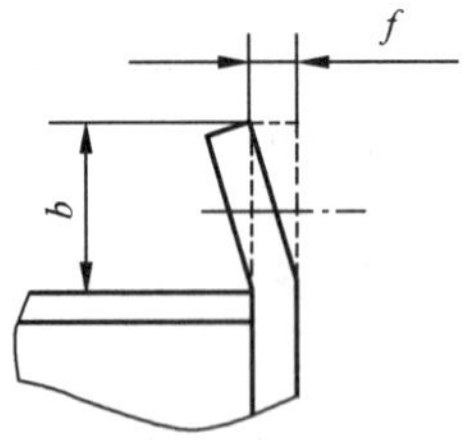	法兰面角变形		$b<100$ $f<\frac{1}{50}b$
				$b\geqslant100$ $f\leqslant1+\frac{1}{100}b$
17	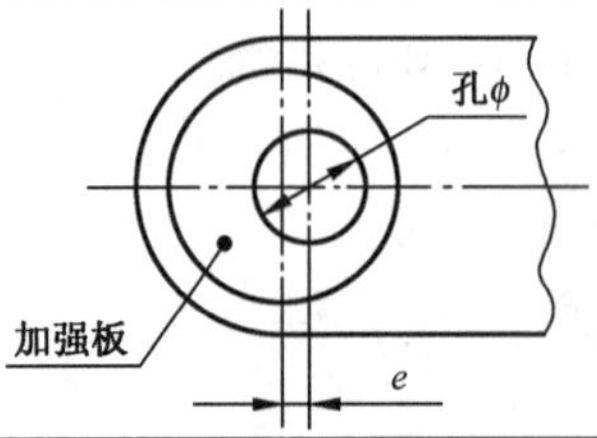	加强板偏心度	$\phi\geqslant100$	内侧 $e\leqslant10$
			$\phi\geqslant100$	外侧 $e\leqslant5$
			$\phi<100$	内侧 $e\leqslant5$
			$\phi<100$	外侧 $e\leqslant3$

表 13（续）　　单位为毫米

序号	简图	检查项目	允许偏差
18	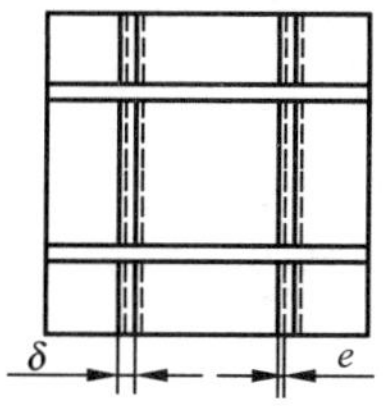	筋板(隔板)相对位置偏差	$e \leqslant \frac{1}{2}\delta$
	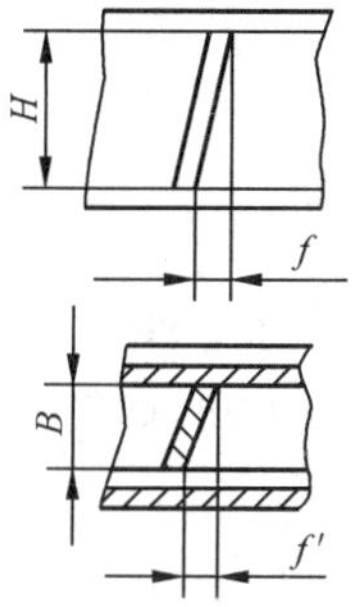	筋板(隔板)对箱形梁(工字梁)腹板或翼缘板的垂直度	$f \leqslant \frac{3}{1\,000}H$ $f' \leqslant \frac{3}{1\,000}B$

3.6.5.2　对表 13 所列基本构件之外的其他由焊接成型的结构件形位公差(平面度、直线度、平行度)不应大于表 14 的规定。

表 14　结构件形位公差　　单位为毫米

公称尺寸(L)	$30<L\leqslant 120$	$120<L\leqslant 400$	$400<L\leqslant 1\,000$	$1\,000<L\leqslant 2\,000$	$2\,000<L\leqslant 4\,000$	$4\,000<L\leqslant 8\,000$	$8\,000<L\leqslant 12\,000$	$12\,000<L\leqslant 16\,000$	$16\,000<L\leqslant 20\,000$	$L>20\,000$
形位公差	1	1.5	3	4.5	6	8	10	12	14	16

3.6.5.3　箱形梁、工字梁、筒体及其他各类构件焊接成型后的线性尺寸偏差不应大于设计或表 15 的规定。

表 15　焊接成型的结构件线性尺寸偏差　　单位为毫米

公称尺寸	$30<L\leqslant 120$	$120<L\leqslant 315$	$315<L\leqslant 1\,000$	$1\,000<L\leqslant 2\,000$	$2\,000<L\leqslant 4\,000$	$4\,000<L\leqslant 8\,000$	$8\,000<L\leqslant 12\,000$	$12\,000<L\leqslant 16\,000$	$16\,000<L\leqslant 20\,000$	$L>20\,000$
外形	±2	±2	±3	±4	±6	±8	±10	±12	±14	±16
相关	±1	±1	±1.5	±3	±4	±5	±7	±8	±9	±10
注：相关——销孔现对位置、各杆件或各板相对位置。										

3.6.5.4　臂架、象鼻架、大拉杆、转柱、转台、制作完工后应达到：

——整体结构轴线在给定平面内(垂直面与水平面)的直线度不应大于被测长度的 1/1 500，并不应超过 20 mm；

——铰点几何轴线对其结构纵向对称平面的垂直度不应大于被测件长度的 1/1 500；

——铰点几何轴线相互间的平行度不应大于被测铰点间距的 1/1 500；

——同一铰点两轴孔的同轴度应不低于 GB/T 1184 中 10 级。

3.6.5.5 圆筒形门架的结构几何轴线对水平面的垂直度不应大于 $h/1\,500$;其上支承法兰与回转大轴承接触表面的平面度应为 GB/T 1184 中的 9 级,水平偏斜应控制在 $a \leqslant D/1\,500$,如图 2 所示。

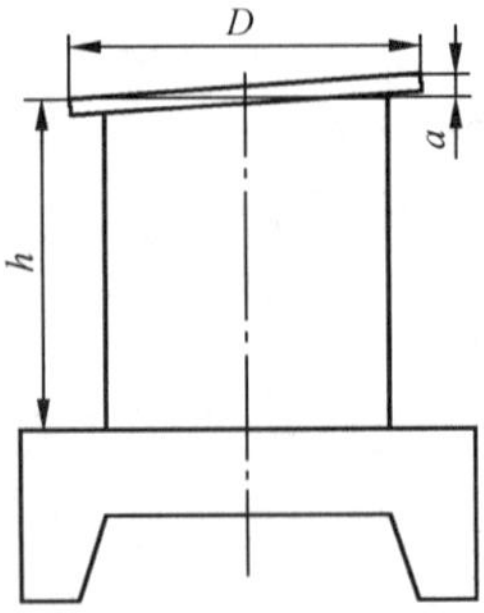

图 2 圆筒形门架垂直度与水平偏斜示意

3.6.5.6 交叉式门架与撑杆式门架的上支承环水平轮轨道中心和下支承座中心偏差应符合 $e \leqslant h/1\,500$ 且 $e \leqslant 4$ mm,下支承座圈的水平偏斜应控制在 $f \leqslant 0.3D/1\,000$,如图 3 所示。

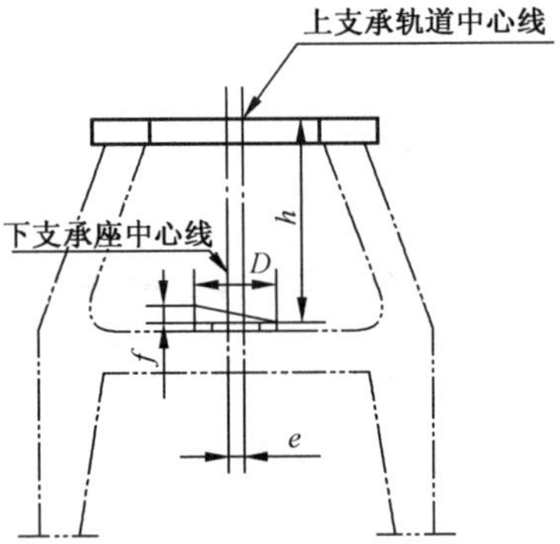

图 3 交叉式门架与撑杆式门架上、下支承中心偏差与下支承直径示意

3.6.5.7 转柱结构几何轴线对其底平面的垂直度不应大于被测结构长度的 1/1 500。

3.6.5.8 转台上平面的平面度宜控制在 4 mm 内,转台下部与回转支承接触表面的平面度不应大于滚道中心直径的 1/2 500。

3.6.5.9 门座制作完工后应达到:

——门座支腿轨距 S 的偏差 ΔS 为(−5～−10)mm;

——门座支腿底部对角线长度 L 的偏差为(−5～+5)mm;

——门座各支腿底平面的垂直高低差应不大于 3 mm,水平偏斜应不大于被测长度的 1/1 000。

3.6.6 结构件安装吊点

3.6.6.1 安装吊点的设置应保证结构件在吊装过程中无塑性变形。

3.6.6.2 与安装吊耳配用的卸扣应符合设计的规定。

3.6.7 结构件防水要求

3.6.7.1 结构件的排水措施应有效,其外表面不应有积水。

3.6.7.2 箱形(或其他结构型式)结构件内部不应有渗漏水或残留积水。

3.6.8 箱形(或圆筒形)结构件开人孔要求

3.6.8.1 人孔的几何尺寸应满足人员进出方便,宜采用镶边人孔。

3.6.8.2 人孔关闭后应密封并能防止雨水飘入和渗入。

3.6.8.3 人孔开启后,结构件内应有明显的通风效果。

3.7 液压系统及元件

3.7.1 液压系统应符合 GB/T 3766 的规定,应设置防止过载和冲击的安全装置。溢流阀的调整压力不应大于系统额定工作压力的 110%,系统的额定工作压力不应大于液压泵的额定压力。

3.7.2 液压油应符合设计所选油类的性能标准,其过滤精度应符合系统中选用的液压元件的要求,并能适应工作环境的温度。

3.7.3 液压系统的油温在起重机作业中温升不超过 40 K。液压泵进口处的油温不应超过 60 ℃。

3.7.4 液压系统传动应平稳,不应出现异常噪声;全系统应无渗油现象。

3.7.5 油管的口径应符合液压系统压力和流量的要求。钢管的弯曲半径应大于 3 倍管子外径,固定管路的零件应有弹性。油管应排列整齐,便于装拆、保养和检查。

3.7.6 液压元件应符合设计要求与 GB/T 7935 的规定,元件应按有关标准及技术文件的要求在安装前进行清洗,并要进行压力和密封试验,合格后才能使用。

3.7.7 泵与其原动机之间连接应有足够的刚性。

3.7.8 密封件或密封组件应便于更换。

3.7.9 液压缸的安装应对中。由双缸操纵同一机构,应有足够的平行度。

3.7.10 阀件的安装应避免重敲击、冲击和振动对阀中主要元件的影响。

3.7.11 支座式液压缸未采用键或销承受剪应力时,则底脚固定螺栓应能经受全部剪应力而不致引起危险。

3.7.12 对采用液压油缸变幅的起重机,静止的起重臂在任何工作位置均不应出现下滑现象。

3.8 时效处理

3.8.1 铸造件应进行时效处理,以消除铸造内应力。

3.8.2 图样有要求的金属结构件应进行时效处理,以消除焊接内应力。

3.9 机构

3.9.1 起升机构

3.9.1.1 具有机械换挡有级变速器的起升机构,应有防止在载荷升降过程中换挡的安全措施。

3.9.1.2 具有慢速性能的起升机构,其微动下降速度应符合设计的规定。

3.9.1.3 额定载荷在空中停止后,起升机构再启动时,载荷不应出现瞬时下滑现象。

3.9.1.4 有左、右旋向的卷筒安装时,应符合设计的规定。

3.9.1.5 机构安装后减速器的实际中心线与转台上机座排装基准线的允许偏差见图 4。

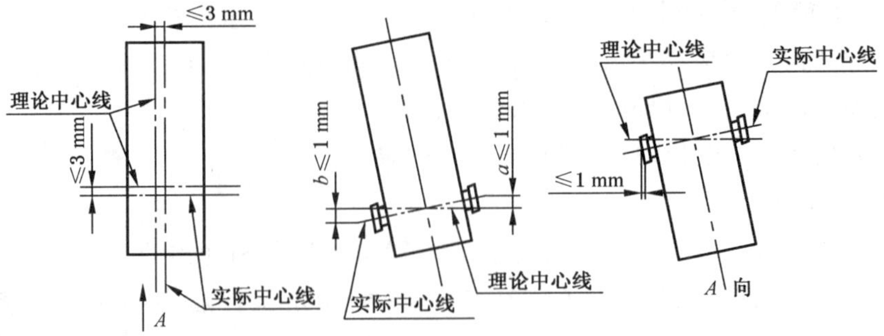

图 4 减速器实际中心线与理论中心线的允许偏差

3.9.1.6 对采用三支点形式的机构卷筒，安装后其实际中心线的位置允许偏差见图 5。

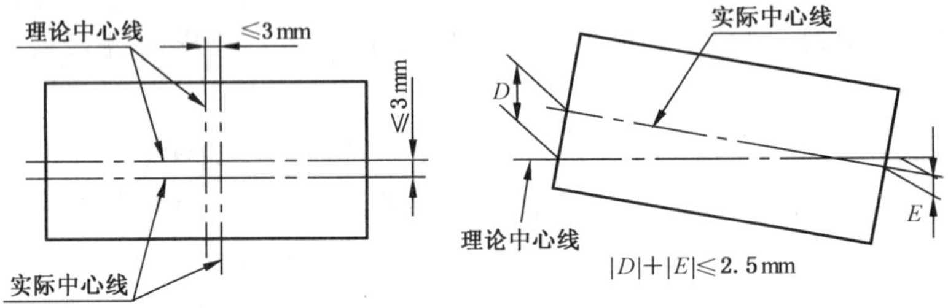

图 5 三支点形式机构卷筒实际中心线位置允许偏差

3.9.2 变幅机构

3.9.2.1 齿条变幅驱动装置的齿条与小齿轮的啮合侧隙宜为 0.3 mm～0.7 mm，通过调整上、下压轮位置保证齿条正确啮合。齿条与小齿轮啮合工作中应无小齿轮啃咬齿条现象。

3.9.2.2 螺杆变幅驱动装置的螺杆、螺母螺旋线在安装时应作配对记号，并根据定位记号铣出键槽；施拧于外壳滚动轴承定位螺母的扭矩，应符合设计要求；螺杆、螺母跑合后接触面积应不少于 75%，螺杆伸缩套应保证伸缩灵活并不应有漏油现象。

3.9.2.3 绳索变幅驱动装置应符合 3.9.1.4～3.9.1.6 的规定。

3.9.2.4 液压变幅驱动装置的油缸对臂架中心线的位置允许偏差应不大于 10 mm。

3.9.3 回转机构

3.9.3.1 滚动轴承式回转支承应达到：

——回转支承及上、下支承环安装前应清洗安装面，并防止清洗液进入滚道内部；

——回转支承与上、下支承安装面的平面间隙(螺栓未紧固前)应不大于 0.2 mm～0.3 mm，允许采用浇注环氧树脂垫平；

——连接回转支承与上、下支承环的紧固螺栓应在对称方向上依次拧紧，次序见图 6；

——螺栓的预紧力与施拧扭矩应符合设计的规定。

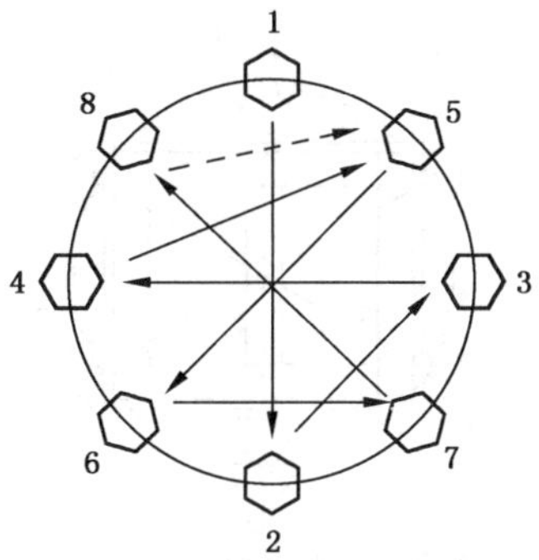

图 6　螺栓依次拧紧示意

3.9.3.2　转柱回转支承应达到：

——水平轮与转柱的安装应符合表 16 的规定；

——安装后的水平轮不应出现上、下窜动现象，并应保证起重机在最大幅度至最小幅度回转时无敲击声；

——转柱回转下支承座内孔与球面滚动轴承的配合宜留有 0.15 mm～0.2 mm 的间隙；

——转柱回转支承对门座架中心的位置度应不大于 ϕ8 mm。

表 16　水平轮与转柱的安装允许偏差　　单位为毫米

项　　目	允许偏差
水平轮轴线在 Y 方向的平行度 $\lvert r_1-r_2 \rvert$(图 7)	1
水平轮端面在 X 方向的平行度 $a+b$(图 7)	1
水平轮轴线与转柱轴线距离 OA、OB、OC、OD、OE、OF 相互之差(图 8)	±3

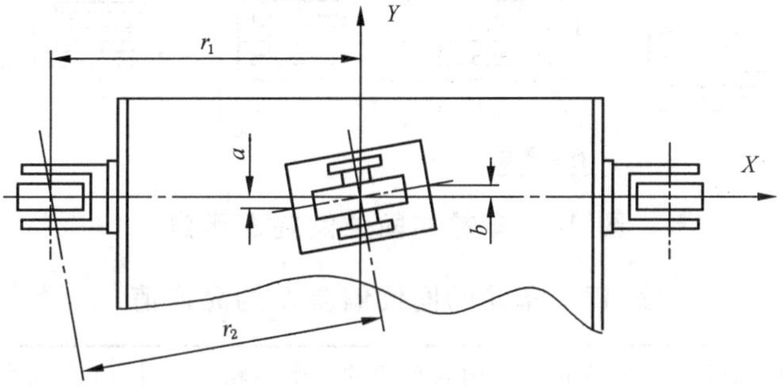

图 7　水平轮在 X、Y 方向安装偏差示意

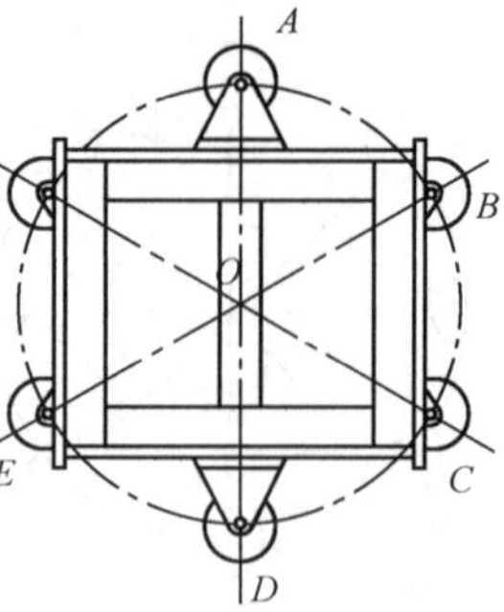

图 8　水平轮轴线与转柱轴线距离示意

3.9.3.3　回转支承运转时应平稳无异常响声，大齿圈与驱动小齿轮的啮合侧隙宜为 0.5 mm～1.6 mm。

3.9.3.4　推荐采用能控制制动时间与行程的可操纵常开式制动器，操纵制动器的脚踏力为 80 N～200 N。

3.9.4　运行机构

3.9.4.1　同一车架的两个车轮踏面中心相对车架中心线偏差不应大于 1 mm，见图 9。

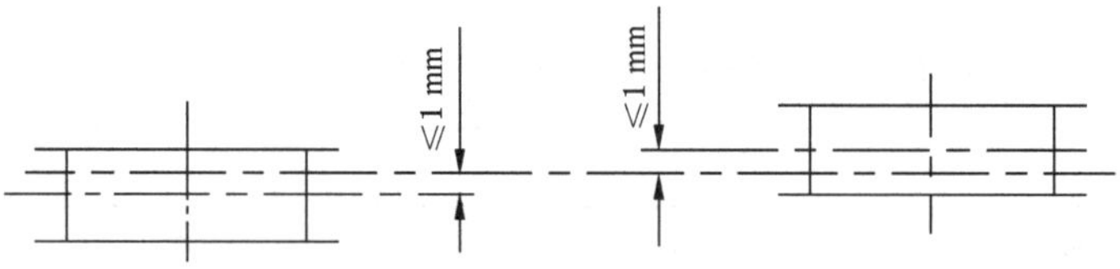

图 9　车辆踏面中心相对车架中心线偏差示意

3.9.4.2　同一行走台车的车轮的同位偏差 δ(图 10 所示)不应大于表 17 的规定。

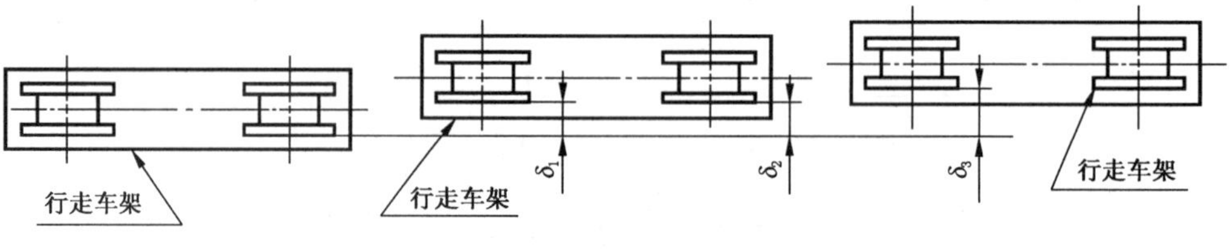

图 10　车轮的同位偏差 δ 示意

表 17　车轮的同位偏差 δ 的允许值　　单位为毫米

同位差	不同车架相邻的两个车轮 δ_1	相邻车架的三个车轮 δ_2	不同车架三个以上车轮 δ_3
δ	≤2	≤3	≤5

3.9.4.3　整机安装完毕后，运行机构最上一层均衡梁在轨距方向的跨度偏差为±5 mm。

3.10　润滑系统

3.10.1　起重机上应有润滑图，各润滑点应有标志，润滑点的位置应便于安全接近，使用中应按设计要求定期润滑。

3.10.2　起重机出厂前应对润滑油路各部位逐个检查并确保其畅通。

3.11　司机室

司机室应符合 GB/T 20303.1 和 GB/T 20303.4 的规定。

3.12 **集装箱吊具**

3.12.1 起重机采用的集装箱吊具应能装卸 GB/T 1413 中的 A、C 型国际集装箱，应符合 GB/T 3220的规定。

3.12.2 集装箱吊具转锁热处理加工后，应进行无损探伤检查，并不应有裂纹，更不应修补。

3.12.3 集装箱吊具转锁应按 GB/T 6067 中吊钩的检验载荷表要求的检验载荷进行拉伸试验。

3.12.4 订购合同有要求的集装箱吊具离开地面后，应能沿水平平面纵、横轴线回转±3°，沿垂直中心线回转±5°。

3.12.5 订购合同要求的起重机应装设能抑制集装箱吊具或集装箱吊具与集装箱摇摆的减摇装置。该装置对起重机臂架工作平面方向与垂直臂架工作平面方向的集装箱吊具与集装箱的摇摆都能自动进行抑制。

3.13 **电气设备**

3.13.1 **一般要求**

3.13.1.1 电气设备的设计和选择，应符合 GB/T 3811、GB 5226.2 和其他等效的相关专业技术标准的规定。

3.13.1.2 电气设备安装后的交接试验应符合 GB 50150 的规定。

3.13.1.3 电气传动控制设备应符合 GB/T 3797 与 GB/T 12668.2 和各相关专用标准的规定。

3.13.1.4 电气设备的绝缘性能应良好。用 500 V 直流兆欧表测量电动机、电阻器的绝缘电阻，冷态时不低于 1 MΩ，热态时不低于 0.5 MΩ；控制柜、操纵台等成套电气设备的绝缘电阻，一次回路不低于1 MΩ，二次回路不低于 0.5 MΩ；单独电器元件的绝缘电阻不低于 1.5 MΩ。

3.13.1.5 起重机的总电压损失与内部电压损失应符合 GB/T 3811 的规定。

3.13.1.6 设置在司机室内的紧急断电开关和照明专用电路应符合 GB/T 6067 的规定。

3.13.1.7 电气保护装置应符合 GB/T 3811 的规定。

3.13.1.8 所有连接导线两端应用与电气原理图及配线表相一致的明显编号(标明线号、线束号、去向等)。

3.13.1.9 靠近电阻箱、发热元件、照明灯等部位的连接导线应加套石棉套管或乙烯涂层玻璃丝管。

3.13.1.10 照明电源与动力电源应分开设置，当动力电源切断时，照明电源不能失电。照明箱上各支路开关应有明显的指示标牌。

3.13.1.11 起重机宜设机内电话系统、无线对讲机及有线扩音广播器。

3.13.1.12 对采用了可编程序控制器、微型计算机的起重机，其操作动作的顺序、联锁等应能由 PLC 软件完成，紧急保护功能，行程终端保护须由硬件或安全 PLC 完成。

3.13.1.13 电气设备安置应考虑必要的防振措施，并在起重机工作时不应出现超出设计规定的振动。电气柜体应用螺栓与底座紧固，严禁将开关柜与底座直接焊接。

3.13.1.14 开关柜内应一律采用铜质母线，分相色标应符合相关的国家标准。柜前操作距离应大于 0.6 m。

3.13.1.15 电阻器应安置在通风散热良好位置，并应有防护外罩。

3.13.2 电线电缆

3.13.2.1 电缆的施工与验收应符合 GB 50168 的规定。

3.13.2.2 电线和电缆应采用铜芯多股线；电气设备的外部连线宜采用橡胶绝缘导线。

3.13.2.3 集装箱吊具供电控制电缆应选用特殊耐油橡套挠性多芯软电缆，并应设置防水型多芯插座(插头)，以便快速更换吊具，余留一定数量备用芯。

3.13.2.4 电缆外护层选择应着重考虑每根电缆安装使用可能受到的机械作用。如外护层机械强度无法满足使用要求时，则电缆应安装在管子、管道或电缆槽内，并采取有效防护措施。

3.13.2.5 电线或电缆的线芯最小截面为：

——动力回路不小于 2.5 mm^2；

——控制及照明回路不小于 1.5 mm^2；

——电子设备、通信设备、传感器件等内部导线不做规定，但装有电子设备的控制柜内，最小导线截面不小于 0.2 mm^2。

3.13.2.6 动力回路、控制和信号回路应分别布线，并避免相互间干扰，接线端子应分开连接。

3.13.2.7 各机构电动机应独立配线，不应用公共回路。

3.13.2.8 导线的连接和分支点应设接线箱或分线盒。

3.13.2.9 在有机械损伤或油污侵蚀、化学腐蚀的场合，电线或电缆应有防护措施或穿管保护。穿线钢管应加保护电缆的护口。

3.13.2.10 电缆敷设弯曲半径应达到：

——电缆穿管，每一根独立的连续的电缆管，累计的弯曲角度应小于 360°。超过 360°时，需要用分线盒或者三通过渡；管子弯曲半径不应小于 6 倍管子外径。

——固定敷设的弯曲内半径不小于 6 倍电缆总外径(非金属护套铠包装或编结的热塑性、弹性材料绝缘电缆当总外径 D 不大于 25 mm 时，最小弯曲内半径为 $4D$)。

——移动电缆弯曲半径不宜小于 8 倍电缆外径。

3.13.2.11 穿管系数(电缆外径截面积之和与管子或管道内截面积之比)不应大于 0.4。

3.13.2.12 用作电缆机械性保护的金属罩壳，应采取有效防腐蚀措施。电缆紧固件、支承、托架和附件均应采用耐蚀材料制作或进行适当防蚀处理。

3.13.2.13 电缆紧固件或扎带应紧固，并应具有足够表面积和一定形状，以紧固电缆而不损伤护套或外护层，不应因起重机工作时的振动而产生附加应力和磨损。

3.13.2.14 所有接头应压接牢固、可靠，所有紧固件均应采用铜质或镀锌件。

3.13.2.15 电缆管、电缆管道、电缆槽的接头处应保证机械和电气上的连续性，并应可靠接地。布置上应能防止水在内部积留。

3.13.2.16 电缆卷筒的电缆进出口密封措施应有效。滑环箱防水性能应有效、可靠。

3.13.2.17 电缆卷筒放缆终点开关动作应有效、可靠，当开关动作切断运行机构电动机电源后，电缆卷筒上应至少保留两圈电缆。

3.13.2.18 电缆导向轮半径不应小于电缆允许弯曲半径。请咨询制造商。

3.13.2.19 电缆卷筒应装设有效、可靠的导缆器，导缆器安装时应与电缆卷筒位置对准，保证起重机在运行过程中不发生电缆被卡现象。

3.13.2.20 电缆卷筒的安装精度应符合表18的规定；测量方法见图11。

表18 电缆卷筒安装允许偏差

单位为毫米

检查项目	测量方法	允许偏差
电缆卷筒与轨道的平行度	用线锤和钢卷尺测量 $A\sim H$ 各点至轨道的距离 l	±2.5

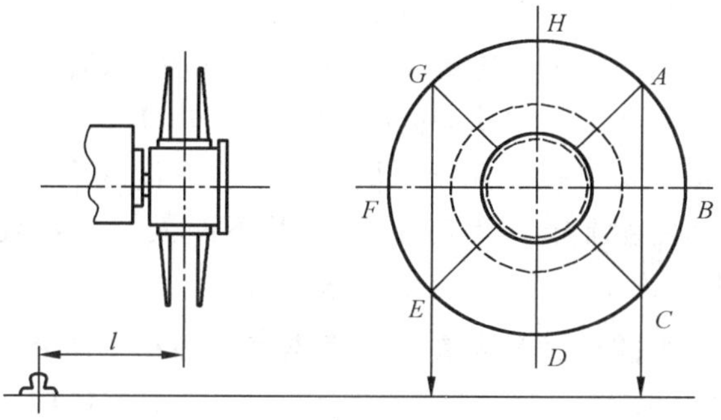

图11 电缆卷筒安装允许偏差测量示意

3.13.3 中心集电器应符合GB 5226.2的规定。

3.13.4 电动机

3.13.4.1 各机构驱动电动机应符合GB 755和各专用电动机的相关标准的技术要求。

3.13.4.2 各机构宜选用起重及冶金用系列电动机或符合起重机要求的其他类型电动机。

3.13.4.3 电动机的容量校验应符合GB/T 3811的规定，并保证在额定负载时能安全、可靠地实现启动、加速和运转。

3.13.4.4 电动机外壳防护包括防止人体触及其内部带电机体或旋转部件，防止外部固体异物或液体进入其内部。外壳防护等级为：

——起重及冶金用系列交流电动机：全封闭外扇形，防护等级IP44；

——室内用交直流电动机：防滴式，防护等级IP23；

——室外用交直流电动机：全封闭式，防护等级IP54。

3.13.5 变压器

3.13.5.1 起重机的控制变压器和照明变压器宜选用动力变压器、整流变压器、控制变压器。

3.13.5.2 变压器应符合GBJ 148的规定与设计要求。

3.13.6 电阻器

3.13.6.1 电阻器应装于通风散热处，采用敞开自然冷却型，并应有防护外罩。

3.13.6.2 启动加速用电阻器宜按重复短期工作制选择，电阻器各级电阻的接电持续率，可按不同接入情况选用不同值。同一电阻元件在不同接电持续率时有不同允许电流值，选用元件的允许电流值应不小于电动机额定电流。

3.13.6.3 常串级电阻(包括直流电动机的电枢回路电阻)按长期工作制选择。

3.13.6.4 电阻器应符合GB 5226.2的规定。

3.13.7 联动控制台

3.13.7.1 控制台宜为左右两臂操作型，操作手柄布置一般为左边操作控制回转、变幅，右边操作控制起升(支持、开闭)、运行。操作挡位应手感灵敏、清楚、零位明显。操作应方便、轻松，并带有零位自锁环节。

3.13.7.2 联动控制台应符合 GB 5226.2 的规定。

3.13.8 控制柜

3.13.8.1 控制柜宜采用整体防护式结构,防护等级应不低于 IP2X。控制柜面板带门,背板带盖。凡采用上下对流冷却方式,通风散热口要加防尘措施。

3.13.8.2 安装于室外的控制柜应有防雨水措施,防护等级应不低于 IP54,宜采用防喷型结构。

3.13.8.3 控制柜内宜设照明装置和防潮空间加热器。

3.13.8.4 控制柜内应有明显的接地标志螺钉,接地螺钉应是镀锌件或铜质件。

3.13.8.5 控制柜内导线不允许中间接头,板前配线应整齐、美观,按垂直向或水平向有规律配置,不应任意歪斜交叉连接。每个接线端子每层接线不应超过两根。

3.13.8.6 500 V 及以下的交直流母线及其分支线,其不同极的裸露载流部分与未绝缘的金属体之间的电气间隙和爬电距离应符合表 19 的要求。

表 19 裸露导线与金属体之间电气间隙和爬电距离规定　　单位为毫米

类　别	电气间隙	爬电距离
控制柜	≥12	≥20
照明箱	≥10	≥15

3.13.8.7 控制柜应符合 GB 5226.2 的规定。

3.13.9 照明

3.13.9.1 司机室、机器房、电气室平均照度为 50 lx。

3.13.9.2 起重机转台上或其他位置上应装有足够功率灯具,使起重机作业工作面的直接平均照度达到 50 lx。

3.13.9.3 起重机各主要通道、扶梯、平台入口处的照度应不小于 20 lx。

3.13.9.4 起重机门腿下部宜设能加强大车运行轨道平面照度的照明灯具。

3.13.9.5 起重机象鼻架或臂架顶端应安装红色航空障碍灯,当交流电源切断后应能自动切换到备用电源。

3.13.9.6 固定式照明装置的电源电压不超过 220 V。严禁用起重机体或接地线作照明回路零线。

3.13.9.7 可移式照明装置(安全局部照明灯)的电源电压应不超过 36 V。禁止用自耦变压器直接供电,应配置 220/36 V、250 VA 以上的安全灯变压器作为安全灯电源。安全灯应带保护外罩、橡套软电缆 10 m 及插头(2P+E)。

3.13.9.8 应用防振型或有防振措施照明灯具。室外和潮湿场所应用防水型照明灯具。

3.13.9.9 照明配电箱应专设,各支路应有标牌指明用途。司机室、机器房、门腿处应设照明开关。司机室、机器房应设局部照明用电源插座。

3.13.10 接地与防雷

3.13.10.1 起重机上的电气设备、正常不带电的金属外壳、电缆金属外皮、安全照明变压器等均应可靠接地。

3.13.10.2 具备整体金属结构的部分,其金属构架可用作接地干线,在钢结构非焊接处较多的场合,应设接地干线。

3.13.10.3 可开启的控制柜柜门应以软导线与接地金属构件可靠地连接。

3.13.10.4 起重机车轮与轨道应有效接地,轨道接地电阻应小于 4 Ω。整机接地电阻应小于 10 Ω。

3.13.10.5 起重机回转部分电气设备接地严禁通过回转支承和车轮台车支承来实现。

3.13.10.6 开关柜、控制台接地线最小截面为 2.5 mm^2(铜绞线)。

3.13.10.7 象鼻架顶部或臂架端部应设避雷针,针体至少应高出航空障碍灯 300 mm。起重机应考虑设有将雷电安全引至地面轨道的设施。

3.14 安全保护装置

3.14.1 起重机安全保护装置应符合设计要求与 GB/T 6067 的规定。行走台车应设置防碰撞装置。

3.14.2 起重机应装设超载保护装置,当起升载荷超过额定起重量时,超载保护装置应自动停止机构工作并发出报警声光信号,仅允许起升机构作下降运转。

3.14.3 起重机超载保护装置应符合 GB 12602 的规定。

3.14.4 所有安全联锁、限位、信号指示、报警、故障检测装置应符合设计要求与 GB/T 6067 的规定。

3.14.5 集装箱吊具各动作与升降控制应有安全联锁,集装箱离地后禁止吊具转锁转动。

3.14.6 起重机上风速报警器应在风速 20 m/s 时报警。

3.14.7 起重机的防风装置应安全可靠。

3.14.8 可编程序控制系统应有完善的故障显示功能。

3.14.9 故障诊断、数据管理系统各项功能均应符合设计要求。

3.15 涂装和外观

3.15.1 表面处理

3.15.1.1 在涂装前构件表面应进行除铁锈、焊渣、毛刺、灰尘、油脂、盐、污泥、氧化皮等预处理,以保证表面光滑平整。

3.15.1.2 除锈质量等级按 GB/T 8923 的规定:用手工方式除锈为 St3 级,用化学处理和抛(喷)丸(或其他磨料)方式除锈为 Sa2$\frac{1}{2}$级。

3.15.1.3 表面处理后 4 h 内应喷涂一道干膜厚度为 15 μm～20 μm 的底漆,作为钢材预处理后的短期保护,在正式涂层开始涂装时,需进行二次表面处理去除。

3.15.2 涂层与漆膜厚度

涂层、涂料品种、最低干膜厚及道数见表 20。

表 20 涂层、涂料品种、最低干膜厚及道数

涂　层	涂料品种	最低干膜厚/μm	道　数
底涂层	环氧富锌底漆	60	1
中间涂层	环氧后浆漆	100	1
面涂层	脂肪族聚氨酯面漆	60	2
总干膜厚度		220	—

3.15.3 涂装颜色

产品的安全标志颜色应符合 GB 2893、GB 2894 的规定。

3.15.4 漆膜附着力

涂层的漆膜附着力应不低于 GB/T 9286 中规定的 1 级。

3.15.5 外观

起重机外观质量应达到：

——零、部件表面不应有明显变形及损伤，应平整、无粘砂和余留冒口，焊缝要均匀美观；

——油漆色泽均匀，没有涂斑、漏漆和剥落；

——紧固件无松动漏装；

——管线排列整齐；

——不应有油液外露；

——标牌、性能表牌、吊装标志和功能标志应齐全，安装位置应合理，表示应清楚。

4 试验方法

4.1 试验条件

4.1.1 试验时风速不超过 8.3 m/s，环境温度为 −20 ℃～+45 ℃，结构应力测试时应在 0 ℃～+40 ℃之间，最大相对湿度不大于 95%，可有凝露、盐雾。

4.1.2 试验场地应平整坚实，起重机工作范围内不应有妨碍起重机回转、变幅、运行动作的障碍物。

4.1.3 润滑油、液压油和冷却液应按使用要求装至工作液面，油的品质应符合设计规定的要求。

4.1.4 试验载荷应标定准确，其允许偏差为±1%。

4.1.5 有特殊要求的起重机可按订购合同条款进行试验。

4.2 整机调试和试验准备

4.2.1 试验前应进行静态检查，所有构件、机构及附属装置的安装是否准确、可靠。

4.2.2 所有金属结构件的焊接及高强度螺栓的连接应牢固。

4.2.3 各传动件、紧固件及钢丝绳端部连接应牢固可靠。

4.2.4 检查液压系统中液压元件与管路固定及与管路间连接时密封性和可靠性。

4.2.5 检测电气设备(电动机、电阻器、电器元件、电缆等)的绝缘电阻值。

4.2.6 检测柴油机的额定转速、发电机电压，检查司机室内停车装置是否正常、灵敏。

4.2.7 各机构按设计要求调试完毕后，结构和传动件均能正常工作，整机无异常现象。

4.2.8 检查和调试所有安全保护装置。通过 3 次试验，确认安全保护装置的动作灵敏性、可靠性及准确性。

4.3 空载试验

4.3.1 质量测定

测取取物装置悬空时起重机总质量，以 3 次测量的算术平均值作为测定数据。

4.3.2 几何参数测定

测量起重机有关尺寸，以 3 次测量的算术平均值作为测定数据。

——轨距、基距；

——门座(门腿)净空尺寸；

——最大尾部回转半径。

4.3.3 电动机测试

以额定速度分别进行起升、变幅、回转、整机运行动作试验各 3 次，测取各机构电动机最大电流值、稳态电流值、励磁电流值、功率、转数、电压值，以 3 次测取的算术平均值作为测定值填入记录表，参见附录 A 的表 A.1。

4.4 技术性能参数测定

4.4.1 起升速度

起重机以最高速度起升(下降)额定载荷,测取载荷稳定运行通过10 m行程所需的时间,或测取卷筒稳定运转3圈所用时间,以3次测量的算术平均值作为起升(下降)速度。对安装用起重机还应测取微速下降速度。

4.4.2 回转速度

起重机处于最大幅度位置,额定载荷下起重机以最高回转速度回转,测取回转圈数及相应的回转时间,以3次测量的算术平均值作为回转速度。

4.4.3 变幅速度

测取额定载荷下,起重机以最高速度在最大幅度和最小幅度范围内全程变幅(起臂、落臂)的时间,以3次测量的算术平均值作为变幅速度。

4.4.4 运行速度

测取空载下整机以最高速度沿轨道稳定运行通过10 m行程所需的时间,以三次测量的算术平均值作为运行速度。

4.4.5 起升范围

测量取物装置从轨面上最高位置下降至轨面下最低位置的垂直距离。

4.4.6 幅度

测量起重机最大幅度与最小幅度。

4.4.7 水平位移

测取空载与额定载荷下取物装置从最大幅度移至最小幅度的水平位移运动轨迹。

4.4.8 带速、带宽

对于带料斗、带式输送机系统的起重机,测取带式输送机带速、带宽。

4.5 额定载荷试验

4.5.1 在做额定载荷试验前,起重机应作2/3额定载荷下试运转,消除制造过程中可能产生的残余应力及安装间隙。

4.5.2 额定载荷试验的工况见表21。

表21 额定载荷试验工况

序号	试验工况	一次循环内容	循环次数
1	额定起重量;相应的最大幅度;起重臂摆动平面垂直轨道或平行轨道	试验载荷由地面起升至最大高度(中间制动1次)—下降到地面(中间制动1次)	3
2	额定起重量;相应的最大幅度;起重臂摆动平面平行轨道	试验载荷起升至离地1 m左右—起臂到最小幅度(中间制动1次)—落臂到原位(中间制动1次)—下降到地面	3
3	额定起重量;相应的最大幅度;起重臂摆动平面垂直轨道或平行轨道	试验载荷起升至离地面1 m左右—在作业范围内向左回转180°(中间制动1次)—再向右回转180°(中间制动1次)—下降到地面	3

4.5.3 测取电动机工作时最大电流、稳态电流、励磁电流、功率、转数、电枢电压,以3次测取的算术平均值作为测定值填入记录表,参见表A.1。

4.5.4 当采用集装箱吊具时,检查吊具工作性能与减摇装置性能。

4.5.5 对带有料斗、带式输送机系统的起重机，应进行料斗物料落卸控制与带式输送机满负荷运行试验。试验过程中，物料落卸控制应有效、可靠，带式输送机不应有跑偏现象。

4.5.6 在进行表 21 规定的试验时，应注意设计规定的在不同幅度范围起重机所承受的额定载荷均需按表中的全部内容进行试验。

4.5.7 在完成表 21 规定的试验后，应进行额定载荷下起升、变幅联合动作和起升、回转联合动作试验各 3 次。试验过程中，起升、变幅制动与起升、回转制动各进行 3 次。

4.5.8 测取司机室座席处在不利工况下垂直方向和水平方向的加速度，测取值在垂直方向宜不大于 $0.2g$，在水平方向宜不大于 $0.1g$。

4.6 动载试验

4.6.1 试验中应包括试验载荷在悬挂不动的状态下作上升起动时，不应出现反向动作与下滑现象。

4.6.2 动载试验的工况见表 22。

表 22 动载试验的工况

序号	试 验 工 况	一 次 循 环 内 容	循环次数
1	1.1 倍额定起重量；相应的最大幅度；起重臂摆动平面垂直轨道或平行轨道	试验载荷由地面起升至最大高度(中间制动 1 次)—在作业范围内向左回转 180°(中间制动 1 次)—再向右回转 180°(中间制动 1 次)—下降到地面(中间制动 1 次)	3
2	1.1 倍额定起重量；相应的最大幅度；起重臂摆动平面平行轨道	试验载荷起升至离地面 1 m 左右—起臂到最小幅度(中间制动 1 次)—落臂到最大幅度(中间制动 1 次)—下降到地面	3

4.6.3 在进行表 22 规定的试验时，应参照 4.5.6 的注意事项。

4.6.4 在完成表 22 规定的循环内容后，应进行试验载荷下起升，变幅联合动作和起升、回转联合动作试验各两次。试验过程中，起升、变幅制动与起升、回转制动各进行两次。

4.7 静载试验

4.7.1 静载试验的工况应符合表 23 的规定。

表 23 静载试验工况

<table>
<tr><th rowspan="2">次序</th><th rowspan="2" colspan="2">位置状态</th><th colspan="2">试验载荷</th><th rowspan="2">被测结构</th></tr>
<tr><th>垂直</th><th>水平</th></tr>
<tr><td>1</td><td rowspan="4">最大起重量允许的最大幅度</td><td>臂架摆动平面与轨道成任意角</td><td rowspan="4">G_{max} 及 $1.25G_{max}$（带抓斗采用 $1.40G_{max}$）</td><td>ϕG_{max}</td><td>主臂架、拉杆、象鼻架、平衡架</td></tr>
<tr><td>2</td><td>臂架摆动平面与轨道夹角成 0°角</td><td rowspan="3"></td><td rowspan="3">门座</td></tr>
<tr><td>3</td><td>臂架摆动平面在门腿对角线上</td></tr>
<tr><td>4</td><td>臂架摆动平面与轨道夹角成 90°角</td></tr>
<tr><td colspan="6">注：G_{max} 为额定载荷，即起重机正常工作条件下允许吊起的最大额定起重量；ϕ 为水平侧向载荷系数，$\phi=0.05\sim0.10$。</td></tr>
</table>

4.7.2 静载试验时，试验载荷离地应尽量避免出现冲击现象，载荷悬空离地面 100 mm～200 mm，并停留 10 min。

4.7.3 试验时允许调整起重量限制器、力矩限制器、液压系统安全溢流阀压力，但试验后应调回到设计规定的数值。

4.8 结构强度和刚度试验

4.8.1 用电阻应变仪测取试验载荷下起重机结构应变值，用经纬仪测取试验载荷下起重机结构净变位。

4.8.2 应力测点应根据起重机结构受力分析，合理选定在构件的危险应力区，即：

——均匀高应力区；

——应力集中区；

——弹性屈曲区。

4.8.3 应变片、应变花的粘贴

在结构形状突变处、应力集中区，应变片、应变花应尽可能贴在高应力点。对同时承受正应力、局部压应力、剪应力的复合应力区也应在相应的危险点布置测点。

4.8.4 粘贴应变片或应变花时应避开结构节点处，距离视节点处的加强筋板尺寸大小而定。特殊情况下可在加强筋板上粘贴应变片或应变花。

4.8.5 应力测点应根据不同结构件编成序号，测点布置图填入记录表，参见表 A.2。

4.8.6 试验前连接并调试好应变检测系统，校准应变片、应变花检测仪器及测量用导线的电阻值，消除任何不正常现象。

4.8.7 结构静应力测试工况见表 24。

表 24 结构静应力测试工况表

序号	位置状态		试验载荷		被测结构件	测试步骤
	幅度/m	起重臂摆动平面与轨道夹角	垂直	水平		
1	相应的最大幅度	90°	额定载荷	0	起重臂、象鼻梁、大拉杆、人字架、转台、门腿、圆筒、门架	起升钢丝绳松弛时检测仪器调零，试验载荷离地 100 mm～200 mm 左右稳定 1 min 读数，载荷落地检测仪器回零读数
2	相应的最大幅度	90°	1.25 倍额定载荷	0	起重臂、象鼻梁、大拉杆、人字架、转台、门腿、圆筒、门架	起升钢丝绳松弛时检测仪器调零，试验载荷离地 100 mm～200 mm 左右稳定 1 min 读数，载荷落地检测仪器回零读数
3	相应的最大幅度	45°	额定载荷	0	门腿、圆筒、门架	起升钢丝绳松弛时检测仪器调零，试验载荷离地 100 mm～200 mm 左右稳定 1 min 读数，载荷落地检测仪器回零读数
4	相应的最大幅度	0°	额定载荷	0	门腿、圆筒、门架	起升钢丝绳松弛时检测仪器调零，试验载荷离地 100 mm～200 mm 左右稳定 1 min 读数，载荷落地检测仪器回零读数
5	相应的最大幅度	0°	额定载荷	额定载荷 $\times \mathrm{tg}\alpha_{\mathrm{II}}$	起重臂、象鼻梁、大拉杆、人字架、转台、门腿、圆筒、门架	起升钢丝绳松弛时检测仪器调零，试验载荷离地 100 mm～200 mm 左右并偏摆 α_{II}（内摆、外摆、侧摆），牵引钢丝绳呈水平状态并垂直于回转中心，载荷稳定 1 min 读数，载荷落地检测仪器回零读数

4.8.8 在进行表24规定的试验时，应参照4.5.6的注意事项。

4.8.9 在表24序号2栏中的垂直试验载荷按本标准4.7.1执行。

4.8.10 表24每一序号试验应不少于3次，以3次检测的算术平均值作为测定数据。

4.8.11 每次试验卸载后，测试仪器系统应处于空载状况下读数。检查各测点应变片、应变花回零情况，如果应变片、应变花回零值偏差超过$\pm 0.03\sigma_s/E$时，则认为该测点测试无效，查明原因后重新试验。

4.8.12 每次试验测取的应变数据及计算应力数据均应填入记录表，参见表A.3和表A.4。

4.8.13 水平载荷应为使悬吊试验载荷分别在起重臂摆动平面和垂直于起重臂摆动平面偏摆，使试验载荷偏摆的牵引力应水平。α_{II}数值按GB/T 3811规定确定。

4.8.14 在进行表24序号4的试验时，应测取门腿(或门架)的张开度，门腿(或门架)的张开度应小于车轮侧隙；测取试验载荷悬挂处的结构静变位(下挠度)，静变位应符合设计所允许的数据。

4.8.15 在完成表24规定的试验后，应整理检测数据，将测定的应变数据与计算应力数据整理后填入记录表，参见表A.5。

4.8.16 结构动载试验在完成表24全部序号的试验后进行。

4.8.17 动载试验的测点由静载试验中测得应变值较大点作为选择点，一般选择起重臂、象鼻梁、人字架、转台或门腿上各一点作测点。

4.8.18 结构的动载试验工况按4.5.7进行。试验应不少于3次，将测取的最大动应力、最大静应力、振动频率、衰减时间等数据填入记录表，参见表A.6和表A.7。

4.9 稳定性试验

稳定性试验包括作业稳定性试验、静稳定性试验。

4.9.1 作业稳定性试验

试验在不大于7级的风速条件下进行。起重臂处于对整机稳定性最不利位置，起升相应幅度下的试验载荷，作起升、回转联合动作和起升、变幅联合动作各2次，并分别制动(起升、回转制动，起升、变幅制动)2次，起重机轮压应大于零，车轮踏面应不离轨顶。

4.9.2 静稳定性试验

起重臂处于对整机稳定性最不利位置，起升相应幅度下的试验载荷离地面100 mm左右并稳定10 min，起重机轮压应大于零，车轮踏面应不离轨顶。用慢速起升试验载荷离地。

4.10 工业性试验

工业性试验应由制造厂和用户(典型用户)共同负责，详细记录作业条件、试验工况、每次起吊的载荷、作业时间。试验期起重机出现的任何不正常现象或事故应详细记录并提出分析和处理意见。

4.10.1 工业性试验过程应填入记录表，参见表A.8。

4.10.2 工业性试验后，应对整机有关部位拆检，详细记录拆检的情况，必要的零件要拍照。对液压系统应测定液压油污染情况。拆检项目及内容见表25。

表 25 拆检项目及内容

总成	零件	拆检项目	合格要求
起升机构 变幅机构 回转机构 运行机构	齿轮	齿面接触痕迹、点蚀、剥落	磨损正常、无点蚀、剥落，齿面接触痕迹应满足设计要求
	箱体	箱体是否有损坏、裂纹	无异常现象
	车轮	裂纹、压痕、点蚀、剥落、表面粗糙度和损伤	无裂纹、点蚀、剥落、异常压痕，表面粗糙度不低于设计要求，表面无损伤
回转机构	内、外圈及滚动体	裂纹、压痕、点蚀、剥落、表面粗糙度和损伤	无裂纹、点蚀、剥落、异常压痕，表面粗糙度不低于设计要求，表面无损伤
液压阀	阀芯和阀座	表面粗糙度和表面损伤	表面粗糙度不低于设计要求，表面无损伤
油缸	活塞和缸筒	表面粗糙度和表面损伤	表面粗糙度不低于设计要求，表面无损伤
结构件	象鼻梁、起重臂、大拉杆、人字架、小拉杆、平衡梁、转台、圆筒、门架、门腿	裂纹、焊缝、结构变形	无裂纹、焊缝符合规定要求，结构无永久变形

5 检验规则

5.1 型式检验

5.1.1 有下列情况之一时，应进行型式检验：

——新产品或老产品转厂生产的试制定型鉴定；

——正式生产后，如结构、材料、工艺有较大改变，可能影响产品性能时；

——产品停产达 3 年以上，恢复生产时；

——出厂检验结果与上次型式检验有较大差异时；

——国家质量监督机构提出进行型式检验要求时。

5.1.2 型式检验项目按第 4 章规定的试验内容进行试验。

5.1.3 定型或批量生产的起重机应抽样 1 台进行检验。

5.2 出厂检验

5.2.1 每台起重机都应进行出厂检验，检验合格后(包括用户特殊要求检验项目)方能出厂，出厂产品应附有产品合格证明书。

5.2.2 出厂检验项目按 4.2～4.7 规定的试验内容进行试验。

6 标志和运输

6.1 标志

6.1.1 起重机应装设醒目的起重量标志。

6.1.2 起重机应在醒目处装设铭牌，内容包括：

——制造厂名与厂徽等；

——产品型号及名称；

——主要技术参数；

——产品编号;

——制造日期。

6.1.3 司机室内视觉明显处应装设主要技术参数表标牌。

6.1.4 各种操纵手柄、开关及信号装置近旁应装设指示功能的标牌,所示位置和控制方向应符合操作要求。

6.1.5 电气与液压元件应编上件号,并与系统图及管路安装图中所标注的一致。件号或字母应标在邻近元件位置,而不置于元件上。

6.1.6 大型裸装零部件、结构件、包装箱的重心和吊挂点应有标志,并应标明件号、质量和外形尺寸。

6.1.7 危险、易碎、防潮等包装箱、件应分别注明危险、易碎、防潮、放置方向等符号字样。

6.1.8 产品在解体拆散前应在解体零、部件的连接处打上清晰的钢印标记和编号,电线接头要进行编号。

6.1.9 特大、特重件需绘出运输加固结构图(运输图),同时应注明最大外形尺寸和重心位置。

6.2 运输

6.2.1 长大件和可自由移动的部件,应垫平绑扎牢固,防止变形、移位、碰撞。

6.2.2 产品的包装与运输应符合 GB/T 13384 和铁路、公路、航运的有关运输要求。

附　录　A
（资料性附录）
试验测试记录、结果表

试验用记录表参见表 A.1～表 A.8。

表 A.1　电动机电压、电流、功率、转数测试记录表

试验样机名称：＿＿＿＿＿＿＿＿　试验样机型号：＿＿＿＿＿＿＿＿
检测地点：＿＿＿＿＿＿＿＿　检测日期：＿＿＿＿年＿＿月＿＿日
天气情况：＿＿＿＿＿＿　风速：＿＿＿＿＿＿　温度：＿＿＿＿＿＿
被测部件：＿＿＿＿＿＿＿＿
制造厂：＿＿＿＿＿＿＿＿　检测单位：＿＿＿＿＿＿＿＿

机构名称	电动机型号	负荷/t	电压/V	起动电流/A	稳态电流/A	励磁电流/A	功率/kW	转数/(r/min)

记录人：　　　　　　　　　　检测负责人：

表 A.2　应力测点布置图

试验样机名称：＿＿＿＿＿＿＿＿　试验样机型号：＿＿＿＿＿＿＿＿
检测地点：＿＿＿＿＿＿＿＿　检测日期：＿＿＿＿年＿＿月＿＿日
被测部件：＿＿＿＿＿＿＿＿
制造厂：＿＿＿＿＿＿＿＿　检测单位：＿＿＿＿＿＿＿＿

表 A.3 静应变测试读数记录表

试验样机名称：____________ 试验样机型号：____________
检测地点：____________ 检测日期：______年____月____日
天气情况：________ 风速：________ 温度：________
被测部件：____________
制造厂：____________ 检测单位：____________

工况序号			起重臂位置状态				垂直载荷			水平载荷		
测点编号	零读数 ε_0			负载读数 ε_1			回零读数 ε_2			$\varepsilon_1-\varepsilon_2$		
	第一次	第二次	第三次	第一次	第二次	第三次	第一次	第二次	第三次	第一次	第二次	第三次

记录人： 检测负责人：

表 A.4 静应力计算记录表

试验样机名称：____________ 试验样机型号：____________
检测地点：____________ 检测日期：______年____月____日
被测部件：____________
制造厂：____________ 检测单位：____________

应力单位：N/mm^2

测点编号	测试工况序号											
	第一次	第二次	第三次	第一次	第二次	第三次	第一次	第二次	第三次	第一次	第二次	第三次

计算填表人： 检测负责人：

表 A.5 静应力测试结果表

试验样机名称：________________ 试验样机型号：________________

检测地点：________________ 检测日期：________年____月____日

被测部件：________________

制造厂：________________ 检测单位：________________

应力单位：N/mm²

测点编号	测试工况序号							
	应变 $\mu\varepsilon$	应力	应变 $\mu\varepsilon$	应力	应变 $\mu\varepsilon$	应力	应变 $\mu\varepsilon$	应力

检测负责人：

表 A.6 动应力测试记录及结果表

试验样机名称：________________ 试验样机型号：________________

检测地点：________________ 检测日期：________年____月____日

天气情况：____________ 风速：____________ 温度：____________

被测部件：________________

制造厂：________________ 检测单位：________________

应力单位：N/mm²

测点编号	测　量　次　数						最大动应力算术平均值	最大静应力算术平均值	对比值
	1		2		3				
	最大动应力值	最大静应力值	最大动应力值	最大静应力值	最大动应力值	最大静应力值			

计算填表人： 检测负责人：

表 A.7　振动频率衰减时间测试记录及结果

试验样机名称：________________　试验样机型号：________________

检测地点：________________　检测日期：______年____月____日

天气情况：____________　风速：____________　温度：____________

被测部件：________________

制造厂：________________　检测单位：________________

测点编号	测量次数						振动频率算术平均值/Hz	衰减时间算术平均值/s
	1		2		3			
	振动频率	衰减时间	振动频率	衰减时间	振动频率	衰减时间		

计算填表人：　　　　　　　　检测负责人：

表 A.8　工业性试验记录表

试验样机名称：________________　试验样机型号：________________

检测地点：________________　检测日期：______年____月____日

天气情况：____________　风速：____________　温度：____________

被测部件：________________

制造厂：________________　司机：________________

年	月	日	开机、停机时间	作业内容及作业循环次数	累计作业时间	故障部位及原因修理内容	每日试验情况记录	修理时间	
								人时数	小时数

计算填表人：　　　　　　　　检测负责人：

ICS 53.020.99
J 80

GB

中华人民共和国国家标准

GB 17907—2010
代替 GB 17907—1999

机械式停车设备　通用安全要求

Mechanical parking systems—General safety requirement

2011-01-10 发布　　2011-12-01 实施

中华人民共和国国家质量监督检验检疫总局
中国国家标准化管理委员会　发布

前　言

本标准第5章(除5.2.1、5.2.2及5.8外)为强制性条文,其余为推荐性条文。

本标准代替GB 17907—1999《机械式停车设备　通用安全要求》。

本标准与GB 17907—1999相比,主要变化如下:

——对规范性引用文件的内容进行了修改;

——增加了术语和定义(第3章);

——删除了原标准表1中序号7的内容;

——删除了原标准附录A的内容;

——将原标准第5章内容调整为资料性附录B;

——将原标准附录C的内容调整为本标准的第6章和第7章;

——增加了设计要求(见5.2.2);

——增加了电器设备的外壳防护等级要求(5.6.6.2);

——增加了抗电磁干扰的要求(5.6.8);

——调整和补充了安全防护装置(5.7);

——增加了转换区的安全要求(5.8)。

本标准的附录A为规范性附录,附录B为资料性附录。

本标准由中国机械工业联合会提出。

本标准由全国起重机械标准化技术委员会(SAC/TC 227)归口。

本标准负责起草单位:北京起重运输机械设计研究院。

本标准参加起草单位:江苏双良停车设备有限公司、山东莱钢泰达车库有限公司、杭州西子石川岛停车设备有限公司、杭州友佳精密机械有限公司、浙江艾耐特机械有限公司、深圳中集天达空港设备有限公司、北京航天汇信科技有限公司、兰州远达工程设备有限责任公司、深圳怡丰自动化科技有限公司。

本标准主要起草人:杨春平、程琪、许明金、王志武、邱荣贤、崔振元、俞中建、把婧。

本标准所代替标准的历次版本发布情况为:

——GB 17907—1999。

机械式停车设备　通用安全要求

1　范围

本标准规定了机械式停车设备(以下简称停车设备)的设计、制造、检验、使用等方面的基本安全要求。

本标准适用于各种类别的机械式停车设备。

本标准所规定的安全要求是针对本标准表1危险一览表中所描述的危险。

本标准不适用于以下情况：

a)　汽车举升机(维修用)；

b)　对建筑的要求,即使停车设备由该建筑直接支承,也不在本标准范围内；

c)　停车设备的周边设备。

2　规范性引用文件

下列文件中的条款通过本标准的引用而成为本标准的条款。凡是注日期的引用文件,其随后所有的修改单(不包括勘误的内容)或修订版均不适用于本标准,然而,鼓励根据本标准达成协议的各方研究是否可使用这些文件的最新版本。凡是不注日期的引用文件,其最新版本适用于本标准。

GB/T 1243　传动用短节距精密滚子链、套筒链、附件和链轮(GB/T 1243—2006,ISO 606:2004,IDT)

GB 2894　安全标志(GB 2894—1996,neq ISO 3864:1984)

GB/T 3323　金属熔化焊焊接接头射线照相(GB/T 3323—2005,EN 1435:1997,MOD)

GB/T 3766　液压系统通用技术条件(GB/T 3766—2001,eqv ISO 4413:1998)

GB/T 3805　特低电压(ELV)限值

GB/T 3811　起重机设计规范

GB 4208　外壳防护等级(IP代码)(GB 4208—2008,IEC 60529:2001,IDT)

GB/T 5972　起重机　钢丝绳　保养、维护、安装、检验和报废(GB/T 5972—2009,ISO 4309:2004,IDT)

GB 6067.1—2010　起重机械安全规程　第1部分:总则

GB/T 6074　板式链、连接环和槽轮　尺寸、测量力和抗拉强度(GB/T 6074—2006,ISO 4347:2004,IDT)

GB/T 6417.1　金属熔化焊接头缺欠分类及说明(GB/T 6417.1—2005,ISO 6520-1:1998,IDT)

GB 7588　电梯制造与安装安全规范(GB 7588—2003,EN 81-1:1998,MOD)

GB/T 7935　液压元件通用技术条件

GB 8903　电梯用钢丝绳(GB 8903—2005,ISO/FDIS 4344:2003,MOD)

GB/T 11345　钢焊缝手工超声波探伤方法和探伤结果分级

GB/T 15706.2—2006　机械安全　基本概念与设计通则　第2部分:技术原则(ISO

12100-2:2003,IDT)

GB 16179 安全标志使用导则

GB 16754 机械安全 急停 设计原则(GB 16754—2008,ISO 13850:2006,IDT)

GB/T 19418 钢的弧焊接头 缺陷质量分级指南(GB/T 19418—2003 ISO 5817:1992,IDT)

GB/T 20118 一般用途钢丝绳(GB/T 20118—2006,ISO/DIS 2408:2002,MOD)

GB 50017 钢结构设计规范

GB 50168 电气装置安装工程 电缆线路施工及验收规范

GB 50169 电气装置安装工程 接地装置施工及验收规范

GB 50171 电气装置安装工程 盘、柜及二次回路结线施工及验收规范

3 术语和定义

下列术语和定义适用于本标准。

3.1

辅助设备 auxiliary equipment

协助停车设备共同完成存取汽车的设备,例如:转换区门及其联锁装置、工作区门、侧门、检修门、紧急出口、通行门等(见图1)。

3.2

周边设备 peripheral equipment

独立于停车设备以外,具有自身功能的设备,例如:消防设施、排水设施、换气通风设施、照明设施和停车收费管理系统等。

3.3

转换区 transfer area

存取汽车时,由人员驾驶状态转换为停车设备控制状态或由停车设备控制状态转换为人员驾驶状态的区域(见图1)。

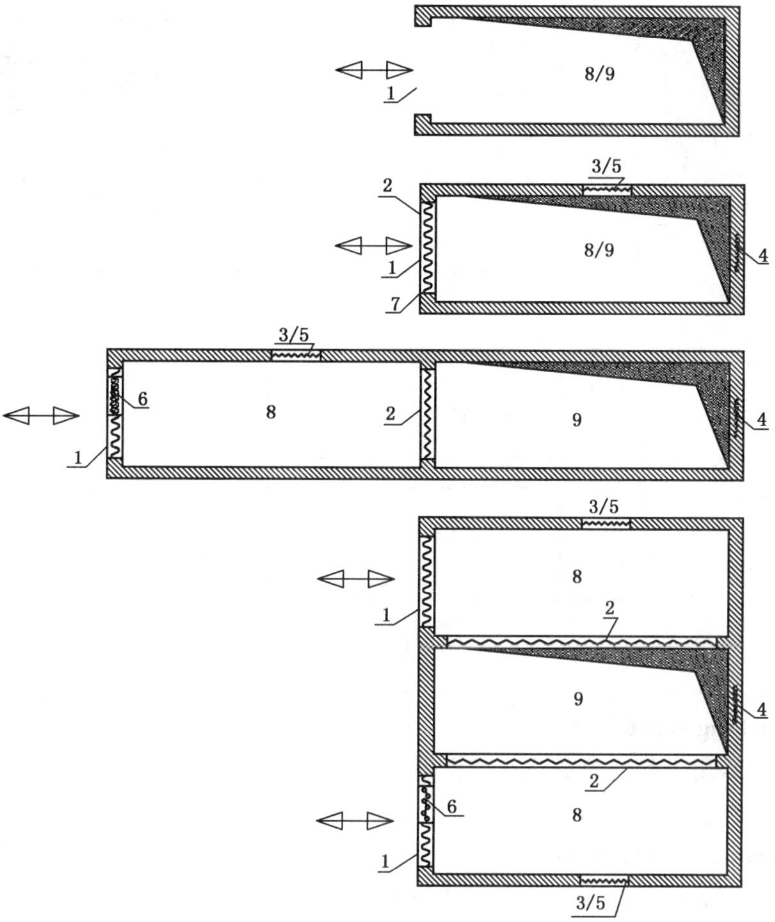

标引序号说明：

1——转换区门；

2——工作区门；

3——侧门；

4——检修门；

5——紧急出口；

6——通行门；

7——围栏；

8——转换区；

9——工作区。

图 1

3.4

工作区　working area

停车设备运行、存放汽车的区域。对无人方式的停车设备，该区域不允许驾乘人员进入(见图 1)。

3.5

出入口　access

进出停车设备转换区或工作区最外部的出入口(见图 2)。

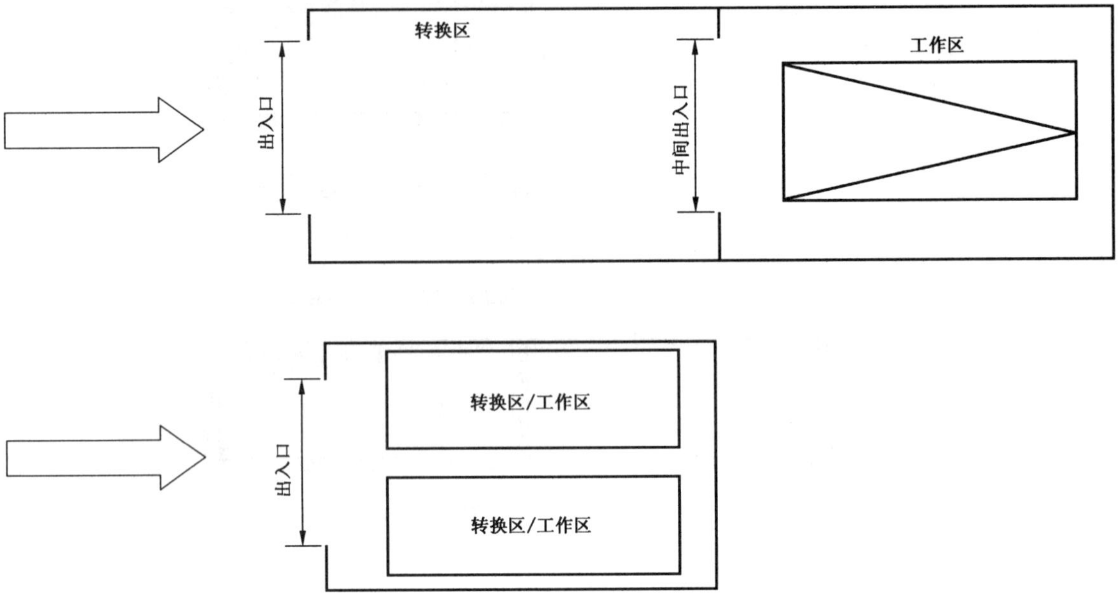

图 2

3.6

停车位　parking space

在停车设备中,用于最终停放汽车的空间。

3.7

搬运器　transport apparatus

运送汽车的装置,具有独立的动力驱动装置。

3.8

载车板　pallet

在停车设备中,用于存放汽车的托板。

3.9

升降机　lift

具有升降功能,可将汽车升降至所需位置的装置。

3.10

防坠器　anti-dropping device

防止搬运器或载车板运行到位后处于空中静态位置时坠落的装置。

3.11

安全钳　safety gear

搬运器在超速下降时,制动并控制搬运器使其停止运行的机械装置。

3.12

空载　no load

搬运器上无汽车时的工况。

3.13

额定载荷　rated load

搬运器上最大适停汽车的质量。

3.14

额定速度　rated speed

在额定电压、额定频率和额定载荷状态下，搬运器的最大起升或运行速度。

3.15

汽车宽度　vehicle width

分别过车辆两侧固定突出部位(不包括后视镜、侧面标志灯、示位灯、转向指示灯、扰性挡泥板、折叠式踏板、防滑链以及轮胎与地面接触变形部分)最外侧点且平行于Y平面的两平面之间的距离。

3.16

汽车全宽　overall width of car

汽车的最大宽度，包括后视镜处于正常位置的宽度。

3.17

车位宽度　parking space width

两相邻停车位中心线之间的距离，或停车位两侧能够保证车辆安全的有效宽度。

3.18

平层　levelling

升降搬运器升降至汽车进、出口及各停车层时，实现在垂直方向搬运器与停车层平面平齐的一种运动。

3.19

适停汽车　cars suitable for parking

停车设备允许停放的汽车。

4　危险一览表

本标准所涉及的危险见表1。

表1

序号	危险
1	设备静止或运行时可能对人造成的伤害
2	汽车意外坠落、受损
3	承载金属结构整体或局部丧失稳定
4	承载金属结构与传动装置零件疲劳损坏
5	机械传动系统中的故障
6	电气、液压系统中的故障

5 安全要求和措施

5.1 安全标志

在停车设备的出入口、操作室、检修场所、电气柜等明显可见处应设置相应的安全标志(包括禁止标志、警告标志和提示标志),并应符合 GB 2894 和 GB 16179 的规定。

5.2 金属结构的设计与配置的安全要求

5.2.1 承载金属结构

承载金属结构应有足够的强度、刚度、局部及整体的稳定性,其设计应符合 GB 50017 或 GB/T 3811 的要求。

5.2.2 设计要求

5.2.2.1 载荷

停车设备所承受的载荷一般应包括:

a) 垂直静载荷;

b) 垂直动载荷;

c) 水平运行方向上的力产生的水平载荷,一般取额定载荷的 1/7;

d) 与水平运行方向垂直的力产生的水平载荷,一般取额定载荷的 1/20;

e) 因回转离心力产生的水平载荷;

f) 风载荷;

g) 地震载荷;

h) 雪载荷(必要时应考虑)。

注:由于搬运器上的汽车放置而产生更不利的集中载荷,在设计或规范停车设备的设计参数时应予以考虑。

5.2.2.2 搬运器轴载荷

将汽车质量按 6:4 分配到前轴和后轴,并以受力大的一侧作集中载荷计算。

载车板质量各自承担 50%,搬运器质量根据结构作适当分配。

5.2.2.3 搬运器轮载荷

以受力最大的轮负荷计算,汽车质量的 30%加载车板质量的 25%,搬运器质量根据结构作适当分配。

5.2.3 主要受力构件(如立柱、横梁、纵梁等)焊接要求

5.2.3.1 焊缝的外观检查不得有目测可见的明显缺陷,这些缺陷按 GB/T 6417.1 的分类为:裂纹、气孔、固体夹杂、未熔合、未焊透等缺陷,并符合 GB/T 19418 中的 B 级质量要求。

5.2.3.2 应对其受拉区对接焊缝进行无损检测,射线检测时,应不低于 GB/T 3323 中规定的Ⅱ级,超声波检测时不低于 GB/T 11345 中规定的Ⅰ级。

5.2.4 车位载车结构的材料和性能

车位载车结构应采用非燃烧体材料制造,并应具有足够的强度和刚度。

5.3 基本尺寸要求

5.3.1 出入口

5.3.1.1 出入口尺寸

停车设备出入口的宽度应大于适停汽车宽度加 500 mm(不含后视镜宽度),但不小

于2 250 mm。

存容轿车的准无人和人车共乘方式的停车设备出入口的高度不应小于1 800 mm；无人方式的停车设备工作区出入口的高度不应小于1 600 mm；存容客车的停车设备出入口的高度不应小于适停汽车高度加100 mm。

5.3.1.2 搬运器(或载车板)停车表面与出入口地面之间的距离

对汽车自行驶入的停车设备，搬运器(或载车板)停车表面端部与出入口地面接合处的水平距离不应大于40 mm，垂直高差不应大于50 mm。

5.3.2 人行通道尺寸

停车设备内，如设置人行通道时，人行通道的宽度不应小于500 mm，高度不应小于1 800 mm。

5.3.3 停车位尺寸

宽度——对用搬运器将汽车送入停车位的，不应小于适停汽车全宽加150 mm(含后视镜宽度)，带有对中装置的，不应小于适停汽车全宽加50 mm；对于汽车自行驶入停车位的，不应小于适停汽车宽度加500 mm(不含后视镜宽度)。

长度——不应小于适停汽车的全长加200 mm。

高度——不应小于适停汽车的高度与存取车时微升微降等动作要求的高度之和加50 mm。

5.4 各机构的安全要求

机械传动部件应有足够的强度、刚度、运动稳定性；机械工作部件应有足够的强度、寿命及正常工作能力。

5.4.1 搬运器

其强度和刚度应满足使用要求，在不妨碍安全的前提下，搬运器的顶板、侧面围栏、门可以省略。若驾驶员有可能从搬运器表面500 mm以上的落差处跌落，应设有侧面围栏和底部踢脚板，围栏高度不应小于1 000 mm，对人车共乘方式围栏高度不应小于1 400 mm，底部踢脚板高度不应小于100 mm，围栏的设计应考虑在围栏上的任意位置均可承受300 N的侧向力且变形不应大于100 mm。围栏和扶手到邻近的相对移动部件之间的安全距离至少为80 mm。

5.4.2 起升用钢丝绳、卷筒和滑轮

5.4.2.1 停车设备起升用钢丝绳应符合GB/T 20118的要求。采用曳引轮驱动时，升降用钢丝绳应符合GB 8903的规定。

5.4.2.2 钢丝绳的安全系数不应小于表2的规定。

表2

工作条件	无人方式	准无人方式	人车共乘方式
安全系数	5	7	10

5.4.2.3 保证钢丝绳不能从滑轮上脱出，应有防止钢丝绳跳出绳槽的装置。钢丝绳禁止接长使用。

5.4.2.4 钢丝绳绳端固定连接的安全要求应符合GB 6067.1—2010中4.2.1.5的规定。卷筒上钢丝绳尾端的固定装置应有防松或自紧的功能。

5.4.2.5 当搬运器或载车板处于最低工作位置时，钢丝绳在卷筒上的缠绕(除固定绳尾的圈数外)不应少于两圈。

5.4.2.6 滑轮或卷筒的名义直径与钢丝绳直径之比不得小于20,对人车共乘式的不得小于40。曳引轮的节圆直径与曳引钢丝绳公称直径之比不得小于40。

5.4.2.7 钢丝绳的维护、保养、安装、检验和报废应符合GB/T 5972的规定。

5.4.2.8 卷筒出现下述情况之一时应报废:

a) 裂纹;

b) 筒壁磨损达原壁厚的20%。

5.4.2.9 滑轮出现下述情况之一时应报废:

a) 裂纹;

b) 绳槽径向磨损量达钢丝绳直径的50%;

c) 绳槽壁厚磨损量达原壁厚的20%;

d) 绳槽不均匀磨损量达3 mm;

e) 其他损害钢丝绳的缺陷。

5.4.3 起升用链条

5.4.3.1 停车设备起升用传动链条、传动链轮应符合GB/T 1243、GB/T 6074的规定,链条的安全系数不应小于表2的规定。

5.4.3.2 停车设备应有保证链条不能从链轮上脱出的措施(如张紧装置、防脱装置等)。

5.4.3.3 链条出现下述情况之一应报废:

a) 可见裂纹;

b) 过盈配合处松动;

c) 链条相对磨损伸长率达到3%。

5.4.4 起升用螺杆/螺母

5.4.4.1 正常使用的螺杆、螺母之间应转动灵活、无卡阻现象,螺杆、螺母不应有裂纹和加工缺陷,应安装防止搬运器从其上脱开的装置。

5.4.4.2 起升螺杆副应设置防止尖锐物和异物进入的装置。

5.4.4.3 螺杆两端均应设有止挡装置,以防止承载轴承和螺母从螺杆上脱落。载车板抵达终点后起升螺杆副应有足够的安全缓冲行程;应设置防止载车板落地后对螺杆副直接冲击的装置或措施。

5.4.4.4 螺杆的设计寿命应大于承载螺母的设计寿命。

5.4.5 制动系统

5.4.5.1 主机必须设有制动系统,制动系统应采用常闭式制动器,对控制升降运动的制动器,其制动力矩不应小于1.5倍额定载荷的制动力矩。

5.4.5.2 制动器的零件出现下述情况之一时应报废:

a) 裂纹;

b) 制动衬垫厚度磨损达原厚度的50%;

c) 弹簧出现塑性变形;

d) 小轴或轴孔直径磨损达原直径的5%。

5.4.5.3 制动器应有符合操作频度的热容量。

5.4.5.4 制动器对制动衬垫的磨损应有补偿能力。

5.4.5.5 制动轮的制动摩擦面不应有妨碍制动性能的缺陷或沾染油污。

5.4.5.6 制动轮出现下述情况之一时应报废：

a) 裂纹；

b) 轮缘厚度磨损达原厚度的20%(包括均匀磨损和不均匀磨损)；

c) 进行修圆后轮缘的减薄量达20%。

5.4.6 回转盘

5.4.6.1 按停车库的布置及使用要求，可在转换区或工作区设置回转盘。

5.4.6.2 需有定位装置的回转盘，在升降或回转位置应有定位装置或相应的措施。不需有定位装置的回转盘，可不设此装置。

5.4.6.3 回转盘应运转平稳、可靠。

5.4.6.4 回转盘上停放的汽车，其回转轨迹与周围障碍物之间的间隙最小为50 mm。

5.4.7 出入口处栅栏门

工作区出入口处若未设置工作区门，而人员有可能从500 mm以上高处跌落的应设置栅栏门，栅栏门高度及栅栏门网格尺寸应符合图3的规定。如果这一高度落差是暂时出现，而且现场有操作人员时，可不执行本规定。

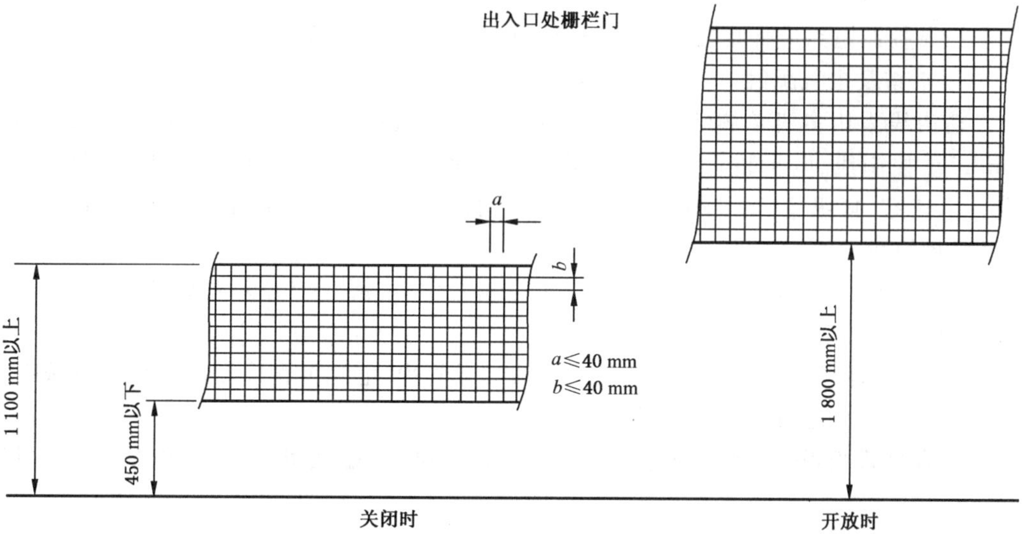

图 3

5.4.8 工作区围栏

地面上的工作区，除出入口外，周边应设置围栏，围栏高度不应小于1 000 mm。

5.5 液压系统的安全要求

5.5.1 液压系统的设计应符合GB/T 3766和GB/T 7935的要求。

5.5.2 液压系统应设过压保护装置，当工作压力达到额定压力的1.25倍时，能自动动作，对系统进行过压保护。

5.5.3 液压升降系统应设置安全保护装置，防止液压系统失压，致使搬运器坠落。

5.5.4 液压系统应按设计要求用油，按说明书要求定期换油。

5.5.5 液压系统应具有切断装置，以防止在进行维护作业或在液压设备调整时意外起动而引起伤害。切断装置应标记其用途和操作的形式，且在“切断”位置时应能够锁定。

5.5.6 由于内部泄漏造成搬运器下降,24 h 内不得超过 30 mm。

5.5.7 在可能使管路受到机械损伤的场合,应尽量不使用非金属管路,不得不采用时,应加装保护措施。

5.6 电气设备的安全要求

5.6.1 一般要求

停车设备的电气系统应保证传动性能和控制性能准确可靠,能防止由于电气设备本身引起的危险,或由于机械运动等损伤导致电气设备产生的危险。

电气设备的设计应符合 GB/T 3811 的规定,电气设备的安装必须符合 GB 50168、GB 50169和GB 50171的有关规定。

5.6.2 供电及电路

5.6.2.1 供电电源

停车设备应由专用馈电线供电。

5.6.2.2 停车设备总断路器

停车设备上应设总断路器。短路时应有分断该电路的功能。

5.6.2.3 控制电路

停车设备控制电路应保证控制性能符合机械与电气系统的要求。

5.6.3 电线电缆及电气配线

5.6.3.1 动力线采用多股单芯线时,截面不应小于 1.5 mm^2;采用多股多芯线时,截面不应小于1.0 mm^2。控制线、电子装置、伺服机构、传感元件等能确认安全可靠的连接导线,截面不作规定。电气室、操纵室、控制屏、电气柜内部的配线,主回路小截面导线与控制回路的导线,可用塑料绝缘导线。

5.6.3.2 室外工作的停车设备,电线应敷设于金属管中,金属管应经防腐处理。如用金属线槽或金属软管代替,必须有良好的防雨及防腐性。

5.6.3.3 室内工作的停车设备,电线应敷设于线槽或管中,电缆可直接敷设。在有机械损伤、化学腐蚀或油污浸蚀的地方,应有防护措施。

5.6.3.4 所有穿管敷设时,管口应有防磨损电线的护嘴;穿金属管敷设时,管口应无毛刺和尖锐棱角。

5.6.4 电动机的保护

5.6.4.1 电动机应进行短路、缺相及错相保护。

5.6.4.2 电动机应采用手动复位的过载保护器,该过载保护器应能切断电机的供电电源。

5.6.5 插座

5.6.5.1 插座的电源应和停车设备的动力电源分开。

5.6.5.2 插座应是 2P+T,250 V,由主电源直接供电,并符合 GB/T 3805 的规定。

5.6.5.3 在电气柜内应设置供检修用的电源插座。

5.6.6 电气保护装置

5.6.6.1 主隔离开关

停车设备进线处宜设主隔离开关,或采取其他隔离措施。

5.6.6.2 防护等级

5.6.6.2.1 停车设备在室内工作时,电控设备的外壳(包括控制件的外壳)防护等级不应低于

GB 4208中的IP4X，在任何人可接近的外壳防护等级不应低于IP44。

5.6.6.2.2 停车设备在室外工作时，电控设备的外壳防护等级不应低于GB 4208的IP65。

5.6.6.2.3 当停车设备处于特定的条件下，应根据所处环境空气的温度、湿度、海拔做出必要的修正。

5.6.6.3 **欠压保护、过压保护**

停车设备必须设欠压保护和过压保护。

5.6.6.4 **接地**

5.6.6.4.1 停车设备的金属结构及所有电气设备的金属外壳、管槽、电缆金属护层和变压器低压侧均应有可靠的接地。检修时保持接地良好。

5.6.6.4.2 中性线(N)和保护线(PE)应始终分开。保护接地系统的接地电阻不应大于4 Ω。

5.6.6.4.3 接地线连接应符合GB 50169的要求。

5.6.6.5 **绝缘电阻**

在动力电路导线和保护接地电路之间施加500 V(d.c)时测得的绝缘电阻不应小于1 MΩ。

5.6.7 **信号**

停车设备应有指示总电源分合状况的信号，必要时还应设故障信号或报警信号。

5.6.8 **抗电磁干扰**

5.6.8.1 在停车设备的设计、安装和布线中，应确保由其产生的电磁干扰不会导致以下不安全的运行和危险以及功能的减弱和丧失：

a) 设备意外启动；

b) 紧急停止命令的失效，或紧急停止功能的自行复位；

c) 有关安全的相关电路的控制紊乱(如跳闸、故障和失效检验的功能、连锁功能、超速跳闸功能、制动功能、起动功能、停机和紧急停止功能)；

d) 影响功能的排序、计时或计算误差；

e) 速度变化超过±20%；

f) 启动运行时间超过±10%；

g) 导致检测能力的下降。

5.7 安全防护装置

5.7.1 **设置**

各种类型的停车设备应按附录A表A.1的要求设置安全防护装置，并在使用中及时检查、维护，使其保持正常工作性能。如发现性能异常，应立即进行修理或更换。

5.7.2 **安全防护装置及要求**

5.7.2.1 **紧急停止开关**

5.7.2.1.1 在便于操作的位置应设置紧急停止开关，以便在发生异常情况时能使停车设备立即停止运转。若停车设备由若干独立供电的部分组成，则每个部分都应分别设置紧急停止开关。若停车设备由转换区、工作区组成，则每个区域都应配备单独的紧急停止开关。紧急停止开关的设计应符合GB 16754的要求。

5.7.2.1.2 在紧急情况下能迅速切断动力回路总电源，但不应切断电源插座、照明、通风、消防和警报电路的电源。

5.7.2.1.3 紧急停止开关的复位应是非自动复位，复位不得引发或重新启动任何危险状况。

5.7.2.2 防止超限运行装置

当升降限位开关出现故障时,防止超限运行装置应使设备停止工作。

5.7.2.3 汽车长、宽、高限制装置

对进入停车设备的汽车进行车长、车宽、车高的检测,超过适停汽车尺寸时,机械不得动作并应报警。

5.7.2.4 阻车装置

当出现以下情况时应在汽车车轮停止的位置上设置阻车装置:

a) 当搬运器沿汽车前进和后退方向运动时,有可能出现汽车跑到预定的停车范围之外时;

b) 对于准无人方式,驾驶员在将汽车停放到搬运器或载车板上,可能导致汽车停到预定的停车范围之外时;

c) 当汽车直接停在回转盘上时。

阻车装置的高度不应低于 25 mm,当采用其他有效措施阻车时,也可不再设置此阻车装置。

5.7.2.5 人车误入检测装置

不设库门或开门运转的停车设备应设人车误入检测装置,当设备运行过程中,如有其他汽车或人员进入时,应使机械立即停止动作。

5.7.2.6 汽车位置检测装置

应设置检测装置,当汽车未停在搬运器或载车板上的正确位置时,停车设备不能运行。但操作人员确认安全的场合则不受本条限制。

5.7.2.7 出入口门(栅栏门)联锁保护装置

对出入口有门或围栏的停车设备应设置联锁保护装置,当搬运器没有停放到准确位置时,车位出入口的门等不能开启;当门处于开启状态时,搬运器不能运行。

5.7.2.8 自动门防夹装置

为防止汽车出入停车设备时自动门将汽车意外夹坏,应设置防夹装置。

5.7.2.9 防重叠自动检测装置

为避免向已停放汽车的车位再存进汽车,应设置对车位状况(有无汽车)进行检测的装置,或采取其他防重叠措施。

5.7.2.10 防坠落装置

搬运器(或载车板)运行到位后,若出现意外,有可能使搬运器或载车板从高处坠落时,应设置防坠落装置,即使发生钢丝绳、链条等关键部件断裂的严重情况,防坠落装置必须保证搬运器(或载车板)不坠落。

对准无人方式的汽车专用升降机应安装防坠落装置,但可不安装安全钳、限速器。对人车共乘式的汽车专用升降机可不装防坠落装置,但必须安装安全钳、限速器。

5.7.2.11 警示装置

停车设备应设有能发出声或光报警信号的警示装置,在停车设备运转时该警示装置应起作用。

5.7.2.12 轨道端部止挡装置

为防止运行机构脱轨,在水平运行轨道的端部,应设置止挡装置,并能承受运行机构以额定载荷、额定速度下运行产生的撞击。

5.7.2.13 缓冲器

搬运器在其垂直升降的下端或水平运行的两端，应装设缓冲器。

5.7.2.14 松绳（链）检测装置或载车板倾斜检测装置

为防止驱动绳（链）部分松动导致载车板（搬运器）倾斜或钢丝绳跳槽，应设置松绳（链）检测装置或载车板倾斜检测装置，当载车板（搬运器）运动过程中发生松绳（链）情况时，应立即使设备停止运行。

5.7.2.15 安全钳

5.7.2.15.1 安全钳的选用与安装应符合 GB 7588 的规定，无人方式、准无人方式、液压直顶式除外。

5.7.2.15.2 搬运器在运行过程中，在达到限速器动作速度时，甚至在悬挂装置断裂的情况下，安全钳应能夹紧导轨使装有额定载荷的搬运器制动停止并保持静止状态。

5.7.2.15.3 停车设备的安全钳释放应由专业人员操纵。

5.7.2.15.4 禁止将安全钳的夹爪或钳体充当导靴使用。

5.7.2.16 限速器

5.7.2.16.1 限速器的选用与安装应符合 GB 7588 的规定。无人方式、准无人方式、液压直顶方式除外。

5.7.2.16.2 限速器的动作点应大于或等于额定速度的 115%。

5.7.2.17 紧急联络装置

对于人车共乘式的停车设备，在搬运器内必须设置紧急联络装置，以便在发生停电、设备故障等紧急情况时，与外部的联络。

5.7.2.18 运转限制装置

人员未出设备，设备不得启动。可通过激光扫描器、灵敏光电装置等自动检测在转换区里有无人员出入，当有管理人员确认安全的情况下，可不设置此装置。

5.7.2.19 控制联锁功能

停车设备的汽车存取由几个控制点启动时，这些控制点应相互联锁，以使得仅能从所选择的控制点操作。

5.7.2.20 超载限制器

当停车设备实际载荷超过额定载荷的 95%时，超载限制器宜发出报警信号。

当停车设备实际载荷超过额定载荷 100%～110%时，超载限制器起作用，此时应自动切断起升动力电源。

5.7.2.21 载车板锁定装置

为防止意外情况下，载车板从停车位中滑出，应设置载车板锁定装置，在采取了有效措施的情况下，可不设此装置。

5.8 转换区的安全要求

5.8.1 存取车模式

5.8.1.1 无人方式的存取车模式包括：

a） 驾驶员将汽车驶入转换区后离开，由停车设备自动存放汽车入库；

b） 由停车设备自动取出汽车出库，驾驶员进入转换区将汽车开出。

5.8.1.2 准无人方式的存取车模式包括：

a) 驾驶员将汽车驶入工作区或转换区后离开，由停车设备自动存放汽车到停车位；

b) 由停车设备取出汽车，驾驶员进入工作区或转换区将汽车开出。

5.8.2 **紧急出口操纵装置**

在紧急情况或停电时，设有车库门的停车设备，应具备人员从转换区撤出的手段，若没有设置紧急门或侧门，则应设置能够开启车库门的紧急操纵装置。此装置一旦启动，转换区内各机构应停止运转。

5.8.3 **控制装置的设置**

5.8.3.1 所有控制装置的用途或功能应清晰并用符号予以标记，或用中文加以标注。

5.8.3.2 控制装置的设置位置应清晰可见，并可直接或间接观察停车设备的运行状况。

6 使用管理基本要求

6.1 在提交给用户的使用信息中，应按 GB/T 15706.2—2006 中 5.5 告知使用者潜在的遗留风险。

6.2 应向用户提供管理规则和使用维护方面的详细说明书。

6.3 使用说明书应至少包括如下内容：

a) 产品性能参数；

b) 安全注意事项；

c) 使用和维护信息。

6.4 每台产品均应在明显位置处固定产品标牌，标牌应至少包括以下内容：

a) 制造商名称和地址；

b) 产品名称和型号；

c) 主要技术参数：适停汽车尺寸，适停汽车质量等；

d) 设备制造日期及编号。

6.5 停车设备管理人员应禁止不符合设计规定的汽车入库。在出入口附近，应用醒目的文字标识本停车设备允许停放的汽车尺寸和质量，以便司机在进入车库前对停车设备限制进入的汽车做出正确判断。

6.6 在停车设备的明显位置应标出安全标志及注意事项。必要时，停车设备操作人员应以口头方式传达给存车人。

6.7 停车设备的管理和操作人员的职责应包括：

a) 对规定由专职人员操作的，其他人员不得自行操作；

b) 停车设备主管负责人应进行设备运转时的安全管理以及运转前和运转结束后的例行检查；

c) 仔细阅读使用说明书，遵守安全方面的注意事项；

d) 设备运转前，需事先确认安全；

e) 酒后不允许操作。

7 检查与维修

7.1 检查

7.1.1 经常性检查应按停车设备运行的频繁程度确定检查周期，但不应少于每月一次。一般应包括：

a） 停车设备正常运行的技术性能；

b） 所有的安全、防护装置；

c） 制动器性能及零件的磨损情况；

d） 钢丝绳磨损和尾端的固定情况；

e） 链条的磨损、变形、伸长情况。

7.1.2 定期检查应按停车设备运行的频繁程度确定检查周期，但不应少于每年一次。一般应包括：

a） 在 7.1.1 中经常性检查的内容；

b） 金属结构的变形、裂纹、腐蚀及焊缝、铆钉、螺栓等连接情况；

c） 主要零部件的磨损、裂纹、变形等情况；

d） 指示装置的可靠性和精度；

e） 动力系统和控制器。

7.2 维修

7.2.1 维修更换的零部件的性能、材质应不低于原零部件。

7.2.2 结构件需焊接时，所用的材质、焊条等应符合原结构件的要求，焊接质量应符合有关标准的要求。

7.2.3 停车设备在运行状态时不得维修和保养。

8 停车设备使用环境的安全要求

8.1 停车设备制造单位应提供必要的信息，配合建设单位做好周边设备的设计、安装和调试工作。

8.2 停车设备使用环境的安全要求参见附录 B。

附　录　A
(规范性附录)
安全防护装置设置要求

A.1　各类停车设备应按表 A.1 的要求设置安全防护装置

表 A.1

序号	安全防护装置	停车设备类别								
		升降横移类	简易升降类	垂直循环类	水平循环类	多层循环类	平面移动类	巷道堆垛类	垂直升降类	汽车专用升降机
1	紧急停止开关(5.7.2.1)	应装	应装	应装	应装	应装	应装	应装	应装	应装
2	防止超限运行装置(5.7.2.2)	应装	应装	—	应装	应装	应装	应装	应装	应装
3	汽车长、宽、高限制装置(5.7.2.3)	应限长	宜限长	应限长	应装	应限长 应限高	应装	应装	应装	应限长
4	阻车装置(5.7.2.4)	应装	应装	应装	应装	应装	应装	应装	应装	宜装
5	人车误入检出装置(5.7.2.5)	应装	—	应装	—	—	—	—	—	—
6	汽车位置检测装置(5.7.2.6)	—	—	—	应装	应检车长方向	应装	应装	应装	应检车长方向
7	出入口门、栅栏门联锁安全检查装置(5.7.2.7)	应装	—	应装	应装	应装	应装	应装	应装	应装
8	自动门防夹装置(5.7.2.8)	—	—	应装	应装	应装	应装	应装	应装	应装
9	防重叠自动检测装置(5.7.2.9)	—	—	—	—	—	应装	应装	应装	—
10	防坠落装置(5.7.2.10)	应装	应装	—	应装	应装	应装	应装	应装	—
11	警示装置(5.7.2.11)	应装	宜装	应装	应装	应装	应装	应装	应装	应装
12	轨道端部止挡装置(5.7.2.12)	应装	—	—	—	—	应装	应装	—	—
13	缓冲器(5.7.2.13)	—	—	—	应装	应装	应装	应装	应装	应装

表 A.1（续）

序号	安全防护装置	停车设备类别								
		升降横移类	简易升降类	垂直循环类	水平循环类	多层循环类	平面移动类	巷道堆垛类	垂直升降类	汽车专用升降机
14	松绳(链)检测装置 (5.7.2.14)	应装	—	—	—	—	—	—	—	—
15	安全钳、限速器 (5.7.2.15)(5.7.2.16)	—	—	—	—	—	—	—	—	应装
16	紧急联络装置 (5.7.2.17)	—	—	—	—	—	—	—	—	应装
17	运转限制装置 (5.7.2.18)	—	—	—	宜装	宜装	宜装	宜装	宜装	—
18	控制联锁功能 (5.7.2.19)	应装	应装	应装	应装	应装	应装	应装	应装	应装
19	超载限制器 (5.7.2.20)	—	—	—	—	—	—	—	—	应装
20	载车板锁定装置 (5.7.2.21)	—	—	—	—	—	应装	应装	应装	—

附　录　B
（资料性附录）
停车设备使用环境的安全要求

B.1　通风换气设施

装有停车设备的室内环境，凡是有可能出现因汽车尾气等有害气体滞留而造成人员危险的，均应设置强制通风换气装置。

B.2　照明

B.2.1　出入口、车道、转换区、工作区、服务人员操作位置均应配置照明设备，必要时还宜有可携式照明。

B.2.2　必要时应配置紧急照明设备，使紧急情况下人员能够安全撤离。

B.2.3　照明应设专用电路。电源应由停车设备主断路器进线端分接，当主断路器切断电源时，照明不应断电。各照明电路应设断路器保护，严禁用金属结构做照明线路的回路。

B.2.4　车道、出入口附近以及人出入的地方，其照明必须达到充分的照度以确保安全。操作室内的照明照度应不低于 30 lx。

B.2.5　要考虑设备维修、保养所需的照明，如驱动装置和电气柜周围可专门设置一些照明装置，机器房、电气室等照明照度应不低于 75 lx。

B.3　排水

为保证停车设备内部及下部不积水应配备完善有效的排水设施。

B.4　消防

停车设备的环境应符合 GB 50067 的消防要求。

B.5　抗地震及台风

停车设备的建筑物应遵照国家有关标准，具有抗地震和抗台风性能。

参 考 文 献

[1] GB 5226.2—2002 机械安全 机械电气设备 第32部分:起重机械技术条件(idt IEC 60204-32:1998).

[2] GB 50067—1997 汽车库、修车库、停车场设计防火规范.

[3] JB/T 10474—2004 巷道堆垛类机械式停车设备.

[4] CNS 13350:1994 机械式停车场安全标准 一般通则.

[5] CNS 13350-6:1994 机械式停车场安全标准 方向转换装置(旋转台).

[6] EN 14010:2003 机械安全 动力驱动停车设备 设计、制造、安装和试运转场所的安全和EMC要求.

[7] 日本机械式存车库技术标准及机械式存车库管理标准(2004年版).

ICS 53.020.20
J 80

中华人民共和国国家标准

GB/T 17908—1999

起重机和起重机械 技术性能和验收文件

Cranes and lifting appliances—Technical characteristics and acceptance documents

1999-11-23 发布　　2000-06-01 实施

中华人民共和国国家质量监督检验检疫总局
中国国家标准化管理委员会　发布

前　　言

本标准等同采用 ISO 7363:1986《起重机和起重机械　技术性能和验收文件》,并做了以下编辑性修改:

1) 编写格式按 GB/T 1.1—1993 的要求进行了必要的调整。

2) 将原标准中引用的 ISO 标准改为相应的国家标准。

本标准的附录 A 是标准的附录。

本标准由国家机械工业局提出。

本标准由全国起重机械标准化技术委员会归口。

本标准起草单位:北京起重运输机械研究所。

本标准主要起草人:何铀。

ISO 前言

ISO(国际标准化组织)是各国标准化团体(ISO 成员团体)的全球性组织。各项国际标准的起草工作主要是通过 ISO 各个技术委员会完成的。对某一项已建立技术委员会的课题感兴趣的每一个成员团体均有权派代表参加该技术委员会。与 ISO 保持联系的官方和非官方的国际组织也可参加有关工作。

由技术委员会通过的国际标准草案提交各成员团体表决,需取得至少 75%的成员团体投票赞成,才能作为国际标准正式发布。

国际标准 ISO 7363 是由 ISO/TC 96 起重机和起重设备及相关设备技术委员会制定的。

使用者应注意:所有国际标准都经过多次修订,并且本标准中引用的国际标准都是最新版本,除非另有说明。

起重机和起重机械
技术性能和验收文件

1 范围

本标准规定了起重机和起重机械(以下简称起重机)制造商应提交的文件表述方式及内容。文件包括起重机的技术资料及验收文件,以便于产品的安装、调试和使用。验收文件样本见附录A(标准的附录)。

本标准适用于GB/T 6974.1中所定义的各种起重机。对专用的起重机械仅提交与GB/T 6974.1所列起重机械有关的资料。

必要时可对文件加以补充(或修订),以规定某种专用起重机的特殊性能。

2 引用标准

下列标准所包含的条文,通过在本标准中引用而构成为本标准的条文。本标准出版时,所示版本均为有效。所有标准都会被修订,使用本标准的各方应探讨使用下列标准最新版本的可能性。

GB/T 3811—1983　起重机设计规范

GB/T 6974.1～6974.5—1986　起重机械名词术语

3 文件内容

3.1　由制造商提供的文件必须包括起重机的基本技术参数及各种额定值,必须列出与该台起重机预定用途相一致的工况及主要参数。

3.2　根据第1章,文件必须包括起重机及其组件的基本资料和技术性能以及验收文件。

3.3　附录A中A1"基本资料"必须包括起重机销售商和制造商双方的信息、设备的基本数据、环境和工作场地特点及其他基本信息。

3.4　附录A中A2有关技术性能必须按照外形尺寸、工作布置、起重机质量和其他有关参数详细给出起重机及其组件的技术性能。

3.5　验收文件必须记录起重机及其组件在实际工况中的技术数据,在验收之前的最终试验中必须有一位称职人员在场并经其确认。

4 文件的表述及格式

4.1　文件的编写必须采用起重机使用国的官方语言,除非合同双方另有商定。

4.2　如果合同规定所提供文件用本国语言编写,同时必须提交一份标注尺寸的所有简图的文件副本,但可省略文字,以便于翻译成起重机使用国语言。

4.3　验收文件的格式必须符合我国的规定或惯例。验收文件示例见附录A中A5。

4.4　文件应用A4幅面(210 mm×297 mm)的纸张编写。

4.5　如技术资料需要大幅面,则选用315 mm×297 mm,420 mm×297 mm等幅面的纸张。

4.6　当标准要求的资料已经提供时,可修改附录A中表格的格式。

附　录　A
（标准的附录）
验收文件样本

国家标准或行业标准对该起重机的表述：

产品标识及出厂编号：

技术性能和验收文件

制造商和/或销售商的商用名称 （注册商标）

国名：

提示

1　起重机的货主、操作人员、检查及维护人员可获得这些文件。

2　使用前货主/用户必须请一位称职人员对起重机进行检查和必要的试验，将结论记录于A5中。

3　其他资料由起重机的货主/用户/称职人员记录下来：

3.

1：

3.

2：

3.

3：

起重机制造所依据的标准名称：

标准编号、发布日期及标准发布团体：

A1　基本资料

A1.1　制造商名称和地址,包括主要分包商情况。
A1.2　销售商(分销商或代理)的名称和地址,包据维修机构与备件供应商的情况。
A1.3　起重机资料:
A1.3.1　起重机安装状态示意图(照片或简图)。
A1.3.2　起重机械类型(按 GB/T 6974.1)。
A1.3.3　出厂编号。
A1.3.4　出厂日期(工厂交货)。
A1.3.5　工作级别(按 GB/T 3811)。
A1.3.6　电源。
A1.3.7　起重机功能。
A1.4　起重机的适用工作环境(温度、起重机在工作状态及非工作状态的允许风速,以及如易燃、易爆或含盐等特殊环境)。
A1.5　流动式起重机工作场地的要求(坡度、地面许用压力等)。
A1.6　轨道要求(平行度、水平度、直线度、最大允许轨道高低差)。
A1.7　制造依据的基本实用规范、包括起重机制造过程中所遵守的法规、技术监督指令、标准等(编号和名称)。

A2　起重机技术参数及性能

A2.1　起重机的基本性能(对流动式起重机包括主要工作属具)
A2.1.1　主/副起升机构最大起重量,t(如 100/25t)。
A2.1.2　主/副起升机构最大起重力矩,kN·m。
A2.1.3　幅度,m。
A2.1.4　最小幅度(适用于流动式起重机),m。
A2.1.5　最大起升高度[1)],m。
A2.1.6　最大下降深度[1)],m。
A2.1.7　跨度、悬臂伸距,m。
A2.2　驾驶和操作
A2.2.1　驾驶形式。
A2.2.2　控制形式。
A2.2.3　可能的联动控制组合。
A2.2.4　司机室位置。
A2.2.5　电源,见表 A1。

1)　以地平面为基准。

表 A1 电源

回路	电流强度(交流或直流) A	电 压 V	相 数
动力线			
控制回路			
工作照明			
维修照明			

A2.3 起升高度和承载能力额定值

必须根据起重机预期作业条件、工作用途和起重机布置形式的所有各种组合绘出起升高度和承载能力额定值表和/或图表(见 A2.3.1 及 A2.3.2)。

表和/或图表必须附有必要的符号和其他说明,用于计算承载能力额定值并对这些表和/或图表进行解释。允许将 A2.3.1 和 A2.3.2 规定的表和/或图表组合在一起。

A2.3.1 起升高度额定值(表和/或图表)。

A2.3.2 承载能力额定值(表和/或图表)。

A2.3.3 行走时的最大起重量,t。

A2.3.4 吊钩组件特性:见图 A1 和表 A2。

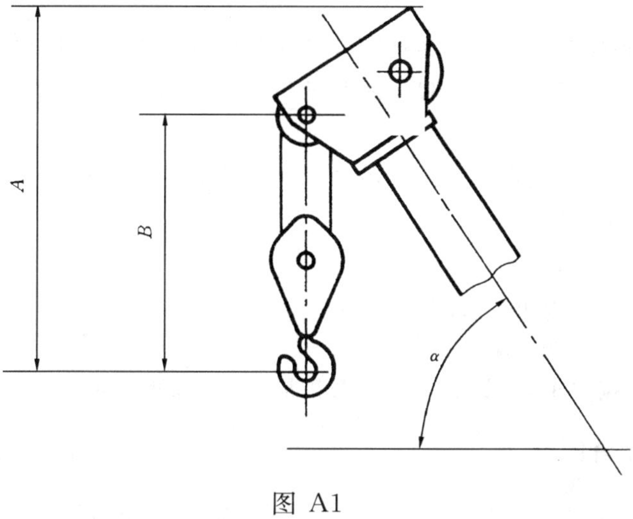

图 A1

表 A2 吊钩组件特性

特 性	滑 轮 数					
	1	2	3	4	5	6
最大起重量,t						
吊钩质量,kg						
臂架最大倾角 α,(°)						
尺寸 A,mm						
尺寸 B,mm						

A2.4 速度(对于有多种速度的机构,所有速度值或速度范围必须在 A2.4.1～A2.4.6 中给出)。

A2.4.1 载荷起升/下降速度,m/s;见表 A3。

在表的下部必须注明导致较高速度的工况,例如:“空载操作”或“载荷不超过 A2.3.2 规定的 50%”等。

表 A3 载荷起升/下降速度

主起升机构				副起升机构			
缠绕系统钢丝绳滑轮组倍率	额定速度	快速	微速下降	缠绕系统钢丝绳滑轮组倍率	额定速度	快速	微速下降

A2.4.2 臂架俯仰时间(主臂),s。

A2.4.3 回转速度(必须注明起重机各种配置条件下如:主臂、伸缩臂、塔臂架的相应数值等),rad/s(弧度/秒)。

A2.4.4 臂节伸/缩速度,m/s。

A2.4.5 小车运行速度,m/s。

A2.4.6 大车运行速度,作业及行驶速度(必须注明起重机前进、后退两个方向的速度或速度范围),km/h 或 m/s。

A2.5 爬坡能力(必须注明起重机在各种配置条件下的相应数值),rad(°)。

A2.6 回转平台转角(只用于回转受限制的起重机,必须规定起重机上部结构与底盘之间的相对位置),rad(°)。

A2.7 起重机的基本尺寸(起重机简图和包含起重机基本尺寸的表格)。

A2.8 起重机和主要部件质量,t。

A2.9 车轮和支腿对地压力,kN。

A2.10 平均地面压力(对履带式起重机),Pa。

A2.11 质量分布,t(如购货方提出要求)。

A2.12 附加信息(根据要求,例如流动式起重机最小工作幅度,m)。

A3 部件规格及技术特性

A3.1 发动机(电厂发动机)(必须标明如功率、转速、扭矩、燃油消耗等基本额定值)。

A3.2 用于驱动机构的电力和/或液压装置(必须标明如功率、转速、扭矩、额定承载能力等基本指标以及电动机总功率)。

A3.3 驱动和控制系统示意图(必须给出标有起重机特性的示意图)。

A3.3.1 电路图。

A3.3.2 液压系统图。

A3.3.3 气路系统图。

A3.3.4 传动系统图(必须标明齿轮参数和传动比)。

A3.3.5 机构工作级别(列表如下,根据 GB/T 3811 填写):

——主起升机构;

——副起升机构；

——臂架变幅机构；

——回转机构；

——小车运行机构；

——大车运行机构，等。

A3.3.6 制动器特性，见表 A4。

A3.4 缠绕系统图(图中必须标明卷筒、滑轮的尺寸和钢丝绳及链条的固定方法)。

A3.5 钢丝绳特性(根据钢丝绳制造厂提交的合格证明填写)，见表 A5。

表 A4 制动器特性

制动控制的机构	
制动器位置	
形式(系统)	
制动轮(盘)直径，mm	
制动器数量	
制动器安全系数(起升机构使用)	

表 A5 钢丝绳特性

钢丝绳用途	
钢丝绳结构代号/标准号	
公称直径，mm	
长度，m	
钢丝绳公称抗拉强度，MPa	
实测破断拉力(破断拉力总和 ΣS)，N	
钢丝绳所承受的计算拉力，N	
钢丝绳极限工作拉力，N	
钢丝表面涂层(光亮、镀锌等)	

A3.6 承载装置(根据承载装置制造厂提交的合格证明填写)。

A3.6.1 吊钩组，见表 A6。

表 A6 吊钩组特性

用　　途	
类　　型	
标准规定的钩号、强度等级号(和材料牌号)	
根据起升机构工作级别确定的额定起重量，t	
制造商(供货商)	
编号或批号	
检验部门盖章(证明标志)	

A3.6.2　抓斗

——抓斗质量，t；

——抓取物料质量，t；

——制造商(供货商)；

——编号；

——检验部门盖章(证明标志)；

——抓斗可搬运的物料类型；

——散料最大质量密度，t/m^3。

A3.6.3　起重电磁吸盘

——类型；

——供电情况(交/直流、电压)；

——电源(类型、功率)；

——电磁吸盘质量，t；

——被起升载荷的最高温度，℃(K)；

——制造商(供货商)；

——编号；

——检验部门盖章(证明标志)；

——与电磁间隙及厚度相对应的起升力(当搬运铁屑、生铁锭、生铁板时)，kN。

A3.6.4　货叉(用于堆垛起重机)

——类别；

——货叉承重(或起重)量，t；

——货叉长/宽，mm；

——制造商(供货商)；

——编号；

——检验部门盖章(证明标志)。

A3.6.5　其他承载装置(必须给出基本技术特性)。

A3.7　安全装置和仪表

A3.7.1　限制器

A3.7.1.1　限位开关(列出清单及主要技术规格)。

A3.7.1.2　超载限制器(列出清单及主要技术规格)。

A3.7.1.3　止挡器和缓冲器(列出清单及主要技术规格)。

A3.7.2　报警器(列出清单及主要技术规格)。

A3.7.3　指示器(列出清单及主要技术规格)。

A3.7.4　信号装置和对讲机(列出清单及主要技术规格)。

A3.7.5　其他装置(列出清单及主要技术规格)。

A3.8　司机室(主要技术规格及配置设备)。

A3.9　起重机重要(设计)零件及钢结构单元的材质数据(必须适应或满足与买方商定提供的简要信息，详细信息见专门文件)。

A4 成套交货文件

A4.1 交货范围

A4.2 制造商必须随技术文件和验收文件一起提供成套交货文件，它们至少应包括：

——技术说明书；

——操作手册；

——维护手册；

——维修手册；

——安装手册；

——备件明细表。

（如合同中有要求或规定，成套交货文件可包括其他文件）。

A5 验收文件

A5.1 起重机验收文件

——起重机说明书和目录；

——编号；

——制造中采用的基础国际标准和/或国家标准和/或类似文件；

——起重机已经通过的试验[1)]（试验时间及类型）；

——声明起重机符合文件规定的参数要求；

——起重机已按照技术说明书及使用手册规定的要求进行防护和装箱；

——防护期限；

——验收地点；

——验收日期。

按国家有关规定 授权负责人盖章或签名处

A5.2 起重机安装的验收文件

有关起重机通过安装的验收文件必须按起重机每个特定部件编写。文件须经专门授权的负责人签字并注明日期、负责人的职务及安装地点。

A5.3 起重机运行检查的验收文件

有关详尽的运行检查的验收文件必须由监督机构的代表在运行过程中按表 A7 的格式填写。

表 A7 运行检查

日期	检查结果	下次检查日期	监督机构代表职务、姓名和签字

该表格应在多页上重复，页数由制造商与买方商定。

A6 附加说明

附加说明必须给出起重机使用国检测机构代表开展工作所必需的资料，还必须给出按起重机使用国所采用的形式给出监督机构对起重机进行注册的资料。

1）制造厂在起重机发货前总装时填写此项。

ICS 53.020.20
R 46

中华人民共和国国家标准

GB/T 19683—2005

轨道式集装箱门式起重机

Rail mounted transtainer

2005-03-21 发布　　　　2005-08-01 实施

中华人民共和国国家质量监督检验检疫总局
中国国家标准化管理委员会　发布

前　言

本标准参照欧洲搬运工程协会标准 FEM sect.1—1998《起重机械设计规范》等标准制定。

本标准由中华人民共和国交通部提出。

本标准由交通部港机标准归口单位归口。

本标准起草单位:交通部水运科学研究所、广州港务局、中国长江航运集团红光港机厂。

本标准主要起草人:饶京川、陆范宜、张德文、陈丽昕、贺桂香、王旺生、郑见粹。

轨道式集装箱门式起重机

1 范围

本标准规定了轨道式集装箱门式起重机(以下简称起重机)的技术要求、试验方法、检验规则、标志、包装、运输和贮存。

本标准适用于装卸 20 ft 及大于 20 ft 集装箱的起重机。

2 规范性引用文件

下列文件中的条款通过本标准的引用而成为本标准的条款。凡是注日期的引用文件,其随后所有的修改单(不包括勘误的内容)或修订版均不适用于本标准,然而,鼓励根据本标准达成协议的各方研究是否可使用这些文件的最新版本。凡是不注日期的引用文件,其最新版本适用于本标准。

GB/T 699 优质碳素结构钢

GB/T 700 碳素结构钢

GB 755 旋转电机 定额和性能(idt IEC 60034-1:1996)

GB/T 985 气焊、手工电弧及气体保护焊焊缝坡口的基本形式与尺寸

GB/T 986 埋弧焊焊缝坡口的基本形式和尺寸

GB/T 1031 表面粗糙度 参数及其数值(neq ISO 468:1982)

GB/T 1184 形状和位置公差 未注公差值(eqv ISO 2768-2:1989)

GB/T 1228 钢结构用高强度大六角头螺栓(neq ISO 7412:1984)

GB/T 1229 钢结构用高强度大六角螺母(neq ISO 4775:1984)

GB/T 1230 钢结构用高强度垫圈(neq ISO 7416:1984)

GB/T 1231 钢结构用高强度大六角头螺栓、大六角螺母、垫圈技术条件

GB/T 1413 系列 1 集装箱 分类、尺寸和额定质量(idt ISO 668:1995)

GB/T 1591 低合金高强度结构钢(neq ISO 4950:1981)

GB/T 1801 极限与配合 公差带和配合的选择(eqv ISO 1829:1975)

GB/T 3077 合金结构钢

GB/T 3220 集装箱吊具的尺寸和起重量系列

GB/T 3811—1983 起重机设计规范(neq ISO 4301:1980)

GB/T 5117 碳钢焊条

GB/T 5118 低合金钢焊条

GB 5226.2 机械安全 机械电气设备 第 32 部分:起重机械技术条件(GB 5226.2—2002,IEC 60204-32:1998,IDT)

GB/T 5293 埋弧焊用碳钢焊丝和焊剂

GB/T 5905 起重机试验规范和程序(idt ISO 4310:1981)

GB/T 5973　钢丝绳用楔形接头

GB/T 5976　钢丝绳夹

GB/T 6067—1985　起重机械安全规程

GB 6946　钢丝绳铝合金压制接头

GB/T 8110　气体保护电弧焊用碳钢、低合金钢焊丝

GB/T 8923　涂装前钢材表面锈蚀等级和除锈等级(idt ISO 8501-1:1988)

GB/T 10095.1～10095.2　渐开线圆柱齿轮　精度(idt ISO 1328-1～1328-2:1997)

GB/T 10096　齿条精度

GB/T 11352　一般工程用铸造碳钢件(neq ISO 3755:1975)

GB/T 12469　焊接质量保证　钢熔化焊接头的要求和缺陷分级

GB/T 12470　埋弧焊用低合金钢焊丝和焊剂

GB 12602　起重机械超载保护装置　安全技术规范

GB/T 12668.1～12668.2　调速电气传动系统(IEC 61800-1～61800-2:1997,IDT)

GB/T 13384　机电产品包装通用技术条件

GB/T 14048.1　低压开关设备和控制设备　总则(eqv IEC 60947-1:1999)

GB 14048.2　低压开关设备和控制设备　低压断路器(idt IEC 60947-2:1997)

GB 14048.3　低压开关设备和控制设备　第3部分:开关、隔离器、隔离开关及熔断器组合电器(GB 14048.3—2002,IEC 60947-3:2001,IDT)

GB 14048.4　低压开关设备和控制设备　机电式接触器和电动机起动器(GB 14048.4—2003,IEC 60947-4-1:2000,IDT)

GB 14048.5　低压开关设备和控制设备　第5-1部分:控制电路电器和开关元件　机电式控制电路电器(eqv IEC 60947-5-1:1997)

GB/T 14957　熔化焊用钢丝

GB/T 50150　电气装置安装工程　电气设备交接试验标准

GB/T 50168　电气装置安装工程　电缆线路施工及验收规范

GB/T 50254　电气装置安装工程　低压电器施工及验收规范

GBJ 147　电气装置安装工程　高压电气施工及验收规范

GBJ 148　电气装置安装工程　电力变压器、油浸电抗器、互感器施工及验收规范

CB* 3123　轧制钢材气割面质量标准

JB/T 3774　工程机械噪声限值和测量方法

JT/T 5020　港口装卸机械司机室

JT/T 5022　港口起重机轨道安装技术条件

JT/T 5028　轧制滑轮

JT/T 70.1　港口门座起重机电气设备技术条件　电控设备

JT/T 70.2　港口门座起重机电气设备技术条件　集电器

JT/T 70.3　港口门座起重机电气设备技术条件　磁滞联轴器

JT/T 70.4　港口门座起重机电气设备技术条件　联动控制台

JT/T 70.5　港口门座起重机电气设备技术条件　成套电阻器

JT/T 99　港口门座起重机试验方法

JT 399　港口大型装卸机械防风安全要求

3　技术要求

起重机的设计应符合 GB/T 3811—1983 和本标准的规定。

3.1　图样与文件

起重机应按规定程序批准的图样和有关技术文件进行制造和安装，并符合本标准的规定。

3.2　基本参数系列见表 1。

表 1

<table>
<tr><th>序号</th><th colspan="2">参数名称</th><th>单位</th><th colspan="10">参数系列</th></tr>
<tr><td>1</td><td colspan="2">吊具下额定起重量</td><td>t</td><td colspan="10">5,10,30.5,35.5,40,50,65</td></tr>
<tr><td>2</td><td colspan="2">起升高度</td><td>m</td><td colspan="10">11,12.2,13.5,15,16.2,18,18.8,21.5,23</td></tr>
<tr><td>3</td><td colspan="2">跨度</td><td>m</td><td colspan="10">24,30,35.5,39,45,50,56,60</td></tr>
<tr><td rowspan="2">4</td><td rowspan="2">悬臂最大工作伸距</td><td>Ⅰ</td><td>m</td><td colspan="10">5,6,7.5,9,11,12.5,15,18</td></tr>
<tr><td>Ⅱ</td><td>m</td><td colspan="10">5,6,7.5,9,11,12.5,15,18</td></tr>
<tr><td rowspan="2">5</td><td rowspan="2">起升速度</td><td>满载</td><td>m/min</td><td>8</td><td>10</td><td>12.5</td><td>15</td><td>20</td><td>25</td><td>30</td><td>35</td><td>40</td><td>45</td></tr>
<tr><td>空载</td><td>m/min</td><td>16</td><td>20</td><td>25</td><td>30</td><td>40</td><td>50</td><td>60</td><td>70</td><td>80</td><td>90</td></tr>
<tr><td>6</td><td colspan="2">小车运行速度</td><td>m/min</td><td colspan="10">30,35,40,50,60,70,80,90,120,150</td></tr>
<tr><td>7</td><td colspan="2">大车运行速度</td><td>m/min</td><td colspan="10">25,30,35,40,45,50,60,70,80,90,100,110,120</td></tr>
</table>

3.3　工作条件

3.3.1　工作环境温度为－25℃ ～＋45℃。

3.3.2　最大相对湿度不大于 95％(有凝露)。

3.3.3　工作风速不超过 20 m/s。

3.3.4　起重机工作级别宜为 A6、A7。

3.4　主要运动速度的允许偏差

3.4.1　起升速度的允许偏差为公称值的－3％～＋10％。

3.4.2　小车运行速度的允许偏差为公称值的－3％～＋10％。

3.4.3　大车运行速度的允许偏差为公称值的－3％～＋10％。

3.5　材料

3.5.1　主要零件的材料，应有材料生产厂的出厂合格证书，对重要构件材料应抽样化验和试验，其化学成分、机械性能应符合相应标准的规定。

3.5.2　金属结构件的材质，对碳素结构钢应符合 GB/T 700 的规定，对低合金结构钢应符合 GB/T 1591的规定，主要结构件材料的选用应不低于表 2 的规定。

表 2

<table>
<tr><td>工作环境温度</td><td>不低于－20℃</td><td colspan="2">等于或低于－20℃</td></tr>
<tr><td>钢号</td><td>Q 235-B</td><td>Q235-C</td><td>Q 345-B</td></tr>
</table>

3.5.3　起升卷筒应采用焊接结构其材料应不低于 GB/T 700 中的 Q 235-B。

3.5.4 起升钢丝绳滑轮宜采用轧制焊接结构或精铸滑轮，滑轮轮缘的材料应不低于GB/T 11352中的ZG 310-570。

3.5.5 集装箱吊具转锁材料应不低于GB/T 3077中的40 Cr。

3.5.6 联轴器材料应不低于GB/T 699中的45或GB/T 11352中的ZG 310-570。

3.5.7 齿轮、小车车轮材料不低于GB/T 699中的45。

3.5.8 齿轮轴、滑轮轴材料应不低于GB/T 699中的35。

3.5.9 制动轮材料应满足以下要求：

——锻造件应不低于GB/T 699中的45；

——铸钢件应不低于GB/T 11352中的ZG 310-570。

3.5.10 制动盘为锻造件或热轧件，材料应不低于GB/T 699中的35。

3.6 主要零部件

3.6.1 滑轮

3.6.1.1 滑轮公称直径与钢丝绳公称直径的比值应符合GB/T 3811—1983中4.4.2.3的规定。钢丝绳绕进或绕出滑轮时允许最大偏斜角度不大于5°。

3.6.1.2 对设有防止钢丝绳脱槽装置的滑轮，其最外缘与防脱槽装置间隙不大于钢丝绳直径的20%。

3.6.1.3 轧制滑轮其制造偏差应符合JT/T 5028的规定。

3.6.1.4 滑轮槽应光洁平滑，不得有损坏钢丝绳的缺陷。

3.6.2 卷筒

3.6.2.1 卷筒公称直径与钢丝绳的比值应符合GB/T 3811—1983中4.4.2.3的规定。

3.6.2.2 起升卷筒绳槽加工后槽底壁厚尺寸偏差为公称值的±8%。

3.6.2.3 钢丝绳绕进或绕出卷筒时：单层缠绕钢丝绳对绳槽的每一侧的偏斜角不大于3.5°；光面卷筒单层或多层缠绕钢丝绳偏离卷筒轴线垂直平面的角度不大于2°。卷筒上应设有防钢丝绳脱槽装置。

3.6.3 齿轮与减速器

3.6.3.1 齿轮应经热处理，宜采用中硬齿面或硬齿面啮合。

3.6.3.2 齿轮副的精度应不低于GB/T 10095.1～10095.2中规定的8-8-7级，齿条副的精度应不低于GB/T 10096中规定的9-8-8级。

3.6.3.3 钢板焊接的减速箱体应进行时效或退火处理。

3.6.3.4 装配好的减速器应转动灵活，各连接处与密封处无渗漏现象。

3.6.3.5 减速器以工作转速无负荷运转时，在箱体剖分面等高线上，距减速器前后左右1 m处测量，噪音不得大于85 dB(A)。减速器运转应平稳、无异常响声。

3.6.3.6 减速器在正常润滑条件下以额定转速无负荷正反向运转2 h后，轴承处温升不超过45 K，且绝对值不大于80℃；润滑油温升不超过70 K，且绝对值不大于80℃。

3.6.4 开式齿轮副与齿轮齿条副

3.6.4.1 齿面粗糙度不低于GB/T 1031中Ra6.3 μm。

3.6.4.2 齿轮副与齿轮齿条副的精度应不低于GB/T 10095.1～10095.2与GB/T 10096中规定的9-8-8级。

3.6.4.3 齿部不得有影响使用性能的缺陷，也不应焊补。

3.6.4.4 齿轮副与齿轮齿条副的齿面接触斑点按齿高不得低于30%，按齿长不低于40%。

3.6.5 **钢丝绳及接头**

3.6.5.1 钢丝绳禁止接长使用。

3.6.5.2 钢丝绳的安全系数应符合 GB/T 3811—1983 与 GB/T 6067—1985 的规定。

3.6.5.3 钢丝绳及接头应符合 GB/T 6067—1985 的规定。钢丝的公称抗拉强度应不小于 1570 MPa。钢丝绳一般不少于 6 股组成,每股中钢丝不少于 19 根。优先采用线接触型钢丝绳。

3.6.5.4 钢丝绳用压板固定在卷筒上时,每端应不少于 3 块压板,固定在卷筒侧壁上时若用一块板固定则单块压板长度不少于 6 倍钢丝绳直径。采用楔块固定时,钢丝绳必须贴紧楔块的圆弧段并将其楔紧。

3.6.5.5 采用铝合金套压制接头时,应符合 GB 6946 的规定;采用钢丝绳夹接头时,应符合 GB/T 5976的规定;采用楔形接头时,应符合 GB/T 5973 的规定;采用绳卡接头和编结接头时,应符合 GB/T 6067—1985 的规定。

3.6.6 **制动轮(盘)与制动器**

3.6.6.1 制动器的选择和使用应符合 GB/T 3811—1983 中 4.2.1.3 和 GB/T 6067—1985 中 2.6 的要求。

3.6.6.2 制动轮(盘)上不得有裂纹,制动面上不得有影响使用性能的缺陷,也不得焊补。

3.6.6.3 制动器弹簧经过 3 次全压缩后,不得有永久变形。

3.6.6.4 直接安装在轴上的盘式制动器盘对轴的端面跳动量不大于 0.2 mm。

3.6.6.5 制动轮(盘)对基准轴线径向圆跳动公差值不低于 GB/T 1184 中的 7 级。直接安装在轴上的制动轮(盘)其径向圆跳动不低于 GB/T 1184 中的 9 级。

3.6.7 **联轴器**

弹性圆柱销联轴器的两个半联轴器的相对径向圆跳动 ΔY 和相对端面圆跳动 ΔX 偏差值见图 1、图 2和表 3。

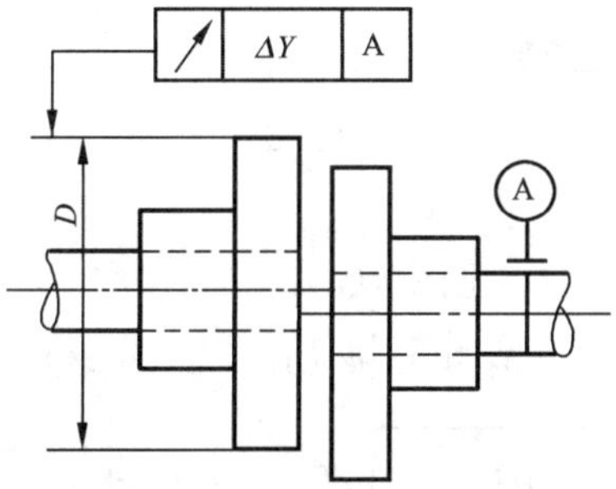

图 1

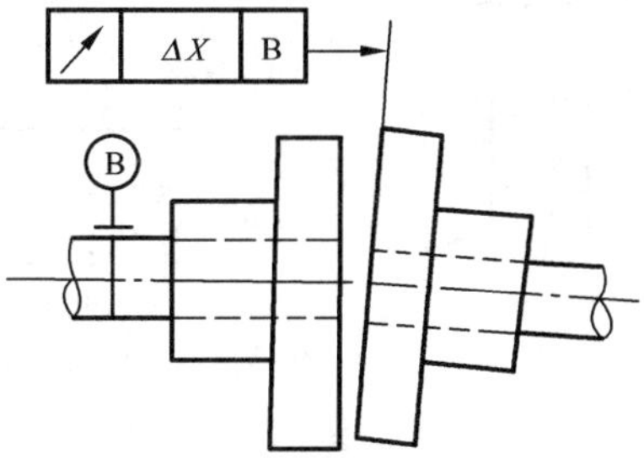

图 2

表 3　　单位为毫米

D	ΔY	ΔX
$100<D\leqslant180$	0.14	0.16
$180<D\leqslant280$	0.16	0.18
$280<D\leqslant380$	0.18	0.20
$380<D<500$	0.20	0.25

3.6.8　**车轮及轨道**

3.6.8.1　车轮踏面直径的精度不低于 GB/T 1801 中的 h9 级。

3.6.8.2　车轮踏面对基准轴线的圆跳动公差值不低于 GB/T 1184 中的 9 级。车轮宜采用钢材轧制。

3.6.8.3　车轮水平偏斜的偏差值 P 不大于$(0.4/1\ 000)\ L$，L 为测量长度，水平偏斜方向按图 3 所示。

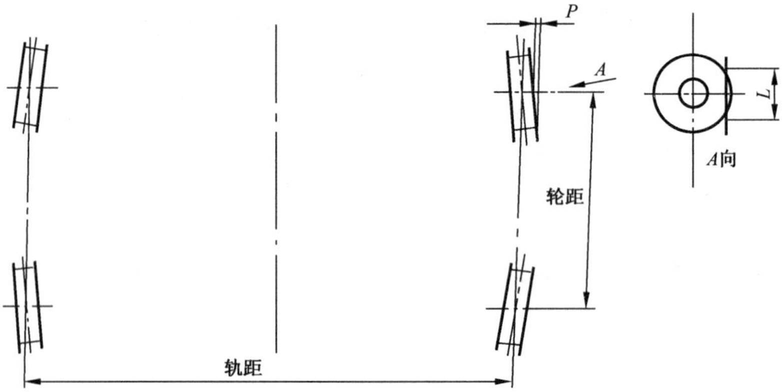

图 3

3.6.8.4　车轮垂直偏斜的偏差值 f 及 f' 见图 4。

车轮向外倾 f 不大于 $0.002\ 5\ L$，见图 4(a)。

车轮向内倾 f' 不大于 $0.001\ L$，见图 4(b)。

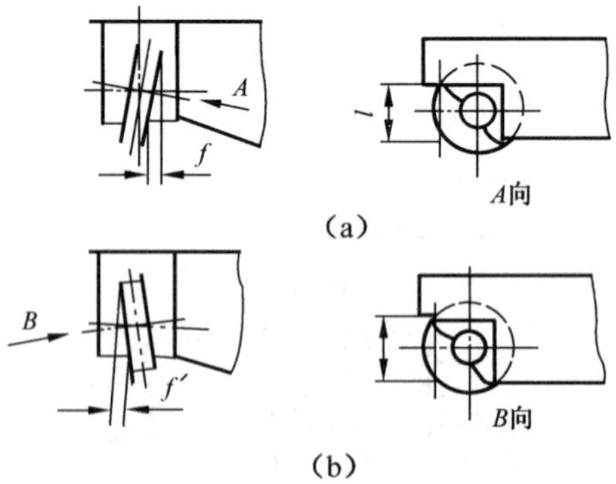

图 4

3.6.8.5　同一侧轨道上相邻车轮的同位偏差值 Δd 不大于 2 mm，见图 5。

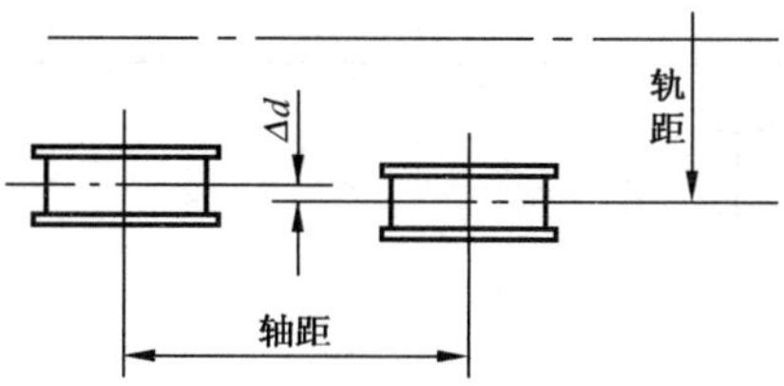

图 5

3.6.8.6 同一侧两水平导轮距离的中心线同轨道中心的偏差值不得大于±1 mm,见图 6。

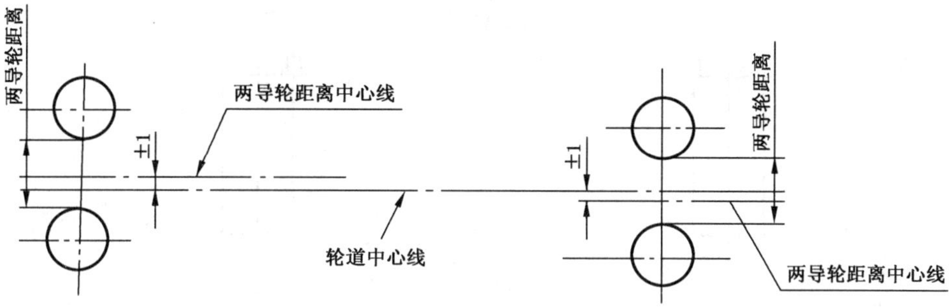

图 6

3.6.8.7 小车轨道中心线与轨道梁支承腹板中心线的位置偏差值 A 见图 7 和表 4。

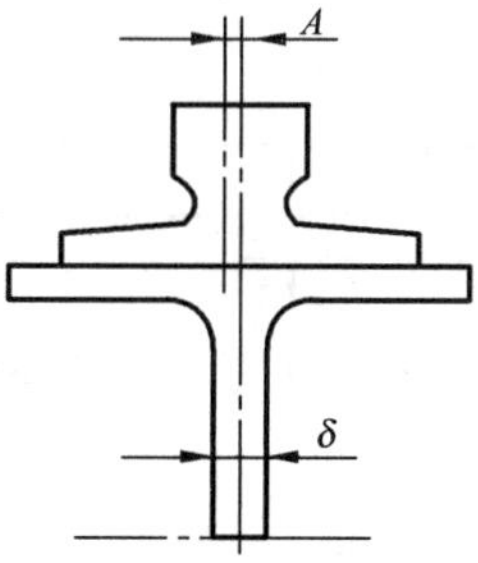

图 7

表 4

单位为毫米

板厚 δ	A
5～8	≤3
9～12	≤4
13～20	≤6

3.6.8.8 小车轨道与名义尺寸 K 的允许偏差值 ΔK 见图 8。

轨道设在箱形梁中部:$\Delta K = \pm 4$ mm,见图 8(a)。

轨道设在箱形梁内侧:$\Delta K = 0 \sim 8$ mm,见图 8(b)。

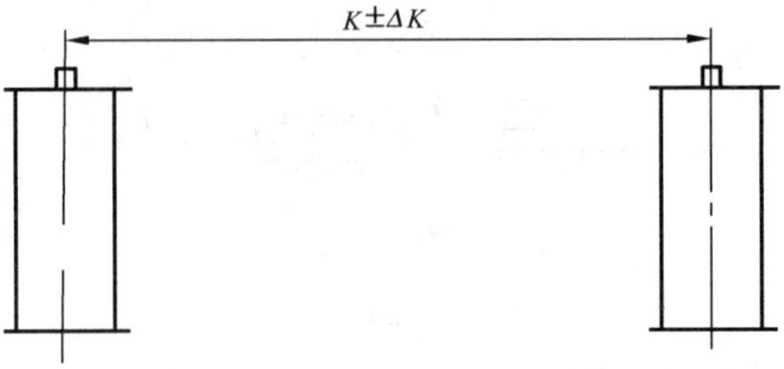

(a)

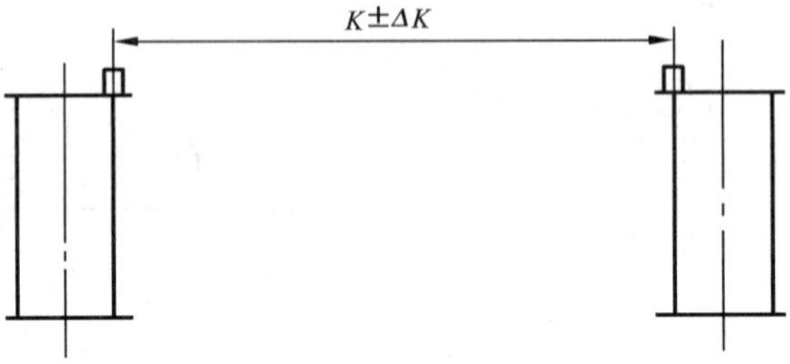

(b)

图 8

3.6.8.9 同一横截面上,左右轨道顶面的高低偏差值 ΔH 不得大于轨距的 0.15%,最大值不得超过10 mm,见图 9。

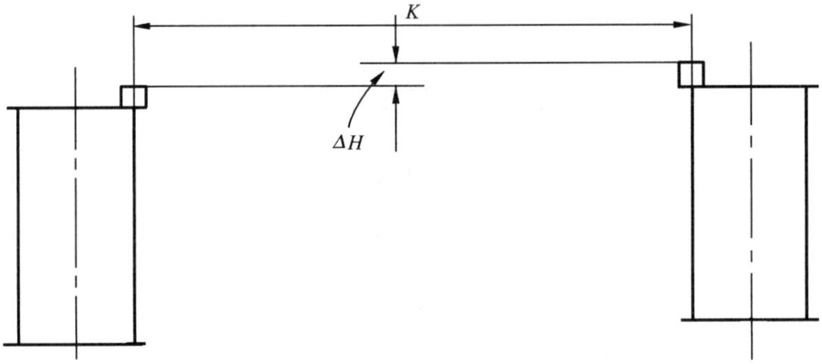

图 9

3.6.8.10 一小车的四个车轮踏面,应在同一平面上,支承面的最大不平度当轨距不超过 3 m 时,不大于 3 mm;当轨距大于 3 m 时,则不大于轨距的±0.1%,见图 10。

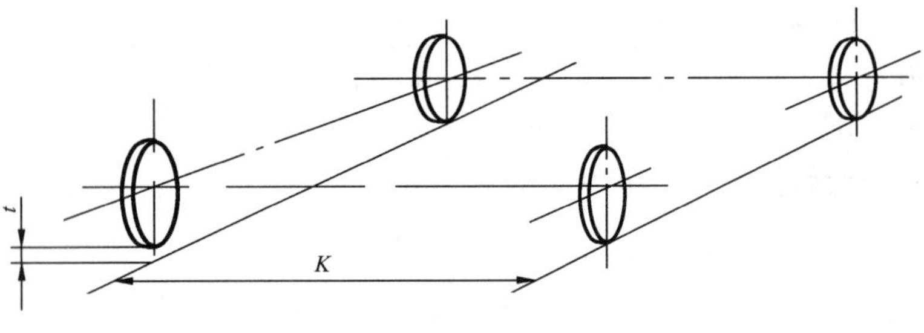

图 10

3.6.8.11 轨道在铺设的平面内的局部弯曲,在任意 2 m 范围内,不大于 1 mm,见图 11。在全长范围内:轨道设在箱形梁中部时,小车轨道中心线与轨道理论中心线之间的横向偏差不大于 2.5 mm;轨道设在箱形梁内侧时,与轨道理论中心线的横向偏差向外不大于 4 mm,向内不大于 1 mm,见图 12。

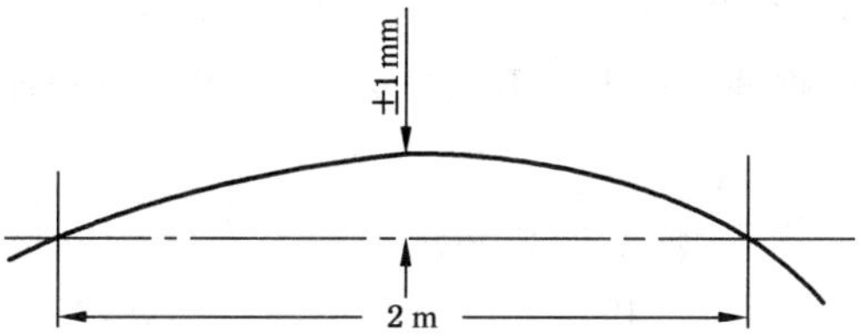

图 11

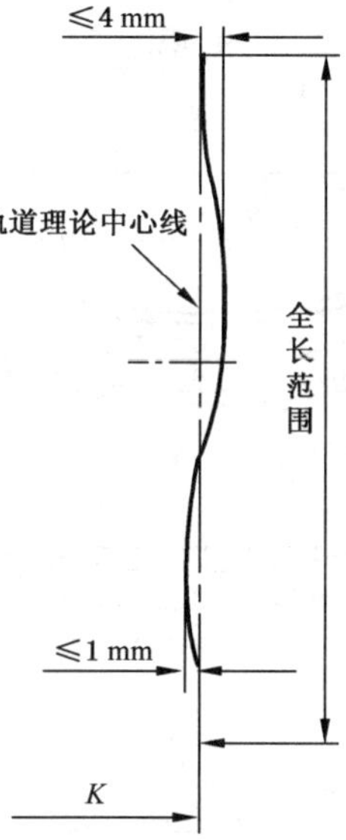

图 12

3.6.8.12 轨道接头应对齐,允许两个接头的高低和侧向错位值不大于 1 mm,间隙不大于 2 mm。

3.6.8.13 起重机跨度 S 的极限偏差 ΔS 应符合如下条件:

a) 当跨度 S 不大于 26 m 时,$\Delta S = \pm 8$ mm,且两侧跨度 $S1$ 和 $S2$ 的相对差不大于 8 mm。

b) 当跨度 S 大于 26 m 时,$\Delta S = \pm 10$ mm,且两侧跨度 $S1$ 和 $S2$ 的相对差不大于 10 mm。

3.6.8.14 大车运行轨道安装要求应符合 JT/T 5022 的规定。

3.7 机电配套件

外购机电配套产品都有产品合格证或质保书以及相应技术文件,否则不得装机使用。

3.8 结构件

3.8.1 焊缝坡口应符合 GB/T 985 和 GB/T 986 的规定。特殊需要的坡口形式和尺寸,可根据具体情况规定并在图样上注明。

3.8.2 所有焊缝均不得有漏焊、烧穿、裂纹、气孔、未熔合、严重咬边、夹渣、熔瘤等影响性能和外观质量的缺陷。重要焊缝必须打上焊工代号钢印。

3.8.3 对应保证的焊接件切割面质量,应不低于 CB＊ 3123 中规定的 2 级。

3.8.4 受力结构件焊缝质量不得低于 GB/T 12469 中规定的缺陷分级Ⅱ级。

3.8.5 在现场安装时施焊的重要焊缝(如主梁与支腿、支腿与鞍梁)应在实物上用钢印或涂漆的方法做出明显的“安装重要焊缝”标记,并按相关技术要求进行检验。

3.8.6 焊接用的焊条、焊丝与焊剂应符合 GB/T 5117、GB/T 5118、GB/T 5293、GB/T 8110、GB/T 12470、GB/T 14957 的规定,焊条的型号选择应与主体构件材料强度以及焊缝所受载荷类型相适应。自动焊或半自动焊焊丝和焊剂的选配应与主体构件材料强度相适应。

3.8.7 用于连接金属结构件的高强度螺栓、螺母、垫圈应符合 GB/T 1228～GB/T 1231 的规定。

3.8.8 结构件制造的允许偏差应符合表 5 的规定。

表 5

单位为毫米

<table>
<tr><th>序号</th><th>检查项目</th><th>简　图</th><th colspan="2">允许偏差</th></tr>
<tr><td>1</td><td>构件的直线差
a) 垂直方向
b) 水平方向</td><td>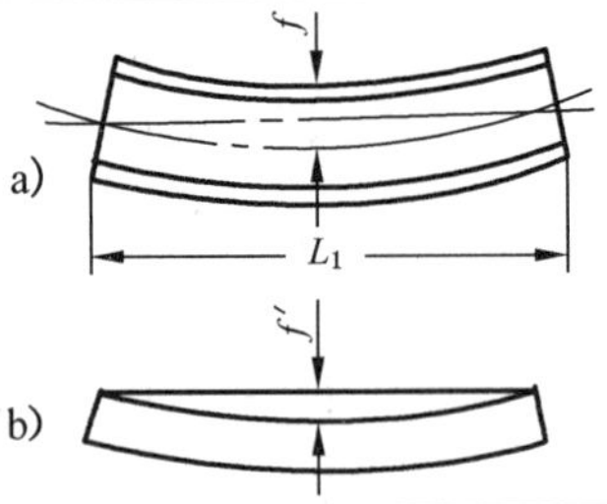</td><td colspan="2">a) $f\leqslant\frac{1}{1\ 000}L_1$
b) $f'\leqslant\frac{1}{2\ 000}L_1$</td></tr>
<tr><td>2</td><td>梁的上拱度偏差</td><td>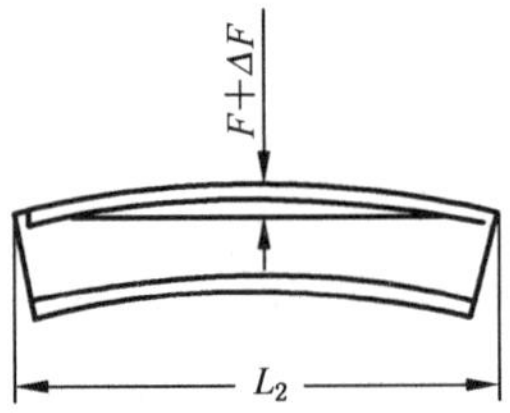</td><td colspan="2">$\Delta F=\begin{matrix}+0.30\ F\\-0.05F\end{matrix}$
F——图纸规定的拱度</td></tr>
<tr><td rowspan="6">3</td><td rowspan="6">箱形梁(工字梁)两端的扭曲率</td><td rowspan="6">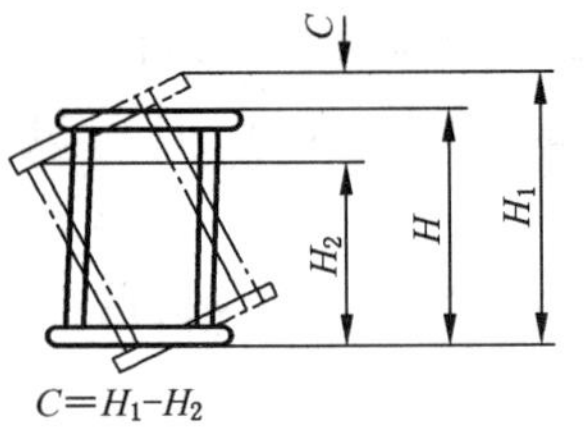</td><td>梁的长度 L</td><td>C</td></tr>
<tr><td>$L\leqslant5\ 000$</td><td>$\leqslant4$</td></tr>
<tr><td>$5\ 000<L\leqslant10\ 000$</td><td>$\leqslant6$</td></tr>
<tr><td>$10\ 000<L\leqslant20\ 000$</td><td>$\leqslant8$</td></tr>
<tr><td>$20\ 000<L\leqslant30\ 000$</td><td>$\leqslant10$</td></tr>
<tr><td>$30\ 000<L<50\ 000$</td><td>$\leqslant15$</td></tr>
<tr><td>4</td><td>箱形梁(工字梁)腹板的垂直度</td><td>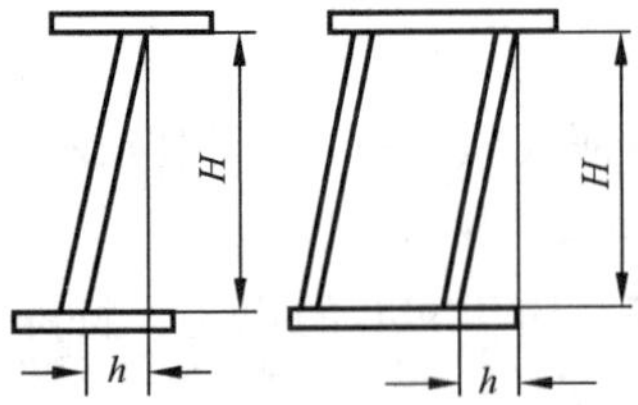</td><td colspan="2">$h\leqslant\frac{1}{200}H$
(此值在筋板或节点处测量)</td></tr>
</table>

表 5（续）

单位为毫米

序号	检查项目	简　　图	允许偏差
5	a）工字梁翼缘板的平面度 b）箱形梁（工字梁）上翼缘板的水平倾斜度	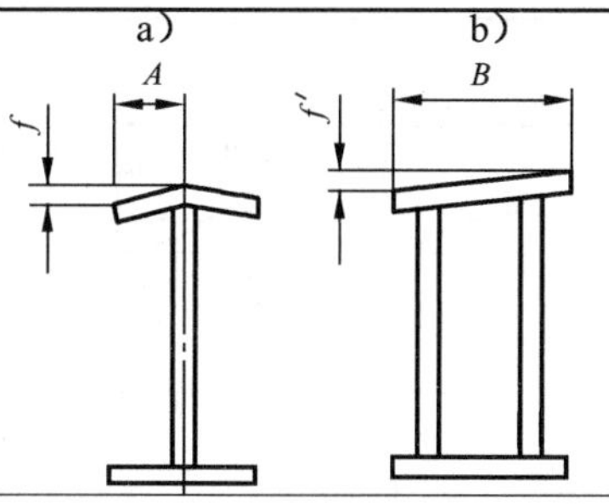	a）$f \leqslant \frac{1}{100}A$ （f 值在筋板处测量） b）$f' \leqslant \frac{1}{200}B$ （f'值在筋板处测量）
6	相配梁高度差	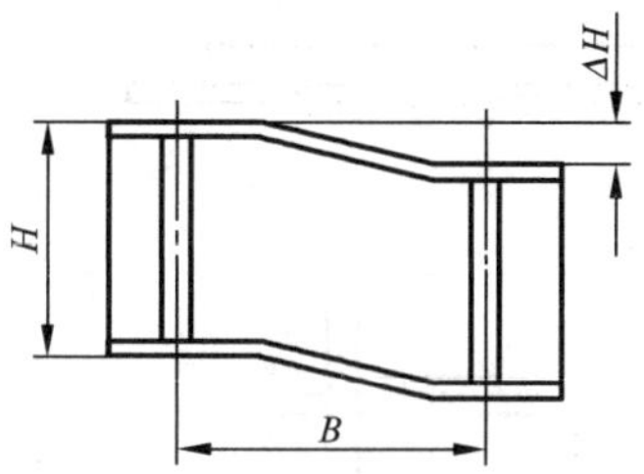	$\Delta H \leqslant \frac{1.5}{1\ 000}B$ 但不大于 10 （ΔH 在筋板处测量）
7	构件尺寸偏差和对角线偏差	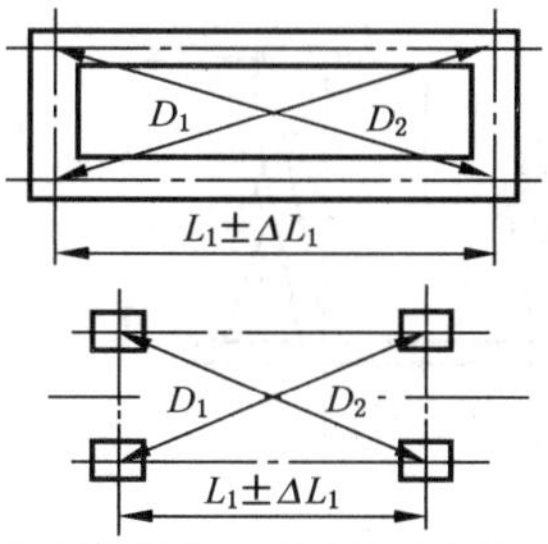	当长度 $L_3 < 7\ 000$ 时： $\Delta L_1 \leqslant 3$，$\lvert D_1 - D_2 \rvert \leqslant 4$ 当长度 $L_2 \geqslant 7\ 000$ 时： $\Delta L_1 \leqslant 5$，$\lvert D_1 - D_2 \rvert \leqslant 7$
8	a）筋板（隔板）相对位置偏差 b）筋板（隔板）对箱形梁（工字梁）腹板或翼缘板的垂直度	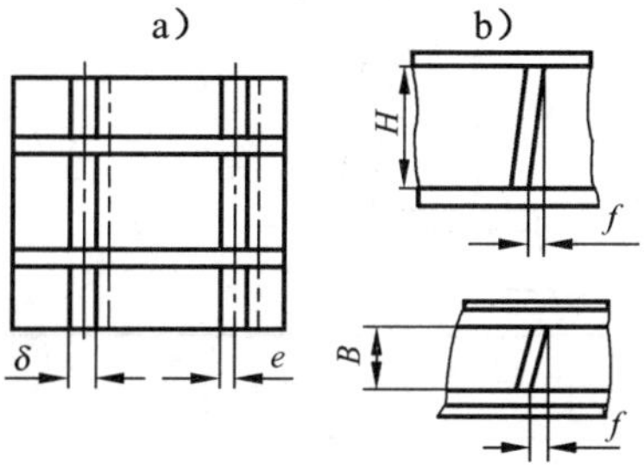	a）$e \leqslant \frac{1}{2}\delta$ b）$f \leqslant \frac{3}{1\ 000}H$ $f' \leqslant \frac{3}{1\ 000}B$
9	箱形梁（工字梁）腹板的波浪度	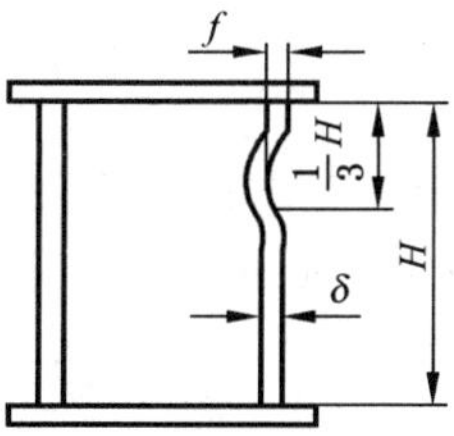	用 1 m 平尺检查 a）在受压区$\frac{1}{3}H$ 的区域内： $f \leqslant 0.7\delta$；但在相邻筋板间凹凸不超过一处 b）其余区域内：$f \leqslant 1.2\delta$

表 5(续)

单位为毫米

序号	检查项目	简　　图	允许偏差
10	箱形梁(工字梁)翼缘板的波浪度 箱形梁(工字梁)翼缘板的波浪度	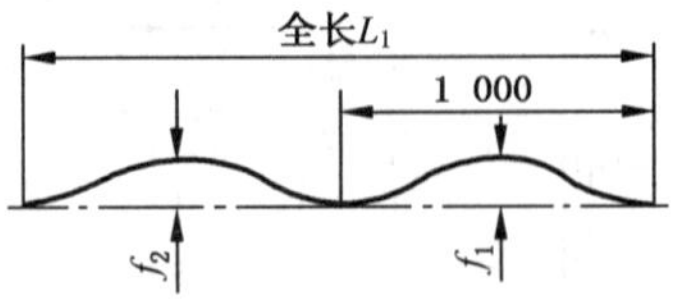	用 1 m 平尺检查 $f_1 \leqslant 3$ 全长 $f_1 \leqslant \frac{1.5}{1\ 000} L_1$
11	a) 操纵室围壁波浪度 b) 机器房围壁波浪度 c) 棚顶波浪度 d) 平台波浪度	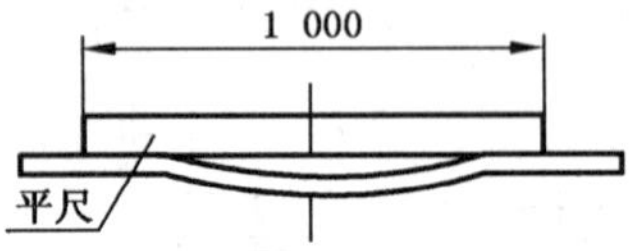	用 1 m 平尺检查 a) $f \leqslant 5$ b) $f \leqslant 6$ c) $f \leqslant 10$ d) $f \leqslant 8$
12	贯通筋板错位量	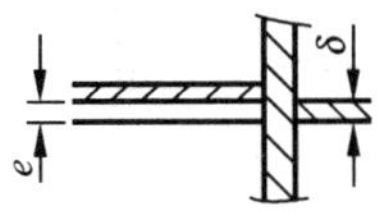	$e \leqslant 0.3\delta$
13	a) 支座耳板垂直度 b) 支座开挡尺寸偏差	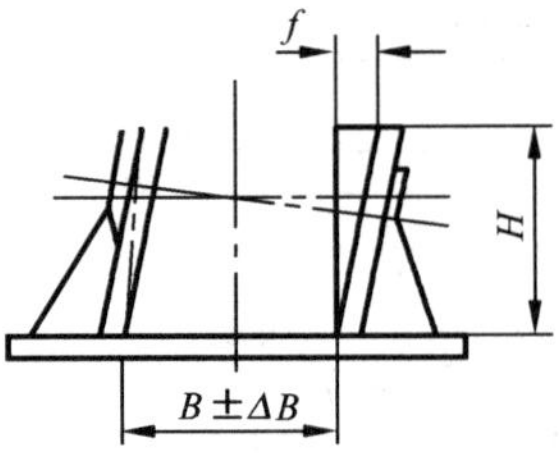	a) $f \leqslant \frac{1}{100} H$ b) $\Delta B \leqslant \frac{1}{100} H$
14	法兰面角变形偏差	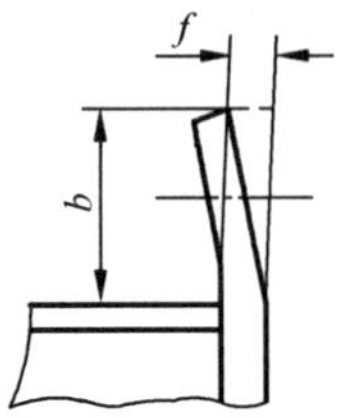	$f \leqslant \frac{1}{30} b$

3.9 机构

3.9.1 起升机构

3.9.1.1 起升机构工作级别宜为 M6、M7。

3.9.1.2 起升机构宜采用恒功率调速。

3.9.1.3 电动机容量可按起吊额定起重量在工作循环内发热计算确定,但应进行过载校验。

3.9.1.4 机构起动或制动时的物品加(减)速度可为 0.3 m/s^2～0.6 m/s^2。空载(仅载吊具)时加(减)速度选取较大值。

3.9.1.5 不应采用开式齿轮传动。

3.9.2 小车运行机构

3.9.2.1 小车运行机构工作级别宜为 M6、M7。

3.9.2.2 运行静阻力应符合 GB/T 3811 — 1983 的 4.2.2.1,其中等效坡度阻力应包括主梁拱度阻力，道路坡度阻力。

3.9.2.3 运行加(减)速时所引起的水平惯性力，在最不利的工况下，车轮应不得产生滑移现象。

3.9.2.4 运行机构起动或制动的加(减)速度值及相应的加(减)速时间按 GB/T 3811—1983 附录 C 选取。

3.9.3 大车运行机构

3.9.3.1 大车运行机构工作级别宜为 M5、M6、M7。

3.9.3.2 大车运行机构制动器应有简便的机械方式能使制动器处于释放状态。

3.10 集装箱吊具及减摇装置

3.10.1 起重机采用的集装箱吊具应能装卸 GB/T 1413 中的 A、C 型国际集装箱，其转锁的位置尺寸和公差应不低于 GB/T 3220 的规定。

3.10.2 集装箱吊具转锁热处理加工后，必须进行无损探伤检查，并不得有裂纹，更不得修补。

3.10.3 集装箱吊具转锁应按 GB/T 6067—1985 表 2 的检验载荷进行拉伸试验。

3.10.4 起重机应装设能抑制吊具或吊具与集装箱摇摆的减摇装置。

3.10.5 伸缩吊具本体的伸缩臂或横梁处应设有可对大宗件货进行装卸用的吊耳。

3.10.6 伸缩吊具应尽量采用具有上架的结构，吊具上架可与吊具本体分开，两者之间用易拆装的转锁或锁轴连接。

3.11 司机室

司机室应符合 JT/T 5020 的规定。

3.12 润滑系统

3.12.1 起重机司机室内应有润滑图，各润滑点应有标志，润滑点的位置应便于安全接近，使用中应按设计要求定期润滑。

3.12.2 起重机出厂前应对润滑油路各部位逐个检查并确保其畅通。

3.13 液压系统

3.13.1 液压系统装配前，接头、管路及通道(包括铸造型芯孔)必须清洗干净，不许有任何污物(铁屑、毛刺、纤维状杂质等)存在。

3.13.2 主要液压组件(油缸、油泵、阀类等)应有制造厂出具的合格证书。

3.13.3 油箱应有足够油量，在无冷却装置下，液压油的循环周期不应少于 2 min，工作油温不应超过 60℃。并设低温时的加热器。

3.13.4 液压系统应有防止过载和冲击的安全装置，溢流阀调整压力不得大于系统额定工作压力的 110%，并且必须具有防止松动和擅自调整设施。

3.14 电气设备

3.14.1 一般要求

3.14.1.1 电气设备的设计和选择，应符合 GB 5226.2、GB/T 3811—1983 及 JT/T 70.1～70.5 的规定。电器组件应符合 GB/T 14048.1 及 GB 14048.2～14048.5 的规定。

3.14.1.2 电气设备安装、施工、验收应符合 GB/T 50150、GB/T 50254 和 GBJ 147 的规定。

3.14.1.3 电气传动控制设备应符合 GB/T 12668.1～12668.2 和相关专用标准的规定。

3.14.1.4 设置在室内的电气设备防护等级应不低于 IP 23。设置在室外的电气设备防护等级应不低于 IP 54。

3.14.1.5 电气设备应有良好绝缘性能。电动机、电阻器的绝缘电阻，冷态时不低于 1 MΩ，热态时不低于 0.5 MΩ;控制柜、操纵台等成套电气设备的绝缘电阻,一次回路不低于 1 MΩ,二次回路不低于 0.5 MΩ;单独电器组件的绝缘电阻不低于 1.5 MΩ。

3.14.1.6 起重机的总电压损失与内部电压损失应符合 GB 5226.2 和 GB/T 3811—1983 的规定。

3.14.1.7 设置在司机室内的紧急断电开关和照明专用电路应符合 GB/T 6067—1985 的规定。

3.14.1.8 电气保护装置应符合 GB 5226.2 和 GB/T 3811—1983 的规定。

3.14.1.9 所有连接导线两端应有与电气原理图及配线表相一致的永久性明显标志(标明线号、线束号、去向等)

3.14.1.10 靠近电阻器、照明灯头、发热元件等部位的连接导线应加套耐高温绝缘套管。

3.14.1.11 照明电源与动力电源必须分开设置,当动力电源切断时,照明电源不得失电,照明箱上各支路开关应有明显的指示标牌。

3.14.1.12 起重机宜设机内电话、无线对讲机及有线扩音广播器。

3.14.1.13 采用可编程控制器(PLC)、微型工业计算机(PC)控制的起重机其紧急保护及行程终端保护应由硬件完成。

3.14.1.14 电气设备安装应考虑必要的防振措施。电气柜用螺栓与底座紧固,严禁将电气柜与底座直接焊接。

3.14.1.15 开关柜内应一律采用铜质母线,分相色标必须符合相关的国家标准。柜前操作距离应大于 0.6 m。

3.14.1.16 电阻器应安置在通风散热良好位置,并设有防护外罩。

3.14.2 电线电缆

3.14.2.1 电缆的施工与验收应符合 GB/T 50168 的规定。

3.14.2.2 电线电缆的型号应根据电气设备使用环境和使用条件来确定。

3.14.2.3 配电柜、控制柜、控制箱等电气设备内部连接导线一般采用塑料绝缘软电线,电气设备之间的外部连接导线宜采用橡胶绝缘、橡胶护套电缆。

3.14.2.4 集装箱吊具供电控制电缆,应选用特殊耐油橡套挠性多芯软电缆。

3.14.2.5 动力电缆卷筒的供电电缆能承受较大的机械外力,弯曲性能好。

3.14.2.6 小车供电可用电缆拖车、悬挂电缆或电缆拖链方式。3 种供电方式都必须保证拖带电缆时轻便、灵活。

3.14.2.7 机上各类电缆宜采用船用电缆。全部导线采用铜芯线,设备间联机采用多股线。

3.14.2.8 电线或电缆的线芯允许最小截面为:

——动力回路不小于 2.5 mm^2;

——控制及照明回路不小于 1.5 mm^2;

——检查回路及电话线 1 mm^2;

——电子设备、通信设备、传感器件等内部导线不做规定。但装有电子设备的控制柜内,最小导线截面不小于 0.2 mm^2。

3.14.2.9 动力回路控制和信号回路、照明回路应分别布线,接线端子应分开连接。

3.14.2.10 各机构电动机必须独立配线,不得用公共回路。

3.14.2.11 在有机械损伤或油污侵蚀、化学腐蚀的场合,电线或电缆必须有防护措施或穿管保护。穿线钢管应加保护电缆的护口。

3.14.2.12　电缆敷设弯曲半径应达到：

——电缆穿管，每根管子 90°弯头应不超过两处；管子弯曲半径不小于 6 倍管子外径；

——固定敷设的电缆弯曲内半径不小于 6 倍电缆外径；

——移动电缆弯曲半径不小于 8 倍电缆外径。

3.14.2.13　穿管系数(电缆外径截面积之和与管子或管道内截面积之比)不大于 0.4。

3.14.2.14　电缆所有紧固件均应采用铜质或镀锌件。

3.14.2.15　电缆卷筒放缆终点开关动作后，电缆卷筒上应至少保留两圈电缆。

3.14.2.16　电缆导向轮半径不得小于电缆外径的 10 倍。

3.14.2.17　电缆卷筒的导缆器安装时应与电缆卷筒位置对准，保证起重机在运行过程中不发生电缆被卡现象。

3.14.2.18　电缆卷筒与轨道的平行度允许偏差为±2.5 mm。

3.14.3　电动机

3.14.3.1　各机构驱动电动机应符合 GB/T 755 和各专用电动机的相关标准的技术要求。

3.14.3.2　各机构应选用起重及冶金用系列电动机或符合起重机要求的其他类型电动机。

3.14.3.3　电动机的容量校验应符合 GB 5226.2、GB/T 3811—1983 的规定，并保证在额定负载时能安全、可靠地实现启动、加速和运转。

3.14.3.4　电动机外壳防护等级为：

——起重及冶金用系列交流电动机：全封闭外扇形，防护等级 IP 44；

——室内用交直流电动机：防淋式，防护等级 IP 23；

——室外用交直流电动机：全封闭式，防护等级 IP 54。

3.14.4　变压器

3.14.4.1　起重机的控制变压器和照明变压器宜选用单向的干式变压器。

3.14.4.2　变压器应符合 GBJ 148 的规定。

3.14.4.3　主变压器宜采用干式变压器，绝缘等级不低于 F 级，经耐压试验合格，应设置在有护围的隔离区内，并有明显的警示标志。

3.14.5　电阻器

3.14.5.1　启动加速用电阻器宜按重复短期工作制选择，电阻器各级电阻的接电持续率，可按不同接入情况选用不同值。同一电阻组件在不同接电持续率时有不同允许电流值，选用组件的允许电流值应不小于电动机额定电流。

3.14.5.2　常串级电阻(包括直流电动机的电枢回路电阻)按长期工作制选择。

3.14.5.3　电阻器应符合 JT/T 70.5 的规定。

3.14.6　控制柜

3.14.6.1　安装于室内的所有配电柜、控制柜均应采用整体防护型，防护等级不低于 IP 23，柜内宜设有防冷凝、取湿装置。

3.14.6.2　安装于室外的控制柜必须有防雨水措施，防护等级应不低于 IP 54，宜采用防喷型结构。

3.14.6.3　控制柜应符合 JT/T 70.1 的规定。

3.14.7　变频器

变频器容量应满足设计要求，使用环境应满足产品技术条件。

3.14.8 照明、信号

3.14.8.1 电气房、司机室的照度应不低于50 lx;主要通道及扶梯平台入口处的照度为20 lx;作业面的照度应不低于40 lx。

3.14.8.2 起重机门腿上应设有声光报警器,当大车行走时,声光报警器自动发出声光信号。

3.14.9 接地与防雷

3.14.9.1 起重机车轮与轨道应可靠接地,轨道接地电阻应不大于4 Ω。

3.14.9.2 开关柜、控制台接地线允许最小截面为2.5 mm^2(铜绞线)。

3.14.9.3 在起重机最高处至少300 mm的上方设避雷装置。起重机应考虑设有将雷电安全引至地面轨道的设施。

3.14.9.4 具备整体金属结构的部分,其金属构架可用作接地干线,在钢结构非焊接处较多的场合,应设接地干线。

3.15 安全保护装置

3.15.1 起重机安全保护装置应符合设计要求与GB/T 6067—1985的规定。

3.15.2 起重机必须装设超载保护装置,当起升载荷超过额定起重量时,超载保护装置应自动停止机构工作并发出报警声光信号,仅允许起升机构作下降运转。

3.15.3 起重机超载保护装置应符合GB 12602的规定。

3.15.4 所有安全联锁、限位、信号指示、报警、故障检测装置应符合设计要求与GB/T 6067—1985的规定。

3.15.5 集装箱吊具各动作与升降控制应有安全联锁,集装箱离地后禁止吊具转锁转动。

3.15.6 可编程控制器应有完善的故障显示功能。

3.15.7 故障诊断、数据管理系统各项功能均应符合设计要求。

3.15.8 应设防突发风和防台风的安全装置,其要求满足JT 399的规定。

3.16 涂装

3.16.1 主要结构件的钢板应经过预处理,其他钢材在涂装前应进行除锈处理,其质量等级按GB/T 8923的规定,手工方式除锈必须达到St2级,化学处理和抛(喷)丸(或其他磨粒)方式除锈必须达到Sa2 1 /2级。

3.16.2 一般结构件,要求涂2层防锈底漆,2层面漆,漆层厚度为0.1 mm ~0.12 mm。对主要结构件,要求涂3层底漆,2层面漆,漆层总厚度由供需双方商定。

3.16.3 对减速器壳体内表面必须涂2层耐油瓷漆,而一般钢材油箱内表面可涂2层耐油瓷漆或采用磷化处理。

4 试验

4.1 试验条件

4.1.1 起重机应达到正常工作状态。

4.1.2 选择无雨、无雪天气进行试验。

4.1.3 试验时风速应不大于15 m/s,结构应力测试时风速应不大于8.3 m/s。

4.1.4 试验时环境温度应为-25℃ ~45℃,结构试验时应为0℃ ~40℃。

4.1.5 最大相对湿度应不大于95%,可有凝露、盐雾。

4.2 整机调试和试验准备

4.2.1 试验前应进行静态检查,所有构件、机构及附属装置的安装应符合设计要求。

4.2.2 所有金属结构件的焊接及高强度螺栓的连接应牢固，且符合设计要求。

4.2.3 各传动件、紧固件及钢丝绳端部连接应牢固可靠。

4.2.4 电气设备(电动机、电器组件、电阻器、电缆等)的绝缘电阻值应符合设计要求。

4.2.5 检查和调试所有安全保护装置。安全装置、限位器及指示装置的装设和调试应符合GB/T 6067—1985和设计的有关规定。通过3次试验，确定安全保护装置的动作灵敏性、可靠性及准确性。

4.3 空载试验

4.3.1 各机构运转正常、传动平稳，测定各项性能参数及电气设备的有关数据应符合设计的规定。

4.3.2 空载试验应在工作范围内以最低工作速度和空载额定速度分别进行起升、小车运行、大车运行、吊具动作试验，同时测量电机最大电流值、静态电流值、动态电流值、电压值，次数不少于3次。

4.4 静载试验

4.4.1 静载试验是验证起重机承受1.25倍额定载荷时各零部件和主要金属结构件的承载能力。由于执行不同的技术标准和订货合同，必要时最大试验载荷可增至1.4倍额定载荷。

4.4.2 静载试验中各机构与结构未产生裂纹、永久变形、油漆打皱，起重机的性能与安全未出现异常，连接处无松动。

4.4.3 小车分别位于最大工作外伸距、主梁跨中，逐渐加载至额定起重量，集装箱离地面100 mm，分别测量外伸距及主梁跨中的挠度值，其值应符合GB/T 3811—1983的规定。然后无冲击地加载至静载试验规定的起重量，停悬不小于10 min。

4.5 额定载荷试验

4.5.1 额定载荷试验是检验起重机各工作机构及主要结构件在额定载荷下的工作性能及承载能力。试验中各机构工作正常，各部件完好无损，连接处未松动，结构件未产生裂纹、永久变形、表面油漆未打皱。

4.5.2 起重机额定载荷试验的工况：试验载荷由轨道中间地面起升至最大高度(中间制动1次)—运行至最大工作外伸距处(中间制动1次)—下降至接近地面(中间制动1次)—大车运行—再上升至最大高度—运行至原位—下降到地面。循环3次进行操作。测定其起升速度、小车运行速度、大车运行速度，测量值应符合设计要求。

4.5.3 测取电机工作时最大电流值，稳态电流、电压值等。各机构起、制动时间测量值应符合设计要求。

4.5.4 在完成4.5.2试验后，应进行额定载荷下起升、小车运行同时联合动作试验3次，试验过程中起升、小车制动各进行3次。此外按循环内容进行2次偏心载荷试验，偏心距为箱体长、宽的10%，试验中各机构应工作正常、无异常声响，结构件应完好无损。

4.6 动载试验

4.6.1 动载试验是检验起升(中速)、小车运行、吊具回转、大车运行等机构及制动器在1.1倍额定载荷下的工作性能及承载能力。由于执行不同的技术标准和订货合同，必要时最大试验载荷可增至1.4倍额定载荷。

4.6.2 起重机应按操作规程进行控制，各机构做1/2～2/3额定速度运转。升降运动3次、其中紧急制动2次，小车前后运行至最大工作外伸距3次，吊具回转3次，大车往返运行20 m等动作。

4.6.3 试验中各机构应工作正常,无异常响声,结构件完好无损。

4.7 8 h 连续作业试验

4.7.1 采用2/3额定起重量进行8h模拟作业试验。

4.7.2 作业中各种运动皆以最大加速度和最大速度进行工作。

4.7.3 在连续8 h作业试验中,起重机不应出现因缺陷(包括漏油)而发生的故障。出现故障,且在15 min内不能修复,或故障累计时间超过30 min以上,则试验应重做。

4.8 质量参数测定

4.8.1 集装箱吊具质量

如集装箱吊具系有吊具上架与吊具组合时,则应分别测出其质量。

4.8.2 起重机总质量

在吊具无载荷时测定。

4.9 噪声测定

起重机作业时,在司机室内和门腿一侧进行噪声测定,其噪声限值和测量方法应符合JB/T 3774的规定,司机室的噪声限值应符合JT/T 5020的规定。

4.10 金属结构应力测定

4.10.1 主梁、门架、小车架、吊具等主要结构件应进行应力测试。

4.10.2 分别以额定载荷、动载(1.1倍额定载荷)、偏载(额定载荷重心与箱体形心距其纵向方向偏离箱体长度的10%),额定工作速度时,进行测定。

4.10.3 静载(1.25倍额定载荷)且各工作机构为非工作状态时测定。

4.11 工业性试验

4.11.1 起重机应完成不少于5 000自然箱的起重作业工业性试验。工业性试验作业时间内包括8 h连续作业试验的循环次数。

4.11.2 工业性试验后应对主要易损件和运动部件以及发生异常的部分进行拆检,并将检测结果做记录。

4.11.3 工业性试验应有制造厂和用户共同负责并详细记录作业条件、试验工况、每次起吊的载荷、总作业时间。试验中起重机不得发生重大损坏或性能异常现象。对试验期间起重机出现的任何不正常现象或事故应详细记录并提出分析和处理意见。

5 检验规则

5.1 型式检验

凡新设计或有重大改进的起重机应通过产品技术鉴定,在取得起重机生产许可证后,方能生产。

5.2 出厂检验

新产品出厂前,应由授权的质检机构进行出厂检验,不合格产品不得出厂。产品出厂检验按GB/T 5905和JT/T 99有关规定进行。

5.3 产品检验

产品技术鉴定之前,样机应通过型式检验,并应完成GB/T 5905和JT/T 99规定的全部试验内容。

5.4 验收项目

5.4.1 主要性能参数必须符合设计要求，其偏差值应符合本标准规定。

5.4.2 试验验收按 GB/T 5905 和 JT/T 99 规定进行。

5.4.3 产品验收之前，起重机应连续运转 16 h 无故障（故障是指超过 20 min 而无法排除的故障），亦可执行订购合同规定的要求。

5.4.4 起重机外观质量应达到：

——零部件表面应平整，不得有明显变形与损伤，无粘砂和余留冒口，焊缝要均匀美观；

——油漆颜色应符合订货合同或设计规定，色泽要均匀，无涂斑、漏漆和剥落；

——紧固件无松动、漏装，各相同部位的紧固件的外露长度应基本一致；

——管线排列整齐；

——不得有油液外漏；

——标牌、性能表牌、吊装标志和功能标志应齐全，安装位置合理、清楚。

5.4.5 随机文件包括：

——产品证明书（含合格证）；

——产品说明书；

——总图、主要部件图（可根据订购合同要求确定）、电气及液压系统原理图与布线图、PC 程序清单、外部 I/O 功能与地址清单、故障显示清单（或故障编码表）、使用操作维修手册；

——易损件图样及其目录；

——备件清单（含外购件的备件清单）；

——附件清单（含外购件的附件清单）；

——主要外购机电产品的合格证和说明书；

——试验报告、调试报告；

——专用工具、仪器清单。

6 标志、包装、运输和贮存

6.1 标志

6.1.1 起重机应装设醒目的起重量标志。

6.1.2 起重机应在醒目处装设铭牌，内容包括：

——制造厂名与厂徽等；

——产品型号及名称；

——主要技术参数；

——产品编号；

——制造日期。

6.1.3 司机室内视觉明显处应设主要技术参数表标牌。

6.1.4 各种操作手柄、开关及信号装置近旁应装设指示功能的标牌，所示位置和控制方向应符合操作要求。

6.1.5 电气与液压组件必须编上件号，并与系统图及管路安装图中所标志的一致。件号或字母应标在邻近位置，而不置于组件上。

6.1.6 大型裸装零部件、结构件、包装箱的重心和吊挂点应有标志,并应标明件号、质量和外形尺寸。

6.2 包装

6.2.1 产品包装应根据产品的特点及储运条件采用不同的包装形式(裸装、捆扎、木夹或箱装)和防护方法,产品的包装应符合科学、经济、美观、牢固的要求。产品经检验合格,并做好防护和其他有关包装后,方可进行包装。

6.2.2 包装件的最大尺寸、质量应符合运输部门有关货物运输的界限、限重的规定。

6.2.3 特大、特重件需绘出运输加固结构图(运输图),同时应注明最大外形尺寸和重心位置。

6.2.4 产品在解体拆散前应在解体零、部件的连接处打上清晰的钢印标记和编号,电线接头要进行编号。

6.2.5 产品解体后应将液压管件接口处封住,外螺纹加以保护,电线接头防水密封有效。

6.2.6 外露加工面应涂上防锈剂,防止锈蚀。

6.2.7 随机文件要防潮、封好,并放入有标记的箱内。

6.2.8 危险、易碎、防潮等包装箱(件)应分别注明危险、易碎、防潮、放置方向等符号字样。

6.3 运输

6.3.1 长大件和可自由移动的部件,必须垫平绑扎牢固,防止变形、移位碰撞。

6.3.2 产品的包装与运输应符合 GB/T 13384 和铁路、公路、航运的有关运输要求。

6.4 贮存

6.4.1 放置仓库中保管的零部件应注意防潮和通风。

6.4.2 长时间贮存时,裸露的加工面应定期涂防锈剂,以免锈蚀。

S 53.020.20
80

中华人民共和国国家标准

GB/T 20303.1—2016/ISO 8566-1:2010
代替 GB/T 20303.1—2006

起重机　司机室和控制站
第1部分:总则

Cranes—Cabins and control stations—Part 1:General

(ISO 8566-1:2010,IDT)

016-02-24 发布　　2016-06-01 实施

中华人民共和国国家质量监督检验检疫总局
中国国家标准化管理委员会　发布

前　　言

GB/T 20303《起重机　司机室和控制站》分为以下五个部分：

——第 1 部分：总则；

——第 2 部分：流动式起重机；

——第 3 部分：塔式起重机；

——第 4 部分：臂架起重机；

——第 5 部分：桥式和门式起重机。

本部分为 GB/T 20303 的第 1 部分。

本部分按照 GB/T 1.1—2009 给出的规则起草。

本部分代替 GB/T 20303.1—2006《起重机　司机室　第 1 部分：总则》，与 GB/T 20303.1—2006 相比主要技术变化如下：

——修改了标准的适用范围(见第 1 章，2006 年版第 1 章)；

——修改了规范性引用文件(见第 2 章，2006 年版第 2 章)；

——增加了控制站的术语和定义(见 3.5)；

——增加了控制站的技术内容(见第 4 章)；

——增加了司机室窗户、出入口等内容(见 5.2 和 5.3)；

——修改了司机座椅的内容(见 5.4，2006 年版第 5 章)；

——增加了噪声的测试方法(见 5.7.2)；

——增加了“司机室气候”的内容(见 5.8.2)；

——删除了有关振动的要求(见 2006 年版第 10 章)。

本部分使用翻译法等同采用 ISO 8566-1：2010《起重机　司机室和控制站　第 1 部分：总则》(英文版)。

与本部分中规范性引用的国际文件有一致性对应关系的我国文件如下：

GB 5226.2—2002　机械安全　机械电气设备　第 32 部分：起重机械技术条件(idt IEC 60204-32：1998)

GB/T 6974.1—2008　起重机　术语　第 1 部分：通用术语(ISO 4306-1：2007，IDT)

GB/T 8591—2000　土方机械　司机座椅标定点(eqv ISO 5353：1995)

GB/T 17248.2—1999　声学　机器和设备发射的噪声　工作位置和其他指定位置发射声压级的测量　一个反射面上方近似自由场的工程法(eqv ISO 11201：1995)

GB/T 20953—2007　农林拖拉机和机械　驾驶室内饰材料燃烧特性的测定(ISO 3795：1989，MOD)

GB/T 24817.1—2009　起重机械　控制装置　布置形式和特性　第 1 部分：总则(ISO 7752-1：1983，IDT)

GB/T 25624—2010　土方机械　司机座椅　尺寸和要求(ISO 11112：1995，IDT)

本部分由中国机械工业联合会提出。

本部分由全国起重机械标准化技术委员会(SAC/TC 227)归口。

本部分负责起草单位:浙江三港起重电器有限公司、北京起重运输机械设计研究院。

本部分参加起草单位:武桥重工集团股份有限公司、宁波市凹凸重工有限公司、扬戈科技股份有限公司、广西建工集团建筑机械制造有限责任公司、浙江箭环电气开关有限公司、天津港(集团)有限公司、安徽多杰电气有限公司。

本部分主要起草人:韩禹门、林夫奎、任继新、赵学明、林永、杨相海、闫德顺。

本部分所代替标准的历次版本发布情况为:

——GB/T 20303.1—2006。

起重机　司机室和控制站
第1部分:总则

1　范围

GB/T 20303的本部分规定了ISO 4306-1中定义的各种起重机的司机室和控制站的一般要求。本部分考虑了司机室的使用条件。

2　规范性引用文件

下列文件对于本文件的应用是必不可少的。凡是注日期的引用文件,仅注日期的版本适用于本文件。凡是不注日期的引用文件,其最新版本(包括所有的修改单)适用于本文件。

ISO 3795　道路车辆、农林拖拉机和机械　驾驶室内饰材料燃烧特性的测定(Road vehicles, and tractors and machinery for agriculture and forestry—Determination of burning behaviour of interior materials)

ISO 4306-1　起重机　术语　第1部分:总则(Cranes—Vocabulary—Part 1:General)

ISO 5353:1995　土方机械、农林拖拉机和机械　司机座椅标定点(Earth-moving machinery, and tractors and machinery for agriculture and forestry—Seat index point)

ISO 7752-1　起重机　控制装置　布置形式和特性　第1部分:总则(Cranes—Controls—Layout and characteristics—Part 1:General principles)

ISO 11112　土方机械　司机座椅　尺寸和要求(Earth-moving machinery—Operator's seat—Dimensions and requirements)

ISO 11201　声学　机器和设备发射的噪声　工作位置和其他指定位置发射声压级的测量　一个反射面上方近似自由场的工程法(Acoustics—Noise emitted by machinery and equipment—Measurement of emission sound pressure levels at a work station and at other specified positions—Engineering method in an essentially free field over a reflecting plane)

IEC 60204-32:2008　机械安全　机械电气设备　第32部分:起重机械技术条件(Safety of machinery—Electrical equipment of machines—Part 32:Requirements for hoisting machines)

3　术语和定义

下列术语和定义适用于本文件。

3.1

起重机司机室　crane cabin

为操纵起重机而在其上或其最接近处专门设计、制造和配备的空间。

3.2

控制装置　control device

起重机控制系统的组成部分,通过它把要求的控制指令传送到工作装置。

3.3

控制元件　control element

控制装置的组成部分,如按钮、操纵杆、踏板和开关等,操作它们产生所期望的控制指令。

3.4

座椅标定点　seat index point;SIP

座椅中心垂面上的点。

注:改写 ISO 5353:1995,定义 3.1。

3.5

控制站　control station

控制起重机运行或停止的固定位置。

4　控制站

4.1　当起重机在规定位置工作时,起重机司机的视野应能够监控起重机及载荷的运动。

4.2　控制站的尺寸应与司机的工作方式和连续工作时间的长短相匹配。满足司机在良好的人体工效学状态下工作和活动的控制站最小尺寸,应在特定起重机类型的相关国际标准中规定。

4.3　在没有座椅或要求起重机司机站立工作的控制站部位,净空高度不应低于 2 m。

4.4　如果控制站装配有振动阻尼元件时,应提供阻尼元件失效的情况下防止控制站分离的措施。

4.5　用来安装控制站的固定件应能防止意外松脱。除振动阻尼元件外,固定件应由阻燃材料制造。

4.6　所有站立区域不应有跌绊危险。

4.7　所有站立和走动区域应防滑。

4.8　控制站所有部件及其支撑结构的强度应作为起重机结构设计的一部分进行考虑。

控制站的额定承载能力应包括:

——至少 120 kg(1 人及其个人设备);

——除个人设备外的工具和设备。

控制站的额定承载能力不应低于 150 kg。

4.9　控制站不应有突出部分。边缘应有倒圆(半径最小为 2 mm)或倒角(最小为 2 mm×2 mm)。

4.10　防止直接或间接接触导致电击的保护措施应符合 IEC 60204-32:2008 中第 6 章的规定。

5　司机室

5.1　总则

5.1.1　司机室的尺寸应符合特定起重机类型的相关国际标准的规定。

5.1.2　司机室内部应便于清洁。

5.1.3　如有必要,司机室内部应设置合适和足够的照明。控制装置的局部照明是必要的,该局部照明应避免炫目和有害的反光;该照明电源应通过单独的开关控制。应备有供设备检修用的电源插座。

5.1.4　司机室顶部需要排水时,应避免水从窗户或门流下。

5.1.5 司机室应配备减少炫目和反光影响的设备。如必要,司机室应配备能减少炫目且不影响视野的防护罩。

5.1.6 电线和液压管应分开铺设。在存在危险的地方,应有防止电线和液压管损坏的防护措施。

5.2 窗户

5.2.1 每个地板窗应配有格栅或设计为承载(如重载安全地板窗使用的多层层压玻璃)。当窗户允许打开时,应设置防止人员和材料坠落的保护措施。

5.2.2 地板格栅应满足以下要求:

a) 不应由窗户支撑;

b) 允许清扫窗户。

格栅设计应对司机视野的影响最小。

5.2.3 任何墙面上的窗户应符合下列规定之一:

a) 窗户及其固定件的任意 500 mm^2 面积上应能承受呈 90°施加 1.25 kN 的力,且不失效;

b) 应在离司机室地面至少 1 m 范围内设置保护措施:

——当保护措施为水平杆时,杆与杆之间的间隙不应超过 0.4 m,且司机室地面和最低的杆之间的高度不应超过 0.25 m;

——当保护措施为垂直杆时,杆与杆之间的间隙不应超过 0.3 m。

注:众所周知,垂直保护杆对司机的视觉障碍影响较小。

5.2.4 如果窗户使用玻璃材料,应使用钢化玻璃或/和叠层玻璃。

5.2.5 应提供保护窗户关闭和指定打开位置的固定措施。水平滑窗应在关闭位置固定。

5.2.6 应提供清洁窗户外表面的方法。必要时,应安装挡风玻璃雨刮器和喷水器,以提高司机的可视性。应特别留意挡风玻璃和天窗。

注:相关国际标准规定了特定起重机类型的特殊要求。

5.2.7 玻璃窗户材料应在清洁后能保持其透明度。

5.3 出入口

5.3.1 正常情况下的出入口

5.3.1.1 任何门应有固定在关闭和指定打开位置的措施。

5.3.1.2 司机室指定出入口位置与水平地面的距离超过 1 m 时,门应能通向平台或通道。

5.3.1.3 无论司机室的门锁或没锁,应能从司机室内部打开。

5.3.1.4 门在竖直状态的最小有效使用尺寸为宽 0.6 m、高 1.9 m。对于其他姿势下使用的开口尺寸,相关特定起重机类型的国际标准中可能有规定。

5.3.1.5 除特定起重机类型在相关国际标准中有特殊规定外,最小有效开口尺寸应为 0.6 m×0.6 m、0.5 m×0.65 m 或直径 0.6 m。

5.3.1.6 当入口为地板上的一个开口时,在开口处于开启状态下,司机室应为预期在里面工作的每个人员提供最小尺寸为 0.4 m×0.3 m 的站立区域。

5.3.1.7 舱口盖仅需克服重力打开,且应能自动闭合(如在自重作用下)。

5.3.1.8 打开舱口盖所需的力不应大于 135 N。

5.3.1.9 当司机可通过开口进入或离开司机室时,应设置同步的三点支撑措施(两只手和一只脚或两只脚和一只手)。

5.3.1.10 司机座椅或司机室内的其他固定设备不应妨碍舱口盖打开。

5.3.2 紧急出口

5.3.2.1 如果正常出口可能存在阻塞使其不能使用的风险时(比如机械室遭遇火灾或翻倒),应提供在另一方向逃离的措施。

5.3.2.2 紧急出口应能获得完全开启状态。

5.3.2.3 紧急出口的最小有效开口尺寸应符合5.3.1.5的规定。

5.3.2.4 如果司机室屋顶(包括任何窗户或舱口盖)被预期作为平台时,如用于维修、检查或紧急逃生等,其设计应满足这个目的要求。

5.3.3 火灾保护

5.3.3.1 防火

司机室地板、内景、装饰品和绝缘材料应由阻燃材料制成。按照ISO 3795进行试验时,材料的燃烧速率不应大于150 mm/min。

5.3.3.2 灭火器

每台起重机都应在司机室合适的位置安装灭火器。

5.4 起重机司机座椅

司机室应配备可调节的座椅,且应符合以下规定:

a) 尺寸应符合ISO 11112的规定;

b) 不需使用任何工具即可将设备调整到适合起重机司机操作的位置。

注:由振动原因,对于具体的起重机类型及使用要求,需要根据起重机司机的重量进行调整。

5.5 控制装置的布置形式和特性

控制装置的布置形式和特性应符合ISO 7752-1的规定。

5.6 信息

5.6.1 重要的指示器应有醒目的显示,并安装在司机方便观察的位置。

5.6.2 指示器和报警灯应有清晰永久的标识。

5.6.3 指示器应有合适的量程并便于读数。

5.6.4 报警灯应有适合的颜色。任何危险显示应使用红灯。

5.6.5 控制面板和指示器如装有照明灯,应无炫光,必要时,能够调暗灯光。

5.7 噪声

5.7.1 司机室的设计和制造应考虑最大限度地减少司机位置的噪声水平。

5.7.2 在司机位置进行的A计权发射声压级噪声的测量应按ISO 11201(2级)的规定。

计权发射声压级噪声的测量应在空调器处于最大风速以及起重机处于正常工作状态且窗户关闭的条件下进行。声压级噪声的测量应至少进行3次。如果测量值的差值有2个或2个以上不大于1 dB时,则试验结束;否则,应继续进行测量,直至测量值的差值满足2个或2个以上不大于1 dB的条件。

A计权发射声压级噪声值应为2个相差不大于1 dB的最大值的算术平均值。

注:在司机位置的A挡声压级噪声不宜超过85 dB。

5.7.3 隔音材料及附件的固定应安全可靠。

5.8 取暖设备和空调器

5.8.1 总则

5.8.1.1 司机室内应根据供需双方达成的协议设置取暖设备和空调。

5.8.1.2 当需要时,应根据供需双方达成协议对进入司机室的有害气体和过多热量的含量加以限制。

5.8.2 司机室气候

5.8.2.1 司机室应配备通风设备,在门窗关闭的情况下能避免气流直吹司机。

注:可通过自然通风或机械通风方法达到通风目的。

5.8.2.2 除了制造商使用说明中规定的外部气候条件限制外,还应满足下列条件:

a) 司机工作区域的环境温度不应低于 18 ℃,最高环境温度宜为 30 ℃;

b) 司机室内部温度应能调节,并应使起重机司机操作区域的温差不超过 5 ℃,在这些条件下,当环境温度低于 22 ℃时,在司机身体未防护部位的风速不应大于 0.2 m/s;

c) 应提供保护窗户内侧免受结雾和结霜的措施;

d) 司机室气候条件应在调节系统启动后 20 min 内达到平衡,一般情况假设外部天气条件恒定,除非制造商使用说明书中另有规定。

5.8.2.3 如果在司机室使用空调和取暖设备,系统的安装应能让司机位置的气流和温度左右对称。

5.8.2.4 如果安装了取暖设备,其废气不应进入司机室。

ICS 53.020.20
CCS J 80

中华人民共和国国家标准

GB/T 20303.2—2021/ISO 8566-2:2016
代替 GB/T 20303.2—2006

起重机　司机室和控制站
第2部分:流动式起重机

Cranes—Cabins and control stations—Part 2:Mobile cranes

(ISO 8566-2:2016,IDT)

2021-12-31 发布　　2022-07-01 实施

国家市场监督管理总局
国家标准化管理委员会　发布

前　言

本文件按照 GB/T 1.1—2020《标准化工作导则　第 1 部分:标准化文件的结构和起草规则》的规定起草。

本文件是 GB/T 20303 的第 2 部分。GB/T 20303 已经发布了以下部分:

——第 1 部分:总则;

——第 2 部分:流动式起重机;

——第 3 部分:塔式起重机;

——第 4 部分:臂架起重机;

——第 5 部分:桥式和门式起重机。

本文件代替 GB/T 20303.2—2006《起重机　司机室　第 2 部分:流动式起重机》,与 GB/T 20303.2—2006 相比,除结构调整和编辑性改动外,主要技术变化如下:

a) 将规范性引用文件由注日期引用改为不注日期引用(见第 2 章,2006 年版的第 2 章);

b) 删除了取暖和降温要求(见 2006 年版的第 8 章)。

本文件使用翻译法等同采用 ISO 8566-2:2016《起重机　司机室和控制站　第 2 部分:流动式起重机》。

与本文件中规范性引用的国际文件有一致性对应关系的我国文件如下:

——GB/T 20303.1—2016　起重机　司机室和控制站　第 1 部分:总则(ISO 8566-1:2010,IDT)

——GB/T 24817.2—2021　起重机　控制装置布置形式和特性　第 2 部分:流动式起重机(ISO 7752-2:2011,IDT)

——GB/T 24818.2—2021　起重机　通道及安全防护设施　第 2 部分:流动式起重机(ISO 11660-2:2015,IDT)

本文件做了下列最小限度的编辑性改动:

——在范围中,删除了"在 ISO 8566-1 中列出了有关流动式起重机司机室的通用要求";

——增加了"术语和定义"一章;

——5.8 中 a)"4.7"改为"5.7"。

请注意本文件的某些内容可能涉及专利。本文件的发布机构不承担识别专利的责任。

本文件由中国机械工业联合会提出。

本文件由全国起重机械标准化技术委员会(SAC/TC 227)归口。

本文件起草单位:徐州重型机械有限公司、北京起重运输机械设计研究院有限公司。

本文件主要起草人:胡海鹏、黄清、张艳、赵春晖、陈雷彬、侯政良、刘玉娟。

本文件及其所代替文件的历次版本发布情况为:

——2006 年首次发布为 GB/T 20303.2—2006;

——本次为第一次修订。

引　言

GB/T 20303《起重机　司机室和控制站》对规范起重机司机室和控制站的结构和技术内容等起到了积极的作用，旨在统一国内起重机司机室和控制站的要求，由五个部分构成。

——第1部分：总则。目的在于规定起重机司机室和控制站的一般要求。

——第2部分：流动式起重机。目的在于规定流动式起重机司机室和控制站的特殊要求。

——第3部分：塔式起重机。目的在于规定塔式起重机司机室和控制站的特殊要求。

——第4部分：臂架起重机。目的在于规定臂架起重机司机室和控制站的特殊要求。

——第5部分：桥式和门式起重机。目的在于规定桥式和门式起重机司机室和控制站的特殊要求。

起重机　司机室和控制站
第2部分:流动式起重机

1　范围

本文件规定了按ISO 4306-2定义的流动式起重机司机室的要求。

本文件适用于起重机作业用的司机室。

本文件不适用于道路行驶用的司机室。

2　规范性引用文件

下列文件中的内容通过文中的规范性引用而构成本文件必不可少的条款。其中,注日期的引用文件,仅该日期对应的版本适用于本文件;不注日期的引用文件,其最新版本(包括所有的修改单)适用于本文件。

ISO 7752-2　起重机械　控制装置布置形式和特性　第2部分:流动式起重机(Cranes—Control layout and characteristics—Part 2:Basic arrangement and requirements for mobile cranes)

ISO 8566-1　起重机　司机室和控制站　第1部分:总则(Cranes—Cabins and control stations—Part 1:General)

ISO 11660-2　起重机　通道及安全防护设施　第2部分:流动式起重机(Cranes—Access,guards and restraints—Part 2:Mobile cranes)

3　术语和定义

本文件没有需要界定的术语和定义。

4　一般要求

4.1　流动式起重机司机室的一般要求适用于进行起升作业和在工地上行驶的起重机的操作。

4.2　司机室的一般要求,包含有关视野、噪声和振动的要求,应符合ISO 8566-1的要求。

5　司机室结构

5.1　司机室外壳的结构应保护操作台不受天气的影响。

5.2　具有前方、上方以及符合结构要求的任一侧视野的司机室应在前部、顶部及两侧装有玻璃窗。前方视野应包括任何时候足以覆盖臂架端点的垂直范围。当司机室安装在车架上且臂架能够独立于司机室超过180°回转时,应在司机室的各个方向装设玻璃窗。

前窗及顶窗上应装有玻璃刮水器。

如果需要,前窗或顶窗可配备一扇易于拆卸或保持敞开的窗户。如果这扇窗户是保持在敞开位置的型式,则它应能够被固定,以防止意外关闭。

司机室窗户应装有防止从司机室外打开窗户的插销。

靠近运动臂架或起升机构的窗户应限制其打开的角度或应装有限制头和/或手臂伸出窗户、开口的防护装置。

司机室的窗户应具有永久的透明度,该窗户由安全玻璃或与其相当的材料制成。在自然光下不影响透明度,并能承受机械冲击。

5.3 在起重机行驶或作业期间,司机室的门,不管是滑动型还是转动型,应阻止意外开闭。靠近司机的门,如果是转动型的,应向外开,如果是滑动型的,应向后滑动开启。

从操作台至司机侧面的出入口应设有畅通的通道。

司机室的门应装有门锁或锁紧装置以限制无关人员进入司机室。

5.4 如果需要接近司机室顶部进行安装或维修,应根据 ISO 11660-2 的要求设置梯子或台阶。

5.5 在司机室里应设置保存操作手册及由制造商指定的其他起重机资料及说明书的装置。

5.6 在司机室里应设置安装及储存灭火器的设施。

5.7 图 1 中规定的司机室尺寸是单人司机室的最低要求,如有可能,宜更大一些。最小净高度应为1 300 mm,净宽度为 790 mm,净深度(穿过座椅标定点 SIP)1 300 mm。

5.8 设计用于容纳操作人员和其他人员的司机室:

a) 操作者的空间应具有 5.7 中的最小尺寸要求;

b) 对于每个占用空间,应具有最小的净尺寸,即:高 1 300 mm、宽 790 mm 及深度 900 mm。

5.9 应为司机室提供主要的出入口设备。主要出入口设备的部件,如台阶、梯子及扶手应符合 ISO 11660-2 的要求。

5.10 司机室应根据 ISO 11660-2 的要求备有除主要出入口之外的其他设施作为可选择的出入口。

6 司机室座椅

6.1 应为操作者和每个预定乘客提供独立的司机室座椅。

6.2 座椅应:

a) 安装牢固且具有图 2 中给出的最小尺寸;

b) 使司机处于一个合适的工作位置,不用工具就可水平和垂直调整至合适的位置,然后锁紧;

c) 装有一个具有合适形状并支承后背的倾斜靠背;

d) 在需要时,装有弹簧和软垫以隔离或减弱振动;

e) 在结构和底座上具有足够的刚度以允许司机将必要的力施加于所有控制装置上,而不会发生显著的移动;

f) 在构造上允许直接而方便地进出。

轮胎式起重机的司机室既用于起重机作业又用于行驶时,应为每个座椅配置安全带。对于轮胎式起重机的司机室仅用于起重机作业时,不需要配置安全带。

7 控制元件

控制元件的布置和特性的一般原则应符合 ISO 7752-2 的规定。

8 信息

在坚固而耐久的物品上用清晰可见的文字及图形提供下列信息，该信息应牢固地固定在起重机司机室中某一位置，使操作者坐在操作台前就能容易看到：

a) 额定起重量图表；

b) 手势信号图；

c) 适合的操作信息、工作半径图表、说明或危险信息；

d) 如果使用监视器提供该信息，则该永久性的信息(能硬拷贝)应使操作者易于看到。

9 司机室的照明

9.1 司机室应设有照明，使得在起重机工作期间，司机室内的所有信息，如起重机说明书、标志、标签或额定起重量图表易于识别。

9.2 在司机室内应由固定的照明装置提供人工照明。

单位为毫米

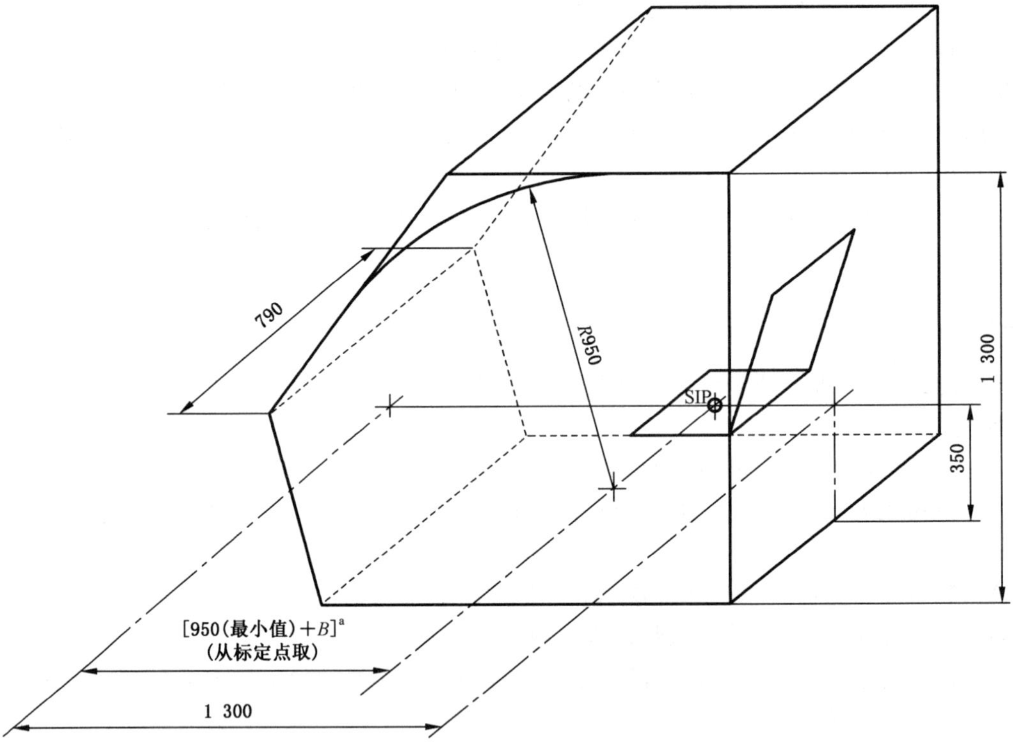

[a] 给出的尺寸为座椅在调节的中间位置上，即：$B=\frac{\text{座椅水平调节量}}{2}$。

图 1 司机室最小内空尺寸

单位为毫米

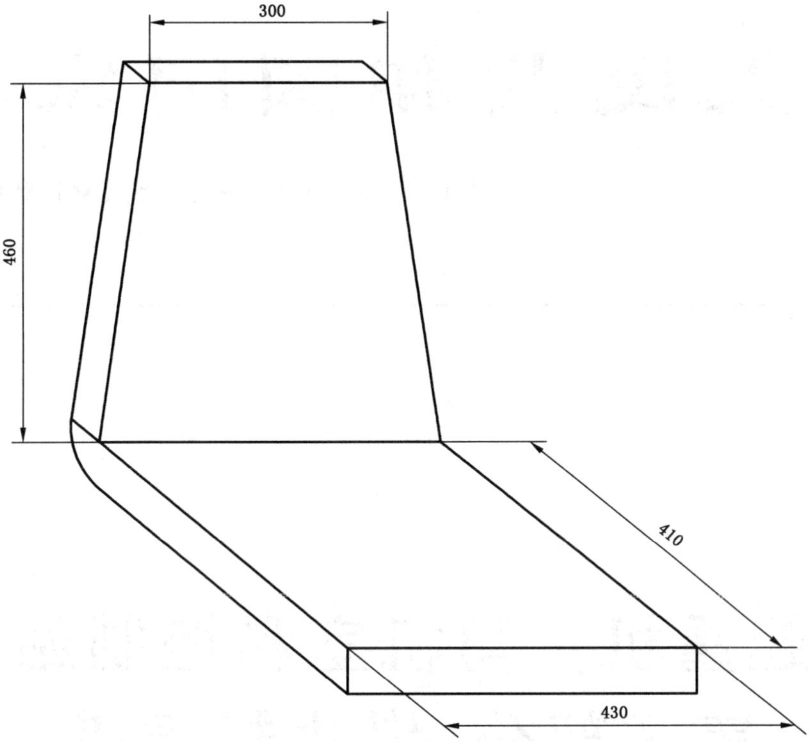

图 2 最小座椅尺寸

参 考 文 献

[1] ISO 3411 Earth-moving machinery—Physical dimensions of operators and minimum operator space envelope

[2] ISO 4306-1 Cranes—Vocabulary—Part 1:General

[3] ISO 4306-2 Cranes—Vocabulary—Part 2:Mobile cranes

[4] ISO 5353 Earth-moving machinery,and tractors and machinery for agriculture and forestry—Seat index point

[5] ISO 6081:1986[1)] Acoustics—Noise emitted by machinery and equipment—Guidelines for the preparation of test codes of engineering grade requiring noise measurements at the operator's or bystander's position

[6] ISO 7752-1 Cranes—Control layout and characteristics—Part 1:General principles

[7] ISO 8686-1 Cranes—Design principles for loads and load combinations—Part 1:Genaral

[8] ISO 9942-1 Cranes—Information labels—Part 1:General

1) 废止。ISO 11201 代替。

ICS 53.020.20
J 80

中华人民共和国国家标准

GB/T 20303.3—2016/ISO 8566-3:2010
代替 GB/T 20303.3—2006

起重机　司机室和控制站　第3部分:塔式起重机

Cranes—Cabins and control stations—Part 3:Tower cranes

(ISO 8566-3:2010,IDT)

2016-10-13 发布　　2017-05-01 实施

中华人民共和国国家质量监督检验检疫总局
中国国家标准化管理委员会　发布

前　　言

GB/T 20303《起重机　司机室和控制站》分为以下5个部分：

——第1部分：总则；

——第2部分：流动式起重机；

——第3部分：塔式起重机；

——第4部分：臂架起重机；

——第5部分：桥式和门式起重机。

本部分为GB/T 20303的第3部分。

本部分按照GB/T 1.1—2009给出的规则起草。

本部分代替GB/T 20303.3—2006《起重机　司机室　第3部分：塔式起重机》，与GB/T 20303.3—2006相比主要变化如下：

——标准名称改为“起重机　司机室和控制站　第3部分：塔式起重机”；

——增加了“术语和定义”一章(见第3章)；

——删除了“一般要求”一章(见2006年版第3章)；

——删除了“控制元件”一章(见2006年版第6章)。

本部分使用翻译法等同采用ISO 8566-3:2010《起重机　司机室和控制站　第3部分：塔式起重机》。

与本部分中规范性引用的国际文件有一致性对应关系的我国文件如下：

GB/T 6974.3—2008　起重机　术语　第3部分：塔式起重机(ISO 4306-3:2003,IDT)

GB/T 24817.3—2016　起重机　控制装置布置形式和特性　第3部分：塔式起重机(ISO 7752-3:2013,IDT)

本部分由中国机械工业联合会提出。

本部分由全国起重机械标准化技术委员会(SAC/TC 227)归口。

本部分起草单位：北京建筑机械化研究院、山东大汉建设机械有限公司、广东省建筑科学研究院、广西建工集团建筑机械制造有限责任公司、徐州建机工程机械有限公司、北京建研机械科技有限公司、

本部分主要起草人：孙艳秋、康与宙、潘亮、姜渭、王建军、靳义新、周紫晗。

本部分所代替标准的历次版本发布情况为：

——GB/T 20303.3—2006。

起重机 司机室和控制站 第3部分:塔式起重机

1 范围

GB/T 20303 的本部分规定了 ISO 4306-3 所定义的塔式起重机司机室和控制站的特殊要求,并与 GB/T 20303.1 联合使用。

2 规范性引用文件

下列文件对于本文件的应用是必不可少的。凡是注日期的引用文件,仅注日期的版本适用于本文件。凡是不注日期的引用文件,其最新版本(包括所有的修改单)适用于本文件。

ISO 4306-3 起重机 术语 第3部分:塔式起重机(Cranes—Vocabulary—Part 3:Tower cranes)

ISO 7752-3 起重机 控制装置布置形式和特性 第3部分:塔式起重机(Cranes—Controls layout and characteristics—Part 3:Tower cranes)

GB/T 20303.1—2016 起重机 司机室和控制站 第1部分:总则(ISO 8566-1:2010,IDT)

3 术语和定义

ISO 4306-3 和 GB/T 20303.1 界定的术语和定义适用于本文件。

4 控制站

GB/T 20303.1 所给出的要求和下列修改均适用。

如果控制站代替司机室置于起重机上或其内部,它应:

a) 有护栏,包括:
   1) 距地板 0.9 m～1.1 m 高的扶手;
   2) 扶手一半高度处的中间横杆;
   3) 0.1 m 高的踢脚板。

   或其他具有相当防护作用的设施。

b) 在平台上方 1.9 m～2 m 处设一防护顶棚,顶棚应能吸收一个质量为 7 kg 的钢球从 2 m高处跌落所产生的能量。

5 司机室

5.1 概述

5.1.1 GB/T 20303.1 所给出的要求和下列修改均适用。

5.1.2 司机室不应悬挂在臂架上。司机室可附着在塔身上或置于塔身内部,如果臂架意外掉落时,司机室不会被压坏。

当司机室置于塔身内部,窗户部分可突出于塔身结构外。

5.1.3 司机室可使用的内部尺寸应不小于表1给出的数值。

尺寸应足以允许第二个人偶尔进入司机室。

表 1　可使用的最小内部尺寸

单位为米

自行架设式塔式起重机			组装式塔式起重机		
长	宽	高	长	宽	高
0.8	0.8	2	1.2	1	2

5.1.4　司机室应满足以下要求：

a)　顶部的任意位置应能承受分布于 0.3 m×0.3 m 面积上质量为 100 kg 的载荷；

b)　在下雨、酷热或严寒的条件下，为司机提供保护。

5.1.5　当按 GB/T 20303.1 的规定在结构上不允许设置通道门时，允许借助司机室的地板或顶部的活动门作为司机室通道。

舱口有效的最小尺寸应为 0.55 m×0.55 m。

当利用地板活动门作为通道门时，应利用司机室顶部或侧面的备用活动门作为紧急出口。当从地板上不能到达备用活动门时，应提供梯子。

当通道是利用顶部活动门时，活动门应只能向上开。

自行架设塔式起重机的舱门：

——只有当其他方案无法解决时，舱门可以开在司机座椅下面；

——当起重机的尺寸必须减小时，舱门的规格尺寸可以减小到 0.5 m×0.5 m。

5.1.6　对于自行架设塔式起重机，最小站立尺寸应为 0.2 m×0.6 m。

5.1.7　在塔式起重机上，司机室前窗应有风挡玻璃刮水器和/或清洗器。

5.1.8　控制装置的布置和特性应符合 ISO 7752-3 的规定。

5.1.9　对于自行架设的起重机，可不必安装 GB/T 20303.1—2016 中 5.1.3 所要求的电源插座。

5.2　噪声

GB/T 20303.1 所给出的要求和下列修改均适用。

测量条件如下：

a)　当发动机安装在起重机上时，如果发动机和运动机构不组合在一起，应分别测量；

b)　当两种装置是组合的，应整体测量。

测量噪声时，运动机构和发动机应按制造商的说明书安装和使用。安装在起重机上的发动机应按制造商标定的额定功率运转。

起升机构应按下述的起升和下降模式运转：

——空载情况下，卷筒以与制造商规定的吊钩最大起升速度所对应的转速运转；

——卷筒上钢丝绳的拉力相当于吊钩以最大起升速度所起吊的最大载荷(在最小幅度)。

载荷与速度的关系应按制造商的规定，试验中应测量最大起升速度。

试验结果取按以上运转方式测得的最大声功率值。

参　考　文　献

[1]　ISO 4306-1　Cranes—Vocabulary—Part 1:General

ICS 53.020.20
J 80

GB

中华人民共和国国家标准

GB/T 20303.4—2006/ISO 8566-4:1998

起重机　司机室　第4部分:臂架起重机

Cranes—Cabins—Part 4:Jib cranes

(ISO 8566-4:1998,IDT)

2006-07-19 发布　　　　2007-01-01 实施

中华人民共和国国家质量监督检验检疫总局
中国国家标准化管理委员会　发布

前　　言

GB/T 20303《起重机　司机室》分为5个部分：

——第1部分：总则；

——第2部分：流动式起重机；

——第3部分：塔式起重机；

——第4部分：臂架起重机；

——第5部分：桥式和门式起重机。

本部分为GB/T 20303的第4部分。

本部分等同采用ISO 8566-4:1998《起重机　司机室　第4部分：臂架起重机》。

本部分等同翻译ISO 8566-4:1998。

为便于使用，本部分做了下列编辑性修改：

a) “ISO 8566的本部分”一词改为“GB/T 20303的本部分”；

b) 删除国际标准的前言。

c) 用小数点“.”代替作为小数点的逗号“,”；

本部分由中国机械工业联合会提出。

本部分由全国起重机械标准化技术委员会(SAC/TC 227)归口。

本部分起草单位：北京起重运输机械研究所。

本部分主要起草人：赵春晖。

起重机　司机室　第4部分:臂架起重机

1　范围

GB/T 20303 的本部分规定了按 ISO 4306-1 定义的臂架起重机司机室的要求。

2　规范性引用文件

下列文件中的条款通过 GB/T 20303 的本部分的引用而成为本部分的条款。凡是注日期的引用文件,其随后所有的修改单(不包括勘误的内容)或修订版均不适用于本部分,然而,鼓励根据本部分达成协议的各方研究是否可使用这些文件的最新版本。凡是不注日期的引用文件,其最新版本适用于本部分。

GB/T 20303.1-2006　起重机　司机室　第1部分:总则(ISO 8566-1:1992, IDT)

ISO 4306-1:1990　起重机　术语　第1部分:通用术语

ISO 7752-1:1983　起重机械　控制装置　布置形式和特性　第1部分:基本原则

ISO 7752-4:1989　起重机械　控制装置　布置形式和特性　第4部分:臂架起重机

3　司机室的结构

3.1　GB/T 20303.1 规定的司机室结构的一般要求在本部分均适用。

3.2　图1规定的司机室尺寸是最小值,实用时可取较大值。通过座椅标定点(SIP)测量的最小净高度应为 1 700 mm,最小净宽度应为 1 000 mm,最小净深度应为 1 500 mm(见图1)。

司机室内部容积不应小于 3.1 m^3。在确定容积和尺寸时,应考虑司机室内工作人员数、实际工作时间的长短及司机坐立需要。

3.3　在需要的场合,司机的视野应直接看到其头部上方和脚下方的区域。

3.4　为便于维护作业,司机室应安装电气插座。

4　司机座椅

考虑实际使用条件,座椅应满足如下条件:

a)　稳固并符合图2规定的尺寸;

b)　易于调节至方便的就座位置;

c)　带有倾斜的靠背,其形状应适合支撑住后背;

d)　表层材料透气性好;

e)　装设减振弹簧和/或软垫及靠枕;

f)　设有加衬垫扶手;

g)　座椅的结构应使人方便进出。

座椅应能整体后倾 3°～7°,从中间位置沿水平方向可前后调节±80 mm,在垂直方向调节±50 mm。

5　控制元件

5.1　控制元件的一般布置和特性应符合 ISO 7752-1 的规定。

5.2 对臂架起重机的特定要求应符合 ISO 7752-4 的规定。

6 取暖和降温

6.1 除极端恶劣的气候条件外，司机室在工作期间的温度应尽可能保持在 20℃～30℃。

6.2 司机室的设计应使冷气及热量散失减至最小，除最恶劣的气候条件外，应确保室内温差不超过 6℃。

单位为毫米

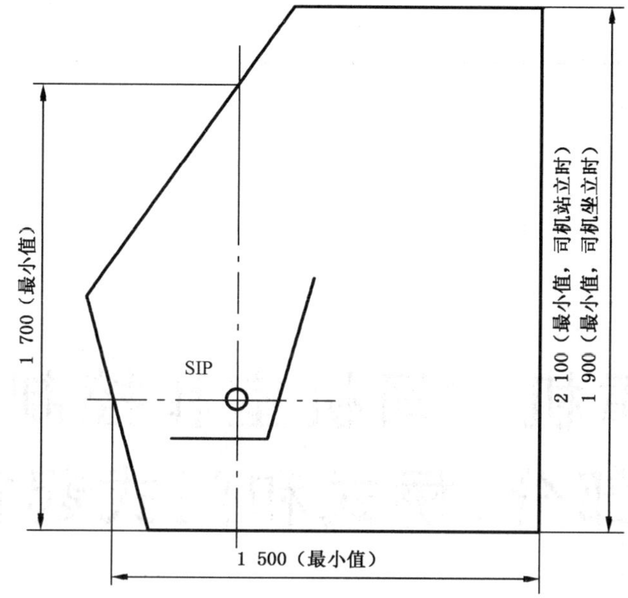

图 1 司机室尺寸

单位为毫米

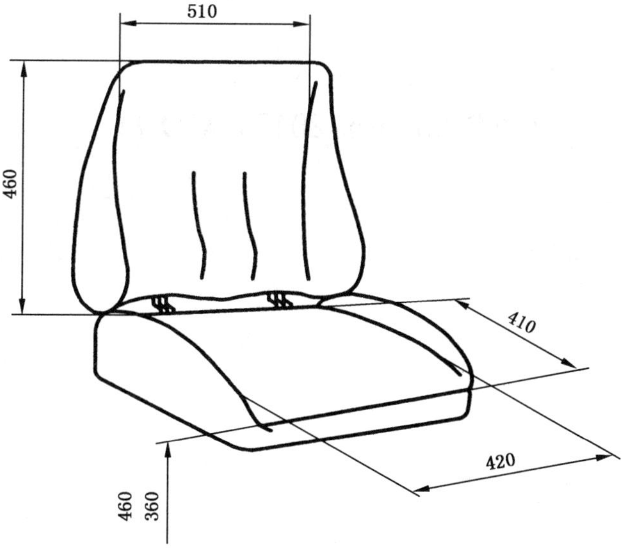

图 2 座椅尺寸

ICS 53.020.20
J 80

中华人民共和国国家标准

GB/T 20303.5—2021
代替 GB/T 20303.5—2006

起重机 司机室和控制站
第5部分：桥式和门式起重机

Cranes—Cabins and control stations—
Part 5: Overhead travelling and portal bridge cranes

（ISO 8566-5:2017，MOD）

2021-12-31 发布

2022-07-01 实施

国家市场监督管理总局
国家标准化管理委员会 发布

前 言

本文件按照 GB/T 1.1—2020《标准化工作导则 第1部分：标准化文件的结构和起草规则》的规定起草。

GB/T 20303《起重机 司机室和控制站》与 GB/T 24817《起重机械 控制装置布置形式和特性》、GB/T 24810《起重机 限制器和指示器》、GB/T 12602《起重机械超载保护装置》等标准共同构成起重机司机操控的国家标准体系。

本文件是 GB/T 20303《起重机 司机室和控制站》的第5部分。GB/T 20303 已经发布了以下部分：

——第1部分：总则；

——第2部分：流动式起重机；

——第3部分：塔式起重机；

——第4部分：臂架起重机；

——第5部分：桥式和门式起重机。

本文件代替 GB/T 20303.5—2006《起重机 司机室 第5部分：桥式和门式起重机》，与 GB/T 20303.5—2006 相比，除结构调整和编辑性改动外，主要技术变化如下：

——修改了标准范围，即增加了适用于控制站的要求(见第1章，2006年版的第1章)；

——增加了术语和定义(见第3章)；

——增加了基本要求的内容(见第4章)；

——增加了司机室结构及与起重机连接的强度和刚度要求(见5.3)；

——删除了司机座椅的尺寸规定[见2006年版的第4章的a)]；

——增加了根据使用需求司机座椅配备旋转底座的规定(见第6章)；

——删除了取暖和降温的内容(见2006年版的第6章)；

——增加了安全防护的内容(见第8章)；

——增加了外观质量的内容(见第9章)。

本文件使用重新起草法修改采用 ISO 8566-5:2017《起重机 司机室和控制站 第5部分：桥式和门式起重机》。

本文件与 ISO 8566-5:2017 相比在结构上做了如下调整：本文件中的5.1、5.2对应 ISO 8566-5:2017 的4.2，本文件中的第6章对应 ISO 8566-5:2017 的第5章，本文件中的第7章对应 ISO 8566-5:2017 的第6章，增加了第8章、第9章。

本文件与 ISO 8566-5:2017 相比存在技术差异，这些差异涉及的条款已通过在其外侧页边空白位置的垂直单线(|)进行了标示，附录A中给出了相应的技术性差异及其原因的一览表。

请注意本文件的某些内容可能涉及专利。本文件的发布机构不承担识别专利的责任。

本文件由中国机械工业联合会提出。

本文件由全国起重机械标准化技术委员会(SAC/TC 227)归口。

本文件起草单位：扬戈科技股份公司、北京起重运输机械设计研究院有限公司、北京科正平工程技术检测研究院有限公司、微特技术有限公司、北京起重运输机械设计研究院河南分院、浙江箭环电气开关有限公司、浙江三港起重电器有限公司、安徽多杰电气有限公司、河南合力起重机械有限公司。

本文件主要起草人：杨光奎、林夫奎、裴天、高钰敏、楼玉芳、陈寅领、刘灵娟、孙向龙。

本文件及其所代替文件的历次版本发布情况为：

——2006年首次发布为GB/T 20303.5—2006；

——本次为第一次修订。

引　　言

GB/T 20303《起重机　司机室和控制站》是重要的起重机零部件标准，该项国家标准规定了起重机司机室和控制站在结构、控制元件、司机室窗户、噪声、座椅、取暖设备和空调等方面的安全性能和人机工程设置要求。该项国家标准的制定，对提高产品质量，有效降低司机疲劳，保障司机的身体健康和生命安全，促进起重机控制安全，具有重要意义。

GB/T 20303 的第 1、2、3、4 部分为分别等同采用 ISO 8566 的第 1、2、3、4 部分。考虑 ISO 8566-5:2017 的标准名称和范围已纳入了控制站，但实际内容中并未提及；且未包括司机室结构强度和刚度要求，以及对高温、腐蚀性环境等特殊环境条件下的使用规定等原因，GB/T 20303.5 为修改采用ISO 8566-5:2017。按照与国际标准的一致性和协调性原因，GB/T 20303 分为以下五个部分：

——第 1 部分：总则；

——第 2 部分：流动式起重机；

——第 3 部分：塔式起重机；

——第 4 部分：臂架起重机；

——第 5 部分：桥式和门式起重机。

起重机　司机室和控制站
第5部分：桥式和门式起重机

1　范围

本文件规定了GB/T 6974.1定义的桥式和门式起重机的司机室和控制站要求。

本文件适用于桥式和门式起重机使用的司机室和控制站。

2　规范性引用文件

下列文件中的内容通过文中的规范性引用而构成本文件必不可少的条款。其中，注日期的引用文件，仅该日期对应的版本适用于本文件；不注日期的引用文件，其最新版本(包括所有的修改单)适用于本文件。

GB/T 6974.1　起重机　术语　第1部分：通用术语(GB/T 6974.1—2008，ISO 4306-1：2007，IDT)

GB/T 9286—1998　色漆和清漆　漆膜的划格试验(eqv ISO 2409：1992)

GB/T 20303.1　起重机　司机室和控制站　第1部分：总则(GB/T 20303.1—2016，ISO 8566-1：2010，IDT)

GB/T 24817.1　起重机械　控制装置布置形式和特性　第1部分：总则(GB/T 24817.1—2016，ISO 7752-1：2010，IDT)

GB/T 24817.5　起重机械　控制装置布置形式和特性　第5部分：桥式和门式起重机(GB/T 24817.5—2009，ISO 7752-5：1985，IDT)

3　术语和定义

GB/T 6974.1界定的术语和定义适用于本文件。

4　基本要求

桥式和门式起重机的司机室和控制站应符合GB/T 20303.1的规定。

5　司机室结构

5.1　图1规定的司机室尺寸是最小值，实用时宜取较大值。通过座椅标定点(SIP)，司机室内的净高度不应小于1 600 mm，净宽度不应小于900 mm，净深度不应小于1 300 mm。

5.2　司机室内部总容积不应小于3 m^3。在确定容积和尺寸时，应考虑司机室内允许的工作人员数量和实际工作时间。

5.3　司机室结构应具有足够的强度和刚度，与起重机的连接应安全可靠。结构及其连接端应能足以承受人员、电控设备、辅助设施和维修期间等产生的工作载荷以及起重机工作时产生的动载荷等。

单位为毫米

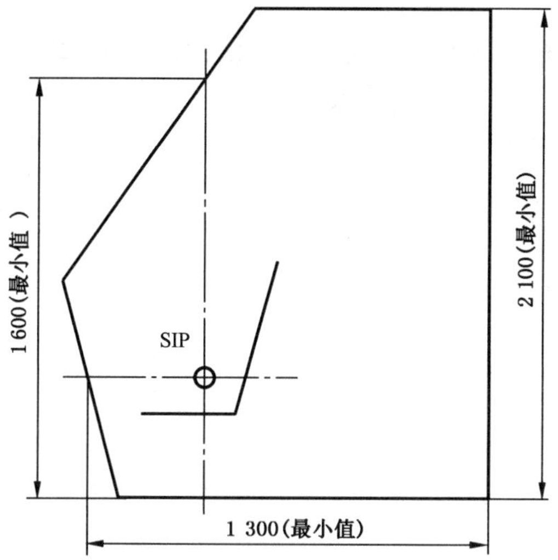

图 1　司机室最小尺寸

6　司机座椅

考虑实际使用工况，座椅应满足如下要求：

a)　稳固且后倾角度能在 3°到 7°范围内调整；

b)　易于调节至舒适的就座位置，从中间位置沿水平方向（向前和向后）的调节范围为 ±80 mm，从中间位置沿垂直方向的调节范围为±50 mm；

c)　配置有倾斜的靠背，其形状应舒适地支撑住后背；

d)　表层材料透气性好；

e)　配备减振弹簧和减振装置；

f)　为使司机有舒适的工作位置，应能在水平和垂直方向锁定；

g)　配置适宜的垫子和可调的扶手；

h)　座椅的结构方便人员进出。

为使司机有更舒适的操作角度和更合理的可视范围，可根据需求配置旋转底座。

7　控制元件

7.1　控制元件的布置形式和特性应符合 GB/T 24817.1 的规定。

7.2　对桥式和门式起重机的特殊要求应符合 GB/T 24817.5 的规定。

8　安全防护

8.1　司机室配置在冶金起重机时，应在承受高温辐射热的部位采取隔热措施。

8.2　司机室配置在腐蚀性环境中使用的桥式和门式起重机时，应采取防止腐蚀影响司机室金属结构强度的措施，以及防止因玻璃腐蚀而影响司机视线的措施。

8.3　应有防止司机室玻璃整体向外坠落的措施。

9 外观质量

9.1 司机室的形状和面漆颜色宜与起重机颜色协调,面漆应光亮、完整,色泽一致,不应有粗糙不平、错漆、漏漆、皱纹、针孔及严重流挂等缺陷。

9.2 司机室金属表面的漆膜附着力应符合 GB/T 9286—1998 中的1级质量要求。

附　录　A
（资料性）
本文件与 ISO 8566-5:2017 的技术性差异及其原因一览表

本文件与 ISO 8566-5:2017 的技术性差异及其原因见表 A.1。

表 A.1　本文件与 ISO 8566-5:2017 的技术性差异及其原因

本文件章条号	技术性差异	原因
2	关于规范性引用文件，本文件做了具有技术性差异的调整，调整的情况集中反映在第 2 章“规范性引用文件”中，具体调整如下： ——用等同采用国际标准的 GB/T 6974.1 代替ISO 4306-1； ——用等同采用国际标准的 GB/T 20303.1 代替 ISO 8566-1； ——用等同采用国际标准的 GB/T 24817.1 代替 ISO 7752-1； ——用等同采用国际标准的 GB/T 24817.5 代替 ISO 7752-5； ——增加引用了 GB/T 9286—1998	本文件修改采用 ISO 8566-5:2017。为方便使用，ISO 8566-5:2017 中第 2 章的所有规范性引用文件，被我国文件代替，并新增了第 9 章中规范性引用的 GB/T 9286—1998
4	将 ISO 8566-5:2017 中 4.1“ISO 8566-1 规定的司机室结构的一般要求在本文件中均适用”的规定，调整为第 4 章“基本要求”，技术要求修改为“桥式和门式起重机的司机室和控制站应符合 GB/T 20303.1 的规定”	ISO 8566-5:2017 的标准名称和范围已纳入了控制站，但在技术要求中仅提出了司机室结构符合 ISO 8566-1 的规定，并未提及司机室的其他技术要求和控制站要求，这样不合理
5.3	增加了司机室结构及与起重机连接的强度和刚度要求	防止坠落危险，保障司机安全
6	增加了根据使用需求司机座椅可配备旋转底座的规定	便于司机具有更舒适的操作角度和更合理的可视范围
8.1 和 8.2	增加了在高温、腐蚀特殊环境下的安全防护要求	保障司机的身体健康和起重机操作安全
8.3	增加了“应有防止司机室玻璃整体向外坠落的措施”	防止坠落玻璃造成下方人员伤害
9	增加了外观质量要求	提高司机室的美观度和产品质量

ICS 53.020.20
J 80

中华人民共和国国家标准

GB/T 20304—2006/ISO 12485:1998

塔式起重机　稳定性要求

Tower cranes—Stability requirements

(ISO 12485:1998,IDT)

2006-07-19 发布　　2007-01-01 实施

中华人民共和国国家质量监督检验检疫总局
中国国家标准化管理委员会　发布

前　　言

本标准等同采用 ISO 12485:1998《塔式起重机　稳定性要求》(英文版)。

本标准等同翻译 ISO 12485:1998

为便于使用,本标准做了下列编辑性修改:

a) “本国际标准”一词改为“本标准”;

b) 删除 ISO 12485:1998 的前言;

c) 范围中增加“(以下简称塔机)”;

d) 4.1.4 中用“地震及其他振波”代替“激振”;

e) 为使表 1 中的内容与表题统一,将表 1 中增加塔机各部件的重力 P_0,表题相应改为“塔式起重机稳定性的载荷值”;同理,表 2 的表题改为“防风稳定性的载荷值”,并与该条款所叙述的内容一致。

f) 增加对起升载荷的说明,即为“吊重加 P_1”。

本标准由中国机械工业联合会提出。

本标准由全国起重机械标准化技术委员会(SAC/TC 227)归口。

本标准起草单位:北京建筑机械化研究院。

本标准主要起草人:张梅嘉、洪学军。

塔式起重机　稳定性要求

1　范围

本标准规定了通过计算来检验塔式起重机(以下简称塔机)稳定性应遵守的条件,该类塔机由ISO 4306-3定义,它容易倾翻和被风吹动。假设塔机置于坚固、水平的支承面或轨道上。

2　规范性引用文件

下列文件中的条款通过本标准的引用而成为本标准的条款。凡是注日期的引用文件,其随后所有的修改单(不包括勘误的内容)或修订版均不适用于本标准,然而,鼓励根据本标准达成协议的各方研究是否可使用这些文件的最新版本。凡是不注日期的引用文件,其最新版本适用于本标准。

ISO 4302　起重机　风载荷估算

ISO 4306-3　起重机　术语　第3部分:塔式起重机

ISO 8686-3　起重机　载荷和载荷组合设计原则　第3部分:塔式起重机

3　术语和定义

ISO 4306-3确立的术语和定义适用于本标准。

4　抗倾翻稳定性

4.1　计算

4.1.1　当稳定力矩的代数和大于或等于倾翻力矩的和时,该塔机被认为是稳定的。

4.1.2　应使用表1中规定的数值求倾翻力矩之和,计算检验塔机的稳定性。在所有计算中,塔机及其部件的位置、载荷及力的作用,都应按最不利的组合、方向和作用来考虑。

4.1.3　设计为带载运行的塔机,应考虑将制造商规定的轨道允许最大垂直偏差引起的力,作为其他载荷列入表1中工况Ⅱ。

4.1.4　对特殊地点或地区的地震及其他振波影响,应作为附加载荷工况加以考虑。

4.1.5　按表1计算时,应考虑塔机及其部件质量产生的载荷,其中包括塔机在工作状态下作为固定部件的提升附件。

4.2　工作状态下向后倾翻稳定性

向后倾翻的稳定性应按表1中工况Ⅲ计算。

4.3　风载荷的作用

4.3.1　工作状态的风载荷按最不利方向施加。

4.3.2　对于不能随风自由回转的塔机,非工作状态的风载荷应按最不利方向施加。对于设计为随风回转的塔机,则非工作状态的风载荷按预期的方向施加到上部结构,并按最不利方向施加到下部结构。

表 1 塔式起重机稳定性的载荷值

<table>
<tr><th colspan="2">工 况</th><th>载 荷</th><th>应考虑的载荷值</th></tr>
<tr><td rowspan="12">工作状态</td><td rowspan="4">Ⅰ基本稳定性</td><td>自重载荷</td><td>$1.0P_0$</td></tr>
<tr><td>起升载荷</td><td>$1.6P$</td></tr>
<tr><td>风载荷</td><td>0</td></tr>
<tr><td>惯性载荷</td><td>0</td></tr>
<tr><td rowspan="4">Ⅱ动态稳定性</td><td>自重载荷</td><td>$1.0P_0$</td></tr>
<tr><td>起升载荷</td><td>$1.35P$</td></tr>
<tr><td>风载荷</td><td>$1.0W_1$</td></tr>
<tr><td>惯性载荷</td><td>$1.0D$</td></tr>
<tr><td rowspan="4">Ⅲ向后倾翻稳定性
(突然卸载)</td><td>自重载荷</td><td>$1.0P_0$</td></tr>
<tr><td>起升载荷</td><td>$-0.2P$</td></tr>
<tr><td>风载荷</td><td>$1.0W_1$</td></tr>
<tr><td>惯性载荷</td><td>0</td></tr>
<tr><td rowspan="8">非工作状态</td><td rowspan="4">Ⅳ暴风侵袭</td><td>自重载荷</td><td>$1.0P_0$</td></tr>
<tr><td>起升载荷</td><td>$1.0P_1$</td></tr>
<tr><td>风载荷</td><td>$1.2W_2$</td></tr>
<tr><td>惯性载荷</td><td>0</td></tr>
<tr><td rowspan="4">Ⅴ安装、拆卸稳定性</td><td>自重载荷</td><td>$1.0P_0$</td></tr>
<tr><td>起升载荷</td><td>$1.25P_2$</td></tr>
<tr><td>风载荷</td><td>$1.0W_3$</td></tr>
<tr><td>惯性载荷</td><td>$1.0D$</td></tr>
<tr><td colspan="4">注
D——由驱动产生的惯性载荷按 ISO 8686-3 计算,取 $\phi_5=1$;
P_0——塔机各部件的重力;
P——起升载荷(吊重加 P_1);
P_1——固定载荷的提升附件的重力;
P_2——塔机安装、拆卸时被安装、拆除部件的重力;
W_1——工作状态风载荷,按 ISO 4302;
W_2——非工作状态风载荷,按 ISO 4302;
W_3——安装、拆卸时风载荷,按工作状态风载荷 W_1 或按使用说明书中的规定。</td></tr>
</table>

5 塔机基础

制造商应规定塔机作用在地面或支撑结构上的载荷。制造商提供的资料应说明规定的这些载荷(包括非工作状态风载荷)所适用的全部工况。当基础能承受塔机全部或部分稳定性时,则制造商应规定适用于该塔机基础的要求。当塔机需在斜面上作业时,制造商应考虑该状态下的计算工况。

6 临时辅助稳定装置

塔机为工作状态的配置(表 1 中工况Ⅰ至Ⅳ),不使用临时辅助稳定装置,塔机应是稳定的。

对于表 1 中工况Ⅴ,可使用临时辅助稳定装置满足安装或拆卸时的稳定要求。

可拆卸的压重可以满足表 1 中工况Ⅳ的情况。但是当没有这些外加的压重,并取风载荷值为$1.1W_2$时,则该工况下塔机也应是稳定的。

7 变形

当塔机在最不稳定状态上承受载荷并处于最不利的工况下,如果考虑二阶效应计入变形的影响,而使塔身中增加的弯矩不大于 10%时,稳定性的计算可按一阶理论不考虑变形影响,以便简化计算。

但随着上述二阶效应的增大,应考虑表 1 中各工况的倾翻力矩会成比例地增加。

8 防风稳定性

对于所有露天工作的轨道运行塔机,都应按表 2 中的工况通过计算来检验防止风吹动的稳定性。

表 2 防风稳定性的载荷值

工　　况	载　　荷	应考虑的载荷值
Ⅱ动态稳定性	自重载荷	$1.0P_0$
	起升载荷	$1.35P$
	风载荷	$1.2W_1$
	惯性载荷	$1.0D$
Ⅳ暴风侵袭	自重载荷	$1.0P_0$
	起升载荷	$1.0P_1$
	风载荷	$1.2W_2$
	惯性载荷	0

为防止塔机在非工作状态下移动,而必须使用夹轨钳或类似装置的地方,使用说明书应规定当达到工作风速限值时,应使用夹轨钳或类似装置。

运行阻力和摩擦系数应采用表 3 中的规定。

表 3 运行阻力和摩擦系数

运行阻力/径向载荷		摩擦系数	
滑动轴承	滚动轴承	轨道与制动车轮之间	轨道与夹轨钳之间[a]
0.02	0.005	0.14	0.25

[a] 如能证明在所有表面状态和质量(如油、脏物、冰)的情况下,都有较高摩擦系数的话,则可取其较高的数值。

ICS 53.020.20
J 80

中华人民共和国国家标准

GB/T 21458—2008/ISO 11661:1998

流动式起重机　额定起重量图表

Mobile cranes—Presentation of rated capacity charts

(ISO 11661:1998,IDT)

2008-02-21 发布　　2008-08-01 实施

中华人民共和国国家质量监督检验检疫总局
中国国家标准化管理委员会　发布

前　　言

本标准等同采用 ISO 11661:1998《流动式起重机　额定起重量图表》(英文版)。

本标准等同翻译 ISO 11661:1998。

为便于使用,本标准做了下列编辑性修改:

a) “本国际标准”一词改为“本标准”;

b) 用小数点“.”代替作为小数点的逗号“,”;

c) 删除 ISO 11661:1998 的前言。

本标准的附录 A 为资料性附录。

本标准由中国机械工业联合会提出。

本标准由全国起重机械标准化技术委员会(SAC/TC 227)归口。

本标准负责起草单位:徐工集团徐州重型机械有限公司。

本标准主要起草人:徐周、刘颜军。

流动式起重机　额定起重量图表

1　范围

本标准规定了流动式起重机额定起重量图表的要求和格式。

本标准适用于装有 ISO 4306-2 定义的臂架且处于起重作业状态的流动式起重机。

2　规范性引用文件

下列文件中的条款通过本标准的引用而成为本标准的条款。凡是注日期的引用文件，其随后所有的修改单(不包括勘误的内容)或修订版均不适用于本标准，然而，鼓励根据本标准达成协议的各方研究是否可使用这些文件的最新版本。凡是不注日期的引用文件，其最新版本适用于本标准。

ISO 4306-2:1994　起重机　术语　第 2 部分:流动式起重机

3　术语和定义

ISO 4306-2 中确立的以及下列术语和定义适用于本标准。

3.1

起重机额定起重量手册　crane rating manual

一切有关的额定起重量表、工作范围图、工作区域图、附加装置质量表、警告性注意事项、插图和制造商提供的其他信息总汇。

3.2

额定起重量表　rated capacity chart

详细说明起重机在特定的臂架组合与支承条件下的起重量、架设及操作注意事项的表格。

3.3

工作范围图　range diagram

描述起重机在所有可能使用的主臂及主、副臂组合条件下能达到的高度与幅度的侧视图。

注：也可同时描述失去稳定性的区域。

3.4

工作区域图　working area diagram

描述起重机工作区域及其作业方位的俯视图。

4　额定起重量图表

4.1　额定起重量表

4.1.1　以下是每张额定起重量表至少应包含的内容：

a)　该额定起重量值对应的起重机制造商的产品型号；

b)　使用该额定起重量值所需的平衡重的资料(不包括固定平衡重)；

c)　该额定起重量值适用的主臂或主臂与副臂组合类型；

d) 该额定起重量值适用的支承方式:即在履带上、支腿上或轮胎上;

e) 达到额定起重量时支腿最大支承反力;

f) 使用额定起重量时的特殊限制条件;

g) 可图示 c)和 d)中的架设方式和(或)主副臂的配置情况。

4.1.2 应提供足够数量的额定起重量表以便清楚地表明起重机的额定起重量。

4.1.3 表1给出了一种描述所需起重量信息的方法。

表1 额定起重量表表头样式

工作幅度/m	臂架仰角/(°)	主臂长度			
		360°	侧面	后面	前面

4.1.4 应提供架设与操作注意事项、定义和插图,对额定起重量表中的术语或技术要求给予解释(见4.7)。这些资料应包含在起重机额定起重量手册中,而针对某个特殊配置提出的警告性提示则应与额定起重量表放在同一页或同一章节。

4.1.5 制造商提供的资料也可能与表1给出的额定起重量表格式有差别。例如适用于360°、侧面、后面或前面的各列额定起重量可适当进行合并或者有所删减。

4.1.6 额定值可不超过3个有效数位。

注:额定值可以用千克或吨为单位,视哪个单位更适合该型号起重机而定。可按客户要求,采用SI制单位或SI制与英制单位共用。

4.1.7 由结构强度或承载极限确定的额定起重量用粗实线(或与其相当的方法)与按稳定性确定的额定起重量区分开。额定起重量数值栏中没有内容填写时,应为空白。

4.1.8 额定起重量表中应针对给定的附加装置和起重机的架设方式,标明其在无载状态下的臂架最小仰角和臂架最大长度。如有必要,还应说明制造商所配置的吊钩滑轮组的质量。

4.2 附加装置质量表

起重机额定起重量手册中应配备标明各种工况下的附加装置质量影响表。这个表格可以放在手册中某一处,或者与有关的额定起重量表放在一起。当起重机装有这类装置时,其额定起重量应扣除表中的对应值。

这类装置是指制造商随起重机一起提供,但并非通过起重钢丝绳装在起重机上的设备(例如副臂)。通过起重钢丝绳装在起重机上的装置(例如吊钩滑轮组)应被视作载荷的一部分,从表中的额定起重量中减除。

必要时,附加装置质量表应有附图。

4.3 工作范围图

起重机额定起重量手册中应包括工作范围图(参见图A.1)。该图可放在手册中某一处,或者放在相应额定起重量表的反面。对于所有空载臂架不稳定区均能清晰地标明的简单起重机,可单独提供一张工作范围图,而不与额定起重量表放在一起。

4.4 前倾覆与后倾覆

确定前倾覆区时,给定臂架长度下的空载状态是指在起重钢丝绳上只有制造商为该型号起重机规定的最重的载荷滑轮组(例如吊钩滑轮组、起升高度限位重锤)时的状态。

对于可能出现的上述状态下的前倾覆和最大臂架仰角时的后倾覆现象，应在工作范围图中注明。

4.5 工作区域图

起重机额定起重量手册中应包括与额定起重量表相对应的工作区域图(参见图 A.2)。该图应与适用的额定起重量表放在一起。

4.6 插图

起重机额定起重量手册中应有一张插图，至少标出起重机的两个视图及其主要尺寸。

4.7 注释

注释应区分为资料性数据、警告性提示和定义等。警告性提示又可进一步划分为一般注意事项、架设注意事项和操作注意事项等。

附录 A 中的警告性提示是许多建筑用起重机上采用的典型例子。其具体内容和措辞可根据特定的使用条件与制造商的要求确定，语言应清晰、准确、简洁。

4.8 数据的变动

必要时，可允许有下列变动：

a) 幅度增量可由制造商选定。

b) 臂架长度增量可由制造商选定。

4.9 制造商的标识

该项内容应包含在起重机额定起重量手册中。

5 资料出版的一般要求

5.1 总则

第 4 章所述的额定起重量图表可以附在起重机额定起重量手册中，单独成册或以其他组合方式出版。资料的分类取决于起重机类型。应采取措施保证能快捷地在手册中查找到额定起重量图表和其他相关页面。

5.2 语种

如果出版所用语种与设备原产国语种不同，应由能正确使用该语种的专业技术人员进行撰写或校订。

5.3 纸张

起重机额定起重量手册中的额定起重量图表和其他页面应清晰易读，标识持久耐用，并应在暴露于雨水、湿气、水、油液、油脂或日光，温度为－40℃～60℃的条件下具有相当长的使用寿命。

5.4 封面

必要时，封面应在暴露于雨水、湿气或油脂的条件下具有相当长的使用寿命。封面的尺寸应适宜，能对内页起保护作用。

5.5 装订

资料的装订和出版方式应便于使用并经久耐用。

5.6 页面布置

资料的排印应保证在正常光照条件下，具有适合正常或矫正视力阅读的清晰度。插图应与相关内容放在同一页内或尽可能靠近。各页应顺序编号,也可以采用成组编号系统以便于必要时中间加插页或者进行修订。应使用标题和小标题以便于查找。

5.7 复制

应采用保证资料清晰不应褪色的复制方法。

5.8 可读性与字体大小

字体应清晰易读。在起重机额定起重量手册的额定起重量图表和其他页面上使用的字符应不小于小五号(或8磅)。

6 资料位置

6.1 放置

额定起重量图表或起重机额定起重量手册应永久性地放在司机室内司机视野的前方区域,便于司机查阅。见图1。

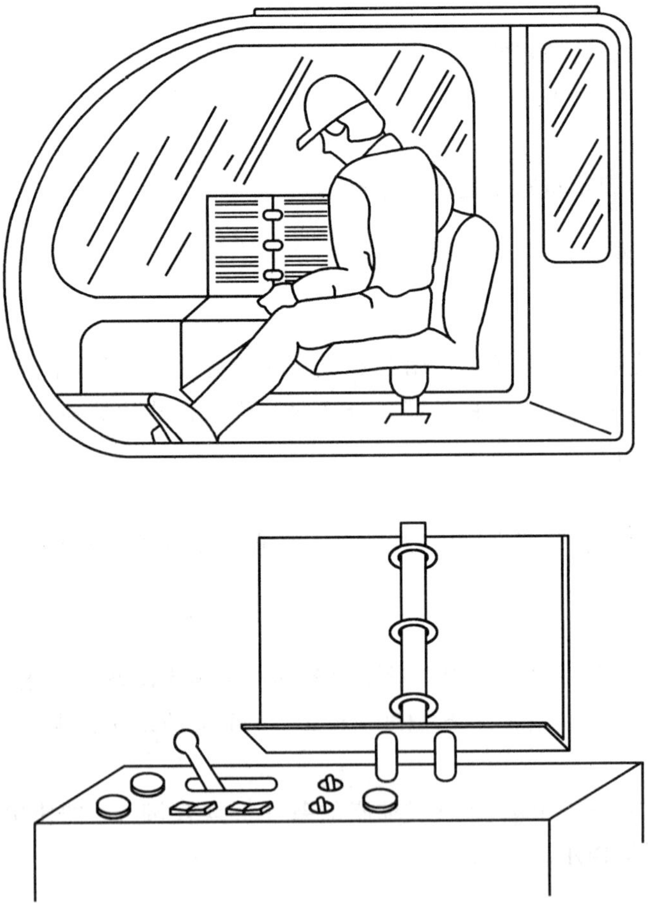

图1 起重机额定起重量手册在司机室中的典型位置

6.2 固定

额定起重量图表或额定起重量手册在司机室内的固定方式应保证在没有工具的情况下无法取走。

7 示例

7.1 附录A给出了起重机相关数据的展示示例，对于简单的起重机或臂架装置，有一、二张图表即可满足要求。

7.2 表A.1与表A.2给出了额定起重量表的示例，表中包括标题与一系列的警示性注释、起重机数据及额定载荷值，该格式适用于复杂的臂架装置并符合本标准的所有规定。图A.1给出了工作范围图的示例。图A.2给出了工作区域图的示例。

附 录 A
(资料性附录)
额定起重量图表举例

表 A.1 伸缩臂起重机的额定起重量表

[臂架组合图（可选项）]　　　　最大允许起重量　　　　[架设或支腿位置图（可选项）]

支腿全伸时以千克计的额定起重量

平衡重 1 360 kg　　　　（参见架设注意事项 2）

主臂长度 11.58 m 至 16.80 m

工作幅度/m	11.58 m			13.70 m			16.80 m			工作幅度/m
	臂架仰角/(°)	360°	前面	臂架仰角/(°)	360°	前面	臂架仰角/(°)	360°	前面	
3	67.0	60 000	60 000	71.0	19 050	19 050	74.5	19 050	19 050	3
3.5	65.0	55 200	55 200	69.0	19 050	19 050	73.0	19 050	19 050	3.5
4	62.0	50 550	50 550	66.5	19 050	19 050	71.0	19 050	19 050	4
4.5	59.0	46 300	46 300	64.5	19 050	19 050	69.5	19 050	19 050	4.5
5	55.5	42 300	42 300	62.0	19 050	19 050	67.5	19 050	19 050	5
6	49.0	34 400	34 400	57.0	19 050	19 050	64.0	19 050	19 050	6
7	41.5	29 100	29 100	51.5	19 050	19 050	60.0	19 050	19 050	7
8	32.0	24 250	24 350	45.5	19 050	19 050	56.0	19 050	19 050	8
9	19.5	19 550	20 000	39.0	19 050	19 050	51.0	19 050	19 050	9
10				30.5	16 400	16 600	46.5	16 550	16 700	10
12							35.5	11 850	12 100	12
14							19.5	8 800	9 000	14
最小臂架仰角/起重量	0	11 900	11 900	0	9 100	9 100	0	6 500	6 500	最小臂架仰角/起重量

架设注意事项：

1. 起重机应置于坚实的支承面上并调平。视支承面性质不同，可以在支脚或者轮胎下面设置支承构件，使载荷分布到一个更大的支承面上。
2. 使用支腿作业时，在操作臂架或者起升载荷之前应将支腿可靠地外伸并抬起轮胎，使其不承重。
3. 如果起重机备有第 5 支腿，其液压缸的使用应按书面规定。
4. 如果起重机备有可伸缩平衡重，在起重作业前应将平衡重完全伸出。
5. 如果起重机支承在橡胶轮胎上，起重作业前应先将轮胎充气至规定压力。
6. 对于某些臂架与吊具设备结合的形式，用标准长度的钢丝绳并不能获得最大起重量。
7. 装上副臂后，起重机不得行驶。

操作注意事项：

1. 不得在工作幅度下超出额定起重量起吊。
2. 额定起重量中包括吊钩滑轮组、索具与辅助起重装置的质量。可供起吊的净载荷应从表中的额定起重量中减去它们的质量。当使用比起升机构上标准长度更多的钢丝绳时，多出的钢丝绳的质量应视作起吊的载荷的一部分。
3. 额定起重载荷是基于自由悬吊的载荷而确定的，不得沿地面水平移动物品。

表 A.1(续)

工作幅度/m	11.58 m			13.70 m			16.80 m			工作幅度/m
[臂架组合图(可选项)] 平衡重 1 360 kg	最大允许起重量 支腿全伸时以千克计的额定起重量 (参见架设注意事项 2)							[架设或支腿位置图(可选项)]		
主臂长度 11.58 m 至 16.80 m										
	臂架仰角/(°)	360°	前面	臂架仰角/(°)	360°	前面	臂架仰角/(°)	360°	前面	

4. 额定起重载荷仅用于起重机的起吊作业。
5. 不得在表中列出的额定起重量的幅度或臂长范围以外进行作业,否则起重机有可能在吊钩上没有任何载荷的情况下倾覆。
6. 当臂长或幅度或者两者同时都处于表列数值之间时,应采用下一个更大的幅度、下一个更大(或更小)臂长所示的最小的载荷。
7. 为保证作业安全,用户应针对下列特殊工作条件留出应有的裕度:地面松软或不平、起重机未处于水平状态、大风、侧向载荷、摇摆动作、载荷猛动或突然制动、人员操作经验、双机起吊、带载行驶、靠近电缆电线、其他危险状态等等。侧拉主臂或副臂是极端危险的。
8. 粗实线以上的起重量是基于结构强度而非倾覆稳定性确定的。

表 A.2 固定副臂起重机的额定起重量表

[臂架组合图(可选项)] 平衡重 5 440 kg

最大允许起重量
支腿全伸时以千克计的额定起重量[a]

[架设或支腿位置图(可选项)]

33.53 m 主臂+17.07 m 副臂

工作幅度/m	安装角:1°		安装角:15°		安装角:30°		工作幅度/m
	臂架仰角/(°)	360°	臂架仰角/(°)	360°	臂架仰角/(°)	360°	
14.0	74.5	2 900					14.0
16.0	72.5	2 900	77.5	2 600			16.0
18.0	70.0	2 600	75.0	2 350			18.0
20.0	68.0	2 300	72.5	2 100	77.0	1 900	20.0
22.0	65.5	2 050	70.0	1 850	74.5	1 750	22.0
24.0	62.5	1 850	67.5	1 700	72.0	1 550	24.0
26.0	60.0	1 650	64.5	1 550	69.0	1 400	26.0
28.0	57.5	1 500	62.0	1 400	66.5	1 300	28.0
30.0	54.5	1 350	59.0	1 250	63.5	1 200	30.0
32.0	51.5	1 200	56.5	1 150	60.5	1 100	32.0
34.0	48.5	1 050	53.0	1 000	57.0	950	34.0
36.0	45.5	900	50.0	850	53.5	800	36.0
38.0	42.0	800	46.0	750	49.5	650	38.0
40.0	38.0	650	42.5	600	45.5	500	40.0
42.0	34.0	550	38.0	500			42.0

警告:除非主臂长度为 30.1 m 或更短,不得在 17.07 m 副臂的工况降到 20°以下,否则会使起重机失去稳定性,引起倾覆。

[a] 见表 A.1 的注意事项。

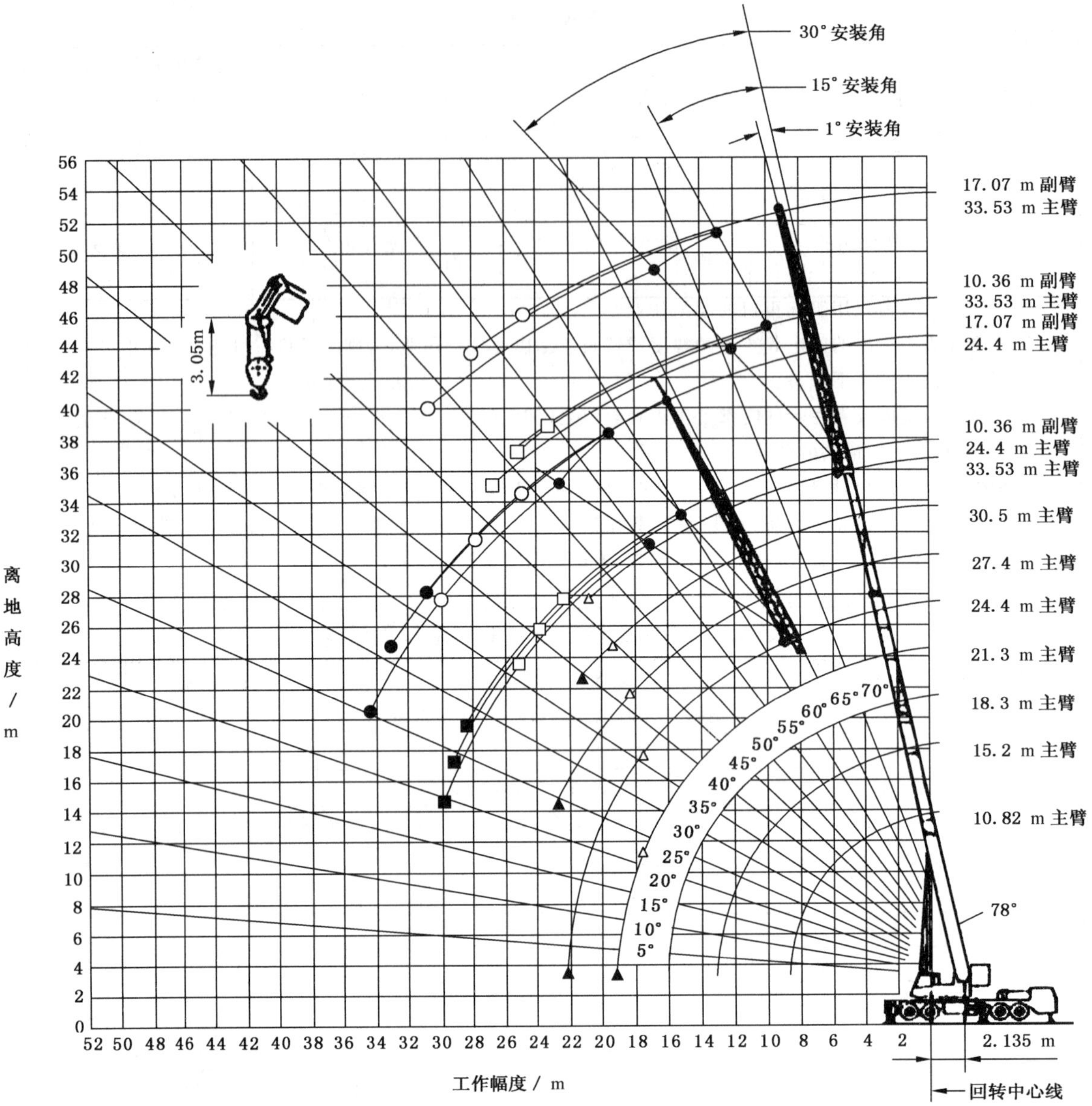

○ 表示主臂+17.07 m 副臂:臂架模式“A”

● 表示主臂+17.07 m 副臂:臂架模式“B”

□ 表示主臂十 17.07 m 副臂:臂架模式“A”

■ 表示主臂+17.07 m 副臂:臂架模式“B”

△ 表示主臂:臂架模式“A”

▲ 表示主臂:臂架模式“B”

注:所示主臂和副臂的几何形状是起重机空载并水平地置于坚实支承面上的状态。吊钩加载时应计及主臂挠度以及由此引起的幅度和主臂倾角的变化。

警告:不得将主臂下降到图示该臂长对应的最小空载仰角以下,否则起重机会失去稳定性,发生倾覆。

图 A.1 支腿全伸时起重机工作范围图举例

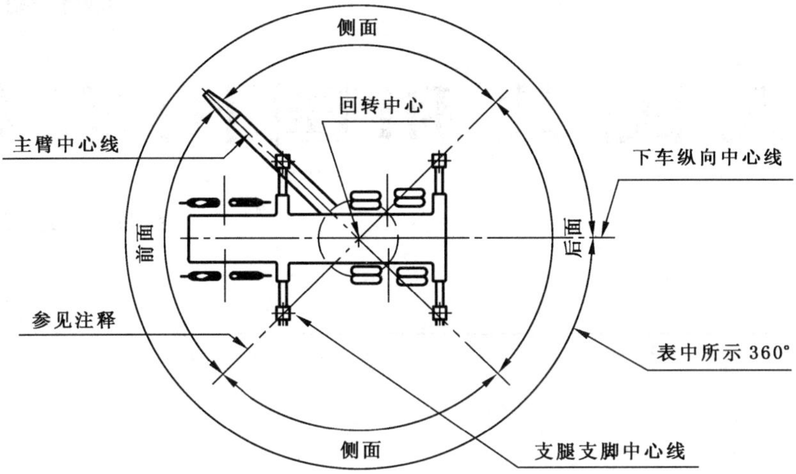

a） 支承在支腿上

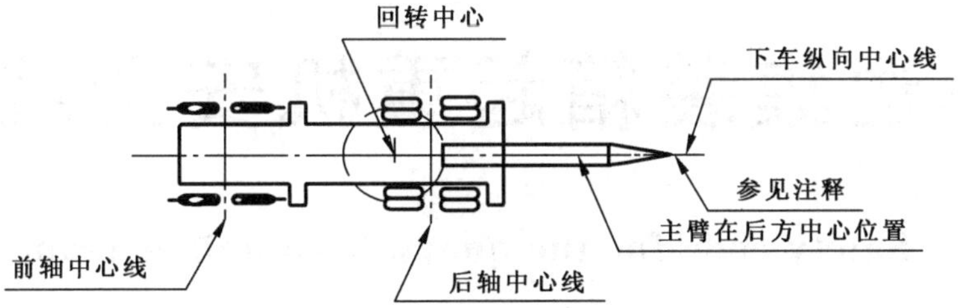

b） 支承在轮胎上

注：这些线段规定了载荷在所示工作区域内进行作业时的极限位置。

图 A.2　工作区域图举例

ICS 03.220.40;53.020.20
R 46

中华人民共和国国家标准

GB/T 21920—2008

岸边集装箱起重机安全规程

Safety code for the quayside container crane

2008-05-27 发布　　　　2008-12-01 实施

中华人民共和国国家质量监督检验检疫总局
中国国家标准化管理委员会　发布

前　言

本标准参照英国 BS 7121-1989《起重机安全使用实用规范》与欧洲搬运工程协会标准 FEMSect.1-1998《起重机械设计规范》制定。

本标准由中华人民共和国交通部提出。

本标准由交通部港机标准归口单位归口。

本标准起草单位：交通部水运科学研究院、上海港机重工有限公司。

本标准主要起草人：饶京川、雒金贵、凌霄、陆范宜。

岸边集装箱起重机安全规程

1 范围

本标准规定了岸边集装箱起重机(以下简称起重机)在设计、制造、安装与试验、使用与保养、检验与维修等方面的安全技术要求。

本标准适用于装卸符合 GB/T 1413 的标准国际集装箱的起重机。

2 规范性引用文件

下列文件中的条款通过本标准的引用而成为本标准的条款。凡是注日期的引用文件,其随后所有的修改单(不包括勘误的内容)或修订版均不适用于本标准,然而,鼓励根据本标准达成协议的各方研究是否可使用这些文件的最新版本。凡是不注日期的引用文件,其最新版本适用于本标准。

GB/T 985 气焊、手工电弧焊及气体保护焊焊缝坡口的基本形式与尺寸

GB/T 986 埋弧焊焊缝坡口的基本形式和尺寸

GB/T 1228 钢结构用高强度大六角头螺栓(GB/T 1228—2006,ISO 7412:1984,NEQ)

GB/T 1229 钢结构用高强度大六角螺母(GB/T 1229—2006,ISO 4775:1984,NEQ)

GB/T 1230 钢结构用高强度垫圈(GB/T 1230—2006,ISO 7416:1984,NEQ)

GB/T 1231 钢结构用高强度大六角头螺栓、大六角螺母、垫圈技术条件

GB/T 1413 系列 1 集装箱 分类、尺寸和额定质量(GB/T 1413—1998,idt ISO 668:1995)

GB/T 3811 起重机设计规范

GB 4053.1 固定式钢直梯安全技术条件

GB 4053.2 固定式钢斜梯安全技术条件

GB 4053.3 固定式工业防护栏杆安全技术条件

GB/T 5905 起重机试验规范和程序(GB/T 5905—1986,idt ISO 4310:1981)

GB/T 5117 碳钢焊条(GB/T 5117—1995,eqv ANSI/AWSA5.1:1991)

GB/T 5118 低合金钢焊条(GB/T 5118—1995,eqv ANSI/AWSA5.5:1981)

GB 5226.2 机械安全 机械电气设备 第 32 部分:起重机械技术条件(GB 5226.2—2002,IEC 60204-32:1998,IDT)

GB/T 5972 起重机用钢丝绳检验和报废实用规范(GB/T 5972—2006,ISO 4309:1990,IDT)

GB/T 6067 起重机械安全规程(GB/T 6067—1985,neq NF E52-122:1975)

GB/T 8110 气体保护电弧焊用碳钢、低合金钢焊丝(GB/T 8110—1995,neq ANSI/AWSA5.18:1979)

GB 8918 重要用途钢丝绳(GB 8918—2006,ISO 3154:1988,Stranded wire ropes for mine hoisting—Technical delivery requirements,MOD)

GB 12602　起重机械超载保护装置　安全技术规范

GB/T 14957　熔化焊用钢丝

GB/T 15360　岸边集装箱起重机试验方法(GB/T 15360—1994,neq ISO 4310:1981)

GB/T 15361　岸边集装箱起重机技术条件

GB/T 20303.5　起重机　司机室　第5部分:桥式和门式起重机(GB/T 20303.5—2006,ISO 8566.5:1992,IDT)

GB 50150　电气装置安装工程　电气设备交接试验标准

GB 50254　电气装置安装工程低压电气施工及验收规范

GBJ 147　电气装置安装工程　高压电气施工及验收规范

JT/T 623　集装箱吊具

JT/T 90　港口装卸机械风载荷计算及防风安全要求

JT/T 295　岸边集装箱起重机修理技术规范

JTJ 280　港口设备安装工程技术规范

3　基本要求

3.1　起重机设计、制造应符合 GB/T 3811、GB/T 15361、GB/T 6067 及相关的规范要求。

3.2　起重机应按规定程序批准的图样及有关技术文件施工。

3.3　起重机的明显位置处应设置产品标牌,标牌应注明制造厂、制造日期、额定起重量和安全使用的主要参数等内容。

3.4　起重机用户应建立设备档案。

3.5　起重机的整机稳定性应符合 GB/T 3811 及 GB/T 15361 的规定。

4　主要零部件

4.1　钢丝绳

4.1.1　起重机用钢丝绳应符合设计要求和 GB 8918 的规定,并应有产品检验合格证。

4.1.2　钢丝绳的检验和报废应符合 GB/T 5972 的规定。

4.1.3　钢丝绳端部固定、连接应符合 GB/T 6067 的规定。

4.1.4　钢丝绳禁止接长使用。

4.2　滑轮

4.2.1　对进出易脱槽的钢丝绳应设有防止钢丝绳脱槽装置。钢丝绳与滑轮槽偏斜角应符合 GB/T 3811 规定。

4.2.2　滑轮直径与钢丝绳直径的比值应符合 GB/T 3811 的规定。

4.2.3　金属制造的滑轮,出现下述情况之一时应报废:

a)　裂纹;

b)　轮槽不均匀磨损最大处达 3 mm;

c)　轮槽壁厚磨损达设计壁厚的 20%;

d)　因磨损使轮槽底部直径减少量达钢丝绳直径的 50%。

4.3　卷筒

4.3.1　对绕入或绕出卷筒易脱槽的钢丝绳应设有防止钢丝绳脱槽装置。

4.3.2 卷筒直径与钢丝绳直径的比值应符合 GB/T 3811 的规定。

4.3.3 卷筒出现裂纹或卷筒壁厚磨损达设计厚度的 20%时,应予更换。

4.3.4 卷筒上的钢丝绳在放出最大工作长度后,除固定钢丝绳的圈数外,应留有不少于三圈的钢丝绳安全圈数。

4.4 制动轮(盘)及制动器

4.4.1 制动器的选择和使用应符合 GB/T 3811 与 GB/T 6067 的规定。

4.4.2 制动轮(盘)上不得有裂纹,成品制动轮(盘)的制动面上不得有影响使用性能的缺陷,也不得焊补。

4.4.3 在出现动力电源波动时(为额定电压的±10%)或电气保护元件动作时,制动器应能正常工作;一旦出现事故断电或起重传动装置故障状态,制动器应能安全地支持住荷载。

4.4.4 制动器应有补偿行程装置。

4.4.5 装配后的制动器,各铰点应转动灵活。制动带(或制动瓦)与制动轮(盘)接触面积应不小于总接触面积的 75%。

4.4.6 带式(制动器)中的制动衬垫材质不得含有石棉。

4.4.7 有下列情况之一时,制动器的零件应报废:

a) 裂纹;

b) 制动带或制动瓦摩擦片厚度磨损量达设计厚度的 40%(铆接)或达设计厚度 50%(铰接);

c) 销轴或轴孔的磨损量达名义直径的 1%或圆度达 0.20 mm;

d) 制动轮缘厚度磨损量大于设计厚度的 30%时;

e) 弹簧出现塑性变形,弹簧曲线不符合设计要求。

4.5 传动齿轮

4.5.1 传动齿轮应符合 GB/T 15361 的规定。

4.5.2 传动齿轮在出现下述情况之一时应报废:

a) 齿面裂纹长度超过 1/4 齿长或齿高;

b) 断齿或在齿长范围内破碎长度超过 1/3;

c) 齿面点蚀或剥落面积达工作面积的 30%;

d) 表面硬化处理齿轮或渗碳淬硬齿轮在节圆方向上的齿厚磨损量达设计有效硬化层厚度的 85%。

4.6 车轮

4.6.1 车轮的设计与制造应符合 GB/T 3811 及 GB/T 15361 的规定。

4.6.2 车轮的更换应符合 JT/T 295 的规定。

4.7 小车轨道

4.7.1 小车轨道压板与其螺栓出现裂纹时应报废。小车轨道的裂纹应予以修补并磨平。

4.7.2 小车轨道踏面和侧面磨损大于 3 mm 时应报废。

4.7.3 小车轨道压板松动时应紧固。

4.8 减速器

4.8.1 减速器应无渗漏现象。

4.8.2 减速器过载能力、安全系数与热功率应符合所选用相关减速器的规范要求。

4.8.3 减速器在正常润滑条件下，以额定转速无负荷正反运转 2 h 后，轴承处温升不得超过 45 K。

5 集装箱吊具

5.1 集装箱吊具应能装卸符合 GB/T 1413 的标准国际集装箱，并应符合 JT/T 623 的规定。
5.2 吊具转锁应做拉伸试验，并符合 JT/T 623 的规定。
5.3 吊具应具有完善的安全保护和信号显示装置，确保吊具与集装箱间联系可靠、联锁有效。
5.4 吊具应有可靠的联锁保护装置，一旦联锁有故障应有保护措施。
5.5 吊具转锁应定期检查和维护，如发现裂纹等缺陷应及时更换。

6 液压系统

6.1 油缸、油泵、阀类等主要液压元件应附有制造厂的合格证书，并在总装前根据不同情况进行合格性试验。
6.2 软管、硬管和接头连接可靠，不得有渗漏现象。
6.3 管路和接头更换后应在系统压力试验时无渗漏现象。
6.4 液压系统应有防止过载和冲击的安全装置，溢流阀调整压力不得大于系统额定工作压力的 110%，并且应具有防松和防止擅自调整装置。
6.5 系统液压油应使用符合规定品质的液压油，并定期进行检查、化验、更换。

7 润滑系统

7.1 起重机应附有润滑图，出厂前应对每个油路各部位逐个检查确保畅通。
7.2 应按设计要求定期润滑，并做相应记录。

8 金属结构

8.1 起重机金属结构材料的选用应符合 GB/T 15361 的规定。
8.2 结构件的布置应便于检查、维修和排水。
8.3 焊条、焊丝和焊剂应符合 GB/T 5117、GB/T 5118、GB/T 8110、GB/T 14957 的规定并应与被焊接件的材料相适应。
8.4 主要受力构件（主梁、门框、台车架、吊具等）其焊缝形式应符合 GB/T 985 和 GB/T 986 的规定。所有焊缝均不允许有漏焊、烧穿、裂纹末焊透等影响性能和外观质量的缺陷。
8.5 高强度螺栓、螺母、垫圈应符合 GB/T 1228～1231 的规定。采用高强度螺栓连接的金属结构件安装时螺栓预紧力应符合 GB/T 3811 的规定。
8.6 起重机走道、梯子、平台、扶手栏杆等应符合 GB/T 6067 及 GB 4053.1～4053.3 的规定。

9 司机室

9.1 司机室应符合 GB/T 20303.5 的规定。
9.2 司机室应设有门锁、灭火器及警报器等安全设施。
9.3 司机室应设置常规故障显示器及监视器等装置。

10 电梯

10.1 电梯内应设控制开关及电梯紧停开关、电话、报警器和灭火器。

10.2 电梯应设有手摇驱动装置。

10.3 电梯顶部应设有紧急出口。

10.4 电梯应设置出入口平台走道。

11 电气系统

11.1 一般要求

11.1.1 起重机的电气设备应保证传动和控制准确可靠，应符合 GB/T 3811、GB/T 6067、GB 5226.2、GB/T 15361 的规定。在紧急状态下能切断操作电源安全停车。

11.1.2 起重机在安装、维修、调整使用中不得任意改变电路，以避免安全装置失效。

11.1.3 起重机电气设备安装、施工、验收应按 GB 50150、GB 50254、GBJ 147 的相关规定执行。

11.1.4 联动控制台上的操作手柄应具有机械零位自锁。

11.1.5 接地线应与零线分开。

11.2 特殊要求

11.2.1 高压主副变压器应选用干式自冷环氧型(宜用铜芯浇铸)变压器。绝缘等级不低于 F 级，经耐压试验合格并设在有护围的隔离区内，并有明显的警示标志。

11.2.2 高、低压开关柜宜采用整体防护型，置于室内时，保护等级应不低于 IP23。柜内应设有防冷凝加热器、检修照明灯；通风口应有防尘措施；电缆进出口施工完毕应密封。所有操作、指示设备应放在正面，并设有功能指示标牌。

11.2.3 各主要机构驱动电动机及发电机(功率大于 15 kW)应设防冷凝加热器，宜设测温保护装置。

11.2.4 照明电源与动力电源应分开设置。

11.2.5 机上采用的可编程序控制器(PLC)、微型工业计算机(PC)等控制设备及部件应紧固、可靠，能适应起重机高温、振动、潮湿的恶劣工作环境。

11.3 照明、信号

11.3.1 起重机的照明照度要求应符合 GB/T 15361 的规定。

11.3.2 照明装置应防震、防水、防腐蚀、防坠落，便于维修更换。

11.3.3 起重机梯形架顶部、外臂架顶端应各安装红色航空障碍灯，当交流电源切断后应能自动切换到备用电源。

11.3.4 门腿上应设有声光报警器，当大车行走时，声光报警器自动发出声光信号。

11.4 电线、电缆

11.4.1 电线、电缆的选用应符合 GB/T 3811、GB/T 6067 和 GB/T 15361 的规定。

11.4.2 用于 PLC、传动等设备的通讯、控制电缆应单独敷设，并设置必要的金属屏蔽。照明线宜单独敷设。

11.4.3 移动部分的通信控制电缆、光缆应有足够的强度，保证正常条件下工作可靠。

11.4.4 电缆卷筒可根据布置需要装设有效、可靠的导缆器，并保证运行中不发生电缆被卡现象。

11.4.5 电缆在卷筒上的连接应牢固,并保证电缆接头不被拉拽。

11.5 接地、防雷

11.5.1 起重机金属结构及所有电气设备的金属外壳、管槽、电缆金属外皮等均应可靠接地。

11.5.2 起重机大车轨道接地电阻应不大于 4 Ω,规定应接地的所有点整机接地电阻应不大于 10 Ω。严禁用接地线作载流零线。

11.5.3 接地线截面按容量选用,并符合 GB/T 3811 和 GB/T 15361 的规定。

11.5.4 电缆金属外护层应两端有效保护接地,内屏蔽层一端屏蔽接地。

11.5.5 外臂架端部和梯形架顶部,均应设避雷装置。针体至少要高出航空障碍灯 300 mm。

11.5.6 在金属结构铰接处增设跨接软线。

12 安全保护装置

12.1 一般要求

12.1.1 所有安全联锁、限位、信号指示、报警、故障检测装置应符合 GB/T 15361 及起重机的设计要求。

12.1.2 司机室操纵台、变幅操纵台、电气室、机房及大车行走车架上宜设置"紧急按钮",在紧急情况下能切断操作电源,停止各机构工作。

12.2 超载限制器

12.2.1 超载限制器的性能参数应符合 GB 12602 的要求,综合误差不应超过设计值的 5%。

12.2.2 当载荷达到额定起重量的 90%时,应能发出提示性报警信号。

12.2.3 当载荷达到额定起重量的 110%时,应自动切断起升电源,但允许下降减载。

12.3 运行极限位置限位器

12.3.1 起升机构,俯仰机构,大车、小车运行机构应设置运行极限位置限位器。

12.3.2 限位器应保证各工作机构在其运动的极限位置时,能自动地切断前进的动力源。

12.3.3 起重机应有防止臂架与船舶建筑物碰撞的措施。

12.3.4 起重机应采取相应的防碰措施,防止起重机与障碍物或相邻起重机的碰撞。

12.4 缓冲器

起重机大车、小车运行机构应设有缓冲器,并和轨道端部的止挡装置相匹配,保证起重机或运行小车能平稳地停止。

12.5 联锁保护装置

12.5.1 联锁保护装置应符合 GB/T 15361 中的规定。

12.5.2 小车停车位置与外臂架动作联锁,外臂架位置与小车动作应互相联锁。

12.5.3 吊具各动作与升降控制应安全联锁,吊起箱后禁止转锁转动。

12.5.4 俯仰机构安全钩应设置完善的安全联锁。

12.5.5 电缆卷筒收、放缆终端及方向与大车运行应互相联锁。

12.5.6 大车防爬、锚定、夹(顶)轨器、防撞等装置与大车运行应互相联锁。

12.5.7 俯仰机构、起升机构应设超速保护。

12.6 故障监视诊断装置

起重机应设置有效的故障监视诊断装置。

12.7 防风装置

12.7.1 起重机应设有防风装置,防风装置应符合 GB/T 3811 和 JT/T 90 的规定。

12.7.2 防风装置应始终保持良好的适合使用状态。

12.8 风速报警器

起重机应设风速报警器,并宜有瞬时风速的显示能力。

12.9 灭火器

起重机应在电气房、司机室附近设置灭火器。

13 安装与试验

13.1 起重机的安装应符合 JTJ 280 的规定。

13.2 起重机安装后投入正式使用前应按 GB/T 15360 的规定进行试验,并符合 GB/T 5905 的规定。试验合格后方可正式使用。

14 使用与保养

14.1 起重机的使用及起重机的操作司机应符合 GB/T 6067 的相关规定。

14.2 起重机使用和保养应根据制造厂的使用、保养要求进行。

14.3 起重机保养时,应根据工作情况做好相应安全措施。

15 操纵系统

15.1 操纵系统的设计和布置应考虑人、机器和环境的综合因素,以保证起重机安全可靠地运行。

15.2 操作手柄应挡位清晰,零位准确明显,操作灵敏。

16 检验与维修

16.1 检验

在使用中按设备管理有关规定进行检验,并符合 GB/T 6067 的相关规定。

16.2 维修

16.2.1 结构件焊补时,所用的材料、焊条应符合设计要求。

16.2.2 起重机的维修应符合 JT/T 295 的规定。

ICS 53.020.20
J 80

中华人民共和国国家标准

GB/T 22437.1—2018/ISO 8686-1:2012
代替 GB/T 22437.1—2008

起重机　载荷与载荷组合的设计原则 第1部分:总则

Cranes—Design principles for loads and load combinations—Part 1:General

(ISO 8686-1:2012,IDT)

2018-05-14 发布　　2018-12-01 实施

国家市场监督管理总局
中国国家标准化管理委员会　发布

前　言

GB/T 22437《起重机　载荷与载荷组合的设计原则》分为 5 个部分：

——第 1 部分：总则；

——第 2 部分：流动式起重机；

——第 3 部分：塔式起重机；

——第 4 部分：臂架起重机；

——第 5 部分：桥式和门式起重机。

本部分为 GB/T 22437 的第 1 部分。

本部分按照 GB/T 1.1—2009 给出的规则起草。

本部分代替 GB/T 22437.1—2008《起重机　载荷与载荷组合的设计原则》，与 GB/T 22437.1—2008 相比主要技术变化如下：

——将"分项载荷系数"修改为"分项安全系数"(见第 4 章表 1，2008 年版的第 4 章表 1)；

——增加了有效载荷意外丧失所引起的动力效应系数 ϕ_9(见第 4 章表 1)；

——将"将本部分应用于相同操作与环境条件下作业的不同类型起重机时，应寻求失效的等效抗力"的规定从第 1 章调整到第 5 章(见 5.1，2008 年版的第 1 章)；

——在极限状态法中增加了"若将本部分与 ISO 20332 结合使用，则极限状态法为首要必备的二阶方法"的规定(见 5.2)；

——将载荷类型从第 6 章调整到第 5 章(见第 5 章，2008 年版的第 6 章)；

——将"起升总载荷离开地面时"修改为"起升有效载荷离开地面时"(见 6.1.1，2008 年版的 6.1.1)；

——修改了 ϕ_2 的计算公式及相应数表(见 6.1.2.1.1，2008 年版的 6.1.2.1 和 6.1.2.2)；

——增加了"轮轴平行度的准确性"的表述(见 6.2.2)；

——增加了"对于试验载荷的验证计算，应考虑最小级别风速 5.42 m/s"的表述(见 6.3.2)；

——增加了"有效载荷意外丧失引起的载荷"(见 6.3.5)；

——增加了"起重机或起重机零部件的质量"(见 7.3.7)；

——增加了"对结构计算有利或不利的质量"(见 7.3.7.1)；

——增加了"起重机质量的分项安全系数"(见 7.3.7.2)；

——增加了"起重机质量的安全系数"(见 7.3.7.3)；

——增加了"适用于由位移引起载荷的分项安全系数"(见 7.3.8)；

——增加了"验证刚体稳定性的分项安全系数"及相应数表(见 7.4)；

本部分使用翻译法等同采用 ISO 8686-1:2012《起重机　载荷与载荷组合的设计原则　第 1 部分：总则》。

与本部分中规范性引用的国际文件有一致性对应关系的我国文件如下：

——GB/T 5905—2011　起重机　试验规范和程序(ISO 4310:2009,IDT)

——GB/T 6974(所有部分)　起重机　术语 [ISO 4306(所有部分)]

——GB/T 30024—2013　起重机　金属结构能力验证(ISO 20332:2008,IDT)

本部分做了下列编辑性修改:

——将正文与附录中的公式进行了统一编号;

——对附录C中C.2.4系数ξ和系数α之间关系公式进行了取绝对值的修改。

本部分由中国机械工业联合会提出。

本部分由全国起重机械标准化技术委员会(SAC/TC 227)归口。

本部分负责起草单位:太原科技大学、北京起重运输机械设计研究院有限公司。

本部分参加起草单位:中联重科股份有限公司、江西工埠机械有限责任公司、法兰泰克重工股份有限公司、河南省矿山起重机有限公司、上海市机械施工集团有限公司。

本部分主要起草人:徐格宁、董青、张培、戚其松、任会礼、喻林、金红萍、任海涛、陈晓明。

本部分所代替标准的历次版本发布情况为:

——GB/T 22437.1—2008。

起重机　载荷与载荷组合的设计原则
第1部分：总则

1　范围

GB/T 22437 的本部分规定了各种载荷计算的通用方法和选择载荷组合的一般原则，其目的是为了验证 ISO 4306-1 所定义的各类起重机金属结构及机械零部件的承载能力。

本方法以刚体动力分析及弹性静力分析为基础，但也允许使用经理论和实践证明具有相同效能的、更先进的（计算或试验）方法估算载荷与载荷组合的效应和动力载荷系数值。

本部分有两种不同用途：

a）为不同类型起重机械制订更专用的标准，提供参数值的通用形式、内容及范围。

b）在设计者、制造者与购买者之间为没有专用标准的起重机械就载荷与载荷组合达成协议提供一个框架。

2　规范性引用文件

下列文件对于本文件的应用是必不可少的。凡是注日期的引用文件，仅注日期的版本适用于本文件。凡是不注日期的引用文件，其最新版本（包括所有的修改单）适用于本文件。

ISO 4302　起重机　风载荷估算（Cranes—Wind load assessment）

ISO 4306（所有部分）　起重机　术语（Lifting appliances—Vocabulary）

ISO 4310　起重机　试验规范和程序（Cranes—Test code and procedures）

ISO 20332　起重机　金属结构能力验证（Cranes—Proof of competence of steel structures）

3　术语和定义

ISO 4306 界定的以及下列术语和定义适用于本文件。

3.1

载荷　load or loads

以力、位移或温度形式从外部或内部作用，致使起重机金属结构或机械部件产生应力。

3.2

动力分析　analysis

〈刚体〉对假定为非弹性元件组成系统模型做运动和内力的研究。

3.3

动力分析　analysis

〈弹性体〉对假定为弹性元件组成系统模型做相关弹性位移、运动和内力的研究。

4　符号

本部分采用的主要符号见表1。

表1 主要符号

符号	说明	参考本部分有关内容
ϕ_i	反映动力效应的动力载荷系数	多处
ϕ_1	作用在起重机械质量上的反映起升重力效应的起升冲击系数	6.1.1,表3
ϕ_2	起升地面载荷的起升动载系数	6.1.2.1,表3
ϕ_3	反映部分载荷突然卸载的动力效应的突然卸载冲击系数	6.1.2.2,表3
ϕ_4	反映在不平坦路面上运行的动力效应的运行冲击系数	6.1.3.2,表3
ϕ_5	由于起重机驱动机构加速引起的加(减)速动载系数	6.1.4,6.3.6,表3
ϕ_6	反映动载试验载荷的起升动载系数	6.3.2,表3
ϕ_7	反映同缓冲器碰撞引起的弹性效应的缓冲器碰撞弹性效应系数	6.3.3
ϕ_9	有效载荷意外丧失所引起的动力效应系数	6.3.5,表3
α	用于确定 ϕ_1 值的专用符号	6.1.1
HC1～HC4	规定的起重机械起升状态级别	6.1.2.1.2～6.1.2.1.4
β_2	规定的起升状态级别系数	6.1.2.1.1～6.1.2.1.2,6.1.2.1.5
β_3	用于确定 ϕ_3 值的专用符号	6.1.2.2
v_h	稳定的起升速度,单位为m/s	6.1.2.1.3(表2b)
F_x, F_{x2}, F_{x4}	缓冲力	6.3.3
γ_f	用于计算许用应力的安全系数	7.3.2
γ_p	分项安全系数	7.3.3,表3,7.3.7.2,7.3.8,A.3
γ_m	抗力系数	表3,附录A
γ_n	高危险度系数	7.3.6,附录A
m	有效载荷质量	6.1.2.2
m_H	总载荷的质量	6.1.2.1.1,6.3.1
$\eta m = m_H - \Delta m_H$	悬挂在起重机械上的剩余部分(吊具)质量	6.3.1

注:附录中使用的更多符号,将在附录中给出定义。

5 总则

5.1 一般原则

按照本部分进行能力计算验证的目的是为了采用数学方法确认该起重机在按照制造厂说明书作业时的实际承载能力。

防止失效(如屈服、弹性失稳或疲劳)验证的基础是核算载荷在起重机结构件和机械部件中引起的计算应力是否小于相应的计算强度。

失效验证对抗倾覆稳定性也是必要的,抗倾覆稳定性由载荷引起的倾覆计算力矩与由起重机械所具有的抗倾覆计算力矩之比来确定。此外,为确保起重机械的稳定性和/或避免起重机械及其局部部件意外移动,例如起重臂变幅绳、固定拉索的意外脱开卸载或起重机械的意外滑动,还应对某些力做出限制。

应当考虑机械和结构系统的实际与理论几何形状之间差别的影响(例如公差及基础下沉等产生的影响)。由于这种影响可能会引起的应力超过规定的极限值,因此在进行起重机承载能力验算时应给予考虑。

将本部分应用于相同操作与环境条件下作业的不同类型起重机时,应寻求失效的等效抗力。

5.2 结构设计或能力验算的两种常用方法

a) 许用应力方法　它是由组合载荷产生的设计应力与由构件类型或检验条件所确定的许用应力进行对比。许用应力的确定是以使用经验为基础,并考虑防止由于屈服、弹性失稳或疲劳引起失效的裕度。

b) 极限状态法　它是用分项安全系数将组合前的各项载荷放大,并与屈服或弹性失稳所规定的极限状态进行对比。各载荷的分项安全系数是建立在出现的概率和所能确定的载荷精度基础上的。极限状态值是由构件标准强度折减后的强度值组成,以反映构件强度及几何参数的统计偏差。

若将本部分与 ISO 20332 结合使用,则极限状态法为首要必备的二阶方法。

附录 A 给出了应用两种方法更为详细的说明。

5.3 载荷估算

为计算载荷作用引起的应力,应选用适当的起重机模型。根据本部分的规定,引起随时间变化载荷效应(内力)的各种载荷,根据经验、试验或计算均应按等效静载荷进行估算。可以采用刚体动力分析方法,选用一些动力系数估算模拟弹性系统响应所需的各个力。也可选择进行弹性动力学分析或现场测试,但为了反映操作的平稳程度,需要考虑起重机司机实际操作的因素。

无论是许用应力法还是极限状态法,在考虑稳定性和位移时,载荷、载荷组合、动力载荷系数都应在经验的基础上考虑其他相关标准进行设定,或者在试验或统计数据的基础上加以设定。本部分所使用的参数均被认为是可确定的。

如某种载荷不可能出现(例如作用在室内工作起重机上的风载荷),则应在承载能力验算中略去不计。同理,由下述情况引起的载荷也应略去:

a) 起重机械说明书中禁止的条件;

b) 起重机械设计中未提供的特性;

c) 起重机械设计中防止或禁止的条件。

如果采用概率的方法验算承载能力,应当表明相应的条件,特别是可接受的失效概率。

5.4 载荷类别

第 6 章给出了载荷及承载能力验算中用于确定载荷效应的动力载荷系数 ϕ_i 的取值范围。

注:符合动力载荷系数取值范围的特定类型起重机械(见前言)的具体数值,可在本标准的其他部分查找。

作用在起重机上的载荷分为常规载荷、偶然载荷、特殊载荷及其他载荷。当各类载荷与所考虑的起重机相关或与其使用相关时,才予以考虑。

a) 常规载荷发生在正常工作中,在防止屈服、弹性失稳、疲劳失效的能力验算中应予考虑。它们是由重力和驱动机构、制动器作用在起重机与起升载荷质量上的加速度或减速度以及各种位移引起的载荷。

b) 偶然载荷及效应较少发生,在疲劳估算中不予考虑。它们包括由工作状态风,雪、冰、温度变化以及偏斜运行引起的载荷。

c) 特殊载荷及其效应很少发生，在疲劳估算中也不予考虑。它们包括由试验、非工作状态风，缓冲力和倾翻、意外停机、传动件失效以及起重机械基础外部激励引起的载荷。

d) 其他载荷包括安装和拆卸载荷以及平台和通道上的载荷。

载荷所属类别并不是载荷重要性或关键性的标志。例如安装和拆卸载荷虽然处于最后一种类型，但因为相当多的事故发生在装拆作业阶段，应当给予特别的注意。

附录 B 对系数 ϕ_i 的应用给出一般注释。

6 载荷与适用系数

6.1 常规载荷

6.1.1 作用在起重机械质量上的起升重力效应

起重机械的质量，应包括在运转时始终处在起重机械固定位置上的某些部件，而有效载荷除外（见 6.1.2）。对于某些起重机械或某些应用情况，可能需要叠加上由于物料结壳的质量，例如煤或类似粉末黏结在起重机械及其零件上的情况。

起重机械质量产生的重力应乘以起升冲击系数 ϕ_1，此处 $\phi_1=1\pm\alpha$，$0\leqslant\alpha\leqslant0.1$，采用这种方法是考虑了起升有效载荷离开地面时对起重机械金属结构产生的振动激励。为了反映振动脉冲效应范围的上下限，该系数通常采用上下两个限值。

起升冲击系数 ϕ_1 可应用于起重机械结构及其支撑的设计中。在某些情况下，为了寻求构件和部件的最危险载荷，应运用系数的上下两个限值。

附录 B 对系数 ϕ_i 的应用给出一般注释。

6.1.2 垂直作用在总载荷上的惯性和重力效应

6.1.2.1 起升无约束的地面载荷

6.1.2.1.1 总则

在起升无约束的地面载荷时，将载荷从地面传递到起重机械上的动力效应以起升动载系数 ϕ_2 乘以总载荷质量引起的重力来考虑（见图 1）。

总载荷的质量包括有效载荷、吊具以及钢丝绳悬垂段的质量。

起升动载系数 ϕ_2 由式(1)确定：

$$\phi_2=\phi_{2\,\min}+\beta_2\cdot v_h \qquad (1)$$

式中：

β_2 ——根据起重机起升状态级别所得到的系数（见表 2a）；

v_h ——驱动系统的典型起升速度，单位为 m/s（见表 2b）；

$\phi_{2\,\min}$——ϕ_2 的最小值（见表 2c）。

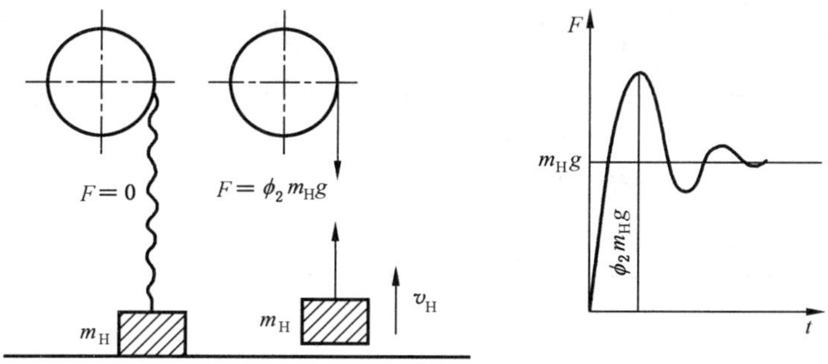

图 1 起升地面载荷时的动力效应

6.1.2.1.2 **起升状态级别**

根据起重机及其支撑的弹性特性将其起升状态划分为4个级别HC1～HC4,应根据典型垂直载荷的位移δ选择起升状态级别(见表2a)。

表2a 起升状态级别

起升状态级别	典型垂直载荷的位移δ	β_2/(s/m)
HC1	$0.8\ m \leqslant \delta$	0.17
HC2	$0.3\ m \leqslant \delta < 0.8\ m$	0.34
HC3	$0.15\ m \leqslant \delta < 0.3\ m$	0.51
HC4	$\delta < 0.15\ m$	0.68

典型垂直载荷的位移δ可根据起重机及其支撑结构和钢丝绳系统不考虑增大系数的最大总载荷的弹性静力学计算求得。

因为典型垂直载荷的位移δ随起重机结构的不同而变化,所以δ的最大值可用于选择起升状态级别。

6.1.2.1.3 **起升驱动级别**

根据载荷的重量从地面传递到起重机上时的起升驱动机构的控制特点,将其起升驱动划分为5个级别HD1～HD5。起升驱动级别如下:

HD1:无低速可用或驱动可能无低速启动;

HD2:起升驱动仅能在预设时间内以低速启动;

HD3:起升驱动控制保持低速直到起升载荷离开地面;

HD4:无级调速起升驱动控制实现连续增速;

HD5:无级调速起升驱动控制自动保证动载荷系数ϕ_2不超过ϕ_{2min}。

附录F给出了各级别的典型起升控制及其特性的详细信息及实例。

组合A1、B1和C1的典型起升速度v_h见表2b。

载荷组合C1用于反映起升机构开始以高于载荷组合A1、A2的速度运行的特殊情形。

表2b 用于计算ϕ_2的典型起升速度v_h

载荷组合(见第7章)	起升驱动级别				
	HD1	HD2	HD3	HD4	HD5
A1、B1	$v_{h,max}$	$v_{h,CS}$	$v_{h,CS}$	$0.5v_{h,max}$	$v_h=0$
C1	$v_{h,max}$	$v_{h,max}$	$0.5v_{h,max}$	$v_{h,max}$	$0.5v_{h,max}$

$v_{h,max}$——载荷组合为A1、B1时,主起升机构的最大稳定起升速度;

$v_{h,max}$——载荷组合为C1时,所有驱动机构(例如,变幅和起升运动)引起的最大起升速度;

$v_{h,CS}$——稳定起升蠕变速度

6.1.2.1.4 **起升动载系数ϕ_2的最小值**

根据起升状态级别和起升驱动级别确定ϕ_2的最小值(见表2c)。

表 2c　$\phi_{2\,min}$的值

起升状态级别	起升驱动级别				
	HD1	HD2	HD3	HD4	HD5
HC1	1.05	1.05	1.05	1.05	1.05
HC2	1.10	1.10	1.05	1.10	1.05
HC3	1.15	1.15	1.05	1.15	1.05
HC4	1.20	1.20	1.05	1.20	1.05

6.1.2.1.5　**其他方法**

可选择通过实验或动态分析来确定 $\phi_{2\,min}$的大小。当采用其他替代方法时，应模拟驱动系统的实际特征以及起重机支撑系统总载荷作用下的弹性特性。根据模拟结果，确定出与 $\phi_{2\,min}$和 β_2 相等效的起升状态级别。

6.1.2.2　**部分有效载荷突然卸载的效应**

对于以部分有效载荷卸除或坠落为正常工作状态的起重机械，例如当使用抓斗或电磁盘时，对起重机械的最大动力效应可用有效载荷乘以突然卸载冲击系数 ϕ_3(见图 2)进行模拟。

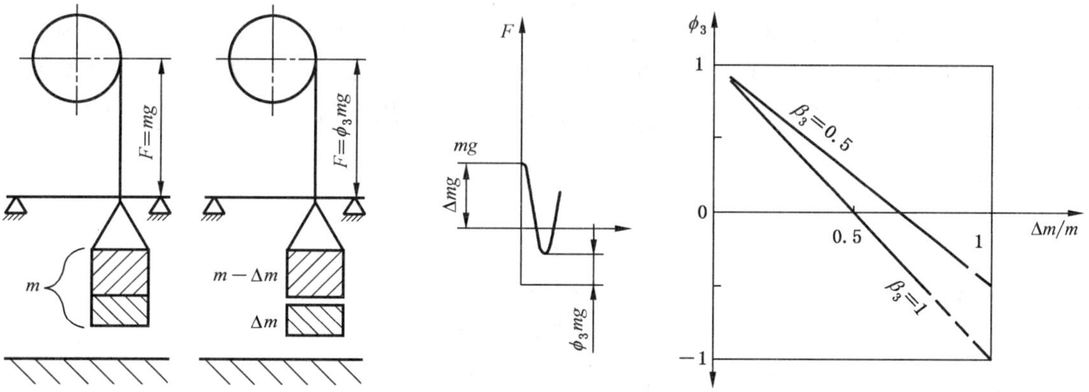

图 2　突然卸载冲击系数 ϕ_3

突然卸载冲击系数 ϕ_3值由式(2)给出：

$$\phi_3 = 1 - \frac{\Delta m}{m}(1 + \beta_3) \qquad \cdots\cdots(2)$$

式中：

m ——有效载荷的质量；

Δm ——从有效载荷质量卸除或坠落的部分质量；

$\beta_3 = 0.5$，用于带有抓斗或类似慢速卸载装置的起重机械；

$\beta_3 = 1.0$，用于带有电磁盘或类似快速卸载装置的起重机械。

附录 B 对系数 ϕ_i的应用给出一般注释。

6.1.3　**在非平坦路面上运行引起的载荷**

6.1.3.1　**在道路内或道路外运行的起重机**

在道路内或道路外运行的带载或空载起重机械的动力效应取决于起重机的结构形式(质量

分布)、起重机的弹性和/或载荷悬挂方式、运行速度以及运行路面的性质和状况。而动力效应则应当根据经验、试验来估算或采用适当的起重机械和运行路面的模型进行计算。

6.1.3.2 在轨道内运行的起重机

在具有几何特性或弹性特性轨道上运行的带载或空载起重机,由于车轮加速引起的动力效应取决于起重机的结构形式(质量分布)、起重机的弹性和/或悬挂方式、运行速度和车轮直径。并应当根据经验、试验来估算或采用适当的起重机和轨道模型进行计算。

起重机在轨道上运行引起的垂直加速度可由起重机和总载荷质量的重力乘以运行冲击系数 ϕ_4 考虑。相关标准对几种特定类型的起重机规定了轨道公差并提出一些条件,在条件范围内 ϕ_4 值可取为1。

附录B对系数 ϕ_i 的应用给出一般注释。

附录C给出了估算运行冲击系数 ϕ_4 值的模型示例,用来考虑起重机在未采用焊接的、具有高低错位或间隙接头的轨道上运行时,对车轮产生的垂直加速度。

6.1.4 由起重机所有驱动机构包括起升驱动机构的加速引起的载荷

由驱动机构加速或减速在起重机中引起的载荷可采用刚体动力模型进行计算。计算中应考虑起重机驱动机构的几何特征和质量分布,适当时还应考虑所产生的内部摩擦损失。为此将总载荷视为固定在臂架顶部或直接悬挂在小车的下方。

刚体分析无法直接反映弹性效应。为了反映实际出现的弹性效应,将机构驱动加(减)速动载系数 ϕ_5 乘以引起加(减)速度的驱动力变化值 ΔF,并与发生加(减)速度之前的力代数相加。该增大的力既施加在承受驱动力的部件上成为动载荷,也作用在起重机和起升质量上成为它们的惯性力(见图3)。

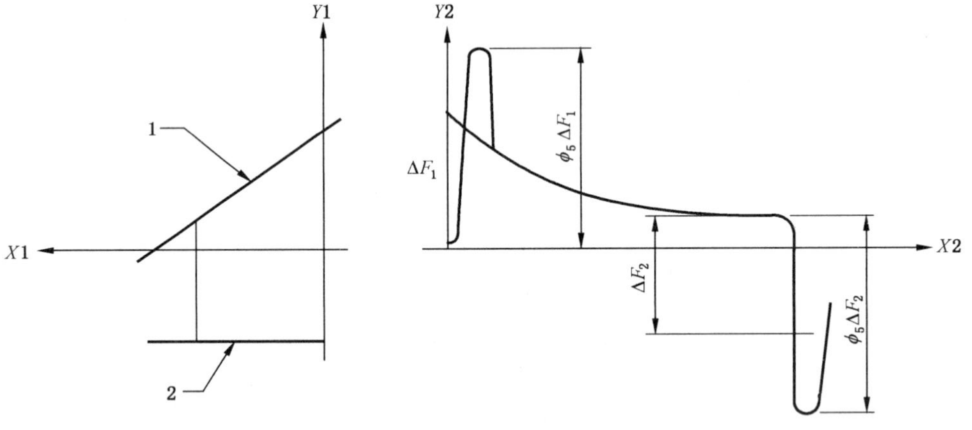

说明:

1 ——电机驱动力;

2 ——制动力;

X1——速度;

X2——时间;

Y1——驱动力;

Y2——由驱动力对起重机械产生的载荷效应。

图3 机构驱动加(减)速动载系数 ϕ_5

ϕ_5的取值范围为$1\leqslant\phi_5\leqslant2$。$\phi_5$数值的选取取决于驱动力或制动力的变化率、质量分布和系统的弹性性质。通常，ϕ_5的较低值适用于驱动力平稳变化的系统，ϕ_5的较高值适用于驱动力突然变化的系统。

对于离心力，ϕ_5可取为1。

在力的传递受到摩擦或驱动机构特性限制的情况，应选用适合于该系统极限力的系数ϕ_5。

附录B对系数ϕ_i的应用给出一般注释。

附录D给出了由于运行机构不同步且载荷分布不对称的桥式起重机加速引起的载荷的示例。

6.1.5 由位移引起的载荷

在设计计算中应当考虑由于位移引起的载荷，例如由预应力产生的位移引起的载荷以及应在极限范围内的由偏斜(挠曲)和其他补偿控制系统的初始影响产生的位移引起的载荷。

要考虑的其他载荷包括由在规定极限范围内的位移引起的载荷，例如轨道之间轨距的相对变化或支承的不均匀沉陷引起的载荷。

6.2 偶然载荷

6.2.1 气候影响

6.2.1.1 工作状态风载荷

由工作状态风引起的载荷应按ISO 4302计算。

6.2.1.2 雪和冰载荷

对于某些地方，应当考虑雪和冰载荷。由于结壳引起受风面积增大也应予以考虑。

6.2.1.3 由于温度变化引起的载荷

由于地区温度变化，应当考虑部件膨胀或收缩受到约束所引起的载荷。

6.2.2 由偏斜运行引起的载荷

当起重机或小车在稳定状态运行时，偏斜载荷发生在起重机的车轮或导向装置(如导向滚轮或车轮轮缘)上。偏斜载荷是由迫使车轮从其自由滚动和原来的运行方向上偏离出来的导向反作用力引起的一种偶然出现的载荷。由于非对称分布质量起重机的加速度也会引起类似的载荷而产生偏斜，对此在6.1.4中考虑。

偏斜载荷通常作为偶然载荷，但它们发生的频率随着起重机械的类型，结构形式、轮轴平行度的准确性以及使用状态而变化。在个别情况下发生的频率将决定它们是属于偶然载荷还是常规载荷。

注：对偏斜载荷的大小以及其归属何种载荷类别所制定的指导均列于本标准所覆盖的特定类型起重机部分。

附录E给出了一个以恒速运行的刚性起重机金属结构上的偏斜载荷分析方法的示例。对于施加偏斜力后结构具有不呈刚性的起重机或者具有特殊控制的运行导向方式的起重机，应考虑系统特性而选用适当的计算模型。

6.3 特殊载荷

6.3.1 非工作状态风载荷

在计算非工作状态风载荷时，应考虑从起升载荷质量中卸除有效载荷质量后仍悬挂在起重机械上的剩余部分(吊具)质量ηm，见式(3)：

$$\eta m = m_{\mathrm{H}} - \Delta m_{\mathrm{H}} \qquad \cdots\cdots(3)$$

式中：

$m_{\mathrm{H}} - \Delta m_{\mathrm{H}}$——悬挂在起重机械上的剩余部分(吊具)质量；

m_{H} ——总载荷质量。

由非工作状态风引起的载荷应按 ISO 4302 计算。

6.3.2 试验载荷

试验载荷值应符合 ISO 4310 的规定。

在动载和静载试验载荷的数值大于 ISO 4310 给出的最小值时，应对这些试验状态进行承载能力验算。在此情况下，动载试验载荷应乘以由式(4)给出的系数 ϕ_6：

$$\phi_6 = 0.5(1 + \phi_2) \qquad \cdots\cdots(4)$$

式中 ϕ_2 按照 6.1.2 进行计算。

附录 B 对系数 ϕ_i 的应用给出一般注释。

对于试验载荷的验证计算，应考虑最小级别风速 5.42 m/s。

6.3.3 缓冲力

在使用缓冲器的场合，由于与缓冲器相碰撞对起重机金属结构产生的作用力，应按起重机通常以0.7倍～1.0 倍额定速度运行时所有相关部分的动能进行计算。在采用了非常可靠的运行减速自动控制系统，或者在起重机与缓冲器碰撞后结果是有限的特殊考虑情况下，可以采用较低值。

计算可以刚体模型为基础，但应考虑起重机和缓冲系统的实际动作响应。

在起重机械或部件的偏转受到限制的情况，例如受导向轨的限制，其缓冲变形可认为是相等的，此时若缓冲特性相同，则缓冲力将相等。这种情况可用图 4a)说明，其中 F_x 为缓冲碰撞力，F_{x2}，F_{x4} 为：$F_{x2} = F_{x4} = F_x/2$。

在起重机械或部件的偏转不受限制的情况，应考虑相关质量的分布和缓冲器特性来计算缓冲力。这种情况可用图 4b)说明。

其合力 F_x 与缓冲力相平衡的水平惯性力一样，应乘以缓冲器碰撞弹性效应系数 ϕ_7 来考虑无法通过刚体分析得到的弹性效应。

对于具有线性特性的缓冲器(如弹簧)情况，ϕ_7 值应取为 1.25，对于具有矩形特性的缓冲器(如液压缓冲器)情况，ϕ_7 值应取为 1.6。对其他特性的缓冲器，应通过计算或试验选取证明是正确的其他数值(见注和图 5)。

注：ϕ_7 的中间值可按下式进行估算：

——当 $0 \leqslant \xi \leqslant 0.5$ 时，$\phi_7 = 1.25$

——当 $0.5 < \xi \leqslant 1.0$ 时，$\phi_7 = 1.25 + 0.7(\xi - 0.5)$。

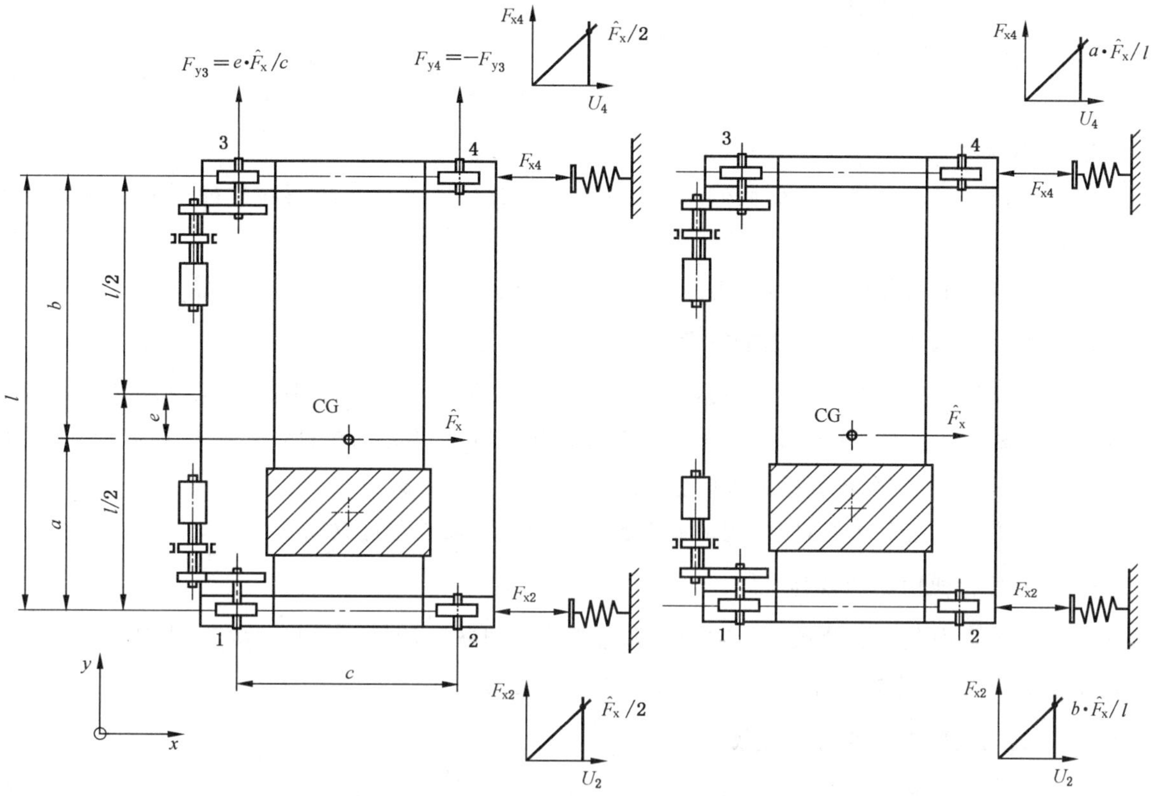

a） 由轨道水平导向的起重机

（$u_2=u_4$——缓冲行程）

b） 回转不受限制的起重机

（$F_{y3}=F_{y4}=0$——反作用力）

图4 缓冲力与缓冲变形的举例（所示为四轮起重机）

相对缓冲能量按式(5)进行计算，计算时不考虑水平方向不受限制(可自由摆动)的悬挂载荷的影响。

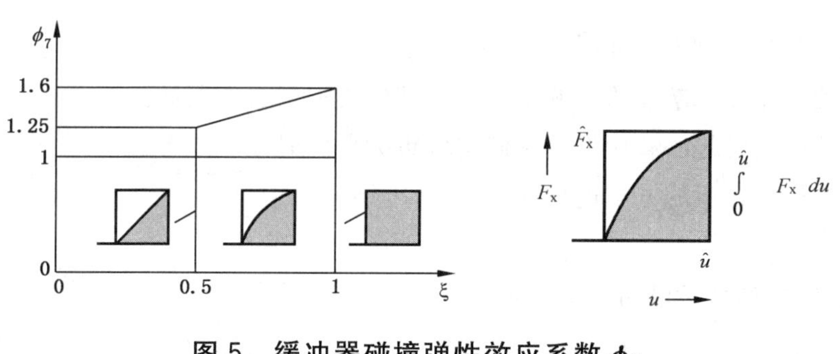

图5 缓冲器碰撞弹性效应系数 $\boldsymbol{\phi}_7$

$$\xi=\frac{1}{\hat{F}_x\hat{u}}\int_0 F_x\mathrm{d}u \quad \cdots\cdots\cdots\cdots(5)$$

式中：

ξ ——相对缓冲能量，具有线性特性的缓冲器：$\xi=0.5$；具有矩形特性的缓冲器：$\xi=1.0$；

$\hat{F}_x$ ——最大缓冲碰撞力；

F_x ——缓冲碰撞力；

$\hat{u}$ ——最大缓冲行程；

u ——缓冲行程。

6.3.4 倾翻力

起重机因受水平载荷阻碍而倾翻时，应确定其载荷或吊具与障碍物碰撞引起的静态合力(倾翻力)。

若已倾翻的起重机能自行回落到其正常位置，应考虑对支撑结构上的碰撞力。

6.3.5 有效载荷意外丧失引起的载荷

对于刚体稳定性性及强度问题，例如臂架或起重机整体结构的回弹、臂架反向抖动以及与起重机结构发生碰撞、臂架回落到正常位置或作用在受单向力的构件(液压缸、绳索等)上的载荷发生逆转，应考虑有效载荷丧失的影响。

在未进行动态分析时，应采用动载系数 $\phi_9=-0.3$ 来考虑有效载荷意外丧失的影响。

6.3.6 意外停机引起的载荷

意外停机引起的载荷按 6.1.4 估算，并应考虑停机瞬间的最不利驱动状态(即加速力与载荷的最不利组合)。系数 ϕ_5 值应从 $1.5 \leqslant \phi_5 \leqslant 2.0$ 范围内选择。

6.3.7 机构或部件失效引起的载荷

若采用工作制动加上紧急制动对起重机提供保护，则失效和紧急制动的动作均应认为发生在最不利状态下。

若为了安全原因采用两套(双联)机构时，若任一机构的任何部位出现失效，则应认为该机构发生了失效。

在这两种情况中，应按 6.1.4 计算所引起的各载荷，还应计及在力的传递中引起的任何冲击。

6.3.8 起重机基础支撑的外部激励

起重机基础支撑外部激励的实例是地震或其他震波引起的振动。

由这类外部激励引起的载荷仅当它们构成重大危险时才予以考虑。

地震载荷应根据合适的方法进行计算[2]。

6.4 其他载荷

6.4.1 由于安装、拆卸和运输引起的载荷

应该考虑作用在安装、拆卸过程中各个阶段的载荷，包括由 8.3 m/s 的风速或更大风速引起的载荷。对于某些类型的起重机，在本标准的其他部分也规定了较高的数值。它们应按 7.2 进行组合。

在某些情况中，也需考虑在运输过程中产生的载荷。

6.4.2 平台和其他通道上的载荷

这些载荷被认为是局部载荷，只作用在设备本身及最接近的支撑构件上。

还应考虑下述载荷：

——可以堆放的物料：3 000 N；

——仅为通道承受的：1 500 N；

——作用在栏杆上的水平力不小于 300 N，取决于安装位置及用途。

7 载荷组合的选择原则

7.1 基本考虑

为确定起重机在正常操作中所承受的应力，应按弹性静态模拟计算，将各个载荷进行组合。为达到此目的：

a) 当采取载荷作用的大小、位置和方向均选定作为工程考虑基础，估算危险点产生的不利应力时，起重机械的状态和布置处于最不利的条件。

b) 保守的做法可将各种载荷按照本部分规定的含义进行组合，或者在适当的情况下用若干个载荷因子进行组合，以更真实地反映实际载荷情况。

表 3 给出了基本载荷组合。通常，载荷组合 A 包括常规载荷，载荷组合 B 包括常规载荷与偶然载荷的组合，载荷组合 C 包括常规载荷、偶然载荷与特殊载荷的组合。

适用于各种类型起重机械的载荷组合应符合表 3 和 7.2 规定的原则。

表 3　载荷与载荷组合

1	2		3					4						5												6
载荷类别	载荷 f_i		载荷组合 A					载荷组合 B						载荷组合 C												行号
			分项安全系数 γ_p	A1	A2	A3	A4	分项安全系数 γ_p	B1	B2	B3	B4	B5	分项安全系数 γ_p	C1	C2	C3	C4	C5	C6	C7	C8	C9	C10	C11	
常规载荷(见 6.1)	重力加速力冲击力	1)起重机的质量	*)	ϕ_1	ϕ_1	1	—	*)	ϕ_1	ϕ_1	1	—	—	*)	ϕ_1	1	ϕ_1	1	1	1	1	1	—	—	—	1
		2)总载荷的质量	1.34	ϕ_2	ϕ_3	1	—	1.22	ϕ_2	ϕ_3	1	—	—	1.10	—	η	—	1	1	1	1	1	—	—	—	2
		3)在不平坦路面上运行的起重机和起升载荷的质量	1.22	—	—	—	ϕ_4	1.16	—	—	—	ϕ_4	ϕ_4	—	—	—	—	—	—	—	—	—	—	—	—	3
	驱动加速力	4)起重机和总载荷的质量 a)不包括起升机构	1.34	ϕ_5	ϕ_5	—	ϕ_5	1.22	ϕ_5	ϕ_5	—	ϕ_5	—	1.10	—	—	ϕ_5	—	—	—	—	—	—	—	—	4
		4)起重机和总载荷的质量 b)包括起升机构		—	—	ϕ_5	—		—	—	ϕ_5	—	—		—	—	—	—	—	—	—	—	—	—	—	5
	位移	5)位移或变形引起的载荷,见 6.1.5	* *)	1	1	1	1	* *)	1	1	1	1	1	* *)	1	1	1	1	1	1	1	1	—	—	—	6
偶然载荷(见 6.2)	气候影响	1)工作状态风载荷	—	—	—	—	—	1.22	1	1	1	1	1	1.16	—	—	1	—	—	—	—	—	—	—	—	7
		2)雪和冰载荷	—	—	—	—	—	1.22	1	1	1	1	1	1.16	—	1	—	—	—	—	—	—	—	—	—	8
		3)温度变化引起的载荷	—	—	—	—	—	1.16	1	1	1	1	1	1.05	—	1	—	—	—	—	—	—	—	—	—	9
	偏斜	4)偏斜运行引起的水平侧向载荷,见 6.2.2	—	—	—	—	—	1.16	—	—	—	—	1	—	—	—	—	—	—	—	—	—	—	—	—	10
特殊载荷(见 6.3)	1)起升地面载荷		—	—	—	—	—	—	—	—	—	—	—	1.10	ϕ_2	—	—	—	—	—	—	—	—	—	—	11
	2)非工作状态风载荷		—	—	—	—	—	—	—	—	—	—	—	1.16	—	1	—	—	—	—	—	—	—	—	—	12
	3)试验载荷		—	—	—	—	—	—	—	—	—	—	—	1.10	—	—	ϕ_6	—	—	—	—	—	—	—	—	13
	4)缓冲力		—	—	—	—	—	—	—	—	—	—	—	1.10	—	—	—	ϕ_2	—	—	—	—	—	—	—	14
	5)倾翻力		—	—	—	—	—	—	—	—	—	—	—	1.10	—	—	—	—	1	—	—	—	—	—	—	15

表 3（续）

1	2	3					4						5												6
载荷类别	载荷 f_i	载荷组合 A					载荷组合 B						载荷组合 C												行号
		分项安全系数 γ_P	A1	A2	A3	A4	分项安全系数 γ_P	B1	B2	B3	B4	B5	分项安全系数 γ_P	C1	C2	C3	C4	C5	C6	C7	C8	C9	C10	C11	
特殊载荷（见 6.3）	6）意外停机引起的载荷	—	—	—	—	—	—	—	—	—	—	—	1.10	—	—	—	—	—	ϕ_5	—	—	—	—	—	16
	7）机构失效引起的载荷	—	—	—	—	—	—	—	—	—	—	—	1.10	—	—	—	—	—	—	ϕ_5	—	—	—	—	17
	8）起重机基础外部激励引起的载荷	—	—	—	—	—	—	—	—	—	—	—	1.10	—	—	—	—	—	—	—	1	—	—	—	18
	9）激活过载保护引起的载荷	—	—	—	—	—	—	—	—	—	—	—	1.10	—	—	—	—	—	—	—	—	1	—	—	19
	10）有效载荷丧失引起的载荷	—	—	—	—	—	—	—	—	—	—	—	1.10	—	—	—	—	—	—	—	—	—	ϕ_9	—	20
	11）安装、拆卸、运输引起的载荷	—	—	—	—	—	—	—	—	—	—	—	1.10	—	—	—	—	—	—	—	—	—	—	1	21
许用应力法	强度系数 γ_f	—	1.48				—	1.34					—	1.22											22
极限状态法	抗力系数 γ_m	1.1	—				1.1	—					1.1	—											23
高危险情况	高危险度系数 γ_n	γ_n																							24
关系说明	安全系数 n＝强度系数 γ_f×高危险度系数 γ_n，当不考虑高危险度系数（$\gamma_n=1$）时，安全系数 n＝强度系数 γ_f																								25

*）分项安全系数的取值见表 4。

* *）适用于由变形引起载荷分项安全系数的取值见 7.3.8。

A1 和 B1——起重机械在正常工作状态下起升和下降载荷，没有工作状态风载荷以及由其他气候影响引起的载荷（A1）和有工作状态风载以及由其他气候影响引起的载荷（B1）。通常，为了反映沿两个不同方向运动的起重机的加速、减速及其负载或卸载时的位姿，应将各种载荷进行载荷组合。起升地面载荷或吊具的过程中，应根据正常操作及驱动控制将驱动机构（不包括起升机构）引起的驱动加速力进行载荷组合。

A2 和 B2——起重机械在正常工作状态下突然卸除部分起升载荷，没有工作状态风载荷以及由其他气候影响引起的载荷（A2）和有工作状态风载荷以及由其他气候影响引起的载荷（B2）。驱动力应按 A1 和 B1 进行组合。

A3 和 B3——起重机械在正常工作状态下，加速挂悬的载荷，没有工作状态风载及由于其他气候影响引起的载荷（A3）和有工作状态风载荷及由于其他气候影响引起的载荷（B3）。其他驱动力应按 A1 和 B1 进行组合。

A4 和 B4——起重机械在正常工作状态下，在不平坦路面或轨面上运行，没有工作状态风载荷以及由其他气候影响引起的载荷（A4）和有工作状态风载荷以及由其他气候影响引起的载荷（B4）。驱动力应按 A1 和 B1 进行组合。

B5——起重机械在正常工作状态下，在不平坦路面上以恒定速度偏斜运行，有工作状态风载荷以及由其他气候影响引起的载荷。

C1——起重机械在工作状态下，在特殊情况下起升地面载荷，采用 6.1.2.2.2 的 ϕ_2。

C2——起重机械在非工作状态下包括非工作状态风载荷以及由其他气候影响引起的载荷。

C3——起重机械在试验状态下驱动力应按 A1 和 B1 进行组合。

C4～C8——起重机械带有总载荷并同例如缓冲力（C4）、倾翻力（C5）、意外停机（C6）、机构失效（C7）、起重机械基础激励（C8）载荷相组合。

C9——激活过载保护引起的载荷。

C10——有效载荷丧失引起的载荷。

C11——安装、拆卸、运输引起的载荷。

7.2 在安装、拆卸和运输过程中的载荷组合

在安装和拆卸过程中的各个阶段都应考虑适当的载荷与载荷组合，这些载荷与载荷组合在本标准的各部分对每一种类型的起重机均有同样的规定。对于每个构件或部件的重要载荷在各种情况下都应进行承载能力的验算。在某些情况中还需要考虑在运输过程中发生的载荷。

7.3 表3的应用

7.3.1 总则

表3中第2列的第1行～第3行的质量均应乘以重力加速度 g，第2列的第4行和第5行的质量应乘以适当的加速度。所求得的或给出的载荷应乘以相应符合7.3.7的系数。

每种载荷组合应符合7.1的规定。

7.3.2 许用应力法

载荷组合A、B和C的许用应力应以材料、元件、部件或连接件所规定的强度(例如屈服应力、屈曲应力或弹性极限)除以强度系数 γ_f 来确定。强度系数 γ_f 的值列于表3中。

7.3.3 极限状态法

各载荷在用于计算模型以前，应依照载荷类别和载荷组合A、B或C乘以分项安全系数 γ_p。

供选用的分项安全系数 γ_p 分别列于表3的第3列、第4列和第5列。

7.3.4 弹性位移

在某些情况下，弹性位移会使起重机不能胜任其预期任务，会影响稳定性或者干扰机构的正常运转。在此情况下，考虑有关位移应是承载能力验算的组成部分，并且在可能的条件下将计算位移与确定的极限值进行对比。

7.3.5 疲劳强度验算

应该考虑疲劳效应。若需要验算疲劳强度时，应按7.1规定的原则进行验算。通常，应考虑载荷组合A1、A2、A3和A4(常规载荷)。

在某些应用中还需要考虑一些偶然载荷，例如工作状态风载荷，偏斜载荷，特殊载荷，试验载荷与起重机械基础的激励(例如地震和其他震波效应)。

7.3.6 高度危险度系数的应用

在某些特殊情况下，在起重机械失效对人体或经济造成的后果特别严重的情况(例如铸造起重机或核能用起重机)，应选用高度危险度系数，并且 $\gamma_n>1$，以提高可靠性。高危险度系数值应根据特殊的使用要求进行选取。

使用许用应力法时，许用应力应除以高度危险度系数 γ_n。使用极限状态法时，载荷应乘以高度危险度系数 γ_n(见附录A)。

7.3.7 起重机或起重机零部件的质量

7.3.7.1 对结构计算有利或不利的质量

当计算给定载荷组合和起重机配置下的载荷时，应考虑起重机不同部分质量增加(不利)或减少(有利)所引起临界点载荷效应。

同一质量针对不同的结构形式、危险载荷，所产生的结果可能是有利的，也可能是不利的。图6以塔式起重机为例对上述情况进行阐述：对于塔式起重机上的弯矩 L 而言，起升载荷作用

时平衡重的质量为有利质量;相反,无起升载荷作用时,平衡重的质量为不利质量。对于塔式起重机上的压力而言,有/无起升载荷作用时,平衡重的质量均为不利质量。

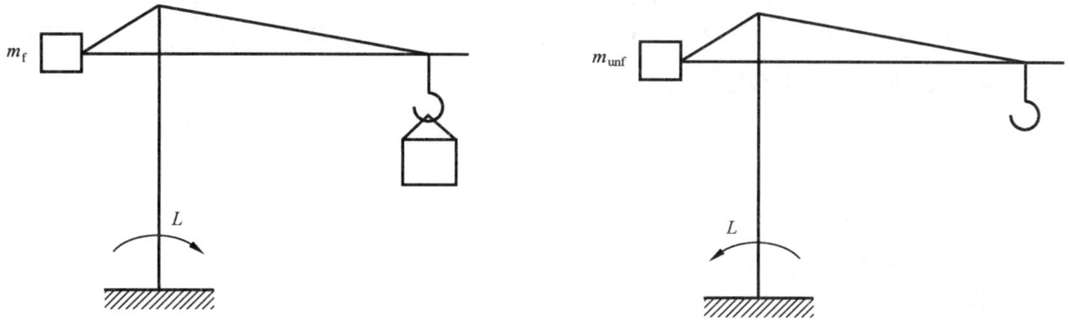

a) 平衡重为有利质量　　b) 平衡重为不利质量

说明:

L ——作用在塔式起重机上的弯矩;

m_f ——有利质量;

m_{unf}——不利质量。

图6　有利质量与不利质量的说明

7.3.7.2　起重机质量的分项安全系数(极限状态法)

根据起重机零部件质量的计算方法和载荷效应类型,从表4中选择相应的分项安全系数 γ_p。

具备有利和不利质量的起重机零部件(如卸船机的主梁总长、塔式起重机的上部回转机构),对于每一种载荷组合,仅能在其重心位置施加一个分项安全系数。

表4　起重机质量的分项安全系数 γ_p

起重机零部件质量及重心的确定方法	表3中的载荷组合					
	A		B		C	
	不利质量	有利质量	不利质量	有利质量	不利质量	有利质量
通过计算	1.22	0.95	1.16	0.97	1.10	1.00
通过称重	1.16	1.00	1.10	1.00	1.05	1.00
特殊情况	1.16	1.10	1.10	1.05	1.05	1.00

使用特殊情况下的分项安全系数时,应满足以下两个条件:

a) 采用称重法确定起重机零部件质量及重心;

b) 起重机零部件有利质量引起的载荷总效应与不利质量引起的载荷总效应与总载荷之和的比值应小于0.6,如式(6)所示。

计算时,应使用未乘以相关系数的静载荷和质量。

$$\left|\frac{L_f}{L_{unf}+L_h}\right|<0.6 \qquad \cdots\cdots(6)$$

式中:

L_f ——起重机零部件有利质量的静载效应;

L_{unf}——起重机零部件不利质量的静载效应；

L_h ——总载荷的静载效应。

注：一般情况下，有利质量的分项安全系数应小于1。特殊情况下，载荷效应的计算结果过时，由于不利质量的分项安全系数不能减小，所以有利质量的分项安全系数可人为增大并超过1。

7.3.7.3 起重机质量的安全系数(许用应力法)

许用应力法中的系数 γ_f 并未考虑有利质量的负偏差量。为考虑对计算载荷效应结果的影响(例如，质量小于假定值)，应将有利质量乘以折减系数 γ_{red}：

——载荷组合 A，$\gamma_{red}=0.85$；

——载荷组合 B，$\gamma_{red}=0.90$；

——载荷组合 C，$\gamma_{red}=0.95$。

7.3.8 适用于由位移引起载荷的分项安全系数

对于起重机某些零部件在预变形中产生的载荷效应影响，应考虑表5给出的分项安全系数上下限，以反映由于预应力过程及参数不准确性引起的起重机变形偏差。

在连接中(如高拉伸螺栓的预应力情况下)局部采用预变形建立压缩力以避免间隙或引起摩擦力，相同的分项安全系数上下限应同样适用。

表5 适用于预变形引起载荷的分项安全系数 γ_p

分项安全系数 γ_p	表3中的载荷组合		
	A	B	C
上限值	1.10	1.05	1.00
下限值	0.90	0.95	1.00

任何非预加，但可预见，在任何方向的弹性或刚性体变形所引起显著影响起重机的载荷效应应视为载荷，并应按表6中给出的分项安全系数进行放大。

通常非预加变形的方向可变化，因此，应考虑所有的变形方向。

表6 适用于非预加变形引起载荷的分项安全系数值

分项安全系数	表3中的载荷组合		
	A	B	C
γ_p	1.10	1.05	1.00

7.4 验证刚体稳定性的分项安全系数

表7中给出了在载荷组合 A1、A2、B1、C2、C3、C4、C6、C8、C9、C10 和 C11 中，验证起重机作为一个整(刚)体的稳定性应采用的分项安全系数。

在所有这些载荷组合中，除 ϕ_3 和 ϕ_9 之外的所有动载荷系数 ϕ_i 都应设置为 $\phi_i=1$；而当 ϕ_3 的计算值大于 -0.1 时，ϕ_3 应设为 -0.1。

在倾覆力矩由起重机质量决定的场合，为获得一个高于1.2的总体安全系数，建议计算中应采用更大的分项安全系数。

表 7　验证刚体稳定性的分项安全系数

载荷类别	载荷 f_i		i *)	载荷组合 A				载荷组合 B		载荷组合 C												
				A1		A2		B1		C2		C3		C4	C6		C8	C9		C10		C11
				S1	S2	S1	S2	S1	S2	S1	S2	S1	S2	S1,S2	S1	S2	S1,S2	S1	S2	S1	S2	S1,S2
常规载荷	重力 加速力 冲击力	起重机的质量	1	1.10	1.05	1.10	1.05	1.10	1.05	1.00	1.00	1.00	1.00	1.00	1.00	1.00	1.00	1.00	1.00	1.00	1.00	1.00
		总载荷的质量	1	0.95	1.00	0.95	1.00	0.95	1.00	1.00	1.00	1.00	1.00	1.00	1.00	1.00	1.00	1.00	1.00	1.00	1.00	1.00
		在不平坦路面上运行的起重机和起升载荷的质量	2	1.34	1.22	1.0	1.00	1.22	1.10	1.00	1.00	1.00	—	—	1.00 **)	1.10	1.05	1.00 **)	1.00 **)	—	—	—
	驱动加速力	起重机及总载荷的质量,包括起升机构的	5	1.34	1.22	1.34	1.22	1.22	1.10	—	—	1.10	1.00	—	—	—	—	—	—	—	—	—
	位移载荷		6	1.10	1.10	1.10	1.10	1.05	1.05	1.00	1.00	1.00	1.00	1.00	1.00	1.00	—	1.00	1.00	1.00	1.00	1.00
偶然载荷	气候影响引起的载荷	1 工作状态风载荷	7	—	—	—	—	1.22	1.16	—	—	1.00	1.00	—	—	—	—	1.16	1.10	1.16	1.10	—
		2 雪和冰载荷	8	—	—	—	—	1.22	1.22	—	—	—	—	—	—	—	—	—	—	—	—	—
特殊载荷	非工作状态风载荷		12	—	—	—	—	—	—	1.16	1.10	—	—	—	—	—	—	—	—	—	—	—
	试验载荷		13	—	—	—	—	—	—	—	—	1.16	1.10	—	—	—	—	—	—	—	—	—
	缓冲力		14	—	—	—	—	—	—	—	—	—	—	1.10	—	—	—	—	—	—	—	—
	意外停机引起的载荷		16	—	—	—	—	—	—	—	—	—	—	—	1.10	1.10	—	—	—	—	—	—
	起重机基础激励引起的载荷		18	—	—	—	—	—	—	—	—	—	—	—	—	—	1.00	—	—	—	—	—
	激活过载保护引起的载荷		19	—	—	—	—	—	—	—	—	—	—	—	—	—	—	1.00	1.00	—	—	—
	有效载荷丧失引起的载荷		20	—	—	—	—	—	—	—	—	—	—	—	—	—	—	—	—	1.00	1.00	—
	安装、拆卸、运输引起的载荷		21	—	—	—	—	—	—	—	—	—	—	—	—	—	—	—	—	—	—	1.10

S1,S2 为稳定性等级。其中 S1 稳定性等级列中的分项安全系数适用于所有类型的起重机,S2 稳定性等级列中的分项安全系数仅适用于满足下列条件的起重机:

a) 验证存在支撑起重机地面能可靠地承受支撑力,无严重意外位移或考虑其对稳定性的影响。这也表现在(那些不引起刚体运动)支撑卸载后将引起最大支撑力作用于其他支撑的情况中;

b) 存在任何结构、位置、载荷状态下,当刚体接近不稳定情形时用于预警起重机司机最终停止起重机的任何运动可靠的载荷指示限位系统;

c) 相关质量及重心应采用精度±2.5%的称重进行估算;

d) 应由熟悉起重机及指示限位装置的,有法定资格的起重机司机来操作起重机。

*)根据表 3 的行号。

* *)仅适用于不利的情况。

附 录 A
(规范性附录)
许用应力设计法和极限状态设计法的应用

A.1 引言

本部分提出的在承载能力验算中确定载荷与载荷组合的原则均适用于许用应力设计法和极限状态设计法。载荷与应力呈线性关系时，极限状态法与许用应力法等效；而载荷与应力呈非线性关系时(例如，应用二阶方法的场合)，应采用极限状态法进行设计计算。

注：ISO 20332 给出了极限状态值，并未给出许用应力值。

A.2 许用应力法

首先计算各指定载荷 f_i，并以适当的动力载荷系数 ϕ_i 进行增大；其次根据载荷组合表 3 进行组合，计算得出组合载荷 $\overline{F}_j$。再用此组合载荷 $\overline{F}_j$ 确定合成的载荷效应(内力、变形)$\overline{S}_k$。

根据作用在构件或部件上的载荷效应(内力、变形)计算出应力 $\overline{\sigma}_{11}$，并与由局部效应(内力、变形)引起的应力 $\overline{\sigma}_{21}$ 相组合，得到合成设计应力 $\overline{\sigma}_1$。最后将此合成设计应力 $\overline{\sigma}_1$ 与许用应力 admσ 相比较。

许用应力 admσ 是以材料的规定强度 R(与材料屈服点、弹性稳定性或疲劳强度对应的应力值)除以强度系数 γ_f 得出。基本载荷组合(见 7.1.)确定的强度系数 γ_f 值列于表 3 中。在具有高度危险的场合，还应除以高危险度系数 γ_n(见 7.3.6)。

在许用应力设计法中，外载荷与内力一般视为线性关系，当其呈非线性关系时或应力临界值是由独立交变载荷进行载荷组合而产生，应特别注意承载能力验证的有效性。

许用应力设计法的典型流程图如图 A.1 所示。

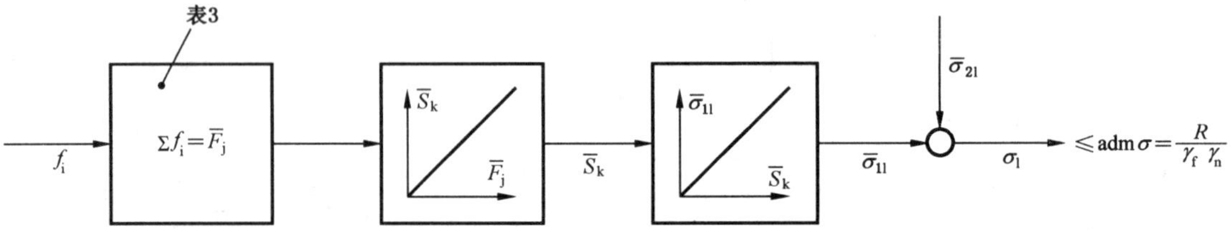

说明：

f_i ——作用在元件或部件上的载荷 i；
$\overline{F}_j$ ——载荷组合 j；
$\overline{S}_k$ ——在构件或支承部件的 k 截面中的载荷效应，例如由载荷组合 $\overline{F}_j$ 引起的内力和力矩；
$\overline{\sigma}_{11}$ ——由载荷效应 $\overline{S}_k$ 在某元件 l 中产生的应力；
$\overline{\sigma}_{21}$ ——由局部效应在某元件 l 中产生的应力；
$\overline{\sigma}_1$ ——在某元件 l 中的合成设计应力；
R ——材料、构件或部件上的规定强度或特定抗力，与材料屈服点、弹性稳定性或疲劳强度对应的应力值；
admσ——许用应力；
γ_f ——根据所考虑的载荷组合用于规定的强度系数；
γ_n ——高危险度系数。

图 A.1 许用应力法的典型流程图

A.3 极限状态法

首先计算各指定载荷 f_i，并以适当的动力载荷系数 ϕ_i 进行放大，同时乘以与该项载荷相对应的分项安全系数 γ_p。其次根据载荷组合表进行组合，得出组合载荷 F_j。动力载荷系数 ϕ_i 和分项安全系数 γ_p，的取值列于表 3 和表 7 中。

在具有高度危险的场合，需对组合载荷 F_j 乘以高危险度系数 γ_n（见 7.3.6），得出设计载荷 $\gamma_n F_j$。再用此载荷确定设计载荷效应 S_k。然后根据作用在构件或部件上的载荷效应（内力、变形）计算出应力 σ_{11}，并与有采用适当的动力载荷系数计算出的局部效应（内力、变形）引起的其他应力 σ_{21} 相合成，得出合成设计应力 σ_1，最后将此合成设计应力 σ_1 与极限应力 $\lim\sigma$ 相比较。极限应力是以材料的规定强度 R 除以抗力系数 γ_m 而得到，抗力系数反映了材料的强度变化和局部缺陷的统计（平均）结果。

极限状态设计法的典型流程图如图 A.2 所示。

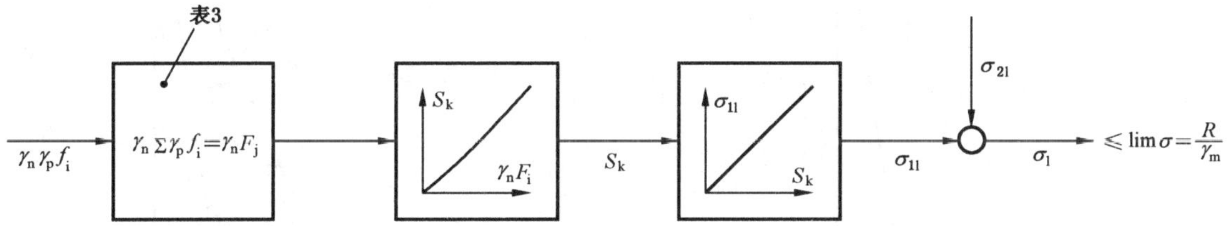

说明：

f_i ——作用在元件或部件上的载荷 i；

F_j ——由载荷 f_i 乘以分项安全系数和适当时乘以高危险度系数而构成的载荷组合 j；

S_k ——在构件或支承部件 k 截面中的载荷效应，例如由载荷组合 F_j 引起的内力和力矩；

σ_{11} ——由载荷效应 S_k 在某元件 l 中产生的应力；

σ_{21} ——由局部效应在某元件 l 中产生的应力；

σ_1 ——在某元件 l 中的合成设计应力；

R ——材料、构件或部件上的规定强度或特定抗力，与材料屈服点、弹性稳定性或疲劳强度对应的应力值；

$\lim\sigma$ ——极限设计应力；

γ_p ——根据所考虑的载荷组合，用于各个载荷的分项安全系数；

γ_n ——高危险度系数；

γ_m ——抗力系数。

注 1：可以用力、力矩、变形等的对比替代上述的应力对比。

注 2：ISO 2394:1998《结构可靠性的一般原则》中给出了极限状态设计法的一般说明。

图 A.2 极限状态法的典型流程图

附 录 B
（资料性附录）
动力系数 ϕ_i 应用的一般注释

通常利用动力系数 ϕ_i 来考虑由不同载荷(见第 6 章)引起的动力响应，用动力系数 ϕ_i 乘以由各个质量产生的重力以及由于刚体运动产生的惯性力(见图 B.1)。

如果载荷效应和动力响应不能用这些系数表达，则应进行弹性动力分析或试验，除非从经验得知这些效应足够小，可以忽略不计。

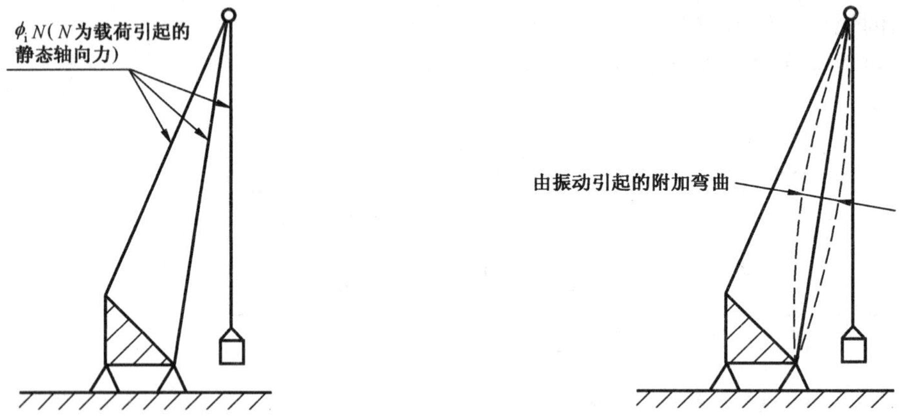

a) 可用动力系数 ϕ_i 表达的载荷效应示例　　b) 不能用动力系数 ϕ_i 表达的载荷效应示例

图 B.1 动力系数 ϕ_i 的应用

附 录 C
（资料性附录）
在轨道上运行的起重机械估算系数 ϕ_4 值的模型示例

C.1 总则

在带有高低错位或间隙接头轨道上运行的起重机械及起重小车所引起的动力载荷可用适当的弹性动力模型进行估算，即采用不平度函数来表述轨道接头处高低错位或间隙。

C.2 弹性动力模型

在本示例中，由系统激励对起重机械引起的动载荷可采用一个简洁的模型进行估算。

一个单体质量 m（单位为 kg），以恒速 v（单位为 m/s）做水平运动，由弹簧常数为 c（单位为 N/m）的线性弹簧作支承，采用轨道导向（见图 C.1）。

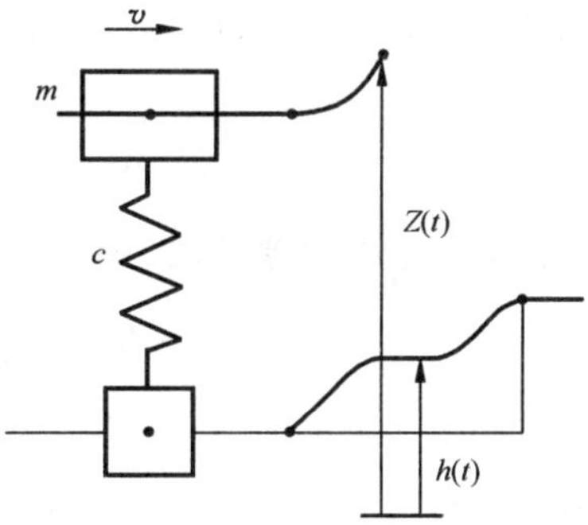

图 C.1 确定动力系数 ϕ_4 的模型

用不平度函数 $h(t)$（单位为 m）和坐标 $Z(t)$（单位为 m）来描述弹簧支承质量的位置，弹簧的动载荷 $F(t)$（单位为 N）用式(C.1)表达：

$$F(t)=c[h(t)-Z(t)] \quad \cdots\cdots\cdots\cdots\cdots\cdots\cdots\cdots\cdots\cdots (C.1)$$

最大的动载荷 F_{max} 是在响应期间由表达式 $F(t)$ 的最大值给出的。而该载荷可发生在激励周期内或激励周期后。

C.2.1 当越过某个接头高低错位处或间隙处时车轮中心的运动

当越过某个接头高低错位处或间隙处时车轮中心的运动及相应的公式示于图 C.2。

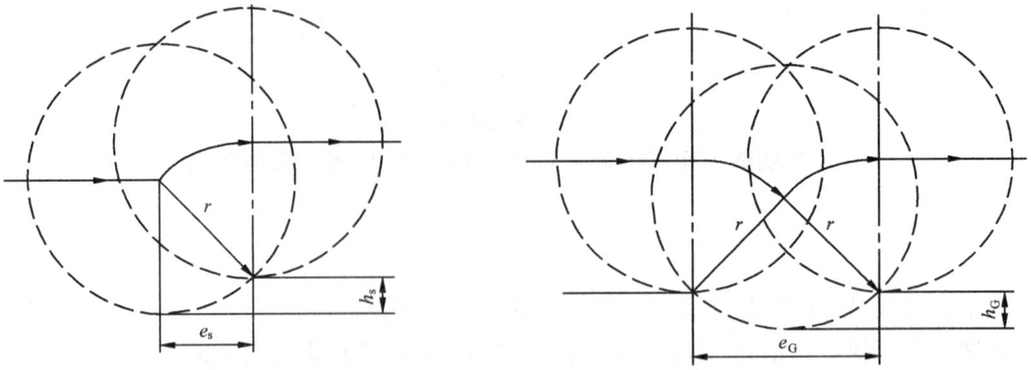

$e_s = \sqrt{2rh_s}$ $(h_s \leqslant r)$

a) 越过某个接头高低错位处

$h_G \approx \dfrac{e_G^2}{8r}$ $(e_G \approx r)$

b) 越过某个接头间隙处

图 C.2 车轮中心的运动

C.2.2 激励弹性动力模型的近似不平度函数

激励弹性动力模型的近似不平度函数 $h(t)$ 见图 C.3 及 C.2.3 的公式。

C.2.3 最大垂直加速度

C.2.3.1 弹簧下端

当以恒速 V 越过某个接头高低错位处或间隙处时，弹簧下端的最大垂直加速度 $\hat{\ddot{h}}$ 由式(C.2)给出：

$$\hat{\ddot{h}} = \frac{h_s}{2}\Omega^2 = \frac{h_G}{2}\Omega^2 = \left(\frac{\pi}{2}\right)^2 \frac{v^2}{r} \quad \cdots\cdots(C.2)$$

式中 h_s、h_G、Ω、V 和 r 示于图 C.2 和图 C.3。

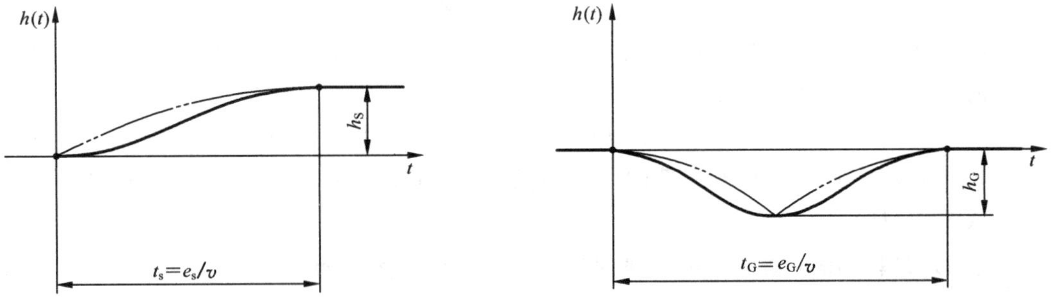

$h(t) = \dfrac{h_S}{2}(1-\cos\Omega t)$

式中 $\Omega t_S = \pi$

a) 越过某个接头高低错位处

$h(t) = \dfrac{h_G}{2}(1-\cos\Omega t)$

式中 $\Omega t_G = 2\pi$

b) 越过某个接头间隙处

图 C.3 不平度函数 $h(t)$

C.2.3.2 质量越过某个接头高低错位处

一个质量 m 越过某个接头高低错位处的最大垂直加速度 $\hat{\ddot{z}}$ 由式(C.3)和式(C.4)给出：

$$\hat{\ddot{z}} = \hat{\ddot{h}}\xi_s(\alpha_s) \qquad \cdots\cdots(C.3)$$

$$\alpha_s = \frac{\omega h_s}{\pi v}\sqrt{\frac{2r}{h_s}} \qquad \cdots\cdots(C.4)$$

式中：$\omega=\sqrt{\frac{c}{m}}$ 是弹性动力模型的固有圆频率。

C.2.3.3　质量通过某个接头间隙处

一个质量 m 通过某个接头间隙处的最大垂直加速度由式(C.5)和式(C.6)给出：

$$\hat{\ddot{z}} = \hat{\ddot{h}}\xi_G(\alpha_G) \qquad \cdots\cdots(C.5)$$

$$\alpha_G = \frac{\omega e_G}{2\pi v} \qquad \cdots\cdots(C.6)$$

C.2.4　系数 ξ_S 和 ξ_G

图 C.4 中所表示的是以 $\xi_S(\alpha_S)$ 和 $\xi_G(\alpha_G)$ 为参数的抛物线(par)不平度函数曲线同前述的近似余弦(cos)不平度函数曲线的对比情况。括号中数字[(1)或(2)]表示参数 ξ 的有效周期。周期(1)包含时间 t_S 和 t_G，周期(2)是其后的响应时间。

对于两种激励(接头处高低处或间隙)，由 $\alpha \approx < 1.3$，已经发现 ξ_S 或 ξ_G 的最大值发生在周期(2)，也就是在车轮通过不平处时刻之后，并有余弦不平度函数[cos(2)]。

在此情况下，系数值可用式(C.7)或(C.8)确定：

$$\xi_S = \left|\frac{\alpha_S^2}{1-\alpha_S^2}\sqrt{2+2\cos(\pi\alpha_S)}\right| \qquad \cdots\cdots(C.7)$$

$$\xi_G = \left|\frac{\alpha_G^2}{1-\alpha_G^2}\sqrt{2-2\cos(\pi\alpha_G)}\right| \qquad \cdots\cdots(C.8)$$

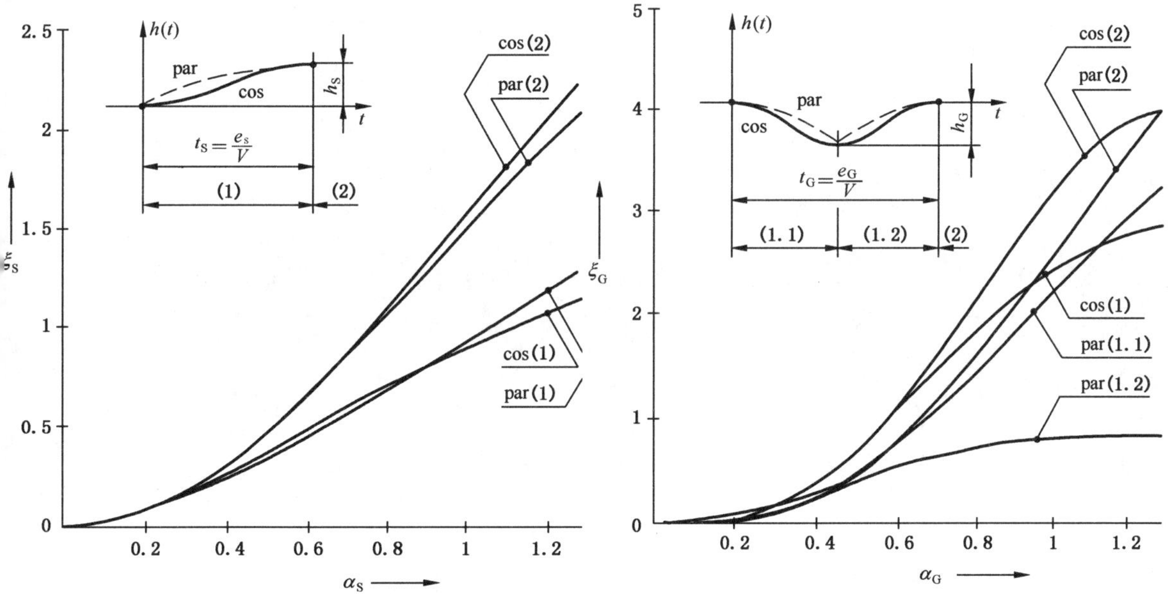

a)　对于某个接头高低错位处　　　b)　对于某个接头间隙处

图 C.4　不平度函数曲线

C.2.5 动力系数 ϕ_4

ϕ_4定义如式(C.9)所示：

$$\phi_4 = \frac{mg + m\hat{\ddot{z}}}{mg} = 1 + \frac{\hat{\ddot{h}}}{g}\xi \qquad \cdots\cdots\cdots\cdots\cdots\cdots\cdots\cdots(\text{C.9})$$

根据两种情况和已作出的假定，包括 $\alpha \leqslant 1.3$，采用关于 ξ_S、α_S和 ξ_G、α_G的公式，系数 ϕ_4可计算如下：

对于某个接头高低错位处的 ϕ_4由(C.10)给出：

$$\phi_4 = 1 + \left(\frac{\pi}{2}\right)^2 \frac{v^2}{gr}\xi_S(\alpha_S) \qquad \cdots\cdots\cdots\cdots\cdots\cdots\cdots\cdots(\text{C.10})$$

对于某个接头间隙处的 ϕ_4由(C.11)给出：

$$\phi_4 = 1 + \left(\frac{\pi}{2}\right)^2 \frac{v^2}{gr}\xi_G(\alpha_G) \qquad \cdots\cdots\cdots\cdots\cdots\cdots\cdots\cdots(\text{C.11})$$

C.2.6 说明

运用这种简单的弹性动力模型只限于起重机械的实际动力响应特性与本模型相符，而且其激励方式是用越过轨道接头高低错位处或间隙处来表示的。如果有不止一个自然激励方式而构成重大的响应和/或重复发生，设计者应根据这种情况选用一个适当的模型来估算动载荷。

附　录　D
（资料性附录）
确定由加速度产生的载荷示例

D.1　刚体动力模型

本示例研究的是由支承在四个起重机行走车轮上的双梁桥架构成的、并以恒速运行的一台刚性起重机械（即桥式起重机）。每边的一个车轮由简化的独立驱动机构驱动。起重机桥架支承着一台横向运行承载小车（见图 D.1）。

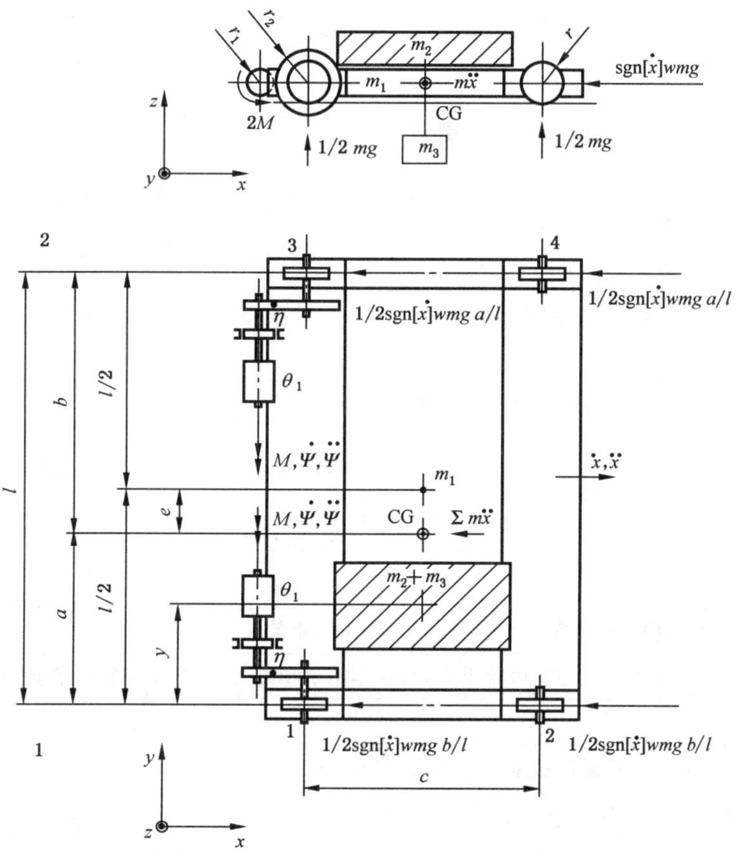

图 D.1　作用在桥式起重机上的载荷（见表 D.1）

由电动机产生的驱动力和制动作用通过一级齿轮传动传递给起重机行走车轮。行走车轮支承在端梁上，端梁一端的车轮被侧向固定，另一端车轮能侧向移动。

D.2　符号

本附录使用的符号见表 D.1。

D.3 力

D.3.1 驱动力和外力

起重机械的运动[$x(t)$]和载荷效应取决于与内摩擦力、惯性力及外力相平衡的驱动力。外力包括由于车轮的机械阻力(损失)引起的摩擦力、风载荷以及轨道倾斜时产生的重力。

扭矩 $M=M_M$ 或 $M=M_B$ 可由电动机或制动器的特性确定,这些用图 D.2 和图 D.3 给出的两个实例加以说明。

表 D.1 附录 D 中使用的符号

符号	说明
几何参数(单位为 m)	
l	起重机械跨度
y	承载小车质量中心离轨道 1 的距离
a	重心(CG)离轨道 1 的距离
b	重心(CG)离轨道 2 的距离
c	车轮基距
r_1	齿轮 1 的半径
r_2	齿轮 2 的半径
r	起重机行走车轮的半径
质量(单位为 kg)	
m_1	带有运行驱动机构的起重机桥架的质量
m_2	小车的质量
m_3	总载荷的质量
m	承载起重机械的质量($m=m_1+m_2+m_3$)
质量转动惯量(单位为 $kg \cdot m^2$)	
θ_1	电动机、联轴节、制动轮和齿轮 1 的质量转动惯量
θ_2	齿轮 2 及起重机行走车轮(在本示例中被忽略)的质量转动惯量
内部摩擦损失	
η	齿轮系输出功率与输入功率的比率
速度和加速度(单位为 rad/s 或 m/s 或 rad/s^2 或 m/s^2)	
$\dot{\Psi},\ddot{\Psi}$	分别为电动机、联轴节、制动轮和齿轮 1 的旋转速度和加速度
$\dot{x},\ddot{x}$	分别为起重机械的运行速度和加速度
扭矩(单位为 N·m)	
M	作用在起重机运行机构高速轴(第一根轴)上的驱动扭矩
M_M	由电动机稳态特性确定的扭矩
M_B	机械制动器的扭矩

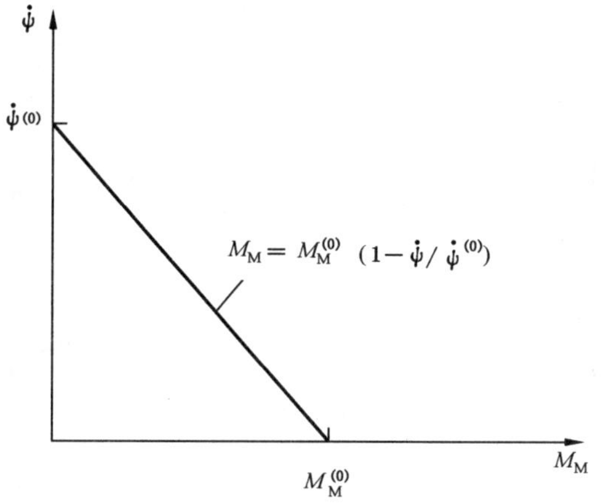

说明：

M_{M}——在电动机转速为$\dot{\psi}$时电动机稳态输出扭矩；

$M_{\mathrm{M}}^{(0))}$——电动机启动扭矩($\dot{\psi}=0$)；

$\dot{\psi}^{(0)}$——电动机的同步转速($M_{\mathrm{M}}=0$)。

图 D.2 电阻器控制的滑环电动机

——电动机特性的简化表达形式

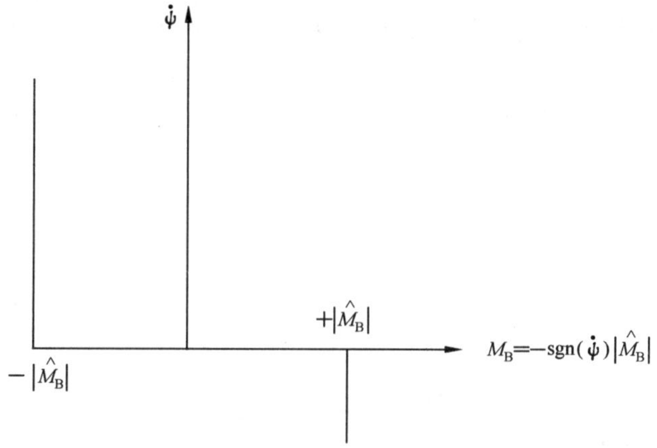

说明：

M_B——制动器的扭矩，其方向与$\dot{\psi}$相反。为了简化将其绝对值$|M_{\mathrm{B}}|$视为常数。其数学表达式为$M_{\mathrm{B}}=-\mathrm{sgn}(\dot{\psi})|\hat{M}_{\mathrm{B}}|$

图 D.3 机械制动器

——制动力矩的正常表达形式

D.3.2 车轮上的摩擦损失

图 D.4 说明了车轮的摩擦损失。

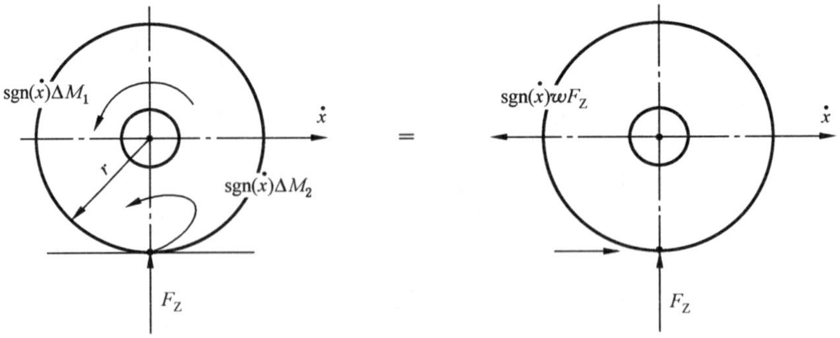

说明：

ΔM_1——由车轮轴承摩擦引起的扭矩损失；

ΔM_2——由滚动车轮接触区的滚动摩擦引起的扭矩损失；

F_z ——车轮载荷(轮压)；

w ——等效摩擦系数($\Delta M_1+\Delta M_2=wF_z r$)。

图 D.4 车轮的摩擦损失

D.4 驱动加速度

图 D.5 所示驱动机构模型用于估算驱动加速度。这表明两套驱动机构相组合用于平衡各个力，并包括全部重要效应。

根据刚体动力学分析，忽略质量转动惯量 θ_2，不受风力影响的起重机械加速度 $\ddot{x}$ 由式(D.1)给出：

$$\ddot{x}=\frac{2Mr_1^{-1}r_2r^{-1}\eta^{\lambda}-\mathrm{sgn}(\dot{x})wmg}{2\theta_1(r_1^{-1}r_2r^{-1})\eta^{\lambda}+m} \quad \cdots\cdots(\text{D.1})$$

式中：

$\lambda=\mathrm{sgn}(\dot{u}F)$；

$\dot{u}$——齿轮切线速度；

F——由齿轮传递的切向力。

注：速度和内力的符号约定：齿轮元件的内力，当其作用在输入边的正速度($\dot{u}$)方向假定为正；当其作用在输出边与正速度相反方向时，假定为负；考虑到机械零件的运动相互作用时，齿轮元件的速度作用在起重机械运动的正方向(x)则选为正。

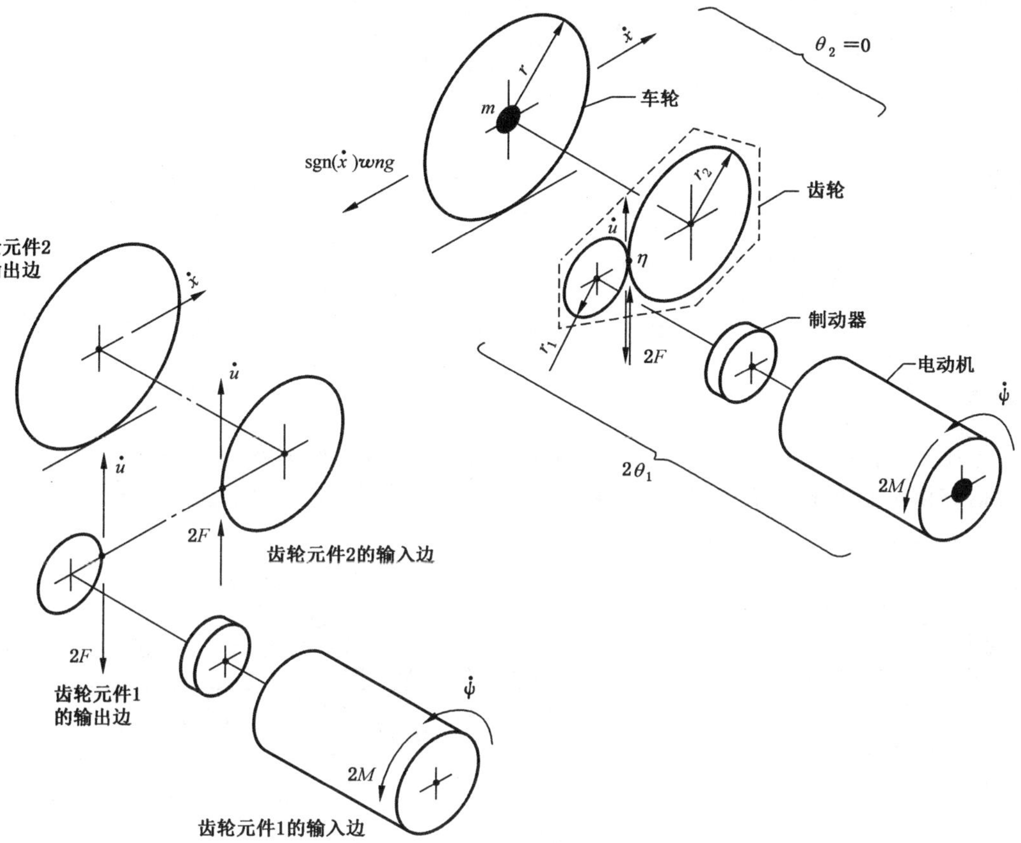

图 D.5　起重机驱动机构模型(符号约定)

D.5　载荷及载荷效应

起重机在正常使用期间由驱动力引起的载荷与载荷效应,可以参照相关情况予以考虑。例如:

a)　情况Ⅰ

对每一套运行驱动机构作用一个起动扭矩 $M_{\mathrm{M}}^{(0)}$ 使起重机从静止状态($\dot{\varphi}=0$)加速。

b)　情况Ⅱ

用机械制动使起重机从稳定运行状态($\ddot{\varphi}=\ddot{x}=0$)减速。因而每一套运行驱动机构的扭矩从电动机扭矩 $M_{\mathrm{M}}^{(\ddot{\varphi}=0)}$ 变为制动扭矩 $-|\hat{M}_{\mathrm{B}}|$。

本附录示例的目的是表明情况Ⅰ和情况Ⅱ的扭矩变化是瞬态发生的,这两种情况用图 D.6 说明。

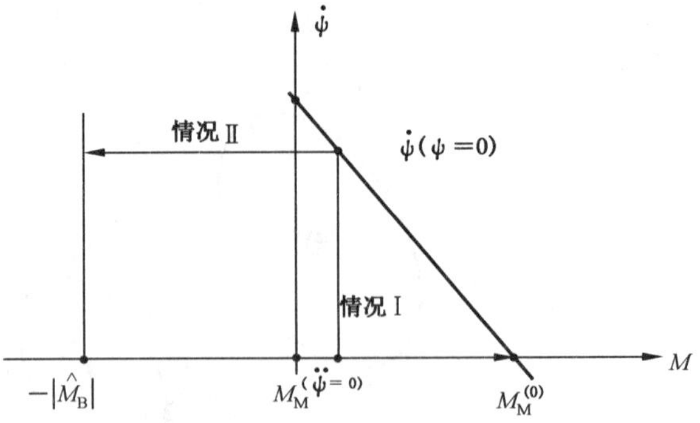

图 D.6　情况Ⅰ和情况Ⅱ的说明

D.6　加速度

加速度在由扭矩变化引起的设计载荷效应计算以前，例如 D.5 中的情况Ⅰ和情况Ⅱ，有必要去估算情况始末的初始加速度 $\ddot{x}_{(i)}$ 和最终加速度 $\ddot{x}_{(f)}$。其估算如下：

a)　情况Ⅰ

$$\ddot{x}_{(i)}=0 \qquad \cdots\cdots(D.2)$$

因为 $\lambda=+1$(当 $\dot{u}>0$ 及 $F>0$)

$$\ddot{x}_{(f)}=\frac{2M_M^{(0)}r_1^{-1}r_2r^{-1}\eta-wmg}{2\theta_1(r_1^{-1}r_2r^{-1})^2\eta+m} \qquad \cdots\cdots(D.3)$$

b)　情况Ⅱ

因为 $\lambda=+1$(当 $\dot{u}>0$ 及 $F>0$)

$$\ddot{x}_{(i)}=0=\frac{2M_M^{(\ddot{\psi}=0)}r_1^{-1}r_2r^{-1}\eta-wmg}{2\theta_1(r_1^{-1}r_2r^{-1})^2\eta+m} \qquad \cdots\cdots(D.4)$$

因为 $\lambda=-1$(当 $\dot{u}>0$ 及 $F<0$)

$$\ddot{x}_{(f)}=-\frac{2|\hat{M}_B|r_1^{-1}r_2r^{-1}\eta^{-1}+wmg}{2\theta_1(r_1^{-1}r_2r^{-1})^2\eta^{-1}+m} \qquad \cdots\cdots(D.5)$$

从式(D.1)~式(D.4)的结果可以看出，如果 $M_M^{(0)}=|\hat{M}_B|$，则情况Ⅰ的加速度 $\ddot{x}_{(f)}$ 小于情况Ⅱ的减速度 $\ddot{x}_{(f)}$。

D.7　机械部件中的设计载荷效应

作为示例，在设计中考虑的由齿轮传递的切向力 F 估算如式(D.6)和式(D.7)，(见图 D.4 和图D.5)：

$$F=(M-\theta_1\ddot{\psi})r_1^{-1} \qquad \cdots\cdots(D.6)$$

式中：

$\ddot{\psi}=r_1^{-1}r_2r^{-1}\ddot{x}$

$$\hat{F}=F_{(i)}+\phi_5\Delta F \qquad \cdots\cdots(D.7)$$

式中：

$$\Delta F=F_{(f)}-F_{(i)}$$

a） 情况Ⅰ

$$F_{(i)}=0 \qquad \cdots\cdots(D.8)$$

$$F_{(f)}=[M_{M}^{(0)}-\theta_{1}r_{1}^{-1}r_{2}r^{-1}\ddot{x}_{(f)}]r_{1}^{-1} \qquad \cdots\cdots(D.9)$$

b） 情况Ⅱ

$$F_{(i)}=M_{M}(\ddot{\psi}=0)r_{1}^{-1} \qquad \cdots\cdots(D.10)$$

$$F_{(f)}=[-|\hat{M}_{B}|-\theta_{1}r_{1}^{-1}r_{2}r^{-1}\ddot{x}_{(f)}]r_{1}^{-1} \qquad \cdots\cdots(D.11)$$

D.8 结构部件的设计载荷效应

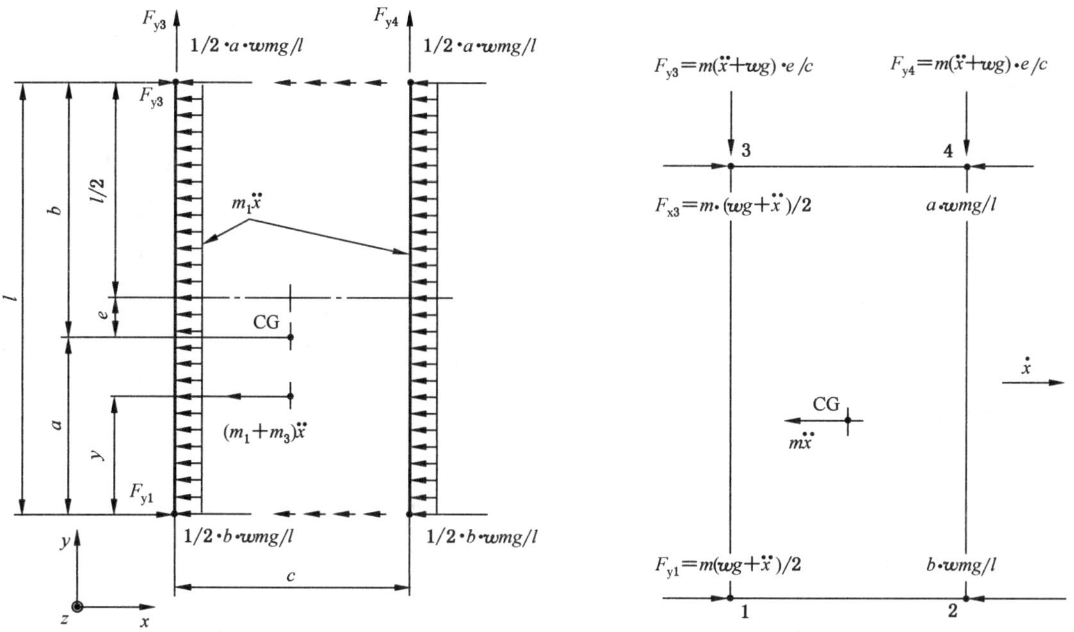

a） 起重机加速期间水平载荷的分布

b） 合成载荷——作用驱动力 $F_{x3}=F_{x1}$ 及反作用力 $F_{y4}=-F_{y3}$

图 D.7 水平载荷及反作用力

作为示例，在设计中考虑的由起重机主梁传递的水平载荷与反作用力可估算如式(D.12)，(见图D.7)：

由驱动力对起重机加速引起了水平载荷与水平力，但不包括偏斜力。

在加速期间，两套驱动机构作用的驱动力与质量力($m\ddot{x}=m_1\ddot{x}+m_2\ddot{x}+m_3\ddot{x}$)和由全部车轮摩擦损失引起的力($wmg$)相平衡。假设起重机驱动特性相同，其控制特性也相同，因此驱动力将均匀地分配到两套驱动机构($F_{x3}=F_{x1}=0.5m\ddot{x}+0.5wmg$)。合成的驱动力就作用在跨度中心线上。通常作用在起重机轨道梁上的侧向力为 $F_{y4}=-F_{y3}$，考虑到作用力与反作用力之间的距离 $e=\frac{l}{2}-a$，则变为：

$$F_{y4}=F_{y3}=m(\ddot{x}+wg)\frac{e}{c} \qquad \cdots\cdots(D.12)$$

然后计算在所考虑的任意情况下，设计载荷效应 $\hat{F}$ 以及扭矩变化前的加速度[$\ddot{x}_{(i)}$]和变化后的加速度[$\ddot{x}_{(f)}$]。

根据作用载荷、质量力 $m\ddot{x}_{(i)}$ 和 $m\ddot{x}_{(f)}$ 以及合成摩擦力，将起重机主梁作为平面（或空间）框架结构（见图 D.8），作用其上所有相关的载荷效应（内力）$F_{(i)}$[$N_{(i)}$，$Q_{(i)}$，$M_{(i)}$]及 $F_{(f)}$[$N_{(f)}$，$Q_{(f)}$，$M_{(f)}$]应分别按弹性静态计算进行估算。

设计载荷效应也可以参照 D.4 和 D.7，用式(D.13)进行估算：

$$\hat{F}=F_{(i)}+\phi_5\Delta F \quad \cdots\cdots(D.13)$$

式中：$\Delta F=F_{(f)}-F_{(i)}$。

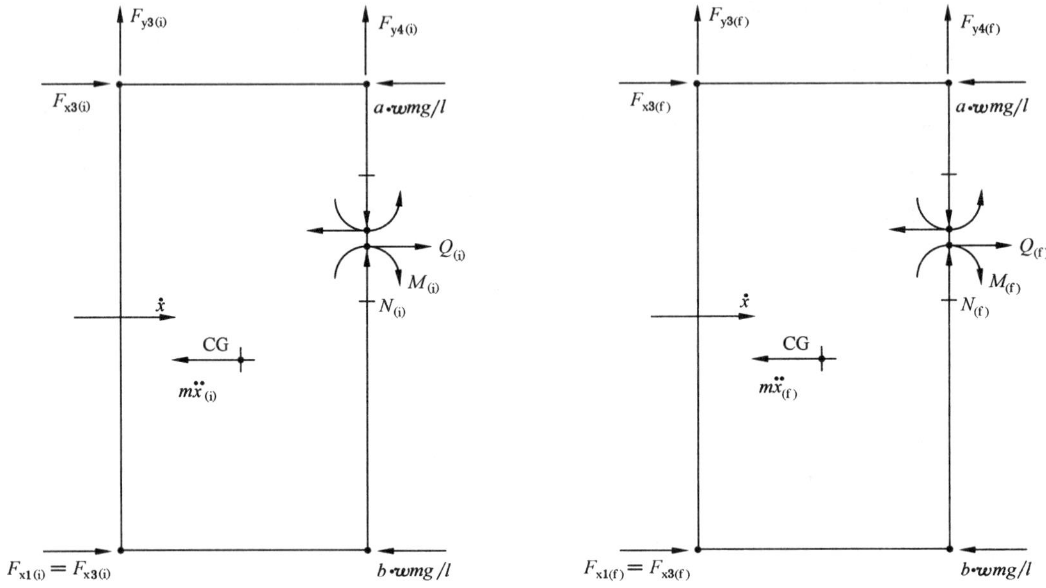

情况Ⅰ和情况Ⅱ的特例：

$\ddot{x}_{(i)}=0$

a）扭矩变化前(i) **b）扭矩变化后(f)**

反作用力分布在起重机角落的车轮组之间，如下：

每个角落有 1 个或 2 个车轮：反作用力 F_y 作用在外侧车轮上；

每个角落有 3 个或 4 个车轮：反作用力 F_y 作用在最外侧的两个车轮上；

每个角落有 4 个以上车轮：反作用力 F_y 作用在最外侧的三个车轮上。

图 D.8 载荷状态

附 录 E
（资料性附录）
偏斜引起的载荷(水平侧向力)分析方法示例

E.1 起重机械模型

为了能够估算由起重机械偏斜引起的车轮和轨道间的切向力以及作用在导向装置之间的各种力，需要一个简单的运行机械模型。起重机械被认为以恒速运行，但无防偏控制。

模型由 n 对同一轴线上的车轮组成，其中有 P 对是成对车轮。某个第 i 对车轮可以规定组装成对的(C)(用机械或电气方式获得相同的旋转速度)，或者是相互独立安装的(I)。后一种状态在单独驱动情况中也是适用的。

车轮被安装在运行于刚性轨道上的刚性起重机结构的理想几何位置上。车轮直径偏差在这个模型中可忽略不计。就侧向移动而言，它们可以是固定的(F)或能侧向移动的(M)。侧向的自由程度可由铰接的支腿来决定。

侧向同轴线车轮对的各种可能组合示于表 E.1。

表 E.1 车轮对的各种组合

	成对的(C)	独立的(I)
固定/固定(F/F)	CFF	IFF
	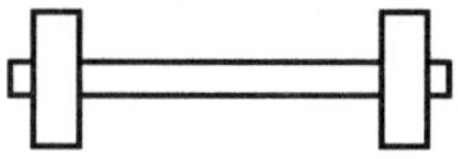	
固定/可移动(F/M)	CFM	IFM
	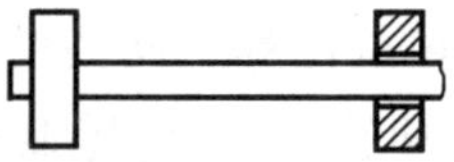	

在图 E.1 中，车轮对的位置相对于运行起重机前方导向装置位置的距离定为 d_{i}。

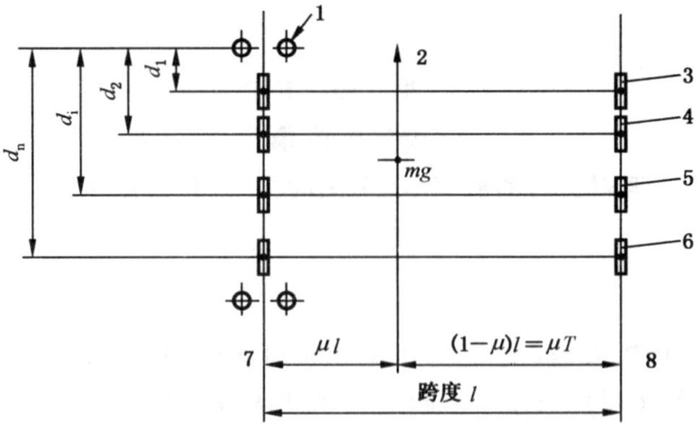

说明：

1——导向装置；

2——运行方向；

3——车轮对 1；

4——车轮对 2；

5——车轮对 i；

6——车轮对 n；

7——轨道 1；

8—— 轨道 2。

注：如用带轮缘的车轮代替外部导向装置，则 $d_i=0$。

图 E.1 车轮对的位置

假设由承载起重机械的质量(mg)引起的重力作用在离轨道 1 为 μl 处，且均匀分配到起重机每侧轨道的 n 个车轮上。

E.2 切向力和位移之间的关系

首先要假定车轮和轨道间发生的切向力与相应位移之间的关系。因为车轮要将驱动力矩(M_y)传递到轨道上，它的运动受到系统(起重机和轨道梁)的限制因而存在纵向和侧向滑动[u(u_x、u_y)]；相应的切向力(F_x,F_y)反作用在起重机上(见图 E.2)。

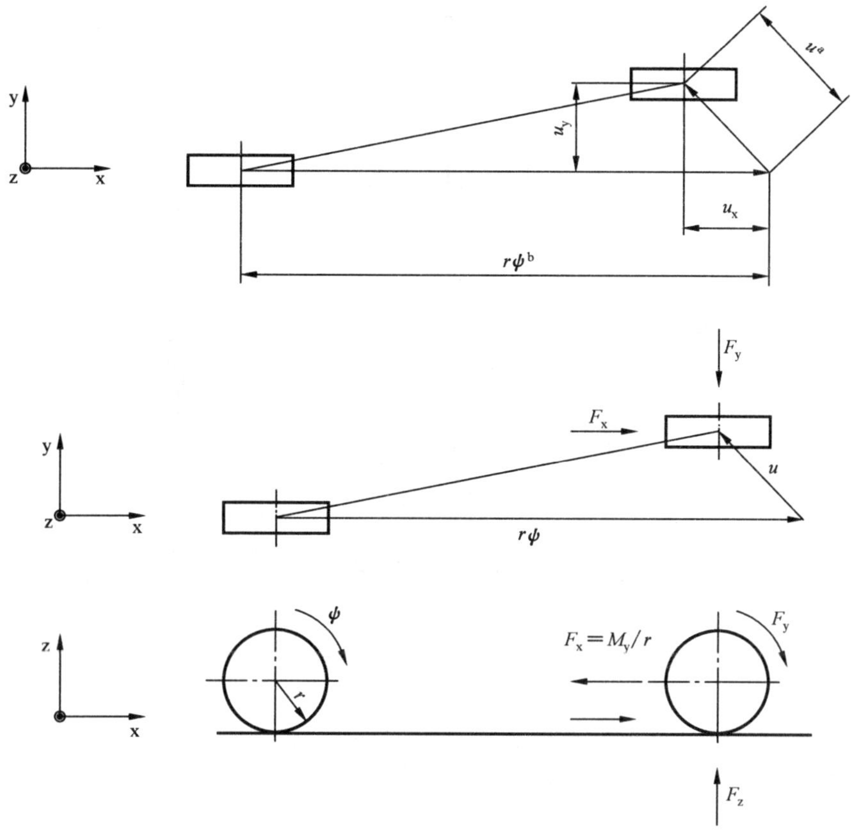

说明：

a——滑动距离；

b——滚动距离。

图 E.2　切向力和位移

通常滑动距离(u_x、u_y)，自由滚动距离 $r\psi$，车轮载荷 F_z以及切向力(F_x,F_y)之间存在如下关系：

$$F_x = f_x(s_x, s_y, p_c, \text{表面状态}) \cdot F_z$$

$$F_y = f_y(s_x, s_y, p_c, \text{表面状态}) \cdot F_z$$

滚动车轮的摩擦系数(f_x,f_y)取决于滑动状态，亦即滑动与自由滚动距离之间的关系($s_x = u_x / r\psi$,$s_y = u_y / r\psi$)，车轮与轨道之间的接触压力(p_c)及轨道的表面状态。为简化计算，可采用下述经验关系式(E.1)和式(E.2)计算：

$$\text{当 } s_x \leqslant 0.015 \text{ 时；} f_x = \mu_0[1 - e(-250 s_x)] \quad \cdots\cdots (\text{E.1})$$

$$\text{当 } s_y \leqslant 0.015 \text{ 时；} f_x = \mu_0[1 - e(-250 s_y)] \quad \cdots\cdots (\text{E.2})$$

式中：当轨道处于洁净状态时；附着系数 $\mu_0 = 0.3$；当轨道处于非洁净状态(在正常作业环境下)时：附着系数 $\mu_0 = 0.2$。

E.3　由偏斜引起的载荷

假设起重机模型在稳定的运动中运行并有偏斜角 α，如图 E.3 所示。起重机可以用外部装置或车轮轮缘进行水平导向。

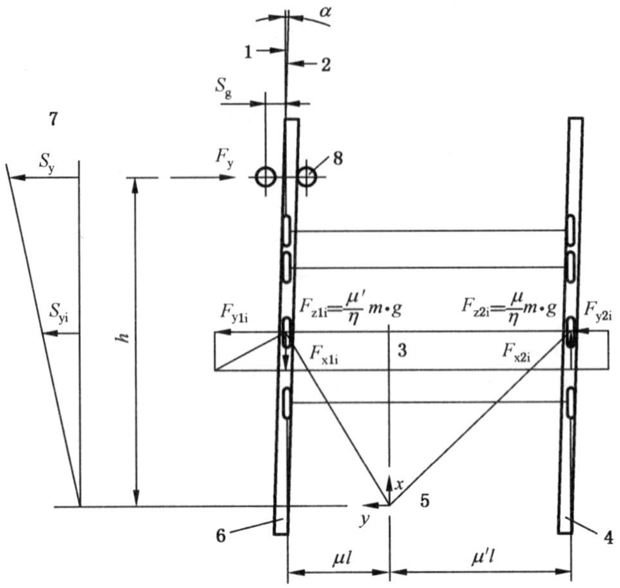

说明：

1——运动方向；

2——轨道方向；

3——车轮对；

4——轨道；

5——瞬时滑动极点；

6——轨道；

7——侧向滑移；

8——导向装置。

图 E.3 作用在偏斜位置的起重机上的载荷

偏斜角 $\alpha \leqslant 0.015$，用于考虑导向装置与轨道之间及合理的尺寸变化、起重机车轮的磨损与轨道之间的间隙 $\alpha = \alpha_g + \alpha_t + \alpha_w$，可从表 E.2 选取。

表 E.2 偏斜角

α	偏斜角产生的原因	带凸缘轮	导向轮
α_g	轨道干净 s_g	当 $s_g \leqslant 4/3 s_{gmin}$ 时，$\alpha_g = s_{gmin}/w_b$	
		当 $s_g > 4/3 s_{gmin}$ 时，$\alpha_g = 0.75 s_g/w_b$	
	起重机运行	$s_g \geqslant s_{gmin} = 10$ mm	$s_g \geqslant s_{gmin} = 5$ mm
	小车运行	$s_g \geqslant s_{gmin} = 4$ mm	$s_g \geqslant s_{gmin} = 2$ mm
α_t	公差(车轮校准并且轨道平直)	$\alpha_t = 0.001$ rad	
α_w	磨损	$\alpha_w = 0.1 b_h/w_b$	$\alpha_w = 0.03 b_h/w_b$

式中：

w_b—车轮基距(导向轮之间的距离或第一个车轮与最后一个车轮之间的距离)

b_h—轨道踏面的宽度。

一个导向力 F_y 与车轮切向力 F_{x1i}，F_{y1i}，F_{x2i}，F_{y2i} 相平衡，这些力是由于起重机械围绕瞬时滑动极点转动而产生的。在导向装置处有最大的侧向滑移 $s_y = \alpha$，而在导向装置和瞬时滑动极

点之间的侧向滑移 s_{yi} 呈线性分布，相应的偏斜力可按以下方法计算：

a)瞬时滑动极点与导向装置之间的距离 h

对于系统 F/F，瞬时滑动极点与导向装置之间的距离按式(E.3)计算：

$$h=(p\mu\mu' l^2+\sum d_i^2)/\sum d_i \quad \cdots\cdots\cdots\cdots (E.3)$$

对于系统 F/M，对于系统 F/F，瞬时滑动极点与导向装置之间的距离按式(E.4)计算：

$$h=(p\mu l^2+\sum {d_i}^2)/\sum d_i \quad \cdots\cdots\cdots\cdots (E.4)$$

式中：

p ——成对车轮的对数；

μ ——瞬时滑动极点离轨道 1 的距离系数；

μ' ——瞬时滑动极点离轨道 2 的距离系数；

l ——起重机跨度；

d_i ——车轮对 i 离导向装置的距离。

b)　导向装置的导向力 F_y

导向装置的导向力按式(E.5)计算：

$$F_y=vfmg \quad \cdots\cdots\cdots\cdots (E.5)$$

式中：

$v=1-\sum d_i/nh$，用于系统 F/F；

$v=\mu'(1-\sum d_i/nh)$，用于系统 F/M；

$f=0.3[1-\exp(-250\alpha)]$，式中 $\alpha\leqslant 0.015$ rad；

mg——由承载起重机械质量引起的重力。

注：作用于带轮缘的车轮的导向力能分布在起重机各角落的车轮组之间，见 D.8。

E.4　车轮的切向力 F_x 和 F_y

$$F_{x1i}=\xi_{1i}fmg$$
$$F_{x2i}=\xi_{2i}fmg$$
$$F_{y1i}=v_{1i}fmg$$
$$F_{y2i}=v_{2i}fmg$$

式中：

f 和 mg 见 E.3.2。

ξ_{1i}、ξ_{2i}、v_{1i} 和 v_{2i} 列于表 E.3。

表 E.3　ξ_{1i}、ξ_{2i}、v_{1i} 和 v_{2i} 的值

组　合	$\xi_{1i}=\xi_{2i}$	v_{1i}	v_{2i}
CFF	$\mu\mu' l/nh$	$\frac{\mu'}{n}\left(1-\frac{d_i}{h}\right)$	$\frac{\mu}{n}\left(1-\frac{d_i}{h}\right)$
IFF	0		
CFM	$\mu\mu' l/nh$		0
IFM	0		

附 录 F
(资料性附录)
起升驱动类型图示

本附录介绍了五种起升驱动类型，如表 F.1 所示，用实际旋转或者线性起升驱动 ω，以及合成起升力 F 的时间历程来表示。(如图 F.1)

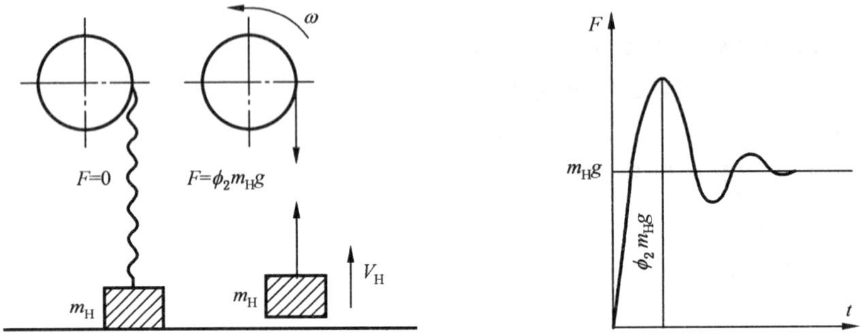

图 F.1 ω 和 F

表 F.1 五种起升驱动类型

<table>
<tr><th colspan="2">起升驱动类型</th></tr>
<tr><td colspan="2">HD1:无低速可用或驱动可能无低速启动</td></tr>
<tr><td rowspan="2">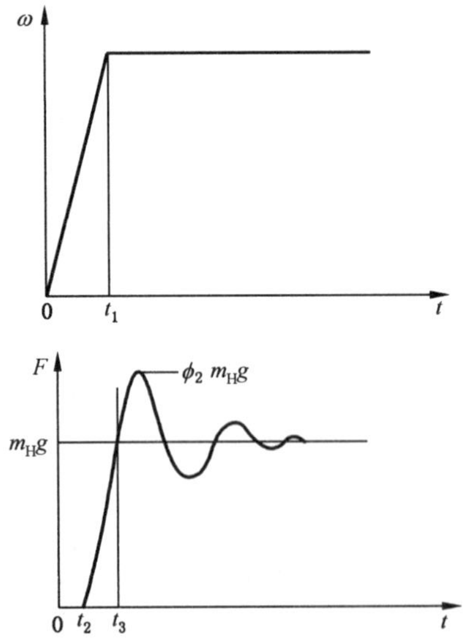</td><td>时间历程:
$t=0$:开始驱动
$t=t_1$:$\omega=\omega_{max}$
$t=t_2$:钢丝绳开始张紧($t_2\approx0$)
$t=t_3$:开始起升
常规载荷(载荷组合 A,B):
$\phi_2=\phi_{2min}+\beta_2 v_{hmax}$</td></tr>
<tr><td>实例:存在或者不存在低速启动的鼠笼式电动机</td></tr>
</table>

表 F.1（续）

<table>
<tr><td colspan="2" align="center">起升驱动类型</td></tr>
<tr><td colspan="2">HD2：起升驱动仅能在预设时间内以低速启动</td></tr>
<tr><td rowspan="2">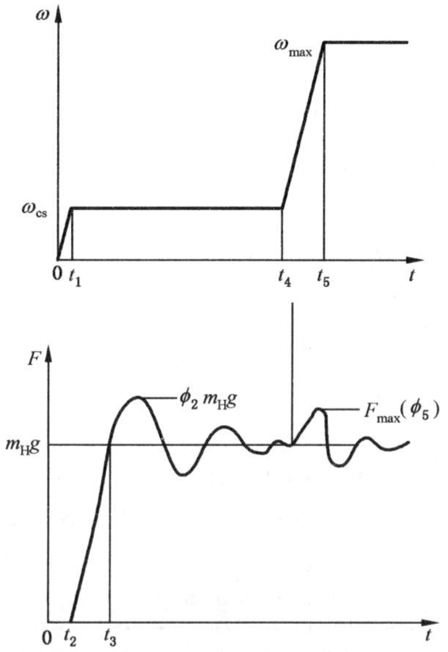
</td><td>时间历程：
$t=0$：开始驱动
$t=t_1$：$\omega=\omega_{CS}$
$t=t_4$：加速开始至 $\omega_{max}\omega_{max}$（$t_4>t_{4min}$）
$t=t_5$：$\omega=\omega_{max}$
$t=t_2$：钢丝绳开始张紧（$t_2\approx0$）
$t=t_3$：开始起升
常规载荷（载荷组合 A,B）：
$\phi_2=\phi_{2min}+\beta_2 v_{hCS}$
$F_{max}(\phi_5)=m_H g+\phi_5(F_{(f)}-m_H g)$，其中，$F_{(f)}$ 是最终牵引力，如附录 D 所示。
附加载荷（载荷组合 C1）：
$\phi_2=\phi_{2min}+\beta_2 v_{hmax}$</td></tr>
<tr><td>实例：低速启动的变极鼠笼式电动机。时间继电器或者特殊的仪器设备来确保延时 t_{4min}。</td></tr>
<tr><td colspan="2">HD3：起升驱动控制保持低速直到起升载荷离开地面
HD3 中 F 和 ω 的时间历程与起升驱动类型 HD2 中呈现的一样。尽管驱动类型 HD3 能够保证 $t_3<t_4$，但是 HD2 驱动类型在载荷保持着地状态时，并不能防止全速起升。（例如，松弛绳的误用）。因此，在驱动类型 HD3 中，对于载荷组合 A 和 B，应考虑计入起升动载系数 $\phi_2=\phi_{2min}+\beta_2 v_{hCS}$ 的常规载荷
实例：就低速启动和载荷测量装置而言，当 F 在一段时间内保持不变并且大于 0 时，最大速度才能够被激活（自动或者人工），从而确保载荷从地面起升</td></tr>
<tr><td colspan="2">HD4：无级调速起升驱动控制实现连续增速</td></tr>
<tr><td rowspan="2">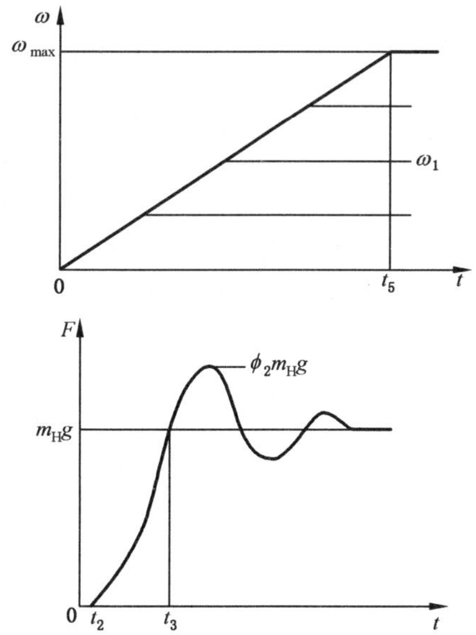
</td><td>时间历程：
$t=0$：开始驱动
$t=t_5$：$\omega=\omega_{max}$
$t=t_2$：钢丝绳开始张紧
$t=t_3$：开始起升
常规载荷（载荷组合 A,B）：
$\phi_2=\phi_{2min}+\beta_2\dfrac{v_{hmax}}{2}$
特殊载荷（载荷组合 C1）：
$\phi_2=\phi_{2min}+\beta_2 v_{hmax}$</td></tr>
<tr><td>实例：任何具有平稳增速的驱动装置（例如，坡道型），例如通过变频或者直流电机或者液压滑阀调速由于潜在的误用（如起升松弛绳的启动）是不可避免的，因此，应考虑载荷组合 C1</td></tr>
</table>

表 F.1(续)

起升驱动类型	
HD5:无级调速起升驱动控制自动保证动载荷系数 ϕ_2 不超过 ϕ_{2min}	
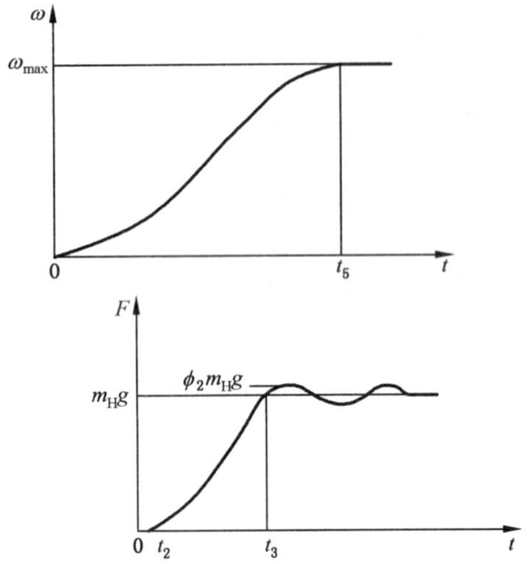	时间历程: $t=0$:开始驱动 $t=t_5$:$\omega=\omega_{max}$ $t=t_2$:钢丝绳开始张紧 $t=t_3$:开始起升 常规载荷(载荷组合 A,B): $\phi_2=\phi_{2min}$ 特殊载荷(载荷组合 C1): $\phi_2=\phi_{2min}+\beta_2\dfrac{v_{hmax}}{2}$
	实例:变频控制、直流电动机或者带负载测量装置的 LS 液压阀。对平滑张紧绳、余弦形加速度的自动控制或者直接负载控制 为了满足附加安全,应考虑载荷组合 C1

参考文献

[1] ISO 2394 General principles on reliability for structures

[2] ISO 11031 Cranes—Design principles for seismic loads

ICS 53.020.20
J 80

中华人民共和国国家标准

GB/T 22437.2—2010

起重机 载荷与载荷组合的设计原则 第2部分:流动式起重机

Cranes—Design principles for loads and load combinations—Part 2:Mobile cranes

(ISO 8686-2:2004,MOD)

2011-01-10 发布 2011-06-01 实施

中华人民共和国国家质量监督检验检疫总局
中国国家标准化管理委员会 发布

前　　言

GB/T 22437《起重机　载荷与载荷组合的设计原则》分为5个部分：

——第1部分：总则；

——第2部分：流动式起重机；

——第3部分：塔式起重机；

——第4部分：臂架起重机；

——第5部分：桥式和门式起重机。

本部分为GB/T 22437的第2部分。

本部分修改采用ISO 8686-2:2004《起重机　载荷与载荷组合的设计原则　第2部分：流动式起重机》(英文版)。

本部分根据ISO 8686-2:2004重新起草，有关技术性差异已编入正文并在它们所涉及的条款的页边空白处用垂直单线标识。在附录D中给出了技术性差异及其原因的一览表以供参考。

为了便于使用，本部分还做了下列编辑性修改：

——“ISO 8686的本部分”一词改为“GB/T 22437的本部分”；

——用小数点“.”代替作为小数点的逗号“,”；

——删除国际标准前言；

——ISO 8686-2:2004中引用的国际标准，用已被采用为我国的标准代替对应的国际标准。其他未采用为我国标准的国际标准，本部分直接引用；

——对正文中公式进行编号；

——本部分中动力载荷系数符号 ϕ_n 的下角标由“n”改为“i”；

——本部分中分项载荷系数 γ_p，强度系数 γ_f 符号下角标增加“i”，以 γ_{pi}，γ_{fi} 表示不同载荷组合下取不同的值。

——图1和式(2)增加了关于副臂长度 L_j 的说明；

——附录B和图B.3中所有的Sl改为S，Lu改为L，Tr改为T；

——增加了附录D。

本部分的附录A为规范性附录，附录B、附录C和附录D为资料性附录。

本部分由中国机械工业联合会提出。

本部分由全国起重机械标准化技术委员会(SAC/TC 227)归口。

本部分起草单位：太原科技大学、北京起重运输机械设计研究院。

本部分主要起草人：徐格宁、何铀、杨明亮。

起重机　载荷与载荷组合的设计原则
第2部分:流动式起重机

1　范围

GB/T 22437 的本部分规定了由 GB/T 6974.2 所定义的流动式起重机的载荷与载荷组合的设计原则(GB/T 22437.1 给出了载荷与载荷组合的一般设计原则),并提出了用于流动式起重机金属结构承载能力验证的载荷与载荷组合。

GB/T 22437 的本部分适用于普通(间歇)作业模式及循环作业模式的流动式起重机。

注:能力验证试验方法将在其他标准中规定。

2　规范性引用文件

下列文件中的条款通过 GB/T 22437 的本部分的引用而成为本部分的条款。凡是注日期的引用文件,其随后所有的修改单(不包括勘误的内容)或修订版均不适用于本部分,然而,鼓励根据本部分达成协议的各方研究是否可使用这些文件的最新版本。凡是不注日期的引用文件,其最新版本适用于本部分。

GB/T 5905—1986　起重机　试验规范和程序(idt ISO 4310:1981)

GB/T 6974.2—2010　起重机　术语　第2部分:流动式起重机(ISO 4306-2:1994,IDT)

GB/T 22437.1—2008　起重机　载荷与载荷组合的设计原则　第1部分:总则(ISO 8686-1:1989,MOD)

EN 13001-2:2004　起重机安全　通用设计　第2部分:载荷效应

ISO 10721-1　钢结构　第1部分:材料与设计

ISO 10721-2　钢结构　第2部分:制造与装配

3　术语和定义

GB/T 6974.2 中确立的以及下列术语和定义适用于 GB/T 22437 的本部分。

3.1

额定起重量　rated capacity;rated load

最大起升物品的质量(包括可分吊具和属具的质量)。

3.2

普通(间歇)作业模式　normal service

不需对承载金属结构进行疲劳分析的作业模式(例如以吊钩为吊具进行间歇作业的起重机),包括偶然应用所占比例不大于普通(间歇)作业模式80%的循环作业模式。

3.3

循环作业模式　duty cycle service

需要对承载金属结构进行疲劳分析的作业模式(例如以抓斗、索斗铲、电磁盘或类似吊具进行反复作业的起重机)。

4 载荷与载荷组合的选择原则

4.1 基本考虑

采用弹性静力模拟分析计算时，应考虑按照制造商说明书工作的流动式起重机上各部件或构件中所显示的最大载荷效应，将各类载荷进行组合。为此，以下两点在承载能力校验计算的准备工作中具有指导意义：

a) 流动式起重机应处于最不利的状态和配置，使得载荷的大小、位置和方向能够在最危险点上产生最大应力时进行估算，而危险点应根据工程上的考虑合理选择。

b) 对 GB/T 22437 本部分所定义的载荷值可以进行保守地组合。而适当时，这些载荷还可与某些特定的载荷进行组合，并通过反映组合作用概率的减小系数进行调整，以最贴近地反映实际中的载荷状态。

4.2 同时加速作用

当某一机构驱动(例如回转、变幅或伸缩)加速时，应考虑它与起升机构驱动同时加速作用；在无起升机构驱动加速的情况下，应考虑其他两个机构驱动同时加速作用。但在制造商明确禁止某种特殊配置的起重机同时加速的情况下，则不必考虑其同时加速作用。除非有制造商说明书的明确许可，否则在流动式起重机行驶时不允许同时出现其他加速动作。

更多关于同时加速作用的情况见附录 B。

4.3 侧向载荷

某些设计特征可能会使臂架产生侧向载荷。当设计中存在这些特征时，应将所有进行计算的适用载荷组合与最大侧向载荷组合。除了回转和风的影响外，可能会引起侧向载荷的设计特征包含下列情况：

a) 钢丝绳缠绕方式导致起重臂架头部滑轮与起升卷筒两侧极限端点的起升绳偏离臂架中心线；

b) 由于起重机支撑结构的挠曲导致臂架根部倾斜。

4.4 安装和拆卸

针对相应的起重机类型和构造，在起重机的安装和拆卸过程中，每一步骤都应该进行评估，对每个重要的承载构件或部件都应进行承载能力校验计算。计算中应使用表 1 和表 2 的载荷组合 B 中给出的动力载荷系数。

4.5 意外停机

流动式起重机配备有不需司机操纵的控制或开关装置实现在紧急情况下的断电和紧急制动，或配备在失电或失控状态下能够自动停机的制动器，在设计时应考虑表 1 或表 2 中第 11 行“意外停机引起的载荷”进行计算。

5 起重机驱动加速载荷

5.1 总则

流动式起重机的典型设计包括一系列长度的臂架、伸缩装置和臂架头部附件。因此某些起重机在某些配置下可能具有过剩的、而起重机司机在实际操作中并不完全利用的驱动力(根据制造商的说明书)。所以，在承载能力校验计算中，应基于模拟司机实际操作或试验的基础上选择由加、减速度引起的驱动力变化值(ΔF)，而不是根据驱动或制动特性来选择。

5.2 回转效应

在流动式起重机的实际作业中，回转加速度和减速度随安装在臂架头部的附件、回转半径、控制方案、司机操作习惯、回转驱动特性和制动性能而改变，对于承载能力校验计算，回转驱动力的变化值 ΔF 引起回转加速度和减速度，所产生的侧向载荷计算如下：

a) 对于分级控制驱动的起重机，司机不能控制回转的加减速度，ΔF 应按驱动或制动特性计算。

b) 对于无级控制驱动的起重机，ΔF 应按以下任一条件计算：

1) 制造商说明书中描述正常工作条件下的最大载荷；

2) 司机动作模拟或试验；

3) 驱动或制动特性；但由于回转产生的侧向力的影响，臂架头部的载荷对于桁架式臂架不应小于额定载荷的 2%，对伸缩式臂架，不应小于额定载荷的 3%。

5.3 起升效应

5.3.1 由起升驱动产生的起升惯性载荷(起升无约束地面载荷除外)(见 GB/T 22437.1—2008 中的6.1.2.2)，取决于起升驱动力的变化值 ΔF。起升驱动力的变化值可通过起升驱动或制动特性得到；对于无级驱动控制的起升驱动，ΔF 值可按式(1)计算：

$$\Delta F=\delta\times F \qquad \cdots\cdots(1)$$

式中：

F——额定载荷，单位为牛顿(N)；

δ——计算系数，用于普通(间歇)作业模式的起重机，也可由经验或试验决定。

当 $0.2\leqslant V_h\leqslant 1.7$ 时，$\delta=0.167(V_h-0.2)$。

V_h——起升或下降速度，单位为米每秒(m/s)。

5.3.2 当起升或下降速度 V_h 大于 1.7 m/s 时，δ 值并不增加。当起升或下降速度 V_h 小于 0.2 m/s时，δ 取值为 0。

5.3.3 对于循环作业模式的起重机，δ 取值为普通(间歇)作业模式时的 2 倍，或由经验或试验决定。

5.4 驱动力变化值 ΔF 的应用

5.4.1 当起升或下降悬吊物品时，起升驱动力变化值 ΔF 应乘以表 3 中的动力载荷系数 ϕ_5 放大，得到表 1 或表 2 中第 5 行的计算载荷。

5.4.2 当其他驱动而非起升或下降悬吊物品时，除起升驱动外的其他驱动力值 ΔF 应乘以表 3 中相应的动力载荷系数 ϕ_5 放大，得到表 1 或表 2 中第 4 行的计算载荷。

6 金属结构承载能力的验证计算

6.1 总则

起重机金属结构承载能力验证计算方法可采用 GB/T 22437.1 中的许用应力法或极限状态法。采用许用应力法计算时，应按 6.2 的规定，采用极限状态法计算时，应按 6.3 的规定。

6.2 许用应力法

6.2.1 表 1 给出的载荷与载荷组合适用于许用应力法，同时采用强度系数 γ_{fi} 和动力载荷系数 ϕ_i，表 3 给出动力载荷系数 ϕ_i 的值和其他相关的动力载荷系数。

6.2.2 对于轴心受压构件，表 1 给出的强度系数 γ_{fi} 仅用于附录 A 所示的杆件强度计算公式。

6.3 极限状态法

6.3.1 表 2 给出的载荷与载荷组合以及分项载荷系数 γ_{pi} 及动力载荷系数 ϕ_i 适用于极限状态法。表 3 给出了 ϕ_i 值和其他相关的载荷系数。对于所有的载荷组合，构件材料的抗力系数 γ_m 取值均为 1.1。极限强度应除以 γ_m，而 γ_m 反映了材料的强度变化及其局部缺陷的统计(平均)结果。

6.3.2 对于轴心受压构件，抗力系数 γ_m 和表 2 中给出的分项载荷系数 γ_{pi} 仅用于附录 A 所示的杆件强度公式。

7　受侧向载荷的桁架式臂架的挠度

7.1　由钢丝绳支撑的桁架式臂架和副臂的侧向挠度是考量弹性稳定性的指标，由于这些构件是基本的受压承载件，过度的侧向挠度会导致弹性失稳。因此，所有的由钢丝绳支撑的桁架式臂架和副臂都应限制其挠度不超过有效长度的 2%，此时所考虑的载荷为额定载荷与侧向载荷，侧向载荷为额定载荷的 2%。挠度极限值可通过计算或试验确定。该挠度极限值仅适用于桁架式臂架和带有副臂的桁架式臂架的流动式起重机。

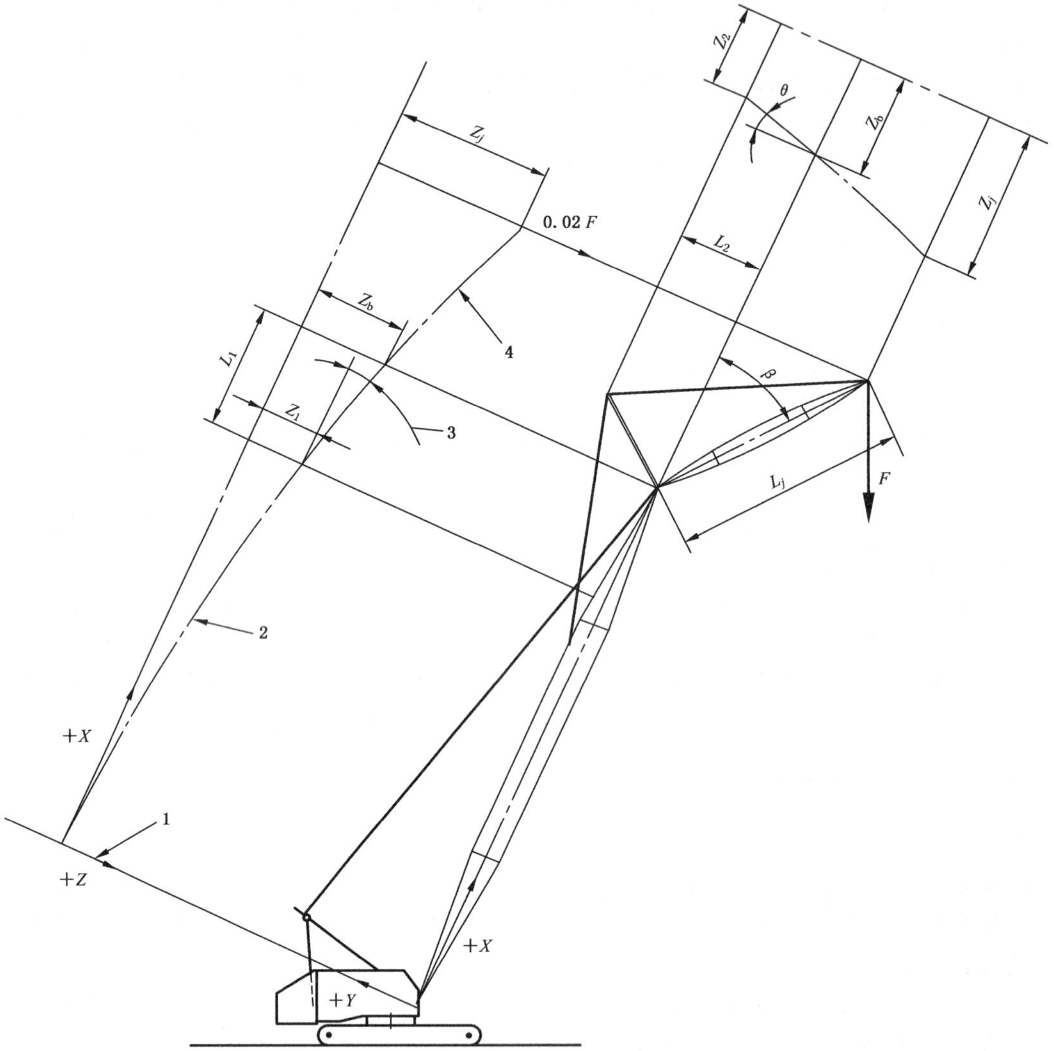

说明：

1——起重臂架根部中心线；

2——起重臂架中心线；

3——斜率 Z'；

4——副臂中心线；

F——额定载荷。

图 1　带有副臂的桁架式起重臂架挠度测量的术语及符号

7.2 对安装在一个臂架上的单副臂(见图 1),其关系可由式(2)表示:

$$Z_j \leqslant 0.02L_j + Z_b + Z'(L_j\cos\beta) + \theta(L_j\sin\beta) \quad \cdots\cdots(2)$$

式中:

Z_j——副臂顶部的挠度;

Z_b——桁架式起重臂架顶部的挠度;

Z_1——桁架式起重臂架距臂架顶部 L_1 处的挠度;

Z_2——副臂仰起时顶部的挠度;

L_j——副臂长度。

表 1　采用许用应力法设计时流动式起重机金属结构计算的载荷及载荷组合表

1	2			3					4					5					6
载荷类别	载荷			载荷组合 A					载荷组合 B					载荷组合 C					行号
				安全系数 n	A1	A2	A3	A4	安全系数 n	B1	B2	B3	B4	安全系数 n	C1	C2	C3	C4	
常规载荷(6.1)	重力 加速力 冲击力	1　起重机械的质量		1.48	ϕ_1	ϕ_1	1	—	1.34	ϕ_1	ϕ_1	1	—	1.22	ϕ_1	1	ϕ_1	1	1
		2　额定载荷质量		1.48	ϕ_2	ϕ_3	1	—	1.34	ϕ_2	ϕ_3	1	—	1.22	—	η	—	1	2
		3　在不平坦路面上运行的起重机械和额定载荷质量		1.48	—	—	—	ϕ_4	1.34	—	—	—	ϕ_4	1.22	—	—	—	—	3
	驱动加速力	4　起重机及额定载荷质量	4.1　不包括起升机构	1.48	ϕ_5	ϕ_5	—	—	1.34	ϕ_5	ϕ_5	—	—	1.22	—	—	ϕ_5	—	4
			4.2　包括起升机构	1.48	—	—	ϕ_5	—	1.34	—	—	ϕ_5	—	1.22	—	—	—	—	5
偶然载荷(6.2)	气候影响	1　工作状态风载荷		1.48	—	—	—	—	1.34	1	1	1	1	1.22	—	—	1	—	6
		2　雪和冰载荷		1.48	—	—	—	—	1.34	1	1	1	1	1.22	—	1	—	—	7
特殊载荷(6.3)	1　起升地面载荷			1.48	—	—	—	—	1.34	—	—	—	—	1.22	ϕ_{2max}	—	—	—	8
	2　非工作状态风载荷			1.48	—	—	—	—	1.34	—	—	—	—	1.22	—	1	—	—	9
	3　试验载荷			1.48	—	—	—	—	1.34	—	—	—	—	1.22	—	—	ϕ_6	—	10
	4　意外停机引起的载荷			1.48	—	—	—	—	1.34	—	—	—	—	1.22	—	—	—	ϕ_5	11

注 1：载荷组合 C2 中的 η 是起重机处于非工作状态时，考虑吊钩滑轮组或检修悬挂球的质量 ηm 的系数，$\eta m=(m-\Delta m)$，$\eta=1-(\Delta m/m)$。见 GB/T 22437.1—2008 中的 6.3.1。

注 2：第 1 列“载荷类别”中的 6.1、6.2 和 6.3 见 GB/T 22437.1—2008。

注 3：ϕ_i 见表 3。

注 4：载荷组合的说明见附录 C 表 C.1。

注 5：附加载荷的计算见 4.4。

注 6：安全系数 n＝强度系数 γ_{fi}×高危险度系数 γ_n，当高危险度系数 $\gamma_n=1$ 时，安全系数 n＝强度系数 γ_{fi}。

表 2　采用极限状态法设计时流动式起重机金属结构计算的载荷及载荷组合表

1	2	3					4					5					6
载荷类别	载　荷	载荷组合 A					载荷组合 B					载荷组合 C					行号
		分项载荷系数 γ_p	A1	A2	A3	A4	分项载荷系数 γ_p	B1	B2	B3	B4	分项载荷系数 γ_p	C1	C2	C3	C4	
常规载荷(6.1)	重力 加速力 冲击力：1 起重机械的质量	1.22	ϕ_1	ϕ_1	1	—	1.16	ϕ_1	ϕ_1	1	—	1.1	ϕ_1	1	ϕ_1	1	1
	重力 加速力 冲击力：2 额定载荷质量	1.34	ϕ_2	ϕ_3	1	—	1.22	ϕ_2	ϕ_3	1	—	1.1	—	η	—	1	2
	重力 加速力 冲击力：3 在不平坦路面上运行的起重机械和额定载荷的质量	1.22	—	—	—	ϕ_4	1.16	—	—	—	ϕ_4	—	—	—	—	—	3
	驱动加速力：4 起重机及额定载荷质量：4.1 不包括起升机构	1.34	ϕ_5	ϕ_5	—	—	1.22	ϕ_5	ϕ_5	—	—	1.1	—	—	ϕ_5	—	4
	驱动加速力：4 起重机及额定载荷质量：4.2 包括起升机构	1.34	—	—	ϕ_5	—	1.22	—	—	ϕ_5	—	—	—	—	—	—	5
偶然载荷(6.2)	气候影响：1 工作状态风载荷		—	—	—	—	1.16	1	1	1	1	1.1	—	—	1	—	6
	气候影响：2 雪和冰载荷	—	—	—	—	—	1.22	1	1	1	1	1.1	—	1	—	—	7
特殊载荷(6.3)	1 起升地面载荷	—	—	—	—	—	—	—	—	—	—	1.1	ϕ_{2max}	—	—	—	8
	2 非工作状态风载荷	—	—	—	—	—	—	—	—	—	—	1.1	—	1	—	—	9
	3 试验载荷	—	—	—	—	—	—	—	—	—	—	1.1	—	—	ϕ_6	—	10
	4 意外停机引起的载荷	—	—	—	—	—	—	—	—	—	—	1.1	—	—	—	ϕ_5	11
抗力系数 γ_m		1.10															12

注 1：载荷组合 C2 中的 η 是起重机处于非工作状态时，考虑吊钩滑轮组或检修悬挂球的质量 ηm 的系数，$\eta m=(m-\Delta m)$，$\eta=1-(\Delta m/m)$。见 GB/T 22437.1—2008 中的 6.3.1。

注 2：第 1 列“载荷类别”中的 6.1、6.2 和 6.3 见 GB/T 22437.1—2008。

注 3：ϕ_i 见表 3。

注 4：载荷组合的说明见附录 C 表 C.1。

注 5：附加载荷的计算见 4.4。

以上字母所代表的量值可通过计算或测量得出。

以下值可以由式(3)和式(4)计算得出：

$$Z'(\text{斜率})=(Z_b-Z_1)/L_1 \quad\cdots\cdots(3)$$

$$\tan\theta=(Z_b-Z_2)/L_2 \quad\cdots\cdots(4)$$

若斜率 Z' 和转角 θ 不能通过计算得出，则式(2)中的后两项可删去。

表 3　动力载荷系数 ϕ_i 值与依据

表1、表2中的行号	ϕ_i	参考 GB/T 22437.1—2008	动力载荷系数 ϕ_i 值、或载荷值，或相关标准
1	ϕ_1	6.1.1	$\phi_1=1\pm\alpha$ 普通(间歇)作业模式(例如采用吊钩)：$\alpha=0$； 循环作业模式(例如采用抓斗、索斗铲、电磁盘)：$\alpha=0.1$ ϕ_1 根据对自重载荷的影响是否有利而取为大于或小于 1.0
2	ϕ_2	6.1.2.1	普通(间歇)作业模式的起升状态级别为 HC_1 采用无级连续变化速度驱动控制时：$\phi_2=1.0$； 偶然使用循环作业模式的起升状态级别为 HC_2 采用无级连续变化速度驱动控制时：$\phi_2=1.3$； 其他情况见 GB/T 22437.1
2	ϕ_3	6.1.2.3	适用于抓斗、索斗铲、电磁盘或类似装置
3	ϕ_4	6.1.3.1	对于轮式流动式起重机： 当运行速度≤0.4 m/s 时：$\phi_4=1.1$； 当运行速度>0.4 m/s 时：$\phi_4=1.3$； 对于履带流动式起重机： 当运行速度≤0.4 m/s 时：$\phi_4=1.0$； 当运行速度>0.4 m/s 时：$\phi_4=1.1$
4,5 和 11	ϕ_5	6.1.4 和附录 E	对于无级连续变化速度驱动控制的流动式起重机： 普通(间歇)作业模式：$\phi_5=1.2$； 循环作业模式：$\phi_5=1.5$； 对于分级变化速度驱动控制的流动式起重机： 普通(间歇)作业模式：$\phi_5=1.6$； 循环作业模式：$\phi_5=2.0$
6		6.2.1.1	根据 EN 13001-2:2004，工作状态风速不应低于 8.9 m/s，相应风压为 50 N/m²
7		6.2.1.3	正常情况下不考虑，但当购买方和制造商有特殊约定时可另行规定
8	ϕ_2	6.1.2.2.2	仅适用于循环作业模式的流动式起重机：$\phi_{2max}=1.6$
9		6.3.1	最大非工作状态风载荷和/或由制造商规定的起重机结构
10	ϕ_6	6.3.2	试验载荷根据 GB/T 5905： $\phi_6=0.5(1+\phi_2)$；ϕ_2 见 GB/T 22437.1—2008 中的 6.1.2.1

附 录 A
（规范性附录）
杆件强度

ISO 10721-1 和 ISO 10721-2 关于杆件强度的计算公式（或曲线），应与表 1 中的强度系数 γ_{fi}或表 2 中的抗力系数 γ_m 配合使用。或者采用国家标准中的杆件强度公式（或曲线），配合使用合适的强度系数或抗力系数，以取得相同的安全等级。

附　录　B
（资料性附录）
同步加速作用

B.1　桁架臂履带起重机

B.1.1　可能的加速组合(见图 B.1)：

——起升(H)与回转(S)；

——起升(H)与变幅(L)；

——回转(S)与变幅(L)；

——带载行走(T)。

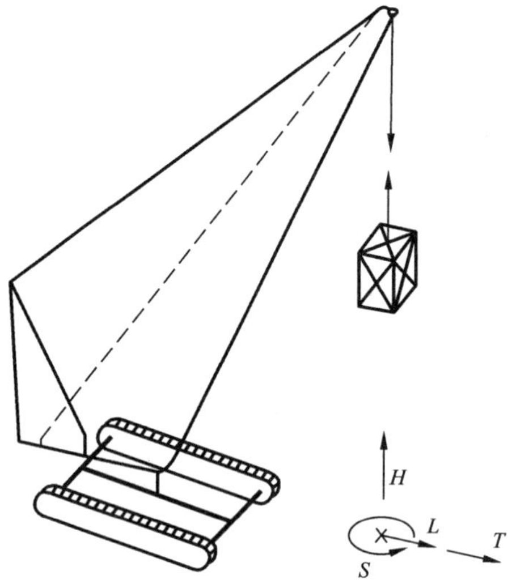

图 B.1　桁架臂履带式起重机

B.1.2　若制造商使用说明书中特别准许,则其他机构加速可以与运行加速组合。

B.2　桁架臂轮式起重机

B.2.1　可能的加速组合(见图 B.2)：

——起升(H)与回转(S)；

——起升(H)与变幅(L)；

——回转(S)与变幅(L)；

——带载行走(T)。

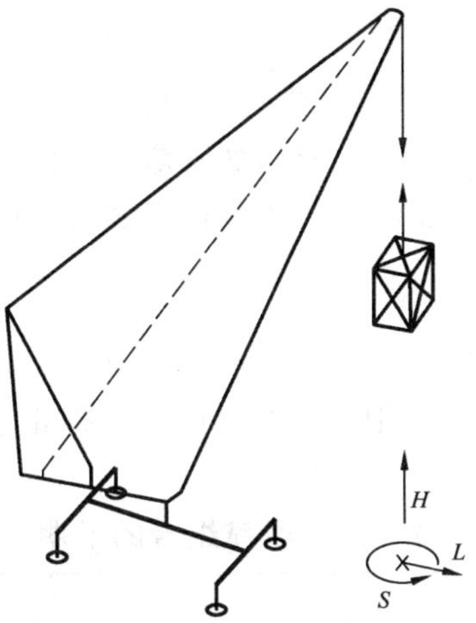

图 B.2 桁架臂轮式起重机

B.2.2 若制造商使用说明书中特别准许，则其他机构加速可以与运行加速组合。

B.3 伸缩臂轮式起重机

B.3.1 可能的加速组合（见图 B.3）：

——起升（H）与回转（S）；

——起升（H）与变幅（L）；

——起升（H）与伸缩（T_e）；

——回转（S）与变幅（L）；

——回转（S）与伸缩（T_e）；

——伸缩（T_e）与变幅（L）；

——带载行走（T）。

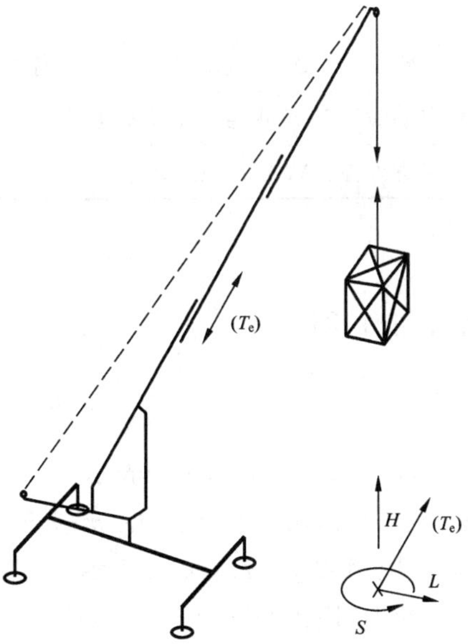

图 B.3 伸缩臂轮式起重机

B.3.2 若制造商使用说明书中特别准许，则其他机构加速可以与运行加速组合。

附 录 C
(资料性附录)
表 1 和表 2 中载荷组合的应用

C.1 载荷组合的说明

表 C.1 给出了包含在各载荷组合中的各载荷的总体描述,并指出某载荷组合只用于循环作业模式的起重机。

表 C.1 载荷组合的说明

表 1 与表 2 中的载荷组合	说　　明
A1 和 B1	在无风工作(A1)和有风工作(B1)时,流动式起重机起升机构起升无约束地面载荷,并考虑除起升机构外另一个机构的同时不稳定运动。见 GB/T 22437.1—2008 中 6.1.2.2.1。
A2 和 B2	在无风工作(A2)和有风工作(B2)时,流动式起重机在循环作业模式下,起升机构突然卸载部分悬吊载荷,并考虑除起升机构外其他两个机构的同时不稳定运动。见 4.2 和 GB/T 22437.1—2008 中 6.1.2.3。
A3 和 B3	在无风工作(A3)和有风工作(B3)时,流动式起重机在起升机构起升或下降悬吊载荷,并考虑除起升机构外另一个机构的同时不稳定运动。流动式起重机在起升机构悬吊静止载荷,并考虑除起升机构外两个机构的同时不稳定运动。见 4.2。
A4 和 B4	在无风工作(A1)和有风工作(B1)时,流动式起重机起升机构起升无约束地面载荷,并考虑除起升机构外另一个机构的同时不稳定运动。见 GB/T 22437.1—2008 中 6.1.2.2.1。
C1	流动式起重机在循环作业模式下,起升机构起升无约束地面载荷。见 GB/T 22437.1—2008 中 6.1.2.2.2。
C2	流动式起重机在非工作状态下,考虑承受由制造商规定的非工作状态风载荷。
C3	流动式起重机在 GB/T 5905 规定的试验状态下。
C4	流动式起重机在意外停机状态下,见 4.5。

C.2 符号

m_C——起重机质量或其某个部件质量;

m_R——额定载荷的质量;

m_T——试验载荷的质量;

ΔF_S——由回转加速产生的力,用函数 $f_s(m_C, m_R)$表示;

ΔF_L——由起重臂变幅加速产生的力,用函数 $f_L(m_C, m_R)$表示;

ΔF_T——由伸缩加速产生的力,用函数 $f_T(m_C, m_R)$表示;

ΔF_H——由起升驱动加速产生的力,用函数 $f_H(m_C, m_R)$表示;

F_W——由风和冰雪产生的力;

σ——载荷作用及其系数产生的应力;

ϕ_i——表 3 中给出的动力载荷系数。

C.3 动力载荷系数的应用

当载荷与应力呈非线性关系时，动力载荷系数 ϕ_i 均应用于载荷。而当载荷与应力呈线性关系时，动力载荷系数 ϕ_i 既可用于载荷也可用于应力。

C.4 使用载荷组合时选择合适的载荷

C.4.1 载荷组合 A1 和 B1 是除起升机构起升无约束地面载荷外与能产生最大应力的某一机构驱动载荷的载荷组合 max.driveforce，如(ΔF_S，或 ΔF_L，或 ΔF_T)。

对许用应力法(ASM)：

$\sigma(A1)=\sigma(\phi_1 m_C+\phi_2 m_R+\phi_5 \text{max.driveforce})$

$\sigma(B1)=\sigma(A1+F_W)$

对极限状态法(LSM)：

$\sigma(A1)=\sigma(\gamma_P\phi_1 m_C+\gamma_P\phi_2 m_R+\gamma_P\phi_5 \text{max.driveforce})$

$\sigma(B1)=\sigma(\gamma_P\phi_1 m_C+\gamma_P\phi_2 m_R+\gamma_P\phi_5 \text{max.driveforce}+\gamma_P F_W)$

C.4.2 载荷组合 A2 和 B2 是除起升机构突然卸载部分悬吊载荷外与能产生最大应力的两个机构驱动载荷的载荷组合 max.comb.，如($\Delta F_S+\Delta F_L$，$\Delta F_S+\Delta F_T$，$\Delta F_L+\Delta F_T$)。

对许用应力法(ASM)：

$\sigma(A2)=\sigma(\phi_1 m_C+\phi_3 m_R+\phi_5 \text{max.comb.})$

$\sigma(B2)=\sigma(A2+F_W)$

对极限状态法(LSM)：

$\sigma(A2)=\sigma(\gamma_P\phi_1 m_C+\gamma_P\phi_3 m_R+\gamma_P\phi_5 \text{max.comb.})$

$\sigma(B2)=\sigma(\gamma_P\phi_1 m_C+\gamma_P\phi_3 m_R+\gamma_P\phi_5 \text{max.comb.}+\gamma_P F_W)$

C.4.3 载荷组合 A3 和 B3 是除起升机构起升或下降悬吊载荷外与能产生最大应力的某一机构驱动载荷的载荷组合 max.driveforce，如(ΔF_S，或 ΔF_L，或 ΔF_T)；或流动式起重机在起升机构悬吊静止载荷，并与能产生最大应力的两个机构驱动载荷的载荷组合 max.comb.，如($\Delta F_S+\Delta F_L$，或 $\Delta F_S+\Delta F_T$，或 $\Delta F_L+\Delta F_T$)。

对许用应力法(ASM)：

$\sigma(A3)=\sigma(m_C+m_R+\phi_5\Delta F_H+\phi_5 \text{max.driveforce})$

$\sigma(B3)=\sigma(A3+F_W)$

或 $\sigma(A3)=\sigma(m_C+m_R+\phi_5 \text{max.comb.})$

$\sigma(B3)=\sigma(A3+F_W)$

对极限状态法(LSM)：

$\sigma(A3)=\sigma(\gamma_P m_C+\gamma_P m_R+\gamma_P\phi_5\Delta F_H+\gamma_P\phi_5 \text{max.driveforce})$

$\sigma(B3)=\sigma(\gamma_P m_C+\gamma_P m_R+\gamma_P\phi_5\Delta F_H+\gamma_P\phi_5 \text{max.driveforce}+\gamma_P F_W)$

或 $\sigma(A3)=\sigma(\gamma_P m_C+\gamma_P m_R+\gamma_P\phi_5 \text{max.comb.})$

$\sigma(B3)=\sigma(\gamma_P m_C+\gamma_P m_R+\gamma_P\phi_5 \text{max.comb.}+\gamma_P+F_W)$

C.4.4 载荷组合 A4 和 B4 是流动式起重机行驶在不平路面上反映冲击载荷效应的载荷组合。

对许用应力法(ASM)：

$\sigma(A4)=\sigma(\phi_4 m_C+\phi_4 m_R)$

$\sigma(B4)=\sigma(A4+F_W)$

对极限状态法(LSM):

$\sigma(A4)=\sigma(\gamma_P\phi_4 m_C+\gamma_P\phi_4 m_R)$

$\sigma(B4)=\sigma(\gamma_P\phi_4 m_C+\gamma_P\phi_4 m_R+\gamma_P F_W)$

C.4.5 载荷组合 C1 是校核流动式起重机起升地面载荷效应的载荷组合。

对许用应力法(ASM):

$\sigma(C1)=\sigma(\phi_1 m_C+\phi_{2max} m_R)$

对极限状态法(LSM):

$\sigma(C1)=\sigma(\gamma_P\phi_1 m_C+\gamma_P\phi_{2max} m_R)$

C.4.6 载荷组合 C2 是反映流动式起重机在非工作状态下承受由制造商规定的非工作状态风载荷的载荷组合。

对许用应力法(ASM):

$\sigma(C2)=\sigma(m_C+\eta m+F_W)$

对极限状态法(LSM):

$\sigma(C2)=\sigma(\gamma_P m_C+\gamma_P\eta m+\gamma_P F_W)$

C.4.7 载荷组合 C3 是检测流动式起重机动态试验效应的载荷组合。

对许用应力法(ASM):

$\sigma(C3)=\sigma(\phi_1 m_C+\phi_6 m_T+\phi_5 \text{max.driveforce}+F_W)$

对极限状态法(LSM):

$\sigma(C3)=\sigma(\gamma_P\phi_1 m_C+\gamma_P\phi_6 m_T+\gamma_P\phi_5 \text{max.driveforce}+\gamma_P F_W)$

C.4.8 载荷组合 C4 是检测流动式起重机在意外停机状态下(见 4.5)自动停机效应的载荷组合。

对许用应力法(ASM):

$\sigma(C4)=\sigma(m_C+m_R+\phi_5\Delta F_H$ 或 $\phi_5 \text{max.driveforce})$

对极限状态法(LSM):

$\sigma(C4)=\sigma(\gamma_P m_C+\gamma_P m_R+\gamma_P\phi_5\Delta F_H$ 或 $\gamma_P\phi_5 \text{max.driveforce})$

仅用 4.5 中规定的驱动力。

C.4.9 根据 4.4 可能需要考虑的其他载荷。

C.5 载荷与载荷组合应用实例

C.5.1 许用应力法:载荷组合 A3

在一个特定的构件上由于载荷作用效应产生的应力:

$\sigma=1.48\{\sigma_C+\sigma_R+\sigma(\phi_5\Delta F_H)+\max[\sigma(\phi_5\Delta F_S)$ 或 $\sigma(\phi_5\Delta F_L)$ 或 $\sigma(\phi_5\Delta F_T)]\}$

C.5.2 极限状态法:载荷组合 A3

在一个特定的构件上由于载荷作用效应产生的应力:

$\sigma=\sigma(1.22m_C)+\sigma(1.34m_R)+\sigma(1.34\phi_5\Delta F_H)+\max[\sigma(1.34\phi_5\Delta F_S)$ 或 $\sigma(1.34\phi_5\Delta F_L)$ 或 $\sigma(1.34\phi_5\Delta F_T)]$

附 录 D
（资料性附录）
本标准与 ISO 8686-2:2004 的技术性差异及其原因

表 D.1 给出了本标准与 ISO 8686-2:2004 的技术性差异及其原因。

表 D.1 本标准与 ISO 8686-2:2004 的技术性差异及其原因

本标准的章条编号	技术性差异	原 因
2	引用的标准 ISO 4302:1981 改为 EN 13001-2:2004	按照 ISO 4302:1981 中的风压值为 $p=0.613\ v_s^2$，而 GB/T 3811—2008《起重机设计规范》中的风压按 EN 13001-2:2004取值为 $p=0.625\ v_s^2$，本部分与 GB/T 3811—2008保持一致。因而将对应的引用标准改为 EN 13001-2:2004
7	将公式 $\theta=(Z_b-Z_2)/L_2$ 改为 $\tan\theta=(Z_b-Z_2)/L_2$	此公式表述有误，因为只有在 θ 为无穷小量时，$\theta=\tan\theta$ 才成立。而图 1 中的 θ 很难保证为无穷小量，为保证公式的正确性做了修改
表 1，表 2	表中载荷组合 A3、B3 组合第 4 行的“1”改为“—”	额定起升载荷已在 A3、B3 组合的第 2 行中考虑，并且载荷组合表 4.1 明确规定不包括起升机构
表 1，表 2	表中载荷组合 C2 组合第 7 行的“—”改为“1”	在非工作状态不能避免雪和冰载荷的作用
表 1，表 2	表中载荷组合 C1 组合第 8 行的“ϕ_2”改为“ϕ_{2max}”	C1 组合的第 8 行的英文版中为“ϕ_2”，应改为“ϕ_{2max}”，理由见 GB/T 22437.1 的 6.1.2.2.2
表 1	“许用应力系数”改为“安全系数”，并增加安全系数，强度系数，高危险度系数之间的关系说明。	与 GB/T 22437.1 中的相关内容一致
表 3	表 3 中第 6 行的工作状态风速不应低于“9 m/s”改为“工作状态风速不应低于8.9 m/s”	ISO 4302:1981 中的风压取值为 $p=0.613v_s^2$，计算出的工作状态风速为 9 m/s；而 EN 13001-2:2004 中风压取值为 $p=0.625v_s^2$，计算出的工作状态风速为 8.9 m/s；GB/T 3811—2008 采用了 EN 13001-2:2004 中的取值，故部分与 GB/T 3811—2008 取值保持一致

表 D.1(续)

本标准的章条编号	技术性差异	原　　因
表 C.1	对 A1 和 B1 载荷组合的说明“移动式起重机起升机构维持悬吊载荷,考虑除起升机构外其他两个机构可能的同时运动,并考虑无风工作(A1)和有风工作(B1)”改为“在无风工作(A1)和有风工作(B1)时,流动式起重机起升机构起升无约束地面载荷,并考虑除起升机构外另一个机构的同时不稳定运动。”	与正文表 1,表 2 中 A1 和 B1 载荷组合情况不符。因为 A1 和 B1 载荷组合情况中的载荷系数为 ϕ_2。根据 ISO 8686-1 中 ϕ_2 的定义,ϕ_2 为起升地面载荷的起升动载系数,其工况限定为起升机构起升无约束地面载荷。流动式起重机起升机构在起升无约束地面载荷的瞬间,不能同时施加任意无限定的其他两个机构可能的同时运动(如回转+变幅、回转+伸缩、变幅+伸缩),否则将出现“斜拉歪拽”的非正常、非安全作业情况,将会导致流动式起重机整机失稳失衡。根据 GB/T 3811—2008 从轻量化设计和实际设计的考虑,只考虑除起升机构起升无约束地面载荷外另一个机构的同时运动,而流动式起重机起升机构维持悬吊载荷的载荷组合应归为 A3 和 B3 中
表 C.1	对 A2 和 B2 载荷组合的说明:“流动式起重机在循环负载下运动时,突然卸载部分引起的悬挂载荷,无工作状态风载荷(A2),有工作状态风载荷(B2)”改为“在无风工作(A2)和有风工作(B2)时,流动式起重机在循环作业模式下,起升机构突然卸载部分悬吊载荷,并考虑除起升机构外其他两个机构的同时不稳定运动。”	未提及除起升机构外其他两个机构的同时运动,为与载荷组合 A1 和 B1 的表述一致
表 C.1	对 A3 和 B3 载荷组合的说明:“流动式起重机起升或下降载荷,并考虑除起升机构外另一个机构的同时运动,无工作状态风载荷(A3),有工作状态风载荷(B3)”改为“在无风工作(A3)和有风工作(B3)时,流动式起重机在起升机构起升或下降悬吊载荷,并考虑除起升机构外另一个机构的同时不稳定运动。流动式起重机在起升机构悬吊静止载荷,并考虑除起升机构外两个机构的同时不稳定运动。”	未提及起升机构维持悬吊载荷,除起升机构外其他两个机构的同时运动的情况,为与载荷组合 A1 和 B1 的表述一致
C.4.1	A1 和 B1 载荷组合的说明“载荷组合 A1 和 B1 是除起升以外两个驱动力的载荷组合。因此本组合仅包含应考虑能产生最大应力的一对驱动力($\Delta F_S+\Delta F_L$,或 $\Delta F_S+\Delta F_T$,或 $\Delta F_L+\Delta F_T$)的载荷组合 max.comb.”改为“载荷组合 A1 和 B1 是除起升机构起升无约束地面载荷外与能产生最大应力的某一机构驱动载荷的载荷组合 max. driveforce,如(ΔF_S,或 ΔF_L,或 ΔF_T)。”	同表 C.1 对 A1 和 B1 载荷组合情况的说明

表 D.1（续）

本标准的章条编号	技术性差异	原　　因
C.4.2	A2 和 B2 载荷组合的说明“载荷组合 A2 和 B2 是除起升以外两个驱动力的载荷组合”改为“载荷组合 A2 和 B2 是除起升机构突然卸载部分悬吊载荷外与能产生最大应力的两个机构驱动载荷的载荷组合 max.comb.，如（$\Delta F_S+\Delta F_L$，或 $\Delta F_S+\Delta F_T$，或 $\Delta F_L+\Delta F_T$）。”	同表 C.1 对 A2 和 B2 载荷组合情况的说明
C.4.3	A3 和 B3 载荷组合的说明“载荷组合 A3 和 B3 是除起升以外一个驱动力的载荷组合，并在（ΔF_S，或 ΔF_L，或 ΔF_T）中选择最大的驱动力 max.driveforce”改为“载荷组合 A3 和 B3 是除起升机构起升或下降悬吊载荷外与能产生最大应力的某一机构驱动载荷的载荷组合 max.driveforce，如（ΔF_S，或 ΔF_L，或 ΔF_T）；或流动式起重机在起升机构悬吊静止载荷，并与能产生最大应力的两个机构驱动载荷的载荷组合 max.comb.，如（$\Delta F_S+\Delta F_L$，或 $\Delta F_S+\Delta F_T$，或 $\Delta F_L+\Delta F_T$）。” 并相应对许用应力法（ASM）增加“或”的两种组合情况： $\sigma(A3)=\sigma(m_C+m_R+\phi_5 \text{max.comb.})$ 及 $\sigma(B3)=\sigma(A3+F_W)$ 并相应对极限状态法（LSM）增加“或”的两种组合情况： $\sigma(A3)=\sigma(\gamma_P m_C+\gamma_P m_R+\gamma_P \phi_5 \text{max.comb.})$ 及 $\sigma(B3)=\sigma(\gamma_P m_C+\gamma_P m_R+\gamma_P \phi_5 \text{max.comb.}+\gamma_P F_W)$	同表 C.1 对 A3 和 B3 载荷组合情况的说明
C.4.5	公式中的“$\phi_2 \Delta m_R$”改为“$\phi_{2\max} m_R$”。	原文表达有误
C.5.1	公式中的“ΔF_S，ΔF_L，ΔF_T”改为“$\phi_5 \Delta F_S$，$\phi_5 \Delta F_L$，$\phi_5 \Delta F_T$”。	遗漏了各种驱动加速引起的动载系数 ϕ_5
C.5.2	公式中的“ΔF_S，ΔF_L，ΔF_T”改为“$\phi_5 \Delta F_S$，$\phi_5 \Delta F_L$，$\phi_5 \Delta F_T$”。	遗漏了各种驱动加速引起的动载系数 ϕ_5

ICS 53.020.20
J 80

中华人民共和国国家标准

GB/T 22437.3—2008/ISO 8686-3:1998

起重机 载荷与载荷组合的设计原则 第3部分:塔式起重机

Cranes—Design principles for loads and load combinations—Part 3:Tower cranes

(ISO 8686-3:1998,IDT)

2008-10-22 发布 2009-05-01 实施

中华人民共和国国家质量监督检验检疫总局
中国国家标准化管理委员会 发布

前　言

GB/T 22437《起重机　载荷和载荷组合的设计原则》分为5个部分：

——第1部分：总则；

——第2部分：流动式起重机；

——第3部分：塔式起重机；

——第4部分：臂架起重机；

——第5部分：桥式和门式起重机。

本部分为GB/T 22437的第3部分。

本部分等同采用ISO 8686-3:1998《起重机　载荷与载荷组合的设计原则　第3部分：塔式起重机》(英文版)。

本部分等同翻译ISO 8686-3:1998。

为了便于使用，本部分做了下列编辑性修改：

——"ISO 8686的本部分"一词改为"GB/T 22437的本部分"；

——删除了国际标准的前言；

——对于ISO 8686-3:1998引用的国际标准，用已被采用为我国的标准代替对应的国际标准，其余未被采用为我国标准的国际标准均被直接引用；

——对ISO 8686-3:1998表1中第3列的第4行和第5行中的附录D调整为本部分的附录E。

本部分由中国机械工业联合会提出。

本部分由全国起重机械标准化技术委员会(SAC/TC 227)归口。

本部分起草单位：北京建筑机械化研究院、北京起重运输机械研究所。

本部分主要起草人：张梅嘉、李静。

本部分为首次制定。

起重机　载荷与载荷组合的设计原则 第3部分:塔式起重机

1　范围

GB/T 22437 的本部分规定了 GB/T 22437.1 在 GB/T 6974.3 所定义的塔式起重机中的应用,并且对所使用的系数给出了具体数值。

2　规范性引用文件

下列文件中的条款通过 GB/T 22437 的本部分的引用而成为本部分的条款。凡是注日期的引用文件,其随后所有的修改单(不包括勘误的内容)或修订版均不适用于本部分,然而,鼓励根据本部分达成协议的各方研究是否可使用这些文件的最新版本。凡是不注日期的引用文件,其最新版本适用于本部分。

GB/T 5905　起重机试验规范和程序 (GB/T 5905—1986, idt ISO 4310: 1981)

GB/T 6974.3　起重机　术语　第3部分:塔式起重机(GB/T 6974.3—2008,ISO 4306-3:2003,IDT)

GB/T 20304　塔式起重机　稳定性要求 (GB/T 20304—2006,ISO 12485:1998,IDT)

GB/T 22437.1—2008　起重机　载荷与载荷组合的设计原则　第1部分:总则(ISO 8686-1:1989,MOD)

ISO 4302　起重机　风载荷估算

3　术语和定义

GB/T 22437.1 中确立的术语和定义适用于 GB/T 22437 的本部分。

4　符号及简要说明

所用的符号在 GB/T 22437.1—2008 表1中做了说明。

5　总则

零部件承载能力的验算可以采用 GB/T 22437.1 中规定的极限状态法或许用应力法。

容易发生倾翻和被风吹动的塔式起重机应按 GB/T 20304 设计。

6　载荷及适用的系数

表1规定了考虑动力效应的系数 ϕ_i,它们用于表2所列的载荷组合;同时还应参考 GB/T 22437.1 及其他相关标准。

表1中第1列所示的行数就是表2中第3列所示的行数。

对于塔式起重机的某些部件,它们的质量显著地降低了由此产生的载荷效应,并被确认是

"有利的",则应采用减小了的分项载荷系数。

当质量及其质心是试验(称量)确定时,则该系数应按表2中1.2.1有利影响选取。

当质量及其质心是按最终的配件表计算时,则该系数应按表2中1.2.2有利影响选取。

7 载荷组合 总体设计

7.1 惯性力

加、减速时,作用在塔式起重机结构上的惯性力应按正常操作时产生的最大驱动力确定,并按下述进行组合。

a) 当不限制同时操作不同的动作时:

起升运动可以组合:

——回转及小车变幅;

——回转及动臂变幅;

——回转及整机行走。

回转并减速时的惯性力应与离心力组合,对于离心力取 $\phi_5=1$。

b) 当限制同时操作不同的动作时,惯性力则按它们可能的同时动作进行组合。

7.2 工作状态风载荷

应限制下列风压值:

——安装时为 0.125 kN/m^2;

——工作时为 0.25 kN/m^2。

上述值推荐用于设计,而在使用说明书中常规定使用最大风速,即采用比设计值较低的风压值来限制实际作业。

8 施工工地上的载荷组合

对于施工工地上的塔式起重机,用表2的载荷组合A1、A2、A3、A4、B1、B2、B3、B4、C1、C2、C3进行安全分析就足够了。

表1 动力效应系数 ϕ_i

表2中的行数	系数 ϕ_i	GB/T 22437.1—2008 中的参考条款	关于系数 ϕ_i 值的指南及参考其他标准的载荷系数
1	ϕ_1	6.1.1	$\phi_1=1\pm\alpha,\alpha=0.1$; $\phi_1=1$,用于抗倾翻稳定性计算
2	ϕ_2	6.1.2.2	起升状态级别 HC_1,用最小值1.05
	ϕ_3	6.1.2.3	—
3	ϕ_4	6.1.3.2	$\phi_4=1.1$ 推荐用于建筑塔式起重机——当轨道误差与标准不同时(用户与制造商协商同意)可选用其他数值

表 1(续)

表 2 中的行数	系数 ϕ_i	GB/T 22437.1—2008 中的参考条款	关于系数 ϕ_i 值的指南及参考其他标准的载荷系数
4 和 5	ϕ_5	6.1.4 和附录 E	当使用刚体动力学模型时: $\phi_5=1.2$,当加速度或制动力随无级控制系统连续变化时; $\phi_5=1.5$,用其他控制系统时,驱动力实际上是不间断地作用在塔式起重机上; $\phi_5=2$,驱动力存在明显的不连贯性; 如有依据,ϕ_5 可以采用其他数值
6	—	6.1.5	分项载荷系数应适当考虑
7	—	6.2.1.1	工作状态风载荷按 ISO 4302 的规定
8	—	6.2.1.2	冰雪载荷只在特殊情况下并根据地区情况加以考虑
9	—	6.2.1.3	温度变化产生的载荷只需根据区域和局部条件适当考虑
10	—	6.2.2	使用普通底架时,偏斜运行引起的载荷忽略不计,否则采用 GB/T 22437.1—2008 中附录 F 的规定
11	ϕ_2	6.1.2.2.2	起升状态级别 HC_1
12	—	6.3.1	区域性非工作状态风载荷工况按 ISO 4302 的规定
13	ϕ_6	6.3.2	静载试验载荷为 1.25×(GB/T 5905 规定的额定起重量); 动载试验载荷时,$\phi_6=0.5\times(1+\phi_2)$
14	ϕ_7	6.3.3	在与缓冲器或端部止挡装置接触时,当运行速度小于 0.7 m/s时,不必考虑缓冲力
15	—	6.3.4	倾翻力不必考虑
16	ϕ_5	6.3.5	意外停机引起的载荷应取 ϕ_5 的最大值 2.0
17	—	6.3.6	机构或部件失效引起的载荷应适当考虑
18	—	6.3.7	地震及其他振波影响应适当考虑

表 2 载荷与载荷组合 塔式起重机

1	2			3	4					5						6								
载荷类别	载荷 f_i			行数	载荷组合 A					载荷组合 B						载荷组合 C								
					分项载荷系数 γ_p	A1	A2	A3	A4	分项载荷系数 γ_p	B1	B2	B3	B4	B5	分项载荷系数 γ_p	C1	C2	C3	C4	C5	C6	C7	C8
常规载荷(见 GB/T 22437.1—2008 中的 6.1)	重力加速力冲击力	1 整机质量	1.1 不利影响 1.2.1、1.2.2 有利影响	1	1.22 1.16 1.1	ϕ_1	ϕ_1	1	—	1.16 1.1 1.05	ϕ_1	ϕ_1	1	—	—	1.1 1.05 1.0	ϕ_1	1	ϕ_1	1	—	1	—	1
		2 起升载荷的质量		2	1.34	ϕ_2	ϕ_3	1	—	1.22	ϕ_2	ϕ_3	1	—	—	1.1	—	η	—	1	—	1	—	1
		3 在不平轨道上运行的整机及起升载荷的质量		3	1.22	—	—	—	ϕ_4	1.16	—	—	—	ϕ_4	ϕ_4	—	—	—	—	—	—	—	—	—
	驱动加速力	4 整机及起升载荷的质量	4.1 不包括起升机构	4	1.34	ϕ_5	ϕ_5	—	—	1.22	ϕ_5	ϕ_5	—	—	—	1.1	—	—	ϕ_5	—	—	—	—	—
			4.2 包括起升机构	5		—	—	ϕ_5	ϕ_5		—	—	ϕ_5	ϕ_5	—		—	—	—	—	—	—	—	—
	位移载荷	5 见 GB/T 22437.1—2008 中的 6.1.5		6	1.16	1	1	1	1	1.1	1	1	1	1	1	1.05	1	1	1	1	—	1	—	1
偶然载荷(见 GB/T 22437.1—2008 中的 6.2)	气候影响引起的载荷	1 工作状态风载荷		7	—	—	—	—	—	1.16	1	1	1	1	1	—	—	—	—	—	—	—	—	—
		2 雪和冰载荷		8	—	—	—	—	—	1.22	1	1	1	1	1	1.10	—	1	—	—	—	—	—	—
		3 温度变化引起的载荷		9	—	—	—	—	—	1.16	1	1	1	1	1	1.05	—	1	—	—	—	—	—	—
	偏斜载荷	4 见 GB/T 22437.1—2008 中的 6.2.2		10	—	—	—	—	—	1.16	—	—	—	—	1	—	—	—	—	—	—	—	—	—
特殊载荷(见 GB/T 22437.1—2008 中的 6.3)	1 提升地面载荷			11	—	—	—	—	—	—	—	—	—	—	—	1.1	ϕ_2	—	—	—	—	—	—	—
	2 非工作状态风载荷			12	—	—	—	—	—	—	—	—	—	—	—	1.1	—	1	—	—	—	—	—	—
	3 试验载荷			13	—	—	—	—	—	—	—	—	—	—	—	1.1	—	—	ϕ_6	—	—	—	—	—
	4 缓冲力			14	—	—	—	—	—	—	—	—	—	—	—	1.1	—	—	—	ϕ_7	—	—	—	—
	5 倾翻力			15	—	—	—	—	—	—	—	—	—	—	—	1.1	—	—	—	—	—	—	—	—
	6 意外停机引起的载荷			16	—	—	—	—	—	—	—	—	—	—	—	1.1	—	—	—	—	—	ϕ_5	—	—
	7 机构失效引起的载荷			17	—	—	—	—	—	—	—	—	—	—	—	1.1	—	—	—	—	—	—	—	—
	8 起重机械基础激励引起的载荷			18	—	—	—	—	—	—	—	—	—	—	—	1.1	—	—	—	—	—	—	—	1
—	安全系数 γ_f			19	—	1.48					1.34					—	1.22							
	抗力系数 γ_m			20	1.1	—				1.1	—					1.1	—							

ICS 53.020.20
J 80

中华人民共和国国家标准

GB/T 22437.4—2010

起重机　载荷与载荷组合的设计原则　第4部分：臂架起重机

Cranes—Design principles for loads and load combinations—Part 4: Jib cran

(ISO 8686-4:2005, MOD)

2011-01-10 发布　　2011-06-01 实施

400 中华人民共和国国家质量监督检验检疫总局
中国国家标准化管理委员会　发布

前　言

GB/T 22437《起重机　载荷与载荷组合的设计原则》分为5个部分：

——第1部分：总则；

——第2部分：流动式起重机；

——第3部分：塔式起重机；

——第4部分：臂架起重机；

——第5部分：桥式和门式起重机。

本部分为GB/T 22437的第4部分。

本部分修改采用ISO 8686-4：2005《起重机　载荷与载荷组合的设计原则　第4部分：臂架起重机》(英文版)。

本部分根据ISO 8686-5：2004重新起草，有关技术性差异已编入正文并在它们所涉及的条款的页边空白处用垂直单线标识。在附录B中给出了技术性差异及其原因的一览表以供参考。

为了便于使用，本部分还做了以下编辑性修改：

——“ISO 8686的本部分”一词改为“GB/T 22437的本部分”；

——用小数点“.”代替作为小数点的逗号“,”；

——删除ISO 8686-4：2005的目录和前言；

——ISO 8686-4：2005中引用的国际标准有被采用为我国标准的，用我国标准代替对应的国际标准。未被采用为我国标准的，直接引用国际标准；

——对正文中公式进行了编号；

——本部分中动力载荷系数符号 ϕ_n 的下角标由“n”改为“i”；

——本部分中分项载荷系数 γ_p，强度系数 γ_f 符号下角标增加“i”，以 γ_{pi}，γ_{fi} 表示不同载荷组合下取不同的值；

——增加了附录B。

本部分的附录A为规范性附录，附录B为资料性附录。

本部分由中国机械工业联合会提出。

本部分由全国起重机械标准化技术委员会(SAC/TC 227)归口。

本部分起草单位：太原科技大学、北京起重运输机械设计研究院。

本部分主要起草人：徐格宁、何铀、杨瑞刚。

引　言

GB/T 22437 的本部分对设计提出了要求,并给出了设计指南和原则。本设计原则反映了当前起重机设计领域的技术状态。经过良好设计实践的设计原则能确保起重机的部件满足安全要求和足够的使用寿命。违背这些原则通常可能会导致风险的增加或使用寿命的减少,但是技术和材料等的创新能够产生新的解决方法。而这些新方法在安全性和耐用性方面能够取得公认的甚至更好的效果。

起重机　载荷与载荷组合的设计原则
第4部分:臂架起重机

1　范围

GB/T 22437 的本部分将 GB/T 22437.1 提出的一般设计原则应用于臂架起重机,即除了由GB/T 6974.1 定义的近海起重机、塔式起重机、流动式起重机、铁路起重机、桥式和门式起重机等在 GB/T 22437 的其他部分涵盖的臂架起重机。提出了用于臂架起重机金属结构承载能力验证计算的相应的载荷与载荷组合。

2　规范性引用文件

下列文件中的条款通过 GB/T 22437 的本部分的引用而成为本部分的条款。凡是注日期的引用文件,其随后所有的修改单(不包括勘误的内容)或修订版均不适用于本部分,然而,鼓励根据本部分达成协议的各方研究是否可使用这些文件的最新版本。凡是不注日期的引用文件,其最新版本适用于本部分。

GB/T 6974.1　起重机　术语　第1部分:总则(GB/T 6974.1—2008,ISO 4306-1:2007,IDT)

GB/T 10183.1　起重机　车轮及大车和小车轨道公差　第1部分:总则(GB/T 10183.1—2010,ISO 12488-1:2005,IDT)

GB/T 22437.1—2008　起重机　载荷与载荷组合的设计原则　第1部分:总则(ISO 8686-1:1989,MOD)

ISO 4302:1981　起重机　风载荷估算

ISO 10721-1　钢结构　第1部分:材料与设计

ISO 10721-2　钢结构　第2部分:制造与装配

3　术语和定义

GB/T 22437.1 中确立的术语、定义、符号和缩略语适用于 GB/T 22437 的本部分。

4　载荷与载荷组合的选择原则

4.1　基本考虑

采用弹性静力计算模型模拟载荷时,应以找出臂架起重机各部件或构件在工作中的最大载荷效应为目的,将各类载荷进行组合。为此,以下两点在承载能力校验计算的准备工作中具有指导意义:

a)　臂架起重机应处于最不利的状态和配置,使得载荷的大小、位置和方向能够在最危险点上产生最大应力时进行估算,而危险点应根据工程上的考虑合理选择;

b)　对 GB/T 22437 本部分所定义的载荷值可以进行保守地组合。而适当时,这些载荷还可与某些特定的载荷进行组合,并通过反映组合作用概率的减小系数进行调整,以最贴近地反映实际中的载荷状态。

4.2 同时加速作用

通常应考虑两个机构驱动的同时加速作用。例如应考虑大车、小车运行、回转或臂架俯仰或臂架伸缩动作等与起升机构同时加速作用,无起升机构但有其他两个机构同时加速作用。由回转产生的惯性力和离心力应视为一种载荷效应。但是,若设计中规定不能同时驱动,则可完全无需考虑同时加速的作用。

4.3 侧向载荷

某些设计特征可能会引起臂架产生侧向载荷。当设计中存在这些特征时,应将所有进行计算的适用载荷与最大侧向载荷组合。除了回转和风的影响外,影响侧向载荷的另一个原因是钢丝绳缠绕方式导致起升绳偏离臂架中心线。

4.4 意外停机

4.4.1 手动停机

通过操纵手动紧急停机控制装置实现手动紧急停机。在设计时,应根据表 1 和表 2 中第 16 行的"意外停机引起的载荷"进行计算。

4.4.2 自动停机

臂架起重机配备有不需司机操纵的控制或开关装置实现在紧急情况下的断电和紧急制动,或配备在失电或失控状态下能够自动停机的制动器。在设计时,应根据表 1 和表 2 的第 16 行"意外停机引起的载荷"或第 17 行的"机构失效引起的载荷"进行计算。

5 起重机驱动加速载荷

5.1 起升效应

由起升驱动产生的起升惯性载荷(起升无约束地面载荷除外,见 GB/T 22437.1—2008 中的6.1.2.2),取决于起升驱动力的变化值 ΔF。起升驱动力的变化值可以根据起升驱动或制动特性,按系统实际产生的最大驱动或制动力矩计算。

5.2 其他驱动效应

在其他驱动中,加速度和减速度的变化率取决于附设装置、工作幅度、控制方案以及驱动和制动装置的特性。在承载能力校验计算中,导致加速或减速的驱动力变化值 ΔF 应按系统实际产生的最大驱动或制动力矩计算。

5.3 驱动力变化值 ΔF 的应用

当起升或下降悬吊物品时,起升驱动力变化值 ΔF 应乘以表 3 中的动力载荷系数 ϕ_5(见 GB/T 22437.1—2008 中的表 1)放大,得到表 1 或者表 2 的第 5 行的计算载荷。

当其他驱动而非起升或下降悬吊物品时,除起升驱动外的其他驱动力变化值 ΔF 也应乘以表 3 中的动力载荷系数 ϕ_5 放大,得到表 1 或者表 2 的第 4 行的计算载荷。

6 金属结构承载能力的验证计算

6.1 总则

起重机金属结构承载能力校验计算方法可采用 GB/T 22437.1 中的许用应力法或极限状

态法。

6.2 许用应力法

表 1 给出的载荷与载荷组合适用于许用应力法，同时采用强度系数 γ_{fi} 和动力载荷系数 ϕ_i，表 3 给出动力载荷系数 ϕ_i 的值和其他相关的载荷系数。

表 4 给出了第 4 章中给出的各种运动的组合，且包括表 1 所列的载荷组合情况。

对于轴心受压构件，表 1 给出的强度系数 γ_{fi} 只用于附录 A 选用的杆件强度计算公式。

6.3 极限状态法

表 2 给出的载荷与载荷组合以及分项载荷系数 γ_{pi} 及动力载荷系数 ϕ_i 适用于极限状态法。表 3 给出了 ϕ_i 值和其他相关的载荷系数。对于所有的载荷组合，构件的材料抗力系数 γ_m 取值均为 1.1。极限强度应除以 γ_m，而 γ_m 反映了材料的强度变化及其局部缺陷的统计(平均)结果。表 4 给出了第 4 章中给出的各种运动的组合，且包括在表 1 所列的载荷组合情况。

对于轴心受压构件，材料的抗力系数 γ_m 和表 2 中给出的分项载荷系数 γ_{pi} 仅用于附录 A 所示的杆件强度公式。

表 1　采用许用应力法设计时臂架起重机金属结构计算的载荷及载荷组合表

1	2			3					4						5									6
载荷类别	载　荷			载荷组合 A					载荷组合 B						载荷组合 C									行号
				安全系数 n	A1	A2	A3	A4	安全系数 n	B1	B2	B3	B4	B5	安全系数 n	C1	C2	C3	C4	C5	C6	C7	C8	
常规载荷(见 GB/T 22437.1—2008 中的 6.1)	重力加速力冲击力	1　起重机械的质量			ϕ_1	ϕ_1	1	—		ϕ_1	ϕ_1	1	—	—		ϕ_1	1	ϕ_1	1	1	1	1	1	1
		2　总载荷的质量			ϕ_2	ϕ_3	1	—		ϕ_2	ϕ_3	1	—	—		—	η	—	1	1	1	1	1	2
		3　在轨道上运行的起重机和总载荷的质量			—	—	—	ϕ_4		—	—	—	ϕ_4	ϕ_4		—	—	—	—	—	—	—	—	3
	驱动加速力	4　起重机械和总载荷的质量	4.1　不包括起升机构		ϕ_5	ϕ_5	—	ϕ_5		ϕ_5	ϕ_5	—	ϕ_5	—		—	—	ϕ_5	—	—	—	—	—	4
			4.2　包括起升机构		—	—	ϕ_5	—		—	—	ϕ_5	—	—		—	—	—	—	—	—	—	—	5
	5　位移载荷(见 GB/T 22437.1—2008 中的 6.1.5)				1	1	1	1		1	1	1	1	1		1	1	1	1	1	1	1	1	6
偶然载荷(见 GB/T 22437.1—2008 中的 6.2)	气候影响引起的载荷	1　工作状态风载荷			—	—	—	—		1	1	1	1	1		—	—	1	—	—	—	—	—	7
		2　雪和冰载荷			—	—	—	—		1	1	1	1	1		—	1	—	—	—	—	—	—	8
		3　温度变化引起的载荷			—	—	—	—		1	1	1	1	1		—	1	—	—	—	—	—	—	9
	4　偏斜载荷(见 GB/T 22437.1—2008 中的 6.2.2)			1.48	—	—	—	—	1.34	—	—	—	—	1	1.22	—	—	—	—	—	—	—	—	10
特殊载荷(见 GB/T 22437.1—2008 中的 6.3)	1　起升地面载荷(见 GB/T 22437.1—2008 中的 6.2.2)				—	—	—	—		—	—	—	—	—		ϕ_{2max}	—	—	—	—	—	—	—	11
	2　非工作状态风载荷				—	—	—	—		—	—	—	—	—		—	1	—	—	—	—	—	—	12
	3　试验载荷				—	—	—	—		—	—	—	—	—		—	—	ϕ_6	—	—	—	—	—	13
	4　缓冲力				—	—	—	—		—	—	—	—	—		—	—	—	ϕ_7	—	—	—	—	14
	5　倾翻力				—	—	—	—		—	—	—	—	—		—	—	—	—	1	—	—	—	15
	6　意外停机引起的载荷				—	—	—	—		—	—	—	—	—		—	—	—	—	—	ϕ_5	—	—	16
	7　机构失效引起的载荷				—	—	—	—		—	—	—	—	—		—	—	—	—	—	—	ϕ_5		17
	8　起重机机械基础激励引起的载荷				—	—	—	—		—	—	—	—	—		—	—	—	—	—	—	—	1	18
注：安全系数 n＝强度系数 γ_{fi}×高危险度系数 γ_n，当高危险度系数 γ_n＝1 时，安全系数 n＝强度系数 γ_{fi}。																								19

表 2　采用极限状态法设计时臂架起重机金属结构计算的载荷及载荷组合表

1	2		3					4						5									6
载荷类别	载　　荷		载荷组合 A					载荷组合 B						载荷组合 C									行号
			分项载荷系数 γ_p	A1	A2	A3	A4	分项载荷系数 γ_p	B1	B2	B3	B4	B5	分项载荷系数 γ_p	C1	C2	C3	C4	C5	C6	C7	C8	
常规载荷(见GB/T 22437.1—2008 中的 6.1)	重力	1　起重机械的质量	1.22	ϕ_1	ϕ_1	1	—	1.16	ϕ_1	ϕ_1	1	—	—	1.10	ϕ_1	1	ϕ_1	1	1	1	1	1	1
	加速力	2　总载荷的质量	1.34	ϕ_2	ϕ_3	1	—	1.22	ϕ_2	ϕ_3	1	—	—		—	η	—	1	1	1	1	1	2
	冲击力	3　在轨道上运行的起重机和总载荷的质量	1.22	—	—	—	ϕ_4	1.16	—	—	—	ϕ_4	ϕ_4		—	—	—	—	—	—	—	—	3
	驱动加速力	4　起重机械和总载荷的质量　4.1　不包括起升机构	1.34	ϕ_1	ϕ_1	—	ϕ_5	1.22	ϕ_5	ϕ_5	—	ϕ_5	—		—	—	ϕ_5	—	—	—	—	—	4
		4.2　包括起升机构		—	—	ϕ_5	—		—	—	ϕ_5	—	—		—	—	—	—	—	—	—	—	5
	5　位移载荷		1.22	1	1	1	1	1.16	1	1	1	1	1		1	1	1	1	1	1	1	1	6
偶然载荷(见GB/T 22437.1—2008 中的 6.1)	气候影响	1　工作状态风载荷		—	—	—	—	1.22	1	1	1	1	1		—	—	1	—	—	—	—	—	7
		2　雪和冰载荷		—	—	—	—	1.22	1	1	1	1	1	1.16	—	1	—	—	—	—	—	—	8
		3　温度变化引起的载荷		—	—	—	—	1.10	1	1	1	1	1	1.05	—	1	—	—	—	—	—	—	9
	4　偏斜载荷,见 GB/T 22437.1—2008 中的 6.2.2			—	—	—	—	1.16	—	—	—	—	1		—	—	—	—	—	—	—	—	10
特殊载荷(见GB/T 22437.1—2008 中的 6.3)	1　起升地面载荷			—	—	—	—		—	—	—	—	—	1.10	ϕ_{2max}	—	—	—	—	—	—	—	11
	2　非工作状态风载荷			—	—	—	—		—	—	—	—	—	1.16	—	1	—	—	—	—	—	—	12
	3　试验载荷			—	—	—	—		—	—	—	—	—	1.10	—	—	ϕ_6	—	—	—	—	—	13
	4　缓冲力			—	—	—	—		—	—	—	—	—	1.10	—	—	—	ϕ_7	—	—	—	—	14
	5　倾翻力			—	—	—	—		—	—	—	—	—	1.10	—	—	—	—	1	—	—	—	15
	6　意外停机引起的载荷			—	—	—	—		—	—	—	—	—	1.10	—	—	—	—	—	ϕ_5	—	—	16
	7　机构失效引起的载荷			—	—	—	—		—	—	—	—	—	1.10	—	—	—	—	—	—	ϕ_5		17
	8　起重机机械基础激励引起的载荷			—	—	—	—		—	—	—	—	—	1.16	—	—	—	—	—	—	—	1	18
抗力系数 γ_m			1.10																				19

表 3　动力载荷系数 ϕ_i 值及依据

表 1、表 2 中的行号	ϕ_i	参考 GB/T 22437.1—2008	动力载荷系数 ϕ_i 值、或载荷值,或相关标准
1	ϕ_1	6.1.1	$\phi_{max}=1.1$,$\phi_{min}=0.9$ ϕ_1 根据对自重载荷的影响是否有利而取为大于或小于 1.0
2	ϕ_2	6.1.2.1	
3	ϕ_3	6.1.2.3	
4 和 5	ϕ_4	6.1.3.2	轨道和轨道焊接接头状态符合 GB/T 10183.1 的公差要求,取 $\phi_4=1$; 在其他情况下,ϕ_4 的取值应根据 GB/T 22437.1—2008 中的 6.1.3.2
	ϕ_5	6.1.4 和附录 E	传动系统无间隙,采用无级变速的控制系统,加速力或制动力呈连续平稳变化,则 $\phi_5=1.2$; 传动系统存在微小的间隙,采用其他一般的控制系统,加速力或制动力呈连续的但非平稳的变化,则 $\phi_5=1.5$; 传动系统有明显的间隙,则 $\phi_5=2.0$; 如有依据,ϕ_5 可以采用其他值。在加速和制动时 ϕ_5 可选用不同的值
6		6.1.5	在适当的情况下考虑
7		6.2.1.1	按照 ISO 4302:1981 的表 1,b 型作为最小值(即风速为 20 m/s,风压为 250 N/m^2)
8		6.2.1.2	
9		6.2.1.3	
10		6.2.2	
11	ϕ_{2max}	6.1.2.2.2	
12		6.3.1	按照 ISO 4302 进行计算,采用国家标准规定的风速。除非制造商与用户之间有更严格的协议要求
13	ϕ_6	6.3.2	在用户不做特别要求的情况下,动载试验中,试验载荷应为额定载荷的 110%,静载试验中应为额定载荷的 125%
14	ϕ_7	6.3.3	除非制造商与用户之间另有约定,计算缓冲力时,其速度应取正常速度的 0.7 倍
15		6.3.4	
16	ϕ_5	6.3.5	对于起升驱动,$\phi_5=1.5$; 对于其他驱动,$\phi_5=2.0$
17	ϕ_5	6.3.6	在适当时按 GB/T 22437.1 考虑
18		6.3.7	必要时,根据 GB/T 22437.1 及用户与制造商的约定

表 4　载荷组合的说明

载荷组合	说　　明
A1 和 B1	臂架起重机在正常工作状态下,起升机构起升无约束地面载荷(见 GB/T 22437.1—2008 中 6.1.2.2.1),并与从可能产生最大载荷的运动中选出两个约定运动的载荷组合;考虑无工作状态风及其他气候影响产生的载荷(A1)和有工作状态风及其他气候影响产生的载荷(B1)

表 4（续）

载荷组合	说　　明
A2 和 B2	臂架起重机在正常工作状态下，起升机构突然卸载部分悬吊载荷（见 GB/T 22437.1—2008 中 6.1.2.3），并与从可能产生最大载荷的运动中选出两个约定运动的载荷组合；考虑无工作状态风及其他气候影响产生的载荷（A2）和有工作状态风及其他气候影响产生的载荷（B2）
A3 和 B3	臂架起重机在正常工作状态下，起升机构起升或下降悬吊载荷（见 GB/T 22437.1—2008 中 6.1.4），并与从可能产生最大载荷的运动中选出两个约定运动的载荷组合；考虑无工作状态风及其他气候影响产生的载荷（A3）和有工作状态风及其他气候影响产生的载荷（B3）
A4 和 B4	臂架起重机在正常工作状态下，行驶在不平路面（见 GB/T 22437.1—2008 中 6.1.3）；并与从可能产生最大载荷的运动中选出两个约定运动的载荷组合；考虑无工作状态风及其他气候影响产生的载荷（A4）和有工作状态风及其他气候影响产生的载荷（B4）
B5	臂架起重机在正常工作状态下，行驶在不平的轨道上以恒速偏斜运行（见 GB/T 22437.1—2008 中的 6.1.3.2 和 6.2.2），考虑有工作状态风及其他气候影响产生的载荷
C1	臂架起重机在正常工作状态下，在 GB/T 22437.1—2008 中的 6.1.2.2.2 中描述的特殊情况下起升地面载荷
C2	臂架起重机在非工作状态下，有非工作状态风及其他气候影响产生的载荷作用
C3	臂架起重机在按照 GB/T 22437.1—2008 中的 6.3.2 规定的试验条件下，起升机构的运动应与产生最大载荷的其他两种机构的运动进行组合
C4 到 C8	臂架起重机带有总载荷并与例如缓冲力（C4）、倾翻力（C5）、意外停车（C6）、机构失效（C7）以及起重机基础激励（C8）产生的载荷进行组合

附　录　A
（规范性附录）
杆件强度

ISO 10721-1 和 ISO 10721-2 关于杆件强度的计算公式(或曲线),应与表 1 中的强度系数 γ_{fi} 或表 2 中的材料抗力系数 γ_m 配合使用。或者采用国家标准中的杆件强度公式(或曲线),配合使用合适的强度系数或抗力系数,以取得相同的安全水平。

附 录 B
（资料性附录）
本标准与 ISO 8686-4:2005 的技术性差异及其原因

表 B.1 给出了本标准与 ISO 8686-4:2005 的技术性差异及其原因。

表 B.1 本标准与 ISO 8686-4:2005 的技术性差异及其原因

本标准的章条编号	技术性差异	原因
2	加入 GB/T 10183.1 起重机 车轮及大车和小车轨道公差 第 1 部分：总则	原文遗漏，因为在正文中表 3 中引用了
2	加入了规范性引用文件 ISO 10721-1《钢结构 第 1 部分：材料与设计》和 ISO 10721-2《钢结构 第 2 部分：制造与装配》	原文遗漏，因为在正文中引用了（见规范性附录 A）
表 1、表 2	将载荷组合表 1，表 2 中 A1、B1 组合的第 2 行的“ϕ_1”改为“ϕ_2”	因为载荷组合 A1 和 B1 对应的第 2 行对应于起升机构起升无约束地面载荷情况，所对应的动载系数应为 ϕ_2
	将载荷组合表 1，表 2 中 A4 和 B4 组合的第 4 行的“—”与第 5 行的“ϕ_5”调换，改为第 4 行的“ϕ_5”与第 5 行的“—”	根据起重机无风或有风工作情况下的载荷组合 A4 和 B4 的描述——在正常工作状态下起重机在不平路（轨）上运行，无和有工作状态风载荷，并按 A1 的驱动加速力相组合，以及 BS EN 13001-2:2004 中对该系数的修正
	将载荷组合表 1，表 2 中 C1 组合的第 11 行的“ϕ_1”改为“ϕ_{2max}”	因为对应的载荷工况为起升地面无约束载荷，因此相应的动载系数为 ϕ_{2max}，详见 GB/T 22437.1 的 6.1.2.2.2
	将载荷组合表 1，表 2 中 C3 组合的第 7 行的“—”改为“1”	根据起重机受到特殊载荷情况下的载荷组合 C3 的描述——起重机在动载试验状态下，提升动载试验载荷，并有试验状态风载荷，与载荷组合 A1 的驱动加速力相组合，见 GB/T 22437.1 的 4.3.3.3
正文、表 1	将“许用应力系数”改为“安全系数”，并在表 1 中增加安全系数、强度系数和高危险度系数之间的关系说明	与 GB/T 22437.1 中的相关内容一致
表 4	对载荷组合 A1 与 B1、A2 与 B2、A3 与 B3 以及 A4 与 B4 的说明由“并与从可能产生最大载荷的运动中选出两个运动的载荷组合”改为“并与从可能产生最大载荷的运动中选出两个约定运动的载荷组合”	臂架起重机分为臂架变幅与小车变幅，在起升机构不同的工况下，所考虑其他两个运动有所不同：对于臂架变幅起重机，可以考虑（回转＋变幅、回转＋伸缩、变幅＋伸缩）的运动；对于小车变幅起重机，只能考虑（回转＋小车运行、回转＋大车运行）的运动。因此采用“两个约定运动”以示区别不同变幅方式的臂架起重机及其载荷组合的不同约定

参 考 文 献

[1] GB/T 5905—1986 起重机 试验规范和程序(idt ISO 4310:1981).

CS 53.020.20
80

中华人民共和国国家标准

GB/T 22437.5—2021/ISO 8686-5:2017
代替 GB/T 22437.5—2008

起重机　载荷与载荷组合的设计原则　第5部分:桥式和门式起重机

Cranes—Design principles for loads and load combinations—Part 5:Overhead travelling and portal bridge cranes

(ISO 8686-5:2017,IDT)

021-12-31 发布　　2022-07-01 实施

中华人民共和国国家质量监督检验检疫总局
中国国家标准化管理委员会　发布

前　言

本文件按照 GB/T 1.1—2020《标准化工作导则　第 1 部分:标准化文件的结构和起草规则》的规定起草。

本文件是 GB/T 22437《起重机　载荷与载荷组合的设计原则》的第 5 部分。GB/T 22437 已经发布了以下部分:

——第 1 部分:总则;

——第 2 部分:流动式起重机;

——第 3 部分:塔式起重机;

——第 4 部分:臂架起重机;

——第 5 部分:桥式和门式起重机。

本文件代替 GB/T 22437.5—2008《起重机　载荷与载荷组合的设计原则　第 5 部分:桥式和门式起重机》,与 GB/T 22437.5—2008 相比,除结构调整和编辑性改动外,主要技术变化如下:

——更改了规范性引用文件(见第 2 章,2008 年版的第 2 章);

——增加了本文件所用的部分主要符号(见表 1);

——增加了作用在起重机质量上的反映重力载荷效应的起升冲击系数(ϕ_1)修正内容,给出了有利质量、不利质量的重力载荷效应系数的具体值(见 5.1.2);

——增加了起升动载系数(ϕ_2)的确定原则和情况(见 5.1.3.1);

——增加了考虑起重挠性件(钢丝绳/链条)的理论动载系数(ϕ_{2t})计算公式,结合 GB/T 22437.1—2018,通过计算确定起升动载系数(ϕ_2)(见 5.1.3.2);

——增加了加速或减速引起载荷效应变化量的计算方法(见 5.1.5);

——增加了根据大、小车运行机构和回转机构的驱动类型,减速箱典型齿隙/开式齿轮较大齿隙,起升机构驱动类型,起升/下降动作选取 ϕ_5(见表 3);

——增加了平均加速次数级别、定位运动效应系数(ϕ_P)的概念及取值方法(见 5.1.6);

——增加了偏斜角的计算方法(见 5.2.2.2);

——增加了摩擦滑移系数的计算方法(见 5.2.2.3);

——增加了根据四种计算模型选取刚性/柔性的桥式、门式起重机偏斜侧向力计算方法(见 5.2.2.4);

——增加了悬挂式起重机偏斜侧向力的计算方法(见 5.2.2.5);

——增加了“机构或部件意外失效引起的载荷”正/异常加载下的载荷组合情况(见 5.3.5);

——增加了“起升力限制器动态切断起升运动时引起的载荷”直/间接作用式起升力限制器的力限系数取值以及最大载荷的计算方法(见 5.3.6);

——增加了三组载荷组合:C9“起升力限制器动态切断引起的载荷”、C10“有效载荷丧失引起的载荷”、C11“安装、拆卸和运输引起的载荷”(见表 9);

——更改了载荷组合表的分项安全系数值(见表 9,2008 年版的表 1);

——更改了载荷组合表中“分项载荷系数”为“分项安全系数”(见表 9,2008 年版的表 1);

——增加了有效载荷丧失所引起的动力效应系数(ϕ_9)(见表 9);

——增加了附录 A“偏斜运行载荷:简化计算方法的假设”(见附录 A)。

本文件等同采用 ISO 8686-5:2017《起重机　载荷与载荷组合的设计原则　第 5 部分:桥式和门式起重机》。

请注意本文件的某些内容可能涉及专利。本文件的发布机构不承担识别专利的责任。

本文件由中国机械工业联合会提出。

本文件由全国起重机械标准化技术委员会(SAC/TC 227)归口。

本文件起草单位:太原科技大学、北京起重运输机械设计研究院有限公司、河南卫华重型机械股份有限公司、北京起重运输机械设计研究院有限公司河南分院、浙江冠林机械有限公司、北京科正平工程技术检测研究院有限公司、河南省矿山起重机有限公司、微特技术有限公司、青岛市黄岛区市场监督管理综合保障中心、法兰泰克重工股份有限公司、河南省大方重型机器有限公司、青岛海西重机有限责任公司。

本文件主要起草人:徐格宁、张培、董青、戚其松、林夫奎、刘永刚、王玉金、杨卫波、崔红哲、瞿朋、杨兆荣、袁秀峰、滕云、国红波、罗祯利。

本文件于 2008 年首次发布,本次为第一次修订。

引　　言

GB/T 22437《起重机　载荷与载荷组合的设计原则》是起重机设计载荷的输入,是进行理论设计计算和试验验证起重机机构、零部件、金属结构承载能力的原则基础,旨在统一国内起重机的载荷与载荷组合的设计原则,由五个部分构成。

——第1部分:总则。目的在于规定各种载荷计算的通用方法和选择载荷组合的一般原则。

——第2部分:流动式起重机。目的在于规定流动式起重机的载荷与载荷组合的设计原则。

——第3部分:塔式起重机。目的在于规定载荷与载荷组合的设计原则在塔式起重机中的应用。

——第4部分:臂架起重机。目的在于规定一般设计原则在臂架起重机中的应用。

——第5部分:桥式和门式起重机。目的在于规定载荷与载荷组合的设计原则在桥式和门式起重机中的应用。

起重机　载荷与载荷组合的设计原则　第 5 部分：桥式和门式起重机

1　范围

本文件规定了 GB/T 22437.1—2018 在 ISO 4306-1 所定义的桥式和门式起重机中的应用，并且对所使用的系数给出了具体数值。

2　规范性引用文件

下列文件中的内容通过文中的规范性引用而构成本文件必不可少的条款。其中，注日期的引用文件，仅该日期对应的版本适用于本文件；不注日期的引用文件，其最新版本（包括所有的修改单）适用于本文件。

GB/T 6974.5—2008　起重机　术语　第 5 部分：桥式和门式起重机（ISO 4306-5：2005，IDT）

GB/T 10183.1—2018　起重机　车轮及大车和小车轨道公差　第 1 部分：总则（ISO 12488-1：2012，IDT）

GB/T 20863.1—2021　起重机　分级　第 1 部分：总则（ISO 4301-1：2016，IDT）

GB/T 22437.1—2018　起重机　载荷与载荷组合的设计原则　第 1 部分：总则（ISO 8686-1：2012，IDT）

GB/T 30024—2020　起重机　金属结构能力验证（ISO 20332：2016，IDT）

ISO 4302：2016　起重机　风载荷估算（Cranes—Wind load assessment）

3　术语和定义

GB/T 6974.5—2008 和 GB/T 22437.1—2018 界定的术语和定义适用于本文件。

4　符号

下列符号适用于本文件。

表 1　符号

符号	含义
a	加速度或减速度值
a	用于确定 ϕ_1 值的附加项
b_j	沿起重机运行方向，车轮 j 到中轴线 x_b 的距离
C_H	起重机结构和起升钢丝绳系统在载荷悬挂点的弹性系数
d_j	沿起重机运行方向，前端导向装置到车轮 j 的距离
e	自然对数的底，取值为 2.718

表1 符号(续)

符号	含义
$F_{max,L}$	最大载荷
f_{uc}	链条钢材的极限强度
g	重力加速度
h_M	用单位力矩产生的角位移表示的门架柔度
l	起重机跨度
l_r,l_c	钢丝绳/链条的悬垂长度
M	作用于浮动侧端梁车轮上的力 Y_j 产生的使该端梁转动的力矩
M	桥、门架和无导向装置侧端梁之间的力矩
m	加速度或减速度 a 作用的质量
m_H	起升载荷(总载荷)的质量
m_{RC}	额定起升载荷的质量
m_T	带载起重机的总质量
R_r	钢丝绳级别
$S_{(f)}$	最终载荷效应
$S_{(i)}$	初始载荷效应
S_j	选择系数
t_{br}	制动响应时间
t_{IAL}	间接作用式起升力限制器的响应时间
t_{st}	通过制动和增大钢丝绳拉力,使起升机构在失速状态下停止的时间
v_h	最大起升速度
$v_{h,max}$	最大稳定起升速度
W	合成车轮力
Y_F	导向装置上的侧向力(导向力)(GB/T 22437.1—2018 中的 F_y)
Y_j	车轮 j 接触点的侧向力(GB/T 22437.1—2018 中的 F_{yij})
Z_a	钢丝绳/链条的实际利用系数
Z_j	车轮 j 垂直方向上的力
Z_j	车轮 j 的轮压,$Z_j \geqslant 0(j=1,2,\cdots,n)$,$n$ 为车轮个数 小车承受最大载荷,小车位于起重机无导向装置一侧
Z_{1i}	轴 i 上第 1 个车轮的轮压
Z_{2i}	轴 i 上第 2 个车轮的轮压
sgn	符号函数
α	偏斜角,单位为弧度
α	触发系数

表 1 符号(续)

符号	含义
α_g	车轮轮缘/导向轮与轨道侧面间隙引起的偏斜角分量
α_w	车轮轮缘/导向轮与轨道侧面磨损引起的偏斜角分量
α_t	车轮/轨道直线度公差引起的偏斜角分量
$\Delta\alpha$	弹性变形所引起的附加偏斜角分量
$(\dot{\alpha}/\dot{x})$	桥、门架转动速度与大车运行速度的比值
ϕ_{DAL}	直接作用式起升力限制器的力限系数
ϕ_{IAL}	间接作用式起升力限制器的力限系数
ϕ_5	起重机驱动装置加速引起动载荷的增大系数
ϕ_p	连续定位运动效应系数
μ_0	附着系数
$\mu_f(\sigma_j)$	由侧向滑移 σ_j 引起的车轮 j 的摩擦系数
μ_f	摩擦滑移系数(GB/T 22437.1—2018 中的 f)
σ_j	车轮 j 的侧向滑移
σ	滑移系数

5 载荷与适用系数

5.1 常规载荷

5.1.1 通用要求

在防屈服、防弹性失稳及需要时的防疲劳失效能力的验证计算中,应按照 GB/T 22437.1—2018 的 6.1 和下述修正内容考虑正常工作时的常规载荷。

5.1.2 作用在起重机质量上的起升和重力效应

起重机质量(自重)产生的重力应乘以起升冲击系数(ϕ_1),如公式(1)所示:

$$\phi_1 = 1 + a \qquad \cdots\cdots(1)$$

式中:

——对于不利质量的重力载荷效应,系数:$a=0.1$,$\phi_1=1.1$;

——对于有利质量的重力载荷效应,系数:$a=-0.05$,$\phi_1=0.95$。

否则,应通过测试或计算获得 ϕ_1 的取值。

对于工作在碎屑污染环境中的起重机,固定载荷计算应考虑沉积在起重机上表面的此类堆积物。

5.1.3 起升无约束的地面载荷

5.1.3.1 通则

当地面载荷的重量转移到起重挠性件(钢丝绳/链条)上时,起升载荷应乘以代表作用在起重机上附加动载荷的系数 ϕ_2。

假定在最极端的条件下,当起升机构达到其最大起升速度时,起重挠性件(钢丝绳/链条)处于松弛状态。在此条件下，动态附加载荷与起升速度成正比，其比例系数(起升状态级别)取决于起重机的刚度特性和质量分布(见 GB/T 22437.1—2018 中 6.1.2.1.1 的 β_2)。

在起重机的实际作业中，除主要部件外其他部分(例如：起重吊索、其他起重装置、载荷本身、起重机基础)的控制系统、阻尼和弹性等其他因素亦会影响实际动态效应。这些依存关系和起升动载系数(ϕ_2)的确定，在 GB/T 22437.1—2018 的 6.1.2.1.2 中通过起升状态级别体现。

对于起升动载系数(ϕ_2)的确定，应采用下述原则：

——通过选择起升状态级别计算得出；

——由其他替代方法确定，见 5.1.3.5。

起升状态级别和起升动载系数(ϕ_2)，也可通过下述计算得出：

——根据 GB/T 22437.1—2018 的 6.1.2.1.2；

——根据 5.1.3.2～5.1.3.4 确定起升状态级别和起升动载系数(ϕ_2)。

用于确定动载系数的起升速度应真实地反映起重机的实际使用情况和可能发生的异常事件。应考虑以下两种情况：

——起重机正常工作时，从钢丝绳松弛状态下起升机构以可控速度开始起升，根据 GB/T 22437.1—2018 表 2b 中载荷组合 A 和 B 选取起升速度；

——特殊情况时，从钢丝绳松弛状态下起升机构以最大速度开始起升，根据 GB/T 22437.1—2018 表 2b 中载荷组合 C 选取起升速度。

5.1.3.2 理论动载系数(ϕ_{2t})的确定

GB/T 22437.1—2018 中起升状态级别应通过理论动载系数(ϕ_{2t})的选取来确定，ϕ_{2t} 应根据下列方法之一进行估算。

——考虑弹性、惯性和阻尼特性进行完整的动力学仿真，前 3 s 内作用在起重挠性件(钢丝绳/链条)上的最大载荷等于起升载荷与理论动载系数(ϕ_{2t})的乘积。

——采用简化公式(2)进行计算。

$$\left.\begin{aligned} &\text{a)}\quad \text{对于带有钢丝绳起升机构的起重机：}\phi_{2t}=1+\frac{2.8\times v_{h,max}}{0.45+\left(\dfrac{R_r\times l_r}{1\,500\times Z_a}\right)^{0.5}} \\ &\text{b)}\quad \text{对于带有链条起升机构的起重机：}\phi_{2t}=1+\frac{2.8\times v_{h,max}}{0.45+\left(\dfrac{f_{uc}\times l_c}{150\times Z_a}\right)^{0.5}} \end{aligned}\right\}\quad\cdots(2)$$

式中：

$v_{h,max}$ ——最大稳定起升速度，单位为米每秒(m/s)；

R_r ——钢丝绳级别，单位为牛每平方毫米(N/mm^2)；

f_{uc} ——链条钢材的极限强度，单位为牛每平方毫米(N/mm^2)；

l_r，l_c ——钢丝绳/链条的悬垂长度，单位为米(m)；

Z_a ——钢丝绳/链条的实际利用系数(钢丝绳/链条缠绕系统的总破断拉力除以起升载荷)。

起升地面载荷时，钢丝绳/链条的悬垂长度(l_r/l_c)应视为上、下钢丝绳滑轮/链轮之间的典型距离。当部分或全部起重挠性件带载偏离垂直方向时，应调整钢丝绳/链条的悬垂长度，以确保垂直方向具有等效的柔性。

注：此简化公式考虑了起重机零部件的刚度、质量以及载荷。

起升状态级别可根据表 2 选取。

表 2　起升状态级别的选取

计算结果条件	GB/T 22437.1—2018 中起升状态级别
$\phi_{2t} \leqslant 1.07 + 0.24 \times v_{h,max}$	HC1
$1.07 + 0.24 \times v_{h,max} < \phi_{2t} \leqslant 1.12 + 0.41 \times v_{h,max}$	HC2
$1.12 + 0.41 \times v_{h,max} < \phi_{2t} \leqslant 1.17 + 0.58 \times v_{h,max}$	HC3
$1.17 + 0.58 \times v_{h,max} < \phi_{2t}$	HC4

5.1.3.3　起升速度的选择

代表载荷组合 A 和 B 中正常工作和载荷组合 C 中的特殊情况的起升速度，应根据系统提供的起升驱动级别和 GB/T 22437.1—2018 表 2b 选取。

5.1.3.4　起升动载系数(ϕ_2)的计算

根据 GB/T 22437.1—2018 的 6.1.2.1.1，用 5.1.3.2 和 5.1.3.3 中选择的起升状态级别和确定起升速度计算起升动载系数(ϕ_2)。

5.1.3.5　通过测试确定起升动载系数(ϕ_2)

起升动载系数(ϕ_2)亦可通过一台等效的起重机测试获得。不同起升速度下的测定值应直接用于计算而与起升状态级别无关。

通过测试或动态仿真得到的挠度动态增量包括了含起重小车在内的起重机质量的动力效应，见 5.1.2。*a* 所代表的部分可从最终 ϕ_2 的估算中移除，以避免在 ϕ_1 和 ϕ_2 中重复考虑。

5.1.4　在非平坦路面上运行引起的载荷

道路内或道路外或者轨道上运行的带载或空载起重机的动力效应，通过运行冲击系数(ϕ_4)予以考虑。对于连续轨道或接头经打磨平顺的焊接轨道，$\phi_4 = 1.0$。

对于道路或具有高低错位或间隙的轨道，应根据 GB/T 22437.1—2018 计算 ϕ_4。对于轮胎起重机，应考虑轮胎的弹性。

5.1.5　驱动机构加速引起的载荷

对于起重机的驱动运动，加速或减速引起载荷效应的变化量（ΔS）由公式(3)确定：

$$\Delta S = S_{(f)} - S_{(i)} \qquad \cdots\cdots(3)$$

式中：

$S_{(f)}$ ——最终载荷效应；

$S_{(i)}$ ——初始载荷效应。

注：载荷效应变化值（ΔS）是由驱动力变化值（ΔF）引起的，其公式为 $\Delta F = F_{(f)} - F_{(i)}$，其中，$F_{(f)}$ 是最终驱动力，而 $F_{(i)}$ 是初始驱动力。

由驱动力产生的加速度或减速度在起重机中引起的载荷可采用刚体动力学模型计算。载荷效应(S)应施加到承受驱动力的部件和起重机的适当位置以及起升载荷上。由于刚体分析不能直接反映弹性效应，因此应根据 GB/T 22437.1—2018 的 6.1.4，采用机构驱动加(减)速动载系数(ϕ_5)，按公式(4)计算载荷效应(S)：

$$S = S_{(i)} + \phi_p \times \phi_5 \times a \times m \quad \cdots\cdots(4)$$

式中：

$S_{(i)}$ ——初始载荷效应；

ϕ_5 ——起重机驱动装置加速引起的动载荷的增大系数；

ϕ_p ——连续定位运动效应系数，见 5.1.6，取值见表 6；

a ——加速度或减速度值；

m ——加速度或减速度 a 作用的质量。

除非通过弹性模型计算或测试获得更精确的系数 ϕ_5，否则应由表 3 和表 4 选取。ϕ_p 应从表 6 选取。

若力（S）受摩擦或驱动机构属性的限制，则应用摩擦力代替计算的力（S）。

表 3 大、小车运行机构和回转机构的加(减)速动载系数(ϕ_5)

驱动类型	减速箱典型齿隙	开式齿轮较大齿隙
无级速度控制	1.2	1.5
多级速度控制	1.6	2.0
二级速度控制	1.8	2.2
单级速度控制	2.0	2.4

表 4 起升机构的加(减)速动载系数(ϕ_5)

驱动类型	起升	下降
无级速度控制	1.05	1.10
多级速度控制	1.15	1.20
二级速度控制	1.20	1.35
单级速度控制	1.20	1.30

注：表 3 和表 4 中的系数考虑了速度的起始、结束及变化。

5.1.6 载荷的定位

驱动载荷到达预定位置的预期和附加的加速次数，均应考虑至能力验证中。根据 GB/T 20863.1—2021 的 7.6，这应通过平均加速次数(p)来体现，表 5 给出了平均加速次数的分级，图 1 为图示说明。

表 5 平均加速次数

级别	平均加速次数
P_0	$p = 2$
P_1	$2 < p \leqslant 4$
P_2	$4 < p \leqslant 8$
P_3	$8 < p$

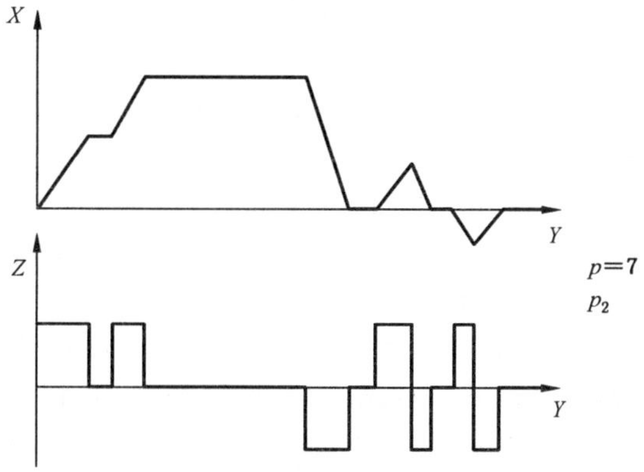

标引符号说明：

X ——速度；

Y ——时间；

Z ——加速度。

图 1 级别 P 示例

表 6 系数 ϕ_p

根据表 5 的载荷定位级别	ϕ_p
P_0	1.0
P_1	
P_2	1.15
P_3	1.3

当未能以最佳方式进行定位运动时，可能会使总载荷效应增大，应根据级别 P 采用定位运动效应系数（ϕ_p）考虑此情况。

5.1.7 位移引起的载荷

根据 GB/T 22437.1—2018 的 6.1.5，设计计算中应考虑位移引起的载荷。

若与轨道跨度变化或支承变形有关的位移保持在 GB/T 10183.1—2018 第 5 章规定的极限值以内，则在应力分析中不必考虑它们的影响。

5.2 偶然载荷

5.2.1 概述

根据 GB/T 22437.1—2018 和下述修正，在防弹性失稳的能力验证中应考虑很少发生的偶然载荷及效应，但在疲劳评估中通常可以不考虑。

5.2.2 偏斜运行引起的载荷

5.2.2.1 通则

一般而言，偏斜载荷通常作为偶然载荷，并应归于载荷组合 B，但它们发生的频率随着起重机或小车的类型、结构形式、轮轴平行度的精度以及使用工况而变化。个别情况下，发生的频率将决定它们是偶然载荷还是常规载荷。

对于有防偏斜运行装置的情况，在不考虑防偏斜装置的影响下所计算出的偏斜侧向力应归于载荷组合 C。若起重机能在防偏斜装置不起作用的情况下正常使用，则偏斜侧向力应归于载荷组合 B。

支承式起重机和小车的偏斜侧向力应根据 5.2.2.2～5.2.2.4 和附录 A 中提供的考虑起重机结构刚性和柔性的简化方法进行计算。悬挂式起重机的偏斜侧向力应根据 5.2.2.5 计算。

注 1：GB/T 22437.1—2018 的 6.2.2 中所给出的方法适用于刚性结构。由于桥式起重机和门式起重机兼有刚性和柔性特性，因此需要给出一种更为通用的方法。并且，此方法考虑了柔性结构、车轮数量不均、轮压分布不均以及不同类型的导向装置和防偏斜装置。

注 2：当起重机运行的滚动合成方向与轨道方向不再一致时，以及前端导向装置与轨道接触时，会由偏斜运行产生偏斜侧向力。这是由于起重机制造(车轮孔)和运行轨道(弯曲、扭曲)制造过程中的公差和出现的误差引起的。偏斜侧向力的大小和分布主要取决于轨道与轮缘或导向轮之间的间隙以及导向轮的位置，还取决于车轮的数量、布置、轴承布置和转速的同步性以及结构的柔性。

注 3：在运行过程中使用防偏斜装置会减小轨道和导向装置之间的导向力，这也会减小车轮的侧向滑动力，但宜考虑由于车轮水平偏斜公差和结构侧向变形而仍然保留的少许侧向滑动的影响。

5.2.2.2 偏斜角

偏斜角的计算方法如下：

设计所考虑的偏斜角可按公式(5)计算：

$$\alpha = \alpha_g + \alpha_w + \alpha_t \quad \cdots\cdots(5)$$

式中：

α ——设计时考虑的偏斜角；

α_g ——车轮轮缘/导向轮与轨道侧面间隙引起的偏斜角分量，其值等于 S_g 与 W_b(见图 2)之比；

α_w ——车轮轮缘/导向轮与轨道侧面磨损引起的偏斜角分量；

α_t ——车轮/轨道水平偏斜引起的偏斜角分量。

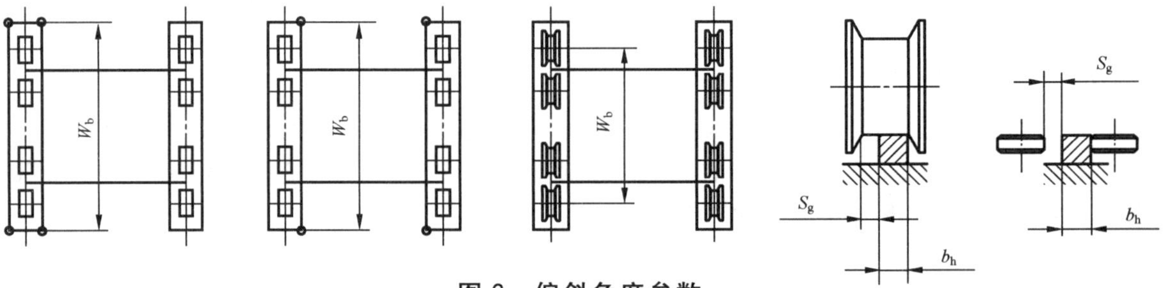

图 2 偏斜角度参数

偏斜角的取值应按 GB/T 22437.1—2018 的表 E.2 进行选取。

为确保起重机、小车运行良好，偏斜角应小于或等于 0.015 rad。

注：由于桥式和门式起重机及其小车很少使用全轨道间隙，所以对于较大的轨道间隙，偏斜运行角减小到 75%。通常仅前端导向装置与轨道相接触。

5.2.2.3 摩擦滑移关系

对于纵向和侧向摩擦滑移系数应按简化经验关系公式(6)计算：

$$\mu_f = \mu_0 (1 - e^{-250\sigma}) \quad \cdots\cdots(6)$$

式中：

μ_f ——摩擦滑移系数(GB/T 22437.1—2018 的 E.2 中的 f)；

μ_0 ——附着系数，对于清洁轨道 $\mu_0=0.3$；对于正常作业环境下的非清洁轨道 $\mu_0=0.2$；

e ——自然对数的底，e=2.718；

σ ——滑移系数。

注：滑移系数(σ)为纵向/侧向滑移距离与相应运行距离之比，对于侧向滑移，滑移系数等于瞬态总偏斜运行角度(α 或$\alpha+\Delta\alpha$)，见 A.3.2。

5.2.2.4 偏斜侧向力计算方法的选取

应采用两种简化计算方法之一：刚性法或柔性法。刚性法假定起重机和运行轨道系统均为刚性。而柔性法假定结构是柔性的。在不能确定的情况下，宜采用柔性法。根据表 7 中起重机大/小车结构形式选择计算模型。

表 7 桥式和门式起重机偏斜侧向力的计算模型

类型	结构支承形式	偏斜侧向力的适用计算方法
A	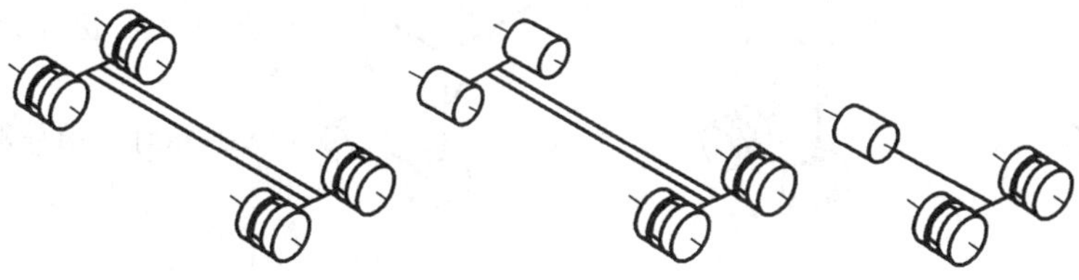 桥式起重机大、小车； 桥式起重机大、小车，均匀、水平、刚性很大； 导向装置处于一侧或两侧端梁上	采用刚性法计算
B	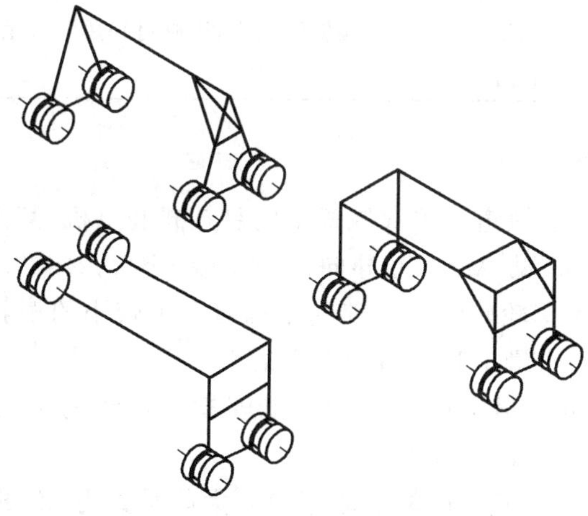 带铰的起重机，或者带柔性支承的起重机(图中“•”=绕着平行于起重机轨道轴线转动的铰)； 导向装置处于两侧端梁上	各端梁采用刚性法分别计算； 就偏斜侧向力而言，起重机可分解为近乎独立、分别导向的端梁

表 7　桥式和门式起重机偏斜侧向力的计算模型(续)

<table>
<tr><th>类型</th><th>结构支承形式</th><th>偏斜侧向力的适用计算方法</th></tr>
<tr><td>C</td><td>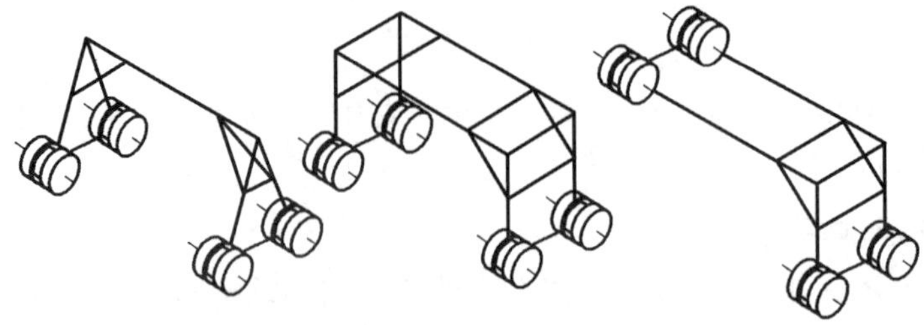
不带铰的起重机；
导向装置处于两侧端梁上</td><td>采用刚性法计算</td></tr>
<tr><td>D</td><td>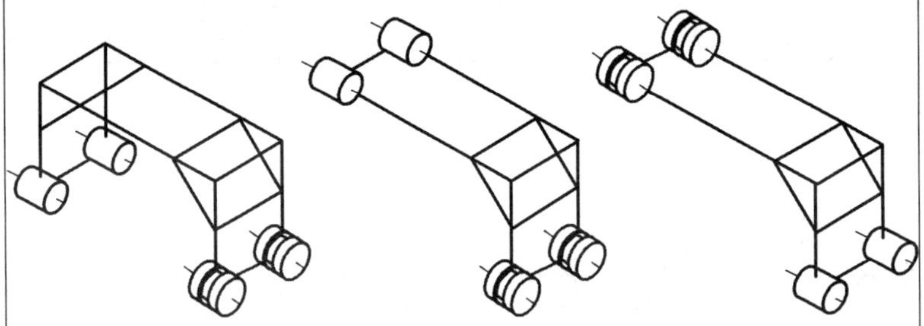
不带铰的起重机；
导向装置仅位于一侧端梁上</td><td>计算方法取决于结构的柔性；
由刚性法计算结果确定</td></tr>
<tr><td colspan="3">计算步骤：
a)　采用刚性法计算偏斜侧向力；
b)　有导向装置的端梁采用固定支承，无导向装置的端梁采用浮动支承，把用刚性法计算得到的载荷施加在浮动支承的端梁上，初始平行的两端梁彼此之间形成一个角度差 $\Delta\alpha$，如图 A.2 所示；
c)　如果 $\mu_f(\alpha+\Delta\alpha)/\mu_f(\alpha)>1.1$，应采用柔性法计算偏斜侧向力，否则可采用刚性法计算。
例如，$\mu_f(\alpha)=\mu_0[1-e^{(-250\alpha)}]$ 和 $\mu_f(\alpha+\Delta\alpha)=\mu_0\{1-e^{[-250(\alpha+\Delta\alpha)]}\}$</td></tr>
</table>

5.2.2.5　悬挂式起重机的偏斜侧向力

对具有刚性结构并运行在刚性固定轨道梁下翼缘板上的悬挂式起重机，其偏斜侧向力应按与支承式起重机相同的计算原理计算，见 A.3。而导向力 (Y_F)（GB/T 22437.1—2018 中 E.2 的 F_y）可分配在引导平衡台车的两个车轮轮缘上。伴随平衡台车上较小的偏斜侧向力可忽略不计。图 3 给出了一个结构示例及一组最不利偏斜侧向力的组合。

对一侧轨道梁(或两侧都)或一侧轨道上的平衡台车能够横向浮动的结构，侧向力(Y_1 和 Y_2)由两个引导平衡台车各自的导向力 (Y_F) 平衡。

在这种情况下，图 3 中的导向力($1/2Y_F$) 通常应取车轮最大静垂直力(Z)的 20%。而摩擦力(Y_1 和 Y_2)为每个车轮垂直力的 10%。导向力 (Y_F) 和摩擦力(Y)分别在两侧轨道上互相平衡，而在平衡台车内形成内力系统，见图 3 中的 b)，并在底部轨道的翼缘板内形成局部内力系统。这些局部平衡的力不会作为外力施加在起重机结构上。

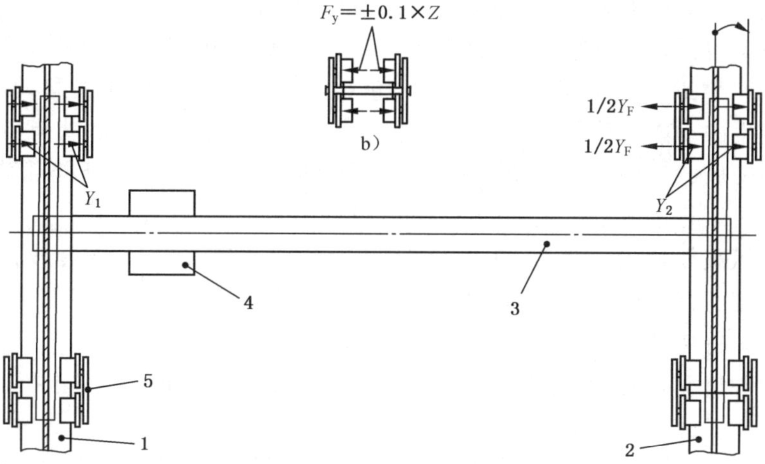

标引序号和符号说明：

1 ——轨道梁 1 的下翼缘板和腹板；

2 ——轨道梁 2 的下翼缘板和腹板；

3 ——起重机主梁，轨道下方的端梁没有画出；

4 ——带载葫芦小车；

5 ——悬挂式起重机四角上的 4 轮平衡台车；

Y_1 ——作用于车轮与轨道梁 1 下翼缘板上表面之间横向摩擦的偏斜侧向力；

Y_2 ——作用于车轮与轨道梁 2 下翼缘板上表面之间横向摩擦的偏斜侧向力；

Y_F ——作用于引导平衡台车车轮轮缘的导向力(GB/T 22437.1—2018 的 E.2 中的 F_y)；

F_y ——设计平衡台车时考虑的最小横向力，如图 3 中的 b)所示；

Z ——垂直方向的最大动态车轮力。

图 3　悬挂式起重机的偏斜侧向力

除偏斜运行外，悬挂式起重机平衡台车上的侧向力也可由非对称加载起重机的加速度、葫芦小车和载荷的加速度产生。这些力应根据 5.1.5 考虑。

6.3　特殊载荷

6.3.1　概述

根据 GB/T 22437.1—2018 和下述的补充和修正，特殊载荷及其效应也很少出现，并且通常在疲劳评估中也同样可以不予考虑。特殊载荷包括由试验、非工作状态风、缓冲力、倾翻以及意外停机、驱动部件失效和起重机基础支撑的外部激励引起的载荷。

6.3.2　试验载荷

试验载荷应在起重机的使用配置下施加。不应改变起重机系统，例如增大平衡重。

根据 GB/T 22437.1—2018 的 6.3.2，在试验载荷条件下，悬挂在起重机上总起升质量应乘以系数 ϕ_6。

在试验状态的验证计算中，GB/T 22437.1—2018 中给定的最小级别风速，应只对室外用起重机予以考虑。

6.3.3　缓冲力引起的载荷

对于使用缓冲器的场合，根据 GB/T 22437.1—2018 的 6.3.3 和下述修正，借助刚体分析计算出的碰撞力应乘以缓冲器碰撞弹性效应系数(ϕ_7),来反应动态效应。

缓冲力应由不包括自由悬挂载荷(自由水平摇摆)的起重机移动质量在85%额定运行速度下产生的动能计算得到;对于起重小车,应由不包括自由悬挂载荷的小车移动质量在100%额定运行速度下产生的动能计算得到。若缓冲碰撞发生之前通过一个限制功能启动制动动作:

——对于不受风载作用的起重机和小车,缓冲力应由不包括自由悬挂载荷的移动质量在70%额定运行速度下产生的动能计算得到;

——对于受风载作用的起重机和小车,缓冲力应由不包括自由悬挂载荷的移动质量在85%额定运行速度下产生的动能计算得到;若在缓冲计算中包括了风力,可采用70%的额定运行速度。

对于上述两种情况,根据GB/T 30024—2020的5.2.3.2,缓冲器终端止挡器支承的夹紧摩擦型(抗滑移)连接设计时应考虑具体抗力系数 $\gamma_{ss}=1.8$。

计算中,可借助系数 $f=0.18$ 考虑由车轮和轨道之间的摩擦接触产生的运动阻力。

5.3.4 意外停机引起的载荷

应根据GB/T 22437.1—2018的6.3.6及下述修正计算意外停机引起的载荷。

ϕ_5 应设置为2,或通过实验或动态分析进行确定。

5.3.5 机构或部件意外失效引起的载荷

为了安全起见,采用两套(双联)机构或部件或者用其他方式保护机构或部件时,应考虑这些载荷作用。

应假定任一系统的任何部分均可发生失效。对于有备用制动器提供保护的情况,应假定工作制动系统的失效和备用制动器的激活都是在最不利的状态下发生的。

应根据5.1.5计算上述失效产生的荷载,并考虑任何由此产生的影响。

对于下列两种情况,应对起升机构的两套(双联)部件进行计算。

——常规加载状态,机构的所有部件作为一个整体运行,共同承担起升载荷。这应划归为载荷组合A而用于疲劳和静态强度验证。

——特殊加载状态,考虑机构中任何单一部件的失效。失效发生期间机构剩余部分的加载应划归为载荷组合C,用于剩余部分静强度的验证。由失效引起的动载系数(ϕ_5)可通过动态分析确定,否则应取 $\phi_5=1.5$。该系数应用于失效后剩余的有效系统所承载的总载荷。

5.3.6 起升力限制器动态切断起升运动时引起的载荷

如果起重机的起升机构配备了起升力限制器,在能力验证计算中应考虑由此而产生的力。

当起升载荷时,起升力限制器根据限制器的类型、驱动控制系统和起重机的机械特性将起升力限制在某一水平上。

有两种不同类型的限制器:

a) 直接作用式起升力限制器(DAL),将起升系统中的力限制在规定的级别,例如基于摩擦的滑动离合器或液压起升系统的压力限制;

b) 间接作用式起升力限制器(IAL),测量作用在系统上的力并激活第二个装置以停止运动。

力限系数(ϕ_L)取决于限制器的类型。

直接作用式起升力限制器(见5.3.6.1)，$\phi_L = \phi_{DAL}$。

间接作用式起升力限制器(见5.3.6.2)，$\phi_L = \phi_{IAL}$。

5.3.6.1 直接作用式起升力限制器动态切断起升运动时引起的载荷

直接作用式起升力限制器工作时，作用在起重机上的最大载荷（$F_{max,L}$）应按公式(7)计算：

$$F_{max,L} = (\phi_{DAL} \times m_{RC} + m_H - m_{RC})g \quad \cdots\cdots(7)$$

式中：

$F_{max,L}$ ——最大载荷，单位为牛(N)；

ϕ_{DAL} ——直接作用式起升力限制器的力限系数；

m_{RC} ——额定起升载荷质量，单位为千克(kg)；

m_H ——起升载荷(总载荷)的质量，单位为千克(kg)；

g ——重力加速度，9.81 m/s^2。

对于液压系统，ϕ_{DAL}应小于或等于1.4。对于摩擦力矩限制器或气动系统ϕ_{DAL}应小于或等于1.6。

5.3.6.2 间接作用式起升力限制器动态切断起升运动时引起的载荷

在超载、失速载荷和相关的障碍载荷情况下，由间接作用式起升力限制器动作产生而施加在起重机上的最大载荷（$F_{max,L}$）应按公式(8)计算：

$$F_{max,L} = (\phi_{IAL} \times m_{RC} + m_H - m_{RC})g \quad \cdots\cdots(8)$$

式中：

$F_{max,L}$ ——最大载荷，单位为牛(N)；

ϕ_{IAL} ——间接作用式起升力限制器的力限系数；

m_{RC} ——额定起升载荷的质量，单位为千克(kg)；

m_H ——起升载荷(总载荷)的质量，单位为千克(kg)；

g ——重力加速度，9.81 m/s^2。

$F_{max,L}$表示触发动作和起升运动休止后起升系统中的最终载荷。计算时应适当考虑起升机构和结构整体的刚度以及间接作用式起升力限制器的运行。

间接作用式起升力限制器的力限系数（ϕ_{IAL}）应按公式(9)计算：

$$\phi_{IAL} = \alpha + \frac{[C_H \times v_h(t_{IAL} + t_{br} + 0.5t_{st})]}{m_{RC} \times g} \quad \cdots\cdots(9)$$

式中：

α ——触发系数；

v_h ——触发间接作用式起升力限制器的最大起升速度，单位为米每秒(m/s)；

m_{RC} ——额定起升载荷的质量，单位为千克(kg)；

t_{IAL} ——间接作用式起升力限制器的响应时间，单位为秒(s)；

t_{br} ——制动响应时间，单位为秒(s)；

t_{st} ——通过制动和增大钢丝绳拉力，使机构在失速状态下停止的时间，单位为秒(s)；

C_H ——起重机结构和起升钢丝绳系统在载荷悬挂点的弹性系数，单位为牛每米(N/m)。

通常触发系数(α)应小于或等于1.25。

在正常运行中，当地面载荷的重量转移到起重挠性件(钢丝绳/链条)上时，动载系数（ϕ_2）

高于触发系数,可能需要延迟触发系统。若提供了此系统,则触发系数的取值宜比 ϕ_2 高 5%。

5.4 其他载荷

根据 GB/T 22437.1—2018 的 6.4 应考虑的其他载荷,包括安装载荷、拆卸载荷以及平台和通道上的载荷。

6 适用的载荷、载荷组合和系数

在载荷组合中应使用表 8 中给出的考虑动态效应的系数 ϕ_n。

表 8 系数 ϕ_n

表 9 中对应行号	ϕ_n	参考 GB/T 22437.1—2018	系数 ϕ_n 取值/荷载取值/相关标准
1	ϕ_1	6.1.1	见 5.1.2
2	ϕ_2	6.1.2.1	见 5.1.3
	ϕ_3	6.1.2.2	见 GB/T 22437.1—2018
3	ϕ_4	6.1.3.2 和附录 C	ϕ_4 应按 GB/T 22437.1—2018 附录 C 进行估算并结合 5.1.4 的修正
4 和 5	ϕ_5	6.1.4 和附录 D	见 5.1.5
6		6.1.5	见 5.1.6
7		6.2.1.1	见 ISO 4302:2016,第 5 章
8		6.2.1.2	见适用区域的冰雪载荷情况
9		6.2.1.3	见适用环境和局部温度变化
10		6.2.2	见 5.2.2 和附录 A
11	ϕ_2	6.1.2.1.3	见 5.1.3
12		6.3.1	ISO 4302:2016,第 6 章
13	ϕ_6	6.3.2	见 5.3.2
14	ϕ_7	6.3.3	见 5.3.3
15		6.3.4	见 GB/T 22437.1—2018
16	ϕ_5	6.3.6	见 5.3.4
17	ϕ_5	6.3.7	见 5.3.5
18		6.3.8	GB/T 22437.1—2018
19			见 5.3.6
20	ϕ_9	6.3.5	GB/T 22437.1—2018
21		6.4.1	GB/T 22437.1—2018

载荷组合应符合 GB/T 22437.1—2018 的原则,见表 9。

表 9　载荷与载荷组合

1	2		3					4						5												6
载荷类别	载荷 f_i		载荷组合 A					载荷组合 B						载荷组合 C												行号
			分项安全系数 γ_p	A1	A2	A3	A4	分项安全系数 γ_p	B1	B2	B3	B4	B5	分项安全系数 γ_p	C1	C2	C3	C4	C5	C6	C7	C8	C9	C10	C11	
常规载荷(见 GB/T 22437.1—2018,6.1)	重力加速力冲击力	1) 起重机的质量	[a]	ϕ_1	ϕ_1	1	—	[a]	ϕ_1	ϕ_1	1	—	—	[a]	ϕ_1	1	ϕ_1	1	1	1	1	1	1	1	1	1
		2) 总载荷的质量	1.34	ϕ_2	ϕ_3	1	—	1.22	ϕ_2	ϕ_3	1	—	—	1.10	—	η	—	1	1	1	1	1	ϕ_1	1	—	2
		3) 在不平坦路面上运行的起重机和起升载荷的质量	1.22	—	—	—	ϕ_4	1.16	—	—	—	ϕ_4	ϕ_4	—	—	—	—	—	—	—	—	—	—	—	—	3
	驱动加速力	4) 起重机和总载荷的质量 a) 不包括起升机构	1.34	ϕ_5	ϕ_5	—	ϕ_5	1.22	ϕ_5	ϕ_5	—	ϕ_5	—	1.10	—	—	ϕ_5	—	—	—	—	—	—	—	—	4
		b) 包括起升机构		—	—	ϕ_5	—		—	—	ϕ_5	—	—		—	—	—	—	—	—	—	—	—	—	—	5
	位移	5) 位移或变形引起的载荷,见 5.1.6	[b]	1	1	1	1	[b]	1	1	1	1	1	[b]	1	1	1	1	1	1	1	1	1	1	1	6
偶然载荷(见 GB/T 22437.1—2018,6.2)	气候影响	1) 工作状态风载荷	—	—	—	—	—	1.22	1	1	1	1	1	1.16	—	—	1	—	—	—	—	—	—	—	1	7
		2) 雪和冰载荷	—	—	—	—	—	1.22	1	1	1	1	1	1.16	—	1	—	—	—	—	—	—	—	—	—	8
		3) 温度变化引起的载荷	—	—	—	—	—	1.16	1	1	1	1	1	1.05	—	1	—	—	—	—	—	—	—	—	—	9
	偏斜	4) 偏斜运行引起的水平侧向载荷,见 5.2.2	—	—	—	—	—	1.16	—	—	—	—	1	—	—	—	—	—	—	—	—	—	—	—	—	10
特殊载荷(见 GB/T 22437.1—2018,6.3)	1) 起升地面载荷			—	—	—	—		—	—	—	—	—	1.10	ϕ_2	—	—	—	—	—	—	—	—	—	—	11
	2) 非工作状态风载荷			—	—	—	—		—	—	—	—	—	1.16	—	1	—	—	—	—	—	—	—	—	—	12
	3) 试验载荷			—	—	—	—		—	—	—	—	—	1.10	—	—	ϕ_6	—	—	—	—	—	—	—	—	13
	4) 缓冲力			—	—	—	—		—	—	—	—	—	1.10	—	—	—	ϕ_7	—	—	—	—	—	—	—	14
	5) 倾翻力			—	—	—	—		—	—	—	—	—	1.10	—	—	—	—	1	—	—	—	—	—	—	15
	6) 意外停机引起的载荷			—	—	—	—		—	—	—	—	—	1.10	—	—	—	—	—	ϕ_5	—	—	—	—	—	16
	7) 机构失效引起的载荷			—	—	—	—		—	—	—	—	—	1.10	—	—	—	—	—	—	ϕ_5	—	—	—	—	17
	8) 起重机基础外部激励引起的载荷			—	—	—	—		—	—	—	—	—	1.10	—	—	—	—	—	—	—	1	—	—	—	18
	9) 起升力限制器动态切断引起的载荷			—	—	—	—		—	—	—	—	—	1.10	—	—	—	—	—	—	—	—	1	—	—	19
	10) 有效载荷丧失引起的载荷			—	—	—	—		—	—	—	—	—	1.10	—	—	—	—	—	—	—	—	—	ϕ_9	—	20
	11) 安装、拆卸和运输引起的载荷			—	—	—	—		—	—	—	—	—	1.10	—	—	—	—	—	—	—	—	—	—	1	21

表9　载荷与载荷组合（续）

1	2	3					4						5												6
载荷类别	载荷 f_i	载荷组合 A					载荷组合 B						载荷组合 C												行号
		分项安全系数 γ_p	A1	A2	A3	A4	分项安全系数 γ_p	B1	B2	B3	B4	B5	分项安全系数 γ_p	C1	C2	C3	C4	C5	C6	C7	C8	C9	C10	C11	
抗力系数 γ_m（极限状态法）		1.10	—				1.10	—					1.10	—											22
强度系数 γ_{fi}（许用应力法）		—	1.48				—	1.34					—	1.22											
高危险度系数 γ_n（高危险情况）		1.05～1.10																							

载荷组合：

A1 和 B1：起重机在正常工作状态下起升和下降载荷，无工作状态风载荷以及由其他气候影响引起的载荷(A1)和有工作状态风载以及由其他气候影响引起的载荷(B1)。一般而言，载荷的组合应能够反映出沿两个方向运动的带载或不带载的起重机加速、减速和定位过程的情况。起升地面载荷或地面吊具的过程中，应根据预期的常规操作及驱动控制，只考虑由其他驱动机构(不包括起升机构)引起的驱动加速力的载荷组合。

A2 和 B2：起重机在正常工作状态下突然卸除部分起升载荷，无工作状态风载荷以及由其他气候影响引起的载荷(A2)和有工作状态风载荷以及由其他气候影响引起的载荷(B2)。驱动力应按 Al 和 B1 进行组合。

A3 和 B3：起重机在正常工作状态下，加速挂悬的载荷，无工作状态风载荷及由于其他气候影响引起的载荷(A3)和有工作状态风载荷及由于其他气候影响引起的载荷(B3)。其他驱动力应按 Al 和 B1 进行组合。

A4 和 B4：起重机在正常工作状态下，在不平坦路面或轨面上运行，无工作状态风载荷以及由其他气候影响引起的载荷(A4)和有工作状态风载荷以及由其他气候影响引起的载荷(B4)。驱动力应按 A1 和 B1 进行组合。

B5：起重机在正常工作状态下，在不平坦路面上以恒定速度偏斜运行，有工作状态风载荷以及由其他气候影响引起的载荷。

C1：起重机在工作状态下，在特殊情况下起升地面载荷，采用 GB/T 22437.1—2018 的表 2b。

C2：起重机在非工作状态下，包括非工作状态风载荷以及由其他气候影响引起的载荷。

C3：起重机械在试验状态下，驱动力应按 A1 和 B1 进行组合。

C4～C8：起重机的总载荷与诸如缓冲力(C4)、倾翻力(C5)、意外停机(C6)、机构失效(C7)、起重机械基础激励(C8)载荷相组合。

C9：激活过载保护装置引起的载荷。

C10：有效载荷意外丧失引起的载荷。

C11：安装、拆卸、运输引起的载荷，见 7.2。

[a] 分项安全系数的取值见 GB/T 22437.1—2018 的表 4。

[b] 用于位移引起载荷的分项安全系数的取值见 GB/T 22437.1—2018 的 7.3.8。

7　加速效应的组合

对于桥式和门式起重机，载荷通过起升机构(H)、大车运行机构(Lt)、小车运行机构(Ct)或回转机构(SI)移动(见图 4)。

这些机构同时作用于起重机的加速效应取决于起重机的控制系统和使用工况以及载荷是从地面起升还是悬挂状态起升。

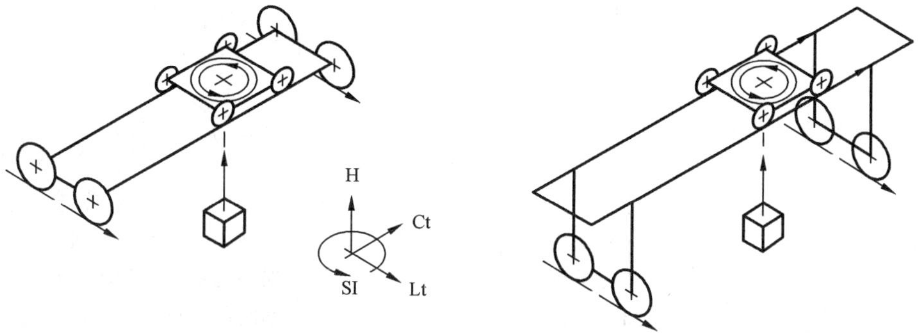

图 4　运动方向

考虑到上述情况，假定表 9 中所列的各种加速度同时作用。总起重量(m_H)在各种载荷组合内应乘以下列系数：

——载荷组合 A1 和 B1：ϕ_2

——载荷组合 A2 和 B2：ϕ_3

——载荷组合 A3 和 B3：$(1+\phi_p\times\phi_5\times\frac{m_H a}{m_H g})$

式中：

m_H ——起升载荷(总载荷)的质量，见 GB/T 22437.1—2018 的表 1。

——载荷组合 A4 和 B4：ϕ_4

——载荷组合 C3：ϕ_6

驱动力可能会在短时间内发生显著变化，因此，在下述情况时应计算动载系数(ϕ_5)：

a)　开始运动；

b)　稳定运动状态制动；

c)　在启动过程中的运动制动；

d)　在制动过程中的加速运动(定位)。

因此，所计算的刚体加速力还应乘以系数 ϕ_p。在考虑定位效应时，只用一种定位效应与其他运动相组合。

在载荷组合 C6 或 C7 或 C9 中，应仅考虑“意外停机”或“机构或部件意外失效”或“起升力限制器动态切断”的动力效应，而不考虑其他动力效应，假定以上情况发生在稳定状态运行期间。

表 10 给出了加速效应的组合。

表 10　加速效应的组合

<table>
<tr><td rowspan="2">控制方式</td><td>起升地面载荷</td><td>起升悬挂载荷</td></tr>
<tr><td>载荷组合 A1,B1,C1</td><td>载荷组合 A2～A4,B2～B4,C3</td></tr>
<tr><td>用按钮操作板或双向控制杆控制</td><td>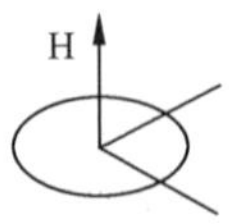</td><td>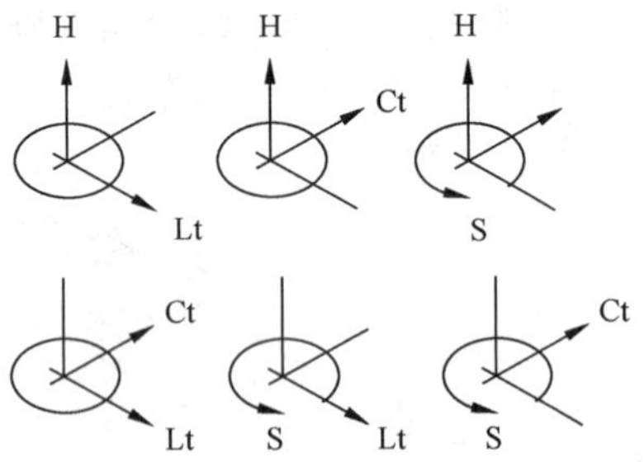</td></tr>
<tr><td rowspan="4">用多向控制杆控制</td><td>电站起重机
安装起重机
车间起重机</td><td>电站起重机　卸船机
安装起重机　货场起重机
车间起重机　钢厂起重机</td></tr>
<tr><td>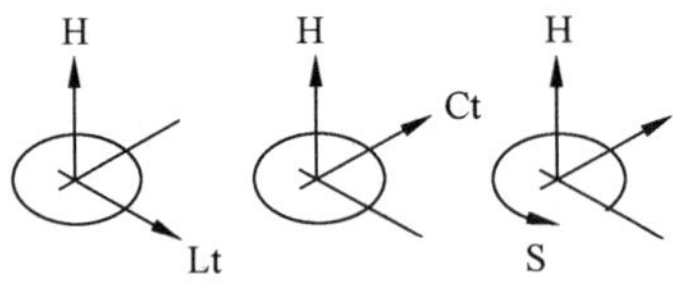</td><td rowspan="3">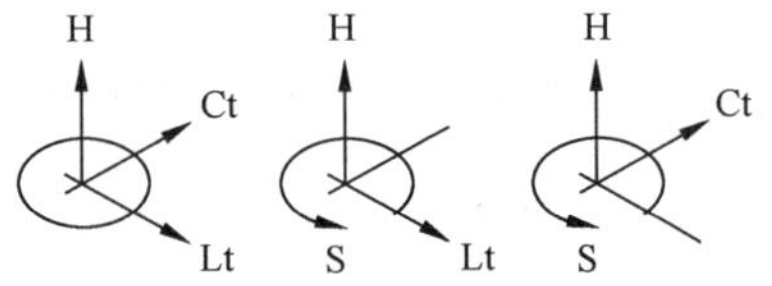</td></tr>
<tr><td>卸船机
货场起重机
钢厂起重机</td></tr>
<tr><td>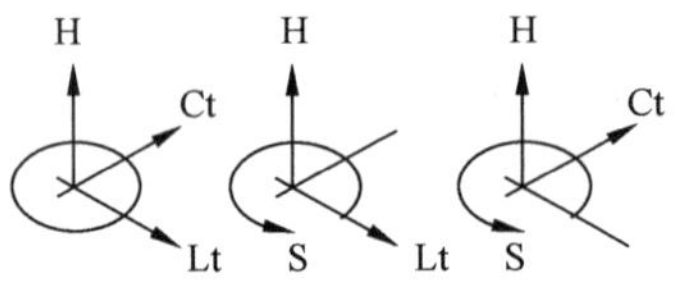</td></tr>
</table>

附 录 A
（资料性）
偏斜运行载荷：简化计算方法的假设

A.1 通则

本附录给出的计算方法是基于以下内容的简化计算方法。

起重机运行过程中，起重机的前端导向装置（导向轮或车轮轮缘）以偏斜角（α）与轨道接触。

a） 刚性法

起重机和轨道均为刚性。与偏斜角（α）有关的摩擦滑移关系允许采用线性形式。若 $\mu_0<0.2$，则不准许采用线性形式。

b） 柔性法

结构框架为柔性，端梁为刚性。摩擦滑移关系不准许采用线性形式。结构框架翘曲引起的轮压变化可忽略不计。

以下条件对上述两种方法均适用。

小车的位置以计算最大偏斜力的方式定位。通常，对于分别驱动，是远离导向装置侧的跨端位置。对于机械式集中驱动情况下，小车的位置以驱动轮载荷相等的方式定位，通常为起重机的跨中。而电气集中驱动则被认为是分别驱动。

上述方法假设均无加速度，起重机轨道平坦、水平，所有的角度都很小并且可忽略几何公差。

注：对起重机及其轨道的表述同样适用于起重小车及其轨道。

A.2 基于刚性法的偏斜侧向力计算

A.2.1 计算模型

计算步骤：（见图 A.1）选定一个起重机运行方向；为每个车轮指定一个数字编号 $j=1,2,\cdots,n$；用公式（A.1）计算总和 S、S_d 和 S_{dd}；用公式（A.2）a）计算中间值 b；作用于车轮中线与轨道接触点的侧向力（Y_j）和导向装置上的侧向力（Y_F）由公式（A.3）计算得到。

$$\left.\begin{aligned} &\text{a)}\quad S=\sum Z_j=m_T\times g\\ &\text{b)}\quad S_d=\sum Z_j\times d_j\\ &\text{c)}\quad S_{dd}=\sum Z_j\times d_j^2 \end{aligned}\right\}\quad\cdots\cdots(\text{A.1})$$

$$\left.\begin{aligned} &\text{a)}\quad b=\frac{s_d}{s_{dd}+W\times l^2}\\ &\text{b)}\quad \mu_f=\mu_0(1-e^{-250\times\sigma}) \end{aligned}\right\}\quad\cdots\cdots(\text{A.2})$$

$$\left.\begin{aligned} &\text{a)}\quad Y_j=\mu_f\times Z_j(1-d_j\times b)\\ &\text{b)}\quad Y_F=\mu_f(S-S_d\times b)=\sum Y_j \end{aligned}\right\}\quad\cdots\cdots(\text{A.3})$$

公式（A.1）～公式（A.3）中：

μ_f ——与偏斜角 α 有关的摩擦滑移系数，根据 5.2.2.3 取 $\sigma=\alpha$，单位为弧度（rad）；

Z_j ——车轮 j 垂直方向上的力，$j=1,2,\cdots,n$，详见下文；

d_j ——沿起重机运行方向，前端导向装置到车轮 j 的距离（当车轮位于前端导向装置之前时，d_j 取负值）；

W ——不采用轴连接时 $W=0$，否则，见 A.2.2；

m_T ——带载起重机的总质量；

l ——起重机跨度,仅在 $W \neq 0$ 时用。

轴承的布置传递水平载荷时,Z_j 为车轮实际的垂直受力;轴承的布置不传递水平载荷时,Z_j 等于 0。

结果值:

Y_j ——车轮 j 接触点的侧向力(GB/T 22437.1—2018 的 E.2 中的 F_{yij});

Y_F ——导向装置上的侧向力(导向力)(GB/T 22437.1—2018 的 E.2 中的 F_y)。

对于仅靠轮缘导向且未采用轴连接($W=0$)的四轮起重机,车轮编号 j 按图 A.1 a),公式(A.1)~公式(A.3)可以简化为公式(A.4):

$$\left.\begin{aligned} &\text{a)}\quad Y_1=\mu_f\times Z_1\\ &\text{b)}\quad Y_2=Y_3=0\\ &\text{c)}\quad Y_4=\mu_f\times Z_4\\ &\text{d)}\quad Y_F=Y_1+Y_4 \end{aligned}\right\} \qquad \cdots\cdots(\text{A.4})$$

A.2.2 轴连接

若两个端梁之间的起重机车轮用轴连接在一起,则偏斜侧向力增加。若同一根轴上的两个车轮的轮压值相同,则可计算出最大偏斜侧向力。

计算步骤:如图 A.1e)所示,用公式(A.5)a)计算各轴 i 产生的车轮力 W_i;用公式(A.5)b)计算 W_i 之和,得到 W;公式(A.2)a) 需要 W 的值;用公式(A.5)c)计算各轴的力 X_i。

$$\left.\begin{aligned} &\text{a)}\quad W_i=\frac{Z_{1i}\times Z_{2i}}{Z_{1i}+Z_{2i}}\\ &\text{b)}\quad W=\sum W_i\\ &\text{c)}\quad X_i=\mu_f\times l\times b\times W_i \end{aligned}\right\} \qquad \cdots\cdots(\text{A.5})$$

式中:

Z_{1i} ——轴 i 上第 1 个车轮的轮压,$Z_{1i}>0$($i=1,\cdots,m$,m 为轴的数量);

Z_{2i} ——轴 i 上第 2 个车轮的轮压,$Z_{2i}>0$;

l ——起重机跨度;

W ——合成车轮力。

若采用轴连接,则小车的位置宜根据轮压相等的原则进行设定(通常位于起重机的跨中)。

A.2.3 示例

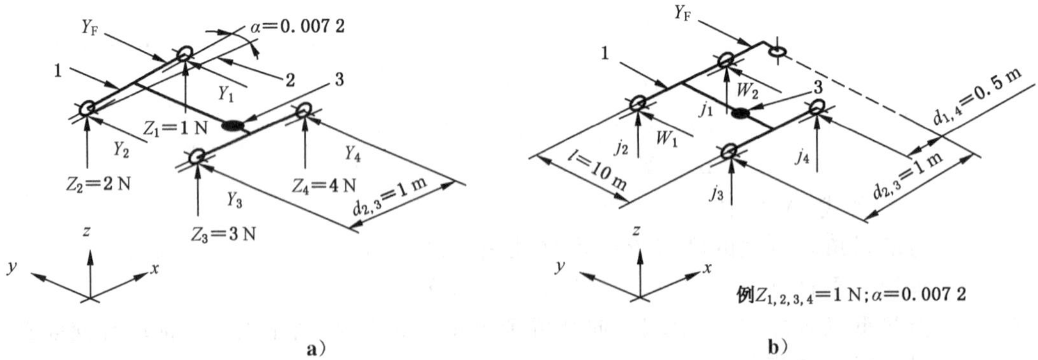

a)　　　　b)

图 A.1　起重机和三轮小车

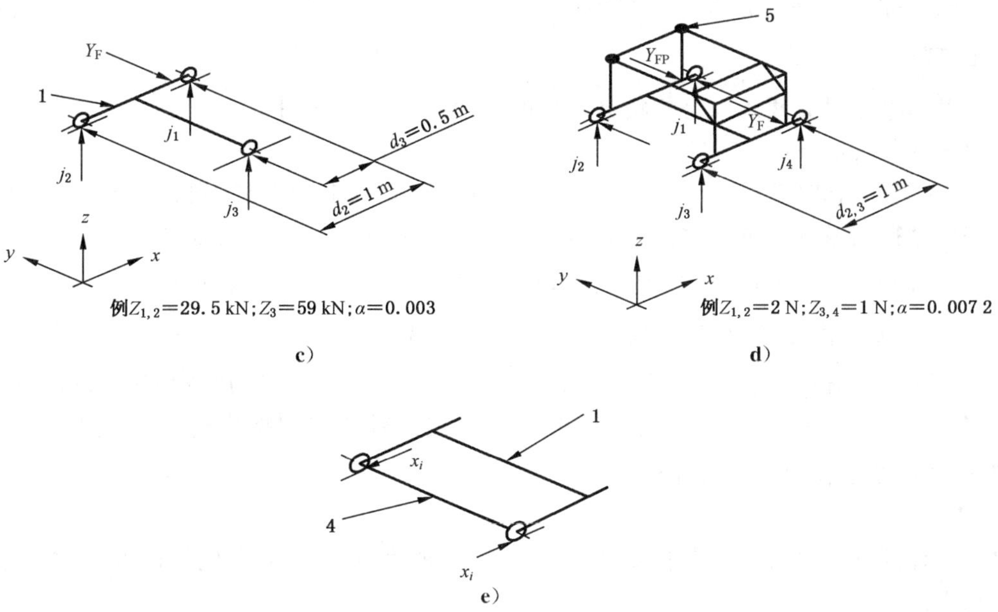

标引序号说明：

1——刚性结构；

2——轨道方向；

3——起重小车；

4——轴连接；

5——铰接点。

图 A.1　起重机和三轮小车（续）

向量 $j_1 \sim j_4$ 代表车轮力的两个分量 Y_j 和 Z_j，$j=1\sim4$。

a）　图 A.1a)：用车轮轮缘导向的桥式起重机。

由公式(A.1)～公式(A.3)和 5.2.2.3：$\mu_f=0.25$，$S=10$ N，$S_d=5$ Nm，$S_{dd}=5$ Nm^2，$b=1$ m^{-1}，$Y_F=1.25$ N，$Y_{1,2,3,4}=\{0.25\quad 0\quad 0\quad 1\}$N。或直接由公式(A.4)得 $Y_{1,2,3,4}=\{0.25\quad 0\quad 0\quad 1\}$N，$Y_F=1.25$ N。

b）　图 A.1b)：具有导向轮，采用或不采用轴连接的桥式起重机。

不采用轴连接：$\mu_f=0.25$，$S=4$ N，$S_d=3$ Nm，$S_{dd}=2.5$ Nm^2，$b=1.2$ m^{-1}，$Y_F=0.1$ N，$Y_{1,2,3,4}=\{0.1,-0.05,-0.05,0.1\}$N。

采用一套轴连接 W_1[见图 A.1e)]：$W_1=0.5$ N，$W=0.5$ N，$b=0.057$ m^{-1}，$Y_F=0.96$ N，$Y_{1,2,3,4}=\{0.24\quad 0.24\quad 0.24\quad 0.24\}$ N，$X_{1,2}=0.071$ N。

采用两套轴连接 W_1 和 W_2：$W_{1,2}=\{0.5\quad 0.5\}$ N，$W=1$ N，$b=0.029$ m^{-1}，$Y_F=0.98$ N，$Y_{1,2,3,4}=\{0.25\quad 0.24\quad 0.24\quad 0.25\}$ N，$X_{1,2}=\{0.036\quad 0.036\}$ N。

c）　图 A.1 c)：三轮小车。

$\mu_f=0.158$，$S=118$ kN，$S_d=59$ kNm，$S_{dd}=44.25$ kNm^2，$b=1.33$ m^{-1}，$Y_F=6.3$ kN，$Y_{1,2,3}=\{4.7\quad -1.5\quad 3.1\}$ kN。

d）　图 A.1 d)：具有铰接支腿的门式起重机。

$\mu_f=0.25$。铰接支腿侧下横梁：$Y_{1,2}=\{0.5\quad 0\}$N，$Y_{FP}=0.5$ N。刚性支腿侧下横梁：

$Y_{3.4}=\{0\quad 0.25\}\mathrm{N}, Y_F=0.25\ \mathrm{N}$。

A.2.4 说明

对于 $W=0$ 且具有两条以上的轨道的结构,可使用上述方法计算。

刚性法的公式推导:

公式(A.1)~公式(A.3)由A.3.2中公式(A.6)~公式(A.11)推导得到。设 $S_j=0$。与偏斜角 α 相关的摩擦滑移关系的线性表示:$\mu_f(\sigma)=\mu_f(\alpha)\sigma/\alpha=\mu_f\sigma/\alpha$,公式(A.7)转变为 $Y_j=\mu_f\sigma_j Z_j/\alpha$。将公式(A.6)代入上述表达式,可得 $\dot{\alpha}/(\alpha\dot{x})=-b$。轴连接所引起的纵向滑移:$\sigma_x=ld\alpha/d_x=l\dot{\alpha}/\dot{x}$。由纵向滑移引起的力 $X_W=\mu_f(\sigma_x)W=\mu_f\sigma_x W/\alpha$ 和跨度 l 得到弯矩 $M_W=lX_W$。若 X_W 由上述表达替代,也会得到 $\dot{\alpha}/(\alpha\dot{x})=-b$。用轴连接的影响将公式(A.10)扩展为:$0=M_W+\sum Y_j d_j$,其中,只有 b 是未知的,而经过变换后,b 可根据公式(A.2)计算。

A.3 基于柔性法的偏斜侧向力计算

A.3.1 概述

以下的计算方法适用于结构框架为柔性,端梁为刚性的情况,对单侧导向的门式起重机具有重要意义。

A.3.2 计算模型

以具有导向轮的四轮起重机的模型特征为例,见图A.2a)。门架为柔性,两侧端梁都假设为刚性。有导向装置的端梁产生偏斜角 α。位于前端的导向轮与轨道接触。受力情况如图A.2 b)所示。偏心作用力(Y_F)在非导向侧端梁产生力矩 M。由于结构框架为柔性,无导向装置的端梁偏斜角将增大 $\Delta\alpha$。所有角度都很小。

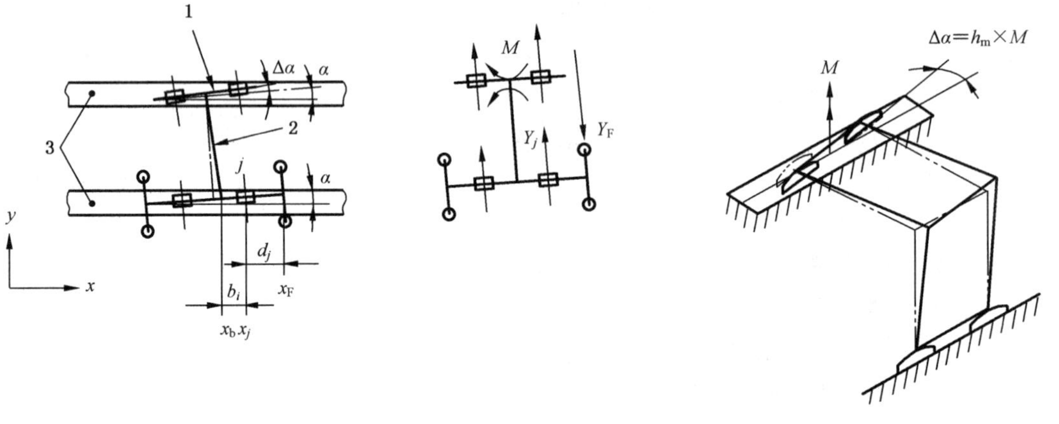

a) 几何结构　　b) 力和力矩　　c) 示例:半门式起重机

标引序号说明:

1——被假定为刚性的端梁;

2——变形后的结构框架;

3——轨道。

图A.2 几何结构、力和支承条件

计算步骤:选定一个起重机运行方向。为每个车轮指定一个数字编号 $j=1,2,\cdots,n$。建立方程组公式(A.6)~公式(A.10)。该方程组可简化为仅含两个未知变量 $\Delta\alpha$ 和($\dot{\alpha}/\dot{x}$)的公式

(A.9)和公式(A.10),解出数值。用公式(A.7)解得 Y_j。公式(A.11)定义了导向装置上的侧向力(Y_F)。

$$\sigma_j = \alpha + S_j \times \Delta\alpha + d_j(\dot{\alpha}/\dot{x}) \quad \cdots\cdots(A.6)$$

$$Y_j = \mu_f(\sigma_j)Z_j \quad \cdots\cdots(A.7)$$

$$M = \sum S_j \times b_j \times Y_j \quad \cdots\cdots(A.8)$$

$$\Delta\alpha = h_M \times M \quad \cdots\cdots(A.9)$$

$$0 = \sum Y_j \times d_j \quad \cdots\cdots(A.10)$$

$$Y_F = \sum Y_j \quad \cdots\cdots(A.11)$$

公式(A.6)~公式(A.11)中:

α ——偏斜角,由5.2.2.2得到,单位为弧度(rad);

Z_j ——车轮 j 的垂直力,$Z_j \geqslant 0 (j=1,2,\cdots,n,n=$车轮的数量);
小车承载最大载荷,小车位于起重机无导向装置的一侧;

S_j ——选择系数,带有导向装置的端梁的车轮 $S_j=0$,不带导向装置的端梁的车轮 $S_j=1$;

M ——作用于浮动侧端梁车轮上的力 Y_j 产生的使该端梁转动的力矩;

h_M ——以角度与力矩的比值表征的门架柔度[例如rad/(N·m)],如图A.2c):固定支承位于有导向装置的端梁,浮动支撑位于无导向装置的端梁,且外部力矩作用于该端梁上;

d_j ——沿起重机运行方向,前端导向装置到车轮 j 的距离,$d_j = x_F - x_j$(位于前端导向装置之前的车轮,d_j 为负值);

b_j ——沿起重机运行方向,车轮 j 到中性轴 x_b 的距离,$b_j = x_j - x_b$(中性轴 x_b 是绕铅垂线弯曲的中性轴,见A.3.3中的图。x_b 标记了一个坐标,在该坐标上,单独的 Y_F 作用于浮动侧端梁不会导致 $\Delta\alpha$ 的任何变化)(车轮位于中性轴后方时 b_j 为负值)。

根据5.2.2.3得出摩擦滑动关系:

$$\mu_f(\sigma_j) = \mu_0(1 - e^{-250\times|\sigma j|} \times \mathrm{sgn}(\sigma_j) \quad \cdots\cdots(A.12)$$

式中:

$\mu_f(\sigma_j)$ ——由侧向滑移 σ_j 引起的车轮 j 的摩擦系数;

μ_0 ——附着系数,对于洁净的轨道,$\mu_0=0.3$,对于不洁净的轨道(即在正常环境下正常作业),$\mu_0=0.2$;

e ——自然对数的底,e=2.718;

σ ——滑移系数;

sgn ——符号函数;$\mathrm{sgn} = \begin{cases} -1 & x<0 \\ 0 & x=0 \\ 1 & x>0 \end{cases}$

计算值:

σ_j ——车轮 j 的侧向滑移;

$\mu_f(\sigma_j)$ ——由侧向滑移 σ_j 引起的车轮 j 的摩擦系数,见5.2.2.3;

$\Delta\alpha$ ——柔性变形而引起的附加偏斜角;

M ——桥、门架和无导向装置侧端梁之间的力矩；

$(\dot{\alpha}/\dot{x})$ ——桥门架转动速度与大车运行速度的比值，且 $\dot{x}>0$，不需要单独计算 $\dot{x}$ 的值；

Y_j ——车轮 j 接触点的侧向力(GB/T 22437.1—2018 的 E.2 中的 F_{yij})；

Y_F ——导向装置上的侧向力(导向力)(GB/T 22437.1—2018 的 E.2 中的 F_y)。

A.3.3 示例

单侧装有导向滚轮的半门式起重机。主梁和支腿都为实心柱。

数据：

$h=4$ m，$l=6$ m，$d=0.3$ m

$E=210\ 000\ \text{N/mm}^2$，$G=81\ 000\ \text{N/mm}^2$

$Z_j=\{120\quad 119\quad 27\quad 35\}$kN

$d_j=\{0.25\quad 2.75\quad 2.75\quad 0.25\}$m

$b_j=\{1.25\quad -1.25\quad -1.25\quad 1.25\}$m

$S_j=\{1\quad 1\quad 0\quad 0\}$m

$a=0.003\ 3$ rad

中间计算：

$$h_M=\frac{l}{E\times I_{ax}}+\frac{h}{G\times I_p}$$

$$=\frac{l\times 64}{E\times\pi\times d^4}+\frac{h\times 32}{G\times\pi\times d^4}$$

$$=0.000\ 134\ \frac{\text{rad}}{\text{kN}\cdot\text{m}}$$

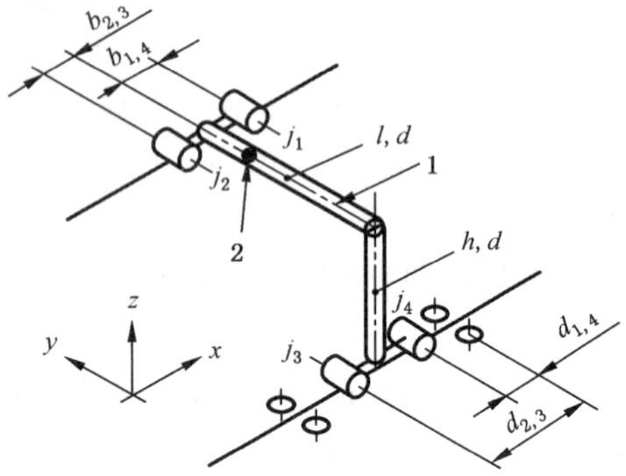

1——绕垂直方向弯曲的中性轴 x_b；

2——小车。

结果：$Y_j=\{30.2\quad 2.2\quad -5.4\quad 5.0\}$kN；$Y_F=32$ kN；$\Delta a=0.00\ 468$ rad；$\dot{\alpha}/\dot{x}=-0.00\ 281$ rad/m

A.3.4 说明

摩擦滑移关系 $\mu_f(\sigma_f)$ 关于 α 的线性形式不适用于柔性模型的 $\alpha+\Delta\alpha$。若采用线性模型将会导致异常高的摩擦值进而导致异常高的偏斜侧向力。

推导：当起重机运行时，偏心作用力(Y_F)引起转动 $\dot{\alpha}/\dot{x}$。单个车轮的侧向滑移为 $\sigma_j=\alpha+S_j\Delta\alpha-\dot{y}_j/\dot{x}$。它受端梁角度位置和前端导向装置到车轮 j 间距离 d_j 的影响，这可利用 $-\dot{y}_j/\dot{x}=d_j\dot{\alpha}/\dot{x}$ 从公式(A.6)看出。公式(A.7)定义了车轮的侧向力。公式(A.8)定义了门架与非导向侧端梁之间作用的弯矩，该弯矩根据中性层位置计算。由此，根据公式(A.9)确定门架变形量，而公式(A.10)构成了起重机整机围绕导向装置的力矩之和，公式(A.11)为所有力的总和。

参 考 文 献

[1] ISO 4306-1 Cranes—Vocabulary—Part 1:General

[2] ISO 11031 Cranes—Principles for seismically resistant design

ICS 53.020.20
J 80

中华人民共和国国家标准

GB/T 24809.1—2009/ISO 10972-1:1998

起重机 对机构的要求 第1部分:总则

Cranes—Requirements for mechanisms—Part 1:General

(ISO 10972-1:1998,IDT)

2009-12-15 发布

2010-07-01 实施

中华人民共和国国家质量监督检验检疫总局
中国国家标准化管理委员会 发布

前　言

GB/T 24809《起重机　对机构的要求》分为5个部分：

——第1部分：总则；

——第2部分：流动式起重机；

——第3部分：塔式起重机；

——第4部分：臂架起重机；

——第5部分：桥式和门式起重机。

本部分为GB/T 24809的第1部分。

本部分等同采用ISO 10972-1：1998《起重机　对机构的要求　第1部分：总则》(英文版)。

本部分等同翻译ISO 10972-1：1998。

为了便于使用，本部分作了下列编辑性修改：

——"ISO 10972的本部分"一词改为"GB/T 24809的本部分"；

——删除ISO 10972-1：1998的前言和引言；

——用小数点"."代替作为小数点的逗号"，"；

——对于ISO 10972-1：1998引用的国际标准有被等同采用为我国标准的用我国标准代替对应的国际标准，其他未等同采用为我国标准的直接引用国际标准。

本部分由中国机械工业联合会提出。

本部分由全国起重机械标准化技术委员会(SAC/TC 227)归口。

本部分起草单位：大连重工·起重集团有限公司、北京起重运输机械设计研究院。

本部分主要起草人：桂佩康、李秀苇、赵燚、张延全、何铀。

起重机　对机构的要求
第1部分：总则

1　范围

GB/T 24809的本部分规定了GB/T 6974.1、GB/T 6974.3和ISO 4306-2中定义的起重机与起重设备的机构和有关零部件普遍适用的要求。

这些要求包括：

a)　机构总体布置与设计；

b)　零部件选用和/或其设计要求；

c)　有关制造、架设、安装和试验的规定。

GB/T 24809的本部分不包括涉及各种极限状态(如屈服强度、疲劳、磨损等)的能力验算规则。

2　规范性引用文件

下列文件中的条款通过GB/T 24809的本部分的引用而成为本部分的条款。凡是注日期的引用文件，其随后所有的修改单(不包括勘误的内容)或修订版均不适用于本部分，然而，鼓励根据本部分达成协议的各方研究是否可使用这些文件的最新版本。凡是不注日期的引用文件，其最新版本适用于本部分。

GB/T 3480.5—2008　直齿轮和斜齿轮承载能力计算　第5部分：材料的强度和质量(ISO 6336-5:2003,IDT)

GB/T 5905　起重机试验规范和程序(GB/T 5905—1986,idt ISO 4310:1981)

GB/T 5972　起重机　钢丝绳　保养、维护、安装、检验和报废(GB/T 5972—2009,ISO 4309:2004,IDT)

GB/T 6974.1　起重机　术语　第1部分：通用术语(GB/T 6974.1—2008,ISO 4306-1:2007,IDT)

GB/T 6974.3　起重机　术语　第3部分：塔式起重机(GB/T 6974.3—2008,ISO 4306-3:2007,IDT)

GB/T 7932　气动系统通用技术条件(GB/T 7932—2003,ISO 4414:1998,IDT)

GB/T 10062.1　锥齿轮承载能力计算方法　第1部分：概述和通用影响系数(GB/T 10062.1—2003,ISO 10300-1:2001,IDT)

GB/T 10095.1　圆柱齿轮　精度制　第1部分：轮齿同侧齿面偏差的定义和允许值(GB/T 10095.1—2008,ISO 1328-1:1995,IDT)

GB/T 20863.1　起重机械　分级　第1部分：总则(GB/T 20863.1—2007,ISO 4301-1:1986,IDT)

GB/T 20947　起重用短环链　T级(T、DAT和DT型)高精度葫芦链(GB/T 20947—2007,ISO 3077:2001,IDT)

GB/T 24811.1—2009　起重机和起重机械　钢丝绳选择　第1部分:总则(ISO 4308-1:2003,IDT)

GB/T 24812　4级链条用锻造环眼吊钩(GB/T 24812—2009,ISO 4779:1986,IDT)

GB/T 24813　8级链条用锻造环眼吊钩(GB/T 24813—2009,ISO 7597:1987,IDT)

GB/T 24817.1　起重机　控制装置布置形式和特性　第1部分:总则(GB/T 24817.1—2009,ISO 7752-1:1983,IDT)

GB/T 24818.1　起重机　通道及安全防护设施　第1部分:总则(GB/T 24818.1—2009,ISO 11660-1:2008,IDT)

ISO 2408　一般用途钢丝绳　基本要求

ISO 4306-2　起重机　术语　第2部分:流动式起重机

ISO 4347　板式链、U形夹和滑轮　尺寸、测量力和抗拉强度

ISO 4413　液压传动　与系统相关的一般规则

ISO 6336-1　直齿与斜齿圆柱齿轮的承载能力计算　第1部分:基本原则,介绍和一般影响因素

ISO 6336-2　直齿与斜齿圆柱齿轮的承载能力计算　第2部分:齿面耐久性(抗点蚀)计算

ISO 6336-3　直齿与斜齿圆柱齿轮的承载能力计算　第3部分:轮齿弯曲强度计算

3　术语和定义

GB/T 6974.1、GB/T 6974.3、ISO 4306-2中确立的以及下列术语和定义均适用于GB/T 24809的本部分。

3.1

工作状态制动　in-service braking

随着电动机的断电,通过司机迅速且简易的操作使起重机从其正常工作状态停机或减速。

3.2

非工作状态制动　out-of-service braking

在不确定的时段内防止意外的启动。

注:可自动或手动触发。

3.3

紧急制动　emergency braking

在失去电源或压力供应的情况下,通过与限位装置的互动或者急停开关的触发使起重机一个或多个动作停止。

3.4

控制性制动　control braking

在电动机接通的情况下,自动地或通过司机的操作保持住需要的速度。

3.5

链条驱动机构　chain drive

通过链条和链轮的组合结构支持住并移动载荷的装置。

3.6

钢丝绳驱动机构　rope drive

通过钢丝绳、滑轮和卷筒的组合结构支持住并移动载荷的装置。

4 通用要求

4.1 设计准则

4.1.1 总体设计与布置

起重机的总体设计与布置应考虑下列各项：

——用户的要求；

——机构的特殊功能及其用途；

——机构的可靠性，以及机构故障引起的后果；

——支承机构的结构位移；

——避免出现运动失控，例如由电动机、离合器、制动器等传递力和力矩时应考虑有所限制；

——避免产生不应有的或过度的振动；

——避免出现过大的噪声；

——有足够的操作空间并设有运动限制器与指示器，以便于对机构使用与控制；

——零部件供应商有关选用和安装零部件的建议；

——可维护性，即便于接近零部件进行维修，见 GB/T 24818.1；

——零部件的互换性；

——具有便于搬运用的吊耳和吊点；

——为司机和维护人员留有通道，见 GB/T 24818.1；

——环境条件和危险性。

4.1.2 零部件强度准则

选用机构零部件时，应利用最大载荷、载荷谱、载荷循环次数等参数来验证实际载荷情况是否符合相应的零部件额定性能参数。

4.2 动力

驱动机应是电动机、液压马达或气动马达或内燃机。

起重机的机构应具备能在设计规定的条件下对运动进行控制的足够的动力和扭矩。并应考虑到重力、惯性力、工作状态风力、摩擦力和机构的效率等因素的影响。

4.3 联轴器

4.3.1 一般规定

联轴器型式的选择应以机构的总体设计、使用以及为避免振动和产生不应有的反作用力所需的性能为依据。联轴器的校准应符合供货商说明书的要求。

必要时，旋转件应符合静平衡或动平衡要求。

4.3.2 离合器

当起升和变幅机构中采用楔块式离合器时，应设置一个防止故障的全机械锁或按能满足传递钢丝绳拉力 2 倍最大扭矩的要求进行设计。

干式摩擦离合器应防止雨水、油和润滑剂等液体的浸入。

离合器的布置应便于在必要时为补偿磨损量而进行调整。

考虑到脉冲频率和允许磨损量等因素，在任何工作温度下，离合器的最大允许扭矩应至少和工作期间出现的扭矩峰值相等。

4.4 制动器

起重机应设有能使每一由动力驱动的运动停住的装置。

紧急制动应采用断电时自动上闸的制动器。紧急制动器引起的减速度应与机构满载时的设计参数相适应。

用手或脚操作手动的工作制动器时,其操作力应符合 GB/T 24817.1 的规定。

如适用时,同类制动器可用于不同型式的制动。

4.4.1 起升制动器

摩擦式起升制动器应能将任何额定载荷和动态试验载荷停止和保持在起升范围内的任何位置。

在需要载荷紧急下降时,起升制动器应能手动松闸,以便在下降时保持对载荷的操控。载荷紧急下降应按说明书的规定进行,且应考虑制动器散热能力。

选用起升制动器的额定扭矩至少应是载荷扭矩的 1.5 倍。

用于搬运熔融金属或类似的危险物品的起重机在构造上应能保证在力传递过程中某一零部件失效时防止载荷跌落。此要求可通过以下条件之一得到满足:

——采用冗余系统;

——在钢丝绳卷筒上装一安全制动器,并配一套冗余的钢丝绳传动;

——对于总起重量不大于 16 t 的起重机,在设计起升机构时其工作级别应至少比实际作业条件所要求的高 2 级,并取 M5 为最小工作级别。

4.4.2 运行和回转制动器

运行和回转制动器应能在最不利的载荷条件下将起重机停住。

4.5 非工作状态的保持装置

机构不使用时,应使用制动器或锁紧装置保持其位置不变。锁定装置的布置应能防止其被无意中接通或脱开。锁定装置接通后应能防止机构意外运动。

如果要求起重机在非工作状态具有“风向标”功能,则控制这种功能的装置应可从控制站进行操作。这种装置在下列情况下应能自动起作用:

——起重机供电中断时;

——起重机不使用时。

4.6 液压和气动系统

ISO 4413 和 GB/T 7932 中对液压和气动系统提出的通用性要求也适用于起重机。

液压系统及其控制装置的布置应保证无论对控制装置怎样组合操作都不会触发司机所不希望的任何一种动作,除非这种动作是为使安全或锁定装置起作用所必需的。

系统回路中应有下列安全装置:

——液压和气动系统有压回路中应设安全阀限制回路中的最大压力;

——防止在起重机任一承载回路中因软管、硬管或管件失效而引发危险后果的安全装置。

考虑动力源的故障和系统测试等因素,所有零部件和控制装置均应能对设计载荷进行搬运作业并保证起重机在正常、偶然及异常条件下安全运行。

所有零部件和(液压系统中的)工作液均应适合于起重机的用途和环境条件。

为了故障诊断的需要,应在系统中适当位置设压力检测点并在回路图中注明。

必要时,液压系统中应有排气装置。

系统中应防止出现会损坏制动器零部件和不经意地对其进行控制的背压。

液压缸的选用和设计应以典型工作循环中有效工作长度上的最大压缩和拉伸载荷为依据。应考虑可能达到的压强和流量、工作液的类型、密封件与活塞杆(刮油器)的类型与材料以及轴承规格等方面。

硬管、软管、管件、阀门和油路上通径面积应与油压和流量相匹配,使缺油和不当温升的现象减到最少。

臂架变幅机构应有备用棘轮棘爪装置或其他强迫锁定装置,以防止卷筒往臂架下落方向转动并能长时间地保持住额定载荷。该装置应能从司机室进行控制。

4.6.1 液压油箱

液压油箱在作业过程中应使其油位保持在工作高度上并有一定的裕度,同时,应能在液压油缸闭合时容纳所有从系统中流回的油液。油箱还应有足够的油液储量,以便使油液冷却到供货商规定的温度范围之内。

4.6.2 过滤器

系统应设置过滤器以便持续不断地滤去液压油或气源中的杂质。

过滤器的选用和安装应便于对过滤介质进行更换而不必改动管路布置和从油箱中泄空油液。如制动器采用液压松闸,过滤器不应放在制动器回油管路中,否则过滤器可能会被堵塞并形成足以使制动器松闸的背压。

过滤器的选用和装设应便于对过滤介质进行更换而不必改动系统的管路布置。

4.6.3 安装

系统的安装应尽可能使外界影响(如大气条件、未经许可的干扰和机械性冲击等)不会对系统产生不利影响。此外,为避免因安装导致管路中引发应力,所有刚性管路的支承件应考虑有一定的弹性。

应采取一切实用的措施防止零部件装配和安装过程中落入污物,系统在检验前应彻底清理干净。

系统专用液压油的型号应永久性地清晰标注在油箱注油口上或在使用说明书中指明。其他型号的液压油均不能单独地或与规定型号的油液混合在一起使用。

每一台蓄能器上均应永久性地清晰标明其预充压力和充填介质。

4.7 齿轮传动

4.7.1 强度要求

任何作业条件下产生的应力均不得超过许用应力。下列要求应得到满足:

——避免由弹性变形和/或热变形产生超许用应力;

——优先采用静定结构和零部件,以便了解所产生的应力并确定其对其他零部件的作用。

4.7.2 齿轮

直齿和斜齿圆柱齿轮应符合 GB/T 3480.5、ISO 6336-1～ISO 6336-3 的规定;直齿圆锥齿轮和螺旋圆锥齿轮应符合 GB/T 10062.1 的规定。齿轮精度采用 GB/T 10095.1 的规定。

齿轮应采用已证明其性能符合预定用途和使用寿命要求的材料制造。齿轮的尺寸应以额定扭矩、材料强度和驱动齿轮工作级别来计算确定。啮合类型不应使齿轮产生超过许用应力。

在被驱动件惯性矩大于驱动件惯性矩的情况下应避免反向传动自锁。

4.7.3 齿轮箱体

当齿轮装置在正常运转和维护保养期间构成危险时,应对其进行防护。

齿轮完全封闭在齿轮箱内时,箱体应能防止油液渗漏并用密封垫或合适的密封剂进行密封。

齿轮箱体的支承结构应能使箱体固定牢固,并防止其在运行中发生松动。

齿轮箱体结构应具有良好的刚性,确保在各种工作条件下齿轮轴的对准性和中心距均保持不变。

泄油塞、通气帽和油位指示器应便于接近。

齿轮箱体应设有吊耳。

对所有齿轮箱体来说,应特别注意确保对各齿轮和轴承进行适当的润滑。

4.7.4 轴承及其支承结构

支承在轴承上的零件、该轴承本身及其支承结构的设计应确保不会因该轴承的失效导致起重机任何主要件或载荷的坠落。

4.8 对钢丝绳和链条驱动机构的要求

4.8.1 钢丝绳驱动机构

钢丝绳驱动机构应按 GB/T 20863.1 规定根据起升机构的作业要求和使用条件划分传动机构工作级别。

钢丝绳驱动的计算应按 GB/T 24811.1—2009 进行。

如设计不能省去这些钢丝绳驱动机构,则应考虑钢丝绳之间可能出现的载荷不均匀分布情况。

钢丝绳平衡装置的布置不应存在钢丝绳在平衡装置上移动时产生钢丝绳与平衡装置之间的滑动。

4.8.1.1 卷筒

卷筒应采用已证明其性能符合规定用途和使用寿命要求的材料制造。

卷筒节圆直径应符合 GB/T 24811.1—2009 的规定。

当不可能使全部钢丝绳在卷筒上实现单层卷绕时,应采取特殊措施,确保在任何作业条件下钢丝绳应均能正确地进行从一层往下一层(必要时加以导向)的卷绕。

带绳槽卷筒的设计应保证在钢丝绳绕出至极限位置时卷筒上仍留有 2 圈钢丝绳;对于单层卷绕的卷筒,在钢丝绳卷入至极限位置时卷筒上至少还留有 1 圈空绳槽。

卷筒的壁厚应由计算或试验确定。如不进行计算和试验,卷筒壁厚应增加磨损裕量。此裕量应考虑诸如材料硬度、环境和预定使用条件等因素。

设计钢丝绳卷筒时,应保证钢丝绳不会从卷筒端部绕出。

单层卷绕卷筒可采用端部法兰、带终端限位的排绳器或其他能防止钢丝绳挤住的限制器。

对于多层卷绕卷筒,至少应在每一处钢丝绳进入下一层的地方设置法兰。

法兰和其他侧边限制器应平整且超出最外层钢绳不应少于 1.5 倍钢丝绳直径。

绳槽的圆弧半径应不小于 0.525 倍钢丝绳名义直径。确定绳槽圆弧半径时,应考虑到钢丝绳直径公差。绳槽深度应不小于钢丝绳名义直径的 0.33 倍。关于获得最佳钢丝绳寿命的条件,见GB/T 24811.1—2009 的附录 C。

绳槽表面应光滑。没有会损坏钢丝绳的缺陷;绳槽边缘应倒钝。

卷筒上的钢丝绳固定装置连同钢丝绳的两圈摩擦圈一起应能承受住不小于 2.5 倍的钢丝绳名义张力。进行验算时,钢丝绳和卷筒间摩擦系数假定不大于 0.1。

采用压板固定钢丝绳时应使用2个或更多个压板。钢丝绳在卷筒上的固定不应使所需的钢丝绳破断强度降低20%。

钢丝绳固定装置应安全牢固并便于接近。如有两根或更多的钢丝绳从卷筒上绕出,应有能在固定端上调整钢丝绳长度的措施。

4.8.1.2 滑轮

滑轮应采用已证明其性能符合预定用途和使用寿命要求的材料制造。

滑轮节圆直径应符合GB/T 24811.1—2009的规定。

滑轮槽底横断面半径应能为所用规格的钢丝绳形成一个密切接触的鞍形面。绳槽圆弧半径应在钢丝绳名义直径0.525倍与0.63倍之间。绳槽应与两侧壁相切。两侧壁互相之间形成30°～60°的夹角并相对于绳槽中心线作对称布置。选定滑轮夹角大小时应考虑钢丝绳的最大偏斜角。有关最佳钢丝绳寿命的条件,见GB/T 24811.1—2009的附录C。

绳槽深度应不小于钢丝绳名义直径的1.5倍。

绳槽应经精加工至表面不存在会损伤钢丝绳的缺陷处。绳槽凸缘的锐边应倒钝,使钢丝绳便于入槽。

4.8.1.3 钢丝绳

钢丝绳应按GB/T 24811.1—2009选取。

凡符合ISO 2408规定的钢丝绳结构都是适用的结构。

钢丝绳报废标准按GB/T 5972规定。

4.8.2 链条驱动机构

链条驱动机构应按GB/T 20863.1规定根据起升机构的作业要求和使用条件划分工作级别。

驱动链轮和换向链轮的设计应避免链条弯曲应力超限。

驱动链轮、换向链轮、导链装置和链条互相之间在尺寸和材料方面都应匹配。

驱动链轮应为整体式结构。

必要时,链条驱动机构所有零件均应有防热辐射保护。

4.8.2.1 链条

钢质圆环链和滚子链的制造、试验和标记应符合GB/T 20947与ISO 4347的规定。

链条的最大破断拉力与设计拉力之比对于手动起升机构应大于等于4;对于动力驱动的起升机构应大于等于5。

4.8.2.2 导链装置

链条驱动机构应设有能确保链条在驱动轮和换向链轮上正确地通过并防止链条跳出、扭转及卡住的装置。

在链条驱动机构的工作区段和运行区段,链条啮入链轮处应设防护罩以防人员接触。

4.8.2.3 链条固定装置

设计链条固定装置时,应使其能吸收2.5倍的链条名义张力且不发生永久变形。对于起升机构还应验证其所需的疲劳强度。

链条的空载端应固定住,使其不会被拉脱。这一防护装置应能可靠地吸收预计会产生的力。

链条固定装置上的螺栓连接应能防止突然松动;其拧紧情况应能检查。

4.9 转轴

转轴在设计上应能承受由弯曲、扭转或两者组合产生的全部应力。对于交变应力和引起应力集中的因素，诸如键槽、花键、截面变化等均应留出裕度。

4.10 对吊具的要求

吊具应按最大额定载荷进行设计。吊具的设计、材料和制造应避免疲劳断裂和脆性断裂的发生。

链条配用的锻造环眼起重吊钩应符合 GB/T 24812 或 GB/T 24813 的规定。应验证吊钩在按GB/T 5905 的规定进行试验的过程中不产生永久变形。

如果吊钩带有安全闭锁装置，则此装置应为自闭型结构以便挡住钩腔，保持挂钩绳、链条等在松弛状态下不会脱出。吊钩组应具有保证其在设计规定的任何作业条件下均能下降的重量。

吊钩组应带有额定起重量的永久性标志。

4.11 制造与维护

各机构应按适用的工程图样制造并符合规定的公差要求。焊工应通过所规定的焊接类型的资格认定。高强度紧固件应正确地拧紧。必要时，在制造过程中应采用适当的工装，以确保零部件的校直对中满足工程图样的规定要求。修理工作应由经过资格审定的胜任人员按照制造厂的规定进行。

应采取措施按需要对齿轮以及对所有的轴承和轴颈进行润滑。除集中润滑点外，其他所有润滑点均应便于接近。

ICS 53.020.20
J 80

中华人民共和国国家标准

GB/T 24809.2—2015/ISO 10972-2:2009

起重机　对机构的要求
第2部分:流动式起重机

Cranes—Requirements for mechanisms—
Part 2: Mobile cranes

(ISO 10972-2:2009,IDT)

2015-12-10 发布　　2016-07-01 实施

中华人民共和国国家质量监督检验检疫总局
中国国家标准化管理委员会　发布

前　　言

GB/T 24809《起重机　对机构的要求》分为5个部分：

——第1部分：总则；

——第2部分：流动式起重机；

——第3部分：塔式起重机；

——第4部分：臂架起重机；

——第5部分：桥式和门式起重机。

本部分为GB/T 24809的第2部分。

本部分按照GB/T 1.1—2009给出的规则起草。

本部分使用翻译法等同采用ISO 10972-2:2009《起重机　对机构的要求　第2部分：流动式起重机》。

与本部分中规范性引用的国际文件有一致性对应关系的我国文件如下：

——GB/T 6974.1—2008　起重机　术语　第1部分：通用术语(ISO 4306-1:2007,IDT)

——GB/T 6974.2—2010　起重机　术语　第2部分：流动式起重机(ISO 4306-2:1994,IDT)

——GB/T 20863.2—2007　起重机械　分级　第2部分：流动式起重机(ISO 4301-2:1985,IDT)

——GB/T 24809.1—2009　起重机　对机构的要求　第1部分：总则(ISO 10972-1:1998,IDT)

——GB/T 24810.1—2009　起重机　限制器和指示器　第1部分：总则(ISO 10245-1:2008,IDT)

——GB/T 24810.2—2009　起重机　限制器和指示器　第2部分：流动式起重机(ISO 10245-2:1994,IDT)

——GB/T 24811.2—2009　起重机和起重机械　钢丝绳选择　第2部分：流动式起重机　利用系数(ISO 4308-2:1988,IDT)

——GB/T 26472—2011　流动式起重机　卷筒和滑轮尺寸(ISO 8087:1985,IDT)

本部分作了下列编辑性修改：

——按GB/T 1.1的要求，并便于标准的使用，增加4.1、4.2、5、7.1、7.2、7.3的下一级条编号。

本部分由中国机械工业联合会提出。

本部分由全国起重机械标准化技术委员会(SAC/TC 227)归口。

本部分起草单位：徐州重型机械有限公司。

本部分主要起草人：徐周、宋斌、李炳成。

起重机　对机构的要求
第2部分:流动式起重机

1　范围

GB/T 24809的本部分规定了流动式起重机(以下简称"起重机")机构的特殊要求,起重机机构的基本要求见ISO 10972-1。

这些特殊要求包括:

a)　机构的总体布置、特征与特性;

b)　某些机构零部件的基本要求。

本部分不包括各种极限状态(如屈服强度、疲劳、磨损等)的能力验算规则。

2　规范性引用文件

下列文件对于本文件的应用是必不可少的。凡是注日期的引用文件,仅注日期的版本适用于本文件。凡是不注日期的引用文件,其最新版本(包括所有的修改单)适用于本文件。

ISO 4301-2　起重机　分级　第2部分:流动式起重机(Cranes—Classification—Part 2:Mobile cranes)

ISO 4306-1　起重机　术语　第1部分:通用术语(Cranes—Vocabulary—Part 1:General)

ISO 4306-2　起重机　术语　第2部分:流动式起重机(Cranes—Vocabulary—Part 2:Mobile cranes)

ISO 4308-2　起重机和起重机械　钢丝绳选择　第2部分:流动式起重机　利用系数(Cranes and lifting appliances—Selection of wire ropes—Part 2:Mobile cranes—Coefficient of utilization)

ISO 8087　流动式起重机　卷筒和滑轮尺寸(Mobile cranes—Drum and sheave sizes)

ISO 10245-1　起重机　限制器和指示器　第1部分:总则(Cranes—Limiting and indicating devices—Part 1:General)

ISO 10245-2　起重机　限制器和指示器　第2部分:流动式起重机(Cranes—Limiting and indicating devices—Part 2:Mobile crane)

ISO 10972-1　起重机　对机构的要求　第1部分:总则(Cranes—Requirements for mechanisms—Part 1:General)

3　术语和定义

ISO 4306-1和ISO 4306-2界定的术语和定义适用于本文件。

4　变幅机构与起升机构的特殊要求

4.1　变幅机构

4.1.1　变幅机构应装设符合ISO 10245-1和ISO 10245-2规定的限制器和指示器。其工作级别按照 ISO 4301-2 中对变幅机构的要求。

4.1.2 变幅可采用钢丝绳卷筒驱动或者液压油缸驱动,支撑装置可以是支架或者是变幅油缸。

4.1.3 变幅机构应具备变幅功能,并且能够控制承受额定载荷的臂架(对于钢丝绳驱动的变幅,应按照制造商说明书要求缠绕钢丝绳)。在操作人员未进行操作时,应能支承住臂架以及额定载荷。

4.1.4 采用钢丝绳变幅时,臂架只能动力下降,禁止重力下放。

4.1.5 采用制造商推荐的钢丝绳型号和穿绳法时,变幅机构的卷筒应具有足够的容绳量,保证完成臂架从最大幅度到最小幅度的所有位置上的作业。钢丝绳末端应采用制造商规定的方式固定在卷筒上。当钢丝绳用楔形接头固定在卷筒上时,臂架下降至与支撑装置相同的水平面后,卷筒上应至少留有 3 圈钢丝绳;当仅用压板固定时,卷筒上应至少留有 5 圈钢丝绳。

4.1.6 变幅机构中,卷筒和滑轮的卷绕直径与钢丝绳公称直径的比值应符合 ISO 8087 的要求。

4.1.7 采用钢丝绳变幅时,为防止臂架意外下落,变幅机构应设置制动器和辅助支持装置,并能承受不小于 1.5 倍的最大工作扭矩。

4.1.8 采用液压油缸变幅时,应在油缸上装有一套保持装置(如平衡阀),以防止液压系统意外失效(如管路破裂)时臂架的坠落。

4.1.9 采用多个液压油缸变幅时,所有的变幅油缸之间应采用液压连接。连接装置的安全系数应至少是额定载荷下最大压力值的 4 倍。

4.1.10 同步动作的两个油缸之间连接装置的设计,应能避免突然失去压力时,导致臂架的坠落和其中一个油缸可能出现的过载。

4.2 起升机构

4.2.1 起升机构应装设符合 ISO 10245-1 和 ISO 10245-2 规定的限制器和指示器。其工作级别按照 ISO 4301-2 中对起升机构的要求。

4.2.2 起升机构可由缠绕钢丝绳的卷筒或者液压油缸构成。

4.2.3 起升机构在推荐的工作状态下操作时,应具有足以执行起重机所有载荷起升与下降功能的动力和操作特性。

4.2.4 采用液压油缸起升时,应在油缸上装有一套保持装置(如平衡阀),以防止液压系统意外失效(如管路破裂)时载荷的坠落。

4.2.5 控制起升卷筒运动的制动器和离合器应具备足够的尺寸和热容量,足以控制用推荐的最小钢丝绳倍率起升所有额定载荷。在用接近最大臂长下降相应的额定载荷或者载荷下降距离较长时,推荐使用动力下降以减少制动器的使用。对制动器和离合器的布置应便于在必要时为补偿衬垫磨损而进行的调整和维持弹簧力。国家法规可以规定禁止重力下放。

4.2.6 在提供了重力下放装置并允许使用的情况下,应在操纵台配备一个控制装置,用于保持卷筒状态并防止它向载荷坠落方向不受控旋转,还应不会由于操作人员的操作引起额定载荷不受控的进一步运动。应提供一个直接控制重力下放的装置,确保锁止装置不会意外脱开。用一个带脚制动踏板的装置可满足以上要求,在踏板和制动器之间要有一个可持续作用的机械联动构件,能够传递所有制动力。以及使联动构件保持在所需位置上的一个可靠的机械装置。

4.2.7 当采用制造商推荐的钢丝绳型号和穿绳法时,起升机构的卷筒应具有足够的容绳量,以完成在制造商规定的臂架长度、工作幅度以及起升高度范围内的起重作业。

4.2.8 钢丝绳末端应采用制造商规定的方式固定在卷筒上。当卷筒上的钢丝绳用楔形接头固定时，臂架下降至与支撑装置相同的水平面（吊钩处于允许的最低工作位置）后卷筒上应至少留有 3 圈钢丝绳；当仅用压板固定时，卷筒上应至少留有 5 圈钢丝绳。

4.2.9 在进行起重作业时，卷筒两端的凸缘超过最外层钢丝绳的高度不应小于钢丝绳公称直径的1.5 倍。

4.2.10 起升机构的卷筒和滑轮卷绕直径与钢丝绳公称直径的比值应符合 ISO 8087 的要求。

4.2.11 应安装操作人员便于观察到卷筒旋转的指示器。

4.2.12 如果使用动力操作的制动器对载荷进行控制，并制动器的操纵和制动装置之间无持续作用的机械联动构件时，则应安装自动控制装置对制动器进行设定，以防止载荷在失去制动力时坠落。

4.2.13 如果使用脚踏板操作制动器，制动器的构造应能保证操作人员的脚不会滑落，并应设置一种装置，在无进一步动作时能保证制动器保持在所需位置。

4.2.14 动力下降系统应能对额定载荷及其速度进行操控，且建议能在减少使用制动器的情况下完成精确下降作业。

4.2.15 起升机构的工作级别应符合 ISO 4301-2 的规定。

5 伸缩机构的特殊要求

5.1 臂架的伸缩可采用液压、机械、电气或者手动方式完成。

5.2 伸缩机构如果使用滑轮，其卷绕直径应符合 ISO 8087 的规定。滑轮除绳槽的夹角和深度外，还应满足 ISO 10972-1 的要求。

5.3 应提供伸缩钢丝绳检验的通道。钢丝绳选择应符合 ISO 4308-2 的规定。

5.4 动力回缩系统应能够对可以缩回的额定载荷进行控制。

5.5 应在伸缩液压油缸上装有一套保持装置（如平衡阀），以防止液压系统意外失效（如管路破裂）时臂架不受控制的回缩。

6 回转机构的特殊要求

6.1 回转支承装配

回转支承安装面应有足够的强度、刚度、平面度和表面粗糙度。回转支承在承受拉力和剪力（轴向、径向以及切向）时应稳固可靠。

6.2 回转控制

回转机构应以受控的加速度和减速度启动和停止。

6.3 回转制动装置

回转机构应设置制动器，正常操作中，制动器应能提供两个方向的制动力限制上车旋转。在操作人员无进一步操作时，应能保持制动状态。

6.4 回转锁止装置

回转机构应设置回转锁止棘爪或其他装置（如臂架的支架），以防止臂架和上车在运输时或非工作状态下旋转。锁止装置的设计应能防止其被无意中接合或脱开，并应能承受至少 1.25 倍的非工作状态风载荷与制造商允许的倾斜状态引起的扭矩之和。

7 起重机行驶要求

7.1 行驶控制装置

7.1.1 所有配备单控制站的起重机,行驶控制装置应安装在操纵台上。

7.1.2 所有配备多控制站的轮式起重机,行驶控制装置应安装在驾驶室内。辅助行驶控制装置也可以安装在操纵室。如果车辆行驶时操纵室中有操作人员,操纵室和驾驶室之间应有适当的交流方式(如音讯信号),除非两个控制站不可能同时发出行驶指令或者其中一个控制站优先于另一个。

7.2 行驶机构

7.2.1 履带式起重机的行驶机构和转向机构应具有防止两个履带在没有操作人员控制的情况下滑行的功能。

7.2.2 对于铁路起重机,如果用户要求行驶机构在正常行驶过程中必须能临时停止,则应采取措施使行驶机构从司机室脱离或者处于起重主体外。

7.2.3 转向系统宜符合 ISO 5010 的规定。

7.3 行驶制动器及锁止装置

7.3.1 履带式起重机应安装制动器或者其他锁止装置,使起重机在工作循环中可以在平地上或者位于推荐的最大行驶斜坡上保持静止。该类制动器和锁止装置应能在失去工作压力或者动力的情况下保持接合。

7.3.2 铁路起重机应安装制动器,使起重机在推荐的最大行驶斜坡上下行时能够停止。此外,应安装手制动接合装置,使起重机在推荐的最大行驶斜坡上能够保持静止。该类制动装置应能在失去工作压力或动力的情况下保持接合。

7.3.3 轮式起重机的制动装置应在起重机承受最大载荷下,在制造商规定的最大斜坡上下行时能完全被控制和保持静止。制动装置应能使在平地上行驶的起重机在国家法规规定的距离内停下。如果起重机在长坡或陡坡上行驶,应经过协商安装减速器或类似的装置。如果行驶制动采用气制动,应安装手动或自动装置,能在气压下降到最小允许级别时将起重机停住。

7.3.4 行驶制动宜符合 SAE J1977 的要求。

8 制动器

所有制动器制动衬垫均不应含有石棉。正常操作期间,在大气条件和温度波动的影响下,制动衬垫的性能和摩擦系数均应适应其预期的用途。

参 考 文 献

[1] ISO 5010 Earth-moving machinery—Rubber-tyred machines—Steering requirements

[2] SAE J1977 Braking Performance—Rubber-Tired, Self-Propelled Cranes

[3] IEC 60204-32 Safety of machinery—Electrical equipment of machines—Part 32: Requirements for hoisting machines

ICS 53.020.20
J 80

中华人民共和国国家标准

GB/T 24809.3—2009/ISO 10972-3:2003

起重机　对机构的要求
第3部分：塔式起重机

Cranes—Requirements for mechanisms—Part 3: Tower cranes

(ISO 10972-3:2003, IDT)

2009-12-15 发布　　2010-07-01 实施

中华人民共和国国家质量监督检验检疫总局
中国国家标准化管理委员会　发布

前　言

GB/T 24809《起重机　对机构的要求》分为5个部分：

——第1部分：总则；

——第2部分：流动式起重机；

——第3部分：塔式起重机；

——第4部分：臂架起重机；

——第5部分：桥式和门式起重机。

本部分为GB/T 24809的第3部分。

本部分等同采用ISO 10972-3:2003《起重机　对机构的要求　第3部分：塔式起重机》(英文版)。

本部分等同翻译ISO 10972-3:2003。

为了便于使用，本部分作了下列编辑性修改：

——“ISO 10972的本部分”一词改为“GB/T 24809的本部分”；

——删除ISO 10972-3:2003的前言和引言；

——用小数点“.”代替作为小数点的逗号“,”；

——对于ISO 10972-3:2003引用的国际标准，有被等同采用为我国标准的用我国标准代替对应的国际标准，其他未被等同采用为我国标准的直接引用国际标准。

本部分由中国机械工业联合会提出。

本部分由全国起重机械标准化技术委员会(SAC/TC 227)归口。

本部分起草单位：长沙建设机械研究院、北京建筑机械化研究院、长沙中联重工科技发展股份有限公司。

本部分主要起草人：易德辉、孙艳秋、廖云华。

起重机　对机构的要求
第3部分:塔式起重机

1　范围

GB/T 24809的本部分规定了除GB/T 24809.1的基本要求以外的塔式起重机(以下简称塔机)的机构及相关部件的具体要求。

本部分包括:

a)　机构的布置、特性与性能;

b)　指定机构部件的基本要求。

本部分不包括在不同极限状态(屈服强度、疲劳、磨损)的能力验算规则。

本部分不适用于塔机爬升机构及相关部件,也不适用于爬升架。

2　规范性引用文件

下列文件中的条款通过GB/T 24809的本部分的引用而成为本部分的条款。凡是注日期的引用文件,其随后所有的修改单(不包括勘误的内容)或修订版均不适用于本部分,然而,鼓励根据本部分达成协议的各方研究是否可使用这些文件的最新版本。凡是不注日期的引用文件,其最新版本适用于本部分。

GB/T 3766　液压系统通用技术条件(GB/T 3766—2001,eqv ISO 4413:1998)

GB 5226.2　机械安全　机械电气设备　第32部分:起重机械技术条件(GB 5226.2—2002,idt IEC 60204-32:1998)

GB/T 6974.1　起重机　术语　第1部分:通用术语(GB/T 6974.1—2008,ISO 4306-1:2007, IDT)

GB/T 6974.3　起重机　术语　第3部分:塔式起重机(GB/T 6974.3—2008,ISO 4306-3:2003,IDT)

GB/T 18874.3　起重机　供需双方应提供的资料　第3部分:塔式起重机(GB/T 18874.3—2009,ISO 9374-3:2002,IDT)

GB/T 20863.3　起重机械　分级　第3部分:塔式起重机(GB/T 20863.3—2007,ISO 4301-3:1993,IDT)

GB/T 24809.1　起重机　对机构的要求　第1部分:总则(GB/T 24809.1—2009,ISO 10972-1:1998,IDT)

ISO 4302　起重机　风载荷估算

3　术语和定义

GB/T 6974.1和GB/T 6974.3确立的以及下列术语和定义适用于本部分。

3.1

联轴器　coupling

连接两个部件并在它们之间传递扭矩的装置。

3.2

最大工作压力　maximum working pressure

液压回路或单个部件在正常工作状态下的最大压力。

4　塔式起重机机构的具体要求

4.1　设计准则

4.1.1　起升机构

动力驱动的起升机构用于使载荷以可控制的速度上升和下降。不允许仅靠重力作用的运动。

起升机构的分级应符合 GB/T 20863.3 的规定。

4.1.2　动臂变幅机构

动力驱动的动臂变幅机构应能使带载荷的臂架以可控制的速度变幅。不允许仅靠重力作用的运动。

动臂变幅机构的分级应符合 GB/T 20863.3 的规定。

4.1.3　液压系统

液压系统及相关元件的性能应符合 GB/T 3766 的要求。

4.1.4　小车变幅机构

小车变幅机构应能使变幅小车带载在水平或倾斜的臂架上运行。

如小车变幅机构能提供载荷的升降，则该机构还应符合起升机构的标准。

小车变幅机构应控制带载小车沿塔机臂架结构在两个方向运动(无论臂架倾斜度如何)。

不允许仅靠重力作用的运动。

小车变幅机构的分级应符合 GB/T 20863.3 的规定。

4.1.5　运行机构

如果安装了运行机构，塔机可运行在：

a)　直线轨道上；

b)　曲线轨道上。

运行机构应至少在两个支腿上提供驱动机构，驱动机构由电动机、联轴器、制动器、减速器和在轨道上运行的车轮组成。

应满足润滑需要。

应根据每个支腿上的载荷确定车轮的直径和数量。

塔机应设有防止在非工作状态下自行滑移的锚定装置。

在非工作状态下，应按照 ISO 4302 的要求来确定与风力相关的阻力。

运行机构的分级应符合 GB/T 20863.3 的规定。

4.1.6　回转机构

回转机构应能使吊钩和载荷定位于所需的位置上。

宜采用集电器供电。如果没有使用集电器，应限制臂架在两个方向上的回转角度。电缆应以不会被损坏的方式布置。

回转机构的分级应符合 GB/T 20863.3 的规定。

4.2 动力(电动机)

4.2.1 起升机构和动臂变幅机构

电动机的选择应符合 GB 5226.2 的要求。

电动机的安装位置应保证通风良好。

4.2.2 小车变幅机构

电动机的功率和扭矩应满足小车在所有工作状态及试验状态下的需要,考虑到以下因素:

a) 臂架倾斜角度的影响(臂架不可能绝对水平);

b) 小车车轮滚动阻力;

c) 小车车轮轮缘产生的摩擦;

d) 起升钢丝绳引起的摩擦;

e) 载荷的提升(对没有载荷平移系统的倾斜臂架塔机);

f) 风的影响;

g) 机构的惯性和性能。

4.2.3 运行机构

电动机的功率应根据以下要求估算:

a) 最大摩擦阻力和自重;

b) 车轮与轨道之间的侧向摩擦;

c) 规定的最小轨道坡度;

d) 单位时间内的启动次数;

e) 工作状态下的风载荷。

4.2.4 回转机构

电动机提供的总功率应考虑:

a) 运动部分的质量;

b) 当使用电动机时,单位时间内的启动次数。

电动机提供的总扭矩应足够克服以下载荷:

——工作状态时作用在臂架上的风载荷;

——工作状态时作用在其他回转结构上的风载荷;

——工作状态时重物上的风载荷;

——摩擦力。

4.3 联轴器

4.3.1 起升机构与动臂变幅机构

电动机与减速箱间的联轴器的弹性元件的损坏,不应产生危险运动。

应根据机构的总体设计、使用要求和性能要求选择运动副中的联轴器,使其能:

a) 避免振动;

b) 抑止有害的扭矩峰值;

c) 补偿可能出现的同轴度误差。

不均匀的旋转部件应做动平衡。

4.3.2 运行机构

当液力联轴器或等效装置与启动电动机直接相连时,制动器或减速装置应安装在联轴器的输出端。

其他形式的联轴器的要求见4.3.1。

4.3.3 回转机构

当液力联轴器或等效装置与启动电动机直接相连时,制动器或减速装置应安装在联轴器的输出端。

其他形式的联轴器要求见4.3.1。

4.4 制动器

4.4.1 一般要求

当起升动力被中断时,制动器应自动动作。制动器的热效能应适合小时制动次数、环境温度以及允许温升的要求。

制动器应设计成在紧急情况下,能通过制动力控制载荷下降的速度。并应考虑满载从最高处下降时制动器的散热。

电动机和制动器的电气回路应能保证电动机产生的电动势,不能影响到任何的制动要求。

制动弹簧的可靠性应满足制动器的预期寿命及预期的制动次数。制动系统的设计应能保证弹簧的预紧力不会影响弹簧的弹性系数。

应保护制动器不受油、雨水及其他脏物的渗入。

4.4.2 起升机构

动态制动力矩应至少为1.5倍额定载荷产生的力矩。

摩擦衬垫表面应与制动轮或制动盘相匹配,以避免不当的磨损,并且不应使用有害材料(如:石棉)制成。

4.4.3 动臂变幅机构

附加制动器可直接安装在卷筒法兰上。在主制动器或驱动机构失效的情况下,操作者可直接控制制动。

这为电动机和主制动器的更换或维修提供了可能性。

应采取措施自动控制两个制动器的动作时间次序,以避免产生不当的动载荷。

动态制动力矩应至少为1.5倍额定载荷产生的力矩。

当卷扬动力万一被切断,主制动器应自动动作,附加制动器应延时动作。

使用说明书应至少提供检查制动器磨损的时间间隔和推荐的程序。

摩擦衬垫表面应与制动轮或制动盘相匹配,以避免不当的磨损,并且不应使用有害材料(如:石棉)制成。

4.4.4 小车变幅机构

在最不利的工况与试验工况下,制动器应能使小车停止并保持在要求的位置。

当塔机的起重量小于1 000 kg、倾翻力矩小于40 000 N·m、且载荷仅做水平运动时,可利用减速箱的自锁性能,使小车停止并保持在要求的位置。

小车应安装终端止挡装置,以防止小车脱离臂架。

小车车轮应有轮缘或滚轮导向,以防止小车脱离臂架。

当变幅钢丝绳偏心牵引小车时,应采用水平导向轮和无轮缘小车车轮。

4.4.5 **运行机构**

制动器应能使塔机平缓停止,制造商应考虑制动的减速度。

制动器的总动态制动力矩应能克服按ISO 4302计算的工作状态下作用于塔机上的风载荷。

4.4.6 **回转机构**

静态制动力矩应能使塔机的回转部分在工作状态风力作用下保持不动。

4.5 **非工作状态下回转机构的装置**

应可通过手动或遥控方式解除制动,使塔机进入非工作状态。

若采用遥控方式,遥控装置应有安全触点和指示器,以确认解除了制动。

4.6 **液压与气动系统**

4.6.1 **一般要求**

液压系统及相关元件的性能应符合GB/T 3766的要求。

4.6.2 **液压油**

液压油的物理和化学特性应满足使用和预期循环次数的要求。

液压油的黏度应确保系统在塔机工作温度范围内正常工作。

4.6.3 **油箱**

应标识油箱的最高和最低油位。

放油口的尺寸与位置选择应能限制液压油的流速,以避免形成紊流。

4.6.4 **滤油器**

过滤能力应满足液压元件的工作要求。

滤油器的规格在考虑允许的温度偏差情况下,以及在预定黏度变化范围内,应能满足所有工况下的额定流量要求。

安装在设备上的、只有几次拆装的滤油器,如果使用说明书提供了滤油器的清洗或更换周期,可不安装堵塞指示器。在这种情况下,拆卸滤油器时,可能需要拆卸该系统的零件并排空油箱。如果没有安装堵塞指示器,建议安装旁路以便滤油器发生堵塞时液压油可从旁路通过。

4.6.5 **液压回路**

当一个或多个元件出现失效或发生故障时,液压回路的设计制造应能使风险降到最低。

液压回路的设计应保证在正常操作情况下,油缸和其他驱动装置运动的可控制性。

在回路的主要点应能预先观测到压力值。

考虑到执行机构可能长期不动作,应采取措施防止气穴现象。

4.6.6 **泵**

在设计的工作范围内,泵应能提供所需的流量。

泵的极限压力应不小于溢流阀的设定压力。应防止或限制发动机的反转,尤其是该反转会使泵或其他部件损坏。如果该损坏的风险可忽略,则只要提供检查运动方向的指示或警示即可。

4.6.7 **管路与接头**

管路和接头的极限承受能力应不小于各自最大压力的4倍。

液压锁应通过硬管与油缸相连,最好是直接安装在油缸上。

具有安全功能的管路和接头应便于接近。

4.6.8 **油缸**

在正常工作状态下,考虑到所有可预见的过压(如温度变化引起的),油缸产生的最大力不应对结构产生破坏。

当使用单作用油缸时,应确保活塞杆安全收回。

回路应能防止油缸内腔部分或全部真空。使用说明书应提供在每次使用前对可能形成的真空进行检查和处理的方法。

考虑到设备的工作环境和停用时间,应防止活塞杆腐蚀。

油缸应有液压锁,当动力不足或油管失效时可以停止油缸运动。液压锁应能够解除任何有危险的过压。

当活塞杆在外载作用下运动时,应装有保持其平稳运动的装置,以防止对结构产生任何振动。

油缸的安装除了要方便部件的拆卸,还应方便对塔机和相关部件的维护操作。

4.6.9 阀

要求使用者调节的阀应安装在便于接近的位置。

4.7 齿轮传动

4.7.1 起升机构

齿轮传动的承载力设计应根据外载、驱动力矩和制动力矩计算。

轴的强度应满足由钢丝绳作用到卷筒上的扭矩、弯矩和剪切力的要求。

齿轮传动装置的固定及其与卷筒轴的连接,应考虑因同轴度误差或结构变形所引起的作用在轴上的载荷。

在不拆卸齿轮传动装置的情况下,应能检查和更换润滑液。

当齿轮传动装置设计成交替驱动几个卷筒时,应有控制每个卷筒运动的措施。

应提供只有当运动副被断开后才允许发动机启动的装置。

4.7.2 动臂变幅机构

动臂变幅机构的设计应根据提升臂架、附属装置和重物的载荷、驱动力矩、制动力矩计算。

轴的强度应满足由钢丝绳作用到卷筒上的扭矩、弯矩和剪切力的要求。

齿轮传动装置的固定及其与卷筒轴的连接,应考虑因同轴度误差或结构变形等引起的作用在轴上的载荷。

在不拆卸齿轮传动装置的情况下,应能检查和更换润滑液。

4.7.3 运行机构

轨道运行的塔机,其运行机构应设有当行走轮失效时也能防止塔机倾翻或倒塌的装置。

4.7.4 回转机构

为了在需要时允许臂架能随风旋转,不应使用自锁装置。

应根据电动机或制动器的最大扭矩来选择传动零件。

4.8 钢丝绳与链的要求

4.8.1 起升机构

卷筒表面应光滑以防止钢丝绳不当磨损。

卷筒应加工绳槽以保证钢丝绳的正确缠绕。当钢丝绳缠绕为单层,且提供了正确、紧密的缠绕方法时,可使用光面卷筒。

绳槽节距 P 应满足:$1.04d<P<1.15d$,其中 d 为钢丝绳公称直径。

绳槽深度应在 $0.25d \sim 0.40d$ 范围内,绳槽半径应在 $0.525d \sim 0.650d$ 范围内。

卷筒两端均应有凸缘,在达到最大设计容绳量时,凸缘超出缠绕钢丝绳外表面的高度应不小于2倍钢丝绳公称直径。

4.8.2 动臂变幅机构

卷筒表面应光滑以防止钢丝绳不当磨损。

卷筒应加工绳槽以确保钢丝绳的正确缠绕，减少钢丝绳的表面磨损、变形及可能的疲劳或损坏。

绳槽节距 P 应：$1.04d < P < 1.15d$，其中 d 为钢丝绳公称直径。

绳槽深度应在 $0.25d \sim 0.40d$ 范围内，绳槽半径应在 $0.525d \sim 0.650d$ 范围内。

卷筒两端均应有凸缘，在达到最大设计容绳量时，凸缘超出缠绕钢丝绳外表面的高度应不小于 2 倍钢丝绳公称直径。

4.8.3 小车变幅机构

能使小车两个方向运动的钢丝绳应是相互独立的。卷筒应加工绳槽。

复合槽摩擦轮及其钢丝绳应能承受 2 倍的最不利工况下所需力矩。

复合槽摩擦轮及其驱动系统，只适用于近似水平移动的载荷。

驱动轮应至少有 3 个槽；导向滑轮应由独立单元组成。多槽滑轮可为楔形槽。

可根据工作条件，通过钢丝绳预紧装置，使钢丝绳具有预紧力。

计算时，建议钢丝绳与滑轮间的摩擦系数取值不超过 0.10。

钢丝绳的设计应考虑以下因素：

a） 臂架倾斜角度的影响（臂架不可能绝对水平）；

b） 小车车轮滚动阻力；

c） 小车车轮轮缘产生的摩擦；

d） 起升钢丝绳引起的摩擦；

e） 载荷的提升（对没有载荷平移系统的倾斜臂架塔机）；

f） 张紧装置的作用；

g） 风的影响；

h） 机构的惯性和性能。

应设有在钢丝绳失效的情况下能够保持小车位置的装置。

4.9 维护与使用说明书

4.9.1 维护

机构应便于接近，更换易损件时应不需要拆卸整个机构。

机构应便于周期性检查，尤其是对回转支承的紧固、齿轮啮合处和回转支承润滑的检查。

4.9.2 使用说明书

使用说明书应提供润滑油的选择与定期更换时间表。

使用说明书应至少提供检查制动器磨损的时间间隔和推荐的程序。还应提供计算部件最大磨损量的说明。

应提供回路图。

随机提供的说明书应包括与 GB/T 18874.3 相一致的关于操作与维护的所有必要的说明。

ICS 53.020.20
J 80

中华人民共和国国家标准

GB/T 24809.4—2009/ISO 10972-4:2007

起重机　对机构的要求
第4部分:臂架起重机

Cranes—Requirements for mechanisms—Part 4:Jib cranes

(ISO 10972-4:2007,IDT)

2009-12-15 发布　　2010-07-01 实施

中华人民共和国国家质量监督检验检疫总局
中国国家标准化管理委员会　发布

前 言

GB/T 24809《起重机 对机构的要求》分为5个部分：

——第1部分：总则；

——第2部分：流动式起重机；

——第3部分：塔式起重机；

——第4部分：臂架起重机；

——第5部分：桥式和门式起重机。

本部分为GB/T 24809的第4部分。

本部分等同采用ISO 10972-4:2007《起重机 对机构的要求 第4部分：臂架起重机》(英文版)。

本部分等同翻译ISO 10972-4:2007。

为了便于使用，本部分还做了下列编辑性修改：

——“ISO 10972的本部分”一词改为“GB/T 24809的本部分”；

——删除ISO 10972-4:2007的前言和引言；

——用小数点“.”代替作为小数点的逗号“,”；

——对于ISO 10972-4:2007引用的国际标准，有被等同采用为我国标准的用我国标准代替对应的国际标准，其他未被等同采用为我国标准的直接引用国际标准。

本部分由中国机械工业联合会提出。

本部分由全国起重机械标准化技术委员会(SAC/TC 227)归口。

本部分主要起草单位：大连重工·起重集团有限公司、北京起重运输机械设计研究院。

本部分主要起草人：桂佩康、韩力、何铀。

起重机　对机构的要求
第4部分:臂架起重机

1　范围

GB/T 24809的本部分规定了GB/T 6974.1所定义的臂架起重机对机构的总体设计和布置、部件的选择和设计要求以及制造、装配、安装和试验的指导说明有关的特殊要求。对起重机机构的通用要求按GB/T 24809.1的规定。

GB/T 24809的本部分不包括在不同极限状态下(如屈服强度、疲劳、磨损等)的承载能力计算验证规则。

2　规范性引用文件

下列文件中的条款通过GB/T 24809的本部分的引用而成为本部分的条款。凡是注日期的引用文件,其随后所有的修改单(不包括勘误的内容)或修订版均不适用于本部分,然而,鼓励根据本部分达成协议的各方研究是否可使用这些文件的最新版本。凡是不注日期的引用文件,其最新版本适用于本部分。

GB 5226.2　机械安全　机械电气设备　第32部分:起重机械技术条件(GB 5226.2—2002,idt IEC 60204-32:1998)

GB/T 6974.1　起重机　术语　第1部分:通用术语(GB/T 6974.1—2008,ISO 4306-1:2007,IDT)

GB/T 24809.1　起重机　对机构的要求　第1部分:总则(GB/T 24809.1—2009,ISO 10972-1:1998,IDT)

GB/T 24810.4　起重机　限制器和指示器　第4部分:臂架起重机(GB/T 24810.4—2009,ISO 10245-4:2004,IDT)

ISO 12210-4　起重机　工作状态和非工作状态下的锚定装置　第4部分:臂架起重机

ISO 12488-4　起重机　车轮及大车和小车轨道公差　第4部分:臂架起重机

3　术语和定义

GB/T 6974.1中确立的以及下列术语和定义适用于本部分。

3.1

缠绕　spooling

把钢丝绳卷绕到卷筒上的方法。

4　要求

4.1　总体设计和布置

4.1.1　总则

机构应符合GB/T 24809.1中的相关规定。

4.1.2 钢丝绳驱动的臂架变幅机构

臂架及其支承结构和钢丝绳驱动机构的布置应保证无论起重机带载还是空载时，在最大工作风速下均能实现逆风增大幅度的变幅运动。

4.1.3 载荷控制

应设置适用的符合 GB/T 24810.4 要求的限制器和指示器。

当额定起重量限制器一旦发生故障会导致起重机失稳时，应采用下列方法之一来确保系统的可靠性：

——起重量限制器和系统的关键部件采用双重设计，或增设备用限制器；
——系统功能的自动检测；
——其他自动防故障的装置或机构；
——为用户提供对系统进行经常性定期检查的说明书，特别是每次起重机作业采用视幅度而定的起重量（例如，使用吊钩和吊索起升）取代恒定起重量（例如，使用抓斗）时，应对系统进行检查。

4.1.4 钢丝绳缠绕控制

应设置保证钢丝绳正确缠绕在卷筒上的控制系统或其他装置，以免发生钢丝绳不正确缠绕。

4.1.5 超速控制

当安全制动器的闭合是由于检测到超速而动作时，则所设置的测速装置不应安装在安全制动器与驱动电动机之间的轴上。

4.1.6 工作制动器

考虑到以下因素引起的发热，工作制动器仍应保持其停止运动的能力：

——制动器在给定周期内的动作次数；
——驱动控制的型式；
——所有旋转部件（例如，电动机、制动器、联轴器和传动机构等）的动能；
——所有运动质量（例如，起升质量、结构质量等）的动能；
——制动期间下降质量的位能差；
——动载试验；
——任何符合 GB 5226.2 规定的 0 类电源中断或紧急停止。

当制动力由预应力弹簧提供时，制动系统在万一发生弹簧断裂的情况下应能继续停止运动。这一要求可以利用例如压缩型（螺旋或钢板）弹簧系统得以实现。弹簧应在其端部固牢并加以导向以免发生断裂的弹簧零件卡住和丢失。

当采用螺旋弹簧时，即使弹簧丝断裂，弹簧各部分之间也不应发生卡滞，制动器仍应保持有效压力。

制动衬垫不应含有石棉。在气候条件和温度变化的影响下，其性能和摩擦系数应满足正常使用要求。

除了拆下防护罩之外，应不需要拆卸装置就能检查制动器制动衬垫的磨损。应能实施检查制动系统、重新调整制动器和更换制动衬垫。制动衬垫与制动瓦块之间的连接不应无故松开，为了满足这个要求，制动衬垫的粘接和铆接应符合国家标准。

4.2 起升机构

4.2.1 工作制动器

对于起升机构,只应采用常闭式制动器,而制动系统在万一失电或断电的情况下,制动器应仍能制动并支持住载荷。

制动系统的任何延时制动,均应保证能安全地制动住载荷。

4.2.2 起升开闭机构

计算每个机构的承载和功率时,应考虑载荷在两个机构之间的分配。还应考虑取决于机械构造和控制系统的频繁、连续和动载荷分布的情况。

每个机构的制动器应至少能支持住总起升载荷下降力矩的125%。

起升开闭机构应能对每个制动器都能单独进行测试。

4.2.3 变速齿轮

在采用变速齿轮(例如,单独的变速齿轮减速机或装置在主齿轮箱内的变速齿轮)的情况下,变速齿轮与钢丝绳之间应设置制动器或机械锁定装置。当变速齿轮从某一速度转换为另一速度时,该装置应能支持住起重吊具的重量。

当遥控变速时,则变速应与载荷称量系统相互作用。

当手动变速时,应提供有关制动、锁定和容许载荷的说明书。

当通过轴向移动一对齿轮或借助耦合装置变速时,应采取措施防止齿轮在中间位置时起升电动机供电动作。

当采用旋转离合器变速时,其速度选择应自动设定机构的容许载荷。应防止向较高一档变速时,机构载荷超过该速度的允许载荷。

4.3 变幅机构

4.3.1 制动器

如果出现以下情况之一或两者并存时,变幅机构应配置安全制动器:

——带载和空载时,臂架的力矩不能在±5%力矩范围内达到平衡;

——载荷路径最高点和最低点的高度差大于2%变幅范围的长度。

主制动器或安全制动器应能在任何工作速度和容许载荷状态下停止臂架下降运动。

4.3.2 外界影响防护

对于螺旋驱动的变幅机构,其螺旋传动装置应设防护罩,防止外部颗粒、碎屑落入以及天气因素的影响。

4.3.3 小车运行

小车运行驱动机构和臂架坡度应使小车的位置能得以控制。

在通过操作者推动或拉动载荷实现运行的情况下,克服摩擦和坡度所需的力不应超过250 N。保持载荷的位置应无需施加水平力。

4.4 回转机构

4.4.1 制动和锁定

当采用液压或机械制动器时,应设置能切断同步电气制动的联锁装置。

当回转部分需要锁定时,由最大非工作状态风力形成对回转部分的力矩产生的力应由制动器或机械锁定装置承受。但是,锁定的性能不应依赖这两者的组合。当不设置机械或液压式电动锁定常闭式制动器时,应采用机械式,例如销轴或其他嵌合式锁定装置来锁定回转运动。

4.4.2 回转支承

回转支承的安装结构部分应具有足够的强度、刚度、水平度和平面度，且具有光滑的支承安装表面。回转支承应有足够的可靠性，并考虑承受的拉力和剪切(轴向、径向和切向)力。

当采用回转支承圈时，应遵守制造商提供的使用说明书中关于安装螺栓拧紧控制和回转支承圈维护的规定。制造商应在维护说明书中规定安装螺栓和回转支承圈的检验方法和时间间隔以及更换标准。

4.4.3 手动回转

在通过操作者推动或拉动载荷实现回转的情况下，克服摩擦所需的力不应超过 250 N。保持载荷的位置不应施加水平力。

4.5 运行机构

4.5.1 牵引力极限

在车轮的驱动和制动能力两个方面应考虑轮压在起重机各角部的分布。在对钢制车轮和轨道技术评估中，车轮的牵引能力应被限制在 0.14 倍相应的载荷组合轮压以内。

4.5.2 工作制动器

起重机在最大工作顺风状态下的制动距离，不应大于在额定载荷无风状态以最大速度运行时制动距离的 1.5 倍。

4.5.3 非工作状态的锚定装置

应按 ISO 12210-4 的规定设置锚定装置。

起重机在非工作状态下的固定一般应采用夹轨器、与摩擦相关的装置或强制锁定装置，如地锚销或防风系缆。

如果存在提升台车一端会导致锚定装置脱开的危险，夹轨器或地锚销不应安装在台车上。

可采用防风系缆来避免起重机在非工作状态下倾翻。

4.5.4 车轮和台车

车轮和台车应符合 ISO 12488-4 的规定。

台车的布置应使其在维修或更换一个车轮或车轮当中一个零件时只需拆卸一个台车即可。

顶升点应在起重机上做标记且在维护手册中标注。

在正常运行状态下，车轮驱动机构中构成危险的开式齿轮应加以保护，以防有人出入该危险区域。

ICS 53.020.20
J 80

中华人民共和国国家标准

GB/T 24809.5—2009/ISO 10972-5:2006

起重机　对机构的要求
第5部分:桥式和门式起重机

Cranes—Requirements for mechanisms—
Part 5:Bridge and gantry cranes

(ISO 10972-5:2006,IDT)

2009-12-15 发布　　2010-07-01 实施

中华人民共和国国家质量监督检验检疫总局
中国国家标准化管理委员会　发布

前　言

GB/T 24809《起重机　对机构的要求》分为5个部分：

——第1部分：总则；

——第2部分：流动式起重机；

——第3部分：塔式起重机；

——第4部分：臂架起重机；

——第5部分：桥式和门式起重机。

本部分为GB/T 24809的第5部分。

本部分等同采用ISO 10972-5：2006《起重机　对机构的要求　第5部分：桥式和门式起重机》(英文版)。

本部分等同翻译ISO 10972-5：2006。

为了便于使用，本部分作了下列编辑性修改：

——"ISO 10972的本部分"一词改为"GB/T 24809的本部分"；

——删除ISO 10972-5：2006的前言；

——对于ISO 10972-5：2006引用的国际标准，有被等同采用为我国标准的用我国标准代替对应的国际标准，其他未被等同采用为我国标准的直接引用国际标准。

本部分由中国机械工业联合会提出。

本部分由全国起重机械标准化技术委员会(SAC/TC 227)归口。

本部分主要起草单位：大连重工·起重集团有限公司。

本部分主要起草人：桂佩康、王雪松。

起重机　对机构的要求
第5部分:桥式和门式起重机

1　范围

GB/T 24809 的本部分规定了 GB/T 6974.1 所定义的桥式和门式起重机与机构的整体布置和设计、部件的选择和设计要求以及制造、装配、安装和试验等的指导说明有关的特殊要求，起重机机构的通用要求按 GB/T 24809.1 的规定。

GB/T 24809 的本部分不包括在不同极限状态下(屈服强度、疲劳、磨损等)承载能力计算的验证规则。

2　规范性引用文件

下列文件中的条款通过 GB/T 24809 的本部分的引用而成为本部分的条款。凡是注日期的引用文件，其随后所有的修改单(不包括勘误的内容)或修订版均不适用于本部分，然而，鼓励根据本部分达成协议的各方研究是否可使用这些文件的最新版本。凡是不注日期的引用文件，其最新版本适用于本部分。

GB 5226.2　机械安全　机械电气设备　第 32 部分:起重机械技术条件(GB 5226.2—2002,idt IEC 60204-32:1998)

GB/T 6974.1　起重机　术语　第 1 部分:通用术语(GB/T 6974.1—2008,ISO 4306-1:2007,IDT)

GB/T 24809.1　起重机　对机构的要求　第 1 部分:总则(GB/T 24809.1—2009,ISO 10972-1:1998,IDT)

GB/T 24810.5　起重机　限制器和指示器　第 5 部分:桥式和门式起重机(GB/T 24810.5—2009,ISO 10245-5:1995,IDT)

ISO 12210-1:1998　起重机　工作状态和非工作状态下的锚定装置　第 1 部分:总则

ISO 12488-1:2005　起重机　车轮及大车和小车轨道公差　第 1 部分:总则

3　术语和定义

GB/T 6974.1 中确立的术语和定义适用于本部分。

4　要求

4.1　总体设计和布置

4.1.1　总则

机构应符合 GB/T 24809.1 的相关规定。

4.1.2　载荷控制

限制器和指示器的设置应符合 GB/T 24810.5 的相关规定。

当限制器发生故障可能导致起重机的稳定性降低时，至少应采用下列各项方法之一来确保系统的可靠性：

a） 起重量限制器及其系统的关键部件采用双重设计，或设置备用限制器；

b） 采用系统功能的自动检测；

c） 采用其他自动防故障的装置或机构；

d） 按使用维护说明书的要求对系统进行经常性定期检查，特别是每当起重机作业为恒定起重量(例如，使用抓斗)转变为最大的起重量时(例如，使用吊钩和吊索起升)，则也应对系统进行检查。

.1.3 钢丝绳缠绕控制

如果有发生钢丝绳不正确缠绕的可能，则应设置钢丝绳控制装置或采用其他导向装置，以保证钢丝绳正确缠绕在卷筒上。

.1.4 超速控制

当安全制动器的闭合是由于检测到超速而动作时，则所设置的测速装置不应安装在安全制动器与驱动电动机之间的轴上。

.1.5 制动器

为了保证制动器完成停止运动，即使处于发热状态仍应维持其制动能力，应考虑以下若干因素：

a） 制动器在给定时间内的工作次数；

b） 驱动控制的型式；

c） 所有旋转零部件如电动机、联轴器和齿轮的动能；

d） 所有运动质量(例如，起升质量、结构的质量)的动能；

e） 制动期间下降质量的位能差；

f） 动载试验；

g） 0 类电源中断或意外紧急停车(见 GB 5226.2)。

当制动力由预紧弹簧提供时，支持制动器在发生弹簧断裂的情况下应能继续停止运动。这一要求可以采用压缩型(例如，螺旋或钢板)弹簧系统得以实现。弹簧应在其端部固定并加导向装置以免发生弹簧翘曲或损坏。

如果采用螺旋弹簧，即使在弹簧丝断裂的事故状态下，弹簧碎件不应卡滞和损坏制动器，制动器仍应保持有效制动力。

制动衬垫不应含有石棉。正常工作期间，在气候状态和温度变化的影响下，制动衬垫的性能和摩擦系数应适应使用要求。

无需拆卸制动器(如果必要，仅拆下保护盖)，应能检查制动衬垫的磨损。同时应能检查制动器、重新调整制动器和更换制动衬垫。制动衬垫的粘接或铆接应符合国家标准，应确保制动衬垫和制动瓦之间的连接不松开。

.2 起升机构

.2.1 制动器

在起升机构中，应采用常闭式制动器。在失电或断电的情况下，制动器应能制动并支持住起升载荷。

制动器在任何状态的延时都不应使下降速度超过1.3倍的额定下降速度。

4.2.2 起升开闭机构

在对每个机构的承载零部件和驱动零部件选型时,应对每个机构的载荷分布加以考虑。还应考虑取决于力学结构及控制系统的频繁、连续和瞬时载荷分布的情况。

每个机构的制动器至少应能支持住总起升载荷下降扭矩的1.25倍。

起升开闭机构应能对每个制动器分别进行测试。

4.2.3 换挡变速齿轮

可以采用单独的换挡变速齿轮减速器,也可采用安装在主齿轮箱内的换挡变速齿轮。在这两种情况下,当传动机构从一个速度变到另一速度时,应在换挡变速齿轮与支持吊具质量或附加规定载荷的吊具质量的起升钢丝绳之间设置一个机械锁定装置或制动器。

当采用遥控换挡变速时,则换挡变速系统应与载荷测量系统连锁。

当手动换挡变速时,应提供有关制动、锁定和许用载荷的说明书。

当通过轴向移动一对齿轮或借助耦合装置换挡变速时,应采取措施防止起升电动机在齿轮处于中间位置电动啮合。

当换挡变速采用旋转离合器时,速度选择应按机构的许用负载自动设定。高速开关机械装置应避免发生超过许用负载的速度。

4.3 小车和大车运行机构

4.3.1 牵引极限

车轮的驱动和制动能力应考虑轮压在大车和小车各个位置的不均匀分布。对钢制车轮和轨道的技术评估中,车轮的牵引能力应限制在其相应的载荷组合的0.14倍的轮压之内。

4.3.2 制动器

起重机制动器在顺风最大工作风速状态的制动距离,不应大于制动器在额定载荷无风运行时制动距离的1.5倍。

4.3.3 运行要求

大车和小车运行机构及其运行轨道坡度应能使起重机或小车的位置可以控制。

对小起重量和手动起重机,操作人员可推动载荷而使起重机和小车移动。在这种情况下克服运行摩擦阻力和坡度阻力所需的力不应超过250 N。为保持载荷的位置无需水平力。

4.3.4 非工作状态的锚定装置

锚定装置应按ISO 12210-1:1998的规定进行安装。

在非工作状态下,起重机的固定应采用夹轨器、与摩擦相关的装置或强制锁定装置,如地锚或防风系缆。

如果台车的一端由于受力而产生转动,导致锚定装置有脱扣危险时,夹轨器或地锚不应安装在该台车上。

可以采用防风系缆来避免起重机在非工作状态下倾翻。

4.3.5 车轮和台车

车轮和台车应符合ISO 12488-1:2005的规定。

台车的布置应使其在维修或更换车轮组或车轮组当中一个零件时,只需拆卸一个台车即可。

顶升点应在起重机上做标记且在使用维护说明书中标识。

在正常运行状态下，车轮驱动机构中构成危险的开式齿轮应加以保护，以防人员出入该危险区域。

ICS 53.020.20
J 80

中华人民共和国国家标准

GB/T 24810.1—2009/ISO 10245-1:2008

起重机　限制器和指示器
第1部分:总则

Cranes—Limiting and indicating devices—Part 1:General

(ISO 10245-1:2008,IDT)

2009-12-15 发布　　　　2010-07-01 实

中华人民共和国国家质量监督检验检疫总局
中国国家标准化管理委员会　发布

前　言

GB/T 24810《起重机　限制器和指示器》分为5个部分：

——第1部分：总则；

——第2部分：流动式起重机；

——第3部分：塔式起重机；

——第4部分：臂架起重机；

——第5部分：桥式和门式起重机。

本部分为GB/T 24810的第1部分。

本部分等同采用ISO 10245-1:2008《起重机　限制器和指示器　第1部分：总则》(英文版)。

本部分等同翻译ISO 10245-1:2008。

为了便于使用，本部分作了下列编辑性修改：

——“ISO 10245的本部分”一词改为“GB/T 24810的本部分”；

——删去国际标准的前言；

——对于ISO 10245-1:2008引用的ISO 4306-1已等同采用为我国国家标准GB/T 6974.1，本部分用GB/T 6974.1代替对应的国际标准。

本部分由中国机械工业联合会提出。

本部分由全国起重机械标准化技术委员会(SAC/TC 227)归口。

本部分起草单位：北京起重运输机械研究所。

本部分主要起草人：程潞梓。

起重机　限制器和指示器
第1部分：总则

1　范围

GB/T 24810 的本部分规定了适用于载荷、运动、性能和环境的起重机限制器和指示器的一般要求。这些装置限制操作和/或向司机或其他人员提供操作信息。

对各种类型起重机的特殊要求在 GB/T 24810 的其他部分中给出。

本部分强调了限制器和指示器的安全可靠的工作取决于定期检查和维护。

2　规范性引用文件

下列文件中的条款通过 GB/T 24810 的本部分的引用而成为本部分的条款。凡是注日期的引用文件，其随后所有的修改单(不包括勘误的内容)或修订版均不适用于本部分，然而，鼓励根据本部分达成协议的各方研究是否可使用这些文件的最新版本。凡是不注日期的引用文件，其最新版本适用于本部分。

GB/T 6974.1　起重机　术语　第1部分：通用术语(GB/T 6974.1—2008，ISO 4306-1：2007，IDT)

3　术语和定义

GB/T 6974.1 中确立的以及下列术语和定义适用于本部分。

3.1

防碰撞装置　anti-collision device

用于防止起重机或起重机的零部件在同一空间中同时动作时与固定吊具碰撞的装置。

注：在某些应用场合，工作距离限位器可执行防撞装置的功能。

3.2

配置　configuration

结构件、平衡重、支撑件或外伸支腿、吊钩滑轮组缠绕系统的组合和布置以及依据制造商的使用说明书和运行准备进行的类似构件的组合、定位和安装。

3.3

持续警告　continuous warning

在显示某种状况存在的持续时间段内，使用闪烁灯光或连续灯光发出视觉警告，或通过脉冲信号或连续的声响发出听觉警告。

3.4

控制台限位器　control station position limiter

在具有可运动到不同位置的电动控制台的起重机上，用来防止控制台的运动超出规定极限位置的装置。

3.5

变幅限位器 derricking limiter

用来防止臂架、主臂、副臂、A形框架或塔架(立柱)的俯仰超出规定极限位置的装置。

3.6

起升限位器 hoisting limiter

用来防止固定吊具起升时意外撞击起重机结构或超过规定上限高度的装置。

3.7

指示器 indicator

提供警示和/或数据以便于将起重机的操作控制在其设计参数范围内的装置。

3.8

下降限位器 lowering limiter

用来确保起重机作业期间起升挠性件安全圈数的装置,例如,保持起升卷筒上钢丝绳的最少圈数。

3.9

防脱装置 lowering limiter

为防止链条从所啮合的驱动机构中脱出而设计的机械装置。

3.10

运动限制器 motion limiter

限制起重机某一运动或使其从停止状态做反向运动的装置。

注:见4.5.1.1中给出的示例。

3.11

性能限制器 performance limiter

能自动防止超过设计性能的装置。

注:见4.5.2.1中给出的示例。

3.12

额定起重量 rated capacity

在给定的运行条件下(例如载荷的形状或位置),起重机的设计起升载荷。

3.13

额定起重量指示器 rated capacity indicator

在规定的公差极限范围内,超过额定起重量时能连续发出信号的装置。

注1:对于某些类型的起重机,当接近额定起重量时额定起重量指示器将给出不同的连续指示信号。

注2:见4.4.1.2a)。

3.14

额定起重量限制器 rated capacity limiter

在正常工作使用期间考虑了动力效应的情况下,自动防止起重机搬运载荷超过其额定起重量的装置。

3.15

倾覆线伸距 reference outreach or radius

通过载荷重心的垂直线和对应的倾翻线之间的水平距离。

3.16

松绳限制器 slack rope limiter

钢丝绳松弛时,停止其动作的装置。

3.17

回转限位器 slewing limiter

用来防止回转超出规定角度的装置。

3.18

伸缩限位器 telescoping limiter

用来防止构件的伸缩超出规定长度的装置。

3.19

大车和小车行程限位器 travelling and traversing limiter

用来防止起重机沿轨道的各种类型运动超越所规定的极限位置的装置。

3.20

作业空间限制器 working space limiter

用来防止固定吊具和/或起重机部件进入禁区的装置。

注:作业空间的限制常采用不同类型限制器的组合来实现。

4 安全要求和/或措施

4.1 限制器和指示器

4.1.1 起重机制造商选择的设备规格应适合起重机设计用途,应考虑下列因素:

a) 使用环境,例如相对湿度、冰冻、凝露;

b) 额定起重量;

c) 起重机特性;

d) 电磁兼容性。

4.1.2 限制器和指示器的使用不应降低起重机必需的强度。

4.1.3 由限制器动作产生的效果(例如通过力、制动距离)应在起重机的设计限制范围内。

4.1.4 系统应能够定期检查以校验指示器是否正常工作。

4.1.5 如果发生动力中断,应维持限制器和指示器的工作状态。

4.1.6 在起重机正常使用、安装、钢丝绳更换、拆卸和维护期间,限制器和指示器应能承受由此产生的冲击和振动。

4.1.7 漆膜或其他防腐保护措施不应影响限制器和指示器的正常功能。

4.2 额定起重量限制器和指示器的一般要求

4.2.1 对额定起重量≥3 t 的所有起重机均应设置额定起重量限制器和指示器;对额定起重量≥1 t 或倾覆力矩 ≥40 000 N·m 的起重机推荐使用。

注:对于额定起重量不随载荷位置变化的钢丝绳或环链葫芦,其风险评估可能显示额定起重量指示器不是必需的。

4.2.2 对于制造商提供的操作手册中描述的各种类型额定起重量和配置,额定起重量限制器/指示器应依据 GB/T 24810 的本部分中相应的要求来执行。

4.2.3 如果起重机能以不同的配置工作,额定起重量限制器/指示器应有起重机配置的指示信息。如果装备了配置选择装置,在该装置上应提供所选配置的直接描述或代码,该代码可通过代码/配置列表进行核对。

4.2.4 对于起重机的各种结构形式和状态,额定起重量限制器和指示器应自动起作用。

4.2.5 应把手动调整装置的意外风险减到最小(例如通过锁定或双重保险)。

4.2.6 选择装置调整挡位的数量应与起重机提供的配置数量有关。若选择空位应导致起重机不起作用或不会导致起重机发生危险。

4.2.7 额定起重量指示器和限制器的设计和安装应考虑起重机超载试验的需要,试验时不应拆除或对其性能产生永久性影响。若在试验时必须拆除这些装置的部件,应在试验之后检查和/或重新安装这些装置。

4.3 额定起重量限制器

4.3.1 总则

4.3.1.1 额定起重量限制器应防止起重机工作时超出极限位置和超过额定起重量图表上的载荷。

4.3.1.2 额定起重量限制器的极限值 Q_L,应符合公式(1)的规定:

$$1+\frac{a}{g}\leqslant\frac{Q_L}{Q_{GL}}\leqslant\phi_2 \qquad \cdots\cdots(1)$$

式中:

a——起升加速度。

g——重力加速度。

Q_{GL}——总起重量,包含起重挠性件质量,固定吊具质量和额定起重量。

ϕ_2——GB/T 22437.1—2008 中 6.1.2.2.1 进行的起重机能力验证计算中的放大系数,或者是在下列限制范围内选择一个系数:

——≤1.1 适合于采用传感器和切断电源起间接作用的起重量限制器;

——≤1.6 适合于直接作用的起重量限制器,例如摩擦力矩限制器,通常与链传动起升装置关联。

4.3.2 操作要求

4.3.2.1 当作用在起重机上的载荷超过额定起重量时,额定起重量限制器应抑制起重机的各种控制装置以防止任何加剧超载的状况发生。

对于不同类型的起重机,导致加剧超载的具体动作的详细内容参见 GB/T 24810 的其他各部分。

4.3.2.2 额定起重量限制器不应阻碍起重机操作者将控制装置恢复到"停止"状态,也不应阻碍可促使起重机减少载荷或卸载的动作。

4.3.2.3 一旦额定起重量限制器动作,应持续抑制相关的控制装置直到移走超重的载荷并将相应的操纵杆恢复到空挡位置为止。

4.4 额定起重量指示器

4.4.1 操作要求

4.4.1.1 对于所有导致载荷超过制造商提供资料中规定的额定起重量的起重机动作,额定起重量指示器应发出视觉警告或听觉警告,或者同时发出视觉和听觉警告。

4.4.1.2 额定起重量指示器应符合下列要求:

a) 对额定起重量随载荷位置变化的起重机,当接近额定载荷时对起重机操作者发出警告;

b) 在额定起重量限制器达到超载限定值时,对处于危险区域的起重机操作者和人员发出超载警告;

c) 对于提供了限制器抑制功能的起重机,只要限制器达到抑制功能就会对处于危险区域的起重机操作者和人员发出警告。

4.4.1.3 当接近额定起重量时,额定起重量指示器应发出警告以使起重机操作者有时间对警告做出反应从而防止起重机超载。

对于特殊的起重机类型,对于加剧超载的具体动作的详细内容应参考 GB/T 24810 的其他各部分。

4.4.1.4 起重机操作员不应从控制站取消警告,除非在同一状况下同时使用了听觉和视觉警告,在这种情况下听觉警告可以在其作用 5 s之后通过操作手动取消装置来取消。如果使用了这种取消装置,在起重机需要恢复听觉警告时应自动作用。

在起重机校准和试验期间可取消听觉警告。

4.4.2 警告形式

4.4.2.1 接近额定起重量时发出的警告(在需要时)和超过额定起重量时发出的警告,都应是持续的。接近额定起重量的警告和超载警告应明显不同,例如对于接近额定起重量其视觉警告可以为一种颜色,而超载则为另一种颜色。

4.4.2.2 对起重机操作者发出的视觉警告,应处于每个控制站都能清楚看见的位置并且不会影响操作者观察载荷和眼前的场景。

4.4.2.3 在特定的环境中警告应明显可辨。

4.4.3 日常检查的规定

在不需对起重机加载的情况下,额定起重量指示器就能对自身的电路和响应(但不必考虑它的精度)进行功能检查。

4.5 运动和性能限制器

4.5.1 运动限制器

4.5.1.1 设计约束和由用户提出应限制的运动,都应配备运动限制器。

示例:起升限位器、下降限位器、松绳限制器、回转限位器、大车和小车行程限制器、臂架俯仰限制器、臂架伸缩限位器、控制台限位器、工作空间限制器、防碰撞装置。

对具体类型的起重机运动限制器,还应参考 GB/T 24810 的其他部分。

4.5.1.2 某个运动与另一个运动同时进行时应考虑这两个运动的相互影响,此时可能造成某个运动超出极限范围。

4.5.1.3 若某一运动配备了一个运动限制器,该运动限制器动作后,反方向运动到一个安全状态,不必重新设定。

4.5.1.4 若风险评估确定某单项运动需配备二级(备用)限制器,一级限制器失效时应按照该起重机类型对应的标准中规定的方法对起重机操作者发出信号。为确保起重机的持续安全性,在二级限制器动作后不应进行双向有限运动直到复位为止。该复位动作对于在控制位置的起重机操作者不应轻易地操作。当二级限制器设计为吸收运动能量的一个固定止挡器时,不需要指示信号和复位动作。

4.5.1.5 若同时进行两个或多个运动，设计运动限制器时应考虑可能的运动组合的影响。

4.5.2 性能限制器

4.5.2.1 下列运动情况应配备性能限制器：

a) 该运动具有一个设计性能限制；

b) 存在一个可能导致超出性能界限的外部力(例如重力)。

若通过系统的设计可防止超过性能极限则不需要配备性能限制器。

起重机被限制的性能有速度和加速度/减速度等。

4.5.2.2 若同时进行两个或多个运动，设计性能限制器时应考虑可能的运动组合的影响。

4.6 指示器

4.6.1 指示器应依据 GB/T 24810 的其他各部分规定的起重机类型的要求来配置。

起重机工作图表上显示的相关参数为操作员提供了重要帮助。此类参数的举例如下：

——幅度；

——角度；

——额定起重量；

——接近额定起重量；

——实际载荷；

——臂架长度；

——起升绳下降；

——风速；

——起重机水平位置；

——偏斜；

——卷筒旋转；

——松绳。

4.6.2 必要时应向起重机操作者提供连续的并且明确的视觉、听觉或触觉指示，例如，通过指针在刻度上移动的方式，双指针法或数字显示器。

4.6.3 指示器的响应时间应与所示参数的变化速度相适宜，使之总是显示当前的状态。

5 检查

5.1 在每日运行前，应进行检查以确保系统功能符合该使用说明书的要求。在系统继续使用前，应依据该系统的使用说明书排除故障。

5.2 应由有资格的人员每 12 个月或更经常地对系统进行检查和测试；若需要校准，应由有资格的人员进行。

起重机业主(用户)应保留起重机定期检查或年检(最低要求)的带日期和检验结果的记录。记录应保存在指派人员可获得之处。

6 维护

在用的限制器和指示器应按照本部分的规定，依据该装置制造商提供的维护说明书进行维护。

7 操作说明书和操作者培训

制造商应提供每个限制器和指示器的操作说明书,包括任何特殊的限制或要求。以上内容还应包含在操作者的培训课程中。

8 使用信息

8.1 操作指南应包括当在起重机上进行焊接作业时对限制器和指示器的保护措施。

8.2 操作指南应包括当进行起重机超载试验时能保护限制器/指示器的措施。

8.3 应提供避免在临界区域过度涂漆的警告。

注:注意事项参见 GB/T 15706.2—2007 中的第 6 章。

参 考 文 献

[1] GB/T 22437.1—2008 起重机 载荷与载荷组合的设计原则 第 1 部分:总则(ISO 8686-1:1989,MOD)

[2] GB/T 23720.1—2009 起重机 司机培训 第 1 部分:总则(ISO 9926-1:1990,IDT)

[3] GB/T 23724.1—2009 起重机 检查 第 1 部分:总则(ISO 9927-1:1994,IDT)

[4] GB/T 17909.1—1999 起重机 起重机操作手册 第 1 部分:总则(idt ISO 9928-1:1990)

[5] GB/T 15706.1—2007 机械安全 基本概念与设计通则 第 1 部分:基本术语和方法(ISO 12100-1:2003,IDT)

[6] GB/T 15706.2—2007 机械安全 基本概念与设计通则 第 2 部分:技术原则(ISO 12100-2:2003,IDT)

ICS 53.020.20
J 80

中华人民共和国国家标准

GB/T 24810.2—2021/ISO 10245-2:2014
代替 GB/T 24810.2—2009

起重机 限制器和指示器 第2部分:流动式起重机

Cranes—Limiting and indicating devices—Part 2: Mobile cranes

(ISO 10245-2:2014,IDT)

2021-05-21 发布

2021-12-01 实施

国家市场监督管理总局
国家标准化管理委员会 发布

前　　言

本文件按照GB/T 1.1—2020《标准化工作导则　第1部分:标准化文件的结构和起草规则》的规定起草。

本文件是GB/T 24810《起重机　限制器和指示器》的第2部分。GB/T 24810已经发布了以下部分:

——第1部分:总则;

——第2部分:流动式起重机;

——第3部分:塔式起重机;

——第4部分:臂架起重机;

——第5部分:桥式和门式起重机。

本文件代替GB/T 24810.2—2009《起重机　限制器和指示器　第2部分:流动式起重机》,与GB/T 24810.2—2009相比,除结构调整和编辑性改动外,主要技术变化如下:

a) 更改了范围(见第1章,2009年版的第1章);

b) 更改了规范性引用文件(见第2章,2009年版的第2章);

c) 更改了额定起重量的术语和定义(见3.1,2009年版的3.1);

d) 增加了流动式起重机的术语和定义(见3.4);

e) 更改了总则中部件变更时检查要求的表达方式(见4.1,2009年版的4.1);

f) 更改了额定起重量限制器的一般要求,对其进行了细化(见5.1,2009年版的5.1);

g) 更改了额定起重量限制器的设定,对其进行了细化(见5.2,2009年版的5.2);

h) 更改了额定起重量指示器发出视觉和听觉报警信号时额定起重量的范围(见6.1,2009年版的6.1);

i) 更改了起重机的载荷超出设定值时额定起重量指示器报警方式的要求(见6.2,2009年版的6.2);

j) 增加了起重机在试验、装配或拆卸、标定、测试及锁具装配过程中额定起重量指示器的特殊要求(见6.3);

k) 增加了额定起重量指示器应能够在不对起重机施加负载的情况下检查其操作的要求(见6.4);

l) 更改了载荷指示器测量和显示载荷类型的要求(见7.1,2009年版的7.1);

m) 增加了载荷指示系统精度要求的载荷范围(见7.3,2009年版的7.3);

n) 更改了运动限制器的工作要求,改为引用GB/T 24810.1—2009的标准条款(见8.1,2009年版的8.1);

o) 更改了起升高度限位器,将起升高度限位器修改为起升限位器,并对其要求进行了细化(见8.2,2009年版的8.2);

p) 更改了下降深度限位器,将下降深度限位器修改为下降限位器,并对其要求进行了细化(见8.3,2009年版的8.3);

q) 更改了防臂架后倾装置,增加在最大允许风速下的前提条件(见8.5,2009年版的8.5);

r) 增加了其他强制性限制器(见第9章);

s) 更改了幅度指示器偏差允许范围(见 10.4,2009 年版的 9.4);

t) 更改了水平仪,对其要求进行了细化(见 10.6,2009 年版的 9.6);

u) 更改了回转指示器,增加其适用前提,删除伴随回转运动听觉和/或视觉的报警信号的功能要求(见 10.7,2009 年版的 9.7);

v) 更改了风速仪的要求[见 10.8.2 b),2009 年版的 9.8];

w) 增加了其他强制性指示器(见 10.8);

x) 更改了强度极限及要求,改为设计系数及相应要求(见第 11 章,2009 年版的第 10 章);

y) 更改了限制器和指示器的检查要求,改为直接引用 ISO 9927-1 的内容(见第 12 章,2009 年版的第 11 章);

z) 增加了事件记录器(见第 15 章);

aa) 增加了数据记录器(见第 16 章);

bb) 更改了表 1,增加事件记录器和数据记录器列,起重机类型中升降起重机改为运载货物、固定臂改为定长臂,起升高度限位指示器改为起升限位指示器,起升高度限位器改为起升限位器,下降深度限位器改为下降限位器,下降限位器和水平仪列均改为应装(见表 1,2009 年版的表 1)。

本文件使用翻译法等同采用 ISO 10245-2:2014《起重机　限制器和指示器　第 2 部分:流动式起重机》。

本文件纳入了 ISO 10245-2:2014/Amd 1:2015 的修正内容,这些修正内容涉及的条款已通过在其外侧页边空白位置的垂直双线(‖)进行了标志。

与本文件中规范性引用的国际文件有一致性对应关系的我国文件如下:

——GB/T 783—2013　起重机械　基本型的最大起重量系列(ISO 2374:1983,IDT)

——GB/T 6974.2—2017　起重机　术语　第 2 部分:流动式起重机(ISO 4306-2:2012,IDT)

——GB/T 23720.1—2009　起重机　司机培训　第 1 部分:总则(ISO 9926-1:1990,IDT)

——GB/T 23724.1—2016　起重机　检查　第 1 部分:总则(ISO 9927-1:2013,IDT)

——GB/T 24810.1—2009　起重机　限制器和指示器　第 1 部分:总则(ISO 10245-1:2008,IDT)

为便于使用,本文件做了下列编辑性修改:

——规范性引用文件中删除了 ISO 4306-1:2007 对应标准的引用,与正文保持一致;

——更改了表 1,"下降限位器"和"水平仪"改为应装,与正文保持一致;

——删除了表 1 的第一行表注,将"R、O、NR、NA"代表的含义直接转换到了表 1 正文中;

——增加了参考文献。

本文件由中国机械工业联合会提出。

本文件由全国起重机械标准化技术委员会(SAC/TC 227)归口。

本文件起草单位:徐州重型机械有限公司。

本文件主要起草人:陈向东、胡海鹏、吉利、李雪峰、曹广志、李长青。

本文件于 2009 年首次发布,本次为第一次修订。

引　言

起重机限制器和指示器是起重机安全工作的核心系统，国际及国内都非常注重相应标准的研究和优化。GB/T 24810 旨在规定国内起重机限制器和指示器的安全要求，由五个部分构成。

——第 1 部分：总则。目的在于规定起重机限制器和指示器的一般要求。

——第 2 部分：流动式起重机。目的在于规定流动式起重机载荷、运动、性能和环境的限制器和指示器的要求。

——第 3 部分：塔式起重机。目的在于规定塔式起重机的限制器和指示器的特殊要求。

——第 4 部分：臂架起重机。目的在于规定臂架型起重机的载荷、运动、性能和环境的限制器和指示器的要求。

——第 5 部分：桥式和门式起重机。目的在于规定桥式和门式起重机的载荷、运动、性能和环境用的限制器和指示器的要求。

起重机　限制器和指示器
第2部分:流动式起重机

1　范围

本文件规定了流动式起重机载荷、运动、性能和环境的限制器和/或指示器的要求。GB/T 24810.1规定了用于起重机限制器和指示器的一般要求。

本文件适用于ISO 4306-2定义的所有流动式起重机(以下简称起重机),随车起重机除外。

注1:ISO 15442:2012的4.6规定了随车起重机的要求。

注2:本文件的要求仅适用于作为起重机使用的机型,不适用经变型用于挖掘和其他非起重作业中使用的机型。

2　规范性引用文件

下列文件中的内容通过文中的规范性引用而构成本文件必不可少的条款。其中,注日期的引用文件,仅该日期对应的版本适用于本文件;不注日期的引用文件,其最新版本(包括所有的修改单)适用于本文件。

ISO 2374:1983　起重机械 基本型的最大起重量范围(Lifting appliances—Range of maximum capacities for basic models)

ISO 4306-2　起重机　术语　第2部分:流动式起重机(Cranes—Vocabulary—Part 2:Mobile cranes)

ISO 9926-1:1990　起重机司机培训　第1部分:总则(Cranes—Training of drivers—Part 1:General)

ISO 9927-1　起重机　检查　第1部分:总则(Cranes—Inspections—Part 1:General)

ISO 10245-1:2008　起重机　限制器和指示器　第1部分:总则(Cranes—Limiting and indicating devices—Part 1:General)

3　术语和定义

ISO 10245-1界定的以及下列术语和定义适用于本文件。

3.1

额定起重量　rated capacity

在给定的运行条件下(例如载荷的形状或位置),起重机的设计起升载荷。

[来源:ISO 10245-1:2008,3.12]

3.2

防互撞装置　anti-two-block device

启动时能断开所有运动功能,防止下承载滑轮或吊钩组件与上承载滑轮或主臂、副臂臂端滑轮组件的碰撞的装置。

3.3

防互撞缓冲装置　two-block damage prevention device

下承载滑轮或吊钩组件与上承载滑轮或主臂、副臂臂端滑轮组件接触时，使钢丝绳拉力减小的装置。

注：该装置宜使拉力减小到不能造成组件和维护良好的钢丝绳的损坏，并宜具备防止吊钩过度旋转导致索具从吊钩上脱落的功能。

3.4

流动式起重机　mobile cranes

ISO 4306-2 定义的除随车起重机外的其他所有设备。

4　总则

4.1　本文件适用于其发布 1 年后所有新制造的起重机，现有设备不需要改型。但是当打算变更某部件时，应按本文件要求检查其性能。如果性能有本质上的不同，则应由所有者（用户）选定有资格的人员对是否满足当前需要进行评价，并由所有者（用户）在 1 年内，按评价结果改进。

4.2　起重机的限制器和指示器的配置应符合表 1 的规定。表 1 中规定的吨位限制与起重机的最大起重量（见 ISO 2374）有关。表 l 不适用于所有可能遇到的情况，例如大风。各种装置的使用应按照起重机安全操作所规定的方式，并考虑起重机的类型及其预定用途来实现。

4.3　操作人员在操纵位置应清晰看到所有限制器和指示器的示值。

5　额定起重量限制器

5.1　一般要求

额定起重量限制器的设置应满足 ISO 10245-1:2008 中 4.3.1 的要求，并应符合 ISO 10245-1:2008 中 4.3.2 的操作要求。

额定起重量限制器/指示器在一个起重循环期间应自动运行，无需重启。

当起重机装有额定起重量限制器/指示器、在不同的配置进行作业时，额定起重量限制器/指示器对起重机配置进行精确和连续的指示。作为最低要求，配置选择装置应提供对所选配置的直接说明，或显示一个代码，此代码能通过一个单独的、在性能表中给出的或附在其后的代码/配置表中查到。

对于在不同配置（如车轮、支腿、不同配重、不同臂架长度、不同倍率）下作业的流动式起重机，不准许选择没有定义的配置（如通过选择装置对设置进行单独确认）。

注 1：通常不进行检查（自动合理性检查），无论所选配置是否与实际配置相符。

注 2：可以通过操作员的确认来满足防止非计划的配置变化的要求。

应防止操作员选择制造商不准许的起重机配置，除非起重机操作员对该差异进行了确认。额定起重量限制器应防止起重机支撑超出允许幅度限制外的、超出额定起重量图表上所示和/或描述的位置和载荷外的，或者超出钢丝绳许用工作载荷之外的载荷。额定起重量限制器应起作用，以超越起重机的控制：

a)　防止导致超载工况的任何动作（回转除外，但回转导致起重性能降低时，持续回转的动作将被停止），且

b)　防止载荷的任何危险运动。

对于流动式起重机，当额定起重量限制器被启动时，通常由它限制的运动是：

a）变幅落；

b）变幅起；

c）起升；

d）向外伸臂。

注 3：可以在操作者能够触摸到的范围内设置一个 b 项的解除限制开关(用于悬挂负载的变幅起)。

注 4：在负载接触地面时不可以变幅起。应在说明书中给出充分说明。

5.2 设定

额定起重量限制器的设定值应在起重机额定起重量的 100%～110%。当确定系统精度的时候，必须充分考虑系统内所有传感器的公差。

在校准和测试期间，额定起重量限制器应在尽可能低的工作速度下，在额定起重量的 100%～110%运行。

注：本条中的额定起重量未考虑大风、多台作业等不利的工作条件。

6 额定起重量指示器

6.1 当起重机上的载荷接近额定起重量的 90%～97.5%时，额定起重量指示器应发出视觉和听觉报警信号。

6.2 在起重机的载荷超过设定值时，无论额定起重量限制器是否已限制作业工况(见 5.2)，额定起重量指示器应向起重机附近人员传送视觉报警信号。

6.3 起重机在试验、装配或拆卸锁具过程中，超过额定起重量限制器限制时，额定起重量指示器应持续起作用。在起重机标定和测试期间，可以取消声音警报。在起重机索具装配过程中，也可以采取措施阻止声音警报。

6.4 额定起重量指示器应能够在空载情况下检查其操作，此时不必要检查其精度。

7 载荷指示器

7.1 载荷指示器应测量和显示起升的净载荷或卷扬吊起的载荷。

7.2 载荷指示系统所显示的载荷应与起重机制造商规定的起重机最大起重量相匹配。

7.3 当载荷超过额定起重量的 75%时，载荷指示系统的精度应为所显示的载荷在实际载荷的 100%～110%。

8 运动限制器

8.1 工作要求

运动限制器应根据 ISO 10245-1:2008 中 4.5.1 的要求运行。在大多数情况下，运动限制器应接入起重机控制系统，以防止起重机继续运行。

注：在液压系统中，工作油缸的行程和机械限位也可认为能满足要求，但需要安装减压阀防止起重机部件超载。

8.2 起升限位器

起升限位器应包括一个防互撞装置或一个防互撞缓冲装置(见 3.2 和 3.3)。

如果需要停止所有可能导致吊钩与臂架/臂头接触并造成损坏的运动，起重机应装有起升高度限位器。用于起升高度限位器的桥接装置应保持在高优先级位置。

8.3 下降限位器

所有起重机应装有下降限位器。下降限位器应满足 ISO 10245-1:2008 中 4.5.1 的要求。

下降限制器应确保卷筒上至少保留三圈绳索。下降深度限制器的桥接只能用于索具的操作、运输和绳索更换。桥接装置应保持在高优先级位置。

8.4 幅度限位器

该装置应有合适的调节功能,以使主臂及副臂达到规定的变幅角度。必要时,该装置应有一个旁路,允许短暂重新接通动力源,让操作人员解除限制器锁止,调节主臂或副臂变幅俯仰角度。

8.5 防臂架后倾装置

该装置应设计成在最大允许风速下所有额定载荷因承载钢丝绳或索具故障突然释放时,能吸收由变幅主臂或副臂传递的所有能量。该装置应提供吸收主臂或副臂相对于其连接轴最后5°的转角能量,防止主臂或副臂向上和向后运动。

9 其他强制性限制器

在下列情况下,起重机应强制性安装以下限制器:

a) 所有配置的最大和最小主臂角度限位器;

b) 变幅副臂配置的最大和最小副臂角度限位器;

c) 伸缩式起重机的伸缩限位器;

d) 桅杆/ A 形支架位置,其中桅杆/A 形支架应保持在限制范围内限位器;

e) 除了载荷起升卷扬以外的卷扬绳索松弛限制器。

10 动作和性能指示器

10.1 起升高度限位指示器

10.1.1 工作要求

当下承载滑轮组或吊钩组件接近上承载滑轮组或主臂、副臂端滑轮组件时,起升高度限位指示器应被触动,操作人员在操纵位置上能够同时获得听觉和视觉报警信号。

10.1.2 设定

起升高度限位指示器的设定应考虑运动所需的停止距离,这对起重机操作是必要的,例如吊钩和伸缩机构的运动。

10.2 角度指示器

角度指示器的示值精度应达到如下要求:

a) 对于主臂或副臂倾角相对于水平面不小于 65°时,与实际倾角的偏差为−2°~0°;

b) 对于主臂或副臂角度小于 65°时,与实际倾角的偏差为−3°~0°。

10.3 长度指示器

长度指示器显示偏差应在伸缩式起重机实际臂架长度的±2%范围内。

10.4 幅度指示器

幅度指示器的偏差应在实际幅度的 0~+10%范围内。

10.5 卷筒旋转指示器

10.5.1 工作要求

该装置应采用视觉、听觉或触觉的方式显示卷扬的运动，也应显示钢丝绳的运动方向。

10.5.2 指示器的灵敏度

指示器应能检测出钢丝绳位移 50 mm 时卷筒的初始旋转运动。

10.6 水平仪

应在起重机操作员视线内的起重机操作台或附近，显示起重机的水平度。另外，由支腿支撑的流动式起重机在每个可以控制调平运动的支腿控制点处应装有水平仪。起重机水平仪的精度应不小于±0.1°。

10.7 回转指示器

当起重能力在不同的工作区域变化时，该指示器应具有下列一种或全部功能：

——显示回转过程；

——显示上车与底盘之间的角度，误差不大于 1.5°。

10.8 其他强制性指示器

所有额定起重量不低于 1 000 kg 的流动式起重机，应按照以下要求向操作员提供有关起重机当前配置和位置的指示器。

10.8.1 起重机操作期间持续显示

a) 额定起重量负荷率：对于所有配置，给出起重机负载状态的模拟显示(如正常工作为绿色，接近额定起重量时为黄色，过载情况为红色)；

b) 额定起重量：对于额定起重量超过 5 t 的起重机，根据实际幅度/伸距或副臂角度下的额定起重量显示允许的载荷；

c) 工作载荷：额定起重量超过 5 t 的起重机[显示吊钩上的负荷加上吊钩和滑轮组的质量(重量)]；

d) 幅度/伸距：当起重机处于工作幅度/伸距相关的起重量时，对于非回转起重机，应显示到倾翻轴的伸距。

注：为进行错误排查或调整，在起重机操作期间，可以临时选择连续显示以外的特殊显示。

10.8.2 选择显示(由起重机操作员手动选择)

a) 与起重量相关的如下显示：

   1) 主臂角度：当起重机额定起重量与角度相关时；

   2) 副臂角度：用于变幅副臂的配置，当起重机额定起重量与角度相关时；

b) 风速显示：当起重机的主臂/副臂组合长度超过 65 m 时，测量装置应安装在暴露于风中的起重机上的适当高位；读数器应安装在操作员从操作位置清楚可见的位置，并应清晰可读；

c) 回转范围和位置显示：当起重机额定起重量与回转角度相关时；

d) 臂架长度显示：用于伸缩式起重机；

e) 臂锁的显示：用于具有锁定机构的伸缩臂；

f) 轴锁显示：用于具有轴锁定机构的起重机；

g） 倍率显示：适用于所有配置。

10.8.3 声音指示器

应装有声音警报装置：

a） 出于操作员使用的目的；且

b） 如果起重机操作员的视野在某些区域受阻或出于其他警告目的，声音指示器自动工作以给出流动式起重机的回转或运行的警报。

11 设计系数

本文件所列装置的任何部件用于承载且其失效将导致载荷坠落时，其设计系数应不小于其他载荷支撑件的最小设计系数。

12 检查

本文件所叙述的限制器和指示器应根据 ISO 9927-1 进行检查。

13 维护

本文件所叙述的限制器和指示器应按照设备制造商编写的维护说明书进行维护。

14 操作说明书和操作人员培训

14.1 作为操作说明书的一部分，制造商应为每种限制器和指示器提供包括特殊限制和要求的相关说明。

14.2 起重机操作人员应按照 ISO 9926-1 的要求进行培训。

在授权操作起重机之前，应由有资格的人员进行检查，以确保操作人员了解和熟悉制造商编写的操作和功能的说明。

15 事件记录器

15.1 事件记录器在系统事件触发时，监视和记录负载相关数据和几何信息，例如错误、旁路、过载和配置更改。事件记录器能够在存储器系统中存储一定量的数据。一旦内存填满，系统记录将开始覆盖旧数据（从最旧到最新）。

15.2 事件记录器对于流动式起重机是强制性的，且应记录数据以辅助事故调查和/或重现。当事件记录器被触发时所记载的不同类型数据至少应包含以下信息：

a） 日期；

b） 时间；

c） 起重机配置，包括：

1） 支腿状态；

2） 轮胎模式；

3） 配重模式；

4） 附加装置（副臂、变幅副臂、辅助配重等）；

5） 允许载荷；

6） 实际载荷；

7） 额定起重量的使用百分比；

8） 钢丝绳的倍率；

9） 载荷幅度；

10） 主臂长度；

11） 主臂伸展顺序；

12） 主臂角度；

13） 副臂（固定副臂或变幅副臂）角度（如适用）；

14） 回转方向（如适用）；

d） 任何桥接装置的状态。

注：数据属于起重机所有者，其可以联系制造商进行进一步分析。

15.3 事件/触发条件包括但不限于以下情形：

a） 过载（负载超过额定起重量）；

b） 强制解除限制开关键激活（如额定起重量限制、向上变幅、高度限位）；

c） 索具/安装模式的变化。

15.4 应提供数据读取和下载的合适接口。

15.5 应采取适当的措施防止记录数据被篡改。

15.6 每次起重机操作时，应自动检查事件记录器的功能。事件记录器失灵时应向起重机操作员报告。

15.7 事件记录器对数据的最小记录容量为 3 个工作日（见 15.2），数据可以自动覆盖。最新工作时间的数据应始终可用。

15.8 事件记录器的内容在技术上不足以用于状态监视。

16 数据记录器

16.1 数据记录器是一种可以记录任何数据的设备，如几何信息、发动机数据等。记录的数据可以包括事件记录器的数据。数据记录器通常能够在存储器系统中存储一定容量的数据。

16.2 数据应自动记录，不依赖于起重机操作员和事件。

16.3 数据记录器不是强制性的，它们可以作为选装提供并记录更多的事项，例如维护间隔、设备操作相关的信息，以支持用户。

注：数据记录器不可取代国家法律或国家要求和/或制造商的说明所要求的常规（定期）检查，有关进一步目的的适合性的最终决定，只能基于专家进行的检查（即目视检查、染料渗透、磁粉颗粒等方法）。

16.4 应提供可进行数据读取和下载的合适接口。

16.5 应采取适当措施防止所记录数据被篡改。

表 1 流动式起重机限制器和指示器的配置要求

<table>
<tr><th>起重机类型</th><th>额定起重量限制器</th><th>额定起重量指示器</th><th>载荷指示器</th><th>幅度指示器</th><th>起升限位指示器</th><th>起升限位器</th><th>下降限位器</th><th>卷筒旋转指示器</th><th>长度指示器</th><th colspan="2">角度指示器</th><th colspan="2">幅度限位器</th><th colspan="2">防臂架后倾装置</th><th>水平仪</th><th>回转指示器</th><th>风速仪[a]</th><th>事件记录器</th><th>数据记录器</th></tr>
<tr><td>伸缩臂，运载货物</td><td colspan="2">≥1 t(应装)
<1 t(选装)</td><td>应装</td><td>应装</td><td>应装</td><td>应装</td><td>应装</td><td>选装</td><td>应装</td><td colspan="2">应装</td><td colspan="2">应装</td><td colspan="2">不适用</td><td>应装</td><td>选装</td><td>选装</td><td>≥1 t
应装</td><td>选装</td></tr>
<tr><td>定长臂，运载人员</td><td colspan="2">≥1 t(应装)
<1 t(选装)</td><td>应装</td><td>应装</td><td>应装</td><td>应装</td><td>应装</td><td>选装</td><td>不需要</td><td colspan="2">应装</td><td colspan="2">应装</td><td colspan="2">应装</td><td>应装</td><td>选装</td><td>选装</td><td>≥1 t
应装</td><td>选装</td></tr>
<tr><td>定长臂，运载货物</td><td>选装</td><td>≥1 t(应装)
<1 t(选装)</td><td>应装</td><td>应装</td><td>应装</td><td>选装</td><td>应装</td><td>选装</td><td>不需要</td><td colspan="2">应装</td><td colspan="2">应装</td><td colspan="2">应装</td><td>应装</td><td>选装</td><td>选装</td><td>≥1 t
应装</td><td>选装</td></tr>
<tr><td>伸缩臂，随车起重机</td><td colspan="2">≥1 t(应装)
<1 t(选装)</td><td>选装[b]</td><td>选装</td><td>应装[b]</td><td>应装[b]</td><td>应装[b]</td><td>选装[b]</td><td>应装</td><td colspan="2">应装</td><td colspan="2">应装</td><td colspan="2">不适用</td><td>应装</td><td>选装</td><td>不需要</td><td>≥1 t
应装</td><td>选装</td></tr>
<tr><td>铰接臂，随车起重机</td><td colspan="2">≥1 t(应装)
<1 t(选装)</td><td>选装[b]</td><td>选装</td><td>应装[b]</td><td>应装[b]</td><td>应装[b]</td><td>选装[b]</td><td>不适用</td><td colspan="2">选装</td><td colspan="2">应装</td><td colspan="2">不适用</td><td>应装</td><td>选装</td><td>不需要</td><td>≥1 t
应装</td><td>选装</td></tr>
<tr><td>带变幅臂的伸缩臂</td><td colspan="2">≥1 t(应装)
<1 t(选装)</td><td>应装</td><td>应装</td><td>应装</td><td>应装</td><td>应装</td><td>选装</td><td>应装</td><td>主臂
应装</td><td>副臂
应装</td><td>主臂
应装</td><td>副臂
应装</td><td>主臂
不适用</td><td>副臂
应装</td><td>应装</td><td>选装</td><td>选装</td><td>≥1 t
应装</td><td>选装</td></tr>
<tr><td>带变幅臂固定臂</td><td>选装</td><td>≥1 t(应装)
<1 t(选装)</td><td>应装</td><td>应装</td><td>应装</td><td>选装</td><td>应装</td><td>选装</td><td>不需要</td><td>主臂
应装</td><td>副臂
应装</td><td>主臂
应装</td><td>副臂
应装</td><td>主臂
应装</td><td>副臂
应装</td><td>应装</td><td>选装</td><td>选装</td><td>≥1t
应装</td><td>选装</td></tr>
<tr><td>非回转伸缩臂</td><td colspan="2">≥1 t(应装)
<1 t(选装)</td><td>应装</td><td>应装</td><td>应装</td><td>应装</td><td>应装</td><td>选装</td><td>应装</td><td colspan="2">应装</td><td colspan="2">应装</td><td colspan="2">不适用</td><td>应装</td><td>不适用</td><td>选装</td><td>≥1 t
应装</td><td>选装</td></tr>
<tr><td>非回转固定臂</td><td>选装</td><td>≥1 t(应装)
<1 t(选装)</td><td>应装</td><td>应装</td><td>应装</td><td>选装</td><td>应装</td><td>选装</td><td>不需要</td><td colspan="2">应装</td><td colspan="2">应装</td><td colspan="2">应装</td><td>应装</td><td>不适用</td><td>选装</td><td>≥1 t
应装</td><td>选装</td></tr>
<tr><td colspan="21">[a] 当载荷曲线是由作业风速决定时，需要安装风速仪。
[b] 仅适用于起重机上装有钢丝绳起升机构时。</td></tr>
</table>

参 考 文 献

[1] ISO 15442:2012 Cranes—Safety requirements for loader cranes

ICS 53.020.20
J 80

中华人民共和国国家标准

GB/T 24810.3—2009/ISO 10245-3:2008

起重机 限制器和指示器 第3部分:塔式起重机

Cranes—Limiting and indicating devices—
Part 3:Tower cranes

(ISO 10245-3:2008,IDT)

2009-12-15 发布

2010-07-01 实施

500 中华人民共和国国家质量监督检验检疫总局
中国国家标准化管理委员会 发布

前　言

GB/T 24810《起重机　限制器和指示器》分为5个部分：

——第1部分：总则；

——第2部分：流动式起重机；

——第3部分：塔式起重机；

——第4部分：臂架起重机；

——第5部分：桥式和门式起重机。

本部分为GB/T 24810的第3部分。

本部分等同采用ISO 10245-3:2008《起重机　限制器和指示器　第3部分：塔式起重机》(英文版)。

本部分等同翻译ISO 10245-3:2008。

为了便于使用，本部分作了下列编辑性修改：

——"ISO 10245的本部分"一词改为"GB/T 24810的本部分"；

——删除ISO 10245-3:2008的前言；

——对于ISO 10245-3:2008引用的国际标准，用已被采用为我国的标准代替对应的国际标准。对于未被采用为我国标准的国际标准，在本部分中均被直接引用。

本部分的附录A为资料性附录。

本部分由中国机械工业联合会提出。

本部分由全国起重机械标准化技术委员会(SAC/TC 227)归口。

本部分起草单位：北京建筑机械化研究院、抚顺永茂建筑机械有限公司、北京建研机械科技有限公司。

本部分主要起草人：孙艳秋、田若南、李静。

起重机　限制器和指示器
第3部分:塔式起重机

1　范围

GB/T 24810的本部分规定了塔式起重机(以下简称塔机)的限制器和指示器的特殊要求。适用于GB/T 6974.3中定义的塔式起重机。

本部分不适用于止停装置,如用于止停小车变幅、大车行走或动臂变幅的缓冲器。也不适用于塔机的架设、拆卸或其结构的改变。

注:GB/T 24810.1规定了用于起重机的限制器和指示器的一般要求。

2　规范性引用文件

下列文件中的条款通过GB/T 24810的本部分的引用而成为本部分的条款。凡是注日期的引用文件,其随后所有的修改单(不包括勘误的内容)或修订版均不适用于本部分,然而,鼓励根据本部分达成协议的各方研究是否可使用这些文件的最新版本。凡是不注日期的引用文件,其最新版本适用于本部分。

GB/T 6974.3　起重机　术语　第3部分:塔式起重机(GB/T 6974.3—2008,ISO 4306-3:2003,IDT)

GB/T 24810.1—2009　起重机　限制器和指示器　第1部分:总则(ISO 10245-1:2008,IDT)

IEC 60204-32:2008　机械安全　机械电气设备　第32部分:起重机械技术条件

IEC 61310-1:2007　机械安全　指示、标志和操作　第1部分:关于视觉、听觉和触觉信号的要求

3　术语和定义

GB/T 24810.1确立的以及下列术语和定义适用于本部分。

3.1

额定起重量　rated capacity

起重机在给定工作条件(如载荷位置)及给定结构(如臂架长度)时起升净载荷的设计值。

注:净载荷的定义见GB/T 6974.1—2008中8.1.3。

3.2

幅度指示器　radius indicator

用于显示塔机回转中心线到吊载中心线的水平距离的装置。

3.3

工作空间限制器　working space limiter

在单个塔机上,防止移动载荷或起重机的部件进入保护空间的装置。

3.4

保护空间　protected space

绝对禁止载荷和/或任何塔机的部件运动的空间。

注：通常，当非工作状态时，臂架和平衡臂可允许进入保护空间。

4　额定起重量限制器和指示器的一般要求

4.1　额定起重量在 1 000 kg 及以上或者起重力矩在 40 000 N·m 及以上的所有塔机上均应装有额定起重量限制器和指示器。

4.2　应具备使任何手动调整装置意外变化引起的危险减到最小的功能(如通过锁定、联动)。

4.3　除 GB/T 24810.1—2009 中 4.2.4 的要求之外，在起重机结构非正常工作改变后(如重新组装或增加塔机部件，类似加长臂架)，可要求对额定起重量限制器和指示器进行调整。

4.4　GB/T 24810.1—2009 中 4.2.6 不适用于塔机。

4.5　额定起重量限制器和指示器的设计和安装应考虑指示器或限制器测试的需要。若在测试中必须拆开装置的部件，则在测试之后应能校验和/或复位。

4.6　如果电源中断，限制器和指示器应能保持原状态。

5　额定起重量限制器

5.1　塔机应按 GB/T 24810.1—2009 中 4.3 的规定设置额定起重量限制器。

5.2　额定起重量限制器应在不小于额定起重量的 102% 及不大于额定起重量的 110% 时起作用。

5.3　不应提供超越额定起重量限制器的配置。

如果塔机设置了符合制造商设计和在使用说明书中规定的起重量范围、制造商预先认可的标准额定起重量限制器的其他配置，则不认为是超限的。

6　额定起重量指示器

6.1　塔机应按 GB/T 24810.1—2009 中 4.4 的规定安装额定起重量指示器。

6.2　当塔机接近其额定起重量时，额定起重量指示器应向操作人员发出清晰和连续的视觉和/或听觉的报警信号。报警信号应在不小于额定起重量的 90% 及不大于额定起重量的 95% 时发出。

6.3　当塔机上装有遥控装置时，额定起重量指示器可安装在起重机上，应能发出视觉报警信号。

6.4　当超过额定起重量时，额定起重量指示器应发出清晰连续的报警信号。报警信号应能从操作人员的操纵位置看到，并使起重机的操作人员和附近的人员能听到。报警信号应在不小于额定起重量的 102% 及不大于额定起重量的 110% 时发出。

6.5　系统应能进行定期性能检查以校验指示器是否正常工作。

6.6　不应设置使起重机操作人员在操纵位置解除报警的装置，除非在同一工况下视觉和听觉报警同时使用，并且听觉报警持续 5 s。如果使用了这种解除装置，在起重机随后恢复到需要听觉报警的状态时，听觉报警应自动起作用。

注：当对塔机调试和试验时，可以解除听觉报警。

6.7 接近和超过额定起重量的报警信号应明显不同,如接近视觉报警可以是一种颜色,而超载是另一种颜色。

6.8 报警信号应符合 IEC 60204-32:2008 中 10.2.2、10.3、10.8 和 IEC 61310-1:2007 的规定。

7 运动和性能限制装置

7.1 运动限制器

7.1.1 应按 GB/T 24810.1—2009 中 4.5.1 和本部分中表 1 的规定安装运动限制器。

7.1.2 若某单项运动需要配备第二("备用")限制器,在第二个限制器动作后,应不能有受限的双向运动,直到完成复位为止。该复位动作不应被起重机操作者在操纵位置轻易使用。当第二限制器被设计成吸收动能的固定止挡器时,不需要指示信号和复位。

7.1.3 每个塔机应能安装防碰撞装置。如果起重机的部件和/或载荷在限定的空间内,这个装置应能停止随后的塔机运动,以避免在此空间的碰撞,但允许反向运动。

制造商应确定涉及塔机运动或功能的防碰撞装置的动作所必需的连接点。

这些连接点的选择和给定的顺序应使限制器的动作与塔机机构的正常使用一致(在停止高速运动前减速,使用机械制动)。

涉及塔机运动的防碰撞装置的安装所必需的全部连接点应集中装配在一个专用的接线盒中或专用电缆上。除自行架设式塔机之外,所有的塔机上都应安装这个专用的接线盒或专用电缆。

注:附录 A 给出了一些防碰撞装置的要求。

表 1 运动限制器

类型	是否必备	
起升高度限位器	是	
下降深度限位器	是	
松绳限制器	否	
回转限位器	当提供中央集电环时,否	
大车行走限位器	是	
臂架俯仰限位器	是	
臂架伸缩限位器	在架设时,否	在工作条件下,是
移动式操纵台位置限位器	如果工作时操纵台被移动,是	
工作空间限制器[a]	不强制,在用户的要求下使用	
防碰撞装置[b]	不强制,在用户的要求下使用	
小车变幅限位器	是	

[a] 工作空间限制器和起重机彼此关联,当起重机接通电源呈"开启"状态时,工作空间限制器自动"开启"。

[b] 见附录 A。

7.1.4 塔机应能安装工作空间限制器。这个装置的设计应能停止运动以防止进入限制区域,但允许反向运动。

7.1.5 若在正常操作中须解除运动限制器时(如下降深度的改变,小车的固定存放),解除装置可以设在操纵台上。

解除装置应是自动复位型，并且应不危及起重机部件和起重机的稳定性。

7.2 性能限制器

如果存在由于载荷速度可能超过最大许用速度而不自动制动的风险，塔机应设置下列性能限制器以保证工作速度在设计极限内：

a) 起升速度限制器；

b) 下降速度限制器；

c) 动臂变幅速度限制器。

8 运动和性能指示装置

8.1 塔机应按表2标记"×"安装指示器。也可使用提供相同信息的其他方式。

注：指示器给出的实际幅度和实际载荷比臂架上的标牌更精确。

8.2 推荐使用GB/T 24810.1中描述的其他指示装置，显示在数据表中的塔机指示参数为操作人员提供有价值的帮助。

8.3 指示器应符合IEC 60204-32:2008中10.2.2、10.3、10.8和IEC 61310-1:2007的规定。

8.4 指示器的反应时间应与所指示参数的变化速度相适应，始终显示当前位置。

表2 指示器

项目	无伸缩水平臂架		伸缩臂架		折叠臂架		动臂臂架	
	组装式塔机	自行架设式塔机	组装式塔机	自行架设式塔机	组装式塔机	自行架设式塔机	组装式塔机	自行架设式塔机
实际幅度和实际载荷指示器	×	×	×	×	×	×	×	×
臂架标牌。相邻的两个标牌之间的载荷比不超过1.5，包括最大载荷值允许的最大幅度和最大幅度的载荷值	×	×	—	—	—	—	—	—
臂架标牌。包括最大载荷值允许的最大幅度和最大幅度的载荷值	—	—	—	×	—	×	—	×

9 风速仪

除起升高度低于30 m的水平臂架的自行架设塔机外，塔机应装有风速仪。

附　录　A
（资料性附录）
塔式起重机上安装防碰撞装置的要求

A.1　引言

本附录列出了塔机上安装防碰撞装置的要求。

防碰撞装置的用途是为了避免多台起重机间在运动中的碰撞危险。

注：是否在塔机上安装此装置是用户的责任，并取决于塔机在工地架设后所做的危险分析。

A.2　供电

当至少有一台起重机处于工作状态时，安装在各起重机上的防碰撞装置均应开启。

防碰撞装置的供电可以从起重机上获得。

A.3　发出的指示信号

A.3.1　对操作人员

当有司机室时，应向起重机操作人员发出指示信号以允许其在操控过程中继续操作并且避开危险区域。

由于系统故障或失效引起系统停止工作，应发出指示信号。

可以以声音或在起重机操作人员的视觉范围内以视觉方式给出指示。

A.3.2　对附近人员

由于系统故障或失效引起系统停止工作，应用从工地上可看到的白色闪光向附近人员发出可视指示信号。

参　考　文　献

[1]　GB/T 6974.1—2008　起重机　术语　第1部分：通用术语(ISO 4306-1:2007,IDT).

[2]　ISO 8686-1　起重机　载荷和载荷组合的设计原则　第1部分：总则.

ICS 53.020.20
J 80

中华人民共和国国家标准

GB/T 24810.4—2009/ISO 10245-4:2004

起重机　限制器和指示器
第4部分:臂架起重机

**Cranes—Limiting and indicating devices—
Part 4:Jib cranes**

(ISO 10245-4:2004,IDT)

2009-12-15 发布　　2010-07-01 实施

中华人民共和国国家质量监督检验检疫总局
中国国家标准化管理委员会　发布

前　言

GB/T 24810《起重机　限制器和指示器》分为5个部分：

——第1部分：总则；

——第2部分：流动式起重机；

——第3部分：塔式起重机；

——第4部分：臂架起重机；

——第5部分：桥式和门式起重机。

本部分为GB/T 24810的第4部分。

本部分等同采用ISO 10245-4:2004《起重机　限制器和指示器　第4部分：臂架起重机》(英文版)，包括其技术勘误ISO 10245-4/Cor.1:2006。

本部分等同翻译ISO 10245-4:2004。

为了便于使用，本部分作了下列编辑性修改：

——"ISO 10245的本部分"一词改为"GB/T 24810的本部分"；

——删除国际标准的前言；

——对于ISO 10245-4:2004引用的国际标准，用已采用为我国的标准代替对应的国际标准，对于未被采用为我国标准的国际标准，在本部分中均被直接引用；

——对于按ISO 10245-4:2004的技术勘误修改的内容用垂直双线标识在它们所涉及的条款的页边空白处。

本部分由中国机械工业联合会提出。

本部分由全国起重机械标准化技术委员会(SAC/TC 227)归口。

本部分起草单位：北京起重运输机械研究所。

本部分主要起草人：程潞梓。

引　言

GB/T 24810 的本部分提出了对起重机设计的要求，并给出设计指南以及反映起重机设计领域现状的设计准则。经实践证明，该设计准则在确保满足起重机的基本安全要求和起重机部件的使用寿命要求方面是良好的。违背这些设计准则将会导致风险的增加或起重机使用寿命的降低。但业内共识：新技术、新材料的使用也能作为新的解决方案取得相同的效果或提高起重机安全性和延长使用寿命。

起重机　限制器和指示器
第4部分:臂架起重机

1　范围

GB/T 24810的本部分规定了适用于由GB/T 6974.1规定的臂架型起重机的载荷、运动、性能和环境的限制器和指示器的要求。近海起重机、塔式起重机、流动式起重机和铁路起重机的限制器和指示器的要求见GB/T 24810的其他部分。对各种类型起重机的限制器和指示器的通用要求见GB/T 24810.1—2009。

2　规范性引用文件

下列文件中的条款通过GB/T 24810的本部分的引用而成为本部分的条款。凡是注日期的引用文件,其随后所有的修改单(不包括勘误的内容)或修订版均不适用于本部分,然而,鼓励根据本部分达成协议的各方研究是否可使用这些文件的最新版本。凡是不注日期的引用文件,其最新版本适用于本部分。

GB/T 6974.1　起重机　术语　第1部分:通用术语(GB/T 6974.1—2008,ISO 4306-1:2007,IDT)

GB/T 22437.1—2008　起重机　载荷与载荷组合的设计原则　第1部分:总则(ISO 8686-1:1989,MOD)

GB/T 24810.1—2009　起重机　限制器和指示器　第1部分:总则(ISO 10245-1:2008,IDT)

ISO 8686-4:2005　起重机　载荷和载荷组合设计原则　第4部分:臂架起重机

3　术语和定义

GB/T 24810.1确立的术语和定义适用于本部分。

4　额定起重量限制器和指示器

4.1　臂架起重机的一般要求

额定起重量为1 t及以上或由于载荷作用产生的倾覆力矩大于40 000 N·m的起重机都应装有额定起重量限制器和指示器。

注:钢丝绳葫芦或环链葫芦的额定起重量不随载荷位置的改变而改变,可不装额定起重量指示器。

4.2　额定起重量限制器的性能和参数要求

4.2.1　额定起重量限制器应符合GB/T 24810.1—2009中4.3的要求,并按GB/T 24810.1—2009中4.3.2的要求操作。

4.2.2　额定起重量限制器一经启用应持续作用直到过载消除,控制杆回到中位。

4.2.3　在操作过程中需要一个与额定起重量限制器相互配合的装置来防止载荷的动态变化。额定起重量限制器应允许额定载荷和起升装置以设计的平均加速度加速向上运动。

注：通常，在额定载荷试验中，限制器可调并可设定合适的值。对于系列生产的起升卷扬机，在车间试验时调整额定起重量限制器，要充分重视今后实际用于臂架时变形对设定值的影响。

4.2.4 额定起重量限制器的极限值 Q_L 应满足式(1)：

$$1 + a/g \leqslant Q_L/Q_{GL} \leqslant \phi_2 \qquad \cdots\cdots(1)$$

式中：

a——设计的起升平均加速度。

g——重力加速度。

Q_{GL}——总起重量，由起重挠性件质量、固定吊具质量及额定起重量(额定起重量＝可分式吊具质量＋有效起重量)构成。

ϕ_2——GB/T 22437.1—2008 中的 6.1.2.2.1 用于起重机能力验算的放大系数，也是下列限定情况中的选择系数：

——对于间接作用的额定起重量限制器，使用传感器和切断电源的情况，取 $\phi_2 \leqslant 1.1$；

——对于直接作用的额定起重量限制器，例如：一般与环链电动葫芦有关的摩擦力矩限制器取 $\phi_2 \leqslant 1.6$。

4.3 额定起重量指示器的性能和特殊要求

4.3.1 额定起重量指示器应该符合 GB/T 24810.1—2009 中 4.4 的要求。

4.3.2 当起升载荷接近额定起重量时，指示器应向司机发出连续的视觉和/或听觉警告。通常，警告信号应在起升载荷达到额定起重量的 90%～95%时发出。

4.3.3 当接近额定起重量(在需要的情况下)和超过额定起重量的时候，指示器应发出连续的警告声。接近额定起重量和超过额定起重量的警报声应有明显区别。

接近和超过额定起重量两种状态的视觉警告颜色应不同。听觉警告信号的音量应高于一般操作现场的背景噪声并能被清晰地分辨，且不易与其他声音相混淆。

5 运动和性能限制器

5.1 运动限制器

5.1.1 应按照 GB/T 24810.1—2009 中 4.5.1 的规定操作运动限制器。为了避免超限的破坏性运动，运动限制器和起重机控制装置应该配合使用。

注：在液压系统中，操作液压缸的运动范围或机械制动满足这个要求，然而为了防止起重机部件的超载，需配置安全阀。

5.1.2 在起重机的设计中，对于限制运动的机构都应该配置运动限制器，见表 1。

5.1.3 在设计中应考虑由于运动限制器的动作而作用于起重机结构的加速度。

5.2 性能限制器

性能限制器应该符合 GB/T 24810.1—2009 中 4.5.2 的要求。

6 运动和性能指示器

6.1 运动和性能指示器应符合 GB/T 24810.1—2009 中 4.6 的要求。

6.2 对于额定起重量随着半径变化而改变的起重机，应设置幅度指示器或臂架倾角指示器。

表 1 运动限制器的选择

运动	运动限制器型式				
	端部止挡器	缓冲器	断路限位开关	减速装置	备用限位开关
一般起升	—	—	▲	—	●[a]
高风险场合起升	—	—	▲	—	▲
下降	—	—	▲	—	—
大车运行 $V_{CT}<0.63$ m/s $V_{CT}\geqslant 0.63$ m/s	 ▲ ▲	 ○ ■	 ○ ■	 ○ ■	—
小车运行 $V_{CT}<0.80$ m/s $V_{CT}\geqslant 0.80$ m/s	 ▲ ▲	 ○ ■	 ○ ■	 ○ ■	—
回转[b]	▲	○	○	○	—
变幅	○	○	▲	—	—
伸缩	▲	○	○	—	—
注：▲＝需要；●＝推荐；○＝推荐至少一种附加型式的运动限制器；■＝需要至少一种附加型式的运动限制器，对于较高速度和/或质量(动能)，需要多种附加型式的运动限制器。					
[a] 力矩限制器可以代替运动限制器。 [b] 只用于回转角度受到限制和动力驱动的情况。					

ICS 53.020.20
J 80

中华人民共和国国家标准

GB/T 24810.5—2009/ISO 10245-5:1995

起重机 限制器和指示器 第5部分:桥式和门式起重机

Cranes—Limiting and indicating devices—Part 5:Bridge and gantry cranes

(ISO 10245-5:1995,IDT)

2009-12-15 发布 2010-07-01 实施

中华人民共和国国家质量监督检验检疫总局
中国国家标准化管理委员会 发布

前　　言

GB/T 24810《起重机　限制器和指示器》分为5个部分：

——第1部分：总则；

——第2部分：流动式起重机；

——第3部分：塔式起重机；

——第4部分：臂架起重机；

——第5部分：桥式和门式起重机。

本部分为GB/T 24810的第5部分。

本部分等同采用ISO 10245-5：1995《起重机　限制器和指示器　第5部分：桥式和门式起重机》(英文版)。

本部分等同翻译ISO 10245-5：1995。

为了便于使用，本部分作了下列编辑性修改：

——“ISO 10245的本部分”一词改为“GB/T 24810的本部分”；

——删除ISO 10245-5：1995的前言；

——对ISO 10245-5：1995引用的其他国际标准，用已被等同采用为我国的标准代替对应的国际标准。

本部分由中国机械工业联合会提出。

本部分由全国起重机械标准化技术委员会(SAC/TC 227)归口。

本部分起草单位：大连重工·起重集团有限公司、北京起重运输机械设计研究院。

本部分主要起草人：桂佩康、周庚、何铀。

起重机　限制器和指示器
第5部分：桥式和门式起重机

1　范围

GB/T 24810 的本部分规定了桥式和门式起重机的载荷、运动、性能和环境用的限制器和/或指示器的要求。

起重机的限制器和指示器的一般要求按 GB/T 24810.1 的规定。

2　规范性引用文件

下列文件中的条款通过 GB/T 24810 的本部分的引用而成为本部分的条款。凡是注日期的引用文件，其随后所有的修改单(不包括勘误的内容)或修订版均不适用于本部分，然而，鼓励根据本部分达成协议的各方研究是否可使用这些文件的最新版本。凡是不注日期的引用文件，其最新版本适用于本部分。

GB/T 24810.1　起重机　限制器和指示器　第1部分：总则(GB/T 24810.1—2009，ISO 10245-1：2008，IDT)

GB/T 22437.1—2008　起重机　载荷与载荷组合设计原则　第1部分：总则(ISO 8686-1：1989，MOD)

3　术语和定义

GB/T 24810.1 确立的术语和定义适用于本部分。

4　额定起重量限制器

4.1　起重机在下列情况下应装有额定起重量限制器：

——有倾翻的危险；

——起重机有可能搬运不能预料的载荷，该载荷会导致机构和结构的超载。

4.2　额定起重量限制器应允许起升装置带额定载荷以设计的平均加速度 a 加速向上运动。通常，在额定载荷试验中，限制器应能调整并固定在一个合适的值。对于系列生产的起重机，在车间试验期间，考虑到起重机使用时桥架变形，可适当设置额定起重量限制器。

4.3　应使限制器具有在使用中防止检测动载荷的功能。

4.4　额定起重量限制器设定值 Q_L 应满足式(1)：

$$1 + a/g < Q_L/Q_{GL} < \phi_2 \qquad (1)$$

式中：

a——设计的起升平均加速度；

g——重力加速度；

Q_L——由起重挠性件(钢丝绳、链条等)所限制的额定起重量；

Q_{GL}——总起重量，由起重挠性件质量、固定吊具质量及额定起重量(额定起重量＝可分吊具

质量+有效起重量)构成;

ϕ_2——GB/T 22437.1—2008 中 6.1.2.2.1 用于进行起重机能力验算的放大系数。

4.5 在特殊情况下,桥式和门式起重机的起重量在某些区域和载荷位置受到限制,要低于起升机构的额定起重量,这时,起重量限制器也应能自动停止超出设计限制的任何运动。

4.6 当两个或多个起升机构在一台起重机上联合操作时,额定起重量限制器连同相关运动限制器同时工作。当发生超载时,应停止引起过载的所有运动。

5 额定起重量指示器

5.1 当起重机额定起重量取决于载荷位置时,起重机应装有额定起重量指示器。

在考虑对改善起重机控制和安全性有重要影响时,也应装有额定起重量指示器。

当起重机已达到额定起重量和/或额定起重量限制器已经断开控制器时,额定起重量指示器应向起重机司机且在适当时向起重机附近的人员发出提示。

5.2 对于额定起重量取决于小车位置(见图 1)的起重机及 4.6 中描述的情况中,只要载荷达到额定起重量,额定起重量指示器就应向起重机司机发出连续的视觉和/或听觉信号。信号启动器的设定值取决于起重机的使用类型。一般警告信号应在达到额定起重量 90%～95%时发出。

5.3 听觉警告的声音应足够大,要超过工作现场的背景噪声,使那些需要得到警告的人员听见。警告声应清晰可辨,不易与其他普通声音混淆。

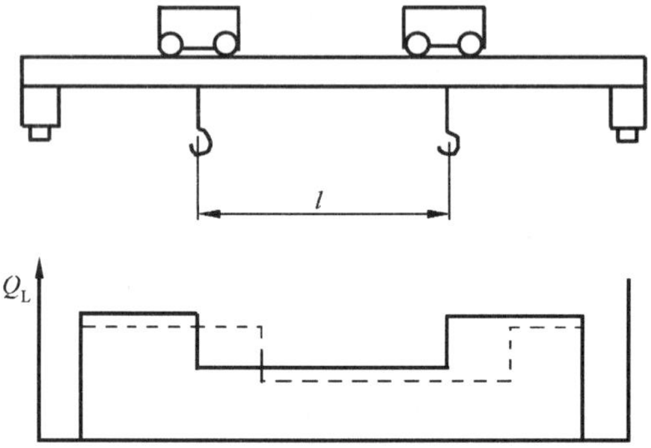

a) 为了利用小车的全部额定起重量,两小车之间需要最短的距离 l。距离缩短时额定起重量减小(主要为了减小桥架质量,并将轮压保持在允许极限内)。

图 1 桥式和门式起重机额定起重量受限制处的情况示例

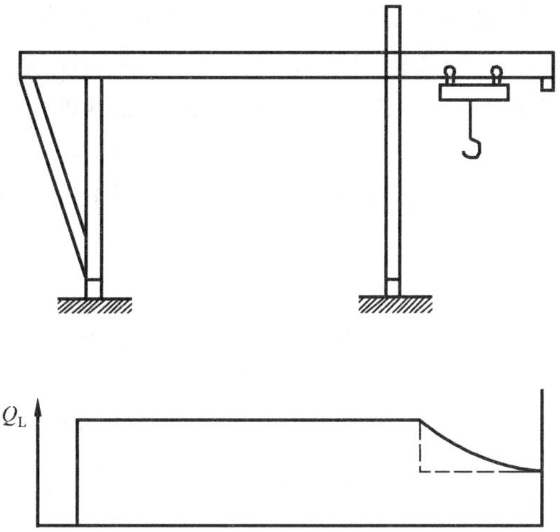

b) 额定起重量被限制在起重机的一个悬臂上(例如,由于稳定性、门腿上的载荷或梁的强度)。

图 1 桥式和门式起重机额定起重量受限制处的情况示例(续)

6 运动和性能限制器

6.1 运动限制器

6.1.1 在起重机的设计中,运动受限的机构应装有运动限制器。表 1 中给出了常见起重机运动的最普通型运动限制器的应用指南。

表 1 运动限制器的选择

运动	运动限制器型式				
	止挡	缓冲器	停止限位开关	减速装置	倒退限位开关
一般起升			▲		●[a]
高风险场合起升			▲		▲
下降			▲		
大车运行					
$V_{Ct}<0.63$ m/s	▲	○	○	○	
$V_{Ct}\geqslant0.63$ m/s	▲	■	■	■	
小车运行					
$V_{Ct}<0.80$ m/s	▲	○	○	○	
$V_{Ct}\geqslant0.80$ m/s	▲	■	■	■	
小车回转[b]	▲	○	○		
吊钩回转[b]	▲	○[a]	○[a]		
臂架起升	▲	●	▲	●	
注:▲=需要;●=推荐;○=推荐至少一种型式的运动限制器;■=需要至少一种型式的运动限制器[c]。					
a 力矩限制器可以代替表中标出的运动限制器。 b 只用于回转角度限制时。 c 速度和/或质量(动能)较大时,需要不止一种以上型式的运动限制器。					

6.1.2 在设计中应考虑由于限制器的动作而作用于结构的加速度。

6.1.3 运动限制器的设计应使司机能承受不大于 4 m/s^2 的加速度。

6.1.4 当两台起重机有可能相撞时,在设计中应考虑运动限制器。

6.2 性能限制器

应根据使用要求,包括起重机的控制和安全要求,装备性能限制器。

7 运动和性能指示器

应根据使用要求,包括起重机的控制和安全要求,按照 GB/T 24810.1 装备运动和性能指示器。

ICS 53.020.20
J 80

中华人民共和国国家标准

GB/T 24811.1—2009/ISO 4308-1:2003

起重机和起重机械 钢丝绳选择
第1部分:总则

Cranes and lifting appliances—Selection of wire ropes—Part 1:General

(ISO 4308-1:2003,IDT)

2009-12-15 发布　　　　2010-07-01 实施

中华人民共和国国家质量监督检验检疫总局
中国国家标准化管理委员会　发布

前　　言

GB/T 24811《起重机和起重机械　钢丝绳选择》分为两部分：

——第1部分：总则；

——第2部分：流动式起重机　利用系数。

本部分为GB/T 24811的第1部分。

本部分等同采用ISO 4308-1:2003《起重机和起重机械　钢丝绳选择　第1部分：总则》(英文版)。

本部分等同翻译ISO 4308-1:2003。

为了便于使用，本部分还做了下列编辑性修改：

——“ISO 4308的本部分”一词改为“GB/T 24811的本部分”；

——用小数点“.”代替作为小数点的逗号“,”；

——删除ISO 4308-1:2003的前言；

——将范围中对附录B和附录D的说明删去，附录C的说明移至正文中第6章相应位置；

——对于ISO 4308-1:2003引用的国际标准，用已等同采用为我国的标准代替对应的国际标准，其他未被等同采用为我国标准的直接引用国际标准。

本部分附录A、附录D为规范性附录；附录B、附录C为资料性附录。

本部分由中国机械工业联合会提出。

本部分由全国起重机械标准化技术委员会(SAC/TC 227)归口。

本部分主要起草单位：大连重工·起重集团有限公司、北京起重运输机械设计研究院。

本部分主要起草人：桂佩康、李秀苇、迟国东、丁志强。

起重机和起重机械　钢丝绳选择
第1部分：总则

1　范围

GB/T 24811的本部分规定了两种使用于按GB/T 6974.1定义的起重机械的钢丝绳选择方法，一种是根据钢丝绳选用系数C，另一种是根据利用(安全)系数Z_P。

本部分根据起重机的设计、应用和维护要求规定了钢丝绳许用强度和性能等级的最低要求。

本部分规定了与所选钢丝绳相关的卷筒和滑轮直径的最低要求。

本部分适用的起重机械类型见附录A。

2　规范性引用文件

下列文件中的条款通过GB/T 24811的本部分的引用而成为本部分的条款。凡是注日期的引用文件，其随后所有的修改单(不包括勘误的内容)或修订版均不适用于本部分，然而，鼓励根据本部分达成协议的各方研究是否可使用这些文件的最新版本。凡是不注日期的引用文件，其最新版本适用于本部分。

GB/T 5972　起重机　钢丝绳　保养、维护、安装、检验和报废(GB/T 5972—2009，ISO 4309:2004，IDT)

GB/T 6974.1　起重机　术语　第1部分：通用术语(GB/T 6974.1—2008，ISO 4306-1:2007，IDT)

GB/T 20863.1　起重机械　分级　第1部分：总则(GB/T 20863.1—2007，ISO 4301-1:1986，IDT)

ISO 2408:2004　一般用途钢丝绳　最低要求

3　术语和定义

下列术语和定义适用于GB/T 24811的本部分。

3.1

平行捻密实钢丝绳　Parallel-closed rope

至少有两层绳股组成的捻制钢丝绳，其绳股以螺旋形紧密绕在一钢绳股芯或纤维绳芯上。

3.2

阻旋转钢丝绳　rotation-resistant rope

多层股钢丝绳(被替代)　multi-strand rope (superseded)

不旋转钢丝绳(被替代)　non-rotating rope (superseded)

当承受载荷时能减小扭矩或旋转程度的多股钢丝绳。

注1：阻旋转钢丝绳通常有两层或两层以上绳股围绕一个芯螺旋捻制而成，且外层股与内层股的捻向相反。

注2：3个或4个绳股的钢丝绳可设计为具有阻旋转性能。

3.3

单层股钢丝绳　single-layer rope

由一层股围绕一个绳芯螺旋捻制而成的多股钢丝绳。

3.4

多股钢丝绳　stranded rope

多个股围绕一个绳芯(单层股钢丝绳)或一个中心(阻旋转或平行捻密实钢丝绳)螺旋捻制成一层或多层的钢丝绳。

注：3 股或 4 股构成的多股钢丝绳可能有也可能无绳芯。

4 钢丝绳型式

各种起重机所选用的钢丝绳应符合 ISO 2408:2004 的规定。允许选择 ISO 2408:2004 未规定的钢丝绳,钢丝绳供应商应向用户提供与机构设计、设备使用和维护有关的钢丝绳强度、性能等级等技术文件。

5 工作级别

应按 GB/T 20863.1 的规定确定起重机械的机构工作级别。

6 选择方法

6.1 *C* 值的计算

钢丝绳选择系数 C 是最小实际安全系数 Z_P 的函数,按式(1)计算:

$$C=\sqrt{\frac{Z_P}{K'\cdot R_0}} \qquad \cdots\cdots(1)$$

式中:

C——钢丝绳选择系数(最小值);

K'——给定结构(见 ISO 2408:2004 中的表 4 或由钢丝绳制造商提供的资料)的钢丝绳最小破断拉力经验系数;

R_0——钢丝绳中钢丝的最小(公称)抗拉强度,单位为牛每平方毫米(N/mm^2);

Z_P——最小实际安全系数。

6.2 Z_P 值

为满足 GB/T 24811 的本部分的最低要求,表 1 给出了用于不同机构工作级别的 Z_P 值,同时还给出了对应于钢丝绳绳型(6×36WS-IWRC)在 R_0=1 770 N/mm^2 和经验系数 K'=0.356 时 C 的计算值。

表 1　Z_P 值和 C 值(R_0=1 770 N/mm^2,K'=0.356)

机构工作级别	Z_P 值	C 值
M1	3.15	0.071
M2	3.35	0.073
M3	3.55	0.075
M4	4.00	0.080
M5	4.50	0.085
M6	5.60	0.094
M7	7.10	0.106
M8	9.00	0.120

注：式(1)表示了 C 和 Z_P 之间的确定关系，表 1 给出的数值已被圆整到小数第三位。

对于与上述所标不同的抗拉强度 R_0 和最小破断拉力经验系数 K' 的钢丝绳，可以利用式(1)计算出 C 值并代入 6.3 中的式(2)。

6.3 计算钢丝绳最小直径

钢丝绳最小直径 d_{min} 按式(2)计算：

$$d_{min} = C\sqrt{S} \qquad \cdots\cdots(2)$$

式中：

d_{min}——钢丝绳最小直径计算值，单位为毫米(mm)，用于在选择卷筒和滑轮过程中，计算卷筒和滑轮直径。

C——钢丝绳选择系数。

S——钢丝绳最大拉力，单位为牛(N)。通过计算来获得此值时需考虑以下各种因素：

——起重机械的额定起重量；

——滑轮组和/或其他吊具的质量；

——钢丝绳缠绕系统的倍率；

——钢丝绳缠绕系统的效率；

——吊钩在起升到上极限位置时，如果钢丝绳与卷筒轴线(截面)的偏斜角超过 22.5°，应考虑由此产生的钢丝绳承载力的增加量。

钢丝绳公称直径(d)选择范围应在：$d_{min} \sim 1.25 \times d_{min}$。

6.4 计算最小破断拉力

钢丝绳的最小破断拉力 F_{min} 按式(3)计算，单位为 N：

$$F_{min} = S \cdot Z_P \qquad \cdots\cdots(3)$$

式中：

S——钢丝绳最大拉力，单位为牛(N)，见 6.3；

Z_P——最小实际安全系数。

钢丝绳选择示例参见附录 B。

钢丝绳的工作级别、结构及类型等其他选择因素参见附录 C。

7 卷筒和滑轮直径

卷筒和滑轮的最小节圆直径应利用在 6.3 中计算得到的钢丝绳最小直径进行计算，其值等于钢丝绳最小直径乘以表 2 所示的 h_1 或 h_2 相应值以及表 3 所示的钢丝绳绳型系数 t，按式(4)和式(5)给出，h_1 或 h_2 与机构工作级别有关。

$$D_1 \geqslant h_1 \cdot t \cdot d_{min} \qquad \cdots\cdots(4)$$

或 $$D_2 \geqslant h_2 \cdot t \cdot d_{min} \qquad \cdots\cdots(5)$$

式中：

D_1——卷筒最小节圆直径；

D_2——滑轮最小节圆直径；

d_{min}——按 6.3 计算的钢丝绳最小直径；

h_1——卷筒选择系数(卷筒节圆直径与钢丝绳计算直径的比值)；

h_2——滑轮选择系数(滑轮节圆直径与钢丝绳计算直径的比值)；

t——按表3确定的钢丝绳绳型系数,该系数考虑了不同型式钢丝绳的抗弯曲疲劳性能。

起升机构平衡滑轮的最小节圆直径应按附录D计算。

表2 选择系数 h_1 和 h_2

机构工作级别	卷筒选择系数 h_1	滑轮选择系数 h_2
M1	11.2	12.5
M2	12.5	14.0
M3	14.0	16.0
M4	16.0	18.0
M5	18.0	20.0
M6	20.0	22.4
M7	22.4	25.0
M8	25.0	28.0

表3 各种型式钢丝绳的绳型系数 t

钢丝绳外层股数	绳型系数 t
3～5	1.25
6～10	1.00
8～10 塑性浸渍	0.95
≥10 和更大的 RR[a]	1.00
[a] 阻旋转钢丝绳。	

8 固定绳

固定用钢丝绳不应缠绕在卷筒或滑轮上,两端应固定。固定用钢丝绳的选择应根据6.4进行,式中的钢丝绳最大工作拉力 S 应由起升机构制造商在考虑钢丝绳两端静拉力后确定。表4(较表1)中的最小安全系数 Z_P 值已做了修正。

表4 固定绳的 Z_P 值

机构工作级别	Z_P 值
M1	2.5
M2	2.5
M3	3.0
M4	3.5
M5	4.0
M6	4.5
M7	5.0
M8	5.0

9 危险工况

对于各种危险工况(如搬运熔融金属),应满足下列要求:

a) 机构工作级别不应低于M5;

b) Z_P 值应增加25%,最大可达9.0;或在选择钢丝绳时,采用相邻的高一级机构工作级别所对应的 C 值。

10 保养、维护、检验和报废

按GB/T 24811的本部分选择钢丝绳、卷筒和滑轮不能保证钢丝绳在无限期内的安全作业。

应根据GB/T 5972进行钢丝绳的保养、维护(包括安装)、检验和报废。

附 录 A
(规范性附录)
本部分适用的起重机械

GB/T 24811 的本部分适用于下列(未全部列举的)起重机和起重机械(引自 GB/T 6974.1):

a) 桥式起重机;

b) 钢丝绳电动葫芦;

c) 门式或半门式起重机;

d) 门座或半门座起重机;

e) 缆索起重机及门式缆索起重机(只适用起升机构和小车运行机构);

f) 流动式起重机;

g) 塔式起重机;

h) 铁路起重机;

i) 浮式起重机;

j) 甲板起重机;

k) 桅杆起重机和拉索桅杆起重机;

l) 带刚性撑杆的桅杆起重机;

m) 悬臂起重机(立柱式、臂架式、壁行式或行走式)。

这些起重机可采用吊钩、抓斗、电磁吸盘、盛钢桶、料斗等吊具或者用于堆垛作业,可以是手动、电动或液压驱动。

附　录　B
（资料性附录）
钢丝绳选择示例

B.1　示例 1

某台起重机，由使用工况确定的机构工作级别为 M4，钢丝绳最大拉力为 79 kN。

所选择的钢丝绳绳型和等级的 K' 值为 0.356，R_0 值为 1 770 N/mm²，根据表 1 查得 C 值为 0.080。

按 6.3 的式(2)：

$$d_{min} = 0.080 \times (79\ 000)^{1/2}$$
$$= 22.486\ \text{mm}$$

根据实际使用要求，所选择的钢丝绳最小直径不小于 22.5 mm，或不大于 28.1 mm。

按 6.4 的式(3)：

最小破断拉力 $F_{min} = 79 \times 4 = 316$ kN

根据实际使用要求，所选择的钢丝绳最小破断拉力不应小于 316 kN。

B.2　示例 2

本示例中选择钢丝绳所需要的参数与示例 1 相似，但起重机械制造商希望采用较小直径的钢丝绳以减轻设备的质量，因此，所选的钢丝绳绳型和等级的 K' 值为 0.497，R_0 为 1 960 N/mm²。

按 6.1 的式(1)：

$$C = [4/(0.497 \times 1\ 960)]^{1/2}$$
$$= 0.064\ 1$$

取为 0.065(R40 数系中的优先数)

$$d_{min} = 0.065 \times (79\ 000)^{1/2}$$
$$= 18.270\ \text{mm}$$

根据实际用途，所选钢丝绳名义直径应不小于 19 mm，或不大于 22 mm。

按 6.4 的式(3)，如示例 1：

最小破断拉力 $F_{min} = 79 \times 4 = 316$ kN

附　录　C
(资料性附录)
钢丝绳的其他选择因素

C.1　总则

钢丝绳的选择除按第 6 章的选择方法和第 7 章确定卷筒和滑轮直径外，还需考虑钢丝绳的强度等级和结构型式等其他因素。最终选定的钢丝绳可能会影响机构的设计。

C.2　卷筒型式与钢丝绳选择

C.2.1　卷筒型式

C.2.1.1　总则

卷筒有光面卷筒、带绳槽卷筒两种。

为使钢丝绳使用寿命最长应采用钢丝绳单层缠绕卷筒。在某些场合由于受空间限制，需要用两层或多层卷绕所有钢丝绳的卷筒。

采用多层缠绕卷筒时，带绳槽的卷筒比光面卷筒有更好的缠绕性且钢丝绳磨损较小。

当必须采用多层卷绕时，应该认识到，在第一层钢丝绳卷绕在卷筒上后，钢丝绳必须跨越下层钢丝绳，以在卷绕第二层钢丝绳时提前跨越卷筒。上层钢丝绳跨越下层钢丝绳的点就是所谓的跨越点，在这些点周围区域内的钢丝绳容易加剧磨损和挤压。

卷筒两侧凸缘超过最外层钢丝绳的高度不应小于钢丝绳直径的 1.5 倍。

钢丝绳在卷筒上的卷绕方向至关重要，它关系到钢丝绳层的方向(见图 C.1)，该图示适用于光面卷筒和带绳槽卷筒。

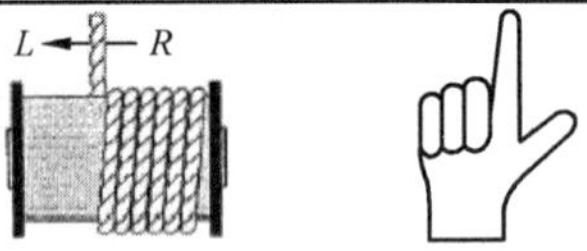 右捻钢丝绳从右侧法兰盘开始的右旋卷绕	a)　右捻钢丝绳——下卷
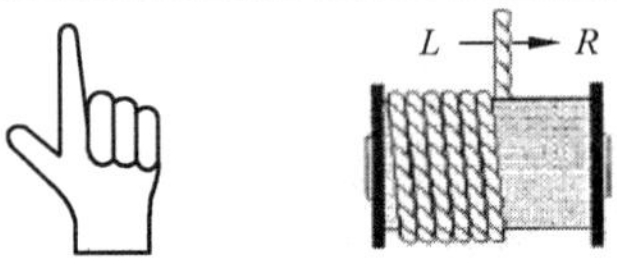 左捻钢丝绳从左侧法兰盘开始的左旋卷绕	b)　左捻钢丝绳——下卷
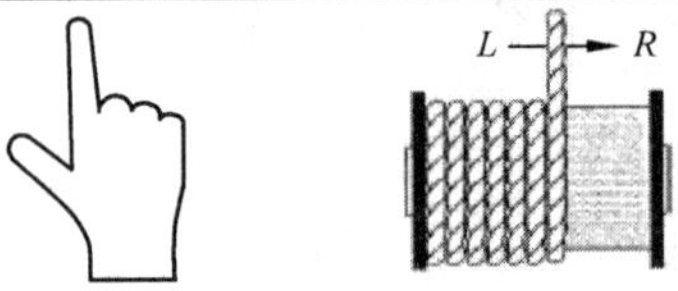 右捻钢丝绳从左侧法兰盘开始的右旋卷绕	c)　右捻钢丝绳——上卷
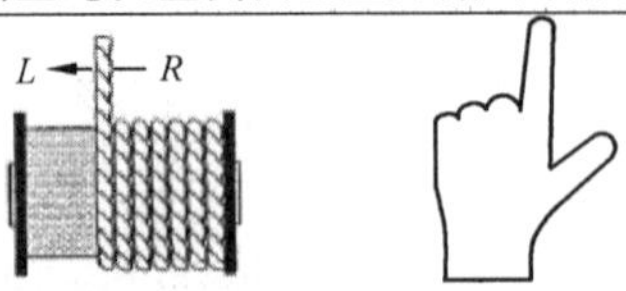 左捻钢丝绳从右侧法兰盘开始的左旋卷绕	d)　左捻钢丝绳——上卷
注：大拇指指示钢丝绳固定处。	

图 C.1　确定钢丝绳在卷筒上的固定点的正确方法

C.2.1.2　光面卷筒

在光面卷筒上卷绕钢丝绳要非常小心。

任何松弛或不均匀的卷绕均会导致钢丝绳严重磨损、挤压和扭曲。

C.2.1.3　带绳槽的卷筒

对于带绳槽的卷筒，底层钢丝绳可以正确卷绕，绳槽在一定程度上支撑钢丝绳，因此，可降低单位接触压力。

有两种绳槽型式：

a）　螺旋槽，它是在卷筒表面加工出一条连续的螺旋槽，以确保满足第一层钢丝绳的卷绕。

b）　平行槽，绳槽加工成平行于卷筒法兰盘。

卷筒壁的截面形状既是平行槽又带螺旋槽的绳槽，这样可有利于钢丝绳从一个平行槽卷绕到另一个。这种绳槽使用于多层卷绕的卷筒以减轻钢丝绳在交叉处的损坏。

钢丝绳直径与卷筒直径、卷筒绳槽节距以及槽形之间的关系是十分重要的。

绳槽底部的轮廓线应是圆形的，推荐绳槽半径 r 应在 $0.525d \sim 0.550d$ 之间，采用 $0.537d$ 为最佳(见图 C.2)

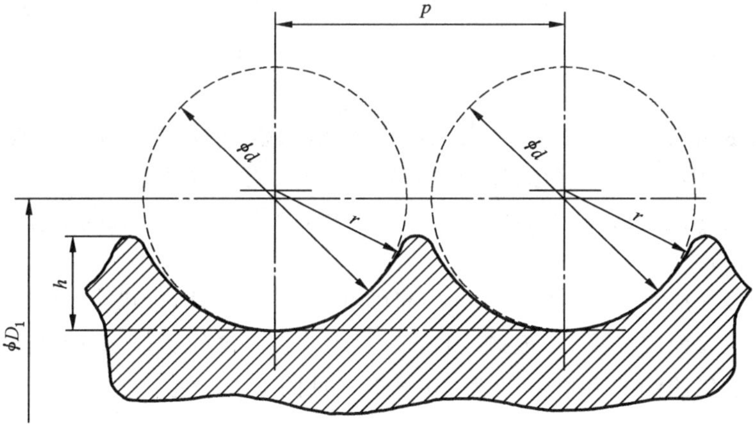

d——钢丝绳名义直径；

h——绳槽深；

p——绳槽节距；

r——绳槽半径；

D_1——卷筒名义直径。

图 C.2　卷筒绳槽设计

C.2.2　钢丝绳卷绕辅助装置

当采用光面卷筒或带平行槽的卷筒并且采用平面交叉截面时，可采用钢丝绳楔块或钢丝绳绳端装置在开始第 2 圈时使钢丝绳通过卷筒进入正确的卷绕位置。

同样情况，可使用侧板保证第二层及其钢丝绳相邻层的正确卷绕。

如果考虑采用钢丝绳缠绕辅助装置，则应咨询钢丝绳或卷筒制造商。

C.2.3　选择钢丝绳

一般情况下，纤维绳芯钢丝绳只限在单层卷绕卷筒上使用。当需要进行多层卷绕时，推荐使用钢绳芯钢丝绳。

用于多层卷绕时，钢绳芯钢丝绳产生扭曲变形的可能性比纤维绳芯钢丝绳小。

采用压实外层股捻制成的钢丝绳能明显抗挤压和扭曲变形。

采用塑性浸渍树脂能限制扭曲变形,同时能减少环境中湿气的进入。

所选钢丝绳直径与卷筒绳槽尺寸,特别是绳槽节距应有正确对应的匹配关系。

C.3 滑轮、滚轮和钢丝绳选择

C.3.1 总则

某台机器或某一系统中需要改变钢丝绳方向时,需要采用滑轮,滑轮应能自由转动,并对钢丝绳提供足够的支持,保证钢丝绳避免承受过度的弯曲应力、径向压力和惯性。当钢丝绳需变向(弯曲)缠绕时,从一个方向的弯曲缠绕到反向弯曲缠绕前,推荐一个时间段(至少 0.25 s)让钢丝绳得以展平。

如果所选的钢丝绳超出了滑轮和滚轮(绳槽)材料的设计要求,将会导致滑轮和滚轮(绳槽)表面过早损坏。

传统的滑轮是由铸铁材料制成,但塑料滑轮和带镶嵌塑料衬的滑轮的使用逐渐增多。在许多使用场合,塑料滑轮和带镶嵌塑料衬的滑轮可延长钢丝绳的使用寿命,但是钢丝绳损坏的形式发生了改变。如果没有切实可行的手段识别钢丝绳损坏的形式,推荐在钢丝绳缠绕布置中至少采用一个铸铁滑轮。

C.3.2 滑轮槽型

为使钢丝绳达到最佳的使用寿命,滑轮绳槽的槽型应与钢丝绳直径正确匹配。

如果绳槽太小,钢丝绳在载荷的作用下,被强制压入绳槽,致使钢丝绳和滑轮均被损坏。

如果绳槽太大,则会造成钢丝绳没有足够的支撑,而使钢丝绳在载荷的作用下变扁和扭曲,加速钢丝绳损坏。

滑轮绳槽半径 r 应为 $0.525d$～$0.550d$,而以 $0.537d$ 为最佳,其中 d 为钢丝绳公称直径。

滑轮绳槽加工表面应光滑,无毛刺,其深度不小于 1.5 倍的钢丝绳公称直径。绳槽底部的外形应为圆形。滑轮两侧的夹角 ω 应为 30°～60°(见图 C.3),但不能更大,即使钢丝绳偏角超过了 C.4 的推荐值。

注:对于流动式起重机,本条中的最后一句不适用,特别是对于绕过伸缩臂上滑轮装置的钢丝绳。

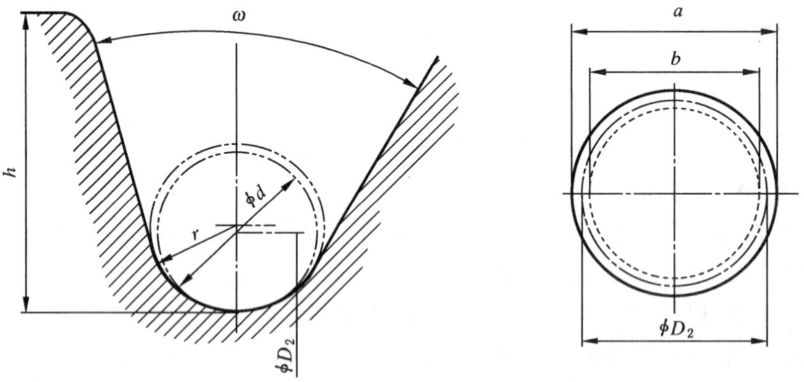

图 C.3 滑轮绳槽

a——滑轮外径；

b——滑轮踏面直径(滑轮槽底直径)；

h——绳槽深度；

ω——滑轮两侧的倾角；

d——钢丝绳名义直径；

r——滑轮绳槽半径；

D_2——钢丝绳在滑轮上的节圆直径。

注：本图是针对各种尺寸的滑轮绳槽对钢丝绳的支撑的示意。不提倡将滑轮绳槽二侧的倾角设计成不同角度。

图 C.3 滑轮绳槽(续)

C.3.3 导绳轮

导绳轮可以在适当的间距上安装，支撑一段长悬吊钢丝绳，以防止钢丝绳与机器结构相接触。导绳轮通常不用于偏转或改变钢丝绳的方向，因为它们的直径相对较小，会使钢丝绳承受较大的压应力和弯曲应力，能使钢丝绳发生扭转。

钢丝绳表面的脆化是由于采用钢制滑轮和导绳轮，并以高速弯曲或高速改变方向时所致，特别是发生小角度偏转时。因此，这种情况下应考虑采用非金属材料。

外层有 8 股或 8 股以上的钢丝绳比 6 股钢丝绳有更好的性能。

C.3.4 选择钢丝绳

如果机构工作级别小于 M4，外层股的外层钢丝应不小于 0.05×钢丝绳名义直径。选择名义直径小于 8 mm 的钢丝绳的绳股结构应特别注意，保证钢丝的规格与工作级别相适应。

如果机构工作级别等于或高于 M4 时，通常应选择具有最佳抗弯曲疲劳性能的钢丝绳绳型。

如果不能选择具有适当抗弯曲疲劳性能的钢丝绳绳型，应考虑增大滑轮选择系数(h_2)，可超出表 2 规定的数值。

也可参见 C.4。

C.4 钢丝绳偏斜角和钢丝绳的选择

图 C.4a)表示了一个绳槽偏斜角为 α 的长卷筒与一个偏转的滑轮。如果钢丝绳从卷筒的法兰盘处穿入，在滑轮上形成一个偏斜角 $\beta_{左}$ 或 $\beta_{右}$。在卷筒上，钢丝绳形成一个偏斜角($\beta_{左}+\alpha$)或($\beta_{右}-\alpha$)。

钢丝绳绕入绕出卷筒或以一个偏斜角绕过滑轮时，将会通过卷筒底部垂下而扭转或沿着滑轮绳槽边缘转动(见图 C.5)。这样的转动改变了钢丝绳在卷筒上的卷绕长度；导致钢丝绳出现疲劳和不良卷绕，严重时出现“灯笼形”结构的损坏，因此，应确保钢丝绳缠绕系统的偏斜角最小。

所有钢丝绳缠绕系统的偏斜角均不应大于 4°，对阻旋转钢丝绳不应大于 2°。可以采取措施减小偏斜角，例如：

a) 减少卷筒的长度或增加卷筒直径(见图 C.4)；

b) 增大滑轮与卷筒之间的距离。

当钢丝绳在卷筒上采用多层卷绕时，在卷筒法兰盘处的钢丝绳偏斜角宜大于 0.5°，以避免钢丝绳堆聚。

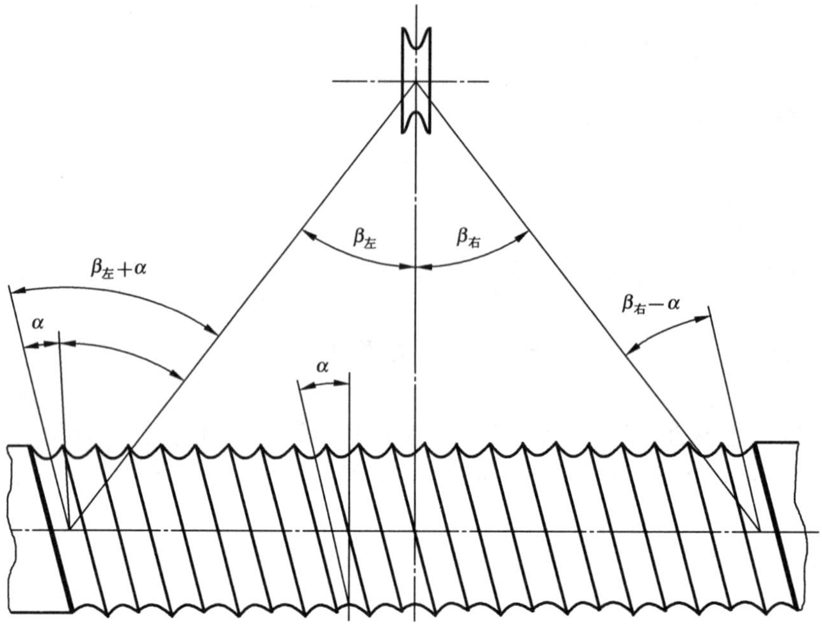

a) 偏斜角与绳槽角

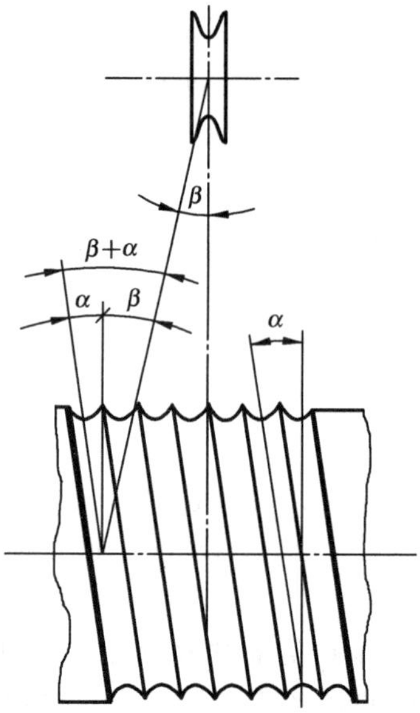

b) 通过加大卷筒直径和减少卷筒长度来实现减小偏斜角

图 C.4 偏斜角

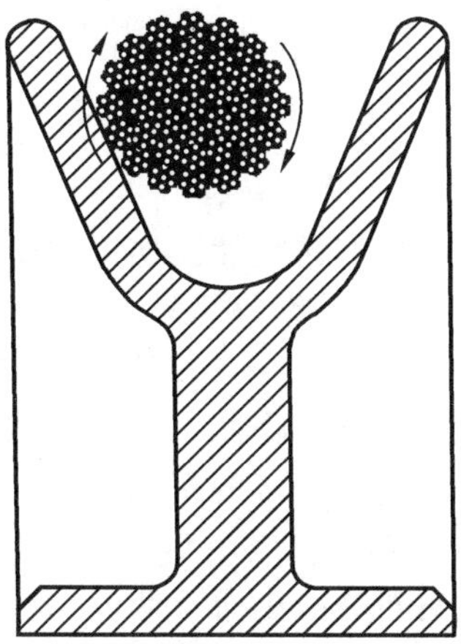

图 C.5　由偏斜角导致的钢丝绳扭转

C.5　钢丝绳速度

对于钢丝绳速度超过 4 m/s 的应用场合，应考虑加大卷筒和/或滑轮直径。如果加大直径(铸铁滑轮)导致惯性显著增加，应考虑采用非金属滑轮。

如果钢丝绳速度超过 4 m/s，应特别注意绳型。8 股或 8 股以上绳股的钢丝绳的性能明显优于较少的绳股的钢丝绳。

C.6　旋转和旋转接头的使用

C.6.1　总则

旋转是影响钢丝绳有效运行的一个因素，在某些场合能导致钢丝绳提前损坏。所有钢丝绳在工作中均易于旋转，在无导绳器的单支起升时，应考虑采用阻旋转钢丝绳。

C.6.2　旋转接头

为限制起升作业时旋转载荷所造成的危害，确保在起升作业区内人员的安全，最好选择阻旋转钢丝绳，因为这种钢丝绳在承载时只有很少的旋转量，见下述 a)。当采用这样的钢丝绳时，旋转接头的作用是：消除由于钢丝绳在滑轮或卷筒上扭转而产生的旋转。

对于其他承载时抗旋转能力较小的钢丝绳，见下述 b)，可能需要借助旋转接头来产生旋转，以使可能产生的危害降到最小。然而，在这种情况下，应该认识到，过大的旋转会对钢丝绳性能造成负面影响，导致降低钢丝绳破断拉力，其量值取决于所用钢丝绳的旋转特性和起升载荷的大小。

每次此类起升作业应由一位称职人员进行评估，起重机使用说明书应注明允许使用旋转接头时的最大起升载荷状态以及在规定期限内的钢丝绳的检验情况。

以下给出了使用旋转接头所依据的钢丝绳旋转特性的一般指导要求：

a)　当旋转特性≤1 转/1 000 d，并且起吊载荷相当于 20%F_{min}时，可采用旋转接头；

b)　当旋转特性>1 转/1 000 d 但≤4 转/1 000 d，并且起吊载荷相当于 20%F_{min}时，则需根据钢丝绳制造商的建议和/或获得称职人员的批准，才可采用旋转接头；

c)　当旋转特性>4 转/1 000 d，并且起吊载荷相当于 20%F_{min}时，则不宜采用旋转接头。

此处：

1 转——360°；

d——钢丝绳名义直径；

F_{min}——钢丝绳最小破断拉力。

C.7 起升高度和多部件缠绕系统

选择钢丝绳时应认识钢丝绳绳型的旋转特性。如果钢丝绳一端可自由旋转(单绳缠绕),则某些型式的钢丝绳不能使用,而其他型式的钢丝绳只能用于某一指定起升高度。

如果钢丝绳二端固定(固定钢丝绳和用于多绳缠绕系统的钢丝绳),则应考虑扭转量。在多绳缠绕布置中扭转量具有使滑轮组角位移的作用,因此,应考虑达到与起升高度有关的足够的钢丝绳间距,以防止过大的角度位移(缠绕系统的穿绳)。

缠绕系统的稳定性与下列因素有关：

a) 随着钢丝绳缠绕部件之间空间的减小而降低；

b) 随钢丝绳缠绕部件不均匀数量而降低；

c) 随起升高度增加而降低；

d) 随钢丝绳绳型的扭转量(扭转系数)的增大而降低。

所选钢丝绳绳型的旋转特性(旋转圈数和扭转量)应由钢丝绳制造商提供。必要时,寻求钢丝绳制造商的帮助。

C.8 钢丝绳报废的原因

C.8.1 概述

造成钢丝绳在使用中报废的主要原因是疲劳、腐蚀、磨损和机械损伤。

这些原因当中可能会出现一种或多种报废因素,但主要是由工况决定的。因此,选择钢丝绳最重要的是让钢丝绳最适合特定的工况。通常,钢丝绳制造商或供应商是最好的咨询源头。

C.8.2 疲劳

钢丝绳疲劳通常是由于钢丝绳在拉伸载荷的作用下反复弯曲所致,例如,当钢丝绳绕过滑轮和卷绕在卷筒上。

造成疲劳的主要因素是钢丝绳承受的载荷、滑轮和卷筒的直径与钢丝绳直径之比,钢丝绳抗弯曲性能和工作循环次数。

假定机构尺寸保持不变,则钢丝绳性能通常随拉伸载荷的减少而提高。钢丝绳性能通常随滑轮(或卷筒)选择系数 h_1 和 h_2 的加大而显著提高。

圆股长捻距钢丝绳的疲劳寿命要大于相同股结构的圆股普通捻距钢丝绳,但对两端都固定的钢丝绳,为防止旋转,只能选择单层股钢丝绳和平行捻密实钢丝绳。

C.8.3 腐蚀

腐蚀通常伴随疲劳一起发生,是导致钢丝绳报废的主要原因。除了使用中处于非常干燥的工况下外,总会有得不到防护(未镀锌等)的钢丝发生腐蚀的情况。

在某些方面,对钢丝绳的防腐要求与抗疲劳要求是相抵触的。对于前者,钢丝粗、数量少是优点,而相对于后者,则最好要求细钢丝数量多。因此,对于钢丝绳结构的选择所采用的几乎是一种折中办法。为抑制腐蚀的发生,在其工作寿命期间应频繁对钢丝绳表层进行处理。如果在工作环境中存在严重腐蚀风险,则最好采用镀锌钢丝绳。

C.8.4 磨损

磨损主要发生在外层钢丝,外层钢丝数量较少直径大的钢丝绳(例如:6×9 Seale 西鲁型)在抗磨损方面的工作寿命比外层钢丝数量多直径细的钢丝绳(例如:6×36 WS 瓦林吞-西鲁型)长。

紧密捻制外层股的钢丝绳具有比无紧密捻制外层的钢丝绳更长的耐磨损寿命。

C.8.5 抗疲劳性和耐磨性

抗疲劳性要求几乎总是与耐磨性能要求相反。通常,当外层股钢丝数增加时,抗疲劳性能提高,然而耐磨性能却降低。

C.8.6 压扁

如果压扁是造成报废的主要原因,则推荐采用具有钢芯和紧密外层股的平行股密实钢丝绳。

C.9 伸长率和钢丝绳的选择

很多原因会导致钢丝绳伸长:

a) 由于钢丝绳调整位置(常被认为是永久性结构伸长,通常发生在钢丝绳投入使用后不久);

b) 由于钢丝绳拉伸而引起的弹性伸长;

c) 温度变化;

d) 钢丝绳旋转。

纤维芯的钢丝绳的伸长率比钢芯的钢丝绳的伸长率大得多。如果伸长量需要用于选择钢丝绳绳型,这些值应由钢丝绳制造商根据特定的应用场合提供。

C.10 温度与钢丝绳选择

应注意钢丝绳制造商关于产品的安全须知和警告,特别应注意钢丝绳使用的极限温度。

C.11 钢丝绳绳端接头的选择

有两种型式的钢丝绳绳端接头允许用来连接钢丝绳与其他装置:

a) 在绳端形成一个环眼,通过一个套环来加以保护;

b) 用一配件接头与钢丝绳相连。

环眼的制作接口既可以采用传统的钢丝绳插接法,也可以形成一个绕匝绳环用绳箍固定,或者将绳端"折回"用绳箍固定。

直接与钢丝绳端相连的接头可以是套筒、楔形套筒、模锻或压制端头。若随着钢丝绳直径的增大没有考虑绳端效率损失、起重机使用说明书中没有陈述应做绳端的检查以及在适当的场合没有按规定的时间间隔重新装配楔形套筒的话,则固定钢丝绳不应与楔形套筒端接。

不同型式的钢丝绳端头有不同的性能,而钢丝绳型式的选择会影响这种性能,因此,应参考本标准参考文献所列出的国际标准。

C.12 由制造商提供的钢丝绳润滑

制造商通常在绳股和绳芯生产过程中对钢丝绳进行润滑。

作业工况和环境条件严酷的应用场合应由钢丝绳制造商在最后封密时对钢丝绳进行润滑。极端温度状况下需要采用专用润滑剂。建议在咨询阶段与钢丝绳制造商进行讨论。

钢丝绳在使用时所选择的润滑剂通常不同于生产时所用的润滑剂,这是因为在生产过程中有多种润滑方法,但是,前者应与后者相匹配,因此,应从钢丝绳制造商获得有关润滑剂的建议。

如果钢丝绳使用环境不需要进行润滑,建议在咨询时与钢丝绳制造商进行讨论,在钢丝绳不需要润滑的场合,应有对钢丝绳进行检查的时间间隔的特殊要求。

附 录 D
(规范性附录)
起升机构 平衡滑轮的直径

平衡滑轮的最小节圆直径应使用6.3中确定的钢丝绳最小直径来进行计算,它等于表D.1中给出的h_3的相应值乘以表3中的绳型选择系数t,在实际应用时,h_3与机构工作级别有关。该值由式(D.1)给出:

$$D_3 \geqslant h_3 \times t \times d_{\min} \qquad \cdots\cdots(D.1)$$

式中:

D_3——平衡滑轮最小节圆直径;

h_3——平衡滑轮选择系数(平衡滑轮节圆直径与钢丝绳计算直径之比,见表D.1);

t——符合表3规定的绳型选择系数;

$d_{\min}$——按6.3计算的钢丝绳最小直径。

表D.1 选择系数h_3

机构工作级别	平衡滑轮选择系数 h_3
M1	11.2
M2	12.5
M3	12.5
M4	14.0
M5	14.0
M6	16.0
M7	16.0
M8	18.0

参 考 文 献

[1] ISO 3189-1 一般用途钢丝绳套筒 第1部分:一般特性和验收条件.
[2] ISO 3189-2 一般用途钢丝绳套筒 第2部分:锻制或机加工套筒特殊要求.
[3] ISO 3189-3 一般用途钢丝绳套筒 第3部分:铸造套筒特殊要求.
[4] ISO 7595 钢丝绳套接方法 熔融金属套接法.
[5] ISO/TR 7595 钢丝绳套接方法 树脂套接法.
[6] ISO 8793 钢丝绳 套圈固定的环眼接头.
[7] ISO 8794 钢丝绳 用于吊具的铰接环眼接头.

ICS 53.020.20
J 80

中华人民共和国国家标准

GB/T 24811.2—2009/ISO 4308-2:1988

起重机和起重机械　钢丝绳选择
第2部分:流动式起重机　利用系数

Cranes and lifting appliances—Selection of wire ropes—
Part 2:Mobile cranes—Coefficient of utilization

(ISO 4308-2:1988,IDT)

2009-12-15 发布　　2010-07-01 实施

中华人民共和国国家质量监督检验检疫总局
中国国家标准化管理委员会　发布

前　　言

GB/T 24811《起重机和起重机械　钢丝绳选择》分为 2 个部分：

——第 1 部分：总则；

——第 2 部分：流动式起重机　利用系数。

本部分为 GB/T 24811 的第 2 部分。

本部分等同采用 ISO 4308-2：1988《起重机和起重机械　钢丝绳选择　第 2 部分：流动式起重机　利用系数》(英文版)。

本部分等同翻译 ISO 4308-2：1988。

为便于使用，本部分作了下列编辑性修改：

——“ISO 4308 的本部分”一词改为“GB/T 24811 的本部分”；

——删除 ISO 4308-2：1988 的前言和引言；

——用小数点“.”代替作为小数点的逗号“，”；

——对于 ISO 4308-2：1988 引用的国际标准，用已被等同采用为我国的标准代替对应的国际标准，其他未被等同采用为我国标准的直接引用国际标准。

本部分由中国机械工业联合会提出。

本部分由全国起重机械标准化技术委员会(SAC/TC 227)归口。

本部分起草单位：徐工集团徐州重型机械有限公司、长沙中联重工科技发展股份有限公司。

本部分主要起草人：徐周、贾体峰、李为民。

起重机和起重机械　钢丝绳选择
第2部分：流动式起重机　利用系数

1　范围

GB/T 24811 的本部分规定了用于流动式起重机的一般钢丝绳和阻扭转钢丝绳的最小实际利用系数值 Z_p（定义见 GB/T 24811.1）。

本部分适用于 ISO 4306-2 定义的所有流动式起重机。

2　规范性引用文件

下列文件中的条款通过 GB/T 24811 的本部分的引用而成为本部分的条款。凡是注日期的引用文件，其随后所有的修改单（不包括勘误的内容）或修订版均不适用于本部分，然而，鼓励根据本部分达成协议的各方研究是否可使用这些文件的最新版本。凡是不注日期的引用文件，其最新版本适用于本部分。

GB/T 20863.2　起重机械　分级　第 2 部分：流动式起重机（GB/T 20863.2—2007，ISO 4301-2：1985，IDT）

GB/T 24811.1　起重机和起重机械　钢丝绳选择　第 1 部分：总则（GB/T 24811.1—2009，ISO 4308-1：2003，IDT）

ISO 4306-2　起重机　术语　第 2 部分：流动式起重机

3　利用系数 Z_p

3.1　一般钢丝绳

根据 GB/T 20863.2 对起重机整机和机构的分级，一般钢丝绳的最小利用系数 Z_p 见表 1。

表 1　一般钢丝绳[a]

起重机工作状况	起重机整机工作级别	运动钢丝绳					静态钢丝绳	
		起升		变幅与伸缩			工作绳 Z_p	装设绳 Z_p
		机构工作级别	Z_p	机构工作级别	工作绳 Z_p	装设绳 Z_p		
一般的使用	A 1	M 3	3.55	M 2	3.35	3.05	3	2.73
经常性使用	A 3	M 4	4.00	M 3	3.55	3.05	3	2.73
繁重的使用	A 4	M 5	4.50	M 3	3.55	3.05	3	2.73

[a] 众所周知，钢丝绳的安全使用取决于钢丝绳检验与报废标准的应用。

3.2 阻旋转钢丝绳

阻旋转钢丝绳是一种在外层有 8 股或 8 股以上,其捻向与内层绳股相反的钢丝绳。根据 GB/T 20863.2规定的分级,阻旋转钢丝绳的最小利用系数 Z_p 见表 2。

表 2 阻扭转钢丝绳[a]

起重机工作状况	起重机整机工作级别	起升用运动钢丝绳 Z_p
一般的使用	A 1	4.5
经常性使用	A 3	5.6
繁重的使用	A 4	5.6

[a] 表中的 Z_p 值适用于通常的阻旋转钢丝绳。随着新型阻旋转钢丝绳的出现,通过进一步的研究可以允许采用不同的利用系数。

CS 53.020.20
80

中华人民共和国国家标准

GB/T 24817.1—2016/ISO 7752-1:2010
代替 GB/T 24817.1—2009

起重机 控制装置布置形式和特性 第1部分:总则

Cranes—Control layout and characteristics—Part 1:General principles

(ISO 7752-1:2010,IDT)

016-10-13 发布 2017-05-01 实施

中华人民共和国国家质量监督检验检疫总局
中国国家标准化管理委员会 发布

前　言

GB/T 24817《起重机　控制装置布置形式和特性》分为以下5个部分：

——第1部分：总则；

——第2部分：流动式起重机；

——第3部分：塔式起重机；

——第4部分：臂架起重机；

——第5部分：桥式和门式起重机。

本部分为GB/T 24817的第1部分。

本部分按照GB/T 1.1—2009给出的规则起草。

本部分代替GB/T 24817.1—2009《起重机械　控制装置布置形式和特性　第1部分：总则》。与GB/T 24817.1—2009相比，主要技术变化如下：

——修改了标准名称；

——增加了规范性引用文件(见第2章)；

——增加了地址码、无线控制、控制台、控制装置、控制站、错误检测码、帧、汉明距离等术语和定义(见第3章)；

——将原标准中的"基本要求"修改为"总则"，并补充了触电保护、温升等要求(见4.1)；

——修改了原标准中的"司机的疲劳"(见4.2)；

——增加了"控制装置的布置"(见4.3)；

——增加了便携式控制台的有关要求(见5.1.2)；

——增加了悬挂式控制台以及电缆的有关要求(见5.2)；

——增加了无线控制及无线控制系统的有关要求(见5.3和附录A)。

本部分使用翻译法等同采用ISO 7752-1:2010《起重机　控制装置布置形式和特性　第1部分：总则》(英文版)。

与本部分中规范性引用的国际文件有一致性对应关系的我国文件如下：

——GB/T 2423.5—1995　电工电子产品环境试验　第2部分：试验方法　试验Ea和导则：冲击(idt IEC 60068-2-27:1987)

——GB/T 2423.7—1995　电工电子产品环境试验　第2部分：试验方法　试验Ec和导则：倾跌与翻倒(主要用于设备型样品)(idt IEC 60068-2-31:1982)

——GB 5226.2—2002　机械安全　机械电气设备　第32部分：起重机械技术条件(idt IEC 60204-32:1998)

——GB/T 15706—2012　机械安全　设计通则　风险评估与风险减小(ISO 12100:2010, IDT)

为便于使用，本部分做了下列编辑性修改：

——ISO 7752-1:2010中5.2.6引用了IEC 60204-32:2008中的14.4.2和14.4.3，经查询，应为IEC 60204-32:2008中的12.6.2和13.4.3。因此，在等同转化时做了相应的修改。

——ISO 7752-1:2010 中 A.1 和 A.3.2 分别引用了 IEC 60204-32:2008 中的 9.2.7.5 和 9.2.7,经查询,应为 IEC 60204-32:2008 中的 9.2.7 和 9.2.7.3。因此,在等同转化时做了相应的修改。

本部分由中国机械工业联合会提出。

本部分由全国起重机械标准化技术委员会(SAC/TC 227)归口。

本部分负责起草单位:河南省矿山起重机有限公司、北京起重运输机械设计研究院。

本部分参加起草单位:广西建工集团建筑机械制造有限责任公司、郑州新大方重工科技有限公司、天津港(集团)有限公司。

本部分主要起草人:任海涛、胡永堂、蔡亚森、李纲、林永、朱连义。

本部分于 2009 年 12 月首次发布,本次为第一次修订。

起重机　控制装置布置形式和特性
第1部分:总则

1　范围

GB/T 24817 的本部分规定了起重机控制装置的基本原则和要求。

本部分涉及用于载荷定位控制装置的布置形式,并作为制定特殊类型起重机控制装置分标准的通用基础。

2　规范性引用文件

下列文件对于本文件的应用是必不可少的。凡是注日期的引用文件,仅注日期的版本适用于本文件。凡是不注日期的引用文件,其最新版本(包括所有的修改单)适用于本文件。

ISO 12100　机械安全　设计通则　风险评估与风险减小(Safety of machinery—General principles for design—Risk assessment and risk reduction)

IEC 60068-2-27　环境试验　第2-27部分:试验方法　试验Ea和导则:冲击(Environmental testing—Part 2-27: Tests—Test Ea and guidance: Shock)

IEC 60068-2-31　环境试验　第2-31部分:试验方法　试验Ec:倾跌与翻倒　主要用于设备型样品(Environmental testing—Part 2-31: Tests — Test Ec: Rough handling shocks, primarily for equipment-type specimens)

IEC 60204-32:2008　机械安全　机械电气设备　第32部分:起重机械技术条件(Safety of machinery—Electrical equipment of machines — Part 32: Requirements for hoisting machines)

3　术语和定义

下列术语和定义适用于本文件。

3.1

操作员　operator

操纵起重机实现载荷定位的人员。

3.2

地址码　address code

用于接收器区分发射器发送的帧的数字。

注:该接收器只执行从具有相同地址码的发射器发出的命令。

3.3

无线控制　wireless control

在控制台和起重机之间存在一定距离的情况下,起重机操作员的命令不经过任何有形连接而实现传输的方式。

3.4

控制台　console

固定或可移动布置的控制装置。

3.5

控制装置　control

连接起重机操作员和起重机控制系统之间的操纵装置。

3.6

控制站　control station

控制起重机运行或停止的固定地点。

3.7

错误检测码　error detection code

添加到每个帧的数字，以使接收器能够检测传输错误。

注：该接收器类似于发射器的算法重新定义了错误检测码。只有接收器定义的错误检测码与接收器检测到帧中的错误检测码是一致的，命令才能得以执行。

3.8

帧　frame

发射器发送到接收器的二进制数据包。

如：地址码、操控命令信号以及其他控制信号、错误检测（和校正）码。

注：帧是通过将上述部分编码成串行形式实现的。编码后，帧被发送到称为调制器的电路中并把它转换为一个合适的形式发送出去。

3.9

汉明距离　hamming distance

两个具有相同长度的字符串，对应位置字符不同的个数。

[IEC/TR 60870-1-3]

3.10

操作命令　operating command

用以起动、改变或维持起重机功能或运动的控制信号。

3.11

接收器　receiver

无线控制系统的一部分，用以接收来自发射器的命令。

3.12

发射器　transmitter

无线控制系统的一部分，用以发送起重机操作员的命令到接收器。

4　控制装置

4.1　总则

4.1.1　动力驱动起重机的控制装置的功能是：允许操作员在远距离的控制站上，用动力驱动起重机使载荷定位。

4.1.2　控制装置和控制站应符合本部分的安全要求和/或防护措施。此外，控制装置和控制站的设计应符合 ISO 12100 的规定。

4.1.3 为了安全,在有可能的情况下(例如对某些电力驱动的起重机),应在每个控制站附近设置紧急停止开关。特别是配置遥控站时,紧急停止开关应能停止起重机的所有运动。

4.1.4 控制起重机运动的控制装置在释放时应自动返回到“断开”的位置,“停止”控制模式除外。

在必要和适当的情况下,控制杆应具有停止、制动或任何其他便于操作的机构。在没有外力推动或固定的情况下,所有控制杆在释放时应能自动回到空挡位置。

4.1.5 为了防止起重机意外动作,起重机应从空挡位置起动。否则,应在特定类型起重机的分标准中规定其他方法。

4.1.6 直接或间接接触触电保护应符合 IEC 60204-32:2008 中第 6 章的规定。

4.1.7 控制装置在操纵起重机过程中产生的温度不应超过 43 ℃。

4.2 操作员的疲劳

4.2.1 在符合起重机工作条件的情况下,起重机控制装置的设计和布置应符合人机工效学原理,使操作员的疲劳减为最小。

4.2.2 操纵控制杆的力应符合以下规定值:

——向前或向后:介于 5 N~60 N 之间;

——侧向(向左或向右):介于 5 N~20 N 之间,大幅加速时,操纵力不应超过 40 N。

4.2.3 操纵踏板的力不应超过以下规定值:

——踝关节运动操纵踏板的力:50 N;

——腿部运动操纵踏板的力:100 N,液压制动踏板除外。

4.2.4 手指或拇指操纵按钮的力不应超过 10 N,以下情况除外:

——双动按钮(维持为“接通”的位置所需要的力不应超过 10 N);

——紧急停止按钮;

——直接控制动力的按钮。

4.2.5 脚部操纵按钮的力不应超过 100 N。

4.2.6 人力驱动运动的力不应超过以下规定值:

——施加于牵引链的垂直力:250 N;

——推动或牵引载荷的水平力:250 N;

——施加于曲柄或手轮的力:150 N;

——施加于杠杆水平移动的力:250 N。

4.3 控制装置的布置

4.3.1 尽可能将控制杆(踏板或按钮)布置在操作员手或脚方便操作的位置。控制装置的运动方向也应尽可能地布置得适合人们肢体的自然运动,例如:用脚操纵的控制装置,其操纵方向应与脚踏的方向一致,而不应采用腿的横向运动方向。

4.3.2 在可能的条件下,控制杆的运动方向应与起重机的运动方向一致。与操纵起重机相关联的每个控制站的控制装置的布置逻辑应是相同的。

4.3.3 特定类型起重机的控制装置的布置应符合相应类型起重机的分标准。

4.3.4 应在每个控制装置上或其附近位置,设置识别其功能的文字或符号标志。控制站中控制杆的位移与相应运动方向的关系应清晰明确。

4.3.5 控制台位置随着起重机或部分机构运动时，应有一个明确的方式来显示操纵控制装置与起重机运动结果之间的关系。例如，应固定符号来清晰地识别控制装置的位移与相应驱动方向的关系。

4.3.6 控制装置的位置设计应保证：当操作员操纵一个或多个控制装置时，不会无意识地接通其他控制装置。

4.3.7 控制装置的布置应合理设计，并对控制装置采取保护措施，确保不会产生误动作。这可以通过以下措施来实现：

——将控制装置(杆、按钮)置于凹处；

——控制杆空挡位置的机械联锁；

——需要连续或同时动作时，使用一套控制装置；

——在面板上的控制杆周围设置护栏；

——将控制装置定位在不会意外触碰的位置。

4.3.8 为避免意外触碰，每个控制装置与周围物体之间应有足够的距离。如果徒手操作，可用空间不应小于：

——操纵手柄的力大于 50 N 时：50 mm；

——操纵手柄的力不超过 50 N 时：25 mm；

——每行开关或按钮之间的距离：10 mm；

——独立按钮之间的距离：15 mm；

——不操纵任何起重机或其起升部件运动的按钮：5 mm；

——对于踏板为 100 mm；

——最多可设 4 个按钮的手持式控制台，其按钮的距离：5 mm。

5 控制台

5.1 总则

5.1.1 除特定起重机类型的分标准中有特殊规定外，起重机控制台应设有起动声音报警装置的控制装置，以警示起重机附近的人员。任何用于起动声音报警装置的控制装置应与其他控制装置不同。

5.1.2 便携式控制台(设备)应设有可调式带子，以便在不使用手的情况下允许携带。手持式设备可设置安全带或其他等效措施以防止跌落。控制台应能承受 IEC 60066-2-27 和 IEC 60066-2-31 中规定的冲击、倾跌和翻倒试验。

5.1.3 当起重机设有多个控制台时，应采取措施确保在一个给定的时间内只有一个控制台可以操作。在特殊情况下，考虑到安全问题，所有硬件连接的控制台的停止命令应有效。

5.2 电缆连接的控制台

5.2.1 悬挂式控制台的布置应使起重机操作员能处于危险区域外。

5.2.2 对于操作员需步行跟随的起重机，其控制台或负载的运行速度应符合以下规定：

a) 单速控制：最高速度为 1.1 m/s；

b) 双速或以上，包括无极调速：如果最慢速度不超过 0.75 m/s，最高速度没有限制。

5.2.3 当单独电力驱动的悬挂式控制台复位时，应采取防护措施，以防止下列意外情况：

a) 控制台复位时，起重机误动作；

b） 其他起重机控制装置被操作时，控制台的误动作。

5.2.4 起重机和控制台之间的控制电缆应具有足够的长度和柔韧性，以确保操作员处于安全位置。

5.2.5 悬挂式控制台底面离地面的高度不应小于 0.9 m，其顶部离地面的高度不应大于 1.7 m。

5.2.6 连接控制台的软电缆和接头的拉力应符合 IEC 60204-32：2008 中 12.6.2 和 13.4.3 的要求。控制系统中其他类型的有形连接，也应采取类似防护措施。

5.3 无线控制和无线控制系统

无线控制系统应符合 IEC 60204-32 和附录 A 的规定。

附　录　A
（规范性附录）
无线控制和无线控制系统的附加要求

A.1　总则

无线控制的设计应符合 IEC 60204-32:2008 中 9.2.7 及本部分的规定。

A.2　警告

在起重机以及部件(如起重机运行机构、回转机构配重等)附近的人员存在被困住、碾压等风险时,应按 5.1.1 及本条的规定设置报警装置。

除特定起重机类型的分标准中有特殊规定外,无线遥控的起重机应符合以下规定:

a)　在通往起重机的通道上标示该起重机设置有无线控制系统;

b)　下列二者之一:

　　1)　无线控制系统工作时,应有连续可见的警报;

　　2)　起重机移动前,应自动发出声音和/或灯光的警报。

A.3　使用信息

A.3.1　制造商的使用说明书应包括安装信息,以确保无线控制系统在使用中,既不干扰在该位置使用的其他控制系统,也不受其他控制系统的干扰。

A.3.2　制造商应说明 IEC 60204-32:2008 中 9.2.7.3 规定的停止指令响应时间。

参　考　文　献

[1]　GB/T 16855.1—2008　机械安全　控制系统有关安全部件　第 1 部分:设计通则(ISO 13849-1:2006,IDT)

[2]　IEC/TR 60870-1-3　Telecontrol equipment and systems—Part 1: General considerations—Section 3: Glossary

ICS 53.020.20
J 80

中华人民共和国国家标准

GB/T 24817.2—2021/ISO 7752-2:2011
代替 GB/T 24817.2—2010

起重机 控制装置布置形式和特性 第2部分:流动式起重机

Cranes—Control layout and characteristics—Part 2:Mobile cranes

(ISO 7752-2:2011,Cranes—Control layout and characteristics—Part 2:Basic arrangement and requirements for mobile cranes,IDT)

2021-05-21 发布 2021-12-01 实施

550

国家市场监督管理总局
国家标准化管理委员会 发布

前　言

本文件按照 GB/T 1.1—2020《标准化工作导则　第 1 部分：标准化文件的结构和起草规则》给出的规则起草。

本文件是 GB/T 24817《起重机　控制装置布置形式和特性》的第 2 部分。GB/T 24817 已经发布了以下部分：

——第 1 部分：总则；

——第 2 部分：流动式起重机；

——第 3 部分：塔式起重机；

——第 4 部分：臂架起重机；

——第 5 部分：桥式和门式起重机。

本文件代替 GB/T 24817.2—2010《起重机械　控制装置布置形式和特性　第 2 部分：流动式起重机》，与 GB/T 24817.2—2010 相比，除结构调整和编辑性改动外，主要技术变化如下：

a)　更改了范围(见第 1 章，2010 年版的第 1 章)；

b)　更改了规范性引用文件(见第 2 章，2010 年版的第 2 章)；

c)　删除了术语“司机”(见 2010 年版的 3.2)；

d)　增加了术语“控制装置”(见 3.2)；

e)　增加了术语“控制站”(见 3.3)；

f)　更改了伸缩臂起重机双向手柄臂架变幅向前推手柄的要求(见 5.3，2010 年版的 5.2.3)；

g)　更改了定长臂起重机控制装置简图(见图 4，2010 年版的图 4)；

h)　增加了定长臂起重机的变幅/副臂变幅选择开关和手柄的要求(见 6.2.4)；

i)　更改了伸缩臂起重机控制装置简图(见图 5，2010 年版的图 5)；

j)　更改了伸缩臂起重机起升 2 和回转控制装置手柄 1 垂直方向的要求(见 7.2.1.1，2010 年版的 6.2.1)；

k)　增加了伸缩臂起重机的主臂变幅/伸缩/副臂变幅选择开关和手柄的要求(见 7.2.3.3)；

l)　增加了副臂变幅控制装置的要求(见 7.2.4)。

本文件使用翻译法等同采用 ISO 7752-2:2011《起重机　控制装置布置形式和特性　第 2 部分：流动式起重机的基本布置和要求》。

与本文件中规范性引用的国际文件有一致性对应关系的我国文件如下：

——GB/T 6974.2—2017　起重机　术语　第 2 部分：流动式起重机(ISO 4306-2:2012，IDT)

——GB/T 24817.1—2016　起重机　控制装置布置形式和特性　第 1 部分：总则(ISO 7752-1:2010，IDT)

本文件做了下列编辑性修改：

——为与现有标准系列一致，将标准名称改为《起重机　控制装置布置形式和特性　第 2 部分：流动式起重机》。

本文件由中国机械工业联合会提出。

本文件由全国起重机械标准化技术委员会(SAC/TC 227)归口。

本文件起草单位:徐州重型机械有限公司。

本文件主要起草人:胡海鹏、张艳、李雪峰、侯政良、焦国旺、黄清。

本文件及其所代替文件的历次版本发布情况为:

——2010年首次发布为GB/T 24817.2—2010,本次为第一次修订。

引　　言

GB/T 24817《起重机　控制装置布置形式和特性》是规范我国起重机械控制装置的布置形式、要求和动作方向的标准，旨在统一我国起重机控制装置的布置形式和动作方向，并与国际保持一致。由五个部分构成。

——第1部分：总则。目的在于规定起重机控制装置通用布置形式和一般要求。

——第2部分：流动式起重机。目的在于规定流动式起重机控制装置的布置形式和主要特性。

——第3部分：塔式起重机。目的在于规定塔式起重机控制装置的布置形式和主要特性。

——第4部分：臂架起重机。目的在于规定臂架起重机控制装置的布置形式和主要特性。

——第5部分：桥式和门式起重机。目的在于规定桥式和门式起重机控制装置的布置形式和主要特性。

流动式起重机的操作员经常要操纵不同型号或不同制造厂的起重机，本文件规定了起重机基本控制装置的布置及动作方向，以减少操作员在紧急情况下的混乱及误操作。

起重机 控制装置布置形式和特性 第2部分:流动式起重机

1 范围

本文件规定了用于流动式起重机回转、载荷升降、臂架变幅和伸缩的控制装置的布置形式、要求和动作方向。涉及双向手柄(双向控制装置)和十字轴手柄(多向控制装置)的基本布置形式和要求,与 ISO 7752-1 共同使用。

本文件适用于 ISO 4306-2 定义的所有流动式起重机。

2 规范性引用文件

下列文件中的内容通过文中的规范性引用而构成本文件必不可少的条款。其中,注日期的引用文件,仅该日期对应的版本适用于本文件;不注日期的引用文件,其最新版本(包括所有的修改单)适用于本文件。

ISO 4306-2 起重机 术语 第2部分:流动式起重机(Cranes—Vocabulary—Part 2:Mobile cranes)

ISO 7752-1 起重机 控制装置布置形式和特性 第1部分:总则(Cranes—Control layout and characteristics—Part 1:General principles)

3 术语和定义

ISO 4306-2 界定的以及下列术语和定义适用于本文件。

3.1

操作员 operator

操纵起重机实现载荷定位的人员。

[来源:ISO 7752-1]

3.2

控制装置 control

连接起重机操作员和起重机控制系统之间的操纵装置。

[来源:ISO 7752-1]

3.3

控制站 control station

控制起重机运行或停止的固定地点。

[来源:ISO 7752-1]

4 双向手柄,定长臂起重机

基本控制装置应按图1布置。

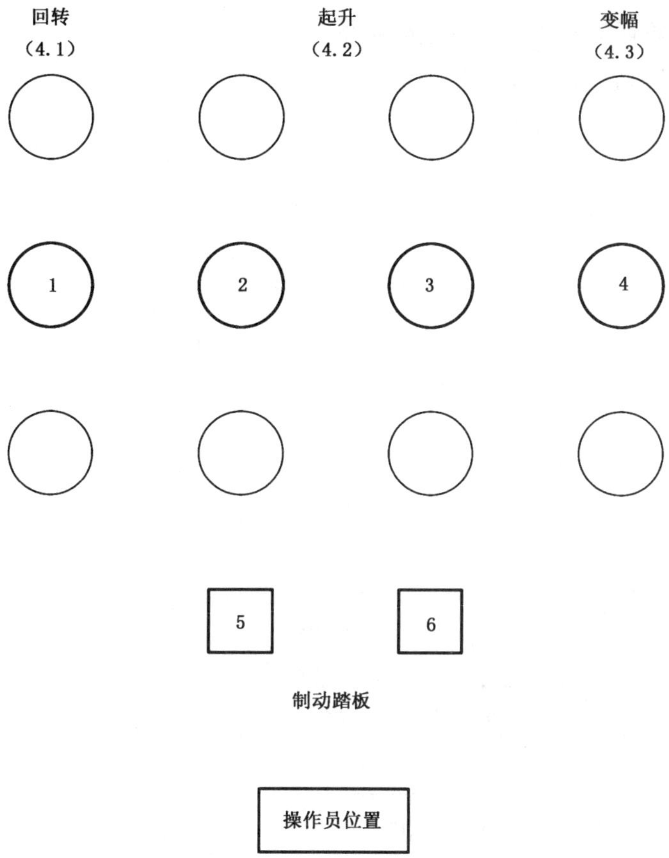

图 1　定长臂起重机控制装置简图

4.1　回转控制装置——手柄 1

向前(朝臂架方向)推手柄：

——向左回转(操作员位置在臂架右侧)；

——向右回转(操作员位置在臂架左侧或中间)。

手柄在中间位置,切断回转动力。

向后拉手柄,回转方向相反。

4.2　起升控制装置——手柄 2 及脚踏板 5、手柄 3 及脚踏板 6

向后拉手柄,起升载荷。

手柄在中间位置,切断起升动力并保持载荷不动(如果装有自动制动器),或踩下制动踏板控制载荷。

向前推手柄,下降载荷。

4.3　臂架变幅控制装置——手柄 4

向后拉手柄,抬起臂架。

手柄在中间位置,保持臂架在原位。

向前推手柄,落下臂架。

4.4 臂架变幅控制装置的其他形式——脚踏板

基本控制装置应按图2所示布置。

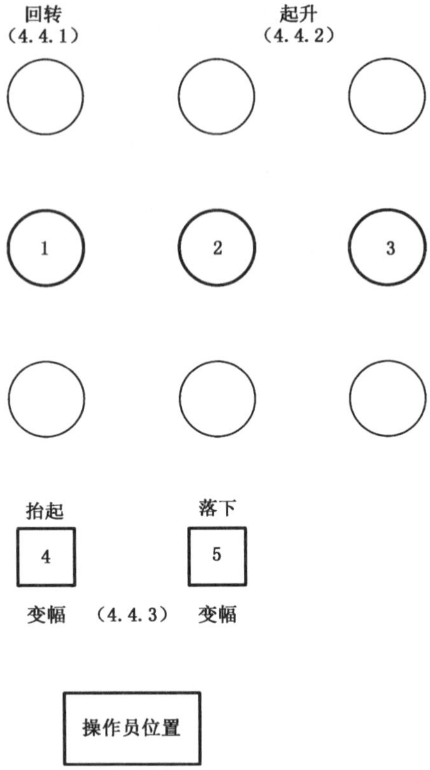

图2 定长臂起重机臂架变幅控制装置可供选择的控制装置简图(脚踏板)

4.4.1 回转控制装置——手柄1

向前(朝臂架方向)推手柄:

——向左回转(操作员位置在臂架右侧);

——向右回转(操作员位置在臂架左侧或中间)。

手柄在中间位置,切断回转动力。

向后拉手柄,回转方向相反。

4.4.2 起升控制装置——手柄2及手柄3

向后拉手柄,起升载荷。

手柄在中间位置,切断动力并保持载荷不动。

向前推手柄,下降载荷。

4.4.3 臂架变幅控制装置——脚踏板4和脚踏板5

踩下脚踏板4,抬起臂架。

踩下脚踏板5,落下臂架。

松开脚踏板4和脚踏板5,保持臂架在原位。

5 双向手柄，伸缩臂起重机

基本控制装置应按图3所示布置。

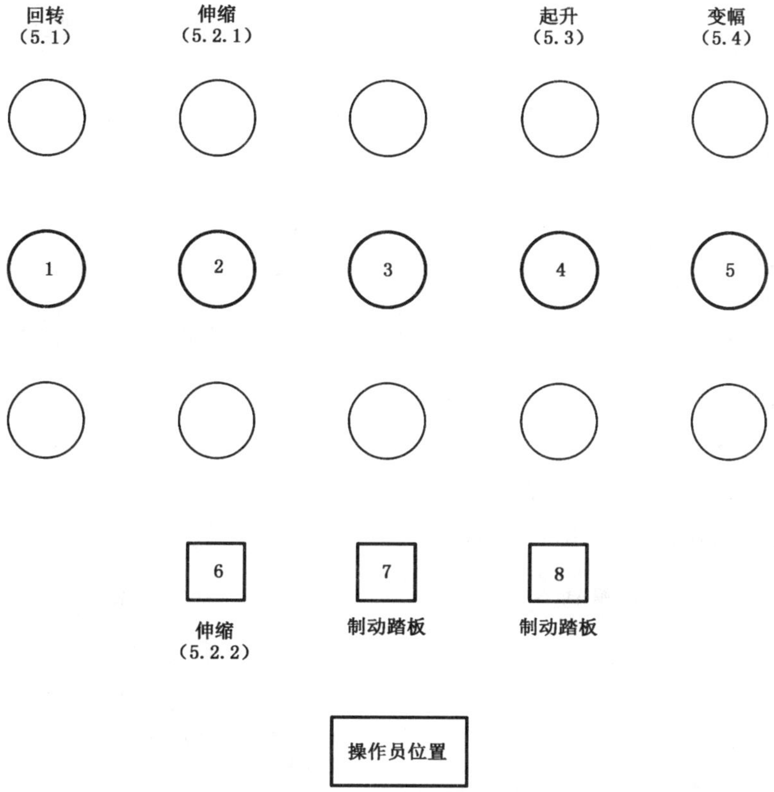

图3 伸缩臂起重机控制装置简图

5.1 回转控制装置——手柄1

向前（朝臂架方向）推手柄：

——向左回转（操作员位置在臂架右侧）；

——向右回转（操作员位置在臂架左侧或中间）。

手柄在中间位置，切断回转动力。

向后拉手柄，回转方向相反。

5.2 臂架伸缩控制装置

5.2.1 手柄2

向前推手柄，伸出臂架。

手柄在中间位置，保持臂架长度不变。

向后拉手柄，缩回臂架。

5.2.2 脚踏板6——可供选用（代替手柄2）

向前踩脚踏板（脚掌下压），伸出臂架。

脚踏板在中间位置，保持臂架长度不变。

向后踩脚踏板(脚跟下压),缩回臂架。

5.3 起升控制装置——手柄 3 及脚踏板 7、手柄 4 及脚踏板 8

向后拉手柄,起升载荷。

手柄在中间位置,切断动力并保持载荷不动(如果装有自动制动器),或踩下制动踏板控制载荷。

向前推手柄,下降载荷(如果装有自动制动器)或使用“动力下降载荷”。

5.4 臂架变幅控制装置——手柄 5

向后拉手柄,抬起臂架。

手柄在中间位置,保持臂架在原位。

向前推手柄,落下臂架。

如果有必要,可以在手柄 1、2 之间另外增加手柄,以单独操纵某些臂节伸缩。

6 十字轴手柄(多向控制装置),定长臂起重机

6.1 基本控制装置布置

基本控制装置应按图 4 所示布置。

也可以用脚踏板控制变幅(见 6.2.3)。

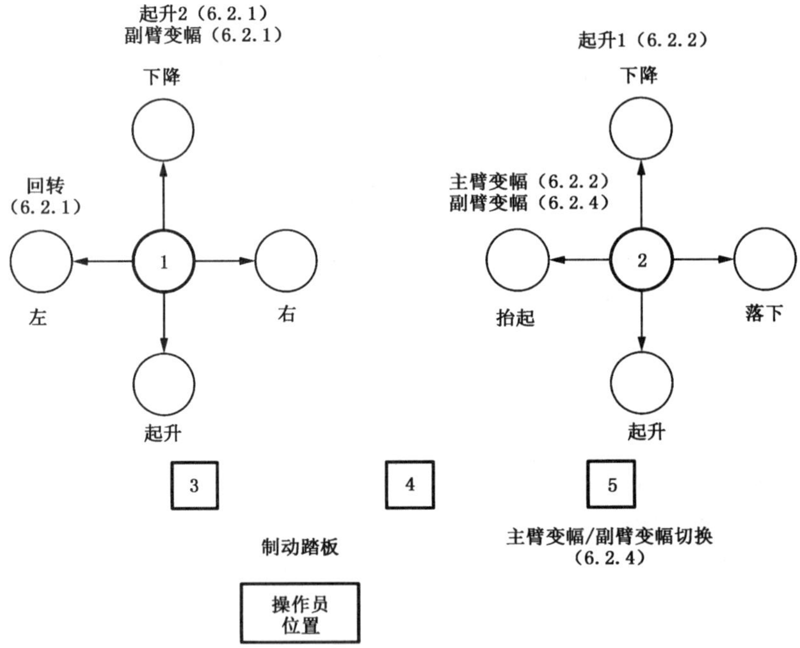

图 4 定长臂起重机控制装置简图

6.2 动作方向

6.2.1 起升 2 和回转控制装置——手柄 1 和脚踏板 3

6.2.1.1 手柄垂直方向

向后拉手柄,起升载荷或副臂向上变幅。

手柄在中间位置,保持载荷(或保持副臂)不动(如果装有自动制动器),或踩下制动踏板控

制载荷。

向前推手柄,下降载荷或副臂向下变幅。

6.2.1.2 手柄水平方向

向左移动手柄,向左回转。

手柄在中间位置,切断回转动力。

向右移动手柄,向右回转。

6.2.2 起升1和变幅控制装置——手柄2和脚踏板4

6.2.2.1 手柄垂直方向

向后拉手柄,起升载荷。

手柄在中间位置,保持载荷不动(如果装有自动制动器),或踩下制动踏板来控制载荷。

向前推手柄,下降载荷。

6.2.2.2 手柄水平方向

向左移动手柄,抬起臂架。

手柄在中间位置,保持臂架在原位。

向右移动手柄,落下臂架。

6.2.3 脚踏板3和脚踏板4

如起升卷筒设有自动制动器,脚踏板3和脚踏板4可用于臂架的变幅(见4.4.3)。

6.2.4 配合手柄2的主臂变幅/副臂变幅选择开关5

6.2.4.1 选择开关5在“主臂变幅”位置(见6.2.2.2)

6.2.4.2 选择开关5在“副臂变幅”位置

向左移动手柄,抬起副臂。

手柄在中间,保持副臂位置不动。

向右移动手柄,落下副臂。

7 十字轴手柄(多向控制装置)——伸缩臂起重机

7.1 基本控制装置布置

基本控制装置应按图5所示布置。

也可以用脚踏板控制臂架伸缩(见7.2.3.2)。

7.2 动作方向

7.2.1 起升2和回转控制装置——手柄1和脚踏板5

7.2.1.1 手柄垂直方向

向后拉手柄,起升载荷(或缩回臂架)。

手柄在中间位置,保持载荷(或保持臂架)不动(如果装有自动制动器),或踩下制动踏板控制载荷。

向前推手柄,下降载荷(或伸出臂架)。

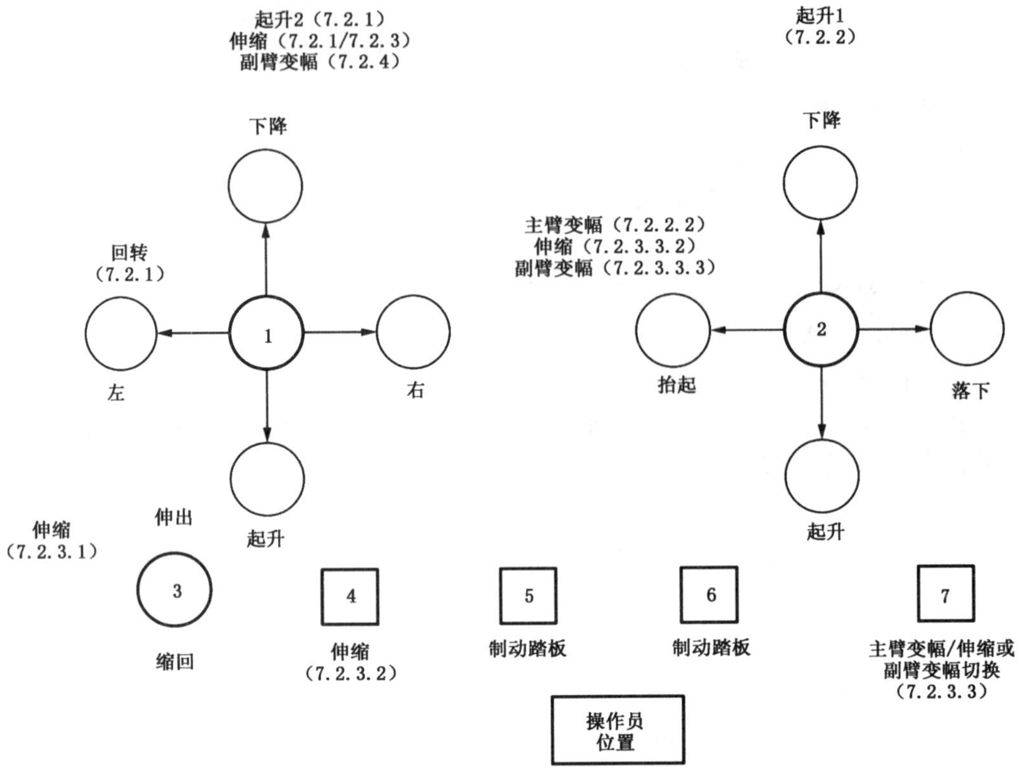

图5　伸缩臂起重机控制器简图

7.2.1.2　手柄水平方向

向左移动手柄,向左回转。

手柄在中间位置,切断回转动力。

向右移动手柄,向右回转。

7.2.2　起升1和变幅控制装置——手柄2和脚踏板6

7.2.2.1　手柄垂直方向

向后拉手柄,起升载荷。

手柄在中间位置,保持载荷位置不动(如果装有自动制动器),或踩下制动控制器控制载荷。

向前推手柄,下降载荷。

7.2.2.2　手柄水平方向

向左移动手柄,抬起臂架。

手柄在中间位置,保持臂架在原位。

向右移动手柄,落下臂架。

7.2.3　使用独立手柄的臂架伸缩控制装置

7.2.3.1　手柄3

向前推手柄,伸出臂架。

手柄在中间位置,保持臂架长度不变。

向后拉手柄,缩回臂架。

注:臂架伸缩也可以用手柄1控制(见7.2.1.1)。

7.2.3.2 **脚踏板4(可供选用)代替手柄3**

向前踩脚踏板(脚掌下压)伸出臂架。

脚踏板在中间位置,保持臂架长度不变。

向后踩脚踏板(脚跟下压)缩回臂架。

7.2.3.3 **配合手柄2代替手柄3和脚踏板4控制主臂变幅/伸缩/副臂变幅的选择开关7**

7.2.3.3.1 **选择开关7在"主臂变幅"位置(见7.2.2.2)**

7.2.3.3.2 **选择开关7在"伸缩"位置**

向左移动手柄,缩回臂架。

手柄在中间位置,保持臂架在原位。

向右移动手柄,伸出臂架。

7.2.3.3.3 **选择开关7在"副臂变幅"位置**

向左移动手柄,抬起副臂。

手柄在中间位置,保持副臂在原位。

向右移动手柄,落下副臂。

7.2.4 **副臂变幅控制装置(代替起升2)——手柄1**

向后拉手柄,抬起副臂。

手柄在中间位置,保持副臂在原位。

向前推手柄,落下副臂。

8 远程控制站

8.1 控制装置的相对位置及动作方向应符合第4章和第5章或第6章和第7章的规定并符合实际情况的要求。

8.2 应有保证措施,当控制信号使起重机动作失误时,起重机应停止动作。

8.3 应有保证措施,一旦某装置失灵便紧急停车。

9 一般要求

9.1 起重机操作期间使用的基本控制装置(见图1～图5)应布置在操作员工作时可以轻易触及的位置。

9.2 手柄和脚踏板要有在不采用刚性保持装置时,能保持在空挡位置的措施。除非由于功能的特定需要,当操作员松开手柄或脚踏板时,能自动回到空挡位置。

9.3 控制装置所需的手柄操作力应不大于160 N,脚踏板应不大于225 N。

9.4 控制装置从中位(中间位置)到前、后位置的所需操作行程应不大于260 mm,脚踏板的行程应不大于260 mm。

10 其他功能控制装置

流动式起重机的其他功能控制装置(例如行驶、转向和回转制动)不包括在本文件,此类控制装置可以与上述基本控制装置组合或布置在基本控制装置区域内,但应避免引起操作员的误解和操纵时的躯体干扰。

ICS 53.020.20
J 80

中华人民共和国国家标准

GB/T 24817.3—2016/ISO 7752-3:2013
代替 GB/T 24817.3—2009

起重机 控制装置布置形式和特性 第3部分:塔式起重机

Cranes—Control layout and characteristics—Part 3:Tower cranes

(ISO 7752-3:2013,IDT)

2016-10-13 发布 2017-05-01 实施

中华人民共和国国家质量监督检验检疫总局
中国国家标准化管理委员会 发布

前　言

GB/T 24817《起重机　控制装置布置形式和特性》分为以下5个部分：

——第1部分：总则；

——第2部分：流动式起重机；

——第3部分：塔式起重机；

——第4部分：臂架起重机；

——第5部分：桥式和门式起重机。

本部分为GB/T 24817的第3部分。

本部分按照GB/T 1.1—2009给出的规则起草。

本部分代替GB/T 24817.3—2009《起重机械　控制装置布置形式和特性　第3部分：塔式起重机》，与GB/T 24817.3—2009相比主要技术变化如下：

——标准名称改为"起重机　控制装置布置形式和特性　第3部分：塔式起重机"；

——删除了"技术要求"一章(见2009年版第4章)；

——删除了"轮式操纵装置"的内容(见2009年版5.2)；

——增加了对"操纵台"和"停车时间控制"的要求(见第5章和第6章)。

本部分使用翻译法等同采用ISO 7752-3:2013《起重机　控制装置布置形式和特性　第3部分：塔式起重机》。

本部分由中国机械工业联合会提出。

本部分由全国起重机械标准化技术委员会(SAC/TC 227)归口。

本部分起草单位：北京建筑机械化研究院、浙江省建设机械集团有限公司、马鞍山方圆支承股份有限公司、广东省建筑科学研究院、广西建工集团建筑机械制造有限责任公司、锦州港股份有限公司、徐州建机工程机械有限公司、北京建研机械科技有限公司。

本部分主要起草人：孙艳秋、叶进其、关元清、王亚平、弋宝山、姜渭、王建军、王汉炜、谢程、周紫晗。

本部分所代替标准的历次版本发布情况为：

——GB/T 24817.3—2009。

起重机　控制装置布置形式和特性
第3部分:塔式起重机

1　范围

GB/T 24817的本部分规定了GB/T 6974.3—2008和ISO 4306-3:2003/Amd 1:2011所定义的塔式起重机(以下简称"塔机")控制装置的特殊要求,以及用于载荷定位的基本控制装置的布置。

注:对于起重机控制的基本原则和要求,见GB/T 24817.1。

2　规范性引用文件

下列文件对于本文件的应用是必不可少的。凡是注日期的引用文件,仅注日期的版本适用于本文件。凡是不注日期的引用文件,其最新版本(包括所有的修改单)适用于本文件。

GB/T 6974.1—2008　起重机　术语　第1部分:通用术语(ISO 4306-1:2007,IDT)

GB/T 6974.3—2008　起重机　术语　第3部分:塔式起重机(ISO 4306-3:2003,IDT)

GB/T 24817.1—2016　起重机　控制装置布置形式和特性　第1部分:总则(ISO 7752-1:2010,IDT)

ISO 4306-3:2003/Amd 1:2011　起重机　术语　第3部分:塔式起重机(Cranes—Vocabulary—Part 3: Tower cranes)

IEC 60204-32:2008　机械安全　机械电气设备　第32部分:起重机械技术条件(Safety of machinery—Electrical equipment of machines—Part 32: Requirements for hoisting machines)

3　术语和定义

GB/T 6974.1—2008、GB/T 6974.3—2008、ISO 4306-3:2003/Amd 1:2011和GB/T 24817.1—2016界定的术语和定义适用于本文件。

4　控制装置

4.1　要求

控制装置应符合GB/T 24817.1—2016的要求。

4.2　基本控制布置

4.2.1　概述

基本控制装置应按图1进行布置,并按:

——右边:载荷上升和下降,塔机行走;

——左边:动臂或小车变幅,塔机回转。

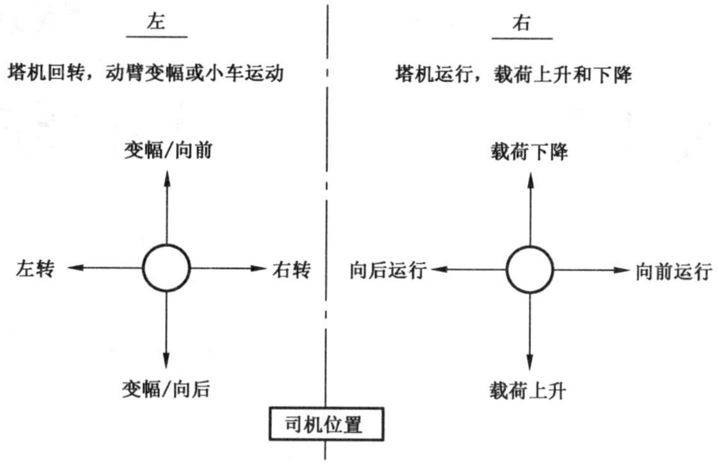

图 1　塔机控制装置布置

4.2.2　关节轴承或万向节型操纵杆

当使用关节轴承或万向节型操纵杆时，塔机的运动应与表 1 中所列的操纵杆运动方向一致。

表 1　塔机运动和操纵杆运动方向

塔机运动	操纵杆运动方向
载荷起升，向内变幅，小车或臂架向内运动(如果臂架能水平移动)	靠近司机方向(杆向后运动)
载荷下降，降低臂架，小车或臂架向外运动(如果臂架能移动)	离开司机方向(杆向前运动)
向右回转	操纵杆扳向司机右边
向左回转	操纵杆扳向司机左边
起重机行走	根据司机的位置，与司机所希望的运行方向有关，扳向司机的左边或者右边

5　操纵台

操纵台应符合 GB/T 24817.1—2016 的要求。

6　停止

停止控制的时间值应与 IEC 60204-32:2008 中 9.2.7.3 所给出的一致。对于塔机，停止时间为 1 s，对于无线遥控，停止时间为 0.5 s ～2 s。

ICS 53.020.20
J 80

中华人民共和国国家标准

GB/T 24817.4—2009/ISO 7752-4:1989

起重机械　控制装置布置形式和特性　第4部分:臂架起重机

Cranes—Controls—Layout and characteristics—Part 4:Jib cranes

(ISO 7752-4:1989,IDT)

2009-12-15 发布　　2010-07-01 实施

中华人民共和国国家质量监督检验检疫总局
中国国家标准化管理委员会　发布

前　　言

GB/T 24817《起重机械　控制装置布置形式和特性》分为以下5个部分：

——第1部分：总则；

——第2部分：流动式起重机；

——第3部分：塔式起重机；

——第4部分：臂架起重机；

——第5部分：桥式和门式起重机。

本部分为GB/T 24817的第4部分。

本部分等同采用ISO 7752-4：1989《起重机　控制装置　布置形式和特性　第4部分：臂架起重机》(英文版)。

本部分等同翻译ISO 7752-4：1989。

为了便于使用，本部分作了下列编辑性修改：

——"ISO 7752的本部分"一词改为"GB/T 24817的本部分"；

——删除了ISO 7752-4：1989的前言；

——ISO 7752-4：1989引用的其他国际标准，用已被采用为我国的标准代替对应的国际标准；

——对ISO 7752-4：1989中图1里的"起升(见4.1.3)"位置调整到"副起升"和"主起升"之间。

本部分由中国机械工业联合会提出。

本部分由全国起重机械标准化技术委员会(SAC/TC 227)归口。

本部分起草单位：北京起重运输机械研究所。

本部分主要起草人：刘涛。

引　　言

臂架起重机的司机经常要操纵不同型号或不同制造厂的起重机。GB/T 24817 的本部分规定了臂架起重机工作循环中基本控制器的布置及动作方向，以减少操作人员在紧急情况下的混乱及误操作。

起重机械　控制装置布置形式和特性 第4部分：臂架起重机

1　范围

GB/T 24817 的本部分规定了按 GB/T 6974.1 定义的除塔式起重机、流动式起重机和铁路起重机以外的臂架起重机（以下简称“起重机”）运行、回转、起升、变幅的基本控制装置的布置要求和操作方向。

2　规范性引用文件

下列文件中的条款通过 GB/T 24817 的本部分的引用而成为本部分的条款。凡是注日期的引用文件，其随后所有的修改单（不包括勘误的内容）或修订版均不适用于本部分，然而，鼓励根据本部分达成协议的各方研究是否可使用这些文件的最新版本。凡是不注日期的引用文件，其最新版本适用于本部分。

GB/T 6974.1　起重机　术语　第1部分：通用术语（GB/T 6974.1—2008，ISO 4306-1：2007，IDT）

GB/T 24817.1　起重机械　控制装置布置形式和特性　第1部分：总则（GB/T 24817.1—2009，ISO 7752-1：1983，IDT）

3　基本要求

臂架起重机的基本控制装置应符合 GB/T 24817.1，但其操纵控制装置需用的力不应超过：

—— 手柄和操纵杆，100 N；

—— 脚踏板，200 N。

4　基本控制装置的布置

4.1　带双向操纵杆的固定长度或铰接臂的起重机

双向操纵杆基本控制装置应按图1所示布置。

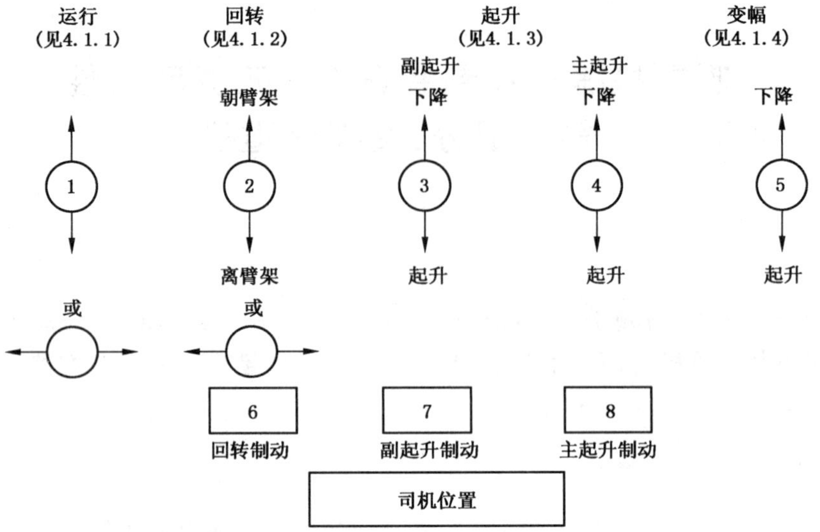

图 1 带双向控制装置的固定长度或铰接臂的起重机用控制装置简图

4.1.1 运行控制器——手柄 1

4.1.1.1 手柄操作方向与起重机运行方向一致

按起重机运行方向移动手柄。

中间位置停止运行并制动。

4.1.1.2 手柄操作方向与起重机运行方向不一致

确认手柄操作方向是起重机运行所需方向后,移动手柄。

中间位置停止运行并制动。

注:要注意 GB/T 24817.1,它要求起重机的运动方向在每个控制器位置上都被确认。这对于手柄操作方向与起重机运动方向不逻辑相关特别重要。

4.1.2 回转控制器——手柄 2

4.1.2.1 前后推动的手柄

向前推手柄则朝着臂架回转(如司机室在起重机右侧便向左回转;在左侧或中间便向右回转)。

4.1.2.2 左右扳动的手柄

向左扳动手柄便向左回转,向右扳动手柄便向右回转。

4.1.2.3 4.1.2.1 和 4.1.2.2 的手柄中间位置允许起重机自由回转或保持在某一位置。踏下脚踏板 6(如装设)可回转或保持原位。

4.1.3 起升控制器——手柄 3 和脚踏板 7(如装设)、手柄 4 和脚踏板 8(如装设)

向后拉手柄,载荷起升。

中间位置切断动力并制动。如未装设自动制动器,则踩下踏板制动。

向前推动手柄,载荷下降(如起重机装有动力下降装置)。

用手柄 4 控制主起升机构,用手柄 3(如装设)控制副起升机构或其他功能。

4.1.4 变幅控制器——手柄 5

向后拉手柄,向内变幅。

中间位置停止变幅。

向前推手柄，向外变幅。

注：要注意 GB/T 24817.1，它要求起重机的运动方向在每个控制器位置上都被确认。这对于手柄操作方向与起重机运行方向不逻辑相关特别重要。

4.2 带多向操纵杆的固定长度或铰接臂的起重机

多向控制装置应按图 2 所示布置。

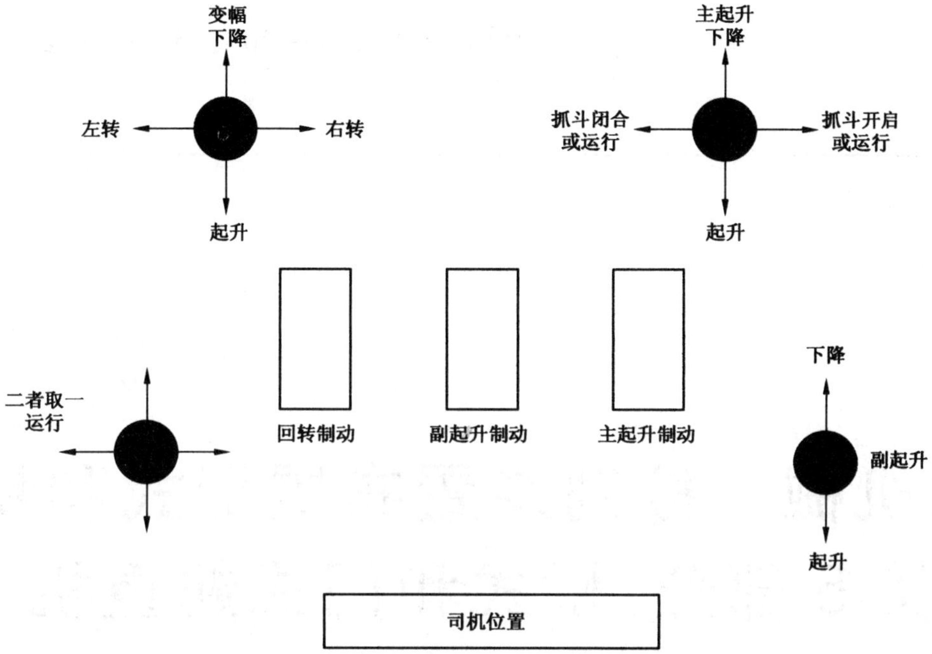

图 2　带多向控制装置的固定长度或铰接臂的起重机用控制装置简图

ICS 53.020.20
J 80

中华人民共和国国家标准

GB/T 24817.5—2009/ISO 7752-5:1985

起重机械　控制装置布置形式和特性　第5部分:桥式和门式起重机

Lifting appliances—Controls—Layout and characteristics—Part 5:Bridge and gantry cranes

(ISO 7752-5:1985,IDT)

2009-12-15 发布　　2010-07-01 实施

中华人民共和国国家质量监督检验检疫总局
中国国家标准化管理委员会　发布

前　言

GB/T 24817《起重机械　控制装置布置形式和特性》分为 5 个部分：

——第 1 部分：总则；

——第 2 部分：流动式起重机；

——第 3 部分：塔式起重机；

——第 4 部分：臂架起重机；

——第 5 部分：桥式和门式起重机。

本部分为 GB/T 24817 的第 5 部分。

本部分等同采用 ISO 7752-5：1985《起重机械　控制装置　布置形式和特性　第 5 部分：桥式和门式起重机》(英文版)。

本部分等同翻译 ISO 7752-5：1985。

为了便于使用，本部分还做了下列编辑性修改：

——“ISO 7752 的本部分”一词改为“GB/T 24817 的本部分”；

——删除 ISO 7752-5：1985 的前言；

——对 ISO 7752-5：1985 引用的其他国际标准，用已被采用为我国的标准代替对应的国际标准。

本部分由中国机械工业联合会提出。

本部分由全国起重机械标准化技术委员会(SAC/TC 227)归口。

本部分起草单位：大连重工·起重集团有限公司、北京起重运输机械设计研究院。

本部分主要起草人：桂佩康、马小平、李继玉、何铀。

引　　言

GB/T 24817 的本部分规定了桥式和门式起重机的控制装置及其布置形式,以缓和起重机司机在紧急情况下的紧张情绪或减少对起重机的误操作。而 GB/T 24817.1 则对所有类型起重机规定了控制装置的一般原则。

起重机械 控制装置布置形式和特性 第5部分：桥式和门式起重机

1 范围

GB/T 24817 的本部分规定了所有由 GB/T 6974.1 定义的桥式和门式起重机的大车运行、小车运行、回转、司机室驱动以及载荷起升和下降等基本控制装置的布置、要求及动作方向。

2 规范性引用文件

下列文件中的条款通过 GB/T 24817 的本部分的引用而成为本部分的条款。凡是注日期的引用文件，其随后所有的修改单（不包括勘误的内容）或修订版均不适用于本部分，然而，鼓励根据本部分达成协议的各方研究是否可使用这些文件的最新版本。凡是不注日期的引用文件，其最新版本适用于本部分。

GB/T 6974.1 起重机 术语 第1部分：通用术语（GB/T 6974.1—2008，ISO 4306-1：2007，IDT）

GB/T 24817.1 起重机械 控制装置布置形式和特性 第1部分：总则（GB/T 24817.1—2009，ISO 7752-1：1983，IDT）

3 一般要求

3.1 桥式和门式起重机的基本控制装置应符合 GB/T 24817.1 的要求，只有如 3.2 注明的除外。

3.2 手柄上的作用力取决于起重机的工作任务。推荐使用以下数值：

a） 操作手柄：

——向前/向后：60 N；

——向左/向右：40 N。

b） 脚踏板开关：150 N。

4 基本控制装置的布置

桥式和门式起重机的控制装置要尽可能布置在司机的附近与前方，如图 1 或图 2 所示。

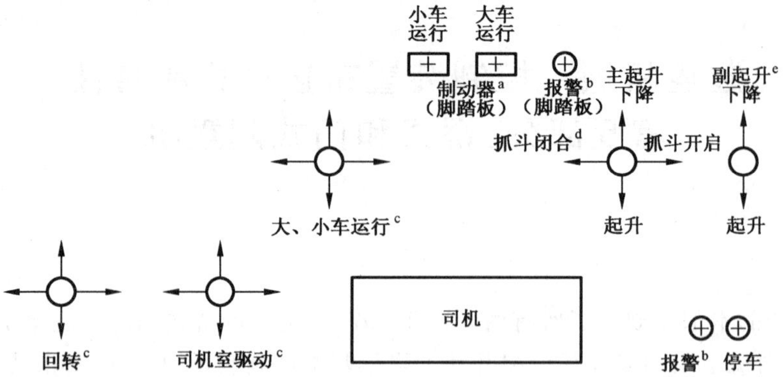

[a] 可用普通释放式脚踏板。

[b] 任选位置。

[c] 手柄(操纵杆)操纵方向与动作方向一致。

[d] 或其他的承载装置。

[e] 可选项。

图 1

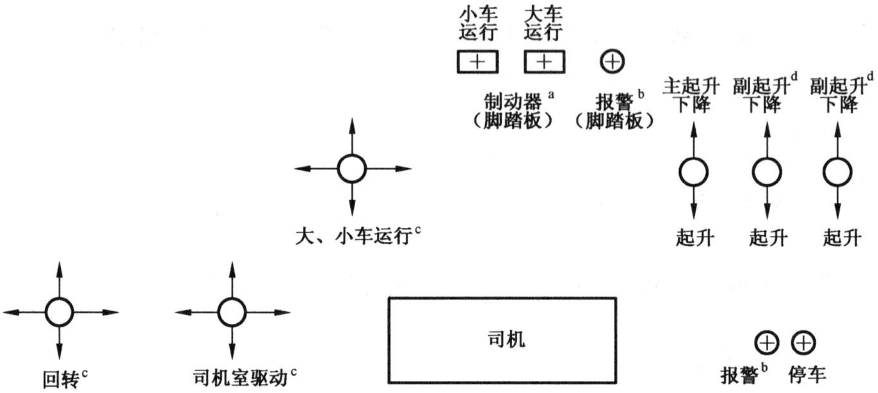

[a] 可用普通释放式脚踏板。

[b] 任选位置。

[c] 操纵方向与运动方向一致。

[d] 可选项。

图 2

ICS 53.020.20
J 80

中华人民共和国国家标准

GB/T 24818.1—2009/ISO 11660-1:2008

起重机　通道及安全防护设施
第1部分:总则

Cranes—Access,guards and restraints—Part 1:General

(ISO 11660-1:2008,IDT)

2009-12-15 发布　　2010-07-01 实施

中华人民共和国国家质量监督检验检疫总局
中国国家标准化管理委员会　发布

前　　言

GB/T 24818《起重机　通道及安全防护设施》分为4个部分：

——第1部分：总则；

——第2部分：流动式起重机；

——第3部分：塔式起重机；

——第5部分：桥式和门式起重机。

本部分为GB/T 24818的第1部分。

本部分等同采用ISO 11660-1:2008《起重机　通道及安全防护设施　第1部分：总则》(英文版)。

本部分等同翻译ISO 11660-1:2008。

为了便于使用，本部分作了下列编辑性修改：

——“ISO 11660的本部分”一词改为“GB/T 24818的本部分”；

——删除国际标准的前言；

——用小数点“.”代替作为小数点的逗号“,”；

——对ISO 11660-1:2008中引用的其他国际标准，用已被采用为我国的标准代替对应的国际标准；

——参考文献中所列的国际标准，用已被采用为我国的标准代替对应的国际标准；对于未被采用为我国标准的国际标准，均被直接列出；

——对“不连续梯子侧杆端部间的间距”用 g_1 表示；对“不连续两段扶手/把手间的间距”用 g_2 表示。

本部分的附录A为资料性附录。

本部分由中国机械工业联合会提出。

本部分由全国起重机械标准化技术委员会(SAC/TC 227)归口。

本部分起草单位：长沙建设机械研究院、北京起重运输机械研究所、长沙中联重工科技发展股份有限公司。

本部分主要起草人：李桂芳、阳云华。

起重机　通道及安全防护设施
第1部分：总则

1　范围

GB/T 24818 的本部分确定了 GB/T 6974.1 中所定义的起重机在正常操作、维护、检查、安装、拆卸和遇到突发性情况时，到控制台和其他区域通道的通用要求，以及对在起重机上或起重机附近的人员不被运动部件、下落物体、转动部件所伤害的安全防护设施的通用要求。

GB/T 24818.3 、GB/T 24818.5 和 ISO 11660-2 分别规定了不同类型起重机及起重设备关于通道及安全防护设施的特殊要求。

当特殊要求与通用要求不符时，可使用与通用要求不同的尺寸，以达到相同程度的保护。

2　规范性引用文件

下列文件中的条款通过 GB/T 24818 的本部分的引用而成为本部分的条款。凡是注日期的引用文件，其随后所有的修改单(不包括勘误的内容)或修订版均不适用于本部分，然而，鼓励根据本部分达成协议的各方研究是否可使用这些文件的最新版本。凡是不注日期的引用文件，其最新版本适用于本部分。

GB 5226.2　机械安全　机械电气设备　第 32 部分：起重机械技术条件(GB 5226.2—2002，IEC 60204-32：1998，IDT)

GB/T 6974.1　起重机　术语　第 1 部分：通用术语(GB/T 6974.1—2008，ISO 4306-1：2007，IDT)

3　术语、定义和符号

3.1　术语和定义

GB/T 6974.1 确立的以及下列术语和定义适用于 GB/T 24818 的本部分。

3.1.1

直梯　rung ladder

用于与水平面的夹角大于 75°，并由侧杆和供双脚蹬踏的踏杆组成的通道。

3.1.2

阶梯　stepped ladder

用于与水平面的夹角大于 60°，并由侧杆和供双脚蹬踏的踏板组成的通道。

3.1.3

楼梯　stair

用于与水平面的夹角不大于 50°的通道。

3.1.4

坡道　ramp

与水平面的夹角小于或等于 20°的没有梯级的斜平面。

3.1.5

走道 walkway

供工作人员在起重机上各部件之间行走或爬行的基本水平的通道。

3.1.6

休息平台 rest platform

在梯子或楼梯的梯段间，每隔一定距离所安装的供人员休息的平台。

3.1.7

平台 platform

供有关人员从事操作、维护、检查和修理工作的水平面。

3.1.8

扶手 handrail

任意两位置之间为手提供扶持不间断支撑的装置。

3.1.9

把手 handhold

供单手抓握的装置。

3.1.10

踢脚板 toeboard

设置在平台周边，用于防止物体掉落的立板。

3.1.11

驻脚台 foothold

供一只或两只脚踩放的装置。

3.1.12

人孔 manhole

供人员通过，能安装盖板的通道孔。

3.1.13

天窗 hatch

供人员通过，且装有带铰链门的通道孔。

3.1.14

动力通道 powered access system

由动力而非人力驱动的通道，该通道仅供起重机操作员专用。

3.1.15

随身保护装置 personal protective equipment

穿着的或随身携带的，用于保护个人避免各种危险的任何设施或器具。

3.2 符号

a——踏步进深(级距)；

b——横档高度；

c——把手净长；

d——踏板(踏杆)中心到直立面距离；

e——梯子到后部障碍物距离；

f——梯子轴线到侧面障碍物距离；

g_1——不连续梯子侧杆端部间的间距；

g_2——不连续两段扶手/把手间的间距；
h——踏步间距；
i——踏杆间距；
k——踏杆直径/宽度；
m——踏板(踏杆)宽度；
n——扶手/把手的直径/宽度；
p——踏板深度；
q——把手到安装面的距离；
r——扶手/把手下部到基面/驻脚台的垂直距离；
s——扶手/把手最高位置到梯子/楼梯上部工作平台/休息平台面的垂直距离；
t——扶手/把手边与梯子侧杆/踏杆外缘间的间距；
u——人体可以通过的两个平行扶手/把手间的间距；
v——基面/楼梯面到扶手/栏杆的距离；
v_1——中间横杆的下部到踢脚板上边缘的距离；
v_2——中间横杆的上部到扶手/栏杆下部的距离；
w——基面/楼梯面到踢脚板上边缘的距离；
y——基面/楼梯面到踢脚板下边缘的距离；
z——踏板(踏杆)到扶手/把手的距离。

4 通道

4.1 通道分类

对 GB/T 24818 的本部分来说，可分为以下两类通道：

——1 类通道：不需要携带随身保护装置条件下使用的通道；

——2 类通道：要求使用随身保护装置和 1 类通道中没有特殊规定的通道。

4.2 通道的选定

4.2.1 选定通道的方法

进入控制台、需要定期检查和维护的机构或起重机的其他部件的通道，都应配备诸如阶梯、楼梯、直梯、走道、驻脚台和平台，必要时应配以扶手、把手和其他附件。

通道应有进入司机室和走道的安全入口。

对于定期安装和拆卸的起重机，应设置为适合该作业要求的通道。通道的设计应当保证起重机的顺利拆装。

对于高度较大的起重机，通往司机室的通道可优先选用动力通道。如配置的通道为动力通道，则起重机的设计应与此相协调，此时应配置 2 类通道作为补充。

制造商在决定所提供的通道时，还应考虑到下列因素：

——使用频率；

——装备或工具的搬运；

——到顶部的垂直距离；

——用途，如维护、检查、走道。

图 1 中给出不同通道的工作角度范围。

应按如下优先次序设置通道的型式：楼梯、直梯、阶梯。同时应优先采用固定装配的安全配置(如：护圈、侧保护)，其次再考虑随身保护设施。

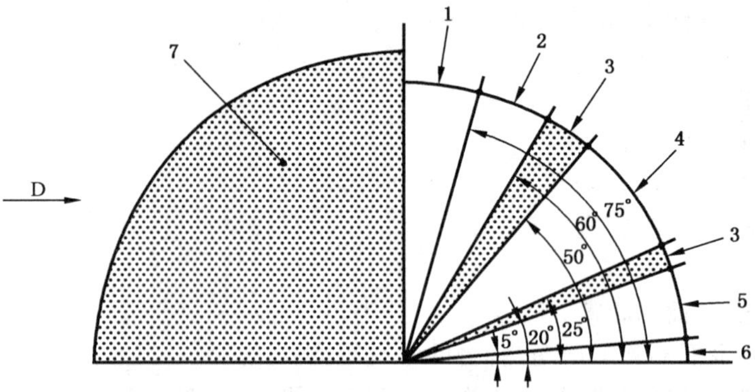

1——直梯；
2——阶梯；
3——避免使用区；
4——楼梯；
5——坡道；
6——走道；
7——禁区。
D——爬升的入口方向。

图 1　不同通道类型所适应的工作角度范围

4.2.2　通道形式的选定

通道应按以下原则选定：

——通往控制站和启动装置的通道：1 类通道；

——用于一个月多于一次维护的通道：1 类通道。

下列情况可采用 2 类通道：

——用于维护周期超过一个月的通道，这种通道应设计为在没有随身保护装置情况下可防止从高处跌落；

——用于安装和拆卸的通道。

注：关于维护定义，见 GB/T 22416.1—2008 中 3.2"计划性维护(定期维护)"。

4.2.3　防高处跌落的保护装置

表 1 概括了第 6 章、第 7 章、第 9 章中定义的各种通道及与通道类型相应的保护装置。

表 1　各种类型通道的保护装置

通　道	1 类通道		2 类通道	
	固定保护装置	随身保护装置	固定保护装置	随身保护装置
楼梯	需要(侧保护)	不需要	需要(侧保护)	需要
阶梯	需要(侧保护)	不需要	需要(侧保护)	不需要
直梯(驻脚台)	需要(护圈)	不需要	需要(护圈)	需要
走道	需要(侧保护)	不需要	需要(侧保护)	需要

5　一般要求

5.1　任何通道应设有可同时使用的三个支撑点(两只手和一只脚，或两只脚和一只手)。

5.2　人体需从梯子的踏杆侧移到另一支撑面，踏板或踏杆到支撑面上最近边的距离应在最大半径为 0.3 m 的球半径内（见图 2）。

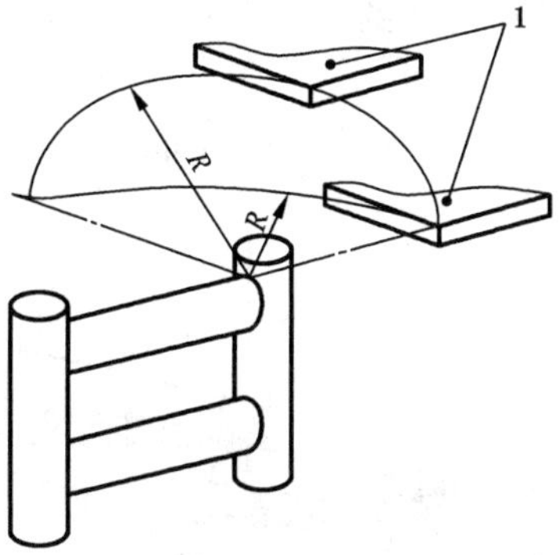

1——支撑面。

R——球体半径。

图 2　踏板或踏杆到支撑面最近边的距离

5.3　通道及行走站立区域应：

——有指定工作位置，如：铰接式臂架上的平台需要从指定的臂架位置进入；

——考虑人员数量、随身携带物（如工具和零备件）；

——采用阻燃的、表面防滑（见附录 A）的材料，且不能积存液体。

5.4　每个控制站的固定通道上应至少有一个出口。当这个出口不能从起重机或控制站的任何工作位置到达该固定通道时，应设置另一备用出口。

5.5　任何通道基面上的孔隙，包括人员可能停留区域之上的走道、驻脚台或平台底面上的狭缝或空隙，都应满足如下要求：

——不允许直径为 20 mm 的球体通过；

——当长度等于或大于 200 mm 时，其最大宽度为 12 mm。

5.6　用于支撑手的物件应光滑。边沿应为圆角（最小半径 2 mm）或倒角（最小尺寸 2 mm ×2 mm）。

在把手和驻脚台末端，应有把手或踏杆的横档。

5.7　当通道配用活动梯时，应有可靠固定活动梯子端部的装置，防止梯端移动。

这些梯子应符合 GB/T 24818 的本部分有关梯子的要求。

5.8　在有相对运动的起重机结构处设置的通道，应按下述优先次序配置联锁装置、加锁、信息提示/贴警示标志，来避免绊倒、挤压、跌落的危险。

6　楼梯和阶梯

6.1　踏板应具有防滑性，外部边缘（突出部位）应没有尖锐的棱缘。

6.2　踏板构造应尽量不积存污垢并便于清除存积的脏物。

6.3　踏板在下列情况下应无永久变形：

——2 000 N 的力通过直径为 125 mm 的圆盘，施加在踏板的任何位置；或

——施加 4 500 N/m^2 的均布载荷。

6.4　1 类通道的楼梯应在两侧设置扶手和中间横杆（见第 10 章和表 7）。

如果楼梯与连续面的距离小于 0.2 m，可省略中间横杆。

所有阶梯两侧都应设置扶手或把手(见第10章)。

踏板应有相同的踏步间距。从基面到第一个踏板的距离应该与楼梯或梯子的踏步间距相同,但是为了满足基面和第一个踏板之间的移动要求,或者满足标准构件的安装要求,则上述距离可以改变。

楼梯和阶梯的尺寸应符合图3、表2和表3的要求。

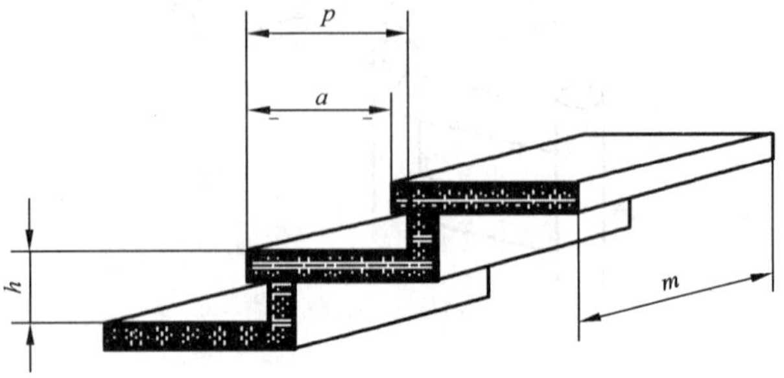

a——踏步进深(级距);

h——踏步间距;

m——踏板宽度;

p——踏板深度。

图3 楼梯和阶梯的尺寸参数

表2 楼梯尺寸

单位为米

参数[a]	1类通道		2类通道	
	最小	最大	最小	最大
踏板宽度 m	0.45	—	0.32	—
踏步间距 h[b]	0.18	0.25	0.18	0.25
踏板深度 p	0.24	—	0.20	—
踏步进深 a[b,c]	0.15	0.27	0.15	0.27
基面到踏板的高度	—	0.6	—	0.7

[a] 见图3。

[b] 应遵循如下公式:$0.6<(2h+a)<0.66$;推荐值是:$(2h+a)=0.63$。

[c] 踏步进深也称级距。

表3 阶梯尺寸

单位为米

参数[a]	1类通道		2类通道	
	最小	最大	最小	最大
踏板宽度 m	0.45	—	0.32	—
踏步间距 h[b]	0.23	0.30	0.23	0.30
踏步进深 a[b,c]	0.08	—	0.08	—
基面到踏板的高度	—	0.6	—	0.7

[a] 见图3。

[b] 表2中的 h 和 a 公式不适合阶梯。

[c] 踏步进深也称级距。

7 直梯和驻脚台

7.1 直梯

7.1.1 侧杆应可用于抓握，应没有尖锐的棱缘。

7.1.2 在踏杆中心 0.1 m 范围内施加 1 200 N 力，踏杆应无永久变形。

7.1.3 应急梯子应符合 7.1.1 和 7.1.2 的要求。

7.1.4 固定在表面上的直梯或踏杆应当遵循以下要求：

——为了满足基面和第一个踏杆之间的移动要求，或者满足标准构件的安装要求，除从基面到第一个踏杆的距离可以改变外，其余踏杆应有相同的踏步间距；

——在进入或离开梯子的通道处，应设置把手(见第 10 章、图 4 和表 7)。

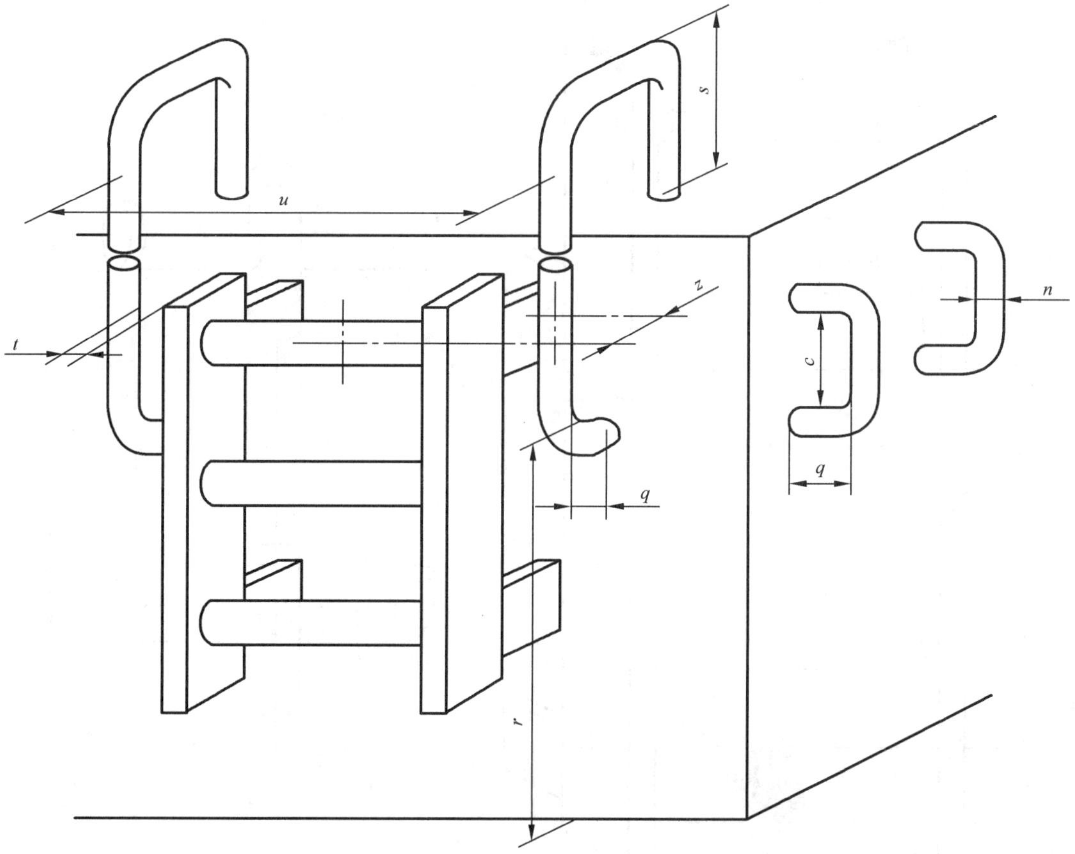

c——把手净长；

n——扶手/把手的直径/宽度；

q——把手到安装面的距离；

r——扶手/把手下部到基面/驻脚台的垂直距离；

s——扶手/把手最高位置到梯子/楼梯上部工作平台/休息平台面的垂直距离；

t——扶手/把手边与梯子侧杆/踏杆外缘间的间距；

u——人体可以通过的两个平行扶手/把手间的间距；

z——踏杆到扶手/把手的距离。

图 4 把手/扶手的尺寸参数

7.1.5　通往走道、平台或休息平台的直梯，只要符合下列条件之一，就不需要设置把手：

——有超出走道、平台或休息平台至少 1 m 的二根扶手(见第 10 章)；

——梯子侧杆超出走道、平台或休息平台平面至少 1 m；

——一个扶手和梯子的一侧杆均超出走道、平台或休息平台面至少 1 m。

1 类通道的梯子存在从高于 5 m 的位置跌落危险时，应设置护圈(见第 8 章)。

1 类通道的梯子每隔 6 m 至少应有一个休息平台。

应采用梯段或其他方法防止人员从高于 6 m 的位置跌落。在任何可能情况下，梯段应错开。

踏杆应是圆形或带圆角的截面。

直梯及踏杆的尺寸应符合图 5、图 6 和表 4 的要求。

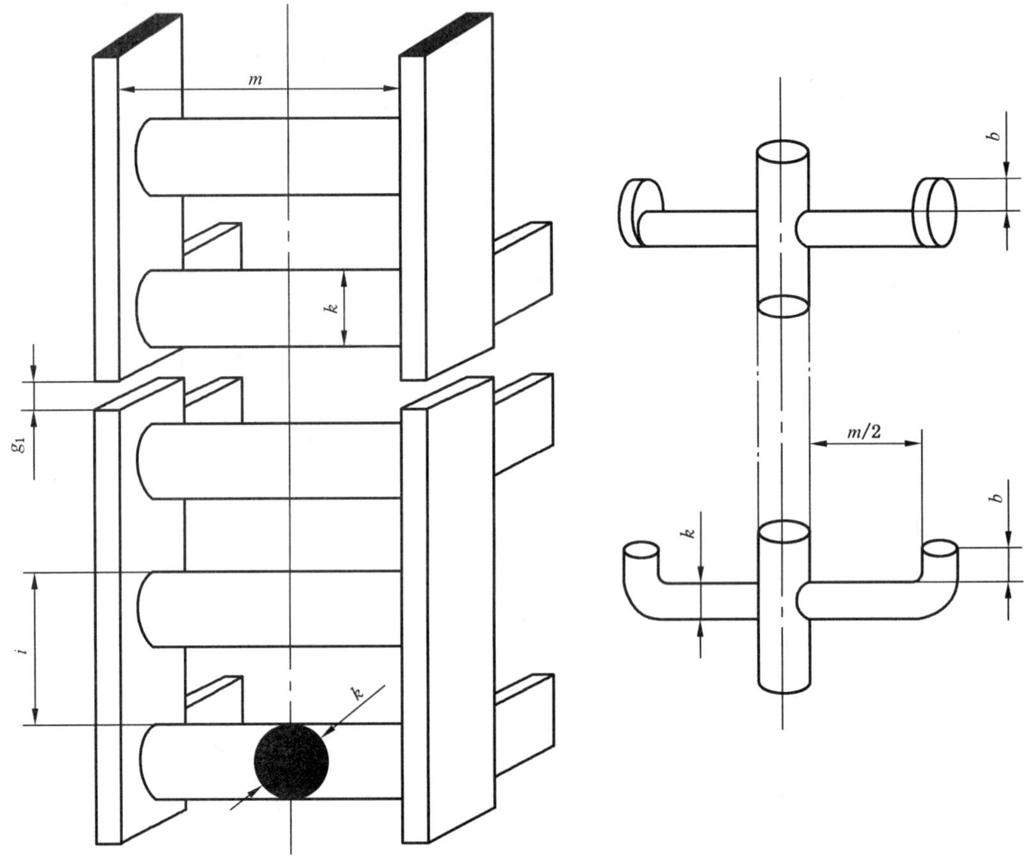

b——横档高度；

g_1——不连续梯子侧杆端部间的间距；

i——踏杆间距；

k——踏杆直径/宽度；

m——踏杆宽度。

图 5　直梯尺寸参数

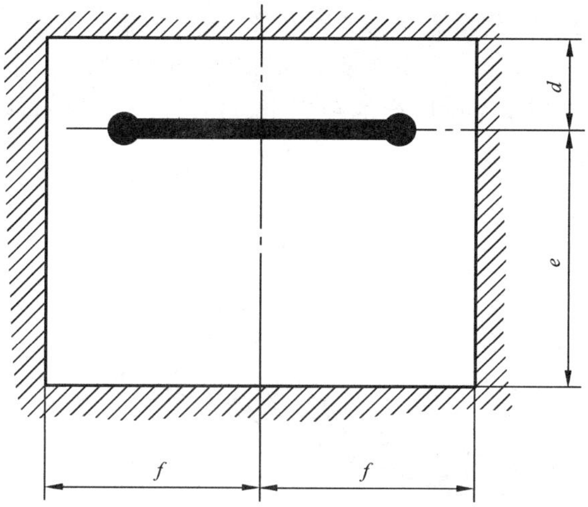

d——踏杆中心到直立面距离；

e——梯子到后部障碍物距离；

f——梯子轴线到侧面障碍物距离。

图 6 踏杆周围的空间(梯子没有护圈)

表 4 踏杆及直梯的尺寸

单位为米

参数[a]	1 类通道		2 类通道	
	最小	最大	最小	最大
踏杆间距 i	0.23	0.30	0.23	0.30
基面到踏杆的高度	—	0.6	—	0.7
踏板(踏杆)中心到直立面距离 d	0.15	—	0.15[b]	—
踏杆直径/宽度 k[c]	0.016	0.040	0.016	0.040
横档高度 b	0.02	—	—	—
踏杆宽度 m	0.30	—	0.30[d]	—
不连续梯子侧杆端部间的间距 g_1	$g_1 \leqslant 0.01$ 或 $g_1 \geqslant 0.05$[e]		$g_1 \leqslant 0.01$ 或 $g_1 \geqslant 0.05$[e]	
梯子轴线到侧面障碍物距离 f	0.30	—	0.25	—
梯子到后部障碍物距离 e	0.7	—	0.7	—

[a] 见图 5 和图 6。

[b] 不连续的障碍物处，可以减少 0.1 m。

[c] 圆截面的直径，或是规则多边形内切圆直径，或是其他形状截面的上表面截面宽度。

[d] 只搁一只脚，见图 5。

[e] 禁止间隙在 0.01 m～0.05 m 的范围。

7.2 驻脚台

根据驻脚台的形状不同，驻脚台可采用与梯子踏杆相类似的尺寸或图 7 中给出的尺寸。m 和 d 的数值见表 4，u 和 z 的数值见表 7。

在进入或离开驻脚台处应设置把手(见第10章、图7和表7)。

驻脚台应有相同的踏步间距。除需满足基面和第一个驻脚台之间的移动要求,或者满足标准构件的安装要求,基面到第一个驻脚台的距离可以改变的情况外,其余基面与第一个驻脚台的距离应与踏步间距一致。

单位为米

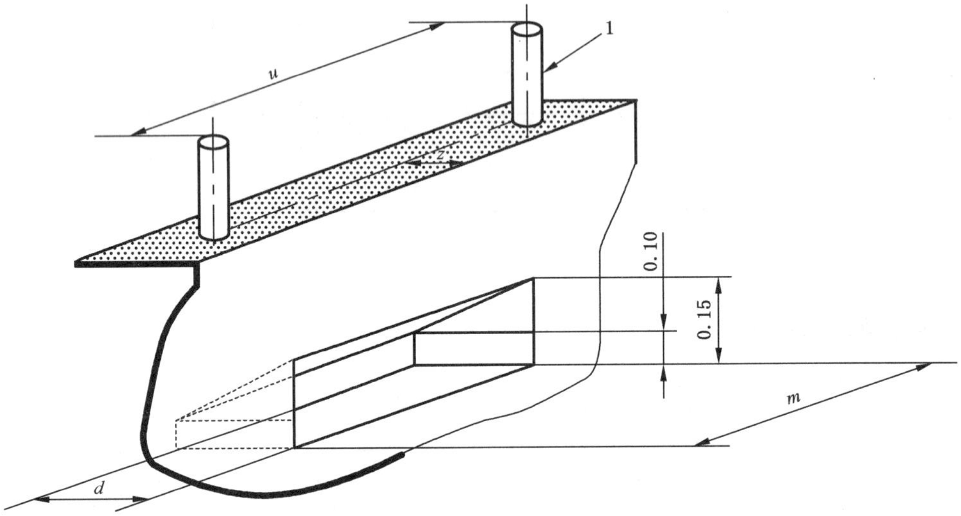

1——扶手。

d——踏板中心到直立面距离;

m——踏板宽度;

u——人体可以通过的两个平行扶手/把手间的间距;

z——踏板到扶手/把手的距离。

图7 驻脚台的尺寸

8 护圈

8.1 除安装在结构件内且结构件本身能提供相同程度保护的梯子无需安装护圈外,其他存在有从高于5 m处跌落危险的梯子,都应设置护圈。相同程度的保护应同时符合下面两个条件:

——结构件的垂直面不允许直径为0.6 m的球体水平通过;

——结构件的内部净空与护圈的空间相当(见图8的示例)。

护圈的尺寸应符合表5的规定。

护圈之间应由沿圆周均布的3根或5根竖条连接而成。无论如何,应有1根竖条被固定在正对着梯子的轴线方向。

有竖条的护圈强度,应能承受在任意0.1 m长度范围内的任意一点施加1 000 N的垂直均布力,卸载后应无永久变形。

对于宽度小于或等于1 m的平台(垂直于梯子测量),最下层护圈与栏杆之间的间距应减小,以防止人员跌落。

注:可以把护圈和栏杆连接起来,或设置相同程度的保护(见图9)。

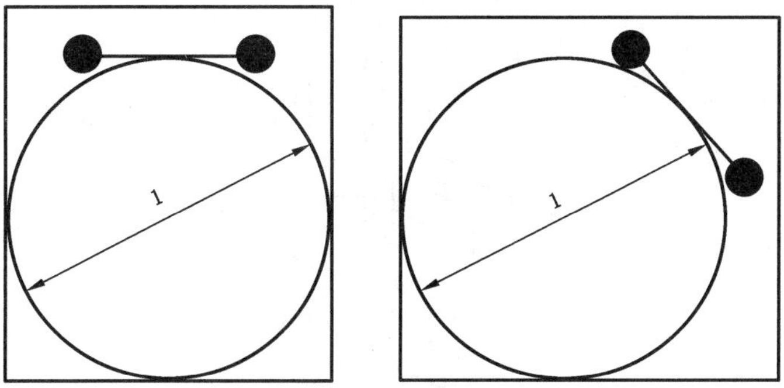

1——内切圆直径＝护圈直径。

图 8　结构件的内部净空

表 5　护圈的尺寸

单位为米

参　　数		1 类通道		2 类通道
		最小	最大	
基面到第一个护圈的垂直距离		2.2	2.5	如果设置了护圈，则与 1 类通道护圈尺寸相同
护圈内径		0.7	0.8	
护圈间距	3 根竖条	—	0.9	
	5 根竖条	—	1.5	
活动护圈				
护圈内径		0.60	0.65	
护圈间距		—	0.8	

单位为米

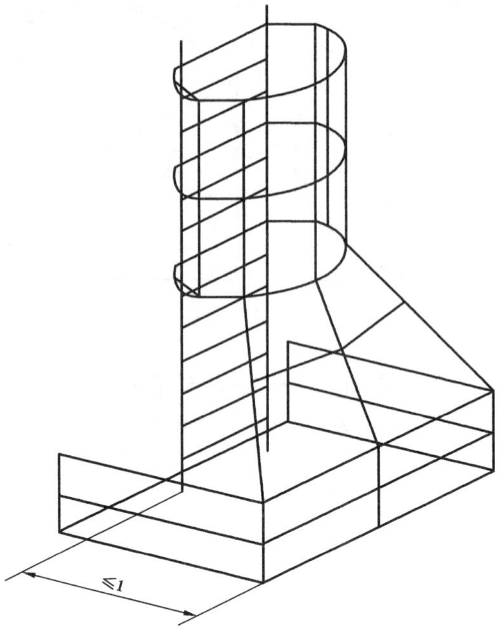

图 9 增加保护装置的示例

8.2 与可移动的司机室或平台的连接,可使用活动护圈。

8.3 直梯的活动护圈应:

——沿着梯子入口方向移动;

——所有操作位置所设置的护圈,与梯子垂直;

——至少用 5 根柔性带安装。

8.4 每根柔性带应满足以下要求:

——最小能承受 25 kN 的力;

——在 10 kN 力作用下,其弹性伸长量不超过其长度的 10%。

活动护圈的尺寸应符合表 5 规定。

9 走道、坡道、平台和人孔

人员可能停留的所有平面,应能承受如下载荷而无永久变形:

——2 000 N 力通过直径为 125 mm 圆盘,施加在平面上任何位置;或

——施加 4 500 N/m^2 的均布载荷。

如果人孔盖只能容纳一个人,其承载力不应小于 1 250 N,用此要求替代以上要求。

高于 1 m 的走道、坡道、休息平台和平台应设置把手或扶手。如果平台的敞开侧跌落的高度超过3 m,应设置侧保护(见第 10 章)。

沿连续面设置的走道,当连续面可防止跌落时,该侧可不设置栏杆(见图 10),连续面的要求如下:

——$h+w \geqslant 1.25$ m;或

——$h \geqslant 0.7$ m。

2 类通道的平台尺寸，应考虑 4.2.1 中的因素，高度与任一边的最小长度的关系应符合图 11 中的要求，也可见第 11 章。

2 类通道的走道和坡道尺寸，应考虑 4.2.1 中的因素，高度与宽度的关系应符合图 11 中的要求，也可见第 11 章。

走道、坡道、平台和人孔的尺寸应符合表 6 的要求。

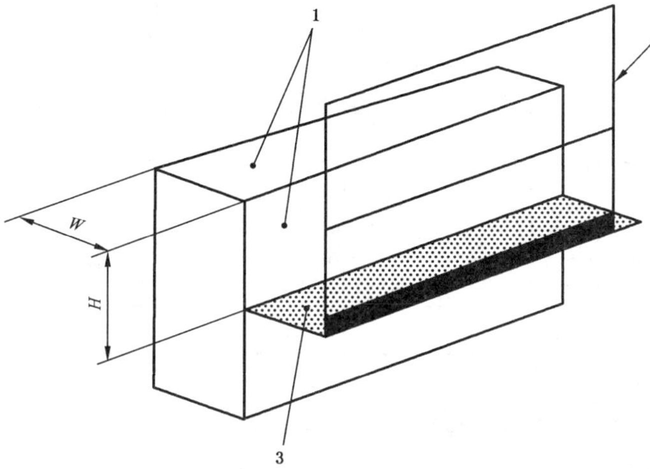

1——连续面；

2——侧保护；

3——走道。

H——连续面高度；

W——连续面宽度。

注：连续面包括如多孔式的、缝隙式的、网格式的表面。

图 10　沿着连续面的走道

单位为米

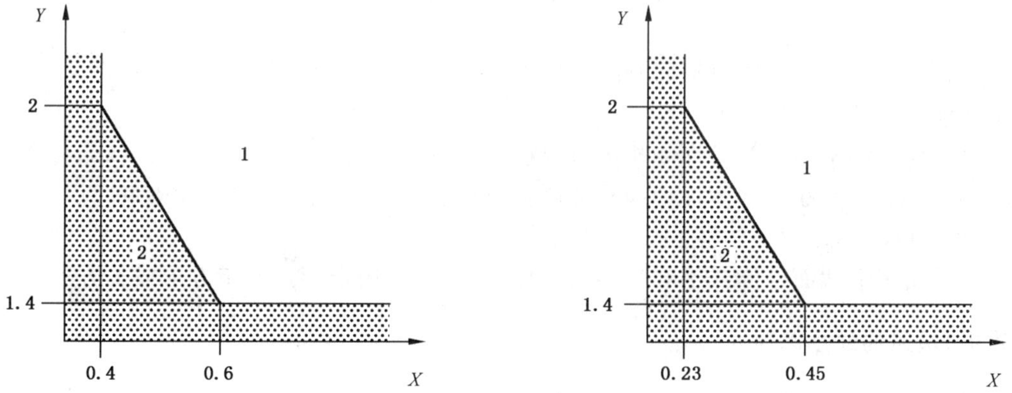

X——任一边的最小长度；

Y——超出基面的高度。

1——允许区域；

2——禁止区域。

a）平台

X——宽度；

Y——超出基面的高度。

1——允许区域；

2——禁止区域。

b）走道或坡道

图 11　高度与其他尺寸的关系

表6　走道、坡道、平台、休息平台和人孔的尺寸　　单位为米

参数		1类通道		2类通道	
		最小	最大	最小	最大
走道/坡道宽度		0.45[a]	—	0.23	—
休息平台有效的长度×宽度		0.4×0.4	—	—	—
平台有效的长度×宽度		0.6×0.6	—	0.4×0.4	—
走道/坡道的有效高度	人直立行走	2.0[b]	—	1.4[c]	—
	人爬行	—	—	0.9[c]	—
平台的有效高度		2.0[b]	—	1.4[c]	—
人孔的净空	正方形边长/圆直径	0.60	—	0.60	—
	长方形(长×宽)	0.50×0.65	—	0.50×0.65	—
	人孔的长度	—	0.5	—	0.5

注：也可见第11章。

[a] 考虑到通道内可能有障碍物，走道局部的宽度可减少到0.4 m。

[b] 障碍物最大长度达1 m时，该尺寸可减少到1.4 m，此时障碍物上要有明显标记。

[c] 作为维护用的通道，应采用1类通道的数值。

10　把手、扶手、中间横杆和侧保护

把手应按人员移动方向定位。

扶手和连续把手的设置应与人员的行进方向平行。

侧保护应由扶手、中间横杆和踢脚板，或其他至少能提供同等程度保护的方式来实现。

走道、坡道或休息平台上的侧保护，因某个与楼梯或梯子连接的入口断开时，入口处不需设置保护。

在平台入口断开处无侧保护而有跌落风险时，该断开处应设置能自动关闭的保护装置，该装置不能朝外打开，如门。

不允许使用链条和绳等柔性物作为侧保护。

把手、扶手、中间横杆和侧保护的尺寸应符合图4、图7、图12和表7的要求。

注：也可见第11章。

优先采用圆形截面作为扶手和把手的横截面，也可采用带圆角的正方形或长方形的截面。

11　走道、坡道的最小净空

走道、坡道的最小净空应按如下要求确定：

——图11给出了高度和其他尺寸的关系；

——表6中规定的走道、坡道的有效高度；

——人体可以通过的两个平行扶手/把手间的间距(图4、图7中的尺寸 u，按表7的规定)。

图解说明见图13。

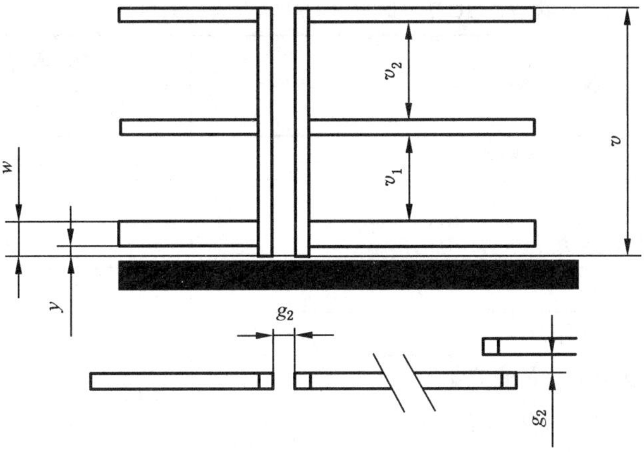

g_2——不连续两段扶手/把手间的间距；
v——基面/楼梯面到扶手/栏杆的距离；
v_1——中间横杆的下部到踢脚板上边缘的距离；
v_2——中间横杆的上部到扶手/栏杆下部的距离；
w——基面/楼梯面到踢脚板上边缘的距离；
y——基面/楼梯面到踢脚板下边缘的距离。

图 12　侧保护装置尺寸参数

单位为米

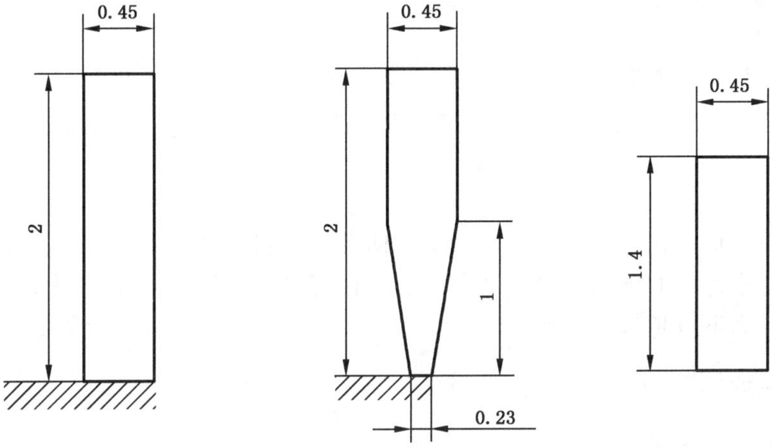

1——1 类通道；
2——2 类通道。

图 13　走道和坡道的最小净空

表 7　把手、扶手和侧保护装置的尺寸

单位为米

参　数[a]	1类通道 最小	1类通道 最大	2类通道 最小	2类通道 最大
扶手/把手的直径/宽度 n	0.016	0.043	0.016	0.043
把手净长 c	0.15	—	0.15	—
踏板(踏杆)到扶手/把手的距离 z	0	0.2	0	0.2
把手到安装面的距离 q	0.075	—	0.075	—
基面/楼梯面到扶手/栏杆的距离 v	1.1	—	1.1	—
中间横杆的下部到踢脚板上边缘的距离 v_1	—	0.5	—	0.5
中间横杆的上部到扶手/栏杆下部的距离 v_2	—	0.5	—	0.5
基面/楼梯面到踢脚板上边缘的距离 w　走道	0.10	—	0.05	—
基面/楼梯面到踢脚板上边缘的距离 w　平台			0.10	
基面/楼梯面到踢脚板下边缘的距离 y	—	0.01	—	0.01
扶手/把手下部到基面/驻脚台的垂直距离 r	1.0	1.6	1.0	1.6
扶手/把手最高位置到梯子/楼梯上部工作平台/休息平台面的垂直距离 s	1.1	—	1.1	—
扶手/把手边与梯子侧杆/踏杆外缘间的间距 t	0.075	0.200	0.075	0.200
人体可以通过的两个平行扶手/把手间的间距 u	0.45	—	0.45[b]	—
不连续两段扶手/把手间的间距 g_2	0.05	0.20	0.05	0.20

[a] 见图 4 和图 7。

[b] 这个尺寸应当要考虑宽度比较小的走道、坡道(见表 6 中的 2 类通道和图 13)。当最大长度达到 4 m、最小高度为 2 m 时,这个距离可以减少到 0.3 m。

12　天窗

应只需克服其重力就可打开天窗。对于在休息平台和走道上的天窗,还应配有一种活板门在打开位置能安全可靠的定位装置。平台上的天窗能自动关闭,例如用重力。

打开天窗的力不应超过 135 N。

13　安全防护设施

13.1　运动部件的防护

诸如主动轮、伸出的轴端、车轮、传动带、链条、联轴器、齿轮、钢轨轮和滑轮等运动部件,在正常操作、维护或调整过程中可能会构成危险,应安装防护设施。当需要维护或调整时,这些防护设施可以被移走或暂时不使用。

这些防护设施应承受 90 kg 的体重而无永久变形,除非这些防护设施被安装在禁止站立或在起重机正常操作和维护期间所围禁的那些地方。

13.2　物体坠落的防护

起重机部件中诸如齿轮、滑轮、滚轮、罩、盖和箱子,在正常操作期间有可能构成危险时,应按能防止其坠落进行设计、装配和固定。

罩、防护设施和通道门应采用铰链或其他能防止其坠落的方法安装。

当为铰链形式时，应用插销、锁、自重的作用，保持其稳定在开和关的位置。

14 电气的防护

电气保护应当遵循 GB 5226.2 的规定。

附　录　A
（资料性附录）
防滑表面的示例

下面列举防滑表面的示例：

——凸起的花纹防滑：依靠凸起的花纹产生摩擦(见图 A.1)；

——网状式防滑：依靠棱形孔的边产生摩擦(见图 A.2)；

——涂砂式防滑：表面涂上含砂的油漆或在油漆没有干之前涂砂；

——弹性胶面防滑：高摩擦有织纹的片式材料，一面带有金刚砂性质的磨粒，背面带有压力黏合剂的塑料片。

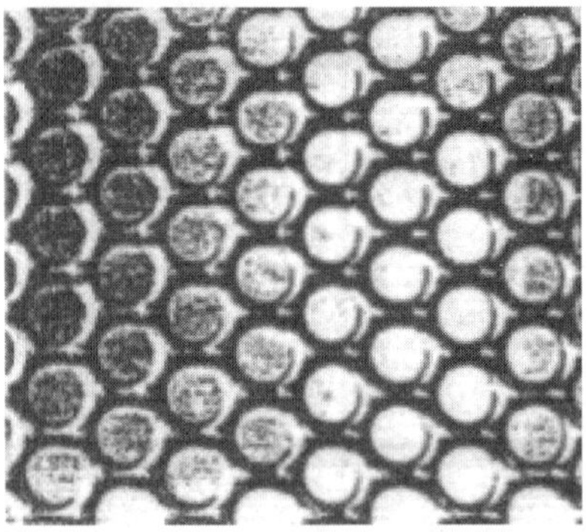

图 A.1　凸起的花纹防滑表面

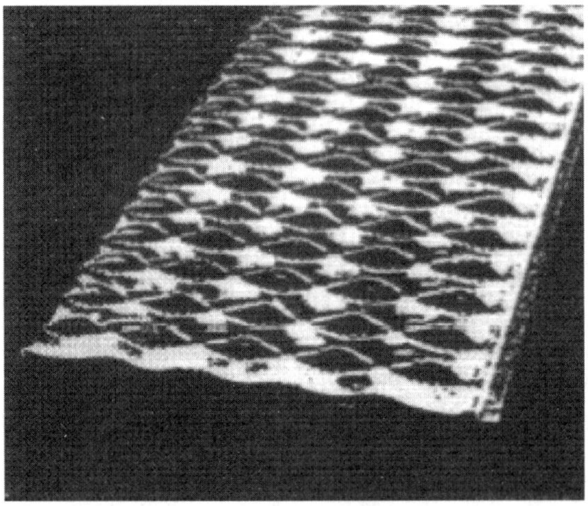

图 A.2　网状式防滑表面

参 考 文 献

[1] GB/T 15706.1 机械安全 基本概念与设计通则 第1部分:基本术语和方法(GB/T 15706.1—2007,ISO 12100-1:2003,IDT).

[2] GB/T 15706.2 机械安全 基本概念与设计通则 第2部分:技术原则(GB/T 15706.2—2007,ISO 12100-2:2003,IDT).

[3] GB/T 22416.1—2008 起重机 维护 第1部分:总则(ISO 23815-1:2007,IDT).

[4] GB/T 24818.3 起重机 通道及安全防护设施 第3部分:塔式起重机(GB/T 24818.3—2009,ISO 11660-3:2008,IDT).

[5] GB/T 24818.5 起重机 通道及安全防护设施 第5部分:桥式和门式起重机(GB/T 24818.5—2009,ISO 11660-5:2001,IDT).

[6] ISO 11660-2 起重机 通道及安全防护设施 第2部分:流动式起重机.

ICS 53.020.20
J 80

中华人民共和国国家标准

GB/T 24818.2—2021/ISO 11660-2:2015
代替 GB/T 24818.2—2010

起重机 通道及安全防护设施 第2部分:流动式起重机

Cranes—Access,guards and restraints—Part 2:Mobile cranes

(ISO 11660-2:2015,IDT)

2021-12-31 发布　　2022-07-01 实施

国家市场监督管理总局
国家标准化管理委员会 发布

前　言

本文件按照 GB/T 1.1—2020《标准化工作导则　第 1 部分：标准化文件的结构和起草规则》的规定起草。

本文件是 GB/T 24818《起重机　通道及安全防护设施》的第 2 部分。GB/T 24818 已经发布了以下部分：

——第 1 部分：总则；

——第 2 部分：流动式起重机；

——第 3 部分：塔式起重机；

——第 4 部分：臂架起重机；

——第 5 部分：桥式和门式起重机。

本文件代替 GB/T 24818.2—2010《起重机　通道及安全防护设施　第 2 部分：流动式起重机》，与 GB/T 24818.2—2010 相比，除结构调整和编辑性改动外，主要技术变化如下：

a）取消了总则（见 2010 年版的第 3 章）；

b）修改了术语和定义（见第 3 章，2010 年版的第 4 章）；

c）将一般要求，性能要求，台阶，梯子，楼梯，扶手和把手，平台、过道、走道、护栏和踢脚板，出入口，动力和手动通道装置，安全防护设施合并为第 4 章（见第 4 章，2010 年版的第 5 章～第 14 章）。

本文件使用翻译法等同采用 ISO 11660-2：2015《起重机　通道及安全防护设施　第 2 部分：流动式起重机》。

与本文件中规范性引用的国际文件有一致性对应关系的我国文件如下：

——GB/T 6974.2—2017　起重机　术语　第 2 部分：流动式起重机（ISO 4306-2：2007，IDT）

——GB/T 24818.1—2009　起重机　通道及安全防护设施　第 1 部分：总则（ISO 11660-1：2008，IDT）

请注意本文件的某些内容可能涉及专利。本文件的发布机构不承担识别专利的责任。

本文件由中国机械工业联合会提出。

本文件由全国起重机械标准化技术委员会（SAC/TC 227）归口。

本文件起草单位：徐州重型机械有限公司、中机科（北京）车辆检测工程研究院有限公司。

本文件主要起草人：胡海鹏、黄清、张艳、张剑、李帅、陈雷彬、宋斌。

本文件及其所代替文件的历次版本发布情况为：

——2010 年首次发布为 GB/T 24818.2—2010；

——本次为第一次修订。

引　　言

GB/T 24818《起重机　通道及安全防护设施》对规范起重机在正常操作、维护、检查、安装、拆卸和遇到突发性情况时，到控制台和其他区域通道的技术要求，以及对在起重机上或起重机附近的人员不被运动部件、下落物体、转动部件所伤害的安全防护设计的技术要求起到了积极的作用，旨在统一国内起重机通道及安全防护设施的安全要求，由 5 个部分构成。

——第 1 部分：总则。目的在于规定起重机通道及安全防护设施的通用要求。

——第 2 部分：流动式起重机。目的在于规定流动式起重机通道及安全防护设施的特殊要求。

——第 3 部分：塔式起重机。目的在于规定塔式起重机通道及安全防护设施的特殊要求。

——第 4 部分：臂架起重机。目的在于规定臂架起重机通道及安全防护设施的特殊要求。

——第 5 部分：桥式和门式起重机。目的在于规定桥式和门式起重机通道及安全防护设施的特殊要求。

起重机　通道及安全防护设施　第2部分:流动式起重机

1　范围

本文件规定了 ISO 4306-2 中所定义的流动式起重机关于通道及安全防护设施的特殊要求。

ISO 11660-1 规定了 ISO 4306-1 中所定义的起重机在正常操作、维护、检查、安装和拆卸时,到控制台和其他区域通道的通用要求,以及对在起重机上或起重机附近的人员不被运动部件、下落物体、转动部件所伤害的安全防护设施的通用要求。

2　规范性引用文件

下列文件中的内容通过文中的规范性引用而构成本文件必不可少的条款。其中,注日期的引用文件,仅该日期对应的版本适用于本文件;不注日期的引用文件,其最新版本(包括所有的修改单)适用于本文件。

ISO 4306-2　起重机　术语　第2部分:流动式起重机(Cranes—Vocabulary—Part 2:Mobile cranes)

ISO 11660-1　起重机　通道及安全防护设施　第1部分:总则(Cranes—Access,guards and restraints—Part 1:General)

3　术语和定义

ISO 11660-1 界定的术语和定义适用于本文件。

4　通道

4.1　通则

所有控制台应能从地面或通过走道、楼梯、梯子和(或)驻脚台进入。

操作或维护需要频繁进入(即每周)的起重机其他部件应配备通道装置。

如用三点支撑,流动式起重机的履带可用作通道踏板。

4.2　要求

4.2.1　通道一般设计要求

确定通道尺寸时,应符合以下要求:

a)　机器在水平地面上;

b)　机器按制造商说明停放。

4.2.2　符合 ISO 11660-1 的要求

通道的设计要求应符合 ISO 11660-1:2008 的要求,并按本文件对应的条款完善,如表1所示。

表 1 通道设计要求

危险/通道	ISO 11660-1:2008 适用章编号	本文件适用条编号
楼梯	6	4.2.2.1
阶梯	6	4.2.2.2
直梯	7	4.2.2.3
走道、坡道、平台	9	4.2.2.4
把手、扶手、中间横杆和侧保护	10	4.2.2.5

4.2.2.1 楼梯

对符合 ISO 11660-1 要求的 1 类通道,最小踏板宽度应为 0.4 m。

4.2.2.2 阶梯

对符合 ISO 11660-1 要求的 1 类通道,最小踏板宽度应与 2 类一致为 0.32 m。

4.2.2.3 直梯

踏杆间距最大应为 0.4 m。

单脚踏杆宽度可减少至最小 0.16 m。

4.2.2.4 走道、坡道、平台

高度超过 2 m 的走道、坡道、休息平台和平台都应配备把手或扶手。

对仅用于检查或维护的臂架走道和其他相似区域,站立或行走表面的孔隙可增加至 ISO 11660-1:2008 中 5.5 规定值的两倍。

4.2.2.5 把手、扶手、中间横杆和侧保护

基面/楼梯面到扶手/栏杆的距离最小应为 0.9 m,最大应为 1.1 m。

由于流动式起重机的性质,底盘和回转平台之间的距离有限,在此区域,把手到壁面的最小间距可为 0.04 m。

轮式起重机的底盘走道可不配备侧面保护。

扶手或把手的较高部分到安装在梯子/楼梯顶部的平台/休息平台基面的垂直距离宜为 0.9 m,最大宜为 1.1 m。因流动式起重机客观条件无法达到规定的尺寸,可减小本尺寸。

参考文献

[1] ISO 4306-1 Cranes—Vocabulary—Part 1:General

ICS 53.020.20
J 80

中华人民共和国国家标准

GB/T 24818.3—2009/ISO 11660-3:2008

起重机　通道及安全防护设施
第3部分:塔式起重机

**Cranes—Access, guards and restraints—
Part 3: Tower cranes**

(ISO 11660-3:2008, IDT)

2009-12-15 发布　　　　2010-07-01 实施

中华人民共和国国家质量监督检验检疫总局
中国国家标准化管理委员会　发布

前　言

GB/T 24818《起重机　通道及安全防护设施》分为4个部分：

——第1部分：总则；

——第2部分：流动式起重机；

——第3部分：塔式起重机；

——第5部分：桥式和门式起重机。

本部分为GB/T 24818的第3部分。

本部分等同采用ISO 11660-3:2008《起重机　通道及安全防护设施　第3部分：塔式起重机》(英文版)。

本部分等同翻译ISO 11660-3:2008。

为了便于使用，本部分做了下列编辑性修改：

——“ISO 11660的本部分”一词改为“GB/T 24818的本部分”；

——删除国际标准的前言 ；

——用小数点“.”代替作为小数点的逗号“,”；

——对ISO 11660-3:2008引用的以及参考文献中列出的国际标准，用已被采用为我国的标准代替对应的国际标准；对于未被采用为我国标准的国际标准，在本部分中均被直接引用。

本部分由中国机械工业联合会提出。

本部分由全国起重机械标准化技术委员会(SAC/TC 227)归口。

本部分起草单位：北京建筑机械化研究院、长沙建设机械研究院、抚顺永茂建筑机械有限公司、长沙中联重工科技发展股份有限公司。

本部分主要起草人：蒋慧、李桂芳、李奇志、阳云华。

起重机 通道及安全防护设施
第3部分：塔式起重机

1 范围

GB/T 24818的本部分规定了GB/T 6974.3所定义的塔式起重机(以下简称塔机)的通道及安全防护的特殊要求。

GB/T 24818.1规定了GB/T 6974.1所定义的起重机在正常操作、维护、检查、安装和拆卸过程中进入控制台和其他区域的通道的一般要求。在总则中还涉及起重机的安全防护设施，防止起重机上和周边的人员遭受运动部件、下落物体或转动部件的伤害。

2 规范性引用文件

下列文件中的条款通过GB/T 24818的本部分的引用而成为本部分的条款。凡是注日期的引用文件，其随后所有的修改单(不包括勘误的内容)或修订版均不适用于本部分，然而，鼓励根据本部分达成协议的各方研究是否可使用这些文件的最新版本。凡是不注日期的引用文件，其最新版本适用于本部分。

GB/T 23821 机械安全 防止上下肢触及危险区的安全距离(GB/T 23821—2009，ISO 13857:2008,IDT)

GB/T 24818.1—2009 起重机 通道及安全防护设施 第1部分：总则(ISO 11660-1:2008,IDT)

3 术语和定义

GB/T 24818.1确立的术语和定义适用于GB/T 24818的本部分。

4 通道

4.1 总则

塔机的控制台和所有需要检查或进行定期维护的其他部分，均应通过楼梯、直梯、工作走道和休息平台进入。

为了进行安装/拆卸、检查、经常性维护或高处部件的更换，塔机(包括臂架)应备有辅助设备如扶手、把手、平台、安全装置等，以确保工作人员的安全并方便他们进入工作场所。

4.2 要求

4.2.1 通道的一般设计要求

4.2.1.1 与GB/T 24818.1的一致性

通道的设计要求应符合GB/T 24818.1—2009的规定，与GB/T 24818的本部分的对照情况见表1。

表 1 通道的设计要求

GB/T 24818.1—2009	标　　题	GB/T 24818.3—2009
5.8	运动部件间的挤压危险	4.2.1.2
6	楼梯	4.2.1.3
7	直梯	4.2.1.4
9	人孔和天窗	4.2.1.5

4.2.1.2 运动部件间的挤压危险

在运动部件间可站人的地方应至少有 0.5 m 的安全距离。当不满足上述条件时,应安装防护设施(当可能时)和警示牌。

4.2.1.3 楼梯

除 GB/T 24818.1 给定的尺寸外,推荐踏板的尺寸如下:

——踏步高度:200 mm;

——踏板宽度:500 mm。

4.2.1.4 直梯

对所有的塔机,第一段梯子不应超过 10 m。

另外,对自行架设式塔机,应满足下列要求:

——1 类通道梯子的梯段应防止人员从高于 10 m 的位置跌落。

——1 类通道梯子应至少每隔 10 m 有一个休息平台。

——在断电等情况时,能通过备用的出口撤离升降控制台。当梯子被用于此目的时,GB/T 24818.1中规定的尺寸将不适用。GB/T 24818.1—2009 的表 4 中踏板宽度 m 可减至 0.2 m,踏杆中心到直立面的距离 d 可减至 0.1 m,至少允许用一只脚使用直梯。

4.2.1.5 人孔和天窗

如果塔机结构不允许更大的尺寸:

——对 GB/T 24818.1—2009 中的 1 类通道,孔及窗口实际的最小尺寸应为:上回转式塔机 0.55 m×0.55 m;自行架设式塔机 0.50 m×0.50 m。

——对 GB/T 24818.1—2009 中的 2 类通道,孔及窗口实际的最小尺寸应为:0.50 m×0.40 m。

4.2.2 水平臂架上的通道

4.2.2.1 总则

如果不可能降低臂架至地面进行目测检查,则应该装有一个固定在小车上的挂篮。另外,沿臂架应设置走道直至机构,该走道同时应安装:

——侧保护;或

——人员防跌落保护装置。

当在安装/拆卸、修理或维护中,挂篮不能使用时,应沿臂架全长设置人员防跌落保护装置。

4.2.2.2 走道

走道的宽度应符合 GB/T 24818.1—2009 中表 6 的 2 类通道。

当能在臂架中间行走时(即:走道至上端的距离大于或等于 1.8 m),走道的每一边都应安装踢脚板，踢脚板最小高度为 0.03 m。当走道至上端的距离小于 1.8 m 时，踢脚板只需安装在一边(见图 1)。

4.2.2.3 走道、扶手和钢丝绳位置

制造商在决定走道、扶手和钢丝绳位置时，应考虑臂架的尺寸。

4.2.2.4 挂篮

挂篮的长和宽最小应为 0.50 m×0.35 m。

制造商在决定挂篮时应考虑人员的质量和数量。

侧保护应符合 GB/T 24818.1—2009 中表 7 的 2 类通道。

对挂篮使用的说明和标志应包括：

——如何到达挂篮；

——允许的载荷和人数；

——存在危险的警示，如剪切、缠绕。

单位为米

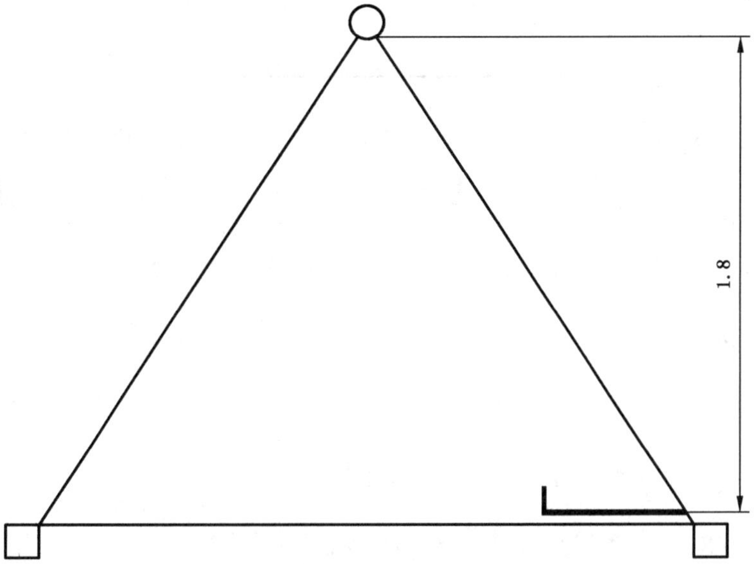

图 1　一边有踢脚板的走道

5 防护设施

5.1 运动部件的防护

在进入控制台的过程中，运动部件应有符合 GB/T 23821 中规定的安全距离或有可移动的或固定的防护设施保护。

在走道或工作平台上可使用的防护设施应按用途进行设计(见 GB/T 24818.1)。

如果塔机构造不允许有该防护设施，则应有警示，如：

——上回转式塔机中，回转支承座、回转支承和回转平台连接处内的狭小空间；

——自行架设式塔机中，底架、回转支承和机构平台之间。

5.2 塔机部件坠落的防护

塔机部件如齿轮、滑轮、滚轮、罩和箱子的设计、装配和固定应能防止其在正常操作期间

坠落。

罩、防护设施和通道门应装有铰链或其他能防止其坠落的装置。

小车的设计应满足：

——车轮不会因断轴而滑出轨道；且

——小车不会坠落。

回转机构的输出齿轮应有罩或其他装置以防止其因破裂而坠落。

参 考 文 献

[1] GB/T 6974.1 起重机 术语 第1部分：通用术语(GB/T 6974.1—2008,ISO 4306-1:2007,IDT).

[2] GB/T 6974.3 起重机 术语 第3部分：塔式起重机(GB/T 6974.3—2008,ISO 4306-3:2003,IDT).

ICS 53.020.20
J 80

中华人民共和国国家标准

GB/T 24818.4—2017

起重机　通道及安全防护设施
第4部分：臂架起重机

Cranes—Access, guards and restraints—
Part 4: Jib cranes

(ISO 11660-4:2012, MOD)

2017-10-14 发布　　　　2018-05-01 实施

中华人民共和国国家质量监督检验检疫总局
中国国家标准化管理委员会　发布

前　　言

GB/T 24818《起重机　通道及安全防护设施》分为5个部分：

——第1部分：总则；

——第2部分：流动式起重机；

——第3部分：塔式起重机；

——第4部分：臂架起重机；

——第5部分：桥式和门式起重机。

本部分为GB/T 24818的第4部分。

本部分按照GB/T 1.1—2009给出的规则起草。

本部分使用重新起草法修改采用ISO 11660-4:2012《起重机　通道及安全防护设施　第4部分：臂架起重机》。

本部分与ISO 11660-4:2012相比，在结构上无变化。

本部分与ISO 11660-4:2012的技术差异及原因如下：

——关于规范性引用文件，本部分做了具有技术性差异的调整，为与我国有关‘机械安全’方面的标准协调一致，具体如下：

本部分用GB 23821代替ISO 13852(GB 23821—2009，ISO 13857:2008，IDT。ISO 13857:2008代替ISO 13852)。

本部分做了下列编辑性修改：

——为了与条文中叙述一致，在图1中数字1.8之前增加了“＜”的符号。

本部分由中国机械工业联合会提出。

本部分由全国起重机械标准化技术委员会(SAC/TC 227)归口。

本部分起草单位：交通运输部水运科学研究院、武汉理工大学、北京起重运输机械设计研究院、上海国际港务(集团)股份有限公司、秦皇岛港股份有限公司、上海振华重工(集团)股份有限公司。

本部分主要起草人：赵溦、张德文、周强、郑丽、李益琴、张培、沈沨、王玥、邹云飞、宁伟婷。

起重机　通道及安全防护设施
第4部分:臂架起重机

1　范围

GB/T 24818的本部分规定了臂架起重机(以下简称起重机)通道及安全防护设施的特殊要求。

GB/T 24818.1确定了GB/T 6974.1中所定义的起重机在正常操作、检查、维护、安装、拆卸过程中,进入控制台和其他部位通道的通用要求。以及对在起重机上或起重机附近的人员不被运动部件、下落物体、转动部件所伤害的安全防护设施的通用要求。

本部分适用于GB/T 6974.1定义的臂架起重机。

2　规范性引用文件

下列文件对于本文件的应用是必不可少的。凡是注日期的引用文件,仅注日期的版本适用于本文件。凡是不注日期的引用文件,其最新版本(包括所有的修改单)适用于本文件。

GB 23821　机械安全　防止上下肢触及危险区的安全距离(GB 23821—2009,ISO 13857:2008,IDT)

GB/T 24818.1—2009　起重机　通道及安全防护设施　第1部分:总则(ISO 11660-1:2008,IDT)

3　术语和定义

GB/T 24818.1界定的术语和定义适用于本文件。

4　通道

4.1　总则

起重机所有的控制台和其他部位,在正常操作、检查、维护、安装和拆卸过程中,应通过走道、楼梯、直梯、平台或移动式地面登机设备进入。

4.2　要求

4.2.1　通道的一般设计要求

4.2.1.1　与GB/T 24818.1的一致性

通道的设计应符合GB/T 24818.1—2009要求,与GB/T 24818的本部分对应的条款见表1。

表1　通道设计要求

危险或通道形式	GB/T 24818.1—2009	GB/T 24818.4—2017
运动部件间的挤压危险	5.8	4.2.1.2
楼梯	6	4.2.1.3

表 1 通道设计要求(续)

危险或通道形式	GB/T 24818.1—2009	GB/T 24818.4—2017
直梯	7	4.2.1.4
人孔和天窗	9	4.2.1.5
臂架通道	9	4.2.2

4.2.1.2 运动部件间的挤压危险

频繁使用的通道(1 类),在存在挤压危险处,应安装带联锁功能的装置,以阻止相关的动作。

对非频繁使用的通道(2 类),人员与运动部件之间应至少保持 0.5 m 的安全距离。如果无法达到该安全距离,则应提供警示牌明示危险,并安装阻止相关动作的装置。

4.2.1.3 楼梯

除 GB/T 24818.1 中规定的尺寸外,踏板的推荐尺寸如下:

——踏步间距:200 mm;

——踏板宽度:500 mm。

4.2.1.4 直梯

直梯的第一段不应大于 10 m。

直梯在垂直高度上每 10 m 至少设置一个休息平台。

4.2.1.5 人孔和天窗

当起重机结构不准许有更大尺寸时:

——对于 GB/T 24818.1—2009 中规定的 1 类通道,孔洞实际的最小尺寸应为 0.5 m×0.5 m;

——对于 GB/T 24818.1—2009 中规定的 2 类通道,孔洞实际的最小尺寸应为 0.5 m×0.4 m。

4.2.2 臂架通道

4.2.2.1 总则

当臂架无法下降到地面进行机构和/或其部件的检查和维护时,则沿臂架应设置走道,并提供:

——侧保护;或

——随身保护装置以防跌落。

4.2.2.2 走道

走道的宽度应符合 GB/T 24818.1—2009 中表 6 的 2 类通道要求。

当臂架的高度足以保证在其内部通行时(即走道至上方构件的高度大于或等于 1.8 m),走道两侧都应设置最小高度为 0.03 m 的踢脚板。当走道至上方构件的高度小于 1.8 m 时,可仅在一侧设置踢脚板(见图 1)。

单位为米

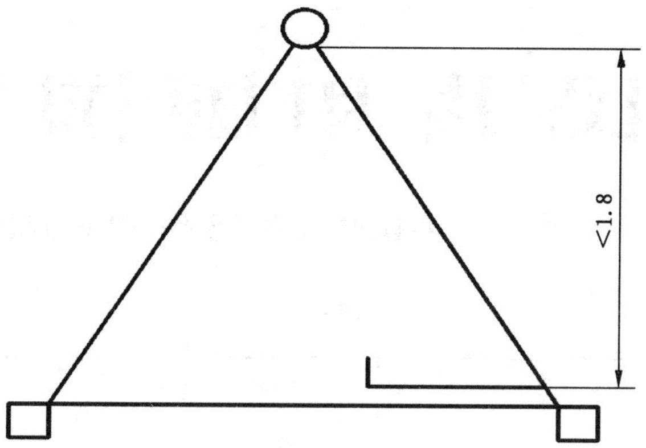

图 1 一侧设有踢脚板的走道

5 安全防护设施

5.1 运动部件的防护

在进入起重机所有的控制台和其他部位时,运动部件应有符合 GB 23821 要求的安全距离或安装可拆卸的或固定的防护装置进行防护。对于未安装防护装置的运动部件，则应提供警示信息。

在常用的通道区域,开式齿轮、链传动及类似的传动装置应安装防护装置。例外,对于大回转齿轮,如果与小齿轮的啮合点按 GB 23821 的要求,距频繁使用的通道(1 类)足够远,则可不需要安装防护装置。

如果起重机的构造不准许设置防护,例如上部回转式起重机或回转支承座、回转支承和回转平台之间连接范围内的有限空间区域,则应提供警示信息。

用于走道或工作平台的防护应根据 GB/T 24818.1 要求进行设计。

吊钩滑轮组的设计,应使手被卷入钢丝绳和滑轮之间的风险降之最小。

注:为了功能性的检查和维护,卷筒、制动器和联轴器一般不遮盖或防护,因为起重机在正常运行期间,通常不会有人靠近这些机械装置。

5.2 预防起重机部件及附件的坠落

起重机部件中诸如齿轮、滑轮、罩壳和箱体的设计、装配和固定,应在正常运行期间能防止其坠落。

罩壳、防护装置和通道门应装有铰链或其他装置,以防止其坠落。

回转机构的小齿轮应设置罩壳或其他装置,以防止其由于断裂或挤碎而坠落。

参 考 文 献

[1] GB/T 6974.1 起重机 术语 第 1 部分:通用术语

ICS 53.020.20
J 80

中华人民共和国国家标准

GB/T 24818.5—2009/ISO 11660-5:2001

起重机　通道及安全防护设施
第5部分:桥式和门式起重机

Cranes—Access, guards and restraints—Part 5: Bridge and gantry cranes

(ISO 11660-5:2001, IDT)

2009-12-15 发布　　2010-07-01 实施

中华人民共和国国家质量监督检验检疫总局
中国国家标准化管理委员会　发布

前　言

GB/T 24818《起重机　通道及安全防护设施》分为4个部分：

——第1部分：总则；

——第2部分：流动式起重机；

——第3部分：塔式起重机；

——第5部分：桥式和门式起重机。

本部分为GB/T 24818的第5部分。

本部分等同采用ISO 11660-5:2001《起重机　通道及安全防护设施　第5部分：桥式和门式起重机》(英文版)。

本部分等同翻译ISO 11660-5:1995。

为了便于使用，本部分还做了下列编辑性修改：

——"ISO 11660的本部分"一词改为"GB/T 24818的本部分"；

——删除国际标准的前言；

——对ISO 11660-5:2001引用的其他国际标准，用已被采用为我国的标准代替对应的国际标准；

——ISO 11660-5:2001参考文献中的ISO 4306-1:2007，因在第1章引用，故将其移入第2章规范性引用文件，并改为GB/T 6974.1。

本部分由中国机械工业联合会提出。

本部分由全国起重机械标准化技术委员会(SAC/TC 227)归口。

本部分起草单位：大连重工·起重集团有限公司。

本部分主要起草人：桂佩康、庄云海、毕庶贤。

起重机　通道及安全防护设施
第5部分:桥式和门式起重机

1　范围

GB/T 24818的本部分规定了由GB/T 6974.1定义的桥式和门式起重机在通道及安全防护设施上的特殊要求,并给出了桥式和门式起重机在各种预期使用条件下相关设备的选用标准。

2　规范性引用文件

下列文件中的条款通过GB/T 24818的本部分的引用而成为本部分的条款。凡是注日期的引用文件,其随后所有的修改单(不包括勘误的内容)或修订版均不适用于本部分,然而,鼓励根据本部分达成协议的各方研究是否可使用这些文件的最新版本。凡是不注日期的引用文件,其最新版本适用于本部分。

GB 5226.2　机械安全　机械电气设备　第32部分:起重机械技术条件(GB 5226.2—2002,IEC 60204-32:1998,IDT)

GB/T 6974.1　起重机　术语　第1部分:通用术语(GB/T 6974.1—2008,ISO 4306-1:2007,IDT)

GB/T 24818.1—2009　起重机　通道及安全防护设施　第1部分:总则(ISO 11660-1:2008,IDT)

3　通道

3.1　总则

本条是对通往安装在高架或地面轨道上的桥式和门式起重机的工作通道,以及对这一类型起重机日常和紧急维护、修理的通道要求。

3.2　厂房内或高架轨道上的桥式起重机

3.2.1　通往起重机的通道平台

在司机室内操纵的桥式和门式起重机应将供司机出入的通道平台固定在起重机的支承结构上。

表1给出的推荐的通道形式,应符合GB/T 24818.1—2009中的表6给出的通道形式和尺寸。

表 1　推荐的通道形式

通道距地面高度/ m	推荐的通道形式
1～15	楼梯 斜梯 直梯
15～25	楼梯
>25	电动通道 楼梯

3.2.2　通道平台

通往起重机的正常通道应从通道平台进出。通道出入口应采用以下自行关闭装置加以保护，如：

——内开式板门或栅栏门；

——上下或左右推拉门；

——垂直铰接护栏。

通道平台与相应的起重机平台的高低差应在 10 mm 之内，或搭接成高度在 180 mm～250 mm范围内的台阶。

通道平台与相应的起重机平台的间隙应符合图 1 的要求。如果不能满足这些要求，则应设置消除可能出现剪切、挤压和坠落危险的其他装置，如：联锁装置。

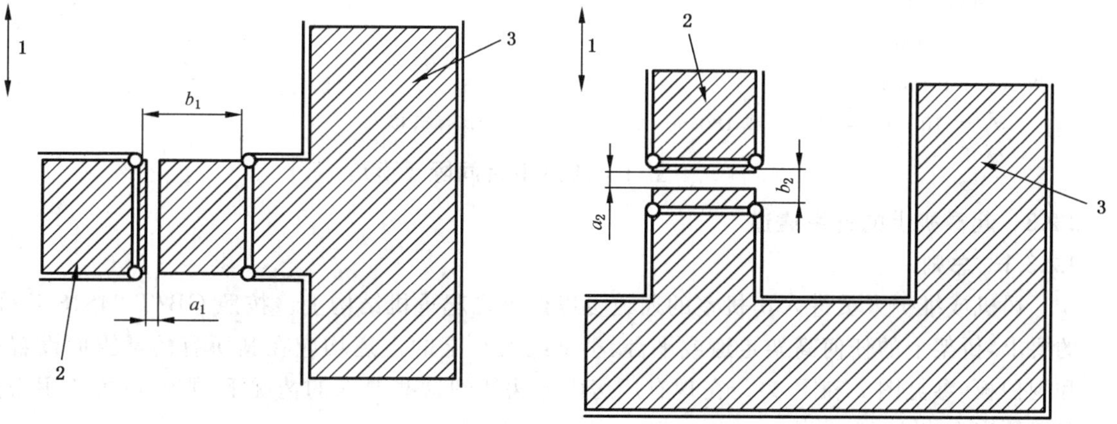

a）剪切状态[a]　　b）挤压状态[b]

图 1　通道平台间隙

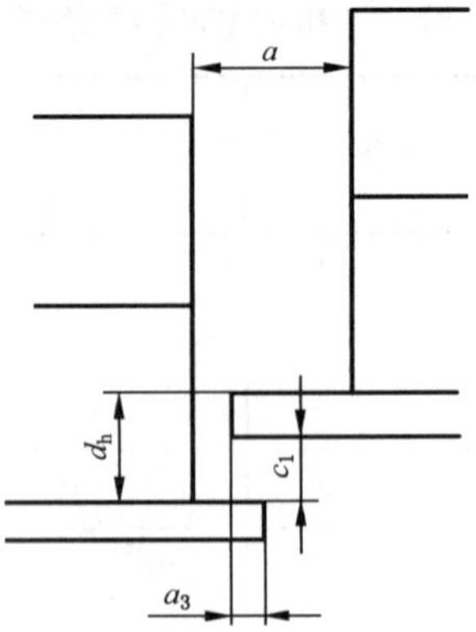

c）搭接状态下的间隙[c]

1——起重机运行方向；

2——起重机平台；

3——固定通道。

a——b_1 或 b_2。

[a] 剪切状态：

50 mm$\leqslant a_1 \leqslant$100 mm；

400 mm$\leqslant b_1 \leqslant$500 mm。

[b] 挤压状态：

150 mm$\leqslant a_2 \leqslant$250 mm；

200 mm$\leqslant b_2 \leqslant$300 mm。

[c] 剪切和挤压状态(搭接状态)：

$a_3 \leqslant$150 mm；

$c_1 \geqslant$150 mm；

$|d_h|<$10 mm(无搭接)，或 180 mm$\leqslant |d_h| \leqslant$250 mm(有搭接)。

图 1 通道平台间隙(续)

3.2.3 起重机上的备用通道

3.2.3.1 总则

司机或维护人员进入司机室的通道可以设置在起重机结构上。按照 GB/T 24818.1—2009 的要求，桥架上的任何高架走道或平台、小车或大车上的走道均应在其所有的暴露面设置栏杆和围护板(参见图 2 和图 3)。在现有厂房内无法达到这些要求的情况下，则应设置备用安全装置以便安全出入。

在无法采用楼梯或斜梯的场合，通往起重机桥架和小车的通道可以采用直梯。

单位为毫米

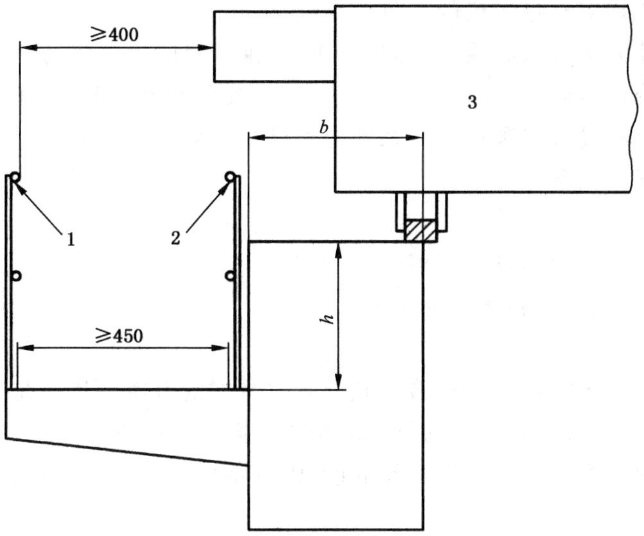

1——栏杆 A；

2——栏杆 B；

3——小车。

注：如果 $h+b\geqslant1.25$ m 或 $h\geqslant0.70$ m，则可以不设栏杆 B。

图 2　桥架主梁上工作走道的防护状态

单位为毫米

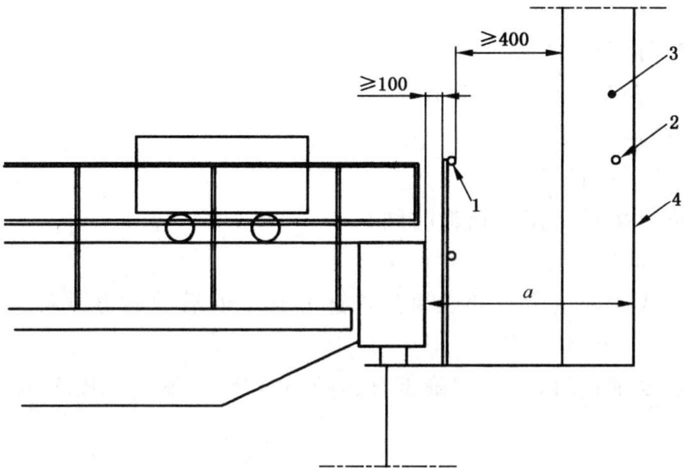

1——栏杆 A；

2——栏杆 B；

3——立柱；

4——墙壁。

注 1：如果 $a\geqslant600$ mm，则栏杆 A 可以不设；如果 $a\geqslant1\ 000$ mm，则栏杆 B 可以不设或只设栏杆 A。

注 2：护栏距电气部件的距离大于等于 100 mm 并小于 500 mm 时，为解决安全问题，固定平台护栏应设置两根中间横杆以防止双脚踏入危险区域。此外，为避免发生挤压危险，可将护栏高度分为三阶，以便在护栏未设开口处能向起重机方向翻越。

图 3　厂房上的工作走道　防护状态

3.2.3.2 通行控制

进入所有起重机均应经过司机的许可。

当下列因素致使人员进入起重机受阻时,用户/供应商应考虑使用“登机许可”系统。

“登机许可”系统应能向司机报告登机要求,而司机则可向要求进入的人给予登机许可。这一登机许可制度可以通过按钮和指示灯系统或对讲系统来实现。

影响该系统选择的因素有:

——运行速度;

——入口处距司机位置的可视距离;

——周边环境状况、视野和噪声等级等。

3.3 门式起重机通道

地面运行门式起重机的通道应符合上述3.2中所述的基本原则。地面运行起重机的主要危险是:对在起重机支腿或台车附近的行人的挤压和撞击。通道扶梯或梯子只要可能均应设计在支腿或台车运行轨道内侧。如果不可能的话,则应将梯子固定在起重机上,地面以上3 m范围内可不设护圈。

3.4 小车通道

当司机室与小车相连时,3.1～3.3中所述的有关起重机桥架通道的规定也适用于从桥架进入小车的通道。

4 起重机维护通道

4.1 总则

在确定通道特性时,应考虑以下因素:

——进入该部位的频度(由制造商估算);

——维护作业的时间;

——到维护点所需的时间;

——在维护点进行维护所需花费的时间;

——待运送的零部件尺寸。

用楼梯或台阶构成的固定平台和通道为首选方案。但活动通道设备也可作为维护作业的一种替代方案。

起重机用于建筑物维护时,应考虑确定合适的净空尺寸(参见GB/T 18874.5—2002),必要时应设置专用工作平台。

4.2 活动通道设备

在设计中采用活动通道设备时,则该设备的朝向和位置应方便其使用。

合适的活动通道设备的形式如下:

——脚手架,或独立的楼梯设施;

——电动升降台或吊笼。

用长度在2 m以上的轻便梯作为任何起重机的辅助通道都是不安全的。

4.3 局部平台的使用

使用局部平台进入起重机最有可能进行维护和修理的特定区域是4.2中所述的通道系统的推荐用备选方案。这些平台可以通过活动通道设备进入,或者从起重机门架或起重机梁本身进入。

如果通道从起重机大车轨道进入，则应从大车轨道的通道至局部平台之间设置连续栏杆和梯级或梯子。局部平台应在有暴露面的位置设置栏杆。在起重机结构本身设有等同于图 2 所示的限制装置时，则结构附近可不设栏杆。

5 净空

5.1 屋顶净空

屋顶净空的定义是从起重机最高点至屋架下的最小距离。

在各种情况下都应考虑屋顶净空，以防止起重机和厂房之间的相互影响。由于积雪导致厂房屋顶变形也应考虑。

当起重机设有固定通道装置和平台时，对于表面不连续的屋顶(桁架结构)，其屋顶净空至少应为 400 mm。

5.2 司机通道净空

通往司机控制站正常通道的最小净空高度为 2 m。

5.3 维护通道和维护平台净空

维护通道和维护平台的最小净空高度应为 1.8 m，通道长度不超过 1 m 时，净空高度可减到1.4 m。在净空高度减小的地方，应做适当标记。

6 紧急出口

在起重机大车和小车的各部位均无通向固定通道的情况下，应设置一个当起重机因事故停机时从司机室逃离，或因其他紧急情况需要逃生的备用出口装置。

在起重机运行所覆盖的建筑面积中至少 25%没有放置机器或货物时，以及正在搬运的货物不含危险，如：高热(>100 ℃)、有毒、腐蚀等物质时，采用表 2 中给出的装置则是适合的。

在上述条件得不到满足的情况下，则应在起重机大车和小车的各个部位提供通往司机室的固定通道。

表 2 允许的紧急出口装置

从地面到司机室地面或附近平台的高度/m	装置
1～5	绳梯、结绳或带安全锁的绳子
1～10	伸缩梯或折叠梯
1～15	惯性卷筒和安全带

7 安全防护

7.1 电气防护

桥式和门式起重机上的电气设备应符合 GB 5226.2 中相关条款的规定。

7.2 机械防护

除 GB/T 24818.1 的要求外，下述各条(也)适用于桥式和门式起重机：

——对在室内地面或地面轨道上运行的起重机，应在端梁或最前面的台车沿起重机运行的两个方向上设置轨道清扫器；

——应对处于固定通道区内的开式齿轮、链式传动及类似的传动装置加以防护；

——考虑支承发生意外损坏，应对导向滚轮加以防护以防发生坠落事故。

参 考 文 献

[1] GB/T 18874.5—2002 起重机 供需双方应提供的资料 第5部分：桥式和门式起重机(eqv ISO 9374-5:1991).

ICS 53.020.20
J 80

中华人民共和国国家标准

GB/T 25196—2018/ISO 12482:2014
代替 GB/T 25196.1—2010

起重机 设计工作周期的监控

Cranes—Monitoring for crane design working period

(ISO 12482:2014,IDT)

2018-12-28 发布 2019-07-01 实施

国家市场监督管理总局
中国国家标准化管理委员会 发布

前　　言

本标准按照 GB/T 1.1—2009 给出的规则起草。

本标准代替 GB/T 25196.1—2010《起重机　状态监控　第 1 部分:总则》,与 GB/T 25196.1—2010 相比,主要技术变化如下:

——修改了标准名称(见封面);

——修改了范围的内容(见第 1 章,2010 年版第 1 章);

——修改了术语和定义的内容(见第 3 章,2010 年版第 3 章);

——增加了起重机工作记录、设计工作周期评估的内容(见第 4 章和第 5 章);

——修改了特殊评估的内容(见第 6 章,2010 年版第 4、6、7、9 章);

——增加了起重机大修的内容(见第 7 章);

——增加了起重机和起升机构的 DWP 计算(见附录 A、附录 B);

——删除了原标准中系列起重葫芦评估规定的内容(见 2010 年版附录 A)。

本标准使用翻译法等同采用 ISO 12482:2014《起重机　设计工作周期的监控》。

与本标准中规范性引用的国际文件有一致性对应关系的我国文件如下:

——GB/T 6974.1—2008　起重机　术语　第 1 部分:通用术语(ISO 4306-1:2007,IDT)

——GB/T 20863.1—2007　起重机和起重机械　分级　第 1 部分:总则(ISO 4301-1:1986,IDT)

——GB/T 23724.1—2016　起重机　检查　第 1 部分:总则(ISO 9927-1:2013,IDT)

为便于使用,本标准作了以下编辑性修改:

——删除国际标准原文中的参考文献:AS 2550-1:2011 Cranes, hoists and winches—Safe use—Part 1: General requirements)和 Assessment of existing steel structures: recommendations for estimation of remaining fatigue life—background documents in support to the implementation, harmonization and further development of the Eurocodes, joint report, EUR 23252 EN, 2008。

本标准由中国机械工业联合会提出。

本标准由全国起重机械标准化技术委员会(SAC/TC 227)归口。

本标准负责起草单位:卫华集团有限公司、北京起重运输机械设计研究院有限公司。

本标准参加起草单位:北京起重运输机械设计研究院河南分院、河南省矿山起重机有限公司、法兰泰克重工股份有限公司、佛山市南海区特种设备协会、河南巨人起重机集团有限公司。

本标准主要起草人:周强、林夫奎、李永、任海涛、袁秀峰、梁建新、张书霞、高征。

本标准所代替标准的历次版本发布情况为:

——GB/T 25196.1—2010。

起重机　设计工作周期的监控

1　范围

本标准规定了长期使用过程中监控起重机实际工况的方法，同时规定了与通过分级（相关设计标准见 ISO 4301-1）确定的初始设计工作任务进行对比的方法。越接近设计寿命极限表示发生危险的可能性越大。本标准规定的起重机使用监控方法，用于预测起重机是否接近设计寿命极限和关注起重机关键部位的特殊检查。

本标准主要用于调整或更改 ISO 9927-1 规定的检验要求。

本标准适用于整个寿命期间具有永久构造的起重机。

本标准不适用于流动式和塔式起重机，除永久安装的塔式起重机外。

注：本标准规定的方法除可被规定分级的 ISO 4301-1 采用外，还被标准或规程采用。

2　规范性引用文件

下列文件对于本文件的应用是必不可少的。凡是注日期的引用文件，仅注日期的版本适用于本文件。凡是不注日期的引用文件，其最新版本（包括所有的修改单）适用于本文件。

ISO 4301-1　起重机和起重机械　分级　第 1 部分：总则（Cranes and lifting appliances—Classification—Part 1：General）

ISO 4306-1　起重机　术语　第 1 部分：通用术语（Cranes—Vocabulary—Part 1：General）

ISO 9927-1　起重机　检查　第 1 部分：总则（Cranes—Inspections—Part 1：General）

3　术语和定义

ISO 4301-1 和 ISO 4306-1 界定的以及下列术语和定义适用于本文件。

3.1

设计工作任务　design duty

由初始设计分级确定的起重机或起升机构在整个有效工作时间内的生产能力。

3.2

设计寿命　design life

基于起重机初始设计要求，并考虑工作循环数以及预期工况的预设载荷谱条件下预估的许用工作周期。

3.3

设计工作周期　design working period；DWP

在规定的实际工作任务下，达到设计任务的运行时间。

3.4

特殊评估　special assessment；SA

当起重机或起升机构的实际工作任务接近设计工作任务时，对起重机或起升机构进行的全面检验和评估。

3.5

大修 general overhaul;GO

为延长起重机安全使用寿命,根据特殊评估(SA)进行的所有改造和维护行为。

3.6

工作循环 work cycle

动作顺序从起升载荷开始,到运送、下降、放置、分离载荷,直至空载回到初始位置,准备起升另一个载荷的完整工作过程。

4 起重机工作记录

4.1 总则

起重机业主宜对起重机的使用进行记录,以充分验证起重机制造商规定的准则,并用于本标准的规定开展评估。记录宜包括起重机的维护、检查、维修、改造和意外事件,如超载、极端天气条件和碰撞。记录宜在 ISO 9927-1 规定的定期检查期间至少每年更新一次。

4.2 计算工作任务的方法

根据系统和可靠的数据收集和程序文件,工作任务历程的评估可被分为下列几类:

a) 起重机运行数据由一个特殊的专用系统进行记录,这个系统在起重机使用时能够自动运行。起重机操作人员无法关闭该记录系统。

b) 起重机配有记录其运行数据的计数器。使用单位从计数器中收集并手动记录运行数据。

c) 根据起重机工作的一般过程计算起重机任务历程。起重机是这个过程的不可分割的一部分。过程数据有记录。

d) 根据起重机工作场合的总生产数据估计起重机工作任务历程。

e) 起重机工作任务历程不完整。

f) 起重机工作任务历程未知(例如当起重机为二手时)。设计工作周期(DWP)的工作任务按照评估或假设符合设计分级和设计寿命进行计算,并使用表 1 中第 5 项规定的系数 f_1 进行折减。

起重机业主/使用单位提供在所有情况下计算起重机使用情况的基本信息。

装有记录仪器或计数器时,使用单位宜定期检查设备以确保其功能正常。

4.3 计算工作任务的安全系数

计算起重机的设计工作周期(DWP)时,根据历程评估出的工作任务应增加表 1 规定的安全系数 f_1,以包含工作任务记录和估计的不确定性。

表 1 计算工作任务的安全系数 f_1

序号	工作任务记录方法	f_1
1	自动记录系统[见 4.2a)],或计数器和手动记录[见 4.2b)]	1.0
2	基于一个专门的、有记录的过程数据进行估计,见 4.2c)	1.1
3	基于起重机使用现场记录的生产数据进行估计,见 4.2d)	1.2
4	无数据记录,基于起重机使用场合的生产数据进行估计,见 4.2e)	1.3
5	起重机工作历程未知,见 4.2f)	1.5

5 设计工作周期评估

5.1 总则

起重机的许多部件可能因金属疲劳而失效，且很难通过物理检查进行预测或评估。通过物理检查实现疲劳失效的安全防护存在困难的原因如下：

——从可检测出来至临界裂纹尺寸的安全检测时间可能会很短，这导致不必要的经常性检查；

——在很多情况下，检测疲劳裂纹需要完全拆卸某个部件；

——计划和安排起重机的未来维修是不可能和不可接受的，因为检查通常要求立即实施并可能中断起重机的操作。

设计工作周期(DWP)评估是为估计起重机的累积工作任务及其其剩余寿命。假设如下：

——起重机的所有定期检查计划均已实施；

——操作过程中的任何损坏均已记录和合适的维修；

——维护工作和磨损部件的更换已按制造商说明书实施。

5.2 评估时间

起重机使用数据的收集和设计工作周期(DWP)的评估宜结合间隔周期为 12 个月的定期检查(见 ISO 9927-1)进行。

5.3 DWP 计算方法

设计工作周期(DWP)计算方法宜按尽可能接近初始设计的规定和分级进行计算。附录 A 和附录 B 给出了按 ISO 4301-1 进行分级和设计的起重机的设计工作周期(DWP)计算方法。

设计工作周期(DWP)计算应包括整机(结构)和机构。

老版本的分级和设计原则可能不符合最新水平。为获得设计工作周期(DWP)计算的可靠理论基础，起重机业主可要求制造商或专业工程师(见 ISO 9927-1)根据适用的起重机标准进行重新计算。

6 特殊评估

6.1 总则

特殊评估包含更多细节，涉及起重机结构/起升机构的关键部件。特殊评估应包括以下两点：

——理论部分：起重机每个关键部件的剩余设计工作周期(DWP)应根据记录、实际工作任务进行分析；

——实际部分：起重机按 ISO 9927-1 的规定进行重点检查。

起重机达到设计寿命时，应在特殊评估基础上完成大修后才可被使用。

起重机的不同部件接近设计极限的时间间隔不同，这取决于起重机的使用类型和构造。特殊评估宜考虑到这些不同，仅选择与疲劳行为相关的最关键部件。

部件剩余设计工作周期(DWP)的理论分析可不依赖原设计标准的方法，可采用最新科技方法代替。修正的分析宜考虑实际测得的工作循环及其对部件疲劳的实际影响。使用信息宜由起重机业主/使用单位提供。

特殊评估应由专业工程师执行(见 ISO 9927-1)。

6.2 特殊评估的准则

当设计工作周期(DWP)评估表明起重机工作任务将在下次定期检查前达到任一设计极限,或发生一个或多个下列情况时,应进行一次特殊评估检查起重机的状态。

——报告的故障频率增加;

——载荷明显增大;

——定期检查显示起重机的状态明显恶化,比如部件失效或损坏、振动或位移增加、腐蚀;

——改变关键部件的初始选择,致使起重机构造明显改变。

首次特殊评估应在制造商给出的起重机或起升机构的使用寿命前进行。对于随后的特殊评估见6.5。

当业主使用的是二手起重机且没有之前的工作信息时,应在起重机再次投入使用前进行特殊评估。

6.3 起重机使用单位/业主的职责

起重机业主负责实施设计工作定期(DWP)评估、启动特殊评估以及采取相应措施,包括大修(GO)。

起重机业主应保存特殊评估报告和起重机工作文件,作为未来评估的背景信息。

如果起重机投入使用后再经过任何改造,起重机业主应通知专业工程师进行特殊评估。

6.4 使用说明书

制造商应在使用说明书中,向业主提供设计工作周期(DWP)评估所需的起重机分级数据。

制造商还宜规定以下信息:

——起重机设计的特殊条件和载荷极限;

——需特殊评估的部件和部位清单;

——物理检查的方法和验收准则;

——对特殊评估中的发现实施大修的建议。

专业工程师应根据制造商提供的设计信息进行特殊评估。

6.5 报告

特殊评估应起草一份报告,且应与其他起重机工作文件一起保存。

报告应至少包括以下内容:

——使用准则的描述;

——设计工作周期(DWP)分析的结果以及检查中的重大发现;

——为保障起重机继续使用而采取的措施,如维修、改变检查时间间隔、降低额定载荷;

——在规定的运行时间内可执行动作的推荐建议;

——如有需要,为下一次的特殊评估和大修确定修正的准则和时间周期;

——如有需要,在下次特殊评估前确定修正的检查项目。

7 大修(GO)

7.1 总则

大修是为保障起重机继续安全使用所需采取的一系列维修、更换和保养的措施。有些问题可能需要立即采取措施,有些问题可以延后,但应根据起重机今后的实际使用情况对所需采取的措施做出安排。图1的A、B、C类说明了这个差别。

大修需求的提出和时间的确定，通过特殊评估给出。大修的内容宜根据使用说明书给出。

7.2 采取措施的种类

首次大修时，不同部件处于各自累积疲劳和磨损的不同阶段，见图1。根据部件的类型和疲劳程度，宜采取合适的大修措施。大修措施可分为下列情况：

——部件在大修中经常更换，即使无可见的物理迹象，也需要更换；

——部件具有可维修性，以及某些部件只能更换；

——在部件更换不具有经济性的情况下，首次大修进行全面检查，并增加检查频率及规定今后的报废标准。

制造商应提供起重机的维护说明，包括部件的检查、维修和更换准则。

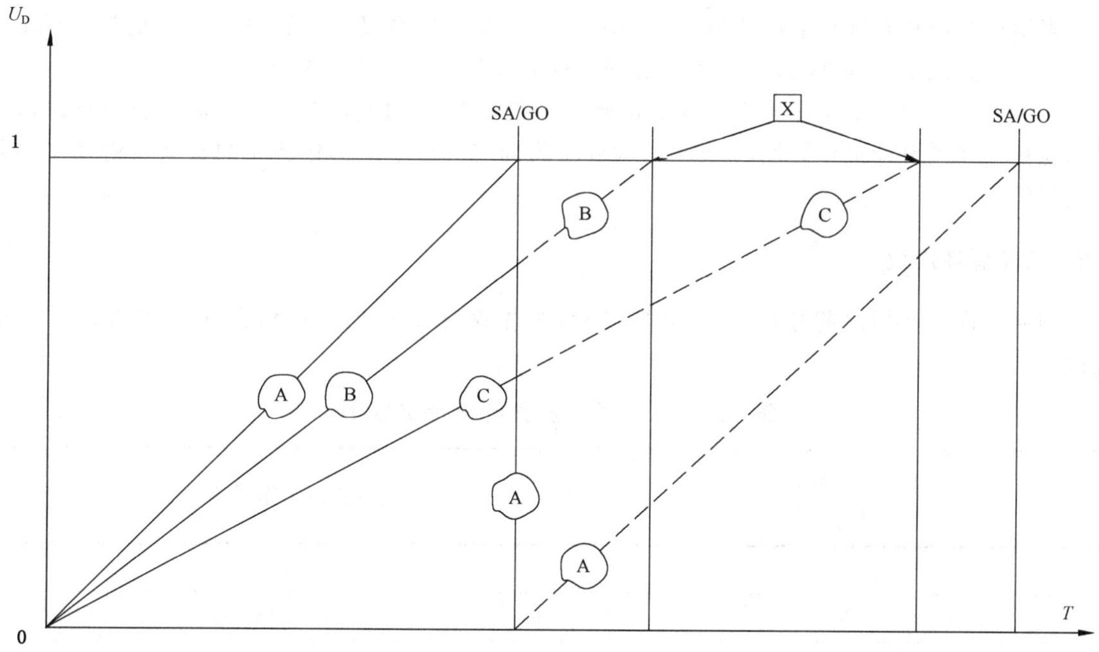

说明：

SA ——特殊评估；

GO ——大修；

U_D ——设计工作任务的相对使用；

T ——起重机运行时间；

A ——首次大修更换的部件；

B、C ——首次大修检查的部件；

X ——如果之前的特殊评估没有采取措施的情况下，部件B和C达到的DWP。

图1 设计工作任务的使用与大修和特殊评估的关系

附　录　A
（规范性附录）
按 ISO 4301-1 进行设计的起重机的 DWP 计算

A.1　总则

两个基本工作任务系数以及由此组合的起重机分级，已在 ISO 4301-1 中给出：

——工作循环次数，分为 U_0 至 U_9 等级；

——载荷谱系数 K_P，分为 Q1 至 Q4 等级。

根据两个任务系数 U 和 Q 的组合推导出起重机工作级别分为 A1 至 A8 级。

当给出载荷状态级别或使用等级时，应按 A.2 和 A.3 的规定计算设计工作周期(DWP)。当仅给出起重机工作级别时，应按 A.4 的规定计算设计工作周期(DWP)。

本标准中的两个工作任务系数同等重要。当两个系数中的任何一个达到其设计极限时，均表示起重机达到设计工作周期(DWP)。大修是为确定对每个工作任务系数具有关键作用的起重机部件。

A.2　工作循环次数

当制造商已经规定起重机的使用等级时，工作循环次数的设计极限 D_N 应从表 A.1 中选取。

表 A.1　工作循环次数的设计极限 D_N

使用等级 (ISO 4301-1)	起重机总工作循环次数 D_N
U_0	16 000
U_1	32 000
U_2	63 000
U_3	125 000
U_4	250 000
U_5	500 000
U_6	1 000 000
U_7	2 000 000
U_8	4 000 000
U_9	8 000 000

当公式(A.1)成立时，起重机达到 DWP——即实际工作任务在总工作循环次数方面已达到设计极限。

$$f_1 \cdot C_a = D_N \qquad \text{(A.1)}$$

式中：

f_1 ——按 4.3 选取的计算工作任务的安全系数；

C_a ——检查时的实际总工作循环数；

D_N——按表 A.1 选取的工作循环次数的设计极限。

A.3 累积载荷

本章分别规定了参数、工作循环次数和载荷谱系数的设计极限。

当制造商已规定了起重机的载荷状态级别时，载荷谱系数设计值 K_P 应从表 A.2 中选取。

表 A.2 载荷谱系数的设计值 K_P

载荷状态级别（ISO 4301-1）	起重机载荷谱系数 K_P
Q1	0.125
Q2	0.25
Q3	0.50
Q4	1.00

为计算实际工作历程情况下的载荷谱等级，应记录或估计每次工作循环的有效载荷值。

当公式(A.2)成立时，起重机达到 DWP——即实际工作任务在累积载荷方面已达到设计极限。

$$f_1 \cdot \sum_{i=1}^{C_a} \left(\frac{P_i}{P}\right)^3 = K_P \cdot D_N \qquad \cdots\cdots(A.2)$$

式中：

f_1 ——按 4.3 选取的计算工作任务的安全系数；

C_a ——检查时的实际总工作循环数；

i ——单次工作循环的指数；

P_i ——在第 i 次工作循环吊运的有效载荷；

P ——起重机有效载荷的额定值；

K_P——按表 A.2 选取的载荷谱系数的设计值；

D_N——按表 A.1 选取的工作循环次数的设计极限。

A.4 起重机分级

本章适用于未分别给出载荷状态级别或使用等级，仅给出起重机工作级别的情况。在计算设计工作周期(DWP)时，将载荷状态级别和工作循环次数组合并转为相应 $K_p=1$ 时的载荷状态。

当公式(A.3)成立时，起重机达到 DWP——即实际工作任务在起重机工作级别方面已达到设计极限。

$$f_1 \cdot \sum_{i=1}^{C_a} \left(\frac{P_i}{P}\right)^3 = D_C \qquad \cdots\cdots(A.3)$$

式中：

f_1 ——按4.3选取的计算工作任务的安全系数；

C_a ——检查时的实际总工作循环数；

i ——单次工作循环的指数；

P_i ——在第 i 次工作循环吊运的有效载荷；

P ——起重机有效载荷的额定值；

D_C ——按表A.3规定转换的工作循环次数的设计极限。

表A.3 转换的工作循环次数的设计极限

起重机级别	A1	A2	A3	A4	A5	A6	A7	A8
D_C 循环	8×10^3	16×10^3	32×10^3	63×10^3	125×10^3	250×10^3	500×10^3	1.0×10^6

附 录 B
（规范性附录）
按 ISO 4301-1 设计的起升机构的 DWP 计算

B.1 总则

附录 B 适用于作为起重机不可分割部分的起升机构，以及给出机构等级的系列起升单元。

两个基本的任务系数及其组合得出的机构等级如下：

——总使用时间 T；

——载荷谱系数 K_m，代表起升机构的载荷状态级别 L；

——工作级别 M，是两个工作任务系数的组合。

当已知基本工作任务系数（T，K_m）的设计极限时（比如特制起重机），应按 B.2 规定的系数计算 DWP。当仅已知机构工作级别时，应按 B.3 的规定计算 DWP。

B.2 已知起重机具体设计工作任务系数

当制造商通过载荷谱系数规定了载荷状态级别 L 时，其设计值应从表 B.1 中选取。否则应使用起重机特定 K_{mD} 值。

表 B.1 载荷谱系数的设计值 K_{mD}

载荷状态级别	机构载荷谱系数 K_{mD}
L1	0.125
L2	0.25
L3	0.50
L4	1.00

当制造商通过分级规定了总使用时间时，总使用时间的设计极限 D_T 应从表 B.2 中选取。否则应使用起重机特定的 D_T 值。

表 B.2 总使用持续时间的设计极限值 D_T

使用等级	总使用时间 D_T h
T_0	200
T_1	400
T_2	800
T_3	1 600
T_4	3 200
T_5	6 300

表 B.2 总使用持续时间的设计极限值 D_T(续)

使用等级	总使用时间 D_T h
T_6	12 500
T_7	25 000
T_8	50 000
T_9	1 000 000

对于起升机构累积载荷的计算,应记录或估计每次工作循环的总起升载荷值。载荷循环的有效工作部分和回程部分均应予以考虑。

当公式(B.1)成立时,起升机构达到 DWP——即实际工作任务已达到设计极限。

$$f_1 \cdot \sum_{i=1}^{C_a}\left[t_i \cdot \left(\frac{P_i+P_A}{P+P_A}\right)^3 + t_{R,i} \cdot \left(\frac{P_A}{P+P_A}\right)^3\right] = K_{mD} \cdot D_T \qquad \text{(B.1)}$$

式中:

f_1 ——按 4.3 选取的计算工作任务的安全系数;

C_a ——检查时的实际总工作循环数;

i ——单次工作循环的指数;

P_i ——在第 i 次工作循环吊运的有效载荷;

P ——起重机有效载荷的额定值;

P_A ——固定和非固定吊具的总重量;

t_i ——第 i 次工作循环起升机构负载部分的运行时间;

$t_{R,i}$ ——第 i 次工作循环起升机构回程部分的运行时间;

D_T ——总使用时间的设计极限,见表 B.2;

K_{mD}——机构载荷谱系数的设计值,见表 B.1。

B.3 已知机构工作级别

本章适用于未分别规定基本工作任务系数和载荷状态级别,仅已知机构工作级别的情况。计算 DWP 时,将载荷谱系数和总使用时间组合并转换为相应 $K_{mD}=1.0$ 时的载荷状态。

当公式(B.2)成立时,起升机构达到 DWP——即实际工作任务已达到设计级别。

$$f_1 \cdot \sum_{i=1}^{C_a}\left[t_i \cdot \left(\frac{P_i+P_A}{P+P_A}\right)^3 + t_{R,i} \cdot \left(\frac{P_A}{P+P_A}\right)^3\right] = D_M \qquad \text{(B.2)}$$

式中:

f_1 ——按 4.3 选取的计算工作任务的安全系数;

C_a ——检查时的实际总工作循环数;

i ——单次工作循环的指数;

P_i ——在第 i 次工作循环吊运的有效载荷;

P ——起重机有效载荷的额定值;

P_A ——固定和非固定吊具的总重量;

t_i ——第 i 次工作循环起升机构负载部分的运行时间；

$t_{R,i}$ ——第 i 次工作循环起升机构回程部分的运行时间；

D_M ——按表 B.3 选取的总使用时间的设计极限值。

表 B.3 总使用时间的设计极限值

机构等级(ISO 4301-1)	M1	M2	M3	M4	M5	M6	M7	M8
总使用时间 D_M h	100	200	400	800	1 600	3 200	6 300	12 500

参 考 文 献

[1] GB/T 23724.3—2010 起重机 检查 第 3 部分:塔式起重机(ISO 9927-3:2005,IDT)

ICS 53.020.20
J 80

中华人民共和国国家标准

GB/T 25854—2010/ISO 2415:2004

一般起重用D形和弓形锻造卸扣

Forged shackles for general lifting purposes—Dee shackles and bow shackles

(ISO 2415:2004,IDT)

2011-01-10 发布

2011-06-01 实施

中华人民共和国国家质量监督检验检疫总局
中国国家标准化管理委员会 发布

前　言

本标准等同采用 ISO 2415:2004《一般起重用锻造卸扣　D形和弓形卸扣》(英文版)。

本标准等同翻译 ISO 2415:2004。

为便于使用,本标准做了以下编辑性修改:

——“本国际标准”一词改为“本标准”;

——用小数点“.”代替作为小数点的“,”;

——删除国际标准前言;

——删除引用的 ISO 263 英制标准;

——引用的其他国际标准,用已被采用为我国的标准代替对应的国际标准;

——规范性引用文件增加了引用标准(见第 10 章)。

本标准的附录 A 为规范性附录,附录 B 为资料性附录。

本标准由中国机械工业联合会提出。

本标准由全国起重机械标准化技术委员会(SAC/TC 227)归口。

本标准负责起草单位:杭州现代起重机械制造厂、杭州武林机器有限公司、北京起重运输机械设计研究院。

本标准参加起草单位:中煤张家口煤矿机械有限责任公司帕森斯链条分公司。

本标准主要起草人:杨宪辉、张 云、崔振元、林夫奎。

一般起重用D形和弓形锻造卸扣

1 范围

本标准规定了强度级别为4级、6级和8级D形和弓形卸扣的一般特征、性能及与其他零件互换和配合所需的关键尺寸。

本标准适用于极限工作载荷为0.32 t～100 t的D形和弓形锻造卸扣。

D型卸扣与符合GB/T 24812和GB/T 24813规定的锻造环眼吊钩一起使用时可用一个中间件连接。

2 规范性引用文件

下列文件中的条款通过本标准的引用而成为本标准的条款。凡是注日期的引用文件，其随后所有的修改单(不包括勘误的内容)或修订版均不适用于本标准。然而，鼓励根据本标准达成协议的各方研究是否可使用这些文件的最新版本。凡是不注日期的引用文件，其最新版本适用于本标准。

GB/T 193 普通螺纹 直径与螺距系列(GB/T 193—2003，ISO 261:1998，MOD)

GB/T 197—2003 普通螺纹 公差(ISO 965-1:1998，MOD)

GB/T 230.1 金属洛氏硬度试验 第1部分:试验方法(A、B、C、D、E、F、G、H、K、N、T标尺)(GB/T 230.1—2004，ISO 6508-1:1999，MOD)

GB/T 231.1 金属布氏硬度试验 第1部分:试验方法(GB/T 231.1—2002，eqv ISO 6506-1:1999)

GB/T 6394—2002 金属平均晶粒度测定方法(ASTM E112:1996，MOD)

GB/T 13304.1 钢分类 第1部分:按化学成分分类(GB/T 13304.1—2008，ISO 4948-1:1982，MOD)

GB/T 24812 4级链条用锻造环眼吊钩(GB/T 24812—2009，ISO 4779:1986，IDT)

GB/T 24813 8级链条用锻造环眼吊钩(GB/T 24813—2009，ISO 7597:1987，IDT)

3 术语和定义

下列术语和定义适用于本标准。

3.1

卸扣 shackle

由扣体和销轴等两个易拆零件装配成的组合件。

3.2

扣体 body

卸扣的两个零件之一。由一根适当截面的棒材经弯曲锻制而成，两端带有同轴环眼。

3.3

扣顶 crown

扣体与销轴相对的部分。

3.4

环眼　eye

扣体尾端穿销轴用的同轴孔的环形部位。

3.5

销轴　pin

穿过环眼的圆棒，其就位时安全可靠并便于拆卸。

3.6

D形卸扣　dee shackle

扣顶呈半圆形，其内半径等于两环眼之间内宽 W 一半的卸扣，见图1。

3.7

弓形卸扣　bow shackle

扣顶呈大半个圆形，其内半径大于两环眼之间内宽 W 一半的卸扣，见图2。

3.8

极限强度　ultimate strength

F_u

拉伸试验过程中，卸扣失去承载能力的最大力。

3.9

验证力　proof force

F_e

按第12章规定施加于成品卸扣的试验力。

3.10

极限工作载荷　working load limit

WLL

在一般工况下，卸扣能承受的设计最大质量。

3.11

工作载荷　working load

WL

在特定使用工况下，卸扣应承受的最大质量。

4　型式和尺寸

4.1　D形卸扣

D形卸扣的尺寸应符合图1和表1的规定。

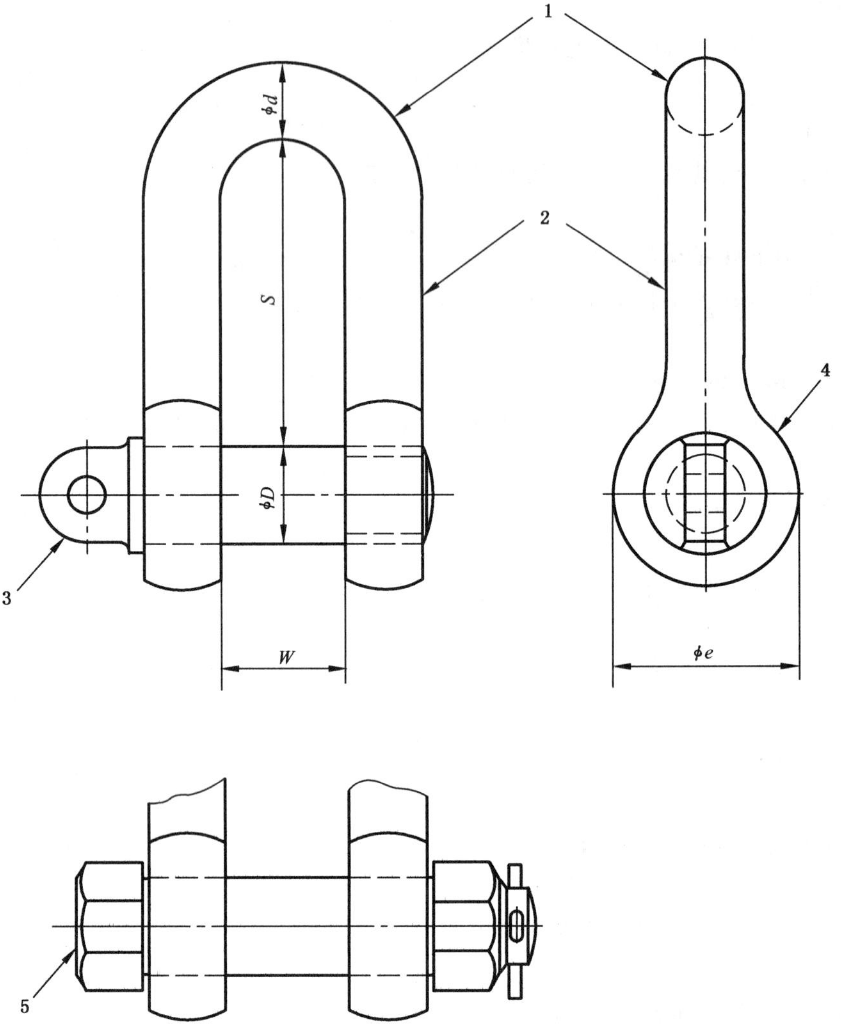

1——扣顶；

2——扣体；

3——W 型：带孔和台肩的螺纹销轴(举例)；

4——环眼；

5——X 型：六角头螺栓型销轴，六角螺母和开口销(举例)。

注：本图仅表示卸扣尺寸的测量位置，不作为任一部位的具体设计。

图1　D形卸扣尺寸

表1 D形卸扣尺寸

极限工作载荷 WLL			d[a]	D[b]	e[c]	S[d]	W[b]
4级	6级	8级	max	max	max	min	min
t			mm				
0.32	0.50	0.63	8	9	19.8	18	9
0.40	0.63	0.8	9	10	22	20	10
0.50	0.8	1	10	11.2	24.64	22.4	11.2
0.63	1	1.25	11.2	12.5	27.5	25	12.5
0.8	1.25	1.6	12.5	14	30.8	28	14
1	1.6	2	14	16	35.2	31.5	16
1.25	2	2.5	16	18	39.6	35.5	18
1.6	2.5	3.2	18	20	44	40	20
2	3.2	4	20	22.4	49.28	45	22.4
2.5	4	5	22.4	25	55	50	25
3.2	5	6.3	25	28	61.8	56	28
4	6.3	8	28	31.5	69.3	63	31.5
5	8	10	31.5	35.5	78.1	71	35.5
6.3	10	12.5	35.5	40	88	80	40
8	12.5	16	40	45	99	90	45
10	16	20	45	50	110	100	50
12.5	20	25	50	56	123.2	112	56
16	25	32	56	63	138.6	125	63
20	32	40	63	71	156.2	140	71
25	40	50	71	80	178	160	80
32	50	63	80	90	198	180	90
40	63	80	90	100	220	200	100
50	80	100	100	112	246.4	224	112
63	100	—	112	125	275	250	125
80	—	—	125	140	308	280	140
100	—	—	140	160	352	315	160

[a] 该尺寸的计算公式由 A.1.1 给出。

[b] 该尺寸的计算公式由 A.1.2 给出。

[c] 该尺寸的计算公式由 A.1.4 给出。

[d] 该尺寸的计算公式由 A.1.3 给出。

4.2 弓形卸扣

弓形卸扣的尺寸应符合图 2 和表 2 的规定。

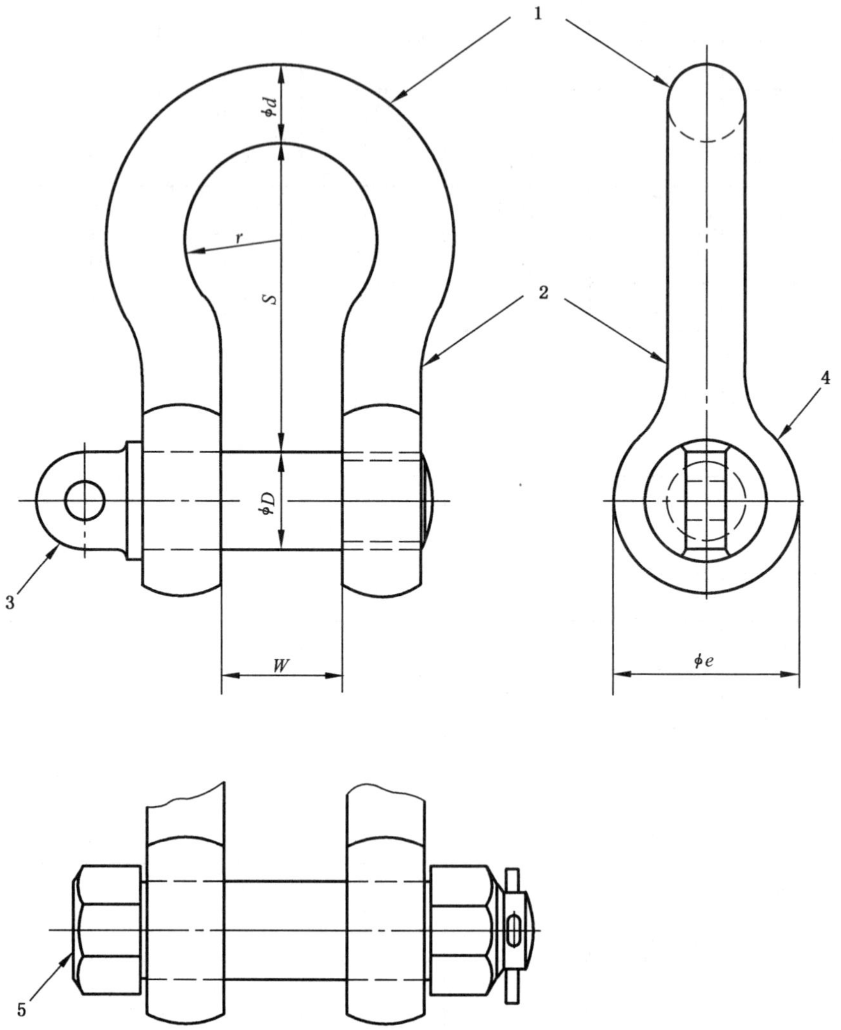

1——扣顶；

2——扣体；

3——W 型:带孔和台肩的螺纹销轴(举例)；

4——环眼；

5——X 型:六角头螺栓型销轴,六角螺母和开口销(举例)。

注：本图仅表示卸扣尺寸的测量位置,不作为任一部位的具体设计。

图 2　弓形卸扣尺寸

表 2　弓形卸扣尺寸

极限工作载荷 WLL			d[a]	D[b]	e[c]	$2r$[d]	S[e]	W[b]
4 级	6 级	8 级	max	max	max	min	min	min
t			mm					
0.32	0.50	0.63	9	10	22	16	22.4	10
0.40	0.63	0.8	10	11.2	24.64	18	25	11.2
0.50	0.8	1	11.2	12.5	27.5	20	28	12.5
0.63	1	1.25	12.5	14	30.8	22.4	31.5	14
0.8	1.25	1.6	14	16	35.2	25	35.5	16
1	1.6	2	16	18	39.6	28	40	18
1.25	2	2.5	18	20	44	31.5	45	20
1.6	2.5	3.2	20	22.4	49.28	35.5	50	22.4
2	3.2	4	22.4	25	55	40	56	25
2.5	4	5	25	28	61.8	45	63	28
3.2	5	6.3	28	31.5	69.3	50	71	31.5
4	6.3	8	31.5	35.5	78.1	56	80	35.5
5	8	10	35.5	40	88	63	90	40
6.3	10	12.5	40	45	99	71	100	45
8	12.5	16	45	50	110	80	112	50
10	16	20	50	56	123.2	90	125	56
12.5	20	25	56	63	138.6	100	140	63
16	25	32	63	71	156.2	112	160	71
20	32	40	71	80	176	125	180	80
25	40	50	80	90	198	140	200	90
32	50	63	90	100	220	160	224	100
40	63	—	100	112	246.4	180	250	112
50	80	—	112	125	275	200	280	125
63	100		125	140	308	224	315	140
80	—	—	140	160	352	224	355	160
100	—	—	160	180	396	280	400	180

[a] 该尺寸的计算公式由 A.2.1 给出。

[b] 该尺寸的计算公式由 A.2.2 给出。

[c] 该尺寸的计算公式由 A.2.5 给出。

[d] 该尺寸的计算公式由 A.2.3 给出。

[e] 该尺寸的计算公式由 A.2.4 给出。

4.3　销轴孔直径

卸扣扣体上光孔的直径不应超过以下值：

a)　销轴直径 $D \leqslant 20$ mm 时，孔径为$(D+1)$mm；

b)　销轴直径为 20 mm$<D\leqslant 45$mm 时，孔径为$(D+1.5)$mm；

c)　销轴直径 $D>45$ mm 时，孔径为$(D+2)$mm。

4.4　销轴型式

图 3 所示带螺纹的卸扣销轴只是典例,其他合适型式的销轴也可使用。

销轴型式有以下几种:

——W 型:带孔和台肩的螺纹销轴;

——X 型:六角头螺栓、六角螺母和开口销;

——Y 型:沉头和开槽螺钉。

根据型号表示方法(见附录 B),其他型式的销轴均以 Z 型表示。

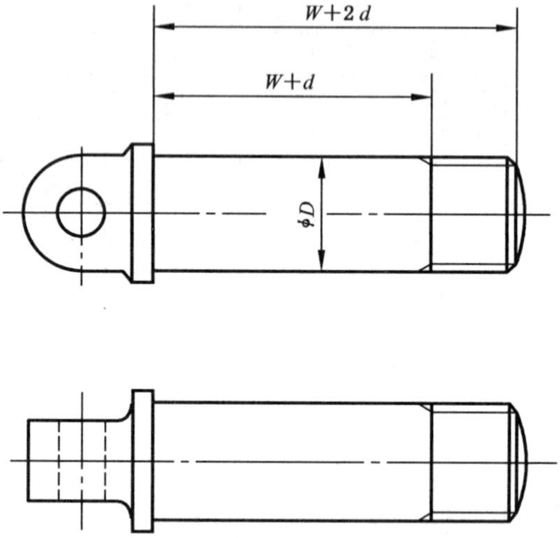

a) W 型:带孔和台肩的螺纹销轴

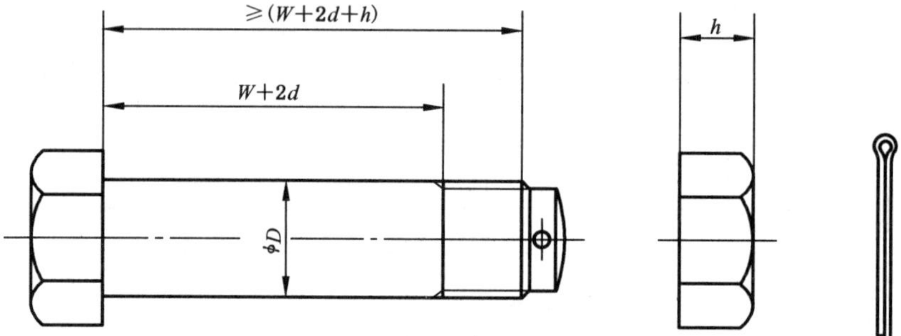

b) X 型:六角头螺栓、六角螺母和开口销

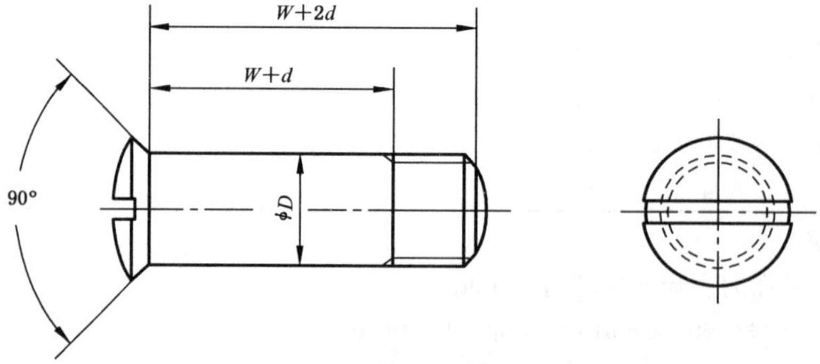

c) Y 型:沉头和开槽螺钉

图 3　卸扣销轴型式典例

5 机械性能

5.1 总则

卸扣验证力、极限强度等机械性能应符合表3的规定。

表3 卸扣机械性能

极限工作载荷 WLL/t	验证力 F_e/kN	最小极限强度 F_u/kN
0.32	6.4	12.5
0.4	8	16
0.5	10	20
0.63	12.5	25
0.8	16	32
1	20	40
1.25	25	50
1.6	32	63
2	40	80
2.5	50	100
3.2	63	125
4	80	160
5	100	200
6.3	125	250
8	160	320
10	200	400
12.5	250	500
16	320	630
20	400	800
25	500	1 000
32	630	1 250
40	800	1 600
50	1 000	2 000
63	1 250	2 500
80	1 600	3 200
100	2 000	4 000

5.2 变形试验

取三个试样进行试验，每个试样均应能承受住2×WLL的验证力而无永久变形，即施加验证力后，试样尺寸变化不大于原始尺寸的1%。卸去验证力后，销轴拧松时应能自由转动。

5.3 极限强度

按11.3规定进行试验时，卸扣的极限强度应至少达到表3的规定。

试验完成后，卸扣应有变形迹象。

5.4 疲劳试验(6 级和 8 级)

极限工作载荷小于或等于 32 t 的卸扣,按 11.4 进行试验时,在通过至少 2×10^4 次循环后,应仍能承受住该载荷。

6 材质

6.1 4 级卸扣

6.1.1 总则

钢材应采用电炉或吹氧转炉冶炼。

对圆钢或成品卸扣进行检验分析时,钢材应满足 6.1.2 的规定。

如果买方有要求,制造商应提供钢材的熔炼分析报告。

6.1.2 特殊要求

钢材应为镇静钢,可锻性好,经过热处理后应能达到本标准规定的机械性能。其硫和磷含量应符合表 4 的规定。

表 4 4 级卸扣硫和磷含量

元素	最大含量(质量分数)/%	
	熔炼分析	检验分析
硫	0.035	0.04
磷	0.035	0.04

钢材冶炼应符合晶粒细化的要求,以便在按照 GB/T 6394—2002 中 5.3 规定的截点法进行检验时,应达到奥氏体 5 级晶粒度或更细的品级。例如,可通过确保钢材含有足够量的铝或相当的元素,以使卸扣制造稳定,防止使用期间发生应变、时效、脆裂。推荐铝的最小含量为 0.025%。

卸扣制造商有责任在上述规定范围内正确选择钢材,以使经适当热处理的成品卸扣能满足本标准规定的机械性能。

6.2 6 级和 8 级卸扣

6.2.1 总则

钢材应采用电炉或吹氧转炉冶炼。

对圆钢或成品卸扣进行检验分析时,钢材应满足 6.2.2 的规定。

如果买方有要求,制造商应提供钢材的熔炼分析报告。

6.2.2 特殊要求

钢材应为镇静钢,可锻性好,并应含有足够量的合金元素,以保证卸扣经适当热处理后具有本标准规定的机械性能。

6 级卸扣的钢材除符合 GB/T 13304.1 规定的合金成分外,还应至少含有下列合金元素之一:

——镍;

——铬;

——钼。

8 级卸扣的钢材除符合 GB/T 13304.1 规定的合金成分外,还应至少含有下列合金元素中的二种：

——镍；

——铬；

——钼。

这两种等级的钢材，硫和磷含量应符合表 5～表 7 的规定。

表 5　6 级卸扣扣体硫和磷含量

元　　素	最大含量(质量分数)/%	
	熔　炼　分　析	检　验　分　析
硫	0.035	0.04
磷	0.035	0.04

表 6　6 级卸扣销轴硫和磷含量

元　　素	最大含量(质量分数)/%	
	熔　炼　分　析	检　验　分　析
硫	0.03	0.035
磷	0.03	0.035

表 7　8 级卸扣扣体和销轴硫和磷含量

元　　素	最大含量(质量分数)/%	
	熔　炼　分　析	检　验　分　析
硫	0.025	0.03
磷	0.025	0.03

钢材冶炼应符合晶粒细化的要求，以便在按照 GB/T 6394—2002 中 5.3 的截点法进行检验时，应达到奥氏体 5 级晶粒度或更细的品级。例如，可通过确保钢材含有足够量的铝或相当的元素，以使卸扣制造稳定，防止使用期间应变、时效、脆裂。推荐铝的最小含量为 0.025%。

卸扣制造商有责任在上述规定范围内正确选择钢材，以使经适当热处理的成品卸扣能满足本标准规定的机械性能。

7　热处理

7.1　4 级卸扣

锻造后，应对卸扣进行正火或淬火和回火处理。

7.2　6 级和 8 级卸扣

卸扣在承受验证力之前应在 Ac_3 点以上温度进行淬火和回火处理，最低回火温度为 400 ℃。

回火处理工艺应至少与 400 ℃时保温 1 h 等效。

验证方法：将卸扣重新加热至 400 ℃并保温 1 h，然后冷却至室温。其性能应符合表 3 的规定。

部件中的承载零件不允许表面淬火。

8 硬度

8.1 硬度要求

扣体的硬度不应超过表8的规定。

表8 硬度值

级别	布氏硬度/HBW	洛氏硬度/HRC
4	217	17
6	300	32
8	380	41

8.2 硬度试验

为确定布氏硬度值,应按GB/T 231.1的规定进行试验。试验时使用10 mm硬质合金球(如可行)并施加29.42 kN的力(HBW 10/3 000)。

为确定洛氏硬度值C,应按GB/T 230.1的规定进行试验。

也可使用其他测量硬度的方法,但应将测量值换算成当量布氏硬度或洛氏硬度C,并符合8.1的规定。

试件表面应经过锉光、磨削或精加工,并处于合适的位置(见图1和图2)。

应采用适当的措施确保所试验的硬度值具有代表性,且其硬度不受脱碳、渗碳或试件制作方法的影响。

9 制造工艺

卸扣扣体应锻制,不应采用焊接。扣体两销轴孔应同轴且与环眼外径同心。

销轴应锻制或机加工制成。销轴的螺纹段应与主体段同心。销轴的台肩或头部应与扣体紧密贴合。

当螺纹销轴完全拧紧时,露出在钳口宽度W尺寸内的可见螺纹段长度不应大于一个螺距(例如W型和Y型销轴)。

螺栓光杆部分长度应使得螺母拧入螺栓后只靠在螺尾上,而不应靠在扣体上(例如X型销轴)。

任何情况下,将销轴正确装入卸扣扣体后,钳口宽度尺寸W不应明显减小。

成品卸扣扣体和销轴应无裂纹等有害的表面缺陷。

10 螺纹

除另行规定外,螺纹应符合GB/T 193的规定,其配合精度应符合GB/T 197—2003中6.3规定的6H/6 g(中等配合)。

如能保证卸扣的强度,允许选用其他类型的螺纹。

11 型式试验

11.1 总则

型式试验是制造商证明符合本标准要求的卸扣确实具有本标准规定的机械性能的试验,其目的是对每种规格成品卸扣的设计、材质要求、热处理工艺和制造方法(包括防护层,如果有)进行验证。任何在设计、材质要求、热处理工艺和制造方法(包括防护层,如果有)的变更或尺寸上超出正常制造公差的改变,从而有可能引起第5章规定的机械性能发生变化的,均应按11.2~11.4的规定对卸扣进行型式试验。

所有进行型式试验的卸扣应符合本标准规定的其他各项要求。11.2~11.4规定的试验应在不同设计、材质要求、热处理工艺及制造方法(包括防护层,如果有)的不同规格的卸扣上进行。

进行11.2~11.4的试验时,应分别使用一个直径不大于卸扣销轴实际直径的试验工装和一个宽度不超过卸扣 W 实际尺寸的试验工装,将试验力沿中心线无冲击地施加到卸扣扣顶和卸扣销轴中心上。

11.2 变形试验

取三个试样进行试验,每个试样均应能承受表3规定的验证力。

卸去验证力后,销轴应无永久变形,松开后应能自由转动。尺寸 S 或在销轴上的冲眼点与扣顶上的冲眼点之间测量的尺寸增大量应不大于0.25%或0.5 mm,两者取较大值。

注:必要时,见第12章关于卸扣的验证试验。

11.3 静强度试验(WLL≤100 t)

取三个试样进行试验,每个试样的极限强度应至少达到表3的规定。

扣体和销轴应能承受住试验载荷且不产生断裂或不能继续承载的变形。

本试验可以在已做过变形试验的卸扣上进行。

11.4 疲劳试验(WLL≤32 t,6级和8级)

极限工作载荷小于或等于32 t的卸扣应取三个试样进行疲劳试验。

每个循环过程中,所施加的最大载荷为表3规定的极限工作载荷的1.5倍。最小载荷应大于0且小于或等于3 kN,加载频率在5 Hz~25 Hz之间。卸扣应能在上述规定的试验载荷作用下通过至少 2×10^4 次循环后仍能承受住该载荷。

11.5 型式试验验收标准

11.5.1 变形试验

为了验证申报型式试验的卸扣符合本标准,三个试样的变形试验均应合格。

11.5.2 静强度试验和疲劳试验

如三个试样均通过了试验,则可认为申报型式试验的该规格卸扣符合本标准。

试验中如有一个试样不符合要求,则应另取二个试样进行试验。如这二个试样均能通过试验,则认为申报型式试验的该规格卸扣符合本标准。

如果有两个或三个试样未通过试验,则认为申报型式试验的该规格卸扣不符合本标准。

12 验证试验

12.1 每个成品卸扣,在完成制造、热处理和机加工包括涂防护层(如果有)之后,均应按表3的规定进行验证试验。试验时,用直径不大于卸扣销轴实际直径的试验工装将验证力施加到卸扣扣顶和销轴的中心上。

12.2 卸去验证力后,销轴应无永久变形,松开后应能自由转动。卸扣尺寸 S 的增大量不应大于0.25%或0.5 mm两者中的较大值。

验证试验后,每个卸扣均应由能胜任者进行检验。

13 制造商合格证

13.1 按第11章规定完成型式试验并合格后,制造商可以对与受试卸扣相同名义尺寸、规格、材质要求、热处理工艺及制造方法(包括防护层,如果有)的卸扣签发合格证。

制造商应将型式试验合格的卸扣的材质要求、热处理工艺、尺寸、试验结果及所有相关数据的记录至少保存至最后一份合格证签发后10年。该记录的内容还应包括后续生产中还将应用的制造规范。

任何在材质要求、热处理工艺、制造方法(包括防护层,如果有)的变更或尺寸上超出正常制造公差的改变,均应视作一次设计变更。在允许制造商对设计变更的产品签发合格证前,应按第11章规定进行试验。

13.2 制造商应对每批卸扣签发合格证,并给出如下说明:

a) 卸扣数量及其说明;

b) 级别代号,即4级、6级或8级;

c) 追溯标记,便于交付时识别的一个或一批特定的卸扣;

d) 所用验证力(见第12章);

e) 以吨为单位表示的极限工作载荷,如WLL10 t。

合格证上应表明卸扣符合本标准,并已通过型式试验检查,还应注明试验机构名称、地址以及签署人的身份。

14 标志

14.1 卸扣

每个卸扣均应采用不影响其机械性能的方法做出清晰的永久性标志。标志应至少包含以下信息:

a) 制造商的识别标记或符号;

b) 级别代号,即4或6或8;

c) 以吨为单位表示的极限工作载荷,如WLL10 t;

d) 追溯标记,便于交付时识别的一个或一批特定的卸扣。

14.2 卸扣销轴

所有直径大于或等于13 mm的卸扣销轴应做出带有相应级别代号和制造商符号的清晰的永久性标志,标志不应影响销轴的机械性能。

直径小于13 mm的销轴应至少标注级别代号。

附　录　A
（规范性附录）
卸扣尺寸计算公式

A.1　表 1 规定的 *D* 形卸扣尺寸计算公式

A.1.1　d_{max} 值计算公式

——4 级：$14\sqrt{WLL}$

——6 级：$11.2\sqrt{WLL}$

——8 级：$10\sqrt{WLL}$

A.1.2　D_{max} 和 W_{min} 值计算公式

——4 级：$16\sqrt{WLL}$

——6 级：$12.5\sqrt{WLL}$

——8 级：$11.2\sqrt{WLL}$

A.1.3　S_{min} 值计算公式

——4 级：$31.5\sqrt{WLL}$

——6 级：$25\sqrt{WLL}$

——8 级：$22.4\sqrt{WLL}$

A.1.4　e_{max} 值计算公式

$e_{max}=2.2D_{max}$

A.2　表 2 规定的弓形卸扣尺寸计算公式

A.2.1　d_{max} 值计算公式

——4 级：$16\sqrt{WLL}$

——6 级：$12.5\sqrt{WLL}$

——8 级：$11.2\sqrt{WLL}$

A.2.2　D_{max} 值和 W_{min} 值计算公式

——4 级：$18\sqrt{WLL}$

——6 级：$14\sqrt{WLL}$

——8 级：$12.5\sqrt{WLL}$

A.2.3　$2r_{min}$ 值计算公式

——4 级：$28\sqrt{WLL}$

——6 级：$22.4\sqrt{WLL}$

——8 级：$20\sqrt{WLL}$

A.2.4　S_{min} 值计算公式

——4 级：$40\sqrt{WLL}$

——6 级：$31.5\sqrt{WLL}$

——8 级：$28\sqrt{WLL}$

A.2.5　e_{max}值计算公式

$e_{max}=2.2D_{max}$

A.3　修正系数

A.1 和 A.2 给出的公式基于以下条件：载荷作用在销轴的受力中央而反作用力作用于销轴孔长度中点。

设计 $d<25$ mm 的卸扣时，从实用考虑，由公式得出的销轴直径 D 应再乘以相应的修正系数，该系数可在图 A.1 中根据按 $2r/d$ 的比值从对应曲线中查得。

计算公式给出的是适合正常使用工况的卸扣尺寸。对于危险工况，应按名义最大拉伸应力设计。

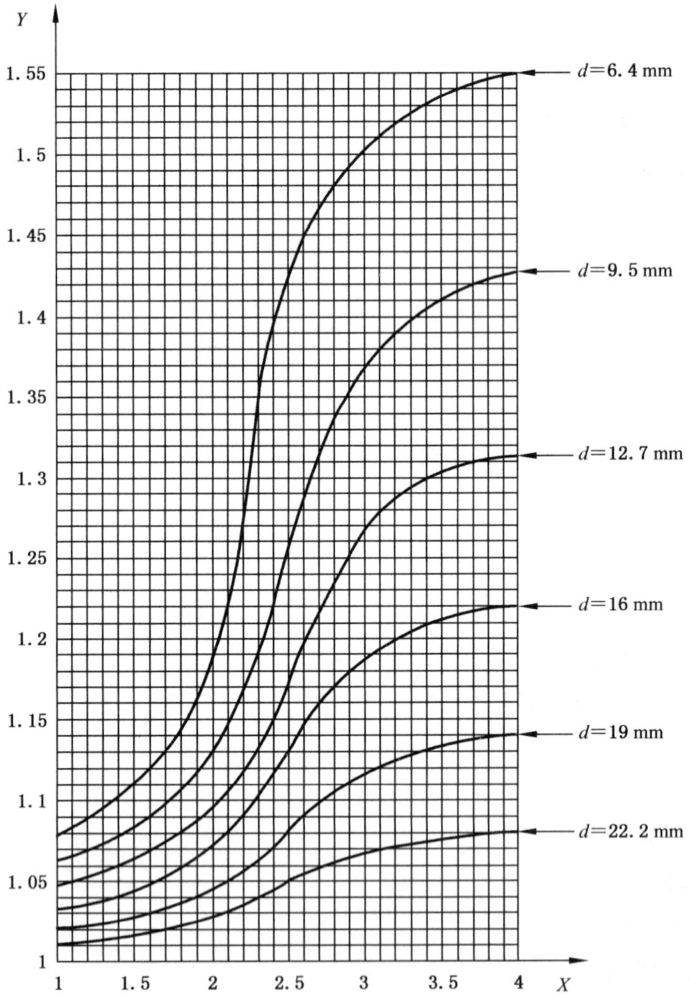

X——$2r/d$；

Y——D 的修正系数。

图 A.1　销轴直径修正系数(适用于 $d<25$ mm 的卸扣)

附 录 B
（资料性附录）
型 号 表 示

基于查询和订货需要，符合本标准的卸扣应使用如下型号表示。

下列各项内容应按给定的顺序表示。

卸扣　GB/T 25854-×-×　×　××

识别字组

采用本标准编号

卸扣级别(4 级、6 级或 8 级)

扣体型式

D：D 形扣体

B：弓形扣体

卸扣销轴型式(见图 3)

W：带孔和台肩的螺纹销轴

X：六角头螺栓、六角螺母和开口销

Y：沉头和开槽螺钉

Z：其他型式(由制造商说明)

极限工作载荷(即：WLL，单位为 t，见表 1 ～ 表 3)

示例 1：根据本标准，配 W 型销轴、极限工作载荷为 20 t 的 4 级 D 形卸扣应表示为：

卸扣 GB/T 25854-4-DW20

示例 2：根据本标准，配 X 型销轴、极限工作载荷为 10 t 的 8 级弓形卸扣应表示为：

卸扣 GB/T 25854-8-BX10

ICS 53.020.20
J 80

中华人民共和国国家标准

GB 26469—2011

架桥机安全规程

Safety code for launching machine

2011-05-12 发布　　2012-04-01 实施

中华人民共和国国家质量监督检验检疫总局
中国国家标准化管理委员会　发布

前　言

本标准的 3.1、3.2、3.3.3、3.3.5、3.3.6、3.3.7、3.3.8、3.3.9、3.3.10、3.4、3.9、4.1、4.2、4.3、4.4、4.5.1、4.5.2、4.5.3、4.5.5、4.5.6、4.5.7、4.7、4.8、5.1、5.4、5.5、5.7、6.1、6.3.2、6.3.3、6.3.4、6.4.5、6.4.6、6.4.7、6.5.1、6.5.2、6.5.3、6.5.4、6.5.5、6.5.6、6.5.7、6.5.8、6.7、7.1、7.2、7.3、7.4、7.5、7.6.1、7.6.2、7.7、10.3、第 11 章、第 12 章、第 13 章、第 14 章和第 15 章为强制性条款，其余为推荐性条款。

本标准按照 GB/T 1.1—2009 给出的规则起草。

本标准由中国机械工业联合会提出。

本标准由全国起重机械标准化技术委员会(SAC/TC 227)归口。

本标准负责起草单位：国家起重运输机械质量监督检验中心、秦皇岛天业通联重工股份有限公司。

本标准参加起草单位：北京万桥兴业机械有限公司、郑州新大方重工科技有限公司、石家庄铁道学院国防交通研究所、郑州市华中路桥设备有限公司、郑州江河重工有限公司、郑州市华中建机有限公司、浙江中建路桥设备有限公司、南通力威机械有限公司。

本标准主要起草人：陶天华、魏福祥、王顺亭、刘亚斌、陈浩、刘嘉武、宋鹏伟、黄光者、倪建中、宋海杰、丁邦建、谢靖。

架桥机安全规程

1 范围

本标准规定了架桥机的设计、制造、安装、使用、维护、报废、检验等方面的基本安全要求。

本标准适用于公路架桥机、铁路架桥机,本标准不包括在铁路线上运行的架桥机用平车。

2 规范性引用文件

下列文件对于本文件的应用是必不可少的。凡是注日期的引用文件,仅注日期的版本适用于本文件。凡是不注日期的引用文件,其最新版本(包括所有的修改单)适用于本文件。

GB/T 27 六角头铰制孔用螺栓 A 和 B 级

GB/T 28 六角头螺杆带孔铰制孔用螺栓 A 和 B 级

GB/T 152.1 紧固件 铆钉用通孔

GB/T 1228 钢结构用高强度大六角头螺栓(ISO 7412)

GB/T 1229 钢结构用高强度大六角螺母(ISO 4775)

GB/T 1230 钢结构用高强度垫圈(ISO 7416)

GB/T 1231 钢结构用高强度大六角头螺栓、大六角螺母、垫圈技术条件

GB 2893 安全色(ISO 3864-1)

GB/T 3098.1 紧固件机械性能 螺栓、螺钉和螺柱(ISO 898-1)

GB/T 3323 金属熔化焊焊接接头射线照相(EN 1435)

GB/T 3632 钢结构用扭剪型高强度螺栓连接副

GB/T 3811—2008 起重机设计规范

GB/T 4162—2008 锻轧钢棒超声检测方法(ASTM E2375:2004)

GB/T 4842 氩

GB/T 5117 碳钢焊条(ANSI/AWSA5.1)

GB/T 5118 低合金钢焊条(ANSI/AWSA5.5)

GB/T 5293 埋弧焊用碳钢焊丝和焊剂(ANSI/AWSA5.17)

GB/T 5905 起重机试验规范和程序(ISO 4310)

GB/T 5972 起重机 钢丝绳 保养、维护、安装、检验和报废(ISO 4309)

GB/T 8110 气体保护电弧焊用碳钢、低合金钢焊丝(AWSA5.18M)

GB 8918 重要用途钢丝绳(ISO 3154)

GB/T 10051.1~10051.12—2010 起重吊钩

GB/T 12470 埋弧焊用低合金钢焊丝和焊剂

GB 15052 起重机 安全标志和危险图形符号 总则(ISO 13200)

GB/T 19418 钢的弧焊接头 缺陷质量分级指南(ISO 5817)

GB/T 20303.1 起重机 司机室 第1部分:总则(ISO 8566-1)

GB/T 26470—2011 架桥机通用技术条件

GB 50256　电气装置安装工程　起重机电气装置施工及验收规范

HG/T 2537　焊接用二氧化碳

JB/T 6061　无损检测　焊缝磁粉检测

JB/T 6062　无损检测　焊缝渗透检测

JB/T 10559　起重机械无损检测　钢焊缝超声检测

JGJ 81　建筑钢结构焊接技术规程

JGJ 82　钢结构高强度螺栓连接的设计、施工及验收规程

3　金属结构

3.1　总则

3.1.1　架桥机金属结构设计时，应合理选用材料、结构型式和构造措施，满足结构构件在运输、安装和使用过程中的强度、稳定性、刚性和有关安全性方面的要求，并尽可能减少施工载荷以适应桥梁施工的需要。且应便于检查、维修和排水。

3.1.2　在金属钢结构设计文件中，应注明钢材牌号，必要时还应注明对钢材所要求的力学性能、化学成分及其他的附加保证项目。应注明所要求的焊缝形式、尺寸、焊缝质量等级及对施工的要求。

3.2　材料

架桥机承载结构构件的钢材选择应符合 GB/T 3811—2008 中 5.3 的规定，且不允许采用 B 级以下钢材。

3.3　金属结构件焊接要求

3.3.1　金属结构制作和安装单位应根据 JGJ 81 或有关标准制定的金属结构焊接技术规程。

3.3.2　制造单位和安装单位对其首次采用的钢材型号、焊接材料、焊接方法、接头形式、焊接位置、焊后热处理工艺以及焊接参数、预热或后热工艺措施等各种参数的组合条件，应进行焊接工艺评定。

3.3.3　焊接材料应符合下列要求：

a）手工焊焊条应符合 GB/T 5117 或 GB/T 5118 的规定，气体保护焊焊丝应符合 GB/T 8110 的规定，其牌号选择应与主体金属力学性能适应；

b）埋弧自动焊、半自动焊的焊丝和焊剂应符合 GB/T 5293 和 GB/T 12470 的规定，其牌号选择应与主体金属力学性能适应；

c）气体保护焊使用的氩气应符合 GB/T 4842 的规定，其纯度应不低于 99.95%；使用的二氧化碳气体应符合 HG/T 2537 的规定。

3.3.4　金属结构件全焊透熔化焊焊接接头的对接焊缝质量按 JB/T 10559 中焊缝等级的分级规定，分为以下 3 个等级：

a）1 级是指重要受拉结构件的焊接接头，如主梁、小车架的受拉区等；

b）2 级是指一般受拉结构件的焊接接头；

c）3 级是指受压结构件的焊接接头。

3.3.5　设计要求全焊透的对接焊缝，其内部缺陷的检验应符合下列要求：

a）1 级焊缝应进行 100% 的检验，其评定合格等级应符合 JB/T 10559 中 1 级焊缝的验收准则要求。采用射线探伤时应达到 GB/T 3323 的规定，其评定合格等级不应低于

Ⅱ级。

b) 2级焊缝可根据具体情况进行抽检,其评定合格等级应分别符合JB/T 10559中2级焊缝的验收准则要求。采用射线探伤时应达到GB/T 3323的规定,其评定合格等级不应低于Ⅲ级。

c) 3级焊缝可根据具体情况进行抽检,其评定合格等级应分别符合JB/T 10559中3级焊缝的验收准则要求。射线探伤不做规定。

3.3.6 有下列情况之一时,应进行表面探伤:

a) 外观检查怀疑有裂纹;

b) 设计文件规定;

c) 检验员认为有必要时。

磁粉探伤应符合JB/T 6061的规定;渗透探伤应符合JB/T 6062的规定。

3.3.7 钢的弧焊接头缺陷质量应达到GB/T 19418的下列规定:

a) 1级焊缝外观质量评定等级应符合GB/T 19418的B级;

b) 2级焊缝外观质量评定等级应符合GB/T 19418的C级;

c) 3级焊缝外观质量评定等级应符合GB/T 19418的D级。

3.3.8 焊工应经考试合格并取得合格证书且在有效期内。持证焊工应在其考试合格项目及其认可范围内施焊。

3.3.9 1级焊缝施焊后应具有可追溯性。

3.3.10 焊缝无损检测人员应取得相应无损检测资格;报告编制人员和签发人员应持有相应探伤方法的Ⅱ级或Ⅱ级以上资格。

3.4 高强度螺栓连接

3.4.1 高强度螺栓连接的设计施工及验收应符合JGJ 82的规定。

3.4.2 构件拼装接头采用摩擦型高强度螺栓连接时,高强螺栓连接处构件接触面应保持干燥、整洁,不应有飞边、毛刺、焊接飞溅物、疤痕、氧化铁皮、污垢等。

3.4.3 构件拼装接头采用摩擦型高强度螺栓连接时,应使用力矩扳手拧紧,并应达到所要求的拧紧力矩,其接触面应紧密贴合。连接副的施拧顺序和初拧、复拧扭矩应符合设计要求。力矩扳手应进行标定并有标定记录。应有高强螺栓拧紧施工记录。

3.4.4 非剪切型高强度螺栓、螺母、垫圈的尺寸应分别按GB/T 1228、GB/T 1229和GB/T 1230的规定,其技术条件应符合GB/T 1231的规定。采用扭剪型高强螺栓连接副时应符合GB/T 3632的规定。

3.4.5 铰制孔用螺栓、孔的尺寸应分别按GB/T 27、GB/T 28和GB/T 152.1的规定,其技术条件应符合GB/T 3098.1的规定。

3.4.6 构件拼装接头采用摩擦型高强度螺栓连接副时,高强螺栓经使用拆卸后不能重复使用。

3.5 司机室

3.5.1 总则

当架桥机设有司机室时,司机室应符合GB/T 20303.1和本标准的相关规定。

3.5.2 当存在坠落物危险时,司机室顶部应装设有效的防护装置。

3.5.3 架桥机宜采用封闭式司机室。仅作辅助性质工作较少使用的架桥机司机室,可以是敞开式的，敞开式司机室应设高度不小于 1 m 的护栏。

3.5.4 在架桥机空间允许的情况下，司机室内净空高度不宜低于 1.8 m。

3.5.5 司机室工作面上的照度不应低于 30 lx。

3.5.6 司机室应有安全出入口；当司机室装有门时，应防止其在架桥机工作时意外打开；司机室的拉门和外开门应通向同一高度的水平平台；司机室的门向外开，可以安全、方便地从已架桥梁的梁面进出司机室。司机室外无平台时，一般情况下门应向里开。

3.5.7 司机室底窗和天窗安装防护栏时，防护栏应尽可能不阻挡视线。司机室的构造与布置，应使司机对工作范围具有良好的视野，并便于操作和维修。

3.5.8 司机室地板应采用防滑的非金属隔热材料覆盖。

3.5.9 重要的操作指示器应有醒目的显示，并安装在司机方便观察的位置。指示器和报警灯及急停按钮应有清晰永久的易识别标志。指示器应有合适的量程并应便于读数。报警灯应具有适宜的颜色，危险显示应用红灯。

3.6 通道和平台

3.6.1 架桥机上所有操作部位以及要求经常检查和保养的部位，凡与桥面(地面、墩、台)距离超过 2 m 的，都应能通过斜梯、平台、通道或直梯到达。

3.6.2 外设通道和平台的净空高度不应低于 1.8 m。运动部分附近的通道和平台的净宽度不应小于 0.5 m；如果设有扶手或栏杆，在高度不超过 0.6 m 的范围内，通道的净宽度可减至 0.4 m。固定部分之间的通道净宽度不应小于 0.4 m。

架桥机结构件内部很少使用的进出通道，其最小净空高度可为 1.3 m，但此时通道净宽度应增加到 0.7 m。只用于保养的平台，其上面的净空高度可以减到 1.3 m。

3.6.3 通道和平台表面应防滑。在通道和平台上人员可能停留的任何部位，都应保证在下列情况下不应发生永久变形：

a) 2 000 N 的力通过直径为 125 mm 的圆盘施加在平台表面的任何位置；

b) 通道和平台承受 4 500 N/m^2 的均布载荷。

3.6.4 维修平台的地板上单个孔洞和间隙按以下要求控制：

a) 不允许 ϕ20 mm 的球体穿过；

b) 当长度不小于 200 mm 时，其最大宽度为 12 mm。

3.7 斜梯和直梯

3.7.1 斜梯

3.7.1.1 斜梯的倾斜角不宜超过 65°。特殊情况下，倾斜角也不应超过 75°(超过 75°时按直梯设计)。

3.7.1.2 斜梯两侧应设置栏杆，两侧栏杆的间距：主要斜梯不应小于 0.6 m；其他斜梯可取为 0.5 m。斜梯的一侧靠机体时，只在另一侧设置栏杆，栏杆高度不小于 1 m。

3.7.1.3 梯级的净宽度不应小于 0.32 m，单个梯级的高度宜取为 0.18 m～0.25 m，斜梯上梯级的进深不应小于梯级的高度，连续布置的梯级，其高度和进深均应为相同尺寸。

3.7.1.4 梯级踏板表面应防滑。

3.7.2 直梯

3.7.2.1 直梯两侧撑杆间距不应小于 0.40 m，两侧撑杆之间踏杆宽度不应小于 0.30 m，梯级的间距应保持一致，宜为 0.23 m～0.30 m，梯级离开固定结构件至少应为 0.15 m，梯级中心 0.1 m 范围内应能承受 1 200 N 的分布垂直力而无永久变形。

3.7.2.2 人员出入的爬越孔尺寸，方孔不宜小于 0.63 m×0.63 m，圆孔直径宜取为 0.63 m～0.80 m。

3.7.2.3 高度 2 m 以上的直梯应设有护圈，护圈从 2.0 m 高度起开始安装，护圈直径宜取为 0.6 m～0.8 m。护圈之间应由三或五根间隔布置的纵向板条连接起来，并保证有一根板条正对着直梯的垂直中心线，相邻护圈之间的距离：当护圈设置三根纵向板条时，不应大于 0.9 m；当护圈设置五根纵向板条时，不应大于 1.5 m。安装了纵向板条的护圈在任何一个 0.1 m 的范围内应可以承受 1 000 N 的分布垂直力，不允许有永久变形。

3.7.2.4 除非提供有其他合适的把手，直梯的两边撑杆至少要比最上一个梯级高出 1.0 m，当空间受限制时此高出的高度也不应小于 0.8 m。

3.7.2.5 装在结构内部的直梯，如果结构件的布置能够保证直径为 0.6 m 的球体不能穿过，则可不设护圈。

3.7.2.6 直梯的终端宜与平台平齐，梯级终端踏板或踏杆不应超过平台平面。

3.7.2.7 如梯子在平台处不中断，则护圈也不应中断，但应在护圈侧面开一宽为 0.5 m、高为 1.4 m的洞口，以便人员出入。

3.8 栏杆和护绳

3.8.1 在架桥机的以下部位应装设栏杆：

a) 用于进行架桥机安装、拆装、试验、维修和保养，且高于桥面 2 m 的工作部位；

b) 通往离桥面高度 2 m 以上的检修保养部位的通道。

3.8.2 栏杆的设置应满足以下要求：

a) 栏杆上部表面的高度不低于 1 m，栏杆下部有高度不低于 0.1 m 的踢脚板，在踢脚板与手扶栏杆之间有不少于一根的中间横杆，它与踢脚板或手扶栏杆的距离不得大于 0.5 m；对净高不超过 1.3 m 的通道，手扶栏杆的高度可以为 0.8 m。

b) 在手扶栏杆上的任意点任意方向应能承受的最小力为 1 000 N，且无永久变形。

c) 栏杆允许开口，但开口处应有防止人员跌落的保护措施。

3.8.3 在无法装设栏杆的情况下，应装设护绳，护绳高度不宜低于 1 m。护绳任意位置应能承受5 000 N的外力，护绳宜采用钢丝绳或链条。

3.9 金属结构的修复与报废

3.9.1 主要受力构件失去整体稳定性时不应修复，应报废。

3.9.2 主要受力构件发生腐蚀时，应进行检查和测量。当主要受力构件断面腐蚀达原设计厚度的 10%时，如不能修复，应报废。

3.9.3 主要受力构件产生裂纹时，应根据受力情况和裂纹情况采取阻止裂纹继续扩展的措施，并采取加强或改变应力分布的措施，或停止使用。

3.9.4 主要受力构件因产生塑性变形，使工作机构不能正常地安全运行时，如不能修复，应报废。

4 主要零部件

4.1 吊具

4.1.1 吊杆、吊杆螺母表面应光洁,无剥裂、锐角、毛刺、裂纹等。安全系数不应小于4。

4.1.2 吊钩应符合GB/T 10051.1～10051.12—2010的规定。

4.1.3 吊杆、吊杆螺母应有制造单位的合格证、探伤报告等技术证明文件,方可投入使用。否则,应经检验,查明性能合格后方可使用。吊杆的探伤应符合GB/T 4162—2008中的A级。

4.1.4 吊杆、吊杆螺母上的螺纹不得腐蚀。

4.1.5 吊杆、吊杆螺母出现下述情况之一时,应报废:

a) 裂纹;

b) 产生明显变形。

4.1.6 吊梁扁担出现下述情况之一时,应报废:

a) 整体失去稳定性时;

b) 发生腐蚀,断面腐蚀达原设计厚度的10%,如不能修复时;

c) 产生裂纹,如不能根据受力情况和裂纹情况采取阻止裂纹继续扩展的措施时;

d) 主要部件产生塑性变形不能修复时。

4.1.7 吊杆、吊杆螺母和吊钩不得补焊。

4.1.8 吊钩达到GB/T 10051.1～10051.12—2010的有关报废指标时,应更换。

4.1.9 当使用条件或操作方法会导致重物意外脱钩时,应采用防脱绳带闭锁装置的吊钩;当吊钩起升过程中有被其他物品钩住的危险时,应采用安全吊钩或采取其他有效措施。

4.1.10 吊运物品时需同步供给电能的取物装置,其供电电缆的收放速度应与该取物装置升降速度相匹配,在升降过程中电缆不应过分松弛和碰触起重钢丝绳。

4.1.11 在可分吊具上,应永久性地标明其自重和能起吊物品的最大质量。

4.2 钢丝绳

4.2.1 架桥机用钢丝绳应符合GB 8918的要求。

4.2.2 钢丝绳的安全系数,工作级别M1～M3时不应小于4,工作级别M4时不应小于4.5。

4.2.3 起升机构不得使用接长的钢丝绳。

4.2.4 载荷由多根钢丝绳支承时,应设有各根钢丝绳受力均衡的装置;安装后的均衡装置应能灵活转动,避免钢丝绳和均衡装置间出现相对滑动。如果钢丝绳传动设计中不能使各根承载钢丝绳的载荷自动平均分配,则应在设计中考虑到各根钢丝绳间载荷不均衡分布的可能性。

4.2.5 钢丝绳在卷筒上,应能按顺序整齐排列。

4.2.6 当吊具处于工作位置最低点时,在卷筒上缠绕的钢丝绳,除固定绳尾的圈数外,必须不少于2圈。

4.2.7 钢丝绳端部固定连接应符合下列要求:

a) 用绳夹连接时,应满足表1的要求,同时应保证连接强度不得小于钢丝绳破断拉力的85%;

表 1　钢丝绳夹连接时的安全要求

钢丝绳公称直径/mm	≤19	19～32	32～38	38～44	44～60
钢丝绳夹最少数量/组	3	4	5	6	7
注：钢丝绳夹夹座应在钢丝绳长头一边，钢丝绳夹的间距不应小于钢丝绳直径的 6 倍。					

b) 用编结连接时，编结长度不应小于钢丝绳直径的 15 倍，并且不得小于 300 mm，连接强度不得小于钢丝绳破断拉力的 75%；

c) 用楔块、楔套连接时，楔套应用钢材制造，连接强度不得小于钢丝绳破断拉力的 75%；

d) 用锥形套浇铸法连接时，连接强度应达到钢丝绳的破断拉力；

e) 用铝合金套压缩法连接时，连接强度应达到钢丝绳的破断拉力的 90%。

4.2.8 钢丝绳的保养、维护、安装、检验、报废应符合 GB/T 5972 的有关规定。

4.3 卷筒

4.3.1 卷筒的材料应符合 GB/T 26470—2011 中 5.4.4.3 和 5.4.4.4 的要求。

4.3.2 焊接卷筒的焊接应符合 GB/T 26470—2011 中 5.4.4.5 的要求。

4.3.3 卷筒出现下述情况之一时，应报废：

a) 影响性能的表面缺陷(如：裂纹等)；

b) 筒壁磨损达设计壁厚的 20%。

4.4 滑轮

4.4.1 滑轮槽应光洁平滑，不得有损伤钢丝绳的缺陷。

4.4.2 滑轮应有防止钢丝绳脱出绳槽的装置或结构。在滑轮罩的侧板和圆弧顶板等处与滑轮本体的间隙不应超过钢丝绳直径的 50%，其最大值不应超过 10 mm。

4.4.3 铸造滑轮，出现下述情况之一时，应报废：

a) 影响性能的表面缺陷(如：裂纹等)；

b) 轮槽不均匀磨损达 3 mm；

c) 轮槽壁厚磨损达原壁厚的 20%；

d) 因磨损使轮槽底部直径减少量达钢丝绳直径的 50%。

4.5 制动器

4.5.1 制动器的设置应符合 GB/T 26470—2011 中 5.2.13、5.2.14 和 5.2.15 的规定。

4.5.2 架桥机起升机构在下降制动时的制动距离应符合 GB/T 26470—2011 中 5.2.16 的规定。

4.5.3 制动器应便于检查和调整，常闭式制动器的制动弹簧应为压缩式的，制动衬片应能方便更换。

4.5.4 宜选择对制动衬垫的磨损有自动补偿功能的制动器。

4.5.5 控制制动器的操纵部位，如踏板、操纵手柄等，应有防滑性能。

4.5.6 正常使用的架桥机，每班都应对制动器进行检查。

4.5.7 制动器的零件，出现下述情况之一时，应报废：

a) 驱动装置：

1) 电磁铁线圈或电动机绕组烧损；

2）推动器推力严重不足达不到松闸要求或无推力。

b）制动弹簧：

1）弹簧出现塑性变形且变形量达到了弹簧工作变形量的10%以上；

2）弹簧表面出现20%以上的锈蚀或有明显的损伤（如：裂纹等缺陷）。

c）传动构件：

1）构件出现影响性能的严重变形；

2）主要摆动铰点出现严重磨损，且磨损造成的制动衬垫的两侧退距之和大于额定退距的20%以上时。

d）制动衬垫：

1）铆接或组装式制动衬垫的磨损量达到衬垫原始厚度的50%；

2）带钢背的卡装式制动衬垫的磨损量达到衬垫原始厚度的60%；

3）制动衬垫表面出现碳化或剥脱面积达到衬垫面积的30%；

4）制动衬垫表面出现裂纹或严重的龟裂现象。

e）制动轮：

1）影响性能的表面缺陷（如：裂纹等）；

2）起升机构的制动轮，制动面厚度磨损达原厚度的40%；

3）其他机构的制动轮，制动面厚度磨损达原厚度的50%；

4）制动面凹凸不平度达1.5 mm时。

4.6 车轮

出现下列情况之一时，应报废：

a）影响性能的表面缺陷（如：裂纹等）；

b）轮缘厚度磨损达原始厚度的50%；

c）轮缘厚度弯曲变形达原始厚度的20%；

d）踏面厚度磨损达原始厚度的15%；

e）当运行速度低于50 m/min，圆度达1 mm时；当运行速度高于50 m/min，圆度达0.5 mm时。

4.7 传动齿轮

出现下述情况之一时，应报废：

a）轮齿塑性变形造成齿面的峰或谷比理论齿形高于或低于轮齿模数的20%。

b）断齿折断大于等于齿宽的1/5；轮齿裂纹大于等于齿宽的1/8。

c）齿面点蚀宏观面积达轮齿工作面积的50%；或20%以上点蚀坑最大尺寸达0.2模数；或对于起升机构的20%的点蚀坑深度达0.1模数；或对于其他机构的20%的点蚀坑深度达0.15模数。

d）齿面咬合面积达工作齿面面积的20%及胶合沟痕的深度达0.1模数。

e）齿面剥落的判定准则与齿面点蚀的判定准则相同。

f）对于起升机构齿根两侧磨损量之和达0.1模数，对于其他机构齿根两侧磨损量之和达0.15模数。

4.8 横移轨道

架桥机横移轨道应和运行车轮相适应，横移轨道及轨道梁应可靠垫实。

5 液压系统

5.1 液压系统应有防止过载和冲击的安全装置。采用安全阀时,安全阀的最高工作压力不应大于系统正常工作压力的1.1倍,同时不得大于液压泵的额定压力。

5.2 液压系统应有良好滤清器或其他防止油污染的装置。

5.3 液压系统工作时,液压油的温升不得影响安全性能。

5.4 支腿油缸处于支承状态时,液控单向阀必须保证可靠地工作。支腿油缸应有机械支承装置,架梁状态,应由支腿油缸支承转化为机械支承。

5.5 液压系统中,应有防止被物品或主梁自重等作用,使液压马达超速的措施或装置,如平衡阀。平衡阀与油缸和液压马达应刚性连接。如果与平衡阀的连接管路过长,在靠近压力管路接头处应装自动保护装置(防破裂阀)以避免出现任何意外的物品下降。

5.6 液压系统应按设计要求用油;按说明书要求定期换油。

5.7 爆破压力与工作压力的比值,对液压钢管连同其终端部件不应小于2.5,对液压软管连同其终端部件应不小于4。

6 电气设备

6.1 基本要求

架桥机的电气设备必须保证传动性能和控制性能准确可靠,在紧急情况下能切断电源安全停车。在安装、维修、调整和使用中不得任意改变电路,以免安全装置失效。

架桥机电气设备的安装,必须符合GB 50256的规定。

6.2 环境和运行条件

6.2.1 总则

电气设备应适合在本标准规定的实际环境和运行条件使用。当实际环境或运行条件超出规定范围时,供方和用户之间应有一个协议,电气设备的具体数据由相应的产品标准规定。

6.2.2 电磁兼容性(EMC)

电气设备不应产生高于其预定使用场合相适的电磁骚扰等级。此外,电气设备还应具有足够的抗电磁骚扰能力,使其在预期环境中能正常工作。

6.2.3 环境温度

电气设备应能在预定环境温度中工作。对所有电气设备的一般要求为在环境温度0 ℃~40 ℃范围内应能正常工作。对于高温环境和寒冷环境,必须规定附加要求。

6.2.4 湿度

最高温度为40 ℃时,空气的相对湿度不超过50%,电气设备应能正常工作。在较低温度下可允许较高的相对湿度,例如20 ℃时为90%。

若湿度偏高应采用适当的附加设施(如内装加热器、空调器、排水孔)来避免偶然性凝露的有害影响。

6.2.5 海拔

电动机正常使用地点的海拔高度不超过1 000 m;电器正常使用地点的海拔高度不超过2 000 m。当超过正常规定的海拔高度时,应进行修正。

6.2.6 防护

电气设备应有防止固体物和液体侵入的防护措施。

若电气设备安装处的实际环境中存在污染物(如灰尘、酸类物、腐蚀性气体、盐类物)时,应提高电气设备的适应性,保证设备在寿命周期的正常使用。

6.2.7 防油滴

任何润滑系统、液压系统或其他含油装置在运行和安装时应保证不会使油滴到电气设备上,否则电气设备应加以保护。

6.2.8 离子和非离子辐射

当电气设备受到辐射(如微波、紫外线、激光、射线)时,为避免设备误动作和预防绝缘老化,应采取防护措施。

6.2.9 振动、冲击和碰撞

当电气设备在安装和使用过程中存在振动、冲击和碰撞影响时,应采取必要的减振措施保证设备正常使用。

6.3 供电及电路

6.3.1 供电电源

在正常工作条件下,供电系统在架桥机馈电线接入处的电压波动不应超过额定值的±10%。

6.3.2 配电系统

配电系统应符合以下要求:

a) 架桥机应装设切断所有电源的主隔离开关。

b) 总电源回路应设置总断路器,总断路器的控制应具有电磁脱扣功能,其额定电流应大于架桥机额定工作电流,电磁脱扣电流整定值应大于架桥机最大工作电流。

c) 动力电源回路应设能够分断动力线路的接触器,即正常工作时所有动力回路能够通过接触器分断。

6.3.3 控制电路

架桥机控制电路应保证控制性能符合机械与电气系统的要求,不得有寄生回路和虚假回路。

6.3.4 遥控电路及自动控制电路

遥控控制电路应设置双回路,遥控操作与控制站操作应互锁。

遥控电路及自动控制电路所控制的任何机构,一旦控制失灵应自动停止工作。

6.3.5 电气配线

6.3.5.1 电线应敷设于金属管中,金属管应经防腐处理。如用金属线槽或金属软管代替,必须有良好的防雨及防腐性。

6.3.5.2 不同机构、不同电压等级、交流与直流的导线、信号线,穿管时应分开,照明线应单独敷设。

6.4 控制与操作系统

6.4.1 控制与操作系统的设计和布置应能避免发生误操作的可能性,保证在正常使用中架桥机能安全可靠地运转。

6.4.2 应按人类工效学有关的功能要求设计和布置所有控制手柄、手轮、按钮,并保证有足够的操作空间,最大限度地减轻司机的疲劳,将发生意外时对人员造成的伤害和引起财产损失的可能性降至最小。

6.4.3 控制与操作系统的布置应使司机对架桥机工作区域及所要完成的操作有足够的视野,宜采用无线遥控等视野较好的操作方式。

6.4.4 应将操作杆(或按钮等)布置在司机手或脚能方便操作的位置。操纵装置的运动方向应适合人体的自然运动。控制与操作装置应用文字或代码清晰地标明其功能(如用途、机构的运动方向等)。

6.4.5 对于采用多个控制站控制一台架桥机的同一机构(如司机室操纵和地面操纵),应具有互锁功能,在同一时间内只允许一个控制站工作。应装有显示控制站工作状态的装置。每个控制站均应设置紧急停止开关。

6.4.6 采用无线遥控的架桥机,应设有明显的遥控工作指示灯。

6.4.7 采用无线控制系统(例如无线电、红外线)应符合下列要求:

——应采取措施(如钥匙操作开关、访问码)防止擅自使用控制站。

——控制站应设置一个紧急停止开关(见7.5)。无线控制系统对停止信号的响应时间应不超过550 ms。

——当检测不到高频载波或收不到数据信号时,应实现被动急停功能,在1.5 s之内切断通道电源。当通道的突发噪声干扰超过1 s或在1 s检测不到正确的地址码等,应切断通道电源。

6.5 电气设备保护

6.5.1 主隔离开关

架桥机进线处应设主隔离开关,或采取其他隔离措施。

6.5.2 短路保护

6.5.2.1 架桥机应设总断路器实现短路保护。

6.5.2.2 架桥机的机构由笼型异步电动机拖动时,应单独设短路保护。对于导线截面较小,外部线路较长的控制线路或辅助线路,当接地电流达不到瞬时脱扣电流值时,应增设热脱扣功能,以保证导线不会因接地而引起绝缘烧损。

6.5.3 失压保护、欠压保护和零位保护

架桥机各机构应设失压保护、欠压保护和零位保护。

6.5.4 过流保护

6.5.4.1 架桥机各机构必须单独设置过流保护。对笼型异步电动机驱动机构、辅助机构可例外。

6.5.4.2 三相绕线式电动机可在两相中设过流保护。用保护箱保护的系统,应在电动机第三相上设总过流继电器保护。

直流电动机可用过电流继电器保护。

6.5.5 电动机定子异常失电保护

起升机构电动机应设置定子异常失电保护功能,当调速装置或正反向接触器故障导致电动机失控时,制动器应立即制动。

6.5.6 错相和缺相保护

各机构应设置缺相保护。当错相会引起危险时，应设错相保护。

6.5.7 漏电保护

架桥机应设漏电保护。

6.5.8 超速保护

起升机构应设置超速开关。超速开关的整定值取决于控制系统性能和额定下降速度，通常为额定速度的1.25～1.4倍。

6.5.9 防雷

施工现场内且相对周围地面处在较高位置的架桥机，若在相邻建筑物、构筑物的防雷装置的保护范围以外宜考虑防雷措施。

6.6 照明

各种作业面用照明，应保证有足够的亮度。照明回路应单独供电，各种工作照明均应设短路保护。

6.7 信号

架桥机应有指示总电源分合状况的装置，设置过孔状态下的声光警示信号，必要时还应设置故障信号或报警信号。信号指示应设置在司机或有关人员视力、听力可及的位置。

7 安全防护装置

7.1 基本要求

安全防护装置是防止架桥机事故的必要措施。包括限制运动行程和工作位置的装置、锚定、防风和滑移的装置、联锁保护装置和紧急停止开关等。各安全防护装置，须在使用中及时检查、维护，使其保持正常工作性能。如发现性能异常，应立即进行修理或更换。

7.2 限制运动行程和工作位置的安全装置

7.2.1 起升高度限制器

起升机构应装设起升高度限制器。当吊具起升到设计规定的上极限位置时，应能自动切断起升电源。在此极限位置的上方，还应留有足够的高度，以适应起升制动行程的要求。

7.2.2 运行行程限位器

应在架桥机整机横移和吊梁小车每个运动方向装设运行行程限位器或采取限位措施。

7.2.3 缓冲器及端部止挡

在轨道上运行的架桥机的运行机构、吊梁小车的运行机构等均应装设缓冲器或缓冲装置。

轨道端部止挡装置应牢固可靠，防止脱轨。

7.2.4 锚定装置

下导梁在固定状态下须实施锚定。架桥机过孔状态下应对非运动支腿实施锚定。架梁状态下应对主梁与支腿间进行固定连接。

锚定装置应确保架桥机在下列情况下整机及相关部件的安全可靠：

a） 架桥机进入非工作状态且锚定时；

b） 架桥机处于工作状态，架桥机进行正常作业并实施锚定时。

7.3 抗风防滑装置

7.3.1 架桥机应装设可靠的抗风防滑装置,并应满足规定的工作状态和非工作状态抗风防滑要求。

7.3.2 工作状态下的抗风制动装置可采用制动器、夹轨器、顶轨器、压轨器、防风铁楔等。

7.3.3 制动装置的制动与释放动作应考虑与运行机构联锁。

7.3.4 非工作状态抗风锚定应装设牵缆式、插销式或其他形式的锚定装置(如利用自身起升机构吊一片梁)。架桥机有锚定装置时,锚定装置应能独立承受架桥机非工作状态下的风载荷。

架桥机只装设抗风制动装置而无锚定装置的,抗风制动装置应能承受架桥机非工作状态下的风载荷;当工作状态下的抗风制动装置不能满足非工作状态下的抗风防滑要求时,应按上述要求设置锚定装置。架桥机有锚定装置时,锚定装置应能独立承受架桥机非工作状态下的风载荷。

7.4 联锁保护装置

7.4.1 架桥机工作时只能进行一个动作,架桥机吊梁小车起升机构的升降、吊梁小车的纵向运行和横向运行、架桥机横向运行应相互联锁。

7.4.2 在过孔状态下,不得进行有关架梁动作;架桥机架梁状态各机构应与架桥机过孔作业机构联锁,如吊梁小车的升降应与架桥机过孔运行联锁。

7.4.3 根据架桥机结构和作业工况,应明确禁止联动、互动的机构,并以直接的继电保护电气联锁线路进行联锁与互锁。

7.5 紧急停止开关

架桥机必须在司机操作处、承载支腿处等可方便控制的位置设置紧急停止开关,在紧急情况下,应能够停止所有运动驱动装置。紧急停止开关应为红色,并且不能自动复位。

7.6 其他安全防护装置

7.6.1 风速仪

架桥机应配备风速仪。

7.6.2 防护罩

在正常工作或维修时,为防止异物进入或防止其运行对人员可能造成危险,零部件应设有保护装置。吊梁小车上外露的、有可能伤人的运动零部件,如开式齿轮、联轴器、传动轴、链轮、链条等,均应装设防护罩。

7.6.3 起重量限制器

架桥机宜装设起重量限制器。

装设起重量限制器时,当实际起重量超过95%额定起重量时,起重量限制器宜发出报警信号(机械式除外)。

当实际起重量在100%～110%的额定起重量之间时,起重量限制器起作用,此时应自动切断起升动力源,但应允许机构做下降运动。

7.7 安全标志

应在架桥机的合适位置或工作区域设有明显可见的文字安全警示标志,如“起升物品下方严禁站人”等。在架桥机的危险部位，应有安全标志和危险图形符号，安全标志和危险图形符号应符合GB 15052和 GB 2893 的规定。

8 架桥机作业管理

8.1 安全工作制度

对于架桥机针对每项工程的作业，无论作业量的多少，都应建立一个安全工作制度并遵守。安全工作制度应包括以下内容：

a) 作业计划；

b) 合适的架桥机的选用；

c) 架桥机的维护、检查和必要的试验；

d) 制定专门的培训计划并确定明确自身职责的主管人员以及与架桥机操作有关的其他人员；

e) 经过专门培训的并授予充分监督权的授权人员；

f) 获取所有必备证书和其他有效文件；

g) 未经许可，架桥机在任何时候都不得使用或移动；

h) 建立包括架桥机操作人员在内的人员能理解的通讯方式；

i) 故障及事故的发生应及时报告。

8.2 架梁作业计划

8.2.1 要求

所有架梁作业计划应保证安全操作并充分考虑到各种危险因素。计划应由有相当经验的管理人员制定。架梁作业计划应包括：

a) 待架桥梁的特征(包括质量、架设跨度和桥梁的构造特征)和架设方法；

b) 桥墩、桥台和路基的结构特征及是否能够满足架桥机施工载荷的要求；

c) 架桥机通过隧道、提篮拱桥等建筑物时，是否满足安全净空的要求；

d) 必要的情况下，应由桥梁设计单位提供架桥机适合于本工程的检算报告；

e) 架桥机作业应考虑环境可能存在的危险因素、实际的空间作业环境、墩台和路基的适用性；

f) 架桥机所需的安装和拆卸。

8.2.2 架梁作业程序管理

进行架梁作业前，应按安全规程和使用说明书的要求制定严密的作业程序表，并在作业时严格履行作业程序表。

8.3 故障及事故报告

管理人员应保证坚持有效的故障及事故报告制度。该制度应包括告知管理人员、记录故障排除的结果以及架桥机再次投入使用的许可手续。该制度还应包括及时通报以下情况：

a) 每日检查或定期检查中发现的故障；

b) 在其他时间发现的故障；

c) 不论轻重与否的突发事件或意外事件；

d) 发生的危险情况或事故报告。

9 作业人员的要求及职责

9.1 基本要求

为了保证架桥机的安全工作制度的实施，用户方应任命经过全面的培训并有实践经验的管理人员负责架桥机作业的全面管理。

架桥机安全作业取决于架桥机作业人员的素质和责任心，应根据培训记录和人员的实际经验综合选择作业人员，应明确架桥机作业人员的职责。

作业人员应取得国家有关机构颁发的相应业务的作业资格证书。

9.2 管理人员的职责

为履行职责，管理人员应被赋予必要的权利，特别是在某些导致危险的作业情况下，有权停止操作。管理人员的职责应当包括下列内容：

a) 应对架桥机作业的有关事项进行审核，包括提出工作计划、架桥机及有关设备的选择、安全操作规程和监管等，还应包括与有关政府监督机构的沟通以及与有关单位之间的协作；

b) 保证对架桥机进行及时的全面检查和维护；

c) 保证故障和事故的报告制度有效运行以及采取正确的处理措施；

d) 为架桥作业的组织和作业过程负责。

9.3 架桥机司机

9.3.1 职责

司机应遵照制造商说明书和安全工作制度负责架桥机的安全操作。除接到停止信号之外，在任何时候都只应服从指挥发出的可明显识别的信号指令。

9.3.2 基本要求

司机应具备以下条件：

a) 具备相应的文化程度；

b) 年满18周岁；

c) 在视力、听力和反应能力方面能胜任该项工作；

d) 具有安全操作架桥机的体力；

e) 具有判断距离、高度和净空的能力；

f) 受过所操作架桥机的专业培训，并有架桥机及其安全装置方面的丰富知识；

g) 经过架梁作业指挥信号的培训，理解架桥机作业指挥信号，听从指挥人员或吊装工的指挥；

h) 熟知在各种紧急情况下的逃逸手段；

i) 具有操作架桥机资质，但出于培训的目的在专业技术人员指挥监督下的操作除外。

9.4 指挥人员

9.4.1 职责

指挥人员负责指挥架桥机作业，负有将信号从吊装工传递给司机的责任，指挥人员可以代替吊装工指挥架桥机和载荷移动。

9.4.2 基本要求

指挥人员应具备以下条件：

a) 具备相应的文化程度；

b) 年满18周岁；

c) 在视力、听力和反应能力方面能胜任该项工作；

d) 具有判断距离、高度和净空的能力；

e) 经过架梁作业指挥信号的培训，理解并能熟练使用架桥机作业指挥信号；

f) 能够熟练使用听觉设备（如对讲机）并能发出准确、清晰的口令；

g) 具有指挥架桥机作业（包括架梁和过孔作业）的能力；

h) 具有担负该项工作的资质，但出于培训的目的在专业技术人员指挥监督下的操作除外。

9.5 吊装工

9.5.1 吊装工负责将吊具与待架桥梁可靠的联接和将吊具从已架桥梁上拆除。负责将吊梁小车起升机构的升降、吊梁小车纵向运行、吊梁小车横向运行、架桥机整机横移、架桥机过孔各种动作的要求准确地传达给指挥，由指挥将信号传送给司机。在危险情况下直接将操作指令传送给司机并要求司机按要求进行操作。

9.5.2 吊装工应具备以下条件：

a) 具备相应的文化程度；

b) 年满18周岁；

c) 在视力、听力和反应能力方面能胜任该项工作；

d) 具备搬动吊具和组件的体力；

e) 具有判断距离、高度和净空的能力；

f) 经过吊装技术的培训；

g) 经过架梁作业指挥信号的培训，理解并能熟练使用架桥机作业指挥信号；

h) 能够熟练使用听觉设备（如对讲机）并能发出准确、清晰的口令；

i) 具有担负该项工作的资质，但出于培训的目的在专业技术人员指挥监督下的操作除外。

9.6 安装人员

9.6.1 安装人员负责按照制造商说明书安装架桥机，应指定一人作为“安装主管”在任何时候监管安装工作。

9.6.2 安装人员应具备以下条件：

a) 具备相应的文化程度；

b) 年满18周岁；

c) 在视力、听力和反应能力方面能胜任该项工作；

d) 具有架桥机安装工作的体力；

e) 能够胜任高空作业环境；

f) 具有估计载荷质量、平衡载荷及判断距离、高度和净空的能力；

g) 经过吊装技术及起重作业指挥信号的培训；

h) 具有根据载荷的情况选择合适的吊具的能力；

i) 在架桥机安装、拆卸以及所安装的架桥机的操作知识方面经过全面培训，并取得相应资质；

j) 经过在所安装的架桥机上的安全防护装置和调试的培训。

9.7 维护人员

9.7.1 职责

维护人员的职责是维护架桥机以及对架桥机的安全使用和正常操作负责。应遵照制造商提供的维护手册并在安全工作制度下对架桥机进行所有必要的维护。

9.7.2 基本要求

维护人员应具备以下条件：

a) 具备相应的文化程度；

b) 熟悉所维护的架桥机及其危险性；

c) 受过相应的教育和培训，包括学习特种设备使用方面的相关课程；

d) 熟悉架桥机的有关工作程序和安全防护措施。

10 架梁作业中人员的安全性

10.1 基本要求

在现场负责全面管理的人员或组织以及架桥机操作中的人员对架桥机的安全运行都负有责任。管理人员应保证架桥机作业中各项安全制度的落实。架桥机作业中与安全性相关的问题包括架桥机的使用、维修、检查和更换安全装备、安全操作规程，以及与设备有关的各类人员的责任应落实到位。

10.2 指挥人员的识别

指挥架桥机作业的人员(指挥人员)应易于为架桥机司机所识别，例如通过穿着明亮色彩的服装或使用其他的传呼信号。

10.3 人员的安全装备

管理人员应保证安全装备符合以下要求：

a) 人员安全装备适合工作现场状况，如装备安全帽、安全带、安全靴等保护装备；

b) 在工作前后检查安全装备，按规定程序进行维护，必要时进行更换；

c) 需要时应保存检查和维修记录。

11 架桥机的施工现场

11.1 基本要求

应检查以下因素是否满足架桥机施工的基本要求：

a) 桥墩、桥台、路基、横移轨道等；

b) 现场和附近的其他危险因素；

c) 工作和非工作状态下风载荷的影响；

d) 具备架桥机安装以及作业完成之后进行桥间转移和拆卸的通道或场地。

11.2 架桥机支承条件

11.2.1 架桥机制造商或架桥机设计单位应提供架桥机全部作业工况下的施工载荷。该载荷应包括下列载荷的组合：

a） 架桥机的自重；

b） 所架设梁体的质量；

c） 架桥机运行引起的动载荷；

d） 架桥机在工作状态允许的最大风载荷。

11.2.2 架桥机主管人员应负责确认桥墩、桥台、路基、横移轨道等满足架桥机施工要求。一般将架桥机制造商或架桥机设计单位提供的全部作业工况下的施工载荷交由桥梁设计单位检算确认是否满足施工要求。

11.3 架空电线和电缆（包括架桥机上方的架空线缆和待架桥梁跨越的线缆）

11.3.1 确认所有架空电缆线路是否带电。

11.3.2 在可能与带电动力线接触的场合，在工作开始之前，应首先考虑带电动力线主管部门的意见。

11.3.3 架桥机工作时，架桥机各部分和架桥机上所有操作人员手持金属工具等，与输电线的最小距离应符合表2的规定。

表2 架桥机与输电线的最小距离

输电线路电压 V/kV	<1	1～20	35～110	154	220	330
最小距离/m	1.5	2	4	5	6	7

12 安装与拆卸

12.1 施工计划

架桥机的安装与拆卸应做出施工计划并应严格监督管理。

正确的安装和拆卸程序应保证：

a） 安装前向当地有关部门提出安装申请；

b） 提供架桥机的安装、拆卸说明书，并提供架桥机制造单位及安装单位的有关资质的许可证明；

c） 安装人员未完全理解说明书及有关的操作规程之前，不能进行安装作业；

d） 安装和拆卸作业应按照安装说明书进行，并且由安装主管人员负责；

e） 参与操作的所有人员应经过培训并取得作业人员资格证；

f） 更换的部件和构件应为合格品；

g） 改变任何预定程序、技术参数或结构应经架桥机设计者或工程师的同意。

12.2 安装调平

架桥机安装时应对架桥机的主梁和横移轨道进行调平，否则设计时应考虑架桥机作业时的坡度带来的危险因素，并应具备自锁功能。

13 架桥机的操作

13.1 基本要求

13.1.1 司机操作架桥机时，不允许从事分散注意力的其他任何工作。

13.1.2 司机体力和精神不适时,不得操作架桥机。

13.1.3 司机应接受指挥信号的指挥。无论何时,司机都应执行来自任何人发出的停止信号。

13.1.4 司机应对自己直接控制的操作负责。无论何时,当怀疑有不安全情况时,司机应在操作架桥机之前和管理人员协商。

13.1.5 在离开架桥机之前,司机应做到下列要求:

a) 桥梁未架设到位,司机不得离开架桥机;

b) 使运行机构制动器制动或设置其他的保险装置;

c) 将所有控制器置于“零位”或空挡位置;

d) 发动机熄火;

e) 有超过架桥机工作状态极限风速的大风警报或架桥机处于非工作状态时,为保证架桥机安全应将其可靠锚定。

13.1.6 在接通电源或开动设备之前,司机应查看所有控制器,使其处于“零位”或空挡位置。所有现场人员均在安全区内。

13.1.7 在每个班开始,司机必须试验所有控制器。如果控制器操作不正常,应在架桥机运行之前调试和修理。

13.1.8 当风速超过制造单位规定的最大风速时,不允许操作架桥机。

13.1.9 架桥机作业时,应视线良好并提供有效的通信手段保证架桥机的安全操作,不应在雾雪、雷雨等恶劣天气条件下作业,不宜在夜间进行作业。

13.2 架梁作业

13.2.1 确认待架梁体的自重和外形尺寸在架桥机作业能力覆盖范围之内。

13.2.2 吊具与梁体确认可靠联结后方可起吊。起升不超过 100 mm 距离应制动、下降,如此试吊 2 次确认起升制动安全可靠后方可正式起吊梁体。

13.2.3 起吊梁体时应两端分别进行,但单端起吊后梁体的倾斜程度应满足待架梁体的相关规定。

13.2.4 采用拖拉喂梁时,应保证前吊梁小车与运梁车驮梁小车行走的同步。

13.2.5 架桥机架梁操作应严格按照架桥机操作手册或使用说明书的规定进行。

14 检验与维护

14.1 检查

14.1.1 日常检查

在每次换班或每个工作日开始工作前,对架桥机至少进行下列日常检查:

a) 按制造商手册的要求进行检查;

b) 检查所有钢丝绳在滑轮和卷筒上缠绕是否正常;

c) 目测检查电气设备,不允许沾染润滑油、润滑脂、冷却剂、水或灰尘;

d) 目测检查架桥机车轮和轮胎的安全状况;

e) 检查液压系统软管是否有非正常弯曲和磨损;

f) 检查各工作机构的制动器和离合器的功能是否正常;

g) 检查架桥机在空载情况下所有控制系统是否处于正常状态;

h) 检查所有限制装置或保护装置,以及控制手柄或操纵杆的操作状态;

i) 检查防风锚定装置(固定时)的安全性以及架桥机运行轨道上有无障碍物;

j) 检查架桥机是否处于整洁环境，并且远离油罐、废料、工具或物料，已有安全储藏措施的情况除外；检查架桥机的出入口，要求无障碍以及相应的灭火设施应完备；

k) 检查所有声光报警装置和信号装置能否正常操作；

l) 检查照明灯、挡风屏雨刷是否能正常使用。

14.1.2 定期检查

用户应按制造商规定的检查周期或根据架桥机的实际使用工况制定检查周期进行定期检查。除了按照规定推荐的检查内容外，还应根据下列内容进行检查：

a) 检查金属结构及其连接件的损坏情况，例如构件的缺损、拉压杆件的弯曲、板件的波浪变形、焊接裂纹和螺栓及其他紧固件的松动；

b) 摩擦型螺栓连接，应按规定的扭矩和制造商规定的时间间隔进行检查；

c) 检查液压系统有无渗漏；

d) 目测检查所有钢丝绳有无断丝、挤压变形、笼状扭曲变形或其他的损坏迹象及过度的磨损和表面锈蚀情况；

e) 检查所有钢丝绳端部结点、销轴和固定装置的连接情况；

f) 检查吊具的焊缝及吊具结构有无磨损及永久变形情况，且吊杆、吊杆螺母每吊装 200 片梁时，应进行无损探伤检验；

g) 检查滑轮和卷筒的裂纹和磨损情况；检查所有滑轮装置是否损坏、绳槽磨损及卡绳情况；

h) 检查控制器、制动器和离合器的操作和控制情况；检查主起升机构编码器、超速开关、高度限位开关线路是否正常；

i) 应做好检查记录并加以保存。

14.1.3 不经常使用的架桥机检查

架桥机如果停止使用一个月以上，但不超过一年，应在使用前按 14.1.2 的规定进行检查。

14.2 试验

14.2.1 基本要求

对于新设计、首次制造的架桥机应进行型式试验。

对于新制造的、新安装的、改造和大修的架桥机在初次使用之前及架桥机发生重大事故之后再次使用前，除进行安装检查外，还应进行载荷起升能力试验。改造是指改变架桥机受力结构、机构或控制系统致使架桥机的性能参数与技术指标发生变更；大修是指需要通过拆卸或更新主要受力结构部件，也包括对机构或控制系统进行整体修理，但大修后架桥机的性能参数与技术指标不应变更。架桥机的载荷起升能力试验包括静载试验、动载试验和额定载荷试验。

对于再次安装的架桥机，应进行额定载荷试验。

目测检查与载荷起升能力试验的内容应按 GB/T 5905 和 GB/T 26470 的规定进行。试验必须由有资格的人员进行。

14.2.2 试验记录

应制定具有签字栏和日期的试验记录以供使用。记录的内容至少要有试验过程、试验载荷采取的试验工况和程序的阐述、有资格的试验人员和负责人员的姓名。

14.3 维护

14.3.1 预防性维护

14.3.1.1 应在架桥机制造商建议的基础上建立预防性的维护计划，并制定注明日期的维护记录。

14.3.1.2 所有需要润滑的运动零件或器件应定期进行润滑。严格遵守制造商规定的润滑部位(点)、润滑保养级别形式。

14.3.1.3 更换的零部件应符合原制造商规定的技术要求。未经制造商同意，不得采用代用件及代用材料。

14.3.2 维护程序

14.3.2.1 架桥机重大调整或检修之前，应采取下列预防措施：

——全部控制器应置于“零位”；

——除了试验目的之外，应把主开关或紧急开关置于断路位置并锁住。

14.3.2.2 架桥机调整或检修后，全部安全装置应重新安装调整完毕并应达到其相应的功能，拆除并移去维修设备，同时完成有关规定的试验。

14.3.3 部件或器件的调试

架桥机应保持经常性调试，保证部件或器件的功能正常，应经常调试的项目包括：

——功能性的操作机构；

——限制装置；

——控制系统；

——制动系统；

——动力系统。

15 架桥机使用状态的安全评估

架桥机应按 14.1 的规定进行检查。当架桥机使用接近设计寿命，架桥机的故障频度增加，或架桥机的工作状况明显恶化时，应进行架桥机使用状态的安全评估来监控架桥机的安全状况。

架桥机达到下列条件之一时应进行使用状态安全评估：

a) 达到设计规定的架梁片数，如设计无规定，铁路架桥机已架梁片达到 1 000 孔，公路架桥机架梁片数达到 2 000 片，节段拼装式架桥机的架梁片数达到 3 000 节段；

b) 铁路架桥机安装拆卸转场次数 4 次；

c) 出厂年限达到 5 年。

使用状态的安全评估应包括所有会影响架桥机安全使用的结构件、零部件及电气件，并应包括下列部件组：

——承载结构；

——机械系统；

——液压系统；

——电气系统；

——安全系统。

架桥机使用者应保留用来确定架桥机接近设计寿命的使用记录。除制造商提供的有关记录外，还应包括维护、检查、意外事件（如误操作导致的不正常载荷等）、故障、修理和改装等记录。在定期检查中应检查这些记录，保证在适当时间进行安全评估。

ICS 53.020.20
J 80

中华人民共和国国家标准

GB/T 26470—2011

架桥机通用技术条件

General specification for launching machine

2011-05-12 发布　　2012-04-01 实施

中华人民共和国国家质量监督检验检疫总局
中国国家标准化管理委员会　发布

前　言

本标准按照 GB/T 1.1—2009 给出的规则起草。

本标准由中国机械工业联合会提出。

本标准由全国起重机械标准化技术委员会(SAC/TC 227)归口。

本标准负责起草单位:国家起重运输机械质量监督检验中心、郑州新大方重工科技有限公司。

本标准参加起草单位:北京万桥兴业机械有限公司、福建省特种设备监督检验所、秦皇岛天业通联重工股份有限公司、浙江中建路桥设备有限公司、石家庄铁道学院国防交通研究所、郑州市华中建机有限公司、郑州市华中路桥设备有限公司、郑州江河重工有限公司、南通力威机械有限公司。

本标准主要起草人:陶天华、陈浩、刘亚斌、谢靖、王小平、魏福祥、赵建华、刘嘉武、倪建中、陶英喜、宋海杰、丁邦建。

架桥机通用技术条件

1 范围

本标准规定了架桥机的术语和定义、型式与基本参数、技术要求、试验方法、检验规则、标志、包装、运输及贮存。

本标准适用于额定起重量不大于 2 000 t 的公路架桥机和铁路架桥机。本标准不包括在铁路线上运行的架桥机用平车。

2 规范性引用文件

下列文件对于本文件的应用是必不可少的。凡是注日期的引用文件,仅注日期的版本适用于本文件。凡是不注日期的引用文件,其最新版本(包括所有的修改单)适用于本文件。

GB/T 191 包装储运图示标志(ISO 780)

GB/T 700 碳素结构钢(ISO 630)

GB 755 旋转电机 定额和性能(IEC 60034-1)

GB/T 985.1 气焊、焊条电弧焊、气体保护焊和高能束焊的推荐坡口(ISO 9692-1)

GB/T 985.2 埋弧焊的推荐坡口(ISO 9692-2)

GB/T 1228 钢结构用高强度大六角头螺栓(ISO 7412)

GB/T 1229 钢结构用高强度大六角螺母(ISO 4775)

GB/T 1230 钢结构用高强度垫圈(ISO 7416)

GB/T 1231 钢结构用高强度大六角头螺栓、大六角螺母、垫圈技术条件

GB/T 1591 低合金高强度结构钢

GB 2893 安全色(ISO 3864-1)

GB/T 3323 金属熔化焊焊接接头射线照相(EN 1435)

GB/T 3632 钢结构用扭剪型高强度螺栓连接副

GB/T 3766 液压系统通用技术条件(ISO 4413)

GB/T 3811—2008 起重机设计规范

GB/T 4162—2008 锻轧钢棒超声检测方法(ASTM E2375:2004)

GB 4208 外壳防护等级(IP 代码)(IEC 60529)

GB 5226.2 机械安全 机械电气设备 第 32 部分:起重机械技术条件(IEC 60204-32)

GB/T 5905 起重机试验规范和程序(ISO 4310)

GB 6067.1—2010 起重机械安全规程 第 1 部分:总则

GB 8918 重要用途钢丝绳(ISO 3154)

GB/T 8923 涂装前钢材表面锈蚀等级和除锈等级(ISO 8501-1)

GB/T 9286 色漆和清漆 漆膜的划格试验(ISO 2409)

GB/T 10051.1～10051.12—2010 起重吊钩

GB/T 10095(所有部分) 圆柱齿轮 精度制[ISO 1328(所有部分)]

GB/T 11352　一般工程用铸造碳钢件(ISO 3755,ISO 4990)

GB/T 13306　标牌

GB/T 13384　机电产品包装通用技术条件

GB/T 14406—2011　通用门式起重机

GB 15052　起重机　安全标志和危险图形符号　总则(ISO 13200)

GB/T 21972.1　起重及冶金用变频调速三相异步电动机技术条件　第1部分:YZP系列起重及冶金用变频调速三相异步电动机

GB 26469—2011　架桥机安全规程

GB 50017　钢结构设计规范

JB/T 6392　起重机车轮

JB/T 6406　电力液压鼓式制动器

JB/T 7019　盘式制动器　制动盘

JB/T 7020　电力液压盘式制动器

JB/T 7076　YEZS系列起重用双速锥形转子制动三相异步电动机　技术条件

JB/T 7077　YZRE系列起重及冶金用电磁制动绕线转子三相异步电动机　技术条件

JB/T 7842　YZR-Z系列起重专用绕线转子三相异步电动机　技术条件

JB/T 8110.1　起重机　弹簧缓冲器

JB/T 8110.2　起重机　橡胶缓冲器

JB/T 8398　双幅板压制滑轮

JB/T 8437　起重机械无线遥控装置

JB/T 8905.1　起重机用三支点减速器

JB/T 8905.2　起重机用底座式减速器

JB/T 8905.3　起重机用立式减速器

JB/T 8905.4　起重机用套装式减速器

JB/T 8955　YZR2系列起重及冶金用绕线转子三相异步电动机　技术条件

JB/T 9003　起重机用三合一减速器

JB/T 9005(所有部分)　起重机用铸造滑轮

JB/T 9006(所有部分)　起重机用铸造卷筒

JB/T 10104　YZ系列起重及冶金用三相异步电动机　技术条件

JB/T 10105　YZR系列起重及冶金用绕线转子三相异步电动机　技术条件

JB/T 10360　YZ2系列起重及冶金用三相异步电动机　技术条件

JB/T 10559　起重机械无损检测　钢焊缝超声检测

JB/T 10816　起重机用底座式硬齿面减速器

JB/T 10817　起重机用三支点硬齿面减速器

JB/T 10833　起重机用聚氨酯缓冲器

JG/T 5078.1　建筑机械与设备　焊接滑轮

3　术语和定义

下列术语和定义适用于本文件。

3.1

架桥机 launching machine

支承在桥梁结构上、可沿纵向自行变换支承位置、用于将预制桥梁梁体(包括整孔梁体、整跨梁片、节段梁体、非整跨梁片)安装在桥墩(台)指定位置的一种专用起重机。

常见架桥机的结构形式如图1~图9所示。

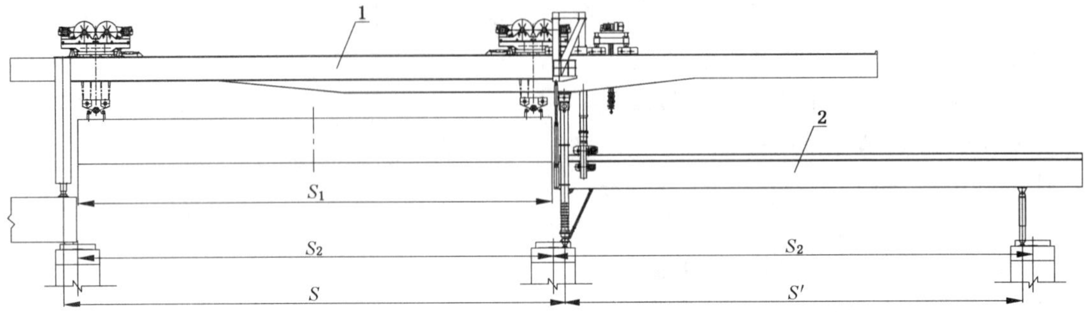

说明:

1 ——主梁;

2 ——导梁。

S ——支承跨度;

S_1——所架梁体长度;

S_2——架设跨度;

S'——导梁支承跨度。

图 1

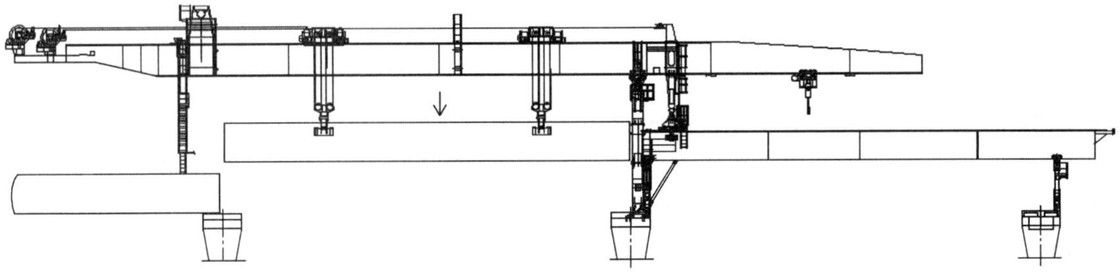

图 2

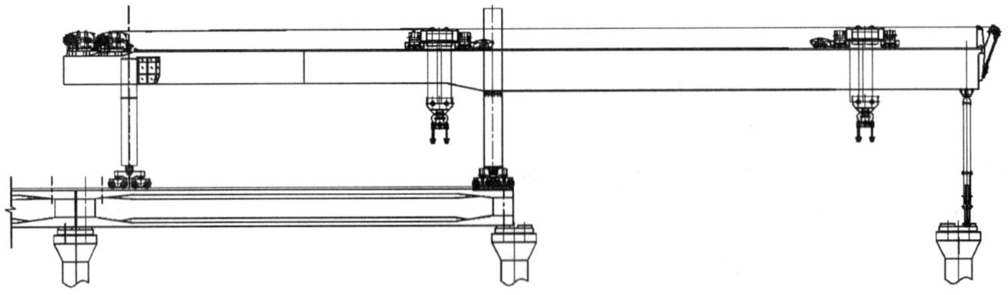

图 3

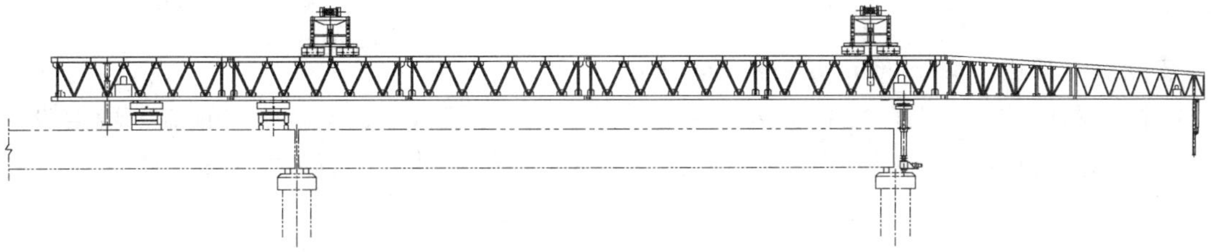

图 4

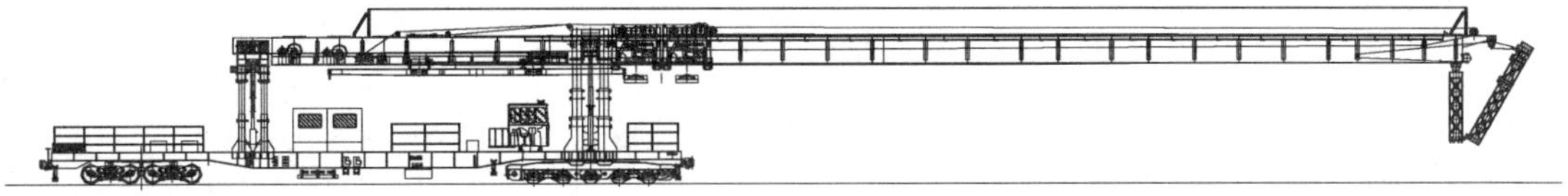

图 5

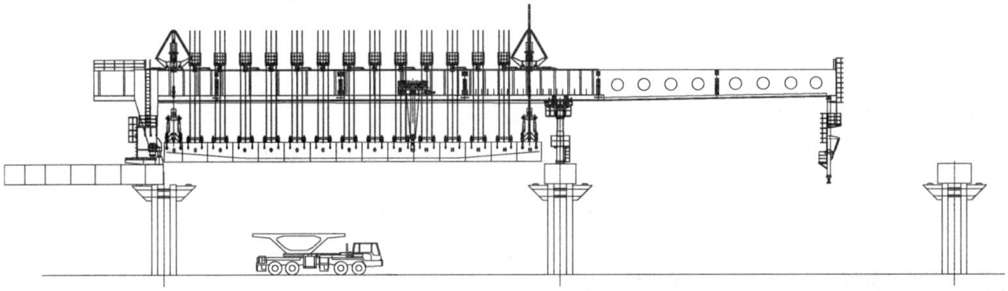

图 6

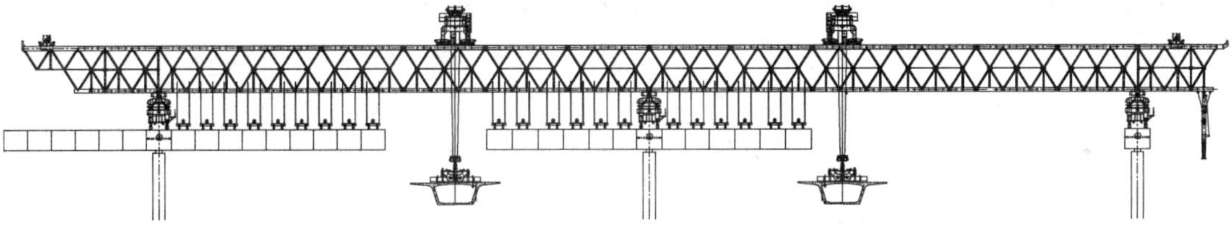

图 7

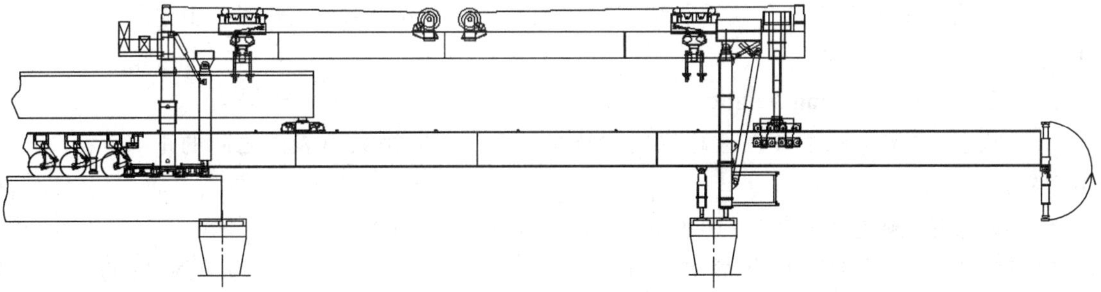

图 8

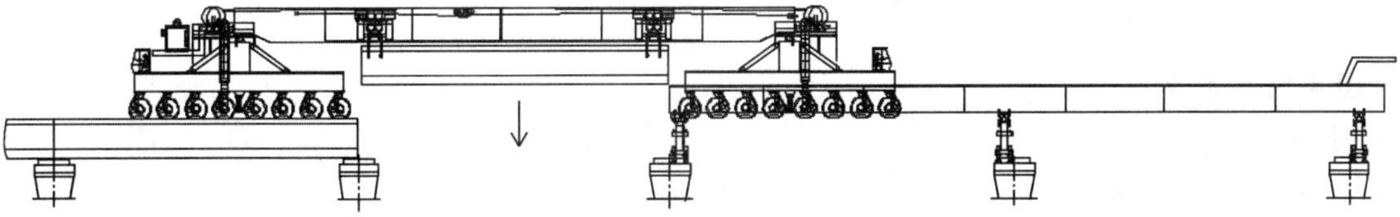

图 9

3.2

节段拼装架设　segmental bridge erection

将桥梁的梁体在一跨间沿桥向划分为若干节段进行预制，通过架桥机将预制节段架设后进行组拼，并对组拼的节段施加预应力使之成为整体结构的一种方法，如图6、图7所示。

3.3

整跨架设　beam erection

桥梁梁体长度与桥梁跨径相吻合，由一榀或多片梁体架设到位后构成桥跨结构，如图1、图2、图3、图4、图5、图8、图9所示。由一榀梁体构成桥跨结构的又称为整孔架设。

3.4

架设跨度　erecting span

架桥机架设桥梁两桥墩中心线间的距离称为架设跨度，见图1中S_2所示。S_2通常以名义值表示。

3.5

支承跨度　supporting span

架桥机架梁状态下，架桥机位于架设孔位上沿桥向两支承结构中心线间的距离称为架桥机的支承跨度，见图1中S所示。

3.6

过孔作业　self launching operation

架桥机沿桥向自行从桥墩(台)移到下一桥墩(台)的作业过程。

3.7

主梁　main beam

置于支承结构上，沿桥向的主要承载金属结构(见图1中序号1所示)。

3.8

导梁　under bridge

用于承载架桥机主体过孔或承载待架桥梁及其驮运设备的结构(见图1中序号2所示)。

3.9

起升高度　load-lifting height

架梁状态下，架桥机吊具在最高位置时与在最低位置时吊具下表面之间的距离。

3.10

额定起重量、额定承载量　rated load, rated loading capacity

对于整跨架设的架桥机，通常将架桥机两个小车抬吊的最大质量称为架桥机的额定起重量；对于节段拼装架桥机，通常将架桥机单个小车的额定起重量作为架桥机的额定起重量。架桥机在最大架设跨度时允许承受的梁体的最大质量称为架桥机的额定承载量。

4　型式与基本参数

4.1　型式

4.1.1　架桥机按施工方法可分为：

a)　整跨架设式架桥机，如图1、图2、图3、图4、图5、图8、图9所示；

b)　节段拼装架设式架桥机，如图6、图7所示。

4.1.2 架桥机按过孔方式一般分为：

a) 导梁式过孔，可分为：

——导梁式架桥机：架桥机借助导梁完成过孔作业，如图1、图2、图8、图9所示；

——吊运架一体式架桥机：架桥机由吊运梁机和独立导梁机两部分组成，能独立完成吊梁、运梁、架梁和过孔作业，且过孔作业是借助独立导梁完成，如图8、图9所示。

b) 步履式架桥机：架桥机设置多组支腿，依靠支腿的换位和主梁相对于支腿的运动实现过孔作业，如图4、图7所示。

c) 走行式架桥机：架桥机依靠支腿在桥面上走行实现过孔作业，如图2、图3、图5所示。

d) 铁路车辆式架桥机：架桥机设有专用铁路车体，在铺设的铁路轨道上走行过孔，如图4所示。

4.2 基本参数

4.2.1 按GB/T 3811的有关规定，架桥机的工作级别分为A1、A2、A3，见表1。

表 1

载荷状态级别	载荷谱系数 K_P	使用等级	
		U_0	U_1
Q3	$0.250<K_P\leqslant0.500$	A1	A2
Q4	$0.500<K_P\leqslant1.000$	A2	A3

4.2.2 架桥机的额定起重量(G_n)应优先采用表2规定的数值。

表 2

单位为吨

60	80	100	120	140	160	180	200	220	250	320	360
450	500	550	600	700	750	900	1 000	1 200	1 600	1 800	2 000

4.2.3 架桥机的架设跨度(S_2)应优先采用表3规定的数值。

表 3

单位为米

20	24	25	30	32	35	40	45	48	50
55	56	60	64	70	75	80	100	110	130

4.2.4 架桥机的起升高度应优先采用表4所规定的数值。

表 4

单位为米

桥面喂梁	3.0	3.5	4.0	4.5	5.0	5.5	6.0	6.5	7.0
	7.5	8.0	8.5	9.0	9.5	10.0	—	—	—
桥下喂梁	10	15	20	25	30	35	40	45	50
	55	60	65	70	75	80	85	90	—

4.2.5 架桥机的各机构工作速度应优先在表5规定的范围内选用。

表5

单位为米每分

机构		速度
起升	桥面喂梁	0.4～1.0
	桥下喂梁	0.8～4.0
吊梁小车纵向运行		2.0～8.0
吊梁小车横向运行		0.2～5.0
架桥机整机横向运行		0.5～5.0
架桥机过孔		1.0～5.0
慢速推荐为正常工作速度的1/2～1/10		
注：超出上述范围时，由用户(需方)与制造商(供方)进行协商确定。		

5 技术要求

5.1 环境条件

5.1.1 架桥机的电源为三相交流，额定频率为50 Hz或60 Hz，额定电压为380 V～460 V。在正常工作条件下，供电系统在架桥机馈电线接入处的电压波动不应超过额定值的±10%。

5.1.2 采用发电机组供电时，发电机组在架桥机使用环境条件下其常用功率应满足架桥机工作需要，电压波动不应超过额定值的±5%。

5.1.3 架桥机安装使用地点的海拔高度不应超过1 000 m(超过1 000 m时应按GB 755的规定对电动机容量进行校核，超过2 000 m时应对电器件进行容量校核)。

5.1.4 架桥机正常使用的环境温度应在－20 ℃～＋40 ℃的范围以内，24 h内的平均温度不应超过＋35 ℃。

5.1.5 当架桥机周围环境温度在＋40 ℃时，其相对湿度不应超过50%。较低温度下相对湿度可以提高。

5.1.6 抗风能力应不低于表6的规定。

表6

单位为帕(相当风级)

工作状态 $p_{\text{。}}$		非工作状态 p_w
过孔状态	150(5)	1 200(11)
架梁状态	250(6)	

5.1.7 架桥机的最小曲线半径，应优先采用表7所规定的数值。

表7

单位为米

300	400	500	600	800	1 000
1 200	1 500	2 000	3 000	4 000	5 000

5.1.8 架桥机适应的最大坡度不宜超过表8所规定的数值。

表 8

单位为%

公路	纵坡	6
	横坡	5
铁路	纵坡	2
	横坡	2
注：架桥机的工作环境超出上述范围时，由用户(需方)与制造商(供方)进行协商确定。		

5.2 使用性能

5.2.1 与架桥机有关的参数应符合 4.2 和用户在订货合同中提出的要求。

5.2.2 架桥机起重能力应达到额定起重量(G_n)，承载能力应能达到额定承载量。

5.2.3 架桥机吊梁小车吊点位置及结构型式应满足梁体设计要求，且吊具(杆)极限位置偏差不应大于 100 mm。

5.2.4 架桥机架梁时应具备带载纵向、横向调节功能，纵向、横向调节量应与架桥机架设桥梁跨度和所适应曲线半径相匹配。

5.2.5 架梁过程中，架桥机的内净空应满足所架设梁体构造尺寸的要求，应具有足够的安全距离，安全距离不宜小于 100 mm。

5.2.6 架桥机可以通过利用已架桥梁或墩(台)锚固以提高整机稳定性。架桥机过孔和架梁时整机抗倾覆稳定性应满足 GB/T 3811—2008 中 8.1.4 的要求。

5.2.7 架桥机各机构工作速度的允许偏差为额定值的±10%。

5.2.8 架桥机在各种正常使用工况下，各机构的起动、制动应平稳可靠。

5.2.9 架桥机在设计规定的纵坡、横坡或同时具有纵横坡的坡道上作业应制动可靠。

5.2.10 架桥机的伸缩支腿应有可靠的机械锁定。

5.2.11 架桥机进行静载试验时，应能承受 1.25 倍额定起重量的试验载荷，试验后进行目测检查，各受力金属结构件应无裂纹、无永久变形、无油漆剥落或对起重机的性能与安全有影响的损坏，各连接处也应无松动或损坏。

5.2.12 架桥机进行动载试验时，应能承受 1.1 倍额定起重量的试验载荷和 1.1 倍的额定承载量，试验过程中应工作正常，制动器等安全装置动作灵敏可靠，试验后进行目测检查，各受力金属结构件不应有损坏，连接处也不应出现损坏或松动。

5.2.13 架桥机采用的制动器应是常闭式的，制动轮(盘)应装在与传动机构刚性连接的轴上。起升机构的每一套独立的驱动装置至少应装设一个支持制动器和安全制动器。

5.2.14 起升机构每套驱动装置装有一个支持制动器时，制动器安全系数不应低于 1.75。

5.2.15 起升机构每套驱动装置装有两个支持制动器时，每一个制动器的安全系数不应低于 1.5；对于两套彼此有刚性联系的驱动装置，每套装置装有两个支持制动器时，每一个制动器的安全系数不应低于 1.25；对于采用行星减速器传动，每套驱动装置装有两个支持制动器时，每一个制动器的安全系数不应低于 1.75；具有液压制动作用的液压传动起升机构不应低于 1.25。

5.2.16 架桥机起吊梁体在下降制动时的制动距离(起升机构以稳定工作速度运行，从制动器断电至梁体停止时的下滑距离)不应大于 1 min 内稳定起升距离的 1/65。

5.2.17 钢丝绳安全系数应符合表 9 规定。

表 9

起升机构工作级别	安全系数
M1～M3	4
M4	4.5

5.2.18 架桥机的静态刚性应符合以下要求：

a) 垂直静挠度 f 与支承跨度 S 的关系，推荐值见表 10 的规定。

表 10

架桥机主梁	$f \leqslant \frac{1}{400}S$
架桥机导梁(简支)S'	$f \leqslant \frac{1}{600}S'$
对于铁路车辆式架桥机、隧道内架梁的架桥机及定点起吊的架桥机主梁静态刚性可不大于 $S/300$。 **注**：S 为主梁的支承跨度，S' 为导梁支承跨度。	

b) 对于非导梁过孔式架桥机，设计时应控制过孔时架桥机悬臂端挠度，使架桥机能在设计规定的支承跨度和纵向坡度条件下顺利过孔。对于起重小车在主梁悬臂作业时，悬臂端的挠度 f 不应大于 $L/350$(L 为悬臂端有效长度)。

5.2.19 采用两台吊梁小车的架桥机，吊梁小车的升降和运行既可以单动，也可以联动，速度的相对误差不应超过 2%；采用拖拉喂梁方式的架桥机，前吊梁小车运行速度与运梁台车走行速度相差不应超过 2%。

5.2.20 架桥机的起升高度不应小于名义值的 97%。

5.3 金属结构

5.3.1 基本要求

5.3.1.1 架桥机主梁、支腿、小车架和导梁等主要结构件材料应符合 GB/T 3811—2008 中 5.3.1.1的规定，且不允许采用 B 级以下钢材。

5.3.1.2 主要结构件在涂装前应进行表面喷(抛)丸处理，且应达到 GB/T 8923 中规定的 Sa2$\frac{1}{2}$级或 St3 级，其他构件应达到 Sa2 级或 St2 级。

5.3.1.3 焊接构件用焊条、焊丝、焊剂应与被焊接的材料相适应。

5.3.1.4 金属结构件的设计应便于检查、维修和排水。

5.3.2 焊接

5.3.2.1 焊接坡口的形式和尺寸应符合 GB/T 985.1 和 GB/T 985.2 规定。

5.3.2.2 钢的弧焊接头缺陷质量应符合 GB 6067.1—2010 中 3.3.7 的规定。

5.3.2.3 架桥机主梁、导梁、小车架、吊具及主要承力支腿等位于受拉区的翼缘板及腹板的对接焊缝应进行 100%无损检测，超声波检测时不应低于 JB/T 10559 中的 1 级要求，射线检测时不应低于 GB/T 3323 中规定的Ⅱ级。

5.3.3 高强度螺栓连接

5.3.3.1 高强度螺栓连接的设计应符合 GB/T 3811 和 GB 50017 的相关规定。

5.3.3.2 非剪切型高强度螺栓接头所用螺栓、螺母、垫圈及其技术要求应分别符合 GB/T 1228、GB/T 1229、GB/T 1230 和 GB/T 1231 的规定。扭剪型高强度螺栓接头所用的钢结构用扭剪型高强度螺栓连接副应符合 GB/T 3632 的规定。

5.3.4 主梁(架桥机主梁组装完成以后)

5.3.4.1 主梁设计要求有上拱时,跨中上拱允许偏差为$\pm S/5\ 000$,且最大上拱度应位于跨中部$S/10$范围内。设计未要求上拱时,主梁跨度中部最低点不应低于水平线$S/1\ 000$。

5.3.4.2 主梁在水平方向产生的弯曲,对正轨箱形梁和半偏轨箱形梁不应大于$S_3/1\ 500$(S_3为两端始于第一块横向加筋肋的实测长度,在离上翼缘板约 100 mm 的横向加筋肋处测量),最大不应超过 15 mm。

对全偏轨箱形梁、单腹板梁和桁架梁,应满足 5.3.4.9 和 5.3.4.10 对轨道的要求。

5.3.4.3 主梁腹板的局部翘曲,用以 1 m 平尺检测,离上翼缘板$H/3$以内不应大于0.7δ,其余区域不应大于1.2δ(见图 10)。

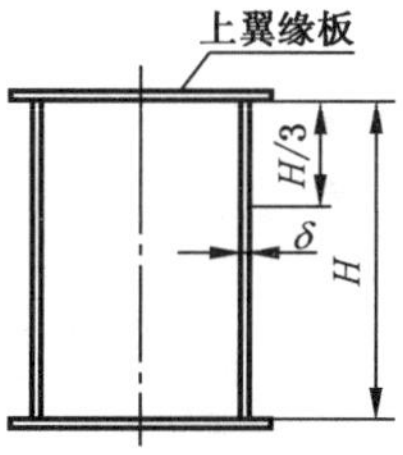

图 10

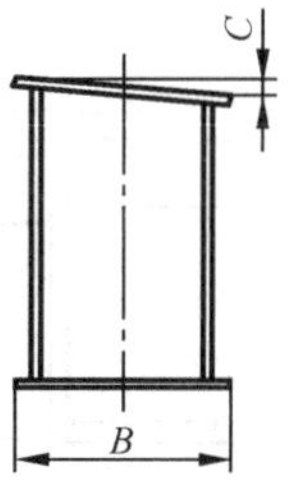

图 11

5.3.4.4 箱形梁及单腹板梁上翼缘板的水平偏斜值$C\leqslant B/200$(见图 11),此值允许在未装轨道前在大筋板或节点处测量。

5.3.4.5 箱形梁腹板的垂直偏斜$h\leqslant H/200$,单腹板梁及桁架梁的垂直偏斜$h\leqslant H/300$(见图 12),此值应在大筋板或节点处测量。

5.3.4.6 桁架梁杆件的直线度$\Delta l\leqslant 0.001\ 5a$(见图 13)。

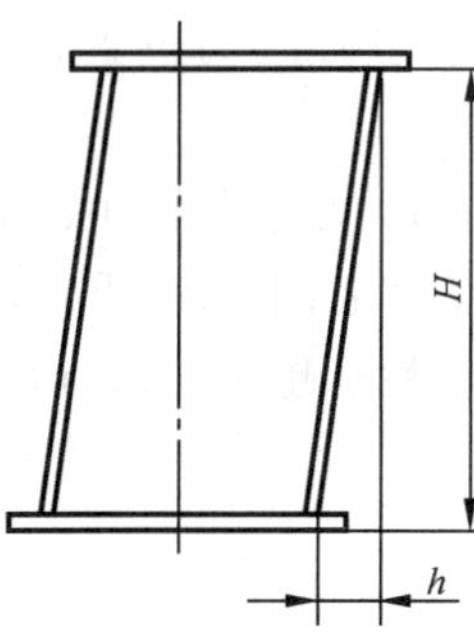

图 12

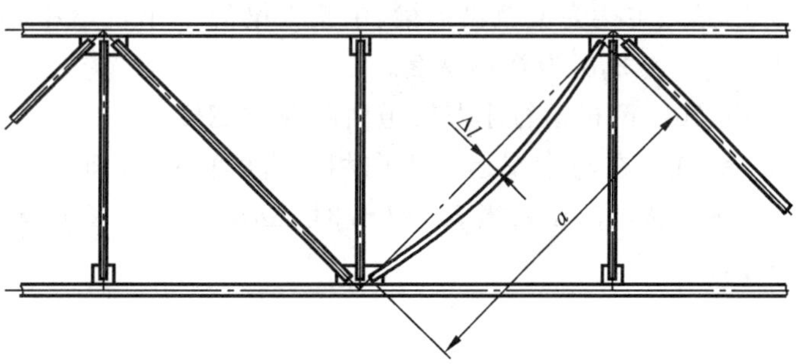

图 13

5.3.4.7 架桥机主梁支承跨度范围内以各支腿中心线形成的平面和小车轨道上表面中心线的交点所得的对角线长度的差值不应大于 5 mm。

5.3.4.8　吊梁小车轨道应满足以下要求(见图 14)：

对于起重量小于 320 t 的分段拼接桁架梁，每段梁上小车轨道不允许有接缝(允许焊为一体)，桁架梁拼接处的小车轨道应满足：

a)　接头处的高低差 $d \leqslant 2$ mm；

b)　接头处的间隙 $e \leqslant 4$ mm；

c)　接头处的侧向错位 $f \leqslant 2$ mm；

d)　非焊接连接的轨道应当在端部加挡铁。

对于其他梁，小车轨道应满足：

a)　接头处的高低差 $d \leqslant 1$ mm；

b)　接头处的间隙 $e \leqslant 2$ mm；

c)　接头处的侧向错位 $f \leqslant 1$ mm；

d)　对正轨箱形梁及半偏轨箱形梁，轨道接缝应该放在筋板上，允差不应大于 15 mm；

e)　两端最短一段轨道长度不应小于 1.5 m，并且在端部加挡铁。

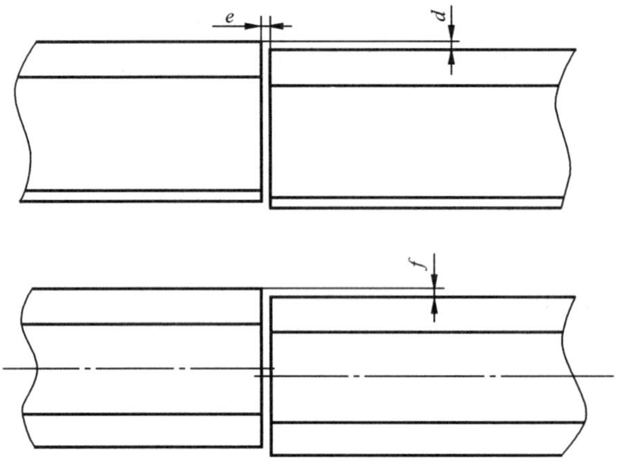

图 14

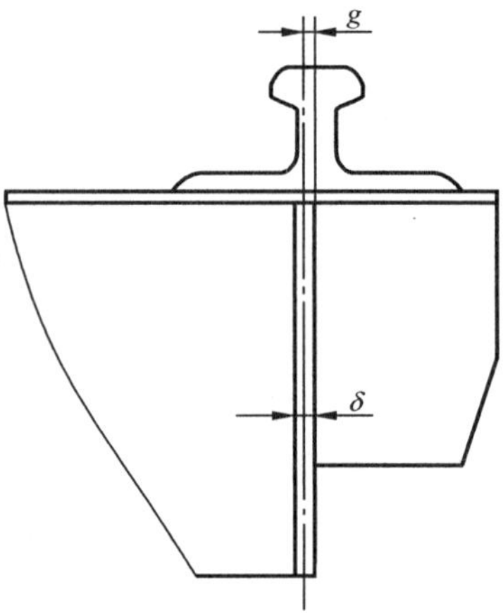

图 15

5.3.4.9　主梁为偏轨箱形梁、单腹板梁的小车轨道中心线对承轨腹板中心线的位置偏差(见图 15)，$g \leqslant \delta/2$，δ 为腹板厚度。

5.3.4.10　两根运行小车轨道轨距偏差 $\Delta K = \pm 8$ mm，如图 16 所示。K 为小车轨距的名义值。

5.3.4.11　在与小车运行方向相垂直的同一截面上两根小车轨道表面之间的高低差，当 $K \leqslant 2$ m时，$\Delta h \leqslant 5$ mm；当 $K > 2$ m 时，$\Delta h \leqslant 2.5K$，K 以米(m)计，Δh 最大不超过 10 mm，如图 16 所示。

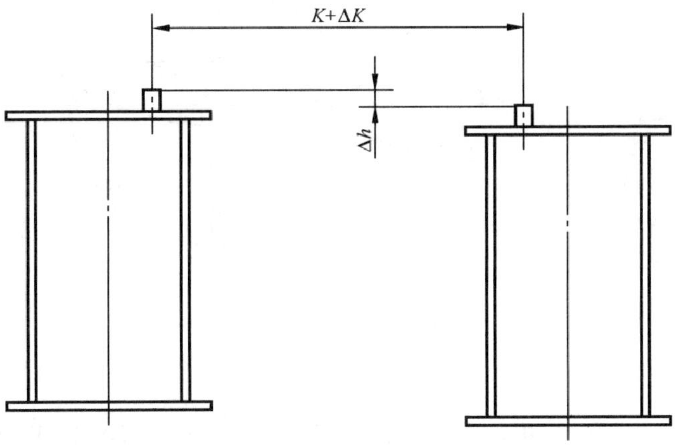

图 16

5.3.4.12 架桥机两根小车轨道顶部形成的局部平面度 Δh_r（见图 17，相对于四个轮子形成的标准平面），当 $K \leqslant 2m$ 时，$\Delta h_r \leqslant 2.5$ mm；当 $K > 2$ m 时，$\Delta h_r \leqslant 1.25K$，$K$ 以米(m)计，Δh_r 最大不超过 5 mm（K 为小车轨距的名义值）。

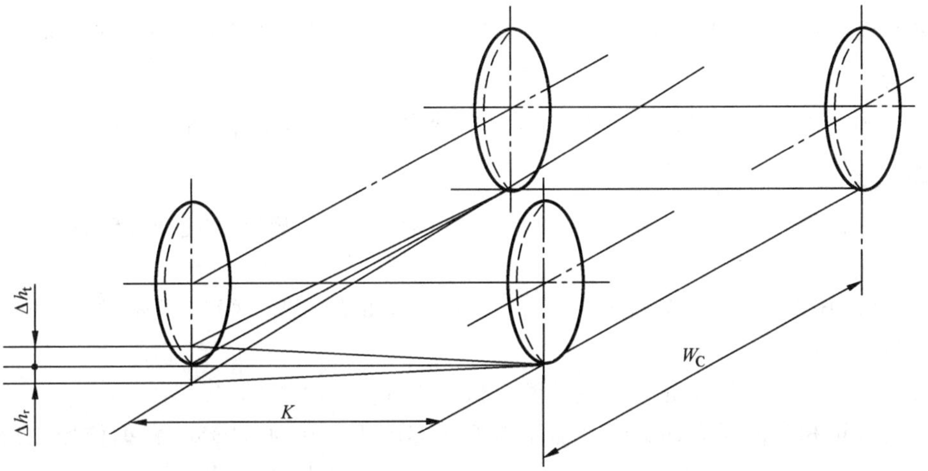

图 17

5.3.4.13 小车运行轨道的侧向直线度(见图 18)，应符合以下要求：

a) 每 2 m 长度内 b 不应大于 2 mm；

b) 轨道全长范围内 b 不应大于 10 mm。

单位为毫米

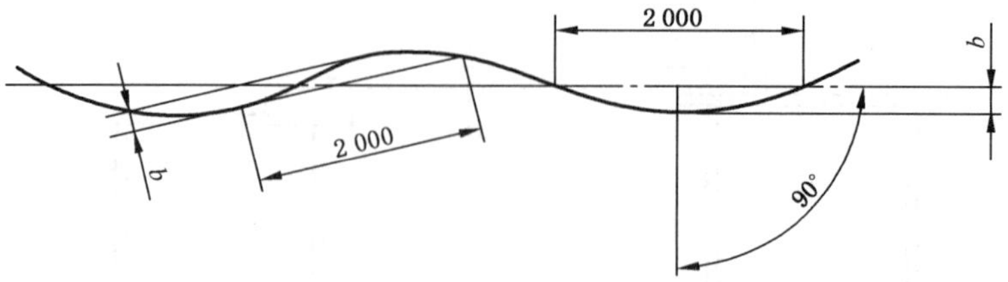

图 18

5.4 主要零部件

5.4.1 电动机

应优先选用符合下列标准的电动机:GB/T 21972.1、JB/T 7076、JB/T 7077、JB/T 7842、JB/T 8955、JB/T 10104、JB/T 10105 和 JB/T 10360。

5.4.2 减速器和开式传动齿轮

5.4.2.1 应优先选用符合下列标准的减速器:JB/T 8905.1、JB/T 8905.2、JB/T 8905.3、JB/T 8905.4、JB/T 9003、JB/T 10816 和 JB/T 10817。

5.4.2.2 选用其他减速器时,硬齿面齿轮副的精度不应低于 GB/T 10095(所有部分)中的 6 级,中硬齿面则不应低于 8-8-7 级。

5.4.2.3 用开式齿轮传动,则齿轮副精度不应低于 GB/T 10095(所有部分)中的 9 级。

5.4.3 制动器

应优先选用符合下列标准的制动器:JB/T 6406、JB/T 7019 和 JB/T 7020。

5.4.4 滑轮和卷筒

5.4.4.1 铸造滑轮的结构型式宜符合 JB/T 9005(所有部分)的规定,铸造卷筒结构型式宜符合 JB/T 9006(所有部分)的规定。

5.4.4.2 双腹板压制滑轮结构型式宜符合 JB/T 8398 的规定,焊接滑轮结构型式宜符合 JG/T 5078.1的规定。

5.4.4.3 铸造滑轮和卷筒材料的力学性能不应低于 GB/T 11352 的 ZG270-500。

5.4.4.4 焊接滑轮和卷筒材料的力学性能不应低于 GB/T 700 的 Q235B,根据使用工况和环境温度,可采用属于不同质量等级的 GB/T 1591 中的 Q345 钢或 Q420 钢。

5.4.4.5 焊接卷筒体的环向对接焊缝和纵向对接焊缝经外观检查合格后应进行无损检测。对环形对接焊缝进行 50%检验,超声波检测时不应低于 JB/T 10559 中规定的 1 级要求,射线检测时不应低于 GB/T 3323 中规定的Ⅱ级。纵向对接焊缝要保证卷筒两端各 160 mm 范围内做检验,其余部分至少进行 20%检验,超声波检测时不应低于 JB/T 10559 中规定的 3 级要求,射线检测时不应低于 GB/T 3323 中规定的Ⅲ级。

5.4.4.6 卷筒上应设置绳槽。卷筒绳槽为折线时,钢丝绳在卷筒上的缠绕层数可以是两层或两层以上;卷筒绳槽为螺旋线时,钢丝绳在卷筒上的缠绕层数不宜超过两层。缠绕层数不小于两层且卷筒钢丝绳入绳角度超过 1.7°时,应设置排绳装置。

5.4.4.7 多层缠绕的卷筒,端部应有防止钢丝绳从卷筒端部滑落的凸缘。当钢丝绳全部缠绕在卷筒后,凸缘应超出最外面一层钢丝绳,超出的高度不应小于钢丝绳直径的 1.5 倍。

5.4.5 钢丝绳

5.4.5.1 应采用符合 GB 8918 中的钢芯钢丝绳。

5.4.5.2 钢丝绳端部的固定和连接应符合 GB 6067.1—2010 中 4.2.1.5 的规定。

5.4.5.3 当吊具处于工作位置最低点时,在卷筒上缠绕的钢丝绳,除固定绳尾的圈数外不应少于 2 圈。

5.4.6 缓冲器

应优先选用符合 JB/T 8110.1、JB/T 8110.2 和 JB/T 10833 规定的缓冲器。

5.4.7 车轮

应优先选用符合 JB/T 6392 规定的车轮。

5.4.8 吊钩

应优先选用符合 GB/T 10051.1～10051.12—2010 的吊钩。

5.4.9 吊杆

吊杆表面应光洁,无剥裂、锐角、毛刺、裂纹等。吊杆的两端宜设有球铰,吊杆的安全系数不应小于 4。吊杆的探伤应符合 GB/T 4162—2008 中的 A 级。

5.4.10 遥控装置

当架桥机设有无线遥控装置时,无线遥控装置除应符合 JB/T 8437 的规定外,还应符合 5.8.3.2的要求。地面有线控制装置,也应符合 5.8.3.2 的要求。

5.5 装配

5.5.1 传动链中各部件间的连接,同一轴线的偏斜角不应大于所用联轴器允许的安装误差。

5.5.2 制动轮安装后,应保证其径向圆跳动不应超过表 11 规定的值。

表 11

制动轮直径/mm	≤250	>250～500	>500～800
径向圆跳动/μm	100	120	150

5.5.3 车轮安装后,应保证基准面上的圆跳动不应超过表 12 规定的值。

表 12

车轮直径/mm	≤250	>250～500	>500～800
端面圆跳动/μm	100	120	150

5.5.4 空载小车一个车轮相对于其他三个车轮形成的平面的垂直偏差 Δh_t(见图 17),当 $K \leqslant 2$ m时,$\Delta h_t = 2.5$ mm;当 $K > 2$ m 时,$\Delta h_t \leqslant [2.5 + 0.1 \times (K - 2)]$[$K$ 为小车轨距的名义值,单位为米(m)]。

5.5.5 由小车车轮中心之间量出的轨距的极限偏差为±8 mm。

5.5.6 架桥机车轮、架桥机吊梁小车和起重小车车轮的水平偏斜应符合以下规定:

a) 当采用镗孔并直接装车轮的结构时,车轮轴线的水平偏斜角 φ(见图 19)的控制范围为

−0.63‰～+0.63‰。

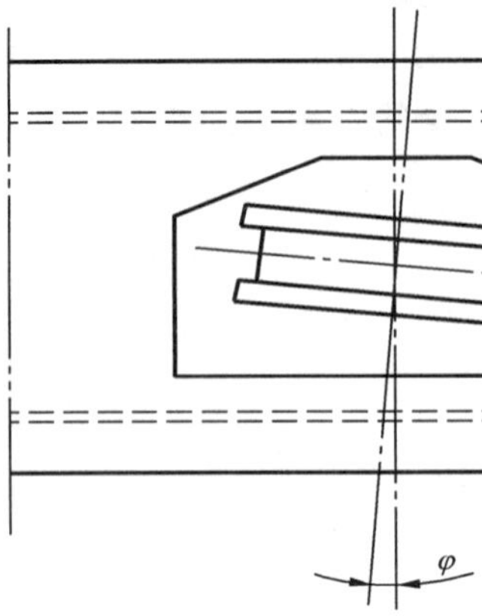

图 19

b) 当采用焊接连接的整体车架及角型轴承箱结构，并用测量车轮端面来控制车轮偏斜时，测量值 $|P_1-P_2|$（见图 20）。对于四个车轮的架桥机和小车不应大于表 13 的规定，但同一轴线上的两个车轮的偏斜方向应相反；对多于四个车轮的架桥机和小车，单个平衡梁（平衡台车）下的两个车轮按表 13 的规定，同一轨道上的所有车轮间不应

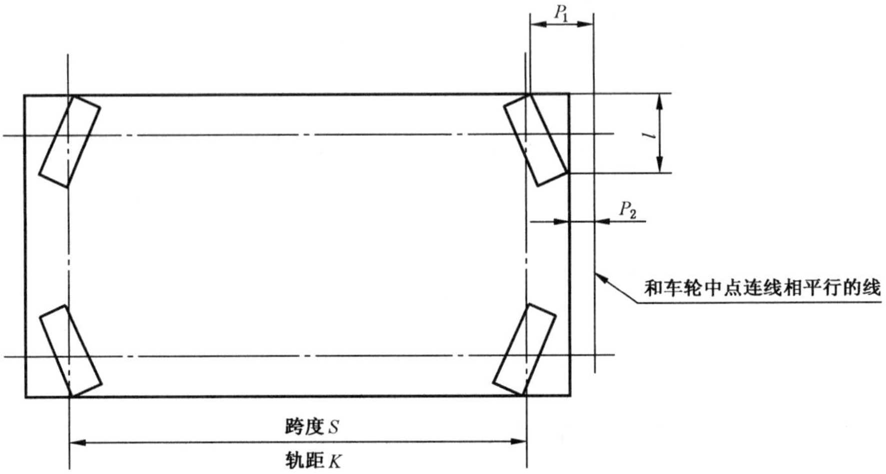

大于 $l/800$（l 为测量长度）且不控制车轮偏斜方向。

图 20

表 13

机构工作级别	M1	M2～M4
$\|P_1-P_2\|<$	$l/800$	$l/1\ 000$

5.5.7 架桥机车轮的垂直偏斜应符合以下规定：

a) 架桥机车轮轴线的垂直偏斜：$-0.002\ 6\leqslant\tan\alpha\leqslant0.002\ 6$；

b) 架桥机吊梁小车车轮轴线的垂直偏斜：$-0.000\ 6\leqslant\tan\alpha\leqslant0.002\ 6$（见图 21）。

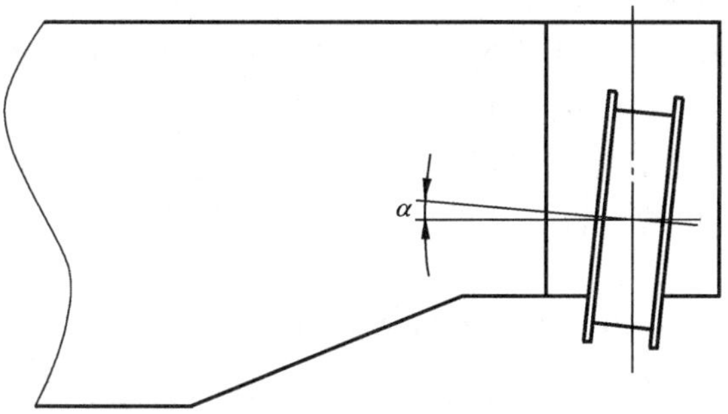

图 21

5.5.8 同一端梁上车轮的同位差要求，两个车轮时不应大于 2 mm，三个或三个以上车轮时不应大于3 mm。同一平衡梁上不应大于 1 mm。（见图 22）。

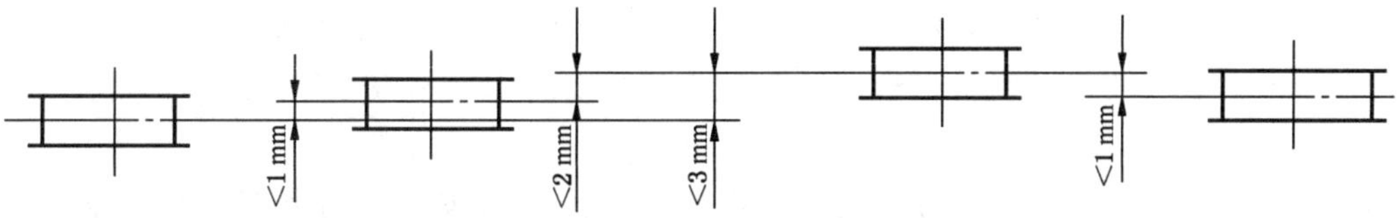

图 22

5.5.9 在前支腿与中支腿间量出的架桥机整机横移车轮的支承跨度相对偏差不大于 10 mm。

5.5.10 装配好的各机构，应安装牢固，起升机构宜设有独立的底座，各机构无渗漏油现象。非制动状态时，应运转灵活，无卡阻现象。

5.5.11 钢丝绳出绳不应与其他物件干涉，钢丝绳下垂较大影响其他零部件时，应设托轮（辊）。

5.6 电气设备

5.6.1 电气设备的选用原则

5.6.1.1 架桥机电气设备应符合 GB 5226.2 的相关规定。

5.6.1.2 宜采用标准的起重机电气设备，如特殊需要，也可由制造厂自行设计，但应符合GB/T 3811的有关规定。

5.6.1.3 除辅助机构外，应采用符合 5.4.1 规定的电动机，必要时也可用符合架桥机要求的其他类型电动机。

5.6.2 电气设备的防护和安装

5.6.2.1 安装在电气室（柜）内的电气设备，其防护等级应为 GB 4208 中的 IP00，但应有适当的防护措施，如防护栏杆、防护网等。如安装在无遮蔽防护的场所时，室外电气设备外壳防护等级不应低于GB 4208 中的 IP54，电阻器不应低于 GB 4208 中的 IP33。

5.6.2.2 安装在架桥机各部位的电气设备，应能方便和安全地维修。走台上和电气室内的电气设备一般应留有 600 mm 以上的通道。特殊情况允许适当缩小，但不应小于 500 mm。

5.6.3 导线及其敷设

5.6.3.1 架桥机应采用铜芯、多股、有护套的绝缘导线，司机室内允许采用无护套的铜芯、多股、塑料绝缘导线。

5.6.3.2 架桥机上移动用电缆,应采用扁型软电缆。

5.6.3.3 架桥机上应采用截面不小于 1.5 mm^2 的多股单芯导线或 1 mm^2 的多股多芯导线。对电子装置、液压系统、传感元件等连接线的截面不做规定。

5.6.3.4 架桥机上的电线应敷设于线槽或金属管中,在线槽或金属管不便敷设或有相对移动的场合,可穿金属软管敷设。电缆允许直接敷设,但在有机械损伤、化学腐蚀、油污浸蚀的地方应有防护措施。

5.6.3.5 不同机构、不同电压种类和电压等级的电线,穿管时宜分开。照明线宜单独敷设。

5.6.3.6 交流载流 25 A 以上的单芯电线或电缆不允许单独穿金属管。

5.6.3.7 司机室、电气室(柜)和电气设备的进出线孔、线槽和线管的进出线口均应采取防雨措施,线槽内不应积水。

5.6.4 配电系统

5.6.4.1 架桥机应装设切断所有电源的主隔离开关。

5.6.4.2 总电源回路应设置总断路器,总断路器的控制除应具有电磁脱扣功能以外,根据设计还应具有分励脱扣或失压脱扣功能。紧急情况下,能够在司机室和电气室内断开总电源,急停按钮为非自复位式。应在司机方便地操作的地方设置急停开关和接通、断开架桥机总电源(照明信号除外)。

5.6.4.3 动力电源回路应设能够分断动力线路的接触器,即正常工作时所有动力回路能够通过接触器分断。

5.6.4.4 架桥机各传动机构应设有零位保护。运行中若因故障或失压停止运行后,重新恢复供电时,机构不应自行动作,应人为将控制器置回零位后,机构才能重新启动。

5.6.5 馈电装置

架桥机及吊梁小车馈电装置宜采用电缆导电,并应满足以下要求:

a) 在桥架和小车架的适当部位设置固定的接线盒(箱);

b) 另设牵引绳,保证在小车运动过程中电缆不受力;

c) 电缆截面不大于 2.5 mm^2 时,可选用多芯电缆;电缆截面不小于 4 mm^2 时,可选用三芯或四芯电缆;截面不小于 16 mm^2 的圆电缆宜选用单芯电缆。

5.6.6 照明及其他

5.6.6.1 司机室和电气室均应有合适的照明,司机工作面上的照度不应低于 30 lx。

5.6.6.2 固定式照明的电压不宜超过 220 V,严禁用金属结构做照明线路的回路,可携式照明的电压不应高于 48 V,交流供电时,应使用隔离变压器。架桥机上应具有适当的供插接可携式照明用的插座。

5.6.6.3 照明、讯号应设专用电路,电源应从主断路器进线端分接。当主断路器断开时,照明讯号电路不应断电,照明、讯号电路及其各分支电路应设置短路保护。

5.6.7 绝缘电阻和接地电阻

5.6.7.1 架桥机动力线路导线和保护接地电路之间施加 500 V(DC)时,测得的绝缘电阻不应小于 1 MΩ。

5.6.7.2 架桥机金属结构应当可靠接地,架桥机的重复接地或防雷接地的接地电阻不应大于 10 Ω,对于保护接地的接地电阻不应大于 4 Ω。

5.7 液压系统

5.7.1 液压系统的设计、制造应符合 GB/T 3766 的有关规定。

5.7.2 液压系统应有防止过载和液压冲击的安全装置。安全阀的调整压力不应大于系统正常工作压力的 110%,不应大于液压泵的额定压力。

5.7.3 液压系统应当有满足系统要求的过滤器或者其他防止油污染的装置。

5.7.4 液压系统中,应有防止被物品或主梁自重等作用,使液压马达超速的措施或装置,如平衡阀,平衡阀与油缸和液压马达应刚性连接。

5.7.5 有相对运动的部位采用软管连接时,应当尽可能缩短软管长度,避免相互摩擦碰撞,易受到损坏的外露软管应当加保护套。

5.7.6 液压油缸的端口和阀(例如:保护阀)之间的焊接或装配连接件,爆破压力与工作压力的安全系数不应小于 2.5。液压软管连同它们的终端部件,爆破压力与工作压力的安全系数不应小于 4。

5.7.7 系统采用蓄能器时,必须在蓄能器上或者靠近蓄能器的明显处标出安全警示标志。

5.7.8 对于工作压力超过 5 MPa 和/或温度超过 50 ℃,并位于架桥机操作者 1 m 范围之内的液压软管,应加装安全防护措施。

5.8 安全与卫生

5.8.1 总则

架桥机的安全与卫生应符合 GB 6067.1、GB 26469—2011 和本标准的相关规定 。

5.8.2 安全防护装置与措施

5.8.2.1 架桥机运行机构均应设置限位装置。

5.8.2.2 吊梁小车应设置起升高度限位装置。当取物装置上升到设计规定的上极限位置时,应能自动停止起升动作,此时可做下降方向的运动。在此限位器的上方,还应留有足够的高度尺寸,以适应起升制动行程的要求。

5.8.2.3 架桥机各机构制动器的安全系数应符合 5.2.14、5.2.15 的要求。

5.8.2.4 架桥机各伸缩支腿应有可靠的机械锁定装置;架桥机依靠液压缸承力部位,应设置机械支承装置以释放液压缸载荷,避免液压缸长时间承载。

5.8.2.5 起升机构应设置超速保护装置。

5.8.2.6 架桥机宜装设起重量限制器。装设起重量限制器时,当实际起重量超过 95%额定起重量时,起重量限制器宜发出报警信号(机械式除外)。当实际起重量在 100%~ 110%的额定起重量之间时,起重量限制器起作用,此时应自动切断起升动力源,但应允许机构做下降运动。

5.8.2.7 应在架桥机的合适位置或工作区域设有明显可见的文字安全警示标志,如“起升物品下方严禁站人”等。在架桥架的危险部位应有安全标志和危险图形符号,安全标志和危险图形符号应符合GB 15052 和 GB 2893 的规定。

5.8.3 保护与控制

5.8.3.1 架桥机进线处应设置隔离开关或采取其他隔离措施,应装有总断路器作短路保护。

5.8.3.2 架桥机应设置失压保护和零位保护,在司机和操作人员方便操作的地方应设置紧急停止开关。

5.8.3.3 根据架桥机结构和作业工况,应明确禁止联动、互动的机构,应对相关电气线路设置联锁与互锁。

5.8.3.4 架桥机应配置风速仪。

5.8.3.5 架桥机推荐采用遥控等地面操纵方式。设有司机室时,司机室应安全可靠,视野良好,座椅可调,符合人类工效学的原则,司机操纵舒适方便,并具有良好的隔音、密封、保暖、通风、防雨性能。

5.8.3.6 架桥机上所有操作部位以及要求经常检查和保养的部位,凡与桥面距离超过 2 m 的,都应能通过斜梯、平台、通道或直梯到达,梯级应装护栏。

5.8.3.7 用斜梯(楼梯)或台阶构成的固定通道和平台为维护架桥机的首选方案。但活动通道设备也可作为维护作业的一种替代方案。

5.8.3.8 架桥机通道的宽度不应小于 500 mm,上方的净空高度一般不应低于 1 800 mm。在通道和平台上人员可能停留的任何部位,都应能承受以下载荷而不发生永久变形:

a) 2 000 N 的力通过直径为 125 mm 圆盘施加在平台表面的任何位置;

b) 4 500 N/m^2 均布载荷。

5.8.3.9 任何通道基面上的孔隙,包括人员可能停留区域之上的走道、驻脚台或平台底面上的狭缝和空隙都应满足如下要求:

a) 不允许直径为 20 mm 的球体通过;

b) 长度等于或大于 200 mm 时,其最大宽度为 12 mm。

5.8.3.10 通道基面应具有防滑性能。

5.8.3.11 栏杆上部表面的高度不低于 1 m,栏杆下部有高度不低于 0.1 m 的踢脚板,在踢脚板与手扶栏杆之间有不少于一根的中间横杆,它与踢脚板或手扶栏杆的距离不得大于 0.5 m;对净高不超过1.3 m 的通道,手扶栏杆的高度可以为 0.8 m;栏杆上任何一处都应能承受 1 kN 来自任何方向的载荷而不产生永久变形。

5.8.3.12 小车的栏杆原则上应和走台上的同样设置。当因小车栏杆高度使架桥机整体高度增大而无法通过特定的限界(如隧道、立交桥、高压电缆等)要求时,栏杆高度可与小车上传动部件最高点一致,但最小高度为 700 mm,中间加一道横杆。

5.8.3.13 在无法装设栏杆的情况下,应装设护绳,护绳高度不宜低于 1 m。护绳任意位置应能承受5 000 N 的外力,护绳宜采用钢丝绳或链条。

5.8.3.14 架桥机上外露的、有伤人可能的旋转零部件,如开式齿轮、联轴器、传动轴等,均应装设防护罩。

5.8.4 噪声

架桥机工作时,在无其他外声干扰、距声源 1 m 处,架桥机各机构产生的噪声(不含发动机产生的噪声)不应大于 85 dB(A)。

5.9 外观

5.9.1 架桥机面漆应均匀、细致、光亮、完整和色泽一致,不得有粗糙不平、漏漆、错漆、皱纹、针孔及严重流挂等缺陷。

5.9.2 涂漆时,应先涂两层底漆,两层漆膜总厚度 50 μm～60 μm,然后再涂两层或两层以上面漆。漆膜的总厚度不小于 100 μm。

5.9.3 漆膜附着力应符合 GB/T 9286 中规定的一级质量要求。

5.9.4 涂漆颜色一般应符合订货合同的规定。

6 试验方法

6.1 总则

架桥机的试验应遵循 GB/T 5905 和本标准的规定，与通用门式起重机相同的试验(检验)项目参照 GB/T 14406—2011 执行，见表 14。

6.2 目测检查

目测检查应包括检查所有重要部分的规格和/或状态是否符合要求，如：各机构、电气设备、安全装置、制动器、控制器、照明和信号系统；架桥机金属结构及其连接件、梯子、通道、司机室和走台；所有的防护装置；吊杆或其他吊具及其连接件；钢丝绳及其固定件；滑轮组及其轴向紧固件。检查时，不必拆开任何部分，但应打开在正常维护和检查时应打开的盖子，如限位开关盖。

目测检查还应包括检查必备的证书是否已提供齐全并经过审核。

6.3 合格试验

6.3.1 总则

架桥机空载运行后，根据起重量的大小，经过 2～3 次的逐渐加载直至额定起重量，在额定工况下做各机构各方向的动作试验和测试，验证表 14 中所列项目是否符合本标准和设计图样的要求，试验时不允许同时开动两个机构。

6.3.2 主梁支承跨度跨中静挠度测试

对于非定点起吊架桥机，先将空载吊梁小车停放在支腿支点，在主梁跨中位置找好基准点，然后将一吊梁小车开至主梁最不利位置(主梁中部)，对于单小车的架桥机按额定起重量加载，对于双小车的架桥机按架桥机额定起重量的一半加载，载荷离地面 100 mm～200 mm，保持 10 min。测量基准点的下挠数值后卸载，主梁基点下挠数值即为架桥机主梁跨中的静挠度。

对于定点起吊架桥机，架桥机空载时，在主梁跨中位置找好基准点，架桥机吊梁小车按架桥机的额定起重量加载，载荷离地面 100 mm～200 mm，保持 10 min。测量基准点的下挠数值后卸载，主梁基点下挠数值即为架桥机主梁跨中的静挠度。

表 14

序号	项目名称	计量单位	检验分类		要求值	极限偏差	试验方法
			出厂检验	型式试验			
1	目测检验		○	○	见 6.2		
2	主梁水平弯曲		○	○	见 5.3.4.2		见 GB/T 14406—2011 中 6.2.3.1
3	架桥机支承跨度对角线差	m		○	见 5.3.4.7		见 GB/T 14406—2011 中 6.2.2
4	架桥机上拱度		○	○	见 5.3.4.1		见 GB/T 14406—2011 中 6.2.3.2
5	小车轨距偏差		○	○	见 5.3.4.10		
6	同一截面小车轨道高低差		○	○	见 5.3.4.11		见 GB/T 14406—2011 中 6.2.6

表 14(续)

<table>
<tr><th rowspan="2">序号</th><th rowspan="2" colspan="2">项目名称</th><th rowspan="2">计量单位</th><th colspan="2">检验分类</th><th rowspan="2">要求值</th><th rowspan="2">极限偏差</th><th rowspan="2">试验方法</th></tr>
<tr><th>出厂检验</th><th>型式试验</th></tr>
<tr><td>7</td><td colspan="2">小车轨道顶部局部平面度</td><td></td><td></td><td>○</td><td>见 5.3.4.12</td><td></td><td>见 GB/T 14406—2011 中 6.2.8</td></tr>
<tr><td>8</td><td colspan="2">小车轨道侧向直线度</td><td></td><td></td><td>○</td><td>见 5.3.4.13</td><td></td><td>见 GB/T 14406—2011 中 6.2.4</td></tr>
<tr><td>9</td><td colspan="2">车轮水平偏斜</td><td></td><td>○</td><td>○</td><td>5.5.6</td><td></td><td>见 GB/T 14406—2011 中 6.3.3.1</td></tr>
<tr><td>10</td><td colspan="2">车轮垂直偏斜</td><td></td><td>○</td><td>○</td><td>5.5.7</td><td></td><td>见 GB/T 14406—2011 中 6.3.3.2</td></tr>
<tr><td>11</td><td colspan="2">额定载荷试验</td><td>t</td><td></td><td>○</td><td>5.2.2</td><td>±1%</td><td></td></tr>
<tr><td>12</td><td colspan="2">载荷起升范围</td><td>m</td><td></td><td>○</td><td rowspan="3">见设计图样</td><td>−3%</td><td></td></tr>
<tr><td>13</td><td colspan="2">吊具(或吊杆)极限位置</td><td>mm</td><td></td><td>○</td><td>≤100</td><td></td></tr>
<tr><td>14</td><td colspan="2">各机构工作速度</td><td>m/min</td><td></td><td>○</td><td>±10%</td><td>见 GB/T 14406—2011 中 6.4.1</td></tr>
<tr><td>15</td><td colspan="2">载荷下降的制动距离</td><td>mm</td><td></td><td>○</td><td>见 5.2.16</td><td></td><td>见 GB/T 14406—2011 中 6.4.2</td></tr>
<tr><td>16</td><td rowspan="4">架桥机静刚度</td><td>主梁支承跨度跨中静挠度</td><td></td><td></td><td>○</td><td>≤S/400</td><td></td><td>见 6.3.2</td></tr>
<tr><td>17</td><td>导梁跨中静挠度</td><td></td><td></td><td>○</td><td>≤S′/600</td><td></td><td>见 6.5.2</td></tr>
<tr><td>18</td><td>过孔时主梁悬臂端静挠度</td><td></td><td></td><td>○</td><td>5.2.18b)</td><td></td><td>见 6.5.3</td></tr>
<tr><td>19</td><td>悬臂梁侧小车至悬臂最远端静挠度</td><td></td><td></td><td>○</td><td>≤L/350</td><td></td><td>见 6.3.3</td></tr>
<tr><td>20</td><td colspan="2">漆膜附着力</td><td></td><td>○</td><td>○</td><td>见 5.9.3</td><td></td><td>GB/T 9286</td></tr>
<tr><td>21</td><td colspan="2">动载试验</td><td></td><td></td><td>○</td><td>见 5.2.12</td><td></td><td>见 6.4.2</td></tr>
<tr><td>22</td><td colspan="2">静载试验</td><td></td><td></td><td>○</td><td>见 5.2.11</td><td></td><td>见 6.4.1</td></tr>
<tr><td>23</td><td colspan="2">电控设备中各电路的对地绝缘电阻和接地电阻</td><td>MΩ;Ω</td><td></td><td>○</td><td>见 5.6.7</td><td></td><td>见 GB/T 14406—2011 中 6.6</td></tr>
<tr><td>24</td><td colspan="2">噪声</td><td>dB(A)</td><td>○</td><td>○</td><td>见 5.8.4</td><td></td><td>见 6.3.4</td></tr>
<tr><td>25</td><td colspan="2">限位器的可靠性</td><td></td><td></td><td>○</td><td>能准确停车</td><td></td><td></td></tr>
</table>

6.3.3 起重小车在主梁悬臂端挠度测试

先将空载小车停放在前支腿支点或接近支腿极限位置处,在悬臂的有效悬臂位置找好基准点,然后将小车开至悬臂最不利位置(悬臂端部),按起重小车额定起重量加载,载荷离地面

100 mm～200 mm，保持 10 min。测量基准点的下挠数值后卸载，将悬臂基点下挠数值除以有效悬臂长度，即为悬臂端的静挠度。

6.3.4 架桥机噪声测试

在跨中起吊额定载荷，分别开动运行机构和起升机构，对双小车的架桥机可同时开动两个小车的同一机构。在操作座椅处或操作处距负载小车垂线下旁不大于 6 m 外用声级计 A 挡读数测噪声，测试时脉冲声峰值除外。总噪声与背景噪声之差应大于 3 dB(A)。总噪声值减去表 15(背景噪声修正值)所列的修正值即为实际噪声，然后取三次的平均值。

表 15

总噪声与背景噪声之差值/dB(A)	3	4	5	6	7	8	9	10	>10
修正值/dB(A)	3	2	2	1	1	1	0.5	0.5	0

6.4 载荷起升能力试验

6.4.1 静载试验

6.4.1.1 静载试验的主要目的是检查架桥机及其部件的结构承载能力。

6.4.1.2 架桥机吊梁小车起升机构的静载试验应根据架桥机作业工况进行。试验前根据试验工况将吊梁小车停放在相应位置，定出测量基准点。每个起升机构的静载试验应分别进行，试验前应调整好制动器。

6.4.1.3 起升机构按 1.25 G_n 逐渐加载，载荷离地 100 mm～200 mm 高度，悬空时间不少于 10 min。卸去载荷后检查基点位置的变化，检查是否有永久变形。如有永久变形，需从头再做试验，但总共不应超过三次，不应再有永久变形。

6.4.2 动载试验

6.4.2.1 动载试验的目的是验证架桥机各机构和制动器的功能及安全可靠性。

6.4.2.2 架桥机各机构的动载试验应按照架桥机的作业工况分别进行。

6.4.2.3 起升机构按 1.1G_n 加载；试验时对每种动作应在其整个运动范围内做反复起动和制动，试验时不允许两个不同机构同时动作；对悬挂的试验载荷做空中起动时，试验载荷不应出现反向动作；试验时应按该机构的电机负载持续率留有操作间歇时间，按操作规程进行控制，且应注意把加速度限制在架桥机正常工作的范围内；试验时间应不少于 2 个工作循环。

对节段拼装式架桥机，应当按最危险工况，给架桥机加载至其整机额定承载量的 1.1 倍，时间不少于 1 h。加载前定出测量基准点，加载后监测基点位置。卸去载荷后检查基点位置的变化量。

6.4.2.4 各机构或构件完成其功能试验，并在随后进行的目测检查中检查机构或构件是否有损坏，检查连接处是否出现松动或损坏。

6.5 架桥机过孔试验

6.5.1 架桥机过孔走行试验

按照架桥机的过孔走行方式进行过孔走行试验，试验次数不少于 3 次，检查过孔能力和过孔的平稳性，测量纵移速度、制动距离及相关技术参数。

6.5.2 导梁跨中静挠度试验

首先将架桥机下导梁安装在规定跨度的桥台上，架桥机过孔前，在下导梁跨度中部定好基准点，在架桥机过孔过程中，架桥机前支腿过孔至下导梁两简支中部时，架桥机暂止过孔，测得基准点的变化量，即为下导梁的过孔挠度。

6.5.3 架桥机过孔时悬臂挠度试验

架桥机过孔前，做好过孔准备，前支腿悬空，确定与架桥机过孔时悬臂挠度有关的各基准点，如支腿处支承主梁处位置、前悬臂处主梁的位置等，测量各基准点位置。过孔后前支腿达到桥梁墩台上方仍悬空时，再测量各基准点位置，计算出过孔时悬臂挠度。

7 检验规则

7.1 检验分类

架桥机的检验分为出厂检验和型式试验。

7.2 出厂检验

7.2.1 每台架桥机都应进行出厂检验，出厂检验的项目见表14。

7.2.2 架桥机应在制造厂进行预装。预装时，架桥机主梁、导梁和各支腿应单独试拼装；各支腿和主梁的连接局部需试拼装。

7.2.3 进行空转试验，分别开动各机构，做正、反方向运转，各机构试验时间均不少于5 min。

7.2.4 架桥机制造厂的质量检验部门应按产品图样及本标准进行逐项检验，只有检验合格后才能准予验收，并向用户签发《产品合格证书》。

7.3 型式试验

7.3.1 架桥机属于下列情况之一时，应进行型式试验：

a) 新设计制造的架桥机或老产品转厂生产的试制定型鉴定；

b) 正式生产后，如结构、材料、工艺有较大改变，可能影响架桥机性能时；正常生产时，应抽取一定数量的产品进行型式试验，抽试的架桥机按生产总量不应少于表16规定的数量；

表 16

额定起重量/t	≤320		>320	
年生产总量/台	≤20	>20	≤5	>5
抽试数量	1/10	1/15	1/5	1/10

c) 架桥机停产两年以上后又重新恢复生产时；

d) 出厂检验结果与上次型式试验有较大差异时；

e) 国家质量监督机构提出进行型式试验的要求时。

7.3.2 型式试验项目见表14，型式试验项目一般应集中在一台架桥机上进行。

8 标志、包装、运输及贮存

8.1 标志

8.1.1 在架桥机上应设置明显的起重量吨位牌，吊具上应设置明显的起重量标识。

8.1.2 在架桥机明显位置应设置产品标牌，其要求应符合GB/T 13306的规定，标牌的内容至少应包括：

a） 架桥机名称及型号；

b） 额定起重量（额定承载量），架设跨度，工作级别；

c） 出厂编号及出厂日期；

d） 制造商名称和地址。

8.2 包装、运输及贮存

8.2.1 架桥机的包装、运输、贮存应符合 GB/T 191 和 GB/T 13384 的有关规定。

8.2.2 架桥机出厂应附有以下随机文件：

a） 产品合格证书；

b） 产品使用、维护说明书（包括外购电气设备及其他外购配套件制造商或供应商的使用说明书）；

c） 主要外购件明细表；

d） 易损件明细表；

e） 随机附件、备件清单；

f） 随机图样（包括整机及各主要部件总图，液压系统原理图，电气控制系统原理图）。

ICS 53.020.20
CCS J 80

中华人民共和国国家标准

GB/T 26471—2023
代替 GB/T 26471—201

塔式起重机 安装、拆卸与爬升规则

Tower crane—Rules of installation, disassembly and climbing

2023-03-17 发布 2023-10-01 实

国家市场监督管理总局
国家标准化管理委员会 发布

前　　言

本文件按照 GB/T 1.1—2020《标准化工作导则　第 1 部分：标准化文件的结构和起草规则》的规定起草。

本文件代替 GB/T 26471—2011《塔式起重机　安装与拆卸规则》，与 GB/T 26471—2011 相比，除结构调整和编辑性改动外，主要技术变化如下：

——更改和增加了部分术语和定义（见第 3 章，2011 年版的第 3 章）；
——删除了“过渡节”的术语定义（见 2011 年版的 3.2）；
——更改和增加了安拆单位及人员的要求（见第 4 章，2011 年版的第 4 章）；
——增加了专项方案的要求（见 5.2）；
——更改和增加了安拆安全距离、群塔作业安装安全距离的要求（见 5.4、5.5，2011 年版的 5.4～5.6）；
——增加了安装选址的要求（见 5.6）；
——增加了安装后自检和调试的要求（见 5.7.1）；
——增加了安装自检后检验和验收的要求（见 5.7.2）；
——增加了关于挡风物、警示牌和零部件的要求（见 5.8）；
——增加了安拆作业前技术交底的要求（见 6.1.4）；
——增加了安拆现场人员的配备要求（见 6.2）；
——更改了安装前的检查要求（见 6.4.1，2011 年版的 6.3.1）；
——更改了关于基础及附着建筑物（构筑物）的要求（见 6.5，2011 年版的 6.4）；
——增加了空载状态下塔身垂直度的要求（见 7.4）；
——更改了高强度螺栓的要求（见 7.6，2011 年版的 7.5）；
——增加了起重臂拉杆安装的要求（见 7.12）；
——增加了内爬（外挂）塔机安装总高度及专用框架安装位置的要求（见 7.13）；
——增加了安装后工作机构调试、电气系统接线的要求（见 7.14、7.15）；
——增加了拆卸过程的要求（见 7.16）；
——增加了基本架设高度阶段检查、测试的要求（见 7.18）；
——增加了塔机爬升部分平衡的要求（见 8.2.4）；
——增加了关于降节时的要求（见 8.2.7）；
——更改了关于液压系统的要求（见 8.3，2011 年版的 8.3）；
——增加了非标准附着装置的设计制作要求（见 9.1.3）；
——增加了内爬（外挂）塔机非标准部件的设计制作要求（见 10.1.1）；
——更改了内爬（外挂）塔机拆卸的要求（见 10.3，2011 年版的 10.3）。

请注意本文件的某些内容可能涉及专利。本文件的发布机构不承担识别专利的责任。

本文件由中国机械工业联合会提出。

本文件由全国起重机械标准化技术委员会（SAC/TC 227）归口。

本文件起草单位：山东省建筑科学研究院有限公司、山东天元建设机械有限公司、北京建筑机械化研究院有限公司、大汉科技股份有限公司、山东中诚机械租赁有限公司、抚顺永茂建筑机械有限公司、方圆集团有限公司、北京建筑大学、浙江省建设工程机械集团有限公司、湖北江汉建筑工程机械有限公司、中建海峡建设发展有限公司、北京住总集团有限责任公司、广东省建筑机械厂有限公司、成都久和建设设备有限责任公司、北京市第三建筑工程有限公司、北京博大经开建设有限公司、江苏众建达丰机械工程有限公司、陕西建设机械股份有限公司、中国建筑第二工程局有限公司、中铁建设集团有限公司、江苏省金陵建工集团有限公司、中交基础设施养护集团有限公司、中国建设教育协会。

本文件主要起草人：黄楠、王乔、梁荣建、罗文龙、靳义新、赵玉玺、刘双、柴佳、吴明臣、王凯晖、冯功斌、夏挺、文朝辉、张晓辉、历光大、肖鸿韬、程华、王靖宇、徐国凯、段文轩、郑国穗、吴玉水、徐阳阳、王军、梁朝晖、徐艳华、王利东、毛瑞年、赵京运、孙庆林、马贺、周立宏、周兵、邓志勇、杜嵬、杨象鸿、祝丽蓉、胡雪涛、颜刚、徐云新、李植林、尹文强、陈吉申、韩业庆、刘承桓、韦东、孙艳秋。

本文件于2011年首次发布，本次为第一次修订。

塔式起重机　安装、拆卸与爬升规则

1　范围

本文件规定了塔式起重机(以下简称“塔机”)安装、拆卸与爬升(以下简称“安拆”)作业中，有关安拆单位及人员、安拆基本规定、安拆前的准备、基本架设高度的安拆、外爬式塔机的爬升作业、附着装置的安装与拆卸、内爬(外挂)式塔机的安拆、安全保护装置的调试、安装后的检查与验收的要求。

本文件适用于组装式上回转塔机的安拆，其他类型的塔机的安拆参照执行。

注：本文件给出了塔机安拆作业管理的建议和指导，包括涉及这些作业的使用单位、供应单位的职责，以及相关人员的职责和任职条件。

本文件不适用于自行架设式塔机及流动式自行架设式塔机的安拆。

2　规范性引用文件

下列文件中的内容通过文中的规范性引用而构成本文件必不可少的条款。其中，注日期的引用文件，仅该日期对应的版本适用于本文件；不注日期的引用文件，其最新版本(包括所有的修改单)适用于本文件。

GB/T 5031—2019　塔式起重机

GB 5144—2006　塔式起重机安全规程

GB/T 6974.3　起重机　术语　第3部分:塔式起重机

GB/T 23723.3—2010　起重机　安全使用　第3部分:塔式起重机

GB/T 23724.3—2010　起重机　检查　第3部分:塔式起重机

GB/T 31052.3—2016　起重机械　检查与维护规程　第3部分:塔式起重机

GB/T 33080—2016　塔式起重机安全评估规程

GB 50169　电气装置安装工程　接地装置施工及验收规范

JB/T 13915　塔式起重机　高强度螺栓的预紧与防松

3　术语和定义

GB/T 6974.3 和 GB/T 5031—2019 界定的以及下列术语和定义适用于本文件。

3.1

基本架设高度　basic sitting height

塔机安装到第一次爬升前，从支承塔机塔身的基础顶面或行走式塔机的轨道顶面至起重臂根部铰点的最小高度。

3.2

浇筑式混凝土基础　cast-in base

用于固定或安装塔机底架、支脚或预埋节的现场浇筑的钢筋混凝土基础。

3.3

预制拼装式混凝土基础 prefabricated concrete block assembled base of tower crane

通过拼装连接索将经过专门设计的混凝土预制件拼装成一体,用于传递塔机载荷至地基的基础。

3.4

爬升 climbing

不使用其他起重设备,利用塔机自身装置,实现塔机高度的增加或降低。

3.5

爬升支撑装置 climbing supporting device(shoe)

爬升式塔机爬升时连接爬升液压缸与塔身踏步或爬梯的传力装置。

[来源:GB/T 5031—2019,3.14]

3.6

爬升换步装置 climbing shift-supporting device(shoe)

爬升式塔机用于实现爬升液压缸卸载、爬升支撑装置换步的支撑装置。

[来源:GB/T 5031—2019,3.15]

3.7

外爬 external climbing

塔机架设在建筑结构外,采用爬升套架,通过增加或减少标准节,改变塔机塔身高度的方式。

注:爬升套架以下简称“爬升架”。

3.8

内爬 internal climbing

塔机安装于建筑结构内,由已完成的建筑结构承受塔机所有载荷,在建筑物内整体爬升的方式。

3.9

外挂 external hanging

塔机安装于建筑结构外,由已完成的建筑结构承受塔机所有载荷,在建筑物外整体爬升的方式。

3.10

安拆单位 unit in charge of installation and disassembly

提供塔机安装、拆卸与爬升等服务的单位。

3.11

使用单位 employing organization

具有塔机使用管理权的人员或单位。

3.12

安拆负责人 person in charge of installation and disassembly

具备实践经验和理论知识并培训合格,经过安拆单位授权,参与制定安拆专项方案、负责塔机安拆工作并与使用单位交接的人员。

3.13

安拆主管　erection supervisor

现场塔机安拆工团队的负责人，具有足够的经验、技能和安拆资格证书，能够负责管理和监督团队的人员。

3.14

安拆工　erector

经过塔机安拆培训合格并取得相应资格证书，在安拆主管的监督下从事安拆工作的人员。

3.15

司索工　slinger

按照安拆负责人的指挥，正确选择和使用起重吊索具，负责在地面上连接和拆卸塔机载荷的人员。

3.16

信号工　signaller

负责指导塔机司机确保塔机安全运行和载荷安全移动的人员。

4　安拆单位及人员

4.1　安拆单位

4.1.1　安拆单位应取得相应资质，并应在资质许可范围内进行作业。

4.1.2　塔机的安拆作业宜由同一家单位完成，特殊情况确需更换安拆单位时，应有详细的交接手续。

4.2　安拆负责人

4.2.1　安拆负责人应全面负责塔机安拆工作，并进行全过程的指导和监督。

4.2.2　安拆负责人的职责应包括但不限于以下内容：

a）负责塔机安拆的全过程工作；

b）参与塔机安拆专项方案（以下简称“专项方案”，见 5.2）的制定和审查；

c）选择辅助起重机、起重配件和设备，确保其性能及安全性符合要求；

d）与其他责任团体协商，确保在必要时与相关各组织之间的协作；

e）确保对待安拆塔机及辅助起重机、起重配件和设备进行了充分的检查和维护；

f）认为继续进行作业可能会出现危险时，有权限立即停止作业；

g）确保安拆主管和安拆工充分了解专项方案的内容；

h）负责与使用单位的负责人进行安装自检及验收后的交接；

i）核实待安装塔机部件与安装拆卸使用说明书（以下简称“说明书”）一致。

4.3　安拆主管

4.3.1　安拆主管应具有安拆工资格（见 4.4），并且：

a）应具有 5 年以上塔机的安拆经验，并接受过安拆主管方面的相关培训；

b）应熟悉塔机制造商提供的说明书；

c）应具有对执行塔机安装和拆卸任务的安拆工进行培训的能力；

d）应具有确认安装过程中使用设备的适用性的能力。

4.3.2　安拆主管在整个安拆过程中不应离开现场，并应承担以下职责：

a）指挥所有安拆工及安装/拆卸作业中可能使用的任何辅助起重机和起重设备；

b) 确保按照专项方案进行操作,认为如果继续进行作业可能会出现危险时,终止作业;
c) 确保辅助起重机和起重设备符合规定并经过认证;
d) 确保所有安拆工配备必要的工具和个人防护装备;
e) 确保施工区域内所有人员的通信畅通和有效交流;
f) 确保待安装塔机部件与说明书一致。

4.4 安拆工

4.4.1 安拆工应取得相应资格,并且:
a) 应年满18周岁,且能够胜任高空作业;
b) 应身体健康,视力、听力、反应能力和敏捷性方面符合要求;
c) 应具有安全处理安装所涉及的负载的体能;
d) 应能够估计物体重量、平衡负载、判断距离、高度和间隙;
e) 在塔机安装、拆卸以及所安装类型塔机的操作方面应受过全面培训;
f) 在安全装置的调试和测试方面应受过培训;
g) 应能熟练并正确使用所有个人安全防护装备;
h) 应具有根据载荷的情况选择吊具和附件的能力。

4.4.2 安拆工应按专项方案进行安拆,在安拆过程中应接受安拆主管的指挥和监管。

5 安拆基本规定

5.1 安装前的核查

5.1.1 塔机制造商应具有相应资质,待安装的塔机应具有产品合格证、说明书。国外制造的塔机应具有产品合格证、中文说明书和国家规定的其他资料。

5.1.2 不符合安全技术标准或塔机制造商规定使用年限的塔机,不应安装。

5.2 专项方案

5.2.1 安拆前,安拆单位应根据说明书及工程现场地基承载力、附着点建筑结构、群塔作业及其他情况,编制专项方案。

5.2.2 编制专项方案前的准备工作:
a) 应查看安拆现场,了解现场的限制条件,如起重机部件和安装设备的运输通道、堆放区以及现场的其他起重机;
b) 现场总承包单位应全面参与专项方案编制,对确保安全作业负有责任;当建筑结构被用来承受塔机的载荷时,应得到总承包单位的确认;
c) 应重视长时间工作对安拆工集中注意力的不良影响;
d) 制定计划时,需要考虑不可预见的停工和延误。

5.2.3 专项方案编制应包含但不限于以下内容:
a) 根据工程概况、安装现场环境条件,确定塔机规格型号、安拆位置平面图、立面图,以及地基、附着建筑物情况,绘制基础和附着节点详图;
b) 明确安拆负责人和安拆主管,详细说明安拆班组的组成和职责,以及每个成员的职责;
c) 详细说明安拆班组关于专项方案内容和塔机制造商说明书任何章节的安全技术交底安排,且应在安拆操作开始前在现场进行,并签字确认;
d) 详细说明协助安拆操作所需的任何起重机性能参数及其运行路线、机位布置、地基承载力等情况,说明施工区域安全防护措施;

e) 详细说明安拆过程中使用的安装工具、个人防护装备，以及所有成员在安拆操作期间能够始终有效沟通的安排；

f) 依据塔机制造商说明书中有关内容，详细说明安拆的程序，包括内爬(外挂)型式对主体结构的要求，以及爬升操作要求；

g) 对安拆的环境、重大危险源和安全技术措施提出明确要求；

h) 对于可能影响正在进行的作业安全的可预见隐患和风险的发生，制定应急预案(例如停电、设备故障、风速增加、人员受伤)；

i) 详细说明在安装、爬升、附着操作完成后和恢复使用前，安拆单位自检的要求；

j) 详细说明调试塔机并将其移交至现场使用单位的程序安排。

5.3 作业环境

5.3.1 塔机安拆作业时，塔机的最大安装高度处的 3 s 时距平均瞬时风速不应大于 12 m/s。遇到大风、大雾、大雨、大雪、雷电等恶劣天气时，不应安拆塔机，具体要求按塔机制造商说明书的规定。

5.3.2 塔机安拆作业应在白天进行。特殊情况下需在夜间作业时，现场应具备足够亮度的照明，并应制定相应方案。

5.4 安拆安全距离

5.4.1 除塔机起重臂、起重小车、吊钩、起升和变幅钢丝绳以及平衡臂外，塔机其他运动件与周围建筑物及施工设施之间的水平距离不应小于 0.6 m。

如果塔机周围的建筑物、施工设施等不低于塔机的起重臂或平衡臂，则其与塔机起重臂和/或平衡臂最外端之间的水平距离不应小于 2 m；如果塔机周围的建筑物、施工设施等低于塔机起重臂和平衡臂且在其回转半径覆盖的范围内，则塔机升至最高点的吊钩和/或平衡重的最低部位与这些建筑物和施工设施最高部位之间的垂直距离不应小于 2 m。

5.4.2 有架空输电线的场所，塔机的任何部位与输电线的安全距离，应符合表 1 的规定。如果条件限制不能保证表 1 的安全距离，应与有关部门协商一致，并应采取相应安全防护措施后方可安装。

表 1 塔机与架空输电线的安全距离

输电线路电压(U) kV	<1	1～15	20～40	60～110	220
沿垂直方向的安全距离 m	1.5	3.0	4.0	5.0	6.0
沿水平方向的安全距离 m	1.0	1.5	2.0	4.0	6.0

5.5 群塔作业安装安全距离

5.5.1 当多台塔机在同一施工现场安装时，应根据专项方案实施，并应采取防碰撞的安全措施。

5.5.2 起重臂回转半径重叠的塔机之间的安全距离应符合下列要求：

a) 高位塔机升至最高点的吊钩和/或平衡重的最低部位与低位塔机水平运动投影重叠区域的最高部位之间的垂直距离不应小于 2 m；

b) 低位塔机起重臂最外端与相邻塔机塔身(或爬升架等部件)之间的水平距离不应小于 2 m;

c) 动臂变幅塔机采用改变非工作状态起重臂安全停放角度实现安全距离时,安拆负责人应采取由专业工程师书面确认的非吊钩挂载方式的防止起重臂后翻的附加措施。

5.6 安装选址

5.6.1 需要充分考虑周边障碍物对塔机操作和运行的影响,以及塔机运行对周边的影响,如附近建筑物、其他塔机、公共场所(包括学校、商场等)、公共交通区域(包括公路、铁路、航运等)。在塔机及其载荷不能避开这类障碍时,应向有关部门咨询。必要时应增加抗干扰防碰撞保护措施。

5.6.2 基础应避开地下设施,无法避开时,应对地下设施采取保护措施。

5.6.3 当塔机在飞机场和航线附近安装使用时,应向相关部门通报并获得许可。

5.6.4 当塔机在强磁场区域安装使用时,应采取保护措施以防止塔机运行切割磁力线产生电动势而对人员造成伤害,并应确认磁场不会对塔机控制系统造成影响。

5.6.5 当塔机最终使用高度超过允许的最大独立高度、需要安装附着装置时,宜安装在距离建筑物可附着结构较近的位置。

5.7 自检和验收

5.7.1 塔机安装完毕,安拆单位应按照 GB/T 23724.3—2010 第 6 章的规定及说明书的有关要求进行自检、调试和试运转。

5.7.2 塔机经安拆单位自检合格、并经有相应资质的检验检测机构检验合格后,使用单位应组织产权、安拆、监理等单位进行验收。

5.8 其他

5.8.1 不应在塔身、塔顶、起重臂上安装或悬挂标语牌、广告牌等挡风物,说明书要求安装的警示或提示牌除外;在其他部位安装时,不应影响塔机的安全性能。

5.8.2 在塔机上安装亮化照明、除尘喷淋装置等非原塔机制造商出厂的零部件,应经原塔机制造商认可。

6 安拆前的准备

6.1 技术准备

6.1.1 专项方案应按规定的程序编制、审核、审批。

6.1.2 超过说明书规定的特殊基础施工、非标准附着、内爬(外挂)非常规爬升方式的专项方案应按规定的程序编制、审核、审批,应确定建筑结构能够满足塔机传递载荷的要求。

6.1.3 沿海地区的塔机安装,应有防台风预案。

6.1.4 塔机安拆作业前,安拆负责人应根据专项方案分别向安装和拆卸作业人员进行安全技术交底。交底人、安拆主管和安拆工应签字确认。安全技术交底应包括但不限于以下内容:

a) 塔机的性能参数;

b) 安装、附着、爬升及拆卸的程序、方法和难点;

c) 各部件的连接形式、连接件尺寸及要求;

d) 安装或拆卸部件的重量、重心和吊点位置;

e) 使用的辅助设备、机具的性能及操作要求,辅助起重机的运行路线、机位布置及地基承载力等要求;

f） 作业中安全操作要求和应急措施。

6.2 人员准备

6.2.1 在安装、拆卸塔机的作业现场，安拆单位应配备下列人员，并确认操作人员能适合当时的现场工作：

a） 安拆负责人；

b） 安拆主管；

c） 专业技术人员；

d） 专职安全生产管理人员；

e） 安拆工、司索工、信号工、电工和塔机司机等安拆作业人员。

6.2.2 进入现场的安拆作业人员应配备必要的个人防护装备，高处作业人员应系安全带，穿防滑鞋。

6.2.3 安拆作业中人员应分工明确，并由安拆负责人统一指挥。当指挥信号传递困难时，应采用对讲机等有效措施进行指挥。

6.3 安拆机具和检测器具的准备

6.3.1 用于塔机安拆作业的起重设备应满足起升高度、工作幅度、起重量的要求且安全可靠，并应提供近期合格的检验报告，以及相关人员资格证明。

6.3.2 吊装作业用的钢丝绳吊索具的安全系数应不小于6。

6.3.3 应配备专项方案规定的器械、安全防护装备和指挥联络工具。

6.3.4 应配备塔机安拆方案规定的检测仪器和计量器具，并应经检定或校准合格，且在有效期内。

6.4 安拆前的检查

6.4.1 安装前的检查

6.4.1.1 对照塔机零部件清单，核对零部件及安全装置是否齐全。零部件、安全装置有缺损的，应告知设备产权单位补齐、更换。不应用其他代用件及代用材料。

6.4.1.2 对结构件进行检查，若发现结构件有可见裂纹、严重锈蚀、整体或局部塑性变形，连接销轴（孔）有严重磨损变形以及焊缝开焊、裂纹的情形时，不应安装。

6.4.1.3 出厂4年以上的塔机，应按GB/T 31052.3—2016表A.1的要求进行结构件裂纹和壁厚的检验。

6.4.1.4 对塔机的起升、变幅、回转、运行、液压爬升装置、电气系统等进行检查，查看是否做过转场保养，液压油、齿轮油、润滑油是否加注到位，安全装置、配电箱、电线、电缆是否完好，达不到安全使用要求的，不应安装。

6.4.1.5 对钢丝绳、钢丝绳夹、楔套、连接件、紧固件、滑轮等部件进行检查，对有缺陷、塑性变形或损坏的部件，不应安装。

6.4.1.6 塔机基础的强度和安装面的水平度应符合说明书的规定，压重和配重的质量、外观应符合说明书要求。

6.4.1.7 塔机的工作机构及司机室操作台上的标牌和指示牌应齐全、清晰。

6.4.1.8 塔机现场电源与供电应符合GB/T 5031—2019中10.3.2及说明书的要求。

6.4.1.9 安装前的检查应由塔机的产权单位或受其委托的安拆单位负责完成。

6.4.2 拆卸前的检查

6.4.2.1 塔顶、过渡节、起重臂、平衡臂、爬升架、底架、塔身及踏步等受力构件应无塑性变形，不应有裂纹和开焊等情况。

6.4.2.2 塔机的起升、变幅、回转机构和安全装置应工作正常。

6.4.2.3 液压爬升系统应工作正常,平衡阀或液压锁与液压缸之间的连接管道不应有任何泄漏。

6.4.2.4 拆卸前的检查应由塔机安拆单位负责完成。

6.5 基础及附着建筑物(构筑物)

6.5.1 塔机的浇筑式混凝土基础、轨道式基础及特殊基础应按说明书的要求设置,并应符合 GB/T 5031—2019 中 10.2.2 的规定。浇筑式混凝土基础、轨道式基础及预制拼装式混凝土基础应能承受工作状态和非工作状态的最大载荷,且满足塔机抗倾翻稳定性的要求。轨道上(内)不应存放物料,宜对整个轨道范围采用围挡封闭以防止未授权人员进入。

6.5.2 地基承载力应根据地质勘察报告确认。地基承载力达不到说明书要求时,应另行设计基础或采取其他措施,并符合相关规定。

6.5.3 基础预埋件的材质和埋入深度应符合说明书的要求。

6.5.4 不应在预埋件上进行电气焊作业(防雷接地线焊接除外)。

6.5.5 基础周围应设置有效的排水设施。

6.5.6 对预制拼装式混凝土基础,应进行预制块拼装连接强度、基础连接变形对塔机底架的影响计算,确保使用安全可靠。

6.5.7 需要附着使用时,附着结构型式应符合说明书或专项方案的要求,并应校核附着结构和附着建筑物(构筑物)的承载能力。

6.5.8 内爬塔机的洞口尺寸、结构强度、预埋件位置、两层预埋件的高度等,应符合说明书或专项方案的要求。

6.5.9 外挂塔机的预埋件(牛腿)位置尺寸、结构强度、两层预埋件的高度等,应符合说明书或专项方案的要求。

6.6 接地装置

接地装置应符合 GB 50169 的规定。

6.7 平衡重及压重

平衡重及压重应符合 GB/T 5031—2019 中 5.2.1 和 GB/T 23723.3—2010 中 6.9.2 的规定。

7 基本架设高度的安拆

7.1 基本架设高度的安拆应按专项方案和说明书的要求进行。塔机基础强度、内爬(外挂)塔机安装处主体结构强度,包括混凝土养护强度应符合专项方案和说明书的要求。

7.2 塔机底架,包括内爬型钢梁、外挂型钢梁,安装在混凝土基础或主体结构上后,顶部安装平面与水平面的倾斜度应不大于 1/1 000。

7.3 塔机安装后,轨道基础轨道顶面纵、横方向上的倾斜度应不大于 3/1 000。在轨道全程中,轨道顶面任意两点的高度差应小于 100 mm。轨距误差应不大于公称值的 1/1 000,绝对值应不大于 6 mm。钢轨接头间隙应不大于 4 mm,接头处两轨顶高度差应不大于 2 mm,与另一侧钢轨接头的错开距离应不小于 1.5 m。

7.4 空载、风速不大于 3 m/s 状态下,塔身安装后轴心线侧向垂直度应不大于 4/1 000。

7.5 安装时,各部件之间的连接件和防松元件(如销轴、铰制孔螺栓、轴端挡板、开口销、钢丝绳夹、钢丝绳楔形接头等)应齐备并连接可靠。

7.6 高强度螺栓连接要求如下：

a) 螺栓、螺母、垫圈的规格、性能应符合说明书的要求，塔身标准节、回转支承等连接用高强度螺栓还应有楔负载合格证明；

b) 安装前，应清除连接表面的灰尘、油漆、油迹和锈蚀等，并对螺栓、螺母进行检查，有损伤、裂纹、变形、滑牙、缺牙、锈蚀等缺陷的，不应使用；

c) 螺栓螺母应具有可靠的防松措施；采用双螺母防松时，两个螺母应相同；

d) 高强度螺栓的紧固，应使用力矩扳手或专用增力工具，预紧力矩应符合说明书的规定，说明书没有规定的，应符合 JB/T 13915 的要求；

e) 应定期检查预紧力矩，在塔机安装工作 100 h 后，应全部检查拧紧，以后塔机每工作 500 h 均应检查拧紧一次，若发现螺栓、螺母螺纹部分有损伤的，应立即更换；

f) 高强度螺栓、螺母的重复使用应符合 GB/T 5031—2019 中 10.3.9.2 的规定。

7.7 销轴连接要求如下：

a) 当采用螺栓固定轴端挡板型式时，若发生连接螺栓拧折、拧裂或螺栓孔脱扣时，应修复或更换后才能继续安装；

b) 当采用销轴加焊接轴端挡板定位形式时，应及时检查轴端挡板的焊缝，发现问题及时修复后才能继续安装；

c) 当采用轴向固定装置时，每个销轴均应连接有效、固定可靠，不应出现下列现象：

1) 未安装开口销，

2) 开口销端部未按规定分开弯折，

3) 开口销以小代大，

4) 以铁丝代替开口销；

d) 应及时查看销轴孔的磨损情况，对于承受交变载荷的连接孔，轴孔与销轴磨损及变形相对值应符合 GB/T 33080—2016 中 4.4.4.4 及表 3 的规定；当影响销轴连接的有效性时，应修复后才能继续安装。

7.8 吊装各部件时，应按照说明书中各构件、部件的轮廓尺寸及重量，按照推荐的构件、部件的吊点位置及吊挂方法吊装。大型塔机回转支座分开吊装时，应做好回转支承安装接触面的防护，应更换回转支承用螺栓，并按说明书要求紧固。

7.9 塔机安装时，应按说明书要求，将回转下支座(或过渡节等说明书要求的部件)分别与爬升架和塔身标准节可靠连接。爬升加节及降节作业前，应确认回转下支座(或过渡节等说明书要求的部件)与爬升架可靠连接。

7.10 吊装平衡臂、起重臂前，应检查其连接销轴、安装定位板等是否连接牢固、可靠。应将安装在其上的部件可靠紧固，在两端设置溜索，并按说明书提供的数据设置两处吊点。吊装时，被吊装部件应处于平衡状态。

7.11 安装和拆卸过程中，平衡重块的数量、重量、位置及平衡臂、起重臂的安装和拆卸程序应符合说明书的规定。

7.12 安装起重臂拉杆时，应按说明书操作。

7.13 内爬(外挂)塔机应按照专项方案或说明书确定塔机安装总高度，当有框架专用的标准节时，应置于专项方案设定的位置。

7.14 安装后工作机构、钢丝绳固定及排绳的检查调试，应符合 GB 5144—2006 第 5 章和说明书的要求。

7.15 安装后电气系统的接线、调试，应符合 GB 5144—2006 第 8 章和说明书的要求。

7.16 拆卸过程中应注意避让已建成的建筑物和其他障碍物,拆卸部件的堆放位置应安全可靠。

7.17 拆卸起重臂、平衡臂根部连接销轴前,应找准重心,采取措施防止连接销轴拆除后可能引起的冲击。

7.18 基本架设高度安拆阶段的检查、测试,应由塔机安拆单位负责完成。

8 外爬式塔机的爬升作业

8.1 爬升前的操作与检查

8.1.1 调整并确认外爬爬升架导向装置与塔身主弦杆的间隙,应符合说明书的要求。

8.1.2 液压系统应确保安全,平衡阀或液压锁与液压缸之间的连接不应用软管连接,不应有任何泄漏;溢流阀的调整压力应不大于系统额定工作压力的110%。空载运行液压爬升装置,升降过程中应平稳,无爬行、振动现象。检查、调试并确认液压爬升装置工作正常、可靠,应确保爬升架能按规定的程序上升、下降、可靠停止;升降过程中应平稳,无异常蠕动、振动现象。

8.1.3 检查爬升架爬升支撑装置及爬升换步装置。爬升支撑装置应有直接作用于其上的预定工作位置锁定装置,应确保锁定装置工作可靠,在被人工解除锁定前,即使爬升装置有意外卡阻,爬升支撑装置也不应从爬升支撑部位(如踏步、挂梯、K型腹杆式的支撑点等)脱出。换步支撑装置工作承载时,应有预定工作位置保持功能或锁定装置。应确保各部件运动灵活、承重可靠。

8.1.4 塔机下支座(或过渡节等说明书要求的部件)与爬升架应可靠连接,爬升支撑装置的防脱功能应可靠。

8.1.5 爬升加节前应预先放松塔机供电电缆,下降降节时应适时收紧电缆。

8.1.6 爬升前的检查、调试工作应由安拆单位的安拆主管负责,并与安拆工共同完成。

8.2 爬升作业

8.2.1 爬升作业应按说明书规定的程序和要求进行。

8.2.2 塔机爬升作业时,应确保爬升支撑装置(如踏步式的爬升横梁两端销轴或挂板、K型腹杆式的铰接在爬升架上的撑杆等)与塔身上的爬升支撑部位可靠定位和结合。

8.2.3 进行爬升作业前,应确认爬升支撑装置防脱功能有效、可靠。

8.2.4 每次爬升前,应按说明书的规定调整塔机爬升部分的平衡。

8.2.5 爬升过程中不应进行任何吊装作业。爬升过程中,应随时观察爬升架有无卡阻现象,主电缆是否被夹拉挤伤等。若出现异常情况,应立即停止操作,排除故障确认无误后方可继续进行。需换步爬升的,液压爬升装置的爬升支撑装置与爬升换步装置相互转换时,两侧的支撑装置应按说明书规定的程序同时承载,不应单边承载。应确认换步支撑装置预定工作位置保持功能或锁定装置有效、可靠。

8.2.6 塔机在爬升过程中,爬升架导向装置不应出现脱轨现象。

8.2.7 降节时,应确保下降通畅,应确保爬升支撑装置与塔身下一标准节的爬升支撑部位可靠定位且能防止脱出,并使塔机爬升部分处于平衡状态。

8.2.8 塔机在爬升过程中,若出现异常,应立即停止爬升作业,排除问题后方可恢复爬升作业。

8.2.9 加节、降节过程中,塔身上部与下支座(或过渡节等说明书要求的部件)连接松开时,塔机不应进行回转、起升等作业。信号工应指挥塔机司机和司索工将待加或拆卸的塔身标准节沿起重臂排成一列;加节、降节过程中,信号工应指挥塔机司机将起重臂始终保持对正爬升架开口加节方向。回转锁定装置应可靠。增加节与下部塔身可靠连接后，应将增加节上部与下支座(或过渡节等说明书要求的部件)按说明书规定进行连接。塔身上部与下支座(或过渡节等说明书要求的部件)所有连接件可靠连接后，解锁回转锁定装置，塔机方可回转。

8.2.10 爬升阶段的检查及操作应由安拆单位的安拆主管负责，并与安拆工共同完成。

8.3 液压系统

液压系统应符合 GB/T 5031—2019 中 5.4.1.5 的规定。维护保养要求和注意事项如下：

a) 应选用专用液压油，液压油的固体颗粒污染等级不应大于—/19/16，应经过滤油机过滤后从油箱回油过滤器或滤清器将油加入到油标高度；
b) 初次起动液压泵时，应先检查液压泵旋转方向是否正确，吸油管路是否漏气，在一切正常后方可进行试运转；
c) 在冬季起动液压泵时，应在空载状态下多次伸缩活塞杆使油温上升，液压装置运转灵活后，再进入正常运转；
d) 应定期检查各处管接头连接是否严密、可靠，不应发生漏油现象；
e) 液压泵、液压缸和阀类元件如发现渗漏应及时检修；
f) 爬升前，应排除液压系统中的空气；
g) 溢流阀、平衡阀的压力调整锁定后，不应随意变更；
h) 应定期清洗或更换滤芯，按规定期限更换指定的液压油。

9 附着装置的安装与拆卸

9.1 附着装置的安装

9.1.1 塔机安装的高度超过最大独立高度时，应按照说明书的要求安装附着装置。

9.1.2 附着装置的安装位置、附着垂直间距，以及附着装置以上的塔身悬臂高度应符合说明书的规定。应按照说明书要求控制最小附着垂直间距。

9.1.3 塔身与建筑物(构筑物)附着点的距离及方位应满足说明书的规定。塔身与附着点的水平距离、附着杆的布置角度不能满足说明书的规定时，其非标准附着装置应经设计计算，由原塔机制造商生产，或由有资质的制造商生产。

9.1.4 附着框架应在靠近标准节有水平支撑的位置安装，或根据说明书要求安装。无法满足时，应采取加强措施并提供计算依据。

9.1.5 附着装置的安装作业应符合第 5 章、第 6 章的规定。安装附着装置前，宜搭设作业平台；搭设时应按照相关安全规程操作。

9.1.6 附着杆设计有调节螺杆时，螺杆调整范围不应超出说明书的规定；附着杆与附着框架和建筑物(构筑物)之间应按说明书规定可靠连接，不应采用焊接连接替代。

9.1.7 建筑物(构筑物)附着点处的承载力以及附着连接件与建筑物(构筑物)之间的连接强度应满足说明书的规定；塔身与附着点的水平距离、附着杆的布置角度不能满足说明书的规定时，建筑物(构筑物)附着点处的承载力以及附着连接件与建筑物(构筑物)之间的连接强度应满足设计计算书的要求。附着前，应复核附着建筑物的混凝土强度试验报告或混凝土强度回弹记录。

9.1.8 安装附着装置时，应先在同一高度平面内安装附着框和附着连接件，调整起重臂的方位和变幅小车在起重臂上的位置(动臂变幅塔机通过调整起重臂幅度),使塔身相对于塔机底架中心处于平衡状态,然后安装附着杆。安装方法和顺序应按说明书的规定进行。

9.1.9 附着装置安装后,空载、风速不大于 3 m/s 状态下,最高附着点以下塔身轴心线对水平面的侧向垂直度应不大于 2/1 000,最高附着点以上塔身轴心线对水平面的侧向垂直度应不大于 4/1 000。

9.1.10 塔机附着装置安装后应经安拆单位自检合格,使用单位应组织产权、安拆、监理等单位进行验收。

9.2 附着装置的拆卸

9.2.1 拆卸附着装置前应先降低塔身高度,使塔身高度下降至爬升架下端与最高附着装置之间处于安全距离;应保证最高附着装置下一道附着装置处于有效状态,且拆除最高附着装置后塔身悬臂高度应符合说明书的要求,方可拆卸该道附着装置。

9.2.2 拆卸方法和顺序应按下列步骤进行,并符合说明书的规定。

a) 调整起重臂的方位和变幅小车在起重臂上的位置(动臂变幅塔机通过调整起重臂幅度),使塔身处于平衡状态。

b) 按附着杆、附着框、附着连接件的顺序依次拆卸各部件,每拆一个部件,都应先做好防脱落保护措施,再拆去销轴、螺栓等连接件。

10 内爬(外挂)式塔机的安拆

10.1 安装

10.1.1 内爬(外挂)式塔机的专用部件及支护系统,应由原塔机制造商生产,并出具出厂合格证。当工程需要非标准设计时,应经设计计算,由原塔机制造商生产,或由有资质的制造商生产。

10.1.2 内爬(外挂)式塔机安装前应制定安装专项方案,并按说明书的规定执行。

10.1.3 内爬(外挂)式塔机的安装应符合第 7 章的规定。

10.1.4 内爬(外挂)通道楼层或墙体支承点处的强度,应根据说明书提供的载荷计算合格,混凝土养护强度达到要求后,方可进行安装和爬升作业。

10.1.5 最上一个内爬(外挂)框架以上塔身悬臂段高度应符合说明书的规定。与内爬(外挂)框架接触的塔身节应符合说明书的规定。

10.1.6 安装完成后,塔身轴心线对水平面的垂直度应不大于塔身高度的 4/1 000。

10.1.7 内爬(外挂)式塔机宜安装垂直度检测预警装置。

10.1.8 安装阶段的检查、测试应由安拆单位的安拆主管负责,并与安拆工共同完成。

10.2 爬升

10.2.1 爬升前的准备应符合 8.1 的规定,液压系统应符合 8.3 的规定。

10.2.2 沿建筑物楼层上下方向,爬升框架的间距应符合说明书的规定。

10.2.3 内爬(外挂)式塔机支护系统应在水平和垂直方向与建筑物的支承点可靠连接。

10.2.4 爬升过程中内爬(外挂)框架及支护系统的位置转换提升,应有符合要求的吊运、就位起重设备,吊索具应固定可靠;操作人员应有安全通道、站位平台及安全防护措施。

10.2.5 爬升过程中,回转锁定装置应处于锁定状态,起重臂不应回转。

10.2.6 爬升过程中,液压爬升油缸无论侧置或中置,均应按说明书规定使塔机处于平衡状态。

10.2.7 在爬升过程中,液压爬升装置的爬升支撑装置与爬升换步装置相互转换时,两侧的爬升换步装置应按说明书规定的程序同时承载,不应单边承载。

10.2.8 爬升过程中,内爬(外挂)框架的导向装置与塔身主弦杆的径向间隙应符合说明书的要求;爬升完毕进入工作状态前,应用顶紧装置将爬升框架与塔身可靠固定。塔身在垂直方向应与爬升框架可靠连接,并保证塔身轴心线对水平面的侧向垂直度不大于4/1 000。

10.2.9 爬升阶段的检查及操作应由安拆单位的安拆主管负责,并与安拆工共同完成。

10.3 拆卸

10.3.1 内爬(外挂)式塔机拆卸前应制定拆卸专项方案,并按说明书的规定执行。

10.3.2 内爬(外挂)式塔机拆卸前宜先下降塔身,使塔机起重臂尽可能接近建筑物顶面。

10.3.3 利用辅助起重设备逐一拆卸塔机的部件,拆卸操作应符合第7章的规定。

10.3.4 建筑物顶面上架设的辅助起重设备应具有足够的起重能力及稳定性,并应提供近期的检验合格报告,以及相关人员资格证明。应校核该设备对建筑物楼面的载荷是否超过其承载能力,或采取措施分散载荷。当拆卸后的塔机部件在建筑物楼面临时堆放时,应校核其承载能力。

10.3.5 使用辅助起重设备吊运塔机部件时,应进行试吊,确认绑扎和制动可靠无误后方可往建筑物以外吊运,吊运时宜在部件两端设置溜索。

11 安全保护装置的调试

安全保护装置的调试应符合GB/T 5031—2019中5.6及附录D的要求。

12 安装后的检查与验收

12.1 应按GB/T 23724.3—2010中6.2的要求进行安装后的检查。

12.2 使用单位组织产权、安拆、监理等单位进行验收后,安拆单位的安拆负责人与使用单位的负责人应履行交接手续。

参考文献

[1] GB/T 34023—2017 施工升降机安全使用规程

ICS 53.020.20
J 80

GB

中华人民共和国国家标准

GB/T 26474—2011

集装箱正面吊运起重机　技术条件

Container reach stacker—Specifications

2011-05-12 发布　　2011-12-01 实施

720 中华人民共和国国家质量监督检验检疫总局
中国国家标准化管理委员会　发布

前　言

本标准由中国机械工业联合会提出。

本标准由全国起重机械标准化技术委员会(SAC/TC 227)归口。

本标准负责起草单位:交通部水运科学研究院、三一重工股份有限公司、北京起重运输机械设计研究院。

本标准参加起草单位:哈尔滨工程机械制造有限公司、科尼起重机设备(上海)有限公司、天津港股份有限公司。

本标准主要起草人:李海波、苏国萃、陶天华、刘晋川、路建湖、李翠英、董世民、高宁、张明江。

集装箱正面吊运起重机　技术条件

1　范围

本标准规定了集装箱正面吊运起重机(以下简称“正面吊”)的技术要求、试验方法、检验规则和标志、包装、运输、贮存。

本标准适用于装卸 GB/T 1413 所规定的集装箱的正面吊。

2　规范性引用文件

下列文件中的条款通过本标准的引用而成为本标准的条款。凡是注日期的引用文件,其随后所有的修改单(不包括勘误的内容)或修订版均不适用于本标准,然而,鼓励根据本标准达成协议的各方研究是否可使用这些文件的最新版本。凡是不注日期的引用文件,其最新版本适用于本标准。

GB/T 700　碳素结构钢(GB/T 700—2006,ISO 630:1995,NEQ)

GB/T 985.1　气焊、焊条电弧焊、气体保护焊和高能束焊的推荐坡口(GB/T 985.1—2008,ISO 9692-1:2003,MOD)

GB/T 985.2　埋弧焊的推荐坡口(GB/T 985.2—2008,ISO 9692-2:1998,MOD)

GB/T 1413　系列 1 集装箱　分类、尺寸和额定质量(GB/T 1413—2008,ISO 668:1995,IDT)

GB/T 1591　低合金高强度结构钢

GB/T 3220　集装箱吊具的尺寸和起重量系列

GB/T 3323—2005　金属熔化焊焊接接头射线照相(EN 1435:1997,MOD)

GB/T 3766　液压系统通用技术条件(GB/T 3766—2001,eqv ISO 4413:1998)

GB/T 3811　起重机设计规范

GB/T 4205　人机界面标志标识的基本和安全规则　操作规则(GB/T 4205—2010,IEC 60447:2004,IDT)

GB 6067.1　起重机械安全规程　第 1 部分:总则

GB/T 8923—1988　涂装前钢材表面锈蚀等级和除锈等级(eqv ISO 8501-1:1988)

GB/T 9286—1998　色漆和清漆　漆膜的划格试验(eqv ISO 2409:1992)

GB/T 13306　标牌

GB/T 13384　机电产品包装通用技术条件

GB/T 16905　集装箱正面吊运起重机试验方法

GB/T 18849　机动工业车辆　制动器性能和零件强度(GB/T 18849—2002,eqv ISO 6292:1996)

GB/T 19418—2003　钢的弧焊接头　缺陷质量分级指南(ISO 5817:1992,IDT)

GB 20062　流动式起重机作业噪声限值及测量方法

GB/T 20303.2　起重机　司机室　第 2 部分:流动式起重机(GB/T 20303.2—2006,

ISO 8566-2:1995,IDT)

GB 20891　非道路移动机械用柴油机排气污染物排放限值及测量方法(中国Ⅰ、Ⅱ阶段)[GB 20891—2007,97/68/EC(最新修订版 2002/88/EC)和 74/150/EEC(最新修订版 2000/25/EC)]

GB 50150　电气装置安装工程　电气设备交接试验标准

GB 50254　电气装置安装工程　低压电器施工及验收规范

JB/T 4198.1　工程机械用柴油机　技术条件

JB/T 8816　工程机械　驱动桥技术条件

JB/T 10559—2006　起重机械无损检测　钢焊缝超声检测

ISO 13562-2　伸缩臂式工业车辆　第 2 部分:搬运 6 m 及 6 m 以上长度货运集装箱车辆的附加稳定性试验

ISO 15870　机动工业车辆　安全标志和危险图示　总则

3 术语和定义

下列术语和定义适用于本标准。

3.1

额定起重量　rated capacity

正面吊允许吊起集装箱的最大质量,不包括吊具的质量。

3.2

起升高度　load-lifting height

吊具在最高工作位置时,其转锁下缘与地面的距离,见图 1 中的 H。

3.3

安全高度　safety height

吊具在最高工作位置时,其转锁下缘与最高层集装箱上表面的垂直距离,见图 1 中的 S。

3.4

外伸距　outreach

吊具垂直中心线至车体前缘的水平距离,见图 1。其中 L_1 为最小工作外伸距,指能够吊起第一排额定起重量的集装箱时,吊具垂直中心线至车体前缘的水平距离。

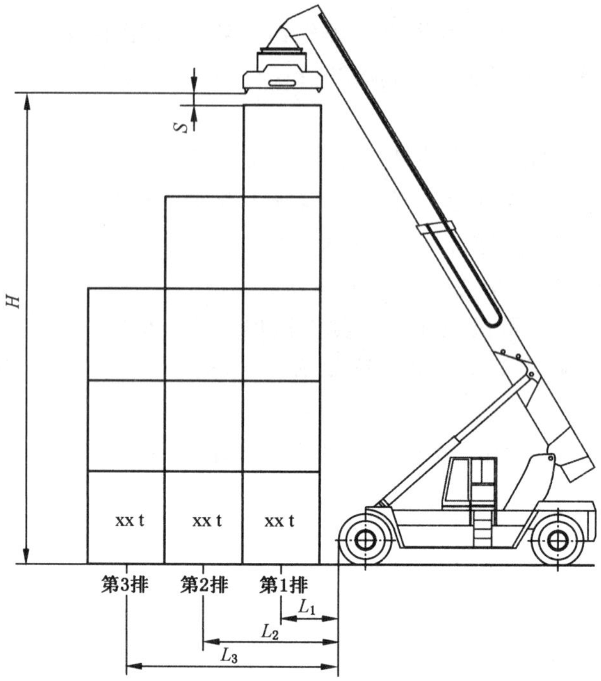

图 1

4 技术要求

4.1 工作环境条件

4.1.1 工作环境温度为－20 ℃～＋40 ℃,相对湿度不大于 95%。

4.1.2 海拔高度不超过 1 000 m。

4.1.3 工作时风力等级不大于 6 级。

4.1.4 工作场地应平整、坚实,地面坡度不大于 3%。

4.2 整机

4.2.1 正面吊的设计及制造应符合 GB/T 3811、GB 6067.1 及本标准的规定。

4.2.2 正面吊的抗倾覆稳定性应符合 ISO 13562-2 的规定。

4.2.3 正面吊在空载和带载运行、变幅、起升以及吊具伸缩、回转和侧移时应平稳,不应产生爬行、振颤、冲击及驱动功率异常增大现象。

4.2.4 正面吊的安全高度不应低于 350 mm。

4.2.5 正面吊作业时的辐射噪声声功率级限值应符合 GB 20062 的规定,座椅处司机耳边噪声不应大于 85 dB(A)。

4.2.6 正面吊用发动机的排气污染物排放限值应符合 GB 20891 的规定。

4.2.7 正面吊进行额定载荷试验时,应能承受额定起重量的试验载荷。试验中各机构应工作正常,无异常声响;连接处应无松动;结构件应无裂纹、永久变形和表面油漆打皱;焊缝应无裂纹;液压件、电器元件应完好无损;整机动作应满足设计所规定的性能要求。

4.2.8 正面吊进行额定载荷试验时,吊具下沉量在 10 min 内不应超过 150 mm。

4.2.9 正面吊进行动载试验时，应能承受1.1倍额定起重量的试验载荷。试验中各机构应工作正常，无异常声响；结构件应无裂纹、永久变形和表面油漆打皱；焊缝应无裂纹；连接处应无松动；固定结合面不应渗油，运动结合面不应滴油；液压件、电器元件、轮胎应完好无损。

4.2.10 正面吊进行静载试验时，应能承受1.25倍额定起重量的试验载荷。试验中各机构与结构件应无裂纹、永久变形和表面油漆打皱；连接处应无松动；结合面不应渗油；整机无异常。

4.2.11 工业性试验的作业时间不应少于500 h，且不少于2 000自然箱。试验中正面吊各部分不应发生较大损坏或性能异常现象。试验期间不允许正面吊同一处发生三次(含)以上故障。

4.3 主要技术参数的允许偏差

4.3.1 运行速度、伸缩速度和俯仰速度的允许偏差为公称值的±10%。

4.3.2 起升高度和安全高度的允许偏差为公称值的±1.5%。

4.3.3 外伸距的允许偏差为公称值的±5%。

4.3.4 最小转弯半径不应大于公称值的102%。

4.3.5 轮距、轴距的允许偏差为公称值的±1%。

4.3.6 整机质量、轴荷的允许偏差为公称值的±3%。

4.3.7 外形尺寸的允许偏差为公称值的±2%。

4.3.8 最大牵引力(或满载最大爬坡度)不应低于设计值的90%。

4.4 主要结构件材料

金属结构的主要受力构件，宜采用力学性能不低于GB/T 700中的Q235B钢；当结构需要采用高强度钢材时，可采用力学性能不低于GB/T 1591中的Q345钢。

4.5 金属结构

4.5.1 焊缝坡口应符合GB/T 985.1和GB/T 985.2的规定。

4.5.2 主要受力结构件对接焊缝应进行无损探伤，射线探伤时质量等级不应低于GB/T 3323—2005中规定的Ⅱ级；超声波探伤时质量等级不应低于JB/T 10559—2006中的1级要求。

4.5.3 受力结构件焊缝的表面缺陷质量等级不应低于GB/T 19418—2003中规定的C级。

4.6 主要零部件

4.6.1 一般要求

4.6.1.1 各零部件均应装配正确齐全，不应出现漏装、错装现象，紧固件应连接可靠。

4.6.1.2 各零部件的安装位置应便于维修和保养。

4.6.2 发动机

4.6.2.1 发动机的技术要求应符合JB/T 4198.1的规定。

4.6.2.2 发动机应有良好的起动、停机性能；发动机点火、润滑、燃料供给、冷却、进气和排气系统应有效、可靠。

4.6.3 变速箱和液力变矩器

4.6.3.1 换挡操纵杆应操纵灵活、无卡滞现象，换挡杆在前进、后退和空挡各位置应定位可靠准确，不允许出现脱挡、串挡现象。

4.6.3.2 输入轴和输出轴应转动灵活，无卡滞现象。

4.6.3.3 变速箱各连接结合处应密封良好，无渗漏现象。

4.6.4 驱动桥

4.6.4.1 驱动桥的技术要求应符合JB/T 8816的规定。

4.6.4.2 驱动桥各连接结合处应密封良好,无渗漏现象。

4.6.4.3 桥壳上应设置通气孔并保持畅通。

4.6.5 转向桥

4.6.5.1 转向桥应操作轻便,并应保证正面吊在停驶状态下转向轮能够转向。

4.6.5.2 转向桥的桥体应具有足够的强度和刚度。

4.6.6 传动轴

传动轴的输入轴和输出轴的夹角不宜大于 8°。

4.6.7 制动器

4.6.7.1 行车制动的控制装置与停车制动的控制装置应相互独立。

4.6.7.2 行车制动器应保持清洁,其工作压力应满足正常使用要求,工作时动作灵敏可靠,无卡滞现象。制动装置应保证发动机关闭后,能有连续 5 次以上的有效制动。

4.6.7.3 制动性能应符合 GB/T 18849 的规定。

4.6.7.4 应设置可将停车制动器释放的装置,以便正面吊在无动力情况下被牵引。

4.6.8 油箱

4.6.8.1 油箱及管路应坚固并固定牢靠,不应有漏油现象。

4.6.8.2 油箱的内表面应采取耐油、防腐措施并应进行密封试验;应设置清洗孔,便于维护和清洗。

4.6.8.3 燃油箱容量应保证正面吊 10 h 工作需要。

4.6.9 操纵装置

4.6.9.1 所有操纵手柄、踏板、按钮应布置合理,操作方便,应避免发生各操纵动作相互干扰或容易引起误操作。

4.6.9.2 所有操纵手柄、踏板、按钮应轻便灵活,工作可靠。

4.6.9.3 控制臂架和吊具动作的操纵手柄或按钮应布置在同一侧。

4.6.9.4 方向盘(或转向手轮)应转动灵活,操纵方便,无卡滞现象。

4.6.9.5 操纵力和操纵行程应满足:手柄操纵力不大于 30 N,操纵行程不大于 160 mm;脚踏操纵力不大于 250 N,操纵行程不大于 250 mm。

4.6.10 司机室

4.6.10.1 司机室应符合 GB/T 20303.2 的规定。

4.6.10.2 司机室宜为移动式,可为自动移动和手动推拉两种方式。

4.6.10.3 移动式司机室的运行应平稳、可靠,并应设置限位装置。

4.6.11 臂架

4.6.11.1 臂架装配应保证结构件与滑块间润滑良好,臂架在伸缩全程中不应有异常现象。

4.6.11.2 臂架应保证正面吊能可靠地进行带载变幅。

4.6.11.3 伸缩油缸与支轴连接处应转动灵活,无卡滞现象。

4.6.11.4 臂架与吊具相连的油管和电缆应能随臂架伸缩段移动,支撑宜采用拖链结构形式。

4.6.12 吊具

4.6.12.1 吊具应能装卸 GB/T 1413 规定的 20 ft.和 40 ft.集装箱,其转锁的位置尺寸和公差不应低于 GB/T 3220 的规定。

4.6.12.2 吊具回转机构应能实现至少一个方向回转角度不小于 180°,另一方向回转角度不小于 90°。

4.6.12.3 吊具应设有能使上下架间相对侧移的机构及对中标记，移动量不小于±0.8 m；上下架间应存在一定的活动空间，使二者相对侧向倾斜的角度不小于±2°。

4.6.12.4 吊具与臂架间的液压管路和电气线路应便于快速拆换。

4.6.12.5 正面吊应设置能抑制吊具与集装箱摇摆的减摇装置。

4.6.13 轮胎

4.6.13.1 轮胎宜选用无内胎式轮胎。

4.6.13.2 轮胎充气压力应符合制造商的规定，充气压力允许偏差为±3%。

4.7 液压系统

4.7.1 液压系统应符合 GB/T 3766 的规定。

4.7.2 液压系统应反应灵敏、控制准确、操作轻便、传动平稳，液压管路的布置应整齐、牢固、合理、便于维修。

4.7.3 每个液压回路都应有压力限制装置以防止超压，限制压力值不应超过最大工作压力的 110%。

4.7.4 软管、硬管和接头不应有渗漏现象。

4.7.5 液压系统应设有测压点，便于检测。

4.7.6 应设有独立的制动液压系统散热装置。

4.8 电气系统

4.8.1 电气设备的安装应符合 GB 50150 和 GB 50254 的相关规定。

4.8.2 指示灯和按钮的颜色应符合 GB/T 4205 的相关规定。

4.8.3 蓄电池出线处应设有开关。

4.8.4 臂架及吊具电缆应选用耐油挠性多芯软电缆，并且对有相对运动部件的连接电缆采取防水措施。

4.8.5 所有连接导线两端应有与电气原理图和配线表一致的明显编号牌，标明线号和线束号。

4.8.6 在臂架和吊具处应设置工作照明装置，并在车辆前后端设置行驶照明装置。

4.8.7 正面吊应设置转向指示灯、示廓灯、制动灯、工作警示灯和喇叭。

4.9 安全防护

4.9.1 正面吊的各种安全保护和报警装置应准确、灵敏、可靠。

4.9.2 应设置防倾覆保护装置，并具有显示、报警、停止动作等功能，当实际力矩达到额定力矩的 90%～95%时应报警，当实际力矩达到额定力矩 100%～105%时应起作用。

4.9.3 应配备发动机冷却水温度、机油压力、转速、变速箱油压、油温和液压系统油温的显示或报警装置。

4.9.4 应设置燃油箱保护装置，用单独的封罩或挡板将燃油箱和加油装置与电气系统、废气排放系统隔离。

4.9.5 应装有转锁到位保护装置，只有当四个转锁开、闭锁到位后才能起吊，吊起集装箱后吊具不能伸缩、转锁不能转动，该装置应同时有灯光显示。

4.9.6 应设置带箱高速行走的警示装置，当吊具上带有集装箱，正面吊以大于 10 km/h 的速度行驶时，应能发出提示性报警信号。

4.9.7 应设置停车制动未脱离制动位置前不能挂挡的保护装置。

4.9.8 应设置倒车报警装置，倒车时，报警装置应能发出清晰的报警音响信号和闪烁的灯光信号。宜设置倒车监视装置。

4.9.9 应设置紧急停止开关，在紧急情况下能使臂架和吊具停止动作。

4.9.10 应具有应急下放功能，当正面吊在工作过程中失去动力时，应能安全可靠地放下集装箱。

4.10 润滑

4.10.1 各润滑油路应畅通。油杯安装位置应便于加注润滑油脂及油杯的维修更换。

4.10.2 应将附有注油点的标志装设在车身的适当位置。

4.11 涂装

4.11.1 主要结构件的钢板应进行预处理，其他钢材在涂装前应进行除锈处理，其除锈质量等级应符合 GB/T 8923—1988 的规定，用手工除锈为 St3 级，用化学处理和抛(喷)丸或其他磨料方式除锈为Sa2 $\frac{1}{2}$ 级。

4.11.2 漆层总厚度不应低于 100 μm，涂层的漆膜附着力不应低于 GB/T 9286—1998 中规定的 2 级。

5 试验方法

正面吊的试验方法应符合 GB/T 16905 的规定。

6 检验规则

6.1 出厂检验

6.1.1 每台正面吊都应进行出厂检验，检验合格后(包括用户特殊要求检验项目)方能出厂，出厂产品应附有产品合格证明书。

6.1.2 出厂检验项目见表 1。

6.2 型式试验

6.2.1 属下列之一者，均应进行型式试验：

a) 新产品或老产品转厂生产的试制定型鉴定；

b) 正式生产后，如结构、材料、工艺有较大改变，可能影响产品性能时；

c) 产品停产达一年以上后恢复生产时；

d) 出厂检验结果与上次型式试验有较大差异时；

e) 国家质量监督机构提出进行型式试验要求时。

6.2.2 型式试验项目见表 1。

表 1

序号	检验项目	检验分类		检验要求
		出厂检验	型式试验	
1	标志	√	√	7.1
2	安全防护	√	√	4.9
3	液压系统	√	√	4.7

表 1（续）

序号	检验项目		检验分类		检验要求
			出厂检验	型式试验	
4	电气系统		√	√	4.8
5	吊具回转角度		—	√	4.6.12.2
6	吊具上下架间相对侧移量、相对侧向倾斜角		—	√	4.6.12.3
7	吊具下沉量		√	√	4.2.8
8	质量、轴荷		—	√	4.3.6
9	轮距、轴距		—	√	4.3.5
10	外形尺寸		—	√	4.3.7
11	起升高度		√	√	4.3.2
12	安全高度		—	√	4.2.4 和 4.3.2
13	外伸距		—	√	4.3.3
14	最小转弯半径		—	√	4.3.4
15	操纵力和行程		—	√	4.6.9.5
16	运动速度	运行速度	—	√	4.3.1
		伸缩速度	√	√	4.3.1
		俯仰速度	√	√	4.3.1
17	噪声测定		—	√	4.2.5
18	制动性能		√	√	4.6.7.3
19	牵引力		—	√	4.3.8
20	额定载荷试验		√	√	4.2.7
21	动载试验		—	√	4.2.9
22	静载试验		—	√	4.2.10
23	稳定性试验		—	√	4.2.2
24	工业性试验		—	√	4.2.11
25	焊接		√	√	4.5
26	涂装		—	√	4.11

7 标志、包装、运输、贮存

7.1 标志

7.1.1 在正面吊明显而又不易碰坏处装设产品标牌，产品标牌的型式及尺寸应符合 GB/T 13306的规定，至少包含下列内容：

a) 产品名称和型号；

b） 制造商名称；

c） 额定起重量；

d） 整机质量；

e） 产品出厂日期；

f） 产品编号；

g） 产品执行标准编号。

7.1.2 各种操纵手柄、开关及信号装置旁应装设指示功能的标牌，并应表示位置和控制方向。

7.1.3 司机室内在醒目位置上应设置有表示正面吊安全工作载荷图表的标牌或标志。

7.1.4 安全标志应符合 ISO 15870 的规定。

7.2 包装

7.2.1 产品的包装应符合 GB/T 13384 及本标准的规定。

7.2.2 产品解体后，应将液压管件接口封住，并标上识别标志，外螺纹加以保护。电线接头应注明编号并应防水封好。

7.2.3 防震易损的仪表和部件应拆下作防震包装，对不能拆下的易损防震部件应作防震处理。

7.2.4 外露加工表面应采取防锈措施，防止锈蚀。

7.2.5 产品应具备下述随机文件：

a） 产品合格证书；

b） 使用维护文件；

c） 备件目录；

d） 总图、液压系统和电气系统原理图；

e） 主要外购件说明书；

f） 随机工具清单；

g） 装箱单。

7.2.6 大型零部件的质量及吊挂点应有标志。

7.2.7 危险、易碎、防潮等包装箱、件应分别标明危险、易碎、防潮、放置方向等符号及字样。

7.3 运输

7.3.1 产品的运输应符合铁路、公路、航运的有关运输要求。

7.3.2 在解体运输中各部件应垫平、绑扎牢固，防止运输时变形、移位、碰撞。

7.4 贮存

整机及零部件应妥善保管，应注意防锈、防潮和通风。露天存放的大型物件应垫平以免变形。

ICS 53.020.20
J 80

中华人民共和国国家标准

GB/T 26475—2011

桥式抓斗卸船机

Bridge type grab ship unloader

2011-05-12 发布 2011-12-01 实施

中华人民共和国国家质量监督检验检疫总局
中国国家标准化管理委员会 发布

前　　言

本标准由中国机械工业联合会提出。

本标准由全国起重机械标准化技术委员会(SAC/TC 227)归口。

本标准起草单位:大连重工·起重集团有限公司、北京起重运输机械设计研究院。

本标准主要起草人:吕新民、高飞、贾铁军、尹静霞。

桥式抓斗卸船机

1 范围

本标准规定了额定生产率为 400 t/h～5 000 t/h 桥式抓斗卸船机(以下简称卸船机)的分类、基本参数、技术要求、涂装、试验方法、检验规则、标志、包装、运输及贮存。

本标准适用于接卸煤炭或矿石的卸船机,其他散料类的卸船机也可参照使用。

本标准不适用于安装在趸船上的桥式抓斗卸船机。

2 规范性引用文件

下列文件中的条款通过本标准的引用而成为本标准的条款。凡是注日期的引用文件,其随后所有的修改单(不包括勘误的内容)或修订版均不适用于本标准,然而,鼓励根据本标准达成协议的各方研究是否可使用这些文件的最新版本。凡是不注日期的引用文件,其最新版本适用于本标准。

GB/T 191 包装储运图示标志(GB/T 191—2008,ISO 780:1997,MOD)

GB 755—2008 旋转电机 定额和性能(IEC 60034-1:2004,IDT)

GB/T 1228 钢结构用高强度大六角头螺栓(GB/T 1228—2006,ISO 7412:1984,NEQ)

GB/T 1229 钢结构用高强度大六角螺母(GB/T 1229—2006,ISO 4775:1984,NEQ)

GB/T 1230 钢结构用高强度垫圈(GB/T 1230—2006,ISO 7416:1984,NEQ)

GB/T 1231 钢结构用高强度大六角头螺栓、大六角螺母、垫圈技术条件

GB 2893 安全色(GB 2893—2008,ISO 3864-1:2002,MOD)

GB/T 3323 金属熔化焊焊接接头射线照相(GB/T 3323—2005,EN 1435:1997,MOD)

GB/T 3766 液压系统通用技术条件(GB/T 3766—2001,eqv ISO 4413:1998)

GB/T 3811—2008 起重机设计规范

GB 4208 外壳防护等级(IP 代码)(GB 4208—2008,IEC 60529:2001,IDT)

GB 5226.1 机械电气安全 机械电气设备 第 1 部分:通用技术条件(GB 5226.1—2008,IEC 60204-1:2005,IDT)

GB 5226.2 机械安全 机械电气设备 第 32 部分:起重机械技术条件(GB 5226.2—2002,idt IEC 60204-32:1998)

GB/T 5905 起重机试验规范和程序(GB/T 5905—1986,idt ISO 4310:1981)

GB 6067.1—2010 起重机械安全规程 第 1 部分:总则

GB/T 6974.1 起重机 术语 第 1 部分:通用术语(GB/T 6974.1—2008,ISO 4306-1:2007,IDT)

GB/T 6974.5 起重机 术语 第 5 部分:桥式和门式起重机(GB/T 6974.5—2008,ISO 4306-5:2005,IDT)

GB 8918 重要用途钢丝绳(GB 8918—2006,ISO 3154:1988,MOD)

GB/T 8923 涂装前钢材表面锈蚀等级和除锈等级(GB/T 8923—1988,eqv ISO 8501-1:

1988)

GB/T 9286　色漆和清漆　漆膜的划格试验(GB/T 9286—1998,eqv ISO 2409:1992)

GB/T 9330.1　塑料绝缘控制电缆　第1部分:一般规定

GB/T 9330.2　塑料绝缘控制电缆　第2部分:聚氯乙烯绝缘和护套控制电缆

GB/T 9331　船舶电气装置　额定电压1 kV和3 kV挤包绝缘非径向电场单芯和多芯电力电缆(GB/T 9331—2008,IEC 60092-353:1995,IDT)

GB/T 10095(所有部分)　圆柱齿轮　精度制[ISO 1328(所有部分)]

GB/T 10183.1　起重机　车轮及大车和小车轨道公差　第1部分:总则(GB/T 10183.1—2010,ISO 12488-1:2005,IDT)

GB/T 10236　半导体变流器与供电系统的兼容及干扰防护导则

GB/T 10595　带式输送机

GB 12602　起重机械超载保护装置

GB/T 13306　标牌

GB/T 13384　机电产品包装通用技术条件

GB 13955　剩余电流动作保护装置安装和运行

GB 14048.1—2006　低压开关设备和控制设备　第1部分　总则(IEC 60947-1:2001,MOD)

GB/T 14406—2011　通用门式起重机

GB 15052　起重机　安全标志和危险图形符号　总则(GB 15052—2010,ISO 13200:1995,IDT)

GB/T 18224　桥式抓斗卸船机安全规程

GB/T 19418　钢的弧焊接头　缺陷质量分级指南(GB/T 19418—2003,ISO 5817:1992,IDT)

GB/T 20303.1　起重机　司机室　第1部分:总则(GB/T 20303.1—2006,ISO 8566-1:1992,IDT)

GB/T 20303.5　起重机　司机室　第5部分:桥式和门式起重机(GB/T 20303.5—2006,ISO 8566-5:1992,IDT)

GB/T 24809.5　起重机　对机构的要求　第5部分:桥式和门式起重机(GB/T 24809.5—2009,ISO 10972-5:2006,IDT)

GB 50231　机械设备安装工程施工及验收通用规范

GB 50256　电气装置安装工程起重机电气装置施工及验收规范

GB 50278　起重设备安装工程施工及验收规范

JB/T 6392　起重机车轮

JB/T 8905.1　起重机用三支点减速器

JB/T 8905.2　起重机用底座式减速器

JB/T 8905.3　起重机用立式减速器

JB/T 8905.4　起重机用套装式减速器

JB/T 9003　起重机三合一减速器

JB/T 10559　起重机械无损检测　钢焊缝超声检测

JB/T 10816 起重机用底座式硬齿面减速器

JB/T 10817 起重机用三支点硬齿面减速器

JGJ 82 钢结构高强度螺栓连接技术规程

3 术语和定义

GB/T 6974.1 和 GB/T 6974.5 确立的及下列术语和定义适用于本标准。

3.1

额定生产率 rated capacity

额定生产率是指卸船机在规定条件下,单位时间内能从船上卸下货物总质量的理论值。通常以吨每小时(t/h)为单位。

3.2

额定起重量 rated lifting capacity

额定起重量是指与额定生产率、工作速度和工作行程相匹配的起重量,该起重量为抓斗自身质量与斗内物料质量之和。通常以吨(t)为单位。

4 分类

卸船机按小车的驱动方式分为自行式和牵引式两种。

4.1 自行式

卸船机的小车运行机构设在小车上,称为自行式抓斗卸船机。

4.2 牵引式

卸船机的小车运行通过绳索牵引,牵引驱动装置设在固定的机器房内,称为牵引式抓斗卸船机。

牵引式卸船机按抓斗的起升、开闭机构是否设在小车上分为半牵引式和全牵引式两种。

4.2.1 半牵引式

卸船机的起升、开闭机构设在小车上,小车运行通过绳索牵引,牵引驱动装置设在固定的机器房内,称为半牵引式抓斗卸船机。

4.2.2 全牵引式

卸船机的起升、开闭机构以及小车运行机构均设在固定的机器房内,通过绳索的牵引,实现小车预定的运动(运行、抓卸物料),称为全牵引式抓斗卸船机。

常用的全牵引式卸船机根据小车运行时抓斗水平移动的实现方式又分为差动式和补偿式两类。

常用的全牵引差动式卸船机如图 1 所示。

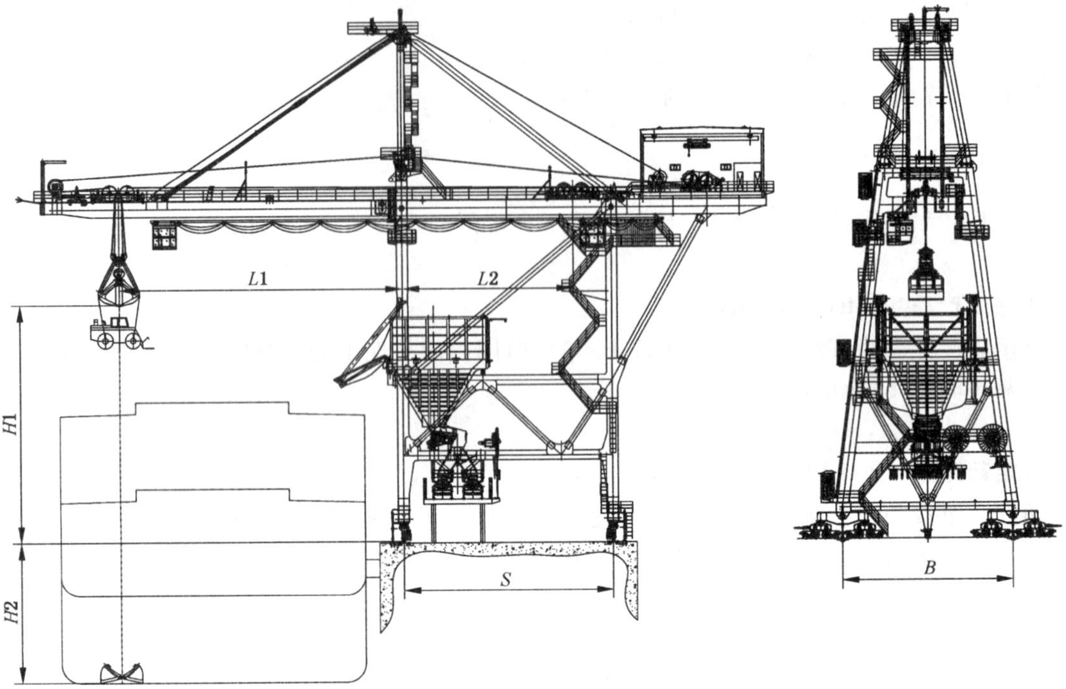

图 1

5 基本参数

5.1 额定生产率

额定生产率一般宜优先采用表1所给定的数值。

表 1 单位为吨每小时

额定生产率	400;500;600;800;1 000;1 250;1 500;1 800;2 000;2 250;2 500;3 000;3 600;4 000;4 500;5 000
注:额定生产率超出上述范围时,可由供需双方另行约定。	

5.2 额定起重量

额定起重量一般宜优先采用表2所给定的数值。

表 2 单位为吨

额定起重量	10;12.5;16;20;25;32;40;45;50;56;63;71;80;90
注:额定起重量超出上述范围时,可由供需双方另行约定。	

5.3 工作级别

按GB/T 3811的规定,卸船机整机的工作级别通常为A8级。主要机构的工作级别见表3。

表 3

机　　构	使 用 等 级	载荷状态级别	机构工作级别
起升、开闭机构	T8	L4	M8
小车运行机构	T8	L4	M8
卸船机运行机构	T5	L3	M6
臂架俯仰机构	T4	L3	M5
司机室运行机构	T4	L3	M5
注：工作级别超出上述规定时，可由供需双方另行约定。			

5.4 工作速度

主要机构的工作速度见表 4。

表 4

机　　构	工 作 速 度
起升、开闭机构(负载/空载)	(60～180)/(100～240)m/min
小车运行机构	(100～280)m/min
卸船机运行机构	(20～40)m/min
臂架俯仰机构	(5～10)m/min，单行程
司机室运行机构	(20～25)m/min
注：工作速度超出上述规定时，可由供需双方另行约定。	

5.5 轨距、基距、轮距

供需双方除应约定卸船机的跨度(代号 S)、基距(代号 B)、轮距外，还应约定缓冲器中心高和两端缓冲器撞头平面间的距离。

5.6 外伸距、内伸距、后伸距

供需双方应约定以码头水侧轨道中心起计的抓斗最大外伸距(代号 $L1$)、抓斗最大内伸距(代号 $L2$)或后伸距，司机室最大外伸距和最大内伸距。

5.7 起升高度

闭合抓斗提升至最高位置，抓斗底部至码头轨道顶面的距离为轨上起升高度(代号 $H1$，需满足用抓斗的吊耳吊运清舱机的需要)；张开抓斗下降至船舱最低位置，抓斗底部的刃口至码头轨道顶面的距离为轨下起升高度(代号 $H2$，需满足用抓斗抓取船舱底部物料的需要)；起升高度是指二者之和。

5.8 门架净空间

门架跨内的净空高度和宽度应满足场地设备通行的需要，并应在合同中约定。

5.9 现场相关接口

5.9.1 码头轨道与轮压

供需双方应约定：码头的轨道型号和轨道面至地面间的距离；码头允许的正常工作轮压、腿压；非工作状态下最大轮压、最大腿压。

5.9.2 物料与抓斗

5.9.2.1 供需双方应约定所卸散料的名称、容重(t/m³)、平均粒度(mm)、最大粒度(mm)及其所占比例(%)、含水量(%)、动堆积角(°)、静堆积角(°)等。

5.9.2.2 按被卸物料的物理特性商定卸船机需配备的抓斗型号规格。必要时可按数种不同的物料容重分档来配备数种抓斗,针对不同物料容重适时换斗,以提高卸船效率。

5.9.3 代表船型

供需双方应约定代表船型及其全长、船宽、型深、全高、满载吃水、空载吃水、舱口宽和高等,还应约定码头标高,轨道标高,设计高水位、低水位和平均水位等。

5.9.4 现场设施信息

供需双方应约定作业码头地面设施信息。如码头平面布置和标高要求(包括卸船机运行距离、水侧轨中心与岸壁距离、护舷厚度、锚定坑、顶升、防风系缆、系缆柱、轨道端部的止挡器、避碰限制等要求)、供电点及供水点的型式和布置、地面带式输送机及其廊道布置等和其相关接口情况。

如果要求整机滚装运输时,还应约定整机滚装运输时的地面容许承压和上岸方向等技术数据。

5.9.5 工况

供需双方应约定平均每天作业班次、工作时间、年作业天数和年卸货量等。

5.9.6 抑尘方式

供需双方应约定卸船机配备抑尘装置的供水方式、供水点和供水行程。通常,对于煤炭和矿石一般推荐采用洒水喷雾抑尘。

洒水喷雾抑尘的供水方式有以下几种:

a) 采用水缆卷筒供水方式时,供水点应设在有效工作行程的中点;

b) 采用水槽吸水供水方式时,供水点应为有效工作行程的全行程;

c) 采用机上贮水箱供水方式时,供水应为地面定点定时供水。

6 技术要求

6.1 总则

卸船机设置的各机构及其布局、机构的部件尺寸及定位布置,应符合 GB/T 24809.5 的要求。卸船机的设计、制造应符合 GB/T 3811 和本标准的有关规定。

6.2 环境条件

6.2.1 电源及供电方式

动力电源:一般情况下,采用三相交流动力电源,频率为 50 Hz 或 60 Hz,电压一般常用 6 kV或10 kV,采用高压电缆卷筒供电。供电系统在卸船机馈电线接入处的电压波动不应超过额定电压的±10%,卸船机内部电压损失应符合 GB/T 3811 的规定。

特殊情况下采用 380 V 动力电源,低压电缆卷筒等供电方式。

检修电源:三相四线制,交流 380 V、50 Hz 或 440 V、60 Hz。

6.2.2 气候环境条件

6.2.2.1 工作场合有盐雾、雷暴、风和海洋气候的侵蚀。

6.2.2.2 工作环境温度一般为-20 ℃~+40 ℃。

6.2.2.3 年平均相对湿度不应大于 90%(可有凝露)。

6.2.2.4 卸船机安装使用地点的海拔不应超过 1 000 m(超过 1 000 m 时按 GB 755 的规定对电动机进行容量校核,超过 2 000 m 时应对电器件进行容量校核)。

6.2.2.5 电动机的运行条件应符合 GB 755—2008 中第 6 章和第 7 章的相关规定。

6.2.2.6 电器的正常使用、安装和运输条件应按 GB 14048.1—2006 中第 6 章的规定。

6.2.2.7 特殊要求可另行约定。

6.2.3 风速

6.2.3.1 工作状态风速不应大于 20 m/s(相当于 6 级风)。

6.2.3.2 非工作状态风速不应大于 49 m/s(相当于 12 级风)。

6.2.3.3 沿海地区、台湾地区及南海诸岛港口卸船机抗风防滑系统及锚定装置的设计,所用的设计风速不应小于 55 m/s(相当于 13 级风)。

6.2.3.4 超过上述范围时,供需双方可另行约定。

6.2.4 场地轨道敷设质量

6.2.4.1 场地轨道敷设质量应符合 GB/T 10183.1 中表 7 的 2 级公差和表 6 的钢轨接头构造公差的规定。

6.2.4.2 卸船机场地轨道的接地电阻值不应大于 4 Ω(由用户负责)。

注:超过上述范围规定时,由供需双方协商解决。

6.3 使用性能

6.3.1 卸船机的卸船能力应达到额定生产率或额定起重量。

6.3.2 与卸船机使用有关的参数应符合第 5 章和用户在订货合同中提出的要求。

6.3.3 卸船机的静态刚性推荐为由满载抓斗和小车自重载荷产生的垂直静挠度 f,f':

主梁跨中　$f \leqslant S/1\,000$(S 为跨度);

有效悬臂端　$f' \leqslant L/350$(L 为悬臂长)。

6.3.4 动态刚性一般不作规定。但当用户从卸船机使用条件考虑对此有要求时,由供需双方协商解决。

6.3.5 卸船机做静载试验时,应能承受 1.25 倍额定起重量的试验载荷,其主梁和悬臂不应产生永久变形。试验后,空载小车处在水侧支腿零位时,上拱度最高点应在跨中 $S/10$ 范围内,其值不应小于 $0.7S/1\,000$;悬臂端的上翘度不应小于 $0.7L/350$。

6.3.6 卸船机做动载试验时,应能承受 1.1 倍额定起重量的试验载荷。试验过程中应正常工作,制动器等安全装置动作灵敏可靠。试验后进行目测检查,各受力钢结构件应无裂纹和永久变形等,应无油漆剥落,各连接处应无松动现象。

6.3.7 抓斗的抓满率不应小于 90%。

6.3.8 卸船机基本参数允许的偏差值应符合以下规定:

a) 额定生产率的允许偏差为其公称值的−3%;

b) 额定起重量的允许偏差为其公称值的−5%～+5%;

c) 抓斗起升、开闭的速度允许偏差为其公称值的−3%～+10%;

d) 小车运行的速度允许偏差为其公称值的−3%～+10%;

e) 卸船机运行的速度允许偏差为其公称值的−10%～+10%;

f) 臂架俯仰速度允许偏差为其公称值的±10%T(T 为单行程工作时间,单位为 min)。

6.3.9 当风速为23.7 m/s(相当于7级风)时卸船机应能运行至锚定位置,使夹轨器夹轨或锚定地锚。当有强台风预报时,在风来临前,应锚好地锚及采取其他抗风措施。

6.4 安全与防护

6.4.1 总则

卸船机的安全与防护应符合GB 6067.1—2010、GB/T 18224和GB/T 3811—2008中第9章的相关规定以及本标准的规定。

6.4.2 安全设施

6.4.2.1 卸船机上人行通道、平台、栏杆、梯子的设置应符合GB/T 3811和GB 6067.1的规定。

6.4.2.2 起升机构、开闭机构、臂架俯仰机构、卸船机和小车的运行机构均应设置终点减速限位、终点限位及终端紧急限位。司机室运行机构应设置终点限位和减速限位。

6.4.2.3 为了防止超载,起升机构应装起重量限制器。限制器及其动作点(报警和自动切断电源)的标定,应符合GB 12602的规定。

6.4.2.4 应在起重机的合适位置或工作区域设有明显可见的文字安全警示标志,如"起升物品下方严禁站人"等。在起重机的危险部位,应有安全标志和危险图形符号,安全标志和危险图形符号应符合GB 2893和GB 15052的规定。

6.4.3 安全距离

6.4.3.1 在确定起升高度时,应保证抓斗打开通过料斗上方时有1 m以上的净空;不卸抓斗吊运清舱机过料斗口时,清舱机与料斗之间的净空不应小于0.5 m,这时抓斗闭合状态底部与清舱机顶部的间距不应小于1 m。

6.4.3.2 在任何情况下,当抓斗处于起升高度上部位置时,抓斗与司机室之间的距离不应小于0.5 m。

6.4.4 避雷

卸船机应在臂架及塔架的顶部分别装设避雷针,避雷针的高度应能有效覆盖整个卸船机。

6.4.5 噪声

卸船机工作时产生的噪声,在无其他外声干扰的情况下,当司机室、电气室、控制室门窗封闭时,在操作位置测得的噪声不应大于85 dB(A)。

6.4.6 安全联锁

6.4.6.1 急停联锁

应在主司机室、臂架俯仰司机室和电气室的控制台上设置"低压紧急停止按钮 ",或在料斗司机室、机器房,以及水、陆侧门腿、主梁、臂架处分别设置"低压紧急停止按钮",以便在紧急情况下应能切断低压电源,使各机构停止工作。

6.4.6.2 联锁与保护

除按GB/T 3811中规定的常规安全联锁保护外,卸船机还应考虑下述各项联锁保护装置:

a) 供电系统漏电检测保护:漏电检测装置及连接应符合GB 13955的要求;

b) 高压开关柜应附有检修时的安全接地开关;

c) 小车、移动司机室的停车位置与臂架俯仰控制的联锁;

d) 电缆卷筒放缆终端及收放电缆方向与卸船机运行方向控制的联锁;

e) 臂架俯仰安全钩应与起升、开闭、小车、俯仰、司机室运行等机构之间有完善的安全联锁;

f) 地面中控室与机上输送机的联锁及与机上给料器的联锁；

g) 料斗载荷测量装置与抓斗开闭、给料器的速度联锁；

h) 抓斗卸料与洒水系统的联锁；

i) 起升/开闭、俯仰机构均应设超速保护装置，当机构下降速度超过 115% 的额定速度时，保护装置应立即动作并停止机构工作；

j) 卸船机运行机构应与卸船机的抗风系缆、锚定和夹轨器(或夹轮器、铁楔)等联锁；

k) 风速仪与卸船机运行机构、夹轨器(压轨器、夹轮器)等联锁。

6.4.7 故障显示

电气系统应有完善的故障显示，主要功能应包括：超风速、超负荷、超速度、短路、过压、过流、过载、失压漏电、缺相等保护，以便及时发现和排除故障。

6.4.8 警示与报警

6.4.8.1 卸船机运行机构工作前和工作过程中，应设有清晰的声光报警信号。

6.4.8.2 卸船机运行机构应设置防撞报警信号。

6.4.8.3 在臂架的顶端及塔架的最高点应分别设置红色障碍灯，供电应是蓄电池及自动充电设备，使其不受总电源断电的影响。蓄电池采用自动充电，其容量可以使障碍灯连续工作 10 h 以上。

6.4.8.4 风速报警器应能在风速大于等于 20 m/s(相当于 6 级风)时报警。

6.4.9 安全操纵

6.4.9.1 吊运清舱机时的起升及运行速度均不应大于 20 m/min。

6.4.9.2 司机应在臂架俯仰操纵室的控制台上完成臂架的俯仰操纵，实施全过程监控直至其防风挂钩的动作指示灯显示工作正常为止，经确认无误后方可转入其他工作。

6.4.9.3 应优先在主司机室的控制台上完成抓斗正常卸船时的操纵。确因其他因素影响时，方可在辅助司机室的控制台上完成。

6.5 主要零部件

6.5.1 钢丝绳

卸船机各机构钢丝绳应符合 GB 8918 的规定。

6.5.2 滑轮和卷筒

卸船机各机构的卷筒和滑轮设计选用应符合 GB/T 3811 的规定。优先采用轧制滑轮，宽槽滑轮槽应满足钢丝绳快换接头组件的通过要求。滑轮及卷筒应设防脱槽装置，其间隙一般不应大于 5 mm。

6.5.3 制动器和制动盘(轮)

6.5.3.1 制动器的选用和使用应符合 GB 6067.1 和 GB/T 18224 的规定。

6.5.3.2 制动盘(轮)不应有影响使用的缺陷，且制动面上不应有裂纹，也不应焊补。

6.5.3.3 应在机构高速轴上配置常闭式制动器，还应在俯仰机构低速端配置常闭式安全制动器。

6.5.3.4 制动衬垫与制动盘的接触面积不应低于 75%，开闸后的间隙不应小于 1 mm。

6.5.3.5 制动轮安装后，应保证其径向跳动不超过表 5 的规定值；制动盘安装后，应保证端面跳动不应超过表 6 的规定值。

表 5

制动轮直径/mm	≤250	>250～500	>500～800
径向圆跳动/μm	100	120	150

表 6

制动盘直径/mm	≤355	>355～500	>500～710	>710～1 250	>1 250～2 000	>2 000～3 150	>3 150～5 000	>5 000
端面跳动/μm	100	120	150	200	250	300	400	500

6.5.4 减速器和齿轮传动

6.5.4.1 应优先选用符合如下标准的减速器：JB/T 8905.1、JB/T 8905.2、JB/T 8905.3、JB/T 8905.4、JB/T 9003、JB/T 10816、JB/T 10817。

6.5.4.2 选用其他减速器时，硬齿面齿轮副的精度不应低于 GB/T 10095(所有部分)中的 6 级，中硬齿面则不应低于 8-8-7 级。

6.5.4.3 如用开式齿轮传动，则齿轮副精度不应低于 GB/T 10095(所有部分)中的 9 级。

6.5.5 联轴器

6.5.5.1 起升、开闭、小车运行和俯仰机构的电动机和减速器连接，以及减速器与卷筒的连接均应优先采用鼓形齿式联轴器。

6.5.5.2 所有鼓形齿式联轴器应有注润滑油的润滑点。

6.5.5.3 鼓形齿式联轴器的安装、检测(见图 2)应符合表 7 的规定。

6.5.5.4 齿轮联轴器的两个半联轴器的相对端面跳动和相对径向跳动的偏差值为 0.2 mm。

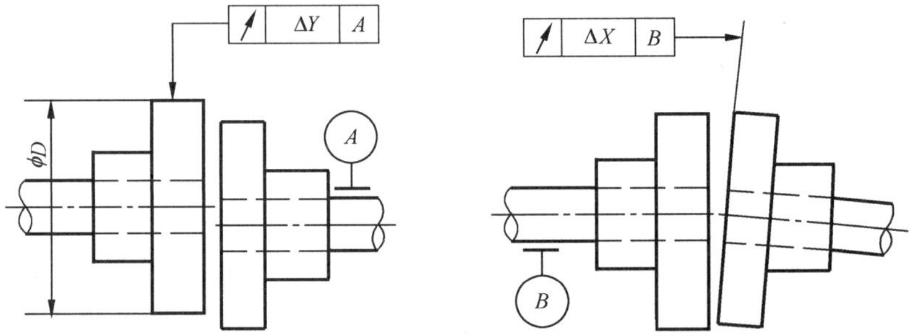

图 2

表 7

单位为毫米

D	ΔY	ΔX
100～180	0.14	0.16
>180～280	0.16	0.18
>280～380	0.18	0.20
>380～580	0.20	0.22
>580～800	0.25	0.30

6.5.6 **车轮**

6.5.6.1 车轮踏面的粗糙度 Ra 值不大于 6.3 μm，直径尺寸精度不低于 h9。

6.5.6.2 车轮应符合 JB/T 6392 的规定。

6.5.6.3 成品车轮踏面和轮缘内侧面上不应有影响使用的缺陷，也不允许焊补。

6.5.6.4 车轮安装后，应保证基准端面上的跳动不超过表 8 规定值。

表 8

车轮直径/mm	≤250	>250～500	>500～800	>800～900	>900～1 000
端面跳动/μm	100	120	150	200	250

6.5.7 **司机室**

司机室应符合 GB/T 20303.1 和 GB/T 20303.5 的规定。

6.5.8 **抓斗**

6.5.8.1 采用的抓斗应具有足够的强度、刚度，良好的抓取性能。钢丝绳更换和润滑保养方便，具有防脱绳和防磨绳措施。指状挡绳块与滑轮外圈之间间隙不应大于 5 mm。粉状物料抓斗底刃口板合缝间隙不应超过 2 mm。

6.5.8.2 抓斗底板应设有供吊运清舱机械的吊耳。

6.5.8.3 抓斗应采用快换接头与起升机构绳索系统连接。

6.5.8.4 抓斗的开闭方向应符合合同的约定。

6.5.9 **料斗**

6.5.9.1 料斗容量通常应大于 5 倍抓斗容量，斗内壁采用耐磨衬板。料斗上方设有格栅，并应有足够的强度和刚度能承受抓斗的自重和物料的冲击。

6.5.9.2 料斗应设有挡风墙、落料回收装置、洒水喷雾抑尘装置等。洒水喷雾抑尘装置的水压不应小于 0.5 MPa。洒水抑尘点包括料斗上方及物料在机上的各转载点，喷嘴应满足形成水雾罩形状的要求。

6.5.9.3 出料口处应设给料器，并应具有调整和控制输送能力的功能。

6.5.9.4 料斗通常在下方设置料斗门以控制物料流量。为防止料壁起拱通常在料斗侧壁设置防起拱装置。

6.5.10 **带式输送机**

输送机应符合 GB/T 10595 的规定，应采用阻燃型胶带。

6.5.11 **液压系统和液压元件**

液压系统和液压元件应符合 GB/T 3766 的规定。

6.5.12 **润滑系统**

干油润滑推荐采用多个区域集中的单点手动润滑、电动和气动润滑方式，必要时也可采用多点动自动润滑方式。

6.5.13 **供电装置**

卸船机通常采用电缆卷筒供电。电缆卷筒应设置防松和防过紧保护开关。电缆导向装置导缆半径不应小于电缆直径的 10 倍。

6.6 **焊接**

6.6.1 焊缝外观检查不应有目测可见的裂纹、气孔、固体夹杂、未熔合和未焊透等缺陷。

6.6.2 卸船机的主梁、臂架等主要受拉翼缘板的对接焊缝表面质量，应达到 GB/T 19418 中的“B”级，焊缝内部质量应进行无损探伤。射线探伤时不应低于 GB/T 3323 中规定的质量等级Ⅱ；超声波探伤时不应低于 JB/T 10559 中的 1 级。

6.7 金属结构

6.7.1 卸船机的主梁、臂架、门架等主要结构采用箱型结构，其中拉杆、撑杆等可采用管结构，宜有消除风振措施。对于前拉杆等的重要结构件(若自身破坏而引起主结构溃败)，其材料质量等级应至少采用 C 级。

6.7.2 金属结构用高强度大六角头螺栓连接接头的安装，应符合 JGJ 82 的规定。连接用的螺栓、螺母、垫圈、技术条件，应分别符合 GB/T 1228、GB/T 1229、GB/T 1230、GB/T 1231 的规定。

6.7.3 箱形截面梁、杆、腿的翼缘板偏斜值 $C \leqslant B/200$(见图 3)。

6.7.4 翼缘板与腹板的垂直偏斜 $h \leqslant H/200$(见图 4)，此值应在大筋板或节点处测量。

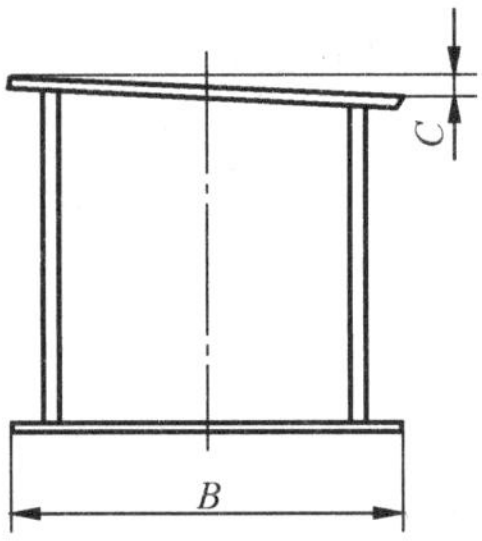

图 3

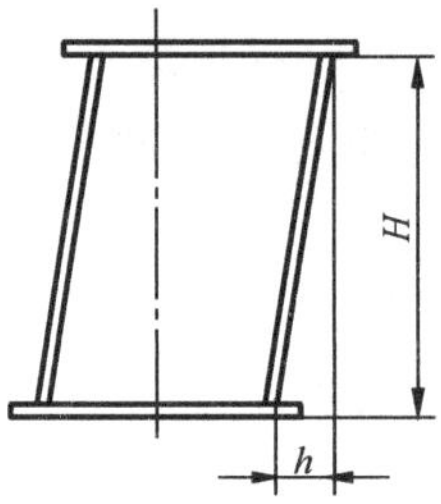

图 4

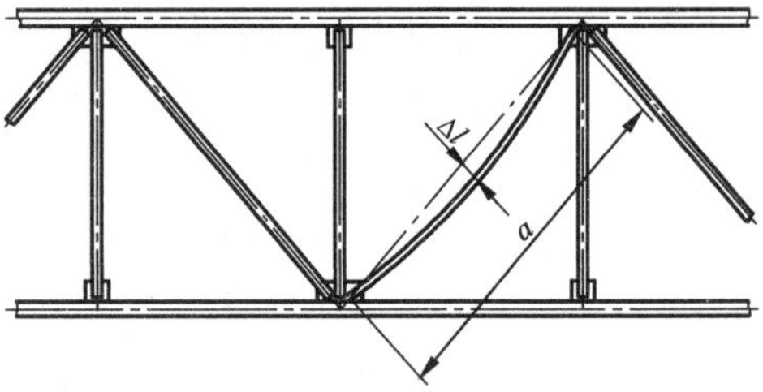

图 5

6.7.5 臂架、各段主梁轴线在水平方向的弯曲度不应大于 1/1 500 梁长，此值应在离承轨梁上盖板约 100 mm 的腹板处从第一个大筋板(或桁架的第一个有效节间)算起测量。

6.7.6 桁架梁杆件的直线度 $\Delta l \leqslant 0.001\,5a$(见图 5)。

6.7.7 小车轨道一般宜用整根钢轨(将接头焊为一体)，钢轨接头构造公差应满足以下要求：

a) 接头处钢轨顶部的垂直错位值 $H_F \leqslant 1$ mm、水平错位值 $H_S \leqslant 1$ mm，应将错位处以 1∶50的斜度磨平(GB/T 10183.1 中的表 6)，见图 6；

b) 连接后的钢轨顶部，水平面内的直线度 b，在任意 2 m 测量范围内应使 $b \leqslant 1$ mm(即 GB/T 10183.1 中表 3 的 2 级公差)，见图 7；

c) 不采用焊接接头的钢轨也应符合上述 a)、b)的要求，但头部间隙不应大于 2 mm。

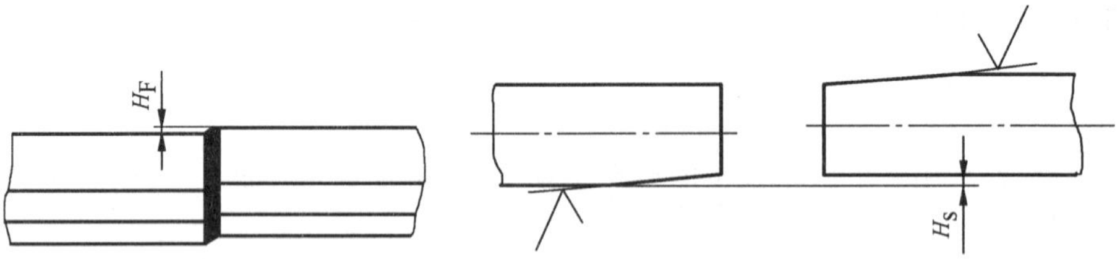

图 6

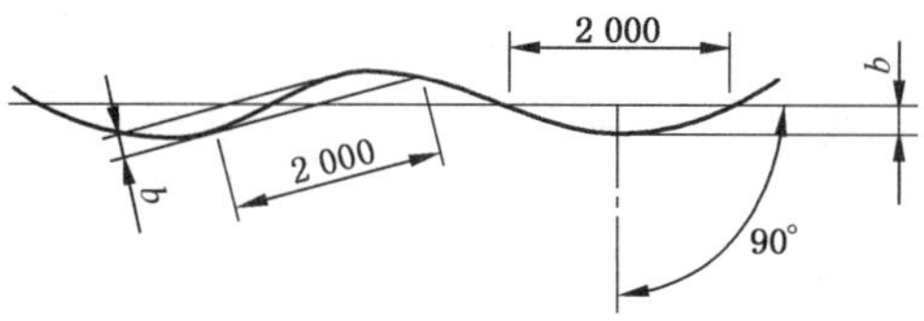

图 7

6.7.8　小车轨道上任一点处，轨道中心相对于承轨梁腹板中心的位置偏移量 $K \leqslant 0.5t_{\min}$（GB/T 10183.1 中表 3 的 2 级公差），见图 8（含焊接型 T 形钢）。

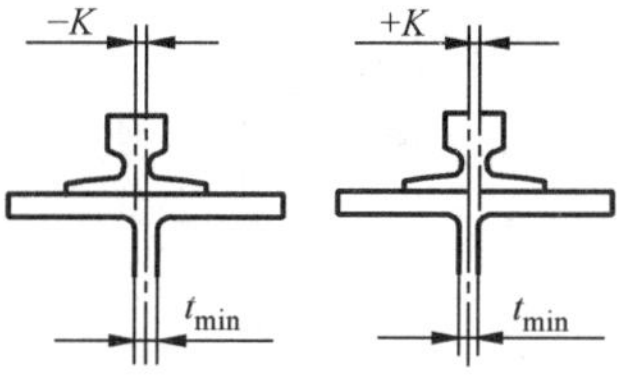

图 8

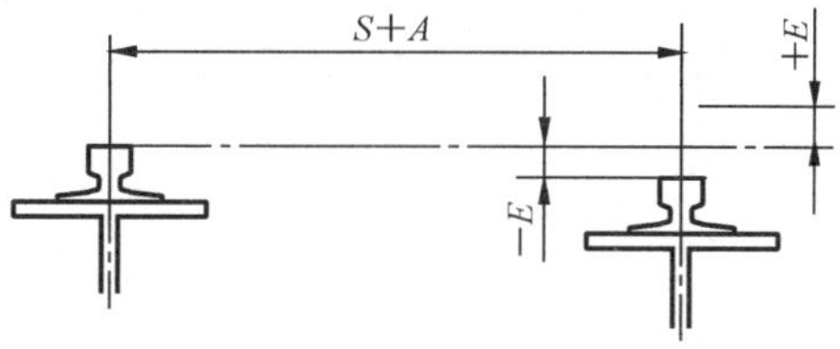

图 9

6.7.9　小车轨距公差 A（GB/T 10183.1 中表 3 的 1 级和 2 级公差），见图 9。

a)　自行式小车（1 级公差），$A = \pm 3$ mm；

b)　牵引式小车（2 级公差），$A = \pm 5$ mm。

6.7.10　在同一截面上两根小车轨道之间的高低差 E（GB/T 10183.1 中表 3 的 1 级和 2 级公差），见图 9。

a)　自行式小车（1 级公差）：

当 $S \leqslant 2$ m 时，$E \leqslant 3.2$ mm；

当 $S > 2$ m 时，$E \leqslant 1.6S$ mm，$E_{\max} = \pm 6.3$ mm，S 单位为 m。

b)　牵引式小车（2 级公差）：

当 $S \leqslant 2$ m 时，$E \leqslant 4.2$ mm；

当 $S > 2$ m 时，$E \leqslant 2.0S$ mm，$E_{\max} = \pm 8$ mm，S 单位为 m。

6.7.11　小车轨道上任意点处，车轮接触点高度差 Δh_r，（即相对于四轮形成的标准平面的差，GB/T 10183.1 中表 3 的 1 级和 2 级公差），见图 10。

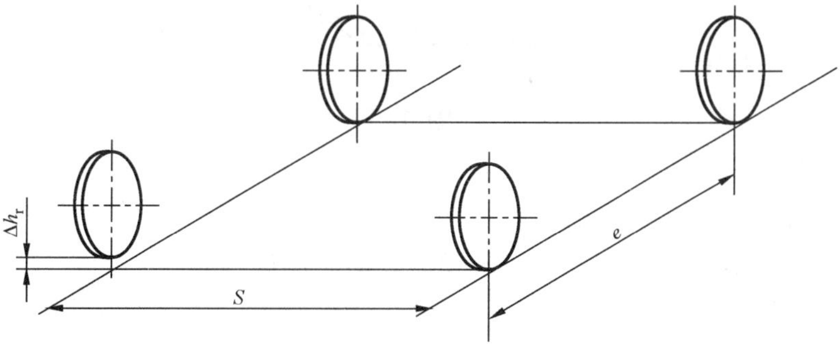

图 10

a)　自行式小车（1 级公差）：

当 $S \leqslant 2$ m 时,$\Delta h_r \leqslant 1.6$ mm;

当 $S > 2$ m 时,$\Delta h_r \leqslant 0.8S$ mm,$\Delta h_{rmax} = 3.2$ mm,S 单位为 m。

b) 牵引式小车(2 级公差):

当 $S \leqslant 2$ m 时,$\Delta h_r \leqslant 2$ mm;

当 $S > 2$ m 时,$\Delta h_r \leqslant 1.0S$ mm,$\Delta h_{rmax} = 4$ mm,S 单位为 m。

6.8 装配

6.8.1 卸船机跨度公差 A(GB/T 10183.1 中表 4 的 2 级公差),见图 11。

$S \leqslant 10$ m 时,$A = \pm 2.5$ mm;

$S > 10$ m 时,$A = \pm[2.5 + 0.1(S - 10)]$mm,式中 S 为跨度,单位为 m。

6.8.2 小车带轮缘车轮中心点之间轨距 S 的公差 A(GB/T 10183.1 中表 5 的 1 级和 2 级公差),见图 11。

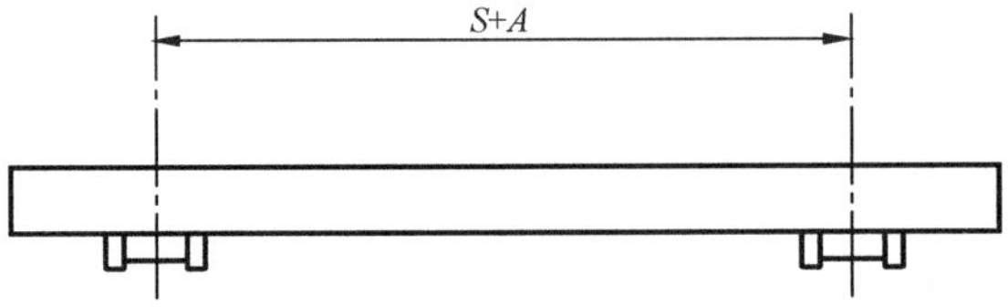

图 11

a) 自行式小车(1 级公差):

当 $S \leqslant 2$ m 时,$A = \pm 1.0$ mm;

当 $S > 2$ m 时,$A = \pm[1 + 0.1(S - 2)]$mm,S 单位为 m。

b) 牵引式小车(2 级公差):

当 $S \leqslant 2$ m 时,$A = \pm 2.0$ mm;

当 $S > 2$ m 时,$A = \pm[2 + 0.1(S - 2)]$mm,S 单位为 m。

6.8.3 小车车轮接触点高度公差 Δh_r(GB/T 10183.1 中表 5 的 1 级和 2 级公差),见图 12。

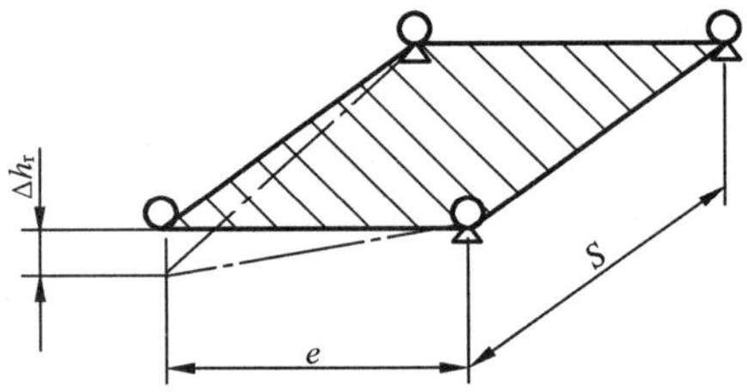

图 12

a) 自行式小车(1 级公差):

当 $S \leqslant 2$ m 时,$\Delta h_r \leqslant 1.6$ mm;

当 $S > 2$ m 时,$\Delta h_r = [1.6 + 0.1(S - 2)]$mm,$S$ 单位为 m。

b) 牵引式小车(2 级公差):

当 $S \leqslant 2$ m 时,$\Delta h_r \leqslant 2$ mm;

当 $S > 2$ m 时,$\Delta h_r = [2 + 0.1(S - 2)]$mm,$S$ 单位为 m。

6.8.4 导向轮或带轮缘车轮的水平偏斜 ΔF(GB/T 10183.1 中表 4、表 5 的 1 级和 2 级公差),

见图 13。

a) 自行式小车(1 级公差):

对导向轮:$\Delta F \leqslant \pm 0.32a$ mm,a 单位为 m;

对带轮缘车轮:$\Delta F \leqslant \pm 0.4e$ mm,e 单位为 m。

b) 牵引式小车、卸船机 (2 级公差):

对导向轮(仅小车):$\Delta F \leqslant \pm 0.4a$ mm,a 单位为 m;

对带轮缘车轮:$\Delta F \leqslant \pm 0.5e$ mm,e 单位为 m。

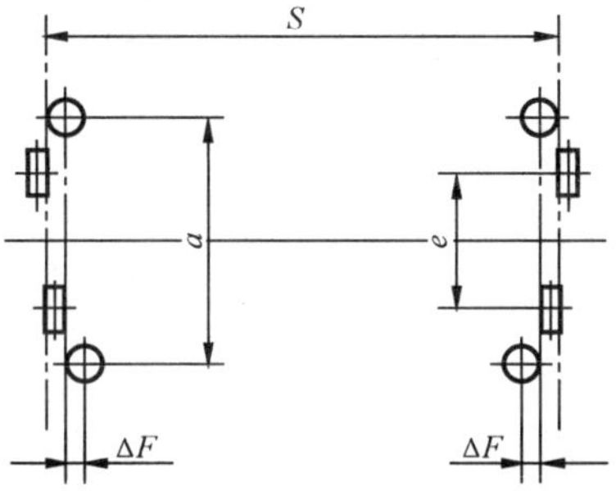

图 13

6.8.5 车轮在水平投影面内车轮轴中心线倾斜度公差 φ_r(GB/T 10183.1 中表 4、表 5 的 1 级和 2 级公差),见图 14。

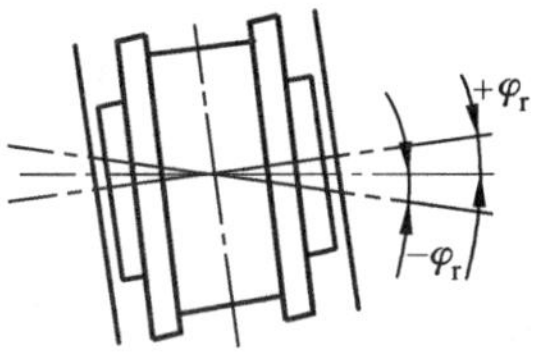

图 14

自行式小车(1 级公差):$\varphi_r = \pm 0.4‰$;

牵引式小车、卸船机 (2 级公差):$\varphi_r = \pm 0.5‰$。

6.8.6 在垂直平面内车轮轴中心线倾斜度公差 τ_r(车轮垂直倾斜度,GB/T 10183.1 中表 4、表 5 的1 级和 2 级公差),见图 15。

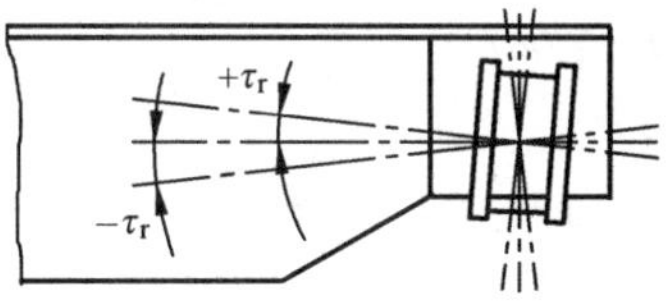

图 15

小车、卸船机:$-0.5‰ \leqslant \tau_r \leqslant +2‰$。

6.8.7 水平导向轮轴在垂直于轨道方向的轴线倾斜度公差 α_F,水平导向轮在沿轨道方向的轴线倾斜度公差 β_F,水平导向轮底面至轨道上平面的高度公差 Δh_F(GB/T 10183.1 中表 4 的 1 级和 2 级公差),见图 16。

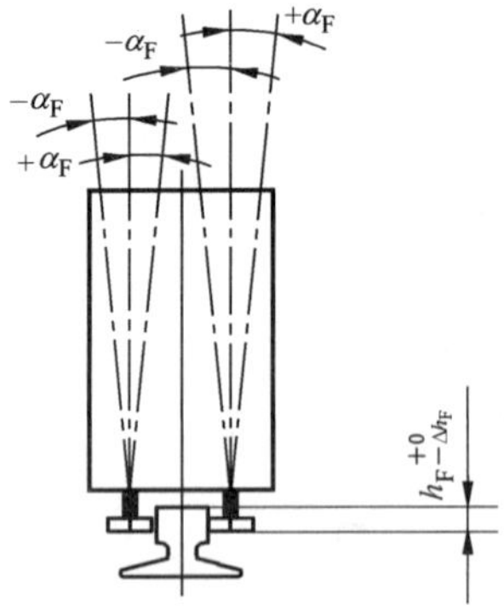

图 16

a) 自行式小车(1 级公差):

$\alpha_F=\pm 0.5‰$;$\beta_F=\pm 0.3‰$;$\Delta h_F={}^{0}_{-1}$ mm。

b) 牵引式小车、卸船机(2 级公差):

$\alpha_F=\pm 0.63‰$;$\beta_F=\pm 0.4‰$;$\Delta h_F={}^{0}_{-1.6}$ mm。

6.8.8 卸船机及小车运行机构的车轮基距为 e(或 8 轮和 8 轮以上的最上层运行平衡架轴间水平距离为 e)时的公差 Δe(GB/T 10183.1 中表 4、表 5 的 1 级和 2 级公差),见图 17。

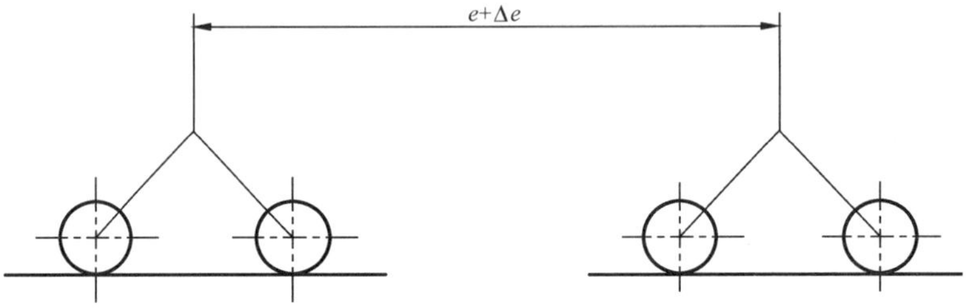

图 17

a) 自行式小车(1 级公差):

$e\leqslant 3$ m 时,$\Delta e=\pm 3.2$ mm;

$e>3$ m 时,$\Delta e=\pm e$ mm,e 单位为 m。

b) 牵引式小车、卸船机(2 级公差):

$e\leqslant 3$ m 时,$\Delta e=\pm 4$ mm;

$e>3$ m 时,$\Delta e=\pm 1.25e$ mm,e 单位为 m。

6.8.9 终端止挡器或缓冲器垂直于纵向轴线的平行度公差 F_{max}(即 GB/T 10183.1 中表 2、表 3 的 1 级和 2 级公差),见图 18。

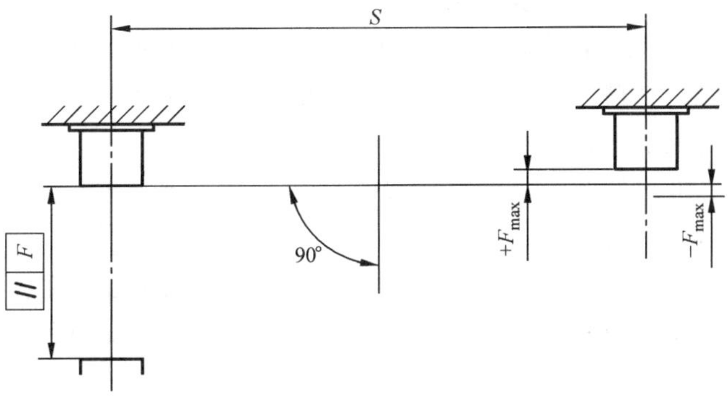

图 18

a) 自行式小车(1 级公差):

$F=0.8S$ mm,$F_{max}=\pm 8$ mm,S 单位为 m。

b) 牵引式小车和卸船机大车(2 级公差):

$F=1.0S$ mm,$F_{max}=\pm 10$ mm,S 单位为 m。

6.9 电气设备

6.9.1 总则

电气设备的设计和选择,应符合 GB/T 3811、GB 5226.1、GB/T 5226.2 及其他相关标准的规定。

6.9.2 一般要求

6.9.2.1 应确保含油装置在运行和安装时,油滴不会落到电气设备上,否则应加以保护。

6.9.2.2 所有电气设备应适于在−20 ℃～+40 ℃温度下工作,当电气设备安装在密闭的空间时,要有必要的措施来保证电气设备正常工作时所许可的温度。当环境温度较高或较低时,电气设备应按合同约定的卸船机工作温度设计,提供必要的降温和取暖装置。

6.9.2.3 所有电气设备应适应年平均相对湿度不应大于 90%的大气环境,如果预计环境湿度超过这个水平,要采取特殊的预防措施,具体细节应在合同中商定。

6.9.2.4 设置在室内的电气设备防护等级不应低于 GB 4208 中的 IP23,室外时不应低于 IP55。特殊环境下电气设备防护等级应由供需双方商定。

6.9.2.5 卸船机电控设备中各电路的绝缘电阻在一般环境中不应小于 1.0 MΩ。

6.9.2.6 电气装置的安装、施工、验收应符合 GB 50231、GB 50256 和 GB 50278 的规定。

6.9.3 特殊要求

6.9.3.1 主、副高压变压器宜用干式环氧树脂浇注型,高压侧应设调节电压的抽头(手动切换)。调节范围应为±2×2.5%。

6.9.3.2 高、低压开关柜宜用整体防护型,其中高压柜的防护等级不低于 IP4X,低压柜的防护等级不低于 IP23。柜内应设防冷凝加热器、检修插座及与柜门联锁的照明灯。

6.9.3.3 所有高压母线、隔离开关、熔断器及接线端子等,带电部分不应裸露在柜外。电缆的进出口在施工后应有密封措施。所有按钮、转换开关、仪表、指示灯应设在便于操作及观察的地方,并有功能指示标牌。

6.9.3.4 应设有火灾报警装置。火灾报警发生后的其他功能,根据用户的要求确定。

6.9.3.5 照明电源与动力电源应分开设置。动力电源切断时,照明不应失电。

6.9.3.6 应设有机内电话系统和有线广播等通信设备。

6.9.3.7 卸船机应设有码头供电的低压备用电源,其容量应满足当高压断电时,能够为卸船机提供照明、防冷凝加热器及维修等电源。该备用电源应该与机上供电电源具有联锁保护,保证任何时候只有一种电源提供给卸船机。

6.9.3.8 卸船机各主要机构的驱动电动机应设有防冷凝加热器及温控装置,带强迫通风时其风口应有防尘措施,并应符合 GB 755 的规定。

6.9.3.9 卸船机除紧急停止保护及其他重要联锁功能外,其余的动作顺序及联锁等功能均由可编程控制器(PLC)来完成。PLC 所有部件均应坚固可靠,适合于港口的高温、振动及潮湿等恶劣工作环境。

6.9.3.10 卸船机应具有监控管理系统,该系统由微型计算机(PC)来实现。

6.9.3.11 卸船机应具有相应的措施,确保功率因数及谐波符合 GB/T 10236 的规定。

6.9.4 电气设备的安装

6.9.4.1 卸船机的主要电控设备,包括驱动柜、PLC 控制柜及监控管理柜等电控装置均应安装在设有空调的电气室内。电气室内的温度不应大于 30 ℃。

6.9.4.2 安装时应使电气设备有必要的防振措施,并方便日常维护保养。开关柜在卸船机运行时不应有目视可见的相对于主机的水平移动和垂直跳动,不应把柜体直接与底座焊接,柜体应用螺栓与底座紧固。

6.9.4.3 开关柜内的布线均应采用铜质导电芯,其分相色标应符合国家标准。

6.9.4.4 高压柜前应有 10 mm 厚的绝缘橡胶板及必要的操作防护用品,其柜前操作距离不应小于1 m;低压柜前操作距离不应小于 0.6 m。

6.9.4.5 行程开关的触杆(块)及支架应牢固可靠,卸船机运转时不应有明显的晃动。

6.9.4.6 电阻器应具有符合安装环境的防护外罩,并通风散热良好。

6.9.5 线缆及其敷设

6.9.5.1 应选用符合 GB/T 9330.1、GB/T 9330.2 及 GB/T 9331 规定的船用护套电缆;高压供电选用高压橡套分相屏蔽软电缆;小车及移动司机室的供电电缆应选用船用橡皮绝缘氯丁护套软电缆;通讯及弱电控制电缆应选用专门的橡套分芯屏蔽多芯软电缆。

6.9.5.2 动力线最小截面为 2.5 mm^2;控制线路最小截面为 1.5 mm^2。全部用多股铜芯电缆或电线。弱电电子设备内的导线最小截面不做规定。

6.9.5.3 对有机械损伤、化学腐蚀、油浸蚀的场合应采取防护措施。每根管子的 90°弯头不应超过两处;管子弯曲半径不应小于管子外径的 6 倍。固定电缆的弯曲内半径不应小于电缆外径的 5 倍。移动电缆的弯曲半径不应小于电缆外径的 8 倍。

6.9.5.4 不同电压等级的电缆应分开敷设,强电电缆及弱电电缆也应分开敷设。在电缆桥中敷设电缆时,每束电缆应隔一定的距离,并捆扎牢固。

6.9.5.5 电缆管及电缆桥的接头处应保证机械和电气的连续性,并应可靠接地。所有紧固件均应采用耐腐蚀材料或进行防腐处理。

6.9.6 接地

6.9.6.1 卸船机整机接地电阻不应大于 10 Ω,而卸船机轨道接地电阻不应大于 4 Ω。电压为 3 kV及以上的变压器外壳,应设专门的接地线,其截面与容量有关,但不应小于 6 mm^2。对于低压电器设备的接地,一般应遵守下述原则:

a） 当相导线截面积 $S \leqslant 16\ mm^2$ 时，接地线截面积可等于 S，但不应小于 $2.5\ mm^2$；
$16\ mm^2 < S \leqslant 35\ mm^2$ 时，接地线截面积为 $16\ mm^2$；
$S > 35\ mm^2$ 时，接地线截面积为 $S/2$。

b） 当相导线电流 $I_S < 200$ A 时，用 M6 螺栓作为固定接地；
$200\ A \leqslant I_S < 630$ A 时，用 M8 螺栓作为固定接地；
$630\ A \leqslant I_S < 1\ 000$ A 时，用 M10 螺栓作为固定接地；
$I_S \geqslant 1\ 000$ A 时，用 M12 螺栓作为固定接地。

6.9.6.2 电缆金属护套应两端接地，但对于控制及通讯所采用的屏蔽电缆的屏蔽金属网，若一端接地更为有利时，应采用一端接地。

6.9.6.3 不应把接地线及机体直接作载流线或作 220 V 照明系统的回路零线。

6.9.7 照明

6.9.7.1 机器房、电气室、司机室内的照度不应低于 50 lx。

6.9.7.2 各主要通道及扶梯平台入口处的照度不应低于 30 lx。

6.9.7.3 料斗区域的照度不应低于 50 lx。

6.9.7.4 活动臂架及主梁下部横梁处均应有足够的照度，其工作面平均照度应不低于 30 lx。

6.9.7.5 卸船机门架梁处应有照明灯具。

6.9.7.6 卸船机应急照明设备应与用户协商确定。

7 涂装

7.1 涂装前的钢材表面处理

卸船机的主梁、臂架、门架等重要结构件应进行喷（抛）丸的除锈处理，达到 GB/T 8923 中的 Sa2$\frac{1}{2}$级；其余构件应达到 Sa2 级或 St2 级（手工除锈）。

7.2 涂漆质量

7.2.1 卸船机面漆应均匀、细致、光亮、完整和色泽一致，不得有粗糙不平、漏漆、错漆、皱纹、针孔及严重流挂等缺陷。

7.2.2 油漆漆膜总厚度不应小于 260 μm。

7.2.3 漆膜附着力应符合 GB/T 9286 中规定的一级质量要求。

8 试验方法

8.1 总则

卸船机试验应遵循 GB/T 5905 规定的规范和程序。

8.2 试验的条件

卸船机试验条件如下：

a） 试验时风速不应大于 8.3 m/s；

b） 试验时温度应为 0 ℃～40 ℃；

c） 最大相对湿度不应大于 95%，可有凝露、盐雾；

d） 场地的轨道安装公差应符合 6.2.4 的规定；

e） 外部电源电压应符合设计规定，其允差应控制在±10%之内。

8.3 目测检查

目测检查应包括检查所有重要部分的规格和/或状态是否符合要求，如：各机构、电气设备、安全装置、制动器、控制器、照明和信号系统；卸船机金属结构及其连接件、梯子、通道、司机室和走台；所有的防护装置，取物装置及其连接件；钢丝绳及其固定件；滑轮组及其轴向固定件。检查时，不必拆开任何部件，但应打开在正常维护和检查时应打开的盖子，如：限位开关盖。

目测检查还应包括检查必备的证书是否提供并经过审核。

8.4 空载试验

空载试验的各机构(例如、臂架的俯仰和防风挂钩、小车的运行、抓斗的起升和开闭、司机室的运行、卸船机的运行和夹轮轨动作、简易电梯的升降、料斗的附属机构等)应先分别在全行程慢速动作数次，无异常情况后方可进行全速运转。在试验中注意观测下述情况并做好以下记录：

a) 观测和检查各操作手柄(或按钮)运动动作的一致性；

b) 观测和检查各传动机构的安装情况和单动及联动动作的准确性；

c) 观测和检查各传动机构的行程限位开关动作是否达到要求；

d) 观测和检查卸船机运行、小车运行机构主动车轮在轨道全长上接触情况；

e) 检测臂架的单程俯仰时间。

8.5 静载试验

静载试验的目的是检验卸船机及其各部件的结构承载能力。

小车分别在跨中、水侧臂架端的基准点处，以 $1.0G_n$ 起升离地 100 mm～200 mm 后，无冲击地逐渐加载至 $1.25G_n$，保持 10 min。卸载后，抓斗落地（或放料斗上），小车移至后伸距或料斗上方。在主梁跨中、水侧臂架端的基准点处不应有永久变形。此时，主梁跨中实有上拱度和悬臂端的上翘度应符合 6.3.5 的规定，即可终止试验。如有永久变形，需从头做试验，但总共不应超过 3 次，不得再有永久变形。

试验后，如果未见到裂纹、永久变形、油漆剥落或对卸船机的性能与安全有影响的损坏，连接处也未出现松动、损坏。

8.6 额定载荷试验

目的是通过额定载荷试验，进一步测试卸船机的相关功能指标。

起升机构（抓斗）按 $1.0G_n$ 加载，分别做起升机构和小车运行机构的动作，然后按 GB/T 14406—2011 中 6.4.1、6.4.2 和 6.5 分别检测各机构的速度(含调速)、制动距离和起重机噪声。

如果用户对卸船机的静态刚性有要求，则按照合同约定检测静态刚性。将空载小车停放在水侧支腿零点，在主梁跨中和臂架端部找好基准点，然后将小车起升机构依次放在主梁和臂架端部最不利位置，分别按照额定起重量加载，载荷离地 100 mm～200 mm，保持 10 min，然后测量基准点的下挠数值后，将主梁基准点下挠数值除以主梁的跨度，即为卸船机的静态刚性；将悬臂基点下挠数值除以有效悬臂长度，即为悬臂的静态刚性。

8.7 动载试验

动载试验的目的主要是验证卸船机各机构和制动器的功能。

卸船机各机构的动载试验应先分别进行，而后做联合动作试验。做联合动作试验时，同时开动的机构不应超过两个。

起升机构(抓斗)按 $1.1G_n$ 加载,试验中对每种动作应在其整个运动范围内做反复起动和制动,对悬挂的试验载荷作空中起动时试验载荷不应出现反向动作。试验时应按该机的电动机接电持续率留有操作的间歇时间,按操作规程进行控制,且必须注意把加速度、减速度和速度限制在卸船机正常工作的范围内。按接电持续率及其工作循环,试验时间至少应延续 1 h。

如果各部件能完成其功能试验,并在随后进行的目测检验中没有发现机构或构件有损坏,连接处也没有出现松动或损坏。

8.8 生产率试验

8.8.1 额定生产率

8.8.1.1 额定工作循环周期 *T* 的确定

依照 5.9.2 和 5.9.3 规定的物料特性和船型的条件下,取船的舱口中心线上平均水位线附近(可根据物料不同选择不同的抓取点)作为抓斗的抓料点,以时间算最短的工作轨迹,并以设定的加速度和额定速度,抓斗自料斗上方开始按既定最短的工作轨迹行至抓料点抓料,再返回到料斗上方卸完料为止,所需要的时间作为额定工作循环周期 T(s)。

8.8.1.2 计算额定生产率

卸船机的额定生产率按式(1)计算:

$$Q=\rho VC\times 3\,600/T\ \ (\mathrm{t/h}) \qquad (1)$$

式中:

Q——卸船机额定生产率,单位为吨每小时(t/h);

ρ——合同所约定物料的粒度、湿度下的名义容重,单位为吨每立方米(t/m³);

V——抓斗名义容积,单位为立方米(m³);

C——抓斗抓满率,推荐取 $C=0.90\sim1.0$;

T——额定工作循环周期,单位为秒(s)。

额定生产率的计算方法,必要时也可在合同中另行约定。

8.8.2 实测生产率

测试应符合 8.8.1 的设计(或约定)条件。先以抓斗在船舱内的物料上抓取 3~5 次,取其抓取质量的平均值作为每斗次的抓取质量 q(t)、平均工作循环周期 T'(s),再按式(2)计算卸船机的实际生产率:

$$Q'=n\times q\ \ (\mathrm{t/h}) \qquad (2)$$

式中:

Q'——卸船机的实测生产率,单位为吨每小时(t/h);

q——抓斗平均抓取量,单位为吨(t);

n——每小时平均卸料次数(由 $n=3\,600/T'$ 求得)。

试验所用的抓斗必须与物料特性相适应,其操作应由合格的司机来担任,作业程序应符合试验大纲要求。

9 检验规则

9.1 检验分类

卸船机的检验分为出厂检验和型式试验。

9.2 出厂检验

9.2.1 卸船机在出厂前应进行整机总装或部件预装(钢丝绳及抓斗除外),包括:小车、门架金属结构、门架与主梁、门架与A型架、门架与大车运行机构、主梁与臂架、机器房、电气室与主梁、前后拉杆、臂架挂钩装置、物料输送系统等。

9.2.2 卸船机至少应进行部件预装并应进行空运转试验，正、反方向运转，各机构空运转试验累计时间不应少于5 min。

9.2.3 制造商的质量检验部门，应对每台卸船机进行出厂检验，检验合格后，向用户签发《产品合格证明书》。

9.2.4 出厂检验的主要项目见表9。

9.3 型式试验

9.3.1 有下列情况之一时，应进行型式试验：

a) 新产品或老产品转厂生产的试制定型鉴定；

b) 正式生产后，如结构、材料、工艺有较大改变，可能影响产品性能时；

c) 产品停产达一年以上后恢复生产时；

d) 出厂检验结果与上次型式试验有较大差异时；

e) 国家质量监督机构提出进行型式试验要求时。

9.3.2 型式试验的检验项目见表9。

9.3.3 型式试验一般应在用户使用现场进行试验。

表9

序号	项目名称	出厂检验	型式试验	要求值	试验方法	极限偏差
1	目测检验	√	√		8.3	
2	空载试验	—	√		8.4	
3	小车轨距	√	√	设计图样和6.7.9	GB/T 14406—2011中6.2.7	
4	卸船机跨度	√	√	设计图样和6.8.1	GB/T 14406—2011中6.2.2	
5	小车带轮缘车轮中心之间轨距公差	√	√	设计图样和6.8.2	GB/T 14406—2011中6.2.2	
6	小车轨道上任意点处车轮接触点高度差 Δh_r	√	√	6.7.11	GB/T 14406—2011中6.2.8	
7	小车车轮接触点高度差 Δh_r	√	√	6.8.3	GB/T 14406—2011中6.3.2.2	
8	车轮在水平投影面内车轮轴中心线倾斜度公差 φ_r	√	√	6.8.5	GB/T 14406—2011中6.3.3.1	
9	在垂直平面内车轮轴中心线倾斜度公差 τ_r	√	√	6.8.6	GB/T 14406—2011中6.3.3.2	
10	水平导向轮在垂直于轨道和沿轨道方向的轴线倾斜度公差 α_F 和 β_F	√	√	6.8.7	GB/T 14406—2011中6.3.3.3	
11	静载试验	—	√	6.3.5	8.5	

表 9（续）

<table>
<tr><th>序号</th><th colspan="3">项目名称</th><th>出厂检验</th><th>型式试验</th><th>要求值</th><th>试验方法</th><th>极限偏差</th></tr>
<tr><td rowspan="6">12</td><td rowspan="6">额定载荷试验</td><td colspan="2">抓斗升降速度</td><td rowspan="6">—</td><td rowspan="6">√</td><td rowspan="4">见设计图样</td><td rowspan="6">8.6 和 GB/T 14406—2011 中 6.4.1 和 6.4.2</td><td rowspan="2">−3%～+10%</td></tr>
<tr><td colspan="2">小车运行速度</td></tr>
<tr><td colspan="2">卸船机运行速度</td><td>±10%</td></tr>
<tr><td colspan="2">臂架俯仰单程时间</td><td>±10%</td></tr>
<tr><td rowspan="2">静态刚性</td><td>主梁跨中</td><td>$f \leqslant S/1\,000$</td><td rowspan="2"></td></tr>
<tr><td>悬臂端</td><td>$f' \leqslant L/350$</td></tr>
<tr><td>13</td><td colspan="3">动载试验</td><td>—</td><td>√</td><td>6.3.6</td><td>8.7</td><td></td></tr>
<tr><td>14</td><td colspan="3">生产率试验</td><td>—</td><td>√</td><td>6.3.1</td><td>8.8.2</td><td>−3%</td></tr>
<tr><td>15</td><td colspan="3">卸船机噪声</td><td>—</td><td>√</td><td>6.4.5</td><td>GB/T 14406—2011 中 6.5</td><td></td></tr>
<tr><td>16</td><td colspan="3">漆膜附着力及漆膜厚度</td><td>√</td><td>√</td><td>7.2.2 和 7.2.3</td><td>GB/T 9286 和 GB/T 14406—2011 中 6.2.10</td><td></td></tr>
<tr><td>17</td><td colspan="3">电控设备中各电路的绝缘电阻</td><td>√</td><td>√</td><td>6.9.2.5</td><td>GB/T 14406—2011 中 6.6</td><td></td></tr>
<tr><td>18</td><td colspan="3">抓斗的抓满率</td><td>—</td><td>√</td><td>6.3.7</td><td>GB/T 14406—2011 中 6.7</td><td></td></tr>
</table>

10 标志、包装、运输及贮存

10.1 标志

10.1.1 每台卸船机应在醒目位置设置额定生产率和额定起重量标志。

每台卸船机应在司机室或卸船机明显的位置装设标牌，标牌应符合 GB/T 13306 的规定。标牌上一般应标明下列内容：

a） 产品名称；

b） 主要技术参数；

c） 制造日期或生产编号；

d） 制造商名称。

10.2 包装

10.2.1 卸船机的包装应符合 GB/T 191 及 GB/T 13384 的有关规定。

10.2.2 需要解体的零部件的连接处应打上清晰的钢印标记和编号，电线接头应进行编号。

10.2.3 外露加工面应涂上防锈剂，防止锈蚀。

10.2.4 卸船机在发货时应包括下列随机文件：

a） 产品合格证明书；

b） 产品使用维护说明书；

c） 总图、主要部件图、PLC 应用程序、电气及液压系统原理图、布线图；

d） 备件及易损件清单；

e） 主要外购件的合格证和说明书；

f） 包装发运清单（包括随机附件清单）；

g） 专用工具、仪器清单；

h) 其他。

10.2.5 危险、易碎、防潮等包装箱、件,应分别注明危险、易碎、放置方向等符号字样。

10.2.6 大型零部件和包装箱的质量、质心、吊挂点应有标志,并应标明件号。

10.3 运输

10.3.1 产品的运输应符合铁路、公路、航运的有关运输要求。

10.3.2 采用整体运输方式时应按照海运的有关要求进行加固,落实航道上空的电缆线的净空(有季节性)以及相应的航道、高水位时桥涵通过性等,以使整机的运输通畅。

10.4 贮存

10.4.1 零部件应妥善保管,并应注意防锈、防潮、通风和防止变形。

10.4.2 大型结构件应防止变形和锈蚀。

ICS 53.020.20
J 80

中华人民共和国国家标准

GB/T 26477.1—2011

起重机　车轮和相关小车承轨结构的设计计算　第1部分：总则

Cranes—Design calculation for rail wheels and associated trolley track supporting structure—Part 1:General

(ISO 16881-1:2005,MOD)

2011-05-12 发布　　2011-12-01 实施

中华人民共和国国家质量监督检验检疫总局
中国国家标准化管理委员会　发布

前　言

GB/T 26477《起重机　车轮和相关小车承轨结构的设计计算》由五个部分组成：

——第1部分：总则；

——第2部分：流动式起重机；

——第3部分：塔式起重机；

——第4部分：臂架起重机；

——第5部分：桥式和门式起重机。

本部分为GB/T 26477的第1部分。

本部分修改采用ISO 16881-1：2005《起重机　车轮和相关小车承轨结构的设计计算　第1部分：总则》(英文版)。

本部分与ISO 16881-1：2005的主要技术性差异如下：

——本部分的第2章中用GB/T 22437.1《起重机　载荷与载荷组合的设计原则　第1部分：总则》和GB/T 22437.5《起重机　载荷与载荷组合的设计原则　第5部分：桥式和门式起重机》代替了ISO 16881-1：2005中引用的ISO 8686-1和ISO 8686-5，两个国家标准均系修改采用国际标准，其中的分项载荷系数 γ_p 和抗力系数 γ_m 的取值与ISO 8686-1和ISO 8686-5的规定有差异；

——在载荷组合表中还增加了高危险度系数 γ_n。

本部分还做了下列编辑性修改：

——将“ISO 16881的本部分”改为“GB/T 26477的本部分”；

——用小数点“.”代替作为小数点的逗号“,”；

——删除了ISO 16881-1：2005的前言；

——对于ISO 16881-1：2005中引用的国际标准，用已被采用为我国的标准代替对应的国际标准，未被采用为我国标准的直接引用国际标准；

——对ISO 16881-1：2005中的4.1.6、4.2和附录A中有效翼缘宽度 b_c 的计算公式及参考文献中[4]的编辑性错误进行了订正。

本部分的附录A和附录B为资料性附录。

本部分由中国机械工业联合会提出。

本部分由全国起重机械标准化技术委员会(SAC/TC 227)归口。

本部分起草单位：大连重工·起重集团有限公司。

本部分主要起草人：桂佩康、何铀、李秀苇、董炜、曹旭阳。

起重机　车轮和相关小车承轨结构的设计计算　第1部分：总则

1　范围

GB/T 26477 的本部分对选择轨道运行的起重机铸铁或钢质车轮的尺寸提出了要求，并给出了由轮压作用在起重机结构中产生的局部应力的计算公式。

2　规范性引用文件

下列文件中的条款通过 GB/T 26477 的本部分的引用而成为本部分的条款。凡是注日期的引用文件，其随后所有的修改单(不包括勘误的内容)或修订版均不适用于本部分，然而，鼓励根据本部分达成协议的各方研究是否可使用这些文件的最新版本。凡是不注日期的引用文件，其最新版本适用于本部分。

GB/T 6974.1　起重机　术语　第1部分：通用术语(GB/T 6974.1—2008，ISO 4306-1：2007，IDT)

GB/T 20863.1　起重机械　分级　第1部分：总则(GB/T 20863.1—2007，ISO 4301-1：1986，IDT)

GB/T 22437.1　起重机　载荷与载荷组合的设计原则　第1部分：总则(GB/T 22437.1—2008，ISO 8686-1：1989，MOD)

GB/T 22437.3　起重机　载荷与载荷组合的设计原则　第3部分：塔式起重机(GB/T 22437.3—2008，ISO 8686-3：1998，IDT)

GB/T 22437.5　起重机　载荷与载荷组合的设计原则　第5部分：桥式和门式起重机(GB/T 22437.5—2008，ISO 8686-5：1992，MOD)

ISO 8686-2　起重机　载荷与载荷组合的设计原则　第2部分：流动式起重机

ISO 8686-4　起重机　载荷与载荷组合的设计原则　第4部分：臂架起重机

3　术语和定义

GB/T 6974.1 确立的术语和定义适用于 GB/T 26477 的本部分。

4　要求

4.1　车轮的选择

4.1.1　车轮尺寸

为了确定车轮的尺寸，应做如下校验：

a)　校验车轮在使用中承受最大轮压的能力；

b)　校验车轮能确保正常运行且无异常的过度磨损。

上述的校验计算用式(1)和式(2)进行：

$$\frac{P_{\max}}{b \cdot D} \leqslant 1.9P_{\mathrm{L}} \quad \cdots\cdots(1)$$

$$\frac{P_{\mathrm{mean}}}{b \cdot D} \leqslant P_{\mathrm{L}} \cdot c_1 \cdot c_2 \quad \cdots\cdots(2)$$

式中：

D——车轮直径,单位为毫米(mm)；

b——轨道的有效宽度,单位为毫米(mm)；

P_{L}——由制造车轮的金属材料决定的许用比压,单位为牛每平方毫米($\mathrm{N/mm^2}$),见表1；

c_1——取决于车轮转速的系数,见表2；

c_2——取决于机构工作级别的系数,见表3；

$P_{\max}$——车轮在载荷组合A、B或C情况下的最大轮压,包括考虑动载试验和静载试验两者的载荷(载荷组合情况在GB/T 22437.1、GB/T 22437.3、GB/T 22437.5和ISO 8686-2、ISO 8686-4中都给出了定义)；

P_{mean}——当考虑A和B两种载荷组合情况时,等效工作轮压按式(3)计算,取较大值。

等效工作轮压考虑了车轮受载的各种变化,包括适用于一个工作循环期间与支承车轮有关的搬运载荷位置的变化。

式(3)给出的是等效工作轮压的近似值。

当工作程序已知时,利用搬运载荷的实际位置产生的轮压能更精确地计算等效工作轮压。在进行这一计算中,应采用起升载荷的最大值,系数c_2考虑了载荷的变化。

4.1.2 确定等效工作轮压

计算等效工作轮压时,应考虑车轮在规定的载荷情况下承受的最大轮压和最小轮压,即当确定P_{mean}时,在正常的工作状态下,不考虑动载系数ϕ,P_{mean}值按载荷组合A和载荷组合B的式(3)计算确定：

$$P_{\mathrm{mean}} = \frac{P_{\min,\mathrm{A,B}} + 2P_{\max,\mathrm{A,B}}}{3} \quad \cdots\cdots(3)$$

式中：

$P_{\min}$——车轮在载荷组合A、B情况下的最小轮压。

4.1.3 确定有效的轨道宽度 *b*

对于具有平坦或微凸承压面,总宽度l,每边倒角圆的半径r的轨道(见图1),其有效宽度b应用式(4)计算：

$$b = l - 2r \quad \cdots\cdots(4)$$

对于具有微凸承压面的轨道或车轮,因轨道与滚动车轮的接触得到了改善,故许用比压P_{L}可增加10%。

对于在工字梁下翼缘板上运行的具有平面、锥面或微凸承压面的车轮,有效宽度按式(5)计算：

$$b = w - r \quad \cdots\cdots(5)$$

式中:车轮踏面宽度w和倒角圆半径r按图2确定。车轮直径D应为投影宽度$(w-r)$中点上的直径。

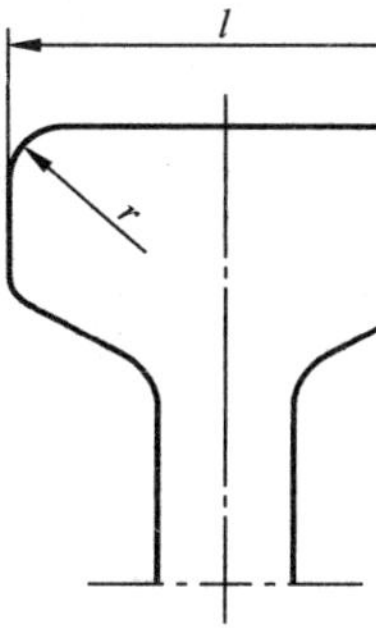

图 1　轨道尺寸

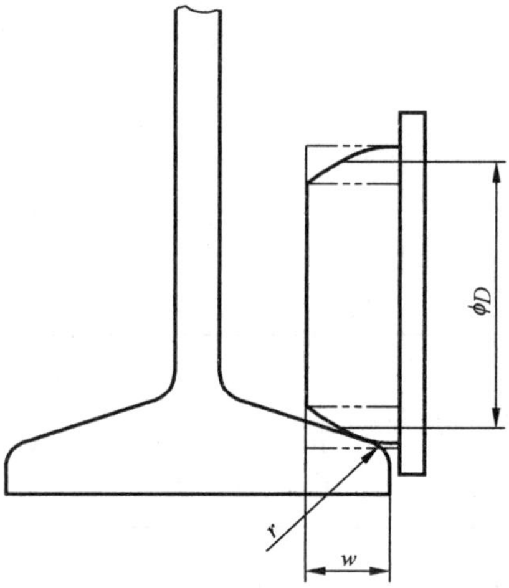

图 2　翼缘板上运行车轮的尺寸

4.1.4　**确定许用比压 P_L**

表 1 中给出的 P_L 值是车轮的金属材料极限强度的函数。

表 1　P_L 值

制造车轮用金属的极限强度 f_u/ (N/mm²)	P_L/ (N/mm²)	轨道的最小极限强度/ (N/mm²)
>500	5.00	350
>600	5.60	350
>700	6.50	510
>800	7.20	510
>900	7.80	600
>1 000	8.50	700

金属材料的质量应符合铸造、锻造、轧制钢或球墨铸铁的规定。

选择 P_L 值时，车轮踏面的硬化层深度可考虑为 0.01D。

在装有轮箍的轨道车轮情况下,应考虑轮箍的质量,轮箍应具有足够的厚度且不应自行辗出轮体。

4.1.5 确定系数 c_1

c_1 值根据车轮的转速确定,见表 2。

表 2 c_1 值

车轮转速/(r/min)	c_1	车轮转速/(r/min)	c_1	车轮转速/(r/min)	c_1
200	0.66	50	0.94	16	1.09
160	0.72	45	0.96	14	1.10
125	0.77	40	0.97	12.5	1.11
112	0.79	35.5	0.99	11.2	1.12
100	0.82	31.5	1.00	10	1.13
90	0.84	28	1.02	8	1.14
80	0.87	25	1.03	6.3	1.15
71	0.89	22.4	1.04	5.6	1.16
63	0.91	20	1.06	5	1.17
56	0.92	18	1.07		

4.1.6 确定系数 c_2

系数 c_2 根据机构工作级别确定,见表 3。

表 3 c_2 值

机构工作级别	c_2
M1、M2	1.25
M3、M4	1.12
M5	1.00
M6	0.90
M7、M8	0.80

上述各项公式只适用于直径不超过 1.25 m 的车轮。对于较大直径的车轮,经验表明应降低轨道和车轮间的允许压力。不推荐使用更大直径的车轮。

注:车轮选择方法在这里是以 FEM 1.001:1988 第 4 分册和 1998 修订版第 9 分册为基础。本方法以 GB/T 20863.1 中机构的工作级别分级(M1~M8)为基础。

4.2 运行车轮机构工作级别的确定

轨道车轮的机构工作级别(根据 GB/T 20863.1)一般按下列各项确定:

a) 总工作循环次数 C 取规定值或给定的 U-分级(使用等级)的总工作循环次数的上限。

b) 平移运行的平均位移 x_m 按照使用要求的规定。

c) 机构载荷状态级别数 L_i 应取规定值或从给定型谱或工作循环种类计算出来的值。

d) 总行程 $L=2C\cdot x_m$。

e) 运行时间 $T=L/v_t$,v_t 为机构正常运行速度(通常为最大运行速度)。

f) 操作时间级别的计算如 $T_j=1+\text{int}[\ln(T/200.01)/\ln(2)]$。

示例 1：$T=3\ 200$，$T_j=1+\mathrm{int}[\ln(3\ 200/200.01)/0.693\ 147]=1+\mathrm{int}(3.999\ 9)=4$；→使用等级级别 T4。

示例 2：$T=3\ 201$，$T_j=1+\mathrm{int}[\ln(3\ 201/200.01)/0.693\ 147]=1+\mathrm{int}(4.000\ 4)=5$；→使用等级级别 T5。

g) 机构级别数的计算如 $m_m=L_i+T_j-2$。

T_j、L_i 和 m_m 应取整数，例如 5，或用相应的符号 T5 表示。

4.3 由轮压产生的局部应力的确定

由小车和大车(起重机)车轮轮压产生的局部应力可根据附录 A 和附录 B 确定。

当采用许用应力法时，局部应力根据附录 A 和附录 B 组合，由额定载荷产生的合成应力不应超过许用应力。

当采用极限状态法时，局部应力的计算应为该项计算载荷乘以相应的分项载荷系数 γ_p。其合成应力不应超过屈服应力除以材料的抗力系数 γ_m。

系数 γ_p 和 γ_m 应取自 GB/T 22437 和 ISO 8686 的有关部分。

附　录　A
（资料性附录）
轨道下轮压的分布

法向和横向作用于轨道的轮压，在承轨梁的焊缝或腹板铆钉和腹板产生的局部应力应按照轨道和翼缘系统来确定。

本附录提出的计算方法的前提条件：腹板和轨道布置符合 ISO 12488-1 规定的公差。超出公差时，应考虑由此产生的弯矩。

除非做更精确的计算，当轨道由上部翼缘直接支承的时候，由轮压在腹板或梁上部焊缝中产生的局部垂直应力用式(A.1)计算：

$$\sigma_Z = 0.32 \times \frac{F_{max}}{t_c} \times \sqrt[3]{\frac{t_w}{J_c}} \qquad \text{(A.1)}$$

式中：

F_{max}——包括反映动力效应的载荷系数 ϕ_i 的最大轮压；

t_w——腹板厚度（见图 A.1）；

t_c——腹板厚度［见图 A.1a)］；或

- 减少的焊缝高度 $1.4a$［见图 A.1b)］；
- 减少的焊缝高度 $0.7a$［见图 A.1c)］；

J_c——由运行轨道和部分翼缘板横截面组成的断面的惯性矩(见图 A.2 的阴影部分)。

J_c 通常应采用起重机轨道可用断面的 90％计算。此值可根据预期值的变化做调整：

——工作循环次数；

——载荷谱；

——形位公差；

——轨道和车轮的材料。

用于计算的磨损极限应在使用说明书中规定。

在运行轨道横截面被夹紧的情况下，J_c 为轨道及翼缘的相关部分的单个惯性矩计算值之和。

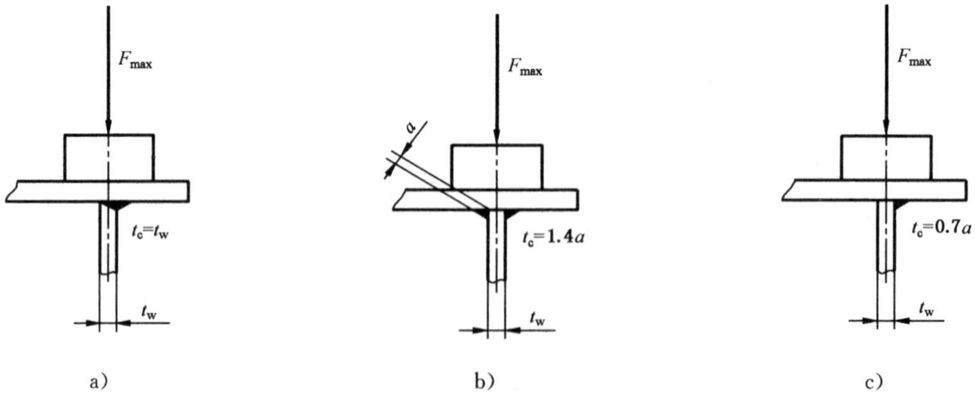

图 A.1　t_w 和 t_c 的示意图

在这种情况下，有效翼缘宽度 b_c，按式(A.2)计算：

$$b_c = b_r + 0.4(50 + 2h_c),\text{mm} \qquad (\text{A.2})$$

式中：

b_r——轨道宽度；

h_r——轨道高度；

h_c——从轨道顶部到翼缘底部的距离。

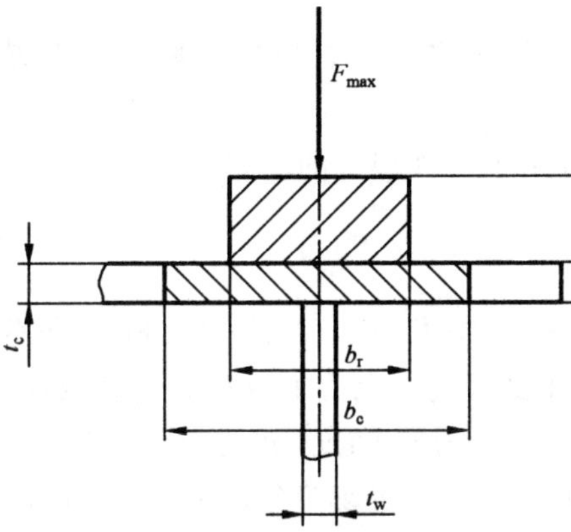

图 A.2　计算 J_c 的标定面积

附 录 B
（资料性附录）
车轮支承翼缘板的局部应力

B.1 总则

当小车运行在主梁翼缘时，在轮压 F 作用点的响应区域中产生翼缘的局部弯曲应力，它与梁的支承配置无关。

本附录中给出的公式和系数可用于两种型式的主梁：

——工字梁主梁(见 B.2)；

——箱形梁主梁(见 B.3)。

按照 GB/T 22437.1、ISO 8686-2、GB/T 22437.3、ISO 8686-4 和 GB/T 22437.5 确定的应力和在疲劳应力校验中，局部应力应在复合应力上叠加。注意一定要添加正号和负号。在载荷组合 A,B 和 C(见前述标准相应的表)以及疲劳强度(载荷组合 A)校核中，板和全焊透焊缝的局部应力在与复合应力叠加之前应乘以 0.75。在疲劳分析中，当采用系数 0.75 时，合成应力应与焊接接头或细部的拉伸疲劳强度做比较。

由于翼缘板具有充裕的塑性抗弯能力或腹板具有充裕的塑性抗拉能力，故局部应力可降低系数 0.75。

在疲劳分析中，因为对于相同的接头或细部而言，板的弯曲疲劳强度一般比拉伸疲劳强度高30%～60%，故可减少局部应力的影响。

如果轮压 F 不对称，局部应力用最大轮压和相应的距离 i 计算。除了这些翼缘弯曲应力和主应力外，还应计算主梁横断面中由非对称载荷作用点产生的扭转应力。

B.2 轮压作用在工字梁下翼缘的局部应力

作用于 X 和 Y 方向的应力为 σ_{FX} 和 σ_{FY}（见图 B.1)。其计算公式为式(B.1)和式(B.2)：

$$\sigma_{FX}=c_X(\lambda)\frac{F}{t_f^2} \quad \text{(B.1)}$$

$$\sigma_{FY}=c_Y(\lambda)\frac{F}{t_f^2} \quad \text{(B.2)}$$

图中数字含义为：

0——在腹板/翼缘过渡区的应力；

1——在轮压作用点的应力；

2——在梁的边缘的应力。

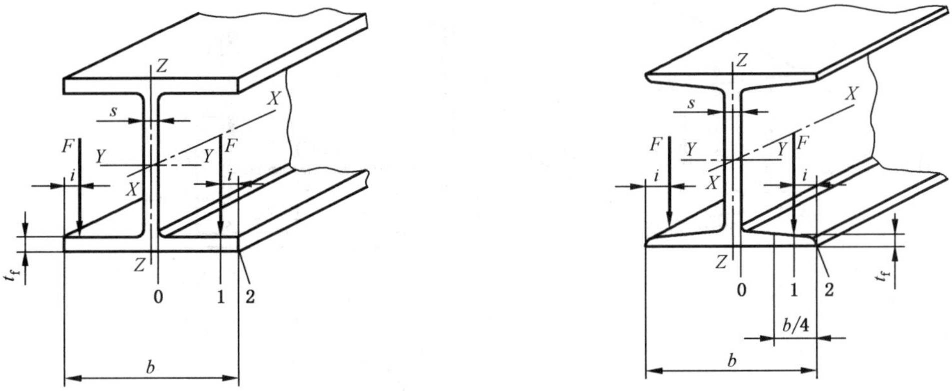

a) 平行翼缘工字梁　　　　b) 倾斜翼缘工字梁

图 B.1　工字梁的局部应力计算符号

变量 F,t_f,i 和 λ 各项具有下列含义:

F——包括反映动力效应的载荷系数 ϕ_i 的最大轮压;

t_f——翼缘(无公差和磨损)的理论厚度;对倾斜翼缘工字梁,t_f 为在轮压作用点,见图 B.1b)中点 1 处的厚度;

i——梁边缘至轮压作用点的距离;

b——翼缘的宽度;

s——腹板的厚度;

λ 用式(B.3)计算:

$$\lambda=\frac{i}{0.5(b-s)} \qquad \cdots\cdots(B.3)$$

翼缘底部的下表面计算点 0、1 和 2 的应力系数 $c_X(\lambda)$ 和 $c_Y(\lambda)$ 在表 B.1 中给出。在翼缘的上部表面的应力符号相反。

表 B.1　局部应力系数

	带平行翼缘的 I 字梁	带倾斜翼缘的 I 字梁
纵向弯曲应力	$c_{X0}=0.050-0.580\lambda+0.148e^{3.015\lambda}$ $c_{X1}=2.230-1.490\lambda+1.390e^{-18.33\lambda}$ $c_{X2}=0.730-1.580\lambda+2.910e^{-6.00\lambda}$	$c_{X0}=-0.981-1.479\lambda+1.120e^{1.322\lambda}$ $c_{X1}=1.810-1.150\lambda+1.060e^{-7.700\lambda}$ $c_{X2}=1.990-2.810\lambda+0.840e^{-4.690\lambda}$
横向弯曲应力	$c_{Y0}=-2.110+1.977\lambda+0.0076e^{6.53\lambda}$ $c_{Y1}=10.108-7.408\lambda-10.108e^{-1.364\lambda}$ $c_{Y2}=0$	$c_{Y0}=-1.096+1.095\lambda+0.192e^{-6.000\lambda}$ $c_{Y1}=3.965-4.835\lambda-3.965e^{-2.675\lambda}$ $c_{Y2}=0$

B.3　轮压作用在箱形梁下翼缘板的局部应力

轮压作用在箱形梁下翼缘板的局部应力见图 B.2。

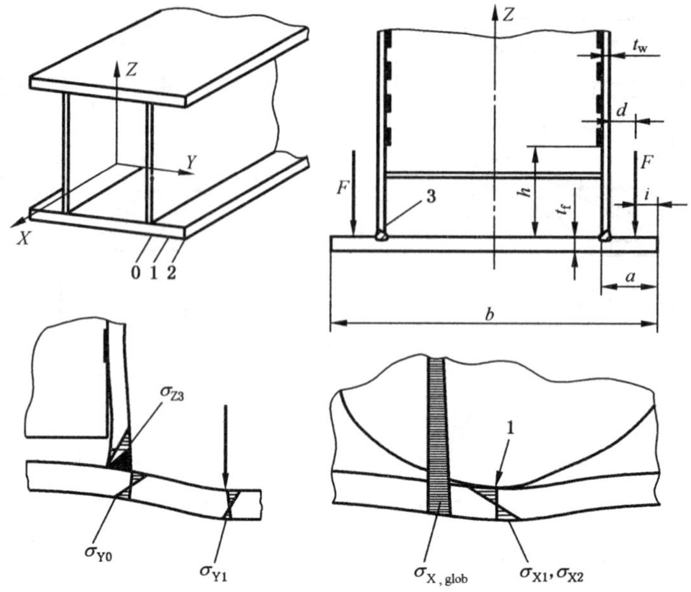

说明：

1——小车车轮。

图 B.2 箱形梁的局部应力计算符号

表 B.2 中给出了计算箱形梁下翼缘板局部应力的公式和系数。公式和系数均以有限元法计算结果的曲线为依据。因此，它们均为近似值且没有实际依据。

表 B.2 应力和系数公式

图 B.2 中的点	应力公式	系数	符号和极限
0	$\sigma_{X0}=c_{X0}\dfrac{F}{t_f^2}$ $\sigma_{Y0}=c_{Y0}\dfrac{F}{t_f^2}$	$c_{X0}=0.123+0.48\lambda+0.194\lambda^2-0.5\arctan(5r_t-1.375)$ $c_{Y0}=-1.306\ 7-1.45r_t+0.583\ 3\ r_t{}^2+1.933\lambda$	对所有公式都有效 $r_t=\dfrac{t_w}{t_f}$ $2a<b<16a$ $0.1<i/a<0.5$ $0.15<r_t<0.8$
1	$\sigma_{X1}=c_{X1}\dfrac{F}{t_f^2}$ $\sigma_{Y1}=c_{Y1}\dfrac{F}{t_f^2}$	$c_{X1}=2.23-1.49\lambda+2e^{-18.33\lambda}(1+1.5r_t)+0.4r_t{}^{2.5}$ $c_{Y1}=0.33(r_t-1)+(1+2r_t)[0.3\lambda+0.4\sin(3.4\lambda+0.4r_t{}^2)]$	
2	$\sigma_{X2}=c_{X2}\dfrac{F}{t_f^2}$ $\sigma_{Y2}=0$	$c_{X2}=-0.95+\dfrac{2.70}{(2\lambda+0.5)^{rt0.333}}+[1.2(\lambda-0.1)^{0.25}-0.76]\left(\dfrac{0.2}{r_t}\right)^4$ $c_{Y2}=0$	
3 在腹板和焊缝坡口	腹板应力是膜应力(m)和弯曲应力(b)的总和 $\sigma_{Z3}=\sigma_{Z3m}+\sigma_{Z3b}$ $\sigma_{Z3}=c_{Zm}\dfrac{f}{(d+t_f)t_w}+k_{Zh}c_{Zb}\dfrac{6Fd}{t_w{}^3[1+(2r_t)^{-3}]}$	$c_{Zm}=0.4+1.8r_t{}^2$ $c_{Zb}=(0.01+0.021\ 2r_t{}^3)[0.125(b/a)-0.25]^{0.125}$ $k_{Zh}=1$ $k_{Zh}=1+\dfrac{k_{Z0}}{(1+0.000\ 453\ 6r_h^3)}$ $k_{Z0}=2+1.5\sin[1.5\pi(0.35-r_t)]+0.45\sin[4\pi(r_t-0.5)]$	$r_h=\dfrac{h}{t_w}$ 4 mm$\leqslant t_w\leqslant$12 mm $50t_w<h$ $0\leqslant h<50t_w$

在 0、1、2 点的应力符号适用于下表面。上表面应力符号相反。

部分焊透的角焊缝局部应力公式按照图 B.3 的说明。

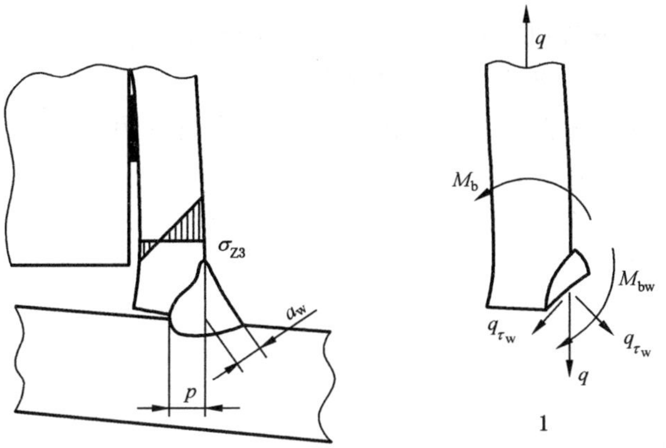

说明：

1——隔离体图。

图 B.3　角焊缝的计算符号

$q=\sigma_{Z3m}t_w$； $M_b=\sigma_{Z3b}\dfrac{t_w^2}{6}$； $a_{wp}=a_w+\dfrac{p}{\sqrt{2}}$； $e=\dfrac{t_w}{2}+\dfrac{a_w}{2\sqrt{2}}-0.75p$；

$q_{\sigma w}=q_{\tau w}=\dfrac{q}{\sqrt{2}}$； $M_{bw}=M_b-qe$；

$\sigma_n=\tau_w=\dfrac{q_{\sigma w}}{a_{wp}}$； $\sigma_{bw}=\dfrac{6M_{bw}}{a_{wp}^2}$；

焊缝表面应力： $\sigma_{ws}=\sigma_n+\sigma_{bw}$；

焊缝根部应力： $\sigma_{wr}=\sigma_n-\sigma_{bw}$。

焊缝根部的应力合成公式为：

$$\left(\frac{\sigma_{X,glob}-0.75\sigma_{X0}}{f_{Rd,X}}\right)^2+\left(\frac{\sigma_{wr}}{f_{Rd,Y}}\right)^2-\frac{(\sigma_{X,glob}-0.75\sigma_{X0})\sigma_{wr}}{f_{Rd,X}\cdot f_{Rd,Y}}+\left(\frac{\tau_{glob}}{f_{Rd,\tau X}}\right)^2+\left(\frac{\tau_w}{f_{Rd,\tau Y}}\right)^2\leqslant 1$$

下脚标“glob”意为计算点的综合(复合)应力(纵向正应力和通过焊缝的剪[切]应力)。

降低系数 0.75 不应用于角焊缝的横向应力。

注 1：按照 B.1 和 B.2 计算的局部应力符合 FEM 9.341 和 CMAA No.74 的规定。

注 2：B.3 是基于有限元计算的进一步展开。

参 考 文 献

[1] ISO 12488-1 起重机 车轮及大车和小车轨道公差 第1部分:总则
[2] FEM 1.001:1998 起重机械设计规范[1)]
[3] FEM 9.341 系列起重机械设计规范 梁的局部应力
[4] CMAA No.74 电动单梁起重机设计规范[2)]

1) FEM为欧洲物料搬运协会。
2) CMAA为美国起重机制造商协会。

S 53.020.20
80

中华人民共和国国家标准

GB/T 26558—2011

桅 杆 起 重 机

Derrick cranes

011-06-16 发布　　2011-12-01 实施

中华人民共和国国家质量监督检验检疫总局
中 国 国 家 标 准 化 管 理 委 员 会　发布

前　　言

本标准的附录C为规范性附录,附录A、附录B为资料性附录。

本标准由中国机械工业联合会提出。

本标准由全国起重机械标准化技术委员会(SAC/TC 227)归口。

本标准起草单位:华电郑州机械设计研究院有限公司。

本标准主要起草人:郝红兵、司健、李纲、胡水根、李太周、王继东、王明勤、王令饴、解清。

桅杆起重机

1 范围

本标准规定了桅杆起重机的术语与定义、分类、基本参数、技术要求、试验方法、检验规则、信息标识、包装、运输和贮存。

本标准适用于主结构为金属结构、临时或长久固定安装的桅杆起重机，也适用于任何一种类型变异、但有相同基本原理特征的桅杆式起重机(以下简称起重机)。

本标准不适用于浮式桅杆起重机。

2 规范性引用文件

下列文件中的条款通过本标准的引用而成为本标准的条款。凡是注日期的引用文件，其随后所有的修改单(不包括勘误的内容)或修订版均不适用于本标准，然而，鼓励根据本标准达成协议的各方研究是否可使用这些文件的最新版本。凡是不注日期的引用文件，其最新版本适用于本标准。

GB/T 699 优质碳素结构钢

GB/T 700 碳素结构钢(GB/T 700—2006,ISO 630:1995,NEQ)

GB/T 783 起重机械最大起重量系列(GB/T 783—1987,eqv ISO 2374:1983)

GB/T 985.1 气焊、焊条电弧焊、气体保护焊和高能束焊的推荐坡口(GB/T 985.1—2008,ISO 9692-1:2003,MOD)

GB/T 985.2 埋弧焊的推荐坡口(GB/T 985.2—2008,ISO 9692-2:1998,MOD)

GB/T 1147 中小功率内燃机 第1部分:通用技术条件

GB/T 1231 钢结构用高强度大六角头螺栓、大六角螺母、垫圈技术条件

GB/T 1591 低合金高强度结构钢

GB/T 3098.1 紧固件机械性能 螺栓、螺钉和螺柱(GB/T 3098.1—2000,idt ISO 898-1:1999)

GB/T 3098.2 紧固件机械性能 螺母、粗牙螺纹(GB/T 3098.2—2000,idt ISO 898-2:1992)

GB/T 3323 金属熔化焊焊接接头射线照相(GB/T 3323—2005,EN 1435:1997,MOD)

GB/T 3766 液压系统通用技术条件(GB/T 3766—2001,eqv ISO 4413:1998)

GB/T 3811—2008 起重机设计规范

GB 4208 外壳防护等级(IP代码)(GB 4208—2008,IEC 60529:2001,IDT)

GB/T 4942.1 旋转电机整体结构防护等级(IP代码)分级(GB/T 4942.1—2006,IEC 60034-5:2000,IDT)

GB/T 5117 碳钢焊条(GB/T 5117—1995,eqv ANSI/AWS A5.1:1991)

GB/T 5118 低合金钢焊条(GB/T 5118—1995,neq ANSI/AWS A5.5:1981)

GB 5226.2—2002 机械安全 机械电气设备 第32部分:起重机械技术条件(idt

IEC 60204-32:1998)

GB/T 5293 埋弧焊用碳钢焊丝和焊剂(GB/T 5293—1999,eqv ANSI/AWS A5.17:1989)

GB/T 5905 起重机试验规范和程序(GB/T 5905—1986,idt ISO 4310:1981)

GB/T 5972 起重机 钢丝绳 保养、维护、安装、检验和报废(GB/T 5972—2009,ISO 4309:2004,IDT)

GB/T 5974.1 钢丝绳用普通套环

GB 6067.1 起重机械安全规程 第1部分:总则

GB/T 6974.1 起重机 术语 第1部分:通用术语(GB/T 6974.1—2008,ISO 4306-1:2007,IDT)

GB/T 8110 气体保护电弧焊用碳钢、低合金钢焊丝(GB/T 8110—2008,AWS A5.18M:2005,MOD;AWS A5.28M:2008,MOD)

GB 8918 重要用途钢丝绳(GB 8918—2006,ISO 3154:1988,MOD)

GB/T 8923 涂装前钢材表面锈蚀等级和除锈等级(GB/T 8923—1988,eqv ISO 8501-1:1988)

GB/T 9286 色漆和清漆 漆膜的划格试验(GB/T 9286—1998,eqv ISO 2409:1992)

GB/T 10051.1~10051.15 起重吊钩

GB/T 12470 埋弧焊用低合金钢焊丝和焊剂

GB 12602—2009 起重机械超载保护装置

GB/T 13306 标牌

GB/T 13384 机电产品包装通用技术条件

GB 15052 起重机 安全标志和危险图形符号 总则(GB 15052—2010,ISO 13200:1995,IDT)

GB/T 20118 一般用途钢丝绳(GB/T 20118—2006,ISO/DIS 2408:2002,MOD)

GB/T 20303.1 起重机 司机室 第1部分:总则(GB/T 20303.1—2006,ISO 8566-1:1992,IDT)

GB 50007 建筑地基基础设计规范

GB 50256 电气装置安装工程 起重机电气装置施工及验收规范

JB/T 5000.6 重型机械通用技术条件 第6部分:铸钢件

JB/T 5000.8 重型机械通用技术条件 第8部分:锻件

JB/T 6392 起重机车轮

JB/T 9007(所有部分) 起重滑车

JB/T 10559 起重机械无损检测 钢焊缝超声检测

JGJ 79 建筑地基处理技术规范

JGJ 82 钢结构高强度螺栓连接的设计、施工及验收规程

JG/T 5082.1 建筑机械与设备 焊接通用技术条件

3 术语和定义

GB/T 6974.1 确立的以及下列术语和定义适用于本标准。

3.1

桅杆起重机 derrick crane

以两端通过绳索或支撑固定的桅杆(或相同功能构件)为基本构件,配备或者不配备臂架及回转机构,依靠卷扬机和操作绳索工作的起重机。

3.2

桅杆　mast

起重机中,连接臂架的竖立支撑构件;无臂架时,兼做臂架使用。

3.3

臂架　boom

借助于桅杆,使起重机具有一定的幅度和起升高度,用以悬挂物品的构件。

3.4

回转盘　sole plate

与竖直桅杆底部相连接的构件,且能通过驱动机构驱动该部件使起重机摆动或旋转。

3.5

回转支承　slewing ring

安装于基础上、承受起重机全部载荷的部件,有轴承和环形轨道两种形式。通过动力装置驱动该部件使起重机摆动或旋转。

3.6

基座　support-pedestal

起重机中固定在基础上的支承装置,用来承受桅杆、臂架、斜撑、动力机构所传递的载荷。

3.7

顶部枢轴　gudgeon pin

桅杆顶部与缆绳顶盖相连接、允许桅杆转动的枢轴。

3.8

缆绳顶盖　mast cap

安装在桅杆顶部枢轴上,用以连接各条缆绳,并允许桅杆作自由回转的盘状盖。

3.9

缆绳　guy

连接桅杆顶部与地锚间的钢丝绳,用以保持桅杆的稳定与竖直或调整桅杆的工作角度。

3.10

张紧装置　turnbuckle

用以调整缆绳张紧力的装置。

3.11

斜撑　back stay

在斜撑式桅杆起重机中,连接在桅杆顶部与地梁(或地锚)之间的刚性支撑结构件。

3.12

地梁　sleeper

(1)　连接在桅杆基座与地锚之间,用于固定斜撑的水平结构件。

(2)　连接人字形桅杆、门式桅杆底部的构件。

3.13

系梁　bowsill

联接在两地梁端部之间的紧固支撑构件。

3.14

地锚 guy anchor

埋设于土壤、岩石、混凝土基础中或固定于有足够抗力的建筑物结构上，用以锚固缆绳、地梁或驱动机构的装置。在地面摩擦力足够的条件下，也可采用压置式地锚。

3.15

起升绳偏角 β hoist rope angle β

对于允许采用牵引绳牵引吊具，使吊具在包含臂架中心线的垂直平面内偏离吊具自由状态的垂直投影点进行作业的不变幅起重机，在包含臂架中心线的垂直平面内，起升绳与铅垂线的夹角。

3.16

牵引绳 drag rope

(1) 对于不变幅起重机，用以控制起升绳偏角 β、由动力牵引的绳索。

(2) 用于拽引起重机回转盘使臂架进行转动、由动力牵引的绳索。

(3) 在臂架上端两侧拽引臂架使其摆动、由动力牵引的绳索。

3.17

牵引绳偏角 γ drag rope angle γ

对于允许采用牵引绳牵引吊具，使吊具在包含臂架中心线的垂直平面内偏离吊具自由状态的垂直投影点进行作业的不变幅起重机，牵引绳与水平面的夹角。

3.18

停止器 ratchet arrestor

用以防止卷筒反转、但不影响卷筒正常转动的控制装置。

4 分类、基本参数

4.1 分类

起重机按构造型式分为 6 种类型。

4.1.1 摇臂式桅杆起重机 rocker derrick crane

在起重机中，臂架根部铰接在与桅杆底端连接的基座或地梁上，臂架上端用绳索连接在桅杆顶部；桅杆下部铰接于基座，桅杆顶部用缆绳(或拉杆)连接于起重机后方地锚；臂架受牵引绳牵引可左右摇摆、受变幅滑轮组牵引可进行俯仰(见图 1)。

起重机的桅杆有单杆型桅杆、人字形桅杆等。

4.1.2 人字架桅杆起重机 shearleg derrick crane

在起重机中，臂架根部铰接在基座上，臂架上端用绳索连接在桅杆顶部；桅杆底部铰接于基座，桅杆顶部用绳索(或拉杆)连接于起重机后方地锚；臂架受变幅滑轮组牵引可进行俯仰(见图 2)。

此种起重机也可整体安装在一个与固定于基础的回转支承相连接的回转台上，使其具备回转功能。

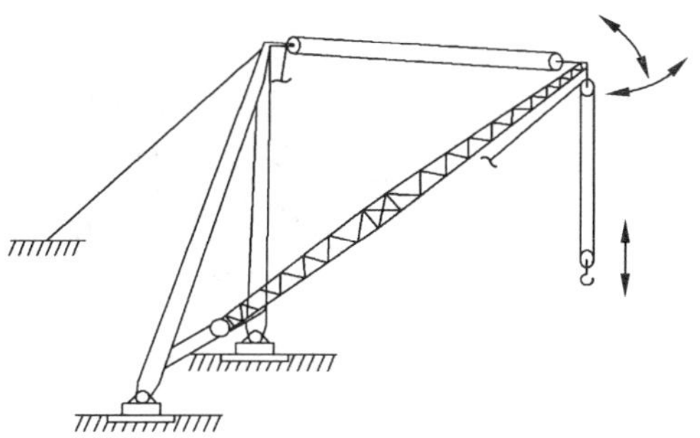

图 1

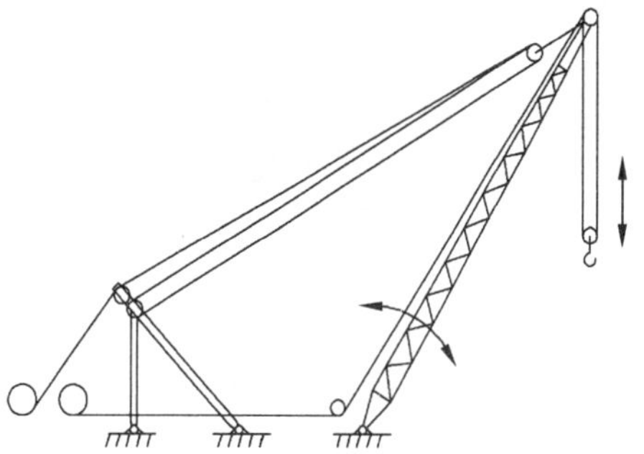

图 2

4.1.3 单桅杆起重机 mono-mast derrick crane

在起重机中无专门的臂架；桅杆底端铰接或固接于基座，桅杆顶部用缆绳（或撑杆）从一个或几个方向上连接于地锚（或基座）；负载通过滑轮和绳索缠绕系统进行升降（见图 3）。

起重机的桅杆型式有：单杆桅杆、人字形桅杆、门式桅杆和三脚架桅杆。

4.1.4 悬臂式桅杆起重机 suspensory derrick crane

以建筑物的外部竖向构件做桅杆，臂架根部铰接于安装在竖向构件的基座上，臂架上端用绳索连接于竖向构件的合适位置以控制臂架的俯仰；臂架连同负载在两侧牵引绳的作用下可左右摇摆（见图 4）。

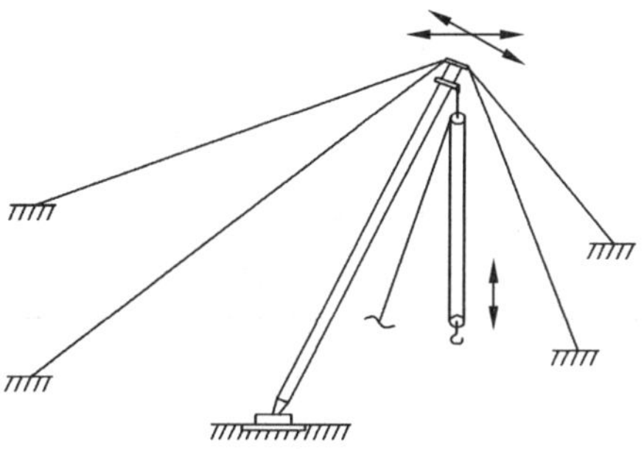

图 3

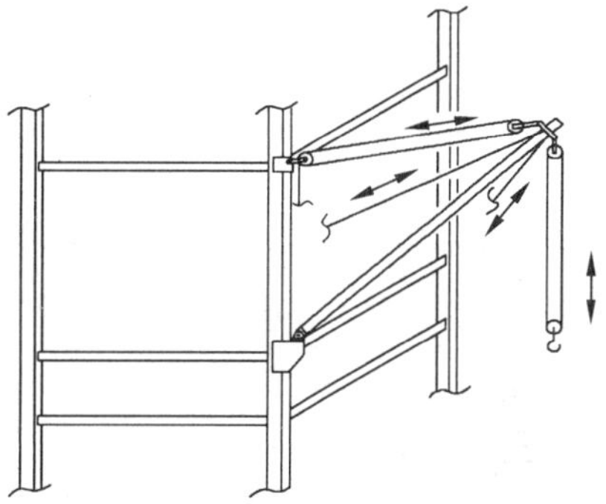

图 4

4.1.5 缆绳式桅杆起重机 guy-derrick crane

在起重机中，臂架根部铰接于桅杆下端，臂架上端用绳索连接在桅杆上端控制臂架的俯仰；桅杆根部铰接于基座，桅杆顶部用绳索从几个方向上牵引连接于地锚使之保持竖直，桅杆底部在回转机构的驱动下使臂架能在一定角度或 360°范围内转动；臂架上端的绳索缠绕系统用来升降负载（见图 5）。

4.1.6 斜撑式桅杆起重机 rigid-braced derrick crane

类似于缆绳式桅杆起重机，但桅杆是通过两个以上斜撑对桅杆上端进行支撑使桅杆保持竖直；地梁和系梁一般用来连接桅杆的基座和斜撑底端，当桅杆、斜撑的基座自身能满足施加的载荷时也可不配置地梁和系梁（见图 6）。

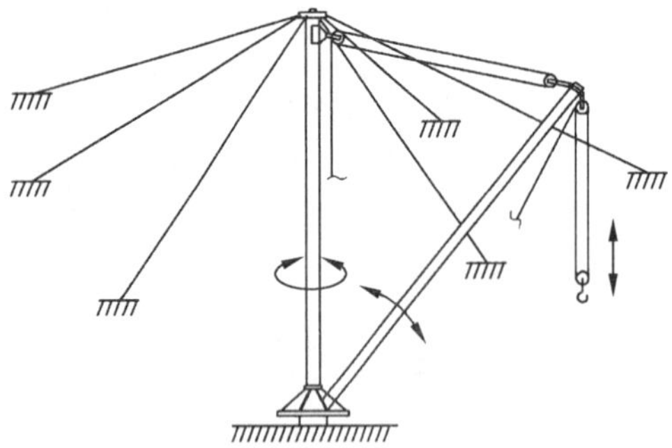

图 5

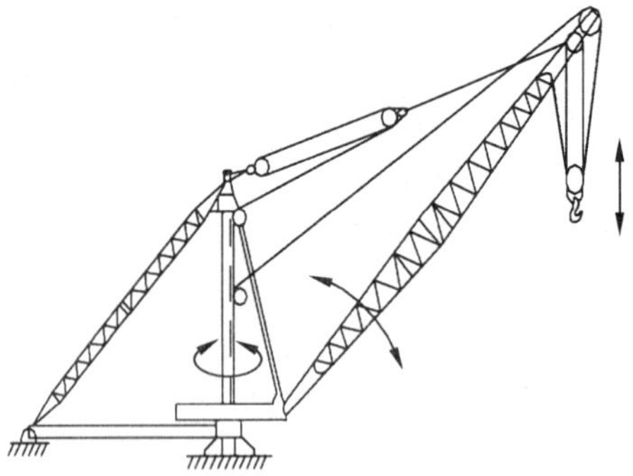

图 6

4.2 基本参数

4.2.1 工作级别

起重机整机、机构的工作级别按照 GB/T 3811 的规定进行确定。推荐的起重机工作级别见表 1。

表 1 起重机工作级别

序号	起重机类型	起重机的使用情况	整机工作级别	机构工作级别		
				起升	变幅	回转
1	人力驱动起重机	很少使用	A1	M1	M1	M1
2	安装用起重机	很少使用	A2	M2	M2	M2
3	重件码头起重机	较少使用	A3	M3	M2	M3
4	货场用吊钩起重机	不频繁较轻载使用	A4	M4	M3	M4
5	港口用吊钩起重机	较频繁中等载荷使用	A6	M5	M4	M5

4.2.2 额定起重量

4.2.2.1 最大起重量

起重机的最大起重量应符合 GB/T 783 的规定。

推荐采用的起重机最大起重量见表 2。

表 2 起重机最大起重量系列 单位为吨

0.5	1	2	5	10	16	20	25
32	40	50	63	80	100	125	160
200	250	320	400	500	630	800	1 000
注：最大起重量大于 1 000 t 时，可按 R20 优先数系延伸。							

4.2.2.2 各种状态下的额定起重量

起重机各种状态下的额定起重量主要由起重机结构及锚固装置的承载能力、支撑或缆绳布置型式、吊具所处的幅度、变速器工作档位、起重机工作级别等因素决定。

4.2.3 其他性能参数

起重机的工作幅度、起升高度、回转角度及起升、变幅和回转速度等基本性能参数由用户和制造商商定。

5 技术要求

5.1 一般要求

5.1.1 起重机的设计、制造应符合 GB/T 3811 和本标准的有关规定。

5.1.2 未做特殊申明时，起重机应能在以下条件下安全正常使用：

a) 工作环境温度为－20 ℃～＋40 ℃；

b) 起重机在内陆地区的工作风压不大于 150 Pa，非工作状态最大风压为 600 Pa；在沿海地区的工作风压不大于 250 Pa，非工作状态最大风压为 800 Pa；

c) 无易燃和/或易爆气体、粉尘等非危险场所；

d) 海拔 1 000 m 以下；

e) 电力驱动的起重机的工作电源应符合 GB 5226.2—2002 中 4.3 规定；

f) 起重机工作级别不高于产品说明书的规定。

注：超过上述范围规定时，由用户与制造商协商。

5.2 计算载荷

5.2.1 起重机的计算载荷及载荷组合按照 GB/T 3811 和本标准的规定进行计算。

5.2.2 当采用牵引绳牵引吊具，使吊具在包含臂架中心线的垂直平面内偏离吊具自由状态的垂直投影点进行作业的不变幅起重机，其起升绳偏角 β 不应大于[β]，[β]值由起重机设计文件确定。设计计算时应考虑牵引绳对起重机产生的载荷。

注：[β]为牵引绳对起重机施加的最不利载荷工况时，起升绳对铅垂线的夹角；γ 为牵引绳对水平面的夹角（见图 7）。

5.2.3 当采用牵引绳牵引使臂架摆动，设计计算时应考虑牵引绳对起重机产生的载荷。

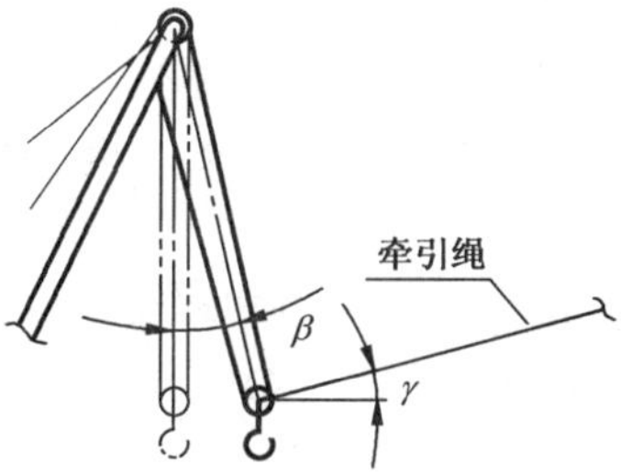

图 7

5.3 起重机构造要求

5.3.1 一般要求

5.3.1.1 在满足规定的环境、正确安装、不超过额定载荷、钢丝绳按推荐方式布置等要求且在正常操作条件下，起重机各零部件、基础和地锚能可靠承受 GB/T 3811 和本标准规定的各种载荷组合的作用。

5.3.1.2 应有相应的保护措施以防止起重机在超出设计规定的使用条件下运行。

5.3.1.3 起重机安装后，竖直工作的桅杆对水平面的垂直度应小于桅杆全长的 1/500，最大不超过100 mm；起重机工作载荷产生的桅杆顶部最大水平位移不应大于设计值。

5.3.2 缆绳式桅杆起重机

5.3.2.1 缆绳数目最少为6根。缆绳的长度和间隔距离宜相同。当场地条件不能满足时,应根据情况重新计算,保证起重机内力不大于各零部件和地锚的设计承载能力。

5.3.2.2 当缆绳布置区域与臂架回转区域不相容时,缆绳布置区域不宜小于225°。

5.3.2.3 制造商应对起重机设计的不同安装状态提供如下数据:

a) 缆绳数目;

b) 环绕桅杆的缆绳间距;

c) 缆绳最大斜度;

d) 每根缆绳的规格、型号和长度;

e) 缆绳初始张力;

f) 作用在地锚上的最大缆绳张力;

g) 起重机在该状态下的额定起重量;

h) 起重机回转范围。

5.3.2.4 起重机的缆绳顶盖应满足以下要求:

a) 应当保证桅杆的自由旋转;

b) 设计计算时应考虑到缆绳的周向不均匀载荷及因斜拉对其产生局部附加弯矩的影响;

c) 不应发生脱开现象;

d) 缆绳的连接方式应受力合理,在各种安装状态下不产生或较少产生对连接件或缆绳顶盖的局部附加弯矩。

5.3.2.5 起重机桅杆的基座应满足以下要求:

a) 在缆绳松弛引起的桅杆微量倾斜(在允许的范围内)的情况下,仍可使桅杆自由旋转;

b) 承受最不利载荷组合时,不应产生滑移、倾翻。

5.3.3 斜撑式桅杆起重机

5.3.3.1 起重机至少应有两根斜撑,斜撑的一端连接在桅杆顶部,另一端应可靠连接于锚固的地梁或基座上。斜撑应能承受在额定起重量图表范围内任何操作位置上起升载荷时产生的内力。

5.3.3.2 斜撑与桅杆顶部之间的连接件应满足以下要求:

a) 需要时,允许桅杆的自由转动;

b) 能承受斜撑施加的载荷;

c) 在交变载荷的作用下,不产生连接松动或连接件断裂。

5.3.3.3 桅杆的基座应满足以下要求:

a) 需要时,允许桅杆的自由转动;

b) 允许桅杆微量倾斜;

c) 承受最不利载荷组合时,不应产生滑移、倾翻。

5.3.3.4 斜撑的基座承受最不利载荷组合时,不应产生滑移、倾翻或拔出。

5.3.4 悬臂式桅杆起重机

5.3.4.1 经建筑物设计单位的书面同意,在建筑物主结构的竖向构件上为起重机提供臂架根部基座和臂架变幅绳索端的锚固装置。

5.3.4.2 臂架根部基座和变幅绳索端的位置和构造形式应满足起重机在所有设定的操作半径

内和作业高度上摆动和仰俯。

5.3.4.3 臂架根部基座、变幅绳索端和与之连接的锚固装置的强度应保证起重机在各种工况下正常工作。

5.3.4.4 臂架根部基座、变幅绳索端与锚固装置的连接应采用防止松动、脱落的构造。

5.3.5 单桅杆起重机

5.3.5.1 起重机的缆绳应当有确定的尺寸和间隔距离，以确保起重桅杆功能和空间位置的稳定性。

5.3.5.2 桅杆的基座应当满足：

a) 需要时，允许桅杆的移动；

b) 需要时，提供为防止受力后，滑移、倾翻的固定方法；

c) 需要时，允许桅杆的自由转动；

d) 需要时，允许桅杆的倾斜。

5.3.5.3 桅杆倾斜工作时，应有防止桅杆后倾的措施。

5.3.5.4 起重机桅杆为单杆桅杆时应满足以下要求：

a) 竖直工作的单杆桅杆需要时可附加悬臂，但应考虑附加悬臂对桅杆本身和起重机整体的影响；

b) 竖直工作的单杆桅杆的缆绳应满足 5.3.2.1 的要求；

c) 竖直工作的单杆桅杆的缆绳顶盖应满足 5.3.2.4 的要求。

5.3.5.5 起重机桅杆为人字形桅杆时应满足以下要求：

a) 构成人字形桅杆的两侧斜杆的顶部连接应牢固可靠；

b) 桅杆基座的侧向支撑能力不足时，构成人字形桅杆的两侧斜杆底部应采用绳索或地梁进行横向连接。

5.3.5.6 起重机桅杆为门式桅杆时应满足以下要求：

a) 构成门式桅杆的两侧桅杆的顶部与上部横梁连接应牢固可靠；

b) 需要时，构成门式桅杆的两侧桅杆底部采用地梁横向连接。

5.3.5.7 起重机桅杆为三脚架桅杆时应满足以下要求：

a) 起重机的 3 根桅杆位置应相对固定；

b) 起重机的吊具应挂在靠近 3 根桅杆顶部交点部位下方；

c) 起重机移动时应有防止倾倒的措施。

5.3.6 摇臂式桅杆起重机

5.3.6.1 桅杆不应后倾安装，以免臂架摆动不稳定。

5.3.6.2 起重机桅杆为人字形桅杆时，应满足 5.3.5.5 的要求。

5.3.6.3 桅杆的基座部分应当满足以下要求：

a) 需要时，允许桅杆的移动；

b) 需要时，允许人字形桅杆的俯仰；

c) 需要时，允许单杆桅杆的俯仰或转动；

d) 需要时，提供为抵抗桅杆施加的水平力、倾翻力矩的固定方法。

5.3.6.4 起重机应有防止桅杆后倾的措施。

5.3.7 人字架桅杆起重机

5.3.7.1 臂架、桅杆、驱动机构的基座应在作用的水平力、垂直力方向进行可靠锚固。

5.3.7.2 应防止桅杆后方缆绳(或拉杆)从基座或基础上被拔出。

5.3.7.3 应有防止臂架(或桅杆)后倾的装置。

5.3.7.4 安装于环型轨道的人字式桅杆起重机的抗倾覆稳定性应满足 GB/T 3811—2008 中 8.1.4 的要求。

5.4 金属结构

5.4.1 材料

5.4.1.1 起重机金属结构件的材料,在满足强度、刚性、稳定性、疲劳强度、抗脆性破坏的条件下按 GB/T 699、GB/T 700、GB/T 1591 选用。

5.4.1.2 起重机主要受力结构件钢材质量组别应根据对起重机结构脆性破坏影响因素的评价结果进行选择。评价与选择方法见 GB/T 3811—2008 附录 I。

注:主要受力结构件指直接承受由 GB/T 3811—2008 和本标准规定的载荷组合引起内力的结构件,如:桅杆、臂架、撑杆、基座结构等。

5.4.1.3 轧制型材一般在热轧状态下使用,冷拔、冷轧型材应经退火后使用。用于主要受力结构件的轧制厚钢板,轧制方向应与受力方向一致。

5.4.1.4 用于焊接的主体材料应具有良好的可焊性。可按表 3 评定钢材的可焊性,不符合表 3 规定时,应采取焊前预热、焊后保温等措施。

表 3 钢材可焊性评定指标

钢材类别	C	C_E
GB/T 700 GB/T 699	≤0.25%	—
GB/T 1591	—	≤0.46%

表 3 中 C_E 为含碳元素当量,C_E 按公式(1)计算。

$$C_E = C + \frac{Mn}{6} + \frac{Cr + Mo + V}{5} + \frac{Ni + Cu}{15} \quad \cdots\cdots(1)$$

注:式(1)中各符号处代入该元素在钢材中含量的百分数。

5.4.2 焊接

5.4.2.1 焊接环境

结构焊接时应根据焊接方法、构件复杂程度、母材强度、厚度等确定焊接环境。对材料强度 σ_s≤345 MPa、母材厚度≤40 mm 的非交叉焊缝结构焊接,焊接环境应符合以下要求:

a) 气体保护焊焊接处附近风速不大于 2 m/s;

b) 焊接区域局部环境温度不低于−20 ℃;

c) 焊接处被焊件表面温度不低于 0 ℃;

d) 不应在雨、雪中焊接且被焊件表面应干燥。

5.4.2.2 焊接材料

焊接材料根据焊接方式不同应满足以下要求:

a) 手工焊接用焊条应符合 GB/T 5117 或 GB/T 5118 的规定。选择的焊条型号应与被焊件材料牌号、焊缝所受载荷类型、焊接方法等相适应。主要受力构件宜采用低氢型焊条。

b) 气体保护焊用焊丝应符合 GB/T 8110 的规定。选择的焊丝型号应与焊接方法相适应。

c) 埋弧焊用焊丝与焊剂质量及组配应符合 GB/T 5293 和 GB/T 12470 的规定。选择的焊剂牌号应与被焊件材料牌号、焊缝所受载荷类型相适应。

5.4.2.3 接头型式

焊接接头型式应符合 GB/T 985.1、GB/T 985.2 的规定。

5.4.2.4 质量

焊接质量和检验方法应符合 JG/T 5082.1 的规定。

5.4.2.5 无损探伤

主要受力结构件的对接焊缝应进行 100%无损探伤,射线检测按 GB/T 3323 规定,透照质量不低于 AB 级,合格级别为Ⅱ级;超声波检测按 JB/T 10559 规定,合格级别为 1 级。

5.4.3 铸钢件

铸钢件应满足 JB/T 5000.6 的规定。

5.4.4 锻件

锻件应满足 JB/T 5000.8 的规定。

5.4.5 连接

5.4.5.1 螺栓连接

螺栓连接应满足以下要求:

a) 主要受力结构件的螺栓连接部位宜采用符合 GB/T 1231 规定的高强度螺栓连接,高强度螺栓连接应满足 JGJ 82 的规定;

b) 使用高强度螺栓连接时,在相应图纸或安装说明书中应有所需的预紧力或预紧力矩及允许偏差内容要求;

c) 普通螺栓连接应采取可靠的防松措施;

d) 普通螺栓副应符合 GB/T 3098.1、GB/T 3098.2 的规定,并应有性能等级符号标识及合格证书。

5.4.5.2 销轴联接

销轴联接应有可靠的轴向定位。

5.4.6 结构件设计

5.4.6.1 起重机桅杆、臂架、斜撑杆、地梁、基座等主要受力结构件的强度、刚性、稳定性设计应符合 GB/T 3811 的规定。

5.4.6.2 结构件的整体长度或截面轮廓超出正常运输限界时,宜采用多段、多片拼接结构。

5.4.6.3 多段、多片拼接结构件应保证段间、片间的连接构造满足拼接结构件整体功能所要求的强度,并应便于拆装。

5.4.7 主要结构件形位允差

5.4.7.1 组装后的桅杆、臂架和斜撑杆几何中心的直线度不大于 1/1 000 且小于 40 mm;

5.4.7.2 组装后的桅杆、臂架的几何中心线对各自的根铰中心线的垂直度不应大于 1/500。

5.4.8 检修作业通道

起重机的梯子、平台、栏杆等结构件组成的检修作业通道,其设置应符合 GB/T 3811 和 GB 6067.1的相关规定。

5.5 主要零部件

5.5.1 司机室

司机室应满足 GB/T 20303.1 的相关规定外，还应满足以下要求：

a) 需要时，司机室能与回转部分同步回转；

b) 司机室位置不应在臂架正下方；

c) 起重机的活动部件或起吊物品不应撞击到司机室；

d) 司机室内操纵装置的布置应能避免发生误操作的可能性；

e) 司机室应设有门锁、电铃或警报器；

f) 司机室内应装设防滑的绝缘地板和灭火器。

5.5.2 吊钩

5.5.2.1 起重机吊钩应符合 GB/T 10051.1～10051.15 的相关规定。

5.5.2.2 不允许使用铸造吊钩。

5.5.2.3 吊钩应设有防止意外脱钩的保险装置。

5.5.3 钢丝绳

5.5.3.1 基本要求

5.5.3.1.1 起重机所用钢丝绳应符合 GB/T 20118、GB 8918 的相关规定。

5.5.3.1.2 钢丝绳应当选用合适的尺寸、结构形式和等级。

5.5.3.1.3 钢丝绳的最小安全系数 n 不应小于表 4 的规定值。

5.5.3.1.4 钢丝绳应依据 GB/T 5972 对其进行维护、保养、安装、检验和报废。

表 4 钢丝绳的最小安全系数 n

整机工作级别	安全系数 n	机构工作级别	安全系数 n
	缆绳		运动绳
A1～A2	3	M1～M2	3.5
A3～A4	3.5	M3～M4	4
A5	4	M5	4.5
A6	4.5	M6	5.6
抗扭钢丝绳用于起升机构绕绳系统时安全系数不宜小于 5；变幅系统用钢丝绳安全系数不应小于 4；以卷筒进行收放调整的缆绳的最小安全系数应按运动绳考虑。			

5.5.3.2 缆绳

缆绳应满足以下要求：

a) 承受工作载荷的缆绳与水平面间的夹角关系到起重机的稳定性、缆绳长度和其受载大小以及占地面积问题，推荐其保持在 30°～45°；

b) 缆绳应有适当的初拉力(预紧力)，当对工作状态下的桅杆(或臂架)顶部水平位移有限定值时，应根据该限定值对缆绳的初拉力做出计算；

c) 缆绳的工作拉力计算应考虑到同桅杆(或臂架)上周边相邻缆绳对其的影响；

d) 缆绳应配备调整其拉力的张紧装置，以防使用过程中缆绳松弛；当对拉力有较为准确的要求时，应使用测力计进行确定；

e) 缆绳不应与臂架、被起吊物品发生干涉，应避免触及作业场地的建筑物、设备及管线；

f） 缆绳越过公路时，架空高度不应小于 7 m；

g） 宜选用弹性模量较大的钢丝绳作缆绳。

注：常用的缆绳计算方法参见附录 A。

5.5.3.3 **运动绳**

运动绳应满足以下要求：

a） 运动绳的布置不应影响臂架（或桅杆）在工作范围的摆动、仰俯，不应与起重机其他零件干涉。

b） 臂架变幅绕绳系统的绳长应满足在臂架仰角达到设计的最小角度状态时，除固定绳端的长度外，保证至少还有 2 圈的钢丝绳完整地缠绕在卷筒上。

c） 抗扭转钢丝绳不应用于臂架变幅绕绳系统。

d） 起升绕绳系统的绳长应满足在吊具到达起重机正常作业区域的任何地方时，除固定绳端的长度外，保证至少还有 2 圈的钢丝绳完整的缠绕在卷筒上。

e） 多层缠绕的卷筒宜选用金属芯钢丝绳。

f） 卷筒的入绳角应满足 GB/T 3811 的规定；对于卷筒和入绳滑轮之间没有通过金属结构的刚性联接关系时，起重机的入绳滑轮应对正卷筒，其相对于卷筒的距离应满足：

——对光卷筒不应小于卷筒长的 20 倍；

——对有槽卷筒不应小于卷筒长的 15 倍。

g） 滑轮的入绳角不应大于 5°。

h） 无地脚螺栓固定的驱动机构，钢丝绳宜从卷筒下方卷入。

i） 运动绳与桅杆（或臂架）之间应保持合适的距离，不应与机架或地面摩擦。

j） 运动绳通过道路时，应设置保护装置。

5.5.4 **钢丝绳固定**

5.5.4.1 钢丝绳端部固定连接应牢固可靠，应正确使用套环、楔块、楔形套、金属套压制接头、绳卡、卸扣等钢丝绳用附件。

5.5.4.2 卷筒上钢丝绳绳端固定装置应有防松或自紧的性能，联接应牢固可靠。压板固定时，压板不应少于 2 个。

5.5.4.3 采用金属套压制接头连接时，接头的连接强度应不低于钢丝绳的破断拉力。

5.5.4.4 采用楔块、楔套连接时，连接强度不应小于钢丝绳破断拉力的 75%。

5.5.4.5 采用编结连接时，编结长度不应小于钢丝绳直径的 15 倍，并且不应小于 300 mm，连接强度不应小于钢丝绳破断拉力的 75%。

5.5.4.6 采用绳卡固定时，每个绳端需用的绳卡最少数量不应少于表 5 的规定值，连接强度不应小于钢丝绳破断拉力的 85%，并按要求的力矩均匀地扭紧。

表 5 钢丝绳直径与使用绳卡最少数量

钢丝绳直径 mm	≤19	19～32	32～38	38～44	44～60
绳卡数量 个	3	4	5	6	7

5.5.4.7 绳卡压板应在钢丝绳承载绳头一边；绳卡间距 A（见图 8）不应小于钢丝绳直径的 6 倍。

5.5.4.8 与楔形套一起使用的钢丝绳夹应当连接在钢丝绳无载荷一端（见图 9）。

5.5.4.9 钢丝绳固定接头处转弯内径不应小于 GB/T 5974.1 规定的套环槽底半径。

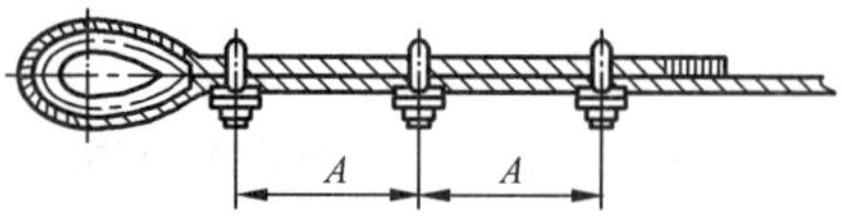

图 8

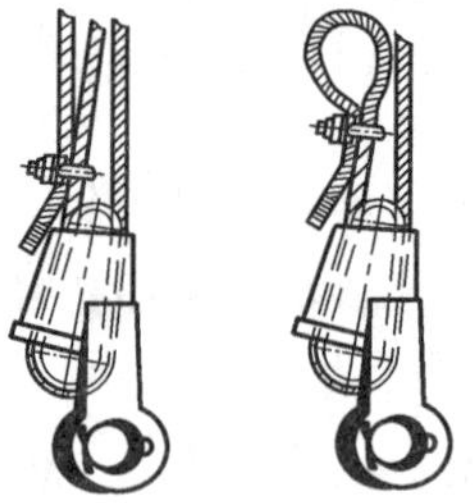

图 9

5.5.5 卷筒

5.5.5.1 卷筒上钢丝绳中心的缠绕直径与钢丝绳直径之比值 h_1 不应小于表 6 的规定。

5.5.5.2 卷筒两侧边缘的高度应超过最外层钢丝绳,其高出值不应小于钢丝绳直径的 2 倍。

5.5.5.3 卷筒依据 GB 6067.1 对其进行定期检验和报废。

表 6 选取卷筒、滑轮直径 D_{0min}($D_{0min}=h_i \cdot d$)的系数 h_i

机构工作级别	卷筒 h_1	滑轮 h_2	平衡滑轮 h_3
M_1	11.2	12.5	11.2
M_2	12.5	14	12.5
M_3	14	16	12.5
M_4	16	18	14
M_5	18	20	14
M_6	20	22.4	16

与滑车配用的钢丝绳直径选取参照 JB/T 9007(所有部分)的规定。

注 1:h_i——系数;d——钢丝绳直径。

5.5.6 滑轮、滑轮组与滑车

5.5.6.1 滑轮应设置防止钢丝绳脱槽的装置或结构,其与滑轮本体的间隙应符合 GB 6067.1 的要求。

5.5.6.2 吊具上的滑轮宜配备具有防止钢丝绳脱槽功能的滑轮护罩。

5.5.6.3 滑轮上钢丝绳中心的缠绕直径与钢丝绳直径之比 h_2、h_3 不应小于表 6 的规定。

5.5.6.4 滑轮槽应光洁平滑,不应有引起钢丝绳损坏或加速钢丝绳磨损的缺陷。

5.5.6.5 臂架末端的滑轮应设有导向装置,依此限制钢丝绳从两边进入滑轮槽的偏斜角。

5.5.6.6 所有工作状态下的滑轮,应提供方便的润滑方法,或者提供长久润滑的密封防尘轴承。

5.5.6.7 滑轮应按 GB 6067.1 的规定进行定期检验和更换。

5.5.6.8 滑车应符合 JB/T 9007(所有部分)的规定。

5.5.7 减速器、分动器

5.5.7.1 减速器、分动器应运转平稳,不应有冲击、卡阻、异常声响和过热现象。

5.5.7.2 减速器、分动器不应有渗油现象。

5.5.8 变速器

5.5.8.1 起重机工作时，变速器应换挡、倒挡轻便灵活，不应有乱挡或自行脱挡现象，运行时应无异常声响。

5.5.8.2 变速杆及其传动杆件不应与其他部件干涉。变速杆上应设有容易识别变速器挡位位置的标识。若变速杆上难以设置，则应设置在变速杆附近的易见部位。

5.5.8.3 变速器不应有渗油现象。

5.5.9 制动器

5.5.9.1 起重机的各工作机构均应装设制动器或具有相同功能的制动装置。变幅机构和以电动机为驱动力的起升机构，制动器应是常闭式。

5.5.9.2 对以人力或发动机为驱动力的起升机构、变幅机构，其制动器可采用人力控制的制动器，但应在卷筒上装设停止器，停止器应满足5.5.11的规定。

5.5.9.3 制动器的安全系数不应低于表7的规定。

表7 制动器的安全系数

机　　构	使用情况及配置要求	安全系数
起升机构	一般的(M5及以下)，1套制动器	1.5
	重要的(M6及以上)，1套制动器	1.75
	具有液压制动作用的液压传动，1套制动器	1.25
	行星差动减速机传动时，每套驱动装置应装有2套支持制动器，对每一套制动器	1.75
吊运重要货物或危险品的起升机构	每套驱动装置应装有2套支持制动器，对每一套制动器	1.25
	对于2套彼此有刚性联系的驱动装置，每套装驱动装置中也应装有2套支持制动器时，对每一套制动器	1.1
变幅机构	1套制动器	1.5
	2套制动器，对每一套制动器	1.25
回转机构	见5.6.2.3.1	

5.5.9.4 宜选择对制动衬垫的磨损有自动补偿功能的制动器，制动器工作时制动轮和制动衬垫的实际接触面积不应小于理论接触面积的70%。

5.5.9.5 对安装有2套支持制动器时，应采取措施以自动控制主、副制动器的动作时序，防止产生不当的运动冲击载荷。

5.5.9.6 制动器应加防护罩，以避免油、雨水及其他污物进入制动摩擦面。

5.5.9.7 制动轮的制动摩擦面，不应有影响制动性能的缺陷，或沾染油污。

5.5.9.8 人力控制的制动器施加在操作部位的力和操作行程应满足表8的规定。

5.5.9.9 控制制动器的操纵部位，如踏板、操纵手柄件，应有防滑性能。

5.5.9.10 制动器、制动轮及其零件按GB 6067.1的要求进行定期检验、更换或报废。

5.5.10 离合器

5.5.10.1 离合器应接合平稳，分离彻底。工作时不允许有异响、抖动和不正常打滑现象。

5.5.10.2 离合器彻底分离时，操作力和操作行程应满足表8的规定。

表 8　操作力和操作行程

操作方式	操作力 N	操作行程 mm
手操作	≤200	≤600
脚踏	≤300	≤300

5.5.11　**停止器**

5.5.11.1　起升卷筒正常转动时,停止器不应影响其工作。

5.5.11.2　停止器宜设有与起升、变幅运行相关的联锁装置,当卷筒失去动力,联锁装置应使停止器立即进入工作状态。

5.5.11.3　停止器应能承受 110%额定起重量作用下使卷筒反转所产生的冲击载荷。

5.5.12　**联轴器**

5.5.12.1　联轴器应按使用要求和性能要求进行选择与制造,旋转速度较高时应做动平衡,使其能:

a)　避免振动及松旷现象;

b)　可靠传递扭矩并抑制有害的扭矩峰值;

c)　能补偿可能的不同轴。

5.5.12.2　回转机构、运行机构采用液力联轴器或等效装置以降低启动冲击时,制动器或制动系统应安装在液力联轴器的输出端。

5.5.13　**操作装置**

5.5.13.1　操作装置中各操作机构功能正确,符合设计要求。

5.5.13.2　各操作机构动作应灵活、到位,不应有松动、卡滞等现象。

5.5.13.3　各操纵机构动作应互不干扰和不会引起误操作。

5.5.13.4　各操纵手柄应布置合理,手柄位置应保证操作者处于正常操作位置时,可同时操作所有手柄。

5.5.13.5　对用于起升机构的机械换挡、有级变速的操作装置,对负载升降过程中的换挡操作方法,应在使用说明书中明确规定。

5.5.13.6　采用手动或脚踏来操作的操作装置,操作力和行程应满足表 8 的规定。

5.5.14　**发动机**

5.5.14.1　发动机应符合 GB/T 1147 的规定。

5.5.14.2　发动机在全程调速范围内应能稳定运转,并能通过熄火装置使发动机停止运转。

5.5.14.3　发动机安装时应有良好的减震装置,并固定可靠。

5.6　**工作机构**

5.6.1　**一般要求**

5.6.1.1　起升机构、变幅机构、回转机构、牵引机构、运行机构等工作机构的发动机、电动机、变速器、制动器、减速器、卷筒与机架的连接应牢固可靠,各部件传动轴之间应采用形式适当的联轴器连接。

5.6.1.2　工作机构应保证启动、制动平稳。

5.6.1.3　工作机构底座应可靠锚固。

5.6.1.4　工作机构底座未采用地脚螺栓固定的，卷筒出绳不应向上斜拉。

5.6.1.5　人力驱动的工作机构应有锁定装置，使其在工作载荷状态下在任意位置能带载定位。

5.6.2　特殊要求

5.6.2.1　起升机构

动力驱动的起升机构应使载荷以可控制的速度上升或下降。不应有单独靠重力下降的运动。

5.6.2.2　变幅机构

5.6.2.2.1　动力驱动的变幅机构应使臂架（或桅杆）和载荷以可控制的速度变幅。不应有单独靠重力下降的运动。

5.6.2.2.2　变幅机构的最小极限位置应设置带缓冲器的安全止档。

5.6.2.3　回转机构

5.6.2.3.1　静态制动力矩应使起重机回转部分在正常工作状态风力作用下保持不动。

5.6.2.3.2　可 360°回转时若采用常闭式制动器，非工作状态时起重机应可通过手动方式确保制动分离，确保臂架能随风转动。

5.6.2.3.3　可 360°回转时不应使用自锁减速器，以便在需要时臂架能随风旋转。

5.6.2.3.4　钢丝绳驱动的回转机构作业时，起重机的回转驱动钢丝绳应处于拉紧状态。

5.6.2.3.5　在非全回转机构的回转极限位置应设置带缓冲器的安全止档。

5.6.2.3.6　轨行式回转机构应满足以下要求：

a)　用于轨行式回转机构的运行机构，应可在特制的曲线轨道上运行；

b)　用于轨行式回转机构的运行机构，其工作级别选取参照 4.2.1 表 1 中相应回转机构的工作级别；

c)　用于轨行式回转机构的运行机构应满足 5.6.2.5 相关要求。

5.6.2.4　牵引机构

5.6.2.4.1　不应同时操作起升机构、牵引机构。

5.6.2.4.2　在主操作员不知情的情况下，牵引机构不能被操作。

5.6.2.4.3　牵引机构不应在起升绳偏角 β、牵引绳对水平面的夹角 γ 的允许范围以外进行载荷牵引操作。

5.6.2.5　运行机构

5.6.2.5.1　至少应在起重机底架的两个支脚上为运行机构提供驱动力，车轮直径和数量应满足各支脚承载要求。

5.6.2.5.2　运行机构（或起重机底架）应装备有锚定装置，该锚定装置应满足：

a)　用于工作状态锚定的锚定装置，其水平和垂直方向的抵抗力应按 GB/T 3811 和本标准中有关规定对全部工作状态和非工作状态进行计算；

b)　用于非工作状态锚定的锚定装置（非全回转的轨行式回转机构），其水平和垂直方向的抵抗力应按 GB/T 3811 中有关规定对非工作状态进行计算。

5.6.2.5.3　运行机构应设有即使在某一支承轮失效时也能防止起重机倾翻的装置。

5.6.2.5.4　车轮应符合 JB/T 6392 的规定。

5.6.2.5.5　轨道设在工作面或地面上时，起重机车轮运行前方应设扫轨板。扫轨板距轨道面不应大于 10 mm。

5.6.2.5.6 起重机应在轨道运行端头设置带缓冲器的安全止档。

5.6.2.5.7 轨道接头的高低差 $d \leqslant 2$ mm,侧向错位 $f \leqslant 2$ mm,接头间隙 $e \leqslant 4$ mm。

5.7 液压系统

5.7.1 液压系统及相关元件应满足 GB/T 3766、GB 6067.1 的相关要求。

5.7.2 液压油的物理和化学特性应满足使用和预期循环次数的要求。

5.7.3 液压油的黏度确定应考虑起重机工作地点的温度范围及温升,保证系统准确工作。

5.7.4 液压系统应设有防止过载和液压冲击的安全装置,安全溢流阀的调整压力不应大于系统额定工作压力的 110%,系统的试验压力不应小于额定工作压力的 125%。

5.7.5 液压系统应有良好的过滤器或其他防止油污染的装置,其规格和过滤精度应符合系统中选用的液压元件的要求。

5.7.6 油箱应有足够的容量。

5.7.7 液压系统的油温应保持在正常范围内,最高油温不超过 80 ℃。

5.7.8 液压执行机构应运动平稳,不应出现爬行、震动等现象,不应出现不正常噪声。

5.7.9 液压执行机构应安全可靠,需要时应配置平衡阀或液压锁,平衡阀或液压锁与液压执行机构之间不应用软管连接。

5.7.10 油管的尺寸应符合液压系统压力和流量的要求。油管应排列整齐,并便于装拆、保养和检查。

5.8 润滑

5.8.1 起重机所有的运动副(包括运动的钢丝绳及链条)都应采用合适的润滑方式、合适的润滑剂、合适的润滑周期进行润滑。

5.8.2 润滑点应设在不去掉防护装置或其他零部件的条件下方便润滑的位置。

5.9 地锚、基座和基础

5.9.1 臂架、桅杆、斜撑、地梁、动力驱动系统的基座和缆绳应可靠锚固。对起重机的全部锚固点,设计和安装时,应保证 5.2 规定的计算载荷在使各相应锚固点的水平力、垂直力产生最不利的组合情况下,各锚固点不应有松动、滑移、沉陷现象。

5.9.2 对于安装型式固定的起重机,生产商应提供全部锚固点的锚固载荷数据。对于安装型式不固定的起重机,锚固载荷数据应由相关专业人员根据实际情况计算确定。

5.9.3 地锚与基座的形式应与起重机安装位置的场地情况、基础情况相适应。

5.9.4 设置地锚的基础以及与臂架、桅杆、斜撑、地梁、动力驱动系统的基座底面接触的基础应平整坚实、无积水;基座应与基础良好接触。

5.9.5 起重机安装位置的基础承载力按 GB 50007 的规定进行计算,当原有基础状态不能满足所需的基础承载力要求时,应按照 JGJ 79 中有关方法进行处理,必要时制作混凝土基础或采取其他相应措施。

5.9.6 埋置式地锚应制作完整的有关地锚构造、尺寸、用材等内容的隐蔽工程记录,并经相关专业人员检查确认后方可回填。

5.9.7 回填土宜每填高 300 mm 要夯实一遍,并高出地面基础 400 mm 以上。

5.9.8 埋置式地锚应设置牢固的标牌标明地锚的编号和承载力。

5.9.9 确定埋置式地锚位置时,在其 2.5 倍坑深范围内不应有地沟、电缆、地下管网等。

5.9.10 需要时,地锚的地下埋件和引出线(杆)的地下部分及露出地面以上不应小于 1 000 mm

的范围做防腐处理。

5.9.11 对于埋置式地锚，宜在专业人员的指导下沿锚固载荷方向作1.1倍缆绳最大计算载荷的预拉，保持一段时间并确认地锚不会产生松动后，将缆绳恢复至初拉力的状态。

5.9.12 所有的锚固点应由专业人员核准后方可使用。需要时，地锚装置应在专业人员的指导下沿锚固载荷方向作1.1倍缆绳最大计算载荷的拉力试验，试验过程不少于10 min，试验过程中地锚不应有松动、滑移现象。

5.9.13 选择建筑物的角柱作地锚时应满足以下要求：

a) 具有角柱许用拉力计算合格的核算书；

b) 获得建筑物设计单位的书面同意；

c) 对作地锚使用的建筑物的角柱做适当的保护。

5.9.14 各种地锚应有足够的抗拉安全裕度，常用地锚的结构型式及计算参见附录B。

5.10 电气

5.10.1 总则

起重机电气系统应满足GB/T 3811、GB 5226.2、GB 6067.1、GB 50256和本标准的相关规定。

5.10.2 电源与供电

5.10.2.1 采用380 V、50 Hz或440 V、60 Hz的三相交流电源供电时，在正常工作条件下，供电系统在起重机馈电线接入处的电压波动不应超过额定值的±10%。

5.10.2.2 起重机应装设切断起重机总电源的电源开关，电源开关的型式应符合GB 6067.1的规定，开关应尽量靠近总电源进线集电器。

5.10.2.3 总电源回路应设置总断路器。总断路器应具有电磁脱扣功能，其额定电流应大于起重机额定工作电流，电磁脱扣电流整定值应大于起重机最大工作电流并符合整定要求。总断路器的断弧能力应能断开在起重机上发生的短路电流。恢复供电时，不经手动操作，起重机电源回路不能自行接通。

5.10.2.4 宜采用TN-S接零保护系统（三相五线制）供电。供电线路的零线应与起重机的接地线严格分开，当采用TT供电系统时，应加装漏电保护器。

5.10.2.5 回转处采用集电器供电的起重机，集电滑环应满足相应的电压等级和电流容量的要求，每个滑环至少有一对电刷，电刷的防护等级不应低于IP54。集电器的设计应方便维护与检查。

5.10.2.6 起重机的电路与裸露导电部件（或基础）之间的绝缘电阻在采用500 V的兆欧表常温下测量时不应小于1 MΩ。

5.10.3 电气保护

5.10.3.1 电机的保护

电机应具有如下一种或一种以上的保护措施，具体选用应按电机及其控制方式确定：

a) 瞬时或反时限动作的过电流保护；

b) 在电机内设置热传感元件；

c) 热过载保护。

5.10.3.2 线路保护

所有外部线路都应具有短路或接地引起的过电流保护功能，在线路发生短路或接地时，瞬时保护装置应能分断线路。

5.10.3.3 错相与缺相保护

当错相与缺相会引起危险时,应设有错相与缺相保护。

5.10.3.4 零位保护

起重机各机构控制回路应设有零位保护。运行中因故障或失压停止运行后,重新恢复供电时,机构不应自行动作,应人为将控制器置回零位后,机构才能重新启动。

5.10.3.5 失压保护

当起重机供电电源中断后,各用电设备均应处于断电状态,避免恢复供电时用电设备自动启动。

5.10.3.6 失电保护

应设置电动机定子异常失电保护功能,当调速装置或正反向接触器故障导致电动机失控时,制动器应立即制动。

5.10.3.7 超速开关

对于负载超速会引起危险的变幅机构和起升机构,应设置超速开关,超速开关的整定值取决于控制系统性能和额定下降速度,通常为额定下降速度的1.25倍~1.4倍。

5.10.3.8 避雷和接地

当起重机工作地点有雷击可能并造成人员伤害、设备损坏时应设置避雷针。

起重机金属结构、电机机座和所有电气设备的金属外壳、导线的金属保护管、安全照明的变压器低压侧等均应可靠接地,其接地电阻不应大于4 Ω。采用多处重复接地时,其接地电阻不应大于10 Ω。

5.10.4 电力驱动的起重机的控制系统及操纵装置

5.10.4.1 控制系统的设计应符合GB/T 3811的规定,控制回路电源应取自隔离变压器。在供电系统电压波动到额定值的90%时,无论载荷处于什么位置,系统应保证机构正常工作且不出现溜钩。

5.10.4.2 电器元件的选择应符合起重机工作环境及机构工作级别的要求。

5.10.4.3 各限位开关应安全可靠。在脱离接触并返回正常工作状态后,限位开关应能自动复位,防护等级不低于GB 4208中IP44。

5.10.4.4 操纵台应具有防止因无意刮碰而引起机构误动作的功能。

5.10.4.5 操纵台手柄操纵力不应超过100 N,推荐采用如下值:

——对于左右方向的操作,控制在5 N~40 N;

——对于前后方向的操作,控制在8 N~60 N。

5.10.4.6 在操作台或携带式控制装置上,应在方便操作的地方设置非自动复位的红色紧急停止开关,在紧急情况下,应能够停止所有运动的驱动机构。

5.10.4.7 可以在两处或两处以上分别操纵的控制系统,应设有可靠的电气联锁。

5.10.4.8 联动操作台操纵手柄及操纵按钮应设有零位保护功能,联动操作台操作者的手离开操纵手柄时,手柄应自动回停零位。

5.10.4.9 携带式控制装置应具有良好的绝缘性能,其防护等级不应低于GB 4208中IP44;控制回路电压不应高于48 V。

5.10.4.10 各机构控制电路中,应有防止误操作的保护措施。

5.10.5　**电力驱动的起重机的配电箱**

5.10.5.1　配电箱应满足工作环境的要求，防护等级不应低于 GB 4208 中 IP44。

5.10.5.2　配电箱应有门锁，门外应设置有电危险的警示标志。

5.10.5.3　控制系统配线(含外接线、缆)固定应整齐可靠、便于检修。所有导线端部及接线端子应有正确的标记、编号，并与电气原理图和布线图一致。多芯铜线不允许直接压入端子。

5.10.5.4　配电箱应易于安装和维修。

5.10.6　**电动机**

5.10.6.1　电动机应符合 GB 5226.2 的规定。

5.10.6.2　电动机的容量、工作制应满足相应机构的要求。

5.10.6.3　电动机的外壳防护等级不应低于 GB/T 4942.1 中 IP23。对防护等级低于 IP44 的电动机应另外设置防护罩，且不能影响电动机散热。

5.10.7　**电线电缆**

5.10.7.1　电线电缆的选用应符合 GB/T 3811—2008 中 7.8.1 的规定。

5.10.7.2　电缆需接长时，应设置中间接线盒，接线盒的防护等级不应低于 GB 4028 中 IP44。

5.10.8　**照明、信号**

5.10.8.1　起重机的司机室、通道、电气室、机房应有照明设施，照度不应低于 30 lx。照明电路电压不应大于 250 V，其供电不应受停机影响。

5.10.8.2　在起重机上设置对作业面的照明时，照度不应低于 30 lx，并应当考虑防震措施。

5.10.8.3　严禁用金属结构作照明线路的回路。

5.10.8.4　可移动式照明装置的电源电压不应大于 36 V，交流供电应使用安全隔离变压器，禁止使用自耦变压器直接供电。

5.10.8.5　顶部或运动臂端高于 30 m 的起重机，其最高点及臂端应安装红色障碍指示灯，指示灯的供电不应受停机影响。

5.10.8.6　司机室(或操纵装置上)应装设总电源开合状态信号和超起重量、超起重力矩和机构运行极限位置的报警或信号指示。

5.10.8.7　起重机上的标记、符号和指示器显示的信号应清晰准确，各种开关工作可靠。

5.10.9　**其他**

5.10.9.1　室外使用的电气设备应有防雨措施。

5.10.9.2　司机室用取暖、降温设备应采用单独电源供电。选用冷暖风机时应选用铁壳防护式，并固定安装、外壳接地。

5.11　**安全与卫生**

起重机的安全保护装置与措施应符合 GB 6067.1 相关规定。

5.11.1　**起重机超载保护装置**

5.11.1.1　当最大起重量大于 1 t 时，应装设额定起重量限制器或额定起重力矩限制器(当额定起重量与工作幅度有关时)。

5.11.1.2　起重机的超载保护装置应符合 GB 12602 的规定。

5.11.1.3　超载保护装置在超载时应发出声光报警信号，对于电力驱动的起重机应能立即停止起升运动、切断向外变幅控制回路电源，但应有下降运动、向内变幅运动；对于发动机驱动的起重机，司机及时停止起升和向外变幅的操作。具有多挡变速的起升机构，限制器应对各挡位具有防止超载的作用。

5.11.1.4 限制器及其动作点(报警和自动切断电源)的标定,应符合 GB 12602 的规定。

5.11.2 限位开关

5.11.2.1 电力驱动的变幅机构、回转机构、运行机构应装设限位开关,该限位开关应能使相应机构运行至设定极限位置处自动停止,且此时只能逆向运行。

5.11.2.2 发动机驱动的变幅机构、回转机构、运行机构到达极限位置前,应及时发出声光报警信号使操作员有足够的反应时间进行有效控制。

5.11.3 起升高度限位器

5.11.3.1 电力驱动的起重机应装设起升高度限位器,并在吊具起升到臂架端下方设定的极限距离时,应能立即停止起升运动、切断向外变幅控制回路电源,但应有下降运动、向内变幅运动。

5.11.3.2 发动机直接驱动的起重机在吊具起升到臂架端下方设定的极限距离前,应发出声光报警信号以使操作员有足够的反应时间对相关机构进行有效控制。

5.11.4 起升绳偏角限制器

5.11.4.1 电动机、发动机驱动的牵引机构牵引吊重,使吊具在包含臂架中心线的垂直平面内偏离吊具自由状态的垂直投影点进行作业的起重机,当操作不当有使起升绳偏角 β 超出设计值 $[\beta]$ 的可能时,应装设起升绳偏角限制器,偏角限制器规格型号应符合设计图纸和使用说明书的要求。

5.11.4.2 起升绳偏角限制器应满足:

——采用电动机为动力的起重机,当起升绳偏角 β 大于 $[\beta]$ 时,应自动切断起升机构电源并及时发出声光报警信号;

——采用发动机为动力的起重机,当起升绳偏角 β 大于 $[\beta]$ 时,应能及时给出声光报警信号,以使操作员有足够的反应时间对相关机构进行有效控制。

5.11.5 声光信号

所有声光报警信号装置应设置在相关人员听力、视力可及的位置。

5.11.6 防护罩

起重机所有外露且有可能伤人的运动件应设防护罩,防护罩应在合适的位置固定牢固。对有可能被踩踏的防护罩至少应能承受 900 N 的集中载荷仍然具有保护作用,并且不产生永久性变形。

5.11.7 安全警示标志或标牌

5.11.7.1 运动绳在地面部分或靠近行人公共通道的位置、在起重机上或起重机周围可能影响工作人员安全的危险警告信息,应以文字、图形和/或符号标牌的形式给出并固定在合适的位置。

5.11.7.2 起重机的安全标志和危险图形符号应符合 GB 15052 的规定。

5.11.8 起重机与输电线的最小空间距离

5.11.8.1 起重机、辅具和起吊物品的任何部位与输电线的最小空间距离(见图 10)应符合表 9 的规定。

5.11.8.2 有风时,考虑到输电线在水平和垂直方向的摆动,应根据情况对所列最小空间距离适当加大。

表 9　起重机与输电线的最小距离

输电线路电压(相间的) kV	需要的最小空间距离 L　0.01(V－50)＋3 m
50 以下	3
50＜V≤200	4.5
200＜V≤350	6
350＜V≤500	7.5
500＜V≤750	10
750＜V≤1 000	12.5
注：V 为输电线路电压。	

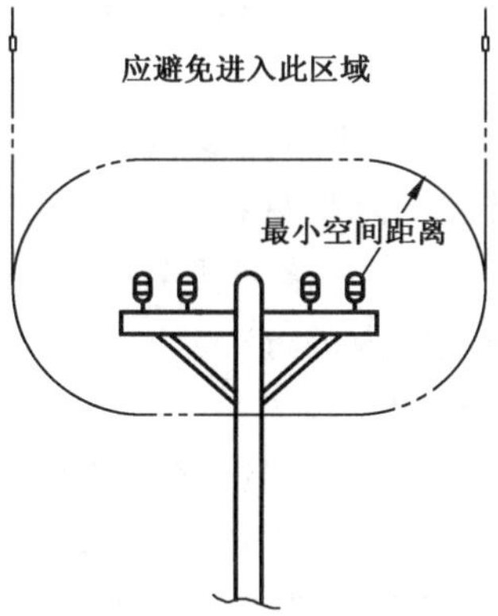

图 10

5.11.9　噪声

非发动机驱动的起重机，在无其他外声源干扰的情况下，起重机工作时产生的噪声，在司机耳旁测量不应大于 85 dB(A)，测量时闭式司机室应打开司机室可开的窗户。

5.11.10　其他

5.11.10.1　非工作风状态下，非 360°回转的起重机的臂架应有可靠的保护措施，如：臂架端部落地时的合理支撑或将臂架端部可靠的固定于桅杆、斜撑的上部。

5.11.10.2　添加燃料时应满足以下要求：

——不应在发动机运转状态下补充燃料；

——燃料补给区内禁止吸烟和明火。

5.12　涂装及表面防护

5.12.1　涂漆前应进行表面除锈处理，主要受力结构件表面除锈质量应达到 GB/T 8923 中规定的Sa2 $\frac{1}{2}$级；其余构件应达到 Sa2 级或 St2 级。

5.12.2　面漆应均匀、细致、光亮、完整和色泽一致，不应有粗糙不平、漏漆、错漆、皱纹、针孔及严重流挂等缺陷。

5.12.3　油漆漆膜厚度，每层为 25 μm～35 μm，总厚度为 75 μm～105 μm。

5.12.4　漆膜的附着力应符合 GB/T 9286 中规定的一级质量要求。

5.12.5　外露并需拆卸的销轴、螺栓等连接件及弹簧、油缸活塞杆等应采取非涂装的防锈措施。

6　试验方法

6.1　总则

起重机的试验应遵循 GB/T 5905 和本标准的规定。

6.2　目测检查

目测检验应包括所有重要部分的规格和(或)状态是否符合要求,如:各机构、电气设备、安全装置、制动器、控制器、照明和信号系统;起重机金属结构及其连接件、梯子、通道、司机室和走台;所有的防护装置;吊钩或其他取物装置及其连接件;钢丝绳及其固定件;滑轮组及其轴向的紧固件。检查时,不必拆开任何部件,但应打开在正常维护和检查时应打开的盖子,如限位开关盖。

目测检验还应包括检查必备的证书是否已提供并经过审核。

6.3　空载试验

空载试验应按照本标准的相关要求,进行至少包括以下项目的试验:

a)　在吊具的全程范围内起升和下降吊具;

b)　在臂架的全部变幅范围内,抬起和落下臂架;

c)　操作回转机构在全部回转范围内进行正反两个方向直至极限位置的转动;

d)　操作起升机构的离合器与制动器;

e)　分别操作牵引机构和起升机构,使吊具在包含臂架中心线的垂直平面内的起升绳偏角达到允许值[β],牵引绳偏角达到允许值[γ]后再返回自由悬挂位置;

f)　检查行程限位装置、起升高度限位器、起升绳偏角限制器、指示装置和联锁保护。限位装置的执行机构应使该驱动机构在其超出工作范围时就被立即停止到所指定的无条件停止的位置上或发出声光报警信号;

g)　在各驱动机构对应的运行范围内做该产品允许的机构联动试验。

各项目的试验重复进行 3 次。试验过程中观察相关技术参数的符合程度。检查有无任何卡阻、干涉现象,检查各驱动机构运转是否平稳正常,操作装置、控制系统和安全装置是否符合要求并准确可靠,观察各机构极限位置状态。

6.4　额定载荷试验

额定载荷试验的目的是检验起重机在额定载荷状态下工作时的操作及运转状况、主要技术参数、超载保护装置的精度和起重机噪声等是否符合要求。

6.4.1　不变幅的起重机按额定起重量 G_n,发动机或电动机在额定转速下分别做各驱动机构全程范围内的往返动作试验,验证相关项目是否符合设计或本标准的要求。

6.4.2　对允许采用牵引绳牵引吊具,使吊具在包含臂架中心线的垂直平面内偏离吊具自由状态的垂直投影点进行作业的不变幅起重机,在起升绳偏角 β 不超过设计允许值[β]、牵引绳与水平面夹角 γ 不超过设计允许值[γ]的全程范围内,按额定起重量 G_n,发动机或电动机在额定转速下,分别做起升机构和牵引机构的往返动作试验,验证相关项目是否符合设计或本标准的要求。

6.4.3　变幅的起重机在下列起重量,发动机或电动机在额定转速下,在相应的额定起重量 G_n

(或相应的最大额定起重量 G_{nmax})允许的幅度和回转角度范围内,分别做各驱动机构所对应的运行范围全程的往返动作试验,验证相关项目是否符合设计图样及本标准的要求:

a) 在最大幅度时起吊相应的额定起重量 G_n;

b) 在最大额定起重量允许的最大幅度处起吊最大额定起重量 G_{nmax};

c) 由用户和制造商商定的幅度上起吊相应的额定起重量 G_n。

在相同幅度上,当起重机的起重能力与回转角度有关时,应适当按回转角度分档进行以上a)、b)、c)条的加载试验。

6.4.4 在6.4.1~6.4.3规定的试验过程中还应满足如下要求:

a) 每一工况试验不少于3次。各参数的测定值取为3次测量的算术平均值;

b) 起升机构在每一次起升、下降过程中,进行不少于3次的正常制动;

c) 具有多挡变速的起升机构,应对每档速度进行相应额定载荷试验。

6.5 动载试验

动载试验的目的主要是验证起重机各机构及制动器的功能。

6.5.1 不变幅起重机,起吊1.1 G_n,发动机或电动机在额定转速下分别做各机构全程范围内的往返动作试验。

6.5.2 允许采用牵引绳牵引吊具,使吊具在包含臂架中心线的垂直平面内偏离吊具自由状态的垂直投影点进行作业的不变幅起重机,在起升绳偏角 β 不超过设计允许值[β]、牵引绳与水平面夹角 γ 不超过设计允许值[γ]的全程范围内,起吊1.1 G_n,发动机或电动机在额定转速下,分别做起升机构和牵引机构的往返动作试验。

6.5.3 变幅起重机在下列幅度和起重量,发动机或电动机在额定转速下,在相应的额定起重量 G_n(或相应的最大额定起重量 G_{nmax})允许的幅度和回转角度范围内,分别做各驱动机构所对应的运行范围全程的往返动作试验:

a) 在最大幅度时起吊1.1倍相应额定起重量 G_n;

b) 在最大额定起重量允许的最大幅度处起吊1.1 G_{nmax};

c) 由用户和制造商商定的幅度上起吊1.1倍相应额定起重量 G_n。

在相同幅度上,当起重机的起重能力与回转角度有关时,应适当按回转角度分档进行以上a)、b)、c)的加载试验。

6.5.4 在6.5.1~6.5.3规定的试验中,每一次的动作停稳后再进行下一次启动,每种往返动作试验不应少于3次。最后做该起重机设计允许的联合动作试验。对应6.5.1~6.5.3的规定试验,开动两个机构(但主、副钩不应同时开动)在各机构对应的运行范围内运行。每种联合动作试验中应做反复起动和制动,每一次的动作停稳后再进行下一次启动。每种联合动作试验往返次数不应少于3次。

6.5.5 在6.5.1~6.5.4规定的试验过程中,具有多挡变速的起升机构,应对每档速度进行相应动载试验。

6.6 静载试验

静载试验的目的主要是验证制动器、连接件、地锚的可靠性、起重机及其部件的结构承载能力。

6.6.1 不变幅起重机,提升 G_n 离地至200 mm高度,之后逐次缓慢加载至1.25 G_n,逐次缓慢加载期间应测量并调整使物品离地保持在100 mm~200 mm高度处,停留不少于10 min。

6.6.2 允许采用牵引绳牵引吊具，使吊具在包含臂架中心线的垂直平面内偏离吊具自由状态的垂直投影点进行作业的不变幅起重机，在起升绳偏角 β 为[β]，牵引绳与水平面夹角不超过设计允许值的[γ]，提升 G_n 离地至 200 mm 高度，之后逐次缓慢加载至 1.25 G_n，逐次缓慢加载期间应测量并调整使物品离地保持在 100 mm～200 mm 高度处，停留不少于 10 min。

6.6.3 变幅起重机在下列幅度做相应静载试验：

a) 在最大幅度处起吊 1.25 倍相应 G_n；

b) 在最大额定起重量允许的最大幅度处起吊 1.25 G_{nmax}；

c) 由用户和制造商商定的幅度上起吊 1.25 倍相应 G_n。

a)、b)、c)应逐次缓慢加载，加载期间应测量并调整使物品离地保持在 100 mm～200 mm 高度处，停留不少于 10 min。

在相同幅度上，当起重机的起重能力与回转角度有关时，应适当按回转角度分档进行以上 a)、b)、c)的加载试验。

6.7 竖直桅杆垂直度及桅杆顶部最大位移

6.7.1 起重机安装后，竖直工作的桅杆垂直度检查方法为：采用倾角仪或全站仪测出桅杆顶端在水平方向偏离理论位置的最大值(可在已知角度的两个方向进行测量后换算出桅杆顶端在水平方向偏离理论位置的最大值)。

6.7.2 由起重机工作载荷产生的桅杆顶部最大水平位移检查方法：采用倾角仪或全站仪测出桅杆顶端在加载前后水平方向位移的最大值(可在已知角度的两个方向进行测量后换算出桅杆顶端在加载前后水平方向位移的最大值)。

6.8 起升高度限位器

操作起重机以空载、额定转速、并且吊具上升运动随时可控的状态下将吊具运行至臂架端下方设定的极限位置处，观察起升高度限位器对相关机构的运行控制情况。检验重复进行 3 次。

6.9 起升绳偏角限制器

操作起重机以空载、额定转速状态运行，在起升绳偏角限制器自动切断起升机构电源或在起升绳偏角限制器发出声光报警信号时立即停机，直接测量起升绳偏角。当直接测量起升绳偏角较困难时，以桅杆(或臂架)根铰作基准点，采用卷尺或全站仪测出起升钢丝绳上与基准点水平高度相同的部位与基准点间的距离后，通过起重机已知几何尺寸，换算出此时起升绳偏角 β 后与设计值[β]进行对照。试验重复进行 3 次。当空载状态使得起升钢丝绳挠度较大而影响实际角度测量时，应适当吊载进行。

6.10 电路对地绝缘电阻

起重机的电路与裸露导电部件(或基础)之间的绝缘电阻应采用 500 V 的兆欧表在常温下测量。

6.11 超载保护装置

超载保护装置的动作点(报警和自动切断电源)试验应在相关载荷试验过程中按 GB 12602—2009 中 5.3 相关规定进行。

7 检验规则

7.1 检验分类

起重机的检验分为出厂检验(试验)及型式试验。

7.2 出厂检验(试验)

7.2.1 每台起重机都应进行出厂检验(包括用户特殊要求检验项目),出厂检验通常在生产厂内进行,特殊情况可在供需双方协议地点进行。出厂产品应附有产品合格证明书。

7.2.2 起重机在制造厂内进行预装时,应进行空运转试验,试验时间不应少于30 min。

7.2.3 出厂检验项目及合格判据见附录C,出厂检验应提供检验报告。

7.3 型式试验

7.3.1 属下列情况之一者,均应进行型式试验:

a) 新产品或老产品转厂生产的试制定型鉴定;

b) 正式生产后,如结构、材料、工艺有较大改变,可能影响产品性能时;

c) 产品停产达一年以上后恢复生产时;

d) 出厂检验结果与上次型式试验有较大差异时;

e) 国家质量监督机构提出进行型式试验要求时。

7.3.2 型式试验的检验项目及合格判据见附录C。

8 信息标识

8.1 制造信息

每台起重机应在司机室或起重机明显的位置上装设有关制造信息的标牌,标牌应耐用且清晰并符合GB/T 13306的规定。标牌上至少应标明下列内容:

a) 产品名称和型号;

b) 制造商名称;

c) 产品制造编号和出厂日期。

8.2 额定能力信息

8.2.1 起重机应有耐用且清晰的标牌(或图表),该标牌(或图表)固定在(或放在)司机处于操作位时易见的位置。在各种安装状态下的标牌(或图表)内容至少应包括:

a) 最大起重量(或8.2.2～8.2.4所述额定起重量图表);

b) 工作速度;

c) 最大允许工作风速;

d) 附加吊具作为起升载荷组成部分的提示;

e) 起升绳最大允许偏角(有使用牵引机构幅度方向拽引物品的功能时)。

8.2.2 永久性安装的起重机,如果起重机的额定起重量与起重机工作半径、回转角度有关时,应在操作位置的易见位置及产品使用说明书中有一个耐用,清晰,易懂的在不同臂架转动角度和作业半径下允许的相应额定起重量图表。

8.2.3 非永久性安装的起重机,专业人员应根据制造商提供的数据资料、场地情况及具体安装布置型式制定额定起重量图表并放在操作位置处。

8.2.4 机械换挡、有级变速的起升机构,应在操作位置的易见位置及产品使用说明书中标明不同挡位所能起吊的额定起重量。

8.3 操作及安全信息

起重机应具有以下操作及安全信息:

a) 所有操纵装置应标有文字或易于识别的符号以指示其功能,并在适当的位置指示操作的动作方向；

b) 有关司机在操作起重机之前、操作过程中及操作完成后的各项任务信息，应以标牌形式永久固定在司机室内或操作位置附近；

c) 与限制器有关的警告提示信息及制造商认为必要的一些紧急情况说明和警告提示信息应做成标牌，并固定在司机可看到的位置；

d) 5.11.7 所述的安全警告信息。

8.4 可追溯性信息

起重机的桅杆、臂架、斜撑、基座等主要结构件应设有可追溯制造日期的永久性标志。

9 包装、运输和贮存

9.1 包装

9.1.1 起重机及其零部件的包装应符合 GB/T 13384 的规定。

9.1.2 装箱单应与实物相符，装箱单内容应包括产品编号、包装箱号、箱内零部件名称与数量、连接件使用部位、发货日期、检验员签字等。

9.1.3 零部件应有识别标志，如标牌、标签等。标牌、标签应牢固清晰。

9.1.4 起重机产品出厂时应随机提供下列文件和物品：

a) 产品合格证。

b) 产品使用维护说明书，其内容至少应包括：

1) 起重机性能和技术参数；

2) 场地要求、起重机基础及锚固、轨道安装的设计资料；

3) 按规定程序安装/拆卸方法及关键细节；

4) 安装后的检查和调试的内容、方法和要求；

5) 与起重机安全操作使用有关的资料、数据和建议；

6) 起重机维护保养、检查内容频度和建议，并提供相关的详细技术资料和基础数据；

7) 与所售起重机结构型式相符的整机外廓尺寸数据。

c) 必要的产品安装图、电气原理图、易损件图。

d) 装箱单。

e) 设备清单、配件目录及政府相关主管部门要求的其他资料。

f) 随机备件和专用工具。

9.2 运输

9.2.1 起重机的运输应符合交通运输部门的规定。

9.2.2 起重机的动力驱动机构在运输、装卸过程中严禁倒置。

9.3 贮存

9.3.1 起重机长期停用时，应存放在通风、干燥、无腐蚀的场所。

9.3.2 起重机如需存放在室外，则应采取防雨措施，应在合适的位置设置高度适当的支承物，以免零部件产生结构变形或浸泡在水中。

9.3.3 电气零部件应存放于干燥、无腐蚀的室内。

附　录　A
(资料性附录)
缆绳的计算

A.1　缆绳初拉力(预紧力)P_0 的选取

缆绳的初拉力 P_0 的选取见表 A.1。

表 A.1　缆绳的初拉力 P_0

钢丝绳的直径 d' mm	$d' \leqslant 22$	$22 < d' \leqslant 37$	$d' > 37$
缆绳的初拉力 P_0 kN	10～25	30～45	50

A.2　缆绳初拉力 P_0 的计算

当缆绳为小垂度($f_c/l \leqslant 0.1$，f_c：缆绳的垂度，l：锚定点距桅杆顶部水平距离)并且与水平面夹角 α 不大于 45°条件下，缆绳初拉力 P_0 可按如下过程做近似计算：

1)　根据式(A.1)预定吊载后缆绳水平总拉力 H_1：

$$H_1 = H_0 + H' \quad \cdots\cdots\cdots\cdots (\text{A.1})$$

式中：

H_1——吊载后缆绳水平总拉力，单位为牛(N)；

H_0——缆绳的水平初拉力，$H_0 = P_0\cos\alpha$，P_0 可由表 A.1 初定，单位为牛(N)；

H'——外部载荷产生的缆绳水平拉力，可由式(A.6)确定，单位为牛(N)。

2)　由 H_1 根据式(A.2)确定出缆绳理论所需钢丝截面积总和 A'：

$$A' = KH_1/(\sigma_p\cos\alpha) \quad \cdots\cdots\cdots\cdots (\text{A.2})$$

式中：

A'——缆绳理论所需钢丝截面积总和，单位为二次方毫米(mm^2)；

K——缆绳的安全系数；

σ_p——钢丝绳的实际抗拉强度，$\sigma_p = K'\sigma_p'$，单位为兆帕(MPa)；

K'——钢丝绳的最小破断拉力与钢丝绳的最小钢丝破断拉力总和之比，$K' < 1$；

σ_p'——钢丝绳的公称抗拉强度，单位为兆帕(MPa)；

α——缆绳与水平面夹角。

3)　根据安装就位精度、吊装工艺等要求，定出桅杆顶部最大水平位移 Δl。

4)　根据式(A.3)求 λ，由式(A.4)定出主缆绳水平拉力 H_0：

λ 值从式(A.3)中的 λ_1、λ_2、λ_3 取符合定义的一个实数值：

$$\lambda_1 = C + D$$
$$\lambda_2 = w_1C + w_2D \quad \cdots\cdots\cdots\cdots (\text{A.3})$$
$$\lambda_3 = w_2C + w_1D$$

$$H_0 = A\sigma_p\cos\alpha/(K\lambda) \quad \cdots\cdots\cdots\cdots (\text{A.4})$$

式中：

$$C=\sqrt[3]{-\frac{N}{2}+\sqrt{\left(\frac{N}{2}\right)^2+\left(\frac{M}{3}\right)^3}}$$

$$D=\sqrt[3]{-\frac{N}{2}-\sqrt{\left(\frac{N}{2}\right)^2+\left(\frac{M}{3}\right)^3}}$$

$$w_1=\frac{-1+i\sqrt{3}}{2}\quad w_2=\frac{-1-i\sqrt{3}}{2}$$

$$N=-\frac{24\cos^3\alpha\cdot\left(\frac{\sigma_p}{K}\right)^3}{\gamma_k^2\cdot l^2\cdot E_k}$$

$$M=-\frac{24\cdot\left(\frac{\sigma_p}{K}\right)^2\cos^4\alpha\cdot\left(1-\frac{1}{2}\tan^2\alpha\right)}{l^3\cdot\gamma_k{}^2}\cdot\Delta l-(N+1)$$

λ——缆绳水平力变化系数；

A——根据缆绳理论所需钢丝截面积总和 A' 查钢丝绳产品规格样本后，所选钢丝绳的实际钢丝截面积总和，单位为二次方毫米（mm^2）；

γ_k——所选钢丝绳按全部丝数的实际截面积计算的钢丝绳绳容重，单位为牛每三次方厘米（N/cm^3）；

l——锚定点距桅杆顶部水平距离，单位为米（m）；

E_k——钢丝绳的弹性模量，$E_k=0.35\sim0.88\,E$，单位为兆帕（MPa）；

E——钢丝的弹性模量，$E=2.1\times10^5$，单位为兆帕（MPa）；

Δl——桅杆顶部最大水平位移，单位为米（m）。

5） 校核公式 $H_0+H'\leqslant H_1$ 是否成立，若不成立（或左边太小），则增大（或缩小）H_1 再重复计算直至合适为止。

6） 根据式（A.5）确定主缆绳的初拉力：

$$P_0=H_0/\cos\alpha \qquad\cdots\cdots(A.5)$$

A.3 主缆绳水平拉力 H' 和分配系数

由外部载荷产生的主缆绳水平拉力 H' 与缆绳数量和分配方式有关，分配系数法是用来简易计算主缆绳受力值的一种方法。一般情况下，主缆绳在考虑周边缆绳的作用时所由外部载荷产生的水平拉力 H' 按式（A.6）计算：

$$H'=K_1M_0/h \qquad\cdots\cdots(A.6)$$

式中：

K_1——分配系数，按表 A.2、A.3 选取；

M_0——桅杆在外载作用下的力矩（主要由吊重、风载与自重产生）单位为牛米（N·m）；

h——桅杆高度，单位为米（m）。

表 A.2　受力缆绳与缆绳总数之比小于 50%时的分配系数 K_1 值

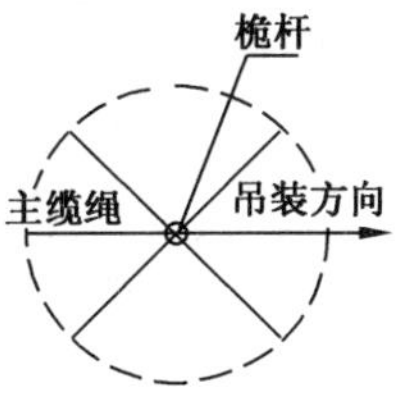	缆绳布置根数	4	5	6	7	8
	分配系数 K_1	1	0.828	0.667	0.546	0.415
	缆绳布置根数	9	10	11	12	
	分配系数 K_1	0.369	0.342	0.301	0.248	
注：缆绳等分布置且与水平面夹角相同。						

表 A.3　缆绳与水平面夹角 α＝30°、240°等分布置的分配系数 K_1 值

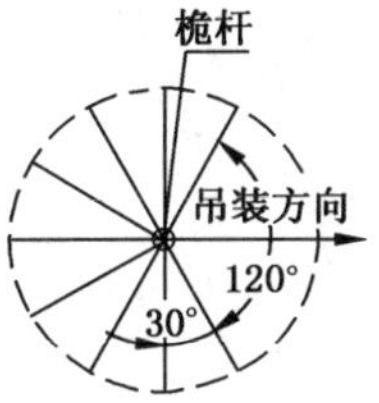	缆绳布置根数	6	7	8	9	10	11	12	13
	分配系数 K_1	0.448	0.370	0.314	0.278	0.241	0.214	0.193	0.170

附 录 B
（资料性附录）
常用地锚型式及计算

B.1 桩式地锚

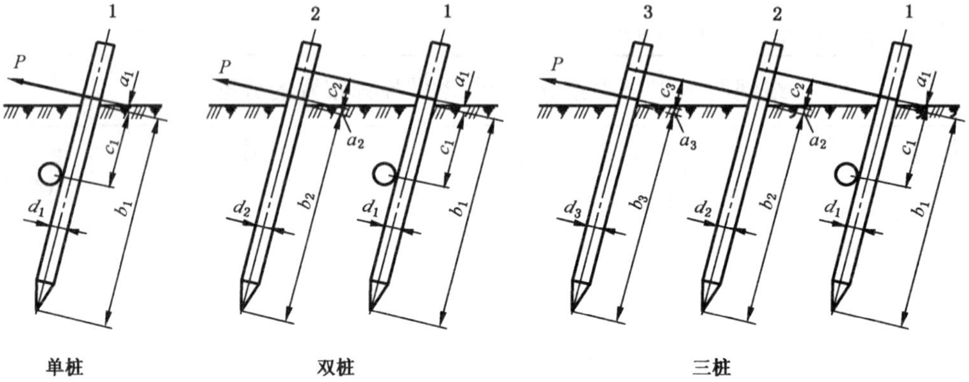

图 B.1

在锚桩向后倾斜 10°～15°、缆绳拉力方向与锚桩垂直、挡木尺寸不小于锚桩相应尺寸的条件下，桩式地锚许用拉力和构造尺寸见表 B.1。

表 B.1 桩式地锚许用拉力和尺寸

许用拉力 kN	尺寸 cm											
	第一根桩				第二根桩				第三根桩			
	a_1	b_1	c_1	d_1	a_2	b_2	c_2	d_2	a_3	b_3	c_3	d_3
10	30	150	40	18								
15	30	150	40	20								
20	30	150	40	26								
30	30	150	40	20	30	150	90	22				
40	30	150	40	22	30	150	90	25				
50	30	150	40	24	30	150	90	26				
60	30	150	40	20	30	150	90	22	30	150	90	28
80	30	150	40	22	30	150	90	25	30	150	90	30
100	30	150	40	24	30	150	90	26	30	150	90	33

B.2 埋置式地锚的计算

埋置式地锚分为无挡板地锚和有挡板地锚，见图 B.2。

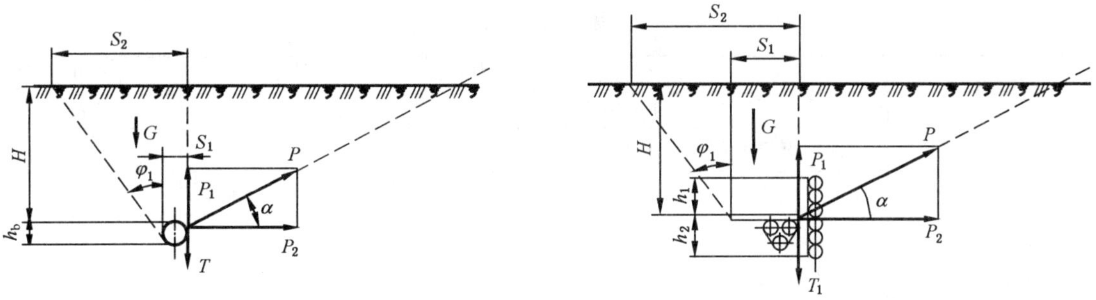

a）无挡板埋置式地锚　　b）有挡板埋置式地锚

图 B.2

B.2.1　无挡板加固的埋置式地锚［图 B.2a)］

B.2.1.1　在垂直分力作用下，地锚应满足的稳定条件：

$$G+T \geqslant K_m P_1 \qquad \cdots\cdots (B.1)$$

式中：

G——有效土壤重力，$G=0.5(S_1+S_2)HL_b\rho$，单位为千牛(kN)；

S_1,S_2——基坑尺寸，$S_2=H\tan\varphi_1+S_1$，单位为米(m)；

φ_1——计算抗拔角，见表 B.2；

H——锚的埋置深度，单位为米(m)；

L_b——锚梁的长度，单位为米(m)；

ρ——土壤的容重，见表 B.2，单位为千牛每三次方米(kN/m³)；

P——地锚拉力，单位为千牛(kN)；

P_1——垂直分力，$P_1=P\sin\alpha$，单位为千牛(kN)；

P_2——水平分力，$P_2=P\cos\alpha$，单位为千牛(kN)；

T——摩擦力，$T=f_1P_2$，单位为千牛(kN)；

f_1——锚梁为木材时对土壤的摩擦系数，$f_1=0.5$；

K_m——安全系数，$K_m\geqslant 2$。

表 B.2　土壤的特性系数

土壤类别		土壤状态	容重 ρ kN/m³	内摩擦角 φ_0	黏聚力 c kPa	计算抗拔角 φ_1
黏性土	黏土	坚硬	18	18°	50	30°
		硬塑	17	14°	20	25°
		可塑	16	14°		20°
		软塑	16	8°～10°	8	10°～15°
	亚黏土	坚硬	18	18°	30	27°
		硬塑	17	18°	13	23°
		可塑				19°
		软塑	16	13°～14°	4	10°～15°
	亚沙土	硬塑	18	26°	15	27°
		可塑	17	22°	8	23°

表 B.2（续）

土壤类别		土壤状态	容重 ρ kN/m³	内摩擦角 φ_0	黏聚力 c kPa	计算抗拔角 φ_1
沙性土	砾沙及粗沙	任何湿度	18	40°		30°
	中沙	任何湿度	17	38°		28°
	细沙	任何湿度	16	36°		26°
	粉沙	任何湿度	15	34°		22°

B.2.1.2 在水平分力作用下，地锚应满足的稳定条件：

$$[\sigma]_H \eta \geqslant P_2/h_b L_b \qquad \text{(B.2)}$$

式中：

$[\sigma]_H$——基坑深度 H 处土壤的许用压应力，宜采用实测数据或工程经验数据，当条件不具备时，可采用式(B.3)进行估算。单位为千帕(kPa)；

$$[\sigma]_H = H\rho\tan^2\left(45° + \frac{\varphi_0}{2}\right) + 2c\tan\left(45° + \frac{\varphi_0}{2}\right) \qquad \text{(B.3)}$$

η——因土壤压力不均造成的折减系数，$\eta = 0.25$；

φ_0——土壤的内摩擦角，见表 B.2；

h_b——锚梁的高度，单位为米(m)；

c——土壤的黏聚力，单位为千帕(kPa)。

B.2.1.3 在缆绳拉力作用下，锚梁应满足的强度条件：

a) 单点固定锚梁[见图 B.3a)]：

$$\sigma = \frac{M_{max}}{W} \leqslant [\sigma] \qquad \text{(B.4)}$$

式中：

M_{max}——锚梁所受最大弯矩，$M_{max} = \frac{qL_b^2}{8}$，单位为千牛米(kN·m)；

W——锚梁抗弯截面模量，单位为三次方米(m³)；

q——均布载荷，$q = \frac{P}{L_b}$，单位为千牛每米(kN/m)；

L_b——锚梁长度，单位为米(m)；

$[\sigma]$——锚梁许用应力，单位为千帕(kPa)；

σ——锚梁应力，单位为千帕(kPa)。

b) 两点固定锚梁[见图 B.3b)]：

$$\sigma = \frac{M_{max}}{W} + \frac{N}{F} + \leqslant [\sigma] \qquad \text{(B.5)}$$

式中：

M_{max}——锚梁所受最大弯矩，$M_{max} = \frac{qa^2}{2}$，单位为千牛米(kN·m)；

N——锚梁所受轴向力，$N = \frac{P}{2}\tan\varphi$，单位为千牛(kN)；

a——锚梁系结两端悬臂长,单位为米(m);

F——锚梁横截面积,单位为二次方米(m^2);

φ——系结钢丝绳的对称中心线与系结绳之间夹角。

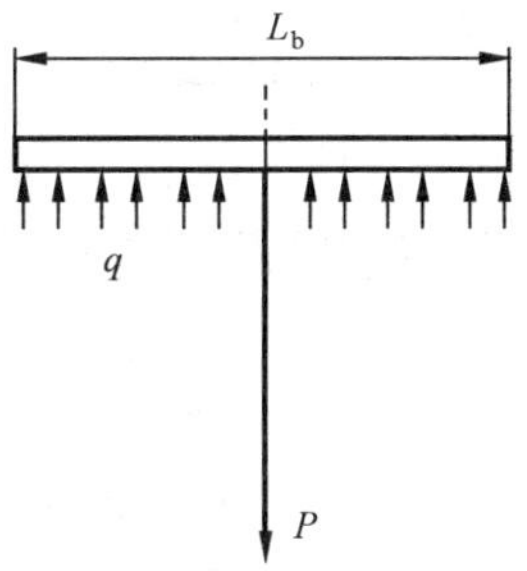

a)锚梁单点固定

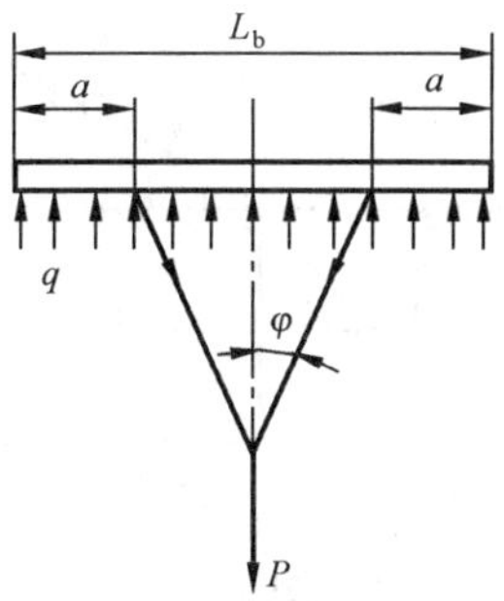

b)锚梁两点固定

图 B.3

B.2.2　有挡板加固的埋置式地锚[见图 B.2b)]

B.2.2.1　在垂直分力作用下,地锚应满足的稳定条件:

$$G + T_1 \geqslant K_m P_1 \qquad \cdots\cdots\cdots\cdots(B.6)$$

式中:

T_1——摩擦力,$T_1 = f_2 P_2$,单位为千牛(kN);

f_2——锚梁与档木均为木材时,相互之间的摩擦系数,$f_2 = 0.4$;

其余符号意义同式 B.1。

B.2.2.2　在水平分力作用下,地锚应满足的稳定条件:

$$[\sigma]_H \eta_1 \geqslant P_2/(h_1 + h_2)L_b \qquad \cdots\cdots\cdots\cdots(B.7)$$

式中:

η_1——因土壤压力不均造成的折减系数,$\eta_1 = 0.4$;

h_1——竖向加固木挡板高出水平板的高度,单位为米(m);

h_2——竖向加固木挡板低于水平板的高度,单位为米(m)。

其余符号意义同式 B.2。

B.3　混凝土地锚(见图 B.4)

混凝土地锚的许用拉力按式(B.8)确定:

$$P \leqslant \frac{G_1 l_1}{K_m L_1} \qquad \cdots\cdots\cdots\cdots(B.8)$$

式中:

G_1——混凝土地锚的重力,单位为千牛(kN);

l_1——混凝土地锚中心到前方支撑边缘的距离,单位为米(m);

K_m——安全系数,$K_m = 1.4$;

L_1——混凝土地锚前方支撑边缘对缆绳的垂直距离,单位为米(m);

P——地锚拉力,单位为千牛(kN)。

B.4 压置式地锚(见图 B.5)

压置式地锚的许用拉力取式(B.9)、式(B.10)中的最小值:

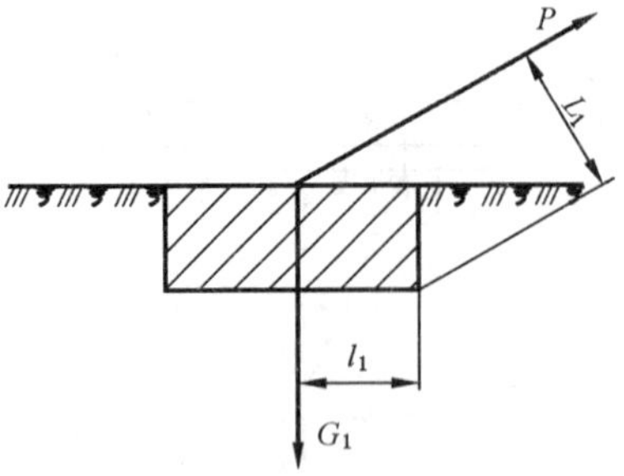

图 B.4

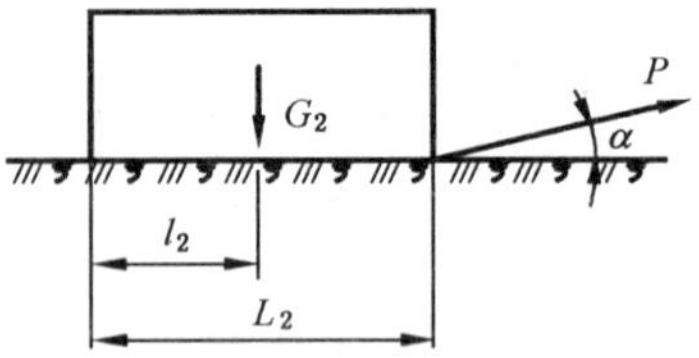

图 B.5

$$P \leqslant \frac{G_2 l_2}{K_m L_2 \sin\alpha} \qquad \text{(B.9)}$$

$$P \leqslant \frac{G_2 f_3}{K_m(\cos\alpha + f_3 \sin\alpha)} \qquad \text{(B.10)}$$

式中:

G_2——压置式地锚重力,单位为千牛(kN);

L_2——地锚长度,单位为米(m);

l_2——地锚中心至边缘的距离,单位为米(m);

α——缆绳与水平面夹角;

f_3——地锚与基础间滑动摩擦系数;

K_m——安全系数,$K_m=2$;

P——地锚拉力,单位为千牛(kN)。

B.5 利用建筑物角柱作地锚

利用混凝土角柱或钢角柱作地锚时,受力点应尽量靠近角柱根部,且受力方向为水平方向。

B.5.1 混凝土角柱作地锚[见图 B.6a)]

利用混凝土角柱作地锚时,许用拉力按式(B.11)确定:

$$P \leqslant b_z h_z f_t \qquad \text{(B.11)}$$

式中:

b_z——混凝土角柱截面的有效宽度,单位为毫米(mm);

h_z——混凝土角柱截面的高度,单位为毫米(mm);

f_t——混凝土角柱的单位面积抗横拉能力,见表 B.3,单位为兆帕(MPa);

P——地锚拉力,单位为牛(N)。

表 B.3 混凝土角柱的单位面积抗横拉能力 f_t

混凝土强度标号	C8	C13	C18	C23	C28	C38	C48
混凝土角柱单位面积抗拉能力 f_t MPa	0.4	0.52	0.64	0.81	0.95	1.1	1.25

B.5.2　钢角柱作地锚[见图 B.6b)]

利用钢角柱作地锚时，许用拉力按两根地脚螺栓承受剪力由式(B.12)确定：

$$P \leqslant \frac{\pi \cdot d^2}{2}[\tau] \qquad \cdots\cdots(B.12)$$

式中：

d——地角螺栓直径，单位为毫米(mm)；

$[\tau]$——地角螺栓的抗剪许用应力，单位为兆帕(MPa)；

P——地锚拉力，单位为牛(N)。

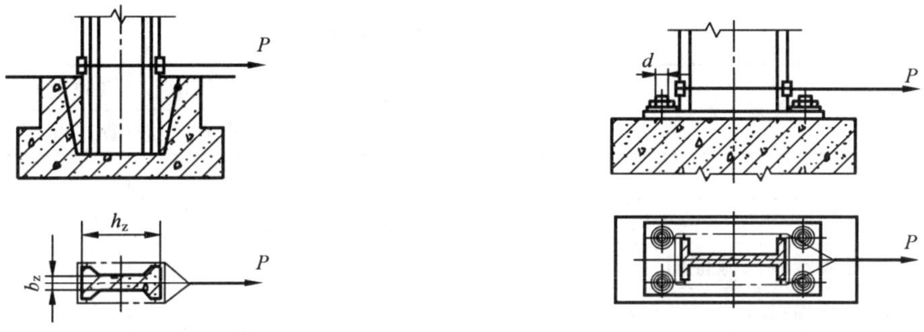

a) 利用混凝土角柱作地锚　　b) 利用钢角柱作地锚

图 B.6

附　录　C
（规范性附录）
起重机检验项目及合格判据

C.1　起重机检验项目

起重机检验项目见表C.1。

表C.1　检验项目表

序号	检验项目			要求	缺陷等级			检验类别		备注
					致命	严重	一般	型式	出厂	
1	目测检查			见6.2				√	√	
2	技术资料	设计图纸		完整	△			√	—	
		计算书或资料来源证明		具有	△			√	—	
		基础及锚固设计资料、隐蔽工程记录		具有	△			√	—	
		安装、使用说明书		具有	△			√	√	
		设备清单、配件目录		具有		△		√	√	
		法规要求的文件		具有	△			√	√	
3	信息标牌	制造信息		8.1		△		√	√	
		额定能力信息		8.2		△		√	√	
		操作及安全信息		8.3		△		√	√	
		可追溯信息		8.4		△		√	√	
4	质量尺寸参数	回转部分部件质量允差		±2%		△		√	√	可整机回转
		压重质量允差		±2%		△		√	√	
		整体拖运外形尺寸		5.4.6.2			△	√	√	
		主要结构件形位允差		5.4.7		△		—	√	
		安装后空载状态下的桅杆垂直度		5.3.1.3	△			√	—	桅杆垂直工作
5	结构、机构和整机安全	梯子、平台和栏杆		5.4.8		△		√	√	
		制动器防护罩		5.5.9.6			△	√	√	
		有伤人可能的外露运动件防护罩		5.11.6		△		√	√	
		停止器、锁定装置		5.5.9.2 5.6.1.5	△			√	√	
		回转机构非工作状态要求		5.6.2.3.2 5.6.2.3.3	△			√	√	
		运行机构	驱动数量	5.6.2.5.1		△		√	√	
			支承失效防护	5.6.2.5.3	△			√	√	
			扫轨板	5.6.2.5.5		△		√	√	
		吊钩防脱钩装置		设有		△		√	√	
		钢丝绳防脱槽装置		5.5.6.1		△		√	√	

表 C.1（续）

序号	检验项目		要求	缺陷等级 致命	缺陷等级 严重	缺陷等级 一般	检验类别 型式	检验类别 出厂	备注
5	结构、机构和整机安全	起重机与输电线的最小空间距离	5.11.8	△			√	—	
5	结构、机构和整机安全	缆绳越过公路架空高度	5.5.3.2f)	△			√	—	
5	结构、机构和整机安全	缆绳张紧装置	5.5.3.2d)		△		√	√	
5	结构、机构和整机安全	运动绳通过道路保护措施	5.5.3.3j)		△		√	—	
6	电气	电机保护	5.10.3.1		△		√	√	
6	电气	线路保护	5.10.3.2	△			√	√	
6	电气	错相与缺相保护	5.10.3.3	△			√	√	
6	电气	零位保护	5.10.3.4	△			√	√	
6	电气	失压保护	5.10.3.5	△			√	√	
6	电气	失电保护	5.10.3.6	△			√	√	
6	电气	紧急停止	5.10.4.6	△			√	√	
6	电气	超速开关	5.10.3.7	△			√	√	
6	电气	避雷和接地	5.10.3.8	△			√	√	
6	电气	绝缘电阻	5.10.2.6	△			√	√	
7	空载试验	运转情况	正常	△			√	√	
7	空载试验	操纵情况	灵活、可靠	△			√	√	
7	空载试验	变幅卷筒钢丝绳余留圈数	5.5.3.3b)		△		√	—	
7	空载试验	起升卷筒钢丝绳余留圈数	5.5.3.3d)		△		√	—	
7	空载试验	卷筒凸缘高度 起升机构	5.5.5.2		△		√	√	按说明书中最大容绳量计
7	空载试验	卷筒凸缘高度 变幅机构	5.5.5.2		△		√	√	按臂架仰角达到最大角度时容绳量计
7	空载试验	最大幅度允差	±2%			△	√	—	
7	空载试验	最小幅度允差	±10%			△	√	—	
7	空载试验	最小幅度时起升高度	≥设计值			△	√	—	
7	空载试验	回转角度允差	±2%			△	√	—	非 360°回转机构
8	额定载荷试验	运转情况	正常	△			√	—	
8	额定载荷试验	操纵情况	灵活、可靠	△			√	—	
8	额定载荷试验	吊具升降速度 电力驱动	±5%		△		√	—	
8	额定载荷试验	吊具升降速度 柴油机驱动 上升	−5%～+10%		△		√	—	
8	额定载荷试验	吊具升降速度 柴油机驱动 下降	−5%～+25%		△		√	—	

表 C.1(续)

序号	检验项目			要求	缺陷等级			检验类别		备注
					致命	严重	一般	型式	出厂	
8	额定载荷试验	回转速度允差		±5%		△		√	—	
		变幅时间允差		−5%～+10%		△		√	—	
		吊具慢降速度允差		±10%			△	√	—	配有时
		司机室噪声	dB(A)	5.11.9		△		√	—	
		主起升机构噪声	dB(A)	≤90		△		√	√	
		副起升机构噪声	dB(A)	≤90		△		√	√	
9	动载试验	运转情况		正常		△		√	—	
		操纵情况		灵活、可靠		△		√	—	
		关键零、部件损坏[a]		无	△			√	√	
		起升时先溜后升		无	△			√	—	
		臂架滑降		无	△			√	—	
		地锚松动、基础沉陷		无	△			√	—	
10	静载试验	受力杆件永久变形		无	△			√	√	
		焊缝裂纹		无	△			√	—	
		关键零、部件损坏[a]		无	△			√	—	
		吊钩下滑		无		△		√	—	
		臂架滑降		无	△			√	—	臂架变幅
		地锚松动、基础沉陷		无	△			√	—	
		桅杆顶部最大水平位移		不超过设计规定值	△			√	—	设计规定时
11	外观质量	焊缝		JG/T 5082.1		△		√	√	
		结构件表面涂装		5.12			△	√	√	
		连接件表面处理		5.12.5			△	√	√	
		铸、锻件表面质量		无结疤、夹渣、夹层、裂纹			△	√	√	
12	安全装置	起重量限制器或起重力矩限制器		5.11.1	△			√	√	
		行程限位器		5.11.2	△			√	√	
		起升高度限位器		5.11.3	△			√	√	
		起升绳偏角限制器		5.11.4	△			√	√	
		防风保护、整机锚定		5.11.10.1 5.6.2.5.2	△			√	√	可整机运行及非全回转的起重机
		报警装置		5.11.1～5.11.4中相关报警要求 5.11.5		△		√	√	

表 C.1（续）

序号	检验项目		要求	缺陷等级			检验类别		备注
				致命	严重	一般	型式	出厂	
12	安全装置	缓冲器、止挡装置	5.6.2.2.2 5.6.2.3.5 5.6.2.5.6	△			√	√	
		臂架防后倾措施	5.3.5.3 5.3.5.7c) 5.3.6.4 5.3.7.3	△			√	√	
13	结构试验	在以下各种工况时，桅杆、臂架、缆绳、斜撑等部件的实测应力满足规范及设计要求： a）臂架在最大额定起重量允许的最大幅度，起吊最大额定起重量 G_{nmax} 及 1.25 G_{nmax}； b）臂架回转一定角度，在最大额定起重量允许的最大幅度，起吊最大额定起重量 G_{nmax} 及 1.25 G_{nmax}； c）臂架在最大幅度，起吊相应的额定起重量 G_n 及 1.25 G_n； d）臂架回转一定角度，在最大幅度，起吊相应的额定起重量 G_n 及 1.25 G_n。		△			√	—	
注 1：△——指明不合格项目所属缺陷等级； 注 2：√——指明该检项目。									
[a] 包括桅杆、臂架、基座、斜撑、地梁、缆绳顶盖、地锚及其连接，钢丝绳、钢丝绳附件、机构零部件。									

C.2 起重机检验合格判据

起重机检验合格判据见表 C.2。

表 C.2 起重机检验合格判据

缺陷等级	缺陷数量及组合			
	1	2	3	4
致命	1	0	0	0
严重	0	2	1	0
一般	0	0	3	6
型式试验时，在四种组合中，缺陷数达到任一组合的判定数，即判定起重机为不合格；出厂检验时不允许有致命和严重缺陷，一般缺陷由制造商与用户协商；重复的检验项目其故障只计算一次				

参 考 文 献

[1] GB 6974.11—1986 起重机械名词术语 桅杆起重机.

[2] GB/T 20863.4—2007 起重机械 分级 第4部分:臂架起重机(ISO 4301-4:1989,IDT).

[3] DB 35/T 681—2006 矿山用桅杆起重机.

[4] DB 37/T 1029—2008 桅杆起重机通用技术条件.

[5] TSG Q7010—2007 桅杆起重机型式试验细则.

[6] ANSI/ASME B30.6—2003 桅杆起重机.

ICS 53.020.20
J 80

中华人民共和国国家标准

GB/T 27545—2011

水平循环类机械式停车设备

Level circulating mechanical parking system

2011-11-21 发布　　2012-05-01 实施

中华人民共和国国家质量监督检验检疫总局
中国国家标准化管理委员会　发布

前　言

本标准按照 GB/T 1.1—2009 给出的规则起草。

本标准由中国机械工业联合会提出。

本标准由全国起重机械标准化技术委员会(SAC/TC 227)归口。

本标准负责起草单位:山东莱钢泰达车库有限公司。

本标准参加起草单位:杭州西子石川岛停车设备有限公司、杭州友佳精密机械有限公司、兰州远达工程设备有限责任公司、上海赐宝停车设备制造有限公司、上海爱登堡电梯有限公司、莱芜市标准化学会。

本标准主要起草人:闫维庆、程琪、邱荣贤、史惠敏、单单、李绥、张洪强。

水平循环类机械式停车设备

1 范围

本标准规定了水平循环类机械式停车设备的术语和定义、型式、基本参数、技术要求、试验方法、检验规则及标志、包装、运输、贮存。

本标准适用于GB/T 26476中定义的水平循环类机械式停车设备(以下简称设备)。

2 规范性引用文件

下列文件对于本文件的应用是必不可少的。凡是注日期的引用文件,仅注日期的版本适用于本文件。凡是不注日期的引用文件,其最新版本(包括所有的修改单)适用于本文件。

GB/T 700—2006 碳素结构钢

GB 755 旋转电机 定额和性能

GB/T 3811—2008 起重机设计规范

GB/T 4942.1 旋转电机整体结构的防护等级(IP代码) 分级

GB/T 8923 涂装前钢材表面锈蚀等级和除锈等级

GB/T 9286 色漆和清漆 漆膜的划格试验

GB/T 9799 金属覆盖层 钢铁上的锌电镀层

GB/T 13306 标牌

GB/T 13384 机电产品包装通用技术条件

GB/T 13912 金属覆盖层 钢铁制件热浸镀锌层技术要求和试验方法

GB 17907—2010 机械式停车设备 通用安全要求

GB/T 21457 起重机和相关设备 试验中参数的测量精度要求

GB/T 26476 机械式停车设备 术语

GB/T 26559—2011 机械式停车设备 分类

GB 50017 钢结构设计规范

GB 50168 电气装置安装工程 电缆线路施工及验收规范

GB 50169 电气装置安装工程 接地装置施工及验收规范

GB 50254 电气装置安装工程 低压电器施工及验收规范

GB 50256 电气装置安装工程 起重机电气装置施工及验收规范

JB/T 7828 继电器及其装置包装贮运 技术条件

3 术语和定义

GB/T 26476界定的术语和定义适用于本文件。

4 型式和基本参数

4.1 型式

水平循环类机械式停车设备的型式除应符合GB/T 26559—2011中3.2的规定外,按循环方式还可分为：

a) 圆形循环：在设备两端，搬运器在水平面内以圆弧运动方式作循环移动。见图 1a)所示。

b) 矩形循环：在设备两端，搬运器在水平面内以直线运动方式作循环移动。见图 1b)所示。

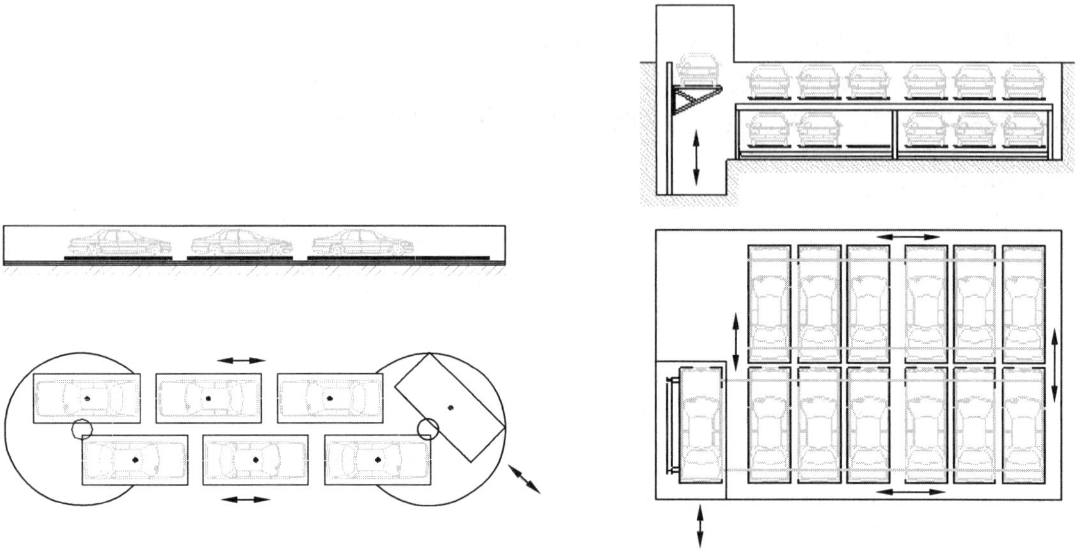

a) 圆形循环　　　　b) 矩形循环

图 1

4.2 基本参数

4.2.1 适停汽车尺寸及质量

按 GB/T 26559—2011 中表 2 的规定。

注：超出上述规定时，应注明具体的适用参数。

4.2.2 单车最大进出时间和存容量

单车最大进出时间和存容量应满足设计要求。

4.3 型号表示方法

由停车设备总代号、类别代号、特征代号、制造商特定代号等组成。

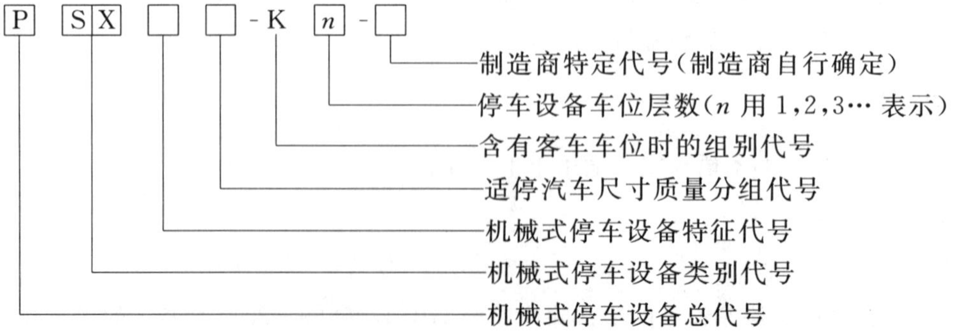

不要求停放客车时，横线后的K省略，制造商特定代号由制造商确定并标记。特征代号见GB/T 26559—2011中表1，设备的适停汽车尺寸质量分组代号见GB/T 26559—2011中表2。

4.4 标记示例

a) 水平循环类机械式停车设备，链条起升，适停汽车尺寸及质量为D组的大型车，没有客车车位，车位层数为3层：

PSXLD-3 GB/T 27545—2011

b) 水平循环类机械式停车设备，无起升方式，适停汽车尺寸及质量为T组的特大型车，有客车车位，车位层数为1层，制造商特定代号为B：

PSXT-K1-B GB/T 27545—2011

5 技术要求

5.1 使用环境条件

5.1.1 环境温度为－5 ℃～＋40 ℃。

5.1.2 当最高温度为40 ℃下的相对湿度不超过50％时，电气设备应能正常工作。

5.1.3 海拔不应超过1 000 m（超过1 000 m时应按GB 755的规定对电机进行容量校核，超过2 000 m时应对电器件进行容量校核）。

5.1.4 使用环境中不应有爆炸、腐蚀、破坏绝缘和导电的介质。抗电磁干扰能力应符合GB 17907—2010中5.6.8的规定。

5.1.5 电源为三相五线制交流电源，频率为50 Hz，电压为380 V、供电系统在设备馈电线接入处的电压波动不应超过额定电压的±10％，设备内部的电压损失应符合GB/T 3811—2008中7.8.4.2的规定。

注：使用环境条件超出上述范围时，由用户与制造商协商解决。

5.2 设计及配置

5.2.1 设备设计应符合GB 17907及本标准5.6的规定。

5.2.2 金属结构的构造及设计应符合GB/T 3811的规定。

5.2.3 设备装在主体建筑物内部或相接于建筑物时，应向土建方提交设备的载荷资料。

5.2.4 全金属结构的独立式设备外部框架的设计应符合GB 50017的规定，并按建筑规范进行抗风及抗地震计算。

5.2.5 车位应有防止向下层车辆滴油、滴水措施。

5.3 制造

5.3.1 金属结构

5.3.1.1 金属结构件，如立柱、梁的材料，应选用力学性能不低于GB/T 700—2006中表2的Q235钢。

5.3.1.2 金属结构的焊接应符合GB 17907—2010中5.2.3的规定。

5.3.1.3 金属结构应连接牢固，不应有影响强度的缺陷存在。采用高强度螺栓连接时应达到规定的拧紧力矩要求。

5.3.1.4 金属结构的重要受力构件，如立柱、横梁、钢架、斜杆等，其表面除锈处理应达到GB/T 8923规定的 Sa2 $\frac{1}{2}$级，其余结构件材料表面除锈处理应达到 Sa2 或 St2(手工除锈)。

5.3.2 机构及零部件

5.3.2.1 起升用钢丝绳、卷筒和滑轮

设备起升用钢丝绳、卷筒和滑轮应符合 GB 17907—2010 中 5.4.2 的规定。

5.3.2.2 起升用链条、链轮

5.3.2.2.1 设备起升用链条和链轮应符合 GB 17907—2010 中 5.4.3 的规定。

5.3.2.2.2 所有的链条、链轮应便于润滑。

5.3.2.3 制动系统

设备应设有制动系统，制动系统应符合 GB 17907—2010 中 5.4.5 的规定。

5.3.2.4 液压系统

设备液压系统应符合 GB 17907—2010 中 5.5 的规定。

5.3.2.5 水平循环机构、载车板及升降机

5.3.2.5.1 水平循环机构与载车板之间的传动应可靠。

5.3.2.5.2 载车板应采用非燃烧体材料制造，并应具有足够的强度和刚度。

5.3.2.5.3 载车板应具有互换性。

5.3.2.5.4 升降机导轨允许分段制造，但接头应打磨平整。

5.3.3 电气设备

5.3.3.1 电气设备的安全要求应符合 GB 17907—2010 中 5.6 的规定。

5.3.3.2 电动机外壳防护：当设备装设于室内时，其驱动电动机外壳防护等级不应低于GB/T 4942.1中规定的 IP 33。当设备装设于室外时，其所有电动机均应安装在有防淋、通风措施的位置，且电动机的外壳防护等级不应低于 GB/T 4942.1 中规定的 IP 54。

5.3.3.3 仪表、按钮、操作开关的功能应标明在相关的屏幕、控制柜(操作台)上。

5.3.3.4 各导线和电缆端部应有标志或编号。

5.3.3.5 在机房内或地坑内，应设置供检修用的电源插座。

5.3.3.6 升降机应设置紧急停止开关，确保紧急情况时立即停止升降机运转。

5.3.3.7 照明电路应单独设立电源开关，不受动力总开关的影响。

5.3.3.8 控制系统应有自动保护装置，动力电路应配有短路、过流、欠压、过压、缺相和相序等保护电路。

5.4 安装

5.4.1 设备安装前应对现场安装条件进行确认，符合安装要求后才能进行安装。

5.4.2 金属结构的安装精度应符合表 1 的规定。

表 1

单位为毫米

位置		安装精度			
		垂直度	宽度	进深	对角线相对差
平面		—	±5	±5	10
立柱	X	≤(H/1 000),且≤10	—	—	—
	Y	≤(H/1 000),且≤10	—	—	—
注:H——金属结构总体高度。					

5.4.3 所有运动部件安装后应运转灵活,无卡滞现象。

5.4.4 两条运行轨道同一截面的相对高度差不应大于 3 mm,轨距偏差为±2 mm,轨道接头处 50 mm 范围内顶面和侧面的错位不应大于 1 mm,运行轨道直线度的安装误差应符合表 2 的规定。

表 2

测量长度/m		安装误差/mm	
		每米长度内	全长内
轨道直线度	≤50	≤1	≤8
	>50	≤1	≤10

5.4.5 垂直运行导轨的安装误差应符合以下要求:

a) 导轨接头允许打磨,且导轨接头处错位不应大于 0.5 mm,间隙不应大于 2 mm;

b) 各导轨接头不宜处在同一水平面上,其错开距离不应小于 500 mm,且不应等于搬运器与平衡重的上下滚轮或导靴的间距;

c) 两导轨侧面轨距偏差允许±4 mm。

5.4.6 用摩擦轮作为水平循环机构,在运行方向上任意相邻两个摩擦轮之间的高度差不应大于 2 mm。

5.4.7 升降机构的平层精度不应大于 5 mm。

5.4.8 载车板平移的停准精度不应妨碍设备的正常运行。

5.4.9 安装带有平衡重装置时,平衡重块应牢固,防止移位,平衡重和升降平台的间隙不应小于 50 mm。

5.4.10 同一装置的各个缓冲器作用面的相对误差不应大于 5 mm。采用液压缓冲器的垂直度不应大于其高度的 0.5%。

5.4.11 自动门的开、关应灵活,无异响。

5.4.12 电气设备的安装应符合 GB 50168、GB 50169、GB 50254 及 GB 50256 的规定。

5.5 运行

5.5.1 各运动部件应运转正常、无异响。

5.5.2 运动中滚轮及导向装置应无啃轨、卡轨等现象。

5.5.3 升降机应运行平稳,定位准确,并应符合 5.4.7 的要求。

5.6 安全卫生

5.6.1 设备应按照 GB 17907—2010 附录 A 表 A.1 的规定设置安全防护装置,其安全防护装置应动作可靠,功能正常。

5.6.2 当自动门不能作为司机出入口时,应设置通行门。

5.6.3 自动门和通行门应设置联锁保护装置;自动门应设置防夹装置。

5.6.4 水平循环机构与升降机(或升降机构)之间应有联锁措施,当升降机(或升降机构)未到达正确位置时,水平循环机构不能向升降机(或升降机构)取送车辆。

5.6.5 对于以准无人方式运行的升降机,升降机运行到出入口位置后,若出现意外,有可能使搬运器或载车板从高处坠落时,应设防坠落装置,即使发生钢丝绳、链条等关键部件断裂的严重情况,防坠落装置应保证搬运器或载车板不坠落。

5.6.6 搬运器在其垂直升降的下端应设置缓冲器。

5.6.7 升降机在最底层位置时,与缓冲器之间的安全距离不应小于 100 mm。

5.6.8 升降机在最高层位置时,顶部安全间隙不应小于 500 mm。

5.6.9 设备的声压级噪声不应大于 70 dB(A)。

5.7 表面涂装

5.7.1 金属结构表面采用镀锌防护层时,热镀锌应符合 GB/T 13912 的规定,电镀锌应符合 GB/T 9799的规定。

5.7.2 金属结构表面采用涂漆防护时,油漆涂层表面应均匀、细致、光亮、完整和色泽一致,不应有粗糙不平、漏漆、错漆、皱纹、针孔、起泡、脱落、开裂、外来杂质、流挂等降低保护与装饰性的缺陷。漆膜厚度应按设备工作环境确定,漆膜附着力应符合 GB/T 9286 中规定的 2 级质量要求。

5.8 超载运行试验

设备做超载试验时,应能承受 1.1 倍额定载荷的试验载荷。试验过程中,设备应能正常工作,制动器等安全装置动作灵敏可靠。试验后进行目测检查,各受力金属结构件应无裂纹和永久变形,应无油漆剥落,各连接处应无松动现象。

6 试验方法

6.1 试验条件

6.1.1 除有特殊规定外,试验中参数的测量精度要求应符合 GB/T 21457 的规定,测量仪器及量具的精度应符合下列要求:

a) 质量、力、时间、速度:±1%;

b) 电压、电阻、电流、功率:±1%;

c) 温度:±2℃;

d) 长度:按量程大小选用适当精度等级的仪器、量具;

e) 试验仪器和量具应有合格证及校准证明。

6.1.2 试验时可用重物代替车辆载荷,重物应放置在车辆前后轮所停的位置,并按前后轮轮压比为6∶4 放置。

6.2 目测检查

目测检查包括设备所有重要部分的规格(或)状态是否符合要求,如:

——各机构、电气设备、安全防护装置、制动器、控制器、信号系统、标牌等；

——设备的金属结构及连接件、水平循环机构及载车板、各运动机构的运转状态，钢丝绳、链条及其固定件等；

——液压设备是否漏油，是否有防止载车板滴油滴水措施。

检查时不必拆开任何部件，但应拆开在正常维护和检查时应打开的盖子，如限位开关盖等。目测检查还应包括检查必备的证书是否已提供并经过审核。

6.3 设备运行试验

6.3.1 空载运行试验

空载运行试验应按下列步骤进行：

a) 每层任选 1～3 个车位(从出入口到最远端任选)；

b) 设备完成出、入库动作一个循环；

c) 在试验过程中按 6.2 的检查项目观察设备运行情况，并做试验记录。

6.3.2 额定载荷运行试验

设备空载试验合格后，进行额定载荷试验。额定载荷试验应按下列步骤进行：

a) 每层任选 1 组驱动单元，按 6.1.2 的规定加载；

b) 设备完成出、入库动作一个循环；

c) 在试验过程中检查设备的操作和控制功能，并记录试验数据和工作情况。

6.3.3 超载运行试验

超载试验应按下列步骤进行：

a) 任选 1 组驱动单元，按 6.1.2 的规定加载至 1.1 倍额定载荷；

b) 设备完成出、入库动作一个循环；

c) 在试验过程中检查设备各机构功能及情况，并记录在超载工况下的运行情况、试验数据。

6.3.4 单车最大进(出)时间测定(用秒表测量)

存车时，是指从给出指令开始，直至将汽车从入口搬运到设备最不利(最远)停车位置所用的时间，测量 3 次，取其平均值为最大进车时间；取车时，是指从给出指令开始，直至将汽车从设备最不利(最远)停车位置搬运到出口处所用的时间，测量 3 次，取其平均值为最大出车时间。

注：上述进(出)车时间不包括机械动作以外的辅助时间，如司机开车到载车板上、下车并关车门等；或司机到载车板上将汽车开出车库、关闭车库安全门等。

6.3.5 噪声

设备在额定载荷、额定速度状态下，在车库内做起升、纵向横向运行，在车库门外 1 m、距地面 1.2 m 处用声级计按 A 档读数测量噪声，测试时脉冲峰值除外，总噪声与背景噪声之差应大于 3 dB(A)，总噪声减去背景噪声修正值(见表 3)，即为设备的实际噪声值。测量 3 次取平均值。

表 3

单位为分贝

总噪声与背景噪声之差值	3	4	5	6	7	8	9	10	>10
背景噪声修正值	3	2	2	1	1	1	0.5	0.5	0

6.4 设备安全防护装置试验

6.4.1 紧急停止开关

触动紧急停止开关,设备应立即停机。解除紧急停止开关后,重新启动,设备应能恢复正常运行。

6.4.2 防止超限运行装置

模拟操作,在垂直方向上查看限位开关和超程限位开关,水平方向上查看限位开关和终端位置,触动限位开关,设备应立即停机,检查装置是否有效。

6.4.3 汽车长、宽、高限制装置

模拟外形尺寸超出规定的车辆进入设备,给出运行指令,观察设备报警情况。

6.4.4 阻车装置

用钢直尺测量阻车装置高度,并做相应记录。

6.4.5 汽车位置检测装置

当汽车未停在升降机或载车板上的正确位置时,给出运行指令,观察设备报警情况。

6.4.6 出入口门、栅栏门联锁安全检查装置

人为模拟动作,当升降机没有到达正确位置时,出入口门是否开启;或当门处于开启状态时,升降机是否运行,检查装置是否有效。

6.4.7 自动门防夹装置

人为模拟动作,触动自动门防夹装置,观察自动门是否关闭,检查装置是否有效。

6.4.8 防坠落装置

目测检查是否设置防坠落装置,应符合要求。

6.4.9 警示装置

在设备运行过程中,检查警示装置是否有效。

6.4.10 缓冲器

目测检查是否设置缓冲器装置,应符合要求。

6.4.11 运转限制装置

模拟人员未出设备,给出运行指令,观察设备报警情况。

6.4.12 控制联锁功能

当在一个控制点操作设备存取车时,在另外一个控制点也发出存取车指令,观察设备运行的联锁情况。

6.4.13 升降机与水平循环装置的互锁功能

当升降机(或升降机构)未到达正确位置时,发出指令,使水平循环机构向升降机取送车辆,检查互锁装置是否有效。

6.4.14 驱动机构的制动系统功能

在额定载荷下启动驱动机构,制动后,制动系统应能正常工作。

6.4.15 **电源缺相保护功能**

在设备启动前或运行前，断开三相电源中的任一相，观察设备启动或运转停机情况，并做相应记录。

6.5 漆膜附着力的测定

漆膜附着力的测定方法应符合 GB/T 9286 的规定。

7 检验规则

7.1 出厂检验

7.1.1 每台设备出厂前应进行检验，检验合格后方能出厂。

7.1.2 出厂检验项目见表 4。

表 4

序号	项目名称		出厂检验	型式试验	检验要求	试验方法
1	目测检查		○	○		6.2
2	适停汽车尺寸		○	○	4.2.1	
3	适停汽车质量		○	○	4.2.1	重物或汽车
4	单车最大进出时间		○	○	4.2.2	6.3.4
5	存容量		○	○	4.2.2	
6	重要受力构件对接焊缝无损检测		○	○	5.3.1.2	
7	滑轮或卷筒与钢丝绳直径比 D/d		○	○	5.3.2.1	
8	金属结构的安装精度		○	○	5.4.2	
9	运行轨道	直线度	○	○	5.4.4	
10		接头错位	○	○	5.4.4	
11		轨距偏差	○	○	5.4.4	
12		两条轨道同一截面高度差	○	○	5.4.4	
13	垂直导轨	接头错位	○	○	5.4.5a)	
14		接头间隙	○	○	5.4.5a)	
15		接头处错开距离	○	○	5.4.5b)	
16		轨距偏差	○	○	5.4.5c)	
17	升降机构的平层精度		○	○	5.4.7	
18	平衡重和升降台的间隙		○	○	5.4.9	
19	缓冲器安装误差		○	○	5.4.10	
20	底部安全距离		○	○	5.6.7	
21	顶部安全间隙		○	○	5.6.8	
22	设备噪声		○	○	5.6.9	6.3.5
23	设备安全防护装置试验		○	○	5.6.1	6.4
24	漆膜附着力		○	○	5.7.2	6.5

表 4(续)

序号	项目名称	出厂检验	型式试验	检验要求	试验方法
25	接地电阻	○	○	≤4 Ω	
26	绝缘电阻	○	○	>1 MΩ	
27	空载运行试验	○	○	5.5	6.3.1
28	额定载荷运行试验	○	○	5.5	6.3.2
29	超载运行试验		○	5.8	6.3.3

7.1.3 制造商的质检部门按产品图样及本标准进行逐项检验,检验合格后向用户提供《产品质量合格证明书》。

7.2 型式试验

7.2.1 有下列情况之一时,应进行型式试验:

a) 新产品或老产品转厂生产的试制定型鉴定;

b) 正式生产后,如结构、材料、工艺有较大改变,可能影响设备性能时;

c) 产品停产两年以上,恢复生产时;

d) 出厂检验结果与上次型式试验有较大差异时;

e) 国家质量监督机构提出进行型式试验要求时。

7.2.2 如果制造厂没有条件,可在用户使用现场做型式试验。

7.2.3 型式试验的检验项目见表 4。

8 标志、包装、运输及贮存

8.1 标志

8.1.1 警示牌

8.1.1.1 在设备进、出口明显位置,应设置清晰的“停车规格”及“车辆入库须知”警示牌。

8.1.1.2 “停车规格”警示牌上至少应标出以下内容:

a) 产品型号及名称;

b) 基本参数(包括适停汽车尺寸、质量);

c) 制造商名称、厂标或商标(如有时)。

8.1.1.3 “车辆入库须知”警示牌上一般应标出以下内容:

a) 车辆入库警示语及图示(如有时);

b) 制造商名称。

8.1.2 标牌

在设备明显位置,应设置符合 GB/T 13306 规定的标牌。在标牌上一般应标出以下内容:

a) 产品型号及名称;

b) 基本参数(包括适停汽车尺寸、质量及车位数);

c) 出厂编号及制造日期(年、月);

d) 制造商名称、地址、厂标或商标(如有时);

e) 执行的标准代号。

8.2 包装及运输

8.2.1 包装及运输应符合 GB/T 13384 的规定。

8.2.2 控制屏包装应符合 JB/T 7828 的规定。

8.2.3 控制屏应用防振材料垫好,置于包装箱内。若近距离运输,不需中转装卸时,允许采用简易包装。

8.2.4 每台设备出厂时至少应附有如下随行文件:

a) 装箱单;

b) 产品使用维护说明书;

c) 产品总图、电气原理图;

d) 易损件明细表。

8.3 贮存

8.3.1 设备各部件应保存在干燥、清洁、空气流通的场所,控制屏应保存在相对湿度符合 5.1.2 的规定、周围环境温度为－5 ℃～＋40 ℃的场所。应防止有害气体的侵袭,不应与有腐蚀性的物质存放在一起。

8.3.2 金属结构件、水平循环机构和载车板等应存放在干燥的环境中,应采取有效的措施防止贮存引起的变形。

ICS 53.020.20
CCS J 80

中华人民共和国国家标准

GB/T 27996—2022
代替 GB/T 27996—2011

全地面起重机

All terrain crane

2022-07-11 发布 2023-02-01 实施

国家市场监督管理总局
国家标准化管理委员会 发布

前　言

本文件按照 GB/T 1.1—2020《标准化工作导则　第 1 部分：标准化文件的结构和起草规则》的规定起草。

本文件代替 GB/T 27996—2011《全地面起重机》，与 GB/T 27996—2011 相比，除结构调整和编辑性改动外，主要技术变化如下：

a) 更改了规范性引用文件（见第 2 章，2011 年版的第 2 章）；
b) 增加了术语行驶状态（见 3.10），删除了术语多轴转向、多轴驱动、蟹行、固定平衡重（见 2011 年版的 3.5、3.6、3.7、3.10）；
c) 增加了起重机运行安全和电动汽车安全要求（见 4.2.2）；
d) 更改了风险评估依据标准（见 4.2.4，2011 年版的 4.2.3）；
e) 更改了起重机最大起重量系列的要求（见 4.2.5，2011 年版的 4.2.4）；
f) 更改了 2 轴全地面起重机宽度和长度限值（见表 1，2011 年版的表 1）；
g) 更改了接近角的限值（见 4.2.9，2011 年版的 4.2.8）；
h) 更改了最小转弯直径的要求（见 4.2.12，2011 年版的 4.2.10）；
i) 更改了爬坡能力要求（见 4.2.13，2011 年版的 4.2.11）；
j) 更改了最低稳定起升速度要求（见 4.2.16，2011 年版的 4.2.14）；
k) 更改了起重机对最大额定起重量的要求（见 4.2.17，2011 年版的 4.2.15）；
l) 更改了变幅副臂的配备要求（见 4.2.20，2011 年版的 4.2.18）；
m) 更改了可靠性试验要求（见 4.2.22，2011 年版的 4.2.20）；
n) 增加了起重机号牌板的要求（见 4.2.30）；
o) 增加了燃油消耗量的要求（见 4.2.31）；
p) 更改了油气悬架的状态要求（见 4.3.1.2，2011 年版的 4.3.1.2）；
q) 更改了油气悬架减振效果要求（见 4.3.1.5，2011 年版的 4.3.1.5）；
r) 删除了起重机车轮定位值的要求（见 2011 年版的 4.3.3.1）；
s) 更改了起重机方向盘最大自由转动量（见 4.3.3.3，2011 年版的 4.3.3.3）；
t) 删除了起重机不应跑偏的要求（见 2011 年版的 4.3.3.4）；
u) 删除了转向助力、转向节、臂、拉杆等的要求（见 2011 年版的 4.3.3.5、4.3.3.6）；
v) 删除了转向时施加于方向盘外缘的最大切向力的要求（见 2011 年版的 4.3.3.7）；
w) 更改了制动系的编写，采用直接引用的方式（见 4.3.4，2011 年版的 4.3.4）；
x) 删除了 1 000 t 以上起重机采用非道路发动机的要求（见 2011 年版的 4.3.6.5）；
y) 增加了燃油箱的要求（见 4.3.6.2）；
z) 更改了结构件焊缝质量的要求（见 4.4.2，2011 年版的 4.4.2）；
aa) 更改了臂架顶端静态刚性计算公式（见 4.4.3，2011 年版的 4.4.3）；
ab) 更改了臂架头部水平侧向位移限值的单位（见表 2，2011 年版的表 3）；
ac) 更改了驾驶室和操纵室内冷风和暖风的气流要求（见 4.5.1.1，2011 年版的 4.5.1）；

ad) 删除了应配置洗涤器的要求(见2011年版的4.5.5);
ae) 增加了视镜等间接视野装置符合GB 15084的要求(见4.5.2.1);
af) 增加了座椅和头枕的安装要求(见4.5.2.2);
ag) 增加了安全带的安装要求(见4.5.2.3);
ah) 增加了驾驶室乘员保护的要求(见4.5.2.4);
ai) 增加了外部凸出物的要求(见4.5.2.5);
aj) 删除了采用液压油缸变幅机构的变幅油缸伸缩比要求(见2011年版的4.6.2.2);
ak) 更改了钢丝绳变幅时制动器的工作扭矩要求(见4.6.2.2,2011年版的4.6.2.3);
al) 删除了配超起装置的起重机最大起重量要求(见2011年版的4.6.5.1);
am) 更改了超起钢丝绳的安全系数要求(见4.6.5.2,2011年版的4.6.5.3);
an) 增加了钢丝绳选用要求(见4.6.7.3);
ao) 更改了滑轮卷绕直径的依据标准(见4.6.8.1,2011年版的4.6.8.1);
ap) 更改了压力表的精度要求(见4.7.5,2011年版的4.7.5);
aq) 更改了起重机电气设备防雨防护要求(见4.8.4,2011年版的4.8.4);
ar) 更改了行驶照明要求(见4.8.6,2011年版的4.8.7);
as) 更改了电磁兼容性要求(见4.8.8,2011年版的4.8.8);
at) 增加了无线遥控要求(见4.8.9);
au) 增加了故障自诊断要求(见4.8.10);
av) 增加了远程排放管理车载终端装置的要求(见4.8.11);
aw) 更改了驾驶员耳旁噪声限值的要求(见4.9.1.1,2011年版的4.9.1.1);
ax) 更改了加速行驶车外噪声要求(见4.9.1.2,2011年版的4.9.1.2);
ay) 更改了作业时司机耳旁噪声的要求(见4.9.1.3,2011年版的4.9.1.3);
az) 增加了定置噪声的要求(见4.9.1.4);
ba) 增加了起重机作业用发动机排气烟度要求(见4.9.2.2);
bb) 增加了安全的一般要求(见4.10.1);
bc) 更改了水平仪的要求(见4.10.2.4,2011年版的4.10.1.4);
bd) 更改了风速仪的安装要求(见4.10.2.7,2011年版的4.10.1.7);
be) 增加了安全监控系统的要求(见4.10.2.8);
bf) 增加了起重机起升高度限位器、下降深度限位器等的安装要求(见4.10.3.2);
bg) 增加了下降深度限位器功能报警要求(见4.10.3.4);
bh) 更改了侧面和后下部防护要求(见4.10.4.6,2011年版的4.10.3.6);
bi) 增加了前防护和防飞溅的要求(见4.10.4.7、4.10.4.8);
bj) 增加了喇叭的安装要求(见4.10.5.2);
bk) 增加了反光标识的要求(见4.10.5.7);
bl) 增加了尾部标志板的要求(见4.10.5.8);
bm) 更改了试验方法(见第5章,2011年版的第5章);
bn) 更改了检验项目表(见表3,2011年版的表5);
bo) 增加了随机文件的编写要求(见7.2.3),更改了随机文件的要求(见7.2.4,2011年版的7.2.2);

bp） 更改了全地面起重机作业状态示意图(见附录A、附录B,2011年版的附录A、附录B)；

bq） 更改了起重机可能存在的危险(见附录C,2011年版的附录C)；

br） 删除了结构试验方法(见2011年版的附录D)、作业可靠性试验方法(见2011年版的附录E)、行驶可靠性试验方法(见2011年版的附录F)。

请注意本文件的某些内容可能涉及专利。本文件的发布机构不承担识别专利的责任。

本文件由中国机械工业联合会提出。

本文件由全国起重机械标准化技术委员会(SAC/TC 227)归口。

本文件起草单位:徐州重型机械有限公司、中机科(北京)车辆检测工程研究院有限公司、中联重科股份有限公司、三一汽车起重机械有限公司。

本文件主要起草人:单增海、胡海鹏、朱天罡、丁宏刚、东权、陈向东、张艳、李跃、李长青、马云旺、张正得、朱磊、杨武。

本文件于2011年首次发布,本次为第一次修订。

全地面起重机

1 范围

本文件规定了全地面起重机的技术要求、试验方法、检验规则、标志、包装、运输和贮存。

本文件适用于全地面起重机(以下简称起重机)。

2 规范性引用文件

下列文件中的内容通过文中的规范性引用而构成本文件必不可少的条款。其中,注日期的引用文件,仅该日期对应的版本适用于本文件;不注日期的引用文件,其最新版本(包括所有的修改单)适用于本文件。

GB/T 783 起重机械 基本型的最大起重量系列

GB 1495 汽车加速行驶车外噪声限值及测量方法

GB/T 3766 液压传动 系统及其元件的通用规则和安全要求

GB/T 3811 起重机设计规范

GB 3847 柴油车污染物排放限值及测量方法(自由加速法及加载减速法)

GB 4094 汽车操纵件、指示器及信号装置的标志

GB/T 4208 外壳防护等级(IP 代码)

GB 4785 汽车及挂车外部照明和光信号装置的安装规定

GB/T 5226.32 机械电气安全 机械电气设备 第 32 部分:起重机械技术条件

GB/T 6067.1 起重机械安全规程 第 1 部分:总则

GB/T 6068—2021 汽车起重机和轮胎起重机试验规范

GB/T 6974.1 起重机 术语 第 1 部分:通用术语

GB/T 6974.2 起重机 术语 第 2 部分:流动式起重机

GB 7258—2017 机动车运行安全技术条件

GB/T 7935 液压元件 通用技术条件

GB 8410 汽车内饰材料的燃烧特性

GB/T 9286—2021 色漆和清漆 划格试验

GB 9656 机动车玻璃安全技术规范

GB/T 9969 工业产品使用说明书 总则

GB/T 10051(所有部分) 起重吊钩

GB/T 11118.1 液压油(L-HL、L-HM、L-HV、L-HS 、L-HG)

GB 11567 汽车及挂车侧面和后下部防护要求

GB/T 12265.3 机械安全 避免人体各部位挤压的最小间距

GB/T 12602 起重机械超载保护装置

GB 12676 商用车辆和挂车制动系统技术要求及试验方法

GB/T 13594 机动车和挂车防抱制动性能和试验方法

GB 14023　车辆、船和内燃机　无线电骚扰特性　用于保护车外接收机的限值和测量方法

GB 14166　机动车乘员用安全带、约束系统、儿童约束系统和 ISOFIX 儿童约束系统

GB 14167　汽车安全带安装固定点、ISOFIX 固定点系统及上拉带固定点

GB/T 15052　起重机　安全标志和危险图形符号　总则

GB 15082　汽车用车速表

GB 15083　汽车座椅、座椅固定装置及头枕强度要求和试验方法

GB 15084　机动车辆　间接视野装置　性能和安装要求

GB/T 15706　机械安全　设计通则　风险评估与风险减小

GB 15741　汽车和挂车号牌板(架)及其位置

GB 15742　机动车用喇叭的性能要求及试验方法

GB 16170　汽车定置噪声限值

GB 17675　汽车转向系　基本要求

GB 17691　重型柴油车污染物排放限值及测量方法(中国第六阶段)

GB 18296　汽车燃油箱及其安装的安全性能要求和试验方法

GB 18384　电动汽车安全要求

GB/T 18411　机动车产品标牌

GB/T 19418—2003　钢的弧焊接头　缺陷质量分级指南

GB/T 19924　流动式起重机　稳定性的确定

GB/T 20062　流动式起重机　作业噪声限值及测量方法

GB 20182　商用车驾驶室外部凸出物

GB/T 20303.2　起重机　司机室　第 2 部分:流动式起重机

GB 20891　非道路移动机械用柴油机排气污染物排放限值及测量方法(中国第三、四阶段)

GB/T 21458　流动式起重机　额定起重量图表

GB 23254　货车及挂车　车身反光标识

GB/T 23821　机械安全　防止上下肢触及危险区的安全距离

GB/T 24810.2　起重机　限制器和指示器　第 2 部分:流动式起重机

GB/T 24817.2　起重机械　控制装置布置形式和特性　第 2 部分:流动式起重机

GB/T 24818.2　起重机　通道及安全防护措施　第 2 部分:流动式起重机

GB/T 25195.2　起重机　图形符号　第 2 部分:流动式起重机

GB 25990　车辆尾部标志板

GB 26511　商用车前下部防护要求

GB 26512　商用车驾驶室乘员保护

GB/T 28264　起重机械　安全监控管理系统

GB 34659　汽车和挂车防飞溅系统性能要求和测量方法

GB 34660　道路车辆　电磁兼容性要求和试验方法

GB 36886　非道路移动柴油机械排气烟度限值及测量方法

GB/T 39416　汽车起重机燃油消耗量试验方法

HJ 1014　非道路柴油移动机械污染物排放控制技术要求

JB/T 5934　工程机械　门锁

JB/T 5943　工程机械　焊接件通用技术条件

JB/T 8727　液压软管总成

JB/T 10559—2018　起重机械无损检测　钢焊缝超声检测

JB/T 11209　流动式起重机　滑轮

QC/T 44　汽车风窗玻璃电动刮水器

QC/T 629　汽车遮阳板

QC/T 634　汽车水暖式暖风装置

QC/T 656　汽车空调制冷装置性能要求

QC/T 727　汽车、摩托车用仪表

3　术语和定义

GB/T 6974.1 和 GB/T 6974.2 界定的以及下列术语和定义适用于本文件。

3.1

全地面起重机　all terrain crane

装在有油气悬架、多轴转向、多轴驱动和蟹行等特点的特制轮式底盘上，能在公路上行驶，且在作业场地具有比汽车起重机更高的机动性的流动式起重机。

3.2

工况　working conditions

由制造商规定的不同工作状态。

注：按照定位情况可分为行驶工况与起重作业工况。按照臂架配置情况又可分为主臂工况和副臂工况。主臂工况还可再分为基本臂工况、中长臂工况和全伸臂工况，副臂工况也可再分为固定副臂工况和变幅副臂(塔臂)工况等(参见附录 A)。

3.3

超起装置　superlift mechanism

带有超起臂杆和(或)超起平衡重及辅助机构，改善臂架受力状况及整机稳定性、提高起重性能的装置。

注 1：可分为附加臂杆类和附加平衡重类等多种形式(参见附录 B)。

注 2：使用超起装置时为超起工况。

3.4

油气悬架　hydropneumatic suspension

车架与车轴之间，以液压油为传递介质，以惰性气体为弹性介质，由悬架缸、蓄能器、推力杆和配流系统等组成，缓和并衰减由地面引起的冲击和振动，同时传递力和力矩的连接装置。

3.5

固定副臂　fixed jib

在起重作业过程中，不改变与主臂夹角的副臂。

3.6

变幅副臂　luffing jib

在起重作业过程中，可改变与主臂夹角的副臂。

注：如塔式副臂。

3.7

组合平衡重　combined counterweight

起重作业前需要根据额定起重量表进行拆装组合的平衡重。

3.8

驾驶室　driver's cabin

用于起重机行驶的司机室。

3.9

操纵室　operator's cabin

用于起重作业的司机室。

注：有些型号的起重机操纵室也可操纵起重机行驶。

3.10

行驶状态　driving state

道路机动车辆产品公告规定的起重机上路行驶时的状态。

4　技术要求

4.1　工作条件

4.1.1　地面应坚实，作业过程中不准许下陷，必要时应采取措施满足承载要求。行驶时地(路)面的承载能力不应小于起重机的接地比压和轴荷。

4.1.2　使用支腿作业时，所有轮胎应离地，整机保持水平状态，回转支承安装平面的倾斜度不应大于1%。

4.1.3　不用支腿进行起重作业时，悬架应处于刚性支撑状态。地面倾斜度不应大于1%。

4.1.4　起重机轮胎的工作压力应符合其产品说明书的规定，其误差为±5%。

4.1.5　环境温度为－20 ℃～40 ℃。当超出环境温度时应在订货合同中说明。

4.1.6　工作风速不超过14.1 m/s。当风速超过15.5 m/s时，应将副臂收回；当风速超过20.0 m/s时，应将整个臂架收回至行驶状态。

注：本文件中的风速均为3 s时距平均瞬时风速。

4.1.7　当臂长超过50 m，且用户提供了工作风速时应按合同执行。

4.1.8　海拔一般不超过2 000 m。

4.2　整机

4.2.1　起重机的设计计算应符合GB/T 3811的有关规定。

4.2.2　起重机的运行安全应符合GB 7258—2017的规定。当起重机采用电动或混合动力系统时，还应符合GB 18384的要求。

4.2.3　起重机应符合国家机动车辆强制性认证和强制性检验等市场准入和法律法规的要求。

4.2.4　应对起重机可能存在的所有重大危险按GB/T 15706的方法进行风险评估，评估后应从设计上消除或减少危险。对设计上不能消除的危险，应有相应的防护装置。如仍不能消除危险的存在，则应设置安全警告标志。起重机可能存在的危险参见附录C。

4.2.5　起重机的最大起重量应符合：

a)　当最大起重量小于100 t时，应符合GB/T 783的规定；

b)　当最大起重量为100 t～200 t时，以10 t递增；

c) 当最大起重量为>200 t～300 t时,以20 t递增;

d) 当最大起重量为>300 t～800 t时,以50 t递增;

e) 当最大起重量大于800 t时,以100 t递增。

4.2.6 行驶状态外廓尺寸的最大限值应符合表1的规定。

4.2.7 行驶状态下,各轴轴荷不应超过12 t,总质量不应超过各轴轴荷之和。

4.2.8 行驶状态下,驱动轴的轴荷不应小于起重机总质量的40%,转向轴的轴荷不应小于总质量的60%。

表1 行驶状态外廓尺寸限值

<table>
<tr><th>轴数</th><th>整车长度
mm</th><th>整车宽度
mm</th><th>整车高度
mm</th></tr>
<tr><td>2</td><td>12 000</td><td>2 550</td><td rowspan="5">4 000</td></tr>
<tr><td>3、4</td><td>14 000</td><td>2 800</td></tr>
<tr><td>5、6</td><td>18 000</td><td rowspan="3">3 000</td></tr>
<tr><td>7、8</td><td>20 000</td></tr>
<tr><td>9、10</td><td>22 500</td></tr>
</table>

4.2.9 行驶状态起重机的接近角应满足下列要求。

a) 安装有前下部防护装置时,接近角≥10°。

b) 不带前下部防护装置时:

1) 轴数≤7时,接近角≥14°;

2) 轴数=8时,接近角≥13°;

3) 轴数=9时,接近角≥11°;

4) 轴数=10时,接近角≥10°。

4.2.10 起重机的离去角不应小于12°。

4.2.11 悬架处于中位时最小离地间隙不应小于280 mm。

4.2.12 不超过6轴起重机最小转弯直径不应大于24 000 mm,超过6轴起重机最小转弯直径应符合制造商技术文件要求。

4.2.13 公路行驶时,起重机爬坡能力不应小于35%。

4.2.14 起重机应起动平稳、加速均匀。最大行驶速度不应小于70 km/h,最低稳定行驶速度不应大于3 km/h。

4.2.15 行驶状态的比功率不应小于5.0 kW/t。

4.2.16 额定载荷下单绳最低稳定起升速度不应大于3.5 m/min,其他工作速度应符合制造商技术文件的规定。

4.2.17 起重机在最小作业幅度时,应具有不使用超起装置时吊起最大起重量的能力。

4.2.18 起重机在空载和额定载荷各工况下,应动作平稳,无异响或抖动。工作速度达到制造商技术文件的要求。制动可靠且在任何提升操作条件下重物均不应出现明显的反向动作。

起重机的结构件不应产生裂纹、永久变形、油漆剥落。零部件不应产生影响起重机性能与安全的损坏,连接处无出现松动或损坏。液压零部件不应出现损坏及渗油、漏油现象。

4.2.19 整机稳定性应符合 GB/T 19924 的规定。

4.2.20 起重机宜配备固定副臂,宜有可选装的变幅副臂。

4.2.21 起重机携带不同部件转场时的状态应在产品说明书中明确规定。

4.2.22 起重机可靠性应符合制造商技术文件的规定。

4.2.23 气、液管路及电气线路应安装牢固、排列整齐,行驶和起重作业过程中不准许脱落、松动和相互摩擦。在可能有机械损伤的地方,应铺设于槽、管中,出口处应设置防止磨损的保护装置。

4.2.24 各操纵件应操作方便、灵活、不互相干扰,挡位准确、可靠,并应有指示标牌或标志。标牌和标志应符合 GB 4094、GB/T 15052 和 GB/T 25195.2 的规定。

4.2.25 起重机上的操作部位以及需要经常检查和保养的部位应设置符合 GB/T 24818.2 规定的通道。如果可带移动通道系统(如移动平台或移动梯子),应在产品说明书中提供选择、安装及安全使用的说明。

4.2.26 在正常使用过程中可以触及的零部件,应具有半径不小于 1 mm 的圆角(或不小于 1 mm×1 mm倒角)。

4.2.27 油漆应光洁、均匀、不应有漏漆、起皮、脱落和色泽不一致等缺陷,主要外露表面无流痕、气泡等缺陷。漆膜附着力应符合 GB/T 9286—2021 中的 1 级质量要求。

4.2.28 起重机应车体周正,外缘左右对称部位高度差不应大于 40 mm。

4.2.29 起重机在发动机熄火、不低于起步气压情况下,应能被牵引行驶,并安全地转向。

4.2.30 起重机应设置符合 GB 15741 的号牌板(架)。

4.2.31 起重机燃油消耗量应符合制造商技术文件的规定。

4.3 底盘

4.3.1 油气悬架

4.3.1.1 起重机各轴与车架连接应采用油气悬架。

4.3.1.2 油气悬架在起重机行驶时应为弹性状态,在起重作业和重载转场时宜为刚性状态。

4.3.1.3 油气悬架可改变车轴与车身之间的高度,调节行程不应小于±80 mm,且应能在任意位置锁定。

4.3.1.4 各油气悬架在高度方向应能独立调整,且具有手动和自动两种模式。起重机在所有行驶工况下,调节行程内应具有在纵、横坡上保持车架水平的能力。

4.3.1.5 油气悬架应具有良好的减振效果,不应产生共振。

4.3.1.6 油气悬架与车轴之间的各种拉杆和导杆不应产生塑性变形,各接头和衬套不应松旷或移位。

4.3.1.7 蓄能器容积、预充气压力应匹配合理,预充气体应为氮气或其他惰性气体。

4.3.2 传动系

4.3.2.1 传动系应设有分动装置,并在挡位位置标牌或产品说明书上说明操作步骤。

4.3.2.2 离合器应接合平稳,分离彻底,工作时不应有异响、抖动或不正常打滑现象。离合器彻底分离时,踏板力不应大于 300 N,手握力不应大于 200 N。踏板自由行程为 20 mm～30 mm。

4.3.2.3 挂挡时,变速器齿轮啮合灵便,互锁装置有效。运行中不应有异响和自行跳挡现象。

4.3.2.4 传动轴在运转时不应发生震抖和异响,中间轴承和万向节不应有裂纹和松旷现象。

4.3.3 转向系

4.3.3.1 转向系应符合 GB 17675 的规定。

4.3.3.2 起重机至少应具备前轴单独和前后轴联合转向的能力。

4.3.3.3 起重机应设置转向限位装置,方向盘最大自由转动量不应大于 25°。

4.3.4 制动系

4.3.4.1 起重机的制动系统结构、性能应符合 GB 12676 的规定。

4.3.4.2 起重机装有防抱死制动装置的,其防抱死制动性能应符合 GB/T 13594 的规定。

4.3.5 轮胎和车轴

4.3.5.1 轮胎负荷不应大于其额定负荷,轮胎气压应符合该轮胎承受相应负荷时的规定。

4.3.5.2 轮胎螺母和半轴螺母应完整齐全,并应按规定力矩紧固。

4.3.5.3 驱动轴轴壳、轴管不应有变形和裂纹,驱动轴应工作正常且不应有异响。

4.3.6 发动机和燃油箱

4.3.6.1 发动机

4.3.6.1.1 发动机应动力性能良好,运转平稳,怠速稳定,停机装置应灵活有效。单一发动机的起重机操纵室应具有发动机的启动、熄火和油门控制装置。

4.3.6.1.2 油门踏板应灵活,踏到底时应能保证最大供油量。踏下再迅速脱开时,发动机应能平顺恢复到稳定怠速,不应有熄火停机现象。

4.3.6.1.3 发动机应有良好的起动性能。环境温度－10 ℃以上时,应能正常启动,环境温度在－20 ℃～－10 ℃时,在采取预热措施后应能顺利起动。

4.3.6.1.4 发动机运转及停车时,水箱、水泵、缸体、缸盖、暖风装置及所有连接部位均不应有渗漏水现象。

4.3.6.2 燃油箱

4.3.6.2.1 燃油箱及其安装的安全性能要求应符合 GB 18296 的要求。

4.3.6.2.2 起重机允许安装两个或两个以上燃油箱为发动机供给燃油。各燃油箱可以独立供油,仪表应能显示当前供油燃油箱中的剩余液位。

4.4 结构

4.4.1 起重机结构件材料和结构型式应满足使用过程中的强度、刚性、稳定性、防腐和有关安全性方面的要求。选用新材料应进行工艺验证。

4.4.2 结构件的焊缝质量应满足机械性能设计计算的要求。焊接技术要求应符合 JB/T 5943 的规定,

臂架、转台、车架、支腿等主要受力结构件的关键焊接外观质量不应低于 GB/T 19418—2003 中对 B 级焊缝的要求,内部缺陷应符合 JB/T 10559—2018 中对 Ⅰ 级焊缝的验收准则要求。

4.4.3 在额定起升载荷的作用下,只考虑臂架的变形时,箱型伸缩式臂架顶端的静态刚性推荐按式(1)和式(2)计算:

$$f_L \leqslant kL_C^2 \quad \cdots\cdots(1)$$

$$Z_L \leqslant 0.07L_C^2 \quad \cdots\cdots(2)$$

式中：

f_L ——臂架端部在变幅平面内垂直于臂架轴线方向的静位移，单位为厘米(cm)；

L_C ——全伸臂长度，单位为米(m)；

k ——变幅平面内的刚度系数。当 $L_C<45$ m 时，取 0.1；当 $L_C\geqslant45$ m 时，可放大到 0.1～0.15；

Z_L ——在臂架端部施加数值为 5% 额定载荷的水平侧(切)向力时，臂架端部在回转平面内的水平静位移，单位为厘米(cm)。

注：结构在大变形状态下，f_L 和 Z_L 宜采用非线性分析方法计算。

4.4.4 起重机在额定载荷下，臂架头部水平侧(切)向位移不应超过表 2 的规定。

表 2 臂架头部水平侧(切)向位移限值

臂长 L m	限值 m
$L\leqslant45$	0.6
$45<L\leqslant60$	1.5
$60<L\leqslant85$	2.5
$85<L\leqslant100$	3.5
$L>100$	5.0

4.4.5 应在平衡重上明显部位标注平衡重的质量。平衡重质量上偏差不应大于 1%，下偏差不应大于 0.5%。

4.4.6 起重机的其他主要结构件的质量相对公称值的误差不应大于 3%。

4.4.7 转台应有行驶位置锁定装置，防止行驶时转动。

4.5 驾驶室与操纵室

4.5.1 通用要求

4.5.1.1 驾驶室和操纵室应为全封闭式。密封、保温、通风和防雨性能良好，地板应防滑。室内设置的制冷、暖风装置，其冷、暖管道应布置合理，不应有直吹气流。制冷、暖风装置应符合 QC/T 656 和QC/T 634的规定。

4.5.1.2 驾驶室与操纵室门窗应使用符合 GB 9656 规定的安全玻璃。

4.5.1.3 驾驶室与操纵室室内外不应有任何使人致伤的尖锐凸起物，所用地板和内饰材料应采用阻燃材料，其阻燃性应符合 GB 8410 的要求。

4.5.1.4 驾驶室与操纵室门窗应启闭轻便，锁止可靠，不应有自动开启和卡死现象，行车时门窗无异响。

4.5.1.5 驾驶室前窗应配置刮水器、洗涤器和遮阳装置，操纵室前窗宜配置刮水器、洗涤器和遮阳装置。刮水器的型式、尺寸及技术要求应符合 QC/T 44 的规定。遮阳板应符合 QC/T 629 的规定。

4.5.2 驾驶室

4.5.2.1 驾驶室应保证行驶时的前方和侧方视野，所安装的视镜等间接视野装置的性能和安装要求应符合 GB 15084 的规定。

4.5.2.2 驾驶室座椅及头枕的安装应符合 GB 15083 的规定。

4.5.2.3 驾驶室内座椅配备的安全带的安装要求应符合 GB 14166 的规定,安全带固定点的位置、强度应符合 GB 14167 的规定。

4.5.2.4 驾驶室应能保障司机和乘员的安全,符合 GB 26512 的规定。

4.5.2.5 驾驶室外部凸出物应符合 GB 20182 的规定。

4.5.3 操纵室

4.5.3.1 起重作业时操纵室应位于起重机的左侧。最大起重量大于 100 t 的起重机宜采用可俯仰式操纵室。

4.5.3.2 操纵室应能够观察到整个作业和运动区域。

4.5.3.3 操纵室及座椅的结构和尺寸应符合 GB/T 20303.2 的规定。操纵室应有第二出口(可用应急窗代替),第二出口应易于从室内迅速打开,应急窗采用易于击碎的安全玻璃并在窗内邻近处提供一个击碎工具。

4.5.3.4 操纵室顶部应能在直径为 125 mm 圆形面积上承受 1 000 N 的均布载荷不产生永久变形。当重量为 7 kg 的钢球从 2 m 高落下时,操纵室顶部的塑性变形量不应超过 50 mm。

4.5.3.5 操纵室门锁应符合 JB/T 5934 的规定,门在全开位置应有锁定装置。

4.5.3.6 操纵室内控制装置布置形式和特性应符合 GB/T 24817.2 的规定。

4.5.3.7 双向控制器手柄间距不小于 65 mm,操纵力不应大于 60 N,行程(从中间位置分别向前后)不应大于 160 mm。十字轴多向控制器手柄操作力为 5 N~10 N。脚踏板操纵力不应大于 150 N,行程不应大于 250 mm。

4.6 机构及零部件

4.6.1 起升机构

4.6.1.1 起重作业时,载荷起升或下降动作应平稳,载荷在任何位置均能可靠停稳。起重机不应带载自由下降,应通过动力控制载荷的下降速度。

4.6.1.2 载荷在空中停稳后,再次启动载荷时,在任何提升操作条件下,载荷均不应出现明显的反向动作。

4.6.1.3 起升机构应配置卷筒旋转指示器或监视装置,并将其设置在操作者易于观察的位置。

4.6.1.4 每个起升机构应设置常闭式制动器,制动器应装在与传动机构刚性联结的负载轴上并能承受不小于 1.5 倍的最大工作扭矩。在紧急状态下减速不应导致结构、钢丝绳、卷筒及其他机构的损害。

4.6.2 变幅机构

4.6.2.1 变幅机构应能可靠地支撑起重臂,并能在操作者控制下使起重臂平稳地起降到规定的幅度。

4.6.2.2 采用钢丝绳变幅机构时,应有防臂架后倾的检测与限位装置,宜有卷筒机械锁止及检测装置。每个变幅机构应设置常闭式制动器,制动器应装在与传动机构刚性联结的负载轴上并能承受不小于 1.5 倍的最大工作扭矩。在紧急状态下减速不应导致结构、钢丝绳、卷筒及其他机构的损害。

4.6.3 回转机构

4.6.3.1 回转机构应工作平稳,并应具有两个方向的可控滑转性能。

4.6.3.2 回转机构应设置制动器，且能承受不小于1.25倍的极限扭矩，并在所有允许的回转位置都能平稳地停止。

4.6.3.3 回转机构小齿轮与回转支承的齿侧间隙应可调整。

4.6.4 伸缩机构

4.6.4.1 伸缩机构应能可靠地支撑各伸出臂段，并能在操作者控制下使起重臂各外伸臂段平稳地伸缩到规定的臂长。

4.6.4.2 单缸插销伸缩机构每节臂的臂长选择不应少于2个臂位。

4.6.4.3 单缸插销伸缩机构应能根据伸缩缸的载荷状态控制油缸的速度，缸销、臂销应有机械互锁装置。

4.6.5 超起装置

4.6.5.1 在操作者位置应设有提示或其他措施，让操作者方便了解使用超起装置的注意事项。

4.6.5.2 超起装置的卷扬钢丝绳在额定载荷工况时安全系数不应小于3.5，卷筒应能可靠锁止。

4.6.5.3 超起装置的拉板在额定载荷工况时安全系数不应小于2.5。

4.6.6 自拆卸平衡重机构

4.6.6.1 带有组合平衡重的起重机宜配备不借助其他起重设备即可自行装拆的自拆卸平衡重机构。

4.6.6.2 组合平衡重应定位可靠。

4.6.6.3 自拆卸平衡重机构液压油缸的同步误差不应大于伸缩长度的2%。并应有保持不下沉的装置。

4.6.7 吊钩和钢丝绳

4.6.7.1 吊钩的选用应符合GB/T 10051(所有部分)的规定。

4.6.7.2 吊钩应设置防脱装置，吊钩总成应设置挡绳装置。

4.6.7.3 钢丝绳的选用应符合GB/T 3811的规定。

4.6.7.4 钢丝绳应有标识，注明型号和长度等信息。可用标牌固定在绳端或附近(如卷扬机或绳套上)。

4.6.7.5 钢丝绳端部固定应符合下列要求：

——运动钢丝绳的端部的固结强度不小于钢丝绳最小断裂载荷的80%；

——固定钢丝绳的端部的固结强度不小于钢丝绳最小断裂载荷的90%；

——固定在卷筒上的钢丝绳端部应在承受2.5倍钢丝绳最大工作静拉力时不发生永久变形(包括保留在起重卷筒上的钢丝绳的摩擦力，钢丝绳与卷筒之间的摩擦系数取0.1)。

4.6.7.6 钢丝绳端部应连接可靠。对于使用中需常拆卸的部位，公称抗拉强度不大于1 870 N/mm^2的钢丝绳可以用楔形绳套等连接方式，大于1 870 N/mm^2时宜采用金属套浇注、压制等连接方式，不能靠钢丝绳变形来进行端部的固定。

4.6.7.7 最大起重量大于300 t的起重机宜有穿绳装置以方便操作。

4.6.8 卷筒和滑轮

4.6.8.1 滑轮的卷绕直径应符合JB/T 11209的规定。

4.6.8.2 采用筒体内无贯通的支承轴的结构时，筒体应能承受1.5倍的最大工作载荷。

4.6.8.3 起升和变幅卷筒应具有足够的容绳量,端部应有防止钢丝绳从卷筒端部滑落的凸缘,凸缘超过最外层钢丝绳的高度不应小于钢丝绳直径的 1.5 倍。

4.6.8.4 卷筒应采用变形绳槽或其他方法以防止乱绳。应设置钢丝绳不跳出卷筒,甚至在钢丝绳松弛状态时也不能跳出卷筒的装置。

4.6.8.5 如果钢丝绳间歇地承受载荷,滑轮上应配备防止钢丝绳脱槽的保护装置,间隙不能超出钢丝绳直径的 1/3 且最大不超过 10 mm。

4.6.8.6 外露滑轮组的安装方式应使操作时夹手的危险性降至最小,在有这种危险性的区域附近应做出明显的标记。对可能滑落到地面的滑轮组,其滑轮罩壳应有足够的强度和刚度。

4.7 液压系统

4.7.1 液压系统的设计、制造、安装和配管应符合 GB/T 3766 的规定。

4.7.2 液压元件应能保证在最大工作压力(包括超载试验时的压力)和最大运行速度时,正常工作而不失效。液压元件应符合 GB/T 7935 的规定。

4.7.3 起重机上车主要液压系统宜采用电液比例先导控制技术。

4.7.4 液压泵和液压马达应足以承受工作中各种载荷的变化。液压系统宜有极限负荷调节功能,变量马达的工作起始点应处于大排量处,由小排量切换到大排量,能够进行自动切换。

4.7.5 液压系统应动作平稳、无抖动现象。主要液压回路应配有一个显示压力的装置或检测接口,压力表的精度不应低于 1.6 级。

4.7.6 液压泵为额定转速(流量)时,液压系统压力应符合设计要求。液压泵稳定运行在设计转速(流量)下,各液压回路实际工作压力值不应大于液压泵的额定工作压力。各液压回路应设计有安全溢流阀,溢流阀的调定压力不应大于系统额定工作压力的 110%。

4.7.7 起重机应选用抗磨性、粘温性好的液压油,并在产品说明书中有明确规定。液压油的质量指标应符合 GB/T 11118.1 的规定。

液压油固体颗粒污染等级为:加入液压油箱时不应超过 21/17/13(或一/17/13),出厂时不应超过 21/19/15(或一/19/15),使用过程中不应超过 22/20/16(或一/20/16)。

4.7.8 液压系统工作时,液压油箱内的最高油温不应超过 80 ℃。温升试验结束时油箱内液压油的相对温升不应大于 45 ℃。

4.7.9 起重机在正常工作时(包括性能试验过程),液压系统不应有渗漏油现象。密封性能试验时变幅油缸和垂直支腿油缸的回缩量不应大于 2 mm,重物下沉量不应大于 15 mm。液压系统各元件结合面不应渗油,相对运动部位不应滴油。手摸无油膜或目测无油渍为不渗油,渗出的油渍面积不超过100 cm^2 或无油滴出现为不滴油。

4.7.10 液压钢管及接头的安全系数不应小于 2.5。

4.7.11 液压软管应符合 JB/T 8727 的规定,安全系数不应小于 4。当液压软管的工作压力大于 5 MPa 或温度高于 50 ℃,且与操作者距离小于 1m、又没有其他遮挡时,应采取保护措施以免软管失效对操作者造成伤害。

4.7.12 齿轮泵吸油口真空度不应大于 30 kPa,柱塞泵吸油口真空度不应大于 20 kPa。

4.7.13 液压油缸应装有一个当液压管路意外破裂发生的瞬间,能停止其动作的装置(如液压锁、平衡阀等),该装置宜尽量靠近液压油缸并采用刚性连接。液压油缸和液压阀之间如装有焊接式或卡套式接头时,整个结构的安全系数不应小于 2.5。

4.7.14 在蓄能器上或靠近蓄能器的明显处应标有安全警示标志。

4.7.15 滤油器应有阻塞检测或报警装置。

4.7.16 液压油箱应有液位显示器,并应作出系统允许的“最高”和“最低”标记。

4.8 电气系统

4.8.1 起重机的电气和电子设备及系统应符合 GB/T 5226.32 的规定。

4.8.2 起重机应有电源总开关和急停开关,当遇到紧急情况时,紧急停止装置的按钮应保持在接通位置,直到紧急情况解除。

4.8.3 起重机应装有指示总电源分合状态及必要的操作状态指示灯光信号。

4.8.4 起重机电气设备应能防雨,外壳防护等级按 GB/T 4208 的规定,室内使用不低于 IP54,室外使用不低于 IP65。电气连接应接地良好,电器和线束在起重机上的安装部位应便于接线和检查维修,并具有良好的通风散热条件。

4.8.5 起重机行驶用各种仪表及开关应符合 QC/T 727 的规定。车速表应符合 GB 15082 的规定。

4.8.6 起重机的行驶照明和光信号装置安装应符合 GB 4785 的规定。

4.8.7 起重机应装有满足夜晚作业需要的照明设施。操纵室工作面上的光照不应低于 50 lx。

4.8.8 起重机的电磁兼容性能应符合 GB 34660 和 GB 14023 的规定。

4.8.9 起重机采用无线遥控操作方式时,对无线控制的要求如下:

a) 应具有监控和故障自诊断功能;

b) 在任何非正常工作状态下应能停止工作;

c) 应具有急停功能,操作者应能通过发送急停指令停止起重机动作;

d) 应具有抗同频干扰信号的能力,受同频干扰时不准许出现误动作;

e) 无线遥控操作应与操纵室内操作具有互锁功能。

4.8.10 起重机应有故障自诊断功能,且应在操作者直观界面中显示故障警示图标、故障代码、故障原因和解决办法。

4.8.11 起重机应装有远程排放管理车载终端装置,该装置应满足 GB 17691 的规定。起重机装有上车发动机时,远程排放管理车载终端还应满足 GB 20891 和 HJ 1014 的规定。

4.9 环境保护要求

4.9.1 噪声

4.9.1.1 行驶时驾驶员耳旁噪声限值应符合 GB 7258—2017 的规定。

4.9.1.2 起重机加速行驶车外噪声限值应符合 GB 1495 的规定。

4.9.1.3 起重机作业时司机耳旁的噪声和辐射噪声限值应符合 GB/T 20062 的规定。

4.9.1.4 定置噪声限值应符合 GB 16170 的规定。

4.9.2 排放

4.9.2.1 起重机行驶用发动机的排气污染物排放应符合 GB 17691 的规定,排气烟度排放应符合GB 3847的规定。

4.9.2.2 起重作业用发动机的排气污染物排放限值应符合 GB 20891 和 HJ 1014 的规定,排气烟度排放限值应符合 GB 36886 的规定。

注: 当作业与行驶采用同一发动机时,不需执行非道路排气污染物和排气烟度。

4.10 安全要求

4.10.1 一般要求

起重机应按照 GB/T 6067.1 的要求设置相应的安全防护装置。

4.10.2 显示装置

4.10.2.1 应在操作者易于观察的作业位置设置符合 GB/T 24810.2 的电子显示装置。

4.10.2.2 最大起重量 300 t 以上的起重机宜在操作位置易于观察处装设显示各起升速度的装置,显示误差应小于 5%。

4.10.2.3 操纵室外应安装三色指示灯。三色指示灯应按以下方式显示起重机的载荷状态:

a) 绿灯亮时表示起升载荷在额定起重量的 90%以下,处于正常状态;

b) 黄灯亮时表示起升载荷在额定起重量的 90%~100%,将接近危险状态;

c) 红灯亮时表示起升载荷超过额定起重量的 100%,处于危险运行状态。此时应发出声响报警。

4.10.2.4 操作者应在支腿操纵台附近和操纵室中观察到起重机的水平状态显示,显示精度应不小于±0.1°。

4.10.2.5 最大起重量 300 t 以上的起重机宜装设回转角度显示装置,显示精度不大于 0.1°。

4.10.2.6 起重机应装设故障报警显示装置,通常具有以下功能。

a) 工作状态显示:

1) 发动机的主要工作参数:转速、燃油量、机油压力和水温;

2) 液压系统重要部位压力、输入和输出信号检查(如操作手柄、电磁阀等)。

b) 当出现控制系统通信故障、力矩限制器系统故障时,应能显示相应的故障。

c) 当机油压力过低、水温过高、空气滤清器堵塞、液压系统主要元件堵塞时应能报警。

4.10.2.7 起升高度超过 50 m 的起重机,在起重臂顶端应装有风速仪。风速仪应能显示 3 s 时距平均瞬时风速,精度不低于 5%。

4.10.2.8 起重机宜设置安全监控系统,安全监控系统的要求应符合 GB/T 28264 的规定。

4.10.3 限制器

4.10.3.1 起重机应装设起重力矩限制器,其要求应符合 GB/T 12602 的规定。

4.10.3.2 起重机应装有起升高度限位器、下降深度限位器,由钢丝绳变幅的起重机还应装有幅度限位装置和防臂架后倾限位装置,起重机的限制器应符合 GB/T 24810.2 的规定。

4.10.3.3 起升高度限位器应能可靠报警并停止吊钩起升,只能作下降操作。

4.10.3.4 下降深度限位器应能在吊钩下降到最大允许深度时,使起重机发出报警信号,并且卷筒上钢丝绳至少应保留 3 圈(除固定绳尾的圈数外)。

4.10.3.5 幅度限位装置和防臂架后倾限位装置,当起重机达到极限位置时应能自动停止动作,并只允许向安全方向操作。

4.10.4 防护装置

4.10.4.1 控制装置位置的设计应确保安全距离符合 GB/T 23821 和 GB/T 12265.3 的规定,避免操作者的手、臂、头及身体的其他部分受到运动部件(如臂架、变幅机构、油缸)等的挤压。

4.10.4.2 起重机回转支承及卷扬机的开式齿轮应有防护装置,防止手或胳膊插入齿轮啮合位置。所有正常工作中可能产生危险的位置,如敞开式的钢丝绳及其他运动部件应有防挤压、撕裂或手脚进入的保护措施。

4.10.4.3 防护装置应牢固可靠。除非不可能发生人踩在防护装置上的情况，否则防护装置应能承受一个 90 kg 重的人，而不会发生永久变形。

4.10.4.4 防护装置应定位可靠。固定式防护装置只能用工具拆卸，拆卸后这些固定件(例如固定式紧固件、推拉式紧固件)应保持附着在防护装置或被保护的机件上。

4.10.4.5 如果提供了个人保护装置(例如安全带和降噪耳塞等)，应在制造商技术文件中提供安全使用的说明。

4.10.4.6 起重机的侧面和后下部防护装置应符合 GB 11567 的规定。

4.10.4.7 起重机的前下部防护装置应符合 GB 26511 的规定。

4.10.4.8 起重机的防飞溅系统应符合 GB 34659 的规定。

4.10.5 安全警示标志和讯号

4.10.5.1 应在起重机醒目易见的部位设置明显可见的安全警示标志，安全警示标志应符合 GB/T 15052的规定。

4.10.5.2 起重机应装有电或气喇叭，喇叭的性能、安装和声压级应符合 GB 15742 的规定。

4.10.5.3 起重机应设置作业用声响联络讯号，起重机开始工作时和工作中需要提醒时，可发出区别于力矩限制器的超载报警信号警示起重机附近的人员。

4.10.5.4 在支腿全伸和允许的中间位置应设置标志。

4.10.5.5 操作者在操纵支腿时应能清楚地看见活动支腿运动方向，否则，应用声响报警信号，警示起重机附近的人员。

4.10.5.6 起重机应设置倒退报警装置，保证起重机倒退行驶时，能发出清晰的声光报警信号。

4.10.5.7 起重机应设置符合 GB 7258—2017、GB 23254 规定的车身反光标识。

4.10.5.8 起重机应设置符合 GB 25990 规定的车辆尾部标志板。

4.10.6 消防

起重机应配备灭火器放置在司机室内或易接近之处。灭火器应能扑灭 A、B 类火灾，灭火剂的质量宜为 6 kg～20 kg。

5 试验方法

起重机的试验方法按照第 4 章和 GB/T 6068—2021 的规定执行。

起重机燃油消耗量试验方法按照 GB/T 39416 的规定执行。

6 检验规则

6.1 分类

起重机检验分为出厂检验、COP 试验和型式检验。

6.2 出厂检验

起重机应经制造厂质量检验部门检验合格后方可出厂。产品出厂时，应附有质量检验部门签发的产品合格证。出厂检验项目见表 3。

6.3 COP 试验

COP 试验每年不应少于一次。项目见表 3。

COP 试验应从出厂检验合格的产品中随机抽取不少于一台的样机,抽样基数不限。

COP 试验项目应全部合格。

6.4 型式检验

6.4.1 凡属下列情况之一时应进行型式检验:

a) 新产品或产品转厂生产的试制定型鉴定;

b) 产品停产三年后恢复生产时;

c) 已定型或批量生产的起重机,如改变主要传动总成、主要结构件设计及生产工艺有重大改变时,应抽样进行型式检验中相应内容的试验;

d) 出厂检验结果与上次型式检验有重大差异时;

e) 国家质量监督机构提出进行型式检验时。

6.4.2 型式检验项目见表 3。

表 3 检验项目

<table>
<tr><th rowspan="2">序号</th><th rowspan="2" colspan="2">检验项目</th><th rowspan="2">试验方法</th><th rowspan="2">技术要求</th><th colspan="3">检验类别</th></tr>
<tr><th>出厂检验</th><th>COP 试验</th><th>型式检验</th></tr>
<tr><td rowspan="18">1</td><td rowspan="18">外观</td><td>滑轮的防止钢丝绳脱槽装置和罩壳</td><td rowspan="18">目测</td><td>4.6.8.5、4.6.8.6</td><td rowspan="8">○</td><td rowspan="18">○</td><td rowspan="18">○</td></tr>
<tr><td>液、电、气路的铺设及保护</td><td>4.2.23</td></tr>
<tr><td>操纵室地面防滑、门窗定位及使用安全玻璃、第二出口</td><td>4.5.1.1、4.5.1.4、4.5.3.3、4.5.3.5</td></tr>
<tr><td>操纵件的操作、标牌和标志</td><td>4.2.24</td></tr>
<tr><td>安全警示标志和讯号</td><td>4.10.5</td></tr>
<tr><td>液压油油位</td><td>4.7.16</td></tr>
<tr><td>焊缝外观质量</td><td>4.4.2</td></tr>
<tr><td>表面涂装质量</td><td>4.2.27</td></tr>
<tr><td>防护装置的安装和功能</td><td>4.10.4</td><td rowspan="10">◇</td></tr>
<tr><td>吊钩的标记和防脱装置</td><td>4.6.7.1、4.6.7.2</td></tr>
<tr><td>钢丝绳标记</td><td>4.6.7.4</td></tr>
<tr><td>转台的锁定装置</td><td>4.4.7</td></tr>
<tr><td>通道系统</td><td>4.2.25</td></tr>
<tr><td>起重机标牌和额定起重量图表</td><td>7.1</td></tr>
<tr><td>警示灯的安装</td><td>4.10.2.3</td></tr>
<tr><td>灭火器的配置</td><td>4.10.6</td></tr>
<tr><td>压力表的精度</td><td>4.7.5</td></tr>
<tr><td>倒车报警装置</td><td>4.10.5.6</td></tr>
</table>

表 3　检验项目（续）

序号	检验项目		试验方法	技术要求	检验类别		
					出厂检验	COP试验	型式检验
2	几何参数测量	外廓尺寸	GB/T 6068—2021 8.2	4.2.6	○	○	○
		其他尺寸		4.2.9、4.2.10、4.2.11		○	○
3	质量参数测量		GB/T 6068—2021 7.2	4.2.7、4.2.8	◇		○
4	行驶试验		GB/T 6068—2021 9.2	4.2.29、4.3.1～4.3.6、4.8.6	○		○
5	转向性能		4.3.3	4.3.3		○	○
6	制动性能试验	制动距离或制动台架测试	4.3.4	4.3.4	○		○
		制动系统和防抱死制动性能	4.3.4	4.3.4		○	○
7	间接视野安装		4.5.2.1	4.5.2.1	◇	○	○
8	喇叭安装		4.10.5.2	4.10.5.2	◇	○	○
9	外部凸出物		4.5.2.5	4.5.2.5		○	○
10	座椅安装		4.5.2.2	4.5.2.2		○	○
11	安全带	安全带安装	4.5.2.3	4.5.2.3		○	○
		安全带固定点					
12	号牌板(架)安装		GB/T 6068—2021 6.4.3	4.2.30	◇	○	○
13	侧倾稳定性试验		GB/T 6068—2021 9.9	4.2.2		○	○
14	反光标识安装		GB/T 6068—2021 6.4.3	4.10.5.7	◇	○	○
15	尾部标志板安装		4.10.5.8	4.10.5.8	◇	○	○
16	燃油系统	燃油系统及排气管	4.2.2	4.2.2		○	○
		燃油箱安装	4.3.6.2	4.3.6.2			
17	加速性能试验		GB/T 6068—2021 9.6.1	4.2.14			○
18	最高车速测量		GB/T 6068—2021 9.4.1				○
19	最低稳定车速测量		GB/T 6068—2021 9.5.1				○
20	最大爬坡能力试验 爬陡坡试验		GB/T 6068—2021 9.7.1	4.2.13			○
21	照明系统	照明和信号装置安装	GB/T 6068—2021 6.4.3	4.8.6		○	○
		前照灯光束照射位置和发光强度		4.2.2	○	○	○

表 3 检验项目(续)

<table>
<tr><th rowspan="2">序号</th><th rowspan="2" colspan="2">检验项目</th><th rowspan="2">试验方法</th><th rowspan="2">技术要求</th><th colspan="3">检验类别</th></tr>
<tr><th>出厂检验</th><th>COP试验</th><th>型式检验</th></tr>
<tr><td>22</td><td colspan="2">车速表检查</td><td>GB/T 6068—2021 9.1</td><td>4.8.5</td><td>○</td><td>○</td><td>○</td></tr>
<tr><td>23</td><td colspan="2">前下部防护、侧防护和后防护</td><td>GB/T 6068—2021 6.5.1、6.5.2</td><td>4.10.4.6、4.10.4.7</td><td>◇</td><td>○</td><td>○</td></tr>
<tr><td>24</td><td colspan="2">防飞溅系统的安装</td><td>GB/T 6068—2021 6.5.7</td><td>4.10.4.8</td><td>○</td><td>○</td><td>○</td></tr>
<tr><td rowspan="5">25</td><td rowspan="5">作业参数测定</td><td>起升、下降速度</td><td>GB/T 6068—2021 10.1.2</td><td rowspan="5">4.2.16</td><td>◇</td><td></td><td>○</td></tr>
<tr><td>回转速度</td><td>GB/T 6068—2021 10.2.2</td><td>◇</td><td></td><td>○</td></tr>
<tr><td>变幅时间</td><td>GB/T 6068—2021 10.3.2</td><td>◇</td><td></td><td>○</td></tr>
<tr><td>主臂伸、缩时间</td><td>GB/T 6068—2021 10.4.2</td><td>◇</td><td></td><td>○</td></tr>
<tr><td>活动支腿收放时间</td><td>GB/T 6068—2021 10.5.2</td><td>◇</td><td></td><td>○</td></tr>
<tr><td>26</td><td colspan="2">水平仪精度</td><td>GB/T 6068—2021 6.5.4</td><td>4.10.2.4</td><td>○</td><td></td><td>○</td></tr>
<tr><td>27</td><td colspan="2">支撑接地比压测定</td><td>GB/T 6068—2021 17</td><td>4.1.1</td><td>◇</td><td></td><td>○</td></tr>
<tr><td rowspan="4">28</td><td rowspan="4">载荷试验</td><td>空载</td><td>GB/T 6068—2021 11.1</td><td rowspan="4">4.2.18</td><td>○</td><td></td><td>○</td></tr>
<tr><td>额定载荷</td><td>GB/T 6068—2021 12.1</td><td>◇</td><td></td><td>○</td></tr>
<tr><td>动载荷</td><td>GB/T 6068—2021 13.1</td><td>○</td><td></td><td>○</td></tr>
<tr><td>静载荷</td><td>GB/T 6068—2021 14.1.2</td><td>◇</td><td></td><td>○</td></tr>
<tr><td rowspan="3">29</td><td rowspan="3">整机稳定性试验</td><td>静稳定性</td><td rowspan="2">GB/T 6068—2021 15.1</td><td rowspan="3">4.2.19</td><td></td><td></td><td>○</td></tr>
<tr><td>带载行驶稳定性</td><td></td><td></td><td>○</td></tr>
<tr><td>后翻稳定性</td><td>GB/T 6068—2021 15.2.2</td><td></td><td></td><td>○</td></tr>
<tr><td>30</td><td colspan="2">温升试验</td><td>GB/T 6068—2021 13.1</td><td>4.7.8</td><td>○</td><td></td><td>○</td></tr>
<tr><td>31</td><td colspan="2">密封性能试验</td><td>GB/T 6068—2021 16.1.2</td><td>4.7.9</td><td>◇</td><td></td><td>○</td></tr>
</table>

表 3 检验项目(续)

序号	检验项目		试验方法	技术要求	检验类别 出厂检验	检验类别 COP试验	检验类别 型式检验
32	液压油固体颗粒污染等级测量		GB/T 6068—2021 18	4.7.7	○		○
33	液压系统试验	液压泵真空度	GB/T 6068—2021 19.1	4.7.12			○
		起升液压回路流量		4.7.6			○
		压力					○
		压力损失					○
		液压回路平稳性		4.7.5			○
34	安全装置试验	力矩限制器	GB/T 6068—2021 6.5.5	4.10.3.1	○		○
		三色指示灯	4.10.2.3	4.10.2.3	○		○
		其他限制器	GB/T 6068—2021 6.5.4、6.5.6	4.10.3.2～4.10.3.5	○		○
		其他安全装置	GB/T 6068—2021 6.5.8	4.10.2.6、4.10.2.8	○		○
35	噪声测量		GB/T 6068—2021 23.1、23.2	4.9.1	◇	○	○
36	排放测量	污染物	4.9.2	4.9.2		○	○
		烟度	GB/T 6068—2021 22		◇		
37	结构试验	臂架头部位移	GB/T 6068—2021 24.2	4.4.3、4.4.4	○		○
		结构应力	GB/T 6068—2021 24.1	4.4.1		○	○
38	可靠性试验		GB/T 6068—2021 20.1、21.1	4.2.22			○
39	电磁兼容性		4.8.8	4.8.8		○	○
40	燃油消耗量		4.2.31	4.2.31	◇	◇	
注:○代表应测项目,◇代表制造商认为需要时应测项目。							

6.4.3 型式检验应从出厂检验合格的产品中随机抽取不少于一台的样机,抽样基数不限。

6.4.4 型式检验的判定如下:

型式试验时,首次样机不合格,允许对其缺陷项目进行修复、调试或更换易损件后重检,仍不合格应重新抽取样机。第二次样机仍不合格,则判样机不合格。制造商应对该型号的产品进行整改,整改完成后再进行型式试验。

7 标志、包装、运输和贮存

7.1 标志

起重机应在明显位置固定产品标牌,其型式、尺寸及技术要求应符合 GB 7258—2017 中 4.1.2和 GB/T 18411 的规定。

应在起重机操纵室内易于操作者观察的位置上固定性能说明标牌,应包括额定起重量图表等内容,额定起重量图表应符合 GB/T 21458 的规定。如内容较多不便于固定时,则以性能参数手册或电子版形式提供。

7.2 包装

7.2.1 起重机出厂时主机可采用裸装,外露金属表面应作防腐、防锈处理。

7.2.2 随机工具、备件、随机文件的包装应有防雨、防潮措施。

7.2.3 起重机出厂时应随机提供产品使用说明书、产品合格证、主要外购件的使用说明书、随机备件、随机工具和装箱单等。产品使用说明书的编写应符合 GB 7258—2017 中 4.15 和 GB/T 9969的规定。

7.2.4 随机文件应包括但不限于:

a) 产品合格证;

b) 保修卡;

c) 产品说明书(包括操作手册、维修手册、零部件图册);

d) 主要配套件说明书;

e) 装箱单;

f) 产品一致性证书;

g) 环保信息随车清单。

7.2.5 在供应主机的同时还应提供:

a) 随机备件及清单;

b) 维修保养所需的专用工具及清单;

c) 备用轮胎。

7.3 运输

整机运输时,应符合水路、陆路及交通运输部门的规定和装载要求,运输方式可由供需双方协商确定。

7.4 贮存

起重机长期停放时,应切断电源,锁闭车门、窗,放置于通风、防潮及有消防设施的场所,并按产品说明书的规定进行保养。

附　录　A
（资料性）
全地面起重机主要工作状态

A.1　行驶状态

起重机行驶状态示意见图 A.1。

A.2　作业状态

A.2.1　基本臂起重作业状态示意见图 A.2。

A.2.2　全伸臂起重作业状态示意见图 A.3。

A.2.3　全伸臂加固定副臂起重作业状态示意见图 A.4。

A.2.4　变幅副臂起重作业状态示意见图 A.5。

A.2.5　桁架臂全地面起重机起重作业状态示意图见图 A.6。

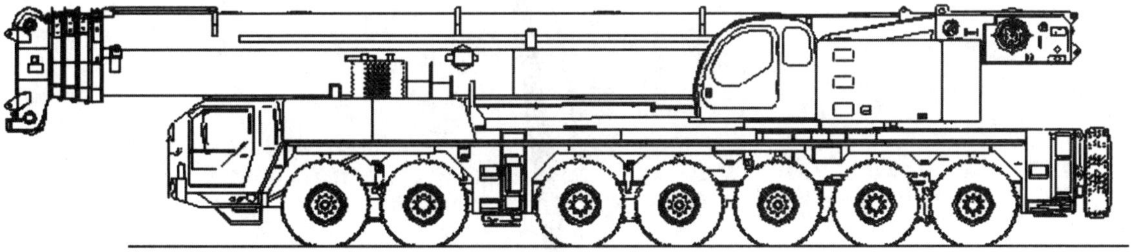

图 A.1　行驶状态

图 A.2　基本臂起重作业状态

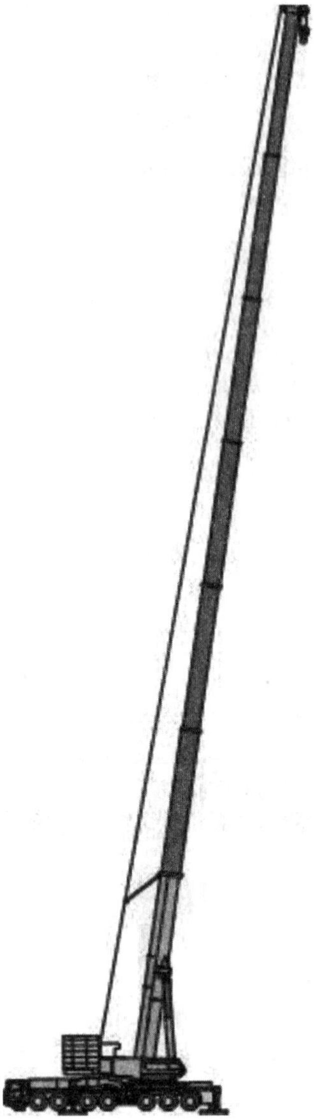

图 A.3　全伸臂起重作业状态

图 A.4　全伸臂加固定副臂起重作业状态

图 A.5 变幅副臂起重作业状态

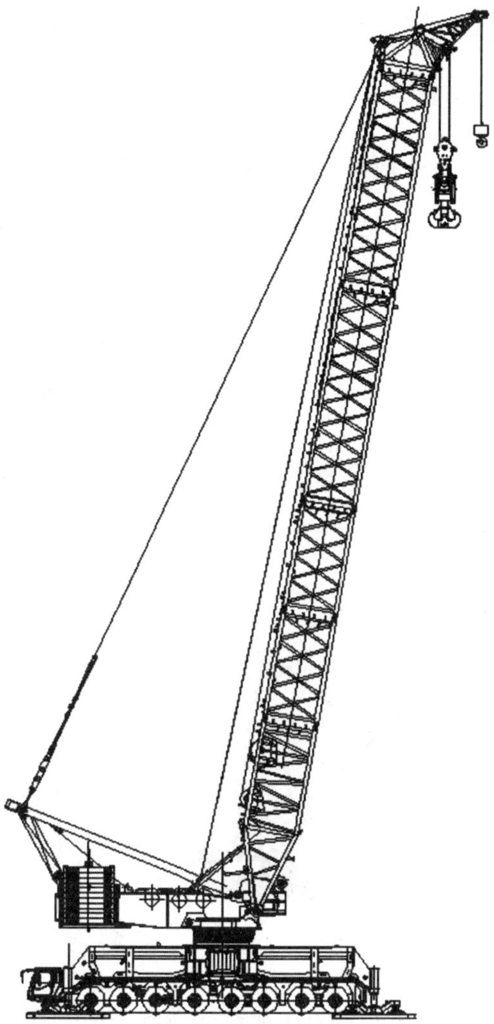

图 A.6 桁架臂全地面起重机起重作业状态

附 录 B
（资料性）
全地面起重机带超起工作状态

附加臂杆类全地面起重机作业状态见图 B.1，附加平衡重类全地面起重机作业状态见图 B.2，桁架臂全地面起重机作业状态见图 B.3。

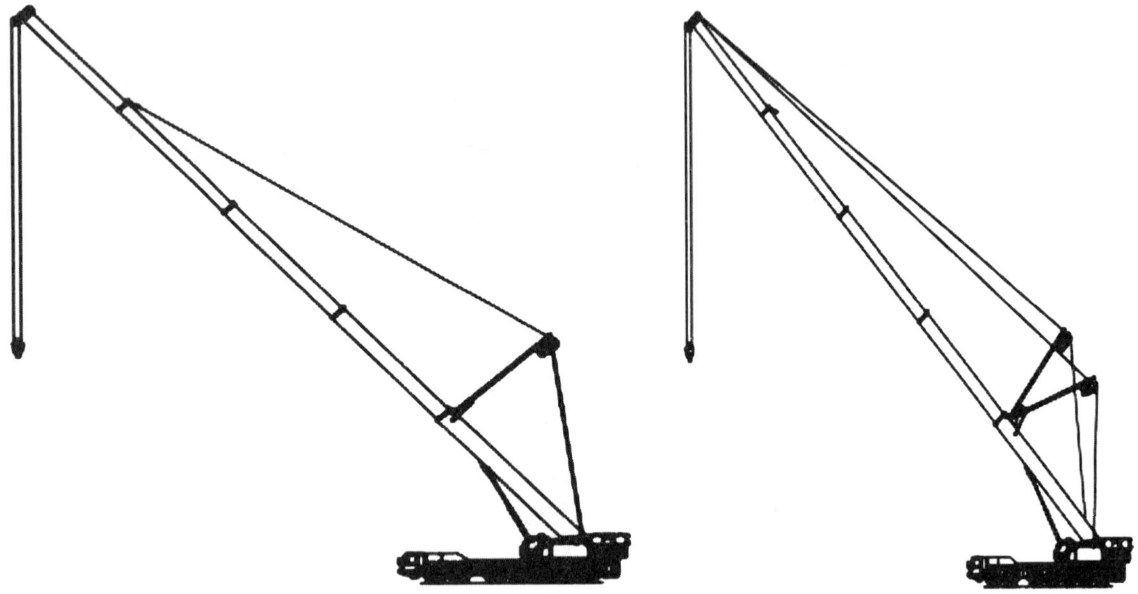

a) ⊓ 形　　　　b) Y 形

图 B.1　全地面起重机带超起作业状态——附加臂杆类

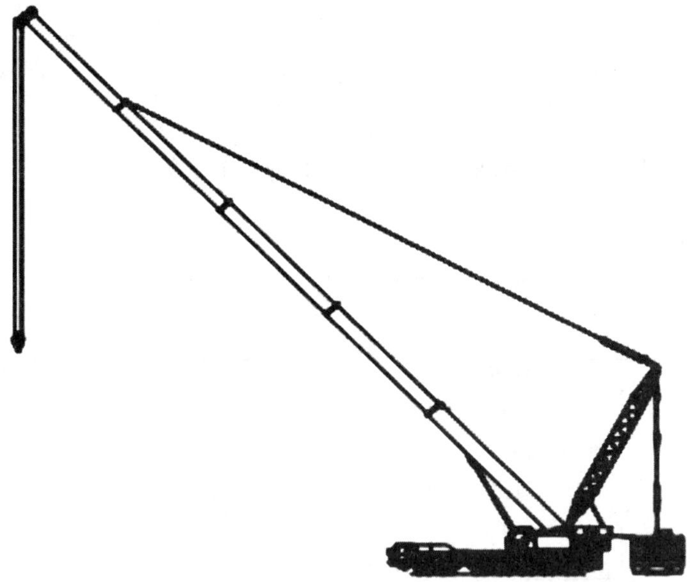

图 B.2　全地面起重机带超起作业状态——附加平衡重类

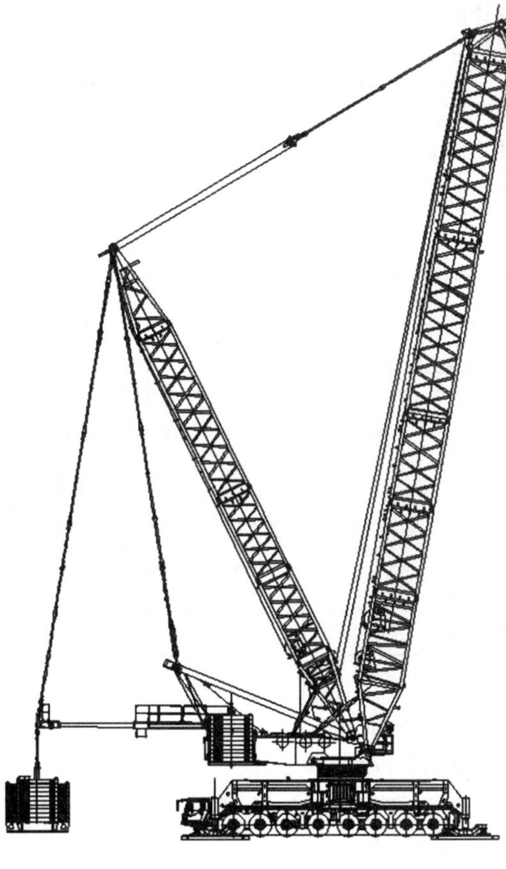

图 B.3　桁架臂全地面起重机带超起作业状态

附 录 C
(资料性)
全地面起重机可能存在的危险

起重机可能存在的危险见表 C.1。

表 C.1 起重机可能存在的危险

序号	重大危险			本文件中的要求条款
1	常见危险	机械危险	由于机器零件或部件,例如: 通过势能(下落的物体,离地面的高度;重力) ——通过动能(加速、减速、移动/旋转部件) ——通过机械强度(破碎)	4.1～4.7
2			受压危险	4.10.3.4、4.10.4.4
3			剪切危险	4.2.26、4.10.4
4			缠绕危险	4.10.4
5			拉进或截留危险	4.10.4
6			撞击	4.10.5.4、4.10.5.5
7			刺伤或刺穿危险	4.5.2.5
8			摩擦或磨损危险	4.6.7.5、4.6.7.6
9			喷射危险	4.7
10			滑倒,绊倒和跌落危险	4.10.4.3、4.10.5.1
11		电气危险	在故障情况下带电的零件	4.8.2、4.8.9
12			高压下带电零件的距离不足	4.8.1
13			静电危险	4.8.1
14			电磁危险	4.8.8
15			短路	4.8.4、4.8.10
16			超载	4.8.3
17		热危险	烧伤,烫伤	4.7.11
18			热源辐射	4.7.8、4.10.4.5
19		噪声产生的危险	听力丧失(耳聋)	4.9.1
20			干涉语言通信、听觉信号等	4.10.2.3、4.10.2.6、4.10.2.8、4.10.5
21		振动产生的危险	坐着时振动会传递给操作员	4.1.4、4.2.18、4.3.1.5
22			僵硬的姿势(例如脊柱外伤、骨关节疾病、下背部疾病)	4.5.3.3、4.5.2.3、4.5.2.4
23		辐射危险	电磁辐射	4.8.8
24		—	光学辐射(红外线、可见光和紫外线)	4.8.7、4.8.9

表 C.1 起重机可能存在的危险(续)

序号	重大危险			本文件中的要求条款
25	常见危险	由材料和物质引起的危险	接触或吸入有害液体、气体、雾气、烟和灰尘引起的危险	4.5.1.1、4.9.2
26			火灾危险	4.5.1.3
27			爆炸危险	4.3.1.7、4.3.5.1、4.5.1.2
28		在机械设计中忽略人体工程学原则产生的危险	不健康的姿势或过度用力	4.5
29			对手-臂或脚-腿的解剖学考虑不足	4.2.24、4.5.3.3、4.5.3.6、4.5.3.7
30			疏散/紧急出口的方法不足	4.5.3.3
31			局部照明不足	4.8.6、4.8.7
32			视觉显示设备的设计或定位不足	4.6.5.2、4.7.16、4.8.3、4.8.6、4.10.2、4.10.3
33			控制装置的设计、定位或标记不足	4.2.24、4.6.1.3、4.6.5.2、4.7.1、4.8.1、4.8.9、4.10.2.6、4.10.4.1、4.10.5.5
34			闪烁、刺眼、阴影、频闪效果	4.8.3、4.8.7
35			人为误差、人的行为	4.2.4、4.2.24、4.4、4.6、4.7、4.8、7.1
36		与环境有关的危险	闪电	7.2
37			湿度	7.2
38			污染	4.9.2
39			雪、水、风、温度	4.5.1、4.8.4
40			废气/工作场所缺氧	4.5.1
41		—	控制系统和控制电路的故障/混乱	4.7.6、4.7.11、4.7.13、4.8.1、4.8.2、4.8.4、4.10.2、4.10.3
42			动力中断后恢复	4.8.1、4.8.2、4.8.3
43			软件错误	4.8.11、4.10.2.6
44			电源故障	4.8.2、4.8.3
45			拆除重的护栏+痛苦的用力	4.6.6.1、4.6.7.7
46	某些机械类别的补充	与行驶功能有关的危险	启动发动机时的运动	4.3.6.1.1、4.3.6.1.3
47			运动时所有零件均未处于安全位置	4.3.5.2
48			机械减速、停止和固定的能力不足	4.3.4、4.3.6.1.1、4.3.6.1.2
49		与工作位置有关的危险	在接近(到达/离开)工作位置的过程中人员滑落	4.2.25、4.5.1.3、4.10.6
50			火灾(没有灭火装置)	4.5.1.3、4.10.6
51			工作位置的机械危险	4.2.26
52			工作位置的可见度不足	4.5.2.1、4.5.3.2
53			座位不足	4.5.3.3
54		控制系统引起的危险	手动控制的定位不足	4.3、4.5.3.6、4.5.3.7
55			手动控制及其操作模式的设计不足	4.3、4.5.3.6、4.5.3.7

表 C.1 起重机可能存在的危险(续)

序号	重大危险			本文件中的要求条款
56	某些机械类别的补充	动力和动力传输造成的危险	发动机和电池	4.8.1
57			机器之间的动力传输	4.3.2.2、4.3.2.3、4.3.2.4
58			联轴器和牵引	4.3.2.4
59		来自第三者的危险	未授权的启动/使用	4.3.3、4.8
60			视觉或听觉警告不足	4.10.2.8、4.10.5
61		驾驶员/操作员指示不足的危险	对驾驶员/操作员的指示不足	7.1
62	起重操作的危险	负载跌落、碰撞、机器倾翻造成的机械危险	稳定性不足	4.1.1、4.1.2、4.1.3、4.2.19、4.6.1～4.6.6
63			超出了不受控制的负载,过载,倾覆力矩	4.10.2、4.10.3
64			不受控制的运动幅度	4.10.3
65			负载意外移动	4.10.3
66			零件的机械强度不足	4.2.1、4.2.18、4.4.1、4.4.2
67			滑轮、卷筒的设计不足	4.2.1、4.6.8
68			钢丝绳、起升和附加装置不充分以及与机器不匹配	4.2.1、4.6.7
69			在摩擦制动器的控制下降低负载	4.6.1.4
70			组装/使用/维护的异常情况	4.1、4.2.1、6、7.2
71		与驾驶员/操作员位置相关的危害	驾驶员位置的视野不足	4.5.2.1、4.5.3.2
72	不能通过本质安全设计或保护措施和/或补充保护措施来消除或减少危害		说明书	7.2.3、7.2.4

ICS 53.020.20
J 80

中华人民共和国国家标准

GB/T 27997—2011

造船门式起重机

Shipbuilding gantry crane

2011-12-30 发布　　2012-07-01 实施

中华人民共和国国家质量监督检验检疫总局
中国国家标准化管理委员会　发布

前　言

本标准按照 GB/T 1.1—2009 给出的规则起草。

本标准由中国机械工业联合会提出。

本标准由全国起重机械标准化技术委员会(SAC/TC 227)归口。

本标准负责起草单位:中船第九设计研究院工程有限公司、北京起重运输机械设计研究院、国家起重运输机械质量监督检验中心。

本标准参加起草单位:江苏象王起重机有限公司、大连博瑞重工有限公司、江苏华澄重工有限公司、南通中远船舶钢结构有限公司、上海豪力起重机械有限公司、江西华伍制动器股份有限公司、武汉港迪电气有限公司。

本标准主要起草人:姜乃锋、黄之涛、路建湖、林夫奎、翟虎道、刘元利、葛明、黄元龙、谢翀、董元跃、刘会议、吴艳青、陆崎、茅金龙、聂春华、马承祖、王功勇。

造船门式起重机

1 范围

本标准规定了具有上、下小车，额定起重量为100 t～2 500 t、跨度不小于40 m的造船门式起重机的术语和定义、型式与基本参数、技术要求、试验方法、检测规则及标志、包装、运输、贮存。

本标准适用于在船厂的船坞、船台、平台，作为船体分段吊装及翻身作业的造船门式起重机(以下简称起重机)。

其他型式和规格的造船门式起重机可参照使用

2 规范性引用文件

下列文件对于本文件的应用是必不可少的。凡是注日期的引用文件，仅注日期的版本适用于本文件。凡是不注日期的引用文件，其最新版本(包括所有的修改单)适用于本文件。

GB 755—2008　旋转电机　定额和性能

GB/T 1228　钢结构用高强度大六角头螺栓

GB/T 1229　钢结构用高强度大六角螺母

GB/T 1230　钢结构用高强度垫圈

GB/T 1231　钢结构用高强度大六角头螺栓、大六角螺母、垫圈　技术条件

GB 2893　安全色

GB/T 3323　金属熔化焊焊接接头射线照相

GB/T 3811—2008　起重机设计规范

GB 4208　外壳防护等级(IP代码)

GB 5226.2　机械安全　机械电气设备　第32部分:起重机械技术条件

GB/T 5905—2011　起重机　试验规范和程序

GB/T 5972　起重机　钢丝绳　保养、维护、安装、检验和报废

GB 6067.1—2010　起重机械安全规程　第1部分:总则

GB/T 6974.1　起重机　术语　第1部分:通用术语

GB/T 6974.5　起重机　术语　第5部分:桥式和门式起重机

GB 8918　重要用途钢丝绳

GB/T 8923　涂装前钢材表面锈蚀等级和除锈等级

GB/T 9286　色漆和清漆　漆膜的划格试验

GB/T 10051(所有部分)　起重吊钩

GB/T 10095(所有部分)　渐开线圆柱齿轮　精度

GB/T 10183.1—2010　起重机　车轮及大车和小车轨道公差　第1部分:总则

GB 12602　起重机械超载保护装置

GB/T 13306　标牌

GB/T 13384 机电产品包装通用技术条件

GB 14048.1—2006 低压开关设备和控制设备 第1部分 总则

GB/T 14406—2011 通用门式起重机

GB 15052 起重机 安全标志和危险图形符号 总则

GB/T 17908—1999 起重机和起重机械 技术性能和验收文件

GB/T 19418 钢的弧焊接头 缺陷质量分级指南

GB/T 20303.1 起重机 司机室 第1部分:总则

GB/T 20303.5 起重机 司机室 第5部分:桥式和门式起重机

GB/T 21972.1 起重及冶金用变频调速三相异步电动机技术条件 第1部分:YZP系列起重及冶金用变频调速三相异步电动机

GB/T 22414 起重机 速度和时间参数的测量

GB/T 24809.5 起重机 对机构的要求 第5部分:桥式和门式起重机

JB/T 6392 起重机车轮

JB/T 6406 电力液压鼓式制动器

JB/T 7017 起重机用液压缓冲器

JB/T 7019 盘式制动器 制动盘

JB/T 7020 电力液压盘式制动器

JB/T 7685 电磁鼓式制动器

JB/T 8905.1 起重机用三支点减速器

JB/T 8905.2 起重机用底座式减速器

JB/T 8905.3 起重机用立式减速器

JB/T 8905.4 起重机用套装减速器

JB/T 9003 起重机用三合一减速器

JB/T 10559 起重机械无损检测 钢焊缝超声检测

JB/T 10816 起重机用底座式硬齿面减速器

JB/T 10817 起重机用三支点硬齿面减速器

JB/T 10833 起重机用聚氨酯缓冲器

JGJ 82 钢结构高强度螺栓连接的设计、施工及验收规程

ISO 11629 起重机 起重机及其部件质量的测量

3 术语和定义

GB/T 6974.1、GB/T 6974.5 界定的以及下列术语和定义适用于本文件。

3.1

上小车 upper trolley

在两小车相互穿越运行时,位于上面的起重小车。

3.2

下小车 lower trolley

在两小车相互穿越运行时,位于下面的起重小车。

3.3

吊重差　load difference

上小车两个吊钩起升载荷的差值。

3.4

额定翻身起重量　rated capacity of turn over

起重机上、下小车将被吊物品在空中进行翻身时，吊钩以下被吊物品的最大质量。

3.5

抬吊　lift simultaneously

上、下小车同时吊运同一件物品的方式。

3.6

上、下小车吊钩的距离　distance between upper and lower trolley hooks

上、下小车吊钩之间沿主梁纵向的水平距离。

3.7

额定起重量　rated capacity

起重机的额定起重量是指起重机吊钩以下或者不可拆卸的固定式吊具以下所允许吊起一件物品的最大质量。

3.8

垂直静挠度　vertical deflection of beam

下述两种工况中的大值：

——上、下小车在主梁跨中，上小车起吊额定翻身起重量时，主梁跨中产生的最大垂直位移。

——上、下小车抬吊额定起重量时，主梁产生的最大垂直位移。

4　型式与基本参数

4.1　型式

起重机按构造分为：

a）　双梁造船门式起重机(见图 1)；

b）　单梁造船门式起重机(见图 2)。

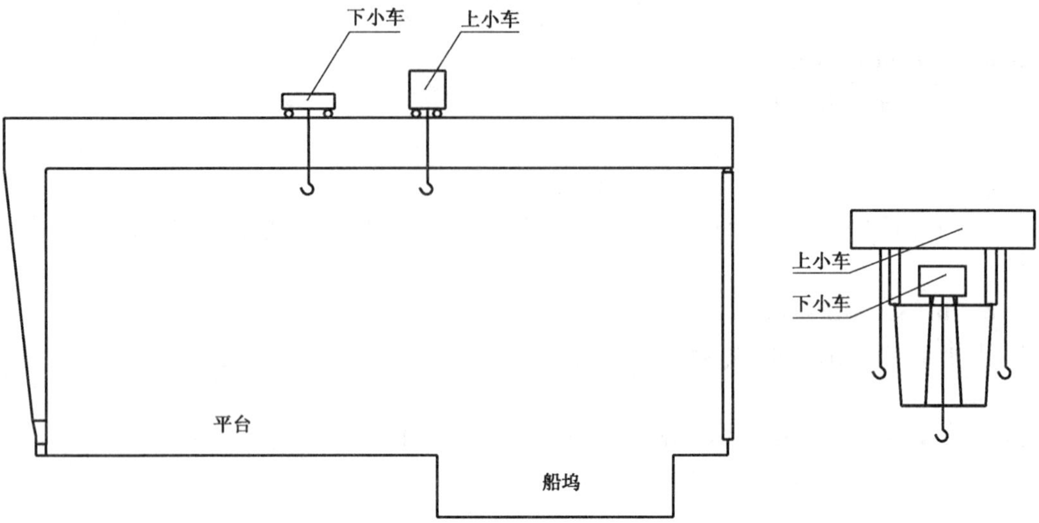

图 1

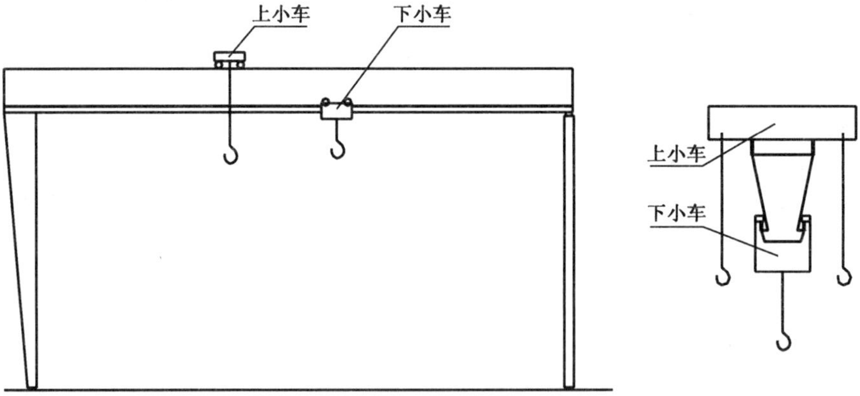

图 2

4.2 基本参数

4.2.1 按 GB/T 3811 的规定,起重机整机的工作级别,推荐为 A2～A4。

4.2.2 起重机应优先采用表 1 所规定的额定起重量(代号 Gn)系列。

表 1

单位为吨

额定起重量系列		
起重机		100,125,160,200,250,320,400,500,630,700,800,900,1 000,1 250,1 400,1 600,1 800,2 000,2 500
上小车	双钩	50+50,63+63,80+80,100+100,125+125,160+160,200+200,250+250,320+320,350+350,400+400,450+450,500+500,630+630,700+700,800+800,900+900,1 000+1 000,1 250+1 250
下小车	主钩	50,63,80,100,125,160,200,250,320,350,400,450,500,630,700,800,900,1 000,1 250

4.2.3 起重机的跨度应优先采用表 2 的规定值。

表 2

单位为米

起重机跨度范围	起重机跨度取值
40～100	每隔 5 m 一挡
＞100	每隔 2 m 一挡，取偶数

4.2.4 起重机的起升范围应优先采用表 3 的规定值。

表 3

单位为米

起重机起升范围	起升高度取值	下降深度取值
40～70	每隔 5 m 一挡	根据需要至地面或到船坞底板
＞70	每隔 2 m 一挡，取偶数	根据需要至地面或到船坞底板

4.2.5 门架净空高度应优先采用表 4 的规定值。起重机下面有其他起重机通过时，应保证其他起重机能够安全通过。

表 4

单位为米

门架净空高度范围	门架净空高度取值
40～70	每隔 5 m 一挡
＞70	每隔 2 m 一挡，取偶数

4.2.6 起重机及上、下小车各机构额定工作速度（单位：m/min ）的名义值宜在下列数系中选取：

a) 2.0，2.5，3.2，4.0，5.0，6.3，8.0，10，12.5；16，20，25，32，40。

b) 采用变频调速的起重机，其起升速度推荐采用表 5 所规定的数值。

表 5

起重量 t	起升速度（额定起重量时） m/min	起升速度（40％额定起重量时） m/min
50	6.3～10	12.5～20
63	6.3～10	12.5～20
80	6.3～10	12.5～20
100	5～8	10～16
125	5～8	10～16
160	5～8	10～16
200	4～6.3	8～12.5
250	4～6.3	8～12.5
320	3.2～5	6.3～10

表 5（续）

起重量 t	起升速度(额定起重量时) m/min	起升速度(40%额定起重量时) m/min
350	3.2～5	6.3～10
400	3.2～5	6.3～10
450	3.2～5	6.3～10
500	3.2～5	6.3～10
550	2.5～3.2	5～6.3
630	2～3.2	4～6.3
700	2～3.2	4～6.3

c) 采用变频调速的起重机，其额定运行速度不宜超过 32 m/min，一般取 20 m/min～32 m/min；空载、风速小于 10 m/s 时，其最高运行速度取 32 m/min～40 m/min。具体值的大小与起重量、工作级别及额定行程有关，一般起重量大取小值，工作级别高、额定行程长取大值。

注：用户要求与上述范围不一致时，由用户与制造商协商解决。

5 技术要求

5.1 工作条件

5.1.1 起重机的供电电源为三相交流，频率为 50 Hz 或 60 Hz，电压宜为 10 kV 或 6 kV(根据需要也可用 380 V 或 440 V)。在正常工作条件下，供电系统在起重机馈电线接入处的电压波动不应超过额定值的±10%；在 380 V 或 440 V 电缆卷筒供电情况下，上述电压波动值应在－7%～＋10%范围内。起重机内部电压损失应符合 GB/T 3811—2008 中 7.8.4.2 的规定。

5.1.2 起重机轨道安装的构造公差应符合 GB/T 10183.1—2010 表 2 中的 2 级公差及表 6 钢轨接头构造公差的规定。宜采用焊接轨道，运行轨道的坡度不应大于 1/1 000。

5.1.3 起重机运行轨道的接地电阻值不应大于 4 Ω。

5.1.4 起重机工作时的气候条件应满足以下规定：

a) 起重机工作时的环境温度宜在－25 ℃～40 ℃的范围内，24 h 内的平均温度不应超过 35 ℃；

b) 环境温度不超过＋25 ℃时的相对湿度允许短时高达 100%；

c) 工作状态风压不应大于 250 Pa(相当于计算风速 20 m/s)；

d) 非工作状态的最大风压取为 1 000 Pa(相当于计算风速 40 m/s)。也可根据当地气象资料提供的离地 10 m 高处 50 年一遇 10 min 时距的平均最大风速换算得到 3 s 时距的平均瞬时风速，来计算非工作状态的最大风压；

e) 沿海地区非工作状态的抗风防滑系统、锚定装置和锚固装置的设计，所用的计算风速不应小于 55 m/s。

5.1.5 电动机的运行条件应符合 GB 755—2008 中第 6 章和第 7 章的规定。

5.1.6 电器的正常使用、安装和运行条件应符合 GB 14048.1—2006 中第 6 章的规定。

注：超过上述规定条件时，由用户与制造商协商解决。

5.2 基本要求

5.2.1 起重机按合同约定功能需要所设置的各种机构及其布局、机构的部件构造和功能，应符合GB/T 24809.5的要求。起重机的设计、制造还应符合 GB 6067.1、GB/T 3811 和本标准的有关规定。

5.2.2 起重机电气设备应符合 GB 5226.2 和本标准的规定。电气传动系统、电气控制系统所涉及的元器件选用、布置以及导线敷设、辅助设施也均应符合 GB/T 3811—2008 第 7 章的规定。

5.3 使用性能

5.3.1 起重机的起重能力应能达到额定翻身起重量和额定起重量。

5.3.2 起重机使用的有关参数，应符合 4.2 及用户在订货合同中提出的要求。上小车两吊钩间的吊重差不宜超过上小车单钩额定起重量的 30%，下小车的额定起重量宜定为额定翻身起重量的 0.55 倍～0.6 倍，或额定起重量的 0.5 倍～0.55 倍。

5.3.3 起升机构应采用先电气制动，然后机械制动的方式。

5.3.4 起重机上、下小车的操纵应是既可联动，也可单独开动。

5.3.5 起重机主梁的垂直静挠度不应大于 $S/750$（S 为起重机跨度）。

5.3.6 起重机的动态刚性一般不作要求。若用户有此要求时，供需双方协商后在合同中约定。

5.3.7 起重机作静载试验时，应能承受 6.9.3.2 规定的试验载荷。试验后进行目测检查，各受力金属结构件应无裂纹、永久变形、无油漆剥落或对起重机的性能与安全有影响的损坏，各连接处也应无松动或损坏。

5.3.8 起重机作动载试验时，试验载荷应能承受 6.9.3.3 规定的试验载荷。试验过程中各机构和制动器应能完成其功能，并在其随后的目测检查中不应发现机构或结构件有损坏，各连接处不应出现松动或损坏。

5.3.9 起重机运行速度和小车运行速度的允许偏差为设计值的±5%，起升速度的允许偏差为设计值的±2%。

5.3.10 起重机的起升高度和下降深度不应小于名义值的 98%。

5.3.11 吊钩左右极限位置的允许偏差为正偏差，数值为 200 mm。

5.4 安全、防护

5.4.1 基本要求

起重机的安全与防护应符合 GB 6067.1、GB/T 3811—2008 第 9 章和本标准的规定。

5.4.2 起升机构

5.4.2.1 制动器应是常闭式的。制动力矩的选择应符合 GB/T 3811 的规定。

5.4.2.2 起重机应安装起重量限制器。起重量限制器应符合 GB 12602 的规定。

5.4.2.3 应设起升减速、停止和超限三级上、下高度限位器，当吊钩上升到设计规定的极限位置时，应能自动切断上升方向的电源，此时在卷筒上应保留至少一圈空绳槽；当吊钩下降到设计规定的极限位置时，应能自动切断下降方向的电源，此时钢丝绳在卷筒上的缠绕，除不计固定钢丝绳的圈数外，至少应保留两圈。

5.4.2.4 钢丝绳的选择应符合 GB/T 3811—2008 中表 44 对安全系数的要求，钢丝绳的保养、维护、安装、检验和报废应按 GB/T 5972 的规定进行。

5.4.2.5 当起升机构采用多层缠绕时,应采取有效措施保证钢丝绳有序缠绕。

5.4.2.6 钢丝绳的绳端固定和连接应牢固、可靠、便于检查和维修,并符合 GB 6067.1—2010 中 4.2.1.5 的规定。

5.4.3 运行机构

5.4.3.1 起重机运行机构和小车运行机构均应设置停止和超限两级行程限位器和缓冲器。有调速时,设减速、停止和超限三级行程限位器和缓冲器。

5.4.3.2 起重机运行机构应设扫轨板和声、光报警装置。

5.4.3.3 同一条轨道上或同一运行方向有两台或多台起重机或多台小车有相碰撞的可能时,相互间应设防碰撞装置和报警装置。

5.4.3.4 上小车应设置防倾翻装置。

5.4.3.5 应对上、下小车进行抗风校核,必要时设置锚定等安全防护装置。

5.4.3.6 当两台起重机或小车作业有距离要求时,应设测距装置。

5.4.3.7 起重机应设工作状态下的抗风防滑装置(如夹轨器、轮边制动器等),并设有非工作状态下的锚定装置或其他抗风防滑装置等,必要时,应设置锚固装置。

5.4.3.8 起重机至少应安装一套机械运行偏斜限制器和一套自动纠偏装置。

5.4.4 司机室

起重机司机室除应符合 GB/T 20303.1 和 GB/T 20303.5 的规定外,还应满足如下要求:

a) 司机室地板应用防滑的、非金属、绝缘、阻燃材料覆盖;

b) 司机室应安装门锁、灭火器、烟雾报警器和通讯装置;

c) 司机室的玻璃离地板高度不到 1 m 时,玻璃应做成不可打开的,并用栏杆加以防护,防护栏杆的高度不应低于 1 m;

d) 吊具或钢丝绳至司机室外廓的距离不应小于 0.4 m。

5.4.5 通道、平台、栏杆和梯子

起重机的通道、平台、栏杆及登机门应满足以下要求:

a) 起重机通道、平台、栏杆和梯子的设置应满足 GB 6067.1—2010 中 3.6～3.8 的规定;

b) 起重机宜设供人员上下的电动通道;

c) 起重机应设带门禁装置的登机门,门禁装置应与司机室连通。

5.4.6 电气保护和联锁限位保护

5.4.6.1 电气保护

5.4.6.1.1 电动机应具有过电流保护、内设热传感元件保护,热过载保护这三种保护中的一种或一种以上的保护功能。

5.4.6.1.2 所有外部线路都应有短路和接地保护。

5.4.6.1.3 应设错相和缺相保护。

5.4.6.1.4 起重机各机构应设有零位保护。

5.4.6.1.5 起重机应设有失压或欠压保护。

5.4.6.1.6 电控调速的起升机构应设超速保护。

5.4.6.1.7 起重机联动控制台、电气房、上小车房、下小车房及起重机刚、柔支腿的易于操作位置应设急停按钮。

5.4.6.1.8 上、下小车靠刚、柔性支腿侧应设置有防被吊物品碰撞的装置。

5.4.6.1.9 起重机应装设避雷保护。

5.4.6.2 电磁兼容

5.4.6.2.1 变频电源进线侧需配进线滤波器。

5.4.6.2.2 变频器输出至电动机的电源侧，应按负载的电压等级、总的传输长度，按要求配置输出电抗器及采取其他措施，使装置对电网辐射产生的总谐波不超过5%，同时能满足电机的绝缘要求。

5.4.6.2.3 装置内工控机、PLC输出侧应有足够措施，使其具有抗击外部干扰(电网进线)、内部干扰(变频电源、接触器、线间耦合等)的能力。

5.4.6.3 联锁保护

5.4.6.3.1 联动控制台操作主令应有零位自锁，其手柄的操纵方向宜与起重机和各机构的运行方向一致。

5.4.6.3.2 上、下小车设有锚定装置时，应有运行联锁保护。

5.4.6.3.3 起重机运行抗风防滑装置应与运行机构联锁。

5.4.6.3.4 起重机的刚、柔支腿间的行程偏差大于跨度的0.3%时，起重机应自动停止运行。

5.4.6.3.5 上、下小车抬吊有距离要求时，应有距离保护。

5.4.7 绝缘和接地

5.4.7.1 起重机电控设备中各电路的对地绝缘电阻值在一般环境中不应小于1.0 MΩ。

5.4.7.2 起重机与大地的接地采用接地滑线或其他可靠的接地方式。

5.4.7.3 起重机上所有电气设备正常不带电的金属外壳，金属线管、照明变压器低压侧的一端均应可靠接地。应采用专门设置的接地线，保证电气设备的可靠性。

5.4.7.4 严禁用接地线作为载流零线。

5.4.8 防护、警示和安全标志

5.4.8.1 起重机上外露的、有伤人可能的旋转零部件应设防护罩。

5.4.8.2 应在起重机的合适位置或工作区域设有明显可见的文字安全警示标志，如“起升物品下方严禁站人”等。在起重机的危险部位，应有安全标志和危险图形符号。安全标志和危险图形符号应符合GB 15052和GB 2893的规定。

5.4.8.3 起重机应设置航空障碍灯。

5.4.8.4 风速仪应安装在起重机四周无遮挡处，风速等数据应在司机室内显示，当风力大于工作状态的计算风速设定值时，应能发出报警信号。

5.4.9 噪声

起重机工作时，在司机座位处测量(门窗关闭条件下)的噪声不应大于85 dB (A)。

5.5 主要零部件

5.5.1 电动机

优先选用符合GB/T 21972.1的变频电动机，也可选用符合其他标准的电动机。

5.5.2 钢丝绳

应采用符合GB 8918中规定的钢丝绳。

5.5.3 制动器

应优先选用符合如下标准的制动器：JB/T 6406、JB/T 7019、JB/T 7020、JB/T 7685。

5.5.4 联轴器

联轴器的制动轮(盘)与制动器间不应产生相对浮动。

5.5.5 减速器和齿轮传动

应优先选用符合如下标准的减速器：JB/T 8905.1、JB/T 8905.2、JB/T 8905.3、JB/T 8905.4、JB/T 9003、JB/T 10816、JB/T 10817。

如用开式齿轮传动，齿轮副精度不应低于 GB/T 10095(所有部分)中规定的 9 级。当齿轮的线速度大于 2 m/min 时，齿轮副精度等级不应低于 GB/T 10095(所有部分)规定的 8 级。

5.5.6 滑轮和卷筒

选用的各种滑轮，应符合相应标准；

应优先选用钢板焊接卷筒。卷筒探伤要求应符合 GB 6067.1—2010 中 4.2.4.4 的规定。

5.5.7 吊钩

应优先选用符合 GB/T 10051(所有部分)规定的吊钩，不应采用铸造吊钩。

5.5.8 车轮

应优先选用符合 JB/T 6392 规定的车轮。

5.5.9 缓冲器

应优先选用符合 JB/T 7017、JB/T 10833 规定的缓冲器。

5.5.10 司机室

司机室应符合 GB/T 20303.1 和 GB/T 20303.5 的规定。

5.6 主要构件连接

5.6.1 焊接

5.6.1.1 焊缝外观检查不应有目测可见的裂纹、咬边、固体夹杂、未熔合和未焊透等缺陷。

5.6.1.2 主梁、刚性支腿、柔性支腿和平衡梁受拉区的翼缘板和腹板的对接焊缝表面质量应达到GB/T 19418 中的 B 级；焊缝内部质量，射线检测时不应低于 GB/T 3323 中规定的质量等级Ⅱ；超声波检测时不应低于 JB/T 10559 中的 1 级。其他焊缝的内部质量，超声波检测时不应低于 JB/T 10559 中的Ⅱ级。

5.6.2 螺栓连接

5.6.2.1 采用钢结构用高强度大六角头螺栓进行构件间的连接时，其连接接头应符合 JGJ 82 的规定。所用螺栓、螺母、垫圈及其技术要求应分别符合 GB/T 1228、GB/T 1229、GB/T 1230、GB/T 1231 的规定。

5.6.2.2 螺栓和螺母拧紧后，其支承面应与被紧固零件贴合，螺栓末端应露出螺母端面至少 2 个螺距。

5.7 门架

5.7.1 主梁

5.7.1.1 静载试验后，主梁跨中的上拱度不应小于 1.0 S/1 000 (S 为跨度)，其最大上拱度不应影响小车的运行，且最大上拱度在跨中 $S/10$ 的范围内。

5.7.1.2　以主梁下翼缘板测量的起重机跨度偏差不应大于 $S/2\,000$，最大不应超过 50 mm。

5.7.1.3　主梁在水平方向的弯曲值，最大不应超过 20 mm。

5.7.1.4　主梁腹板的局部翘曲：以 1 000 mm 平尺检测，离上翼缘板 $H/3$ 以内不应大于 $0.7\,t$，其余区域不应大于 $1.2\,t$，见图 3。

5.7.1.5　梯形箱形梁对角线尺寸偏差 $|D_1-D_2|\leqslant 5$ mm（见图 3）。

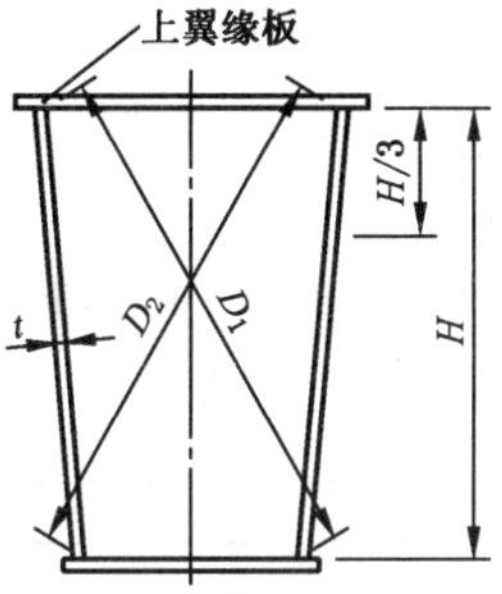

图 3

5.7.1.6　主梁上翼缘板雨后不应积水，宜设排水孔。

5.7.1.7　小车轨道一般宜用整根钢轨（将接头焊为一体），钢轨的接头应满足以下要求：

a)　接头处钢轨顶部的垂直错位值 H_F 和水平错位值 H_S 不应大于 1 mm，应将错位处以 1∶50的斜度磨平（GB/T 10183.1—2010 中表 6），见图 4；

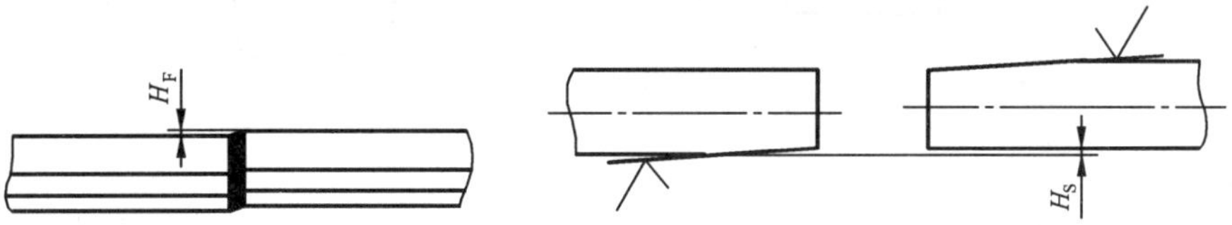

图 4

b)　连接后的钢轨顶部在水平面内的直线度 b，在任意 2 m 测量范围内不应大于 1 mm。即GB/T 10183.1—2010 表 3 中 2 级公差，见图 5；

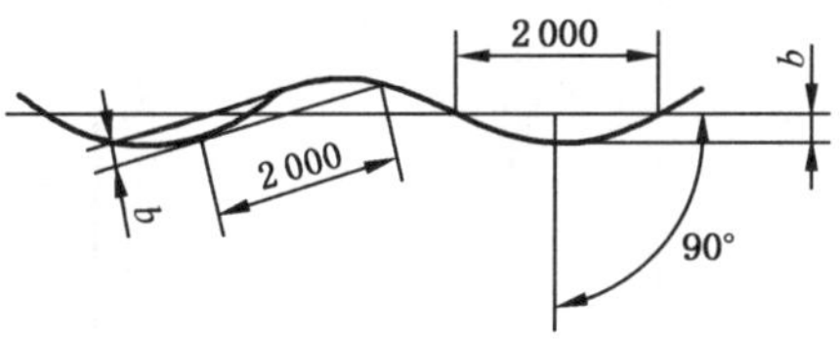

图 5

c)　小车钢轨上任一点处，轨道中心相对于梁腹板中心的位置偏差 K 不应大于 $0.5\,t_{min}$（GB/T 10183.1—2010 表 3 中的 2 级公差），见图 6；

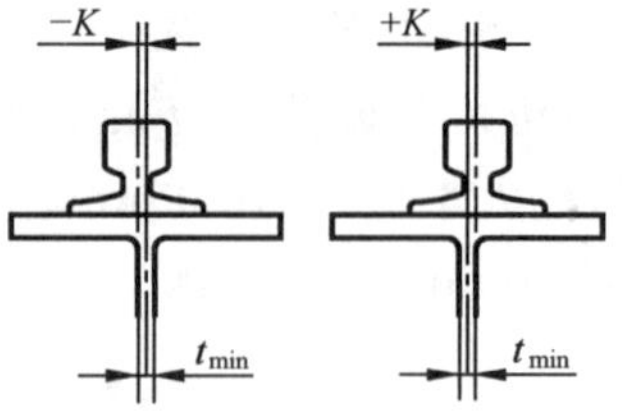

图 6

d) 小车轨道上任一点处,上、下小车轨道中心之间的轨距公差 $A_1(A_2)$ 不应大于 12.5 mm,见图 7;

e) 小车轨道上任一点处,在与之垂直的方向上,相对应的两轨道测点之间的高度差 $E_1(E_2)$ 不应大于 20 mm,见图 7;

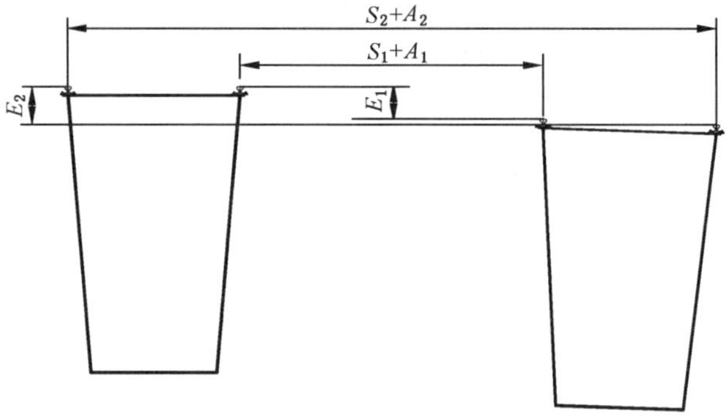

图 7

5.7.2 刚性支腿

刚性支腿在大车轨道平面内的垂直度应为 $h_1 \leqslant H_1/2\,000$(见图 8),且 h_1 最大值为 25 mm。

注 1:H_1 为刚性支腿与运行机构平衡梁两铰接孔连线的中心至主梁下平面的高度。

注 2:h_1 为刚性支腿下横梁中心与刚性支腿上口中心点的水平偏离量。

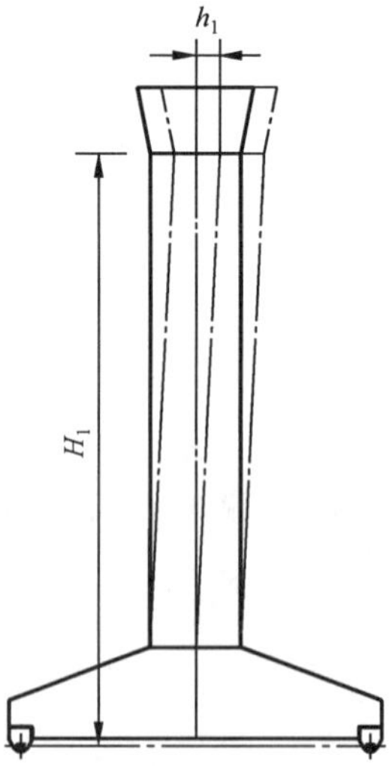

图 8

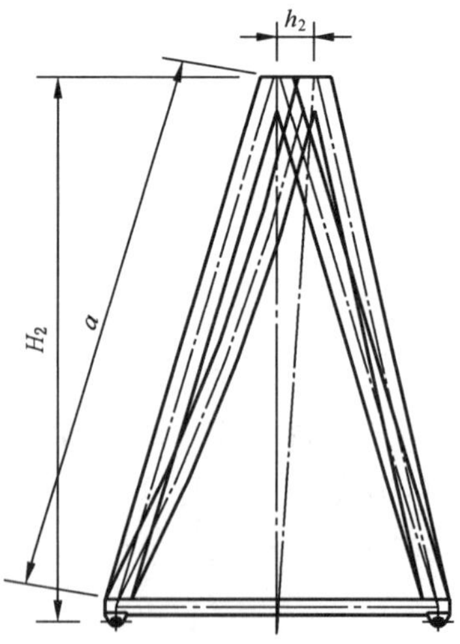

图 9

5.7.3 柔性支腿

5.7.3.1 柔性支腿在大车轨道平面内的垂直度应为 $h_2 \leqslant H_2/2\,000$（见图 9），且 h_2 最大值为 25 mm。

注 1：H_2 为柔性支腿与运行机构平衡梁两铰接孔连线的中心至柔性支腿上平面的高度。

注 2：h_2 为柔性支腿下横梁中心与柔性支腿上口中心点的水平偏离量。

5.7.3.2 柔性支腿杆件的直线度 $\Delta L \leqslant 0.001\,a$，且 ΔL 最大为 20 mm。

5.7.4 刚、柔支腿的高度差

刚性支腿与柔性支腿的高度差不应超过 25 mm。

5.7.5 门架净空高度的偏差

门架净高度的偏差应为正值，且不应超过 25 mm。

5.8 装配

5.8.1 制动轮安装后，应保证其径向圆跳动不应超过表 6 的规定值；制动盘安装后，应保证其盘端面跳动不应超过表 7 的规定值。

表 6

制动轮直径 mm	≤250	>250～500	>500～800
径向跳动 μm	100	120	150

表 7

制动盘直径 mm	≤355	>355 ～500	>500 ～710	>710 ～1 250	>1 250 ～2 000	>2 000 ～3 150	>3 150 ～5 000	>5 000
端面跳动 μm	100	120	150	200	250	300	400	500

5.8.2 车轮安装后，应保证基准端面上的跳动不应超过表 8 的规定值。

表 8

车轮直径 mm	>250～500	>500～800	>800～900	900～1 000
端面跳动 μm	120	150	200	250

5.8.3 起重机和小车车轮在水平投影面内车轮轴线倾斜度 φ_r 应符合 GB/T 10183.1—2010 中表 4、表 5 规定的 2 级公差，见图 10。

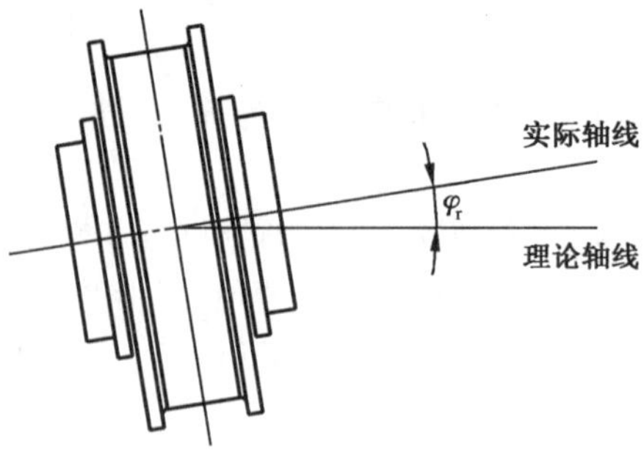

图 10

5.8.4 起重机和小车运行机构的车轮基距为 e（或 8 轮和 8 轮以上的最上层运行平衡架轴间水平距离为 e）时的公差 Δe（GB/T 10183.1—2010 中表 5、表 4 中的 2 级公差），见图 11 。

小车和起重机：$e \leqslant 3$ m 时　$\Delta e = \pm 4$ mm；$e > 3$ m 时　$\Delta e = \pm 1.25e$ mm，e 单位为 m。

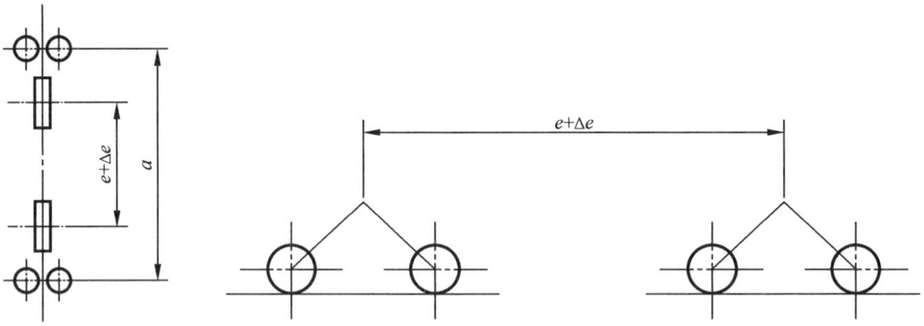

图 11

5.8.5 导向轮或带轮缘车轮水平偏斜 ΔF，应符合 GB/T 10183.1—2010 中表 5、表 4 规定的 2 级公差，见图 12 。

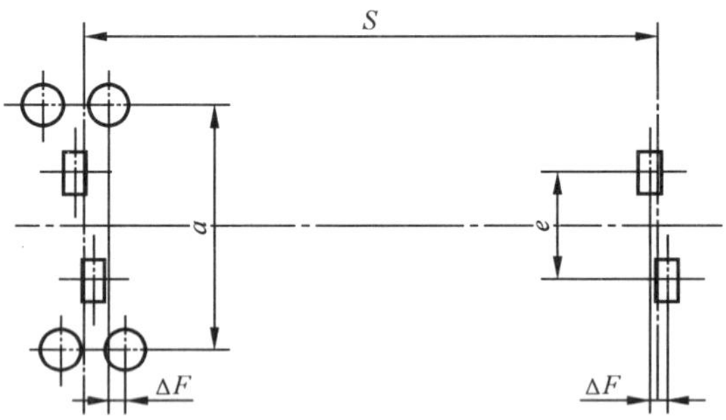

图 12

5.8.6 小车和起重机终端止挡器或缓冲器垂直于纵向轴线的平行度公差 $F_{max} = 1.0\ S$ mm，且 $F_{max} = 10$ mm，S 单位为 m。（即 GB/T 10183.1—2010 中表 2、表 3 的 2 级公差），见图 13。（图中左侧为缓冲器头部图形）。

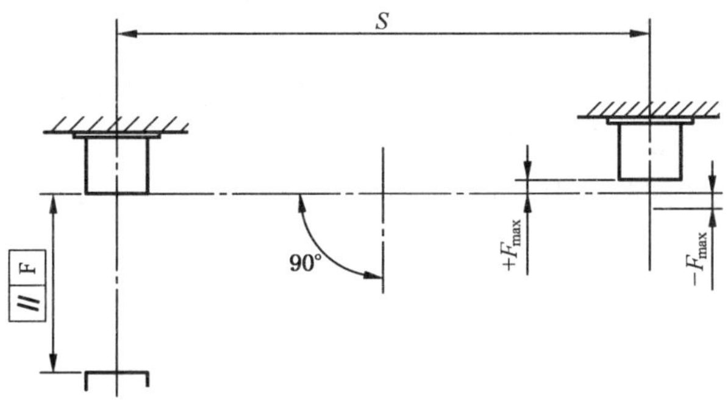

图 13

5.9 电气设备

5.9.1 电气设备的选用原则

5.9.1.1 起重机的驱动系统宜采用交流调速系统,优先采用能量反馈多传动系统。起升机构应为闭环控制。运行机构在调速范围大于 1∶10 的情况下,宜采用闭环控制。

5.9.1.2 起重机电气控制设备应符合 GB/T 3811 和 GB 5226.2 的有关规定。

5.9.1.3 应采用适合起重机要求的变频电动机,冷却风机宜采用强迫风冷。

5.9.1.4 起重机成套电阻器宜采用不锈钢电阻器。

5.9.1.5 操纵设备应采用联动控制台。

5.9.2 馈电装置

5.9.2.1 小车馈电装置宜采用拖链或悬挂电缆供电,也可采用其他形式供电。当采用悬挂电缆馈电时,应设牵引绳,保证在小车运行过程中电缆不受力。

5.9.2.2 起重机馈电装置一般采用电缆卷筒供电,也可采用滑触线式供电。

5.9.2.3 馈电装置的设计应满足 GB/T 3811 中的相关要求。

5.9.3 同步及控制

5.9.3.1 在整个起升范围内,上小车两吊钩起升的同步偏差不应大于 200 mm,下小车吊钩与上小车吊钩起升的同步偏差不应大于 250 mm。

5.9.3.2 上小车运行与下小车运行应设单动及联动选择,联动时应同步。在整个运行范围内,上、下小车运行的同步偏差不应大于 $H/100$(H 为起重机轨面以上的起升高度),但最大不超过 500 mm。应设校零装置。

5.9.3.3 同步抬吊时,上小车两个吊钩及下小车主钩应设相对高度差保护。

5.9.3.4 抬吊中,对两小车吊钩距离有要求时,应设定距保护。

5.9.3.5 起重机刚性支腿侧运行与柔性支腿侧运行应设速度同步装置及校零装置,并设有单动及联动选择。

5.9.4 电气设备的安装

5.9.4.1 电气设备应安装牢固,在主机工作过程中,不应发生相对于主机的水平移动和垂直跳动。

5.9.4.2 电气设备宜安装在电气室内。电气设备如安装在无遮蔽防护的场所时,其外壳防护等级不应低于 GB 4208 中的 IP 55。安装在电气室内的电气设备,其防护等级不应低于 GB 4208 中的 IP 22。

5.9.4.3 四箱及四箱以下的电阻器可以直接叠装;超过四箱叠装时,应考虑加固措施并要求各箱之间的间距不小于 80 mm。

5.9.4.4 安装在起重机各部位的电气设备,一般应留有 600 mm 以上的通道,特殊情况下允许适当缩小,但不应小于 500 mm。

5.9.5 导线及其敷设

5.9.5.1 起重机上应采用铜芯,多股、有护套的绝缘导线,司机室内允许采用无护套的铜芯、多股、塑料绝缘导线。

5.9.5.2 起重机上移动用电缆,应采用丁腈聚氯乙烯软电缆,重型橡套软电缆或船用软电缆。

5.9.5.3 起重机上的配线除弱电系统外,供电线路电压为 400 V 时,应采用额定电压不低于 690 V的铜芯多股电线或电缆。供电线路电压大于 500 V 小于 690 V 时,应采用额定电压不低于 1 000 V 的铜芯多股电线或电缆。多股单芯电线截面面积不应小于 1.5 mm^2;多股多芯电缆截面面积不小于 1.0 mm^2。对电子装置、油压伺服机构、传感组件等连接线的截面不做规定。

5.9.5.4 起重机上的电线应敷设于线槽或金属管中,在线槽或金属管不便敷设或有相对移动的场合,可穿金属软管敷设。电缆允许直接敷设,但在有机械损伤、油污浸蚀的地方应有防护措施。

5.9.5.5 不同机构的,不同电压种类和电压等级的电线,穿管时应尽量分开。

5.9.5.6 交流载流 25 A 以上的单芯电线(或电缆)不应单独穿金属管。

5.9.5.7 电缆固定敷设的弯曲半径不应小于 5 倍电缆外径,移动电缆的弯曲半径不应小于 8 倍电缆外径。电缆卷筒的电缆如没有加强芯,则作用在铜导线截面上的最大允许拉应力为 15 N/mm^2;对于要求电缆缠绕速度高或电缆自重较重时,应采用具有加强芯的电缆。

5.9.5.8 司机室、电气室和电气设备的进出线孔、线槽和线管的进出线口均应采取防雨措施,线槽内不应积水。

5.9.5.9 动力电缆线与控制线宜分开敷设,不同电压等级的电缆线不应使用同一根多芯电缆,必要时还要采用屏蔽电缆。

5.9.5.10 导线穿过钢管或金属孔、洞处,应设有防止防导线磨损的保护措施。

5.9.5.11 线管和线槽应尽量引接到电气设备附近,人员可能触及的电线应敷设于线槽或金属管中。

5.9.5.12 导线的两端应采用不会脱落的冷压铜端头,导线与端头的连接应采用专用的冷压钳将其压紧。

5.9.5.13 导线两端应有与电路图或接线图一致的永久性识别标记。

5.9.5.14 所有导线均不应有中间接头,照明线可在设备附近用过渡端子联接。

5.9.5.15 光缆最小弯曲半径应大于光缆直径的 10 倍。

5.9.5.16 如果中间没有中继,每条光缆长度应控制在 800 m 以内。

5.9.6 照明及其他

5.9.6.1 司机室、电气室和通道都应有合适的照明,其照明度不应低于 30 lx,还应有补充作业面照明用的桥下照明,桥下照明应考虑三个方向的防震措施。桥下照明灯具的安装应能方便地检修和更换灯泡。

5.9.6.2　固定式照明装置的电压应为 220 V。可携式照明装置的电压宜用 24 V,但不应超过 50 V。起重机上应具有供插接可携式照明装置用的插座。

5.9.6.3　照明、讯号应设专用电路,电源应从主断路器(或主刀开关)进线端或副变压器供电。当主断路器(或主刀开关)断开时,照明、讯号电路不应断电,照明、讯号电路及其各分支电路均应设置短路保护。

5.9.6.4　起重机宜设工业监视系统,在起重机运行机构四个端部及其他所需地方宜设摄像头。

5.9.6.5　电气室应设消防报警装置,并应设空调装置。

5.9.6.6　司机室宜设监视起重机工作状态的显示屏。

5.10　涂装

5.10.1　涂装前的钢材表面处理

主梁、刚性支腿、柔性支腿、平衡梁、车架和台车架等重要结构件应进行喷(抛)丸(砂)除锈处理,其质量应达到 GB/T 8923 中的 Sa2½级;其余构件应达到 Sa2 级或 St2 级。

5.10.2　涂漆质量

5.10.2.1　起重机面漆应均匀,细致、光亮、完整和色泽一致,不应有粗糙不平、漏漆、错漆、皱纹、针孔及严重流挂等缺陷。

5.10.2.2　漆膜附着力应符合 GB/T 9286 中规定的一级质量要求。

5.10.3　涂漆颜色

涂漆颜色应符合相关安全规定和订货合同的规定。

6　试验方法

6.1　总则

起重机试验应遵循 GB/T 5905—2011 规定的规范和程序。

6.2　试验条件

检查应在无日照影响的条件下进行。上、下小车停放在刚性支腿极限位置处。门架的检查应在门架架设安装于起重机运行轨道上以后进行。

6.3　门架的装配检查

6.3.1　主梁在水平方向的弯曲

将激光经纬仪固定在主梁的一端,激光发射点离腹板的横向距离为固定值,主梁的另一端同样设置离腹板横向距离相同的校准点。激光校准后,用钢直尺在主梁大肋板上量出各点与激光形成直线之间的距离,即可知主梁在水平方向的弯曲。

6.3.2　刚、柔支腿的高度差检测

主梁提升前,在跨度基线处贴上标记。见图 14 中 A、B 两点。此两点应为主梁下翼缘板下口与理论上起重机轨道中心线的交点。分别测量 A、B 两点各自至轨道上平面的高度,此高度即为刚、柔支腿的高度,它们之间的差即为刚、柔支腿侧的高度差。此测量应在主梁两边分别进行,取其平均值。

刚、柔支腿高度中的小值,即为门架的净高度。

图 14

6.3.3 刚、柔支腿在起重机轨道平面内的垂直度

在刚性支腿的下横梁中心 A，主梁与刚性支腿连接处中心 B 和主梁刚性支腿侧的中心 C 贴上标记，以下横梁中心 A 点为基准，用全站仪、经纬仪等仪器垂直往上作垂直线，分别测量 B 点和 C 点偏离垂直线的距离。见图 15。

分别在柔性支腿的下横梁中心 A 及 A 字头中心 B 贴上标记，以下横梁中心 A 点为基准，用全站仪、经纬仪等仪器垂直往上作垂直线，测量 B 点偏离垂直线的距离。见图 16。

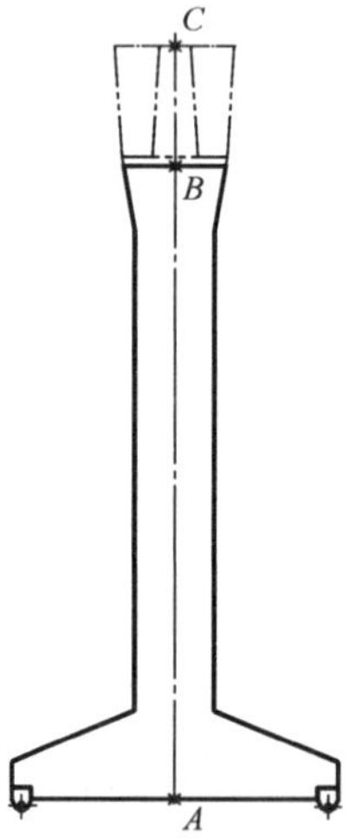

图 15

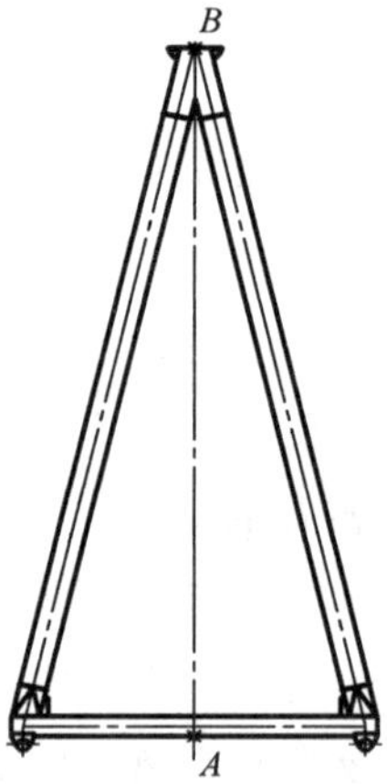

图 16

6.3.4 小车轨道的轨距与高度差、主梁的上拱度

6.3.4.1 小车轨道中心相对于腹板中心的偏差检测

用钢尺测量轨道底部尺寸得出的数值除以 2 为 a 值，轨道梁主腹板厚度值除以 2 为 a_1 值，用钢尺分别测量 x 和 x_1 值，则 $K=|(a+x)-(a_1+x_1)|$ 为实测值，如图 17。

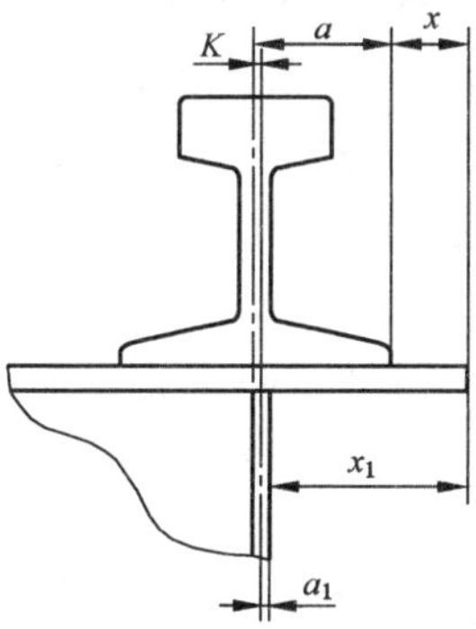

图 17

6.3.4.2 双主梁小车轨道的轨距与高度差、主梁的上拱度

小车的轨距可用激光测距仪测定，在全长方向至少测五点(包括轨道两端及中点)。

用水平仪在一根主梁的端部找出一基准点高度，然后可测出轨道上各点与基准点高度的高度差。对比所须测定的两点高度，即可知两点的高度差。对比两轨道上相应点的高度，即可知两轨道的高度差。

用此方法在主梁大肋板上量出各点的高度差，即可求出主梁的上拱度。

6.3.4.3 单主梁小车轨距与高度差

单主梁小车的轨距，可在未安装成型时量出安装轨道主腹板间的间距，在轨道安装后，在同一点量出轨道中心线与轨道梁主腹板中心线偏差，从而推算出轨距的偏差。

在地面树一标杆，用水平仪等仪器测出轨道上各点与标杆的高低差即可知轨道各点的高度差。对比所须测定的两点高度，即可知两点的高度差。

6.3.4.4 小车轨道直线度的测量

将激光经纬仪固定在轨道的一端，激光发射点离轨道中心的横向距离为固定值(一般为 100 mm 或 200 mm 等整数值，便于读数、记录方便)，轨道的另一端同样设置离轨道中心横向距离相同的校准点。激光校准后，用钢直尺或激光瞄准板进行测量轨道沿长度方向在水平面内的弯曲。

6.4 同步运行检查

6.4.1 上、下小车同步运行的检查

将上下小车停在起重机的同一端，在上小车上固定一标志物到离下小车 10 mm 处，并在下小车上固定一段标尺，用同步档开动上下小车从这一端到另一端观察行进过程中两小车位置的变化并记录下最大值。测量三次取其平均值。

6.4.2 起升机构同步运行的检查

在两吊钩处挂上两根绳子，在绳子上每隔 2 m 做一记号，分别在对应地面上 1 m 左右高度竖一标记，开动同步起升档，观察起升时两吊钩同步情况，在起升到起升高度 1/3 左右时停车，测量每一吊钩起升的距离，计算两吊钩起升距离的误差值，允许以 1/3 高度推算出全程误差值。测量三次取其平均值。

6.5　起重机和小车车轮在水平面内车轮轴线的倾斜度

在离被测车轮组两端的两车轮轨道中心等距离处拉一钢丝，此钢丝高度应尽量靠近轮轴中心，并使每个轮子的前后两边缘都能测到与钢丝的距离。将钢丝铰紧，测量每个车轮的两边缘离钢丝的距离，见图18，即可知车轮的直线度。

此钢丝也可用一束激光代替。

用水平尺检查每一轮子的垂直度，可知这组车轮在垂直方向的平行度。

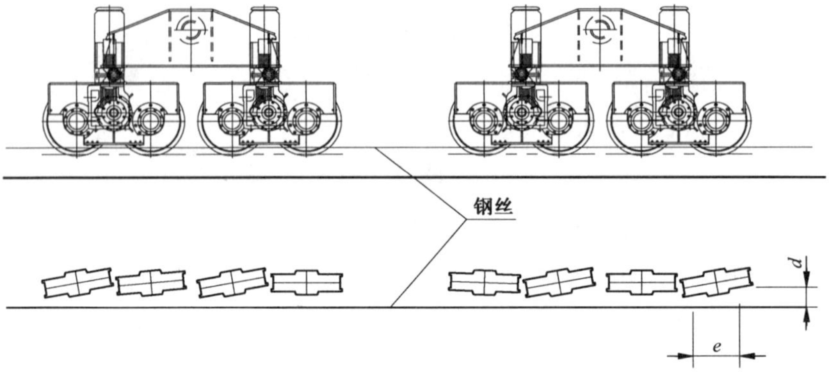

图 18

起重机车轮的直线平行度检查方法与小车车轮直线平行度检查方法相同。但起重机车轮的检测是一绞点下的车轮即起重机在一边轨道上全部车轮数量的1/2，而小车车轮的检测是小车在一边轨道上的全部车轮。

6.6　柔性铰的检查

在动载试验时用目测检查柔性铰及平面转角是否灵活，有否卡死现象。

6.7　夹轨器的检查

6.7.1　夹轨器打开，起重机在全长范围内运行，观察卡钳是否与轨道相干涉。

6.7.2　在全长运行区间内选几个点，将夹轨器夹住，检查是否夹紧。

6.8　起重机噪声的检测

密闭门窗，在起重机作各动作时，在操作座椅处用声级计A档读数测噪声。测试时脉冲峰值除外。

6.9　起重机的整机试验

6.9.1　起重机各项参数的合格检查

起重机的下列参数应符合要求：

——起重机的质量；

——起升高度；

——上、下小车左、右极限位置；

——起升速度；载荷慢速下降速度；

——起重机大车运行速度；

——上、下小车的运行速度；

——限制器、指示器和安全装置的功能；

——驱动装置的性能，例如在试验载荷状态下电动机的电流；

——起重机主梁的垂直静挠度。

起重机及其部件质量的测量应符合 ISO 11629 的规定。

起重机速度和时间参数的测量应符合 GB/T 22414 的规定。

6.9.2 目测检查

目测检查应包括所有重要部件的规格和(或)状态是否符合要求，包括下列各项：

——各机构、电气设备和液压设备、安全装置、制动器、控制器、照明和信号系统；

——起重机金属结构及其连接件、梯子、通道、司机室和平台；

——所有的防护装置；

——吊钩或其他索具及其连接件；

——钢丝绳及其固定件；

——滑轮组及其轴和固定；

——润滑装置。

检验时，除了正常维护和检验需要打开的盖子(如限位开关盖)外，不必拆开任何部件。

目测检查还应包括检查 GB/T 17908 中规定的验收文件是否已提供并经过审核。

6.9.3 载荷起升试验

6.9.3.1 总则

载荷起升试验包括静载试验和动载试验，试验时的风速不应大于 8.3 m/s。

6.9.3.2 静载试验

静载试验的目的是检验起重机以及各结构件的承载能力。

起重机上小车的起升机构和下小车起升机构的静载试验应分别进行，静载试验的载荷分别为各自额定起重量的 1.25 倍。

将计算得出的在主梁内产生最大应力的位置及该载荷的 1.25 倍加在主梁的跨中位置，载荷离地面 100 mm～200 mm 高度处，悬空时间不少于 10 min。卸去载荷，将上、下小车停放至各左右极限位置，检查起重机主梁构件有无永久变形，无永久变形即可终止试验。如有变形需重新再做试验，但最多允许三次，不应再有永久变形。

将计算得出的在刚性腿内产生最大应力的位置及该载荷的 1.25 倍加在主梁上，载荷离地面100 mm～200 mm 高度处，悬空时间不少于 10 min。检查刚性腿的结构情况。

将计算得出的在柔性腿内产生最大应力的位置及该载荷的 1.25 倍加在主梁上，载荷离地面100 mm～200 mm 高度处，悬空时间不少于 10 min。检查柔性腿的结构情况。

试验后，目测检查是否出现永久变形、油漆剥落或对起重机的性能和安全有影响的损坏，检查连接处是否出现松动或损坏。

6.9.3.3 动载试验

动载试验的目的主要是验证起重机各机构和制动器的功能。

上小车起升机构承载上小车额定载荷的 1.25 倍，运行机构慢速运行。

上小车卸载后，下小车起升机构承载下小车主起升机构额定载荷的 1.25 倍，运行机构慢速运行。

起重机承载额定载荷的1.25倍，起重机运行机构慢速运行。

按1.1倍各起升机构的额定载荷，分别作上小车起升、下降、下小车起升、下降、副起升起升、下降、与上小车运行、下小车运行动作。在试验中应注意一小车动作时，另一小车应处于空载状态。

按技术协议要求，按1.1倍的额定载荷作各机构间的联合动作。

上、下小车起升其1.1倍抬吊额定载荷，上、下小车吊钩之间距离按技术协议要求。起升停止后分别作上、下小车运行和起重机运行动作。

试验中对每种动作应在其整个范围内作反复起动和制动，对悬挂着的空中载荷作空中起动时试验载荷不应出现反向动作。

在动载试验中，应按操作手册的规定对起重机进行控制，注意把加速度、减速度和速度限制在起重机正常工作的范围内。

试验后，目测检查各机构或结构的构件是否有损坏，检查连接处是否出现松动或损坏。

7 检验规则

7.1 检验分类

起重机的检验分出厂检验和型式试验。

7.2 出厂检验

7.2.1 每台起重机都应进行出厂检验，检验合格后(包括用户的特殊要求检验项目)方能出厂。制造商必须向用户签发《产品合格证明书》和检测报告。出厂检验的项目，视情况在制造厂内或在现场进行。

7.2.2 出厂检验项目见表9。

表9

序号	项目名称	出厂检验	型式试验	要求	试验方法
1	目测检查	√	√	6.9.2	—
2	起重机和小车运行速度	√	√	5.3.9	按GB/T 14406—2011中6.4.1
3	起重机的起升高度	√	√	5.3.10	激光测距仪
4	吊钩左右极限位置	√	√	5.3.11	—
5	起升机构的同步偏差	√	√	5.9.3.1	6.4.2
6	上、下小车同步运行的偏差	√	√	5.9.3.2	6.4.1
7	主梁的上拱度	√	√	5.7.1.1	6.3.4.2
8	主梁在水平方向的弯曲	√	√	5.7.1.3	6.3.1
9	主梁腹板的局部翘曲	√	√	5.7.1.4	GB/T 14406—2011中6.2.9
10	梯形箱形梁对角线尺寸偏差	√	√	5.7.1.5	—
11	小车轨道中心相对于腹板中心的偏差	—	√	5.7.1.7c)	6.3.4.1
12	小车轨道直线度	—	√	5.7.1.7b)	6.3.4.4
13	小车轨道接头构造公差	√	√	5.7.1.7a)	—

表 9（续）

序号	项目名称	出厂检验	型式试验	要求	试验方法
14	刚、柔性支腿在起重机轨道平面内的垂直度	√	√	5.7.2 5.7.3	6.3.3
15	刚、柔性支腿的高度差	√	√	5.7.4	6.3.2
16	柔性支腿杆件的直线度	√	√	5.7.3.2	激光仪
17	门架净高度偏差	√	√	5.7.5	6.3.2
18	制动轮、制动盘的跳动	√	√	5.8.1	—
19	车轮基准端面的跳动	√	√	5.8.2	—
20	起重机和小车车轮水平投影面内车轮轴线倾斜度	√	√	5.8.3	6.5
21	漆膜附着力及厚度	√	√	5.10.2.2	GB/T 9286、测厚仪
22	起重机噪声	—	√	5.4.9	6.8
23	静载试验	—	√	5.3.7	6.9.3.2
24	动载试验	—	√	5.3.8	6.9.3.3
25	电控设备中各电路的绝缘电阻	√	√	5.4.7.1	GB/T 14406—2011 中 6.6

7.3 型式试验

7.3.1 有下列情况之一时，应进行型式试验：

a) 新产品或老产品转厂生产的试制定型鉴定；

b) 正式生产后，如结构、材料、工艺有较大改变，可能影响产品性能时；

c) 产品停产达一年以上后恢复生产时；

d) 出厂检验结果与上次型式检验有较大差异时；

e) 国家质量监督机构提出进行型式检验要求时。

7.3.2 型式试验项目见表 9。

8 标志、包装、运输和贮存

8.1 标志

8.1.1 应在起重机明显位置设置起重机标牌，标牌应符合 GB/T 13306 的规定，标牌的内容应至少包括以下内容：

a) 起重机名称和型号；

b) 产品主要技术性能参数；

c) 制造日期和产品编号；

d) 制造商名称；

e) 执行标准。

8.1.2 各种操作手柄、开关及信号装置近旁，应装设指示功能的标牌。其表示的位置和控制方向应与被控制机构的动作一致。

8.2 包装

8.2.1 起重机的包装应符合 GB/T 13384 的有关规定。

8.2.2 电气设备(如电机、制动器的电磁铁、开关、仪器、电器柜等)电缆、钢丝绳等无法装箱时,均应采取防雨措施。

8.2.3 起重机在发货时应包括下列随行文件:

a) 产品合格证明书;

b) 产品使用、操作、维护说明书(包括外购电气设备自带的说明书);

c) 主要外购件的合格证书;

d) 装配图;

e) 易损件清单;

f) 其他。

8.3 运输及贮存

8.3.1 起重机的运输应符合铁路、公路和航运的有关运输要求。

8.3.2 起重机的零部件应妥善保管,对露天存放的大型零部件应垫平,防止变形。

8.3.3 放置仓库中保管的零部件应注意防潮和通风。

ICS 53.020.20
J 80

中华人民共和国国家标准

GB/T 28264—2017
代替 GB/T 28264—2012

起重机械　安全监控管理系统

Lifting appliances—Safety monitoring system

2017-10-14 发布　　　　2018-05-01 实施

中华人民共和国国家质量监督检验检疫总局
中国国家标准化管理委员会　发布

前　言

本标准按照 GB/T 1.1—2009 给出的规则起草。

本标准代替 GB/T 28264—2012《起重机械　安全监控管理系统》。与 GB/T 28264—2012 相比,主要技术变化如下:

——修改了累计工作时间和工作循环的顺序(见 3.11 和 3.12,2012 年版的 3.11 和 3.12);

——修改了起重机械安全监控管理系统结构模式示意图部分内容(见 4.2 中图 1,2012 年版的 4.2 中图 1);

——将起重机械信息采集源部分描述移动到 5.2.2 中(见 5.2 中表 1,2012 年版的 4.3 中表 1);

——修改了起重机械监控参数部分描述(见 5.2 中表 2,2012 年版的 5.2 中表 2);

——修改了起重机械监控状态部分描述(见 5.2 中表 3,2012 年版的 5.2 中表 3);

——增加了表 4 视频系统(见 5.2 中表 4);

——修改了系统抗干扰能力的内容(见 6.4,2012 年版的 6.4);

——修改了对断电之后的要求(见 6.8.3,2012 年版的 6.8.3);

——修改了对硬件采集部分描述(6.8.5,2012 年版的 6.8.5);

——增加了对系统存储时间的要求(见 6.8.6);

——修改了对视频存储时间的要求(见 6.8.7,2012 年版的 6.8.6);

——将对误差判断的要求移动到 7.3(见 7.3,2012 年版的 7.1、7.2 和 7.3);

——充实了系统验证部分,增加了监控参数验证、监控状态验证、视频系统验证、存储要求、断电信息保存、存储时间、显示信息的清晰度、文字表达形式、报警装置、通信协议的开放性、管理权限的设定、采样周期(见 7.3、7.4、7.5、7.10、7.11、7.12、7.13、7.14、7.15、7.16、7.17 和 7.18)。

本标准由中国机械工业联合会提出。

本标准由全国起重机械标准化技术委员会(SAC/TC 227)归口。

本标准负责起草单位:北京起重运输机械设计研究院、中船第九设计研究院工程有限公司。

本标准参加起草单位:国家起重运输机械质量监督检验中心、中铁工程机械研究设计院有限公司、上海振华重工(集团)股份有限公司、大连华锐重工集团股份有限公司、徐工集团徐州重型机械有限公司、石家庄铁道大学国防交通研究所、山东丰汇设备技术有限公司、广州特种机电设备检测研究院、宜昌市微特电子设备有限责任公司、杭州国电大力机电工程有限公司、深圳市益尔智控技术有限公司、大连美恒电气有限公司、上海共久电气有限公司、扬戈科技股份有限公司、常州市常欣电子衡器有限公司、江西飞达科技有限公司。

本标准主要起草人:岳文翀、尚洪、赵春晖、朱云龙、常中龙、张军、唐超、周佳妮、钱尚溢、俞静华、李会勤、朱长建、鲍林栋、仉健康、黄国健、高钰敏、傅明君、傅丹平、王成杰、王照岳、范大山、王益丰、罗鹤飞。

本标准所代替标准的历次版本发布情况为:

——GB/T 28264—2012。

起重机械　安全监控管理系统

1　范围

本标准规定了起重机械安全监控管理系统(以下简称“系统”)的构成、系统的监控、系统的性能要求和系统的检验。

本标准适用于GB/T 20776规定的桥式起重机、门式起重机、流动式起重机、塔式起重机、门座起重机、缆索起重机、桅杆起重机、架桥机及升船机,其他类型起重机械可参照使用。

2　规范性引用文件

下列文件对于本文件的应用是必不可少的。凡是注日期的引用文件,仅注日期的版本适用于本文件。凡是不注日期的引用文件,其最新版本(包括所有的修改单)适用于本文件。

GB 5226.2　机械安全　机械电气设备　第32部分:起重机械技术条件

GB/T 6067.1　起重机械安全规程　第1部分:总则

GB/T 20776　起重机械分类

3　术语和定义

下列术语和定义适用于本文件。

3.1

安全监控管理系统　safety monitoring system

对起重机械工作过程进行监控,能够对重要运行参数和安全状态进行记录并管理的系统。

3.2

信息采集单元　information collection unit

读取信息源数据的装置。

3.3

信息处理单元　information processing unit

对读取的数据进行计算和处理的装置。

3.4

控制输出单元　output control unit

向起重机械执行机构输出控制信号的装置。

3.5

信息显示单元　information display unit

以图形、图像、文字、声光等方式输出信息的装置。

3.6

信息输出接口单元　data output interface unit

向上级或下级单元输出数据的装置。

3.7

远程传输单元　remote data transfer unit

信息传送到远程服务器的装置。

3.8

系统综合误差　comprehensive system error

系统测量值和实际数值的最大相对误差。

3.9

远程监测中心　remote monitoring centre

由远程服务器接收起重机械作业区和非作业区传输来的信息,并对该信息进行监测管理的装置。

3.10

工作时间　working time

每个工作状态所对应的具体时间点,即为记录一个工作状态时的时钟时间(年/月/日/时/分/秒)。

3.11

工作循环　working cycle

起重机从起吊一个物品起,到能开始起吊下一个物品止,包括起重机运行及正常的停歇在内的一个完整的过程。

3.12

累计工作时间　cumulative working time

已完成的工作循环的累计时间总和。

4　系统的构成

4.1　起重机械安全监控管理系统由硬件和软件组成,其功能单元构成如下:信息采集单元、信息处理单元、控制输出单元、信息存储单元、信息显示单元、信息输出接口单元等。

当有远程监测要求时,应增加远程传输单元。

当起重机械集群作业时,系统应留有相应接口,用于与远程监测中心的信息交换。

注:本系统是起重机械电气控制系统的一部分,非独立产品。

4.2　起重机械安全监控管理系统结构模式如图1所示。

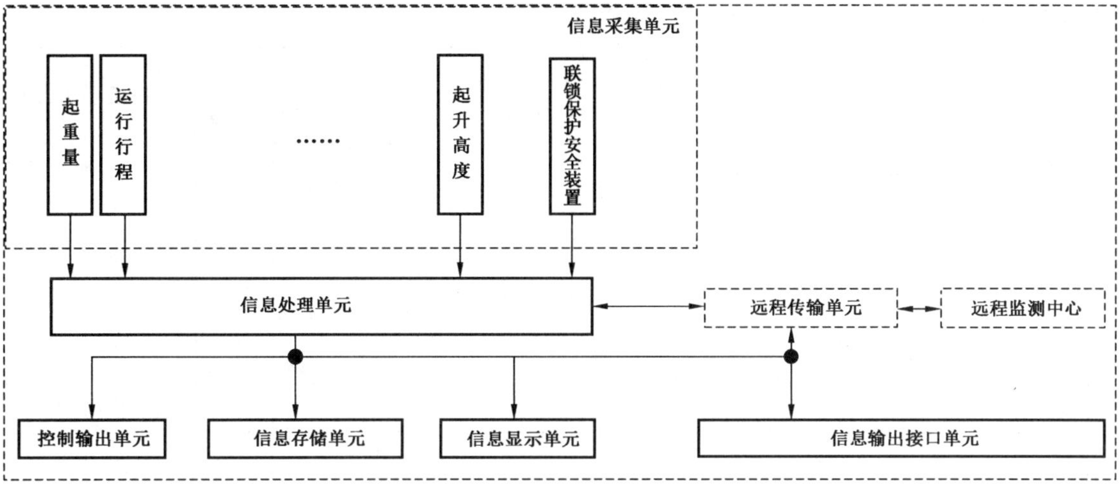

图 1 起重机械安全监控管理系统结构模式

5 系统的监控

5.1 总则

系统应具有满足本标准要求的安全监控管理功能。

5.2 监控内容

5.2.1 起重机械安全保护装置的设置应满足 GB/T 6067.1 及相关标准的要求,系统信息采集要求见表 1,系统中的主要监控内容应满足表 2、表 3 和表 4 的要求。

5.2.2 系统的输出控制要求应满足 GB/T 6067.1 及相关标准的规定。

表 1 起重机械信息采集源

序号	信息采集源		桥式起重机	门式起重机	流动式起重机	塔式起重机	门座起重机	缆索起重机	桅杆起重机	架桥机	升船机
1	起重量限制器		应采集	应采集	应采集	应采集	应采集	应采集	应采集	应采集	应采集
2	起重力矩限制器				应采集	宜采集	应采集		应采集		应采集
3	起升高度限位器/下降深度限位器		应采集	应采集	应采集	应采集	应采集	应采集	应采集	应/宜采集	应采集
4	运行行程限位器		应采集	应采集		应采集	应采集	应采集		应采集	应采集
5	幅度限位器(幅度指示器)				应采集	应采集	应采集		宜采集		
6	偏斜限位器			应采集				应采集			
7	联锁保护安全装置	门限位	应采集	应采集			应采集	应采集			应采集
		机构之间的运行联锁	应采集	应采集			应采集	应采集	应采集	应采集	应采集
8	水平传感器				宜采集					宜采集	应采集
9	抗风防滑装置			应采集		宜采集	应采集	应采集			应采集
10	风速仪装置			应采集	宜采集	应采集	应采集	应采集	应采集	应采集	应采集
11	回转限制器				宜采集	应采集	应采集				

表 1(续)

序号	信息采集源	桥式起重机	门式起重机	流动式起重机	塔式起重机	门座起重机	缆索起重机	桅杆起重机	架桥机	升船机
12	同一或不同一轨道运行机构防碰撞装置	应采集	应采集			应采集	应采集		宜采集	
13	垂直传感器								宜采集	
14	超速保护装置	应采集	应采集			应采集	应采集		应采集	应采集
15	供电电缆卷筒安全限位		应采集			应采集	应采集			
16	起升机构制动器	应采集	应采集			应采集	应采集		应采集	应采集
17	过孔								应采集	
18	防后倾装置			宜采集						

表 2 起重机械监控参数

序号	监控项目	桥式起重机	门式起重机	流动式起重机	塔式起重机	门座起重机	缆索起重机	桅杆起重机	架桥机	升船机
1	起重量	应监控	应监控	应监控	应监控	应监控	应监控	应监控	应监控	应监控
2	起重力矩			应监控	应监控	应监控		应监控		应监控
3	起升高度/下降深度	应监控	应监控		应监控	应监控	应监控	应监控	应/宜监控	应监控
4	运行行程	宜监控	宜监控[a]		宜监控	宜监控	应监控		宜监控	宜监控
5	幅度			应监控	应监控	应监控		宜监控		
6	大车运行偏斜		应监控				宜监控			
7	水平度			宜监控					宜监控	应监控
8	风速		应监控	宜监控	应监控	应监控	应监控	应监控	应监控	应监控
9	回转角度			宜监控	应监控	应监控				
10	操作指令	应监控	应监控	应监控	应监控	应监控	应监控	应监控	应监控	应监控
11	支腿垂直度								宜监控	
12	工作时间	应监控	应监控	应监控	应监控	应监控	应监控	应监控	应监控	应监控
13	累计工作时间	应监控	应监控	应监控	应监控	应监控	应监控	应监控	应监控	应监控
14	工作循环	应监控	应监控	应监控	应监控	应监控	应监控	应监控	应监控	应监控

[a] 对于造船门式起重机需采集运行行程的具体数值。

表 3 起重机械监控状态

序号	监控项目		桥式起重机	门式起重机	流动式起重机	塔式起重机	门座起重机	缆索起重机	桅杆起重机	架桥机	升船机
1	起升机构制动器的开闭		应监控	应监控			应监控	应监控		应监控	应监控
2	抗风防滑			应监控		宜监控	应监控	应监控			应监控
3	联锁保护	门限位	应监控	应监控			应监控	应监控			应监控
		机构之间的运行联锁	应监控	应监控			应监控	应监控	应监控	应监控	应监控
4	同一或不同一轨道运行机构安全信号		应监控	应监控			应监控	应监控		宜监控	
5	工况设置				应监控						
6	供电电缆卷筒			应监控			应监控	应监控			
7	过孔									应监控	
8	超速保护		应监控	应监控			应监控	应监控		应监控	应监控
9	防后倾				宜监控						

表 4 视频系统

序号	视频监视点	桥式起重机	门式起重机	流动式起重机	塔式起重机	门座起重机	缆索起重机	桅杆起重机	架桥机	升船机
1	吊点	应监视	应监视	宜监视	宜监视	应监视	应监视	应监视		
2	吊点初始位置和最终位置			应监视	应监视					
3	行走区域		应监视			应监视				
4	过孔状态、架梁状态、运梁车同步状态								应监视	
5	机房、承船箱									应监视

6 系统的性能要求

6.1 总则

系统的性能除应满足 GB 5226.2 的相关要求外，还应满足 6.2～6.11 的要求。

6.2 使用环境条件

系统应满足起重机械的实际使用环境条件要求。

6.3 系统综合误差

在起重机械实际使用工况下，系统综合误差不应大于 5%。

6.4 系统抗干扰能力

系统应具备抗电磁干扰能力且不应干扰其他设备。

6.5 系统的连续作业要求

系统的基本组成单元应符合其本身的技术规范。工作循环次数不应低于 20 次或连续作业试验时间不应少于 16 h。

6.6 系统信号接口要求

信号的常用接口形式如下：

a) 无源开关量信号接口；

b) 模拟量信号接口；

c) 脉冲量信号接口；

d) 总线数据信号接口。

6.7 系统的功能要求

6.7.1 系统应具有对表1所列的信息进行处理及控制的功能。

6.7.2 系统应具有对起重机械运行状态及故障信息进行实时记录的功能。

6.7.3 系统应具有对起重机械运行状态及故障信息进行历史追溯的功能。

6.7.4 系统应具有故障自诊断功能。系统通电时应有自检程序，对警报、显示等功能进行验证；在系统自身发生故障而影响正常使用时，能立即发出报警信号。

6.7.5 系统检出起重机械发生故障时，除发出报警外还应具备按要求预设的止停控制功能。

6.8 系统的信息采集和信息储存要求

6.8.1 系统信息的采集应满足实时性要求，储存应满足原始完整性要求。

6.8.2 系统储存的数据信息或图像信息应包含数据或图像的编号和工作时间。

6.8.3 在关闭电源或供电中断时，系统的信息存储单元应保留已采集的所有信息。

6.8.4 系统能在存储容量达到设定的存储时间前提示管理人员提前备份保存。

6.8.5 在运行周期内系统的硬件采样周期不应大于100 ms。

6.8.6 对于开关量数据，运行周期内至少对于变化的数据系统需顺序存储，对于其他数据，运行周期内系统的存储周期不应大于2 s。

6.8.7 系统应能存储不少于30个连续工作日的监控数据，应能存储不少于连续72 h的视频数据。

6.9 系统的显示要求

6.9.1 系统应保证显示信息在各种环境下清晰可辨，不干扰司机视线，不刺目。

6.9.2 系统应具有起重机械作业状态的实时显示功能，能以图形、图像、图表和文字的方式显示起重机械的工作状态和工作参数。

6.9.3 系统显示的文字应有简体中文。

6.9.4 系统的报警装置应能向起重机械操作者和处于危险区域内的人员发出清晰的声光报警。

6.10 系统的通信协议要求

6.10.1 系统的通信协议应符合国家现行标准的规定。

6.10.2 系统的用户通信协议应是对外开放的。

6.11 系统管理权限要求

系统的管理权限应分级并由经授权的人员进行。

7 系统的检验

7.1 总则

系统的检验应验证其是否能真实、有效、实时地反映起重机械工作时的运行状况，并能对这些状况和司机的操作指令进行实时监控、记录及历史回放。

本系统的检验不包含对系统所选元器件及安全保护装置的合格性检验。系统所选元器件及安全保护装置应有合格证和相应的资质证明。

7.2 检验项目

7.2.1 设计文件

检查起重机械设计文件中有关安全监控管理系统的内容是否符合要求。

7.2.2 安全监控管理功能要求的硬件配备

检查系统是否有信号采集单元、信号处理单元、控制输出单元、信息存储单元、信息显示单元、信息输出接口单元等硬件设施。

系统的检验项目见表5。

表5 检验项目

序号	检验项目	技术要求	试验方法
1	监控参数	表2	7.3
2	监控状态	表3、表4	7.4 7.5
3	系统综合误差	6.3	7.3.1～7.3.9、7.3.11
4	连续作业	6.5	7.6
5	实时性	6.7.2	7.7、7.18
6	历史追溯性	6.7.3	7.3.10、7.3.12～7.3.14、7.8
7	故障自诊断	6.7.4	7.9
8	储存要求	6.8.2	7.10
9	断电信息保存	6.8.3	7.11
10	存储时间	6.8.7	7.12
11	显示信息的清晰度	6.9.1	7.13
12	文字表达形式	6.9.3	7.14
13	报警装置	6.9.4	7.15
14	通信协议的开放性	6.10.2	7.16
15	管理权限的设定	6.11	7.17
16	采样周期	6.8.5	7.18

7.3 监控参数验证

7.3.1 起重量综合误差试验

载荷试验不少于三次，且试验载荷不低于80%的额定起重量。100%额定起重量作为必测点，其他两点在80%额定起重量与100%额定起重量之间任意选取。综合误差按式(1)计算：

$$E_Q = \frac{|Q_a - Q_b|}{Q_b} \times 100\% \qquad \cdots\cdots(1)$$

式中：

E_Q ——起重量综合误差；

Q_a ——系统测量值，单位为千克(kg)；

Q_b ——试验载荷的实际数值，单位为千克(kg)。

注：对于架桥机，载荷误差试验可根据实际情况选做。

7.3.2 起重力矩的综合误差试验

在力矩曲线范围内选能代表机种力矩变化特性的三点作为检测点，综合误差按式(2)计算：

$$E_M = \frac{|M_a - M_b|}{M_b} \times 100\% \quad \cdots\cdots(2)$$

式中：

E_M ——力矩的综合误差；

M_a ——系统测量值，单位为千牛米(kN·m)；

M_b ——力矩的实际数值，单位为千牛米(kN·m)。

7.3.3 起升高度/下降深度

检查系统实时记录并显示吊具起升高度和下降深度，并验证数值。

7.3.4 运行行程

检查系统实时记录并显示小车运行、大车运行等运行行程，并验证数值。

7.3.5 幅度综合误差试验

空载状态下，取最大工作幅度的30%(R0.3)、60%(R0.6)、90%(R0.9)，变幅机构在取点附近测定实际幅度 $R0.3a$、$R0.6a$、$R0.9a$，读取显示器相应显示幅度 $R0.3b$、$R0.6b$、$R0.9b$，分别计算它们的绝对偏差 Ra 和 Rb，综合误差按式(3)计算：

$$E_R = \frac{|R_{ai} - R_{bi}|}{R_{bi}} \times 100\% \quad \cdots\cdots(3)$$

式中：

E_R ——幅度的综合误差；

R_{ai} ——系统测量值，单位为米(m)；

R_{bi} ——试验幅度的实际数值，单位为米(m)。

i ——取1,2,3。

对于超大型流动式起重机，应增加额定载荷状态下的试验。

7.3.6 大车运行偏斜

检查系统实时记录并显示的大车运行偏斜参数，并验证数值。

7.3.7 水平度

检查系统实时记录并显示整体水平度的数值，用水平传感器等方式验证起重机的整体水平度。

7.3.8 风速

检查系统实时记录并显示风速值，并验证数值。

7.3.9 **回转角度**

检查系统实时记录并显示起重机械的回转角度，并验证数值。

7.3.10 **操作指令**

在空载的条件下，根据现场实际情况，对起重机械的动作进行操作验证，各种动作在显示器上应实时显示。试验后，查看相关的记录，信息能保存和回放。

7.3.11 **支腿垂直度**

检查系统实时记录并显示支腿垂直度的数据，采用水平传感器等方式测量纵向垂直度并记录。验证起重机械的支腿垂直度。

7.3.12 **工作时间**

检查系统实时记录并显示起重机械各机构动作时间点。

7.3.13 **累计工作时间**

完成一个工作循环后，调取试验过程中存储的时间数据，现场验证对已完成的工作循环的时间系统应全部累加、记录和存储的功能。

7.3.14 **工作循环**

调取试验过程中存储的时间数据，系统已完成的工作循环应全部记录和存储。

7.4 **监控状态验证**

7.4.1 **起升机构制动器的开闭**

在空载的条件下，进行起升机构动作的操作，检查系统有实时记录并显示制动状态开闭的信号。

7.4.2 **抗风防滑**

对抗风防滑装置进行开闭操作，检查系统实时记录并显示的防风装置状态是否一致。

7.4.3 **联锁保护**

联锁保护验证方法如下：

a) 门限位

进行门限位开关闭合试验，检查系统显示与门限位状态是否一致，并实时记录和显示该项目。

b) 机构之间的运行联锁

在空载条件下，分别进行两机构的动作，其联锁应满足规定要求，系统应实时记录并显示联锁状态。

7.4.4 **同一或不同一轨道运行机构安全信号**

检查系统实时记录并显示起重机械的同一或不同一轨道安全信号，起重机械同一或不同一轨道存在碰撞危险时，系统应有正确响应。

7.4.5 **工况设置**

检查系统对所有工况进行监控设置、显示和存储功能，现场查看显示、调阅工况资料，验证其有效性。

7.4.6 供电电缆卷筒

供电电缆卷筒应按照以下方法验证：

a) 系统应当能够监测供电电缆卷筒状态保护开关(过紧或过松)的动作状态；现场操作供电电缆卷筒状态保护开关断开或闭合，观察系统是否能识别供电电缆卷筒的状态；

b) 系统应当能够监测供电电缆卷筒状态保护开关和起重机械大车运行机构的联锁状态。

7.4.7 过孔

按照架桥机的过孔走行方式进行过孔走行试验，系统应实时记录并显示过孔的状态，试验后查看相关的过孔状态记录，系统应该记录过孔时的操作命令和状态。

7.4.8 超速保护

验证超速保护装置是否输出信号，并实时记录和显示该项目。

7.4.9 防后倾

验证防后倾装置是否输出信号，并实时记录和显示该项目。

7.5 视频系统验证

现场检查安装摄像头数量、安装位置、所监控的范围。在一个工作循环的时间内，在视频系统的屏幕上应至少观察到起重机械依据表4设置的实时工作的监控画面。

依据表4，整个视频系统应能做到实时监控。一个工作循环后，调取相关视频的信息，查看这些状态的信息是否完整保存。

7.6 连续作业试验验证

确认系统可按照其工作循环次数不少于20次或工作循环能连续作业16 h，并能实时记录。可通过调取试验后的记录，查看相关的记录，验证系统的连续作业能力。系统的连续作业试验应按其工作循环进行连续性作业，中途因故停机，重新计算试验时间或循环次数。

7.7 实时性

在做空载实验时，现场验证系统是否具有起重机械作业状态的实时显示功能，是否能以图形或图像或图标或文字的方式显示起重机械的工作状态和工作参数。

7.8 历史追溯性

调取连续工作一个工作循环过程中存储的所有信息，检查系统存储的数据信息或图像信息应包含数据或图像的编号，工作时间与试验的数据应一致。能追溯到起重机械的运行状态及故障报警信息。

7.9 故障自诊断

系统通电后，现场检查系统是否有运行自检的程序，是否能够显示自检结果，系统是否具有故障自诊断功能。发生故障而影响正常使用时，是否能立即发出报警信号。

7.10 存储要求

调取试验过程中存储的数据，检查系统存储的数据信息或视频系统的图像信息的日期应按照年/月/日/时/分/秒的格式进行存储。

7.11 断电信息保存

现场验证，当起重机械主机和安全监控管理系统电源断电重新启动后监控数据是否完整保存。

7.12 存储时间

根据设备的使用情况，对于系统工作时间超过 30 天的起重机械，现场调取之前存储的文件，查看文件的原始完整性和存储情况；存储时间不应少于 30 个连续工作日。对于系统工作时间不超过 30 天的起重机械，现场查阅存储的文件，计算一个工作循环的时间内储存文件大小，推算出是否能达到标准中所规定的要求，数据存储时间不少于 30 个连续工作日，视频存储时间不少于连续 72 h。

7.13 显示信息的清晰度

在操作位置处是否可清晰完整地观察到人机界面，显示信息是否刺目、是否干扰视线，是否清晰可辨。

7.14 文字表达形式

现场目测系统显示界面文字是否有简体中文。

7.15 报警装置

在空载的条件下，通过按急停或系统设计的报警信号现场验证起重机械的各种报警装置的功能。

7.16 通信协议的开放性

应检验如下项目：

a） 现场检查系统有对外开放的接口，查阅相关通信协议的内容，应符合国家现行标准规定的对外开放的协议；

b） 现场验证系统可将记录数据导出。

7.17 管理权限的设定

现场验证系统的管理权限是否分级，是否由经授权的人员进行。

7.18 采样周期

查看系统控制程序设定的采样周期不应大于 100 ms。

ICS 53.020.20
J 80

中华人民共和国国家标准

GB 28755—2012

简易升降机安全规程

Safety rules for simple lifts

2012-11-05 发布

2013-02-01 实施

900 中华人民共和国国家质量监督检验检疫总局
中国国家标准化管理委员会 发布

前　　言

本标准的第1章、第2章、第3章为推荐性条款，其余为强制性条款。

本标准按照GB/T 1.1—2009给出的规则起草。

本标准由中国机械工业联合会提出。

本标准由全国起重机械标准化技术委员会(SAC/TC 227)归口。

本标准负责起草单位：宁波市特种设备检验研究院。

本标准参加起草单位：福建省特种设备检验研究院、浙江省特种设备检验研究院、宁波三崎起重机

械有限公司、台州神力起重设备有限公司、福建省晋江市恒升机电起重有限公司、辽宁省安全科学研究院、河南省特种设备安全检测研究院、洛阳市特种设备检验所。

本标准主要起草人：曹光敏、陈峰、王建儿、刘季能、王健、马溢坚、俞仁其、钟梅员、陈辉煌、毛居双、尹献德、郭鹏伟。

简易升降机安全规程

1 范围

本标准规定了简易升降机的设计、制造、安装、改造、维修、使用、检查等方面的基本安全要求。

本标准适用于曳引式、强制式、齿轮齿条式和直接作用液压式的简易升降机。其他结构型式的简易升降机可参照使用。

2 规范性引用文件

下列文件对于本文件的应用是必不可少的。凡是注日期的引用文件,仅注日期的版本适用于本文件。凡是不注日期的引用文件,其最新版本(包括所有的修改单)适用于本文件。

GB/T 5972 起重机 钢丝绳 保养、维护、安装、检验和报废

GB 6067.1—2010 起重机械安全规程 第1部分:总则

GB/T 7024 电梯、自动扶梯、自动人行道术语

GB 8903 电梯用钢丝绳

GB 8918 重要用途钢丝绳

GB 25856—2010 仅载货电梯制造与安装安全规范

3 术语和定义

GB/T 7024 界定的以及下列术语和定义适用于本文件。

3.1

简易升降机 simple lift

以曳引机、卷扬机、电动葫芦、液压泵站等作为驱动装置,通过钢丝绳、齿轮齿条、链条或液压油缸等部件带动货厢,在井道内沿垂直或与垂直方向倾斜角小于15°的刚性导向装置运行的仅用于运载货物的起重机械。

3.1.1

曳引式简易升降机 traction drive simple lift

依靠摩擦力驱动的简易升降机。

3.1.2

强制式简易升降机 positive drive simple lift

采用链条、钢丝绳悬吊的非摩擦方式驱动的简易升降机。

3.1.3

齿轮齿条式简易升降机 pinion-and-rack simple lift

采用齿轮齿条传动的简易升降机。

3.1.4

直接作用液压式简易升降机 direct-acting hydraulic simple lift

液压缸与货厢直接连接,同步驱动货厢运行的简易升降机。

3.2

货厢 cage

简易升降机中用于承载货物的部件。

3.3

额定起重量 rated capacity

设计所规定的正常工作条件下货厢内允许承受的最大质量。

3.4

额定速度 rated speed

设计所规定的货厢速度。

3.5

货厢有效面积 available cage area

货厢门关闭时,在货厢地板处测量的平面面积。

3.6

提升高度 lifting height

从底层端站地坎上表面至顶层端站地坎上表面之间的垂直距离。

3.7

停层保护装置 parking protection device

简易升降机在停层装卸货物时,防止货厢发生非正常滑移、坠落的安全装置。

3.8

下行超速保护装置 descending over-speed protection device

当货厢向下运行速度超过额定速度一定值时,能直接使货厢减速直至停止的安全装置。

3.9

对重 counterweight

由曳引绳经曳引轮与货厢相连接,在曳引式简易升降机运行过程中保持曳引能力的装置。

3.10

平衡重 balancing weight

为节约能源而设置的平衡货厢重量的装置。

4 基本要求

4.1 简易升降机应在以下环境条件下正常工作:

a) 安装地点的海拔高度不超过 1 000 m;

b) 机房内的空气温度保持在+5 ℃～+40 ℃;

c) 运行地点的最湿月平均最大相对湿度不超过 90%,同时该月平均最低温度不高于+25 ℃;

d) 供电电压相对额定电压的波动在±10%的范围内;

e) 环境空气中不应含有爆炸性气体、易燃性气体、腐蚀性气体、可燃性粉尘和导电性尘埃。

注：超出上述范围时，由制造商与用户协商解决。

4.2 简易升降机的设计、使用参数应在以下范围内，并应优先采用曳引式：

a) 额定起重量：强制式简易升降机不大于 1 500 kg，其他型式简易升降机不大于 3 000 kg；

b) 额定速度：不大于 0.3 m/s；

c) 提升高度：曳引式简易升降机不大于 20 m，其他形式简易升降机不大于 15 m；

d) 层站数：曳引式简易升降机不超过 6 层，其他形式简易升降机不超过 4 层。

4.3 简易升降机及其所有零部件、建(构)筑物应设计正确、结构合理，并符合机械、电气、液压及建筑的通用技术要求，并不应使用有害材料。

4.4 简易升降机不得载人运行。

4.5 简易升降机的操作装置必须设置在货厢外，货厢内不得设置任何操作按钮。

4.6 简易升降机应采用自动平层的方式，货厢的平层准确度应在±15 mm 范围内。

4.7 曳引式简易升降机的平衡系数应在 0.4～0.5 范围内。

4.8 直接作用液压式简易升降机满载，并处于顶层端站平层位置时，货厢的沉降距离在 10 min 内不应超过 10 mm。

5 建(构)筑物

5.1 井道

5.1.1 一般要求

5.1.1.1 简易升降机对重或平衡重应与货厢安装在同一个井道内。

5.1.1.2 井道应是简易升降机专用的，井道内不得装设与简易升降机无关的设施。如果井道设置在人员能到达空间的上面，井道底坑的底面至少应按 5 000 N/m^2 载荷设计，且：

a) 将对重(或平衡重)缓冲器安装于一直延伸到坚固地面上的实心桩墩上；或

b) 对重(或平衡重)上装设符合 9.3 规定的下行超速保护装置。

5.1.2 井道的封闭

5.1.2.1 封闭

简易升降机井道应由无孔的墙、底板和顶板完全封闭起来。只允许有：

a) 层门开口；

b) 检修门、活板门开口；

c) 火灾情况下，气体和烟雾的排气孔；

d) 井道与机房之间必要的功能性开口。

5.1.2.2 检修门、活板门

5.1.2.2.1 检修门和活板门应是无孔的，其机械强度不应低于层门。

5.1.2.2.2 检修门、活板门均不得向井道的内部方向开启。

5.1.2.2.3 检修门、活板门均应装有一个用钥匙开启的锁，当检修门和活板门开启后，不用钥匙也能将其关闭并锁住。检修门即使在锁住情况下，也应能不使用钥匙从井道内部将门打开。

5.1.2.2.4 所有的检修门、活板门均应装有一个电气联锁装置，以确保简易升降机只有在所有的检修门、活板门均关闭时才能启动。电气联锁装置应采用符合 8.5 规定的安全触点形式。

5.1.3 井道壁、底板和顶板

5.1.3.1 井道结构至少应能承受：

a） 驱动装置施加的载荷；

b） 停层保护装置动作产生的载荷；

c） 下行超速保护装置动作瞬间经导向装置施加的载荷；

d） 缓冲器动作产生的载荷；

e） 货厢装载、卸载产生的载荷。

5.1.3.2 井道的壁、底板和顶板应采用坚固的非易燃材料建造，这种材料本身不应助长灰尘的产生，并应具有足够的机械强度：用一个 300 N 的力，垂直作用在井道壁任一面的任何位置上，且均匀分布在5 cm^2 的圆形或方形面积上，井道壁应：

a） 无永久变形；

b） 弹性变形不大于 15 mm 。

5.1.4 井道的顶部空间

5.1.4.1 曳引式简易升降机的顶部空间

5.1.4.1.1 当对重完全压在其缓冲器上时，应同时满足下面四个条件：

a） 货厢导向装置长度应能提供不小于 0.1 m 的进一步制导行程；

b） 货厢顶部站人平面与井道顶的对应位置之间的距离不应小于 1.0 m；

c） 井道顶的最低部件与固定在货厢顶的设备的最高部件之间的自由垂直距离不应小于 0.1 m；

d） 货厢上方应有足够的空间，该空间的大小以能容纳一个 0.5 m×0.6 m×0.8 m 的长方体为准，任一平面朝下放置即可。

5.1.4.1.2 当货厢完全压在其缓冲器上时，对重导向装置长度应能提供不小于 0.1 m 的进一步制导行程。

5.1.4.2 强制式简易升降机的顶部空间

5.1.4.2.1 当货厢位于上极限位置时，应同时满足 5.1.4.1.1 规定的四个条件。

5.1.4.2.2 当货厢完全压在其缓冲器上时，平衡重（如有）导向装置长度应能提供不小于 0.1 m 的进一步制导行程。

5.1.4.3 直接作用液压式简易升降机的顶部空间

当柱塞伸出到达极限位置时，应同时满足 5.1.4.1.1 规定的四个条件。

5.1.4.4 齿轮齿条式简易升降机的顶部空间

5.1.4.4.1 当货厢位于上极限位置时，应同时满足 5.1.4.1.1 规定的四个条件。

5.1.4.4.2 当货厢完全压在其缓冲器上时，平衡重（如有）导向装置长度应能提供不小于 0.1 m 的进一步制导行程。

5.1.5 井道底坑设施及底坑空间

5.1.5.1 底坑设施

5.1.5.1.1 井道下部应设置底坑，底坑应保持清洁。除了缓冲器和导向装置的底座以及排水装置以外，底坑的底部应光滑平整，不得渗水。排水装置应采取防止水倒流底坑的措施。

5.1.5.1.2 底坑内应设置：

a） 停止装置，该装置在打开层门去底坑时和在底坑地面上均容易接近，且符合 9.8.2 的要求；

b) 固定照明装置及其开关、独立的电源插座；

c) 不突入简易升降机运行空间的固定爬梯，底坑深度不超过 1.2 m 的除外。

5.1.5.2 **底坑空间**

当货厢完全压在其缓冲器上或直接作用液压式简易升降机的柱塞缩回到达最低位置时，应同时满足如下条件：

a) 货厢底部最低部件与底坑垂直对应位置之间的距离不小于 0.1 m；

b) 底坑中具有足够的空间，该空间的大小以能容纳一个不小于 0.5 m×0.6 m×1.0 m 的长方体为准，任一平面朝下放置即可。当底坑空间无法容纳该长方体时，简易升降机应设置机械装置，以防止人员在底坑时货厢向下运行或坠落；该机械装置应设置有效的电气联锁装置，使其能在作用时切断简易升降机的电气安全回路。

5.2 **机房和检修平台**

5.2.1 **一般要求**

5.2.1.1 简易升降机驱动装置及其附属设备应放在专用的机房内或检修平台上，机房或检修平台仅允许经批准的人员进入。

5.2.1.2 机房或检修平台不得用来作为简易升降机以外的其他用途。

5.2.1.3 应提供人员进出机房或检修平台的安全通道，特殊情况下允许通过货厢检修窗进入检修平台。

5.2.1.4 通往机房或检修平台的通道应设永久性电气照明装置，以获得适当的照度。

5.2.1.5 机房或检修平台应设置：

a) 停止装置(仅对于检修平台)，该装置设在检修平台的入口附近，且符合 9.8.2 的要求；

b) 固定照明装置及其开关、独立的电源插座；

c) 消防设施(仅对于机房)。

5.2.2 **机房**

5.2.2.1 机房应采用经久耐用和不易产生灰尘的材料建造，应具有坚固的结构，能承受预定的载荷，并能适应各种天气条件，通风良好。

5.2.2.2 机房应有足够的尺寸，以确保人员安全和方便地对有关设备进行作业，尤其是对电气设备的作业。

5.2.2.3 机房门窗应防风雨，机房门应有锁。

5.2.2.4 机房地板上的开孔尺寸，在满足使用条件下应减到最小。为防止物体通过位于井道上方的开口，包括通过电缆用的开孔坠落的危险，应采用圈框，此圈框应凸出地面至少 50 mm。

5.2.3 **检修平台**

5.2.3.1 当驱动装置设在底坑区域内时，允许以底坑地面作为检修平台，并在适合检修位置设置机械装置，以防止人员在底坑时货厢运行或坠落；该机械装置应设置有效的电气联锁装置，使其能在作用时切断简易升降机的电气安全回路。

5.2.3.2 当驱动装置设在井道上部时，允许以货厢顶部作为检修平台，并在适合检修位置设置机械装置，以防止人员在货厢顶部检修时货厢向下运行或坠落；该机械装置应设置有效的电气联锁装置，使其能在作用时切断简易升降机的电气安全回路。

5.2.3.3 当井道顶部装设专用的检修平台时，应设置符合 5.1.2.2 规定的检修门。检修平台应设置必要的护栏。

6 金属结构

6.1 货厢

6.1.1 货厢结构

6.1.1.1 简易升降机的货厢应是刚性结构，除了货厢门、通风口以及必要的检修窗外，货厢其他表面应封闭。货厢不得采用平板、平台等形式。

6.1.1.2 当需要从货厢进入检修平台时，货厢上应设置尺寸不小于 0.5 m×0.35 m ，且装有电气联锁装置的检修窗。

6.1.1.3 至少应装设两对导轮或导靴，导轮或导靴应固定可靠且便于更换。

6.1.1.4 货厢壁、货厢底板和货厢顶以及货厢结构件均应有足够的机械强度，以承受简易升降机正常运行时，或货厢撞击到缓冲器上时，或下行超速保护装置以及停层保护装置等起作用时的载荷。

6.1.1.5 当货厢顶外侧边缘离井道壁的自由距离超过 300 mm 时，货厢顶部应加设高度不小于 700 mm、中间间隔不大于 350 mm、下部踢脚板高度不小于 100 mm 的护栏。

6.1.2 货厢最大有效面积和额定起重量关系

货厢最大有效面积和额定起重量关系应符合表 1 的规定。对无法明确额定起重量的简易升降机，其额定起重量应按表 1 中货厢最大有效面积所对应的额定起重量确定。

表 1 货厢最大有效面积和额定起重量关系

额定起重量 kg	货厢最大有效面积 m^2	额定起重量 kg	货厢最大有效面积 m^2
≤200	1.00	1 000	3.60
300	1.35	1 200	4.20
400	1.76	1 500	5.10
500	2.10	1 600	5.35
600	2.40	1 800	5.82
700	2.70	2 000	6.30
800	3.00	2 500	7.50
900	3.30	3 000	8.70
注：对中间起重量其面积由线性插入法确定。			

6.1.3 货厢高度

货厢净高不应小于 1 800 mm。

6.1.4 货厢入口

6.1.4.1 一般要求

6.1.4.1.1 货厢的入口应装设水平滑动的无孔货厢门。

6.1.4.1.2 货厢门关闭后，门扇之间及门扇与立柱、门楣和地坎之间的间隙不应大于 10 mm。

6.1.4.1.3 货厢门应设电气联锁装置，在正常操作的情况下，如果有一个货厢门或多个门扇的货厢门中的任何一个门扇开着,则货厢应不能启动或继续运行。

6.1.4.1.4 货厢门的电气联锁装置应采用符合8.5规定的安全触点形式。

6.1.4.1.5 货厢地坎上应装护脚板,护脚板垂直高度不应小于300 mm,其宽度不应小于相应层站入口的净宽度。

6.1.4.2 货厢与面对货厢入口的井道壁的间距

未设层门一侧的相应货厢门在简易升降机停靠层站时若能被开启,则此货厢门地坎、框架或滑动门的最近门口边缘与各相关层站相面对的井道内表面,在层门开锁区域的垂直范围内不应大于0.15 m。如果采用在井道内表面设置凸台的方法来满足此要求,则凸台的有效宽度不应小于被防护货厢门的宽度,加上每边各0.10 m,且凸台上表面应筑有使人无法站立的封闭坡度(≥60°),并应贴有“危险,严禁站人”的安全警示标志。如果货厢装有机械锁紧装置,且能防止人员从货厢内部打开货厢门,则上述间距不受限制。

6.1.4.3 货厢门关闭方式

6.1.4.3.1 分类

货厢门可采用动力驱动和手动两种关闭方式。

6.1.4.3.2 动力驱动货厢门

动力驱动门,其关闭应在使用人员连续控制和监视下,通过持续揿压按钮或类似方法(持续操作运行控制)来实现,且最快门扇的平均关闭速度不应大于0.3 m/s。对有贯通门的货厢,当简易升降机停靠在层站时,未设层门一侧的相应货厢门不应被自动开启。

6.1.4.3.3 手动货厢门

手动开闭的货厢门应设有机械锁定装置,以保证运行时不会自动开启。

6.2 对重和平衡重

6.2.1 如果对重(或平衡重)由对重块组成,应把对重块固定在金属框架内或者至少用两根拉杆将对重块固定住。对重块材料应采用铸铁、铸钢或其他坚固不易破损的材料。若采用水泥块等容易破损的材料时,则只能填充在钢板等坚固不易破损的材料制成的容器内,防止使用中对重块破损。钢板、铸铁、铸钢等材料应采取适当的防腐措施。

6.2.2 对强制式、齿轮齿条式和直接作用液压式简易升降机,不应使用对重,但可以使用平衡重。

6.3 导向装置

6.3.1 货厢和对重(平衡重)应由各自的刚性导向装置导向。

6.3.2 导向装置及其附件和接头应有足够的强度,能承受下行超速保护装置动作时所产生的力和由于货厢不均匀载荷引起的挠曲。此挠曲应予以限制,不得影响简易升降机的正常工作。

6.3.3 每段导向装置至少应有2个固定的支架,其间距不大于2.5 m。当最上端导向装置的长度无法满足2个支架的安装要求时,允许只装设1个支架,但其弯曲强度应满足设计要求。货厢导向装置的下端应支承在坚实的地面上。

6.3.4 导向装置工作面接头处应平整光滑,接头台阶不大于0.5 mm。两导向装置顶面间的距离偏差不应大于3 mm。

6.3.5 导向装置顶面与导靴(或导轮)工作面之间的水平间隙不应大于5 mm。

7 主要零部件

7.1 层门

7.1.1 层门的设置

7.1.1.1 面对货厢入口的井道开口处应装设水平滑动或铰链式无孔层门，层门可采用由货厢门驱动和手动两种型式。

7.1.1.2 层门净高不应小于 1 800 mm。

7.1.1.3 层门门扇和框架应有足够的机械强度，当层门在其门锁锁住时，用 300 N 的力垂直作用于门扇的任一面上的任何位置，且均匀地分布在 5 cm^2 的圆形或方形面积上时，应：

a) 无永久变形；

b) 弹性变形不大于 15 mm；

c) 试验期间和试验后，门的安全性能不受影响。

7.1.2 层门门扇与门扇、门套的边缘间隙

层门关闭时，门扇之间、门扇与立柱或地坎之间的间隙不应大于 10 mm。

7.1.3 层门、货厢地坎间隙

每个层门应设有足够强度的地坎，且与货厢入口边缘的间隙不应大于 35 mm。

7.1.4 层门门缝间隙

在层门的开启方向上，以 150 N 的人力施加在一个最不利的点上，7.1.2 规定的间隙可以大于10 mm，但不得大于下列值：

a) 对旁开门，30 mm；

b) 对中分门，总和为 45 mm。

7.1.5 层门电气联锁

7.1.5.1 每个层门应设电气联锁装置，在正常操作的情况下，如果有一个层门或多扇层门中的任何一扇门开着，则货厢应不能启动或继续运行。

7.1.5.2 层门电气联锁装置应采用符合 8.5 规定的安全触点形式。

7.1.6 层门机械联锁

7.1.6.1 层门应设机械联锁装置，在正常运行时，应不能打开层门（或多扇层门中的任意一扇），除非货厢在该层门的开锁区域内停止或停站。开锁区域不应大于层站地平面以上或以下 75 mm，采用货厢门驱动层门的，该尺寸允许增加到 200 mm。

7.1.6.2 锁紧元件及其附件应是耐冲击的，应用金属制造或加固；锁紧元件应用重力或弹簧来产生和保持锁紧状态，即使弹簧失效，重力也不应导致开锁。

7.1.6.3 货厢运动前应将层门有效地锁紧在闭合位置上，锁紧元件的啮合尺寸不应小于 7 mm，其锁紧必须由一个符合 7.1.5 要求的电气联锁装置来证实。

7.1.7 机械连接的多扇滑动门

7.1.7.1 如果滑动门是由数个直接机械连接的门扇组成，允许：

a) 7.1.5 要求的装置装在一个门扇上；

b) 若只锁紧一扇门，则应采用钩住重叠式门的其他闭合门扇的方法，使如此单一门扇的

锁紧能防止其他门扇的打开。

7.1.7.2 如果滑动门是由数个间接机械连接(如用钢丝绳、皮带或链条)的门扇组成,允许只锁紧一扇门,其条件是:这个门扇的单一锁紧能防止其他门扇的打开,且这些门扇均未装设手柄。未被锁住的其他门扇的闭合位置应由一个符合 8.5 规定的安全触点来证实。

7.1.8 层门的紧急开锁装置

各层门上均应设自动复位的紧急开锁装置。

在货厢门驱动层门的情况下,当货厢在开锁区域之外时,层门无论因为何种原因而打开,应有一种装置(如重块或弹簧)能确保该层门自动关闭。

7.1.9 层门导向装置

层门的设计应防止正常运行中脱轨、机械卡阻或行程终端时错位。由于磨损、锈蚀或火灾原因可能造成导向装置失效时,应设有应急的导向装置使层门保持在原有位置上。

7.1.10 层站按钮及标志

7.1.10.1 各层站应设置楼层召唤按钮。楼层召唤按钮只允许在所有层门和货厢门关闭之后起作用。

7.1.10.2 对于动力驱动门,各层站应设置开门和关门按钮,只有货厢停靠在本层的开锁区域内时,开门和关门按钮才能起作用。

7.1.10.3 各层站应设置符合 9.8.2 规定的停止装置。当停止装置动作后,简易升降机应无法启动或继续运行。对于动力驱动门,停止装置动作后,简易升降机应无法开关门。

7.1.10.4 各层站应设置信号标志,指示货厢所处层站位置及运行状态。

7.2 驱动装置

7.2.1 一般要求

简易升降机可采用电力驱动和液压驱动两种方式。

每台简易升降机至少应有一套专用的驱动装置。驱动装置应固定可靠,其承重结构应有足够的强度。

7.2.2 电力驱动方式

7.2.2.1 电力驱动简易升降机应设有制动系统。

7.2.2.2 如果采用皮带将单台或多台电机连接到带有制动器的组件上,则最少使用两根皮带。

7.2.2.3 如使用悬臂式曳引轮或链轮时,应采用有效的预防措施,以达到以下要求:

a) 避免钢丝绳脱离绳槽或链条脱离链轮;

b) 驱动装置不装设在井道上部时,避免杂物进入绳与绳槽之间(或链条与链轮之间)。

采取的措施不应妨碍对曳引轮或链轮的检查和维修。

7.2.2.4 切断电动机和制动器的电流至少应由两个独立的电气装置实现。

7.2.3 液压驱动方式

7.2.3.1 液压驱动简易升降机应采用直接顶升式。

7.2.3.2 液压泵站的控制应符合:

a) 对于向上运行的情况,电动机的电源由两个独立的接触器切断,接触器的主触点直接串联于电动机的供电电路中;

b) 对于向下运行的情况，下降阀的供电由两个独立的接触器切断，接触器的主触点直接串联于下降阀的供电电路中。

7.2.4 电力驱动装置的制动系统

7.2.4.1 一般要求

7.2.4.1.1 电力驱动简易升降机的制动系统，在下列情况时应能自动制动：

a) 动力电源失电；

b) 控制电路电源失电。

7.2.4.1.2 制动系统应具有一个机-电式的制动器(摩擦型)。

7.2.4.2 制动器

7.2.4.2.1 当货厢装有125%额定起重量并以额定速度下行时，操作制动器应能使驱动主机停止运转。

7.2.4.2.2 被制动部件应以机械方式与曳引轮(卷筒或链轮)直接刚性连接。

7.2.4.2.3 制动器应为常闭式。正常运行时，制动器应在持续通电下保持在释放状态。

7.2.4.2.4 当简易升降机电动机的供电电源断电时，不应因接地、故障短路或剩磁使制动器松开。

7.2.4.2.5 装有手动紧急操作装置的驱动主机，当用手松开制动器时，需以一持续力去保持其松开状态。

7.2.4.2.6 制动器的制动应靠闸瓦、衬垫或制动臂作用在制动轮(盘)上，不得使用带式制动器。

7.2.4.2.7 制动器零件的报废应符合GB 6067.1—2010中4.2.6.7的规定。

7.3 悬挂装置

7.3.1 悬挂方式

7.3.1.1 曳引式简易升降机和强制式简易升降机的货厢和对重(或平衡重)应采用钢丝绳、钢质链条悬挂。

7.3.1.2 钢丝绳的公称直径不应小于8 mm。

7.3.1.3 曳引钢丝绳的特性应符合GB 8903的规定；强制驱动钢丝绳的特性应符合GB 8918的规定。

7.3.2 钢丝绳卷绕装置的直径与钢丝绳公称直径的比值

钢丝绳卷绕装置的直径与钢丝绳公称直径之比应满足：

a) 对于曳引驱动方式，曳引轮、导向轮(或滑轮)的节圆直径与钢丝绳公称直径之比不应小于30；

b) 对于强制驱动方式，卷筒的节圆直径与钢丝绳公称直径之比不应小于14；滑轮的节圆直径与钢丝绳公称直径之比不应小于16；其中，平衡滑轮的节圆直径与钢丝绳公称直径之比不应小于12.5。

7.3.3 悬挂绳或链条的安全系数

悬挂货厢和对重(或平衡重)装置的钢丝绳或链条的安全系数不应小于8。

7.3.4 悬挂绳或链条的安装与报废要求

7.3.4.1 钢丝绳末端应固定在货厢、对重、平衡重或系结钢丝绳固定部件的悬挂部位上。钢丝绳的固定方式与连接应符合 GB 6067.1—2010 中 4.2.1.5 的规定。

电动葫芦上的钢丝绳压板不得少于三块，钢丝绳和端接装置的结合处至少应能承受钢丝绳最小破断负荷的 80%。不得使用编织接长的钢丝绳。

7.3.4.2 每根链条的端部应用合适的端接装置固定在货厢、对重或系结链条固定部件的悬挂部位上，链条和端接装置的结合处至少应能承受链条最小破断负荷的 80%。

7.3.4.3 钢丝绳的保养、维护、安装、检验、报废应符合 GB 5972 的规定。

7.3.4.4 链条的报废应符合 GB 6067.1—2010 中 4.2.3 的规定。

7.3.5 曳引式简易升降机的曳引条件

7.3.5.1 当对重压在缓冲器上而曳引机按上行方向旋转时，应不可能提升空载货厢。

7.3.5.2 在简易升降机行程上部范围内，货厢空载上行及行程下部范围内货厢载有 125%额定载荷下行，切断电动机与制动器供电，货厢应被可靠制停。

7.3.6 强制式简易升降机的钢丝绳卷绕

7.3.6.1 卷筒上应加工出螺旋槽，该槽应与所用钢丝绳相适应。

7.3.6.2 当货厢停在完全压缩的缓冲器上时，卷筒的绳槽中至少保留三圈钢丝绳。

7.3.6.3 卷筒上只能绕一层钢丝绳。

7.3.6.4 电动葫芦应设有导绳装置，以保证钢丝绳在卷筒上的排绳不紊乱。

7.3.6.5 钢丝绳相对于绳槽的偏角(放绳角) 不应大于 4°。

7.3.7 各钢丝绳或链条之间的载荷分布

7.3.7.1 采用多根钢丝绳或链条时，至少在悬挂钢丝绳或链条的一端应设有一个调节装置用来平衡各绳或链的张力。

7.3.7.2 如果用弹簧来平衡张力，则弹簧应在压缩状态下工作。

7.3.7.3 调节钢丝绳或链条长度的装置调节后，在工作时不应松动。

7.3.7.4 如果货厢悬挂在 2 根钢丝绳或链条上，则应设置一个电气联锁装置，该装置应采用符合 8.5 规定的安全触点形式，当一根钢丝绳或链条发生异常相对伸长时，简易升降机应停止运行。

7.4 吊钩、卷筒和滑轮

吊钩、卷筒和滑轮，除了满足 7.3 的要求外，还应满足 GB 6067.1—2010 中 4.2.2、4.2.4 和 4.2.5的规定。

7.5 齿轮和齿条

7.5.1 齿轮齿条式简易升降机的传动齿轮与齿条，当背轮或其他啮合控制装置直接作用到齿条上而没有其他中间装置时，模数不小于 4；当啮合控制装置间接作用到齿条上时，模数不小于 6。

7.5.2 齿轮与齿条啮合时的接触长度，沿齿高不应小于 40%，沿齿长不应小于 50%，齿面侧隙应为0.2 mm～0.5 mm。

7.5.3 齿轮的报废应符合 GB 6067.1—2010 中 4.2.8 的规定。

7.6 液压装置

7.6.1 一般要求

7.6.1.1 液压装置的设计应保证在规定的运转条件下，其油温不超过规定值。

7.6.1.2 液压装置应有防止空气混入系统的措施。液压系统应设有滤油器。

7.6.2 液压油箱

7.6.2.1 油箱应安装密封顶盖，顶盖上部应设有带过滤装置的注油器。对带空滤器的通气孔，其通气能力应满足流量的要求。

7.6.2.2 油箱内壁应经除锈处理，并喷敷耐油除锈涂料。

7.6.2.3 油箱应设有显示最高和最低油位的液位计，油箱的油液容量应能满足直接作用液压式简易升降机正常运行的要求。

7.6.3 液压泵站

7.6.3.1 液压泵站应设有过载保护，安全阀的调定压力不应超过额定工作载荷时压力的120％。

7.6.3.2 液压泵站应设有压力指示，压力表的量程不应小于额定工作载荷时压力的150％。

7.6.4 液压油缸

7.6.4.1 液压油缸应具有足够的强度和稳定性。液压油缸的设计长度，其上下端应有一定的余量，以保证限位和极限开关能可靠动作。

7.6.4.2 液压油缸的柱塞全伸时应具有自身限位装置。

7.6.4.3 液压油缸上部应设置排气装置。对于柱塞滑动面正常渗出的油液，应设置收集装置。沉入地下的油缸部分应有防腐措施。

7.6.5 液压管道及管件

7.6.5.1 液压泵站以外的管道连接应采用焊接、焊接法兰或螺纹管接头，不得采用压紧装配或扩口装配。

7.6.5.2 系统管路中的刚性管道应采用足够壁厚的无缝钢管。用于液压油缸与单向阀或下行阀之间的高压胶管，相对于爆破压力的安全系数不应小于8。

8 电气设备

8.1 电气保护

8.1.1 电动机的保护

8.1.1.1 直接与电源连接的电动机应进行短路保护。

8.1.1.2 直接与电源相连的电动机应采用手动复位的自动断路器（8.1.1.3 例外）进行过载保护，该断路器应切断电动机的所有供电。

8.1.1.3 当过载保护检测是基于电动机绕组温升时，则断路器在绕组充分冷却后可以自动闭合。

8.1.2 线路保护

所有线路都应具有短路或接地引起的过电流保护，在线路发生短路或接地时，瞬时保护装置应能分断线路。

8.1.3 错相和缺相保护

当外电源发生错相和缺相会引起危险时，应设错相和缺相保护。

8.1.4 失压保护

简易升降机不论何种原因造成运行中止，未经重新操作不得自动启动。

8.1.5 绝缘电阻

当电网电压不大于1 000 V时，在电路与裸露导电部件之间施加500 V(d.c)测得的绝缘电阻不应小于1 MΩ。

8.1.6 接地

电气设备的金属外壳及金属结构的接地形式应采用TN—S或TN—C—S，接地线应采用黄绿双色绝缘电线。易于意外带电的部件与总电源接地端的连通性能应良好，接地线应分别直接接至接地线柱上，不得互相串接后再接地。

8.2 主开关

8.2.1 在机房内，对应每一台简易升降机应装设一个能切断简易升降机所有供电电路的主开关，对无机房形式的简易升降机该开关应设置在控制柜附近易于接近和操作处。该开关应具有切断简易升降机正常使用情况下最大电流的能力。该开关不应切断：

a) 货厢内照明的供电电路；

b) 货厢顶照明及插座的供电电路；

c) 机房、检修平台、井道、底坑照明及插座的供电电路。

8.2.2 主开关应具有稳定的断开和闭合位置。主开关的操作机构应能从机房入口处方便、快速地接近。如果机房为多台简易升降机共用，多台简易升降机的主开关操作机构应易于识别。

8.3 电气配线

电气配线应符合GB 25856—2010中5.9.5的要求。

8.4 照明、信号

8.4.1 货厢内、货厢顶部、机房、底坑及井道中应有电气照明，工作位置的照度均不应小于50 lx，照明电路电压不应大于220 V，并应单独控制。

8.4.2 不得用金属结构作照明线路的回路。

8.4.3 可移动式照明装置的电源电压不得大于36 V，交流供电不得使用自耦变压器。

8.4.4 各层站显示的指示信号应清晰准确，各种开关工作可靠。

8.5 安全触点

8.5.1 安全触点的动作，应由断路装置将其可靠地断开，甚至两触点熔接在一起也应断开。

安全触点的设计应尽可能减小由于部件故障而引起的短路危险。

注：当所有触点的断开元件处于断开位置时，且在有效行程内，动触点和施加驱动力的驱动机构之间无弹性元件(例如弹簧)施加作用力，即为触点获得了可靠的断开。

8.5.2 如果安全触点防护外壳的防护等级不低于IP 4X，安全触点应能承受250 V的额定绝缘电压；如果防护外壳的防护等级低于IP 4X，则应能承受500 V的额定绝缘电压。

8.5.3 如果保护外壳的防护等级不高于IP 4X，则其电气间隙不应小于3 mm，爬电距离不应小于4 mm，触点断开后的距离不应小于4 mm。如果保护外壳的防护等级高于IP 4X，则其爬电距离可降至3 mm。

8.5.4 对于多分断点的情况，触点断开后，触点间分开的距离不应小于2 mm。

8.5.5 导电材料的磨损，不应导致触点短路。

8.5.6 当安全触点动作时，应防止简易升降机驱动装置启动或立即使其停止运转。制动器的电源也应被切断。

9 安全保护装置

9.1 一般要求

简易升降机应设置以下安全保护装置，如采用不同结构型式，则应满足同等的安全要求。

9.2 停层保护装置

9.2.1 曳引式、强制式和齿轮齿条式简易升降机应设置停层保护装置，当货厢处于除底层外的任一平层位置，且货厢门打开时，能防止货厢发生非正常滑移或坠落。以下情况除外：

a) 对曳引式或强制式简易升降机，当采用两根或两根以上悬挂钢丝绳或链条，且所有参与施加制动力的制动器机械部件分两组装设，每组部件均有足够的制动力时，可以不设置停层保护装置。

b) 对齿轮齿条式简易升降机，当所有参与施加制动力的制动器机械部件分两组装设，每组部件均有足够的制动力时，可以不设置停层保护装置。

9.2.2 停层保护装置动作应灵活可靠，无卡阻现象。

9.2.3 停层保护装置应在货厢门开启不大于 300 mm 时完全动作，且应具有动作到位的指示。

9.2.4 停层保护装置的强度应足以承受额定起重量和货厢重量及可能的冲击载荷，无变形、脱焊、松动、裂纹等缺陷。

9.2.5 应设置有效的电气联锁装置，当停层保护装置作用时，能切断简易升降机的电气安全回路。

9.3 下行超速保护装置

9.3.1 除直接作用液压式简易升降机外，其他型式的简易升降机应设置下行超速保护装置。

9.3.2 下行超速保护装置应采用机械的动作方式，并能使载有额定起重量的货厢可靠制停。

9.3.3 下行超速保护装置应设置有效的电气联锁装置，当下行超速保护装置作用时，能切断简易升降机的电气安全回路。

9.3.4 下行超速保护装置的动作速度不应小于额定速度的 115%，且应小于 0.8 m/s。

9.4 防运行阻碍保护装置

9.4.1 强制式简易升降机应设置悬挂装置松弛时的安全装置，当货厢向下运行受到阻碍时能及时切断简易升降机的电气安全回路。

9.4.2 曳引式、齿轮齿条式简易升降机和直接作用液压式简易升降机应设置运转时间限制器，当货厢或对重运行受到阻碍，且时间超过全程运行所需时间加 10 s 以前，应切断电动机或电磁阀的电源。运转时间限制器不应影响检修运行。

9.5 限位开关

9.5.1 曳引式、强制式和齿轮齿条式简易升降机应设置上、下限位开关。直接作用液压式简易升降机应设置上限位开关。

9.5.2 限位开关应采用自动复位的型式，并在极限开关动作之前起作用。

9.6 极限开关

9.6.1 曳引式、强制式和齿轮齿条式简易升降机应设置上、下极限开关。直接作用液压式简易升降机应设置上极限开关。

9.6.2 强制式和齿轮齿条式简易升降机的上极限开关应在货厢地坎超过上端站地面 150 mm 之前起作用，并在货厢顶部与井道顶最低部件发生碰撞前保持其动作状态。

9.6.3 直接作用液压式简易升降机的上极限开关应在柱塞缓冲制动之前起作用，并在柱塞进入缓冲制动区期间保持其动作状态。

9.6.4 曳引式简易升降机的上、下极限开关以及强制式和齿轮齿条式简易升降机的下极限开关应在货厢或对重接触缓冲器之前起作用，并在缓冲器被压缩期间保持其动作状态。

9.6.5 极限开关应采用以下两种作用方法之一：

a) 采用强制的机械方法直接切断电动机和制动器供电回路；

b) 采用符合 8.5 规定的安全触点切断向主电路接触器线圈直接供电的电路。

9.6.6 极限开关动作后，简易升降机应不能自动恢复运行。

9.7 缓冲器

货厢和对重行程底部的极限位置应设置缓冲器，如采用耗能型缓冲器的，则应设置检查缓冲器是否正常复位的电气装置。

9.8 停止装置

9.8.1 各层站、底坑和货厢顶部应设置停止装置。

9.8.2 停止装置应采用符合 8.5 规定的安全触点形式，并应是双稳态型式，其动作部分应为红色，并标有“停止”字样。

9.9 检修运行装置

9.9.1 应在货厢顶部设置一个易于接近的检修运行装置。

9.9.2 检修运行装置应由一个双稳态的检修转换开关操作，并满足下列要求：

a) 一经进入检修运行，应取消正常运行。只有再次操作检修转换开关，才能使简易升降机重新恢复正常运行；

b) 货厢的运行应依靠持续揿压按钮，此按钮应有防止误操作的保护，并应清楚地标明运行方向；

c) 货厢的运行仍依靠安全装置。

9.10 液压管路限流或切断装置

直接作用液压式简易升降机应设置限流或切断装置或措施，当液压管路发生爆裂、严重泄露时，能有效防止货厢超速和坠落。限流或切断装置应与油缸刚性连接。

9.11 超载保护装置

简易升降机应设置超载保护装置。当实际起重量达到 110% 额定起重量之前时，超载保护装置应起作用，此时简易升降机应无法启动。

9.12 机械设备的防护装置

9.12.1 对可能产生危险并可接近的旋转部件应提供有效的防护，但曳引轮、盘车手轮、制动轮及任何类似的光滑圆形部件除外，这些部件应涂成黄色，或至少部分地涂成黄色。

9.12.2 曳引轮、滑轮和(或)链轮，应安装一个用以防止悬挂绳或链条松弛时脱离绳槽或链轮的装置。

9.12.3 应采取措施防止异物进入齿轮和齿条的啮合区间。

10 标记、标牌与安全标志

10.1 一般要求

所有标记、标牌及安全标志应清晰易懂(必要时借助标志或符号)和具有永久性,应采用不能撕毁的耐用材料制成,并应设置在明显部位。

10.2 产品标牌

应在货厢明显位置,设置产品标牌,标牌至少应标明如下内容:

a) 产品规格型号及名称;

b) 额定起重量;

c) 制造商名称及其识别标志;

d) 生产日期;

e) 产品执行标准。

10.3 警示标志及额定起重量标志

每层站明显部位应设置"严禁载人运行"的警示标志和额定起重量标志。

10.4 安全使用须知

每层站明显部位应设置简易升降机的安全使用须知。安全使用须知中至少包括:

a) 使用人员在使用简易升降机之后,必须及时将门关闭;

b) 简易升降机仅限被授权人员和受过训练的人员使用。

10.5 货厢顶部标记

在货厢顶部应标出如下内容:

a) 停止装置上或其近旁标出"停止"字样,且设置在不会出现误操作及危险的地方;

b) 检修运行装置的开关上或其近旁标出"正常"及"检修"字样;

c) 在检修按钮上或其近旁标出运行方向。

10.6 机房门及活板门的警示标志

在通往机房的门的外侧应设置"机房重地,闲人莫入"的警示标志。对于活板门,应设有"谨防坠落——重新关好活板门"的须知。

10.7 检修门的警示标志

在井道外检修门近旁,应设置"井道危险,未经许可禁止入内"的警示标志。

11 操作

简易升降机应由被授权人员操作,安全操作的一般要求如下:

a) 每天投入使用前应进行空载试运行及层门、货厢门的电气联锁和机械联锁的检查,确认状况良好后,方可投入正式运行。

b) 简易升降机在运行过程中不得推拉层门。

c) 层门开启后应确定货厢的位置,并确认停层保护装置作用到位后方可进入货厢。

d) 当确认货厢门和层门都可靠关闭后,方可启动简易升降机。不得以简易升降机的货厢门或层门的开闭作为简易升降机运行和停止的开关。

e) 装卸货物应轻放轻移,尽可能减少冲击。当有小车进入货厢时,应采取有效措施防止小车撞击货厢壁和门;货厢内的货物应放置稳妥,防止运行时发生移动或倾倒。

f) 严格控制装载货物的重量,不得超载运行。

g) 操作人员不得在货厢门与层门之间逗留,并尽可能减少进入货厢内的时间。

h) 每天打扫货厢内、地坎及层门入口的卫生,防止异物进入地坎。

i) 简易升降机使用完毕后,应将货厢停靠在基站。

12 检查、试验、维护与修理

12.1 检查

12.1.1 日常检查

在每次换班或每个工作日的开始,对在用简易升降机应进行日常检查,做好检查记录并加以保存归档。日常检查至少包括以下内容:

a) 按制造商手册的要求进行检查;

b) 层门的电气和机械联锁是否有效;

c) 货厢门的电气联锁是否有效;

d) 外观检查按钮、警示和标记是否完好;

e) 简易升降机的运行情况。

12.1.2 周期性检查

12.1.2.1 对在用简易升降机应进行周期性检查,检查周期应满足制造商的规定,至少每月进行一次,做好检查记录并加以保存归档。周期性检查除了按12.1.1规定的内容外,还应包括以下内容:

a) 金属结构的变形、裂纹、腐蚀,以及其焊缝、铆钉、螺栓等连接状况;

b) 悬挂装置的磨损情况及其端部的固定状况;

c) 其他主要零部件的变形、裂纹、磨损情况;

d) 主要安全装置是否有效;

e) 电气装置是否可靠有效。

12.1.2.2 周期性检查应由使用单位简易升降机作业人员实施,并制定与周期性检查工作相关的管理制度和操作规程。

使用单位无能力进行周期性检查时,应当委托具有简易升降机制造、安装、改造、维修许可资格的单位进行,并签订相应工作合同,明确职责。

12.2 试验

12.2.1 一般要求

12.2.1.1 对于制造、安装、改造和重大维修的简易升降机,在初次使用之前及简易升降机发生重大设备事故之后的再次使用前,应进行载荷试验。载荷试验包括额载试验、125%额定起重量的静载试验和110%额定起重量的动载试验。试验前应先进行目测检查和空载试验。空载试验中各操纵功能正确、可靠;简易升降机运行平稳、准确;各安全装置有效。

12.2.1.2 试验应由有资格的人员进行。

12.2.2 试验记录

应制定具有签字栏和日期栏的试验记录以供使用。记录的内容至少应有试验工况、程序、试验要求、有资格的检验人员和负责人员的签名。

12.3 维护保养与修理

12.3.1 维护保养

12.3.1.1 在用简易升降机至少每月进行一次维护保养，以保持简易升降机的正常状态。维护保养应按产品使用维护说明书的要求进行，并进行记录，记录应存入安全技术档案。

12.3.1.2 维护保养应由使用单位简易升降机作业人员实施，并制定与维护保养工作相关的管理制度和操作规程。

使用单位无能力进行维护保养时，应当委托具有简易升降机制造、安装、改造、维修许可资格的单位进行，并签订相应工作合同，明确职责。

12.3.1.3 更换的主要零部件应符合原制造商规定的技术要求。应经制造商同意，方可采用代用件及代用材料。

12.3.2 修理

按 12.1.1、12.1.2 要求检查出的危险状况都应在简易升降机重新作业之前被改正。修理工作应由专业人员进行。

12.3.3 维护保养和修理的程序

12.3.3.1 简易升降机维护保养或修理之前，应采取下列预防措施：

a） 除确需用电的情况外，把主开关置于断路位置并锁住；

b） 除维护或修理需要外，把简易升降机各层门和货厢门关闭；

c） 指定人员设置警示标志牌。

12.3.3.2 简易升降机日常维护保养或修理后，全部的安全装置应重新安装调试并应达到其相应的功能。在完成有关规定的试验后，简易升降机才能投入使用。

ICS 53.020.20
J 80

中华人民共和国国家标准

GB/T 28756—2012

缆 索 起 重 机

Cable cranes

2012-11-05 发布　　2013-02-01 实施

920 中华人民共和国国家质量监督检验检疫总局
中 国 国 家 标 准 化 管 理 委 员 会　发布

前　言

本标准按照 GB/T 1.1—2009 给出的规则起草。

本标准由中国机械工业联合会提出。

本标准由全国起重机械标准化技术委员会(SAC/TC 227)归口。

本标准负责起草单位:国家电力公司水电施工设备质量检验测试中心。

本标准参加起草单位:杭州国电大力机电工程有限公司。

本标准主要起草人:徐一军、胡军、傅明君、丁利东、王辉、舒双元、陈坚、周成成、胡剑平、卫少华、周富春、张勇。

缆 索 起 重 机

1 范围

本标准规定了缆索起重机的分类、技术要求、试验方法、检验规则、安装与拆卸、标志、包装、运输及贮存。

本标准适用于GB/T 20776中规定的缆索起重机(以下简称缆机)。

2 规范性引用文件

下列文件对于本文件的应用是必不可少的。凡是注日期的引用文件,仅注日期的版本适用于本文件。凡是不注日期的引用文件,其最新版本(包括所有的修改单)适用于本文件。

GB/T 700 碳素结构钢

GB/T 985.1 气焊、焊条电弧焊、气体保护焊和高能束焊的推荐坡口

GB/T 985.2 埋弧焊的推荐坡口

GB/T 1228 钢结构用高强度大六角头螺栓

GB/T 1229 钢结构用高强度大六角螺母

GB/T 1230 钢结构用高强度垫圈

GB/T 1231 钢结构用高强度大六角头螺栓、大六角螺母、垫圈技术条件

GB/T 1591 低合金高强度结构钢

GB 2585 铁路用热轧钢轨

GB/T 3323—2005 金属熔化焊焊接接头射线照相

GB/T 3375 焊接术语

GB/T 3766 液压系统通用技术条件

GB/T 3811 起重机设计规范

GB 3906 3.6 kV～40.5 kV交流金属封闭开关设备和控制设备

GB 4208 外壳防护等级(IP代码)

GB/T 5117 碳钢焊条

GB/T 5118 低合金钢焊条

GB/T 5293 埋弧焊用碳钢焊丝和焊剂

GB/T 5972 起重机 钢丝绳 保养、维护、安装、检验和报废

GB/T 6974.14 起重机械名词术语 缆索起重机

GB/T 8110 气体保护电弧焊用碳钢、低合金钢焊丝

GB 8918 重要用途钢丝绳

GB/T 9075 索道用钢丝绳检验和报废规范

GB/T 9286—1998 色漆和清漆 漆膜的划格试验

GB/T 10051.1 起重吊钩 第1部分:力学性能、起重量、应力及材料

GB/T 10051.3 起重吊钩 第3部分:锻造吊钩使用检查

GB/T 10051.13　起重吊钩　第 13 部分 叠片式吊钩技术条件
GB/T 10051.14　起重吊钩　第 14 部分:叠片式吊钩使用检查
GB/T 12470　埋弧焊用低合金钢焊丝和焊剂
GB/T 13306　标牌
GB/T 13384　机电产品包装通用技术条件
GB 15052　起重机　安全标志和危险图形符号　总则
GB/T 20118　一般用途钢丝绳
GB/T 20303.1　起重机　司机室　第 1 部分:总则
GB/T 20776　起重机械分类
GB/T 21457　起重机和相关设备　试验中参数的测量精度要求
GB/T 24817.1　起重机械　控制装置布置形式和特性　第 1 部分:总则
GB/T 24818.1　起重机　通道及安全防护设施　第 1 部分:总则
GB 50148　电气装置安装工程　电力变压器、油浸电抗器、互感器施工及验收规范
GB 50205　钢结构工程施工质量验收规范
JB/T 5000.12　重型机械通用技术条件　第 12 部分:涂装
JB/T 6392　起重机车轮
JB/T 10559—2006　起重机械无损检测　钢焊缝超声检测
JGJ 82　钢结构高强度螺栓连接技术规程
YB/T 5055　起重机钢轨
YB/T 5295　密封钢丝绳

3　术语和定义

GB/T 6974.14 界定的以及下列术语和定义适用于本文件。

3.1

缆索起重机　cable cranes

以柔性钢索(承载索)作为架空支承构件,供悬吊重物的起重小车在承载索上往返运行,具有垂直运输(起升)和水平运输(牵引)功能的起重机。

3.2

额定起重量　rated capacity

吊具以下物品的最大总质量。

3.3

跨度　span

承载索两端水平铰接点连线的水平距离。

3.4

承载索　carrying rope(track rope)

支承起重小车用的钢索。

3.5

承载索垂度　sag

承载索任意一点到承载索两端水平铰接点连线的垂直距离。

3.6

非正常工作区　abnormal operating space

承载索两端不允许起吊额定载荷的区域。

3.7

支索器(承马)　rope carrier

支承在承载索上,用于承托起升绳、牵引绳和辅助绳的装置。

3.8

主塔(车)　machine tower

用于支承承载索一端,设有起升和牵引机构、电气控制装置等主要工作设备的支架总成。

3.9

副塔(车)　tail tower

相对主塔(车),用于支承承载索另一端的支架总成。

4　分类

4.1　形式

缆机的形式按承载索两端支架运动情况划分,见表1。根据地形条件,允许在表1所述基本形式下作合适的派生或复合机型。

表1　缆机的形式

序	名　称		承载索两端支架运动情况
1	固定式		承载索两端支架固定不动,见图1
2	移动式	平移式	承载索支架带有运行机构,分别在两岸平行轨道上同步移动,见图2
3		摇摆式	承载索支架带有摆动机构,分别在两岸同步摆动,见图3
4		辐射式	承载索一端支架固定,另一端支架带有运行机构,在弧形轨道上移动,见图4
5		弧动式	承载索支架带有运行机构,分别在两岸同圆心弧形轨道上同角速度移动,见图5
6		索轨式	以架空钢索代替地面轨道,承载索支架运动情况与平移或辐射式相同,见图6

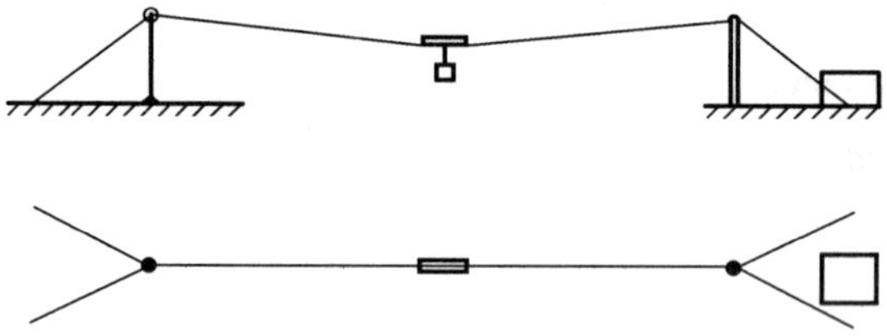

图1　固定式缆机

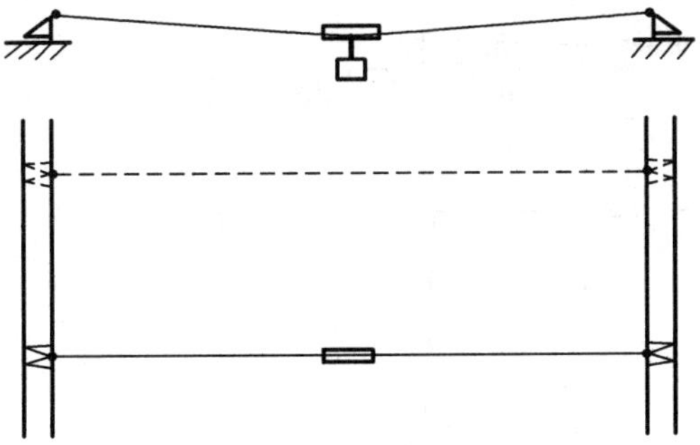

图 2　平移式缆机

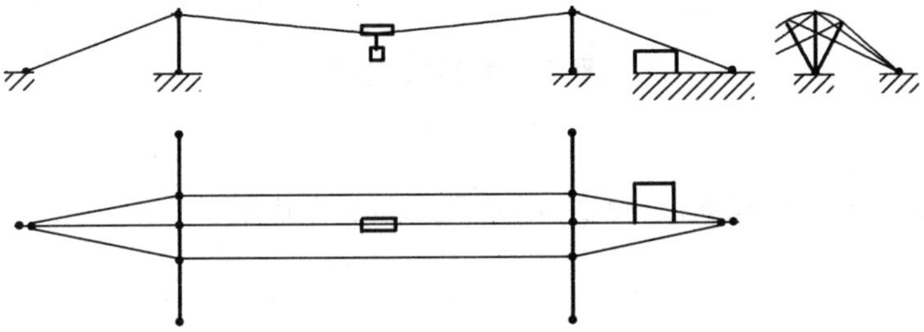

图 3　摇摆式缆机

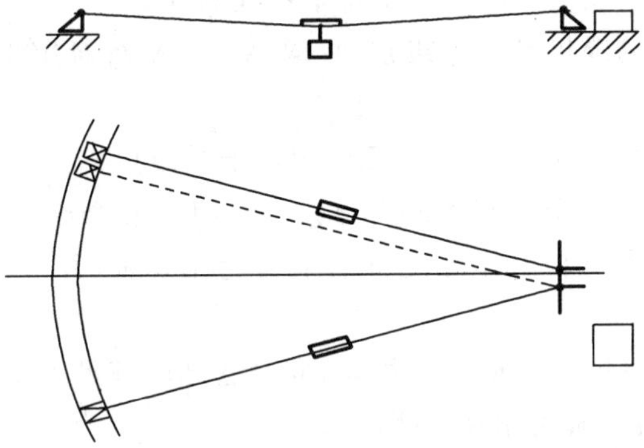

图 4　辐射式缆机

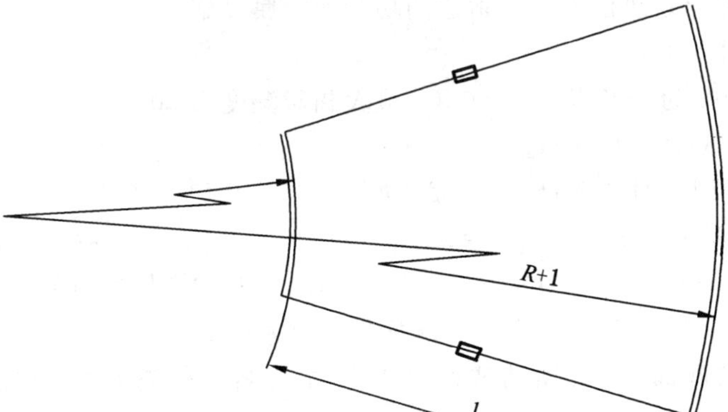

图 5　弧动式缆机

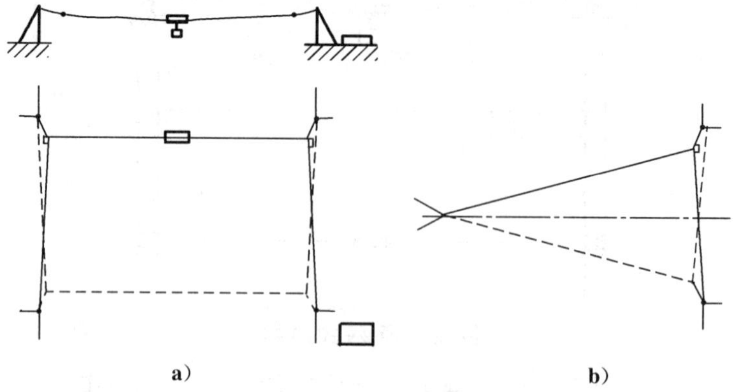

图 6　索轨式缆机

4.2　基本参数

缆机的基本参数为额定起重量、跨度、起升高度和工作速度。

5　技术要求

5.1　总则

5.1.1　缆机的设计、制造应符合 GB/T 3811 及本标准的规定。

5.1.2　对用于混凝土浇筑的缆机其工作级别，宜取 A 6～A 7；对用于安装的缆机其工作级别，宜取A 2～A 3。

5.1.3　工作状态正常的计算风压 $p_{\mathrm{I}}=150$ Pa(相当于 5 级风)；工作状态最大计算风压 $p_{\mathrm{II}}=250$ Pa(相当于 6 级风)；非工作状态计算风压 $p_{\mathrm{III}}=800$ Pa(相当于 10 级风)。

5.1.4　轨道基础应满足工作与非工作工况下的最大轮压要求，并应满足承受最不利载荷组合的要求。

5.1.5　缆风绳及地锚与基础的连接应牢固可靠，同时基础应满足承受最不利载荷组合的要求。

5.1.6　空中索道应合理配置、避免相互干扰。

5.1.7　各机构零部件、电气与液压的元器件、润滑油脂的选择应考虑环境对工作性能的影响。

5.1.8　缆机应具备各种方便检查架空索道的功能和附属设施。

5.1.9　缆机工作条件如下：

a)　工作环境温度为－25 ℃～＋40 ℃，最大相对湿度为 90%；

b)　基准海拔不超过 1 000 m。

注：超过上述规定范围，由用户和制造商协商解决。

5.1.10　对轨道铺设要求如下：

a)　轨道应符合 YB/T 5055、GB 2585 的规定，轨道基础埋件应可靠牢固；

b)　轨道实际中心线与名义中心线的偏移量不应大于 3 mm；

c)　同一轨道横截面上，轨顶的实际位置尺寸与名义位置尺寸的偏差为：沿轨高方向 5 mm，沿轨宽方向 3 mm；对于双轨台车，轨顶相对位置偏差不应大于 2 mm；

d)　轨道顶面横向倾斜度应不大于 1/200 的轨道宽度；

e)　宜采用焊接的轨道接头；

f)　采用非焊接连接的轨道时，轨道接头间隙不应大于 2 mm(注：一根钢轨的长度以 12 m 计)；

g) 轨道接头处的高低及侧向偏差均不大于 1 mm；

h) 在轨道的总长度范围内，轨道高度方向或宽度方向相对理论面的弯曲，每 2 m 测长内各点的偏差不得大于 2 mm。

5.2 整机

5.2.1 辐射式缆机固定端间距不宜超过跨度的 1/150。

5.2.2 跨度两端应设有非正常工作区，范围宜为跨度的(1/12～1/8)。非正常工作区范围大小应根据跨度、垂度和使用频繁程度确定，跨度小、垂度大或使用频繁程度高的场合宜取较大值。两端的非正常工作区可以不对称。

5.2.3 起重小车起吊额定起重量于跨中时，承载索垂度(环境温度 20 ℃时)应控制在跨度的(0.045～0.07)范围内，气温高时取较大值。

5.2.4 摇摆式缆机塔柱沿承载索的横向摆动不宜超过±11°，沿承载索的纵向后倾不宜超过 5°。

5.2.5 对于两台及两台以上的缆机抬吊作业工况，应对抬吊的总起重量、抬吊作业时的工作环境条件及机构的工作速度等在使用维护说明书中作出规定。

5.2.6 缆机主要性能参数的允许偏差如下：

a) 起升高度为设计值的+2.5%；

b) 起升(下降)速度、小车横移速度、大车运行速度均为设计值的±10%。

5.2.7 缆机产生的噪声，在司机室座位处测量不应大于 80 dB(A)。

5.2.8 缆机在空载状态下，各机构及制动器、液压系统、电气系统、润滑系统应能正常工作，无卡滞、爬行、震颤、冲击、过热、异常噪声、漏油或渗漏等现象，各机构行程限位装置动作应准确、可靠，信号及仪表显示应准确、可靠。

5.2.9 缆机在进行额定载荷试验时，其起重能力应达到额定起重量。对缆机装设了起升机构超速保护装置的，在进行超速下降试验后，其保护装置的动作应准确、可靠。试验后缆机的主要零部件不应有损坏。

5.2.10 缆机在进行静载试验时，起升机构与摇摆机构(若有)的制动器应能支持载荷在原来的位置上而不下滑；试验后，主要结构件及各机构应无裂纹、永久变形、油漆剥落、连接松动或其他损坏现象。

5.2.11 缆机在进行动载试验时，悬吊着的载荷作空中启动、制动时不应出现反向动作；试验后，主要结构件及连接处、各机构、液压系统、电气系统应无损坏、松动。

5.3 金属结构

5.3.1 一般要求

5.3.1.1 钢结构组件的尺寸、重量应满足铁路、公路、轮船的运输及安装机具的吊装要求，否则应分解到满足要求为止。其分割面应平整，无凹面、卷边、毛刺、熔渣、飞溅物等缺陷。

5.3.1.2 碳素结构钢在环境温度小于－16 ℃、低合金结构钢在环境温度小于－12 ℃时，不得进行冷矫正和冷弯。

5.3.1.3 热矫正的加热温度应根据钢材性能选定，对碳素结构钢和低合金结构钢，不得超过 900 ℃。低合金结构钢在热矫后应缓慢冷却。

5.3.2 材料

5.3.2.1 材料应有生产厂的出厂合格证书，并具有化学成分、屈服极限、强度极限、延伸率、冲击韧性、冷弯等试验证明。对主要承载构件用材料,缆机生产厂应进行抽样化验和试验复验。

5.3.2.2 材料的外观缺陷,如锈蚀、重皮、尺寸和形状误差均不应超过相应标准的规定。

5.3.2.3 主要承载构件应采用力学性能不低于 GB/T 700 中的 Q235B 和 GB/T 1591 中的 Q345B 的钢材。

5.3.2.4 厚度大于 50 mm 的钢板用作焊接主要承载构件时,需考虑采用厚度方向性能钢板,必要时应做厚度方向的性能试验并作焊接工艺评定。

5.3.2.5 工作环境温度低于 −20 ℃时,用于主要承载构件的材料按 GB/T 3811 选择。

5.3.2.6 材料的代用应符合如下要求:

a) 保证不降低原设计计算强度、刚度、稳定性、疲劳强度,不影响原设计规定的性能和功能要求;

b) 考虑加工制造产生的影响,如应力集中、可焊性、热处理性、内应力等,不得降低承载能力和使用寿命;

c) 由设计单位出具书面的文件。

5.3.3 材料的拼接

5.3.3.1 承受交变载荷(应力循环特性 $r<0$)并主要承受压弯的结构件,不允许接料。

5.3.3.2 受拉伸载荷的结构接料时,宜采用连接板和搭接焊缝接料;板制和压制型钢接料时,宜采用等强度斜向对接焊缝焊接并经探伤检验合格,也可采用对接焊缝焊接再加补强板的接料方法。

5.3.3.3 焊接工字梁或箱形梁的板材进行接料时,其翼缘板和腹板的接料位置应相互错开的距离应大于 200 mm。

5.3.3.4 接料的原则为不低于原截面的强度,同一杆件的接料不宜多于一处。

5.3.4 焊接

5.3.4.1 手工焊接用的焊条符合应 GB/T 5117 或 GB/T 5118 的规定,选用的焊条牌号应与主体结构件的强度、焊缝所受载荷类型、焊接方法相适应。

5.3.4.2 埋弧自动焊和半自动焊的焊丝和焊剂应符合 GB/T 5293 和 GB/T 12470 的规定。二氧化碳气体保护焊用的焊丝应符合 GB/T 8110 的规定。

5.3.4.3 焊接接头的形式应符合 GB/T 3375 的规定。坡口形式及尺寸应符合 GB/T 985.1、GB/T 985.2的规定。连接组装的偏差应符合 GB 50205 的规定,特殊接头应采用图示注明。

5.3.4.4 制造单位首次采用的钢种、焊接材料、焊接方法、焊后热处理等应进行焊接工艺评定后确定。

5.3.4.5 焊缝按其重要性分为三类:

a) 一类焊缝,如:

  1) 主要承载构件为梁,其受拉区的翼缘板和腹板的自身对接焊缝;

  2) 主要承载构件为桁架式塔架,其受拉的弦杆和腹杆的自身对接焊缝以及与铰座的对接焊缝;

  3) 拉杆、拉板的自身对接焊缝及与端部零件连接的组合焊缝;

  4) 卷筒的对接焊缝;

  5) 图样中规定的其他一级焊缝。

b) 二类焊缝,如:

1） 主要承载构件为梁，其受压区的翼缘板和腹板的自身对接焊缝及梁体的组合焊缝；

2） 主要承载构件为桁架式塔架，其受压弦杆和腹杆的自身对接焊缝以及与铰座的对接焊缝；

3） 卷筒与两端法兰连接的组合焊缝；

4） 台车梁及平衡梁的对接焊缝；

5） 图样中规定的其他二级焊缝。

c） 三类焊缝：不属于一、二类的其他焊缝。

5.3.4.6 所有焊缝均应进行外观检查，质量应达到附录 A 的要求。

5.3.4.7 焊接接头内部缺陷的检验：对于采用超声波检验时，应符合 JB/T 10559 的规定。对于采用射线检验时，应符合 GB/T 3323 的规定。见附录 A。

5.3.4.8 一、二类焊缝的探伤比例见表 2。

表 2 焊缝的探伤比例

钢种	板厚 mm	一类焊缝 %	二类焊缝 %
碳素结构钢	≥38	100	50
	<38	50	30
低合金结构钢	≥32	100	50
	<32	50	30

5.3.4.9 焊缝探伤检验，对碳素结构钢应在焊缝冷却到环境温度后进行；对低合金结构钢应在焊完24 h后进行。

5.3.5 螺栓连接

5.3.5.1 用于钢结构部件的高强度螺栓、螺母、垫圈应符合 GB/T 1228、GB/T 1229、GB/T 1230和 GB/T 1231 的规定。

5.3.5.2 高强度螺栓的连接施工，应按照 JGJ 82 的规定执行。

5.4 机构

5.4.1 起升机构

5.4.1.1 起升机构除设置工作制动器外还应设置安全制动器，安全制动器在起升机构正常工作时打开，在紧急和长时间停机状态下闭合。

5.4.1.2 当起升高度大于 100 m 时，宜具有轻载高速的功能。

5.4.1.3 钢丝绳在卷筒上应排列整齐，不应挤叠或乱槽。若在卷筒上安装了挡绳装置，则应设置挡绳检测传感器，当钢丝绳缠绕出错时，应发出信号并自动停机。

5.4.1.4 排绳装置有链条传动的，应设置断链检测装置，当链条断裂时应发出信号并自动停机。

5.4.2 牵引机构

5.4.2.1 牵引机构采用无极绳摩擦轮驱动时，驱动轮槽内应有增摩衬垫；采用两侧分别驱动时，应设置安全制动器和同步装置。

5.4.2.2 牵引机构摩擦轮槽衬垫磨损后，在厚度小于钢丝绳直径或各绳槽底径之差大于 3 mm 时应予更换。

5.4.3 大车运行机构

5.4.3.1 大车运行机构的车轮轴线在垂直平面内与基准位置的偏斜角不大于1∶400,在水平面内与基准位置的倾斜角不大于1∶1 000,且在同一条车轮轴线上,相对应的车轮的偏斜方向应相反。

5.4.3.2 同一台车下车轮的同位差不大于2 mm,同一平衡梁下车轮的同位差不应大于3 mm。

5.4.3.3 辐射式缆机的大车运行机构,不同轨道上的各个主动车轮的线速度应与其到缆机辐射中心的水平距离成正比。

5.4.4 张紧装置

5.4.4.1 承载索的调整采用钢丝绳、滑轮及卷筒方式时,应装设逆止器。

5.4.4.2 采用预应力钢绞线液压张拉方式,系统在受载工况下,应具有防止上、下两端卡爪同时松开的保护功能。

5.5 主要零部件

5.5.1 承载索

5.5.1.1 用于混凝土浇筑用途的缆机承载索应采用符合YB/T 5295的密封型钢丝绳;用于安装用途的缆机承载索可采用符合GB/T 20118的多股钢丝绳。

5.5.1.2 承载索安全系数见表3。

表3 承载索安全系数

承载索类型		安全系数 n
密封钢丝绳	$n=F_r/S_{max}$	≥3
普通钢丝绳	$n=F_{min}/S_{max}$	

注:n ——安全系数;
F_r ——钢丝绳的计算破断拉力;
F_{min} ——钢丝绳的最小破断拉力;
S_{max} ——正常工作状态的钢丝绳最大拉力。

5.5.1.3 承载索索头固结处强度不应小于承载索的强度。

5.5.1.4 承载索的检验、报废应符合GB/T 9075的规定。进口的钢丝绳、承载索检验、报废可按照其生产国标准或生产厂家的规定执行。

5.5.2 钢丝绳、卷筒

5.5.2.1 起升和牵引等工作钢丝绳的要求不应低于GB 8918的规定。安全系数见表4。

表4 工作钢丝绳安全系数

工作钢丝绳类型		安全系数 n	
		缆机跨度/m	
		≤800	>800
牵引绳	$n=F_{min}/S_{max}$	≥4.5	≥4.0
起升绳		≥5	

5.5.2.2 工作钢丝绳严禁采用插接、打结等方法接长使用。

5.5.2.3 多层卷绕的钢丝绳应采用钢芯绳。

5.5.2.4 钢丝绳的保养、维护、安装、检验、报废应符合 GB/T 5972 的规定。

5.5.2.5 钢丝绳的悬挂、固结装置强度应能承担不小于 3 倍钢丝绳拉力的载荷。

5.5.2.6 当吊钩处于最低位置时,钢丝绳在卷筒上的安全圈不应小于 3 圈(不包括固定圈)。

5.5.2.7 卷筒两端均应有凸缘,当钢丝绳全部缠绕在卷筒上,凸缘应超出最外层钢丝绳,超出的高度为不小于钢丝绳直径的 2 倍。

5.5.2.8 卷筒出现下列情况之一时应报废:

a) 影响性能的表面缺陷(如裂纹等);

b) 卷筒磨损达原壁厚的 20% 。

5.5.3 滑轮

5.5.3.1 滑轮可采用钢材或尼龙材料制成。A6 及以上工作级别或钢丝绳线速度大于 300 m/min 时的缆机宜采用尼龙滑轮。

5.5.3.2 装配好的滑轮应转动灵活。

5.5.3.3 滑轮出现下列情况之一时应报废:

a) 影响性能的表面缺陷(如裂纹等);

b) 尼龙滑轮绳槽磨损深度方向达 2 倍的钢丝绳直径、侧向偏磨达 0.5 倍的钢丝绳直径时;

c) 钢滑轮绳槽磨损直径方向达原壁厚的 20%、侧向偏磨达 3 mm;

d) 其他损害钢丝绳的缺陷。

5.5.4 吊钩

5.5.4.1 锻造吊钩的选择应符合 GB/T 10051.1 的规定。片式吊钩应符合 GB/T 10051.13 的规定。

5.5.4.2 锻造吊钩达到 GB/T 10051.3 的报废指标时,应更换。片式吊钩出现 GB/T 10051.14 中所示的裂纹、变形和磨损时,则应更换。

5.5.4.3 吊钩应设置防止脱钩的装置。

5.5.4.4 吊钩应具有防倾翻性能。

5.5.4.5 用于混凝土浇筑的吊钩应配置悬挂混凝土罐的专用横梁。

5.5.4.6 吊钩可设置配重以满足空钩在跨度范围内任意位置自由下降的要求。配重应安放牢固,并能方便地拆除。

5.5.4.7 有夜间工作要求的缆机,吊钩应有明显的荧光标记或设置警示灯。

5.5.5 制动器

5.5.5.1 工作制动器的安全系数应符合 GB/T 3811 的要求,安全制动器安全系数不应小于 1.25。

5.5.5.2 起升和牵引机构的制动器应是常闭式的。

5.5.6 支索器(承马)

5.5.6.1 支索器应满足运行速度对其构造的要求。

5.5.6.2 支索器的托辊所用材料不应对起升绳和牵引绳产生非正常的磨损。易损的部件应方便维护和更换。

5.5.6.3 移动式支索器的行走轮所用材料不应对承载索产生非正常的损坏，工作时支索器的分布应尽量均匀。

5.5.6.4 固定式支索器夹持在承载索上应安全可靠，不易脱落。

5.5.7 起重小车

5.5.7.1 起重小车构造设计应满足各小车轮压均匀。

5.5.7.2 车轮绳槽半径为承载索直径的0.55～0.6倍。

5.5.7.3 车轮所用材料不应对承载索产生明显磨损。

5.5.7.4 起重绳导向滑轮间距不应小于起升高度的1/40～1/50(普通6股绳取大值，有抗扭转性的绳取小值)。

5.5.8 大车车轮

5.5.8.1 大车车轮应符合JB/T 6392的规定。

5.5.8.2 大车车轮出现下列情况之一时，应报废：

a) 影响性能的表面缺陷(如裂纹等)；

b) 轮缘厚度磨损达原厚度的50%；

c) 轮缘弯曲变形达原厚度的20%；

d) 踏面厚度磨损达原厚度的15%；

e) 当运行速度低于50 m/min时，圆度达1 mm；当运行速度高于50 m/min时，圆度达0.1 m时。

5.5.9 司机室

5.5.9.1 司机室的一般要求应符合GB/T 20303.1的规定。

5.5.9.2 司机室通过座椅标定点(SIP)其净高度不应小于1 600 mm，净宽度不应小于900 mm，净深度不应小于1 300 mm。内部总容积不应小于3 m^3。在确定容积和尺寸时，应考虑司机室内工作人员数和实际工作时间的长短。

5.5.9.3 司机室的安装位置、窗户尺寸及布置应视野良好。采用机外可移动司机室时，应设置可靠的吊耳。

5.5.9.4 控制元件的总体布置和特性应符合GB/T 24817.1的规定。

5.5.9.5 对于司机室离装卸点较远，司机视野较差时，司机室内宜配置固定的通讯对讲机设备。

5.5.10 通道及安全防护设施

走道、平台、梯子、栏杆及防护设施应符合GB/T 24818.1的规定。

5.6 液压系统

5.6.1 液压系统的一般要求应符合GB/T 3766的规定。

5.6.2 液压传动应平稳，不得有因振动和吸空等引起的不正常噪声。

5.6.3 液压系统中应设有防止过载和液压冲击的安全装置，溢流阀的调整压力不得大于系统额定工作压力的1.1倍。

5.6.4 液压系统的试验压力可取最高工作压力的1.5倍。油缸耐压试验压力：当最高工作压力$P \leqslant 16$ MPa时，取$1.5P$；当$P > 16$ MPa时，取$1.25P$；保压时间为2 min以上。

5.6.5 液压油应纯净，不得有机械杂质和水分，液压油应具有良好的润滑性、适当的粘度、良好的粘温特性、抗氧化、抗燃烧、无毒、无腐蚀作用、不破坏密封材料、不易乳化，有一定的消泡能力。

5.6.6 需在低温环境下使用的缆机，如无油液加热设备，则液压油的凝点至少应比环境最低温度低 10 ℃。

5.7 电气

5.7.1 供电

5.7.1.1 在正常工作条件下，供电系统在缆机馈电线接入处的电压波动不应超过额定值的±10%。

5.7.1.2 缆机内部电压降应符合 GB/T 3811 的规定。

5.7.1.3 移动式的主、副塔(车)馈电装置采用电缆卷筒，电缆在卷筒上应排列紧密，层间避免出现交叉。

5.7.1.4 采用高压进线的电缆卷筒集电环应进行交流耐压试验。

5.7.2 电气设备选型与安装

5.7.2.1 电气设备的所有元器件均应安全、可靠。中低压开关柜、配电柜应有完善的电气、机械联锁及防护操作功能。

5.7.2.2 电气设备的防护等级应符合 GB 4208 的规定。室内直流电动机不低于 IP23，配电柜不低于 IP44；室外交流电动机不低于 IP55，接线箱不低于 IP54，并都应设有防雨罩。

5.7.2.3 电阻器应置于通风散热处，采用自然冷却型，并应有防护外罩。四箱及四箱以下的电阻器可以直接叠装；四箱以上的电阻器叠装时，应满足散热要求并采取加固措施。

5.7.2.4 电阻器的电阻值和发热容量的选择应符合 GB/T 3811 的规定。

5.7.2.5 变压器宜采用干式变压器，且应具有安全防护措施。变压器的安装应符合 GB 50148 的规定。高压开关柜的选型及安装应符合 GB 3906 的规定，并考虑检修时的方便性。

5.7.2.6 缆机控制采用有线通讯的，通讯电缆卷筒宜设力矩调节装置。通讯电缆的选型应考虑与电缆卷筒的转矩匹配。

5.7.2.7 电气柜柜体结构应焊接牢固、无毛刺、变形，表面光洁平整，颜色均匀，无沙眼、磨损、锈斑。户外安装的电气柜应具有防雨、防尘、除湿功能。对条架式结构，应有吊耳和地脚安装孔。

5.7.2.8 电气室和副塔(车)机房可根据使用环境条件，考虑夏季降温和冬季加热措施。

5.7.2.9 所有导线应采用橡胶绝缘铜芯多股电线或电缆，按敷设方式、环境温度和电压等级来确定。

导线的最小截面：电动机电源线不小于 2.5 mm^2；控制回路和辅助接线不小于 1.5 mm^2。导线敷设应平直、整齐，导线连接牢固，包扎严密，绝缘良好，不伤线芯，导线接头不受拉力，强弱电线应分开敷设。线管敷设应牢固固定，管口光滑，护口齐全。

5.7.3 传动系统

5.7.3.1 起升和牵引机构宜采用具有能量回馈电网功能的交流变频传动或可控硅整流的直流传动。采用交流变频传动的，其供电单元和传动单元宜采用 IGBT。大车运行机构宜采用交流变频传动。

5.7.3.2 起升机构采用可控硅整流形式的直流传动的，应有防止下降时供电电网异常而产生逆变失败的措施。

5.7.3.3 大车运行机构采用交流变频调速的,宜采用开环控制方式。变频装置的最大输出电流不应小于电动机最大起动电流值,额定输出电流不应小于电动机在额定负载时的工作电流。

5.7.3.4 起升和牵引机构宜采用测速闭环控制方式,测速方式宜采用编码器。

5.7.4 控制系统

5.7.4.1 控制电源由变压器(或带整流器的变压器)提供时,二次侧电压不应超过 250 V;各控制电源回路的接地端应采取一点式接地。可设置 UPS 作为后备控制电源。

5.7.4.2 对于采用便携式无线遥控装置操作,应具备在正常工作信号中断时各机构立即停止工作的功能,还应具有抗同频干扰信号的能力。若受同频干扰时,不允许出现误动作。

5.7.4.3 在主、副塔(车)侧的电气柜或现地操作盒上宜分别设置单独操作主、副塔(车)的按钮或旋钮。现地操作与司机室操作应有联锁保护,并且现地操作为优先操作。

5.7.4.4 司机室、主塔(车)和副塔(车)之间的控制及信号传输可采用以电缆或光纤为载体的数字式有线通讯,并设有无线通信作为备用。如受到现场环境等因素的限制,不便采用有线通信的,可采用两套无线通信系统互为备用。采用无线通信的,应具有抗同频干扰信号的能力。若受同频干扰时,不允许出现误动作。不论是无线通信还是有线通讯,在通讯中断时缆机应能自动停机,并具有通信中断的自诊断功能。

5.7.4.5 司机室联动台各机构操作手柄零位挡应明显,其手柄的操纵方向应与相应机构运行方向一致。

5.7.4.6 司机室内宜设置一台工业控制计算机,用于智能控制、故障诊断、运行状态显示和记录。工业控制计算机停止运行不应造成缆机停机和误动作。工业控制计算机应显示起重小车位置、吊钩高度、起升速度、小车横移速度、大车运行速度、起升的重量、主副车位置及偏移量、相邻缆机间的距离、故障、报警等。

5.7.4.7 主、副塔(车)运行应设置自动纠偏功能。

5.7.5 电气保护

5.7.5.1 急停装置

缆机各操作部分(包括主机房、电控室、司机室联动台、现地操作盒等)均应设置急停按钮,操作急停按钮应能断开缆机控制电源和动力电源。急停按钮应为红色,并不应自动复位。急停按钮应设置在操作人员便于操作的位置。大车行走机构处需另设置只控制大车行走的急停按钮。

5.7.5.2 线路保护

所有外部线路均应具有短路或接地引起的过电流保护功能,在线路发生短路或接地时,瞬时保护装置应能分断线路。

5.7.5.3 失压与欠压保护

缆机应设有失压与欠压保护,当供电电源中断或电气系统欠压时,应自动停止缆机运行。

5.7.5.4 缺相与相序保护

缆机应设有缺相与相序保护,当供电电源缺相或相序错误时,应自动停止缆机运行。

5.7.5.5 零位保护

缆机各传动机构应设有零位保护,当开始运转或运行中因故障停机而恢复供电时,机构不应自动动作，应先将控制器手柄置于零位后，各传动机构方能重新启动。

5.7.5.6 **调速装置保护功能**

调速装置应有完善的保护功能，并提供故障检测与报警，对外部信号（如供电电压、编码器速度、电机温度、励磁电流、外部保护联锁等）应能进行检测与保护。

5.7.6 **其他保护**

5.7.6.1 起升、牵引电动机宜安装温度传感器，当温度超过电动机规定值时，应将信号送至控制系统后进行报警。

5.7.6.2 主变压器宜设置温度检测与报警，并有仪表显示。

5.7.6.3 可利用位置编码器设置机构的减速和停机用的软限位。

5.7.7 **照明**

5.7.7.1 司机室应提供固定的、不炫目的工作照明装置，并具有不低于 30 lx 的照度，在缆机主电气线路被切断时，照明装置应能正常工作。照明电路的额定电压不应超过 220 V。

5.7.7.2 缆机应有良好的照明，并在主电气线路被切断时，照明装置应能正常工作。缆机的机房、走道、平台、电气室等应具有不低于 30 lx 的照度。照明装置宜考虑防震措施。

5.7.7.3 缆机应在其最高点装设红色障碍灯。

5.7.8 **防雷、接地、防火**

5.7.8.1 **防雷**

缆机应设置防雷击设施，在电气设备的高压和低压部分进线端应装设避雷器，必要时对控制回路装设浪涌吸收装置。避雷保护装置的接地端必须与接地网可靠连接。

5.7.8.2 **接地**

5.7.8.2.1 缆机塔架、电动机机座等所有电气设备、导线管、线槽等的金属外壳均应可靠接地，其接地电阻不应大于 4 Ω；采用多处重复接地时，其接地电阻值不应大于 10 Ω。

5.7.8.2.2 接地电缆及用作接地设施的电导，一般不小于线路中最大的相电导的 1/2，但接地铜导线截面最大不大于 50 mm^2。

5.7.8.2.3 缆机的接地可由金属结构通过行走轨道直接接入接地网。对于缆机主、副塔（车）均应设专用接地碳棒，碳棒与缆机轨道应可靠滑接，使之导电接触良好。

5.7.8.2.4 缆机的牵引绳应通过专用的导电体（滑轮或碳棒）与接地网连接。

5.7.8.2.5 严禁利用缆机金属构件、接地线作工作载流零线。

5.7.8.2.6 主回路、控制电路、所有电气设备的相间绝缘电阻和对地绝缘电阻不应小于1.0 MΩ。

5.7.8.3 **防火**

缆机的防火要求应按国家标准设计，在司机室、主塔（车）机房、副塔（车）等部位应配置一定数量的灭火器。

5.8 **表面涂装**

5.8.1 表面处理和涂漆应符合 JB/T 5000.12 的规定。

5.8.2 缆机面漆应均匀、细致、光亮、完整和色泽一致，不得有粗糙不平、漏漆、错漆、皱纹及严重流挂等缺陷。

5.8.3 涂层干膜总厚度不应小于 180 μm。漆膜附着力应符合 GB/T 9286—1998 中规定的一级质量要求。

5.9 安全保护装置

5.9.1 起重量限制器

缆机应设置起重量限制器。

当实际起重量超过95%额定起重量时,起重量限制器应发出报警信号。

当起重量在100%~110%的额定起重量之间时,起重量限制器起作用,此时应自动切断起升动力电源,但应允许机构做下降动作。

5.9.2 行程限位装置

5.9.2.1 起重小车行程限位装置

5.9.2.1.1 应设置起重小车横移的行程限位开关。当起重小车触发终端限位开关时,只能停车或向跨中运行,不能再向端部运行。

5.9.2.1.2 起重小车牵引机构应设置行程检测装置。

5.9.2.1.3 当起重小车处于非正常工作区域时,应以手动方式开启旁路开关方可继续往端部运行,同时对起重量和运行速度进行限制。

5.9.2.2 起升高度限位器

5.9.2.2.1 应设置吊钩上、下极限位置的起升高度限位器。

5.9.2.2.2 吊钩下极限位置应能根据用户要求调整。

5.9.2.3 大车行程限位装置

5.9.2.3.1 对轨道运行的缆机应在每个运行方向设置行程限位开关、缓冲器和终端止挡。当行程限位开关动作时,缆机能及时制动并应在达到极限位置前停车。

5.9.2.3.2 大车运行机构应设置行程检测装置。

5.9.2.3.3 当缆机在与终端止挡或与同一轨道上其他缆机相距约5 m时,应限制缆机运行速度。

5.9.3 超速保护装置

起升机构应设置超速保护装置,当下降速度超过额定值15%时,应自动停机。

5.9.4 钢丝绳防脱装置

5.9.4.1 各导向滑轮和起升卷筒均应设有钢丝绳防脱装置。

5.9.4.2 滑轮、卷筒最外缘与防脱装置表面的间隙不应超过钢丝绳直径的20% 。

5.9.5 风速仪

应配备风速仪,风速仪可设于缆机上部的迎风处。当风速超过工作允许风速时,应能发出停止作业的警报。

5.9.6 夹轨器

对轨道运行的缆机应安装夹轨器,夹轨器应与大车运行机构联锁。

5.9.7 清轨板

对轨道运行的缆机,在其台车架上应安装排障清轨板,清轨板与轨道之间的间隙为5 mm~10 mm。

5.9.8 偏斜保护

缆机应设置偏斜保护装置。主、副塔(车)运行范围内应设置若干位置校准点,用于校准大车位置。当主、副塔(车)运行偏斜超限时应先报警,超过设计最大允许偏斜距离时应自动停机。

6 试验方法

6.1 试验条件

6.1.1 缆机应装上设计所规定的全部装置,并按使用说明书调整至正常工作状态。

6.1.2 对在轨道上运行的缆机,其轨道铺设应符合要求。

6.1.3 试验时地面 3 s 时距内平均瞬时风速不大于 8.3 m/s。

6.1.4 试验参数的测量精度要求应符合 GB/T 21457 的规定。

6.1.5 试验所使用的仪器和量具应经计量检定合格,并在有效期内。

6.2 目测检查

检查是在不拆卸任何零部件就能观察到的部位及零部件,也包括某些必要的手动操作(如打开开关盖)。其中应包括:

a) 各机构、制动器;

b) 电气设备、信号系统及照明;

c) 金属结构及其连接件;

d) 司机室、控制器;

e) 通道及安全防护设施;

f) 安全保护装置;

g) 吊钩及其连接件;

h) 工作钢丝绳及其固接件;

i) 滑轮组(滑轮、轴和紧固件);

j) 承载索及其连接件。

6.3 绝缘试验

6.3.1 绝缘试验在缆机整机装配完毕后、电源接通前进行。

6.3.2 测量主回路、控制电路、所有电气设备的相间绝缘电阻和对地绝缘电阻。

6.4 空载试验

6.4.1 缆机在空载状态下分别开动各机构,进行操作试验,并进行起升高度的测量。

6.4.2 空载试验不应少于三个完整的工作循环,每个工作循环中各机构制动不少于两次。一个工作循环为:从地面起升试验载荷至起升高度后,小车在工作范围内横移,然后回到载荷起升前的状态。

6.4.3 当机构有两个或多个制动器时,要做停电状态下同时制动和单个制动试验。

6.4.4 如机构间有联动要求,应试验联动动作及联动保护。

6.4.5 对于两台及以上的缆机有抬吊要求的场合,应试验缆机间联动动作及联动保护。

6.5 额定载荷试验

6.5.1 缆机在额定载荷状态下分别开动各机构,进行操作试验,并进行起升(下降)速度、小车横移速度、大车运行速度的测试。

6.5.2 额定载荷试验不应少于三个完整的工作循环,每个工作循环中各机构制动不少于两次。

6.5.3 如机构间有联动要求,应试验联动动作及联动保护 。

6.5.4 对起升机构装有超速保护装置的,应进行超速下降保护试验。

6.6 静载试验

6.6.1 静载试验的载荷为额定起重量的 1.25 倍。试验应在缆机及主要结构件承受最大载荷的位置和状态下进行。

6.6.2 试验载荷应逐渐加上去,起升至离地面 100 mm～200 mm,并停留 10 min。试验载荷离地时应尽量避免出现冲击现象。

6.6.3 试验时允许调整起重量限制器、液压系统安全溢流阀压力,但试验后应调回到设计规定的数值。

6.7 动载试验

6.7.1 动载试验的载荷为额定起重量的 1.1 倍。试验应在缆机处于正常工作时承受最大载荷的位置和状态下进行。

6.7.2 各机构的动载试验应分别进行。如机构间有联动要求,应试验联动动作及联动保护。

6.7.3 试验中,对每种动作应在其整个运动范围内作反复启动和制动,并按其工作循环,试验应至少延续 1 h。

6.7.4 动载试验还应包括对悬吊着的载荷作空中启动、制动 。

6.7.5 试验时允许调整起重量限制器、液压系统安全溢流阀压力,但试验后应调回到设计规定的数值。

6.8 噪声测量

6.8.1 缆机在额定载荷状态下进行起升、下降、小车横移、大车运行等动作时,测量司机室座位处噪声。

6.8.2 测量时,背景噪声应比测量噪声低 10 dB(A)以上。

6.9 结构强度试验

6.9.1 缆机进行结构强度试验的载荷为额定起重量,试验工况为起重小车位于跨中和正常工作区两端极限位置。对摇摆式缆机应在支架摆动角度的极限位置进行试验。

6.9.2 应力测点应根据缆机结构受力分析,合理选定在构件的危险应力区。应力测点布置应包括塔架、机架、行走台车梁、承载索拉板等部位。

6.9.3 在结构形状突变处、应力集中区,应变片应尽可能贴在高应力点。

6.9.4 对受压杆件,应变片应粘贴在杆件的中部或其他可能挠曲的部位。

6.9.5 粘贴应变片时应避开结构节点处,距离视节点处的加强筋板尺寸大小而定,特殊情况下也可在加强筋板上粘贴应变片。

6.9.6 试验前连接校准好应变检测系统,消除任何不正常现象。

6.9.7 试验时,在起升钢丝绳松弛时检测仪器调零,试验载荷离地 100 mm～200 mm 稳定后读数,载荷落地起升钢丝绳恢复松弛后检测仪器回零读数。

6.9.8 如果测点的回零读数偏差超过$\pm 0.03\sigma_s/E$,则认为该测点测试无效,应查明原因后重新试验。如原因为构件的永久变形,则应终止试验。

6.9.9 每一工况应重复试验 3 次,取其平均值为测定值。

7 检验规则

7.1 出厂检验

7.1.1 出厂前应将各主要结构、主要机构分别预拼装，进行空运转。

7.1.2 检验合格的产品应附有产品出厂合格证。

7.1.3 出厂检验项目见表5。

表5 检验项目

<table>
<tr><th rowspan="2">序号</th><th rowspan="2" colspan="2">项目名称</th><th rowspan="2">试验方法</th><th rowspan="2">技术要求</th><th colspan="2">检验类别</th></tr>
<tr><th>出厂检验</th><th>型式检验</th></tr>
<tr><td>1</td><td rowspan="2">外观</td><td>焊缝</td><td rowspan="12">目测</td><td>5.3.4.6</td><td>√</td><td>√</td></tr>
<tr><td>2</td><td>表面涂装</td><td>5.8</td><td>√</td><td>√</td></tr>
<tr><td>3</td><td colspan="2">各机构、制动器</td><td>5.4、5.5.5</td><td>√</td><td>√</td></tr>
<tr><td>4</td><td colspan="2">电气设备、信号系统及照明</td><td>5.7.2、5.7.4、5.7.7</td><td>√</td><td>√</td></tr>
<tr><td>5</td><td colspan="2">金属结构及其连接件</td><td>5.3.1.1</td><td>√</td><td>√</td></tr>
<tr><td>6</td><td colspan="2">司机室、控制器</td><td>5.5.9</td><td>√</td><td>√</td></tr>
<tr><td>7</td><td colspan="2">通道及安全防护设施</td><td>5.5.10</td><td>√</td><td>√</td></tr>
<tr><td>8</td><td colspan="2">安全保护装置</td><td>5.9</td><td>√</td><td>√</td></tr>
<tr><td>9</td><td colspan="2">吊钩及其连接件</td><td>5.5.4</td><td>√</td><td>√</td></tr>
<tr><td>10</td><td colspan="2">工作钢丝绳及其固接件</td><td>5.5.2</td><td>√</td><td>√</td></tr>
<tr><td>11</td><td colspan="2">滑轮组(滑轮、轴和紧固件)</td><td>5.5.3</td><td>√</td><td>√</td></tr>
<tr><td>12</td><td colspan="2">承载索及其连接件</td><td>5.5.1</td><td>√</td><td>√</td></tr>
<tr><td>13</td><td colspan="2">绝缘试验</td><td>6.3</td><td>5.7.8.2.6</td><td>√</td><td>√</td></tr>
<tr><td>14</td><td colspan="2">空载试验</td><td>6.4</td><td>5.2.8</td><td>√</td><td>√</td></tr>
<tr><td>15</td><td colspan="2">额定载荷试验</td><td>6.5</td><td>5.2.9</td><td>√</td><td>√</td></tr>
<tr><td>16</td><td colspan="2">静载试验</td><td>6.6</td><td>5.2.10</td><td>√</td><td>√</td></tr>
<tr><td>17</td><td colspan="2">动载试验</td><td>6.7</td><td>5.2.11</td><td>√</td><td>√</td></tr>
<tr><td>18</td><td colspan="2">噪声测量</td><td>6.8</td><td>5.2.7</td><td>—</td><td>√</td></tr>
<tr><td>19</td><td colspan="2">结构强度试验</td><td>6.9</td><td>5.1.1</td><td>—</td><td>√</td></tr>
</table>

7.2 型式检验

7.2.1 有下列情况之一时，应进行型式检验：

a) 新产品或老产品转厂生产的试制定型鉴定；

b) 主要结构、材料、工艺、重要机构、安全保护装置有较大改变，可能影响产品性能时；

c) 产品停产达一年以上后恢复生产时；

d) 出厂检验结果与上次型式检验有较大差异时；

e) 国家质量监督机构提出进行型式检验要求时。

7.2.2　型式检验项目见表5 。

7.2.3　定型、改型或复产的缆机应对首台进行检验。

7.2.4　型式检验项目全部符合规定，则判定该产品为合格;否则判定为不合格。

8　标志、包装、运输及贮存

8.1　标志

8.1.1　缆机应在明显的位置设置标牌,标牌应符合GB/T 13306的规定,标牌上应至少标出如下内容:

a）产品的名称及型号;

b）制造商名称;

c）额定起重量、跨度;

d）产品编号、出厂日期;

e）产品执行标准。

8.1.2　在司机室内明显位置应设置产品性能标牌,标牌上应标出:

a）产品的名称及型号;

b）额定起重量、跨度和主要性能参数;

c）出厂日期。

8.1.3　缆机安全标识应符合GB 15052的规定。

8.2　包装

8.2.1　包装应在涂层干燥后进行,应保证物件不变形、不损坏、不散失、保护涂层不受损伤,并符合GB/T 13384的有关规定。

8.2.2　包装上应标明物件的名称、编号、重量、吊点位置。

8.2.3　销轴、轴孔、螺纹、制动盘等部位应作防锈处理并妥善保护。

8.2.4　制造商应至少提供如下随行文件:

a）产品合格证明书;

b）产品使用操作维护说明书;

c）装箱单;

d）安装图;

e）备件及易损件清单;

f）主要外购件的合格证和说明书;

g）专用工具、仪器清单(如有时)。

8.3　运输及贮存

8.3.1　被运物件包装后的尺寸、重量等应符合铁路、公路及水运的有关规定。

8.3.2　运输及存放过程中,应做好防止碰撞、变形、受潮、腐蚀及鼠害等工作。长期贮存时,对于电气设备、液压设备、电缆、钢丝绳、高强螺栓连接副及销轴等应存放在库房内。

附　录　A
（规范性附录）
焊缝质量要求及检测

表 A.1 规定了焊缝的质量要求及检测。

表 A.1　焊缝质量要求及检测

单位为毫米

检测项目			质量要求		
			一类焊缝	二类焊缝	三类焊缝
内部缺陷	超声波探伤		JB/T 10559—2006 中 1 级	JB/T 10559—2006 中 2 级	—
	射线探伤		GB/T 3323—2005 中Ⅱ级	GB/T 3323—2005 中Ⅲ级	—
外观缺陷	裂纹		不允许		
	表面夹渣		不允许		深$\leqslant 0.1\delta$；长$\leqslant 0.3\delta$，且$\leqslant 15$
	表面气孔		不允许		每 50 长度允许存在 2 个直径$\leqslant 0.4\delta$ 且$\leqslant 3$ 的气孔，气孔间距$\geqslant 6$ 倍孔径
	咬边		不允许	深$\leqslant 0.5$，连续长度$\leqslant 100$ 且焊缝两侧咬边总长$\leqslant 10\%$焊缝全长	深$\leqslant 0.1\delta$ 且$\leqslant 1$
	电弧擦伤		不允许		允许存在个别电弧擦伤
	焊瘤		不允许		
	残留飞溅		不允许		
	残留焊渣		不允许		
	对接焊缝	手工焊及气体保护焊余高	$12<\delta\leqslant 25$ 时，$0\sim 2.5$；$\delta>25$ 时，$0\sim 3$		—
		埋弧焊余高	$0\sim 4$		—
		相邻焊缝余高差	$\leqslant 2$		
	角焊缝	焊缝厚度不足	$\leqslant 0.3+0.05\delta$ 且$\leqslant 2$，每 100 焊缝长度内缺陷总长$\leqslant 25$		
		手工焊及气体保护焊焊角 K 允差	$K<12$ 时，$-1\sim 2$；$K\geqslant 12$ 时，$-1\sim 3$		
		埋弧焊焊角 K 允差	$K<12$ 时，$-1\sim 3$；$K\geqslant 12$ 时，$-1\sim 4$		
		角焊缝转角处	连续等焊角绕角施焊		
注：δ 为连接处较薄的板厚。					

ICS 53.020.20
J 80

GB

中华人民共和国国家标准

GB/T 28757—2012

除流动式、塔式和浮式起重机以外的起重机　稳定性基本要求

Cranes other than mobile, tower and floating cranes and tower cranes—General requirements for stability

(ISO 4304:1987, Cranes other than mobile and floating cranes and tower cranes—General requirements for stability, MOD)

2012-11-05 发布　　2013-02-01 实施

942 中华人民共和国国家质量监督检验检疫总局
中国国家标准化管理委员会　发布

前　言

本标准按照 GB/T 1.1—2009 给出的规则起草。

本标准使用重新起草法修改采用 ISO 4304:1987《除流动式和浮式起重机以外的起重机稳定性基本要求》(英文版)。

本标准与 ISO 4304:1987 的技术差异及其原因如下:

——因我国已有 GB/T 20304—2006/ISO 12485:1998《塔式起重机　稳定性要求》。本标准名称和范围做了如下修改和调整:
  - 标准名称修改为“《除流动式、塔式和浮式起重机以外的起重机　稳定性基本要求》”。
  - 标准范围由“……各类起重机(流动式和浮式起重机除外)”修改为“……各类起重机(流动式、塔式和浮式起重机除外)”。

——关于规范性引用文件,本标准做了具有技术性差异的调整,以适应我国的技术条件,调整的情况集中反映在第 2 章“规范性引用文件”中,具体调整如下:
  - 用等同采用国际标准的 GB/T 6974.1 代替 ISO 4304:1987 引用的 ISO 4306-1。

为了方便使用,本标准还做了以下编辑性修改:

——将国际标准中 3.2 的悬置段内容修改为本标准中的 3.2.1,并将国际标准中的条款编号 3.2.1 和 3.2.2 分别修改为本标准的条款编号 3.2.2 和 3.2.3。

本标准由中国机械工业联合会提出。

本标准由全国起重机械标准化技术委员会(SAC/TC 227)归口。

本标准起草单位:大连理工大学、北京起重运输机械设计研究院、国家起重运输机械质量监督检验中心。

本标准主要起草人:桂佩康、林夫奎、王欣、滕儒民、曹旭阳、潘志毅。

除流动式、塔式和浮式起重机以外的起重机　稳定性基本要求

1　范围

本标准规定了通过计算来校验 GB/T 6974.1 定义的各类起重机(流动式、塔式和浮式起重机除外)的抗倾翻稳定性应满足的条件,假定起重机置于坚实的水平支承面或轨道上。

本标准不包含起重机在其轨道上打滑的校验。

2　规范性引用文件

下列文件对于本文件的应用是必不可少的。凡是注日期的引用文件,仅注日期的版本适用于本文件。凡是不注日期的引用文件,其最新版本(包括所有的修改单)适用于本文件。

GB/T 6974.1　起重机　术语　第 1 部分:通用术语(GB/T 6974.1—2008,ISO 4306-1:2007,IDT)

ISO 4302　起重机　风载荷估算(Cranes—Wind load assessment)

3　稳定性

3.1　计算

3.1.1　当起重机的稳定力矩的代数和大于倾翻力矩的代数和时,则认为该起重机是稳定的。

3.1.2　应采用表 1 给定值计算倾翻力矩的代数和,校验起重机的稳定性。

在所有的计算中,起重机及其部件的位置、所有载荷和力的作用,均应按最不利的组合、方向和作用来考虑。

3.1.3　起重机在倾斜面上工作,制造商在计算稳定性时,应考虑所给定的条件。

3.1.4　按带载运行设计的起重机,计算时,除了表 1 中工况Ⅱ规定的载荷外,还应考虑由制造商规定的轨道允许最大垂直偏差所产生的力。

3.1.5　对永久性安装的(固定式)起重机,具体使用现场或地区的地震效应应在表 1 中Ⅰ、Ⅱ、Ⅲ的工况下分别作为附加载荷予以考虑。

3.1.6　按表 1 的计算时,应考虑由于起重机及其部件的重量引起的载荷,包括在起重机工作状态下作为永久性部件的所有吊具重量引起的载荷。

3.2　工作状态下的抗后倾翻稳定性

3.2.1　校验要求

当起重机处于卸载状态,所有可移动工作部件缩回到最靠近后倾翻线的位置时,工作状态下的抗后倾翻稳定性应按 3.2.2 或 3.2.3 的规定(还应按表 1 工况Ⅳ)进行校验。

3.2.2　力矩法

由工作风载 W_1 和惯性力 D 产生的倾翻力矩不应大于稳定力矩的 90%。

3.2.3 重力法

不考虑风载荷作用时，静止起重机的重心在水平面的投影位置不应超过从前支点到后倾翻线距离的80%，典型例子如图1所示。

3.3 风载荷的应用

3.3.1 工作状态下的风载荷均应按最不利的方向施加。

3.3.2 对不能随风自由回转的起重机，非工作状态下的风载荷应在最不利的方向施加，对按可随风回转设计的起重机，非工作状态下的风载荷应按预定方向作用于起重机的上部结构，按最不利方向作用于起重机的下部结构。

表 1

工况(见 3.1)	载荷	规定值
工况Ⅰ 基本稳定性	作用载荷	1.5P
	风载荷	0
	惯性力	0
工况Ⅱ 动态稳定性	作用载荷	1.3P
	风载荷	W_1
	惯性力	D
工况Ⅲ 最大风载荷	作用载荷	0
	风载荷	1.2W_2
	惯性力	0
工况Ⅳ 突然卸载	作用载荷	—0.2P'
	风载荷	W_1
	惯性力	0

注：D 是由制造商规定的惯性力或缓冲力；
P 是由制造商规定的设备额定起重量引起的载荷。起重机工作状态作为永久性部件的吊具重力，不管它是否规定的额定载荷的一部分，均应按稳定性计算载荷的一部分考虑；
P'是由制造商规定的设备额定起重量引起的载荷，不包括起重机工作状态作为永久性部件的吊具重力；
W_1是根据 ISO 4302 规定的工作状态风载荷；
W_2是根据 ISO 4302 规定的非工作状态风载荷，包括阵风的影响。

4 起重机基座

制造商应规定起重机对作为基座的地面或承载结构上的作用力。如需基座保证全部或部分起重机的稳定性，则制造商应规定基座适用性的要求。

5 稳定器

当需要稳定器时，起重机使用说明书应全面叙述所需稳定器的类型，正确的安装方法，以及它们的作用是否满足工作状态、非工作状态或抗后倾翻的稳定性要求。“稳定器”是指对起重机基本的或正常的结构添加的附件,目的是增加起重机的稳定性。“稳定器”应能迅速并方便地投入使用。

6 变形

对于因固定载荷(自重载荷)、变动载荷、风载荷或动载荷影响产生显著弹性变形的起重机,在计算整体稳定性及抗后倾翻稳定性时应考虑这种弹性变形的影响。

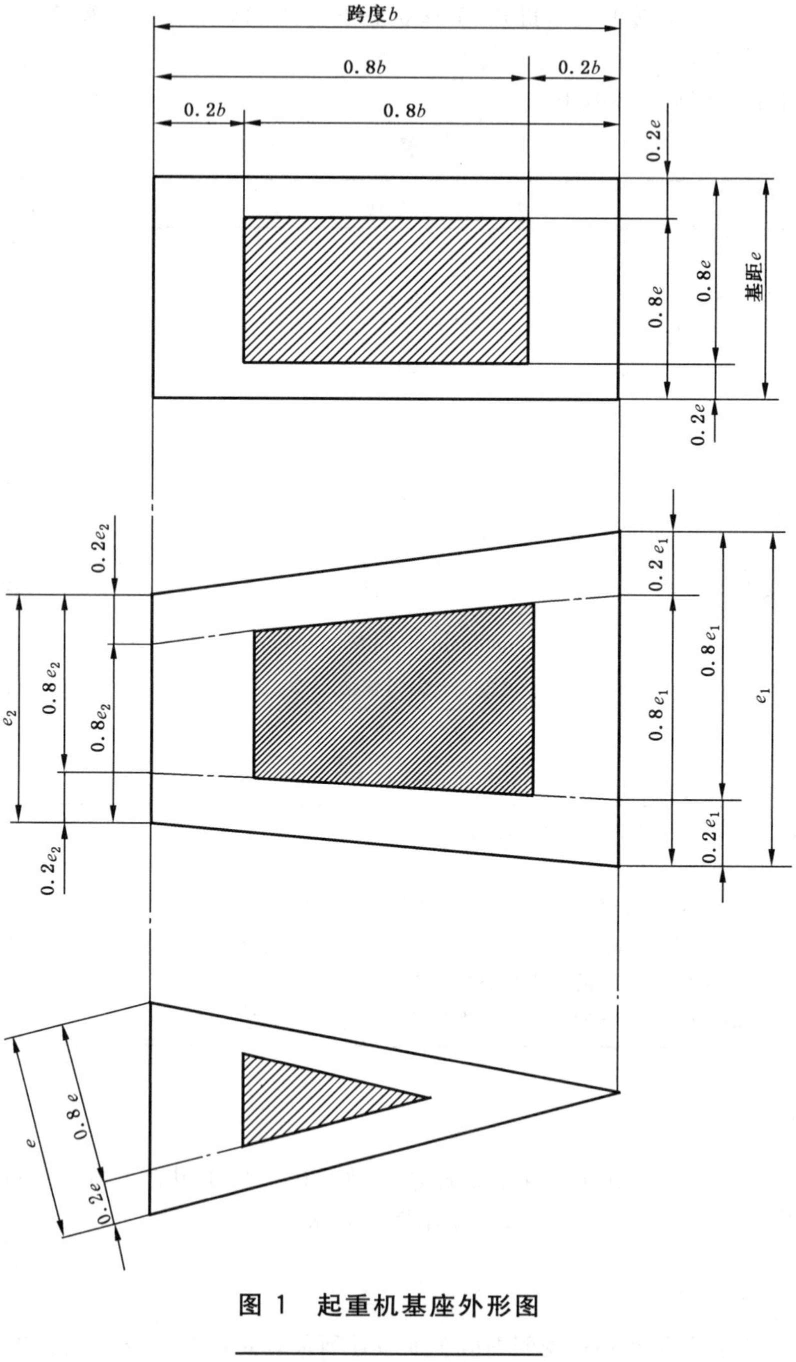

图 1 起重机基座外形图

ICS 53.020.20
J 80

中华人民共和国国家标准

GB/T 28758—2012/ISO 23814:2009

起重机　检查人员的资格要求

Cranes—Competency requirements for crane inspectors

(ISO 23814:2009,IDT)

2012-11-05 发布　　2013-02-01 实施

中华人民共和国国家质量监督检验检疫总局
中国国家标准化管理委员会　发布

前　言

本标准按照 GB/T 1.1—2009 给出的规则起草。

本标准使用翻译法等同采用 ISO 23814:2009《起重机　检查人员的资格要求》。

与本标准中规范性引用的国际文件有一致性对应关系的我国文件如下：

——GB/T 6974.1—2008　起重机　术语　第1部分:通用术语(ISO 4306-1:2007,IDT)

——GB/T 23724.1—2009　起重机　检查　第1部分:总则(ISO 9927-1:1994,IDT)

——GB/T 23724.3—2010　起重机　检查　第3部分:塔式起重机(ISO 9927-3:2005,MOD)

——GB/T 18346—2001　各类检查机构能力的通用要求(idt ,ISO/IEC 17020:1998)

——GB/T 27025—2008　检测和校准实验室能力的通用要求(ISO/IEC 17025:2005,IDT)

本标准作了下列编辑性修改：

——删除了第2章引用文件 ISO 4310:2009。因 ISO 23814:2009 第3章"术语和定义"引用的 ISO 4310:2009 中没有术语内容,正文其他内容也未提及 ISO 4310:2009;

——本标准 4.4 增加了条文的注释内容。

本标准由中国机械工业联合会提出。

本标准由全国起重机械标准化技术委员会(SAC/TC 227)归口。

本标准起草单位:北京起重运输机械设计研究院。

本标准主要起草人：程潞样、陈寰。

起重机　检查人员的资格要求

1　范围

本标准规定了负责对起重机定期检查、不定期检查、改造检查和全面检查的专业检查人员的资格要求。不包括对起重机进行日常检查和检验的起重机操作和维护人员。

2　规范性引用文件

下列文件对于本文件的应用是必不可少的。凡是注日期的引用文件，仅注日期的版本适用于本文件。凡是不注日期的引用文件，其最新版本(包括所有的修改单)适用于本文件。

ISO 4306-1　起重机　术语　第1部分：通用术语(Cranes—Vocabulary—Part 1：General)

ISO 9927(所有部分)　起重机　检查(Cranes—Inspections)

ISO/IEC 17020　各类检查机构能力的通用要求(General criteria for the operation of various types of bodies performing inspection)

ISO/IEC 17025　检测和校准实验室能力的通用要求(General requirements for the competence of testing and calibration laboratories)

3　术语和定义

ISO 4306-1、ISO/IEC 17020 和 ISO/IEC 17025 界定的以及下列术语和定义适用于本文件。

3.1

起重机检查人员　crane inspector

具备必要知识和经验，能够依据本标准对特定类型起重机进行检查的人员。

注：附录A给出了起重机检查人员的类别。

4　要求

4.1　独立性、公正性和诚实性

检查机构的人员应不受来自商业、财务以及其他可能影响其公正判断的压力(见ISO/IEC 17020和ISO/IEC 17025)。

4.2　专业技术知识

起重机检查人员应具有以下各项专业技术知识和对起重机检查时的实用操作技能(见附录B中的性能指标)：

a)　需检查的起重机零部件：如结构件和驱动装置、机械零部件、安全装置及附件、制动器和离合器、钢丝绳等；

b)　电气设备和控制系统；

c)　内燃机和液压系统；

d)　起重机零件和钢丝绳的材料及强度要求；

e) 相关的起重机国家法规和国际标准；

f) 检测技术，例如无损检测；

g) 维护要求；

h) 起重机基本操作；

i) 文件编制及记录系统要求；

j) 检查过程中的安全要求；

k) 载荷试验要求。

4.3 工作经验要求

起重机检查人员应具有利于检查程序顺利进行的实用技能。这种技能或许来自起重机设计、制造、安装、维护和操作等一项或多项的综合经验。

4.4 起重机检查技术

起重机检查人员应具备 ISO 9927 所规定的对各类型的起重机及其部件进行检查的能力。

注：ISO 9927 国内已转化为 GB/T 23724.1—2009/ISO 9927-1:1994 及 GB/T 23724.3—2010/ISO 9927-3:2005。

5 起重机检查人员的培训

有资质的培训机构或个人可根据 4.2 和 4.3 的规定或专项检查要求，为起重机检查人员提供理论知识及操作技能的培训。

起重机检查人员应根据新技术和新体系的要求更新自己的知识和技能。

注：对起重机检查人员的首次培训或教学可以是专业的、技术性的或实际操作上的。每项知识和技能都可成为对检查人员培训的基础。但是，检查资格可通过针对检查人员所要求的检查范围进行额外的适当培训获取。如果起重机检查人员仅要求对起重机进行专项检查，则只需获得该专项检查所需的资格。

附　录　A
（资料性附录）
推荐的起重机检查人员类别

推荐的起重机检查人员类别：

a） 轮胎起重机检查人员；

b） 履带起重机检查人员；

c） 塔式起重机检查人员；

d） 臂架起重机检查人员；

e） 桥式和门式起重机检查人员；

f） 经过培训的其他特殊类型起重机的检查人员。

附　录　B
（资料性附录）
专业技术知识性能指标

起重机检查人员的专业技术知识性能指标见表 B.1。

表 B.1　起重机检查人员的专业技术知识性能指标

项目(见 4.2)	专　业　技　术　知　识
a)　需检查的起重机零部件	1）结构件： ——腐蚀极限； ——形位公差； ——一般维修规程。 2）机制工艺与机械： ——配合与公差； ——调整； ——安装过程； ——维修及保养记录，制造商的要求。 3）安全装置： ——需要或推荐安装的部位； ——精度要求； ——安装方法； ——维修及保养记录，制造商的要求。 4）制动器和离合器： ——可使用的类型； ——磨损极限； ——调整方法。 5）钢丝绳系统： ——各种类型钢丝绳的使用； ——验证钢丝绳的强度； ——钢丝绳倍率； ——钢丝绳卷绕系统的安装、排绳与运行； ——钢丝绳报废标准； ——滑轮的磨损和变形极限； ——检验程序； ——维修和保养要求
b)　电气设备和控制系统	1）电路图； 2）电动机、发电机的装配及布线； 3）维修和保养程序
c)　内燃机和液压系统	1）内燃机： ——内燃机循环系统知识； ——安装方法和振动的限制； ——故障及其原因； ——维修和保养。

表 B.1（续）

项目(见 4.2)	专业技术知识
c) 内燃机和液压系统	2）液压系统： ——流体流量； ——液压泵的类型及其控制系统； ——控制系统类型及其应用； ——具有解读液压回路图的能力； ——系统过滤及清洁； ——系统元件的运转； ——系统常见故障
d) 起重机零件和钢丝绳的材料及强度要求	材料及其化学成分、结构和强度的基本知识
e) 相关的起重机国家法规和国际标准	1）国家、地方及其他法规要求； 2）国家标准、地方标准及国际标准
f) 检测技术，例如无损检测	1）检验程序的相关知识及应用(以无损检验方法为例)： ——渗透检测； ——超声检测； ——磁粉检测； ——X 射线照相检测； ——涡流检测。 2）分析无损检测试验报告的能力
g) 维护要求	具有依据 ISO 23815-1(GB/T 22416.1—2008/ISO 23815:2007)，条款进行特定类型起重机维护所需的知识
h) 起重机基本操作	——阅读并应用额定起重量图表； ——起重机操作期间现场可能突发的危险事故以及采取控制危险的措施； ——开机和关机程序； ——各机构的动力传动原理； ——操作技术
i) 文件编制及记录系统要求	了解要记录的具体信息
j) 检查过程中的安全要求	1）工作场地的危险及危险控制措施； 2）检查过程中要使用的适用安全装置
k) 载荷试验要求	1）试验目的、条件和载荷试验程序； 2）设计实验参数及程序； 3）载荷试验验收标准

参 考 文 献

[1] GB/T 23723.1 起重机 安全使用 第1部分:总则(GB/T 23723.1—2009,ISO 12480-1:1997,IDT)

[2] GB/T 25196.1 起重机 状态监控 第1部分:总则(GB/T 25196.1—2010,ISO 12482-1:1995, IDT)

[3] GB/T 23722 起重机 司机(操作员)、吊装工、指挥人员和评审员的资格要求(GB/T 23722—2009,ISO 15513 :2000, IDT)

[4] GB/T 22416.1 起重机 维护 第1部分:总则(GB/T 22416.1—2008,ISO 23815-1:2007, IDT)

ICS 53.020.20
J 80

中华人民共和国国家标准

GB/T 29561—2013

港口固定式起重机

Fixed-base crane for harbor

2013-07-19 发布　　2014-01-01 实施

中华人民共和国国家质量监督检验检疫总局
中国国家标准化管理委员会　发布

前　言

本标准按照 GB/T 1.1—2009 给出的规则起草。

本标准由中国机械工业联合会提出。

本标准由全国起重机械标准化技术委员会(SAC/TC 227)归口。

本标准负责起草单位:上海振华重工(集团)股份有限公司、北京起重运输机械设计研究院、国家起重运输机械质量监督检验中心。

本标准参加起草单位:大连华锐重工集团股份有限公司。

本标准主要起草人:王赟、林卫国、吴富生、崔振元、周洁、俞静华、胡卓辉、王玥、徐冬、申小强。

港口固定式起重机

1 范围

本标准规定了额定起重量为3.2 t～100 t的港口固定式起重机的术语和定义、型式分类与基本参数、技术要求、试验方法、检验规则及标志、包装、运输、贮存。

本标准主要适用于内河港口露天作业的固定式起重机(以下简称"起重机"),其取物装置为吊钩、集装箱吊具、抓斗或起重电磁铁(电磁吸盘),或同时利用其中两种或三种。

对于额定起重量大于100 t的固定式起重机和其他环境下使用的固定式起重机,可参照使用。

本标准不适用于下列作业环境下使用的起重机:

——易燃易爆、可燃性气体、粉尘及有腐蚀性气体环境(盐雾除外);

——核辐射环境、有毒气体环境;

——吊运熔融或炽热金属的环境。

2 规范性引用文件

下列文件对于本文件的应用是必不可少的。凡是注日期的引用文件,仅注日期的版本适用于本文件。凡是不注日期的引用文件,其最新版本(包括所有的修改单)适用于本文件。

GB/T 324 焊缝符号表示法

GB 755—2008 旋转电机 定额和性能

GB/T 985.1 气焊、焊条电弧焊、气体保护焊和高能束焊的推荐坡口

GB/T 985.2 埋弧焊的推荐坡口

GB/T 1228 钢结构用高强度大六角头螺栓

GB/T 1229 钢结构用高强度大六角螺母

GB/T 1230 钢结构用高强度垫圈

GB/T 1231 钢结构用高强度大六角头螺栓、大六角螺母、垫圈技术条件

GB/T 1413 系列1集装箱 分类、尺寸和额定质量

GB/T 1591 低合金高强度结构钢

GB/T 1801 产品几何技术规范(GPS) 极限与配合 公差带和配合的选择

GB 2893 安全色

GB/T 3077 合金结构钢

GB/T 3098.1—2010 紧固件机械性能 螺栓、螺钉和螺柱

GB/T 3098.2—2000 紧固件机械性能 螺母 粗牙螺纹

GB/T 3220 集装箱吊具

GB/T 3323 金属熔化焊焊接接头射线照相

GB/T 3632 钢结构用扭剪型高强度螺栓连接副

GB/T 3766 液压系统通用技术条件

GB/T 3811—2008 起重机设计规范

GB/T 4026 人机界面标志标识的基本和安全规则 设备端子和导体终端的标识

GB 4208 外壳防护等级(IP 代码)

GB/T 4323 弹性套柱销联轴器

GB/T 4842 氩

GB/T 4942.1 旋转电机整体结构的防护等级(IP 代码) 分级

GB/T 5117 非合金钢及细晶粒钢焊条

GB/T 5118 热强钢焊条

GB 5226.2—2002 机械安全 机械电气设备 第 32 部分:起重机械技术条件

GB/T 5293 埋弧焊用碳钢焊丝和焊剂

GB/T 5905 起重机 试验规范和程序

GB 6067.1—2010 起重机械安全规程 第 1 部分:总则

GB/T 6974.1 起重机 术语 第 1 部分:通用术语

GB/T 6974.10 起重机械名词术语 门座起重机

GB 7251.1 低压成套开关设备和控制设备 第 1 部分:型式试验和部分型式试验 成套设备

GB/T 7935 液压元件 通用技术条件

GB/T 8110 气体保护电弧焊用碳钢、低合金钢焊丝

GB 8918 重要用途钢丝绳

GB/T 8923.1 涂覆涂料前钢材表面处理 表面清洁度的目视评定 第 1 部分:未涂覆过的钢材表面和全面清除原有涂层后的钢材表面的锈蚀等级和处理等级

GB/T 9286 色漆和清漆漆膜的划格试验

GB/T 10051.1—2010～10051.12—2010 起重吊钩

GB/T 10095(所有部分) 圆柱齿轮 精度制

GB/T 12470 埋弧焊用低合金钢焊丝和焊剂

GB 12602 起重机械超载保护装置

GB/T 13306 标牌

GB/T 13384 机电产品包装通用技术条件

GB 14048.1—2006 低压开关设备和控制设备 第 1 部分:总则

GB/T 14406—2011 通用门式起重机

GB 15052 起重机 安全标志和危险图形符号 总则

GB/T 17908 起重机和起重机械 技术性能和验收文件

GB/T 19418 钢的弧焊接头 缺陷质量分级指南

GB/T 20118 一般用途钢丝绳

GB/T 20303.1 起重机 司机室 第 1 部分:总则

GB/T 20303.4 起重机 司机室 第 4 部分:臂架式起重机

GB/T 21457 起重机和相关设备 试验中参数的测量精度要求

GB/T 21971 YZD 系列起重用多速三相异步电动机 技术条件

GB/T 21972.1　起重及冶金用变频调速三相异步电动机技术条件　第1部分：YZP系列起重及冶金用变频调速三相异步电动机

GB/T 22414　起重机　速度和时间参数的测量

GB/T 24809.1　起重机　对机构的要求　第1部分：总则

GB/T 24809.4　起重机　对机构的要求　第4部分：臂架起重机

GB/T 24810.4　起重机　限制器和指示器　第4部分：臂架起重机

GB/T 24811.1—2009　起重机和起重机械　钢丝绳选择　第1部分：总则

GB/T 26103.1—2010　GⅡCL型鼓形齿式联轴器

GB/T 26103.3—2010　GCLD型鼓形齿式联轴器

GB/T 27546—2011　起重机械　滑轮

GB/T 29560—2013　门座起重机

GB 50010—2010　混凝土结构设计规范

GB 50171—2012　电气装置安装工程盘、柜及二次回路接线施工及验收规范

GB 50205　钢结构工程施工质量验收规范

HG/T 2537　焊接用二氧化碳

JB/T 2300　回转支承

JB/T 5870　YZR系列起重及冶金用中型高压绕线转子三相异步电动机技术条件

JB/T 5901　十字轴万向联轴器

JB/T 6061　无损检测　焊缝磁粉检测

JB/T 6062　无损检测　焊缝渗透检测

JB/T 6406　电力液压鼓式制动器

JB/T 7017　起重机用液压缓冲器

JB/T 7019　盘式制动器　制动盘

JB/T 7020　电力液压盘式制动器

JB/T 7076　YEZS系列起重用双速锥形转子制动三相异步电动机技术条件

JB/T 7077　YZRE系列起重及冶金用电磁制动绕线转子三相异步电动机技术条件

JB/T 7078　YZRF、YZRG系列起重及冶金用强迫通风型绕线转子三相制异步电动机技术条件

JB/T 7842　YZR-Z系列起重专用绕线转子三相异步电动机　技术条件

JB/T 8110.1　起重机　弹簧缓冲器

JB/T 8110.2　起重机　橡胶缓冲器

JB/T 8437　起重机械无线遥控装置

JB/T 8854.2　GⅡCL型、GⅡCLZ型鼓形齿式联轴器

JB/T 8905.1　起重机用三支点减速器

JB/T 8905.2　起重机用底座式减速器

JB/T 8905.3　起重机用立式减速器

JB/T 8905.4　起重机用套装减速器

JB/T 8955　YZR2系列起重及冶金用绕线转子三相异步电动机技术条件

JB/T 9003　起重机三合一减速器

JB/T 10104　YZ 系列起重及冶金用三相异步电动机技术条件
JB/T 10105　YZR 系列起重及冶金用绕线转子三相异步电动机技术条件
JB/T 10360　YZ2 系列起重及冶金用三相异步电动机技术条件
JB/T 10559　起重机械无损检测　钢焊缝超声检测
JB/T 10603　电力液压推动器
JB/T 10730　直流起重电磁铁
JB/T 10816　起重机用底座式硬齿面减速器
JB/T 10817　起重机用三支点硬齿面减速器
JB/T 10833　起重机用聚氨酯缓冲器
JGJ 82　钢结构高强度螺栓连接技术规程
JT/T 733—2008　港口机械钢结构表面防腐涂层技术条件

3　术语和定义

GB/T 6974.1 及 GB/T 6974.10 界定的以及下列术语和定义适用于本文件。

3.1

固定式臂架起重机　fixed-base jib crane

固定在基础或其他静止不动的基座上的臂架起重机。

4　型式分类与基本参数

4.1　典型起重机型式分类

4.1.1　起重机按取物装置分为：

a）吊钩式起重机；
b）抓斗式起重机；
c）电磁式起重机；
d）集装箱起重机；
e）两用起重机(电磁＋抓斗、吊钩＋抓斗或吊钩＋电磁)；
f）三用起重机(吊钩＋可卸的起重电磁铁及可卸的马达抓斗)。

4.1.2　起重机按操纵方式分为：

a）司机室操纵起重机(司机室内联动台或控制器操作)；
b）无线遥控操纵起重机(采用遥控器＜按键或摇杆式＞操作)；
c）多点操纵起重机(采用司机室和遥控器分别操作)。

4.1.3　常用的起重机型式如图 1、图 2、图 3 和图 4 所示。

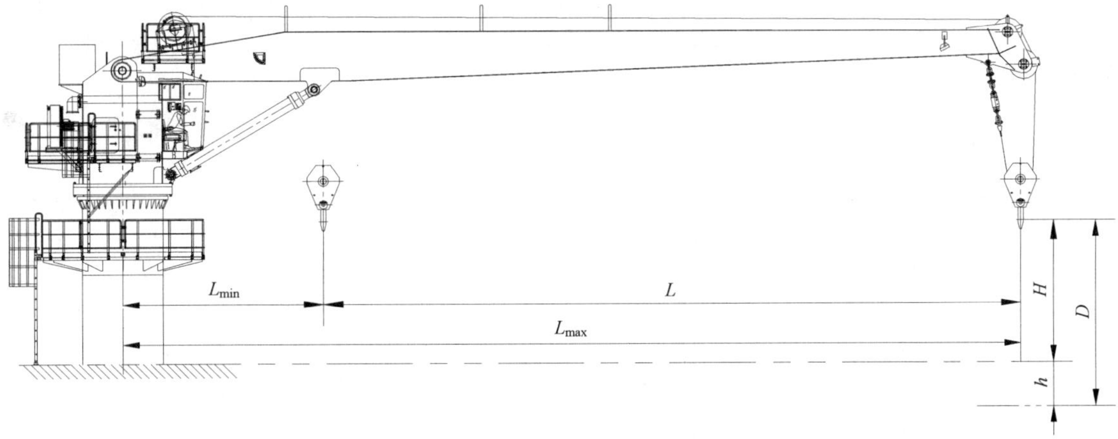

图 1

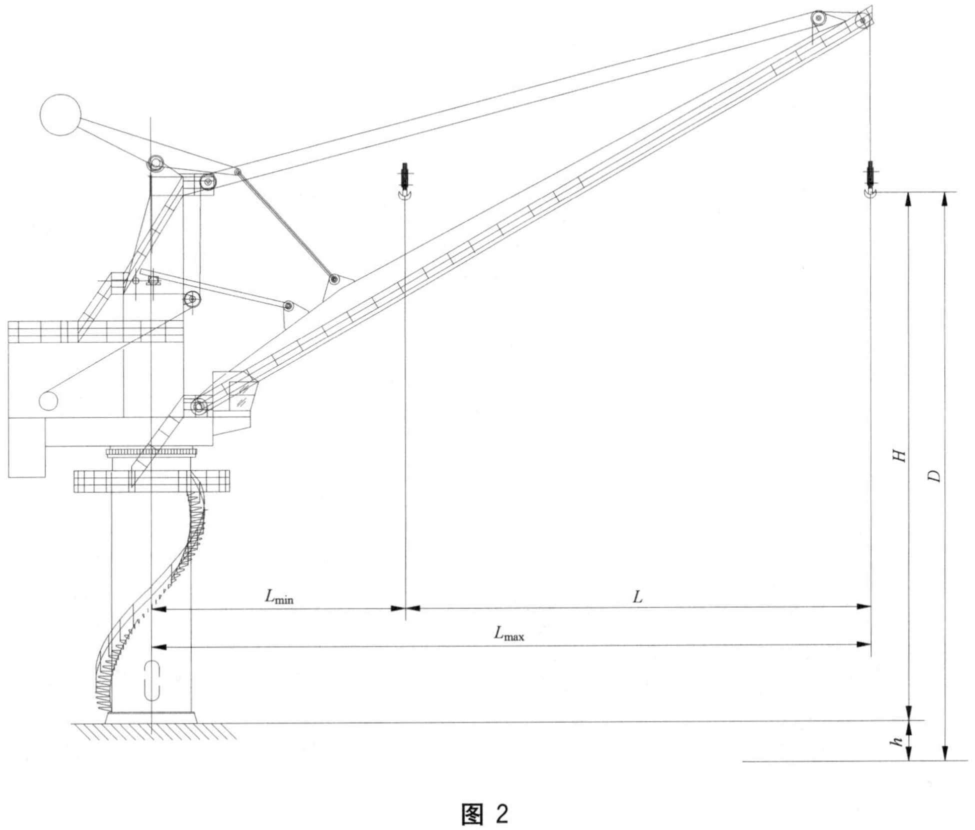

图 2

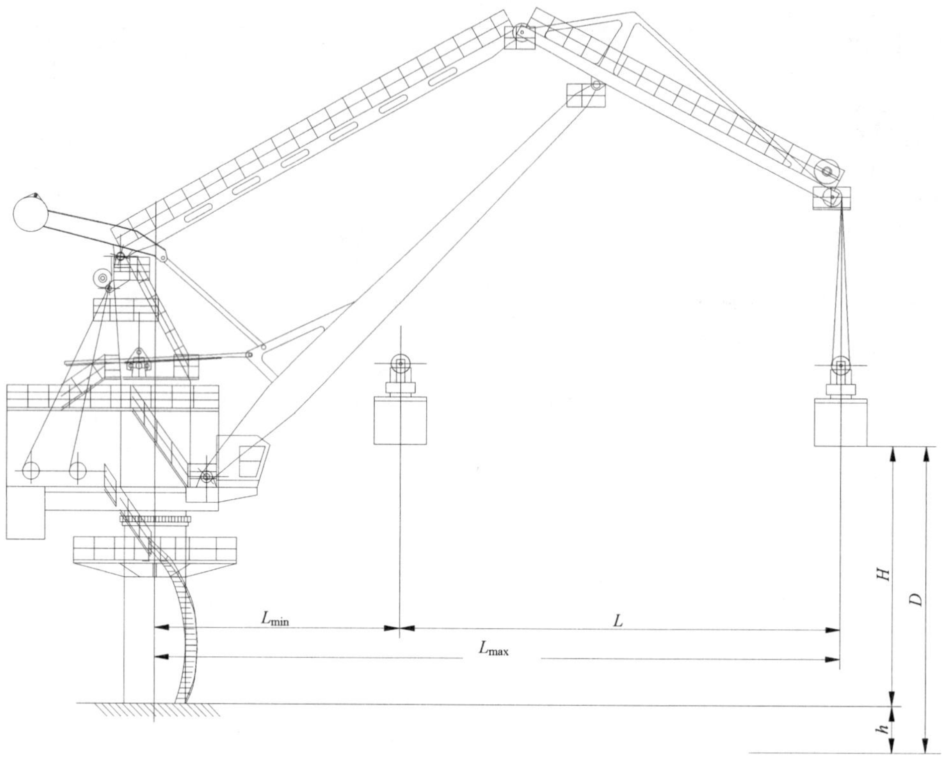

图 3

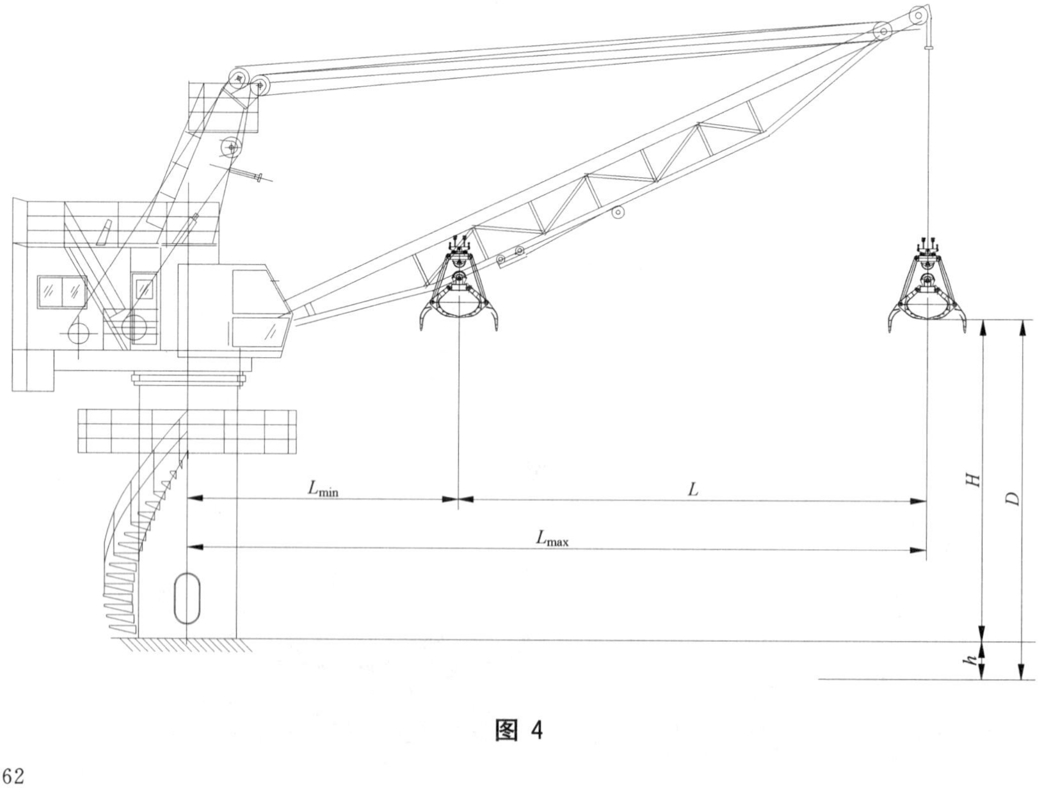

图 4

4.2 基本参数

4.2.1 按 GB/T 3811—2008 中 3.2.3 的规定，起重机整机的工作级别分为 A1～A8，如表 1 所示。

表 1

载荷状态级别	载荷谱系数 K_p	使用等级									
		U_0	U_1	U_2	U_3	U_4	U_5	U_6	U_7	U_8	U_9
Q1	$K_p \leqslant 0.125$	A1	A1	A1	A2	A3	A4	A5	A6	A7	A8
Q2	$0.125 < K_p \leqslant 0.250$	A1	A1	A2	A3	A4	A5	A6	A7	A8	A8
Q3	$0.250 < K_p \leqslant 0.500$	A1	A2	A3	A4	A5	A6	A7	A8	A8	A8
Q4	$0.500 < K_p \leqslant 1.000$	A2	A3	A4	A5	A6	A7	A8	A8	A8	A8

4.2.2 起重机整机工作级别与起重机机构工作级别见表 2。

表 2

序号	取物装置	使用情况	整机级别	工作机构级别		
				起升	变幅	回转
1	吊钩	中等频繁中等载荷使用	A5	M4	M3	M4
2	吊钩	中等频繁重载使用	A6	M6	M4	M5
3	抓斗、电磁吸盘、集装箱吊具	较频繁重载使用	A7	M7	M6	M6
4	抓斗、电磁吸盘、集装箱吊具	频繁重载使用	A8	M8	M7	M7

4.2.3 起重机的额定起重量(G_n)应优先采用表 3 所给定的值。

表 3

单位为吨

取物装置		额定起重量 G_n
吊钩	固定吊具(不含吊具自重)	3.2,4,5,6.3,8,10,12.5,16,20,25,32,40,50,63,80,100
抓斗	可分吊具(含吊具自重)	4,5,6.3,8,10,12.5,16,20,25,32,40
电磁吸盘	可分吊具(含吊具自重)	5,6.3,8,10,12.5,16,20,25,32,40,50
集装箱吊具	可分吊具(含吊具自重)	5,8,10,16,20,25,32,40,50
注 1：当设有主、副钩时，起重量的匹配关系一般为 3∶1～5∶1。 注 2：两用、三用起重机的起重量按用户需要进行匹配。		

4.2.4 起重机变幅幅度(L)应优先选用表 4 所给定的数值。

表 4

单位为米

取物装置	幅度 L	
	最大幅度	最小幅度
吊钩	16,20,22,24,25,28,30,32,33,35,37,38,40,43,45,50,55,60,65,70,75,80,90,100	3.5,4,4.5,5,5.5,6,7,8,9,10,11,12,14,15,16,18,20,22,24,25,28,30,32
抓斗	16,20,22,24,25,28,30,32,33,35,37,38,40,43,45,50	5,5.5,6,7,8,9,10,11,12,14,15,16
电磁吸盘、集装箱吊具	16,20,22,24,25,28,30,32,33,35,37,38,40,43,45,50	5,5.5,6,7,8,9,10,11,12,14,15,16
注：表中所列数值为变幅幅度常用值，也可按供需双方协商确定。		

4.2.5 起重机起升范围(D)应优先选用表 5 所给定的数值。

表 5

单位为米

取物装置	起升范围 D	
	起升高度 H	下降深度 h
吊钩	12,13,15,16,18,19,20,22,25,26,28,30,32,35,40,55,60,65,70	8,10,12,15,16,18,20,22,25,30,40,50
抓斗	12,13,15,16,18,19,20,22,23,24,25,26,28,30	8,10,12,15,16,18,20,22,25
电磁吸盘、集装箱吊具	12,13,15,16,18,19,20,22,23,24,25	8,10,12,15,16,18,20,22,25
注：表中所列数值为起升范围常用值，也可按供需双方协商确定。		

4.2.6 起重机各机构工作速度，包括起升、变幅、回转，应优先选用表 6 所给定的数值。

表 6

项目名称	工作速度及指标值		
	起升速度/(m/min)	变幅速度/(m/min)	回转速度/(r/min)[a]
范围	5～60	5～50	0.3～1.5
数值	5,6,8,10,12,15,20,25,30,35,40,45,50,55,60	5,6,8,10,12,15,20,25,30,35,40,45,50	0.3,0.33,0.4,0.5,0.63,0.8,1,1.25,1.5
注：变幅速度是指在稳定运行状态下，额定工作载荷在变幅平面内从最大幅度到最小幅度过程中水平位移的平均速度。			
[a] 回转速度考虑到幅度、吨位等因素，可推荐满载、大幅度时，回转速度不大于额定速度的 0.6～0.7 倍。			

5 技术要求

5.1 工作环境条件

5.1.1 起重机的电源为三相交流四线制或三相交流五线制，频率为 50 Hz/60 Hz，电压≤10 kV。供电系统在起重机馈电线接入处的电压波动不应超过额定电压的±10%，起重机内部电压损失应符合GB/T 3811—2008 中 7.8.4.2 的规定。

5.1.2 起重机安装使用地点的海拔一般不应超过 1 000 m；超过 1 000 m 时应按 GB/T 3811—2008 中 7.7.2.4 的要求修正电动机的输出功率，超过 2 000 m 时应按 GB 14048.1—2006 中附录 B 的要求执行。

5.1.3 起重机工作时的气候条件：

a) 环境温度－20 ℃～＋40 ℃，在 24 h 内的平均温度不超过＋35 ℃。

b) 当最高温度为 40 ℃下的相对湿度不超过 50%。在较低温度下可允许较大湿度(如 20 ℃时为 90%)。应通过对电气设备做适当的设计，或者在必要场合采用适当的附加设施(如内装加热器、空调器、排水孔)来避免偶然性凝露的有害影响。

c) 工作状态计算风压或计算风速按 GB/T 3811—2008 表 15 的规定选取。

d) 非工作状态计算风压或计算风速按 GB/T 3811—2008 表 18 的规定选取。

5.1.4 起重机的固定形式和要求：

a) 钢筋混凝土基础平台固定：混凝土基础应符合 GB 50010—2010 的规定。埋置地脚螺栓的构件混凝土强度等级不宜低于 C20。平台的平面度应≤2 mm。

b) 刚性法兰固定：刚性法兰的平面度应≤2 mm。

c) 刚性圆筒对接固定：刚性圆筒的圆柱度应≤3 mm。圆筒对接焊缝应进行 100%UT 检测，达到 JB/T 10559 中的 1 级焊缝。

5.1.5 起重机安装用地脚螺栓应符合以下要求：

——起重机安装用地脚螺栓的保证载荷应符合 GB/T 3098.1 的规定，其连接螺母的保证载荷应符合 GB/T 3098.2 的规定；

——地脚螺栓的预紧力推荐为螺栓屈服极限的 0.7 倍，用测力矩扳手或定力矩扳手控制预紧力；

——埋置的地脚螺栓宜作笼状分布，推荐用法兰圈固定其相对位置，混凝土基础上平面放置一只法兰圈，作为起重机支承圆筒法兰面的安装贴合面；

——起重机吊装到位后应检查安装贴合的平面度，如有间隙可以采用局部垫片充实，拧紧螺栓应在 180°方向对称地连续进行，以保证圆周上的螺栓有相同的预紧力；

——为了保证螺栓连接的可靠性，宜在起重机工作 100 h 和 500 h 后，各检查一次地脚螺栓的预紧力矩，以后每工作 1 000 h 以后检查一次。

5.1.6 电动机的运行条件应符合 GB 755—2008 中第 6 章和第 7 章的规定。

5.1.7 电器的正常使用、安装和运输条件应按 GB 14048.1—2006 中第 6 章的规定。

注：超过上述范围规定时，由用户与制造厂协商解决。

5.2 基本要求

5.2.1 起重机各机构及其布置、机构部件的构造和功能，应符合 GB/T 24809.1 及 GB/T 24809.4 的规定。起重机的设计、制造应符合 GB/T 3811、GB 6067.1 和本标准的有关规定。

5.2.2 起重机电气设备应符合 GB 5226.2 和本标准的规定。电气传动系统、电气控制系统所涉及的元器件选用、布置以及导线敷设、辅助设施也均应符合 GB/T 3811—2008 第 7 章的规定。

5.3 使用性能

5.3.1 起重机的起重能力应达到额定起重量(对于幅度可变的起重机,按幅度规定起重机的额定起重量)。额定起重量规定为:

a) 对于固定式吊具的起重机,其额定起重量是指吊挂在起重机固定吊具上重物的最大质量;

b) 对于可分式吊具的起重机,其额定起重量是指可分吊具的质量与吊挂在起重机可分吊具上重物的最大质量之和。

5.3.2 与起重机使用有关的参数,应符合 4.2 或用户在订货合同中提出的要求。

5.3.3 抓斗应符合所抓取的物料特性要求,抓斗抓满率不应小于 90%。

5.3.4 起重电磁吸盘的拉脱力不应小于所吸物料质量重力的两倍。

5.3.5 起重机的静载试验应符合 6.3.5 的规定。

5.3.6 起重机的动载试验应符合 6.3.6 的规定。

5.4 主要性能参数允许偏差

起重机主要性能参数的允许偏差应符合表 7 的规定。

表 7

性能参数	允许偏差
起升高度 H/m	$\pm 1\% H$
下降深度 h/m	$\pm 1\% h$
最大幅度 L_{max}/m	$-1.5\% L_{max}$
最小幅度 L_{min}/m	$+1.5\% L_{min}$
起升速度 (满载)v_n/(m/min)	$\pm 5\% v_n$
变幅速度(满载平均速度)v_r/(m/min)	$\pm 5\% v_r$
回转速度(满载回转稳定速度)n/(r/min)	$\pm 5\% n$
尾部回转半径 r/m	$\pm 2\% r$

注 1:起升速度是指在稳定运行状态下,额定工作载荷的垂直位移速度。

注 2:变幅速度是指在稳定运行状态下,在 10 m 高度处的风速不超过 3 m/s 的测试条件下,额定工作载荷在变幅平面内从最大幅度到最小幅度过程中水平位移的平均速度。

注 3:回转速度是指在稳定运行状态下,起重机带额定工作载荷于相应最大幅度处,在 10 m 高度处的风速不超过 3 m/s 的条件下回转部分的回转转速。

注 4:起升范围是指起升高度和下降深度之和。

5.5 安全与防护

5.5.1 总则

起重机的安全与防护应符合 GB 6067.1、GB/T 3811—2008 第 9 章和本标准的相关规定。

5.5.2 起升机构

5.5.2.1 制动器应采用常闭式。制动系统在失电或断电的情况下，制动器仍能制动并支持住载荷。制动系统任何延时制动，均应保证能安全地制动住载荷。

5.5.2.2 制动器安全系数应满足 GB/T 3811—2008 中 6.1.1.3.1.3 的规定。

5.5.2.3 应设置上、下终点限位装置和上、下终点前的减速装置。

5.5.2.4 应安装起重量限制器。限制器应符合 GB 12602 和 GB/T 24810.4 的规定。

5.5.2.5 对吊钩以外的取物装置(如可卸起重电磁吸盘、可卸抓斗)供电电缆的收放速度，应保证电缆受力合理，在升降过程中电缆不应与起重用钢丝绳发生接触、摩擦。

5.5.2.6 当吊钩处于工作位置最低点时，除固定绳尾的圈数外，卷筒上的钢丝绳不应少于 2 圈；当吊钩处于工作位置最高点时，卷筒上还宜留有至少 1 整圈的绕绳余量。

5.5.2.7 具有起升机构和开闭机构的起重机，计算每个机构的承载和功率时，应考虑载荷在各个机构之间的分配。每个机构的制动器应至少能支持住总起升载荷下降力矩的 125%。起升开闭机构应能对每个制动器都能单独进行测试。

5.5.2.8 额定载荷在空中停止后，起升机构再启动时，载荷不应出现瞬时下滑现象。

5.5.2.9 钢丝绳的选择应符合 GB/T 3811—2008 中表 44 对安全系数的要求或 GB/T 24811.1—2009 中第 6 章的规定。

5.5.3 变幅机构

5.5.3.1 制动器应采用常闭式。制动器安全系数的选择应符合 GB/T 3811—2008 中 6.1.4.5 的规定。

5.5.3.2 变幅机构应设置最大工作幅度终端限位装置及到达终端前的减速限位装置和最小工作幅度终端限位装置及到达终端前的减速限位装置。

5.5.3.3 应安装防止吊臂后倾装置，在突发大风或突然卸载时应能防止吊臂向后倾翻。

5.5.3.4 对于采用钢丝绳变幅的起重机，当臂架到达最低位置时，卷筒上缠绕的钢丝绳除固定绳尾的圈数外，对于采用平衡或钢丝绳变幅机构不应少于 2 圈，对于非平衡式钢丝绳变幅机构宜不少于 3 圈。钢丝绳的安全系数同起升机构。

5.5.3.5 应安装从司机位置可读出吊臂角度或幅度的指示器，除非载荷额定值不受变幅幅度的限制。伸缩吊臂应安装从司机位置可读出吊臂长度的指示器和采用起重力矩限制器。

5.5.3.6 等载变幅的起重机，应安装起重量限制器；非等载变幅起重机，应安装起重量限制器和起重力矩限制器。

5.5.4 回转机构

5.5.4.1 回转机构应能以可控的加、减速度平稳地起动和停止。

5.5.4.2 对于有自锁可能的回转机构，应装设极限力矩联轴器。极限力矩联轴器的极限力矩值的计算应符合 GB/T 3811—2008 中 6.1.3.6 的规定。

5.5.4.3 必要时，应装设回转锁定装置。

5.5.4.4 需要限制回转范围时，应装设回转角度限制器。

5.5.4.5 应设有制动器，制动器安全系数的选择应符合 GB/T 3811—2008 中 6.1.3.5 的规定。

5.5.4.6 当采用液压或机械制动器时，应设置能切断同步电气制动的联锁装置。当回转部分需要锁定时，由最大非工作风载荷形成对回转部分的力矩产生的力应由制动器和机械锁定装置承受;但是,锁定的性能不应依赖这两者的组合。当不设置机械或液压式电动锁定常闭式制动器时,应采用机械式锁定装置(例如销轴或其他嵌合式)来锁定回转运动。

5.5.5 司机室

5.5.5.1 司机室应符合 GB/T 20303.1、GB/T 20303.4 和 GB 6067.1—2010 中 3.5 的规定。

5.5.5.2 司机室应设有门锁、灭火器和电铃或警报器,必要时还应设置通讯装置。

5.5.5.3 应在司机方便操作的地方设置急停开关和接通、断开起重机总电源的开关(照明信号除外)。

5.5.5.4 司机室应采取保护性接地或接零措施。

5.5.5.5 司机室仪表的布置要使司机能随时观察到仪表盘的数据或指示信号。

5.5.5.6 司机室应具有符合结构要求和操作安全的最大视野。

5.5.5.7 司机室内的适当位置至少应有一个备用插座。

5.5.6 通道与平台、栏杆、梯子

起重机的通道与平台、栏杆、梯子的设置应符合 GB 6067.1—2010 中 3.6～3.8 的规定。

5.5.7 电气保护和联锁

5.5.7.1 电气保护

起重机电气至少应有以下保护:

a) 电动机保护:电动机应具有过电流保护、过热保护、热过载保护这三种保护中的一种或一种以上的保护功能。具体选用应按电动机及其控制方式确定。

b) 线路保护:所有外部线路都应具有短路或接地引起的过电流保护功能,在线路发生短路或接地时,瞬时保护装置应能分断线路。对于导线截面较小,外部线路较长的控制线路或辅助线路,当预计接地电流达不到瞬时脱扣电流值时,应增设热脱扣功能,以保证导线不会因接地而引起绝缘烧损。

c) 失压保护:当供电电源中断后,凡涉及安全及不宜自动开启的用电设备均应处于断电状态,避免恢复供电后用电设备自动运行。

d) 零位保护:起重机各传动机构应设有零位保护。运行中若因故障或失压停止运行后,重新恢复供电时,机构不应自行动作,应人为将控制器置零位后,机构才能重新启动。

e) 错相和缺相保护:当错相和缺相会引起危险时,应设错相和缺相保护。

f) 超速保护:起升和非平衡式变幅机构应设超速开关,超速开关的整定值取决于控制系统性能和额定下降(增幅)速度,通常为额定下降(增幅)速度的 1.10 倍 ～1.40 倍。

g) 超载保护:起升机构均应设超载保护。

h) 避雷保护:对于安装在野外且相对周围地面处在较高位置的起重机,应设有避雷装置。

i) 风速保护:在起重机最高处应设有风速测量仪器,当风速到达最高工作风速时报警。

5.5.7.2 联锁保护

起重机应有以下联锁保护:

a) 起重机要求多点操纵时,各操作点之间应相互联锁,保证任一时刻只有一个操作点处于工作状态,每个操作点均应设置紧急断电装置;

b) 起重机回转机构中的锚定装置应与回转机构联锁;

c) 集装箱吊具各动作与升降控制应有安全联锁,集装箱离地后禁止吊具转锁转动。

5.5.8 接地与防雷、绝缘电阻

起重机接地与防雷应符合 GB 6067.1—2010 中 8.8 的规定，绝缘电阻应符合 GB 6067.1—2010 中 8.9 的规定。

5.5.9 防护和警示

5.5.9.1 起重机安全防护装置的设置应符合 GB 6067.1—2010 中附录 A.1 的相关规定。

5.5.9.2 起重机上外露的、有伤人可能的旋转零部件，如开式齿轮、联轴器、传动轴等，应装设防护罩；如无加防护罩的可能时，应设安全标志和警示牌。

5.5.9.3 应在起重机的合适位置设有明显可见的文字安全警示标志，如“起升物品下方严禁站人”等。在起重机的危险部位，应有安全标志和危险图形符号，安全标志和危险图形符号应符合 GB 2893 和GB 15052 的规定。

5.5.9.4 当室外起重机的总高度大于 30 m，且周围无高于起重机最高点的建筑物和其他设施，两台起重机之间有可能相碰，或起重机及其结构可能妨碍空运或水运时，应在其端部、顶部装设障碍灯，当交流电源切断后应能自动切换到备用电源。在有特殊需求时，可增加机房尾部夜间指示灯。

5.5.9.5 起重机应有指示总电源分合状况的信号，必要时还应设置故障信号或报警信号。

5.5.9.6 起重机上的电气设备中可能触及的带电裸露部分，应有防止触电的防护措施。

5.5.9.7 应在起重机上部迎风处安装风速仪，并装设有显示瞬时风速的风速报警器；当风速大于最大工作风速时应能发出报警信号。

5.5.9.8 安全装置的指示信号或声光报警信号应设置在司机和有关人员视力、听力可及的地方。

5.5.10 噪声

起重机工作时产生的噪声，在无其他外声干扰的情况下，在司机操作位置处测量(闭式司机室关窗)，声压级噪声不应大于 85 dB(A)。

5.6 主要零部件

5.6.1 电动机

5.6.1.1 应优先选用符合下列标准的电动机：JB/T 5870、JB/T 7076、JB/T 7077、JB/T 7078、JB/T 7842、JB/T 8955、JB/T 10104、JB/T 10105、JB/T 10360。视需要也可选用符合 GB/T 21972.1的变频电动机或符合 GB/T 21971 的多速电动机。

5.6.1.2 各机构驱动电动机应符合 GB 755 和各专用电动机的相关标准的技术要求。

5.6.1.3 电动机的容量校验应符合 GB/T 3811 的规定，并保证在额定负载时能安全、可靠地实现启动、加速和运转。

5.6.1.4 电动机外壳防护包括防止人体触及其内部带电机体或旋转部件，防止外部固体异物或液体进入其内部。外壳防护等级为：

——室内用交直流电动机：防滴式，防护等级不应低于 GB/T 4942.1 中 IP23；

——室外用交直流电动机：全封闭式，防护等级不应低于 GB/T 4942.1 中 IP54。

5.6.2 钢丝绳

5.6.2.1 钢丝绳应符合 GB/T 20118 的要求，优先采用线接触钢丝绳。用于多层卷绕时，应采

用符合 GB 8918 中的钢芯钢丝绳。

5.6.2.2 起升高度较大或起升使用单倍率的起重机,应采用非旋转钢丝绳。采用其他钢丝绳时,应有防止吊具旋转的装置或措施。

5.6.2.3 起升机构和非平衡变幅机构不应使用接长的钢丝绳。

5.6.2.4 钢丝绳绳端的固定和连接应牢固、可靠,便于检修并应符合 GB 6067.1—2010 中 4.2.1.5的规定。

5.6.3 制动轮和制动盘

5.6.3.1 制动轮上不应有裂纹,成品制动轮的制动面上不应有影响使用性能的铸造缺陷。

5.6.3.2 钢制制动轮的制动面应进行热处理,淬硬层深度不应低于 2 mm,表面硬度为 35HRC～50HRC,深 2 mm 处硬度不应低于 28HRC。

5.6.3.3 制动盘应符合 JB/T 7019 的规定。末级轴(例如卷筒)上制动器的制动盘,不应低于 GB/T 1591中的 Q345B 钢。

5.6.4 制动器

5.6.4.1 制动器选择应符合 GB/T 3811 与 GB 6067.1 的相关规定。

5.6.4.2 电力液压鼓式制动器应符合 JB/T 6406 和 JB/T 10603 的规定。

5.6.4.3 盘式制动器应符合 JB/T 7020 的规定。

5.6.4.4 除 5.6.4.5 的要求外,起升、变幅和回转机构应有停车制动器和动态制动器,可以是采用不同制动方式的同一个制动器。

5.6.4.5 当机构驱动绞车设计成可以通过控制液压泵的排量或直接控制装在绞车上的液压马达的流量来控制各机构的运行速度,并且在以下情况下,可不需要动态制动器:

a) 控制装置不应用软管直接连接到执行元件需控制的油口处;

b) 控制装置需要来自动力源的正压力,在发生控制失灵或失去动力的情况下可自动释放和启动,使绞车或液压泵平稳停止。

5.6.5 联轴器

5.6.5.1 鼓形齿式联轴器应符合 GB/T 26103.1—2010、GB/T 26103.3—2010 或 JB/T 8854.2 的规定。

5.6.5.2 弹性套柱销联轴器应符合 GB/T 4323 的规定。

5.6.5.3 十字轴万向联轴器应符合 JB/T 5901 的规定。

5.6.5.4 不宜采用有可能使制动轮(盘)产生浮动的联轴器。

5.6.5.5 起升机构和变幅机构中,应保证联轴器的弹性元件即使损坏也不能发生危险运动。

5.6.5.6 回转机构中采用液力联轴器或等效装置以降低启动冲击时,制动系统应安装在液力联轴器的输出端。

5.6.6 减速器和齿轮传动

5.6.6.1 应优先选用符合如下标准的减速器:JB/T 8905.1、JB/T 8905.2、JB/T 8905.3、JB/T 8905.4、JB/T 9003、JB/T 10816、JB/T 10817。

5.6.6.2 选用其他减速器时,硬齿面齿轮副的精度不应低于 GB/T 10095(所有部分)中的 6 级,中硬齿面则不应低于 8-8-7 级。

5.6.6.3 如用开式齿轮传动,则齿轮副精度不应低于 GB/T 10095(所有部分)中规定的 9 级。

5.6.7 滑轮和卷筒

5.6.7.1 滑轮、卷筒的卷绕直径尺寸应符合 GB/T 3811—2008 中 6.3.3.1 的规定。

5.6.7.2 滑轮槽底半径允许偏差应符合 GB/T 27546—2011 中表 1 的规定。

5.6.7.3 滑轮应有防止钢丝绳脱出绳槽的装置或结构。在滑轮罩的侧板和圆弧顶板等处与滑轮本体的间隙不应超过钢丝绳公称直径的 0.5 倍。

5.6.7.4 滑轮槽表面应平滑，并且没有会造成钢丝绳损坏的缺陷。

5.6.7.5 滑轮轴承应优先采用单独的油孔逐个进行润滑。自润滑的轴承可不按此要求。

5.6.7.6 滑轮端面对支座的垂直度允许偏差不大于±2 mm。

5.6.7.7 钢丝绳与滑轮槽的偏斜角不应大于 5 度。

5.6.7.8 钢丝绳在卷筒上应排列整齐。钢丝绳绕进或绕出卷筒时：单层缠绕钢丝绳对绳槽的每一侧的偏斜角不应大于 3.5 度；光面卷筒或多层缠绕钢丝绳偏离卷筒轴线垂直平面的角度不应大于 2 度。卷筒上应设有防钢丝绳脱槽装置。

5.6.7.9 多层缠绕的卷筒，应有防止钢丝绳从卷筒端部滑落的凸缘。当钢丝绳全部缠绕在卷筒后，凸缘应超出最外面一层钢丝绳。超出的高度不应小于钢丝绳直径的 1.5 倍。

5.6.8 吊钩

锻造吊钩应符合 GB/T 10051.1～10051.12—2010 与 GB 6067.1—2010 中 4.2.2 的有关规定。

5.6.9 缓冲器

应优先选用符合 JB/T 8110.1、JB/T 8110.2、JB/T 7017、JB/T 10833 规定的缓冲器。

5.6.10 抓斗

选用或设计的抓斗，抓取粉状物、砂子及粮食物料时，抓斗的斗口接触处的间隙不应大于 2 mm。

5.6.11 起重电磁吸盘

应优先采用符合 JB/T 10730 规定的直流起重电磁铁。

5.6.12 集装箱吊具

5.6.12.1 起重机采用的集装箱吊具应能装卸 GB/T 1413 中的 A、C 型国际集装箱，其转锁的位置尺寸和公差不应低于 GB/T 3220 的规定。

5.6.12.2 集装箱吊具转锁加工后，应进行无损探伤检查，不应有裂纹，也不应焊补。

5.6.12.3 订购合同有要求的集装箱吊具离开地面后，应能沿水平平面纵、横轴线回转±3 度，沿垂直中心线回转±5 度。

5.6.12.4 集装箱吊具转锁材料的力学性能不应低于 GB/T 3077 中的 40Cr。

5.6.13 遥控装置

起重机的无线遥控装置应符合 JB/T 8437 的规定。

5.6.14 液压系统及元件

5.6.14.1 液压系统应符合 GB/T 3766 及 GB 6067.1—2010 中第 5 章的规定。液压元件应符合 GB/T 7935 的规定。

5.6.14.2 变幅油缸制造完成后应与集成块上的阀组连接一体后在试验台上,按要求做压力试验和动作试验。

5.6.14.3 保持最大试验压力,此时活塞杆密封处,各集成块、阀组和管接头连接口不应有渗漏现象。

5.6.15 回转支承装置

5.6.15.1 回转支承的结构部分应具有足够的强度、刚度、水平度和平面度,具有光滑的支承安装表面,满足回转支承对结构要求。回转支承应有足够的可靠性,承载能力满足起重机回转部分的载荷要求。

5.6.15.2 滚动轴承式回转支承应符合 JB/T 2300 的要求。

5.6.15.3 回转支承与驱动齿轮运转时应平稳无敲击噪音。

5.6.15.4 回转支承安装时,连接法兰平面偏差不应大于表 8 规定的数值。

表 8

滚道中心圆直径/mm	100 mm 范围内安装法兰平面偏差值/mm	
	单排四点接触式	三排滚柱式
2 000~2 500	0.25	0.17
>2 500~4 000	0.3	0.20
>4 000~6 000	0.4	0.30

5.6.15.5 定柱式回转支承中,上支承中心与下支承水平轨道中心偏差 e 不应大于支承高度 H 的1/1 500,见图 5。

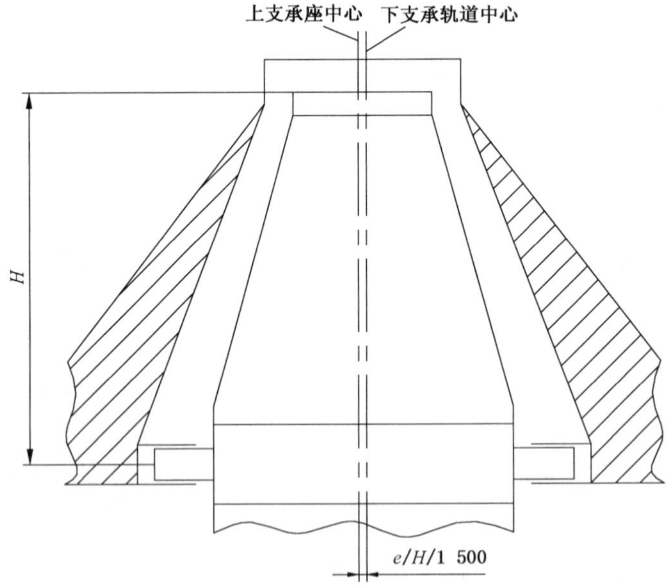

图 5

5.6.16 **润滑系统**

5.6.16.1 除具有润滑功能的轴承外，对其他有相对运动的运动副均应进行润滑。起重机应配有润滑图，表明润滑部位、周期、油(脂)牌号，各润滑点应有标志，润滑点的位置应便于安全接近，对起重机应按说明书定期润滑。起重机出厂前应对润滑油路各部位逐个检查，并确保其畅通。

5.6.16.2 如果采用集中润滑，回转轴承宜设独立的润滑系统。

5.6.16.3 开式齿轮、钢丝绳应按使用说明书定期进行有效润滑。

5.7 **金属结构**

5.7.1 **材料**

5.7.1.1 起重机承载结构件钢材的选择应符合 GB/T 3811—2008 中 5.3 的规定。

5.7.1.2 用于制造起重机的材料，应有材料生产厂或检验机构出具的符合国家(行业)标准的材质证明，对重要构件材料应抽样化验和试验，其化学成分、力学性能应符合相应标准的规定。承载结构的钢材应具有抗拉强度、伸长率、屈服强度和硫、磷含量的合格保证，对焊接结构尚应具有碳含量的合格保证，焊接承载结构以及重要的非焊接承载结构采用的钢材还应具有冷弯试验的合格证。

5.7.2 **主要构件联接**

5.7.2.1 **焊接**

5.7.2.1.1 焊条与焊丝的选择应与主体构件材料强度以及焊缝所受载荷类型相适应。手工焊接用焊条应符合 GB/T 5117 或 GB/T 5118 的规定，焊丝应符合 GB/T 5293 或 GB/T 8110 的规定。自动焊接或半自动焊接采用的焊丝和相应的焊剂应符合 GB/T 5293、GB/T 12470 的相关规定。气体保护焊使用的氩气应符合 GB/T 4842 的规定，二氧化碳气体应符合 HG/T 2537 的规定。

5.7.2.1.2 焊缝坡口和接头构造应符合 GB/T 985.1 、GB/T 985.2 和 GB/T 324 的规定，连接组装的偏差应符合 GB 50205 的规定。特殊需要的坡口形式和尺寸，可按具体情况规定并在图样上注明。

5.7.2.1.3 所有重要焊缝均应进行外观检查，不应有漏焊、烧穿、裂纹、气孔、未熔合、严重咬边、夹渣、熔瘤、凹坑等影响性能和外观质量的缺陷。

5.7.2.1.4 设计文件规定或外观检查怀疑有裂纹的焊缝，应进行表面探伤。磁粉探伤应符合 JB/T 6061的规定，渗透探伤应符合 JB/T 6062 的规定。

5.7.2.1.5 全焊透熔化焊焊接接头的焊缝等级按 JB/T 10559 分级，在产品图纸上或工艺文件上应注明焊缝等级，焊缝缺陷的检验应符合下列要求：

a) 1 级焊缝：焊缝表面质量应达到 GB/T 19418 中的“B”级，焊缝内部质量应进行 100% 无损探伤。采用超声波探伤时不应低于 JB/T 10559 中的 1 级，采用射线探伤时应达到 GB/T 3323 中规定的质量等级Ⅱ。

b) 2 级焊缝：焊缝表面质量应达到 GB/T 19418 中的“C”级，焊缝内部质量应按结构材料、板厚等具体情况进行 30% ～ 50% 无损探伤。采用超声波探伤时应达到 JB/T 10559中的 2 级，采用射线探伤时不应低于 GB/T 3323 中规定的质量等级Ⅲ级。

c) 3 级焊缝：焊缝表面质量应达到 GB/T 19418 中的“D”级，焊缝内部质量可按具体情况进行抽检，采用超声波探伤时应达到 JB/T 10559 中的 3 级，射线探伤不做规定。

5.7.2.2 **螺栓连接**

5.7.2.2.1 金属结构采用高强度螺栓完成构件间的连接时，其连接接头应符合 JGJ 82 的规定。

大六角头高强度螺栓接头所用螺栓、螺母、垫圈及其技术要求应分别符合 GB/T 1228、GB/T 1229、GB/T 1230、GB/T 1231 的规定。扭剪型高强度螺栓接头所用的钢结构用扭剪型高强度螺栓连接副应符合 GB/T 3632 的规定。

5.7.2.2.2 连接结构件的铰制孔用螺栓副，螺栓的力学性能等级不应低于 8.8 级，螺母的力学性能等级不应低于 8 级。螺栓与铰制孔的配合宜采用 GB/T 1801 中 H8/m6。

5.7.3 结构件制造的允许偏差

结构件制造的允许偏差应符合 GB/T 29560—2013 中 5.7.3 的规定。

5.8 电气设备

5.8.1 总则

起重机电气设备应符合 GB/T 3811、GB 5226.2 和本标准的要求。

5.8.2 电源与供电

5.8.2.1 起重机供电电源的容量除应满足 5.1.1 的要求外，对于额定线电压高于 1 000 V 的交流供电系统，其供电线路及保护的设计应符合高压供电有关规定。

5.8.2.2 在电源周期的任意时间，电源中断或零电压持续时间不应超过 3 ms，相继中断间隔时间应大于 1 s。

5.8.2.3 起重机宜装设切断总电源的电源开关。

5.8.2.4 总电源回路应设置总断路器。总断路器应具有电磁脱扣功能，其额定电流应大于起重机额定工作电流，电磁脱扣电流整定值应大于起重机最大工作电流并符合整定要求。总断路器的断弧能力应能断开在起重机上发生的短路电流。

5.8.3 电气设备的选用原则

5.8.3.1 起升、旋转、变幅和运行机构一般采用交流变频传动控制系统。

5.8.3.2 除辅助机构外，应采用符合 5.6.1 中规定的电动机，必要时也可采用符合起重机要求的其他类型电动机。

5.8.3.3 选择电阻器时应注意：

a) 接电持续率不同的电动机，宜选用不同参数的起重机标准电阻器；如特殊需要，也可由起重机制造厂自行设计，但应符合 GB/T 3811—2008 中 7.5.1.3 的规定；

b) 起升机构不应选用频敏电阻器；

c) 电阻器应加防护罩，并注意散热需要的空间；室内使用时其防护等级不应低于 GB 4208中的 IP10，室外使用时不应低于 IP13。

5.8.3.4 起重机进线处应设隔离开关或熔断器箱。

5.8.3.5 当采用按钮盒控制时，控制电压不应大于 250 V。

5.8.3.6 对电磁起重机，起重电磁铁的电源在交流侧的接线，应保证在起重机内部各种事故断电(起重机集电器不断电)时，起重电磁铁供电不切断，即吸持物不应脱落。

5.8.3.7 如果用户要求对起重电磁铁设置备用电源(如蓄电池)时，备用电源支持时间不宜小于 20 min，应同时提供自动充电装置及其电压的指示器，并应有灯光和声响警告装置示警。该电源可接入起升制动器回路，或起升制动器应具有手动释放功能。

5.8.3.8 当选用可编程控制器(PLC)时，对用于安全保护的联锁信号，如极限限位、超速等，应具有直接的继电保护联锁线路。

5.8.4 控制柜

5.8.4.1 应选用符合 GB 7251.1 规定的控制柜。

5.8.4.2 电气室内高压柜和低压柜应分开。

5.8.4.3 控制柜宜采用整体防护式结构，面板带门，并配有门锁。可开启的控制柜门应以软导线与接地金属构件可靠地连接。

5.8.4.4 控制柜内应设照明装置，在超过 5.1.3 所规定的湿度环境中工作的控制柜内应设防潮空间加热器。

5.8.4.5 在无遮蔽的场所安装使用的控制柜应具有防雨、防尘功能。其外壳防护等级不应低于 GB 4208 中的 IP54。

5.8.4.6 控制柜内导线不允许中间接头。所有导线端部及接线端子应有与电气原理图和布线图一致的永久性识别标记、编号。

5.8.4.7 控制柜应牢固安装，在箱壳和箱柜前面至少要留 400 mm 宽的净空，地面应无障碍物。

5.8.4.8 柜内要有明显的接地标志螺钉。接地螺钉应是不小于 M6 的镀锌或铜质件，柜体应用螺栓和底座紧固，不允许用焊接方式与底座联接；若门上有电气元件，应装设专用接地线，门应可靠锁住。

5.8.4.9 500 V 及以下的交直流母线及其分支线，其不同极的裸露载流部分与绝缘的金属体之间的电气间隙和爬电距离应符合表 9 的要求。

表 9

单位为毫米

类别	电气间隙	爬电距离
控制柜	≥12	≥20

5.8.5 联动控制台

5.8.5.1 联动控制台上的操作手柄应具有零位自锁，主令控制器应操作灵活、档位清楚、工作可靠、零位手感明确。

5.8.5.2 联动控制台上所有按钮、转换开关、指示灯等电气元件的上面或附近均应清晰地标明其用途及操作方向的含义。

5.8.5.3 对于操作手柄，一般选择右手控制起升机构，左手控制变幅机构、回转机构。采用手柄控制操作时，机构运动方向应与表 10 规定的手柄方向一致。

表 10

机构	运动方向	手柄方向
起升、变幅机构	上升、减幅	向着司机(手柄向后)
	下降、增幅	离开司机(手柄向前)
回转	向右回转	手柄向右
	向左回转	手柄向左

5.8.6 集电器

5.8.6.1 集电滑环应满足相应的电压等级和电流容量的要求，每个滑环至少有一对电刷，碳刷与滑环的接触面积不应小于80%,并接触均匀。集电器的设计应方便维护与检查。

5.8.6.2 滑环与滑环间的绝缘电阻值不应小于1 MΩ。滑环间最小间隔不应小于12 mm,且爬电距离不应低于20 mm,并经耐压试验后无击穿、闪络现象。

5.8.7 电气设备的安装

5.8.7.1 电气设备应安装牢固,在起重机工作过程中,不应发生目测可见的水平移动和垂直跳动。

5.8.7.2 四箱及四箱以下的电阻器可以直接叠装,五箱及六箱叠装时,应考虑加固措施并要求各箱之间的间距不应小于80 mm,间距过小时应降低容量使用或采取其他相应措施。

5.8.7.3 控制柜的安装应符合GB/T 5226.2—2002中第12章和GB 50171—2012中第3章~第7章的规定。终端的标示与标志应符合GB/T 4026的规定。

5.8.7.4 安装在电气室内的电气设备,其防护等级可以为GB 4208中的IP00,但应有适当的防护措施,如防护栏杆,防护网等。

5.8.8 电线、电缆及其敷设

5.8.8.1 起重机上应采用铜芯、多股导线。电气室、司机室、控制屏、保护箱内的配线,主回路小截面导线与控制回路的导线,可用塑料绝缘导线。港口工作的起重机宜用船用电缆。

5.8.8.2 起重机外部连接用电线电缆截面选择:对于多股单芯导线,截面不应小于1.5 mm²;对于多股多芯电缆,截面不应小于1.0 mm²;对于电子装置、油压伺服机构、检测与传感元件的连接线,其截面不做规定。

5.8.8.3 不同电压种类和电压等级的电线敷设,应尽量分开。

5.8.8.4 导线的连接和分支点处应设置接线盒,室外接线盒及其出线孔的密封装置应能防雨。

5.8.8.5 交流载流25 A以上的单芯电线(或电缆)不允许单独穿金属管。

5.8.8.6 传送低电压、低功率的电缆线,不应与动力电缆或不同电压等级的电缆使用同一根多芯电缆(集装箱吊具电缆除外),必要时还要采用屏蔽电缆。

5.8.8.7 所有导线中均不允许有中间接头。照明线允许在设备附近用过渡端子连接。

5.8.8.8 每一根独立的连续的电缆管,累计的弯曲角度应小于360°。超过360°时,需要用分线盒或者三通过渡。硬管的中心弯曲半径应大于所穿电缆允许的最小弯曲半径,并且不小于表11所示的弯曲半径。

表 11

电线管规格	弯曲半径/mm
½"	102
¾"	115
1¼"	185
2"	242
3"	331
4"	407

5.8.8.9 线管、线槽或托架应尽量引接到电气设备附近。

5.8.8.10 电缆固定敷设的弯曲半径不应小于5倍电缆外径,扁形移动电缆的弯曲半径不应小于10倍电缆厚度,圆形移动电缆的弯曲半径不应小于8倍电缆外径。

5.8.8.11 接线盒(箱)的内腔,应有足够的引线空间。

5.8.8.12 导线穿过钢管或金属孔、洞处,应有保护措施,以防止导线磨损。电缆允许直接敷设,但在有机械损伤、化学腐蚀、油污浸蚀的地方应有防护措施。

5.8.8.13 导线与端头的连接应采用专用的冷压钳将导线与冷压铜端头压紧,不脱落。

5.8.8.14 线管、线槽、司机室地板下等导线密集的地方,应将导线整理成束,导线的两端应有与电路图或接线图一致的永久性识别标记和线束号。

5.8.8.15 起重机、司机室、电气室和电气设备的进出线孔,线槽和线管的进出线口均应采取防雨措施,且不应积水。

5.8.8.16 控制柜内一律要采用铜质线,导线截面积应符合GB 5226.2—2002中13.6的规定,每一线端都要牢固地装上线号标识。

5.8.8.17 保护导线的标识应符合GB 5226.2—2002中14.2.2的规定。

5.8.8.18 其他导线的标识应符合GB 5226.2—2002中14.2.4的规定。

5.8.9 照明及信号

5.8.9.1 起重机司机室、机房、电气室内照明的平均照度不应低于30 lx。起重机转台上或其他位置上应装有足够功率灯具,使起重机作业工作面的直接平均照度应达到30 lx。起重机各主要通道、扶梯、平台入口处的平均照度不应低于20 lx。

5.8.9.2 照明、信号的供电应设专用电路,电源应从主断路器(或主刀开关)进线端分接。当主断路器(或主刀开关)断开时,照明、信号电路不应断电。各种照明、信号电路均应设置短路保护。

5.8.9.3 固定式照明装置的电源电压不应超过220 V,不应用金属结构作为照明线路的回路。可携式照明装置(安全局部照明灯)的电源电压不应超过36 V,采用交流供电的,不应使用自耦变压器。

5.8.9.4 应用减振型或有减振措施照明灯具,室外照明灯具还应设有防坠落装置。室外和潮湿场所应用防水型照明灯具。

5.9 装配

5.9.1 制动轮和制动盘的安装

制动轮安装后,应保证其径向跳动不应超过表12规定的值;制动盘安装后,应保证其盘端面跳动不应超过表13规定的值。

表12

制动轮直径/mm	≤100	>100～250	>250～500	>500～800
径向跳动/μm	150	200	250	300

表13

制动盘直径/mm	≤250	>250～500	>500～800	>800～1 250	>1 250～2 000	>2 000～3 150	>3 150～5 000	>5 000
端面跳动/μm	200	250	300	400	500	600	800	1 000

5.9.2 传动链连接件的安装

5.9.2.1 传动链中各部件间的连接，同一轴线的偏斜角不应大于所用联轴器允许的安装误差。

5.9.2.2 装配好的各机构，使末级轴(如卷筒轴)旋转一周的过程中，应转动灵活，不应有卡阻等异常现象。

5.10 涂装

5.10.1 涂装前的钢材表面处理

基座、立柱、转盘、人字架、臂架系统等重要结构件应进行喷砂或喷(抛)丸除锈处理，达到GB/T 8923.1中的 Sa2 $\frac{1}{2}$级；其余构件应达到 Sa2 级或 St2 级(手工除锈)。

5.10.2 涂漆质量

5.10.2.1 起重机面漆应均匀、细致、光亮、完整和色泽一致，不应有粗糙不平、漏漆、错漆、皱纹、针孔及严重流挂等缺陷。

5.10.2.2 油漆漆膜厚度应满足 JT/T 733—2008 的要求。也可按起重机工作环境需要，由供需双方另行约定。

5.10.2.3 漆膜附着力应符合 GB/T 9286 中规定的一级质量要求。

5.10.3 涂漆颜色

涂漆颜色按供需双方约定执行。

6 试验方法

6.1 总则

起重机试验应遵循 GB/T 5905 规定的规范和程序。速度和时间参数的测量应符合 GB/T 22414的规定，测量精度应满足 GB/T 21457 的要求。

6.2 试验条件

6.2.1 在用户使用现场进行试验，试验时 10 m 高度处的风速不应超过 8.3 m/s(30 km/h)，但在速度(起升除外)测定时，风速不应超过 3 m/s(10.8 km/h)。

6.2.2 试验场地应平整坚实，起重机工作范围内不应有妨碍起重机回转、变幅动作的障碍物，并应在试验场地周边设置安全警示标志。

6.2.3 润滑油、液压油和冷却液应按使用要求装至工作液面，油的品质应符合设计规定的要求。

6.2.4 试验载荷应准确，其允许偏差为±1%。

6.2.5 有特殊要求的起重机可按订购合同条款进行试验。

6.3 整机试验

6.3.1 目测检验

目测检验应包括所有重要部件的规格和/或状态应符合要求，如下列各项：

——各机构、有关电气设备和液压设备、安全装置、制动器、控制器、照明和信号系统；

——起重机金属结构及其连接件、梯子、通道、司机室和平台；

——所有防护装置；

——吊钩或其他取物装置及其连接件；

——钢丝绳及其固定件；

——滑轮组及其轴和紧固件，臂架的杆件。

检查期间，不必拆开任何部件。但如正常维护和检验需要时，应打开的盖子（如限位开关盖）应包括在内。

目测检验还应包括提交符合 GB/T 17908 规定的全部验收文件，且证明已经过审核。

6.3.2 空载试验

以额定速度分别进行起升、变幅、回转动作试验各 3 次，测取各机构电动机的启动电流值、稳态电流值、励磁电流值、功率、转数、电压值，以 3 次测取的算术平均值作为测定值填入记录表，参见附录 A 的表 A.1。

6.3.3 技术性能参数的测定

6.3.3.1 起升速度/下降速度

起重机以最高速度起升（下降）额定载荷，测取载荷稳定运行通过 10 m 行程所需的时间，或测取卷筒稳定运转 3 圈所用时间，以 3 次测量的算术平均值作为起升（下降）速度。对安装用起重机还应测微速下降速度。

6.3.3.2 回转速度

起重机处于最大幅度位置，额定载荷下起重机以最高回转速度回转，测取回转圈数及相应的回转时间，以 3 次测量的算术平均值作为回转速度。

6.3.3.3 变幅时间

测取额定载荷下，起重机以最高速度在最大幅度和最小幅度范围内全程变幅的时间，以 3 次测量的算术平均值作为变幅时间。

6.3.3.4 起升范围

起重机处于空载条件下，测量取物装置从最高位置下降至最低位置的垂直距离。

6.3.3.5 幅度

起重机处于空载条件下，测量起重机最大幅度与最小幅度。

6.3.3.6 回转范围

若起重机为非全回转型，则还需在起重机处于空载条件下时测量回转工作范围。

6.3.4 额定载荷试验

6.3.4.1 额定载荷试验目的是进一步测试起重机的相关功能指标。

6.3.4.2 额定载荷试验的工况见表 14。

表 14

序号	试验工况	一次循环内容	循环次数
1	额定起重量； 相应的最大幅度	试验载荷由地面起升至最大高度（中间制动 1 次）→下降到地面（中间制动 1 次）	3
2		试验载荷起升至离地 1 m 左右→变幅到最小幅度（中间制动 1 次）→变幅到原位（中间制动 1 次）→下降到地面	3
3		试验载荷起升至离地 1 m 左右→在作业范围内向左回转 360°（中间制动 1 次）→再向右回转 360°（中间制动 1 次）→下降到地面	3
注：回转作业范围若小于 360°时，参考本表序号 3 作全程回转试验。			

6.3.4.3 测取电动机工作时启动电流、稳态电流、励磁电流、功率、转数、电枢电压,以3次测取的算术平均值作为测定值填入记录表A.1。

6.3.4.4 在完成表14规定的试验时,应注意设计规定的在不同幅度范围起重机所承受的额定载荷均需按表中的全部内容进行试验。

6.3.4.5 在完成表14规定的试验后,起重机有联合动作要求的,应进行额定载荷下起升、变幅联合动作和起升、回转联合动作试验各3次。试验过程中,起升、变幅制动与起升、回转制动各进行3次。

6.3.5 静载试验

6.3.5.1 静载试验的目的是检验起重机以及各结构件的承载能力。

6.3.5.2 每个起升机构的静载试验应分别进行,静载试验的载荷为1.25倍的额定载荷。若起重机不同幅度下起吊的额定载荷不同,则在不同的幅度下,选取相应的1.25倍额定载荷作为试验载荷。

6.3.5.3 将试验载荷逐渐地加上去,起升至离地面100 mm～200 mm高度,悬空时间不应少于10 min,注意观察各机构连接处、各支座位置、各主要钢结构是否有异常响声,制动器是否正常制动。

6.3.5.4 试验时允许调整起重量限制器、力矩限制器、液压系统安全溢流阀压力,但试验后应调回到设计规定的数值。

6.3.5.5 试验后,如果未见到裂纹、永久变形、油漆剥落或对起重机的性能与安全有影响的损坏,连接处没有出现松动或损坏,则认为这项试验结果合格。

6.3.6 动载试验

6.3.6.1 动载试验的目的主要是验证起重机各机构和制动器的功能。

6.3.6.2 每个起升机构的动载试验应分别进行,动载试验的载荷为1.1倍的额定载荷。若起重机不同幅度下起吊的额定载荷不同,则在不同的幅度下,选取相应的1.1倍额定载荷作为试验载荷。

6.3.6.3 试验中应包括试验载荷在悬挂不动的状态下作上升启动时,不应出现反向动作与下滑现象。

6.3.6.4 进行两个机构以上的联合动作试验,各机构应运转正常、传动平稳、测定各项性能参数应符合设计的规定,同时测定电气设备和液压设备的有关数据,并填表记录。

6.3.6.5 分别对起升机构、回转机构、变幅机构(若有)在额定工作速度下进行制动试验,各不少于3次,检查制动的可靠性。

6.3.6.6 如果各部件能完成其功能试验,并在随后进行的目测检验中没有发现机构或构件有损坏,连接处也没有松动或损坏,则认为这项试验结果合格。

7 检验规则

7.1 检验分类

起重机的检验分出厂检验和型式试验。

7.2 出厂检验

7.2.1 每台起重机都应进行出厂检验,检验合格后(包括用户特殊要求检验项目)方能出厂。

7.2.2 制造商应向用户提供起重机《产品合格证明书》和检测报告。

7.2.3 起重机宜在制造方进行整体或部件的预装，并进行空运转试验，否则应采取有效措施保证各部分在使用现场进行总装的正确性。

7.2.4 组装后各部件应分别进行空运转试验，正反方向运转，各试验累计时间不应少于 5 min。

7.2.5 出厂检验项目见表 15。

表 15

序号	项目名称	出厂检验	型式试验	检验要求	试验方法
1	目测检验	√	√	第 5 章相关条款	6.3.1
2	空载试验	—	√		6.3.2
3	额定载荷试验	—	√		6.3.4
4	静载试验	—	√	5.3.5	6.3.5
5	起升速度/下降速度	—	√	表 7 及图样	6.3.3.1
6	回转速度和/或回转范围	—	√	表 7 及图样	6.3.3.2;6.3.3.6
7	变幅时间	—	√	表 7 及图样	6.3.3.3
8	起升范围	—	√	表 7 及图样	6.3.3.4
9	幅度	—	√	表 7 及图样	6.3.3.5
10	起重机噪声	—	√	5.5.10	按 GB/T 14406—2011 中 6.5
11	验证抓斗抓满率	—	√	5.3.3	按 GB/T 14406—2011 中 6.7
12	验证起重电磁吸盘的吸重能力	—	√	5.3.4	按 GB/T 14406—2011 中 6.8.1
13	动载试验	—	√	5.3.6	6.3.6
14	漆膜总厚度	√	√	5.10.2.2	按 GB/T 14406—2011 中 6.2.10
15	漆膜附着力	√	√	5.10.2.3	按 GB/T 9286
16	电控设备中各电路的绝缘电阻	√	√	5.5.8	按 GB/T 14406—2011 中 6.6

7.3 型式试验

7.3.1 有下列情况之一时，应进行型式检验：

a) 新产品或老产品转厂生产的试制定型鉴定；

b) 正式生产后，如结构、材料、工艺有较大改变，可能影响产品性能时；

c) 产品停产达一年以上后恢复生产时；

d) 出厂检验结果与上次型式检验有较大差异时；

e) 国家质量监督机构提出进行型式检验要求时。

7.3.2 如果制造商没有条件进行整机试验，则应到用户使用现场作型式试验。

7.3.3 进行型式试验的起重机，应由制造商的质量检验部门或有资质的质量监督机构按实际与可能进行随机抽样。

7.3.4 型式试验项目见表 15。

8 标志、包装、运输、贮存

8.1 标志

8.1.1 起重机的规格标记应符合下列要求：

a) 应在明显位置永久性地标明额定起重量(或额定起重力矩)。

b) 额定起重量随全幅度范围变化的起重机,应设有明显可见的额定起重量随幅度全程变化的曲线或表格;凡不同幅度段规定有不同额定起重量的,幅度段的划分及各段的额定起重量,均应永久性地标明并明显可见。由制造商提供的操作说明书应能对不同幅度起重量做出更详细说明。

c) 如果起重机配备有多个起升机构,则应分别标明每个起升机构的额定起重量。由制造商提供的操作说明书应指明这些起升机构是否可以同时使用。

8.1.2 应在起重机或司机室内明显位置设置起重机标牌,标牌应符合 GB/T 13306 的规定,标牌的内容至少应包括以下内容：

a) 产品型号及名称；

b) 主要性能参数；

c) 产品编号；

d) 出厂日期；

e) 制造商名称；

f) 执行标准。

8.2 包装

8.2.1 起重机的包装应符合 GB/T 13384 的有关规定。

8.2.2 需解体的零部件连接处应有清晰的对应性标记和编号,电线接头可书写编号。

8.2.3 每个包装上应标明零部件的名称、编号、重量、吊点位置,并应附有包装清单。

8.2.4 销轴、轴孔、螺纹及外露加工面应作防锈处理并妥善保护,液压管件接口封住,电线接头防水密封。

8.2.5 危险、易碎、防潮等包装箱、件,应分别标明危险、易碎、防潮、放置方向等符号及字样。

8.2.6 各种资料及装箱单、装拆发运单元清单、装拆编号图样等文件应防水封好,放在有标记的适当位置。

8.2.7 起重机出厂时至少应提供以下随行文件：

a) 产品合格证明书；

b) 起重机使用维护说明书；

c) 主要外购件的合格证及使用说明书；

d) 起重机总图及各主要部件装配图；

e) 易损件清单；

f) 随机工具及备件清单；

g) 其他。

8.3 运输

8.3.1 产品的运输应符合铁路、公路、航运的有关运输要求。

8.3.2 整体拖运还应满足：

a） 拖运装置应设有制动、转向装置，并符合通用牵引车辆的要求；

b） 起重机的回转部分应锁止，以防机构损坏；

c） 最大载荷应符合道路桥梁限载要求。

8.3.3 长大件和可能会移动的部件，应垫平绑扎牢固，防止变形、移位、碰撞。

8.3.4 各金属结构件在运输过程中应防止变形，必要时应局部临时加固或放置假轴于铰轴轴孔内，若发现明显变形，需复测尺寸及形位公差，合格后方可吊装。

8.3.5 运输过程中应防止碰撞、腐蚀、变形，电器设备、液压设备、电缆、钢丝绳等应采取防雨和防腐措施。

8.4 贮存

8.4.1 长期贮存时，应定期清理、涂漆。裸露的装配面应采取有效的防腐措施，电气系统、塑料零件、橡胶制品应避免日光直晒和油污以防止过早老化。放置在仓库中保管的零部件应注意防潮和避风。

8.4.2 起重机贮存时，应保存有详细档案，存放期间的所有变动情况均应详细记入档案。

附　录　A
(资料性附录)
试验测试数据记录表

试验用记录表参见表 A.1。

表 A.1　电动机电压、电流、功率、转数测试记录表

<table>
<tr><td colspan="9">产品名称:＿＿＿＿＿＿＿＿型号:＿＿＿＿＿＿＿＿
检测地点:＿＿＿＿＿＿＿＿检测日期:＿＿＿＿年＿＿＿月＿＿＿日
天气情况:＿＿＿＿＿＿＿＿风速:＿＿＿＿＿＿＿＿温度:＿＿＿＿＿＿＿＿
被测部件:＿＿＿＿＿＿＿＿
制造商:＿＿＿＿＿＿＿＿检测单位:＿＿＿＿＿＿＿＿</td></tr>
<tr><td>机构名称</td><td>电动机型号</td><td>负荷
t</td><td>电压
V</td><td>起动电流
A</td><td>稳态电流
A</td><td>励磁电流
A</td><td>功率
kW</td><td>转数
r/min</td></tr>
<tr><td></td><td></td><td></td><td></td><td></td><td></td><td></td><td></td><td></td></tr>
<tr><td></td><td></td><td></td><td></td><td></td><td></td><td></td><td></td><td></td></tr>
<tr><td></td><td></td><td></td><td></td><td></td><td></td><td></td><td></td><td></td></tr>
<tr><td></td><td></td><td></td><td></td><td></td><td></td><td></td><td></td><td></td></tr>
<tr><td colspan="9">记录人:　　　　　　　　　检测负责人:</td></tr>
</table>

ICS 53.020.20
J 80

中华人民共和国国家标准

GB/T 30024—2020/ISO 20332:2016
代替 GB/T 30024—2013

起重机　金属结构能力验证

Cranes—Proof of competence of steel structures

(ISO 20332:2016,IDT)

2020-12-14 发布　　2021-07-01 实施

中华人民共和国国家质量监督检验检疫总局
中国国家标准化管理委员会　发布

前　言

本标准按照 GB/T 1.1—2009 给出的规则起草。

本标准代替 GB/T 30024—2013《起重机　金属结构能力验证》，与 GB/T 30024—2013 相比，主要技术变化如下：

——修改了规范性引用文件(见第 2 章，2013 年版的第 2 章)；

——修改了本标准所用的部分主要符号(见第 3 章的表 1，2013 年版的第 3 章的表 1)；

——修改了平面状态应力的焊缝链接的附加验证公式，即等号右侧系数由 1.1 改为 1.0[见式(32)，2013 年版的式(32)]；

——增加了弹性稳定性验证(见第 7 章)。

本标准使用翻译法等同采用 ISO 20332:2016《起重机　金属结构能力验证》。

与本标准中规范性引用的国际文件有一致性对应关系的我国文件如下：

——GB/T 229—2007　金属材料　夏比摆锤冲击试验方法(ISO 148-1:2006，MOD)

——GB/T 1800.2—2020　产品几何技术规范(GPS)　线性尺寸公差 ISO 代号体系　第 2 部分：标准公差带代号和孔、轴的极限偏差表(ISO 286-2:2010，MOD)

——GB/T 3098.1—2010　紧固件机械性能　螺栓、螺钉和螺柱(ISO 898-1:2009，MOD)

——GB/T 3098.17—2000　紧固件机械性能　检查氢脆用预载荷试验　平行支承面法(idt ISO 15330:1999)

——GB/T 5267.1—2002　紧固件　电镀层(ISO 4042:1999，IDT)

——GB/T 15706—2012　机械安全　设计通则　风险评估与风险减小(ISO 12100:2010，IDT)

——GB/T 17505—2016　钢及钢产品　交货一般技术要求(ISO 404:2013，MOD)

——GB/T 19349—2012　金属和其他无机覆盖层　为减少氢脆危险的钢铁预处理(ISO 9587:2007，IDT)

——GB/T 19418—2003　钢的弧焊接头　缺陷质量分级指南(ISO 5817:1992，IDT)

——GB/T 20863.1—2007　起重机械　分级　第 1 部分：总则(ISO 4301-1:1986，IDT)

——GB/T 22437(所有部分)起重机　载荷与载荷组合的设计原则[ISO 8686(所有部分)]

本标准由中国机械工业联合会提出。

本标准由全国起重机械标准化技术委员会(SAC/TC 227)归口。

本标准起草单位：太原科技大学、北京起重运输机械设计研究院有限公司、中联重科股份有限公司、郑州新大方重工科技有限公司、北京起重运输机械设计研究院有限公司河南分院、天津港股份有限公司、中船第九设计研究院工程有限公司、法兰泰克重工股份有限公司、河南省矿山起重机有限公司、江西起重机械总厂有限公司、宁夏天地奔牛银起设备有限公司、纽科伦(新乡)起重机有限公司、青岛海西重机有限责任公司、河南省大方重型机器有限公司、广州特种机电设备检测研究院、佛山市南海区特种设备协会、南京开关厂有限公司。

本标准主要起草人：徐格宁、张培、董青、戚其松、任会礼、陈浩、付玲、肖扬、朱靖、袁秀峰、李峰、郭志强、姚天富、崔鹏、韩中成、滕云、张长利、梁建新、吴以国、刘宇新。

本标准所代替标准的历次版本发布情况为：

——GB/T 30024—2013。

起重机　金属结构能力验证

1　范围

本标准基于极限状态法规定了对起重机金属结构进行能力验证所确定的一般条件、要求、方法和参数值，以与 ISO 8686 中载荷与载荷组合的适用部分协同使用。

本标准具有通用性，适用于所有类型的起重机。对于专用特殊的起重机，可由其他标准规定其能力验证的特定要求。

通过理论验证计算和/或测试进行能力验证，旨在以所建立的强度极限(如屈服极限、疲劳、脆性断裂)来避免与结构性能相关的危险。

根据 ISO 8686-1，能力验证计算可以采用两种方法：分项安全系数的极限状态法、整体安全系数的许用应力法。虽不排除许用应力法的有效性，但本标准仅涉及极限状态法。

本标准不包括附属部件(如栏杆、楼梯、走道、司机室)的能力验证计算。但需考虑这些附属部件对主要结构产生的影响。

2　规范性引用文件

下列文件对于本文件的应用是必不可少的。凡是注日期的引用文件，仅注日期的版本适用于本文件。凡是不注日期的引用文件，其最新版本(包括所有的修改单)适用于本文件。

GB/T 6974.1—2008　起重机　术语　第 1 部分：通用术语(ISO 4306-1:2007，IDT)

ISO 148-1:2009　金属材料　夏比摆锤冲击试验　第 1 部分：试验方法(Metallic materials—Charpy pendulum impact test—Part 1:Test method)

ISO 273:1979　紧固件　螺栓和螺钉用通孔(Fasteners—Clearance holes for bolts and screws)

ISO 286-2:2010　产品几何技术规范(GPS)　ISO 线性尺寸公差代码　第 2 部分：标准公差等级和孔、轴的极限偏差表[Geometrical product specifications(GPS)—ISO code system for tolerances on linear sizes—Part 2:Tables of standard tolerance classes and limit deviations for holes and shafts, corrected by ISO 286-2:2010/Cor 1:2013]

ISO 404　钢及钢产品　交货一般技术要求(Steel and steel products—General technical delivery requirements)

ISO 898-1:2013　碳钢和合金钢制紧固件机械性能　第 1 部分：具有规定性能等级的螺栓、螺钉和螺柱　粗牙螺纹和细齿节螺纹(Mechanical properties of fasteners made of carbon steel and alloy steel—Part 1:Bolts, screws and studs with specified property classes—Coarse thread and fine pitch thread)

ISO 4042　紧固件　电镀层(Fasteners—Electroplated coatings)

ISO 4301-1:2016　起重机　分级　第 1 部分：总则(Cranes and lifting appliances—Classification—Part 1:General)

ISO 5817:2014　焊接　钢、镍、钛及其合金的熔化焊接头(束焊除外)　缺陷质量等级

[Welding—Fusion-welded joints in steel, nickel, titanium and their alloys (beam welding excluded)—Quality levels for imperfections]

ISO 7452:2013 热轧结构钢板 尺寸和形状公差(Hot-rolled structural steel plates—Tolerances on dimensions and shape)

ISO 7788:1985 钢 热轧钢板和宽扁钢板的表面光洁度 交货要求(Steel—Surface finish of hot-rolled plates and wide flats—Delivery requirements)

ISO 8686.1:2012 起重机 载荷与载荷组合的设计原则 第1部分:总则(Cranes—Design principles for loads and load combinations—Part 1:General)

ISO 8686-2 起重机 载荷与载荷组合的设计原则 第2部分:流动式起重机(Cranes—Design principles for loads and load combinations—Part 2:Mobile cranes)

ISO 8686-3 起重机 载荷与载荷组合的设计原则 第3部分:塔式起重机(Cranes—Design principles for loads and load combinations—Part 3:Tower cranes)

ISO 8686-4 起重机 载荷与载荷组合的设计原则 第4部分:臂架起重机(Cranes—Design principles for loads and load combinations—Part 4:Jib cranes)

ISO 8686-5 起重机 载荷与载荷组合的设计原则 第5部分:桥式和门式起重机(Cranes—Design principles for loads and load combinations—Part 5:Overhead travelling and portal bridge cranes)

ISO 9013:2002 热切割 热切割分类 产品几何量技术规范和质量公差(Thermal cutting—Classification of thermal cuts—Geometrical product specification and quality tolerances)

ISO 9587 金属和其他无机覆盖层 为减少氢脆危险的钢铁预处理(Metallic and other inorganic coatings—Pretreatment of iron or steel to reduce the risk of hydrogen embrittlement)

ISO 12100 机械安全 设计通则 风险评估与风险减小(Safety of machinery—Basic concepts, general principles for design—Risk assessment and risk reduction)

ISO 15330 紧固件机械性能 检查氢脆用预载荷试验 平行支承面法(Preloading test for the detection of hydrogen embrittlement—Parallel bearing surface method)

ISO 17659:2002 焊接 图示焊接接头的多语种术语(Welding—Multilingual terms for welded joints with illustrations)

3 术语、定义、符号和缩略语

GB/T 6974.1—2008 中第8章、ISO 12100 和 ISO 17659 界定的以及下列术语、定义、符号和缩略语(见表1)适用于本文件。

3.1

钢材的等级 grade of steel

采用钢材强度(通常用屈服应力 f_y,有时也用极限强度 f_u)定义的标识。

3.2

钢材的质量 quality of steel

采用钢材的冲击韧性和试验温度定义的标识。

表 1 本标准所用的主要符号和缩略语

符号	含　义
A	横截面面积
A_{eq}	计算的等效面积
A_{n}	螺栓或销轴孔处的净截面面积
A_{r}	螺栓根部面积
A_{s}	螺纹公称应力截面积
a	几何尺寸
a_{hi}	焊缝熔融的几何尺寸
a_{r}	有效焊缝厚度
b	几何尺寸
c	几何尺寸
D_{A}	圆柱体有效承载直径
D_{i}	空心销轴内径
D_{o}	空心销轴外径
d	(螺栓/销轴)直径
d_{h}	孔的直径
d_{w}	螺栓头部接触区的直径
d_{o}	孔的直径
E	弹性模量
e_{1},e_{2}	边界距离
F	力
F_{b}	螺栓上的拉力
$F_{b,Rd}$	极限设计承压力
$F_{b,Sd}$,$F_{bi,Sd}$	设计承压力
ΔF_{b}	附加力
F_{cr}	由于外部拉力引起连接中压力的减少量
$F_{cs,Rd}$	极限设计拉力
F_{d}	极限力
$F_{e,t}$	(螺栓连接上的)外力
F_{k}	特征值(力)
F_{p}	螺栓预紧力

表 1(续)

符号	含　义
$F_{p,d}$	设计预紧力
F_{Rd}	极限设计力
F_{Sd}	构件的设计力
$F_{s,Rd}$	每个螺栓和每个摩擦面的极限设计滑移力
$F_{t1,Rd}$,$F_{t2,Rd}$	每个螺栓的极限设计拉力
$F_{t,Sd}$	每个螺栓的外部拉力
$F_{v,Rd}$	每个螺栓/销轴和每个剪切面的极限设计剪力
$F_{v,Sd}$	每个螺栓/销轴和每个剪切面的设计剪力
$F_{\sigma,\tau}$	法向力/剪力
f	板的面外缺陷
$F_{b,Rd,x}$	极限设计压缩纵向应力
$F_{b,Rd,v}$	极限设计压缩横向应力
$F_{b,Rd,\tau}$	极限设计屈曲剪应力
f_d	极限应力
f_k	特征值(应力)
f_{Rd}	极限设计应力
f_u	被连接件的极限强度
f_{ub}	螺栓的极限强度
f_{uw}	焊缝的极限强度
$f_{w,Rd}$	极限设计焊缝应力
f_y	被连接件的屈服应力或0.2%残余变形的屈服强度
f_{yb}	螺栓的屈服应力
f_{yk}	结构件的屈服应力(最小值)
f_{yp}	销轴的屈服应力
h	工件的厚度
h_d	焊缝与载荷作用接触区域之间的距离
I	惯性矩
K_b	螺栓的刚度(斜率)
K_c	被连接件的刚度(斜率)
k_m	基于所考虑结构细部的 m 的应力谱系数
k^*	具体的应力谱比例系数

表 1（续）

符号	含　义
$\kappa_{\sigma x}, \kappa_{\tau}$	板的屈曲系数
L	压缩构件的长度
l_k	有效夹紧长度
l_m	板缺陷的测量长度
l_r	有效焊缝长度
l_w	焊缝长度
l_1	无螺纹受拉处的有效长度
l_2	有螺纹受拉处的有效长度
M_{Rd}	极限设计弯矩
M_{Sd}	设计弯矩
m	$\lg \sigma$-$\lg N$ 曲线的斜率常数
N	疲劳导致失效时的应力循环数
N_c	压缩力
N_k	压缩构件的临界屈曲载荷
N_{Rd}	极限设计压缩力
N_{Sd}	设计压缩力
N_{ref}	参考点的循环次数
N_t	事件的总次数
NC	缺口效应级别
NDT	无损检测
n_i	在应力范围 i 内的应力循环次数
n	承受相同载荷的螺栓数量
P_s	可靠性概率
p_1, p_2	螺栓中心距
Q	剪力
q_i	冲击韧性参数
R_d	设计抗力
r	车轮半径
S	应力历程参数 s 的级别
S_d	设计应力或力
s_m	应力历程参数

表 1(续)

符号	含　义
T	温度
TIG	钨极惰性气体保护焊
t	厚度
U	工作循环等级
u	形状系数
v	直径比
W_{el}	弹性截面模量
α	承压连接特征系数
α_w	极限焊缝应力系数
γ_{mf}	疲劳强度具体抗力系数
γ_m	一般抗力系数
γ_p	分项安全系数
γ_R	总的抗力系数
γ_{Rb}	螺栓的总抗力系数
γ_{Rc}	受拉状态下有孔截面处的总抗力系数
γ_{Rm}	结构件的总抗力系数
γ_{Rp}	销轴的总抗力系数
γ_{Rs}	防滑连接的总抗力系数
γ_s	具体抗力系数
γ_{sb}	螺栓连接的具体抗力系数
γ_{sm}	结构件的具体抗力系数
γ_{sp}	销轴连接的具体抗力系数
γ_{ss}	夹紧摩擦型连接的具体抗力系数
γ_{st}	受拉状态下有孔截面处的具体抗力系数
$\Delta\delta_1$	附加伸长
δ_p	预紧伸长
Θ_i	斜拉构件的倾斜
κ	离散角
λ	焊缝方向接触区的宽度
μ	滑动摩擦系数
ν	应力范围发生的相对总次数

表 1（续）

符号	含　　义
ν_D	直径比
σ	各应力的表达
$\Delta\sigma$	应力范围
$\Delta\sigma_i$	应力范围 i
$\Delta\hat{\sigma}$	最大应力范围
σ_b	应力范围的下极限值
$\Delta\sigma_c$	特征疲劳强度(正应力)
σ_e	板屈曲的参考应力
σ_m	为单一参数应力循环分级而选择的恒定平均应力
$\Delta\sigma_{Rd}$	极限设计应力范围(正应力)
$\Delta\sigma_{Rd,1}$	对于 $k^*=1$ 的极限设计应力范围
σ_{Sd}	设计应力(正应力)
$\Delta\sigma_{Sd}$	设计应力范围(正应力)
$\sigma_{Sd,x}$	设计压缩纵向应力
$\sigma_{Sd,y}$	设计压缩横向应力
σ_u	应力范围的上极限值
$\sigma_{w,Sd}$	设计焊缝应力(正应力)
σ_x，σ_y	正应力在 x，y 方向的分量
$\hat{\sigma}_a$	最大应力幅度
$\min\sigma$，$\max\sigma$	应力极限值
τ	剪应力
$\Delta\tau_c$	特征疲劳强度(剪应力)
τ_{Sd}	设计应力(剪应力)
$\Delta\tau_{Sd}$	设计应力范围(剪应力)
τ_{Rd}	极限设计应力范围(剪应力)
$\tau_{w,Sd}$	设计焊缝应力(剪应力)
ϕ_i	动载系数
ψ	板的应力比

4　概述

4.1　一般原则

在载荷或重复载荷循环作用下，应对可能失效、断裂或变形而影响起重机功能的构件、杆件以及细节进行能力验证计算。

注：为获取适用于各种类型起重机验证计算的更多信息，请参考 ISO 8686。并非所有的计算都适用于每类起重机。

4.2 文件编制

能力验证文件应包括：

——设计假定，包括计算模型；

——适用的载荷与载荷组合；

——材料性能；

——根据 ISO 5817 确定焊缝质量等级；

——连接件的性能；

——相关极限状态；

——能力验证计算结果及适用性测试。

4.3 可选方法

除采用计算的方法进行能力验证外，也可通过试验的方法进行验证，或由二者协同验证。试验过程中的载荷大小和分布应符合相关极限状态下的设计载荷与载荷组合。

此外，对于先进的和公认的理论或试验方法，只要符合本标准的原则，通常可以使用。

4.4 结构件的材料

推荐采用符合如下国际标准的钢材：

——ISO 630；

——ISO 6930-1；

——ISO 4950-1；

——ISO 4951-1、ISO 4951-2 和 ISO 4951-3。

在使用其他钢材的场合，应已知其极限强度 f_u 和屈服应力 f_y 的具体值。而钢材的力学性能和化学成分应根据 ISO 404 确定。此外应满足下列条件：

——当 $f_u/f_y<1.05$ 时，设计值 $f_y=f_u/1.05$；

——断面面积 $A\geqslant7\%$ 的伸长量的计算长度 $L_0=5.65\times\sqrt{S_0}$（S_0 为初始截面面积）；

——应详细给出材料的焊接性或非焊接性，并且，对于焊接材料，需进行焊接性证明；

——用于冷成型的材料，应给出相关参数。

板厚的负公差等于或大于 ISO 7452:2013 级别 A 的规定值时，能力验证采用板厚的标准值。否则应采用板厚的实际最小值。

当验证用于受拉构件的钢材质量和等级（参考相关标准）时，应考虑冲击韧性参数 q_i 的综合影响。表 2 给出不同影响因素下的 q_i 值。表 3 给出了依据 $\sum q_i$ 确定的所需冲击能量和试验温度，而这些应由钢材制造商根据 ISO 148-1 确定。

表 2　冲击韧性参数 q_i

<table>
<tr><th>序号</th><th colspan="2">影响因素</th><th>q_i</th></tr>
<tr><td rowspan="6">1</td><td rowspan="6">工作环境温度 T/℃</td><td>$0 \leqslant T$</td><td>0</td></tr>
<tr><td>$-10 \leqslant T < 0$</td><td>1</td></tr>
<tr><td>$-20 \leqslant T < -10$</td><td>2</td></tr>
<tr><td>$-30 \leqslant T < -20$</td><td>3</td></tr>
<tr><td>$-40 \leqslant T < -30$</td><td>4</td></tr>
<tr><td>$-50 \leqslant T < -40$</td><td>6</td></tr>
<tr><td rowspan="5">2</td><td rowspan="5">屈服应力 $f_y/(N/mm^2)$</td><td>$f_y \leqslant 300$</td><td>0</td></tr>
<tr><td>$300 < f_y \leqslant 460$</td><td>1</td></tr>
<tr><td>$460 < f_y \leqslant 700$</td><td>2</td></tr>
<tr><td>$700 < f_y \leqslant 1\ 000$</td><td>3</td></tr>
<tr><td>$1\ 000 < f_y \leqslant 1\ 300$</td><td>4</td></tr>
<tr><td rowspan="8">3</td><td rowspan="8">材料厚度 t/mm
实心棒材的等效厚度 t：
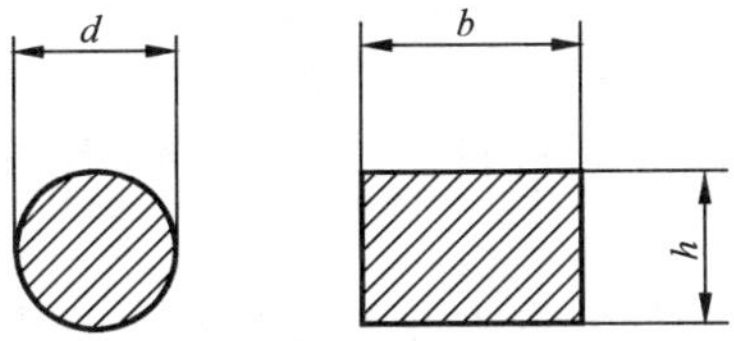
$t=\frac{d}{1.8}$　对于 $\frac{b}{h}<1.8$：$t=\frac{b}{1.8}$</td><td>$t \leqslant 10$</td><td>0</td></tr>
<tr><td>$10 < t \leqslant 20$</td><td>1</td></tr>
<tr><td>$20 < t \leqslant 40$</td><td>2</td></tr>
<tr><td>$40 < t \leqslant 60$</td><td>3</td></tr>
<tr><td>$60 < t \leqslant 80$</td><td>4</td></tr>
<tr><td>$80 < t \leqslant 100$</td><td>5</td></tr>
<tr><td>$100 < t \leqslant 125$</td><td>6</td></tr>
<tr><td>$125 < t \leqslant 150$</td><td>7</td></tr>
<tr><td rowspan="6">4</td><td rowspan="6">特征疲劳强度 $\Delta\sigma_c/(N/mm^2)$
(见附录 D)</td><td>$\Delta\sigma_c > 125$</td><td>0</td></tr>
<tr><td>$80 < \Delta\sigma_c \leqslant 125$</td><td>1</td></tr>
<tr><td>$56 < \Delta\sigma_c \leqslant 80$</td><td>2</td></tr>
<tr><td>$40 < \Delta\sigma_c \leqslant 56$</td><td>3</td></tr>
<tr><td>$30 < \Delta\sigma_c \leqslant 40$</td><td>4</td></tr>
<tr><td>$\Delta\sigma_c \leqslant 30$</td><td>5</td></tr>
<tr><td rowspan="4">5</td><td rowspan="4">静强度的使用(见 5.3.1)</td><td>$\sigma_{Sd} > 0.75 \times f_{Rd\sigma}$</td><td>0</td></tr>
<tr><td>$0.5 \times f_{Rd\sigma} < \sigma_{Sd}$ 且 $\sigma_{Sd} \leqslant 0.75 \times f_{Rd\sigma}$</td><td>−1</td></tr>
<tr><td>$0.25 \times f_{Rd\sigma} < \sigma_{Sd}$ 且 $\sigma_{Sd} \leqslant 0.5 \times f_{Rd\sigma}$</td><td>−2</td></tr>
<tr><td>$\sigma_{Sd} \leqslant 0.25 \times f_{Rd\sigma}$</td><td>−3</td></tr>
</table>

表 3　对应$\sum q_i$冲击韧性的要求

项　　目	$\sum q_i \leqslant 5$	$6 \leqslant \sum q_i \leqslant 8$	$9 \leqslant \sum q_i \leqslant 11$	$12 \leqslant \sum q_i \leqslant 14$
冲击能量/试验温度的要求	27 J /+20 C°	27 J /0 C°	27 J/−20 C°	27 J/−40 C°

4.5　螺栓连接

4.5.1　螺栓材料

对于螺栓连接,应使用 ISO 898-1:2013 中表 4 给出的螺栓性能等级(螺栓等级)。表 4 给出了不同螺栓性能等级的名义强度。

表 4　螺栓的性能等级

项　　目	性能等级				
	4.6	5.6	8.8	10.9	12.9
f_{yb}/(N/mm²)	240	300	640	900	1 080
f_{ub}/(N/mm²)	400	500	800	1 000	1 200

如有必要,设计者应要求螺栓供应商提供性能等级(螺栓等级)为 10.9 和 12.9 的螺栓保证不发生氢脆的证明。技术要求见 ISO 15330、ISO 4042 和 ISO 9587。

4.5.2　概述

本标准中的螺栓连接,是指采用螺栓在杆件和/或构件之间进行的,且符合下列要求的连接:

——当受到振动、反向或波动载荷时,或在可能导致有害几何形状变化的滑移处,螺栓应充分拧紧以使连接面压紧为一体;

——可拧紧的其他螺栓连接;

——应确保连接面不发生转动(例如:使用多个螺栓)。

4.5.3　剪切和承压连接

本标准中的剪切和承压连接,是指载荷垂直作用于螺栓轴线方向并引起螺栓的剪切和承压,以及被连接件的承压的连接,且应符合下列要求:

——当螺栓承受反向载荷时,或在可能导致有害的几何形状变化的滑移处,螺栓与螺孔之间的间隙应符合 ISO 286-2:2010 的配合公差 h13/H11 或更紧;

——对于其他情况,可采用 ISO 273 中更松的间隙;

——在承压计算中,应只考虑无螺纹的螺杆部分;

——接触面不需要特别的表面处理。

4.5.4　夹紧摩擦型(抗滑移)连接

本标准中的夹紧摩擦型连接,是指通过接合面之间的摩擦来传递载荷的连接,且应符合下列要求:

——应使用 ISO 898-1:2013 中性能等级(螺栓等级)为 8.8、10.9 或 12.9 的高强度螺栓;

——应采用一种可控方法拧紧螺栓以达到规定的预紧状态；

——应规定和考虑接合面的表面条件；

——除标准孔外，超大孔和槽形孔都可使用。

4.5.5 受拉连接

本标准中的受拉连接，是指载荷作用在螺栓轴线方向并引起螺栓轴向拉伸应力的连接，且应符合下列要求：

——预紧连接应采用ISO 898-1:2013中性能等级(螺栓等级)为8.8、10.9或12.9的高强度螺栓，采用可控的方法拧紧以达到规定的预紧状态；

——应考虑由接头几何形状的杠杆作用(撬动)所引起的额外螺栓拉力；

——螺栓的疲劳评估应考虑受接头结构特征影响螺栓拉力的变化，例如被连接件的刚度和撬动作用。

注：未预紧的受拉螺栓视为结构件。

4.6 销轴连接

本标准中的销轴连接，是指与被连接件之间无约束转动圆柱销轴的连接。

此处的要求适用于承载的销接连接，而不适用于仅作为附属的便捷连接方式。

销轴与销孔间的间隙应符合ISO 286-2:2010的配合公差h13/H13或更紧。在载荷方向变化的情况下，应采用更紧的配合公差。

所有销轴均应配备防止其脱出销孔的防脱装置。

当允许销轴连接在承载状态下转动时，防脱装置应限制销轴的轴向位移。

为限制局部平面外的变形(表面凹陷)，应考虑被连接件的刚度。

4.7 焊缝连接

本标准中的焊缝连接，是指采用熔合焊接加工工艺，对厚度不小于3 mm的杆件和/或构件进行的连接。

ISO 17659给出了焊缝连接的术语。

ISO 5817的质量等级评价适用于本标准，应采用适当的无损检测方法验证是否符合质量等级要求。

通常对于要求静态能力验证的焊缝连接，ISO 5817:2014的质量等级C级是可接受的。

ISO 5817:2014的质量等级D级仅可用于即使焊缝局部失效也不会导致结构失效或载荷坠落的焊缝连接。

虽然沿焊缝长度的应力分布可能是非均匀的，但在大多数情况下，当有效焊接长度不超过焊接厚度 a 的150倍时，可认为其分布是均匀的。然而，也可假定其他的应力分布情况，只要其满足平衡性和连续性的基本要求，并与接头的实际变形特征充分相符即可。

对于承受静力作用的焊缝设计，不需考虑残余应力和不参与传递力的应力。这特别适用于正应力平行于焊缝轴线的情形。

当进行对接接头拉伸静强度测试时，采用固定焊接加强实现测试。

4.8 结构件和连接的能力验证

能力验证的目标是证明设计应力或力 S_d 不超过设计抗力 R_d，见式(1)：

$$S_d \leqslant R_d \tag{1}$$

设计应力或力 S_d 应根据 ISO 8686 适用部分的相关载荷、载荷组合和分项安全系数所确定。

在以下章条中,设计抗力 R_d 用极限应力 f_d 或极限力 F_d 来表示。

应对结构件和连接进行下列验证:

——第 5 章的静力强度验证;

——第 6 章的疲劳强度验证;

——第 7 章的弹性稳定性验证。

5 静力强度验证

5.1 概述

通过计算进行静力强度验证,目的是防止由于材料屈服、夹紧摩擦连接的滑移、弹性失稳(见第 7 章)和结构件或连接的断裂而产生过度变形。可采用由 ISO 8686 相关部分或按 ISO 8686-1 执行的产品标准中给出的动载系数计算等效静态载荷来模拟动态效应。

本标准不接受采用塑性理论计算极限承载能力。

结构件和连接的验证应同时考虑在 ISO 8686 适用部分载荷组合 A、B 或 C 中的最不利载荷效应,并与 5.2 给出的极限设计抗力相比较。

本标准仅考虑名义应力,即采用传统材料弹性强度理论计算的应力,不包括局部应力集中效应。由于给定的极限状态将与名义应力一同使用,如果将采用其他应力计算方法(如有限元分析)得到的应力直接用于本标准规定的验证,可能会产生过度保守的结果。

5.2 极限设计应力和力

5.2.1 概述

极限设计应力按式(2)计算:

$$f_{Rd}=f(f_k,\gamma_R) \tag{2}$$

极限设计力按式(3)计算:

$$F_{Rd}=f(F_k,\gamma_R) \tag{3}$$

式中:

f_k,F_k ——特征(或名义)值;

γ_R ——总的抗力系数,$\gamma_R=\gamma_m\times\gamma_s$;

γ_m ——一般抗力系数:$\gamma_m=1.1$;

注:ISO 8686 应用部分的所有抗力系数用恒定值 1.1 代替。

γ_s ——适用于具体结构件的具体抗力系数,将在以下的章条中给出。

f_{Rd}和 F_{Rd}相当于在 ISO 8686.1:2012 中图 A.2 的 R/γ_m。

5.2.2 结构件中的极限设计应力

用于结构件验证的极限设计应力 f_{Rd}按式(4)和式(5)计算:

正应力 $$f_{Rd\sigma}=\frac{f_{yk}}{\gamma_{Rm}} \tag{4}$$

剪应力 $$f_{Rd\tau}=\frac{f_{yk}}{\sqrt{3}\times\gamma_{Rm}} \tag{5}$$

其中:$\gamma_{Rm}=\gamma_m\times\gamma_{sm}$

式中：

f_{yk}——结构件材料的屈服应力的最小值；

γ_{sm}——结构件材料的具体抗力系数：

对于非轧制材料 $\gamma_{sm}=0.95$；

对于轧制材料(例如板材和型材)：

对于轧制方向的应力 $\gamma_{sm}=0.95$；

对于压应力和剪应力 $\gamma_{sm}=0.95$。

对于垂直于轧制方向的拉应力(见图1)：

对于板的厚度小于15 mm或材料断面收缩率大于20% $\gamma_{sm}=1.0$；

对于材料断面收缩率在10%～20% $\gamma_{sm}=1.16$；

对于材料断面收缩率小于10% $\gamma_{sm}=1.50$。

材料应适于承受垂直载荷，且应无层状缺陷。

注：断面收缩率用拉伸试件原始横截面面积与完全断裂后的最小横截面面积之差占原始横截面面积的百分比表示。

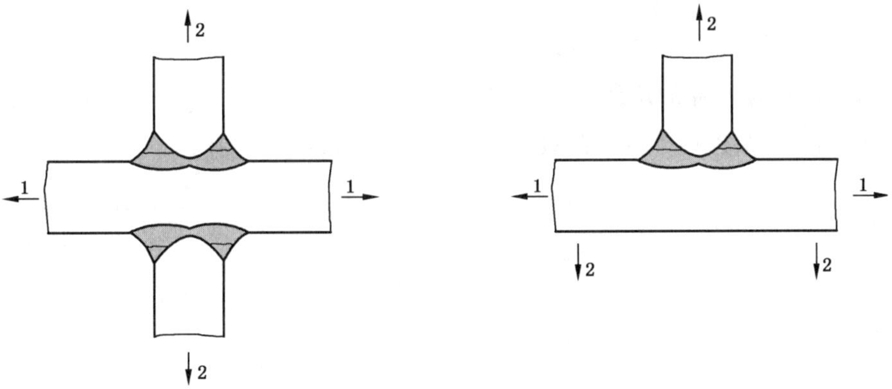

说明：

1——轧制方向；

2——应力或载荷方向。

图1 垂直于轧制方向的拉伸载荷

5.2.3 螺栓连接的极限设计力

5.2.3.1 剪切和承压连接

5.2.3.1.1 概述

连接的抗力应取单个连接件极限力的最小值。

除被连接件的承压能力外，最大应力截面的其他极限条件，应利用母材的抗力系数进行验证。

承载能力计算中，只考虑螺栓杆无螺纹部分。

5.2.3.1.2 螺栓剪切

每个螺栓和每个剪切面的极限设计剪力 $F_{v,Rd}$ 按式(6)～式(8)计算：

当螺纹不在剪切面内时：

$$F_{v,Rd}=\frac{f_{yb}\times A}{\sqrt{3}\times\gamma_{Rb}} \qquad (6)$$

当螺纹在剪切面内时：

$$F_{v,Rd}=\frac{f_{yb}\times A_s}{\sqrt{3}\times\gamma_{Rb}} \quad \cdots\cdots(7)$$

或简化为：

$$F_{v,Rd}=0.75\times\frac{f_{yb}\times A}{\sqrt{3}\times\gamma_{Rb}} \quad \cdots\cdots(8)$$

其中：$\gamma_{Rb}=\gamma_m\times\gamma_{sb}$

式中：

f_{yb}——螺栓材料的屈服应力(名义值)(见表4)；

A ——剪切面处螺栓杆的横截面面积；

A_s——螺纹应力截面积(见ISO 898-1)；

γ_{sb}——螺栓连接的具体抗力系数：

对于多个剪切面的连接 $\gamma_{sb}=1.0$；

对于单个剪切面的连接 $\gamma_{sb}=1.3$。

所选螺栓的极限设计剪力参见附录A。

5.2.3.1.3 螺栓和被连接件的承压

每个螺栓和每个被连接件的极限设计承压力 $F_{b,Rd}$ 按式(9)计算：

$$F_{b,Rd}=\frac{f_y\times d\times t}{\gamma_{Rb}} \quad \cdots\cdots(9)$$

其中：$\gamma_{Rb}=\gamma_m\times\gamma_{sb}$

式中：

f_y ——被连接件材料的屈服应力(最小值)；

d ——螺栓直径；

t ——被连接件与螺栓无螺纹部位接触处的厚度；

γ_{sb}——螺栓连接的具体抗力系数：

对于多个剪切面的连接 $\gamma_{sb}=0.7$；

对于单个剪切面连接 $\gamma_{sb}=0.9$。

对板的要求如下：

$$\begin{cases} e_1\geqslant 1.5\times d_0 \\ e_2\geqslant 1.5\times d_0 \\ p_1\geqslant 3.0\times d_0 \\ p_2\geqslant 3.0\times d_0 \end{cases} \quad \cdots\cdots(10)$$

式中：

p_1、p_2、e_1、e_2——间距(见图2)；

d_0 ——孔的直径。

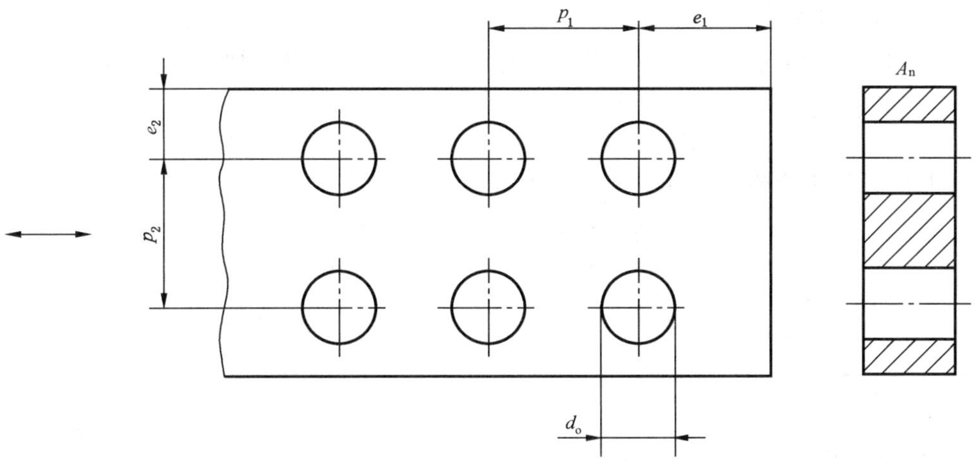

注：式(11)也可参见此图。

图 2　式(10)的图解

5.2.3.1.4　被连接件的拉力

在净截面上涉及屈服的极限设计拉力 $F_{cs,Rd}$ 按式(11)计算：

$$F_{cs,Rd}=\frac{f_y \times A_n}{\gamma_{Rc}} \qquad (11)$$

其中：$\gamma_{Rc}=\gamma_m \times \gamma_{st}$

式中：

A_n——螺栓或销轴孔处的净截面面积(见图 2)；

γ_{st}——受拉状态下有孔截面处的具体抗力系数，$\gamma_{st}=1.2$。

5.2.3.2　夹紧摩擦型连接

连接的抗力应根据单个连接件极限力之和来确定。

对于夹紧摩擦型连接，每个螺栓和每个摩擦面的极限设计滑移力 $F_{s,Rd}$ 按式(12)计算：

$$F_{s,Rd}=\frac{\mu \times (F_{p,d}-F_{cr})}{\gamma_{Rs}} \qquad (12)$$

其中：$\gamma_{Rs}=\gamma_m \times \gamma_{ss}$

式中：

μ ——滑动摩擦系数：

对于经喷丸喷砂处理而呈现均匀金属光泽的表面，取 $\mu=0.50$；

对于经喷丸喷砂处理并镀铝的表面，取 $\mu=0.50$；

对于经喷丸喷砂处理并镀锌的表面，取 $\mu=0.50$；

对于经喷丸喷砂处理并涂有 50 μm～80 μm 厚度的碱硅酸锌底漆(无机富锌漆)的表面，取 $\mu=0.40$；

对于经热浸镀锌和轻度喷丸喷砂处理的表面，取 $\mu=0.40$；

对于经钢丝刷或火焰清理而呈现金属光泽的表面，取 $\mu=0.30$；

对于经磷化底漆清理和处理的表面，取 $\mu=0.25$；

对于清理了浮锈、油脂和污垢(最低要求)的表面，取 $\mu=0.20$；

$F_{p,d}$——设计预紧力；

F_{cr}——由于外部拉力引起连接中压力的减少量(对于不计算刚度比的保守假设,可采用 $F_{cr}=F_e$,其中 F_e 为外部拉力,见 5.2.3.3)；

γ_{ss}——夹紧摩擦型连接的具体抗力系数(见表 5)。

所施加的预紧力应略大于或等于设计预紧力。

表 5 夹紧摩擦型连接的具体抗力系数 γ_{ss}

连接滑移影响	孔的类型			
	标准孔[a]	超大孔[b] 和短槽孔[c]	长槽孔[c]	长槽孔[d]
易造成危险	1.14	1.34	1.63	2.00
不造成危险	1.00	1.14	1.41	1.63
短槽孔:孔的长度小于或等于 1.25 倍螺栓直径。 长槽孔:孔的长度大于 1.25 倍粗制螺栓的直径。为减少螺栓或螺母的压力,应采用合适的垫圈。				
[a] 孔的公差取自 ISO 273 的中(半精制)系列。 [b] 孔的公差取自 ISO 273 的粗(制)系列。 [c] 槽型孔的槽垂直于力的方向。 [d] 槽型孔的槽平行于力的方向。				

当夹紧摩擦型的具体抗力系数 $\gamma_{ss}=1.14$、设计预紧力 $F_{p,d}=0.7\times f_{yb}\times A_s$ 时,所用的极限设计滑移力参见附录 B。

式中：

f_{yb}——螺栓材料的屈服应力(名义值)(见表 4)；

A_s——螺纹应力截面积。

5.2.3.3 受拉连接

本条款规定了连接中的螺栓的极限状态。被连接件及其焊缝的计算应遵循结构件的一般原则,螺栓的预紧视为一个加载的部件。

考虑到多个螺栓连接中力的分布和撬动效应(即杠杆作用),应对连接中最大外力作用下的螺栓进行验证计算。

预紧连接的能力验证计算应考虑螺栓和被连接件的刚度,见图 3。

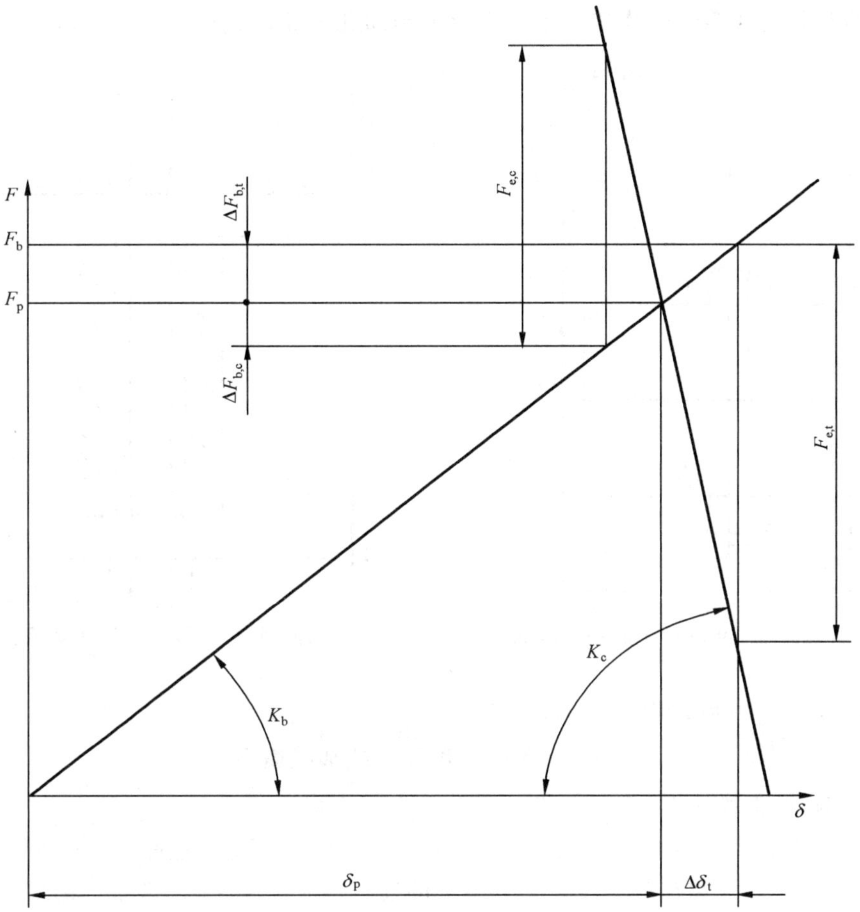

说明：

F_p ——螺栓预紧力；

δ_p ——由于预紧引起的螺栓伸长；

$F_{e,t}$ ——外部拉力；

$F_{e,c}$ ——外部压力；

$\Delta\delta_t$ ——由于外部拉力引起的附加伸长；

F_b ——螺栓上的拉力；

$\Delta F_{b,t}$——由于外部拉力在螺栓上引起的附加力；

$\Delta F_{b,c}$——由于外部压力在螺栓上引起的附加力；

K_b ——螺栓的刚度(斜率)；

K_c ——被连接件的刚度(斜率)。

图 3 力-变形图

另外,应根据连接接头的构造考虑外部压力的加载途径,见图4。

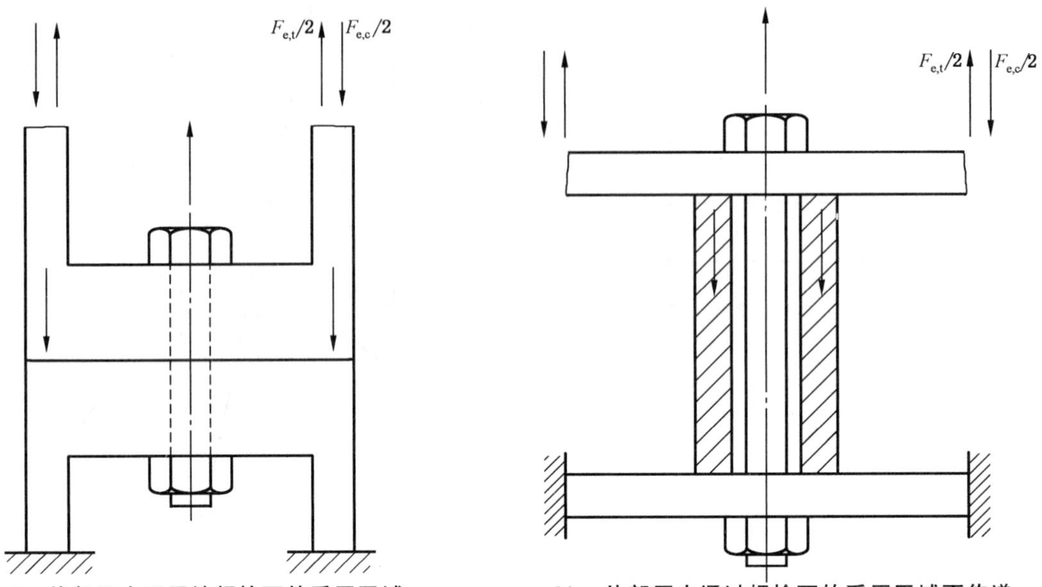

a) 外部压力不干涉螺栓下的受压区域

b) 外部压力通过螺栓下的受压区域而传递

注:为简化,假设对中间的螺栓进行对称加载。

图4 不同外部压力的加载途径

对于外部拉伸螺栓的力,应考虑两个独立的设计极限:

a) 在外力作用下和在最大设计预紧力下所产生的螺栓力不应超过螺栓屈服载荷,见式(13);

b) 在外力作用下和在最小设计预紧力下的连接不应产生间隙(缝隙),见式(14)。

对于受拉连接,应证明螺栓的外部设计拉力 $F_{e,t}$ 不超过两个极限设计力 $F_{t1,Rd}$ 或 $F_{t2,Rd}$ 中的任何一个,另见5.3.2。

根据螺栓屈服准则,单个螺栓的极限设计拉力 $F_{t1,Rd}$ 按式(13)计算:

$$F_{t1,Rd}=\frac{F_y/\gamma_{Rb}-F_{p,max}}{\Phi} \qquad (13)$$

其中:$\Phi=\dfrac{K_b}{K_b+K_c}$,$\gamma_{Rb}=\gamma_m\times\gamma_{sb}$ 和 $F_y=f_{yb}\times A_s$

式中:

F_y ——螺栓的屈服力;

$F_{p,max}$——设计预紧力的最大值,见式(15);

f_{yb} ——螺栓的屈服应力;

A_s ——螺纹公称应力截面积;

Φ ——连接的刚度比例系数,另见附录G;

γ_{sb} ——受拉连接的具体抗力系数,$\gamma_{sb}=0.91$。

计算连接的刚度比例系数 Φ 时,可以考虑载荷引入系数 α_L,见附录G。

根据连接的间隙准则,单个螺栓的极限设计拉力 $F_{t2,Rd}$ 按式(14)计算:

$$F_{t2,Rd}=\frac{F_{p,min}}{\gamma_{Rb}(1-\Phi)} \qquad (14)$$

式中：

$F_{p,min}$——设计预紧力的最小值。

考虑预紧力的分散系数，设计预紧力最大和最小值可按式(15)和式(16)计算：

$$F_{p,max}=(1+s)\times F_{pn} \qquad (15)$$

$$F_{p,min}=(1-s)\times F_{pn} \qquad (16)$$

式中：

F_{pn} ——施加预紧力的名义目标值；

$F_{p,max}$——设计预紧力的最大值；

$F_{p,min}$——设计预紧力的最小值；

$\pm s$ ——预紧力的分散系数：

对于旋转角度或拧紧扭矩需计量的可控拧紧处，取 $s=0.23$；

对于螺栓力或伸长量需计量的可控拧紧处，取 $s=0.09$。

当采用几个同型等载螺栓连接时，式(16)中计算 $F_{p,min}$所用到的分散系数应考虑下列情况：

对于旋转角度或拧紧扭矩需计量的可控拧紧处，$s=0.23/\sqrt{n}$ 且 $s\geqslant 0.10$；

对于螺栓力或伸长量需计量的可控拧紧处，$s=0.09/\sqrt{n}$ 且 $s\geqslant 0.05$；其中，n 为相同受力螺栓的数量。

表 6 给出了名义预紧力 F_{pn}的限值，否则对一个特定连接可能会选择任意的预紧力值。

表 6 由预紧力施加方法确定的最大名义预紧力等级

预紧方法类型	最大名义预紧力等级
扭矩施加于螺栓的方法	$0.7F_y$
仅拉力直接施加于螺栓的方法	$0.9F_y$

关于拧紧力矩的信息参见附录 B。

对于螺栓上的附加力计算，应考虑外部压力的加载途径，见图 4。一般形式下螺栓上的附加力可按式(17)计算：

$$\Delta F_b=\Phi\times(F_{e,t}+F_{e,c}) \qquad (17)$$

式中：

ΔF_b——螺栓上的附加力；

Φ ——连接的刚度比例系数；

$F_{e,t}$ ——外部拉力；

$F_{e,c}$ ——外部压力。

在外部压力不干涉螺栓的受压区域情况下，应忽略外部压力 $F_{e,c}$[即在式(17)中将 $F_{e,c}$设为 0]，如图 4a)所示。

根据第 6 章，螺栓的疲劳强度验证应计入螺栓上的附加力 ΔF_b。

5.2.3.4 剪切、拉伸组合的承压型连接

当承压型连接的螺栓同时受到拉伸和剪切的作用时，所施加的力应满足式(18)：

$$\left(\frac{F_{t,Sd}}{F_{t,Rd}}\right)^2+\left(\frac{F_{v,Sd}}{F_{v,Rd}}\right)^2\leqslant 1.0 \qquad (18)$$

式中：

$F_{t,Sd}$——每个螺栓的外部拉力；

$F_{t,Rd}$——每个螺栓的极限设计拉力(见 5.2.3.3)；

$F_{v,Sd}$——每个螺栓和每个剪切面的设计剪力；

$F_{v,Rd}$——每个螺栓和每个剪切面的极限设计剪力(见 5.2.3.1.2)。

5.2.4 销轴连接的极限设计力

5.2.4.1 销轴的极限设计弯矩

极限设计弯矩按式(19)计算：

$$M_{Rd}=\frac{W_{el}\times f_{yp}}{\gamma_{Rp}} \quad \cdots\cdots(19)$$

其中：$\gamma_{Rp}=\gamma_m\times\gamma_{sp}$

式中：

W_{el}——销轴材料的弹性截面模量；

f_{yp}——销轴材料的屈服应力(最小值)；

γ_{sp}——销轴连接中弯矩的具体抗力系数，$\gamma_{sp}=1.0$。

5.2.4.2 销轴的极限设计剪力

销轴每个剪切面的极限设计剪力按式(20)计算：

$$F_{v,Rd}=\frac{1}{u}\times\frac{A\times f_{yp}}{\sqrt{3}\times\gamma_{Rp}} \quad \cdots\cdots(20)$$

其中：$\gamma_{Rp}=\gamma_m\times\gamma_{sp}$

式中：

u——形状系数：

对于实心销轴 $u=4/3$；

对于空心销轴 $u=\frac{4}{3}\times\frac{1+v_D+v_D^2}{1+v_D^2}$。

式中：$v_D=\frac{D_i}{D_o}$

D_i——销轴内径；

D_o——销轴外径；

A——销轴横截面面积；

γ_{sp}——销轴连接中剪力的具体抗力系数：

对于多个剪切面连接 $\gamma_{sp}=1.0$；

对于单个剪切面连接 $\gamma_{sp}=1.3$。

5.2.4.3 销轴和被连接件的极限设计承压力

极限设计承压力按式(21)计算：

$$F_{b,Rd}=\frac{\alpha\times d\times t\times f_y}{\gamma_{Rp}} \quad \cdots\cdots(21)$$

其中：$\gamma_{Rp}=\gamma_m\times\gamma_{sp}$

$$\alpha = \min\begin{cases} \dfrac{f_{yp}}{f_y} \\ 1.0 \end{cases}$$

式中：

f_y——被连接件材料的屈服应力(最小值)；

f_{yp}——销轴材料的屈服应力(最小值)；

d——销轴直径；

t——被连接件厚度的较小值，即图5中的 $2t_1$ 或 t_2；

γ_{sp}——销轴连接中承压力的具体抗力系数。

对于多个剪切面连接中的被连接件，通过防脱装置(如销轴端部的拧紧螺母)而紧固为一体时，$\gamma_{sp}=0.6$。

对于单个剪切面连接或多个剪切面连接中的被连接件，没有紧固为一体时，$\gamma_{sp}=0.9$。

在销轴和承压面之间有显著相对运动的情况下，应考虑降低极限承压力以减少磨损。

在反向载荷的情况下，应考虑避免间隙过大。

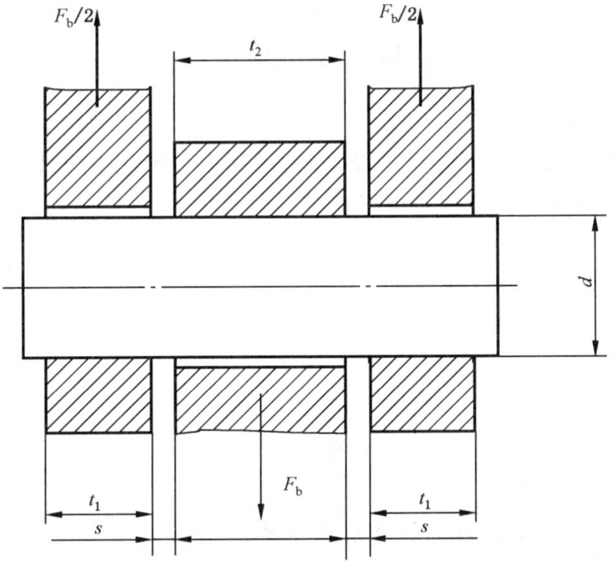

图5　销轴连接

5.2.4.4　被连接件的极限设计剪力

对于材料撕裂型失效模式下的极限设计力应根据临界截面的剪应力。通常，假定截面上的剪应力均匀分布。

极限设计剪力按式(22)计算：

$$F_{vs,Rd}=\frac{A_s\times f_y}{\sqrt{3}\times\gamma_m} \quad\cdots\cdots(22)$$

对于对称结构，如图6a)和图6c)，$A_s=2\times s\times t$；

对于结构，如图6b)(s_1 和 s_2 应大于 c)，$A_s=(s_1+s_2)\times t$

式中：

f_y ——被连接件材料的屈服应力(最小值);

A_s ——撕裂截面的受剪面积;

s, s_1, s_2 ——撕裂截面的受剪长度,图 6 结构中,$A—A$ 为撕裂截面,且受剪长度可通过图示中的 40°准则进行确定。

t ——构件的厚度。

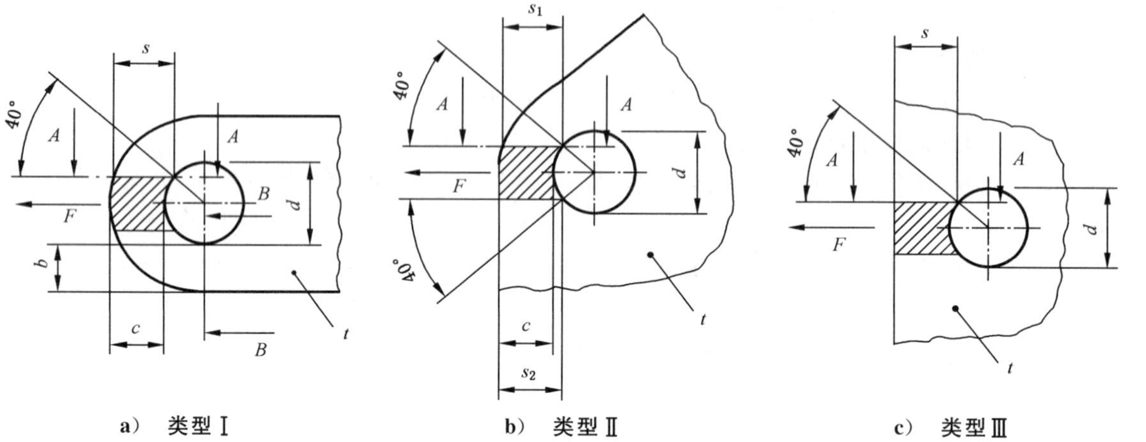

图 6 被连接件

5.2.4.5 被连接件的极限设计拉力

根据销轴孔内表面的最大拉应力进行设计,应考虑销轴孔几何形状引起的应力集中。

符合图 6a)所示结构的极限设计力可按式(23)计算:

$$F_{vt,Rd} = \frac{2 \times b \times t \times f_y}{k \times \gamma_m \times \gamma_{spt}} \quad \cdots\cdots (23)$$

其中:$\gamma_{spt} = \frac{0.95}{\sqrt{k}} \times \frac{1.38 \times f_y}{f_u}$

式中:

f_y ——被连接件材料的屈服应力(最小值);

f_u ——被连接件材料的屈服强度;

γ_{spt}——受拉状态下有孔截面处的具体抗力系数;

k ——应力集中系数,例如,截面最大应力与平均应力的比值,当结构的几何尺寸比 $1 \leqslant c/b \leqslant 2$ 且 $0.5 \leqslant c/b \leqslant 1$[见图 6a)],可根据图 7 确定应力集中系数 k,销轴和孔之间的间隙假定符合 ISO 286-2:2010 中公差为 H11/h11 或者更小值。对于较大间隙的情形,应选择较大的 k 值。

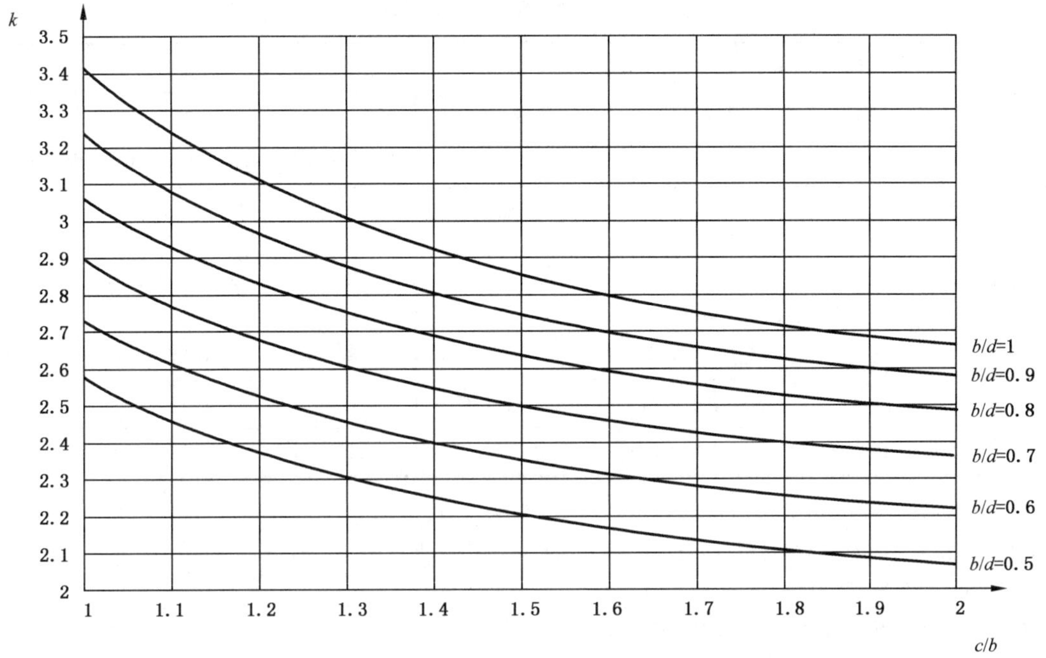

图 7　特定类型销轴连接的应力集中系数

注：本条只需考虑拉伸载荷和反向载荷的拉伸部分。然而，对于可能导致连接间隙过大或功能损坏的反向载荷情况需额外考虑（见 5.2.4.3）。

5.2.5　焊缝连接的极限设计应力

用于焊缝连接的极限设计焊缝应力 $f_{w,Rd}$ 取决于以下方面：

——焊接母材和所用的焊缝材料；

——焊缝类型；

——按附录 C 对应力类型的评价；

——焊缝质量。

根据表 7 中公式编号，极限设计焊缝应力 $f_{w,Rd}$ 按式(24)或式(25)计算：

$$f_{w,Rd}=\frac{\alpha_w \times f_{yk}}{\gamma_m} \qquad \cdots\cdots(24)$$

$$f_{w,Rd}=\frac{\alpha_w \times f_{uw}}{\gamma_m} \qquad \cdots\cdots(25)$$

式中：

α_w ——根据焊缝类型、应力类型和焊缝材料确定的极限焊缝应力系数，如表 7 所示；

f_{yk} ——被连接件的屈服强度的最小值；

f_{uw} ——焊缝材料（所有焊缝金属）的极限强度。

由焊缝连接构件组合而成的结构件，例如翼缘板和腹板的连接，在设计时可不考虑构件中平行于焊缝轴线的拉应力或压应力，而假设焊缝按比例承受那些构件之间产生的剪力。

表 7 极限焊缝应力系数 α_w

焊接材料类型	应力方向	焊缝类型	应力类型	公式编号	α_w		
					$f_y \leqslant$ 420 N/mm^2	420 N/mm^2 $< f_y <$ 930 N/mm^2	$f_y \geqslant$ 930 N/mm^2
相匹配的焊缝材料	应力垂直于焊缝方向	全熔透焊缝	拉伸或压缩	24	1.00		0.93
		部分熔透焊缝[a]	拉伸或压缩	24	0.90		0.85
	应力平行于焊缝方向	所有焊缝	剪切	24	0.60		0.55
欠匹配的焊缝材料	应力垂直于焊缝方向	全熔透焊缝	拉伸或压缩	25	0.80	0.85	0.90
		部分熔透焊缝[a]	拉伸或压缩	25	0.70	0.75	0.80
	应力平行于焊缝方向	所有焊缝	剪切	25	0.45	0.50	0.50

对于 ISO 5817:2014 中质量等级为 C 的焊缝,α_w 值为有效。

除了根据 5.3.4 验证焊接材料外,还应根据 5.3.1 对连接件进行验证。若被连接件采用不同材料,应分别对每个构件进行验证。

对于全部熔透和部分熔透焊缝的定义参考 ISO 17659。

相匹配的焊缝材料:焊缝材料极限强度等于或高于被焊接件强度。

欠匹配的焊缝材料:焊缝材料极限强度低于被焊接件强度

[a] 不建议采用非对称焊接,若使用不对称焊缝,为避免载荷偏心对焊缝的影响,应对连接构件进行支撑。

5.3 验证的实施

5.3.1 结构件的验证

对所设计的结构件应按式(26)进行验证:

$$\sigma_{Sd} \leqslant f_{Rd\sigma} \text{ 和 } \tau_{Sd} \leqslant f_{Rd\tau} \quad \cdots\cdots(26)$$

式中:

σ_{Sd},τ_{Sd} ——设计应力,可用冯米斯(Von Mises)等效应力 σ 代替;

$f_{Rd\sigma}$,$f_{Rd\tau}$——根据 5.2.2 得到的相应的极限设计应力:

对于采用冯米斯等效应力的情况,$f_{Rd\sigma}$即为极限设计应力。

对于未采用冯米斯等效应力的平面状态应力,应按式(27)进行附加验证:

$$\left(\frac{\sigma_{Sd,x}}{f_{Rd\sigma,x}}\right)^2 + \left(\frac{\sigma_{Sd,y}}{f_{Rd\sigma,y}}\right)^2 - \frac{\sigma_{Sd,x} \times \sigma_{Sd,y}}{f_{Rd\sigma,x} \times f_{Rd\sigma,y}} + \left(\frac{\tau_{Sd}}{f_{Rd\tau}}\right)^2 \leqslant 1.0 \quad \cdots\cdots(27)$$

式中:

x,y——正交方向的应力分量。

空间状态应力可简化为最不利的平面状态应力。

5.3.2 螺栓连接的验证

对于每种失效模式和对于连接中的最不利承载件,应按式(28)进行验证:

$$F_{Sd} \leqslant F_{Rd} \quad \cdots\cdots(28)$$

式中:

F_{Sd}　　　——构件的设计力,取决于连接类型,例如受拉连接的设计力为 $F_{e,t}$(见 5.2.3.3);
F_{Rd}　　　——根据 5.2.3 得到的极限设计力,取决于连接的类型,即:
$F_{v,Rd}$　　——极限设计剪力;
$F_{b,Rd}$　　——极限设计承压力;
$F_{s,Rd}$　　——极限设计滑移力;
$F_{cs,Rd}$　　——每个被连接件的极限设计拉力;
$F_{t1,Rd}$,$F_{t2,Rd}$——极限设计拉力。

应注意将总载荷分配到连接中的每个构件上。

5.3.3 销轴连接的验证

对于销轴连接,应按式(29)进行验证:

$$M_{Sd} \leqslant M_{Rd}, F_{vp,Sd} \leqslant F_{vp,Rd}, F_{bi,Sd} \leqslant F_{b,Rd}, F_{vd,Sd} \leqslant F_{vs,Rd}, F_{vd,Sd} \leqslant F_{vt,Rd} \quad \cdots\cdots(29)$$

式中:

M_{Sd} ——销轴的设计弯矩;
M_{Rd} ——根据 5.2.4.1 得到的销轴极限设计弯矩;
$F_{vp,Sd}$——销轴的设计剪力;
$F_{vp,Rd}$——根据 5.2.4.2 得到的销轴极限设计剪力;
$F_{bi,Sd}$——销轴连接中连接板 i 上承压力的最不利设计值;
$F_{b,Rd}$——根据 5.2.4.3 得到的极限设计承压力;
$F_{vd,Sd}$——被连接件的设计力;
$F_{vs,Rd}$——根据 5.2.4.4 得到的被连接件的极限设计剪力;
$F_{vt,Rd}$——根据 5.2.4.5 得到的被连接件的极限设计拉力。

在多销轴连接的情况下,应注意将总载荷分配到连接中的各个构件上。

在缺乏更详细分析的情况下,作为保守的假定,M_{Sd} 可按式(30)计算:

$$M_{Sd} = \frac{F_b}{8} \times (2 \times t_1 + t_2 + 4 \times s) \quad \cdots\cdots(30)$$

式中:

F_b,t_1,t_2,s 见图 5。

5.3.4 焊缝连接的验证

对于焊接设计,应按式(31)进行验证:

$$\sigma_{w,Sd} \leqslant f_{w,Rd} \text{ 和 } \tau_{w,Sd} \leqslant f_{w,Rd} \quad \cdots\cdots(31)$$

式中:

$\sigma_{w,Sd}$,$\tau_{w,Sd}$——设计焊缝应力(见附录 C);
$f_{w,Rd}$　　　——根据 5.2.5 中得到的极限设计焊缝应力。

对于平面状态应力的焊缝连接(正交应力构件 $\sigma_{w,Sd}$,$\tau_{w,Sd,x}$,$\tau_{w,Sd,y}$),应按式(32)进行附加验证:

$$\left(\frac{\sigma_{w,Sd,x}}{f_{w,Rd,x}}\right)^2 + \left(\frac{\sigma_{w,Sd,y}}{f_{w,Rd,y}}\right)^2 - \frac{\sigma_{w,Sd,x} \times \sigma_{w,Sd,y}}{f_{w,Rd,x} \times f_{w,Rd,y}} + \left(\frac{\tau_{w,Sd}}{f_{w,Rd}}\right)^2 \leqslant 1.0 \quad \cdots\cdots(32)$$

式中:

x, y——应力分量的正交方向。

6 疲劳强度验证

6.1 概述

疲劳强度验证的目的是为防止在循环载荷下的结构件或连接中形成临界裂纹而失效的风险。

疲劳应力依据名义应力的概念计算。本标准只涉及名义应力法(其他方法见参考文献)。名义应力是指母材中临近潜在裂纹位置的、按材料纯弹性强度理论计算的应力,不考虑局部应力集中效应。附录D给出了含有图示说明影响的结构细节构造,并包括了影响特征疲劳强度值的下列效应:

——由连接和焊缝几何形状引起的局部应力集中;

——可接受的间断点的尺寸和形状;

——应力方向;

——残余应力;

——冶炼条件;

——在某些情况下,焊接工艺和焊后改善程序。

除上述列出的几何应力集中影响(整体应力集中)外,其他的几何应力集中影响应借助于相关的应力集中系数包含在名义应力中。

注:本标准不使用其他方法,例如热点应力法(见参考文献[8])。

对于疲劳强度验证的实施,应计算由可变的应力循环引起的累积损伤。本标准采用应力历程参数 s_m(见6.3.3)表达帕尔姆格伦-迈纳(Palmgren-Miner′s)的累积损伤准则。应力历程参数值可通过模拟、试验或利用S级别来确定。由此来考虑工作状态及其对结构应力的影响。

可考虑焊接状态(未经消除应力)下结构中平均应力的影响(见6.3),但这可以忽略不计。因此应力历程参数 s 独立于平均应力,且疲劳强度只取决于应力范围。

在非焊接的细节或消除应力焊接的细节,疲劳评估所用的有效应力范围,可由应力范围的拉应力加上60%的应力范围的压应力来确定,或者由专门的调查来确定(见6.2.2.2)。

表8给出了疲劳强度的具体抗力系数 γ_{mf},用来表征疲劳强度值不确定性和疲劳损伤的可能后果。

表8 疲劳强度具体抗力系数 γ_{mf}

可接近性	失效-安全构件	失效-非安全构件	
		对人造成危险	不对人造成危险
易接近的接头细节	1.00	1.10	1.20
难接近的接头细节	1.05	1.15	1.25
失效-安全构件是指那些失效后果较小的结构件,例如某一构件的局部失效不会导致整个结构的失效或载荷坠落。 失效-非安全构件是指结构件中某一构件失效将会迅速导致整个结构失效或载荷坠落			

6.2 极限设计应力

6.2.1 特征疲劳强度

结构细节的极限设计应力通过特征疲劳强度 $\Delta\sigma_c$ 来描述，它表述为在恒定应力范围下应力循环次数为 2×10^6 次，可靠性概率 $P_s=97.7\%$（平均值减去由正态分布和单边检验得到的两个标准差）时的疲劳强度，见图 8、附录 D 和附录 E。

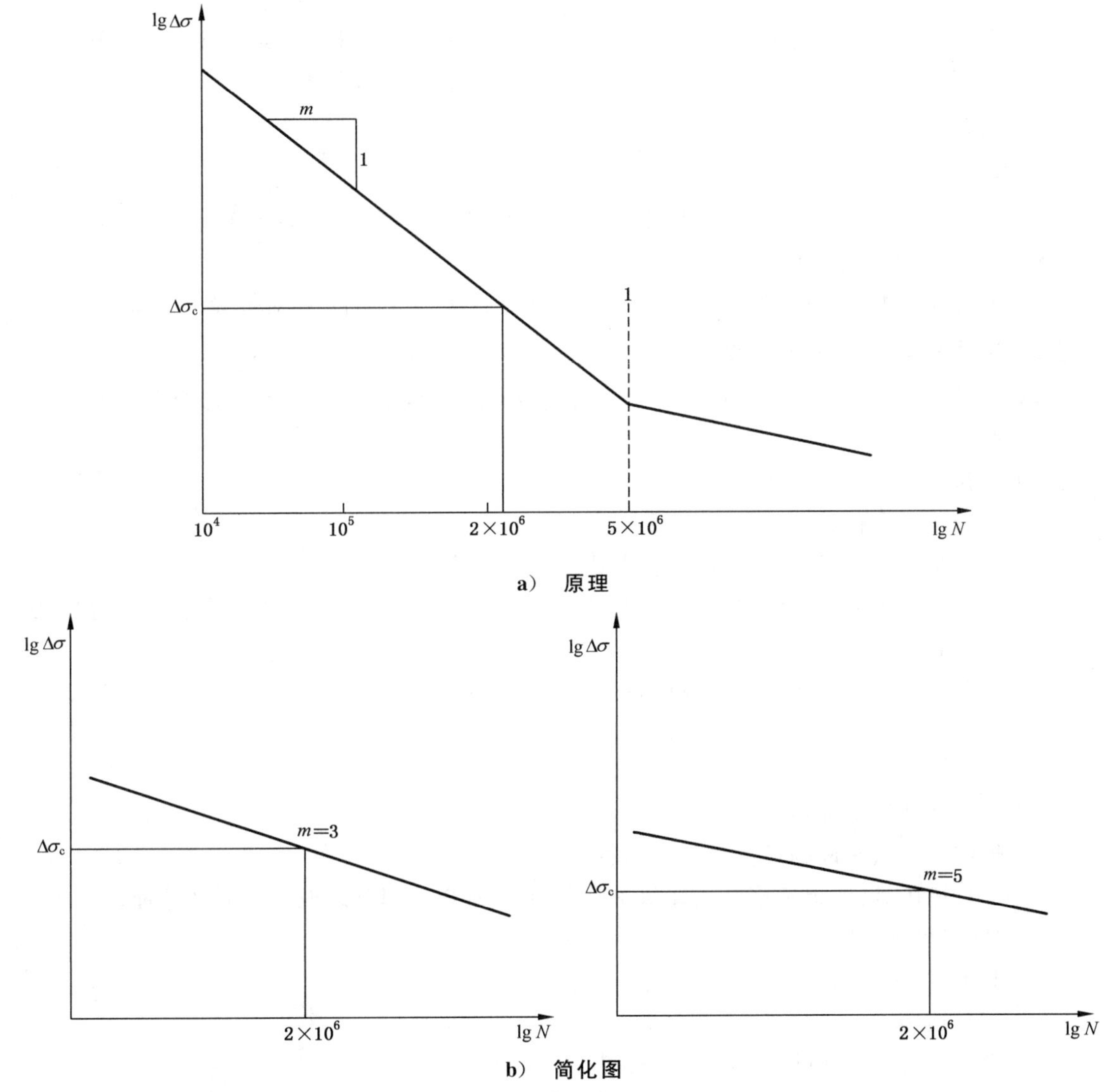

说明：

L ——恒定应力范围的疲劳极限；

m ——疲劳强度曲线的斜率常数；

在 lg-lg 表示法中，该曲线的斜率为 $-1/m$。

图 8　Δσ-N 曲线和 $\Delta\sigma_c$ 示图

附录 E 表中第一列的 $\Delta\sigma_c$ 值是根据缺口效应级别（NC）的顺序和相邻级别间定比 1.125 而排列的。

对于剪应力，用 $\Delta\tau_c$ 替代 $\Delta\sigma_c$。

附录D表中给出了结构件母材、非焊接连接和焊接件的特征疲劳强度 $\Delta\sigma_c$ 或 $\Delta\tau_c$ 值，以及 $\Delta\sigma-N$ 曲线的斜率常数 m。

销轴连接件作为结构件应对其进行疲劳强度验证，应考虑孔周围的任何附加缺口效应(例如，焊点和孔)。

该给定值适用于所规定的基本条件。对于偏离条件，应根据附录D选择一个或多个合适的高于基本缺口效应级别的缺口等级(+1NC，+2NC，…)以增加抗力，或者低于基本缺口效应级别的缺口等级(−1NC，−2NC，…)以减少抗力。多种偏离条件的影响应叠加。

6.2.2 焊缝质量

6.2.2.1 概述

附录D中提出的 $\Delta\sigma_c$ 值取决于焊缝的质量等级。质量等级应符合ISO 5817:2014中的B、C、D级。不准许使用低于D级的质量等级。

本标准可使用增设的质量等级 B^*。使用条件是其满足6.2.2.2和对等级B的要求。

6.2.2.2 对质量等级 B^* 的附加要求

本标准采用100%NDT(无损检测)中的合适方法对焊缝全长进行检查，以确保焊缝满足下列规定的质量要求：

对于对接焊缝：

——充分熔透无初始(起始和终止)点；

——双面机械加工或单面平齐磨削，并沿应力方向磨削；

——焊后磨削焊趾，钨极惰性气体保护焊(TIG)、等离子焊重熔或针状体喷丸处理以去除咬边和夹渣；

——连接板偏心距小于两连接板中较大板厚的5%；

——焊缝凹陷的总长度小于焊缝总长度的5%；

——100%无损检测。

对于平行搭接接头焊缝：

——焊缝对于板平面的过渡角不应超过25°；

——焊后磨削焊趾，钨极惰性气体保护焊(TIG)、等离子焊重熔或针形喷丸处理；

——100%无损检测。

对于其他类型焊缝：

——充分熔透；

——焊缝对于板平面的过渡角不应超过25°；

——焊后磨削焊趾，钨极惰性气体保护焊(TIG)、等离子焊重熔或针状体喷丸处理；

——100%无损检测；

——连接板偏心距小于两连接板中较大板厚的10%。

为提高焊缝的疲劳强度，若用钨极惰性气体保护焊熔修作为焊接接头初始区域潜在裂纹的焊后处理，则可将所设计接头构造的焊缝质量从等级C提高到等级B。

6.2.3 对疲劳试验的要求

附录D中未给出的结构件细节或考虑平均应力的影响，需要对 $\Delta\sigma_c$ 和 m 进行具体的研究。

其要求如下：

——表现结构细节的试验样本应按实际尺寸(1∶1)，如材料的厚度、几何形状、焊缝、加载；

——试验样本应在工厂条件下制造；

——应力循环应完全在拉伸范围内；

——对每一应力范围等级应至少进行7次试验。

确定 m 和 $\Delta\sigma_c$ 的要求如下：

——$\Delta\sigma_c$ 应由基于平均值减去在lg-lg(坐标)表示法中两个标准离差的循环次数来确定；

——应至少使用一个导致失效应力循环次数均值在 1×10^4 次～5×10^4 次的应力范围等级；

——应至少使用一个导致失效应力循环次数均值在 1×10^6 次～2.5×10^6 次的应力范围等级。

一种用于确定 m 和 $\Delta\sigma_c$ 的简化方法：

——应设 $m=3$；

——应至少使用一个导致失效应力循环次数均值小于 1×10^5 次的应力范围等级。

6.3 应力历程

6.3.1 应力历程的确定

应力历程是所有对疲劳而言意义重大的应力变化的数字表达。采用已建立的金属疲劳准则，将海量的大小变化的应力循环凝练为一个或两个参数。

对于所选起重机的机械零部件或结构件进行疲劳强度验算时，应确定具体工作条件所产生的应力历程。

应力历程可通过试验确定，也可通过弹性动力学或刚体动力学模拟进行估算。

通常，疲劳强度验证应采用ISO 8686适用部分乘以动载系数 ϕ_i、所有分项安全系数 γ_p 设为1的载荷组合A(常规载荷)和6.2的抗力(即极限设计应力)进行计算。在某些应用中，载荷组合B(偶然载荷)中经常出现的某一载荷，需包含在疲劳评估的载荷组合中。那些偶然载荷的应力历程，可按与常规载荷相同的方法进行估算。

不成比例的应力历程(如源于梁理论的梁上弦杆的应力和源于车轮载荷的局部效应，或源于齿轮轴中的弯曲和扭剪应力)可单独确定。正如“应力历程—交互作用”组合效应的疲劳评估是基于独立应力历程作用的。

应力历程应用最大应力幅和应力发生的频率来表示。以下章条描述的方法和计算公式均表示正应力，但也可应用到剪应力中。

注：附录F中给出了由模拟方法确定应力历程的示例。

6.3.2 应力循环发生的频率

对于疲劳强度验证，应力历程用应力范围的发生频率这一单参数表示法来表示，这是通过采用可忽略平均应力影响的方法，如迟滞回线计数法(雨流计数或水库汇集法)来实现的。

每一应力范围都由其上极限值、下极限值来充分描述，见式(33)：

$$\Delta\sigma=\sigma_u-\sigma_b \qquad (33)$$

式中：

σ_u ——应力范围的上极限值；

σ_b ——应力范围的下极限值；

$\Delta\sigma$ ——应力范围。

图 9 为单参数表示法的图示。

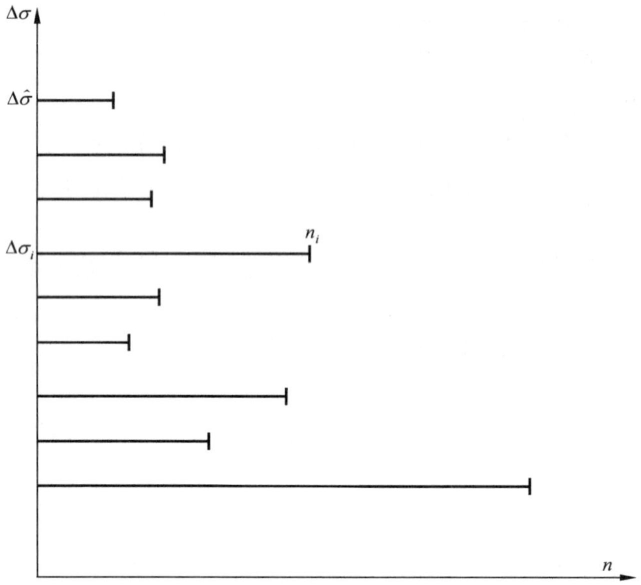

说明：

$\Delta\sigma_i$ ——应力范围 i；

$\Delta\hat{\sigma}$ ——最大应力范围；

n_i ——在应力范围 i 内的应力循环次数。

图 9　应力历程的单参数表示法(应力范围的发生频率)

6.3.3　应力历程参数

在起重机使用寿命周期内，基于单参数表示法的应力历程参数 s_m 按式(34)计算：

$$s_m = \nu \times k_m \quad \cdots\cdots (34)$$

其中：

$$k_m = \sum_i \left[\frac{\Delta\sigma_i}{\Delta\hat{\sigma}}\right]^m \times \frac{n_i}{N_t} \quad \cdots\cdots (35)$$

$$\nu = \frac{N_t}{N_{ref}} \quad \cdots\cdots (36)$$

式中：

ν ——应力范围发生的相对总次数；

k_m ——基于 m 的应力谱系数；

$\Delta\sigma_i$ ——应力范围 i (见图 9)；

$\Delta\hat{\sigma}$ ——最大应力范围(见图 9)；

n_i ——在应力范围 i 内的应力循环次数(见图 9)；

N_t ——在起重机使用寿命周期内应力范围发生的总次数，$N_t = \sum_i n_i$ ；

N_{ref}——参考点的循环次数，$N_{ref} = 2\times10^6$；

m ——$\lg\Delta\sigma$-$\lg N$ 曲线的斜率常数。

对于消除热应力或非焊接结构件，应力范围的压缩部分应减小到 60%。

给定的应力历程分成具体的 S 级别，独立于相关 $\lg\Delta\sigma$-$\lg N$ 曲线的斜率常数 m。在 s_m 为常数的 $\lg\sigma$-$\lg N$ 坐标图中，级别界限的斜线表示了 k_m 与 ν 的关系。

以相同的 s_m 值表征的应力历程，可假设其对相似的材料、零件或部件的损伤是相同的。

若起重机部件的 s_m 值低于 0.001，则不需要进行疲劳强度的验证。

单轴应力状态下的设计应力为纯压缩，因此，不可能发生裂纹扩展，并且在压缩应力下，不需要进行疲劳强度验证，但应考虑剪切平面的应力。

表 9 给出了基于 $m=3$ 时，用应力历程参数 s_m 的 S 级别表示的应力历程分级，图 10 为图示说明。

表 9　应力历程参数(s_3)的 S 级别

S 级别	应力历程参数值
S02	$0.001 < s_3 \leqslant 0.002$
S01	$0.002 < s_3 \leqslant 0.004$
S0	$0.004 < s_3 \leqslant 0.008$
S1	$0.008 < s_3 \leqslant 0.016$
S2	$0.016 < s_3 \leqslant 0.032$
S3	$0.032 < s_3 \leqslant 0.063$
S4	$0.063 < s_3 \leqslant 0.125$
S5	$0.125 < s_3 \leqslant 0.250$
S6	$0.250 < s_3 \leqslant 0.500$
S7	$0.500 < s_3 \leqslant 1.000$
S8	$1.000 < s_3 \leqslant 2.000$
S9	$2.000 < s_3 \leqslant 4.000$

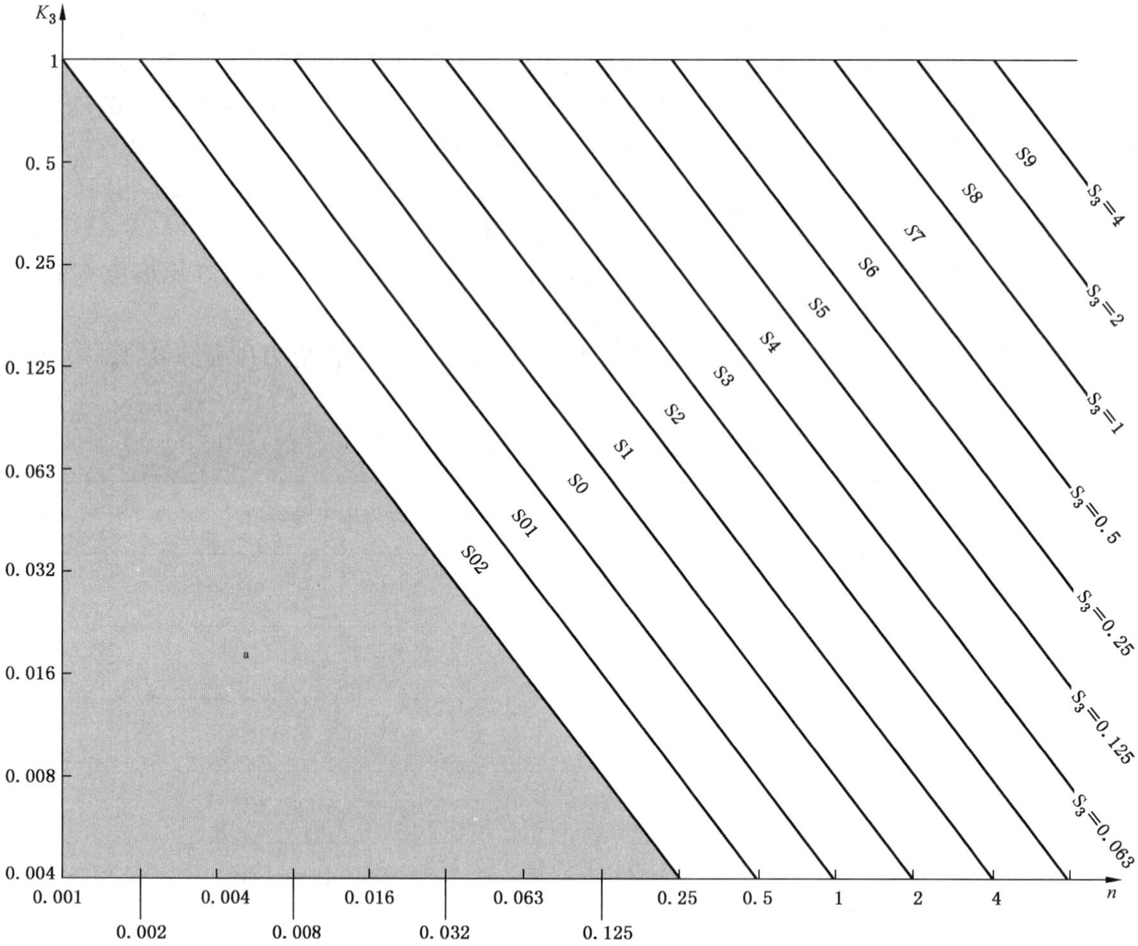

[a] 表示不需进行疲劳评估验算。

图 10 当 $m=3$ 时应力历程参数的分级图示说明

6.3.4 应力历程级别 S 的确定

6.3.4.1 概述

对于起重机结构件,当由计算或测量获知应力历程参数时,应力历程参数的 S 级别可从表 9 中查取。

应力历程级别也可根据经验和技术理由直接选择。表 11 给出了相应的应力历程参数值 s_3。应力历程参数的 S 级别与起重机的任务有关,并取决于:

——工作循环次数和 U 级别(见 ISO 4301-1:2016);

——名义载荷谱和 Q 级别(见 ISO 4301-1:2016);

——起重机配置和起重机运动的效应(运行、回转、变幅等)。

若采用单一应力历程级别来表征整个结构,则应在结构中使用最繁重而适当的级别。

6.3.4.2 特殊情况

在结构件中的应力变化仅取决于起升载荷的变化,而与载荷效应变化无关——例如由于起重机运动部件的自重载荷(即相关应力循环的次数等于载荷循环的次数,且应力范围直接与起升载荷的变化成比例)——这种特殊情况下的结构件的S级别可按表10确定。

表10　由工作级别确定的S级别

ISO 4301-1 中的工作级别	S级别
A1	S01
A2	S0
A3	S1
A4	S2
A5	S3
A6	S4
A7	S5
A8	S6
ISO 4301-1:2016 未覆盖的更高的应力历程级别(S7～S9),可适用于A8级别。	

6.4　验证的实施

对于所考虑的结构细节应按式(37)、式(38)验证:

$$\Delta\sigma_{Sd} \leqslant \Delta\sigma_{Rd} \qquad (37)$$

$$\Delta\sigma_{Sd} = \max\sigma - \min\sigma \qquad (38)$$

式中:

$\Delta\sigma_{Sd}$ ——计算的设计应力最大范围;

$\max\sigma$,$\min\sigma$ ——按ISO 8686适用部分 $\gamma_p=1$ 的载荷组合A得出的设计应力极限值(压应力取为负号);

$\Delta\sigma_{Rd}$ ——极限设计应力范围。

设计焊缝应力,见附录C。对于消除热应力的结构件或非焊接的结构件,其应力范围的受压部分可降低到60%。当应力谱系数 k_m 由式(35)计算得出并用于确定应力历程参数 s_m 时,$\max\sigma$ 和 $\min\sigma$ 值的载荷假设(包括动载系数、加速度和组合)应与用于确定最大应力范围的载荷假设相同。

上述同样适用于剪应力的处理。

对每一应力分量 σ_x、σ_y 与 τ,应单独实施验证,其中 x、y 表示应力分量的正交方向。

在非焊接的结构细节情况下,若由相同的加载引起的正应力和剪应力同时变化,或者,若最大主应力平面在加载过程中没有明显变化,则只有最大主应力范围可使用。

6.5　极限设计应力范围的确定

6.5.1　适用的方法

对于所考虑结构细节的极限设计应力范围 $\Delta\sigma_{Rd}$,应直接使用应力历程参数 s_m 来确定或使用S级别来简化确定。

6.5.2　应力历程参数的直接使用

极限设计应力范围应按式(39)计算:

$$\Delta\sigma_{Rd} = \frac{\Delta\sigma_c}{\gamma_{mf} \times \sqrt[m]{s_m}} \qquad (39)$$

式中：

$\Delta\sigma_{Rd}$——极限设计应力范围；

$\Delta\sigma_{c}$——特征疲劳强度(见附录 D)；

m——lgσ-lg$N$ 曲线的斜率常数(见附录 D)；

γ_{mf}——疲劳强度具体抗力系数(见表 8)；

s_{m}——应力历程参数。

当 s_m 是基于 $m=3$ 而获得时，极限应力设计范围可用 6.5.3.2 中给出的方法计算。

6.5.3 S 级别的使用

6.5.3.1 斜率常数 *m*

当所考虑的结构细节与 6.3 的 S 级别有关时，极限设计应力范围的简化确定取决于 lgσ-lg$N$ 曲线的斜率常数 m。

6.5.3.2 斜率常数 *m*＝3

表 11 给出了与应力历程 S 级别相对应的应力历程参数 s_3 值。

表 11 对应于应力历程 S 级别的 s_3 值

S 级别	S02	S01	S0	S1	S2	S3	S4	S5	S6	S7	S8	S9
s_3	0.002	0.004	0.008	0.016	0.032	0.063	0.125	0.25	0.5	1.0	2.0	4.0
注：本表的应力历程参数值是表 9 中给定范围的上限值。												

极限设计应力范围应按式(40)计算：

$$\Delta\sigma_{Rd}=\frac{\Delta\sigma_{c}}{\gamma_{mf}\times\sqrt[3]{s_{3}}} \qquad \cdots\cdots(40)$$

式中：

$\Delta\sigma_{Rd}$——极限设计应力范围；

$\Delta\sigma_{c}$——$m=3$ 时的特征疲劳强度(见附录 D)；

s_{3}——应力历程参数(见表 11)；

γ_{mf}——疲劳强度具体抗力系数(见表 8)。

对于最严重程度 $\gamma_{mf}=1.25$，附录 E 给出了依据 S 级别和 $\Delta\sigma_c$ 确定的 $\Delta\sigma_{Rd}$ 值。

6.5.3.3 斜率常数 *m* 不等于 3

若 lgσ-lg$N$ 曲线的斜率常数 m 不等于 3 时，则极限设计应力范围取决于 S 级别和应力谱系数 k_m(见 6.3.3)。

极限设计应力范围 $\Delta\sigma_{Rd}$ 应按式(41)～式(43)计算：

$$\Delta\sigma_{Rd}=\Delta\sigma_{Rd,1}\times k^{*} \qquad \cdots\cdots(41)$$

$$\Delta\sigma_{Rd,1}=\frac{\Delta\sigma_{c}}{\gamma_{mf}\times\sqrt[m]{s_{3}}} \qquad \cdots\cdots(42)$$

$$k^{*}=\sqrt[m]{\frac{k_{3}}{k_{m}}}\geqslant 1.0 \qquad \cdots\cdots(43)$$

式中：

$\Delta\sigma_{Rd}$——极限设计应力范围；

$\Delta\sigma_{Rd,1}$——对应 $k^*=1$ 的极限设计应力范围;
k^* ——具体的应力谱比例系数;
$\Delta\sigma_c$ ——特征疲劳强度(见附录 D);
m ——$\lg\sigma$-$\lg N$ 曲线的斜率常数(见附录 D);
s_3 ——$m=3$ 的应力历程参数(见表 11);
γ_{mf} ——疲劳强度的具体抗力系数(见表 8);
k_3 ——$m=3$ 的应力谱系数;
k_m ——基于所考虑细节的 m 的应力谱系数。

k_3 和 k_m 应基于由计算或模拟得出的同一应力谱。

对于最严重程度 $\gamma_{mf}=1.25$,$m=5$,附录 E 给出了依据 S 级别和 $\Delta\sigma_c$ 确定的 $\Delta\sigma_{Rd,1}$ 值。

6.5.3.4 斜率常数 *m* 不等于 3 的简化方法

当 $k^*=1$ 覆盖了 $m>3$ 和 $s_m<1$ 情形下最不利的应力谱时,由式(42)算出的 $\Delta\sigma_{Rd,1}$ 可用作极限设计应力范围。该 k^* 值可由来自经验估算应力谱的 k_3 和 k_m 计算得出。

6.5.4 正应力和/或剪应力联合作用

除单独验证 σ 和 τ(见 6.4)外,对具有独立变化范围的正应力和剪应力作用,应按式(44)计算:

$$\left(\frac{\gamma_{mf}\times\Delta\sigma_{Sd,x}}{\Delta\sigma_{c,x}}\right)^{m_x}\times s_{m,x}+\left(\frac{\gamma_{mf}\times\Delta\sigma_{Sd,y}}{\Delta\sigma_{c,y}}\right)^{m_y}\times s_{m,y}+\left(\frac{\gamma_{mf}\times\Delta\tau_{Sd}}{\Delta\tau_c}\right)^{m_\tau}\times s_{m\tau}\leqslant 1.0 \qquad \cdots\cdots(44)$$

式中:

$\Delta\sigma_{Sd,x}$,$\Delta\sigma_{Sd,y}$,$\Delta\tau_{Sd}$——计算的设计应力最大范围;
$\Delta\sigma_{c,x}$,$\Delta\sigma_{c,y}$,$\Delta\tau_c$ ——特征疲劳强度;
γ_{mf} ——疲劳强度具体抗力系数(见表 8);
s_m ——应力历程参数;
m ——$\lg\sigma$-$\lg N$ 曲线的斜率常数;
x,y ——表示正应力的正交方向;
τ ——剪应力。

7 弹性稳定性验证

7.1 概述

弹性稳定性验证是为了保证理想的线性结构件或部件不因仅受压缩力或压应力作用产生横向变形而丧失其稳定性。由压缩力或压应力和平面外弯曲或结构初始几何缺陷引起弯矩联合作用引起的变形,应采用二阶理论评估作为静力强度的验证部分。本章涵盖了受压状态下的构件整体屈曲以及压应力下的薄板局部屈曲。

注:存在或也可能发生弹性失稳的现象,例如圆柱壳或开口截面。详细信息见参考文献。

7.2 受压构件的侧向屈曲

7.2.1 临界屈曲载荷

根据弹性理论,屈曲载荷 N_k 是最小分支载荷。对于等截面构件,根据欧拉屈曲状态边界条件表 12,确定 N_k。

表 12　欧拉屈曲状态下的临界屈曲载荷 N_k

欧拉屈曲状态序号	1	2	3	4	5
边界条件					
N_k	$\frac{\pi^2 \times E \times I_i}{4 \times L^2}$	$\frac{\pi^2 \times E \times I_i}{L^2}$	$\frac{2.05 \times \pi^2 \times E \times I_i}{L^2}$	$\frac{4 \times \pi^2 \times E \times I_i}{L^2}$	$\frac{\pi^2 \times E \times I_i}{L^2}$
E——弹性模量；I_i——图示平面构件的惯性矩；L——构件的长度。					

对于其他边界条件或由 i 部分组成不同截面的构件，N_k 可根据其变形状态下弹性挠度曲线微分方程或微分方程组按式(45)计算确定：

$$y = A_i \times \cos(k_i \times x) + B_i \times \sin(k_i \times x) + C_i \times x + D_i \tag{45}$$

其中：$k_i = \sqrt{\frac{N_c}{E \times I_i}}$

式中：

x　——纵坐标；

y　——构件最弱方向的横坐标；

E　——弹性模量；

I_i　——构件 i 部分最弱方向的惯性矩；

N_c　——压缩力；

A_i, B_i, C_i, D_i——通过施加适当的边界条件所确定的常数。

当施加适当的边界条件时，临界屈曲载荷 N_k 是满足式(45)或其系统的最小正值 N。

7.2.2　极限压缩设计力

构件或其组成部分的极限压缩设计力 N_{Rd} 可由临界屈曲载荷 N_k 通过式(46)计算得到：

$$N_{Rd} = \frac{\kappa \times f_y \times A}{\gamma_m} \tag{46}$$

式中：

κ ——折减系数；

f_y——屈服应力；

A ——构件的横截面积。

用于计算折减系数 κ 的长细比 λ 可由式(47)计算得到：

$$\lambda=\sqrt{\frac{f_y\times A}{N_k}} \qquad \cdots\cdots(47)$$

式中：

N_k——根据 7.2.1 确定的临界屈曲载荷。

根据长细比 λ 和横截面参数 α，折减系数 κ 可由式(48)计算得到：

$$\kappa=1.0(\lambda\leqslant 0.2)$$

$$\kappa=\frac{1}{\xi+\sqrt{\xi^2-\lambda^2}}(\lambda>0.2)$$

$$\xi=0.5\times[1+\alpha\times(\lambda-0.2)+\lambda^2] \qquad \cdots\cdots(48)$$

参数 α 取决于横截面的类型，由表 13 中选取。

表 13　不同截面下的参数 α 及可接受的弯曲缺陷

序号	截面类型		屈曲轴	$f_y<460\ \mathrm{N/mm^2}$		$f_y\geqslant 460\ \mathrm{N/mm^2}$	
				α	δ_1	α	δ_1
1	空心截面 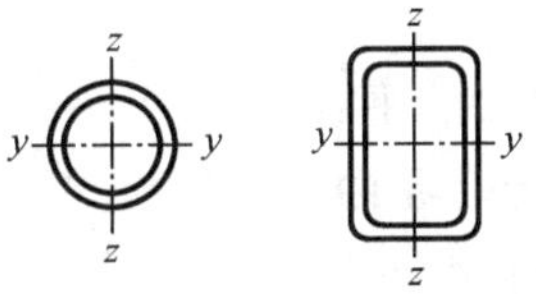	热轧	y-y z-z	0.21	L/300	0.13	L/350
		冷成型	y-y z-z	0.34	L/250	0.34	L/250
2	焊接箱型截面 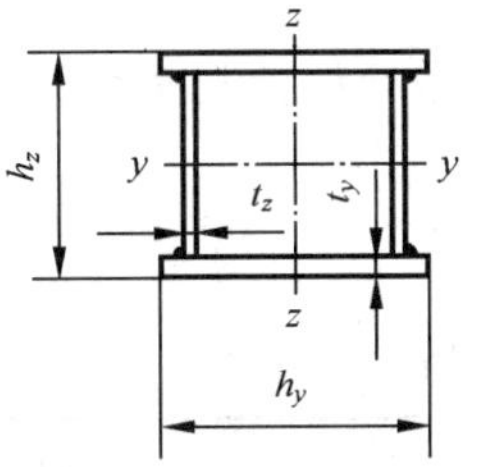	厚板焊缝 $\alpha>t_y/2$ 且 $h_y/t_y<30$ $h_z/t_z<30$	y-y z-z	0.49	L/200	0.49	L/200
		其他	y-y z-z	0.34	L/250	0.34	L/250
3	轧制截面 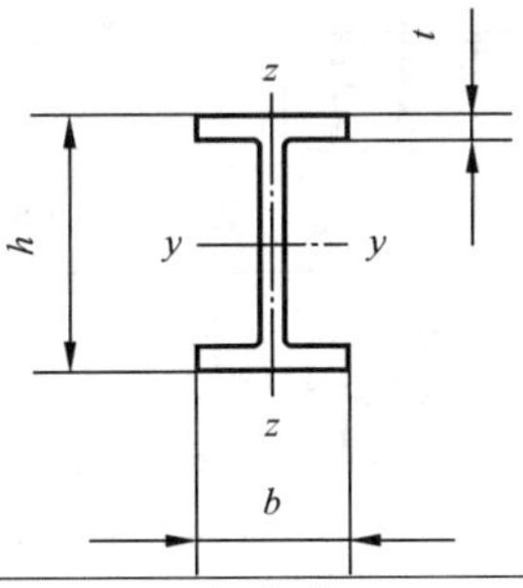	$h/b>1.2$ $t\leqslant 40$ mm	y-y z-z	0.21 0.34	L/300 L/250	0.13 0.13	L/350 L/350
		$h/b>1.2$； 40 mm$<t\leqslant 80$ mm $h/b\leqslant 1.2$； $t\leqslant 80$ mm	y-y z-z	0.34 0.49	L/250 L/200	0.21 0.21	L/300 L/300
		$t>80$ mm	y-y z-z	0.76	L/150	0.49	L/200
4	Ⅰ型焊接截面 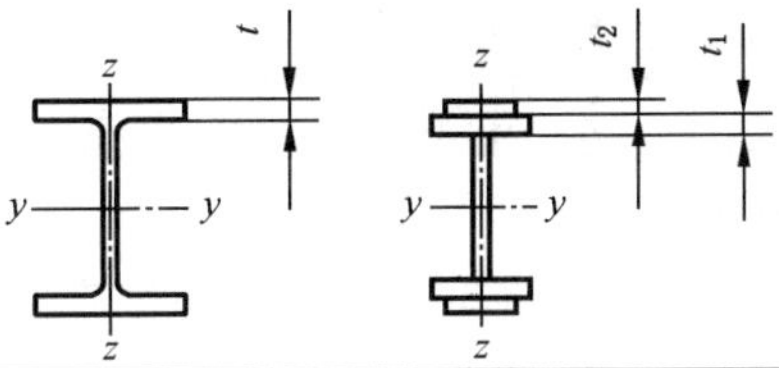	$t_1\leqslant 40$ mm	y-y z-z	0.34 0.49	L/250 L/200	0.34 0.49	L/250 L/200
		$t_1>40$ mm	y-y z-z	0.49 0.76	L/200 L/150	0.49 0.76	L/200 L/150

表 13(续)

序号	截面类型	屈曲轴	$f_y<460\ \mathrm{N/mm^2}$		$f_y\geqslant460\ \mathrm{N/mm^2}$	
			α	δ_I	α	δ_I
5	槽钢、角钢、T 型钢及其他实心截面 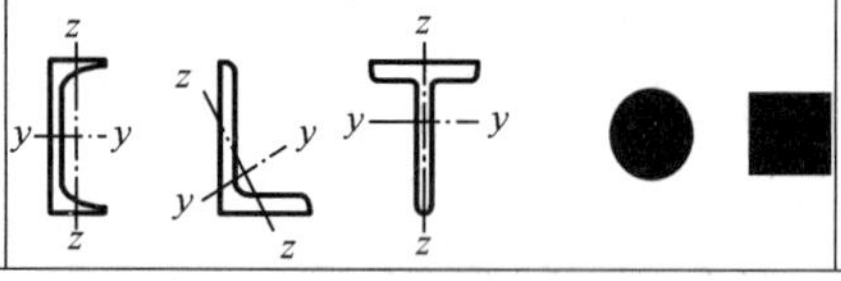	y-y z-z	0.49	$L/200$	0.49	$L/200$
δ_L——基于构件总长测量的初始弯曲缺陷的最大许用范围;L——构件的长度。						

对于变截面构件情况,7.2.2 中的公式可用于构件的所有部分。应采用 N_{Rd} 的最小值,并符合式(49)。

$$N_{Rd}\leqslant\frac{N_k}{1.2\times\gamma_m} \qquad (49)$$

7.3 压应力和剪应力作用下的薄板屈曲

7.3.1 概述

薄板是仅沿其边缘或加强筋之间支撑(四边简支或两边简支)的平板。

本条提供的极限设计应力确保不发生平面屈曲,但不适用于后屈曲性态。参考文献给出了关于后屈曲性态应用方法。当使用这些方法时,应考虑后屈曲对疲劳的影响。

假定:

——薄板的几何缺陷应小于表 14 规定的最大值;

——加强筋的设计应具有足够的刚度与强度,以满足薄板所需的屈曲抗力(例如,加强筋的屈服强度应高于薄板的屈服强度);

——薄板沿其边缘支撑情况,如表 15 所示。

表 14 薄板或加强筋的最大许用缺陷

项目	刚度类型		图示说明	允许的缺陷
1	无加劲板	一般情况	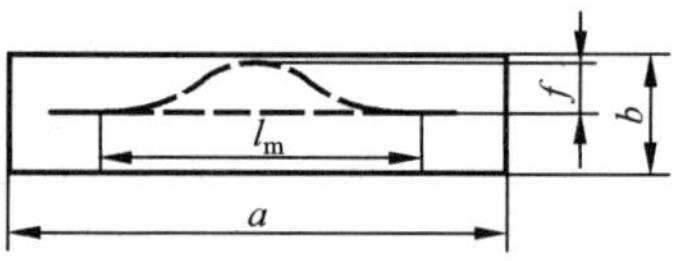	$f=\frac{l_m}{250}$ 当 $a\leqslant2b$ 时,$l_m=a$ 当 $a>2b$ 时,$l_m=2b$
2		横向压缩	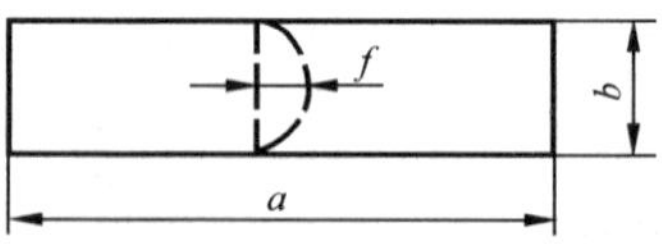	$f=\frac{l_m}{250}$ 当 $b\leqslant2a$ 时,$l_m=b$ 当 $b>2a$ 时,$l_m=2a$
3	纵向加强的薄板纵向筋		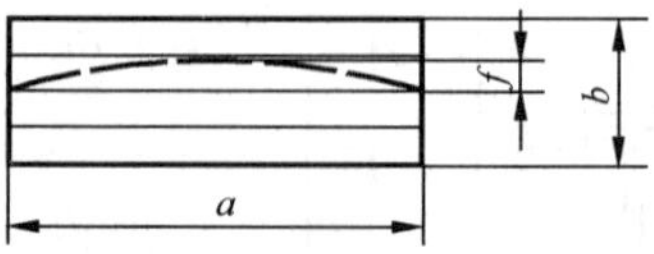	$f=\frac{a}{400}$

表 14（续）

项目	刚度类型	图示说明	允许的缺陷
4	纵向和横向加强的薄板横向筋	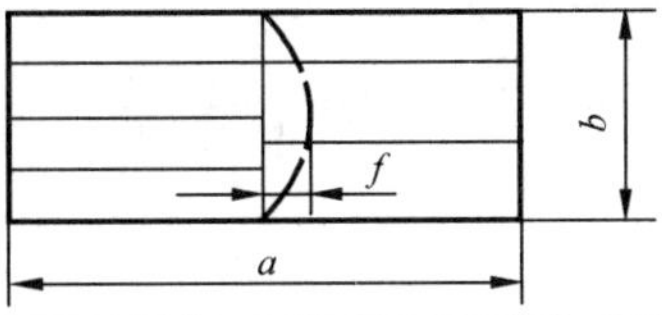	$f=\frac{a}{400}$ $f=\frac{b}{400}$
f——应在板的垂直面内测量；l_m——测量长度。			

图 11 所示长为 a，宽为 b 的薄板（长宽比 $\alpha=a/b$），承受沿板边从 σ_x（最大压应力）到 $\psi\times\sigma_x$ 的纵向变应力，剪应力 τ 以及仅作用一侧的横向应力 σ_y（由轮载荷产生的，见 C.4）。

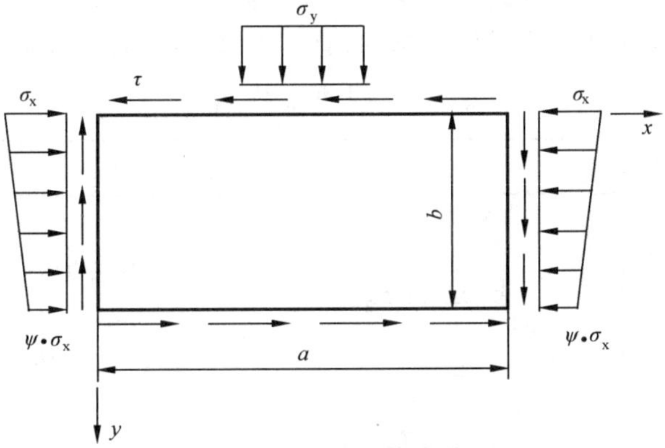

图 11　作用于薄板的应力

7.3.2　纵向压应力 σ_x 的极限设计应力

极限设计压应力 $f_{b,Rd,x}$ 按式（50）进行计算：

$$f_{b,Rd,x}=\frac{\kappa_x\times f_y}{\gamma_m} \tag{50}$$

式中：

κ_x ——根据式（51）确定的折减系数；

f_y——薄板材料的屈服应力。

折减系数 κ_x 按式（51）计算：

$$\begin{cases}\kappa_x=1(\lambda_x\leqslant 0.7)\\ \kappa_x=1.474-0.677\times\lambda_x(0.7<\lambda_x<1.291)\\ \kappa_x=\frac{1}{\lambda_x^2}(\lambda_x\geqslant 1.291)\end{cases} \tag{51}$$

式中：

λ_x——根据式（52）确定的无量纲板的长细比。

无量纲板的长细比可按式（52）进行计算：

$$\lambda_x=\sqrt{\frac{f_y}{\kappa_{\sigma x}\times\sigma_e}} \tag{52}$$

式中：

σ_e ——根据式(53)确定的参考应力；

$\kappa_{\sigma x}$ ——屈曲系数，见表15。

参考应力可按式(53)进行计算：

$$\sigma_e = \frac{\pi^2 \times E}{12 \times (1-\nu^2)} \times \left(\frac{t}{b}\right)^2 \qquad \cdots\cdots(53)$$

式中：

E ——板的弹性模量；

ν ——板的泊松比，对于钢材，$\nu=0.3$；

t ——板的厚度；

b ——板的宽度。

根据板边应力比 ψ，长宽比 α，板边支撑条件确定屈曲系数 $\kappa_{\sigma x}$，表15给出了沿纵向和横向支撑(实例1)的以及沿横向和单边纵向支撑的板(实例2)的屈曲系数 $\kappa_{\sigma x}$。

表15 屈曲系数 $\kappa_{\sigma x}$

序号	项目	实例1	实例2	
1	支撑类型	沿板的四边支撑 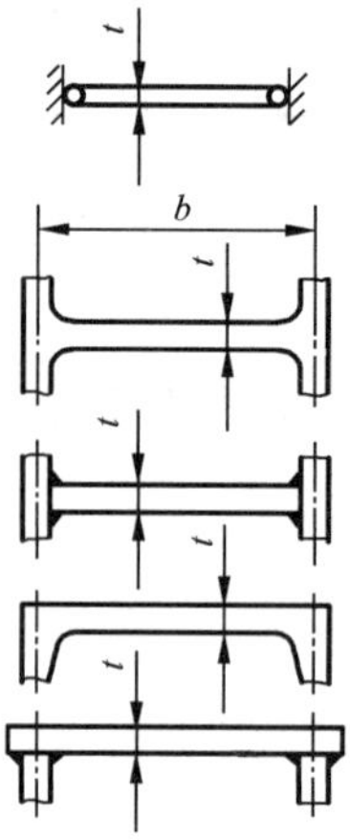	沿加载边缘以及单边纵向边缘支撑 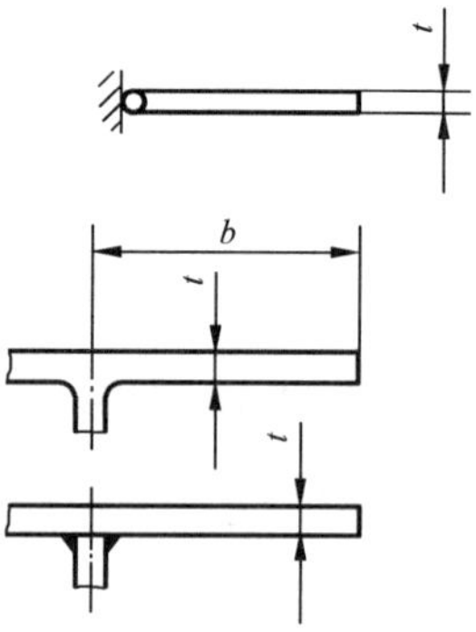	
2	应力分布	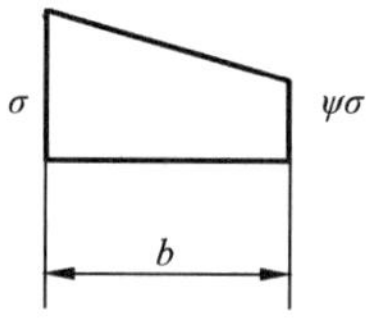	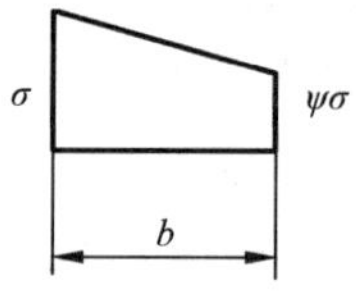	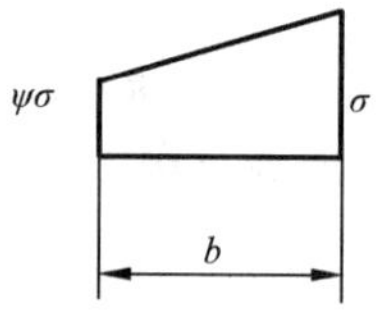
3	$\psi=1$	4	0.43	
4	$1>\psi>0$	$\frac{8.2}{\psi+1.05}$	$\frac{0.578}{\psi+0.34}$	$0.57-0.21\psi+0.07\psi^2$
5	$\psi=0$	7.81	1.70	0.57
6	$0>\psi>-1$	$7.81-6.29\psi+9.78\psi^2$	$1.70-5\psi+17.1\psi^2$	$0.57-0.21\psi+0.07\psi^2$
7	$\psi=-1$	23.9	23.8	0.85
8	$\psi<-1$	$5.98\times(1-\psi)^2$	23.8	$0.57-0.21\psi+0.07\psi^2$

注：对于实例 1，$\alpha<1.0$ 时，表 15 的第 3～第 6 行，以及 $\alpha<0.66$ 时，表 15 的第 7 行的沿四边支撑板的屈曲系数值 $\kappa_{\sigma x}$ 及其计算公式得到的结果过于保守。而示例 2 中，当 $\alpha<2$ 时，计算结果偏保守。关于短薄板屈曲系数值更详细的信息可参考目录中附加的参考文献。

7.3.3 横向正应力 $\boldsymbol{\sigma}_y$ 的极限设计应力

对于由移动载荷引起的横向应力，例如桥式起重机移动车轮载荷，不能采用 7.3.1 中提到的后屈曲计算方法。

极限设计横向正应力可按式(54)进行计算：

$$f_{b,Rd,t}=\frac{\kappa_{\tau}\times f_y}{\gamma_m} \quad \cdots\cdots(54)$$

式中：

κ_{τ} ——根据式(55)确定的折减系数；

f_y——板材料的最小屈服应力。

折减系数 κ_{τ} 可按式(55)进行计算：

$$\begin{cases}\kappa_{\tau}=1(\lambda_y\leqslant 0.7)\\ \kappa_{\tau}=1.474-0.677\times\lambda_x(0.7<\lambda_y<1.291)\\ \kappa_{\tau}=\dfrac{1}{\lambda_y^2}(\lambda_y\geqslant 1.291)\end{cases} \quad \cdots\cdots(55)$$

无量纲板的长细比 λ_y 可按式(56)进行计算：

$$\lambda_y=\sqrt{\frac{f_y}{\kappa_{\sigma y}\times\sigma_e\times\dfrac{a}{c}}} \quad \cdots\cdots(56)$$

式中：

σ_e ——根据式(53)确定的参考应力；

$\kappa_{\sigma y}$——由图 12 确定的屈曲系数；

a ——薄板长度；

c ——横向载荷分布的宽度(图 12 中，$c=0$ 对应理论集中载荷，见 C.4)。

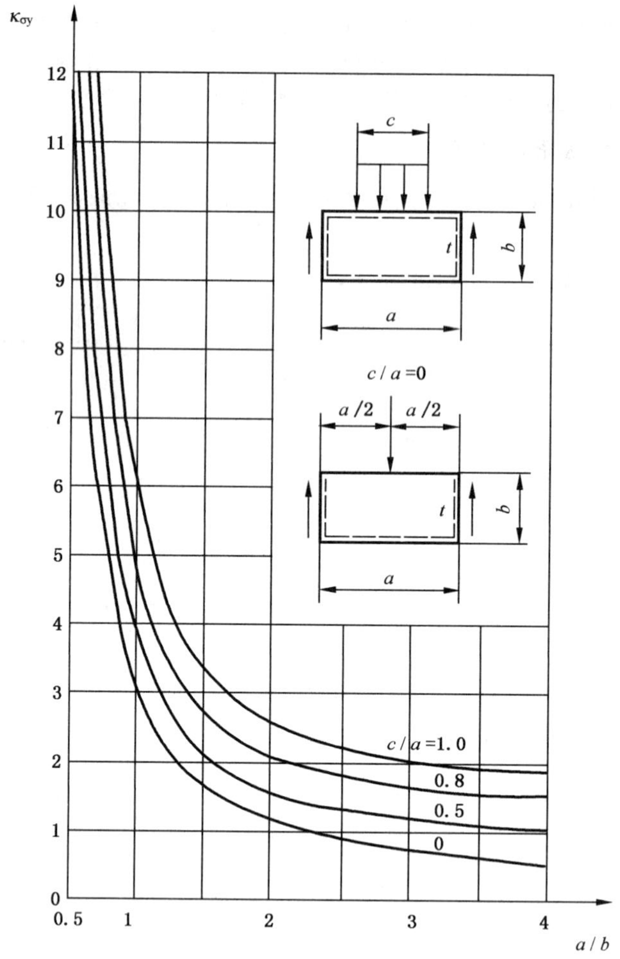

图 12 屈曲系数 $\kappa_{\sigma y}$

7.3.4 剪应力的极限设计应力

极限设计屈曲剪应力可按式(57)进行计算：

$$f_{b,Rd,t}=\frac{\kappa_{\tau}\times f_{y}}{\sqrt{3}\times\gamma_{m}} \qquad \cdots\cdots(57)$$

折减系数 κ_{τ} 可按式(58)进行计算：

$$\begin{cases}\kappa_{\tau}=\dfrac{0.84}{\lambda_{\tau}}(\lambda_{\tau}\geqslant 0.84)\\ \kappa_{\tau}=1(\lambda_{\tau}<0.84)\end{cases} \qquad \cdots\cdots(58)$$

其中：

$$\lambda_{\tau}=\sqrt{\frac{f_{y}}{\kappa_{\tau}\times\sigma_{e}\times\sqrt{3}}} \qquad \cdots\cdots(59)$$

式中：

f_{y} ——薄板材料最小屈曲强度；

σ_{e} ——根据式(53)确定的参考屈曲应力；

κ_{τ} ——由表 16 中的计算公式计算得到的屈曲系数(薄板沿四边支撑)。

表 16 屈曲系数 κ_τ

α	κ_τ
$\alpha > 1$	$\kappa_\tau = 5.34 + \frac{4}{\alpha^2}$
$\alpha \leqslant 1$	$\kappa_\tau = 4 + \frac{5.34}{\alpha^2}$

7.4 验证的实施

7.4.1 受压构件

对于所考虑的受压构件,应按式(60)实施验证:

$$N_{Sd} \leqslant N_{Rd} \quad \cdots\cdots(60)$$

式中:

N_{Sd} ——压力的设计值;

N_{Rd} ——根据 7.2.2 确定的极限设计压力。

7.4.2 薄板

7.4.2.1 承受纵向和横向压应力的薄板

对于承受纵向和横向压应力的薄板,应按式(61)进行验证:

$$|\sigma_{Sd,x}| \leqslant |f_{b,Rd,x}| \text{ 且 } |\sigma_{Sd,y}| \leqslant |f_{b,Rd,y}| \quad \cdots\cdots(61)$$

式中:

$\sigma_{Sd,x}$,$\sigma_{Sd,y}$ ——压应力 σ_x、σ_y 的设计值;

$f_{b,Rd,x}$,$f_{b,Rd,y}$——根据 7.3.2 和 7.3.3 确定的极限设计压应力。

7.4.2.2 承受剪应力的薄板

对于承受剪应力的薄板,应按式(62)进行验证:

$$\tau_{Sd} \leqslant f_{b,Rd,\tau} \quad \cdots\cdots(62)$$

式中:

τ_{Sd} ——剪应力的设计值;

$f_{b,Rd,\tau}$ ——根据 7.3.4 确定的极限设计剪应力。

7.4.2.3 承受正应力和剪应力共存的薄板

承受正应力(横向和纵向)和剪应力共存的薄板,除了根据 7.4.2.1 和 7.4.2.2 确定各个应力分量独立验证外,还应按式(63)进行验证:

$$\left(\frac{|\sigma_{Sd,x}|}{f_{b,Rd,x}}\right)^{e1} + \left(\frac{|\sigma_{Sd,y}|}{f_{b,Rd,y}}\right)^{e2} - V \times \left(\frac{|\sigma_{Sd,x} \times \sigma_{Sd,y}|}{f_{b,Rd,x} \times f_{b,Rd,y}}\right) + \left(\frac{|\tau_{Sd}|}{f_{b,Rd,\tau}}\right)^{e3} \leqslant 1.0 \quad \cdots\cdots(63)$$

$$e_1 = 1 + \kappa_x^4 \quad \cdots\cdots(64)$$

$$e_2 = 1 + \kappa_y^4 \quad \cdots\cdots(65)$$

$$e_3 = 1 + \kappa_x + \kappa_y + \kappa_\tau^2 \quad \cdots\cdots(66)$$

根据 7.3.2 计算 κ_x,7.3.3 计算 κ_y,7.3.4 计算 κ_τ。

$$\begin{cases}V=(\kappa_x \times \kappa_y)^6(\sigma_{Sd,x} \times \sigma_{Sd,y} \geqslant 0)\\ V=-1(\sigma_{Sd,x} \times \sigma_{Sd,y} < 0)\end{cases} \qquad (67)$$

附 录 A
(资料性附录)
多个剪切面连接中每个螺栓和每个剪切面的极限设计剪力 $F_{v,Rd}$

表 A.1 和表 A.2 给出了与螺栓杆径和螺栓材料相关的极限设计剪力,且对于螺栓细节的设计是独立的。

表 A.1 多个剪切面连接中每个配合螺栓和每个剪切面的极限设计剪力 $F_{v,Rd}$

螺栓规格	螺栓直径 mm	$F_{v,Rd}$ kN				
		γ_{Rb} =1.1 时的配合螺栓材料				
		4.6	5.6	8.8	10.9	12.9
M12	13	16.7	20.9	44.6	62.8	75.4
M16	17	28.6	35.7	76.2	107.2	128.6
M20	21	43.5	54.4	116.2	163.2	196.1
M22	23	52.2	65.3	139.4	196.0	235.2
M24	25	61.8	77.3	164.9	231.9	278.3
M27	28	77.6	97.0	206.9	291.0	349.2
M30	31	95.1	111.8	253.6	356.6	428.0

表 A.2 多个剪切面连接中的每个标准螺栓等级和每个剪切面的极限设计剪力 $F_{v,Rd}$

螺栓规格	螺栓直径 mm	$F_{v,Rd}$ kN				
		γ_{Rb} =1.1 时的标准螺栓性能等级				
		4.6	5.6	8.8	10.9	12.9
M12	12	14.2	17.8	37.9	53.4	64.1
M16	16	25.3	31.6	67.5	94.9	113.9
M20	20	39.5	49.4	105.5	148.4	178.0
M22	22	47.8	59.8	127.6	179.5	215.4
M24	24	56.9	71.2	151.9	213.6	256.4
M27	27	72.1	90.1	192.3	270.4	324.5
M30	30	89.0	111.3	237.4	333.9	400.6

附 录 B
（资料性附录）
预紧螺栓

表 B.1 和表 B.2 中的螺栓尺寸参考 ISO 公制螺纹和螺距的系列标准 ISO 262。

表 B.1 对应于达到最大允许预紧力等级的预紧力矩（N·m），0.7 ×F_y

螺栓规格	性能等级		
	8.8	10.9	12.9
M12	86	122	145
M14	136	190	230
M16	210	300	300
M18	290	410	495
M20	410	590	710
M22	560	790	950
M24	710	1 000	1 200
M27	1 040	1 460	1 750
M30	1 410	2 000	2 400
M33	1 910	2 700	3 250
M36	2 460	3 500	4 200
注：μ=0.14 是假定预紧力矩计算的摩擦系数，对于摩擦系数的其他值，预紧力矩应做相应调整。			

表 B.2　每个螺栓和每个摩擦面的设计预紧力 $F_{p,d}=0.7\times f_{yb}\times A_s$ 以及极限设计滑移力 $F_{s,Rd}$

螺栓规格	应力截面积 A_s mm^2	设计预紧力 $F_{p,d}$ kN			$\gamma_m=1.1$ 且 $\gamma_{ss}=1.14$ 时的极限设计滑移力 $F_{s,Rd}$ kN											
		性能等级			性能等级											
					8.8				10.9				12.9			
					滑动摩擦系数				滑动摩擦系数				滑动摩擦系数			
		8.8	10.9	12.9	0.50	0.40	0.30	0.20	0.50	0.40	0.30	0.20	0.50	0.40	0.30	0.20
M12	84.3	37.8	53.1	63.7	15.1	12.0	9.0	6.0	21.2	16.9	12.7	8.5	25.4	20.3	15.2	10.2
M14	115.0	51.5	72.5	86.9	20.5	16.4	12.3	8.2	28.9	23.1	17.3	11.6	34.7	27.7	20.8	13.9
M16	157.0	70.3	98.9	119.0	28.0	22.4	16.8	11.2	39.4	31.6	23.7	15.8	47.3	37.9	28.4	18.9
M18	192.0	86.0	121.0	145.0	34.3	27.4	20.6	13.7	48.2	38.6	28.9	19.3	57.9	46.3	34.7	23.2
M20	245.0	110.0	154.0	185.0	43.8	35.0	26.3	17.5	61.5	49.2	36.9	24.6	73.9	59.1	44.4	29.5
M22	303.0	136.0	191.0	229.0	54.1	43.3	32.5	21.6	76.1	60.9	45.7	30.4	91.3	73.1	54.8	36.5
M24	353.0	158.0	222.0	267.0	63.1	50.4	37.8	25.2	88.7	70.9	53.2	35.5	106.0	85.1	63.8	42.6
M27	459.0	206.0	289.0	347.0	82.0	65.6	49.2	32.8	115.0	92.2	69.2	46.1	138.0	111.0	83.0	55.3
M30	561.0	251.0	353.0	424.0	100.0	80.2	60.1	40.1	141.0	113.0	84.6	56.4	169.0	135.0	101.0	67.6
M33	694.0	311.0	437.0	525.0	124.0	99.2	74.4	49.6	174.0	139.0	105.0	69.7	209.0	167.0	126.0	83.7
M36	817.0	366.0	515.0	618.0	146.0	117.0	87.6	58.4	205.0	164.0	123.0	82.1	246.0	197.0	148.0	98.5

附　录　C
（规范性附录）
设计焊缝应力 $\boldsymbol{\sigma}_{w,Sd}$ 和 $\boldsymbol{\tau}_{w,Sd}$

C.1　对接接头

设计焊缝正应力 $\sigma_{w,Sd}$ 与设计焊缝剪应力 $\tau_{w,Sd}$ 按式(C.1)计算：

$$\sigma_{w,sd}=\frac{F_{\sigma}}{a_{r}\times l_{r}} \qquad \tau_{w,sd}=\frac{F_{\tau}}{a_{\tau}\times l_{r}} \qquad \cdots\cdots(C.1)$$

式中：

F_{σ} ——作用的法向力(见图 C.1)；

F_{τ} ——作用的剪力(见图 C.1)；

a_{r} ——有效焊缝厚度；

l_{r} ——有效焊缝长度。

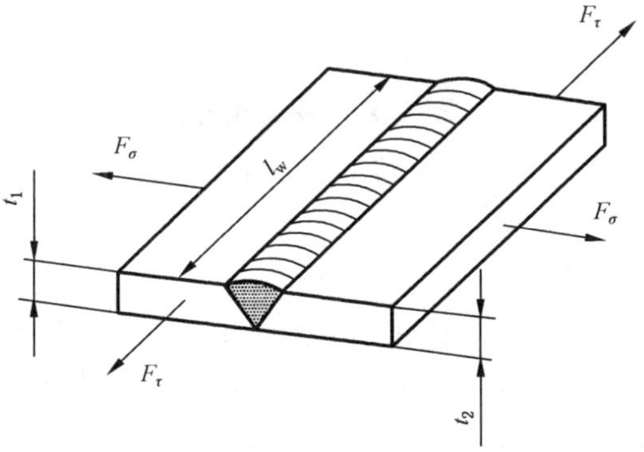

图 C.1　对接焊缝

有效焊缝厚度 a_{r} 的计算如下：

对于充分熔透焊：$a_{r}=t_{1}$ 或 t_{2} 中的较小值；

对于双面对称、部分熔透焊：$a_{r}=2\times a_{i}$，其中 a_{i} 为任一焊缝厚度。

注：本标准中不涵盖单面部分熔透对接焊。

在一般情况下，(对于连续焊缝的)有效焊缝长度 $l_{r}=l_{w}-2\times a_{r}$；而当 $l_{r}=l_{w}$ 时，需采取一定措施确保整体焊缝的有效性。

式中：

l_{w} ——焊缝长度(见图 C.1)；

a_{r} ——有效焊缝厚度；

t_{1}，t_{2}——板厚。

C.2　角焊缝

设计焊缝正应力 $\sigma_{w,Sd}$ 与设计焊缝剪应力 $\tau_{w,Sd}$ 按式(C.2)计算：

$$\sigma_{w,Sd}=\frac{F_{\sigma}}{a_{r1}\times l_{r1}+a_{r2}\times l_{r2}}$$
$$\tau_{w,Sd}=\frac{F_{\tau}}{a_{r1}\times l_{r1}+a_{r2}\times l_{r2}} \quad\cdots\cdots(C.2)$$

式中：

F_{σ} ——作用的法向力(见图 C.2)；

F_{τ} ——作用的剪力(见图 C.2)；

a_{ri} ——有效焊缝厚度(见图 C.2)，$a_{ri}=a_{i}$；

l_{ri} ——有效焊缝长度。

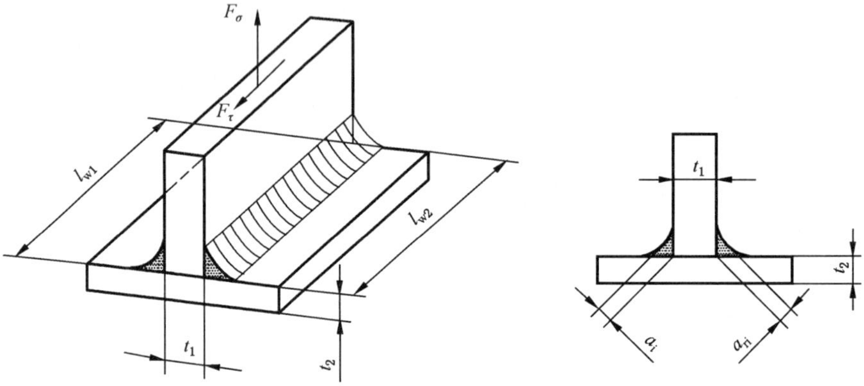

图 C.2 接头尺寸

有效焊缝厚度 a_r 限制在 $a_r \leqslant (0.7t_1$ 或 $0.7t_2)$ 中的较小值。

有效焊缝长度见 C.1。

单边焊缝可以用如图 C.2 所示的力进行加载。

对于单边焊缝的 $\sigma_{w,Sd}$ 和 $\tau_{w,Sd}$，使用相应焊接参数进行类似方法计算。

注：能力验证中，隐含了由 $\sigma_{w,Sd}$ 和 $\tau_{w,Sd}$ 联合作用对平面内剪切分量的影响。

C.3 具有充分或部分熔透的 T 形接头

设计焊缝正应力 $\sigma_{w,Sd}$ 与设计焊缝剪应力 $\tau_{w,Sd}$ 按式(C.3)计算：

$$\sigma_{w,Sd}=\frac{F_{\sigma}}{a_{r1}\times l_{r1}+a_{r2}\times l_{r2}}$$
$$\tau_{w,Sd}=\frac{F_{\tau}}{a_{r1}\times l_{r1}+a_{r2}\times l_{r2}} \quad\cdots\cdots(C.3)$$

式中：

F_{σ} ——作用的法向力(见图 C.3)；

F_{τ} ——作用的剪力(见图 C.3)；

a_{ri} ——有效焊缝厚度(见图 C.3)，$a_{ri}=a_{i}+a_{hi}$；

l_{ri} ——有效焊缝长度。

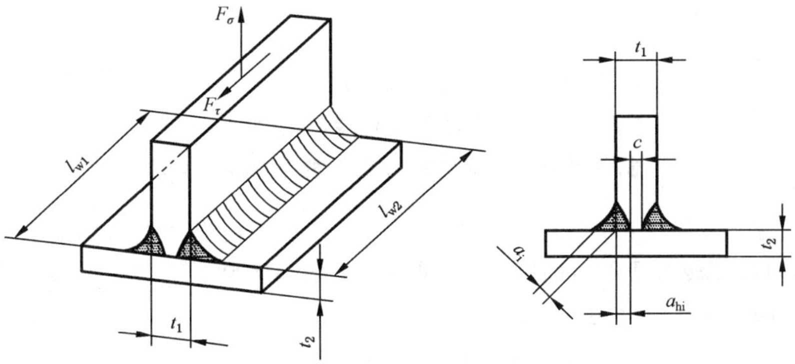

图 C.3 接头尺寸

有效焊缝厚度 a_r 限制在 $a_r \leqslant (0.7t_1$ 或 $0.7t_2)$ 中的较小值。

有效焊缝长度参见 C.1。

单边焊缝可以用如图 C.3 所示的力来加载。

对于单边焊缝的 $\sigma_{w,Sd}$ 和 $\tau_{w,Sd}$，使用相应焊接参数进行类似方法计算。

C.4 集中载荷下的有效分布长度

为简化，设计焊缝正应力 $\sigma_{w,Sd}$ 与设计焊缝剪应力 $\tau_{w,Sd}$ 可以用集中载荷的有效分布长度来计算，见式(C.4)：

$$l_r = 2 \times h_d \tan\kappa + \lambda \qquad \cdots\cdots\cdots\cdots\cdots\cdots\cdots\cdots\cdots\cdots (C.4)$$

式中：

l_r——有效分布长度；

h_d——焊缝与载荷作用接触区域之间的距离；

λ ——接触区的长度——如车轮，λ 可设为 $\lambda = 0.2 \times r$，而 $\lambda_{max} = 50$ mm；

r ——车轮半径；

κ ——离散角，κ 应设为 $\kappa \leqslant 45°$。

见图 C.4。

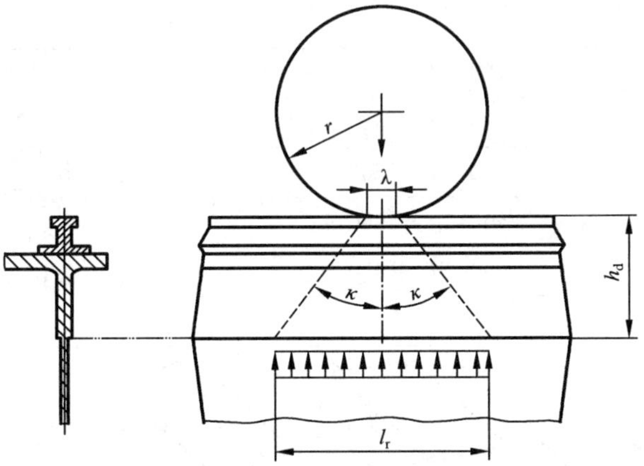

图 C.4 集中载荷

也可使用其他计算确定设计应力，但在附录 D 提出的 $\Delta\sigma_c$ 和 $\Delta\tau_c$ 值是基于此计算方法得出。

附 录 D
(规范性附录)
斜率常数 m 值和特征疲劳强度 $\Delta\sigma_c$、$\Delta\tau_c$

当使用低强钢时,表 D.1 中母材的特征疲劳强度甚至可代表其他结构细节,如表 D.2 和表 D.3,不仅受不同特征疲劳强度值的影响,同时也与不同斜率常数有关。缺口效应级别(NC)见附录 E 各表中的第一列(也可见 6.2.1)。

表 D.1 结构件的母材

<table>
<tr><th>结构细节序号</th><th>$\Delta\sigma_c$,$\Delta\tau_c$
N/mm²</th><th>结构细节</th><th>要求</th></tr>
<tr><td rowspan="12">1.1</td><td>$m=5$</td><td>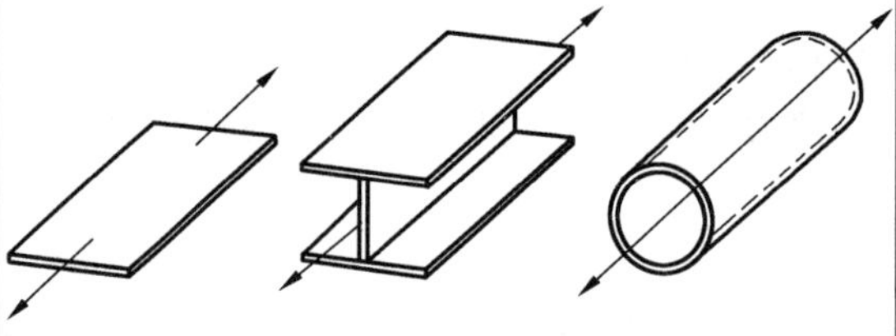
正应力状态下的轧制型材:板材、工字钢、圆管</td><td>基本要求:
—— 轧制表面和边缘
——无几何切口影响(如剪切槽口)
——表面处理(喷丸处理)前的表面粗糙度值</td></tr>
<tr><td>140</td><td>f_y 独立</td><td>——表面条件满足 ISO 7788:1985 中表 1
——允许补焊</td></tr>
<tr><td>140</td><td>$180 \leqslant f_y \leqslant 220$</td><td rowspan="4">——表面条件满足 ISO 7788:1985 中表 1
——不准许补焊
——表面粗糙度 Rz 小于或等于 100 μm
——轧制,机加工边缘或无自由边缘
——表面粗糙度 Rz 小于或等于 60 μm +1NC</td></tr>
<tr><td>160</td><td>$220 < f_y \leqslant 320$</td></tr>
<tr><td>180</td><td>$320 < f_y \leqslant 500$</td></tr>
<tr><td>200</td><td>$500 < f_y$</td></tr>
<tr><td>180</td><td>$180 \leqslant f_y \leqslant 220$</td><td rowspan="6">——表面条件满足 ISO 7788:1985 中表 1
——不准许补焊
——表面粗糙度 Rz 小于或等于 20 μm
——轧制或机加工板边或无自由板边</td></tr>
<tr><td>200</td><td>$220 < f_y \leqslant 320$</td></tr>
<tr><td>225</td><td>$320 < f_y \leqslant 500$</td></tr>
<tr><td>250</td><td>$500 < f_y \leqslant 650$</td></tr>
<tr><td>280</td><td>$650 < f_y \leqslant 900$</td></tr>
<tr><td>315</td><td>$900 < f_y$</td></tr>
<tr><td>1.2</td><td>$m=5$</td><td>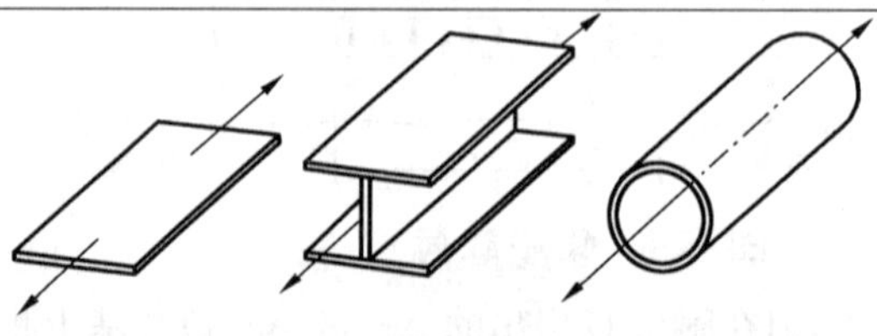
正应力状态下的轧制型材:板材、工字钢、圆管</td><td>基本要求:
——轧制表面
——热切割边缘
——无几何切口影响(如剪切槽口)
——例如喷完处理的表面处理前的表面粗糙度值</td></tr>
</table>

表 D.1（续）

<table>
<tr><th>结构细节序号</th><th>$\Delta\sigma_c$，$\Delta\tau_c$ N/mm²</th><th>结构细节</th><th>要求</th></tr>
<tr><td rowspan="10">1.2</td><td>140</td><td>f_y 独立</td><td>——表面条件满足 ISO 7788:1985 中表 1
——允许补焊
——板边质量根据 ISO 9013:2002 中表 5 第 3 行</td></tr>
<tr><td>140</td><td>$180\leqslant f_y\leqslant 220$</td><td rowspan="3">——表面条件满足 ISO 7788:1985 中表 1
——板边质量根据 ISO 9013:2002 中表 5 第 3 行
——不准许补焊
——表面粗糙度 Rz 小于或等于 100 μm
——机加工切割
——表面粗糙度 Rz 小于或等于 60 μm
且板边质量根据 ISO 9013:2002 中表 5 第 2 行 +1NC</td></tr>
<tr><td>160</td><td>$220<f_y\leqslant 500$</td></tr>
<tr><td>180</td><td>$500<f_y$</td></tr>
<tr><td>160</td><td>$180\leqslant f_y\leqslant 220$</td><td rowspan="6">——表面条件满足 ISO 7788:1985 中表 1
——板边质量根据 ISO 9013:2002 中表 5 第 1 行
——不准许补焊
——表面粗糙度 Rz 小于或等于 20 μm
——切割前氧化皮去除处理
——机加工切割</td></tr>
<tr><td>180</td><td>$220<f_y\leqslant 320$</td></tr>
<tr><td>200</td><td>$320<f_y\leqslant 500$</td></tr>
<tr><td>225</td><td>$500<f_y\leqslant 650$</td></tr>
<tr><td>250</td><td>$650<f_y\leqslant 900$</td></tr>
<tr><td>280</td><td>$900<f_y$</td></tr>
<tr><td rowspan="7">1.3</td><td>$m=5$</td><td>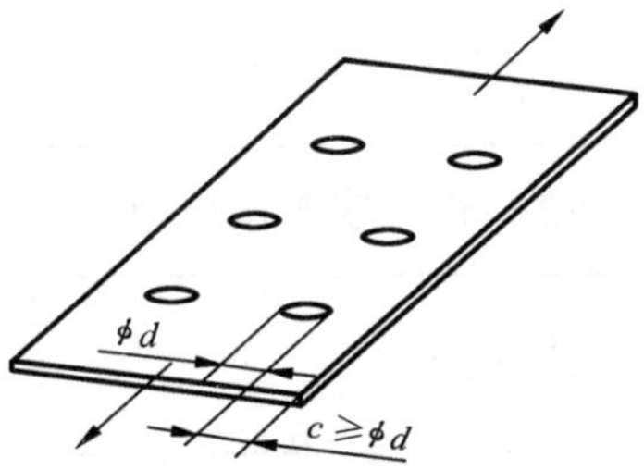
正应力状态下带孔的板</td><td>基本要求：
——对净截面计算正应力
——非火焰切割的孔
——应力在剪切或承压连接中达到强度的 20% 或在抗滑移连接中达到强度的 100% 的情况下，可使用螺栓</td></tr>
<tr><td>80</td><td>f_y 独立</td><td>——冲孔</td></tr>
<tr><td>100</td><td>$180\leqslant f_y\leqslant 220$</td><td rowspan="5">——机加工或热切割孔的质量根据 ISO 9013:2002 中表 5 第 3 行
——非冲孔
——去除孔的毛边
——轧制表面条件满足 ISO 7788:1985 中表 1
——不准许补焊
——表面粗糙度 Rz 小于或等于 100 μm</td></tr>
<tr><td>112</td><td>$220<f_y\leqslant 320$</td></tr>
<tr><td>125</td><td>$320<f_y\leqslant 500$</td></tr>
<tr><td>140</td><td>$500<f_y\leqslant 650$</td></tr>
<tr><td>160</td><td>$650<f_y$</td></tr>
</table>

表 D.1（续）

结构细节序号	$\Delta\sigma_c$，$\Delta\tau_c$ N/mm²	结构细节	要求
1.4	$m=5$	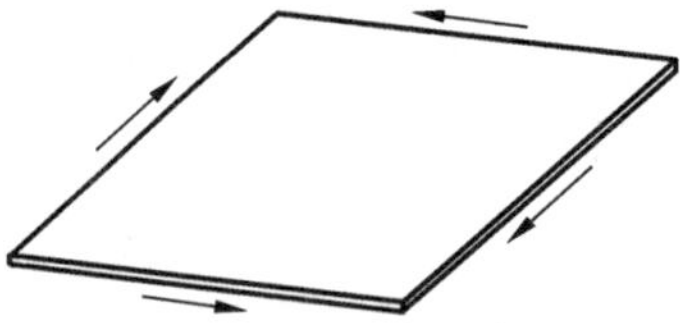 剪应力状态下的板材、板条、轧制型钢	基本要求： ——轧制表面 ——无几何切口影响(如剪切槽口) ——表面处理(喷丸处理)前的表面粗糙度值
	90	f_y 独立	——表面条件满足 ISO 7788:1985 中表 1 ——允许补焊
	90	$180 \leqslant f_y \leqslant 220$	——表面条件满足 ISO 7788:1985 中表 1 ——不准许补焊 ——表面粗糙度 Rz 小于或等于 100 μm ——轧制或机加工板边或无自由板边 ——去除板边的任何毛边和飞刺 ——表面粗糙度 Rz 小于或等于 60 μm +1NC
	100	$220 < f_y \leqslant 320$	
	112	$320 < f_y \leqslant 500$	
	125	$500 < f_y$	
	112	$180 \leqslant f_y \leqslant 220$	——表面条件满足 ISO 7788:1985 中表 1 ——不准许补焊 ——表面粗糙度 Rz 小于或等于 20 μm ——机加工板边或无自由板边
	125	$220 < f_y \leqslant 320$	
	140	$320 < f_y \leqslant 500$	
	160	$500 < f_y \leqslant 650$	
	180	$650 < f_y \leqslant 900$	
	200	$900 < f_y$	

表 D.2　非焊接连接单元

结构细节序号	$\Delta\sigma_c$，$\Delta\tau_c$ N/mm²	结构细节		要求
2.1	$m=5$	双剪	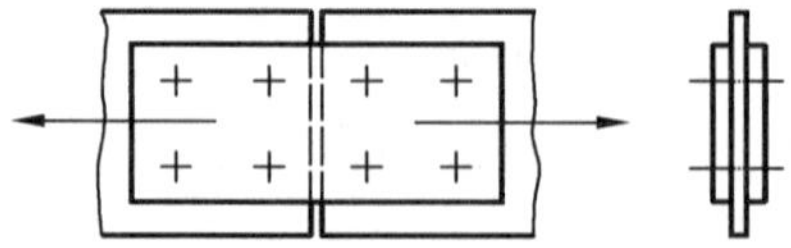	——不需要验证夹紧摩擦型螺栓连接的疲劳强度 ——对净截面计算正应力
		单剪	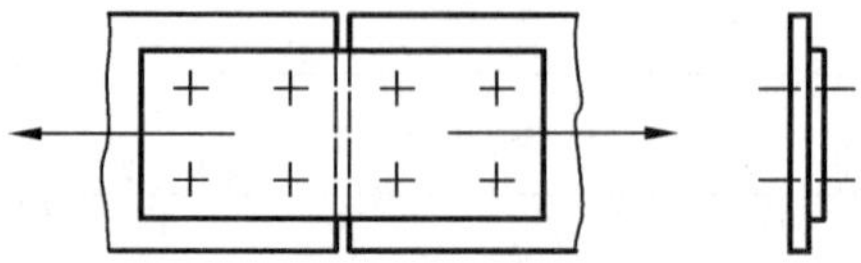	

表 D.2（续）

结构细节序号	$\Delta\sigma_c$，$\Delta\tau_c$ N/mm²	结构细节	要求
2.1	$m=5$	带支撑的单剪(如) 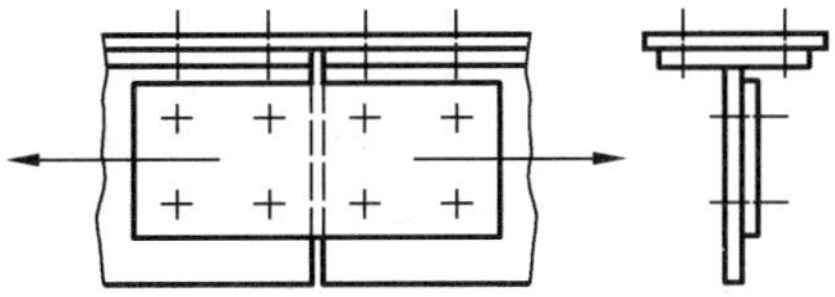	——不需要验证夹紧摩擦型螺栓连接的疲劳强度 ——对净截面计算正应力
		正应力状态下抗滑移螺栓连接的带孔部件	
	160	$f_y \leqslant 275$	
	180	$275 < f_y$	
2.2	$m=5$	正应力、双剪和带支撑的单剪状态下剪切/承压螺栓连接的带孔部件	——对净截面计算正应力
	180	正应力	
2.3	$m=5$	正应力、无支撑的单剪状态下剪切/承压螺栓连接的带孔部件	——对净截面计算正应力
	125	正应力	
2.4	$m=5$	双剪或带支撑单剪接头的配合螺栓	——假设应力是均匀分布的
	125	剪应力($\Delta\tau_c$)	
	355	承压应力($\Delta\sigma_c$)	
2.5	$m=5$	单剪、无支撑单剪接头的配合螺栓	——假设应力是均匀分布的
	100	剪应力($\Delta\tau_c$)	
	250	承压应力($\Delta\sigma_c$)	
2.6	$m=3$	承受拉力的螺纹螺栓(螺栓等级 8.8 或以上)	——用 ΔF_b 计算螺栓应力区域的 $\Delta\sigma_c$(见 5.2.3.3)
	50	机加工螺纹	
	63	M30 以上滚丝加工螺纹	
	71	M30 及以下滚丝加工螺纹	

表 D.3 焊接连接构件

结构细节序号	$\Delta\sigma_c$，$\Delta\tau_c$ N/mm²	结构细节	要求	
3.1	$m=3$	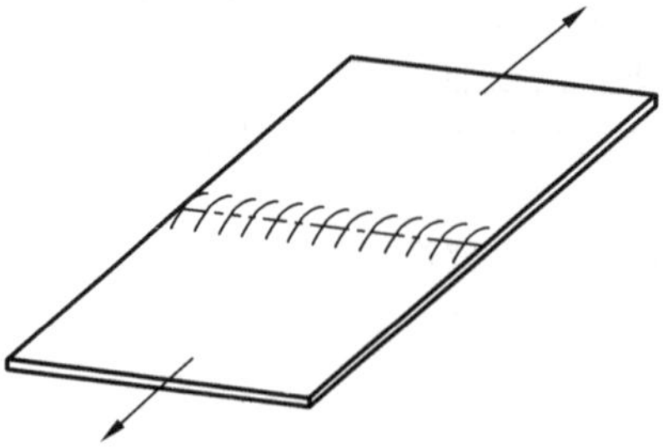 对称对接接头，正应力交叉通过焊缝	基本条件： ——对称板排列 ——充分熔透焊缝 ——一般残余应力的构件 ——错位角< 1° 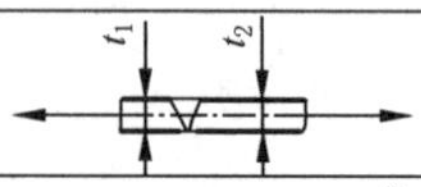 $t_1=t_2$ 或 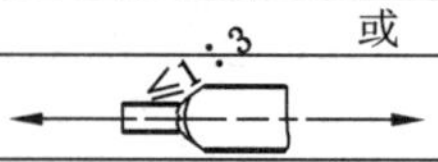 斜度≤1:3 特殊条件： ——具有较大残余应力的构件(如具有抑制收缩的接头构件) −1 NC	
	140	对接焊缝，质量等级 B* 级	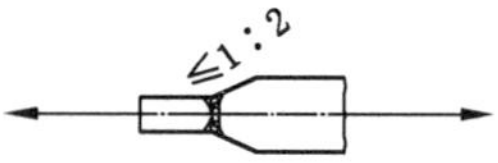	−2NC
	125	对接焊缝，质量等级 B 级	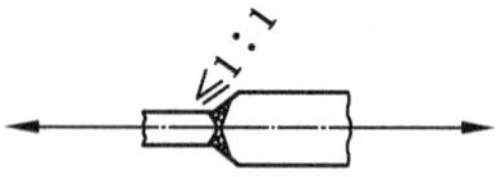	−4NC
	112	对接焊缝，质量等级 C 级	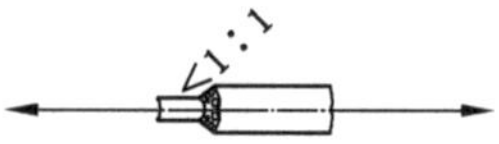	−4NC
3.2	$m=3$	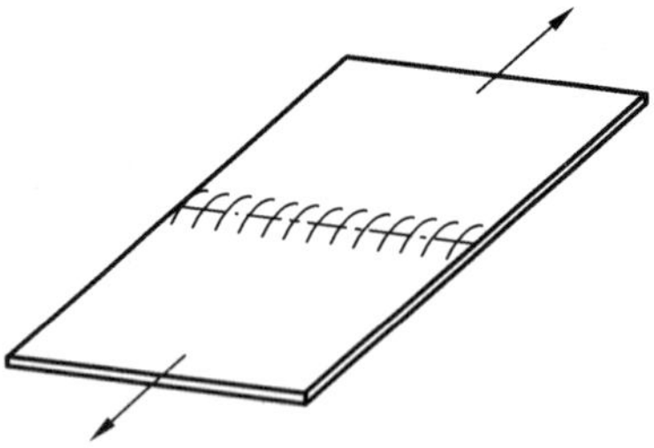 对称对接接头，正应力交叉穿过焊缝	基本条件： ——对称板排列 ——充分熔透焊缝 ——具有一般残余应力的构件 —— 错位角< 1° 特殊条件： ——具有较大残余应力的构件(如具有抑制收缩的接头构件) −1 NC	
	80	残存打底焊上的对接焊缝，质量等级 C 级		

表 D.3（续）

<table>
<tr><th>结构细节序号</th><th>$\Delta\sigma_c,\Delta\tau_c$ N/mm²</th><th>结构细节</th><th>要求</th></tr>
<tr><td rowspan="4">3.3</td><td>$m=3$</td><td>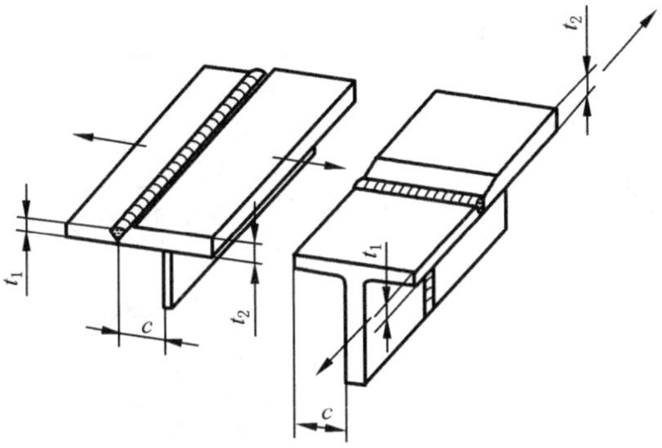

非对称支撑对接接头，正应力交叉穿过焊缝</td><td rowspan="4">基本条件：
——充分熔透
——平行支撑的对接焊缝：$c<2t_2+10$ mm
——垂直支撑的对接焊缝：$c<12t_2$
——具有一般残余应力的构件
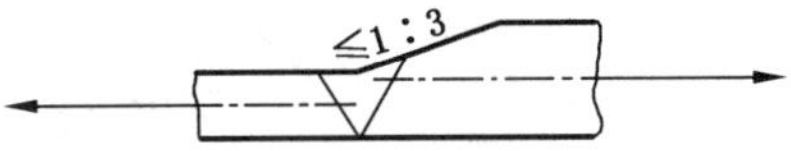

斜度≤1∶3，$t_2-t_1\leqslant 4$ mm
特殊条件：
——具有较大残余应力的构件（如具有抑制收缩的接头构件） −1 NC
——斜度和厚度 t_2-t_1 的影响：
<table>
<tr><th></th><th colspan="4">厚度 t_2-t_1</th></tr>
<tr><th>斜度</th><th>≤4</th><th>≤10</th><th>≤50</th><th>>50</th></tr>
<tr><td>≤1∶3</td><td>—</td><td>-1 NC</td><td>-1 NC</td><td>-2 NC</td></tr>
<tr><td>≤1∶2</td><td>-1 NC</td><td>-1 NC</td><td>-2 NC</td><td>-2 NC</td></tr>
<tr><td>≤1∶1</td><td>-1 NC</td><td>-2 NC</td><td>-2 NC</td><td>-3 NC</td></tr>
<tr><td>>1∶1</td><td>-2 NC</td><td>-2 NC</td><td>-3 NC</td><td>-3 NC</td></tr>
</table></td></tr>
<tr><td>125</td><td>对接焊缝，级质量等级 B* 级</td></tr>
<tr><td>112</td><td>对接焊缝，质量等级 B 级</td></tr>
<tr><td>100</td><td>对接焊缝，质量等级 C 级</td></tr>
<tr><td rowspan="2">3.4</td><td>$m=3$</td><td>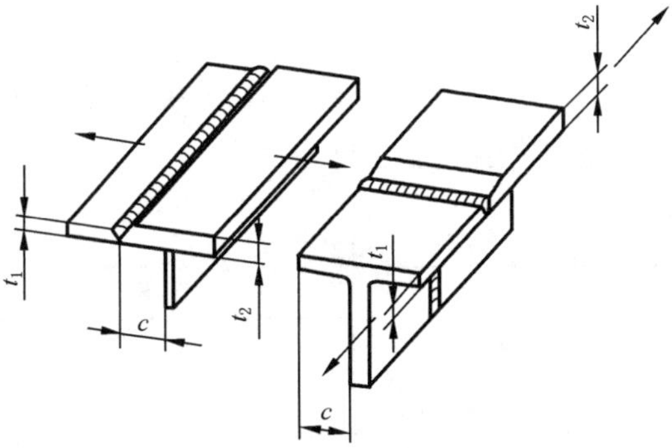

非对称支撑对接接头，正应力交叉穿过焊缝</td><td rowspan="2">基本条件：
——充分熔透
——平行支撑的对接焊缝：$c<2t_2+10$ mm
——垂直支撑的对接焊缝：$c<12t_2$
—— 具有一般残余应力的构件
——$t_2-t_1\leqslant 10$ mm
特殊条件：
——具有较大残余应力的构件（如具有抑制收缩的接头构件） −1 NC
——$t_2-t_1>10$ mm −1 NC</td></tr>
<tr><td>80</td><td>残存打底焊上的对接焊缝，质量等级 C 级</td></tr>
</table>

表 D.3（续）

结构细节序号	$\Delta\sigma_c$，$\Delta\tau_c$ N/mm²	结构细节	要求
3.5	$m=3$	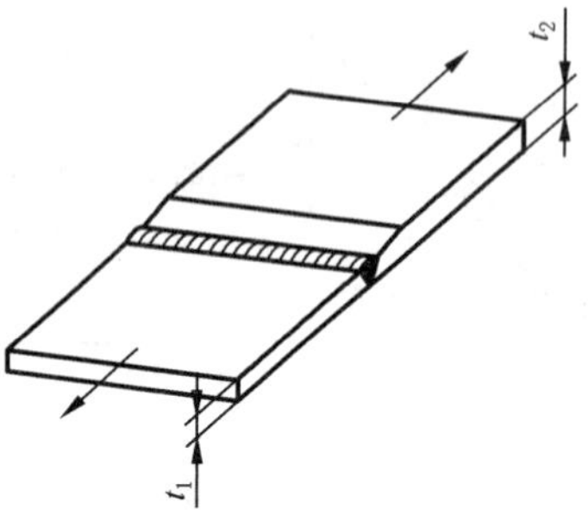 非对称支撑对接接头，正应力交叉穿过焊缝	基本条件： ——充分熔透 ——具有一般残余应力的构件 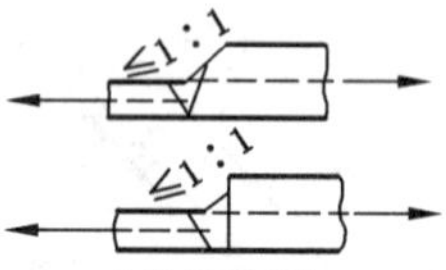 斜度<1:1 焊接材料或 母材中的斜度 $t_1/t_2>0.84$ 特殊条件： ——具有较大残余应力的构件（如具有抑制收缩的接头构件） 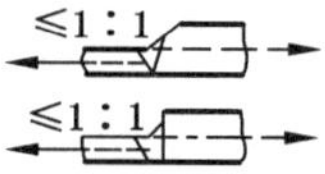 -2 NC $-0.84\geqslant t_1/t_2>0.74$ -1 NC $-0.74\geqslant t_1/t_2>0.63$ -2 NC $-0.63\geqslant t_1/t_2>0.50$ -3 NC $-0.50\geqslant t_1/t_2>0.40$ -4 NC
	100	对接焊缝，质量等级 B* 级	
	90	对接焊缝，质量等级 B 级	
	80	对接焊缝，质量等级 C 级	
3.6	$m=3$	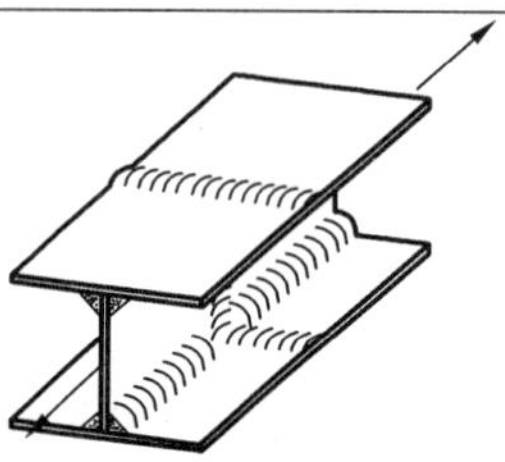 具有交叉焊缝的接头，应力交叉穿过焊缝	基本条件： ——具有一般残余应力的构件
	125	对接焊缝，质量等级 B* 级	
	100	对接焊缝，质量等级 B 级	
	90	对接焊缝，质量等级 C 级	
3.7	$m=3$	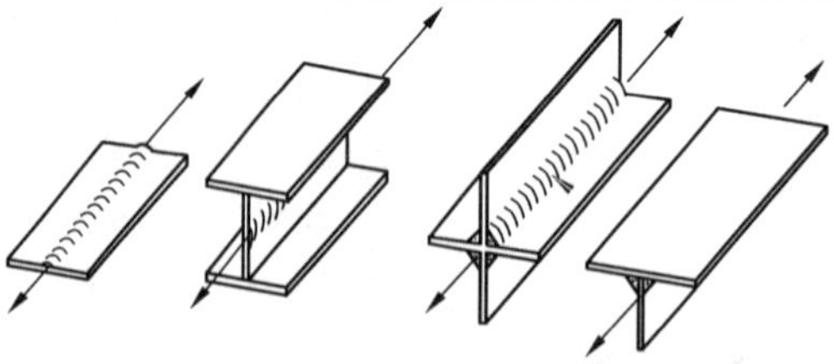 沿焊缝方向的正应力	特殊条件： ——焊缝从起点至终点无缺陷，质量等级 C 级 +1 NC ——具有抑制收缩的焊缝 −1 NC
	180	连续焊缝，质量等级 B 级	
	140	连续焊缝，质量等级 C 级	
	80	断续焊缝，质量等级 C 级	

表 D.3（续）

结构细节序号	$\Delta\sigma_c$，$\Delta\tau_c$ N/mm²	结构细节	要求
3.8	$m=3$	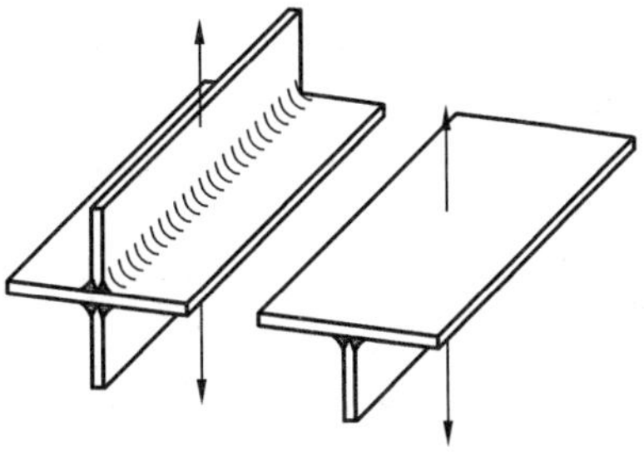 交叉或 T 形接头，坡口焊缝，正应力交叉穿过焊缝	基本条件： ——连续焊缝 ——全焊透焊缝 特殊条件： ——无初始点的自动焊缝　+1 NC ——具有抑制收缩的焊缝　−1 NC
	112	K 形焊缝，质量等级 B* 级	
	100	K 形焊缝，质量等级 B 级	
	80	K 形焊缝，质量等级 C 级	
	71	充分熔透，带垫板的 V 形焊缝，质量等级 C 级	
3.9	$m=3$	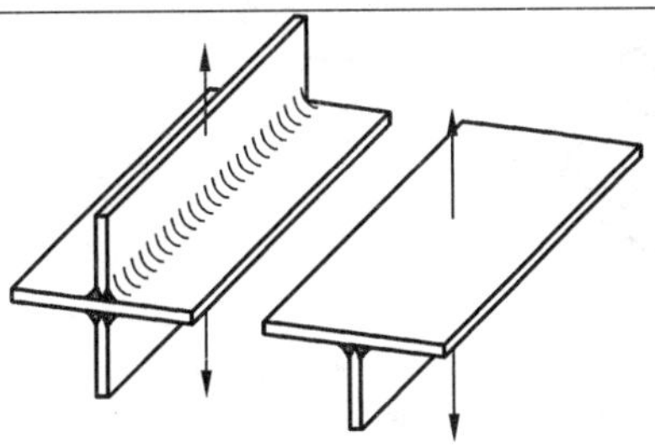 交叉或 T 形接头，双面对称焊缝	基本条件： ——连续焊缝 特殊条件： ——无初始点的自动焊缝　+1 NC ——具有抑制收缩的焊缝　−1 NC
	45	焊喉位置应力	$\sigma_w=\dfrac{F}{2\times a_r\times l_r}$ 见附录 C 式(C.2)，令分母对应项相等得出
	71	质量等级 B 级	承载板中焊趾应力
	63	质量等级 C 级	
3.10	$m=3$	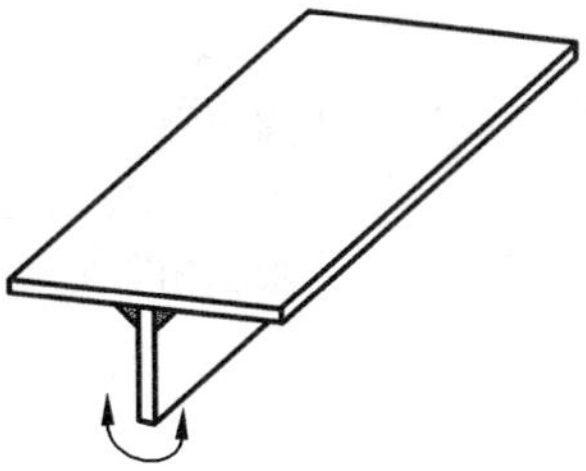 承受弯曲应力的 T 形接头	
	45	焊喉位置应力	考虑施加的弯矩和焊接接头形状的计算应力
	80	板中焊趾应力，质量等级 B 级	
	71	板中焊趾应力，质量等级 C 级	

表 D.3（续）

结构细节序号	$\Delta\sigma_c$,$\Delta\tau_c$ N/mm²	结构细节	要求
3.11	$m=3$	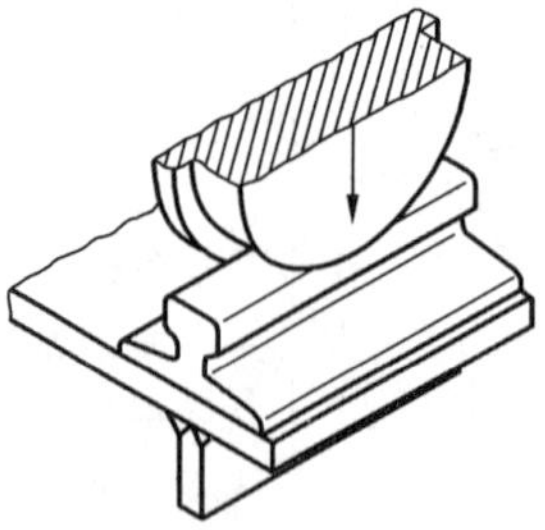 具有横向受压载荷(如车轮)的充分熔透(双面)焊缝,板中计算应力	
	112	质量等级 B 级	
	100	质量等级 C 级	
3.12	$m=3$	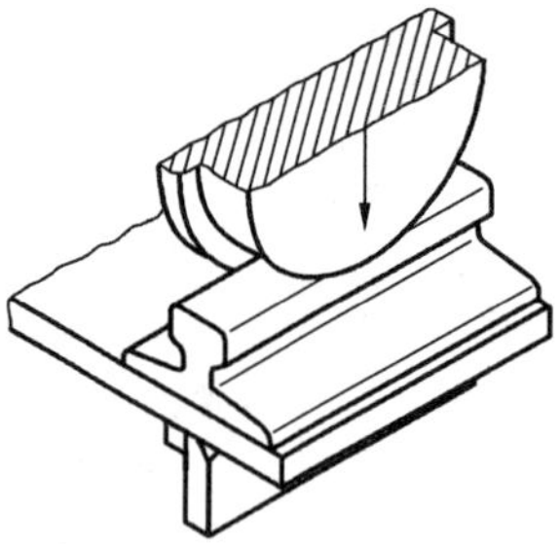 具有横向受压载荷(如车轮)充分熔透(带打底焊)焊缝,板中计算应力	
	90	质量等级 B 级	
	80	质量等级 C 级	
3.13	$m=3$	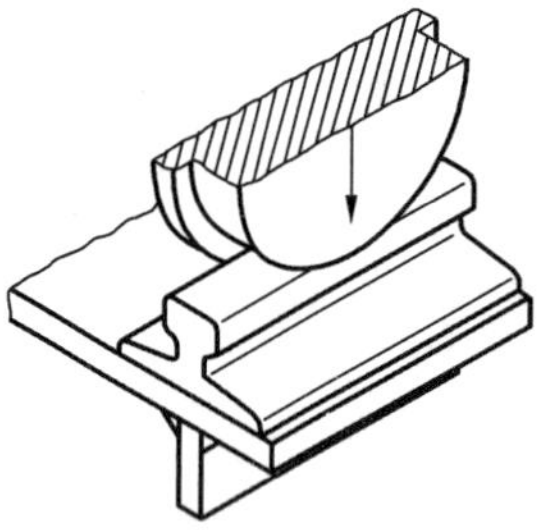 具有横向受压载荷(如车轮)的双面角焊缝,板中计算应力	腹板厚 t: $0.5\cdot t\leqslant a\leqslant 0.7\cdot t$ 根据附录 C 确定 a
	71	质量等级 B 级,C 级	

表 D.3（续）

结构细节序号	$\Delta\sigma_c$，$\Delta\tau_c$ N/mm²	结构细节	要求
3.14	$m=3$	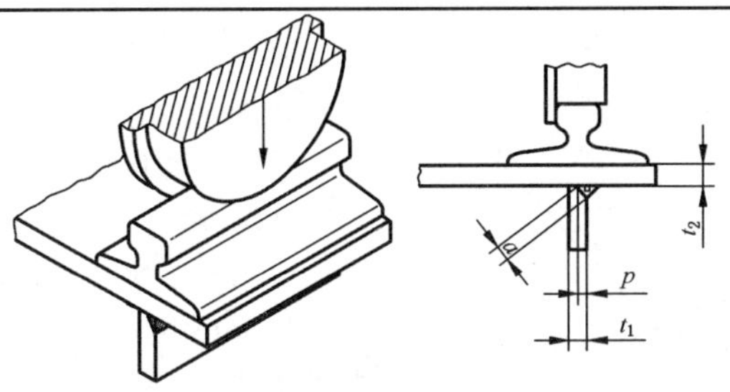 具有横向受压载荷（如车轮）的部分熔透焊缝，板中计算应力	$0.5\times t\leqslant a\leqslant 0.7\times t$ 根据附录 C： 当 $t\leqslant 6$ mm，$p\geqslant 1$ mm 当 $t>6$ mm，$p\geqslant t/4$
	71	质量等级 C 级	
3.15	$m=3$	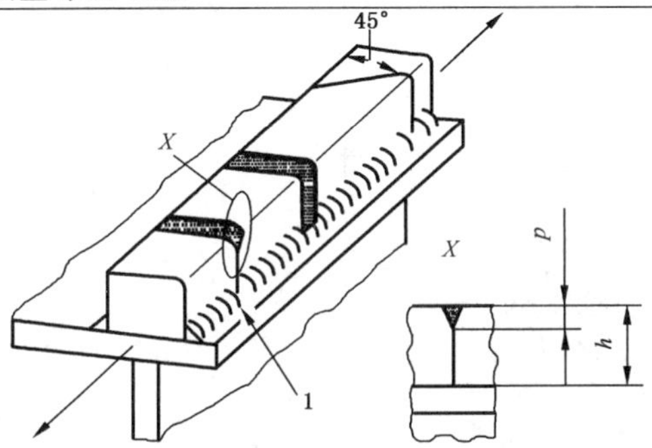 焊接轨道作用于板上，焊接接头处无对称焊缝或部分融透对接焊缝，板中设计应力计算	——所有焊缝质量等级为 C 级或者高于 C 级 特殊条件： ——越过轨道两边连接接头的长度不小于 3 h 的连续焊缝　+1NC
	45	轨道接头切口垂直或以任意角，例如 45°，$p=0$	
	56	轨道上的单一焊缝 $h>p\geqslant 0.3h$	
	71	轨道上的双边焊缝 $h>p\geqslant 0.2h$	
3.16	$m=3$	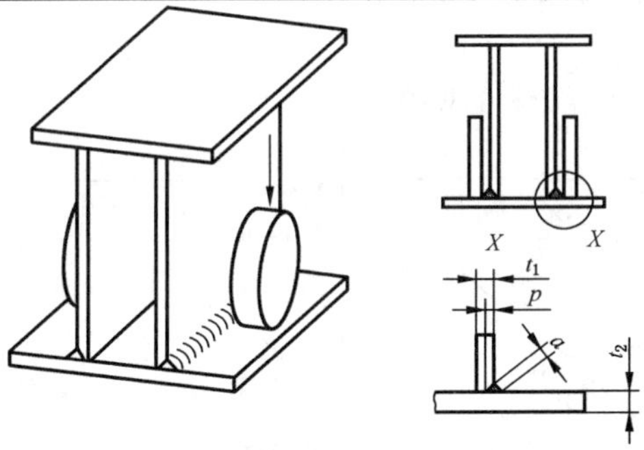 具有横向受压载荷（如下悬式起重小车）的部分熔透焊缝，板中的计算应力	基本条件： ——质量等级 C 级 ——根据附录 C.3 确定 a 和 p 特殊条件： ——融透的角焊缝并且质量等级为 B　+1NC
	63	$t\leqslant 6$ mm 时，$p\geqslant 1$ mm；$t>6$ mm 时，$p\geqslant t/4$ $0.5t\leqslant a\leqslant 0.7t$	
	56	$t>6$ mm 时，$p\geqslant 1$ mm　$0.6t\leqslant a\leqslant 0.7t$	
	50	非熔透的角焊缝 $0.6t\leqslant a\leqslant 0.7t$	
	40	非熔透的角焊缝 $0.5t\leqslant a\leqslant 0.6t$	

表 D.3(续)

<table>
<tr><th>结构细节序号</th><th>$\Delta\sigma_c$,$\Delta\tau_c$ N/mm^2</th><th>结构细节</th><th>要求</th></tr>
<tr><td rowspan="4">3.17</td><td>$m=3$</td><td>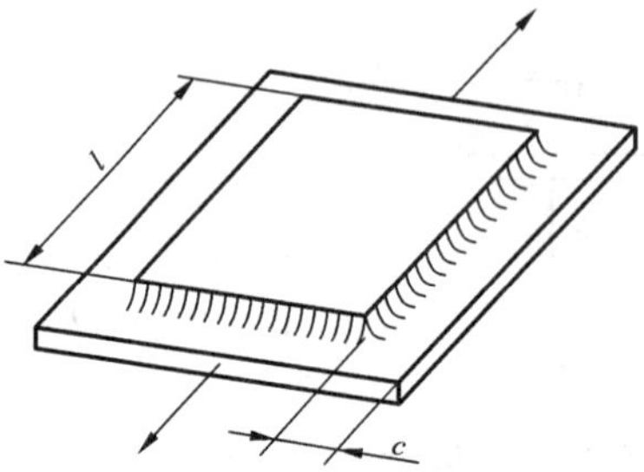带焊接盖板的连续构件</td><td rowspan="4">基本条件:
——质量等级 C 级
——连续焊接
——焊趾和连续构件边缘的距离 c 大于 10 mm
特殊条件:
——质量等级 B* 级　+2 NC
——质量等级 B 级　+1 NC
——质量等级 D 级　−1 NC
——c<10 mm　−1 NC</td></tr>
<tr><td>80</td><td>$l\leqslant 50$ mm</td></tr>
<tr><td>71</td><td>50 mm $<l\leqslant 100$ mm</td></tr>
<tr><td>63</td><td>$l>100$ mm</td></tr>
<tr><td rowspan="3">3.18</td><td>$m=3$</td><td>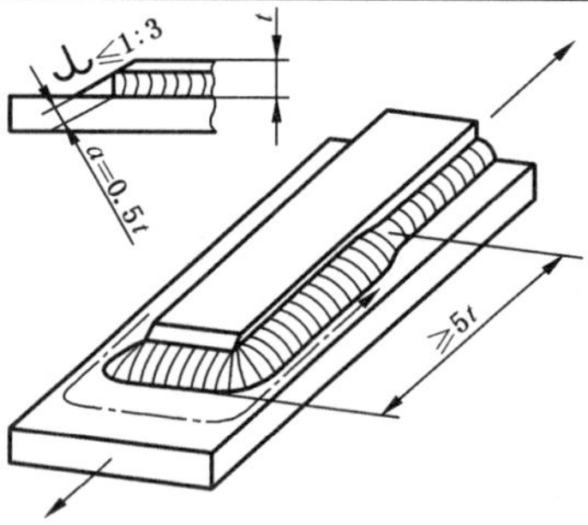承载凸缘板(翼缘板)的连续构件,在其连接端部的应力</td><td rowspan="3">基本条件:
——连续角焊缝或坡口焊缝</td></tr>
<tr><td>112</td><td>端部倒角≤1∶3 的凸缘板,边缘焊缝和侧焊缝端部焊缝质量等级 B* 级</td></tr>
<tr><td>100</td><td>端部倒角≤1∶2 的凸缘板,边缘焊缝和侧焊缝端部焊缝质量等级 B* 级</td></tr>
<tr><td rowspan="2">3.19</td><td>$m=3$</td><td>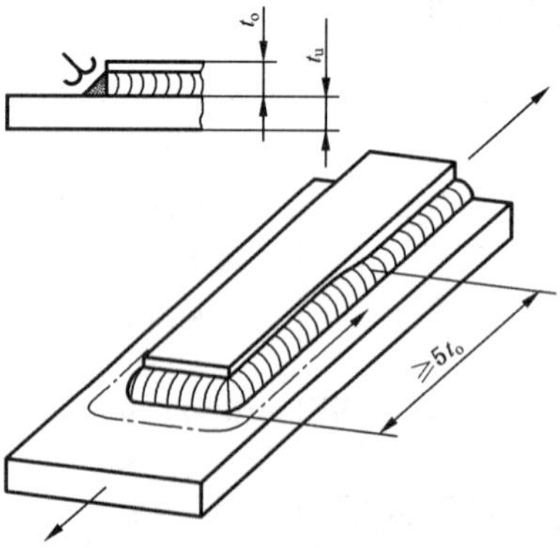承载凸缘板的连续构件,在其连接端部的应力</td><td rowspan="2">基本条件:
——连续角焊缝或坡口焊缝
——$t_o\leqslant 1.5t_u$</td></tr>
<tr><td>80</td><td>边缘焊缝和侧焊缝端部的焊缝质量等级 B* 级</td></tr>
</table>

表 D.3(续)

结构细节序号	$\Delta\sigma_c,\Delta\tau_c$ N/mm²	结构细节	要求
3.20	$m=3$	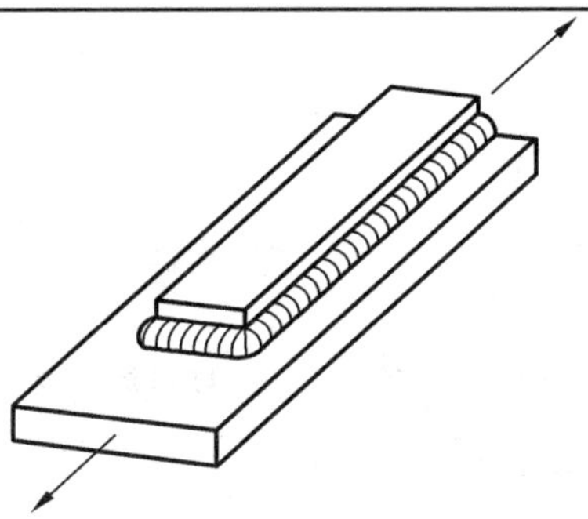 承载凸缘板(翼缘板)的连续构件,在其连接端部的应力	基本条件: ——连续角焊缝或坡口焊缝
	63	质量等级 B 级	
	56	质量等级 C 级	
3.21	$m=3$	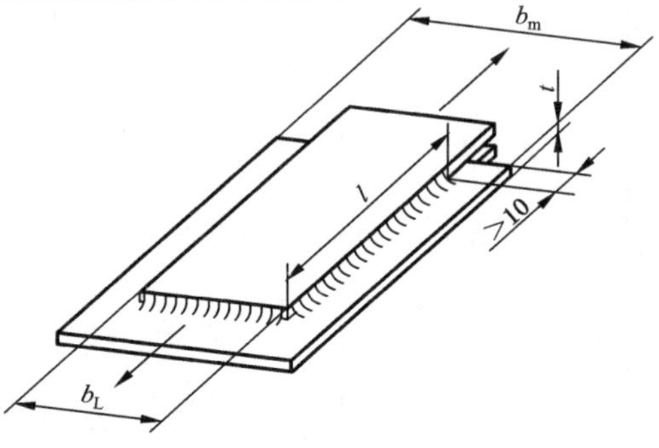 重叠焊接接头,主体板	基本条件: ——应力面积由下式计算: $A_s=t\times l_r$ $l_r=\min(b_m,b_L+l)$ 细节参见 3.32
	80	质量等级 B* 级	
	71	质量等级 B 级	
	63	质量等级 C 级	
3.22	$m=3$ 50	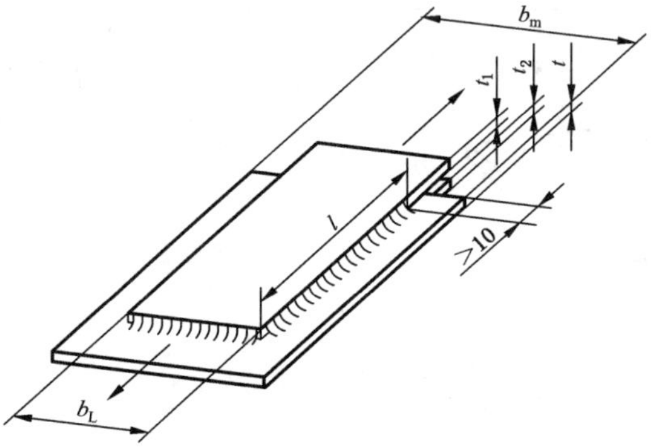 重叠焊接接头,搭接板	基本条件: ——应力面积由下式计算: $A_s=b_L\times(t_1+t_2)$

表 D.3（续）

结构细节序号	$\Delta\sigma_c$，$\Delta\tau_c$ N/mm²	结构细节	要求
3.23	$m=3$	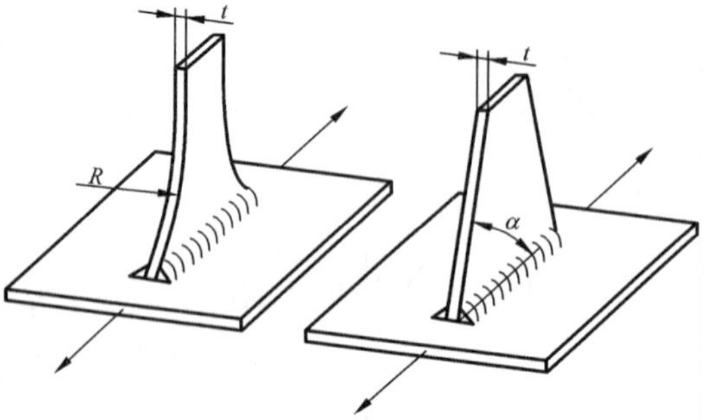 具有纵向焊接零件的连续构件，零件倒圆或倒角	基本条件： ——$R \geqslant 50$ mm，$\alpha \leqslant 60°$ ——坡口焊或圆周角焊缝
	90	对接焊缝，质量等级 B* 级	$R \geqslant 150$ mm 或 $\alpha \leqslant 45°$
	80	对接焊缝，质量等级 B 级	
	71	对接焊缝，质量等级 C 级	
3.24	$m=3$	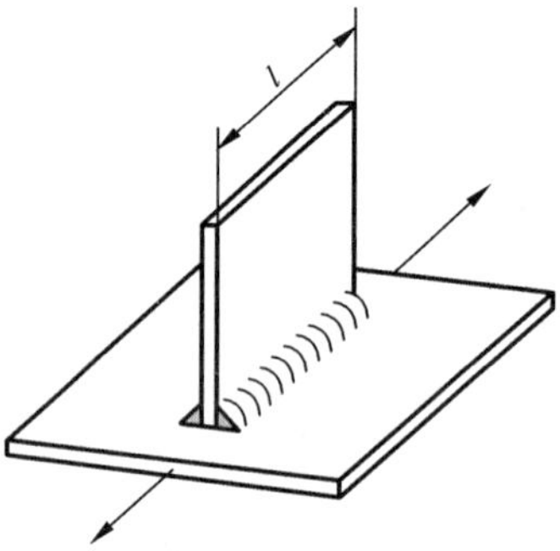 具有端部为直边的焊接零件的连续构件	基本条件： ——圆周角焊缝 ——质量等级 B 级、C 级 特殊条件： ——单面角焊缝　−1 NC ——焊缝质量等级 D 级　−1 NC
	80	$l \leqslant 50$ mm	
	71	50 mm $< l \leqslant$ 100 mm	
	63	100 mm $< l \leqslant$ 300 mm	
	56	$l >$ 300 mm	
3.25	$m=3$	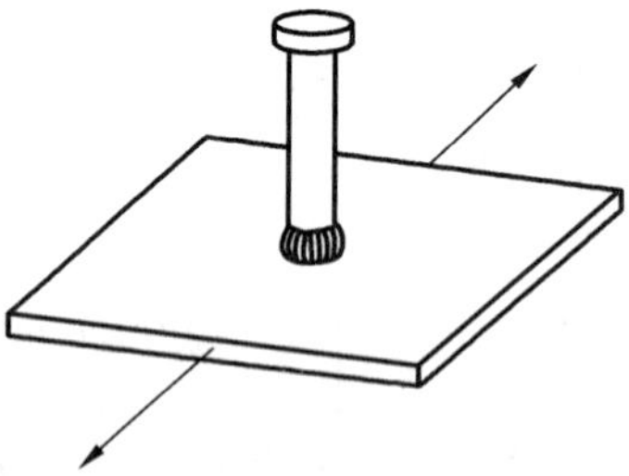 具有圆周焊接零件的连续构件（螺柱、螺栓、圆管）	基本条件： ——圆周角焊缝
	80	质量等级为 C 级或更高级别	

表 D.3（续）

结构细节序号	$\Delta\sigma_c$，$\Delta\tau_c$ N/mm²	结构细节	要求
3.26	$m=3$	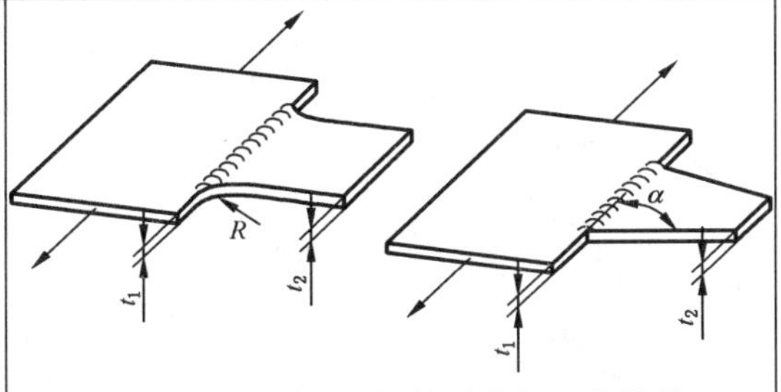 具有采用边缘纵向焊缝焊接零件的连续构件	基本条件： ——$R\geqslant 50$ mm，$\alpha\leqslant 60°$ ——坡口焊或圆周角焊缝 特殊条件： ——$R<50$ mm 或 $\alpha>60°$　　−2 NC
	90	质量等级 B* 级	—$R\geqslant 150$ mm 或 $\alpha\leqslant 45°$
	80	质量等级 B 级	
	71	质量等级 C 级	
3.27	$m=3$	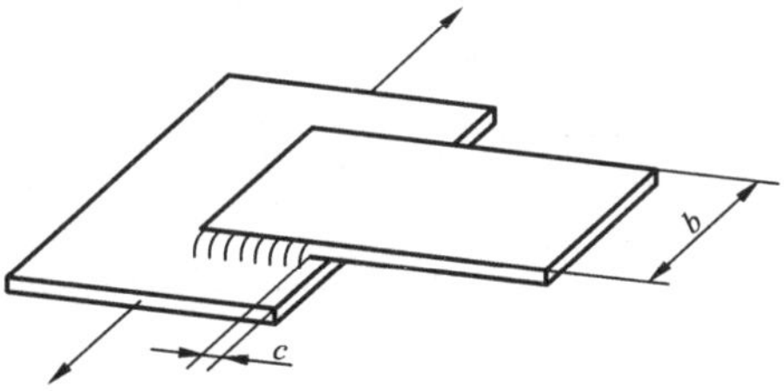 具有采用搭接焊接零件的连续构件	基本条件： ——$c\geqslant 10$ mm 质量等级 C 级 特殊条件： ——$b\leqslant 50$ mm 和质量等级 B 级　+1 NC ——质量等级 D 级　−1 NC ——$c<10$ mm　−1 NC
	80	$b\leqslant 50$ mm	
	71	50 mm$<b\leqslant 100$ mm	
	63	$b>100$ mm	
3.28	$m=3$	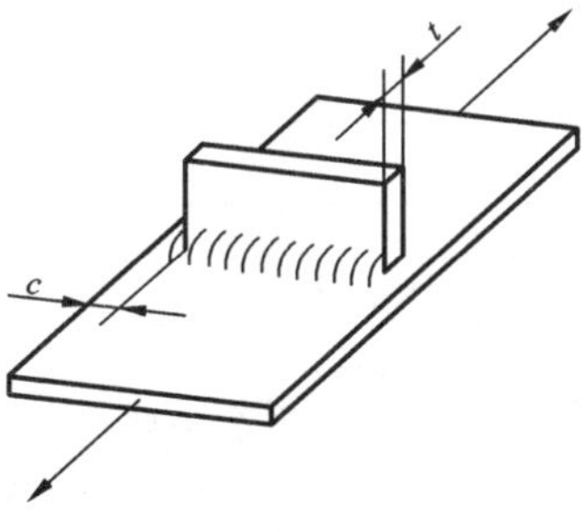 具有横向焊接零件的连续构件	基本条件： ——板厚 $t\leqslant 12$ mm ——$c\geqslant 10$ mm ——对 K 形焊缝不准许采用质量等级 D 级 特殊条件： ——板厚 $t>12$ mm(仅双面角焊缝)　−1 NC ——$c<10$ mm　−1 NC ——K 形焊缝代替双面角焊缝　+1 NC ——质量等级 D 级代替 C 级　−1 NC
	112	双面角焊缝，质量等级 B* 级	
	100	双面角焊缝，质量等级 B 级	
	90	双面角焊缝，质量等级 C 级	
	71	单面角焊缝，质量等级 B 级、C 级	
	71	残存打底焊上的部分熔透 V 形焊缝，质量等级 B 级、C 级	

表 D.3(续)

<table>
<tr><th>结构细节序号</th><th>$\Delta\sigma_c$,$\Delta\tau_c$ N/mm^2</th><th>结构细节</th><th>要求</th></tr>
<tr><td rowspan="6">3.29</td><td>$m=3$</td><td>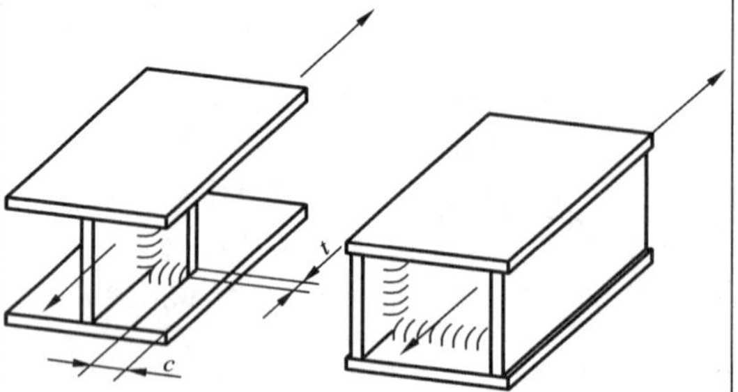

具有横向焊接加强筋的连续构件</td><td rowspan="6">基本条件:
——板厚 $t\leqslant12$ mm
——$c\geqslant10$ mm
特殊条件:
——板厚 $t>12$ mm(仅对双面角焊缝) −1 NC
——$c<10$ mm −1 NC
——K 形焊缝代替双面角焊缝 +1 NC
——质量等级 D 级代替 C 级 −1 NC</td></tr>
<tr><td>112</td><td>双面角焊缝,质量等级 B* 级</td></tr>
<tr><td>100</td><td>双面角焊缝,质量等级 B 级</td></tr>
<tr><td>90</td><td>双面角焊缝,质量等级 C 级</td></tr>
<tr><td>71</td><td>单面角焊缝,质量等级 B 级、C 级</td></tr>
<tr><td>71</td><td>残存打底焊上的部分熔透 V 形焊缝,质量等级 B 级、C 级</td></tr>
<tr><td rowspan="3">3.30</td><td>$m=3$</td><td>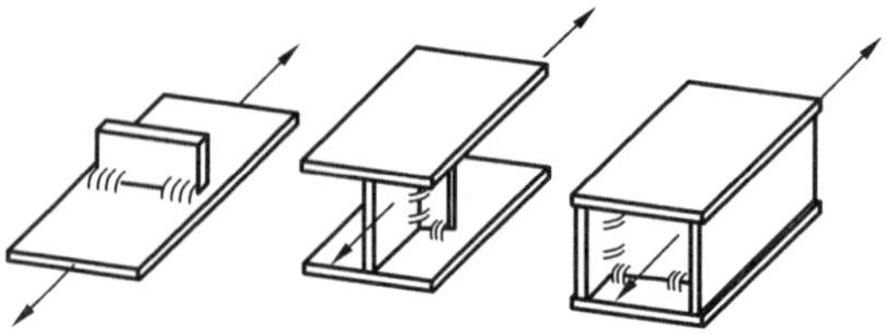
具有断续焊接横向零件或加强筋的连续构件</td><td rowspan="3"></td></tr>
<tr><td>63</td><td>质量等级 C 级</td></tr>
<tr><td>50</td><td>质量等级 D 级</td></tr>
<tr><td rowspan="2">3.31</td><td>$m=3$</td><td>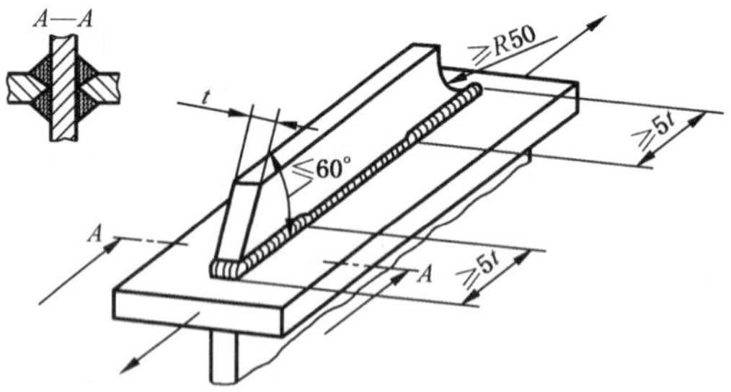

具有纵向焊接穿孔通过主体零件的连续构件</td><td rowspan="2">基本条件:
——$R\geqslant50$ mm,$\alpha\leqslant60°$
特殊条件:
——$R\geqslant100$ mm,$\alpha\leqslant45°$ +1 NC
——端部焊缝在至少 5t 的区域内充分熔透 +2NC</td></tr>
<tr><td>80</td><td>采用零件倒圆或倒角</td></tr>
</table>

表 D.3（续）

结构细节序号	$\Delta\sigma_c,\Delta\tau_c$ N/mm²	结构细节	要求
3.32	$m=3$	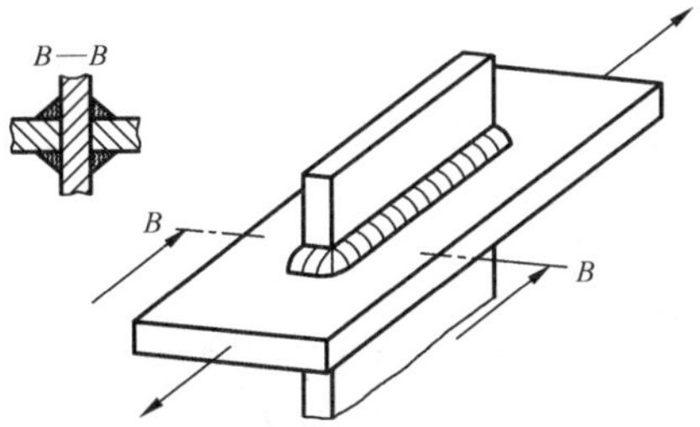 具有纵向焊接穿孔通过主体零件的连续构件	
	56	采用零件端部为垂直边	
3.33	$m=3$	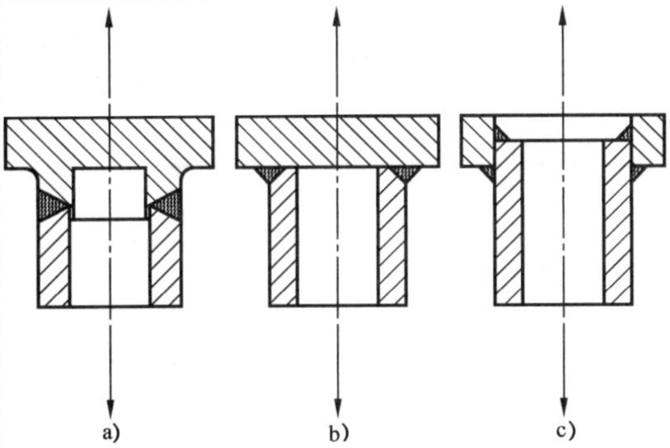 轴力和弯矩作用下的管形材，管中正应力计算	基本条件： ——质量等级 C 级 ——坡口焊缝充分焊透 ——角焊缝厚度 $a>0.7$ 管壁厚度 ——凸缘板厚度大于 2 倍管壁厚度（如中间图示） 特殊条件： ——质量等级 B 级 +1 NC ——质量等级 B* 级 +2 NC
	80	对接焊缝，圆形管[图 a)]	
	63	坡口焊缝，圆形管[图 b)]	
	56	坡口焊缝，矩形管[图 b)]	
	45	双面角焊缝，圆形管[图 c)]	
	40	双面角焊缝，矩形管[图 c)]	
3.34	$m=5$	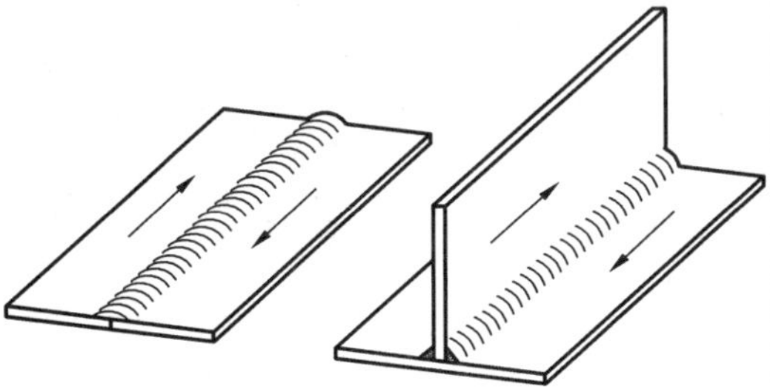 均匀剪切流作用下的连续坡口焊缝，单面或双面角焊缝	基本条件： ——质量等级 C 级 ——具有一般残余应力的构件 特殊条件： ——具有较大残余应力的构件（如具有抑制收缩的接头构件） −1 NC ——无初始点 +1 NC
	112	充分熔透	
	90	部分熔透	

表 D.3(续)

结构细节序号	$\Delta\sigma_c$,$\Delta\tau_c$ N/mm²	结构细节	要求
3.35	$m=5$	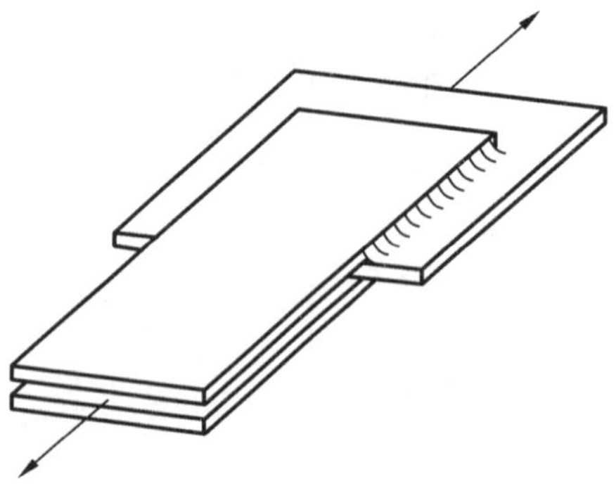 具有应力集中剪力的搭接接头焊缝	基本条件: ——假定载荷仅由纵向焊缝传递
	71	质量等级 B 级	
	63	质量等级 C 级	

附　录　E
（规范性附录）
极限设计应力范围的计算值 $\Delta\sigma_{Rd}$ 和 $\Delta\sigma_{Rd1}$

见表 E.1 和表 E.2。

每一行代表了对应基本条件的一个基本缺口效应级别（NC）：而＋1 NC 意为取上一行值，－1 NC 意为取下一行值，其他以此类推。

表 E.1　具有 $m=3$ 和 $\gamma_{mf}=1.25$ 的结构细节

NC $\Delta\sigma_c$ N/mm²	极限设计应力范围 $\Delta\sigma_{Rd}$ 是缺口级别应力值与应力历程 S 级别的函数 N/mm²											
	S02	S01	S0	S1	S2	S3	S4	S5	S6	S7	S8	S9
355	2 254.1	1 789.1	1 420.0	1 127.1	894.5	713.7	568.0	450.8	357.8	284.0	225.4	178.9
315	2 000.1	1 587.5	1 260.0	1 000.1	793.8	633.3	504.0	400.0	317.5	252.0	200.0	158.8
280	1 777.9	1 411.1	1 120.0	888.9	705.6	562.9	448.0	355.6	282.2	224.0	177.8	141.1
250	1 587.4	1 259.9	1 000.0	793.7	630.0	502.6	400.0	317.5	252.0	200.0	158.7	126.0
225	1 428.7	1 133.9	900.0	714.3	567.0	452.4	360.0	285.7	226.8	180.0	142.9	113.4
200	1 269.9	1 007.9	800.0	635.0	504.0	402.1	320.0	254.0	201.6	160.0	127.0	100.8
180	1 142.9	907.1	720.0	571.5	453.6	361.9	288.0	228.6	181.4	144.0	114.3	90.7
160	1 015.9	806.3	640.0	508.0	403.2	321.7	256.0	203.2	161.3	128.0	101.6	80.6
140	888.9	705.6	560.0	444.5	352.8	281.5	224.0	177.8	141.1	112.0	88.9	70.6
125	793.7	630.0	500.0	396.9	315.0	251.3	200.0	158.7	126.0	100.0	79.4	63.0
112	711.2	564.4	448.0	355.6	282.2	225.2	179.2	142.2	112.9	89.6	71.1	56.4
100	635.0	504.0	400.0	317.5	252.0	201.1	160.0	127.0	100.8	80.0	63.5	50.4
90	571.5	453.6	360.0	285.7	226.8	180.9	144.0	114.3	90.7	72.0	57.1	45.4
80	508.0	403.2	320.0	254.0	201.6	160.8	128.0	101.6	80.6	64.0	50.8	40.3
71	450.8	357.8	284.0	225.4	178.9	142.7	113.6	90.2	71.6	56.8	45.1	35.8
63	400.0	317.5	252.0	200.0	158.8	126.7	100.8	80.0	63.5	50.4	40.0	31.8
56	355.6	282.2	224.0	177.8	141.1	112.6	89.6	71.1	56.4	44.8	35.6	28.2
50	317.5	252.0	200.0	158.7	126.0	100.5	80.0	63.5	50.4	40.0	31.7	25.2
45	285.7	226.8	180.0	142.9	113.4	90.5	72.0	57.1	45.4	36.0	28.6	22.7
40	254.0	201.6	160.0	127.0	100.8	80.4	64.0	50.8	40.3	32.0	25.4	20.2
36	228.6	181.4	144.0	114.3	90.7	72.4	57.6	45.7	36.3	28.8	22.9	18.1
32	203.2	161.3	128.0	101.6	80.6	64.3	51.2	40.6	32.3	25.6	20.3	16.1
28	177.8	141.1	112.0	88.9	70.6	56.3	44.8	35.6	28.2	22.4	17.8	14.1
25	158.7	126.0	100.0	79.4	63.0	50.3	40.0	31.7	25.2	20.0	15.9	12.6

表 E.2 具有 $m=5$ 和 $\gamma_{mf}=1.25$ 的结构细部

NC $\Delta\sigma_c$ N/mm²	极限设计应力范围 $\Delta\sigma_{Rd1}$ 是缺口级别应力值与应力历程 S 级别的函数 N/mm²											
	S02	S01	S0	S1	S2	S3	S4	S5	S6	S7	S8	S9
355	984.3	856.9	745.9	649.4	565.3	493.7	430.5	374.7	326.2	284.0	247.2	215.2
315	873.4	760.3	661.9	576.2	501.6	438.1	382.0	332.5	289.5	252.0	219.4	191.0
280	776.3	675.8	588.3	512.2	445.9	389.4	339.5	295.6	257.3	224.0	195.0	169.8
250	693.1	603.4	525.3	457.3	398.1	347.7	303.1	263.9	229.7	200.0	174.1	151.6
225	623.8	543.1	472.8	411.6	358.3	312.9	272.8	237.5	206.8	180.0	156.7	136.4
200	554.5	482.7	420.2	365.8	318.5	278.1	242.5	211.1	183.8	160.0	139.3	121.3
180	499.1	434.5	378.2	329.3	286.6	250.3	218.3	190.0	165.4	144.0	125.4	109.1
160	443.6	386.2	336.2	292.7	254.8	222.5	194.0	168.9	147.0	128.0	111.4	97.0
140	388.2	337.9	294.2	256.1	222.9	194.7	169.8	147.8	128.7	112.0	97.5	84.9
125	346.6	301.7	262.7	228.7	199.1	173.8	151.6	132.0	114.9	100.0	87.1	75.8
112	310.5	270.3	235.3	204.9	178.4	155.8	135.8	118.2	102.9	89.6	78.0	67.9
100	277.3	241.4	210.1	182.9	159.2	139.1	121.3	105.6	91.9	80.0	69.6	60.6
90	249.5	217.2	189.1	164.6	143.3	125.2	109.1	95.0	82.7	72.0	62.7	54.6
80	221.8	193.1	168.1	146.3	127.4	111.3	97.0	84.4	73.5	64.0	55.7	48.5
71	196.9	171.4	149.2	129.9	113.1	98.7	86.1	74.9	65.2	56.8	49.4	43.0
63	174.7	152.1	132.4	115.2	100.3	87.6	76.4	66.5	57.9	50.4	43.9	38.2
56	155.3	135.2	117.7	102.4	89.2	77.9	67.9	59.1	51.5	44.8	39	34.0
50	138.6	120.7	105.1	91.5	79.6	69.5	60.6	52.8	45.9	40.0	34.8	30.3
45	124.8	108.6	94.6	82.3	71.7	62.6	54.6	47.5	41.4	36.0	31.3	27.3
40	110.9	96.5	84.0	73.2	63.7	55.6	48.5	42.2	36.8	32.0	27.9	24.3
36	99.8	86.9	75.6	65.9	57.3	50.1	43.7	38.0	33.1	28.8	25.1	21.8
32	88.7	77.2	67.2	58.5	51.0	44.5	38.8	33.8	29.4	25.6	22.3	19.4
28	77.6	67.6	58.8	51.2	44.6	38.9	34.0	29.6	25.7	22.4	19.5	17.0
25	69.3	60.3	52.5	45.7	39.8	34.8	30.3	26.4	23.0	20.0	17.4	15.2

附　录　F
（资料性附录）
应力循环的估算——示例

所选定结构点的应力历程取决于使用过程中起重机的载荷、载荷的方向和位置以及起重机的配置。

起重机在其使用寿命周期中总的工作循环数可分为与之相应工作循环数对应的若干典型作业。作业可用起重机配置和预定动作序列的具体组合为特征。

为估算进行某作业时出现的应力峰序列，应先确定相应序列的载荷，即所有载荷的大小、位置和方向。图 F.1 显示了一台卸船机 2 个可识别作业的不同动作序列。卸船机将散装物料从船舶输送到料斗或料仓，作业点的范围的排列，由船（点 11）、料斗（点 2）和料仓（点 31）给出。

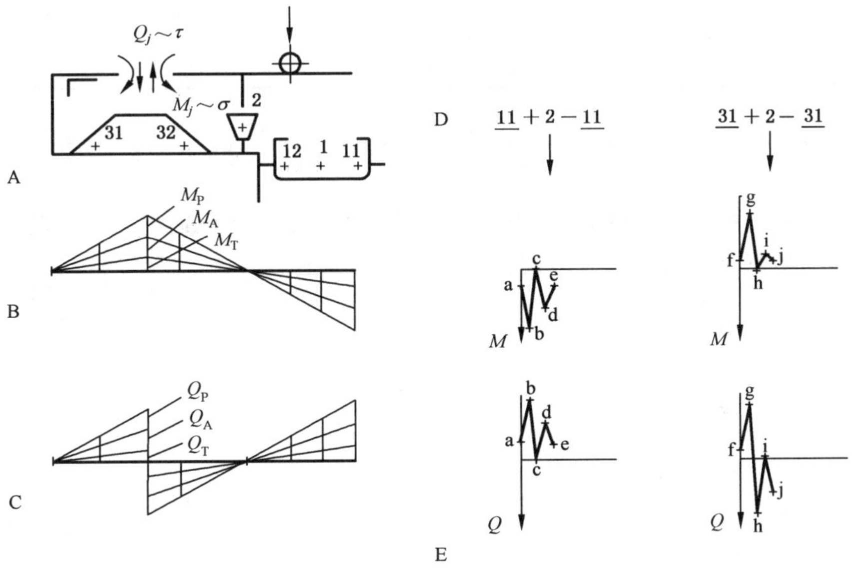

说明：

A——系统；

B——所选点的弯矩影响线；

C——所选点的剪力影响线；

D——动作序列；

E——序列动作 Qp、QA、QT、Mp、MA、MT 过程中，弯矩 M 和剪力 Q（$\phi_2=1$）的极限值（T 代表小车，P 代表有效载荷，A 代表辅助设备）。

图 F.1　卸船机作业中由于载荷运动引起载荷和运动变化的示例

在每项任务的描述中嵌入了多个符号，其含义是：

——＋表示带载荷运行，－表示空载运行；

——下划线表示吊具已着地。

选定点 j 的弯矩 M_j 的影响线和剪力 Q_j 的影响线（表示载荷及其位置的影响）按不同载荷（下角标 T 代表小车，P 代表有效载荷，A 代表起重吊具即抓斗）给出。

对弯矩和剪力的显著变化点的描述见表 F.1。

表 F.1 弯矩和剪切力的显著变化点

点	小车位置	抓斗位置	作用载荷
a	11	地面	T
b	11	离地	T,A,P
c	2	离地	T,A,P;当载荷下降时,T,A
d	11	离地	T,A
e	11	地面	T
f	31	地面	T
g	31	离地	T,A,P
h	2	离地	T,A,P;当载荷下降时,T,A
i	31	离地	T,A
j	31	地面	T

由 $M_j[\sigma(t)=$整体弯曲应力$]$和 $Q_j[\tau(t)=$整体剪应力$]$引起的应力序列可以直接由影响线确定。

从所获得的应力峰值结果序列,可由雨流计数或水库汇集法识别得出应力循环周期。

完整的应力历程是由所有来自不同作业的应力历程汇总而成。

附　录　G
（资料性附录）
拉伸载荷作用下连接刚度计算

本附录中图 G.1 所示的理想状态，假定实际连接中不超过 5 个连接面，适用于受拉螺栓连接计算中单元刚度的确定。相邻螺栓和/或外力引入系统的方式对于附加的螺栓力具有很大的影响，应在实际设计中予以考虑。

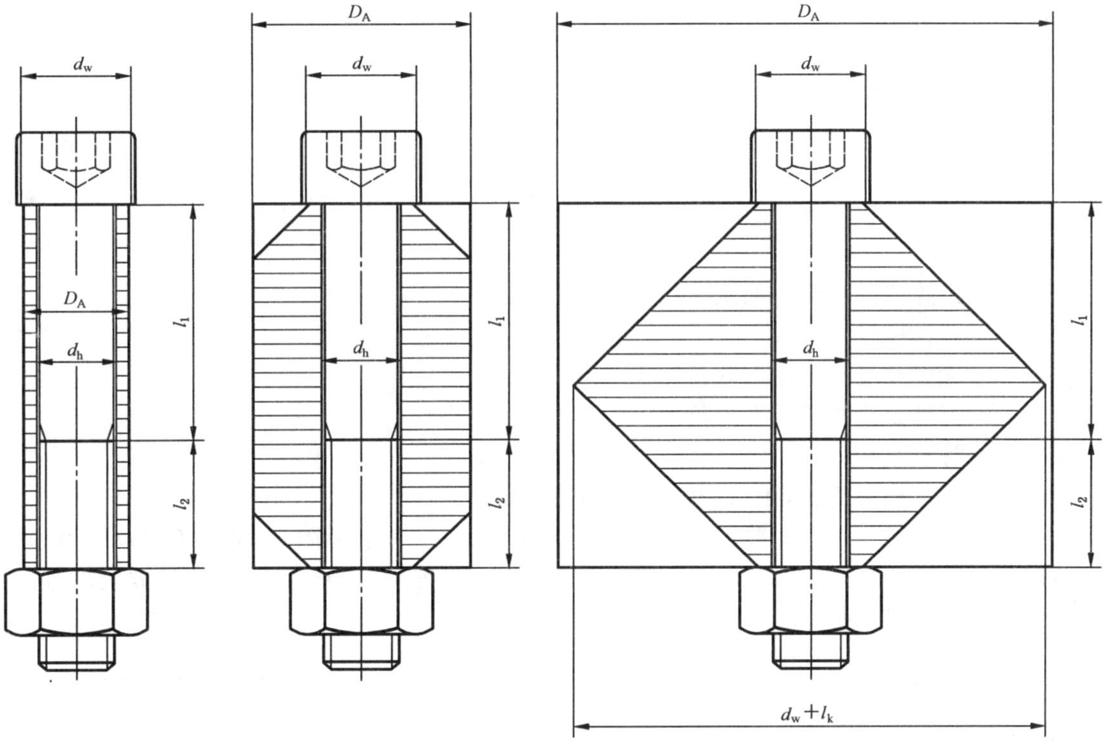

图 G.1　受拉载荷的连接类型

被连接件的刚度按式(G.1)计算：

$$K_c=\frac{E}{l_k}\times A_{eq} \quad \cdots\cdots\cdots\cdots\cdots\cdots\cdots\cdots\cdots\cdots(G.1)$$

式中：

K_c——被连接件的刚度(斜率)；

E ——弹性模量；

l_k ——有效夹紧长度：$l_k=l_1+l_2$；

A_{eq}——计算的等效面积。

A_{eq}的计算取决于 D_A[见图 G.1、式(G.2)～式(G.4)]。

对于 $D_A<d_w$：

$$A_{eq}=\frac{\pi}{4}\times(D_A^2-d_h^2) \quad \cdots\cdots\cdots\cdots\cdots\cdots\cdots\cdots\cdots\cdots(G.2)$$

对于 $d_w\leqslant D_A\leqslant d_w+l_k$：

$$A_{eq}=\frac{\pi}{4}\times(d_w^{\ 2}-d_h^{\ 2})+\frac{\pi}{8}\times d_w\times(D_A-d_w)\times\left[\left(\sqrt[3]{\frac{l_k\times d_w}{D_A^{\ 2}}+1}\right)^2-1\right] \quad\cdots(\text{G.3})$$

对于 $d_w+l_k<D_A$：

$$A_{eq}=\frac{\pi}{4}\times(d_w^{\ 2}-d_h^{\ 2})+\frac{\pi}{8}\times l_k\times d_w\times\left[\left(\sqrt[3]{\frac{l_k\times d_w}{(l_k+d_w)^2}+1}\right)^2-1\right] \quad\cdots\cdots(\text{G.4})$$

式中：

D_A ——圆柱体有效承载直径；

d_w ——螺栓头部接触区的直径；

A_{eq} ——计算的等效面积；

d_h ——孔的直径；

l_k ——有效夹紧长度。

螺栓刚度按式(G.5)计算：

$$\frac{1}{K_b}=\frac{1}{E}\left[\frac{4\times(l_1+2\times0.4\times d)}{\pi\times d^2}+\frac{l_2+0.5\times d}{A_r}\right]\cdots\cdots\cdots\cdots\cdots\cdots\cdots(\text{G.5})$$

式中：

K_b ——螺栓或受压构件的刚度(斜率)；

E ——弹性模量；

l_1 ——无螺纹受拉处的有效长度；

l_2 ——有螺纹受拉处的有效长度；

d ——螺栓直径；

A_r ——螺栓根部面积,用 A_s 代替 A_r(见表 B.2)。

根据被连接件的形状,外载被引入螺栓的方式有三种:在端部附近,如图 G.2a)所示;在螺栓端部与连接板之间,如图 G.2b)所示;或接近连接板,如图 G.2 c)所示。确定外载施加方式后可进行刚度比例系数的计算,见式(G.6)：

$$\Phi=\alpha_L\times\frac{K_b}{K_b+K_c}\quad\cdots\cdots\cdots\cdots\cdots\cdots\cdots\cdots\cdots(\text{G.6})$$

式中：

Φ ——连接的刚度比例系数；

K_b ——螺栓的刚度；

K_c ——被连接件的刚度；

α_L ——载荷引入系数(见图 G.2)。

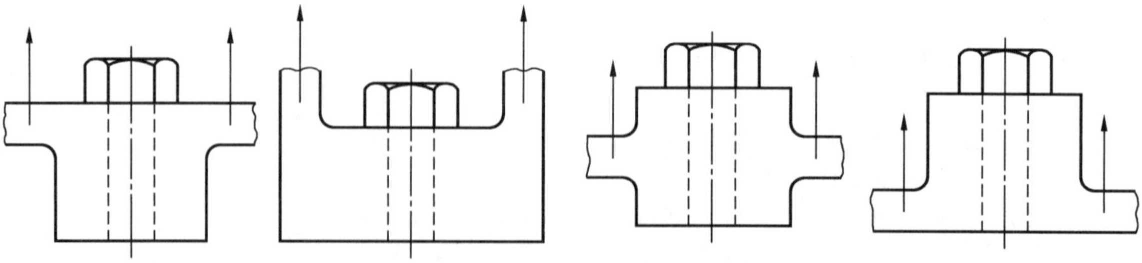

a) $\alpha_L=0.9,1$　　b) $\alpha_L=0.6$　　c) $\alpha_L=0.3$

图 G.2　载荷引入系数 α_L(连接件形状的函数)的指导值

图 G.2a)图示情况是典型的起重机螺栓连接。更精确的数值可以在相关文献中找到。在载荷引入不能清楚说明的情况下,应使用一种保守的假设,即令 $\alpha_L=1$。在由对完整节点采用有限元分析确定刚度比例系数 Φ 的情况下,载荷引入系数 α_L 将成为一个分析内置部分,且在式(G.6)中应令 $\alpha_L=1$。

参 考 文 献

[1] ISO 262 ISO general purpose metric screw threads—Selected sizes for screws, bolts and nuts

[2] ISO 630(all parts) Structural steels

[3] ISO 4950-1 High yield strength flat steel products—Part 1:General requirements

[4] ISO 4951-1 High yield strength steel bars and sections—Part 1:General delivery requirements

[5] ISO 4951-2 High yield strength steel bars and sections—Part 2:Delivery conditions for normalized,normalized rolled and as-rolled steels

[6] ISO 4951-3 High yield strength steel bars and sections—Part 3:Delivery conditions for thermomechanically-rolled steels

[7] ISO 6930-1 High yield strength steel plates and wide flats for cold forming—Part 1: Delivery conditions for thermomechanically-rolled steels

[8] ISO 10721-1:1997 Steel structures—Part 1:Meterials and design

[9] IIW document XIII-1965r14-03/XV-1127/r14-03 Recommendations for fatigue design of welded joints (Hot Spot Stress Method)

ICS 53.020.20
J 80

中华人民共和国国家标准

GB/T 30561—2014

起重机　刚性　桥式和门式起重机

Cranes—Stiffness—Bridge and gantry cranes

(ISO 22986:2007,MOD)

2014-05-06 发布　　2014-12-01 实施

1060 中华人民共和国国家质量监督检验检疫总局
中国国家标准化管理委员会　发布

前　言

本标准按照 GB/T 1.1—2009 给出的规则起草。

本标准使用重新起草法修改采用 ISO 22986:2007《起重机　刚性　桥式和门式起重机》(英文版)。

本标准与 ISO 22986:2007 的技术差异及其原因如下:

——关于规范性引用文件,本标准作了具有技术性差异的调整,以适应我国的技术条件,调整的情况集中反映在第 2 章“规范性引用文件”中,具体调整如下:

- 用等同采用国际标准的 GB/T 6974.1 代替 ISO 4306-1;
- 用等同采用国际标准的 GB/T 6974.5 代替 ISO 4306-5。

——附录 A 中增加小车位于有效悬臂长度的刚性指数公式(A.2);

——附录 A 表 A.1 中的表头增加“适用范围”“小车位置”项目,而在“小车位置”中增加跨中、有效悬臂长度选项;

——附录 A 中增加图 A.1,表达起重机小车位于不同位置的主梁刚性指数;

——附录 B 公式中系数“0.485 7”改为“0.492”;

——增加了资料性附录 C“桥式和门式起重机最小垂直固有频率的指导值”。起重机整机参与动态振动除了起重机主梁以外,还应包括满载小车、起升钢丝绳滑轮组、吊具和起升载荷。国际标准附录 B 仅对两端自由支承梁提出了最小固有频率的指导值,而未给出桥式和门式起重机整机最小固有频率的指导值。

为了便于使用,本标准作了下列编辑性修改:

——图 1 中 δ_1 的说明改为“预设拱度减去主梁自重载荷产生的静挠度”;

——图 1 中增加图示,以分别表示小车位于主梁最大、最小斜率位置的情形;

——图 2 中增加 $y-z$ 坐标系;

——附录 B 公式(B.2)中系数“k_{mg}”改为“k_{m_g}”。

本标准由中国机械工业联合会提出。

本标准由全国起重机械标准化技术委员会(SAC/TC 227)归口。

本标准负责起草单位:太原科技大学、北京起重运输机械设计研究院、国家起重运输机械质量监督检验中心。

本标准参加起草单位:江苏万富安机械有限公司。

本标准负责起草人:徐格宁、林夫奎、孙吉泽、林卫国、杨恒、张明良。

起重机　刚性　桥式和门式起重机

1　范围

本标准对桥式和门式起重机(以下简称“起重机”)结构的刚性特征——挠度和固有频率给出了推荐值与要求。

2　规范性引用文件

下列文件对于本文件的应用是必不可少的。凡是注日期的引用文件,仅注日期的版本适用于本文件。凡是不注日期的引用文件,其最新版本(包括所有的修改单)适用于本文件。

GB/T 6974.1　起重机　术语　第1部分:通用术语(GB/T 6974.1—2008,ISO 4306-1:2007,IDT)

GB/T 6974.5　起重机　术语　第5部分:桥式和门式起重机(GB/T 6974.5—2008,ISO 4306-5:2005,IDT)。

3　术语和定义

GB/T 6974.1和GB/T 6974.5界定的术语和定义适用于本文件。

4　要求

4.1　总则

柔性的影响表现为在载荷作用下的弹性变形和因运动或力瞬时作用而导致的振动。

起重机结构和机械部件过大的柔性能够影响其安全使用,应控制弹性变形和振动,以防止出现危险状况,影响起重机正常使用。对于弹性变形和振动的要求取决于起重机的构造、吊载的定位精度、控制系统类型和性能以及控制台的位置。增大刚性意味会增加投资成本,并可能需要较大的空间,这对所有的应用并不都是值得的。此外,抵消柔性的可能性很大程度上取决于起重机的类型和构造,因此难以给出挠度或振动的精确极限值。

4.2　弹性变形的基本要求

起重机结构的弹性变形不应:

a)　导致起重机或小车与周围物体和结构发生碰撞;

b)　妨碍小车带有不超过动载试验的任何载荷时,能够使用所设计的启动/制动系统实现启动和制动;

c)　妨碍小车带有不超过静载试验的任何载荷时,安全地停留在某一位置;

d)　导致对起重机和小车轨道产生过大的横向力或妨碍起重机运行;

e)　导致因机械传动装置错位而产生的部件短寿、过度振动、早期磨耗或制动失效。

推荐的主梁最大挠度(刚性指数)指导值见附录A。

5　主梁预设拱度

预设拱度对于主梁强度并无影响,可不作具体要求。

为有助于满足4.2b)的要求,可采取将起重机主梁的斜率范围(最大、最小斜率的差)分为数值大致相等的正、负两部分或减小斜率最大值的预设拱度方法(见图1)。

主梁斜率应考虑使其具有斜率最大值的空载小车位置，并计入其他可能的空载小车及其自重载荷。

预设拱度的其他可能理由是起重机的外观需要或对焊接主梁经载荷试验后某些永久变形的补偿。

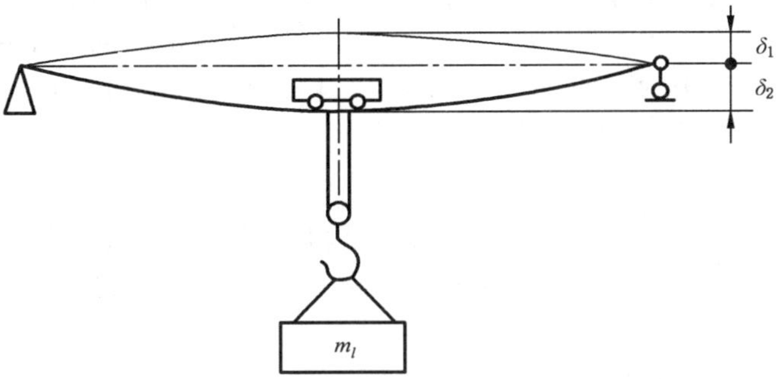

a） 满载小车位于跨中位置时主梁的最大静挠度

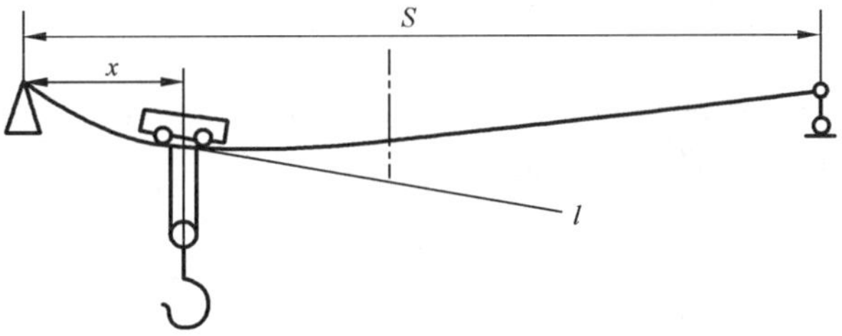

b） 空载小车位于主梁 $x=0.211S$ 位置处的最大斜率

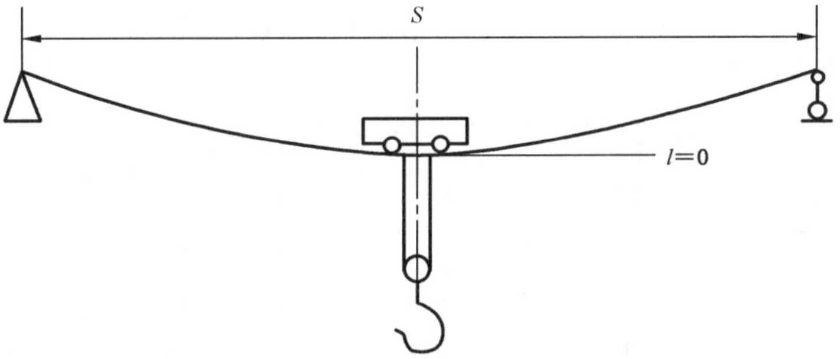

c） 空载小车位于主梁跨中位置处的最小斜率

说明：

δ_1 ——预设拱度减去主梁自重载荷产生的静挠度；

$\delta_1+\delta_2$——空载小车自重载荷加上总起升载荷产生的最大静挠度；

S ——跨度；

m_l ——起升载荷的质量；

l ——空载小车(包括其他可能的空载小车及其自重载荷)所在位置处主梁的最大斜率。

注：图 a)表示采取将起重机主梁的斜率范围(最大、最小斜率的差)分为数值大致相等的正、负两部分(对应主梁轴线挠曲线中点以上为正、以下为负)的预设拱度方法。

图 1 挠度和斜率

6 起重机主梁振动固有频率

6.1 对操作人员的影响

为避免振动造成司机室中操作人员的不适，带有司机室结构的垂直振动固有频率不应小于2 Hz。对于大跨度的起重机，刚性不能满足此限制值要求时，允许采用较低的固有频率，但应采取对速度的无级控制和平稳过渡等措施，使振动的幅值和持续的时间最小化。

对门式起重机作业中，由起重机主要作业运动引起的水平振动固有频率不应小于0.5 Hz（如：卸船机和岸边集装箱起重机的小车运行方向）。

6.2 对结构和操作的影响

可通过控制主梁的刚性，减小振动对起重机结构和操作的影响。

桥式起重机主梁最小固有频率的指导值见附录B，桥式与门式起重机的最小垂直固有频率的指导值见附录C。

注：在较高频率下的阻尼大于较低频率下的阻尼。

6.3 焊接箱形梁的尺寸比例

桥式起重机箱形梁的尺寸比例应满足下列要求：

——$S/h<25$；

——$S/b<65$，对有级控制运行的起重机；

——$S/b<80$，对无级控制运行的起重机。

式中：

S ——跨度；

h ——梁的高度（上下翼缘中线间距，见图2）；

b ——梁的宽度（左右腹板中线间距，见图2）。

以上尺寸比例也适用于门式起重机的跨度。

对于带有悬臂的门式起重机也应采用S/b的限制值，若支腿不能提供足够的刚性约束，则S应为包括悬臂在内的主梁全长。

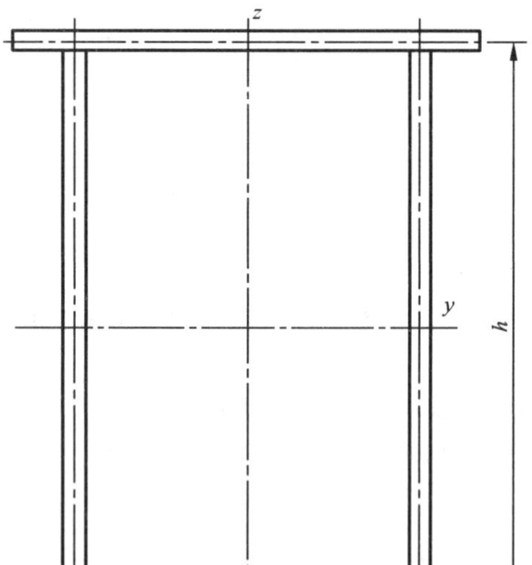

图2 主梁尺寸

附　录　A
（资料性附录）
主梁最大挠度（刚性指数）指导值
（未考虑起升钢丝绳滑轮组的作用）

A.1　起重机设计应以一个刚性指数 I_S 表征其特性，即跨度（S）或有效悬臂长度（C）除以总起升载荷与空载小车自重载荷位于相应位置的最大静挠度 δ_{stat} 或 δ'_{stat}，参见图 A.1 及公式（A.1）和公式（A.2）：

$$I_S = \frac{S}{\delta_{\text{stat}}} \qquad \cdots\cdots\cdots\cdots\cdots\cdots (\text{A.1})$$

$$I_C = \frac{C}{\delta'_{\text{stat}}} \qquad \cdots\cdots\cdots\cdots\cdots\cdots (\text{A.2})$$

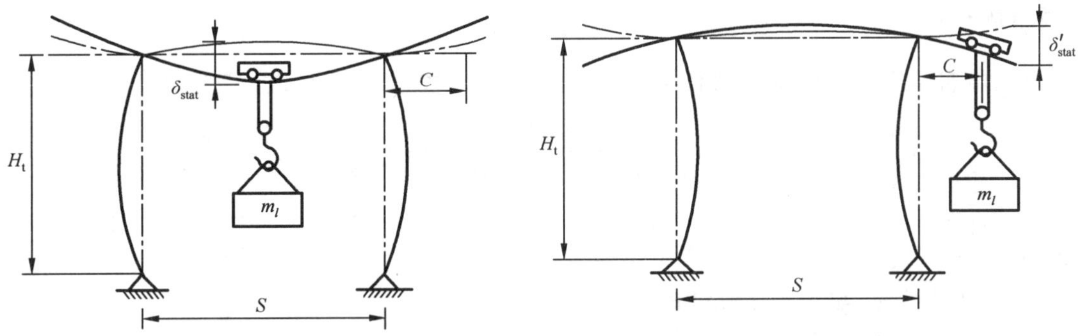

a)　小车位于跨中位置　　　　b)　小车位于有效悬臂长度位置

图 A.1　起重机小车位于不同位置的主梁刚性指数

A.2　表 A.1 给出了考虑各种工作制度可接受的刚性指数值的范围。

表 A.1　可接受的刚性指数值的范围

刚性指数 I_S，I_C		适用范围	小车位置	
			跨中 S	有效悬臂长度 C
1 500 1 250 1 000	A 区　↑	A 区——需要高定位精度特性的起重机		
750	B 区	B 区——使用简单控制系统的中等定位精度特性的普通车间起重机		
500 250	C 区　↓	C 区——适用于低定位精度或具有无级调控特性的起重机；采用低起升速度和低加速度能达到可接受定位精度特性的起重机	电动 $I_S \geqslant 500$ 手动 $I_S \geqslant 400$	$I_C \geqslant 350$

附　录　B
(资料性附录)
桥式起重机主梁最小固有频率的指导值
(未考虑起升钢丝绳滑轮组的作用)

B.1　总则

对于桥式起重机，主梁的垂直和水平固有频率可近似使用公式(B.1)和公式(B.2)进行计算。

注：使用公式(B.1)和公式(B.2)进行计算时，对所有的量纲，采用国际单位制 SI 的基本单位，即 kg、m、s 和 N。

B.2　垂直固有频率

对于两端自由支承梁的垂直固有频率 f_v(单位 Hz)，按公式(B.1)进行计算。

$$f_v = \frac{1}{2\pi}\sqrt{\frac{48 \times E \times I_y}{(m_c + m_l + 0.492 \times m_g)S^3}} \qquad \text{(B.1)}$$

式中：

m_c ——小车质量，单位为千克(kg)；

m_l ——总起升质量(载荷质量与吊具质量之和)，单位为千克(kg)；

m_g ——起重机主梁质量，单位为千克(kg)；

E ——钢材弹性模量，单位为牛每平方米(N/m^2)；

I_y ——主梁截面对于 y 轴的截面惯性矩，单位为四次方米(m^4)；

S ——起重机跨度，单位为米(m)。

对于其他支承条件的 f_v 需要另外的计算方法。

B.3　水平固有频率

对于水平固有频率，应考虑主梁和端梁之间的支承条件。k_{mg} 和 k_{sc} 考虑了这些因素。水平固有频率 f_h(单位 Hz)，按公式(B.2)进行计算。

$$f_h = \frac{1}{2\pi}\sqrt{\frac{k_{sc} \times E \times I_z}{(m_c + k_{m_g} \times m_g) \times S^3}} \qquad \text{(B.2)}$$

式中：

m_c ——小车质量，单位为千克(kg)；

m_g ——起重机主梁质量，单位为千克(kg)；

E ——钢材弹性模量，单位为牛每平方米(N/m^2)；

I_z ——主梁截面对于 z 轴的截面惯性矩，单位为四次方米(m^4)；

S ——起重机跨度，单位为米(m)。

无量纲常数(质量转化系数)k_{m_g} 和 k_{sc}(支承条件系数)应取下列值：

——对于两端自由支承梁：$k_{m_g}=0.492$ 和 $k_{sc}=48$；

——对于两端固定支承梁：$k_{m_g}=0.371\ 4$ 和 $k_{sc}=192$。

起重机典型值：

——顶部运行单梁起重机：$k_{m_g}=0.450\ 0$ 和 $k_{sc}=100$；

——顶部运行双梁起重机：$k_{m_g}=0.430\ 0$ 和 $k_{sc}=125$。

B.4 固有频率的推荐

当起重机不能满足某些特殊(如结构模型特征、小车位置、起升钢丝绳滑轮组)要求时，则图B.1所示值应视为主梁固有频率 f_v 和 f_h 的最小值。这些值是基于试验和安装经验而获得的。

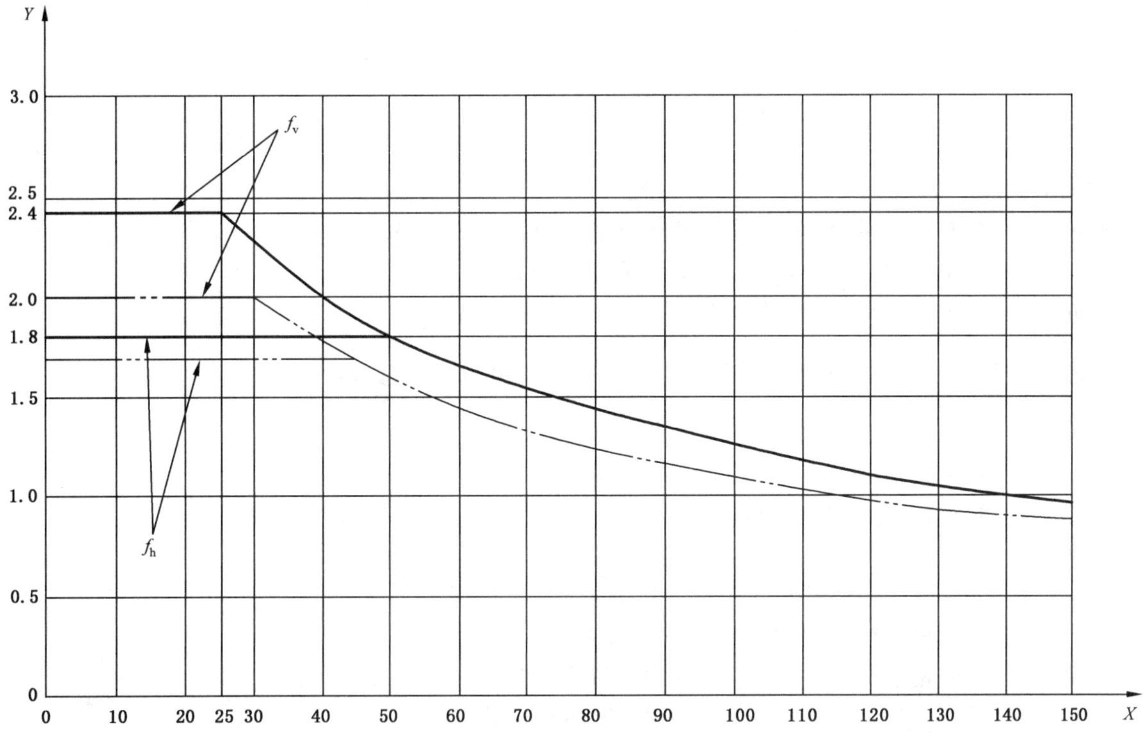

说明：

上部的曲线(连续线)适用于有级控制运行的起重机；较低的曲线(点划线)适用于无级控制运行的起重机。

X 轴——起重机跨度 S，单位为米(m)；

Y 轴——固有频率 f，单位为赫兹(Hz)；

f_h ——水平固有频率；

f_v ——垂直固有频率。

图 B.1 主梁固有频率的指导值 f_v 和 f_h

附 录 C
(资料性附录)
桥式和门式起重机最小垂直固有频率的指导值
(考虑起升钢丝绳滑轮组的作用)

C.1 对于桥式、门式起重机考虑起升钢丝绳滑轮组因素的最小垂直固有频率可按公式(C.1)和公式(C.2)进行计算。

C.2 当满载小车位于桥式起重机主梁跨度中点时,桥式起重机的垂直固有频率 f_v(单位 Hz),按公式(C.1)进行计算。

$$f_v=\frac{1}{2\pi}\sqrt{\frac{\dfrac{K_g K_r}{K_g+K_r}}{m_l+(m_c+0.492\times m_g)\left(\dfrac{K_r}{K_g+K_r}\right)^2}} \qquad \text{(C.1)}$$

式中:

m_l ——总起升质量(载荷质量与吊具质量),单位为千克(kg);

m_c ——小车(不含吊具)质量,单位为千克(kg);

m_g ——起重机主梁质量,单位为千克(kg);

K_g ——起重机主梁跨度中点刚度,$K_g=\dfrac{48EI_y}{S^3}$,单位为牛每米(N/m);

E ——钢材弹性模量,单位为牛每平方米(N/m²);

I_y ——对主梁 y 轴截面惯性矩,单位为四次方米(m^4);

S ——起重机跨度,单位为米(m);

K_r ——起升钢丝绳滑轮组刚度,$K_r=\dfrac{n_r E_r A_r}{l_r}$,单位为牛每米(N/m);

n_r ——起升钢丝绳滑轮组钢丝绳的分支数;

E_r ——起升钢丝绳弹性模量,单位为牛每平方米(N/m²);

A_r ——单根起升钢丝绳截面积,单位为平方米(m²);

l_r ——起升钢丝绳滑轮组最大下放长度,单位为米(m)。

C.3 当满载小车位于门式起重机主梁跨度中点时(见图 C.1),门式起重机的垂直固有频率 f_v(单位 Hz),按公式(C.2)进行计算。

$$f_v=\frac{1}{2\pi}\sqrt{\frac{\dfrac{K_g K_r}{K_g+K_r}}{m_l+(m_c+k_{m_g}\times m_g)\left(\dfrac{K_r}{K_g+K_r}\right)^2}} \qquad \text{(C.2)}$$

式中:

m_l ——总起升质量(载荷质量与吊具质量之和),单位为千克(kg);

m_c ——小车(不含吊具)质量,单位为千克(kg);

m_g ——起重机主梁(跨度段)质量,单位为千克(kg);

k_{m_g} ——起重机主梁中点集中质量换算系数:

对于无悬臂一刚一柔支腿门架:$k_{m_g}=0.492$

对于单悬臂或双悬臂双刚性支腿门架:$k_{m_g}=0.475$

对于有悬臂一刚一柔支腿门架或无悬臂双刚性支腿门架:$k_{m_g}=0.46$

K_g ——起重机主梁刚度,$K_g=\frac{k_{sc}EI_y}{S^3}$,单位为牛每米(N/m);

E ——钢材弹性模量,单位为牛每平方米(N/m²);

k_{sc} ——门式起重机门架主梁支承条件系数:

对于一刚一柔支腿门架:$k_{sc}=48$

对于双刚性支腿门架:$k_{sc}=48\left(\frac{8k+12}{8k+3}\right)$

k ——门式起重机主梁与支腿单位刚度比,$k=\frac{I_yH_t}{SI_t}$(符号参见图 C.2);

I_y ——对主梁 y 轴的截面惯性矩,单位为四次方米(m⁴);

S ——起重机的跨度,单位为米(m);

I_t ——支腿截面折算惯性矩,单位为四次方米(m⁴);

H_t ——支腿的计算高度,单位为米(m);

K_r ——起升钢丝绳滑轮组的刚度,$K_r=\frac{n_rE_rA_r}{l_r}$,(N/m);

n_r ——起升钢丝绳滑轮组钢丝绳的分支数;

E_r ——起升钢丝绳的弹性模量,单位为牛每平方米(N/m²);

A_r ——单根起升钢丝绳的截面积,单位为平方米(m²);

l_r ——起升钢丝绳滑轮组最大下放长度,单位为米(m)。

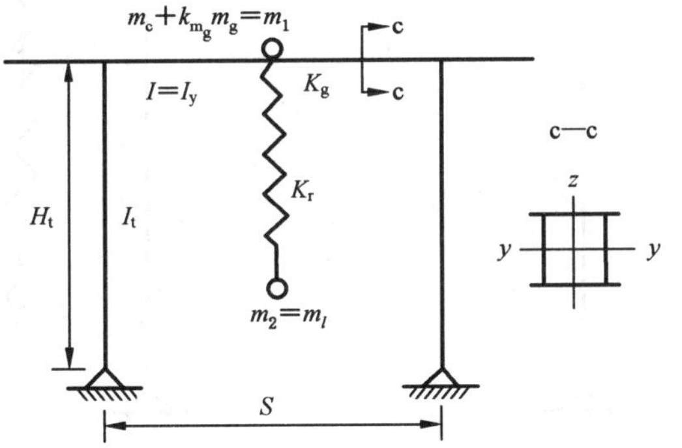

注:图中 $m_1=m_c+k_{m_g}m_g$

图 C.1 小车位于跨中的门式起重机振动模型

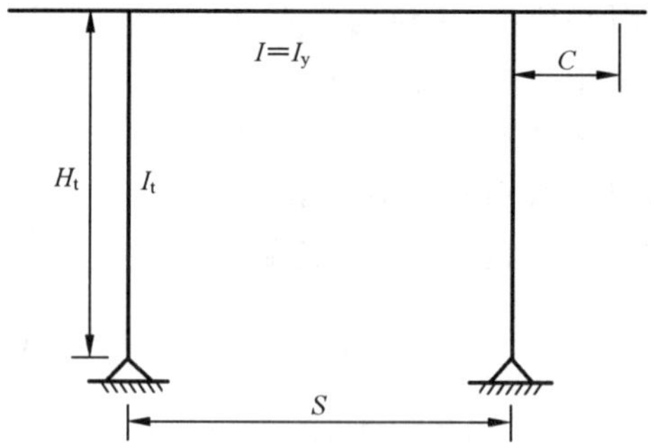

图 C.2 主梁与支腿单位刚度比

C.4 当满载小车位于门式起重机悬臂端时(见图 C.3),门式起重机的垂直固有频率 f_v(单位 Hz),仍可按公式(C.2)进行计算,但应做以下变换:

$k_{m_g}=0.3$(门式起重机主梁悬臂端集中质量换算系数)

$m_1=m_c+k_{m_g}m_g$

式(C.2)中:

m_g——门式起重机主梁悬臂段的质量;

K_g——门式起重机主梁悬臂端的刚度;

对于一刚一柔支腿门式起重机主梁悬臂端的刚度:$K_g=\dfrac{3EI}{C^2(C+S)}$

对于双刚性支腿门式起重机主梁悬臂端的刚度:$K_g=\dfrac{3EI(8k+12)}{C^2[C(8k+12)+S(8k+3)]}$

式中:

C——有效悬臂长度。

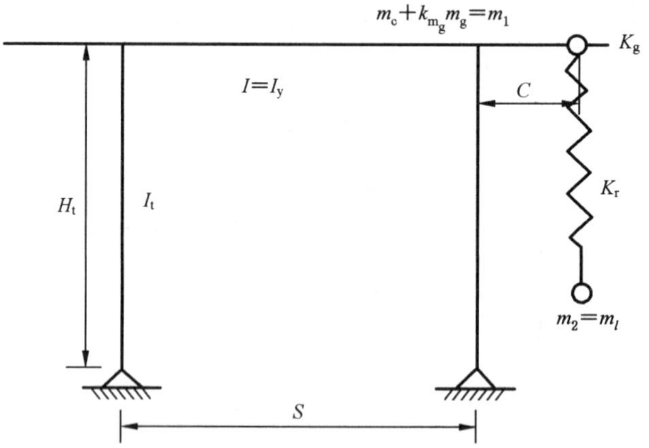

图 C.3 小车位于悬臂端的门式起重机振动模型

C.5 推荐的固有频率值可按附录 B 中 B.4 取值或由试验确定。

注:使用公式(C.1)和公式(C.2)进行计算时,对所有的量纲,采用国际单位制 SI 的基本单位,即 kg、m、s 和 N。

ICS 53.020.20
J 80

中华人民共和国国家标准

GB/T 31051.1—2014

起重机　工作和非工作状态下的锚定装置　第1部分：总则

Cranes—Anchoring devices for in-service and out-of-service conditions—Part 1：General

(ISO 12210-1：1998，MOD)

2014-12-22 发布　　2015-06-01 实施

中华人民共和国国家质量监督检验检疫总局
中国国家标准化管理委员会　发布

1071

前　言

GB/T 31051《起重机　工作和非工作状态下的锚定装置》由以下部分组成：

——第1部分：总则；

——第4部分：臂架起重机。

本部分为GB/T 31051的第1部分。

本部分按照GB/T 1.1—2009给出的规则起草。

本部分使用重新起草法修改采用ISO 12210—1:1998《起重机　工作和非工作状态下的锚定装置　第1部分：总则》。

本部分与ISO 12210-1:1998的技术差异及其原因如下：

——为方便使用，将国际标准规范性引用文件中的ISO 8686-1:1989用我国文件GB/T 22437.1—2008代替。因GB/T 22437.1—2008《起重机　载荷和载荷组合设计原则　第1部分：总则》为修改采用国际标准ISO 8686-1:1989，故本标准亦为修改采用国际标准。

本部分由中国机械工业联合会提出。

本部分由全国起重机械标准化技术委员会(SAC/TC 227)归口。

本部分起草单位：宁波市凹凸重工有限公司、北京起重运输机械设计研究院、国家起重运输机械质量监督检验中心、广西建工集团建筑机械制造有限责任公司。

本部分主要起草人：赵学明、林夫奎、朱帅、林永。

起重机　工作和非工作状态下的锚定装置　第1部分：总则

1　范围

GB/T 31051 的本部分规定了工作和非工作状态下的起重机和起重机部件锚定装置的基本要求。

GB/T 31051 的其他部分规定了特定类型起重机的要求。

2　规范性引用文件

下列文件对于本文件的应用是必不可少的。凡是注日期的引用文件，仅注日期的版本适用于本文件。凡是不注日期的引用文件，其最新版本(包括所有的修改单)适用于本文件。

GB/T 22437.1—2008　起重机　载荷和载荷组合设计原则　第1部分：总则(ISO 8686-1：1989，MOD)

ISO 4302：1981　起重机　风载荷估算(Cranes—Wind load assessment)

3　设计要求

锚定装置应能承受起重机对其施加的各种作用力，并考虑固定载荷和变动载荷、风载荷以及其他环境因素(见 ISO 4302：1981 和 GB/T 22437.1—2008 中的各项要求)。该装置应确保起重机及其相关部件在下列情况下安全：

a)　起重机处于非工作状态并且锚定时；

b)　起重机处于工作状态，进行正常作业并实施锚定时；

c)　起重机处于工作状态且在正常作业，突然遭遇超过工作状态设计风速的骤风而实施锚定时。

4　需提供的资料

应提供包括锚定装置的操作、试验、维护以及修理的资料。

ICS 53.020.20
J 80

中华人民共和国国家标准

GB/T 31051.4—2016/ISO 12210-4:1998

起重机　工作和非工作状态下的锚定装置 第4部分:臂架起重机

Cranes—Anchoring devices for in-service and out-of-service conditions—Part 4: Jib cranes

(ISO 12210-4:1998,IDT)

2016-10-13 发布　　2017-05-01 实施

1074 中华人民共和国国家质量监督检验检疫总局
中国国家标准化管理委员会　发布

前　　言

GB/T 31051《起重机　工作和非工作状态下的锚定装置》分为以下几部分：

——第1部分：总则；

——第4部分：臂架起重机。

本部分为GB/T 31051的第4部分。

本部分按照GB/T 1.1—2009给出的规则起草。

本部分使用翻译法等同采用ISO 12210-4：1998《起重机　工作和非工作状态下的锚定装置　第4部分：臂架起重机》(英文版)。

与本部分中规范性引用的国际文件有一致性对应关系的我国文件如下：

——GB/T 22437.1—2008　起重机　载荷和载荷组合的设计原则　第1部分：总则(ISO 8686-1：1989，MOD)

——GB/T 31051.1—2014　起重机　工作和非工作状态下的锚定装置　第1部分：总则(ISO 12210-1：1998，MOD)

为便于使用，本部分做了下列编辑性修改：

——参考文献中增加了GB/T 6974.1—2008。

本部分由中国机械工业联合会提出。

本部分由全国起重机械标准化技术委员会(SAC/TC 227)归口。

本部分起草单位：交通运输部水运科学研究院、大连博瑞重工有限公司、大连理工大学、上海国际港务(集团)股份有限公司。

本部分主要起草人：谢琛、李益琴、张德文、刘元利、屈福政、沈沨、赵溦、罗建平。

起重机 工作和非工作状态下的锚定装置 第4部分:臂架起重机

1 范围

GB/T 31051 的本部分对 ISO 4306-1 中定义的臂架起重机在工作和非工作状态下的锚定装置提出了特殊要求。塔式起重机、流动式起重机、铁路起重机的锚定装置部分内容包含在 GB/T 31051 的其他部分。

2 规范性引用文件

下列文件对于本文件的应用是必不可少的。凡是注日期的引用文件,仅注日期的版本适用于本文件。凡是不注日期的引用文件,其最新版本(包括所有的修改单)适用于本文件。

ISO 8686-1 起重机 载荷和载荷组合设计原则 第1部分:总则 (Cranes—Design principles for loads and load combinations—Part 1:General)

ISO 12210-1 起重机 工作和非工作状态下的锚定装置 第1部分:总则(Cranes—Anchoring devices for in-service and out-of-service conditions—Part 1:General)

3 设计和配置

锚定装置应按 ISO 12210-1 中的规定设计并按表1的要求配置。

4 资料提供

应按 ISO 12210-1 中的规定提供相关信息。

表1 锚定装置

起重机类型和运动	配置锚定装置[1]		
	非工作状态	工作状态	高风速工作状态[2]
门座/半门座起重机			
大车运行	X	X	X
起升	—	—	—
回转	O	O	X
变幅	O	O	X
小车运行	O	O	X
桅杆起重机			
行走	X	X	X
起升	—	—	—
回转	O	O	X
变幅	—	—	—

表 1（续）

起重机类型和运动	配置锚定装置[1)		
	非工作状态	工作状态	高风速工作状态[2)
柱式悬臂起重机			
回转	—	—	X
起升	—	—	—
小车运行	—	—	—

1) X 代表强制性要求；O 代表选择性要求；— 代表不要求。

2) 无论是自动还是手动，锚定装置都应在风速超过 ISO 8686-1 规定的工作风速时锁定。

参 考 文 献

[1] GB/T 6974.1—2008 起重机 术语 第1部分：通用术语

[2] ISO 4302:1981 Cranes—Wind load assessment

[3] ISO 4306-1:1990 Cranes—Vocabulary—Part1:General

ICS 53.020.20
J 80

中华人民共和国国家标准

GB/T 34529—2017/ISO 16625:2013

起重机和葫芦　钢丝绳、卷筒和滑轮的选择

Cranes and hoists—Selection of wire ropes, drums and sheaves

(ISO 16625:2013,IDT)

2017-10-14 发布　　2018-05-01 实施

中华人民共和国国家质量监督检验检疫总局
中国国家标准化管理委员会　发布

前　言

本标准按照 GB/T 1.1—2009 给出的规则起草。

本标准使用翻译法等同采用 ISO 16625:2013《起重机　钢丝绳、卷筒和滑轮的选择》(英文版)。

与本标准中规范性引用的国际文件有一致性对应关系的我国文件如下：

——GB/T 5972—2016　起重机　钢丝绳　保养、维护、检验和报废(ISO 4309:2010，IDT)

——GB/T 6974.1—2008　起重机　术语　第1部分：通用术语(ISO 4306-1:2007,IDT)

——GB/T 8706—2006　钢丝绳　术语、标记和分类(ISO 17893:2004,IDT)

——GB/T 20118—2006　一般用途钢丝绳(ISO/DIS 2408:2002,MOD)

——GB/T 20863.1—2007　起重机械　分级　第1部分：总则(ISO 4301-1:1986,IDT)

本标准由中国机械工业联合会提出。

本标准由全国起重机械标准化技术委员会(SAC/TC 227)归口。

本标准负责起草单位：三一重工股份有限公司、北京起重运输机械设计研究院。

本标准参加起草单位：浙江省特种设备检验研究院、太原科技大学、天津港股份有限公司、法兰泰克重工股份有限公司、河南卫华重型机械股份有限公司、苏州市通安起重机械有限公司、河南省大方重型机器有限公司、河南省矿山起重机有限公司、广西建工集团建筑机械制造有限责任公司。

本标准主要起草人：吕宏松、蔡亚森、钟海见、秦义校、闫德顺、袁秀峰、刘永刚、陆永兴、胡旭、任海涛、林永、吴涛。

起重机和葫芦 钢丝绳、卷筒和滑轮的选择

1 范围

本标准规定了不同机构工作级别、钢丝绳类型、钢丝绳用途以及缠绕方式情况下的最小安全系数 Z_p，以及如何使用这些系数确定钢丝绳的最小破断拉力。

本标准规定了不同机构工作级别、钢丝绳类型和钢丝绳用途情况下，卷筒和滑轮的选择系数，以及如何使用这些系数确定卷筒和滑轮的直径。

附录 A 列出本标准适用的起重机和葫芦。

附录 B 给出了选择钢丝绳和相关设备时，可能需要考虑的除上述系数外的其他因素。

2 规范性引用文件

下列文件对于本文件的应用是必不可少的。凡是注日期的引用文件，仅注日期的版本适用于本文件。凡是不注日期的引用文件，其最新版本(包括所有的修改单)适用于本文件。

ISO 2408 一般用途钢丝绳 最低要求(Steel wire ropes for general purposes—Minimum requirements)

ISO 4301-1:1986 起重机和起重机械 分级 第1部分:总则(Cranes and lifting appliance—Classification—Part 1:General)

ISO 4306-1 起重机 术语 第1部分:总则(Cranes—Vocabulary—Part 1: General)

ISO 4309 起重机 钢丝绳 保养、维护、检验和报废(Cranes—Wire ropes—Care and maintenance, inspection and discard)

ISO 10425 石油和天然气工业用钢丝绳 最低要求和验收条件(Steel wire ropes for the petroleum and natural gas industries—Minimum requirements and terms of acceptance)

ISO 17893 钢丝绳 术语、标记和分类(Steel wire ropes—Vocabulary, designation and classification)

3 术语和定义

ISO 4306-1 和 ISO 17893 界定的术语和定义适用于本文件。

注1：本文件将 ISO 17893 定义的“单层股钢丝绳”和“平行捻密实钢丝绳”统称为“标准钢丝绳”，以和“阻旋转钢丝绳”区分。

注2：单层股钢丝绳和平行捻密实钢丝绳有时统称为“非阻旋转钢丝绳”。

4 机构工作级别

确定最小安全系数、最小卷筒和滑轮尺寸时，应考虑机构的工作级别(M4、M5 等)。

机构的工作级别要考虑载荷状态(轻、中、重等)和机构的使用等级(基于使用的总时间)，详见ISO 4301-1。

注：ISO 4301 的其他部分(如 ISO 4301-2，包含流动式起重机)根据钢丝绳用途(起升、变幅等)和起重机工

作状况，规定特定类型起重机和相关起重机构的分级。

5 钢丝绳的选择

5.1 类型和结构

根据钢丝绳的应用和/或用途，选择的钢丝绳应符合 ISO 2408 或 ISO 10425。

5.2 安全系数 Z_p

钢丝绳的最小安全系数应符合表 1、表 2 或表 3 的规定，并应根据实际情况考虑机构的工作级别、钢丝绳用途或钢丝绳、静态钢丝绳情况、起重机工作级别。

注：在表中列出的安全系数是基于在该领域的长期经验。

表 1 起重机和起重葫芦(流动式起重机除外)的最小安全系数

ISO 4301-1:1986 规定的机构工作级别	起升				臂架起升或变幅	
	单层缠绕		多层缠绕			
	标准钢丝绳	阻旋转钢丝绳	标准钢丝绳	阻旋转钢丝绳	标准钢丝绳	阻旋转钢丝绳
M1	3.15	3.15	3.55	3.55	3.55	4.5
M2	3.35	3.35	3.55	3.55	3.55	4.5
M3	3.55	3.55	3.55	3.55	3.55	4.5
M4	4.0	4.0	4.0	4.0	4.0	4.5
M5	4.5	4.5	4.5	4.5	4.5	4.5
M6	5.6	5.6	5.6	5.6	5.6	5.6
M7	7.1	7.1	—	—	7.1	—
M8	9.0	9.0	—	—	9.0	—

表 2 流动式起重机的最小安全系数

ISO 4301-1:1986 规定的机构工作级别	运动钢丝绳						
	起升		臂架起升				伸缩
			工作		安装		
	标准钢丝绳	阻旋转钢丝绳	标准钢丝绳	阻旋转钢丝绳	标准钢丝绳	阻旋转钢丝绳	
M1	3.55	4.5	3.35	4.5	3.05	4.5	3.15
M2	3.55	4.5	3.35	4.5	3.05	4.5	3.35
M3	3.55	4.5	3.35	4.5	3.05	4.5	3.35
M4	4.0	4.5	3.35	4.5	3.05	4.5	3.35
M5	4.5	4.5	3.35	4.5	—	—	—
M6	5.6	5.6	3.35	5.6	—	—	—

表 3 静态钢丝绳和安装钢丝绳的最小安全系数

起重机工作级别	全部起重机	
	静态钢丝绳	安装钢丝绳
A1	3.0	2.73
A2	3.0	2.73
A3	3.0	2.73
A4	3.5	2.73
A5	4.0	2.73
A6	4.5	—
A7	5.0	—
A8	5.0	—

5.3 最小破断拉力

钢丝绳的最小破断拉力 F_{min} 按式(1)计算：

$$F_{min} \geqslant S \times Z_p \quad \cdots\cdots(1)$$

式中，对起升钢丝绳，S 是钢丝绳最大拉力，单位 kN，通过计算获得此值需考虑以下因素：

——起重机械的额定起重量；

——滑轮组和/或其他起重附件的质量；

——绕绳系统的倍率；

——绕绳系统的效率(如轴承效率)；

——在吊钩起升到上极限位置时，如果钢丝绳与铅垂线的夹角大于 22.5°，还应考虑由钢丝绳的倾斜引起钢丝绳拉力的增大。

对静态钢丝绳，S 是钢丝绳最大拉力，单位 kN，通过考虑静态和动态力获得此值。

式中，Z_p 是最小安全系数。

Z_p 的值见 5.2。采用阻旋转钢丝绳起升时，还可以采用下述方法：当不需要考虑滑轮组和其他起重附件的质量以及绕绳系统的效率时，安全系数不应小于 5。

对带有抓斗的起重机械，如果在整个周期内，载荷的质量不能在闭合绳和支持绳间平均分配，应通过以下方法计算 S 的值。

a) 如果起升机构能自动确保起升载荷在闭合绳和支持绳之间平均分配，并且将两种绳之间的载荷差异限制在闭斗末期或开始张开的一个极短时期内：

  1) 对闭合绳，S 等于负载抓斗总质量的 66%除以闭合绳的分支数；

  2) 对支持绳，S 等于负载抓斗总质量的 66%除以支持绳的分支数。

b) 如果在起升运动过程中，起升机构不能自动确保载荷在闭合绳和支持绳之间平均分配，而且实际上几乎所有的载荷都集中在闭合绳索上：

  1) 对闭合绳，S 等于负载抓斗总质量除以闭合绳的分支数；

  2) 对支持绳，S 等于负载抓斗总质量的 66%除以支持绳的分支数。

注：对更常见的钢丝绳分类和构造，如果适用，利用 ISO 2408 和 ISO 10425 中规定的钢丝绳等级和最小破

断拉力系数，可以计算出给定公称直径的钢丝绳最小破断拉力值。但是应当注意，钢丝绳制造商使用的最小破断拉力系数可能超过上述标准中的规定值，使得产品样本中的最小破断拉力值较大。

5.4 直径

选择满足5.3中最小破断拉力要求的钢丝绳时，可能会出现下列情况：由于实际原因（如可用性以及优选尺寸），最小破断拉力超过要求的最低值，导致安全系数高于5.2规定的最小值。在这种情况下，应使用钢丝绳公称直径 d 计算卷筒和滑轮的直径，见6.2。

注：给定钢丝绳的类型、结构或类别、最小破断拉力以及等级（如适用）的公称直径，由钢丝绳制造商确定。

6 卷筒和滑轮

6.1 滑轮材料

制造商在选择滑轮材料或滑轮槽衬料时应考虑缠绕型式。

单层缠绕

卷筒使用单层缠绕时，滑轮材料的选择很关键，因为钢丝绳的损坏最有可能是由弯曲疲劳引起的——尤其当偏斜角不是很大时。

如果所有滑轮都由聚合材料制造或使用聚合材料绳槽内衬，在运行期间，很可能发生内部疲劳损伤而没有被察觉，除非对ISO 4309中规定的报废标准和/或检查频率进行重大修改，并严格遵守规定。一般应避免这种布置方式，推荐的布置方式参见B.3.1。

如果偏斜角超过推荐值，缠绕系统的钢丝绳可能发生最严重的损坏，其形式是加剧的磨损/磨伤以及相邻的钢丝绳之间出现的刮擦，这是由于运行到极端位置时，横向载荷超出正常值造成的。

多层缠绕

如果卷筒使用多层缠绕，钢丝绳最严重的损坏将发生在卷筒上交叉重叠区域的区段，不是仅通过滑轮的区段。在这种情况下，可以使用聚合材料制成的滑轮或带有聚合材料绳槽的滑轮，以及钢制滑轮，前提是其他特性，如极限径向压力，不超过所选材料的承受能力。

6.2 卷筒和滑轮最小直径的计算

起升钢丝绳的卷筒和滑轮最小节圆直径的计算应按式(2)或式(3)进行计算。

注：如果节圆直径计算值增加，钢丝绳抗弯曲疲劳性能也会增强。

$$D_1 \geqslant h_1 \times t \times d \qquad (2)$$

或

$$D_2 \geqslant h_2 \times t \times d \qquad (3)$$

式中：

D_1——卷筒最小节圆直径；

h_1——卷筒选择系数（卷筒节圆直径与钢丝绳公称直径的比值），按表4和表5选取；

t——表6中规定的钢丝绳绳型系数；

d——钢丝绳的公称直径；

D_2——滑轮最小节圆直径；

h_2——滑轮选择系数（滑轮节圆直径与钢丝绳公称直径的比值）。

表 4　起重机和起重葫芦用起升和臂架起升/变幅钢丝绳选择系数 h_1，h_2 和 h_3(流动式起重机除外)

ISO 4301-1:1986 规定的机构工作级别	卷筒 h_1	滑轮 h_2	平衡滑轮 h_3	
	最小值	最小值	最小值	优选最小值[a]
M1	11.2	12.5	11.2	12.5
M2	12.5	14.0	12.5	14.0
M3	14.0	16.0	14.0	16.0
M4	16.0	18.0	16.0	18.0
M5	18.0	20.0	18.0	20.0
M6	20.0	22.4	20.0	22.4
M7	22.4	25.0	22.4	25.0
M8	25.0	28.0	25.0	28.0

[a] 单层缠绕时，弯曲疲劳通常是钢丝绳损坏的主要形式，特别推荐这些系数，以限制钢丝绳在进出绳区域的径向压力。

表 5　流动式起重机用选择系数 h_1，h_2 和 h_3

钢丝绳用途和ISO 4301-1:1986规定的机构工作级别		卷筒 h_1			滑轮 h_2			平衡滑轮 h_3		
		标准钢丝绳	阻旋转钢丝绳		标准钢丝绳	阻旋转钢丝绳		标准钢丝绳	阻旋转钢丝绳	
		最小值	最小值	优选最小值[a]	最小值	最小值	优选最小值[b]	最小值	最小值	优选最小值[c]
起升	M1 到 M6	16	18	20	18	18	20	14	18	20
臂架起升/变幅	M1 到 M6	14	16	20	16	16	20	12.5	16	20
伸缩	M1 到 M4	—	—	—	14	—	—	10	—	—

[a] 特别推荐这些系数，用于限制多层缠绕时钢丝绳在交叉重叠区域的径向压力和随之产生的钢丝绳扭曲效应。

[b] 特别推荐这些系数，用于限制单层缠绕装置上的径向压力和增强抗弯曲疲劳性能。

[c] 单层缠绕时，弯曲疲劳通常是钢丝绳损坏的主要形式，特别推荐这些系数，以限制钢丝绳在进出绳区域的径向压力。

表6 各种型式钢丝绳的绳型系数 t

钢丝绳外层股数	绳型系数 t
3	1.25
4～5	1.15
6～10	1.00
8～10——塑料填充	0.95
10及以上——阻旋转	1.00

7 特殊工况

对于各种特殊工况，如吊运熔融金属、极度恶劣和/或有腐蚀性的环境，应满足下列要求：

a） 机构工作级别不应低于M5；

b） Z_p 值应增加25％，最大可达9.0。

8 保养与维护、检验和报废

根据本标准选择钢丝绳、卷筒和滑轮不能保证钢丝绳无期限地安全作业。

对于卷筒和滑轮，应遵守制造商提供的保养、维护、检验和报废指南。

对于钢丝绳，应遵守ISO 4309的规定。

附 录 A
(规范性附录)
适用的起重机和葫芦

本标准适用于下列起重机和起重葫芦(其中大部分在ISO 4306-1中有明确定义):

a) 桥式起重机;

b) 钢丝绳起重葫芦;

c) 门座或半门座起重机;

d) 门式或半门式起重机;

e) 缆索起重机和门式缆索起重机(只适用起升机构和小车运行机构);

f) 流动式起重机;

g) 塔式起重机;

h) 铁路起重机;

i) 浮式起重机;

j) 甲板起重机;

k) 桅杆起重机和缆绳式桅杆起重机;

l) 刚性斜撑式桅杆起重机;

m) 悬臂起重机(柱式、臂架式、壁式或自行车式);

n) 通用海上起重机。

附　录　B
（资料性附录）
其他与钢丝绳有关的设计和钢丝绳选择因素

B.1　总则

除第 5 章的钢丝绳选择方法和第 6 章的卷筒和滑轮最小直径的确定之外，对于给定的机械类型和钢丝绳用途，在选择钢丝绳类型、结构、绳芯类型、钢丝的表面处理和捻制类型以及捻向时，还需要特别考虑其他与钢丝绳有关的设计因素。

附录 B 中给出的信息和建议，旨在给设计者在设计选型过程中提供帮助。

B.2　卷筒型式和钢丝绳选择

B.2.1　卷筒型式

B.2.1.1　总则

卷筒有光面卷筒和带绳槽卷筒两种型式。

为最大化钢丝绳使用寿命，宜采用钢丝绳单层缠绕卷筒。在某些场合由于空间限制，需要采用两层或多层缠绕卷筒以容纳所有钢丝绳。

采用多层缠绕时，带绳槽的卷筒比光面卷筒有更好的缠绕性且钢丝绳磨损较小。

采用多层缠绕时，宜认识到，在第一层钢丝绳缠绕到卷筒后，为了在卷筒上缠绕第二层钢丝绳，上层钢丝绳要和下层钢丝绳交叉。上层钢丝绳和下层钢丝绳交叉的区域称为交叉重叠区域，这些区域的钢丝绳很容易加剧磨损和挤压。

多层缠绕时，卷筒两侧凸缘高出最外层钢丝绳的高度不应小于钢丝绳公称直径的 0.5 倍。

钢丝绳缠绕的方向，尤其在使用光面卷筒时，非常重要。宜与钢丝绳捻向有关（见图 B.1）。

如果使用带绳槽的卷筒，可以选择任一钢丝绳捻向，但与光面卷筒相同的捻向通常是首选。

B.2.1.2　无绳槽卷筒

任何松动或不均匀缠绕都会造成钢丝绳过度磨损、挤压和变形。

B.2.1.3　带绳槽的卷筒

对于带绳槽的卷筒，底层钢丝绳可以正确缠绕，绳槽在一定程度上支撑钢丝绳，因此可以降低单位接触压力。

有两种绳槽型式：

a）　螺旋槽，它是在卷筒表面加工出一条连续的螺旋槽，确保第一层钢丝绳缠绕符合要求（缠绕超过三层时，不推荐使用）；

b）　平行槽，绳槽加工成平行于卷筒法兰。

卷筒的圆柱表面既开有平行槽又开有螺旋槽，螺旋槽有利于钢丝绳从一个平行槽过渡到下一个平行槽。这种绳槽通常用于多层缠绕，以减轻钢丝绳在交叉重叠区域的损坏。

钢丝绳实际直径和卷筒直径之间、卷筒绳槽节距和槽型之间的关系是很重要的。

绳槽底部的轮廓应为圆形，推荐绳槽半径 r 应在 $0.525d \sim 0.550d$，$0.537\ 5d$ 为最优值（见图 B.2）。

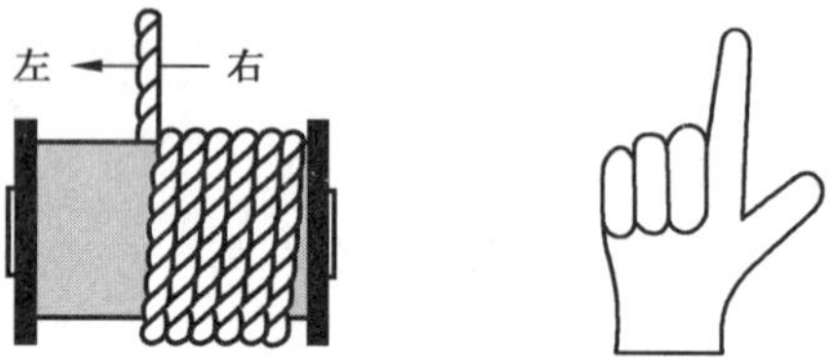	**a)　右捻钢丝绳——下卷式** 右捻钢丝绳,从右侧法兰开始缠绕
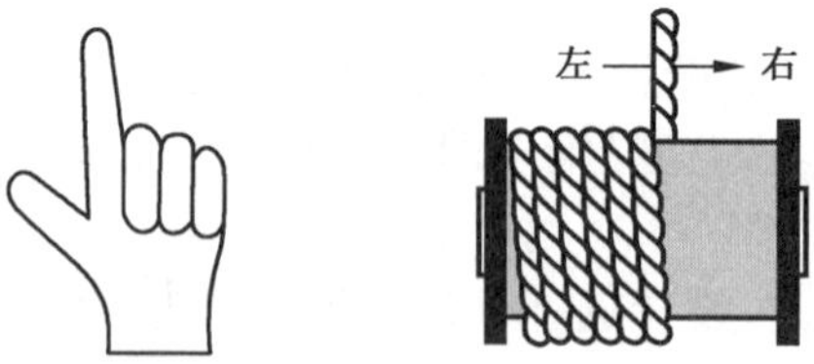	**b)　左捻钢丝绳——下卷式** 左捻钢丝绳,从左侧法兰开始缠绕
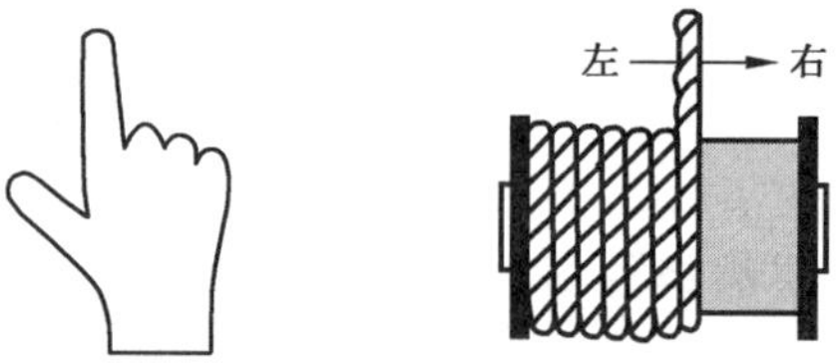	**c)　右捻钢丝绳——上卷式** 右捻钢丝绳,从左侧法兰开始缠绕
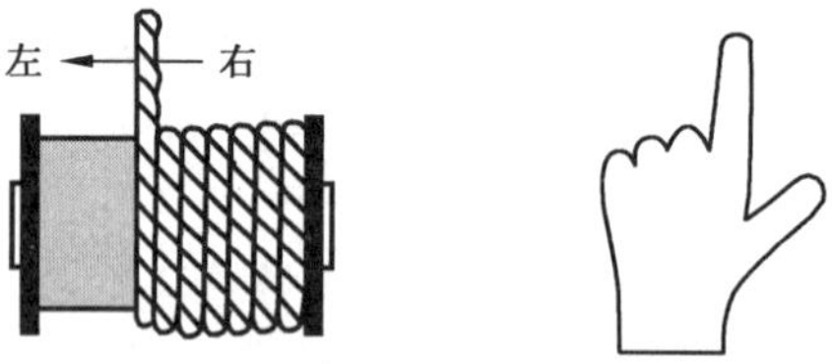	**d)　左捻钢丝绳——上卷式** 左捻钢丝绳,从右侧法兰开始缠绕
拇指指向钢丝绳固定侧	

图 B.1　卷筒上确定钢丝绳固定点的正确方法

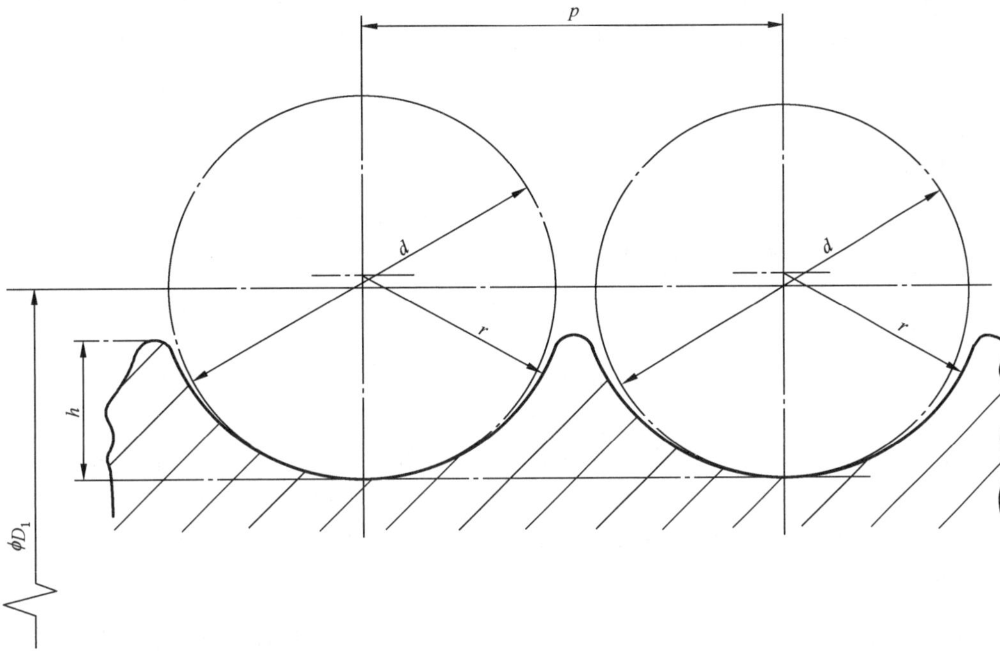

说明：

d ——钢丝绳的公称直径；

h ——绳槽深度；

p ——绳槽节距；

r ——绳槽半径；

ϕD_1——钢丝绳卷筒的节圆直径。

图 B.2 卷筒绳槽设计

B.2.2 钢丝绳缠绕辅助装置

在第二层缠绕开始处，可以使用绳楔或起步嵌条引导钢丝绳穿过第一层进入正确缠绕位置。

类似地，可以使用侧板保证第二层和相邻层钢丝绳的正确缠绕。

B.2.3 考虑卷筒型式的钢丝绳选型

如果需要多层缠绕，推荐使用带钢心的钢丝绳。带钢芯的钢丝绳更不易扭曲变形。

带压实外层股的钢丝绳或压实钢丝绳能明显抗挤压和扭曲变形。

填充聚合物的钢丝绳能限制扭曲变形，同时能减少环境中湿气的进入。

B.3 滑轮、导绳轮和钢丝绳选择

B.3.1 总则

滑轮用于改变起重机或起重葫芦上的钢丝绳方向。滑轮应能自由转动，并对钢丝绳提供足够支持，避免钢丝绳承受过度的弯曲应力、径向压力和惯性力。如果钢丝绳反向弯曲不可避免，推荐至少要保持 $20d$ 的空间距离或 0.25s 的时间间隔，使钢丝绳能在反向弯曲缠绕之前，从一次弯曲中恢复。

传统的滑轮是由钢铁材料制成，但是聚合材料滑轮和带聚合材料衬垫/嵌件的滑轮的使用也在增加。在频繁使用的场合，应用钢铁滑轮会增加钢丝绳外表面磨损的可能性，这种磨损便于钢丝绳检验。在很多使用场合,聚合材料滑轮和带聚合材料衬垫/嵌件的滑轮能延长钢丝绳使用寿命,但是钢丝绳损坏形式可能发生了改变。如果没有切实可行的方法辨识钢丝绳损坏形式,尤其是单层缠绕时,推荐在绕绳布置时,至少使用一个钢铁滑轮(通常是最接近卷筒的那一个)。

B.3.2 滑轮槽型

为使钢丝绳达到最佳使用寿命,滑轮槽型应与钢丝绳直径正确匹配。

如果绳槽太小,钢丝绳在载荷的作用下被强制压入绳槽,致使钢丝绳和滑轮均被损坏。

如果绳槽太大,则对钢丝绳没有足够的支撑,使得钢丝绳在载荷的作用下变扁平和扭曲,加速钢丝绳的损坏。

滑轮绳槽半径 r 应在 $0.525d$ 到 $0.550d$ 之间,最优值为 $0.537\ 5d$,其中 d 是钢丝绳公称直径。

滑轮绳槽表面应处理平滑,没有隆起部分,深度不小于钢丝绳公称直径的 1.5 倍。绳槽底部的外形应为圆形。滑轮两侧的夹角 ω(见图 B.3)应在 45°到 60°之间。如果钢丝绳偏斜角超出 B.4 中的规定值,夹角宜增大,但是这并不适用于流动式起重机,尤其是穿过伸缩滑轮装置时。

B.3.3 导绳轮

导绳轮可以在适当间隔安装,支撑一段长悬链钢丝绳,以防止钢丝绳接触机械结构。导绳轮通常不用于偏转或改变钢丝绳方向,因为它们的直径相对较小,会使钢丝绳承受极高的压应力和弯曲应力,并能导致钢丝绳发生扭转。

钢丝绳表面脆化,可能是由于采用钢制滑轮和导绳轮,钢丝绳在其上以高速或高加速度(高速度变化率)弯曲所致,尤其是在出现小角度偏转的位置。这种情况下宜考虑导绳轮或导绳轮衬垫采用非金属材料。

B.4 钢丝绳偏角和钢丝绳选择

图 B.4 a)所示是带螺旋槽、螺旋角为 α 的宽卷筒,以及一个钢丝绳偏斜穿绕的滑轮。如果钢丝绳朝着卷筒法兰盘处缠绕,将会在滑轮上偏斜,产生钢丝绳偏斜角 $\beta_{左}$ 或 $\beta_{右}$。在卷筒上,钢丝绳形成一个偏斜角($\beta_{左}+\alpha$)或($\beta_{右}-\alpha$)。

钢丝绳以一个偏斜角绕进绕出卷筒或绕过滑轮时,将会由于沿卷筒或滑轮绳槽边缘滚落至槽底而产生扭转(见图 B.5)。这种作用会改变钢丝绳的捻距,影响钢丝绳的性能和缠绕。严重时会出现“鸟笼状”结构损害。因此,钢丝绳偏斜角要尽可能小。

钢丝绳缠绕系统中,对于阻旋转钢丝绳,偏斜角不宜大于 2°,对于标准钢丝绳,偏斜角不宜大于 4°。可以采取措施减小钢丝绳偏斜角,例如:

a) 减少缠绕范围(见图 B.4);

b) 增加滑轮和卷筒之间的距离。

当钢丝绳在卷筒上采用多层缠绕时,在卷筒法兰盘处的偏斜角宜大于 0.5°,以避免钢丝绳堆积。

注:图 B.3 所示是对不同尺寸滑轮和钢丝绳,滑轮绳槽对钢丝绳提供支撑的示意图。不建议将滑轮绳槽两侧倾角设计成不同角度。

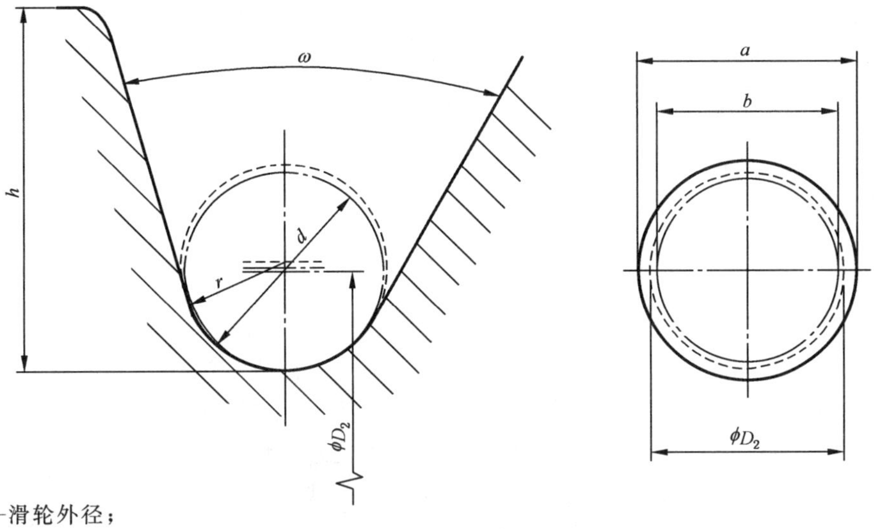

说明：

a ——滑轮外径；

b ——滑轮槽底直径；

h ——滑轮绳槽深度；

ω ——滑轮绳槽两侧夹角；

d ——钢丝绳公称直径；

r ——滑轮绳槽半径；

ϕD_2——钢丝绳滑轮的节圆直径。

图 B.3 滑轮绳槽

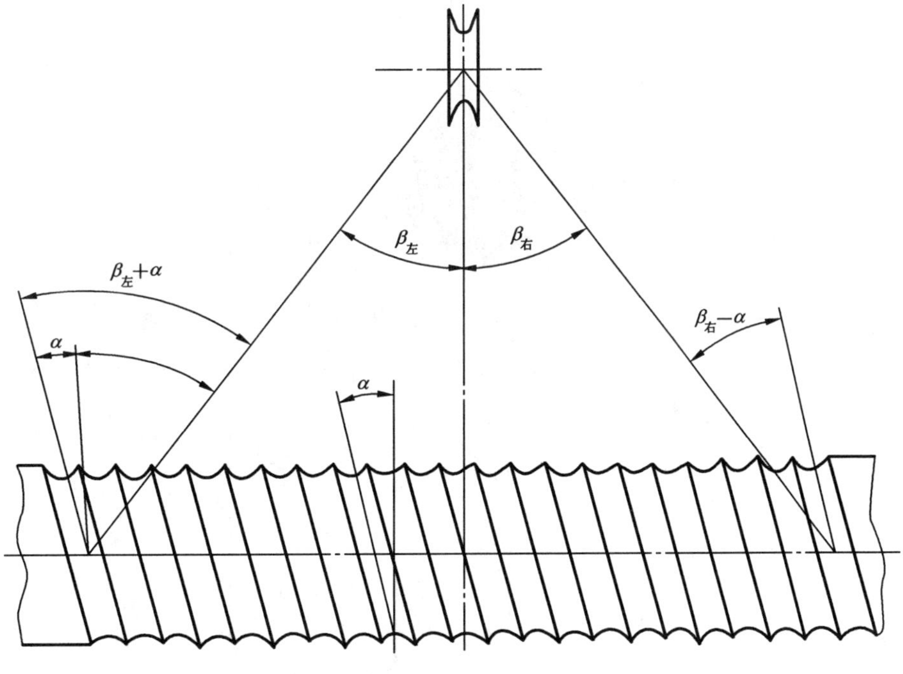

a) 偏斜角和绳槽螺旋角

图 B.4 偏斜角

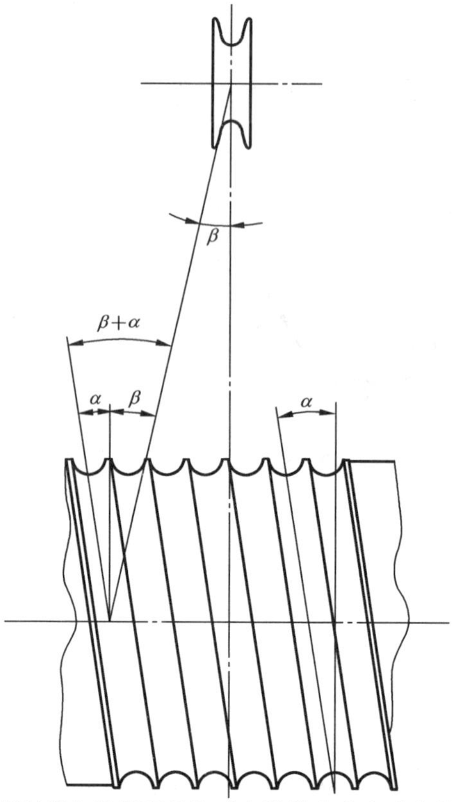

b） 通过增加卷筒直径和减少卷筒宽度来减小偏斜角

图 B.4（续）

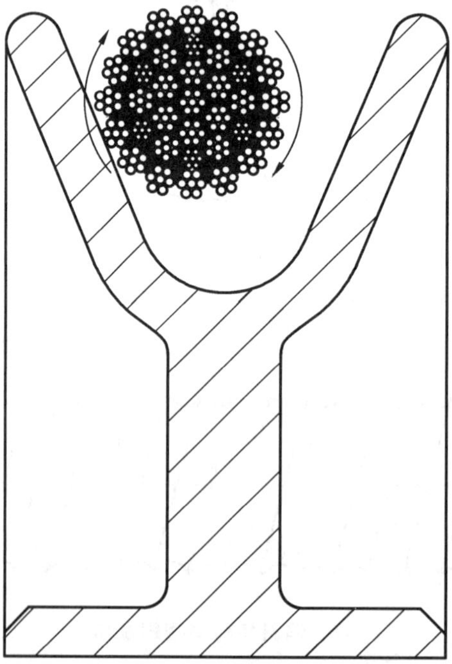

图 B.5 偏斜角引起的钢丝绳扭转

B.5 钢丝绳速度、加速度与钢丝绳选择

钢丝绳的高速度和高加减速度运转会影响钢丝绳性能，当钢丝绳和滑轮的接触长度/角度较小且滑轮惯性很大时尤其如此。在某些场合，为了增加耐磨性能，钢丝绳的抗弯曲疲劳性能会有所下降。

B.6 旋转和旋转接头的使用

B.6.1 总则

旋转是影响钢丝绳有效运行的一个因素，在某些环境下可以导致早期损坏。所有钢丝绳在工作中都会产生一定程度的旋转，在单支起升未固定的载荷时，应考虑使用阻旋转钢丝绳。

B.6.2 旋转接头

为限制起升操作时旋转载荷造成的危害，确保起升区域内人员的安全，最好选用阻旋转钢丝绳，因为这种钢丝绳在承载时旋转量很小——见下文 a)。使用阻旋转钢丝绳时，旋转接头的作用是消除由于钢丝绳在滑轮或卷筒上扭转而产生的旋转。

对于其他负载时抗旋转能力较小的阻旋转钢丝绳——见下文 b)——可以使用旋转接头来减小损坏。然而在这种情况下，应认识到，过度的旋转会对钢丝绳性能产生不利影响，也会造成钢丝绳破断拉力减小，其量值取决于所选钢丝绳的旋转特性和提升载荷的大小。

对上述每次起升操作都应由主管人员进行评估，起重机操作手册宜注明允许使用旋转接头时的最大起升载荷条件，以及在规定期限内钢丝绳的检验要求。

基于钢丝绳的旋转特性，下文总结了旋转接头使用的通用指南：

a) 当旋转特性小于或等于 1 r/1 000 d，且起升载荷相当于 20%$F_{\min}$，能使用旋转接头；

b) 当旋转特性大于 1 r/1 000 d 但小于或等于 4 r/1 000 d，且起升载荷相当于 20%$F_{\min}$ 时，需要根据制造商推荐和/或有主管人员批准，才可使用旋转接头；

c) 当旋转特性大于 4 r/1 000 d，且起升载荷相当于 20%$F_{\min}$时，则不宜使用旋转接头。

其中，d 是钢丝绳公称直径，$F_{\min}$是钢丝绳最小破断拉力，1 r 等于 360°。

B.7 起升高度和多分支缠绕系统

选择钢丝绳时，应了解钢丝绳绳型的旋转特性。如果钢丝绳一端能自由旋转（单分支缠绕），则某些绳型不能使用。

如果钢丝绳两端固定（固定绳或用于多分支缠绕的钢丝绳），应考虑钢丝绳的扭转值。在多分支缠绕布置中扭转值具有使滑轮组产生角位移的作用，因此宜达到与起升高度有关的足够的绳间距，以防止过大的角位移（缠绕系统绕绳）。

如果出现下列情况，钢丝绳缠绕系统的稳定性下降：

a) 钢丝绳缠绕分支之间的间距减小；

b) 奇数分支；

c) 起升高度增加；

d) 绳型的扭转值（扭矩系数）增大。

所选钢丝绳绳型的旋转特性（转数和扭转值）应由钢丝绳制造商提供。必要时，应向钢丝绳制造商寻求帮助。

B.8 钢丝绳损坏的原因

B.8.1 总则

起重机或起重葫芦用钢丝绳在使用中损坏的主要原因是疲劳、磨损或磨伤、机械损伤以及腐蚀(取决于工作环境)。

上述原因可能会出现一个或多个,或起主导作用,这主要取决于钢丝绳的用途。因此选择钢丝绳重要的是让钢丝绳最适合特定的用途,通常钢丝绳制造商或供应商是提供建议的最好来源。

B.8.2 弯曲疲劳

运动钢丝绳的疲劳通常是在反复弯曲作用下并伴随有拉伸载荷而导致的,例如绕过滑轮或绕进绕出卷筒。

因此,影响钢丝绳弯曲疲劳寿命的主要因素是带有载荷(即拉伸载荷)的钢丝绳的缠绕方式(即单层或多层)、滑轮和卷筒直径与钢丝绳直径的比值、滑轮的数量、运行方向以及循环的频率。其他因素,如滑轮绳槽截面的形状和状况、滑轮绳槽的材料、偏斜角和动态载荷也会影响钢丝绳极限寿命。

一般而言,如果机构的尺寸不变,拉伸载荷有所降低时,钢丝绳性能将会提高。选择系数 h_1 和 h_2 增加时,钢丝绳性能也会显著提高。

滑轮或卷筒的尺寸要求,简而言之,通常与选择的钢丝绳公称直径直接相关,但是滑轮或卷筒直径与钢丝绳外层钢丝直径的关系对钢丝绳性能影响最大。

穿过滑轮时,圆股同向捻钢丝绳的弯曲疲劳寿命长于结构相同的交互捻钢丝绳。

如果使用多层缠绕,在钢丝绳的弯曲疲劳寿命期内,钢丝绳在交叉重叠区域的损坏比那些仅仅穿过滑轮的钢丝绳区段的损坏更严重。在这种情况下,延长弯曲疲劳寿命可能没有提高钢丝绳抗挤压能力重要,因此,在某些场合,需要采用外层钢丝或股数更少的结构。

B.8.3 腐蚀

腐蚀与疲劳的联合作用,通常是导致使用中的钢丝绳损坏的主要原因。除了处于非常干燥的条件下,总会有一些未受保护(光面或没有涂层)的钢丝发生腐蚀。

在某些方面,抗腐蚀要求和抗疲劳要求是相矛盾的。对于前者,大直径、小数量的外层钢丝是有利的,而对于后者,小直径、大数量的钢丝则是首选。因此,钢丝绳结构的选择通常要折中处理。为了抑制腐蚀的发生,在其工作寿命期间宜频繁对钢丝绳表面进行适当保养处理。如果存在严重腐蚀的风险,最好使用镀锌钢丝绳。

B.8.4 磨损

磨损主要发生在外层钢丝上。外层钢丝数量少而直径大的钢丝绳(如 6×19 西鲁式),在抗磨损方面的使用寿命比外层钢丝数量多而直径小的钢丝绳(如 6×36 瓦林吞-西鲁式)长。带压实外层股的钢丝绳和压实钢丝绳具有比没有压实外层股的钢丝绳或非压实钢丝绳更长的耐磨损寿命。

B.8.5 抗疲劳和抗磨损

抗疲劳要求与抗磨损要求几乎是对立的。通常,当外层钢丝数量增加时,抗疲劳性能提高,而抗磨损性能却降低。

B.8.6 压扁

选择多层缠绕时,如果压扁是钢丝绳损坏的主要原因,宜考虑选择带压实外层股的钢丝绳或压实钢丝绳。

除选择正确的绳型和结构外，为了限制钢丝绳压扁的程度，设计者还要考虑另外两个选项：增加 h_1 并减少 S。

B.9 钢丝绳伸长及其选择

钢丝绳伸长的原因有：

a) 在跑合过程中钢丝绳组成部件位置调整（常称作永久性结构伸长，通常发生在钢丝绳投入使用后不久）；

b) 由于钢丝绳拉伸引起的弹性伸长；

c) 温度变化；

d) 钢丝绳旋转造成钢丝绳捻距增加。

纤维芯钢丝绳的伸长率比钢芯钢丝绳的伸长率要大得多。如果选择绳型时考虑钢丝绳的伸长量，应根据特定应用环境，由钢丝绳制造商提供相应数值。

B.10 温度和钢丝绳选择

B.10.1 钢丝绳

宜考虑使用的钢丝绳能达到的最大温度。低估温度影响可能导致危险。

带纤维芯的多股钢丝绳能承受的最高温度是 100 ℃。

带钢芯的多股钢丝绳和单捻钢丝绳（即单股钢丝绳和密封钢丝绳）能承受的最高温度是 200 ℃，降低工作载荷限制的额定值是不可避免的，其数值取决于暴露在高温中的时间和钢丝的直径。如果工作温度在 100 ℃和 200 ℃之间，强度损失可以设定为 10%。

如果温度超过 100 ℃，需要特殊润滑剂，而且要考虑强度损失会超过上文中的数值。应联系起重机制造商或钢丝绳制造商。

如果工作温度低至－40 ℃，钢丝绳强度不会受到负面影响，不需要降低工作载荷限制；但是，钢丝绳的性能可能会降低，取决于低温下钢丝绳润滑剂的有效性。

钢丝绳与绳端接头的固定，参见 B.10.2。

B.10.2 绳端接头

除 B.10.1 中给出的钢丝绳指南，除非起重机制造商或钢丝绳制造商另有规定，工作环境温度不得超过下列数值：

——带铝制接头的折回式绳套：150 ℃；

——带钢制接头的对插式绳套：200 ℃；

——铅基合金填充的索节：80 ℃；

——锌或锌基合金填充的索节：120 ℃；

——树脂填充的索节：参考树脂索节系统设计指南。

B.11 钢丝绳绳端接头选择

允许用来连接钢丝绳和其他部件的绳端接头有两种形式：

a) 在钢丝绳末端形成一个绳套（通过一个套环来加以保护）；

b) 通过配件接头与钢丝绳相连。

绳套的制作可以采用传统的钢丝绳插编法，也可以形成一个对插式绳套或折回式绳套并用接头固定。

不同型式绳端接头有不同的效率和性能等级。此性能等级也会受到钢丝绳选型的影响,因此,宜参考本标准参考文献所列出的国际标准。

B.12 制造商提供的钢丝绳润滑

通常要对钢丝绳进行润滑,至少在捻股的过程中(即绳股生产)需要润滑。

作业环境条件非常严酷的应用场合应由钢丝绳制造商在钢丝绳最后密封时对钢丝绳进行润滑。极端温度条件下,需要使用特殊润滑剂。建议在询价阶段与钢丝绳制造商进行讨论。

如果钢丝绳使用环境要求不能对钢丝绳进行润滑,建议在询价阶段与钢丝绳制造商进行讨论。在钢丝绳不需要润滑的场合,对钢丝绳检查频率有特殊要求。

参 考 文 献

[1] ISO 3189-1 Sockets for wire ropes for general purposes—Part 1:General characteristics and conditions of acceptance

[2] ISO 3189-2 Sockets for wire ropes for general purposes—Part 2:Special requirements for sockets produced by forging or machined from the solid

[3] ISO 3189-3 Sockets for wire ropes for general purposes—Part 3:Special requirements for sockets produced by casting

[4] ISO 4301-2 Cranes—Classification—Part 2:Mobile cranes

[5] ISO 8793 Steel wire ropss—Ferrule-secured eye terminations

[6] ISO 8794 Steel wire ropes—Spliced eye terminations for slings

[7] ISO 17558 Steel wire ropes—Socketing procedures—Molten metal and resin socketing

ICS 53.020.20
J 80

中华人民共和国国家标准

GB/T 37366—2019

塔式起重机安全监控系统及数据传输规范

Tower crane safety monitor system and data transmission specifications

2019-03-25 发布　　　　2019-10-01 实施

中华人民共和国国家质量监督检验检疫总局
中国国家标准化管理委员会　发布

前　言

本标准按照 GB/T 1.1—2009 给出的规则起草。

本标准由中国机械工业联合会提出。

本标准由全国起重机械标准化技术委员会(SAC/TC 227)归口。

本标准起草单位:中联重科股份有限公司、江西飞达电气设备有限公司、北京建筑机械化研究院有限公司、共友时代(北京)科技股份有限公司、浙江省建设机械集团有限公司、西安丰树电子科技发展有限公司、湖南建工华旺建设有限公司、抚顺永茂建筑机械有限公司、山西一建集团有限公司塔机分公司、广西建工集团智慧制造有限公司、上海庞源机械租赁有限公司、大器物联科技(广州)有限公司、广州特种机电设备检测研究院、义乌恒邦建筑智能科技有限公司、成都科达光电技术有限责任公司、武汉港迪电气传动技术有限公司、北京建研机械科技有限公司。

本标准主要起草人:喻乐康、粟柱、罗鹤飞、刘双、陶斌辉、王汉炜、杨静、钟花荣、孙田、张晋杰、林永、柴昭一、朴永焕、马俊、蒋滔、彭善忠、李小松、郑捷、欧阳健华、马肖丽、柳杨、倪红胜、刘栋、钱冲、田承天、岳广宇、蒙智峰、马玉苏、卢立东、程江龙、曾宪云、孙艳秋。

塔式起重机安全监控系统及数据传输规范

1 范围

本标准规定了塔式起重机安全监控系统及数据传输的基本要求、构成及功能要求、检验等。

本标准适用于 GB/T 6974.3 所界定的塔式起重机(以下简称“塔机”)。

2 规范性引用文件

下列文件对于本文件的应用是必不可少的。凡是注日期的引用文件,仅注日期的版本适用于本文件。凡是不注日期的引用文件,其最新版本(包括所有的修改单)适用于本文件。

GB/T 5226.32 机械电气安全 机械电气设备 第32部分:起重机械技术条件

GB/T 6974.3 起重机 术语 第3部分:塔式起重机

GB/T 12602 起重机械超载保护装置

GB/T 13752 塔式起重机设计规范

GB/T 25195.3 起重机 图形符号 第3部分:塔式起重机

GB/T 28264—2017 起重机械 安全监控管理系统

3 术语和定义

GB/T 6974.3 和 GB/T 28264—2017 界定的以及下列术语和定义适用于本文件。

3.1

塔式起重机安全监控系统 tower crane safety monitoring system

对塔机工作过程进行监控,并能对塔机重要运行参数和工作状态进行记录和管理的系统。

3.2

远程监测中心通信协议 remote monitoring communication protocols

系统和远程监测中心之间进行信息传输的协议。

3.3

防碰撞单元 anti-collision unit

对塔机与固定障碍物或者塔机之间碰撞可能性进行预警或控制的装置。

4 基本要求

4.1 塔机安全监控系统(以下简称:系统)应对塔机的起重量、起重力矩、起升高度(下降高度)、工作幅度、臂架仰角(动臂塔机)、风速、回转角度、运行行程(行走)、工作时间、累计工作时间、每次工作循环等进行监视、存储。系统应能对塔机的危险操作指令进行报警或限制。

4.2 系统安装时不应损伤或减弱塔机受力结构。

4.3 系统安装时不应改变塔机原有安全保护装置及电气控制系统的功能和性能。

4.4 系统不应执行来自本系统外的操作控制指令。

4.5 系统的工业环境性能应满足 GB/T 5226.32 和 GB/T 12602 实际环境和运行条件及下列要求:

a) 工作环境温度:-20 ℃~60 ℃;

b) 工作环境湿度:≤90%(20 ℃);

c) 电源电压波动范围:±10%。

4.6 系统编号宜采用统一社会信用代码(18 位)—产品类型(2 位)—产品编号[年(4 位)—月(2 位)—4 位序列号]的方式。

示例:生产塔机安全监控系统厂家的社会信用代码为"123456789012345678"、塔机安全监控系统产品类型为"TC"、2017 年 3 月生产的第一台产品的产品编号为"2017030001",其系统编号为:123456789012345678TC2017030001。

注:塔机安全监控系统的产品类型采用字符"TC"表示。

5 构成及功能要求

5.1 系统的构成

5.1.1 系统由硬件和软件组成,其功能单元构成应包括:信息采集单元、信息处理单元、控制输出单元、信息存储单元、信息显示单元、信息输出接口单元等。

当有远程监控需求时,应具有远程传输单元。

当有身份识别需求时,应具有身份识别单元。

当群塔作业时,应具有防碰撞单元。

5.1.2 系统应采集的信息包括:起重量、工作幅度(水平臂塔机)、臂架仰角(动臂塔机)、起升高度、回转角度、塔机顶部风速、地理位置经纬度坐标。

5.1.3 系统构成宜符合图 1 的规定。

5.1.4 在运行周期内,系统对塔机传感器信息的采集周期应不大于 100 ms。

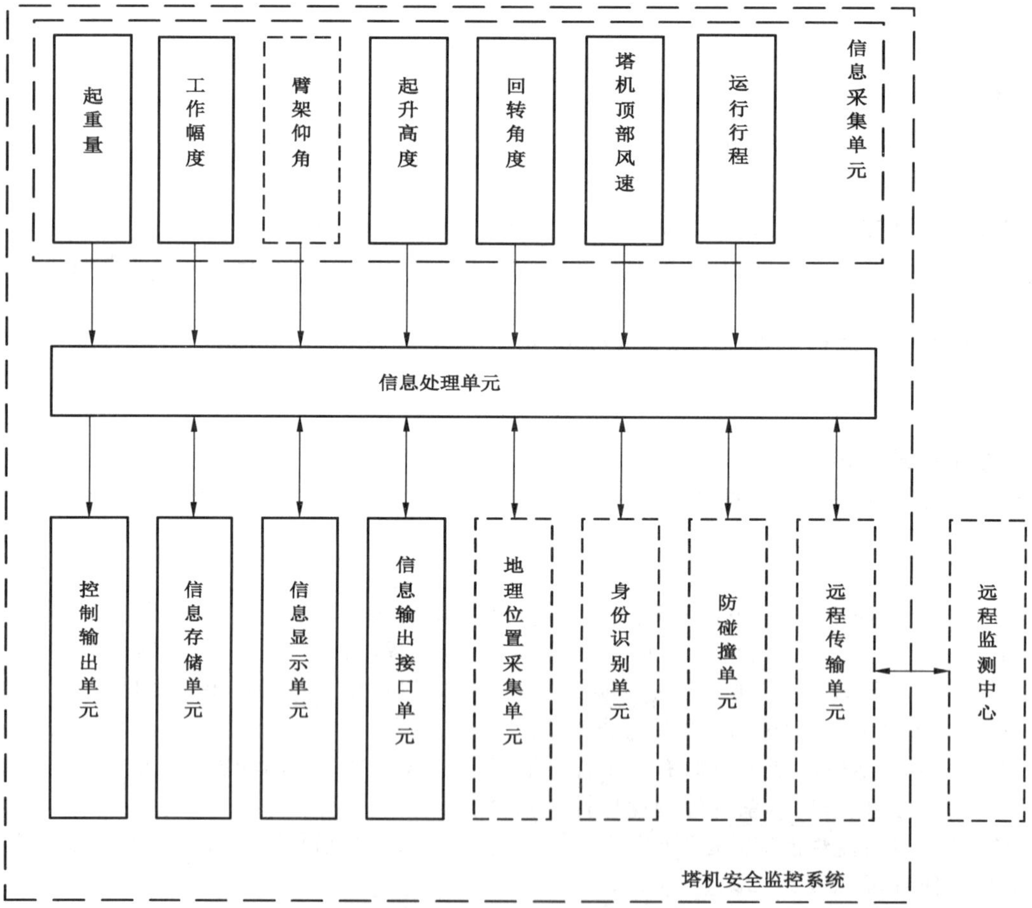

图 1 塔机安全监控系统构成

5.2 显示参数及功能

5.2.1 系统应具有开机自检功能，在系统自身发生故障时，应能立即显示并记录故障信息。

5.2.2 系统显示的内容和要求如下：

a） 信息显示单元宜按年、月、日、时、分、秒显示当前日期时间；

b） 信息显示单元应能以图形、图表或文字的方式显示塔机当前主要工作参数及与塔机额定能力比对信息，工作参数至少应包括：起重量、起重力矩（起重力矩百分比）、起升高度、工作幅度、回转角度、倍率、臂架仰角（动臂塔机）、运行行程（行走）；

c） 显示信息应在各方向光照条件下清晰可见。

5.2.3 图形信息应符合 GB/T 25195.3 的规定。

5.2.4 系统误差应符合 GB/T 28264—2017 的规定。

5.2.5 主要参数显示单位及最低分辨率宜符合表 1 的规定。

表 1 主要参数显示单位及最低分辨率

显示单位名称	单位	最低分辨率
当前幅度额定载荷	t	最大起重量千分之一
起重量	t	最大起重量千分之一
起重力矩百分比	%	1
起升高度	m	0.01
回转角度	(°)	1
工作幅度	m	0.01
臂架仰角（动臂塔机）	(°)	0.1
风速	m/s	0.1
运行行程（行走）	m	0.01

5.3 系统数据存储功能

5.3.1 存储内容

5.3.1.1 系统应存储静态参数信息、工作循环信息、实时工作信息、开关机信息。

5.3.1.2 静态参数信息参见表 A.2。

5.3.1.3 工作循环信息应包括：本次工作循环中最大起重量、最大起重力矩百分比、最大幅度、最大风速，起止时刻的工作幅度、臂架仰角（动臂塔机）、起升高度、回转角度、运行行程。

5.3.1.4 实时工作信息应包括：起重量、工作幅度、臂架仰角（动臂塔机）、起升高度、回转角度、运行行程、预报警状态等参数。

5.3.2 存储触发机制

5.3.2.1 静态参数在变动时应被存储。

5.3.2.2 应记录工作循环信息，工作循环信息起点宜为起重量大于 0.5 t 或额定起重量的 10%，终点为系统停电或下次工作循环起点。

5.3.2.3 塔机实时工作信息存储触发采用事件触发和定时存储两种模式：

a） 事件触发机制：幅度（仰角）外减速/外停/内减速/内停、高度上减速/上停/下减速/下停、回转左减速/左停/右减速/右停、风速预警值/报警值、起重量达到预警值/报警值、起重

力矩达到80%/起重力矩达到预警值/报警值、防碰撞预警/报警、起吊过程循环,进入和退出时各存储一条;

b) 定时存储机制:系统应以1条/2 s的频率记录塔机实时工作信息。

5.3.3 存储

5.3.3.1 系统应存储不少于最近30天的连续工作日的信息,存储的信息包括塔机工作循环信息、事件触发的塔机实时工作信息、定时存储的塔机实时工作信息、开关机信息等。

5.3.3.2 在电源关闭或者供电中断之后,其内部的所有信息均应被保留。

5.3.3.3 信息导出不应影响装置内信息的完整性。

5.3.4 数据导出格式

系统应具备数据导出功能,由被授权人员导出。导出数据内容应为可识别的文本文件格式,导出格式参见附录A。

5.4 系统预报警及控制信号输出功能

系统应设有声光报警装置,当塔机工作参数达到或接近额定值时,应能向司机发出报警信号,并输出控制信号。

塔机预报警以及控制信号输出要求应符合表2的规定。

表2 塔机预报警及控制信号输出要求

参数	阈值	报警方式	控制信号输出
起重力矩	额定起重力矩的100%~110%	声光报警	应输出
	额定起重力矩的90%~95%	声光报警	宜输出
	额定起重力矩的80%	提示	应输出
起重量	额定起重量的100%~110%	声光报警	应输出
	额定起重量的90%~95%	声光报警	宜输出
高度向上运行停止	按塔机说明书设定	声光报警	应输出
高度向上运行减速	按塔机说明书设定	光报警或者图显	宜输出
高度向下运行停止	按塔机说明书设定	声光报警	应输出
高度向下运行减速	按塔机说明书设定	光报警或者图显	宜输出
回转向左停止	按塔机说明书设定	声光报警	应输出
回转向左减速	按塔机说明书设定	光报警或者图显	宜输出
回转向右停止	按塔机说明书设定	声光报警	应输出
回转向右减速	按塔机说明书设定	光报警或者图显	宜输出
幅度/仰角(动臂)向外停止	按塔机说明书设定	声光报警	应输出
幅度/仰角(动臂)向外减速	按塔机说明书设定	光报警或者图显	宜输出
幅度/仰角(动臂)向内停止	按塔机说明书设定	声光报警	应输出
幅度/仰角(动臂)向内减速	按塔机说明书设定	光报警或者图显	宜输出
风速	按GB/T 13752规定设定	声光报警	宜输出
运行行程向外停止	按塔机说明书设定	光报警或者图显	宜输出
运行行程向外减速	按塔机说明书设定	声光报警	宜输出

表 2　塔机预报警及控制信号输出要求（续）

参数	阈值	报警方式	控制信号输出
运行行程向内停止	按塔机说明书设定	光报警或者图显	宜输出
运行行程向内减速	按塔机说明书设定	声光报警	宜输出
注：系统制造厂家可与客户约定更多的控制信号输出。			

5.5　系统数据传输功能

5.5.1　系统与 PLC 的通信

需要时，系统应具备与 PLC（可编程序控制器）通信的功能，应能通过 PLC 读取 IO 的状态，并能通过通信协议将控制信号传送到 PLC。系统与 PLC 的通信协议参见附录 B。

5.5.2　系统与远程监测中心的通信

有远程监测功能要求时，系统应能与远程监测中心通信。系统与远程监测中心的通信数据格式参见附录 C。

5.5.3　系统与防碰撞模块的通信

有防碰撞功能要求时，塔机安全监控系统应能与防碰撞模块通信。

5.6　音、视频监控系统

5.6.1　塔机音、视频监控系统可包含摄像头、麦克风、显示屏、存储设备。

5.6.2　视频应采集吊点初始位置和最终位置信息。

5.6.3　音频宜采集司机室内音频信息。

5.6.4　音、视频应能进行存储，存储时间应不少于 72 h。

5.6.5　宜采用视频监视系统与塔机安全监控系统分离的方式，视频监控系统作为可选配部件。

5.6.6　起升机构附近宜装设视频采集装置，此视频采集装置能将起升机构包含在其视角内，能观察起升钢丝绳排绳等状况。

6　检验

6.1　检验条件

6.1.1　系统安装调试完毕，应进行检验。

6.1.2　现场检验在下列条件下进行：

a)　风速：≤13 m/s；

b)　环境温度：－20 ℃～＋60 ℃；

c)　相对湿度：≤90％（20 ℃时）；

d)　电源电压波动：不超过±10％；

e)　无雨雪等影响检验安全的气候条件。

6.2　检验项目

系统的检验项目应符合表 3 的规定。

表 3 检验项目

序号	检验项目	判定依据	检验方法	项目分类	备注
1	系统安装是否损伤塔机受力结构	4.2	目测	A	既有塔机加装系统
2	系统安装是否改变塔机原有安全保护装置及电气控制系统的功能和性能	4.3	目测与线路连接检查	A	既有塔机加装系统
3	系统显示功能	5.2.2	现场操作验证	A	
4	系统存储功能	5.3	现场操作验证	B	
5	开机自检功能	5.2.1	现场操作验证	C	
6	安全控制及声光报警功能	5.4	现场操作验证	B	
7	存储信息导出功能	5.3.4	现场操作验证	C	
8	系统数据远程传输功能	5.5.2	现场操作验证	C	
9	系统误差	5.2.4	GB/T 28264—2017 中 7.1～7.3	A	
10	音、视频监控功能	5.6	现场操作验证	C	

6.3 判定规则

6.3.1 检验出现 A 类项目不合格，判定该系统不合格。

6.3.2 检验出现 B 类项目不合格，消除不合格因素再行检验，若再出现 B 类项目不合格，判定该系统不合格。

6.3.3 检验出现 C 类项目不合格，消除不合格因素再行检验，若出现 C 类项目不合格，消除不合格因素后进行第三次检验，若出现检验项目不合格，判定该系统不合格。

附　录　A
（资料性附录）
数据导出格式

A.1　一般规定

系统导出的存储数据分四类：静态参数、工作循环数据、实时工作数据、开关机记录。

导出方式采用半角逗号分隔的CSV文本格式（逗号分隔值文本格式），字段采用中文。

文件名采用：系统编号—数据记录时间—数据类型，其中数据类型“0”为静态参数数据，“1”为工作循环数据，“2”为运行状态数据，“3”为开关机记录。

示例：系统编号为“123456789012345678TC2017030001”、2017年4月20日10时57分23秒记录的数据记录时间为“170420105723”、数据类型为“工作循环数据”，其文件名为：123456789012345678TC2017030001-170420105723-1。

A.2　时间子域

时间子域值定义见表A.1。

表A.1　时间子域值定义

时间定义	描述	备注
Byte0	时间-年	BCD码，例：2018年，表示为0x18
Byte1	时间-月	BCD码，例：11月，表示为0x11
Byte2	时间-日	BCD码，例：12日，表示为0x12
Byte3	时间-时	BCD码，例：13时，表示为0x13
Byte4	时间-分	BCD码，例：14分，表示为0x14
Byte5	时间-秒	BCD码，例：15秒，表示为0x15

A.3　静态参数

静态参数数据格式见表A.2。

表A.2　静态参数数据格式

字节	大小	数据格式	名称	备注	导出文件该数值显示方式
0	6 byte	BCD	时间码		
6	1 byte	INT8	塔机类型	0x00：塔帽式 0x01：平头式 0x02：动臂式 0x10：行走塔帽式 0x11：行走平头式 0x12：行走动臂式	16进制

表 A.2（续）

字节	大小	数据格式	名称	备注	导出文件该数值显示方式
7	2 byte	INT16	起重臂长度	单位:0.1 m	10 进制
9	2 byte	INT16	平衡臂长度	单位:0.1 m	10 进制
11	2 byte	INT16	平衡臂宽度	单位:0.1 m	10 进制
13	2 byte	INT16	平衡重下垂高度	单位:0.1 m 水平臂塔机为起重臂下平面到平衡重下平面的垂直距离;动臂塔机为起重臂根铰点到平衡重下平面的垂直距离	10 进制
15	2 byte	INT16	塔帽高度	单位:0.1 m 水平臂塔机为起重臂下平面到塔机最高点的垂直距离;动臂塔机为起重臂根铰点到塔机平衡臂结构的最高点的垂直距离	10 进制
17	2 byte	INT16	塔机高度	单位:0.1 m 水平臂塔机为起重臂离塔机固定基础的高度;动臂塔机为起重臂铰点离塔机固定基础的高度	10 进制
19	2 byte	INT16	臂根铰点偏置距离(动臂)	单位:0.1 m 回转中心到起重臂根铰点的水平距离,起重臂方向为正值,平衡臂方向为负值	10 进制
21	2 byte	INT16	爬升架外框尺寸	单位:0.1 m	10 进制
23	2 byte	INT16	引进平台位置方向角	单位:0.1° 塔机引进平台相对于正北方向的偏差角度	10 进制
25	2 byte	INT16	塔机相对高度	单位:0.1 m 塔机固定基础相对于水平面的高度	10 进制
27	2 byte	INT16	塔机 X 坐标	单位:0.1 m	10 进制
29	2 byte	INT16	塔机 Y 坐标	单位:0.1 m	10 进制
31	2 byte	INT16	行走轨道方向角	单位:0.1° 行走轨道相对于正北向的偏差角度	10 进制
33~63			预留		

A.4 工作循环数据

工作循环数据格式见表 A.3。

表 A.3 工作循环数据格式

字节	大小	数据格式	名称	备注	导出文件该数值显示方式
0	6 byte	BCD	开始时间		
6	6 byte	BCD	结束时间		
12	2 byte	INT16	最大起重力矩百分比	单位:0.01%	10 进制
14	2 byte	INT16	最大起重量	单位:0.01 t	10 进制
16	2 byte	INT16	开始高度	单位:0.1 m	10 进制
18	2 byte	INT16	结束高度	单位:0.1 m	10 进制
20	2 byte	INT16	开始回转	单位:0.1°	10 进制
22	2 byte	INT16	结束回转	单位:0.1°	10 进制
24	2 byte	INT16	开始幅度	单位:0.01 m	10 进制
26	2 byte	INT16	结束幅度	单位:0.01 m	10 进制
28	2 byte	INT16	开始仰角(动臂)	单位:0.1°	10 进制
30	2 byte	INT16	结束仰角(动臂)	单位:0.1°	10 进制
32	2 byte	INT16	最大幅度	单位:0.01 m	10 进制
34	2 byte	INT16	最大风速	单位:0.1 m/s	10 进制
36	7 bit	BOOL	预留		
	6 bit	BOOL	预留		
	5 bit	BOOL	预留		
	4 bit	BOOL			
	3 bit	BOOL			
	2 bit	BOOL			
	1 bit	BOOL			
	0 bit	BOOL	是否完整标志	1:完整;0:不完整	16 进制
37	1 byte		预留		
38	2 byte	INT16	开始 X 位置(行走)	单位:0.1 m	10 进制
40	2 byte	INT16	开始 Y 位置(行走)	单位:0.1 m	10 进制
42	2 byte	INT16	结束 X 位置(行走)	单位:0.1 m	10 进制
44	2 byte	INT16	结束 Y 位置(行走)	单位:0.1 m	10 进制
46～63			预留		

A.5 实时工作数据

实时工作数据格式见表 A.4。

表 A.4　实时工作数据格式

字节	大小	数据格式	名称	备注	导出文件该数值显示方式
0	6 byte	BCD	时间码		
6	7 bit		小车数量	0～15	10 进制
	6 bit				
	5 bit				
	4 bit				
	3 bit		起升机构数量	0～15	10 进制
	2 bit				
	1 bit				
	0 bit				
7	1 byte	UINT8	倍率	0～255	10 进制
8	7 bit		工作模式	00:工作模式 01:调试模式 10:顶升模式	16 进制
	6 bit				
	5 bit	BOOL	旁路状态	0—正常;1—旁路	
	4 bit		预留		
	3 bit	BOOL	PLC 通讯状态	0—正常;1—异常	
	2 bit		预留		
	1 bit		预留		
	0 bit		预留		
9	7 bit		起重量传感器 1	00—正常;　01—故障 10—未标定	16 进制
	6 bit				
	5 bit		高度传感器 1	00—正常;　01—故障 10—未标定	
	4 bit				
	3 bit		回转传感器	00—正常;　01—故障 10—未标定;11—未配置	
	2 bit				
	1 bit		幅度传感器/仰角传感器(动臂塔机)	00—正常;　01—故障 10—未标定	
	0 bit				
10	7 bit		行走传感器(行走塔机)	00—正常;　01—故障 10—未标定;11—未配置	16 进制
	6 bit				
	5 bit		预留		
	4 bit				
	3 bit		风速传感器	00—正常;　01—故障 10—未标定;11—未配置	
	2 bit				
	1 bit		倾角传感器	00—正常;　01—故障 10—未标定;11—未配置	
	0 bit				
11	7 bit		起重量传感器 2	00—正常;　01—故障 10—未标定;11—未配置	16 进制
	6 bit				
	5 bit		高度传感器 2	00—正常;　01—故障 10—未标定;11—未配置	
	4 bit				

表 A.4（续）

字节	大小	数据格式	名称	备注	导出文件该数值显示方式
11	3 bit		预留		16 进制
	2 bit				
	1 bit		幅度传感器 2/仰角传感器 2（动臂塔机）	00—正常； 01—故障 10—未标定；11—未配置	
	0 bit				
12	7 bit	BOOL	电子力矩限位 4	自定义	16 进制
	6 bit	BOOL	电子力矩限位 3	100%～110%（报警）	
	5 bit	BOOL	电子力矩限位 2	90%～95%（预警）	
	4 bit	BOOL	电子力矩限位 1	80%	
	3 bit	BOOL	电子重量限位 4	100%～110%（报警）	
	2 bit	BOOL	电子重量限位 3	90%～95%（预警）	
	1 bit	BOOL	电子重量限位 2	自定义	
	0 bit	BOOL	电子重量限位 1	自定义	
13	7 bit	BOOL	电子向上起升停止限位	限位输出，起升	16 进制
	6 bit	BOOL	电子向上起升减速限位		
	5 bit	BOOL	电子向下起升停止限位		
	4 bit	BOOL	电子向下起升减速限位		
	3 bit	BOOL	电子向左回转停止限位	限位输出，回转	
	2 bit	BOOL	电子向左回转减速限位		
	1 bit	BOOL	电子向右回转停止限位		
	0 bit	BOOL	电子向右回转减速限位		
14	7 bit	BOOL	电子向外变幅（仰角）停止限位	限位输出，变幅	16 进制
	6 bit	BOOL	电子向外变幅（仰角）减速限位		
	5 bit	BOOL	电子向内变幅（仰角）停止限位		
	4 bit	BOOL	电子向内变幅（仰角）减速限位		
	3 bit	BOOL			
	2 bit	BOOL			
	1 bit	BOOL			
	0 bit	BOOL			
15	7 bit	BOOL			16 进制
	6 bit	BOOL			
	5 bit	BOOL			
	4 bit	BOOL			
	3 bit	BOOL	电子超风速限位		
	2 bit	BOOL	电子风速预警限位		
	1 bit	BOOL			
	0 bit	BOOL			
16	7 bit	BOOL	电子向上起升停止限位	行程限制，起升	16 进制
	6 bit	BOOL	电子向上起升减速限位		
	5 bit	BOOL	电子向下起升停止限位		
	4 bit	BOOL	电子向下起升减速限位		

表 A.4(续)

字节	大小	数据格式	名称	备注	导出文件该数值显示方式
16	3 bit	BOOL	电子向左回转停止限位	行程限制,回转	16 进制
	2 bit	BOOL	电子向左回转减速限位		
	1 bit	BOOL	电子向右回转停止限位		
	0 bit	BOOL	电子向右回转减速限位		
17	7 bit	BOOL	电子向外变幅停止限位	行程限制,变幅	16 进制
	6 bit	BOOL	电子向外变幅减速限位		
	5 bit	BOOL	电子向内变幅停止限位		
	4 bit	BOOL	电子向内变幅减速限位		
	3 bit	BOOL			
	2 bit	BOOL			
	1 bit	BOOL			
	0 bit	BOOL			
18	7 bit	BOOL	电子向上起升停止限位	区域限位,起升	16 进制
	6 bit	BOOL	电子向上起升减速限位		
	5 bit	BOOL	电子向下起升停止限位		
	4 bit	BOOL	电子向下起升减速限位		
	3 bit	BOOL	电子向左回转停止限位	区域限位,回转	
	2 bit	BOOL	电子向左回转减速限位		
	1 bit	BOOL	电子向右回转停止限位		
	0 bit	BOOL	电子向右回转减速限位		
19	7 bit	BOOL	电子向外变幅停止限位	区域限位,变幅	16 进制
	6 bit	BOOL	电子向外变幅减速限位		
	5 bit	BOOL	电子向内变幅停止限位		
	4 bit	BOOL	电子向内变幅减速限位		
	3 bit	BOOL			
	2 bit	BOOL			
	1 bit	BOOL			
	0 bit	BOOL			
20	7 bit	BOOL	电子向上起升停止限位	群塔防撞,起升	16 进制
	6 bit	BOOL	电子向上起升减速限位		
	5 bit	BOOL	电子向下起升停止限位		
	4 bit	BOOL	电子向下起升减速限位		
	3 bit	BOOL	电子向左回转停止限位	群塔防撞,回转	
	2 bit	BOOL	电子向左回转减速限位		
	1 bit	BOOL	电子向右回转停止限位		
	0 bit	BOOL	电子向右回转减速限位		
21	7 bit	BOOL	电子向外变幅停止限位	群塔防撞,变幅	16 进制
	6 bit	BOOL	电子向外变幅减速限位		
	5 bit	BOOL	电子向内变幅停止限位		
	4 bit	BOOL	电子向内变幅减速限位		

表 A.4（续）

字节	大小	数据格式	名称	备注	导出文件该数值显示方式
21	3 bit	BOOL	电子向前行走停止限位	群塔防撞，行走	16 进制
	2 bit	BOOL	电子向前行走减速限位		
	1 bit	BOOL	电子向后行走停止限位		
	0 bit	BOOL	电子向后行走减速限位		
22	2 byte	INT16	起重力矩百分比	单位：0.01％	10 进制
24	2 byte	INT16	起重量	单位：0.01 t	10 进制
26	2 byte	INT16	高度值	单位：0.1 m	10 进制
28	2 byte	INT16	回转角度	单位：0.1°	10 进制
30	2 byte	INT16	幅度值	单位：0.01 m	10 进制
32	2 byte	INT16	臂架仰角	单位：0.1°	10 进制
34	2 byte	INT16	风速	单位：0.1 m/s	10 进制
36	2 byte	INT16	X 位置（行走）	单位：0.1 m	10 进制
38	2 byte	INT16	Y 位置（行走）	单位：0.1 m	10 进制
40～63			预留		

注 1：回转角度：以正北向为 0°，从上往下看顺时针为正。

注 2：限位状态："0"代表此限位被限制；"1"代表此限位未被限制。

A.6 开关机记录数据

开关机记录数据格式见表 A.5。

表 A.5 开关机记录数据格式

字节	大小	数据格式	名称	备注	导出文件该数值显示方式
0	6 byte	BCD	时间码		
6	1 byte	INT8	事件代码	1＝开机 2＝关机 其他预留	16 进制
7	4 byte	INT32	工作持续时间	单位：秒(s)	16 进制

附　录　B
（资料性附录）
系统与PLC的通信协议

B.1　通信协议约定

系统与PLC通信基于MODBUS-RTU通信协议，系统为主站设备，PLC为从站设备（编号01），硬件接口建议为RS232接口，通信接口设置见表B.1。

表B.1　通信接口设置

参数	设置
波特率	9 600
数据位	8
停止位	1
校验	偶校验

B.2　通信命令

B.2.1　PLC输入信号的采集

系统周期采集并记录PLC的输入信号，共记录96位输入。

PLC的输入信号查询命令格式见表B.2。

输入信号PLC应答格式见表B.3。

表B.2　PLC输入信号查询命令格式

地址域 1 byte	功能码 1 byte	起始地址 2 byte	数据数量 2 byte	校验码(CRC) 2 byte
0x01	0x02	—	—	—

表B.3　输入信号PLC应答格式

地址域 1 byte	功能码 1 byte	数据字节数 1 byte	数据内容 n byte	校验码(CRC) 2 byte
0x01	0x02	—	—	—

B.2.2　PLC输出信号的采集

系统周期采集并记录PLC的输出信号，共记录96位输入。

PLC的输出信号查询命令格式见表B.4。

输出信号PLC应答格式见表B.5。

表B.4　PLC输出信号查询命令格式

地址域 1 byte	功能码 1 byte	起始地址 2 byte	数据数量 2 byte	校验码(CRC) 2 byte
0x01	0x01	—	—	—

表 B.5 输出信号 PLC 应答格式

地址域 1 byte	功能码 1 byte	数据字节数 1 byte	数据内容 n byte	校验码(CRC) 2 byte
0x01	0x01	—	—	—

B.2.3 系统限位信号的通信输出

系统将限位状态周期写入 PLC 中,共写入 32 位。

限位信息写入命令格式见表 B.6。

限位信息写入 PLC 应答格式见表 B.7。

限位信息中限位状态的定义见表 B.8。

表 B.6 限位信息写入命令格式

地址域 1 byte	功能码 1 byte	起始地址 2 byte	数据数量 2 byte	数据字节数 1 byte	数据内容 4 byte	校验码(CRC) 2 byte
0x01	0x0F	—	0x0020	0x04	—	—

表 B.7 限位信号写入 PLC 应答格式

地址域 1 byte	功能码 1 byte	起始地址 2 byte	数据数量 2 byte	校验码(CRC) 2 byte
0x01	0x0F	—	0x0020	—

表 B.8 限位状态定义

位地址	限位定义	位地址	限位定义
起始地址+0	力矩限位(自定义)	起始地址+16	向外变幅停止限位
起始地址+1	力矩限位(100%~110%)	起始地址+17	向外变幅减速限位
起始地址+2	力矩限位(90%~95%)	起始地址+18	向内变幅停止限位
起始地址+3	力矩限位(80%)	起始地址+19	向内变幅减速限位
起始地址+4	重量限位(100%~110%)	起始地址+20	塔机客户约定
起始地址+5	重量限位(90~95)	起始地址+21	塔机客户约定
起始地址+6	重量限位(自定义)	起始地址+22	塔机客户约定
起始地址+7	重量限位(自定义)	起始地址+23	塔机客户约定
起始地址+8	向上运行停止限位	起始地址+24	风速报警限位
起始地址+9	向上运行减速限位	起始地址+25	风速预警限位
起始地址+10	向下运行停止限位	起始地址+26	向前行走停止限位
起始地址+11	向下运行减速限位	起始地址+27	向前行走减速限位
起始地址+12	向左运行停止限位	起始地址+28	向后行走停止限位
起始地址+13	向左运行减速限位	起始地址+29	向后行走减速限位
起始地址+14	向右运行停止限位	起始地址+30	心跳
起始地址+15	向右运行减速限位	起始地址+31	心跳(反)
注:限位状态"0"代表此限位被限制;"1"代表此限位未被限制。			

附　录　C
(资料性附录)
系统与远程监测中心的通信数据格式

C.1　终端统一编号

为有效监管相关责任单位行为,系统采用唯一标识每台终端。系统编号采用统一社会信用代码(18 位)—产品类型(2 位)—产品编号[年(4 位)—月(2 位)—序列号(4 位)]的方式,终端统一编号定义见表 C.1。

表 C.1　终端统一编号定义

0	1	2	3	4	5	6	7	8	9	10	11	12	13	14	15	16	17
社会信用代码																	
18	19	20	21	22	23	24	25	26	27	28	29						
TC		年				月		设备流水号									
注:产品类型:塔式起重机用 TC,其他类型待定。																	

C.2　通信命令格式说明

C.2.1　通信协议约定

塔机监控终端与远程监控中心间基于 IP 协议网络通信,在传输层使用 TCP 协议。塔机监控中心建立 TCP 监听,塔机监控终端向监控中心发起 TCP 连接,建立连接后保持连接状态不主动断开,并定时向监控中心发送心跳数据包确认连接状态,一旦连接断开则重新建立连接。

监控终端每次与监控中心建立 TCP 连接时需进行注册步骤获取通信编号,以后的数据通信采用通信编号进行标识,连接断开后续重新建立连接并重新注册。

C.2.2　通信帧结构

C.2.2.1　塔机监控终端与监控中心通信帧

C.2.2.1.1　通则

塔机监控终端与监控中心通信帧分为终端注册帧,正常数据通信帧和通信错误帧。

塔机监控终端与监控中心通信帧结构见表 C.2。

表 C.2　塔机监控终端与监控中心通信帧结构

帧头 1 byte	帧长度 1 byte	预留 2 byte	命令 1 byte	时间 6 byte	数据载荷 n byte	CRC 校验 2 byte
0x00～0xFF	0x00～0xFF	0x0000	0x01～0xFF	—	—	—

C.2.2.1.2　终端注册帧

终端注册通信帧结构见表 C.3。

表 C.3　终端注册通信帧结构

帧头 1 byte	帧长度 1 byte	预留 2 byte	命令 1 byte	时间 6 byte	数据载荷 *n* byte	CRC 校验 2 byte
0x00～0xFF	0x00～0xFF	0x0000	0x01	—	—	—

C.2.2.1.3　正常数据通信帧

正常数据通信帧结构见表 C.4。

表 C.4　正常数据通信帧结构

帧头 1 byte	帧长度 1 byte	通信编号 2 byte	命令 1 byte	时间 6 byte	数据载荷 *n* byte	CRC 校验 2 byte
0x00～0xFF	0x00～0xFF	0x0001～0xFFFF	0x02～0xFD	—	—	—

C.2.2.1.4　通信错误帧

通信错误帧结构见表 C.5。

表 C.5　通信错误帧结构

帧头 1 byte	帧长度 1 byte	通信编号 2 byte	命令 1 byte	时间 6 byte	错误代码 1 byte	CRC 校验 2 byte
0x00～0xFF	0x00～0xFF	0x0000～0xFFFF	0xFE	—	0x00～0xFF	—

注 1：帧头子域共 1 个字节，其值定义如表 C.3 所示。
注 2：帧长度子域共 1 个字节，其值为从帧头子域到 CRC 校验子域的长度，包括帧长度子域本身的长度。
注 3：通讯编号子域共 2 个字节，其值在终端向服务器注册时获得。
注 4：命令子域共 1 个字节，其值定义如表 C.4 所示。
注 5：时间子域共 6 个字节，其值定义参考附录 A 表 A.1 所示。
注 6：数据载荷子域的字节数 *n* 是根据不同的数据帧结构变化的，INT 型数据按照高位在前传输，详见具体帧结构。
注 7：CRC 校验子域，从帧头开始到 CRC 校验帧之前，不包括 CRC 校验子域本身，使用 CRC16 校验方式，算法示例如下：

```
WORD CRC16(BYTE * pchMsg, WORD wDataLen)
{
        BYTE i, chChar;
        WORD wCRC = 0xFFFF;
        while (wDataLen--)
        {
                chChar = * pchMsg++;
                chChar = ByteInvert(chChar);
                wCRC ^= (((WORD)chChar)<< 8);
                for (i = 0; i < 8; i++)
                {
                        if (wCRC & 0x8000)
                                wCRC = (wCRC << 1)^ 0x8005;
                        else
                                wCRC <<= 1;
                }
        }
      wCRC = WordInvert(wCRC);
      return wCRC;
}
```

C.2.2.2 帧头子域

帧头子域值定义见表C.6。

表C.6 帧头子域值定义

帧头定义	描述	备注
0xA0	终端设备主动发送到服务器的数据包帧头	
0xA1	服务器应答终端设备主动发送数据的数据包帧头	
0xA2	服务器主动发送到终端设备的数据包帧头	
0xA3	终端设备应答服务器主动发送数据的数据包帧头	

C.2.2.3 命令子域

命令子域值定义见表C.7。

表C.7 命令子域值定义

命令定义	描述	是否必须	备注
0x01	终端注册	必须	
0x02	IP/域名和端口修改	必须	
0x11	SIM卡数据	必须	
0x12	GPS数据	可选	
0x13	身份识别数据	可选	
0x14	解锁车数据	可选	
0x1F	关机数据	可选	
0x21	区域限制参数	必须	无区域可不发
0x22	静态参数	必须	
0x23	实时数据	必须	
0x24	工作循环数据	必须	
0xFE	通讯错误	必须	
其他	预留		

C.2.3 数据上报约定

按照实时数据统一保存到塔机远程监控中心的原则，塔机监控终端开机后，首先与远程塔机监控中心服务器建立连接，并进行注册流程；注册结束后，开始发送实时数据和工作循环数据。

塔机监控系统终端注册顺序依次为：版本数据请求，SIM卡数据请求，GPS数据请求，多机防撞静态参数请求，区域限制静态参数请求。

设备开机的注册流程见图C.1。

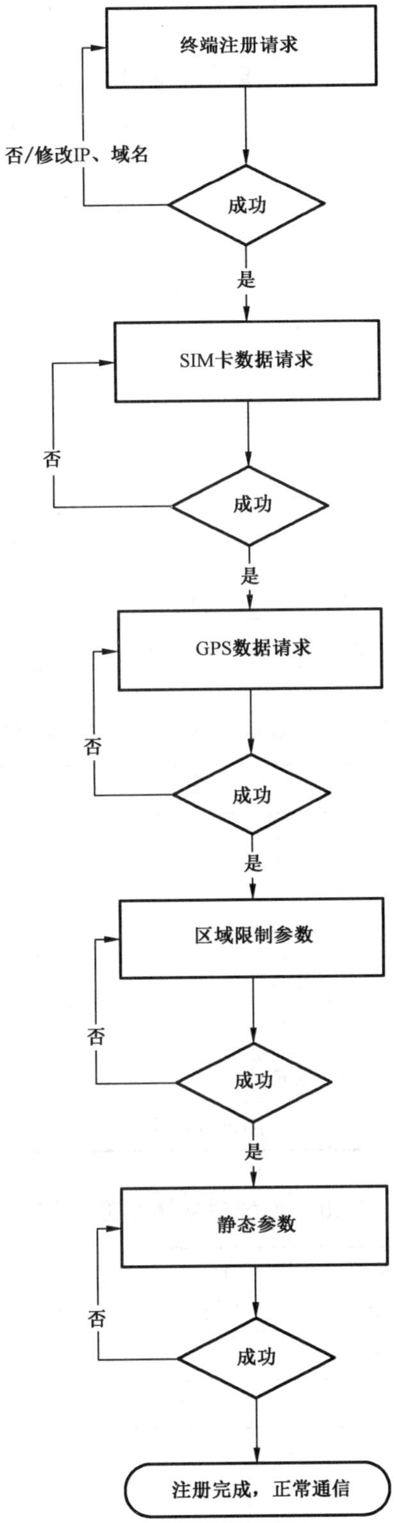

图 C.1　设备开机注册流程图

C.2.4 终端注册

监控终端上电成功后,向服务器进行注册,收到服务器应答则注册成功,10 s 内未收到服务器应答则重新发送请求帧,连续 3 次未收到则频率改为 60 s,直到成功接收到服务器应答则停止发送。

在服务器繁忙的情况下,终端注册请求帧的应答会为 IP/域名和端口修改功能请求帧格式,无需应答,直接按新的 IP/域名进行连接,重新进行注册。

在没有 GPS 时钟的情况下,监控终端收到终端注册请求帧应答后调整时钟与监控中心时钟保持同步。

终端注册请求帧结构见表 C.8。

终端注册请求帧数据载荷格式见表 C.9。

终端注册请求应答帧格式见表 C.10。

表 C.8 终端注册请求帧结构

帧头 1 byte	帧长度 1 byte	预留 2 byte	命令 1 byte	时间码 6 byte	数据载荷 36 byte	CRC 校验 2 byte
0xA0	—	0x0000	0x01	—	—	—

表 C.9 终端注册请求帧数据载荷格式

字节	大小	数据格式	名称	备注
0	30 byte	ASCII	系统编号	
30	1 byte	BCD	硬件版本号高位	高字节表示整数位,低字节表示小数位
31	1 byte	BCD	硬件版本号低位	
32	1 byte	BCD	软件版本号高位	软件版本号表示方法同硬件版本号
33	1 byte	BCD	软件版本号低位	
34	1 byte	BCD	通信协议版本号高位	软件版本号表示方法同软件版本号;本版协议定为 0x0100
35	1 byte	BCD	通信协议版本号低位	

表 C.10 终端注册请求应答帧格式

帧头 1 byte	帧长度 1 byte	预留 2 byte	命令 1 byte	时间码 6 byte	通讯编号 2 byte	CRC 校验 2 byte
0xA1	—	0x0000	0x01	—	0x0001～0xFFFF	—
注:塔机监控终端收到回复帧后将时间数据存入到本地进行校时。						

C.2.5 IP/域名和端口修改

监控中心向终端设备发送 IP/域名和端口修改请求帧,收到监控终端应答则通讯成功并停止发送,10 s 内未收到监控终端应答则重新发送远程修改 IP/域名请求,连续 3 次未收到则停止发送,并在 1 h 后重新进行远程修改 IP/域名数据发送,直至发送成功为止。

作为监控中心应答终端注册功能的响应帧时，通讯编号采用 0x0000，同时不需要再收到应答帧。

IP/域名和端口修改请求帧/响应帧结构见表 C.11。

IP/域名和端口修改请求帧/响应帧数据载荷格式见表 C.12。

IP/域名和端口修改应答帧格式见表 C.13。

表 C.11　IP/域名和端口修改请求帧/响应帧结构

帧头 1 byte	帧长度 1 byte	通信编号 2 byte	命令 1 byte	时间码 6 byte	数据载荷 *n* byte	CRC 校验 2 byte
0xA1/0xA2	—	—	0x02	—	—	—

表 C.12　IP/域名和端口修改请求帧/响应帧数据载荷格式

字节	大小	数据格式	名称	备注
0	7 bit	BOOL	预留	
	6 bit	BOOL	预留	
	5 bit	BOOL	预留	
	4 bit	BOOL	连接方式	1=临时连接，仅本次连接有效，断电重启后用原来地址连接。 0=修改连接，改变保存的连接设置，以后连接都使用新的地址
	3 bit	BOOL	预留	
	2 bit	BOOL	预留	
	1 bit	BOOL	预留	
	0 bit	BOOL	地址类型	0=IP 地址；1=域名
1	*n* byte	ASCII	IP 地址/域名 端口号	格式“202. 143. 25. 67：8976”或“domain.com/server：8976”

表 C.13　IP/域名和端口修改应答帧格式

帧头 1 byte	帧长度 1 byte	通信编号 2 byte	命令 1 byte	时间码 6 byte	数据载荷 1 byte	CRC 校验 2 byte
0xA3	—	—	0x02	—	0x00	—

C.2.6　SIM 卡数据

监控终端保存的 SIM 卡数据有变化时，发送 SIM 卡数据请求，收到服务器应答则通讯成功并停止发送，10 s 内未收到服务器应答则重新发送 SIM 卡数据请求，连续 3 次未收到则停止发送。

SIM 卡数据请求帧结构见表 C.14。

SIM 卡数据请求帧数据载荷格式见表 C.15。

SIM 卡数据应答帧结构见表 C.16。

表 C.14 SIM 卡数据请求帧结构

帧头 1 byte	帧长度 1 byte	通信编号 2 byte	命令 1 byte	时间码 6 byte	数据载荷 8 byte	CRC 校验 2 byte
0xA0	—	—	0x11	—	—	—

表 C.15 SIM 卡数据请求帧数据载荷格式

字节	大小	数据格式	名称	备注
0	8 byte	BCD	SIM 卡号	首位补 0,举例:“0008613685203197”

表 C.16 SIM 卡数据应答帧结构

帧头 1 byte	帧长度 1 byte	通信编号 2 byte	命令 1 byte	时间码 6 byte	数据载荷 1 byte	CRC 校验 2 byte
0xA1	0x17	—	0x11	—	0x00	—

C.2.7 GPS 数据

该功能是监控终端发送 GPS 数据,收到服务器应答则通信成功并停止发送,10 s 内未收到服务器应答则重新发送 GPS 数据请求,连续 3 次未收到则停止发送。

GPS 数据请求帧结构见表 C.17。

GPS 数据请求帧数据载荷格式见表 C.18。

GPS 数据应答帧结构见表 C.19。

表 C.17 GPS 数据请求帧结构

帧头 1 byte	帧长度 1 byte	通信编号 2 byte	命令 1 byte	时间码 6 byte	数据载荷 9 byte	CRC 校验 2 byte
0xA0	—	—	0x12	—	—	—

表 C.18 GPS 数据请求帧数据载荷格式

字节	大小	数据格式	名称	备注
0	7 bit	BOOL	卫星状态	0:卫星未定位;1:卫星已定位
	6 bit	BOOL	设备状态	0:设备正常;1:设备故障
	5 bit	BOOL	预留	
	4 bit	BOOL	预留	
	3 bit	BOOL	东西半球	0:西经;1:东经
	2 bit	BOOL	南北半球	0:南纬;1:北纬
	1 bit	BOOL	预留	
	0 bit	BOOL	预留	
1	4 btye	INT32	经度	单位:0.000 01°
5	4 btye	INT32	纬度	单位:0.000 01°

表 C.19 GPS 数据应答帧结构

帧头 1 byte	帧长度 1 byte	通信编号 2 byte	命令 1 byte	时间码 6 byte	数据载荷 1 byte	CRC 校验 2 byte
0xA1	—	—	0x12	—	0x00	—

C.2.8 身份识别数据

监控终端在司机成功进行身份识别后，向监控中心发送身份识别数据请求帧，收到服务器应答则通信成功并停止发送，10 s 内未收到服务器应答则重新发送身份识别数据请求，连续 3 次未收到则停止发送。

身份识别数据请求帧结构见表 C.20。

身份识别数据请求帧数据载荷格式见表 C.21。

身份识别数据应答帧结构见表 C.22。

表 C.20 身份识别数据请求帧结构

帧头 1 byte	帧长度 1 byte	通信编号 2 byte	命令 1 byte	时间码 6 byte	数据载荷 19 byte	CRC 校验 2 byte
0xA0	—	—	0x13	—	—	—

表 C.21 身份识别数据请求帧数据载荷格式

字节	大小	数据格式	名称	备注
0	18 byte	ASCII	身份证号	
18	1 byte	INT8	身份信息	0 =未知人员 1=塔机司机 2=检测人员 3=安拆人员 4=维保人员 5=塔机信号工 6=监理人员 7=项目经理 8=安全员 其他预留

表 C.22 身份识别数据应答帧结构

帧头 1 byte	帧长度 1 byte	通信编号 2 byte	命令 1 byte	时间码 6 byte	数据载荷 1 byte	CRC 校验 2 byte
0xA1	—	—	0x13	—	身份信息	—

C.2.9 解锁车数据

监控中心向终端发送设备解锁车数据请求帧，收到监控终端应答则通信成功并停止发送，

10 s 内未收到监控终端应答则重新发送解锁车数据请求，连续 3 次未收到则停止发送，并在 1 h 后重新进行解锁车数据发送，直至发送成功为止。

解锁车数据请求帧结构见表 C.23。

解锁车数据应答帧结构表 C.24。

表 C.23 解锁车数据请求帧结构

帧头 1 byte	帧长度 1 byte	通信编号 2 byte	命令 1 byte	时间码 6 byte	数据载荷 1 byte(ASCII)	CRC 校验 2 byte
0xA2	—	—	0x14	—	U:解锁，L:锁车，C:查询状态	—

表 C.24 解锁车数据应答帧结构

帧头 1 byte	帧长度 1 byte	通信编号 2 byte	命令 1 byte	时间码 6 byte	数据载荷 1 byte(ASCII)	CRC 校验 2 byte
0xA3	—	—	0x14	—	U:解锁，L:锁车	—

C.2.10 关机数据

监控终端在设备断电后发送关机时间数据，收到服务器应答则通信成功并停止发送，10 s 内未收到服务器应答则重新发送关机时间数据请求，连续 3 次未收到则停止发送，最后需关闭 TCP 连接。

关机数据请求帧结构见表 C.25。

关机数据应答帧结构见表 C.26。

表 C.25 关机数据请求帧结构

帧头 1 byte	帧长度 1 byte	通信编号 2 byte	命令 1 byte	时间码 6 byte	数据载荷 1 byte	CRC 校验 2 byte
0xA0	—	—	0x1F	—	0x00	—

表 C.26 关机数据应答帧结构

帧头 1 byte	帧长度 1 byte	通信编号 2 byte	命令 1 byte	时间码 6 byte	数据载荷 1 byte	CRC 校验 2 byte
0xA1	—	—	0x1F	—	0x00	—

C.2.11 区域限制参数

塔机保存的区域限制数据有变化时，发送区域限制数据请求，收到服务器应答则通信成功并停止发送，10 s 内未收到服务器应答则重新发送区域数据请求，连续 3 次未收到则停止发送，如果出现多组区域限制数据，则依次按照区域限制编号上传数据，每次上传一组区域限制参数，数据发送规则同上，直至所有区域限制数据上传结束。

监控中心可主动要求终端应答区域限制数据。

区域限制参数数据请求帧结构见表 C.27。

区域限制参数数据帧数据载荷类型 1 格式见表 C.28。

区域限制参数数据帧数据载荷类型 2 格式见表 C.29。

区域限制参数数据帧数据载荷类型 3 格式见表 C.30。

区域限制参数应答帧/请求帧结构见表 C.31。

表 C.27 区域限制参数数据请求帧结构

帧头 1 byte	帧长度 1 byte	通信编号 2 byte	命令 1 byte	时间码 6 byte	数据载荷 *n* byte	CRC 校验 2 byte
0xA0/0xA3	—	—	0x21	—	—	—

表 C.28 区域限制参数数据帧数据载荷类型 1 格式

字节	大小	数据格式	名称	备注
0	1 byte	INT8	区域编号	
1	1 byte	INT8	区域数据格式类型	0x01:扇形区域类型
2	2 byte	INT16	障碍物高度	0.1 m
4	2 byte	INT16	幅度内限	0.1 m
6	2 byte	INT16	幅度外限	0.1 m
8	2 byte	INT16	角度左限	0.1 m
10	2 byte	INT16	角度右限	0.1 m

表 C.29 区域限制参数数据帧数据载荷类型 2 格式

字节	大小	数据格式	名称	备注
0	1 byte	INT8	区域编号	
1	1 byte	INT8	区域数据格式类型	0x02:极坐标类型
2	2 byte	INT16	障碍物高度	0.1 m
4	2 byte	INT16	第 1 点幅度值	0.1 m
6	2 byte	INT16	第 1 点角度值	0.1 m
……	2 byte	INT16	……	每个区域最多 16 个点
$2n+2$	2 byte	INT16	第 n 点幅度值	0.1 m
$2n+4$	2 byte	INT16	第 n 点角度值	0.1 m

表 C.30 区域限制参数数据帧数据载荷类型 3 格式

字节	大小	数据格式	名称	备注
0	1 byte	INT8	区域编号	
1	1 byte	INT8	区域数据格式类型	0x03:正交坐标类型

表 C.30（续）

字节	大小	数据格式	名称	备注
2	2 byte	INT16	障碍物高度	0.1 m
4	2 byte	INT16	第 1 点横坐标值	0.1 m
6	2 byte	INT16	第 1 点纵坐标值	0.1 m
……	2 byte	INT16	……	每个区域最多 16 个点
$2n+2$	2 byte	INT16	第 n 点横坐标值	0.1 m
$2n+4$	2 byte	INT16	第 n 点纵坐标值	0.1 m

表 C.31　区域限制参数应答帧/请求帧结构

帧头 1 byte	帧长度 1 byte	通信编号 2 byte	命令 1 byte	时间码 6 byte	区域编号 1 byte	CRC 校验 2 byte
0xA1/0xA2	—	—	0x21	—	—	—

C.2.12　静态参数

塔机监控终端上电经纬度数据应答成功后，并且保存的静态参数有变化时，发送静态数据请求，收到服务器应答则通信成功并停止发送，10 s 内未收到服务器应答则重新发送静态数据请求，连续 3 次未收到则停止发送。

静态参数数据请求帧结构见表 C.32。

表 C.32　静态参数数据请求帧结构

帧头 1 byte	帧长度 1 byte	通信编号 2 byte	命令 1 byte	时间码 6 byte	数据载荷 25 byte	CRC 校验 2 byte
0xA0/0xA3	—	—	0x22	—	—	—

静态参数数据请求帧数据载荷参照表 A.2 静态参数数据格式，无时间码与最后预留部分。

静态参数数据应答帧结构见表 C.33。

表 C.33　静态参数数据应答帧结构

帧头 1 byte	帧长度 1 byte	通信编号 2 byte	命令 1 byte	时间码 6 byte	数据载荷 1 byte	CRC 校验 2 byte
0xA1/0xA2	—	—	0x22	—	0x00	—

C.2.13　实时数据

该数据帧用于将塔机的各监控单元实时监测值及监测状态上传到监控中心，监控中心应答终端主动上报实时数据的应答帧中“应答频率”和“请求次数”字段默认为 0x00。

实时数据上报频率参照塔机运行状态信息存储触发机制和时间机制，但时间机制最长时间不大于 4 min，最短时间不小于 10 s。

监控中心可主动要求终端应答实时数据，终端需以“应答频率”的秒数定时上报实时数据，按照“请求次数”连续发送。

实时数据请求帧结构见表 C.34。

表 C.34　实时数据请求帧结构

帧头 1 byte	帧长度 1 byte	通信编号 2 byte	命令 1 byte	时间码 6 byte	数据载荷 *n* byte	CRC 校验 2 byte
0xA0/0xA3	—	—	0x23	—	—	—

实时数据请求帧数据载荷参照表 A.3 实时运行数据格式，无时间码与最后预留部分。

实时数据应答帧结构见表 C.35。

表 C.35　实时数据应答帧结构

帧头 1 byte	帧长度 1 byte	通信编号 2 byte	命令 1 byte	时间码 6 byte	应答频率 1 byte	请求次数 1 byte	CRC 校验 2 byte
0xA1/0xA2	—	—	0x23	—	—	—	—

C.2.14　工作循环数据

数据帧用于将塔机一次工作循环内信息监测值及监测状态上传到监控中心。塔机开始工作时记录数据，塔机工作结束后发送工作循环数据请求，收到服务器应答则通信成功并停止发送，10 s 内未收到服务器应答则重新发送工作循环数据请求，连续 3 次未收到则停止发送。

监控中心可主动要求终端应答最近一条工作循环数据。

工作循环数据请求帧结构见表 C.36。

表 C.36　工作循环数据请求帧结构

帧头 1 byte	帧长度 1 byte	通信编号 2 byte	命令 1 byte	时间码 6 byte	数据载荷 *n* byte	CRC 校验 2 byte
0xA0/0xA3	—	—	0x24	—	—	—

工作循环请求帧数据载荷参照表 A.1 工作循环数据格式，无最后预留部分。

工作循环数据应答帧结构见表 C.37。

表 C.37　工作循环数据应答帧结构

帧头 1 byte	帧长度 1 byte	通信编号 2 byte	命令 1 byte	时间码 6 byte	数据载荷 1 byte	CRC 校验 2 byte
0xA1/0xA2	—	—	0x24	—	0x00	—

C.2.15　通信错误

在发生通信错误时，应答帧需采用通信错误帧。

通信错误应答帧结构见表 C.38。

在“无法识别的通信编号”错误的情况下，需重进行终端注册；其他情况重发请求帧。

表 C.38 通信错误应答帧结构

帧头 1 byte	帧长度 1 byte	通信编号 2 byte	命令 1 byte	时间码 6 byte	错误代码 1 byte	CRC 校验 2 byte
0xA1/0xA3	—	—	0xFE	—	—	—
注：错误代码：1—无法识别的通信编号；2—不支持的命令代码；3—无效的时间码；4—数据载荷错误；9—CRC 或帧长度错误。						

国家质量技术基础应用系列丛书

特种设备法规标准手册

机电类标准卷

起重机械(3)

国家市场监督管理总局特种设备安全监察局　编

中国标准出版社

北　京

图书在版编目（CIP）数据

特种设备法规标准手册．机电类标准卷．起重机械．3/国家市场监督管理总局特种设备安全监察局编．—北京：中国标准出版社，2023．11
ISBN 978-7-5066-8544-3

Ⅰ．①特…　Ⅱ．①国…　Ⅲ．①设备管理—法规—中国
Ⅳ．①D922．292

中国国家版本馆 CIP 数据核字（2023）第 061527 号

中国标准出版社出版发行
北京市朝阳区和平里西街甲 2 号（100029）
北京市西城区三里河北街 16 号（100045）
网址 www．spc．net．cn
总编室：(010) 68533533　发行中心：(010) 51780238
读者服务部：(010) 68523946
中国标准出版社秦皇岛印刷厂印刷
各地新华书店经销
*
开本 787×1092　1/16　印张 55．75　字数 1 316 千字
2023 年 11 月第一版　2023 年 11 月第一次印刷
*
定价(全三册):780.00 元

《特种设备法规标准手册》

编委会

前　言

特种设备是经济社会发展的重要基础设施，关系国计民生，关系人民群众生命财产安全。守住特种设备安全底线，提高特种设备安全监管和节能环保水平，促进行业高质量发展，是切实增强人民群众安全感和幸福感的重要体现。

近年来，随着我国经济水平快速提高，人民群众对安全的需求越来越高，而在用特种设备数量快速增长，尤其是高参数、高危险性及高龄老旧设备日益增多，使特种设备安全风险和监管压力持续增大。要切实提高特种设备安全监管效能，不断释放特种设备促进节能环保潜能，充分发挥特种设备安全与节能对促进高质量发展的作用，其根本是要保证特种设备领域各项法规标准得到有效贯彻实施。为此，国家市场监督管理总局特种设备安全监察局组织编写了《特种设备法规标准手册》（以下简称《手册》），旨在对特种设备安全与节能法治体系进行全面、系统梳理，从而推动形成以科学监管、多元共治为特征的特种设备治理体系，推进特种设备治理标准化、现代化、国际化，为特种设备行业高质量发展提供重要保障。

《手册》收录了特种设备行业现行有效的法规标准，根据特种设备行业特点分为4卷13分册。其中，法律法规卷收录特种设备相关法律、行政法规、部门规章、地方性法规、规范性文件等；安全技术规范卷收录特种设备安全技术规范共43项；承压类标准卷收录现行有效的承压类特种设备标准，分为综合、锅炉与节能、压力容器、压力管道、气瓶、安全附件共6个分册；机电类标准卷收录现行有效的机电类特种设备标准，分为起重机械、电梯、游乐设施、客运索道、场（厂）内专用机动车辆共5个分册。限于成书篇幅、资料收集难度等原因，承压类标准和机电类标准两卷仅收录特种设备常用标准，其中国家标准及能源行业标准以全文形式收录，其余未收录的相关国家标准及行业标准以附件形式仅列出标准目录。

国家市场监督管理总局特种设备安全监察局高度重视《手册》的出版工作，对《手册》框架结构、分卷（册）等顶层设计给予了极大指导。同时，在《手册》编写过程中，中国特种设备检测研究院技术法规研究所、全国锅炉压力容器标准化技

术委员会（SAC/TC 262）、全国气瓶标准化技术委员会（SAC/TC 31）、全国电梯标准化技术委员会（SAC/TC 196）、全国起重机械标准化技术委员会（SAC/TC 227）、全国升降工作平台标准化技术委员会（SAC/TC 335）、全国索道与游乐设施标准化技术委员会（SAC/TC 250）、全国工业车辆标准化技术委员会（SAC/TC 332）等给予了大力支持，相关编写人员收集、查阅了大量资料，在此对他们的辛勤付出一并表示感谢！

期望通过《手册》的出版，为特种设备各类从业人员学习研究、依法监管提供详尽指导，从而进一步提升特种设备安全监管人员、作业人员、检验检测人员的素质能力，为特种设备行业高质量发展保驾护航。同时，希望在全社会的共同努力下，特种设备安全与节能状况能够不断改善，人民群众生命财产安全得到更多保障！

《特种设备法规标准手册》编委会

2023 年 6 月

目　录

◎ 设计规范、安全规程和技术要求

◎ 使用维护

设计规范、安全规程和技术要求

ICS 53.020.20
J 80

GB

中华人民共和国国家标准

GB/T 39980—2021

机械式停车设备　设计规范

Mechanical parking system—Design rules

2021-04-30 发布　　2021-11-01 实施

国家市场监督管理总局
中国国家标准化管理委员会　发布

前　言

本标准按照GB/T 1.1—2009给出的规则起草。

本标准由中国机械工业联合会提出。

本标准由全国起重机械标准化技术委员会(SAC/TC 227)归口。

本标准起草单位:北京起重运输机械设计研究院有限公司、浙江镭蒙科技有限公司、国家起重运输机械质量监督检验中心、大连理工大学、陕西隆翔停车设备集团有限公司、上海市特种设备监督检验技术研究院、杭州西子智能停车股份有限公司、深圳怡丰自动化科技有限公司、深圳市伟创自动化设备有限公司、江苏润邦智能车库股份有限公司、衡水奇佳停车设备有限公司、北京首钢城运控股有限公司、北京航天汇信科技有限公司、青岛茂源停车设备制造有限公司、广东省特种设备检测研究院东莞检测院、山东天辰智能停车有限公司、江苏普腾停车设备有限公司、广州广日智能停车设备有限公司、深圳精智机器有限公司、上海天地岛川停车设备制造有限公司、杭州友佳精密机械有限公司、深圳中集智能停车有限公司、上海禾通涌源停车设备有限公司、上海赐宝停车设备制造有限公司、广西建工集团建筑机械制造有限责任公司、青岛齐星车库有限公司、安徽乐库智能停车设备有限公司、佛山市南海区特种设备协会、中建科工集团有限公司、大洋泊车股份有限公司、深圳市中科利亨车库设备股份有限公司、深圳华达川自动化科技有限公司、合肥市春华起重机械有限公司、浙江巨人停车设备有限公司、江苏川钿明椿电气机械有限公司。

本标准主要起草人:陶天华、周洁、王欣、许明金、刘恩频、赵春晖、林夫奎、吴国法、王小平、徐彬、钟光明、徐卫军、胡云高、徐格宁、谢庆均、陆兴华、肖树坤、马景山、孙会忠、冯晓蕾、俞成虎、佟岩、余秋英、梁虎、陆斌、吕江、傅荣锋、沈坚、吴青海、姜渭、王斌、吴建锋、梁建新、陈振明、李文波、夏健鸣、王银华、梁大伟、王志武、刘程泉、蔡亚森。

机械式停车设备　设计规范

1　范围

本标准规定了机械式停车设备的分级、计算载荷和载荷组合、结构、机械、电气与安全等方面的基本设计准则和计算方法。

本标准适用于GB/T 26476中定义的各类机械式停车设备(以下简称停车设备),但不涉及上述停车设备的特殊问题。

2　规范性引用文件

下列文件对于本文件的应用是必不可少的。凡是注日期的引用文件,仅注日期的版本适用于本文件。凡是不注日期的引用文件,其最新版本(包括所有的修改单)适用于本文件。

GB/T 699—2015　优质碳素结构钢

GB/T 700—2006　碳素结构钢

GB/T 755　旋转电机　定额和性能

GB/T 985.1　气焊、焊条电弧焊、气体保护焊和高能束焊的推荐坡口

GB/T 985.2　埋弧焊的推荐坡口

GB/T 1231　钢结构用高强度大六角头螺栓、大六角螺母、垫圈技术条件

GB/T 1243　传动用短节距精密滚子链、套筒链、附件和链轮

GB/T 1348—2009　球墨铸铁件

GB/T 1591—2018　低合金高强度结构钢

GB/T 1800.2—2020　产品几何技术规范(GPS)　线性尺寸公差ISO代号体系　第2部分:标准公差带代号和孔、轴的极限偏差表偏差和配合的基础

GB/T 2585—2007　铁路用热轧钢轨

GB 2894　安全标志及其使用导则

GB/T 3077—2015　合金结构钢

GB/T 3098.1　紧固件机械性能　螺栓、螺钉和螺柱

GB/T 3098.2　紧固件机械性能　螺母

GB/T 3480　渐开线圆柱齿轮承载能力计算方法

GB/T 3632　钢结构用扭剪型高强度螺栓连接副

GB/T 3766　液压传动　系统及其元件的通用规则和安全要求

GB/T 3811—2008　起重机设计规范

GB/T 4171—2008　耐候结构钢

GB/T 4208—2017　外壳防护等级(IP代码)

GB/T 4942.1—2006　旋转电机整体结构的防护等级(IP代码)　分级

GB/T 5117　非合金钢及细晶粒钢焊条

GB/T 5118　热强钢焊条

GB/T 5226.32—2017　机械电气安全　机械电气设备　第 32 部分:起重机械技术条件

GB/T 5277　紧固件　螺栓和螺钉通孔

GB/T 5293　埋弧焊用非合金钢及细晶粒钢实心焊丝、药芯焊丝和焊丝-焊剂组合分类要求

GB/T 5313—2010　厚度方向性能钢板

GB/T 6074　板式链、连接环和槽轮　尺寸、测量力和抗拉强度

GB 7588　电梯制造与安装安全规范

GB/T 8110　熔化极气体保护电弧焊用非合金钢及细晶粒钢实心焊丝

GB/T 8350　输送链、附件和链轮

GB/T 8903　电梯用钢丝绳

GB/T 8918　重要用途钢丝绳

GB/T 9439—2010　灰铸铁件

GB/T 10045　非合金钢及细晶粒钢药芯焊丝

GB/T 10059—2009　电梯试验方法

GB/T 10062(所有部分)　锥齿轮承载能力计算方法

GB/T 11264—2012　热轧轻轨

GB/T 11352—2009　一般工程用铸造碳钢件

GB/T 12470　埋弧焊用热强钢实心焊丝、药芯焊丝和焊丝-焊剂组合分类要求

GB/T 14048.4　低压开关设备和控制设备　第 4-1 部分:接触器和电动机起动器　机电式接触器和电动机起动器(含电动机保护器)

GB/T 14048.10　低压开关设备和控制设备　第 5-2 部分:控制电路电器和开关元件　接近开关

GB/T 14408　一般工程与结构用低合金钢铸件

GB/T 14957　熔化焊用钢丝

GB/T 15969.1　可编程序控制器　第 1 部分:通用信息

GB/T 16754　机械安全　急停　设计原则

GB/T 17493　热强钢药芯焊丝

GB 17799.3　电磁兼容　通用标准　居住、商业和轻工业环境中的发射

GB 17799.4　电磁兼容　通用标准　工业环境中的发射

GB 18306　中国地震动参数区划图

GB/T 19418　钢的弧焊接头　缺陷质量分级指南

GB/T 20118　钢丝绳通用技术条件

GB/T 22437.1—2018　起重机　载荷与载荷组合的设计原则　第 1 部分:总则

GB/T 26476　机械式停车设备　术语

GB/T 27546—2011　起重机械　滑轮

GB/T 33905.1　智能传感器　第 1 部分:总则

GB/T 34123—2017　电力系统变频器保护技术规范

GB 50017　钢结构设计标准

GB 50057　建筑物防雷设计规范

GB 50169 电气装置安装工程 接地装置施工及验收规范
GB 50191 构筑物抗震设计规范
GB 50223 建筑工程抗震设防分类标准
GB 50661—2011 钢结构焊接规范
JB/T 6392 起重机 车轮
JB/T 7017 起重机用液压缓冲器
JB/T 7511 机械式联轴器选用计算
JB/T 7512.1 圆弧齿同步带传动 第1部分:带
JB/T 7512.2 圆弧齿同步带传动 第2部分:带轮
JB/T 8437 起重机械无线遥控装置
JB/T 9006 起重机 卷筒
JB/T 10833 起重机用聚氨酯缓冲器
JB/T 11079 停车设备链条
JB/T 12987 起重机 弹簧缓冲器
JB/T 12988 起重机 橡胶缓冲器
YB/T 5055 起重机用钢轨

3 术语和定义

GB/T 26476 界定的术语和定义适用于本文件。

4 分级

4.1 工作级别的划分

停车设备通过升降和/或横移完成汽车存取作业,为适应停车设备不同的使用情况和工作要求,在设计和选用停车设备及其零部件时,应对停车设备机构及其组成部分进行工作级别的划分,包括:

——停车设备机构的分级;

——停车设备机械零件的分级。

4.2 机构的分级

4.2.1 机构的使用等级

机构的设计预期寿命,是指设计预期的该机构,在服役时间内的总运转时间,即从开始使用起到预期更换或最终报废为止的总运转时间,它只是该机构实际运转小时数累计之和,而不包括工作中此机构的停歇时间,除非用户或设计者专门规定,宜按30年服役时间设计。机构的使用等级是将该机构的总运转时间分成6个等级,以 T_2、T_3、T_4、T_5、T_6、T_7 表示,见表1。

表1 机构的使用等级

使用等级	总使用时间 t_T h	机构运转频繁情况
T_2	$400<t_T\leqslant 800$	很少使用
T_3	$800<t_T\leqslant 1\ 600$	较少使用

表 1 (续)

使用等级	总使用时间 t_T h	机构运转频繁情况
T_4	1 600< t_T ≤3 200	不频繁使用
T_5	3 200< t_T ≤6 300	中等频繁使用
T_6	6 300< t_T ≤12 500	较频繁使用
T_7	12 500< t_T ≤25 000	频繁使用

4.2.2 机构的载荷状态级别

机构的载荷状态级别表示了机构所受载荷的轻重情况。在表 2 中,列出了机构载荷谱系数 K_m 的三个范围值,它们各代表了机构对应的载荷状态级别。

表 2 机构的载荷状态级别及载荷谱系数

载荷状态级别	机构载荷谱系数 K_m	说明
L2	0.125< K_m ≤0.250	机构很少承受额定载荷,一般承受中等载荷
L3	0.250< K_m ≤0.500	机构有时承受额定载荷,一般承受较大载荷
L4	0.500< K_m ≤1.000	机构经常承受额定载荷
注:各类停车设备的机构分级举例参见附录 A。		

机构载荷谱系数 K_m 可用式(1)计算得到。

$$K_m = \sum \left[\frac{t_i}{t_T}\left(\frac{P_i}{P_{\max}}\right)^m\right] \qquad \cdots\cdots(1)$$

式中:

K_m ——机构载荷谱系数;

t_i ——与机构承受各个大小不同等级载荷的相对应持续时间,$t_i = t_1, t_2, t_3 \cdots, t_n$,单位为小时(h);

t_T ——机构所承受大小不同等级载荷的时间总和,$t_T = \sum_{i=1}^{n} t_i = t_1 + t_2 + t_3 + \cdots + t_n$,单位为小时(h);

P_i ——能表征机构在服务期内工作特征的各个大小不同等级的载荷,$P_i = P_1, P_2, P_3 \cdots, P_n$,单位为牛(N);

$P_{\max}$——机构承受最大载荷,单位为牛(N);

m ——幂指数,为了便于级别的划分,约定取 $m=3$。

展开后式(1)变成:

$$K_m = \frac{t_1}{t_T}\left(\frac{P_1}{P_{\max}}\right)^3 + \frac{t_2}{t_T}\left(\frac{P_2}{P_{\max}}\right)^3 + \frac{t_3}{t_T}\left(\frac{P_3}{P_{\max}}\right)^3 + \cdots + \frac{t_n}{t_T}\left(\frac{P_n}{P_{\max}}\right)^3 \qquad \cdots\cdots(2)$$

式中符号同式(1)。

由式(2)算得机构载荷谱系数的值后,即可按表 2 确定该机构相应的载荷状态级别。

4.2.3 机构的工作级别

机构工作级别的划分，是将各单个机构分别作为一个整体进行的关于其载荷大小程度及运转频繁情况的评价，它并不代表该机构中所有的零部件都有与此相同的受载及运转情况。

根据机构的6个使用等级和3个载荷状态级别，机构单独作为一个整体进行分级的工作级别划分为M2～M8共7级，见表3。

表3 机构的工作级别

载荷状态级别	机构载荷谱系数 K_m	机构的使用等级					
		T_2	T_3	T_4	T_5	T_6	T_7
L2	$0.125<K_m\leqslant0.250$	M2	M3	M4	M5	M6	M7
L3	$0.250<K_m\leqslant0.500$	M3	M4	M5	M6	M7	M8
L4	$0.500<K_m\leqslant1.000$	M4	M5	M6	M7	M8	M8

4.3 机械零件的分级

4.3.1 机械零件的使用等级

机械零件的总使用寿命，是指设计预期从该机械零件开始使用到更换或报废为止的总应力循环次数。

机械零件的总应力循环数，应从该机械零件设计预期的总使用时间中导出，推导时要考虑影响其应力循环的转速和其他相关的情况。

机械零件的使用等级，是将其总应力循环次数分成11个等级，分别以代号B_0、B_1、…、B_{10}表示，见表4。

表4 机械零件的使用等级

使用等级	机械零件的总应力循环数 n_T
B_0	$n_T\leqslant1.6\times10^4$
B_1	$1.6\times10^4<n_T\leqslant3.2\times10^4$
B_2	$3.2\times10^4<n_T\leqslant6.3\times10^4$
B_3	$6.3\times10^4<n_T\leqslant1.25\times10^5$
B_4	$1.25\times10^5<n_T\leqslant2.5\times10^5$
B_5	$2.5\times10^5<n_T\leqslant5\times10^5$
B_6	$5\times10^5<n_T\leqslant1\times10^6$
B_7	$1\times10^6<n_T\leqslant2\times10^6$
B_8	$2\times10^6<n_T\leqslant4\times10^6$
B_9	$4\times10^6<n_T\leqslant8\times10^6$
B_{10}	$8\times10^6<n_T$

4.3.2 机械零件的应力状态级别

机械零件的应力状态级别，表明了该机械零件在总使用时间内发生的应力大小及相应的应力循环情况。在表5中列出了应力状态的3个级别及相应的应力谱系数范围值。每一个机械零件对应的应力谱系数 K_S 可以用式(3)计算得到。

$$K_S = \sum \left[\frac{n_i}{n_T}\left(\frac{\sigma_i}{\sigma_{max}}\right)^C\right] \quad \cdots\cdots (3)$$

式中：

K_S ——机械零件的应力谱系数；

n_i ——与机械零件发生不同应力的相应应力的循环数，$n_i = n_1, n_2, n_3, \cdots, n_n$；

n_T ——机械零件总的应力循环数，$n_T = \sum_{i=1}^{n} n_i = n_1 + n_2 + n_3 + \cdots + n_n$；

σ_i ——该机械零件在工作时间内发生的不同应力，$\sigma_i = \sigma_1, \sigma_2, \sigma_3, \cdots, \sigma_n$；

设定：$\sigma_1 > \sigma_2 > \sigma_3 > \cdots > \sigma_n$；

对机械零件，每一个循环 n_i 期间内认为发生的应力基本相等，为 σ_i，而各个循环之间的应力则可以是不同的；

σ_{max} ——为应力 $\sigma_1, \sigma_2, \sigma_3, \cdots, \sigma_n$ 中最大应力；

C ——幂指数，与有关材料的性能，机械零件的种类、形状和尺寸，表面粗糙度以及腐蚀程度有关，由实验得出，见式(124)、式(125)。

展开后，式(3)变为：

$$K_S = \frac{n_1}{n_T}\left(\frac{\sigma_1}{\sigma_{max}}\right)^c + \frac{n_2}{n_T}\left(\frac{\sigma_2}{\sigma_{max}}\right)^c + \frac{n_3}{n_T}\left(\frac{\sigma_3}{\sigma_{max}}\right)^c + \cdots + \frac{n_n}{n_T}\left(\frac{\sigma_n}{\sigma_{max}}\right)^c \quad \cdots\cdots (4)$$

对于机械零件，当式(3)、式(4)的 n_T 某单项应力 σ_i 首次出现 $n_i \geqslant 2\times10^6$ 项时，即取 $n_i = 2\times10^6$ 为有效值，并将此 n_i 值作为末项 n_n 的值，后续项不再计入。

由式(4)算得应力谱系数的值后，可按表5确定该机械零件的应力状态级别。

表5 机械零件的应力状态级别及应力谱系数

应力状态级别	应力谱系数 K_S
S2	$0.125 < K_S \leqslant 0.250$
S3	$0.250 < K_S \leqslant 0.500$
S4	$0.500 < K_S \leqslant 1.000$
某些机械零件，如已受弹簧加载的零部件，它所受的载荷同以后实际的工作载荷基本无关。在大多数情况下，他们的 $K_S=1$，应力状态级别属于S4级。 计算应力谱系数时所用的应力就是在零件计算截面上出现的总应力。	

4.3.3 机械零件的工作级别

根据机械零件的使用等级及应力状态级别，机械零件工作级别划分为E1～E8共8个级别，见表6。

表 6　机械零件的工作级别

应力状态级别	使用等级										
	B_0	B_1	B_2	B_3	B_4	B_5	B_6	B_7	B_8	B_9	B_{10}
S2	E1	E1	E1	E2	E3	E4	E5	E6	E7	E8	E8
S3	E1	E1	E2	E3	E4	E5	E6	E7	E8	E8	E8
S4	E1	E2	E3	E4	E5	E6	E7	E8	E8	E8	E8

5　计算载荷和载荷组合

5.1　总则

5.1.1　本章规定了计算各种载荷及选择载荷组合的原则和方法，以用于验证本标准适用的各种停车设备的金属结构件和机械零部件的防强度失效、防弹性失稳、防疲劳失效和抗风防滑的能力。

5.1.2　停车设备能力验算时应注意计算模型与实际情况的差异。当载荷引起的效应随时间变化时，应采用等效静载荷进行估算。本标准规定可以用刚体动力分析方法为计算基础，但要用动力系数估算作为模拟弹性系统响应时的载荷；也可以选择进行弹性动力分析或进行现场测试。

5.1.3　结构设计能力验算有两种方法：许用应力设计法和极限状态设计法。无论采用何种方法，在考虑载荷、载荷系数、载荷组合、许用应力和极限状态应力时，都应以本标准的有关章条或附录来确定，或者在可能的情况下以试验或统计数据为基础来确定。

5.1.4　如某载荷不可能出现，则应在验算中略去（如安装在室内或封闭式停车设备不考虑风载荷）。同样，也不考虑停车设备设计未提出要求的、在停车设备法规或设计中已明确要防止或禁止的载荷。

5.2　计算载荷与载荷系数

5.2.1　总则

作用在停车设备上的载荷分为常规载荷、偶然载荷、特殊载荷及其他载荷，只有在分析与这些载荷有关的停车设备各种可能的载荷组合时，才需要区分这些载荷的不同类别。在停车设备承载能力验算中确定载荷效应时要用到许多载荷系数，对这些载荷系数及其具体值的选取或选取原则，本标准进行了规定。

常规载荷是指在停车设备正常工作中经常发生的载荷，包括由重力产生的载荷，及由驱动机构或制动器的作用使停车设备加（减）速运动而产生的载荷。在防屈服、防弹性失稳及在必要时进行防疲劳失效等能力验算中，应考虑这类载荷。

5.2.2　常规载荷

5.2.2.1　自重载荷、额定起升载荷、自重振动载荷、起升动载荷、运行冲击载荷

5.2.2.1.1　自重载荷 P_G

自重载荷是指停车设备本身的结构、机械设备、电气设备等质量的重力。

5.2.2.1.2　额定起升载荷 P_Q

额定起升载荷是指停车设备升降汽车时，适停汽车质量及其他附属升降装置的总起升质量

的重力。计算额定起升载荷时,普通汽车质量按照 6∶4 分配到前后轴,新能源汽车质量按照实际质量分配比例分配到前后轴。对于有对重的,要考虑对重载荷的影响,对于有导向轮或导靴的,还要考虑导向轮或导靴引起的摩擦载荷。

5.2.2.1.3 **自重振动载荷 $\phi_1 P_G$**

当载荷起升离地或悬吊在空中的载荷下降制动时,停车设备本身(主要是其金属结构)的自重将因出现振动而产生脉冲式增大或减小的动力响应。此自重振动载荷用起升冲击系数 ϕ_1 乘以停车设备的自重载荷来考虑,为反映此振动载荷范围的上下限,该系数取为两个值:$\phi_1=1\pm a$,$0\leqslant a\leqslant 0.1$。

5.2.2.1.4 **起升动载荷 $\phi_2 P_Q$**

5.2.2.1.4.1 **起升动力效应**

当存放汽车无约束地起升离开地面时,存放汽车的惯性力将会使起升载荷出现动载增大的作用。此起升动力效应用一个大于 1 的起升动载系数 ϕ_2 乘以额定起升载荷 P_Q 来考虑。

5.2.2.1.4.2 **起升状态级别**

由于起升机构驱动控制形式的不同,存放汽车起升离地时会有较大的差异,由此表现出起升平稳程度和载荷离地的动力特性也会有很大的不同。将起升状态划分为 $HC_1\sim HC_4$ 四个级别:起升离地平稳的为 HC_1,起升离地有轻微冲击的为 HC_2,起升离地有中度冲击的为 HC_3,起升离地有较大冲击的为 HC_4。与各个级别相应的系数 β_2 和 ϕ_{2min} 值列于表 7 中,说明见图 1。起升状态级别由设计者根据控制方式或经验确定。

表 7 β_2 和 $\phi_{2\,min}$ 值

起升状态级别	β_2	$\phi_{2\,min}$
HC_1	0.17	1.05
HC_2	0.34	1.10
HC_3	0.51	1.15
HC_4	0.68	1.20

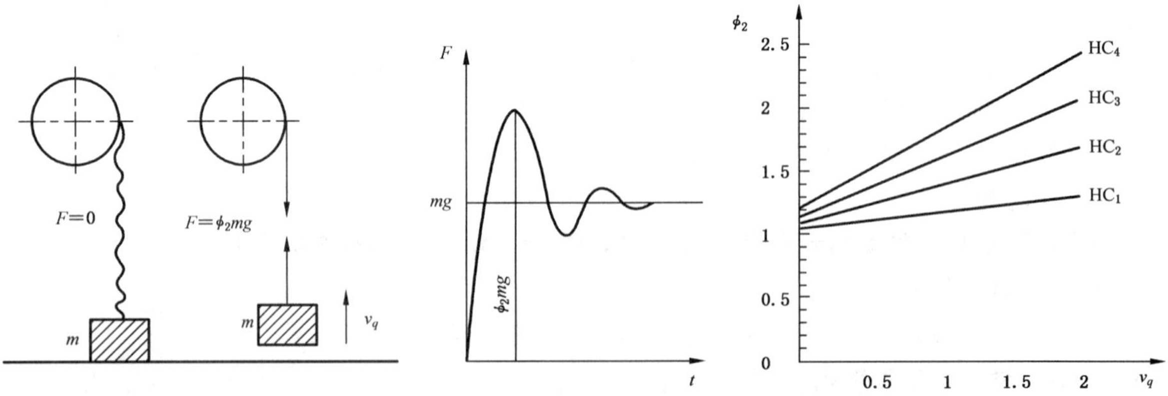

图 1 系数 ϕ_2

5.2.2.1.4.3 起升动载系数 ϕ_2

起升动载系数 ϕ_2 与稳定起升速度 v_q 和起升状态级别等有关，其值可以由试验或分析确定，也可以按式(5)计算。

$$\phi_2=\phi_{2\min}+\beta_2 v_q \qquad \cdots\cdots(5)$$

式中：

ϕ_2 ——起升动载系数；

$\phi_{2\min}$——与起升状态级别相对应的起升动载荷系数的最小值，见表 7；

β_2 ——按起升状态级别设定的系数，见表 7；

v_q ——稳定起升速度，单位为米每秒(m/s)。

v_q 与起升机构驱动控制方式及操作方法有关，按表 8 取值。其最大值 $v_{q\max}$ 发生在电动机空载起动(相当于此时附属升降装置、存放汽车及完全松弛的钢丝绳或提升链条均放置于地面)，且附属升降装置及存放汽车被起升离地时其起升速度已达到稳定起升的最大值。

表 8 确定 ϕ_2 用的稳定起升速度 v_q 值

载荷组合	起升驱动控制方式			
	H1	H2	H3	H4
无风工作 A1、有风工作 B1	$v_{q\max}$	$v_{q\min}$	$v_{q\min}$	$v_q=0$
特殊工作 C1	—	$v_{q\max}$	—	$0.5v_{q\max}$
H1 ——起升驱动机构只能做常速运转，不能低速运转； H2 ——起升机构为双速，起动时可作稳定低速运转，或起升机构为液压传动； H3 ——起升驱动机构的控制系统能保证被起升载荷起升离地前稳定低速运转； H4 ——在起升绳或链条预紧后，起升驱动机构就能按预定的要求进行加速运转； $v_{q\max}$——稳定的最高起升速度； $v_{q\min}$——稳定低速起升速度。				

5.2.2.1.5 运行冲击载荷

5.2.2.1.5.1 运行冲击动力效应

停车设备在不平的轨道上运行时所发生的垂直冲击动力效应，即运行冲击载荷，用运行冲击系数 ϕ_4 乘以停车设备或其相应部件的自重载荷与适停汽车质量之和来计算。

5.2.2.1.5.2 运行冲击系数

停车设备带载或空载运行于具有一定弹性、接头处有间隙或高低错位的钢质轨道上时，发生的垂直冲击动力效应取决于停车设备的构造形式(质量分布、停车设备的弹性及停车设备的悬挂或支承方式)、运行速度和车轮直径及轨道接头的状况等，应根据经验、试验或选用适当的停车设备和轨道的模型进行估算，ϕ_4 可按以下规定选取：

a) 对于轨道接头状态良好，如焊接连接并对接头打磨光滑的轨道，取 $\phi_4=1$；

b) 对于轨道接头状态一般，如在未采用焊接的、具有高低错位或间隙的轨道接头，ϕ_4 见 GB/T 22437.1—2018 中的附录 C。

5.2.2.2 变速运动引起的载荷

5.2.2.2.1 驱动机构(不包括起升驱动机构)加速引起的载荷

由驱动机构加速或减速、停车设备意外停机或传动机构突然失效等原因在停车设备中引起的载荷,可以用刚体动力模型对各部件分别进行计算。计算中要考虑停车设备驱动机构的几何特征、驱动的动力特性和机构的质量分布,还要考虑在此变速运动时出现的机构内部摩擦损失。

为了反映实际出现的弹性效应,将机构驱动加(减)速动载荷系数 ϕ_5 乘以引起加(减)速度的驱动力(或力矩)变化值 $\Delta F = ma$(或 $\Delta M = J\varepsilon$),并与加(减)速度运动以前的力(或力矩)代数相加,该增大的力既作用在承受驱动力的部件上成为动载荷,也作用在停车设备和起升汽车上成为它们的惯性力(见图 2)。ϕ_5 的选用取决于驱动力或制动力的变化率、质量分布和传动系统的特性,见表 9。通常,ϕ_5 低值适用于驱动力或制动力较平稳变化的系统,ϕ_5 高值适用于驱动力或制动力较突然变化的系统。

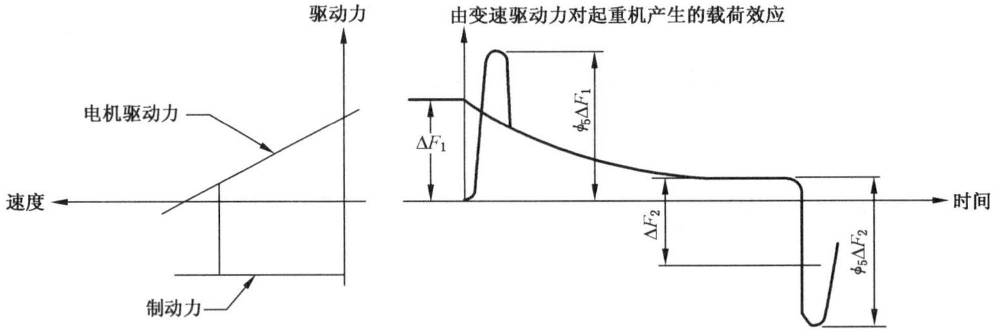

图 2 系数 ϕ_5

表 9 ϕ_5 的取值范围

序号	工况	ϕ_5
1	计算回转离心力时	1.0
2	传动系统无间隙,采用无级变速的控制系统,加速度或控制力呈连续平稳的变化	1.2
3	传动系统存在微小的间隙,采用其他一般的控制系统,加速力呈连续的但非平稳的变化	1.5
4	传动系统有明显的间隙,加速力呈突然的非连贯性变化	2.0
5	传动系统有很大的间隙或存在明显的反向冲击,用质量弹簧模型不能准确的估算时	3.0
注:如有依据,ϕ_5 可以采用其他值。		

5.2.2.2.2 水平面内进行纵向或横向起(制)动时的水平惯性力

搬运台车(或搬运器)在水平面内进行纵向或横向运动起(制)动时,设备自身质量和停放适停汽车质量的水平惯性力,按该质量与运行加速度乘积的 ϕ_5 倍计算,但不应大于主动车轮与钢轨之间的黏着力。其中 $\phi_5 = 1.5$,用来考虑停车设备驱动力突变时结构的动力效应。这些惯性力都作用在各相应质量上。

加(减)速度值可以根据加(减)速时间和所要达到的速度值来推算得到。如果用户未规定或未给出速度和加速度值,设计者可按照表 10 中所列的三种运行工作状况来选择与所要达到的速度相应的加速时间和加速度的参考值。

对于用高加速度高速运行的停车设备，通常要求所有的车轮都为驱动轮，此时本条所述的水平惯性力不应小于驱动轮或制动轮轮压的 1/30，且不应大于轮压的 1/4。

表 10　加速时间和加速度值

要达到的速度 m/s	低加速度		中加速度		高加速度	
	加速时间 s	加速度 m/s^2	加速时间 s	加速度 m/s^2	加速时间 s	加速度 m/s^2
4.00			8.00	0.50	6.00	0.67
3.15			7.10	0.44	5.40	0.58
2.50			6.30	0.39	4.80	0.52
2.00	9.10	0.220	5.60	0.35	4.20	0.47
1.60	8.30	0.190	5.00	0.32	3.10	0.43
1.00	6.60	0.150	4.00	0.25	3.00	0.33
0.63	5.20	0.120	3.20	0.19		
0.40	4.10	0.098	2.50	0.16		
0.25	3.20	0.078				
0.16	2.50	0.064				

5.2.3　偶然载荷

5.2.3.1　总则

偶然载荷是指在停车设备正常工作时不经常发生而只是偶然出现的载荷，包括工作状态的风、雪、冰、温度变化及偏斜运行的载荷。

在防疲劳失效的计算中通常不考虑这些载荷。

5.2.3.2　偏斜运行时的水平侧向载荷 P_s

停车设备偏斜运动时的水平侧向载荷是指装有车轮的停车设备或搬运台车做稳定状态的纵向运行或横向移动时，发生在它的导向装置（例如导向滚轮或车轮的轮缘）上由于导向的反作用引起的一种偶然出现的载荷。

在实际设计中，偏斜运动时的水平侧向载荷 P_s 可按式(6)作简化计算。

$$P_s=\frac{1}{2}\sum P\lambda \qquad \cdots\cdots(6)$$

式中：

P_s ——停车设备或搬运台车偏斜运动时的水平侧向载荷，单位为牛(N)；

$\sum P$ ——承受侧向载荷一侧的端梁上与有效轴距有关的相应车轮经常出现的最大轮压之和，单位为牛(N)；

λ ——水平侧向载荷系数。

$\sum P$ 不考虑各种动力系数，λ 与停车设备或搬运台车的轮距 S 和轴距 a（见图 3）的比值 S/a 有关，按图 4 确定。

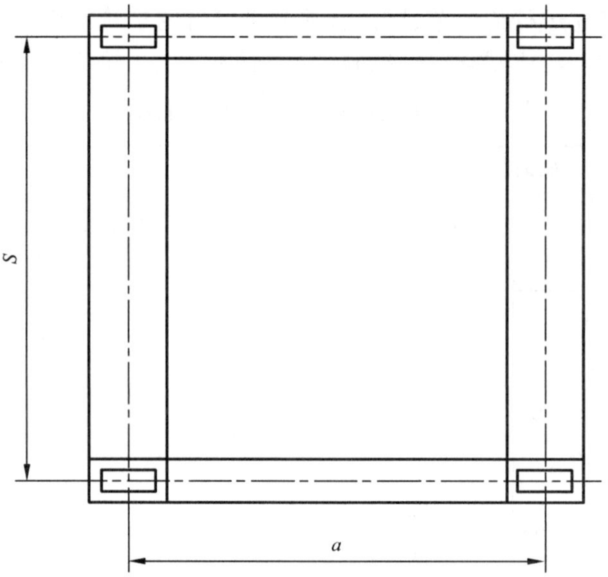

图 3　停车设备或搬运台车的轮距 S 和轴距 a

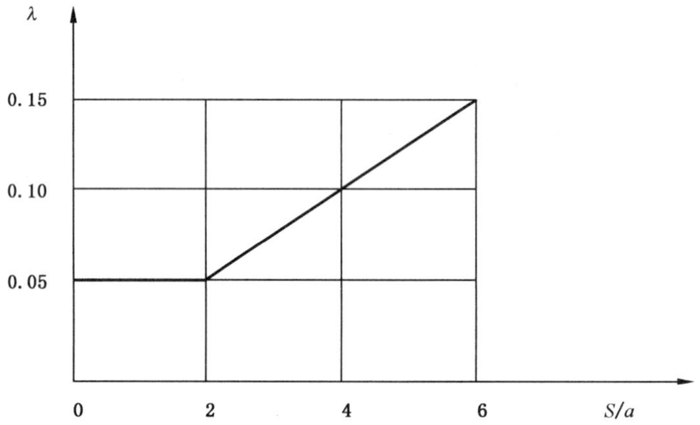

图 4　水平侧向载荷系数 λ

5.2.3.3　**风载荷**

5.2.3.3.1　**风载荷计算的原则**

安装在室外的停车设备应考虑风载荷的作用，假定风载荷是沿设备最不利的水平方向作用的静力载荷，计算风压值选取考虑停车设备所在地区、风压高度变化系数、是否封闭、停车设备起升机构型式、设备正常工作要求等因素。

5.2.3.3.2　**计算风压**

计算风压分为 p_{I}、p_{II} 和 p_{III}，列于表 11 中。p_{I} 是停车设备的机构正常工作状态的计算风压，用于选择电动机功率的阻力计算及发热验算；p_{II} 是停车设备工作状态最大计算风压，用于计算机构零部件和金属结构强度、结构的刚性及稳定性，验算驱动装置的过载能力以及停车设备的抗倾覆稳定性、抗风防滑安全性等。p_{III} 是停车设备最大计算风压，用于验算最大计算风压下停车设备零部件及金属结构的强度，并进行停车设备的抗风防滑装置等设计计算，在最大计算风压下的风载荷计算时，应按照表 12 所列的风压高度变化系数来考虑受风部位离地高度的影响，将此风载荷与停车设备相应的自重载荷进行组合。

表 11　计算风压　　单位为牛每平方米

风压	工作环境		
	安装在室内	安装在室外	
		起升机构无刚性导轨	起升机构带刚性导轨
工作状态计算风压 p_{I}	0	$0.6p_{\mathrm{II}}$	
工作状态最大计算风压 p_{II}	0	150	500
最大计算风压 p_{III}	0	内陆：800～1 100	
		沿海：1 000～1 300	
		岛屿及台风常登陆地区：1 200～1 500	

注 1：沿海地区系指离海岸线 100 km 以内的陆地或海岛区域。

注 2：安装在室外的停车设备，当对停车设备进行整体外装封闭时，可认为全封闭空间内的机构不受风载荷，机构计算时 p_{I}、p_{II} 均为 0。

注 3：对于简易升降类机械式停车设备中起升机构带刚性导轨同升同降的，工作状态最大计算风压可小于本表中规定值，通常按 150 N/m^2。

注 4：最大计算风压 p_{III} 的取值，内陆的华北、华中和华南地区宜取最小值，西北、西南、东北和长江下游等地区宜取最大值；沿海以上海为界，上海可取 1 100 N/m^2，上海以北取最小值，以南取最大值。可提供气象资料时，根据当地气象资料提供的离地 10 m 高处 50 年一遇 10 min 时距年平均最大风速换算到作为计算风速的 3 s 时距的平均瞬时风速(但不大于 50 m/s)和计算风压 p_{III}。在特定情况下，可按用户要求设定 p_{III}。

5.2.3.3.3　工作状态风载荷计算

作用在停车设备上的工作状态风载荷，按式(7)计算。

$$\begin{cases} P_{W\mathrm{I}} = Cp_{\mathrm{I}}A \\ P_{W\mathrm{II}} = Cp_{\mathrm{II}}A \end{cases} \qquad \cdots\cdots(7)$$

式中：

$P_{W\mathrm{I}}$ ——作用在停车设备上的工作状态正常风载荷，单位为牛(N)；

$P_{W\mathrm{II}}$ ——作用在停车设备上的工作状态最大风载荷，单位为牛(N)；

C ——风力系数，按 GB/T 3811—2008 中 4.2.2.3.5 选取；

p_i ——工作状态计算风压，根据计算内容不同，选取表 11 的 p_{I} 或 p_{II}，单位为牛每平方米(N/m^2)；

A ——设备构件垂直于风向的实体迎风面积，单位为平方米(m^2)。

A 等于构件迎风面积的外形轮廓面积 A_0 乘以结构迎风面充实率 φ，即 $A=A_0\varphi$。A_0 和 φ 见GB/T 3811—2008 图 5b)中的说明。对于两片或多片结构应按照 GB/T 3811—2008 中 4.2.2.3.6 规定的折减系数计算迎风面积。

停车设备上总的风载荷为其各组成部分风载荷的总和。

作用在存放汽车上的风载荷，按式(8)确定。

$$\begin{cases} P_{WQ\mathrm{I}} = 1.2p_{\mathrm{I}}A_Q \\ P_{WQ\mathrm{II}} = 1.2p_{\mathrm{II}}A_Q \end{cases} \qquad \cdots\cdots(8)$$

式中：

$P_{WQ\mathrm{I}}$——作用在汽车上的工作状态正常风载荷，单位为牛(N)；

$P_{WQ\mathrm{II}}$——作用在汽车上的工作状态最大风载荷，单位为牛(N)；

p_i ——工作状态计算风压，根据计算内容不同，选取表 11 的 P_{I} 或 P_{II}，单位为牛每平方米(N/m^2)；

A_Q ——车辆的最大迎风面积，单位为平方米(m^2)。

5.2.3.3.4 **最大计算风压下的风载荷**

停车设备最大风压下的风载荷按式(9)计算。

$$P_{W\mathrm{III}}=CK_h p_{\mathrm{III}} A \qquad \cdots\cdots(9)$$

式中：

$P_{W\mathrm{III}}$——最大风压下的风载荷，单位为牛(N)；

K_h ——风压高度变化系数，见表 12；

p_{III} ——最大计算风压，见表 11，单位为牛每平方米(N/m^2)；

C ——风力系数，按 GB/T 3811—2008 中 4.2.2.3.5 选取；

A ——设备构件垂直于风向的实体迎风面积，单位为平方米(m^2)。

在计算最大风压下的风载荷时，对于室外安装未封闭的停车设备，还应考虑停车设备内汽车承受的风载荷。最大风压下的风载荷计算适用于 5.2.4 特殊载荷中最大风载荷。

表 12 风压高度变化系数 K_h

离地高度 h/m	$h\leqslant10$	$10<h\leqslant20$	$20<h\leqslant30$	$30<h\leqslant40$	$40<h\leqslant50$	$50<h\leqslant60$	$60<h\leqslant70$	$70<h\leqslant80$	$80<h\leqslant90$	$90<h\leqslant100$	$100<h\leqslant110$
陆上按 $\left(\frac{h}{10}\right)^{0.3}$ 计算	1.00	1.13	1.32	1.46	1.57	1.67	1.75	1.83	1.90	1.96	2.02
海岛按 $\left(\frac{h}{10}\right)^{0.2}$ 计算	1.00	1.08	1.20	1.28	1.35	1.40	1.45	1.49	1.53	1.56	1.60
注：计算沿高度划分成 10 m 高的等风压段，根据各段中心高度选取系数 K_h，也可以取结构顶部作为停车设备全高的定值风压。											

5.2.3.4 **雪和冰载荷**

对于某些地区，应考虑雪和冰载荷。也应考虑由于冰、雪积结引起受风面积的增大。

5.2.4 **特殊载荷**

5.2.4.1 **总则**

特殊载荷是指在停车设备非正常工作时的特殊情况下发生的载荷，包括最大风载荷、碰撞、超载试验、意外停机、机构失效或基础受到地震激励等引起的载荷。

在防疲劳失效的计算中不考虑这些载荷。

最大风载荷按 5.2.3.3.4 最大计算风压下的风载荷进行计算。

5.2.4.2 **碰撞载荷**

5.2.4.2.1 **总则**

碰撞载荷是指运行的停车设备或搬运台车/升降平台与轨道端部缓冲止挡碰撞时产生的载

荷，应设置减速缓冲装置以减小碰撞载荷。

5.2.4.2.2 作用在缓冲器的连接部件上或止挡件上的缓冲碰撞力

以额定运行速度计算缓冲器的连接与固定部件上和止挡上的缓冲碰撞力。

5.2.4.2.3 作用在停车设备结构上的缓冲碰撞力

5.2.4.2.3.1 当水平(垂直)运行速度 $v_7 \leqslant 0.7$ m/s，不必考虑此缓冲碰撞力。

5.2.4.2.3.2 当水平(垂直)运行速度 $v_7 > 0.7$ m/s，应考虑以下情况的缓冲碰撞力：

a) 对装有终点行程限位开关及能可靠起减速作用的控制系统的停车设备，按减速后的实际碰撞速度(但不小于50%的额定运行速度)来计算各运动部分的动能，由此算出缓冲器吸收的动能，从而算出停车设备金属结构上的缓冲碰撞力；

b) 对未装可靠的自动减速限位开关的停车设备，碰撞时的计算速度取额定运行速度，以此来计算缓冲器所吸收的动能，并按该动能计算停车设备金属结构上的缓冲碰撞力；

c) 在计算缓冲碰撞力时，对于汽车被刚性吊挂或装有刚性导架限制悬吊汽车水平移动的停车设备，要将汽车质量的动能考虑在内；

d) 缓冲碰撞力在停车设备上的分布，取决于停车设备的质量分布情况。计算中不考虑起升冲击系数 ϕ_1、起升动载系数 ϕ_2 和运行冲击系数 ϕ_4。

5.2.4.2.4 缓冲器碰撞弹性效应系数 ϕ_7

用 ϕ_7 与缓冲碰撞力相乘，来考虑用刚体模型分析所不能估算的弹性效应。ϕ_7 的取值与缓冲器的特性有关：对于具有线性特性的缓冲器(如弹簧缓冲器)，ϕ_7 的取值为1.25；对于具有矩形特性的缓冲器(如液压缓冲器)，ϕ_7 取值为1.6；对于其他特性的缓冲器(如橡胶、聚氨酯缓冲器等)，ϕ_7 的值要通过试验或计算确定，见图5。

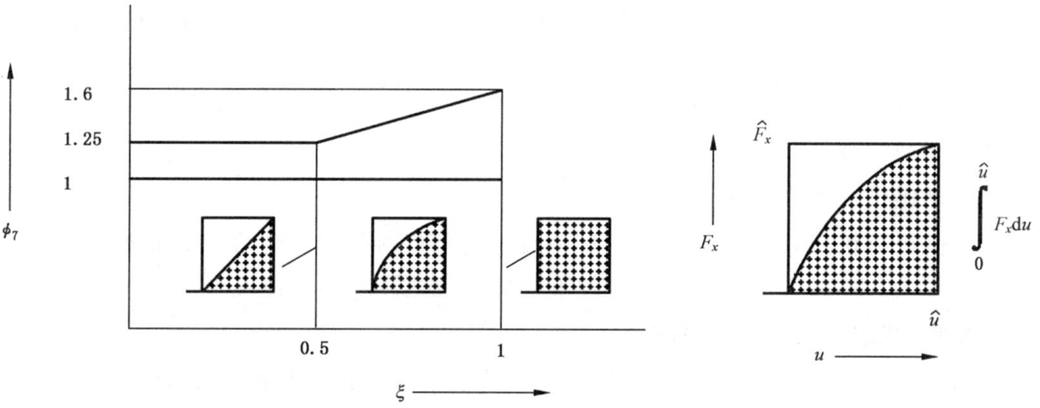

说明：

$$\xi = \frac{1}{\hat{F}_x \hat{u}} \int_0^{\hat{u}} F_X \mathrm{d}u$$

ξ——相对缓冲能量，具有线性特性的缓冲器，$\xi=0.5$；具有矩形特性的缓冲器，$\xi=1.0$；

$\hat{F}_x$——最大缓冲碰撞力；$\hat{u}$——最大缓冲行程；F_x——缓冲碰撞力；u——缓冲行程。

ϕ_7 的中间值的估算如下：

若 $0 \leqslant \xi \leqslant 0.5$，$\phi_7 = 1.25$；

若 $0.5 < \xi \leqslant 1.0$，$\phi_7 = 1.25 + 0.7(\xi - 0.5)$。

图5 系数 ϕ_7 的取值

5.2.4.3 试验载荷

5.2.4.3.1 总则

停车设备投入使用前,应进行静载试验和动载试验。试验时风速不应大于 8.3 m/s。

5.2.4.3.2 静载试验载荷

试验时,停车设备静止不动,按两种工况进行试验。工况一:每个车位应平稳无冲击的加载 $1.1P$。工况二:在升降平台最危险位置平稳无冲击的加载 $1.25P$。

其中 P 定义为:

对于停车位,P 为相应车位适停汽车质量的重力;

对于升降平台,P 为额定起升载荷的重力。

5.2.4.3.3 动载试验载荷

试验时停车设备需完成的各种运动和组合运动,动载试验载荷应作用于停车设备最不利位置。除订单合同有更高的要求外,动载试验载荷取为 $1.1P$,P 的定义同 5.2.4.3.2。在验算时此项起升试验载荷及同时升降的升降平台、载车板等均应乘以式(10)计算所得的动载试验载荷起升动载系数 ϕ_6。

$$\phi_6 = 0.5(1+\phi_2) \quad \cdots\cdots(10)$$

式中:

ϕ_6——起升试验载荷起升动载系数;

ϕ_2——起升动载系数。

5.2.4.3.4 特殊试验载荷

5.2.4.3.4.1 有特殊要求的停车设备,其试验载荷可以取与上述不同而更高的值,应在订货合同或有关产品标准中规定。

5.2.4.3.4.2 如静载试验和动载试验载荷的数值高于上述的规定,则应按实际试验载荷值验算停车设备的承载能力。

5.2.4.4 意外停机引起的载荷

应考虑意外停机瞬间的最不利驱动状态(即意外停机时的突然制动力或加速力与最不利的载荷组合),按 5.2.2.2.1 估算意外停机引起的载荷,动载系数 ϕ_5,取值见表 9。

5.2.4.5 机构(或部件)失效引起的载荷

在各种特殊情况下都可用紧急制动作为对停车设备有效的保护措施,因此机构或部件失效时的载荷都可按出现了最不利的状况而采取紧急制动时的载荷来考虑。

当为了安全原因采用两套(双联)机构时,若任一机构的任何部件出现失效,就应认为该机构发生了失效。

对上述两种情况,均应按 5.2.2.2.1 估算此时所引起的载荷,并考虑力的传递过程中所产生的冲击效应。

5.2.4.6 基础受到地震激励引起的载荷

基础受到地震激励引起的载荷是指由于地震波迫使停车设备基础发生振动而对停车设备引起的载荷。

只有在抗震设防烈度为 6 度以上时,才考虑由这类基础外部激励引起的载荷。

如果政府颁布的条例或特殊的技术规范对此有明确的要求，则应根据相应的法规或专门的规定来考虑这种载荷。停车设备的用户应向制造商提出此项要求，并提供当地相应的地震谱等信息以供设计使用。

5.2.5 其他载荷

这些载荷都是局部载荷，只作用在停车设备结构的局部部位及直接支撑他们的构件上。

这些载荷的大小与构件的用途和载荷的位置有关，如在走台、平台、通道等处应考虑下述载荷：

——在堆放物品处：3 000 N；

——只作为走台或通道处：1 500 N。

5.3 停车设备金属结构设计的基本设计方法、载荷情况与载荷组合

5.3.1 基本设计方法

在停车设备金属结构设计中，通常采用的有许用应力设计法和极限状态设计法两种方法。许用应力设计法和极限状态设计法应用说明见 GB/T 3811—2008 附录 F。

5.3.2 载荷情况

在进行停车设备及其金属结构计算时，应考虑三种不同的基本载荷情况：

a) A——无风工作情况；

b) B——有风工作情况；

c) C——受到特殊载荷作用的工作情况。

在每种载荷情况下，与可能出现的实际使用情况相对应，又有若干个可能的具体载荷组合。

5.3.3 载荷组合

5.3.3.1 停车设备无风工作情况下的载荷组合

停车设备无风工作情况下的载荷组合有以下两种：

a) A1——设备在正常工作状态下，无约束地起升汽车，无风载荷及其他气候影响产生的载荷，此时只应与正常操作控制下的其他驱动机构（不包括起升机构）引起的驱动加速力相组合；

b) A2——在正常工作状态下，停车设备或搬运台车在轨道或地面上运行，无工作状态风载荷及其他气候影响产生的载荷，此时应按 A1 的驱动加速力的组合。

5.3.3.2 停车设备有风工作情况下的载荷组合

停车设备有风工作情况下的载荷组合有 B1、B2、B3 三种：

a) B1、B2——其载荷组合与 A1、A2 的组合相同，但应考虑加上工作状态风载荷及其他气候影响产生的载荷；

b) B3——在正常工作状态下，停车设备在地面或轨道上以恒速偏斜运行，由工作状态风载荷及其他气候影响产生的载荷（其他机构不运动）。

当根据停车设备使用情况需要考虑坡道载荷时，可以将坡道载荷视作偶然载荷在停车设备的无风工作情况下或有风工作情况下的载荷组合中予以考虑。

5.3.3.3 停车设备受到特殊载荷作用下的载荷组合

停车设备受到特殊载荷情况下的载荷组合有以下六种：

a) C1——停车设备在最大计算风压下,有最大计算风压下的风载荷及由其他气候影响产生的载荷;

b) C2——停车设备在动载试验状态下,提升动载试验载荷,并有试验状态风载荷,与载荷组合A1的驱动加速力相组合;

c) C3——停车设备带有额定起升载荷,与缓冲碰撞力产生的载荷相组合;

d) C4——停车设备带有额定起升载荷,与意外停机引起的载荷相组合;

e) C5——停车设备带有额定起升载荷,与机构失效引起的载荷相组合;

f) C6——停车设备带有额定起升载荷,与停车设备基础受到地震激励产生的载荷相组合。

5.3.4 载荷组合表及其应用

5.3.4.1 载荷组合表

考虑到受以上各类载荷作用的停车设备金属结构计算的载荷与载荷组合表见表13。

表 13 停车设备金属结构的载荷与载荷组合表

1	2		3			4				5							6
载荷类别	载荷		载荷组合 A			载荷组合 B				载荷组合 C							行号
			分项安全系数 γ_{pA}	A1	A2	分项安全系数 γ_{pB}	B1	B2	B3	分项安全系数 γ_{pC}	C1	C2	C3	C4	C5	C6	
常规载荷	自重振动载荷、起升动载荷与运行冲击载荷	停车设备质量引起的，见 5.2.2.1.1 和 5.2.2.1.3	1.22	ϕ_1	1	1.16	ϕ_1	1	1	1.10	1	ϕ_1	1	1	1	1	1
		总起升质量引起的，见 5.2.2.1.2 和 5.2.2.1.4	1.34	ϕ_2	—	1.22	ϕ_2	—	—	1.10	η	—	1	1	1	1	2
		在不平轨道上运行停车设备的质量和总起升质量引起的，见 5.2.2.1.5	1.22	—	ϕ_4	1.16	—	ϕ_4	ϕ_4	—	—	—	—	—	—	—	3
	驱动加速力	停车设备的质量和总起升质量，见 5.2.2.2。不包括起升机构的任何驱动机构加速引起的。	1.34	ϕ_5	ϕ_5	1.22	ϕ_5	ϕ_5	—	1.10	—	ϕ_5	—	—	—	—	4
偶然载荷	气候影响引起的载荷	工作状态风载荷，见 5.2.3.3.3				1.22	1	1	1	1.16	—	1	—	—	—	—	5
		雪和冰载荷，见 5.2.3.4				1.22	1	1	1	1.16	1	—	—	—	—	—	6
	偏斜水平侧向载荷	偏斜运行时的水平侧向载荷，见 5.2.3.2				1.16	—	—	1	—	—	—	—	—	—	—	7

表 13（续）

1	2	3			4				5							6
载荷类别	载荷	载荷组合 A			载荷组合 B				载荷组合 C							行号
		分项安全系数 γ_{pA}	A1	A2	分项安全系数 γ_{pB}	B1	B2	B3	分项安全系数 γ_{pC}	C1	C2	C3	C4	C5	C6	
特殊载荷	最大计算风压下的风载荷，见 5.2.3.3.4								1.16	1						8
	试验载荷，见 5.2.4.3								1.10	—	ϕ_6	—	—	—	—	9
	碰撞载荷，见 5.2.4.2								1.10	—	—	ϕ_7	—	—	—	10
	意外停机引起的载荷，见 5.2.4.4								1.10	—	—	—	ϕ_5	—	—	11
	机构(或部件)失效引起的载荷，见 5.2.4.5								1.10	—	—	—	—	ϕ_5	—	12
	停车设备基础受到地震激励引起的载荷，见 5.2.4.6								1.10	—	—	—	—	—	1	13
系数	强度系数 γ_{fi}(许用应力设计法)，见 5.3.4.2.3	1.48			1.34				1.22							14
	抗力系数 γ_m(极限状态设计法)，见 5.3.4.2.4	1.10														15

注 1：各个载荷组合的说明见 5.3.3.1～5.3.3.3。

注 2：分项系数用于极限状态设计法。

5.3.4.2 载荷组合表应用

5.3.4.2.1 各项载荷的计算

表 13 中各项乘以动力系数的载荷计算如下：

——第 1 行的载荷为相应质量乘以重力加速度后，再乘以起升冲击系数 ϕ_1 或乘以 1；

——第 2 行的载荷为相应质量乘以重力加速度后，再乘以起升冲击系数 ϕ_2；

——第 3 行的载荷为相应质量乘以重力加速度后，再乘以运行冲击系数 ϕ_4；

——第 4 行的载荷为相应质量乘以驱动加速度后，再乘以动载荷系数 ϕ_5；

——第 10 行的载荷为相应质量乘以碰撞停车减速度后，再乘以缓冲器碰撞弹性效应系数 ϕ_7 或按缓冲器吸收的动能算出缓冲碰撞后，再乘以缓冲碰撞弹性效应系数 ϕ_7；

——第 11 行和第 12 行的载荷为相应质量乘以相应的停机减速度后，再乘以动载系数 ϕ_5。

5.3.4.2.2 载荷组合的选取

根据所设计停车设备的工况要求的实际情况，按 5.3.3 选取相应的载荷组合，并按表 13 中的内容，进行载荷组合下的设计计算或承载能力验算。

5.3.4.2.3 用许用应力设计法时载荷组合表的应用

用许用应力设计法时，许用应力值以材料、零件、部件或连接的规定强度 R（钢材屈服点、弹性稳定极限或疲劳强度计算中的各个极限应力）除以相应的安全系数 n 来确定。

5.3.4.2.4 用极限状态设计法时载荷组合表的应用

用极限状态设计法时，各个计算载荷在进行组合计算前应按各个载荷情况的规定分别乘以各自的分项安全系数 γ_{pi}。

极限设计应力以材料、零件、构件或链接的规定强度 R（钢材屈服点、弹性稳定极限或疲劳强度计算中的各个极限应力）除以抗力系数 γ_m 来确定，或以其他广义的极限值作为可接受的极限状态控制值（如相对挠度极限值，结构振动衰减参数的极限值等）。

供选用的分项安全系数 γ_{pi} 列在表 13 的第 3 栏、第 4 栏和第 5 栏中。

5.3.4.2.5 关于弹性位移的考核

在某些情况下，太大的弹性形变和位移会妨碍停车设备完成它的工作任务，会影响到停车设备及其结构的稳定性，或者可能干扰结构的正常功能。此时，有关弹性位移的考核就应是承载能力验算的组成部分，并且应将计算的弹性位移同确定的限制值进行适当的对比。

5.3.4.2.6 关于疲劳强度验算

如有必要验算疲劳强度，则应按 6.8 的原则进行。通常，疲劳强度验算应按 A1、A2（常规载荷）等载荷组合考虑。在某些特殊的应用实例中，还有必要考虑一些偶然载荷及特殊载荷，例如工作状态风载荷，偏斜运行侧向载荷，试验载荷以及与停车设备基础外部激励等有关的载荷。

5.4 停车设备机械设计的载荷、载荷情况与载荷组合

5.4.1 机械设计的载荷

5.4.1.1 P_M 型载荷

由电动机驱动转矩或制动器制动转矩所确定的载荷，用 P_M 表示，属于这类载荷的有：

a) 由起升质量垂直位移引起的载荷 P_{MQ}；

b) 由停车设备的其他运动部件的质心垂直位移引起的载荷 P_{MG}；

c) 与机构加(减)速有关的起(制)动惯性载荷 P_{MA}；

d) 与机构传动效率中未考虑的摩擦力相对应的载荷 P_{MF}；

e) 工作风压作用在停车设备结构或机械设备上的风载荷 P_{MW}。

5.4.1.2 P_R 型载荷

与电动机及制动器的作用无关、作用在机构零件上但不能与驱动轴上的转矩平衡的反作用力性质的载荷，用 P_R 表示，属于这类载荷的有：

a) 由起升质量引起的载荷 P_{RQ}；

b) 由停车设备零部件质量引起的载荷 P_{RG}；

c) 由停车设备或某些部分做不稳定运动时的加(减)速度引起的惯性载荷 P_{RA}。

5.4.2 机械设计的载荷情况与载荷组合

5.4.2.1 机械设计计算要考虑的载荷情况

机械设计计算要考虑以下三种载荷情况：

——情况Ⅰ：无风正常工作情况；

——情况Ⅱ：有风正常工作情况；

——情况Ⅲ：特殊载荷作用情况。

对每种载荷情况应确定一个最大载荷，作为计算依据。

按5.4.1确定各项载荷后，组合时再乘以一个最大系数 γ_m' 来考虑由于计算方法不完善和无法预料的偶然因素会导致实际出现的应力超出计算应力的某种可能性。系数 γ_m' 取决于机构的工作级别，见表14。

表14 增大系数 γ_m' 的数值

机构的工作级别	M2	M3	M4	M5	M6	M7	M8
γ_m'	1.04	1.08	1.12	1.16	1.20	1.25	1.30

5.4.2.2 载荷情况Ⅰ(无风正常工作情况)的载荷组合

5.4.2.2.1 P_M 型载荷

P_M 型的最大组合载荷 $P_{M\max\mathrm{I}}$，用5.4.1.1所定义的 P_{MQ}、P_{MG}、P_{MA}、P_{MF} 按式(11)进行组合确定。

$$P_{M\max\mathrm{I}}=(\overline{P}_{MQ}+\overline{P}_{MG}+\overline{P}_{MA}+\overline{P}_{MF})\gamma_m' \quad \cdots\cdots(11)$$

式中：

$P_{M\max\mathrm{I}}$——在载荷情况Ⅰ(无风正常工作)中出现的 P_M 型的最大组合载荷，单位为牛(N)；

$\overline{P}_{MQ}$——由起升质量垂直位移引起的载荷，单位为牛(N)；

$\overline{P}_{MG}$——由停车设备其他运动部件的质心垂直位移引起的载荷，单位为牛(N)；

$\overline{P}_{MA}$——与机构加(减)速有关的起(制)动惯性载荷，单位为牛(N)；

$\overline{P}_{MF}$——与机构传动效率中未考虑的摩擦力相对应的载荷，单位为牛(N)；

γ_m'——增大系数。

注：式(11)内所需考虑的载荷并不是每一项最大值的组合，而是在停车设备实际工作中可能发生的最不

利的载荷组合时所出现的综合最大载荷值，即式(11)中各项载荷 P 加上横线的含义，以下同。

5.4.2.2.2　P_R 型载荷

P_R 型的最大组合载荷 $P_{R\ \max \mathrm{I}}$，用 5.4.1.2 所定义的载荷 P_{RQ}、P_{RG}、P_{RA} 按式(12)进行组合确定。

$$P_{R\ \max \mathrm{I}} = (\overline{P}_{RQ} + \overline{P}_{RG} + \overline{P}_{RA})\gamma'_m \qquad \cdots\cdots(12)$$

式中：

$P_{R\ \max \mathrm{I}}$——在载荷情况Ⅰ(无风正常工作)中出现的 P_R 型的最大组合载荷，单位为牛(N)；

$\overline{P}_{RQ}$——由起升质量引起的载荷，单位为牛(N)；

$\overline{P}_{RG}$——由停车设备零部件质量引起的载荷，单位为牛(N)；

$\overline{P}_{RA}$——由停车设备或某些部件不稳定运动时的加(减)速度引起的惯性载荷，单位为牛(N)；

γ'_m——增大系数。

5.4.2.3　载荷情况Ⅱ(有风正常工作情况)的载荷组合

5.4.2.3.1　P_M 型载荷

P_M 型的最大组合载荷 $P_{M\ \max \mathrm{II}}$，用 5.4.1.1 所定义的 P_{MQ}、P_{MG}、P_{MA}、P_{MF} 按式(13)和式(14)计算的两个组合计算结果中的较大者来确定：

a) 考虑对应于计算风压为 P_{I}(见表 11)时的风载荷 $P_{MW\,\mathrm{I}}$ 和载荷 P_{MA} 作用的载荷组合，按式(13)确定。

$$P_{M\ \max \mathrm{II}} = (\overline{P}_{MQ} + \overline{P}_{MG} + \overline{P}_{MA} + \overline{P}_{MF} + \overline{P}_{MW\,\mathrm{I}})\gamma'_m \qquad \cdots\cdots(13)$$

式中：

$P_{M\ \max \mathrm{II}}$——在载荷情况Ⅱ(有风正常工作)中出现的 R_M 型的最大组合载荷，单位为牛(N)；

$\overline{P}_{MQ}$——由起升质量垂直位移引起的载荷，单位为牛(N)；

$\overline{P}_{MG}$——由停车设备其他运动部件的质心垂直位移引起的载荷，单位为牛(N)；

$\overline{P}_{MA}$——与机构加(减)速有关的起(制)动惯性载荷，单位为牛(N)；

$\overline{P}_{MF}$——与机构传动效率中未考虑的摩擦力相对应的载荷，单位为牛(N)；

γ'_m——增大系数；

$\overline{P}_{MW\,\mathrm{I}}$——作用在停车设备和起升汽车的工作状态风载荷，单位为牛(N)。

b) 考虑对应于计算风压为 p_{II}(见表 11)时的风载荷 $P_{MW\,\mathrm{II}}$ 作用的载荷组合，按式(14)确定。

$$P_{M\ \max \mathrm{II}} = (\overline{P}_{MQ} + \overline{P}_{MG} + \overline{P}_{MF} + \overline{P}_{MW\,\mathrm{II}})\gamma'_m \qquad \cdots\cdots(14)$$

式中：

$P_{M\ \max \mathrm{II}}$——在载荷情况Ⅱ(有风正常工作)中出现的 p_M 型的最大组合载荷，单位为牛(N)；

$\overline{P}_{MQ}$——由起升质量垂直位移引起的载荷，单位为牛(N)；

$\overline{P}_{MG}$——由停车设备其他运动部件的质心垂直位移引起的载荷，单位为牛(N)；

$\overline{P}_{MF}$ ——与机构传动效率中未考虑的摩擦力相对应的载荷,单位为牛(N);

γ_m' ——增大系数;

$\overline{P}_{MW\,\mathrm{II}}$ ——作用在停车设备和起升汽车的工作状态风载荷,单位为牛(N)。

5.4.2.3.2 **P_R 型载荷**

P_R 型的最大组合载荷 $P_{R\,\max\mathrm{II}}$,用 5.4.1.2 所定义的载荷 P_{RQ}、P_{RG}、P_{RA} 和对应于计算风压为 p_{II}(见表 11)时的风载荷 $P_{RW\,\mathrm{II}}$ 作用的载荷组合,按式(15)确定。

$$P_{R\,\max\mathrm{II}}=(\overline{P}_{RQ}+\overline{P}_{RG}+\overline{P}_{RA}+\overline{P}_{RW\,\mathrm{II}})\gamma_m' \quad \cdots\cdots(15)$$

式中:

$P_{R\,\max\mathrm{II}}$——在载荷情况Ⅱ(无风正常工作)中出现的 P_R 型的最大组合载荷,单位为牛(N);

$\overline{P}_{RQ}$ ——由起升质量引起的载荷,单位为牛(N);

$\overline{P}_{RG}$ ——由停车设备零部件质量引起的载荷,单位为牛(N);

$\overline{P}_{RA}$ ——由停车设备或某些部件不稳定运动时的加(减)速度引起的惯性载荷,单位为牛(N);

$\overline{P}_{RW\,\mathrm{II}}$ ——工作风压引起的相应风载荷,单位为牛(N)。

5.4.2.4 **载荷情况Ⅲ(特殊载荷作用情况)的载荷组合**

5.4.2.4.1 **P_M 型载荷**

在 5.4.1.1 中所定义的 P_M 型载荷的最大组合载荷 $P_{M\,\max\mathrm{III}}$ 是在具体操作条件下电动机实际能传递给机构的最大载荷。$P_{M\,\max\mathrm{III}}$ 的值在 5.4.2.5 中给出。

5.4.2.4.2 **P_R 型载荷**

P_R 型载荷的最大组合载荷 $P_{R\,\max\mathrm{III}}$ 取为在 5.3.3.3 中特殊载荷作用情况下的最大载荷,即按式(16)确定。

$$P_{R\,\max\mathrm{III}}=\overline{P}_{RG}+\overline{P}_{RW\,\mathrm{III}\max} \quad \cdots\cdots(16)$$

式中:

$P_{R\,\max\mathrm{III}}$ ——在载荷情况Ⅲ(特殊载荷情况)中出现的 P_R 型的最大组合载荷,单位为牛(N);

$\overline{P}_{RG}$ ——由停车设备零部件引起的相应载荷,单位为牛(N);

$\overline{P}_{RW\,\mathrm{III}\max}$——最大计算风压引起的风载荷,单位为牛(N)。

5.4.2.5 **对上述有关计算 P_M 型载荷的说明和应用**

5.4.2.5.1 **总则**

停车设备的各机构的功能有:

——使运动质心作纯垂直位移(如起升运动);

——使运动质心作水平位移的所谓纯水平位移(如横向移动、纵向移动、回转运动);

——使运动质心作垂直和水平相组合的位移。

5.4.2.5.2 **起升运动**

$P_{M\max}$的计算公式可简化为:

载荷情况Ⅰ和Ⅱ按式(17)计算。

$$P_{M\,\max\text{Ⅱ}}=(\overline{P}_{MQ}+\overline{P}_{MF}+\overline{P}_{MA})\gamma_m' \qquad \cdots\cdots(17)$$

载荷情况Ⅲ按式(18)计算。

$$P_{M\,\max\text{Ⅲ}}=1.6(\overline{P}_{MQ}+\overline{P}_{MF}) \qquad \cdots\cdots(18)$$

式中：

$P_{M\,\max\text{Ⅲ}}$——在载荷情况Ⅲ(特殊载荷情况)中出现的 P_M 型的最大组合载荷，单位为牛(N)。

考虑到5.4.2.4.1所提出的一般原则，可以认为可传递到起升机构上的最大组合载荷，实际上限制在 $P_{M\,\max\text{Ⅰ}}$ 载荷的1.6倍。

5.4.2.5.3 水平运动

$P_{M\,\max}$的计算公式可简化为：

载荷情况Ⅰ，按式(19)计算。

$$P_{M\,\max\text{Ⅰ}}=(\overline{P}_{MF}+\overline{P}_{MA})\gamma_m' \qquad \cdots\cdots(19)$$

载荷情况Ⅱ，取式(20)和式(21)两值中的较大者：

$$P_{M\,\max\text{Ⅱ}}=(\overline{P}_{MA}+\overline{P}_{MF}+\overline{P}_{MW\,\text{Ⅰ}})\gamma_m' \qquad \cdots\cdots(20)$$

或

$$P_{M\,\max\text{Ⅱ}}=(\overline{P}_{MF}+\overline{P}_{MW\,\text{Ⅱ}})\gamma_m' \qquad \cdots\cdots(21)$$

载荷情况Ⅲ，对 $P_{M\,\max\text{Ⅲ}}$，取对应于电动机(或制动器)最大扭矩的载荷。但如果作业条件限制了实际传递的扭矩，例如车轮在轨道上打滑，这时就应取实际可能传递的扭矩。

5.4.2.5.4 复合运动

载荷情况Ⅰ和Ⅱ：载荷 $P_{M\,\max\text{Ⅰ}}$ 和 $P_{M\,\max\text{Ⅱ}}$ 用5.4.2.2.1和5.4.2.3.1给出的通用公式来确定。

载荷情况Ⅲ：当用于质心升高运动的功率，同克服加速或风力影响所需的功率相比可忽略不计时，载荷最大值 $P_{M\,\max\text{Ⅲ}}$ 取为电动机最大转矩引起的载荷。

反之，当用于克服加速或风力影响所需的功率，同用于质心升高运动的功率相比可忽略不计时，载荷最大值 $P_{M\,\max\text{Ⅲ}}$ 可按 $P_{M\,\max\text{Ⅲ}}=1.6P_{M\,\max\text{Ⅱ}}$ 来计算。

在这两个极限值之间的各种情况，应根据选用的电动机、起升方式，以及由惯性和风力引起的载荷与由质心升高引起的载荷的相对值来进行研究。

当作业条件限制了实际传递给机构的力矩(见5.4.2.5.3)，而又小于上述值时，则将此限制的极限力矩作为 $P_{M\,\max\text{Ⅲ}}$ 的值。

6 结构

6.1 金属结构与构件

各类停车设备的金属结构各不相同，但都分别由许多构件组成，本章结构件是指支承停车设备作用载荷的零部件，例如：

a) 停车设备的钢结构；

b) 支承停车位、升降搬运装置、水平搬运装置、回转装置等的固定构件及结构连接螺栓的构件；

c) 搬运装置的导向构件，导向轨道及其支承构件；

d) 搬运器、升降平台、水平搬运装置、回转装置等移动部分的构件。

这些构件由杆件、板件或壳体组成，按受力情况，可分为轴心受拉构件和轴心受压构件、受弯构件、拉弯构件和压弯构件、受扭构件、弯扭构件、其他复合受力构件。

停车设备的钢结构是由多个构件组成,可分为室外独立式钢结构、室内独立式钢结构和附建式钢结构。室外独立式钢结构自成一体,室内独立式钢结构独立置于建筑物内,附建式钢结构则与主体建筑物联结。

停车设备的钢结构,应优先按照第6章的规定设计,也可根据用户要求按GB 50017的相应规定设计。

6.2 结构计算原则

6.2.1 计算方法

停车设备的结构设计计算可采用极限状态设计法或许用应力设计法。当结构内力与载荷呈非线性关系时,应采用极限状态设计法。

极限状态分为承载能力极限状态和正常使用极限状态:

a) 承载能力极限状态应包括:构件或连接的强度破坏、脆性断裂,因过度变形而不适用于继续承载,结构或构件丧失稳定;

b) 正常使用极限状态应包括:影响结构、构件正常使用或外观的变形,影响正常使用或耐久性能的局部破坏。

6.2.2 计算内容和有关规定

6.2.2.1 计算内容

在载荷最不利组合下,验算停车设备的金属结构件及其连接的强度(含疲劳强度)、刚性和稳定性,是否满足本标准的要求。

6.2.2.2 有关规定

6.2.2.2.1 本章规定的各项内容,均限于在钢材弹性范围内的计算。

6.2.2.2.2 本章中计算公式均按极限状态设计法给出。若用许用应力设计法,则所有强度和弹性稳定计算公式左端的弯矩、扭矩、轴向力都不考虑分项安全系数 γ_{pi},右端的极限设计应力 $\lim\sigma$ 改为许用应力$[\sigma]$。

此外,若用许用应力设计法进行弹性稳定性验算时,所有轴力比 $N/N_{Ei}(i=x,y)$处,均需在 N 前乘以 $\alpha=1.22$ 调整系数。在进行轴心受压稳定系数的修正系数计算时式(61)的轴力 N 也需乘以 $\alpha=1.22$调整系数。

6.2.2.2.3 用极限状态设计法验算结构和构件的刚性时,取分项安全系数 $\gamma_{pi}=1$。

6.3 材料和极限设计应力

6.3.1 结构件材料及其极限设计应力

6.3.1.1 结构件材料

6.3.1.1.1 停车设备承载结构件的钢材选择,应考虑结构的重要性、载荷特征、应力状态、连接方式和工作环境温度及钢材厚度等因素。

停车设备主要承载的结构件,宜采用力学性能不低于GB/T 700—2006中的Q235钢和GB/T 699—2015中的20钢材;当结构需要采用高强度钢材时,可采用力学性能不低于GB/T 1591—2018中的Q355、Q390、Q420和Q460钢材,及GB/T 4171—2008中的Q235NH、Q355NH和Q415NH钢材。材料的抗拉极限 σ_b 与屈服极限 σ_s 比值 $\sigma_b/\sigma_s<1.05$ 时,σ_s 取值应满足 $\sigma_s\leqslant\sigma_b/1.05$。材料在标距长度 L_0 下,即 $L_0=5.65\sqrt{A_0}$ (A_0 为材料截面面积),

其伸长率应满足 $\delta \geqslant 7\%$。如果材料的厚度和公差满足国家标准规定的要求,则按材料的名义厚度进行设计计算,否则按实际最小厚度进行设计计算。

钢材的厚度在T形、十字形和角形焊接的连接节点中,当其板件厚度不小于40 mm且沿板厚方向有较高撕裂拉力作用,包括较高约束拉应力作用时,该部位板件钢材宜具有厚度方向抗撕裂性能(即Z向性能)的合格保证,其沿板厚方向断面收缩率不应小于GB/T 5313—2010规定的Z15级允许限值。钢板厚度方向承载性能等级应根据节点形式、板厚、熔深或焊缝尺寸、焊接时节点拘束度以及预热、后热情况等综合确定。

下列情况的承载结构和构件钢材不应采用沸腾钢:

a) 焊接结构:

1) 直接承受动载荷且需要计算疲劳的结构;

2) 虽可以不计算疲劳但工作环境温度低于−20 ℃时的直接承受动载荷的结构以及受拉、受弯的重要工作环境温度不高于−30 ℃的所有承载结构。

b) 非焊接结构:

工作环境温度不高于−20 ℃的直接承受动载荷且需要计算疲劳的结构。

6.3.1.1.2 在设计和制造高强度钢材的结构件时,应特别注意选择合理的焊接工艺并进行相应的焊接试验,以减少其制造内应力,防止焊缝开裂及控制高强度钢材结构的变形。

6.3.1.1.3 室外停车设备结构的工作环境温度,在用户未特别提出时,可取为停车设备使用地点的年最低日平均温度。

6.3.1.1.4 当确定材料质量和等级时,应考虑冲击韧性综合系数 $\sum q_i$,参见附录B。

6.3.1.1.5 钢铸件宜采用符合GB/T 11352—2009或GB/T 14408规定的铸钢。

6.3.1.2 结构件材料的极限设计应力

结构件材料的极限设计应力见表15。

表15 结构件材料的极限设计应力 单位为牛每平方毫米

拉伸、压缩、弯曲极限设计应力 $\lim\sigma$	剪切极限设计应力 $\lim\tau$	端面承压极限设计应力 $\lim\sigma_{cd}$
$\lim\sigma=\sigma_s/\gamma_{Rm}$	$\lim\tau=\lim\sigma/\sqrt{3}$	$\lim\sigma_{cd}=1.4\ \lim\sigma$
σ_s ——钢材的屈服点,单位为牛每平方毫米(N/mm^2),G_s 值应根据钢材厚度选取,见GB/T 700和GB/T 1591—2018; γ_{Rm} ——结构件的总抗力系数,$\gamma_{Rm}=\gamma_m\gamma_{sm}$; γ_m ——抗力系数,见表13; γ_{sm} ——结构件的具体抗力系数,见表16。		

表16 结构件的具体抗力系数 γ_{sm}

材料分类	数值
非轧制材料	$\gamma_{sm}=0.95$
轧制材料(如板材和型材)	$\gamma_{sm}=0.95$

表 16（续）

<table>
<tr><th colspan="2">材料分类</th><th>数值</th></tr>
<tr><td rowspan="3">垂直于轧制平面的拉应力
(见图 6)</td><td>板的厚度＜15 mm
或材料断面收缩率＞20％</td><td>$\gamma_{sm}=1.00$</td></tr>
<tr><td>10％≤材料断面收缩率≤20％</td><td>$\gamma_{sm}=1.16$</td></tr>
<tr><td>材料断面收缩率＜10％</td><td>$\gamma_{sm}=1.50$</td></tr>
</table>

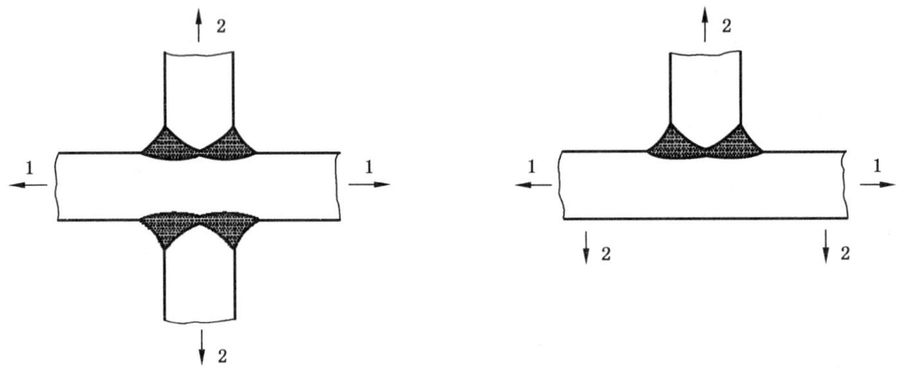

说明：

1——轧制平面方向；

2——应力或载荷方向。

图 6　垂直于轧制平面的拉伸载荷

6.3.2　连接材料及其极限设计应力

6.3.2.1　焊条、焊丝、焊剂材料

钢结构用焊接材料应符合下列要求：

a)　手工焊接所用的焊条，应符合 GB/T 5117 或 GB/T 5118 的规定，所选用的焊条型号应与主体金属力学性能相适应；

b)　自动焊或半自动焊用焊丝应符合 GB/T 14957、GB/T 8110 及 GB/T 10045、GB/T 17493 的规定；

c)　埋弧焊用焊丝和焊剂应符合 GB/T 5293、GB/T 12470 的规定。

6.3.2.2　螺栓副、销轴材料

普通螺纹连接用螺栓、螺母的机械性能和材料应符合 GB/T 3098.1 和 GB/T 3098.2 的规定。

高强度螺栓、螺母和垫圈材料应符合 GB/T 1231 或 GB/T 3632 的规定。各种规格的螺栓副除选用 GB/T 1231 规定的材料外，还可采用 GB/T 3077—2015 规定的 40Cr(用于 8.8 级)和 35CrMo、42CrMo(用于 10.9 级以上)等钢材。

销轴的材料，宜采用符合 GB/T 699—2015 规定的 45 钢或 GB/T 3077—2015 规定的

40Cr、35CrMo、42CrMo 等钢材，并进行必要的热处理。

6.3.2.3　连接材料的极限设计应力

6.3.2.3.1　焊缝的极限设计应力

在焊缝连接的设计中，通常焊缝应具有与母材同等的综合机械性能。根据母材和焊缝材料、焊缝类型、应力类型及焊缝质量分级，焊缝的极限设计应力见表 17。

对于组合构件（如翼缘板和腹板）的连接焊缝，在设计时可不考虑沿焊缝轴线方向上的正应力。如果构件间存在剪力，则焊缝应承担相应比例的剪力。

表 17　焊缝的极限设计应力　　单位为牛每平方毫米

<table>
<tr><th rowspan="2">焊材类型</th><th rowspan="2">应力方向</th><th rowspan="2">焊缝类型</th><th rowspan="2">应力类型</th><th rowspan="2">计算公式</th><th colspan="3">系数 α_w</th></tr>
<tr><th>$\sigma_s \leqslant 420$</th><th>$420 < \sigma_s < 930$</th><th>$\sigma_s \geqslant 930$</th></tr>
<tr><td rowspan="3">与母材匹配（σ_s 取自母材）</td><td rowspan="2">应力垂直于焊缝方向</td><td>全熔透焊缝</td><td>拉、压应力</td><td rowspan="2">$\lim\sigma_h = \frac{\alpha_w \sigma_s}{\gamma_m}$</td><td colspan="2">1.0</td><td>0.93</td></tr>
<tr><td>部分熔透焊缝</td><td>拉、压应力</td><td colspan="2">0.9</td><td>0.85</td></tr>
<tr><td>应力平行于焊缝方向</td><td>所有焊缝</td><td>剪切应力</td><td>$\lim\tau_h = \frac{\alpha_w \sigma_s}{\gamma_m}$</td><td colspan="2">0.6</td><td>0.55</td></tr>
<tr><td rowspan="3">低于母材（σ_s 取自焊材）</td><td rowspan="2">应力垂直于焊缝方向</td><td>全熔透焊缝</td><td>拉、压应力</td><td rowspan="2">$\lim\sigma_h = \frac{\alpha_w \sigma_{hb}}{\gamma_m}$</td><td>0.8</td><td>0.85</td><td>0.9</td></tr>
<tr><td>部分熔透焊缝</td><td>拉、压应力</td><td>0.7</td><td>0.75</td><td>0.8</td></tr>
<tr><td>应力平行于焊缝方向</td><td>所有焊缝</td><td>剪切应力</td><td>$\lim\tau_h = \frac{\alpha_w \sigma_{hb}}{\gamma_m}$</td><td>0.45</td><td>0.5</td><td>0.5</td></tr>
<tr><td colspan="8">计算疲劳强度时的焊缝极限设计应力见 6.8.3.4。
对接的部分熔透焊缝宜采用对称焊缝，如果采用非对称焊缝，焊缝处宜避免偏心载荷的作用。
系数 α_w 适用于 C 级及以上的焊缝质量。
如果是焊缝质量为 D 级，则焊缝极限设计应力取为 0.8 $\lim\sigma_h$ 和 0.8 $\lim\tau_h$。
焊缝质量分级按 GB/T 19418 的规定。
与母材匹配：是指焊材的抗拉强度不低于母材的抗拉强度。
低于母材：是指焊材的抗拉强度低于母材的抗拉强度。
全熔透焊缝：坡口焊缝接头根部的状态，焊缝金属扩展穿透整个接头厚度。
部分熔透焊缝：有意使接头熔深小于接头完全熔透的焊缝。
σ_s ——材料的屈服强度。
σ_{hb} ——焊缝材料的抗拉强度。
γ_m ——抗力系数，见表 13。</td></tr>
</table>

6.3.2.3.2　螺栓、销轴连接的极限设计应力

螺栓、销轴连接的极限设计应力见表 18。

表 18　螺栓、销轴连接的极限设计应力　　单位为牛每平方毫米

接头种类	应力种类	螺栓、销轴极限设计应力
螺栓连接	拉伸	$\lim\sigma_l=\dfrac{\sigma_{sl}}{\gamma_{Rb}}$
	剪切	$\lim\tau_l=\dfrac{\sigma_{sl}}{\sqrt{3}\gamma_{Rb}}$
	承压	$\lim\sigma_{cl}=\dfrac{\sigma_{sl}}{\gamma_{Rb}}$
销轴连接	弯曲	$\lim\sigma_p=\dfrac{\sigma_{sp}}{\gamma_{Rp}}$
	剪切	$\lim\tau_p=\dfrac{\sigma_{sp}}{\sqrt{3}\gamma_{Rp}}$
	承压	$\lim\sigma_{cp}=\dfrac{\sigma_{sp}}{\gamma_{Rp}}$

σ_{sl} ——与螺栓性能等级相对应的名义屈服点，见表 19。

γ_{Rb}——螺栓连接的总抗力系数，$\gamma_{Rb}=\gamma_m\gamma_{sb}$。

γ_m ——抗力系数，见表 13。

γ_{sb} ——螺栓连接的具体抗力系数，拉伸时 $\gamma_{sb}=0.91$；单剪切面剪切时 $\gamma_{sb}=1.3$；多剪切面剪切时 $\gamma_{sb}=1.0$；单剪切面承压时 $\gamma_{sb}=0.9$，多剪切面承压时 $\gamma_{sb}=0.7$。

σ_{sp} ——销轴材料屈服点。

γ_{Rp}——销轴连接的总抗力系数，$\gamma_{Rp}=\gamma_m\gamma_{sp}$。

γ_{sp} ——销轴连接的具体抗力系数，受弯时 $\gamma_{sp}=1.0$；单剪切面剪切时 $\gamma_{sp}=1.3$，多剪切面剪切时 $\gamma_{sp}=1.0$；承压时，单剪切面或多剪切面间没有紧固结合，$\gamma_{sp}=0.9$，多剪切面下的被连接件通过固定装置(如销轴端部的外置螺母)紧固结合，$\gamma_{sp}=0.6$。

在销轴和承压表面之间有显著运动的情况下，宜考虑降低承压极限设计应力以减小磨损。

表 19　螺栓的机械性能　　单位为牛每平方毫米

机械性能等级	4.6	4.8	5.6	5.8	6.8	8.8	9.8[a]	10.9	12.9
名义屈服点 σ_{sl}	240	320	300	400	480	640	720	900	1 080
抗拉强度 σ_{bl}	400	400	500	500	600	800	900	1 000	1 200

[a] 仅适用于螺栓直径 $d\leqslant16$ mm。

6.4　结构件和连接的强度计算

6.4.1　结构件的强度计算

6.4.1.1　基本原则

停车设备结构设计计算的载荷情况与载荷组合应符合表 13 中的规定，载荷的作用位置、作用方向以及停车设备的自身状况(各部分相对位置、运动组合等)均应计算最不利情况。

结构件的受拉、受压、受弯、受扭的应力计算可按一般力学方法，参考有关文献中的公式、图

表等进行，计算应力不应大于规定的极限设计应力（极限状态设计法）或许用应力（许用应力设计法）。此外，视结构与构件的具体情况还应进行下述内容强度计算。

6.4.1.2 **局部压应力**

当车轮或滑块上的集中载荷作用在构件顶面（无垫板、无轨道）、垫板上（有垫板、无轨道）或轨道上（有轨道、无垫板）时，在其下方的腹板上边缘产生的局部压应力按式(22)计算。

$$\sigma_m = \frac{P}{tc} \leqslant \lim\sigma \qquad \cdots\cdots(22)$$

式中：

σ_m ——局部压应力的平均值，单位为牛每平方毫米(N/mm^2)；

P ——一个车轮或滑块上的集中载荷，不计起升动载系数 ϕ_2 及运行冲击系数 ϕ_4，单位为牛(N)；

t ——腹板板厚，单位为毫米(mm)；

c ——集中载荷的分布长度，单位为毫米(mm)，$c=l+2h_y$；

l ——集中载荷的作用长度，单位为毫米(mm)，对车轮取 $l=50$ mm；

h_y ——自轨道顶面（有轨道时）或垫板顶面（有垫板无轨道时）或构件顶面（无垫板无轨道时）至腹板上边缘的距离，单位为毫米(mm)；

$\lim\sigma$ ——拉伸、压缩、弯曲极限设计应力，见表15。

6.4.1.3 **复合应力**

6.4.1.3.1 当构件的同一计算点上受有正应力 σ，剪切应力 τ 和局部压应力 σ_m 时，该点的复合应力按式(23)计算。

$$\sqrt{\sigma^2 + \sigma_m^2 - \sigma\sigma_m + 3\tau^2} \leqslant \lim\sigma \qquad \cdots\cdots(23)$$

σ ——正应力，单位为牛每平方毫米(N/mm^2)；

σ_m ——局部压应力的平均值，单位为牛每平方毫米(N/mm^2)；

τ ——剪切应力，单位为牛每平方毫米(N/mm^2)；

$\lim\sigma$ ——拉伸、压缩、弯曲极限设计应力，见表15。

式中的 σ 和 σ_m 带各自的正负号。

6.4.1.3.2 当构件的同一计算点上受有两个方向的正应力 σ_x、σ_y 和剪切应力 τ_{xy} 时，该点的复合应力按式(24)计算。

$$\sqrt{\sigma_x^2 + \sigma_y^2 - \sigma_x\sigma_y + 3\tau_{xy}^2} \leqslant \lim\sigma \qquad \cdots\cdots(24)$$

式中：

σ_x，σ_y ——构件同一计算点上所受的两个方向的正应力，带各自的正负号，单位为牛每平方毫米(N/mm^2)，其中的每一个应力都不应大于表15的极限设计应力；

τ_{xy} ——构件同一计算点上所受的剪切应力，其值不应大于表15的极限设计应力，单位为牛每平方毫米(N/mm^2)；

$\lim\sigma$ ——拉伸、压缩、弯曲极限设计应力，见表15。

6.4.1.3.3 当仅有拉伸（或压缩）应力 σ 和剪切应力 τ 时，按式(25)计算复合应力。

$$\sqrt{\sigma^2 + 3\tau^2} \leqslant \lim\sigma \qquad \cdots\cdots(25)$$

式中：

σ ——拉伸(或压缩)应力,单位为牛每平方毫米(N/mm^2);

τ ——剪切应力,单位为牛每平方毫米(N/mm^2);

$\lim\sigma$ ——拉伸、压缩、弯曲极限设计应力,见表15。

6.4.1.4 普通螺栓连接的结构件的强度计算

6.4.1.4.1 拉(压)应力

普通螺栓连接的轴心受拉(压)构件的强度,按式(26)计算。

$$\frac{N}{A_j} \leqslant \lim \sigma \qquad \cdots\cdots (26)$$

式中:

N ——作用于连接处的轴向力,单位为牛(N);

A_j ——所计算构件截面的净面积,单位为平方毫米(mm^2);

$\lim\sigma$ ——螺栓连接的结构件极限设计应力,$\lim\sigma=\frac{\sigma_s}{\gamma_m\gamma_{st}}$;

σ_s ——钢材的屈服点,单位为牛每平方毫米(N/mm^2);

γ_m ——抗力系数;

γ_{st} ——螺栓连接的结构件具体抗力系数,考虑开孔对结构应力的影响,$\gamma_{st}=1.2$。

6.4.1.4.2 承压应力

普通螺栓连接的轴心受拉(压)构件的承压应力,按式(27)计算。

$$\frac{F}{dt} \leqslant \lim \sigma_{cd} \qquad \cdots\cdots (27)$$

式中:

F ——单个螺栓的剪力,单位为牛(N);

d ——螺栓杆直径(无螺纹部分),单位为毫米(mm);

t ——被连接件与螺栓无螺纹部分接触处的厚度,单位为毫米(mm);

$\lim\sigma_{cd}$ ——螺栓连接的结构承压极限设计应力,$\lim\sigma_{cd}=\frac{\sigma_s}{\gamma_m\gamma_{sb}}$;

σ_s ——钢材的屈服点,单位为牛每平方毫米(N/mm^2);

γ_m ——抗力系数;

γ_{sb} ——螺栓连接的具体抗力系数。

螺栓连接的几何尺寸 e_1、e_2、p_1、p_2(见图7)应同时满足式(28)。

$$e_1 \geqslant 1.5d_0, e_2 \geqslant 1.5d_0, p_1 \geqslant 3d_0, p_2 \geqslant 3d_0 \qquad \cdots\cdots (28)$$

式中:

d_0 ——螺栓孔直径,单位为毫米(mm);

e_1, e_2, p_1, p_2 ——螺栓孔位置尺寸和间距,单位为毫米(mm)。

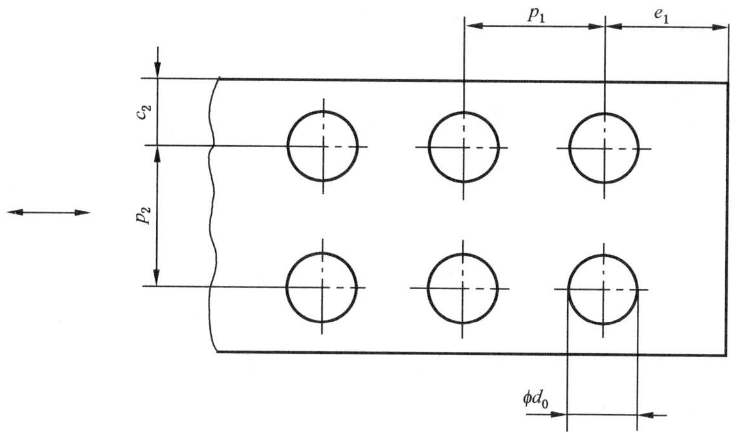

图 7　螺栓连接的构件

6.4.1.5　有预拉力的高强度螺栓连接的结构件的强度计算

高强度螺栓连接的轴心受拉(压)构件的强度,按式(29)计算。

$$\frac{N'}{A_j} \leqslant \lim \sigma \qquad \cdots\cdots(29)$$

$$N' = N\left(1 - 0.5\,\frac{Z_1}{Z}\right)$$

式中:

N'　——高强度螺栓连接的构件的计算轴向力,单位为牛(N);

N　——作用于连接处的轴向力,单位为牛(N);

Z_1　——所计算构件截面(连接接头一侧的最外列螺栓处)的高强度螺栓数;

Z　——在节点或拼接连接接头一侧构件上的高强度螺栓的总数;

A_j　——所计算构件截面的净面积,单位为平方毫米(mm^2);

$\lim\sigma$　——高强螺栓连接的结构件极限设计应力,$\lim\sigma = \frac{\sigma_s}{\gamma_m \gamma_{st}}$;

σ_s　——钢材的屈服点,见表 15;

γ_m　——抗力系数,见表 13;

γ_{st}　——螺栓连接的结构件具体抗力系数。

6.4.1.6　销轴连接的结构件的强度计算

6.4.1.6.1　总则

本标准中的销轴连接验算,适用于符合下列条件的销轴连接:

——销轴为圆形;

——不约束被连接件之间转动;

——承受载荷的销轴连接;

——销轴和孔之间的配合公差不应低于 GB/T 1800.2—2020 规定的 h13/H13;在承受变向载荷时,应采用更紧密的配合公差;

——所有销轴均有防止脱出销轴孔的防脱装置;

——当预定允许销轴连接在承载的情况下转动时,防脱装置应能限制销轴的轴向位移;

——被连接件的刚度应能限制其平面外的局部变形(凹陷)。

6.4.1.6.2 剪切应力

销轴连接的轴心受拉构件的剪切应力,按式(30)计算。

$$\frac{F}{A_s} \leqslant \lim \tau' \quad \cdots\cdots(30)$$

式中:

F ——作用于连接处的力,见图8,单位为牛(N);

A_s ——剪切面积,单位为平方毫米(mm^2),对于对称式连接构件[如图8a)和c)所示],$A_s=2st$;对于非对称式连接构件[如图8b)所示],$A_s=(s_1+s_2)t$,要求$s_1>c$,$s_2>c$;

$\lim\tau'$ ——销轴连接的结构件剪切极限设计应力,$\lim\tau'=\frac{\sigma_s}{\sqrt{3}\gamma_m}$;

s,s_1,s_2 ——图8所示A—A截面的几何尺寸,A—A截面按图中所示40°规定确定,单位为毫米(mm);

t ——连接结构件的厚度,单位为毫米(mm),见图8;

σ_s ——钢材的屈服点,单位为牛每平方毫米(N/mm^2);

γ_m ——抗力系数。

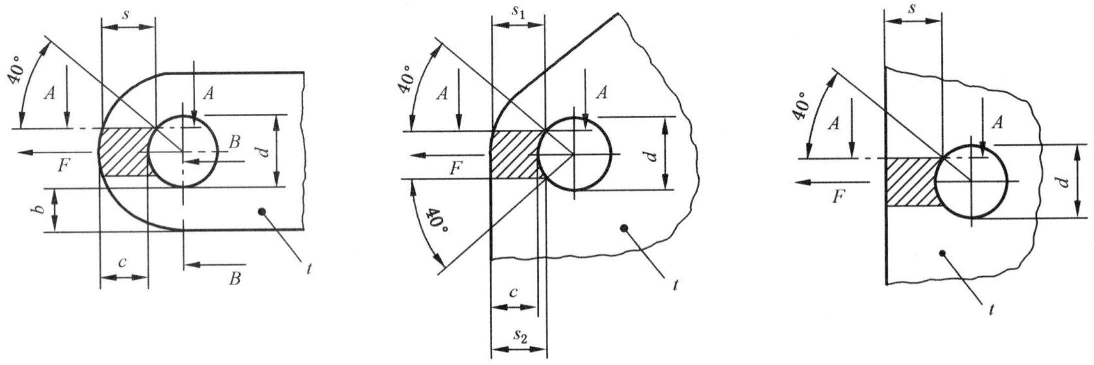

a) 型式Ⅰ　　b) 型式Ⅱ　　c) 型式Ⅲ

图8 被连接件

6.4.1.6.3 正应力

销轴连接的轴心受拉(压)构件的正应力,如图8a)所示B—B截面,按式(31)计算。

$$\frac{kF}{2bt} \leqslant \lim \sigma' \quad \cdots\cdots(31)$$

式中:

F ——作用于连接处的力,见图8,单位为牛(N);

b,t ——几何尺寸,单位为毫米(mm),见图8a);

k ——应力集中系数,对于满足$1\leqslant c/b\leqslant 2$且$0.5\leqslant b/d\leqslant 1$的几何构造[见图8a)],轴和孔的间隙符合GB/T 1800.2—2020的h11/H11公差或更紧密时,可按图9选取;更大的间隙时,则应采用更大的k值;

$\lim\sigma'$ ——销轴连接的结构件极限设计应力，$\lim\sigma'=\frac{\sigma_s}{\gamma_m\gamma_{spt}}$；

σ_s ——钢材的屈服点，单位为牛每平方毫米（N/mm^2）；

γ_m ——抗力系数；

γ_{spt} ——销轴连接的结构件具体抗力系数，$r_{spt}=\frac{0.95}{\sqrt{k}}\times\frac{1.38\sigma s}{\sigma_b}$；

σ_b ——结构件材料的抗拉强度，单位为牛每平方毫米（N/mm^2）。

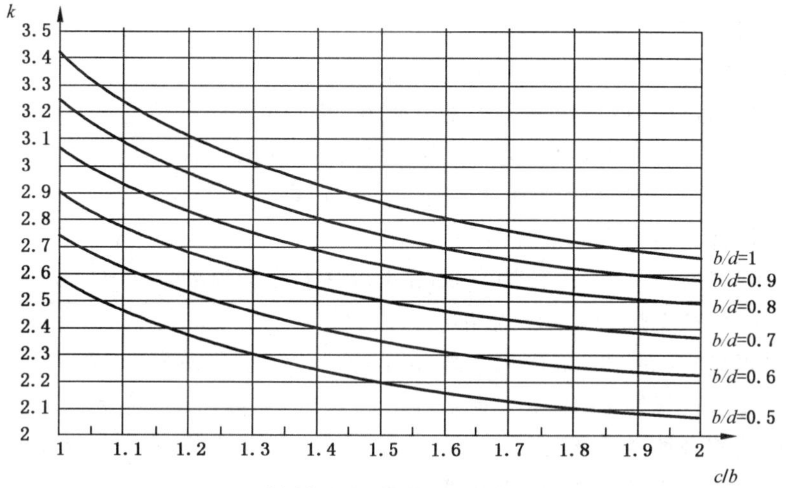

图 9 销轴连接的应力集中系数 *k*

6.4.1.6.4 承压应力

销轴连接的轴心受拉构件的承压应力，按式(32)计算。

$$\frac{F}{dt}\leqslant\lim\sigma'_{cd} \quad \cdots\cdots(32)$$

式中：

F ——作用于所计算的挤压面上的压力，单位为牛(N)；

d ——销轴直径，单位为毫米(mm)；

t ——所计算的挤压面的宽度，单位为毫米(mm)；

$\lim\sigma'_{cd}$ ——销轴连接的结构承压极限设计应力，$\lim\sigma'_{cd}=\frac{\sigma_s}{\gamma_m\gamma_{sp}}$；

σ_s ——钢材的屈服点，单位为牛每平方毫米（N/mm^2）；

γ_m ——抗力系数；

γ_{sp} ——销轴连接的具体抗力系数。

6.4.2 连接的强度计算

6.4.2.1 焊缝连接

6.4.2.1.1 总则

钢熔化焊焊缝连接是停车设备金属结构最主要的连接形式，其焊缝的主要型式为对接焊缝和角焊缝，焊缝坡口的基本型式和尺寸应符合 GB/T 985.1 和 GB/T 985.2 的规定。

6.4.2.1.2 对接焊缝的正应力与剪切应力

对接焊缝的正应力计算见式(33),剪切应力计算见式(34),受力与相关尺寸见图10。

$$\sigma_h = \frac{F_\sigma}{l_r a_r} \leqslant \lim\sigma_h \qquad \cdots\cdots(33)$$

$$\tau_h = \frac{F_\tau}{l_r a_r} \leqslant \lim\tau_h \qquad \cdots\cdots(34)$$

式中:

F_σ ——法向力,单位为牛(N);

F_τ ——焊缝剪力,单位为牛(N);

σ_h ——焊缝正应力,单位为牛每平方毫米(N/mm²);

τ_h ——焊缝剪切应力,单位为牛每平方毫米(N/mm²);

$\lim\sigma_h$ ——焊缝的极限设计应力(拉、压),见表17;

$\lim\tau_h$ ——焊缝的剪切极限设计应力,见表17;

l_r ——焊缝有效长度,单位为毫米(mm);对于连续焊缝,$l_r = l_w - 2a_r$;如果采取措施确保整个焊缝实际长度都有效时,$l_r = l_w$;

l_w ——焊缝实际长度,单位为毫米(mm);

a_r ——焊缝计算厚度,单位为毫米(mm);对于全熔透焊缝,$\alpha_r = \min\{t_1, t_2\}$;对于对称的部分熔透焊缝,$a_r = 2a_i$;

t_1, t_2 ——被连接件板厚,单位为毫米(mm);

a_i ——对称的部分熔透焊缝的任一焊缝厚度,单位为毫米(mm)。

注:本标准不涵盖单边部分熔透对接焊缝。

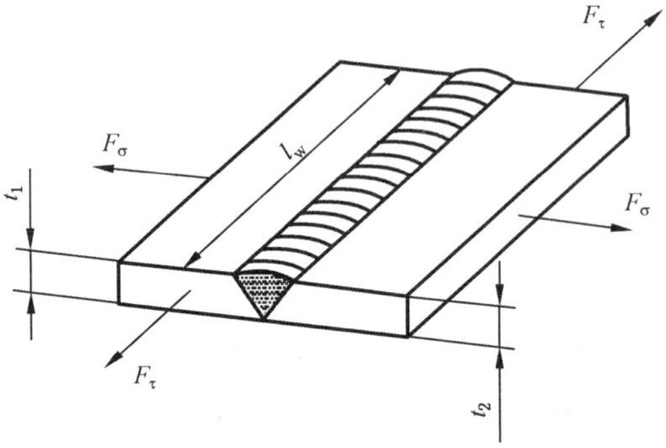

图10 对接焊缝

6.4.2.1.3 角焊缝的正应力与剪切应力

角焊缝的正应力计算见式(35),剪切应力计算见式(36),受力与相关尺寸见图11。

$$\sigma_h = \frac{F_\sigma}{l_{r1} a_{r1} + l_{r2} a_{r2}} \leqslant \lim\sigma_h \qquad \cdots\cdots(35)$$

$$\tau_h = \frac{F_\tau}{l_{r1} a_{r1} + l_{r2} a_{r2}} \leqslant \lim\tau_h \qquad \cdots\cdots(36)$$

式中:

F_σ ——法向力,单位为牛(N);

F_τ ——焊缝剪力,单位为牛(N);

σ_h ——焊缝正应力,单位为牛每平方毫米(N/mm^2);

τ_h ——焊缝剪切应力,单位为牛每平方毫米(N/mm^2);

l_{r1}, l_{r2} ——焊缝有效长度,单位为毫米(mm);

l_{w1}, l_{w2} ——焊缝实际长度,单位为毫米(mm);

a_{r1}, a_{r2} ——焊缝计算厚度,$a_{ri} \leqslant 0.7\ \min\{t_1, t_2\}$,$i=1,2$,单位为毫米(mm);

t_1, t_2 ——被连接件板厚,单位为毫米(mm)。

$\lim\sigma_h$、$\lim\tau_h$ 见表 17。

当无法用引弧板施焊时,对于连续焊缝,焊缝有效长度 $l_{ri}=l_{wi}-2a_{ri}$,$i=1,2$;如果采取措施确保整个焊缝实际长度都有效时,$l_{ri}=l_w$,$i=1,2$。

单边焊缝采用图 11 加载时,相应参数按上述方法计算。

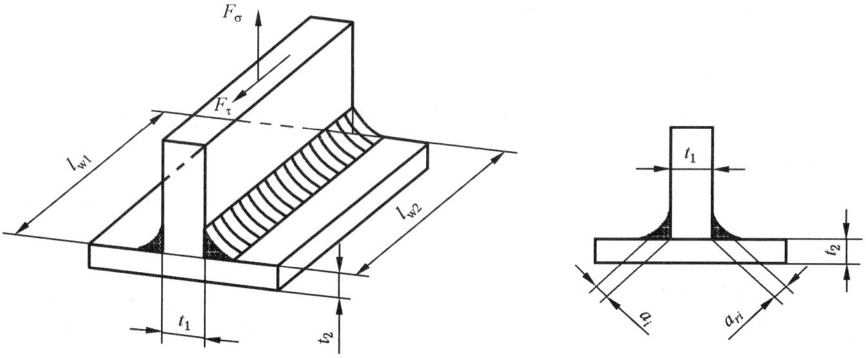

图 11 角焊缝

6.4.2.1.4 全熔透和部分熔透的 T 型接头的正应力与剪切应力

焊缝的正应力计算见式(37),剪切应力计算见式(38),受力与相关尺寸见图 12。

$$\sigma_h = \frac{F_\sigma}{l_{r1}a_{r1} + l_{r2}a_{r2}} \leqslant \lim\sigma_h \qquad \cdots\cdots (37)$$

$$\tau_h = \frac{F_\tau}{l_{r1}a_{r1} + l_{r2}a_{r2}} \leqslant \lim\tau_h \qquad \cdots\cdots (38)$$

式中:

F_σ ——法向力,单位为牛(N);

F_τ ——焊缝剪力,单位为牛(N);

σ_h ——焊缝正应力,单位为牛每平方毫米(N/mm^2);

τ_h ——焊缝剪切应力,单位为牛每平方毫米(N/mm^2);

l_{r1}, l_{r2} ——焊缝有效长度,单位为毫米(mm);

l_{w1}, l_{w2} ——焊缝实际长度,单位为毫米(mm);

a_{r1}, a_{r2} ——焊缝计算厚度,$a_{ri}=a_i+a_{hi}$,$i=1,2$,单位为毫米(mm);

a_i ——其中的角焊缝计算厚度,$a_i \leqslant 0.7\ \min\{t_1, t_2\}$,单位为毫米(mm);

t_1, t_2 ——被连接件板厚,单位为毫米(mm)。

$\lim\sigma_h$、$\lim\tau_h$ 见表 17。

当无法用引弧板施焊时,对于连续焊缝,焊缝有效长度 $l_{ri}=l_{wi}-2a_{ri}$,$i=1,2$;如果采取措施确保整个焊缝实际长度都有效时，$l_{ri}=l_w$，i=1,2。

单边焊缝采用图12加载时，相应参数按上述方法计算。

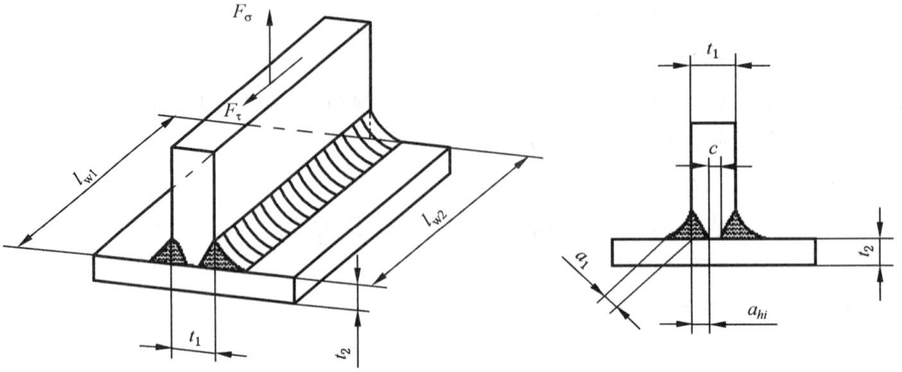

图12　T型焊缝

6.4.2.1.5　集中载荷作用的有效分布长度

在类似车轮的集中载荷作用下，为简化计算，设计时焊缝正应力和剪切应力，可用集中载荷的有效分布长度计算，见式(39)，相关尺寸见图13。

$$l_r=2h_d\tan(k)+l_d \qquad \cdots\cdots(39)$$

式中：

l_r——有效分布长度，单位为毫米(mm)；

h_d——计算截面与载荷接触区域所在水平面之间的距离，单位为毫米(mm)；

l_d——载荷接触区域的长度，单位为毫米(mm)；

k——扩散角，单位为度(°)，应设为 $k\leqslant45°$。

对于车轮，可取 $l_d=0.2r$，但 $l_d\leqslant50$ mm。其中，r 为车轮半径，单位为毫米(mm)。

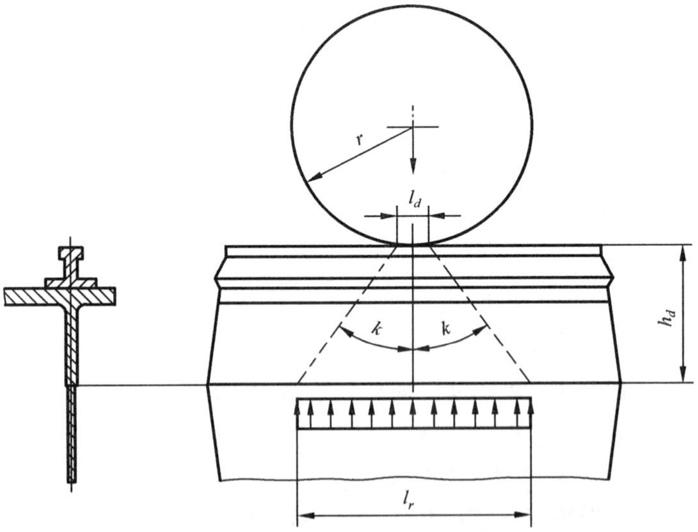

图13　集中载荷作用下的焊缝分布长度

在进行疲劳计算时，$\Delta\sigma_c$ 和 $\Delta\tau_c$ 按上述方法进行计算。

6.4.2.1.6 **焊缝复合应力**

对于平面应力状态的焊缝连接，当受正交应力σ_{hx}、σ_{hy}和剪切应力τ_h的联合作用时，除了要按上述方法验算单个应力外，还应按式(40)验算焊缝复合应力。

$$\left(\frac{\sigma_{hx}}{\lim \sigma_{hx}}\right)^2+\left(\frac{\sigma_{hy}}{\lim \sigma_{hy}}\right)^2-\frac{\sigma_{hx}\sigma_{hy}}{\lim\sigma_{hx}\lim \sigma_{hy}}+\left(\frac{\tau_h}{\lim \tau_h}\right)^2\leqslant 1 \quad \cdots\cdots\cdots\cdots(40)$$

式中：

x，y ——应力分量的正交方向；

$\lim\sigma_{hx}$，$\lim\sigma_{hy}$ ——x、y 方向上的焊缝极限设计应力。

$\lim\sigma_{hx}$、$\lim\sigma_{hy}$、$\lim\tau_h$见表17。

6.4.2.2 **螺栓连接**

6.4.2.2.1 **普通螺栓连接**

6.4.2.2.1.1 **总则**

普通螺栓中的C级螺栓连接，此时由于螺栓直径与螺栓孔的配合间隙较大，只能用于受拉力的连接或作安装临时固定用，不应用于受动载荷的主要受力结构中。A、B级螺栓连接，可以用于受动载荷的结构中。普通螺栓应根据表18给定的极限设计应力，验算螺杆抗拉和抗剪切破坏的承载力，及螺栓抗承压破坏的承载力。

6.4.2.2.1.2 **剪切应力**

每个螺栓剪切面的剪切应力，按式(41)计算。

$$\frac{F}{A}\leqslant \lim \tau_l \quad \cdots\cdots\cdots\cdots(41)$$

式中：

F ——作用于该螺栓截面的剪力，单位为牛(N)；

A ——螺栓螺杆的截面积，单位为平方毫米(mm^2)。

如果剪切面在光面螺杆的范围内，则A为按光面螺杆直径计算的截面积；如果剪切面在螺杆螺纹范围内，则A为螺栓公称应力截面积。

$\lim\tau_l$可按表18进行计算。

6.4.2.2.1.3 **拉应力**

普通螺栓用于拉力连接，分为允许连接接合面分离和不允许连接接合面分离两种情况：

——如果不允许连接的接合面分离，则螺栓应施加预紧力，并按6.4.2.2.2的高强螺栓承受拉力的相关规定进行计算；

——如果允许连接接合面分离，则每个螺栓承受的拉应力，按式(42)计算。

$$\frac{F}{A_l}\leqslant \lim \sigma_l \quad \cdots\cdots\cdots\cdots(42)$$

式中：

F ——作用于该螺栓截面的拉力，单位为牛(N)；

A_l——螺栓有效计算面积，单位为平方毫米(mm^2)。

$\lim\sigma_l$可按表18进行计算。

6.4.2.2.1.4 **承压应力**

如果螺栓的材料机械性能低于被连接件的材料机械性能，则按式(27)计算螺栓的承压应力,公式中的承压极限设计应力改为螺栓的承压极限设计应力 $\lim\sigma_{cl}$(见表 18)。

6.4.2.2.2 有预拉力的高强度螺栓连接

6.4.2.2.2.1 摩擦型受剪连接

摩擦型高强度螺栓连接接头所承受的剪力是通过接头摩擦面之间的摩擦力来传递的,单个螺栓和单个摩擦面的极限设计滑移力按式(43)计算。

$$\lim P = \frac{\mu(P_g - F_{cr})}{\gamma_m \gamma_l} \qquad \cdots\cdots (43)$$

式中:

$\lim P$ ——单个螺栓和单个摩擦面的极限设计滑移力,单位为千牛(kN);

μ ——抗滑移系数(摩擦系数),按表 20 选取;

P_g ——高强度螺栓的预拉力,单位为千牛(kN);如果按 $0.7\sigma_{sl}A_l/1\,000$ 计算,σ_{sl}、A_l 和 P_g 见表 21(σ_{sl}取各挡中的最小值);

F_{cr} ——由外拉力引起连接中压力的减少量(对于不计算刚度比的保守假设,可认为 $F_{cr}=F_e$,其中 F_e 为连接处承受的外拉力),单位为千牛(kN);

γ_m ——抗力系数,见表 13;

γ_l ——受剪连接的具体抗力系数,按表 22 确定。

表 20 抗滑移系数 μ

连接处构件接触面的处理方法	构件的钢板牌号		
	Q235 钢	Q355 或 Q390 钢	Q420 或 Q460 钢
喷硬质石英砂或铸钢棱角砂	0.45	0.45	0.45
喷丸(喷砂)	0.4	0.4	0.4
喷砂(酸洗)后涂无机富锌漆	0.35	0.4	0.4
钢丝刷清浮锈或未经处理的干净轧制表面	0.3	0.35	—
钢丝刷除锈方向应与受力方向垂直。 当连接构件采用不同牌号钢材时,按相应较低强度者取值。 采用其他方法处理时,其处理工艺及抗滑移系数均需经试验确定。			

表 21 单个高强度螺栓的预拉力 P_g 单位为千牛

螺栓等级	抗拉强度 σ_b N/mm²	屈服点 σ_{sl} N/mm²	螺栓公称直径 d mm						
			M16	M18	M20	M22	M24	M27	M30
			螺栓有效截面积 A_l/mm²						
			157	192	245	303	353	459	561
8.8S	≥800	≥640	70	86	110	135	158	205	250
10.9S	≥1 000	≥900	99	120	155	190	223	290	354

表 22　高强度螺栓受剪连接的具体抗力系数 γ_l

连接滑移影响	螺栓连接通孔类型			
	标准孔[a]	超大孔[b] 和短槽孔[c]	长槽孔[c]	长槽孔[d]
易造成危险	1.14	1.34	1.63	2.00
不造成危险	1.00	1.14	1.41	1.63

[a] 符合 GB/T 5277 规定的精装配系列或中等装配系列圆通孔。

[b] 符合 GB/T 5277 规定的粗装配系列圆通孔。

[c] 槽型孔的槽垂直于力的方向。

[d] 槽型孔的槽平行于力的方向。

短槽孔：长度≤1.25d，d——螺栓公称直径，单位为毫米(mm)。

长槽孔：长度>1.25d，为减少螺栓或螺母的压力，应采用合适的垫圈。

6.4.2.2.2.2　承拉型受拉连接

承拉型高强度螺栓连接受拉力时，接头接合面之间有分离趋势。接头设计应保证在外拉力作用下，接合面之间有一定的压紧力，不应出现分离现象，同时要求高强度螺栓不破坏。因此，在轴向受拉的连接中，单个高强度螺栓在螺杆轴向所能承受的极限设计拉力 $\lim P_t$，按式(44)和式(45)计算，取两者最小值。

根据螺栓屈服准则，单个螺栓的极限设计拉力 $\lim P_{t1}$ 按式(44)计算。

$$\lim P_{t1}=\frac{F_s/\gamma_{Rb}-P_{g\max}}{\Phi} \qquad (44)$$

式中：

$\lim P_{t1}$——根据螺栓屈服准则，单个螺栓的极限设计拉力，单位为千牛(kN)；

F_s　——螺栓的屈服力，$F_s=\sigma_{sl}A_l/1000$(其中 σ_{sl}、A_l 见表 21)，单位为千牛(kN)；

$P_{g\max}$——设计的预拉力最大值，单位为千牛(kN)；

γ_{Rb}　——螺栓连接的具体抗力系数，见表 18；

Φ　——连接的刚度比例系数，参见附录 C。

根据连接的间隙准则，单个螺栓的极限设计拉力 $\lim P_{t2}$ 按式(45)计算。

$$\lim P_{t2}=\frac{P_{g\min}}{\gamma_{Rb}(1-\Phi)} \qquad (45)$$

式中：

$\lim P_{t2}$——根据连接的间隙准则，单个螺栓的极限设计拉力，单位为千牛(kN)；

$P_{g\min}$　——设计的预拉力最小值，单位为千牛(kN)，见式(46)；

γ_{Rb}　——螺栓连接的具体抗力系数，见表 18；

Φ　——连接的刚度比例系数，参见附录 C。

考虑预拉力的分散系数，设计预拉力最大和最小值可按式(46)计算。

$$\begin{cases}P_{g\max}=(1+s)P_g\\ P_{g\min}=(1-s)P_g\end{cases} \qquad (46)$$

式中：

$P_{g\max}$——设计的预拉力最大值，单位为千牛(kN)；

$P_{g\ min}$——设计的预拉力最小值,单位为千牛(kN);

P_g ——名义预拉力,单位为千牛(kN);预紧螺栓时,采用扭矩法,P_g 取为 $0.7F_s$;采用直接拉力法,P_g 取为 $0.9F_s$,其中 F_s 见式(44);

s ——预拉力的分散系数,对于旋转角度或拧紧扭矩需计量的可控拧紧处,取 $s=0.23$;对于螺栓力或伸长量需计量的可控拧紧处,取 $s=0.09$。

当采用若干同型等载螺栓连接时,式(46)中计算 $P_{g\ min}$所用到的分散系数应考虑下列情况:

a) 对于旋转角度或拧紧扭矩需计量的可控拧紧处,$s=0.23/\sqrt{n}$ 且 $s\geqslant 0.10$;

b) 对于螺栓力或伸长量需计量的可控拧紧处,$s=0.09/\sqrt{n}$ 且 $s\geqslant 0.05$,其中 n 为相同受力螺栓的数量。

在进行螺栓的疲劳强度计算时,应计入螺栓上的附加力 ΔF_b,见图 14,并应考虑外部压力的加载途径,见图 15。一般形式下,螺栓上的附加力可按式(47)计算。

$$\Delta F_b = \Phi(F_{et} + F_{ec}) \quad \cdots\cdots(47)$$

式中:

ΔF_b ——螺栓上的附加力,单位为千牛(kN);

Φ ——连接的刚度比例系数,参见附录 C;

F_{et},F_{ec} ——外拉力与外压力,单位为千牛(kN)。

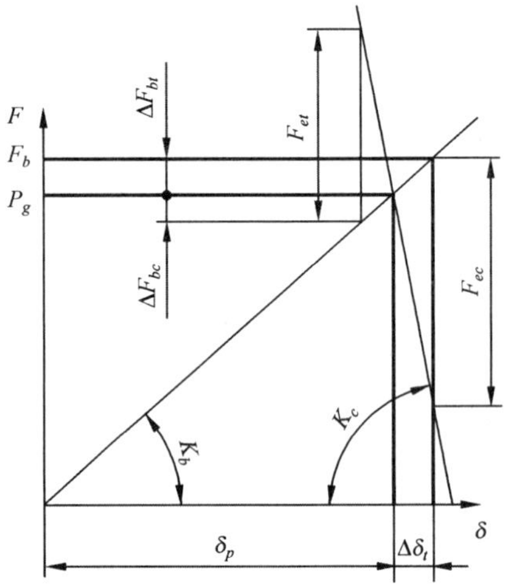

说明:

P_g ——螺栓预拉力;

δ_p ——由于预紧引起的螺栓伸长;

F_{et} ——外拉力;

F_{ec} ——外压力;

$\Delta\delta_t$ ——由于外部拉力引起的附加伸长;

F_b ——螺栓上的拉力;

ΔF_{bt}——由外拉力在螺栓上引起的附加力;

ΔF_{bc}——由外压力在螺栓上引起的附加力;

K_b ——螺栓的刚度(斜率);

K_c ——被连接件的刚度(斜率)。

图 14 力-变形图

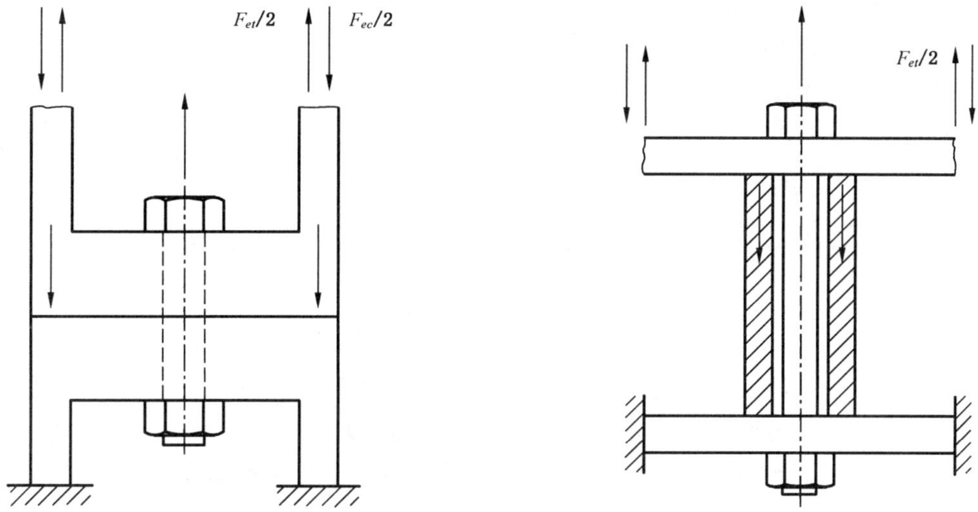

图 15　外压力的加载途径

6.4.2.2.2.3　**承压型受剪力和拉力联合作用连接**

承压型高强度螺栓连接，是当传递的剪力超过构件接触面间的摩擦力后发生滑移，致使螺栓杆抵住孔壁，而通过摩擦与承压共同传力的连接。在同时承受剪力和沿螺栓轴线方向的外拉力时，每个高强度螺栓所受的力应满足式(48)的要求。

$$\left(\frac{F_t}{\lim P_t}\right)^2+\left(\frac{F_v}{\lim P_v}\right)^2\leqslant 1 \qquad \cdots\cdots(48)$$

式中：

F_t ——单个螺栓的外拉力，单位为千牛(kN)；

F_v ——单个螺栓的外剪力，单位为千牛(kN)；

$\lim P_v$ ——单个螺栓和单个剪切面的极限设计剪力，单位为千牛(kN)，$\lim P_v=A\times\lim\tau_l$，其中 A、$\lim\tau_l$ 见式(41)。

6.4.2.3　**销轴连接**

6.4.2.3.1　**通则**

销轴连接应符合 6.4.1.6.1 的规定。

销轴连接应根据表 18 给定的极限设计应力分别验算销轴的剪切应力、弯曲应力及销轴的挤压承载能力。

6.4.2.3.2　**剪切应力**

销轴连接的剪切应力，按式(49)计算。

$$u\frac{F}{A}\leqslant \lim\tau_P \qquad \cdots\cdots(49)$$

式中：

F ——作用于销轴单个截面的剪力，单位为牛(N)；

A ——销轴截面积，单位为平方毫米(mm^2)；

u ——形状系数，对于实心销轴，$u=4/3$；对于空心销轴，$u=\frac{4}{3}\times\frac{1+i_D+i_D^2}{1+i_D^2}$；

i_D ——空心销轴内外直径之比，$i_D=d/D$；

D,d ——空心销轴外径与内径，单位为毫米(mm)。

$\lim\tau_p$ 可按表 18 进行计算。

6.4.2.3.3 正应力

销轴连接时受弯矩引起的正应力，按式(50)计算。

$$\frac{F_1(2s_1+t_1+t_3)}{2W}\leqslant \lim\sigma_p \text{ 且 } \frac{F_2(2s_2+t_2+t_3)}{2W}\leqslant \lim\sigma_p \quad \cdots\cdots(50)$$

式中：

F_1,F_2 ——作用于销轴连接上的拉(压)力，单位为牛(N)；

W ——销轴截面抗弯模量，单位为三次方毫米(mm^3)；

t_1,t_2,t_3,s_1,s_2 ——被连接件的厚度与间隙(见图 16)，单位为毫米(mm)。

$\lim\sigma_p$ 可按表 18 进行计算。

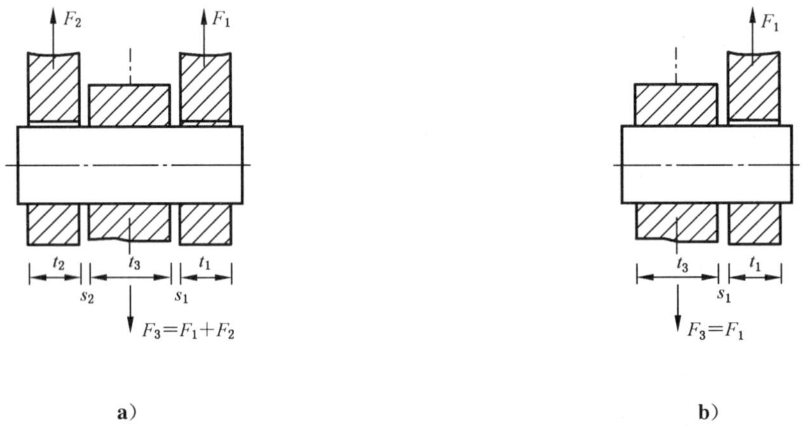

图 16 销轴连接示意图

6.4.2.3.4 承压应力

如果销轴的材料机械性能低于被连接件的材料机械性能，则按式(32)计算销轴的承压应力，公式中的承压极限设计应力改为销轴的承压极限设计应力 $\lim\sigma_{cp}$(见表 18)。

6.4.2.3.5 复合应力

销轴连接的同一计算点上受有剪切应力和正应力，按式(24)计算。

6.4.3 钢结构节点的强度计算

6.4.3.1 基本原则

6.4.3.1.1 框架结构的梁柱连接宜采用刚接或铰接。梁柱采用半刚性连接时，应计入梁柱交角变化的影响，在内力分析时，应假定连接的弯矩-转角曲线，并在节点设计时，保证节点的构造与假定的弯矩-转角曲线符合。

6.4.3.1.2 结构的计算模型和基本假定应与构件连接的实际性能相符合。

6.4.3.1.3 钢结构节点设计应根据结构的重要性、受力特点、载荷情况和工作环境等因素选用节点形式、材料与加工工艺。

6.4.3.1.4　节点设计应满足承载力极限状态要求。

6.4.3.1.5　节点构造应符合结构计算假定，当构件在节点偏心相交时，尚应考虑局部弯矩的影响。

6.4.3.1.6　节点构造应便于制作、运输、安装、维护，防止积水、积尘，并应采取防腐措施。

6.4.3.1.7　拼接节点应保证被连接构件的连续性。

6.4.3.2　连接板节点、梁柱连接节点计算

连接板节点、梁柱连接节点按 GB 50017 的规定计算。

6.4.3.3　钢管连接节点计算

钢管连接节点按 GB 50017 的规定计算。

6.5　结构件的刚性计算

6.5.1　基本原则

6.5.1.1　在进行结构件刚性计算时，分项安全系数 γ_{pi} 取为 1。

6.5.1.2　当有实践经验或有特殊要求时，可由设计者或使用者根据不影响正常使用和观感的原则对下列规定进行适当调整，并要在提交给使用者的有关资料中说明。

6.5.1.3　计算结构或构件的变形时，可不考虑螺栓引起的截面削弱。

6.5.1.4　横向受力构件可预先起拱，起拱大小应视实际需要而定，可取构件自重和 $\frac{1}{2}$ 外载荷所产生的挠度值。当仅为改善外观条件时，构件挠度应取在构件自重和外载荷作用下的挠度计算值减去起拱值。

6.5.1.5　结构的刚性应保证机构正常使用。

6.5.2　轴心受力构件的刚性

6.5.2.1　轴心受力构件的刚性计算

刚性计算按式(51)计算。

$$\lambda \leqslant \lim\lambda \qquad \cdots\cdots(51)$$

式中：

λ ——结构件的长细比；

$\lim\lambda$ ——结构件的控制长细比。

结构件的控制长细比按表 23 取值。

表 23　结构件的控制长细比

构件名称		受拉构件	受压构件
主要承载结构件	立柱	180	150
	对整个结构	200	180
次要承载结构件(如支撑等)		250	200
其他结构件		350	300

6.5.2.2　结构件的长细比 λ

6.5.2.2.1　实腹式轴心受力构件的长细比 λ 按式(52)计算，分为 λ_x、λ_y。

$$\begin{cases}\lambda_x=\dfrac{l_{cx}}{r_x}\\ \lambda_y=\dfrac{l_{cy}}{r_y}\end{cases} \qquad \cdots\cdots(52)$$

式中：

λ_x,λ_y——实腹式轴心受力构件对强轴(x 轴)或弱轴(y 轴)的计算长细比；

l_{cx}、l_{cy}——结构件对通过截面形心的强轴(x 轴)或弱轴(y 轴)的计算长度，单位为毫米(mm)，其计算方法按附录 D 的 D.1；

r_x,r_y——结构件毛截面对强轴(轴)或弱轴(轴)的回转半径，单位为毫米(mm)；

$$r_x=\sqrt{\frac{I_x}{A}},r_y=\sqrt{\frac{I_y}{A}}$$

I_x,I_y——结构件对强轴(x 轴)或弱轴(y 轴)的毛截面惯性矩，单位为四次方毫米(mm^4)；

A——结构件毛截面面积，单位为平方毫米(mm^2)。

6.5.2.2.2 等截面格构式组合构件的换算长细比 λ_h，按表 D.4 选取。

6.5.3 构件承受自重及外载荷时的挠度容许值

6.5.3.1 受弯构件的挠度容许值见表 24。

6.5.3.2 受弯悬臂构件端部的最大下挠量不应大于 $L_1/300$，L_1 为有效悬臂长度。

6.5.3.3 压弯构件，立柱高度不大于 10 m 时，挠度容许值不应大于 1/600；立柱高度大于 10 m 时，挠度容许值不应大于 $L/1\ 000$。巷道堆垛机的立柱高度不大于 10 m 时，挠度容许值不应大于 $L/2\ 000$；立柱高度大于 10 m 时，挠度容许值不应大于 $L/1\ 500$。L 为有效构件长度。

6.5.3.4 搬运器挠度容许值不应大于 $L/1\ 000$，L 为搬运器长度。

6.5.3.5 载车板挠度容许值不应大于 $L/350$，L 为载车板长度。

6.5.4 钢结构柱顶水平位移

在风载荷标准值作用下，钢结构柱顶水平位移不应大于 $H/250$，H 为柱高度。

表 24 受弯构件挠度容许值

停车设备类型	构件名称	挠度容许值
巷道堆垛	横梁、纵梁	$L/1\ 000$
垂直升降	横梁、纵梁	$L/750$
升降横移	横梁、纵梁	停车设备高度为两层时：$L/450$ 停车设备高度为三层及以上时：作为轨道，$L/700$；其他情况，$L/600$
其他	横梁、纵梁	$L/500$
注：L 为构件有效长度，单位为毫米(mm)。		

6.6 结构件弹性稳定性的计算

6.6.1 轴心受压构件的整体稳定性

6.6.1.1 构件的假想长细比

当计算钢材屈服点大于 235 N/mm^2 的轴心受压构件稳定性时，需用假想长细比，对实腹式

构件其值 λ_F 按式(53)计算,对格构式构件其值 λ_{hF} 按式(54)计算。

$$\lambda_F=\lambda\sqrt{\frac{\sigma_s}{235}} \qquad \cdots\cdots(53)$$

$$\lambda_{hF}=\lambda_h\sqrt{\frac{\sigma_s}{235}} \qquad \cdots\cdots(54)$$

式中:

λ_F ——实腹式构件的假想长细比;

λ ——按 6.5.2.2 计算的实腹式构件长细比;

σ_s ——轴心受压构件使用的大于 235 N/mm^2 的钢材屈服点,单位为牛每平方毫米(N/mm^2);

λ_{hF}——格构式构件的假想长细比;

λ_h ——格构式构件的换算长细比。

6.6.1.2 实腹式轴心受压构件的整体稳定性

6.6.1.2.1 实腹式轴心受压构件整体稳定性,按式(55)计算。

$$\frac{N}{\varphi A}\leqslant \lim\sigma \qquad \cdots\cdots(55)$$

式中:

N ——构件的轴向力,单位为牛(N);

φ ——根据轴心受压构件的假想换算长细比 λ_{hF} 和构件的截面类别(表 25)确定的轴心受压稳定系数,有对 x 轴的 φ_x 和对 y 轴的 φ_y 之分,φ 值按附录 E 中的表 E.1~表 E.4 选取;

A ——结构件毛截面面积,单位为平方毫米(mm^2);

$\lim\sigma$——拉伸、压缩、弯曲极限设计应力。

6.6.1.2.2 单面连接的单角钢受压构件一般为偏心受载,其稳定性应按压弯构件计算。若按轴心受压构件式(55)计算,则其极限设计应力应乘以下列折减系数予以降低:

a) 等边角钢为:$0.6+0.001\,5\lambda$,但不应大于 1.0;

b) 短边相连的不等边角钢为:$0.5+0.002\,5\lambda$,但不应大于 1.0;

c) 长边相连的不等边角钢为 0.70。

对中间无联系的单角钢构件,单角钢构件长细比 λ 应按最小回转半径计算。当 $\lambda<20$ 时,取 $\lambda=20$;对中间有联系的单角钢构件,λ 应按平行于角钢联系边的形心轴计算。

6.6.1.3 格构式轴心受压构件的整体稳定性

6.6.1.3.1 整体稳定性按式(55)计算。但要用假想换算长细比 λ_{hF} 选取轴压稳定系数 φ。

6.6.1.3.2 腹杆内力由构件横截面的剪力 Q 确定,Q 按式(56)计算。

$$Q=\frac{N}{85\varphi}\sqrt{\frac{\sigma_s}{235}} \qquad \cdots\cdots(56)$$

式中:

Q ——格构式构件横截面的剪力,单位为牛(N);

A ——结构件毛截面面积,单位为平方毫米(mm^2);

σ_s ——轴心受压构件使用的大于 235 N/mm^2 的钢材屈服点,单位为牛每平方毫米(N/mm^2);

N——构件的轴向力,单位为牛(N);

φ——根据轴心受压构件的假想换算长细比 λ_{hF} 和构件的截面类别(表 25)确定的轴心受压稳定系数,有对 x 轴的 φ_x 和对 y 轴的 φ_y 之分。φ 值按附录 E 中的表 E.1~表 E.4 选取。

表 25 轴心受压构件的截面类别

截面分类		对 x 轴	对 y 轴
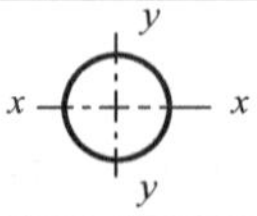 轧制	板厚 t <40 mm	a 类	a 类
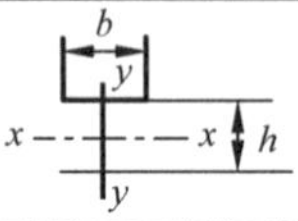 轧制 $b/h \leqslant 0.8$		a 类	b 类
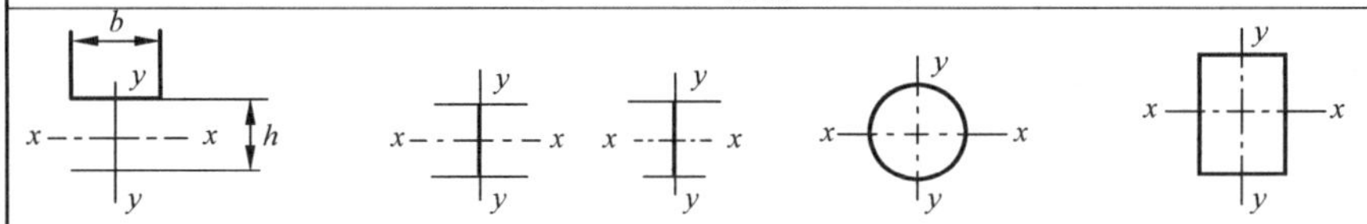 轧制 $b/h > 0.8$; 焊接; 翼缘为焰切边; 焊接; 轧制、焊接(板件宽厚比>20)		b 类	b 类
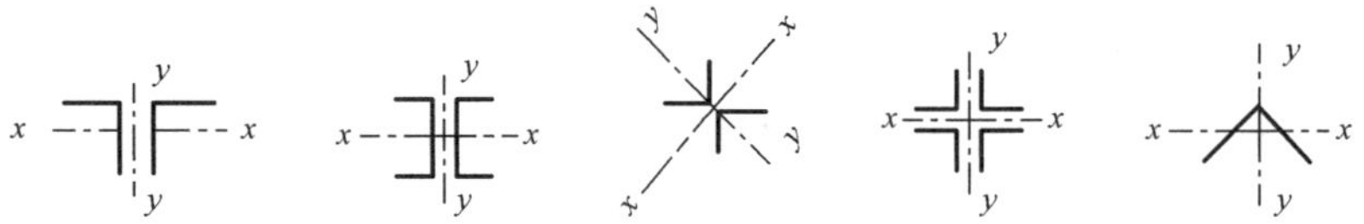 轧制; 轧制等边角钢	板厚 t <40 mm	b 类	b 类
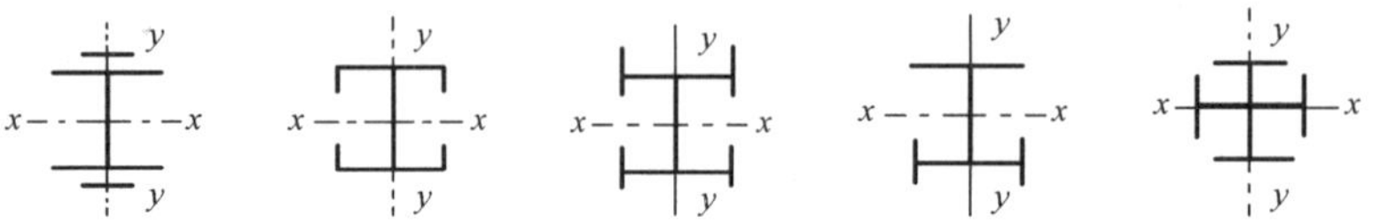 焊接			
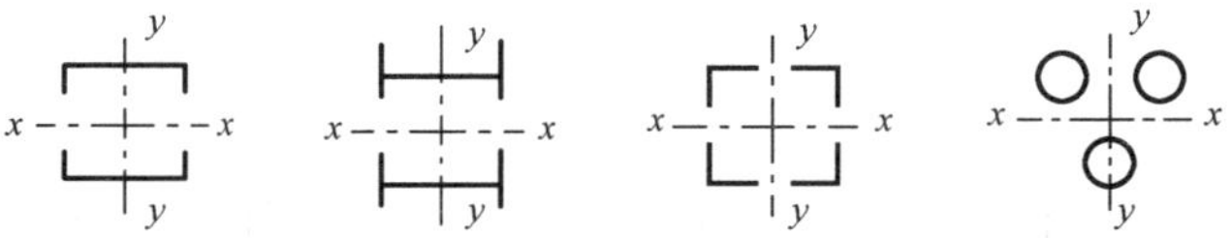			
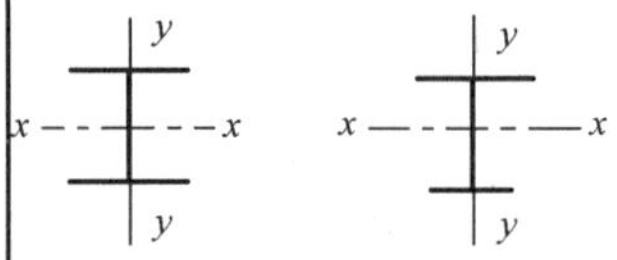 焊接 翼缘为轧制或剪切边 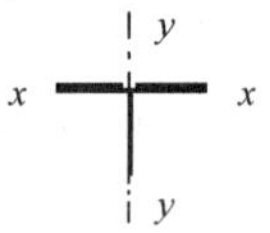 轧制、焊接		b 类	c 类
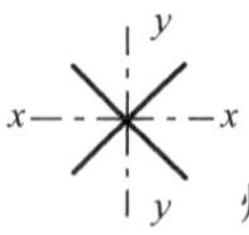 焊接 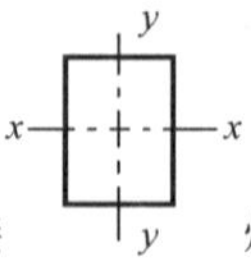 焊接 板件宽厚比≤20		c 类	c 类

表 25（续）

截面分类		对 x 轴	对 y 轴
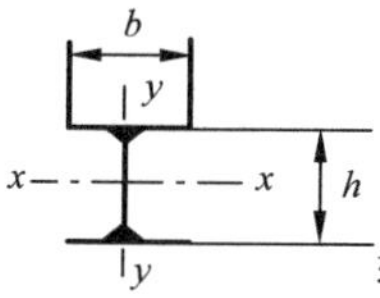 轧制工字形或 H 形截面	40 mm≤t<80 mm	b 类	c 类
	t≥80 mm	c 类	d 类
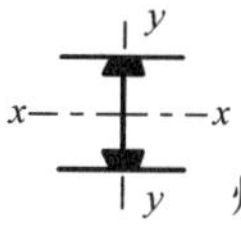 焊接工字形截面，板厚 t≥40 mm	翼缘为焰切边	b 类	b 类
	翼缘为轧制或剪切边	c 类	d 类
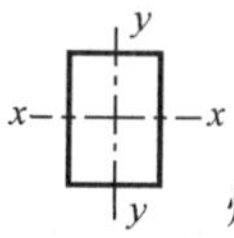 焊接箱形截面，板厚 t≥40 mm	板件宽厚比>20	b 类	b 类
	板件宽厚比≤20	c 类	c 类

6.6.2 受弯构件的整体稳定性

6.6.2.1 受弯构件的整体稳定性，是指其抗侧向整体弯扭屈曲的稳定性。

6.6.2.2 凡符合下列情况之一的受弯构件，不必验算其整体稳定性：

a） 有刚性较强的走台和铺板与受弯构件的受压翼缘牢固相连，能阻止受压翼缘侧向位移时；

b） 箱形截面受弯构件的截面高度 h 与两腹板外侧之间的翼缘板宽度 b 的比值 $h/b\leqslant 3$ 或 $h/b\leqslant 6$ 且 $l/b\leqslant 95\sqrt{\dfrac{235}{\sigma_s}}$，或构件截面足以保证其侧向刚性（如为空间桁架）时；

c） 两端简支且端部支承不能扭转的等截面轧制 H 型钢或焊接工字形截面的受弯构件，其受压翼缘的侧向支承间距 l（无侧向支承点者，则为构件的跨距）与其受压翼缘的宽度 b 之比满足以下条件：

1） 无侧向支承且载荷作用在受压翼缘上时，$l/b\leqslant 13\sqrt{235/\sigma_s}$；

2） 无侧向支承且载荷作用在受拉翼缘上时，$l/b\leqslant 20\sqrt{235/\sigma_s}$；

3） 跨中受压翼缘有侧向支承时，$l/b\leqslant 16\sqrt{235/\sigma_s}$。

6.6.2.3 不符合 6.6.2.2 情况的受弯构件的整体稳定性按以下方法计算：

a） 在最大刚度平面内受弯的构件，按式(57)计算。

$$\frac{M_x}{\varphi_b W_x}\leqslant \lim\sigma \qquad \cdots\cdots(57)$$

式中：

M_x ——绕构件强轴（x 轴）作用的最大弯矩，单位为牛毫米（N·mm）；

φ_b ——绕构件强轴弯曲所确定的受弯构件侧向屈曲稳定系数，按附录 F 确定；

W_x ——按构件受压最大纤维确定的毛截面抗弯模量，单位为三次方毫米（mm^3）。

$\lim\sigma$ 可按表 15 进行计算。

b） 在两个互相垂直的平面内都受弯的轧制 H 型钢或焊接工字形截面构件，按式(58)

计算。

$$\frac{M_x}{\varphi_b W_x}+\frac{M_y}{W_y}\leqslant \lim\sigma \quad\cdots\cdots(58)$$

式中：

M_x, M_y ——构件计算截面对强轴(x 轴)或对弱轴(y 轴)的弯矩，单位为牛毫米(N·mm)；

W_x, W_y ——构件计算截面对强轴(x 轴)或对弱轴(y 轴)的抗弯模量，单位为三次方毫米(mm^3)。

limσ 可按表 15 进行计算。

6.6.3 压弯构件的整体稳定性

6.6.3.1 压弯构件整体稳定性计算

6.6.3.1.1 双向压弯构件的整体弯曲屈曲稳定性计算的简便方法。

当 $N/N_{Ei}<0.1(i=x,y)$时，按式(59)计算。

$$\frac{N}{\varphi A}+\frac{M_x}{W_x}+\frac{M_y}{W_y}\leqslant \lim\sigma \quad\cdots\cdots(59)$$

式中：

N ——作用在构件上的轴向力，单位为牛(N)；

φ ——根据构件结构型式确定的假想长细比 λ_F 或 λ_{hF} 按附录 E 中的表 E.1～表 E.4 查取；

A ——结构件毛截面面积，单位为平方毫米(mm^2)；

M_x, M_y ——构件计算截面对强轴(x 轴)或对弱轴(y 轴)的弯矩，单位为牛毫米(N·mm)；

W_x, W_y ——构件计算截面对强轴(x 轴)或对弱轴(y 轴)的抗弯模量，单位为三次方毫米(mm^3)。

当 $N/N_{Ei}\geqslant 0.1(i=x,y)$时，按式(60)计算。

$$\frac{N}{\psi\varphi A}+\left(\frac{1}{1-N/N_{Ex}}\right)\frac{M_x}{W_x}+\left(\frac{1}{1-N/N_{Ey}}\right)\frac{M_y}{W_y}\leqslant \lim\sigma \quad\cdots\cdots(60)$$

式中：

N ——作用在构件上的轴向力，单位为牛(N)；

$\psi\varphi$ ——轴心受压稳定系数 φ 与其修正系数 ψ 的乘积，有 $\psi_x\varphi_x$ 和 $\psi_y\varphi_y$ 之分，取其中的小值；

φ ——根据轴心受压构件的假想换算长细比 λ_{hF} 和构件的截面类别(表 25)确定的轴心受压稳定系数，有对 x 轴的 φ_x 和对 y 轴的 φ_y 之分；φ 值按表 E.1～表 E.4 选取；

ψ ——轴心受压稳定系数的修正系数，有 ψ_x 和 ψ_y 之分，按式(61)计算；

$$\begin{cases}\psi_x=\dfrac{N_{Ex}-N}{N_{Ex}-\varphi_x[\sigma_s A(1-\varphi_x)+N]}\\[2ex]\psi_y=\dfrac{N_{Ey}-N}{N_{Ex}-\varphi_y[\sigma_s A(1-\varphi_y)+N]}\end{cases}\quad\cdots\cdots(61)$$

σ_s ——轴心受压构件使用的大于 235 N/mm^2 的钢材屈服点，单位为牛每平方毫米(N/mm^2)；

A ——结构件毛截面面积，单位为平方毫米(mm^2)；

M_x,M_y ——构件计算截面对强轴(x 轴)或对弱轴(y 轴)的弯矩,单位为牛毫米(N·mm);

W_x,W_y ——构件计算截面对强轴(x 轴)或对弱轴(y 轴)的抗弯模量,单位为三次方毫米(mm^3);

N_{Ex},N_{Ey}——对 x 轴或对 y 轴的名义欧拉临界力,单位为牛(N);

$$N_{Ex}=\frac{\pi^2 EA}{\lambda_x^2},N_{Ey}=\frac{\pi^2 EA}{\lambda_y^2}$$

E ——钢材的弹性模数,取 $E=2.06\times10^5$,单位为牛每平方毫米(N/mm^2);

λ_x,λ_y ——构件对强轴(x 轴)和弱轴(y 轴)的计算长细比(格构式构件改用 λ_{hx}、λ_{hy}),见 6.5.2.2和 6.6.1.1。

$\lim\sigma$ 可按表 15 进行计算。

6.6.3.1.2 单向压弯构件的整体弯扭屈曲稳定性计算,可按式(62)计算。

$$\frac{N}{\psi\varphi A}+\left[\frac{1}{1-\frac{N}{N_{Ex}}}\right]\frac{M_x}{\varphi_b W_x}\leqslant\lim\sigma \qquad \cdots\cdots(62)$$

式中:

φ_b ——构件侧向屈曲稳定系数,见附录 F。

其他符号同式(59)和式(60)。

当 $N/N_{Ei}<0.1(i=x,y)$时,则可不计增大系数$\left(\frac{1}{1-\frac{N}{N_{Ei}}}\right)$(即令其为 1.0)。

6.6.3.2 压弯构件整体稳定性计算的其他方法

如果用户有要求或设计者认为确有必要用更详细的方法进行压弯构件稳定性的计算,可参见附录 G 所介绍的方法,或采用积分法或逐步逼近法等方法对构件在压弯联合作用下产生的变形进行精确的计算。

6.7 板件和壳体抗屈曲的计算

6.7.1 板的局部稳定性计算

6.7.1.1 压缩应力 $\boldsymbol{\sigma}_1$、剪切应力 $\boldsymbol{\tau}$ 和局部压应力 $\boldsymbol{\sigma}_m$ 分别作用时板的临界应力

临界应力按式(63)~式(65)计算。

$$\sigma_{i,1cr}=\chi K_\sigma\sigma_E \qquad \cdots\cdots(63)$$

$$\tau_{i,cr}=\chi K_\tau\sigma_E \qquad \cdots\cdots(64)$$

$$\sigma_{i,mcr}=\chi K_m\sigma_E \qquad \cdots\cdots(65)$$

式中:

$\sigma_{i,1cr}$ ——临界压缩应力,单位为牛每平方毫米(N/mm^2);

$\tau_{i,cr}$ ——临界剪切应力,单位为牛每平方毫米(N/mm^2);

$\sigma_{i,mcr}$ ——临界局部压应力,单位为牛每平方毫米(N/mm^2);

χ ——板边弹性嵌固系数,弯曲应力作用时,对受压翼缘扭转无约束的单腹板工字梁的腹板,可取 $\chi=1.38$;对受压翼缘扭转有约束的工字梁和箱形截面梁的腹板,可取 $\chi=1.64$;剪切应力作用时,对上述梁的腹板均可取 $\chi=1.23$;对其他板和板区格,应参考专门文献加以确定,宜取 $\chi=1$;

K_σ, K_τ, K_m ——四边简支板的屈曲系数，取决于板的边长比 $\alpha=a/b$ 和板边载荷(应力)情况，用加劲肋分隔的局部区格板的屈曲系数按附录 H 的表 H.1 计算，包括加劲肋在内的带肋板的屈曲系数按表 H.2 计算；

σ_E ——四边简支单向均匀受压板的欧拉应力，单位为牛每平方毫米(N/mm^2)；

$$\sigma_E=\frac{\pi^2 E}{12(1-\mu^2)}(\frac{t}{b})^2=18.62(\frac{100t}{b})^2$$

E ——钢材的弹性模数，取 $E=2.06\times10^5$，单位为牛每平方毫米(N/mm^2)；

μ ——泊松比($\mu=0.3$)；

t ——板厚，单位为毫米(mm)；

b ——区格宽度或板的总宽(高)度，单位为毫米(mm)。

当按式(63)、式(65)算出的临界应力或按式(64)算出的临界应力乘以$\sqrt{3}$的值超过 $0.8\sigma_s$ 时，则应参照式(67)求得相应的折减临界应力，用它来替换原超过 $0.8\sigma_s$ 的临界应力。

当加劲肋的构造尺寸符合 6.7.1.5 的规定时，只需按局部区格计算稳定性，否则应同时计算局部区格板和带肋板体两种情况的稳定性。

6.7.1.2 压缩应力 σ_1、剪切应力 τ 和局部压应力 σ_m 同时作用时板的临界复合应力

临界复合应力按式(66)计算。

$$\sigma_{i,ccr}=\frac{\sqrt{\sigma_1^2+\sigma_m^2-\sigma_1\sigma_m+3\tau^2}}{\frac{1+\psi}{4}(\frac{\sigma_1}{\sigma_{i,1cr}})+\sqrt{\left[\frac{3-\psi}{4}(\frac{\sigma_1}{\sigma_{i,1cr}})+\frac{\sigma_m}{\sigma_{i,mcr}}\right]^2+(\frac{\tau}{\tau_{i,cr}})^2}} \qquad \cdots\cdots(66)$$

式中：

$\sigma_{i,ccr}$ ——压缩应力 σ_1、剪切应力 τ 和局部压应力 σ_m 同时作用时板的临界复合应力，单位为牛每平方毫米(N/mm^2)；

$\sigma_{i,1cr}, \tau_{i,cr}, \sigma_{i,mcr}$ ——分别由式(63)、式(64)和式(65)直接求得的临界应力值；

ψ ——板边两端应力比，$\psi=\sigma_2/\sigma_1$，见附录 H。

特殊情况：$\tau=0, \sigma_m=0$ 时：$\sigma_{i,ccr}=\sigma_{i,1cr}$；

$\sigma_1=0, \sigma_m=0$ 时：$\sigma_{i,ccr}=\sqrt{3}\tau_{i,cr}$；

$\tau=0, \sigma_1=0$ 时：$\sigma_{i,ccr}=\sigma_{i,mcr}$。

当局部压应力作用于板的受拉边缘时，σ_1 与 σ_m 不相关，可分别取 $\sigma_m=0$ 以及 $\sigma_1=0$ 进行计算。当临界复合应力 $\sigma_{i,ccr}$(含特殊情况)超过 $0.8\sigma_s$ 时，应按式(67)求得相应的折减临界应力 σ_{cr}，并用折减临界应力 σ_{cr} 替换超过 $0.8\sigma_s$ 的临界复合应力 $\sigma_{i,ccr}$。

$$\sigma_{cr}=\sigma_s\left(1-\frac{1}{1+6.25m^2}\right)=\sigma_s\rho \qquad \cdots\cdots(67)$$

式中：

σ_{cr} ——折减临界应力，单位为牛每平方毫米(N/mm^2)；

σ_s ——钢材的屈服点，单位为牛每平方毫米(N/mm^2)；

m ——大于 $0.8\sigma_s$ 的临界复合应力(含特殊情况)与钢材的屈服点之比值，$m=\sigma_{i,ccr}/\sigma_s$；

ρ ——系数，可由表 26 查得。

表 26　m-ρ 表

m	0.8	0.9	1.0	1.1	1.2	1.3	1.4	1.5	1.6	1.9	2.0	2.1	2.3	2.5
ρ	0.80	0.84	0.86	0.88	0.90	0.91	0.93	0.93	0.94	0.96	0.96	0.97	0.97	0.98

6.7.1.3　板的局部稳定性极限设计应力和板的局部稳定性计算

6.7.1.3.1　板的局部稳定性极限设计应力 $\lim\sigma_{cr}$

当 $\sigma_{i,ccr}\leqslant 0.8\sigma_s$ 时，按式(68)计算；当 $\sigma_{i,ccr}>0.8\sigma_s$ 时，按式(69)计算。

$$\lim\sigma_{cr}=\frac{\sigma_{i,ccr}}{\gamma_m} \qquad \cdots\cdots(68)$$

$$\lim\sigma_{cr}=\frac{\sigma_{cr}}{\gamma_m} \qquad \cdots\cdots(69)$$

式中：

$\lim\sigma_{cr}$——板的局部稳定性极限设计应力，单位为牛每平方毫米(N/mm^2)；

$\sigma_{i,ccr}$——压缩应力 σ_1、剪切应力 τ 和局部压应力 σ_m 同时作用时板的临界复合应力，单位为牛每平方毫米(N/mm^2)；

σ_{cr}——折减临界应力，单位为牛每平方毫米(N/mm^2)；

γ_m——抗力系数。

6.7.1.3.2　板的局部稳定性计算

板的局部稳定性按式(70)计算。

$$\sqrt{\sigma_1^2+\sigma_m^2-\sigma_1\sigma_m+3\tau^2}\leqslant\lim\sigma_{cr} \qquad \cdots\cdots(70)$$

式中：

σ_1——板的计算点上的压缩正应力，单位为牛每平方毫米(N/mm^2)；

σ_m——板的计算点上的局部压应力，单位为牛每平方毫米(N/mm^2)；

τ——板的计算点上的剪切应力，单位为牛每平方毫米(N/mm^2)；

$\lim\sigma_{cr}$——板的局部稳定性极限设计应力，单位为牛每平方毫米(N/mm^2)。

6.7.1.4　均匀受压翼缘板不必验算局部稳定性的条件

若工字形截面构件的受压翼缘板自由外伸宽度与其厚度之比不大于 $15\sqrt{\frac{235}{\sigma_s}}$ 时，或箱形构件两腹板之间的，或满足 6.7.1.5 要求的纵向加劲肋之间的受压翼缘板宽度与厚度之比不大于 $60\sqrt{\frac{235}{\sigma_s}}$ 时，且板中计算压缩应力不大于 $0.8\lim\sigma$ 时，可不必验算其受压翼缘板的局部稳定性。

6.7.1.5　加劲肋的构造尺寸要求

加劲肋的构造尺寸要求按 GB/T 3811—2008 中 5.7.1.5 的规定。

6.7.2　圆柱壳的局部稳定性

6.7.2.1　总则

受轴压或压弯联合作用的薄壁圆柱壳体，当壳体壁厚与壳体中面半径之比 $\frac{t}{R}\leqslant\frac{25\sigma_s}{E}$ 时，应计算其局部稳定性。

6.7.2.2 圆柱壳体受轴压或压弯作用时的临界应力

圆柱壳体受轴压或压弯作用时的临界应力按式(71)计算。

$$\sigma_{c,cr}=0.2\frac{Et}{R} \qquad \cdots\cdots(71)$$

式中：

$\sigma_{c,cr}$——圆柱壳体受轴压或压弯作用时的临界应力(已考虑圆柱壳直径制造误差不超过 $t/2$),单位为牛每平方毫米(N/mm^2);

E ——钢材的弹性模数,取 $E=2.06\times10^5$,单位为牛每平方毫米(N/mm^2);

t ——圆柱壳体的壁厚,单位为毫米(mm);

R ——圆柱壳体的中面半径,单位为毫米(mm)。

当按式(71)算得的临界应力超过 $0.8\sigma_s$ 时,应按式(67)进行折减。

6.7.2.3 受轴压或压弯作用的薄壁圆柱壳体的局部稳定性计算

受轴压或压弯作用的薄壁圆柱壳体的局部稳定性按式(72)计算。

$$\frac{N}{A}+\frac{M}{W}\leqslant\frac{\sigma_{c,cr}}{\gamma_m} \qquad \cdots\cdots(72)$$

式中：

N ——作用在构件上的轴向力,单位为牛(N);

A ——圆柱壳体的截面面积(壳体上有孔洞者则按净截面面积计算),单位为平方毫米(mm^2);

M ——弯矩,单位为牛毫米(N·mm);

W ——圆柱壳体的截面抗弯模量(壳体上有孔洞者则按净截面抗弯模量计算),单位为三次方毫米(mm^3);

$\sigma_{c,cr}$ ——圆柱壳体受轴压或压弯作用时的临界应力(已考虑圆柱壳直径制造误差不超过 $t/2$),单位为牛每平方毫米(N/mm^2);

γ_m ——抗力系数。

6.7.2.4 加劲环

圆柱壳两端应设置加劲环或设置起相应作用的结构件;当壳体长度大于 $10R$ 时,还需设置中间加劲环,其间距不大于 $10R$。加劲环的截面惯性矩 I_{s4} 应满足式(73)的要求。

$$I_{s4}\geqslant\frac{Rt^3}{2}\sqrt{\frac{R}{t}} \qquad \cdots\cdots(73)$$

式中：

I_{s4}——圆柱壳体加劲环的截面惯性矩,单位为四次方毫米(mm^4);

R ——圆柱壳体的中面半径,单位为毫米(mm);

t ——圆柱壳体的壁厚,单位为毫米(mm)。

当加劲环是对壳体中面内外成对配置时,其截面惯性矩按壳体中面母线为轴线进行计算;单侧配置时,按图 17 所示的组合截面形心轴 $Z—Z$ 及式(74)计算。

$$I_{s4}=I_1+I_2+A_1e_1^2+A_2e_2^2 \qquad \cdots\cdots(74)$$

式中：

I_{s4}——圆柱壳体加劲环的截面惯性矩，单位为四次方毫米（mm^4）；

I_1——圆柱壳壁的计算截面惯性矩，单位为四次方毫米（mm^4）；

I_2——加劲环截面的惯性矩，单位为四次方毫米（mm^4）；

A_1——圆柱壳壁的计算面积，单位为平方毫米（mm^2）；

e_1——圆柱壳壁的计算截面形心轴至组合截面 $Z—Z$ 形心轴的距离，单位为毫米（mm）；

A_2——加劲环的截面面积，单位为平方毫米（mm^2）；

e_2——加劲环的截面面积形心轴至组合截面 $Z—Z$ 形心轴的距离，单位为毫米（mm）。

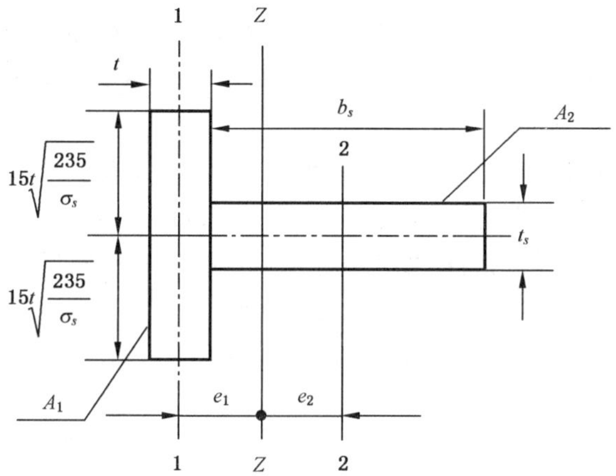

图 17　有效壳体与加劲环的组合截面计算图

6.8　结构的疲劳强度计算

6.8.1　概述

直接承受动力载荷重复作用的结构构件及其连接，应进行疲劳计算。

结构件及其连接的抗疲劳能力（疲劳极限强度），取决于构件的材料种类、应力变化情况及构件连接的应力集中等级等。对结构疲劳强度计算，常用应力比法和应力幅法，本标准采用应力幅法。本标准中的疲劳计算应力是指名义应力，即母材中临近潜在裂纹位置的、按材料纯弹性强度理论计算的应力，不考虑局部应力集中效应。疲劳强度计算的载荷按 5.3.3.1 规定的载荷组合 A 中的工况确定，载荷分项安全系数取为 1，疲劳极限设计应力按 6.8.3 确定。

疲劳极限设计应力中的特征疲劳强度受到下列因素的影响，附录 I 给出了这些影响的具体效果：

a）由连接和焊缝几何形状引起的局部应力集中；

b）可接受的间断点的尺寸和形状；

c）应力方向；

d）残余应力；

e）冶炼条件；

f）在某些情况下，焊接工艺和焊后改善措施。

除上述列出的几何应力集中影响（整体应力集中除外）外，其他的几何应力集中影响应借助于相关的应力集中系数包含在名义应力中。

6.8.2 构件(或连接)的应力幅

对于焊缝连接的构件,构件(或连接)在一次应力循环中的应力幅按式(75)和式(76)计算。对于非等幅循环情况,应力幅是通过雨流计数法或蓄水池循环计数法统计而得到。焊缝应力 σ_{max}、σ_{min} 按6.4.2.1计算。

$$\Delta\sigma=\sigma_{max}-\sigma_{min} \qquad (75)$$

$$\Delta\tau=\tau_{max}-\tau_{min} \qquad (76)$$

式中:

$\Delta\sigma$ ——正应力幅,单位为牛每平方毫米(N/mm²);

σ_{max} ——应力循环中的最大应力,拉为正,压为负,单位为牛每平方毫米(N/mm²);

σ_{min} ——应力循环中的最小应力,拉为正,压为负,单位为牛每平方毫米(N/mm²);

$\Delta\tau$ ——剪切应力幅,单位为牛每平方毫米(N/mm²);

τ_{max} ——应力循环中的最大剪切应力,拉为正,压为负,单位为牛每平方毫米(N/mm²);

τ_{min} ——应力循环中的最小剪切应力,拉为正,压为负,单位为牛每平方毫米(N/mm²)。

对于加热消除应力或非焊接构件,如果 $\sigma_{min}<0(\tau_{min}<0)$,按式(77)和式(78)计算。

$$\Delta\sigma=\sigma_{max}-0.6\sigma_{min} \qquad (77)$$

$$\Delta\tau=\tau_{max}-0.6\tau_{min} \qquad (78)$$

6.8.3 疲劳极限设计应力幅

6.8.3.1 特征疲劳强度

一个构造细节的疲劳极限设计应力的疲劳特征,用特征疲劳强度 $\Delta\sigma_c$ 来表示。特征疲劳强度 $\Delta\sigma_c$ 是在等幅循环应力下,循环次数为 2×10^6 次,可靠性概率为 $P_S=97.7\%$时的疲劳强度,如图 18 所示,见附录 I。

附录 I 给出了构件母材、非焊接连接和焊接连接的特征疲劳强度 $\Delta\sigma_c$ 与 $\Delta\tau_c$,及 $\Delta\sigma-N$ 曲线的斜率常数 m。对于剪切应力,由 $\Delta\tau_c$ 替代 $\Delta\sigma_c$。附录 I 中的特征疲劳强度适用于所给定的基本条件,对于偏离条件的,应在基本条件下的特征疲劳强度基础上,按表 I.1～表 I.3 的规定,向上(+1NC,+2NC,…)选择对应的切口效应级别以提高特征疲劳强度,或者向下(−1NC,−2NC,…)选择对应的切口效应级别以降低特征疲劳强度。对于多种偏离条件情况,应对多种偏离条件采取叠加方式选择对应的特征疲劳强度。在附录 J 表中的第一列,给出了按切口级别顺序排列的、公比为 1.125 的 $\Delta\sigma_c$ 值。

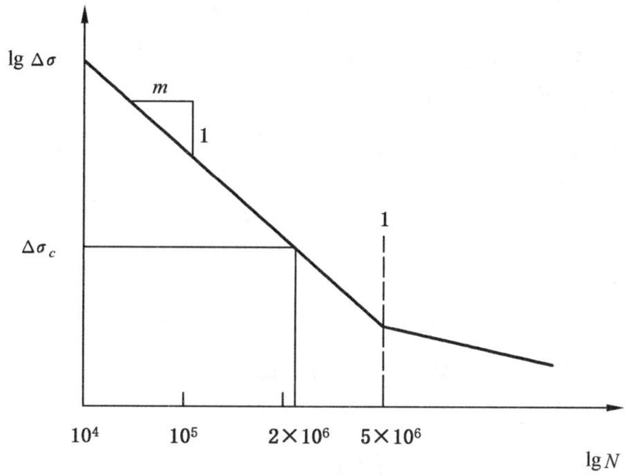

a) 原理图

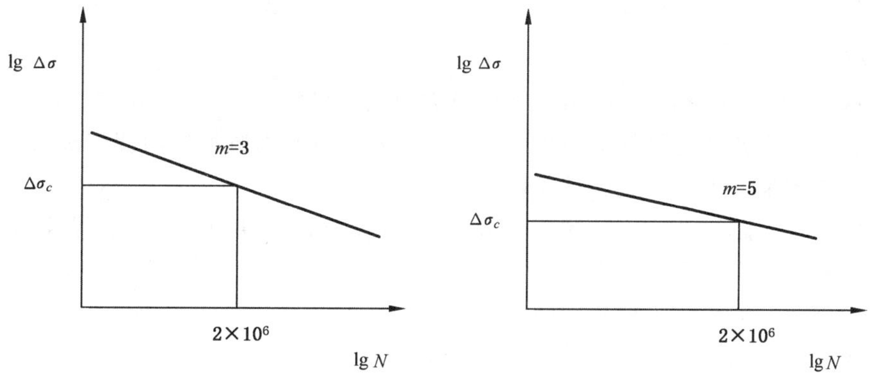

b) 对数曲线简化图

说明：

1 ——等幅循环应力下的曲线；

m ——曲线斜率常数，曲线斜率为$-1/m$。

图 18 Δσ-N 曲线与 $\Delta\sigma_c$ 示意图

6.8.3.2 对焊缝质量的要求

6.8.3.2.1 对于焊接连接，特征疲劳强度与焊缝质量等级相关。焊缝质量等级应符合 GB/T 19418中的 B、C、D 级，不应低于 D 级。

6.8.3.2.2 本标准可使用增设的质量等级 B*，该质量等级 B*，除满足质量等级 B 外，还应采用 100%NDT（无损检测）中的合适方法对焊缝全长进行检查，并确保焊缝满足下列质量要求：

a) 对于对接焊缝：

1) 充分熔透无初始（起始和终止）点；

2) 双面机械加工或沿应力方向打磨至与钢板表面平齐；

3) 用打磨、钨极惰性气体保护焊（TIG）或等离子焊重熔、尖头锤敲击等方法，对焊趾进行后处理，消除全部咬边和夹渣；

4) 接头板偏心距小于两板中较大板厚的 5%；

5) 焊缝凹面长度的总和小于焊缝总长度的5%。

b) 对于平行和搭接接头(例如用角焊缝):

1) 焊缝到钢板表面的过渡角不应超过25°;

2) 用打磨、钨极惰性气体保护焊(TIG)或等离子焊重熔、尖头锤敲击等方法,对焊趾进行后处理,消除全部咬边和夹渣。

c) 对于其他类型焊缝:

1) 充分熔透焊;

2) 焊缝到钢板表面的过渡角不应超过25°;

3) 用打磨、钨极惰性气体保护焊(TIG)或等离子焊重熔、尖头锤敲击等方法,对焊趾进行后处理;

4) 偏心距小于两板中较大板厚的10%。

若为提高疲劳强度,采用钨极惰性气体保护焊对焊接接头的潜在裂纹初发区域进行焊后处理,则对任何接头形式,可将焊缝质量由设计要求的C级提高到B级。

6.8.3.3 对疲劳试验的要求

焊接结构中,由于残余应力的存在,平均应力对疲劳极限设计应力影响较小,故在计算时忽略其影响。但对于需要考虑平均应力影响和附录I未给出的构造细节的疲劳极限设计应力,可采取疲劳试验方式来获得。对疲劳试验要求如下:

——试样应按实际尺寸(1:1)体现构造细节,例如材料厚度、几何形状、焊缝和载荷;

——试验样本应在工厂条件下制造;

——应力循环应完全在拉伸范围内;

——对每一应力幅等级应至少进行7次试验。

确定曲线斜率常数 m 和特征疲劳强度 $\Delta\sigma_c$ 的要求如下:

a) $\Delta\sigma_c$ 应由基于平均值减去在lg-lg对数坐标表示法中两个标准离差的循环次数来确定;

b) 应至少进行一个应力幅级别的疲劳试验,该应力幅级别对应的发生疲劳破坏时的平均应力循环次数在 $1\times10^4\sim5\times10^5$;

c) 应至少进行一个应力幅级别的疲劳试验,该应力幅级别对应的发生疲劳破坏时的平均循环次数在 $1\times10^6\sim2.5\times10^6$。

确定 m 和 $\Delta\sigma_c$ 的简化方法如下:

——应设曲线斜率常数 $m=3$;

——应至少进行一个应力幅级别的疲劳试验,该应力幅级别对应的发生疲劳破坏时的平均循环次数在以 1×10^5 以内。

6.8.3.4 疲劳极限设计应力幅

疲劳极限设计应力幅按式(79)和式(80)计算。

$$\Delta\sigma_{Rd}=\frac{\Delta\sigma_c}{\gamma_{mf}\times\sqrt[m]{S_m}} \qquad \cdots\cdots(79)$$

$$\Delta\tau_{Rd}=\frac{\Delta\tau_c}{\gamma_{mf}\times\sqrt[m]{S_m}} \qquad \cdots\cdots(80)$$

式中：

$\Delta\sigma_{Rd}$——疲劳极限设计应力幅，单位为牛每平方毫米（N/mm^2）；

$\Delta\sigma_c$——特征疲劳强度，见附录I，单位为牛每平方毫米（N/mm^2）；

$\Delta\tau_{Rd}$——疲劳剪切极限设计应力幅，单位为牛每平方毫米（N/mm^2）；

$\Delta\tau_c$——特征疲劳剪切强度，见附录I，单位为牛每平方毫米（N/mm^2）；

γ_{mf}——疲劳强度抗力系数，见表27；

m——曲线斜率常数，见附录I；

s_m——应力历程参数，见6.8.4。

表27 疲劳强度抗力系数

可接近性	失效-安全构件	失效-非安全构件	
		对人员无危险	对人员有危险
易接近的接头细节	1.0	1.10	1.20
难接近的接头细节	1.05	1.15	1.25

注1：失效-安全构件是指那些失效后果较小的构件，例如某一构件的局部失效不会导致整个结构失效或载荷坠落。

注2：失效-非安全构件是指结构中某一构件的失效将会迅速导致整个结构失效或载荷坠落。

对于$\gamma_{mf}=1.25$，$m=3$时不同应力历程级别S和特征疲劳强度$\Delta\sigma_c$确定的疲劳极限设计应力幅$\Delta\sigma_{Rd}$见附录J。

如果曲线斜率常数$m\neq3$，则疲劳极限设计应力幅可根据$m=3$时的疲劳极限设计应力幅按式(81)进行转换计算。对于疲劳剪切极限设计应力幅，由$\Delta\tau_{Rd}$、$\Delta\tau_{Rd,1}$、$\Delta\tau_c$分别替代$\Delta\sigma_{Rd}$、$\Delta\sigma_{Rd,1}$、$\Delta\sigma_c$。

$$\Delta\sigma_{Rd}=\Delta\sigma_{Rd,1}\times k^* \qquad \cdots\cdots(81)$$

$$\Delta\sigma_{Rd,1}=\frac{\Delta\sigma_c}{\gamma_{mf}\times\sqrt[m]{s_3}} \qquad \cdots\cdots(82)$$

$$k^*=\sqrt[m]{\frac{k_3}{k_m}}\geqslant1 \qquad \cdots\cdots(83)$$

式中：

$\Delta\sigma_{Rd}$——曲线斜率常数$m\neq3$时的疲劳极限设计应力幅，单位为牛每平方毫米（N/mm^2）；

$\Delta\sigma_{Rd,1}$——曲线斜率常数$m=3$时的疲劳极限设计应力幅（$k^*=1$），单位为牛每平方毫米（N/mm^2）；

k^*——应力谱比例系数；

$\Delta\sigma_c$——特征疲劳强度，见附录I，单位为牛每平方毫米（N/mm^2）；

m——曲线斜率常数，见附录I；

s_3,k_3——曲线斜率常数$m=3$时的应力历程参数和应力谱系数，见6.8.4；

s_m,k_m——曲线斜率常数$m\neq3$时的应力历程参数和应力谱系数，见6.8.4。

k_3,k_m应基于由于计算或模拟得到的同一应力历程。

对于$\gamma_{mf}=1.25$，$m=5$时不同应力历程级别S和特征疲劳强度$\Delta\sigma_c$确定的疲劳极限设计

应力幅 $\Delta\sigma_{Rd}$ 见附录 J。

6.8.4 应力历程参数 S_m 与级别 S

6.8.4.1 应力历程

一般而言,应力历程是指应力随时间变化的历程。应力历程是对疲劳有显著影响的所有应力变化的数值表示,它利用金属疲劳的既有规则,将大量的大小变化的应力循环压缩为一个或两个参数。对于所选定的停车设备机械零部件或构件进行疲劳强度计算时,应确定具体工作条件下的应力历程。应力历程可通过试验确定,还可通过弹性动力学或刚体动力学模拟确定。

通过应力历程可获得总的应力循环次数。对于非等幅循环情况,不同应力幅下的应力循环次数可通过迟滞回线计数法(雨流计数法或蓄水池循环计数法)来统计。在 6.8 的疲劳强度计算中,忽略平均应力影响,将应力历程表示为不同应力幅对应的循环次数的单参数形式,如图 19所示。

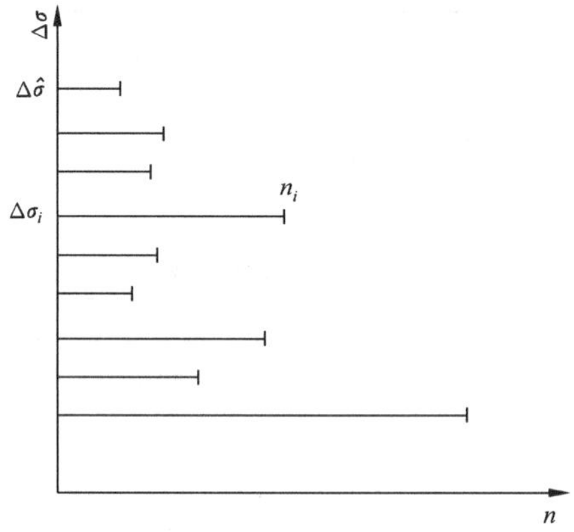

说明:

$\Delta\hat{\sigma}$ ——最大应力幅;

$\Delta\sigma_i, n_i$ ——应力幅 $\Delta\sigma_i$ 统计的应力循环次数 n_i;

n ——应力循环次数。

图 19 应力历程的单参数表示(不同应力幅下的应力循环次数统计)

6.8.4.2 应力历程参数 s_m

应力历程参数 s_m 表征应力幅的频次与强度,根据应力历程单参数表示法,在停车设备设计寿命内,应力历程参数 s_m 按式(84)计算。

$$s_m = \nu \times k_m \qquad \cdots\cdots (84)$$

$$k_m = \sum_i \left(\frac{\Delta\sigma_i}{\Delta\hat{\sigma}}\right)^m \times \frac{n_i}{N_t} \qquad \cdots\cdots (85)$$

$$\nu = \frac{N_t}{N_{ref}} \qquad \cdots\cdots (86)$$

式中:

s_m ——应力历程参数;

ν ——发生的总应力循环次数与参考循环次数的比例;

k_m ——基于 m 的应力谱系数;

$\Delta\sigma_i$ ——应力幅 i，见 6.8.2 与图 19；

$\Delta\hat{\sigma}$ ——最大应力幅，见 6.8.2 与图 19；

n_i ——应力幅 $\Delta\sigma_i$ 对应的应力循环次数，见图 19；

N_t ——停车设备设计寿命期内应力幅出现的总次数，$N_t=\sum_i n_i$；

N_{ref} ——与特征疲劳强度 $\Delta\sigma_c$ 相对应的循环次数，$N_{ref}=2\times10^6$，见图 18；

m ——曲线斜率常数，见附录 I。

6.8.4.3 应力历程级别 S

应力历程级别 S 是对应力历程参数 s_m 的级别划分，表 28 给出了 $m=3$ 时的应力历程参数 s_m 的 S 级别划分，分级图见图 20。

以相同的 s_m 值表征的应力历程，可认为其对相似的材料、零件或部件的损伤是等效的。若停车设备的构件 $s_m<0.001$，则不需要进行疲劳强度计算(见图 20 的 a 区域)。

应力历程级别可根据经验和技术条件直接确定，其与停车设备的工作情况与机构运动情况有关。若采用单个应力历程级别来表征整体结构，则应选取其中数值最大的级别来表征。

表 28 应力历程参数 s_m 的 S 级别

S 级别	应力历程参数 s_m
S02	$0.001<s_m\leqslant0.002$
S01	$0.002<s_m\leqslant0.004$
S0	$0.004<s_m\leqslant0.008$
S1	$0.008<s_m\leqslant0.016$
S2	$0.016<s_m\leqslant0.032$
S3	$0.032<s_m\leqslant0.063$
S4	$0.063<s_m\leqslant0.125$
S5	$0.125<s_m\leqslant0.250$
S6	$0.250<s_m\leqslant0.500$
S7	$0.500<s_m\leqslant1.000$
S8	$1.000<s_m\leqslant2.000$
S9	$2.000<s_m\leqslant4.000$

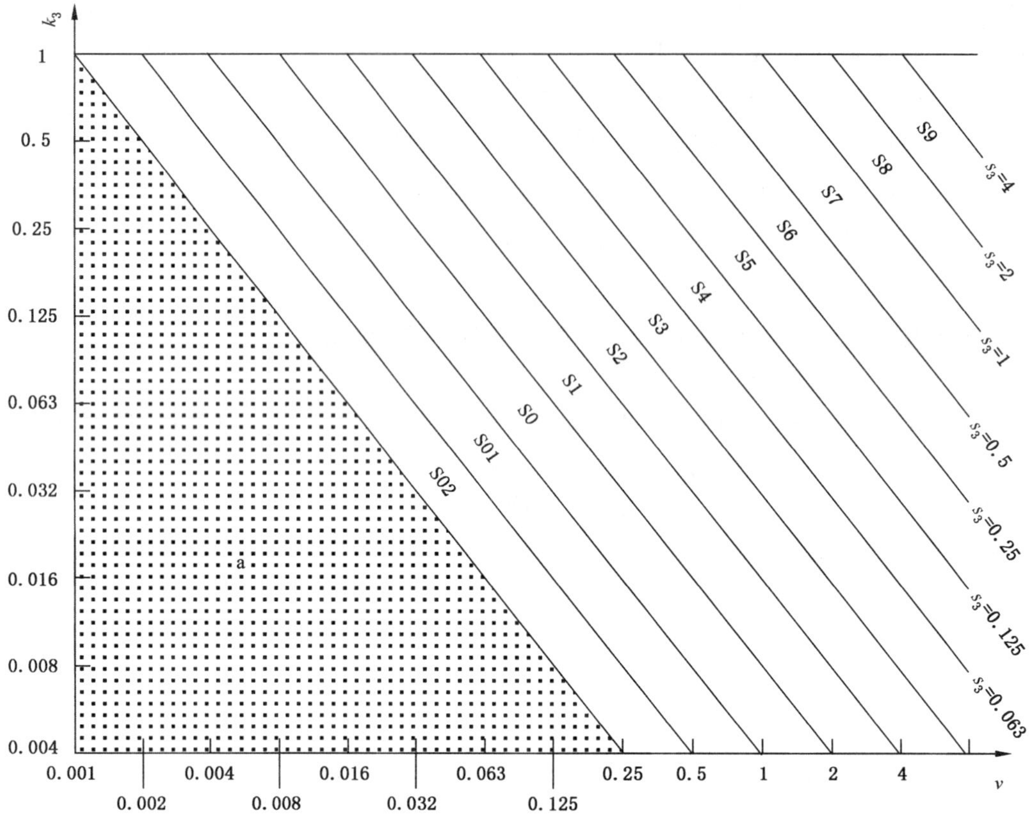

注：区域 a 不需进行疲劳计算。

图 20　$m=3$ 时的应力历程参数分级图

6.8.5　疲劳强度校核

构件的疲劳强度应满足式(87)和式(88)。

$$\Delta\sigma \leqslant \Delta\sigma_{Rd} \quad\cdots\cdots(87)$$

$$\Delta\tau \leqslant \Delta\tau_{Rd} \quad\cdots\cdots(88)$$

式中：

$\Delta\sigma,\Delta\tau$ ——计算的最大应力幅，见 6.8.2；

$\Delta\sigma_{Rd}$ ——疲劳极限设计应力幅，单位为牛每平方毫米(N/mm^2)；

$\Delta\tau_{Rd}$ ——疲劳剪切极限设计应力幅，单位为牛每平方毫米(N/mm^2)。

当正应力和剪切应力联合作用时，应按式(89)计算。

$$\left(\frac{\gamma_{mf}\times\Delta\sigma_x}{\Delta\sigma_{c,x}}\right)^{m_x}\times s_{m,x}+\left(\frac{\gamma_{mf}\times\Delta\sigma_y}{\Delta\sigma_{c,y}}\right)^{m_y}\times s_{m,y}+\left(\frac{\gamma_{mf}\times\Delta\tau}{\Delta\tau_c}\right)^{m_\tau}\times s_{m,\tau}\leqslant 1 \cdots(89)$$

式中：

$\Delta\sigma,\Delta\tau$ ——计算的最大应力幅和最大剪切应力幅，见 6.8.2；

γ_{mf} ——疲劳强度抗力系数，见表 27；

s_m ——应力历程参数；

m ——曲线斜率常数，见附录 I；

x,y ——正应力的正交方向；

$\Delta\sigma_c,\Delta\tau_c$ ——特征疲劳强度，见附录 I。

6.9 结构的抗震计算

6.9.1 钢结构抗震设防类别及抗震设防标准应按 GB 50223 的有关规定执行。

6.9.2 抗震设防烈度应采用 GB 18306 的地震基本烈度，或采用 GB 50191 的基本地震加速度值对应的烈度值。

6.9.3 抗震设防烈度为 6 度及以下时，可不进行地震作用计算。

6.9.4 抗震设防烈度为 6 度以上时，地上高度大于 12 m 的室外独立式钢结构应按 GB 50191 的规定进行地震作用计算。

6.9.5 进行抗震设计的钢结构，在 30 年设计使用年限内的抗震设防目标为：当受到低于本地区抗震设防烈度的多遇地震（根据地震基本烈度区划或地震动参数区划规定，50 年设计基准期超越概率为 63%的地震）影响时，主体结构不受损坏或不需要修理，可继续使用；当受到相当于本地区抗震设防烈度的设防地震（根据地震基本烈度区划或地震动参数区划规定，50 年设计基准期超越概率为 10%的地震）影响时，结构的损坏经一般修理可继续使用。

6.9.6 钢结构构件、连接及节点采用承载能力极限状态设计，见式(90)。

$$S_0 \leqslant \frac{R_0}{\gamma_{RE}} \qquad \cdots\cdots(90)$$

式中：

S_0 ——承载能力极限状况下，地震作用组合的效应设计值，按 GB 50191 确定；

R_0 ——结构件的承载力设计值，$R_0=R_k/\gamma_m$，γ_m 见表 13；

R_k ——结构件的承载力标准值，是指与材料屈服点对应的抗力；

γ_{RE} ——承载能力抗震调整系数，按 GB 50191 确定。

6.9.7 抗震设防的钢结构节点焊接连接应符合 GB 50661—2011 中 5.7 的规定。抗震措施按 GB 50191的相关规定确定。

6.10 构造要求

6.10.1 一般原则

6.10.1.1 主要承载结构的构造设计应力求简单、受力明确、传力直接、尽量降低应力集中的影响。

6.10.1.2 结构（或构件）的设计应考虑到制造、检查、运输、安装（拆卸）、使用和维护等的方便和可能性。露天工作的停车设备结构应避免积水。

6.10.1.3 应根据停车设备的实际工作环境考虑腐蚀对结构钢材的影响（结构有可靠的防腐措施或属于短暂性使用的停车设备，可不考虑腐蚀的影响），主要承载结构的钢板和型钢的最小厚度不应小于表 29的规定。

表 29 钢板和型钢的最小厚度　　单位为毫米

环境对钢材腐蚀的影响	开口截面	闭口截面
微弱	3[a]	2.5
中等	5	4

表 29(续) 单位为毫米

环境对钢材腐蚀的影响	开口截面	闭口截面
严重	6	6
采用厚度为 3 mm(含)以下的薄板时,结构外露表面应有可靠的防锈措施。 [a] 载车板用镀锌波浪板最小厚度为 2.3 mm。		

6.10.1.4 对于动载荷比较严重和受力比较复杂的焊接结构件,除非采取措施减小或消除焊接内应力,否则选用的钢材厚度对碳素钢不宜大于 50 mm,对低合金钢不宜大于 35 mm。

6.10.1.5 对承载后会发生较大弹性变形的结构,在设计时应预先采取与此弹性变形相反的措施,如预拱与预翘,且这些预变形宜由结构构造或结构件的下料来保证。

6.10.1.6 在设计由疲劳强度控制的主要焊接结构时,应采取各种降低疲劳应力的措施,如改善接头型式降低应力集中等级,对双面连续焊缝的头部进行包裹回焊、采用较大半径的圆弧过渡板以减少内应力等。

6.10.1.7 主要承载结构件在不同连接处允许采用不同的连接方式来传递载荷,但在同一连接处不宜混合使用不同的连接方式。

6.10.2 焊缝连接

6.10.2.1 对接焊接

对接焊缝的坡口型式应符合 GB/T 985.1 和 GB/T 985.2 的规定。

主要承载结构中不等板厚或板宽的对接,当焊件的板厚或板宽相差 4 mm 以上时,应分别在厚度方向或宽度方向,从一侧或两侧制成不大于 1∶4 的过渡斜度(见图 21)。

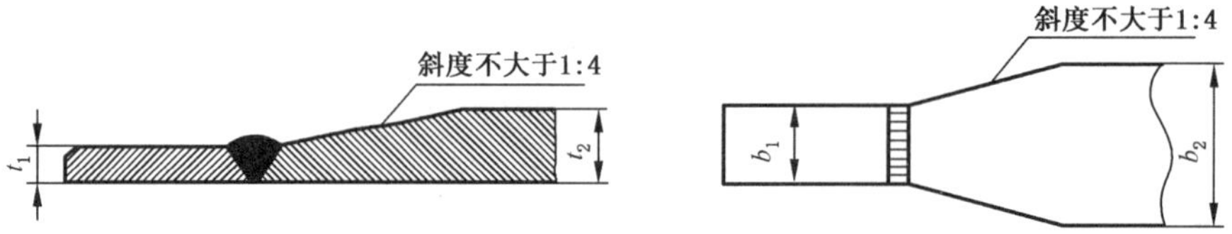

图 21 不等板厚或板宽对接焊缝的过渡

6.10.2.2 角焊接

6.10.2.2.1 焊脚尺寸

6.10.2.2.1.1 焊脚尺寸的最小值应符合表 30 的规定,且不应小于 $1.5\sqrt{t}$,其中 t 为较厚焊件的厚度(当采用低氢型碱性焊条施焊时,t 可取为较薄焊件的厚度)。但对自动焊,角焊缝焊脚尺寸的最小值可减小 1 mm。被焊接件厚度小于 4 mm 时,焊脚尺寸等于被焊接件的厚度。

6.10.2.2.1.2 对于一般角焊缝,焊脚尺寸不应大于较薄焊件厚度的 1.2 倍;而对于杆件边缘的角焊缝(见图 22),还应符合下列要求:

——$t_1 \leqslant 6$ mm 时,$h_f \leqslant t_1$;

——$t_1 > 6$ mm 时,$h_f = t_1 - (1\text{ mm} \sim 2\text{ mm})$。

表 30　角焊缝的焊脚尺寸

单位为毫米

较厚焊接件的厚度 t	h_f
$t \leqslant 10$	4(6)
$10 < t \leqslant 20$	6(8)
$20 < t \leqslant 30$	8(10)
注：h_f 数值中，括号外的数值用于碳素钢，括号内的数值用于低合金钢。	

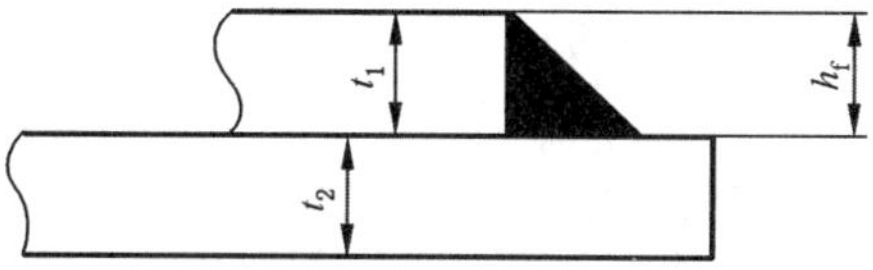

图 22　角焊缝的焊脚

6.10.2.2.2　**焊缝形状**

受动载荷的主要承载结构，在保证焊缝受剪计算截面面积的情况下，角焊缝的表面应呈微凹弧形或直线形。焊缝直角边的比例：对侧焊缝为 1∶1，对端焊缝为 1∶1.5（长边顺载荷方向）。

6.10.2.2.3　**焊缝的计算长度**

侧焊缝或端焊缝的长度应使计算长度不小于 $8h_f$ 和 40 mm。

侧焊缝承受静载荷或间接承受动载荷时的计算长度不宜大于 $60h_f$，承受动载荷时的计算长度不宜大于 $40h_f$。当焊缝长度大于上述数值时，超过部分在计算中一般不予考虑；但在内力沿侧焊缝全长分布时，焊缝的计算长度不受此限制。

6.10.3　**螺栓连接**

6.10.3.1　对于需要在使用现场进行整体拼接的大型结构，宜优先考虑采用高强度螺栓连接。

6.10.3.2　每一杆件在节点处或接头一侧，螺栓数不应少于 2 个。沿受力方向，每行螺栓数不宜多于 5 个。

6.10.3.3　C 级螺栓连接宜用于次要构件的连接中或作暂时性连接中。

6.10.3.4　对直接承受动载荷的普通螺栓受拉连接，应采用双螺母或其他能防止螺母松动的有效措施。

6.10.3.5　A、B 级螺栓采用铰制孔时，若构件承受脉动载荷，则孔径不应大于[d+(0.2 mm～0.3 mm)]，d 为螺栓配合部分的公称直径；若构件承受交变载荷，则孔和螺栓的配合不应低于 H11/h9。

6.10.3.6　螺栓布置的极限尺寸见表 31。

表 31 螺栓布置的极限尺寸

单位为毫米

<table>
<tr><th>名 称</th><th colspan="3">位置和方向</th><th>最大容许距离
(取两者中较小者)</th><th>最小容许距离</th></tr>
<tr><td rowspan="5">中心间距</td><td colspan="3">外排(垂直内力方向或沿内力方向)</td><td>$8d_0$ 或 $12t$</td><td rowspan="5">$3d_0$</td></tr>
<tr><td rowspan="3">中间排</td><td colspan="2">垂直内力方向</td><td>$16d_0$ 或 $24t$</td></tr>
<tr><td rowspan="2">沿内力方向</td><td>受压构件</td><td>$12d_0$ 或 $18t$</td></tr>
<tr><td>受拉构件</td><td>$16d_0$ 或 $24t$</td></tr>
<tr><td colspan="3">沿对角线方向</td><td>—</td></tr>
<tr><td rowspan="4">中心至构件
边缘的距离</td><td colspan="3">沿内力方向</td><td rowspan="4">$4d_0$ 或 $8t$</td><td>$1.5d_0$</td></tr>
<tr><td rowspan="3">垂直于
内力方向</td><td colspan="2">剪切边或手工气割边</td><td rowspan="2">$1.5d_0$</td></tr>
<tr><td rowspan="2">轧制边、自动
气割或锯割边</td><td>高强度螺栓</td></tr>
<tr><td>其他螺栓</td><td>$1.2d_0$</td></tr>
<tr><td colspan="6">注 1:d_0 为螺栓的孔径,t 为外层较薄板件的厚度。
注 2:钢板边缘与刚性构件(如角钢、槽钢等)相连的螺栓的最大间距,可按中间排的数值选用。</td></tr>
</table>

7 机械

7.1 机构设计原则

7.1.1 起升机构

7.1.1.1 电动机初选

7.1.1.1.1 电动机的型式

起升机构一般采用绕线转子异步电动机、笼型异步电动机、自制动异步电动机、交流变频电动机,或适合于起升机构使用特点的其他电动机。

7.1.1.1.2 电动机的初选功率

7.1.1.1.2.1 当起升机构用同一台电动机驱动时,其稳态计算功率 P_N 按式(91)计算。

$$P_N = \frac{P_Q \cdot v_q}{1\,000\eta} \qquad \cdots\cdots(91)$$

式中:

P_N ——电动机稳态起升功率,单位为千瓦(kW);

P_Q ——额定起升载荷,单位为牛(N);

v_q ——起升速度,单位为米每秒(m/s);

η ——起升机构总效率。

7.1.1.1.2.2 对下述停车设备的起升机构,选择其电动机功率时,还应考虑:

a) 由两套相同的独立起升机构驱动同一个起升载荷,应有两套起升机构载荷和速度的监控措施,且起升机构电动机总功率不宜小于电动机计算功率的 110%;

b) 对于起升速度慢、不频繁启停或特殊用途的慢速停车设备:停车设备电动机功率宜按短时工作方式 S2 选择;

c） 侧悬结构的升降平台在升降时由侧置导向滚轮所产生的阻力；

d） 垂直循环类机械式停车设备最大偏载及链条运转的摩擦阻力。

7.1.1.1.2.3 对于停车设备使用液压驱动的起升机构，选择液压系统电动机功率时，应按a)和b)计算：

a） 确定液压泵的最大工作压力 P_P 见式(92)。

$$P_P \geqslant P_1 + \sum \Delta P \qquad \cdots\cdots(92)$$

式中：

P_1 ——液压缸或液压马达最大工作压力，单位为帕(Pa)；

P_P ——液压泵的最大工作压力，单位为帕(Pa)；

$\sum\Delta P$ ——从液压泵出口到液压缸或液压马达入口之间总的管路损失，单位为帕(Pa)。

若系统在执行器停止运动时才出现最大工作压力，则 $\sum\Delta P=0$；$\sum\Delta P$ 的准确计算要待元件选定并绘出管路图时才能进行，初算时可按经验数据选取：管路简单、流速不大的一般节流阀调速系统取 $\sum\Delta P=0.2$ MPa～0.5 MPa；管路复杂，进口有调速阀的系统，取 $\sum\Delta P=0.5$ MPa～1.5 MPa。

b） 确定液压泵的流量 Q_P：

1） 多液压缸或液压马达同时工作时，液压泵的输出流量见式(93)。

$$Q_P \geqslant K(\sum Q_{max}) \qquad \cdots\cdots(93)$$

式中：

K ——系统泄漏系数，一般取 $K=1.1$～1.3，大流量取小值，小流量取大值；

$\sum Q_{max}$ ——同时动作的液压缸或液压马达的最大总流量，对于在工作过程中用节流调速的系统，还须加上溢流阀的最小溢流量，一般取 0.5×10^{-4} m^3/s；

Q_p ——液压泵的流量，单位为立方米每秒(m^3/s)。

2） 采用差动缸回路的系统，液压泵的最大流量 Q_P 由式(94)确定。

$$Q_P \geqslant K(A_1 - A_2)V_{max} \qquad \cdots\cdots(94)$$

式中：

A_1，A_2——液压缸无杆腔与有杆腔的有效面积，单位为平方米(m^2)；

V_{max} ——液压缸的最大移动速度，单位为米每秒(m/s)；

K ——系统泄漏系数，一般取 $K=1.1$～1.3，大流量取小值，小流量取大值。

3） 系统使用蓄能器作辅助动力源时，其液压泵的最大流量 Q_P 按系统在一个工作周期中的平均流量确定见式(95)。

$$Q_P \geqslant KV_i/T_i \qquad \cdots\cdots(95)$$

式中：

K ——系统泄漏系数，一般取 $K=1.2$；

T_i ——液压设备工作周期，单位为秒(s)；

V_i ——每一个液压缸或液压马达在工作周期中的总耗油量，单位为立方米(m^3)；

Q_P ——液压泵的流量，单位为立方米每秒(m^3/s)。

c） 选择液压泵的规格：

根据以上求得的 P_P 和 Q_P 值，为使液压泵有一定的压力储备，所选泵的额定压力一般要比最大工作压力大25%～60%；高压系统取小值，中低压系统取大值，液压泵的额

定流量宜与 Q_P 相当。

d) 确定液压泵的驱动功率 P_Y:

P_Y 由式(96)确定:

$$P_Y = P_P \cdot Q_P / \eta_P \qquad (96)$$

式中:

P_Y ——液压泵的驱动功率,单位为千瓦(kW);

P_P ——液压泵的最大工作压力,单位为帕(Pa);

Q_P ——液压泵的流量,单位为立方米每秒(m^3/s);

η_P ——液压泵的总效率,参考表 32 选择。

表 32 液压泵的总效率

液压泵类型	齿轮泵	螺杆泵	叶片泵	柱塞泵
总效率	0.65~0.90	0.70~0.85	0.60~0.85	0.80~0.90

7.1.1.1.3 电动机轴上所需的转矩

7.1.1.1.3.1 稳态起升额定起升载荷的转矩

稳态起升额定起升载荷时电动机轴上的转矩 M_N 按式(97)计算。

$$M_N = \frac{P_Q D}{2ai\eta} \qquad (97)$$

式中:

M_N ——稳态起升额定起升载荷的转矩,单位为牛米(N·m);

P_Q ——额定起升载荷,单位为牛(N);

D ——卷筒按钢丝绳中心计算的卷绕直径、链轮的分度圆直径,单位为米(m);

a ——钢丝绳滑轮组或链条组的倍率;

i ——由电动机轴到主传动轴的总传动比;

η ——起升载荷时起升机构传动装置和传动组的总效率。

7.1.1.1.3.2 电动机产生转矩的最低要求

为了加速起升额定起升载荷或起升试验载荷,以及为补偿电源电压和频率变化所导致的转矩损失,电动机轴上转速 $n=0$ 时产生的转矩应满足式(98)~式(100)的最低要求。

a) 对直接起动的笼型异步电动机:

$$M_d \geqslant 2.1 M_N \qquad (98)$$

式中:

M_d ——起动时(转速 $n=0$ 时)电动机轴上具有的转矩;

M_N ——稳态起升额定起升载荷的转矩,单位为牛米(N·m)。

b) 对绕线转子异步电动机:

$$M_d \geqslant 1.9 M_N \qquad (99)$$

c) 对采用变频控制的所有类型的电动机:

$$M_d \geqslant 1.4 M_N \qquad (100)$$

7.1.1.2 电动机的校验

7.1.1.2.1 电动机的过载校验和发热校验

电动机过载校验，是检验在设计要求的极限起动条件下，所选电动机的最大转矩或堵转转矩是否能满足机构起动的需要，按 GB/T 3811—2008 中附录 R 的方法计算。

电动机发热校验，是检验在满足设计要求的正常运转条件下，电动机不应出现过热，按 GB/T 3811—2008 中附录 S 的方法计算。

7.1.1.2.2 电动机使用环境的功率修正

若停车设备安装使用地点海拔超过 1 000 m，或停车设备使用环境温度超过 40 ℃，就应对电动机容量进行修正，见 8.6.3。

7.1.1.3 制动器

7.1.1.3.1 支持制动

7.1.1.3.1.1 支持制动的作用

在起升机构中，支持制动是用来将起升的载车板、汽车或升降平台等载荷支持在悬空状态，由机械式制动器产生支持制动作用。

7.1.1.3.1.2 支持制动器的选择

起升机构的每一套独立的驱动装置应至少装设一个支持制动器。起升机构制动器的制动距离应满足停车设备的使用要求。

支持制动器应是常闭式的，制动轮/盘应装在与传动机构刚性联接的轴上。

支持制动器的制动转矩不应小于按式(101)计算的制动轴上所需的计算制动转矩 M_Z。

$$M_Z = K_Z \frac{P_Q D \eta'}{2ai} \qquad \cdots\cdots(101)$$

式中：

M_Z ——制动轴上所需的计算制动转矩，单位为牛米(N·m)；

K_Z ——制动安全系数；

P_Q ——额定起升载荷，单位为牛(N)；

D ——卷筒按钢丝绳中心计算的卷绕直径、链轮的分度圆直径，单位为米(m)；

η' ——载荷下降时起升机构传动装置和传动组的总效率；

a ——钢丝绳滑轮组或链条组的倍率；

i ——由制动器轴到主传动轴的总传动比。

对于工作特别频繁的起升机构，宜对制动器进行发热校验。

7.1.1.3.1.3 制动安全系数

制动器安全系数规定如下：

a) 制动器安全系数不应低于 1.75；具有液压制动作用的液压传动起升机构，制动器安全系数不应低于 1.25；

b) 同一起升机构采用两个制动器时，每个制动器安全系数不应小于 1.1。

7.1.1.3.2 减速制动

在起升机构中，不应采用无控制的载荷自由下降方式，减速制动是用来将悬挂在空中的正在向下运动的载车板、汽车或升降平台等减速到停机或到一个较低的下降速度时实施停机制动。

起升机构的减速制动可以由机械式支持制动器来完成,也可以由电气制动来完成。电气制动只用于减速制动,不能用于支持制动。

7.1.1.4 机构起动、制动时间和加速度的计算

7.1.1.4.1 起动时间和起动平均加速度计算

7.1.1.4.1.1 机构起动时间 t_q,按式(102)计算。

$$t_q = \frac{n\left[k(J_1 + J_2) + \frac{J_3}{\eta}\right]}{9.55(M_{dq} - M_N)} \quad \cdots\cdots(102)$$

式中:

t_q ——机构的起动时间,单位为秒(s);

n ——电动机额定转速,单位为转每分(r/min);

k ——其他传动件的转动惯量折算到电动机轴上的影响系数,$k=1.05\sim1.20$;

J_1 ——电动机转子的转动惯量,单位为千克二次方米(kg·m²);

J_2 ——电动机轴上制动轮和联轴器的转动惯量,单位为千克二次方米(kg·m²);

J_3 ——作升降运动的全部质量的惯量折算到电动机轴上的转动惯量,单位为千克二次方米(kg·m²);

$$J_3 = \frac{P_Q D^2}{4ga^2 i^2}$$

P_Q ——额定起升载荷,单位为牛(N);

D ——卷筒按钢丝绳中心计算的卷绕直径、链轮的分度圆直径,单位为米(m);

g ——重力加速度,取 $g=9.81\ m/s^2$;

a ——钢丝绳滑轮组或链条组的倍率;

i ——由电动机轴到主传动轴的总传动比;

η ——起升载荷时起升机构传动装置和传动组的总效率;

M_{dq} ——电动机平均起动转矩,单位为牛米(N·m);

$$M_{dq} = \lambda_{AS} M_n$$

λ_{AS} ——电动机平均起动转矩倍数,其参考值见表33;

M_n ——电动机的额定转矩,单位为牛米(N·m);

M_N ——稳态起升额定起升载荷的转矩,单位为牛米(N·m)。

表 33 电动机平均起动转矩倍数参考值

电动机型式		λ_{AS}
起重用三相交流绕线式电动机		1.5~1.8
起重用三相笼型电动机	普通型式	1.7~2.2[a]
	变频器控制型式	1.5~1.8

[a] 电动机堵转转矩倍数。

7.1.1.4.1.2 起动平均加速度 a_q，按式(103)计算；正常情况下起动平均加速度不宜大于0.8 m/s²。

$$a_q=\frac{v_q}{t_q} \qquad \cdots\cdots(103)$$

式中：

a_q ——起升机构的起动平均加速度，单位为米每二次方秒(m/s²)；

v_q ——起升速度，单位为米每秒(m/s)；

t_q ——机构的起动时间，单位为秒(s)。

7.1.1.4.2 制动时间和制动平均减速度计算

7.1.1.4.2.1 采用机械式制动器制动的满载下降制动时间 t_z，按式(104)计算。

$$t_z=\frac{n'[k(J_1+J_2)+J_3\eta]}{9.55(M_Z-M'_j)} \qquad \cdots\cdots(104)$$

式中：

t_z ——机构的制动时间，单位为秒(s)；

n' ——满载(额定起升载荷)下降且制动器投入有效制动转矩时的电动机转速，单位为转每分(r/min)，常取 $n'=1.1n$；

k ——其他传动件的转动惯量折算到电动机轴上的影响系数，$k=1.05\sim1.20$；

η ——起升载荷时起升机构传动装置和传动组的总效率；

M_Z ——机械式制动器的计算制动转矩，单位为牛米(N·m)；

M'_j ——稳态下降额定起升载荷时电动机制动轴上的转矩，单位为牛米(N·m)；

$$M'_j=\frac{P_QD}{2ai}\eta'$$

η' ——升降平台下降时起升机构系统的总效率。

7.1.1.4.2.2 制动平均减速度，按式(105)计算；除紧急制动外的正常情况下制动平均减速不宜大于0.8 m/s²。

$$a_z=\frac{v'_q}{t_z} \qquad \cdots\cdots(105)$$

式中：

a_z ——平均制动减速度，单位为米每二次方秒(m/s²)；

v'_q——满载下降且制动器开始有效制动时的下降速度，单位为米每秒(m/s)，可取 $v'_q=1.1v_q$；

v_q ——额定起升速度，单位为米每秒(m/s)。

除了用支持制动器完成减速制动以外，也可用支持制动器与电气制动一起用作减速制动，或单独采用电气制动作减速制动。减速制动仅用来消耗动能，使升降平台安全减速。在与电气制动并用时，支持制动器的制动安全系数仍应满足7.1.1.3.1.3的要求。

7.1.1.5 减速器的选择

7.1.1.5.1 在一般情况下，起升机构减速器的设计预期寿命应与该机构工作级别中所对应的使用等级一致。但对一些工作特别繁重，允许在停车设备使用期限内更换减速器的，则所选减速器的设计预期寿命可小于该起升机构所对应的机构工作寿命。

7.1.1.5.2 采用起重机用减速器时，当所选用的减速器参数表上标注的工作级别与所设计的起升机构的工作级别不一致时，应引入减速器功率修正系数。

7.1.1.5.3 采用普通用途减速器时，还应用电动机的最大起动转矩验算减速器输入轴的强度，用额定起升载荷(考虑起升动载系数 ϕ_{2max})作用在减速器输出轴上的短暂最大力矩和最大径向力验算减速器输出轴的强度。

7.1.2 有轨运行机构

7.1.2.1 运行阻力

7.1.2.1.1 稳态运行阻力 P_j

稳态运行阻力 P_j(包括摩擦阻力 P_m、按计算风压 P_1 算得的风阻力 P_{WI})，按式(106)计算。

$$P_j = P_m + P_{WI} \qquad \cdots\cdots(106)$$

式中：

P_j ——稳态运行阻力，单位为牛(N)；

P_m ——运行摩擦阻力，单位为牛(N)；

P_{WI} ——按计算风压 P_1 依据 5.2.3.3.3 式(7)中的风载荷计算方法计算，单位为牛(N)。

在曲线轨道上运行的停车设备，还要考虑弯道运行附加阻力。

7.1.2.1.2 运行摩擦阻力 P_m

运行机构沿直线运行时摩擦阻力 P_m 主要包括车轮踏面的滚动摩擦阻力、车轮轴承的摩擦阻力以及附加摩擦阻力三部分，按式(107)计算。

$$P_m = P_\Sigma \frac{\mu d + 2f_K}{D} C_f \qquad \cdots\cdots(107)$$

式中：

P_m ——运行摩擦阻力，单位为牛(N)；

P_Σ ——运动部分所有质量的重力，包括额定载重和运行机构自重等质量的重力，单位为牛(N)；

μ ——车轮轴承摩擦阻力系数，见表 34；

d ——车轮轴径，单位为毫米(mm)；

f_K ——车轮沿轨道的滚动摩擦力臂，见表 35 与表 36，单位为毫米(mm)；

D ——车轮踏面直径，单位为毫米(mm)；

C_f ——考虑车轮轮缘与轨顶侧面摩擦或牵引供电电缆及集电器摩擦等的附加摩擦阻力系数，见表 37。

表 34 车轮轴承的摩擦阻力系数 μ

轴承型式	滑动轴承		滚动轴承		
轴承结构	开式	稀油润滑	滚珠或滚柱式	锥形滚子式	调心滚子式
μ	0.1	0.08	0.015	0.02	0.004

表 35　车轮的滚动摩擦力臂 f_K　　单位为毫米

车轮材料	钢轨型式	车轮踏面直径		
		100～160	200～315	400～500
钢	平顶	0.25	0.3	0.5
	圆顶	0.3	0.4	0.6
铸铁	平顶	—	0.4	0.6
	圆顶	—	0.5	0.7

表 36　95A 聚氨酯包胶轮与钢轨滚动摩擦力臂 f_K　　单位为毫米

车轮材料	车轮踏面直径		
	50～100	100～300	300～500
钢制外包聚氨酯	1～1.3	1.3～1.8	1.8～2.5

表 37　附加摩擦阻力系数 C_f

车轮形状		机构		驱动型式	C_f
圆柱车轮	有轮缘	有轨巷道堆垛机或搬运台车运行机构		分别驱动	1.5
	无轮缘（有水平滚轮）			分别驱动	1.1
	有轮缘	存取交接搬运器（小车）运行机构	滑触线导电	集中驱动	1.6
			电缆导电	集中驱动	1.3

7.1.2.2　电动机初选

7.1.2.2.1　电动机型式选择

电动机型式按 7.1.1.1.1 的规定选择。

7.1.2.2.2　电动机的初选功率

电动机运行稳态功率按 GB/T 3811—2008 中附录 P 中的式(P.2)计算。

7.1.2.3　电动机的校验

7.1.2.3.1　电动机的过载校验和发热校验

电动机的过载校验按 GB/T 3811—2008 中附录 R 的方法计算，电动机的发热校验按 GB/T 3811—2008 中附录 S 的方法计算。

7.1.2.3.2　电动机使用环境的功率修正

电动机使用环境的功率修正见 8.6.3。

7.1.2.4　起动时间与起动平均加速度计算

7.1.2.4.1　满载迎风运行起动时的起动时间 t_q，按式(108)计算。

$$t_q = \frac{n\left[k(J_1 + J_2)m + \dfrac{J'_3}{\eta}\right]}{9.55(mM_{dq} - M_{dj})} \qquad \cdots\cdots(108)$$

式中：

n ——电动机额定转速,单位为转每分(r/min);

k ——其他传动件的转动惯量折算到电动机轴上的影响系数,$k=1.05\sim1.20$;

J_1 ——电动机转子的转动惯量,单位为千克二次方米(kg·m²);

J_2 ——电动机轴上制动轮和联轴器的转动惯量,单位为千克二次方米(kg·m²);

m ——电动机台数;

J'_3 ——作平移运动的全部质量的惯量折算到电动机轴上的转动惯量,单位为千克二次方米(kg·m²);

$$J'_3=\frac{(m+m_i)D^2}{4i^2}$$

m ——为适停汽车或载车板的质量,单位为千克(kg);

m_i ——巷道堆垛机、搬运台车或存取交接搬运器的质量,单位为千克(kg);

D ——车轮踏面直径,单位为米(m);

i ——由电动机轴到车轮的机构总传动比;

η ——运行机构总传动效率;

M_{dq}——电动机平均起动转矩,单位为牛米(N·m);

M_{dj}——满载迎风时作用于电动机轴上的稳态运行阻力矩,单位为牛米(N·m);

$$M_{dj}=\frac{P_jD}{2i\eta}$$

P_j ——稳态运行阻力,单位为牛(N)。

7.1.2.4.2 起动平均加速度 a_y 按式(109)计算。

$$a_y=\frac{v_y}{t_q} \qquad \cdots\cdots(109)$$

式中：

a_y ——起动平均加速度,单位为米每二次方秒(m/s²);

v_y ——停车设备的稳定运行速度,单位为米每秒(m/s);

t_q ——停车设备的起动时间,一般取不大于表 10 中的值,单位为秒(s)。

7.1.2.5 减速器的选择

在一般情况下,运行机构减速器的设计预期寿命与该机构工作级别中所对应的使用等级一致。但对一些工作特别繁重,允许在停车设备使用期限内更换减速器的,所选减速器的设计预期寿命可小于运行机构的工作寿命。

7.1.2.6 制动器的选择

7.1.2.6.1 运行机构装设制动器的作用一般是为了实现减速制动,并使停止下来的停车设备在作业时运行机构能保持不动。

7.1.2.6.2 运行机构机械式制动器的制动转矩与运行摩擦阻力矩之和,应能使处于满载、顺风状态下运行的运行机构在要求的时间内停止下来。

制动转矩 M_z 按式(110)计算。

$$M_z=\left\{\frac{[P_{WI}+P_\alpha-P'_m]D\eta}{2i}+\frac{n}{9.55t_z}[km_z(J_1+J_2)+J'_3\eta]\right\} \qquad \cdots\cdots(110)$$

式中：

P_{W1}——按计算风压 P_1 依据 5.2.3.3.3 式(7)中的风载荷计算方法计算，单位为牛(N)；

P'_m ——不考虑轮缘与轨道侧面附加摩擦的摩擦阻力，单位为牛(N)；

D ——车轮踏面直径，单位为米(m)；

η ——运行机构总传动效率；

i ——由制动器轴到车轮的机构总传动比；

n ——电动机额定转速，单位为转每分(r/min)；

t_z ——机构的制动时间，单位为秒(s)；

k ——其他传动件的转动惯量折算到电动机轴上的影响系数，$k=1.05\sim1.20$；

m_z ——制动器的台数；

J_1 ——电动机转子的转动惯量，单位为千克二次方米($kg \cdot m^2$)；

J_2 ——电动机轴上制动轮和联轴器的转动惯量，单位为千克二次方米($kg \cdot m^2$)；

J'_3 ——作平移运动的全部质量的惯量折算到电动机轴上的转动惯量，单位为千克二次方米($kg \cdot m^2$)。

7.1.2.6.3 制动器的选择条件，一般$[M_z] \geqslant M_z$，$[M_z]$是所选制动器参数表中给出的制动转矩。

7.1.2.6.4 频繁制动的制动器，在同一挡制动力矩的各个制动器中，宜选用制动轮/盘较大的制动器。

7.1.2.6.5 在选用减速器时，若其参数表上的工作级别与运行机构的工作级别不一致时，应引入换算减速器使用繁忙条件的功率修正系数。

7.1.2.6.6 运行机构减速器在工作时承受双向载荷，且在机构起(制)动时要传递更大的驱动或制动力矩，在选择运行机构的减速器时应特别考虑此因素。

7.1.2.7 打滑计算

运行机构起动或制动时，有轨巷道堆垛机、搬运台车等运行机构不应发生打滑，一般通过校验主动轮不打滑来保证。计算时钢质车轮与钢轨的黏着系数(静摩擦系数)为：室内工作的取0.14，室外工作的取0.12。聚氨酯车轮与钢轨的黏着系数(静摩擦系数)为0.4～0.5。

7.1.3 回转机构

7.1.3.1 等效回转稳态力矩

等效回转稳态阻力矩 M_{eq}，按式(111)计算。

$$M_{eq}=M_m+M_W \qquad \cdots\cdots(111)$$

式中：

M_{eq}——等效回转稳态阻力矩，单位为牛米(N·m)；

M_m——回转摩擦阻力矩，主要是回转支承装置的摩擦阻力矩，单位为牛米(N·m)；

M_W——正常工作状态下的等效风阻力矩，按 P_{W1}风阻力矩的0.7倍计算，单位为牛米(N·m)。

7.1.3.2 电动机初选

7.1.3.2.1 电动机型式选择

一般选用交流异步电动机，或适合机械式停车设备回转机构使用特点的其他电动机。

7.1.3.2.2 电动机的初选功率

回转机构电动机等效功率 P_e 按式(112)计算。

$$P_e=\frac{M_{eq}\cdot n}{9\ 550\cdot \eta} \qquad \cdots\cdots(112)$$

式中：

P_e ——回转机构电动机等效回转功率，单位为千瓦(kW)；

M_{eq}——等效回转稳态阻力矩，单位为牛米(N·m)；

n ——回转机构的回转速度，单位为转每分(r/min)；

η ——回转机构的总传动效率。

7.1.3.3 **电动机的校验**

7.1.3.3.1 **电动机的过载校验和发热校验**

回转机构电动机的过载校验按 GB/T 3811—2008 中附录 R 的方法计算，电动机的发热校验按GB/T 3811—2008中附录 S 的方法计算。

7.1.3.3.2 **电动机使用环境的功率修正**

电动机使用环境的功率修正见 8.6.3。

7.1.3.3.3 **起动加速度计算**

对于电动机直接起动的回转机构应计算机构的起动加速度，应使停车设备回转盘或框架的回转臂架头部切向加(减)速度不大于 0.5 m/s²。

7.1.3.4 **减速器的选择**

回转机构的减速器用等效功率进行选择，减速器的工作特点和选择原则与运行机构减速器相同。

7.1.3.5 **制动器的选择**

在回转机构最不利工作状态下，其制动器应能使回转部分从运动中停止。

回转机构的制动转矩按式(113)计算：

$$M_z=\frac{\sum J\cdot n}{9.55t_z}+M_C \qquad \cdots\cdots(113)$$

式中：

M_z ——回转机构的制动转矩，单位为牛米(N·m)；

$\sum J$ ——回转制动时，回转机构及含存取汽车在内的全部回转运动质量换算到电动机轴(制动器轴)上的机构总转动惯量，单位为千克二次方米(kg·m²)；

n ——电动机额定转速，单位为转每分(r/min)；

t_z ——回转机构制动时间，单位为秒(s)；

M_C ——换算到电机轴上的等效回转力矩，单位为牛米(N·m)；

$$M_C=\frac{\eta}{i}(M_W-M_m)$$

η ——回转机构的总传动效率；

i ——由制动器轴到回转支承装置的回转机构总传动比；

M_W ——正常工作状态下的等效风阻力矩，按 P_{WI} 风阻力矩的 0.7 倍计算，单位为牛米(N·m)；

M_m ——回转摩擦阻力矩，主要是回转支承装置的摩擦阻力矩，单位为牛米(N·m)。

7.2 停车设备通用机械零件的设计计算

7.2.1 计算内容和方法

7.2.1.1 计算原则

停车设备机械零件的设计计算包括以下内容,但并非全部零件都要进行以下各项计算,而是根据零件所处的部位及受载情况进行合理的选择。

7.2.1.2 强度计算

强度计算包括抗脆性断裂及防止出现塑性变形的计算,应使零件计算部位的计算应力不超过所选材料的许用应力。

对传动机构中的大多数零件均要进行此项计算,对受力较大的承载零件更要进行此项计算。

在确定许用应力时,对于弹塑性较好的材料($\sigma_s/\sigma_b<0.7$)制成的非机械零件,可以用屈服强度除以安全系数进行强度计算;但对于机械零件中使用较多的高强度材料或经过热处理提高了其机械性能的材料,其屈服强度与抗拉强度之比较高($\sigma_s/\sigma_b\geqslant0.7$),如果强度计算的许用应力仍根据屈服强度除以对应的安全系数来计算,零件就容易在其所受应力偶然超过该强度时发生脆性破坏。因此,对此类机械式零件应用该钢材的抗拉强度除以对应的安全系数进行强度计算。

7.2.1.3 稳定计算

稳定计算包括对易丧失稳定的零件进行的稳定承载力计算,及对较长的高传动轴进行防止达到临界转速的计算等。

对使用于关键部位高强度材料的机构,应重视对零件的稳定计算。

7.2.1.4 耐磨及发热计算

耐磨及发热计算包括对受力较大的摩擦磨损件进行耐磨计算和对可能出现较高发热的零部件进行防止过热的计算。对于采用新的金属及非金属材料制成的零件,更应注意此项计算。

7.2.1.5 疲劳强度计算

对承受应力循环次数较多的零件(应力循环数≥8 000 次),应进行疲劳强度计算。

停车设备零件的疲劳验算采用安全系数法,即验算停车设备零件在抗疲劳失效方面是否有足够的安全裕度。

7.2.2 计算载荷与载荷情况

7.2.2.1 计算载荷

停车设备机构零件受到的载荷基本可分为两类:P_M 型载荷、P_R 型载荷,见 5.4.1。

7.2.2.2 载荷情况

停车设备机械零件设计计算中的载荷,要考虑在情况Ⅰ:无风正常工作;情况Ⅱ:有风正常工作;情况Ⅲ:特殊载荷作用等三种情况下 P_M、P_R 各类载荷的载荷组合,见 5.4.2。

7.2.3 强度计算

7.2.3.1 许用应力值

7.2.3.1.1 当计算部位钢材屈服点与钢材抗拉强度之比小于 0.7 时,许用应力[σ]按式(114)

确定。

$$[\sigma]=\sigma_s/n_s \qquad \cdots\cdots(114)$$

式中：

σ_s ——钢材屈服点，单位为牛每平方毫米(N/mm^2)；

n_s ——与钢材屈服点及载荷情况相对应的安全系数，见表38。

表38 n_s 和 n_b

载荷情况	安全系数	
	n_s	n_b[a]
Ⅰ和Ⅱ	1.48	2.2
Ⅲ	1.22	1.8

[a] 对灰铸铁，n_b 值要增加25%。

7.2.3.1.2 对 $\sigma_s/\sigma_b \geqslant 0.7$ 的材料，许用应力[σ]按式(115)确定。

$$[\sigma]=\sigma_b/n_b \qquad \cdots\cdots(115)$$

式中：

σ_b ——机械零件钢材的极限抗拉强度，单位为牛每平方毫米(N/mm^2)；

n_b ——与钢材抗拉强度及载荷情况相对应的安全系数，见表38。

7.2.3.2 计算应力和许用应力之间的关系

机械零件危险点的计算应力，用通常的材料力学方法计算，复合应力按以下合适的强度理论予以合成。

计算应力与许用应力之间符合以下关系时，即认为该机械零件满足了强度的要求：

a) 纯拉伸：$1.25\sigma_t \leqslant [\sigma]$，$\sigma_t$ 为计算点的拉伸应力；

b) 纯压缩：$\sigma_c \leqslant [\sigma]$，$\sigma_c$ 为计算点的压缩应力；

c) 纯弯曲：$\sigma_f \leqslant [\sigma]$，$\sigma_f$ 为计算点的弯曲应力；

d) 拉伸和弯曲的组合：$1.25\sigma_t+\sigma_f \leqslant [\sigma]$；

e) 压缩与弯曲组合：$\sigma_c+\sigma_f \leqslant [\sigma]$；

f) 纯剪切：$\sqrt{3}\tau \leqslant [\sigma]$；

g) 拉伸、弯曲和剪切组合：$\sqrt{(1.25\sigma_t+\sigma_f)^2+3\tau^2} \leqslant [\sigma]$；

h) 压缩、弯曲和剪切组合：$\sqrt{(\sigma_c+\sigma_f)^2+3\tau^2} \leqslant [\sigma]$。

7.2.4 稳定计算

7.2.4.1 抗失稳计算

对易于丧失稳定的零件，计算目的是验证其计算应力是否会超过作为临界应力函数的某个极限应力，超过临界应力就应发生失稳的危险。计算时要考虑增大系数 γ'_m(见表14)，其数值与机构工作级别有关。

有关零件抗失稳计算可参照6.6计算。

7.2.4.2 轴的临界转速

对转速超过400 r/min的长传动轴，应计算其临界转速，使其满足式(116)的要求。

$$n_{\max} \leqslant \frac{n_{cr}}{1.2} \qquad \cdots\cdots(116)$$

式中：

$n_{\max}$——轴的实际最大转速，单位为转每分(r/min)；

n_{cr} ——轴的临界转速，单位为转每分(r/min)，$n_{cr}=1\ 210\frac{\sqrt{d_1^2+d^2}}{l^2}$；

d_1 ——空心轴的内直径，单位为厘米(cm)，当为实心轴时 $d_1=0$；

d ——轴外径，单位为厘米(cm)；

l ——轴的支点间距，单位为米(m)。

7.2.5 耐磨及防过热计算

7.2.5.1 耐磨计算

对于受磨损的零件，应对一些影响磨损的特定物理量进行计算，使之不会导致过度磨损。如对制动器、离合器及滑动支承等，应计算其摩擦表面的单位面积压力强度 p 及与摩擦面相对运动速度 v 乘积的特性系数 pv 值，且不应超过允许范围。

7.2.5.2 防过热计算

在盘式制动器或鼓式制动器中，摩擦面要选用耐磨损耐高温的材料，制动器/盘应有良好的散热条件，对频繁动作的制动器还应进行散热计算，应重视温度升高引起制动轮/盘与制动衬垫的摩擦系数变化，必要时应进行制动器热容量计算。

7.2.6 疲劳强度计算

7.2.6.1 一般方法

零件的疲劳强度主要由以下因素所确定：

——零件的材质；

——形状、表面情况、腐蚀状态、尺寸(比例效应)和其他产生应力集中的因素；

——在各种应力循环过程中出现的最小应力和最大应力的比值；

——应力谱；

——应力循环数。

一般情况下，机械零件的疲劳强度要从材料和零件的应力、疲劳循环特性以及与这些特性有关的规律中推导出来。

疲劳强度是以所选用的材料制成的抛光试件，在交变拉伸疲劳载荷下的疲劳极限为基础，并采用一些系数来考虑零件的几何形状、表面情况、腐蚀状态和尺寸等因素降低疲劳强度的影响。

借助疲劳极限曲线[史密斯(SMITH)图]，由交变载荷(应力循环特性 $r=-1$)下的疲劳极限可得出与其他应力循环特性 r 相对应的疲劳极限。在此曲线中，对疲劳强度曲线的形状做了某些简化假设。

用这种确定实际零件相对于已知应力循环特性 r 的疲劳极限的方法，可以用来绘制疲劳寿命曲线[威勒(WOHLER)曲线]，此曲线表示了在具有相同的应力循环特征值 r 的应力循环下疲劳应力和应力循环数的关系。根据此曲线，利用迈内尔(MINER)疲劳损伤线性假设，根据机械零件的工作级别，便可确定疲劳强度。

本标准中所叙述的确定疲劳强度的方法，只适用于材料结构在所考虑的整个截面上是均匀的零件。因此，经过表面处理(如淬硬、氮化、表面硬化)的零件就不能用这种方法，只有当疲劳寿命曲线表示的是同样材料制造、由相同形状和尺寸、并受过完全相同的表面处理的零件，才可以由它来确定要计算的零件的疲劳强度。

进行机械零件疲劳按载荷情况Ⅰ(见5.4.2.2)进行验算。

7.2.6.2 抛光试件在交变载荷($r=-1$)下的疲劳计算

研究表明，机械零件的抛光试件在交变旋转弯曲作用下的疲劳极限值σ_{bw}可以近似地作为交变非旋转的弯曲作用下疲劳极限值。

交变轴向拉伸和压缩作用下的疲劳极限值，应比σ_{bw}减少20%。

交变剪切(纯剪切或扭转)作用下的疲劳极限τ_W可由式(117)得出。

$$\tau_W=\frac{\sigma_{bw}}{\sqrt{3}} \qquad \cdots\cdots(117)$$

式中：

τ_w——抛光零件在交变剪切(纯剪切或扭转)作用下的疲劳极限，单位为牛每平方毫米(N/mm^2)；

σ_{bw}——抛光试件在交变旋转弯曲作用下的疲劳极限值，单位为牛每平方毫米(N/mm^2)。

此处给定的σ_{bw}值一般为对应于90%完好率的统计值，对常用的钢材为碳钢的机械零件，σ_{bw}值可按式(118)确定。

$$\sigma_{bw}=0.5\sigma_b \qquad \cdots\cdots(118)$$

式中：

σ_{bw}——抛光试件在交变旋转弯曲作用下的疲劳极限值，单位为牛每平方毫米(N/mm^2)；

σ_b——机械零件钢材的极限抗拉强度，单位为牛每平方毫米(N/mm^2)。

7.2.6.3 形状、尺寸、表面情况和腐蚀的影响

对机械零件，由于其形状、尺寸、表面(机械加工)情况以及其腐蚀状态等因素的影响，必然使其在交变载荷下的疲劳极限相对于抛光试件的理想状态有所降低。分别用系数K_s、K_d、K_u和K_c来考虑这些影响。这些系数可按GB/T 3811—2008中附录T确定。

机械零件在交变载荷($r=-1$)下拉伸、压缩、弯曲和扭转剪切的疲劳极限σ_{wr}或τ_{wr}由式(119)～式(121)给出。

$$\sigma_{wr}=\frac{\sigma_{bw}}{K_sK_dK_uK_c} \qquad \cdots\cdots(119)$$

或

$$\sigma_{wr}=\frac{\sigma_w}{K_sK_dK_uK_c} \qquad \cdots\cdots(120)$$

在纯剪切情况下，取：

$$\tau_{wr}=\tau_w \qquad \cdots\cdots(121)$$

式中：

τ_{wr}——零件拉伸、压缩、弯曲和扭转剪切的疲劳极限，单位为牛每平方毫米(N/mm^2)；

τ_w——抛光零件在交变剪切(纯剪切或扭转)作用下的疲劳极限，单位为牛每

平方毫米(N/mm^2)；

K_s,K_d,K_u,K_c——系数。

7.2.6.4 作为 r、σ_b 和 $\sigma_{wr}(\tau_{wr})$ 函数的疲劳极限

图 23 为疲劳极限曲线[史密斯(SMITH)图]，他表达了疲劳极限 σ_d(或 τ_d)与极值应力比 r、抗拉强度 σ_b 和交变载荷($r=-1$)下疲劳极限 $\sigma_{wr}(\tau_{wr})$之间的假设关系，见表 39。

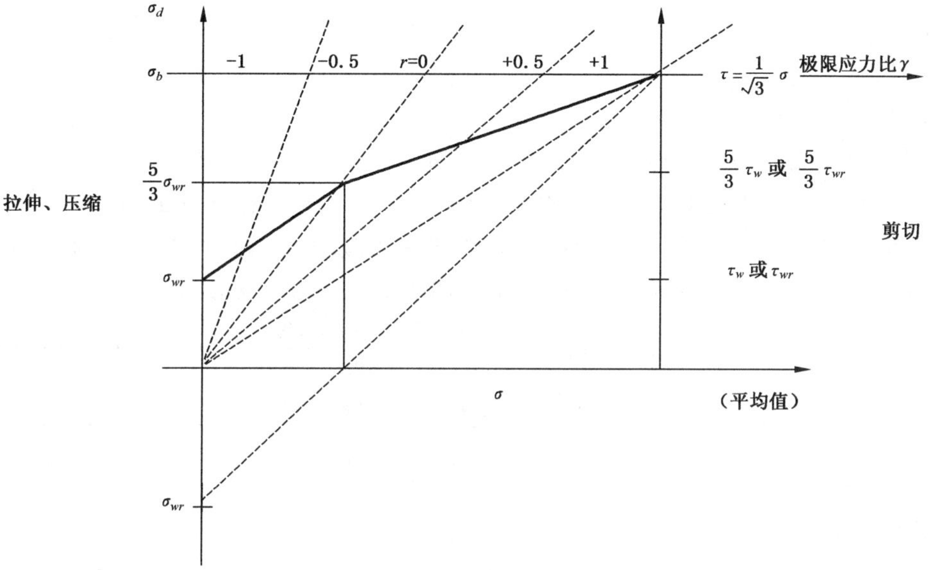

图 23 疲劳极限曲线

表 39 机械零件疲劳极限 $\sigma_d(\tau_d)$与 r、σ_b、$\sigma_{wr}(\tau_{wr})$的关系

正应力	$-1\leqslant r<0$	$\sigma_d=\dfrac{5}{3-2r}\sigma_{wr}$	交变应力
	$0\leqslant r\leqslant 1$	$\sigma_d=\dfrac{\dfrac{5}{3}\sigma_{wr}}{1-\left(1-\dfrac{\dfrac{5}{3}\sqrt{3}\sigma_{wr}}{\sigma_b}\right)r}$	脉动应力
剪切应力	$-1\leqslant r<0$	$\tau_d=\dfrac{5}{3-2r}\tau_{wr}$	交变应力
	$0\leqslant r\leqslant 1$	$\tau_d=\dfrac{\dfrac{5}{3}\tau_{wr}}{1-\left(1-\dfrac{\dfrac{5}{3}\sqrt{3}\tau_{wr}}{\sigma_b}\right)r}$	脉动应力

7.2.6.5 疲劳寿命曲线(威勒曲线)

图 24 的疲劳寿命曲线表示了当所有应力循环具有相同的幅值和相同的应力循环特征值 r 时,疲劳破坏前能承受的应力循环数 n 和最大应力 $\sigma(\tau)$ 之间的函数关系,假设如下:

a) 对 $n_T \leqslant 8\times10^3$:

$$\sigma=\sigma_b \tag{122}$$

或

$$\tau=\frac{\sigma_b}{\sqrt{3}} \tag{123}$$

式中:

σ、τ ——最大应力,单位为牛每平方毫米(N/mm²);

σ_b ——机械零件钢材的极限抗拉强度,单位为牛每平方毫米(N/mm²)。

b) 对 $8\times10^3 < n_T < 2\times10^6$ 的有限疲劳区,这一函数关系可由图 24 双对数坐标中的 TD 直线来表示。在所考虑的区间内,威勒曲线的斜率由 C 来表示。

$$C=\tan\varphi=\frac{\lg2\cdot10^6-\lg8\cdot10^3}{\lg\sigma_b-\lg\sigma_d} \tag{124}$$

$$C=\tan\varphi=\frac{\lg2\cdot10^6-\lg8\cdot10^3}{\lg\frac{\sigma_b}{\sqrt{3}}-\lg\tau_d} \tag{125}$$

c) 对 $n_T \geqslant 2\times10^6$:

$$\sigma=\sigma_d \tag{126}$$

或

$$\tau=\tau_d \tag{127}$$

式中:

C ——威勒曲线斜率;

$\tan\varphi$ ——威勒曲线斜率;

σ_b ——机械零件钢材的极限抗拉强度,单位为牛每平方毫米(N/mm²);

σ_d ——机械零件的疲劳极限,单位为牛每平方毫米(N/mm²);

τ_d ——机械零件的疲劳极限,单位为牛每平方毫米(N/mm²);

σ ——最大应力,单位为牛每平方毫米(N/mm²)。

在计算应力谱系数 K_s 值时,用到上述 C 值。

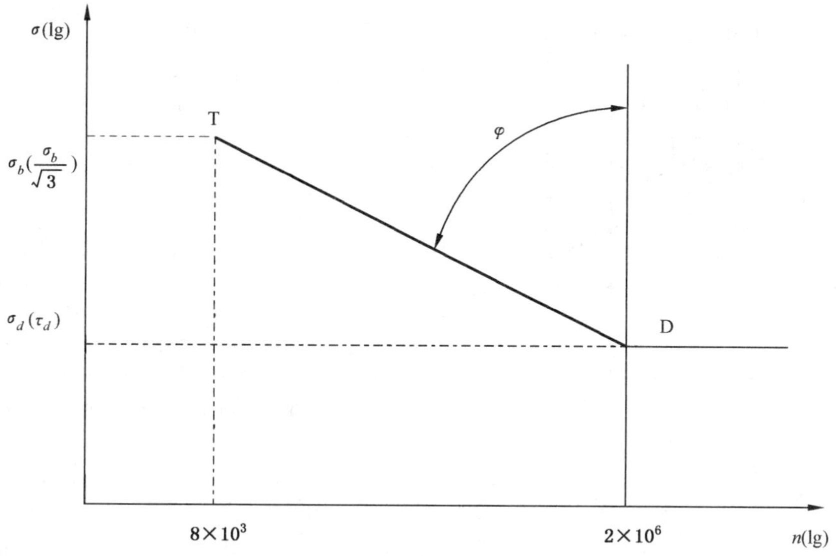

图24 疲劳寿命曲线

7.2.6.6 机械零件的疲劳强度

一个已知的机械零件,其拉伸或压缩疲劳强度 σ_r 或剪切疲劳强度 τ_r 可以分别用式(128)和式(129)来确定。

$$\sigma_r = (2^{\frac{8-j}{c}})\sigma_d \qquad \cdots\cdots(128)$$

或

$$\tau_r = (2^{\frac{8-j}{c}})\tau_d \qquad \cdots\cdots(129)$$

式中:

σ_r ——机械零件的拉伸或压缩疲劳强度,单位为牛每平方毫米(N/mm²);

j ——该机械零件工作级别的组别号,$j=1\sim8$,见表6;

C ——威勒曲线的斜率;

σ_d ——机械零件的疲劳极限,单位为牛每平方毫米(N/mm²);

τ_r ——机械零件的剪切疲劳强度,单位为牛每平方毫米(N/mm²);

τ_d ——机械零件的疲劳极限,单位为牛每平方毫米(N/mm²)。

根据机械零件总应力循环数 n_T 和应力谱系数 K_S,它们的组别划分和相应于每一组别的临界疲劳应力如图25所示,其中 σ_{jr} 表示用于相应工作级别的应力。对临界剪切应力,σ 用 τ 来代替。

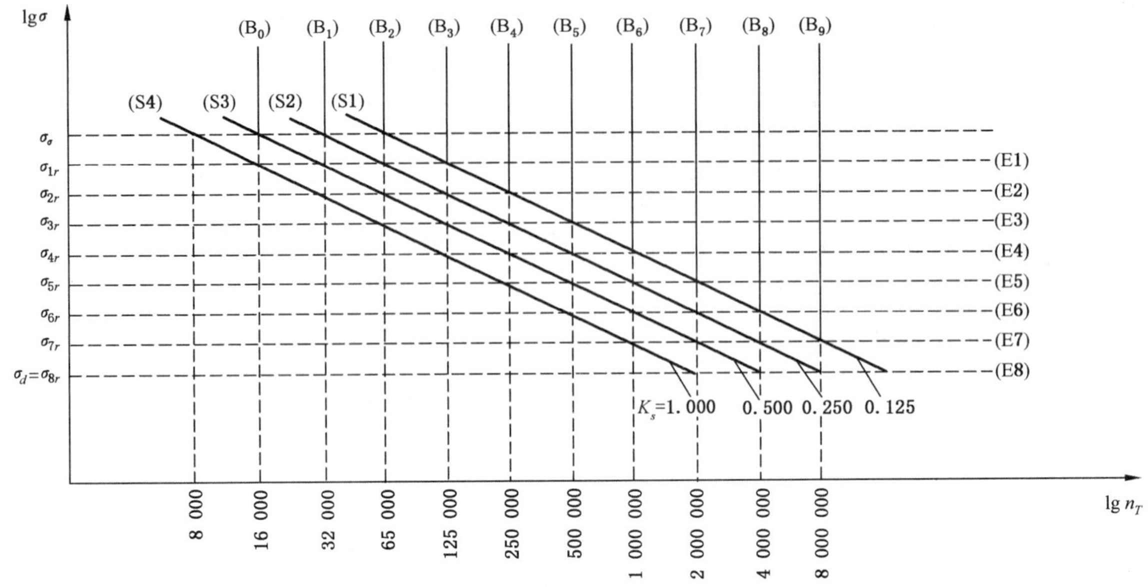

图 25 每个零件组别的临界疲劳应力图

7.2.6.7 疲劳许用应力和疲劳计算

将式(128)及式(129)中定义的 σ_r 和 τ_r 分别除以疲劳安全系数 n_r,就可以求出疲劳许用应力 $[\sigma_r]$ 和 $[\tau_r]$。

取:

$$n_r = 3.2^{1/C} \qquad (130)$$

疲劳许用应力:

$$[\sigma_r] = \frac{\sigma_r}{n_r} \qquad (131)$$

$$[\tau_r] = \frac{\tau_r}{n_r} \qquad (132)$$

疲劳计算:

$$\sigma \leqslant [\sigma_r] \qquad (133)$$

式中:

n_r ——疲劳安全系数;

C ——威勒曲线斜率;

$[\sigma_r]$ ——机械零件的拉伸或压缩疲劳许用应力,单位为牛每平方毫米(N/mm^2);

σ_r ——机械零件的拉伸或压缩疲劳强度,单位为牛每平方毫米(N/mm^2);

$[\tau_r]$ ——机械零件的剪切疲劳许用应力,单位为牛每平方毫米(N/mm^2);

τ_r ——机械零件的剪切疲劳强度,单位为牛每平方毫米(N/mm^2);

σ ——最大计算正应力,单位为牛每平方毫米(N/mm^2)。

$$\tau \leqslant [\tau_r] \qquad (134)$$

式中:

τ ——最大计算剪切应力,单位为牛每平方毫米(N/mm^2);

$[\tau_r]$——机械零件的剪切疲劳许用应力，单位为牛每平方毫米(N/mm^2)。

受具有不同应力循环特性值 r 的正应力和剪切应力同时作用的零件，应满足式(135)的要求。

$$\left(\frac{\sigma_x}{\sigma_{xr}}\right)^2+\left(\frac{\sigma_y}{\sigma_{yr}}\right)^2-\left(\frac{\sigma_x\sigma_y}{|\sigma_{xr}|\cdot|\sigma_{yr}|}\right)+\left(\frac{\tau}{\tau_r}\right)^2\leqslant\frac{1.1}{n_r^2} \quad\cdots\cdots\cdots\cdots(135)$$

式中：

σ_x,σ_y ——x 方向或 y 方向最大正应力，单位为牛每平方毫米(N/mm^2)；

σ_{xr},σ_{yr} ——x 方向或 y 方向的正应力疲劳强度，单位为牛每平方毫米(N/mm^2)；

τ ——最大剪应力，单位为牛每平方毫米(N/mm^2)；

τ_r ——机械零件的剪切疲劳强度，单位为牛每平方毫米(N/mm^2)；

n_r ——疲劳安全系数。

如果不能从相应的应力 σ_x、σ_y 和 τ 确定上述关系的最不利情况，就应分别对载荷应力 $\sigma_{x\max}$、$\sigma_{y\max}$和 $\tau_{\max}$以及最不利的相应应力进行计算。

应注意上述计算并不能保证机械零件抗脆性破坏的安全性，只有选择合适的钢材质量组别才能确保这种安全性，可参见 GB/T 3811—2008 中附录 I。

7.3 停车设备专用零部件的选用计算

7.3.1 滚动轴承的选择计算

7.3.1.1 计算原则

滚动轴承计算的目的是计算滚动轴承是否能满足在 5.4.2.1 中规定的载荷情况Ⅰ、Ⅱ、Ⅲ中最不利的情况下的静载荷的要求，及在载荷情况Ⅰ、Ⅱ中的较不利的情况下最大动载荷的要求，但对转速低于 10 r/min 的滚动轴承，不必校验其动载承受能力。

7.3.1.2 滚动轴承的设计预期寿命

滚动轴承应具有足够的设计预期寿命，可以根据所在机构的使用等级确定；对作为易损件在使用中可以更换的滚动轴承，其设计预期寿命可以取为比它所在的机构使用等级低一级或低两级。

7.3.1.3 滚动轴承的等效平均动载荷

7.3.1.3.1 承受 P_M 型载荷(见 5.4.1.1)的轴承等效平均动载荷

7.3.1.3.1.1 水平运动的机构中的轴承等效平均动载荷

因为在作业循环周期内，承受 P_M 型载荷的滚动轴承所受的载荷值是变化的，为计算方便特确定一个等效平均动载荷 $P_{M\mathrm{mean}}$，并假定此载荷在 7.3.1.2 中所确定的设计预期寿命期内是不变的，其值为：

a) 对受加速力但不受风力影响的零件上的滚动轴承按式(136)计算。

$$P_{M\mathrm{mean}\,\mathrm{I}}=K'_m P_{M\max\,\mathrm{I}} \quad\cdots\cdots\cdots\cdots(136)$$

b) 对受加速力又受风力影响的零件上的滚动轴承按公式(137)计算。

$$P_{M\mathrm{mean}\,\mathrm{II}}=K'_m P_{M\max\,\mathrm{II}} \quad\cdots\cdots\cdots\cdots(137)$$

式中：

$P_{M\mathrm{mean}\,\mathrm{I}}$——水平运动机构中受加速力但不受风力的零件上的滚动轴承的等效平均动载荷，单位为牛(N)；

$P_{M\text{mean}\,\text{II}}$——水平运动机构中受加速力又受风力的零件上的滚动轴承的等效平均动载荷，单位为牛(N)。

$P_{M\max\,\text{I}}$、$P_{M\max\,\text{II}}$见5.4.2.2.1和5.4.2.3.1，K'_M为4.2.2中所述的机构载荷谱系数K_m值的立方根。

7.3.1.3.1.2 **做复合运动的机构中的轴承等效平均动载荷**

机构使运动质量质心既有水平移动又有垂直位移的复合运动(例如俯仰机构运动)的情况下，应将下面两种等效平均动载荷组合起来以确定组合等效平均动载荷：

——由水平加速和风力产生的轴承等效平均动载荷，由7.3.1.3.1.1确定；

——由全部运动质量质心的垂直位移引起的轴承等效平均动载荷，由式(138)计算。

$$P'_{M\max\,\text{II}}=\frac{2P_{M\max}+P_{M\min}}{3} \qquad \cdots\cdots(138)$$

式中：

$P'_{M\max\,\text{II}}$——由全部运动质量质心作垂直位移引起的轴承等效平均动载荷，单位为牛(N)；

$P_{M\max}$——正常工作条件下与轴承相应动载荷的最大值，单位为牛(N)；

$P_{M\min}$——正常工作条件下与轴承相应动载荷的最小值，单位为牛(N)。

7.3.1.3.2 **承受P_R型载荷的轴承等效平均动载荷**

对无风正常工作的停车设备按5.4.2载荷情况Ⅰ计算轴承所在处的极值动载荷$P_{R\max\,\text{I}}$、$P_{R\min\,\text{I}}$，或对有风正常工作的停车设备按5.4.2载荷情况Ⅱ计算轴承所在处的极值动载荷$P_{R\max\,\text{II}}$、$P_{R\min\,\text{II}}$，再按式(139)、式(140)确定出此承受P_R型载荷的轴承无风工作的等效平均动载荷$P_{R\text{mean}\,\text{I}}$和有风工作的等效平均动载荷$P_{R\text{mean}\,\text{II}}$。

$$P_{R\text{mean}\,\text{I}}=\frac{2P_{R\max\,\text{I}}+P_{R\min\,\text{I}}}{3} \qquad \cdots\cdots(139)$$

$$P_{R\text{mean}\,\text{II}}=\frac{2P_{R\max\,\text{II}}+P_{R\min\,\text{II}}}{3} \qquad \cdots\cdots(140)$$

式中：

$P_{R\text{mean}\,\text{I}}$——轴承无风工作的等效平均动载荷，单位为牛(N)；

$P_{R\text{mean}\,\text{II}}$——轴承有风工作的等效平均动载荷，单位为牛(N)；

$P_{R\max\,\text{I}}$，$P_{R\min\,\text{I}}$——无风正常工作的停车设备按载荷情况Ⅰ计算轴承所在处的极值动载荷，单位为牛(N)；

$P_{R\max\,\text{II}}$，$P_{R\min\,\text{II}}$——有风正常工作的停车设备按载荷情况Ⅱ计算轴承所在处的极值动载荷，单位为牛(N)。

7.3.1.3.3 **同时承受P_M和P_R型载荷的轴承等效平均动载荷**

在7.3.1.3.1和7.3.1.3.2的基础上，将此两种轴承等效平均动载荷组合，即得到该轴承同时承受P_M和P_R型载荷时的轴承等效平均动载荷。

7.3.2 **钢丝绳**

7.3.2.1 **钢丝绳选用原则**

停车设备卷筒起升用钢丝绳不应低于GB/T 20118或GB/T 8918的要求。采用曳引轮驱动时，升降用钢丝绳不应低于GB/T 8903的规定。

起升用钢丝绳的公称直径不应小于 8 mm。

钢丝绳的选择应满足本标准适用的停车设备对所使用的钢丝绳规定的最低选用要求。本标准规定的钢丝绳使用的前提是:所采用的钢丝绳出厂时已得到正确润滑,滑轮和卷筒的卷绕直径、曳引轮和导轮等卷绕直径选择适当。

其中曳引钢丝绳应符合下列要求:

a) 钢丝绳的抗拉强度:

1) 对于单强度钢丝绳宜为 1 570 N/mm^2 或 1 770 N/mm^2;

2) 对于双强度钢丝绳,外层钢丝绳宜为 1 370 N/mm^2,内层钢丝绳宜为 1 770 N/mm^2。

b) 钢丝绳的其他特性(延伸性、圆度、柔性、试验等)应符合 GB/T 8903 的规定。

7.3.2.2 钢丝绳结构型式的选择

钢丝绳的选择应考虑工作环境的腐蚀性和湿度,优先采用线接触型的镀锌钢丝绳。

7.3.2.3 钢丝绳直径的选择计算

7.3.2.3.1 确定钢丝绳最大工作静拉力 *S* 应考虑的因素

计算最大工作静拉力时应考虑下列因素:

——停车设备的额定起升载荷及分布;

——下滑轮和载车板或升降平台等的自重重力;

——起升钢丝绳缠绕滑轮组的倍率 a 和绕上卷筒的钢丝绳分支数;

——起升高度超过 50 m 时,一般要考虑钢丝绳的自重重力;

——钢丝绳系统的总传动效率 η_Σ。对单联滑轮组可按式(141)计算。

$$\eta_\Sigma=\frac{1-\eta_l^a}{(1-\eta_l)a}\cdot\eta_D \qquad (141)$$

式中:

η_Σ——钢丝绳系统的总传动效率;

η_l——单个滑轮的效率(滚动轴承取 0.98,滑动轴承取 0.96);

a——钢丝绳滑轮组或链条组的倍率;

η_D——导向滑轮的效率。

7.3.2.3.2 钢丝绳选用计算的最小安全系数

7.3.2.3.2.1 根据停车设备操作方式,所选钢丝绳的整绳最小破断拉力应满足式(142)。

$$F_0\geqslant Sn \qquad (142)$$

式中:

F_0——钢丝绳的整绳最小破断拉力,单位为千牛(kN);

S——钢丝绳最大工作静拉力,单位为千牛(kN);

n——钢丝绳的安全系数,根据操作方式,按表 40 选择安全系数 n。

表 40 起升挠性件(钢丝绳、链条、钢带)安全系数

操作方式	无人方式	准无人方式	人车共乘方式
安全系数 n	5	7	12

7.3.2.3.2.2 曳引钢丝绳的最大工作静拉力 S 按载有额定起升载荷的升降平台停靠在最底层

计算。

7.3.3 滑轮和卷筒

7.3.3.1 滑轮和卷筒的卷绕直径

按钢丝绳中心计算的滑轮和卷筒的卷绕直径，与钢丝绳直径之比不应小于20，对人车共乘方式的不应小于40。升降横移类机械式停车设备采用尼龙滑轮，机构工作级别不大于M4时，滑轮卷绕直径与钢丝绳直径之比不应小于18。

采用平衡滑轮时，滑轮卷绕直径与钢丝绳直径之比不应小于16。

7.3.3.2 滑轮、卷筒的材质和结构型式的选择

7.3.3.2.1 滑轮、卷筒材质的选择

铸造滑轮和卷筒的材质应选用力学性能不低于GB/T 9439—2010中的HT200，力学性能不低于GB/T 11352—2009的ZG270-500。

焊接、轧制滑轮和卷筒的材质应选用力学性能不低于GB/T 700—2006中的Q235B。根据使用工况和环境温度的需要，也可采用力学性能不低于GB/T 1591—2018中的Q355。

允许使用满足使用要求的其他材质的滑轮。

7.3.3.2.2 滑轮、卷筒的结构型式

滑轮结构型式宜符合GB/T 27546—2011的规定，卷筒结构型式宜符合JB/T 9006的规定。焊接卷筒的结构型式一般为短轴式，可以用卷筒联轴器与减速器连接。

7.3.3.2.3 绳槽半径

钢丝绳的使用寿命不仅与其弯曲半径，即滑轮、卷筒的直径密切有关，还与其和沟槽之间的比压等因素有关。滑轮、卷筒的绳槽半径 r 与钢丝绳公称直径 d 的比值应按式(143)计算。

$$r=(0.53\sim0.6)d \qquad \cdots\cdots(143)$$

式中：

r ——滑轮、卷筒的绳槽半径，单位为毫米(mm)；

d ——钢丝绳公称直径，单位为毫米(mm)。

7.3.3.3 钢丝绳允许偏斜角

7.3.3.3.1 钢丝绳绕进或绕出滑轮槽时的最大偏斜角(即钢丝绳中心线和与滑轮轴垂直的平面之间的夹角)不应大于5°。

7.3.3.3.2 钢丝绳绕进或绕出卷筒时，钢丝绳中心线偏离螺旋槽中心线两侧的角度不应大于3.5°；对大起升高度及 D/d 值较大的卷筒，其钢丝绳偏离螺旋槽中心线的允许偏斜角应由计算确定。

7.3.3.4 钢丝绳的绳端固定

7.3.3.4.1 钢丝绳在卷筒上的安全圈不少于2圈。钢丝绳在卷筒上的固定，应采用带楔块的压紧装置，或至少用两个绳夹或两个固定压板或具有同等安全的其他装置，将其固定在卷筒上。

7.3.3.4.2 人车共乘的停车设备钢丝绳绳端固定装置应在承受3.5倍钢丝绳最大工作静拉力时不发生永久变形，其他方式的应能承受2.5倍。

7.3.4 曳引轮

7.3.4.1 曳引轮及导轮直径

曳引轮的节圆直径与曳引钢丝绳公称直径之比不应小于40，导轮/滑轮的节圆直径与曳引

钢丝绳公称直径之比不应小于 30。

7.3.4.2 曳引轮材质

7.3.4.2.1 曳引轮槽面采用耐磨性能不低于 GB/T 1348—2009 中 QT600-3 的球墨铸铁材料；曳引轮槽面材质需均匀，同一轮上的硬度差不大于 15HBS。

7.3.4.2.2 曳引轮材料为球墨铸铁时，应符合 GB/T 1348—2009 的规定。

7.3.4.3 曳引轮公差要求

7.3.4.3.1 曳引轮绳槽工作面粗糙度最大允许值为 *Ra*6.3。

7.3.4.3.2 槽面法向跳动允许值为曳引轮节径的 1/2 000，各槽节圆直径之间的差值不应大于0.1 mm。

7.3.4.4 曳引轮绳槽形状

曳引轮绳槽形状：切口半圆槽、半圆槽、V 形槽。

7.3.5 曳引力计算

7.3.5.1 基本条件

钢丝绳曳引需满足的四个条件：

a) 升降平台装载至 125％额定起升载荷的情况下应保持平层状态不打滑；

b) 应保证在任何紧急制动的状态下，不管升降平台是空载还是满载，其减速度的值不能超过缓冲器(包括减行程的缓冲器)作用时减速度的值；

c) 当对重压在缓冲器上而曳引机按升降平台上行方向旋转时，不应提升升降平台；

d) 按照 GB/T 10059—2009 中 4.2.1.2 规定的方法所测得的升降机平衡系数应在 0.4～0.5 范围内。

7.3.5.2 曳引力计算公式

7.3.5.2.1 升降平台额载和紧急制动工况按式(144)计算。

$$\frac{T_1}{T_2} \leqslant e^{f\alpha} \qquad \cdots\cdots(144)$$

用于升降平台额载滞留(对重压在缓冲器上曳引机旋转驱动搬运器向上运行)工况按式(145)计算。

$$\frac{T_1}{T_2} \geqslant e^{f\alpha} \qquad \cdots\cdots(145)$$

式中：

f ——当量摩擦系数，见 7.3.5.2.2；

α ——钢丝绳在绳轮上的包角；

T_1，T_2 ——曳引轮两侧曳引绳中的拉力，见 7.3.5.2.3。

7.3.5.2.2 当量摩擦系数 f 计算如下：

a) 半圆槽和带切口的半圆槽(见图 26)按式(146)计算；

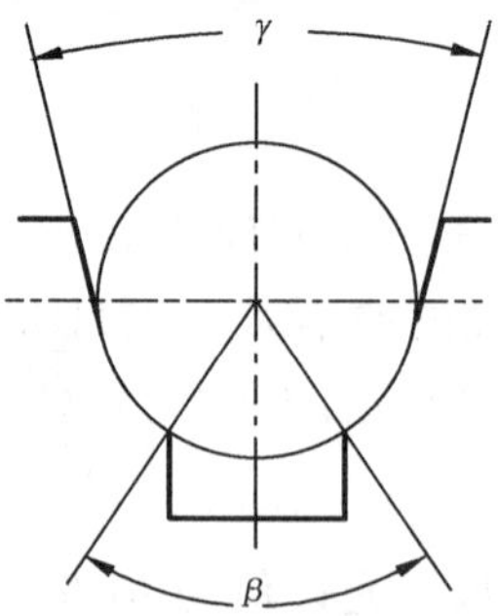

图 26　切口半圆槽

$$f=\mu\frac{4[\cos(\gamma/2)-\sin(\beta/2)]}{\pi-\beta-\gamma-\sin\beta+\sin\gamma} \quad \cdots\cdots(146)$$

式中：

γ ——槽的角度，γ 值不应小于 25°(0.43 rad)；

β ——切口角度，β 值不应超过 106°(1.83 rad)，相当于槽下部 80%被切除；

μ ——摩擦系数，装载工况 $\mu=0.1$，升降平台滞留工况 $\mu=0.2$，紧急制动工况 $\mu=\frac{0.1}{1+\nu/10}$，ν 为升降平台额定速度运行时，钢丝绳的线速度，单位为米每秒(m/s)。

b)　V 型槽：当槽没有进行附加硬化处理，为了限制由于磨损而导致曳引条件的恶化，V 型槽下部应切口(见图 27)。

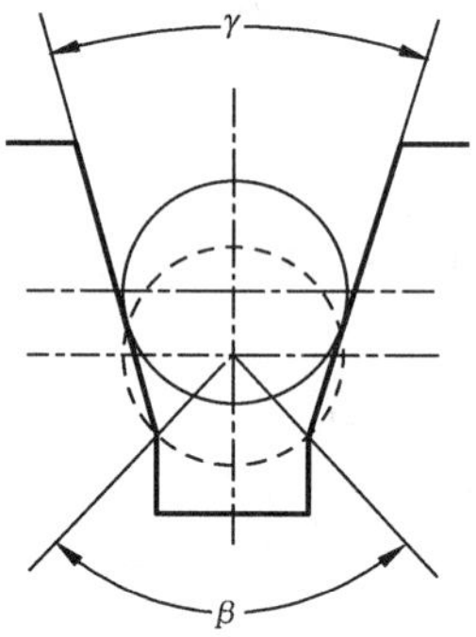

图 27　V 型槽

1)　升降平台装载和紧急制动工况，没有进行附加硬化处理的 V 型槽按式(147)计算。

$$f=\mu\frac{4[1-\sin(\beta/2)]}{\pi-\beta-\sin\beta} \quad \cdots\cdots(147)$$

式中：

γ ——槽的角度，γ 值不应小于 35°；

β ——切口角度，β 值不应超过 106°(1.83 rad)，相当于槽下部 80%被切除；

μ ——摩擦系数，装载工况 $\mu=0.1$，升降平台滞留工况 $\mu=0.2$，紧急制动工况 $\mu=\frac{0.1}{1+v/10}$，v 为升降平台额定速度运行时，钢丝绳的线速度，单位为米每秒(m/s)。

2） 升降平台装载和紧急制动工况，进行附加硬化处理的V型槽按式(148)计算：

$$f=\mu\frac{1}{\sin(\gamma/2)} \qquad \cdots\cdots(148)$$

式中：

γ ——槽的角度，γ 值不应小于 35°；

β ——切口角度，β 值不应超过 106°(1.83 rad)，相当于槽下部 80%被切除；

μ ——摩擦系数，装载工况 $\mu=0.1$，升降平台滞留工况 $\mu=0.2$，紧急制动工况 $\mu=\frac{0.1}{1+v/10}$，v 为升降平台额定速度运行时，钢丝绳的线速度，单位为米每秒(m/s)。

3） 升降平台滞留工况，进行附加硬化处理和没有进行附加硬化处理的V型槽按式(149)计算：

$$f=\mu\frac{1}{\sin(\gamma/2)} \qquad \cdots\cdots(149)$$

式中：

γ ——槽的角度，γ 值不应小于 35°；

β ——切口角度，β 值不应超过 106°(1.83 rad)，相当于槽下部 80%被切除；

μ ——摩擦系数，装载工况 $\mu=0.1$，升降平台滞留工况 $\mu=0.2$，紧急制动工况 $\mu=\frac{0.1}{1+v/10}$，v 为升降平台额定速度运行时，钢丝绳的线速度，单位为米每秒(m/s)。

7.3.5.2.3 拉力 T_1、T_2 计算如下：

a） 升降平台超载工况：T_1/T_2 的静态比值应按升降平台装有125%额定载荷并考虑升降平台在井道不同位置的最不利情况进行计算。

b） 紧急制动工况：T_1/T_2 的动态比值应按升降平台空载或装有额定载荷在井道不同位置的最不利情况进行计算，每一个运动部件都应正确考虑其减速度和钢丝绳倍率。减速度正常情况下不应小于 0.5 m/s^2；对于使用减行程缓冲器时减速度不应小于 0.8 m/s^2。

c） 升降平台滞留工况：T_1/T_2 的静态比值应按照升降平台空载或装有额定载荷升降平台在井道不同位置的最不利情况进行计算。

7.3.6 车轮与轨道

7.3.6.1 材料

7.3.6.1.1 车轮和滚轮的材料

停车设备的车轮和滚轮材料可采用钢质或尼龙。采用钢质材料时，应符合JB/T 6392的规定。采用球墨铸铁时，其踏面与轮缘应进行热处理。

7.3.6.1.2 轨道材料

停车设备用轨道材料推荐如下：

——轻轨推荐用力学性能不低于GB/T 11264—2012中的55Q；

——铁路用热轧钢轨推荐用力学性能不低于GB/T 2585—2007中的U71Mn；

——起重机钢轨推荐用力学性能不低于YB/T 5055中的U71Mn。

当采用其他型钢、方钢、扁钢等做轨道时，应注意其材质和硬度的实际情况，必要时可降低轮压，以保证有足够的使用寿命。

7.3.6.2 车轮与滚轮的校验计算

7.3.6.2.1 总则

本计算方法适用于轨道安装与维护良好、车轮调整正确的钢制车轮和钢制滚轮的校验计算。

停车设备的车轮和滚轮应根据等效工作轮压进行疲劳强度校验计算,应根据最大轮压进行静强度校验计算。

7.3.6.2.2 计算载荷

7.3.6.2.2.1 等效工作轮压

等效工作轮压按式(150)确定。

$$P_{\text{mean I, II}}=\frac{P_{\text{min I, II}}+2P_{\text{max I, II}}}{3} \qquad \cdots\cdots(150)$$

式中:

$P_{\text{mean I}}$ ——无风正常工作停车设备的等效工作轮压,单位为牛(N);

$P_{\text{mean II}}$ ——有风正常工作停车设备的等效工作轮压,单位为牛(N);

$P_{\text{min I, II}}$ ——按5.4.2.2的载荷情况Ⅰ或按5.4.2.3的载荷情况Ⅱ,停车设备空载确定的所验算车轮的最小轮压,单位为牛(N);

$P_{\text{max I, II}}$ ——按5.4.2.2的载荷情况Ⅰ或按5.4.2.3的载荷情况Ⅱ,停车设备满载确定的所验算车轮的最大轮压,单位为牛(N)。

7.3.6.2.2.2 最大轮压

最大轮压 $P_{\max}$ 是指在载荷情况Ⅰ、Ⅱ、Ⅲ中最不利状态和位置下最大轮压中的较大者,单位为牛(N)。

7.3.6.2.2.3 确定承压面的有效接触宽度 l

对具有平坦承压面的轨道,总宽度为 b,每边倒角圆半径为 r,如图28a),轮轨有效接触宽度为:$l=b-2r$。

对于具有平坦承压面的轨道,车轮在H钢下翼缘上面运行,则轮轨有效接触宽度为:$l=w-r$。

其中 w 为车轮踏面宽度,r 为车轮倒角圆半径,如图28b)所示。

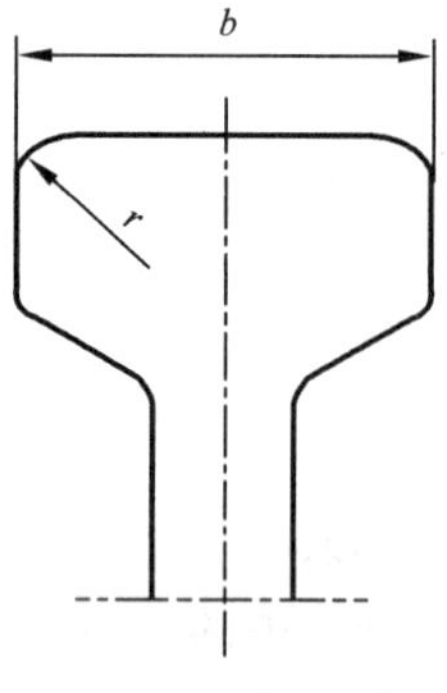

a) 轨顶尺寸

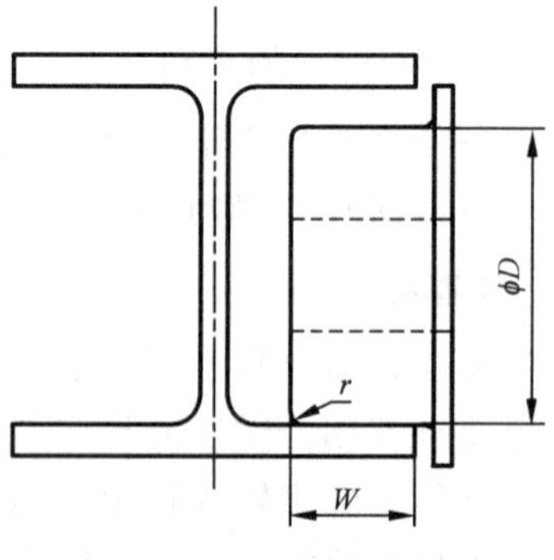

b) 车轮与H梁下翼缘的接触尺寸

图28 车轮踏面与轨道的接触宽度

7.3.6.2.3 允许轮压

允许轮压按式(151)计算。

$$P_L = kDlC \qquad \cdots\cdots(151)$$

式中：

P_L ——正常工作停车设备车轮或滚轮的允许轮压，单位为牛(N)；

k ——车轮或滚轮的许用比压，钢质车轮或滚轮按表 41 选取，单位为牛每平方毫米(N/mm^2)；

D ——车轮或滚轮的踏面直径，单位为毫米(mm)；

l ——车轮或滚轮与轨道承压面的有效接触宽度(按 7.3.6.2.2.3 计算)，单位为毫米(mm)；

C ——计算系数，进行车轮或滚轮踏面疲劳校验时，$C=C_1C_2$；进行车轮或滚轮强度校验时，$C=C_{max}$；C_1 为转速系数，按表 42 或表 43 选取；C_2 为车轮所在机构的工作级别系数，按表 44 选取；$C_{max}=C_{1max}C_{2max}$，取 $C_{max}=1.9$。

注：对于具有凸起承压面的轨道或车轮(滚轮)，许用比压 k 可增加 10%。

7.3.6.2.4 车轮或滚轮的疲劳强度校验

车轮或滚轮的疲劳强度应满足式(152)的规定。

$$P_{mean} \leqslant P_L \qquad \cdots\cdots(152)$$

式中：

P_{mean}——根据式(150)计算得 $P_{mean\,I}$ 和 $P_{mean\,II}$，两者之中取大者；

P_L ——正常工作停车设备车轮或滚轮的允许轮压，单位为牛(N)。

7.3.6.2.5 车轮或滚轮的静强度校验

车轮或滚轮的静强度应满足式(153)的规定。

$$P_{max} \leqslant 1.9kDl \qquad \cdots\cdots(153)$$

式中：

P_{max}——最大轮压(见 7.3.6.2.2.2，包括考虑动载试验或静载试验的载荷)，单位为牛(N)。

表 41 车轮与滚轮的许用比压 k

单位为牛每平方米

车轮与滚轮材料的抗拉强度 σ_b	轨道材料最小抗拉强度	许用比压 k
$\sigma_b>500$	350	5.0
$\sigma_b>600$	350	5.6
$\sigma_b>700$	510	6.5
$\sigma_b>800$	510	7.2
$\sigma_b>900$	600	7.8
$\sigma_b>1\,000$	700	8.5
注：σ_b 为车轮或滚轮材料未热处理时的抗拉强度。		

表 42 车轮转速系数 C_1

车轮转速 n r/min	C_1	车轮转速 n r/min	C_1	车轮转速 n r/min	C_1
100	0.82	45	0.96	20	1.06
90	0.84	40	0.97	18	1.07
80	0.87	35.5	0.99	16	1.09
71	0.89	31.5	1.00	14	1.10
63	0.91	28	1.02	12.5	1.11
56	0.92	25	1.03	11.2	1.12
50	0.94	22.4	1.04	10	1.13

表 43 车轮直径和运行速度与转速系数 C_1

车轮直径 mm	运行速度 m/min														
	10	12.5	16	20	25	31.5	40	50	63	80	100	125	160	200	250
200	1.09	1.06	1.03	1.00	0.97	0.94	0.91	0.87	0.82	0.77	0.72	0.66	—	—	—
250	1.11	1.09	1.06	1.03	1.00	0.97	0.94	0.91	0.87	0.82	0.77	0.72	0.66	—	—
315	1.13	1.11	1.09	1.06	1.03	1.00	0.97	0.94	0.91	0.87	0.82	0.77	0.72	0.66	—
400	1.14	1.13	1.11	1.09	1.06	1.03	1.00	0.97	0.94	0.91	0.87	0.82	0.77	0.72	0.66
500	1.15	1.14	1.13	1.11	1.09	1.06	1.03	1.00	0.97	0.94	0.91	0.87	0.82	0.77	0.72

表 44 工作级别系数

车轮所在机构工作级别	C_2
M2	1.25
M3、M4	1.12
M5	1.00
M6	0.90
M7、M8	0.80

7.3.7 缓冲器

7.3.7.1 缓冲器应按碰撞动能及最大碰撞力，并考虑缓冲行程来选用，允许的最大减速度为 4 m/s^2。宜采用 JB/T 7017、JB/T 12987、JB/T 12988、JB/T 10833 中规定的缓冲器。

7.3.7.2 缓冲器设置位置应符合以下规定：

——强制驱动的升降平台缓冲器应设置在其垂直升降的下端和上端；

——非强制驱动的升降平台缓冲器应设置在其垂直升降的下端；

——水平运行的搬运器缓冲器应设置在其水平运行的两端。

7.3.8 联轴器

联轴器应验算所传递的扭矩，并满足式(154)规定。

$$M_L \leqslant [M_L] \qquad \cdots\cdots(154)$$

式中：

M_L ——联轴器的计算扭矩，按下式计算，单位为牛米(N·m)；

$$M_L = kM'_L$$

k ——与联轴器有关的系数，见 JB/T 7511(机械式联轴器选用计算)，一般为 1.3～3.1，起升机构应取大值，使用频繁重载场合应取大值；

M'_L ——联轴器所连接的轴的传递转矩，单位为牛米(N·m)；

$[M_L]$——联轴器的许用扭矩，单位为牛米(N·m)。

7.3.9 齿轮齿条设计

7.3.9.1 停车设备齿轮设计应进行齿面接触强度和轮齿弯曲强度计算，采用的设计计算方法应结合停车设备工作特点，并满足不同类型和使用场合的停车设备各机构的安全性和可靠性要求。渐开线圆柱齿轮的承载能力计算应符合 GB/T 3480 和 GB/T 10062 的规定。制造商应阐明齿轮设计所用的方法和依据，并依据 5.4.2 给出的方法确定齿轮计算载荷，按 4.2.1 确定所在机构的总使用时间，或按4.3.1规定的与该设计齿轮相应的总应力循环数确定使用等级。

7.3.9.2 起升用的齿轮、齿条模数不应小于 7(存取搬运器上用于升降的齿轮、齿条模数不应小于 5)。

7.3.9.3 起升用齿条应牢固地固定在结构件上，在接缝处应精确定位。

7.3.9.4 起升机构中如果几个驱动齿轮同时与齿条啮合，应提供一个自动调节装置来均分所有驱动齿轮之间的载荷。

7.3.10 链轮

7.3.10.1 链轮的材质应能保证轮齿具有足够的耐磨性和强度，力学性能不宜低于 GB/T 699—2015 规定的 45 钢。

7.3.10.2 链轮参数应符合 GB/T 1243 的规定。垂直循环类机械式停车设备用链轮应符合 GB/T 8350的规定。

7.3.10.3 所有的链轮应便于润滑。

7.3.11 链条

7.3.11.1 滚子链应符合 JB/T 11079 和 GB/T 1243 的规定。

7.3.11.2 链条的选用和计算应根据最大工作载荷及安全系数，由式(155)计算链条所需的破断载荷 P_P(用 P_P 选择链条)。

$$P_P \geqslant P_{\max} n \qquad \cdots\cdots(155)$$

式中：

P_P ——破断载荷，单位为牛(N)；

$P_{\max}$ ——链条最大工作静拉力，单位为牛(N)；

n ——安全系数，按表 40 选取安全系数。

7.3.11.3 对长节距输送链强度计算如下：

如图 29～图 31 所示。

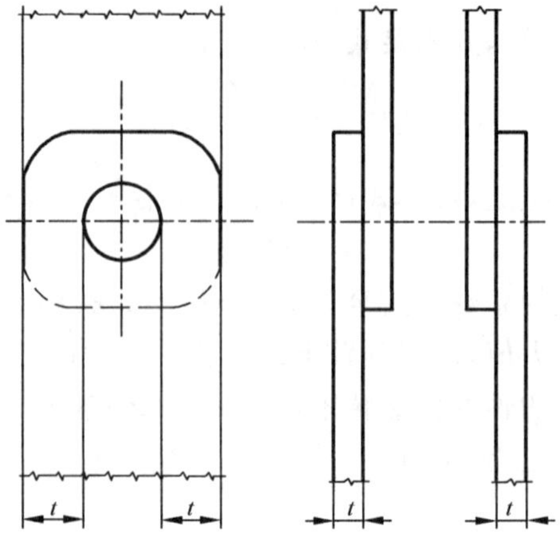

图 29 长节距输送链

a) 链板的剪应力和挤压面的挤压应力按 6.4.1.6.2 和 6.4.1.6.4 计算。

b) 链板强度计算按式(156)、式(157)计算;

$$\sigma_1 = F/S_1 \qquad \cdots\cdots(156)$$

$$n = \sigma_b/\sigma_1 \qquad \cdots\cdots(157)$$

式中:

F ——链板所受最大拉力,单位为牛(N);

S_1——链板最小受力面积,$S_1=4\times1\times t$,单位为平方毫米(mm^2);

σ_1 ——链板最大应力,单位为牛每平方米(N/m^2);

σ_b ——链板材料抗拉强度,单位为牛每平方米(N/m^2);

n ——安全系数,取值 $n\geqslant7$。

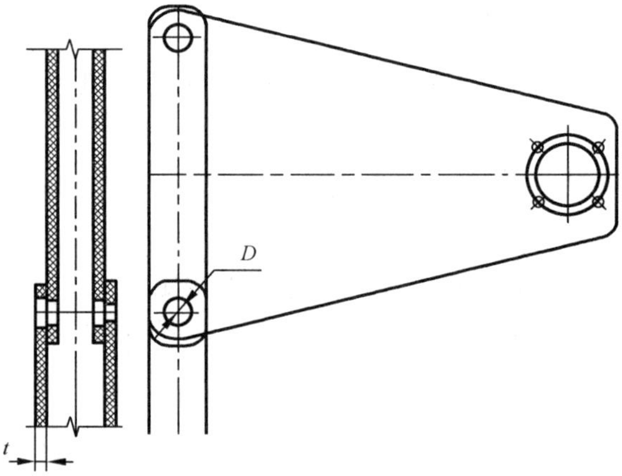

图 30 挂板

c) 挂板受拉力强度按式(158)、式(159)计算。

$$\sigma_2 = F/S_2 \qquad \cdots\cdots(158)$$

$$n = \sigma_b/\sigma_2 \qquad \cdots\cdots(159)$$

式中:

S_2——挂板最小受力面积，$S_2=\pi(D/2)^2$，单位为平方毫米(mm^2)；

F ——挂板综合受力(最不利负载工况计算)，单位为牛(N)；

D ——挂板与销轴配合孔径，单位为毫米(mm)；

σ_2 ——挂板最大应力，单位为牛每平方米(N/m^2)；

σ_b ——挂板材料抗拉强度，单位为牛每平方米(N/m^2)；

n ——安全系数，取值 $n\geqslant 7$。

d) 挂板受弯矩强度按式(160)～(163)计算。

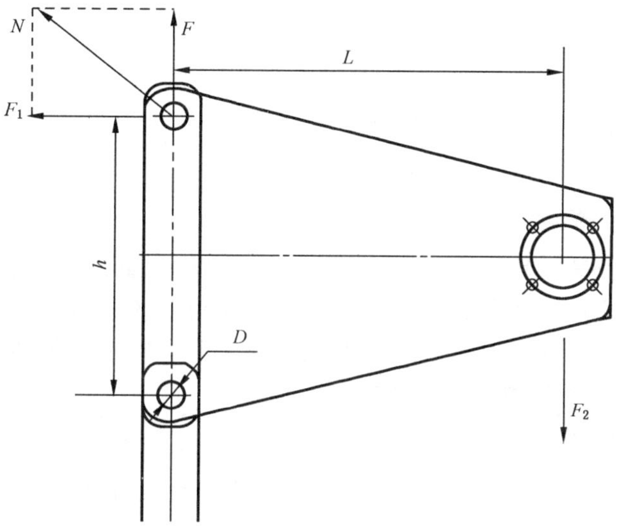

图 31 单片挂板的受力

$$F_1=F_2\frac{L}{h}=(0.6m_c+0.5m_p)\times 9.8\times\frac{L}{h} \quad\cdots\cdots(160)$$

$$N=\sqrt{F_1^2+F^2} \quad\cdots\cdots(161)$$

$$\sigma_3=N/S_2\times 10^6 \quad\cdots\cdots(162)$$

$$n=\sigma_{pp}/\sigma_3 \quad\cdots\cdots(163)$$

式中：

m_c ——额定起升载荷的质量，单位为千克(kg)；

m_p ——载车板质量，单位为千克(kg)；

σ_3 ——F_1、F_2 对挂板圆孔的挤压应力，单位为牛每平方米(N/m^2)；

σ_{pp} ——挂板材料许用挤压应力，单位为牛每平方米(N/m^2)；

n ——安全系数，取值 $n\geqslant 7$。

e) 销轴强度按式(49)、式(50)计算。

7.3.12 回转支承

7.3.12.1 回转支承的选型原则

回转支承按回转机构工作级别选取。

7.3.12.2 回转支承计算工况及载荷

回转支撑应根据 5.3.3 中载荷组合 B、C 及安装状态最大载荷(分项载荷系数取为 1)，分别计算作用在回转支承中心的载荷，将每种计算工况的载荷组合为轴向力 F_V、水平力 F_h 和倾覆力矩 M。

7.3.12.3 **回转支承选型验算**

根据 7.3.12.2 中的载荷 F_V、F_h、M 计算当量外载荷 F_{eq}，计算方法参见附录 K。

回转支承的当量静容量 F_0 以回转支承供应商提供的参数为准。如供应商不能提供，则可参考附录 K 中 K.2 的方法进行计算。

所选回转支承应满足式(164)的规定。

$$F_0 \geqslant K_{ns} \times F_{eq} \qquad (164)$$

式中：

F_0 ——回转支承当量静容量，单位为牛(N)；

F_{eq} ——回转支承当量外载荷，单位为牛(N)；

K_{ns} ——回转支承安全系数，取值不小于 1.35。

7.3.12.4 **回转支承安装螺栓**

7.3.12.4.1 安装螺栓及其配套螺母应分别选用 8.8 级别及 8 级以上的高强度螺栓副。

7.3.12.4.2 安装螺栓应进行静强度验算，验算方法参见附录 K 的规定。

7.3.12.4.3 当回转支承与其相连的上下支座采用螺纹孔安装时，螺栓在上下支座上的最小拧入深度不应小于规定值，参见表 K.4 的规定。

7.3.13 **起升用螺杆/螺母**

7.3.13.1 正常使用的螺杆、螺母之间应转动灵活、无卡阻现象，螺杆、螺母不应有裂纹和加工缺陷，应安装防止载车板等从其上脱开的装置。

7.3.13.2 起升螺杆副应设置防止尖锐物和异物进入的装置。

7.3.13.3 螺杆两端均应设有止挡装置，以防止承载轴承和螺母从滚珠丝杠上脱落。载车板抵达终点后起升螺杆副应有足够的安全缓冲行程，应设置防止载车板落地后对螺杆副直接冲击的装置或措施。

7.3.13.4 螺杆的设计寿命应大于承载螺母的设计寿命，螺母的安全系数根据所设计停车设备操作方式按表 40 确定。

7.3.14 **齿形带和带轮**

7.3.14.1 **齿形带选用原则**

停车设备起升用齿形带应优先采用圆弧形齿形带，并应符合 JB/T 7512.1 的规定。起升用齿形带的模数不宜小于 14M，具体以制造商提供的参数为准。

7.3.14.2 **齿形带结构型式的选择**

起升用齿形带应以镀铜钢丝绳作为强力层，在高温湿热环境中使用时，齿形带应采用镀铜不锈钢钢丝绳作为强力层。

7.3.14.3 **齿形带选用计算**

按安全系数法，根据所设计停车设备操作方式按表 40 确定齿形带安全系数。所选齿形带许用拉伸载荷应按式(142)。

此时式(142)中：

F_0 ——齿形带的许用拉伸载荷,单位为千牛(kN);

S ——齿形带的最大工作静拉力,单位为千牛(kN)。

7.3.14.4 带轮材料

驱动带轮应采用钢、铸铁、阳极氧化铝等耐磨材料制作,其齿槽尺寸、公差及挡圈设计应符合JB/T 7512.2的规定。

7.3.14.5 带轮的最少齿数

当模数为14M时,带轮的最少齿数为28;当模数为20M时,带轮的最少齿数为34。

7.3.14.6 带轮直径计算

带轮直径按式(165)计算。

$$d=\frac{P_b \cdot z}{\pi} \qquad (165)$$

式中:

d ——带轮节圆直径;

P_b ——节距;

Z ——带轮齿数。

7.3.14.7 带轮槽型

带轮槽型为14M、20M等,轮齿的形状及尺寸如图32所示和表45。

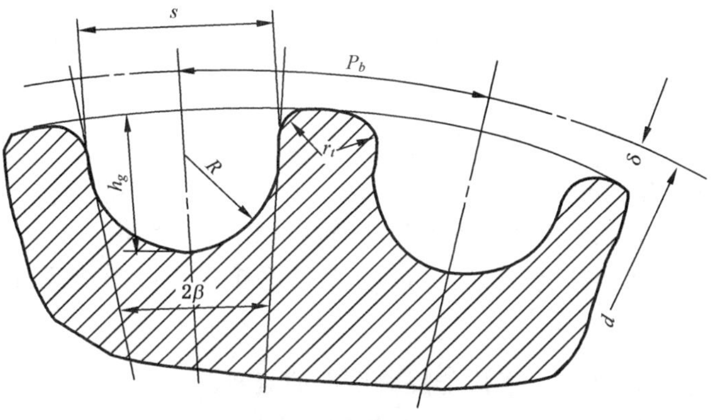

图32 轮齿的形状

表45 轮齿的尺寸

单位为毫米

槽型	节距 P_b	齿槽深 h_g	齿槽圆弧半径 R	齿槽圆角半径 r_t	齿槽宽 S	两倍节顶距 2δ	齿形角 2β/(°)
14M	14	6.20	4.65	1.36～1.50	9.80	2.794	≈14
20M	20	8.60	6.84	1.95～2.25	14.80	4.320	≈14

7.3.14.8 齿形带端部联接

起升用齿形带的两端应通过压齿板及悬挂装置,分别与升降平台及对重装置连接,连接件的承载能力应达到破断载荷的80%以上,以保证其系统的安全系数要求。

压带板的齿形及尺寸与所选齿形带相匹配,最小齿数可根据制造商的要求确定。

7.3.15 液压系统

7.3.15.1 基本要求

液压系统及相关元件的特性应符合GB/T 3766的规定。

7.3.15.2 液压油

液压油的物理和化学特性应满足使用和预期循环次数的要求。液压油的黏度应确保系统在停车设备工作温度范围内正常工作。

7.3.15.3 油箱

油箱的最高和最低油位应有标识。回油口的尺寸与位置选择应能限制液压油的流速,以避免产生紊流。

7.3.15.4 滤油器

液压系统应安装滤油器,滤油器的过滤能力应满足液压元件的工作要求。考虑允许的温升,在预期黏度变化范围内,滤油器的规格应能满足所有工况下的额定流量要求。如果没有安装堵塞指示器,宜安装旁路以便滤油器堵塞时液压油可以从旁路通过。

7.3.15.5 液压回路

7.3.15.5.1 当一个或多个元件出现失效或发生故障时,液压回路的设计制造应能使风险降到最低。

7.3.15.5.2 液压回路的设计应保证在正常操作情况下,油缸和其他驱动装置运动的可控制性。

7.3.15.5.3 每个液压回路至少要有一个测压点。

7.3.15.5.4 应采取可靠措施,使液压系统的工作油温不超过80℃。

7.3.15.5.5 应设置防止电动机空转装置。

7.3.15.5.6 油压升降驱动系统应设有防止升降平台自然下降装置。

7.3.15.5.7 液压系统应设置安全防护装置,防止液压系统失压,致使搬运器或升降平台坠落。

7.3.15.6 泵

7.3.15.6.1 在设计的工作范围内,泵应能提供所需的流量。

7.3.15.6.2 泵的最大工作压力不应小于溢流阀的设定压力。

7.3.15.6.3 当反转会损坏泵或其他部件时,应采取有效措施防止或限制动力机反转;当动力机反转的损坏风险可忽略时,则可只提供现场检查运动方向的指示或警告。

7.3.15.7 管路与接头

7.3.15.7.1 软管和接头的破断压力不应小于工作压力的4倍。钢管和接头的破断压力不应小于工作压力的2.5倍。

7.3.15.7.2 具有安全功能的管路和接头的安装位置应便于安全检查及维护。

7.3.15.8 油缸

7.3.15.8.1 在正常工作状态下,考虑到所有可预见的过压(如温度变化引起的),油缸产生的最大压力不应对油缸及相连的构件产生破坏。

7.3.15.8.2 当使用单作用油缸时，应确保活塞杆安全收回。

7.3.15.8.3 回路应能防止油缸内腔部分或全部真空。

7.3.15.8.4 当活塞杆在外力作用下运动时，应装有保持活塞杆平稳运动的装置，以防止对结构产生任何振动。

7.3.15.8.5 油缸的安装除了应方便部件的拆卸外，还应方便对停车设备和相关部件的维护操作。

7.3.15.8.6 应设置防止油压活塞从缸中脱离的装置。

7.3.15.9 阀

需在使用中调节的阀应安装在易于接近的位置。

7.3.15.10 防止超压

应采取措施防止工作压力超过规定的最大工作压力，应采取适当的预防或构造措施防止工作压力(包括瞬时尖峰压力)超出 1.6 倍规定的额定工作压力。

7.3.15.11 防止传动装置意外起动

应有措施防止停车设备结构在液压动力中断(包括正常中断和故障中断)后重新提供时发生任何意外动作，例如采用电气联锁或动力中断时控制装置自动回复零位的方法来防止。

8 电气

8.1 总则

停车设备的电气系统应保证传动性能和控制性能准确可靠，能防止由于电气设备本身引起的危险，或由于机械运动等损伤导致电气设备产生的危险。

8.2 使用环境条件

8.2.1 电气设备应能保证在环境温度为－5 ℃～40 ℃内正常工作。

8.2.2 周围空气温度在＋40 ℃的最高温度时，其相对湿度不超过 50％，温度较低时相对湿度可以提高(例如在＋20 ℃时提高为 90％)，应考虑到由于温度变化可能偶然发生的凝露现象。

8.2.3 停车设备使用的海拔不超过 1 000 m。

8.2.4 使用环境中不应有易燃、易爆、腐蚀、破坏绝缘和影响导电的介质。

注：超出上述规定范围时，由用户与制造商协商解决。

8.3 电源和供电

8.3.1 停车设备采用 380 V、50 Hz 三相交流电源或 220 V、50 Hz 电源，应采用 TN-S 接零保护系统(俗称三相五线制)供电。供电系统在停车设备馈电线接入处的电压波动不应超过额定电压的±10％。供电电源宜采用双电源供电。两个电源或两条线路之间宜采用自动切换装置，自动切换应在进入停车设备控制箱前完成。

8.3.2 供电接地线的连接、敷设应符合 GB 50169 的要求。附建停车设备低压配置系统的接地型式应与主建筑物低压配电系统的接地型式一致。

8.4 配电系统

8.4.1 停车设备上应设总断路器，短路时应有自动分断该电路的功能。

8.4.2 停车设备的运行、控制及辅助电源分支线路应采用断路器、熔断器或过电流保护继电器，提供故障保护功能。停车设备内部的电压降不应超过 5％。

8.4.3 停车设备动力、照明配电线路应与消防用电的配电线路分开。

8.4.4 应设欠电压、失电压、过电压、错相和缺相等电气保护措施。

8.5 电气控制

8.5.1 控制柜

8.5.1.1 控制柜门应可靠锁住,使用钥匙才能打开。控制柜的门打开影响到停车设备运行安全时,门上应有检测门是否关闭的装置,当门打开时,停车设备应停止运行。

8.5.1.2 控制柜门板上应配备电源指示灯,柜内应配备检修插座。

8.5.1.3 控制柜的金属壳体,需焊有保护接地螺钉(或螺母),并在明显处标志保护接地符号;若门上有电气元件,应装设专用的接地线。

8.5.2 控制电源

8.5.2.1 控制电压应选择下列等级:

a) 交流:380 V、220 V、110 V、48 V、36 V、24 V;

b) 直流:220 V、110 V、60 V、48 V、36 V、24 V、12 V。

8.5.2.2 控制电源由变压器提供时,二次侧电压不应超过 250 V;变压器的二次侧公共端应可靠接地,变压器的公共极不应被任何开关、触点或熔断器隔断,同时应采取适当措施,防止非公共极线路的超载或短路。

8.5.3 控制元件

8.5.3.1 接触器、继电器

接触器、继电器应符合 GB/T 14048.4 的规定。换向接触器和其他同时闭合会引起短路事故的接触器之间,应设置电气联锁或机械联锁。

8.5.3.2 可编程序控制器

可编程序控制器应符合 GB/T 15969.1 的规定。一般根据开关量的输入输出点数和电压等级,模拟量输入输出点数及其他特殊功能要求进行设计选型,在可靠性要求特别高的情况下可使用冗余系统。可编程序控制器应按照制造商的说明书安装。对用于安全保护的联锁信号,如极限限位、超速保护等,应具有直接的继电保护联锁线路。

8.5.3.3 变频器

变频器应符合 GB/T 34123—2017 中 4.4.1 的规定,不同电压等级、容量及型式的变频器可根据需要进行合理配置。

8.5.3.4 传感器

接近开关应符合 GB/T 14048.10 的规定,其他智能传感器应符合 GB/T 33905.1 的规定。

8.5.4 控制功能

8.5.4.1 停车设备的操作位置应设置在操作人员能清楚观察到人及汽车出入状况的位置。

8.5.4.2 应设置紧急情况下可迅速断开总动力电源的红色紧急停止开关,紧急停止开关应是非自动复位式的,并设置在操作人员方便操作的位置,如操作面板或控制台等。

8.5.4.3 控制装置中的电压不应超过 50 V。控制装置外壳的材料宜采用完全绝缘或有绝缘保护层的材料,对于金属外壳或直接能触碰到的金属零件应单独接地。

8.5.4.4 悬挂控制装置应采取有效的悬挂承重措施,以防止电缆在悬挂状态时受拉伸。

8.5.4.5 控制装置应设置正常运行及检修运行两种运行控制方式。两种运行控制方式应设置互锁保护。

8.5.4.6 在公共场所供公众使用的停车设备，不应采用无线遥控方式。

8.5.4.7 采用无线遥控方式时，遥控器应具备唯一性和排他性，一套停车设备同一时间只能由一个遥控器控制，一个遥控器同一时间只能控制一套停车设备。遥控器应具有故障自诊断功能，在任何非正常工作状态下应能实现自动关闭，停止工作；还应具有抗电磁干扰的能力，有电磁干扰时不准许出现误动作。遥控器的防护等级应符合 GB/T 4208—2017 的规定，户内使用时不低于 IP 43，户外使用时不低于 IP 54。

8.5.4.8 停车设备要求多点控制时，各控制点间应相互联锁，任何时刻只允许一个控制点工作，每个控制点均应装设紧急停止开关。

8.5.5 传动控制

8.5.5.1 一般采用交流传动控制系统，在有特殊要求或仅有直流电源情况下，可采用直流传动控制系统。

8.5.5.2 起升机构采用变频调速，当调速范围不大于 1∶10 时，宜采用闭环控制方式，当调速范围大于 1∶10 时，应采用闭环控制。

8.5.6 制动器的控制

8.5.6.1 与电动机同时控制的制动器

制动器线路应设有保护装置，在出现故障时应迅速切断电动机和制动器的电源。

8.5.6.2 与电动机分开控制的制动器

制动器的控制应采取使起动和制动时不出现任何失控运动的防护措施。如有电气制动，机械制动通常应在电气制动之后作用。电动机通电时制动器不应抱闸，短暂过渡状态除外。

8.6 电动机选择

8.6.1 一般要求

8.6.1.1 电动机应符合 GB/T 755 的规定。

8.6.1.2 根据环境使用条件选择相应绝缘等级的电动机，且不应小于 E 级。

8.6.2 防护等级

8.6.2.1 室内使用时，在正常条件下，外壳防护等级不应低于 GB/T 4942.1—2006 中 IP 54 的规定，带风扇的减速器的外壳防护等级不应低于 GB/T 4942.1—2006 中 IP 44 的规定。

8.6.2.2 室外使用时，防护等级不应低于 GB/T 4942.1—2006 中规定的 IP 65。在可能出现冷凝水的情况下，应确保冷凝水出水孔畅通。

8.6.2.3 电动机在有专门的外部防护措施时，可采用较低的防护等级。

8.6.3 根据环境温度和海拔修正功率

当电动机使用地点的海拔超过 1 000 m 和/或使用环境温度与其额定环境温度不一致时，其输出功率应按实际使用地点的海拔和使用环境温度下的输出功率计算。

根据环境温度和海拔进行电动机功率修正计算，按式(166)进行。

$$P'_N = \frac{P_N}{K} \qquad \cdots\cdots(166)$$

式中：

P'_N ——根据环境温度和海拔修正后用来选用电动机的功率，单位为千瓦(kW)；

P_N ——未修正的所需电动机的功率，单位为千瓦(kW)；

K ——功率修正系数，由图33确定。

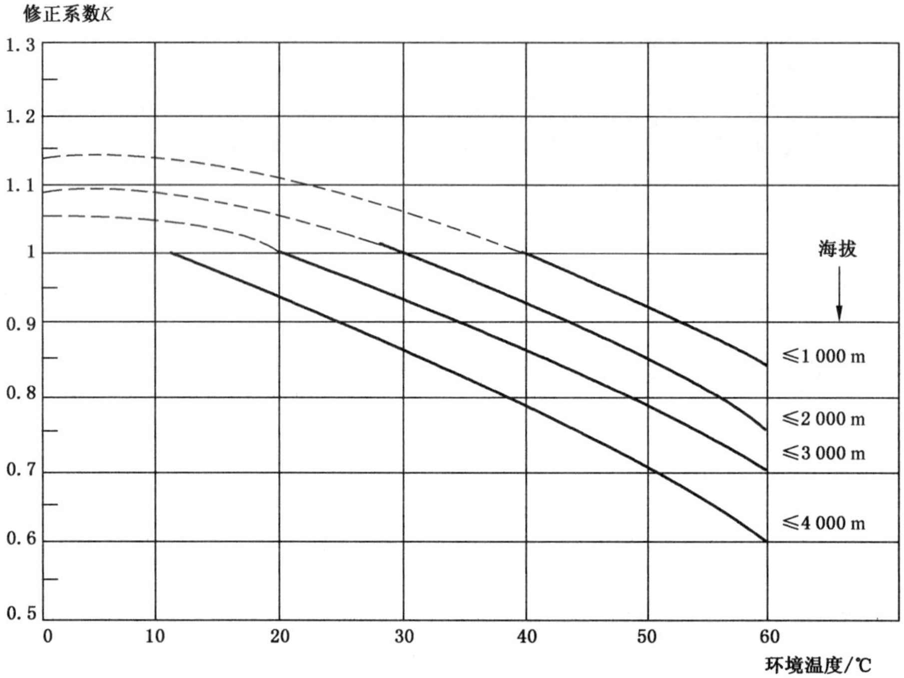

注1：修正系数 $K>1$ 的值需由电动机制造商和停车设备制造商共同确定。

注2：海拔大于1 000 m时，需明确环境温度。

图33 以环境温度和海拔为函数变量的修正值

8.6.4 电动机的过载校验

电动机的过载校验应按GB/T 3811—2008中附录R规定的方法计算。

8.6.5 电动机的发热校验

电动机的发热校验应按GB/T 3811—2008中附录S规定的方法计算。

8.7 电气保护

8.7.1 防护等级

停车设备在室内工作时，电控设备的外壳(包括控制元件的外壳)防护等级不应低于GB/T 4208—2017中规定的IP 4X，任何人可接近的外壳防护等级不应低于IP 44。在室外工作时，电控设备的外壳防护等级不应低于GB/T 4208—2017中规定的IP 65。特定的条件下，应根据所处环境空气的温度、湿度、海拔做出必要的修正。

8.7.2 电动机保护

8.7.2.1 电动机应采用手动复位的过载保护器，该过载保护器应能切断电动机的供电电源。

8.7.2.2 电动机应具有过电流保护，其瞬时动作电流整定值不应小于电动机最大起动电流的

1.25倍。

8.7.3 线路保护

所有外部线路都应具有短路或接地引起的过电流保护功能，在线路发生短路或接地时，瞬时保护装置应能分断线路。

8.7.4 接地保护

8.7.4.1 停车设备的金属结构及所有电气设备的金属外壳、管槽、电缆金属护层和变压器低压侧均应有可靠的接地，并应保证在检修时保持接地良好。

8.7.4.2 不应用接地线作为载流零线。

8.7.5 防雷保护

8.7.5.1 对于安装在室外且相对周围建筑物处在较高位置的停车设备，应考虑避除雷击对其高位部件和人员造成损坏和伤害，特别是易遭雷击的结构件(例如:室外的雨棚、钢结构)。

8.7.5.2 防雷装置的设置应符合 GB 50057 的要求。

8.7.6 电磁兼容保护

8.7.6.1 在停车设备的设计、安装和布线中，应确保由其产生的电磁干扰不会导致以下不安全的运行和危险以及功能的减弱和丧失：

a) 停车设备意外起动；

b) 紧急停止命令的失效或紧急停止功能的自行复位；

c) 有关安全的电路的控制紊乱(如跳闸、故障和失效检验的功能、联锁功能、超速跳闸功能、制动功能、起动功能、停机和紧急停止功能)；

d) 影响功能的排序、计时或计算误差；

e) 速度变化超过±20%；

f) 起动运行时间超过±10%；

g) 导致检测能力的下降。

8.7.6.2 用于居住、商业和轻工业环境中停车设备的电磁发射应符合 GB 17799.3 的规定，用于工业环境中停车设备的电磁发射应符合 GB 17799.4 的规定。

8.7.7 其他保护

8.7.7.1 停车设备的电气设备中可触及的带电裸露部分，应有防止触电的保护措施。

8.7.7.2 照明线路总电源开关应设置断路器及漏电保护开关。

8.7.7.3 照明电路的所有未接地导线，应使用过电流保护器防止短路，并与防护其他电路的保护器件分开。

8.7.7.4 局部照明线路两导线间标称电压不应超过 250 V。两导线间电压宜不超过 50 V。

8.8 电线电缆及其敷设

8.8.1 电线电缆选型

8.8.1.1 电线电缆应选用铜芯多股软线，并根据电压等级、环境温度、敷设方式来选定。

8.8.1.2 停车设备一般选用 RVV(铜芯聚氯乙烯绝缘聚氯乙烯护套软电线)系列电线电缆。

8.8.2 电线电缆截面选择

8.8.2.1 导线截面应根据导线所承受的负载电流、线路允许的电压降、工作环境温度和敷设方式所要求的机械强度等来确定。

8.8.2.2 停车设备外部连接用电线电缆截面选择:对于多股单芯导线,截面不应小于 1.5 mm^2;对于多股多芯电缆,截面不应小于 1.0 mm^2。对于电子装置、油压伺服机构、检测与传感元件的连接线,其截面不做规定。

8.8.3 导线的载流量

8.8.3.1 导线的载流量不应小于负载的额定工作电流。

8.8.3.2 对于停车设备的总电源导线,其负载电流应按式(167)计算。

$$I_w = I_{N1} + I_{N2} + I_{N3} + I_{AUX1} \qquad \cdots\cdots (167)$$

式中:

I_w ——总电源导线的额定工作电流,称作停车设备工作电流,单位为安培(A);

I_{N1} ——功率最大的电动机的额定工作电流,单位为安培(A);

I_{N2},I_{N3} ——其他两个可能同时工作的电动机的额定工作电流,单位为安培(A);

I_{AUX1} ——辅助电气设备与控制所需的额定工作电流,单位为安培(A)。

I_w 的接电持续率与电动机额定工作电流对应的接电持续率相同,计算时应按等效发热原则统一接电持续率,通常采用 $JC=40\%$ 或 $JC=100\%$。作为供电滑线设计依据时,应同时向用户提供工作电流值与相应的接电持续率。

8.8.3.3 在稳态条件下,外壳和停车设备单独部件之间适合于 PVC(聚氯乙烯)绝缘配线载流量的典型示例见 GB/T 5226.32—2017 中的表 7。

8.8.4 电压降

8.8.4.1 在正常工作条件下,从停车设备电源开关到电动机,或在交流器驱动电机情况下,至交流器进线端的电压降不应超过标称电压的 5%。

8.8.4.2 交流电导线电压降忽略导线单位长度的感抗时,导线电压降按式(168)计算。

$$\Delta U = \frac{\sqrt{3} L I \cos\varphi}{S\gamma} \qquad \cdots\cdots (168)$$

式中:

ΔU ——导线的电压降,单位为伏特(V);

L ——导线有效长度,单位为米(m);

I ——最大工作电流,单位为安培(A);

$\cos\varphi$ ——功率因数;

S ——导线截面,单位为平方毫米(mm^2);

γ ——导线电导率,单位为米每欧姆二次方毫米[$m/(\Omega \cdot mm^2)$],铜取 50[$m/(\Omega \cdot mm^2)$]。

8.8.5 导线载流量校正

导线载流量 I_z,按式(169)校正计算。

$$I_z = K_a K_t K_j I_g \qquad \cdots\cdots (169)$$

式中:

K_a ——导线或穿管导线多根并列敷设校正系数;

K_t ——环境温度校正系数;

K_j ——重复短时工作制的接电持续率校正系数;

I_g ——电线电缆载流量的基准值，单位为安培(A)。

各载流量计算系数参考 GB/T 3811—2008 的附录 U。

8.8.6 导线敷设

8.8.6.1 导线两端应采用铜质冷压端头(对于直接连接到压接式端子的导线除外)。导线和电缆的敷设应使得各端子之间无铰接点或拼接点。使用带适合防止意外断开的插头/插座组合进行连接。

8.8.6.2 电缆应有效支承和固定以防止导线端部承受较大的机械应力。在有可能机械损伤的地方，导线应敷设于线槽、金属管或软管中；在有可能化学腐蚀的地方，电缆连接处应采取有效措施，保证接触良好；在有可能油污侵蚀的地方，要防止油污侵蚀电缆；线槽、导线管的出口处，应有防止磨损电缆的措施。

8.8.6.3 导线的连接及分支点处应设置接线盒，其防护等级应适合周围环境条件。

8.8.6.4 对于控制柜、接线箱等电气设备的接线端子，若接线端子间的意外连接会造成停车设备损坏时，应将相应端子明显分开。

8.8.6.5 不同供电电压等级的导线，若各导线的绝缘耐压都大于其中最高的供电电压等级，则可将它们敷设在同一线槽或导线管中，或者安排在同一根电缆内。安全照明电源应单独敷设。

8.8.6.6 动力电缆敷设时宜与控制电缆分开，条件允许时尽可能避免平行走线，应尽可能远离有电子器件的设备或传感检测元件，重要信号应采取屏蔽措施。

8.9 辅助电气设备

8.9.1 照明

8.9.1.1 一般要求

照明应设专用电路。电源应由停车设备主断路器进线端分接，当主断路器切断电源时，照明不应断电。

8.9.1.2 紧急照明系统

当供电系统断电时，应提供配有蓄电池、超级电容、UPS(不间断电源)等方式的应急照明灯。

8.9.2 汽车充电系统

8.9.2.1 停车设备内装设给汽车充电的系统时，充电电源应单独供电。

8.9.2.2 充电系统不应影响停车设备的安全运行。

9 安全

9.1 停车设备的安全设计计算

停车设备结构、机械、电气的设计计算应按第 6 章、第 7 章、第 8 章的规定进行。

9.2 停车设备的标牌、适停汽车规格标识和安全标志

9.2.1 停车设备应有标牌、适停汽车规格标识和安全标志。

9.2.2 停车设备的出入口处或操作处应设置清晰可见的标牌，且应至少标明以下内容：

——制造商名称；

——产品名称和规格型号；

——基本参数(包括车位数、适停汽车尺寸及质量)；

——出厂编号或序列号；

——制造日期。

9.2.3 停车设备动力驱动的主要部件应设置清晰可见的标牌，且应至少标明以下内容：

——制造商名称；

——产品名称和型号规格；

——出厂编号或序列号；

——制造日期。

9.2.4 停车设备出入口与操作处操作人员容易看清的地方应设置适停汽车规格标识，且应符合以下规定：

a) 永久性地标明；

b) 标明适停汽车长、宽、高和质量，且应与车位相对应；

c) 颜色醒目、清晰可见。

9.2.5 应在出入口、门、操作位置(或操作屏、手操器)、电气柜等位置的明显可见处设置相应的安全标志(包括禁止标志、警告标志、提示标志)，且应符合 GB 2894 的规定。

9.2.6 应在停车设备的明显可见处设置下列永久性的安全标志(包括禁止标志、警告标志、提示标志)：

a) 警告标志，可用图形符号或文字表示，例如“不允许载人”“不允许搬运危险物品”；

b) 若使用外部的液力动力供应，应有液力供应信息；

c) 若使用外部的电力动力供应，应有电力供应信息；

d) 多个动力源分别供应多个停车设备时，应标示出每个动力源所对应的停车设备；

e) 停车设备的控制装置旁应有清晰简短的操作说明。

9.3 出入口、车位、上下车通道的尺寸要求

9.3.1 出入口尺寸要求

9.3.1.1 转换区出入口尺寸要求

停车设备转换区出入口的最小宽度、出入口最低高度应符合表 46 的规定。

表 46 转换区出入口尺寸

汽车长度	转换区出入口尺寸	
	出入口的最小宽度	出入口的最低高度
不大于 5.6 m	适停汽车宽度(不含后视镜宽度)加 0.5 m，但不小于 2.250 m	适停汽车高度加 0.1 m，且不应小于 1.8 m
大于 5.6 m 且不大于 10 m	适停汽车全宽(含后视镜宽度)加 0.5 m	适停汽车高度加 0.15 m，且不应小于 1.8 m
大于 10 m	适停汽车全宽(含后视镜宽度)加 0.7 m	适停汽车高度加 0.25 m

9.3.1.2 工作区的出入口尺寸要求

9.3.1.2.1 对于用机构将汽车从转换区运送到工作区的停车设备，出入口的宽度不应小于汽车全宽（含后视镜宽度）加 0.2 m。带对中装置的停车设备，出入口的宽度不应小于汽车全宽（含

后视镜宽度）加 0.1 m。

9.3.1.2.2 对于汽车横向进入工作区的停车设备，出入口的宽度不应小于汽车全长加 0.2 m。

9.3.1.2.3 在出入口门完全开启、正常工作状态下，出入口高度不应小于适停汽车高度加 0.1 m，准无人和人车共乘方式停车设备的出入口高度不应低于 1.8 m，无人方式停车设备的出入口高度不应低于1.6 m。对于准无人方式，如规定出入口门不允许人员进出，且另设有人员进出的通行门时，其出入口高度不应小于适停汽车高度与停车面高度之和加 0.1 m。

9.3.1.3 汽车在转换区行驶中最小尺寸限制要求

除出入口外，汽车在转换区中正常行驶时，转换区限制宽度不应小于 2.15 m，并大于适停汽车全宽(含后视镜宽度)加 0.2 m，其中客车在转换区限制宽度大于汽车全宽(含后视镜宽度)加 0.3 m。

9.3.1.4 运动载车板尺寸要求

9.3.1.4.1 应保证汽车正常停放在载车板时，相邻车位间汽车的最小间隙不应小于 0.1 m。

9.3.1.4.2 载车板的停车面宽度不应小于汽车宽度加 0.15 m。

9.3.1.4.3 载车板的总宽度不应小于汽车全宽(含后视镜宽度)加 0.3 m。

9.3.1.4.4 载车板上的吊点距离或吊杆距离不应小于汽车全宽(含后视镜宽度)加 0.15 m。

9.3.1.4.5 载车板在运动过程中，载车板及载车板上的汽车不应与停车设备上的任何物体发生干涉，且能保持不小于 0.04 m 的安全距离。

9.3.2 门的设置要求

9.3.2.1 转换区出入口门

9.3.2.1.1 转换区出入口应设置门，且门应能阻挡车与人的非正常出入、识别车与人的正常出入。

9.3.2.1.2 转换区在工作区区域，且升降速度大于 0.15 m/s 或层数超过 6 层的停车设备，应在工作区出入口处设置自动门。

9.3.2.1.3 升降速度不大于 0.15 m/s 且层数未超过 6 层的停车设备，如设有人车误入检测装置时，可不设置出入口门。

9.3.2.1.4 车位数不超过 4 个，有专人值守或非公用的停车设备，可不设置出入口门。

9.3.2.1.5 工作区与转换区间应设置防止人员进入的门。

9.3.2.2 栅栏门

出入口处或转换区有地坑且高度落差超过 0.5 m、有可能使人员跌落时，应设置栅栏门。

9.3.2.3 门的要求

9.3.2.3.1 自动门应是全封闭的，停车设备正常运行时，自动门关闭后人员应无法手动进入。

9.3.2.3.2 门上任意位置 5 cm^2 的圆形或正方形面积上施加 300 N 的力时，门既不发生永久扭曲也不影响正常使用。

9.3.2.3.3 通向转换区的大门和工作区的大门不应使用旋转门。

9.3.2.3.4 门开启后不应影响出入口尺寸。开启与关闭门的控制装置应安装在高度大于 1.1 m 且小于 1.6 m 的位置。

9.3.2.3.5 有人值守的停车设备，栅栏门关闭时的高度与围栏一致，打开时的净空高度不应小于1.8 m。栅栏门应能承受水平方向的集中载荷 F 而不发生破坏,尺寸要求见图 34。

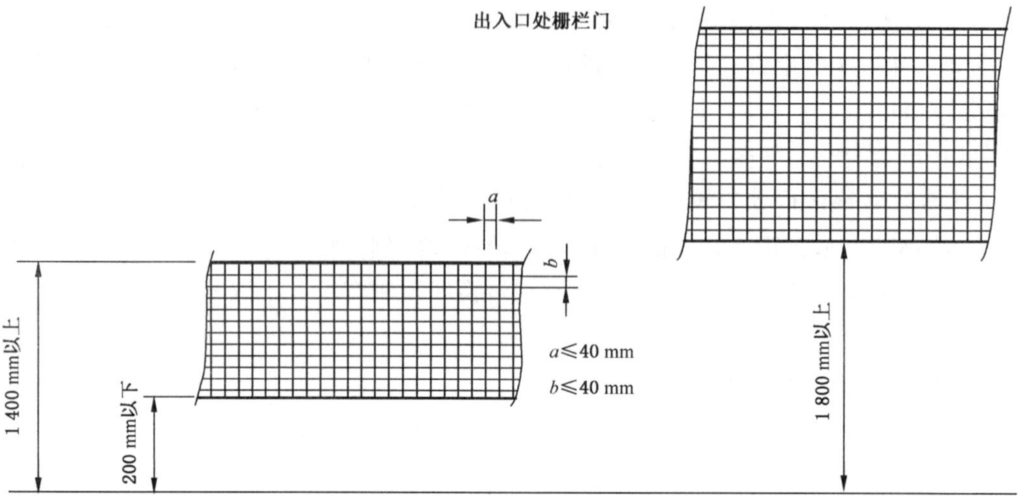

图 34 出入口栅栏门的设置要求

9.3.2.4 通行门、检修门、紧急出口

9.3.2.4.1 转换区设置自动门的停车设备,其通行门的宽度不应小于 0.65 m,高度不应小于 2 m。

9.3.2.4.2 通行门不能作为紧急出口时,还应设置一个紧急出口,如侧门。

9.3.2.4.3 较少使用、专门供维修人员使用的检修门,应仅能被授权的人员用钥匙从外面打开,且应能从里面不用钥匙打开。检修门不应向工作区内打开,并且应能自行关闭,其宽度不应小于 0.65 m,高度不应低于 1 m。

9.3.3 停车位尺寸要求

宽度——对于用搬运器将汽车送入停车位的,不应小于适停汽车全宽(含后视镜宽度)加 0.15 m;带有对中装置的,不应小于适停汽车全宽(含后视镜宽度)加 0.05 m;对于汽车自行驶入停车位的,不应小于适汽车宽度加 0.5 m(不含后视镜宽度)。

长度——不应小于适停汽车全长加 0.2 m。客车不应小于适停汽车全长加 0.5 m。

高度——不应小于适停汽车的高度与存取车时微升微降等动作要求的高度之和加 0.05 m。

汽车在停车位上通常应水平停放,对于因空间限制汽车(轿车)需要倾斜停放的,汽车倾斜角度不应大于 15°,且要采取措施保证汽车的固定,其轮挡装置高度不宜小于 0.12 m。

9.3.4 上下车通道要求

9.3.4.1 一般要求

停车设备设置人行通道时,其宽度不应小于 0.5 m,高度不应低于 1.8 m。对于未设置人行通道的停车设备,上下车的人员通过车位及车位间的空隙通行时,其净空高度不应低于 1.8 m,其宽度不应小于 0.5 m,可供行走的平整空间不应小于 0.3 m,当行走的平整空间是由两部分组成时,两部分间隙不宜大于 0.08 m。

9.3.4.2 转换区上下车通道要求

9.3.4.2.1 转换区应能保证人员顺利上下汽车和出入。

9.3.4.2.2 转换区人员通道及上下车处的高度差不应超过 0.25 m。

9.3.4.2.3 人员上下车处转换区人行通道的空间宽度不应小于 0.5 m，用于行走的宽度不应小于0.3 m，高度不应低于 1.8 m。

9.3.4.2.4 搬运器人员上下车处与人行通道的高度差不应超过 0.25 m，搬运器与人行通道的间隙不应超过 0.05 m。

9.4 通道、平台、栏杆、梯子

9.4.1 通道和平台

9.4.1.1 停车设备上所有操作部位以及要求经常检查和保养的部位，凡离地面距离超过 2 m 的，都宜通过斜梯(或楼梯)、平台、通道或直梯到达，梯级的两边应装护栏。通道、斜梯(或楼梯)、平台都应有安全入口。对于停车设备总高不超过 3 m，可以通过工具梯到达的，可以不设置梯子和平台。

9.4.1.2 斜梯、通道和平台的净空高度不应低于 1.8 m；只用于保养的平台，其上面的净空高度可以减到 1.3 m。运动部分附近的通道和平台的净宽度不应小于 0.5 m；如果设有扶手或栏杆，在高度不超过 0.6 m 的范围内，通道的净宽度可减至 0.4 m。固定部分之间的通道净宽度不应小于 0.4 m。

9.4.1.3 通道和平台应能承受 4 500 N/m^2 的移动均布载荷；在通道和平台上人员可能停留的任何部位，当 2 000 N 的集中力通过直径为 0.125 m 的圆盘施加在平台表面时，不应发生永久变形。

9.4.1.4 通道和平台表面应防滑。地板上的单个孔洞和间隙的尺寸不应使直径为 0.02 m 的球体穿过，且孔隙的面积应小于 4 cm^2。

9.4.1.5 通道区域应远离动力线，上方距离不应小于 2 m，左右距离不应小于 1 m，下方距离不应小于 0.5 m。当通道靠近动力线时，应对这些动力线加以保护。通道离下方裸露动力线的高度低于 0.5 m 时，应在这些区域采用实体式地板。

9.4.2 斜梯和直梯

9.4.2.1 总则

凡高度差超过 0.5 m 的通行路径应做成斜梯或直梯。高度不超过 2 m 的垂直面上，可以设踏脚板，踏脚板两侧应设有扶手。

9.4.2.2 斜梯

9.4.2.2.1 斜梯的倾斜角不宜超过 65°，特殊情况下，倾斜角也不应超过 75°(超过 75°时按直梯设计)。

9.4.2.2.2 斜梯两边应设置栏杆，两边栏杆的间距应符合以下规定：主要斜梯不应小于 0.6 m；其他斜梯可取为 0.5 m；斜梯的一侧靠墙壁时，只在另一边设置栏杆，栏杆高度不低于 1 m。

9.4.2.2.3 梯级的净宽度不应小于 0.32 m，单个梯级的高度宜取为 0.18 m～0.25 m，斜梯上梯级的进深不应小于梯级的高度，连续布置的梯级，其高度和进深均应为相同尺寸。

9.4.2.2.4 梯级踏板表面应防滑。

9.4.2.3 直梯

9.4.2.3.1 直梯两边撑杆的间距不应小于 0.40 m，两撑杆之间的梯级宽度不应小于 0.30 m，梯级的间距应保持一致，宜为 0.23 m～0.30 m。梯级离开固定结构件至少应为 0.15 m，梯级中心

0.1 m范围内应能承受1 200 N的分布垂直力而不产生永久变形。

9.4.2.3.2 人员出入的爬越孔尺寸,方孔不宜小于0.63 m×0.63 m,圆孔直径宜取为0.63 m～0.80 m。

9.4.2.3.3 高度2 m以上的直梯应有护圈,护圈从2 m高度起开始安装,护圈直径宜取为0.6 m～0.8 m。护圈之间应由三根或五根间隔布置的纵向板条连接,并保证有一根板条正对着直梯的垂直中心线。相邻护圈之间的距离:当护圈设置三根纵向板条时,不应大于0.9 m;当护圈设置五根纵向板条时,不应大于1.5 m;纵向板条的护圈在任何一个0.1 m的范围内应能承受1 000 N的分布垂直力,且不准许有永久变形。

9.4.2.3.4 除非提供有其他合适的把手,直梯的两边撑杆至少要比最上一个梯级高出1.0 m,当空间受限制时,此高度也不应小于0.8 m。

9.4.2.3.5 直梯宜设休息平台,两休息平台距离不大于10 m。如果空间不够,可以将平台靠在整个连续直梯的旁边。

9.4.2.3.6 直梯的终端宜与平台平齐,梯级终端踏板或踏杆不应超过平台平面。

9.4.2.3.7 如梯子在平台处不中断,则护圈也不应中断,但应在护圈侧面开一个宽为0.5 m、高为1.4 m的洞口,以便人员出入。

9.4.3 栏杆与围栏

9.4.3.1 在停车设备上的以下部位应装设栏杆:

a) 用于停车设备试验、维修和保养,且高于地面2 m的工作部位;
b) 通往离地面高度2 m以上的操作室、检修保养部位的通道;
c) 存在跌落高度大于1 m的危险通道及平台;
d) 人员有从搬运器表面0.5 m以上的落差处跌落的危险部位。

9.4.3.2 栏杆的设置应满足以下要求:

a) 栏杆上部应设置扶手栏,其上表面的高度不应低于1 m。对于人车共乘的搬运器,设置的栏杆上表面的高度不应低于1.4 m。
b) 栏杆下部有高度不低于0.1 m的踢脚板时,应在踢脚板与手扶栏杆之间设置不少于一根的中间横杆,且与踢脚板或手扶栏杆的距离不应大于0.5 m。
c) 对净高不超过1.3 m的通道,手扶栏杆的高度可以为0.8 m。
d) 在手扶栏杆的最危险部位,应能承受水平方向的集中载荷F而不发生永久变形,且其最大位移不应超过0.08 m;载荷F按式(170)计算,每米的取值不应小于300 N。

$$F=300L \qquad \cdots\cdots(170)$$

式中:

F ——水平方向的集中载荷,单位为牛(N);

L ——栏杆的相邻两支柱轴线间的最大距离,单位为米(m)。

栏杆允许开口,但开口处应有防止人员跌落的保护措施。

在沿建筑物墙壁或实体墙结构设置的通道上,允许用扶手代替栏杆,中断长度(例如为让开建筑物的柱子、门孔)不宜超过0.8 m。

9.4.3.3 应对停车设备进行隔离,防止外部人员从出入口以外的部位进入。当采用设置固定围栏的方式时,围栏高度不应低于1.4 m,围栏应能防止直径0.15 m的圆球通过,当围栏与停车设备运动部位的距离小于0.8 m时,围栏应能防止直径0.04 m的圆球通过。

9.5 限界尺寸与净距

9.5.1 对汽车自行驶入的停车设备，搬运器(或载车板)停车表面端部与出入口地面接合处的距离不应大于 0.05 m。自动运行的搬运器轨道与周边可出入区域的水平间隙不应大于0.01 m，垂直高差不应大于 0.005 m。如搬运器运行单点采取双轮方式时，水平间隙不应大于 0.1 m。

9.5.2 在最不利位置和最不利带载条件下，停车设备的所有运动部分(含汽车)与建筑物的净距规定如下：

a) 距固定部分不小于 0.05 m[搬运器(或载车板)停车表面端部与出入口地面接合处除外]；

b) 距任何栏杆或扶手不小于 0.10 m；

c) 具有水平滚轮或带轮缘车轮导向的搬运器或搬运小车等，考虑其沿轨道运行时可能产生一定的偏斜，其侧方与外部固定部分的间隙尺寸不应小于 0.02 m。未带水平轮的，其侧方与外部固定部分的间隙尺寸不应小于 0.05 m。

9.5.3 停车设备各运动部分(包括所载汽车)的上界限线(包括运动过程中不规则的抖动)与上方的固定或活动部分之间的垂直距离不应小于 0.05 m。在保养区域和维修平台等处不应小于 0.5 m，如果维修平台上方的净空高度大于 1.7 m 或不会对人员产生危险时，可以减小到 0.1 m。

9.5.4 垂直于汽车轴线方向移动的载车板，控制站操作时，操作人员视野范围内载车板的安全距离要求如下(见附录 L 图 L.1)：

a) 两载车板的外缘之间垂直于其移动方向的最小距离为 0.02 m；

b) 两邻近的载车板边缘内侧间的最小距离为 0.3 m；

c) 载车板的外缘与固定建筑物或部件之间垂直于其移动方向的最小距离为 0.1 m；

d) 载车板的边缘内侧与固定建筑物或部件之间垂直于其移动方向的最小距离为 0.25 m；

e) 载车板上停放汽车的保险杠与固定建筑物的最小距离为 0.15 m，与其他载车板间，或与其他载车板上停放汽车的保险杠之间的最小距离为 0.2 m。

9.5.5 沿汽车轴线方向移动的载车板，控制站操作时，操作人员视野范围内载车板的安全距离如下(见附录 L 图 L.2)：

a) 两载车板的外缘之间垂直于其移动方向的最小距离为 0.12 m；

b) 载车板在最终位置时(转换区进出车位置除外)载车板的外缘与固定建筑物或部件之间沿其移动方向的最小距离为 0.1 m；

c) 载车板平行于其移动方向的外缘与固定建筑物或部件之间的最小距离为 0.1 m；

d) 载车板的边缘内侧与固定建筑物或部件之间的最小距离为 0.25 m。

9.6 机械安全要求

9.6.1 起升机构用钢丝绳、链条、卷筒和滑轮

9.6.1.1 停车设备卷筒起升用钢丝绳不应低于 GB/T 20118 或 GB/T 8918 的规定，采用曳引轮驱动时，钢丝绳不应低于 GB/T 8903 的规定。钢丝绳的名义直径不应小于 8 mm。载荷由多根钢丝绳支承时，宜设置能有效地保证各根钢丝绳受力均衡的装置。如果结构上无法消除载荷在各钢丝绳之间分布的不均匀性，则应在设计中予以考虑。钢丝绳的安全系数不应小于表 40 的规定。

9.6.1.2 不应采用接长的钢丝绳。

9.6.1.3 应有防止钢丝绳跳出滑轮绳槽的装置。

9.6.1.4　卷筒上钢丝绳尾端的固定装置应有防松或自紧的功能。

9.6.1.5　当升降平台或载车板处于最低工作位置时，钢丝绳在卷筒上的缠绕(除固定绳尾的圈数外)不应少于两圈。当升降平台或载车板处于最高工作位置时，卷筒上应至少留有 1 整圈的绕绳余量。除设有排绳装置保证钢丝绳在卷筒上卷绕正确外，在卷筒上通常只允许卷绕一层钢丝绳。

9.6.1.6　钢丝绳端部的固定和连接应符合如下要求：

a)　压板固定时，卷筒上钢丝绳固定端至少有 2 块压板；

b)　用绳卡连接时，应保证连接强度不小于钢丝绳破断拉力的 85%，绳卡数量至少为 3 个，钢丝绳夹夹座应在钢丝绳长头一边；钢丝绳夹的间距应为钢丝绳直径的 6 倍～7 倍；

c)　用编结连接时，编结长度不应小于钢丝绳直径的 15 倍，并且不小于 0.3 m；连接强度不应小于钢丝绳破断拉力的 80%；

d)　用楔块、楔套连接时，楔套应用钢材制造；连接强度不应小于钢丝绳破断拉力的 80%；

e)　用锥形套浇铸法或用铝合金套压缩法连接时，连接强度应达到钢丝绳的破断拉力。

9.6.1.7　传动链条、传动链轮应符合 GB/T 1243、GB/T 6074、JB/T 11079 的规定，链条的安全系数不应小于表 40 的规定。

9.6.1.8　链条传动系统中应有防止链条在工作中发生爬链、跳链、保证链条与链轮正确啮合并平稳运转的措施(如张紧装置、防脱装置等)。

9.6.1.9　链条和链条固定装置间的连接(末端连接)在传输过程中应至少能够承受所需破断载荷的 80%。

9.6.2　起升用螺杆/螺母

9.6.2.1　起升用螺杆/螺母的安全系数不应小于表 40 的规定，螺杆的设计寿命应大于承载螺母的设计寿命。

9.6.2.2　正常使用的螺杆、螺母间应转动灵活、无卡阻现象，螺杆、螺母不应有裂纹和加工缺陷。应安装防止搬运器从其上脱开的装置。

9.6.2.3　起升螺杆副应设置防止尖锐物和异物进入的装置。

9.6.2.4　螺杆两端均应设有止挡装置，以防止承载轴承和螺母从螺杆上脱落。载车板抵达终点后起升螺杆副应有足够的安全缓冲行程；应设置防止载车板落地后对螺杆副直接冲击的装置或措施。

9.6.3　起升用同步带

9.6.3.1　起升用同步带的安全系数不应小于表 40 的规定，起升用同步带应符合 JB/T 7512.1 的规定，同步带应以镀铜钢丝绳作为芯绳，外部覆以橡胶制作而成。在高温湿热环境中使用时，应采用镀铜不锈钢钢丝绳作为芯绳。

9.6.3.2　应有防止同步带与水、油、润滑剂和溶解剂等物质直接接触的措施。

9.6.3.3　起升用同步带的两端应通过齿板及悬挂装置，分别与搬运器及对重装置连接，连接件的承载能力应达到破断载荷的 80%以上。压带板的齿形及尺寸与所选同步带相匹配，最小齿数可根据制造商的要求确定。

9.6.3.4　驱动带轮应采用钢、铸铁、阳极氧化铝等耐磨材料制作，其最小齿数、齿槽尺寸、公差及挡圈设置应符合 JB/T 7512.2 的规定。

9.6.3.5 在驱动带轮处应设置压带装置,保证同步带与带轮正确啮合。

9.6.3.6 安装时,应保证同步带与带轮轮齿的偏斜角沿带长方向不大于0.25°。

9.6.4 液压系统的安全要求

9.6.4.1 用于起升机构的液压缸,应能够承受住相当于最大工作压力至少2.5倍的静态力而不失效或永久变形。

9.6.4.2 液压钢管连同他们的终端部件,爆破压力与工作压力之比不应小于2.5。液压软管连同他们的终端部件、液压油缸的端口和阀(例如保护阀)之间的焊接或装配连接件,爆破压力与工作压力之比不应小于4。

9.6.4.3 液压升降系统应设置安全防护装置(如平衡阀),防止液压系统失压,致使搬运器坠落。平衡阀与顶升液压油缸和液压马达的连接应是刚性连接。如果与平衡阀的连接管路过长,在靠近压力管路接头处应装设自动保护装置(防破裂阀)以避免出现任何意外的起升物品下降。

9.6.4.4 液压系统应具有切断装置,以防止在进行维护作业或在液压设备调整时意外起动而引起伤害。切断装置应标记其用途和操作的形式,且在"切断"位置时应能够锁定。

9.6.4.5 在可能使管路受到机械损伤的场合,不宜使用非金属管路,反之应加装保护措施。

9.6.5 气动系统

停车设备起升机构不应使用气动设备作为传动元件。

9.6.6 制动系统

9.6.6.1 各机构应设有制动系统,制动系统应采用常闭式制动器。对控制升降运动的制动器,其制动力矩不应小于1.75倍额定载荷的制动力矩;具有液压制动作用的液压传动起升机构,制动器安全系数不应低于1.25;当采用两个制动器时,每个制动器的制动力矩不应小于1.1倍额定载荷的制动力矩。

9.6.6.2 制动器应便于检查,制动间隙应可调整,制动器弹簧应是压缩式,制动衬片应能方便更换。

9.6.6.3 宜选择对制动衬垫的磨损有自动补偿功能的制动器。

9.6.7 参数要求

运行中司机或乘客可能接近的准无人式停车设备,如升降横移类机械式停车设备与简易升降类机械式停车设备,其提升速度不应超过0.15 m/s,运行速度不应超过0.2 m/s。有自动门和栅栏门的除外。

9.7 电气与控制安全要求

9.7.1 供电电源

停车设备应由专用馈电线供电。供电系统中有触电危险的主滑触线应涂有安全色,并在适当的位置装设安全标志或表示带电的指示灯。

供电电源应符合8.3的要求。且不应用于汽车充电系统的供电等其他用途。对于公交车库、公共停车库宜设置应急电源。

9.7.2 电线电缆及电气配线

停车设备的电线电缆及电气配线应符合8.8的规定。

9.7.3 电气保护

停车设备的电气保护应符合 8.7 的规定。

9.7.4 接地保护

停车设备的金属结构及所有电气设备的金属外壳、管槽、电缆金属护层和变压器低压侧均应有可靠的接地。

9.7.5 绝缘电阻

在动力电路导线和保护接地电路之间施加 500 V(d.c)时测得的绝缘电阻不应小于 1 MΩ。

9.7.6 信号

停车设备应有指示总电源分合状况的信号,必要时还应设故障信号或报警信号。信号指示应设置操作人员或其他有关人员视力、听力可及的地点。

9.7.7 抗电磁干扰

停车设备抗电磁干扰应符合 8.7.6 的规定。

9.7.8 操作与控制安全要求

9.7.8.1 总则

9.7.8.1.1 控制站控制的要求应符合 8.5.4 的规定。

9.7.8.1.2 所有控制装置的用途或功能应采用清晰的符号予以标记,或用文字加以标注。

9.7.8.1.3 对升降横移类机械式停车设备与简易升降类机械式停车设备,操作位置距离所操作的车位水平距离不应超过 4 列,且中间不应有建筑立柱等影响操作人员视线的物体遮挡。重列式升降横移类机械式停车设备,最多为 2 重列。

9.7.8.1.4 外壳防护等级应符合 GB/T 4208—2017 的规定,室内使用时不低于 IP 44,室外使用时不低于 IP 65。

9.7.8.2 无线遥控

9.7.8.2.1 无线遥控适用于操作不超过 4 个车位非公共使用的简易升降类机械式停车设备,遥控距离及目视观察到人及汽车出入状况的距离不应超过 10 m。

9.7.8.2.2 采用无线遥控方式时,应符合 8.5.4.7 及 JB/T 8437 的规定,且操作区应装有其他停止停车设备运行的装置。

9.7.8.3 多点控制

停车设备要求多点控制时,应符合 8.5.4.8 的规定。

9.7.8.4 操作控制的授权

停车设备应设置密码、磁卡、扫码、钥匙操作型开关等方式来实现操作。

9.8 照明

9.8.1 出入口、行驶通道、转换区、工作区、人员操作位置均应配置照明设备,为方便人员撤离和维护,必要时应设置应急照明系统或配备便携式照明工具。

9.8.2 照明电路不应因停车设备各机构故障而断电。各照明电路应设断路器保护,且不应采用金属结构做照明线路的回路。

9.8.3 行驶通道、出入口附近以及人员出入的地方,其照明照度不应低于 30 lx。操作室内的照明照度不应低于 50 lx。在进车前应确保转换区的充分照明。人员离开之后转换区还应保持至少 60 s 的充足照明。

9.8.4 考虑到停车设备维修、保养所需的照明，机器房、电气室等照明照度不应低于 30 lx。需要时，驱动装置和电气柜周围也可专门设置照明装置。

9.9 噪声

距停车设备出入口水平距离 1 m、高 1.2 m～1.6 m 处测得的声压级噪声不应大于 70 dB(A)。在居民小区等公共场合，距离停车设备水平距离 20 m 处，在无遮挡的条件下，测得的声压级噪声不应大于 50 dB(A)。

9.10 安全防护装置

9.10.1 总则

安全防护装置是保障停车设备安全运行的必要措施。应依据停车设备的工作原理按照本标准的原则设置各类安全防护装置。

各类常见停车设备可按照附录 M 表 M.1 的要求设置安全防护装置。

9.10.2 安全防护装置设置要求

9.10.2.1 紧急停止开关

9.10.2.1.1 在便于操作的位置应设置紧急停止开关，以便在发生异常情况时能使停车设备立即停止运转。若停车设备由若干独立供电的部分组成，则每个部分都应分别设置紧急停止开关。若停车设备由转换区、工作区组成，则每个区域都应配备单独的紧急停止开关。紧急停止开关的设计应符合GB/T 16754的要求。

9.10.2.1.2 在紧急情况下能迅速切断动力回路总电源，但不应切断电源插座、照明、通风、消防和警报电路的电源。

9.10.2.1.3 紧急停止开关的复位应是非自动复位，复位不应引发或重新启动任何危险状况。

9.10.2.2 防止超限运行装置

当升降限位开关出现故障时，防止超限运行装置应使停车设备停止工作。

9.10.2.3 汽车长、宽、高限制装置

对进入停车设备的汽车进行车长、车宽、车高的检测，超过适停汽车尺寸时，机械不应动作并应报警。对有专人值守的简易升降类机械式停车设备，值守人员能够判断时可以不设宽度与高度限制装置；有专人值守的升降横移类机械式停车设备可以不设宽度限制装置；汽车专用升降机轿箱净宽不小于2.6 m时，可不设宽度限制装置。

9.10.2.4 阻车装置

9.10.2.4.1 当出现以下情况时应在汽车车轮停止的位置上设置阻车装置或固定装置：

a) 驾驶员在将汽车停放到搬运器或载车板上时，可能导致汽车停到预定的停车范围之外的；

b) 当搬运器沿汽车前进和后退方向运动时，有可能出现汽车超出预定的停车范围之外的；

c) 当汽车直接停在回转盘上时。

9.10.2.4.2 阻车装置应能使驾驶员感知汽车的位置，其高度不应低于 25 mm。当采用其他有

效措施阻车时,也可不再设置此阻车装置。当汽车停到预定的停车范围之外可能产生停车设备损坏或其他危险时,应另外采取阻挡装置,防止汽车停出预定范围外。

9.10.2.4.3 停车位或搬运器有一定角度的倾斜时,应采取措施保证汽车位置的固定。

9.10.2.5 人车误入检测装置

不设库门或开门运转的停车设备应设人车误入检测装置,当停车设备运行过程中,如有其他汽车或人员进入时,应使机械立即停止动作。

在保证各自功能的前提下,人车误入装置可以与汽车超长限制装置共用。

9.10.2.6 汽车位置检测装置

应设置汽车位置检测装置,当汽车未停在搬运器或载车板上的正确位置时,使停车设备不能运行。但有专人值守时,由操作人员确认安全的场合则不受本条限制。

9.10.2.7 出入口门(栅栏门)联锁保护装置

对出入口有门或围栏的停车设备应设置联锁保护装置。当搬运器没有停放到准确位置时,车位出入口的门等不能开启;当门处于开启状态时,搬运器不能运行。

9.10.2.8 自动门及防夹装置

对于9.3.2要求设置自动门的停车设备,还应设置防夹装置,防止夹伤人员或夹坏汽车。

9.10.2.9 防重叠自动检测装置

为避免向已停放汽车的车位再存进汽车,应设置对车位状况(有无汽车)进行检测的装置,或采取其他防重叠措施。

对于简易升降类机械式停车设备,当一层车位为地面停车时,二层车位下降有可能与一层地面停车重叠时,应设置对地面车位是否停车的检测装置,二层车位下降前应对一层是否停车进行检测并联锁,防止停车设备与汽车相碰。

9.10.2.10 防坠落装置

对准无人方式的停车设备,搬运器或载车板运行到位后,若出现意外,有可能使搬运器或载车板从高处坠落时,应设置防坠落装置,即使发生钢丝绳、链条等关键部件断裂的严重情况,防坠落装置应保证载车板不坠落。

对人车共乘式的汽车专用升降机可不安装防坠落装置,但应安装安全钳、限速器。

9.10.2.11 平层装置

对于升降平台升降到位后以及在转换区转换位置时,采取车板平移方式交换汽车或搬运器运送汽车的,应采取设置升降机平层装置等措施减小载荷离开及进入升降平台时的风险,其他位置必要时也应设置升降机平层装置。

9.10.2.12 警示装置

停车设备应设有能发出声或光报警信号的警示装置,在停车设备运转时该警示装置应起作用。

9.10.2.13 轨道端部止挡装置

为防止运行机构脱轨,在水平运行轨道的端部,应设置止挡装置,并能承受运行机构在额定载荷、额定速度下运行产生的撞击。

9.10.2.14　**缓冲器**

应在升降平台和对重的下端设置缓冲器。对强制驱动的升降平台，当升降速度大于20 m/min时，还应在搬运器和对重垂直升降的上端装设缓冲器。当搬运台车或巷道堆垛机运行速度大于20 m/min时，应在搬运台车或堆垛机水平运行的两端装设缓冲器。

9.10.2.15　**松绳(链)检测装置或载车板倾斜检测装置**

对于有松绳(链)可能的升降装置，为防止驱动绳(链)部分松动导致载车板(搬运器)倾斜或钢丝绳跳槽，应设置松绳(链)检测装置或载车板倾斜检测装置。当载车板(搬运器)运动过程中发生松绳(链)情况时，应立即使停车设备停止运行。

9.10.2.16　**安全钳**

9.10.2.16.1　安全钳的选用与安装应符合GB 7588的规定，无人方式、准无人方式、液压直顶式除外。

9.10.2.16.2　搬运器在运行过程中，在达到限速器动作速度时，甚至在悬挂装置断裂的情况下，安全钳应能夹紧导轨使装有额定载荷的搬运器制动停止并保持静止状态。

9.10.2.16.3　停车设备的安全钳释放应由专业人员操纵。

9.10.2.16.4　不应将安全钳的夹爪或钳体充当导靴使用。

9.10.2.17　**限速器**

9.10.2.17.1　限速器的选用与安装应符合GB 7588的规定，无人方式、准无人方式、液压直顶方式除外。

9.10.2.17.2　限速器的动作点不应小于额定速度的115%。动作点最大值应符合GB 7588的规定。

9.10.2.18　**紧急联络装置**

对于人车共乘式的停车设备，在搬运器内应设置紧急联络装置，以便在发生停电、停车设备故障等紧急情况时，能与外部联络。

9.10.2.19　**运转限制装置**

人员未出停车设备，停车设备不应启动。可通过激光扫描器、灵敏光电装置等自动检测在转换区里有无人员出入，当有管理人员确认安全的情况下，可不设置此装置。

9.10.2.20　**控制联锁功能**

停车设备的汽车存取由几个控制点操作时，这些控制点应相互联锁，以使得仅能从所选择的控制点操作。

9.10.2.21　**超载限制器**

当停车设备实际载荷超过额定载荷的95%时，超载限制器宜发出报警信号。

当停车设备实际载荷超过额定载荷100%～110%时，超载限制器起作用，此时应自动切断起升动力电源。

9.10.2.22　**载车板锁定装置**

为防止意外情况下，载车板从停车位中滑出，应设置载车板锁定装置。在采取了有效措施的情况下，可不设此装置。

9.10.2.23 抗风防滑装置

对于室外非密闭的停车设备,应有抗风防滑装置或采取抗风措施,防止因风载荷引起搬运器或车位失去控制的滑动及晃动。

9.11 转换区的安全要求

9.11.1 转换区的安全布置

转换区应设置在封闭的区域,能防止无关人员进入。对于有专人值守的非公共停车设备且数量不超过两组时,如简易升降类机械式停车设备,可不对转换区进行封闭,但不应设置在公共行车通道上。

9.11.2 转换区的安全要求

转换区应具备以下安全装置或功能:

a) 应有汽车引导的标识;

b) 应有足够的照明;

c) 应有汽车尺寸的检测装置;

d) 应有运转限制装置,当有管理人员确认转换区无人时可不设;

e) 转换区的设计应避免人员在无停车设备帮助的情况下登上 2 m 以上的高处。

在紧急情况或停电时,设有车库门的停车设备,应具备人员从转换区撤离的措施。若没有设置紧急门或侧门,则应设置能够开启车库门的紧急操纵装置。此装置一旦启动,转换区内各机构应停止运转。

9.12 停车设备的使用维护文件

9.12.1 总则

停车设备制造商应向用户提供“机械式停车设备使用手册”,指导停车设备安全使用,其内容至少应包括基本信息、安装、操作、维护、培训等。基本信息至少应包括如下内容:

——适停汽车的性能指标,例如尺寸、质量等;

——操作(运行)条件,例如每天运行的时间、自动/手动操作、操作模式的指示等;

——使用的环境状况(条件)范围,例如风力、温度、相对湿度等;

——安全功能的详细资料及安全装置的安装位置;

——应包含不准许的使用信息。

9.12.2 用户手册

9.12.2.1 停车设备用户手册应明确以下要求:

a) 用户修改停车设备的结构(配置)或设计前应征求制造商或其授权代表的意见;

b) 修改停车设备的结构(配置)或设计之后,制造单位需要重新制定“机械式停车设备用产手册”。

9.12.2.2 向用户提供的“机械式停车设备用户手册”,应包括结构基础的支撑条件等。对于非制造单位安装的,还应包括安装的详细内容,指导对停车设备进行安装调试。

9.12.3 操作使用说明

停车设备的操作使用说明应至少包括以下的安全操作信息:

a) 停车设备的使用范围;

b) 停车设备使用方法；

c) 故障情况处理；

d) 只有授权的人员可以干预停车设备的正常运作；

e) 停止模式和方法，这应包含提供给用户的所有正常停止装置和紧急停止装置的说明；

f) 所有区域应保持清洁，没有障碍物和多余物品；

g) 避免超载；

h) 发生事故或故障时应遵循的操作方法：

  1) 确定意外中止或紧急情况发生的原因；

  2) 如需要修理故障，还应规定（声明）用户和/或运营公司的职责。

9.12.4 维护说明

用户手册应至少包括如下维护内容：

a) 维护人员需要具备一定的技术知识和技能，尤其是需要特殊能力的操作；所有维护与调整工作，不论是机械的还是电气的，应仅由经授权的人员依据安全工作制度和制造商的说明书来完成；

b) 履行维护工作和故障纠正的程序和条件，例如停车设备应被隔离或采取其他措施，以防止意外动作；

c) 易损件和检查的大致频率及其替换情况的列表；

d) 将要周期性检查包含定期检查的部件的列表；

e) 钢丝绳、圆弧齿同步带和链条检查和替换情况；

f) 停车设备和基本附件维护列表，应制定为替换某些部件而停止所有或部分停车设备的职责；

g) 依据制造商的说明书需要给停车设备提供正确的工作条件和维护建议；

h) 依据制造商的说明书需要定期以安全的方式对移动部件和安全装置进行检查、调整、维护和清洁；

i) 在安全防护装置被更换或移开和/或安全防护装置处于空挡的部位如何安全地进行维护工作；

j) 需要对安全防护装置、警报信号、安全信息、标记和照明进行维护；

k) 若制造商要求在机构或其停车设备的维护中使用有害原料（例如油漆、润滑剂、密封材料、绝缘材料、液压油），应提供相应的安全说明书；

l) 圆弧齿同步带报废的具体信息，例如“若在圆弧齿同步带的根部发现裂纹，应立即更换此带”等。

9.12.5 培训

9.12.5.1 培训方案应包括认为有需要的停车设备操作人员的培训。

9.12.5.2 如果已认为需要对用户进行培训，则本培训的方案应列入说明。

附　录　A
（资料性附录）
机械式停车设备机构分级

停车设备的机构分级见表 A.1。

表 A.1　停车设备的机构分级

停车设备类型	机构名称	使用等级	载荷状态级别	机构工作级别
升降横移类	起升机构	T2～T4	L2	M2～M4
	横(纵)移机构	T2～T4	L2	M2～M4
简易升降类	起升机构	T2～T4	L2～L4	M2～M5
垂直循环类	垂直循环机构	T5～T7	L2	M5～M7
水平循环类	起升机构	T3～T5	L3	M4～M6
	水平循环机构	T4～T6	L2	M4～M6
多层循环类	起升机构	T3～T5	L3	M4～M6
	多层循环机构	T4～T6	L2	M4～M6
平面移动类	起升机构	T5～T7	L3	M6～M8
	搬运台车	T4～T6	L2	M4～M6
	存取交接机构	T4～T6	L2	M4～M6
巷道堆垛类	起升机构	T5～T7	L3	M6～M8
	纵移机构	T4～T6	L3	M5～M7
	存取交接机构	T3～T5	L2	M3～M5
垂直升降类	起升机构	T5～T7	L3	M6～M8
	存取交接机构	T4～T6	L2	M4～M6
	搬运台车	T3～T5	L2	M3～M5
汽车专用升降机	起升机构	T3～T5	L3	M4～M6
—	回转机构	T3～T5	L3	M4～M6
—	转换用起升机构	T3～T5	L3	M4～M6

注 1：根据停车设备主要用途不同合理选取机构工作级别(如用于家庭、企事业单位、住宅小区及其他与此类似的使用场所，取小值；用于医院、商业、餐饮等使用场所，取大值)。

注 2：允许用户与制造商协商确定机构使用等级、载荷状态级别和机构工作级别。

注 3：若设计中无停车设备类型相对应的机构，则该机构的工作级别可不用考虑。

附　录　B
（资料性附录）
钢材冲击韧性参数的选择

不同影响因素下的材料冲击韧性参数 q_i 依据表 B.1 确定，由冲击韧性综合参数 $\sum q_i$ 确定材料的冲击能量与对应的试验温度要求，见表 B.2。

表 B.1　冲击韧性参数 q_i

i	影响因素		q_i
1	工作环境温度 T/℃	$0 \leqslant T$	0
		$-10 \leqslant T < 0$	1
		$-20 \leqslant T < -10$	2
		$-30 \leqslant T < -20$	3
		$-40 \leqslant T < -30$	4
		$-50 \leqslant T < -40$	6
2	屈服应力 σ_s/(N/mm^2)	$\sigma_s \leqslant 300$	0
		$300 < \sigma_s \leqslant 460$	1
		$460 < \sigma_s \leqslant 700$	2
		$700 < \sigma_s \leqslant 1\ 000$	3
		$1\ 000 < \sigma_s \leqslant 1\ 300$	4
3	材料厚度 t/mm 实心棒材的等效厚度 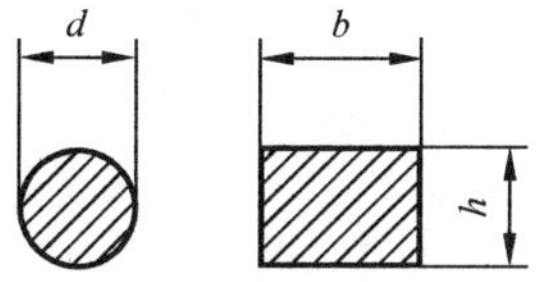 $t=\frac{d}{1.8}$，对于$\frac{b}{h}<1.8$，$t=\frac{b}{1.8}$	$t \leqslant 10$	0
		$10 < t \leqslant 20$	1
		$20 < t \leqslant 40$	2
		$40 < t \leqslant 60$	3
		$60 < t \leqslant 80$	4
		$80 < t \leqslant 100$	5
		$100 < t \leqslant 125$	6
		$125 < t \leqslant 150$	7
4	特征疲劳强度 $\Delta\sigma_c$/(N/mm^2)(见附录 I)	$125 < \Delta\sigma_c$	0
		$80 < \Delta\sigma_c \leqslant 125$	1
		$56 < \Delta\sigma_c \leqslant 80$	2
		$40 < \Delta\sigma_c \leqslant 56$	3
		$30 < \Delta\sigma_c \leqslant 40$	4
		$\Delta\sigma_c \leqslant 30$	5
5	结构静应力 σ/(N/mm^2)	$0.75\lim\sigma < \sigma$	0
		$0.5\lim\sigma < \sigma \leqslant 0.75\lim\sigma$	−1
		$0.25\lim\sigma < \sigma \leqslant 0.5\lim\sigma$	−2
		$\sigma \leqslant 0.25\lim\sigma$	−3

注：limσ——见表 15。

表 B.2 冲击韧性综合参数及性能要求

项目	$\sum q_i \leqslant 5$	$6 < \sum q_i \leqslant 8$	$9 < \sum q_i \leqslant 11$	$12 < \sum q_i \leqslant 14$
冲击能量(J)/试验温度(℃)要求	27/+20	27/0	27/−20	27/−40

附 录 C
（资料性附录）
拉伸载荷作用下连接刚度计算

本附录中图C.1所示的理想状态，假定实际连接中不超过5个连接面，适用于受拉螺栓连接计算中构件刚度的确定。相邻螺栓和/或外力引入系统的方式对于附加的螺栓力具有很大的影响，应在实际设计中予以考虑。

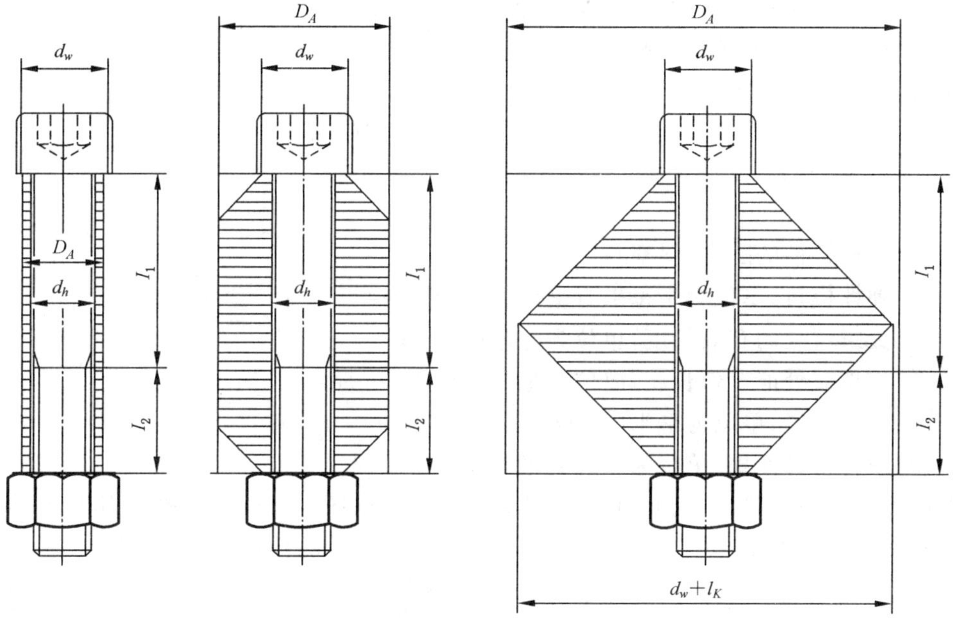

图C.1 受拉载荷的连接类型

被连接件的刚度按式(C.1)计算。

$$K_c=\frac{E}{l_k}\times A_{eq} \qquad \cdots\cdots\cdots\cdots\cdots\cdots\cdots\cdots\text{(C.1)}$$

式中：

K_c ——被连接件的刚度（斜率）；

E ——弹性模量，单位为牛每平方毫米（N/mm^2）；

l_k ——有效夹紧长度，单位为毫米（mm），$l_k=l_1+l_2$；

l_1 ——无螺纹处的有效长度，单位为毫米（mm）；

l_2 ——有螺纹处的有效长度，单位为毫米（mm）；

A_{eq}——计算的等效面积，单位为平方毫米（mm^2），见式(C.2)；

$$\begin{cases} D_A < d_w, & A_{eq}=\frac{\pi}{4}(D_A{}^2-d_h{}^2) \\ d_w \leqslant D_A \leqslant d_w+l_k, & A_{eq}=\frac{\pi}{4}(d_w{}^2-d_h{}^2)+\frac{\pi}{8}(D_A-d_w)\left[\left(\sqrt[3]{\frac{l_k d_w}{D_A{}^2}}+1\right)^2-1\right] \\ d_w+l_k < D_A, & A_{eq}=\frac{\pi}{4}(d_w{}^2-d_h{}^2)+\frac{\pi}{8}L_k d_w\left[\left(\sqrt[3]{\frac{l_k d_w}{(l_k+d_w)^2}}+1\right)^2-1\right] \end{cases} \quad \cdots(C.2)$$

D_A ——被连接件(圆柱体)的有效直径,单位为毫米(mm);

d_w ——螺栓头部接触区的直径,单位为毫米(mm);

d_h ——螺栓孔直径,单位为毫米(mm)。

螺栓刚度按式(C.3)计算。

$$\frac{1}{K_b}=\frac{1}{E}\left(\frac{l_1+0.4d}{\pi d^2/4}+\frac{l_2+0.5d}{A_r}\right) \quad \cdots\cdots\cdots\cdots(C.3)$$

式中:

K_b ——被连接件的刚度(斜率);

E ——弹性模量,单位为牛每平方毫米(N/mm^2);

l_1 ——无螺纹处的有效长度,单位为毫米(mm);

l_2 ——有螺纹处的有效长度,单位为毫米(mm);

d ——螺栓直径,单位为毫米(mm);

A_r ——螺栓根部面积,单位为平方毫米(mm^2)。

根据被连接件的形状,外力可作用于螺栓的端部[见图 C.2a)]、螺栓端部与连接板之间[见图 C.2b)]、接近连接板[见图 C.2c)]所示。刚度比例系数的计算见式(C.4):

$$\Phi=\alpha_L\times\frac{K_b}{K_b+K_c} \quad \cdots\cdots\cdots\cdots(C.4)$$

式中:

Φ ——连接的刚度比例系数:

α_L ——载荷作用系数(见图 C.2),与被连接件形状有关;

K_b ——螺栓的刚度;

K_c ——被连接件的刚度。

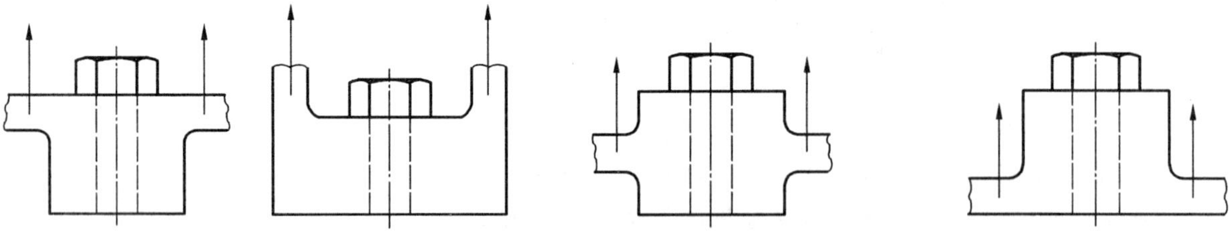

a) α_L=0.9,1　　b) α_L=0.6　　c) α_L=0.3

图 C.2　载荷作用系数

图 C.2 a)是典型的螺栓连接形式。在载荷作用位置不清楚的情况下,取 $\alpha_L=1$。在采用有限元分析确定刚度比例系数 Φ 的情况下,取 $\alpha_L=1$。

附　录　D
（规范性附录）
受压构件的计算长度和格构式构件的换算长细比

D.1　受压构件的计算长度 l_c

D.1.1　同一平面内在不同支承方式下各种截面型式的等截面受压构件的计算长度，按式(D.1)计算。

$$l_c = \mu_1 l \quad \cdots\cdots\cdots\cdots (D.1)$$

式中：

l_c ——等截面受压构件的计算长度，单位为毫米(mm)；

l ——构件的实际几何长度，单位为毫米(mm)；

μ_1——与支承方式有关的(在两个互相垂直的平面内不一定相同)长度系数，见表 D.1。

D.1.2　变截面受压构件计算长度按式(D.2)计算，此时构件的截面惯性矩取原构件的最大截面惯性矩。

$$l_c = \mu_1 \mu_2 l \quad \cdots\cdots\cdots\cdots (D.2)$$

式中：

l_c ——变截面受压构件计算长度，单位为毫米(mm)；

μ_2——变截面长度系数，见表 D.2 和表 D.3。等截面时取 $\mu_2 = 1$。

D.2　等截面格构式受压构件的换算长细比

等截面格构式受压构件的换算长细比见表 D.4。

表 D.1　在同一平面内与支承方式有关的长度系数 μ_1 值

a/l	构件支承方式					
	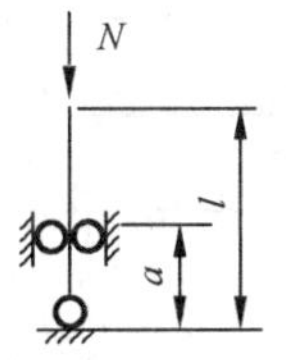	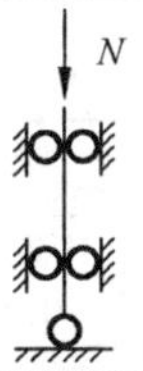				
0	2.00	0.70	0.50	2.00	0.70	0.50
0.1	1.87	0.65	0.47	1.85	0.65	0.46
0.2	1.73	0.60	0.44	1.70	0.59	0.43
0.3	1.60	0.56	0.41	1.55	0.54	0.39
0.4	1.47	0.52	0.41	1.40	0.49	0.36
0.5	1.35	0.50	0.44	1.26	0.44	0.35
0.6	1.23	0.52	0.49	1.11	0.41	0.36
0.7	1.13	0.56	0.54	0.98	0.41	0.39

表 D.1（续）

a/l	构件支承方式					
	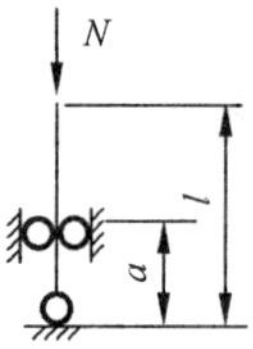	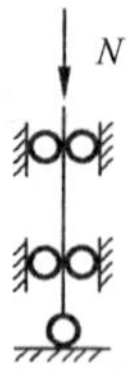	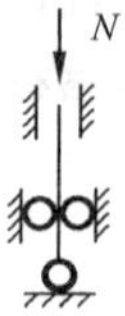		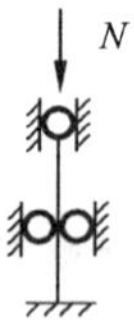	
0.8	1.06	0.60	0.59	0.85	0.44	0.43
0.9	1.01	0.65	0.65	0.76	0.47	0.46
1.0	1.00	0.70	0.70	0.70	0.50	0.50

表 D.2　两端铰支非对称变化构件的变截面长度系数 μ_2 值

变截面形式	I_{min}/I_{max}	μ_2
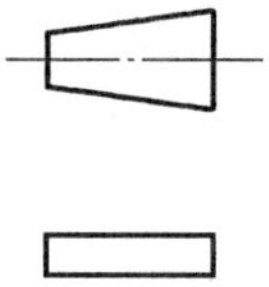 I_x 呈线性变化 $n=1$	0.1	1.45
	0.2	1.35
	0.4	1.21
	0.6	1.13
	0.8	1.06
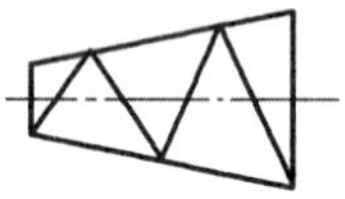 I_x 呈抛物线变化 $n=2$	0.1	1.66
	0.2	1.45
	0.4	1.24
	0.6	1.13
	0.8	1.05

表 D.3　两端铰支对称变化构件的变截面长度系数 μ_2 值

变截面形式	μ_2						
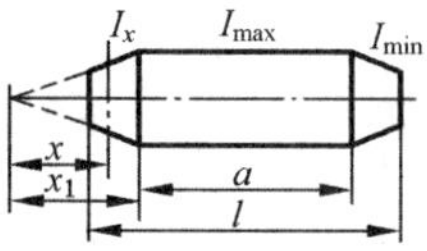	I_{min}/I_{max}	n	m				
			0	0.2	0.4	0.6	0.8
$\frac{I_x}{I_{max}}=\left(\frac{x}{x_1}\right)^n, m=\frac{a}{l}$	0.1	1	1.23	1.14	1.07	1.02	1.00
		2	1.35	1.22	1.10	1.03	1.00
		3	1.40	1.31	1.12	1.04	1.00
		4	1.43	1.33	1.13	1.04	1.00
构件两端： $n=1$ 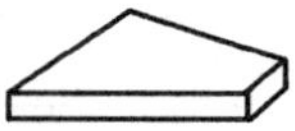	0.2	1	1.19	1.11	1.05	1.01	1.00
		2	1.25	1.15	1.07	1.02	1.00
		3	1.27	1.16	1.08	1.03	1.00
		4	1.28	1.17	1.08	1.03	1.00

表 D.3（续）

变截面形式	μ_2						
	I_{min}/I_{max}	n	m				
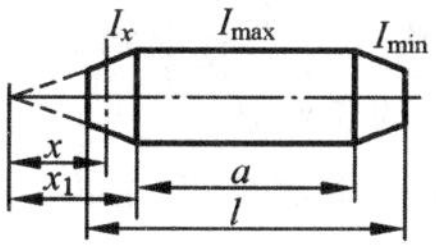			0	0.2	0.4	0.6	0.8
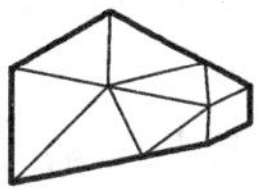 $n=2$	0.4	1	1.12	1.07	1.04	1.01	1.00
		2	1.14	1.08	1.04	1.01	1.00
		3	1.15	1.09	1.04	1.01	1.00
		4	1.15	1.09	1.04	1.01	1.00
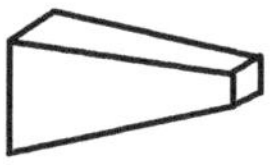 $n=3$	0.6	1	1.07	1.04	1.02	1.01	1.00
		2	1.08	1.05	1.02	1.01	1.00
		3	1.08	1.05	1.02	1.01	1.00
		4	1.08	1.05	1.02	1.01	1.00
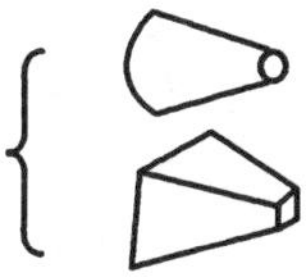 $n=4$	0.8	1	1.03	1.02	1.01	1.00	1.00
		2	1.03	1.02	1.01	1.00	1.00
		3	1.03	1.02	1.01	1.00	1.00
		4	1.03	1.02	1.01	1.00	1.00

表 D.4 等截面格构式构件换算长细比 λ_h 计算公式

项次	构件截面形式	缀材类别	计算公式	符号意义
1	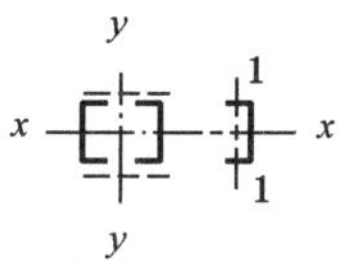 a)	缀板	$\lambda_{hy}=\sqrt{\lambda_y^2+\lambda_1^2}$	λ_y——整个构件对虚轴 y—y 的长细比 λ_1——单肢对 1—1 轴的长细比，其计算长度取缀板间的净距离
2		缀条	$\lambda_{hy}=\sqrt{\lambda_y^2+27\dfrac{A}{A_1}}$	A——构件横截面所截各弦杆（主肢）的毛截面面积之和 A_1——构件横截面所截各斜缀条的毛截面面积之和
3	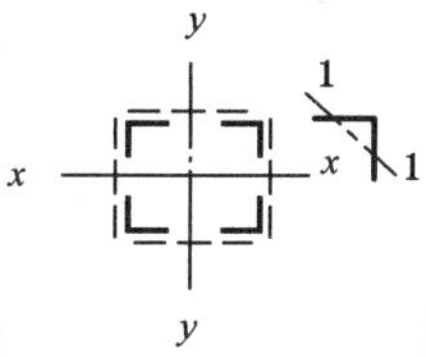 b)	缀板	$\lambda_{hx}=\sqrt{\lambda_x^2+\lambda_1^2}$ $\lambda_{hy}=\sqrt{\lambda_y^2+\lambda_1^2}$	λ_x，λ_y——整个构件分别对虚轴 x—x 或 y—y 的长细比 λ_1——单肢对最小刚度轴 1—1 的长细比，其计算长度取缀板间的净距离
4		缀条	$\lambda_{hx}=\sqrt{\lambda_x^2+40\dfrac{A}{A_{1x}}}$ $\lambda_{hy}=\sqrt{\lambda_y^2+40\dfrac{A}{A_{1y}}}$	A_{1x}——构件横截面所截垂直于 x—x 轴的平面内各斜缀条的毛截面面积之和 A_{1y}——构件横截面所截垂直于 y—y 轴的平面内各斜缀条的毛截面面积之和

表 D.4(续)

项次	构件截面形式	缀材类别	计算公式	符号意义
5	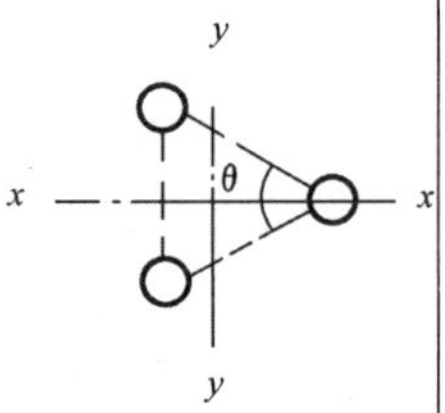 c)	缀条	$\lambda_{hx}=\sqrt{\lambda^2_x+\frac{42A}{A_1(1.5-\cos^2\theta)}}$ $\lambda_{hy}=\sqrt{\lambda^2_y+\frac{42A}{A_1\cos^2\theta}}$	λ_x,λ_y——整个构件分别对虚轴 x—x 或 y—y 的长细比 A——构件横截面所截各弦杆的毛截面面积之和 A_1——构件横截面所截各斜缀条的毛截面面积之和 θ——缀条所在平面与 x 轴的夹角
缀板组合结构件的单肢长细比 λ_1 不应大于 40。缀板尺寸应符合下列规定:缀板沿柱纵向的宽度不应小于肢件轴线间距离的 2/3,厚度不应小于该距离的 1/40,且不小于 6 mm。 斜缀条与结构件轴线间倾角应保持在 40°～70°范围内。				

附 录 E
（规范性附录）
轴心受压构件的稳定系数

E.1 a类、b类、c类、d类截面轴心受压构件的稳定系数 φ 的选择见表E.1～表E.4。

E.2 表E.1～表E.4中的a、b、c、d类截面，见表25。

E.3 表E.1～表E.4中的 φ 值按式(E.1)和(E.2)计算。

当 $\lambda_n=\frac{\lambda}{\pi}\sqrt{\sigma_s/E}\leqslant 0.215$ 时：

$$\varphi=1-\alpha_1\lambda_n^2 \qquad \cdots\cdots(\text{E.1})$$

当 $\lambda_n>0.215$ 时：

$$\varphi=\frac{1}{2\lambda_n^2}\left[(\alpha_2+\alpha_3\lambda_n+\lambda_n^2)-\sqrt{(\alpha_2+\alpha_3\lambda_n+\lambda_n^2)^2-4\lambda_n^2}\right] \qquad \cdots\cdots(\text{E.2})$$

式中：

$\alpha_1,\alpha_2,\alpha_3$——系数，根据表25的截面分类，由表E.5查用；

λ_n ——正侧长细比；

λ ——构件长细比。

E.4 当构件的 $\lambda\sqrt{\sigma_s/235}$ 值超出表E.1～表E.4的范围时，则 φ 值按E.3所列的公式计算，其中 σ_s 见表15。

表E.1 a类截面轴心受压构件的稳定系数 φ

$\lambda\sqrt{\frac{\sigma_s}{235}}$	0	1	2	3	4	5	6	7	8	9
0	1.000	1.000	1.000	1.000	0.999	0.999	0.998	0.998	0.997	0.996
10	0.995	0.994	0.993	0.992	0.991	0.989	0.988	0.986	0.985	0.983
20	0.981	0.979	0.977	0.976	0.974	0.972	0.970	0.968	0.966	0.964
30	0.963	0.961	0.959	0.957	0.955	0.952	0.950	0.948	0.946	0.944
40	0.941	0.939	0.937	0.934	0.932	0.929	0.927	0.924	0.921	0.919
50	0.916	0.913	0.910	0.907	0.904	0.900	0.897	0.894	0.890	0.886
60	0.883	0.879	0.875	0.871	0.867	0.863	0.858	0.854	0.849	0.844
70	0.839	0.834	0.829	0.824	0.818	0.813	0.807	0.801	0.795	0.789
80	0.783	0.776	0.770	0.763	0.757	0.750	0.743	0.736	0.728	0.721
90	0.714	0.706	0.699	0.691	0.684	0.676	0.668	0.661	0.653	0.645
100	0.638	0.630	0.622	0.615	0.607	0.600	0.592	0.585	0.577	0.570
110	0.563	0.555	0.548	0.541	0.534	0.527	0.520	0.514	0.507	0.500
120	0.494	0.488	0.481	0.475	0.469	0.463	0.457	0.451	0.445	0.440
130	0.434	0.429	0.423	0.418	0.412	0.407	0.402	0.397	0.392	0.387
140	0.383	0.378	0.373	0.369	0.364	0.360	0.356	0.351	0.347	0.343

表 E.1(续)

$\lambda\sqrt{\frac{\sigma_s}{235}}$	0	1	2	3	4	5	6	7	8	9
150	0.339	0.335	0.331	0.327	0.323	0.320	0.316	0.312	0.309	0.305
160	0.302	0.298	0.295	0.292	0.289	0.285	0.282	0.279	0.276	0.273
170	0.270	0.267	0.264	0.262	0.259	0.256	0.253	0.251	0.248	0.246
180	0.243	0.241	0.238	0.236	0.233	0.231	0.229	0.226	0.224	0.222
190	0.220	0.218	0.215	0.213	0.211	0.209	0.207	0.205	0.203	0.201
200	0.199	0.198	0.196	0.194	0.192	0.190	0.189	0.187	0.185	0.183
210	0.182	0.180	0.179	0.177	0.175	0.174	0.172	0.171	0.169	0.168
220	0.166	0.165	0.164	0.162	0.161	0.159	0.158	0.157	0.155	0.154
230	0.153	0.152	0.150	0.149	0.148	0.147	0.146	0.144	0.143	0.142
240	0.141	0.140	0.139	0.138	0.136	0.135	0.134	0.133	0.132	0.131
250	0.130	—	—	—	—	—	—	—	—	—

表 E.2 b 类截面轴心受压构件的稳定系数 φ

$\lambda\sqrt{\frac{\sigma_s}{235}}$	0	1	2	3	4	5	6	7	8	9
0	1.000	1.000	1.000	0.999	0.999	0.998	0.997	0.996	0.995	0.994
10	0.992	0.991	0.989	0.987	0.985	0.983	0.981	0.978	0.976	0.973
20	0.970	0.967	0.963	0.960	0.957	0.953	0.950	0.946	0.943	0.939
30	0.936	0.932	0.929	0.925	0.922	0.918	0.914	0.910	0.906	0.903
40	0.899	0.895	0.891	0.887	0.882	0.878	0.874	0.870	0.865	0.861
50	0.856	0.852	0.847	0.842	0.838	0.833	0.828	0.823	0.818	0.813
60	0.807	0.802	0.797	0.791	0.786	0.780	0.774	0.769	0.763	0.757
70	0.751	0.745	0.739	0.732	0.726	0.720	0.714	0.707	0.701	0.694
80	0.688	0.681	0.675	0.668	0.661	0.655	0.648	0.641	0.635	0.628
90	0.621	0.614	0.608	0.601	0.594	0.588	0.581	0.575	0.568	0.561
100	0.555	0.549	0.542	0.536	0.529	0.523	0.517	0.511	0.505	0.499
110	0.493	0.487	0.481	0.475	0.470	0.464	0.458	0.453	0.447	0.442
120	0.437	0.432	0.426	0.421	0.416	0.411	0.406	0.402	0.397	0.392
130	0.387	0.383	0.378	0.374	0.370	0.365	0.361	0.357	0.353	0.349
140	0.345	0.341	0.337	0.333	0.329	0.326	0.322	0.318	0.315	0.311
150	0.308	0.304	0.301	0.298	0.295	0.291	0.288	0.285	0.282	0.279
160	0.276	0.273	0.270	0.267	0.265	0.262	0.259	0.256	0.254	0.251

表 E.2（续）

$\lambda\sqrt{\frac{\sigma_s}{235}}$	0	1	2	3	4	5	6	7	8	9
170	0.249	0.246	0.244	0.241	0.239	0.236	0.234	0.232	0.229	0.227
180	0.225	0.223	0.220	0.218	0.216	0.214	0.212	0.210	0.208	0.206
190	0.204	0.202	0.200	0.198	0.197	0.195	0.193	0.191	0.190	0.188
200	0.186	0.184	0.183	0.181	0.180	0.178	0.176	0.175	0.173	0.172
210	0.170	0.169	0.167	0.166	0.165	0.163	0.162	0.160	0.159	0.158
220	0.156	0.155	0.154	0.153	0.151	0.150	0.149	0.148	0.146	0.145
230	0.144	0.143	0.142	0.141	0.140	0.138	0.137	0.136	0.135	0.134
240	0.133	0.132	0.131	0.130	0.129	0.128	0.127	0.126	0.125	0.124
250	0.123	—	—	—	—	—	—	—	—	—

表 E.3　c 类截面轴心受压构件的稳定系数 φ

$\lambda\sqrt{\frac{\sigma_s}{235}}$	0	1	2	3	4	5	6	7	8	9
0	1.000	1.000	1.000	0.999	0.999	0.998	0.997	0.996	0.995	0.993
10	0.992	0.990	0.988	0.986	0.983	0.981	0.978	0.976	0.973	0.970
20	0.966	0.959	0.953	0.947	0.940	0.934	0.928	0.921	0.915	0.909
30	0.902	0.896	0.890	0.884	0.877	0.871	0.865	0.858	0.852	0.846
40	0.839	0.833	0.826	0.820	0.814	0.807	0.801	0.794	0.788	0.781
50	0.775	0.768	0.762	0.755	0.748	0.742	0.735	0.729	0.722	0.715
60	0.709	0.702	0.695	0.689	0.682	0.676	0.669	0.662	0.656	0.649
70	0.643	0.636	0.629	0.623	0.616	0.610	0.604	0.597	0.591	0.584
80	0.578	0.572	0.566	0.559	0.553	0.547	0.541	0.535	0.529	0.523
90	0.517	0.511	0.505	0.500	0.494	0.488	0.483	0.477	0.472	0.467
100	0.463	0.458	0.454	0.449	0.445	0.441	0.436	0.432	0.428	0.423
110	0.419	0.415	0.411	0.407	0.403	0.399	0.395	0.391	0.387	0.383
120	0.379	0.375	0.371	0.367	0.364	0.360	0.356	0.353	0.349	0.346
130	0.342	0.339	0.335	0.332	0.328	0.325	0.322	0.319	0.315	0.312
140	0.309	0.306	0.303	0.300	0.297	0.294	0.291	0.288	0.285	0.282
150	0.280	0.277	0.274	0.271	0.269	0.266	0.264	0.261	0.258	0.256
160	0.254	0.251	0.249	0.246	0.244	0.242	0.239	0.237	0.235	0.233
170	0.230	0.228	0.226	0.224	0.222	0.220	0.218	0.216	0.214	0.212
180	0.210	0.208	0.206	0.205	0.203	0.201	0.199	0.197	0.196	0.194

表 E.3(续)

$\lambda\sqrt{\frac{\sigma_s}{235}}$	0	1	2	3	4	5	6	7	8	9
190	0.192	0.190	0.189	0.187	0.186	0.184	0.182	0.181	0.179	0.178
200	0.176	0.175	0.173	0.172	0.170	0.169	0.168	0.166	0.165	0.163
210	0.162	0.161	0.159	0.158	0.157	0.156	0.154	0.153	0.152	0.151
220	0.150	0.148	0.147	0.146	0.145	0.144	0.143	0.142	0.140	0.139
230	0.138	0.137	0.136	0.135	0.134	0.133	0.132	0.131	0.130	0.129
240	0.128	0.127	0.126	0.125	0.124	0.124	0.123	0.122	0.121	0.120
250	0.119	—	—	—	—	—	—	—	—	—

表 E.4 d 类截面轴心受压构件的稳定系数 φ

$\lambda\sqrt{\frac{\sigma_s}{235}}$	0	1	2	3	4	5	6	7	8	9
0	1.000	1.000	0.999	0.999	0.998	0.996	0.994	0.992	0.990	0.987
10	0.984	0.981	0.978	0.974	0.969	0.965	0.960	0.955	0.949	0.944
20	0.937	0.927	0.918	0.909	0.900	0.891	0.883	0.874	0.865	0.857
30	0.848	0.840	0.831	0.823	0.815	0.807	0.799	0.790	0.782	0.774
40	0.766	0.759	0.751	0.743	0.735	0.728	0.720	0.712	0.705	0.697
50	0.690	0.683	0.675	0.668	0.661	0.654	0.646	0.639	0.632	0.625
60	0.618	0.612	0.605	0.598	0.591	0.585	0.578	0.572	0.565	0.559
70	0.552	0.546	0.540	0.534	0.528	0.522	0.516	0.510	0.504	0.498
80	0.493	0.487	0.481	0.476	0.470	0.465	0.460	0.454	0.449	0.444
90	0.439	0.434	0.429	0.424	0.419	0.414	0.410	0.405	0.401	0.397
100	0.394	0.390	0.387	0.383	0.380	0.376	0.373	0.370	0.366	0.363
110	0.359	0.356	0.353	0.350	0.346	0.343	0.340	0.337	0.334	0.331
120	0.328	0.325	0.322	0.319	0.316	0.313	0.310	0.307	0.304	0.301
130	0.299	0.296	0.293	0.290	0.288	0.285	0.282	0.280	0.277	0.275
140	0.272	0.270	0.267	0.265	0.262	0.260	0.258	0.255	0.253	0.251
150	0.248	0.246	0.244	0.242	0.240	0.237	0.235	0.233	0.231	0.229
160	0.227	0.225	0.223	0.221	0.219	0.217	0.215	0.213	0.212	0.210
170	0.208	0.206	0.204	0.203	0.201	0.199	0.197	0.196	0.194	0.192
180	0.191	0.189	0.188	0.186	0.184	0.183	0.181	0.180	0.178	0.177
190	0.176	0.174	0.173	0.171	0.170	0.168	0.167	0.166	0.164	0.163
200	0.162	—	—	—	—	—	—	—	—	—

表 E.5 系数 α_1、α_2、α_3

<table>
<tr><th colspan="2">截面类别</th><th>α_1</th><th>α_2</th><th>α_3</th></tr>
<tr><td colspan="2">a 类</td><td>0.41</td><td>0.986</td><td>0.152</td></tr>
<tr><td colspan="2">b 类</td><td>0.65</td><td>0.965</td><td>0.300</td></tr>
<tr><td rowspan="2">c 类</td><td>$\lambda_n \leqslant 1.05$</td><td rowspan="2">0.73</td><td>0.906</td><td>0.595</td></tr>
<tr><td>$\lambda_n > 1.05$</td><td>1.216</td><td>0.302</td></tr>
<tr><td rowspan="2">d 类</td><td>$\lambda_n \leqslant 1.05$</td><td rowspan="2">1.35</td><td>0.868</td><td>0.915</td></tr>
<tr><td>$\lambda_n > 1.05$</td><td>1.375</td><td>0.432</td></tr>
</table>

附 录 F

(规范性附录)

受弯构件的侧向屈曲稳定系数(整体稳定系数)

F.1 承受端弯矩和横向载荷时的等截面焊接工字形组合截面和轧制 H 型钢构件简支梁的侧向屈曲稳定系数 φ_b 按式(F.1)计算。

$$\varphi_b=\beta_b\frac{4\ 320}{\lambda_y^2}\frac{Ah}{W_x}\left[k(2m-1)+\sqrt{1+\left(\frac{\lambda_y t}{4.4h}\right)^2}\right]\frac{235}{\sigma_s} \qquad \cdots\cdots\cdots\cdots(\text{F.1})$$

式中:

φ_b ——侧向屈曲稳定系数;

β_b ——简支梁受横向载荷的等效临界弯矩系数,见表 F.1;

λ_y ——受弯构件(梁)对弱轴(y 轴)的长细比,由式(52)算得;

A ——结构件毛截面面积,单位为平方毫米(mm^2);

h ——构件截面的全高,单位为毫米(mm);

W_x——按受压最大纤维确定的截面对强轴(x 轴)的抗弯模量,单位为三次方毫米(mm^3);

k ——截面对称系数,对双轴对称截面取为 1,对单轴对称截面取为 0.8;

m ——受压翼缘对弱轴(y 轴)的惯性矩与全截面对弱轴(y 轴)的惯性矩比,双轴对称为 0.5;

t ——构件截面的受压翼缘厚度,单位为毫米(mm);

σ_s ——钢材的屈服点,单位为牛每平方毫米(N/mm^2)。

在变截面的构件中,计算 λ_y、A、h、t、W_x 时截面应取与确定计算长度相对应的那个截面(例如最大截面)。

表 F.1 H 型钢和等截面工字形简支梁的整体稳定等效临界弯矩系数 β_b

<table>
<tr><th>项次</th><th>侧向支承</th><th colspan="2">载荷</th><th>$\xi\leqslant 2.0$</th><th>$\xi>2.0$</th><th>适用范围</th></tr>
<tr><td>1</td><td rowspan="4">跨中无侧向支承</td><td rowspan="2">均布载荷作用在</td><td>上翼缘</td><td>$0.69+0.13\xi$</td><td>0.95</td><td rowspan="4">双轴对称焊接工字形截面、加强受压翼缘的单轴对称焊接工字形截面、轧制 H 型钢截面</td></tr>
<tr><td>2</td><td>下翼缘</td><td>$1.73-0.20\xi$</td><td>1.33</td></tr>
<tr><td>3</td><td rowspan="2">集中载荷作用在</td><td>上翼缘</td><td>$0.73+0.18\xi$</td><td>1.09</td></tr>
<tr><td>4</td><td>下翼缘</td><td>$2.23-0.28\xi$</td><td>1.67</td></tr>
<tr><td>5</td><td rowspan="2">跨度中点有一个侧向支承点</td><td rowspan="2">均布载荷作用在</td><td>上翼缘</td><td colspan="2">1.15</td><td rowspan="6">双轴对称焊接工字形截面、加强受压翼缘的单轴对称焊接工字形截面、加强受拉翼缘的单轴对称焊接工字形截面、轧制 H 型钢截面</td></tr>
<tr><td>6</td><td>下翼缘</td><td colspan="2">1.40</td></tr>
<tr><td>7</td><td></td><td colspan="2">集中载荷作用在截面高度上任意位置</td><td colspan="2">1.75</td></tr>
<tr><td>8</td><td rowspan="2">跨中有不少于两个等距离侧向支承点</td><td rowspan="2">任意载荷作用在</td><td>上翼缘</td><td colspan="2">1.20</td></tr>
<tr><td>9</td><td>下翼缘</td><td colspan="2">1.40</td></tr>
<tr><td>10</td><td colspan="3">梁端有弯矩,但跨中无载荷作用</td><td colspan="2">$1.75-1.05\left(\frac{M_2}{M_1}\right)+0.3\left(\frac{M_2}{M_1}\right)^2$,但$\leqslant 2.3$</td></tr>
<tr><td colspan="7">$\xi=\frac{tl_1}{b_1h}$ 中的 l_1 为跨度或受压翼缘的计算(自由)长度,b_1 和 t 为受压翼缘的宽度和厚度。
M_1、M_2 为梁的端弯矩,使梁产生同向曲率时 M_1 和 M_2 取同号,产生反向曲率时取异号,$|M_1|\geqslant|M_2|$。</td></tr>
</table>

表 F.1（续）

项次	侧向支承	载荷	$\xi \leqslant 2.0$	$\xi > 2.0$	适用范围
表中项次 3、4 和 7 的集中载荷是指一个或少数几个集中载荷位于跨中附近的情况，对其他情况的集中载荷，应按表中项次 1、2、5、6 内的数值采用。 表中项次 8、9 的 β_b，当集中载荷作用在侧向支承点处时，取 $\beta_b = 1.20$。 载荷作用在上翼缘系指作用点在上翼缘表面，方向指向截面形心；载荷作用在下翼缘，系指作用在下翼缘表面，方向背向截面形心。 I_1 和 I_2 分别为工字形截面受压翼缘和受拉翼缘对 y 轴的惯性矩，对 $m = \frac{I_1}{I_1 + I_2} > 0.8$ 的加强受压翼缘工字形截面，下列项次算出的 β_b 值应乘以相应的系数： 项次 1：当 $\xi \leqslant 1.0$ 时，乘以 0.95； 项次 3：当 $\xi \leqslant 0.5$ 时，乘以 0.90；当 $0.5 < \xi \leqslant 1.0$ 时，乘以 0.95。					

当 $\varphi_b > 0.6$ 时，应按式(F.2)计算其修正值 φ'_b。

$$\varphi'_b = 1.07 - \frac{0.282}{\varphi_b} \leqslant 1.0 \qquad \cdots\cdots(F.2)$$

式中：

φ'_b ——轧制普通工字钢，两端简支的受弯构件侧向屈曲稳定系数的修正值；

φ_b ——轧制普通工字钢，两端简支的受弯构件侧向屈曲稳定系数。

F.2 轧制普通工字钢，两端简支的受弯构件，其 φ_b 值查表 F.2。当 $\varphi_b > 0.6$ 时，应按式(F.2)计算其修正值 φ'_b。

表 F.2 轧制普通工字钢，两端简支梁构件的 $\boldsymbol{\varphi_b}$ 值

载荷情况			工字钢型号	自由长度 l m								
				2	3	4	5	6	7	8	9	10
跨中无侧向支承点的构件	集中载荷作用于	上翼缘	10～20	2.0	1.30	0.99	0.80	0.68	0.58	0.53	0.48	0.43
			22～32	2.4	1.48	1.09	0.86	0.72	0.62	0.54	0.49	0.45
			36～63	2.8	1.60	1.07	0.83	0.68	0.56	0.50	0.45	0.40
		下翼缘	10～20	3.1	1.95	1.34	1.01	0.82	0.69	0.63	0.57	0.52
			22～40	—	2.80	1.84	1.37	1.07	0.86	0.73	0.64	0.56
			45～63	—	—	2.30	1.62	1.20	0.96	0.80	0.69	0.60
	均布载荷作用于	上翼缘	10～20	1.7	1.12	0.84	0.68	0.57	0.50	0.45	0.41	0.37
			22～40	2.1	1.30	0.93	0.73	0.60	0.51	0.45	0.40	0.36
			45～63	2.6	1.45	0.97	0.73	0.59	0.50	0.44	0.38	0.35
		下翼缘	10～20	2.5	1.55	1.08	0.83	0.68	0.56	0.52	0.47	0.42
			22～40	—	2.20	1.45	1.10	0.85	0.70	0.60	0.52	0.46
			45～63	—	—	1.80	1.25	0.95	0.78	0.65	0.55	0.49

表 F.2(续)

载荷情况	工字钢型号	自由长度 l m								
		2	3	4	5	6	7	8	9	10
跨中有侧向支承点的构件(不论载荷作用点在截面高度上的位置)	10～20	2.2	1.39	1.01	0.79	0.66	0.57	0.52	0.47	0.42
	22～40	3.0	1.80	1.24	0.96	0.76	0.65	0.56	0.49	0.43
	45～63	—	2.20	1.38	1.01	0.80	0.66	0.56	0.49	0.43

注 1:集中载荷指一个或少数几个集中载荷位于跨中附近的情况,对其他情况的载荷均按均布载荷考虑。

注 2:载荷作用在上翼缘指作用点在翼缘表面,方向指向截面形心;载荷作用在下翼缘也指作用在翼缘表面,方向背向截面形心。

φ_b 适用于 Q235 号钢,当用其他钢号时,查得的 φ_b 应乘以 $235/\sigma_s$。

φ_b 不小于 2.5 时,不需再验算其侧向屈曲稳定性;表中大于 2.5 的 φ_b 值,为其他钢号换算查用。

F.3 轧制槽钢的简支梁构件,不论载荷的形式和作用的位置,其 φ_b 值按式(F.3)计算,大于 1 者取 1。

$$\varphi_b = \frac{570bt}{lh}\frac{235}{\sigma_s} \qquad \text{(F.3)}$$

式中:

φ_b ——轧制槽钢的简支梁构件的侧向屈曲稳定系数;

b ——受压翼缘的宽度,单位为毫米(mm);

t ——受压翼缘的平均厚度,单位为毫米(mm);

l ——受压翼缘的计算(自由)长度,单位为毫米(mm);

h ——槽钢截面高度,单位为毫米(mm);

σ_s ——钢材的屈服点,单位为牛每平方毫米(N/mm^2)。

附 录 G
（资料性附录）
压弯构件整体稳定性计算

G.1 总则

本方法的计算公式是在两个平面内约束条件相同、在弹性工作阶段的等截面构件的前提下推导的。

G.2 双向压弯构件的整体稳定性计算

G.2.1 当结构构件受有轴向压缩力 N 和绕强轴（x 轴）的弯矩 M_{ox}、M_{hx}及绕弱轴（y 轴）的弯矩 M_{oy}、M_{hy}时，应按式（G.1）计算其弯曲屈曲的整体稳定性，按式（G.2）计算其侧向弯扭屈曲的整体稳定性。

$$\frac{N}{A\varphi\psi}+\left[\frac{1}{1-N/N_{Ex}}\right]\frac{C_{ox}M_{ox}+C_{hx}M_{hx}}{W_x}+\left[\frac{1}{1-N/N_{Ey}}\right]\frac{C_{oy}M_{oy}+C_{hy}M_{hy}}{W_y}\leqslant \lim\sigma \qquad \cdots\cdots(\text{G.1})$$

$$\frac{N}{A\varphi_y\psi_y}+\left[\frac{1}{1-N/N_{Ex}}\right]\frac{C_{ox}M_{ox}+C_{hx}M_{hx}}{\varphi_b W_x}\leqslant \lim\sigma \qquad \cdots\cdots(\text{G.2})$$

式中：

N ——构件的轴向力，单位为牛（N）；

A ——结构件毛截面面积，单位为平方毫米（mm^2）；

$\psi\varphi$ ——轴心受压稳定系数 φ 与其修正系数 ψ 的乘积，有 $\psi_x\varphi_x$ 和 $\psi_y\varphi_y$ 之分，取其中的小值；

φ ——根据轴心受压构件的假想长细比 λ_F 和构件的截面类别（表 25）确定的轴心受压稳定系数，有对 x 轴的 φ_x 和对 y 轴的 φ_y 之分，φ 值按表 E.1～表 E.4 选取；

ψ ——轴心受压稳定系数的修正系数，有 ψ_x 和 ψ_y 之分；

N_{ex}，N_{ey} ——对 x 轴或对 y 轴的名义欧拉临界力，单位为牛（N）；

$$N_{Ex}=\frac{\pi^2 EA}{\lambda_x^{\ 2}},N_{Ey}=\frac{\pi^2 EA}{\lambda_y^{\ 2}}$$

W_x，W_y ——构件计算截面对强轴（x 轴）或对弱轴（y 轴）的抗弯模量，单位为三次方毫米（mm^3）；

φ_b ——受弯构件侧向弯扭屈曲稳定性系数，φ_b 按附录 F 选取；

C_{ox}，C_{oy} ——端部弯矩不等的折减系数，当计算值小于 0.4 时，取为 0.4；

$$\begin{cases}C_{ox}=0.6+0.4(M'_{ox}/M_{ox})\\C_{oy}=0.6+0.4(M'_{oy}/M_{oy})\end{cases}$$

M'_{ox}/M_{ox}，M'_{oy}/M_{oy}——结构件两端的端部弯矩比值，其绝对值不大于 1；两个端弯矩使构件轴线产生同向挠曲时，其比值为正（＋），反向挠曲时，其比值

为负(−);

M_{ox},M_{oy} ——构件的端部弯矩,单位为牛毫米(N·mm);

M_{hx},M_{hy} ——由横向载荷在构件中引起的弯矩,单位为牛毫米(N·mm);当 M_h 与 M_o 方向相反,且 $|C_hM_h|<2C_oM_o$ 时,取 $M_h=0$;

C_{hx},C_{hy} ——横向载荷弯矩系数,$C_{hi}=1-kN/N_{Ei}$,其中 k 值按表 G.1 取值,$i=x,y$。如无法判定时,取 $C_{hi}=1$。

表 G.1　系数 k 的取值

序号	载荷和支承情况	k
1	当横向载荷为集中力,且两端简支或一端固接一端自由时	0.2
2	当为多个集中载荷或分布载荷,且两端简支时	0
3	当为多个集中载荷或分布载荷,一端固接一端自由时	0.3
4	无论何种载荷,一端固接一端简支时	0.3
5	无论何种载荷,两端固接时	0.4

符合 6.6.2.2 情况之一的双向压弯构件,不必验算其侧向弯扭屈曲的整体稳定性。

若式(G.1)中第 2 项和第 3 项之和(即弯矩所引起的应力)与第 1 项(即轴力引起的应力)之比小于或等于($\psi-1$)时,则双向压弯构件应按轴压公式(55)验算其整体稳定性。

G.2.2　对空间格构式构件还应将其受压弦杆及受压腹杆视为轴心压杆,以验算其单肢稳定性。

G.3　单向压弯构件的整体稳定性计算

G.3.1　单向压弯构件,弯矩绕强轴(x 轴)作用时,其整体稳定性按式(G.2)计算。

G.3.2　单向压弯构件,弯矩绕弱轴(y 轴)作用时,其整体稳定性按式(G.3)计算。

$$\frac{N}{A\varphi\psi}+\left[\frac{1}{1-N/N_{Ey}}\right]\frac{C_{oy}M_{oy}+C_{hy}M_{hy}}{W_y}\leqslant \lim\sigma \qquad \cdots\cdots(\text{G.3})$$

式中符号同式(G.1)。

当 $\dfrac{1/(1-N/N_{Ey})(C_{og}M_{oy}+C_{hy}M_{hy})/w_y}{N/(A\varphi\psi)}\leqslant\psi-1$ 时,则应按轴压公式(55)验算其整体稳定性。

G.4　对两端在两个互相垂直平面内支承方式不同的等截面构件或变截面构件整体稳定性计算

对两端在两个互相垂直平面内支承方式不同的等截面构件或变截面构件整体稳定性计算仍用式(G.1)和式(G.2),但应取两个或三个危险截面进行验算。

G.5　计算停车设备压弯构件整体稳定性时对制造误差的考虑

当计算停车设备压弯构件时,可将构件的制造误差引起的初始变形(f_0)或使用后由于磨损产生的间隙引起的位移(f_0')所形成的附加弯矩($N\cdot f_0$ 或 $N\cdot f_0'$)加在式(G.1)的 M_{ox} 和 M_{oy} 上。此时式中的 $\varphi\psi$ 取为 1。

附 录 H
(规范性附录)
薄板局部稳定性计算中的屈曲系数

H.1 用加劲肋分隔的局部区格简支板的屈曲系数 *K*

用加劲肋分隔的局部区格简支板的屈曲系数按表 H.1 计算。

表 H.1 局部区格简支板的屈曲系数 *K*

序号	载荷(应力)情况		$\alpha=a/b$	K
1	均压或不均匀压缩 $0\leqslant\psi\leqslant1$	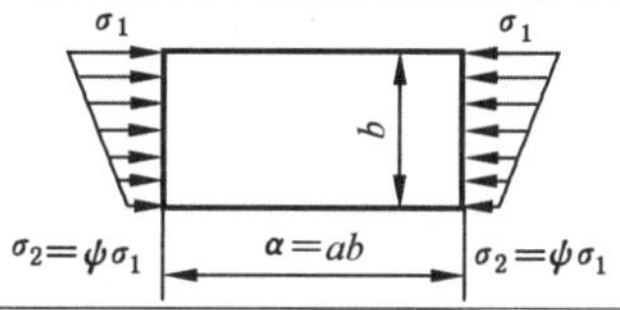	$\alpha\geqslant1$	$K_\sigma=\dfrac{8.4}{\psi+1.1}$
			$\alpha<1$	$K_\sigma=\left(\alpha+\dfrac{1}{\alpha}\right)^2\dfrac{2.1}{\psi+1.1}$
2	纯弯曲或以拉为主的弯曲 $\psi\leqslant-1$	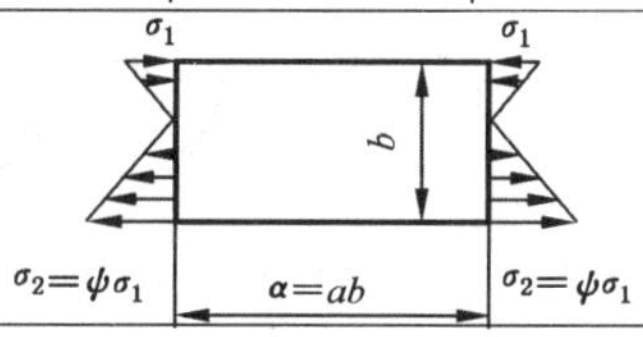	$\alpha\geqslant\dfrac{2}{3}$	$K_\sigma=23.9$
			$\alpha<\dfrac{2}{3}$	$K_\sigma=15.87+\dfrac{1.87}{\alpha^2}+8.6\alpha^2$
3	以压为主的弯曲 $-1<\psi<0$	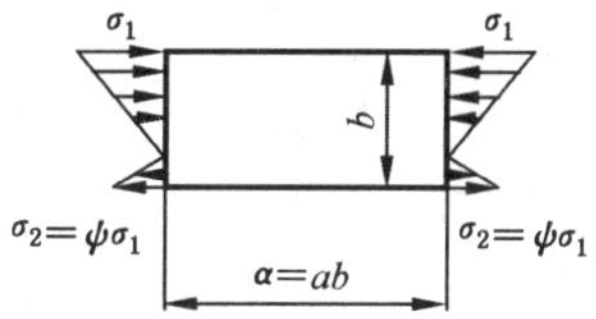		$K_\sigma=(1+\psi)K'_\sigma-\psi K''_\sigma+10\psi(1+\psi)$ K'_σ 为 $\psi=0$ 时的屈曲系数(序号 1) K''_σ 为 $\psi=-1$ 时的屈曲系数(序号 2)
4	纯剪切	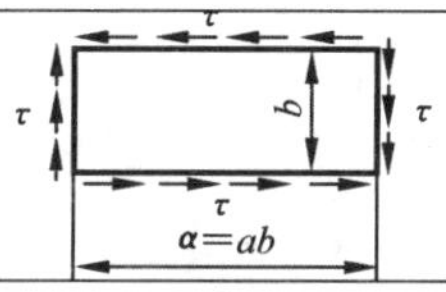	$\alpha\geqslant1$	$K_\tau=5.34+\dfrac{4}{\alpha^2}$
			$\alpha<1$	$K_\tau=4+\dfrac{5.34}{\alpha^2}$
5	单边局部压缩	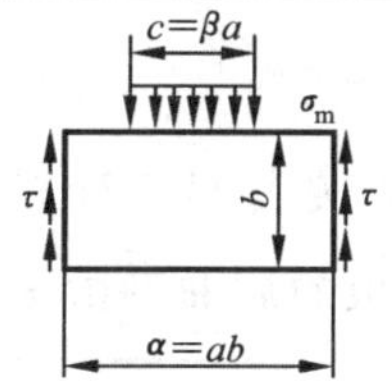	$\alpha\leqslant1$	$K_m=\dfrac{2.86}{\alpha^{1.5}}+\dfrac{2.65}{\alpha^2\beta}$
			$1<\alpha\leqslant3$	$K_m=\left(2+\dfrac{0.7}{\alpha^2}\right)\left(\dfrac{1+\beta}{\alpha\beta}\right)$ 当 $\alpha>3$ 时,按 $\alpha=3b$ 计算 α、β、K_m 值
6	双边局部压缩	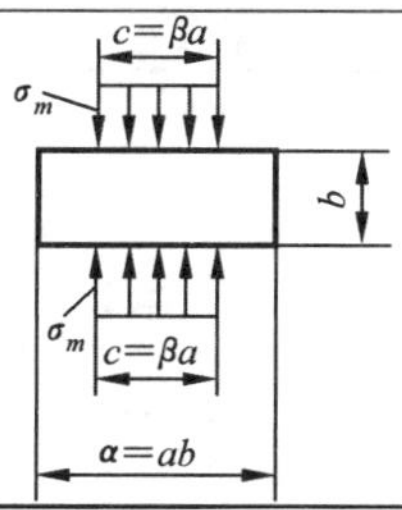		$K_m=0.8K'_m$ K'_m 为按序号 5 计算的 K_m 值
σ_1 为板边最大压应力,$\psi=\sigma_2/\sigma_1$ 为板边两端应力比;σ_1、σ_2 各带自己的正负号				

H.2 用加劲肋分隔的局部区格简支板的局部压应力及其分布长度的计算

确定下区格局部压应力值 $\sigma_m(y)$ 及其扩散区长度 $c(y)$ 时，可参照局部压应力 σ_m 和分布长度 C 沿板宽方向的变化公式，即式(H.1)和式(H.2)计算。

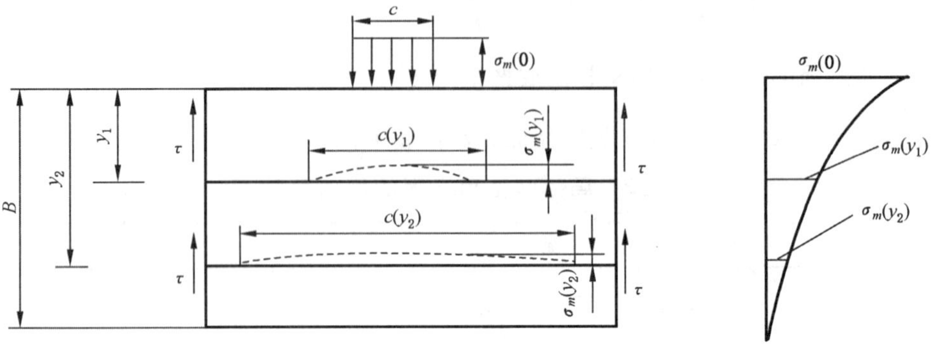

图 H.1

$$\sigma_m(y)=\frac{2\sigma_m}{\pi}\left[\arctan\frac{c}{y}-3\left(\frac{y}{B}\right)^2\left(1-\frac{2y}{3B}\right)\arctan\frac{c}{B}\right]$$

…………………(H.1)

$$c(y)=c\,\frac{\sigma_m}{\sigma_m(y)}\left(1-\frac{y}{B}\right)$$

…………………(H.2)

式中：

$\sigma_m(y)$——局部压应力 σ_m 沿板宽方向变化到 y 处的值，单位为牛每平方毫米(N/mm^2)；

$c(y)$ ——局部压应力的分布长度 C 沿板宽方向变化到 y 处的值，单位为毫米(mm)；

y ——以局部压应力作用边为原点向另一边方向的坐标，即板的上边缘至下区格上边缘的距离，单位为毫米(mm)；

B ——腹板的总宽(高)度，单位为毫米(mm)。

$\arctan\frac{c}{y}$、$\arctan\frac{c}{B}$ 的单位为弧度。

H.3 包括加劲肋在内的带肋简支板的屈曲系数 *K*

包括加劲肋在内的带肋简支板的屈曲系数 K 按表 H.2 计算。

表 H.2 带肋简支板的屈曲系数 *K*

序号	载荷(应力)情况		K
1	压缩	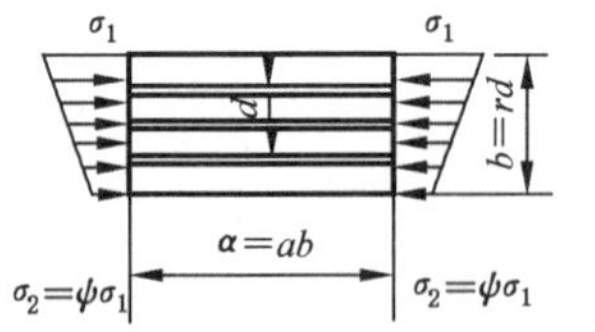	$K_\sigma=\frac{(1+\alpha^2)^2+r\cdot\gamma_a}{\alpha^2(1+r\cdot\delta_a)}\cdot\frac{2}{1+\psi}$

表 H.2（续）

<table>
<tr><th>序号</th><th colspan="2">载荷（应力）情况</th><th>K</th></tr>
<tr><td>2</td><td>纯剪切</td><td>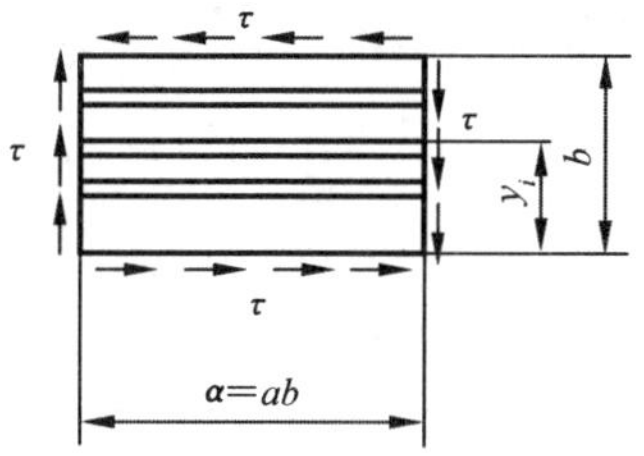
</td><td>

K_τ 值

<table>
<tr><td>m</td><td>5</td><td>10</td><td>20</td><td>30</td><td>40</td><td>50</td><td>60</td><td>70</td><td>80</td><td>90</td><td>100</td></tr>
<tr><td>K_τ</td><td>6.98</td><td>7.7</td><td>8.67</td><td>9.36</td><td>9.6</td><td>10.4</td><td>10.8</td><td>11.1</td><td>11.4</td><td>11.7</td><td>12</td></tr>
</table>

$m=2\sum_{i=1}^{r-1}\sin^2\left(\frac{\pi y_i}{b}\right)\gamma_a$，加劲肋等距离平分板宽时，

$2\sum_{i=1}^{r-1}\sin^2\left(\frac{\pi y_i}{b}\right)=r$

</td></tr>
<tr><td>3</td><td>局部压缩</td><td>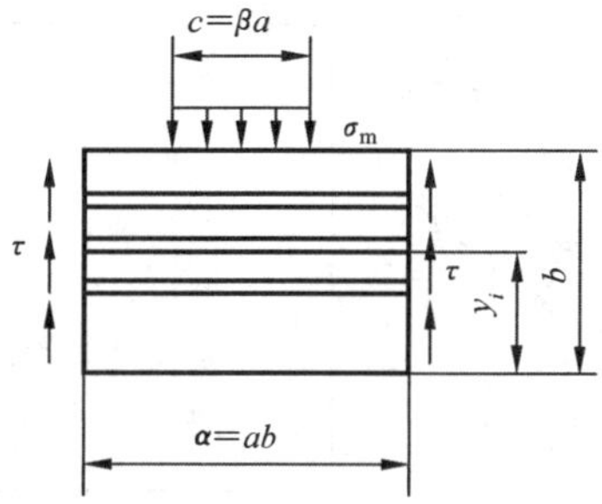
</td><td>

$$K_m=K'_m(1+\eta)$$

K'_m——按表 H.1 中的序号 5 计算的 K_m 值

$$\eta=\frac{\sum_{i=1}^{r-1}\left(\sin\frac{\pi y_i}{b}-\frac{1}{4}\sin\frac{2\pi y_i}{b}\right)^2}{\alpha^4+\frac{5}{4}\alpha^2+\frac{17}{32}}\cdot\gamma_a$$

</td></tr>
<tr><td colspan="4">

$\gamma_a=\frac{EI_s}{bD},\delta_a\ \frac{A_s}{bt}$；

I_s——单根纵向加劲肋截面惯性矩，单位为四次方毫米（mm^4），当加劲肋在板两侧成对配置时，其截面惯性矩按板厚中心线为轴线计算；一侧配置时，按与板相连的加劲肋边缘为轴线计算；

A_s——单根纵向加劲肋截面面积，单位为平方毫米（mm^2）；

r——板被加劲肋的分隔数；

$D=\frac{Et^3}{12(1-\nu^2)}$（$\nu$ 为材料的泊松比）

</td></tr>
</table>

附　录　I
(规范性附录)
曲线斜率常数 m 与特征疲劳强度 $\Delta\sigma_c$、$\Delta\tau_c$

曲线斜率常数 m 与特征疲劳强度 $\Delta\sigma_c$、$\Delta\tau_c$ 见表 I.1～表 I.3。表中切口效应级别(NC)见附录 J 第一列。

表 I.1　构件母材

构造细节编号	$\Delta\sigma_c$,$\Delta\tau_c$ N/mm²	构造细节	要求
1.1	$m=5$	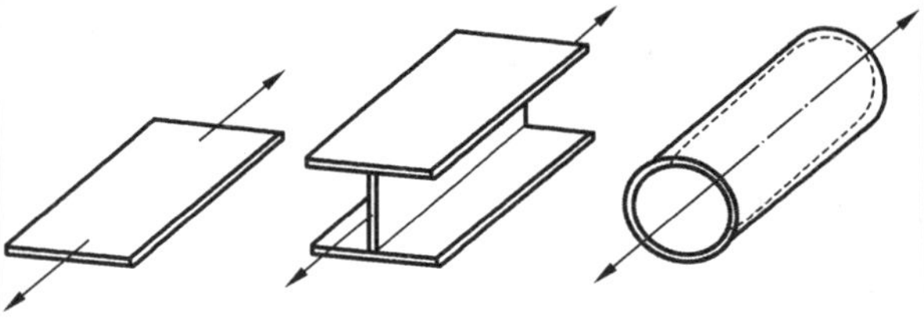 正应力状态下的板材、扁钢、轧制型钢	一般要求： ——表面轧制 ——无几何切口影响(如剪切槽口) ——表面处理(如喷丸处理)前的表面粗糙度
	140	与屈服强度 σ_s 无关	——表面状态符合表 I.4 ——允许补焊
	140	$180<\sigma_s\leqslant220$	——表面状态符合表 I.4 ——没有补焊 ——表面粗糙度 $Rz\leqslant100$ μm ——构件边缘轧制或机械加工或无自由边缘 ——表面粗糙度 $Rz\leqslant60$ μm,+1NC
	160	$220<\sigma_s\leqslant320$	
	180	$320<\sigma_s\leqslant500$	
	200	$500<\sigma_s$	
	180	$180<\sigma_s\leqslant220$	——表面状态符合表 I.4 ——没有补焊 ——表面粗糙度 $Rz\leqslant20$ μm ——构件边缘轧制或机械加工或无自由边缘
	200	$220<\sigma_s\leqslant320$	
	225	$320<\sigma_s\leqslant500$	
	250	$500<\sigma_s\leqslant650$	
	280	$650<\sigma_s\leqslant900$	
	315	$900<\sigma_s$	
1.2	$m=5$	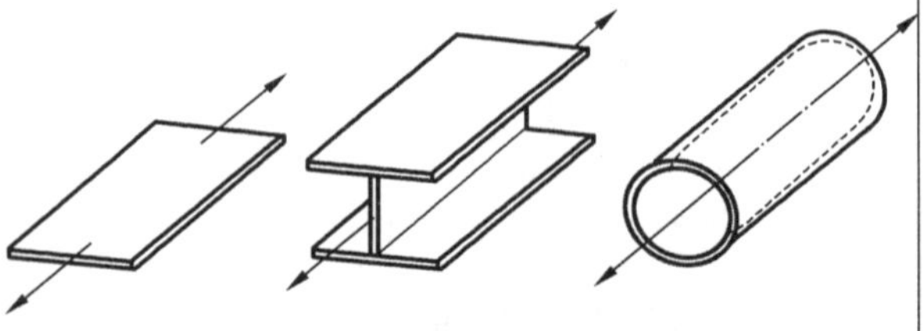 正应力状态下的板材、扁钢、轧制型钢	一般要求： ——轧制表面 ——热切割边缘 ——无几何切口影响(如剪切槽口) ——表面处理(如喷丸处理)前的表面粗糙度

表 I.1（续）

构造细节编号	$\Delta\sigma_c$，$\Delta\tau_c$ N/mm²	构造细节	要求
1.2	140	与屈服强度 σ_s 无关	——表面状态符合表 I.4 ——允许补焊 ——板边缘质量符合表 I.5 范围 3
	140	$180<\sigma_s\leqslant 220$	——表面状态符合表 I.4 ——构件边缘质量符合表 I.5 范围 3 ——没有补焊 ——表面粗糙度 $Rz\leqslant 100$ μm ——受控机械切割 ——表面粗糙度 $Rz\leqslant 60$ μm，构件边缘质量符合表 I.5 范围 2，+1NC
	160	$220<\sigma_s\leqslant 500$	
	180	$500<\sigma_s$	
	160	$180<\sigma_s\leqslant 220$	——表面状态符合表 I.4 ——板边缘质量符合表 I.5 范围 1 ——没有补焊 ——板表面粗糙度 $Rz\leqslant$ 20 μm ——切割前去除氧化皮 ——受控机械切割
	180	$220<\sigma_s\leqslant 320$	
	200	$320<\sigma_s\leqslant 500$	
	225	$500<\sigma_s\leqslant 650$	
	250	$650<\sigma_s\leqslant 900$	
	280	$900<\sigma_s$	
1.3	$m=5$	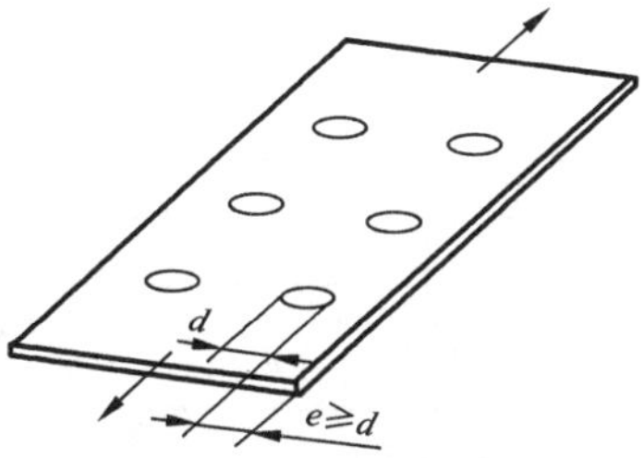 正应力状态下带孔板的孔边缘	一般要求： ——按净面积计算名义应力 ——非火焰切割的孔 ——使用螺栓时，应力不大于20%剪切/承压连接下的承载强度，或不大于100%抗滑移连接下的承载强度
	80	与屈服强度 σ_s 无关	——可以是冲孔
	100	$180<\sigma_s\leqslant 220$	——孔的机械加工或热切割质量符合表 I.5 范围 3 ——不是冲孔 ——孔边缘去毛刺 ——表面状态符合表 I.4 ——没有补焊 ——板表面粗糙度 $Rz\leqslant 100$ μm
	112	$220<\sigma_s\leqslant 320$	
	125	$320<\sigma_s\leqslant 500$	
	140	$500<\sigma_s\leqslant 650$	
	160	$650<\sigma_s$	

表 I.1(续)

<table>
<tr><th>构造细节编号</th><th>$\Delta\sigma_c$,$\Delta\tau_c$
N/mm²</th><th>构造细节</th><th>要求</th></tr>
<tr><td rowspan="13">1.4</td><td>$m=5$</td><td>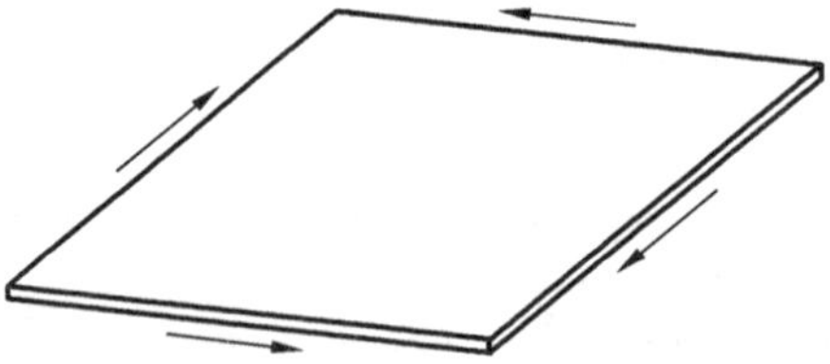
剪切应力状态下的板材、扁钢、轧制型钢</td><td>一般要求:
——轧制表面
——无几何切口影响(如剪切槽口)
——表面处理(如喷丸处理)前的表面粗糙度</td></tr>
<tr><td>90</td><td>与屈服强度 σ_s 无关</td><td>——表面状态符合表 I.4
——允许补焊</td></tr>
<tr><td>90</td><td>$180<\sigma_s\leqslant 220$</td><td rowspan="4">——表面状态符合表 I.4
——没有补焊
——表面粗糙度 $Rz\leqslant 100\ \mu m$
——构件边缘轧制或机械加工或无自由边缘
——去除轧制边缘的飞边毛刺
——表面粗糙度 $Rz\leqslant 60\ \mu m$,+1NC</td></tr>
<tr><td>100</td><td>$220<\sigma_s\leqslant 320$</td></tr>
<tr><td>112</td><td>$320<\sigma_s\leqslant 500$</td></tr>
<tr><td>125</td><td>$500<\sigma_s$</td></tr>
<tr><td>112</td><td>$180<\sigma_s\leqslant 220$</td><td rowspan="6">——表面状态符合表 I.4
——没有补焊
——表面粗糙度 $Rz\leqslant 20\ \mu m$
——构件边缘机械加工或无自由边缘</td></tr>
<tr><td>125</td><td>$220<\sigma_s\leqslant 320$</td></tr>
<tr><td>140</td><td>$320<\sigma_s\leqslant 500$</td></tr>
<tr><td>160</td><td>$500<\sigma_s\leqslant 650$</td></tr>
<tr><td>180</td><td>$650<\sigma_s\leqslant 900$</td></tr>
<tr><td>200</td><td>$900<\sigma_s$</td></tr>
</table>

表 I.2 非焊接连接构件

<table>
<tr><th>构造细节编号</th><th>$\Delta\sigma_c$，$\Delta\tau_c$ N/mm²</th><th colspan="2">构造细节</th><th>要求</th></tr>
<tr><td rowspan="6">2.1</td><td rowspan="4">$m=5$</td><td>双剪</td><td>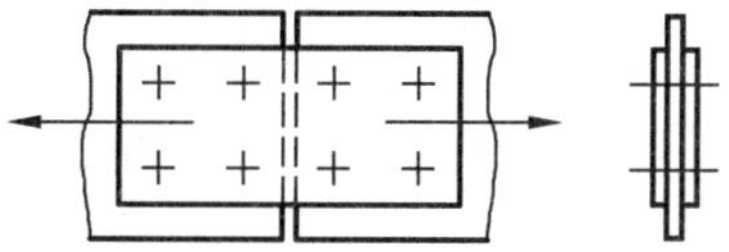</td><td rowspan="6">——不需要验证受剪连接的高强度螺栓的疲劳强度
——按净面积计算名义应力</td></tr>
<tr><td>带支撑的单剪（举例）</td><td>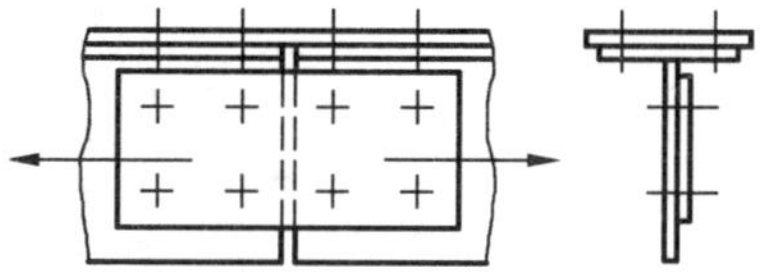</td></tr>
<tr><td>单剪</td><td>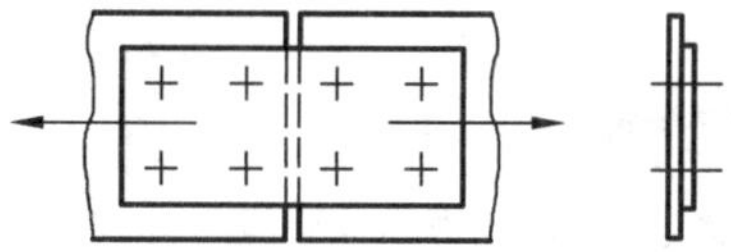</td></tr>
<tr><td colspan="2">正应力状态下抗滑移螺栓连接的带孔部件</td></tr>
<tr><td>160</td><td colspan="2">$\sigma_s \leqslant 275$</td></tr>
<tr><td>180</td><td colspan="2">$275 < \sigma_s$</td></tr>
<tr><td rowspan="2">2.2</td><td>$m=5$</td><td colspan="2">正应力状态下受剪/承压的带孔部件
双剪和带支撑的单剪连接</td><td rowspan="2">——按净面积计算名义应力</td></tr>
<tr><td>180</td><td colspan="2">正应力</td></tr>
<tr><td rowspan="2">2.3</td><td>$m=5$</td><td colspan="2">正应力状态下受剪/承压的带孔部件
单剪连接，无支撑</td><td rowspan="2">——按净面积计算名义应力</td></tr>
<tr><td>125</td><td colspan="2">正应力</td></tr>
<tr><td rowspan="3">2.4</td><td>$m=5$</td><td colspan="2">双剪或带支承的单面剪切连接的配合螺栓</td><td rowspan="3">——假定应力均布</td></tr>
<tr><td>125</td><td colspan="2">剪切应力（$\Delta\tau_c$）</td></tr>
<tr><td>355</td><td colspan="2">承压应力（$\Delta\sigma_c$）</td></tr>
<tr><td rowspan="3">2.5</td><td>$m=5$</td><td colspan="2">无支承的单面剪切连接的配合螺栓</td><td rowspan="3">——假定应力均布</td></tr>
<tr><td>100</td><td colspan="2">剪切应力（$\Delta\tau_c$）</td></tr>
<tr><td>250</td><td colspan="2">承压应力（$\Delta\sigma_c$）</td></tr>
<tr><td rowspan="4">2.6</td><td>$m=3$</td><td colspan="2">承受拉力的螺纹螺栓（螺栓等级 8.8 及以上）</td><td rowspan="4">——$\Delta\sigma$ 由螺栓载荷幅值 ΔF_b 计算得出，见 6.4.2.2.2.2</td></tr>
<tr><td>50</td><td colspan="2">机加工螺纹</td></tr>
<tr><td>63</td><td colspan="2">M30 以上的滚丝加工螺纹</td></tr>
<tr><td>71</td><td colspan="2">M30 及以下的滚丝加工螺纹</td></tr>
</table>

表 I.3　焊接连接构件

<table>
<tr><th>构造细节编号</th><th>$\Delta\sigma_c$，$\Delta\tau_c$
N/mm²</th><th>构造细节</th><th>要求</th></tr>
<tr><td rowspan="4">3.1</td><td>$m=3$</td><td>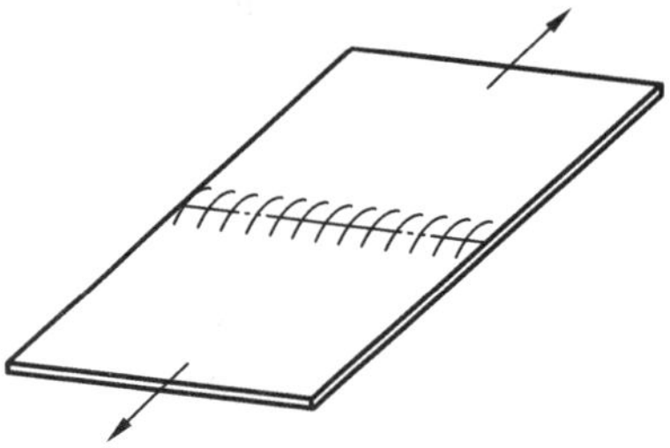
对称对接连接，正应力横穿焊缝</td><td rowspan="4">基本条件：
——板对称布置
——全熔透焊接
——具有一般残余应力
——两板错位角度<1°
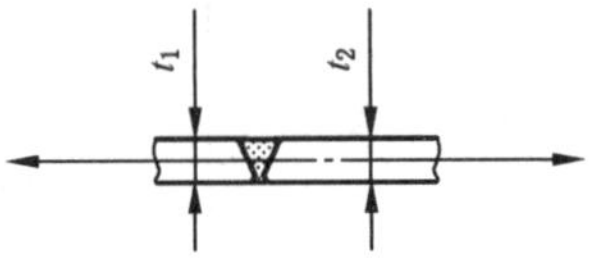
$t_1=t_2$
或者
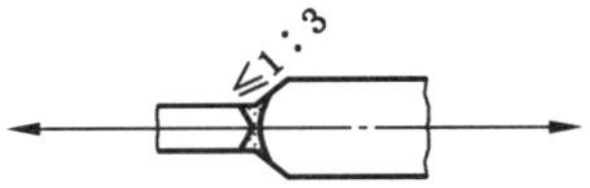
斜度≤1：3
特殊条件：
具有较大残余应力的构件(如收缩受到限制的接头)　—1NC
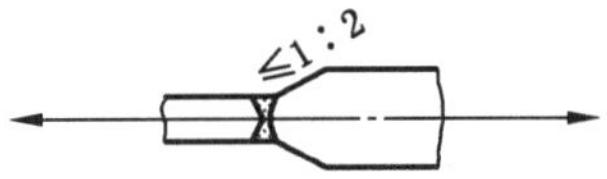
—2NC
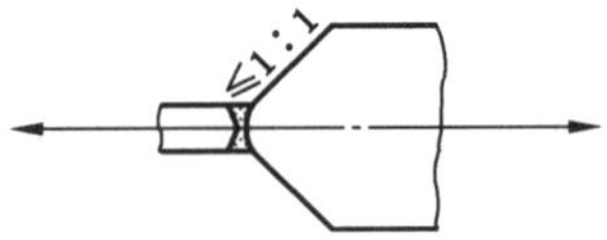
—4NC
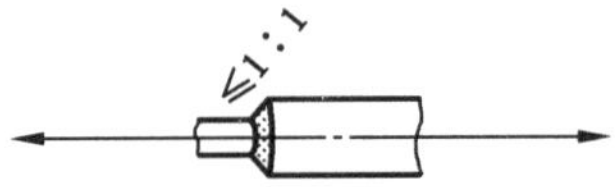
—4NC</td></tr>
<tr><td>140</td><td>对接焊缝，质量等级 B*</td></tr>
<tr><td>125</td><td>对接焊缝，质量等级 B</td></tr>
<tr><td>112</td><td>对接焊缝，质量等级 C</td></tr>
<tr><td rowspan="2">3.2</td><td>$m=3$</td><td>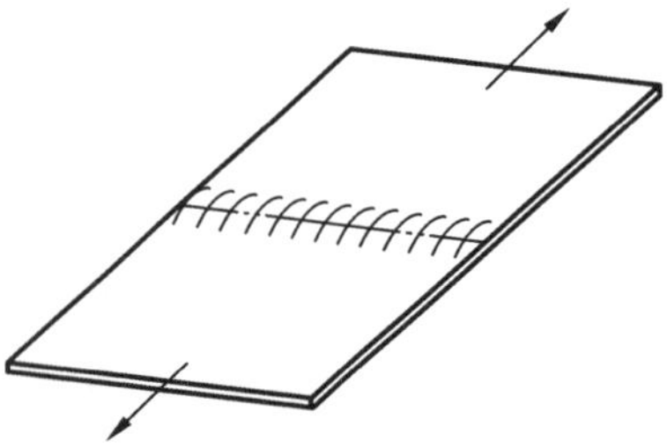
对称对接连接，正应力横穿焊缝</td><td rowspan="2">基本条件：
——板对称布置
——全熔透焊接
——具有一般残余应力
——两板错位角度<1°
特殊条件：
具有较大残余应力的构件(如收缩受到限制的接头)　—1NC</td></tr>
<tr><td>80</td><td>留置衬垫上的对接焊缝，质量等级 C</td></tr>
</table>

表 I.3（续）

<table>
<tr><th>构造细节编号</th><th>$\Delta\sigma_c$，$\Delta\tau_c$
N/mm²</th><th>构造细节</th><th>要求</th></tr>
<tr><td rowspan="4">3.3</td><td>$m=3$</td><td>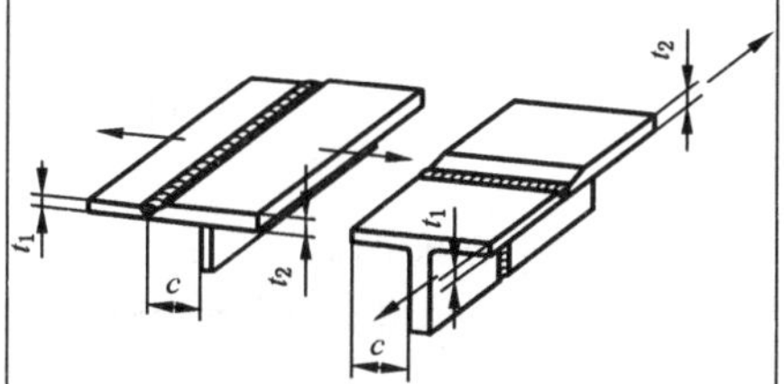
有支承的非对称对接连接，
正应力横穿对接焊缝</td><td rowspan="4">基本条件：
——全熔透焊接
——支承平行于对接焊缝，$c<2t_2+10$ mm
——支承垂直于对接焊缝，$c<12t_2$
——具有一般残余应力
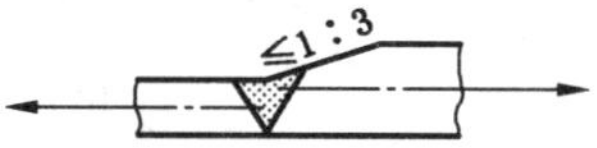
斜度≤1：3，$t_2-t_1\leq4$ mm

特殊条件：
——具有较大残余应力的构件（如收缩受到限制的接头）　－1NC
——斜度与板厚差的影响
t_2-t_1　（单位为毫米）
斜度　≤4　≤10　≤50　＞50
≤1：3　—　－1NC　－1NC　－2NC
≤1：2　－1NC　－1NC　－2NC　－2NC
≤1：1　－1NC　－2NC　－2NC　－3NC
＞1：1　－2NC　－2NC　－3NC　－3NC</td></tr>
<tr><td>125</td><td>对接焊缝，质量等级 B*</td></tr>
<tr><td>112</td><td>对接焊缝，质量等级 B</td></tr>
<tr><td>100</td><td>对接焊缝，质量等级 C</td></tr>
</table>

表 I.3（续）

<table>
<tr><th>构造细节编号</th><th>$\Delta\sigma_c$，$\Delta\tau_c$ N/mm^2</th><th>构造细节</th><th>要求</th></tr>
<tr><td rowspan="2">3.4</td><td>$m=3$</td><td>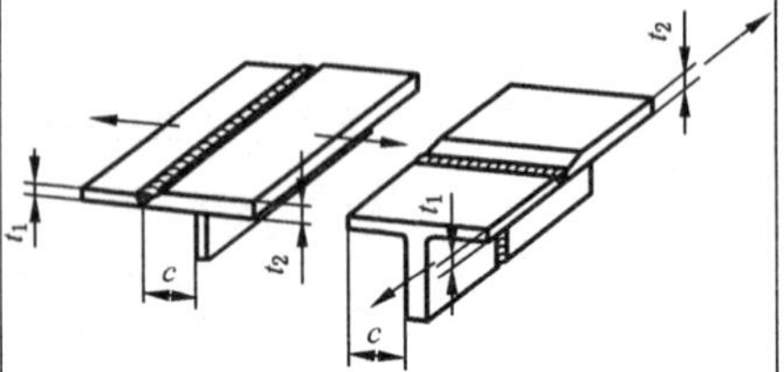
有支承的非对称对接连接，
正应力横穿对接焊缝</td><td rowspan="2">基本条件：
——全熔透焊接
——支承平行于对接焊缝，$c<2t_2+10$ mm
——支承垂直于对接焊缝，$c<12t_2$
——具有一般残余应力
——$t_2-t_1\leqslant 10$ mm

特殊条件：
——具有较大残余应力的构件（如收缩受到限制的接头） −1NC
——$t_2-t_1>10$ mm −1NC</td></tr>
<tr><td>80</td><td>留置衬垫上的对接焊缝，质量等级 C</td></tr>
<tr><td rowspan="4">3.5</td><td>$m=3$</td><td>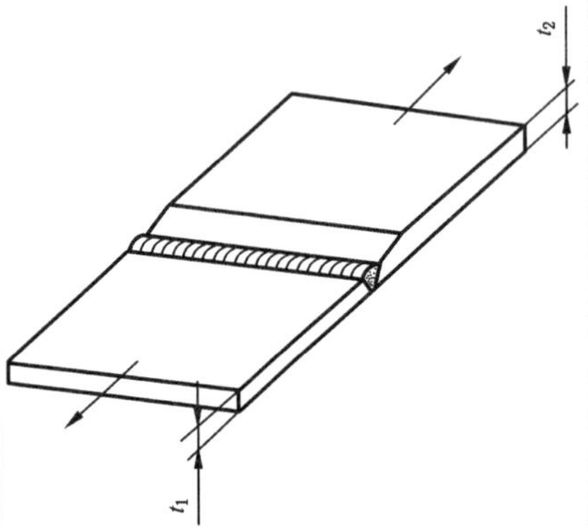
无支承的非对称对接连接，
正应力横穿对接焊缝</td><td rowspan="4">基本条件：
——全熔透焊接
——具有一般残余应力
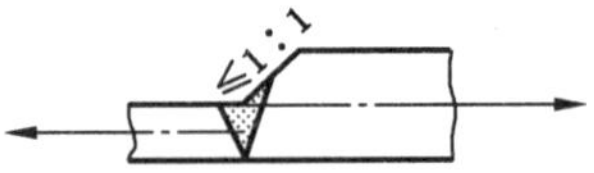
斜度≤1：1
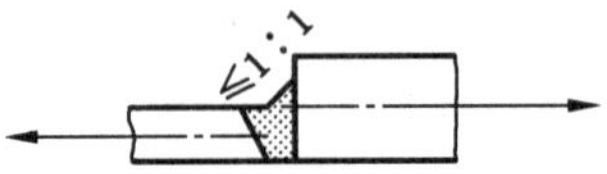
斜坡在焊缝或母材上，$t_1/t_2>0.84$

特殊条件：
具有较大残余应力的构件（如收缩受到限制的接头）
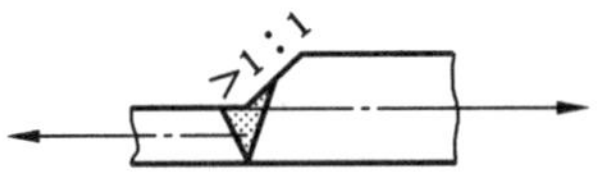 −1NC
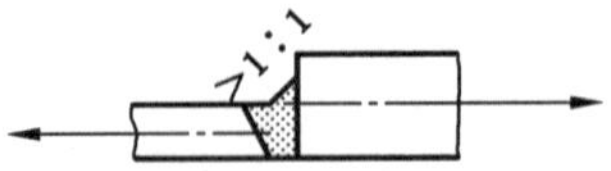 −2NC
——$0.74<t_1/t_2\leqslant 0.84$ −1NC
——$0.63<t_1/t_2\leqslant 0.74$ −2NC
——$0.50<t_1/t_2\leqslant 0.63$ −3NC
——$0.40<t_1/t_2\leqslant 0.50$ −4NC</td></tr>
<tr><td>100</td><td>对接焊缝，质量等级 B*</td></tr>
<tr><td>90</td><td>对接焊缝，质量等级 B</td></tr>
<tr><td>80</td><td>对接焊缝，质量等级 C</td></tr>
</table>

表 I.3（续）

构造细节编号	$\Delta\sigma_c$，$\Delta\tau_c$ N/mm²	构造细节	要求
3.6	$m=3$	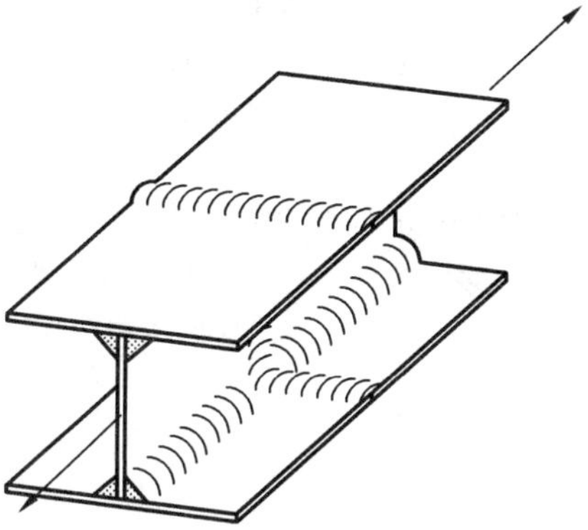 带有交叉焊缝的对接接头，应力横穿对接焊缝	基本条件： ——具有一般残余应力
	125	对接焊缝，质量等级 B*	
	100	对接焊缝，质量等级 B	
	90	对接焊缝，质量等级 C	
3.7	$m=3$	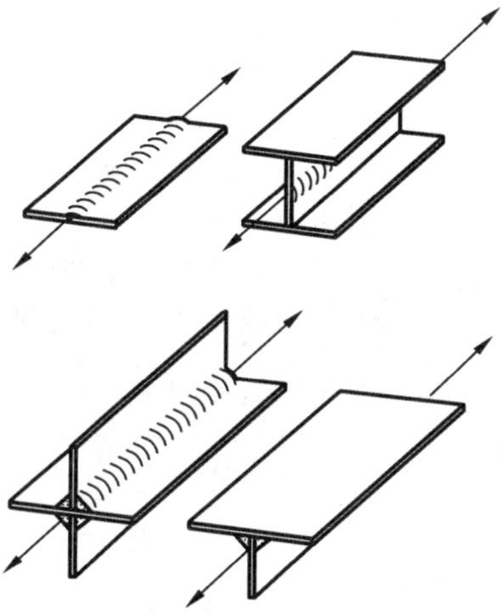 沿焊缝方向的正应力	特殊条件： ——质量等级为 C 级，无不规则起止点 +1NC ——收缩受到限制的焊接 −1NC
	180	连续焊缝，质量等级 B	
	140	连续焊缝，质量等级 C	
	80	间断焊缝，质量等级 C	

表 I.3(续)

构造细节编号	$\Delta\sigma_c$,$\Delta\tau_c$ N/mm²	构造细节	要求
3.8	$m=3$	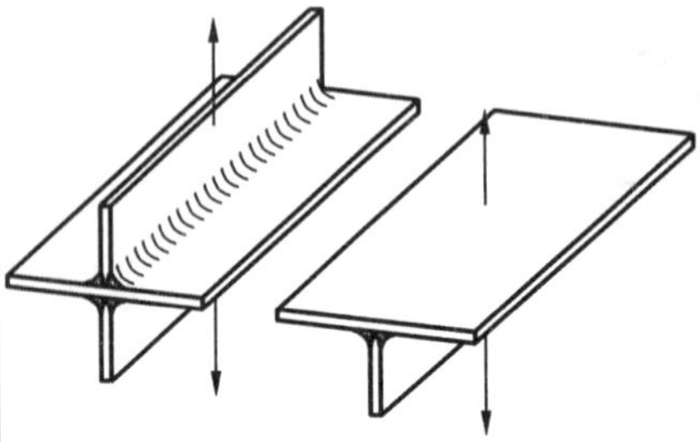 十字或 T 形接头,坡口焊缝, 正应力横穿焊缝	基本条件: ——连接焊缝 ——全熔透焊缝 特殊条件: ——自动焊接,无初始点(带引弧板)+1NC ——收缩受到限制的焊接 −1NC
	112	K 形焊缝,质量等级 B*	
	100	K 形焊缝,质量等级 B	
	80	K 形焊缝,质量等级 C	
	71	带衬垫的 V 型焊缝,质量等级 C	
3.9	$m=3$	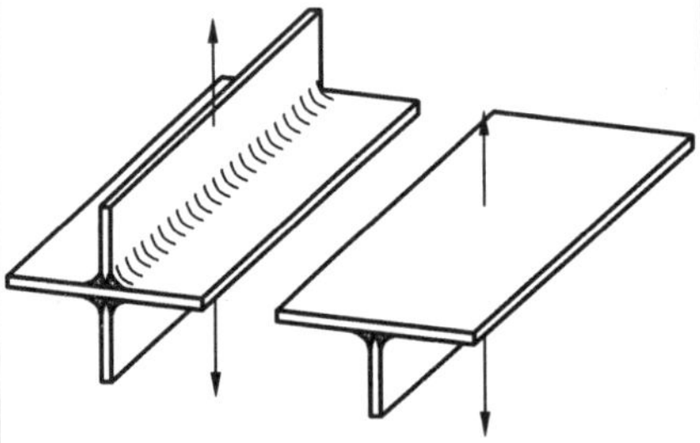 十字或 T 形接头,对称双面角焊缝	基本条件: ——连续焊缝 特殊条件: ——自动焊接,无初始点(带引弧板)+1NC ——收缩受到限制的焊接 −1NC
	45	焊缝处应力,$\sigma_w = F/(2\times a_r \times l)$,见 6.4.2.1	
	71	承载板在焊趾处的应力,质量等级 B	
	63	承载板在焊趾处的应力,质量等级 C	

表 I.3（续）

构造细节编号	$\Delta\sigma_c$，$\Delta\tau_c$ N/mm²	构造细节	要求
3.10	$m=3$	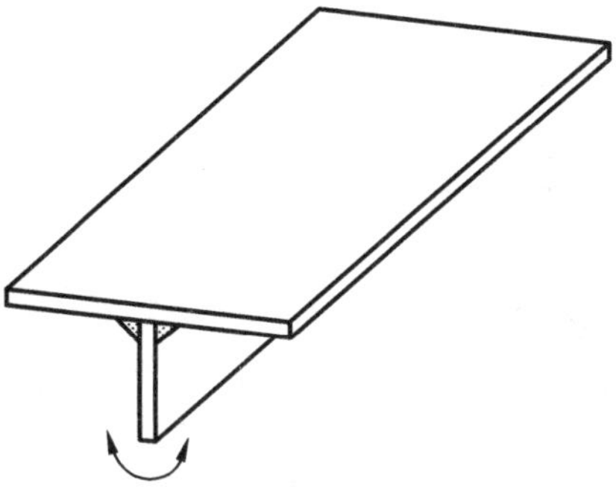 T 型接头，弯曲应力	
	45	焊缝处的应力(考虑弯矩作用与焊缝几何形状)	
	80	板材在焊趾处的应力，质量等级 B	
	71	板材在焊趾处的应力，质量等级 C	
3.11	$m=3$	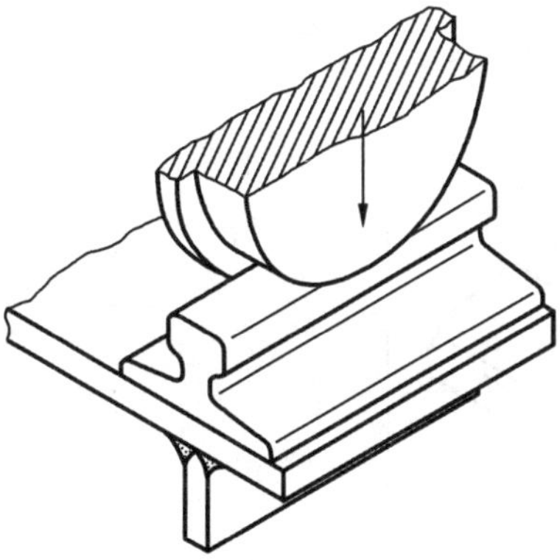 (双面)全熔透焊缝 承受横向压载荷(如车轮) 计算腹板的应力	
	112	焊缝质量等级 B	
	100	焊缝质量等级 C	

表 I.3（续）

构造细节编号	$\Delta\sigma_c$，$\Delta\tau_c$ N/mm²	构造细节	要求
3.12	$m=3$	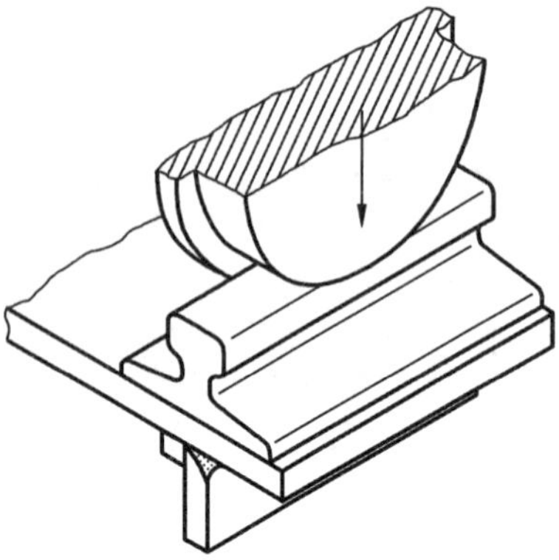 带衬垫的全熔透焊缝， 承受横向压载荷(如车轮) 计算腹板的应力	
	90	焊缝质量等级 B	
	80	焊缝质量等级 C	
3.13	$m=3$	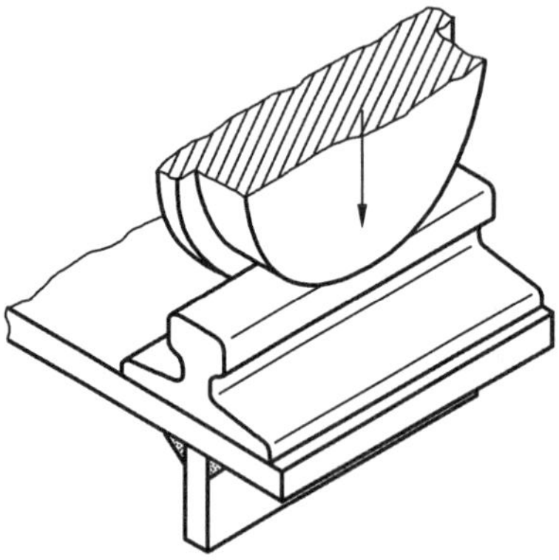 双面角焊缝 承受横向压载荷(如车轮) 计算腹板的应力	腹板厚度 t $0.5t \leqslant a_r \leqslant 0.7t$ a_r 符合 6.4.2.1 的规定
	71	焊缝质量等级 B,C	

表 I.3（续）

构造细节编号	$\Delta\sigma_c$，$\Delta\tau_c$ N/mm^2	构造细节	要求
3.14	$m=3$	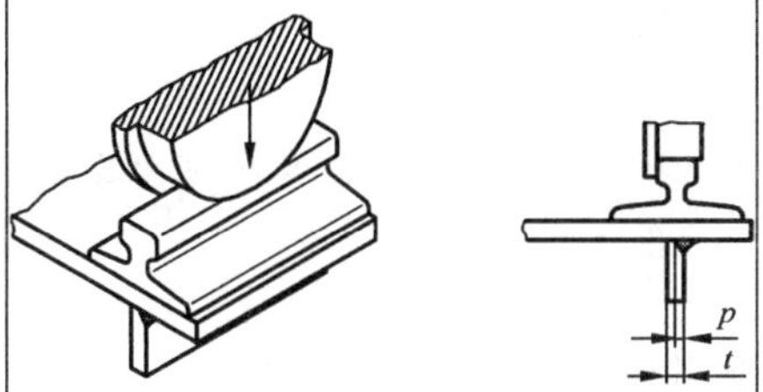 部分熔透焊缝 承受横向压载荷（如车轮） 计算腹板的应力	腹板厚度 t $0.5t\leqslant a_r\leqslant0.7t$ a_r 符合 6.4.2.1 的规定 $t\leqslant6$ mm 时，$p\geqslant1$ mm $t>6$ mm 时，$p\geqslant t/4$
	71	焊缝质量等级 B,C	
3.15	$m=3$	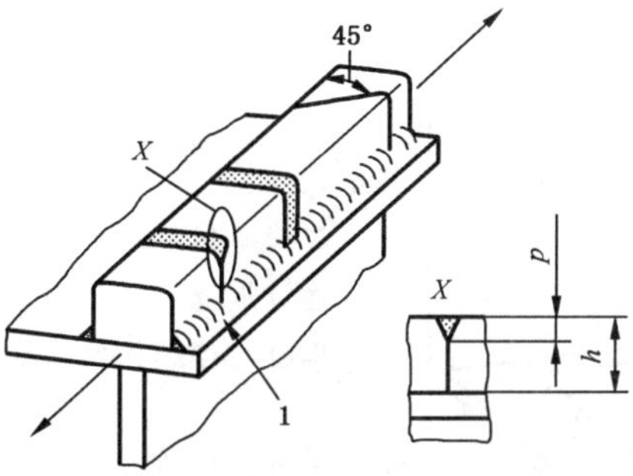 轨道焊接在板上，轨道接头处无对接焊缝或为部分熔透对接焊缝，计算板的应力	基本条件： ——所有焊缝质量等级在 C 级及以上 特殊条件： 连续焊缝(1)在轨道两侧跨越接头，焊缝长度不低于 $3h$ ＋1NC
	45	轨道对接断面垂直于轨道轴线，或呈一定角度（如 45°），$p=0$	
	56	仅轨道顶面有焊缝，$0.3h\leqslant p<h$	
	71	轨道顶面和两侧都有焊缝，$0.2h\leqslant p<h$	

表 I.3（续）

构造细节编号	$\Delta\sigma_c$，$\Delta\tau_c$ N/mm²	构造细节	要求
3.16	$m=3$	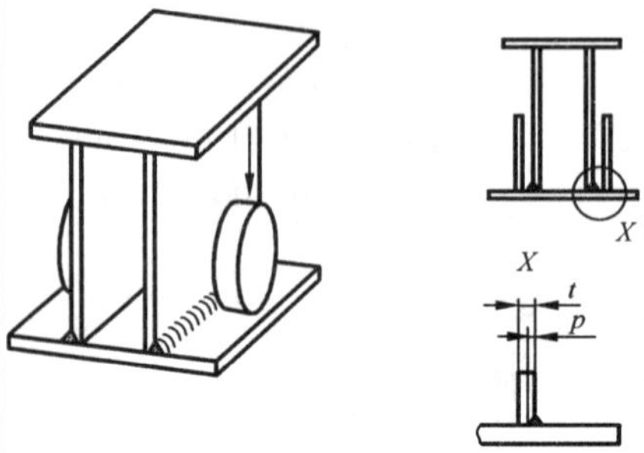 部分熔透焊缝，承受横向载荷（如下悬挂式小车）计算腹板的应力	基本条件： ——焊缝质量等级 C ——a_r 按 6.4.2.1 确定，p 按图 12 中的 a_{hi} 确定 特殊条件： 全熔透角焊缝，质量等级 B　+1NC
	63	$t\leqslant6$ mm 时，$p\geqslant1$ mm，$t>6$ mm 时，$p\geqslant t/4$ $0.5t\leqslant a_r\leqslant0.7t$	
	56	$t>6$ mm 时，$p\geqslant1$ mm $0.6t\leqslant a_r\leqslant0.7t$	
	50	非熔透角焊缝 $0.6t\leqslant a_r\leqslant0.7t$	
	40	非熔透角焊缝 $0.5t\leqslant a_r\leqslant0.6t$	
3.17	$m=3$	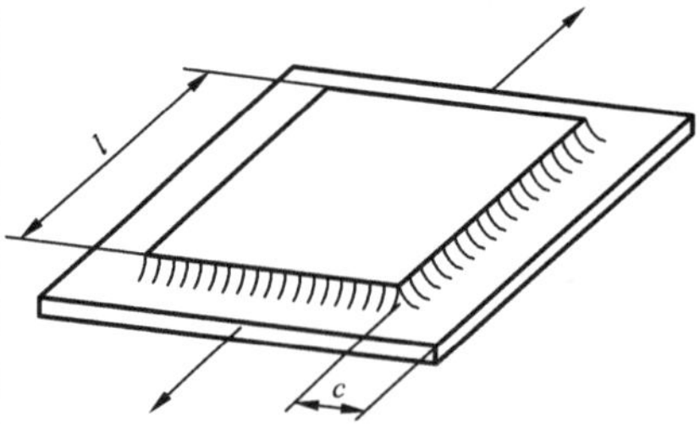 带焊接盖板的连续构件	基本条件： ——焊缝质量等级 C ——连续焊缝 ——焊趾与连续构件边缘距离 $c\geqslant10$ mm 特殊条件： ——焊缝质量等级 B*　+2NC ——焊缝质量等级 B　+1NC ——焊缝质量等级 D　−1NC ——$c<10$ mm　−1NC
	80	$l\leqslant50$ mm	
	71	50 mm$<l\leqslant100$ mm	
	63	$l>100$ mm	

表 I.3（续）

构造细节编号	$\Delta\sigma_c$，$\Delta\tau_c$ N/mm²	构造细节	要求
3.18	$m=3$	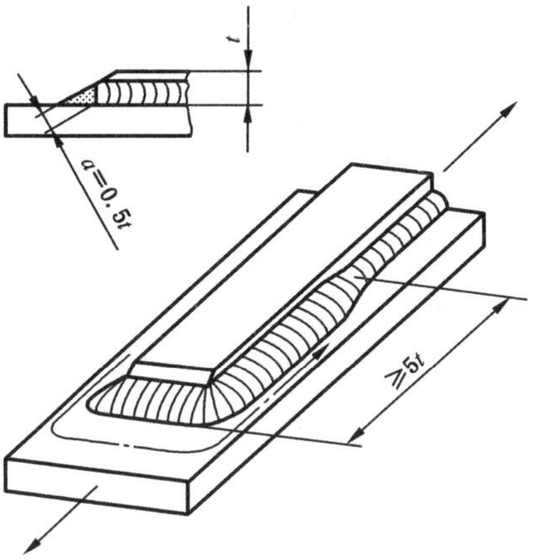 带载凸缘板的连续构件， 在其连接端部的应力	基本条件： ——连续角焊缝或坡口焊缝
	112	凸缘板端部倒角≤1∶3，端接焊缝及侧面焊缝端部的质量等级 B*	
	100	凸缘板端部倒角≤1∶2，端接焊缝及侧面焊缝端部的质量等级 B*	
3.19	$m=3$	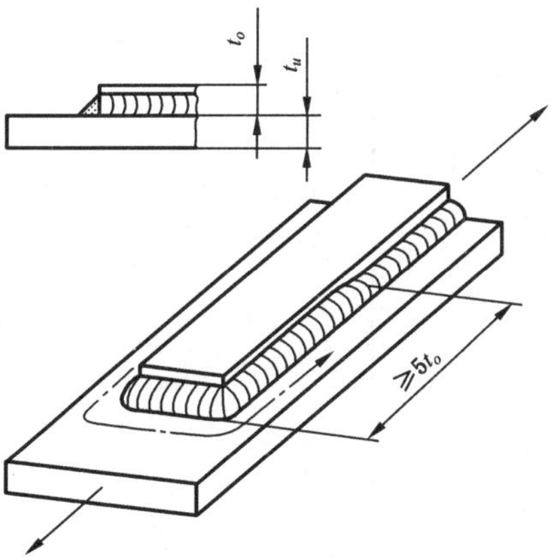 带承载凸缘板的连续构件， 在其连接端部的应力	基本条件： ——连续角焊缝或坡口焊缝 ——$t_o \leqslant 1.5t_u$
	80	端接焊缝及侧面焊缝端部的质量等级 B*	

表 I.3（续）

构造细节编号	$\Delta\sigma_c$，$\Delta\tau_c$ N/mm²	构造细节	要求
3.20	$m=3$	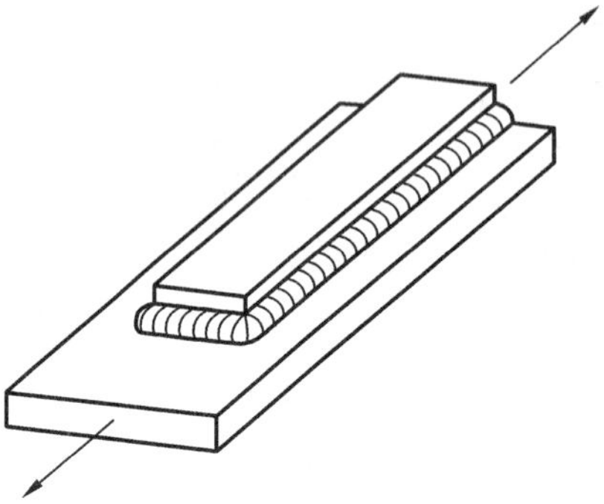 带承载凸缘板的连续构件， 在其连接端部的应力	基本条件： ——连续角焊缝或坡口焊缝
	63	焊缝质量等级 B	
	56	焊缝质量等级 C	
3.21	$m=3$	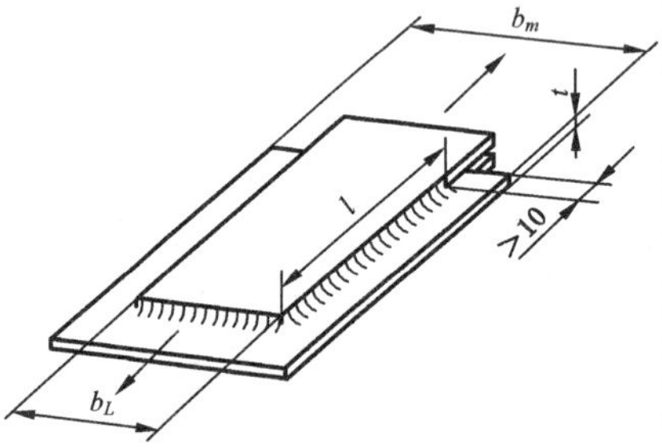 搭接焊接接头，主板	基本条件： ——应力面积计算如下： $A_s=t\times l_r$ $l_r=\min\{b_m, b_L+l\}$ 也可见构造细节编号 3.22
	80	焊缝质量等级 B*	
	71	焊缝质量等级 B	
	63	焊缝质量等级 C	

表 I.3（续）

构造细节编号	$\Delta\sigma_c$，$\Delta\tau_c$ N/mm²	构造细节	要求
3.22	$m=3$	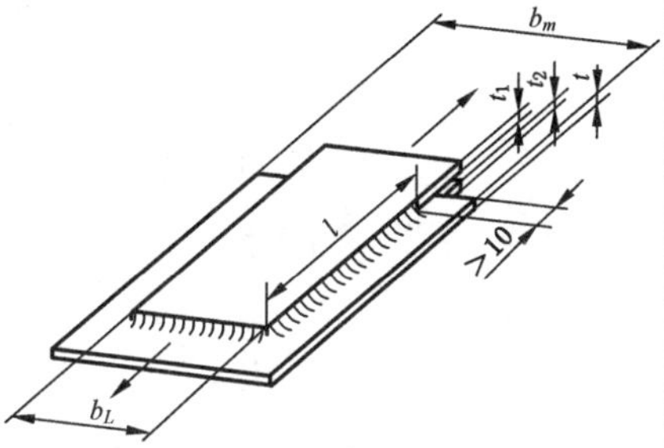 搭接焊接接头，搭接板	基本条件： ——应力面积计算如下： $A_s=b_L\times(t_1+t_2)$
	50		
3.23	$m=3$	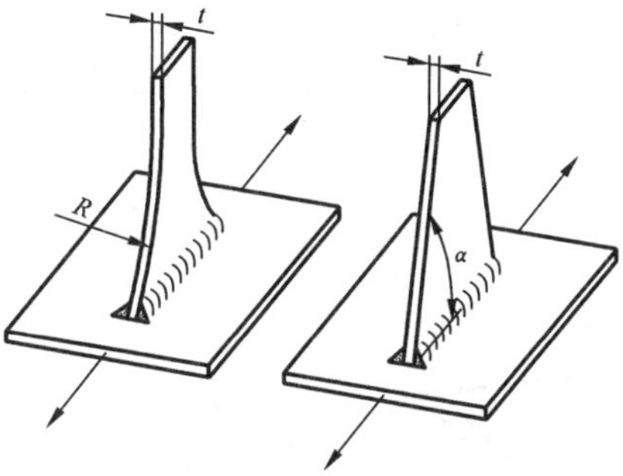 与部件纵向焊接连接的连续构件，部件倒角或倒圆	基本条件： ——$R\geqslant 50$ mm，$\alpha\leqslant 60°$ ——坡口焊缝，或周边角焊缝
	90	焊缝质量等级 B*	$R\geqslant 150$ mm 或 $\alpha\leqslant 45°$
	80	焊缝质量等级 B	
	71	焊缝质量等级 C	

表 I.3（续）

<table>
<tr><th>构造细节编号</th><th>$\Delta\sigma_c$，$\Delta\tau_c$
N/mm²</th><th>构造细节</th><th>要求</th></tr>
<tr><td rowspan="5">3.24</td><td>$m=3$</td><td>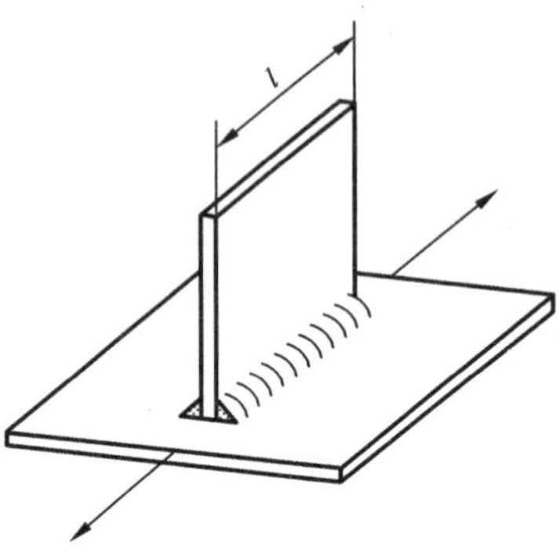
与端部为直边的部件焊接连接，连续构件</td><td rowspan="5">基本条件：
——周边角焊缝
——焊缝质量等级 B,C

特殊条件：
——单面角焊缝 —1NC
——焊缝质量等级 D —1NC</td></tr>
<tr><td>80</td><td>$l\leqslant50$ mm</td></tr>
<tr><td>71</td><td>50 mm$<l\leqslant$100 mm</td></tr>
<tr><td>63</td><td>100 mm$<l\leqslant$300 mm</td></tr>
<tr><td>56</td><td>$l>300$ mm</td></tr>
<tr><td rowspan="2">3.25</td><td>$m=3$</td><td>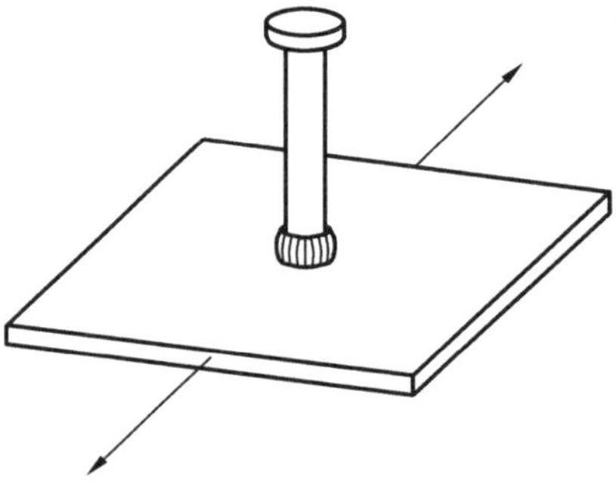
与圆柱体（如螺柱、螺栓、圆管等）
连接的连续构件</td><td rowspan="2">基本条件：
——周边角焊缝</td></tr>
<tr><td>80</td><td>焊缝质量等级 C 及以上</td></tr>
</table>

表 I.3（续）

构造细节编号	$\Delta\sigma_c$，$\Delta\tau_c$ N/mm^2	构造细节	要求
3.26	$m=3$	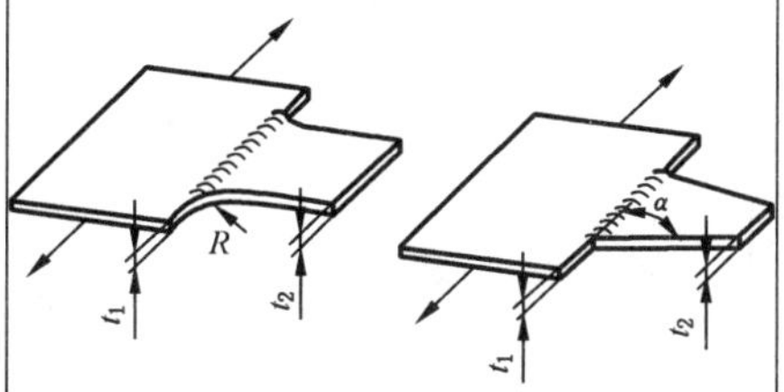 与部件纵向连接的连续构件，焊缝在板边缘	基本条件： ——$R\geqslant 50$ mm，$\alpha\leqslant 60°$ ——坡口焊缝或周边角焊缝 特殊条件： ——$R<50$ mm 或 $\alpha>60°$ −2NC
	90	焊缝质量等级 B*	$R>150$ mm 或 $\alpha\leqslant 45°$
	80	焊缝质量等级 B	
	71	焊缝质量等级 C	
3.27	$m=3$	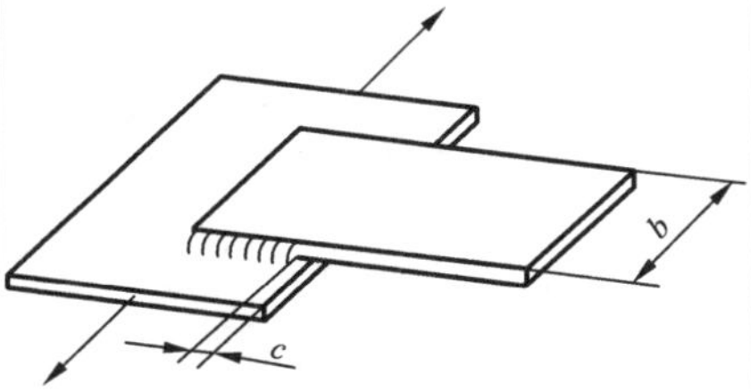 与部件搭接连接的连续构件	基本条件： ——$c\geqslant 10$ mm ——焊缝质量等级 C 特殊条件： ——$b\leqslant 50$ mm，焊缝质量等级 B +1NC ——焊缝质量等级 D −1NC ——$c<10$ mm −1NC
	80	$b\leqslant 50$ mm	
	71	50 mm$<b\leqslant 100$ mm	
	63	$b>100$ mm	

表 I.3（续）

<table>
<tr><th>构造细节编号</th><th>$\Delta\sigma_c$,$\Delta\tau_c$ N/mm²</th><th>构造细节</th><th>要求</th></tr>
<tr><td rowspan="6">3.28</td><td>$m=3$</td><td>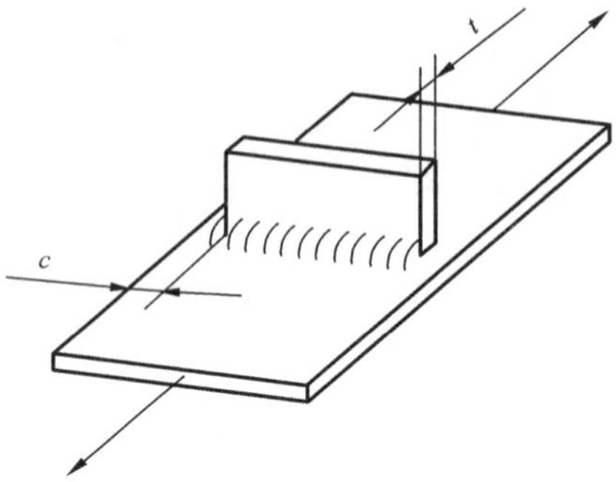
与部件横向连接的连续构件</td><td rowspan="6">基本条件：
——部件 $t\leqslant 12$ mm
——$c\geqslant 10$ mm
——对于 K 形焊缝，不允许采用质量等级 D

特殊条件：
——部件 $t>12$ mm(仅双面角焊缝) −1NC
——$c<10$ mm −1NC
——K 型焊缝，替代双面角焊缝 +1NC
——焊缝质量等级 D 替代 C −1NC</td></tr>
<tr><td>112</td><td>双面角焊缝，质量等级 B*</td></tr>
<tr><td>110</td><td>双面角焊缝，质量等级 B</td></tr>
<tr><td>90</td><td>双面角焊缝，质量等级 C</td></tr>
<tr><td>71</td><td>单面角焊缝，质量等级 B,C</td></tr>
<tr><td>71</td><td>留置衬垫上的 V 型部分熔透焊缝，质量等级 B,C</td></tr>
<tr><td rowspan="6">3.29</td><td>$m=3$</td><td>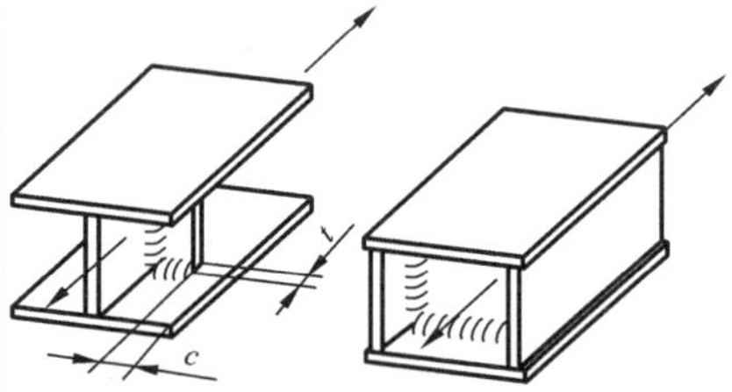
横向连接加强筋的连续构件</td><td rowspan="6">基本条件：
——板厚 $t\leqslant 12$ mm
——$c\geqslant 10$ mm

特殊条件：
——板厚 $t>12$ mm(仅双面角焊缝) −1NC
——$c<10$ mm −1NC
——K 型焊缝，替代双面角焊缝 +1NC
——焊缝质量等级 D 替代 C −1NC</td></tr>
<tr><td>112</td><td>双面角焊缝，质量等级 B*</td></tr>
<tr><td>110</td><td>双面角焊缝，质量等级 B</td></tr>
<tr><td>90</td><td>双面角焊缝，质量等级 C</td></tr>
<tr><td>71</td><td>单面角焊缝，质量等级 B,C</td></tr>
<tr><td>71</td><td>留置衬垫上的 V 型部分熔透焊缝，质量等级 B,C</td></tr>
</table>

表 I.3（续）

<table>
<tr><th>构造细节编号</th><th>$\Delta\sigma_c$，$\Delta\tau_c$ N/mm^2</th><th>构造细节</th><th>要求</th></tr>
<tr><td rowspan="3">3.30</td><td>$m=3$</td><td>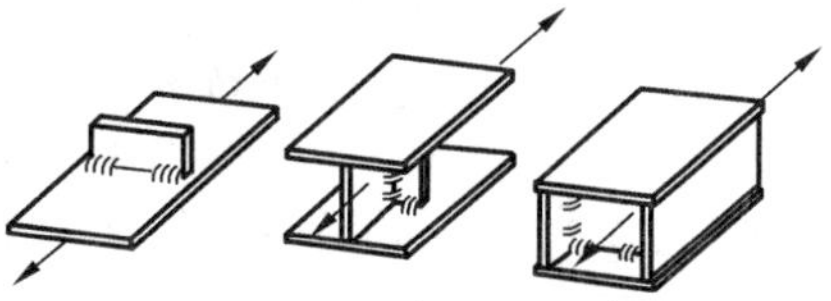
与部件或加强筋横向断续焊接的连续构件</td><td rowspan="3"></td></tr>
<tr><td>63</td><td>焊缝质量等级 C</td></tr>
<tr><td>50</td><td>焊缝质量等级 D</td></tr>
<tr><td rowspan="2">3.31</td><td>$m=3$</td><td>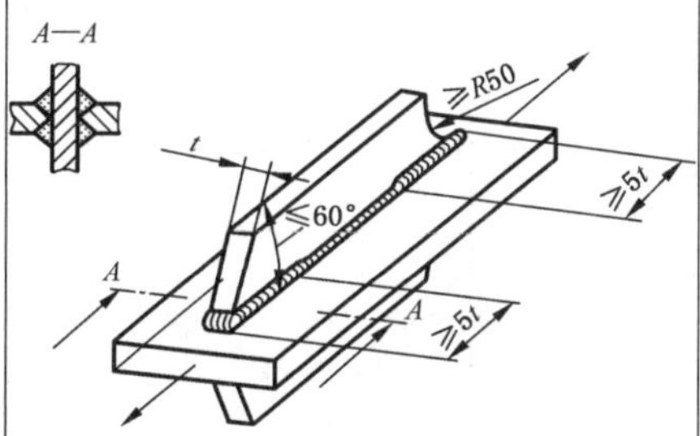

被部件纵向穿过并与其焊缝连接的连续构件</td><td rowspan="2">基本条件：
——$R\geqslant50$ mm，$\alpha\leqslant60°$

特殊条件：
——$R\geqslant100$ mm，$\alpha\leqslant45°$ +1NC
——端部焊缝至少 $5t$ 区域内为全熔透焊缝 +2NC</td></tr>
<tr><td>80</td><td>部件端部倒角或倒圆</td></tr>
<tr><td rowspan="2">3.32</td><td>$m=3$</td><td>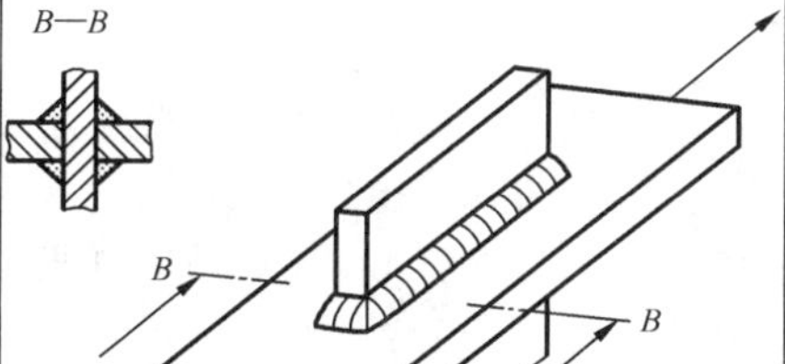

被部件纵向穿过并焊缝连接的连续构件</td><td rowspan="2"></td></tr>
<tr><td>56</td><td>部件端部为直边</td></tr>
</table>

表 I.3（续）

<table>
<tr><th>构造细节编号</th><th>$\Delta\sigma_c$，$\Delta\tau_c$ N/mm²</th><th>构造细节</th><th>要求</th></tr>
<tr><td rowspan="6">3.33</td><td>$m=3$</td><td>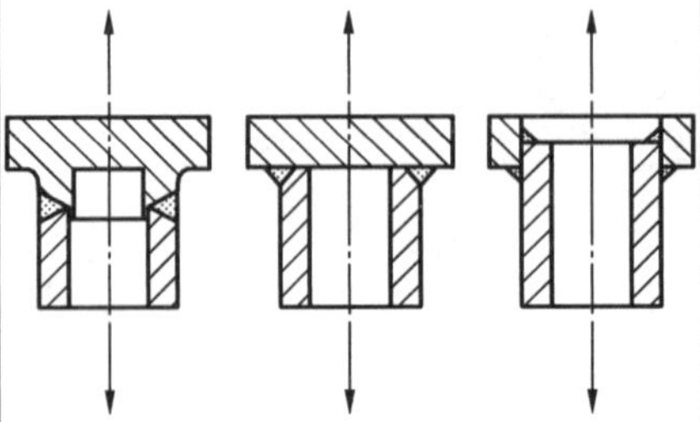
a)　　b)　　c)
承受轴力和弯矩作用的管材，计算管内正应力</td><td rowspan="6">基本条件：
——焊缝质量等级 C
——坡口焊缝全熔透，图 a
——法兰厚度 $T\geqslant 2t$(管壁厚度)，图 b
——角焊缝厚度 $a\geqslant 0.7t$(管壁厚度)，图 c

特殊条件：
——焊缝质量等级 B　+1NC
——焊缝质量等级 B*　+2NC</td></tr>
<tr><td>80</td><td>对接焊缝，圆形管(图 a)</td></tr>
<tr><td>63</td><td>坡口焊缝，圆形管(图 b)</td></tr>
<tr><td>56</td><td>坡口焊缝，矩形管(图 b)</td></tr>
<tr><td>45</td><td>双面角焊缝，圆形管(图 c)</td></tr>
<tr><td>40</td><td>双面角焊缝，矩形管(图 c)</td></tr>
<tr><td rowspan="3">3.34</td><td>$m=5$</td><td>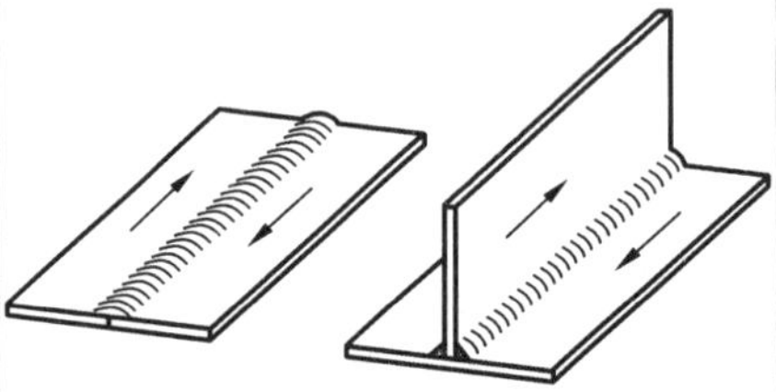
承受均匀的剪切作用的连续坡口焊缝、单面或双面角焊缝</td><td rowspan="3">基本条件：
——焊缝质量等级 C
——具有一般残余应力

特殊条件：
——具有较大残余应力(如收缩受到限制的接头)　−1NC
——无初始点(带引弧板)　+1NC</td></tr>
<tr><td>112</td><td>全熔透焊缝</td></tr>
<tr><td>90</td><td>部分熔透焊缝</td></tr>
</table>

表 I.3（续）

<table>
<tr><th>构造细节编号</th><th>$\Delta\sigma_c$，$\Delta\tau_c$
N/mm²</th><th>构造细节</th><th>要求</th></tr>
<tr><td rowspan="3">3.35</td><td>$m=5$</td><td>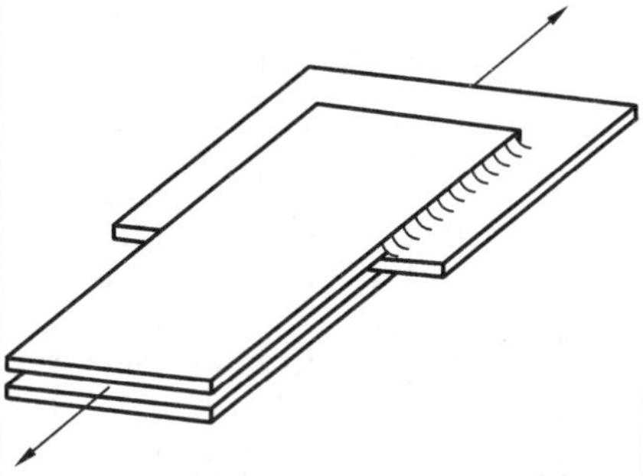
搭接接头的焊缝，有应力集中的剪切</td><td rowspan="3">基本条件：
假定载荷仅由纵向焊缝传递</td></tr>
<tr><td>71</td><td>焊缝质量等级 B</td></tr>
<tr><td>63</td><td>焊缝质量等级 C</td></tr>
</table>

表 I.4　材料表面缺陷深度

单位为毫米

材料名义厚度 e	材料表面缺陷允许的最大深度
$3\leqslant e<8$	0.2
$8\leqslant e<25$	0.3
$25\leqslant e<40$	0.4
$40\leqslant e<80$	0.5
$80\leqslant e<150$	0.6

表 I.5　轮廓平均高度 $Rz5$

范围	轮廓平均高度，$Rz5$（图 I.1） μm
1	$10+0.6e$
2	$40+0.8e$
3	$70+1.2e$
4	$110+1.8e$
注：e——切割厚度，单位为毫米(mm)。	

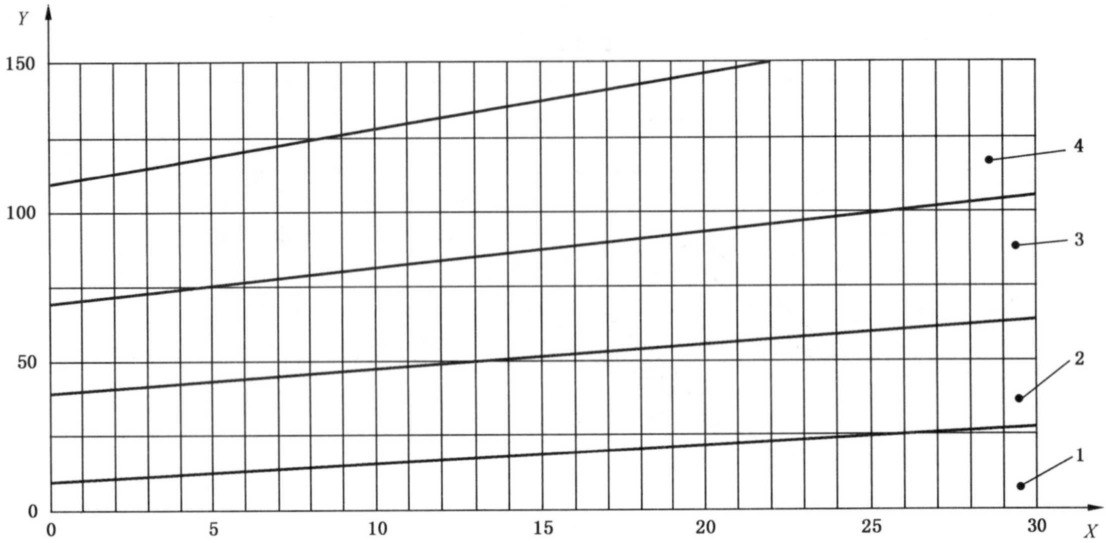

a) 轮廓平均高度,*Rz*5(工件厚度低于 30 mm)

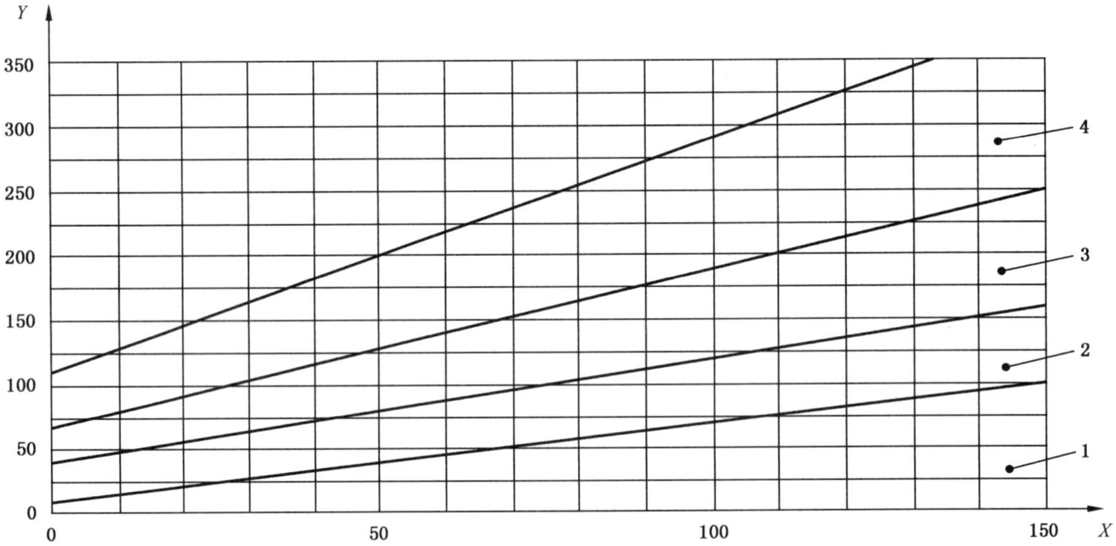

b) 轮廓平均高度,*Rz*5(工件厚度低于 150 mm)

说明:

1,2,3,4——范围;

X ——切割厚度,单位为毫米(mm);

Y ——轮廓平均高度,*Rz*5。

图 I.1 轮廓平均高度,*Rz*5

附　录　J
（规范性附录）
疲劳极限设计应力 $\Delta\sigma_{Rd}$、$\Delta\sigma_{Rd,1}$

疲劳极限设计应力幅 $\Delta\sigma_{Rd}$、$\Delta\sigma_{Rd,1}$ 见表 J.1 和表 J.2。第一列对应附录 I 中基本条件下的基本缺口效应级别(NC)，+1NC 表示取上一行值，−1NC 表示取下一行值。

表 J.1　$m=3$、$\gamma_{mf}=1.25$ 的疲劳极限设计应力幅 $\Delta\sigma_{Rd}$、$\Delta\sigma_{Rd,1}$　单位为牛每平方毫米

$\Delta\sigma_c$ N/mm²	应力历程级别 S											
	S02	S01	S0	S1	S2	S3	S4	S5	S6	S7	S8	S9
355	2 254.1	1 789.1	1 420.0	1 127.1	894.5	713.7	568.0	450.8	357.8	284.0	225.4	178.9
315	2 000.1	1 587.5	1 260.0	1 000.1	793.8	633.3	504.0	400.0	317.5	252.0	200.0	158.8
280	1 777.9	1 411.1	1 120.0	888.9	705.6	562.9	448.0	355.6	282.2	224.0	177.8	141.1
250	1 587.4	1 259.9	1 000.0	793.7	630.0	502.6	400.0	317.5	252.0	200.0	158.7	126.0
225	1 428.7	1 133.9	900.0	714.3	567.0	452.4	360.0	285.7	226.8	180.0	142.9	113.4
200	1 269.9	1 007.9	800.0	635.0	504.0	402.1	320.0	254.0	201.6	160.0	127.0	100.8
180	1 142.9	907.1	720.0	571.5	453.6	361.9	288.0	228.6	181.4	144.0	114.3	90.7
160	1 015.9	806.3	640.0	508.0	403.2	321.7	256.0	203.2	161.3	128.0	101.6	80.6
140	888.9	705.6	560.0	444.5	352.8	281.5	224.0	177.8	141.1	112.0	88.9	70.6
125	793.7	630.0	500.0	396.9	315.0	251.3	200.0	158.7	126.0	100.0	79.4	63.0
112	711.2	564.4	448.0	355.6	282.2	225.2	179.2	142.2	112.9	89.6	71.1	56.4
100	635.0	504.0	400.0	317.5	252.0	201.1	160.0	127.0	100.8	80.0	63.5	50.4
90	571.5	453.6	360.0	285.7	226.8	180.9	144.0	114.3	90.7	72.0	57.1	45.4
80	508.0	403.2	320.0	254.0	201.6	160.8	128.0	101.6	80.6	64.0	50.8	40.3
71	450.8	357.8	284.0	225.4	178.9	142.7	113.6	90.2	71.6	56.8	45.1	35.8
63	400.0	317.5	252.0	200.0	158.8	126.7	100.8	80.0	63.5	50.4	40.0	31.8
56	355.6	282.2	224.0	177.8	141.1	112.6	89.6	71.1	56.4	44.8	35.6	28.2
50	317.5	252.0	200.0	158.7	126.0	100.5	80.0	63.5	50.4	40.0	31.7	25.2
40	254.0	201.6	160.0	127.0	100.8	80.4	64.0	50.8	40.3	32.0	25.4	20.2
36	228.6	181.4	144.0	114.3	90.7	72.4	57.6	45.7	36.3	28.8	22.9	18.1
32	203.2	161.3	128.0	101.6	80.6	64.3	51.2	40.6	32.3	25.6	20.3	16.1
28	177.8	141.1	112.0	88.9	70.6	56.3	44.8	35.6	28.2	22.4	17.8	14.1
25	158.7	126.0	100.0	79.4	63.0	50.3	40.0	31.7	25.2	20.0	15.9	12.6

表 J.2 $m=5$、$\gamma_{mf}=1.25$ 的疲劳极限设计应力幅 $\Delta\sigma_{Rd}$、$\Delta\sigma_{Rd,1}$ 单位为牛每平方毫米

$\Delta\sigma_c$ N/mm²	应力历程级别 S											
	S02	S01	S0	S1	S2	S3	S4	S5	S6	S7	S8	S9
355	984.3	856.9	745.9	649.4	565.3	493.7	430.5	374.7	326.2	284.0	247.2	215.2
315	873.4	760.3	661.9	576.2	501.6	438.1	382.0	332.5	289.5	252.0	219.4	191.0
280	776.3	675.8	588.3	512.2	445.9	389.4	339.5	295.6	257.3	224.0	195.0	169.8
250	693.1	603.4	525.3	457.3	398.1	347.7	303.1	263.9	229.7	200.0	174.1	151.6
225	623.8	543.1	472.8	411.6	358.3	312.9	272.8	237.5	206.8	180.0	156.7	136.4
200	554.5	482.7	420.2	365.8	318.5	278.1	242.5	211.1	183.8	160.0	139.3	121.3
180	499.1	434.5	378.2	329.3	286.6	250.3	218.3	190.0	165.4	144.0	125.4	109.1
160	443.6	386.2	336.2	292.7	254.8	222.5	194.0	168.9	147.0	128.0	111.4	97.0
140	388.2	337.9	294.2	256.1	222.9	194.7	169.8	147.8	128.7	112.0	97.5	84.9
125	346.6	301.7	262.7	228.7	199.1	173.8	151.6	132.0	114.9	100.0	87.1	75.8
112	310.5	270.3	235.3	204.9	178.4	155.8	135.8	118.2	102.9	89.6	78.0	67.9
100	277.3	241.4	210.1	182.9	159.2	139.1	121.3	105.6	91.9	80.0	69.6	60.6
90	249.5	217.2	189.1	164.6	143.3	125.2	109.1	95.0	82.7	72.0	62.7	54.6
80	221.8	193.1	168.1	146.3	127.4	111.3	97.0	84.4	73.5	64.0	55.7	48.5
71	196.9	171.4	149.2	129.9	113.1	98.7	86.1	74.9	65.2	56.8	49.4	43.0
63	174.7	152.1	132.4	115.2	100.3	87.6	76.4	66.5	57.9	50.4	43.9	38.2
56	155.3	135.2	117.7	102.4	89.2	77.9	67.9	59.1	51.5	44.8	39.0	34.0
50	138.6	120.7	105.1	91.5	79.6	69.5	60.6	52.8	45.9	40.0	34.8	30.3
40	110.9	96.5	84.0	73.2	63.7	55.6	48.5	42.2	36.8	32.0	27.9	24.3
36	99.8	86.9	75.6	65.9	57.3	50.1	43.7	38.0	33.1	28.8	25.1	21.8
32	88.7	77.2	67.2	58.5	51.0	44.5	38.8	33.8	29.4	25.6	22.3	19.4
28	77.6	67.6	58.8	51.2	44.6	38.9	34.0	29.6	25.7	22.4	19.5	17.0
25	69.3	60.3	52.5	45.7	39.8	34.8	30.3	26.4	23.0	20.0	17.4	15.2

附　录　K
（资料性附录）
回转支承选型及其安装螺栓的相关计算

K.1　回转支承当量外载荷的计算

回转支承的当量外载荷根据回转支承结构的型式分别按式(K.1)～式(K.3)计算。

a)　单排及双排球式回转支承：

$$F_{eq}=F_V+\frac{4.37M}{D_0}+3.44F_h \qquad \cdots\cdots(\text{K.1})$$

b)　单排交叉滚柱式回转支承：

$$F_{eq}=F_V+\frac{4.5M}{D_0}+2.5F_h \qquad \cdots\cdots(\text{K.2})$$

c)　三排柱式回转支承：

$$F_{eq}=F_V+\frac{4.5M}{D_0} \qquad \cdots\cdots(\text{K.3})$$

式中：

F_{eq}——回转支承当量外载荷，单位为牛(N)；

F_V——作用在回转支承中心的轴向力，单位为牛(N)；

F_h——作用在回转支承中心的水平力，单位为牛(N)；

M——作用在回转支承中心的倾覆力矩，单位为牛米(N·m)；

D_0——滚动体中心圆直径，单位为米(m)，对于双排球式及三排柱式回转支承，D_0均为下排滚动体中心圆直径。

K.2　回转支承当量静容量的计算

回转支承的当量静容量根据回转支承结构的型式分别按式(K.4)～式(K.7)计算。

a)　单排球式：

$$F_0=f_0d_0^2Z_0\sin\theta \qquad \cdots\cdots(\text{K.4})$$

b)　单排交叉滚柱式：

$$F_0=f_0d_0^2l_0\frac{Z_0}{2}\sin\theta \qquad \cdots\cdots(\text{K.5})$$

c)　双排球式：

$$F_0=f_0d_0^2Z_0 \qquad \cdots\cdots(\text{K.6})$$

d)　三排柱式：

$$F_0=f_0d_0l_0Z_0 \qquad \cdots\cdots(\text{K.7})$$

式中：

F_0——回转支承当量静容量，单位为牛(N)；

d_0——钢球或滚柱直径，对圆锥形滚柱 d_0为中径，单位为毫米(mm)；

θ——公称接触角，对单排球式 θ 为 50°，对交叉滚柱式 θ 为 45°；

f_0——静容量系数,由滚道表面硬度决定,按表K.1选取,单位为牛每毫米(N/m);

l_0——滚柱的接触长度,对单排交叉滚柱式,滚柱为圆柱形,l_0取为$0.75d_0$;对三排柱式或采用圆锥滚柱、腰鼓形滚柱的交叉滚柱式,l_0取为$0.85d_0$,单位均为毫米(mm);

Z_0——钢球或滚柱个数,对双排球式或三排柱式,Z_0为上排滚动体个数,Z_0按式(K.8)计算。

$$Z_0=\frac{\pi D_0 1\,000-d_0}{d_0+b} \quad \cdots\cdots(\text{K.8})$$

式中:

D_0——上排滚动体中心圆直径,按式(K.8)计算的Z_0值,对单排球式及双排球式应圆整至较小的整数;对单排交叉滚柱式及三排柱式应圆整至较小的偶数,单位为米(m);

b——隔离块有效隔离宽度,按表K.2选取,单位为毫米(mm);

d_0——钢球或滚柱直径,对圆锥形滚柱d_0为中径,单位为毫米(mm)。

表K.1 静容量系数 f_0

滚道表面硬度 HRC		60	59	58	57	56	55	53	51	50	48	46
静容量系数 N/mm^2	单排及双排球式	58	53	49	44	40	38	31	25	22	16	10
	交叉滚柱及三排柱式	116	106	98	88	80	76	62	50	44	32	20

表K.2 隔离块有效隔离宽度 b

单位为毫米

钢球或滚柱直径 d_0	16	20	25	32	40	50	60
隔离块有效隔离宽度 b	3	3	4	4	5	5	6

K.3 安装螺栓的静强度验算和最小拧入深度

K.3.1 安装螺栓的静强度验算

回转支承安装螺栓的静强度应满足式(K.9)。

$$F_{sp}\geqslant F_{P\max} \quad \cdots\cdots(\text{K.9})$$

式中:

F_{sp}——螺栓应力达到螺栓材料屈服点90%时的最大允许载荷,按表K.3选取,单位为牛(N);

$F_{P\max}$——螺栓实际最大载荷,单位为牛(N),按式(K.10)计算。

$$F_{P\max}=F_1+K_cF_N \quad \cdots\cdots(\text{K.10})$$

式中:

F_1——螺栓初始预紧力,单位为牛(N),按式(K.11)计算;

K_c——载荷叠加系数,K_c取为0.25;

F_N——工作载荷,单位为牛(N),按式(K.12)计算。

$$F_1=(0.6\sim0.7)\sigma_sA_S \quad \cdots\cdots(\text{K.11})$$

式中:

σ_s——螺栓材料的屈服点,单位为牛每平方毫米(N/mm^2);

A_S——螺纹有效截面积,标准螺栓的A_S值可按表K.3选取,单位为平方毫米(mm^2)。

$$F_N = \frac{K_g M}{D_1 n} - \frac{F_V}{n} \quad \cdots\cdots\cdots\cdots (K.12)$$

式中：

K_g——载荷分配系数，对单排球式及双排球式，$K_g=4.37$；对交叉滚柱式及三排柱式，$K_g=4.10$；

n ——回转支承内圈安装螺栓数；

D_1——回转支承内圈安装螺栓孔分布圆直径，单位为米(m)；

M ——作用在回转支承中心的倾覆力矩，单位为牛米(N・m)；

F_V——作用在回转支承中心的轴向力，单位为牛(N)。

表 K.3　螺栓最大允许载荷和预紧力矩(摩擦系数 $\mu=0.14$)

螺栓性能等级			8.8			10.9			12.9		
螺栓材料屈服点			640 N/mm²			900 N/mm²			1 080 N/mm²		
螺纹规格	螺纹有效截面积 A_S mm²	螺纹最小截面积 A_{d1} mm²	最大允许载荷 F_{sp} N	理论预紧力矩 M_{sp} N・m	实际使用预紧力矩 M_p N・m	最大允许载荷 F_{sp} N	理论预紧力矩 M_{sp} N・m	实际使用预紧力矩 M_p N・m	最大允许载荷 F_{sp} N	理论预紧力矩 M_{sp} N・m	实际使用预紧力矩 M_p N・m
M12	84.3	76.2	48 900[a]	86	77.5	70 000	120	110	81 800	145	130
M14	115	105	66 700[a]	135	120	95 500	190	170	112 000	230	210
M16	157	144	91 000[a]	210	190	130 000	295	265	152 000	355	320
M18	192	175	115 000	290	260	159 000	405	365	186 000	485	435
M20	245	225	147 000	410	370	203 000	580	520	238 000	690	620
M22	303	282	182 000	550	500	252 000	780	700	294 000	930	840
M24	353	324	212 000	710	640	293 000	1 000	900	342 000	1 200	1 080

$M_p=0.9M_{sp}$。

[a] 对栓结构：50 700 N(M12)、68 800 N(M14)、94 500(M16)。

K.3.2　螺栓最小拧入深度

当回转支承与其相连接的上下支座采用螺纹孔安装时，螺栓在上下支座上的最小拧入深度宜符合表 K.4 的规定。

表 K.4　上下支座上的最小拧入螺纹深度

螺纹性能等级		8.8	8.8	10.9	10.9	12.9	12.9
螺纹直径 d 与螺距 p 之比(d/p)		<9	≥9	<9	≥9	<9	≥9
上下支座材料的屈服点 σ_s	≥280 N/mm²	1.0d	1.25d		1.4d		1.6d
	≥500 N/mm²	0.9d	1.00d		1.2d		1.4d
	≥900 N/mm²	0.8d	0.90d		1.0d		1.1d

注：当螺纹规格不大于 M30 时取 $d/p<9$，大于或等于 M33 时取 $d/p\geqslant9$。

附 录 L
(规范性附录)
车位尺寸安全间距设计要求

车位尺寸安全间距设计要求见图 L.1、图 L.2。

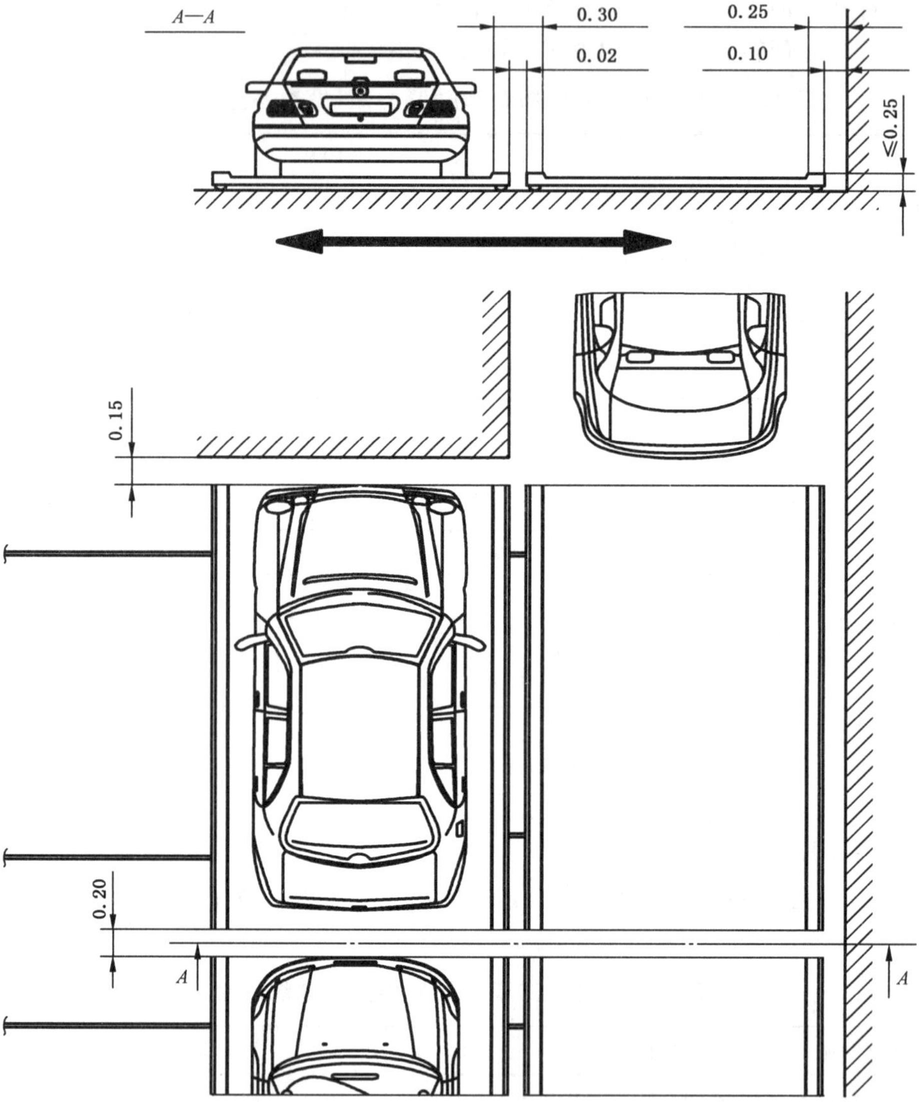

注：尺寸前未加符号的均为最小值，单位为米。

图 L.1 垂直于汽车轴线方向移动载车板的安全间距

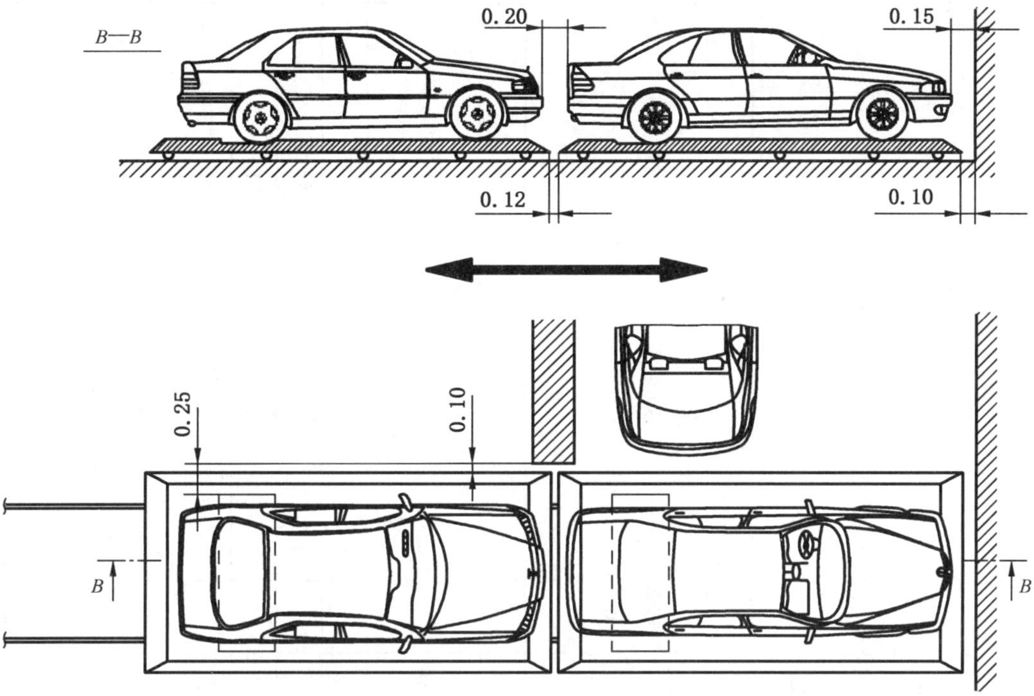

注：尺寸前未加符号的均为最小值，单位为米。

图 L.2　沿汽车轴线方向移动载车板的安全间距

附　录　M
（规范性附录）
安全防护装置设置要求

各类停车设备安全防护装置的具体要求应符合 9.10 中的相应规定。各类常见停车设备安全防护装置的设置应按符合表 M.1 的要求。

表 M.1　安全防护装置

停车设备类型	安全防护装置																				
	紧急停止开关 9.10.2.1	防止超限运行装置 9.10.2.2	汽车长、宽、高限制装置 9.10.2.3	阻车装置 9.10.2.4	人车误入检出装置 9.10.2.5	汽车位置检测装置 9.10.2.6	出入口门(栅栏门)联锁保护装置 9.10.2.7	自动门及防夹装置 9.10.2.8	防重叠自动检测装置 9.10.2.9	防坠落装置 9.10.2.10	平层装置 9.10.2.11	警示装置 9.10.2.12	轨道端部止挡装置 9.10.2.13	缓冲器 9.10.2.14	松绳(链)检测装置 9.10.2.15	安全钳、限速器 9.10.2.16 和 9.10.2.17	紧急联络装置 9.10.2.18	运转限制装置 9.10.2.19	控制联锁功能 9.10.2.20	超载限制器 9.10.2.21	载车板锁定装置 9.10.2.22
升降横移类	应装	应装	限长限高	应装	应装	—	应装	—	—	应装	—	应装	应装	—	应装	—	—	—	应装	—	—
简易升降类	应装	应装	限高	应装	宜装	—	应装	—	按 9.10.2.9 的规定	应装	—	宜装	应装	按 9.10.2.14 的规定	—	—	—	—	应装	—	—
垂直循环类	应装	—	限长限高	应装	—	—	应装	应装	—	—	—	应装	—	—	—	—	—	按 9.10.2.19 的规定	应装	—	—
水平循环类	应装	应装	应装	应装	—	应装	应装	应装	—	在转换区有地坑且超过 0.5 m 时	按 9.10.2.11 的规定	应装	—	应装	—	—	—		应装	—	—
多层循环类	应装	应装	限长限高	应装	—	应装	应装	应装	—			应装	—	应装	—	—	—		应装	—	—
平面移动类	应装	应装	应装	应装	—	应装	应装	应装	应装			应装	应装	应装	—	—	—		应装	—	应装
巷道堆垛类	应装	应装	应装	应装	—	应装	应装	应装	应装			应装	应装	应装	—	—	—		应装	—	应装
垂直升降类	应装	应装	应装	应装	—	应装	应装	应装	应装			应装	应装	应装	—	—	—		应装	—	应装
汽车专用升降机	应装	应装	限长	宜装	—	应装长度方向检测	应装	应装	—	应装		应装	—	应装	—	应装	应装		应装	应装	—

ICS 53.020.20
CCS J 80

中华人民共和国国家标准

GB/T 41098—2021/ISO 17096:2015

起重机　安全　起重吊具

Cranes—Safety—Load lifting attachments

(ISO 17096:2015,IDT)

2021-12-31 发布　　2022-07-01 实施

国家市场监督管理总局
国家标准化管理委员会　发布

前　　言

本文件按照 GB/T 1.1—2020《标准化工作导则　第1部分:标准化文件的结构和起草规则》的规定起草。

本文件使用翻译法等同采用 ISO 17096:2015《起重机　安全　起重吊具》。

与本文件中规范性引用的国际文件有一致性对应关系的我国文件如下:

——GB/T 1251.1—2008　人类工效学　公共场所和工作区域的险情信号　险情听觉信号(ISO 7731:2003,IDT);

——GB/T 1251.2—2006　人类工效学　险情视觉信号　一般要求、设计和检验(ISO 11428:1996,IDT);

——GB/T 1251.3—2008　人类工效学　险情和信息的视听信号体系(ISO 11429:1996,IDT);

——GB/T 5226.32—2017　机械电气安全　机械电气设备　第32部分:起重机械技术条件(IEC 60204-32:2008,IDT);

——GB/T 5972—2016　起重机　钢丝绳　保养、维护、检验和报废(ISO 4309:2010,IDT);

——GB/T 6974.1—2008　起重机　术语　第1部分:通用术语(ISO 4306-1:2007,IDT);

——GB/T 15706—2012　机械安全　设计通则　风险评估与风险减小(ISO 12100:2010,IDT);

——GB/T 20652—2006　M(4)、S(6)和T(8)级焊接吊链(ISO 4778:1981,IDT);

——GB/T 22437.1—2018　起重机　载荷与载荷组合的设计原则　第1部分:总则(ISO 8686-1:2012, IDT);

——GB/T 22437.2—2010　起重机　载荷与载荷组合的设计原则　第2部分:流动式起重机(ISO 8686-2:2004, MOD);

——GB/T 22437.3—2018　起重机　载荷与载荷组合的设计原则　第3部分:塔式起重机(ISO 8686-3:1998, IDT);

——GB/T 22437.4—2010　起重机　载荷与载荷组合的设计原则　第4部分:臂架起重机(ISO 8686-4:2005, MOD);

——GB/T 22437.5—2008　起重机　载荷与载荷组合的设计原则　第5部分:桥式和门式起重机(ISO 8686-5:1992, MOD);

——GB/T 25853—2010　8级非焊接吊链 (ISO 7593:1986,IDT);

——GB/T 30024—2020　起重机　金属结构能力验证(ISO 20332:2016,IDT)。

为便于使用,本文件做了下列编辑性修改:

——3.10 缺少定义,增加如下定义:"通过磁场,提供足够的力吸起、保持和搬运有铁磁性载荷的设备"。

——6.1.2 删除悬置段"除了以上的基本信息,制造商还应提供以下特殊信息"。

——6.1.2.1 增加引导语“在钢板夹钳使用手册中除了提供 6.1.1 中规定的基本信息外，还应提供以下特殊信息：”。

——6.1.2.2 增加引导语“在真空吸盘使用手册中除了提供 6.1.1 中规定的基本信息外，还应提供以下特殊信息：”。

——6.1.2.3 增加引导语“在蓄电池供电和主电源供电的起重磁铁使用手册中除了提供 6.1.1 中规定的基本信息外，还应提供以下特殊信息：”。

——6.1.2.4 增加引导语“在 C 型钩和起重叉使用手册中除了提供 6.1.1 中规定的基本信息外，还应提供以下特殊信息：”。

——6.1.2.5 增加引导语“在挂梁使用手册中除了提供 6.1.1 中规定的基本信息外，还应提供以下特殊信息：”。

——6.1.2.6 增加引导语“在夹钳使用手册中除了提供 6.1.1 中规定的基本信息外，还应提供以下特殊信息：”。

——D.1.1.1 增加引导语“该装置的布置是为了验证起重磁铁的拉脱力(见图 D.1)，应满足如下条件：”。

请注意本文件的某些内容可能涉及专利。本文件的发布机构不承担识别专利的责任。

本文件由中国机械工业联合会提出。

本文件由全国起重机械标准化技术委员会(SAC/TC 227)归口。

本文件起草单位：大连滨海起重机吊具有限公司、北京起重运输机械设计研究院有限公司、浙江冠林机械有限公司、北京科正平工程技术检测研究院有限公司、安吉长虹制链有限公司、南京市特种设备安全监督检验研究院、江西起重机械总厂有限公司、河南卫华重型机械股份有限公司、太原重型机械集团有限公司、三一海洋重工有限公司、法兰泰克重工股份有限公司、浙江中建路桥设备有限公司、三一汽车起重机械有限公司、河南省矿山起重机有限公司、微特技术有限公司、山东神力索具有限公司、无锡市新华起重工具有限公司、长垣市市场监督管理局、河南省大方重型机器有限公司、河南省广兴重型机械有限公司、河南华北起重吊钩有限公司。

本文件主要起草人：高云峰、蔡亚森、祝跃进、马少伟、杨卫波、吴祥生、朱琔、刘永刚、关大为、周继红、刘木南、袁秀峰、童国柱、郭永红、姬宏贇、张艳波、张体学、王凯、王洪波、滕云、韩富伟、李华庆。

起重机 安全 起重吊具

1 范围

本文件规定了下列适用于起重机、葫芦和手动起重设备的可分吊具的安全要求：

——钢板夹钳；

——真空吸盘；

- 非动力真空吸盘；
- 动力式真空吸盘(泵、文丘里管、涡轮)；

——起重电磁铁(蓄电池供电和主电源供电)；

——起重永磁铁；

——电控永磁铁；

——挂梁；

——C 型钩；

——起重叉；

——夹钳。

本文件没有规定下列附加要求：

a) 由于卫生原因,直接接触食品或药品的起重吊具所需的高等级清洁度；

b) 因搬运有害材料(例如:爆炸物、热熔物、辐射材料)导致的危险；

c) 在爆炸性环境下操作导致的危险；

d) 噪声危害；

e) 电气危害；

f) 由于液压和气动元件造成的危害。

本文件不适用于提升人员的吊具。

本文件不适用于吊索、钢(铁)水包、内涨式吊具、吊斗、双瓣抓斗或多瓣抓斗、集装箱吊具。

2 规范性引用文件

下列文件中的内容通过文中的规范性引用而构成本文件必不可少的条款。其中,注日期的引用文件,仅该日期对应的版本适用于本文件;不注日期的引用文件,其最新版本(包括所有的修改单)适用于本文件。

ISO 4306-1 起重机 术语 第1部分:通用术语(Cranes—Vocabulary—Part 1:General)

ISO 4309 起重机 钢丝绳 保养、维护、检验和报废(Cranes—Wire ropes—Care and maintenance, inspection and discard)

ISO 4778 焊接吊链 M(4)、S(6)和 T(8)级[Chain slings of welded construction—Grades M(4),S(6) and T(8)]

ISO 7531 一般用途钢丝绳吊索 特性和技术条件(Wire rope slings for general purposes—Characteristics and specifications)

ISO 7593 非焊接吊链 T(8)级[Chain slings assembled by methods other than welding—Grade T(8)]

ISO 7731 人类工效学 公共场所和工作区域的险情信号 险情听觉信号(Ergonomics—Danger signals for public and work areas—Auditory danger signals)

ISO 8686 起重机 载荷与载荷组合的设计原则(Cranes—Design principles for loads and load combinations)

ISO 11428 人类工效学 险情视觉信号 一般要求、设计和检验(Ergonomics—Visual danger signals—General requirements,design and testing)

ISO 11429 人类工效学 险情和信息的视听信号体系(Ergonomics—System of auditory and visual danger and information signals)

ISO 12100 机械安全 设计通则 风险评估与风险减小(Safety of machinery—General principles for design—Part 1:Risk assessment and risk reduction)

ISO 13854 机械安全 避免人体各部位挤压的最小间距(Safety of machinery—Minimum gaps to avoid crushing of parts of the human body)

ISO 20332 起重机 金属结构能力验证(Cranes—Proof of competence of steel structures)

IEC 60204-32 机械电气安全 机械电气设备 第32部分:起重机械技术条件(Safety of machi nery—Electrical equipment of machines—Part 32:Requirements for hoisting machines)

EN 1492-1 编织吊索 安全性 第1部分:一般用途合成纤维扁平吊装带(Textile slings—Safety—Part 1:Flat woven webbing slings made of man-made fibres for general purpose use)

EN 1492-2 编织吊索 安全性 第2部分:一般用途合成纤维圆形吊装带(Textile slings—Safety—Part 2:Roundslings made of man-made fibres for general purpose use)

EN 1492-4 编织吊索 安全性 第4部分:一般用途天然和人造纤维绳制起重吊索(Textile slings—Safety—Part 4:Lifting slings for general service made from natural and man-made fibre ropes)

3 术语和定义

ISO 4306-1、ISO 12100 界定的以及下列术语和定义适用于本文件。

3.1

附着力 adhesion force

在规定的压力范围的上限,从真空吸盘(3.21)上卸下载荷所需要的力。

3.2

C型钩 C-hook

用于提升空心类载荷的"C"形设备。

示例:见图1。

注:空心类载荷例如卷材类和管子类。

图1 C型钩示例

3.3

设计系数　design factor

起重吊具最小失效载荷和额定载荷(WLL)(3.22)的比值。

3.4

夹钳　clamp

通过夹住载荷的特定部位来吊运载荷的设备。

示例：见图2。

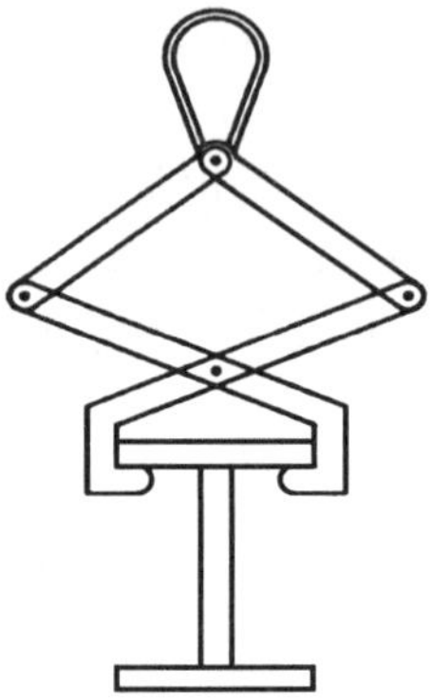

图2　夹钳示例

3.5

禁止区　exclusion area

在进行起重作业时，为安全起见，人员禁止进入的区域。

3.6

暴露区　exposure area

人员有可能暴露的、起重作业会引起危险的区域。

3.7

单独验证　individual verification

对生产的每台产品都进行验证。

3.8

挂梁　lifting beam

由一个或多个部件组成，根据载荷的特性需要，为了分散受力而设置不同吊点的设备。

示例：见图3。

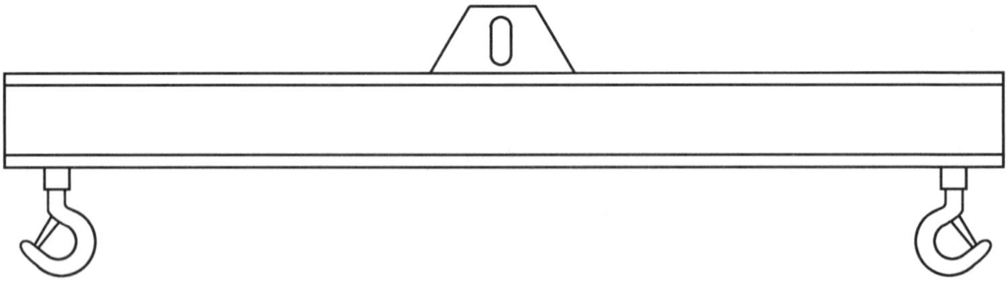

图3　挂梁示例

3.9

起重叉　lifting forks

由两个或多个叉臂组成，连接到一个带有上臂的垂直臂上的，用于提升托盘或者类似载荷的设备。

示例：见图 4。

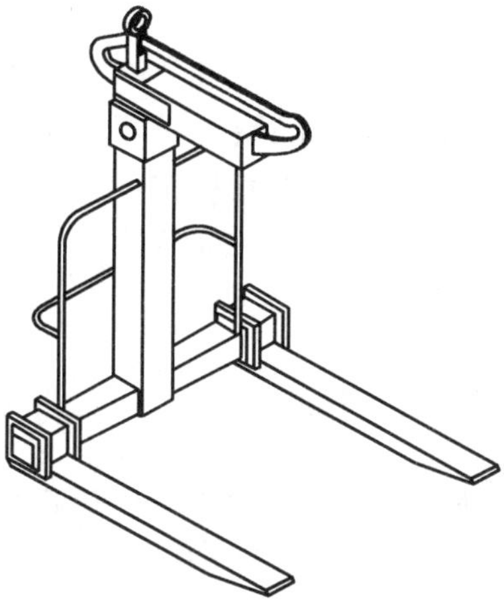

图 4　起重叉示例

3.10

起重磁铁　lifting magnet

通过磁场，提供足够的力吸起、保持和搬运有铁磁性载荷的设备。

示例：见图 5。

注：起重磁铁可分为起重电磁铁和起重永磁铁。其中起重永磁铁可分为手动永磁铁和电控永磁铁。

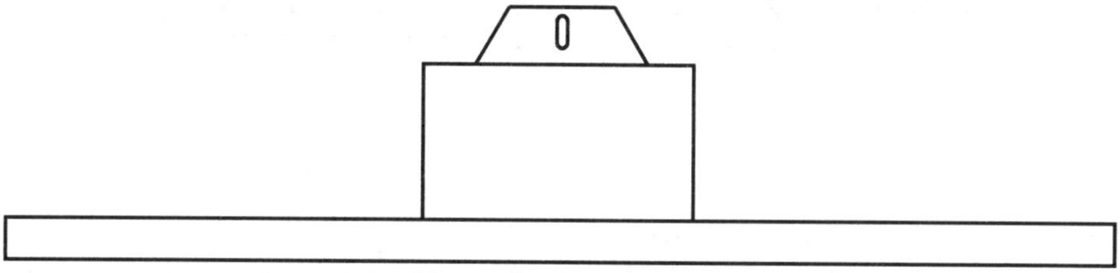

图 5　起重磁铁示例

3.10.1

起重电磁铁　electric lifting magnet

通过电流产生的磁场，提供足够的力吸起、保持和搬运有铁磁性载荷的设备。

3.10.2

起重永磁铁　permanent lifting magnet

一个具有永久磁场，能产生足够大的力吸起、保持和搬运有铁磁性载荷的设备。

注：磁场及载荷的吸持都由机械装置来控制。

3.10.3

电控永磁铁　electro-permanent lifting magnet

一个具有永久磁场，能生成足够大的力吸起、保持和搬运有铁磁性载荷的设备。

注：磁场由电流控制，磁场的维持不需要电流。

3.11

最小工作载荷　minimum working load

在制造商规定的条件下，可分吊具(3.13)可起升的最小设计载荷。

3.12

禁区 no-go area

正常作业时人不得进入的区域。

3.13

可分吊具 non-fixed load lifting attachment

使用者可以直接或间接地将吊具安装在起重机、葫芦或手动起重设备的吊钩或其他连接装置上,不会影响到起重机、葫芦或手动起重设备的完整性。

3.14

钢板夹钳 plate clamps

无动力抓取设备,用于起升及翻转板材或型材。

示例:见图6。

注1:夹紧作用或夹紧力是通过机械杠杆或凸轮动作实现的,使板材或型材被夹紧在钳爪衬垫上。

注2:竖吊钢板夹钳用于在垂直面提升板材或型材,或将其从水平面提升到垂直面。

注3:横吊钢板夹钳用于板材的水平吊运。

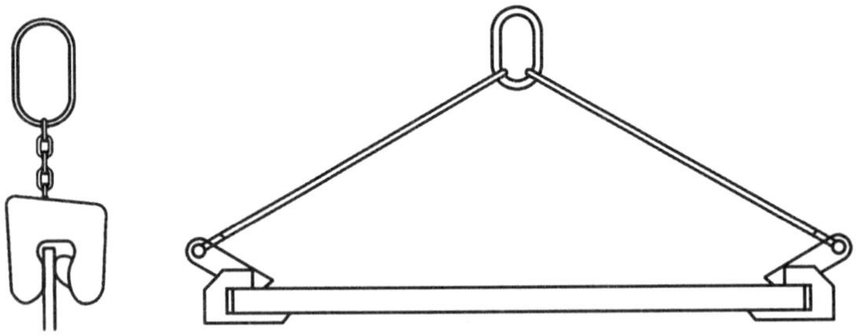

图6 钢板夹钳示例

3.15

直接保持装置 positive holding device

依靠直接的机械连接保持住载荷,不仅仅依靠摩擦力、吸力、磁吸附力来保持载荷的装置。

3.16

辅助直接保持装置 secondary positive holding device

在主要保持方式失效时,不依靠摩擦、吸力或磁吸附力来保持载荷的设备。

3.17

拉脱力 tear-off force

将载荷从接通电源的磁铁上分离所需要的垂直于磁极平面的拉力。

3.18

夹钳 tongs

通过作用在夹持原件之间(如钳臂或钳口、压板或中心机构)的夹紧力,强制锁定或者摩擦连接结合强制锁定来吊起载荷的装置。

3.19

双动作控制 two-action control

为了提高效率,需要使用一只或两只手来控制两个独立的动作,例如:

a) 两个独立的握持运行控制装置的操作;

b) 一个控制装置的两个运动的顺序操作;

c） 用空挡位自锁控制以前的解锁。

3.20

型式验证　type verification

第一次投入市场前，对代表产品的特定设计和尺寸的一个或多个样本进行的验证。

注：尽管术语“型式验证”通常与系列制造的设备相关，但本文件中，也适用于单个制造的吊具。

3.21

真空吸盘　vacuum lifter

吸盘　suction pad

包括一个或多个通过真空操作的吸盘的设备。

3.21.1

非动力式真空吸盘　self-priming vacuum lifter

依靠载荷产生真空的真空吸盘。

示例：见图7。

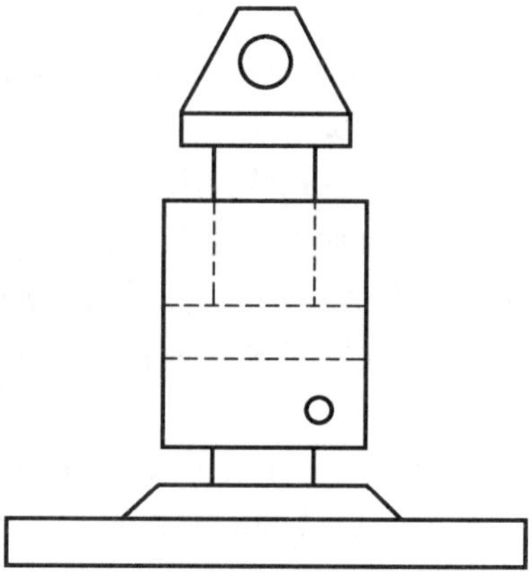

图7　非动力式真空吸盘示例

3.21.2

动力式真空吸盘　non-self-priming vacuum lifter

使用外部能源的真空提升设备。

示例：见图8。

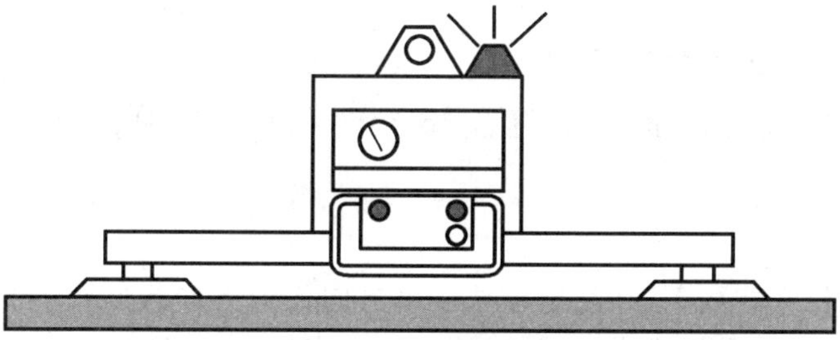

图8　动力式真空吸盘示例

3.22

额定载荷　working load limit；WLL

在制造商规定的条件下，起重吊具设计提升的最大载荷。

4 安全要求和/或措施

4.1 一般要求

吊具应符合本条款的安全要求和/或措施。另外，对于本文件没有提到的相关风险，吊具应按照 ISO 12100 规定的原则进行设计。

4.1.1 机械承载件

4.1.1.1 静强度的要求

机械承载件的机械强度应满足以下要求：

a) 吊具的设计能承受 3 倍于额定载荷的静载荷，即使发生了永久变形，也不释放载荷；

b) 吊具的设计能承受 2 倍于额定载荷的静载荷，而不会发生永久变形。

吊具至少应能在倾斜角度为 6°的倾斜状态下正常工作。对设计为倾斜作业的吊具，至少应能在比工作角度大 6°的倾斜状态下正常工作。

4.1.1.2 疲劳强度的要求

疲劳强度的验证应按 ISO 8686 的规定在起重吊具工作级别的基础上进行，工作级别应标记在起重吊具上或与额定载荷一起记录在文件上。

疲劳评定中使用的应力范围应以如下的最大载荷为基础：

a) 垂直力是与额定载荷相关的重力加上起重吊具的自重之和，乘以适用于该起重吊具的动载系数后得到的力，该动载系数应由制造商在设计文件中确定；

b) 水平力是指一种可以同时施加在起重装置或提升载荷上，并在垂直方向上产生动载效应的水平作用力。

在正常的工作循环内，除非起重吊具的自重大于额定载荷的 20%，并且起重吊具的重力没有作用在提升的载荷上或地面上，否则应力范围中的最小应力取 0。

结构细部极限疲劳强度的计算应符合 ISO 8686 和 ISO 20332 中的要求。

4.1.2 控制

吊具的电气控制应符合 IEC 60204-32 的要求。

4.1.3 把手

需要手动导向的吊具应装有把手，避免手指受伤。如果产品上有自带的手柄，则不用再安装把手。

4.1.4 作为吊具组成部分的吊索的要求

如果吊索是吊具的组成部分，应符合 ISO 4778、ISO 7531、EN 1492-1、EN 1492-2 和 EN 1492-4的要求。

4.1.5 存放稳定性

使用结束后，吊具应能取下，并稳定存放。吊具向任何方向倾斜 10°都不会翻倒，则认为是稳定的。可以通过吊具的形状或增加辅助设备(例如支架)来保证。

4.2 各种吊具的具体要求

4.2.1 钢板夹钳

4.2.1.1 在制造商规定的条件下，不应意外地释放载荷，特别是在下列情况影响时：

a) 障碍物接触到钢板夹钳，尤其是锁紧的机构；

b) 起重吊钩、下部滑轮组或其他连接件的质量压在设备上；

c) 预期的倾斜和/或翻转。

4.2.1.2 钢板夹钳在运送竖直悬吊的板材时，应配有一个装置，以免在放下时载荷意外掉落。

4.2.1.3 防止载荷滑动的设计系数不应小于2。

4.2.1.4 钢板夹钳的最小工作载荷不应大于额定载荷的5%。

4.2.1.5 钢板在以下公差范围内，夹钳应符合4.2.1.3的要求：

a) 最小厚度不大于50 mm时，公差为最小厚度的10%；

b) 最小厚度在50 mm～100 mm，公差为5 mm；

c) 最小厚度大于100 mm时，公差为最小厚度的5%。

4.2.1.6 由多个夹钳同时吊运载荷时，应考虑到用每个夹钳的额定载荷来分担可以预见的载荷份额(包括由于载荷的刚度导致的不平均的分担)。

4.2.1.7 钢板夹钳与起重机或中间设备的连接方法，应保证力的作用线与钢板夹钳轴线一致。在设计不能实现上述要求的情况下，应提供相应标记和/或在操作规程中来明确如何连接。

4.2.2 真空吸盘

4.2.2.1 在工作范围结束时和在下落范围开始时，在所有预计的倾斜角度下真空吸盘的设计应吸起至少相当于2倍额定载荷的载荷。最大倾斜角的增加应符合4.1.1.1的要求。

注：允许吸盘工作的压力范围被称作工作范围，下落范围和工作范围衔接。在一些真空起升系统中，特别是非动力式真空吸盘，压力的降低取决于载荷的质量。

4.2.2.2 动力式真空吸盘应装有压力测量装置，来显示真空的工作范围和下落范围。

4.2.2.3 非动力式真空吸盘应装有指示器，到达工作范围结束点时显示给操作者。

4.2.2.4 测量装置或指示器应分别对吊装工完全可见，如果没有吊装工，则起重机操作者在正常工作位置也应完全可见。

4.2.2.5 应提供方法来避免真空损失导致的风险。采用方法应符合如下规定：

a) 对于带有真空泵的真空吸盘：需要有真空蓄能器，真空蓄能器和泵之间安装单向阀，单向阀尽可能地靠近真空蓄能器；

b) 对于带有文丘里管系统的真空吸盘：需要有压力蓄能器或真空蓄能器，真空蓄能器和文丘里管系统之间安装单向阀，单向阀尽可能地靠近真空蓄能器；

c) 对于涡轮真空吸盘，需要辅助电池或额外的飞轮件；

d) 对于非动力式真空吸盘，需要储备冲程，至少等于活塞总冲程的5%。

注：真空损失可能发生，例如，由于泄漏或动力式真空吸盘的电源故障引起的。

4.2.2.6 应设有自动报警装置，在真空损失不能补偿的情况下，达到下落范围时应自动报警。报警信号可以是光信号或声音信号，具体取决于真空吸盘的使用环境，且应符合ISO 11428、ISO 11429和ISO 7731的规定。当真空吸盘出现电源故障时，报警设备应能运行。

注：报警设备不是4.2.2.2中的压力测量装置或4.2.2.3中的指示器。

4.2.2.7 如果出现电源故障，真空吸盘应能够保持载荷5 min，在禁止区或满足以下全部条件的涡轮真空吸盘则不需要：

a) 操作者通过操纵手柄维持对载荷的控制，确保万一载荷掉落时，操作者在掉落区以外；

b) 除了4.2.2.6，一旦出现电源故障，报警设备就会激活；

c) 制造商应通过合适的标记和使用说明做出警示：吸盘几何中心的提升高度禁止超过1.8 m。

4.2.2.8 对于要在暴露区使用的真空吸盘，应安装一个辅助直接保持装置，或有2个真空蓄能器，每个都配有单向阀。每个真空蓄能器都应与一套单独的真空吸盘连接。每套真空吸盘都应符合 4.2.2.1 的要求。

4.2.2.9 载荷的释放应由双动作控制来操纵。如果在放下载荷之前,载荷不可能被释放或在禁止区时则不需要。

4.2.2.10 翻转或旋转运动的控制应是握持运行控制方式。

4.2.2.11 吸盘的形状应与所吸持的载荷相匹配。当多个吸盘与挂梁一起使用时,布局和额定载荷应与设定的载荷相匹配。考虑到载荷和挂梁的刚度,每个吸盘分担的载荷不应超过其额定载荷。

4.2.3 起重磁铁

4.2.3.1 通则

4.2.3.1.1 载荷的释放应由双动作控制来操纵。如果在放下载荷之前,载荷不可能被释放或在禁止区时则不需要。

4.2.3.1.2 磁铁的形状应与所吸持的载荷相匹配。当多个电磁铁与挂梁一起使用时,布局和额定载荷应与设定的载荷相匹配。考虑到载荷和挂梁的刚度,每个磁铁分担的载荷不应超过其额定载荷。

4.2.3.2 蓄电池供电的起重电磁铁

4.2.3.2.1 在制造商规定的条件下,蓄电池供电的起重电磁铁应提供至少相当于 2 倍额定载荷的拉脱力。

4.2.3.2.2 应提供一个自动报警装置来监控电源,当电源达到释放载荷等级前至少 10 min 发出报警。报警装置应是光或声音。

4.2.3.2.3 应提供一个安全装置,当低电量报警装置激活,且磁铁被切断电源后,防止磁铁再次接通电源,直到电池充电到不触发低电量报警装置的最低等级。

4.2.3.2.4 应提供一个指示器,显示磁铁通电(开/关)。

注:指示器不必指示是否有充足的磁场。

4.2.3.3 主电源供电的起重电磁铁

4.2.3.3.1 在制造商规定的条件下,主电源供电的起重电磁铁应提供至少相当于 2 倍额定载荷的拉脱力。

4.2.3.3.2 应提供一个自动报警装置,当主电源供电出现故障时,发出报警。报警装置可以是光或声音。在禁止区则不需要。

4.2.3.3.3 当主电源出现故障时,应有一个备用电池自动供电。它提供的电流应能保持额定载荷至少 10 min。在禁止区则不需要。

4.2.3.3.4 如果以下要求全部得到满足,4.2.3.3.2 和 4.2.3.3.3 的要求不必执行:

a) 制造商通过合适的标记和使用说明做出警示:磁极几何中心的提升高度禁止超过 1.8 m;

b) 载荷质量少于 20 kg。

4.2.3.3.5 在很难离开掉落区的情况下(例如,在暴露区或在装货和卸货的船上),应提供一个备用的磁铁系统电源控制装置,并提供一根用于控制箱和吊具(例如,挂梁或单个磁铁)之间的直流供电线路的备用软电缆。或者应安装一个辅助直接保持装置。

4.2.3.3.6 用电磁铁从一堆材料的顶部提升载荷(例如板材、片材或棒材)时,应具有减少电源供应的控制装置,以利于释放超载。超载释放之后,控制系统应恢复满功率。

4.2.3.3.7 磁铁系统应有一个指示器,显示电磁铁是否通电。对于有可变功率控制的磁铁,指示器应能区分全磁化和部分磁化。

注：指示器不需要指示是否有充足的磁场。

4.2.3.4 起重永磁铁

起重永磁铁应符合以下要求：

a) 在制造商规定的条件下，提供至少相当于3倍额定载荷的拉脱力；

b) 控制器清楚的指示磁铁开、关状态；

c) 运行磁铁的控制符合ISO 13854中关于操作者手部位置的规定。

4.2.3.5 电控永磁铁

4.2.3.5.1 在制造商规定的条件下，电控永磁铁应提供至少相当于3倍额定载荷的拉脱力。

4.2.3.5.2 磁铁应有一个指示器，显示磁铁是否通电。对于有可变功率控制的磁铁，指示器应能区分全磁化和部分磁化。

4.2.4 C型钩

4.2.4.1 悬挂的空载C型钩，下臂与水平面的角度应在5°以内，以便于装载。

4.2.4.2 应采用以下方法来避免整个或部分载荷从下臂滑落：

a) C型钩在装载位置的水平方向有一个大于或等于5°的向上倾斜角度；

b) 对于要搬运单个钢卷的C型钩，带载后下臂保持水平或上倾斜；

c) 将C型钩的开口用链条、带子或挡杆封死；

d) 用一个夹紧系统来保障载荷安全；

e) 在下臂上装一个端部挡块。

4.2.5 起重叉

4.2.5.1 悬挂的空载起重叉，叉臂与水平面的角度应在5°以内，以便于装载。

4.2.5.2 在预期的载荷范围和载荷重心位置内，叉臂应向上倾斜，与水平面的角度应大于或等于5°，以免载荷从叉臂滑落。

4.2.5.3 起重叉在暴露区搬运松散材料（例如，砖块和瓷砖）时，应安装辅助直接保持装置（例如，网、笼子）。

辅助直接保持装置应能避免整个载荷或载荷松散部分的释放。

搬运松散材料（例如，砖块和瓷砖）时，辅助直接保持装置（例如，网或笼子）的侧边和底部不应有能通过50 mm的球体的开口。

辅助直接保持装置推荐为自动激活型式。

4.2.5.4 装有4.2.5.3中要求的辅助直接保持装置的起重叉，应能在4个水平方向承载相当于50%额定载荷的均布载荷。

4.2.5.5 在暴露区使用起重叉搬运成组载荷（例如，塑料包裹的托盘式载荷）时，应有一个固定装置（例如，链条、带子或挡杆），避免成组载荷从叉臂滑落。

4.2.5.6 装有4.2.5.5中要求的固定装置的起重叉，应能承载相当于50%额定载荷的均布载荷。

4.2.6 挂梁

4.2.6.1 挂梁与起重机的连接

4.2.6.1.1 为移动或拆除挂梁而制作的所有连接部件在起升之前应确保固定，以防止连接的意外分开。

4.2.6.1.2 应提供方法来避免在存放、连接或脱开起重机的过程中意外的运动和对挂梁吊挂部分的损坏。

4.2.6.2 挂梁载荷的固定

4.2.6.2.1 挂梁的载荷安全保护装置沿横梁移动时,应采取措施防止其脱落。

4.2.6.2.2 挂梁的载荷安全保护装置沿横梁移动时,应采取措施使其固定在支撑载荷的位置。

4.2.6.2.3 手动定位的载荷安全保护装置,该装置的状态应是吊装工可见的。

4.2.6.3 结构

4.2.6.3.1 当挂梁设计允许倾斜使用时,制造商应指明其与水平方向允许的最大倾斜角度。当挂梁设计为水平使用时,其设计应能容许与水平方向有最大 6°的倾斜角。

4.2.6.3.2 负载时,该结构应有使活动部件定位的装置。这些装置应在挂梁达到允许的最大倾斜角后再倾斜 6°时依然有效。当这些装置依靠摩擦力工作时,设计系数不应小于 2。

4.2.6.3.3 当自由活动会带来危险时,装有旋转或翻转机构的挂梁应配有一个制动装置使载荷固定在指定位置。

4.2.6.3.4 如果挂梁的移动部分之间的间距是由电源控制的,则应提供保护装置来防止出现挤压和剪切的危险,间距应符合 ISO 13854 的规定。

4.2.7 夹钳

4.2.7.1 为避免载荷滑动,依靠摩擦支持载荷的夹钳的支持力应至少是额定载荷的 2 倍。

4.2.7.2 由摩擦提供支持力的夹钳,如果厚度的范围不是从 0 开始的,则为了能够弥补制造公差、弹性变形等(对支持力的影响),在规定的最小厚度以下需要一个安全范围,在安全范围内,支持力应不低于 4.2.7.1 的规定值。

最小安全范围的要求如下:

a) 最小厚度不大于 50 mm 时,则为最小厚度的 10%;

b) 最小厚度在 50 mm 到 100 mm 之间时,则为 5 mm;

c) 最小厚度大于 100 mm 时,则为最小厚度的 5%。

由于夹钳的应用多种多样,不可能规定一个适合所有夹钳的安全范围。因此,以上安全值应谨慎对待,在使用中酌情增加。

4.2.7.3 如果夹钳通过摩擦来夹持,夹紧机构的设计应确保夹持力在载荷变形(例如,表面挤压、弹性和塑性变形)时仍然保持夹紧力。

注:这可以通过诸如由重力作用的剪刀式机构或压力补偿装置(例如,弹簧、液压蓄能器)等实现。

通过液压或气压维持载荷的夹钳应装有一个装置来补偿降至工作压力之下的压力。

如果夹持力达不到 4.2.7.1 的要求,则应自动激活声音或光报警信号。

4.2.7.4 对于不是自动闭合的夹钳,释放载荷应由双动作控制来操控。如果在载荷放置地面以前不可能被释放或在禁止区时,无此要求。

4.2.7.5 暴露区使用的夹钳应有直接保持装置或在适当位置安装辅助直接保持装置(例如,吊索、网、笼子)。

直接保持装置或辅助直接保持装置应能避免释放整个载荷或载荷松散部分。

搬运松散材料(例如,砖块和瓷砖)时,直接保持装置或辅助直接保持装置(例如,网或笼子)的侧边和底部不应有能通过 50 mm 的球体的开口。

辅助直接保持装置推荐为自动激活型式。

4.2.7.6 搬运松散材料(例如,砖块和瓷砖)时,直接保持装置或辅助直接保持装置(例如,网或笼子)应能在4个水平方向承载相当于50%额定载荷和垂直方向承载相当于200%额定载荷的均布载荷。

4.2.7.7 4.2.7.5和4.2.7.6的要求不适用于仅仅将夹钳最底部提升到小于1.8 m高度的夹钳和以下情况:

——移动单个砖块或质量小于50 kg的建筑材料;

——卸载卡车的货物到地上。

5 安全要求和/或措施的验证

5.1 通则

应按照表1规定的方法和附录A～附录G的要求来验证是否符合每个安全要求和/或措施(见第4章和第6章)。

对于单件设计和生产的产品,应进行型式验证和独立验证。对于系列生产的产品,应对该系列的一个或多个有代表性的系列产品进行产品型式验证,且对每个生产的产品都进行独立试验。

表1 用于验证是否符合安全要求和/或措施的方法

设备	要求		验证	方法
	项目名称	条款号	型式验证	独立试验
钢板夹钳	机械承载件	4.1.1.1	A.2	A.3
	倾斜极限	4.1.1.1	A.2	
	控制	4.1.2	A.4	
	把手	4.1.3	A.4	
	吊索	4.1.4	A.4	
	存放稳定性	4.1.5	A.4	
	防止意外释放	4.2.1.1	B.1	
	防止放下时意外释放	4.2.1.2	B.1	
	摩擦系数	4.2.1.3	B.2+B.3	
	厚度范围的公差	4.2.1.5	B.4	
	最小工作载荷	4.2.1.4	B.5	
	预计载荷分配	4.2.1.6	A.4	
	与起重机的连接	4.2.1.7	A.4	
	使用手册	6.1	A.4	A.4
	标识	6.2	A.4	A.4

表 1 用于验证是否符合安全要求和/或措施的方法(续)

设备	要求		验证	方法
	项目名称	条款号	型式验证	独立试验
真空吸盘	机械承载件	4.1.1.1	A.1 或 A.2	A.1 或 A.3
	倾斜极限	4.1.1.1	C.10 或 A.2	C.9
	控制	4.1.2	A.4	
	把手	4.1.3	A.4	
	吊索	4.1.4	A.4	
	存放稳定性	4.1.5	A.4	
	吸力	4.2.2.1	A.4	
	压力测量装置	4.2.2.2	C.10 或 A.2	
	泄漏指示器	4.2.2.3		C.2
	测量装置或指示器的可见性	4.2.2.4	C.3	C.2
	避免真空度损失的装置	4.2.2.5		
	报警装置	4.2.2.6		C.5
	载荷保持时间	4.2.2.7		C.4
	暴露区	4.2.2.8	A.4	C.6
	双动作控制	4.2.2.9	C.7	
	翻转或旋转控制	4.2.2.10	A.4	
	与载荷相适应的设计	4.2.2.11	A.4	
	使用手册	6.1	A.4	A.4
	标识	6.2	A.4	A.4
蓄电池供电的起重磁铁	机械承载件	4.1.1.1	A.1 或 A.2	A.1 或 A.3
	倾斜极限	4.1.1.1	A.2	
	控制	4.1.2	A.4	
	把手	4.1.3	A.4	
	吊索	4.1.4	A.4	
	存放稳定性	4.1.5	A.4	
	双动作控制	4.2.3.1.1	D.2	
	与载荷相适应的设计	4.2.3.1.2	D.7	
	拉脱力	4.2.3.2.1	D.1	
	报警装置	4.2.3.2.2	D.3 或 D.4	D.3 和 D.4
	避免通电的安全装置	4.2.3.2.3	A.4	A.4
	磁化指示器	4.2.3.2.4	D.5	D.5
	使用手册	6.1	A.4	A.4
	标识	6.2	A.4	A.4

表 1　用于验证是否符合安全要求和/或措施的方法（续）

设备	要求		验证	方法
	项目名称	条款号	型式验证	独立试验
主电源供电的起重磁铁	机械承载件	4.1.1.1	A.1 或 A.2	A.1 或 A.3
	倾斜极限	4.1.1.1	A.2	
	控制	4.1.2	A.4	
	把手	4.1.3	A.4	
	吊索	4.1.4	A.4	
	存放稳定性	4.1.5	A.4	
	双动作控制	4.2.3.1.1	D.2	
	与载荷相适应的设计	4.2.3.1.2	D.7	
	拉脱力	4.2.3.3.1	D.1	
	报警装置	4.2.3.3.2	D.3 和 D.4	D.3 和 D.4
	电池放电时间	4.2.3.3.3	D.4	D.4
	例外情况	4.2.3.3.4	A.4	A.4
	冗余或备用设备	4.2.3.3.5	D.6	D.6
	减载	4.2.3.3.6	D.2	
	磁化指示器	4.2.3.3.7	D.5	D.5
	使用手册	6.1	A.4	A.4
	标识	6.2	A.4	A.4
起重永磁铁	机械承载件	4.1.1.1	A.1 或 A.2	A.1 或 A.3
	倾斜极限	4.1.1.1	A.2	
	控制	4.1.2	A.4	
	把手	4.1.3	A.4	
	吊索	4.1.4	A.4	
	存放稳定性	4.1.5	A.4	
	双动作控制	4.2.3.1.1	A.4	
	与载荷相适应的设计	4.2.3.1.2	D.7	
	拉脱力	4.2.3.4 a)	D.1	
	控制装置的状态	4.2.3.4 b)	A.4	A.4
	安全距离	4.2.3.4 c)	A.4	A.4
	使用手册	6.1	A.4	A.4
	标识	6.2	A.4	A.4
电控永磁铁	机械承载件	4.1.1.1	A.1 或 A.2	A.1 或 A.3
	倾斜极限	4.1.1.1	A.2	
	控制	4.1.2	A.4	

表 1 用于验证是否符合安全要求和/或措施的方法(续)

设备	要求		验证	方法
	项目名称	条款号	型式验证	独立试验
电控永磁铁	把手	4.1.3	A.4	
	吊索	4.1.4	A.4	
	存放稳定性	4.1.5	A.4	
	双动作控制	4.2.3.1.1	D.2	
	与载荷相适应的设计	4.2.3.1.2	D.7	
	拉脱力	4.2.3.5.1	D.1	
	磁化指示器	4.2.3.5.2	D.5	D.5
	使用手册	6.1	A.4	A.4
	标识	6.2	A.4	A.4
C 型钩	机械承载件	4.1.1.1	A.1 或 A.2	A.1 或 A.3
	倾斜极限	4.1.1.1	A.2	
	控制	4.1.2	A.4	
	把手	4.1.3	A.4	
	吊索	4.1.4	A.4	
	存放稳定性	4.1.5	A.4	
	空载状态	4.2.4.1	A.4	A.4
	载荷滑脱或掉落的防止	4.2.4.2	A.4	A.4
	使用手册	6.1	A.4	A.4
	标识	6.2	A.4	A.4
起重叉	机械承载件	4.1.1.1	A.1 或 A.2	A.1 或 A.3
	倾斜极限	4.1.1.1	A.2	
	控制	4.1.2	A.4	
	把手	4.1.3	A.4	
	吊索	4.1.4	A.4	
	存放稳定性	4.1.5	A.4	
	空载状态	4.2.5.1	A.4	A.4
	载荷滑脱或掉落的防止	4.2.5.2	A.4	A.4
	暴露区	4.2.5.3	A.4	A.4
	辅助直接保持装置的强度	4.2.5.4	F.1	
	成组载荷的固定装置	4.2.5.5	A.4	
	固定装置的强度	4.2.5.6	A.1 或 A.2	
	使用手册	6.1	A.4	A.4
	标识	6.2	A.4	A.4

表 1　用于验证是否符合安全要求和/或措施的方法（续）

设备	要求		验证	方法
	项目名称	条款号	型式验证	独立试验
挂梁	机械承载件	4.1.1.1	A.1 或 A.2	A.1 或 A.3
	倾斜极限	4.1.1.1	E.1 或 E.2	
	控制	4.1.2	A.4	
	把手	4.1.3	A.4	
	吊索	4.1.4	A.4	
	存放稳定性	4.1.5	A.4	
	与起重机的连接	4.2.6.1.1	A.4	
	悬挂部件的损坏	4.2.6.1.2	A.4	
	挂梁载荷的固定	4.2.6.2	A.4	
	倾斜极限	4.2.6.3.1	E.1 或 E.2	
	结构上的活动部件的固定	4.2.6.3.2	E.1 或 E.2	
	倾斜和翻转机构的固定	4.2.6.3.3	A.4	
	活动部件的间距	4.2.6.3.4	A.4	
	使用手册	6.1	A.4	A.4
	标识	6.2	A.4	A.4
夹钳	机械承载件	4.1.1.1	A.1 或 A.2	A.1 或 A.3
	倾斜极限	4.1.1.1	A.1 或 A.2	
	控制	4.1.2	A.4	
	把手	4.1.3	A.4	
	吊索	4.1.4	A.4	
	存放稳定性	4.1.5	A.4	
	安全系数	4.2.7.1	G.1＋G.2	
	厚度范围	4.2.7.2	G.2	
	载荷变形	4.2.7.3	A.4	A.4
	双动作控制	4.2.7.4	A.4	A.4
	保持装置	4.2.7.5	A.4	A.4
	辅助直接保持装置的强度	4.2.7.6	A.1 或 A.2	
	异常情况	4.2.7.7	A.4	
	使用手册	6.1	A.4	A.4
	标识	6.2	A.4	A.4

5.2　通过试验验证疲劳强度

试验安排应产生与 4.1.1.2 中所述的最大和最小垂直载荷事件相对应的应力变化。这包括在各个工作循环之间释放全部夹紧力。

起重吊具设计的工作循环次数不应大于被测试吊具(至少 3 台)的平均寿命的 1/3,如果被测试吊具数量不超过 7 台,设计工作循环次数不应大于测试得到的最小寿命的 1/2。

5.3 最小分级

起重吊具的最小分级是 LCD1.设备满足以下条件时,不需要验证其疲劳强度:

——静强度满足 4.1.1.1 的要求;

——用屈服应力不超过 500 MPa 的钢材制成;

——不包括疲劳强度低于 ISO 20332 中的 50 级的结构细节。

6 使用信息

6.1 使用手册

6.1.1 通则

为了让用户在可分吊具正常的使用寿命期间对其正确选择、安装、使用和维护,针对所提供设备的使用手册中应至少提供以下信息和指导(见 ISO 12100:2010,6.4.5):

a) 简要说明;

b) 额定载荷;

c) 设计用途;

d) 载荷的特性,包括性能,以及一次能吊运的零件数量;

e) 使用范围的确定;

f) 操作和使用说明;

g) 设备在起重机上的安装、固定、连接、分离和调整;

h) 设备的搬运和存放;

i) 稳定性(在适用情况下);

j) 操作吊具的温度范围;

k) 在特殊环境中的使用限制(例如,高湿度、爆炸性、盐雾、酸性、碱性),符合 ISO 4778 和 ISO 7593要求的链式吊索,由于氢脆化的危险不宜在酸洗槽使用;

l) 处理危险货物的限制(例如,熔融体、放射性物质);

m) 禁止吊物下有人;

n) 必要时对操作者进行特殊培训;

o) 装置的动载系数。

6.1.2 特殊信息

6.1.2.1 钢板夹钳

在钢板夹钳使用手册中除了提供 6.1.1 中规定的基本信息外,还应提供以下特殊信息:

a) 一次垂直提升一个部件;

b) 在地面上翻转钢板;

c) 安全锁紧装置的操作;

d) 被夹持零件的表面状况(油脂、油漆或涂层);

e) 可见的夹持范围;

f) 最小工作载荷;

g） 被夹持零件的表面硬度；

h） 防止因起重机吊钩、底部滑轮或连接件(如链条)的质量作用在夹钳上而意外释放载荷的措施。

6.1.2.2 真空吸盘

在真空吸盘使用手册中除了提供 6.1.1 中规定的基本信息外，还应提供以下特殊信息：

a） 检查真空度；

b） 报警装置报警后应采取的措施；

c） 检查真空连接和软管的状况；

d） 检查吸盘的状况；

e） 断电保持时间；

f） 使报警设备起作用的周围环境的最大噪声等级。

6.1.2.3 蓄电池供电和主电源供电的起重磁铁

在蓄电池供电和主电源供电的起重磁铁使用手册中除了提供 6.1.1 中规定的基本信息外，还应提供以下特殊信息：

a） 报警装置报警后应采取的安全措施；

b） 检查电缆状况；

c） 蓄电池充电状态以及电池容量的维护和检查的指导；

d） 断电保持时间(适用情况下)；

e） 使报警设备起作用的周围环境的最大噪声等级。

6.1.2.4 C 型钩和起重叉

在 C 型钩和起重叉使用手册中除了提供 6.1.1 中规定的基本信息外，还应提供以下特殊信息：

a） 检查载荷的适应性；

b） 为避免载荷滑动，载荷范围和载荷重心位置的要求；

c） 在暴露区使用起重叉时，检查辅助直接保持装置是否在其位置上。

6.1.2.5 挂梁

在挂梁使用手册中除了提供 6.1.1 中规定的基本信息外，还应提供以下特殊信息。

a） 挂梁的制造商应在使用手册中提供连接载荷的方法，使用户能确保挂梁和载荷在提升时的稳定性。所提供的信息应当明确起重机挂梁旋转中心、载荷悬挂点的旋转中心，以及它们之间的垂直距离。图 9 中仅在一个平面内结合类似的图形，对载荷悬挂点的旋转中心以及到载荷重心的垂直距离做了图示说明。

注 1： 底部窄而重心高的物体倾倒所需的力比底部宽而重心低的物体要小。随着重心的高度相对于底部的宽度的增加，物体易于倾翻，除非有外力支承，如果没有外力支承，就会达到物体的倾倒点。在这一点上，物体被认为是不稳定的，需要的支承越大，就越不稳定。悬挂的载荷也存在类似的情况。使载荷倾倒的力必然存在(例如，风、加速、制动)。因此，当悬吊载荷时，要确保其足够稳定以抵抗这些倾倒力是很重要的。载荷要想稳定，吊点宜在重心之上，且在其周围合理布置加以固定。在图 9 中，挂梁 1 处在正稳定性的高度，挂梁 2 处在负稳定性的高度。载荷 1 处在正稳定性高度，载荷 2 处在负稳定性高度。关于挂梁和载荷的组合的稳定性，总的稳定性高度是正的。尽管只在一个平面做了图解,这也适用于每个水平旋转轴。

每种组合的结果如下:

挂梁 1+载荷 1:一直是稳定的;

挂梁 1+载荷 2:如果 $A>D$,就是稳定的;

挂梁 2+载荷 1:如果 $C>B$,就是稳定的;

挂梁 2+载荷 2:一直都不稳定。

注 2:在一个以上垂直面进行支承以保证载荷在两个水平轴上都稳定。

b) 挂梁允许的最大倾斜角。

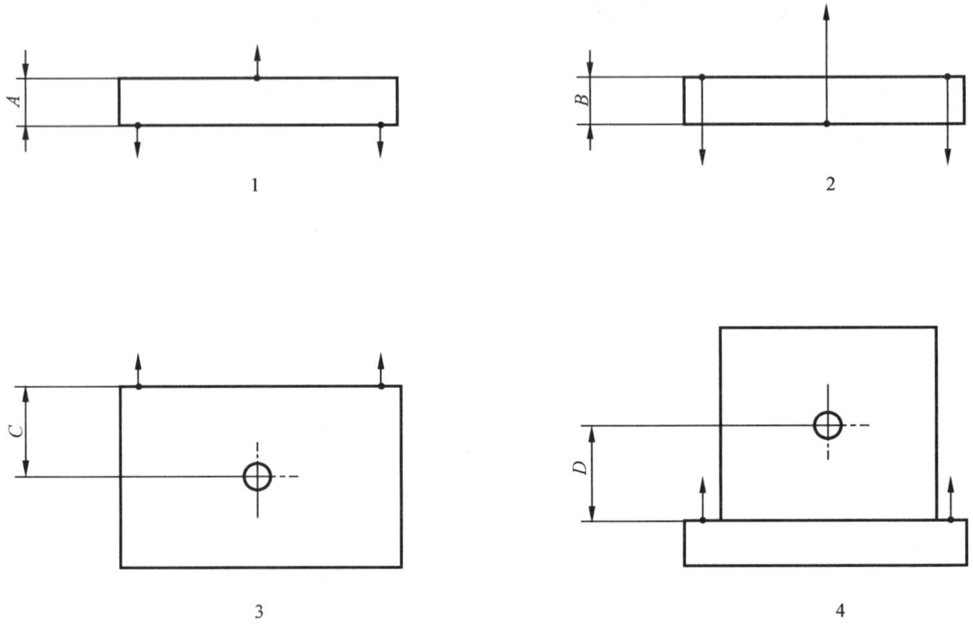

标引序号说明:

1 ——挂梁 1;

2 ——挂梁 2;

3 ——载荷 1;

4 ——载荷 2;

⊕——表示重心;

• ——表示悬挂铰点。

图 9 载荷和挂梁的旋转中心(枢轴点)

6.1.2.6 夹钳

在夹钳使用手册中除了提供 6.1.1 中规定的基本信息外,还应提供以下特殊信息:

a) 被夹持零件的表面状况(油脂、油漆或涂层);

b) 可见的夹持范围;

c) 被夹持零件的表面硬度;

d) 防止因起重机吊钩、底部滑轮或连接件(例如链条)的质量作用在夹钳上而意外释放载荷的措施。

6.1.3 维护指导

制造商应提供足够的信息来确保吊具的正确维护，包括以下信息：

a） 定期维护说明；

b） 维修说明；

c） 维修过程中的注意事项；

d） 原厂备用件的使用；

e） 必要时，做维护记录；

f） 需要特殊操作和检查的零件清单；

g） 专用润滑剂的使用。

6.1.4 检查和验证

制造商应指明以下事项所必需的检查和验证：

a） 调试前；

b） 维修后或重新连接后；

c） 设备的使用寿命期间。

制造商还应提供以下内容：

——需要特殊操作和检查的零件清单；

——缺陷的查找。

6.2 标识

6.2.1 通则

吊具的额定载荷、危险报警和安全说明都应清晰的标记出来。

起重吊具的额定载荷应在主结构上可见的地方标记。如果起重吊具是由多个提升装置构成，每个都能从整体上拆分，则这些提升装置也要标明其各自的额定载荷。

6.2.2 最简标识

所有可移除的设备都应在清晰可见的地方有一个持久的标识，包括以下信息：

a） 制造商及其授权的代表（如适用）的公司名称和完整地址；

b） 机械设备的名称；

c） 系列号；

d） 空载吊具的质量，当其质量超过吊具额定载荷的 5% 和 50 kg 中的小者时；

e） 额定载荷，单位是 t 或 kg；当吊具以多种配置使用时，也应指明其各自的额定载荷；

f） 起升循环次数。

6.2.3 附加标识

6.2.3.1 除了 6.2.2 中的信息，在适用情况下，以下内容也应标识：

a） 使用夹持力来支持的吊具，应有允许的夹持范围；

b） 钢板夹钳和非动力式真空吸盘的最小载荷；

c） 对于吊具和载荷用机械连接的情况，要指明载荷上装的连接装置（例如，连接装置与预制混凝土件成为一体）；

d） C 型钩和起重叉，载荷重心的位置极限；

e) 如果起重叉需要有个最小载荷才能使叉臂的倾斜符合 4.2.5.2 的要求,要指明最小载荷。

6.2.3.2 对于发生电源故障时,保持时间少于 5 min 的涡轮真空吸盘,应标记以下内容:

“警告——载荷不得提升高于 1.8 m”。

6.2.3.3 如果起重能力可以从使用地点的文件中获取,则 6.2.2 e)不适用于起重磁铁。

对于磁铁来说,除其他因素外,其起重能力还取决于载荷的材料、材料的厚度和表面状态,以及载荷和磁铁之间的气隙。因此建议将最大允许载荷表示为各种参数的函数。但是,应该意识到,起重能力并不仅仅取决于磁力,还可能受到悬挂件承载能力的限制。

附 录 A
（规范性）
一般验证法

A.1 无静态力试验的机械强度验证

在无静态力试验的情况下，应按照 ISO 8686 和 ISO 20332 的相关要求，进行机械强度验证。

A.2 通过静态力试验对此类产品验证机械强度

A.2.1 条件

试验应通过以某种方式施加静态力 F_3 来进行，该方式与该吊具预期使用的条件相同。

A.2.2 步骤

吊具应通过其悬挂点和载荷连接点加载，以使通过这些点的力的作用线方向和他们在吊具使用中的情况相同。试验力（$F_3 \pm 2\%$）应无冲击地施加至少 1 min。

如果吊具在某些工况下允许或要求倾斜使用或移动，使得通过悬挂点或吊点的力的作用线出现变化，那么应在整个移动范围内的多个位置重复进行试验。所选择的位置应能够模拟最不利的操作条件，并要考虑 4.1.1.2 所规定的倾斜度要求。

卸载载荷后，应检查吊具是否出现变形、裂纹和其他缺陷。

A.2.3 接受准则

该类型的代表性吊具应能承受静态力 F_3（3 倍额定载荷）。即使出现永久变形，吊具也应能承受住此静态力。

A.3 通过静态力试验对每个单台吊具的机械强度进行验证

A.3.1 条件

试验应通过以某种方式施加静态力 F_2 来进行，该方式与该吊具预期使用的条件相同。

A.3.2 步骤

吊具应通过其悬挂点和载荷连接点加载，以使通过这些点的力的作用线方向和吊具在工作期间所受的力情况一致。试验力（$F_2 \pm 2\%$）应在无冲击的情况下施加至少 1 min。

如果吊具在某些工况下允许或要求倾斜使用或移动，使得通过悬挂点或吊点的力的作用线出现变化，那么应在整个移动范围内的多个位置重复进行试验。所选择的位置应能够模拟最不利的操作条件。

卸载载荷后，应检查吊具是否出现变形、裂纹和其他缺陷。

A.3.3 接受准则

一个系列的所有单台吊具都应能够承受静态力 F_2，其相当于 2 倍的额定载荷，且在此载荷下不应出现永久变形，在载荷卸载后，不应出现可见的缺陷。

A.4 检验验证

A.4.1 步骤

应对设备及其功能进行检查，以确定其外观和/或功能是否符合要求。在进行评估其是否符合要求时,应参考制造商指导手册。

每条吊索上的标记和每条吊索提供的证书应经过检查,并应符合下列标准要求:

——ISO 4778;

——ISO 7593;

——ISO 4309;

——EN 1492-1;

——EN 1492-2。

A.4.2 接受准则

设备应符合第4章和第6章规定的相关要求。

附 录 B
（规范性）
钢板夹钳验证方法

B.1 当载荷下降时和受到意外撞击时不能出现分离

B.1.1 条件

设备应悬挂在起重机上，试验载荷至少应等于额定载荷。

B.1.2 步骤

注：当打开和重新连接闭锁机构时，测试人员可能处于危险之中，因为如果钢板夹钳没有夹持住载荷，可能会跌落砸伤测试员。

载荷应加载在设备上，并将闭锁机构置于关闭位置。在最长 5 s 的时间内，将载荷提升并放置回地面。之后在操作者对设备不进行任何干预的情况下，再次将载荷提升。

然后，该验证程序应重复模拟设备与障碍物的冲击。如果设备装有闭锁机构，该机构应受到冲击。

将载荷从地面提起后，应将闭锁机构移到打开位置，此时钢板夹钳应夹持住载荷。将闭锁机构返回锁定位置，将载荷放在地面上，吊钩与设备之间的连接允许出现松弛。此操作应在使用手册中规定的条件下进行（例如，链条长度的确定）以防止起重机吊钩的质量作用到设备上而引起载荷释放。

B.1.3 接受准则

在模拟过程中，载荷在任何时候都不应脱离设备。

B.2 摩擦系数测定

B.2.1 条件

试验装置应包括以下内容：

a） 符合使用手册中对载荷规定的最高条件的载荷或材料试样；

b） 用与载荷接触的夹钳材料覆盖的支承；

c） 装设可重复制作的与夹钳相同材料的衬块（例如，钳齿）。

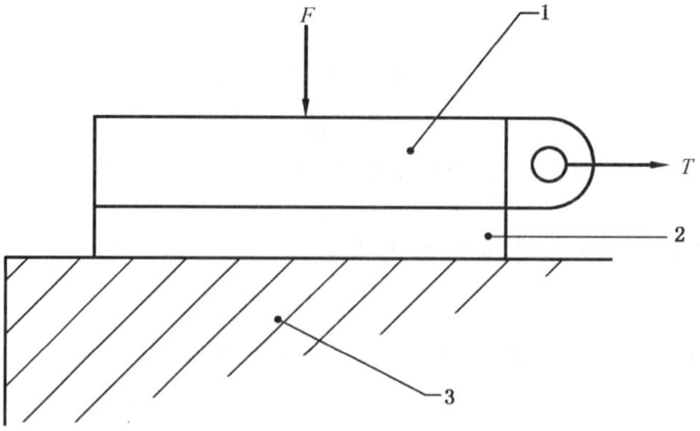

标引序号说明：

1——支承体；

2——夹钳衬块；

3——载荷试样。

模拟对摩擦起重要作用的实际环境条件(如油或湿气的存在)。

图 B.1 试验装置及作用力

B.2.2 步骤

将垂直力 F 作用于支承体上，以在 2 和 3 之间产生压力，此压力与载荷被提升时夹钳和载荷之间最小接触压力对应，在 1 与 2 的组合体及 3 之间应施加水平拉力 T 直至 1 与 2 组合体发生移动(见图 B.1)。此拉力的变化呈现的曲线通常与图 B.2 一致。

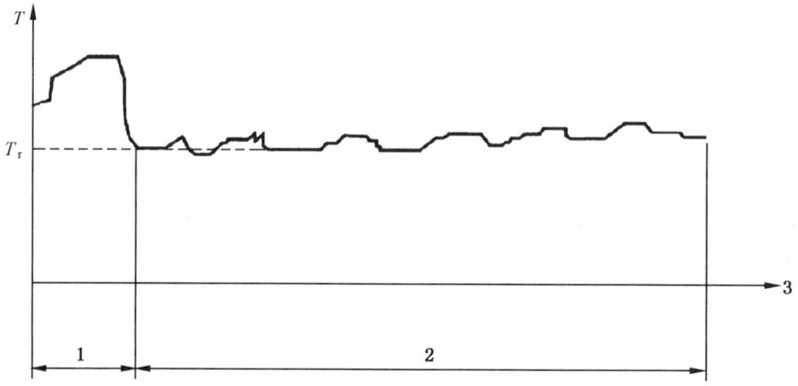

标引序号说明：

1——瞬时状态；

2——稳定状态(运动)；

3——位移。

图 B.2 拉力 T 特性

B.2.3 接受准则

用于计算的摩擦系数 μ，是 T_r(稳定状态下的平均水平拉力)与垂直力的比值。

至少需要三次测试，摩擦系数应取最小值。

B.3 载荷无滑动——摩擦夹紧或刺入式夹紧

B.3.1 步骤

保持载荷需要的最大的力称为保持力。它由式(B.1)确定。

$$T = S(\mu_1 + \mu_2) \quad \cdots\cdots (B.1)$$

式中：

S ——夹钳的夹紧力；

μ_1 ——载荷和一个夹紧件之间的摩擦系数；

μ_2 ——载荷和夹钳另一个夹紧件之间的摩擦系数。

见图 B.3。

保持力是由计算确定的，应按最不利的夹取范围进行计算。

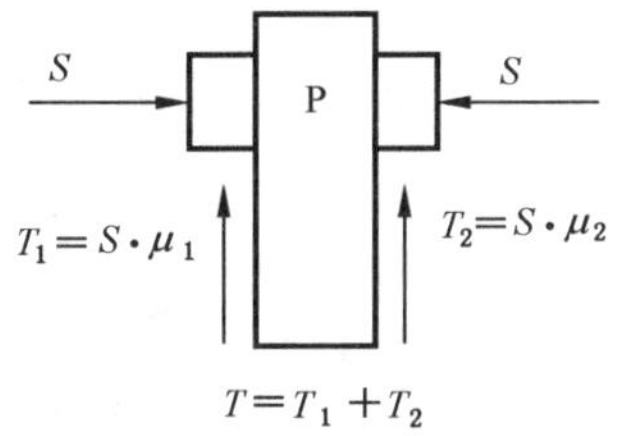

标引序号说明：

P——工件。

图 B.3 夹紧力

B.3.2 接受准则

保持载荷的保持力 T，应为保持载荷所需要力的两倍。

无论夹紧力 S 是由自驱动产生的(与载荷成正比)还是由机械装置产生的，都应在整个提升作业中验证这一要求。

B.4 夹钳厚度范围

B.4.1 条件

夹钳应使用厚度等于厚度范围的下限减去安全公差范围的薄板试样进行测试。

示例： 对于厚度范围 30 mm 到 60 mm 的夹钳，用 30 mm 的厚度减掉百分之十进行测试，也就是厚度 27 mm的试样进行测试。

B.4.2 步骤

应将薄板试样垂直提升。

B.4.3 接受准则

试样不可从夹钳滑落。

B.5 最小工作载荷

B.5.1 条件

夹钳使用质量不超过夹钳额定载荷的 5%、厚度等于厚度范围的下限减去安全公差范围的薄板试样进行测试。

示例： 测试吊运厚度范围 30 mm 到 60 mm 的钢板的夹钳，用 30 mm 减掉百分之十的厚度，也就是厚度

27 mm的钢板进行测试。

B.5.2 步骤

应将薄板试样垂直提升。

B.5.3 接受准则

夹钳不应释放试样。

附　录　C
（规范性）
真空吸盘验证方法

C.1　压力测量装置的验证

C.1.1　条件

本试验是为了验证压力测量装置的正确功能。该装置的布置应能限制真空度降低带来的风险。

C.1.2　步骤

该装置所需的条件应通过在真空系统中降低最大真空度来模拟。

C.1.3　接受准则

当压力测量装置显示真空度降低时，可清楚地显示出工作范围和真空度降低的范围。

C.2　泄漏指示器的验证

C.2.1　条件

本测试是为了验证泄漏指示器的正确功能。该装置的布置应能避免真空度降低带来的风险。

C.2.2　步骤

该装置所需的条件应通过在吸盘下产生泄漏来模拟。泄漏的大小应与在使用手册中规定的保持载荷的最短时间相一致。

C.2.3　接受准则

当故障或条件被模拟时，该装置应符合 4.2.2.3 的规定。

C.3　测量装置或指示器的可见性验证

C.3.1　条件

测试的目的是验证测量装置或指示器的可见性。

C.3.2　步骤

试验从真空吸盘操作者或起重机操作者的正常位置是否可以看到测量装置或指示器。当起重机操作者的位置与真空吸盘的操作有关且不确定时，使用手册应标明该起重吊具相对于起重机操作者的正确位置。

C.3.3　接受准则

测量装置或指示器可以被正确看到。

C.4　真空损失补偿装置的验证

C.4.1　条件

本测试适用于非动力式和动力式真空吸盘。

测试是为了验证设备对真空损失补偿的正确功能。该装置的布置应能避免真空度下降导致的载荷掉落的风险。

C.4.2 步骤

真空提升装置应按照使用说明书注明的每个吸盘的额定载荷来装载。测试材料和其他条件(如污垢)应与实际操作中的载荷相当。在断电后,应测量或估算可保持的时间。

C.4.3 接受准则

保持时间应至少与使用手册中规定的保持时间相等。保持时间应足够长以便让所有人撤离掉落区,并符合4.2.2.5和4.2.2.7的要求。

C.5 报警装置的验证

C.5.1 条件

测试是为了验证报警装置的正确功能,能够表明已经达到真空系统的安全工作范围极限。

C.5.2 步骤

真空提升装置吸住负荷时,会产生少量的无补偿泄漏。当此泄漏值达到真空系统的安全工作范围时,自动报警装置就应开始起作用。

C.5.3 接受准则

报警装置起作用的时刻,应与真空吸盘工作范围达到极限的时刻相一致。

这个报警装置是光学和/或声学的,并且很容易被操作者看到/听到。

C.6 单向阀验证

C.6.1 条件

测试的目的是验证单向阀及其位置的正确功能。

C.6.2 步骤

真空泵应通电足够长的时间,以便使真空系统产生真空吸附载荷。当真空泵停止时,应目视检查真空度是否有明显下降。

C.6.3 接受准则

该单向阀应符合4.2.2.5要求。如果真空度没有明显的下降,表明这是一个包括有单向阀的气密真空系统。

C.7 控制装置的验证

C.7.1 条件

试验载荷应被真空提升器吸住。控制装置的布置应能够避免因控制装置故障带来的风险。

C.7.2 步骤

应检查和操作每种设计和尺寸的代表性试样。应按照制造商设计预计的所有组合检查和操作控制装置。此外,还应模拟电源故障,以检查断电是否会改变真空系统的状况。

C.7.3 接受准则

真空提升系统应符合4.2.2.9的要求。

C.8 能源故障报警系统的验证

C.8.1 条件

测试目的是验证自动报警装置的正常功能。测试是在空载条件下进行的。

C.8.2　步骤

对能源故障进行模拟。

C.8.3　接受准则

当模拟能源故障时，装置应符合 4.2.2.6 的要求。

C.9　对载荷位置的验证

C.9.1　条件

使用的测试载荷等于额定载荷和有代表性的预期载荷。

C.9.2　步骤

测试载荷应在最大预计倾斜角加 6°，但不超过 90°下提升和放下。

真空度应在工作范围的结束和下落范围的开始。

C.9.3　接受准则

试验载荷不应滑脱。

C.10　通过计算验证附着力

C.10.1　步骤

吸盘与要吸持的材料之间的摩擦系数应按照 C.11 的要求确定，并应计算出工作范围结束时的附着力分量。附着力分量计算公式：

$$F_a \perp = PS$$

$$F_a /\!/ = \mu PS$$

式中：

P ——真空度，单位为帕(Pa)；

S ——$S=\sum S_i$，吸盘内部总表面积，单位为平方米(m^2)；

μ ——摩擦系数，无量纲。

C.10.2　接受准则

附着力的两个有效分量应分别大于或等于两倍的额定载荷相应的有效分量。

$$F_a \perp = PS \geqslant 2\mathrm{WLL}g\cos\alpha$$

$$F_a /\!/ = \mu PS \geqslant 2\mathrm{WLL}g\sin\alpha$$

式中：

WLL ——额定载荷，单位为千克(kg)；

g ——重力加速度，单位为米每二次方秒(m/s^2)。

见图 C.1。

应按最大的设计倾斜角度加 6°的工况进行计算，为垂直位置设计的真空吸盘的真空提升装置除外。

上述计算决定了附着力的分量。为了充分验证这一要求，还应考虑到载荷重心的位置产生的力矩以及真空提升装置的几何形状。

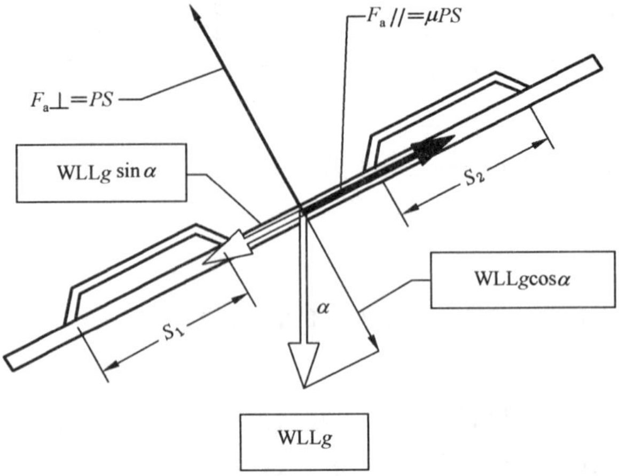

图 C.1 附着力和额定载荷重力的有效分量

C.11 摩擦系数的测定

C.11.1 条件

试验装置应包括以下内容：

a) 与使用手册中规定的最高条件的载荷相一致的载荷或材料试样；

b) 与系统相连的，能够产生与工作范围下限相对应真空度的吸盘；

c) 用来记录引发移动载荷所需的拉力变化的载荷传感器。

见图 C.2。

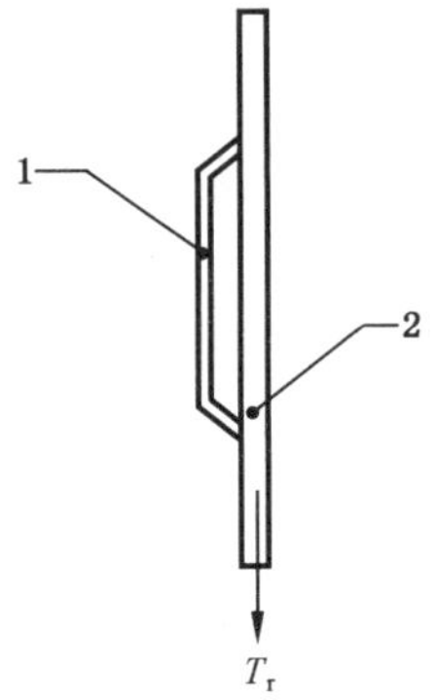

标引序号说明：

1 ——真空度等于工作范围的下限的真空吸盘；

2 ——载荷材料试样；

T_r——垂直拉力。

模拟对摩擦有重要影响的实际环境条件(如油或潮湿的存在)。

图 C.2 试验装置和作用力

C.11.2 步骤

对吸盘施加等于工作范围下限的压力等级。

对载荷施加垂直位移，以使其移动。测量移动载荷所必需的拉力。得到的曲线通常与图 C.3 中的图相一致。

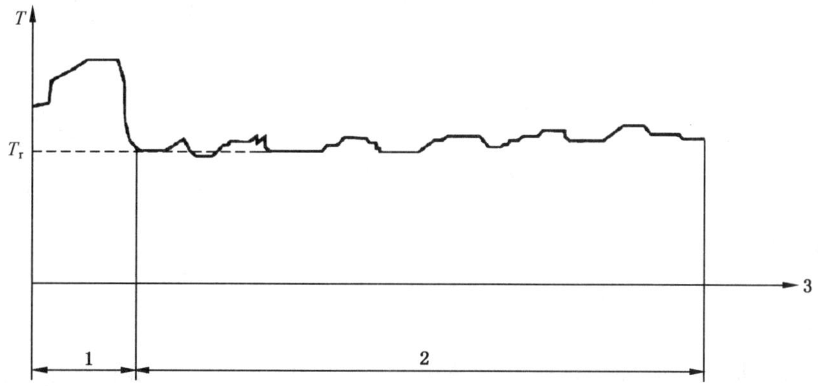

标引序号说明：

1——瞬时状态；

2——稳定状态(运动)；

3——位移。

图 C.3 拉力 T 特性

C.11.3 接受准则

用于计算的摩擦系数 μ,是 T_r(稳定状态下的平均水平拉力)加材料试样的质量与附着力 PS 的比值。

$$\mu=(T_r+mg)/PS \qquad \text{(C.1)}$$

式中：

m ——材料试样质量,单位为千克(kg)；

g ——重力加速度,单位为米每二次方秒(m/s^2)。

至少需要三次测试,摩擦系数取最小值。

附 录 D
(规范性)
起重磁铁验证方法

D.1 拉脱力的验证

D.1.1 通过拉脱试验验证

D.1.1.1 条件

该装置的布置是为了验证起重磁铁的拉脱力(见图 D.1),应满足如下条件。

a) 测试件长度:

1) $l_2 \geqslant l_1 \times 1.2$ 矩形磁铁;

2) $d_2 \geqslant d_1 \times 1.1$ 圆形磁铁。

b) 测试件宽度:

1) $W_2 \geqslant W_1 \times 1.2$ 矩形磁铁;

2) $d_2 \geqslant d_1 \times 1.1$ 圆形磁铁。

c) 测试件厚度 $t_{min,}$ 至少与以下尺寸相等:

1) 圆形磁铁的中间磁极直径的一半;

2) 三极磁铁的中间磁极的宽度;

3) 双极磁铁磁极宽度的两倍。

d) 测试件形状:平面度小于 0.1 mm/500 mm。

e) 测试件材料:低碳钢(如 Q235)。

f) 应选择下列气隙中的一项,以验证拉脱力:

1) 圆形磁铁:没有气隙,气隙为外径的 1/300 或 1/100;

2) 矩形磁铁:没有气隙,气隙为磁极覆盖区域宽度的 1/300 或 1/100。

所选择的气隙应与在使用手册中指定的磁铁相同。

g) 磁铁供电电流应为额定值。

h) 环境温度范围:10 ℃~40 ℃。

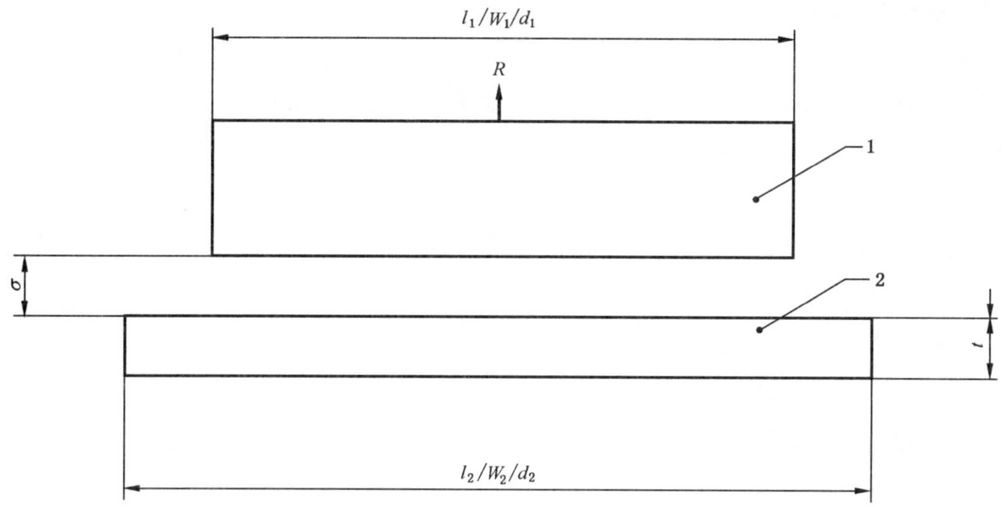

标引序号说明：

d_1 ——圆形磁铁磁极覆盖区域的直径；

d_2 ——测试件直径；

l_1 ——矩形或双极磁铁的磁极覆盖区域的长度；

W_1——矩形或双极磁铁的磁极覆盖区域的宽度；

l_2 ——测试件长度；

W_2——测试件宽度；

t ——测试件的厚度；

R ——拉脱力；

σ ——气隙；

2 ——测试件。

图 D.1 起重磁铁试验装置

D.1.1.2 步骤

将磁铁放置在测试件上，应使所有的磁极都被覆盖，然后在最小允许电压下完全通电。测试力（$F\pm2\%$）应通过磁铁的吸附点，且与磁铁和测试件之间的平面成直角，无冲击地施加。

D.1.1.3 接受准则

测试力 F 达到 4.2.3.2.1、4.2.3.3.1、4.2.3.4 a)或 4.2.3.5.1 中规定的对应拉脱力。

D.1.2 通过磁通量流量测量和计算进行验证

D.1.2.1 条件

适用于 D.1.1 指定的相同条件，但没有气隙。磁铁应直接放置在工件上。作为替代方案，由制造商自行决定，可以用特殊用途的磁铁模拟设计工况来进行试验。

D.1.2.2 步骤

对圆形和三极磁铁在中间磁极周围，对双极磁铁在一个磁极周围，测量磁铁和工作件之间的接触面的磁通量。该力应依据这个测量的磁通量来计算。

D.1.2.3 接受准则

计算力 F 达到 4.2.3.2.1、4.2.3.3.1、4.2.3.4 a)或 4.2.3.5.1 中规定的对应拉脱力。

D.2 控制装置的验证

D.2.1 条件

提供磁铁能够操作的名义载荷或测试件。控制装置的布置应能够避免因控制装置故障带来的风险。

D.2.2 步骤

按照制造商预计的所有功能对每种设计和尺寸的控制装置的一个代表性试样进行检查和操作。

D.2.3 接受准则

磁铁应符合4.2.3.1和4.2.3.3.6的相应要求。

D.3 备用和报警装置的验证

D.3.1 条件

应仅在控制电路和报警装置上,或在完整的电磁铁上进行试验,以验证备用装置和报警装置的正常功能。

D.3.2 步骤

该设备要求的故障或状况应根据相应的要求通过减少或切断电源进行模拟。

D.3.3 接受准则

当模拟故障或状况时,设备应符合4.2.3.2.2、4.2.3.2.3、4.2.3.3.2和4.2.3.3.3的相应要求。

D.4 电池放电时长的验证

D.4.1 条件

检验电池放电时间的试验所采用的电池的容量和充电状态,应符合磁铁制造商的最低技术要求。

磁铁应针对D.1程序中指定的测试件进行测试。作为替代方案,由制造商自行决定,可以用特殊用途的磁铁模拟设计工况来进行试验。

D.4.2 步骤

将磁铁放置在测试件上,应使所有的磁极都被覆盖,然后完全通电。测试力 F,等于工作载荷±2%,应通过磁铁的吸附点,且与磁铁和测试件之间的平面成直角,无冲击地施加。对该要求适用的故障或状况进行模拟。

磁铁的每种设计和尺寸的试样都要进行测试。

D.4.3 接受准则

磁铁在保持测试力 F 时,应符合4.2.3.2.2或4.2.3.3.3中指定的对应最小时间。

D.5 指示装置的验证

D.5.1 条件

对指示装置进行验证的试验,应采用磁铁的额定电压。

D.5.2 步骤

指示装置测试应与D.2～D.4验证的步骤同时进行。

D.5.3　接受准则

指示装置应显示磁化。对于可变功率控制，该指示器应根据 4.2.3.2.4、4.2.3.3.7 和 4.2.3.4 b)的相应规定区分完全磁化和部分磁化。

D.6　备用机械装置的验证

D.6.1　条件

应在电源和备用装置的故障能够无风险模拟的条件下，用等于磁铁(组)最大起重能力的代表性样本载荷对磁铁(组)和相关挂梁进行测试。

D.6.2　步骤

将磁铁(组)放置在载荷上并完全通电。再将负荷提升到足够使辅助直接保持装置就位的高度。在辅助直接保持装置就位后，应关闭电磁铁电源。

D.6.3　接受准则

在磁铁(组)释放载荷后，载荷应由 4.2.3.3.5 中指定的辅助直接保持装置保持。

D.7　电磁铁与预期载荷匹配的验证

D.7.1　步骤

对于制造商已知预期载荷详情的特殊用途磁铁，应对磁铁的设计和相关起重梁进行评审，以确保其符合 4.2.3.1.2 的要求。

D.7.2　接受准则

设计评审确认磁铁满足 4.2.3.1.2 的要求。

附　录　E
(规范性)
挂梁验证方法

E.1　锁定装置和支持装置的试验验证

E.1.1　条件

试验应通过提升一个活动试验载荷或通过试验装置施加一个静态力来进行。

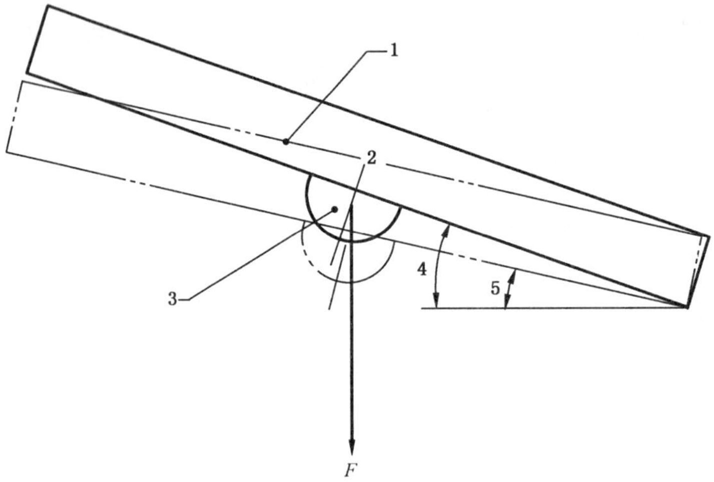

标引序号说明：

1——不同工作角度的挂梁；

2——不同工作角度的挂梁；

3——可动部分；

4——挂梁最大工作角加 6°；

5——挂梁最大工作角；

F——测试力。

图 E.1　与挂梁验证有关的角度

E.1.2　步骤

可动部分应通过其锁定装置锁定就位并施加力 F，无冲击状态下最少保持 1 min，力 F 等于在比制造商规定的倾斜角度大 6°的状态下工作时所要求承受静态力的 2 倍(见图 E.1)。对于每个可用的锁定位置，应绕每个水平轴和组合在一起的两个水平轴的两个方向重复试验。如果移动部分没有预先确定的位置，但会被摩擦力锁定，应在行程的两个端点和一个中间点进行测试。

在力被卸载后，应检查移动部件及其锁定装置是否存在变形、裂纹和其他缺陷。

E.1.3　接受准则

活动件及其锁紧装置在测试力作用下，无滑移、变形或故障等现象，在载荷卸载后，无可见缺陷，活动件及其锁紧装置能灵活操作。

E.2 锁定装置和支持装置的计算验证

机械部件应在最大预计的倾斜角度加 6°的工况下，按照 A.1 的规定计算，为垂直位置设计的挂梁除外。

当结构的移动部件的位置被摩擦装置(如制动力矩)锁定时，应计算证明摩擦力至少等于由部件的自重加额定载荷在最大设计倾斜角加 6°的工况下所产生的力的 2 倍(为垂直位置设计的挂梁除外)。

附　录　F
(规范性)
起重叉验证方法

F.1　水平方向上起重叉辅助直接保持装置的机械强度验证

F.1.1　条件

应在90°倾斜的起重叉上加载均匀分布的静态力(等于1/2额定载荷)进行测试。

F.1.2　步骤

空载的吊具应倾斜并固定,以使辅助直接保持装置不与起重叉或测试载荷之外的任何东西接触,并且留有足够的空间用于变形。对辅助直接保持装置的下部施加相当于1/2额定载荷的力,至少应对两个最不利的方向进行测试。

F.1.3　接受准则

即使辅助直接保持装置发生永久性变形,也应能承受住该力。

附　录　G
（规范性）
夹钳验证方法

G.1　摩擦系数测定

G.1.1　条件

测试装置应包括以下内容：

a)　符合使用手册中对载荷规定的最高条件（如材料硬度）的载荷或材料试样；

b)　用与载荷接触的夹钳材料覆盖的支承；

c)　装设可重复制作的与夹钳相同材料的衬块（例如，钳齿）。

G.1.2　步骤

将垂直力 F 施加在支承体上，在 2 和 3 之间产生压力，此压力与提升载荷时夹钳和载荷之间最小接触压力对应（见图 G.1）。

在 1 与 2 的组合体及 3 之间应施加水平拉力 T 直至 1 与 2 组合体发生移动。此拉力的变化呈现的曲线通常与图 G.2 一致。

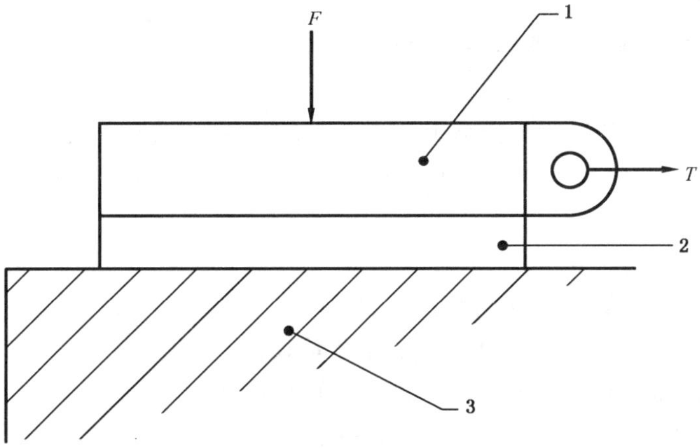

标引序号说明：

1——支承体；

2——夹钳衬块；

3——载荷试样。

应模拟对摩擦起重要作用的实际环境条件（如油或潮湿的存在）。

图 G.1　试验装置和力的施加

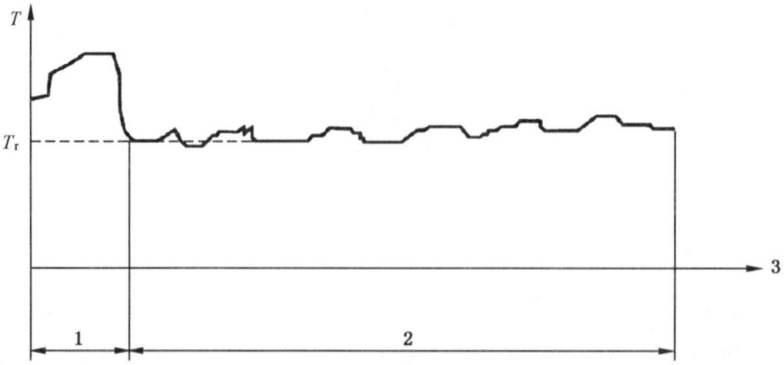

标引序号说明：

1——瞬时状态；

2——稳定状态(运动)；

3——位移。

图 G.2 拉力 T 特性

G.1.3 接受准则

用于计算的摩擦系数 μ，是 T_r(稳定状态下的平均水平拉力)与垂直力 F 的比值。最少需要测试三次，摩擦系数应取最小的测量值。

G.2 载荷无滑动——摩擦夹紧或刺入式夹紧

G.2.1 条件

保持载荷需要的最大的力称为保持力。它由式(G.1)确定(见图 G.3)。

$$T = S(\mu_1 + \mu_2) \quad \cdots\cdots (G.1)$$

式中：

S ——夹钳的夹紧力；

μ_1 ——载荷和一个夹紧件之间的摩擦系数；

μ_2 ——载荷和夹钳另一个夹紧件之间的摩擦系数。

保持力是由计算确定的。应按最不利的夹取范围进行计算。

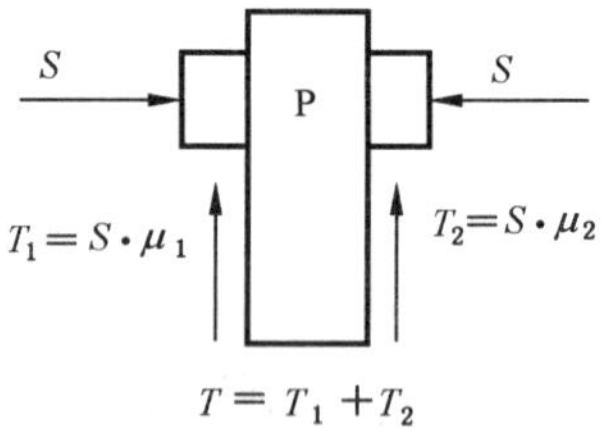

标引序号说明：

P——工件。

图 G.3 夹紧力

G.2.2 接受准则

保持载荷的保持力 T，应为保持载荷所需要力的两倍。

无论夹紧力 S 是由自驱动产生的(与载荷成正比)还是由机械装置产生的，都应在整个提升作业中验证这一要求。

G.3 水平方向上夹钳辅助直接保持装置的机械强度验证

G.3.1 条件

应在90°倾斜的吊具上施加大小或等于1/2额定载荷均匀分布的静态力进行试验。

G.3.2 步骤

空载的吊具应倾斜并固定，以使辅助直接保持装置不和夹钳或测试载荷之外的任何东西接触，并且留有足够的变形空间。辅助直接保持装置的下半部分施加相当于1/2额定载荷的力，至少应对两个最不利的方向进行测试。

G.3.3 接受准则

辅助直接保持装置即使发生永久性变形，也应能承受住该力。

ICS 53.020.20
CCS J 80

中华人民共和国国家标准

GB/T 41676—2022

起重机 设计通则
锻钢吊钩的极限状态和能力验证

Cranes—General design—
Limit states and proof of competence of forged steel hooks

(ISO 17440:2014,MOD)

2022-10-12 发布 2023-05-01 实施

国家市场监督管理总局
国家标准化管理委员会 发布

前　言

本文件按照 GB/T 1.1—2020《标准化工作导则　第 1 部分：标准化文件的结构和起草规则》的规定起草。

本文件修改采用 ISO 17440:2014《起重机　设计通则　锻钢吊钩的极限状态和能力验证》。

本文件与 ISO 17440:2014 相比做了下述结构调整：

——增加了资料性附录 A；

——附录 B 对应 ISO 17440:2014 中的附录 C；

——附录 C 对应 ISO 17440:2014 中的附录 H；

——附录 D 对应 ISO 17440:2014 中的附录 F；

——附录 E 对应 ISO 17440:2014 中的附录 A；

——附录 F 对应 ISO 17440:2014 中的附录 B；

——附录 G 对应 ISO 17440:2014 中的附录 G；

——附录 H 对应 ISO 17440:2014 中的附录 I；

——附录 I 对应 ISO 17440:2014 中的附录 E；

——附录 J 对应 ISO 17440:2014 中的附录 D；

——附录 K 对应 ISO 17440:2014 中的附录 J；

——附录 L 对应 ISO 17440:2014 中的附录 K。

本文件与 ISO 17440:2014 相比，存在较多技术差异，在所涉及的条款的外侧页边空白位置用垂直单线（|）进行了标示。这些技术差异及其原因一览表见附录 A。

请注意本文件的某些内容可能涉及专利。本文件的发布机构不承担识别专利的责任。

本文件由中国机械工业联合会提出。

本文件由全国起重机标准化技术委员会（SAC/TC 227）归口。

本文件起草单位：太原重工股份有限公司、北京起重运输机械设计研究院有限公司、浙江冠林机械有限公司、北京科正平工程技术检测研究院有限公司、安吉长虹制链有限公司、北京起重运输机械设计研究院有限公司河南分院、宝鼎重工有限公司、广东韶铸锻造有限公司、徐州大长实工程机械有限公司、宝鼎科技股份有限公司、河南卫华重型机械股份有限公司、太原科技大学、河南省矿山起重机有限公司、上海市特种设备监督检验技术研究院、微特技术有限公司、浙江省特种设备科学研究院、法兰泰克重工股份有限公司、新乡市起重设备厂有限责任公司、青岛海西重机有限责任公司、江西起重机械总厂有限公司、青岛港口装备制造有限公司、三一汽车起重机械有限公司、河南华北起重吊钩有限公司、河北同力滑车有限公司。

本文件主要起草人：顾翠云、张培、马溢坚、李军、路建湖、焦志强、祝跃进、杨卫波、朱丽霞、张成婷、庄伟、宋亮、聂福全、秦义校、周继红、朱东科、阎颖、杨书超、许海翔、刘艳、袁秀峰、郭磊、舒云峰、曾星文、姜继维、郭永红、李华庆、纪清、高明利、霍贵龙、张宇。

起重机　设计通则
锻钢吊钩的极限状态和能力验证

1　范围

本文件规定了起重机锻钢吊钩的通用要求、静强度、疲劳强度、符合性验证以及使用信息。

本文件适用于下列吊钩零部件和吊钩类型：

——任何类型锻钢吊钩钩身；

——螺纹/螺母结构型式的机加工吊钩钩柄。

注1：本文件原则上也适用于其他钩柄类型的吊钩以及钩柄结构确定和使用相关应力集中系数的情况。本文件不适用于由一片或多片轧制钢板组成的叠片式吊钩。

本文件适用于材料的抗拉强度极限不超过 800 N/mm²、屈服强度极限不超过 620 N/mm² 的吊钩。

下列是可能在正常使用和可预见误用时对人员造成危害的重大危险情况和危险事件，第 4 章～第 8 章规定了减少或消除与其有关的风险的相关要求：

——超出强度极限(屈服、抗拉和疲劳)；

——超出材料的温度极限；

——意外从吊钩上卸下载荷。

注2：本文件仅适用于符合 GB/T 22437.1 的极限状态设计法。

2　规范性引用文件

下列文件中的内容通过文中的规范性引用而构成本文件必不可少的条款。其中，注日期的引用文件，仅该日期对应的版本适用于本文件；不注日期的引用文件，其最新版本(包括所有的修改单)适用于本文件。

GB/T 197　普通螺纹　公差(GB/T 197—2018,ISO 965-1:2013,MOD)

GB/T 228.1　金属材料　拉伸试验　第1部分:室温试验方法(GB/T 228.1—2021,ISO 6892-1:2019,MOD)

GB/T 228.3　金属材料　拉伸试验　第3部分:低温试验方法(GB/T 228.3—2019,ISO 6892-3:2015,MOD)

GB/T 229　金属材料　夏比摆锤冲击试验方法(GB/T 229—2020,ISO 148-1:2016,MOD)

GB/T 3505　产品几何技术规范(GPS)　表面结构　轮廓法　术语、定义及表面结构的参数(GB/T 3505—2009,ISO 4287:1997,IDT)

GB/T 3808　摆锤式冲击试验机的检验(GB/T 3808—2018,ISO 148-2:2008,MOD)

GB/T 6974.1　起重机　术语　第1部分:通用术语(GB/T 6974.1—2008,ISO 4306-1:2007,IDT)

GB/T 10051.2　起重吊钩　第2部分:锻造吊钩技术条件

GB/T 10051.4　起重吊钩　第 4 部分：直柄单钩毛坯件

GB/T 10051.6　起重吊钩　第 6 部分：直柄双钩毛坯件

GB/T 15706　机械安全　设计通则　风险评估与风险减小（GB/T 15706—2012，ISO 12100：2010，IDT）

GB/T 16825.1　静力单轴试验机的检验　第 1 部分：拉力和（或）压力试验机测力系统的检验与校准（GB/T 16825.1—2008，ISO 7500-1：2004，IDT）

GB/T 20863.1　起重机　分级　第 1 部分：总则（GB/T 20863.1—2021，ISO 4301-1：2016，IDT）

GB/T 22437.1　起重机　载荷与载荷组合的设计原则　第 1 部分：总则（GB/T 22437.1—2018，ISO 8686-1：2012，IDT）

GB/T 37400.15—2019　重型机械通用技术条件　第 15 部分：锻钢件无损探伤

ISO 643　钢　表观粒度的显微测定（Steels—Micrographic determination of the apparent grain size）

3　术语和定义、符号

3.1　术语和定义

GB/T 6974.1 和 GB/T 15706 界定的以及下列术语和定义适用于本文件。

3.1.1

钩柄　hook shank

将吊钩悬挂在起重机提升系统上的吊钩上部。

3.1.2

钩身　hook body

钩柄（3.1.1）下方的吊钩弯曲部分。

3.1.3

钩腔　hook seat

用于悬挂载荷提升附件的钩身（3.1.2）底部。

3.1.4

吊钩悬挂形式　hook suspension articulation

允许吊钩沿负载方向倾斜的吊钩悬挂的特征。

3.2　符号

表 1 规定的符号适用于本文件。

表 1　符号

符号	说明
A_{d1}	钩柄毛坯的横截面面积
A_{d4}	钩柄危险截面的面积
a	加速度
a_1	钩腔圆直径

表 1　符号(续)

符号	说明
a_2	钩口开口度
a_3	钩尖高度
b_{max}	钩身危险截面的最大厚度
b_{ref}	参考厚度
C	起重机设计寿命内的工作循环总数
C_t	吊钩悬挂的倾斜阻力系数
c_e	载荷偏心系数
D	疲劳累积损伤度(Palmgren-Miner 假设)
d_1	钩柄毛坯直径
d_3	外螺纹大径
d_4	钩柄底切直径
d_5	外螺纹小径
e_R	从钩柄的中心线到垂直载荷线的距离
F	垂直力
F_H	由于偶然或特殊载荷而作用在吊钩上的垂直力
$F_{Rd,s}$,$F_{Rd,f}$	极限设计力,静强度/疲劳强度
$F_{sd,s}$	垂直方向设计力,验证静强度
$F_{Sd,f}$	垂直方向疲劳设计力,验证疲劳强度
f_{Rd}	极限设计应力
f_y	屈服强度极限
f_u	抗拉强度极限
f_1,f_2,f_3	影响系数 (f_1——工作温度影响系数,f_2——材料厚度影响系数,f_3——表面粗糙度影响系数)
g	重力加速度,$g=9.81\ m/s^2$
$H_{Sd,s}$	吊钩的水平方向设计力
$H_{Sd,f}$	用于验证疲劳强度的水平方向疲劳设计力
h	从钩腔底部到悬挂接合点的垂直距离
h_s	从钩腔底部到钩柄危险截面的垂直距离
h_1,h_2	钩身截面高度
I	曲梁的参考惯性矩
I_{d1}	钩柄毛坯截面惯性矩

表 1　符号（续）

符号	说明
I_{d4}	钩柄危险截面惯性矩
i	某个提升循环或应力循环
K_{V2}	材料的最小冲击韧性
k_C	关于应力谱和载荷状态级别的换算系数
k_h,k_S	应力谱系数
k_Q	载荷谱系数,与 GB/T 20863.1 中的 K_p 一致
$k_5{}^*$,$k_6{}^*$	特定谱比系数,$m=5/6$
lg	以 10 为底的对数
M_1,M_2,M_3,M_4	钩柄弯矩
$M_{1,f,i}$,$M_{2,f,i}$,$M_{3,f,i}$	用于验证疲劳强度的钩柄弯矩,对应第 i 提升循环
$M_{Sd,s}$	静态设计弯矩
m	特征疲劳设计曲线的斜率参数
m_{RC}	额定提升载荷质量
m_i	吊钩在第 i 个提升循环的载荷质量
N	应力循环/提升循环总数
N_D	应力循环基准数,$N_D=2\times10^6$
P	螺纹的螺距
P_a	在一个提升循环内加速次数的平均值
R	钩身曲率半径
R_a	表面轮廓的平均深度,符合 GB/T 3505
R_z	表面轮廓的最大深度,符合 GB/T 3505
r_9	过渡圆弧半径
r_{th}	螺纹根部半径
s	底切长度
s_h,s_s	应力历程参数
s_Q	载荷历程参数
T	工作温度
t	螺纹深度
u_S,u_T	切口深度
α	角度
α_S,α_T	应力集中系数

表1 符号(续)

符号	说明
β	吊钩倾斜角度或方向
β_n,β_{nS},β_{nT}	切口影响系数
φ_2	提升无约束地面载荷的动载系数
φ_5	运动加速度引起的动载系数
γ_n	高危险度系数
γ_p	分项安全系数
γ_m	一般抗力系数
γ_{sm}	特定抗力系数
γ_{Hf},γ_{sf}	疲劳强度特定抗力系数
η_1,η_2	吊钩钩身截面中心到边缘的距离
ν	载荷分量系数
ν_h,ν_s	相关应力循环数
μ	平均应力影响系数
σ_a	轴向力引起的钩柄应力
σ_b	弯矩引起的钩柄应力
σ_m	应力循环中的平均应力
σ_A	应力循环中的应力幅
σ_{Sd}	设计应力
σ_M	疲劳强度基本值,无凹槽件
σ_p	脉动应力循环中的总应力范围
σ_W	疲劳强度幅值,凹槽件
σ_{Tmax},σ_{T1},σ_{T2}	交变应力幅值
$\Delta\sigma_C$	特征疲劳强度
$\Delta\sigma_{Rd}$	疲劳极限设计应力
$\Delta\sigma_{Sd,i}$	第 i 个提升循环中的应力范围
$\Delta\sigma_{Sd,max}$	最大应力范围

4 通用要求

4.1 材料

成品吊钩材料应具有足够的延展性,以避免在规定的使用温度范围内发生吊钩脆性断裂。吊钩材料经锻造和热处理后,应具有表2所示的最小延伸率和冲击韧性。

表 2　吊钩材料的最小延伸率和冲击韧性要求

工作温度(T)	冲击试验温度	最小延伸率(A_5)	最小冲击韧性(K_{V2}) J	
			结构钢	合金钢
$T \geqslant -30$ ℃	−20 ℃	15%	39	35
−30 ℃$>T\geqslant$−40 ℃	−30 ℃		35	27
−40 ℃$>T\geqslant$−50 ℃	−40 ℃		35	27

为满足工作温度的要求，制造商应选择适当的合金钢或非合金钢，经相应热处理后与所选钩型的材料强度等级相一致，同时还应考虑吊钩名义厚度与强度的对应关系。

材料的冶炼应采用电炉(或转炉)加炉外精炼的方法。

根据 ISO 643 进行测试时，钢材应完全脱氧，抗应变时效脆性稳定，奥氏体粒度为 6 或更细。应确保钢中含有足够的铝(最低为 0.025%)，以满足吊钩在使用过程中能够抵抗应变时效脆性的要求。

钢中硫和磷的含量不应超过表 3 规定的限值。

表 3　硫和磷含量

元素	最大含量 %	
	熔炼分析	成品分析
硫(S)	0.020	0.025
磷(P)	0.020	0.025
硫磷总和(S+P)	0.035	0.045

力学性能(屈服强度极限、抗拉强度极限)与锻造钩身的厚度有关。名义厚度采用钩腔部位最大厚度和钩柄直径两者中的最大值。

为了标准化，表 4 列出了锻造吊钩的材料强度等级。表 4 中给出的力学性能值为设计值，吊钩制造商应保证不小于该值。

表 4　材料强度等级对应的力学性能

材料强度等级	力学性能	
	上屈服强度极限或 0.2%的延伸强度极限(f_y) N/mm²	抗拉强度极限(f_u) N/mm²
M	235	340
P	315	490
S	390	540
T	500	700
V	620	800
所选材料应符合下列要求：$f_u/f_y \geqslant 1.2$。		

4.2 工艺

每个吊钩均应通过整个坯料热锻造成型,锻件的宏观流线应与钩身轮廓一致。锻造操作中多余的金属应清除干净,表面光滑,不应有毛刺。

不准许从轧制钢板上切割型材制造锻造吊钩。

成品吊钩钩腔表面粗糙度应等于或小于 Rz500 μm,可通过磨削达到所要求的表面质量。任何磨削痕迹都应与钩腔圆的圆周方向一致。

热处理后,应清除表面氧化皮,吊钩不应出现裂纹等有害缺陷,应根据 GB/T 37400.15—2019 的要求,使用适当的无损检测方法检验吊钩是否有缺陷,并按照 7.4 规定的无损检测要求进行检验。

吊钩制造过程中不准许进行焊接。

4.3 制造公差

单钩和双钩的毛坯件尺寸公差应分别符合 GB/T 10051.4 和 GB/T 10051.6 的规定。

加工后钩柄中心线与钩腔中心线的偏差应符合 GB/T 10051.2 的规定。

吊钩在厚度方向上应保持左右对称,每个横截面的形心应保证在中心面(对称面)两侧 $0.025d_1$ 范围内。

4.4 热处理

每个锻造吊钩都应在 AC_3 点以上的温度进行淬火并回火,或者在 AC_3 点以上的温度进行正火。回火温度至少应达到 475 ℃。

正火、回火条件应至少与 475 ℃保温 1 h 的处理效果相同。

4.5 加载验证

作为制造过程的一部分,吊钩可做加载验证。初步加载验证应在常温下进行。加载验证能够进一步辅助质保管理过程,提高吊钩的整体抗疲劳性能。如果采用加载验证,验证过程如下。

a) 加载验证应在整个制造过程(锻造、热处理和机加工)的最后进行。

b) 在钩柄螺母与下述两者之间施加验证载荷力。

  1) 对于单钩,施加在钩腔的底部,作直线拉伸,受力的方向与钩柄的垂直轴线平行;

  2) 对于双钩,施加在两侧钩腔对称位置,两侧受力方向经过各自钩腔中心且成 90 度夹角。

c) 因加载验证产生的相对永久变形,在钩口处测量,其变形值不应超过原尺寸的 0.25%;对于批量生产的吊钩,应对批次中的每个吊钩进行加载验证。

d) 验证载荷的大小(F_{PL})宜能使在单钩截面 B 和双钩截面 A 上(见图 5),产生的应力达到相应材料屈服强度极限 f_y 的 1.5 倍;

根据断面 A(双钩)或断面 B(单钩)的应力确定验证载荷值的计算公式如下:

单钩:

$$F_{PL,sp}=\frac{1.5f_yM_{hf}}{1\ 000}$$

双钩:

$$F_{PL,rh}=\frac{1.5f_yM_{hf}}{1\ 000v}$$

式中:

$F_{PL,sp}$——单钩验证载荷,单位为千牛(kN);

$F_{PL,rh}$——双钩验证载荷，单位为千牛(kN)；

f_y ——所选材料的屈服强度极限；

M_{hf} ——吊钩对于截面 A 或截面 B 内弧的一个系数；作为示例，附录 B 给出了一个系列吊钩 M_{hf} 的数据；

$$v = 0.5 \times \tan\alpha$$

对于双钩截面 A，$\alpha = 45°$(见 5.5.3)。

通过下列公式求得 M_{hf}：

$$M_{hf} = I \frac{(1 - \eta_1/R)}{(R\eta_1)}$$

公式中所有代号的含义见附录 C 的规定。

e) 加载验证后，用适当的无损检测方法对钩身进行检测，确定吊钩不存在有害缺陷、瑕疵和裂纹。

f) 经过加载验证的吊钩应在吊钩类型标记旁边增加“PL”标志。

g) 加载验证将影响(有益)吊钩的后续疲劳性能，能用附录 D 中示例的计算方法量化这种影响。

应根据所需要的延展性选择能够承受验证载荷的吊钩材料，特别是高强度钢。

注 1：本文件不涉及将加载验证应用于质量管理过程所带来的其他益处。

注 2：在 F_{PL} 作用下承受最大应力的拉伸纤维必然会产生屈服，同时应力将重新分布，导致验证载荷卸下后，在该拉伸区域存在永久压应力。

4.6 钩身几何形状

吊钩截面几何形状应能保证危险截面的应力不超过 5.5.3 中规定的应力。

钩腔应为圆形。对于单钩钩腔圆心应与钩柄的中心线重合。对于双钩钩腔圆弧应与钩柄外边缘相切。

双钩钩身形状应对称于钩柄的中心线，见图 1。

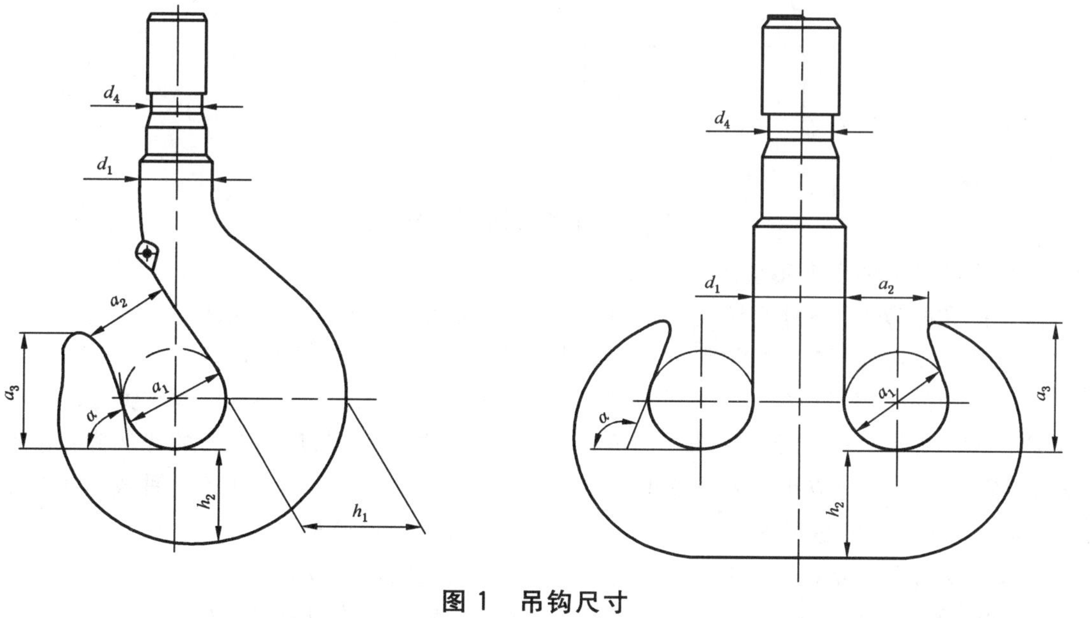

图 1 吊钩尺寸

钩柄直径(d_1)与钩腔圆直径(a_1)的比例为:$d_1 \geqslant 0.55a_1$。

钩口内边缘和钩腔圆(a_1)分叉点的圆切线在水平方向的角度为:单钩 $\alpha \geqslant 60°$,双钩 $\alpha \geqslant 90°$。

在不考虑吊钩钩口闭锁装置对开口度的影响时,完整的开口度(a_2)为:$a_2 \leqslant 0.85a_1$。带吊钩钩口闭锁装置的有效开口尺寸最小为:$a_0 \geqslant 0.7a_1$。

吊钩钩尖高度(a_3)最小为:$a_3 \geqslant a_1$。

附录 E 和附录 F 给出了符合本条要求的吊钩钩身尺寸系列示例。

与附录 E 和附录 F 中所示钩身不同的其他钩身,如果满足本条规定的尺寸特征和材料要求,即能单独或组合评估其是否在技术上满足本文件的要求。

预期除目前所给钩身系列示例外,今后还将出现其他钩身系列,即能作为组合列入附录 E 和附录 F。

4.7 钩柄加工

加工后钩柄尺寸见图 2。

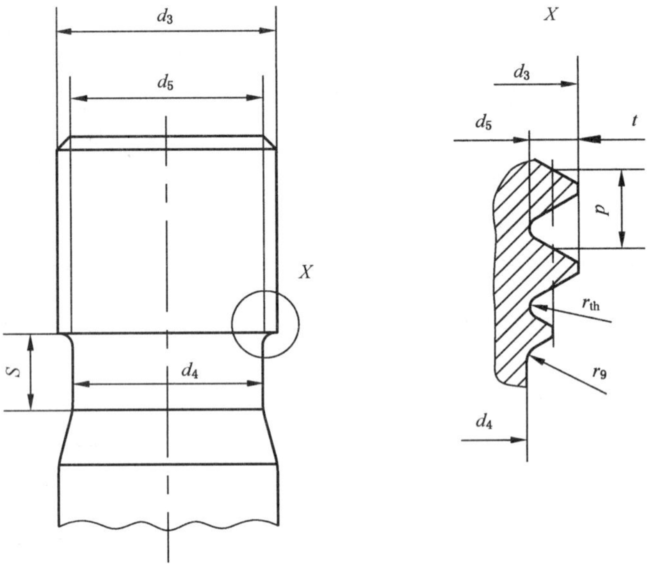

图 2 加工后钩柄尺寸

钩柄螺纹部分的长度不应小于 $0.8d_3$;

螺纹的螺距(p)应与外螺纹大径(d_3)成一定比例,如:$0.055d_3 \leqslant p \leqslant 0.15d_3$;

螺纹的深度(t)应与螺纹的螺距(p)成一定比例,如:$0.45p \leqslant t \leqslant 0.61p$;

螺纹轮廓的底部半径(r_{th})不应小于 $0.14p$,不应使用未规定底部半径的螺纹类型。

应在钩柄最后一个螺纹的下方进行底切(直径 d_4),长度(s)与底切深度的比例为:$s \geqslant 2(d_3 - d_4)$。底切直径(d_4)应小于外螺纹小径(d_5),$d_4 \leqslant (d_5 - 0.3)$mm。应使用一种成型工具加工底切,确保表面粗糙度达到 $Ra \leqslant 3.2\ \mu m$,并应避免出现加工痕迹和缺陷。

从螺纹部分到底切部分的过渡过程中,应有一个过渡圆弧。过渡圆弧半径(r_9)应与底切直径(d_4)成比例:$r_9 \geqslant 0.06d_4$。圆弧过渡区域的形状不必是完整的四分之一圆形。

加工后的钩柄(即 d_4)的最小截面直径应满足 $d_4 \geqslant 0.65d_1$，其中 d_1 为钩柄毛坯直径，见图 1。

钩柄的整个加工部分在每个直径变化位置都应有一个过渡圆弧，加工的部分不应触及毛坯的弧形部分。

螺纹应符合 GB/T 197 规定的 6 g 公差要求。

注：附录 G 给出了满足几何形状要求的成品钩柄和螺纹尺寸系列示例。对于尺寸参数满足本条要求，但未列入附录 G 的钩柄和螺纹尺寸，能进行技术评估，以确定是否满足本文件的要求。预期除目前所给钩柄和螺纹系列外，今后还将会出现其他钩柄和螺纹系列，能够作为组合列入附录 G。

4.8 螺母

螺母的材料等级应与吊钩的材料等级相同。

螺母的高度应确保钩柄的螺纹长度与螺母螺纹完全啮合。

螺母应锁紧在钩柄上，防止旋转导致螺母旋出。锁紧不应干扰到螺母/钩柄螺纹连接的下部 2/3 位置。由于螺纹连接起作用，锁紧应能允许钩柄和螺母之间的相对轴向运动，或者，如果螺母是由销子或其他类似的固定措施锁定，则螺母/钩柄承受载荷的螺纹侧面在锁定过程应直接接触，以确保不会影响载荷的传递。

螺母应安装在耐磨轴承上，使吊钩能够绕垂直轴线旋转。螺母与轴承的接触面应满足相关轴承的要求。接触面的高度位置应位于螺纹连接的下半部分。

螺母螺纹应符合 GB/T 197 规定的 6H 公差要求。

螺母螺纹轮廓的底部半径不应小于 $0.07p$，其中 p 为螺纹螺距。不应使用未规定底部半径的螺纹类型。

4.9 吊钩悬挂形式

一般情况下，对于系列生产的吊钩滑轮组，吊钩悬挂形式与提升钢丝绳缠绕系统的组合应允许吊钩沿任意载荷方向自由倾斜，否则在吊钩的设计计算中应给予特殊考虑。

如果通过改变起重机/吊钩滑轮组的结构或位置使吊钩悬挂形式成为刚性连接状态，则应在吊钩设计计算中加以考虑。在设计吊钩悬挂装置时，应考虑与吊钩承受相同的载荷作用。

5 静强度

5.1 通用要求

吊钩的静强度验证应按照 GB/T 22437.1 的规定执行。静强度的一般设计极限是材料的屈服强度极限。

应根据 GB/T 22437.1 的规定，考虑 A、B 或 C 载荷组合所产生的最不利的载荷效应，对指定的吊钩危险截面进行验证，并应采用相关分项安全系数(γ_p)。在特殊使用要求的起重机类型中，应使用高危险度系数(γ_n)。

5.2 垂直方向设计力

起吊额定载荷时，吊钩垂直方向设计力($F_{Sd,s}$)按公式(1)计算：

$$F_{Sd,s} = \varphi \times m_{RC} \times g \times \gamma_p \times \gamma_n \qquad (1)$$

其中：$\varphi = \max\left\{\varphi_2, \left(1 + \varphi_5 \times \frac{a}{g}\right)\right\}$

式中：

φ_2 ——起吊无约束地面载荷时的动载荷系数，见 GB/T 22437.1；

φ_5 ——起升加速度引起的动载荷系数，见 GB/T 22437.1；

a ——垂直运动加速度或减速度；

m_{RC} ——额定提升载荷质量；

g ——重力加速度，$g=9.81$，单位为米每二次方秒(m/s^2)；

γ_p ——分项安全系数，见 GB/T 22437.1；

对于常规载荷(载荷组合 A)，$\gamma_p=1.34$；

对于偶然载荷(载荷组合 B)，$\gamma_p=1.22$；

对于特殊载荷(载荷组合 C)，$\gamma_p=1.10$；

γ_n ——高危险度系数。

GB/T 22437.1 规定的其他载荷和组合也可能在吊钩上产生垂直力作用，也应分析其载荷效应。这种情况下的垂直方向设计力一般按公式(2)计算：

$$F_{Sd,s}=F_H\times\gamma_p\times\gamma_n \qquad \cdots\cdots(2)$$

式中：

F_H ——除起吊额定载荷外，作用在吊钩上的其他载荷产生的垂直力，例如试验载荷或超载状态下的峰值载荷；

γ_p ——上述分项安全系数，见 GB/T 22437.1；

γ_n ——高危险度系数。

5.3 水平方向设计力

对吊钩强度影响最大的水平力是由起重机运动的水平加速度所引起的水平力，在设计中应予以考虑。其他水平力，例如由风力或侧向拉力引起的水平力，如有重大影响，在设计中也应予以考虑。计算时假设水平力作用在钩腔底部。

因水平加速度引起的吊钩水平方向设计力($H_{Sd,s}$)应按公式(3)计算：

$$H_{Sd,s}=\min(m_{RC}\times a\times\varphi_5\times\gamma_p\times\gamma_n,C_t\times F_{Sd,s}/h) \qquad \cdots\cdots(3)$$

式中：

m_{RC} ——额定提升载荷质量；

a ——水平运动的加速度或减速度；

φ_5 ——水平加速度引起的动载荷系数，见 GB/T 22437.1；对于在水平方向未与起重机移动部分刚性连接的吊钩悬挂，$\varphi_5=1$；

γ_p ——公式(1)中分项安全系数；

γ_n ——高危险度系数；

C_t ——附录 H 中吊钩悬挂的倾斜阻力系数；

$F_{Sd,s}$ ——5.2 规定的垂直方向设计力，相应的水平方向设计力($H_{Sd,s}$)与加载条件有关；

h ——从吊钩的钩腔底部到接合处中心的垂直距离。

5.4 钩柄弯矩

5.4.1 通用要求

确定钩柄的总弯矩时，应考虑以下载荷作用：

a) 水平力，见 5.4.2；

b） 吊钩悬挂的倾斜作用，见 5.4.3；

c） 钩腔垂直力偏心作用，见 5.4.4；

d） 双钩，额定载荷的一半作用在一侧钩腔上，见 5.4.5。

这些载荷作用引起的弯矩应归属于相同的荷载组合，这是引起弯矩的主要载荷或工作状况。

5.4.2 水平力引起的弯矩

本条适用于因外部水平力引起的钩柄弯矩，据此对钩柄危险截面（见 5.6）进行计算。因水平方向设计力 $H_{Sd,s}$ 引起的弯矩应按公式（4）计算：

$$M_1 = H_{Sd,s} \times h_s \quad \cdots\cdots (4)$$

式中：

$H_{Sd,s}$——5.3 中所述的水平方向设计力；

h_s ——从钩腔底部到钩柄最细部分上端的垂直距离，用于计算吊钩悬挂装置倾斜引起的弯矩。

起升机构或吊钩/吊钩滑轮组的布置应保证吊钩悬挂装置在受力状态下能够倾斜，在设计计算中应考虑这种倾斜引起的钩柄弯矩。这种倾斜包括：

a） 对于带有吊梁的吊钩，由于两个独立驱动起升的高度差所产生的倾斜，见图 3；

b） 单根钢丝绳缠绕系统在升降过程中产生的倾斜，见图 4；

c） 用于刚性连接吊钩的起重机部件的倾斜；

d） 起升到上极限时吊钩滑轮组与起重机的某个部件碰撞，由于该部件倾斜引起的吊钩倾斜。

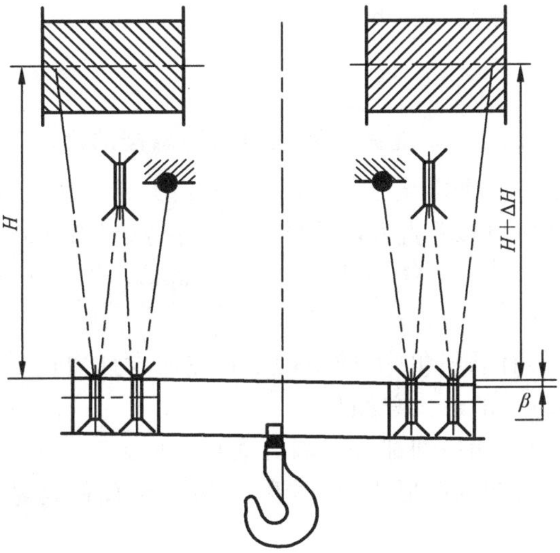

图 3 提升行程距离不同引起的吊钩倾斜

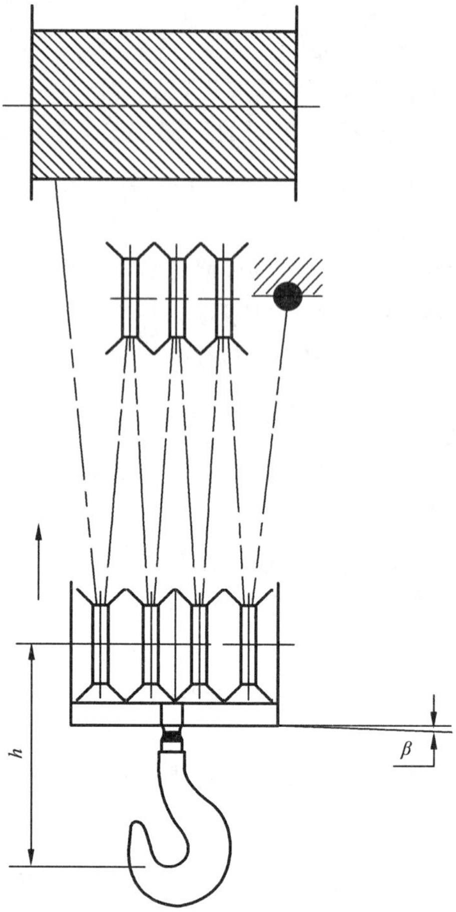

图4　单绳缠绕系统中吊钩悬挂的倾斜

由于倾斜，垂直力产生了一个垂直于钩柄轴向的分力，应像水平力一样将该作用力考虑在内。钩柄危险截面的弯矩(M_2)与垂直方向设计力成正比，如公式(5)所示：

$$M_2 = F_{\mathrm{Sd,s}} \times h_s \times \sin\beta \qquad \cdots\cdots(5)$$

式中：

$F_{\mathrm{Sd,s}}$——5.2中所述、具有倾斜角(β)的吊钩垂直方向设计力；

β　——各相关载荷组合的最大总倾角；

h_s　——从钩腔底部到钩柄最细部分上端的垂直距离。

在多倍率、单联卷筒的吊钩悬挂形式中，提升/下降运动使吊钩悬挂装置倾斜，如图4所示。倾斜角(β)按公式(6)计算：

$$\beta = \arctan(C_t / h) \qquad \cdots\cdots(6)$$

式中：

C_t——附录H中所述的吊钩悬挂的倾斜阻力系数；

h　——从吊钩的钩腔底部到接合处中心的垂直距离。

对于起重机的所有相关载荷工况，分别计算最大倾角、相关垂直力以及由此产生的力矩(M_2)。

5.4.3 垂直力偏心引起的弯矩

起升载荷吊点不一定总在钩腔正中心，这样垂直载荷作用线与钩柄中心线就会有偏差，从而产生弯矩，弯矩(M_3)按公式(7)计算：

$$M_3 = c_e \times F_{Sd,s} \times a_1 \quad \cdots\cdots(7)$$

式中：

$F_{Sd,s}$——5.2 中所述的垂直方向设计力；

a_1 ——吊钩的钩腔圆直径；

c_e ——载荷偏心系数($c_e=0.05$)。

注：如有可能通过机械手段使提升载荷配件更接近钩腔中心，在设计计算中可使用较小的偏心系数。

5.4.4 双钩的特殊情况

假设一半的垂直力作用于一侧钩腔上，而另一侧钩腔处于无载荷状态，这种情况作为双钩的一种特殊受力情况，可按照载荷组合 C 的计算。

对于单侧受力的双钩，其钩柄危险截面产生的弯矩(M_4)按公式(8)计算：

$$M_4 = F_{Sd,s}/2 \times [e_R \times (1 - h_S/h) + h_S/h \times \min(e_R, C_t)] \quad \cdots\cdots(8)$$

其中：$e_R = (a_1 + d_1)/2$

式中：

$F_{Sd,s}$——5.2 中所述的垂直方向设计力，γ_p 相对应于载荷组合 C 的值；

d_1 ——钩柄毛坯直径；

a_1 ——钩腔圆直径；

e_R ——从钩柄的中心线到垂直载荷线的距离；

h ——从吊钩的钩腔底部到接合处中心的垂直距离；

h_s ——从钩腔底部到钩柄最细部分上端的垂直距离；

C_t ——吊钩悬挂的倾斜阻力系数，见附录 H。

5.4.5 钩柄的设计弯矩

一般情况下，在 5.4.2 和 5.4.3 所述负载条件下，钩柄危险截面的设计弯矩($M_{Sd,s}$)应按公式(9)计算：

$$M_{Sd,s} = \min(M_1 + M_2 + M_3, C_t \times F_{Sd,s}) \quad \cdots\cdots(9)$$

式中：

$M_1 \sim M_3$——5.4.2、5.4.3 中所述的弯矩；

C_t ——吊钩悬挂的倾斜阻力系数，见附录 H。

$F_{Sd,s}$ ——5.2 中所述的垂直方向设计力。

除上述弯矩之外，在 5.4.4 载荷组合 C 工况中还应考虑特殊情况下的设计弯矩，计算方法按公式(10)：

$$M_{Sd,s} = M_4 \quad \cdots\cdots(10)$$

式中：

M_4——5.4.4 中所述的弯矩。

5.5 钩身设计应力

5.5.1 载荷

垂直方向设计力($F_{\mathrm{Sd,s}}$)应分解为两个分量,作用于钩腔圆心,对称于垂直中心线,形成垂直方向夹角(α),见图 5。

假设夹角最小值 $\alpha=45°$。

对于双钩,在 A 和 B 两种载荷组合形式下,按照两侧钩腔承担相同的载荷进行计算;按照一半的垂直力作用于一侧钩腔上,而另一侧钩腔不受力,这种载荷情况作为一种特殊受力情况,可按照载荷组合 C 进行计算。

在钩身计算中应忽略水平力。

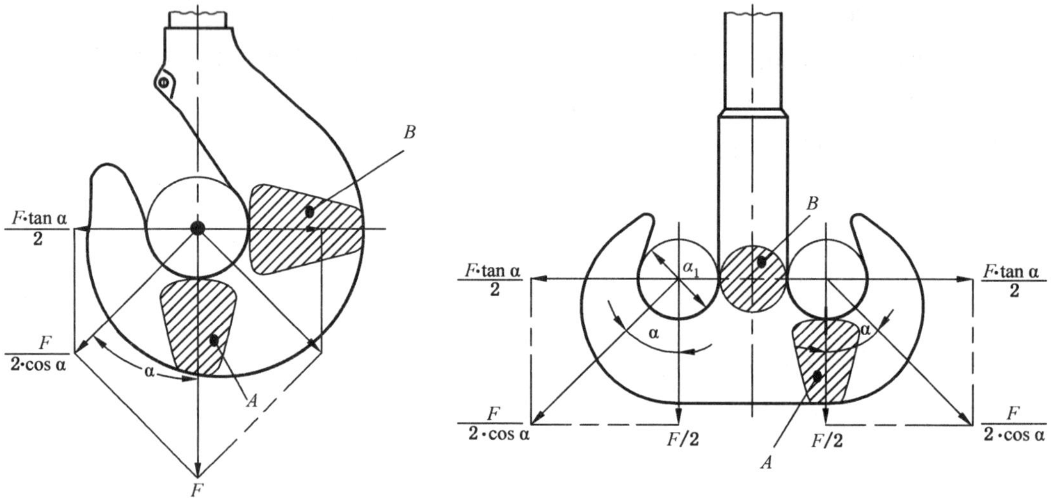

图 5 钩身受力状况和计算危险截面

5.5.2 应力计算方法

钩身指定截面的应力应根据附录 C 给定的曲梁弯曲理论、有限元法或全尺寸试验进行分析。双钩截面 B 的应力可按照传统的梁弯曲理论进行分析。

5.5.3 给出的设计应力计算的依据是曲梁弯曲理论。

5.5.3 设计应力

单钩截面 A 和截面 B 以及双钩截面 A 的设计应力($\sigma_{\mathrm{Sd,s}}$)按公式(11)计算:

$$\sigma_{\mathrm{Sd,s}}=\frac{v\times F_{\mathrm{sd,s}}\times R\times \eta_1}{I}\times\frac{1}{1-\eta_1/R} \qquad \cdots\cdots(11)$$

其中:$R=a_1/2+\eta_1$

对于单钩和双钩的截面 A,$\alpha=45°$:$v=0.5\times\tan\alpha$;

对于单钩截面 B:$v=1$。

式中:

R ——由截面几何中心确定的吊钩曲率半径,应与图 C.1 相符合;

$F_{\mathrm{Sd,s}}$ ——5.2 中所述的垂直方向设计力;

I ——曲梁的参考惯性矩；

a_1 ——钩腔圆直径；

η_1 ——指定截面内部边缘处坐标 y 的绝对值，应与图 C.1 相符合；

α ——载荷作用线相对于垂线的夹角，应与图 5 相符合。

η_1 和 I 为截面特性值，按照附录 C 进行计算。5.4.4 所述双钩特殊情况下截面 B 的设计应力按公式(12)计算：

$$\sigma_{Sd,s}=\frac{F}{A_{d1}}+\frac{F\times(a_1+d_1)\times d_1/4}{I_{d1}} \quad \cdots\cdots(12)$$

其中：$F=F_{Sd,s}/2$

式中：

$F_{Sd,s}$——5.2 中所述的垂直方向设计力，其中 γ_p 按照载荷组合 C 选取；

A_{d1} ——钩柄毛坯的横截面面积；

I_{d1} ——钩柄毛坯截面的惯性矩；

d_1 ——钩柄毛坯直径；

a_1 ——钩腔圆直径。

5.6 钩柄设计应力

钩柄的验证计算应考虑 5.2 规定的垂直方向设计力和 5.4 规定的设计弯矩。一般情况下，钩柄的危险截面是紧靠螺纹截面下方底切的部分，直径为 d_4，见图 1。使用传统梁弯曲理论计算最大设计应力($\sigma_{Sd,s}$)，作为公称应力不考虑应力集中系数，按公式(13)计算：

$$\sigma_{Sd,s}=\frac{F_{Sd,s}}{A_{d4}}+\frac{M_{Sd,s}\times d_4/2}{I_{d4}} \quad \cdots\cdots(13)$$

式中：

$F_{Sd,s}$ ——吊钩的垂直方向设计力；

$M_{Sd,s}$——危险截面的设计弯矩，见 5.4.5；

A_{d4} ——钩柄危险截面的面积；

I_{d4} ——钩柄危险截面的惯性矩。

5.7 吊钩静强度验证

5.7.1 钩身和钩柄通用要求

对于钩身和钩柄，应按照 5.2～5.4 的规定，按公式(14)进行相关载荷验证：

$$\sigma_{Sd,s}\leqslant f_{Rd}=f_1\times\frac{f_y}{\gamma_m\times\gamma_{sm}} \quad \cdots\cdots(14)$$

式中：

$\sigma_{Sd,s}$——5.5 和 5.6 中所述危险截面的最大设计应力；

f_{Rd} ——极限设计应力；

f_y ——材料的屈服强度极限；

f_1 ——工作温度的影响系数；

γ_m ——GB/T 22437.1 中规定的一般抗力系数($\gamma_m=1.1$)；

γ_{sm} ——截面的特定抗力系数，如下：

对于单钩钩身 B 截面，$\gamma_{sm}=0.75$，或者，如果是针对国家标准的某一类型吊钩，应通过联合应用公式(11)和公式(14),并使用该国家标准中已知的最大额定能力及其公称屈服应力评估 γ_{sm}。附录B给出了示例说明。

对于单钩和双钩的钩身截面 A,$\gamma_{sm}=0.90$。

对于所有钩柄截面,$\gamma_{sm}=1.0$。

在没有其他数据的情况下,考虑高温环境下屈服强度极限降低系数(f_1)计算如下:

当 $-50\ ℃\leqslant T\leqslant 100\ ℃$ 时:$f_1=1$;

当 $100\ ℃<T\leqslant 250\ ℃$ 时按公式(15)计算:

$$f_1=1-0.25\times(T-100)/150 \qquad (15)$$

式中:

T ——工作温度,单位为摄氏度(℃)。

5.7.2 采用静强度极限设计力验证钩身

静强度极限设计力 $F_{Rd,s}$ 包括单钩截面 A、截面 B 和双钩截面 A 的静强度验证,按公式(16)计算:

$$F_{Rd,s}=\frac{f_y}{\gamma_m\times\gamma_{sm}}\times\frac{I\times(1-\eta_1/R)}{v\times R\times\eta_1} \qquad (16)$$

对于单钩,分别计算截面 A、截面 B 的静强度极限设计力,取两者中较小的值。

对于5.2中规定的所有相关载荷和载荷组合,均应按公式(17)进行验证:

$$F_{Sd,s}\leqslant f_1\times F_{Rd,s} \qquad (17)$$

式中:

$F_{Sd,s}$——5.2中所述的垂直方向设计力;

$F_{Rd,s}$——静强度极限设计力;

f_1 ——公式(15)中工作温度的影响系数。

注1:根据5.7.1的规定对钩柄进行静强度验证。

注2:如果所选钩身符合附录E和附录F,其屈服强度极限和抗拉强度极限为表4中特别注明的值,能根据附录B所示的静强度极限设计力验证静强度。

注3:附录F中双钩的尺寸是成比例的,这样钩身截面 B 就不会对吊钩的静强度起支配作用,即不需要验证5.4.4中的特殊情况。

6 疲劳强度

6.1 通用要求

应按照GB/T 22437.1规定对吊钩的疲劳强度进行验证,吊钩的设计寿命应至少与相关起重机或起升机构的设计寿命相同。

根据GB/T 22437.1的规定,在考虑载荷组合A最不利的载荷影响的情况下,对吊钩的指定危险截面进行验证,并将所有分项安全系数设为 $\gamma_p=1$,高风险度系数设为 $\gamma_n=1$。

此外,根据GB/T 20863.1的规定,应力循环次数的验证应以起重机设计寿命内的工作循环总次数为基础。一般情况下,对于钩身,一个提升循环引起一个应力循环。如果一个工作循环由几个提升循环组成,在计算应力循环时应考虑到这一点。对于钩柄,在计算弯曲应力循环次数时,还应考虑定位运动的次数。

6.2 垂直方向疲劳设计力

在第 i 个提升循环内，垂直方向疲劳设计力（$F_{\mathrm{Sd,f},i}$），按公式(18)计算：

$$F_{\mathrm{Sd,f},i}=\varphi_2\times m_i\times g \quad\quad (18)$$

式中：

φ_2 ——提升无约束地面载荷时的动载系数，参见 GB/T 22437.1；

m_i ——吊钩在第 i 个提升循环的载荷质量；

g ——重力加速度，$g=9.81$，单位为米每二次方秒（$\mathrm{m/s^2}$）。

6.3 水平方向疲劳设计力

在第 i 个提升循环内，因水平加速运动产生的水平方向疲劳设计力（$H_{\mathrm{Sd,f},i}$），按公式(19)计算：

$$H_{\mathrm{Sd,f},i}=\min(m_i\times a\times\varphi_5,C_{\mathrm{t}}\times m_i\times g/h) \quad\quad (19)$$

式中：

m_i ——吊钩在 i 个提升循环的载荷质量；

a ——水平运动的加速度或减速度；

φ_5 ——水平加速度引起的动载系数，见 GB/T 22437.1。对于在水平方向上并未与起重机移动部件刚性连接的吊钩悬挂，应设 $\varphi_5=1$；

C_{t} ——吊钩悬挂的倾斜阻力系数，应符合附录 H 的规定；

g ——重力加速度，$g=9.81$，单位为米每二次方秒（$\mathrm{m/s^2}$）；

h ——从吊钩的钩腔底部到接合处中心的垂直距离。

6.4 钩柄疲劳设计弯矩

6.4.1 因水平力产生的弯矩

应按公式(20)计算因水平方向疲劳设计力（$H_{\mathrm{Sd,f},i}$）（见 6.3）在钩柄危险截面产生的弯矩（$M_{1,\mathrm{f},i}$）：

$$M_{1,\mathrm{f},i}=H_{\mathrm{Sd,f},i}\times h_{\mathrm{s}} \quad\quad (20)$$

式中：

$H_{\mathrm{Sd,f},i}$——6.3 中所述在第 i 个提升循环的水平方向疲劳设计力；

h_{s} ——从钩腔底部到钩柄最细部分上端的垂直距离。

6.4.2 因吊钩悬挂倾斜产生的弯矩

引起倾斜的原因和计算方法应该按照 5.4.3 执行。为了验证疲劳强度，根据起重机的结构和使用情况，考虑载荷组合 A 中属于常规载荷的加载事件。

在每个提升循环中至少应考虑以下常规情况：当单联卷筒与多滑轮吊钩装置配合使用时，提升/下降运动会导致吊钩装置倾斜，如图 4 所示。钩柄危险截面的弯矩（$M_{2,f,i}$）按公式(21)计算：

$$M_{2,\mathrm{f},i}=F_{\mathrm{Sd,f},i}\times h_{\mathrm{s}}\times\sin\beta \quad\quad (21)$$

式中：

$F_{\mathrm{Sd,f},i}$——6.2 中所述第 i 个提升循环的垂直方向疲劳设计力；

h_{s} ——从钩腔底部到钩柄最细部分上端的垂直距离；

β ——根据公式(6)计算得出的吊钩悬挂倾斜角。

6.4.3 因垂直力偏心引起的弯矩

在起吊载荷时,吊点不一定总在钩腔正中心,这样垂直载荷作用线与钩柄中心线存在偏差,从而产生弯矩,弯矩($M_{3,f,i}$)按公式(22)计算:

$$M_{3,f,i}=c_e \times F_{Sd,f,i} \times a_1 \qquad\cdots\cdots(22)$$

式中:

$F_{Sd,f,i}$——6.2 中所述第 i 个提升循环的垂直方向疲劳设计力;

a_1 ——钩腔圆直径;

c_e ——载荷偏心系数,$c_e=0.05$。

注:如果通过机械手段确保起吊载荷吊点更接近钩腔中心,在设计计算中能使用较小的偏心系数。

6.5 钩身疲劳强度验证

6.5.1 设计应力计算

疲劳强度的验证应基于危险截面应力循环的累积效应,假设每个提升循环都是从地面提升载荷,即吊钩载荷范围是从 0 到满载,其中考虑动载荷系数。

在使用 6.2 所述的垂直疲劳设计力时,应力范围的计算与 5.5.3 中静强度设计应力的计算方法类似,设定 $F_{Sd,s}=F_{Sd,f,i}$,根据公式(11)可得:

$$\Delta\sigma_{Sd,i}=\sigma_{Sd,s}$$

式中:

i ——第 i 个提升循环;

$\Delta\sigma_{Sd,i}$ ——第 i 个循环的应力范围;

$F_{Sd,f,i}$ ——6.2 中所述第 i 个提升循环的垂直方向疲劳设计力。

在对"已验证"的吊钩作疲劳强度验证中,在钩腔内弧面处的最大应力范围内存在残余压应力($\sigma_{Sd,pr}$)(由于验证载荷的作用),设计应力循环/范围从"已验证"钩身设计应力的最小值($\sigma_{Sd,pb,min}$),到"已验证"钩身设计应力的最大值($\sigma_{Sd,pb,max}$)。

其中"已验证"钩身设计应力的最小值 $\sigma_{Sd,pb,min}=\sigma_{Sd,pr}$,为无负载状态下的应力值;"已验证"钩身设计应力最大值($\sigma_{Sd,pb,max}$)的计算方法是吊钩载荷作用力 $F_{Sd,s}=F_{Sd,f,i}$ 的应力范围($\Delta\sigma_{Sd,i}$)加上初始残余应力($\sigma_{Sd,pr}$)。即:

$$\sigma_{Sd,pb,max}=\sigma_{Sd,pr}+\Delta\sigma_{Sd,i}$$

在"未验证"吊钩的疲劳强度验证中,在钩腔内弧面处的设计应力循环/范围从吊钩无负载状态下所对应最小值(零)开始计算。如果忽略"已验证"对吊钩疲劳的有利影响,这种计算方法同样适用于"已验证"吊钩,只是结果偏于保守。

6.5 中描述的计算过程以一个脉动应力循环(应力循环从 0 到最大值)为基础,对于"已验证"钩身的应力循环应先转换为等效脉动应力循环,例如,在使用 6.5 规定的计算过程之前先使用附录 D 中描述的计算过程。

6.5.2 总应力历程

将各应力循环的应力历程累积疲劳效应精简为单一的应力历程参数(s_h)。按公式(23)~公式(25)计算:

$$s_h=k_h \times \nu_h \qquad\cdots\cdots(23)$$

$$k_h=\frac{1}{N}\sum_{i=1}^{N}\left(\frac{\Delta\sigma_{Sd,i}}{\Delta\sigma_{Sd,max}}\right)^m \qquad\cdots\cdots(24)$$

$$\nu_h = \frac{N}{N_D} \qquad \cdots\cdots(25)$$

式中：

k_h ——应力谱系数；

ν_h ——相关应力循环数；

i ——第 i 个提升循环；

N ——提升循环总数；

N_D ——循环基准数（$N_D = 2 \times 10^6$）；

$\Delta\sigma_{Sd,i}$ ——第 i 个提升循环的应力范围；

$\Delta\sigma_{Sd,max}$ ——最大应力范围；

m ——特征疲劳设计曲线的斜率参数，$m=6$。

在 GB/T 20863.1 中规定的起重机设计寿命中，总提升循环数（N）应与总工作循环数（C）相符合。

6.5.3 基于工作级别的应力历程

钩身作为一个特殊部位，其应力变化仅仅取决于提升载荷的变化，因此应力历程参数能够直接通过 GB/T 20863.1 的载荷状态级别 Q 和使用等级 U 推导出来，不必按照 6.5.2 的要求使用具体事例的应力历程对 s_h 进行详细计算。如果预期负荷仅通过载荷状态级别 Q 和使用等级 U 给出，则 s_h 应按公式(27)进行计算。

公式(26)定义了载荷历程参数（s_Q）：

$$s_Q = k_Q \times N/N_D \qquad \cdots\cdots(26)$$

式中：

k_Q ——表 5 中所示的载荷谱系数，同样参见 GB/T 20863.1，载荷状态级别扩展到 $Q_0 \sim Q_5$；

N ——提升循环总数。一般情况下，对于吊钩应与 GB/T 20863.1 的使用等级 U 规定的起重机工作循环次数(C)一致。但是在一个工作循环内，载荷每一次中间落地都应算作一个额外的提升循环，从而增加了 N 的数值；

N_D——循环基准数（$N_D = 2 \times 10^6$）。

载荷谱系数（k_Q）由指数为 3 的 Wohler（疲劳曲线或者维勒曲线）曲线斜率计算，而钩身疲劳与斜率 $m=6$ 有关。对于给定分布状态的载荷，可以计算一个换算系数来建立 GB/T 20863.1 载荷谱与吊钩应力历程参数之间的关系。详见附录 I 中给定的载荷分布及载荷状态级别形状。

按 GB/T 20863.1 等级规定载荷谱时，钩身应力历程参数（s_h）按公式(27)计算：

$$s_h = \frac{s_Q}{(k_6^*)^m} \qquad \cdots\cdots(27)$$

式中：

k_6^* ——特定谱比系数，按公式(28)计算：

$$k_6^* = \sqrt[6]{\frac{k_Q}{k_h}} \qquad \cdots\cdots(28)$$

设计钩身时，k_6^* 应按照表 5 中给定的标准取值，同时应符合附录 I 的规定。

表 5 特定谱比系数(k_6^*)

GB/T 20863.1 规定的载荷状态级别 $Q_0 \sim Q_5$	载荷谱系数(k_Q)	对应 $m=6$ 的系数(k_6^*)
Q_0	0.031 3	1.348
Q_1	0.062 5	1.343
Q_2	0.125	1.259
Q_3	0.250	1.172
Q_4	0.500	1.084
Q_5	1.000	1.00

6.5.4 疲劳强度极限设计应力

基本假设是，$\log(\sigma)/\log(N)$－scale 函数中的疲劳强度曲线是直线，所有材料等级的斜率(m)相同。当疲劳作为主要的设计准则时，这是对于数量较多的应力循环的一个合理近似。

基准点 N_D 处的疲劳强度极限设计应力按公式(29)计算：

$$\Delta\sigma_{Rd}=f_1\times f_2\times\Delta\sigma_c \qquad (29)$$

式中：

$\Delta\sigma_{Rd}$——疲劳强度极限设计应力；

$\Delta\sigma_c$ ——在 $N_D=2\times10^6$ 循环下的特征疲劳强度，取决于材料；

f_1 ——工作温度影响系数，根据公式(31)进行计算；

f_2 ——材料厚度影响系数，根据公式(32)进行计算。

特征疲劳强度($\Delta\sigma_c$)取决于材料的抗拉强度极限，材料的强度等级应符合表 4 的规定，对应的特征疲劳强度应符合表 6 的规定。

表 6 锻造吊钩材料的特征疲劳强度

材料等级	$\Delta\sigma_c$ N/mm^2
M	170
P	220
S	235
T	280
V	305

对于其他材料和材料分类等级不适用的情况，特征疲劳强度($\Delta\sigma_c$)按公式(30)计算：

$$\Delta\sigma_c=0.315\times f_u\times\lg\frac{13\ 001}{f_u} \qquad (30)$$

式中：

f_u——材料的抗拉强度极限，单位为牛每平方毫米(N/mm^2)。

工作温度的影响系数(f_1)按公式(31)计算：

$$f_1 = \begin{cases} 1 & -50\ ℃ \leqslant T \leqslant 100\ ℃ \\ 1 - 0.25 \times (T - 100)/150 & 100\ ℃ < T \leqslant 250\ ℃ \end{cases} \quad \cdots\cdots\cdots\cdots (31)$$

式中：

T——工作温度,单位为摄氏度(℃)。

材料厚度的影响系数(f_2)按公式(32)计算：

当 25 mm≤b_{max}≤150 mm 时：

$$f_2 = \left(\frac{b_{ref}}{b_{max}}\right)^{0.167} \quad \cdots\cdots\cdots\cdots (32)$$

当 b_{max}<25 mm 时：$f_2=1$；

当 b_{max}>150 mm 时：$f_2=0.74$。

式中：

b_{ref}——参考厚度($b_{ref}=25$ mm)；

b_{max}——钩身危险截面(见图 5)的最大厚度。

6.5.5 验证的实施

对于钩身的所有相关截面,应分别进行验证。

对于疲劳强度的验证,应按公式(33)证明：

$$\Delta\sigma_{Sd,max} \leqslant \frac{\Delta\sigma_{Rd}}{\gamma_{Hf} \times \sqrt[m]{s_h}} = \frac{k_6^* \times \Delta\sigma_{Rd}}{\gamma_{Hf} \times \sqrt[m]{s_Q}} \quad \cdots\cdots\cdots\cdots (33)$$

式中：

$\Delta\sigma_{Sd,max}$——总应力历程范围内的最大应力范围；

$\Delta\sigma_{Rd}$ ——根据公式(29)计算出的疲劳强度极限设计应力；

γ_{Hf} ——表 7 中的疲劳强度特定抗力系数；

m ——特征疲劳设计曲线的斜率参数,$m=6$；

s_h ——应力历程参数；

k_6^* ——特定谱比系数；

s_Q ——载荷历程参数。

表 7 疲劳强度特定抗力系数

吊钩截面	γ_{Hf}
单钩和双钩的截面 A	1.35
单钩的截面 B	1.25

按照 GB/T 20863.1 的工作级别计算时,附录 I 给出了换算系数的计算值[见公式(34)]：

$$k_C = k_6^* / \sqrt[m]{s_Q} \quad \cdots\cdots\cdots\cdots (34)$$

6.5.6 使用疲劳强度极限设计力对钩身进行验证

疲劳强度极限设计力($F_{Rd,f}$)按公式(35)计算：

$$F_{Rd,f} = \frac{f_2 \times \Delta\sigma_c}{\gamma_{Hf}} \times \frac{I \times (1 - \eta_1/R)}{\nu \times R \times \eta_1} \quad \cdots\cdots\cdots\cdots (35)$$

对于单钩,应分别计算截面 A、截面 B 的疲劳强度极限设计力,取两者中较小的值。

对于 6.2 中规定的所有相关载荷和载荷组合作用,也应按公式(36)验证:

$$F_{\mathrm{Sd,f}} \leqslant \frac{f_1 \times F_{\mathrm{Rd,f}}}{\sqrt[m]{s_{\mathrm{h}}}} = \frac{f_1 \times k_6^* \times F_{\mathrm{Rd,f}}}{\sqrt[m]{s_{\mathrm{Q}}}} \quad \cdots\cdots(36)$$

式中:

$F_{\mathrm{Sd,f}}$——6.2 规定的最大垂直疲劳设计载荷;

$F_{\mathrm{Rd,f}}$——疲劳强度极限设计力;

f_1 ——根据公式(31)计算得出的工作温度影响系数;

如果所选钩身符合附录 E 和附录 F,则可根据附录 J 给出的疲劳强度极限设计力进行疲劳强度的验证。

6.6 钩柄疲劳强度验证

6.6.1 通则

通过总的提升循环数(N)计算出应力循环数。总的提升循环数(N)应与 GB/T 20863.1 规定的起重机设计寿命内的工作循环总数(C)相符合。

6.6.2 设计应力的计算

应计算紧靠直径为 d_4 的螺纹下方钩柄底切截面的设计应力,见图 1。在不考虑应力集中系数的情况下,采用传统的梁弯曲理论计算基本应力。公式(37)和公式(38)是通用的,适用于 6.6 中任何垂直方向疲劳设计力和设计弯矩的计算。

$$\sigma_{\mathrm{a}}(F) = \frac{F}{A_{\mathrm{d4}}} \quad \cdots\cdots(37)$$

$$\sigma_{\mathrm{b}}(M) = \frac{M \times d_4/2}{I_{\mathrm{d4}}} \quad \cdots\cdots(38)$$

式中:

σ_{a} ——因垂直方向疲劳设计力产生的钩柄应力(轴向);

σ_{b} ——因设计弯矩产生的钩柄应力(弯曲);

F ——在疲劳载荷循环中的垂直方向疲劳设计力;

M ——疲劳载荷循环中的设计弯矩;

A_{d4} ——钩柄危险截面的面积;

I_{d4} ——钩柄危险截面的惯性矩。

6.6.3 施加的应力循环

在每个提升循环内,应考虑下面的两种应力循环。

在"未验证"吊钩的疲劳强度验证中,下列公式中的残余压应力($\sigma_{\mathrm{Sd,sh,pr}}$)设为零。对于"已验证"的吊钩,如在加载验证期间该区域的最大应力超过屈服应力(如钩柄螺纹端头),通过在下列公式中设残余应力($\sigma_{\mathrm{Sd,sh,pr}}$)为零(一种保守方法),则能忽略底切区域出现的残余压应力($\sigma_{\mathrm{Sd,sh,pr}}$),或者在下列两种应力循环条件下,将有利影响考虑在内。

循环类型 1:考虑吊钩悬挂的倾斜和垂直载荷偏心所产生的弯曲应力,在地面上提升和降下载荷所产生的应力循环。各个应力循环(i)的特性如下。

a) 轴向应力为 $\sigma_{\mathrm{a}1} = \sigma_{\mathrm{a}}(F_{\mathrm{Sd,f},i})$[公式(37)],其中 $F_{\mathrm{Sd,f},i}$ 如 6.2 所述。

应考虑钩柄底切区域产生的残余压应力($\sigma_{Sd,sh,pr}$),在该位置加载验证期间产生的最大应力超过屈服应力。设计轴向应力循环/范围从“已验证”吊钩钩柄的轴向设计应力最小值($\sigma_{Sd,a1,ps,min}$)[相当于吊钩空载时的残余应力($\sigma_{Sd,sh,pr}$),$\sigma_{Sd,a1,ps,min}=\sigma_{Sd,sh,pr}$]到“已验证”吊钩钩柄轴向设计应力的最大值($\sigma_{Sd,a1,ps,max}$)。

“已验证”吊钩钩柄轴向设计应力的最大值($\sigma_{Sd,a1,ps,max}$)计算方法是将吊钩载荷($F_{Sd,f,i}$)的应力 σ_{a1} 加上初始残余应力值($\sigma_{Sd,sh,pr}$),即:$\sigma_{Sd,a1,ps,max}=\sigma_{Sd,sh,pr}+\sigma_{a1}$。

b) 弯曲应力为 $\sigma_{b1}=\sigma_b(M)$[公式(38)],其中 $M=\max[M_{2,f,i},M_{3,f,i}]$,如 6.4.2 和 6.4.3 所述。

应考虑钩柄底切区域产生的残余压应力($\sigma_{Sd,sh,pr}$),在该位置加载验证期间产生的最大应力超过屈服应力。此外,在设计弯曲应力类型 1 中,应将 σ_{b1} 值与轴向应力值相加,包括上述计算的残余应力值。

c) 脉动应力循环从 0 到 $\sigma_{a1}+\sigma_{b1}$,平均应力 $\sigma_{m1,i}=(\sigma_{a1}+\sigma_{b1})/2$,应力幅值 $\sigma_{A1,i}=\sigma_{m1,i}$。

对于“已验证”吊钩钩柄区域存在的残余压应力($\sigma_{Sd,sh,pr}$),设计应力类型 1 的设计应力的循环/范围从最小值($\sigma_{Sd,ps1,min}$),到“已验证”吊钩钩柄设计应力的最大值($\sigma_{Sd,ps1,max}$)。其中设计应力最小值($\sigma_{Sd,ps1,min}$)等于吊钩无载荷下的残余应力($\sigma_{Sd,sh,pr}$),即 $\sigma_{Sd,ps1,min}=\sigma_{Sd,sh,pr}$;设计应力最大值($\sigma_{Sd,ps1,max}$)计算方法是将吊钩载荷($F_{Sd,f,i}$)(如上述计算结果)的产生的应力($\sigma_{a1}$)加上弯曲应力($\sigma_{b1}$)和初始残余应力值($\sigma_{Sd,sh,pr}$),即 $\sigma_{Sd,ps1,max}=\sigma_{Sd,sh,pr}+\sigma_{a1}+\sigma_{b1}$。

由于 6.6.8 中的计算过程是建立在 6.6.3 中应力循环为脉动应力循环的(从零到最大值的应力循环)基础上,因此,首先应将“已验证”吊钩的应力循环转换为等效脉动循环,即在使用6.6.8中的计算过程前,先使用附录 D 中的转换公式。

d) 应力循环总数为 $N_1=N$。

循环类型 2:由于水平加速度和由此产生的载荷摆动而引起的应力循环应按以下方式考虑。

a) 轴向应力如循环类型 1 中所示。

应考虑加载验证期间钩柄底切区域产生的残余压应力($\sigma_{Sd,sh,pr}$)。循环类型 2 设计轴向应力的极限值计算方法与循环类型 1 中 a)所述方法类似,即设计应力的循环/范围从“已验证”吊钩钩柄的轴向设计应力最小值($\sigma_{Sd,a2,ps,min}$),到“已验证”吊钩钩柄中轴向设计应力的最大值($\sigma_{Sd,a2,ps,max}$)。

其中设计应力最小值($\sigma_{Sd,a2,ps,min}$)等于吊钩无载荷下的残余应力($\sigma_{Sd,sh,pr}$),即 $\sigma_{Sd,a2,ps,min}=\sigma_{Sd,sh,pr}$;设计应力的最大值($\sigma_{Sd,a2,ps,max}$)的计算方法是将应力 σ_{a2} 加上初始残余应力值,即 $\sigma_{Sd,a2,ps,max}=\sigma_{Sd,sh,pr}+\sigma_{a2}$。

b) 弯曲应力为 $\sigma_{b2,i}=\sigma_b(M_{1,f,i})$[公式(38)],其中 $M_{1,f,i}$ 如 6.4.1 所述。

应考虑加载验证期间钩柄底切区域产生的残余压应力($\sigma_{Sd,sh,pr}$),设计弯曲应力循环类型 2 的 σ_{b2} 应与轴向应力相加,包括上文计算的残余应力。

c) 具有名义应力 $\sigma_{m2,i}=\sigma_{a2,i}$ 和应力幅值 $\sigma_{A2,i}=\sigma_{b2,i}$ 的各应力循环。

由于“已验证”吊钩钩柄底切区域存在残余压应力,循环类型 2 设计应力循环/范围从吊钩无载荷设计应力的最小值($\sigma_{Sd,ps2,min}$),到“已验证”吊钩钩柄中设计应力的最大值($\sigma_{Sd,ps2,max}$)。

设计应力的最小值$\sigma_{sd,ps2,min}$等于吊钩无载荷下的应力($\sigma_{Sd,sh,pr}-\sigma_{b2}$):

$\sigma_{Sd,ps2,min}=\sigma_{Sd,sh,pr}-\sigma_{b2}$。

设计应力的最大值($\sigma_{Sd,ps2,max}$)的计算方法是将吊钩载荷($F_{Sd,f,i}$)(如上文计算结果)的应力σ_{a2}加上弯曲应力(σ_{b2})和初始残余应力值($\sigma_{Sd,sh,pr}$):

$\sigma_{Sd,ps2,max}=\sigma_{Sd,sh,pr}+\sigma_{a2}+\sigma_{b2}$。

由于6.6.8中的计算过程是建立在6.6.3中的循环类型2应力循环为脉动应力循环(从零到最大值的应力循环)假设的基础上,因此,首先应将"已验证"吊钩的应力循环转换为等效脉动循环,即在使用6.6.8中的计算过程前,先使用附录D中的转换公式。

d) 应力循环总数$N_2=p_a\times N$。

在每个提升循环中,应使用特定于该循环的吊钩载荷。

注:计算循环类型2的轴向应力时,可不考虑6.2中系数(φ_2)的影响。

应根据表8选择水平加速次数(p_a)的平均值。

表8 水平加速次数(P_a)的平均值

应用类型	P_a
1. 工艺过程应用,载荷的水平运动是每个工作循环的一部分	8
2. 特殊应用,水平运动始终在信号员的控制下进行,速度低,距离短	2
3. 在水平运动的驱动系统中,采用了一种特殊的载荷摇摆控制措施	2
4. 所有其他应用和系列生产的吊钩,其中应用工况未知	4

6.6.4 材料疲劳强度基本值

根据材料的抗拉强度极限,按公式(39)计算材料在平均应力为零($\sigma_m=0$)、应力循环基准数$N_D=2\ 000\ 000$时的疲劳强度基本值(σ_M):

$$\sigma_M=0.45\times f_u \tag{39}$$

6.6.5 由结构形状引起的应力集中效应

本条中计算的系数是应力集中系数(α)和作为最终结果的切口影响系数(β_n)。应根据表9的公式分别计算钩肩和螺纹底部两个部位的α和β_n。应用两个部位的最大β_n值验证钩柄的疲劳强度。

注:假设螺纹为单头螺纹。

表9 计算应力集中系数的参数

参数	钩肩	螺纹
螺纹平均直径d_e	$d_e=0.6\times d_3+0.4\times d_5$	
切口深度	$u_S=\dfrac{(d_e-d_4)}{2}$	$u_T=\dfrac{(d_e-d_5)}{2}$
系数φ	$\varphi=\dfrac{1}{2+4\times\sqrt{\dfrac{u_S}{r_9}}}$	$\varphi=\dfrac{1}{2+4\times\sqrt{\dfrac{u_T}{r_{th}}}}$

表 9 计算应力集中系数的参数(续)

参数	钩肩	螺纹
系数 χ	$\chi=\frac{2\times(1+\varphi)}{r_9}$	$\chi=\frac{2\times(1+\varphi)}{r_{th}}$
支撑系数 n	$n=1+\sqrt{\chi}\times10^{-(0.33+fy/712)}$	
结构形状引起应力集中系数	α_S[公式(40)]	α_T[公式(41)]
切口影响系数	$\beta_{nS}=\frac{\alpha_S}{n}$	$\beta_{nT}=\frac{\alpha_T}{n}$

钩肩应力集中系数(α_S)按公式(40)计算:

$$\alpha_S=1+\frac{1.1}{\sqrt{0.22\times\frac{r_9}{u_S}+2.74\times\frac{r_9}{d_4}\times\left(1+2\times\frac{r_9}{d_4}\right)^2}} \quad\cdots\cdots(40)$$

螺纹应力集中系数(α_T)按公式(41)计算:

$$\alpha_T=1.8\times\left(\frac{p}{d_5}\right)^{0.3}\times\left(\frac{u_T}{r_{th}}\right)^{0.2}\times\left(\frac{p}{u_S}\right)^{0.1}\times\left(\frac{d_4}{d_5}\right)^{3}\times\left[1+\frac{1}{\sqrt{0.22\times\frac{r_{th}}{u_T}+2.74\times\frac{r_{th}}{d_5}\times\left(1+2\times\frac{r_{th}}{d_5}\right)^2}}\right] \quad\cdots\cdots(41)$$

表 9 和公式(40)、公式(41)中的几何代号释义见图 2,计算 n 的公式中屈服强度极限(f_y)的单位为牛每平方毫米(N/mm^2)。

6.6.6 有切口的钩柄疲劳强度

对于钩柄两个比较危险的截面,应进行进一步的计算。相对于钩柄的名义应力,材料疲劳强度基本值应降低一定比值。

受切口影响的疲劳强度幅值(σ_W)应按公式(42)、公式(43)计算:

$$\sigma_W=f_1\times\frac{\sigma_M}{\left(\beta_n+\frac{1}{f_3}-1\right)} \quad\cdots\cdots(42)$$

$$f_3=1-0.29\times\lg\frac{Ra}{0.4}\times\lg\frac{f_u}{200} \quad\cdots\cdots(43)$$

式中:

σ_M ——材料疲劳强度基本值;

β_n ——β_{nS}和 β_{nT}的中的最大值;

f_1 ——根据公式(31)计算的工作温度影响系数;

f_3 ——表面粗糙度影响系数;

Ra ——表面粗糙度,单位为微米(μm),极限值范围:$0.4\ \mu m\leqslant Ra\leqslant3.2\ \mu m$;

f_u ——材料的抗拉强度极限,单位为牛每平方毫米(N/mm^2),$f_u\geqslant300\ N/mm^2$。

注:在本文件中没考虑直径增加对材料强度降低的影响,在设计计算中使用实际直径对应的材料性能。

6.6.7 平均应力影响

上述 σ_W 值适用于平均应力为零的对称应力循环,对于钩柄这种零件类型,其平均应力增加将会造成疲劳强度的降低。用 Smith 图对平均应力影响进行解释说明，见图 6。图形特点如下：

a) 平均应力 $\sigma_m=0$ 的条件下，材料疲劳强度幅值(σ_W)一定；

b) 通过平均应力影响系数(μ)确定了图的上限线；

c) 相关平均应力处的应力幅值应在图的上下限范围内。

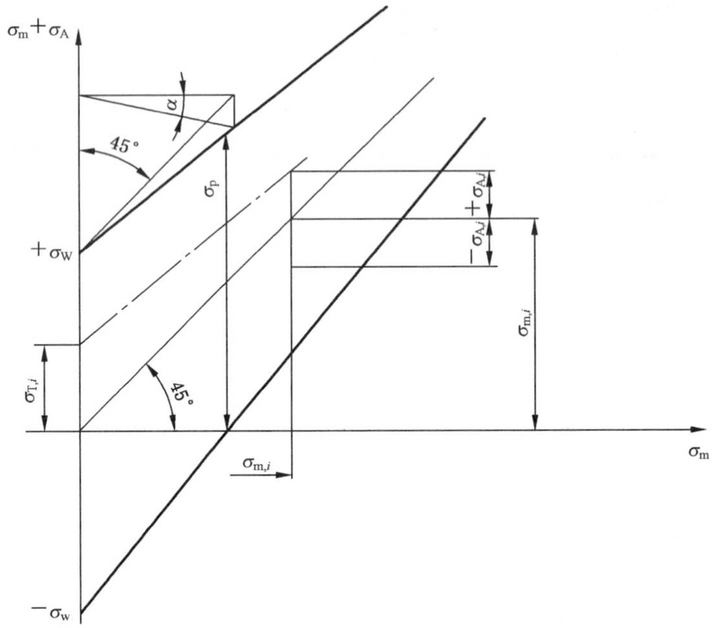

图 6 Smith 图和应力幅值的转换

图形上限被限定在假设为脉动应力作用下，总应力变化限制在 $\sigma_p=1.7\sigma_W$。根据这一规则，平均应力影响系数 μ 按公式(44)计算：

$$\mu=\tan(\alpha)=\frac{\sigma_W}{1.7\times\sigma_W/2}-1=0.1765 \quad (44)$$

注：平均应力影响系数(μ)和 α 与参数 μ_1 和 α_1 相对应，所以在本文件中，α 始终为正数。

6.6.8 应力向恒定平均应力的转换

将 6.6.3 中规定的相关平均应力的应力幅值转换为与疲劳影响相等、平均应力为零的应力幅值。将其转换为平均应力为零的应力循环公式见公式(45)和公式(46)：

循环类型 1：

$$\sigma_{T1,i}=\sigma_{A1,i}+\mu\times\sigma_{m1,i} \quad (45)$$

循环类型 2：

$$\sigma_{T2,i}=\sigma_{A2,i}+\mu\times\sigma_{m2,i} \quad (46)$$

式中：

$\sigma_{T1,i}$ 和 $\sigma_{T2,i}$——转换后平均应力为零时的应力幅值；

μ ——平均应力影响系数。

$\sigma_{A,i}$ 向 $\sigma_{T,i}$ 的转换如图 6 所示。

6.6.9 总应力历程参数

将所有应力循环的应力历程累积疲劳效应精简成一个应力历程参数(s_s)。s_s 按公式(47)

～公式(49)计算：

$$s_s = k_s \times v_s \qquad (47)$$

$$k_s = \frac{1}{N + p_a \times N} \times \left[\sum_{i=1}^{N} \left(\frac{\sigma_{T1,i}}{\sigma_{Tmax}} \right)^m + p_a \times \sum_{i=1}^{N} \left(\frac{\sigma_{T2,i}}{\sigma_{Tmax}} \right)^m \right] \qquad (48)$$

且

$$v_s = \frac{N + p_a \times N}{N_D} \qquad (49)$$

式中：

σ_{Tmax}——转换后 $\sigma_{T1,i}$ 和 $\sigma_{T2,i}$ 中的最大值；

k_s ——钩柄的应力谱系数；

v_s ——相关应力循环数；

i ——第 i 个提升循环；

N ——提升循环总数；

m ——特征疲劳设计曲线的斜率参数，$m=5$。

6.6.10 基于工作级别的应力历程参数

钩柄表示了一种特殊受力情况，其应力变化量与提升载荷的变化量成正比，因此应力历程参数能够直接通过 GB/T 20863.1 规定的载荷状态级别 Q 和使用等级 U 推导出来，不必按照 6.6.9 的要求使用具体案例的应力历程进行详细计算。

载荷谱系数(k_Q)由指数为 3 的 Wohler 曲线斜率进行计算，而钩柄疲劳与斜率 $m=5$ 有关。当给定载荷分布形状时，能够通过计算换算系数来建立 GB/T 20863.1 载荷谱与钩柄应力历程参数之间的联系。附录 I 给出了不同载荷状态下的载荷分布形状。

如果 GB/T 20863.1 中的载荷状态级别 Q 和使用等级 U 规定了预期负荷，按公式(50)～公式(53)计算应力历程参数(s_s)：

$$s_s = k_s \times v_s \qquad (50)$$

$$k_s = \frac{1}{1 + p_a} \times \frac{k_Q}{(k_5^*)^m} \left[\left(\frac{\sigma_{T1,max}}{\sigma_{Tmax}} \right)^m + p_a \times \left(\frac{\sigma_{T2,max}}{\sigma_{Tmax}} \right)^m \right] \qquad (51)$$

$$v_s = \frac{N}{N_D}(1 + p_a) \qquad (52)$$

且

$$k_5^* = \sqrt[5]{\frac{k_Q}{k_5}} \qquad (53)$$

式中：

k_Q ——表 10 中的载荷谱系数。

$\sigma_{T1,max}$、$\sigma_{T2,max}$——循环类型 1 和循环类型 2 转换后应力幅值的最大值。

N ——提升循环总数。对于吊钩，该值应等于 GB/T 20863.1 中的使用等级 U 规定的起重机工作循环数(C)；但在一个工作循环内，载荷每一次中间落地都应算作一个额外的提升循环，并增加到 N 的数值中。

k_5^* ——特定谱比系数。钩柄设计应按照表 10 选取 k_5^*，同时应符合附录 I 的规定。

表 10 特定谱比系数(k_5^*)

GB/T 20863.1 规定的载荷状态级别 $Q_0 \sim Q_5$	载荷谱系数(k_Q)	$m=5$ 的特定谱比系数(k_5^*)
Q_0	0.031 3	1.292
Q_1	0.062 5	1.286
Q_2	0.125	1.22
Q_3	0.250	1.14
Q_4	0.500	1.07
Q_5	1.000	1.00

6.6.11 验证的实施

疲劳强度的验证见公式(54):

$$\sigma_{\mathrm{Tmax}} \leqslant \frac{\sigma_{\mathrm{W}}}{\gamma_{\mathrm{sf}} \times \sqrt[m]{s_{\mathrm{s}}}} \qquad \cdots\cdots(54)$$

式中:

σ_{Tmax}——总应力历程中转换后的最大应力幅值;

σ_{W}——根据公式(42)计算的疲劳极限设计应力;

γ_{sf}——钩柄的疲劳强度特定抗力系数($\gamma_{\mathrm{sf}}=1.35$);

m——特征疲劳设计曲线的斜率参数,$m=5$;

s_{s}——应力历程参数。

6.7 系列生产吊钩钩柄的疲劳设计

系列生产吊钩钩柄设计最小值使用以下设计假设条件:

a) 钩身的疲劳强度极限设计力应作为钩柄的疲劳设计力;

b) 因载荷水平摆动产生的钩柄弯曲循环数 $p_{\mathrm{a}}=4$;

c) 为计算 6.3 中的水平疲劳设计力,水平加速度设置为 $a=0.2\ \mathrm{m/s^2}$,动载系数 $\varphi_5=1$;

d) 吊钩悬挂的倾斜阻力假设为钩腔内的水平力,等于垂直力的 2%。

7 符合性验证

7.1 通则

选择吊钩规格指南见附录 K。应通过设计计算验证是否符合第 5 章和第 6 章规定的要求。

预期工作任务和预计吊钩起重量等设计假设条件应与相关起重机的设计参数相吻合,这种符合性应通过工程评估加以论证。

按照本章进行的验证应作为技术文件的一部分,所需文件应符合附录 L。

7.2 制造验证

应通过吊钩制造工艺的书面描述资料来验证制造符合性,由制造商认证并提供相关文件。

应通过测量和测试验证尺寸和材料要求的符合性,吊钩制造商应记录并保存相关文件。

拉伸、冲击试验的试样应在钩柄上部沿纵向取样,并且宜在距钩柄表面 1/3 半径处截取。

如果钩柄太小，可使用同炉材料、相同的热处理的样件进行测试。拉伸性能要求按照 GB/T 16825.1和 GB/T 228.1 或 GB/T 228.3 规定执行。

夏比冲击韧性应按 GB/T 299 和 GB/T 3808 规定执行。

7.3 加载验证

当对吊钩进行加载验证时，吊钩应能够承受加载验证而不会产生较大的永久变形。在加载试验前和加载试验后分别测量钩口开口尺寸，永久变形不应超过 0.25%，具体测量位置见图 7 中 y、y_1、y_2 点所示。

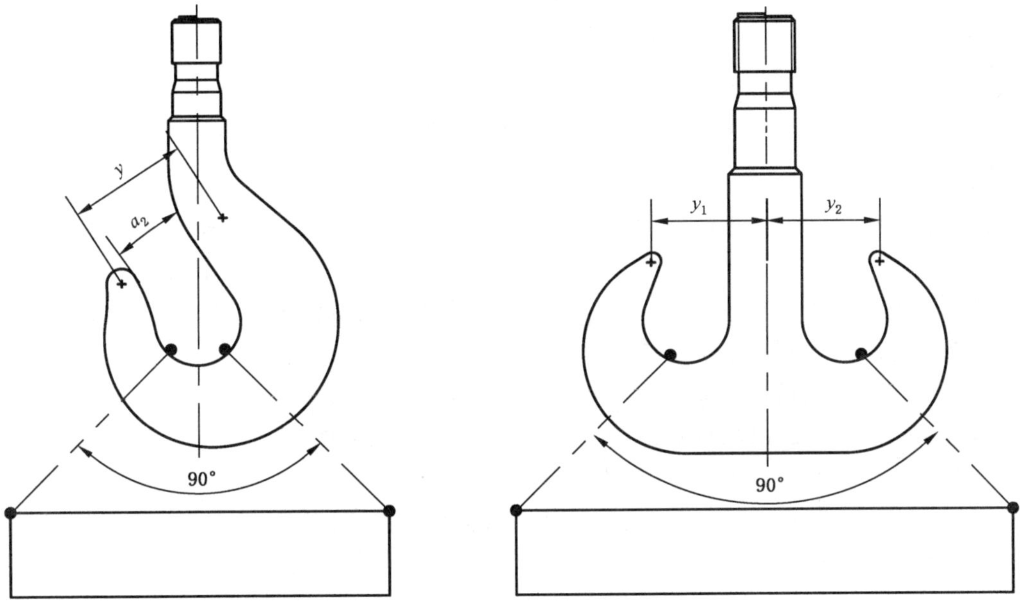

图 7 吊钩标记

7.4 无损检测(NDT)

应使用无损检测(NDT)方法检查吊钩的表面和内部缺陷，以保证检测准确性。

吊钩内部缺陷应按 GB/T 37400.15—2019 中第 5 章的规定进行检验，按照 2 级取值验收，吊钩毛坯超声波检验起始记录限可放大到 2 mm。

吊钩表面缺陷检测方法按 GB/T 37400.15—2019 中第 6 章的规定进行，表面不应有裂纹；不能用磁粉检测的部位，按 GB/T 37400.15—2019 中第 7 章的规定进行渗透检测。

7.5 试验抽样

对于每个单件生产的吊钩或批量生产吊钩，材料试验的抽样方法应按 GB/T 10051.2 规定执行。

8 使用信息

8.1 维护与检验

在相关起重机的维护和检验手册中，吊钩应作为单独部分进行说明。

在维护手册中应包含但不限于下列维护项目：

a) 螺母下方推力轴承；

b) 吊钩横梁；

c) 钩身变形(钩口开口度)；

d) 钩身磨损；

e) 钩柄表面缺陷，如裂纹和腐蚀情况。检查之前将吊钩从悬挂装置中拆下；

f) 螺母的安全锁紧；

g) 检查钩口闭锁装置(若有)。

钩腔底部的可接受磨损深度为钩身截面公称高度(尺寸 h_2，见附录 E)的 5%。磨损区域应平滑过渡到相邻区域，不应有任何尖锐的沟痕、棱角或表面缺陷。

8.2 标志

吊钩的标志应按 GB/T 10051.2 执行。

经过加载验证的吊钩应在吊钩类型标记旁边增加“PL”标志。

8.3 安全使用

在相关起重机或作为独立的组件—吊钩/带钩滑轮组的用户手册中至少应说明以下安全使用问题：

——吊钩悬挂形式(如铰接结构)能够允许吊钩在无阻碍的情况下倾斜到与载荷方向一致，无论是垂直方向还是载荷摇摆导致的倾斜方向；

——明确在吊钩上系挂载荷的吊索间最大夹角为 90°；

——与吊钩配合的起吊附件的形状要求，避免损伤钩腔表面；

——双钩的两个钩腔对称加载、受力相等；

——如装有钩口闭锁装置，应保证在系挂好载荷后能自由闭合；

——吊钩的温度极限。

附　录　A
（资料性）
本文件与 ISO 17440:2014 的技术差异及其原因

表 A.1 给出了本文件与 ISO 17440:2014 的技术差异及其原因一览表。

表 A.1　本文件与 ISO 17440:2014 的技术差异及其原因

<table>
<tr><th>本文件的章条编号</th><th>技术性差异</th><th>原因</th></tr>
<tr><td>1</td><td>将“本文件适用于材料的抗拉强度极限不超过 800 N/mm² 、屈服强度极限不超过 600 N/mm² 的吊钩”，更改为“本文件适用于材料的抗拉强度极限不超过800 N/mm² 、屈服强度极限不超过 620 N/mm² 的吊钩”</td><td>以适应我国国情。屈服强度极限600 N/mm² 与 620 N/mm² 分别属于 ISO 17440：2014 与 GB/T 10051.1的强度级别V，为同一强度级别</td></tr>
<tr><td>2</td><td>对规范性引用文件进行了调整：
a) 用我国国家标准替换国际标准和国外标准，以适用我国技术条件：
——用规范性文件 GB/T 197 替换 ISO 965-1；
——用规范性文件 GB/T 228.1 替换 ISO 6892-1；
——用规范性文件 GB/T 229 替换 ISO 148-1；
——用规范性文件 GB/T 3505 替换 ISO 4287；
——用规范性文件 GB/T 3808 替换 ISO 148-2；
——用规范性文件 GB/T 6974.1 替换 ISO 4306-1；
——用规范性文件 GB/T 15706 替换 ISO 12100；
——用规范性文件 GB/T 16825.1 替换 ISO 7500-1；
——用规范性文件 GB/T 20863.1 替换 ISO 4301-1；
——用规范性文件 GB/T 22437.1 替换 ISO 8686-1；
——用规范性文件 GB/T 37400.15—2019 替换 EN 10228-3；
——用规范性文件 GB/T 10051.4 和 GB/T 10051.6 替换 EN 10243-1；
b) 删除了 ISO 17440:2014 中的规范性引用文件 ISO 9327-1，主要原因是为与我国吊钩国家标准相关内容协调一致，删除了相关内容；
c) 将 ISO 17440:2014 中的规范性引用文件 ISO 15579 更改为 ISO 6892-3 对应的国家标准 GB/T 228.3，因 ISO 15579:2000 已被 ISO 6892-3:2015 代替；
d) 增加了规范性引用文件 GB/T 10051.2</td><td>以适应我国国情</td></tr>
<tr><td>4.1</td><td>将表 2 吊钩材料的冲击试验和延伸率要求，由
<table>
<tr><th>工作温度</th><th>冲击试验温度</th><th>最小延伸率，A_5</th><th>最小冲击吸收功，K_{V2}</th></tr>
<tr><td>$T \geqslant -10$ ℃</td><td>0 ℃</td><td rowspan="4">15%</td><td rowspan="4">35 J</td></tr>
<tr><td>$T \geqslant -20$ ℃</td><td>−10 ℃</td></tr>
<tr><td>−30 ℃>$T \geqslant -40$ ℃</td><td>−30 ℃</td></tr>
<tr><td>−40 ℃>$T \geqslant -50$ ℃</td><td>−40 ℃</td></tr>
</table></td><td>以适应我国国情；按照 GB/T 10051.1 所规定的吊钩材料和力学性能要求，并根据材料在 −30 ℃ 和 −40 ℃的冲击试验结果确定</td></tr>
</table>

表 A.1 本文件与 ISO 17440:2014 的技术差异及其原因(续)

<table>
<tr><th>本文件的章条编号</th><th>技术性差异</th><th>原因</th></tr>
<tr><td>4.1</td><td>改为:
<table>
<tr><td rowspan="2">工作温度(T)</td><td rowspan="2">冲击试验温度</td><td rowspan="2">最小延伸率(A_5)</td><td colspan="2">最小冲击吸收功(K_{V2})
J</td></tr>
<tr><td>结构钢</td><td>合金钢</td></tr>
<tr><td>T≥−30 ℃</td><td>−20 ℃</td><td rowspan="3">15%</td><td>39</td><td>35</td></tr>
<tr><td>−30 ℃>T≥−40 ℃</td><td>−30 ℃</td><td>35</td><td>27</td></tr>
<tr><td>−40 ℃>T≥−50 ℃</td><td>−40 ℃</td><td>35</td><td>27</td></tr>
</table></td><td>以适应我国国情;按照 GB/T 10051.1 所规定的吊钩材料和力学性能要求,并根据材料在−30 ℃和−40 ℃的冲击试验结果确定</td></tr>
<tr><td>4.1</td><td>将“应采用电炉炼钢法或氧气炼钢法生产钢材”改为“材料的冶炼应采用电炉(或转炉)加炉外精炼的方法”</td><td>以适应我国国情</td></tr>
<tr><td>4.1</td><td>将表 4 上屈服限或 0.2%的延伸限,由
<table>
<tr><td rowspan="2">材料强度等级</td><td colspan="2">机械性能</td></tr>
<tr><td>上屈服限或 0.2%的延伸限
f_y
N/mm²</td><td>抗拉强度极限
f_u
N/mm²</td></tr>
<tr><td>M</td><td>215</td><td>340</td></tr>
<tr><td>P</td><td>315</td><td>490</td></tr>
<tr><td>S</td><td>380</td><td>540</td></tr>
<tr><td>T</td><td>500</td><td>700</td></tr>
<tr><td>V</td><td>600</td><td>800</td></tr>
<tr><td colspan="3">注:所选材料应符合下列要求:$f_u/f_y \geq 1.2$。</td></tr>
</table>
改为:
<table>
<tr><td rowspan="2">材料强度等级</td><td colspan="2">机械性能</td></tr>
<tr><td>上屈服限或 0.2%的延伸限(f_y)
N/mm²</td><td>抗拉强度极限(f_u)
N/mm²</td></tr>
<tr><td>M</td><td>235</td><td>340</td></tr>
<tr><td>P</td><td>315</td><td>490</td></tr>
<tr><td>S</td><td>390</td><td>540</td></tr>
<tr><td>T</td><td>500</td><td>700</td></tr>
<tr><td>V</td><td>620</td><td>800</td></tr>
<tr><td colspan="3">所选材料应符合下列要求:$f_u/f_y \geq 1.2$。</td></tr>
</table></td><td>以适应我国国情</td></tr>
<tr><td>4.2</td><td>删除了“制造工艺、厂内试验和交货条件应符合 ISO 9327-1 的要求”</td><td>以适应我国国情</td></tr>
</table>

表 A.1 本文件与 ISO 17440:2014 的技术差异及其原因(续)

本文件的章条编号	技术性差异	原因
4.3	“锻件应满足 EN 10243-1 标准 F 尺寸公差,另外钩腔圆直径和开口尺寸应在[0,+7%]的工程尺寸范围内,钩尖高度尺寸应在[−7%,+7%]的公称尺寸范围内”改为:“单钩和双钩的毛坯件尺寸公差应分别符合 GB/T 10051.4 和 GB/T 10051.6 的规定。”	以适应我国国情
4.3	“加工后钩柄中心线与钩腔中心线的偏差不应超过±0.02 a_1”改为:“加工后钩柄中心线与钩腔中心线的偏差应符合 GB/T 10051.2 的规定。”	以适应我国国情
6.6.3	“使用 6.6.8 中的计算过程前,先使用附录 H 的转换公式”改为:“使用 6.6.8 中的计算过程前,先使用附录 D 中的转换公式。”	原文引用位置错误
7.4	“应按 EN 10228-3 要求使用适当的无损检测方法进行吊钩锻件缺陷检验,确认是否达到本标准 1 级质量要求”,改为: 吊钩内部缺陷应按 GB/T 37400.15—2019 中第 5 章的规定进行检验,按照 2 级取值验收,吊钩毛坯超声波检验起始记录限可以放大到 2 mm。 吊钩表面裂纹检测方法按 GB/T 37400.15—2019 中第 6 章的规定进行,表面不得有裂纹;不能用磁粉检测的部位,按 GB/T 37400.15—2019 中第 7 章的规定进行渗透检测。	以适应我国国情
7.5	“吊钩名义厚度为 150 mm 或以上,应对每一个吊钩进行所有试验;名义厚度小于 150 mm 的吊钩可以进行抽样试验。最大抽样数量由同一冶炼炉号、同炉热处理批量生产的吊钩数量来确定”,改为:“对于每个单件生产的吊钩或批量生产吊钩,材料试验的抽样方法按照 GB/T 10051.2 规定执行。”	以适应我国国情
8.2	将 ISO 17440:2014 关于吊钩的规格形状、材料名称或等级代号、永久冲压标记等标志内容改为:“吊钩的标志应按 GB/T 10051.2 执行。”	ISO 17440:2014 与 GB/T 10051.2 要求基本一致
附录 E.1 附录 E.2 附录 F	用 GB/T 10051.4、GB/T 10051.6 替换 ISO 17440:2014 中 DIN 15400,并用我国吊钩毛坯件标记代号代替 DIN 吊钩毛坯件标记代号	以适应我国国情

附　录　B

（资料性）

附录 E 和附录 F 吊钩钩身的静强度极限设计力

B.1　MM/MMD 和 MY/MYD 型吊钩钩身的静强度极限设计力

在温度影响系数 $f_1=1$ [$T \leqslant 100$ ℃] 条件下，附录 E 和附录 F 吊钩钩身的有效静强度极限设计力($F_{Rd,s}$)见表 B.1。

表 B.1　附录 E 和附录 F 吊钩钩身静强度极限设计力($F_{Rd,s}$)

吊钩钩号	特定抗力系数(γ_{sm})	MM/MMD 和 MY/MYD 型单钩						MM/MMD 和 MY/MYD 型双钩					
		截面 B 系数(M_{hf}) mm²	材料等级($F_{Rd,s}$) kN					截面 B 系数(M_{hf}) mm²	材料等级($F_{Rd,s}$) kN				
			M	P	S	T	V		M	P	S	T	V
006	单钩 0.75 双钩 0.90	15.37	4.0	5.9	7.1	9.3	11.2						
010		22.58	5.9	8.6	10.4	14	16						
012		30.05	7.8	11.5	14	18	22						
020		39.37	10.3	15	18	24	29						
025		44.78	11.7	17	21	27	33						
04		68.37	18	26	32	41	50						
05		80.33	21	31	37	49	58	41.71	18	27	32	42	51
08		117.00	30	45	54	71	85	62.13	27	40	48	63	75
1		140.17	37	54	65	85	102	73.43	32	47	56	74	89
1.6		195.75	51	75	90	119	142	108.20	47	69	83	109	131
2.5		279.05	73	107	129	169	203	149.45	65	95	115	151	181
4		399.61	104	153	184	242	291	217.87	95	139	167	220	264
5		506.63	132	193	233	307	368	268.78	117	171	206	272	326
6		633.00	165	242	292	384	460	339.90	148	216	261	343	412
8		798.18	208	305	368	484	580	430.94	187	274	331	435	522
10		987.90	257	377	455	599	719	538.00	234	342	413	543	652
12		1 242.5	324	474	572	753	904	680.27	295	433	522	687	825
16		1 590.0	414	607	732	963	1 156	845.31	367	538	649	854	1 024
20		1 873.3	520	763	920	1 210	1 452	1 056.5	459	672	811	1 067	1 281
25		2 532.0	660	967	1 166	1 535	1 841	1 343.0	583	855	1 031	1 356	1 628
32		3 192.7	832	1 219	1 471	1 935	2 322	1 700.5	739	1 082	1 305	1 718	2 061
40		3 732.4	1 032	1 512	1 824	2 400	2 880	2 152.0	935	1 369	1 652	2 174	2 609

表 B.1 附录 E 和附录 F 吊钩钩身静强度极限设计力（$F_{Rd,s}$）（续）

吊钩钩号	MM/MMD 和 MY/MYD 型单钩							MM/MMD 和 MY/MYD 型双钩					
	特定抗力系数（γ_{sm}）	截面 B 系数（M_{hf}）mm^2	材料等级（$F_{Rd,s}$）kN					截面 B 系数（M_{hf}）mm^2	材料等级（$F_{Rd,s}$）kN				
			M	P	S	T	V		M	P	S	T	V
50	单钩 0.75	5 020.5	1 308	1 917	2 313	3 043	3 651	2 725.4	1 184	1 734	2 092	2 753	3 304
63		6 306.7	1 644	2 408	2 905	3 822	4 587	3 385.9	1 471	2 155	2 599	3 420	4 104
80		7 962.7	2 075	3 040	3 667	4 826	5 791	4 251.1	1 846	2 705	3 263	4 294	5 153
100		10 093	2 630	3 854	4 649	6 117	7 341	5 376.8	2 335	3 422	4 128	5 431	6 517
125	双钩 0.90	12 794	3 334	4 885	5 893	7 754	9 305	6 729.4	2 923	4 282	5 166	6 797	8 156
160		15 987	4 167	6 105	7 364	9 690	11 628	8 507.3	3 695	5 414	6 531	8 593	10 311
200		20 174	5 257	7 702	9 292	12 226	14 671	10 792	4 688	6 868	8 285	10 901	13 081
250		25 240	6 575	9 634	11 622	15 292	18 350	13 484	5 857	8 581	10 352	13 621	16 345

B.2 使用其他材料的 B 型系列吊钩钩身的静强度极限设计力

在温度影响系数 $f_1=1$ [$T\leqslant 100$ ℃] 条件下，使用其他材料的 B 型系列吊钩钩身的有效静强度极限设计力（$F_{Rd,s}$）见表 B.2。

表 B.2 使用其他材料的 B 型系列吊钩钩身有效的静强度极限设计力（$F_{Rd,s}$）

吊钩钩号	所有材料		B 型单钩材料等级（$F_{Rd,s}$）kN					其他材料	
	特定抗力系数（γ_{sm}）	截面 B 系数（M_{hf}）mm^2	M	P	S	T	V	f_y N/mm^2	$F_{Rd,s}$ kN
B 0.8	0.86	25.392	5.75	8.43	10.2	13.4	16.1	430	11.5
B 1.6		49.722	11.3	16.5	19.9	26.2	31.5		22.5
B 2.5		81.543	18.5	27.1	32.6	43	51.6		36.9
B 4		127.31	28.8	42.3	51	67.1	80.5		57.7
B.5		157.79	35.8	52.4	63.2	83.2	99.8		71.5
B 6.3		201.91	45.8	67	80.9	106	128		91.5
B10		319.35	72.4	106	128	168	202		144
B 8		258.77	58.6	86	104	136	164		117
B 12.5		399.34	90.5	133	160	210	253		181

表 B.2 使用其他材料的 B 型系列吊钩钩身有效的静强度极限设计力($F_{Rd,s}$)(续)

吊钩钩号	所有材料		B 型单钩材料等级($F_{Rd,s}$) kN					其他材料	
	特定抗力系数(γ_{sm})	截面 B 系数(M_{hf}) mm^2	M	P	S	T	V	f_y N/mm^2	$F_{Rd,s}$ kN
B 16	0.83	514.76	121	179	216	284	340	400	227
B 20		649.89	154	226	272	358	430		286
B 25		807.66	191	280	338	445	534		356
B 32	0.75	948.18	245	358	432	569	683		455
B 40	0.71	1 128.78	310	454	547	720	864		576
B 50	0.68	1 379.07	399	585	706	929	1 114		742
B 63	0.64	1 587.16	487	713	880	1 132	1 358		905

本系列所有吊钩均按照 4.5 的要求进行加载验证。

在对所有大于表 B.2 所列起重能力的吊钩进行尺寸设计时,仅需要在计算中按照最大静态额定能力的 1.5 倍验证载荷(F_{PL})进行计算。

对于规格大于 B63 的吊钩,特定抗力系数(γ_{sm})值取为 0.64。

附　录　C
（规范性）
曲梁的弯曲度

C.1　应力基本公式

下面计算的应力代表了从弹性理论推导出的曲梁横截面上的真实拉应力，并假定材料没有塑性行为。

下面的公式是曲梁公式的一般形式，适用于钩腔主体弯曲部分截面上应力分布的类似问题，见图 C.1。

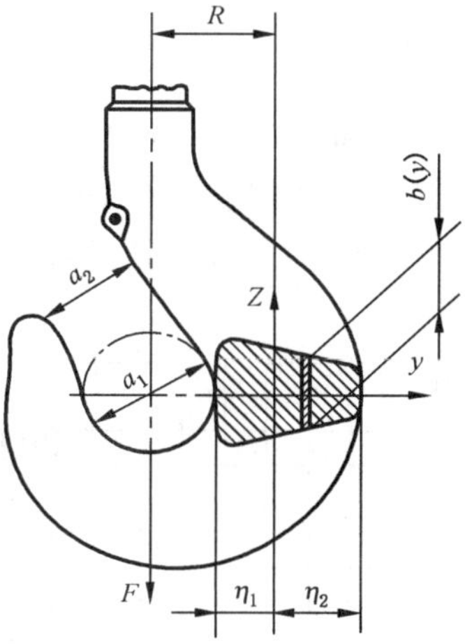

图 C.1　曲梁弯曲度计算代号

对于实心截面的曲梁，参考惯性矩按公式(C.1)计算：

$$I=\int_{-\eta_1}^{+\eta_2}\frac{y^2\times b(y)}{1+\frac{y}{R}}\mathrm{d}y \qquad \text{(C.1)}$$

式中：

y ——径向距离，从截面几何中心开始测量；在截面的几何中心与外拱线之间取正值，在内弧面与几何中心之间取负值；

b ——在位置 y 处的截面厚度；

R ——在曲梁横截面上质量中心轴线的曲率半径；

η_1——内半径处坐标 y 的绝对值；

η_2——外半径处坐标 y 的绝对值。

横截面上的最大拉应力(σ)位于内弧面处，按公式(C.2)计算：

$$\sigma=\frac{F\times R\times\eta_1}{I}\times\frac{1}{1-\eta_1/R} \qquad \text{(C.2)}$$

式中：

F ——垂直于横截面平面并通过曲率中心的作用力；

R ——在钩腔横截面上质量中心轴线的曲率半径；

η_1 ——内弧面处坐标 y 的绝对值；

I ——根据公式(C.1)得出的横截面参考惯性矩。

注：公式(C.2)中包含直接拉力和弯矩的综合作用。该公式只适用于引起弯曲的力通过曲梁曲率中心的情况。在这种载荷作用下，中性轴与截面的几何中心重合。

C.2 参考惯性矩的近似值

曲梁参考惯性矩的表达和公式(C.3)计算：

$$I = k \times I_z = k \times \int_{-\eta 1}^{+\eta 2} y^2 \times b(y) \times \mathrm{d}y \qquad \text{(C.3)}$$

式中：

I_z ——截面相对于 z 轴的惯性矩；

k ——转换系数，取决于截面形状和相对曲率，见图 C.2。

其中 $0.45 < b_{\min}/b_{\max} < 0.55$，截面内边缘厚度($b_{\max}$)值较大，截面外边缘厚度($b_{\min}$)较小。

对于 B 型吊钩的横截面，图 5 中截面 A 和截面 B 的转换系数取为 $k=1.05$。

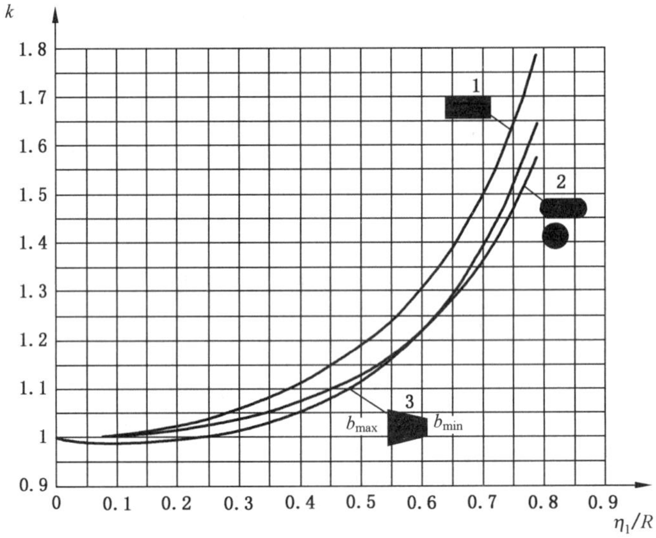

标引序号说明：

1——矩形截面；

2——圆形截面；

3——梯形截面。

图 C.2 不同截面形状的系数 k

附　录　D
（资料性）
已验证吊钩的疲劳强度计算示例（已施加验证载荷）

D.1　参数

按照 E.3 的表 E.3 尺寸对单钩进行计算。

吊钩型号：表 E.3 中的型号 B10。

标称吊钩载荷：$F_H = 10\ \text{Te} = 98.07\ \text{kN}$。

注：Te 表示公吨，1 000 kgf。

吊钩尺寸和截面特性：

钩腔圆直径：$a_1 = 92\ \text{mm}$。

截面 B-B：

从几何中心到内弧面的几何坐标 y，见附录 C：$\eta_1 = 36.18\ \text{mm}$；

横截面几何中心半径：$R = \frac{a_1}{2} + \eta_1 = 82.18\ \text{mm}$；

横截面参考惯性矩见附录 C：$I = 1.696 \times 10^6\ \text{mm}^4$；

载荷合成系数见 5.5.3：$v = 1$。

吊钩材料：150 M 19Q

$R_S < 150$ 时，吊钩材料最小屈服应力：$f_y = 420\ \text{N/mm}^2$；

吊钩材料最小抗拉强度极限：$f_u = 620\ \text{N/mm}^2$。

疲劳和工作负荷参数：

使用等级 U_7（GB/T 20863.1—2021，表 2），载荷循环总数 $N = 2 \times 10^6$；

载荷状态级别 Q_4（GB/T 20863.1—2007，表 2），载荷谱系数最大值 $k_Q = 1$。

假定所有载荷循环相同且满载荷。

D.2　已使用验证载荷吊钩的疲劳能力验证

D.2.1　“未验证”吊钩的钩腔应力（无残余应力）

起升动载系数 $\varphi_2 = 1.3$。

垂直方向疲劳设计力：$F_{sd,f} = \varphi_2, F_H = 127.49\ \text{kN}$，见公式(18)。

垂直方向疲劳设计力（$F_{Sd,f}$）引起的钩断面力矩：

$$M_{Sd,f} = F_{sd,f} \times R = 10.48\ \text{kN} \cdot \text{m}$$

由于垂直方向疲劳设计力的作用，吊钩内弧面的最大设计应力（$\sigma_{Sd,f}$），见公式(11)。

$$\sigma_{Sd,f} = \frac{\nu \times M_{Sd,f}}{I} \times \frac{R \times \eta_1}{R - \eta_1} = 399.28\ \text{N/mm}^2$$

疲劳时，钩内弧面的应力范围（由于载荷 $F_{Sd,f}$，循环从 0 到最大值）：

$$\Delta\sigma_{Sd,f} = \sigma_{Sd,f} = 399.28\ \text{N/mm}^2$$

假定只有一个量级相当的载荷，即 $F_{Sd,f}$，则疲劳状态下吊钩内弧面的最大应力范围：

$$\Delta\sigma_{Sd,max} = \Delta\sigma_{Sd,f} = 399.28\ \text{N/mm}^2$$

D.2.2 "已验证"吊钩钩腔的压力(存在残余应力)

D.2.2.1 吊钩验证载荷

吊钩的验证载荷(F_{PL})计算公式:

$$F_{PL}=1.5\times f_y\times M_{hf}/1\ 000(见 4.5)$$

式中:

$$M_{hf}=I\times\left(\frac{1-\eta_1/R}{R\times\eta_1}\right)=319.29\ mm^2$$

且验证载荷 $F_{PL}=205.94$ kN。

D.2.2.2 "已验证"吊钩断面的应力(存在残余应力)

验证载荷(F_{PL})产生的吊钩断面力矩:$M_{PL}=F_{PL}\times R=16.92$ kN·m。

根据公式(11)计算施加验证载荷的吊钩内弧面处的最大设计应力:

$$\sigma_{p,max,v}=\frac{\nu\times M_{PL}}{I}\times\frac{R\times\eta_1}{R-\eta_1}=645\ N/mm^2$$

注:施加验证载荷的吊钩内弧面处的最大应力计算假设是无塑性变形。

假设材料性能具有理想弹塑性应力模型,随着屈服应力处开始出现塑性变形,最大应力在屈服应力下保持不变。因此验证载荷产生的最大应力为:

$$\sigma_{p,max}=f_y=420\ N/mm^2$$

验证载荷卸下时,假设卸载过程中的应力沿弹性线变化。因此,完全卸载后的残余应力为:

$$\sigma_{r,p,max}=\sigma_{p,max}-\sigma_{p,max,v}=-225\ N/mm^2$$

由于满工作载荷 $F_{Sd,f}=127.49$ kN 产生的最大应力为:

$$\Delta\sigma_{Sd,max}=399.28\ N/mm^2$$

由于满工作载荷,在内弧面上产生最大应力为:

$$\sigma_{sd,p,max}=\sigma_{r,p,max}+\Delta\sigma_{Sd,max}=174.28\ N/mm^2$$

构成极限值 $\sigma_{r,p,max}=-225\ N/mm^2$ 到 $\sigma_{Sd,p,max}=174.28\ N/mm^2$ 之间的应力循环。

应力循环只能转化为等效的脉动循环(0 至最大应力),因此使用 Haigh/Smith 图推导出标准公式:

$$\sigma_{a,p,t}=\frac{\sigma_{a,p}-\mu\times\sigma_{m,p}}{1-\mu\times\dfrac{(1+R_S)}{(1-R_S)}}$$

$$\sigma_{m,p,t}=\sigma_{a,p,t}$$

式中:

$\sigma_{a,p,t}$、$\sigma_{m,p,t}$——表示转换应力循环的幅值和平均应力分量;

R_S ——表示转换循环的应力比,$\sigma_{min}/\sigma_{max}$;

$R_S=0$,脉动循环 0 至最大值;

根据公式(44),$\mu=-0.176\ 5$(注意负号)。

应力循环分量:

平均应力分量:$\sigma_{m,p}=\dfrac{\sigma_{sd,p,max}+\sigma_{r,p,max}}{2}=-25.36\ N/mm^2$;

幅值应力分量:$\sigma_{a,p}=\dfrac{\sigma_{sd,p,max}-\sigma_{r,p,max}}{2}=199.64\ N/mm^2$。

转换循环分量：

根据上述公式，转换循环的幅值和平均应力分量为：

幅值应力分量：$\sigma_{a,p,t}=\dfrac{\sigma_{a,p}-\mu\times\sigma_{m,p}}{1-\mu\times(1+R_S)/(1-R_S)}=165.89\ \text{N/mm}^2$

内弧面的最大应力：

"已验证"吊钩内弧面处的最大应力范围：$\Delta\sigma_{Sd,p,f,max}=2\times\sigma_{a,p,t}=331.77\ \text{N/mm}^2$

脉动循环的平均应力分量：$\sigma_{m,p,t}=\sigma_{a,p,t}=165.89\ \text{N/mm}^2$

应力循环从 0 到最大 2 倍幅值应力分量之间。

吊钩疲劳状态下，因 $F_{sd,f}$ 载荷，循环从 0 到最大值。

D.2.3 疲劳强度验证的执行

D.2.3.1 极限设计应力、载荷历程参数和应力历程参数

$$\Delta\sigma_{Rd}=f_1\times f_2\times\Delta\sigma_C$$

疲劳极限设计应力，根据公式(29)。

设 $f_1=1$，温度系数根据公式(31)，且吊钩横截面的最大宽度为 $b_{max}=55$ mm。

材料厚度影响系数，根据公式(32)：

$$f_2=\left(\frac{25\ \text{mm}}{b_{max}}\right)^{0.167}=0.877$$

特征疲劳强度，根据公式(30)：

$$\Delta\sigma_C=0.315\times f_u\times\lg\left(\frac{13\ 000}{f_u}\right)=258.11\ \text{N/mm}^2$$

疲劳极限设计应力范围，根据公式(29)：

$$\Delta\sigma_{Rd}=f_1\times f_2\times\Delta\sigma_C=226.27\ \text{N/mm}^2$$

$$S_Q=k_Q\times\frac{N}{N_D}$$

载荷历程参数，根据公式(26)，且循环基准数 $N_D=2\times10^6$：

$$N_D=2\times10^6\qquad S_Q=k_Q\times\frac{N}{N_D}=1$$

根据公式(28)和表 5 得到特定谱比系数 $k_6^*=1$：

$$S_h=\frac{S_Q}{(k_6^*)^m}$$

应力历程参数，其中钩腔/材料 $m=6$，根据 6.5.2 和公式(27)：

$$S_h=\frac{S_Q}{(k_6^*)^m}=1$$

D.2.3.2 "未验证"吊钩的疲劳强度能力验证

满足下列不等式［公式(33)］：

$$\Delta\sigma_{Sd,max}\leqslant\frac{\Delta\sigma_{Rd}}{\gamma_{Hf}\times\sqrt[m]{s_h}}\qquad\text{或}\qquad\Delta\sigma_{Sd,max}\leqslant\frac{k_6^*\times\Delta\sigma_{Rd}}{\gamma_{Hf}\times\sqrt[m]{s_Q}}$$

其中疲劳强度特定抗力系数 $\gamma_{Hf}=1.25$，见表 7。

计算可得：

$$\Delta\sigma_{Sd,max}=399.28\ N/mm^2 \quad 对比 \quad \frac{\Delta\sigma_{Rd}}{\gamma_{Hf}\sqrt[m]{s_h}}=181.01\ N/mm^2$$

等式不成立，因此，这种载荷状态和使用寿命无法满足疲劳强度的验证；应降低载荷或减少循环数（F_H或 2×10^6循环数）。

降低后的吊钩载荷：

$$F_{H,red}=F_H\times\frac{\Delta\sigma_{Rd}}{\gamma_{Hf}\sqrt[m]{s_h}}\times\frac{1}{\Delta\sigma_{Sd,max}}=44.46\ kN$$

用公式(26)和公式(27)计算得出减少后的循环数。

D.2.3.3 “已验证”吊钩疲劳强度能力的验证

满足下面不等式[公式(33)]：

$$\Delta\sigma_{Sd,p,max}\leqslant\frac{\Delta\sigma_{Rd}}{\gamma_{Hf}\sqrt[m]{s_h}} \quad 或者 \quad \Delta\sigma_{Sd,p,max}\leqslant\frac{k_6^*\times\Delta\sigma_{Rd}}{\gamma_{Hf}\sqrt[m]{s_Q}}$$

注：不等式的右侧(R.H.S.)没有变化。

疲劳极限设计应力范围：

$$\Delta\sigma_{Rd}=226.27\ N/mm^2$$

根据公式(26)，得取载荷历程参数 $s_Q=1$，其中循环基准数 $N_D=2\times10^6$；

根据公式(28)和表 5，得到特定谱比系数 $k_6^*=1$；

根据 6.5.2 和公式(27)，得到应力历程系数 $s_h=1$，其中吊钩/钩腔材料 $m=6$；

$N_D=2\ 000\ 000, m=6$；

疲劳强度抗力系数 $\gamma_{Hf}=1.25$，见表 7。

计算可得：

$$\Delta\sigma_{Sd,p,f,max}=331.77\ N/mm^2 \quad 对比 \quad \frac{\Delta\sigma_{Rd}}{\gamma_{Hf}\sqrt[m]{s_h}}=181.01\ N/mm^2$$

等式不成立，因此，这种载荷状态和使用寿命无法满足疲劳强度的验证；只能降低载荷或减少循环数（F_H或 2×10^6循环数）。

降低后的吊钩载荷：

$$F_{H,p,red}=F_H\times\frac{\Delta\sigma_{Rd}}{\gamma_{Hf}\sqrt[m]{s_h}}\times\frac{1}{\Delta\sigma_{Sd,p,f,max}}=53.5\ kN$$

注：“未验证”吊钩为 44.5 kN，见 D.2.3.2。

或者，使用公式(26)和公式(27)计算得出减少后满足上述不等式的循环数。

附 录 E
（资料性）
单钩系列示例

E.1 MM/MMD 型系列单钩毛坯件尺寸

模锻单钩结构型式见图 E.1，尺寸见表 E.1。

MM/MMD 类型吊钩静强度极限设计力和疲劳强度极限设计力见 B.1、J.1，另外根据规格大小，钩柄螺纹系列见 G.1 或 G.2。

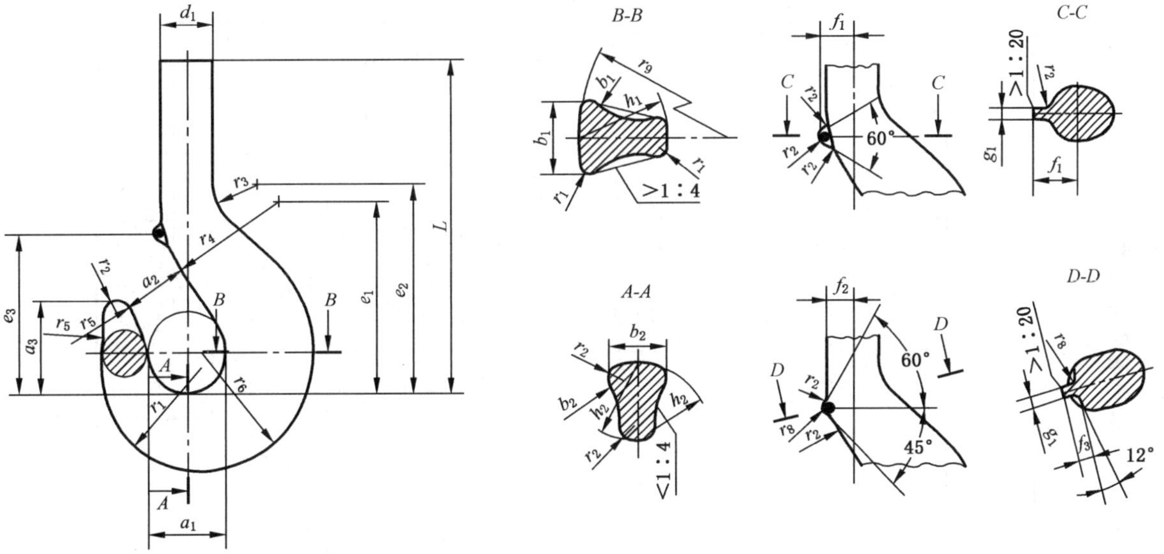

MM 不带凸耳类型；
MMD 带凸耳类型。

图 E.1 模锻单钩尺寸代号示意

表 E.1 单钩毛坯件尺寸

单位为毫米

单钩钩号	a_1	a_2	a_3	b_1	b_2	d_1	e_1	e_2	h_1	h_2	r_1	r_2	r_3	r_4	r_5	r_6	r_7	r_9	参考尺寸						
																			e_3	f_1	f_2	f_3	g_1	r_8	L
006	25	20	28	13	11	14	60	60	17	14	2	3	32	53	53	27	26	34	52	14.5			6.5		100
010	28	22	32	16	13	16	67	68	20	17	2	3.5	35	60	60	31	30	40	60	16.5			7		109
012	30	24	34	19	15	16	71	73	22	19	2.5	4	37	63	63	34	33	44	63	18			7.5		115
020	34	27	39	21	18	20	81	82	26	22	2.5	4.5	40	71	71	39	37	52	70	20			8.5		138
025	36	28	41	22	19	20	85	88	28	24	3	5	43	75	75	42	40	56	74	22			9		144
04	40	32	45	27	22	24	96	100	34	29	3.5	5.5	46	85	85	49	45	68	83	25			10		155
05	43	34	49	29	24	24	102	108	37	31	4	6	48	90	90	53	48	74	89	26			10.5		167
08	48	38	54	35	29	30	115	120	44	37	4.5	7	52	100	100	61	56	88	100	29			12		186
1	50	40	57	38	32	30	120	128	48	40	5	8	55	106	106	65	60	96	105	31			12.5		197
1.6	56	45	64	45	38	36	135	146	56	48	6	9	60	118	118	76	68	112	118	35			14		224
2.5	63	50	72	53	45	42	152	167	67	58	7	10	65	132	132	90	78	134	132	40			16		253
4	71	56	80	63	53	48	172	190	80	67	8	12	71	150	150	103	90	160	148	45			16		285
5	80	63	90	71	60	53	194	215	90	75	9	14	80	170	170	114	100	180	165	51			18		318
6	90	71	101	80	67	60	218	240	100	85	10	16	90	190	190	131	112	200	185	57			18		380
8	100	80	113	90	75	67	242	268	112	95	11	18	100	212	212	146	125	224	210	64			23		418
10	112	90	127	100	85	75	256	286	125	106	12	20	65	165	236	163	140	250	221		46	26	23	12	452
12	125	100	143	112	95	85	292	316	140	118	14	22	70	185	265	182	160	280	252		53	34	28	16	510
16	140	112	160	125	106	95	325	357	160	132	16	25	80	210	300	204	180	320	280		58	35	33	16	582
20	160	125	180	140	118	106	370	405	180	150	18	28	90	240	335	232	200	360	330		68	45	33	20	653
25	180	140	202	160	132	118	415	455	200	170	20	32	100	270	375	262	224	400	360		74	45	38	20	724
32	200	160	225	180	150	132	465	510	224	190	22	36	115	300	425	292	250	448	400		80	45	38	20	796
40	224	180	252	200	170	150	517	567	250	212	25	40	130	335	475	326	280	500	447		93	55	42	25	893

注：上述尺寸依据 GB/T 10051.4 系列吊钩。

E.2 MY/MYD 型系列单钩毛坯件尺寸

自由锻单钩结构型式见图 E.2,尺寸表 E.2。

MY/MYD 类型吊钩静强度极限设计力和疲劳强度极限设计力见 B.1、J.1,另外根据规格大小,钩柄螺纹系列见 G.1 或 G.2。

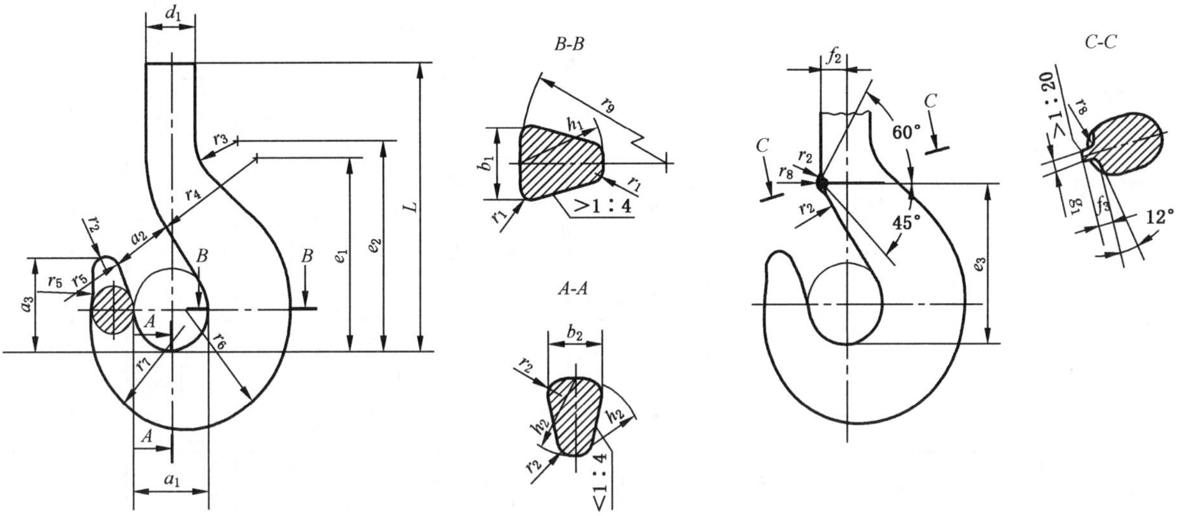

MY 不带凸耳类型;

MYD 带凸耳类型。

图 E.2　自由锻单钩尺寸代号示意

表 E.2 单钩毛坯件尺寸

单位为毫米

单钩钩号	a_1	a_2	a_3	b_1	b_2	d_1	e_1	e_2	h_1	h_2	r_1	r_2	r_3	r_4	r_5	r_6	r_7	r_9	参考尺寸					
																			e_3	f_2	f_3	g_1	r_8	L
10	112	90	127	100	85	75	256	286	125	106	12	20	65	165	236	163	140	250	221	46	26	23	12	460
12	125	100	143	112	95	85	292	316	140	118	14	22	70	185	265	182	160	280	252	53	34	28	16	525
16	140	112	160	125	106	95	325	357	160	132	16	25	80	210	300	204	180	320	280	58	35	33	16	595
20	160	125	180	140	118	106	370	405	180	150	18	28	90	240	335	232	200	360	330	68	45	33	20	665
25	180	140	202	160	132	118	415	455	200	170	20	32	100	270	375	262	224	400	360	74	45	38	20	735
32	200	160	225	180	150	132	465	510	224	190	22	36	115	300	425	292	250	448	400	80	45	38	20	810
40	224	180	252	200	170	150	517	567	250	212	25	40	130	335	475	326	280	500	447	93	55	42	25	905
50	250	200	285	224	190	170	575	635	280	236	28	45	150	370	530	363	315	560	485	100	55	42	25	990
63	280	224	320	250	212	190	655	710	315	265	32	50	160	420	600	408	355	630	550	108	60	45	25	1 120
80	315	250	358	280	236	212	727	802	355	300	36	56	180	470	670	460	400	710	598	113	60	45	25	1 270
100	355	280	402	315	265	236	827	902	400	335	40	63	200	530	750	516	450	800	688	130	70	50	30	1 415
125	400	315	450	355	300	265	920	1 020	450	375	45	71	230	600	850	579	500	900	750	138	70	50	30	1 590
160	450	355	505	400	335	300	1 035	1 145	500	425	50	80	250	675	950	654	560	1 000	825	147	70	55	30	1 790
200	500	400	565	450	375	335	1 150	1 275	560	475	56	90	285	750	1 060	729	630	1 120	900	154	70	55	30	2 048
250	560	450	635	500	425	375	1 280	1 430	630	530	63	100	320	840	1 180	815	710	1 260	980	164	70	60	30	2 305

注：上述尺寸依据 GB/T 10051.4 系列吊钩。

E.3 B型A系列单钩毛坯件尺寸

B型A系列单钩毛坯件结构型式见图E.3，尺寸见表E.3。

B型吊钩静强度极限设计力和疲劳强度极限设计力同样见B.2、J.2，钩柄螺纹系列见G.4。

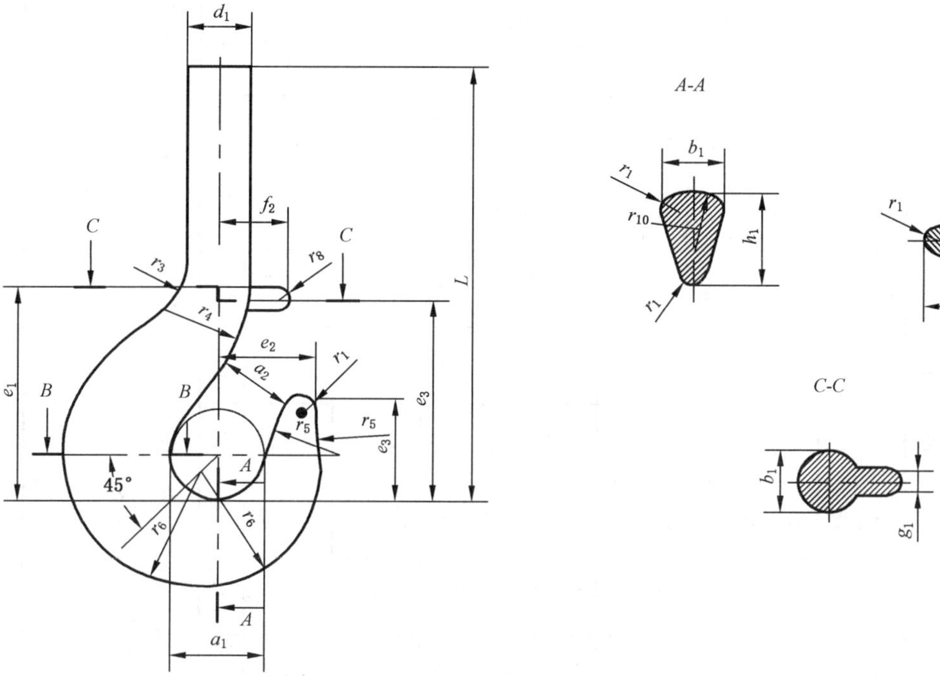

图E.3 B型单钩尺寸代号示意图

表 E.3 单钩毛坯件尺寸

单位为毫米

单钩钩号	a_1	a_2	a_3	b_1	d_1	e_1	e_2	h_1	h_2	r_1	r_9	r_{10}	r_3	r_4	r_5	r_6	参考尺寸			
		$0.75a_1$		$0.60a_1$				$0.93a_1$	$0.93a_1$	$0.12a_1$			$0.30a_1$	$0.92a_1$	$1.00a_1$	$1.25a_1$	e_3	f_2	r_8	g_1
B 0.8	26	20	26	16	17	47	31	24	24	3	18	13	8	24	26	32	41.8	19.7	5.2	5.2
B 1.6	37	28	37	22	23	66.5	44	34	34	4	26	18	11	34	37	46	59.1	27.7	7.4	7.4
B 2.5	46	34	46	28	28	83	55	43	43	6	32	23	14	42	46	58	73.8	34.7	9.2	9.2
B 4	58	44	58	35	33	105	70	54	54	7	41	29	17	53	58	72	93.4	43.6	11.6	11.6
B 5	65	49	65	39	38	118	78	60	60	8	46	32	20	60	65	81	105	48.8	13	13
B 6.3	73	55	73	44	44	139	88	68	68	9	51	13	22	67	73	91	124	54.9	14.6	14.6
B 8	83	62	84	50	50	151	100	77	77	10	58	18	25	76	83	104	134	62.4	16.6	16.6
B 10	92	69	92	55	55	167	110	86	86	11	64	46	28	85	92	115	149	68.9	18.4	18.4
B 12.5	103	77	104	62	60	187	124	96	96	12	72	52	31	95	103	129	166	77.4	20.6	20.6
B 16	117	88	117	70	65	212	140	109	109	14	82	58	35	108	117	146	189	87.7	23.4	23.4
B 20	131	98	132	79	75	237	157	122	122	16	92	66	39	120	131	164	211	98.5	26.2	26.2
B 25	146	110	146	88	85	264	175	136	136	18	102	73	44	134	146	182	235	110	29.2	29.2
B 32	159	119	160	95	90	288	191	148	148	19	111	80	48	146	159	199	256	119	31.8	31.8
B 40	173	130	173	104	105	314	208	161	161	21	121	86	52	159	173	216	279	130	34.6	34.6
B 50	191	143	191	115	115	346	229	178	178	23	134	95	57	176	191	239	308	143	38.2	38.2
B 63	205	154	205	123	125	372	246	191	191	25	144	102	62	189	205	256	331	154	41	41

注 1：第二行的尺寸给出了相对于测量值 a_1 的比值，a_1 为钩腔内径，单位为毫米(mm)。对于符合这些比例的吊钩，a_1 是由公式 $a_1=6.62\sqrt{P}$ 计算出来的，其中 a_1 单位为毫米(mm)，P 为验证载荷，单位为千牛(kN)。该验证载荷值见 B.2。

注 2：闭锁凸耳为可选项。

注 3：钩柄长度“L”根据使用需要选择。

附　录　F
（资料性）
双钩系列示例

MM/MMD 和 MY/MYD 型系列双钩，毛坯件结构型式见图 F.1，尺寸见表 F.1。

MM/MMD 和 MY/MYD 型双钩静强度极限设计力和疲劳强度极限设计力见 B.1、J.1；另外根据规格大小，钩柄螺纹系列见 G.1 或 G.2。

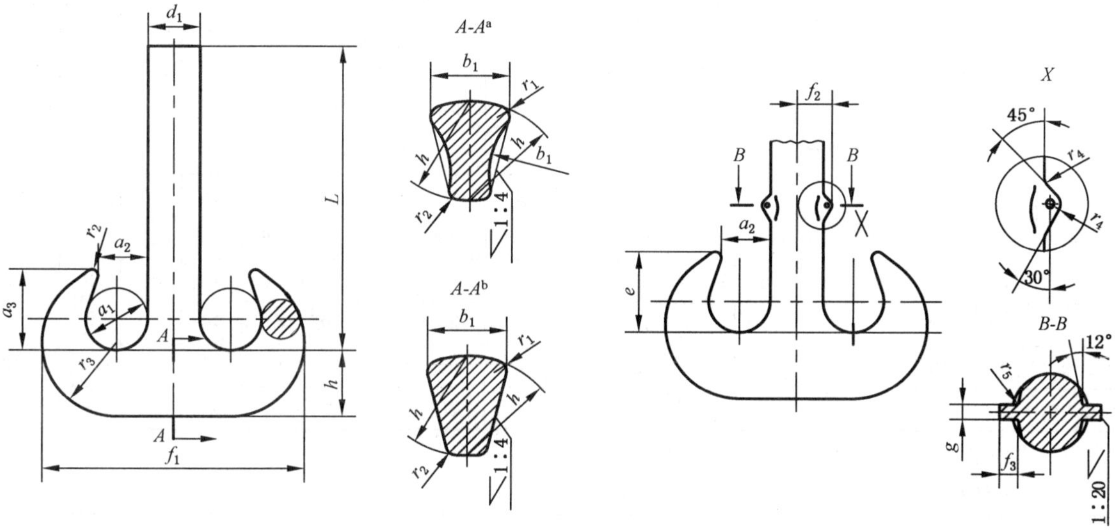

[a] MM/MMD 模锻不带/带凸耳。

[b] MY/MYD 自由锻不带/带凸耳。

图 F.1　双钩尺寸代号示意图

表 F.1　双钩毛坯件尺寸

单位为毫米

双钩钩号	a_1	a_2	a_3	b_1	d_1	f_1	H	r_1	r_2	r_3	参考尺寸						
											e	f_2	f_3	g	r_4	r_5	L
05	34	27	44	22	24	130	27	3	3	36	80	20	12	10	6	1.6	165
08	38	30	49	26	30	150	33	4	3	41	83	22	12	10.5	6	1.6	183
1	40	32	52	28	30	158	36	4	3.5	44	96	22	14	12	7	1.6	195
1.6	45	36	59	34	36	183	43	5	4	51	100	28	14	12.5	7	1.6	222
2.5	50	40	65	40	42	208	50	6	4.5	58	112	30	14	14	7	1.6	250
4	56	45	73	48	48	238	60	7	5.5	67	124	33	23	16	10	2.5	280
5	63	50	82	53	53	266	67	8	6.5	75	143	40	23	16	10	2.5	312
6	71	56	92	60	60	301	75	9	7	85	160	44	23	18	10	2.5	375
8	80	63	103	67	67	337	85	10	8	95	182	48	23	18	10	2.5	415
10	90	71	116	75	75	377	95	11	9	106	192	54	27	23	12	3	450

表 F.1 双钩毛坯件尺寸(续)

单位为毫米

双钩钩号	a_1	a_2	a_3	b_1	d_1	f_1	H	r_1	r_2	r_3	参考尺寸						
											e	f_2	f_3	g	r_4	r_5	L
12	100	80	130	85	85	421	106	125	10	118	210	60	27	23	12	3	510
16	112	90	146	95	95	471	118	14	11	132	237	69	36	28	16	4	580
20	125	100	163	106	106	531	132	16	12.5	150	265	75	36	33	16	4	650
25	140	112	182	118	118	598	150	18	14	170	315	86	45	33	20	5	715
32	160	125	205	132	132	672	170	20	16	190	335	94	45	38	20	5	790
40	180	140	230	150	150	754	190	22	18	212	375	104	45	38	20	5	885
50	200	160	260	170	170	842	212	25	20	236	420	120	56	42	25	6	965
63	224	180	292	190	190	944	236	28	22	265	460	131	56	42	25	6	1 090
80	250	200	325	212	212	1 062	265	32	25	300	515	144	56	45	25	6	1 235
100	280	224	364	236	236	1 186	300	36	28	335	575	157	56	45	25	6	1 375
125	315	250	408	265	265	1 330	335	40	32	375	645	178	68	50	30	8	1 550
160	355	280	458	300	300	1 505	375	45	36	425	725	198	68	50	30	8	1 745
200	400	315	515	335	335	1 685	425	50	40	475	800	218	68	55	30	8	1 998
250	450	355	580	375	375	1 885	475	56	45	530	875	240	68	55	30	8	2 250

吊钩规格 50～250 优选自由锻(直线侧边)。

注:上述尺寸依据 GB/T 10051.6 系列吊钩。

附　录　G
（资料性）
钩柄和螺纹系列示例

G.1　梯形圆形螺纹钩柄系列

梯形圆螺纹钩柄系列见图 G.1 和表 G.1。

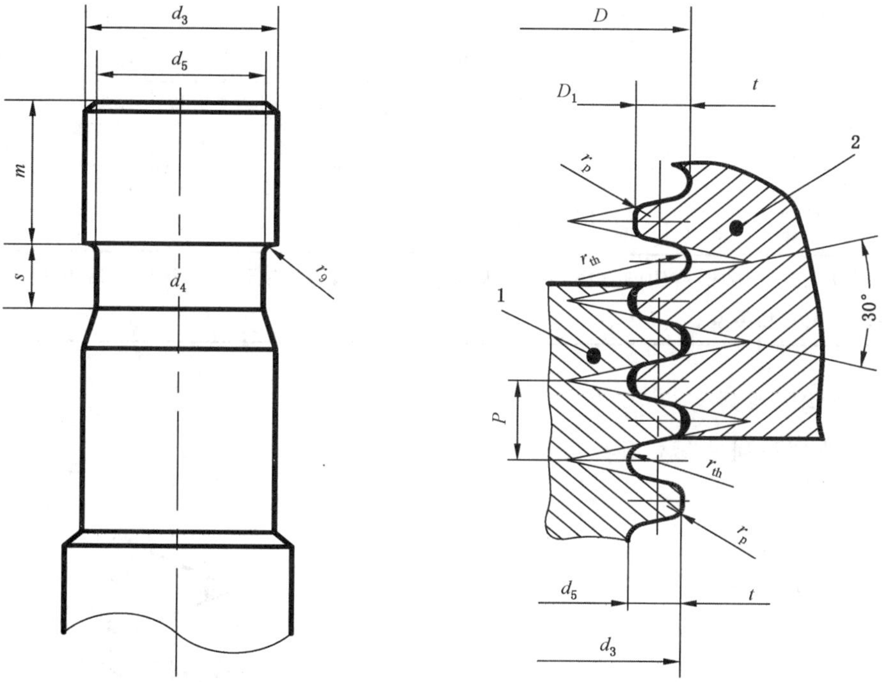

标引序号说明：

1——钩柄；

2——螺母。

图 G.1　钩柄和梯形圆螺纹尺寸代号示意图

表 G.1　钩柄和梯形圆螺纹尺寸

单位为毫米

(d_1)	螺纹规格	d_3	P	d_4	d_5	r_9	s	r_{th}	r_P	t	m	(D)	(D_1)
60	TY50×6	50	6	42	43.4	4	20	1.33	0.92	3.3	45	50.6	44
67	TY56×6	56	6	48	49.4	4	20	1.33	0.92	3.3	50	56.6	50
75	TY64×8	64	8	54	55.2	4	25	1.77	1.23	4.4	56	64.8	56
85	TY72×8	72	8	62	63.2	4	25	1.77	1.23	4.4	63	72.8	64
95	TY80×10	80	10	68	69.0	6	30	2.21	1.54	5.5	71	81	70
106	TY90×10	90	10	78	79.0	6	30	2.21	1.54	5.5	80	91	80
118	TY100×12	100	12	85	86.8	6	40	2.65	1.84	6.6	90	101.2	88

表 G.1 钩柄和梯形圆螺纹尺寸（续）

单位为毫米

(d_1)	螺纹规格	d_3	P	d_4	d_5	r_9	s	r_{th}	r_P	t	m	(D)	(D_1)
132	TY110×12	110	12	95	96.8	6	40	2.65	1.84	6.6	100	111.2	98
150	TY125×14	125	14	108	109.6	8	45	3.10	2.15	7.7	112	126.4	111
170	TY140×16	140	16	120	122.4	10	50	3.54	2.46	8.8	125	141.6	124
190	TY160×18	160	18	138	140.2	10	55	3.98	2.77	9.9	140	161.8	142
212	TY180×20	180	20	156	158.0	12	60	4.42	3.07	11.0	160	182	160
236	TY200×22	200	22	173	175.8	12	70	4.86	3.38	12.1	180	202.2	178
265	TY225×24	225	24	196	198.6	12	80	5.31	3.69	13.2	200	227.4	201
300	TY250×28	250	28	217	219.2	15	90	6.19	4.30	15.4	225	252.8	222
335	TY 280×32	280	32	242	244.8	18	100	7.07	4.92	17.6	250	283.2	248
375	TY320×36	320	36	278	280.4	20	110	7.96	5.53	19.8	280	323.6	284
螺母尺寸(D 和 D_1)和锻造钩柄直径(d_1)仅为参考尺寸。钩柄加工尺寸和螺纹可适用于满足本文件要求的任意毛坯件尺寸和类型。													

G.2 公制螺纹钩柄系列

公制螺纹钩柄系列见图 G.2 和表 G.2。

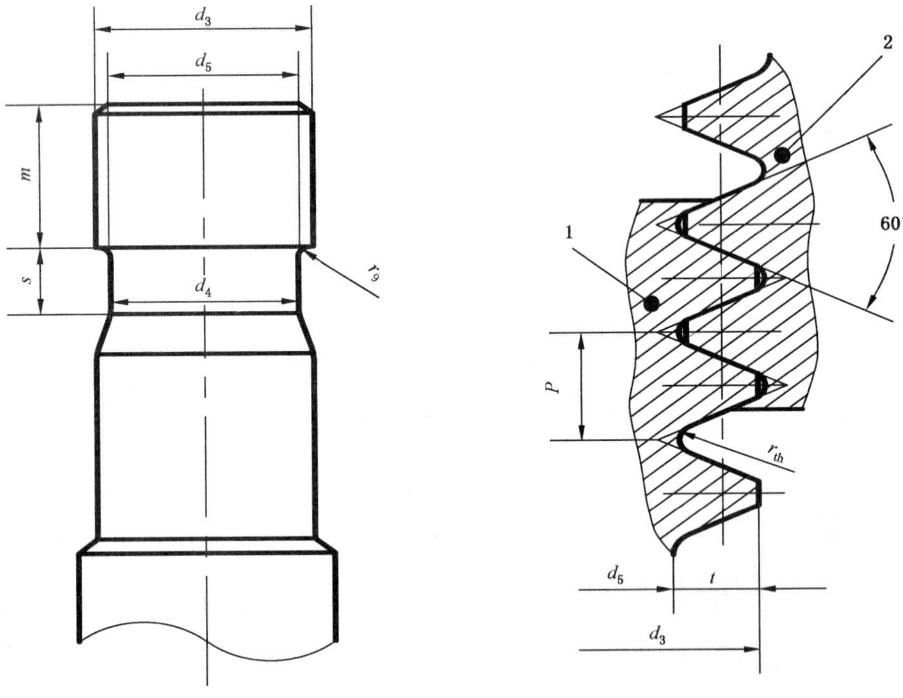

标引序号说明：

1——钩柄；

2——螺母。

图 G.2 钩柄和公制螺纹尺寸代号示意图

表 G.2　钩柄和公制螺纹尺寸

单位为毫米

螺纹规格	d_3	P	d_4	d_5	r_9	s	r_{th}	t	m
M10×1.5	10	1.5	7.5	8.16	1.0	5	0.21	0.92	9
M12×1.75	12	1.75	9.0	9.85	1.2	6	0.25	1.07	11
M14×2	14	2	11.2	11.55	1.4	6	0.28	1.23	14
M16×2	16	2	12.5	13.55	1.2	7	0.28	1.23	15
M20×2.5	20	2.5	16.6	16.93	1.6	8	0.35	1.53	18
M24×3	24	3	20.0	20.32	2.0	9	0.42	1.84	22
M30×3.5	30	3.5	25.4	25.71	2.0	11	0.49	2.15	27
M33×3.5	33	3.5	28.4	28.71	3.3	11	0.49	2.15	33
M36×4	36	4	30.0	31.09	2.0	12	0.56	2.45	32
M39×4	39	4	33.8	34.09	3.9	12	0.56	2.45	39
M42×4.5	42	4.5	36.2	36.48	3.0	13	0.63	2.76	36
M45×4.5	45	4.5	38.5	39.48	3.0	13	0.63	2.76	40
M48×5	48	5	41.6	41.87	4.8	15	0.70	3.07	48
M52×5	52	5	45.6	45.87	5.2	15	0.70	3.07	52
M60×5.5	60	5.5	53.0	53.25	6.0	17	0.77	3.37	60
M68×6	68	6	60.3	60.64	6.8	18	0.84	3.68	68
M72×6	72	6	64.3	64.64	7.2	18	0.84	3.68	72
M80×6	80	6	72.3	72.64	8.0	18	0.84	3.68	80
M90×6	90	6	82.3	82.64	9.0	18	0.84	3.68	90
M100×8	100	8	89.9	90.19	10.0	24	1.12	4.91	100
M110×8	110	8	99.9	100.19	11.0	24	1.12	4.91	110

G.3　修正的公制螺纹钩柄系列

修正的公制螺纹钩柄系列见图 G.3 和表 G.3。

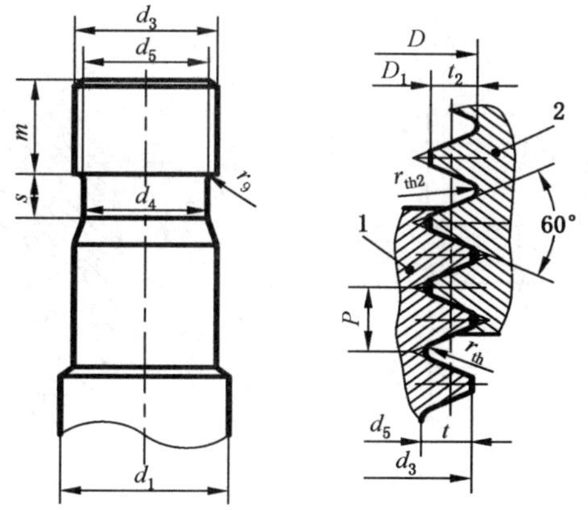

标引序号说明：

1——钩柄；

2——螺母。

图 G.3　修正后的螺纹钩柄和尺寸代号示意图

表 G.3 钩柄和修正后的螺纹尺寸

单位为毫米

(d_1)	螺纹规格	d_3	P	d_4	D_5	r_9	s	r_{th}	t	m	(D)	(D_1)	(r_{th2})	(t_2)
60	ATS 52×5	52	5	46	46.587	10	15.41	1.083	2.71	43	52.361	47.670	0.361	2.35
67	ATS 56×5.5	56	5.5	50	50.046	11	18.41	1.191	2.98	48	56.396	51.237	0.397	2.58
75	ATS 64×6	64	6	57	57.505	12	21.48	1.299	3.25	54	64.433	58.804	0.433	2.81
85	ATS 72×6	72	6	65	65.505	14	26.48	1.299	3.25	61	72.430	66.804	0.430	2.81
95	ATS 80×7	80	7	72	72.422	16	29.55	1.516	3.79	67	80.505	73.938	0.505	3.28
106	ATS 90×7	90	7	82	82.422	19	34.55	1.516	3.79	77	90.505	83.938	0.505	3.28
118	ATS 100×8	100	8	91	91.340	20	37.61	1.732	4.33	85	100.577	93.072	0.577	3.75
132	ATS 110×8	110	8	101	101.340	22	42.61	1.732	4.33	96	110.577	103.072	0.577	3.75
150	ATS 125×10	125	10	113	114.175	25	46.82	2.165	5.41	106	125.722	116.340	0.722	4.69
170	ATS 140×10	140	10	128	129.175	28	56.82	2.165	5.41	120	140.722	131.340	0.722	4.69
190	ATS 160×12	160	12	146	147.010	32	62.95	2.598	6.50	134	160.866	149.608	0.866	5.63
212	ATS 180×12	180	12	166	167.010	36	72.95	2.598	6.50	154	180.866	169.608	0.866	5.63
236	ATS 200×14	200	14	183	184.845	40	77.16	3.031	7.58	170	201.000	187.876	1.01	6.56
265	ATS 225×14	225	14	208	209.845	45	92.16	3.031	7.58	192	226.010	212.876	1.01	6.57
300	ATS 250×16	250	16	230	232.680	50	101.36	3,464	8.66	211	251.155	236.144	1.155	7.51
335	ATS 280×16	280	16	260	262.680	56	121.36	3.464	8.66	240	281.155	266.144	1.155	7.51
375	ATS 320×18	320	18	298	300.515	63	137.50	3.897	9.74	268	321.199	304.412	1.299	8.39

螺母尺寸和毛坯件钩柄直径(d_1)仅为参考尺寸。钩柄加工后尺寸和螺纹可适用于满足本文件要求的任意毛坯件尺寸和类型

G.4 B型吊钩钩柄和螺纹系列

B型吊钩钩柄和螺纹系列见图 G.4 和表 G.4。

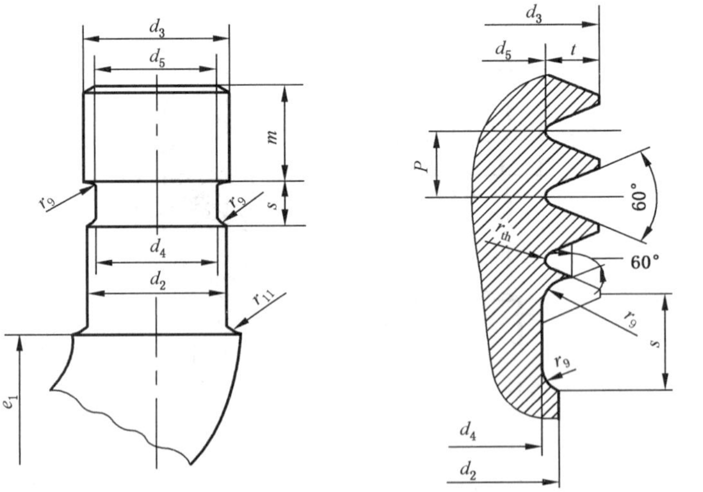

图 G.4 B型吊钩钩柄和螺纹尺寸代号示意图

注：底切长度(s)是从钩肩到最后一个全螺纹顶端的测量值。

表 G.4 B型吊钩钩柄和螺纹尺寸

单位为毫米

吊钩钩号	d_2	螺纹规格	d_3	P	d_4	d_5	r_9	s	r_{th}	t	r_{11}	m
B 0.8	15	M14×2	14	2	11.25	11.55	1.5	6	0.28	1.23	2	14
B 1.6	20	M20×2.5	20	2.5	16.63	16.93	2	7.5	0.35	1.53	2	20
B 2.5	25	M24×3	24	3	20.02	20.32	2.5	9	0.42	1.84	3	24
B 4	30	M30×3.5	30	3.5	25.41	25.71	3	10.5	0.49	2.15	3	30
B 5	35	M33×3.5	33	3.5	28.41	28.71	3.5	10.5	0.49	2.15	4	33
B 6.3	40	M39×4	39	4	33.79	34.09	4	12	0.56	2.45	4	39
B 8	45	M42×4.5	42	4.5	36.18	36.48	4.5	13.5	0.63	2.76	5	42
B 10	50	M48×5	48	5	41.57	41.87	5	15	0.7	3.07	5	48
B 12.5	55	M52×5	52	5	45.57	45.87	5.5	15	0.7	3.07	6	52
B 16	60	M60×5.5	60	5.5	52.95	53.25	6	16.5	0.77	3.37	6	60
B 20	70	M68×6	68	6	60.34	60.64	7	18	0.84	3.68	7	70
B 25	80	M72×6	72	6	64.34	64.64	8	18	0.84	3.68	8	72
B 32	85	M80×6	80	6	72.34	72.64	8.5	18	0.84	3.68	9	80
B 40	100	M90×6	90	6	82.34	82.64	10	18	0.84	3.68	10	90
B 50	110	M100×8	100	8	89.89	90.19	11	24	1.12	4.91	11	100
B 63	120	M110×8	110	8	99.89	100.19	12	24	1.12	4.91	12	110

注 1：有关尺寸 e_1 的说明见 E.3。

注 2：底切长度 s 是从钩肩到最后一个全螺纹顶端的测量值。

附　录　H
(规范性)
铰接或绳索缠绕的吊钩悬挂形式的倾斜阻力计算

H.1　概述

吊钩悬挂的倾斜阻力系数(C_t)表示吊钩悬挂中抵抗吊钩倾斜的摩擦力,该系数只是悬挂的一个特性,其值与外部载荷无关。C_t按公式(H.1)定义:

$$C_t=\frac{M}{F} \tag{H.1}$$

式中:

C_t——吊钩的倾斜阻力系数;

M——抵抗吊钩倾斜运动的力矩,见图 H.1;

F——作用在吊钩上的垂直力。

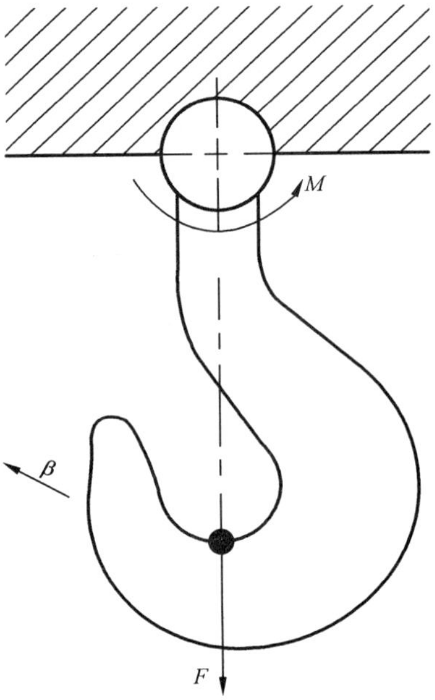

标引序号说明:

β——表示倾斜运动的方向。

图 H.1　吊钩倾斜阻力的一般说明

H.2　铰接形式的吊钩悬挂

见图 H.2。

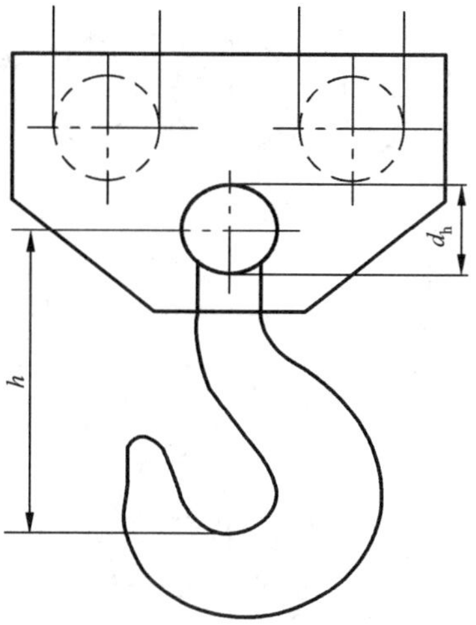

图 H.2　用铰接连接的吊钩悬挂形式

钢丝绳缠绕系统是指当吊钩沿载荷线倾斜时，吊钩悬挂形式保持水平。倾斜阻力系数(C_t)按公式(H.2)计算：

$$C_t = \frac{M}{F} = \mu \times \frac{d_h}{2} \qquad \text{(H.2)}$$

式中：

d_h——铰点滑动表面的直径；

μ ——铰接处的摩擦力，取值如下：

——对于不可润滑的特殊涂层轴承套：$\mu=0.1$；

——对于可再润滑的铜/钢轴承套：$\mu=0.25$；

——对于不可润滑的钢铰点：$\mu=0.4$；

——对于带有耐磨轴承的铰点：$\mu=0$。

倾斜阻力对于钩柄的疲劳有重要意义，摩擦系数代表了实际应用中的长期值，如果摩擦力的值通过试验获得，则应考虑这一点。

H.3　平衡绳缠绕形式的吊钩悬挂

由于配置可能多种多样，本文件仅举一个例子，计算一个八绳下降系统的阻力系数。

如图 H.3 中所示，在平衡绳缠绕系统中，当吊钩悬挂因吊钩水平力等原因造成倾斜时，由于滑轮效率，在单独的钢丝绳滑道内会产生不同的张力。

示例中的缠绕系统假设：

a)　吊钩中心线两侧对称；

b)　除中间滑轮效率不同外，其他滑轮效率都是相似的。

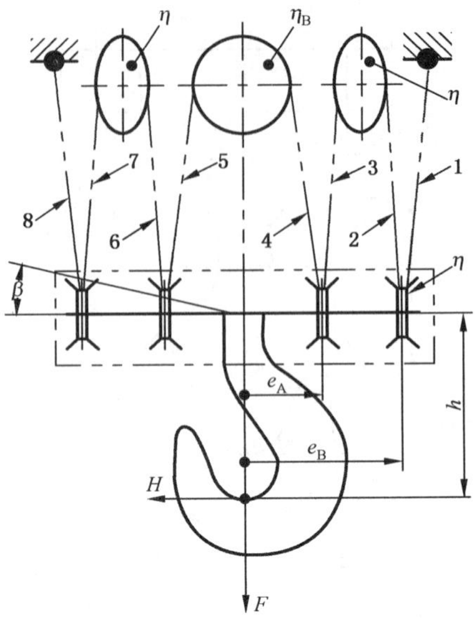

标引序号说明：

1～8——钢丝绳位置编号；

η ——滑轮的效率；

β ——倾斜方向；

h ——钩腔到接合处中心的距离；

H ——因倾斜引起的水平力。

图 H.3 钢丝绳缠绕系统示例

吊钩悬挂倾斜时，在钢丝绳下降 1 号位置作用力最大，在 8 号位置作用力最小，钢丝绳作用力关系如表 H.1 所示。

表 H.1 倾斜状态下的钢丝绳作用力

钢丝绳编号(i)	1	2	3	4	5	6	7	8
钢丝绳作用力(R_i)	R_1	$\eta\times R_1$	$\eta^2\times R_1$	$\eta^3\times R_1$	$\eta_B\times\eta^3\times R_1$	$\eta_B\times\eta^4\times R_1$	$\eta_B\times\eta^5\times R_1$	$\eta_B\times\eta^6\times R_1$
R_1——钢丝绳下降 1 号位置的作用力，在缠绕系统下降一侧绳索端部； η ——滑轮的效率； η_B——中间滑轮的效率。								

假定垂直方向上的平衡条件为钢丝绳作用力之和等于作用在吊钩上的垂直力，由此可推导出公式(H.3)，并计算出钢丝绳作用力(R_1)。

$$R_1=\frac{F}{1+\eta+\eta^2+\eta^3+\eta_B\times\eta^3+\eta_B\times\eta^4+\eta_B\times\eta^5+\eta_B\times\eta^6} \quad\cdots\cdots\cdots(\text{H.3})$$

式中：

F——吊钩的垂直作用力。

另一根钢丝绳的作用力 R_i 可通过公式(H.3)和表 H.1 中的公式推导得出。作用力(R_i)和距离(e_i)共同生成相对于中心垂直轴线的力矩。根据公式(H.4)推导出该力矩值：

$$M=\sum_{i=1}^{8}R_i\times e_i \quad\cdots\cdots\cdots(\text{H.4})$$

式中：

e_i——绳段(i)与吊钩悬挂中心的水平坐标。在吊钩悬挂的下降一侧取正坐标，见图 H.3。

结合表 H.1 的内容和公式(H.3)、公式(H.4)，最终得出该特定钢丝绳缠绕系统的倾斜阻力系数(C_t)为：

$$C_t = \frac{M}{F} = \frac{e_B \times (1 + \eta - \eta_B \times \eta^5 - \eta_B \times \eta^6) + e_A \times (\eta^2 + \eta^3 - \eta_B \times \eta^3 - \eta_B \times \eta^4)}{1 + \eta + \eta^2 + \eta^3 + \eta_B \times \eta^3 + \eta_B \times \eta^4 + \eta_B \times \eta^5 + \eta_B \times \eta^6} \tag{H.5}$$

式中：

e_A、e_B——从吊钩悬吊中心到滑轮的水平距离，见图 H.3。

附 录 I
（规范性）
钩身计算和特定谱比系数

I.1 钩身换算系数 k_C

工作级别已知时，k_C按表 I.1 计算。

表 I.1 换算系数 $k_C = k_6^* / \sqrt[6]{s_Q}$

	载荷状态级别	Q_0	Q_1	Q_2	Q_3	Q_4	Q_5
	$k_Q(3)$	0.031 3	0.062 5	0.125	0.25	0.5	1.0
	k_6^*	1.348	1.343	1.259	1.172	1.084	1
使用等级 U	C(循环)						
U_0	16 000	5.37	4.77	3.98	3.30	2.72	2.24
U_1	31 500	4.8	4.26	3.56	2.95	2.43	2.00
U_2	63 000	4.27	3.79	3.17	2.63	2.17	1.78
U_3	125 000	3.81	3.38	2.83	2.34	1.93	1.59
U_4	250 000	3.40	3.01	2.52	2.09	1.72	1.41
U_5	500 000	3.02	2.69	2.24	1.86	1.53	1.26
U_6	1 000 000	2.70	2.39	2.00	1.66	1.37	1.12
U_7	2 000 000	2.40	2.13	1.78	1.48	1.22	1.00
U_8	4 000 000	2.14	1.90	1.58	1.32	1.08	0.89
U_9	8 000 000	1.91	1.69	1.41	1.17	0.97	0.79

I.2 特定谱比系数

离散值分布能用谱进行表示，也能用累积谱表示。图 I.1 说明了离散分布的两种表示形式。

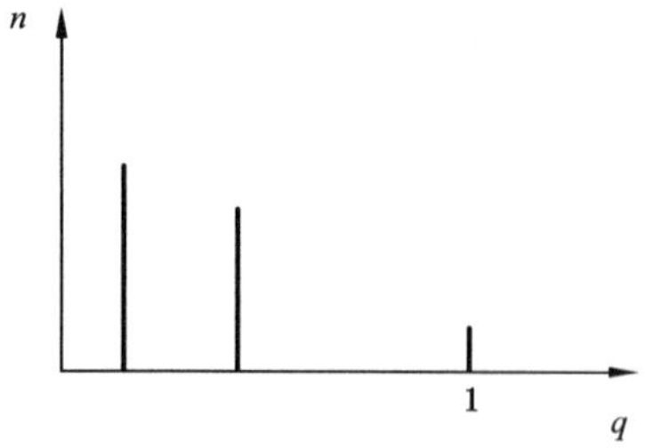

a） 谱（n 表示幅值 q 的相对循环数，$\sum n = 1$）

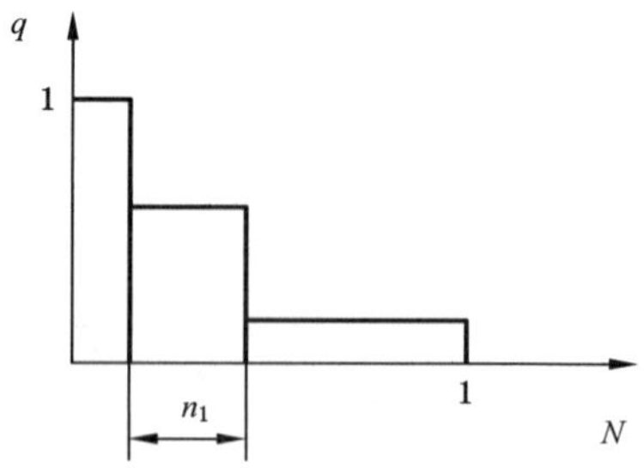

b） 累积谱

图 I.1 离散分布

连续函数给出的分布能表示为密度函数或累积密度函数。图 I.2 展示了两种连续函数分布。

a) 密度函数，其中 $\int_{q_0}^{1} n(q) = 1$　　b) 累积密度函数，其中 $N(q) = \int_{q}^{1} n(q) \times dq$

图 I.2 连续分布

注：$n(q)$给出幅值为 q 的相对循环数，则 $N(q)$的累加值给出幅值大于 q 的循环数。

应力谱系数(k_m)应通过密度函数或累积密度按下式计算：

$$k_m = \int_{q_0}^{1} q^m \times n \times dq = \int_{0}^{1} q^m \times dN$$

特定谱比系数(见 6.5.3)如下：

$$k_m^* = \sqrt[m]{\frac{k_Q}{k_m}} = \sqrt[m]{\frac{k_3}{k_m}}$$

I.3 特定谱比系数的基础载荷谱

当仅通过载荷状态级别 Q 表述起重机荷载谱时，应采用表 I.3 所示的载荷分布形式。据此能得到表 I.2 所示的特定谱比系数，并应用于计算吊钩的应力历程参数(s_h)。

表 I.2 特定谱比系数

GB/T 20863.1 载荷状态级别 Q_0～Q_5	载荷谱系数 k_Q	$m=5$ 对应的系数 k_5^*	$m=6$ 对应的系数 k_6^*
Q_0	0.031 3	1.292	1.348
Q_1	0.062 5	1.286	1.343
Q_2	0.125	1.217	1.259
Q_3	0.25	1.144	1.172
Q_4	0.5	1.070	1.084
Q_5	1	1	1

表 I.3 给出了表 I.2 的基础密度函数和累积密度函数。

表 I.3 密度和累积密度函数

<table>
<tr><th>等级</th><th>密度函数</th><th>累积密度函数</th></tr>
<tr><td rowspan="2">Q_0
Q_1</td><td>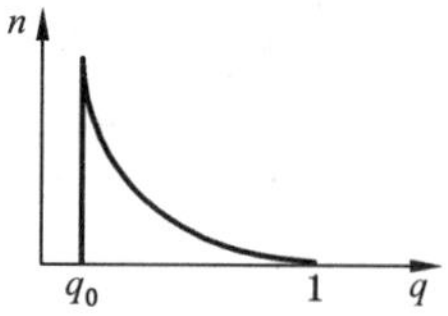
$n=4\times\frac{(1-q)^3}{(1-q_0)^4}$</td><td>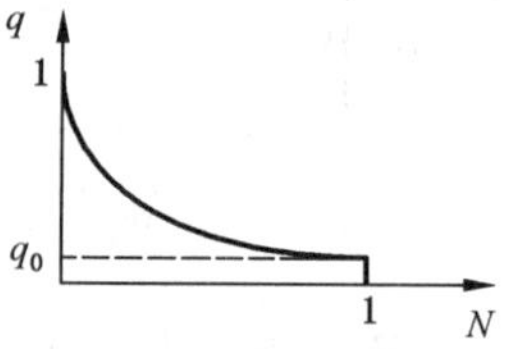
$N(q)=\left(\frac{1-q}{1-q_0}\right)^4$ 或 $q(N)=1-(1-q_0)\times\sqrt[4]{N}$</td></tr>
<tr><td colspan="2">$k_{(m)}=\frac{4}{(1-q_0)^4}\times\left[\frac{1-q_0^{\ m+1}}{m+1}-3\times\frac{1-q_0^{\ m+2}}{m+2}+3\times\frac{1-q_0^{\ m+3}}{m+3}-\frac{1-q_0^{\ m+4}}{m+4}\right]$
对于等级 Q_0:$q_0=0.022\ 6$;对于等级 Q_1:$q_0=0.182\ 8$</td></tr>
<tr><td rowspan="2">Q_2</td><td>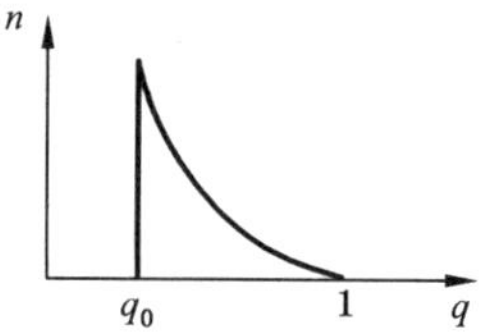
$n=3\times\frac{(1-q)^2}{(1-q_0)^3}$</td><td>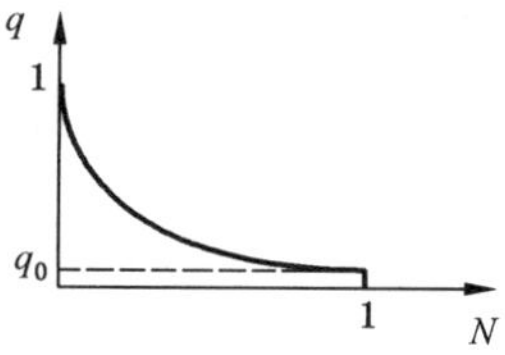
$N(q)=\left(\frac{1-q}{1-q_0}\right)^3$ 或 $q(N)=1-(1-q_0)\times\sqrt[3]{N}$</td></tr>
<tr><td colspan="2">$k_{(m)}=\frac{3}{(1-q_0)^3}\times\left[\frac{1-q_0^{\ m+1}}{m+1}-2\times\frac{1-q_0^{\ m+2}}{m+2}+\frac{1-q_0^{\ m+3}}{m+3}\right]$ 对于等级 Q_2:$q_0=0.276\ 5$</td></tr>
<tr><td rowspan="2">Q_3</td><td>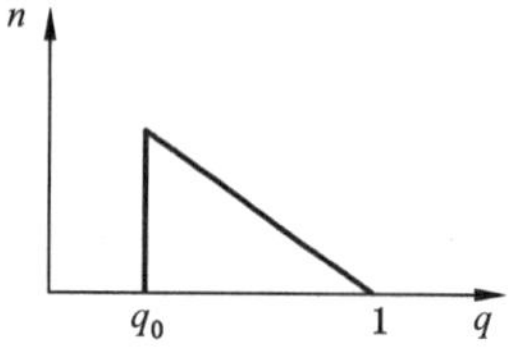
$n=2\times\frac{1-q}{(1-q_0)^2}$</td><td>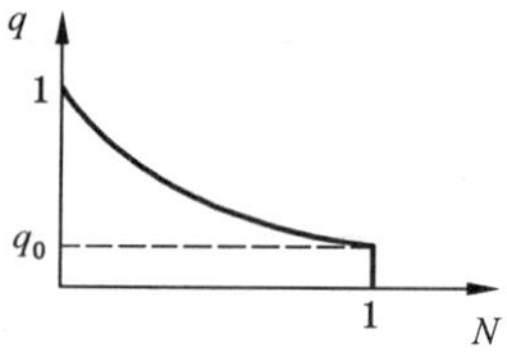
$N(q)=\left(\frac{1-q}{1-q_0}\right)^2$ 或 $q(N)=1-(1-q_0)\times\sqrt{N}$</td></tr>
<tr><td colspan="2">$k_{(m)}=\frac{2}{(1-q_0)^2}\times\left[\frac{1-q_0^{\ m+1}}{m+1}-\frac{1-q_0^{\ m+2}}{m+2}\right]$ 对于等级 Q_3:$q_0=0.394\ 3$</td></tr>
<tr><td rowspan="2">Q_4</td><td>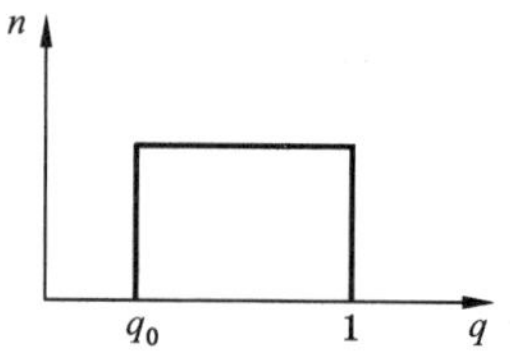
$n=\frac{1}{1-q_0}$</td><td>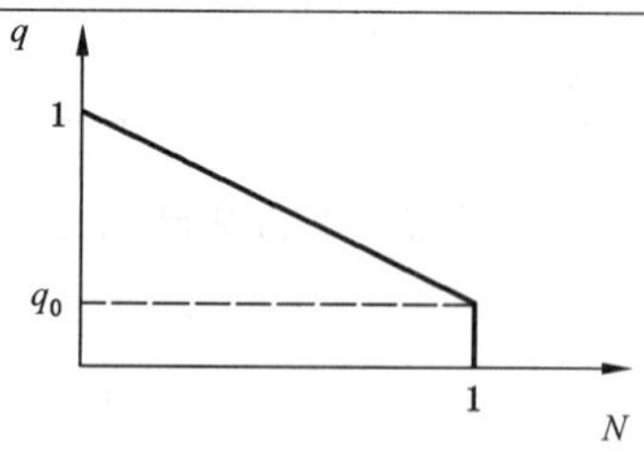
$N(q)=\frac{1-q}{1-q_0}$ 或 $q(N)=1-(1-q_0)\times N$</td></tr>
<tr><td colspan="2">$k_{(m)}=\frac{1}{1-q_0}\times\frac{1-q_0^{\ m+1}}{m+1}$ 对于等级 Q_4:$q_0=0.543\ 7$</td></tr>
</table>

附　录　J
（资料性）
附录 E 和附录 F 吊钩钩身的疲劳强度极限设计力

J.1　MM 和 MY 型吊钩钩身的疲劳强度极限设计力

在温度影响系数 $f_1=1$（$T\leqslant 100$ ℃）条件下，考虑系数 f_2 和 γ_{Hf} 时 MM 和 MY 型吊钩钩身的疲劳强度极限设计力（$F_{Rd,f}$）见表 J.1。

表 J.1　MM 和 MY 型吊钩钩身的疲劳强度极限设计力（$F_{Rd,f}$）

单位为千牛

吊钩钩号	MM 和 MY 型单钩钩身的疲劳强度极限设计力					MM 和 MY 型双钩钩身的疲劳强度极限设计力				
	材料等级					材料等级				
	M	P	S	T	V	M	P	S	T	V
006	2.1	2.7	2.9	3.4	3.8					
010	3.1	4.0	4.2	5.1	5.5					
012	4.1	5.3	5.6	6.7	7.3					
020	5.4	6.9	7.4	8.8	9.6					
025	6.1	7.9	8.4	10	11					
04	9.2	12	13	15	16					
05	11	14	15	18	19	11	14	15	17	19
08	15	19	21	25	27	16	20	22	26	28
1	18	23	25	29	32	18	23	25	30	33
1.6	24	31	33	40	43	26	33	36	43	46
2.5	33	43	46	55	60	35	45	48	57	62
4	47	60	64	77	84	49	64	68	81	88
5	58	75	80	95	104	60	77	83	98	107
6	71	92	98	117	127	74	96	102	122	133
8	88	113	121	144	157	92	119	127	152	165
10	107	138	147	176	191	113	146	156	186	202
12	132	170	182	217	236	140	181	193	230	251
16	165	214	228	272	296	170	220	235	281	306
20	204	264	282	336	365	209	271	289	344	375
25	255	330	352	420	457	261	338	361	430	468
32	321	416	444	529	576	324	420	448	534	582
40	398	516	551	656	715	402	520	555	662	721
50	505	654	698	832	907	508	657	702	837	911

表 J.1 MM 和 MY 型吊钩钩身的疲劳强度极限设计力($F_{Rd,f}$)(续)

单位为千牛

吊钩钩号	MM 和 MY 型单钩钩身的疲劳强度极限设计力					MM 和 MY 型双钩钩身的疲劳强度极限设计力				
	材料等级					材料等级				
	M	P	S	T	V	M	P	S	T	V
63	635	821	877	1 045	1 139	631	817	872	1 039	1 132
80	801	1 037	1 108	1 320	1 438	792	1 025	1 095	1 305	1 421
100	1 016	1 315	1 404	1 673	1 822	1 002	1 297	1 385	1 650	1 798
125	1 288	1 666	1 780	2 121	2 310	1 254	1 623	1 734	2 066	2 250
160	1 609	2 082	2 224	2 650	2 887	1 585	2 052	2 192	2 611	2 844
200	2 030	2 627	2 806	3 344	3 642	2 011	2 603	2 780	3 313	3 609
250	2 539	3 286	3 510	4 182	4 556	2 513	3 252	3 474	4 139	4 509

J.2 B 型系列吊钩及使用其他材料的 B 型吊钩钩身的疲劳强度极限设计力

在温度影响系数 $f_1 = 1$ [$T \leqslant 100$ ℃]条件下,考虑系数 f_2、γ_{Hf}和 γ_{HS}时 B 型系列吊钩及使用其他材料的 B 型吊钩钩身疲劳强度极限设计力($F_{Rd,f}$)见表 J.2。

表 J.2 B 型系列吊钩钩身的疲劳强度极限设计力($F_{Rd,f}$)

吊钩钩号	所有材料截面 B 系数(M_{hf}) mm²	B 型系列吊钩钩身的疲劳强度极限设计力($F_{Rd,f}$) kN					其他材料	
		材料等级					f_u N/mm²	$F_{Rd,f}$ kN
		M	P	S	T	V		
B 0.8	25.392	3.0	3.9	4.1	4.9	5.4	620	4.6
B 1.6	49.722	5.9	7.61	8.1	9.7	10.5		8.93
B 2.5	81.543	9.5	12.2	13.1	15.6	17.0		14.4
B 4	127.31	14.2	18.4	19.7	23.4	25.5		21.6
B.5	157.79	17.3	22.4	23.9	28.5	31.1		26.3
B 8	258.77	27.3	35.3	37.7	44.9	48.9		41.4
B 12.5	399.34	40.6	52.5	56.10	66.8	72.8		61.6
B 16	514.76	53.6	69.3	74.1	88.3	96.1	625	81.8
B 20	649.89	66.3	85.8	91.6	109.2	119.0		101.2
B 25	807.66	80.9	104.7	111.9	133.3	145.2		123.5
B 32	948.18	103.2	133.5	142.6	169.5	185.1		157.5
B 40	1 128.78	127.4	164.8	176.1	209.8	228.5		194.4
B 50	1 379.07	161.5	209.0	223.3	266.0	289.8		246.5
B 63	1 587.16	194.6	258.9	269.0	320.5	349.2		297.1

截面 B 系数定义见表 B.2,吊钩规格 B0.8 到 B63 的相关值见表 J.2。如吊钩规格大于 B63,能根据吊钩规格和截面 B 的尺寸计算其值。

附　录　K
（资料性）
使用附录 B、附录 I 和附录 J 选择吊钩规格指南

K.1　总则

如果使用附录 E 和附录 F 所述的钩身，根据附录 B 和附录 J 的极限设计力，可对钩身的静强度和疲劳强度进行验证。

此外，根据本文件第 5 章和第 6 章中相应的条款，对所选规格的钩柄进行能力验证。

所有关于具体载荷和系数的评估、数值的选择和结论仅作为示例，不视为通用性指南。

K.2　示例说明

根据下列条件选择最小规格吊钩：

起重机/吊钩提升额定载荷质量：$m_{RC}=50$ t；

给定的起升动载系数：$\varphi_2=1.21$；

吊钩工作温度：$T=150$ ℃；

给定的载荷情况为常规载荷：$\gamma_p=1.34$；

常规起重机应用，风险系数：$\gamma_n=1$；

从附录 E 中选择单钩；

选择使用材料等级 T；

规定起重机的使用等级：根据 U_5 规定的循环数和 Q_4 规定的载荷谱。

K.3　静强度验证

首先，选定用公式(16)进行计算，根据公式(15)计算出工作温度的影响系数(f_1)，见公式(K.1)：

$$f_1=1-0.25\times(T-100)/150=0.916\ 7 \qquad (K.1)$$

根据公式(1)和公式(16)计算出吊钩所需的最小静强度极限设计力，见公式(K.2)：

$$F_{Rd,s}\geqslant\frac{F_{Sd,s}}{f_1}=\frac{\phi_2\times m_{RC}\times g\times\gamma_P\times\gamma_n}{f_1}=\frac{1.21\times50\times9.81\times1.34}{0.916\ 7}=868(kN) \qquad (K.2)$$

之后，从表 B.1 中对应材料一栏“T”列查找吊钩，钩号 16 的吊钩的静强度极限设计力 $F_{Rd,s}=963$ kN，满足公式(K.2)的要求。

K.4　疲劳强度验证

首先，选定用公式(35)进行计算，根据公式(31)计算出工作温度的影响系数(f_1)，见公式(K.3)：

$$f_1=1-0.1\times(T-100)/150=0.967 \qquad (K.3)$$

换算系数(k_C)值见附录 I 中 U_5 行与 Q_4 列交叉点，见公式(K.4)。

$$k_C=k_6^*/\sqrt[6]{s_Q}=1.53 \qquad (K.4)$$

根据公式(18)和公式(35)计算出吊钩所需的最小疲劳强度极限设计力，见公式(K.5)：

$$F_{\mathrm{Rd,f}} \geqslant \frac{F_{\mathrm{Sd,f}}}{f_1 \times \left(\frac{k_6^*}{\sqrt[m]{s_{\mathrm{Q}}}}\right)} = \frac{\varphi_2 \times m_{\mathrm{RC}} \times g}{f_1 \times k_{\mathrm{C}}} = \frac{1.21 \times 50 \times 9.81}{0.967 \times 1.53} = 401(\mathrm{kN}) \quad \cdots\cdots(\mathrm{K}.5)$$

之后,从表 J.1 中对应材料一栏“T”列查找吊钩型号,钩号 25 的吊钩的疲劳强度极限设计力$F_{\mathrm{Rd,f}}$=420 kN,满足公式(K.5)的要求。

K.5 吊钩的最终选择

钩身满足静强度和疲劳强度设计标准是必要的,因此,选择 K.3 和 K.4 中较大规格的吊钩。在这种情况下,附录 E 中最小的单钩是钩号为 25、材料等级为 T 的吊钩。

吊钩的最终选择还取决于钩柄的详细设计,也考虑按照第 5 章和第 6 章所计算的结果。

附　录　L
（规范性）
吊钩制造商提供的信息

表 L.1 给出了吊钩制造商在起重机技术文件中应提供的信息。

表 L.1　吊钩制造商应提供的信息

一般信息	制造商
	唯一的制造商可追溯的吊钩标志
	吊钩序列号或批号/制造日期
	单钩/双钩
	是否带有闭锁装置
	吊钩质量，单位为千克(kg)
尺寸	毛坯件尺寸的规格代号和标准
	钩长 L，单位为毫米(mm)
	钩柄尺寸的规格代号和标准(如果所提供的吊钩为加工后的钩柄)
	尺寸合格证书
	钩口开口度测量值：y、y_1 和 y_2；单位为毫米(mm)
材料	材料等级和标准
	原材料证书
	热处理证书
	成品毛坯材料证书
制造	工艺流程类型/说明
	NDT 检验证书
	载荷试验证书(若相关)
	加载验证证书，若使用
工作使用	工作温度范围，单位为摄氏度(℃)——根据表 2 进行选择
可选信息	钩身静强度极限设计力，单位为千牛(kN)
	钩身疲劳强度极限设计力，单位为千牛(kN)

参　考　文　献

[1]　GB/T 10051.1　起重吊钩　第 1 部分：力学性能、起重量、应力及材料

ICS 53.020.20
CCS J 80

中华人民共和国国家标准

GB/T 41680—2022

起重机 抗震设计通则

Cranes—Principles for seismically resistant design

(ISO 11031:2016,MOD)

2022-10-12 发布 2022-10-12 实施

国家市场监督管理总局
国家标准化管理委员会 发布

前　言

本文件按照 GB/T 1.1—2020《标准化工作导则　第 1 部分：标准化文件的结构和起草规则》的规定起草。

本文件修改采用 ISO 11031:2016《起重机　抗震设计通则》。

本文件与 ISO 11031:2016 相比做了下述结构调整：

——增加了“术语和定义、符号”一章，将原第 3 章“符号”调整为 3.2；

——附录 B～附录 E 对应 ISO 11031:2016 中的附录 C～附录 F。

本文件做了下列编辑性改动：

——将资料性引用的 ISO 4301-1 和 ISO 4306(所有部分)调整至参考文献；

——根据 GB/T 1.1—2020，在第 4 章增加了附录 B 的提及，在 5.2.1 增加了附录 D 的提及；

——根据 ISO 20332:2016 的 5.2.1，将 7.5 中一般抗力系数(γ_m)的取值由 1.0 更改为 1.1；

——删除了 ISO 11031:2016 中的附录 B(资料性)。

请注意本文件的某些内容可能涉及专利。本文件的发布机构不承担识别专利的责任。

本文件由中国机械工业联合会提出。

本文件由全国起重机械标准化技术委员会(SAC/TC 227)归口。

本文件起草单位：太原科技大学、北京起重运输机械设计研究院有限公司、北京起重运输机械设计研究院有限公司河南分院、北京科正平工程技术检测研究院有限公司、太原重工股份有限公司、河南卫华重型机械股份有限公司、河南省矿山起重机有限公司、微特技术有限公司、青岛市黄岛区市场监督管理综合保障中心、法兰泰克重工股份有限公司、新乡市起重设备厂有限责任公司、青岛海西重机有限责任公司、宁夏天地奔牛银起设备有限公司、江西起重机械总厂有限公司。

本文件主要起草人：杨明亮、林夫奎、韩婧、张培、韩刚、李军、聂福全、李永亮、郑沛、施昌平、杨兆荣、袁秀峰、李翔、杨刚、姚天富、朱琔。

起重机　抗震设计通则

1　范围

本文件规定了起重机抗震设计的通用方法,适用于 ISO 8686(所有部分)定义的地震载荷的计算、ISO 20332 定义的金属结构能力验证和 ISO 4306(所有部分)定义的机械部件和结构的计算。

本文件评估经受地震激励下的起重机动态反应行为——起重机动态特性及其支承结构的函数。本评估不仅考虑了地上工作的起重机位于区域和局部条件下的动态效应,同时,也考虑起重机的工作状态和地震对起重机造成的危害。

本文件仅适用于应力在 ISO 20332 规定的弹性范围内的正常使用极限状态(SLS)。

本文件不适用于包括塑性变形在内的能力验证。若起重机供应商和用户之间有协议允许时,可参考其他相关标准或文献。

2　规范性引用文件

下列文件中的内容通过文中的规范性引用而构成本文件必不可少的条款。其中,注日期的引用文件,仅该日期对应的版本适用于本文件;不注日期的引用文件,其最新版本(包括所有的修改单)适用于本文件。

ISO 8686(所有部分)　起重机　载荷与载荷组合的设计原则(Cranes—Design principles for loads and load combinations)

注:GB/T 22437(所有部分)　起重机　载荷与载荷组合的设计原则[ISO 8686(所有部分)]

ISO 20332　起重机　金属结构能力验证(Cranes Proof of competence of steel structures)

注:GB/T 30024—2020　起重机　金属结构能力验证(ISO 20332:2016,IDT)

3　术语和定义、符号

3.1　术语和定义

本文件没有需要界定的术语和定义。

3.2　符号

下列符号适用于本文件。

主要符号见表 1。

表 1　主要符号

符号	含义
A_{bg}	规准化基本加速度
A_{sg}	规准化地面加速度
c	竖向影响系数
F_H	水平地震设计力

表 1　主要符号（续）

符号	含义
F_V	竖向地震设计力
F_{RH} 、F_{RV}	作用在起升载荷上的地震力（水平和竖向）
f_{con}	转换系数
f_{rec}	重现系数
K_H	水平地震设计系数
K_V	竖向地震设计系数
β_2	地基放大系数
β_3	加速度反应系数
β_3^*	基本加速度反应系数；阻尼系数为 0.025 的起重机的 β_3 值，见图 2
γ_n	高危险度系数
η	阻尼修正系数
δ	反应放大系数
ζ	阻尼比

4　抗震设计方法

地震反应分析方法主要有三种：

——地震系数修正法；

——最大反应谱法；

——时程分析法。

在地震系数修正法中，采用地震系数和起重机质量的乘积来模拟准静态地震力的作用。该地震系数综合考虑了三个主要正交方向上(一个竖向和二个水平)的起重机位置、地震特征、起重机的基本动态特性(例如自振频率/周期和阻尼特征)。

该方法简单易行(见第 5 章)，是本文件的基础。它的计算过程是作为设计迭代过程的一部分执行的，该过程见附录 A 的流程图。

最大反应谱法（见第 6 章和附录 B）是另外一种地震反应分析方法，应用于以下场合：

——需要更精确的起重机地震反应，采用地震系数修正法已无法满足要求；

——在经济上可接受大量计算资源的需求。

最大反应谱法仅应用于线性系统和存在非线性但非线性可以忽略的系统。

在最大反应谱法中，首先计算出起重机的自振频率、周期和相关振型，然后利用最大反应加速度及所计算的起重机的振型、频率和质量分布等条件，对起重机结构的选定振动模态进行地震力和起重机反应计算。最大反应加速度从最大反应谱中选择，它考虑了起重机所处位置的地震特征和起重机结构阻尼特征。

时程分析法是地震反应分析的第三种可用方法。应用于以下条件：

——可接受起重机的精确地震反应(见附录 C)；

——如果存在非线性(由于材料特性如塑性变形、应力，或动态非线性如间隙、摩擦、车轮脱离轨道或绳索松弛等)，需要考虑；

——可接受高成本计算需求。

在时程分析法中，地震反应的计算是通过数值分步积分法即时求解起重机结构的运动方程和相应的地面激励，并选取起重机工作场地的地震条件。

5 采用地震系数修正法进行抗震设计

5.1 总则

在这种方法中，作用于起重机上的地震力和加速度是用水平和竖向地震设计系数(K_H 和 K_V)来计算的。对于高风险起重机，给定一个高危险度系数(γ_n)，该高危险度系数比单位值大，具体数值见第 7 章。

5.2 水平地震设计系数(K_H)的计算

5.2.1 通则

水平地震设计系数(K_H)的计算公式见公式(1)：

$$K_H = A_{bg} \times \beta_2 \times \beta_3 \times f_{con} = A_{sg} \times \beta_3 \times f_{con} \quad \cdots\cdots(1)$$

式中：

A_{bg} ——规准化基本加速度(见 5.2.2)；

A_{sg} ——规准化地面加速度；

β_2 ——地基放大系数(见 5.2.3)；

β_3 ——加速度反应系数(见 5.2.4)；

f_{con} ——转换系数，当转换系数 $f_{con}=0.16$ 时，相当于 475 年的回归期（见 5.2.2）转换为抗震起重机正常使用极限状态（SLS)工作 72 年。

除非另有规定，规准化加速度(A_{bg}和 A_{sg})的方向是任意的。此时，加速度应施加到能产生最大影响的方向。

附录 D 给出了基本加速度与麦式震级、里氏震级之间的关系。

5.2.2 确定规准化基本加速度(A_{bg})

规准化基本加速度(A_{bg})，按公式(2)计算：

$$A_{bg} = a_g / g \times f_{rec} \quad \cdots\cdots(2)$$

式中：

a_g ——最大水平基本加速度，单位为米每二次方秒(m/s^2)；

g ——重力加速度，单位为米每二次方秒(m/s^2)；

f_{rec}——重现系数，取决于递归区间 R；设计起重机时通常选择设计地震，该地震可在 100 年～475 年间重现($R=100\sim475$)。

当 $R=475$ 时，$f_{rec}=1.0$，这是默认值；

当 $R=100$ 时，$f_{rec}=0.5$，仅用于在不同地点临时使用的起重机。

对于不同国家需要考虑区域地震损坏的历程和区域地震活动性。

通常，加速度(A_{bg}和 A_{sg})是基于 475 年的重现期($f_{rec}=1.0$)。

注：475 年是可利用的地震数据中为大多数人所接受的重现期。

5.2.3 确定地基放大系数(β_2)

地基放大系数表示土壤表面对地震激励的烈度和频率的影响。这种影响的原理如图1所示。

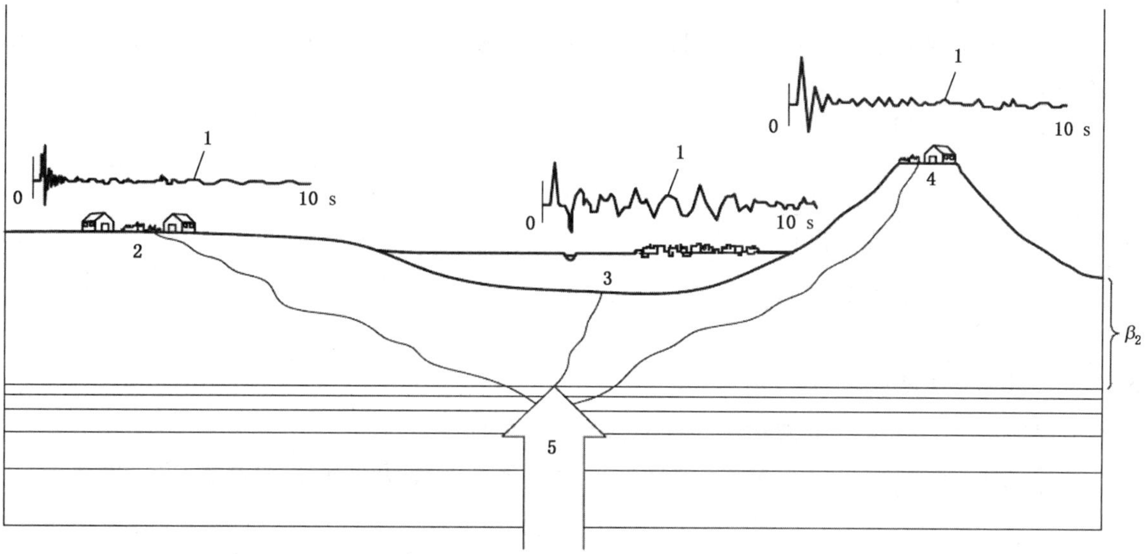

标引序号说明:

1——地震对地表的影响(记录地震图),在本文件中用 A_{sg} 表示;

2——岩石;

3——软至中等硬度地面;

4——坚硬地面;

5——规准化基本加速度(A_{bg})(与地震基岩有关)。

图1 地基放大系数(β_2)图示

表2给出了以函数 $v_{s,30}$ 来进行划分的地基分类,$v_{s,30}$ 表示30 m土层表面的平均剪切波速。起重机所在工作位置的地基所对应的地基放大系数(β_2)应符合表2的规定。

表2 确定 β_2 的值

类别	地基	横波速度($v_{s,30}$) m/s	β_2
0	岩石	$v_{s,30}>800$	1.0
1	坚硬地面,由坚硬的沙土地层组成,覆岩类型为稳定的砂、砾石沉积,或硬黏土	$360<v_{s,30}\leqslant 800$	1.4
2	中等硬度地面,不包括第1类和第3类	$180<v_{s,30}\leqslant 360$	1.6
3	软至中等硬度地面,由冲积土层或淤泥质土层组成,其特征为约30 m或更多的软到中等硬度黏土	$v_{s,30}\leqslant 180$	2.0

5.2.4 确定加速度反应系数(β_3)

5.2.4.1 通则

加速度反应系数(β_3)的值,应根据以下方面确定:

——在适当的情况下考虑起重机支撑结构的动态特性；

——在所考虑方向上，起重机最重要的频率和周期；

——相同振型的阻尼比；

——起重机所在位置的地基类别。

起重机最重要的振型是从自振周期和频率中选择的，该自振周期和频率可由公认的方法测量或计算确定。

β_3 按公式(3)计算：

$$\beta_3 = \beta_3^* \times \eta \times \delta \qquad \cdots\cdots (3)$$

式中：

β_3^* ——基本加速度反应系数(见 5.2.4.2)；

η ——阻尼修正系数(见 5.2.4.3)；

δ ——反应放大系数(见 5.2.4.4)。

5.2.4.2 基本加速度反应系数($\boldsymbol{\beta_3^*}$)

β_3^* 是阻尼比为 0.025 的起重机结构的基本加速度反应系数。

其值是通过与起重机自振频率/周期及起重机所在地基类别相关的函数而获得，如图 2 所示。

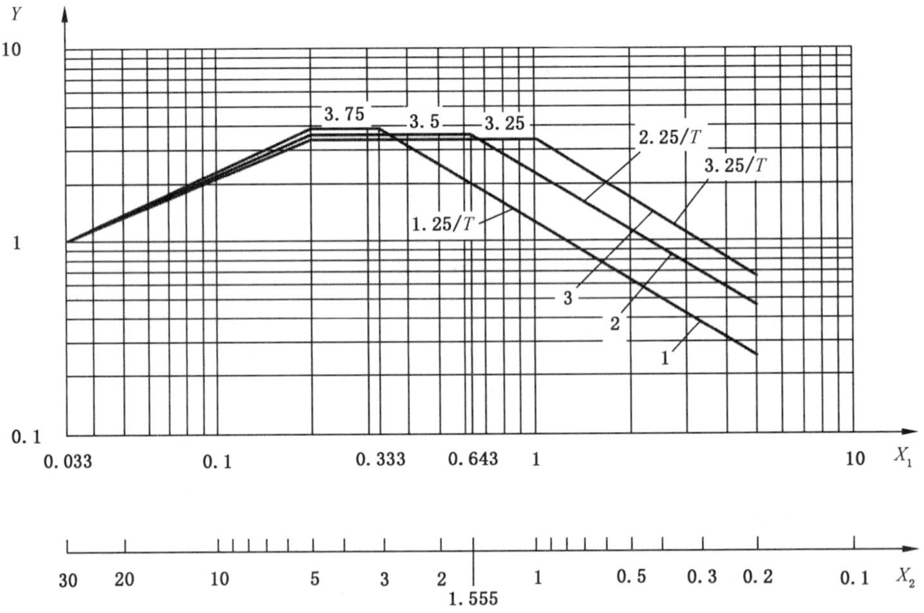

标引序号说明：

1 ——地基类别 0 和 1；

2 ——地基类别 2；

3 ——地基类别 3；

X_1 ——表示起重机结构的自振周期(T_c)的轴，单位为秒(s)；

X_2 ——表示起重机结构的自振频率(f_c)的轴，单位为赫兹(Hz)；

Y ——表示基本加速度反应系数(β_3^*)的轴。

图 2 系数 $\boldsymbol{\beta_3^*}$(关于起重机自振周期/频率和起重机所在位置的地基类别的函数)

5.2.4.3 阻尼修正系数($\boldsymbol{\eta}$)

公式(3)中的阻尼修正系数(η)应根据起重机结构阻尼比(ζ)的值来定义,如表3所示。

表3 阻尼修正系数

阻尼比 ζ	0.01	0.015	0.02	0.025	0.03	0.04	0.05	0.1
η	1.24	1.15	1.06	1.0	0.94	0.87	0.80	0.62

通常,当构件的应力低于弹性极限的50%时,结构阻尼比(ζ)取值:对于焊接结构,$\zeta=0.025$;对于螺栓结构,$\zeta=0.04$;对于焊接和螺栓连接组合结构,$\zeta=0.03$。当应力超过材料弹性极限的50%以上,相同类型的结构可采用更高的阻尼比值。

若结构破坏以失稳模式为主,设计时不应使用较高的阻尼比值。

此外,阻尼比可以通过以下得到认可的方法获得,例如:

——测量;

——评估非线性结构件的力-位移迟滞现象的图表。该非线性表现为结构件的非线性行为或节点具有干摩擦特性。

5.2.4.4 反应放大系数($\boldsymbol{\delta}$)

对于沿轨道运行起重机,当轨道直接铺设在地面上时,应取 $\delta=1$。

当轨道铺设在支撑结构(例如建筑物、桥墩、码头)上时,δ 的值可根据公式(4)确定。

$$\delta=0.71\times\sqrt{\frac{1+\lambda^2}{\lambda^2+(1-\lambda^2)\times\kappa^2}}\geqslant 1 \qquad (4)$$

式中:

λ ——与起重机结构和支撑结构耦合程度相关的系数。如表4所示。

κ ——与耦合结构的等效阻尼相关的系数,该耦合结构存在于起重机结构与支撑结构之间。如图3所示,其中 ζ 是起重机结构的阻尼比(见5.2.4.3)。

表4 系数 $\boldsymbol{\lambda}$

自振周期比	λ
$T_c/T_p\leqslant 0.9$	$\sqrt{1-(1-\theta)\cdot\left(\frac{1.8\times T_c\times T_p}{T_c^2+0.81\times T_p^2}\right)^2}$
$0.9<T_c/T_p\leqslant 1.1$	$\sqrt{\theta}$
$T_c/T_p>1.1$	$\sqrt{1-(1-\theta)\cdot\left(\frac{2.2\times T_c\times T_p}{T_c^2+1.21\times T_p^2}\right)^2}$
式中: $\theta=\frac{m_c}{m_c+m_s}$——起重机结构与支撑结构的质量比; m_c ——整个起重机的质量; m_s ——整个支撑结构的质量; T_c ——起重机结构最大自振周期(假设支撑结构为刚性时); T_p ——支撑结构的最大自振周期(假设起重机为刚性时)。	

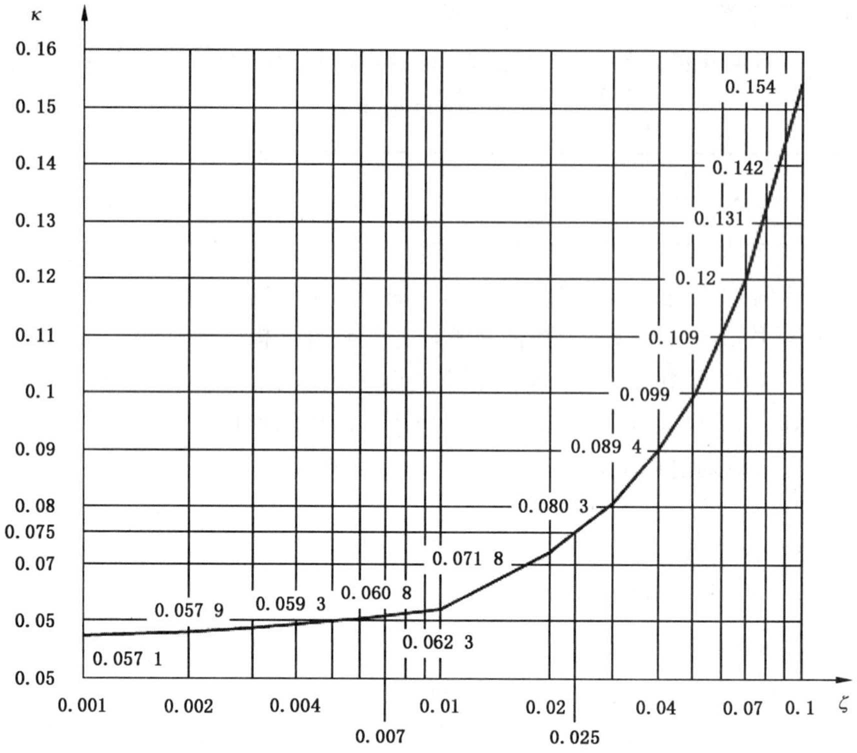

图 3 系数 **κ**

5.3 竖向地震设计系数(K_V)的计算

竖向地震设计系数(K_V)应按公式(5)计算:

$$K_V = c \times K_H \quad \cdots\cdots (5)$$

式中:

c ——竖向影响系数,在本文件中应设为 0.5(见附录 E);

K_H——水平地震设计系数,见 5.2.1 中的公式(1)。

5.4 地震设计载荷的计算

5.4.1 地震加速度的计算

最大水平和竖向地震加速度(a_H 和 a_V)应根据水平和竖向地震设计系数(K_H 和 K_V),按公式(6)和公式(7)计算:

$$a_H = K_H \times g \quad \cdots\cdots (6)$$

$$a_V = K_V \times g \quad \cdots\cdots (7)$$

5.4.2 计算地震力

水平地震设计力(F_H)和竖向地震设计力(F_V)应作用于起重机结构每个部件或构件,应使用公式(8)和公式(9)计算:

$$F_H = K_H \times W_C \text{ 或 } F_H = a_H \times m_C \quad \cdots\cdots (8)$$

$$F_V = K_V \times W_C \text{ 或 } F_V = a_V \times m_C \quad \cdots\cdots (9)$$

式中:

W_C ——所考虑的起重机构件或部件的自重；

m_C ——所考虑的起重机构件或部件的质量。

起升载荷所受的地震力由 F_{RV} 和 F_{RH} 给出，分别用于竖向和水平方向。当水平地震力可忽略不计时，只需要考虑竖向方向地震力。F_{RH} 和 F_{RV} 分别按公式(10)和公式(11)计算：

$$F_{RH}=K_H\times\chi\times W_R \text{ 或 } F_{RH}=a_H\times\chi\times m_R \quad\cdots\cdots(10)$$

$$F_{RV}=K_V\times\chi\times W_R \text{ 或 } F_{RV}=a_V\times\chi\times m_R \quad\cdots\cdots(11)$$

式中：

χ ——起升载荷的地震影响系数；

W_R——起重机总载荷；

m_R——总载荷的质量。

注：根据 ISO 4301-1 的起重机工作级别，χ 可在 0.0～1.0 范围选择，见表 5。

表 5 起升载荷的地震影响系数(χ)

起重机工作级别 (ISO 4301-1)	A1	A2	A3	A4	A5	A6	A7	A8
χ	0.0	0.14	0.28	0.43	0.57	0.71	0.86	1.0

6 基于最大反应谱法的抗震设计

6.1 通则

该方法计算了起重机在频域内的地震反应，并考虑多种振型的参与程度。通常需要计算三个正交方向上的反应(两个水平方向和一个垂直方向)。每个方向的地震反应都是由所选振型的反应组合而成。每一种振型的反应都是通过最大反应加速度或位移来计算的，并且考虑了振型的频率/周期和阻尼比值以及振型的有效质量，最大反应加速度或位移是通过最大反应谱而获取。

在本文件中，竖向反应谱值为水平谱值的 50%。在两个水平谱值不同的情况下，应取两者中最大值计算竖向谱值。

作为各自重要振型的组合，每个方向的总地震反应采用如下公认的方法计算得到：

——绝对值求和法；

——平方和的平方根法(SRSS)；

——完全二次型组合法(CQC)。

将三个方向上的总反应组合以表征起重机的总地震反应，所产生的效应可以与起重机常规载荷组合考虑。

起重机结构(实际上具有无限的自由度)可以简化为有限的多自由度集中质量-弹簧的动态系统模型，通过有限元 (FEA)或其他公认的工具进行分析，并能保存振型明显的模态。

所建立的模型用于计算自振周期/自振频率、振型及其参与系数。

基于最大反应谱法的地震反应分析的主要步骤如表 B.1 所示(所示的示例仅考虑了 x 方向的地震激励)。

计算方法中假设起重机结构为线弹性，则此计算方法的精度将随方法中所用到的模态阶数的增高而增高。

6.2 总地震反应(TSR)的计算过程

根据 6.1 提到的不同组合方法,目前国际标准选取 SRSS 方法来综合考虑振型与方向的影响,并通过地震系数修正法来获取各项参数。

根据起重机的动力学模型,结合有限元分析(FEA),最大反应谱法的计算步骤如下。

——计算自振频率 30 Hz 以下的所有振型。

——从图 2 的三条曲线中选取合适的基本加速度反应系数设计值,这取决于起重机所在工作位置的地基类别,每条曲线代表不同地基对应的加速度值。

——选取重要振型,使各振型涉及的质量总和超过许用值(总质量的 90%)。但在某些情况下,可能达不到此许用值,如桥式起重机带有刚性小车架时,起重机带有配重时,或振型中的起重机带有很大的起升载荷时。

——在分解振型时需考虑在零周期加速度下的未涉及质量的反应。

——通过乘以加速度反应系数(β_3^*)的值来计算所选振型的最终设计频谱加速度的值(来自基本设计频谱),β_3^* 的计算通过以下参数:

- 转换系数值等于 0.16 [见公式(1)];
- 起重机位置的规准化基本加速度(A_{bg})(见 5.2.2);
- 地基放大系数(β_2)(见 5.2.3);
- 阻尼修正系数(η)(见 5.2.4.3)。

——使用最终设计谱的加速度和参与系数作为输入变量,计算所选振型在三个主方向(X、Y、Z 轴)上的反应(反应可以表现为所关注的节点上的内力、应力、零件位移和/或部件位移)。使用 SRSS 方法组合所有选定振型的反应,计算三个方向[$resp_t(X)$、$resp_t(Y)$和 $resp_t(Z)$]中每个方向的总地震反应,见表 B.1 的步骤 6。

——使用 SRSS 方法,通过组合三个主要方向的总反应,$resp_t(X)$、$resp_t(Y)$和 $resp_t(Z)$计算总地震反应(TSR),可写为公式(12):

$$TSR_{SRSS}=\sqrt{resp_t(X)^2+resp_t(Y)^2+resp_t(Z)^2} \quad \cdots\cdots(12)$$

SRSS 方法的另一种替代方法是基于三个主要方向的系数化总地震反应之和的组合方法,例如以下两种方法:

- 100-40-40 方法(见参考文献[7]),组合可写为公式(13):

$$TSR_{100\text{-}40\text{-}40}=1.0\times|resp_t(X)|+0.4\times|resp_t(Y)|+0.4\times|resp_t(Z)| \text{ 或}$$
$$TSR_{100\text{-}40\text{-}40}=0.4\times|resp_t(X)|+1.0\times|resp_t(Y)|+0.4\times|resp_t(Z)| \text{ 或}$$
$$TSR_{100\text{-}40\text{-}40}=0.4\times|resp_t(X)|+0.4\times|resp_t(Y)|+1.0\times|resp_t(Z)| \quad \cdots\cdots(13)$$

- 主要方向总地震反应的绝对值之和,组合可写为公式(14):

$$TSR_{abs}=1.0\times|resp_t(X)|+1.0\times|resp_t(Y)| \text{ 或 } TSR_{abs}=1.0\times|resp_t(Z)|+1.0\times|resp_t(Y)| \quad \cdots(14)$$

7 地震和非地震作用的组合

7.1 总则

关于静强度的验证和弹性稳定性的验证,在 7.2 和 7.3 中分别给出了将地震载荷和其他非地震载荷作用相结合的两种方法,其中 7.2 为本文件的首选方法。

7.4 给出了起重机的整体稳定性验证。

7.2 静强度验证：载荷组合符合 ISO 8686-1

第 5 章中计算的抗震设计载荷作用应根据 ISO 8686-1 的原则与其他载荷作用结合使用，如表 6 所示。

表 6 地震载荷组合

载荷	载荷组合	
	C1	C2
起重机的质量	1	1
总载荷的质量	1	1
起重机基础在竖直方向上的激励：F_V、F_{RV}	1	0.4
起重机基础在水平方向上的激励[a]：F_H、F_{RH}	0.4	1
[a] 水平地震力（F_H 和 F_{RH}）可以作用在任何水平方向上，但应选取对起重机部件最不利的水平方向。		

注 1：某些起重机发生事故如果失效，将对人员或经济造成特别严重的后果，为获得更高的可靠性，ISO 8686-1 定义了一个高危险度系数（γ_n），γ_n 取值范围为 1.0～2.0。在验证起重机整体稳定性时（见 7.4），起重机不同的结构件和机构 γ_n 的取值可能不同。如果选取的高危险度系数 $\gamma_n>1.0$，则需将表 6 中的地震设计载荷（F_V、F_{RV}、F_H、F_{RH}）乘以此系数。

注 2：其他类似因素，如重要性因素，可参考相关政府文件。

最大地震效应应考虑载荷大小及起升载荷和可移动部件（如起重小车、吊臂、移动配重）所处的不同位置。

7.3 静强度验证：基于 SRSS 方法的载荷组合

采用 6.2 中 SRSS 方法计算总地震反应时的载荷工况，还应与表 7 列出的其他载荷作用进行组合。

表 7 SRSS 方法的地震载荷组合

载荷	载荷组合			
	C3	C4	C5	C6
起重机的质量	1	1	1	1
总载荷的质量	1	0	1	0
总地震反应（SRSS）-带载起重机	1	0	−1	0
总地震反应（SRSS）-空载起重机	0	1	0	−1

最大地震效应宜考虑载荷大小及起升载荷和可移动部件（如起重小车、吊臂、移动配重）所处的不同位置。

7.4 整体稳定性验证

对于每个正交水平方向，根据 ISO 8686-1 的原则，地震设计载荷应与其他载荷组合使用，如表 8 所示。

表 8　包括地震载荷在内的整体稳定性载荷组合

载荷	载荷组合 C1
起重机的质量,不利[a]	1.05
起重机的质量,有利[a]	1.0
总载荷	1.0
总地震载荷	1.0
[a] 在计算给定载荷组合和起重机结构的重力载荷时,在所考虑的临界点上,起重机不同部位的质量应增加("不利"),或减少由此产生的载荷效应("有利")。	

高危险度系数(γ_n),其值在 1.0～2.0 范围内,可用于计算总地震载荷。也可用于计算起重机的不利质量。

水平力(F_H 和 F_{RH}),可以作用于任何水平方向。因此,选择方向时应考虑到对起重机稳定性最不利的影响。

在验证地震条件下的起重机稳定性时,除非各载荷组合工况清晰明了,否则应计算所有起升载荷及起重机不同配置的工况。

7.5　起重机结构能力验证

起重机结构的能力应根据 ISO 20332 进行验证,其中一般抗力系数(γ_m)的值应取为 1.1,如需要还应考虑二阶效应。

附 录 A
（资料性）
抗震设计流程图

基于地震系数修正法的起重机抗震设计程序的典型流程图如图 A.1 所示。

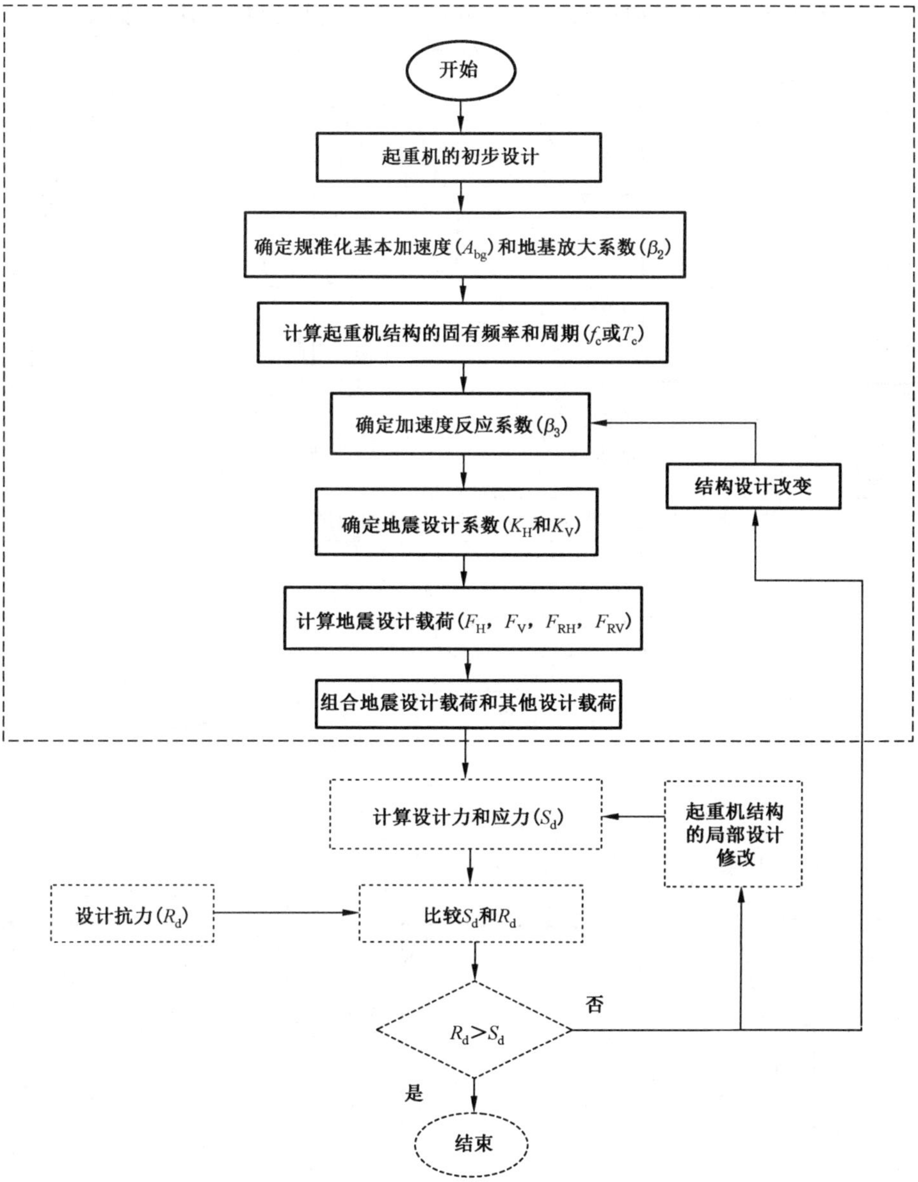

图 A.1 基于地震系数修正法的起重机抗震设计程序的典型流程图

附 录 B
(资料性)
关于最大反应谱法的信息

表B.1中描述了反应谱分析法[用“resp(dir)”表示]的步骤。

表B.1 使用反应谱分析法计算单一激励方向地震反应的步骤

步骤1——计算振型和自振周期/频率

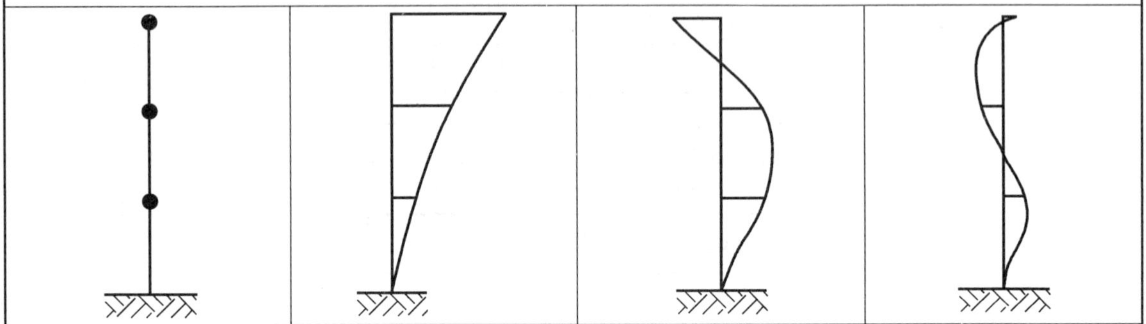

悬臂梁的理想化集中质量振型	振型1	振型2	振型3

步骤2——在选定的方向和振型下,根据反应谱确定地震加速度

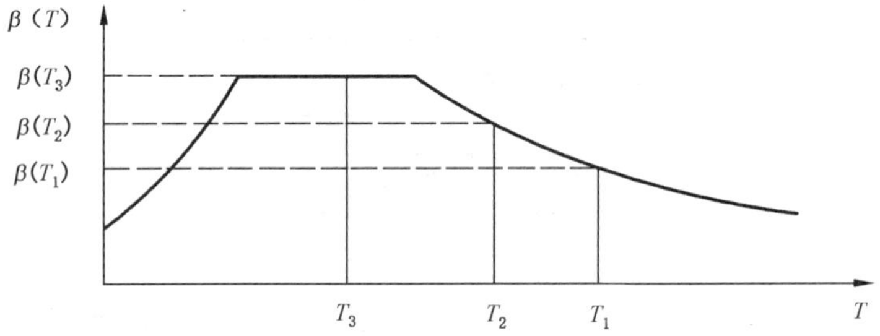

步骤3——在选定的振型下,计算所有节点的地震力 F_{ji}

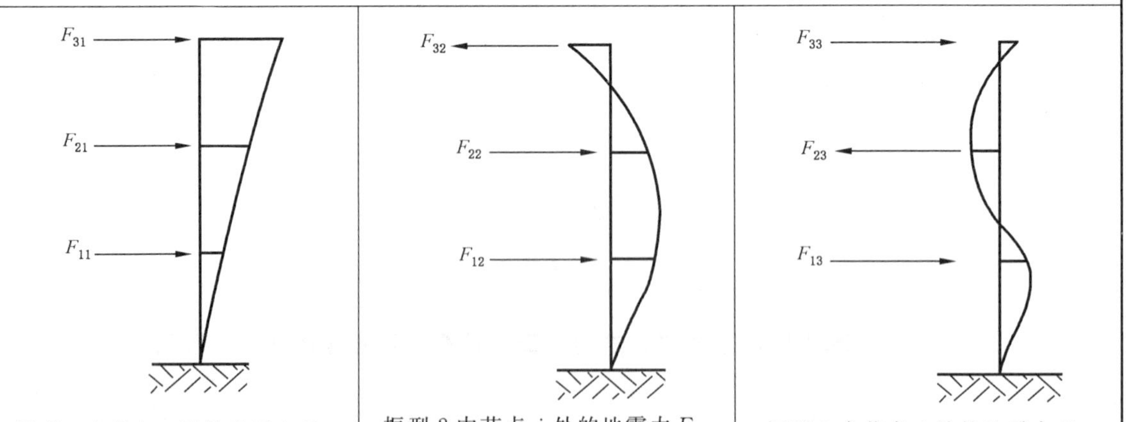

振型1中节点 j 处的地震力 F_{j1}	振型2中节点 j 处的地震力 F_{j2}	振型3中节点 j 处的地震力 F_{j3}

注:对于选定的振型,使用参与系数和地震反应加速度谱计算所有节点的地震载荷。

表 B.1 使用反应谱分析法计算单一激励方向地震反应的步骤(续)

步骤 4——在所有节点 j 和所有选定振型 i 下计算内力 N_{ji}(轴向力),V_{ji}(剪切力)和 M_{ji}(弯矩)

示例:节点 j 处弯矩的振型分量 $M_{Z_L,j,x}$,由 x 方向的地震激励,振型 1、2、3 是重要的振型。

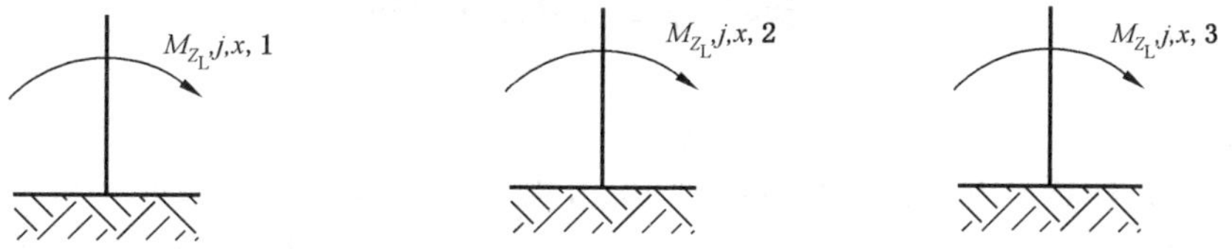

$M_{Z_L,j,x,1}$ 为振型 1 下、机身底部节点 j 处关于局部坐标 Z_L 轴的截面弯矩(地震激励为 x 方向)	$M_{Z_L,j,x,2}$ 为振型 2 下、机身底部节点 j 处关于局部坐标 Z_L 轴的截面弯矩(地震激励为 x 方向)	$M_{Z_L,j,x,3}$ 为振型 3 下、机身底部节点 j 处关于局部坐标 Z_L 轴的截面弯矩(地震激励为 x 方向)

步骤 5——计算所有选定振型和重要节点处地震反应的振型分量,即 resp(dir)(即应力和/或位移),该振型分量由步骤 4 计算所得的轴向力 N、剪切力 V 和弯矩 M 产生。

示例:地震反应之一的名义弯曲应力分量 $\sigma_{b,Z_L,j1,x,i}$,即在机身底部节点 j 处、由局部坐标 Z_L 轴弯矩引起的截面点 1 的正应力(地震激励在 x 方向上,振型为 1、2、3)。

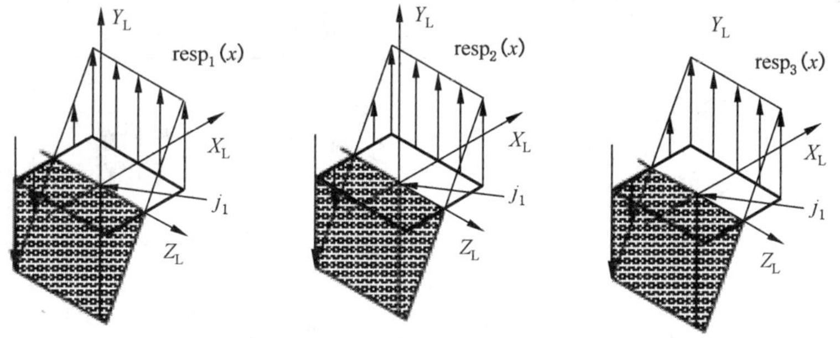

地震反应 $\text{resp}_1(x) = \sigma_{b,Z_L,j1,x,1}$,表示在振型 1 下、机身底部节点 j 处、由局部坐标 Z_L 轴弯矩引起的截面点 1的正应力(地震激励为 x 方向)	地震反应 $\text{resp}_2(x) = \sigma_{b,Z_L,j1,x,2}$,表示在振型 2 下、机身底部节点 j 处、由局部坐标 Z_L 轴弯矩引起的截面点 1的正应力(地震激励为 x 方向)	地震反应 $\text{resp}_3(x) = \sigma_{b,Z_L,j1,x,3}$,表示在振型 3 下、机身底部节点 j 处、由局部坐标 Z_L 轴弯矩引起的截面点 1 的正应力(地震激励为 x 方向)

步骤 6——使用 SRSS 方法(所有重要节点处的总应力或重要位移),计算所考虑的地震激励方向的总地震反应 TSR,由所有选定振型的组成:

$$\text{resp}_t(\text{dir}) = \sqrt{\text{resp}_1(\text{dir})^2 + \text{resp}_2(\text{dir})^2 + \text{resp}_3(\text{dir})^2 + \cdots}$$

示例:在节点 j(在塔底部)截面的点 1 处,x 方向上的地震激励,总弯曲正应力 $\sigma_{b,Z_L,j1,x}$ 由各个弯曲正应力组成。这些弯曲正应力对应振型 1、2 和 3,是对局部轴 Z_L 的弯矩所产生的,由步骤 5 计算,其计算公式如下:

$$\sigma_{b,Z_L,j1,x} = \sqrt{\sigma^2_{b,Z_L,j1,x,1} + \sigma^2_{b,Z_L,j1,x,2} + \sigma^2_{b,Z_L,j1,x,3}}$$

附　录　C
(资料性)
时程分析法与不同抗震设计方法比较

C.1　总则

时程分析法是计算地震载荷的另外一种方法,用于替代地震系数修正法和最大反应谱法。特别是在应用于需要非常精确地评估地震载荷和/或允许考虑非线性特性时。

时程分析法是一种非常精确的计算方法,因此只针对有特定时程并作为振型输入的情况下才使用。由于各时程曲线对起重机的影响大小不等,因此一个反应谱往往由多组时程曲线生成,而至少2组(最好3组)相对独立的时程曲线来组成一个反应谱是十分必要的,否则会导致错误的结果。

表C.1比较了3种方法的特征。

表C.1　3种地震反应分析方法的特征

项目	复杂性和难度水平	涵盖的结构和动态行为类型	计算地震加速度的精度	估算地震载荷的精度	反应特征
地震系数修正法	简单易用,可用计算机计算,但非必须	弹性和线性	近似	近似,但偏于保守	取决于使用的反应谱和对起重机自振周期/频率的估计
反应谱分析法(见第6章和附录B)	更复杂,需要用到计算机	弹性和线性	精度较高,但仅限于地震加速度为最大值情况	精度较高,但仅适用极限状态下的地震力和起重机反应	取决于所使用的反应谱
时程分析法(见C.2)	复杂且对计算机要求很高	弹性、塑性、线性和非线性	以实际地震加速度作为模型输入的精确仿真	地震激励和对地震力反应的精确仿真	取决于设计地震波

C.2　地震反应时程分析法

地震加速度时程曲线作为地震激励的输入,可以通过实际记录或合成(人工或模拟)的方法得到。

实际记录的加速度时程曲线是以往实际地震的记录。

人工合成的加速度时程曲线由计算机生成,用于表示地面加速度峰值时程,以与反应谱匹配。

此加速度时程曲线是通过施加地震扰动采用物理仿真而生成。

每个地震激励方向上都会有不同的加速度时程曲线。

有两种时程分析方法可供选择。

——完全直接积分法,采用数值积分逐步求解系统模型,在这两种方法中功能更强,可以处理所有的非线性类型,但是对计算机和计算机的配置要求更加复杂和苛刻。

——模态叠加法,通过模态分析选择有影响的各振型来计算起重机的反应,比完全直接积分法要求低,但处理非线性问题的能力有限。

基于时程分析法的单一方向地震反应分析的主要步骤,如图 C.1 所示。

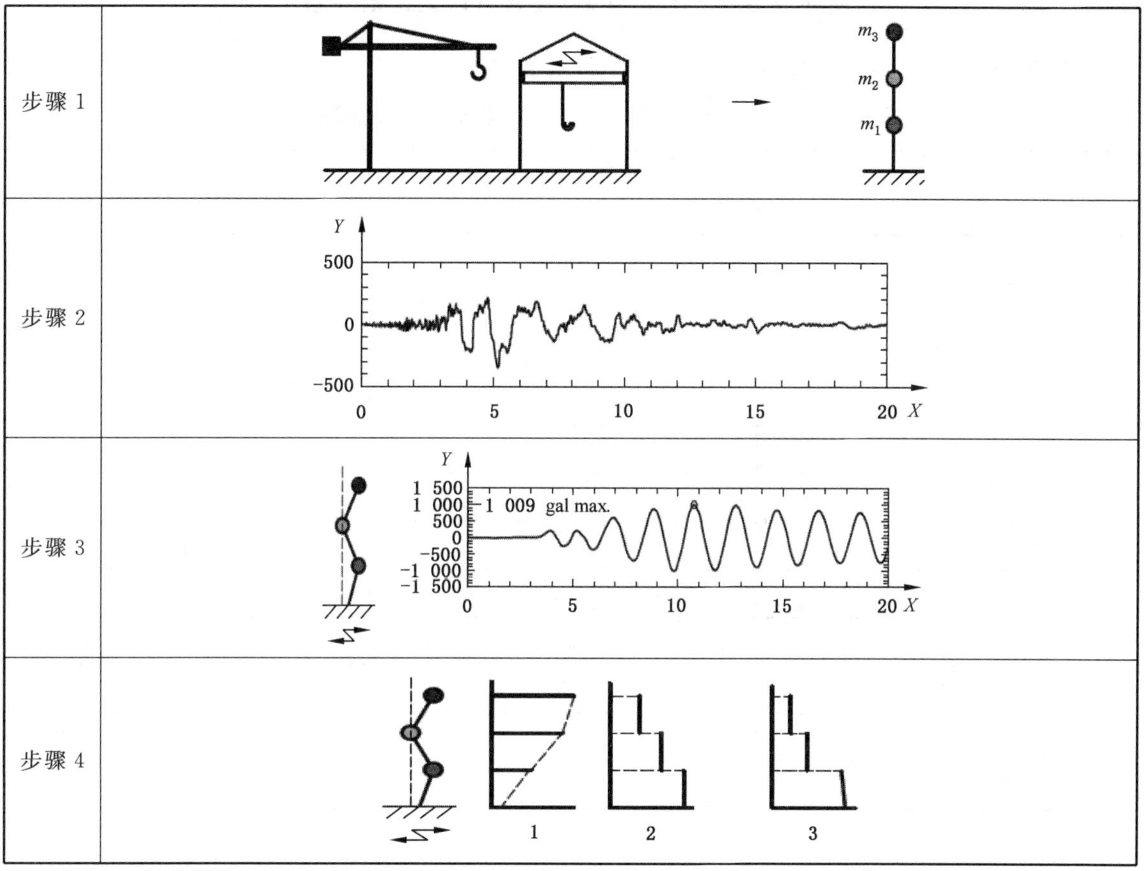

标引序号说明:

1 ——最大加速度;

2 ——最大剪切力;

3 ——最大弯矩;

X ——时间;

Y ——加速度。

步骤 1:使用弹簧-集中质量原理对起重机结构进行建模,例如有限元分析。

步骤 2:选择地震激励,作为模型输入,即地震加速度时程曲线(人工合成法,实际记录法或模拟合成法)。

步骤 3:计算起重机反应,根据随时间变化的节点加速度,结合时域中的逐步积分法,在地震激励和其他非地震载荷(如自重)下进行计算。

步骤 4:计算节点和结构构件中的随时间变化的位移和内力以及确定最大值。

图 C.1　地震反应时程分析步骤(单一方向)

附　录　D
（资料性）
基本加速度与麦式震级、里氏震级之间的关系

表 D.1 给出了基本加速度与麦式震级、里氏震级之间的关系。

表 D.1　基本加速度与麦式震级、里氏震级之间的关系

里氏震级	近似基本加速度 a_g m/s²	麦氏震级近似等效值
<3.5	<0.01	Ⅰ
3.5	0.025	Ⅱ
4.2	0.025	Ⅲ
4.5	0.10	Ⅳ
4.8	0.25	Ⅴ
5.4	0.50	Ⅵ
6.1	1	Ⅶ
6.5	2.5	Ⅷ
6.9	2.5	Ⅸ
7.3	5	Ⅹ
8.1	7.50	Ⅺ
>8.1	9.80	Ⅻ

附　录　E
（资料性）
竖向地震烈度

竖向影响系数与竖向地震设计系数(K_V)和水平地震设计系数(K_H)有关。

反应谱的竖向加速度与水平加速度比值可以通过基于经验的衰减公式获得，此比值范围在0.4～0.7，对应的周期范围为0.1 s～5 s(见图E.1和参考文献[3]、[4]和[5])。

宜将竖向影响系数 c 设置为0.5。

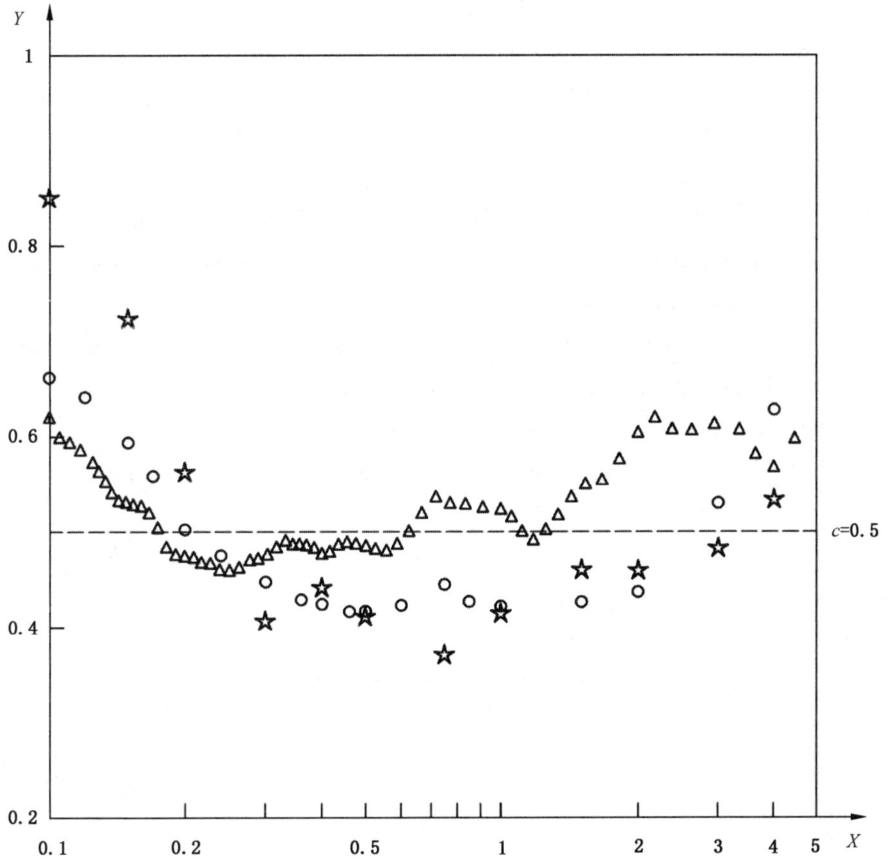

标引序号说明：

△——源自 Ohno 等文献(2001年)；

☆——源自 Campbell 和 Bozorgnia 的文献(2003年)；

○——源自 Abrahamson 和 Silva 的文献(1997年)；

X ——周期，单位为秒(s)；

Y ——V/H；

c ——竖向地震系数。

图 E.1　反应谱的竖向加速度与水平加速度比值(V/H)，源自基于经验的、关于地震周期的衰减公式

参 考 文 献

[1] ISO 4301-1 Cranes—Classification—Part 1: General

[2] ISO 4306(all parts) Lifting appliances—Vocabulary

[3] OHNO S., TAKAHASHI K., MOTOSAKA M. Empirical estimation of horizontal and vertical motionbased on California earthquake records and its application to Japan island earthquakes, Journal of Structural and Construction Engineering. Transactions of AIJ, 2001 No.544, 39-46

[4] ABRAHAMSON N.A.,& SILVA W.J. Empirical response spectral attenuation relations for shallowcrustal earthquakes. Seismol. Res. Lett. 1997, 68 (1) pp. 94-127

[5] CAMPBELL K.W., & BOZORGNIA Y. Updated near-source ground-motion (attenuation) relations for the horizontal and vertical components of peak ground acceleration and acceleration responsespectra. Bull. Seismol. Soc. Am. 2003, 93 (1) pp. 314-331

[6] WATANABE T., IKEDA M., KOBAYASHI N. Acceleration Response Estimation of a Structure on aSupportive Structure for Seismic Design. Journal of System Design and Dynamics, JSME. 2010, 4,(3), pp. 484-494

[7] NIE J., & Richard J. Morante, Manuel Miranda, Joseph Braverman, On the correct applicationof the 100-40-40 Rule for combining responses due to three directions of earthquake loading.Brookhaven National Library, 2010

[8] SODERBERG E. Michael Jordan, Dockside ship-to-shore cranes, Seismic risk and recommendeddesign criteria. Liftech, 2007

[9] http://www.seismo.ethz.ch/static/GSHAP/ GLOBAL SEISMIC HAZARD ASSESSMENT PROGRAM; ETH Zurich

ICS 53.020.20
CCS J 80

中华人民共和国国家标准

GB/T 41976—2022

停车设备 智能控制与管理系统

Parking equipment—Intelligent control and management system

2022-10-12 发布 2022-10-12 实施

国家市场监督管理总局
国家标准化管理委员会 发布

前　言

本文件按照 GB/T 1.1—2020《标准化工作导则　第 1 部分：标准化文件的结构和起草规则》的规定起草。

请注意本文件的某些内容可能涉及专利。本文件的发布机构不承担识别专利的责任。

本文件由中国机械工业联合会提出。

本文件由全国起重机械标准化技术委员会(SAC/TC 227)归口。

本文件起草单位：杭州西子智能停车股份有限公司、北京起重运输机械设计研究院有限公司、北京科正平工程技术检测研究院有限公司、浙江镭蒙科技有限公司、深圳怡丰自动化科技有限公司、安徽博微联控科技有限公司、深圳市伟创自动化设备有限公司、江苏丰烨驻车系统有限公司、泉安泉(无锡)智控系统有限公司、北京鑫华源机械制造有限责任公司、浙江诺力车库设备制造有限公司、江苏普腾停车设备有限公司、大洋泊车股份有限公司、深圳精智机器有限公司、青岛茂源停车设备制造有限公司、江苏润邦智能车库股份有限公司、北京首钢城运控股有限公司、上海天地岛川停车设备制造有限公司、北京航天汇信科技有限公司、杭州大中泊奥科技股份有限公司、卫华集团有限公司、东杰智能科技集团股份有限公司、青岛德盛利立体停车设备有限公司、杭州立方控股股份有限公司、上海赛迪停车设备有限公司。

本文件主要起草人：施晓玲、赵春晖、戴岳芳、陶天华、王勇、吴国法、王志勇、汤辉、徐彬、林夫奎、林伟通、陈亮、茅正冲、王耀、梁明、姚昕、李祥啟、黄拾龙、闫立睿、刘大海、曹云祥、陆斌、赵强、王家洪、孟文生、赵永兵、肖文、施广明。

停车设备　智能控制与管理系统

1　范围

本文件规定了停车设备智能控制与管理系统的技术要求、安全要求和检验。

本文件适用于GB/T 26476定义的平面移动类机械式停车设备、巷道堆垛类机械式停车设备、垂直升降类机械式停车设备、垂直循环类机械式停车设备、水平循环类机械式停车设备、多层循环类机械式停车设备。

2　规范性引用文件

下列文件中的内容通过文中的规范性引用而构成本文件必不可少的条款。其中，注日期的引用文件，仅该日期对应的版本适用于本文件；不注日期的引用文件，其最新版本（包括所有的修改单）适用于本文件。

GB 17799.3　电磁兼容　通用标准　居住、商业和轻工业环境中的发射

GB 17799.4　电磁兼容　通用标准　工业环境中的发射

GB/T 26476　机械式停车设备　术语

GB/T 39980—2021　机械式停车设备　设计规范

3　术语和定义

GB/T 26476界定的以及下列术语和定义适用于本文件。

3.1

停车设备　parking equipment

停车库（场）中运送或停放汽车的设备总称。

3.2

停车设备智能控制系统　intelligent control system of parking equipment

由停车设备控制器、传感器、执行机构、通信系统、人机交互系统组成，用于实现停车设备自动检测、自动存取汽车的功能的系统。

3.3

停车设备管理系统　parking equipment management system

由停车管理平台、停车诱导系统、收费系统、汽车存取系统、预约系统、信息发布、信息检索等组成，用于实现停车设备内汽车的诱导、记录、存取和收费的自动化系统。

3.4

停车设备控制器　parking equipment controller

通过输入接口、输出接口和通信接口获取停车设备的工作状态、工作参数和命令执行结果等信息，用于实现停车设备自动化或智能化目标的一种专用计算机。

3.5

人机交互系统 human-machine interaction system

通过计算机、人机界面等输入、输出设备,实现人与停车设备信息交换的系统。

3.6

停车诱导系统 parking guidance information system

通过智能检测等技术,将分布在同一停车库(场)的停车设备数据智能联网上传,实时发布各个停车设备停车数据,引导司机实现便捷停车的系统。

4 技术要求

4.1 停车设备智能控制与管理系统

4.1.1 停车设备智能控制与管理系统(以下简称"智管系统")设计应满足停车设备的使用性能要求。

4.1.2 智管系统应遵循结构化、模块化设计原则,具备扩展性。

4.1.3 智管系统应设计成由一组相对独立又互有关联的模块组成,各模块之间的通信应可靠。

4.1.4 智管系统的数据接口应具备兼容性和开放性。

4.1.5 智管系统的电磁兼容性应符合 GB 17799.3 或 GB 17799.4 的规定。

4.1.6 各类停车设备的功能设置应符合附录 A 的规定。

4.2 主要部件

4.2.1 停车设备控制器中央处理器(CPU)负荷不宜大于 75%,内存使用量不宜大于配置容量的 75%,每台(套)控制器宜备有不少于 10%的输入、输出点。

4.2.2 停车设备执行机构的额定功率不应小于额定负载功率。

4.2.3 传感器应从稳定性、精度、灵敏度三个方面进行选型,保证设备的安全运行。

4.2.4 人机交互系统的操作装置应满足设备使用环境条件,操控灵敏。

4.2.5 停车设备管理系统服务器应采用稳定性强的操作系统,处理器主频不应低于双核 1.8 GHz,内存不应低于 8 G,历史数据存储时间不应少于 1 年。

4.2.6 人机交互系统的操作装置宜采用多种交互模式,例如,按键、指纹、人脸、非接触式卡等。

4.3 基本功能

4.3.1 操作模式

4.3.1.1 停车设备的操作模式应支持手动模式、单步模式和全自动模式。

4.3.1.2 手动模式也称为检修模式,用于设备的调试及检修状态。

4.3.1.3 单步模式也称为半自动模式,用于单体设备的调试。在单步模式下,应保证所有的运行逻辑和互锁功能有效。

4.3.1.4 全自动模式,用于在设备正常运行状态下,通过按键或刷卡等人机交互系统进行操作,智管系统自动完成存取车过程。交互结果应以语音、文字、图标或指示灯的方式反馈给用户。

4.3.2 车位分配原则

4.3.2.1 智管系统应具备车位或用户的设置功能,优化车位分配,提升存取车效率。

4.3.2.2 停车设备车位分配宜采取路径或时间最短原则,实现汽车的存取。

4.3.2.3 停车设备应具备存(取)车优先模式切换功能。

4.3.3 报警显示及日志记录

4.3.3.1 停车设备出现报警时，应在人机交互系统上以文字或图例的形式显示故障信息，同时应启动声光报警。

4.3.3.2 停车设备智能控制系统应设置故障日志，保存故障历史记录，记录保存时间不应少于90 d。

4.3.4 消防报警时停车设备与消防设施的联动要求

4.3.4.1 停车设备智能控制系统应具备接收消防报警信息功能。

4.3.4.2 当停车设备接收到消防报警信号时，智能控制系统应做出相应的响应。

4.3.4.3 当消防报警解除以后，停车设备应能恢复到正常的运行状态。

4.3.5 停车设备管理系统

4.3.5.1 用户类型

收费系统的用户类型包括时租用户和临时用户。

4.3.5.2 支付方式

收费系统的支付方式包括现金支付和电子支付。

4.3.5.3 排队功能

在取车高峰时段，应设置排队取车功能，宜在人机交互设备或停车诱导设备上显示排队信息。

4.3.5.4 视频监控和存储功能

在停车设备各出入口，管理室、车库内升降机、搬运器等主要区段应安装摄像头，安装位置及数量应能保证观测到每台汽车进出及存取过程，以便实现对车库的实时监控，并对监控视频进行自动存储，存储时间不应小于 30 d。

4.3.5.5 智管系统接口

智管系统的接口能力应满足如下要求：

a） 支持功能配置要求，可支持有线和/或无线传输方式，宜预留扩展接口；

b） 支持一种或多种通信接口，如以太网、RS485/232/422 等接口。

4.3.5.6 数据采集及历史记录

停车设备管理系统应具有不少于 1 年的数据采集和历史记录，应具备以天、周、月为单位的报表统计功能，并应包括但不限于以下内容：

a） 进出口存取车记录；

b） 设备运行日志记录；

c） 异常保护及故障记录；

d） 数据统计及保存；

e） 历史数据的查询；

f） 用户管理日志。

4.3.5.7 停车设备管理系统设置

停车设备管理系统的设置至少具备以下功能：

a) 系统配置:应能高效便捷完成停车设备管理系统配置的设置和修改;
b) 用户管理:应能高效完成用户管理,包括增加用户、删除用户、修改用户信息等;
c) 权限管理:能给不同用户设定不同权限,不同权限的用户对于停车设备管理系统各功能的访问权限不同;
d) 日志管理:对于停车设备管理系统的操作应有详细的日志记载,管理人员可以随时查看日志记录;
e) 车位管理:应允许有权限的管理人员对特定车位的类型、优先级、状态等信息进行设置、修改,对车位的使用记录进行新增、修改、删除、查询等。

4.4 扩展功能

4.4.1 通则

智管系统在满足 4.3 规定的基本功能要求外,宜配置 4.4.2～4.4.7 规定的功能。

4.4.2 存取车模式

智管系统存取车模式在满足 4.3.1 规定的情况下,可增加以下存取车模式。

a) 车牌识别:通过车牌识别系统快速识别车牌号和存取车需求,完成存取车过程。交互结果应以语音、文字或指示灯的方式反馈给用户。当车牌识别出现错误时,应具备人工校正功能。
b) 生物特征(人脸、指纹等)识别:通过生物特征识别系统快速识别车主和存取车需求,完成存取车过程。交互结果应以语音、文字或指示灯的方式反馈给用户。
c) 远程预约:通过远程终端应用软件预约存取车。预约存车后,智管系统自动留出车位,保存预约信息。预约取车时,智管系统自动启动设备进行取车。远程预约结果应以语音或文字的方式反馈给用户。

4.4.3 远程服务系统

4.4.3.1 远程服务系统应具备远程诊断功能,当现场出现故障时,应能及时启动远程服务系统,对现场设备进行远程诊断。

4.4.3.2 远程服务系统宜具备故障信息推送功能,当停车设备出现故障时,第一时间将故障信息推送给相关人员。

4.4.4 停车诱导系统

4.4.4.1 停车诱导系统应能自动采集停车设备的实时数据,具备智能分配引导功能。

4.4.4.2 停车诱导系统应实时显示停车设备可用车位数据和路线引导。

4.4.4.3 在诱导一个以上存车入口时,停车诱导系统应能自动分配存车入口,快速引导,避免汽车拥堵。

4.4.4.4 停车诱导系统应显示醒目的诱导信息,如库号、入口号、车牌等。

4.4.5 车牌识别系统

4.4.5.1 车牌识别系统应方便快捷准确地识别车牌号码及进行汽车图像对比。

4.4.5.2 车牌识别系统应具备人工确认和校正措施。

4.4.6 信息检索功能

停车设备管理系统可通过车牌、卡号、生物特征等信息反向查询汽车的存放位置和存车时间。

4.4.7 信息推送功能

停车设备管理系统应支持为第三方智慧停车平台或其他管理平台推送停车设备数据。

5 安全要求

5.1 通则

智管系统除应满足 GB/T 39980—2021 中 9.7、9.10 和 9.11 的规定外，还应满足 5.2～5.8 的要求。

5.2 控制系统软件

5.2.1 动作前置条件逻辑设计

停车设备控制器应在停车设备启动前完成控制系统自检，确保传感器、执行机构及通信的正常，保证停车设备的正常运行。

5.2.2 运行安全检测

停车设备应在运行过程中进行安全检测，包含但不限于以下检测：

a） 各执行机构的运行时间检测，防止超行程运行或提前运行停止；

b） 各电机的电流检测，防止电机超负载运行；

c） 各执行机构安全运行需要的互锁条件检测；

d） 各种交互信息检测，对非正常交互信息进行无效处理。

5.3 管理系统软件

5.3.1 管理系统应具有防止用户越权获取存取信息的功能，严格限定信息的访问、下载权限和使用范围。

5.3.2 管理系统应具有存储保护功能，以防止用户在指定范围以外的存储区域进行读写。

5.3.3 管理系统在任何情况下，不应暴露口令、授权表等重要信息。

5.3.4 管理系统应具有记录信息拷贝的详细日志功能。

5.4 交互安全

5.4.1 人机交互系统信息处理应具备安全提示与交互确认设计功能。

5.4.2 人机交互系统应具备屏蔽和接地措施，以免外界干扰信号影响控制系统的正常运行。

5.4.3 人机交互系统信息处理应具备输入信息的正确性校验，当校验到不正确的输入信号时，应将检测结果反馈给操作人员，给操作人员明确的提示信息。

5.5 故障诊断

智管系统应具备运行状态监测功能，可实现故障自诊断。在诊断出故障时，智管系统应及时报警。

5.6 现场总线安全设计

现场总线的设计应遵循以下原则：

——数据交互的实时性；

——数据交互的安全性；

——总线控制系统容错能力强。

5.7 网络安全

停车设备管理系统连接网络时,应以数据安全性为前提。需接入外网时,应具备外网接入硬件防火墙或安全管理软件,关闭不使用的常规端口。

5.8 数据安全设计

5.8.1 停车设备电源采用电池供电时,应实时检测电池容量,并能显示,保证设备的不间断运行。

5.8.2 停车设备管理系统服务器采用 220 V 工频电压供电时,应安装不间断电源。

5.8.3 控制系统宜考虑冗余设计,以保证停车设备智能控制系统的可靠运行。

5.8.4 停车设备管理系统应具备数据备份、恢复和数据库账号管理的功能。

5.8.5 停车设备管理系统采集的公民生物特征等个人信息应进行加密存储,不应通过智管系统展示或在公共区域公开展示,根据需要必须展示的信息应进行脱敏处理。

6 检验

6.1 通则

智管系统的检验应验证其是否准确、有效、实时地反映停车设备的智能控制和管理状况,并能对这些状况进行存储、记录、查询和发布。智管系统的检验不包含对智管系统所选元器件的合格性检验。

6.2 检验项目

智管系统的检验项目见表 1。

表 1 检验项目

序号	检验项目	技术要求	试验方法
1	操作模式	4.3.1	6.3
2	车位分配	4.3.2	6.4
3	报警显示	4.3.3.1	6.5
4	报警日志记录	4.3.3.2	6.6
5	消防联动	4.3.4	6.7
6	支付方式	4.3.5.2	6.8
7	视频监控	4.3.5.4	6.9
8	视频存储	4.3.5.4	6.10
9	数据采集和历史记录	4.3.5.6	6.11
10	停车设备管理系统设置	4.3.5.7	6.12
11	存取车模式	4.4.2	6.13
12	远程服务系统	4.4.3	6.14
13	停车诱导系统	4.4.4	6.15
14	车牌识别系统	4.4.5	6.13.1
15	信息检索功能	4.4.6	6.16
16	信息推送功能	4.4.7	6.17

6.3 操作模式

6.3.1 手动模式

将控制系统设置为手动模式，操作停车设备各部件对应的运行按钮或开关，确认各部件是否以低速运行。

6.3.2 单步模式

将控制系统设置为单步模式，操作停车设备各部件对应的运行按钮或开关，确认各部件是否按照设定的参数及目标位置完成一个动作流程。

6.3.3 全自动模式

将控制系统设置为全自动模式，在确保停车设备内所有部件正常运行，且安全的前提下，将汽车驶入停车设备入口，操作人员通过人机交互设备输入存入的车位号或刷卡，按下确认存车按钮后观察设备是否自动启动，将汽车自动存入按键输入的车位或刷卡分配的车位。设备存车完毕后，在人机交互设备上输入刚存入的车位号或再次刷卡，观察设备是否自动启动运行，将汽车从车位取出，运行至停车设备出口。

6.4 车位分配

随机抽取 5 个车位，在软件中查看，确认智管系统自动产生的任务是否符合 4.3.2 的要求。

6.5 报警显示

在停车设备升降机或搬运器空载的情况下，操作紧急停止开关或其他安全防护装置，验证控制系统是否报警，相关报警内容是否清晰显示。

6.6 报警日志记录

调取停车设备故障数据，检查智管系统内保存的故障是否按年/月/日/时/分/秒的格式进行保存，且不少于 90 d。

6.7 消防联动

启动停车设备，模拟消防系统发出报警信号，检查停车设备是否做出相应的响应。

6.8 支付方式

模拟汽车离场缴费，分别采用现金、电子等支付方式各缴费一次，检查智管系统是否能缴费成功。

6.9 视频监控

检查停车设备出入口、转换区、巷道、井道、升降机、搬运器、管理室等主要区段是否安装摄像头，检查视频监控系统的安装位置及数量，是否能保证观察到每台汽车的进出及存取过程，并能实时监控。模拟一次存取车，查看视频是否包括存取车主要过程。

6.10 视频存储

现场查看视频监控系统硬盘容量，根据式(1)计算实际需要的存储容量，确认硬盘容量是否大于实际需要的存储容量。

$$T = 30 \times N \times T_{S} \qquad \cdots\cdots(1)$$

式中：

T ——实际需要存储容量，单位为吉字节(GB)；

N ——摄像头数量；

T_S ——单个摄像头每日存储容量，单位为吉字节(GB)。

6.11 数据采集和历史记录

模拟停车设备存取车或报警，记录发生的时间，存取车位号、故障等信息，查看管理系统的记录，检查相关信息是否与模拟信息相符。

6.12 停车设备管理系统设置

现场查看停车设备管理系统软件，以管理员身份登录管理系统，检查软件是否具备系统配置、用户管理、权限管理、日志管理、车位管理等功能。

6.13 存取车模式

6.13.1 车牌识别模式

将控制系统设置为全自动模式，在确保停车设备内所有部件正常运行，且安全的前提下，将汽车驶入停车设备入口，观察入口处的车牌识别摄像机是否正确识别车牌，并通过人机交互设备显示车牌，操作人员按下确认存车按钮后，观察设备是否自动启动，将汽车自动存入固定车位或随机分配的车位。设备存车完毕后，在人机交互设备上输入刚存入汽车的车牌，观察设备是否自动启动运行，将汽车从车位取出，运行至设备出口。

6.13.2 生物特征识别模式

将控制系统设置为全自动模式，在确保停车设备内所有部件正常运行，且安全的前提下，将汽车驶入停车设备入口，操作人员在人机交互设备处进行人脸或指纹录入，按下确认存车按钮后观察设备是否自动启动，汽车自动存入固定车位或随机分配的车位。设备存车完毕后，在人机交互设备上进行人脸或指纹录入，观察设备是否自动启动运行，汽车从车位取出，运行至设备出口。

6.13.3 远程预约

通过远程终端应用软件，操作预约存车，观察停车设备是否收到预约信息并自动留出车位。操作预约取车，观察停车设备是否收到预约取车信息，并自动启动设备。操作的结果在应用软件中有相应反馈。

6.14 远程服务系统

开启停车设备远程服务系统，模拟停车设备发生故障报警，检查远程服务系统是否接收到停车设备发送的故障信息，相关人员是否收到智管系统推送的故障信息。

6.15 停车诱导系统

在配置停车诱导系统的停车场，在停车场总入口处驶入一辆汽车，检查停车诱导系统是否以文字或图片的形式提示车主存车入口号，分配的入口号处是否已显示相关等待信息。

6.16 信息检索功能

模拟汽车存取车，输入模拟汽车的车牌、卡号、生物特征等任一信息，查看停车设备管理系统是否可找到汽车的存取记录。

6.17 信息推送功能

模拟停车设备存取车，查看管理系统记录的时间，存取车位号，汽车信息。打开管理系统推送的第三方管理平台软件，检查相关推送信息是否与管理系统的记录一致。

附 录 A
（规范性）
各类停车设备功能设置表

各类停车设备功能设置应符合表 A.1 的规定。

表 A.1 各类停车设备功能设置

序号	功能要求	停车设备类别					
		平面移动类	巷道堆垛类	垂直升降类	垂直循环类	水平循环类	多层循环类
1	手动模式（4.3.1.2）	应具备	应具备	应具备	应具备	应具备	应具备
2	单步模式（4.3.1.3）	应具备	应具备	应具备	应具备	应具备	应具备
3	全自动模式（4.3.1.4）	应具备	应具备	应具备	应具备	应具备	应具备
4	报警显示及日志记录（4.3.3）	应具备	应具备	应具备	应具备	应具备	应具备
5	消防联动及报警（4.3.4）	应具备	应具备	应具备	应具备	应具备	应具备
6	用户类型（4.3.5.1）	应具备	应具备	应具备	宜具备	应具备	应具备
7	支付方式（4.3.5.2）	宜具备	宜具备	宜具备	宜具备	宜具备	宜具备
8	排队功能（4.3.5.3）	应具备	应具备	应具备	宜具备	应具备	应具备
9	视频监控和存储功能（4.3.5.4）	应具备	应具备	应具备	宜具备	宜具备	宜具备
10	智管系统接口（4.3.5.5）	应具备	应具备	应具备	应具备	应具备	应具备
11	数据采集及历史记录（4.3.5.6）	应具备	应具备	应具备	宜具备	应具备	应具备
12	停车设备管理系统设置（4.3.5.7）	应具备	应具备	应具备	宜具备	应具备	应具备
13	车牌识别存取车模式［4.4.2a)］	宜具备	宜具备	宜具备	宜具备	宜具备	宜具备
14	生物特征存取车模式［4.4.2b)］	宜具备	宜具备	宜具备	宜具备	宜具备	宜具备

表 A.1　各类停车设备功能设置(续)

序号	功能要求	停车设备类别					
		平面移动类	巷道堆垛类	垂直升降类	垂直循环类	水平循环类	多层循环类
15	远程预约存取车模式[4.4.2c)]	宜具备	宜具备	宜具备	宜具备	宜具备	宜具备
16	远程服务系统(4.4.3)	宜具备	宜具备	宜具备	宜具备	宜具备	宜具备
17	停车诱导系统(4.4.4)	宜具备	宜具备	宜具备	宜具备	宜具备	宜具备
18	车牌识别系统(4.4.5)	宜具备	宜具备	宜具备	宜具备	宜具备	宜具备
19	信息检索功能(4.4.6)	宜具备	宜具备	宜具备	宜具备	宜具备	宜具备
20	信息推送功能(4.4.7)	宜具备	宜具备	宜具备	宜具备	宜具备	宜具备

使用维护

ICS 53.020.20
CCS J 80

中华人民共和国国家标准

GB/T 5972—2023/ISO 4309:2017
代替 GB/T 5972—2016

起重机　钢丝绳 保养、维护、检验和报废

Cranes—Wire ropes—Care and maintenance, inspection and discard

(ISO 4309:2017,IDT)

2023-05-23 发布　　2023-12-01 实施

国家市场监督管理总局
国家标准化管理委员会　发布

前　言

本文件按照 GB/T 1.1—2020《标准化工作导则　第 1 部分:标准化文件的结构和起草规则》的规定起草。

本文件代替 GB/T 5972—2016《起重机　钢丝绳　保养、维护、检验和报废》,与GB/T 5972—2016 相比,除结构调整和编辑性改动外,主要技术变化如下:

——更改了范围(见第 1 章,2016 年版的第 1 章);

——更改了“术语和定义”,包括修改了“主管人员”“股沟断丝”的定义,增加了“钢丝绳电磁检测”“检测头”“基础迹线”“局部缺陷”“金属横截面积损失”等术语和定义(见第 3 章,2016 年版的第 3 章);

——更改了钢丝绳的更换(见 4.2,2016 年版的 4.2);

——更改了安装钢丝绳前的准备(见 4.4,2016 年版的 4.4);

——更改了定期检查(见 5.3,2016 年版的 5.3);

——将无损检测更改为电磁检测(见 5.6 和 6.3,2016 年版的 5.6);

——增加了表 3 中工作级别符合 ISO 4301-1:1986 的规定(见表 3)。

本文件等同采用 ISO 4309:2017《起重机　钢丝绳　保养、维护、检验和报废》。

本文件做了下列最小限度的编辑性改动:

——增加了图 2 的标引符号说明;

——5.6 中增加了资料性引用标准 GB/T 21837—2008;

——增加了资料性附录 C“钢丝绳电磁检测(MRT)的报废基准”。

请注意本文件的某些内容可能涉及专利。本文件的发布机构不承担识别专利的责任。

本文件由中国机械工业联合会提出。

本文件由全国起重机械标准化技术委员会(SAC/TC 227)归口。

本文件起草单位:巨力索具股份有限公司、北京起重运输机械设计研究院有限公司、太原重工股份有限公司、浙江中建路桥设备有限公司、安吉长虹制链有限公司、北京起重运输机械设计研究院有限公司河南分院、北京科正平工程技术检测研究院有限公司、杭州国电大力机电工程有限公司、中国长江三峡集团有限公司、中国三峡建工(集团)有限公司、浙江省海港投资运营集团有限公司、南京市特种设备安全监督检验研究院、河南省矿山起重机有限公司、河南卫华重型机械股份有限公司、法兰泰克重工股份有限公司、浙江双鸟机械有限公司、江西起重机械总厂有限公司、河南巨人起重机集团有限公司、微特技术有限公司、长垣市市场监督管理局、东南大学、南京开关厂有限公司、新乡学院、河南正大起重设备有限公司。

本文件主要起草人:杨超、张培、坑剑、林夫奎、马强、童国柱、杨卫波、游海武、张世保、谭志国、冯华龙、庆光蔚、姬宏贇、韩红安、袁秀峰、张吉均、朱瑸、黄晓琳、韩钊蓬、李彬、王洪波、靳慧、王光明、吴以国、郄亚克、夏新颜、杨舜玺、胡剑宏、张洪波。

本文件于 1986 年首次发布,2006 年第一次修订,2009 年第二次修订,2016 年第三次修订,本次为第四次修订。

引　言

起重机用钢丝绳视为易损件，当检验结果表明，从安全角度看其自身状态已经降低到不能继续使用的程度时，就要更换。

遵守既定原则（如本文件的规定），按照起重机（或起重葫芦）和钢丝绳制造商提供的使用说明书的指导使用，就不会超越控制点。

如果正确实施本文件给出的报废基准，就能达到保留足够的安全程度的目的。反之，如果忽视它们，就可能产生极大的伤害、危险和破坏。

为了对负责“保养与维护”的人员和负责“检验和报废”的人员提供更有针对性的帮助，将两部分内容作了适当的分离。

起重机　钢丝绳
保养、维护、检验和报废

1　范围

本文件规定了起重机和起重葫芦用钢丝绳的保养与维护、检验和报废的一般要求。

本文件除了为有关存储、搬运、安装和维护提供指南外，还为多层缠绕钢丝绳提供了报废要求，现场经验和测试均表明，钢丝绳在卷筒上交叉重叠区域的劣化程度明显高于钢丝绳系统的其他部分。

本文件还提供了更实用的报废要求，涵盖了钢丝绳直径的减小和腐蚀，并提供了评估钢丝绳在任何位置的劣化综合影响的方法。

本文件适用于在下列类型的起重机上使用的钢丝绳：

a）缆索起重机及门式缆索起重机；

b）悬臂起重机（柱式、壁式及自行车式）；

c）甲板起重机；

d）缆绳式桅杆起重机；

e）刚性斜撑式桅杆起重机；

f）浮式起重机；

g）流动式起重机；

h）桥式起重机；

i）门式起重机及半门式起重机；

j）门座起重机及半门座起重机；

k）铁路起重机；

l）塔式起重机；

m）海上起重机，即安装在由海床支承的固定结构或由浮力支承的浮动装置上的起重机。

注：上述 a)～l)起重机的定义参见 GB/T 6974.1。

本文件适用于人力、电力或液力驱动的起重机、卷扬机和起重葫芦上用于吊钩、抓斗、电磁吸盘、钢包、挖掘或堆垛作业的钢丝绳。

本文件也适用于起重滑车用钢丝绳。

注：对于单层缠绕卷筒用的钢丝绳，单一使用合成材料滑轮或带合成材料绳槽衬垫的金属滑轮时，在钢丝绳表面出现可见断丝和实质性磨损之前，内部会出现大量断丝。基于这一事实，本文件没有给出这种应用组合时的报废基准。

2　规范性引用文件

下列文件中的内容通过文中的规范性引用而构成本文件必不可少的条款。其中，注日期的引用文件，仅该日期对应的版本适用于本文件；不注日期的引用文件，其最新版本（包括所有的修改单）适用于本文件。

ISO 4301-1:1986　起重机械　分级　第1部分:总则(Cranes and lifting appliances—Classification—Part 1:General)

ISO 17893　钢丝绳　术语、标记和分类(Steel wire ropes—Vocabulary, designation and classification)

注:GB/T 8706—2017　钢丝绳　术语、标记和分类(ISO 17893:2004,MOD)

3 术语和定义

ISO 17893 界定的以及下列术语和定义适用于本文件。

3.1

公称直径　nominal diameter

d

钢丝绳直径规格的约定值。

3.2

实测直径　measured diameter

实际直径　actual diameter

d_{m}

在两个互相垂直的方向上测量的钢丝绳同一横截面外接圆直径的平均值。

3.3

参考直径　reference diameter

d_{ref}

新钢丝绳开始使用后立即在没有经受弯曲的钢丝绳区段上测量的实测直径(3.2)。

注:该直径作为钢丝绳直径均匀变化的基准值。

3.4

交叉重叠区域　cross-over zone

钢丝绳在卷筒上多层缠绕时,在卷筒法兰处由一层上升到另一层后,上下两层钢丝绳相互交叉重叠的部分。

3.5

圈　wrap

钢丝绳绕卷筒一周。

3.6

卷盘　reel

缠绕钢丝绳的带凸缘的卷轴,用于钢丝绳的运输和贮存。

3.7

钢丝绳的定期检查　wire rope periodic inspection

对钢丝绳进行的加强的目测检查及测量,以及对钢丝绳内部状态的评估(如果条件许可)。

注:如必要,可对钢丝绳进行 MRT(3.11),并由主管人员根据基础迹线进行解释和评估。

3.8

主管人员　competent person

具备足够的起重机和起重葫芦用钢丝绳的专业知识和实践经验,能够评估钢丝绳的状态、判断钢丝绳是否可以继续使用、规定钢丝绳实施检验的最大时间间隔的人员。

注：如果需要 MRT(3.11)，则只准许由主管人员来执行。

3.9

股沟断丝　valley wire break

发生在内层股接触点或两个外层股之间沟状区域的断丝。

注：发生在相邻两个股沟之间钢丝绳内部的外层断丝，以及绳芯股断裂，也可视为股沟断丝。图 1 中红线表示接触点和股沟断丝的位置。

图 1　股沟断丝

3.10

严重程度级别　severity rating

劣化程度的量值，用趋于报废的百分比表示。

注：此比率可与单一的劣化模式[如断丝、直径减小或由 MRT(3.11)检测到金属横截面积损失]有关，或与多个劣化模式(如断丝、直径减小)的综合影响有关。

3.11

钢丝绳电磁检测　magnetic rope test;MRT

基于铁磁性钢丝绳的磁通量泄漏进行测量的无损检测(NDT)。

3.12

检测头　test head

MRT(3.11)仪器在测试过程中位于钢丝绳周围、能产生磁场并包含检测或感应元件的设备。

3.13

基础迹线　base trace

第一次测试时，当钢丝绳穿过检测头时，MRT(3.11)记录的显示信号。

注：基础迹线是与将来使用中的劣化影响进行比较的基准。基础迹线反映了钢丝绳的构造以及钢丝绳沿其长度(例如，长度)的磁特性的变化、磁导率差异。

3.14

局部缺陷　local fault;LF

局部损伤　local flaw

钢丝绳局部受损状态。

注：例如断丝、断股、腐蚀坑或股间伤痕等。

3.15

金属横截面积损失　loss of metallic area;LMA

以新钢丝绳的公称金属横截面积的百分比表示的金属横截面积的变化。

注：金属横截面积的损失通常与损坏有关,例如,均匀腐蚀、磨损、机械损伤或断丝。

4　保养与维护

4.1　通则

当缺少起重机制造商、钢丝绳制造商和/或供货商提供的有关钢丝绳的使用说明时,钢丝绳的保养和维护应符合4.2～4.7的规定。

4.2　钢丝绳的更换

起重机上应安装由起重机制造商规定的正确长度、直径、结构、类型、捻向和强度(如最小破断拉力)的钢丝绳,除非替代钢丝绳已得到起重机制造商、钢丝绳制造商或主管人员的批准。更换钢丝绳的记录应存档。

对于大直径的阻旋转钢丝绳,特别是在准备试样时,可单独采取措施来固定钢丝绳端部,如使用钢制扎带。

如果从较长的钢丝绳上(如批量生产的钢丝绳卷盘)截取所需长度时,应对切割点两侧进行保护,防止切割后松捻(松散)。

图2给出了单层股钢丝绳切割前宜实施的保护措施示例。对于阻旋转钢丝绳和平行捻密实钢丝绳,可成倍增加保护长度。图3给出了另外一种用于大直径阻旋转钢丝绳更换和切割的方法。如果保护措施不合适或不充分,轻度预成型的钢丝绳切割后更容易松捻(松散)。

注:"保护"有时也被称为"捆扎"。

钢丝绳与卷筒、吊钩滑轮组或机械结构固定点的连接,应采用起重机制造商在使用说明书中规定的钢丝绳端固定装置,除非替代钢丝绳端固定装置已得到起重机制造商、钢丝绳制造商或主管人员的批准。

通过在安装前或安装后,尽快对钢丝绳进行MRT检测,有益于钢丝绳进行基础迹线记录。

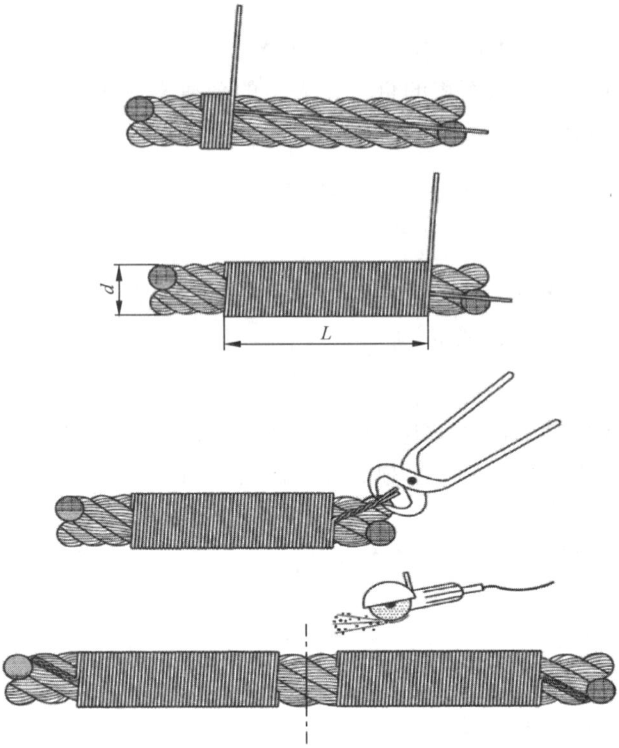

标引符号说明：

L ——保护长度；

d ——钢丝绳直径。

注：L 至少为 2d。

图 2　单层股钢丝绳切割前实施的保护措施示例

图 3　大直径阻旋转钢丝绳更换和切割方法

4.3　钢丝绳的装卸和贮存

为了避免发生事故或损伤钢丝绳，宜谨慎小心地装卸钢丝绳。

卷盘或绳卷不应坠落，不应用金属吊钩或叉车的货叉插入，或施加任何能够造成钢丝绳损伤或畸形的外力。

钢丝绳宜存放在凉爽、干燥的室内，且不宜与地面接触。钢丝绳不宜存放在有可能受到化工产品、化学烟雾、蒸汽或其他腐蚀剂侵袭的场所。

如果户外存放不可避免，则宜采取保护措施，防止潮湿造成钢丝绳锈蚀。

对存放中的钢丝绳应定期进行诸如表面锈蚀等劣化迹象的检查，如果主管人员认为必要，则在表面涂敷与钢丝绳制造时的润滑材料兼容的防护材料或润滑材料。

在温暖环境下，钢丝绳卷盘宜定期翻转180°，防止润滑油(脂)从钢丝绳内流出。

4.4 安装钢丝绳前的准备

在安装钢丝绳前，最好是在接收钢丝绳时，宜核对钢丝绳及其合格证书，确保钢丝绳符合订货要求。

所安装钢丝绳的最小破断拉力不应低于起重机制造商规定的最小破断拉力。

新钢丝绳的直径应在直线部位、无张力的条件下测量，并记录其值(d_{ref})。

如果钢丝绳在储存一段时间后可能已经发生腐蚀，则可对钢丝绳进行目测检查和MRT检测。

核对所有滑轮和卷筒绳槽的情况，以确保其能够满足新钢丝绳的规格要求，没有诸如波纹等缺陷，并且有足够的壁厚来安全支承钢丝绳。

滑轮绳槽直径宜比钢丝绳公称直径大5%～10%，且至少宜比新钢丝绳的实测直径大1%。

4.5 钢丝绳的安装

展开或安装钢丝绳时，应采取各种措施避免钢丝绳旋转。否则可能使钢丝绳产生结环、扭结或折弯，导致无法使用。

为了避免出现上述不良趋势，宜将钢丝绳在允许的最小松弛状态下呈直线放出(见图4)。

以绳卷状态供货的钢丝绳，宜放在可旋转的装置上以直线状态放出，但是绳卷长度较短时，可让外圈钢丝绳端呈自由状态，将其余部分沿着地面向前滚动[见图4a)]。

不应采取从平放于地面的绳卷或卷盘上将钢丝绳拉出或沿地面滚动卷盘的方法放绳(见图5)。

以卷盘状态供货的钢丝绳，将卷盘和其支架放在离起重机或起重葫芦尽可能远的地方，以便将钢丝绳偏角的影响降到最低限度，从而避免不利的旋转。

为了避免沙土或其他污物进入钢丝绳，作业时，将钢丝绳放在合适的垫子(如旧传送带等)上，而不是直接放在地面上。

旋转中的钢丝绳卷盘可能具有很大的惯性，需要加以控制，使钢丝绳缓慢地释放出来。对于较小的卷盘，通常使用一个制动器就能控制(见图6)。大卷盘具有很大的惯性，一旦转动起来，可能需要很大的制动力矩才能控制。

在安装过程中，只要条件允许，就要确保钢丝绳始终向一个方向弯曲，即：从供绳卷盘上部放出的钢丝绳进入到起重机或起重葫芦卷筒的上部(称为“上到上”)，从供绳卷盘下部放出的钢丝绳进入到起重机或起重葫芦卷筒的下部(称为“下到下”，见图6)。

对多层缠绕的钢丝绳，在安装过程中向钢丝绳施加一个大小约为钢丝绳最小破断拉力2.5%～5%的张紧力。这样有助于保证底层钢丝绳缠绕牢固，为后续的钢丝绳提供稳固的基础。

按照起重机制造商的使用说明书在卷筒和外部固定点上固定钢丝绳端部。

安装期间，应避免钢丝绳与起重机或起重葫芦的任何部位产生摩擦。

a) 从绳卷上放绳

b) 从卷盘上放绳

图 4 放出钢丝绳的正确方法

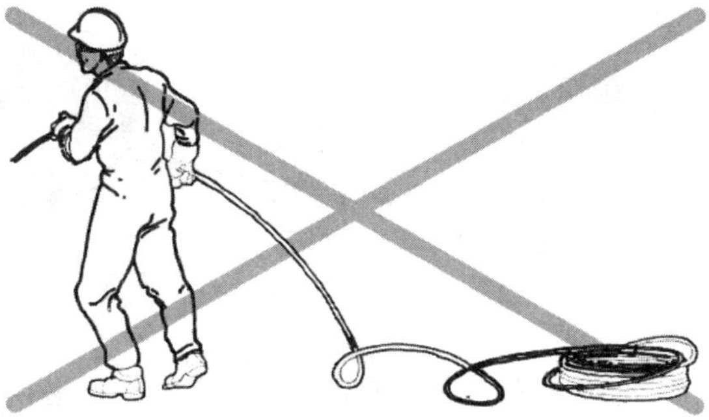

a） 从绳卷上放绳

b） 从卷盘上放绳

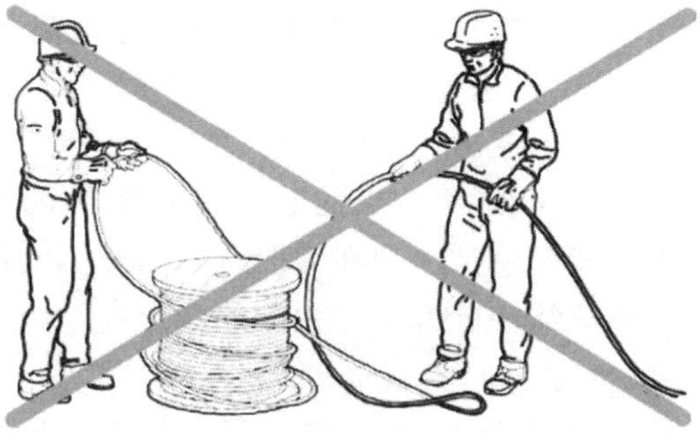

c） 从卷盘上放绳

图5 放出钢丝绳的错误方法

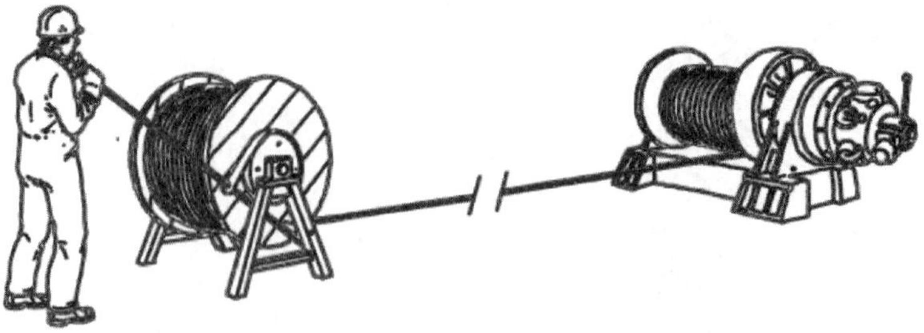

图6　控制绳张力、从卷盘底部向卷筒底部传送钢丝绳

4.6　新钢丝绳的试运行

在钢丝绳投入起重机的使用之前,用户确保与起重机运行有关的限制和指示装置工作正常。

为使钢丝绳组件能较大程度地调整到正常工作状态,用户宜操作起重机在低速轻载[极限工作载荷(WLL)的10%,或额定起重量的10%]状态下运行若干个工作循环。

4.7　钢丝绳的维护

应根据起重机的类型、使用频率、环境条件和钢丝绳的类型对钢丝绳进行维护。

在钢丝绳寿命期内,在出现干燥或腐蚀迹象前,应按照主管人员的要求,定期为钢丝绳润滑,尤其是经过滑轮和进出卷筒的区段以及与平衡滑轮同步运动的区段。有时为了提高润滑效果,可在润滑前将钢丝绳清理干净。

钢丝绳的润滑材料应与钢丝绳制造商提供的初期润滑材料兼容,还应具有渗透性。如果从起重机使用手册中不能确定润滑材料的型号,用户应征询钢丝绳供货商或钢丝绳制造商的意见。

钢丝绳缺乏维护会导致使用寿命缩短,尤其是起重机或起重葫芦用于腐蚀环境,或者不能对钢丝绳进行润滑时。在这些情况下,钢丝绳的检验周期应适当缩短。

如果钢丝绳某一部位的断丝过于突出,当此处经过滑轮时,断丝就会压在其他部位之上,造成局部劣化。为了避免这种局部劣化,可将突出的断丝除掉,其方法为:夹紧断丝伸出端反复弯折(如图7所示),直至折断(这种情况总是出现在绳股之间的股沟位置)。在维护过程中去除断丝时,宜记录其位置,并提供给钢丝绳检验人员。去除的断丝应作为一根断丝来计算,并在根据断丝作为报废基准评估钢丝绳的状态时予以考虑。

如果断丝明显靠近或者位于钢丝绳固定端,并且沿钢丝绳长度方向的其他部分又不受影响,可以将钢丝绳截短,然后重新装配绳端固定装置。在此之前,应校核钢丝绳的剩余长度,确保起重机在其极限工作位置时,钢丝绳能够在卷筒上保留所需的最少缠绕圈数。

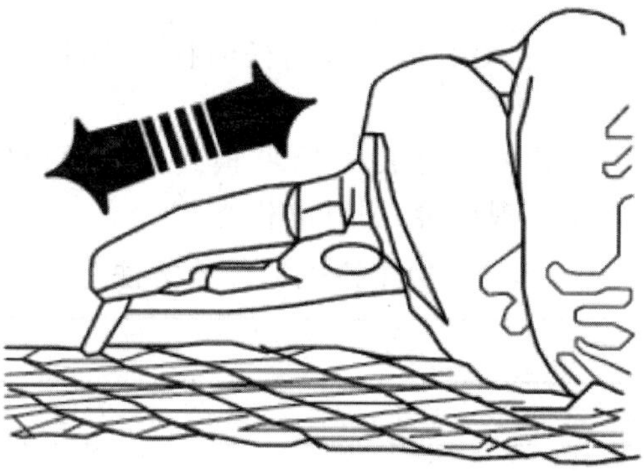

图 7　去除突出的钢丝

4.8　与钢丝绳相关的起重机零部件的维护

除了按照起重机使用手册的相关说明维护以外，卷筒和滑轮还应定期检查，确保在轴承的支承下转动自如。

注：滑轮转动不灵活或滚动体磨损严重且不均匀，都会使钢丝绳严重磨损。起不到平衡作用的平衡滑轮会导致钢丝绳缠绕系统的载荷不均衡。

5　检验

5.1　通则

当缺少起重机制造商、钢丝绳制造商和/或供货商提供的有关钢丝绳的使用说明时，钢丝绳的检验应符合 5.2～5.6 的规定。

5.2　日常检查

至少应在特定的日期对预期的钢丝绳工作区段进行目测检查，目的是发现一般的劣化现象或机械损伤。此项检查还应包括钢丝绳与起重机的连接部位(见图 A.2)。

对钢丝绳在卷筒和滑轮上的正确位置也应检查确认，确保钢丝绳没有脱离正常的工作位置。

所有观察到的状态变化都应报告，并且由主管人员根据 5.3 的规定对钢丝绳进行进一步检查。

无论何时，只要钢丝绳安装发生变动，如当起重机转移作业现场及重新安装钢丝绳后，都应按本条的规定对钢丝绳进行外观检查。

可指定起重机司机/操作员在其培训合格和能力所及的范围内承担日常检查工作。

5.3　定期检查

5.3.1　通则

定期检查应由主管人员实施。

从定期检查中获得的信息用来帮助对起重机钢丝绳做出如下判定：

a)　是否能够继续安全使用到最近的下一次定期检查；

b)　是否需要立即更换或者在规定的时间段内更换。

应采用适当的评价方法，如目测检查、测量或 MRT 等，对劣化的严重程度做出评估，并且用各自特定报废基准的百分比表示(如 20%、40%、60%、80%、100%)，或者用文字表述(如轻度、中度、重度、严重、报废)。

在钢丝绳试运行和投入使用前,对其可出现的任何损伤都应由主管人员做出评估,并记录观察结果。

比较常见的劣化模式以及评价方法见表1,有些模式的各项内容能轻易量化(即计算或测量),也有的需要由主管人员做出主观评价(即目测检查)。

表1 劣化模式和评价方法

劣化模式	评价方法
可见断丝数量(包括随机分布、局部聚集、股沟断丝、绳端固定装置及其附近)	计算
断丝造成的金属横截面积损失	目测检查和 MRT
钢丝绳直径减小(源自外部磨损/擦伤、内部磨损和绳芯劣化)	测量
除断丝以外的其他原因引起的金属横截面积损失,如腐蚀、磨损等	目测检查和 MRT
绳股断裂	目测检查
腐蚀(外部、内部及摩擦)	目测检查和 MRT
变形	目测检查和测量(仅限于波浪形)
机械损伤	目测检查
热损伤(包括电弧)	目测检查

典型劣化模式的示例见附录B。

5.3.2 检查周期

定期检查的周期应由主管人员决定,且应考虑但不限于如下内容:

a) 使用国关于钢丝绳应用的法规要求;

b) 起重机的类型及工作现场的环境状况;

c) 机构的工作级别;

d) 前期的检查结果;

e) 在检查同类起重机钢丝绳过程中获取的经验;

f) 钢丝绳已使用的时间;

g) 使用频率;

h) 起重机制造商的建议。

注1:主管人员可能发现接受或推荐比法规要求更频繁的定期检查是明智的。该决策可能会受到工作类型和频率的影响,也取决于钢丝绳当时的状态以及外部环境是否有变化,例如,事故或运行工况的变化,主管人员可能认为有必要决定或建议缩短定期检查的时间间隔。

注2:一般来说,在钢丝绳使用寿命后期产生断丝的速度比早期要快。

5.3.3 检查范围

对每根钢丝绳,都应沿整个长度进行检查。

对超长的钢丝绳,经主管人员同意,可以对工作长度加上卷筒上至少5圈的钢丝绳进行检查。在这种情况下,如果在上一次检查之后和下一次检查之前预计到工作长度会增加,增加的长度在使用前也宜进行检查。

应按附录A的要求特别注意下列关键区域和部位:

a) 卷筒上的钢丝绳固定点；

b) 钢丝绳绳端固定装置上及附近的区段；

c) 经过一个或多个滑轮的区段；

d) 经过安全载荷指示器滑轮的区段；

e) 经过吊钩滑轮组的区段；

f) 进行重复作业的起重机，吊载时位于滑轮上的区段；

g) 位于平衡滑轮上的区段；

h) 经过缠绕装置的区段；

i) 缠绕在卷筒上的区段，特别是多层缠绕时的交叉重叠区域；

j) 因外部原因(如舱口围板)导致磨损的区段；

k) 暴露在热源下的部位。

注：需要特别严格检查的关键部位见附录 A。

如果主管人员认为有必要展开钢丝绳以确认是否存在有害的内部劣化，展开钢丝绳时宜极度小心，避免损伤钢丝绳(见附录 D)。在这方面，MRT 能提供有用的信息来源(见 5.6)。

5.3.4 绳端固定装置及附近区域的检查

应检查靠近绳端固定装置的钢丝绳，特别是进入绳端固定装置的部位，由于这个位置受到振动和其他冲击的影响，以及腐蚀等环境状态的作用，容易出现断丝。可以采用探针进行探查，以确定钢丝是否出现松散，进而确定绳端固定装置内部是否存在断丝。还宜检查绳端固定装置是否存在过度的变形和磨损。

此外，固定绳套、绳环用的套管也应进行目测检查，看其材料是否有裂纹、钢丝绳和套管之间是否存在可能滑移的迹象。

可拆分的绳端固定装置，如楔套，应检查钢丝绳进入绳端固定装置的入口附近有无断丝迹象、确认绳端固定装置处于正确的装配状态。

应检查编织式绳套，确定其仅在编织的锥形段绑扎，这样就能够对其余部分进行断丝的目测检查。

5.3.5 检查记录

每次定期检查之后，主管人员应提交钢丝绳检查记录(典型示例见附录 E)，并注明至下一次检查不能超过的最大时间间隔。

宜保存钢丝绳的定期检查记录(见 E.2)。

5.4 事故后的检查

如果发生了可导致钢丝绳及其绳端固定装置损伤的事故，应在重新开始工作前按照定期检查(见 5.3)的规定，或按照主管人员的要求，检查钢丝绳及其绳端固定装置。

注：在采用双绳提升系统的机构中，即使只有一根钢丝绳报废，也要将两根一起更换，因为新钢丝绳比剩下的钢丝绳粗一些，又有不同的伸长率，这两个因素影响到卷筒上两根钢丝绳的放出量。

5.5 起重机停用一段时间后的检查

如果起重机停用三个月以上，在重新使用前，应按 5.3 的规定对钢丝绳进行定期检查。

5.6 电磁检测

MRT 可用作定期检查的辅助手段来确定可能会损坏的钢丝绳的位置。

如果将MRT作为定期检查的一项内容,则宜在钢丝绳的使用寿命内尽快对其进行初始检查(基础迹线),以作为"基准"参考点(有时称为"钢丝绳记号")以供将来比较。

如果存在不可通过肉眼检查单独识别的缺陷,宜使用MRT,并结合肉眼检查同时进行。

如果国际、国家标准没有对MRT设备质量进行规定,则宜从涵盖仪器仪表和仪器验证的标准中获取指导,例如,GB/T 21837—2008、EN 12927或ASTM E1571。

注：MRT的一些限制：

——仅能用于碳素钢制造的钢丝绳；

——断丝两端之间的间隙小于仪器的灵敏度；

——钢丝绳限制了测量仪器的进入,例如,靠近终端或滑轮等。

6 报废基准

6.1 通则

当缺少起重机制造商、钢丝绳制造商或供货商提供的有关钢丝绳的使用说明时,钢丝绳的报废基准应符合6.2~6.7的规定(有关信息见附录F)。

由于劣化通常是钢丝绳同一位置不同劣化模式综合作用的结果,主管人员应进行"综合影响"评估,附录G提供了一种方法。

只要发现钢丝绳的劣化速度有明显的变化,就应对其原因展开调查,并尽可能地采取纠正措施。情况严重时,主管人员可以决定报废钢丝绳,或缩短下次定期检查的时间间隔,或修改报废基准,例如,减少允许可见断丝数量。

较长钢丝绳中相对较短的区段出现劣化的情况下,如果受影响的区段能够按要求移除,并且余下的长度能满足工作要求,主管人员可决定不报废整根钢丝绳。

6.2 可见断丝

6.2.1 可见断丝报废基准

不同种类可见断丝的报废基准应符合表2的规定。

表2 可见断丝报废基准

序号	可见断丝的种类	报废基准
1	断丝随机地分布在单层缠绕的钢丝绳经过一个或多个钢制滑轮的区段和进、出卷筒的区段,或者多层缠绕的钢丝绳位于交叉重叠区域的区段[a]	单层股和平行捻密实钢丝绳见表3,阻旋转钢丝绳见表4
2	在不进、出卷筒的钢丝绳区段出现的呈局部聚集状态的断丝	如果局部聚集集中在一个或两个相邻的绳股,即使6*d*长度范围内的断丝数低于表3和表4的规定值,可能也要报废钢丝绳
3	股沟断丝[b]	在一个钢丝绳捻距(大约为6*d*的长度)内出现两根或更多断丝
4	绳端固定装置处的断丝	两根或更多断丝

[a] 典型示例见图B.2。

[b] 典型示例见图8和图B.3。

6.2.2 表 3 和表 4 的使用以及钢丝绳的类别编号

对附录 H 中的单层股钢丝绳或平行捻密实钢丝绳，根据其相应的钢丝绳类别编号（RCN）在表 3 中读取 $6d$ 和 $30d$ 长度范围内的断丝数报废值。如果附录 H 中没有对应的钢丝绳结构，按钢丝绳内承载钢丝的总数（不包括填充丝在内的外层绳股的钢丝总数）在表 3 中读取相应的 $6d$ 和 $30d$ 长度范围内的断丝数报废值。

对附录 H 中的阻旋转钢丝绳，根据其相应的钢丝绳类别编号（RCN）在表 4 中读取 $6d$ 和 $30d$ 长度范围内的断丝数报废值。如果附录 H 中没有对应的钢丝绳结构，按钢丝绳外层股数和外层股内承载钢丝的总数（不包括填充丝在内的外层绳股的钢丝总数）在表 4 中读取相应的 $6d$ 和 $30d$ 长度范围内的断丝数报废值。

6.2.3 非工作原因导致的断丝

运输、贮存、装卸、安装、制造等原因可能导致个别钢丝断裂。这种独立的断丝现象不是由工作过程中的劣化（如作为表 3 和表 4 中的数值主要基于弯曲疲劳）引起的，在检查钢丝绳断丝时通常不将这种断丝计算在内。发现这种断丝能进行记录，能为将来的检验提供帮助。主管人员定期检查时，应考虑这一因素，见图 8。

如果这种断丝的端部从钢丝绳内伸出，可能会导致某些潜在的局部劣化，应将其去除（去除方法见 4.7）。

图 8　弯曲钢丝绳常常会暴露出隐藏在绳股之间股沟内的断丝

6.2.4 单层股和平行捻密实钢丝绳

表3 单层股钢丝绳和平行捻密实钢丝绳中达到报废程度的最少可见断丝数

钢丝绳类别编号 RCN (见附录H)	外层股中承载钢丝的总数[a] n	可见外部断丝的数量[b]					
		在钢制滑轮上工作和/或单层缠绕在卷筒上的钢丝绳区段(钢丝断裂随机分布)				多层缠绕在卷筒上的钢丝绳区段[c]	
		工作级别 M1～M4(ISO 4301-1:1986)或未知级别[d]				所有工作级别	
		交互捻		同向捻		交互捻和同向捻	
		$6d$[e] 长度范围内	$30d$[e] 长度范围内	$6d$[e] 长度范围内	$30d$[e] 长度范围内	$6d$[e] 长度范围内	$30d$[e] 长度范围内
01	$n \leqslant 50$	2	4	1	2	4	8
02	$51 \leqslant n \leqslant 75$	3	6	2	3	6	12
03	$76 \leqslant n \leqslant 100$	4	8	2	4	8	16
04	$101 \leqslant n \leqslant 120$	5	10	2	5	10	20
05	$121 \leqslant n \leqslant 140$	6	11	3	6	12	22
06	$141 \leqslant n \leqslant 160$	6	13	3	6	12	26
07	$161 \leqslant n \leqslant 180$	7	14	4	7	14	28
08	$181 \leqslant n \leqslant 200$	8	16	4	8	16	32
09	$201 \leqslant n \leqslant 220$	9	18	4	9	18	36
10	$221 \leqslant n \leqslant 240$	10	19	5	10	20	38
11	$241 \leqslant n \leqslant 260$	10	21	5	10	20	42
12	$261 \leqslant n \leqslant 280$	11	22	6	11	22	44
13	$281 \leqslant n \leqslant 300$	12	24	6	12	24	48
	$n > 300$	$0.04n$	$0.08n$	$0.02n$	$0.04n$	$0.08n$	$0.16n$

注:对于外层股为西鲁式结构且每股的钢丝数≤19的钢丝绳(例如,6×19S),在表中的取值位置为其“外层股中承载钢丝总数”所在行之上的第二行。

[a] 在本文件中,填充钢丝不作为承载钢丝,因而不包括在 n 值之中。

[b] 一根断丝有两个断头。

[c] 这些数值适用于交叉重叠区域和由于钢丝绳偏角影响的缠绕绳圈之间干涉引起的劣化(不适用于只在滑轮上工作而不在卷筒上缠绕的区段)。

[d] 机构的工作级别为 M5～M8 时(ISO 4301-1:1986),断丝数可取表中数值的两倍。

[e] d——钢丝绳公称直径。

6.2.5 阻旋转钢丝绳

表 4 阻旋转钢丝绳中达到报废程度的最少可见断丝数

钢丝绳类别编号 RCN（参见附录 H）	钢丝绳外层股数和外层股中承载钢丝总数[a] n		可见断丝数量[b]			
			在钢制滑轮上工作和/或单层缠绕在卷筒上的钢丝绳区段（钢丝断裂随机分布）		多层缠绕在卷筒上的钢丝绳区段[c]	
			$6d$[d] 长度范围内	$30d$[d] 长度范围内	$6d$[d] 长度范围内	$30d$[d] 长度范围内
21	4 股 $n \leqslant 100$		2	4	2	4
22	3 股或 4 股 $n \geqslant 100$		2	4	4	8
23-1	至少 11 个外层股	$71 \leqslant n \leqslant 100$	2	4	4	8
23-2		$101 \leqslant n \leqslant 120$	3	5	5	10
23-3		$121 \leqslant n \leqslant 140$	3	5	6	11
24		$141 \leqslant n \leqslant 160$	3	6	6	13
25		$161 \leqslant n \leqslant 180$	4	7	7	14
26		$181 \leqslant n \leqslant 200$	4	8	8	16
27		$201 \leqslant n \leqslant 220$	4	9	9	18
28		$221 \leqslant n \leqslant 240$	5	10	10	19
29		$241 \leqslant n \leqslant 260$	5	10	10	21
30		$261 \leqslant n \leqslant 280$	6	11	11	22
31		$281 \leqslant n \leqslant 300$	6	12	12	24
		$n > 300$	6	12	12	24

注： 对于外层股为西鲁式结构且每股的钢丝数≤19 的钢丝绳（例如，18×19S-WSC），在表中的取值位置为其“外层股中承载钢丝总数”所在行之上的第二行。

[a] 在本文件中，填充钢丝不作为承载钢丝，因而不包括在 n 值之中。
[b] 一根断丝有两个断头（按一根断丝计数）。
[c] 这些数值适用于交叉重叠区域和由于钢丝绳偏角影响的缠绕绳圈之间干涉引起的劣化（不适用于只在滑轮上工作而不在卷筒上缠绕的区段）。
[d] d——钢丝绳公称直径。

6.3 钢丝绳电磁检测（MRT）

执行钢丝绳电磁检测时，主管人员应至少了解以下一项以确定局部损伤（LF）：

——钢丝绳中所有钢丝的直径和数量；

——钢丝绳检测所适用的最大钢丝直径和钢丝绳的金属横截面。

此外，为确定金属横截面损失（LMA），主管人员至少应获得钢丝绳的金属横截面。

此信息宜由钢丝绳的制造商或供应商提供。

钢丝绳检测的报废基准在附录C中给出。如果钢丝绳电磁检测(MRT)发现的断丝,能够确认为在目测检查中发现的外部断丝,则主管人员可使用表3或表4代替表C.1。

6.4 钢丝绳直径的减小

6.4.1 沿钢丝绳长度均匀减小

在卷筒上单层缠绕或经过钢制滑轮的钢丝绳区段,直径均匀减小的报废基准值见表5中的粗体字。这些数值不适用于交叉重叠区域或其他由于多层缠绕导致类似变形的区段。

直径减小量的计算方法及其与公称直径百分比的表示按6.4.2的规定。

表5给出了直径均匀减小的等效值,用钢丝绳公称直径的百分比表示,将严重程度分级以20%为单位增量来表示(即20%、40%、60%、80%、100%)。也可以选择其他的严重程度分级方法,如用25%作为单位增量(即25%、50%、75%、100%)。

表5 直径均匀减小的报废基准——单层缠绕卷筒和钢制滑轮上的钢丝绳

钢丝绳类型	直径的均匀减小量Q(用公称直径的百分比表示)	严重程度分级	
		程度	%
纤维芯单层股钢丝绳	$Q<6\%$	—	0
	$6\%\leqslant Q<7\%$	轻度	20
	$7\%\leqslant Q<8\%$	中度	40
	$8\%\leqslant Q<9\%$	重度	60
	$9\%\leqslant Q<10\%$	严重	80
	$\boldsymbol{Q\geqslant 10\%}$	**报废**	**100**
钢芯单层股钢丝绳或平行捻密实钢丝绳	$Q<3.5\%$	—	0
	$3.5\%\leqslant Q<4.5\%$	轻度	20
	$4.5\%\leqslant Q<5.5\%$	中度	40
	$5.5\%\leqslant Q<6.5\%$	重度	60
	$6.5\%\leqslant Q<7.5\%$	严重	80
	$\boldsymbol{Q\geqslant 7.5\%}$	**报废**	**100**
阻旋转钢丝绳	$Q<1\%$	—	0
	$1\%\leqslant Q<2\%$	轻度	20
	$2\%\leqslant Q<3\%$	中度	40
	$3\%\leqslant Q<4\%$	重度	60
	$4\%\leqslant Q<5\%$	严重	80
	$\boldsymbol{Q\geqslant 5\%}$	**报废**	**100**

6.4.2 确定直径均匀减小量及将其表示为公称直径百分比的计算

用公称直径百分比表示的直径均匀减小,按公式(1)计算:

$$Q=[(d_{\text{ref}}-d_{\text{m}})/d]\times 100\% \quad \cdots\cdots(1)$$

式中:

d_{ref}——参考直径;

d_{m}——实测直径;

d——公称直径。

示例 1：直径为 40 mm 的 6×36-IWRC 钢丝绳，参考直径为 41.2 mm，检测时的实测直径为 39.5 mm，直径减小百分比为：

$$[(41.2-39.5)/40]\times100\%=4.25\%$$

注 1：从表 5 中查得，与其对应的，因直径均匀减小而趋于报废的严重程度分级为 20%（轻度）。

注 2：当钢丝绳从参考直径减小公称直径的 7.5% 即 3 mm 时，就达到报废基准。此时的报废直径为 38.2 mm。

示例 2：同样的钢丝绳，检测时的实测直径为 38.5 mm，直径减小百分比为：

$$[(41.2-38.5)/40]\times100\%=6.75\%$$

注 3：从表 5 中查得，严重程度分级为 80%（严重）。

6.4.3 局部减小

如果发现直径有明显的局部减小，如由绳芯或钢丝绳中心区损伤导致的直径局部减小，应报废该钢丝绳（如与绳股凹陷有关的直径减小，见图 B.5）。

6.5 断股

如果钢丝绳发生整股断裂，则应立即报废。

6.6 腐蚀

报废基准和腐蚀严重程度分级见表 6。

评估腐蚀范围时，重要的是区分钢丝腐蚀和由于外来颗粒氧化而产生的钢丝绳表面腐蚀之间的差异。

在评估前，应将钢丝绳的拟检测区段擦净或刷净，但不宜使用溶剂清洗。

表 6 腐蚀报废基准和严重程度分级

腐蚀类型	状态	严重程度分级
外部腐蚀[a]	表面存在氧化迹象，但能够擦净 钢丝表面手感粗糙 钢丝表面重度凹痕以及钢丝松弛[b]	浅表——0% 重度——60%[c] 报废——100%
内部腐蚀[d]	明显可见的内部锈蚀迹象——腐蚀碎屑从外层绳股之间的股沟溢出[e]	报废——100% 或 如果主管人员认为可行，则按 6.3 或附录 C 所给的步骤进行内部检验
摩擦腐蚀	摩擦腐蚀过程为：干燥钢丝和绳股之间的持续摩擦产生钢质微粒的移动，然后是氧化，并产生形态为干粉（类似红铁粉）状的内部腐蚀碎屑	对此类迹象特征宜作进一步探查，若仍对其严重性存在怀疑，宜将钢丝绳报废（100%）

[a] 示例见图 B.6 和图 B.7。钢丝绳外部腐蚀进程的示例，见附录 I。

[b] 对其他中间状态，宜对其严重程度分级做出评估（即在综合影响中所起的作用）。

[c] 镀锌钢丝的氧化也会导致钢丝表面手感粗糙，但是总体状况可能不如非镀锌钢丝严重。在这种情况下，检验人员可以考虑将表中所给严重程度分级降低一级作为其在综合影响中所起的作用。

[d] 示例见图 B.8。

[e] 没有通过 MRT 检测而对内部腐蚀的评估是主观的，但如果对内部腐蚀的严重程度有怀疑，就宜将钢丝绳报废。

注：内部腐蚀或摩擦腐蚀能导致直径的增加。

6.7 畸形和损伤

6.7.1 通则

钢丝绳失去正常形状而产生的可见形状畸变都属于畸形。畸形通常发生在局部,会导致畸形区域的钢丝绳内部应力分布不均匀。

畸形和损伤会以多种方式表现出来,在6.7.2～6.7.10中给出了较常见的几种类型的报废基准。

只要钢丝绳的自身状态被认为是危险的,就应立即报废。

6.7.2 波浪形

在任何条件下,只要出现以下情况之一,钢丝绳应报废(见图9):

a) 在从未经过、绕进滑轮或缠绕在卷筒上的钢丝绳直线区段上,直尺和螺旋面下侧之间的间隙$g \geqslant 1/3 \times d$;

b) 在经过滑轮或缠绕在卷筒上的钢丝绳区段上,直尺和螺旋面下侧之间的间隙$g \geqslant 1/10 \times d$。

波浪形钢丝绳的示例见图B.9。

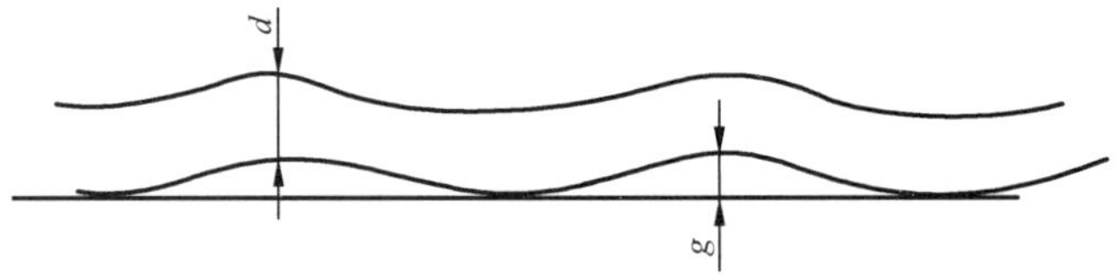

标引符号说明:

d——钢丝绳公称直径;

g——间隙。

图9 波浪形钢丝绳

6.7.3 笼状畸形

出现篮形或笼状畸形(见图B.10)的钢丝绳应立即报废,或者将受影响的区段去掉,但应保证余下的钢丝绳能满足使用要求。

6.7.4 绳芯或绳股突出或扭曲

发生绳芯或绳股突出(见图B.11、图B.12和图B.13)的钢丝绳应立即报废,或者将受影响的区段去掉,但应保证余下的钢丝绳能满足使用要求。

注:这是篮形或笼状畸形的一种特殊类型,其特征是钢丝绳受力不平衡,表现为绳芯或钢丝绳外层股之间中心部分的突出,或者外层股或股芯的突出。

6.7.5 钢丝的环状突出

钢丝突出通常成组出现在钢丝绳与滑轮槽接触面的背面,发生钢丝突出的钢丝绳应立即报废(见图B.14)。

注:钢丝绳外层股中突出的单根钢丝,如果能除掉或在工作时不会影响钢丝绳的其他部分,可不必将其作为报废钢丝绳的理由。

6.7.6 绳径局部增大

钢芯钢丝绳直径增大5%及以上,纤维芯钢丝绳直径增大10%及以上,应查明其原因并考虑报废钢丝绳(见图B.15)。

注：钢丝绳直径增大可能会影响到相当长的一段钢丝绳，例如，纤维绳芯吸收了过多的潮气膨胀引起的直径增大，会使外层绳股受力不均衡而不能保持正确的位置。

6.7.7 局部扁平

钢丝绳的扁平区段经过滑轮时，可能会加速劣化并出现断丝。在这种情况下，根据压扁的程度，来考虑是否可报废钢丝绳。

在钢丝绳扁平区段可能会比正常绳段遭受更大程度的腐蚀，尤其是当外层绳股散开使湿气进入时。如果继续使用，就应对其进行更频繁的检查，否则宜考虑报废钢丝绳。

由于多层缠绕而导致钢丝绳的局部扁平，如果伴随扁平出现的断丝数不超过表 3 和表 4 规定的数值，可不报废。

图 B.16 和图 B.17 是两种不同的扁平类型。

6.7.8 扭结

发生扭结的钢丝绳应立即报废（见图 B.18、图 B.19 和图 B.20）。

注：扭结是一段环状钢丝绳在不能绕其自身轴线旋转的状态下被拉紧而产生的一种畸形。扭结使钢丝绳捻距不均导致过度磨损，严重的扭曲会使钢丝绳强度大幅降低。

6.7.9 折弯

折弯严重的钢丝绳区段经过滑轮时可能会很快劣化并出现断丝，应立即报废钢丝绳。

如果折弯程度并不严重，钢丝绳需要继续使用时，应对其进行更频繁的检查，否则宜考虑报废钢丝绳。

注：折弯是钢丝绳由外部原因导致的一种角度畸形。

通过主观判断确定钢丝绳的折弯程度是否严重。如果在折弯部位的底面伴随有折痕，无论其是否经过滑轮，均宜看作是严重折弯。

6.7.10 热和电弧引起的损伤

钢丝绳受到异常高温的影响，外观能够看出钢丝被加热过后颜色的变化或钢丝绳上润滑脂的异常消失，应立即报废。

如果钢丝绳的两根或更多的钢丝局部受到电弧影响，例如，焊接引线不正确的接地所导致的电弧，应报废。这种情况可能出现在钢丝绳上的电流进出点上。

附 录 A
(规范性)
需要特别严格检查的关键部位

需要特别严格检查的关键部位见图 A.1 和图 A.2。

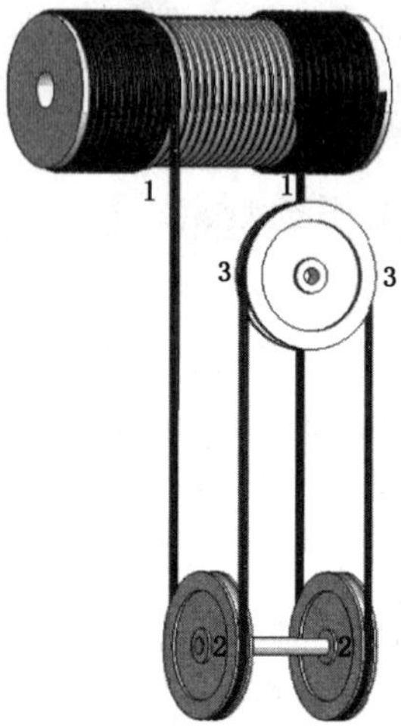

标引序号说明:

1——载荷吊起时缠绕在卷筒上的区段和其他发生最严重干涉的区段(通常与钢丝绳最大偏角同时出现);

2——载荷吊起时钢丝绳进入滑轮组的区段;

3——直接与平衡滑轮接触的区段,特别是在进入点处。

图 A.1 单层缠绕

标引序号说明:

1——交叉重叠区和发生最严重干涉的区段(通常与钢丝绳最大偏角同时出现);

2——载荷吊起时钢丝绳进入顶部滑轮的区段;

3——载荷吊起时钢丝绳进入下部滑轮组的区段;

4——起重机连接点。

图 A.2 多层缠绕

附　录　B
（资料性）
典型的劣化模式

表 B.1 列出了钢丝绳可能出现的缺陷及其相应的报废基准。图 B.1～图 B.20 给出了各种缺陷的典型示例。

表 B.1　钢丝绳缺陷

图号	缺陷	对应章条号
B.1	外部磨损	5.3.1
B.2	股顶断丝	6.2
B.3	股沟断丝	6.2
B.4	内部断丝	6.2
B.5	钢丝绳直径局部减小(绳股凹陷)	6.4
B.6	外部腐蚀	6.6
B.7	图 B.6 的局部放大	6.6
B.8	内部腐蚀	6.6
B.9	波浪形	6.7.2
B.10	笼状畸形	6.7.3
B.11	绳芯突出——单层钢丝绳	6.7.4
B.12	阻旋转钢丝绳的内层绳芯突出	6.7.4
B.13	绳股突出或扭曲	6.7.4
B.14	钢丝突出	6.7.5
B.15	绳芯扭曲引起的钢丝绳直径局部增大	6.7.6
B.16	局部扁平(弯曲型)	6.7.7
B.17	局部扁平(平直型)	6.7.7
B.18	扭结(正向)	6.7.8
B.19	扭结(反向)	6.7.8
B.20	扭结	6.7.8

图 B.1 外部磨损

图 B.2 股顶断丝

图 B.3　股沟断丝

a)　外层股完整的钢丝绳

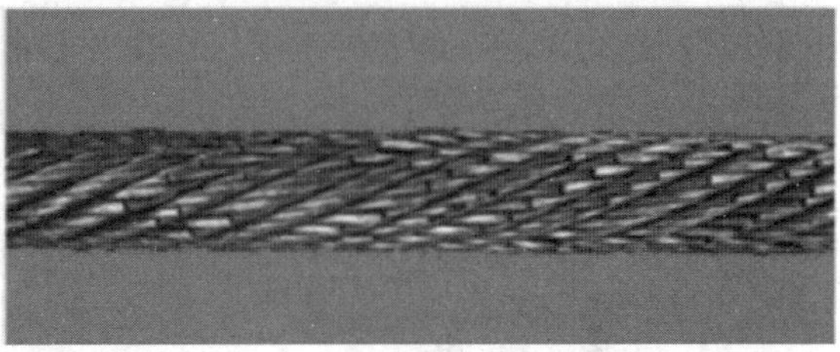

b)　移除外层股的钢丝绳

注：分图 a)为外层股完整的钢丝绳，分图 b)为移除外层股的钢丝绳，说明没有外部断丝，但存在内部断丝。

图 B.4　内部断丝

图 B.5　钢丝绳直径局部减小(绳股凹陷)

图 B.6　外部腐蚀

图 B.7　图 B.6 的局部放大

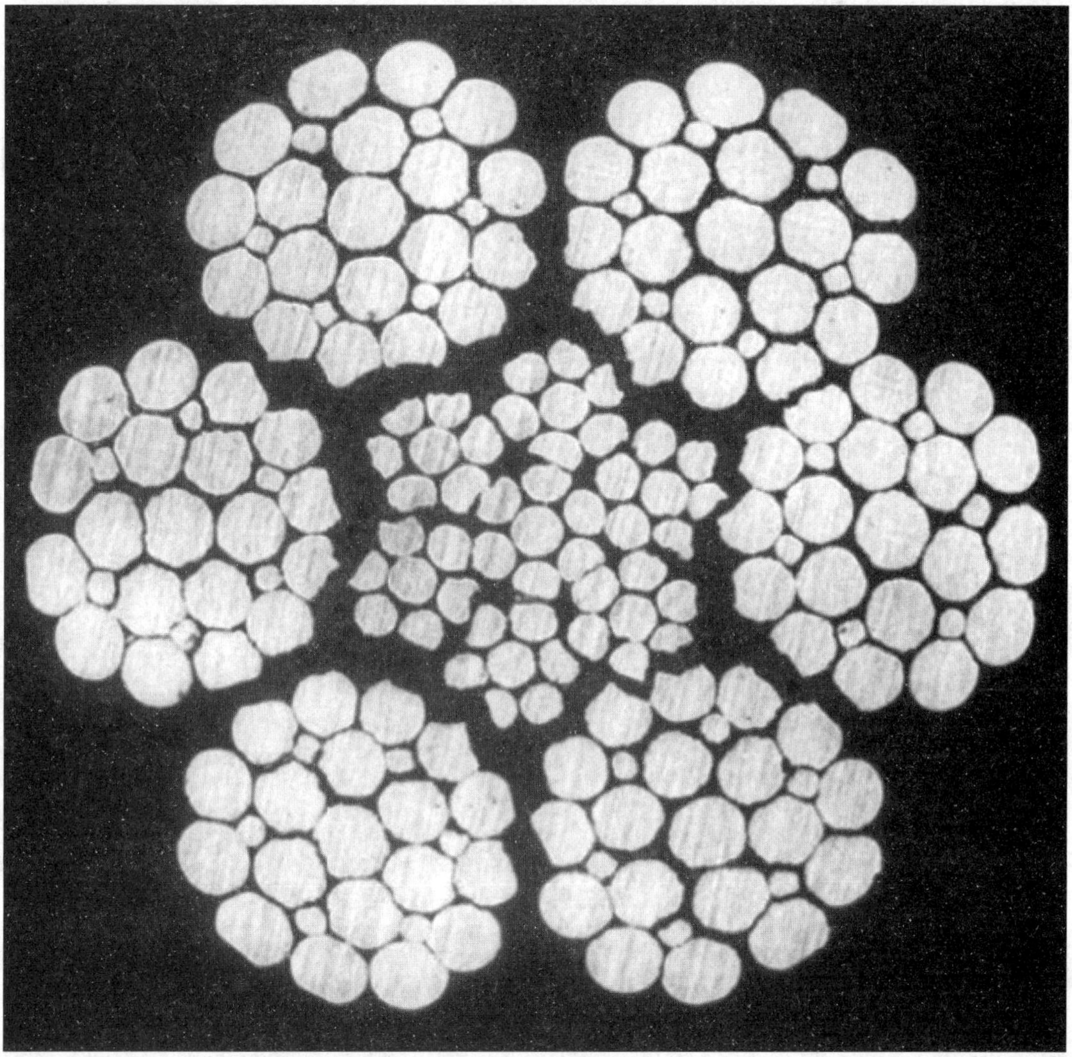

图 B.8　内部腐蚀

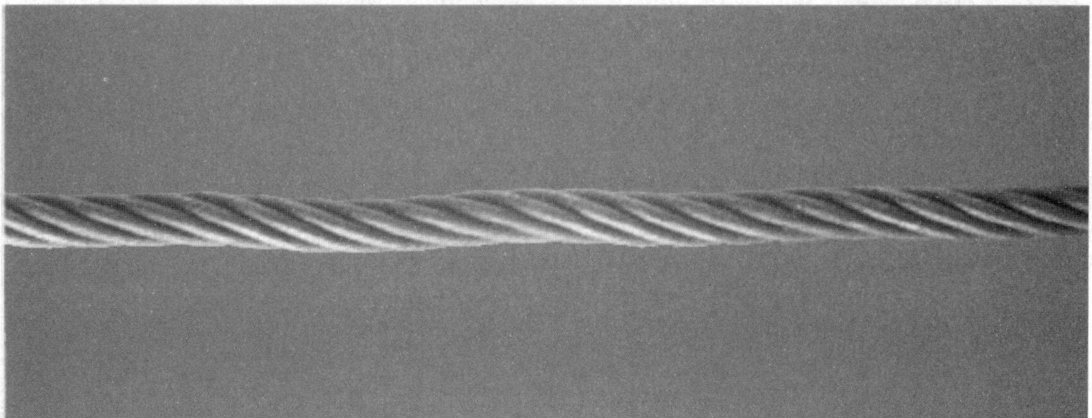

图 B.9　波浪形

图 B.10　笼状畸形

图 B.11　绳芯突出——单层钢丝绳

图 B.12　阻旋转钢丝绳的内层绳芯突出

图 B.13　绳股突出或扭曲

图 B.14　钢丝突出

图 B.15　绳芯扭曲引起的钢丝绳直径局部增大

图 B.16　局部扁平(弯曲型)

图 B.17　局部扁平(平直型)

图 B.18　扭结(正向)

图 B.19　扭结(反向)

图 B.20　扭结

附　录　C
(资料性)
MRT 的报废基准

C.1　局部缺陷(LF)

为了计算断丝引起的金属横截面积损失,宜确定断丝的实际直径。如果无法做到,计算时可考虑钢丝绳中钢丝的最大钢丝直径(不包括填充钢丝)。局部缺陷(LF)引起的金属横截面积损失与钢丝绳结构无关。能从表 C.1 中读取长度超过 $6d$ 或 $30d$ 范围内的金属横截面积损失的报废值。

表 C.1　LF-MRT 报废基准——所有钢丝绳结构的最大允许金属横截面积损失

类型	金属横截面积损失/%
$6d$ 长度范围内	6
$30d$ 长度范围内	10
d 为钢丝绳的公称直径。	

根据 6%的金属横截面积损失确定最大断丝数(N)的计算如下:

$$N=\phi \cdot A \cdot 4/(\pi \cdot \delta_{\max}{}^{2})$$

式中:

ϕ ——金属横截面积的最大允许总损耗(当超过 $6d$ 长度范围内时为 6%);

A ——钢丝绳的金属横截面积(来自试验合格证);

$\delta_{\max}$——最大直径钢丝的直径。

例如,金属横截面积为 240 mm^2、最大钢丝直径为 1.45 mm 的阻旋转钢丝绳 RCN 23-2,则 $6d$ 时允许的最大断丝数(N)为 9 根。

注:如果钢丝绳的实际金属横截面积值未知,则能使用 ISO 2408 中列出的金属横截面积系数进行计算。

C.2　金属横截面积损失(LMA)

为了确定由于金属横截面积损失(LMA)造成的报废,首先确定钢丝绳的原始金属横截面积。从 MRT 测量系统读取的金属横截面积损失与钢丝绳结构无关。表 C.2 给出了 $30d$ 长度范围内金属横截面积损失的最大报废值。

表 C.2　LMA-MRT——所有钢丝绳结构的最大允许金属横截面积损失

类型	金属横截面积损失/%
长度超过 $30d$	10
d 为钢丝绳的公称直径。	

附　录　D
（资料性）
对钢丝绳进行内部检验

D.1　总则

当主管人员决定对使用中的钢丝绳进行内部检验，而现场不能执行 MRT 时，检验工作宜极其小心地进行，防止对钢丝绳造成永久性的损伤和/或畸形。实际上，与在空中向上展开相比，将钢丝绳在地面展开更容易进行检验。

并不是所有的类型和尺寸的钢丝绳都能充分地打开作内部状态的检验。

由于内部检验通常是通过检验位置的外观迹象来判断钢丝绳内部状况的，所以往往受到检验位置的限制。内部检验宜在钢丝绳完全不受拉力的状态下实施。

注：通过对被更换的报废钢丝绳作详细检查，可以获得钢丝绳劣化的相关经验，包括散开绳股暴露其内部元件，而这些元件在钢丝绳使用过程的检验是看不到的。偶然还会发现比在日常例行检查过程中设想的情况更严重，有时钢丝绳甚至会达到濒临断裂的程度。

D.2　检验步骤

D.2.1　钢丝绳的一般检验

用两个夹具将钢丝绳夹紧，并注意夹具之间的间距[见图 D.1a)]。夹具的钳口宜满足下列要求：

a)　钳口尺寸能够夹紧钢丝绳且不会使其畸形；

b)　钳口材料保证在不打滑、不损伤钢丝绳的前提下，将钢丝绳打开。

钳口宜采用皮革之类的材料制造，并采用整体嵌入式结构。

沿着与钢丝绳捻向相反的方向转动夹具，外层股就会散开并与绳芯分离或脱离钢丝绳中心，但要确保绳股不会过度移位。

在钢丝绳稍微打开的时候，用 T 形针（用螺丝刀改制）之类的小探针，将可能妨碍观察钢丝绳内部的润滑脂和杂物清除。

宜观察以下各项：

——腐蚀程度；

——钢丝上的凹痕（源于挤压或磨损）；

——外层股和绳芯及绳中心区域出现的断丝（可能不太容易看到）；

——内部润滑状态。

合上钢丝绳前，宜为打开的绳段涂抹润滑剂。

宜用力平缓地转动夹具，将钢丝绳合上，确保外层股能够环绕绳芯或绳中心正确复位。通常需要使钳口恰好回到初始位置。

拆下钳口后，在允许起重机恢复正常使用前，宜对受检部位及附近区域涂敷润滑剂。

D.2.2　绳端固定装置附近的钢丝绳区段的检验

在钢丝绳端部、靠近绳端固定装置处的位置上，只要一个夹具就够了，绳端固定装置或者一根合适地穿过绳端固定装置端部的拴杆，一般能够保证固定[见图 D.1b)]。

其内部检验宜按 D.2.1 的要求实施。

a) 钢丝绳的连续区段(零张力)

b) 钢丝绳端部、靠近绳端固定装置处(零张力)

图 D.1 内部检验

附　录　E
（资料性）
检验记录的典型示例

E.1　钢丝绳目测检查——单次检查记录

起重机概况：　　　　　　　　　　　　钢丝绳用途：

钢丝绳详细资料：

商标名称(若已知)：

公称直径：________________mm

结构：

绳芯[a]：　IWRC 独立钢丝绳　/　FC 纤维(天然或合成织物)　/　WSC 钢丝股

钢丝表面[a]：　无镀层　镀锌

捻向和捻制类型[a]：右向：　sZ 交互捻　zZ 同向捻　Z 右捻　　左向：　zS 交互捻　sS 同向捻　S 左捻

允许可见外部断丝数量：________(在 6*d* 长度范围内)________(在 30*d* 长度范围内)

参考直径：________________mm

允许的绳径减小量(从参考直径算起)：________________mm

安装日期 (年/月/日)：　　　　　　　　报废日期 (年/月/日)：

可见外部断丝数				直径			腐蚀	损伤和畸形		在钢丝绳上的位置	总体评价(发生位置的综合严重程度[b])
长度范围		严重程度[b]		实测直径 mm	相对参考直径的实际减小量 mm	严重程度[b]	严重程度[b]	严重程度[b]	类型		
6*d*	30*d*	6*d*	30*d*								

其他观察结果/说明：

使用时间 (周期/小时/天/月/及其他)：

检查日期：　　　年　　月　　日

主管人员姓名(印刷体)：

主管人员签字：

[a] 打勾标记选中项目。

[b] 严重程度的表示：轻度、中度、重度、严重、报废。

E.2 钢丝绳目测检查——连续检查记录

		钢丝绳详细资料(钢丝绳标记见 ISO 17983)					
起重机概况:	钢丝绳安装日期: ______年____月____日	RCN[a]	公称直径 mm	商标名称:	绳芯[b]	钢丝表面[b]	捻向和捻制类型[b]
钢丝绳用途:	钢丝绳报废日期: ______年____月____日			结构:	IWRC FC WSC	无镀层 镀锌	右向: sZ zZ Z 左向: zS sS S
钢丝绳终端固定装置:		允许可见外部断丝数量:______(在 $6d$ 范围内),______(在 $30d$ 范围内)参考直径:______mm					相对参考直径的直径允许减小量:______mm

检查日期	可见外部断丝						直径				腐蚀		损伤和畸形		总体评价	主管人员姓名	
	在以下长度范围的断丝数		断丝在钢丝绳上的部位		严重程度[c]		实测直径 mm	相对参考直径的实际减小量 mm	在钢丝绳上的位置	严重程度[c]	在钢丝绳上的位置	严重程度[c]	在钢丝绳上的位置	严重程度[c]	(综合严重程度)	印刷体	签字
年/月/日	$6d$	$30d$	$6d$	$30d$	$6d$	$30d$											

[a] RCN 是钢丝绳类别编号(见附录 H)。

[b] 打勾标记选中项目。

[c] 严重程度的表示:20%或轻度;40%或中度;60%或重度;80%或严重;100%或报废。

E.3 钢丝绳电磁检验报告

检查详细信息			
起重机概况：		日期：	
起重机位置：		检验员：	
用途：		检验长度：	
仪器详细信息			
使用仪器：			
数据记录：		金属头：	
传感器：		速度：	
钢丝绳详细信息			
钢丝绳规格：			
公称直径：		制造商：	
结构：		安装：	
上次测试：		原始证书：	
开始——绳端：		结束——绳端：	
评述： LMA 迹线： LF 迹线： 主管人员姓名： 签名：			

附　录　F
（资料性）
关于钢丝绳劣化和报废基准的实用资料

F.1　断丝

断丝分为以下几种情况。

a)　一般情况——随机分布

在单层股(例如,六股和八股钢丝绳)和平行捻密实型钢丝绳经过钢制滑轮的情况下,断丝通常沿钢丝绳随机地出现在绳股的顶部,即外层股的外表面。这种断丝常常与外部磨损区域有关。

在阻旋转型钢丝绳的情况下,大部分断丝可能出现在内部,而且在目测检查时很难发现。因此,阻旋转钢丝绳的允许可见断丝数少于单层股钢丝绳和平行捻密实钢丝绳,见表3和表4,根据MRT检测判定,在没有任何可见外部断丝的情况下,内部可能发生大量的断丝。相应地,建议使用MRT检测阻旋转钢丝绳结构(特别是由三层或三层以上股绳组成的钢丝绳,使用夹具等进行内部检查是无效的)。

弯曲疲劳作为主要劣化模式时,钢丝绳是在经历了一定的工作循环次数以后才开始出现断丝的。随着工作时间的推移,断丝数量逐渐增加,建议定期严格检查并记录发现的断丝数,掌握断丝增加的速率,为确定下一次定期检查的日期提供依据。

b)　交叉重叠区域(多层缠绕)

在起重设备卷筒上多层缠绕的钢丝绳,预期的主要劣化模式为发生在交叉重叠区域的断丝和畸形。试验和经验都证明:与只经过滑轮的钢丝绳区段相比,这些区域的钢丝绳的性能会急剧降低。在钢丝绳定期检查过程中,这些区域成了主管人员关注的焦点。

c)　区域性

当断丝呈现区域性分布或集中出现在某一绳股时,很难给出允许断丝数的准确数值。有时,区域性断丝会以捻距为间隔重复出现,起始点通常是在局部磨损的区域。在这种情况下,允许断丝数由主管人员确定,但小于表3和表4规定的数值。

d)　股沟断丝

一根股沟断丝有可能是内部劣化的征兆,因此需要对该区段钢丝绳进行严格的检查。尤其是对于小尺寸的钢丝绳,使其脱离正常位置后在无张力的状态下弯曲,有时会看到断丝。如果一个捻距内出现两根或更多的股沟断丝,认为绳芯或钢丝绳中心已经不能充分地支持外层绳股。在这方面对钢丝绳进行MRT检测能提供额外有用的信息。

F.2　直径减小

外部磨损是能导致钢丝绳直径减小的原因之一。外部磨损可能是整体或是局部的,通常是由钢丝绳与滑轮或卷筒的,或上、下钢丝绳之间的压力引起的,如钢丝绳在卷筒上缠绕时的交叉重叠区域的磨损。磨损可能沿着或围绕钢丝绳表面均匀分布,也可能沿钢丝绳的一侧发生。如果磨损不均匀,宜查明原因,如有可能,还要采取纠正措施。

更显著的磨损通常出现在载荷加速或减速时与滑轮绳槽和卷筒绳槽相接触的钢丝绳区段。

润滑不足或不正确，以及具有磨蚀作用的灰尘和沙土的存在都可能影响到磨损速度。

除了上述明显可见的劣化模式外，钢丝绳直径的减小也可能由一种或多种内部原因导致，例如：

a） 内部磨损和钢丝凹痕；

b） 由钢丝绳内部相邻绳股和钢丝之间的摩擦导致的内部磨损，特别是钢丝绳受弯时；

c） 纤维芯的劣化或钢芯的断裂；

d） 阻旋转钢丝绳内层股的断裂。

由于磨损导致了钢丝绳金属截面积减小，钢丝绳的强度也会随之降低。在这方面对钢丝绳进行 MRT 检测能提供额外有用的信息。

F.3 腐蚀

腐蚀特别容易发生在海洋环境和工业污染的大气环境中，腐蚀不仅会减小金属截面积导致钢丝绳的强度降低，还会引起不规则表面导致应力裂纹扩展，进而加速疲劳。严重腐蚀还可能导致钢丝绳的弹性降低。

内部腐蚀比外部腐蚀更难发现，但是它们常常同时发生。内部腐蚀在钢丝绳的目测检查时常常不是很明显，如果发现疑点，由主管人员对钢丝绳进行内部检查。在这方面对钢丝绳进行 MRT 检测能提供额外有用的信息。

F.4 畸形和损伤

畸形和损伤分为以下几种情况。

a） 波浪形

波浪形是钢丝绳在有载荷或无载荷作用时，其纵向轴线呈螺旋状的一种畸形。波浪形可能导致钢丝绳强度降低，产生不正常的附加应力，增加不正常的磨损和过早地出现断丝。严重时，波浪形还能影响与钢丝绳相关部件的正常工作，如滑轮轴承、滑轮绳槽、导向装置和卷筒。

b） 篮形或笼状畸形

篮形或者笼状畸形，也称为“鸟笼”状畸形，是由于钢丝绳绳芯和外层绳股之间的长度差异而产生的。能形成这种畸形的原因有多种，例如：

1） 当钢丝绳以很大的偏角经过滑轮或进出卷筒时，首先与滑轮或卷筒绳槽的边缘接触，然后滚进绳槽底部。这个过程会使绳股松散，而外层绳股的松散程度要比钢丝绳绳芯大，造成了它们之间的长度差异。

2） 当滑轮绳槽的槽底直径过小时，钢丝绳经过滑轮时就会受到挤压。在受到挤压的钢丝绳直径变小的同时，钢丝绳的长度就会增加。由于钢丝绳外层绳股的压缩和伸长程度都比绳芯大，所以这种作用过程也会造成它们之间的长度差异。

在以上两种情况下，滑轮和卷筒会导致外层股松散、改变原来的位置，将这种长度差异“赶”到缠绕系统内钢丝绳的某一位置，形成笼状畸形。

c） 绳芯或绳股突出

这是篮形或笼状畸形的一种特殊形式，是钢丝绳失衡的结果，具体表现为：阻旋转钢丝绳的绳芯或中心绳从外层股之间突出，钢丝绳外层股或绳芯股的突出。

d) 钢丝突出

钢丝突出是指分散或聚集的钢丝从钢丝绳中突出，通常是在钢丝绳上与滑轮槽接触面的背面，以钢丝环的形式突出。

e) 绳径增大

这种现象常常与绳芯的状态变化有关，如纤维芯吸潮后的膨胀或钢丝绳内腐蚀碎屑的聚集。在这方面，对钢丝绳进行 MRT 检测可以提供额外有用的信息。

f) 局部扁平

钢丝绳扁平的部位经过滑轮，会很快劣化，出现断丝并对滑轮构成潜在危害。

g) 热或电弧损伤

受到异常热影响的钢丝绳区段，有时能通过钢丝绳的颜色变化发现，例如，“发蓝”效应。在这方面，对钢丝绳进行 MRT 检测能提供其他有用的信息。

h) 弹性降低

在某些情况下，畸形和损伤与工作环境有关，钢丝绳会经受实质性的弹性降低，致使不能继续使用。这种现象通常很难被发现，但会伴随下列情况发生：

1) 钢丝绳直径减小；
2) 钢丝绳长度增加；
3) 绳股之间、钢丝之间的间隙减小；
4) 绳股之间、钢丝之间的凹处出现褐色的细粉末(摩擦腐蚀的迹象)；
5) 钢丝绳在使用时有明显的僵硬感，即使还没有可见断丝，直径减小量也比钢丝间的单纯磨损产生的直径减小量大。

附 录 G
（资料性）
钢丝绳状态和劣化程度的综合影响评价——方法之一

G.1 总则

虽然断丝是钢丝绳报废的常见原因，但劣化通常是多种因素综合影响的结果。例如，钢丝绳可能在反复经过滑轮遭受断丝和磨损的同时还会由于在海洋环境下工作而受到腐蚀。

因此，主管人员宜做如下工作：

a） 考虑不同的劣化模式，特别是当它们发生在钢丝绳的同一位置时；

b） 对不同劣化模式的综合影响作总体评价；

c） 确定钢丝绳是否可以继续安全使用，如果能够继续使用，是否需要修改检验和报废规则的相关条款。

以下是一种确定综合影响的方法。

——检验并记录每种独立劣化模式的类型和数量，例如，在 6d 长度范围内的断丝数、以毫米为单位的直径减小量以及腐蚀程度等等。

——评价每种独立劣化模式的严重程度。严重程度可以表示为独立报废基准的百分比，例如，如果发现的允许断丝数达到独立报废基准的 40%，就表示趋于报废的等级为 40%。严重程度分级也可以用文字表示为轻度、中度、高度、严重、报废。

——当多种独立的劣化模式出现在同一区域时，可将该区域上各种独立的劣化级别相加，将严重程度表示为综合百分比，或对综合严重程度做出评价，将程度分级用文字表示，如轻度、中度、重度、严重、报废。

——如果 MRT 检测到的断丝数量大于目测检查检测到的断丝数量，则需考虑 MRT 检测到的断丝数量的综合影响。

注 1：本章给出的"综合影响"评价方法中，假设劣化是渐进式的，而不是突发式的。如果综合分级是由两或三个更普通的独立劣化模式平均分担的结果（如 40%来自断丝、40%来自直径减小），则认为其严重程度不如任意给定区段上单一作用的劣化模式高（如 80%来自断丝，很少有直径减小和腐蚀）。

注 2：直径均匀减小的分级不适用于钢丝绳在卷筒上多层缠绕的区段和挤压形式的劣化，以及与钢丝畸形和断丝相关的劣化，如交叉重叠区域的劣化。

注 3：本章给出的"综合影响"评价方法，提供了一种确定钢丝绳的特殊区段总体状态等级的简单方法。其他同样可接受的方法，能由主管人员根据其检测类似起重机上的类似钢丝绳的经验，自己开发、应用。

G.2 示例（见表 G.1）

以下六个例子帮助理解"综合影响"法的应用：

示例 1：直径为 22 mm 的 6×36WS-IWRC sZ 型钢丝绳，用于起重葫芦（工作级别 M4），单层缠绕。

根据表 3，表示报废的外部钢丝断丝数，在 6d 长度范围内是 9 根，在 30d 长度范围内是 18 根。因此，如果在 6d 长度范围内发现 2 根断丝，但在 30d 长度范围内没超过 18 根，则对应的单一模式劣化的严重程度等级为 20%。

根据表 5，从参考直径算起的直径均匀减小量的报废基准为公称直径的 7.5%，等于

1.65 mm。如果参考直径是 22.6 mm，检测时的测量直径为 21.8 mm，则直径减小表示为公称直径的百分比是：[(22.6－21.8)/22]×100%＝3.6%。从表 5 得到严重程度等级为 20%。

如果在本例中提到的这些劣化发生在钢丝绳的同一部位，它们就能综合，综合后的严重程度等级为 40%。

示例 2：直径为 22 mm 的 18×7-WSC sZ 型钢丝绳，用于起重葫芦(工作级别 M4)，单层缠绕。

根据表 4，表示报废的外部钢丝断丝数，在 6*d* 长度范围内是 2 根，在 30*d* 长度范围内是 4 根。如果在 6*d* 长度范围内发现 1 根断丝，但在 30*d* 长度范围内没超过 4 根，则对应的单一模式劣化的严重程度等级为 50%。

根据表 5，从参考直径算起的直径均匀减小量的报废基准为公称直径的 5%，等于 1.10 mm。如果参考直径是 22.6 mm，检测时的测量直径为 21.8 mm，则直径减小表示为公称直径的百分比是：[(22.6－21.8)/22] ×100%＝3.6%。从表 5 得到严重程度等级为 60%。

如果在本例中提到的这些劣化发生在钢丝绳的同一部位，它们就能综合，综合后的严重程度等级为 110%(即：报废)。

示例 3：直径为 22 mm 的 6×25F-IWRC zZ 型钢丝绳，用于履带起重机的臂架起升(工作级别 M4)，多层缠绕。

根据表 3，在交叉重叠区域表示报废的外部钢丝断丝数，在 6*d* 长度范围内是 10 根。如果在交叉重叠区域 6*d* 长度范围内发现 7 根断丝，但在 30*d* 长度内没超过 20 根，则对应的劣化严重程度等级为 70%(即：重度)。

由于在交叉重叠区域不考虑直径减小，严重程度等级的最终结果为 70%。

示例 4：直径为 22 mm 的 18×19-WSC zZ 型钢丝绳，用于流动式起重机的起升机构(工作级别 M4)，多层缠绕。

根据表 4，在交叉重叠区域表示报废的外部钢丝断丝数，在 6*d* 长度范围内是 8 根。如果在交叉重叠区域 6*d* 长度范围内发现 4 根断丝，但在 30*d* 长度内没超过 16 根，则对应的劣化严重程度等级为 50%(即：中度)。

由于在交叉重叠区域不考虑直径减小，严重程度等级的最终结果为 50%。

示例 5：22 mm 直径 8×K26WS － IWRC sZ 钢丝绳，在高架起重机(M4 级)上运行，在单层卷筒上缠绕。

从表 C.1 可以看出，6*d* 时金属横截面积的最大允许损耗为 6%，30*d* 时为 10%。

从表 3 可以看出，表示报废的外部钢丝断丝数，在 6*d* 长度范围内是 9 根，在 30*d* 长度范围内是18 根，在 MRT 检测中发现的断丝相当于 30*d* 长度范围内金属横截面积损失的 5%，但没有外部断丝。因此，应考虑 MRT 标准，这相当于严重程度等级为 50%。

根据表 C.2，30*d* 长度范围内金属横截面积的最大允许损失为 10%。因此，如果发现 0%的腐蚀，则相当于严重程度等级为 0%。

从表 5 可以看出，从参考直径算起的直径均匀减小量的报废基准为公称直径的 7.5%＝1.65 mm。因此，如果参考直径为 22.6 mm，检查时测得的直径为 21.7 mm，则直径减少量表示为公称直径的百分比是：[(22.6－21.8)/22]×100＝4%。从表 5 中得到，这相当于严重程度等级为 20%。

注：如果本例中提到的劣化量同时发生在钢丝绳的同一位置，则可以将它们合并，得出的严重程度等级为 70%(重度)。

示例 6：直径 70 mm 的 35×7-WSC sZ 钢丝绳，在回转式海洋起重机(M4 级)上操作，并在多层卷筒上缠绕。

从表 C.1 看出，6*d* 时金属横截面积的最大允许损耗为 6%，30*d* 时为 10%。

从表 4 看出，表示报废的外部钢丝断丝数，在 6*d* 长度范围内是 5 根，在 30*d* 长度范围内是 10 根。

MRT 发现断丝相当于 30*d* 长度范围内金属横截面积损失的 5%，相当于 50%的报废标准；目测检查发现 30*d* 长度范围有 3 处外部断丝，相当于 30%的报废标准。因此，只准许考虑 MRT 标准，相当于严重程度等级为 50%。

根据表 C.2，30*d* 长度范围内金属横截面积的最大允许损失为 10%。因此，如果发现 6%的腐蚀，则相当于严重程度等级为 60%。

注：如果本例中提到的劣化量同时发生在钢丝绳的同一位置，则能将它们合并，得出的严重程度等级为 110%（报废）。

表 G.1　严重程度分级举例

序号	单一劣化模式的严重程度级别 %					综合严重程度级别 %	说明
	断丝		直径减小[a]	腐蚀			
	目测	MRT　LF		外部	MRT　MLA		
1	0	—	20	20	—	40	安全
2	20	—	20	0	—	40	安全
3	20	—	20	20	—	60	安全
4	40	—	20	20	—	80	增加检验频率
5	40	—	40	0	—	80	增加检验频率
6	0	—	80	0	—	80	如果直径减小的主要原因为外部腐蚀，考虑报废
7	60	—	0	0	—	60	增加检验频率（特别是断丝检验）
8	60	—	20	0	—	80	增加检验频率（特别是断丝检验）并准备更换
9	20*	20	20	20*	20	60	安全
10	10	30*	20	20*	20	70	增加检验频率
11	20*	20	20	10	30*	70	增加检验频率
12	10	30*	20	10	30*	80	增加检验频率
13	0	30	20	0	30*	80	增加检验频率

带星号的数字，例如，30*，表示要选用两种检测方法中的其中一个进行判定。

[a] 只有经过钢制滑轮或单层缠绕卷筒的钢丝绳才考虑。

附　录　H
（资料性）
钢丝绳类别编号（RCN）及对应截面示例

结构：6×7-FC 单层股 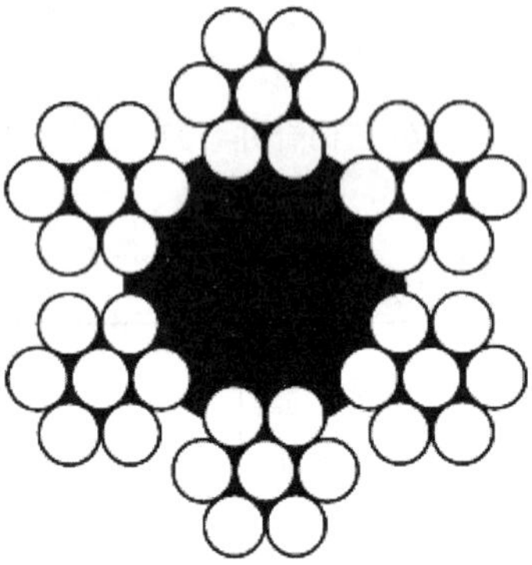 RCN.01	结构：6×19S-IWRC 单层股钢丝绳  RCN.02
结构：6×19M-WSC 单层股钢丝绳  RCN.04	结构：6×25F-IWRC 单层股钢丝绳  RCN.04
结构：6×25TS-IWRC 单层股钢丝  RCN.04	结构：6×36WS-IWRC 单层股钢丝绳  RCN.09

结构：6×41WS-IWRC 单层股钢丝绳

RCN.11

结构：6×37M-IWRC 单层股钢丝绳

RCN.10

结构：8×19S-IWRC 单层股钢丝绳

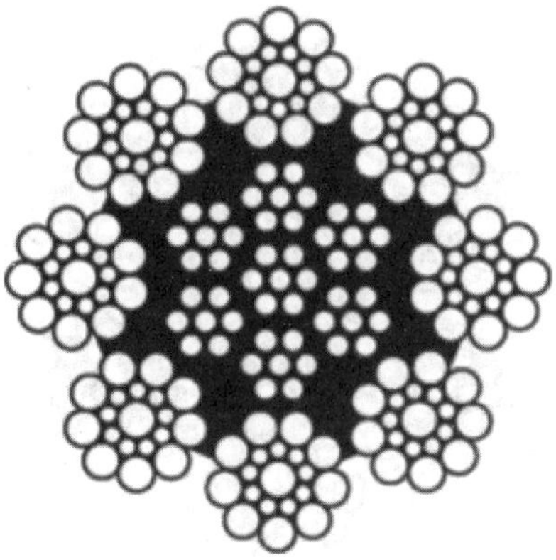

RCN.04

结构：8×25F-IWRC 单层股钢丝绳

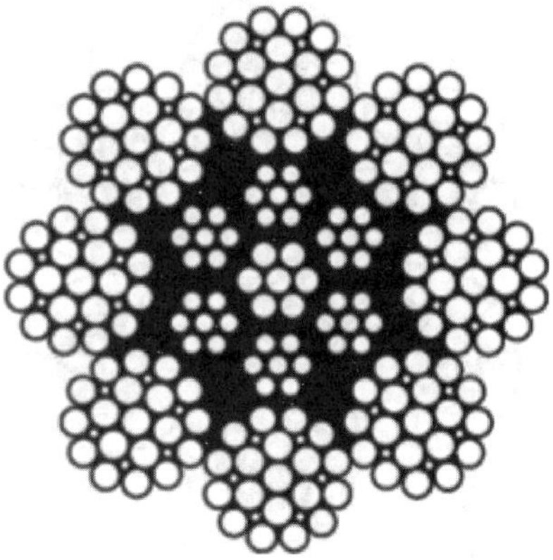

RCN.06

结构：8×19S-PWRC 平行捻密实钢丝绳

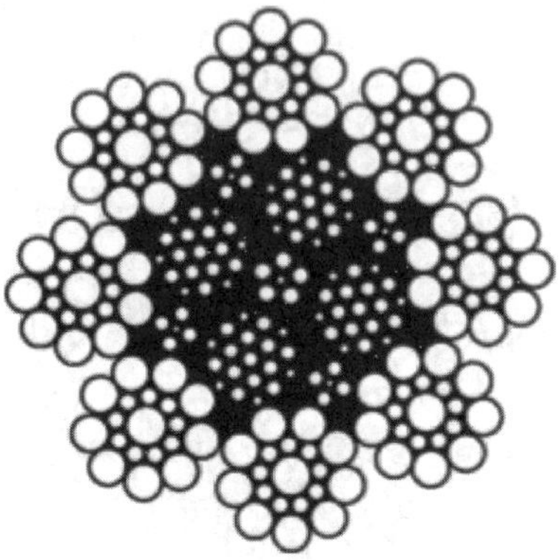

RCN.04

结构：8×K26WS-IWRC 单层压实股钢丝绳

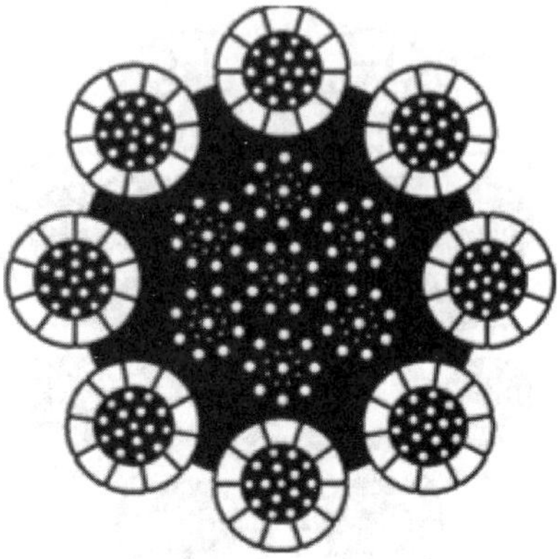

RCN.09

	结构:4×K26WS 单层股钢丝绳/压实股阻旋转钢丝绳 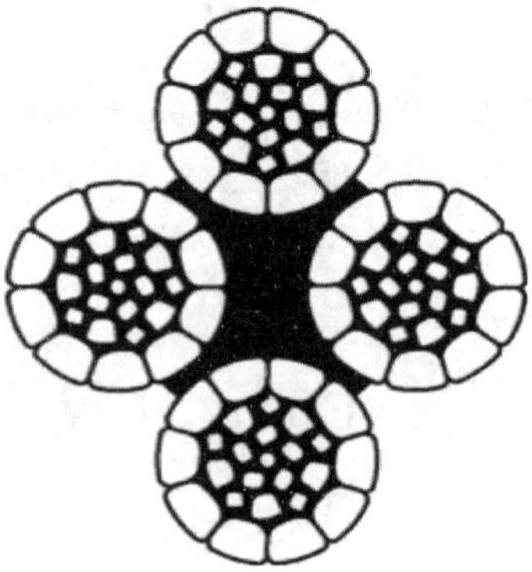 RCN.22
结构:6×K26WS-IWRC 单层压实股钢丝绳  RCN.06	结构:6×K36WS-IWRC 单层压实股钢丝绳 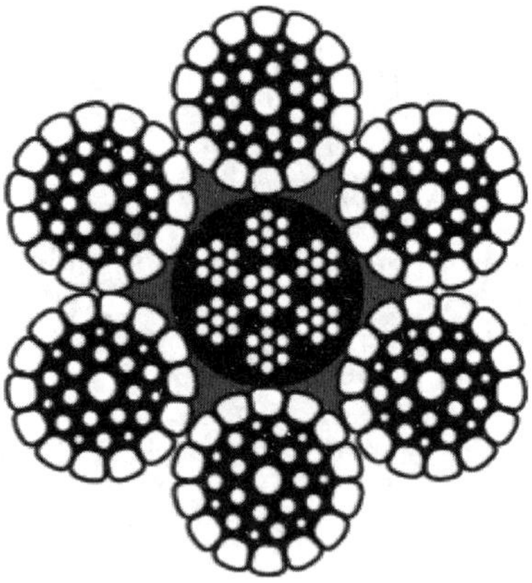 RCN.09
结构:8×K26WS-PWRC 压实股平行捻密实钢丝绳  RCN.09	结构:18×K19S-WSC 或 19×K19S 压实股阻旋转钢丝绳  RCN.26

	结构:4×29F 单层股钢丝绳/4×29F 阻旋转钢丝绳 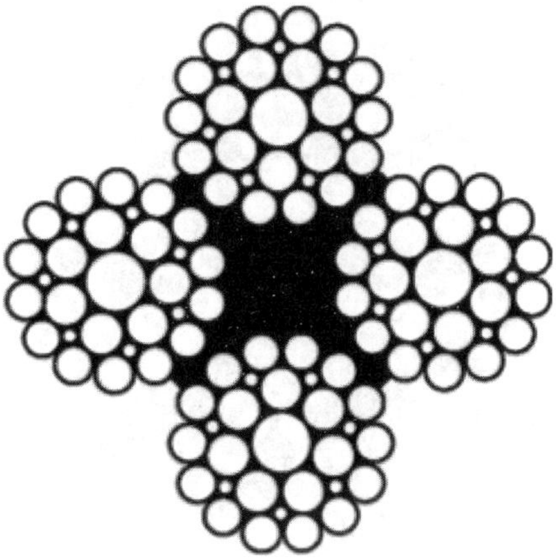 RCN.21
结构:K3×40 单层压实(锻打)钢丝绳/压实(锻打)阻旋转钢丝绳 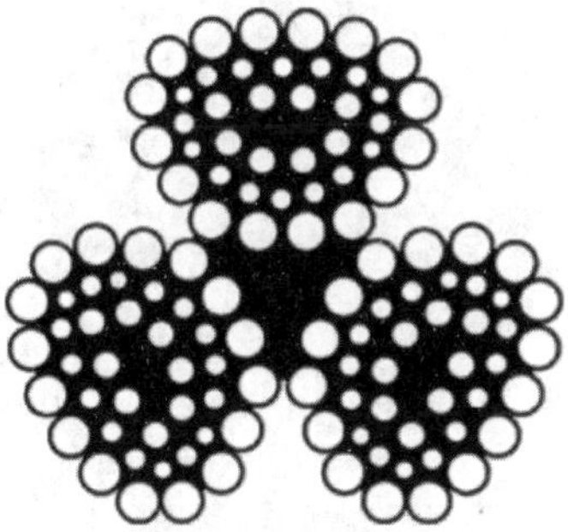 RCN.22	结构:K4×40 单层压实(锻打)钢丝绳/压实(锻打)阻旋转钢丝绳 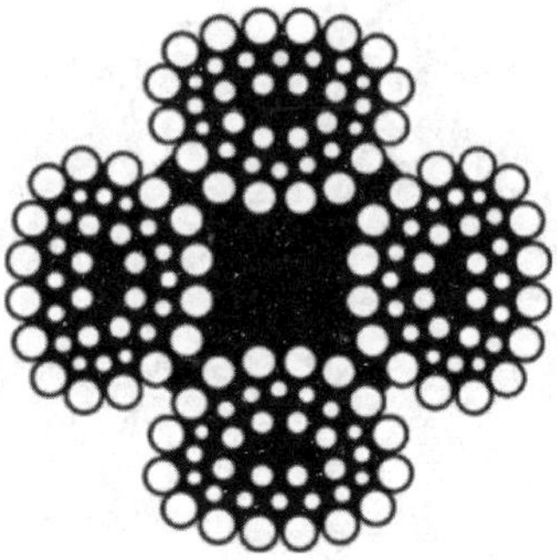 RCN.22
结构:K3×48 单层压实(锻打)钢丝绳/压实(锻打)阻旋转钢丝绳 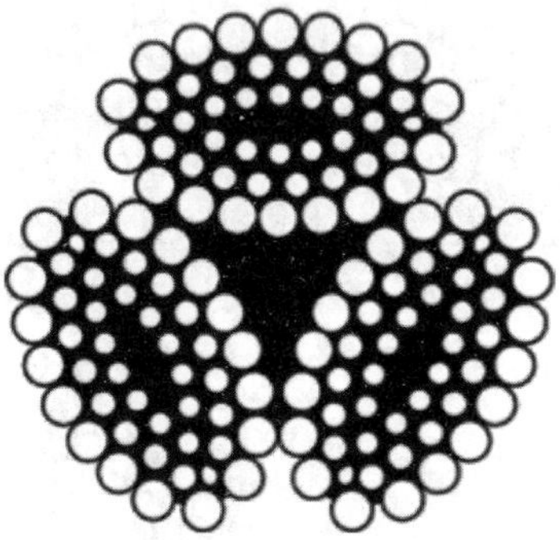 RCN.22	结构:K4×48 单层压实(锻打)钢丝绳/压实(锻打)阻旋转钢丝绳 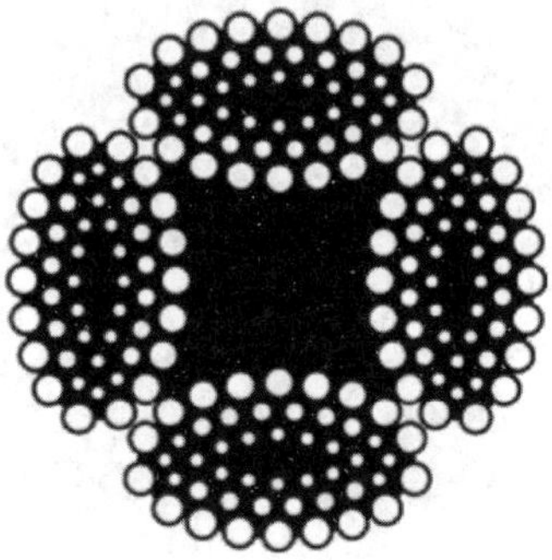 RCN.22

结构:17×7-FC 阻旋转钢丝绳

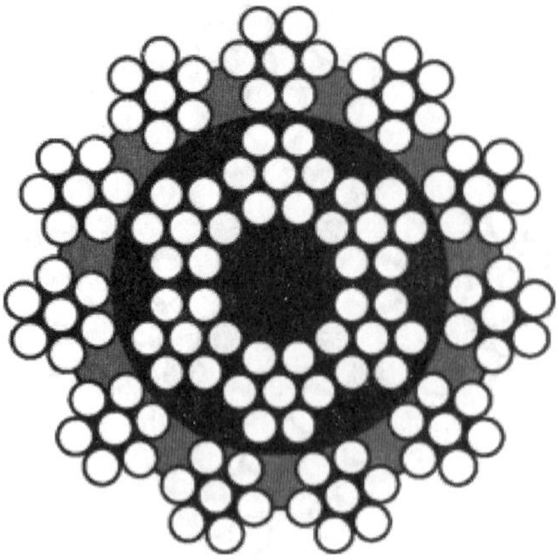

RCN.23-1

结构:18×7-WSC 或 19×7 阻旋转钢丝绳

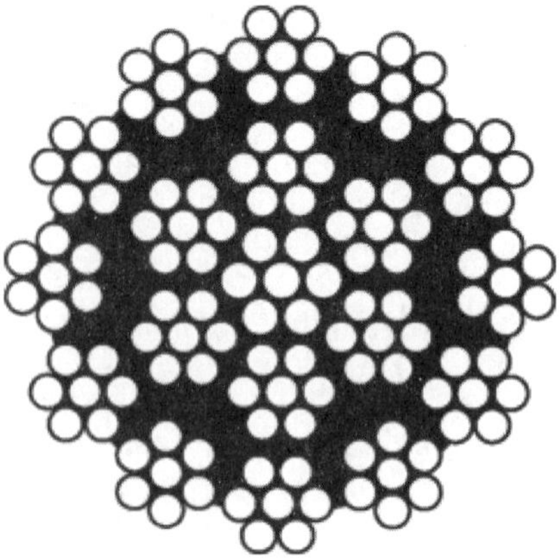

RCN.23-1

结构:34(W)×7-WSC 或 35(W)×7 阻旋转钢丝绳

RCN.23-2

结构:12×P6:3×Q24 阻旋转钢丝绳(典型)

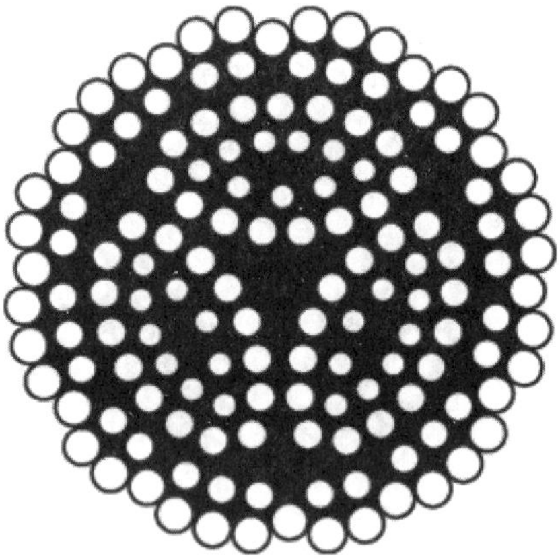

RCN.23-1

结构:39(W)×7-WSC 阻旋转钢丝绳

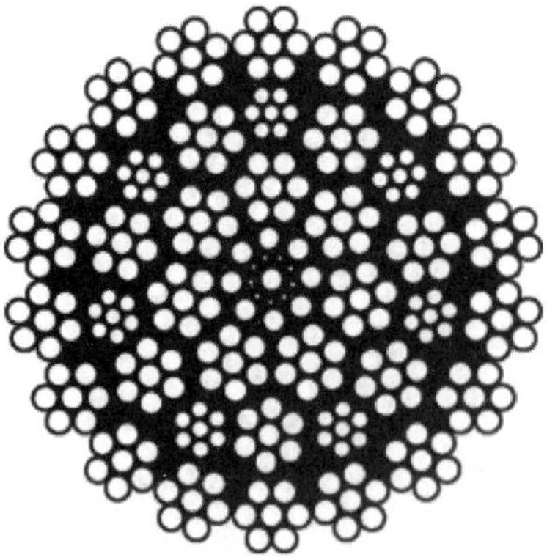

RCN.23-3

结构:34(W)×K7-WSC 压实股阻旋转钢丝绳

RCN.23-2

结构：39(W)×K7-KWSC 压实股阻旋转钢丝绳	结构：34(W)×K19-WSC 压实股阻旋转钢丝绳

RCN.23-3	RCN.30

附 录 I
(资料性)
外 部 腐 蚀

图 I.1～图 I.4 能作为外部腐蚀评价和划分级别的指南。

图 I.1 表面氧化的开始，呈浅表性，能擦干净——趋于报废的严重程度级别 0%

图 I.2 钢丝表面手感粗糙，普通的表面氧化——趋于报废的严重程度级别 20%

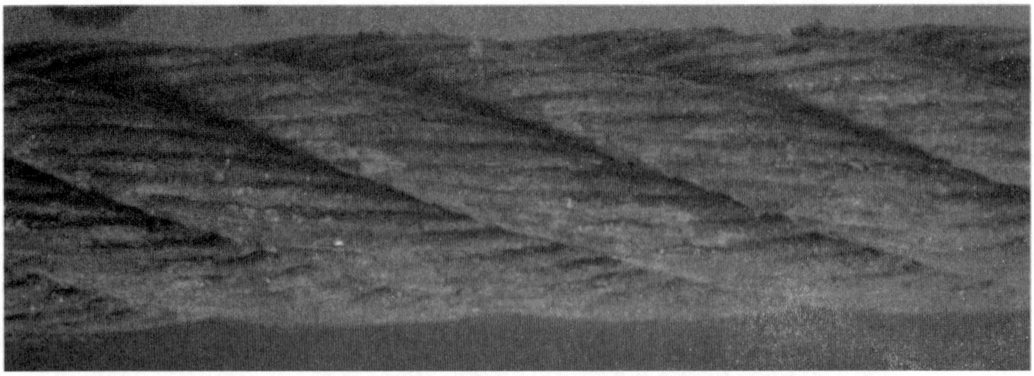

图 I.3 氧化严重影响了钢丝表面——趋于报废的严重程度级别 60%

图 I.4　表面有严重凹坑，钢丝非常松弛，钢丝之间出现间隙——立即报废

参 考 文 献

[1]　GB/T 6974.1　起重机　术语　第1部分：通用术语

[2]　GB/T 21837—2008　铁磁性钢丝绳电磁检测方法

[3]　ISO 2408　Steel wire ropes—Requirements

[4]　ISO 16625　Cranes and hoists—Selection of wire ropes, drums and sheaves

[5]　ASTM E1571　Standard Practice for Electromagnetic Examination of Ferromagnetic Steel Wire Rope

[6]　IMCA SEL 023:2009　Guidance on Non-Destructive Examination (NDE) by Means of Magnetic Rope Testing

[7]　EN 12927　Safety requirements for cableway installations designed to carry persons—Rope

ICS 53.020.20
CCS J 80

中华人民共和国国家标准

GB/T 17909.1—2023
代替 GB/T 17909.1—1999

起重机　操作手册
第1部分:通则

Cranes—Operating manual—Part 1:General

(ISO 9928-1:2015,Cranes—Crane operating manual—Part 1:General,MOD)

2023-09-07 发布　　2024-04-01 实施

国家质量技术监督局　发布

前　　言

本文件按照 GB/T 1.1—2020《标准化工作导则　第 1 部分:标准化文件的结构和起草规则》的规定起草。

本文件是 GB/T 17909《起重机　操作手册》的第 1 部分。GB/T 17909 已经发布了以下部分:

——第 1 部分:通则;

——第 2 部分:流动式起重机;

——第 4 部分:臂架起重机。

本文件代替 GB/T 17909.1—1999《起重机　起重机操作手册　第 1 部分:总则》,与 GB/T 17909.1—1999 相比,除结构调整和编辑性改动外,主要技术变化如下:

a) 更改了范围(见第 1 章,1999 年版的第 1 章);

b) 更改了术语和定义中的司机为操作员(见 3.1,1999 年版的 3.1);

c) 增加了操作手册和控制器的术语和定义(见 3.2～3.3);

d) 增加了可提供电子版操作手册的建议(见 4.1);

e) 更改了技术数据的相关内容(见 5.1,1999 年版的 5.1);

f) 增加了安全标识应符合相应标准要求(见 5.2.1,1999 年版的 5.2)。

本文件修改采用 ISO 9928-1:2015《起重机　起重机操作手册　第 1 部分:通则》。

本文件与 ISO 9928-1:2015 相比做了下述结构调整:

a) 增加了 3.2～3.3;

b) 5.2.1 对应 ISO 9928-1:2015 中 5.2 的内容,5.2.2～5.2.6 对应 ISO 9928-1:2015 的 5.2.1～5.2.5。

本文件与 ISO 9928-1:2015 的技术差异及其原因如下:

a) 增加了适用范围(见第 1 章),明确了本文件的适用范围;

b) 用规范性引用的 GB/T 3101、GB/T 3102.3、GB/T 6974.1～GB/T 6974.5 分别替换了 ISO 80000-1、ISO 80000-4 和 ISO 4301(所有部分)(见第 2 章),以适应我国国情,增加标准的可操作性;

c) 增加了操作手册和控制器的术语(见 3.2～3.3),明确定义,以提高本文件的实用性,消除歧义;

d) 增加了可提供电子版操作手册的建议[见 4.1 c)],以符合技术发展趋势;

e) 增加了给出免责声明信息[见 4.2 h)],避免由于操作不当等原因带来的分歧;

f) 更改了技术数据的有关要求,包括将“手册应包括”更改为“手册应包括但不限于”,增加了提供起重机电气原理图、液压系统原理图、控制器面板布局图和起重机主要技术参数等要求(见 5.1),这些资料是随机交付资料的重要组成部分,也是起重机安装、拆卸、操作的重要依据;

g) 增加了安全标识应符合 GB/T 15052 的要求(见 5.2.1),明确要求;

h) 更改了安全警告典型示例的有关内容(见5.2.2～5.2.6),有助于起重机的安全操作;

i) 增加了载荷图和载荷表的具体要求(见5.5),提高了本文件的可操作性。

本文件做了下列编辑性改动:为简洁,且与现有标准体系相协调,本文件的名称删除了重复的"起重机"一词。

请注意本文件的某些内容可能涉及专利。本文件的发布机构不承担识别专利的责任。

本文件由中国机械工业联合会提出。

本文件由全国起重机械标准化技术委员会(SAC/TC 227)归口。

本文件起草单位:法兰泰克重工股份有限公司、北京起重运输机械设计研究院有限公司、北京科正平工程技术检测研究院有限公司、杭州华新机电工程有限公司、浙江中建路桥设备有限公司、河南省矿山起重机有限公司、河南卫华重型机械股份有限公司、安吉长虹制链有限公司、微特技术有限公司、江西起重机械总厂有限公司、长垣市市场监督管理局、山东丰汇设备技术有限公司、浙江省建设工程机械集团有限公司、中建五局(烟台)建设工程有限公司、秦皇岛天业通联重工科技有限公司、中国葛洲坝集团三峡建设工程有限公司、西安特种设备检验检测院、成都市特种设备检验检测研究院、河南省大方重型机器有限公司、河南正大起重设备有限公司。

本文件主要起草人:袁秀峰、兰江松、沈策、张培、陶峰华、童国柱、王昕婧、方涛、钮鹏超、王红华、鲍支虎、姜继维、朱瑸、王洪波、仉健康、周立宏、喻检军、孙玉桥、曹中升、慕生勇、刘殊、杨文辉、曹向阳、胡剑宏。

本文件于1999年首次发布,本次为第一次修订。

引　　言

起重机操作手册是指导用户规范使用起重机和正确操作的重要依据。为了保证操作手册内容全面合理,制定本文件是很有必要的。GB/T 17909 旨在统一规范起重机操作手册的编写,拟由五个部分构成。

——第 1 部分:通则。目的在于规范起重机操作手册的通用要求。

——第 2 部分:流动式起重机。目的在于规范流动式起重机操作手册的内容。

——第 3 部分:塔式起重机。目的在于规范塔式起重机操作手册的内容。

——第 4 部分:臂架起重机。目的在于规范臂架起重机操作手册的内容。

——第 5 部分:桥式和门式起重机。目的在于规范桥式和门式起重机操作手册的内容。

起重机 操作手册 第1部分:通则

1 范围

本文件给出了起重机操作手册编写内容的通用要求。

本文件适用于GB/T 6974.1定义的起重机。

2 规范性引用文件

下列文件中的内容通过文中的规范性引用而构成本文件必不可少的条款。其中,注日期的引用文件,仅该日期对应的版本适用于本文件;不注日期的引用文件,其最新版本(包括所有的修改单)适用于本文件。

GB/T 3101 有关量、单位和符号的一般原则(GB/T 3101—1993,ISO 31-0:1992,EQV)

GB/T 3102.3 力学的量和单位(GB/T 3102.3—1993,ISO 31-3:1992,EQV)

GB/T 6974.1 起重机 术语 第1部分:通用术语(GB/T 6974.1—2008,ISO 4306-1:2007,IDT)

GB/T 6974.2 起重机 术语 第2部分:流动式起重机(GB/T 6974.2—2017,ISO 4306-2:2012,IDT)

GB/T 6974.3 起重机 术语 第3部分:塔式起重机(GB/T 6974.3—2008,ISO 4306-3:2003,IDT)

GB/T 6974.4 起重机 术语 第4部分:臂架起重机

GB/T 6974.5 起重机 术语 第5部分:桥式和门式起重机(GB/T 6974.5—2008,ISO 4306-5:2005,IDT)

GB/T 15052 起重机 安全标志和危险图形符号 总则(GB/T 15052—2010,ISO 13200:1995,IDT)

3 术语和定义

GB/T 6974.1界定的以及下列术语和定义适用于本文件。

3.1

操作员 crane operator

为载荷定位而操作起重机的人员。

注:司机习惯上仅指将起重机从一个地点转移到另一个地点的操作人员。

3.2

操作手册 operating manual

对涉及起重机结构、机构、性能参数、操作要求和安全措施进行描述和给出图例的文件。

3.3

控制器　control

起重机操作员通过其向起重机发出指令的装置。

注：通常指手电门、无线遥控装置以及司机室联动台。

4　操作手册的表达方法

4.1　通则

制造商应提供一本操作手册，其要求如下：

a）宜通俗易懂，带有适当的解释性注释；

b）应结合使用国际认可的符号；

c）宜方便使用且选用经久耐磨的纸质，也可根据客户要求提供电子版操作手册；

d）使用的语种应由供需双方协商确定。

手册的表达方法是重要的，它宜是一种方便且完整的工具。手册内容宜简明扼要，其所包含的所有信息表达清晰、易于理解。

为避免理解错误，宜采用一些清楚、简洁的示意图、图表、曲线图和表格代替文字表述，并放在有关论述的附近。

名词术语、定义、单位和符号应符合 GB/T 6974.1～6974.5、GB/T 3101 和 GB/T 3102.3 的规定。如起重机上标注的单位不是法定单位，宜使用括号或脚注给出法定单位换算值。

手册中不应包含与该起重机及其应用无关的内容。

4.2　序言性信息

下列信息应在封面或封底或手册的首页给出：

a）手册名称；

b）手册的参考号或版本号（如果有）；

c）起重机名称（类型）；

d）起重机型号或系列号（如果属系列产品）；

e）起重机的序列号或编号或所适用的序列号范围；

f）制造商和（或）代理商的名称和详细地址；

g）目次表；

h）免责声明（必要时）；

i）索引（必要时）；

j）起重机的基本性能。

4.3　册数

起重机操作手册与其他手册（维护手册、用户手册等）可作为一册或分册印刷。手册的规格与册数的划分应适合产品类型、正常使用情况和用户的需要。必要时宜参考手册的其他部分，以免相同内容不必要的重复。

5　操作手册的内容

5.1　技术数据

手册应包括但不限于：

a) 标有主要部件序号和名称的起重机总图和竣工图;

b) 起重机电气系统原理图(如适用);

c) 起重机液压系统原理图(如适用);

d) 起重机控制器面板布局图;

e) 为操作员提供的保证起重机安全运输、安装、拆卸等必需的所有重要技术数据;

f) 起重机主要技术参数(包括起重量、跨度、幅度、起升高度、工作级别等)。

5.2 安全警告

5.2.1 通则

手册应包含相应的安全警告以及适当的安全标识,安全标识应符合 GB/T 15052 的要求。5.2.2～5.2.6 给出了安全警告的典型示例。

5.2.2 起重机的操作

起重机的操作安全警告如下。

"严禁穿除工作鞋之外的其他鞋或赤脚操作起重机。"

"室内操作起重机时,严禁佩戴墨镜。"

"在操作室操作起重机时,应配有与地面吊装工和指挥人员沟通的喊话装置或对讲机。"

"严禁歪拉斜吊。"

"在电源切断以前不应打开开关盒和接线盒。"

"严禁使用紧急停车装置中断正常的运行。"

5.2.3 工作区域

工作区域安全警告如下。

"采取合理隔离措施(光栅、围栏等),防止未授权人员在起重机工作期间进入起重机的工作区域。"

"识别并规避工作区域作业风险,如高压线、滑坡、地陷等。"

5.2.4 起重机的启动准备

起重机的启动准备安全警告如下。

"操作员在启动起重机之前应详细阅读操作手册并按照手册要求进行启动前检查。"

"操作员应充分理解和掌握安全装置的作用及信息提示,并根据提示信息进行正确的操作,以免发生危险。"

"对于配备有外伸支腿的起重机,在外伸支腿未到位以前,严禁使用起重机。"

"使用前确保防风锚定装置已打开。"

5.2.5 起重机的锁定

起重机的锁定安全警告如下。

"锁紧车轮制动器和地面锚定装置。"

"确保紧急停止开关处于锁闭状态。"

5.2.6 工作服和人员装备

工作服和人员装备安全警告如下。

"在起重机结构上作业时,应使用安全带。"

“工作服上应有反光条。”

5.3 操作员的辅助和控制装置

手册应附有从操作员位置上方便看见的包括仪表、指示器、控制器和故障诊断模块的图纸或示意图，以及各功能的描述和解释。

5.4 操作说明

操作说明中应明确操作员在不同阶段的职责：

——操作起重机前；

——操作起重机过程中；

——完成操作后。

如果起重机在使用前需要运输，应给出特别的指导说明。

5.5 载荷图和载荷表

手册里应列出所有必要的载荷图和载荷表。有变幅装置的起重机应详细列出不同幅度下的起吊能力。电磁挂梁起重机应列出单块电磁铁吸力及不同吸力组合。真空吸盘起重机应列出吸力组合。

5.6 安全装置

手册应提供一张包括各种安全装置位置的起重机示意图或简图。如有必要，宜标明安全装置的放大图。对于需要由操作员操作的防倾覆安全装置任何必要设置也应列入手册中。

5.7 环境条件

手册应给出适合起重机工作的最大允许风速、极限工作温度和其他可能的限制条件。

ICS 53.020.20
CCS J 80

中华人民共和国国家标准

GB/T 17909.2—2021/ISO 9928-2:2014
代替 GB/T 17909.2—2010

起重机　起重机操作手册
第2部分:流动式起重机

Cranes—Crane operating manual—Part 2:Mobile cranes

(ISO 9928-2:2014,IDT)

2021-05-21 发布　　2021-12-01 实施

国家市场监督管理总局
国家标准化管理委员会　发布

前　　言

本文件按照 GB/T 1.1—2020《标准化工作导则　第 1 部分：标准化文件的结构和起草规则》的规定起草。

本文件是 GB/T 17909《起重机　起重机操作手册》的第 2 部分。GB/T 17909 已经发布了以下部分：

——第 1 部分：总则；

——第 2 部分：流动式起重机。

本文件代替 GB/T 17909.2—2010《起重机　起重机操作手册　第 2 部分：流动式起重机》，与GB/T 17909.2—2010 相比，除结构调整和编辑性改动外，主要技术变化如下：

a） 标准英文名称中“driving”修改为“operating”；

b） 更改了“架设”要求[见 5.5d)，2010 年版的 5.5d)]；

c） 更改了“载荷定位”要求[见 5.5e)，2010 年版的 5.5e)]；

d） 更改了“安装/拆卸”要求[见 5.5f)，2010 年版的 5.5f)]。

本文件使用翻译法等同采用 ISO 9928-2:2014《起重机　起重机操作手册　第 2 部分：流动式起重机》。

与本文件中规范性引用的国际文件有一致性对应关系的我国文件如下：

——GB/T 6974.1—2008　起重机　术语　第 1 部分：通用术语（ISO 4306-1:2007，IDT）

——GB/T 6974.2—2017　起重机　术语　第 2 部分：流动式起重机（ISO 4306-2:2012，IDT）

——GB/T 17909.1—1999　起重机　起重机操作手册　第 1 部分：总则（idt ISO 9928-1:1990）

为便于使用，本文件做了下列编辑性修改：

——改正了印刷错误，“ISO 9928-1:2014” 修改为“ISO 9928-1:2015”。

本文件由中国机械工业联合会提出。

本文件由全国起重机械标准化技术委员会（SAC/TC 227）归口。

本文件起草单位：徐州重型机械有限公司。

本文件主要起草人：陈向东、胡海鹏、李帅、朱天罡、梅煜、朱守法。

本文件于 2010 年首次发布，本次为第一次修订。

引　　言

起重机操作手册是指导用户规范使用起重机,避免违规操作的重要依据。为了保证操作手册内容全面合理,制定本文件是很有必要的。GB/T 17909 旨在统一规范起重机操作手册的编写,拟由五个部分构成。

——第 1 部分:总则。目的在于规定起重机操作手册的总体原则。

——第 2 部分:流动式起重机。目的在于规定流动式起重机操作手册的内容。

——第 3 部分:塔式起重机。目的在于规定塔式起重机操作手册的内容。

——第 4 部分:臂架起重机。目的在于规定臂架起重机操作手册的内容。

——第 5 部分:桥式和门式起重机。目的在于规定桥式或门式起重机操作手册的内容。

起重机　起重机操作手册
第2部分:流动式起重机

1　范围

本文件规定了流动式起重机操作手册(以下简称手册)的内容。

本文件适用于ISO 4306-2定义的流动式起重机(以下简称起重机)。

2　规范性引用文件

下列文件中的内容通过文中的规范性引用而构成本文件必不可少的条款。其中,注日期的引用文件,仅该日期对应的版本适用于本文件;不注日期的引用文件,其最新版本(包括所有的修改单)适用于本文件。

ISO 4306-1:2007　起重机　术语　第1部分:通用术语(Cranes—Vocabulary—Part 1:General)

ISO 4306-2　起重机　术语　第2部分:流动式起重机(Cranes—Vocabulary—Part 2:Mobile cranes)

ISO 9928-1:2015　起重机　起重机操作手册　第1部分:总则(Cranes—Crane operating manual—Part 1:General)

3　术语和定义

ISO 4306-1中界定的以及下列术语和定义适用于本文件。

3.1

起重机操作员　crane operator

使用(操作)起重机控制装置的人员。

[来源:ISO 4306-1:2007,7.1]

注:对于流动式起重机,通常用"操作员"代替"司机",司机习惯上仅指操纵起重机从一个地点转移到另一个地点的人员。

4　手册的表达方式

应符合ISO 9928-1:2015第4章中除4.2e)外的规定。

5　手册的内容

5.1　技术数据

手册的该部分应包括为起重机操作员提供操作、维护、检查和保养起重机所需的技术数据,例如:

a)　主要尺寸;

b)　示意图;

c) 润滑位置和润滑油脂；

d) 整机和部件的重量；

e) 钢丝绳规格；

f) 性能参数表；

g) 额定起重量图表(可以独立成册)。

5.2 一般安全指导

手册的该部分应包括适用于起重机和作业场地的一般安全规则，应着重说明以下几方面：

a) 触电的危险(在高架输电线附近作业等)；

b) 载荷的吊运；

c) 起重机的架设；

d) 通道和出入口；

e) 警告和与起重机作业相关的手势信号；

f) 环境状况，如风速或温度的限制。

5.3 控制装置、控制台或作业台

5.3.1 起重机行驶操纵的控制装置

手册的该部分应有操纵起重机行驶用所有的控制装置、踏板、仪表、报警灯和符号等的示意图和其功能的说明。所有计量仪表、指示器和指示灯应有其功能的说明。

5.3.2 起重机起重操纵的控制装置

手册的该部分应有载荷吊运用所有的控制装置、操纵杆、踏板、开关、仪表、报警灯和符号等的示意图，所有控制装置应有操作说明。所有计量仪表、指示器和指示灯应有其功能的文字和/或图形符号说明。

5.4 起重机信息

手册的该部分应包括以下信息：

a) 臂架及附属装置：配置、组装和拆卸分解的指导及使用限制；

b) 起升钢丝绳：如何正确选择钢丝绳倍率及钢丝绳缠绕方法的说明；

c) 起重机的组装、拆卸和存放的说明；

d) 检查：操作员检查职责的说明，应包括判定钢丝绳是否报废、液位是否正确等；

e) 维护保养说明和起重机操作员的职责；

f) 额定起重量图表及其说明；

g) 特殊操作的说明。

5.5 操作

手册的该部分应解释如何进行以下操作：

a) 预先检查：操作员在启动前应进行的检查项目；

b) 启动：应提供启动发动机的方法，包括寒冷天气启动、搭接启动等有关信息；

c) 行驶：应提供起重机在道路或作业场地行驶的有关方法，包括变速箱和制动器操作说明、倾翻角、上车的位置、臂架的高度等有关信息；

d) 架设：应提供起重机架设方法，包括支腿操作、地面条件、辅助设备、安全装置等有关信息；

e） 载荷定位：应提供起重机在作业场地吊运载荷及使其定位的方法，包括使用支腿和/或轮胎起升载荷、上车的配置与方位等有关信息；

f） 安装/拆卸：应提供起重机安装、拆卸与转场运输的正确方法。

5.6 停止作业，离开起重机

手册的该部分应包含以下内容：

a） 起重机正确的停机说明；

b） 允许风速的信息。

参 考 文 献

[1] ISO 80000-1 Quantities and units—Part 1：General

ICS 53.020.20
CCS J 80

中华人民共和国国家标准

GB/T 17909.4—2023

起重机　操作手册
第4部分：臂架起重机

Cranes—Operating manual—Part 4: Jib cranes

2023-05-23 发布　　2023-12-01 实施

国家市场监督管理总局
国家标准化管理委员会　发布

前　　言

本文件按照 GB/T 1.1—2020《标准化工作导则　第 1 部分：标准化文件的结构和起草规则》的规定起草。

本文件是 GB/T 17909《起重机　操作手册》的第 4 部分。GB/T 17909 已经发布了以下部分：

——第 1 部分：总则；

——第 2 部分：流动式起重机；

——第 4 部分：臂架起重机。

请注意本文件的某些内容可能涉及专利。本文件的发布机构不承担识别专利的责任。

本文件由中华人民共和国交通运输部提出。

本文件由全国起重机械标准化技术委员会(SAC/TC 227)归口。

本文件起草单位：交通运输部水运科学研究院、连云港港口控股集团有限公司、南京港机重工制造有限公司、扬戈科技股份有限公司、微特技术有限公司、武汉港迪智能技术有限公司、武汉理工大学、哈尔滨工程机械制造有限责任公司、顺德职业技术学院。

本文件主要起草人：邹云飞、张德文、李文豪、董志平、赵激、杨光奎、李彬、周家智、徐章一、尹学成、于长柏、袁建明、马强、张驰、董世民、高崇金、路强、胡涛、曹志勇、袁军。

引　言

臂架起重机广泛应用于港口、船厂和装备制造、水电建设、核电建设、铁路、桥梁等领域。根据 ISO/TC 96 标准体系,将起重机分为流动式起重机、塔式起重机、臂架起重机、桥式和门式起重机四类,GB/T 17909 系列标准拟由五个部分构成。

——第 1 部分:总则。目的在于规定起重机操作手册表达方法和内容的通用要求。

——第 2 部分:流动式起重机。目的在于规定流动式起重机操作手册表达方法和内容的一般要求。

——第 3 部分:塔式起重机。目的在于规定塔式起重机操作手册表达方法和内容的一般要求。

——第 4 部分:臂架起重机。目的在于规定臂架式起重机操作手册表达方法和内容的一般要求。

——第 5 部分:桥式和门式起重机。目的在于规定桥式和门式起重机操作手册表达方法和内容的一般要求。

起重机 操作手册 第4部分：臂架起重机

1 范围

本文件规定了臂架起重机操作手册表达方法和内容的一般要求。

本文件适用于GB/T 6974.4中定义的臂架起重机操作手册的编写。

2 规范性引用文件

下列文件中的内容通过文中的规范性引用而构成本文件必不可少的条款。其中，注日期的引用文件，仅该日期对应的版本适用于本文件；不注日期的引用文件，其最新版本（包括所有的修改单）适用于本文件。

GB/T 3101 有关量、单位和符号的一般原则

GB/T 6067.1 起重机械安全规程 第1部分：总则

GB/T 6974.1 起重机 术语 第1部分：通用术语

GB/T 6974.4 起重机 术语 第4部分：臂架起重机

GB/T 15052 起重机 安全标志和危险图形符号 总则

GB/T 25195.1 起重机 图形符号 第1部分：总则

GB/T 25195.4 起重机 图形符号 第4部分：臂架起重机

3 术语和定义

GB/T 6974.1和GB/T 6974.4界定的术语和定义适用于本文件。

4 操作手册的表达方法

4.1 总体要求

4.1.1 制造商应提供操作手册，操作手册应符合如下要求：

a） 简明易懂，带有适当的解释性注解；

b） 使用国际上认可的符号；

c） 提供纸质版本和电子版本。

4.1.2 操作手册应能提供起重机操作员（以下简称“操作员”）所需要的臂架起重机完整信息，应以合理适当的顺序及易接受的方式表达出来。

4.1.3 操作手册的内容应简明扼要，其所包含的所有信息应表述清晰、易于理解。

4.1.4 操作手册应优先采用清楚简洁的示意图、曲线图和表格代替文字表述，并编排在有关论述的附近。

4.1.5 操作手册中采用的术语、定义、单位和符号应符合GB/T 6974.4、GB/T 3101的规定。若设备标注的单位不是法定计量单位，应使用括号或脚注给出法定计量单位换算值。

4.1.6 操作手册中不应包含与所述臂架起重机及其应用无关的内容。

4.2 序言性信息

下列信息应包括但不限于在封面、封底、首页或单独成页给出：

a) 操作手册的名称；

b) 参考号(若需要)；

c) 臂架起重机型号和系列号所含的范围(若属系列产品)；

d) 制造商和(或)代理商的名称和详细地址；

e) 索引(若需要)；

f) 臂架起重机的基本性能；

g) 印刷或出版日期；

h) 目录。

4.3 册数

操作手册的规格和册数的划分应适合臂架起重机的类型、正常使用情况和用户需求。必要时可交叉参考其他手册(维护手册、用户手册等)的部分内容，避免内容重复。

5 操作手册的内容

5.1 前言

5.1.1 应明确规定具有操作资格的操作员才能操作臂架起重机。

5.1.2 应说明操作手册的重要性，内容应包括操作员阅读时注意的问题，以及操作手册的适用范围、使用方法和需要说明的其他事项。

5.2 技术数据

操作手册应包括但不限于为操作员提供臂架起重机操作所需的如下技术数据：

a) 整机性能参数，包括外形尺寸、整机质量、额定起重量、工作速度、作业范围、轨距、基距、轮压等；

b) 主要机构，包括起升机构、变幅机构、回转机构、运行机构等；

c) 主要零部件，包括钢丝绳、吊具、卷筒、滑轮、车轮、减速器、传动齿轮、制动器等；

d) 额定起重量图表，若额定起重量随幅度变化，则应有额定起重量随幅度变化的曲线或表格；

e) 整机简图；

f) 整机润滑图。

5.3 环境条件

操作手册应给出臂架起重机的最大工作风速、最大非工作风速、极限工作温度、最大湿度和其他环境条件。

5.4 对操作员的指导

操作手册应规定操作员在不同工作阶段的操作要求，以及臂架起重机正确操作的说明。操作要求应包括但不限于以下内容。

a) 操作前：

1) 确认操作臂架起重机前的检查项目；

2) 臂架起重机的起升机构、变幅机构、回转机构、运行机构等主要机构的操作要求；

3） 检查所有与臂架起重机使用相关的安全装置和设备（例如，防倾翻装置、抗风防滑装置、安全监控管理系统等）；

4） 转换和设定臂架起重机吊具的操作要求；

5） 确认臂架起重机上的灭火装置及其他应急装置的使用方法。

b） 操作期间：

1） 遵守启动程序；

2） 对故障保持警觉；

3） 注意避让工作现场人员。

c） 操作完成后：

1） 遵守停机程序和规则；

2） 确认臂架起重机满足自由回转的要求和高塔柱起重机满足臂架落地的要求；

3） 确认臂架起重机满足抗风防滑的要求。

5.5 仪表和控制器

操作手册应附有包括仪表、指示器、控制器和故障诊断模块的视图或图形符号，以及各功能的描述和解释，图形符号应符合 GB/T 25195.1 和 GB/T 25195.4 的相关要求。

5.6 安全装置

5.6.1 操作手册应提供包括臂架起重机所有安全装置位置的示意图或简图，不易观察的位置应标明安全装置的放大示意图或简图。

5.6.2 操作手册应提供由操作员操作臂架起重机所有安全装置的操作方法，安全装置包括但不限于：

a） 防倾翻装置；

b） 抗风防滑装置；

c） 安全监控管理系统。

5.7 安全标志

5.7.1 操作手册应指出安全标志位置和安全标志内容，以及在臂架起重机上出现的安全标志说明。

5.7.2 操作手册应指出危险易发生部位或者控制区和危险图形符号内容。

5.7.3 操作手册应指出臂架起重机紧急安全逃生通道标志及路线。

5.7.4 操作手册中使用的安全标志和危险图形符号应符合 GB/T 15052 的规定。

5.8 安全注意事项

操作手册应包含臂架起重机使用安全注意事项，其包括但不限于：

a） 在离开无人看管的臂架起重机之前，操作员应使运行机构制动器闭合或设置其他的保险装置，并将所有控制器置于“零位”或空挡位置；

b） 臂架起重机上的强电、动力电类控制柜内电气开关和接线盒在电源切断以前不应打开；

c） 当风速超过起重机允许的最大工作风速时，不应操作臂架起重机；

d） 货物在吊运前应通过正确有效的方式确认起吊货物的质量，不应超负荷作业，若抬吊时，单台臂架起重机的载荷应符合 GB/T 6067.1 的相关要求；

e) 操作员操作臂架起重机时,不应从事分散注意力的其他操作;

f) 操作员体力和精神不适时,不应进行操作;

g) 夜班操作臂架起重机时,作业现场应有足够的照度;

h) 吊运货物时,不应斜拉起吊和从人员上方通过;

i) 臂架起重机进行起升、变幅、回转和运行时,不应突然地起动和停止;

j) 操作员在臂架起重机结构上超过 2 m 的高空作业时应使用安全带。

参 考 文 献

[1] GB/T 17909.1—1999 起重机 起重机操作手册 第1部分:总则

[2] GB/T 17909.2—2021 起重机 起重机操作手册 第2部分:流动式起重机

[3] GB/T 25622—2010 土方机械 司机手册 内容和格式

[4] GB/T 25896.1—2010 设备用图形符号 起重机 第1部分:通用符号

[5] ISO 9928-1:2015 Cranes—Crane operating manual—Part1:General

ICS 53.020.20
CCS J 80

中华人民共和国国家标准

GB/T 18453.4—2023

起重机　维护手册
第4部分：臂架起重机

Cranes—Maintenance manual—Part 4: Jib cranes

2023-05-23 发布　　2023-12-01 实施

国家市场监督管理总局
国家标准化管理委员会　发布

前 言

本文件按照 GB/T 1.1—2020《标准化工作导则 第1部分:标准化文件的结构和起草规则》的规定起草。

本文件是《起重机 维护手册》系列标准的第4部分。该系列标准已经发布了以下部分:

——第1部分:总则;

——第4部分:臂架起重机。

请注意本文件的某些内容可能涉及专利。本文件的发布机构不承担识别专利的责任。

本文件由中华人民共和国交通运输部提出。

本文件由全国起重机械标准化技术委员会(SAC/TC 227)归口。

本文件起草单位:交通运输部水运科学研究院、天津港(集团)有限公司、上海海事大学、扬戈科技股份有限公司、太原科技大学、上海振华重工(集团)股份有限公司、武汉港迪智能技术有限公司、山东陆海重工有限公司、微特技术有限公司、大连理工大学。

本文件主要起草人:宁伟婷、张德文、王轩、梅潇、杨广平、文豪、周会勤、张涛、陈艳萍、刘龙、董达善、孙立杰、缪文峰、吴强、刘艳、滕儒民、王全伟、张新瑞、史良忠、黄文栋、蔡小雨、赵溦。

引　言

臂架起重机广泛应用于港口、船厂和装备制造、水电建设、核电建设、铁路、桥梁等领域。根据 ISO/TC 96 标准体系，将起重机分为流动式起重机、塔式起重机、臂架起重机、桥式和门式起重机四类，《起重机 维护手册》系列标准拟由五个部分构成。

——第 1 部分：总则。目的在于规定起重机维护手册表达方法和内容的通用要求。

——第 2 部分：流动式起重机。目的在于规定流动式起重机维护手册表达方法和内容的一般要求。

——第 3 部分：塔式起重机。目的在于规定塔式起重机维护手册表达方法和内容的一般要求。

——第 4 部分：臂架起重机。目的在于规定臂架式起重机维护手册表达方法和内容的一般要求。

——第 5 部分：桥式和门式起重机。目的在于规定桥式和门式起重机维护手册表达方法和内容的一般要求。

起重机　维护手册
第4部分:臂架起重机

1　范围

本文件规定了臂架起重机维护手册的表达方法、维护、润滑和液压油、维护作业的安全措施等内容编写的一般要求。

本文件适用于GB/T 6974.4定义的臂架起重机维护手册的编写。

2　规范性引用文件

下列文件中的内容通过文中的规范性引用而构成本文件必不可少的条款。其中,注日期的引用文件,仅该日期对应的版本适用于本文件;不注日期的引用文件,其最新版本(包括所有的修改单)适用于本文件。

GB/T 18453—2001　起重机　维护手册　第1部分:总则

GB/T 31052.1—2014　起重机械　检查与维护规程　第1部分:总则

3　术语和定义

下列术语和定义适用于本文件。

3.1

维护　maintenance

为使起重机保持或恢复到能执行其规定功能的状态而进行的一系列工作。

注1:维护分为计划性维护和非计划性维护。

注2:维护工作包括保养和维修。

[来源:GB/T 31052.1—2014,3.5,有修改]

3.2

保养　preventing maintenance

为保证起重机正常及安全运行,而按计划所进行的必要的作业。

注:保养包括清洁、润滑、紧固、调整、防腐等。

[来源:GB/T 31052.1—2014,3.6,有修改]

3.3

维修　repair

针对日常或不正常的原因而造成影响起重机正常工作的设备损坏及故障等,通过修理或更换受损的零部件,使设备功能得到恢复的一系列工作。

[来源:GB/T 31052.1—2014,3.7]

3.4

计划性维护　planned maintenance

为了减少起重机的故障或性能降低发生的概率,根据制定的周期表和相应规范进行的维护。

［来源：GB/T 31052.1—2014，3.8］

3.5

非计划性维护　unplanned maintenance

在发生故障或检测到故障后，将起重机修复到能执行其规定功能的状态而进行的维护。

［来源：GB/T 31052.1—2014，3.9］

3.6

维护人员　maintenance personnel

对需维护的起重机及维护过程中所面临或存在的危险性充分了解，熟悉维护程序，接受过适当的指导和专业培训，具备维护能力的人员。

［来源：GB/T 31052.1—2014，3.12，有修改］

4　手册的表达方法

手册的表达方法应符合 GB/T 18453—2001 中第 3 章的规定。

5　维护

5.1　通则

手册中应列入以下内容：

a）起重机主要部分的构成和工作原理，其内容至少应包括金属结构、起升机构、变幅机构、回转机构、运行机构及主要零部件的构成、工作原理和控制单元的控制策略；

b）需要测试的数据及要求。

宜附以说明和必要的简图、图表（如开关程序）以及检查项目清单。

5.2　计划性维护

计划性维护的维护项目、方法、内容、要求及周期的典型示例见附录 A。

5.3　磨损极限

应列表给出维护作业中可能需要更换的部件的磨损极限。典型的表项示例见表 1。

表 1　磨损部件尺寸数据

名称	零部件编号	原始尺寸	磨损尺寸极限	检测值

5.4　非计划性维护

非计划性维护的维护指导应按章节编写且有主要零部件和各系统的组成部分的图解说明，并应包括但不限于下列内容：

a）排除故障程序；

b）拆卸或安装顺序，包括有关扭矩、预加载荷和其他安装提示的技术说明；

c）要求检查磨损、延伸率、裂纹的部件和组件的技术规格以及钢丝绳、制动器衬垫、离合器摩擦片、链条等的报废规范；

d）必备的专门工具、工装和设备的技术规格；

e) 对起重机零部件吊装的特殊要求。

5.5 检查方法

应符合 GB/T 31052.1—2014 中 5.4 的规定。

5.6 维护记录

维护记录应包括保养记录和维修记录,其内容应包括但不限于:

a) 维护的日期和地点;

b) 维护人员签名和其所属单位的名称;

c) 被维护设备的名称、型号、出厂编号及主要参数;

d) 各维护项目、维护方法及维护结果;

e) 对维护结果验证的说明。

6 润滑和液压油

6.1 润滑剂和液压油数据

应包括下列信息:

a) 所使用的润滑剂、液压油等介质的技术规格;

b) 油箱和油路容积(L);

c) 在适当之处列出厂方推荐的润滑剂、液压油的类型和(或)牌号。

润滑剂技术规格的典型的表项示例见表 2。

表 2 润滑剂数据表

部件	容量 L	环境温度 ℃	推荐的种类	标准符号或参考标志

液压油技术规格的典型的表项示例见表 3。

表 3 液压油数据表

部件	容量 L	运动黏度 mm^2/s	酸值(以 KOH 计) mg/g	水分 %	闪点(开口) ℃	固体污染 等级	推荐的种类	标准符号或 参考标志

6.2 润滑计划

润滑计划应包括臂架起重机润滑要求并指明润滑剂类型、润滑周期、润滑部位,按周期实施润滑计划。润滑部位应给出示意图。

臂架起重机润滑部位应包括但不限于:减速器、开式齿轮、联轴器、轴承、钢丝绳、回转支承、有相对运动的铰轴等。

6.3 液压油更换计划

更换计划应包括臂架起重机液压油更换要求并指明液压油类型、换油指标、检查周期,根据检查结果实施更换计划。

7 维护作业的安全措施

手册应包含臂架起重机维护作业过程中的安全措施，包括但不限于以下方面。

a) 维护场所(维护地点的安全保障措施)：

1) 大风、雷雨、冰雪严寒、大雾等恶劣天气，严禁在室外进行维护作业；
2) 将起重机移至维护区(可能时)；
3) 维修区做好区域封闭；
4) 上方的维护工作会对下方造成危险时，在下方使用警示标志和设置警戒区域；
5) 当几台起重机在同一轨道或同一场所时，做好防碰撞措施；
6) 若预测到臂架伸缩、回转和变幅会危及临近高压电线、建筑物或公路，禁止相应操作；
7) 维护工作完成后，拆除维护中采取的临时设施，并清理现场。

b) 起重机(非带载状态)：

1) 检查起重机有无漏电情况；
2) 切断或锁定电源开关防止非授权的再通电；
3) 在维护前放电，释放或排出储存的能量(液力、气力或电力)；
4) 检查断电后的各种功能，确认所有电源已切断。

c) 操作：

1) 使用安全可靠的工具；
2) 采取防止触电的措施；
3) 采取必要的消防措施；
4) 有足够的照明；
5) 在合适的场所使用工作平台；
6) 在轴承和电路附近焊接时采取适当的防护措施。

d) 人员：

1) 穿戴防护装备(安全带、安全帽、防护眼镜、防护鞋等)；
2) 做好维护中存在高处坠落危险情况下的合理防护；
3) 在适当的场所使用支撑柱或垫块；
4) 根据工作任务需要选定专职维护人员；
5) 维护工作由 2 个或 2 个以上维护人员一起进行；
6) 妥善地搬运和处置危险品。

附 录 A
（资料性）
维护项目示例

维护项目示例见表A.1。

表 A.1 维护项目示例

序号	维护项目		维护方法、内容及要求	预计工时数	时间间隔1	时间间隔2	其他
1	整机	外观	清洁起重机各处的垃圾、杂物、遗漏工具等				
2			清洁起重机各处积油、积水				
3			维护起重机各部分表面严重的锈蚀、脱漆、损伤等，并做好防腐				
4		车轮承载情况	调整/修理起重机的各个车轮，使其目测无悬空现象				
5		起重机跨度	检查起重机跨度偏差，通过调整/修理使其符合相关起重机产品标准的规定				
6	金属结构	门架、转台、人字架、高塔柱、臂架系统、台车架、平衡梁、机构支座、维修吊支架等	对起重机门架、转台、人字架、高塔柱、臂架系统、台车架、平衡梁、机构支座、维修吊支架等金属结构的锈蚀、裂纹和塑性变形进行防腐/修理/更换，使其符合GB/T 6067.1—2010中3.9的规定				
7	连接件	主要受力结构件、安全装置连接件	紧固主要受力结构件、回转支承及安全装置的连接铰轴和螺栓				
8		机构、电器元件连接件	紧固电动机、减速器、制动器、联轴器、安全防护装置等机构部件的连接螺栓				
9	机构	起升机构	进行起升机构空载试验，应无异常声响和振动，运行平稳				
10		变幅机构	进行变幅机构空载试验，应无异常声响、振动				
11		回转机构	进行回转机构空载试验，应无异常声响、振动				
12		运行机构	进行运行机构空载试验，应无异常声响、振动				
13			起重机应无影响使用的歪斜跑偏、啃轨等现象				
14		吊具机构	进行吊具机构空载试验，应无异常声响、振动，转动灵活无卡阻				

表 A.1　维护项目示例（续）

序号	维护项目		维护方法、内容及要求	预计工时数	时间间隔 1	时间间隔 2	其他
15	机构	起重机供电装置	进行起重机供电装置空载试验,应无异常声响、振动				
16		升降机	进行升降机空载试验,应无异常声响、振动				
17		葫芦	进行葫芦空载试验,应无异常声响、振动				
18	关键零部件	吊具	紧固/修理/更换吊具销轴,保证其无松动、脱出,轴端固定装置安全有效				
19			调整/修理/更换吊钩闭锁装置、吊钩螺母防松装置,保证其有效				
20			调整/修理/更换结构有裂纹和严重磨损及变形的抓斗,确保其开闭自如、平衡装置灵活、无卡死现象				
21			修理/更换有裂纹和过度磨损的抓斗梨形接头和C型卸扣,且使其润滑充分				
22			紧固/调整电磁吸盘,使其悬挂可靠,电气连接无松动				
23			按 GB/T 10051.2 和 GB/T 10051.3 规定的方法维护锻造吊钩的表面裂纹、变形、磨损、腐蚀,并应符合其要求				
24			调整/更换集装箱吊具上架和吊具连接转锁,保证其可靠				
25			修理/更换有损坏的集装箱吊具导板				
26		钢丝绳	按照 GB/T 5972 规定的方法维护钢丝绳,并应符合其要求				
27			修理/更换有明显机械损伤的钢丝绳				
28			紧固/调整卷筒及滑轮上的钢丝绳,使其无跳槽或脱槽等现象				
29			紧固/调整钢丝绳端部固定情况,使其满足相应要求				
30		起重用短环链	调整起重用短环链,使其无爬链、卡链现象				
31			更换不符合 GB/T 6067.1—2010 中 4.2.3.2 和 4.2.3.3 规定的起重用短环链				
32		卷筒	更换不符合 GB/T 6067.1—2010 中 4.2.4.5 规定的卷筒				
33		滑轮	修理/更换不符合 GB/T 6067.1—2010 中 4.2.5 规定的滑轮				
34			润滑/调整滑轮使其转动灵活、无异响				
35			修理/更换滑轮防脱绳装置,保证其安全有效				

表 A.1 维护项目示例(续)

序号	维护项目		维护方法、内容及要求	预计工时数	时间间隔 1	时间间隔 2	其他
36	关键零部件	制动器	更换制动器衬垫				
37			更换不符合 GB/T 6067.1—2010 中 4.2.6.7 有关规定的制动器				
38			润滑/调整制动器各转动、摆动点				
39			进行制动器空载试验,确保其工作正常				
40		联轴器	紧固/调整/修理/更换有缺损、松动、漏油现象的联轴器,且使其运行中无异常振动和响声				
41		减速器	紧固减速器安装螺栓				
42			紧固/修理有异响、异常振动、漏油、过热现象的减速器				
43			更换减速器空气滤清器滤芯				
44			检换轴承、油封				
45		传动齿轮	检查轮齿塑性变形、裂纹、折断,齿面剥落、点蚀、胶合,齿根磨损情况按照 GB/T 6067.1—2010 中 4.2.8 规定的要求进行更换				
46			调整/紧固齿轮装配,使其无松动,传动无异响				
47		轴承	润滑/调整轴承,使其转动灵活				
48			更换有异响、异常过热的轴承				
49		回转支承/滚轮	润滑/调整回转支承/滚轮,使其转动灵活				
50			紧固/调整/修理/更换有异响、异常过热的回转支承/滚轮				
51		司机室	紧固/修理有脱焊、松动和裂纹的司机室连接部位				
52			修理/更换司机室内裸露的带电体,确保室内地面绝缘良好				
53			更换缺损的司机室门、窗、玻璃、雨刮器、防护栏及门锁				
54			清洁门、窗、玻璃,确保司机室视线清晰				
55			紧固/修理移动司机室的悬挂装置,确保其安全可靠				
56		电气房	清洁并确保电气房内各处无滴水、积灰				
57			修理/更换有破损的电器保护罩				

表 A.1 维护项目示例(续)

序号	维护项目		维护方法、内容及要求	预计工时数	时间间隔 1	时间间隔 2	其他
58	关键零部件	电气房	调整并确保各种开关导电部分、接头部分、电阻器、变阻器、接触器、集电器无过热现象,接触良好				
59			确保断电的状况下,紧固松动的器件、母排连接、端子接线、插件间连接				
60		机器房	紧固/修理有松动和裂纹的设备连接部位				
61			清理各接油盘内的积油				
62	电气系统	中心集电器	确保断电的状况下,维护松动的接线端子,使碳刷与滑环接触良好				
63			确保断电的状况下,更换磨损的滑环碳刷,清除碳刷磨损后的粉末				
64		变压器	清洁绝缘子、分接联接片、端子板及其他绝缘零件表面				
65			紧固电力电缆与连接铜排之间的螺栓连接、分接点的螺栓连接				
66		变频器	确保变频器干燥、无受潮和结露现象				
67			清理器件积尘、积灰				
68			确保断电的状况下,紧固松动的电缆接头、接地线、端子排				
69			更换老化、破损的防护线端盖和护线套				
70		控制装置	更换操纵杆下部破损的绝缘保护				
71			调试零位自锁装置,确保其工作可靠				
72			修理/更换有破损的遥控装置及手电门外壳,确保控制按钮标识清晰、正确,功能正常				
73		监控装置(如有时)	清洁摄像机、防护罩上的灰尘				
74			更换老化的监控装置部件,确保工作正常				
75		馈电装置	确保带电指示装置、电缆收放设施齐全有效				
76			更换严重老化、破损、鼓包的软电缆防护层,确保完好				
77			调试集电器,确保其接触可靠				
78		电动机	调整/更换有烧痕的电动机滑环,并紧固接线端				
79			清洁/更换电机风冷通风系统的滤网				

表 A.1　维护项目示例（续）

序号	维护项目		维护方法、内容及要求	预计工时数	时间间隔 1	时间间隔 2	其他
80	电气系统	电动机	清理碳刷和换向器				
81			更换控制柜内有过热、烧焦、融化痕迹的电气线路及元器件				
82			更换外表破损的元器件				
83			调试电气联接，确保其接地可靠；更换严重龟裂、破损的线缆				
84			确保各段线路线标清晰，紧固松动的接线				
85			修理/更换在功能试验中有过热现象的线路，并确保绝缘电阻、接地电阻符合 GB/T 6067.1—2010 的要求				
86			调整/更换在功能试验中接触不良的接线柱、接触器、继电器，确保灭弧装置齐全				
87		制动电阻	更换有融化现象的制动电阻				
88		通信	进行功能试验，确保主机与中央控制室的通信畅通				
89		照明	修理/更换有缺损的照明装置，确保工作和照度正常				
90		高压供电设备	配置高压供电系统的设备，对高压输电、馈电、配电器件实施绝缘检测及耐压测试				
91	液压系统		更换滤芯、清洗/更换滤网				
92			修复有破损或脱落的防腐胶带				
93			打开油箱底部排油口，排出油液中的水				
94			更换空滤器内干燥剂(若空滤器内含干燥剂)				
95			更换有泄漏的密封件、液压管路				
96			更换不能正常显示的电磁阀插头指示灯				
97			更换超标的液压油，清洗液压油箱、阀块、液压阀、液压缸				
98	气动系统		紧固/修理有泄漏的气动系统				

表 A.1　维护项目示例（续）

序号	维护项目		维护方法、内容及要求	预计工时数	时间间隔 1	时间间隔 2	其他
99	安全保护装置	起升高度限制器	进行起升高度限制器功能试验，应固定可靠、功能有效				
100		极限起升高度限制器	进行极限起升高度限制器功能试验，应固定可靠、功能有效				
101		变幅限制器	进行变幅限制器功能试验，应固定可靠、功能有效				
102		运行行程限位器	进行运行行程限位器功能试验，应固定可靠、功能有效				
103		回转限位	进行回转限位功能试验，应固定可靠、功能有效				
104		回转锁定装置	紧固/更换有变形、缺损、松动情况的回转锁定装置，确保其功能有效				
105		防碰撞装置	紧固/更换有损坏的防碰撞装置，并进行功能试验，确保其功能有效				
106		缓冲器与端部止挡	紧固/修理/更换有变形、损坏的缓冲器以及有变形、开焊情况的端部止挡				
107		起重量限制器	校准起重量限制器，并确保其固定可靠、功能有效				
108		起重力矩限制器	校准起重力矩限制器，确保其工作正常、重量显示和保护功能准确可靠、误差在允许范围内				
109		极限力矩限制器	校准极限力矩限制器，确保其固定可靠、功能有效				
110		超速保护装置	调试超速保护装置，确保其固定可靠、功能有效				
111		抗风防滑装置	紧固/调整防风拉索，确保其连接可靠、功能有效				
112			紧固/修理锚定装置，确保其连接可靠、功能有效				
113			紧固/修理工作状态时使用的抗风防滑装置，确保其固定可靠、功能有效				
114		联锁保护	调整/更换有缺损、短接、绑扎等现象的联锁装置				
115			调试电气联锁装置，确保其工作可靠				
116		接地保护	修理/更换有破损的接地装置，确保其功能有效				
117		电气保护	更换有缺损的短路、失压、零位、过流等电气保护				
118		安全监控管理系统	调试安全监控管理系统，确保其工作正常				
119		急停开关	调试急停开关，确保其正常可靠				
120		声光报警装置	进行声光报警装置功能试验，应工作正常、功能有效				

表 A.1 维护项目示例(续)

序号	维护项目		维护方法、内容及要求	预计工时数	时间间隔 1	时间间隔 2	其他
121	安全保护装置	标记和警示标志	清洁/更换起重机标牌、吨位牌、安全警示标志,确保其清晰、无缺失				
122		通道、平台、斜梯、直梯、栏杆	紧固/修理通道、平台、斜梯、直梯、栏杆,确保其牢固、完好				
123		防护罩、防雨罩	紧固/修理各旋转部位的防护罩及防雨罩,确保其牢固、齐全、无破损				
124		风速仪及风速报警器	调试风速仪及风速报警器,确保其工作正常、功能有效				
125		避雷针	紧固避雷针连接,确保其连接牢固、接线无松动				
126		松绳检测装置	调整/修理有损坏的松绳检测装置,确保其工作正常、功能有效				
127		消防器材	调试烟、火感应系统,确保其有效;确保消防器材的存放位置正确,灭火器在有效期内				
128		航空障碍指示灯	紧固/更换有损坏、松动情况的航空障碍指示灯,确保其有效				

参 考 文 献

[1] GB/T 5972 起重机 钢丝绳 保养、维护、检验和报废
[2] GB/T 6067.1—2010 起重机械安全规程 第1部分:总则
[3] GB/T 6974.4 起重机 术语 第4部分:臂架起重机
[4] GB/T 10051.2 起重吊钩 第2部分:锻造吊钩技术条件
[5] GB/T 10051.3 起重吊钩 第3部分:锻造吊钩使用检查
[6] GB/T 22416.1—2008 起重机 维护 第1部分:总则
[7] GB/T 23724.1—2016 起重机 检查 第1部分:总则
[8] GB/T 31052.4—2017 起重机械 检查与维护规程 第4部分:臂架起重机

ICS 53.020.20
J 80

中华人民共和国国家标准

GB/T 18875—2002
idt ISO 10973:1995

起重机　备件手册

Cranes—Spare parts manual

2002-11-19 发布　　2003-06-01 实施

中华人民共和国
国家质量监督检验检疫总局　发布

前　言

本标准等同采用 ISO 10973:1995《起重机　备件手册》，并按照 GB/T 1.1—1993 的要求，在编写格式和文字编辑上做了必要的调整。

本标准的附录 A、附录 B、附录 C、附录 D 和附录 E 是提示的附录。

本标准由中国机械工业联合会提出。

本标准由全国起重运输机械标准化技术委员会归口。

本标准负责起草单位：北京起重运输机械研究所。

本标准主要起草人：何铀。

ISO 前言

ISO(国际标准化组织)是各国标准化成员团体(ISO 成员团体)的全球性组织。各项国际标准的起草工作主要是通过 ISO 的各个技术委员会完成的。对某个已建立技术委员会的项目感兴趣的每个成员团体均有权派代表参加该技术委员会。一些与 ISO 有联系的官方和非官方的国际组织也参与这项工作。ISO 与国际电工委员会(IEC)在所有电工标准事务方面密切合作。

技术委员会已采纳的国际标准草案分发至各成员团体进行投票表决,作为国际标准出版时要得到至少 75%的成员团体投票赞成。

国际标准 ISO 10973 是由 ISO/TC 96(起重机)技术委员会的分技术委员会 SC5(起重机的使用、操作和维护)起草的。

附录 A、附录 B、附录 C、附录 D 和附录 E 仅作为本国际标准的提示的附录。

起重机　备件手册

1　范围

本标准给出了起重机备件手册在编写与表述上的基本要求的指南。

2　手册的说明

2.1　总则

备件手册必须由起重机制造厂提供，并应符合如下条件：

a）应简洁易懂并具有详尽的解释性说明；

b）如果已有规定，则必须采用国际间认可的符号；

c）应方便使用且选用经久耐磨的纸质；

d）应采用制造厂通常使用的语种编写，除非合同双方商定使用专门语种。

手册应是一种方便且完整的工具书，内容应简明扼要且适用于手册的每个使用者，其包含的所有信息应表述清晰、易于理解。为避免理解错误，应采用与文字内容有关的示意图、图片、曲线图和表格等，它们应清晰、简洁并放在有关文字论述的附近。

必须以一种清楚和明确的方式标明手册的完整性（例如，手册每页都应编有明晰的顺序页号，手册的总页数可只在首页标明或在每页上标注）。

名词术语、定义、单位和符号必须符合相关的国家标准，见附录E（提示的附录）。当所列举的单位与常用单位不同时，应用括号或脚注予以注释。

手册应只包括与所述起重机型号或系列及其应用相关的项目。

2.2　序言性信息

下列信息必须在手册封面、封底或首页给出：

a）手册的名称；

b）手册的参考号（如果有的话）；

c）与手册配合使用的起重机标识（产品名称、类型、系列、型号等）；

d）起重机系列号或编号，或在适当位置注明多个系列号所包括的范围；

e）起重机制造厂和（或）代理商的名称和详细地址；

f）目录和（或）索引表。

2.3　册数

起重机备件手册以及其他手册（如司机手册、用户手册等），可合为一册或分成多册印刷。册数的确定与划分的原则应适合产品的类型、正常使用情况及用户的需求。必要时可与其他手册相互参照，避免相同内容重复出现。

3　内容

备件手册内容应覆盖整台起重机。它是所有维护人员和备件提供者通用的技术资料。

手册应包括所有更换件或部件的标记及其所处的位置。

3.1 基本内容

手册通常应包括以下内容：

a) 标明所在页码和(或)章节的主要部件索引；

b) 标明主要部件及其所在页码和(或)章节的产品图示。每个主要部件应标注序号以便明确表示起重机结构布置，典型示例见附录A(提示的附录)；

c) 起重机所有组成部分的详细资料，包括易损零部件的标记及其编号；

d) 使用引出线或其他恰当的方法在视图、图片上标出所有属备件的标记和零件号，见附录C和附录D(提示的附录)；

e) 备件的所有零部件号采用一张还是多张明细表由制造商决定，最好按主要组件或页码分组。分别索引时，应提供一份列有零部件页码的参考件，典型示例见附录B(提示的附录)；

f) 用于液压或其他液力系统的材料(例如密封件等)明细表，在适当处标明零件号；

g) 对于完全符合国家标准的零部件，除了制造厂的标识外，还应标注其采用标准号。

h) 各页面上的标识，例如付印日期。

3.2 图示

每张图示均应标有图号和图题。图示形式最好采用清晰的视图或图片，并采用部件分解图以助于对结构的透彻理解(典型图例见附录D)。

图示中难懂和复杂部位应提供局部放大图。一个组件中的每个零部件应相应标注零件号或索引号，以方便对零件明细表或索引进行查找。

如果某个部件(如液压油缸)在另一页上有更详细的图示说明，则应在原始页上注明，典型示例见附录C。

3.3 零件明细表的格式

典型的表头设置见表1。

第3栏所示的零件数应为对应图示中的组件所需零件总数。

第4栏中的项目应简明且符合国家标准认可的定义。在第5栏中，应填写关于主图的参考信息，如详细尺寸、技术规格等。

如果某个部件(例如油缸)属于整套更换件，则应在零件明细表中对这些零件以某种方式注明，例如加星号。通常这类成套更换件中含有油封、垫圈等，典型示例见附录D。

表1 与图示相配的零件明细表表头

序 号	零 件 号	数 量	名 称	备注(如参考资料、附注等)
(1)	(2)	(3)	(4)	(5)

附 录 A

（提示的附录）

零件组和位置图例

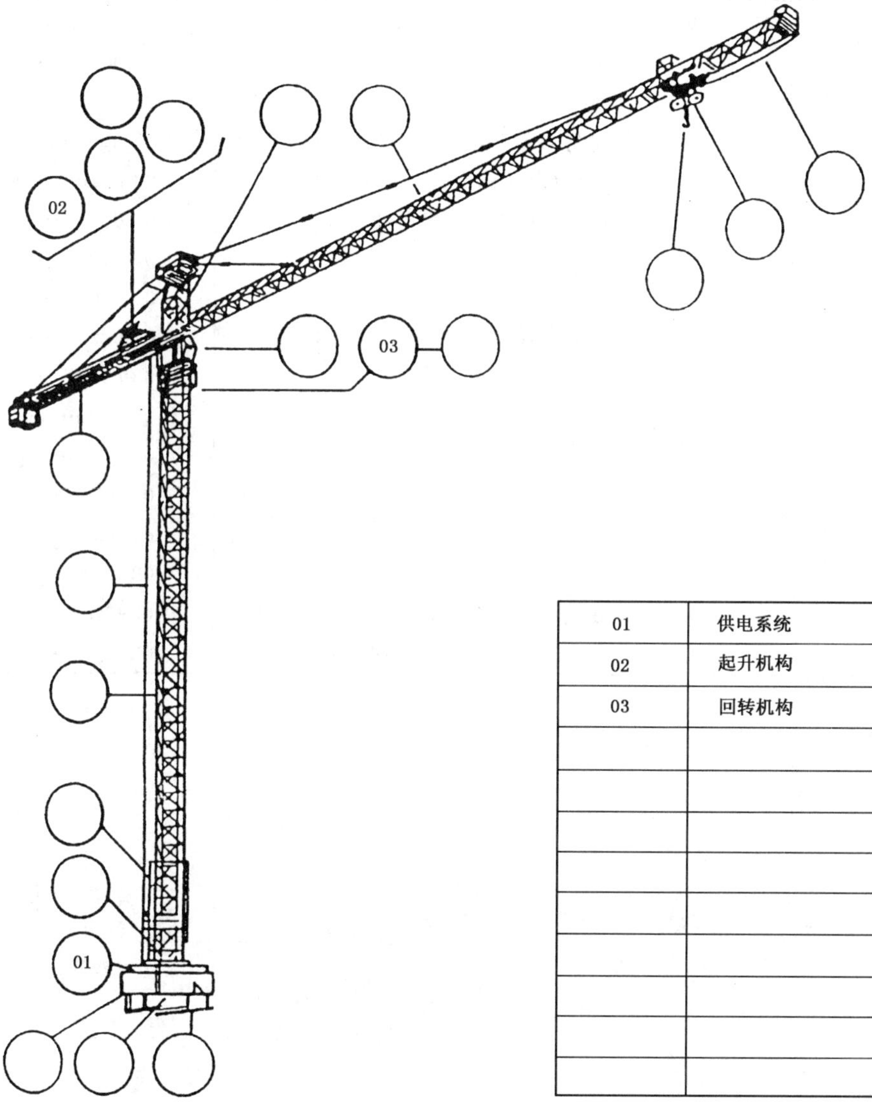

01	供电系统
02	起升机构
03	回转机构

付印日期	说　　明	组别页码	手册中的页码	组　　号
93-12-17	起重机型号 X00　组别标记	01	0001	00

附　录　B

（提示的附录）

用数字表示的零件明细表示例

零件号	数　　量	零　件　名　称	页　　号
00315-23	1	链条	02-0001……00
00319-01	1	管子	02-0001……00
00324-11	4	螺钉 GB/T 70 M8×45-10.9 6PC	02-0100……02
00324-12	4	螺钉(公司标准)	03-0220……06
00324-15	4	螺钉 GB/T 70 M10×35-10.9 6PC	05-0100……00
			05-0100……00
			05-0100……00
00324-27	4	螺钉 GB/T 70 M4×10-10.9	04-0230……01
			08-0400……02
			09-0430……01
			04-0230……00
			08-0400……01
			04-0230……03
			02-0700……02
00325-06	2	螺钉 GB/T 70 M3×12-8.8	03-0240……01
00329-10	2	螺钉 GB/T 70 M6×16-8.8	03-0240……02

组别页码

手册中的页码

组号

附　录　C

（提示的附录）

部件标注图例

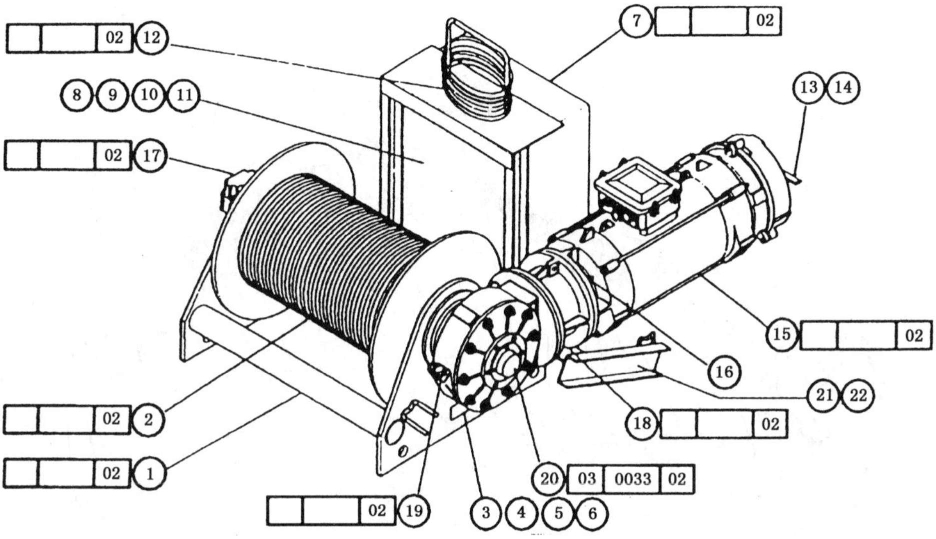

序　号	零　件　号	数　量	名　　称	备　注
	W-19481-43		起升机构	
1	K-33384-82	1	底架	R
2	002-0130-079-03	1	卷筒	R
3	C-16228-13	2	支撑板	
4	S-14410	1	支座	
5	W-00350-03	4	垫圈	
6	C-00336-28	4	螺栓	
7	X-36994-79	1	控制面板	R
8	T-14410-13	1	支座	
9	D-00029-01	1	链条	
10	E-09367-02	2	连接件	
11	G-01018-27	1	滑槽	
12	S-16261-16	1	附件	R
13	K-01340-99	2	螺栓	
14	G-01239-07	1	制动杆	
15	B-02439-16	1	鼠笼式电机	R
16	S-00345-62	4	安全螺母	
17	B-02458-16	1	限位开关	R
18	N-42389-35	1	行星齿轮减速器	R
19	002-0180-017-00	1	橡胶挡块	R
20	K-42389-09	1	锥齿轮减速器	R
20A	S-12032-15	1	油	
21	N-68475-72	1	槽钢	
22	P-18475-34	1	胶黏剂	
注：R——各组件的详细情况参见另页。				

付印日期	名　　称	组别页码	手册中的页码	组　　号
93-12-17	起升机构	01	0030	02

附　录　D

（提示的附录）

成套更换件的标注示例(分解图)

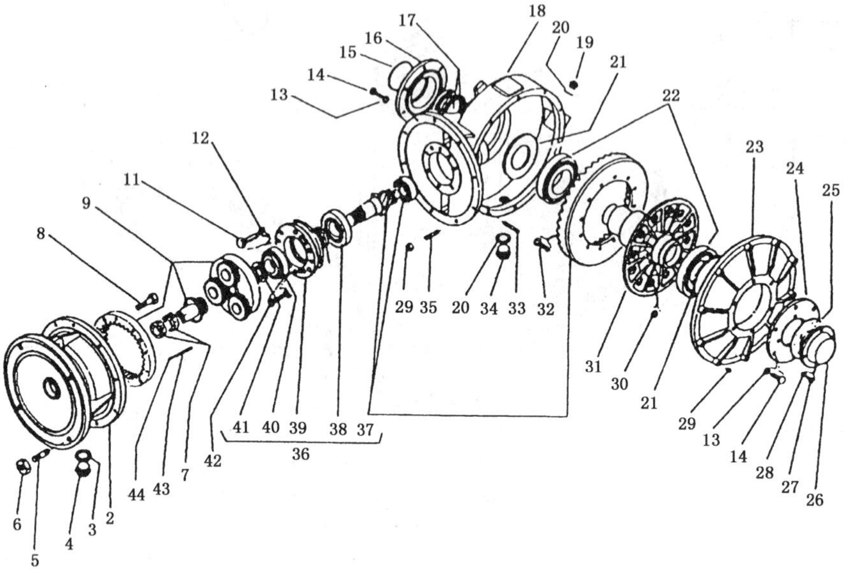

序　号	零　件　号	数　量	名　　　称	备　注
	K-42349-09		锥齿轮减速器	
29	D-01345-30	20	螺母	
30	Q-01345-41	12	螺母	
31	D-08389-05	1	轮毂	
32	K-01330-64	12	螺钉	
33	B-22277-81	10	螺柱	
34	R-01374-63	2	柱销	
35	E-22277-84	10	螺柱	
36	D-50384-52	1	锥齿轮组件	
37	T-40389-55	1	锥齿轮	
38	F-00398-74	1	轴承	★
39	N-01289-27	1	滚珠座圈	★
40	R-00398-74	1	轴承	★
41	D-12389-67	1	开槽螺母	★
42	X-00330-49	5	螺钉	★
43	K-00357-74	3	膨胀销	
44	V-00236-86	3	膨胀销	
注：★——这些零部件必须同时更换。				

付印日期	名　　称	组别页码	手册中的页码	组　　号
93-12-17	锥齿轮减速器	03	0033	02

附　录　E
（提示的附录）
参　考　文　献

(1) GB 3101—1993　有关量、单位和符号的一般原则(eqv ISO 31/0:1992)
(2) GB/T 6974—1986　起重机械名词术语(neq ISO 4306/1～4306/3:1985)

ICS 53.020.20
J 80

中华人民共和国国家标准

GB/T 22416.1—2008/ISO 23815-1:2007

起重机　维护　第1部分：总则

Cranes—Maintenance—Part 1:General

(ISO 23815-1:2007,IDT)

2008-10-07 发布　　2009-04-01 实施

中华人民共和国国家质量监督检验检疫总局
中国国家标准化管理委员会　发布

前　言

GB/T 22416《起重机　维护》预计分为以下5个部分：

——第1部分：总则；

——第2部分：流动式起重机；

——第3部分：塔式起重机；

——第4部分：臂架起重机；

——第5部分：桥式和门式起重机。

本部分为GB/T 22416的第1部分。

本部分等同采用ISO 23815-1:2007《起重机　维护　第1部分：总则》（英文版）。

本部分等同翻译ISO 23815-1:2007。

为便于使用，本部分做了下列编辑性修改：

——“本国际标准”一词改为“GB/T 22416的本部分”；

——删除国际标准的前言；

——对ISO 23815-1中引用的其他国际标准，用已采用为我国的标准代替对应的国际标准。其余未采用为我国标准的国际标准，在本部分中均被直接引用。

本部分由中国机械工业联合会提出。

本部分由全国起重机械标准化技术委员会(SAC/TC 227)归口。

本部分起草单位：北京起重运输机械研究所。

本部分主要起草人：赵春晖。

起重机　维护　第1部分:总则

1　范围

GB/T 22416的本部分规定了起重机业主或用户对起重机需进行的实际维护。

2　规范性引用文件

下列文件中的条款通过GB/T 22416的本部分的引用而成为本部分的条款。凡是注日期的引用文件,其随后所有的修改单(不包括勘误的内容)或修订版均不适用于本部分,然而,鼓励根据本部分达成协议的各方研究是否可使用这些文件的最新版本。凡是不注日期的引用文件,其最新版本适用于本部分。

GB/T 5972　起重机用钢丝绳检验和报废实用规范(GB/T 5972—2006,ISO 4309:1990,IDT)

GB/T 6974.1　起重机　术语　第1部分:通用术语(GB/T 6974.1—2008,ISO 4306-1:2007,IDT)

GB/T 6974.3　起重机　术语　第3部分:塔式起重机(GB/T 6974.3—2008,ISO 4306-3:2003,IDT)

ISO 4306-2　起重机　术语　第2部分:流动式起重机

ISO 9927-1　起重机　检查　第1部分:总则

ISO 12480-1:1997　起重机　安全使用　第1部分:总则

3　术语和定义

GB/T 6974.1、GB/T 6974.3、ISO 4306-2和ISO 12480-1中确立的以及下列术语和定义适用于本部分。

3.1

维护　maintenance

为了使起重机保持或者恢复到能执行其规定功能的状态而进行的一系列的工作。

示例:监控、试验和测量、更换、调整、修理、管理工作(在某些情况下)。

3.2

计划性维护　planned maintenance

定期维护　preventive maintenance

为了减少起重机故障或功能降低发生的概率,根据制定的时间表进行维护,并依据指定的规范来执行。

注:时间表应依据自然天数、作业时间或使用次数来设定。

3.3

非计划性维护　unplanned maintenance

故障检修　corrective maintenance

停工检修　breakdown maintenance

在发生故障或检测到故障后，为了将某台起重机修复到能执行其规定功能的状态而进行的维护。

3.4

维护程序　maintenance programme

为了使起重机保持安全运行状态而制定的维护操作规程。

3.5

负责人　responsible person

〈维护〉起重机用户或业主从选派的维护人员中指定的责任人。

4　维护

4.1　维护程序

4.1.1　总则

维护程序应依据制造商的使用说明书来制定。在没有制造商使用说明书的情况下，维护程序应由一个能胜任的人来制定。原始记录应被存档。

注：使用说明书中有关维护内容见 ISO 12478-1。

4.1.2　维护人员

4.1.2.1　职责

维护人员应负责起重机维护及其安全和正常运行。他们应根据制造商的使用说明书和安全工作制度来进行所有必要的维护。

4.1.2.2　最低要求

维护人员应满足如下要求：

a)　能胜任；

b)　对所维护的机器及其危险非常了解；

c)　接受过适当的指导和培训，包括参加使用专业设备的培训；

d)　熟悉 ISO 12480-1：1997 中第 10 章的规定。

4.2　计划性维护

为了确保起重机的安全和正常运行，应制定和执行一个合适的计划性维护制度。

制造商使用说明书推荐了维护周期，且不应超期。使用说明书还指明了需要注意的润滑点、润滑脂和润滑油更换的时间间隔或频率，以及所用的润滑油的品质和等级。

此外，使用说明书还包括了其他基本的维护，例如过滤器的更换、推荐的轮胎气压、固定螺栓的安全性检查和推荐扭矩的调整，以及其他诸如离合器和制动器的调整。

一个有效的计划性维护制度，应该考虑在基本维护工作完成之前，可能必须禁止起重机工作。

4.3　检查性维护

依据日常检查、常规检查（周检、月检）、定期检查（季检、年检）、全面检查和其他检查（状态监控要求、部件报废、发生事故、修理、地震以后）的结果，确定需要调整、修理或有必要进行零部件更换的项目，这些项目应包含在维护程序中。

4.4 安全性预防措施

4.4.1 一般要求

只有经过适当授权的维护人员才允许在带电的设备上工作。

4.4.2 维护前

在对起重机进行维护作业前应采取下列预防措施：

a) 起重机应移到对其他起重机及作业干扰最小的区域。

b) 若起重机上带有载荷，应将载荷卸下。

c) 所有的控制装置应处于关闭状态。

d) 应采用标识/锁定程序。应设有“正在维修”的指示标识，或者控制器或操作仪表盘的开关应被锁定在“关闭”档位。应只有维护人员才能进行标识或锁定。

e) 如果上方的维护作业会造成危险时，应在起重机下方的地面上使用警示标志和栅栏。

f) 对进行维护的起重机，应断开电源。

g) 在拆卸液压装置前，应释放压力。

4.4.3 维护后

在完成维护作业后和起重机恢复正常工作之前：

a) 应重新安装防护装置；

b) 应恢复安全装置的作用，若有必要应重新进行校准；

c) 应移走替换下的零部件和散乱物件；

d) 应撤走维护用的工具和设备。

4.5 调整和维修

依据 ISO 9927-1 进行检查，所发现的任何危险状况都应在起重机重新恢复运行前加以排除。应对所有部件进行调整以确保其功能正常。

示例：起重机的各机构、安全装置、控制系统、动力设备，制动系统。

按照维护程序中要求的例行检查，在工作需要的情况下，应提供下述维修或更换：

a) 破裂的、折断的、被腐蚀的、弯曲的或过度磨损的起重机各机构的零部件；

b) 破裂的、弯曲的、折断的或过度磨损的起重机结构件；

c) 已损坏或磨损的吊钩——对锻造吊钩不允许采用焊接或再成型进行维修；

d) 对于凹陷或烧损的电气触头只应成套更换；

e) 应按起重机使用说明书中推荐的方法润滑控制装置部件；

f) 固定在悬挂式控制站上的功能、说明、注意事项和警示的标志应保持清晰可辨。

更换的零部件应至少和原制造商使用的技术规格一致。

如果采用焊接方法维修承载件，其维修部位应作材质鉴定并应遵循正确的焊接规程。

4.6 润滑

起重机所有需润滑的运动部件应定期进行润滑。应检查润滑系统中润滑剂的输送是否畅通。对于润滑的部位和周期、润滑剂液面的保持及所使用的润滑剂的类型，应遵循制造商的建议。除非配备了自动或远程润滑装置，在施加润滑剂时机器应是静止的并提供防护措施(见 4.7.2.2)。

4.7 钢丝绳的更换和维护

4.7.1 钢丝绳的更换

当钢丝绳达到 GB/T 5972 中规定的任何一项报废标准时，只有在有资格的人判断后，才允许将此钢丝绳使用到本班次结束。应在本班次之后、在当天结束时或最迟在下一个班次使用该设备之前更换此钢丝绳。

4.7.2 钢丝绳的维护

4.7.2.1 总则

钢丝绳的存放应避免损坏或变质。钢丝绳应在解轴或拉直时要采取适当方式，以避免造成钢丝绳缠绕或扭结。在切断钢丝绳之前，应采取措施防止钢丝绳股开捻。在安装期间，应注意保养钢丝绳，避免在污垢中拖拽钢丝绳，或应避开周围使钢丝绳擦伤、割伤、挤伤或造成锐弯的物体。

4.7.2.2 钢丝绳润滑

钢丝绳应保持良好的润滑状况。作为维护程序的一部分，所用的润滑油应与原始润滑油相当，并且其类型不能妨碍直观检查。

当润滑钢丝绳时，需要特别注意位于滑轮槽上的那部分钢丝绳，或其他在检查和维护时被遮蔽的那部分钢丝绳的润滑。

4.8 额定载荷试验

所有被改造、更换或维修过承载零部件的起重机，在恢复使用前，应对其进行额定载荷试验或获得有资格人员的批准。

试验报告应由胜任的人提供，该报告应说明试验程序并确认起重机可用还是更改。

未经起重机制造商或授权人允许，严禁提高起重机的额定起重量。

4.9 维护记录

维护记录应包括：

a) 维护检查、调整和润滑的范围；

b) 任何异常情况的观测记录；

c) 更换零部件的清单。

记录应标注日期及签名，并且保存完好。

参 考 文 献

[1] ISO 12478-1:1997 起重机 维护手册 第1部分:总则

[2] ISO 12482-1 起重机 状态监控 第1部分:总则

ICS 03.100.30;53.020.20
J 80

中华人民共和国国家标准

GB/T 23720.1—2009/ISO 9926-1:1990

起重机　司机培训　第1部分:总则

Cranes—Training of drivers—Part 1:General

(ISO 9926-1:1990,IDT)

2009-04-24 发布　　2010-01-01 实施

中华人民共和国国家质量监督检验检疫总局
中国国家标准化管理委员会　发布

前　言

GB/T 23720《起重机　司机培训》分为以下5个部分：

——第1部分：总则；

——第2部分：流动式起重机；

——第3部分：塔式起重机；

——第4部分：臂架起重机；

——第5部分：桥式和门式起重机。

本部分为GB/T 23720的第1部分。

本部分等同采用ISO 9926-1:1990《起重机　司机培训　第1部分：总则》(英文版)。

本部分等同翻译ISO 9926-1:1990。

为便于使用，本部分做了下列编辑性修改：

——"ISO 9926的本部分"一词改为"GB/T 23720的本部分"；

——删除国际标准前言。

本部分由中国机械工业联合会提出。

本部分由全国起重机械标准化技术委员会(SAC/TC 227)归口。

本部分起草单位：辽宁省安全科学研究院、北京起重运输机械研究所。

本部分主要起草人：高岩、赵鑫。

起重机　司机培训　第1部分:总则

1　范围

GB/T 23720的本部分规定了对受训起重机司机的基本培训要求,以及使起重机司机掌握基本的操作技能和正确使用这些技能所必备的知识。

本部分制定了对司机进行各种型式起重机(例如塔式起重机、流动式起重机等)相关专门训练的总培训计划。

本部分假定受训者以前没有起重机操作的实践经验。本部分没有规定评价受训者能力或熟练程度的任何方法。

2　一般要求

操作起重机必须保证工作场地内人员和财产的安全,通常起重机在工作过程中是具有关键作用的设备,因此应仔细挑选司机并且司机应接受有经验专家的基本培训。对组成作业队的人员(吊装工、指挥人员、主管人员)给予适当的培训也是必要的。

3　必备素质和知识

司机应年满18周岁,身体符合从事该职业的医学要求,一般应考虑以下因素:

a)　身体状况

——良好的视力和听力;

——高空作业时无眩晕感;

——身体健康或无不适合该项工作的疾病;

——不吸毒、不酗酒。

b)　心理素质

——在压力大的情况下行为正常;

——情绪稳定;

——具有责任感。

可以用测试的方法来确定受训者的素质(动手能力、判断能力、自控能力、冷静、准确性、动作协调性和反应能力)。

受训者应能阅读和理解起重机文件和信息标牌上的内容。

当起重机必须通过公路转运时,司机应知晓相关的法规。如果国家法规要求,还应准备适当的证明并且拥有驾驶许可证。

4　培训目标

培训目标是:

a)　全面掌握起重机使用规则及其工作环境方面的知识并能随时应用。

b)　掌握有关手势信号和无线电通信的知识,以及货物搬运的设备和技能方面的知识,以使司机能完全胜任以下工作：

——进行有效操作，且不会危及司机本人及他人的安全；

——在正常情况及紧急情况下操作起重机。

c） 掌握起重机的技术知识，包括起重机特性，载荷图表、各机构及安全装置，以使司机能完全胜任以下工作：

——操作同一种类型的不同起重机；

——最适宜地利用起重机的性能；

——鉴别故障；

——进行日常检查和维护；

——会使用相关文件。

d） 获得操作技能，包括：

——各种运动的组合和控制的精确性；

——确定载荷质量和距离；

——最佳使用司机室内控制装置和仪表。

5 培训方法

培训期和培训内容应保证达到培训目标。

培训应主要着眼于实际操作技能（至少占用培训时间的 75%），并通过操作能力检验理论学习效果。

为了实际训练，在起重机的验收阶段每台起重机由一名受训者和一名指导者进行验收。在随后的培训期，建议同一时间使用同一台起重机时不超过两个受训者，除非为此专门配备有教学用起重机。一名指导者监控的起重机不得多于三台。

培训应以理论和实践的测试为依据，确认是否达到培训目标。

6 培训内容

培训计划的具体内容是达到培训目标的基本因素，它包括评估的要求和计划。

对于一个培训科目评估要求规定如下：

a） 受训者应达到的专门技能水平；

b） 时间分配（取决于受训者）；

c） 方法、手段、训练设备和推荐的参考资料。

GB/T 23720 的本部分不对这部分内容作具体规定。

训练计划应按主题列出教授的科目，而不是按时间顺序。

6.1 理论教学计划

6.1.1 司机

——能力和职责；

——在作业队（吊装工、指挥人员、主管人员）中的作用。

6.1.2 起重机技术

——术语和特性；

——不同的类型及架设方法；

——发动机(工作原理);
——机构(传动链、工作原理和控制);
——制动器、行程限制器和速度限制器(工作原理和调试);
——电气遥控设备(工作原理、安全功能、调试和设定);
——液压和气动装置(工作原理、安全功能、调试和设定);
——钢丝绳(安装、定期检查、报废标准);
——安全装置(工作原理、调试和设定)。

6.1.3 使起重机处于工作状态和非工作状态

——各种地面关联设备(千斤顶、轨道、锚固器);
——特殊装置(锚定或拉索固定的起重机,建筑物内爬升的起重机);
——辅助设备和附件(例如副臂);
——电源(危险因素,保护系统);
——液压系统、气路系统和燃料(危险因素和预防措施);
——安装、投入使用、试验、拆除和维护;
——起重机在工作场地和公路上运行。

6.1.4 起重机使用和安全规则

——载荷图表、缠绕系统和起重机布置:选择步骤(最佳使用法);
——额定起重量限制器和指示器(工作原理和调试);
——起重机所受作用力(工作状态和非工作状态);
——起重机稳定性(各种布置的影响情况);
——气象条件和周围环境的影响(例如低温、结冰、雾、风、暴风雨雪、日照、灰尘、烟雾、腐蚀性气体);
——起重机周边环境和受限条件(动力线、各种管路、禁区或危险区、其他起重机,无线电发射器、空中交通指挥站、噪声或污染限制);
——起动和停机操作程序;
——禁止或危险的操作;
——起重机使用的限制;
——起重机工作或工作场地的有关规定;
——动作次序。

6.1.5 操作

——司机室(通道、安全性和舒适性);
——控制和监控设备;
——操作辅助设备(指示器和干扰测试仪);
——地面操作(通过电缆或无线电控制);
——正确控制各种运动及其组合运动;
——距离估计和标记;
——适当操作各个机构,获得最大的功效。

6.1.6 通信

——手势信号(直接或转送信号);

——无线电通信；

——闭路电视辅助控制。

6.1.7 物料搬运

——吊装设备(使用规则)；

——吊具(使用规则)；

——人工装载指南；

——载荷(估算、质心、平衡、风力影响)；

——通常的搬运操作(翻转一个载荷)；

——多台起重机搬运一个载荷；

——人员运输。

6.1.8 检查、维护和事故

——利用相关文件；

——定期检查和操作前检查；

——有关故障的报告；

——在故障或失电时的反应(如何放下载荷)。

6.2 实践计划

实践计划应包括对在理论教学大纲中提到的部件、设备和附件的直接观察以及下述各项。

6.2.1 操作练习

——控制器、操作辅助设备和监控器的用法。

——依次进行空载、带载运行。

——空载、带载的两种运行的组合动作。

——减小载荷摆动。

——三种或四种运动的组合。

——场地上运行,先空载、后带载(适当载荷)。

——起重机公路运行的准备和操作。

——有目的地练习提高以下技能：

- 估计空间距离；
- 准确地提起和放置载荷；
- 载荷运行速度；
- 研究选择最佳搬运周期。

——载荷在司机视野以外的操作(信号员或使用无线通信)。

——操作同一类型的各种起重机。

——受固定障碍物或其他起重机干扰时的操作。

——如果可能,在地面操作多种类型的起重机。

6.2.2 搬运练习(载荷提起和放置)

——搬运普通载荷(板条箱、集装箱、托盘、料斗等)。

——搬运特殊形状的载荷：

- 长且柔性的载荷；
- 高大载荷；

- 水平表面大的载荷；
- 垂直表面大的载荷。

——用专用吊具搬运载荷。

——练习载荷的吊挂和导向。

——手势信号和无线电通信练习。

6.2.3 使用、调试、维护和紧急状态的练习

——顶起并起动起重机，检查周围环境；

——起动和停止程序；

——常规检查(制动器、安全装置和载荷状况监控器)；

——改变钢丝绳缠绕系统倍率；

——更换吊具；

——润滑和水平度检查；

——安全出口。

7 培训工作后续要求

培训只是传授给受训者正确和安全使用起重机所需要的知识和技能。司机只能通过在适当监督下的实际工作中积累经验，提高能力。因此，按时把操作不同类型起重机所获得的经验记录在培训表里是有益的。

安排一些必要的活动以更新司机的知识，这是为了对已短期停止操作的司机进行再培训，并且使司机在技术更新方面接受进一步的训练，提高司机的水平。

ICS 03.100.30;53.020.20
J 80

中华人民共和国国家标准

GB/T 23720.3—2010/ISO 9926-3:2005

起重机　司机培训
第3部分:塔式起重机

Cranes—Training of drivers—Part 3:Tower cranes

(ISO 9926-3:2005,IDT)

2010-09-26 发布　　2011-02-01 实施

中华人民共和国国家质量监督检验检疫总局
中国国家标准化管理委员会　发布

前　　言

GB/T 23720《起重机　司机培训》分为 5 个部分：

——第 1 部分：总则；

——第 2 部分：流动式起重机；

——第 3 部分：塔式起重机；

——第 4 部分：臂架起重机；

——第 5 部分：桥式和门式起重机。

本部分为 GB/T 23720 的第 3 部分。

本部分等同采用 ISO 9926-3:2005《起重机　司机培训　第 3 部分：塔式起重机》(英文版)。

本部分等同翻译 ISO 9926-3:2005。

为了便于使用，本部分作了下列编辑性修改：

——"ISO 9926 的本部分"一词改为"GB/T 23720 的本部分"；

——删除国际标准的前言和引言；

——对于 ISO 9926-3:2005 中引用的国际标准，用已被采用为我国的标准代替对应的国际标准；未被采用为我国标准的国际标准，在本部分中均被直接引用。

本部分的附录 A 为资料性附录。

本部分由中国机械工业联合会提出。

本部分由全国起重机械标准化技术委员会(SAC/TC 227)归口。

本部分起草单位：北京建筑机械化研究院、抚顺永茂建筑机械有限公司。

本部分主要起草人：李静、史勇。

起重机　司机培训
第3部分：塔式起重机

1　范围

GB/T 23720 的本部分是培训塔式起重机（以下简称“塔机”）司机所需要的特殊规定。

2　规范性引用文件

下列文件中的条款通过 GB/T 23720 的本部分的引用而成为本部分的条款。凡是注日期的引用文件，其随后所有的修改单（不包括勘误的内容）或修订版均不适用于本部分，然而，鼓励根据本部分达成协议的各方研究是否可使用这些文件的最新版本。凡是不注日期的引用文件，其最新版本适用于本部分。

GB/T 23720.1　起重机　司机培训　第1部分：总则（GB/T 23720.1—2009，ISO 9926-1：1990，IDT）

ISO 4302　起重机　风载荷估算

3　根据塔机的类型需要培训的内容

实践或理论的培训应根据塔机的类型考虑下列特性：

a）载荷的位置；

b）起升控制型式，如无级调速；

c）臂架类型，如水平臂架、动臂臂架、弯折臂架、伸缩臂架、铰接臂架和折叠臂架；

d）安装/拆卸型式，如组装式、自行架设式、行走式、固定式、建筑物内部爬升和外部爬升式（理论培训）；

e）当多人使用同一台塔机时的特殊操作防护，如最后的使用者应确保塔机使用后置于非工作状态；

f）使塔机置于非工作状态的程序，包括应使臂架处于自由转动状态、使用夹轨器或制造商说明书中的特殊规定；

g）塔机道路运输的准备（理论培训）；

h）塔机司机的作用和责任；

i）保持与输电线路的安全距离；

j）操作的干扰和面临的危害；

k）滑轮组不同的布置形式；

l）安全装置的作用和操作；

m）所有限制器的检查；

n）严禁操作事项；

o）试验与定期检查；

p）当地的使用规定；

q) 故障的检查与记录并通报主管人员。

4 文字与语言问题

尽可能使用比文字表述好的图像和符号。

培训应使受训人员熟悉所使用的图像和符号。

5 通信系统

应培训司机学会使用通信系统。

对于塔机,考虑到各国家的习惯和标准,规定下列手势信号完成如下操作:

a) 命令开始;

b) 停止;

c) 减速;

d) 起升载荷;

e) 下降载荷;

f) 载荷的方位;

g) 起重机的行走;

h) 紧急停止。

注:附录 A 给出了不同手势信号习惯用法的实例(见表 A.1～表 A.3)。

可使用无线电通信和有线声响通信系统。

6 载荷特性曲线

应掌握塔机的载荷曲线和特性,包括制造商提供的固定在控制板标牌上的信息。

7 操作风速限制

7.1 一般要求

司机应熟悉所使用的塔机,并查阅使用说明书中的限制风速。

当启动塔机时,司机应确认工作状态允许的最大风速。

7.2 操作限制

制造商应根据 ISO 4302 要求确定工作状态的最大允许风速,此时还应考虑吊重的迎风面积(通常按 1 m^2/t 估算),如果超过了这个面积,应降低最大允许风速值来限制塔机的操作。

应确保较大的吊重不摆动。

通常每台塔机或工地配有风速仪,受训人员应会使用。如果没有风速仪,可通过观察估计风速。

培训应让司机明白危险始终伴随着塔机的操作,并让司机了解发生危险的各种原因。

7.3 进入非工作状态

当工作状态风速达到 ISO 4302 确定的工作状态最大允许风速时,塔机应进入制造商规定的非工作状态。保证塔机处于顺风状态,必要时,夹紧夹轨器。

8 使用无线电控制

如果要求无线电控制时,司机应:

a） 确保能看清标牌上的信息；

b） 应保持载荷在司机的视线之内，或采取适当的辅助设施；

c） 掌握使用/转换控制塔机的程序（在多个无线电控制装置情况下）。

附 录 A
(资料性附录)
手势指挥信号

表 A.1 欧洲使用的手势指挥信号

 命令开始	 停止 (常态、紧急、操控)	 操作结束 (全部动作)
 起升载荷	 下降载荷	 垂直距离
 向前移动	 向后移动	 指挥人员的右侧
 指挥人员的左侧	 水平距离	—

表 A.2　澳大利亚使用的手势指挥信号

动作	手势指挥信号	口哨、铃或蜂鸣信号	动作	手势指挥信号	口哨、铃或蜂鸣信号
起升载荷		2 短	下降载荷		1 长
臂架向上变幅		3 短	臂架向下变幅	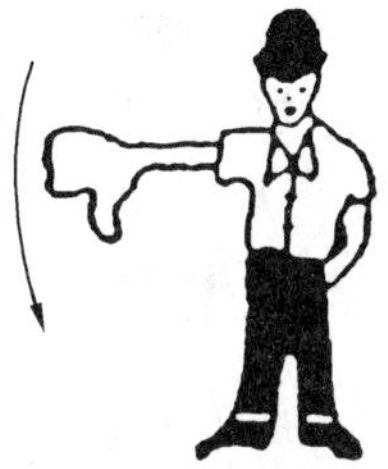	4 短
指示方位		1 长 2 短	指示方位		1 长 1 短
小车向外；伸缩臂架伸出		1 长 3 短	小车向内；伸缩臂架缩回		1 长 4 短
行走和移动		—	停止		1 短
微动：相应的手势指挥信号配合手的握紧和张开					

表 A.3　日本使用的手势指挥信号

动作	手势指挥信号	动作	手势指挥信号	动作	手势指挥信号
1. 呼叫起重机 手臂升起		5. 指定副起升 击打上臂		9. 起升 手臂保持水平，手掌向内张开，向上移动手腕，或举手并在水平方向画圆	
2. 操作结束 举手触摸头盔或在头上抓紧两手	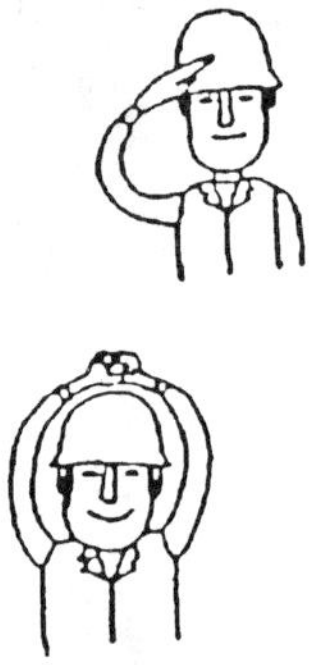	6. 指定臂架 拳头放在头上		10. 下降 手臂保持水平，手掌向下，向下移动手腕	
3. 指定位置 食指指向指定位置		7. 停止 手掌张开，迅速向上举手		11. 水平移动(行走、移动、回转) 手臂保持水平，手掌垂直，向运动方向移动手腕	
4. 指定主起升 击打大腿		8. 紧急停止 双臂向上举起，手掌张开，左右摇摆		12. 臂架升起 手臂保持水平，大拇指向上，其他手指握紧，向上移动手腕	

表 A.3（续）

动作	手势指挥信号	动作	手势指挥信号	动作	手势指挥信号
13. 臂架下降 手臂保持水平，大拇指向下，其他手指握紧，向下移动手腕	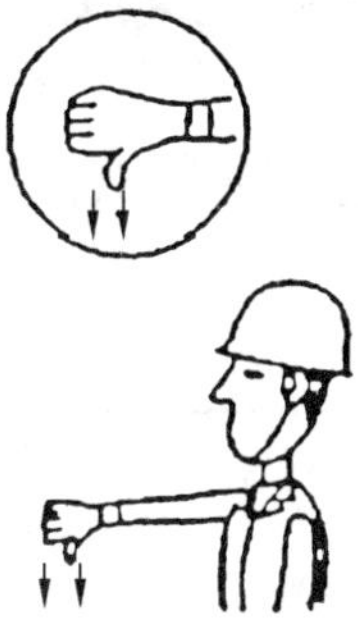	15. 伸缩臂架伸出 大拇指向上，其他手指握紧，向斜上方移动手腕		17. 翻转 双手平行伸出并保持水平，然后向翻转的方向转动	
14. 微动 与其他动作的手势指挥信号一样，但使用小指或无名指	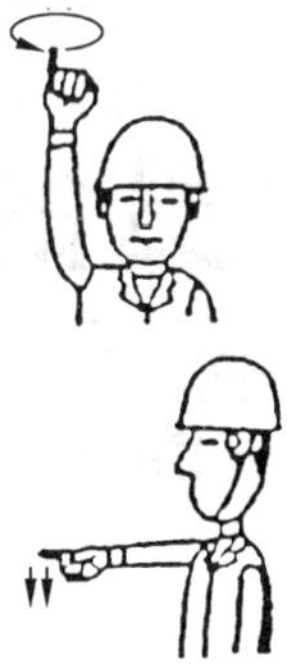	16. 伸缩臂架缩回 大拇指向下，其他手指握紧，向斜下方移动手腕		—	—

注：应指定唯一的指挥人员和司机为操作人员。

手势指挥信号根据情况，可伴以手旗。

口哨、铃或蜂鸣信号只能在下列情况使用：

动　作	声　　响
1. 呼叫起重机	持续——————————
2. 起升	2 长———　———
3. 下降	3 短— — —
4. 停止	单长————————

ICS 03.100.30;53.020.20
J 80

中华人民共和国国家标准

GB/T 23721—2009/ISO 23853:2004

起重机　吊装工和指挥人员的培训

Cranes—Training of slingers and signallers

(ISO 23853:2004,IDT)

2009-04-24 发布　　2010-01-01 实施

中华人民共和国国家质量监督检验检疫总局
中国国家标准化管理委员会　发布

前　言

本标准等同采用 ISO 23853:2004《起重机　吊装工和指挥人员的培训》(英文版)。

本标准等同翻译 ISO 23853:2004。

为了便于使用，本标准作了下列编辑性修改：

——“本国际标准”一词改为“本标准”；

——删除 ISO 23853:2004 的前言；

——对于 ISO 23853:2004 引用的 ISO 15513:2000，已被等同采用为我国标准，本标准直接引用我国标准。

本标准的附录 A、附录 B 是资料性附录。

本标准由中国机械工业联合会提出。

本标准由全国起重机械标准化技术委员会(SAC/TC 227)归口。

本标准起草单位：北京起重运输机械研究所。

本标准主要起草人：何铀。

起重机　吊装工和指挥人员的培训

1　范围

本标准规定了为取得 GB/T 23722 规定的吊装工和指挥人员的资格，而对受训的起重机吊装工和指挥人员进行的以获得基础吊装技能和必备知识为目的的基本培训要求。

2　规范性引用文件

下列文件中的条款通过本标准的引用而成为本标准的条款。凡是注日期的引用文件，其随后所有的修改单（不包括勘误的内容）或修订版均不适用于本标准，然而，鼓励根据本标准达成协议的各方研究是否可使用这些文件的最新版本。凡是不注日期的引用文件，其最新版本适用于本标准。

GB/T 23722　起重机　司机（操作员）、吊装工、指挥人员和评审员的资格要求（GB/T 23722—2009，ISO 15513:2000，IDT）

3　必备素质和知识

吊装工和指挥人员应年满 18 岁并经体检合格。还应考虑以下因素：

a)　身体要求：

——具有良好视力和听力以正确执行工作；

——在高处进行吊装作业和发信号时不会眩晕；

——体格健壮或无不适合该项工作的疾病；

——不吸毒，不酗酒，无其他不良嗜好。

b)　心理素质：

——可承受一定的工作压力；

——情绪稳定；

——有责任感。

可用测试的方法确定受训者的素质（动手能力、一般的判断力、自我控制能力、沉着冷静、准确性、动作的协调性和反应能力）。

受训者应能读懂吊具上标注的文字和数据标牌。

4　培训目的

吊装工和指挥人员培训的目的是：

——传授起重机的有关知识；

——传授吊装部件的有关知识；

——传授安全吊装的方法；

——传授发信号的方法；

——传授安全吊装的技能；

——传授关于工作计划、危险因素确认和防控措施的有关知识。

5 培训计划

培训计划的内容和时间安排应完全达到培训的目的。

培训内容应包括理论课程和操作课程。尤其重要的是通过研究以往吊装工作中发生的意外事故的案例向受训者传授安全吊装作业的方法。

应对受训者划分小组(最多10人)进行吊装训练,训练步骤如下:

——培训教师应说明基本吊装工作的概况,例如吊装计划的准备、场地危险因素的确认、重心的确定、载荷质量的估算,以及在载荷上连接吊具、提升、吊运和下降载荷。

——受训者应在教师指导下执行吊装作业并且重复练习直至能熟练操作为止。特别应掌握吊装作业的安全措施。

——由某一受训者担任吊装工(或指挥人员)时,另外一个或两个受训者作为助手。

在完成训练时,应对受训者给出理论课程及实际操作的评价结果,以确认其是否达到培训目标。

6 培训课程的内容

6.1 理论课程

6.1.1 有关起重机的知识

培训课程中应包含下列有关起重机的知识:

a) 起重机概述:

——术语;

——起重机动作;

——起重能力,额定起重量图表。

b) 类型、结构外形图、用途:

——流动式起重机;

——塔式起重机;

——臂架起重机;

——桥式和门式起重机。

c) 安全装置,吊具,制动器。

6.1.2 吊挂装置

培训课程中应包含以下吊挂装置的知识:

a) 钢丝绳吊具:

——钢丝绳结构;

——钢丝绳捻法;

——极限工作载荷;

——安全使用的防范措施。

b) 吊链:

——吊链的类型;

——极限工作载荷;

——安全使用的防范措施。

c） 纤维吊具的类型、极限工作载荷、防护措施：

——纤维吊装绳；

——纤维吊装带。

d） 其他吊具的类型、极限工作载荷、防护措施：

——滑轮组；

——吊具(夹钳、吊钩、卸扣、起重横梁、网式吊兜、吊环)；

——衬垫、垫木。

6.1.3 吊挂装置的检查

培训课程中应包含下列吊挂装置检查的知识：

a） 钢丝绳吊具：

——检查项目(钢丝绳断丝数、丝径的减小、磨损、扭结、变形、锈蚀、润滑、连接件和终端固定处异常)；

——报废标准。

b） 吊链：

——检查项目(伸长、变形、扭曲、断裂、接头处的异常)；

——报废标准。

c） 纤维吊具：

——纤维吊装绳：

1） 检查项目(磨损、刮伤、割伤、腐蚀、编织松散)；

2） 报废标准。

——纤维吊装带：

1） 损坏(磨损、刮伤、缝纫线断开)；

2） 外部的异常(变色、染色、软化、尘污)；

3） 金属配件(变形、刮伤、断裂、锈蚀)；

4） 报废标准。

d） 夹钳：

——夹钳主体或吊环的异常；

——钳口开启异常；

——凸轮或钳叉的齿部(有凸边的部分)处磨损或卡滞、损坏；

——夹钳的功能；

——安全销的功能；

——维护；

——报废标准。

6.1.4 吊装方法

培训课程中应包含下列吊装方法的知识：

a） 重心的确定和载荷质量的估算。

b） 按照载荷外形选择吊装方法：

——直接起升；

——篮式系挂起升；

——箍式系挂起升；

——夹钳起升；

——不规则形状载荷的起升(非对称载荷)；

——用起重横梁起升(集装箱吊具)；

——使用辅助拉绳。

c) 根据载荷质量和起升角度选择吊具。

d) 悬吊载荷的运移。

6.1.5 发信号

培训课程中应包含下列发信号的知识：

a) 手势信号；

b) 旗语；

c) 无线电通信(声音信号)。

6.1.6 安全规范

6.1.7 工作规划

培训课程中应包含下列工作规划：

a) 工作顺序；

b) 载荷运移的路径；

c) 入口和出口；

d) 地面或支承面的条件；

e) 包括吊装作业人员的位置；

f) 其他现场人员的配合。

6.1.8 危险因素确认和防控措施

培训课程中应包含下列危险因素确认和防控措施的知识：

a) 与起重机的使用和吊装操作相关的危险因素：

——挤压的危险，诸如跌落的载荷、载荷倒塌、移动载荷和其他物体之间的卡绊；

——切割的危险，诸如破断的钢丝绳、具有锋利边缘的载荷；

——冲击的危险，诸如载荷摆动、载荷倒塌、弹射物；

——缠绕的危险，诸如和钢丝绳吊具、牵绳缠绕在一起；

——从高处跌落的危险。

b) 起升作业现场应考虑的潜在危险因素：

——高架动力线；

——高架公用线路，例如蒸汽管线、天然气管线、电话线；

——树木；

——不平坦的和/或不坚实的地面；

——允许的地面载荷；

——周围建筑物/容器/工程结构/设备；

——危险品；

——腐蚀性物品；

——障碍物；

——照明不足；

——无线电干扰；

——恶劣天气。

6.2 操作课程

6.2.1 总则

操作课程应包含吊装作业的各个步骤，诸如吊装作业的安全措施、发信号、重心的确定、载荷质量的估算、吊具的选择、吊具的检查，以及在载荷和吊钩上安装吊具、起升、吊运和下降载荷。受训者应基本掌握用篮式系挂、箍式系挂和夹钳起升的方法，以及不规则形状载荷的起升等吊装方法。

6.2.2 吊装作业的安全措施

培训课程中应包含下列吊装作业安全措施的练习：

a) 正确着装、使用个人防护用具；

b) 通过手势和喊话进行安全确认。

6.2.3 发信号

培训课程中应包含下列发信号方法的练习：

a) 手势信号；

b) 旗语；

c) 无线电通信(声音信号)。

6.2.4 确定重心和估算载荷质量

培训课程中应包含确定重心和估算载荷质量的练习。

6.2.5 选择吊挂装置

培训课程中应包含选择吊挂装置的练习。

6.2.6 检查吊挂装置

培训课程中应包含检查吊挂装置的练习。

6.2.7 吊装

6.2.7.1 安装吊具

培训课程中应包含下列安装吊具步骤的练习：

a) 确定重心和安装点；

b) 载荷上方吊钩的定向和下降吊钩；

c) 在载荷和吊钩上安装吊具；

d) 确认吊装状况的安全性。

6.2.7.2 试起升和起升载荷

培训课程中应包含下列试起升和起升载荷步骤的练习：

a) 准确起升和停止；

b) 安全性确认；

c) 起升载荷。

6.2.7.3 吊运载荷

培训课程中应包含下列吊运载荷步骤的练习：

a） 设计载荷运移路径；

b） 跨越（和其他起重机共用的空间）；

c） 向起重机司机发吊运路线和下降位置的信号；

d） 载荷导向。

6.2.7.4 下降载荷

培训课程中应包含下列下降载荷步骤的练习：

a） 评估地面或支承结构表面的状况；

b） 将载荷引导到下降位置和预支的垫木上；

c） 下降载荷和停止下降；

d） 准确下降，把载荷放在地上并确认其稳定性；

e） 从吊钩和载荷上移走吊具；

f） 检查吊具并将它存放在指定位置。

7 考评

7.1 总则

培训课程结束后，应按照 GB/T 22722 考评受训者的理论知识和实际操作技能。不符合该标准的受训者应接受再培训。

7.2 理论知识考评

应按照 6.1.1～6.1.8 所述的项目对受训者的理论知识水平进行评价，以确认其是否合格。受训者每项得分率至少应达 50%，而总得分率至少应达 60%。未达到该分数线者应接受再培训。

7.3 操作技能考评

应按照 6.2.2～6.2.7 中所述的操作步骤对受训者进行操作技能的考评，以确认其是否合格。总体得分率达 70%视为通过。未达到该分数线者应需要接受再次培训。

附　录　A
（资料性附录）
操作技能训练教具

A.1　实际载荷的质量估算

通过质量估算的实践培训，使受训者用已掌握的技术理论估算实际载荷的质量。要求受训者通过测量载荷的尺寸并计算出它的体积，然后使用诸如表 A.1 中图示的密度乘以体积来计算其质量。受训者最初可使用卷尺测量尺寸，其最终目标是获得仅用手(掌距、臂距)、脚(步幅)等测量出载荷的尺寸来正确估算其体积的技能。

A.2　选择钢丝绳吊具

A.2.1　总则

通过选择钢丝绳吊具的实践培训，受训者学会根据起升条件选择钢丝绳吊具，起升条件包括载荷的质量，钢丝绳吊具的分肢数和起升角度等。

A.2.2　双肢吊具

使用双肢吊具起升载荷如图 A.1 所示，对于给定的质量和起升角度，受训者需要根据表 A.2 和表 A.3选定合适的钢丝绳直径，并从任意的几个实际使用的钢丝绳中选出合适的一个，如表 A.4 所示。该项技能训练的目的是教会受训者直观的选择出钢丝绳的正确直径。

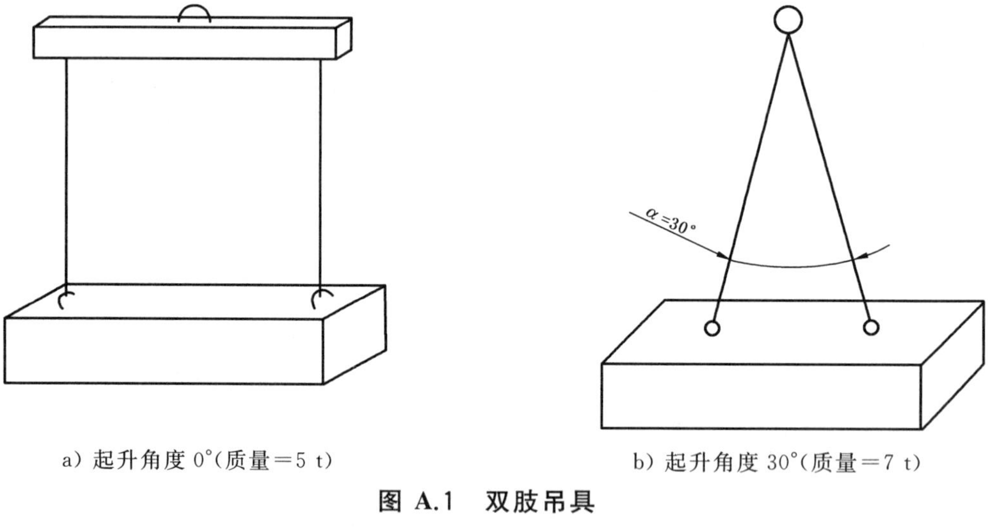

a) 起升角度 0°(质量=5 t)　　b) 起升角度 30°(质量=7 t)

图 A.1　双肢吊具

表 A.1　质量的估算举例

载　荷	质量/t	密度/(kg/m³)	形　状
钢棒	≥0.5	7.8	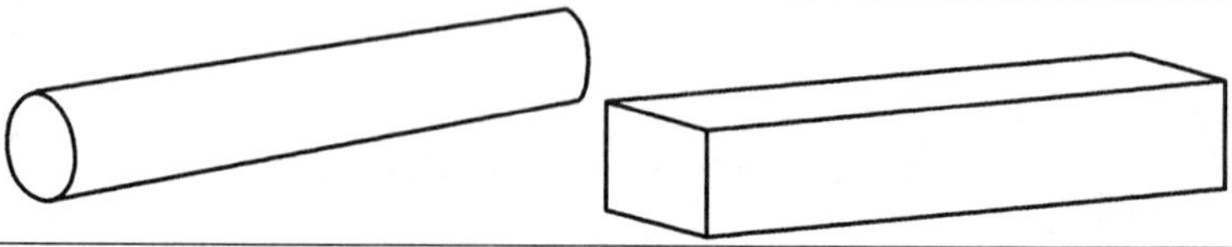

表 A.1(续)

载　荷	质量/t	密度/(kg/m³)	形　　状
一束钢条	≥0.5	7.8	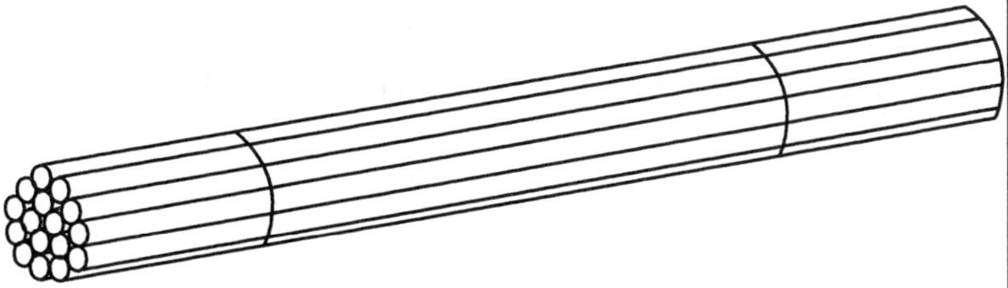
工字钢	≥0.5	7.8	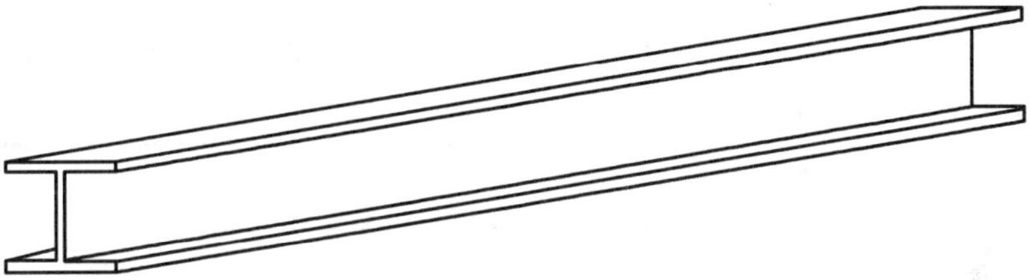
钢板	≥0.5	7.8	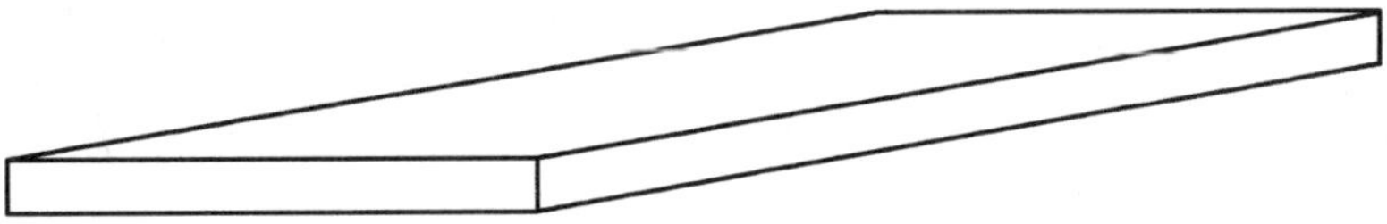
T 型钢和三角形钢	≥0.5	7.8	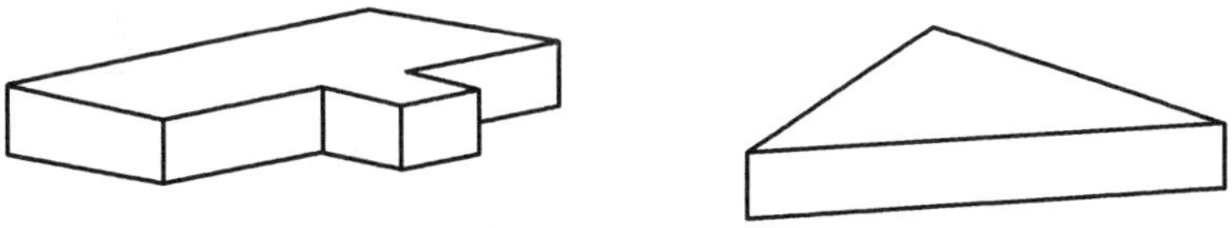
不对称载荷	≥0.5	钢材:7.8 混凝土:2.3	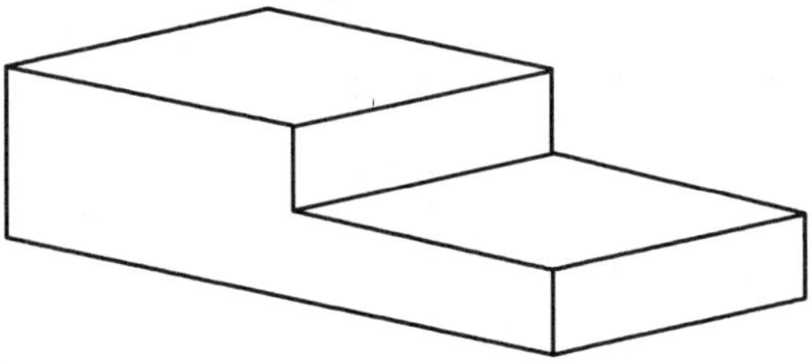
轮状或圆筒形载荷	≥0.5	钢材:7.8 混凝土:2.3	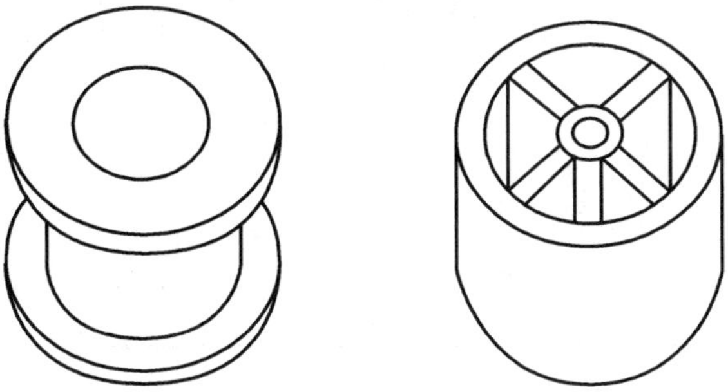

表 A.2 双肢吊具的极限工作载荷(WLL)计算系数

起升角度	WLL 的计算系数	双肢吊具
$\alpha°=0$	2.0	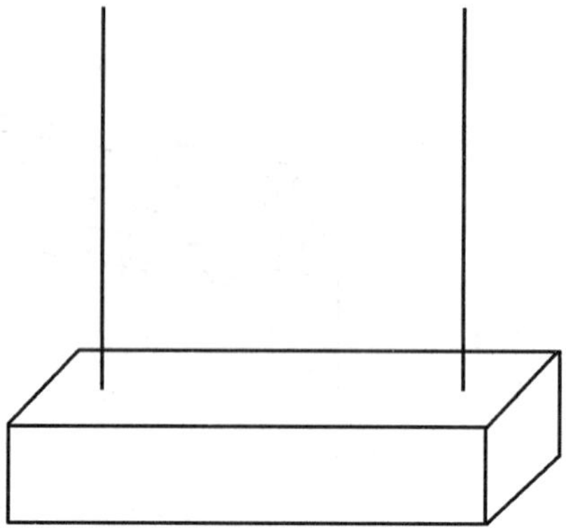
$0°<\alpha\leqslant30°$ $0°<\beta\leqslant15°$	1.9	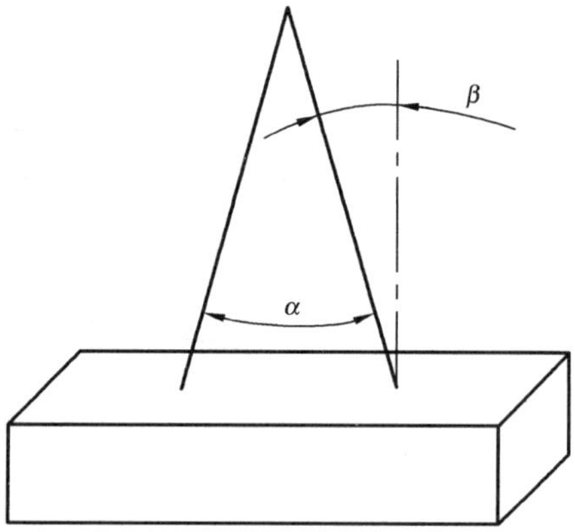
$30°<\alpha\leqslant60°$ $15°<\beta\leqslant30°$	1.7	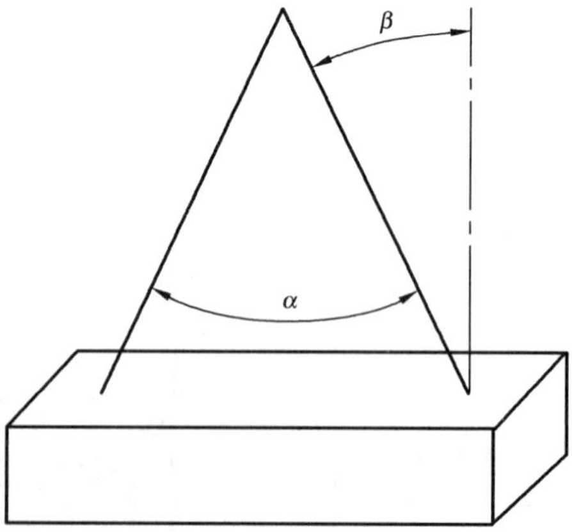

表 A.3 双肢吊具的极限工作载荷(WLL)

钢丝绳直径/mm	WLL/t					
	起升角度					
	α=0°		0°<α≤30°		30°<α≤60°	
	钢丝绳结构					
	6×24	6×37	6×24	6×37	6×24	6×37
10	1.4	1.8	1.3	1.7	1.2	1.5
12	2.0	2.6	1.9	2.5	1.7	2.2
14	2.8	3.6	2.7	3.4	2.4	3.1
16	3.6	4.8	3.4	4.6	3.1	4.1
18	4.6	6.0	4.4	5.7	3.9	5.1
20	5.6	7.4	5.3	7.0	4.8	6.3
22	6.8	9.0	6.5	8.6	5.8	7.7
24	8.2	10.8	7.8	10.2	7.0	9.2
28	11.0	14.6	10.5	13.9	9.4	12.4

注：WLL 的值由 ISO 7531:1987 中 4.4(见参考文献[6])的公式得出。ISO 2408 中给出 6×24 和 6×37 纤维型芯束的最小破断力分别等于各自的名义抗拉强度 1 570 N/mm² 和 1 770 N/mm²。

A.2.3 三肢吊具

使用三肢吊具起升载荷如图 A.2 所示，对于给定的质量和起升角度受训者需要根据表 A.5 和表 A.6确定合适的钢丝绳直径，并从任意的几个实际使用的钢丝绳中选出合适的一个，如表 A.4 所示。该项技能训练的目的是教会受训者直观的选择出钢丝绳的正确直径。

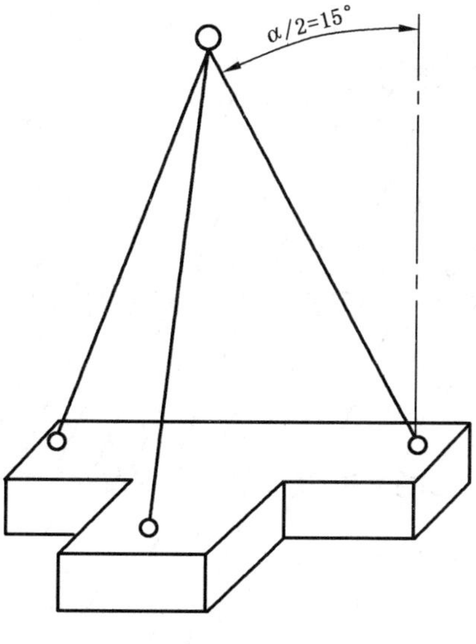

图 A.2 三肢吊具(起升角 30°)

表 A.4 吊具用钢丝绳举例

符 号	吊具用任意结构的钢丝绳
C	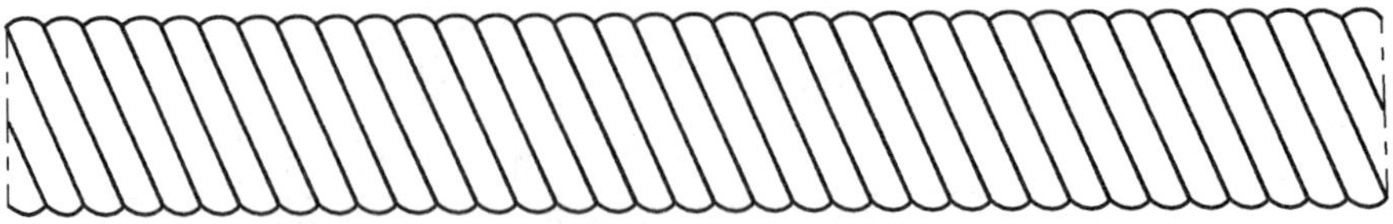
D	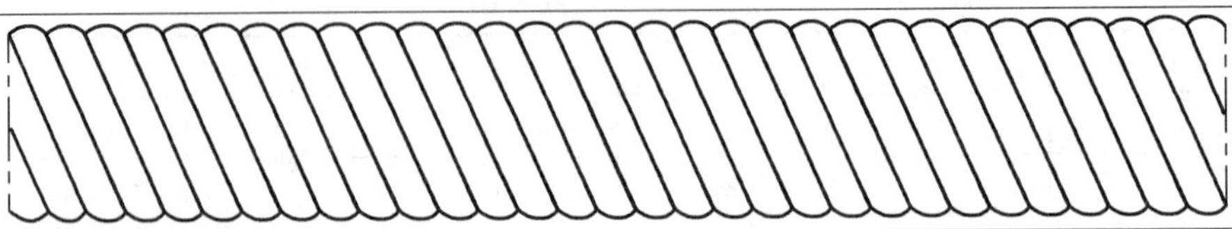
A	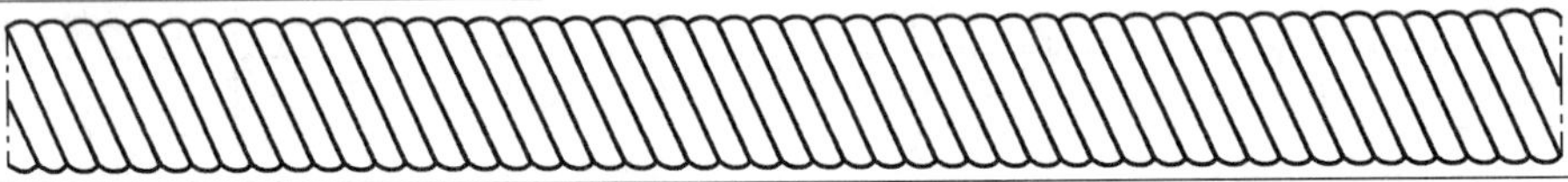
B	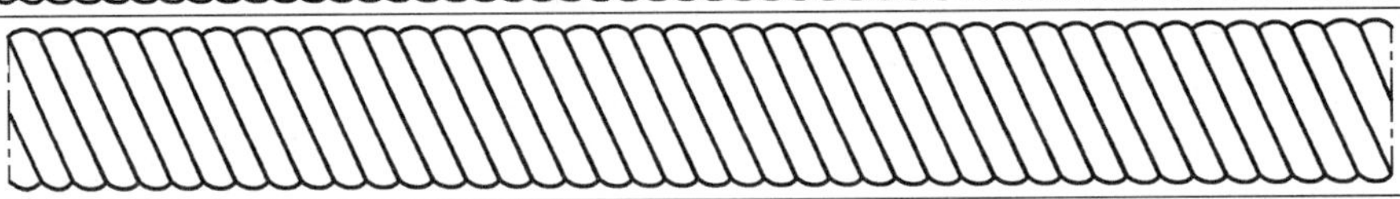
E	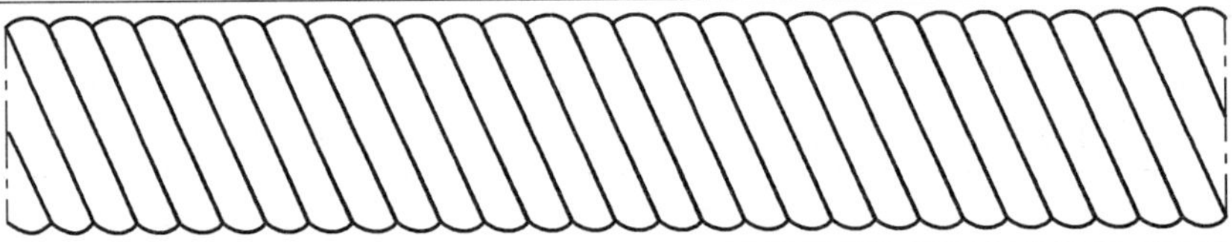
G	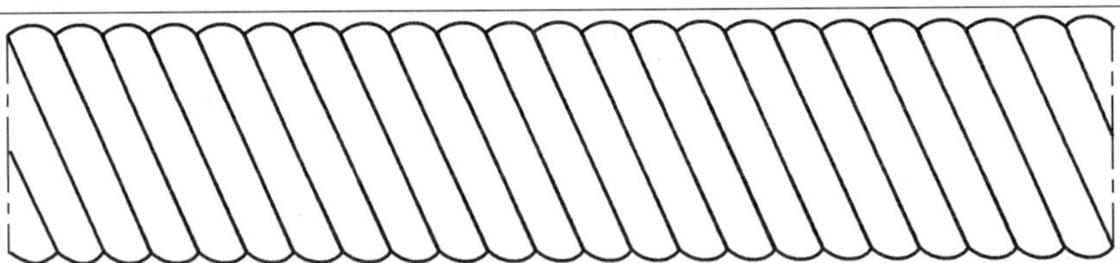
F	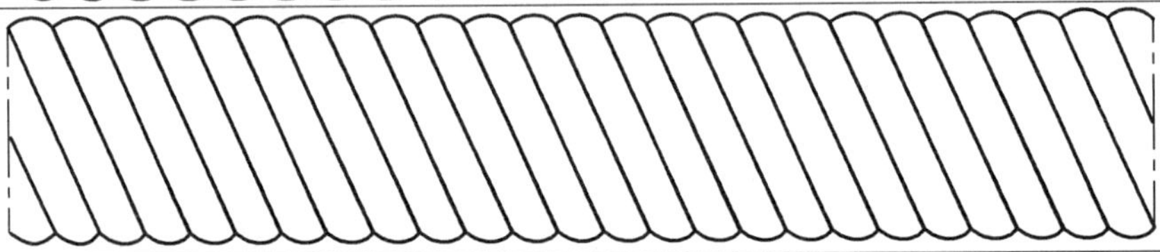
H	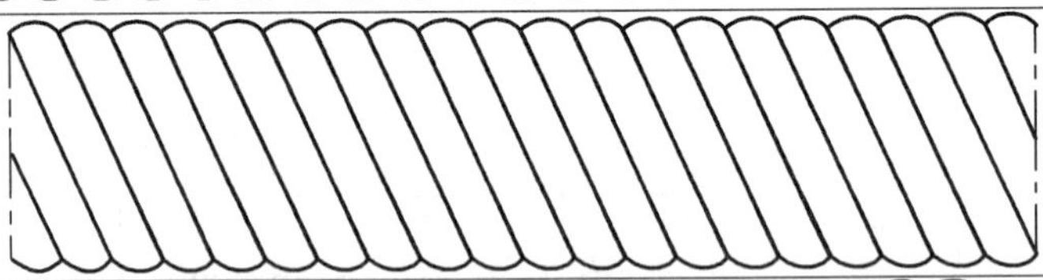
J	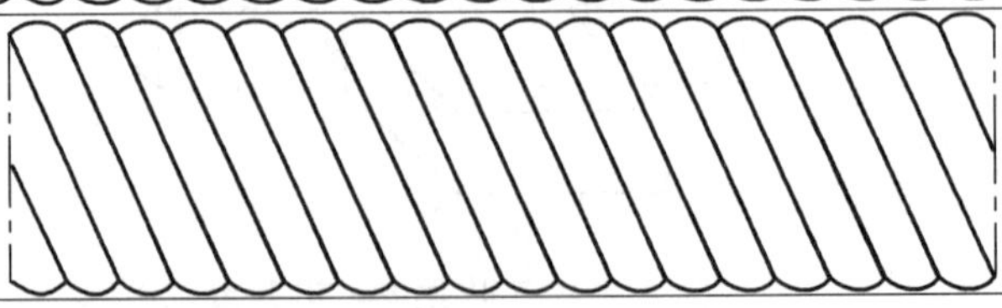
注：以上钢丝绳的直径为： A=10 mm,B=12 mm,C=14 mm,D=16 mm,E=18 mm,F=20 mm,G=22 mm,H=24 mm,J=28 mm。	

表 A.5 带编结环眼的单肢吊具的极限工作载荷(WLL)

钢丝绳直径/mm	WLL/t	
	钢丝绳结构	
	6×24	6×37
10	0.7	0.9
12	1.0	1.3
14	1.4	1.8
16	1.8	2.4
18	2.3	3.0
20	2.8	3.7
22	3.4	4.5
24	4.1	5.4
28	5.5	7.3

表 A.6 三肢吊具的极限工作载荷(WLL)的计算系数

提 升 角 度	WLL 的计算系数
30°	2.9
注：见图 A.2。	

附 录 B
(资料性附录)
培 训 表

B.1 总则

在吊装作业技能训练中,提供了几种类型的载荷,例如钢棒、一束钢条、钢板、T型钢等等,各自质量为0.5 t,同时也提供了必要的吊挂装置诸如钢丝绳吊具、卸扣、夹钳、垫木等等。简要说明了吊装方法和载荷吊运的过程。培训教师进行基本吊装工作的演示,例如确定或核实载荷质量、确定重心、检查吊挂装置、将钢丝绳吊具连接到载荷和吊钩上、试起升和起升、吊运和下降载荷、以及完成动作后将吊装设备按顺序放好。

观摩演示后,受训者在教师的监督下,每次完成一个操作步骤,直到能掌握每个操作动作。在受训期间,受训者既要掌握安全吊装技术,还要进行安全吊装联络技能的训练,例如如何正确打手势信号、手势和喊话等。当他们对每个步骤都很熟练时,应完成所有的组合步骤,例如完成整套吊装作业的操作。受训者三人一组配合完成,例如一人作为吊装工而其他两人做助手。下列培训表给出了吊装课程的示例。

B.2 双缠绕篮式系挂起升的培训表

B.2.1 培训材料

应备有以下培训用材料:

a) 使用的载荷:钢棒、一束钢条、钢管或一束钢管,约3 m长、质量为0.5 t~1 t;

b) 吊装方法:双缠绕篮式系挂的四肢起升;

c) 吊具:两端带吊眼的钢丝绳吊索(两条,公称直径10 mm,长度为5 m),垫木(4根,截面尺寸150 mm×250 mm,长度为1 m)。

B.2.2 双缠绕篮式系挂起升培训步骤示例

步骤序号	操作步骤	吊装动作
1	载荷准备	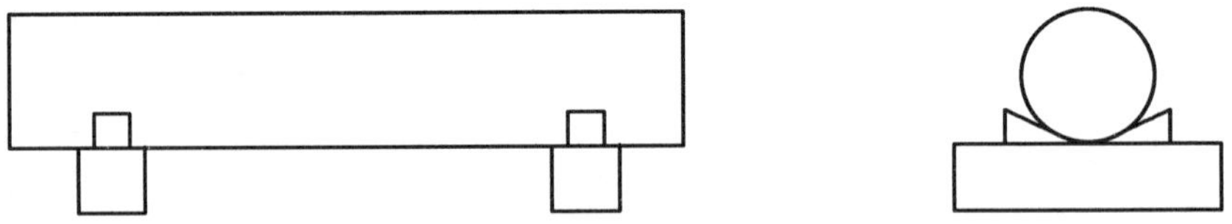
	开始	教师指挥吊装工作开始。
	确定质量和重心	一个吊装工受训者打手势和喊话来确认载荷的质量和标记重心,例如"质量0.5 t,重心,一切就绪!"
2	检查钢丝绳吊具	a) 受训者指挥助手将2根钢丝绳吊索整齐地放在地面上,确认其长度相同并且直径为10 mm。
		b) 受训者检查钢丝绳吊具及其环眼是否有损坏或缺陷,并通过例如"钢丝绳吊具,准备好了!"的喊话来确认。

步骤序号	操作步骤	吊装动作
3	给起重机司机发命令并引导吊钩	a) 在一个安全的位置上，受训者发信号给司机，使其将起重机移至载荷上方，同时指出载荷的位置(受训的吊装工也可作为指挥人员)。
		b) 受训者通过给信号引导载荷上方的吊钩，并且证实从两个方向看到吊钩位于载荷正上方，例如大车运行方向和小车运行方向，在每个方向通过例如“吊钩就位完毕!”的喊话来确认。若吊钩没有位于载荷正上方，受训者应重新引导吊钩就位。
4	安装钢丝绳吊具	受训者确定并标记安装位置，和助手一起用钢丝绳索缠绕载荷两周，并确认绳索卷绕正确且处于恰当的位置。
5	吊具环眼套入吊钩	a) 受训者发信号降下吊钩，其高度为使吊具的环眼能容易地套在吊钩上。
		b) 受训者将吊具环眼并排套在吊钩上使其不重叠。
		c) 受训者查验证实吊钩上的吊具环眼稳妥定位，吊具的环眼和钢丝绳索无交迭，并且确认载荷上的 2 根钢丝绳到重心的距离是相等的。通过例如“环眼套好了!” 的喊话确认。
6	准备试起升	a) 受训者发微微起升的信号，同时助手引导(扶持、但不要紧握)吊具绳索以使其不偏离已设定的位置。
		b) 在钢丝绳刚被完全拉紧时受训者发信号停止起升。
		c) 受训者命令并确认助手已将他们的手从吊索上移开，且他们已转移至安全的地方。
		d) 受训者查验证实吊钩上的吊具环眼稳妥定位，吊具环眼与钢丝绳索无交叠，钢丝绳索到重心的距离是相等的，起升角不大于 60°，吊钩位于重心的正上方并且钢丝绳索的张紧度相同，通过例如“人员安全!”“吊具就绪!”的喊话确认。
7	试起升	a) 受训者发微动起升信号，当载荷悬吊在垫木上方 100 mm～200 mm 时发信号停止起升。若起升载荷发生倾斜，受训者应降下载荷，重新调整缠绕的位置，作微微起升动作直至载荷能被水平起吊，再正式起升。
		b) 受训者通过例如“试起升，正常!”的喊话确认载荷的稳定性。
8	起升和吊运	a) 受训者指导助手在卸载的地点放置垫木和挡块。
		b) 受训者发信号起升载荷，并且当载荷被升至约 2 m 时停止提升动作。
		c) 受训者向起重机司机指引吊运路线和卸载地点。
		d) 受训者发出吊运信号，在前面一边引导、一边护送载荷，然后在卸载地点的上方停止载荷吊运。
9	下降载荷	a) 受训者发出微动信号并引导载荷到卸载地点的正上方，给出下降信号，当载荷位于垫木上方 100 mm～200 mm 处时发停止下降信号。
		b) 受训者调整载荷方向，并通过喊话例如“垫木准备就绪!”确认垫木已正确放置。
		c) 受训者通过例如“所有人已安全撤离!”的喊话来确认助手及受训吊装工本人均已撤到安全区。
		d) 受训者发出微微下降信号，并当载荷刚落地(钢丝绳索仍拉紧)时发出停止下降的信号。
		e) 受训者在载荷和垫木之间嵌入(插入)挡块。
		f) 受训者发出下降信号直至钢丝绳松弛，并且通过从 2 个方向推载荷来确认载荷的稳定性，随后喊话确认，例如“稳定了!”

步骤序号	操作步骤	吊装动作
10	结束	a) 受训者发信号下降吊钩直至到达吊具环眼可轻易移出的高度。受训者从吊钩上卸下吊环。
		b) 受训者发信号提升吊钩到 2 m 的高度并向起重机司机发结束信号。
		c) 受训者和助手一起从载荷上移走钢丝绳吊具并检查有无损坏和异常情况。
		d) 受训者和助手一起将吊具存放到指定地点。

B.3 夹钳起升的培训表

B.3.1 培训材料

培训应需要以下材料：

a) 要用的载荷为：质量为 0.5 t 至 1 t 的工字钢或钢板；

b) 吊装方法：用带 4 个卸扣的四肢夹钳起升；

c) 吊具：两端带环眼的钢丝绳吊具(4 条，公称直径 10 mm，长度 2 m 至 3 m)，夹钳(4 个，水平起升用)，卸扣(4 个)，垫木(2 根，150 mm^2，长度为 1 m 至 1.5 m)。

B.3.2 夹钳起升培训步骤示例

步骤序号	步骤	吊装动作
1	载荷准备	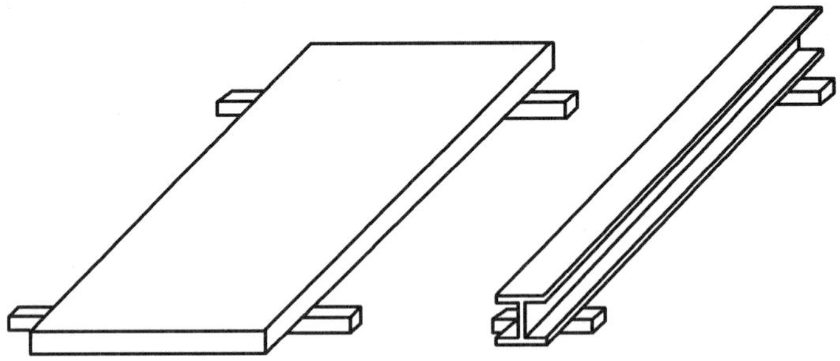
	开始	教师指挥吊装工作开始。
	确定质量和重心	吊装工受训者打手势并用例如“质量 0.5 t，重心，一切就绪！”的喊话来确认载荷的质量和标记重心。
2	检查吊具	受训者指导助手将 4 根钢丝绳索、4 个夹钳和 4 个卸扣整齐有序地放置在地板上。受训者确认钢丝绳索的长度一致并且其直径均为 10 mm，夹钳要用于水平起升且应具有适用的极限工作载荷(WLL)，而卸扣应与夹钳相匹配。受训者检查吊具有无损坏或异常情况，并通过例如“吊具准备就绪！”的喊话确认。
3	给起重机司机发命令和引导吊钩	a) 在一个安全的位置上，受训者发信号给司机，使其将起重机移至载荷上方，同时指出载荷的位置(受训的吊装工也可作为指挥人员)。
		b) 受训者通过给信号引导载荷上方的吊钩，并且证实从两个方向看到吊钩位于载荷正上方，例如大车运行方向和小车运行方向，在每个方向通过例如“吊钩就位完毕！”的喊话来确认。若吊钩没有位于载荷正上方，受训者应重新引导吊钩就位。
4	将夹钳装在载荷上	a) 受训者确定并标记出在载荷上固定夹钳的位置，并对助手简要说明吊装方法(四肢夹钳起升法)。
		b) 受训者和助手一起装配一个夹钳、一个卸扣和一条钢丝绳索，然后将夹钳装到载荷上并锁上保险。

步骤序号	步　骤	吊　装　动　作
5	吊具环眼套入吊钩	a) 受训者发信号降下吊钩，其高度为使吊具的环眼能容易地套在吊钩上。
		b) 受训者将吊具环眼并排套在吊钩上使其不交叠。
		c) 受训者查验证实吊钩上的吊具环眼稳妥定位，吊具环眼无交叠，并且确认载荷上的各夹钳设置在距重心相等的位置且锁好保险。通过例如“环眼套好了！”的喊话确认。
6	准备试起升	a) 受训者确认助手已位于安全的地方。受训者发微微起升信号，在钢丝绳刚被完全拉紧时发信号停止起升。
		d) 受训者查验证实吊钩上的吊具环眼稳妥定位，吊具环眼与钢丝绳索无交叠，各夹钳设置在距重心相等的位置，起升角不大于 60°，吊钩位于重心的正上方并且钢丝绳索的张紧度相同，通过例如“人员安全！”“吊具就绪！”的喊话确认。
7	试起升	a) 受训者发微动起升信号，当载荷悬吊在垫木上方 100 mm 至 200 mm 时发信号停止起升。若起升载荷发生倾斜，受训者应降下载荷，重新调整夹钳的位置，做微微起升动作直至载荷能被水平起吊，再正式起升。
		b) 受训者通过例如“试起升，正常！”的喊话确认载荷的稳定性。
8	起升和吊运	a) 受训者指导助手在卸载的地点放置垫木。
		b) 受训者发起升载荷信号，当载荷位于 2 m 高度时停止起升动作。
		c) 受训者向起重机司机指引吊运路线和卸载地点。
		d) 受训者发出吊运信号，在前面一边引导、一边护送载荷，然后在卸载地点的上方停止载荷吊运。
9	下降载荷	a) 受训者发微动信号并引导载荷到卸载地点的正上方，发下降信号并在位于垫木上方 100 mm 至 200 mm 处时发停止下降信号。
		b) 受训者调整载荷方向，并通过喊话例如“垫木准备就绪！”确认垫木已正确放置。
		c) 受训者通过例如“所有人已安全撤离！”的喊话来确认助手及受训吊装工本人均已撤到安全区。
		d) 受训者发出微微下降信号，并当载荷刚落地（钢丝绳索仍拉紧）时发出停止下降的信号。
		e) 受训者发出下降信号直至钢丝绳松弛，并且通过从 2 个方向推载荷来确认载荷的稳定性，随后喊话确认，例如“稳定了！”
10	结束	a) 受训者发信号下降吊钩直至到达吊具环眼可轻易移出的高度。受训者从吊钩上卸下环眼吊具。
		b) 受训者发信号提升吊钩到 2 m 的高度并给起重机司机发结束信号。
		c) 受训者和助手一起从载荷上移走夹钳并将其拆卸。
		d) 受训者检查钢丝绳吊具、夹钳和卸扣是否有损坏或异常情况。
		e) 受训者和助手一起将吊具存放到指定地点。

参 考 文 献

[1] ISO 2408—2004 一般用途钢丝绳 基本要求.

[2] GB/T 22166—2008 非校准钢制起重圆环链和吊链 使用和维护(ISO 3056:1986,IDT).

[3] GB/T 6974.1—2008 起重机 术语 第1部分:通用术语(ISO 4306-1:2007,IDT).

[4] GB/T 20652—2006 M(4)和T(8)级焊接吊链(ISO 4778:1981,IDT).

[5] ISO 4878 纺织品 人造纤维制成的平织吊网(2000年作废).

[6] ISO 7531:1987 一般用途钢丝绳吊具 特性和规格.

[7] ISO 7593 T(8)级非焊接吊链.

[8] ISO 8792 钢丝绳吊具 使用安全规范和检查程序.

[9] ISO 12480-1 起重机 安全使用 第1部分:总则.

ICS 53.020.20
J 80

中华人民共和国国家标准

GB/T 23722—2009/ISO 15513:2000

起重机　司机(操作员)、吊装工、指挥人员和评审员的资格要求

Cranes—Competency requirements for crane drivers (operators), slingers, signallers and assessors

(ISO 15513:2000,IDT)

2009-04-24 发布　　　　2010-01-01 实施

中华人民共和国国家质量监督检验检疫总局
中国国家标准化管理委员会　发布

前　言

本标准等同采用 ISO 15513:2000《起重机　司机(操作员)、吊装工、指挥人员和评审员的资格要求》(英文版)。

本标准等同翻译 ISO 15513:2000。

为便于使用,本标准做了下列编辑性修改:

——“本国际标准”一词改为“本标准”;

——删除国际标准的前言和引言。

——对于 ISO 15513:2000 引用的国际标准有被等同采用为我国标准的,本标准用引用我国的这些国家标准代替对应的国际标准,其余未被等同采用为我国标准的国际标准,在本标准中被直接引用(见本标准第 2 章)。

本标准的附录 A、附录 B 和附录 C 是资料性附录。

本标准由中国机械工业联合会提出。

本标准由全国起重机械标准化技术委员会(SAC/TC 227)归口。

本标准起草单位:辽宁省安全科学研究院、北京起重运输机械研究所。

本标准主要起草人:高岩、赵鑫。

起重机　司机(操作员)、吊装工、指挥人员和评审员的资格要求

1　范围

本标准给出了起重机司机(操作员)、吊装工、指挥人员及其评审员的挑选、培训、评审及鉴定方面的资格要求。

本标准不包括提升人员、打桩或拔桩等特种作业所需的附加资格要求。

注 1：在 GB/T 23723.1(ISO 12480-1)中给出了起重机作业的行为准则。但是,需要有关人员也注意其他方面的职责;在培训计划中所包含的内容并不意味着各种职责的任何改变。

注 2：司机(操作员)的培训,见 GB/T 23720。

2　规范性引用文件

下列文件中的条款通过本标准的引用而成为本标准的条款。凡是注日期的引用文件,其随后所有的修改单(不包括勘误的内容)或修订版均不适用于本标准,然而,鼓励根据本标准达成协议的各方研究是否可使用这些文件的最新版本。凡是不注日期的引用文件,其最新版本适用于本标准。

GB/T 6974.1　起重机　术语　第 1 部分:通用术语(GB/T 6974.1—2008,ISO 4306-1:2007,IDT)

GB/T 6974.3　起重机　术语　第 3 部分:塔式起重机(GB/T 6974.3—2008,ISO 4306-3:2003,IDT)

GB/T 23720(所有部分)起重机　司机培训[ISO 9926(所有部分),IDT]

GB/T 23723.1—2009　起重机　安全使用　第 1 部分:总则(ISO 12480-1:1997,IDT)

ISO 4306-2:1994　起重机　术语　第 2 部分:流动式起重机

3　术语和定义

GB/T 6974.1、ISO 4306-2:1994、GB/T 6974.3 中确立的以及下列术语和定义适用于本标准。起重机其他相关人员的定义见 GB/T 23723.1。

3.1

资格认定　accreditation

授权官方对考试合格的评审员及其他报考人进行资格正式认可的过程。

注：资格认定通常包括资格评审条款、证书或由培训管理机构、职业教育机构或由资格认定机构提供的某些其他正式认可程序。

3.2

资格认定机构　accreditation body

按规定的资格标准对报考人进行评审的组织。

3.3

评审 assessment

对照行为规范对报考人评判资格的过程。

3.4

评审员 assessor

对起重机司机(操作员)、吊装工和/或指挥人员的操作技能和理论知识做出评价的人员。

注:评审过程确保通过培训和教学科目的学习使受训者达到所要求的资格认定标准。资格认定机构负责管理评审体系和随时受理资格认定。

3.5

资格 competency

在具有标准规范的职业或职务范畴内履行职责的能力。

工业设备的合格使用和操作被定义为:利用核心知识和技能以及与不同类别设备的使用和操作相关的特种作业所要求的应用。

注:它包括确认灾害和消除灾害造成的损失或将其损失降至最低、以及安全和健康工作事务方面的经过论证的理论及操作技能;还包含雇主和雇员在职业关怀、职业健康和安全法规等基本责任中所定义的职责要求。

3.5.1

资格标准 competency standard

反映理论和应用技能规范的标准,并且该理论和技能的应用达到工作任务中所要求的行为规范。

注:资格标准是由利益相关的团体根据劳工组织关于企业效益的陈述制定的。并应定期复审以确保该团体与企业的持续关系。

3.5.2

资格要素 element of competency

构成资格单元的基本事件,它可描述一种可证实和评价的行为或结果。

3.5.3

资格单元 unit of competency

互不关联的结果,包含一个题目,在适当场合的一段目的性的简要描述以及与行为规范相关联的多个资格要素。

注:资格要素描述了理论知识和行为的基本逻辑上的、可辨识的和独立的子条款。其属于并构成资格单元。

3.6

起重机司机(操作员) crane driver[operator]

操作起重机进行载荷吊装作业或进行起重机架设作业的人员。

注1:采用GB/T 23723.1中的定义。

注2:对于流动式起重机,通常用术语“操作员”代替“司机”。“司机”习惯上仅指操纵起重机从一个地点转移至另一个地点的操作人员。

3.7

起重机停机 crane shut-down

司机离开起重机现场时的准备工作。

3.8

行为规范　performance criterion

规定评审内容及行为水准要求的评价性陈述。

注：行为规范规定了通过行为能力证明的能动性，各种技能、相关知识以及理解力。

3.9

指挥人员　signaller

信号员

负责将吊装工的信号传递给起重机司机的人员。

注：如果在某一时段只能由一人负责，那么可以让指挥人员代替吊装工负责指挥起重机和载荷的移动。有关指挥人员职责等更详细内容见 GB/T 23723.1—2009 中的 5.5.1 和 5.5.2。

3.10

吊装工　slinger

负责用起重机吊具装卸载荷，并根据载荷定位的操作计划选用正确的起升装置和设备的人员。

注：根据 GB/T 23723.1—2009 中的 5.4.1，吊装工负责实施起重机和载荷的搬运计划。如果有两个及两个以上吊装工，那么在任何时段他们当中只能有一个人负责吊装，这要根据他们与起重机的相对位置而定。有关吊装工职责方面的更详细内容见 GB/T 23723.1—2009 中的 5.4.1 和 5.4.2。

4　评审

4.1　概述

4.1.1　评审工作应由以下人员参与：

a)　评审员；

b)　操作员/司机；

c)　吊装工；

d)　指挥人员。

4.1.2　本标准所要求的评审员在得到授权之前应获得的资格包括：

a)　具有特定类型起重机的操作及管理方面的技术知识或作为评审人应具有的吊装技术知识；

b)　依照规定的标准判断“各种资格”的能力。

4.1.3　起重机操作员/司机在被授权操作起重机或起升设备之前应具有正确和安全操作特定类型起重机(见 GB/T 23723.1—2009 中的 5.3.1)的技术知识和实际操作的能力。

4.1.4　吊装工在资格认定之前应具备的能力包括：

a)　吊装技术的应用；

b)　指挥起重机司机(操作员)的能力。

4.1.5　指挥人员在资格认定之前，应具备的能力是信号发送方法的应用。

4.2　书面评审

评审程序包括一份书面评审试卷，应遵循下列规则：

a)　书面评审时间不应超过 60 min。

b)　应给报考人足够的时间完成测试。

注：如果评审员发现报考人书写能力不足，可以另加时间让其完成试卷。

c) 可以对书写能力较差的报考人给予帮助，提供这种帮助的任何人不得催促报考人，也不得以任何其他方式协助报考人。如果报考人的文字水平有限，可以接受口头回答。此时，评审员应记录下所有答案。对某些级别的认证，需要专门的文字水平以满足考查能力的要求，即载荷的估计或计算，或看懂载荷图表。在这种情况下，不允许提供口头考评。

d) 报考人应熟悉所要求的语言，以便在没有任何帮助的情况下能读懂评审时所提出的问题。

e) 报考人在评审中应以正确阐述的方式表述技术要求，错别字和语法错误不应影响评审结果。

f) 如果加时或帮助得到许可，应当在评审报告上写明原因。

4.3 口头评审

如果评审时报考人的口语能力有限，评审员应加以辅助的解释，解释的程度与有关的工作及设备问题相适应，而不应放弃评审。

4.4 结论

要取得“资格”认可，报考人应在各方面和各部分得到表明能力的足够的分数。如果报考人未达到这一标准，他将被判为“不合格”并做相应记录。

4.5 复审

如果评审试卷的某一方面或某部分“不合格”时，那么报考人可以仅就这一方面或部分经再培训后重新评审。

5 资格要求

5.1 概述

在5.2、5.3和5.4中给出了起重机司机(操作员)、吊装工及指挥人员的相应技能和知识评审的详细指标。

5.2 起重机司机(操作员)的资格要求

5.2.1 概述

资格要求可划分为以下资格单元：

a) 资格单元1——评价、安全装置及作业现场

——制定工作计划；

——例行检查和检验；

——控制及安全装置的调试；

——起重机停机。

b) 资格单元2——载荷的固定及搬运

——固定载荷；

——实施试起升；

——搬运载荷。

c) 资格单元3——由起重机司机进行的起重机的架设、安装及拆卸作业

——制定安装/拆卸工作计划；

——安装起重机；

——拆卸起重机。

d） 资格单元4——特种操作的实施

——移动起重机；

——实施多机联合起升。

5.2.2 资格单元1——评价、安全装置及作业现场

5.2.2.1 资格要素——制定工作计划

行为规范：

a） 现场作业计划应与经授权的有关厂内工作人员协商制定。工作计划应包括作业要求、重点项目、工厂守则及作业程序、确定的危险及事故防控措施。

b） 应确认下列的现场危险因素，并按照相关标准制定有效的事故防控措施：

——高架动力线；

——树木；

——高架公用线路，例如蒸汽管线、天然气管线、水管、电话线等；

——地下设施；

——不平和/或不坚实地面；

——必要时允许的地面载荷；

——在场的工作人员和其他人员；

——周围的建筑物/容器/工程结构/设备；

——危险品；

——腐蚀性物品；

——路障；

——不合格的照明设备；

——无线电干扰；

——恶劣天气；

——其他设施。

c） 制定应急预案时应考虑急救及灭火设施的存放地点，在工作场所以及为应急车辆和救援人员提供的宜人化的设施及进/出地点。应急预案应包括：在必要时，如果照明条件不具备，可以取消起重机作业。

d） 应根据有关标准，对气候条件的影响制定防御措施。该措施应包括：在必要情况下，如果气候条件超过允许限制，可以取消起重机作业。

e） 在作业计划中应确保作业现场具有良好的照明，且仅限于被授权人员留在作业现场。

f） 在作业计划中应考虑起重机载荷图表，还应注明额定起重量、工作幅度、载荷重量、臂架以及起重臂结构等参数。

g） 应由有关人员根据相关标准确定所用的信号及信号发送系统。

h） 应在电气开关/绝缘体（与此有关的）上使用安全标记，应与主管人员协商制定恰当的事故防控措施。

5.2.2.2 资格要素——例行检查和检验

行为规范：

a） 应按照检查表对起重机进行日常开机前的检查，检查内容为起重机整机及起重机上的

所有起升装置。

b) 应核对起重机的检修日志,以保证达到所有的检修要求和必要时所采取的措施。

c) 在作业之前,应对设备和作业场地进行外观检查,是否存在任何损坏、结构强度降低或障碍物等现象,应将任何故障报告给主管人员以便采取改正措施。所有的故障都应在检修日志中正确记录。

5.2.2.3 资格要素——控制及安全装置的调试

行为规范:

a) 应按照设备工作程序起动起重机并对任何异常噪声或动作进行检查。任何操作异常都应向主管人员报告,以便采取修复措施。

b) 应设置应急预案及安全装置、正确的操作方法并加以标记,应按照预定的程序检查它们能否正常启动。

c) 应检查所有的通信设备、照明设备及报警系统工作是否正常。

d) 已损坏或工作不正常的控制装置、通信设备、安全装置、防护设备、照明设备或报警装置等,都应向主管人员报告以便采取修复措施,所有故障都应记录在起重机检修日志中。

e) 为预期的起重作业做准备,应测量并核实起重机的工作幅度,还应考虑由于起重臂变形可能引起工作幅度增加的情况。以设计的工作幅度转动起重臂,检查是否有意料之外的复杂情况或起重臂/载荷或端部回转设备的受阻情况出现。

5.2.2.4 资格要素——起重机停机

行为规范:

a) 根据制造商说明书,采取正确的操作顺序关闭起重机。

b) 应按照检查表对起重机进行作业后的日常检查。

c) 应使用相关的运动锁定装置和制动器。

d) 应与有关人员协商,按照相关标准检查所有的起升设备是否有磨损或损坏现象。所有缺陷都应准确记录到相关的工作日志中。

e) 应将所有已损坏的设备封存起来,并向主管人员报告,以便修复或更换;所有缺陷都应准确地记录到相关的工作日志中。

f) 应根据制造商说明书及相关标准正确停放和保存起重机和起重设备。

5.2.3 资格单元 2——载荷的固定及搬运

5.2.3.1 资格要素——固定载荷

行为规范:

a) 应与有关人员协商、正确估计载荷及所用索具的质量。

b) 应与有关人员协商检查吊具结构及起升装置的选择,以保证:

——满足安全作业的要求;

——不会损坏载荷;

——符合相关标准的要求;

——必要时采用矫正措施;

——所有缺陷应准确地记录在有关的工作日志中。

c) 应同有关人员协商,检查为保护载荷或便于起升机构联结的包装材料及防撞垫料的使用情况；必要时应采取矫正措施。

d） 起重机配用的吊具（例如抓斗、货叉、夹具）应按照制造商的说明书进行操作。

5.2.3.2 资格要素——实施试起升

行为规范：

a） 应按照作业程序进行试起升，特别是在接近额定起重量或载荷的重量分布异常或载荷形状不规则时的试起升。

b） 当载荷刚好被吊离起升平面时，应与有关人员协商检查下列内容：

——载荷是否正确吊起；

——所有起重设备的功能是否正常；

——液压系统或气动系统（与此有关的）是否达到要求的工作压力。

c） 如果试起升表明作业情况不合格，那么应将载荷放下，采取适当的改正措施。

d） 在安装了载荷称量装置的场合，应校验估算载荷重量并按要求修正载荷/工作幅度的计算值。

e） 按计划执行事故防控措施。

5.2.3.3 资格要求——搬运载荷

行为规范：

a） 应按照有关标准利用起重机所有相关的动作起升或下降载荷到适当位置。

这些必要动作可以包括：

——变幅；

——回转；

——起吊（上升和下降）；

——伸缩起重臂；

——运行。

b） 起重臂定位，以保证要起吊的载荷位于吊钩正下方。

c） 应同有关人员协商，估计每个载荷是否需要使用稳索器，在载荷控制要求严格的情况下，应给载荷系上适当的稳定索。

d） 应根据有关标准，准确无误地给出所需信号及其解释。

e） 应按计划执行事故防控措施。

5.2.3.4 资格单元 5.2.2 和 5.2.3 的适用范围

本范围适用于资格单元 5.2.2 和 5.2.3。

在正常的工厂环境或同等环境下，所有要素均得到满足。

这些资格单元的行为规范适用于下列所有结构类型的起重机：

——塔式起重机；

——桅杆起重机；

——回转起重机；

——桥式起重机或门式起重机；

——随车起重机；

——非全回转流动式起重机；

——全回转流动式起重机。

5.2.4 资格单元3——由起重机司机进行的起重机架设、安装及拆卸作业

5.2.4.1 资格要素——制定安装/拆卸工作计划

行为规范：

a) 在工厂内选择无障碍的较为平坦的场地安装起重臂或臂架；

b) 应正确选择和准备坚实而平坦的地面作为起重机的安放位置；

c) 应检查监督起重机安装/拆卸工作的主管人员的资格，说明并确认他们是否持有相关证书/实践经验；

d) 应按照有关标准和其他法令法规制定起重机的安装/拆卸程序。

5.2.4.2 资格要素——安装起重机

行为规范：

a) 应按照制造商的说明书以及有关标准和其他法令法规的要求制定起重臂/臂架的架设程序；

b) 应按照制造商说明书以及有关标准和其他法令法规的要求正确布置外伸支腿和稳定器；

c) 起重机底板下面应正确使用垫板，适当分布载荷以保证起重机立起之后不超载；

d) 应按照制造商说明书安装滑轮组件，竖立起重臂；

e) 为操作员配备助手，并批准他们完成起重机架设。

5.2.4.3 资格要素——拆卸起重机

行为规范：

a) 应按照制造厂所提供的说明书、相关标准和其他法令法规的要求制定起重臂/起重臂架的拆卸工序；

b) 应按照制造厂所提供的说明书收回和安置外伸支腿及稳定器；

c) 应按计划执行事故防控措施。

5.2.4.4 资格要素5.2.4.1至5.2.4.3的适用范围

本范围适用于要素5.2.4.1至5.2.4.3。

在正常的工厂环境或同等条件的环境下，所有要素均应得到满足。

这些能力要素的行为规范适用于所有类型的起重机。有关的安装/拆卸作业由起重机司机/操作人员进行或由他们监督执行。

5.2.4.5 资格要素——塔式起重机的架设及拆卸

行为规范：

a) 塔式起重机的架设、顶升及拆卸计划的制定和/或说明应同有关人员一起依照相应标准进行；

b) 应核实从事塔式起重机架设的有关人员的资格证书/操作能力；

c) 应与有关人员合作，依据制造商提供的说明书和有关要求来制定塔式起重机的架设、顶升及拆卸工序；

d) 应按计划执行灾害防控措施。

5.2.4.6 资格要素5.2.4.5的适用范围

本范围适用于要素5.2.4.5。

在正常的工厂环境或同等环境下，所有要素都应得到满足。

本资格要素的行为规范适用于所有类型的塔式起重机。

5.2.5 资格单元4——流动式或塔式起重机特种操作的实施

5.2.5.1 资格要素——带载或空载起重机的行驶

行为规范：

a） 应制定起重机的行驶路线计划，以保证起重机在坚实和平整的路面上行驶。

b） 遇有避不开的斜坡时，应与主管人员协商以保证操作的可行性，并保证必要的安全防控措施到位。

c） 应根据相关标准转移起重机。包括以下内容：

——保持最低的行驶速度；

——缓慢加速和制动，最大程度减小载荷摆动幅度；

——所带载荷应靠近地面；

——使用牵引绳。

5.2.5.2 资格要素——实施多机联合起升

行为规范：

a） 多机联合起升的操作应得到有关主管部门的许可。

b） 应由主管人员制定多机联合起升的工作计划并经该主管人员许可，具体包括：

——每台起重机所承受载荷的评估；

——确定适用的起重机类型；

——起升使用的安全裕度及事故防控措施；

——操作流程。

c） 预定的作业计划应在主管人员的监督下，按照相关标准、作业规范及其他法规的要求实施。

5.2.5.3 资格单元5.2.5的适用范围

该范围适用于资格单元5.2.5。

在正常的工厂环境或同等环境下，所有要素均应得到满足。

本资格单元中的行为规范适用于所有类型的起重机。

5.2.5.2不适用于塔式起重机。

5.2.6 起重机操作的资格证明

起重机操作的资格证明还应满足下列要求：

——现行的法规、标准及操作规范；

——事故防控措施等级体系，涉及排除、置换、隔离以及在安全作业开始和人员防护设备启用之前所选择的工程管理方案。

5.3 吊装工的资格要求

5.3.1 概述

资格要求可划分为以下资格单元：

a） 资格单元1——制定工作计划、准备工作

——制定工作计划；

——选择和检查吊装物品及工具。

b） 资格单元2——完成吊装作业

——搬运载荷。

5.3.2 资格单元1——制定工作计划和准备工作

5.3.2.1 资格要素——制定工作计划

行为规范：

a) 应意识到与使用起重机和其他载荷搬运设备有关的潜在危险，并制定措施以消除或控制这些危险因素。

b) 必要时应得到现场资料。

c) 应考虑潜在的危险因素，例如：

——高架动力线；

——树木；

——高架公用线路，例如蒸汽管线、天然气管线，水管，电话线；

——地下设施；

——不平和/或不坚实地面；

——必要时允许的地面载荷；

——在作业现场的其他工人和人员；

——周围建筑物/容器/工程结构/设备；

——危险品；

——腐蚀性物品；

——障碍物；

——照明不足；

——无线电干扰；

——恶劣天气。

d) 应选择最佳预防突发事件和事故的防控措施。

e) 现场出入口应有足够的场地并加以标识。

f) 应确认与其他现场人员的合作要求。

g) 应确认或核实重物的质量、重心及尺寸，以便制定吊装方案。

h) 应选用适当的吊具，包括：

——吊链；

——钢丝绳；

——卸扣；

——吊环螺栓；

——集装箱吊梁。

i) 应检查作业人员及工作的有关认可情况。

j) 所制定的工作方案和流程应包含险情的排除，防控措施及安全程序。

k) 必要时应和当事人及其他人员一起检查工作的可行性及进度表。

l) 按照现行标准、操作规范及设备制造商的规定，制定包括灾害防范/防控措施的工作计划。

m) 应核查现存的载荷设计人员的有关说明书。更复杂的载荷搬运作业的相应指导应咨询设计人员，此时不必提供书面指导书。

5.3.2.2 资格要素——选择和检查吊装物品及工具

行为规范：

a) 应根据5.3.2.1中的g)和h)选择合适的吊具。

b) 应检查相应的吊具及工具。已损坏或磨损了的部件应贴上标签并禁止使用。

c) 应按照有关标准及操作规范选择和组装吊具。

d) 在适当场合，应按照标准计算额定起重量。

5.3.3 资格单元——2完成吊装作业

5.3.3.1 资格要素——搬运载荷

行为规范：

a) 应按照已制定的可保证安全作业的险情排除及防控措施、相关标准、操作规范、说明书及制造商的规定进行载荷的搬运作业。

b) 应按照制造商的规定、说明书及相关标准，连接吊具和载荷。

c) 应使用适当的技术和正确的吊具把载荷连接到搬运设备上，吊具包括下列型式：

——吊链；

——钢丝绳；

——卸扣；

——吊环螺栓；

——集装箱吊梁。

d) 应采用适当的通讯及信号指挥载荷安全移动，各种信号包括：

——停止/紧急停止；

——起升；

——下降；

——向左和向右回转；

——动臂升降；

——伸出起重臂；

——缩回吊臂。

起重机司机/操作员视线内外的载荷搬运都要用信号控制。

e) 搬运载荷时应适当考虑载荷的重心、出入口、障碍物、风载荷状况及最终停放位置。

f) 应遵循设计人员提出的与载荷有关的任何规定。

g) 在载荷搬运的整个过程中应保证载荷的稳定性。

5.3.4 吊装工资格范围陈述

该范围陈述适用于整个单元。

在正常的工厂环境或同等环境下，所有要素均应满足。

设备只涉及吊装工的作业，即吊装技术的应用，包括吊具的选择和检查；在搬运载荷时起重机/起重设备的操作员的指令；包括载荷位于司机(操作员)视线以外时的指令。

载荷搬运信号应以下列任意方式给出：

——使用正确的语言表达；

——按照标准使用手势信号；

——按照标准打旗语；

——按照标准吹哨/鸣笛；
——使用双向无线电话/有线电话，并且
——按照标准使用灯光信号。

5.3.5 吊装工的资格证明

吊装工资格证明应包括下列各项要求达到满意的实施：
——现行的法规、标准及操作规范；
——在安全作业和人员防护装备就绪之前，选择包括排除、置换、隔离以及工程管理方案在内的事故防控措施等级。

5.4 指挥人员的资格要求

5.4.1 制定工作计划及准备工作

5.4.1.1 资格要素——制定工作计划

行为规范：

a) 应同厂内有关主管人员协商制定厂内作业计划。该计划应考虑工作要求、工作重点、工厂守则及工作流程，识别各种危险因素并确认事故防控措施。

b) 应按照相关标准验明以下各类现场危险物并确定灾害防控方案：
——高架动力线；
——树木；
——高架公用线路，例如蒸汽管线、天然气管线、水管、电话线；
——地下设施；
——桥梁；
——周围建筑物；
——障碍物；
——工程结构；
——设施；
——其他设备；
——危险品；
——刚注满雨水的壕沟。

c) 制定应急预案时应考虑急救场所位置以及灭火设施的存放地点，以及在工厂内为急救车辆和救援人员准备的便利设施及进/出地点。

d) 应根据相关标准制定预防措施以适应气候条件的影响。该措施应包括：在必要情况下，如果气候条件超过允许范围，可以放弃起重机操作。

e) 作业计划应确保作业现场照明良好。

f) 所使用的信号及信号发送系统应由有关人员依据相关标准确定。

5.4.1.2 资格要素——检查通信设施

行为规范：

应检查所有通信设备灯，报警设备灯，警报器及报警系统，还有安全防护系统等的正常工作情况。

有故障的设备应向主管人员报告以便采取修复措施，所有的故障均应记录在工厂日志中。

5.4.1.3 资格要求——搬运载荷

行为规范：

应采用适当的通讯及信号方式保证载荷的安全搬运。信号包括：

——停止/紧急停止；

——起升；

——下降；

——向左和向右回转；

——动臂升降；

——伸出起重臂；

——缩回起重臂。

起重机司机/操作员视线内外的载荷搬运都要用信号控制。

5.4.2 指挥人员资格的范围陈述

本能力范围陈述适用于整个单元。

在正常的工厂环境及同等环境下，所有要素均应得到满足。

设备只涉及指挥人员的工作，即在搬运载荷时指挥起重机司机/操作员，也包括当载荷位于司机/操作员视线之外时的情况。

载荷移动信号应采用以下任意方式给出：

——使用正确的语言表达；

——按照标准使用手势信号；

——按照标准打旗语；

——按照标准吹哨/鸣笛；

——使用双向无线电话/有线电话，并且

——按照标准使用灯光信号。

5.4.3 指挥人员职责的资格证明

指挥人员职责的资格证明应包括下列各项要求达到满意的实施：

——现行法规、标准及操作规范；

——在安全作业及人员防护装备就绪之前，选择包括排除、置换、隔离及工程管理方案在内的事故防控措施等级。

5.5 评审证明

5.5.1 概述

5.5.1.1 每一部分的评审结果都应归入评审总结。

5.5.1.2 发现有任何欠缺之处，应同报考人针对该评审总结进行商议。

5.5.1.3 评审员和报考人应在评审总结上签字。

5.5.1.4 评审员和报考人应保留评审总结的复印件。另一份复印件应报送资格认定机构，以便在获取相关资格时作为发布资格公告的依据。

5.5.2 发布公告

5.5.2.1 获得资格之后，资格认定机构发布的公告将声明：评审工作符合本标准的要求，报考人获得了相应的资格。

5.5.2.2 在未获得资格的情况下，不发布公告。

5.5.3 复评

5.5.3.1 自评审工作最后一天起21天后，应对报考人就评审总结中记录的未合格部分作复评。

5.5.3.2 在请求作复评时，报考人应向评审员递交一份评审总结复印件以及按要求所进行的补充培训证明。

5.5.4 评审范围

5.5.4.1 评审的目的是对实际操作进行评价以及对获取资格的陈述。

5.5.4.2 资格认定机构(见6.2)应在评审文件中规定评审范围，该评审范围应适用于所有与之相关的评审。该评审文件中应包含完成评审工作所依据的评审方法及规范。

注：参见附录A(吊装工资格评审总结)和附录B(臂架起重机操作员评审总结)。

5.5.4.3 评审技术内容应包括直接观察力、现场操作、笔试和口试，以及这些技能的模拟与综合考评。

注：起重机司机/操作员、吊装工及指挥人员的行为评审准则参见附录C。

5.5.4.4 评审工作通常应在一对一的环境下进行(评审员对报考人)。

5.5.4.5 现场操作部分应尽可能在工厂环境或类似环境下进行，笔试部分应在培训教室进行。

5.5.4.6 评审工作完成后应立即进行评审总结。

6 评审员、资格认定机构及评审结果确认

6.1 评审员

6.1.1 评审员应由资格认定机构从申请人中委派。

6.1.2 在对某专项评审工作选择评审员时，资格认定机构应确保各项技能能充分满足每项评审的要求。

评审员应符合以下条件：

a) 通晓有关法律法规、专业规范、标准及设备安全使用、评审程序及评审要求；

b) 全面掌握相关评审方法和评审文件内容；

c) 具有被评审行为的相应技术知识。该职责也可以由未经特定等级或类别评审的人员完成；

d) 具有相关设备的使用及操作方面的工作经验；

e) 具有良好的综合理解力，以便在其领域内对报考人员的能力做出令人信服而恰当的评审；

f) 具有能用要求的语言进行口头及书面交流的能力；

g) 无利益冲突，得以做出公正的和非歧视性的结论，例如评审员不应参与申请评审人员的培训。

6.2 资格认定机构

资格认定机构可以是对安全标准的一致性感兴趣的任何团体。该机构将按标准对评审员、吊装工、起重机司机(操作员)及指挥人员进行评审，适当的时候，也可以评审其他职业资格。

注：可按照国家法令任命资格认定机构。

6.2.1 资格认定机构的构成

资格认定机构的构成应具有权威性。

资格认定机构特别应具备以下职能：

a) 具有独立性及公正性。

b) 负责对其发布的资格认定进行授权、持有、范围拓展及限定以及中止和撤销等事务。

c) 对全面负责下列各项事务的有关管理部门(协会、团体或个人)进行鉴定:
——本标准以及与所从事的活动有关的标准和规范性文件中定义的评审、鉴定及监督行为;
——与资格认定机构的活动有关的政策内容的系统阐述;
——鉴定结论;
——政策执行情况的监督;
——资格认定机构的资金监管;
——委员会或私人委派的职权代表在需要时从事规定的活动。

d) 持有委派该资格认定机构作为法人实体或法人实体的一部分的相关文件。

e) 具有文件编制组织。该组织应保证有关资格认定体系的内容及功能以及相关的原则发展的所有团体参加其中。

f) 应保证每个认定结论不是由负责评审的人员做出的。

g) 具有稳定的财政支持。

h) 人员配备合理齐全。

i) 具有质量保证体系,该体系可证明其具有运作人员资格认定体系的能力。

j) 具有区分资格认定人员和组织中从事其他活动人员的政策及程序。

k) 确保与之相关的团体的活动不损害资格认定工作的可信性、客观性及公正性。

l) 确保评审及资格认定工作与培训机构无关。

m) 应制定相关政策和程序,解决来自供应商或其他团体关于评审过程或任何其他有关事务的投诉、呼吁和争议等问题。

注:在委员会中占据一定位置的组织,存在方式为利益均等,无特殊优势股权,认为这样的组织是满足要求的。

6.3 评审的查证

6.3.1 评审员应至少每3年1次经资格认定机构审计,或按照有关机构的规定进行审计。

6.3.2 为了审计的需要,评审员应保留评审记录,包括口头的、书面的及必要的操作部分的评审记录,还应保留评审时所做的评审结论。

6.4 对评审员的要求

6.4.1 概述

评审员应证明在其所评审的专业范畴内所具有的资格。见6.1.2。

他们也应满足在6.4.2中所给出的行业评审员资格标准。

6.4.2 评审员技能评审资格规范

6.4.2.1 评审计划

6.4.2.1.1 资格要素——确定评审范围

行为规范:

a) 与报考人一起讨论、确定评审目的;

b) 应根据行业、企业或培训机构的协商,确定与评审有关的现行评审标准、鉴定或执行程序,并告知报考人;

c) 与报考人一起商讨行业、企业或培训机构的计划。

6.4.2.1.2 资格要素——确定所要求的证明

行为规范：

a) 所需的证明应与本资格标准相符；

b) 指定证明的数量及形式应完全保证做出有效的评审决定；

c) 应与报考人讨论并确认所要求的证明。

6.4.2.1.3 资格要素——选择和解释评审程序

行为规范：

a) 所选择的评审方法应与所评审的技能和知识相适应；

b) 应向报考人解释评审要求、规则及准则；

c) 应与报考人讨论并确认评审程序及申诉机制。

6.4.2.1.4 资格要素——组织评审

行为规范：

a) 收集构成评审要求的各种资料；

b) 根据行业、企业或培训的计划通知有关人员参加评审；

c) 如有必要，应估算并提出评审所需费用；

d) 应提供公平、诚信的评审环境；

e) 根据内容、知识和经验与有关人员讨论并确认要执行评审的评审员资格；

f) 应与报考人讨论并确定评审日程安排。

6.4.2.2 进行评审

6.4.2.2.1 资格要素——搜集证明

行为规范：

a) 所收集的证明应与商定的资格标准及操作方式相一致；

b) 所收集的证明应是有效的，可信的，并与商定的要求及所评审的技能相一致；

c) 根据资格认定机构的要求将所收集的证明汇成文件；

d) 承认以前的学历认可证明。

6.4.2.2.2 资格要素——做出评审结论

行为规范：

a) 根据综合证明得出评审结论；

b) 根据评审标准或已认同的行为规范做出评审结论，与报考人商讨并确认；

c) 根据所评审的技能要求做出评审结论。

6.4.2.2.3 资格要素——在评审过程中的反应

行为规范：

a) 使报考人处于符合评审程序的宽松的氛围之中；

b) 评审的任意阶段完成之后，同报考人商讨进展情况；

c) 在评审过程中适当的时候，对报考人所取得的进步予以鼓励。

6.4.2.3 记录评审结果，对评审程序进行复审。

6.4.2.3.1 资格要素——记录评审结果

行为规范：

a) 应按照规定程序记录评审结果，并通知报考人。

b) 应准备评审报告的3份复印件。复印件应是未经涂改的原件。其中一份交给报考人，一份提交给评审机构，第3份由评审员保存。

c） 评审记录应存档，以保证报考人和评审机构主管人员能随时查阅。

6.4.2.3.2 资格要素——向报考人提供反馈意见

行为规范：

a） 应赞扬报考人的良好表现；

b） 应向报考人出示评审结果；

c） 应向报考人提供有关评审程序及结果的明确而又具有建设性的反馈意见；

d） 应鼓励已通过评审的报考人探索有效的途径，克服本评审过程中所表现出来的任何能力缺陷；

e） 应向报考人提供企业要求达到更高目标和更多机会的指导意见。

6.4.2.3.3 资格要素——评审过程复审

a） 应同报考人以及企业、培训机构或资格认定机构的有关人员合作，共同对评审过程进行复审；

b） 在行业或培训机构的现有水平上，根据复审结论对评审过程做出修改。

附　录　A
（资料性附录）
吊装工资格评审总结

评审形式	在规定时间内完成（是，否或不适用）[a]	阶段				结论(C 或 NYC 或 NA)[a]
		1	2	3	4	
操作技能						
资格陈述						
相关知识						

[a] C=具备资格；NYC=不具备；NA=不适用。

总结

报考人：　　　　　　　　　　　　　　　　　　　　日期：………………………………

（在所获得的结果上划圈）

□合　格

□不合格

评审员：………………………………　　　　　报考人：………………………………

签　字：………………………………　　　　　签　字：………………………………

评论/反馈意见

（评审员做出的关于评审过程的附加评论）

……………………………………………………………………………………

……………………………………………………………………………………

……………………………………………………………………………………

附　录　B
（资料性附录）
臂架起重机操作员评审总结

评审形式	评审项目总数	打√或不适用项目总数	达到标准要求的项目总数	所有的重要项目均打√或不适用	达到评审标准的要求[a]		
操作	14		11		是	否	—
口试/笔试	31		27		是	否	—
笔试	22		17		是	否	—
在规定时间内完成					是	否	不适用

[a] 操作标准＝达到标准要求的项目总数(包括所有重要项)；
相关知识标准＝达到标准要求的问题总数(包括所有重要项)。

总结

报考人：　　　　　　　　　　　　　　　　日期：……………………

(在所获得的结果上划圈)

□合　格

□不合格

评审员：……………………　　　　报考人：……………………

签　字：……………………　　　　签　字：……………………

评论/反馈意见

(评审员做出的关于评审过程的附加评论)

…………………………………………………………

…………………………………………………………

…………………………………………………………

附　录　C
（资料性附录）
起重机司机(操作员)、吊装工及指挥人员的评审

C.1　评审目的

被任命的评审人员对报考人安全操作指定类型起重机的操作技能和相关知识进行评审。或适当时对吊装工的工作进行评审。

C.2　评审方法

C.2.1　按本标准4.2中的每条进行书面评审。

书面评审可以在教室内进行。

规定的时间应为2.5 h,如果其中的某部分允许不做,时间应适当缩短。

C.2.2　口头评审包括与资格标准有关的口答问题,可有助于评审员掌握报考人的知识面。如果同时有两位报考人参加同一资格的评审,则可以增加一份笔试试卷。

C.2.3　应采取现场操作方式以考核报考人的操作技能及相关知识运用的能力。

C.2.4　口头评审方式及实际操作评审方式通常是在一对一的关系中进行(评审员对报考人)。

C.3　起重机司机(操作员)的评审范围

C.3.1　使用上述三种评审方法之一评审报考人是否具有下列资格单元或资格要素中要求的技能和知识。

C.3.2　试题分数应按以下要点分配。

C.3.2.1　评价、安全装置及工作区域	100分
制定工作计划	25分
例行日常检查及检验	25分
测试控制装置及安全装置	40分
起重机停机	10分
C.3.2.2　将载荷固定在吊具上及搬运载荷	100分
将载荷固定在吊具上	$33\frac{1}{3}$分
实施试起升	$33\frac{1}{3}$分
搬运载荷	$33\frac{1}{3}$分
C.3.2.3　安装和拆卸流动式或塔式起重机	100分
安装/拆卸计划	20分
拆卸起重机	40分
安装和拆卸塔式起重机	40分
C.3.2.4　其他操作	300分
从现场移入/移出计划	30分

移动起重机	70 分
流动式起重机起升计划	30 分
实施流动式起重机的起升作业	70 分
多机联合起升计划	30 分
实施多机联合起升作业	70 分

C.4 达到资格等级所需分数

达到资格等级所要求的分数应是每一资格要素总分数的 80%。如果认可以前的知识并准予作为资格要素时,则应记满分并用"RPL"标记,并应根据该部分的分数减少考评时间。

C.5 起重机司机的实际操作评审准则

C.5.1 概述

在实际操作评审过程中所用的起重机应是评审所要求类型的起重机。

由于报考人的操作而导致发生险情,应终止评审。

C.5.2 操作桥式或门式起重机

C.5.2.1 测试路线

C.5.2.1.1 根据图 C.1 确定测试路线。

C.5.2.1.2 测试路线的长度不得少于 45 m。

C.5.2.1.3 必要时设置下列障碍、更换障碍及线路布置,见图 C.2。

a) 6 个迂回运行区段;

b) 在每个迂回区段至少设置一面障碍墙;

c) 在线路的两处设置水平障碍物;

d) 在线路改变方向处设置障碍竖杆。

C.5.2.1.4 测试线路应标注清楚,并应用箭头标明运行方向。

C.5.2.1.5 应使用直径为载荷直径的 1.5 倍的圆圈标明起点和终点。

C.5.2.2 测试载荷

测试载荷应大于 500 kg,且为圆柱状载荷。

C.5.2.3 示范操作

为达到评审目的,示范操作应包括下列内容:

a) 确定载荷的质量。

b) 从地面到载荷的底面之间的高度确认为 2 m。如果高于 2.3 m 或低于 1.8 m,应让报考人调整到 2 m。

c) 在所给定的信号指挥下,让报考人按照下列要求开动起重机在预定路线上运行,然后再回到起点:

1) 载荷底部高于地面 2 m,在障碍竖杆之间通过;

2) 载荷越过障碍横杆前后各 1 m 的距离,高度在障碍横杆和立柱顶部之间;

3) 载荷底部高于障碍墙顶 2 m 掠过;

4) 在线路上运行时,如果不需要跨越障碍,应保持载荷高度距地面 2 m;

5) 在迂回区段上运行时,载荷不应被任何障碍物或其他物体包括地面拖曳或触碰。

d) 不允许同时使用 3 个控制装置。在线路上的迂回段,允许同时使用两个控制装置。

e) 示范操作的计时应从载荷定位于起始点上方 2 m 处开始,经过测试路线上所有障碍物又回到起始点结束。由于起重机型式间的差别、司机(操作员)的经验、起重机的运行速度以及测试线路布置不尽相同,因此所规定的时间允许有30%的偏差。

f) 报考人应完成操作,并按成绩记分。

C.5.3 操作流动式和塔式起重机

C.5.3.1 测试路线

C.5.3.1.1 应按图C.3确定载荷移动路线,如果有场地要求,可稍做修改。回转弧度应约为起重臂长的两倍,最好为45 m。应清楚标明移动方向。搬运载荷时,起重机作变幅、回转和起升动作时,臂长都应保持不变(包括液压起重机)。

C.5.3.1.2 所安排的路线应按照场地要求,在评审员认为必要的情况下进行改动。应按照图C.2中所示设置下列障碍:

a) 在行进和返回线路上设置水平障碍墙;

b) 3个障碍竖杆;对于液压臂架起重机,在指定位置设置两个障碍,第3个障碍设置在行进和返回线路的折返点。

C.5.3.2 示范操作

应按照C.5.2.2和C.5.2.3中的要求进行示范操作。

C.6 吊装工

C.6.1 吊装工的评审范围

C.6.1.1 概述

按照C.2规定的三种评审方法逐一评审报考人是否具有下列资格单元和资格要素中要求的技能和知识。

C.6.1.2 试题的分数应按下列要点分配:

a)	制定作业计划和准备工作	100分
	制定工作计划	50分
	选择和检查被吊物品及工具	50分
b)	完成吊装作业	100分
	移动载荷	100分

C.6.2 吊装工的评审准则

C.6.2.1 笔试试卷所覆盖的问题应与给定的要点相符。

C.6.2.2 在评审员认为合适时,口头试题可作为实际操作评审的详细内容的补充。

C.6.2.3 实际操作评审应包括最少3个、最多5个起升动作,这些动作应包括吊装作业通常所用到的所有技能、起升物品和工具。

流动式起重机占整个起升操作的主要部分。

桥式或门式起重机操作为剩余的部分。

允许的最长时间为2 h。

C.7 指挥人员

C.7.1 指挥人员评审范围

C.7.1.1 概述

评审方法应为口头和示范操作。评审应按照下列资格单元和资格要素进行。

C.7.1.2 试题的评分比例

试题的分数应按下列各项内容分配。

a) 制定工作计划和准备工作 100 分
制定工作计划 50 分
选择和检查设备 50 分

b) 传递信号 100 分
手势信号的使用 25 分
口哨的使用 25 分
以正确的用词使用无线电 25 分
职业安全及健康要求的应用 25 分

C.7.2 指挥人员的评审准则

C.7.2.1 口头试题可补充实际示范操作内容。

C.7.2.2 实际操作示范应包括至少 3 个、最多 5 个起升动作，这些动作应包括指挥人员工作时通常所用到的所有技能、起升物品和安全装置。

应使用回转起重机和动臂起重机完成某些起升动作。

单位为米

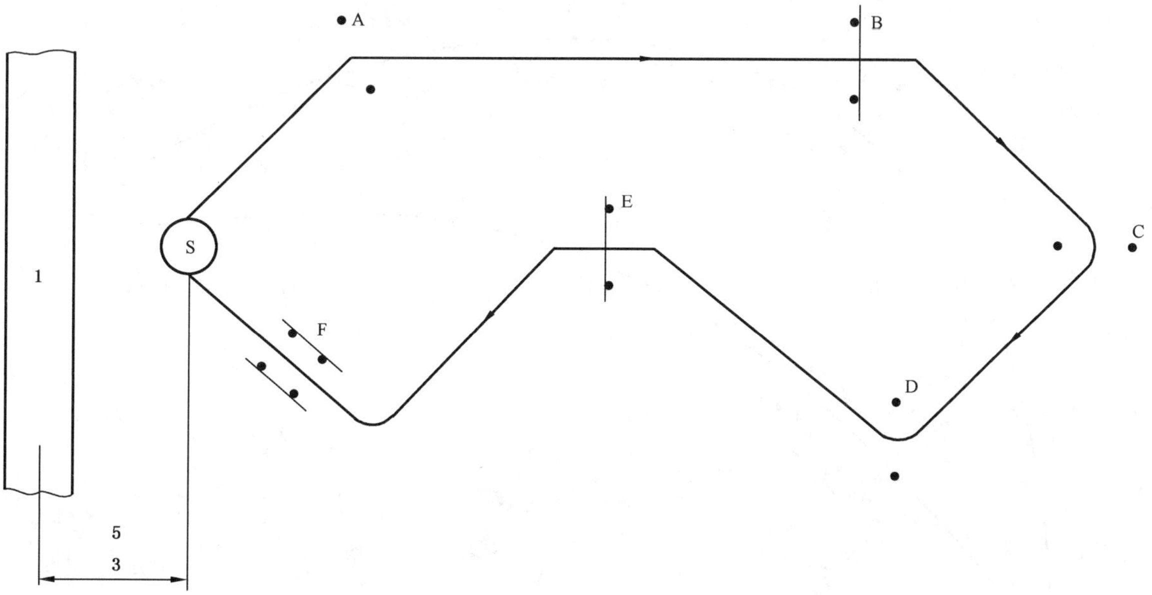

1——起重机；
A,C,D——障碍竖杆；
B,E——障碍横杆；
F——障碍墙；
S——载荷起点/终点。

图 C.1 桥式或门式起重机的测试线路

单位为米

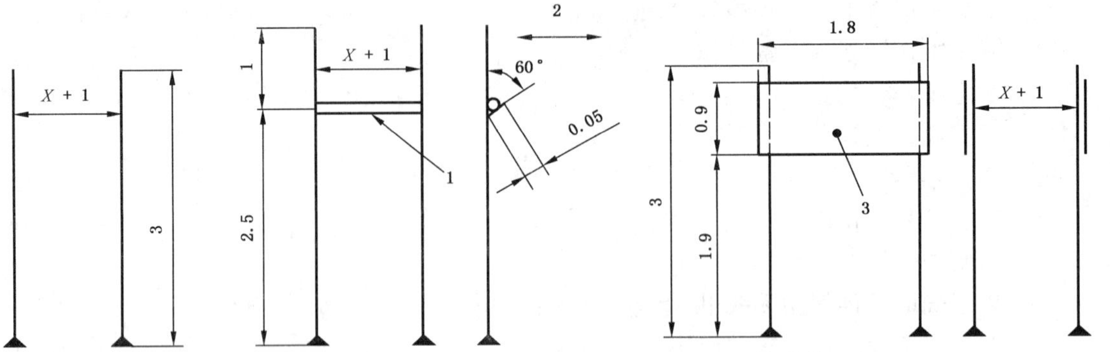

a）障碍竖杆　　b）障碍横杆　　c）障碍墙

X＝载荷宽度

1——横杆；

2——运行方向；

3——木板或网格板。

图 C.2　障碍物

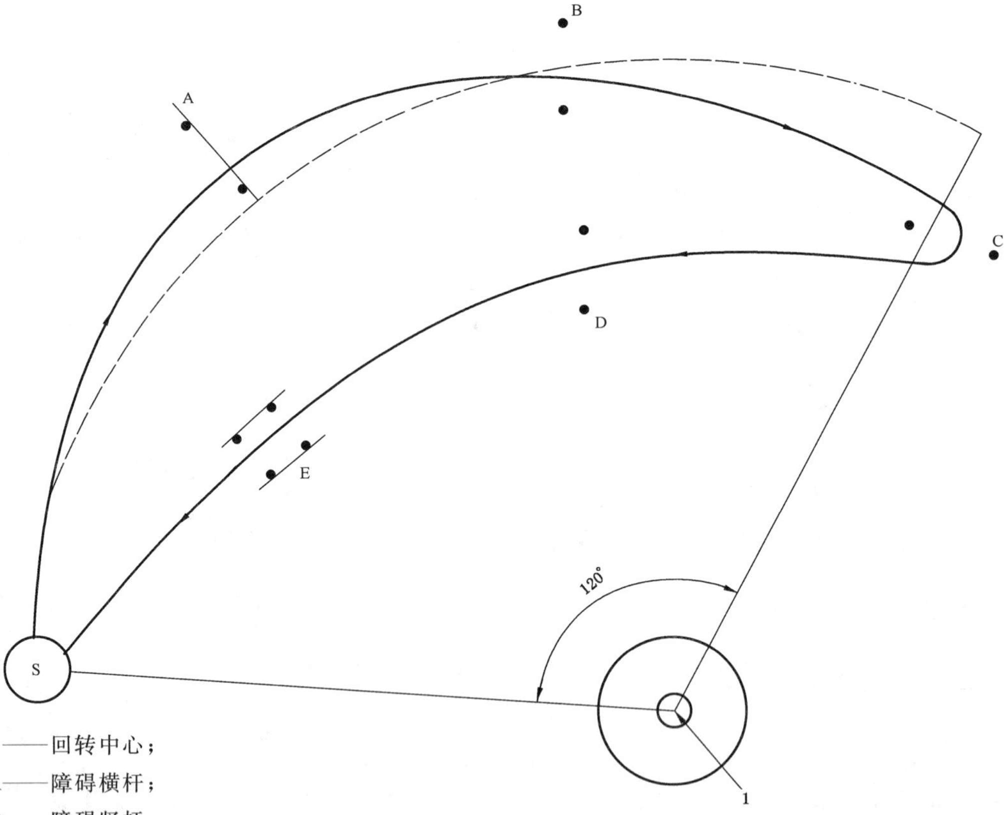

1——回转中心；

A——障碍横杆；

B、C、D——障碍竖杆；

E——障碍墙；

S——载荷起点/终点。

图 C.3　臂架起重机和流动式起重机的测试线路

ICS 53.020.20
J 80

中华人民共和国国家标准

GB/T 23723.1—2009/ISO 12480-1:1997

起重机 安全使用 第1部分:总则

Cranes—Safe use—Part 1:General

(ISO 12480-1:1997,IDT)

2009-04-24 发布 2010-01-01 实施

中华人民共和国国家质量监督检验检疫总局
中国国家标准化管理委员会 发布

前 言

GB/T 23723《起重机 安全使用》分为以下3个部分：

——第1部分：总则；

——第3部分：塔式起重机；

——第4部分：臂架起重机。

本部分为GB/T 23723的第1部分。

本部分等同采用ISO 12480-1:1997《起重机 安全使用 第1部分：总则》(英文版)。

本部分等同翻译ISO 12480-1:1997。

为了便于使用，本部分做了下列编辑性修改：

——“ISO 12480的本部分”一词改为“GB/T 23723的本部分”；

——删除ISO 12480-1:1997的前言；

——对于ISO 12480-1:1997引用的国际标准中有被等同采用为我国标准的，本部分引用我国的这些国家标准代替对应的国际标准，其余未被等同采用为我国标准的国际标准，在本部分中均被直接引用。

本部分的附录C是规范性附录，附录A、附录B和附录D是资料性附录。

本部分由中国机械工业联合会提出。

本部分由全国起重机械标准化技术委员会(SAC/TC 227)归口。

本部分起草单位：辽宁省安全科学研究院、北京起重运输机械研究所。

本部分主要起草人：赵鑫、高岩。

起重机　安全使用　第1部分:总则

1　范围

GB/T 23723的本部分提出了起重机安全使用方面的要求,包括起重机的安全工作制度、管理、计划、选型、安装和拆卸,起重机的操作和维护以及司机、吊装工和指挥人员的选派。

本部分不适用于人工操作(无动力驱动)或至少部分由人工操作的起重机以及安装在船上的起重机,但陆地用起重机临时在船上使用的情况除外。

2　规范性引用文件

下列文件中的条款通过GB/T 23723的本部分的引用而成为本部分的条款。凡是注日期的引用文件,其随后所有的修改单(不包括勘误的内容)或修订版均不适用于本部分。然而,鼓励根据本部分达成协议的各方研究是否可使用这些文件的最新版本。凡是不注日期的引用文件,其最新版本适用于本部分。

GB/T 5905　起重机　试验规范和程序(GB/T 5905—1986,idt ISO 4310:1981)

GB/T 5972　起重机用钢丝绳　检查和报废实用规范(GB/T 5972—2006,ISO 4309:1990,IDT)

GB/T 6974.1　起重机　术语　第1部分:通用术语(GB/T 6974.1—2008,ISO 4306-1:2007,IDT)

GB/T 6974.3　起重机　术语　第3部分:塔式起重机(GB/T 6974.3—2008,ISO 4306-3:2003,IDT)

GB/T 17908　起重机和起重机械　技术性能和验收文件(GB/T 17908—1999,idt ISO 7363:1986)

GB/T 17909.1　起重机　起重机操作手册　第1部分:总则(GB/T 17909.1—1999,idt ISO 9928-1:1990)

GB/T 18453　起重机　维护手册　第1部分:总则(GB/T 18453—2001,idt ISO 12478-1:1997)

GB/T 18875　起重机　备件手册(GB/T 18875—2002,idt ISO 10973:1995)

GB/T 23720.1　起重机　司机培训　第1部分:总则(GB/T 23720.1—2009,ISO 9926-1:1990,IDT)

GB/T 23724.1　起重机　检查　第1部分:总则(GB/T 23724.1—2009,ISO 9927-1:1994,IDT)

GB/T 23725.1　起重机　信息标牌　第1部分:总则(GB/T 23725.1—2009,ISO 9942-1:1994,IDT)

ISO 12482-1:1995　起重机　状态监控　第1部分:总则

3　术语和定义

GB/T 6974.1、GB/T 6974.3中确立的以及下列术语和定义适用于本部分。

3.1

主管人员　competent person

具有必备的理论与实践知识并且在正确操作起重机和起重设备方面具有相关经验的人员。

3.2

起重机司机(操作员)　crane driver (operator)

操纵起重机进行吊装作业或进行起重机架设作业的人员。

注：对流动式起重机，常用“操作员”这个词来代替“司机”，而“司机”则常用于指将起重机从一地开到另一地的驾驶员。

3.3

雇佣组织/雇主　employing organization/employer

要求进行吊运作业的组织或个人。

注：雇佣组织不一定是使用者。

3.4

额定起重量　rated capacity

起重机在制造商规定的条件下所能起吊的最大起重量。

3.5

设备状态　service conditions

3.5.1

工作状态　in-service

起重机在允许的风速下及由标准和(或)制造商规定的其他工作条件下搬运小于或等于额定起重量的工作状态。

3.5.2

非工作状态　out-of-service

起重机处于停用状态，取物装置上无重物以及由标准(或)制造商规定的状态。

3.6

质心　centre of gravity

将物体的全部质量视为集中至一点，或使物体各部分的力矩完全保持平衡的点。

3.7

使用　use

利用起重机或在起重机上的各种操作：运输、安装、拆卸、维护及重物的搬运。

3.8

用户组织/用户　user organization/user

直接使用和管理起重作业的主管人员或组织。

3.9

指派人员　appointed person

经需搬运载荷的组织(雇佣组织)授权全面管理起重机操作的人员。

4　起重机操作管理

4.1　安全工作制度

应建立起重机安全工作制度，无论是进行单项作业还是一组重复性作业，所有起重机作业都应遵守。起重机在某地作业或永久固定(如在厂内或码头)的起重机作业均应遵守此项原则。安全工作制度应包括以下内容：

a) 工作计划。所有起重机都应制定工作计划以确保操作安全并应将所有潜在的危险考虑在内。应由具有丰富工作经验并经指定的人员制定工作计划。对于重复性作业或循环作业,该计划应在首次操作时制定,并定期检查,确保计划内容不变。

b) 起重机和起重设备的正确选用、提供和使用。

c) 起重机和起重设备的维护、检查和检验等。

d) 制定专门的培训计划,并确定明确自身职责的主管人员以及与起重机操作有关的其他人员。

e) 由通过专门培训并拥有必要权限的授权人员实行全面地监督。

f) 获取所有必备证书和其他有效文件。

g) 在未被批准的情况下,任何时候禁止使用或移动起重机。

h) 与起重机作业无关人员的安全。

i) 与其他有关方的协作,目的是在避免伤害事故或安全防护方面达成的共识或合作关系。

j) 设置包括起重操作人员能理解的通信系统(参见附录D的示例)。

注：所有人员能用同种语言清楚地进行交流、确保安全地操作起重机是基本的要求。起重机操作应包括必需的场地准备、起重机的安装、拆卸以及维护等。

安全工作制度应向所有相关方进行通报。

4.2 起重机操作管理

为确保起重机安全工作制度的实施,应指派专人作为需搬运重物的组织(雇佣组织)的管理代表全面管理起重机操作。指派人员应经过全面地培训和实践,以便能胜任其应尽的职责。

4.3 合同条件

4.3.1 起重机操作合同

雇佣组织可以与代表他们承担起重作业的“用户组织”签订合同。该合同应提出如下内容：

a) 全部工作都应根据GB/T 23723的本部分进行；

b) 用户应按照4.2指派雇佣组织满意的人员；

c) 雇佣组织根据GB/T 23723的本部分提供的所有信息或服务都应以书面形式通知用户。

用户应遵从GB/T 23723的本部分提出的所有其他要求。用户将被赋予充分的权利来履行与GB/T 23723的本部分相关的义务,在适当的场合,包括管理和指挥雇佣组织的人员的权利。

在签订合同之前,雇佣组织有义务满足用户按照GB/T 23723的本部分开展工作的必要权利。

4.3.2 起重机出租方的职责

当用户(用户组织)需租用起重机和司机进行起重作业时,出租方有责任向用户选派合格司机并提供经过维护、检查和检验合格的起重机。

4.3.3 租用起重机的用户的职责

用户组织有根据4.2选派主管人员的义务,负责赋予指派人员明确的职责并遵从GB/T

23723 的本部分给出的下列各项要求。尽管起重机机主可能已经提供关于特殊起重机的选择或其他相关事项的某些建议,用户组织仍具有确保起重机具有合适的类型、尺寸和相应工作任务的起重能力以及保障工作计划实施的权利。

5 人员的选择、职责和基本要求

5.1 基本要求

起重机的安全操作取决于主管人员的选择。

某些人员如起重机司机的培训和经验记录将有助于主管人员的选派。合适的选派将会确保所有的相关人员能够被高效地组织起来,以保证工作处于互相协作的良好局面。因酗酒、吸毒或其他不良习惯的影响而削弱其工作效率的人员不允许进入工作人员队伍。所有工作人员都应明确自己的职责(见 5.2～5.7)。应对正在接受培训的工作人员进行有效的监督。

注:在某些环境中,某个人承担的职责可能不止一种,正如 5.2～5.7 中所述。

5.2 被指派管理起重机操作的人员(指派人员)的职责

指派人员应负有以下职责:

a) 对起重机操作相关事项进行审核。包括:提出工作计划;起重机、起升机构和设备的选择;工作指导和监管。这些对保证安全工作是必要的。还应包括与其他责任方的协商以及确保在必要时各相关组织之间的协作。

b) 保证对起重机的全面检查、检验等,以及确认设备已经维护。

c) 保证报告故障和事故的有效程序以及采取必要的正确处理方式。

d) 负有组织和控制起重机操作的责任。保证主管人员的指派要像司机和其他起重作业人员的指派一样。

指派人员应被赋予执行所有职责的必要权力,特别是在其认为继续操作可能产生危险时,指派人员拥有停止操作的权力。

在适当的情况下,指派人员可将工作任务委托给他人,但还要担负其工作职责。

在吊运重物时,起重机司机不适宜管理起重机操作。

也可参见 6.3、8.2、8.3.3、9.2、10.3 和附录 A 中关于指派人员的职责。

5.3 起重机司机

5.3.1 职责要求

起重机司机应遵照制造商说明书和安全工作制度(见 4.1)负责起重机的安全操作。在任何时候都应只服从吊装工或指挥人员发出的可明显识别的信号(见 6.2),接到停止的信号除外。

5.3.2 基本要求

起重机司机应具备以下条件:

a) 具有资格;

b) 年满 18 岁,出于培训目的在主管人员的直接监督下的情况除外;

c) 适应该项工作,特别是视力、听力和反应能力;

d) 具有安全操作起重机的体力;

e) 具有判断距离、高度和净空的能力;

f) 在所操作的该类起重机方面受过良好的培训并具有起重机操作和安全装置方面的丰富知识;

g） 具有从事吊装和信号工作的完全能力；

h） 熟知起重机上的灭火设备并经过使用培训；

i） 熟知在各种紧急情况下的逃生手段；

j） 获准操作起重机。

注：适合操作起重机的健康证明年限不宜超过 5 年。

5.3.3 司机培训

GB/T 23720.1 规定了起重机司机的最基本的培训项目，包括提高基本操作技能以及传授正确使用这些技能的必要知识。

5.4 吊装工

5.4.1 职责

吊装工应负责在起重机的吊具上吊挂和卸下重物，并且根据相应的载荷定位的工作计划选择适用的吊具和吊装设备。

吊装工负责按计划实施起重机的移动和重物搬运[见 5.4.2 j)]。当吊装工不止一人时，则在任一次操作中，根据他们相对起重机的位置，只应由其中一人负责。当该吊装工处于司机看不见的位置时，为确保操作信号的连续性，指挥人员必须将信号传送给司机，使用视觉或听觉信号均可(见附录 D)。

在起重机工作中，如果指挥起重机和载荷移动的职责移交给其他有关人员，吊装工应向司机说明情况。而且，司机和被移交者都应明确各自应负有的责任。

5.4.2 基本要求

吊装工应符合下列条件：

a） 具有资格；

b） 年满 18 岁，出于培训目的在主管人员的直接监督下的情况除外；

c） 适应该项工作，特别是视力、听力和反应能力；

d） 具备搬动吊具和吊装设备的体力；

e） 具有估计重物质量、平衡重物及判断距离、高度和净空的能力；

f） 经过吊装技术的培训；

g） 具有根据重物的情况选择吊具及吊装设备的能力；

h） 经过起重作业信号的培训，懂得起重作业信号；

i） 使用听觉设备(如无线电)能给出准确、清晰的口头指令并且会使用该设备；

j） 具有控制、指挥起重机和载荷安全移动的能力；

k） 经授权可以担负该项工作。

5.5 指挥人员

5.5.1 职责

指挥人员应负有将信号从吊装工传递给司机的职责。指挥人员可以代替吊装工指挥移动起重机和重物，但在任何时候只能由一人承担。

在起重机工作过程中，当指挥起重机和吊运重物的工作被移交给其他相关人员时，指挥人员应向司机说明情况。而且，司机和新指挥人员都应明确各自应负有的责任。

5.5.2 基本要求

指挥人员应符合下列条件：

a) 具有资格；

b) 年满18岁，出于培训目的在主管人员的直接监督下的情况除外；

c) 适应该项工作，特别是视力、听力和反应能力；

d) 具有判断距离、高度和净空的能力；

e) 经过信号技术的培训并且懂得起重作业信号；

f) 使用听觉设备(如无线电)能给出准确、清晰的口头指令并且会使用该设备；

g) 具有指挥起重机和重物安全移动的能力；

h) 经授权可以担当该项工作。

5.6 起重机安装人员

5.6.1 职责

起重机安装人员负责根据制造商说明书安装起重机(见第9章)。当需要两个或多个安装人员时，必须指定一人作为“安装主管”自始至终监管安装工作。

5.6.2 基本要求

起重机安装人员应符合以下条件：

a) 具有资格；

b) 年满18岁，出于培训目的在主管人员的直接监督下的情况除外；

c) 在视力、听力、反应和灵活性方面适合；

d) 具有安全搬运重物包括对起重机安装的体力；

e) 具有高空作业的能力；

f) 具有估计重物质量、平衡重物及判断距离、高度和净空的能力；

g) 经过吊装及信号技术上的培训；

h) 具有根据重物的情况选择吊具及吊装设备的能力；

i) 在起重机安装、拆卸以及所安装的起重机的操作方面培训合格；

j) 在所安装的起重机上的安全装置的安装和调试方面培训合格。

5.7 维护人员

5.7.1 职责

维护人员的职责是维护起重机以及对起重机的安全使用和正常操作负责。他们应根据制造商的维护手册，在安全工作制度下对起重机进行所有必要的维护(见4.1)。

5.7.2 基本要求

维护人员应符合下列条件：

a) 具有资格；

b) 对所需维护的起重机及其危险性非常熟悉；

c) 受过相应的教育和培训，包括学习特种设备使用的相关课程；

d) 熟悉第10章要求的工作程序和安全防护措施。

6 安全性

6.1 通则

正在工作场所进行全面管理的人员或组织以及起重机操作中的雇员对起重机安全都负有责任。为了使责任能有效地被履行，主管人员(见5.2)应被赋予必要的权力来确保在操作中拥有保证安全的适当体制。与起重机操作安全相关的事项包括起重机的使用、维护、维修和更换安全设备，与设备相关的各类人员的指导和职责分配落实。

6.2 指挥起重机操作的人员的识别

指挥起重机操作的人员（吊装工或指挥人员）应易于为起重机司机所识别，例如穿着明亮色彩的服装或使用无线电传呼信号。

注：采用明亮色彩着装时，应考虑背景、照明形式或其他相关因素。

6.3 人员安全装备

指派人员应确保：

a) 人员安全装备适合工作现场状况，如安全帽、防护眼镜、安全带、防护鞋和听力保护装置；

b) 在工作前后检查安全装备，并在正常工况下维护或在必要时更换；

c) 在需要时保存检查和修理记录。

某些安全装备（例如安全帽和安全带）使用一段时间可能会损坏，因而可考虑定期更换。安全装备由于撞击损坏应立即更换。

6.4 人员安全装备的使用

所有正在工作的人员、现场参观者或起重机附近人员应知晓人员安全要求并且使用为他们提供的安全装备。

应向这些人员传授有关人身安全装备的正确使用方法并要求他们使用这些装备。

6.5 安全通道和紧急逃生

6.5.1 通则

安全通道和紧急逃生装置在起重机运行以及检查、检验、试验、维护、修理、安装和拆卸过程中均应处于良好状态。

6.5.2 登上和离开起重机

未经起重机司机的允许，任何人不准登上和离开起重机，也不准进入起重机机械结构区。在有人登机或离开时，司机应知道所要采取的必要措施并去实施。

若入口或出口地点不在司机的视野内，应采取其他手段确保能使司机掌握其他人员的行踪并在入口处张贴登机注意事项。

6.5.3 人员须知

应在人员须知中规定仅使用（并应该使用）正规安全通道和紧急逃生方式。

6.6 灭火器

关于各种灭火器材的安置，见专用产品标准。

6.7 技术文件

6.7.1 额定起重量图表

某类起重机的各种操作工况下使用的额定起重量图表，见 GB/T 23725.1 和特殊产品标准。

6.7.2 说明书

关于制造商应提供的各种说明书见 GB/T 17909.1、GB/T 18875 和 GB/T 18453。

6.7.3 试验及检验证书和检验报告

所有要求的检查、检验和试验的报告或证书均应妥善地保存。

7 起重机的选用

所需各种类型的起重机的性能和型式均应考虑其工作要求。决定选用某种类型的起重机并了解所有工作要求之后,应选用满足安全工作要求的起重机。

选用起重机应考虑以下各点:

a) 质量、规格和载荷特性;

b) 工作速度、工作半径、起升高度和工作区域;

c) 起重作业的次数、频度和类型;

d) 起重机的工作时间或永久安装的起重机的预期工作寿命;

e) 场地、地面和环境条件或现有建筑物形成的障碍;

f) 起重机通道、安装、运行、操作和拆卸所占用的空间;

g) 其他特殊操作要求或硬性限制。

8 起重机的设置

8.1 通则

起重机的设置应考虑所有影响其安全操作的因素,特别是以下各点:

a) 起重机的架设和支撑条件;

b) 现场和附近的其他危险因素;

c) 在工作或非工作状态下风力的影响;

d) 具备在工作场地竖立或架设起重机以及在起重作业完成之后拆卸和移动起重机的通道。

8.2 起重机竖立或支撑条件

指派人员应确保地面或其他支撑设施能承受起重机施加的载荷,主管人员应对此做出评估。

起重机在工作状态、非工作状态和在安装、拆卸过程中产生的载荷应从起重机的制造商或起重机设计、制造方面的权威机构获得。该载荷应包括下列组合载荷:

a) 起重机(包括配重、平衡重或需要时的基础)的净重;

b) 重物及吊具的净重;

c) 起重机运行引起的动载;

d) 由最大允许风速导致的风载荷,考虑工作场地的暴露程度。

起重机在工作状态下可能产生较大的载荷,但非工作状态和安装/拆卸过程产生的载荷也应加以考虑。

指派人员应负责确保地面或支撑设施能使起重机在制造商规定的工作级别和技术参数下工作。

8.3 起重机周围的障碍物

8.3.1 通则

应考虑起重机周边的障碍物,如附近的建筑、其他起重机、车辆或正在进行装卸船作业的船只、堆垛的货物、公共交通区域包括高速公路、铁道和河道。在起重机及其载荷不能避开这类障碍时,应向有关的政府部门咨询。

不应忽视通向或来自地下设施的危险，如煤气管道或电缆线。应采取措施使起重机避开任何地下设施，如果避不开，应对地下设施实施保护措施，预防灾害事故发生。

8.3.2 高架电气线路和电缆

当操作起重机靠近架空电缆线时，指派人员、操作者和其他现场工作人员应注意以下几点：

a） 在不熟悉的地区工作时，检查是否有架空线。

b） 除非明确知道这些电线不带电，应认为所有电线都带着电。

c） 由于每种类型的起重机具有不同的操作方式/性能，从而对距高架电气导线的安全工作距离要求有所不同。在可能与带电动力线接触的场合，工作开始之前，应首先考虑当地电力主管部门的意见。

起重机和载荷都不应靠近图 1 所示的动力线危险区域。

d） 如起重机的任意部位、取物装置或起重臂能接触到动力线，未经电力监察工程师的许可，起重机不能在动力线下搬运物料（见图 1）。

8.3.3 空港/飞机场附近的起重机管理

当起重机在空港/飞机场附近使用时，指派人员应遵守当地的法规。

单位为米

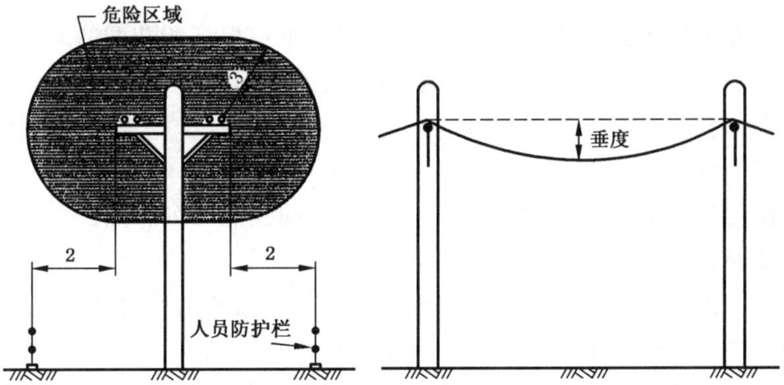

a）电杆输电线

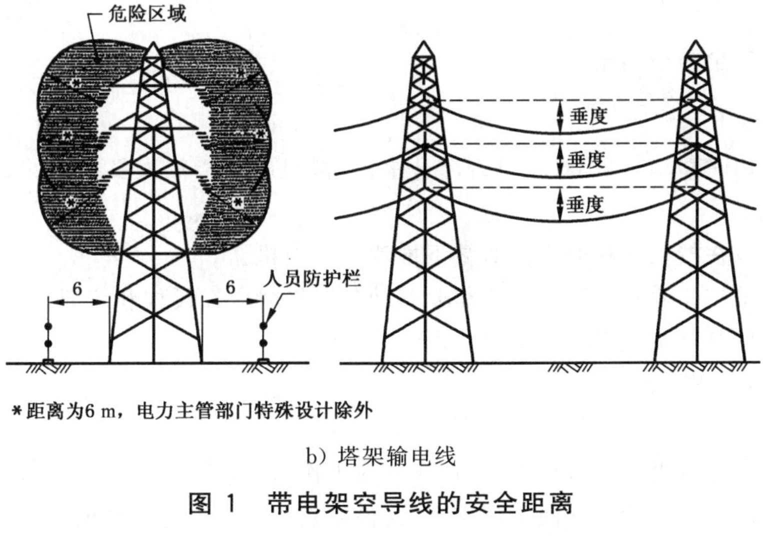

*距离为6 m，电力主管部门特殊设计除外

b）塔架输电线

图 1 带电架空导线的安全距离

9 安装与拆卸

9.1 工作计划

起重机的安装与拆卸应做出计划并经相应的监督,与起重机操作的程序相同(见第4章)。

正确的安装和拆卸程序应保证:

a) 未完全理解安装人员专用说明书之前,不能进行安装作业;

b) 提供特定类型起重机的安装/拆卸说明书,并提供起重机制造商的系列号和机型号以及机主的标记;

c) 整个安装和拆卸作业应按照说明书进行,并且由安装主管人员负责;

d) 参与工作的所有人员都具有扎实的操作知识;

e) 在必须更换部件和构件时,只能使用合格品;

f) 将起重机从安装地点移至工作地点的方法,可以采用制造商推荐的方法;

g) 起重机的状态应符合制造商所规定的各种限制。

改变任何预定程序或技术参数应经起重机设计者或工程师的同意。

9.2 零部件的识别

运输被拆卸的起重机所有主要部件,特别是那些承重或保证所装配的起重机的稳定性的部件,应该带有明显的标识,以保证在检查和状态监控时能够识别。

9.3 供电

起重机供电应符合国家主管部门的要求。

如果起重机使用外部电源驱动(不考虑设计要求),应注意下列各点:

——在通电之前应检查电源和起重机设备性能的兼容性;

——应提供电路保险或断路器用于在出现接地故障导致的电路过载时切断电源;

——应严格保证工作过程中或起重机运行中不损坏拖曳电缆;

——除起重机内部的开关保证起重机运行中的断电之外,还应备有明显可见的外部开关用于切断起重机电源。

10 工作程序及安全防护措施

10.1 起重机操作

无论起重机何时移动,也不管它是否起升重物,都只应由指派人员指定的获资格认定的司机操纵起重机。

指派人员可以在授权司机的直接监督下推荐实习司机。

维护人员在维护作业和调试过程中需要移动起重机时应经授权和培训,以便在特殊需要时开动起重机并履行其安全职责。

10.2 在起重机上工作

10.2.1 通则

当需要人员在起重机上进行检查、维护或其他工作时,起重机应停止工作,以保证在起重机上工作的人员不因起重机的移动而受到伤害,为他们提供一个安全工作的场所。

对小型或简单类型的起重机,所有移动部件都在司机的视野中,可采用口头联络的方式,使所有人员都能听清楚并且能完全理解。对大型和较复杂的起重机采用准许工作系统是必要的。

10.2.2 准许工作系统

有效的准许工作系统将保证操作者在得到书面授权之前确实不能(通过拆除保险装置或其他手段)运行起重机。

准许工作系统的承接者应签署有关文件并将其纳入安全监管范围,承接者明确自己对该项目工作和与工作有关人员负有责任。工作完成之后,负责人应签署责任书。确认所有人员已经离开现场;所有设备、工具和散状物料已经移走;所有防护设施已经回复原位;所有安全装置正处于正常工作状态。

接下来是由该系统的制定者签署取消报表或证明书并撤销该系统,然后是取消已采取的安全措施,起重机回到其正常工作状态。

为了实现和坚持安全工作制度,在准许工作系统执行过程方面,需要满足以下几个条件:

a) 建立对准许工作系统的协调、监管、公示、接受、撤销的责任制;

b) 核对清楚起重机及其相关厂家和设备;

c) 利用有效的隔离手段保证远离各种危险因素;

d) 保证厂房和设备的隔离所用的可靠手段,包括停止装置和开关、保险丝或其他基本装置;

e) 划分安全工作区域,并开始采取专门的安全保护措施。

10.2.3 定期检查

应根据 GB/T 23724.1 进行定期检查。制造商将提供几种定期检查内容的示例(参见附录 A 的示例)。

10.2.4 常规检查

应根据 GB/T 23724.1 进行检查。

10.2.5 状态监控

当起重机的设计受到某些制约时,应根据 ISO 12482-1 做专项评估。

10.3 故障及事故报告

指派人员应保证建立有效的故障和事故报告制度。

该制度应包括告知指派人员并记录故障排除的结果以及起重机再次投入使用的许可手续。

该制度还应包括及时通报以下情况:

a) 在每日检查或定期检查中发现的任何故障;

b) 在其他时间发现的故障;

c) 突发事件或意外事件,不论轻重与否;

d) 过载,无论是怎样发生的;

e) 发生的危险情况或事故报告。

10.4 离开无人看管的起重机

当起重机上有吊重时,司机应始终在起重机上。

绝不应将起重机置于无人看管的状态,即使是暂时离开。离开起重机时应将吊具上的重物卸下,并且将吊具置于安全位置,关闭电源停止起重机的一切动作,利用制动器和锁定装置使起重机处于安全状态,将点火钥匙和其他钥匙从起重机拔出,方可离开起重机。

起重机长期处于无人看管或非工作状态时，应使其置于较长期的绝缘状态，例如关闭开关，切断油路，锁上通向起重机通道或司机室的所有通道门，禁止无关人员进入。整个机器应处于非工作状态。

特殊类型起重机的安全防护细则，应参照本标准的其他有关部分。

10.5 维护

10.5.1 通则

用于起重作业的起重机和其他设备应在良好的状态下进行维护。

应利用详细的资料，如制造商说明书。所有的维护都应由经过培训并具有丰富工艺流程经验的人员进行。维护的频度和内容均应将影响起重机工作的所有因素考虑在内。

10.5.2 计划性维护

为确保起重机能安全正常工作，应建立并执行一套严格的维护计划。

应按照制造商说明书推荐的维护周期进行维护，不能超出该期限。说明书中还规定了应注意的润滑点，更换润滑脂和润滑油的周期或频度以及所用润滑脂的等级和质量。说明书中还包括其他基本维护内容，如更换滤油芯片、推荐轮胎压力、检查紧固螺栓牢固度的频度，以及推荐的扭矩和其他控制装置例如离合器、制动器等的维护。

在确认了起重机使用频度和环境条件的情况下，常规检查应在相应的维护周期内进行。

一套有效的维护计划应认可在完成基本维护工作之前，可能需要禁止使用起重机。

10.5.3 更换零部件

更换零部件应按照制造商的规定或相关标准。

10.5.4 维修

如需对起重机结构的任何部件进行大修，基本要求是严格执行制造商指定的正规工作程序。如制造商的工作程序不能实行，则应由经验丰富的工程师提出工作程序。

11 工作状况

11.1 额定起重量

除了对起重机进行试验的明确目的以外，其他情况均不能超过起重机的额定起重量。

应谨慎操作防止载荷过大摆动，并控制载荷的摆动，使其在任何时候都不致失控(见图2)。

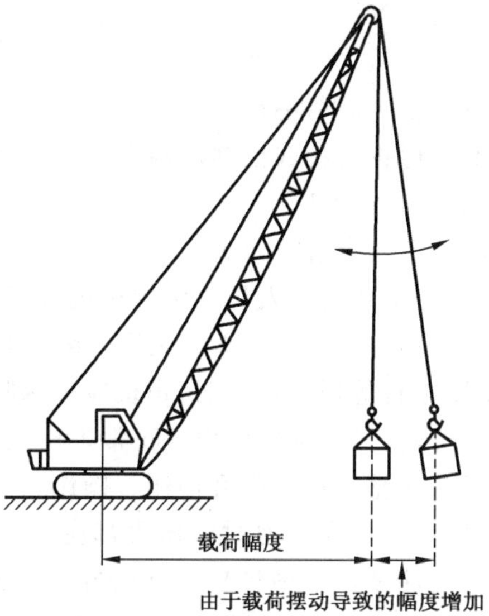

注：起重机应平稳运行，且使载荷缓慢地起升，避免载荷摆动(因载荷摆动会增加起重机的倾覆力矩)。必要时或在风口区应使用稳定线。起重机带载运行时应总是使载荷靠近地面，以控制载荷摆动。

图 2　载荷摆动对载荷幅度的不利影响(见 11.1)

起重机做起升、回转、变幅或运行等动作时，不能使钢丝绳偏离垂直位置沿地面拖动载荷。起升载荷以前，起重绳应呈铅垂状(见图 3)。不注意这些情况可能会严重影响起重机的稳定性或对起重机施加设计外的载荷(应力)，即使安装了超载限制器，在没有任何警报的情况下也可能会发生起重机结构的损坏。

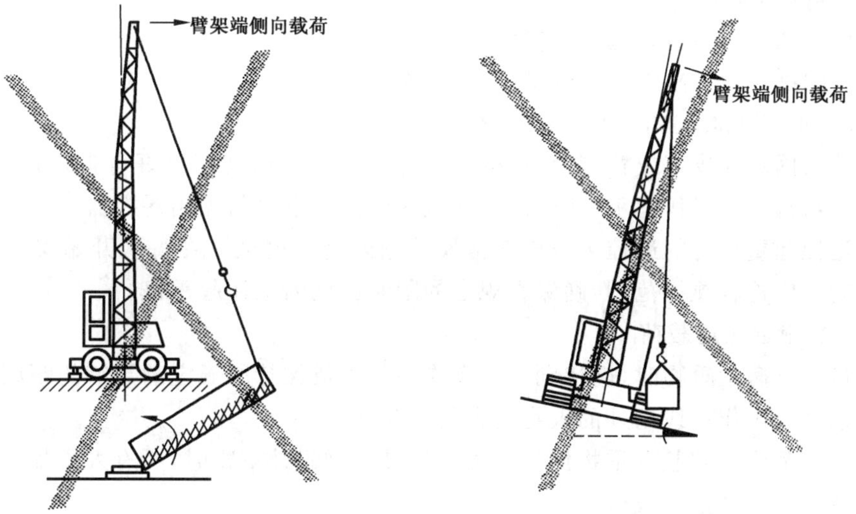

a) 侧向拉动载荷　　　　b) 坡道行走

注：图中所示为对起重臂强行施加侧向载荷的典型状况。在起重机的设计中起重臂不能承受侧向重载。不应利用起重机的回转运动或起重绳侧向拉动或拖动载荷。起重钢丝绳应总是与起重臂在一平面内并且保持铅垂状态。应避免起重臂的侧向载荷。

图 3　起重臂侧向载荷(见 11.1)

11.2 操作和管理

11.2.1 通则

在开始任何起升操作之前,应进行以下检查:

a) 司机在开动起重机之前应检查设备或控制机构上的锁定保护装置和紧固装置的状况。

b) 司机应熟悉控制机构及其布置形式。

c) 司机对重物和操作区域的视线应清晰无遮挡。如果达不到,司机应在吊装工或指挥人员的指挥下进行操作,吊装工或指挥人员应位于司机视线不受阻挡的明显位置。司机和(或)指挥人员应确保重物和起重钢丝绳完全避开障碍物。

d) 使用电话、无线电或闭路电视等通信系统时,司机应确保呼叫信号畅通且口齿清楚。

e) 在使用气动或液压系统时,司机应确保压力计正常工作且系统压力处于正常工作值。

起重钢丝绳或如使用起重环链应垂直进行起升操作。操作之前,将起升重物稍微离开支撑面,停下来检查吊具和重物平衡的情况。在任何时候司机都应小心操作,防止出现震动或起重臂等结构上产生侧向载荷。应特别注意避免吊具与起重机结构接触。

运转中的电机在未停下来之前不应反转,特殊设计的控制机构除外。

起重机安全装置不应作为停止操作的常规手段。

将起重机运移到可能有现场人员的场地时,应装备相应的报警装置。

起重机沿轨道运行之前,应对所有其安全可能受到威胁的人员发出警示。为此可安装警铃或警笛。

11.2.2 遥控起重机

为防止未经许可使用起重机,例如通过无线电信号传输控制起重机的司机应注意:

a) 随身携带遥控器;

b) 短期离开时,拔出钥匙随身携带;

c) 长期离开或不使用起重机时,妥善保管遥控器。

注:起重机不使用时,应有妥善保管遥控器的措施。

如遥控器固定在皮带或背带上,司机在打开遥控器之前就应穿好背带,防止起重机的突然操作。遥控器只能在操作起重机时打开,并且在解开背带之前关闭遥控器。

使用遥控起重机时的遥控区域应在常规范围内进行测试。在每次开始移动起重机时或当司机换人时也应检查遥控范围,确保在规定的限制区域内操作起重机。

11.3 在人员附近搬运载荷

在人员附近搬运重物时,应特别小心操作并与人员保持所规定的足够的距离。司机和指挥人员要特别注意工作视线以外的人身伤害的危险性。

所有人员都应与被起升重物保持距离。从堆垛物起升重物时,所有人员都应离开垛堆避免邻近物料或物体的散落造成事故。

应避免在高速公路、铁道、河边或其他公共场所进行起重作业。如不可避免,则应经过主管部门准许且在该区域避开交通和人群。

11.4 联合起升

11.4.1 通则

使用两台或两台以上起重机起吊重物或在单台起重机上用多个起升机构操作,在作业方案和监督方面更要特别注意。因为起重机之间的相互运动可能产生起重机上、重物和取物装置的附加载荷。由于上述原因和这些附加载荷监控上的困难,联合起升只能用于由于重物的物理尺寸、性能、质量或要求的移动不能用单台起重机执行操作的情况。

联合起升计划的确定应特别慎重(见第 4 章),还应包括每台起重机搬运的载荷的精确估算。基本要求是确保起重钢丝绳保持垂直状态。几台起重机所受合力不应超过各台起重机单独起升操作时的额定起重量。

11.4.2 联合起升计划应考虑的主要因素

11.4.2.1 重物的质量

应了解或计算重物的总质量及其分布。如从图纸上获取相关参数,应给出在铸件和轧制件的预留公差和制造公差。

11.4.2.2 质心

由于制造公差和轧制裕度、焊接金属的质量等各种因素的影响,可能确定不了精确的质心,因此分配到每台起重机的载荷比例可能是不确定的。必要时,应采用先进计算方法精确地确定质心。

11.4.2.3 取物装置的质量

取物装置的质量应为起重机起升计算载荷的一部分。当搬运较重或不规则形状的重物时,允许从起重机的安全工作载荷中扣除取物装置的质量可能至关重要。因而应该准确地了解取物装置以及必要的吊钩组件的质量及其分布情况。

11.4.2.4 取物装置的承载能力

应确定在起升操作中取物装置内部产生的力的分布。取物装置应留有超过所需均衡载荷的充分的载荷裕度。除非有针对特殊起升操作的专门要求。为适应联合起升操作过程中产生的载荷或作用力的分布与方向的最大变化,可能有必要使用特殊取物装置。

11.4.2.5 起重机的同步动作

在联合起升过程中,若要使作用在起重机上的各个力的方向和大小的变化降低到最小,起重机保持同步动作是基本要求。应尽可能使用相等承载能力和相同性能的起重机。实际应用中,总是会有某些变化的,这些变化是由动作控制器的作用和制动系统的设置及其效能的差别所致。

起重机的额定起重量是以重物在垂直平面内起升和下降为依据计算的。在起重机的结构设计中,起重机能承受任何因各种运动所产生的加速运动引起的侧向载荷,但是靠这个侧向强度承受非垂直起升的水平分力是不安全的。既然它是不可靠的,特别是各种起重性能不同,两台起重机的运动又将精确同步,所以应将起重钢丝绳的垂直状态下的变化的影响计算在内。该变化可能导致速度不均衡,应将这种不均衡降至最小的方法与变化的影响一起考虑。

11.4.2.6 监控设备

监控设备用于监控载荷的角度和每根起重钢丝绳稳定地通过起升操作的垂直度和作用力。这种监控设备的使用有助于将起重机上载荷控制在规定值之内。

11.4.3 管理

应有被授权人员参加并且全面管理起重机的联合起升操作,而且只有该人能对操作或开动起重机的人发出指令。在突发事件中,目睹险情发生的人可以给出常用停止信号的情况除外。

11.4.4 联合起升操作过程中的承载能力要求

当 11.4.2.1～11.4.2.6 中的全部有关因素得到准确的认定且正处于监控状态的各个仪器为

指派人员所满意时,起重机操作就可达到其额定起重量。

当上述所有因素未经精确计算,所有这些与起重机相关的因素均应采用相应的扣除量。扣除量的大小可为25%或更多。

11.5 特殊职责

11.5.1 通则

包括特殊职责在内的所有情况下,应取得设计人员和其他授权工程师的指导。

任何特殊起重附件的质量应作为起升载荷的一部分。起重附件应经调试、检验认可并带有安全工作载荷和质量的明显标记。起重附件仅限于其设计用途。

11.5.2 抓斗和电磁吸盘

11.5.2.1 通则

当起重机在特殊工况下使用例如抓斗或电磁吸盘搬运重物时,不仅应将抓斗、电磁吸盘或其他取物装置的质量与载荷一同估算,而且还应考虑由于起重机快速移动、抓斗吸附效应、撞击等引起的附加载荷。通常抓斗和抓斗的物料或电磁铁和吸附的物料的总质量应小于起重机在正常工作状态下对应的额定起重量。

起重机设计人员和其他授权工程师应对特殊承载率做周密的考虑。

11.5.2.2 抓斗装置

对抓斗起重机,起升载荷应为抓斗和抓取物料的总质量;物料的质量取决于所搬运物料的密度。基本要求是所用抓斗适合搬运的物料,它与起重机的安全工作载荷相关。任何情况下只要存在不确定因素就应进行检查。

11.5.2.3 电磁吸盘

电磁吸盘应标记经试验确定的安全工作载荷,试验的方法是使用与起吊重物性质相同的物质,检验电磁吸盘在额定起重量下的功能是否正常。

电磁吸盘未与被起升重物接触时,不应通电。吸盘应小心地下降到重物上,在操作中不允许碰到固体障碍物。炽热金属不应使用电磁吸盘起吊,特殊设计工况除外。

不使用时应断电,防止磁铁过热;磁盘不应搁置在地面上而应放在木制平台上。

11.5.3 真空吸盘

11.5.3.1 真空吸盘应定期检查,在使用期间应保证有足够的真空度。

每个真空吸盘都应用一个装置固定,在任何时候起重机司机都应看到真空度的显示数值,当真空度为80%或低于设计工作真空度和(或)在真空泵失效的情况下,地面附近的任何工作人员和司机都能听到音响报警。

11.5.3.2 每个真空吸盘都应具备在真空泵失效时,仍具有足够的真空度支持悬吊重物一段充裕的时间(容许安全裕度)的功能,在这段时间内,重物能被安全地从最大起升高度降至地面。

每个真空吸盘都应装备适用的真空计,真空计的位置和尺寸应适合,在起升和卸下重物的时候读取数字简易。真空计上应刻有明显的红色标记,该标记以下为设备禁用区。

真空吸盘只能起吊表面与真空衬垫相适合的重物。

11.5.3.3 真空设备应按如下标准制造:

a) 每个真空衬垫能承重等同载荷直至整个装置能正常工作;

b) 重物的接触表面保持水平悬垂直至能正常工作;

c) 重物表面无任何松散物质,防止真空衬垫不能有效地接触重物表面。

真空装置特别是真空软管和衬垫在每次或每天起升操作之前都应检查，每周工作开始时应对报警装置进行测试。

11.5.3.4 在首次使用前或大修后，应由授权人员使用试验载荷对真空装置进行调试。试验载荷表面应与最不利的表面型式相似，直至整个装置能正常工作。

真空装置特别是真空软管和衬垫在每次或每天起升操作之前都应检查，每周工作开始时应对报警装置进行测试。

11.5.4 拆除和其他特殊作业

正常情况下不允许用起重机进行拆除和其他特殊作业。起重机用于此目的属例外情况，应经国家地方主管部门允许。具体操作参见附录B。

11.6 天气状况

11.6.1 通用条件

起重机在可能受天气影响的环境下操作应慎重考虑。一些特殊天气状况如狂风、暴雪、冰雹对起重机形成附加载荷，并对起重机操作的安全性造成不利影响。

11.6.2 风载荷

当风速超过起重机操作说明书规定的数值时不应运行起重机。疾风会对安全搬运载荷造成不利影响并对起重机的自身安全构成威胁。即使是在微风状态，搬运载荷到强吸风口时，也须格外小心。在安装、调试和拆卸起重机时，对风速的限制应低于起重机正常操作时的限制值。在不易确定的情况下，应听取设计人员或授权工程师的意见。在已知会遭遇反常天气的地区，不能对起重机进行试验。

起重机制造商提出的关于非工作状态的警告应严格执行。

在起重机可能受到风载荷严重影响的场地，必须准确确定风速(风压、风级)。

11.6.3 能见度

在能见度不好的情况下，应提供有效的通信手段保证起重机的安全操作。在恶劣的天气条件下，起重机应停止工作直到能见度完全改善，保证起重机安全工作。

11.6.4 雨、雪或冰

在恶劣天气条件下，指派人员应保证采取完备的措施防止由于雨、雪或冰对起重机或载荷的影响而发生险情。

12 吊装工和载荷搬运

12.1 载荷估算、质量和质心

12.1.1 重物质量

应采用以下一种或几种方法获得重物的质量。

a) 重物上标注的质量；

b) 技术文件上标注的质量；

c) 从载荷图表上查找；

d) 利用地秤称量；

e) 利用质量数表估计重物的质量。

12.1.2 质心

见3.6定义。

12.1.3 吊钩和吊钩组件

为防止空载的吊具从吊钩上脱落,吊钩应带有安全锁或其他有效装置。另外可将吊钩形状设计成最大限度地降低吊具或载荷脱落的危险性的型式。

13 人员起升和下降

13.1 常规情况下不允许使用起重机提升或下降人员。特殊情况需经过国家或地方主管部门允许,且应遵守附录C给出的程序。

13.2 禁止使用起重机进行娱乐和演出活动。

14 试验、检查和状态监控

为了保证起重机的安全使用,起重机的试验、检查和监控按照以下标准执行:

——GB/T 5972;

——GB/T 5905;

——GB/T 17908;

——GB/T 23724.1;

——ISO 12482-1。

起重机上可能有某些部件需按行政主管部门和国家标准的要求进行检查和试验。

附　录　A
（资料性附录）
周期性检查

A.1　通用要求

指派人员应严格按照下列 A.2,A.3 和 A.4 进行检查。

注：可以授权起重机司机在其权限范围内执行起重机的定期检查。

A.2　日常检查

在每个班次或工作日开始时，对在用起重机或需要时所针对的那类起重机应进行下列例行检查：

a）根据制造商手册的要求进行检查。

b）检查所有钢丝绳在滑轮和卷筒上是否缠绕正常，没有错位。

c）外观检查电气设备，不允许沾染润滑油、润滑脂、水或灰尘。

d）外观检查有关的台面和（或）部件，无润滑油和冷却剂等液体的洒落。

e）检查所有的限制装置或保险装置以及固定手柄或操纵杆的操作状态，在非正常工作情况下采取措施进行检查。

f）检查起重机额定起重量指示器功能是否正常，且该装置要求的日常调试是否执行。

g）如果臂架与 f)项所提的载荷指示装置是分开的，应检查所用臂架结构与载荷半径的比例设置是否适合。

h）空载时改变起重臂半径，按 f)项和 g)项检查设备是否运转正常。

i）检查各气动控制系统内的气压是否处于正常状态，如制动器。

j）检查照明灯、挡风屏雨刷和清洗装置是否能正常使用。

k）外观检查起重机车轮和轮胎的安全状况。

l）空载时检查起重机的所有控制系统是否处于正常状态。

m）检查所有的听觉报警装置能否正常操作。

n）出于对安全和防火的考虑，检查起重机是否处于整洁环境，并且远离油罐、废料、工具或物料，已有安全储藏措施的情况除外。检查起重机的出入口，要求无障碍以及相应的灭火设施完备。

o）检查防风锚定装置（固定时）的安全性以及起重机运行轨道上有无障碍物。

p）在开动起重机之前，检查制动器和离合器的功能是否正常。

q）在操作之前，应确定在设备或控制装置上没有插入电缆接头或布线装置。

A.3　周检

正常情况下每周一次（或由制造商方规定其他的安全检查周期，或更接近起重机的使用习惯）。起重机在使用过程中，除了按照 A.2 进行检查之外，还应执行与起重机类型有关的下列检查项目：

a) 根据制造商说明书的要求进行检查。

b) 检查所有钢丝绳外观有无断丝、压扁、笼形畸变或其他明显的破损、严重磨损和表面锈蚀。

c) 检查所有起重绳卡、旋转接头、销轴和其他紧固装置。还需检查所有滑轮有无损坏、绳槽磨损情况及卡绳现象。

d) 检查起重机结构有无损坏,例如桥架和桁架式臂架有无缺损、弯曲、上拱、屈曲以及伸缩臂的过量磨损痕迹、焊缝开裂、螺栓和其他紧固件的松动现象等。

e) 检查吊钩和其他吊具、安全卡和旋转接头有无损坏、异常活动或磨损。检查吊钩柄螺纹和保险螺母有无可能因磨损或锈蚀导致的过度转动。

f) 检查并调整操纵杆的功能。

g) 对液压起重机,检查液压油缸有无渗漏。

h) 检查制动器和离合器的功能。

i) 在轮胎流动式起重机上,检查轮胎的压力以及轮胎是否有损坏,其外壁和轮胎花纹的磨损情况。还需检查轮子螺栓的紧固情况。

j) 对轨道起重机,检查轨道、端部止挡器,如有地锚也需进行检查。检查除去铁轨上异物的安全装置及其状况。

k) 如有防摆锁,要检查。

l) 将检查结果记录在册。必要时,应采用规定的格式。

A.4 不经常使用的起重机

对不经常使用的起重机,有必要在使用前安排一个检查程序。该程序的内容和繁简程度不仅取决于起重机停用的时间长短,还与这段时间中起重机放置地点有关。如置于遮盖物之下或车间内的起重机,除了A.2和A.3中要求做的检查,可能不再有更多要求。但在露天停放的起重机,由于受天气状况的影响和大气腐蚀,可能需要做特殊的评估,使其符合使用的要求。

评估应至少包括以下内容:

a) 可以由制造商推荐检查项目。

b) 检验起重机所有钢丝绳有无锈蚀和损坏的迹象,并应经过润滑。

c) 检查所有的联动控制装置有无卡住或部分卡住的迹象,并确保经过适当的润滑。

d) 对每台起重机在空载时试验运行几分钟,开始时逐个调试,然后必要时两台或多台起重机同时运转。接下来再带载重复上述试验。

e) 检查起重机的所有安全装置是否正常运转。

f) 检查软管、密封件或其他零部件是否老化损坏。

所有检验结果均应做详细记录,包括在起重机投入使用之前排除各种故障所做的检修工作的内容。

附 录 B
（资料性附录）
拆除球的操作

B.1 通则

拆除球是使用一个称为破碎球的圆形或梨形的重物，悬吊在起重机的钢丝绳上砸向建筑物、结构体或其他物体，通过撞击使目标崩塌或断裂。

在使用拆除球操作过程中，起重机的臂架和其他部件由于球的运动和撞击承受动载荷。动载值的大小随拆除球的使用方法、司机操作技巧和被拆除物的撞击阻力等因素产生较大的变化。因而只能将制造商的建议和推荐的工作载荷作为依据。

注：应该注意某些制造商并不推荐使用他们的起重机进行拆除球作业。

使用起重机动臂操作的拆除球绝对不能摆动。

在拆除作业中受聘的起重机司机应经过培训并具有设备使用以及拆除球技术的经验，对在用起重机熟悉并对潜在的危险及其发生的可能性有清醒的认识。

使用的操作方法不能使起重臂过载或威胁起重机的稳定性。

使用摆动技术应限于适合特重或重型工作级别的起重机。球体的质量在要求的工作半径下应总是小于起重机的承载能力。建议最大为额定起重量的50％。

起重机的第2个卷筒上的钢丝绳也应能与球体连接，防止工作时的意外情况致使工作半径增加引起起重机过载。

既然没有任何方法能防止球体转动，拆除球与钢丝绳应用旋转节连接。

应小心谨慎防止拆除球撞击起重机和起重臂或其他非拆除物。为防止臂架弹过司机室抛出拆除球，起重臂水平倾角大于60°就不能使用拆除球。起重臂安全停止器应始终固定于起重机上，并且要有切实的防护设施防止迸射的碎屑伤害司机。

对起重机自然竖立的情况，只有起重机被牢牢地固定在坚硬并水平的地面上时才能使用拆除球。决不允许室内拆除作业。在拆除砖石拱门建筑、悬垂石板等物时，应谨慎操作避免球体被挂住，因为突然的撞击会导致起重机过载。如果球体被挂住，应在将其释放之前落下，因为球体的拖曳或提升作用可能导致被拆结构体与球的顶部相撞，因而拉倒起重机。

实际工作中，使用B.2～B.4所描述的操作技术进行拆除球作业。

在实行本附录B详细描述的那些作业之后以及在起重机回到正常起重作业之前，应对起重机结构和各机构进行检验和试验，以确保起重机完全达到起重作业的各项要求。

B.2 垂直下落球体

垂直起升拆除球到目标上方，通过球体的下落击碎目标，然后利用重力使之落入目标。

拆除球可凭自重悬挂在起重机的钢丝绳下。然后升高一段短距离，用制动器制动，再落下球体直到击碎目标。应避免球体在运动中突然制动以防止起重机的结构损坏或倾覆。只有在打击目标的特征确定后并且认定较猛烈的撞击是安全的情况下，才能允许拆除球下降行程增加。

在高于地面或地坑以上的撞击地点，存在拆除球未命中预定撞击点，掠过目标或弹开的可能性。

在这种情况下应使下降路程为最小，并且在预定撞击点，起重机上应留有足够的绳长使球体由制动器停止，避免对起重机构成威胁。

对于这类拆除作业，通常可取的办法是对目标进行若干次猛烈撞击，使被拆除物产生大量裂纹，随后施加若干次较轻撞击，直到被拆物部分崩裂，然后重复操作。

在不可能或不希望使用带有自由下落功能起重机的场合，可使用快速下降机构下降拆除球，球体应小心对准要撞击的目标。释放装置采用一根细绳或手钓丝连接球体，让其自由下落到撞击点。操作要十分谨慎，确保球体在工作区内，而所有人员位于工作区外，并且对飞溅的碎石块采取防护措施。

其他自由下落手段还有电磁铁和抓斗的使用。

B.3 利用起重臂拉绳摆动球体

起重机第2个卷筒上的附加钢丝绳与球体连接，用来向机身前方拉动球体。

然后将拉绳松开使球体在臂架平面内向外摆动，砸向目标。拉绳还用于控制和限制球体向外摆动。应注意起重机的稳定性会受到球体摆动到最大安全工作半径之外的影响。

此方法限于低矮拆除物，因为当球体被定位在大于一半有效起升高度很多的位置上就不能有力地摆动。但这个方法的确是对起重机损坏最小的最可行的方法。

B.4 通过回转转动球体

通过此项技术拆除球被悬吊在约3 m处或臂架端以下更低处，使之做回转运动，球体沿弧线摆动砸向目标。当球的位置与撞击点在一条线上时，应停止回转运动。用回转制动使臂架停止动作。再使用第2根绳防止球体摆出安全半径。使用此技术会对起重机的其他部件施加相当大的扭动载荷，而优秀的司机的操作几乎能将此载荷降到零。以下各项因素将对控制起重机实际的损伤有关：

a) 起重臂长度和工作半径；

b) 球体距臂架端部的距离；

c) 回转加速度；

d) 球的撞击速度和与被撞物的距离；

e) 撞击时臂架端相对于球的位置；

f) 抑制回转运动的速率；

g) 球的质量。

不建议通过回转操作转动球体。

附 录 C
（规范性附录）
人员的起升或下降

C.1 通则

利用起重机起升或下降人员只能在采用较少伤害的办法仍无通道可行的特殊情况下实行（见图 C.1）。

运送人员只能使用专门设计的平台或吊篮，并采用防止人员和工具坠落的有效手段。应采取措施防止平台或吊篮摇摆（例如通过防止旋转的措施或采用多根绳索的办法）或倾翻，并应在其上标注清晰且永久的载荷量标记以便于安全搬运。平台和吊篮在使用之前应检查以确保能安全运送人员。所有检查记录都应保留。当有人在起重机的吊钩上、起升重物上、起升人员的平台上、起重臂上或其他与起重机起升绳或臂架连接的起升人员装置上时，决不能操作起重机，除非满足下述各条特殊要求。

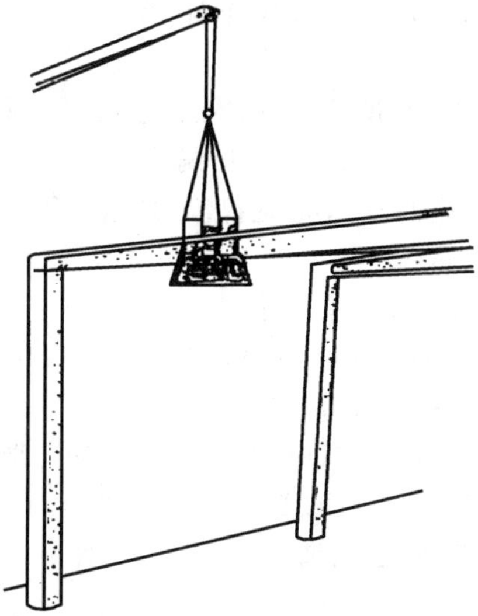

图 C.1

C.2 起重机安全设施

起重机应使用以下安全装置：

a） 起升高度限制器。

b） 自动制动器，当电力控制失效时起重机运行停止（人力控制时可解除制动）。

c） 动力控制载荷下降。注意仅在起重机上自由下降功能闭锁的情况下才允许人员的上升和下降。

d） 对地面以下的操作，应装有下降高度限制器。

C.3 特殊程序

起升人员时,应遵守以下特殊程序:

a) 专门负责全面工作的人应确定开展所需工作的方法或获准进入工作区域具有最小危险性,并批准投入工作。该项目负责人应提出包括操作程序及时间安排的书面资料,经主管人员签署意见之后保存。

b) 对于每次人员的起升操作,项目负责人应确定下列的c)～t)中的各项要求都能满足。

c) 工作人员应根据本部分中的8.2.3.2的要求对起重机进行日常检查。

d) 应在各种控制条件下和专职指挥人员的指挥下进行升降和承载操作。

e) 应召开有起重机司机、吊装工、被起升和承载人员以及监督人员参加的相关工作会议,审查将要进行的工作程序,包括进入和离开平台或吊篮的程序,以及确定进入和离开的人员。

f) 司机和吊装工应对平台或吊篮进行起升试验,起升载荷与将要承载的人员质量相等并且检验是否有足够的立脚点。

g) 起重机司机、吊装工和被起升人员之间应保持联络。

h) 当有人在平台或吊篮上进行焊接操作时,焊钳应避免与平台或吊篮上的金属部件接触。

i) 被起升或承载人员应系上与设计的固定点相连的安全带。

j) 平台在使用时,操作人员应使其保持在控制状态。

k) 工作平台载人移动时,应低速、小心地操纵,禁止工作平台突然运动。起升下降速度不应超过30 m/min(0.5 m/s)。

l) 流动式起重机的平台或吊篮上有人时,不应开动。

m) 被起升或定位人员应始终在操作者或指挥人员的视线范围之内或一直保持联络。

n) 带支腿的起重机应使支腿伸开并固定。

o) 起升载荷总质量(包括人员)不应超过起重机在计划使用条件下的额定起重量的50%,起重机应具有至少1 000 kg的额定起重量。

p) 承载人员的平台只能用于人员、携带的工具和工作所需的物品的承载。不能用于散状物料的搬运。

q) 在上升、下降和中途定位时,悬吊平台上的人员的全身应在平台之内,防止挤压事故。

r) 如平台不能落地,则人员在离开或登入之前,应将其固定于起重机结构上。

s) 工作平台不应在风速超过7 m/s(25 km/h)、雷电、雪天、冰冻、冰雹或其他恶劣天气条件下使用,因为这些天气状况会威胁到人员的安全。

t) 平台定位之后,在人员进行任何工作之前,起重机上的所有制动器和安全锁定装置都应准备就绪。

C.4 设计和制造规范

平台的设计与制造应遵循以下各条:

a) 平台应由专业及有经验的人员设计。

b) 平台的承载人数应限为3人。

c） 平台及其附属装置的设计安全系数至少应为5。

d） 平台上应设置说明空载时平台的质量以及能承载的最多人数的标牌。

e） 平台应设有适用的护栏(例如丝网或高度为1 m的类似保护装置)。

f） 悬吊工作平台的内侧应设有扶手杆,以最低程度减少手部的暴露。

g） 平台地板至中段扶手的周边应封闭。

h） 如安装出入门,出入门应向里开门。出入门应设有防止误开装置。

i） 当存在高空危险时,平台应设有高空防护,但不能遮住操作者或平台内人员的视线。

j） 平台应采用明亮色彩或明显标记,便于识别。

k） 应采用(但不仅限于)诸如卸扣、吊钩(锁固或断开)或楔形套和球窝连接等附件与平台上的挠性件连接。

l） 应尽量减小由于人员在悬吊平台上走动引起的倾斜。

m） 所有粗糙边缘都应打磨光滑。

n） 所有焊接处都应经过质量检验人员的检验。

o） 所有焊接操作都应由持有资格证书的焊接工进行。

附　录　D
(资料性附录)
通信系统示例

D.1　一般注意事项

应注意以下各点：

a）必须使用有限数量的通信信号；

b）每种信号必须与其他信号相区别防止误解；

c）手势信号只用于司机完全理解的情况；

d）手势信号必须尽可能地接近直观的手势；

e）单臂手势可由任一手臂给出。

采用听觉或视觉系统作为通信设备或手段时，一旦发生故障，应能让司机马上察觉到并停止起重机的运行。

D.2　典型示例

a）电视监控器出现黑屏时，应立即要求司机停止起重机的一切动作。

b）使用无线电的吊装工应连续指挥司机下降载荷，例如重复："下降、下降、下降…"并且在吊装工的连续指挥中断时，应要求司机停止起重机的所有动作。

c）在司机未能完全弄懂信号的情况下，不应开动起重机。司机和指挥人员可在进行起重工作之前，商定在现场使用的联络方式。

ICS 53.020.20
J 80

中华人民共和国国家标准

GB/T 23723.3—2010/ISO 12480-3:2005

起重机　安全使用
第3部分:塔式起重机

Cranes—Safe use—
Part 3:Tower cranes

(ISO 12480-3:2005,IDT)

2010-09-26 发布　　2011-02-01 实施

中华人民共和国国家质量监督检验检疫总局
中国国家标准化管理委员会　发布

前　言

GB/T 23723《起重机　安全使用》分为以下3个部分：

——第1部分：总则；

——第3部分：塔式起重机；

——第4部分：臂架起重机。

本部分为GB/T 23723的第3部分。

本部分等同采用ISO 12480-3:2005《起重机　安全使用　第3部分：塔式起重机》(英文版)。

本部分等同翻译ISO 12480-3:2005。

为了便于使用，本部分作了下列编辑性修改：

——“ISO 12480的本部分”一词改为“GB/T 23723的本部分”；

——删除ISO 12480-3:2005的前言；

——对于ISO 12480-3:2005引用的国际标准已等同采用为我国国家标准的，本部分引用我国的这些国家标准代替对应的国际标准。

本部分的附录A为规范性附录，附录B为资料性附录。

本部分由中国机械工业联合会提出。

本部分由全国起重机械标准化技术委员会(SAC/TC 227)归口。

本部分起草单位：辽宁省安全科学研究院、抚顺永茂建筑机械有限公司、莱茵检测认证服务(中国)有限公司、北京建研机械科技有限公司。

本部分主要起草人：秦可新、田承天、顾正甲、孙艳秋、赵鑫、蒋慧。

起重机　安全使用
第3部分:塔式起重机

1　范围

GB/T 23723的本部分规定了塔式起重机(以下简称塔机)的安全使用要求。本部分应与GB/T 23723.1结合使用。

本部分包括:塔机的安全操作规程、管理、计划、选型、安装与拆卸、专用基础、操作与维护及司机、吊装工、指挥人员的选用。

本部分不适用于人力驱动(非动力驱动)的塔机,也不包括至少有一种动作是人力驱动的塔机。

2　规范性引用文件

下列文件中的条款通过GB/T 23723的本部分的引用而成为本部分的条款。凡是注日期的引用文件,其随后所有的修改单(不包括勘误的内容)或修订版均不适用于本部分,然而,鼓励根据本部分达成协议的各方研究是否可使用这些文件的最新版本。凡是不注日期的引用文件,其最新版本适用于本部分。

GB/T 6974.1　起重机　术语　第1部分:通用术语(GB/T 6974.1—2008,ISO 4306-1:2007,IDT)

GB/T 6974.3　起重机　术语　第3部分:塔式起重机(GB/T 6974.3—2008,ISO 4306-3:2003,IDT)

GB/T 23720.1　起重机　司机培训　第1部分:总则(GB/T 23720.1—2009,ISO 9926-1:1990,IDT)

GB/T 23720.3　起重机　司机培训　第3部分:塔式起重机(GB/T 23720.3—2010,ISO 9926-3:2005,IDT)

GB/T 23723.1—2009　起重机　安全使用　第1部分:总则(ISO 12480-1:1997,IDT)

GB/T 23724.1　起重机　检查　第1部分:总则(GB/T 23724.1—2009,ISO 9927-1:1994,IDT)

GB/T 23724.3—2010　起重机　检查　第3部分:塔式起重机(ISO 9927-3:2005,IDT)

GB/T 24818.3　起重机　通道及安全防护设施　第3部分:塔式起重机(GB/T 24818.3—2009,ISO 11660-3:2008,IDT)

GB/T 25196.1　起重机　状态监控　第1部分:总则(GB/T 25196.1—2010,ISO 12482-1:1995,IDT)

3　术语和定义

GB/T 23723.1、GB/T 6974.1和GB/T 6974.3确立的以及下列术语和定义适用于GB/T 23723的本部分。

工作空间限制器 working-space limiter

防止塔机的固定吊具和/或塔机的某些部件进入禁区的装置。

注：工作空间的限制通常采用不同限制器的组合来实现。

4 吊装作业的管理

4.1 安全操作规程

GB/T 23723.1—2009 中的 4.1 适用于本条。

此外，还应考虑下列因素：

在有多台未安装防碰撞装置塔机的工地上，塔机之间有可能相互碰撞，应设置调度员。指定的塔机调度员(见 5.9)和塔机司机应共同协调塔机运动的顺序，以防互撞。从调度员传到司机的任何通讯指令都应经由各自的指挥人员传达。指挥人员在发出相关信号之前都应得到调度员的同意。

塔机运行中部件间应保持：

a) 最小间距为 3 m；或

b) 最小间距为 600 mm，前提是能够取得制造商提供的全部详细资料，并考虑到可能出现的偏差。

非工作状态的塔机及其部件的安放位置，应按制造商提供的说明书的规定，以避免发生碰撞[见 10.4 b)]。

塔机应尽可能布置在能消除碰撞危害或使碰撞危害程度降到最小的位置。

4.2 塔机作业管理

应符合 GB/T 23723.1—2009 中 4.2 的规定。

4.3 合同管理

如果塔机是根据雇主与用户的协议，由用户自行管理，则 GB/T 23723.1—2009 中的 4.3 适用于本条。

5 工作人员的选用、职责与最低要求

5.1 通则

应符合 GB/T 23723.1—2009 中 5.1 的规定。

5.2 管理塔机作业的人(指派人员)的职责

应符合 GB/T 23723.1—2009 中 5.2 的规定。

为安全起见，指派人员在编制吊装作业程序时应考虑环境状况，不要让司机过长时间在操纵室内或过长时间操纵机器，应有工间休息。

5.3 司机

应符合 GB/T 23723.1—2009 中 5.3.1 和 5.3.2 的规定。

在选用塔机司机时，应考虑司机有可能被要求爬到很高的位置，并独自度过很长时间。

GB/T 23720.1 和 GB/T 23720.3 规定了塔机司机学员的最低培训要求，以使其掌握驾驶中的基本操作技能和正确运用这些技能的必备知识。

5.4 吊装工

应符合 GB/T 23723.1—2009 中 5.4 的规定。

5.5 指挥人员

应符合 GB/T 23723.1—2009 中 5.5 的规定。

5.6 安装人员

应符合 GB/T 23723.1—2009 中 5.6 的规定。

此外，塔机安装人员应：

a) 熟知制造商提供的使用说明书的相关章节；

b) 熟悉人员防护装备的所有知识并能正确使用。

5.7 维护人员

应符合 GB/T 23723.1—2009 中 5.7 的规定。

此外，维护人员应：

a) 熟知制造商提供的使用说明书的相关章节；

b) 熟悉 GB/T 23723.1—2009 中安全操作所要求的“准许工作”系统（见 GB/T 23723.1—2009 中 10.2.2），并具备在该系统下正确操作的能力；

c) 熟悉人员防护装备的所有知识并能正确使用。

5.8 检查人员/塔机检查员（从事“例行定期检查”工作）

5.8.1 职责

检查人员/塔机检查员应：

a) 确认：

  1) 有无随机文件。

  2) 塔机是否按照制造商提供的说明书进行安装。

  3) 下列机构或结构有无缺陷或功能异常的现象：

  ——钢结构；

  ——机构（尤其是制动器）；

  ——控制系统。

  4) 所有机构（尤其是制动器）功能是否正常。

  5) 所有限制器和显示功能是否正常。

b) 向指派人员递交一份检查报告。

5.8.2 最低要求

检查人员/塔机检查员应符合以下要求：

a) 胜任所要从事的检查工作；

b) 能在各种高度的塔机上有把握地、安全地工作；

c) 熟知与塔机相关的各种法规；

d) 熟知塔机的使用；

e) 能够确认和识别缺陷的重要程度。

对于非例行检查（如首次使用检查、大修或改型后的检查以及特殊合格评定），需由专业工程师担任，见 GB/T 23724.1 和 GB/T 25196.1。

5.9 塔机调度员

5.9.1 职责

在有多台塔机的工地上，塔机调度员应协调不同塔机的作业顺序，以防止塔机部件和/或吊载间的互撞。

5.9.2 最低要求

塔机调度员应符合以下要求：

a) 胜任本职工作；

b) 年龄21岁以上，如果低于21岁，为了进行培训应在胜任人员的直接监督下作业；

c) 身心健康，尤其在视力、听力、灵活性和敏捷性方面要合格；

d) 至少有5年使用塔机的经验；

e) 经过信号知识的技术培训，具有良好的起重机手势信号识别能力；

f) 能给出准确、清晰的指令(如口令、非口令、声响信号)，以及在使用音频设备(如无线通信)的场合会操作这类设备；

g) 能制定塔机调度员计划[见5.10.1 b)]。

5.10 塔机安装主管

5.10.1 职责

塔机安装主管是“安装负责人”，见GB/T 23723.1—2009中的5.6.1。

塔机安装主管除了承担塔机安装工的职责外，还应：

a) 领导所有安装工，管理在安装/拆卸作业时可能用到的其他与塔机有关吊装设备；

b) 提出措施，确保安装作业按照调度员的计划执行；

c) 确保辅助安装设备符合规定，检验合格；

d) 确认所有安装人员都携带好必要的工具和个人防护设备。

指派人员(见5.2)对塔机的安装/拆卸作业(包括计划的制定)负全部责任。

如果塔机安装主管必须离开安装现场，即使几分钟也应从安装团队中指定另一名合适的有资格人员为临时负责人，以防止出现差错。在所有关键的作业环节中塔机安装主管都应在场。

5.10.2 最低要求

塔机安装主管除了具备塔机安装工的基本素质之外，还应：

a) 至少有5年塔机或同类设备的安装/拆卸从业经验，接受过安装/拆卸主管岗位的培训；

b) 掌管被安装/拆卸塔机的制造商提供的使用说明书，熟知其内容；

c) 接受过管理塔机安装/拆卸从业人员的培训，也接受过如何确保这些人员正确使用个人防护设备的培训；

d) 能保证在安装过程中正确使用设备。

5.11 其他规定

如果起重工或指挥人员被要求执行塔机调度员计划之外的吊装作业，应向指派人员报告。

6 塔机的安全

6.1 通则

应符合GB/T 23723.1—2009中6.1的规定。

6.2 指挥塔机操作的人员的标识

应符合GB/T 23723.1—2009中6.2的规定。

6.3 人员防护装备

应符合 GB/T 23723.1—2009 中 6.3 的规定。

6.4 人员防护装备的使用

应符合 GB/T 23723.1—2009 中 6.4 的规定。

在高空作业时应头戴下颚扎带的安全帽。

必要时佩戴双肩挎安全带。

在塔机上工作的人员应穿上适合攀爬塔机的鞋袜。

6.5 通道

6.5.1 通则

应符合 GB/T 23723.1—2009 中 6.5.1 的规定。

塔机工作时，如果有人需要留在塔机上，应事先通知司机。

应尽可能禁止无关人员靠近塔机。

6.5.2 登上和离开塔机

应符合 GB/T 23723.1—2009 中 6.5.2 的规定。

指派人员应确认扶梯、休息平台和其他通道符合制造商提供的说明书的要求。

安装主管应确保通道设备随着塔机的安装进程，正确有序地安装到位，以便安装团队得以利用这些设备。应特别注意：

a） 扶梯连接螺栓；

b） 各种护栏，尤其是休息平台和检查平台上的护栏；

c） 从地面到第一个扶梯下端的通道或地面到塔机底架的通道；

d） 从施工作业面到塔机的通道。

如果司机室距离地面的高度超过 30 m 且塔机附着建筑物与塔机之间没有通道，可提供塔机专用升降机或升降操纵台。

6.5.3 人员须知

应符合 GB/T 23723.1—2009 中 6.5.3 的规定。

6.5.4 臂架通道和平衡臂通道

应保证通往臂架和平衡臂的检修通道的安全。根据 GB/T 24818.3 的要求，狭小通道应全程提供扶手或安全索。检修人员可以用一个合适的装置把安全带扣在安全索上，通行于整个臂架而不会脱离。

也可用与小车连接的载人吊笼作为沿臂架的备用安全通道。

6.5.5 司机室的安全

指派人员应确认：

a） 司机室地板上或司机两脚旁边的透视板应维护良好，以确保其能够承受司机全部或部分体重，并应加强保护，如罩上强度足够的网以承受一个人的质量；

b） 司机室的窗户应维护好，确保它们不会向外脱落，以防人员从窗口坠落；

c） 顶部可打开的全景式以及类似的司机室，应符合有关的国家标准要求。

6.6 灭火器

应符合 GB/T 23723.1—2009 中 6.6 的规定。

塔机上应配备适当型式和数量的灭火器，而且应放置在司机触手可及的地方。

司机和其他有可能驻留在司机室内的人员都应接受灭火器使用的技能培训。

6.7 随机文件

塔机的额定起重量图表、使用说明书、试验和检验证书及报告,应符合 GB/T 23723.1—2009 中 6.7 的规定。

塔机安装方案或安装方法的有关资料应与塔机基础计算资料和平面图一起,保留到合同规定的塔机作业期结束。在合同期内,因施工变化有可能需要改变塔机时,应参考这些资料。

6.8 安全装置

塔机应根据需要配备以下装置:

a) 起重力矩限制器;

b) 载荷幅度指示器;

c) 运行限位器;

d) 起重量限制器;

e) 起升高度指示器;

f) 风速仪;

g) 工作空间限制器。

工作空间限制器主要应用在有两台或两台以上塔机同时作业的地方,这些塔机自由运行可能会相互干涉。工作空间限制器应限制塔机的回转、小车变幅或大车行走,防止塔机的结构、钢丝绳或吊载发生碰撞(见附录 A)。当塔机作业时有不应伸入或不应带载越过的区域时,工作空间限制器可用于单台塔机。限制器宜给司机报警或向其发送信息,而不干扰塔机作业。

如果采用拖动电缆进行塔机之间的通讯联络,应采取措施以保护其不受干扰或意外损坏。

6.9 其他安全设施

6.9.1 避雷

塔机应进行有效接地。

6.9.2 压重/平衡重

当需要配备底架混凝土压重或混凝土平衡重时,应:

a) 按照制造商的设计和规定制造;或

b) 其设计经塔机制造商或合格工程师认可,并被有效地固定,以防意外移位或错位。

应使用做了正确质量标记的压重块。

平衡重位于高处,在塔机作业时有相互摩擦的倾向,应采取预防措施防止其坠落。

6.9.3 报警器

轨道式塔机应安装声响式行走报警器,并在塔机开始行走时动作。

6.9.4 广告牌

广告牌、装饰品、轮廓灯等,都会给塔机增加额外载荷,因此,除非获得制造商同意,否则不能配置。

这类装置的最大供电电压应限制在 55 V 以内。电线应加以防护以免造成人身损害。

7 塔机的选择

在选择塔机时应考虑:

a) GB/T 23723.1—2009 的第 7 章;

b） 盛行风速，即当地气象资料提供的常年风速，因为盛行风速会限制塔机在某些地区的使用，还可能要求限制塔身高度或臂架长度；

c） 通用型塔机的主要性能，见 GB/T 6974.3。

对于采用小车变幅的塔机，计算相邻塔机之间的间距时，应留出适当的余量，以弥补计算误差（见 4.1）。

对于采用动臂变幅的塔机，由于非工作状态情况不同，应特别注意阅读使用说明书。

应注意建筑物施工结束后塔机的拆卸，尤其是自升式塔式起重机。

可流动使用的塔机尤其适合要求频繁在工地之间转场作业的场合。应特别注意确保支腿、支架等支承能承受工作载荷。

有些起重量很小的自行架设的塔机可以安装在充气轮胎式拖车上。这类塔机需要牵引才能到达施工地点，立塔前或使用前应正确安好支腿或支架。应严格按照制造商的安装说明书进行安装。如果由操作人员来架设和收回这类塔机，应经过特别培训，并有安装人员的协助（见 5.6）。

不带自动找平功能的装有履带的塔机行走时，应严格按照制造商提供的说明书，在规定的倾斜允差范围内行走。应特别注意避免碰撞并满足风速限制要求。

如果塔机采用遥控操作，在选择时应考虑下列因素：

a） 由于塔机司机对机器没有了“身临其境的感觉”，所以在某些情况下会使塔机面临的危险比司机在操纵室内操作时更大；

b） 如果接收红外线的传感器随塔机一起回转，无法对准发射器，在塔机上应用红外遥控操作可能不太可靠。

8 塔机的布置

8.1 通则

应符合 GB/T 23723.1—2009 中 8.1 的规定。注意事项见 4.1。

8.2 塔机独立状态或附着状态

8.2.1 通则

应符合 GB/T 23723.1—2009 中 8.2 的规定。

如果塔机准备安装在现有建筑物或待建建筑物基础的附近，指派人员应保证按照塔机设计者的要求对地基进行加固。

如果在邻近基础的施工过程中，有对地基产生干扰的情况，应向有关设计人员进行咨询，以确保整个地基或塔机基础得到维护。

当塔机安装在：

——轨道上；或

——专用基础锚定装置上；或

——一次性标准节（即埋设于混凝土基础块内的塔身基础节）上时。

应强调这类基础的构筑精度在制造商规定的误差范围内，以保证立好的塔机能正常作业。

在有些情况下，出于以下原因，塔机附着在正在建设的建筑物上，或者用拉索支承：

a） 要获得超过塔身独立高度的高度；

b） 在有效空间受到限制的时候，要对塔机的运动加以限制；

c） 为了符合临近财产（如铁路）所有权人的要求。

无论是哪一种情况,所采用的附着装置/支承拉索都应得到制造商的同意,或者经过合格工程师的计算,并应附着在能承受这种外加载荷的建筑物上。

8.2.2 塔机基础

8.2.2.1 一次性基础

制造商应详细说明一次性基础的最小尺寸、其承受的倾翻力矩、塔机工作状态及非工作状态的其他载荷。

从制造商那里获得塔机作用的各种载荷(注意:这些载荷可能是净载荷,不考虑安全因素的影响)后,塔机基础应由合格的工程师设计,使地基承载能力不超标。

如果基础设计限制了塔机的独立高度,应明确说明这种情况下最大独立高度。

8.2.2.2 塔机轨道

制造轨道的材料应合适,并采取严格的控制措施保证不误用材料。

轨道的设计、布置和安装应需要专门技术人员完成,特别是轨道需要弯曲时。

轨道之间的区域不应用于储存物料或作为往返、穿越工地的道路。轨道经过的全部区域宜用栅栏围起来,防止未经许可的人员穿行。

如果需要某一地段作为供车辆穿越轨道的通道,则应加强管理,防止发生意外碰撞,还应采取措施,保证轨道不被过往车辆超载破坏。

应采取适当措施维持轨道的轨距,比如用张紧拉杆。

不应焊接或加热轨道,除非得到合格的冶金工程师的许可。

轨道端部止挡或缓冲器应牢固安装在轨道上,并加以精确调整,以保证塔机与两边轨道同步接触。如果塔机在任意时间段内在静止位置上作业,端部止挡将会受到塔机底架的强烈冲击,端部止挡应有吸震或缓冲的作用,并且不应相对于塔机底座有移动。在计算塔机的稳定性时,不应考虑轨道端部止挡。

塔机制造商可能会提供夹轨器以防止塔机遇到风暴时沿轨道滑行。只要塔机处于不工作状态,夹轨器都应夹固在轨道上。如果制造商不提供夹轨器,应采取适当措施,以达到同样效果。

所有类型的轨道都应进行定期检查(如果制造商提供建议的话,则遵照执行),如果出现明显的瑕疵或不平整现象,应立即采取正确的措施解决。

8.2.2.3 特殊基础

特殊的施工,如炼钢厂,需要特殊的基础结构,指派人员应保证这种基础结构由合格的工程师设计,能承受制造商确定的塔机产生的载荷。

8.3 起重机周边的危险因素

应符合 GB/T 23723.1—2009 中 8.3 的规定。

9 塔机的安装、拆卸和高度变更

9.1 制定方案

应符合 GB/T 23723.1—2009 中 9.1 的规定。

在制定塔机的安装、变更高度,尤其是拆卸方案时应考虑周密。大多数塔机安装单位,无论是为谁安装,都采用某种形式的表格或核查列表来确保在计划阶段不漏过任何细节。

塔机安装/拆卸方案应由具有实际经验的一人或多人起草。安装/拆卸方案宜在作业前予以公布，以便相关人员熟悉其内容。建议召开相关人员参加作业前准备会，以评估作业程序并且分配任务。该方案应包含下列内容：

a） 塔机运往工地或从工地运出的方式。

b） 安装/拆卸过程中需要使用的辅助起重机的选型问题，尤其应考虑到从高处拆除某些塔机部件，例如：当辅助起重机从一台竖立着的塔机上移除某一部件（如一节臂架），一旦拆除连接插销，辅助起重机将承受整个部件的载荷，从而不可能安全地将该部件拆除。在这种情况下，辅助起重机最好具有一定的额外性能，允许失误导致部件突然分离。任何情况下用于拆卸作业的起重机都不应使负载自由脱落。在起重机承受初始张力后，必要时，可用千斤顶或其他方法撬动载荷。

c） 运输用车辆及安装用辅助起重机与工地间的通道。

d） 被安装塔机的地基情况。

e） 被安装塔机将要到达的独立高度以及臂架的长度。

f） 塔机周边的危险因素，见 GB/T 23723.1—2009 中的 8.3。

g） 安装期间用到的专用吊装设备。

h） 与邻近财产所有人的联系。

i） 与要求法定通告的地方政府或其他机构的联系。

j） 必要的道路封闭的安排。

k） 必要时，向政府有关部门申请无线电使用许可证。

l） 工地上准备好的全套制造商提供的使用说明书，说明书的语言应是安装人员能看懂的。

9.2 部件的确认

应符合 GB/T 23723.1—2009 中 9.2 的规定。

9.3 供电

应符合 GB/T 23723.1—2009 中 9.3 的规定。

9.4 人员

塔机的安装、拆卸和变更高度应在塔机安装主管的连续指挥下，按照制造商提供的说明书的要求，由专业人员执行。如果安装主管认为地基状况、天气、障碍物或其他原因不允许作业时，应有权停止作业。

安装主管应与工地管理部门密切联系，认真考虑管理部门、现场工作人员或其他相关人员、组织可能提出的建议或警告。

9.5 操作

在塔机的安装、拆卸和变更高度的作业中，被任命为操作吊装作业的人员，应熟悉辅助起重机的详细情况，见 GB/T 23723.1—2009 中的 4.2 和 4.3。

应确保该作业是在塔机安装主管的持续监督下进行的。

9.6 安装前的检查

安装前应检查确认所有零件属于被安装塔机，并处于良好状况，无任何缺陷。

应确认所有部件的吊装点。

有些情况下，塔机从供应商交送用户前就进行检查，可能更为便利，但现场检查仍必不可少。

9.7 天气

当天气条件可能影响塔机或其部件的稳定性时,如大风或在能见度很差的情况下(如大雾),不应进行塔机的安装、变更高度、拆卸作业(制造商提供的说明书应给出这几种特殊作业的最大允许风速的参考值)。

塔机变更高度作业时的风速限制应更严格。

如果天气状况(如零部件和通道结冰)可能给安装人员带来危险,应该避免上述作业。

9.8 指导塔机安装、变更高度和拆卸作业的制造商提供的说明书

应严格遵守塔机制造商提供的说明书的规定。任何与规定的安装顺序不符的变动都应得到原设计者或其他合格工程师的同意,以保证塔机的稳定性,保证结构件或机械零件不会承受超额载荷。塔机在利用顶升套架改变其工作高度时,这一点尤其重要。

注:许多塔机制造商在其提供的说明书中规定了详细的检查、检验项目,如在施加扭矩之前,应保证用规定的润滑脂/润滑油来满足标准节连接螺栓的润滑要求。

9.9 塔机爬升

9.9.1 通则

塔机爬升是利用特制的顶升机构改变塔机高度的一种作业。“爬升”的含义是指增加或减少塔身高度。

附录B对塔机爬升的两种主要方式做了说明。

尽管大多数塔机的爬升系统工作原理相似,如附录B所示,但塔机、标准节和爬升套架的制造、类型和型号,在细节上会有所不同。因此,任何情况下都应遵守塔机制造商提供的说明书的规定。

9.9.2 制定爬升作业的方案

应建立一套安全作业规程并在爬升作业时遵照执行。

安全作业规程应由参与爬升作业的人员制定并同意。这些人员包括:制定方案的人员、执行爬升作业的人员、受到爬升作业影响的人员以及刚结束爬升作业就被任命为新塔机试车员的人员。

任何情况下爬升作业都应计划周全,由合格的专业人员实施,并给予必要和有效的监督。爬升作业应安全操作。

9.9.3 指派人员

指派人员应全面负责顶升作业的计划和落实。应有能力承担这些责任,并十分熟悉塔机的制造商提供的说明书。

指派人员应考虑所有与顶升作业有关的风险,制定有效的作业方案,并确保:

a) 塔机的支承基础或支承结构应具有足够的强度以支承顶升后的新塔机结构,在任何情况下都应符合制造商提供的说明书的要求;

b) 爬升作业应分阶段有效地进行,不应受其他施工活动的影响;

c) 塔机邻近财产的所有人(如铁路、机场以及附近的其他单位)的要求应予以满足,要经常向他们通报情况;

d) 当附近的塔机正在作业时,应咨询塔机调度员;

e) 即将爬升的塔机应保持在有效的工作状态、工作秩序和良好的维护状态;

f) 准备好爬升作业要用到的设备，并使之处于有效的工作状态、工作秩序和良好的维护状态；

g) 任命一名安装主管，其应能胜任爬升作业，并十分熟悉安全作业制度、爬升作业方案和塔机制造商提供的说明书，制造商提供的说明书有爬升作业涉及的塔机、标准节和顶升套架的具体类型和型号等内容；

h) 准备好可能要求的特别紧急停机或救援措施；

i) 为安装队准备好塔机的当前版制造商提供的说明书供爬升作业期间使用，该说明书有爬升作业涉及的塔机、标准节和爬升套架的具体类型和型式等内容。

9.9.4 安装主管

安装主管是被任命为管理塔机安装队的人，负责安装作业。安装主管应有丰富的经验和多方面的技能，以管理监督安装队伍。

安装主管的职责是：

a) 在开始作业前，保证所有安装队员都具备安全作业的能力，充分熟悉特定型号类型的塔机和爬升套架的安全作业规程、作业方案和塔机的制造商提供的说明书；

b) 在开始作业前，保证作业期间将用到的所有设备都经过检查，并处于良好状态；

c) 在开始作业前，确认即将爬升的塔机处于良好状态，无影响爬升作业的任何故障；应特别注意爬升套架连接件的状态，保证塔身垂直度在制造商允许的公差范围内；

d) 在开始作业前，确认天气条件不会影响作业期间塔机的稳定性；

e) 在开始作业前，对所有作业人员之间的通讯联络的有效程度进行检查，保证在作业期间通讯通畅；

f) 保证塔机维持在制造商规定的平衡状态，臂架在作业期间总是处于正确方位；

g) 保证作业期间对天气状况的监控；一般情况下，当风速超过 12 m/s 的时候，不应进行爬升作业。

9.9.5 爬升结束后塔机的重新运行

塔机爬升作业结束后，恢复作业前，应由合格人员进行检查。检查内容包括确认所有的显示装置和限制装置。应检查确认塔机的爬升作业正确，不存在影响安全作业的缺陷，可以安全使用。检查结果应用正式的书面报告详细记述。

9.10 部件与材料

9.10.1 部件的互换性

只有经过制造商的同意，才允许同一制造商的两种不同类型的塔机之间进行结构件的互换。

互换结构件后，应对新组合的塔机进行重新试验，并在试验证书上注明互换过的零件。

9.10.2 材料

大部分塔机零件都是用特定的钢材制成的，所以除了制造商的规定，不应自行替换任何零部件。

焊接或其他热处理应在制造商规定的条件下进行。

高强螺栓的重复使用应严格按照制造商规定的条件。

摩擦型高强螺栓不应重复使用，除非按照制造商提供的说明书的规定。

用于紧固回转支座的螺栓一旦取出,应更换新的,除非制造商提供的说明书另有规定。螺栓应只能按照制造商提供的说明书的要求进行紧固。

10 工作程序与预防措施

10.1 塔机作业

应符合 GB/T 23723.1—2009 中 10.1 的规定。

10.2 在塔机上工作

10.2.1 通则

应符合 GB/T 23723.1—2009 中 10.2.1 的规定。

塔机在风中易发生摆动或回转,应采取适当预防措施,以防止作业人员因塔机摆动或回转而移位、受伤或受困。

10.2.2 准许作业制度

应符合 GB/T 23723.1—2009 中 10.2.2 的规定。

10.2.3 定期检查

应根据 GB/T 23724.1 进行定期检查。

10.2.4 常规检查

GB/T 23723.1—2009 中的 10.2.4 适用于本条。

10.2.5 状态监控

应符合 GB/T 25196 的规定。

10.3 故障和事故的报告

应符合 GB/T 23723.1—2009 中 10.3 的规定。

10.4 离开塔机

当塔机将要无人值守时,即使是一小段时间,都应采取下列措施:

a) 吊钩上不应留有吊挂载荷,应取走所有链条、吊索等。

b) 按照制造商提供的说明书的要求将塔机置于非工作状态。

注 1:每次遇到这种状况,应采取措施保证回转制动器松开,以使塔机臂架能随风转动。

注 2:对于小车变幅的塔机,一般都把小车开回到最小幅度位置。

c) 对于动臂变幅或类似的塔机,动臂非工作状态时的倾角应严格遵守制造商提供的说明书的要求。

d) 轨道行走式塔机应夹紧在轨道上,以保证遇到大风时,塔机不会被风吹得沿轨道滑行。当长时间(如过夜)离开塔机时,塔机应断电,司机室的门应关紧锁好。

e) 如果司机室或控制柜加热器、照明灯等需要整夜维持供电,应采取单独设置,以隔离机器的供电。

10.5 高空作业

应根据 GB/T 23723.1—2009 中 4.1 相关部分的要求,遵守安全作业规程。

11 工作状况

11.1 额定起重能力

应符合 GB/T 23723.1—2009 中 11.1 的规定。

11.2 操作和控制

应符合 GB/T 23723.1—2009 中 11.2 的规定。

由于不同品牌、不同型号的塔机在操作和控制方面最常见的差别是回转制动程序，所以，塔机司机应知道哪一种操作方法是可行的。

注：不当的操作方法会对塔机造成过大的结构应力并导致电气系统的失效。

宜在司机室内（除了放置制造商提供的说明书外）张贴实用、醒目的告示，详细说明停止塔机回转的方法。

11.3 靠近人群的载荷的吊装

应符合 GB/T 23723.1—2009 中 11.3 的规定。

11.4 多用途升降

除制造商规定的特殊工程用途外，塔机不应用作其他用途的升降作业。

11.5 特殊用途

11.5.1 通则

GB/T 23723.1—2009 中的 11.5.1 适用于本条。

11.5.2 抓斗起重机和电磁起重机功能

除非制造商允许，塔机不应用于执行特殊作业，如抓取或通过电磁提升。

注：制造商可以推荐降载使用的塔机用于这种用途。

11.5.3 用于拆除作业和其他特殊作业

塔机不应用于拆除球操作、打桩或拔桩。

11.6 天气条件

11.6.1 通则

天气条件应符合 GB/T 23723.1—2009 中 11.6.1 的规定，也应符合 9.7 的规定。

升高塔机时的风速限制更为严格。如果天气状况（如零部件和走道结冰）有可能给安装人员带来危险，应避免这类作业。

11.6.2 风速

应符合 GB/T 23723.1—2009 中 11.6.2 的规定。

11.6.3 能见度

应符合 GB/T 23723.1—2009 中 11.6.3 的规定。

11.6.4 雨、雪或冰

应符合 GB/T 23723.1—2009 中 11.6.3 的规定。

严重结冰会使臂架通道变得十分危险，在这种情况下，不应考虑让塔机开始工作，应等到气温升高到使冰足以自然融化时开工。应警告塔机附近的人员，在融冰过程中，可能会有大块冰掉落。

注：水平臂塔机比其他型式的塔机更易受到来自冰雪的过大载荷。

11.6.5 恶劣天气条件后的检查

塔机在经历了超出制造商限定的天气条件后，在开机之前，应尽快安排合格的专业人员检查锚固装置和压重/平衡重，并采取必要措施来保证塔机的稳定性。

在做上述检查的同时，也应对整体结构进行彻底检查，以保证塔机在恶劣天气里未受任何损害，或出现可能导致故障的状况。

检查应符合 GB/T 23724.3—2010 中第 7 章的规定。

12 载荷的吊装和堆放

应符合 GB/T 23723.1—2009 中第 12 章的规定。

13 人员的起升和下降

设有载人吊笼的塔机，应符合 GB/T 23723.1—2009 中第 13 章的规定。

由于过高，应特别注意防止载人吊笼的摆动，因为载人吊笼的摆动会引起吊笼转动。一般情况下不给这种载人吊笼安装金属箍带或类似的设备。当需要把吊笼提升并停靠在一个建筑物(乘坐吊笼的人员可能要在该建筑物上工作)的旁边时，建议采用长方形或正方形的吊笼，这样会更容易控制。

应注意保证吊笼的整洁并处于良好的状态。吊笼不应携带使乘员难以落脚的工具或设备。

14 试验、检查和状态监控

14.1 通则

应符合 GB/T 23723.1—2009 中第 14 章的规定。

14.2 使用年限和使用率

塔机一般不按高工作级别使用设计，如果塔机已经频繁使用，应考虑对其进行无损检测，以检测可能存在的疲劳裂纹。应寻求制造商或设计部门的帮助，确定结构件的易损零部件。

塔机在腐蚀性环境下使用或贮存也可能引起结构的失效，可要求进行更全面的检查。

使用年限较长的塔机上可能出现疲劳损坏和锈蚀现象，可要求进行上述更详细的检查和试验。

使用年限较长的塔机可以继续使用，对于使用期超过 10 年的，应特别注意上述因素。

14.3 人员安全

应注意试验可能失败，所有不必要的人员应远离试验区域。如果塔机配备了遥控装置，应利用遥控装置进行试验，司机远离危险区域。

在进行最大载荷试验时，应将夹紧装置或类似装置装到臂架上以限制小车的幅度。如果塔机没有安装或拆掉夹紧装置的安全通道，应采用其他安全方法限制小车的幅度。

15 信号系统

15.1 通则

应向所有司机、起重工及其他参与吊装作业的人员发放作业时用到的手势信号的复印件，以保证使用通用的信号。

进行特殊吊装作业时，或不适于仅使用手势信号，应采取其他形式的通信手段，如无线电或电话，来补充手势信号。

当采用无线电作为通信手段时，所选频道应与其他通信不发生干涉。所有与信号有关的人员都应得到一个清晰唯一的呼叫信号，而且该呼叫信号优先于其他所有通信信号。

在进行吊装作业过程中，一次只应由一个人给塔机司机发出手势信号或口令。

由于塔机和人员之间存在距离，所以使用清晰的识别系统和通信系统是很重要的。

见 GB/T 23723.1—2009 中的 6.2。

15.2 无线电通信

在塔机作业区域内安装、使用无线电应遵守特殊规定。

建议咨询负责无线电通信管理的地方性或全国性的有关机构，以确保符合法规、许可证要求，保证无线电技术（如信号系统、特殊设备、呼叫信号、频率等）的安全使用。

附　录　A
（规范性附录）
工作空间限制器——防碰撞/分区装置的要求

A.1　范围

本附录规定了关于在塔机上安装工作空间限制器（如禁止重叠、躲避固定障碍物等）和与此相关的防碰撞装置（针对交迭安装塔机）的要求。

A.2　电源供应

A.2.1　工作空间限制器

因工作空间限制器不能脱离塔机而独立工作，当塔机电源切断时，工作空间限制器电源应同时自动切断。

A.2.2　防碰撞装置

因塔机停止工作时，防碰撞装置仍需运行，在切断塔机机构动力和控制电源时，应继续给防碰撞装置供电。

A.3　要求

在设计和制造塔机时，应考虑到能够安装工作空间限制器和/或防碰撞装置。但是对于自行架设的小起重力矩（小于或等于 30 t·m）塔机，只要求能安装回转限位器和小车行走限位器（因为这些限制器可禁止吊钩进入某一区域）。为此，塔机应满足：

a）　为可选择安装的工作空间限制器/防碰撞装置预置必要的设备；或

b）　安装传感器，以输出工作空间限制器/防碰撞装置运行所必需的信息；或

c）　根据 b）的要求，提供传感器的参考点或采集点。

塔机制造商应确定工作空间限制器/防碰撞装置控制塔机运动或功能的必要连接点。

工作空间限制器/防碰撞装置连接点的选择应使工作空间限制器/防碰撞装置的动作与塔机机构的正常作业协调一致（在停止大惯性运动前减速和机械制动的使用），尤其是应符合塔机制造商规定的启动和停止操作步骤，以避免引起过多的瞬时动作。

所有对工作空间限制器/防碰撞装置的动作起作用，从而限制塔机运动的连接点都应安装在一个专门的控制箱内或专门的端子接线板上。出厂已安装防碰撞装置的塔机不必配置此类控制箱或端子接线板。

A.4　信号传输

指示信号应在塔机司机的视野范围内。指示信号可使用信号灯、仪表盘或屏幕显示。

A.5　使用说明书

A.5.1　塔机安装的说明（见图 A.1）

使用说明书应：

a）　提醒塔机安装人员/司机安装塔机时避免下列危险：

1） 运动中的塔机与固定障碍物间的碰撞；
2） 进入危险区域或禁入区域；
3） 运动中的各塔机相互碰撞，这种碰撞是由以下原因引起的：
——高位塔机的起升钢丝绳与被其覆盖的塔机的平衡臂接触；
——高位塔机的起升钢丝绳与被其覆盖的塔机的臂架接触；
——当两塔机在相同的轨道或在非常接近的轨道上行走时，低位塔机的臂架和/或平衡臂与高位塔机的塔身之间的接触。

b） 否则提醒塔机安装人员/司机注意，宜安装工作空间限制器/防碰撞装置来减少上述危险，并且建议当高位塔机的起升钢丝绳与被其覆盖的塔机的平衡臂可能发生接触时，被平衡臂覆盖的空间应被视为禁入区域。

A.5.2 工作空间限制器/防碰撞装置正确安装说明

应做如下的详细说明：

1） 工作空间限制器/防碰撞装置的电源供应。
如果电源由塔机制造商提供，应给出电源特性（电压、功率、接地方法等）。

2） 工作空间限制器/防碰撞装置运行所需要的信息。
——如果工作空间限制器/防碰撞装置所需要的信息可在塔机上获得，应说明它们的特性和可能的连接点[见 A.3 b)]；或
——工作空间限制器/防碰撞装置所需要的信息不能在塔机上获得，应指出安装传感器的可能位置，以及参考点或采集点的特性（包括传感器所发出信号的类型和特性，切断动作的类型和特性及其他相关特性）[见 A.3 c)]。

3） 工作空间限制器/防碰撞装置对塔机的作用。
说明工作空间限制器/防碰撞装置实现限制塔机运动或功能的必要的连接点和接头的特性。

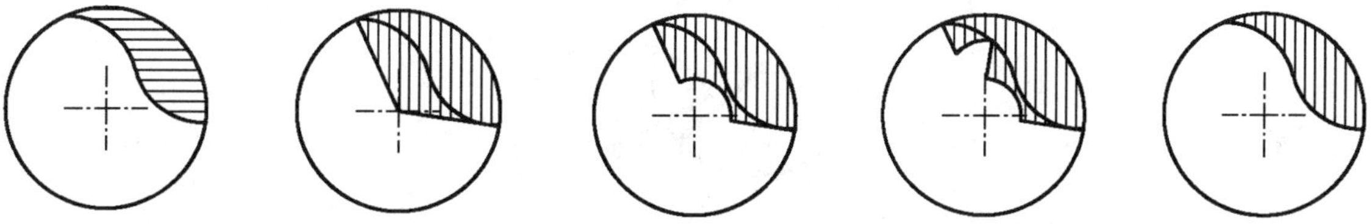

A：禁入区域　　A1　　A2　　A3　　A4

禁止进入到：A1——一个扇形区域；　A2——一个环形区域；
A3——多个环形区域；　A4——相同轮廓的区域。

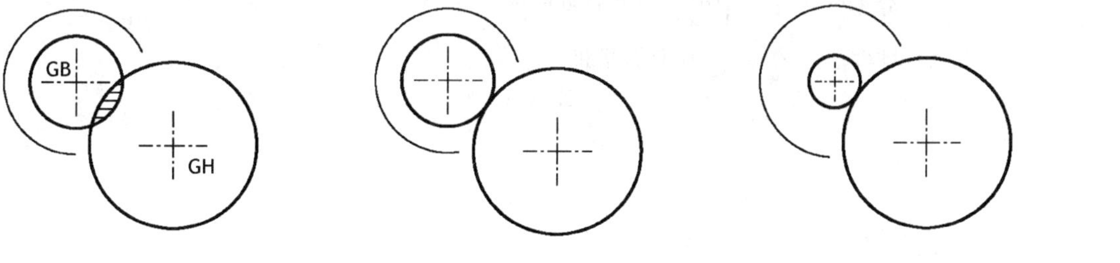

B：平衡臂/起升绳　　B1　　B2

避免碰撞的解决方案：B1——更改布局；　B2——重新选择设备。

图 A.1 重叠情况举例和可能的解决方案

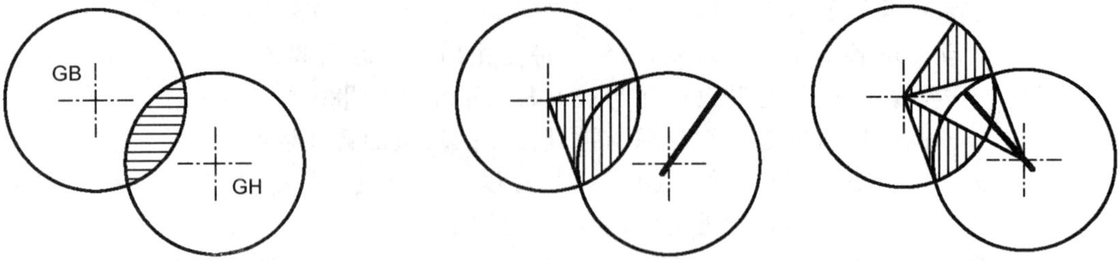

C1　　C2

通过禁止低位塔机接近特定区域(针对 A1 情况):

C1——高位塔机臂架处于任意位置;　　C2——考虑高位塔机臂架的可能位置。

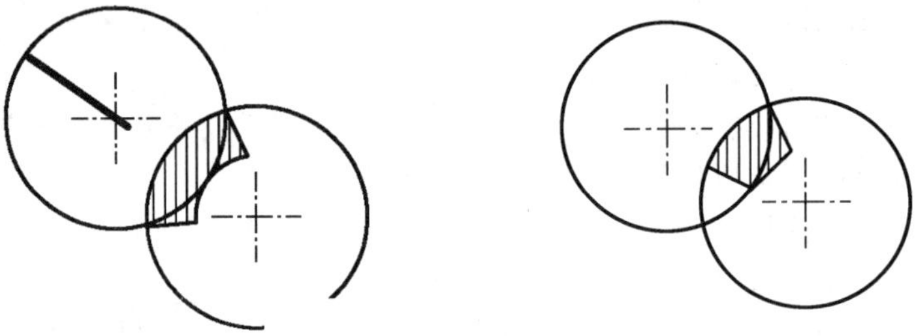

C3　　C4

通过禁止高位塔机接近特定区域:

C3——低位塔机臂架处于任意位置;　　C4——考虑低位塔机臂架的可能位置。

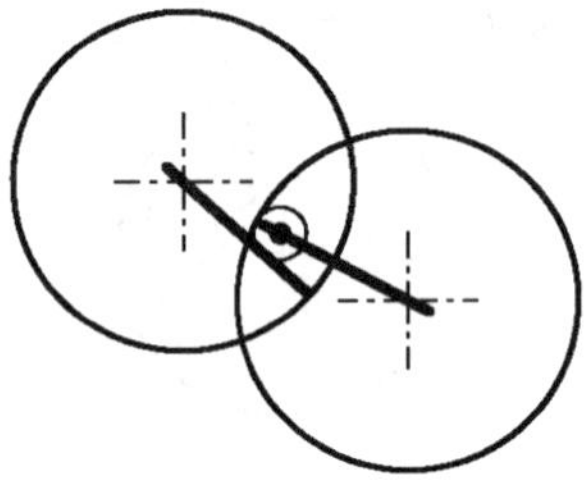

C5

通过监测高位塔机钢丝绳和低位塔机臂架的相对位置:C5——跟踪装置。

注:▤:重叠区域;　　▥:禁止接近区域;

GH:高位塔机;　　GB:低位塔机。

图 A.1(续)

附　录　B
（资料性附录）
塔机爬升操作

B.1　通则

塔机爬升是指利用特制的顶升装置来改变塔机的高度。“爬升”的含义是指增加或降低塔身的高度。

塔机爬升的两种主要方式定义如下：

——外爬式：利用爬升套架把待加的标准节嵌入塔身内（见 B.2）来实现塔身加高。

——内爬式：通过一套直接作用在支撑塔机的建筑物上的爬升装置来实现塔机的升降（见 B.3）。

为清楚起见，以下概括说明这两种爬升方式。

需要注意的是，大多数塔机的爬升系统都利用上述原理，但不同厂家、不同型式、不同型号的塔机在细节上有所不同。因此，在任何情况下都应遵守塔机制造商提供的说明书的规定。

B.2　外爬式爬升操作

典型的爬升套架由三部分组成：一个有一面开口的桁架结构钢制框架、一个标准节运送小车以及顶升机构，即顶升油缸总成。框架的三面套在塔身上，而在有开口的一面，则配备承接组装好的待加节的装置。

典型的爬升操作开始时，爬升套架紧固在塔机回转支座下面，顶升油缸总成的下端连接在塔身的承力点上[见图 B.1 b)]。

然后用塔机吊起待加节，运送到爬升套架上[见图 B.1 c)]。塔机的设置应能保证作用于爬升套架的倾翻力矩最小，使塔机上部结构相对于顶升油缸的中心线处于平衡状态，臂架与该中心线对正。

接着给顶升油缸加压，使之支撑塔机上部结构的质量，从而拿掉连接塔机上部结构和最上面一节塔身的紧固件。进一步使顶升油缸伸出，以便将起重机上部结构顶开一段足以容纳新加节的距离[见图 B.1 d)]。当顶升油缸和爬升套架伸出足够长度时，把待加节送入框架内，使之与塔身中心对中[见图 B.1 e)]。让顶升油缸连同框架一起下降，直到起重机上部结构的紧固件连接好，固定在新加节上部。撤出运送小车[见图 B.1 f)]，然后进一步降低装了新加节的起重机上部结构的高度，以便装好下面的紧固件，与原有的标准节的上部连接牢固[见图 B.1 g)]。

将爬升套架与塔身重新对正，重复上述操作步骤，就可以添加更多的标准节[见图 B.1 h)和 i)]。

B.3　内爬式爬升操作

当塔机安装和支承在正在施工中的建筑物内时，可随着施工的进程在建筑物内向上爬升，这个过程就叫“内爬”，见图 B.2。

塔机由两个爬升框架支承。在安装塔机时，将塔身与两个爬升框架相连，这样，塔机产生的作用力就通过框架转移到建筑物结构上。

为了使塔机爬升到上部楼层，需要在上部框架上面的适当距离处，围绕塔身安装另外一个框架。这时候要调整塔机上部结构的位置,以保证其上部结构产生的倾翻力矩最小,然后松开连接塔身和框架的紧固件,利用位于塔身底部的内爬节和液压装置使塔机上升。塔机一旦爬升到中间框架的位置,即被固定在中间框架和上部框架上。然后就可以撤去底部框架,待下一次爬升操作再用。

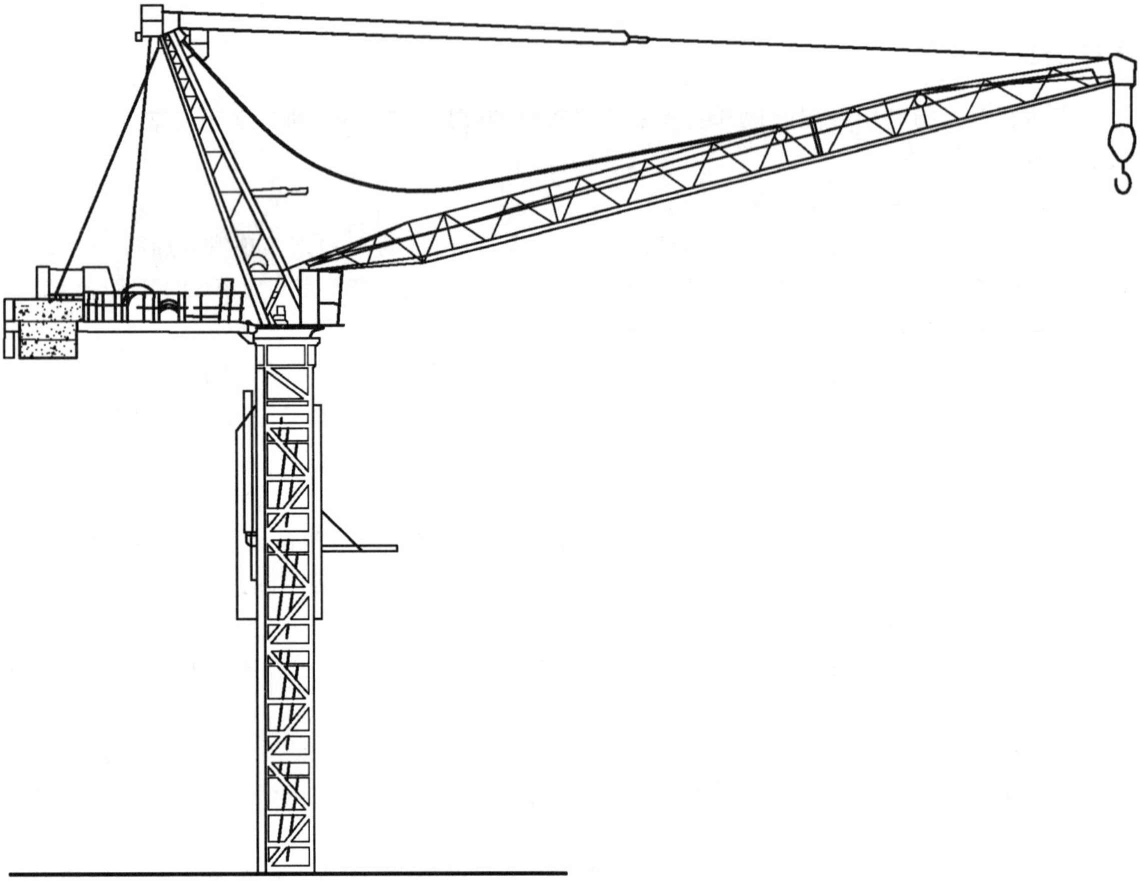

a)

图 B.1 典型的外爬式顶升程序

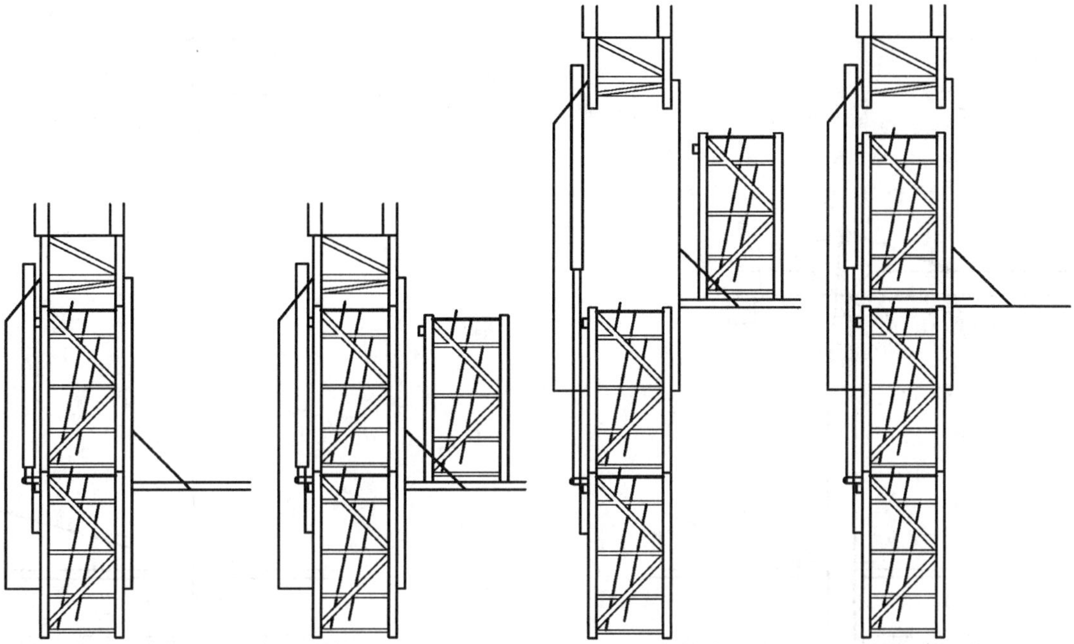

b)　　c)　　d)　　e)

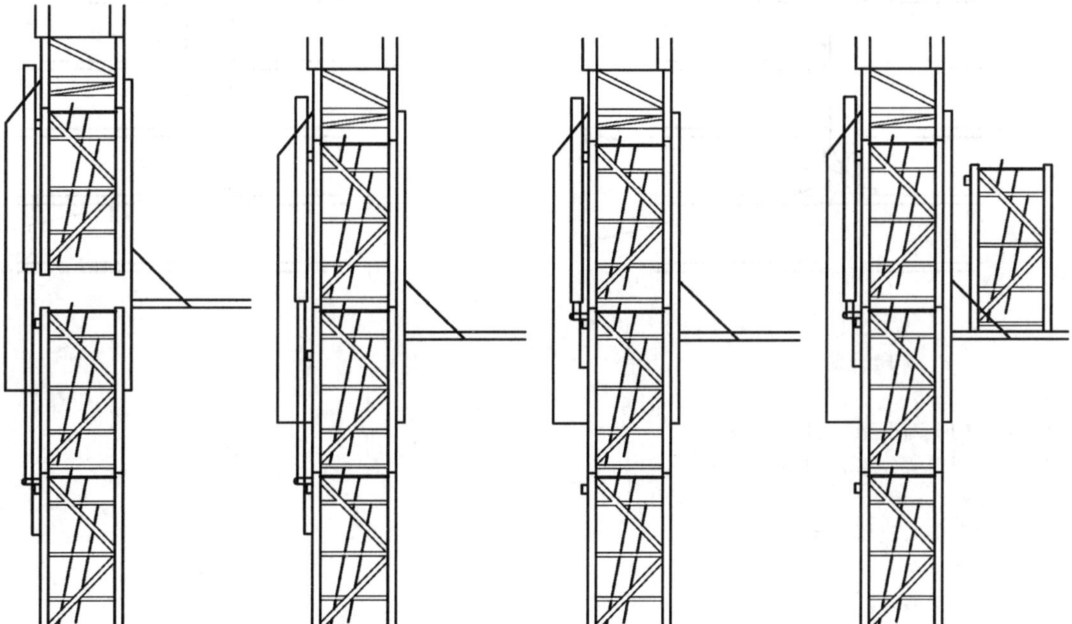

f)　　g)　　h)　　i)

图 B.1（续）

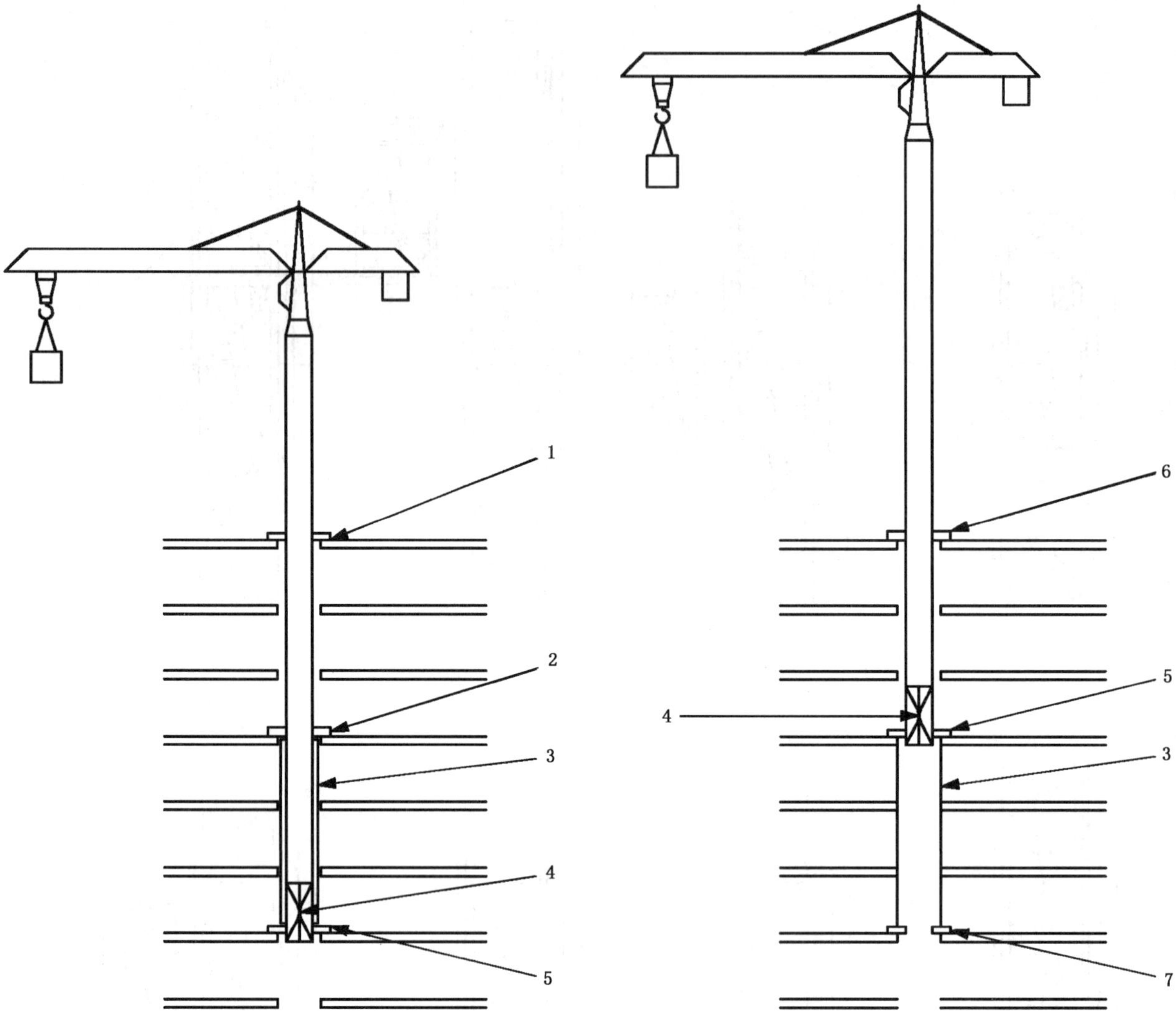

a) 爬升前　　　　b) 爬升后

注：
1——新的上部框架(爬升前先装)；
2——中间框架(原先的上部框架)；
3——爬梯；
4——内爬节和液压装置；
5——底部框架；
6——上部框架；
7——原先的底部框架(要撤除的)。

图 B.2　内爬式爬升操作

ICS 53.020.20
J 80

中华人民共和国国家标准

GB/T 23723.4—2010/ISO 12480-4:2007

起重机 安全使用 第4部分:臂架起重机

Cranes—Safe use—Part 4:Jib cranes

(ISO 12480-4:2007,IDT)

2010-09-26 发布

2011-02-01 实施

中华人民共和国国家质量监督检验检疫总局
中国国家标准化管理委员会 发布

前 言

GB/T 23723《起重机 安全使用》分为以下 3 个部分：

——第 1 部分：总则；

——第 3 部分：塔式起重机；

——第 4 部分：臂架起重机。

本部分为 GB/T 23723 的第 4 部分。

本部分等同采用 ISO 12480-4:2007《起重机 安全使用 第 4 部分：臂架起重机》(英文版)。

本部分等同翻译 ISO 12480-4:2007。

为了便于使用，本部分作了下列编辑性修改：

——“ISO 12480 的本部分”一词改为“GB/T 23723 的本部分”；

——删除 ISO 12480-4:2007 的前言；

——对于 ISO 12480-4:2007 引用的 ISO 4306-1:2007 和 ISO 12480-1:1997 已被等同采用为我国标准，本部分用 GB/T 6974.1—2008 和 GB/T 23723.1—2009 代替对应的国际标准。

本部分由中国机械工业联合会提出。

本部分由全国起重机械标准化技术委员会(SAC/TC 227)归口。

本部分起草单位：辽宁省安全科学研究院、北京起重运输机械研究所。

本部分主要起草人：赵鑫、高岩。

起重机　安全使用
第4部分：臂架起重机

1　范围

GB/T 23723 的本部分规定了由 GB/T 6974.1 所定义的臂架起重机的安全使用要求。本部分应与 GB/T 23723.1 结合使用。

2　规范性引用文件

下列文件中的条款通过 GB/T 23723 的本部分的引用而成为本部分的条款。凡是注日期的引用文件，其随后所有的修改单（不包括勘误的内容）或修订版均不适用于本部分，然而，鼓励根据本部分达成协议的各方研究是否可使用这些文件的最新版本。凡是不注日期的引用文件，其最新版本适用于本部分。

GB/T 6974.1　起重机　术语　第1部分：通用术语（GB/T 6974.1—2008，ISO 4306-1：2007，IDT）

GB/T 23723.1—2009　起重机　安全使用　第1部分：总则（ISO 12480-1：1997，IDT）

3　术语及定义

GB/T 23723.1 确立的术语和定义适用于 GB/T 23723 的本部分。

4　起重机操作的管理

4.1　安全工作制度

按照 GB/T 23723.1 的规定，起重机的所有起升操作都应按照安全工作制度的要求，在指派人员的管理下执行。

应按照 GB/T 23723.1—2009 中 4.1 的规定，由用户组织制定安全工作制度，并且向操作中涉及的所有工作人员传达。

在重复性常规操作的情况下，简单的安全工作制度或由少数几个能覆盖整个操作范围的制度就足够了。对于复杂的起升操作或人员的起升，应起草安全工作制度的书面文件。

起升作业中涉及的所有人员都应经过培训，培训内容包括相应的安全工作制度的使用，特别是他们所承担的具体任务和职责。

在若干起重机或联合作业的起重机的特定操作区域，例如装卸货物码头或工厂的密集区，应考虑限制车辆进入和人员出入。

4.2　起重机操作的管理

起重机的操作应按照 GB/T 23723.1—2009 中 4.2 的规定，在一名指派人员的全面管理下进行，此人应有权停止操作。

指派人员可以同时管理若干起重机执行常规重复性操作，在这种情况下指派人员可授权给一名或多名指挥人员，被授权的人员有权停止操作。在不需要指挥人员的简单操作情况下，起重机司机也可被授予这种权力。

4.3 合同问题

合同问题应按照 GB/T 23723.1—2009 中 4.3.1 和 4.3.2 的规定。

5 人员的选择、职责和基本要求

5.1 基本要求

人员的基本要求应按照 GB/T 23723.1—2009 中 5.1 的规定。

5.2 指派人员的职责

指派人员的职责在 GB/T 23723.1—2009 的 5.2 中做了表述。

指派人员应安排工作计划,以便在指派人员的判断下任何起重机操作人员不能被指派去执行会影响其履行职责能力的工作。

环境因素也要考虑。

起重机操作的某些方面的管理可以委派给指挥人员或司机,但指派人员仍应对起重机操作负全责。

5.3 人员的要求

人员的职责和要求见 GB/T 23723.1—2009 中 5.2～5.7 的规定。

所有人员应接受培训并具有承担其职责的能力。

6 安全性

指派人员应被赋予必要的权力和手段,以保证适当的设备和安全制度均在运转中。

指派人员应对执行 GB/T 23723.1—2009 中 6.2～6.5 的要求负责。

7 起重机的选用和设置

起重机机主或用户组织对起重机的选用和设置负责。

8 人员的起升

只有在紧急状态下例如运送受伤人员而又无法获取通道却要最大限度地降低危险的特殊情况下,还需国家法规许可,才能利用起重机起升和下降人员。此项操作按照 GB/T 23723.1—2009 中第 13 章的规定,需要有特殊的设备,周密的计划并且谨慎地操作。

9 使用前的检查

在每班工作之前,应按照 GB/T 23723.1—2009 中 10.2.3 的规定由操作者执行使用前的检查。

10 起重机的维护、检查和检验

按照 GB/T 23723.1—2009 中 10.2.3～10.2.5 的规定及国家法规的要求,起重机机主应负责起重机的维护、检查和检验。

从最初的检验报告开始,机主应保存在起重机的整个使用期中对起重机及其部件进行的所有维护、检查和检验的记录。

ICS 53.020.20
J 80

中华人民共和国国家标准

GB/T 23724.1—2016/ISO 9927-1:2013
代替 GB/T 23724.1—2009

起重机　检查　第1部分:总则

Cranes—Inspections—Part 1:General

(ISO 9927-1:2013,IDT)

2016-02-24 发布　　　　2016-09-01 实施

中华人民共和国国家质量监督检验检疫总局
中国国家标准化管理委员会　发布

前　　言

GB/T 23724《起重机　检查》分为五个部分：

——第 1 部分：总则；

——第 2 部分：流动式起重机；

——第 3 部分：塔式起重机；

——第 4 部分：臂架起重机；

——第 5 部分：桥式和门式起重机。

本部分为 GB/T 23724 的第 1 部分。

本部分按照 GB/T 1.1—2009 给出的规则起草。

本部分代替 GB/T 23724.1—2009《起重机　检查　第 1 部分：总则》，与 GB/T 23724.1—2009 相比主要技术变化如下：

——修改了范围(见第 1 章，2009 版第 1 章)；

——增加了术语和定义(见第 3 章)；

——修改了总体要求(见第 4 章，2009 版第 3 章)；

——修改了检查的分类(见第 5 章，2009 版第 4 章和第 5 章)；

——修改了检查方法要求(见第 6 章，2009 版 5.3)；

——修改了检查人员要求(见第 7 章，2009 版 5.2)；

——增加了防护措施、维修要求(见第 8 章、第 9 章)；

——修改了检查结果的记录(见第 10 章，2009 版 5.4)；

——增加了"额定起重量改变"的要求、"限制器和指示器"的检查要求(见第 11 章、第 12 章)。

本部分使用翻译法等同采用 ISO 9927-1:2013《起重机　检查　第 1 部分：总则》。

与本部分中规范性引用的国际文件有一致性对应关系的我国文件如下：

——GB/T 6974(所有部分)　起重机　术语[ISO 4306(所有部分)]

——GB/T 5905—2011　起重机　试验规范和程序(ISO 4310:2009，IDT)

——GB/T 22437(所有部分)　起重机　载荷与载荷组合的设计原则[ISO 8686(所有部分)]

——GB/T 23723.1—2009　起重机　安全使用　第 1 部分：总则(ISO 12480-1:1997，IDT)

——GB/T 24810.1—2009　起重机　限制器和指示器　第 1 部分：总则(ISO 10245-1:2008，IDT)

——GB/T 25196.1—2010　起重机　状态监控　第 1 部分：总则(ISO 12482-1:1995，IDT)

——GB/T 28758—2012　起重机　检查人员的资格要求(ISO 23814:2009，IDT)

本部分作了下列编辑性修改：

——对 5.1 中的 3 个"注"进行了编号；

——对表 D.1 中的 4 个"注"进行了编号。

本部分由中国机械工业联合会提出。

本部分由全国起重机械标准化技术委员会(SAC/TC 227)归口。

本部分负责起草单位:上海宝松重型机械工程(集团)有限公司、北京起重运输机械设计研究院。

本部分参加起草单位:广西建工集团建筑机械制造有限责任公司、宁波市凹凸重工有限公司、卫华集团有限公司、象王重工股份有限公司。

本部分主要起草人:张培、陶华强、林永、赵学明、刘永刚、李洪伟。

本部分所代替标准的历次版本发布情况为:

——GB/T 23724.1—2009。

起重机　检查　第1部分:总则

1　范围

GB/T 23724 的本部分规定了按 ISO 4306-1 定义的起重机需作检查的一般要求。特殊类型起重机的附加要求由 GB/T 23724 的相关部分规定。

2　规范性引用文件

下列文件对于本文件的应用是必不可少的。凡是注日期的引用文件,仅注日期的版本适用于本文件。凡是不注日期的引用文件,其最新版本(包括所有的修改单)适用于本文件。

ISO 4306(所有部分)　起重机　术语(Cranes—Vocabulary)

ISO 4310　起重机　试验规范和程序(Cranes—Test code and procedures)

ISO 8686(所有部分)　起重机　载荷和载荷组合的设计原则(Cranes—Design principles for loads and load combinations)

ISO 10245-1　起重机　限制器和指示器　第1部分:总则(Cranes—Limiting and indicating devices—Part 1:General)

ISO 12480-1　起重机　安全使用　第1部分:总则(Cranes—Safe use—Part 1:General)

ISO 12482-1　起重机　状态监控　第1部分:总则(Cranes—Condition monitoring—Part 1:General)

ISO 23814　起重机　检查人员的资格要求(Cranes—Competency requirements for crane inspectors)

3　术语和定义

ISO 4306 界定的以及下列术语和定义适用于本文件。

3.1

关键零部件　critical component

其失效会对使用起重机的人或起重机周围人员的健康和安全造成危险的零部件。

3.2

设计寿命　design life

在不考虑特殊评估和大修的条件下,根据设计要求并考虑使用过程中的应力循环和应力集中(设计约束),对起重机许用工作寿命进行的估算。

注1:起重机整体的设计寿命通常由有限数量的关键零部件的寿命决定(见 ISO 12482-1)。

注2:如果应力循环和应力集中在工作寿命内偏离预期,设计寿命可能会与估算的不同。

3.3

检查　inspection

与起重机检验相关的所有活动,包括试验。

3.4

用户组织说明书　user organization instructions

由用户组织发布的起重机使用说明书。

4　要求

4.1　一般要求

为确保起重机的安全使用,应维持其适合的工况和运转条件。

4.2　说明书

用户组织说明书应结合制造商说明书,且书写语言应为起重机使用国的常用语言。所有从事检查的人员应获得、阅读和理解说明书。

用户组织说明书应由有资格的人员根据本条款要求进行评估。当说明书确认充分和适用后,方可用于起重机检查。

注:说明书适用性评估表参见附录 A。

当制造商说明书不适用时,应由有资格的人员编制适用的说明书。

5　检查

5.1　一般要求

所有检查应由有资格的人员(见附录 D)根据说明书进行。

检查周期的确定应足以使起重机保持安全和良好的状态,应按照 GB/T 23724 系列标准和按照本部分编写的说明书进行检查。任何该类工作都应在记录表中记录。

所有检查结果应按照第 10 章进行记录并保存。当观察到有害情况时,应进行纠正。

所有与安全相关的问题应在起重机使用前得到解决。

下列检查的适用范围:

注 1:这些是一般要求。对于特殊类型起重机的附加要求,参考 GB/T 23724 的相关部分和适用的产品标准。

a)　日常检查——适用于所有起重机;

b)　经常性检查——适用于所有起重机;

c)　定期检查——适用于所有起重机;

d)　加强的定期检查(可选);

e)　特殊检查;

f)　重点检查——对未实行加强的定期检查的起重机进行检查(见 5.6.1)。

起重机初始投入使用 5 年后,应由有资格的人员进行一次加强的定期检查或进行连续的定期检查,在设计寿命到期前进行一次重点检查。除可选检查外,所有关键零部件应在设计寿命内进行检查。

检查的目的是确保起重机持续安全使用。起重机在使用期间,必须确保对关键零部件进行检查和必要的维护。该检查在起重机使用 5 年后逐渐变得重要,且应在设计寿命结束前完成。

注 2:上述系列检查的流程图,参见附录 B。

注 3:将试验作为检查的一部分考虑(见 3.3)。

5.2　日常检查

在每个工作班次开始前,应对起重机进行目测检查和功能试验,以发现缺陷。

这些检查可由操作人员执行。功能试验应在空载条件下,在合适的操作位置操作。

5.3 经常性检查

经常性检查是维护性的检查,应与制造商指定的日常维护结合进行,除起重机停用外,时间间隔不超过3个月。检查的周期应根据起重机的工作环境、使用频率与繁重程度确定。

检查一般不需拆卸任何零部件,除维护和检查目的需要打开盖子(如限位开关的盖)外。

检查程序应包含核查起重机保存有效的检查记录和操作手册,且这些文件应及时更新。

检查应包含根据本部分编写的说明书中规定的经常性检查的所有项目。

检查完成时应提供书面报告。

有资格的人员可以建议缩短经常性检查的周期。

5.4 定期检查

应制定定期检查的计划。定期检查的周期应根据起重机的工作环境、使用频率与繁重程度确定。对于工作状态中的所有起重机,检查周期不应超过12个月。

检查应包含根据本部分编写的说明书中规定的定期检查的所有项目。

有资格的人员应确定在下次定期检查中需要特别注意的零部件。

检查完成时应提供书面报告,且与起重机检查记录一起保存。报告应包含根据适用的现行标准所做的可行性评估。

5.5 特殊检查

下列情况应进行特殊检查:

a) 任何可能导致起重机损坏的特殊情况,如:
   1) 超出起重机设计参数的极端天气条件;
   2) 地震或类似地震的状态;
   3) 与其他结构的碰撞;
   4) 超载,超出了由安装在起重机上的限制器控制的正常值;
   5) 火灾;
   6) 安全装置失效。

b) 损坏零部件的修复或发生变更,如:
   1) 额定载荷;
   2) 承载的机械零部件或结构零部件;
   3) 起升机构;
   4) 控制站和控制系统;
   5) 动力源;
   6) 可分吊具或固定吊具;
   7) 底盘、基座和支撑结构。

特殊检查应由适合的检查人员执行(见附录D),以确保不会发生偏离起重机安全操作的情况。事故后的初始检查,可由有经验的技师来处理。

注1:维修由有资格的人员进行。

注2:更换制造商的零部件或原始规格的零部件不认为是变更。

5.6 重点检查

5.6.1 特殊评估

下列情况应进行重点检查：

a） 未实行加强的定期检查的起重机；或

b） 重新装配或进口的，且未按第 10 章规定对之前连续工作进行记录和维护记录的起重机。

重点检查应包括 ISO 12482-1 要求的特殊评估。

5.6.2 关键零部件

重点检查应涉及关键零部件的检查，这些关键零部件由制造商或由有资格的人员确定。如果有必要，应将起重机拆开并除去关键零部件上的涂漆、油脂和腐蚀层以便进行完全彻底的检查。

应特别注意：

a） 以往的载荷情况和使用情况与起重机分级（参考 ISO 12482-1）相比较；

b） 按照起重机用户要求，未来计划的载荷情况和使用情况；

c） 结构、机构、电气、仪表、控制和操作上的异常；

d） 由于疲劳和过应力，所有指定的关键部位所显现出裂纹的痕迹（包括用无损检测）；

e） 维护记录中显示反复失效的零部件；

f） 控制装置和急停装置；

g） 制动系统；

h） 平台调平装置；

i） 平台、栏杆和出入口；

j） 操作和维护的安全说明书与手册的完整性；

k） 制造商的安全升级；

l） 紧急复位装置。

5.6.3 书面报告和跟进

检查完成时应提供书面报告。专业工程师应评估结果并：

a） 明确缺陷、磨损以及需要注意的地方，以确保其继续安全运行；

b） 确定在下次定期检查中需要特别注意的零部件；

c） 确定应用最新版本相关标准的合理可行性。

专业工程师应对 5.6.1 b）和 5.6.2 e）中所指出的起重机和零部件的评估进行监督。

重点检查之后，如有要求，应由专业工程师（见附录 D）依据上次重点检查来确定设计寿命。随后，应对起重机进行 5.4 规定的定期检查，或者 5 年内由有资格的人员重新评估。对由评估认定的关键零部件应进行检查。

5.7 加强的定期检查

加强的定期检查可代替重点检查（见 5.6）。使用第一个 5 年后及随后 5 年内，应安排定期检查以确保所有关键零部件已完成检查和试验。制造商说明书或用户组织说明书也可对加强的定期检查进行详细要求。零部件检查计划应根据起重机操作历史和预期未来用途、零部件的关键性和条件或根据ISO 12482-1 的方法进行的评估。改变后，应做记录并更新检查计划。

注：本条款所指的周期是基于10年的设计寿命。

假设所有关键零部件的检查周期为5年，则下一次检查可根据起重机的用途进行改变。

检查应包含说明书中规定的定期检查（见5.4）和经常性检查（见5.3）的所有项目，具体如下：

a） 详细目测检查所有的结构件；

b） 检查磨损零部件的公差；

c） 检查腐蚀和环境质量下降情况；

d） 目测检查所有关键部位是否有裂纹的痕迹（包括用无损检测）；

e） 所选关键零部件的可能替换件；

f） 任何特殊检查；

g） 操作与维护的安全说明书和手册的完整性；

h） 制造商的安全升级。

对于超过5年的起重机，在5.4规定的报告中应指出一些关键零部件已进行了检查。超过10年的，报告中应明确指出对所有关键零部件已进行了检查。

6 检查方法

6.1 目测检查

应对起重机的任何部分进行目测检查，以便发现任何异常或偏离正常状态的情况，如通过敲击进行试验和测量。

一般情况下，目测检查不需要进行拆卸。但是鉴于起重机的状态，认为必须拆卸时则应进行拆卸。

6.2 无损检测

根据目测检查的结果，可进行无损检测（如渗透检测、超声检测、磁粉检测、射线检测、声发射检测）。

6.3 功能试验

应检查控制器、开关和指示器的功能。必要时，应测量电气和/或液压系统。

为了安全运转，应对下列限制器和指示器进行试验，以确保其功能和标定准确：

a） 额定起重量限制器和指示器；

b） 运动限制器和指示器；

c） 性能限制器和指示器。

6.4 空载试验

应在额定速度和空载条件下对起重机的所有运动（例如起升、运行、横移、回转和变幅）进行试验，以检查是否有任何异常和/或缺陷。

6.5 载荷试验

应带有适当的试验载荷，对起重机基本运动（例如起升、运行、横移和回转）进行试验，以检查是否有任何异常和/或缺陷。试验载荷不应超过额定起重量。

在进行系统的载荷试验时，载荷试验的频率应符合起重机使用地区的法规。

注：根据国家法规要求，可能需增大试验载荷，而超过了额定起重量。

6.6 静载试验、动载试验和稳定性试验

应按照 ISO 4310 的规定进行静载试验、动载试验和稳定性试验。

7 检查人员

检查人员应有检查起重机的资格。附录 D 给出了各类检查所对应的有资格人员的列表。

8 检查的防护措施

起重机检查中的人员安全应符合 ISO 12480-1 的规定。

同时参见附录 C。

9 维修

应按照相关的标准和制造商说明书(适用时)进行维修。

10 记录

10.1 一般要求

不间断的工作记录应包括与起重机安全和操作有关的重大事件的记录表和保养/维护历史,还应包括检查、调整、零部件更换、维修、更改或迁移,以及进行的检查和所有与元器件安全使用有关的异常或损坏。工作记录应妥善保存和便于查找,且可以评估。

记录应易于理解,书写语言应为起重机使用国的常用语言。任何合适的并且便于操作人员和检查人员使用的记录格式和方法,都可认为符合本条款要求。

记录应跟随起重机的所有权一起转移。

10.2 记录表

至少应保留下列记录:

a) 上次重点检查的汇总表;

b) 上次定期检查的汇总表;

c) 上次经常性检查的汇总表;

d) 不少于过去 90 个工作日的完整日常检查记录或自上次经常性检查后的日常检查记录,二者取较大值;

e) 排除故障所采取的措施或对损坏零部件的维修。

每份记录的封面都应由相关责任人签名,且应包含其身份和资质详情。

10.3 检查记录

检查记录应便于查找出检查的结果,文档包括起重机已由有资格的人员进行过检查并处于安全和符合要求的状态,且应包括下列详细资料:

a) 损坏的或其他需要维修或调整的零部件的有害状况(例如裂纹、严重腐蚀等);

b) 可能因某个零部件的性能退化而受到严重影响的其他部件;

c) 所有由专业工程师已检查和评估零部件的详细情况;

d) 维修、调整、更改的详细情况;

e) 零部件、机构或起重机完成调整工作后的状态。

11 额定起重量的改变

起重机额定起重量的改变应视为设计改变。

应按照重点检查程序进行检查，并根据设计标准和职业健康安全法规对改变额定起重量后的起重机进行载荷试验。

12 限制器和指示器

所有限制器和指示器应按照设备制造商的安装说明书或按照本部分编写的说明书进行安装。试验应确保在ISO 10245-1的允许范围内进行操作。所有设备的校准都应由有资格的人员进行。

附　录　A
（资料性附录）
确定用户组织说明书适用性的列表

A.1　要求

附录 A 给出了评估说明书适用性的列表（见 4.2）。

A.2　应用

本列表适用于所有类型的起重机。当某一项被确认充分时，表格应填写完整，并标注包含在说明书中文件的条款或部分。当一些项不能被确认充分时，应由制造商或有资格的人员进行评估并准备补充说明书。

当列表中的某些项不能被确认充分时，应按第 5 章适合的检查类型对起重机进行检查。

起重机制造商：	
型　号：	
制造日期：	

项目	说明	是/否[a]	文件[a]
0	**标识**		
0.1	说明书与起重机一致（即型号和出厂编号与起重机手册阐明的一致）		
0.2	如说明书是结合了制造商说明书，则应包括制造商对该起重机规定的安全警告		
0.3	起重机所有者已在制造商处登记[b]		
1	**使用**		
1.1	关于检查、维护和使用的说明书适用于起重机的使用环境，例如在制造商允许的温度范围内		
1.2	操作说明适用于起重机的使用		
1.3	修改 已备有说明书并通知了由起重机修改引起的任何其他程序		
1.4	历史记录 无反复维修或说明书中未指出的缺陷的历史记录		
2	**规范**		
2.1	操作小时数（有时表达为周期） 与制造商规定的许用操作条件一致。 分级符合 ISO 8686 的相关部分		
2.2	超过设计的操作小时数 当超出设计操作条件时，则应提供指南，采取必要措施		

表（续）

项目	说明	是/否[a]	文件[a]
2.3	提供液压和电气回路		
2.4	提供操作规范(例如起升和运行速度、液压系统压力等)		
2.5	提供用来调整或装配部件的规范(例如螺栓扭矩,衬套间隙、相邻开关的间隔设置等)		
3	**检查程序**		
3.1	经常性检查程序 规定了检查日程,且应用于起重机的整个寿命		
3.2	预防性维护程序 规定了预防性维护说明,且应用于起重机的整个寿命		
3.3	关键部位 提供资料,用来辨别需要定期检查和/或经常性检查的关键部位(例如轴、底盘焊接件等)		
3.4	检查程序 程序包括对关键部位详细的检查方式(例如目测检查、磁粉检测等)		
3.5	验收标准 提供用来评估关键部位的标准		
4	**一般要求**		
4.1	在操作和维护手册中声明了安全警示和残留风险		
5	**替换零部件(适用时)**		
5.1	耗材 提供替换消耗品(如液压油、过滤器等)相关的规格		
5.2	部件 提供替换零部件的详细资料和替换频率(例如钢丝绳、衬套等)		
6	**文档**		
6.1	提供能明确辨别每一次必须检查的区域和必要程序的检查列表		
6.2	提供试验报告格式,以方便根据规定的标准进行的检查记录或试验测量		

[a] 如结果为“是”,应引用文件;如结果为“否”,参考 B.2。

[b] 应与制造商确认是否已注册。

附　录　B
（资料性附录）
检查流程图

B.1　要求

附录 B 给出了检查步骤的流程图，适用于第 5 章中起重机的各类检查。

B.2　应用

图 B.1～图 B.4 给出的流程图应用如下：

a）图 B.1 适用于说明书能够被确认充分和适用的情况（见 4.2），采用制造商对某类型起重机特定的检查制度；

b）图 B.2 适用于起重机的机龄小于 5 年，且没有说明书或有资格的人员认定说明书不适用或不充分的情况（见 4.2），采用加强的定期检查；

c）图 B.3 适用于起重机的机龄大于 5 年，且没有说明书或有资格的人员认定说明书不适用或不充分的情况（见 4.2），可继续采用重点检查，但优先选用加强的定期检查；

d）图 B.4 适用于起重机的机龄大于 5 年，没有说明书或有资格的人员认定说明书不适用或不充分（见 4.2），且关键零部件的检查推迟到第 10 年的情况，要求进行重点检查[见 5.6.1a)]。

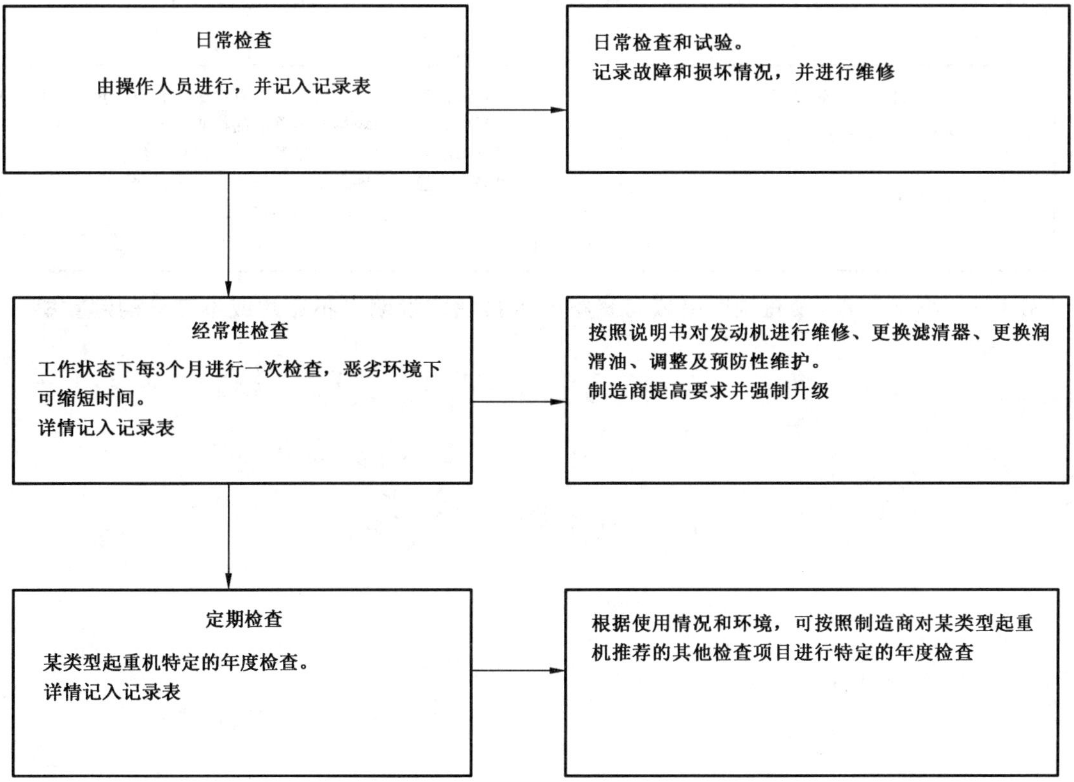

图 B.1　说明书充分和适用，采用制造商对某类型起重机特定的检查制度

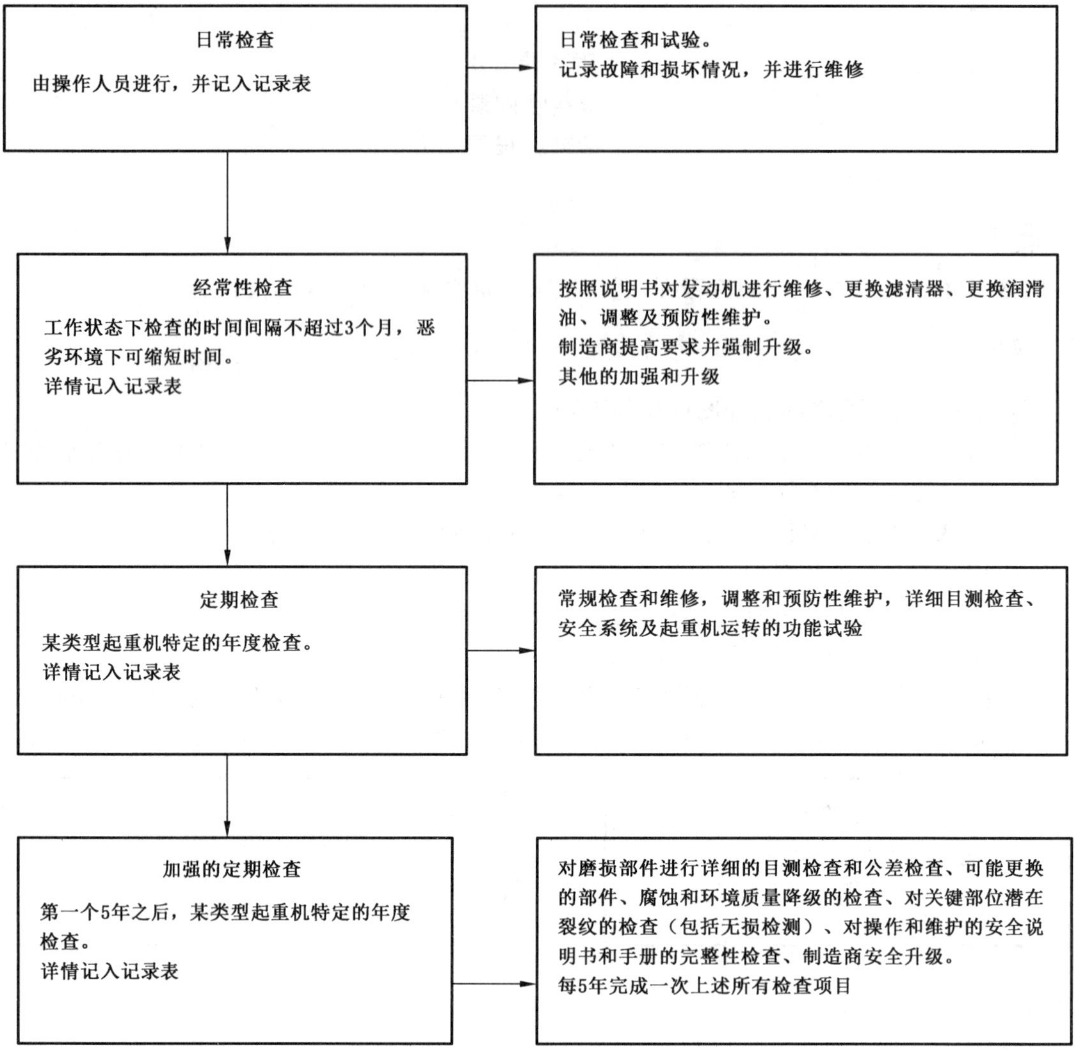

图 B.2　小于5年，没有说明书或有资格的人员认定说明书不适用或不充分的起重机

日常检查

由操作人员进行，并记入记录表

→ 日常检查和试验。
记录故障和损坏情况，并进行维修

经常性检查

工作状态下检查的时间间隔不超过3个月，恶劣环境下可缩短时间。
详情记入记录表

→ 按照说明书对发动机进行维修、更换滤清器、更换润滑油、调整及预防性维护。
制造商提高要求并强制升级

定期检查

某类型起重机特定的年度检查。
详情记入记录表

→ 常规检查和维修，调整和预防性维护，详细目测检查、安全系统及起重机运转的功能试验

重点检查

某类型起重机10年和随后每5年的检查。
详情记入记录表

→ 对磨损部件进行详细的目测检查和公差检查、可能更换的部件、腐蚀和环境质量降级的检查、对关键部位潜在裂纹的检查（包括无损检测）、对操作和维护的安全说明书和手册的完整性检查、制造商安全升级

加强的定期检查

上次重点检查之后，开始对某类型起重机特定的年度检查。
详情记入记录表

→ 对磨损部件进行详细的目测检查和公差检查、可能更换的部件、腐蚀和环境质量降级的检查、对关键部位潜在裂纹的检查（包括无损检测）、对操作和维护的安全说明书和手册的完整性检查、制造商安全升级。
每5年完成一次上述所有检查项目

图 B.3　大于5年，且没有说明书或有资格的人员认定说明书不适用或不充分的起重机

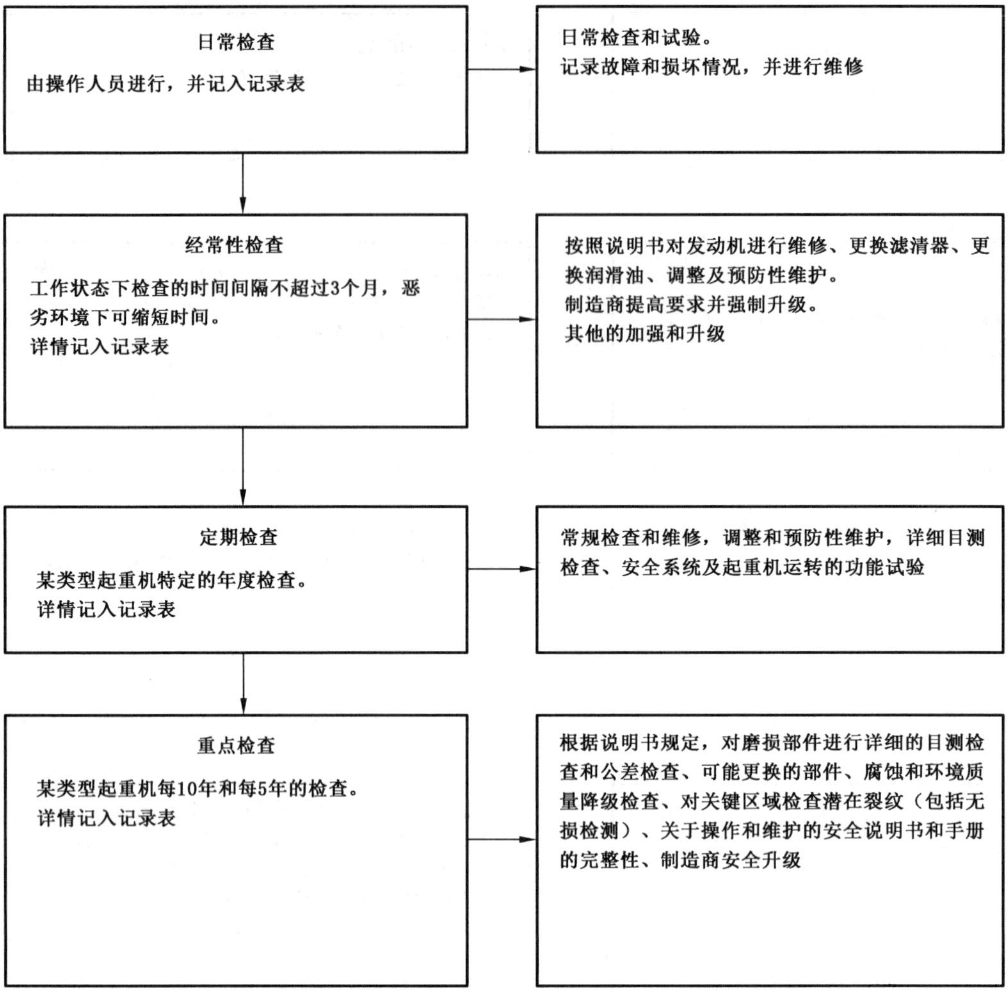

图 B.4　大于 5 年，没有说明书或有资格的人员认定说明书不适用或不充分，且关键零部件的检查推迟到第 10 年的起重机

附 录 C
（资料性附录）
检查的防护措施

在检查前和/或检查中推荐采取以下防护措施：

a） 应核查进行检查的地点和邻近区域，以确保进行检查的安全性；

b） 如果预测到极端天气条件会导致危险，应推迟检查，直到天气变好；

c） 如果预测到较差的地面条件会导致危险，应将起重机移动到坚硬的地面条件的地点或采取其他措施加强地面条件；

d） 如果工作环境要求，检查人员在检查地点应配备个人防护装置，如安全帽、安全带或护目镜；

e） 为了防止使用人员触电，检查中使用的工具应构造安全；

f） 如果在检查中处于存在高处坠落危险的情况，检查人员应合理防护，包括使用安全带、升降工作平台和吊笼；

g） 检查时，起重机的控制室应显示正在检查中；

h） 当检查电器零件时，应关闭电路、电源和/或电源开关；

i） 在检查中，除执行检查的人员给出指令外，应严禁电源开关的开、关；

j） 当检查中进入有电击危险的位置，应确保电源开关关闭并锁上和/或挂上标志，控制室应显示处于检查在进行中；

k） 在检查中，除执行检查的人员给出指令外，应严禁起重机运转；

l） 当两台或多台起重机安装在同一区域或其他起重机安装在相邻位置时，应采取安全措施防止起重机在检查中相碰撞；

m） 进行载荷试验前，应检查吊具和承载设备没有有害的缺陷，以确保载荷固定牢固；

n） 应严格禁止检查人员或附近的其他人员进入夹持位置或挤压区；

o） 如果预测到回转臂架会危及邻近建筑或公共场合，应禁止操作试验。

附　录　D

（规范性附录）

各类检查所对应的有资格的人员

各类检查所对应的有资格的人员见表D.1。

表D.1　有资格的人员

日常检查	经常性检查	定期检查	加强的定期检查	特殊检查	重点检查
操作人员					
维护人员	维护人员				
有经验的技师	有经验的技师	有经验的技师			
起重机检查人员	起重机检查人员	起重机检查人员	起重机检查人员	起重机检查人员	
专业工程师	专业工程师	专业工程师	专业工程师	专业工程师	专业工程师

注1：维护人员应符合ISO 12480-1的规定。

注2：检查人员应符合ISO 23814的规定。

注3：有经验的技师是因职业经历和经验，在起重机领域具有足够的技能和丰富的知识并十分熟悉有关规范，能判定发生偏离正常工况的人员(即受过专业训练的人员)。

注4：专业工程师是具有起重机设计、制造或维护经验、熟悉有关规范和标准，熟悉进行检查所需设备，并能判别起重机的安全性、决定采用何种措施保证更能安全运转的人员。

ICS 53.020.20
J 80

中华人民共和国国家标准

GB/T 23724.3—2010

起重机 检查
第3部分：塔式起重机

Cranes—Inspections—Part 3: Tower cranes

(ISO 9927-3:2005, MOD)

2010-09-26 发布 2011-02-01 实施

中华人民共和国国家质量监督检验检疫总局
中国国家标准化管理委员会 发布

前　　言

GB/T 23724《起重机　检查》分为5个部分：

——第1部分：总则；

——第2部分：流动式起重机；

——第3部分：塔式起重机；

——第4部分：臂架起重机；

——第5部分：桥式和门式起重机。

本部分为GB/T 23724的第3部分。

本部分修改采用ISO 9927-3:2005《起重机　检查　第3部分：塔式起重机》(英文版)。

本部分根据ISO 9927-3:2005重新起草，主要技术性差异为：

——附录C序号1中增加"产品合格证"项；

——附录C序号6～序号9中，用"钢丝绳在卷筒上的安全圈数——3"代替"钢丝绳在卷筒上的安全圈数——2"。

上述技术性差异的原因是：考虑我国国情，与我国塔式起重机的相关标准协调一致。

为了便于使用，本部分做了下列编辑性修改：

——"ISO 9927的本部分"一词改为"GB/T 23724的本部分"；

——删除ISO 9927-3:2005的前言；

——对于ISO 9927-3:2005引用的国际标准，用已被采用为我国的标准代替对应的国际标准。

本部分的附录A为规范性附录，附录B和附录C为资料性附录。

本部分由中国机械工业联合会提出。

本部分由全国起重机械标准化技术委员会(SAC/TC 227)归口。

本部分起草单位：北京建筑机械化研究院、长沙建设机械研究院、抚顺永茂建筑机械有限公司、长沙中联重工科技发展股份有限公司。

本部分主要起草人：孙艳秋、付英雄、李奇志、朱守寨。

起重机　检查
第3部分：塔式起重机

1　范围

GB/T 23724的本部分规定了应对塔式起重机（以下简称塔机）进行的常规检查项目，与GB/T 23724.1配合使用。本部分不包括塔机首次使用之前所做的检查。

2　规范性引用文件

下列文件中的条款通过GB/T 23724的本部分的引用而成为本部分的条款。凡是注日期的引用文件，其随后所有的修改单（不包括勘误的内容）或修订版均不适用于本部分，然而，鼓励根据本部分达成协议的各方研究是否可使用这些文件的最新版本。凡是不注日期的引用文件，其最新版本适用于本部分。

GB/T 5972　起重机　钢丝绳　保养、维护、安装、检验和报废（GB/T 5972—2009，ISO 4309：2004，IDT）

GB/T 23724.1—2009　起重机　检查　第1部分：总则（ISO 9927-1：1994，IDT）

3　总则

为确保塔机的安全作业，应保持其正常的作业状态和操作状态。所有塔机应接受常规检查，以便及时发现和消除安全隐患。检查作业应由用户自行安排。

常规检查有：

——日常检查；

——经常性检查；

——定期检查；

——全面检查。

注：制造商可以提出有别于GB/T 23724的本部分所规定的常规检查项目。在这种情况下，以制造商的要求为准。

附录A给出了检查综述一览表。

4　日常检查

4.1　总则

日常检查应在开始作业前进行。包括目测检查（一般不需拆卸）和功能试验，如下文所述。

日常检查应由能胜任的人员（如塔机司机）来进行。

4.2　内容

每次作业前的检查内容：

a)　各工作机构的功能，特别是制动器（一般为空载）的功能；

b)　各种限制器和指示器的功能；

c) 观察各种明显的缺陷,包括钢丝绳。

4.3 结果

检查中发现的任何缺陷均应向能够做出适当决策的人员报告(所谓适当决策是指:继续使用、进行修理、对某一部分或整机做彻底检查、限制使用)。

应按部件和有关缺陷的类型找出引起缺陷的原因。

应及时记入设备档案(包括修理日期、方法)。

5 经常性检查

5.1 总则

经常性检查应包括目测检查(一般不需拆卸)和功能试验,目测检查见 5.2 的规定,功能试验按 4.2 要求进行。

经常性检查应由能胜任的人员(如有经验的技师,见 GB/T 23724.1)来进行。

5.2 内容

经常性检查项目如下:

a) 润滑:检查润滑剂的渗漏情况;

b) 液压装置:检查渗漏情况;

c) 吊钩和防脱锁:有无明显变形、裂纹、磨损;

d) 钢丝绳:应符合 GB/T 5972 的规定;

e) 连接件和接头:锈蚀情况、外观检查;

f) 制动器磨损:检查制动器摩擦衬垫的厚度、间隙调整、噪声等;

g) 液压软管和气动软管:尤其是工作状态弯曲的软管;

h) 电气系统:状态、老化迹象、水汽凝结情况;

i) 锚固装置:检查支撑塔机的撑杆或拉索的状况。

5.3 周期

经常性检查的周期应考虑塔机的实际使用状况和工作环境,至少为:

a) 对于 5.2a)~e)的项目,每月一次;

b) 对于 5.2f)~i)的项目,每年两次。

5.4 结果

对检查中发现的任何缺陷均应向能够做出适当决策的人员报告(所谓适当决策是指:继续使用、进行修理、对某一部分或整机做彻底检查、限制使用)。

应按部件和有关缺陷的类型找出引起缺陷的原因。

应及时记入设备档案(包括修理日期、方法)。

6 定期检查

6.1 总则

定期检查是指按照一定的周期(见 6.3),以及每次重新架设后所进行的检查。

定期检查包括目测检查(一般无需拆卸)和功能试验。在做功能试验时,应考虑空载和带载两种工况,如下文所述。

定期检查应由能胜任的人员(如有经验的技师,见 GB/T 23724.1)来进行。

检查人员应掌握：

——以往的检查报告；

——自动记录的数据(如作业循环次数、作业小时数、作业天数、载荷等)，通过这些数据可以了解到各部件的工作时间。

6.2 内容

定期检查应包含经常性检查的内容。

所有部件的功能试验应在最不利工况下进行。检查项目如下：

a) 核对塔机的标志和标牌。

b) 核对是否有使用说明书。

c) 核对塔机的维护记录。

d) 核对各种部件、设备和钢结构。比对实际安装在塔机上的部件与随机文件所列的部件是否一致。

e) 根据设备显示的状态判断其损坏情况：

——传动装置或其零部件松动，油(润滑油)渗漏；

——目视范围内一些特殊零部件(如电机、齿轮、制动器、卷筒)之间的连接装置磨损或损坏的迹象；

——明显的异常噪音和振动；

——明显的异常高温；

——紧固螺栓松动、开裂或失效；

——制动器衬垫有磨损或已磨坏；

——一般状况不正常(锈蚀、污损)；

——电气系统(电缆入口、电缆附件)有损坏的迹象；

——钢丝绳(见 GB/T 5972)；

——吊钩(见附录 B)。

f) 功能试验。在额定载荷下的功效：

——机构，尤其是制动器；

——限制器和指示器。

g) 钢结构和围栏：

——焊缝；

——锈蚀；

——残留变形；

——裂纹。

h) 塔机基础/塔机轨道。

示例见 GB/T 23724.1—2009 中的附录 A。

6.3 周期

塔机至少每年或每次重新架设后要进行一次定期检查。

注 1：有些校验工作可在拆卸塔机的时候进行。

注 2：更换滑轮组或臂架、塔身的加节都不视为拆卸和重新架设。

注 3：自行架设式塔机折叠或展开后，检查项目只限于 6.2 的 b)、c)、f)、g)和 h)。

6.4 结果

定期检查应记录在案。检查报告应记录检查部件的名称和存在的缺陷。附录 C 提供了报告示例。

检查报告应向能够做出适当决策的人员报告(所谓适当决策是指:继续使用、进行修理、对某一部分或整机做彻底检查、限制使用)。

应按部件和有关缺陷的类型找出引起缺陷的原因。

应及时记入设备档案(包括修理日期、类型等)。

7 全面检查

7.1 总则

全面检查是按照 7.3 规定的周期(以及附录 A 确定的周期)所做的详细检查。

全面检查应由能胜任的人员来进行。能胜任的人员(如专业工程师,见 GB/T 23724.1)有能力根据检查结果来确定需要采取的行动。

检查人员应掌握:

——以往的检查报告;

——自动记录的数据(如作业循环次数、作业小时数、作业天数、载荷等),通过这些数据可以了解到各部件的工作时间。

7.2 内容

全面检查至少应包括定期检查中的所有项目。

如果认为合理,全面检查可以要求进行非破坏性试验和/或解体检查,但要考虑:

——以往检验的内容(日常、经常性、定期或全面检查);

——当前试验的结果;

——当前目测检查的结果。

检查人员在按照维护说明书解体时要格外小心,避免出错或发生误动作。如果没有维护说明书,则需与塔机制造商或相关部件的制造商联系,寻求帮助。

在全面检查过程中,应特别注意:

——振动;

——异常噪音或温升;

——一般状况很差,锈蚀;

——各机构、电机和齿轮、轨道、行走轮以及各种轴的定位;

——制动器;

——连接件、螺栓、销轴。

7.3 周期

7.3.1 未安装自动数据记录仪的塔机或部件的检查周期

建议对塔机或部件的全面检查按下列周期进行:

——4 年;

——8 年;

——10 年;

——12 年;

——14 年；

——14 年以后每年。

7.3.2 装有自动数据记录仪的塔机或部件的检查周期

塔机的使用说明书应根据记录仪记录的数据，规定对塔机及相关部件进行全面检查的周期，但至少应按 7.3.1 规定的周期进行。

除了检查周期，制造商还应对参数值重新初始化（归零、使参数值成为新的起始值等）给予具体指导。

7.4 结果

全面检查的报告应包含由能胜任的人员所做检查的结果及其结论和建议，包括下一次全面检查的时间。

报告示例参见附录 C。

当塔机或部件不是按照其工作级别或在疑似危险的工作条件下使用时，检查人员（见 7.1）应提出适当的建议。

应按部件和有关缺陷的类型找出引起缺陷的原因。

应及时记入设备档案（包括修理日期、类型等）。

8 特殊检查

8.1 总则

特殊检查应在发生下列情况后进行：

a) 特殊环境状况，如：

——极端天气条件（暴风雨等）；

——中等震级的地震；

——过载、碰撞或基础受到破坏。

b) 作重大的改动之后，如额定起重量加大、更换机构、控制台移位、功率改变、承载结构的构造变化、在承载结构上施焊、控制系统更改或者与使用等级和载荷谱有关的操作条件发生改变等。

特殊检查应由能胜任的人员（一般都是有经验的技师或专业工程师）根据检查工作的性质来进行。

8.2 内容

特殊检查范围应与损害或改动的程度相适应。

附 录 A
(规范性附录)
检查综述一览表

项目	日常检查	经常性检查	定期检查	全面检查
检查周期	——塔机开始作业前	——每月或每6个月和/或按制造商的要求	——按规定的周期(由制造商规定或推荐的法定周期); ——拆卸/重新架设之后	——发生重大故障之后; ——按规定的周期: 1) 法定周期; 2) 制造商规定周期; 3) 根据检查报告(经常性检查或定期检查)所建议的周期; ——按7.3推荐的周期
检查内容	见4.2	见5.2	见6.2	见7.2
检查方法	——目测检查; ——功能试验; 不需拆卸	——目测检查; ——功能试验; 不需拆卸	——目测检查,包括调阅记录仪中的数据; ——功能试验(空载和带载); 除非制造商有要求,一般不需拆卸	——同定期检查; 如需要,可以对塔机整机或某些部件进行解体检查、测量或特殊试验
检查人员	能胜任的人员(如塔机司机)	能胜任的人员(有经验的技师)	能胜任的人员(有经验的技师)	能胜任的人员(专业工程师)
检查结果	——正常; ——如发现故障,需要修理; ——需要全面检查(重复出现的故障、重大故障等); ——需要提供足够的资料(如操作说明、使用说明、使用限制等)	——正常; ——如发现故障,需要修理; ——需要全面检查(重复出现的故障、重大故障等); ——需要提供足够的资料(如操作说明、使用说明、使用限制等)	——正常; ——如发现故障,需要修理; ——需要全面检查(重复出现的故障、重大故障等); ——需要提供足够的资料(如操作说明、使用说明、使用限制等)	——下次检查的日期; ——部分或整体更换[a]; ——报废; ——需要修理; ——需要提供足够的资料(如操作说明、使用说明、使用限制等)
检查报告	非系统性	非系统性	报告应包括被检查部位的明细表以及检出缺陷的汇总	检查报告的内容要写明检查人员发现的问题和结论——修理项目、下一次全面检查的间隔、需要做的试验、全面大修的建议等
维护记录	如涉及修理,则应记入维护记录	依据维护内容、缺陷、损坏、修理等情况的报告,记入维护记录	依据维护内容、缺陷、损坏、修理等情况的报告,记入维护记录	依据维护内容、缺陷、损坏、修理等情况的报告,记入维护记录

[a] 建议根据制造商推荐的方式对某些零部件进行系统的更换。

附　录　B
（资料性附录）
吊钩的检验

本附录提供了一个检验吊钩的示例。

如果使用下面的方法，需了解吊钩的原始尺寸。这些原始尺寸可以从塔机制造商或吊钩制造商那里获得。

——变形：如果开口 a 和 y（见图 B.1）的宽度比原尺寸增加 10%（最大允许值），则应更换吊钩。

——表面裂纹：如果不超出公差的允许范围，吊钩的损伤和表面裂纹是可以清除掉而不留痕迹的。

——磨损：无论是单钩还是双钩，磨损量都不能大于高度 h 的 5%（见图 B.1）。不允许在吊载用吊钩上施焊来补偿磨损量。

——吊钩颈轴：裂纹。

尺寸 a、h 和 y 的参考值取自使用手册。如果使用手册没有提供，应与塔机或吊钩的制造商联系。

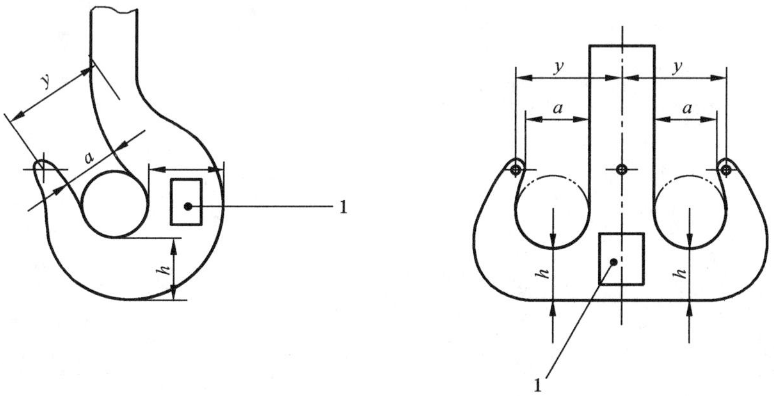

1——标记。

图 B.1　吊钩的形状与尺寸

附 录 C
（资料性附录）
定期检查、全面检查及特殊检查报告示例

公司：________________________________ 日期：________________________________

塔机型号：____________________________ 序号：________________________________

制造商：______________________________ 出厂日期：____________________________

用户/租用者的地址：____

施工地点：____________________________ 设备编号：____________________________

检查机构及人员：______________________ 签名：________________________________

检查结论：______________________________

序号	部　件	检查项目	已有或需完善		状况良好或需维护		功能		需修理或更换		复检		
											是否必要		执行
			+	−	+	−	+	−	+	−	是	否	日期/签名
1	随机文件	塔机说明书											
		使用手册											
		备件清单											
		产品合格证											
2	轨道/架设场地	基础水平度											
		基础的承载能力											
		轨枕长度											
		轨枕状态											
		轨枕间距											
		轨距											
		弯曲轨道的内侧半径											
		轨道尺寸											
		轨道固定装置											
		轨道接头/连接板											
		行走限位开关											
		行走止挡											

表(续)

序号	部件	检查项目	已有或需完善		状况良好或需维护		功能		需修理或更换		复检		
											是否必要		执行
			+	−	+	−	+	−	+	−	是	否	日期/签名
3	标志/安全距离	标牌											
		标志											
		警告标志											
		安全距离											
		与……的安全距离											
		与……的安全距离											
		与……的安全距离											
		与……的安全距离											
		隔板											
4	底架或门座	裂纹											
		支腿											
		支腿锁紧装置											
		轨道行走轮											
		行走轮轮缘											
		行走机构											
		行走制动器(行走试验)											
		危险部位的防护											
		防止因行走轮失效而引起倒塌的装置											
		夹轨器											
		清轨板											
		支承装置											
		运输安全定位器(已拆除)											

表（续）

序号	部　件	检查项目	已有或需完善		状况良好或需维护		功能		需修理或更换		复检		
											是否必要		执行
			+	—	+	—	+	—	+	—	是	否	日期/签名
5	回转机构	回转支承的间隙											
		回转支承的紧固											
		回转支承的试运转											
		回转机构小齿轮											
		回转机构的固定											
		回转机构制动器											
		臂架自由回转											
		危险部位的保护											
6	起升机构	联轴器											
		变速箱											
		档位互锁											
		钢丝绳卷筒的安装											
		起升机构的固定											
		制动器耐磨衬垫的间隙											
		制动器盘											
		制动器分离装置											
		弹簧											
		制动试验											
		无动力下降											
		钢丝绳固定											
		钢丝绳在卷筒上的安全圈数——3											

表（续）

序号	部　件	检查项目	已有或需完善		状况良好或需维护		功能		需修理或更换		复检		
											是否必要		执行
			+	−	+	−	+	−	+	−	是	否	日期/签名
7	动臂变幅机构	联轴器											
		变速箱											
		换位互锁											
		钢丝绳卷筒的安装											
		变幅机构的固定											
		制动器耐磨衬垫的间隙											
		制动器盘											
		制动器分离装置											
		弹簧											
		制动试验											
		无动力下降											
		钢丝绳固定											
		钢丝绳在卷筒上的安全圈数——3											

表（续）

序号	部件	检查项目	已有或需完善		状况良好或需维护		功能		需修理或更换		复检		
											是否必要		执行
			+	−	+	−	+	−	+	−	是	否	日期/签名
8	副起升机构	联轴器											
		变速箱											
		换位互锁											
		钢丝绳卷筒的安装											
		副起升机构的固定											
		制动器耐磨衬垫的间隙											
		制动器盘											
		制动器分离装置											
		弹簧											
		制动试验											
		无动力下降											
		钢丝绳固定											
		钢丝绳在卷筒上的安全圈数—3											

表（续）

序号	部　件	检查项目	已有或需完善		状况良好或需维护		功能		需修理或更换		复检		
											是否必要		执行
			+	−	+	−	+	−	+	−	是	否	日期/签名
9	小车变幅机构	行走轮											
		钢丝绳滑轮											
		行走轮轮缘/导向滚轮											
		小车幅度限位器											
		联轴器											
		小车变幅机构的固定											
		钢丝绳固定											
		限位块											
		钢丝绳在卷筒上的安全圈数——3											
		维修挂篮的返回											
10	压重/平衡重	压重/平衡重											
		活动压重/平衡重(质量)											
		固定压重/平衡重(质量)											
		防止窜动											
		防止下坠											
		吊挂点											

表（续）

序号	部　件	检查项目	已有或需完善		状况良好或需维护		功能		需修理或更换		复检		
											是否必要		执行
			+	−	+	−	+	−	+	−	是	否	日期/签名
11	塔身结构	焊缝裂纹											
		主弦杆											
		斜腹杆											
		螺栓联接件											
		销轴联接件											
		塔身接头											
12	臂架结构	焊缝裂纹											
		上、下弦杆											
		斜腹杆											
		螺栓联接件											
		销轴联接件											
		臂架接头											

表（续）

序号	部件	检查项目	已有或需完善		状况良好或需维护		功能		需修理或更换		复检		
											是否必要		执行
			+	−	+	−	+	−	+	−	是	否	日期/签名
13	平衡臂	焊缝裂纹											
		平衡臂弦杆/拉杆											
		斜腹杆											
		螺栓联接件											
		销轴联接件											
		平衡臂接头											
14	通道、走道、平台	扶梯											
		护圈											
		防止人员从高处下坠的保护装置											
		走道											
		平台											
		防止坠落的安全装置											

表（续）

序号	部　件	检查项目	已有或需完善		状况良好或需维护		功能		需修理或更换		复检		
											是否必要		执行
			+	−	+	−	+	−	+	−	是	否	日期/签名
15	司机室/操纵台	墙壁											
		窗户											
		地板											
		入口											
		门											
		座椅											
		通风设备											
		取暖装置											
		电气系统											
		风挡刮水器											
		侧面防护栏											
16	控制系统	操纵装置											
		标志和报警											
		幅度指示器											
		其他指示器											

表（续）

序号	部　件	检查项目	已有或需完善		状况良好或需维护		功能		需修理或更换		复检		
											是否必要		执行
			+	−	+	−	+	−	+	−	是	否	日期/签名
17	电气系统	地面故障防护系统											
		馈线											
		电缆卷筒											
		起重机开关											
		失压保护											
		事故自动刹车开关（可移动控制装置）											
		电气系统											
		电缆防扭措施											
		照明											
18	钢丝绳驱动装置、张紧绳	起升钢丝绳											
		动臂变幅钢丝绳											
		臂架拉索											
		小车变幅钢丝绳											
		架设钢丝绳											
		钢丝绳滑轮组											
		压绳器											
		排绳器											
		钢丝绳及端部											
		其他钢丝绳连接件											
		张紧绳											

表（续）

序号	部　件	检查项目	已有或需完善		状况良好或需维护		功能		需修理或更换		复检		
											是否必要		执行
			+	−	+	−	+	−	+	−	是	否	日期/签名
19	吊钩滑轮组总成	起升钢丝绳的固定											
		吊钩的磨损											
		吊钩的变形											
		表面裂纹											
		起重吊钩的螺母安全档											
		防脱钩装置											
		吊钩滑轮组											
20	运动限制器/安全装置	行走限位器											
		起升限位器											
		下降限位器											
		上仰变幅限位器											
		下俯变幅限位器											
		小车前行限位器											
		小车后退限位器											
		最大起重量限制器											
		力矩限制器											
		回转限位器											

表(续)

序号	部　件	检查项目	已有或需完善		状况良好或需维护		功能		需修理或更换		复检		
											是否必要		执行
			+	−	+	−	+	−	+	−	是	否	日期/签名
21	其他部件根据使用说明书确定												

注：符号说明：　+　表示“达到要求”；−　表示“未达到要求”；0　表示“不必要”。

ICS 53.020.20
J 80

中华人民共和国国家标准

GB/T 25850—2010/ISO 23813:2007

起重机　指派人员的培训

Cranes—Training of appointed persons

(ISO 23813:2007,IDT)

2011-01-10 发布　　2011-06-01 实施

中华人民共和国国家质量监督检验检疫总局
中国国家标准化管理委员会　发布

前　言

本标准等同采用 ISO 23813:2007《起重机 指派人员的培训》(英文版)。

本标准等同翻译 ISO 23813:2007。

为了便于使用,本标准作了下列编辑性修改:

a) “本国际标准”一词改为“本标准”;

b) 删除 ISO 23813:2007 的前言;

c) 对于 ISO 23813:2007 引用的其他国际标准,用已被等同采用为我国的标准代替对应的国际标准。

本标准的附录 A、附录 B 是资料性附录。

本标准由中国机械工业联合会提出。

本标准由全国起重机械标准化技术委员会(SAC/TC 227)归口。

本标准由北京起重运输机械研究所负责起草。

本标准主要起草人:何铀。

起重机　指派人员的培训

1　范围

本标准规定了向控制与管理起重机起重作业的指派人员传授必要知识的基本培训要求。本标准不适用于对危险货物或在有害环境下进行的起重作业实施控制与管理的人员所要求的附加培训。

注 1：执行任务时的责任在 GB/T 23723.1 中规定。

注 2：对司机(操作员)、吊装工和指挥人员的培训分别见 GB/T 23720.1 及 GB/T 23721。

2　规范性引用文件

下列文件中的条款通过本标准的引用而成为本标准的条款。凡是注日期的引用文件，其随后所有的修改单(不包括勘误的内容)或修订版均不适用于本标准，然而，鼓励根据本标准达成协议的各方研究是否可使用这些文件的最新版本。凡是不注日期的引用文件，其最新版本适用于本标准。

GB/T 6974.1　起重机　术语　第 1 部分：通用术语(GB/T 6974.1—2008，ISO 4306-1：2007，IDT)

GB/T 23720.1　起重机　司机培训　第 1 部分：总则(GB/T 23720.1—2009，ISO 9926-1：1990，IDT)

GB/T 23721　起重机　吊装工和指挥人员的培训(GB/T 23721—2009，ISO 23853：2004，IDT)

GB/T 23722　起重机　司机(操作员)、吊装工、指挥人员与评审员的资格要求(GB/T 23722—2009，ISO 15513：2000，IDT)

GB/T 23723.1—2009　起重机　安全使用　第 1 部分：总则(ISO 12480-1：1997，IDT)

3　术语和定义

GB/T 6974.1 及 GB/T 23723.1 中确立的以及下列术语和定义适用于本标准。

3.1

指派人员　appointed person

经需搬运载荷的组织(雇佣组织)授权全面管理起重机操作的人员。

注：取自 GB/T 23723.1—2009 中的定义 3.9。

4　必备素质与知识

接受培训的指派人员须年满 20 岁并至少从事起重机司机、吊装工或指挥人员的起重作业工作 2 年。

对于培训课程中将使用的语言文字应具有读写和理解能力，并应具备一般判断能力、沉着冷静的特质以及管理他人的能力。

5 通则

指派人员必须时时考虑位于起重作业区内的人员与财产的安全，有责任查找事故隐患及其产生的原因，并有权对起重作业进行控制。

6 培训目标

通过培训的指派人员应达到以下要求：

a） 了解起重机的适用环境及其相关规程，并能加以应用；

b） 了解吊装技术及其应用；

c） 具有起重机及其特性、额定起重量图表、技术参数、机构和安全装置等技术知识，并具有下述能力：

   1） 制订一套安全工作制度；

   2） 为起重作业选定合适的起重机；

   3） 监督用于起重作业的各种起重机的安全运行；

   4） 充分利用在用起重机的各种性能；

   5） 对起重作业中或起重机上出现的各种故障进行判定，并提交故障报告；

   6） 确保所用起重机的维护规程就在现场且得到遵守；

   7） 确保所有相关报告与文档已正确完成；

   8） 确保起重作业符合一切法规性要求与操作规程的规定。

培训时间和内容的设定应以完全实现上述目标为准。

培训的内容还应包括评估与实际操作，以考核是否达到培训目标。

7 培训内容

7.1 总则

培训内容应包括关于起重机工时与起重设备使用的法规、以及有关起重机使用方面的相关标准、操作规程与指南等基础性知识的详尽内容。

培训内容还应包括：

——起重作业的计划；

——重物特性与起吊方法；

——选择适用的起重机；

——选择适用的起重吊具；

——人员的挑选；

——起重作业之前、作业过程中及作业后起重机与载荷的定位；

——作业场地；

——紧邻的危险物，包括输电线；

——地面条件；

——起重机的架设与拆卸程序。

7.2 环境条件

应考虑作业现场已存在的或可能出现的环境条件，以及一旦不适合作业即可强行停止的情况，特别是以下各项因素：

——重物移动前后的质量、质心、起吊点与尺寸；

——工作幅度；

——根据额定起重量图表和技术参数表选择合适的起重机；

——现场周围状况；

——进出作业区的通道；

——起重机位置与支承面是否合适(是否有地下公用设施、洞穴等)；

——高架输电线；

——障碍物；

——电磁干扰(无线电频率影响)。

7.3 职责

指派人员的职责按 GB/T 23723.1—2009 的规定。

指派人员的职责是：

a) 对起重作业进行评估；

b) 制订涵盖整个起重作业的安全工作制度；

c) 确保陈述该项起重作业方法的正式报告已完成；

d) 确保该安全工作制度已通报有关各方；

e) 确保选用的都是经过培训的合格人员；

f) 确保已对所有参与该项起重作业的团体进行了咨询；

g) 确保已对不参加该项起重作业的附近人员的安全问题做出了安排；

h) 确保起重作业过程中的通信系统是有效的；

i) 确保只有通过授权才能操纵起重机或搬运载荷；

j) 确保所有的许可证明均已经取得。

7.4 人员的选定

所有参与起重作业的人员均须经过培训并且是有能力完成其职责的人员。

起重机司机(操作员)、吊装工与指挥人员的资格认定应符合 GB/T 23722 的规定。

对起重机司机(操作员)、吊装工、指挥人员、起重机安装人员与维护人员的基本要求及其职责应符合 GB/T 23723.1 的规定。

起重机司机(操作员)应按 GB/T 23720.1 的规定通过培训；吊装工与指挥人员应按 GB/T 23721的规定通过培训。

7.5 起重机的选择

起重机的选择应考虑以下各项因素：

a) 重物的质量；

b) 重物尺寸；

c) 重物特性；

d) 工作速度；

e) 在带载作业循环内工作幅度的变化范围；

f) 起升高度；

g) 作业循环的次数与频度；

h) 起重机工作时间；

i) 地面条件；

j) 环境条件；

k) 与高架输电线的间距；

l) 与建筑物的间距；

m) 登、离起重机的通道；

n) 其他特殊作业条件与限制；

o) 所选起重机的实际状况。

7.6 其他起重设备的选用

应选用适合起重作业的起重设备。

7.7 安全事项

安全事项应考虑以下内容：

a) 对操纵起重机动作的人员的确认；

b) 人员防护设施；

c) 通道和紧急逃生路线；

d) 火灾危险；

e) 地面条件；

f) 设立安全工作区；

g) 邻近的其他起重机、车辆或设备；

h) 在人员附近搬运载荷。

7.8 起重机的定位

起重机的定位应考虑以下内容：

a) 起重机位置与支承面的状况；

b) 附近的危险物；

c) 风对起重机和载荷的影响；

d) 作业区进出通道；

e) 电力障碍，例如可能需要向电力主管部门或有关专家进行咨询；

f) 照明。

7.9 额定起重量图表和起重机技术参数

关于额定起重量图表和起重机技术参数应考虑以下各项：

a) 额定起重量图表(含所附注释)；

b) 起重机的配置，包括配重、附件等；

c) 起重作业范围；

d) 起重机支承系统的要求与限制，包括支腿、轮胎、履带、轨道等；

e) 吊钩滑轮组起重能力及其质量；

f) 重物形状。

7.10 相关法规要求及其他要求

相关法规要求及其他要求应考虑以下各项：

a) 法律法规；

b） 操作规程与指导性文件；

c） 起重机制造厂的技术文件；

d） 起重机档案。

7.11 指派人员检查项目清单

指派人员的指导性文件(检查项目一览表)参见附录 A。

7.12 课程科目

指派人员的培训课程科目参见附录 B。

附　录　A
（资料性附录）
指派人员检查项目一览表

设计本检查项目一览表是为了对指派人员提供帮助，为其列出一些要点。根据GB/T 23723.1的要求，这些要点应该作为规划操作各种类型起重机进行起重作业的基础。由于起重机的配置多种多样，可供采用的起重机类型与特性也很不同，为了针对某一特定应用场合选择最适合的起重机，应对起重作业各方面的要求进行全面考虑。

a)　人员

是否所有参加起重作业的人员都经过了充分的培训，具有实践经验并得到了认可。

b)　重物

1)　验证拟起吊的重物的属性；
2)　确认其质量(包括吊具的质量)；
3)　检查各部尺寸；
4)　确定质心位置；
5)　检查重物上的起吊点和附件(如有)，看其是否确实能支承全部质量。只要有可能，便应利用这些吊点与附件；
6)　使用卸扣、吊装带或吊链时，是否需要用吊梁，或是需要特别小心；
7)　拟使用的起重设备是否已有现行有效的试验合格证和检验报告。

c)　起升高度与载荷移动距离

1)　落实载荷起升地点；
2)　落实载荷吊至地点；
3)　综合考虑1)、2)两点，确定起重机的最佳位置；
4)　起重机在此位置上进行吊运时，其最大工作幅度是多大；
5)　考虑到索具的长度以及在重物与起重臂之间需留出的距离，起重机臂架头部必须升到多高才能完成吊运作业；
6)　考虑到起重吊具及吊钩滑轮组的质量，吊运过程中作用在设备上的最大载荷有多大；
7)　综合考虑4)、5)和6)，最好采用什么起重机完成吊运作业；
8)　该起重机应作何配置(臂架长度、平衡重等)；
9)　在上述配置下，起重机回转时是否会受到限制？如果是，是否已经考虑到了这些限制；
10)　重物或紧邻的危险物是否对起重机的回转有所限制？如果是，对其是否已有所考虑；
11)　起重机四周是否已有足够的净空间隙或者还需要用警戒带将起重机隔离开；
12)　应从起重机租赁公司或制造厂查明起重机处于最恶劣位置时的支腿载荷；
13)　本起重作业是否需要采用不止一台起重机；
14)　多台起重机联合作业是一种具有巨大潜在风险的特殊作业，它要求操作人员掌握相当熟练的操作技能并由专家进行严密监管；这种吊运作业应经特别缜密的策划，并对每台起重机分担多大比例的载荷做出精确的估算；

15） 规划多台起重机联合起重作业时，关键是要对重物的质量、质心位置、吊具的质量与起重能力、起重机运动的同步性以及仪表监控功能等主要因素进行考虑；如果这些相关因素中有任何一项不能精确地做出评估，就可能需要显著降低参与工作的起重机的起重能力；

16） 规划与实施多台起重机联合吊运作业时，强烈建议有专家进行指导；

17） 重物与起重机之间是否留有空隙。

d） 现场条件与附近危险物

1） 为起重机作业选定的地点、地面条件是否符合该类型起重机的要求(例如，充裕的面积、地面水平度和足以支承装备完整的起重机、重物以及支腿载荷的承载能力等等)；

2） 现场是否有安装起重机的空间；

3） 如果没有足够的安装空间，如何调整；

4） 起重机在安装完毕的状态下是否能行走；

5） 在选择用来安装起重机的工地现场，地面条件是否符合要求，即足以支承载有供起重机安装用的臂架与平衡重的车辆(例如，充裕的面积，地面水平度并有足够的承载能力)；

6） 在选择用来安装起重机的工地现场，是否考虑了装配起重机臂架用的起重机和运载臂架与平衡重的车辆所需占用的空间；

7） 如果起重机不得不在公路上进行组装或停留，可能需要从有关主管部门获取临时封路、交通改道或使停车计时器暂停使用的许可；

8） 确保在起重机安装工地与作业现场之间有适用的通道，该通道应有足够大的面积和水平度，当起重机按有关操作规程与制造商的使用说明书运行时，应具有支承住安装好的起重机的承载能力；

9） 起重机上空是否存在可能与之发生接触的动力输电线、电话线或其他障碍物；

10） 是否有与其他起重机或电动工作平台在高空发生碰撞的危险；

11） 是否有需加考虑的地下危险物(例如，洞穴、污水管、市政公用设施、拱顶地窖、地下室等)；

12） 工地现场是否有满足要求且安全的出入通道；

13） 起重机就位后，在其工作区四周是否有满足要求的出入通道，特别是用于抢修的通道；

14） 是否必须对起重机回转进行限制(例如，在铁道边或在正在生产的工厂内工作时)；

15） 如果起重机必须在堤坝上或码头上运行或工作，对其质量或支腿的载荷是否已做了考虑；

16） 起重机是否停放在航班着陆引导区或直升机使用区？如果是，是否经有关主管部门允许。

e） 起重机到达工地现场之前

1) 授权与工作许可：

——如起重作业需要完全或部分封闭公路(含人行道)、交通改道和/或临时不准停车，应取得有关主管部门的批准；

——查验有关主管部门要求的用于封路、改道所需的标志与设施是否都已备齐；

——在如化工厂、铁路、飞机场或停机坪、供电所和核设施等处附近进行作业可能需经特批。

2) 通讯：

当涉及特殊的起重作业或者仅用手势信号不能充分满足要求时，应辅以其他通讯方式，例如无线电通信。应检查是否所有设备均能正常工作且已获得使用许可。

3) 天气：

——当起重机或起重作业容易受到天气影响时，应查询天气预报，因为天气情况(如大雨或持续不断地下雨)会改变地面条件并引起地面塌陷；

——起重机按计划规定的工况工作时，其最大允许风速是多少；

——应考虑日照的影响。

4) 现场条件与附近危险物：

——确认 d)所述各项现场条件与附近危险物在经过检查确认后没有发生变化；

——确认任何坡道、洞口、拱顶、建筑物、架空线等对起重机的动作均不构成障碍或危险；

——地面状况是否安全：

- 回填土未夯实：沿回填的沟渠是否还有未夯实的松土或其他杂物；
- 地窖、地下室、码头和混凝土板：这些都有可能承受不了带载或不带载起重机的质量，是否会无任何征兆突然坍塌；
- 地下市政公用设施：污水管、下水道、供人出入的检查孔、供气与供水管线等等是否会因承受不了起重机的质量而损坏甚至垮塌，造成起重机倾覆；
- 如果起重机要在靠近或紧挨着坑穴边缘作业或运行，就应确保：对坑穴进行可靠支撑；对坑穴面在起重机就位之前进行检查；起重机支腿或其轨道至坑穴边缘的距离应不小于坑穴深度。

5) 安全装备

确保人员安全装备处于良好状态且井然有序，可以方便地取用并符合现场条件。

6) 起重机

——起重机是否已按工作配置要求装备了足够的部件(包括自动安全载荷指示器一类的设定装置等)；

——如果所选起重机需要用另一台起重机进行安装或拆卸，那么，该辅助起重机的使用是否已纳入计划并经过检验。

f) 起重机到达现场

1) 所提供的起重机是否就是计划用来进行该起重作业的起重机？如不是，应重新对计划进行全面的审查，以确信所提供的起重机在所有各方面均能满足拟进行的作业的要求；

2) 所提供的起重机的技术特性是否符合规划起重作业时用的额定起重量图表？如

不是，应重新审查确认；

3） 操作人员和进行辅助运输的司机均应了解现场工作程序；

4） 对本起重作业进行控制的指派人员须确认：所有人员均已熟知工作方法及各自的职责；

5） 在现场接收起重机及其附属设备时，应检查按相关规程规定提供的合格证、检验报告等文件；

6） 检查确认起重机操作人员是否持有适用于所操纵的起重机的培训合格有效证件；

7） 起重机上所有需进行的维护工作是否已经完成；

8） 操作人员是否已被告知，出现技术问题时找谁联系；

9） 是否已向操作人员报告 b）、c）、d）、e）各项的检查结果；

10） 操作人员是否知道出现故障时，应按哪套系统进行处理，以确保有人在起重机上进行维修时机器不会动作；

11） 维修人员是否知道，当起重机发生故障时应按哪套系统进行处理。

g） 起重机的安装

1） 确保起重机的安装与架设在有资格的人员（一般为起重机操作员）的监督之下进行。在制造商的使用说明书中规定了正确安全的程序与方法。如果起重机不能按规定进行安装，必须由制造厂为此专门出具豁免文件。尤为重要的是，必须严格遵守关于程序、安全措施等方面的规定；

2） 与安装作业无关人员不能进入工作现场；

3） 装拆臂架连接销时，臂架下方不准站人。

h） 起吊重物的准备工作

1） 完成装配后开始起吊之前，应与操作人员一同检查是否还有未发现的故障；起重机控制和警示装置能否正常工作；

2） 开始起吊前还应检查支腿是否已完全伸出并锁定，支腿下面应加结实的、尺寸足够大的垫板，将载荷分布开，使支腿坚固可靠地支承在各种地面上（包括混凝土地面和沥青地面）；检查是否每个支腿均已充分与支承面接触。如制造厂有要求，还应对轮胎进行检查；

3） 检查确认起重机回转、变幅、起升与放置重物的区域内均没有人员、车辆或其他障碍物，并在起重与定位作业时保持原状；起重作业暂停之后或休息之后重新开始起重作业之前应再次进行检查；

4） 在试图做任何一次起吊之前，均应检查起重机底盘的纵向与横向水平度是否符合制造商使用说明书的规定；在起重作业期间，应尽可能多地检查该水平度；

5） 检查每个支腿垫板周围的地面状况，看其是否出现开裂、渗水、垫板下沉等现象。由于各支腿载荷不断变化，因此，起重机工作时应定期对地面状况进行检查；

6） 确保在起重机作业过程中作业区无人员进入；起重作业暂停或休息之后重新开始起重作业之前应再次检查；

7） 必须注意监测天气状况，天气不好时，须采取必要的预防措施，避免起重机和载荷受风、雨、雪或冰的影响而发生险情；能见度不高时，应采用恰当的通信手段保证起重机安全作业；在极端情况下，应停止起重作业，直至能见度、风速等条件的改变足以保证可以安全地重新开始作业；

8） 延长作业之前应先确认，在可能出现大风或恶劣天气之前可以完成工作。

i） 起吊与放置重物

1） 在大多数情况下，如果能遵守安全作业规程，起重机的作业任务都能够很顺利地完成，但有些特殊作业任务中却隐藏着某些需要了解并认真对待的潜在危险；

示例 1：拆除与拆卸工作：从地面以上的高度起吊重物需要特别小心并要求精确估算重物的质量及其平衡点。

示例 2：从设计方面考虑，起重机不能用于拉拽重物脱离其周围的固定物，也不能垂直或倾斜地拉拽载荷脱离地面的固定物。

示例 3：通常自然悬吊在起重机上的一根长柱是安全的重物。但如果长柱的底面落在地上且再下降，则长柱会突然翻倒，并使起重机倾覆。所以，应提前对作业进行规划，对重物有确切的了解，知道其质心位置以及计划将其放在地面上什么位置，并采取防止长柱在地面上移动的措施。

2） 检查在工作状态和非工作状态下风的影响；

3） 起升制造商规定的额定起重量的重物时，应检查起重机最大允许风速；

4） 检查重物的性质与面积，看其是否影响操作人员在有风的状态下对重物进行控制；

5） 由于受重物迎风面积的影响，制造商有可能会降低起重机的额定起重量；

6） 应尽可能地经常检查地面状况，尤其是在大雨或持续下雨之后。必要时，应重新调整起重机的位置并重新找平；

7） 开始起吊之前，应允许臂架有适量的下挠，特别是起吊超过 50％额定起重量的重物时；

8） 检查吊具是否合适、连接可靠并具备安全工作条件；

9） 当安全、正确的起吊条件得到满足时，检查确信重物接收区也已做好接收准备时，可允许将重物略微提起离开支承面，然后检查一下，它是否平稳牢固 。

j） 拆卸

1） 起重机的拆卸只能在有资格人员（通常是起重机操作员）的监督之下按制造商的使用说明书的规定进行；如不能按规定的程序和方法进行拆卸，一定要由制造商出具专门豁免文件；尤为重要的是，应严格遵守关于程序、安全措施等方面的规定；

2） 装拆臂架连接销时，臂架下方不准站人；

3） 与拆卸作业无关人员不允许进入工作区。

k） 起重作业结束

起重作业结束后，若曾要求完全或部分地封闭公路（含人行道）、交通改道和/或临时不准停车，应注意撤除所有用于封路、改道等的标志和设备。

附　录　B
（资料性附录）
课程内容与大纲

B.1　课程内容

课程内容参见表B.1。

表B.1　课程内容

课程主题	指派人员培训
课时	2天(15 h)
地点	现场或公司培训中心
法规性或其他要求	引言及课程简介； 健康与安全国家法规； 操作规范与指导意见； 起重机制造厂的技术参数文件
起重机评估	起重机事故； 起重机的错误使用； 打支腿的程序方法； 工作幅度指示器； 起重机限制器和指示器
操作规范要求	GB/T 23723.1—2009
额定起重量	额定起重量； 工作制度图表； 技术参数表
起重机作业控制	吊装与发信号实际操作； 吊具选择； 提供文件； 起重机就位； 安全载荷指示器测试； 工作幅度指示器测试
操作考试要求	流动式起重机适用的重物： ——在不同工作幅度下，现场搬运接近于额定起重量的重物； ——将起重机放置于合适的位置以便进行上述搬运； ——正确使用吊装和发信号技术； ——正确控制起重作业全过程的操作
书面考试	GB/T 23723.1—2009
注：全部授课或培训均由富有经验的教员担任。	

B.2 考试及评估细则

B.2.1 起重作业的计划评估

要求考生根据规定参数范围内的吊运重物的质量及其起升高度与幅度,针对各种不同类型的起重机选取使用要求与技术参数方面的有关资料,并对起重作业进行规划。对考生正确选择起重机和自始至终展示良好规划技术的能力进行评估。

B.2.2 理论考试——第1试卷

本卷由安全、术语、操作及维护方面的多项选择题构成,及格分为60%。

B.2.3 理论考试——第2试卷

本卷由与相关操作规程和/或法规中的要求有关的问答题组成,及格分为75%。

B.2.4 实际操作考试

实际操作考试要求考生对接近于起重机起重能力的规定载荷的起重作业进行规划:将起重机正确安装就位;根据所提供的图表/资料正确计算重物质量,并在教员直接监督下将重物搬运到指定地点。

考生应能自始至终表现其全面控制起重作业的能力,并展示正确吊装和发信号的技能以及熟练的起重作业技能。

对每位考生进行的评估将贯穿整个测试过程。

B.2.5 合格证书

培训圆满结束之后,将向考生签发合格证书。

ICS 53.020.20
J 80

中华人民共和国国家标准

GB/T 31052.1—2014

起重机械 检查与维护规程 第1部分：总则

Lifting appliances—Code of inspection and maintenance—Part 1：General

2014-12-22 发布 2015-06-01 实施

中华人民共和国国家质量监督检验检疫总局
中国国家标准化管理委员会 发布

前　言

GB/T 31052《起重机械 检查与维护规程》分为以下 12 个部分：

——第 1 部分：总则；

——第 2 部分：流动式起重机；

——第 3 部分：塔式起重机；

——第 4 部分：臂架起重机；

——第 5 部分：桥式和门式起重机；

——第 6 部分：缆索起重机；

——第 7 部分：桅杆起重机；

——第 8 部分：铁路起重机；

——第 9 部分：升降机；

——第 10 部分：轻小型起重设备；

——第 11 部分：机械式停车设备；

——第 12 部分：浮式起重机。

本部分为 GB/T 31052 的第 1 部分。

本部分按照 GB/T 1.1—2009 给出的规则起草。

本部分由中国机械工业联合会提出。

本部分由全国起重机械标准化技术委员会(SAC/TC 227)归口。

本部分负责起草单位：北京起重运输机械设计研究院。

本部分参加起草单位：中国建筑科学研究院建筑机械化研究分院、上海振华重工(集团)股份有限公司、上海宝松重型机械工程(集团)有限公司、武桥重工集团股份有限公司、科尼起重机设备(上海)有限公司、杭州国电大力机电工程有限公司、中国重型机械工业协会停车设备工作委员会、上海市特种设备监督检验技术研究院、浙江镭蒙机械设备有限公司、齐齐哈尔轨道交通装备有限责任公司、杭州国电机械设计研究院有限公司、北京正和工程装备服务股份有限公司、中石化第十建设有限公司。

本部分主要起草人：赵春晖、尚洪、罗文龙、陈福泉、陈瑞明、侯江、杨期安、邱浩樑、胡卓辉、张培、舒双元、明艳华、俞中建、周洁、赵秀德、蒋树文、陈云龙、马寅、徐周、郭志康。

起重机械　检查与维护规程
第1部分：总则

1　范围

GB/T 31052的本部分规定了起重机械在使用过程中应进行的检查与维护方面的基本要求。

本部分适用于流动式起重机、塔式起重机、臂架起重机、桥式和门式起重机、缆索起重机、桅杆起重机、铁路起重机、升降机、轻小型起重设备、机械式停车设备和浮式起重机，参见附录A。

2　规范性引用文件

下列文件对于本文件的应用是必不可少的。凡是注日期的引用文件，仅注日期的版本适用于本文件。凡是不注日期的引用文件，其最新版本(包括所有的修改单)适用于本文件。

GB/T 5905　起重机　试验规范和程序

GB/T 28758　起重机　检查人员的资格要求

3　术语和定义

下列术语和定义适用于本文件。

3.1

检查　inspection

为确定起重机械状态是否正常而进行的一系列工作，检查分为日常检查、定期检查和特殊检查。

3.2

日常检查　daily inspection

每个工作班次开始作业前进行的检查。

3.3

定期检查　periodic inspection

对使用中的起重机械，按照规定的周期进行的检查。

3.4

特殊检查　exceptional inspection

起重机械本身或外界条件发生变化时，以及停用后再次启用前而进行的检查。

3.5

维护　maintenance

为使起重机械保持或恢复到能执行其规定功能的状态而进行的一系列工作，维护分为计划性维护和非计划性维护。维护工作包括保养和维修。

3.6

保养 preventing maintenance

为保证起重机械正常及安全运行,而按计划所进行的必要的作业,包括:清洁、润滑、紧固、调整、防腐等。

3.7

维修 repair

针对日常的或不正常的原因而造成影响起重机械正常工作的设备损坏及故障等,通过修理或更换受损的零部件,使设备功能得到恢复的一系列工作。

3.8

计划性维护 planned maintenance

为了减少起重机械的故障或性能降低发生的概率,根据制定的周期表和相应规范进行的维护。

3.9

非计划性维护 unplanned maintenance

在发生故障或检测到故障后,将起重机械修复到能执行其规定功能的状态而进行的维护。

3.10

使用说明书 service instruction

制造商提供的关于起重机械主要结构、性能、型号、规格和正确吊运、安装(含拆卸)、使用、操作、维修、保养与贮存等方法,以及保护操作者和产品的安全措施的指导性文件。

3.11

检查人员 inspector

具备必要的知识和经验,满足 GB/T 28758 所规定的要求,能够依据标准对特定类型起重机械进行检查的人员。

3.12

维护人员 maintenance personnel

对需维护的起重机械及其危险充分了解,熟悉维护程序,接受过适当的指导和专业培训,具备维护能力的人员。

4 一般要求

4.1 检查人员和维护人员应具有相应的资质或获得授权。

4.2 起重机械在使用过程中应进行检查和维护。各项检查和维护均应做好记录,并作为该起重机械的设备档案妥善保管。定期检查记录、特殊检查记录和非计划性维护记录应保存到起重机械报废为止。计划性维护记录应保存到下一个维护周期前。

4.3 制造商提供的使用说明书中有关检查和维护的要求,至少应符合本部分及相应分部分的规定。

4.4 应根据不同的起重机械确定具体的检查项目及维护项目。

5 检查

5.1 日常检查

5.1.1 日常检查应在每个工作班次开始作业前,对起重机械进行目测检查和功能试验,以发现有无缺陷。

5.1.2 日常检查应包括以下项目：

——作业环境；

——安全防护装置；

——起重吊具、钢丝绳和起重用链条；

——制动器；

——消防器材；

——供电电源；

——控制装置；

——监控系统；

——标记和警示标志；

——气动系统、液压系统、冷却系统、燃油系统的渗漏；

——照明装置。

5.2 定期检查

5.2.1 定期检查按周期可分为周检、月检、季检、半年检和年检。应根据不同的起重机械确定具体的检查周期、检查项目和检查方法。年检时应为全项目检查。

5.2.2 定期检查应包括以下项目：

a） 技术文件和资料：

——随行文件；

——检查及维护记录；

——设备安装、改造、维修、注册登记等其他档案。

b） 金属结构：

——金属结构变形、裂纹、腐蚀；

——焊缝裂纹；

——紧固件及销轴。

c） 机构：

——起升机构；

——运行机构；

——回转机构；

——变幅机构；

——伸缩机构；

——其他辅助机构（如：移动供电系统、吊具机构、润滑系统、塔机的爬升系统等）。

d） 关键零部件：

——起重吊具；

——钢丝绳及其附件；

——起重用链条；

——卷筒；

——滑轮；

——制动器；

——车轮；

——开式齿轮；

——联轴器；

——其他。

e) 控制系统：

——电控系统(含安全监控管理系统)；

——液压系统；

——气动系统。

f) 安全防护：

——限制运动行程与指示工作位置的安全防护装置(如：起升高度限制器、限位开关、幅度指示器、防止臂架向后倾翻的装置、回转锁定装置、支腿回缩锁定装置、防碰撞装置、缓冲器及端部止挡、偏斜指示器或限制器、水平仪等)；

——防超载、超速的安全防护装置(如：起重量限制器、起重力矩限制器、极限力矩限制器、超速保护装置等)；

——抗风防滑和防倾翻装置[如：抗风防滑装置(锚定装置、夹轨器等)、防倾翻安全钩等]；

——联锁保护；

——电气保护；

——警示装置及标志(如：声、光报警装置、安全警示标志等)；

——通道及安全防护设施(如：楼梯、阶梯、平台、走道、栏杆、防护罩、检修吊笼等)；

——其他安全防护装置(如：风速仪、导电滑触线的安全防护、轨道清扫器、防坠落保护、断绳保护、钢丝绳防脱装置、起升绳偏角限制器、爬升装置防脱装置、汽车长宽高限制装置、阻车装置、人车误入检测装置、自动门防夹装置、防重叠自动检测装置、松绳(链)检测装置或载车板倾斜检测装置、限速器、安全钳、紧急联络装置、运转限制装置、载车板锁定装置等)。

5.2.3 对于需要解体、移装的起重机械，检查项目至少应执行定期检验的所有项目。

5.3 特殊检查

5.3.1 起重机械在发生下列情况后应进行特殊检查：

a) 当起重机械发生下列变化时：

——安全防护装置；

——额定载荷；

——主要受力结构件；

——机构；

——控制站和控制系统；

——动力源；

——钢丝绳或起重用链条；

——起重吊具；

——底盘、基座和支撑结构。

b) 当外界环境发生下列变化，超出设备正常环境条件时：

——极端天气条件(如:暴风雨等);

——地震;

——基础(含起重机轨道);

——火灾、水灾;

——发生超载、挂舱、急停、撞击等非正常运行情况。

c) 起重机械停用后再次启用前。

5.3.2 起重机械本身或外界条件发生变化时,检查项目应与变化或损害的程度相适应;起重机械停用后再次启用前,检查项目应根据各种起重机械的特性进行确定。

5.3.3 起重机械发生事故后,应根据事故具体情况确定检查项目。

5.4 检查方法

5.4.1 目测检查

目测检查方法包括目视、耳听、手摸、鼻嗅、敲击等的检测和常规量具的测量。

目测检查一般情况下不需要进行拆卸。

5.4.2 无损检测

无损检测包括渗透检测、磁粉检测、超声检测和射线检测等。

5.4.3 功能试验

应检查控制器、开关和指示器的功能。

为确保限制器和指示器功能正常,可进行安全操作,应对下列限制器和指示器进行功能试验:

a) 超载限制器和指示器;

b) 工作运动限制器和指示器;

c) 性能限制器和指示器。

5.4.4 空载试验

应在额定速度和空载下对起重机械的所有运动(如:起升、运行、回转、变幅、伸缩、横移、纵移)进行空载试验,以检查是否有任何异常和/或缺陷。

5.4.5 载荷试验

应在带有载荷时对起重机械基本运动(如:起升、运行、回转)进行载荷试验,以检查是否有任何异常和/或缺陷。施加的载荷应根据试验目的确定,但不应超过额定起重量。

5.4.6 静载试验、动载试验和稳定性试验

应按照 GB/T 5905 规定的方法进行静载试验、动载试验和稳定性试验。

5.5 检查记录及检查报告

5.5.1 日常检查应有检查记录。定期检查应有检查记录,出现不合格项时应出具检查报告。特殊检查应有检查记录和检查报告。

5.5.2 检查记录应至少包括以下内容:

a) 检查的日期和地点;

b) 检查人员签名和其所属单位的名称;

c) 被检查设备的名称、型号、出厂编号及主要参数;

d) 各检查项目的检查结果。

5.5.3 定期检查和特殊检查的检查报告内容参见附录B。

6 维护

6.1 计划性维护

应根据每台起重机械的工作级别、工作环境及使用状态,确定计划性维护的内容和周期,并加以实施。

6.2 非计划性维护

应在发生故障后或根据日常检查、定期检查、特殊检查的结果,对发现的缺陷,确定非计划性维护的内容和要求,并加以实施。

6.3 维护结果验证

对完成维护的项目应进行相应的验证,验证合格后起重机械才能恢复使用。

6.4 维护记录

维护记录应包括保养记录和维修记录。维护记录应至少包括以下内容:

a) 维护的日期和地点;

b) 维护人员签名和其所属单位的名称;

c) 被维护设备的名称、型号、出厂编号及主要参数;

d) 各维护项目、维护方法及维护结果;

e) 对维护结果验证的说明。

7 检查与维护的安全预防措施

7.1 检查的安全预防措施如下:

a) 应观察进行检查的地点和邻近区域,并应设置警示标志和安全工作区域;

b) 如果遇到极端天气条件,应推迟检查;

c) 如果预测到由于不坚固的地面条件会导致危险,应将起重机械移动到具有坚硬地面条件的地点或采取其他措施加强地面条件;

d) 检查人员应配备个人随身保护装置(如:防护鞋、安全帽、安全带或防护眼镜);如果在检查中存在高处坠落危险的情况,则应合理防护;

e) 应采取防止触电的措施;

f) 在检查中,除由指定人员给出指令外,严禁闭合或断开电源开关;

g) 当检查中进入有电击危险的位置,应确保断开电源开关,给出"正在检查"的警示标志,锁上和/或派人员看守;对控制室应设有"正在检查"的警示标志;

h) 在检查中,除由指定人员给出指令外,严禁操作起重机械;

i) 当两台或多台起重机械安装在同一轨道或同一场所工作时,应有防碰撞措施;

j) 载荷试验前,应检查吊具附件和试验载荷是否有缺陷;

k) 严禁其他人员进入危险区域,除非经过授权;

l) 如果预测到臂架伸缩、回转和变幅会危及邻近高压电线、建筑物或公路,应禁止进行操作;

m） 定期检查和特殊检查工作应由 2 个或 2 个以上检查人员一起进行；

n） 检查时应有足够的照明。

7.2 维护的安全预防措施如下：

a） 大风、雷雨、冰雪严寒、大雾等恶劣天气下，严禁在室外进行维护作业；

b） 起重机械应停放在不受干扰的区域；

c） 若起重机械上带有载荷，应将载荷卸下；

d） 应设有“正在维护”的警示标志，或者控制器或操作仪表盘的开关应被锁定在“断开”挡位，应只有指定人员才能进行标识和/或锁定；

e） 如果上方的维护作业会对下方造成危险时，应在下方使用警示标志和设置警戒区域；

f） 在拆卸有压力的装置前，应先释放压力；

g） 在拆卸机构前，应对机构进行卸载；

h） 维护人员应配备个人随身保护装置（如：防护鞋、安全帽、安全带或防护眼镜）；如果在维护中存在高处坠落危险的情况，则应合理防护；

i） 维护时应有足够的照明；

j） 应采取防止触电的措施；

k） 应使用安全可靠的工具；

l） 焊接时，应采取适当的防护；

m） 维护作业后和起重机械恢复正常工作之前，应重新安装防护设施；恢复安全防护装置，若有必要，应对安全防护装置重新进行校准；并由指定人员解除标志和/或锁定；

n） 维护时应采取必要的消防措施；

o） 维护工作完成后，应拆除维护中采取的临时设施，并清理现场。

附 录 A
（资料性附录）
适用的起重机械产品

GB/T 31052 各部分适用的起重机械产品见表 A.1。

表 A.1 适用的起重机械产品

序号	对应各部分的标准名称	适用的产品
1	第 1 部分：总则	流动式起重机、塔式起重机、臂架起重机、桥式和门式起重机、缆索起重机、桅杆起重机、铁路起重机、升降机、轻小型起重设备、机械式停车设备和浮式起重机
2	第 2 部分：流动式起重机	汽车起重机、轮胎起重机、履带起重机、全地面起重机、随车起重机、集装箱吊运起重机
3	第 3 部分：塔式起重机	普通塔式起重机、电站塔式起重机
4	第 4 部分：臂架起重机	固定式起重机、港口台架式起重机、门座起重机
5	第 5 部分：桥式和门式起重机	桥式起重机：通用桥式起重机、电动单梁起重机、电动悬挂起重机、防爆梁式起重机、电动葫芦桥式起重机、防爆桥式起重机、绝缘桥式起重机、冶金桥式起重机； 门式起重机：通用门式起重机、水电站门式起重机、轨道式集装箱门式起重机、轮胎式集装箱门式起重机、岸边集装箱起重机、造船门式起重机、电动葫芦门式起重机、卸船机、架桥机
6	第 6 部分：缆索起重机	固定式缆索起重机、摇摆式缆索起重机、平移式缆索起重机、辐射式缆索起重机
7	第 7 部分：桅杆起重机	固定式桅杆起重机、移动式桅杆起重机
8	第 8 部分：铁路起重机	内燃铁路起重机、电力铁路起重机
9	第 9 部分：升降机	升船机、启闭机、简易升降机、施工升降机、钢索式液压提升装置、电站提滑模装置
10	第 10 部分：轻小型起重设备	钢丝绳电动葫芦、环链电动葫芦、气动葫芦、防爆电动葫芦、带式电动葫芦、输变电施工用抱杆、电站牵张设备、悬臂式起重机
11	第 11 部分：机械式停车设备	升降横移类机械式停车设备、垂直循环类机械式停车设备、水平循环类机械式停车设备、多层循环类机械式停车设备、平面移动类机械式停车设备、巷道堆垛类机械式停车设备、垂直升降类机械式停车设备、简易升降类机械式停车设备、汽车专用升降机类停车设备
12	第 12 部分：浮式起重机	浮式起重机

附　录　B
（资料性附录）
检查报告包含的信息

检查报告中至少包含的信息如下：

a） 使用单位名称和地址；

b） 设备名称、设备编号；

c） 设备制造商名称、型号、出厂编号、主要参数（包括工作级别、起重量、跨度或幅度等）、制造日期；

d） 检查日期、检查地点；

e） 检查类别：定期检查或特殊检查；

f） 进行定期检查或特殊检查的依据；

g） 检查人员和使用单位主管人员的签字及报告日期；

h） 检查人员所属单位名称和地址；

i） 检查记录、维护记录编号；

j） 起重机械定期检查：

　1） 检查项目、检查结果、引起缺陷的原因和处置建议；

　2） 检查周期、上次定期检查的日期；

　3） 下次定期检查的日期；

k） 起重机械特殊检查：

　1） 检查项目、检查结果、引起缺陷的原因和处置建议；

　2） 上次特殊检查的日期；

　3） 下次定期检查的日期。

参 考 文 献

[1] GB 6067.1—2010 起重机械安全规程 第1部分:总则
[2] GB/T 18453—2001 起重机 维护手册 第1部分:总则
[3] GB 17907—2010 机械式停车设备 通用安全要求
[4] GB/T 20776—2006 起重机械分类
[5] GB/T 22416.1—2008 起重机 维护 第1部分:总则
[6] GB/T 23723.1—2009 起重机 安全使用 第1部分:总则
[7] GB/T 23724.1—2009 起重机 检查 第1部分:总则
[8] GB/T 25196.1—2010 起重机 状态监控 第1部分:总则
[9] BS 7121-2:2003 Code of practice for safe use of cranes—Prat 2:Inspection, testing, examination
[10] ISO/DIS 9927-1.2 :2012 Cranes—Inspections—Part 1:General
[11] ISO 9927-1 :2013 Cranes—Inspections—Part 1:General

ICS 53.020.20
J 80

中华人民共和国国家标准

GB/T 31052.2—2016

起重机械　检查与维护规程 第2部分:流动式起重机

Lifting appliances—Code of inspection and maintenance—Part 2:Mobile cranes

2016-10-13 发布　　2017-05-01 实施

中华人民共和国国家质量监督检验检疫总局
中国国家标准化管理委员会　发布

前　言

GB/T 31052《起重机械　检查与维护规程》分为以下 12 个部分：

——第 1 部分：总则；

——第 2 部分：流动式起重机；

——第 3 部分：塔式起重机；

——第 4 部分：臂架起重机；

——第 5 部分：桥式和门式起重机；

——第 6 部分：缆索起重机；

——第 7 部分：桅杆起重机；

——第 8 部分：铁路起重机；

——第 9 部分：升降机；

——第 10 部分：轻小型起重设备；

——第 11 部分：机械式停车设备；

——第 12 部分：浮式起重机。

本部分为 GB/T 31052 的第 2 部分。

本部分按照 GB/T 1.1—2009 给出的规则起草。

本部分由中国机械工业联合会提出。

本部分由全国起重机械标准化技术委员会(SAC/TC 227)归口。

本部分起草单位：徐州重型机械有限公司、中联重科股份有限公司、中石化第十建设有限公司重型机械施工分公司、广东力特工程机械有限公司。

本部分主要起草人：单增海、李炳成、胡海鹏、罗凯、徐周、丁艳秋、马寅、谢为金。

起重机械　检查与维护规程
第2部分:流动式起重机

1　范围

GB/T 31052的本部分规定了流动式起重机在使用过程中所需进行的检查与维护方面的基本要求。

本部分适用于GB/T 31052.1—2014附录A所规定的流动式起重机(以下简称"起重机")。

2　规范性引用文件

下列文件对于本文件的应用是必不可少的。凡是注日期的引用文件,仅注日期的版本适用于本文件。凡是不注日期的引用文件,其最新版本(包括所有的修改单)适用于本文件。

GB/T 5972—2009　起重机　钢丝绳　保养、维护、安装、检验和报废

GB 6067.1—2010　起重机械安全规程　第1部分:总则

GB/T 6974.2　起重机　术语　第2部分:流动式起重机

GB/T 10051.3—2010　起重吊钩　第3部分:锻造吊钩使用检查

GB/T 23723.1　起重机　安全使用　第1部分:总则

GB/T 28758　起重机　检查人员的资格要求

GB/T 31052.1—2014　起重机械　检查与维护规程　第1部分:总则

JB/T 9737　流动式起重机　液压油　固体颗粒污染等级、测量和选用

3　术语和定义

GB/T 31052.1及GB/T 6974.2界定的术语和定义适用于本文件。

4　一般要求

4.1　起重机的检查分为起重作业部分的检查和底盘部分的检查。

4.2　检查人员和维护人员应符合GB/T 23723.1、GB/T 28758的要求并具有相应的资格或经过授权。

4.3　起重机在使用过程中应按使用说明书且不低于本部分要求的规定进行检查和维护。各项检查和维护均应做好记录。检查和维护结果应有检查和维护人员的签字。记录保存应符合GB/T 31052.1的规定。

4.4　检查人员应根据检查中发现缺陷的影响程度提出处置的期限。

4.5　在作业前,检查人员应按照使用说明书的规定对作业环境、吊装设备、人员装备、应急救援物资及装备等进行检查确认。

4.6　起重机的维护分为计划性维护、非计划性维护。

4.7　起重机的维护过程中产生的固体废弃物应集中收储,剩余或废弃的润滑油(脂)等应用容器盛装并妥善处置。

5 检查

5.1 首次检查

起重机在达到表 B.1 的首次检查里程时,应进行底盘部分的首次检查。首次检查的项目、方法、内容、要求等不应低于表 B.2 的规定。

5.2 日常检查

5.2.1 起重机每个工作班次开始作业前应进行日常检查。

5.2.2 起重作业部分日常检查的项目、方法、内容、要求等不应低于附录 A 的规定。

5.2.3 对于汽车起重机、全地面起重机、随车起重机的底盘部分,其日常检查时的里程及检查项目、方法、内容、要求等不应低于附录 B 的规定。

5.2.4 对于轮胎起重机、履带起重机、集装箱吊运起重机的底盘部分,其日常检查可参照 5.2.3。

5.3 定期检查

5.3.1 根据起重机的使用特点,起重作业部分定期检查的周期确定为周检、月检、季检和年检。定期检查的项目、方法、内容、要求等不应低于附录 A 的规定。

5.3.2 对于汽车起重机、全地面起重机、随车起重机的底盘部分,其定期检查按一级保养、二级保养、三级保养、四级保养确定。保养的里程及检查项目、方法、内容、要求等不应低于附录 B 的规定。

5.3.3 对于轮胎起重机、履带起重机、集装箱吊运起重机的底盘部分,其定期检查可参照 5.3.2。

5.3.4 对于需要拆解等特殊要求的起重机,应根据起重机使用年限和实际技术状态增加定期检查周期。

5.4 特殊检查

起重机在发生 GB/T 31052.1—2014 中 5.3.1 规定的情况时,应进行特殊检查。特殊检查的项目和要求不应低于附录 C 的规定。

5.5 检查方法

起重机的检查方法应采用 GB/T 31052.1—2014 中 5.4 规定的目测检查、无损检测、功能试验、空载试验、载荷试验、静载试验、动载试验、稳定性试验,具体选用的方法见附录 A、附录 B、附录 C。

5.6 检查记录及检查报告

5.6.1 起重机检查应有检查记录,内容至少包括附录 A、附录 B 或附录 C 的检查项目,并应符合GB/T 31052.1—2014 中 5.5 的规定。

5.6.2 对定期检查时发现的不合格项及特殊检查,均应出具检查报告。格式及内容参见附录 D。

6 维护

6.1 计划性维护

根据每台起重机的工作级别、工作环境、使用状态和起重机类型制定具体的维护计划,确定计划性维护的内容和周期以保证起重机正常及安全运行。其内容至少应包括:

a) 清洁;

——液压、电气、气路、供油、空调系统管路及元件表面；

——发动机及附属设备和传动机构运动部件表面及油箱。

b) 润滑：

——齿轮、轴承；

——回转支承、机构各铰点轴；

——行驶系的驱动轴主减速器和轮边减速器以及从动轴轮毂；

——钢丝绳、滑轮、伸缩臂各滑块及滑道表面；

——转向节、转向摇臂、转向拉杆等铰点。

c) 紧固：

——吊钩销轴、钢丝绳端部固定和连接；

——联轴器、减速器；

——司机室、操纵室连接部位，梯子、护栏、平台、走道连接；

——发动机、泵、马达、阀类、中心回转接头、电动机、电控箱等部件的连接螺栓；

——平衡重、行驶系的主要受力结构件及安全装置的连接件；

——起升、回转、变幅等机构及制动装置的连接件；

——车轮上的螺栓。

d) 调整：

——吊钩闭锁装置、吊钩螺母防松装置、吊具连接旋锁；

——齿轮的啮合间隙；

——制动器、离合器的间隙；

——排绳装置、拖绳装置；

——轮胎气压、轮胎定位；

——操作控制手柄；

——履带行走装置松紧程度；

——起重力矩限制器；

——蓄能器的预定压力和充填介质的充气量；

——安全防护装置。

e) 防腐：

——起重机外观表面；

——臂架、转台、车架、支腿、平衡重、超起臂架；

——机构支座等各承载部位金属结构。

f) 更换：

——各种滤芯、滤网(如液压系统、气路系统、供油系统、发动机等)损坏或达到更换周期时；

——各类减速机、变速箱、分动箱润滑油提前变质或达到更换周期时；

——液压管路、电气线路及元器件烧焦，外表破损时；

——电源总开关功能无法修复时；

——液力变矩器、液力偶合器传动油达到更换周期时；

——离合器摩擦衬片磨损严重时；

——制动器出现 GB 6067.1—2010 中 4.2.6.7 的情况之一时；

——滑轮出现 GB 6067.1—2010 中 4.2.5.3 的情况之一时；

——起重机液压油、柴油、机油、冷却液污染较严重，发生变质或达到更换周期时；

——按照 GB/T 5972—2009 中 3.5 规定的，达到钢丝绳报废标准时；

——卷筒挡边变形；起升、回转机构轮齿塑性变形，齿根磨损；

——若多个储气筒有冷凝水流出或空气干燥器串油、堵塞时，需更换制动系统干燥剂。

6.2 非计划性维护

应在发生故障后或依据日常检查、定期检查、特殊检查的结果，对发现的缺陷，确定需要维修、保养的内容和要求，并加以实施。

6.3 维护结果验证

对计划性维护和非计划性维护，完成维护的项目应根据具体情况采用空载试验或载荷试验方法进行相应的验证，验证合格后才能恢复使用。

6.4 维护记录

起重机维护应有维护记录，格式及内容参见附录 E。

7 检查与维护的安全预防措施

7.1 一般要求

检查与维护的安全预防措施，应符合 GB/T 31052.1—2014 中第 7 章的规定。

7.2 特殊要求

7.2.1 维护前，若起重机上吊有重物，应先把重物降到地面上并将臂架降到合适的支架上。

7.2.2 维护过程中，为防止焊接时电流会导致控制系统元件的损坏，在对车辆进行焊接时，应将"＋""－"极导线从蓄电池上断开，同时拔出底盘状态显示屏、发动机电脑板、变速箱电脑、发动机预热电脑、后桥转向控制器和中央控制器的电源插头、控制线插头以及起重力矩限制器和控制器电源插头。

7.2.3 焊接时注意搭铁点与焊接点的距离尽可能短，距离不能超过 500 mm，且不能跨过电脑板。

7.2.4 臂架、转台、支腿等主要承载结构件如损坏会造成严重事故。弦杆损坏、销轴弯曲、销轴丢失或焊缝开裂都会减弱臂架强度。维护过程中若发现损坏现象，维修结束前，禁止使用起重机。

附 录 A
（规范性附录）
起重作业部分日常检查和定期检查项目、方法、内容及要求

起重作业部分的日常检查和定期检查项目、方法、内容及要求见表 A.1。

表 A.1

序号	检查项目		检查方法、内容及要求	处置方式	日常检查	定期检查周期				备注
						周检	月检	季检	年检	
1	技术文件	随行文件	检查随行图纸、使用说明书、出厂合格证应完整	整改完善					○	
2	技术文件	检查记录	检查以往的检查记录应完整、无未处理的缺陷	整改完善					○	
3	技术文件	维护记录	检查以往的维护记录应完整、无未验证的维护	整改完善					○	
4	技术文件	其他档案	检查设备安装、改造、维修、注册登记等其他档案	整改完善					○	
5	整机	作业环境	检查起重机作业环境应无影响作业安全的因素	按企业管理制度和操作规程处理	○					
6	整机	外观	目测检查起重机各处应无垃圾、杂物、遗漏工具等	清洁	○					
7	整机	外观	目测检查起重机各处应无积油、积水，无渗漏	清洁	○					
8	整机	外观	目测检查起重机各部分表面应无严重的锈蚀、脱漆、损伤等缺陷	防腐/修理			○	○	○	
9	金属结构	臂架、转台、车架、支腿、平衡重、超起臂架、机构支座等主要受力构件	检查起重机各承载部位金属结构的锈蚀、裂纹和塑性变形，并应符合 GB 6067.1—2010 中 3.9 的规定	防腐/修理/更换		○	○	○	○	
10	金属结构	焊缝	目测检查主要受力结构件外露焊缝应无可见的裂纹	修理		○	○	○	○	
11	金属结构	焊缝	若结构检查发现有危险的征兆，需要去除油漆或使用无损检测技术来确定危害的存在	修理/更换		○	○	○	○	

表 A.1(续)

序号	检查项目		检查方法、内容及要求	处置方式	日常检查	定期检查周期				备注
						周检	月检	季检	年检	
12	连接件	平衡重、行驶系统、主要受力结构件及安全装置的连接件	检查平衡重、变速器、分动箱、主要受力结构件及安全装置的连接铰轴、连接板(拉绳)和螺栓应无缺损,无松动,有预紧力矩规定的应符合标准螺栓拧紧力矩要求	紧固/更换			○	○	○	
13	连接件	起升、回转、变幅等机构、制动装置的连接件	检查起升减速机、卷筒、回转支承、回转减速机、变幅油缸、制动器、联轴器等机构部件的连接螺栓应无缺损,无松动,保证规定的力矩要求,连接安全可靠	紧固/更换			○	○	○	
14	连接件	动力、液压、气动、电气系统的连接件	检查发动机、泵、马达、阀类、中心回转接头、电动机、电控箱等部件的连接螺栓应无缺损、松动	紧固/更换			○	○	○	
15	机构	起升机构	通过空载试验检查起升机构应无异常声响、振动,运行平稳	维护	○	○	○	○	○	
16	机构	变幅机构	通过空载试验检查变幅机构应无异常声响、振动,运行平稳	维护	○	○	○	○	○	
17	机构	回转机构	通过空载试验检查起重机回转机构应无异常声响、振动	维护	○	○	○	○	○	
18	机构	伸缩机构	通过空载试验检查起重臂伸缩机构应无异常声响、振动	维护	○	○	○	○	○	
19	机构	配重挂接系统	通过空载试验检查油缸伸、缩自如,运行正常	维护	○	○	○	○	○	
20	机构	支腿伸缩	通过空载试验检查支腿伸缩应无异常声响、振动	维护	○		○	○	○	
21	关键零部件	吊具	检查吊钩焊缝及吊钩结构应无影响安全的磨损及变形且应无异响	修理/更换			○	○	○	
22	关键零部件	吊具	检查吊钩销轴应无松动、脱出,轴端固定装置应安全有效	紧固/修理/更换			○	○	○	
23	关键零部件	吊具	检查吊钩闭锁装置、吊钩螺母防松装置抬起后能弹回原位	调整/修理/更换			○	○	○	
24	关键零部件	吊具	检查锻造吊钩的表面裂纹、变形、磨损、腐蚀,并应符合 GB/T 10051.3—2010 中 3.2 的规定	修理/更换				○	○	
25	关键零部件	吊具	目测检查起重横梁结构应无裂纹和塑性变形	修理/更换		○	○	○	○	
26	关键零部件	吊具	检查吊具连接转锁应可靠、回转自如	调整/更换	○	○	○	○	○	
27	关键零部件	吊具	目测检查吊具液压系统应无漏油现象,油箱油位应正常	紧固/加油	○	○	○	○	○	

表 A.1（续）

序号	检查项目		检查方法、内容及要求	处置方式	日常检查	定期检查周期				备注
						周检	月检	季检	年检	
28	关键零部件	吊具	检查吊具其他零部件应无损坏	修理/更换	○	○	○	○	○	
29		钢丝绳	按照 GB/T 5972—2009 中 3.5 规定的方法检查钢丝绳断丝、断股、磨损、锈蚀等，并应符合其要求	更换			○	○	○	
30			目测检查卷筒及滑轮上钢丝绳应无跳槽或脱槽等现象	紧固/调整	○	○	○	○	○	
31			检查钢丝绳端部固定和连接应满足 GB 6067.1—2010 中 4.2.1.5 的要求	紧固/调整			○	○	○	
32			钢丝绳润滑	维护		○	○			
33		卷筒	检查卷筒应符合 GB 6067.1—2010 中 4.2.4 的规定，卷筒挡边无变形，端部无开裂	更换				○	○	
34		滑轮	检查滑轮应符合 GB 6067.1—2010 中 4.2.5 的规定	修理/更换				○	○	
35			目测检查滑轮应转动灵活	润滑/调整				○	○	
36			检查滑轮防脱绳装置应安全有效	修理/更换				○	○	
37		制动器	检查各转动、摆动点应转动灵活	调整		○	○	○	○	
38			空载试验检查制动器应灵敏可靠、工作正常	维护		○	○	○	○	
39			回转时，检查制动器应分离可靠	调整		○	○	○	○	
40			制动器应符合 GB 6067.1—2010 中 4.2.6 的规定	更换			○	○	○	
41		离合器	空载试验离合器分离灵活、可靠	调整			○	○	○	
42			额定载荷试验来提升载荷，应运行可靠、无滑动	调整/更换			○	○	○	
43		联轴器	检查联轴器应无缺损、无松动、无漏油，运行无异常振动和异常响声	紧固/调整		○	○	○	○	
44		减速器	检查运转中的减速器应无异响、无异常振动、无漏油和过热现象	紧固/修理			○	○	○	
45			目测检查油位应在要求范围内	补给			○	○	○	
46			更换减速器润滑油	更换					○	

表 A.1(续)

序号	检查项目		检查方法、内容及要求	处置方式	日常检查	定期检查周期				备注
						周检	月检	季检	年检	
47	关键零部件	齿轮	检查回转机构等开式齿轮的轮齿塑性变形、裂纹、折断;齿面剥落、点蚀、胶合;齿根磨损情况,应符合 GB 6067.1—2010 中 4.2.8的规定	更换				○	○	
48			检查开式齿轮的啮合间隙	专业调整					○	
49		排绳装置	检查排绳装置应工作正常,滑移无卡阻,螺栓无松动	调整/紧固			○	○	○	
50		托绳装置	检查托绳装置应工作正常,运行平稳,托绳有效	调整				○	○	
51		轴承	检查轴承应无异响	修理/更换				○	○	
52		司机室、操纵室	检查司机室连接部位应无脱焊、松动和裂纹	紧固/修理			○	○	○	
53			检查司机室门、窗、玻璃、刮水器、防护栏及门锁,应无缺损;门、窗、玻璃应清洁、视线清晰	清洁/更换		○	○	○	○	
54			检查移动司机室的悬挂装置应安全可靠	紧固/修理		○	○	○	○	
55	电控系统	蓄电池	试验检查蓄电池,应工作正常	清洁/补液	○	○	○	○	○	
56		控制装置	检查各按钮应灵活有效,各绝缘保护应无破损	修理/更换	○	○	○	○	○	
57			检查各机构操纵手柄应灵活、无卡阻,挡位手感明确,零位锁有效	调整/更换	○	○	○	○	○	
58			检查遥控装置及手动电源开关外壳应无破损,控制按钮应标识清晰、正确,功能正常	修理/更换		○	○	○	○	
59		电源总开关	检查电源总开关应功能正常	修理/更换	○	○	○	○	○	
60		控制柜/台及电气设施	检查控制柜门开关应灵活且门锁可靠	调整/更换			○	○	○	
61			检查控制柜内电气线路及元器件应无过热、烧焦、融化痕迹;元器件应无外表破损;罩壳应无掉落	更换			○	○	○	
62			检查电气插接件及接地应可靠,线缆、线束无严重龟裂、破损	调整/更换			○	○	○	
63			检查各段线路线标应清晰,接线无松动	清洁/紧固					○	
64			通过功能试验,检查线路应无过热,检查绝缘电阻、接地电阻应符合要求	修理/更换					○	

表 A.1（续）

序号	检查项目		检查方法、内容及要求	处置方式	日常检查	定期检查周期				备注
						周检	月检	季检	年检	
65	电控系统	控制柜/台及电气设施	通过功能试验，检查各接线柱、接触器、继电器应接触良好	调整/更换				○	○	
66	电控系统	通讯	通过功能试验，检查主机与中央控制室的通讯应畅通	维护	○	○	○	○	○	
67	电控系统	照明、信号	检查照明、信号装置应无缺损，无不亮、亮度不足等现象	修理/更换	○	○	○	○	○	
68	电控系统	空调系统	检查驾驶室和操纵室的空调工作应正常	维护	○	○	○	○	○	
69	电控系统	空调系统	检查空调系统管路及接头应无漏水、无油迹，冷凝器片应无损坏	修理/更换	○	○	○	○	○	
70	液压系统	系统	检查液压系统管路应无破损、无泄漏、无松动、无扭曲、无老化	修理/更换	○	○	○	○	○	
71	液压系统	系统	检查液压系统应工作正常，无异响、过热等现象	维护	○	○	○	○	○	
72	液压系统	滤清器	检查保养吸油、回油滤清器、空气滤清器，更换滤芯	清洗/更换				○	○	
73	液压系统	液压油箱	液压油箱内部应清洁；液位计无破损、显示正常	清洗/更换					○	
74	液压系统	液压油箱	目测检查液压油箱液位，是否能够达到规定值	补给				○	○	
75	液压系统	液压油箱	液压油检查参照 JB/T 9737 的规定，及时更换液压油	滤清/更换					○	
76	液压系统	散热器	通过试验检查散热装置工作正常	修理/更换				○	○	
77	液压系统	蓄能器	检查蓄能器压力	调整				○	○	
78	动力系统	发动机	应按照发动机维修手册要求检查和保养	维护	根据发动机维修手册					
79	动力系统	发动机	检查发动机系统应无漏水、漏气、漏油、漏电现象	清洁/维护	○	○	○	○	○	
80	动力系统	发动机	目测检查发动机冷却液、尿素溶液、燃油的液位应符合要求	补给	○	○	○	○	○	
81	动力系统	发动机	检查发动机进气、排气管路、燃油管路及连接件，确保无松动、无扭曲、无破损、无堵塞	修理/调整	○	○	○	○	○	
82	动力系统	发动机	通过空载试验检查发动机运转有无异常，运转应平稳，监视仪表显示正常，检查发动机电气系统应无异常及异味	维护	○	○	○	○	○	
83	动力系统	发动机	目测检查发动机机油液位应符合要求	补给	○	○	○	○	○	
84	动力系统	发动机	检查机油使用状况，进行机油更换，同时更换机油滤芯	更换				○	○	

表 A.1(续)

序号	检查项目		检查方法、内容及要求	处置方式	日常检查	定期检查周期				备注
						周检	月检	季检	年检	
85	动力系统	滤清器	检查燃油滤清器和机油滤清器应清洁无破损,进行滤芯更换	清洗/更换				○	○	
86			清洁空气滤清器集尘杯	清洁				○	○	
87			检查空气滤清器压差指示器,空气滤清器负压指示器显示时,清洁空气滤清器主滤芯,主滤芯清洁 2 次后或当空滤器主滤芯损坏时,进行更换空气滤清器主滤芯和安全滤芯	清洁/更换			○	○	○	
88		燃油箱	燃油箱内部应清洁	清洗				○	○	
89		散热系统	通过试验检查散热装置工作正常	修理/更换				○	○	
90			散热器清洗/反转除尘	清洁/维护	○	○	○	○	○	
91			散热器冷却液应清洁,及时清除其中沉淀物;冷却液定期更换,更换时应放尽旧液,冷却系统清洗干净后换新液	清洗/更换					○	
92		后处理系统	检查尿素泵气压	调整				○	○	
93		其他	皮带张紧度应符合要求	调整			○	○	○	
94	安全防护装置	起升高度限制器	通过功能试验检查起升高度限制器,应固定可靠、功能有效	调整/更换					○	
95		起重量限制器	通过功能试验检查起重量限制器,应固定可靠、功能有效	调整/更换					○	
96		起重力矩限制器	通过功能试验检查起重力矩限制器,应固定可靠,精度及保护功能有效	调整/更换			○	○	○	
97		钢丝绳过放保护装置(三圈保护器)	通过功能试验检查钢丝绳过放保护功能是否有效	调整				○	○	
98		幅度指示器	检查指示装置应无变形、损坏、功能有效	修理/更换	○	○	○	○	○	
99		水平仪	检查水平仪应无损坏、功能有效	修理/更换	○	○	○	○	○	
100		防止起重臂向后倾翻装置	检查防止起重臂向后倾翻装置应无变形、缺损、松动	修理/更换					○	
101		电气控制连锁保护装置	通过功能试验,检查转数、限位、压力、温度、行程、角度等电气控制连锁保护装置应工作正常	修理/更换				○	○	

表 A.1（续）

序号	检查项目		检查方法、内容及要求	处置方式	日常检查	定期检查周期				备注
						周检	月检	季检	年检	
102	安全防护装置	接地保护	通过功能试验，检查接地装置应完好，功能有效	修理/更换			○	○	○	
103	安全防护装置	电气保护	检查短路、失压、零位、过流等电气保护应无缺损	更换					○	
104	安全防护装置	安全监控管理系统	检查安全监控管理系统各控制单元应工作正常	调整/修理	○	○	○	○	○	
105	安全防护装置	急停开关	触动紧急停止开关，起重机应立即停机。急停开关不应自动复位。手动复位后，再重新启动，起重机应能恢复正常运行	修理/更换	○	○	○	○	○	
106	安全防护装置	伸缩机构限位装置	通过功能试验，检查伸缩机构限位装置固定可靠、功能有效	调整/更换		○	○	○	○	
107	安全防护装置	垂直支腿回缩锁定装置	检查机械锁定类装置应无变形、缺损、松动，安全、可靠；液压锁定类可靠、作用有效	修理/更换			○	○	○	
108	安全防护装置	回转锁定装置	检查锁定装置应无变形、缺损、松动并锁定可靠	紧固/更换					○	
109	安全防护装置	回转限位	通过功能试验，检查回转限位应固定可靠、功能有效	调整/更换		○	○	○	○	
110	安全防护装置	平衡重锁定装置	平衡重锁定装置检查，机械锁定类装置应无变形、缺损、松动，作用有效；液压锁定类作用有效	修理/更换					○	
111	安全防护装置	作业报警装置(声光报警装置)	通过功能试验，检查声光报警装置应工作正常	调整/更换			○	○	○	
112	安全防护装置	标识和警示标志	检查起重机标牌、吨位牌、安全警示标志应清晰、无缺失	清洁/更换	○	○	○	○	○	
113	安全防护装置	梯子、护栏、平台、走道	检查梯子、平台、走道、护栏应完好且牢固	紧固/修理					○	
114	安全防护装置	防护罩、防雨罩	检查各旋转部位的防护罩及防雨罩应牢固、齐全、无破损	紧固/修理					○	
115	安全防护装置	风速仪及风速报警器	检查风速仪及风速报警器应正常工作	调整/更换					○	
116	安全防护装置	作业盲区监视装置	作业盲区监视装置通过功能试验，检查作业盲区监视装置应无损坏、功能有效	修理/更换				○	○	
117	安全防护装置	消防器材	目测检查消防器材的存放位置应正确，灭火器在有效期内	调整/更换					○	

附　录　B
（规范性附录）
底盘部分的首次检查、日常检查和定期检查项目、方法、内容及要求

B.1　底盘部分的首次检查里程、日常检查里程和定期检查保养里程见表 B.1。

表 B.1

单位为千公里

首次检查	日常检查	一级保养	日常检查	二级保养	日常检查	一级保养	日常检查	三级保养	日常检查	一级保养	日常检查	二级保养	日常检查	一级保养	日常检查	四级保养
1.5	5	10	15	20	25	30	35	40	45	50	55	60	65	70	75	80
	85	90	95	100	105	110	115	120	125	130	135	140	145	150	155	160
	165	170	175	180	185	190	195	200	205	210	215	220	225	230	235	240
	245	250	255	260	265	270	275	280	285	290	295	300	305	310	315	320
	325	330	335	340	345	350	355	360	365	370	375	380	385	390	395	400
	405	410	415	420	425	430	435	440	445	450	455	460	465	470	475	480
	485	490	495	500												

B.2　底盘部分首次检查、日常检查和定期检查保养的项目、方法、内容及要求见表 B.2。

表 B.2

序号	检查项目		检查方法、内容及要求	处置方式	首次检查	日常检查	定期检查周期				备注
							一级保养	二级保养	三级保养	四级保养	
1	传动系	变速器、分动箱	目测检查润滑油油面，达到安全标线和用量	补给			○				
2			检查润滑油使用状况，更换润滑油	更换	○			○			
3			检查变速器、分动箱透气塞（空气滤清器）应畅通无堵塞	清洁/维护				○			
4		传动轴	传动轴润滑，保证润滑油嘴加满但不溢出	维护	○	○	○	○	○	○	
5			检查传动轴、联轴器的工作、连接和磨损情况，无缺损、无松动、运行中无异响和异常振动	维护/调整	○	○					

表 B.2（续）

序号	检查项目		检查方法、内容及要求	处置方式	首次检查	日常检查	定期检查周期				备注
							一级保养	二级保养	三级保养	四级保养	
6	行驶系	行走机构	通过空载试验检查行走系统（包括履带行走架、履带架）应无异常声响、振动，驱动轮、支重轮、托链轮、导向轮行驶功能正常、有效	维护	○	○	○	○	○	○	
7	行驶系	行走机构	检查板簧销轴、油气悬挂油缸销轴是否加注润滑脂	补给	○	○	○	○	○	○	
8	行驶系	行走机构	检查 U 型螺栓，无松动	紧固/更换	○	○	○	○	○	○	
9	行驶系	行走机构	检查油气悬挂功能、油气悬挂中位调平功能及履带行走装置松紧程度检查，应正常、有效	调整	○			○	○	○	
10	行驶系	驱动轴	检查驱动轴主减速器和轮边减速器液面	补给	○		○				
11	行驶系	驱动轴	更换驱动轴主减速器和轮边减速器润滑油	更换	○			○	○	○	
12	行驶系	驱动轴	清洁或更换驱动轴通气装置	清洁/维护		○		○	○	○	
13	行驶系	从动轴	更换从动轴轮毂润滑脂	更换	○				○	○	
14	行驶系	从动轴	检查驱动轴、从动轴轮毂及轮毂轴承间隙，确保轮毂无缺损、严重变形或裂纹	专业维护				○	○	○	
15	行驶系	车轮	检测轮胎气压及磨损情况，应符合轮胎承受相应负荷时的规定	调整	○	○	○	○	○	○	
16	行驶系	车轮	轮胎螺母和半轴螺母应完整齐全，并按规定力矩紧固	调整/更换		○					
17	行驶系	车轮	轮胎定位	专业调整				○			
18	制动系		检查手制动、脚制动、气室功能应正常、可靠	修理/更换	○	○	○	○	○	○	
19	制动系		储气筒放水	维护	○	○	○	○	○	○	
20	制动系		检查干燥器功能是否正常，更换干燥剂	更换			○	○	○	○	
21	制动系		检查及调整调压阀输出压力	专业维护		○	○	○	○	○	
22	制动系		检查制动蹄摩擦片厚度及磨损程度，调整制动器间隙	专业维护				○	○	○	
23	制动系		清洁车轮制动器	维护					○	○	

表 B.2(续)

序号	检查项目	检查方法、内容及要求	处置方式	首次检查	日常检查	定期检查周期				备注
						一级保养	二级保养	三级保养	四级保养	
24	转向系	测试和调整前轮前束及定位装置	调整	○						
25		检查转向系的功能	调整					○	○	
26		检查和调整转向机、摇臂、拉杆螺栓、螺母的锁固和转向系的间隙	调整/维护	○					○	
27		转向节、转向摇臂、转向拉杆等铰点润滑	维护			○	○	○	○	
28	气动系	通过空载试验检查气动系统压力应正常,仪表应指示正常	修理/更换		○	○	○	○	○	
29		检查气动系统密封性,管路元件及接头无破损、无扭曲、无松动、无老化	修理/更换	○	○	○	○	○	○	
30		检查气动座椅、喇叭等元件功能应正常、控制阀、安全阀等阀类作用正常、安全可靠	修理/更换		○	○	○	○	○	

附 录 C
（规范性附录）
特殊检查项目、方法、内容及要求

特殊检查的条件、检查项目、方法、内容及要求见表 C.1。

表 C.1

序号	特殊检查的条件		检查项目	检查方法、内容及要求	处置方式	备注
1	设备变化	安全防护装置型式或规格改变	安全防护装置	针对被改变的安全防护装置，其检查方法、内容及要求应按附录 A 的相应规定执行	按附录 A 的相应规定	
2	设备变化	额定载荷改变	机构、金属结构[a]	通过静载试验、动载试验检查起重机各项性能应满足使用要求	加固机构和金属结构/减小起重机性能参数	
3	设备变化	主要受力结构件截面特性或材质改变	金属结构	针对被改变的金属结构，其检查方法、内容及要求应按附录 A 的相应规定执行	按附录 A 的相应规定	
4	设备变化	主要受力结构件截面特性或材质改变	金属结构	通过静载试验，检查被改变的金属结构应满足设计要求	加固金属结构	
5	设备变化	起升机构型式或规格改变	起升机构	针对被改变的机构或其零部件，其检查方法、内容及要求应按附录 A 的相应规定执行	按附录 A 的相应规定	
6	设备变化	起升机构型式或规格改变	起升机构	通过动载试验检查起重机各项性能应满足设计要求	更换起升机构/减小起重机性能参数	
7	设备变化	控制系统型式或规格改变	控制系统	针对被改变的控制系统或其元件，其检查方法、内容及要求应按附录 A 的相应规定执行	按附录 A 的相应规定	
8	设备变化	控制系统型式或规格改变	控制系统	通过功能试验检查起重机的控制性能应满足设计要求	按附录 A 的相应规定	
9	设备变化	动力源型式或规格改变	动力源	针对被改变的动力源或其元件，其检查方法、内容及要求应按附录 A 的相应规定执行	按附录 A 的相应规定	
10	设备变化	钢丝绳性能改变	钢丝绳	通过空载或载荷试验检查、验证钢丝绳与卷筒、滑轮的匹配情况，并满足 GB/T 5972—2009 第 5 章的相应要求	按附录 A 的相应规定	
11	设备变化	固定吊具改变	机构、金属结构	通过静载试验、动载试验检查起重机各项性能应满足使用要求	加固机构和金属结构/减小起重机性能参数	

表 C.1(续)

序号	特殊检查的条件		检查项目	检查方法、内容及要求	处置方式	备注
12	超出正常工作环境条件	海浪或水灾侵袭	机械零部件、电控系统	针对被海浪或水灾侵袭的机械零部件、电控系统，其检查方法、内容及要求应按附录 A、附录 B 的相应规定执行	按附录 A、附录 B 的相应规定	
13		风速超出设计范围	风速仪、金属结构	针对风速仪、受风载的金属结构，其检查方法、内容及要求应按附录 A 的相应规定执行	按附录 A 的相应规定	
14		地震烈度超出设计范围	附录 A、附录 B 的所有年检项目	按附录 A、附录 B 的年检规定	按附录 A、附录 B 的相应规定	
15				通过功能试验、载荷试验、静载试验、动载试验检查起重机各项性能应满足设计要求	按附录 A 的相应规定	
16		超载	机构、金属结构	针对受影响的机构及金属结构，其检查方法、内容及要求应按附录 A 的相应规定执行	按附录 A 的相应规定	
17				通过静载试验、动载试验检查起重机各项性能应满足设计要求	修复机构和金属结构	
18		安全制动器动作对机构造成非正常冲击的急停	起升机构	通过载荷试验检查起升机构及其零部件的各项性能应满足使用要求	按附录 A 的相应规定	
19		撞击事故	主要受力结构件、各机构	目测检查主要受力结构件、各机构应完好，并通过功能试验、载荷试验、动载试验检查起重机各项性能应满足使用要求	按附录 A 的相应规定	
20		火灾	主要受力结构件、各机构、电控系统	通过目测检查、功能试验或/和载荷试验检查受火灾影响的项目，应符合附录 A、附录 B 的相应要求	按附录 A、附录 B 的相应规定	
21	其他	设备停用一年及以上再次投入使用前	附录 A、附录 B 的所有年检项目	按附录 A、附录 B 的年检规定	按附录 A、附录 B 的相应规定	

[a] 在进行动载试验或静载试验之前，应确保起重机满足试验条件。

附　录　D
（资料性附录）
检　查　报　告

检查报告格式及内容参见表 D.1。

表 D.1

编号：

<table>
<tr><td colspan="2">检查类别</td><td colspan="2">定期检查 □ 特殊检查 □</td><td colspan="7">检查依据</td></tr>
<tr><td colspan="2">设备编号</td><td colspan="2"></td><td colspan="2">设备名称</td><td colspan="5"></td></tr>
<tr><td colspan="2" rowspan="2">使用单位</td><td>名　称</td><td></td><td colspan="2">地　址</td><td colspan="5"></td></tr>
<tr><td>设备负责人</td><td></td><td colspan="2">联系电话</td><td colspan="5"></td></tr>
<tr><td colspan="2">制造单位</td><td colspan="2"></td><td colspan="2">制造日期</td><td colspan="5"></td></tr>
<tr><td colspan="2">主要参数</td><td colspan="9">起重量：______ t　幅度：______ m　起升高度：______ m　工作级别：______　支腿跨距______ m</td></tr>
<tr><td colspan="2" rowspan="2">检查单位</td><td>名称</td><td></td><td colspan="2">维保合同
起止日期</td><td colspan="5"></td></tr>
<tr><td>地址</td><td colspan="8"></td></tr>
<tr><td colspan="2">检查地点</td><td colspan="2"></td><td colspan="2">工作环境</td><td colspan="5">露天□　非露天□　易爆□
高温□　粉尘□　其他□</td></tr>
<tr><td colspan="11">检查情况</td></tr>
<tr><td rowspan="2">序号</td><td rowspan="2">检查项目</td><td rowspan="2">检查结果</td><td rowspan="2">原因及处置建议</td><td colspan="2">记录编号</td><td colspan="2">检查日期</td><td rowspan="2">检查周期</td><td rowspan="2">检查人员</td><td rowspan="2">检查日期</td></tr>
<tr><td>检查</td><td>维护</td><td>上次</td><td>下次</td></tr>
<tr><td></td><td></td><td></td><td></td><td></td><td></td><td></td><td></td><td></td><td></td><td></td></tr>
<tr><td></td><td></td><td></td><td></td><td></td><td></td><td></td><td></td><td></td><td></td><td></td></tr>
<tr><td></td><td></td><td></td><td></td><td></td><td></td><td></td><td></td><td></td><td></td><td></td></tr>
<tr><td></td><td></td><td></td><td></td><td></td><td></td><td></td><td></td><td></td><td></td><td></td></tr>
<tr><td></td><td></td><td></td><td></td><td></td><td></td><td></td><td></td><td></td><td></td><td></td></tr>
<tr><td></td><td></td><td></td><td></td><td></td><td></td><td></td><td></td><td></td><td></td><td></td></tr>
<tr><td></td><td></td><td></td><td></td><td></td><td></td><td></td><td></td><td></td><td></td><td></td></tr>
<tr><td></td><td></td><td></td><td></td><td></td><td></td><td></td><td></td><td></td><td></td><td></td></tr>
<tr><td>备注</td><td colspan="10"></td></tr>
<tr><td colspan="2">项目主管</td><td colspan="2"></td><td colspan="2">报告日期</td><td colspan="5"></td></tr>
</table>

附　录　E
（资料性附录）
维　护　记　录

维护记录格式及内容参见表 E.1。

表 E.1

编号：

<table>
<tr><td>维护工作类别</td><td colspan="4">保养 □</td><td colspan="4">维修 □</td></tr>
<tr><td>设备编号</td><td colspan="4"></td><td colspan="2">设备名称</td><td colspan="2"></td></tr>
<tr><td rowspan="2">使用单位</td><td>名　称</td><td colspan="3"></td><td colspan="2">地　址</td><td colspan="2"></td></tr>
<tr><td>设备负责人</td><td colspan="3"></td><td colspan="2">联系电话</td><td colspan="2"></td></tr>
<tr><td>制造单位</td><td colspan="4"></td><td colspan="2">制造日期</td><td colspan="2"></td></tr>
<tr><td>主要参数</td><td colspan="8">起重量：______t　幅度：______m　起升高度：______m　工作级别：______　支腿跨距______m</td></tr>
<tr><td rowspan="2">维护单位</td><td>名称</td><td colspan="3"></td><td colspan="2">维保合同
起止日期</td><td colspan="2"></td></tr>
<tr><td>地址</td><td colspan="3"></td><td colspan="2" rowspan="2">工作环境</td><td colspan="2" rowspan="2">露天□　非露天□　易爆□
高温□　粉尘□　其他□</td></tr>
<tr><td>维护地点</td><td colspan="4"></td></tr>
<tr><td colspan="9">维护情况</td></tr>
<tr><td>序号</td><td colspan="2">维护项目及内容</td><td colspan="2">维护方法</td><td>维护结果</td><td>结果验证说明</td><td>维护人员</td><td>维护日期</td></tr>
<tr><td></td><td colspan="2"></td><td colspan="2"></td><td></td><td></td><td></td><td></td></tr>
<tr><td></td><td colspan="2"></td><td colspan="2"></td><td></td><td></td><td></td><td></td></tr>
<tr><td></td><td colspan="2"></td><td colspan="2"></td><td></td><td></td><td></td><td></td></tr>
<tr><td></td><td colspan="2"></td><td colspan="2"></td><td></td><td></td><td></td><td></td></tr>
<tr><td></td><td colspan="2"></td><td colspan="2"></td><td></td><td></td><td></td><td></td></tr>
<tr><td></td><td colspan="2"></td><td colspan="2"></td><td></td><td></td><td></td><td></td></tr>
<tr><td></td><td colspan="2"></td><td colspan="2"></td><td></td><td></td><td></td><td></td></tr>
<tr><td>备注</td><td colspan="8"></td></tr>
<tr><td>项目主管</td><td colspan="3"></td><td colspan="2">记录日期</td><td colspan="3"></td></tr>
</table>

ICS 53.020.20
J 80

中华人民共和国国家标准

GB/T 31052.3—2016

起重机械　检查与维护规程 第3部分：塔式起重机

Lifting appliances—Code of inspection and maintenance—Part 3: Tower cranes

2016-10-13 发布　　2017-05-01 实施

中华人民共和国国家质量监督检验检疫总局
中国国家标准化管理委员会　发布

前 言

GB/T 31052《起重机械 检查与维护规程》分为以下12个部分：

——第1部分:总则；

——第2部分:流动式起重机；

——第3部分:塔式起重机；

——第4部分:臂架起重机；

——第5部分:桥式和门式起重机；

——第6部分:缆索起重机；

——第7部分:桅杆起重机；

——第8部分:铁路起重机；

——第9部分:升降机；

——第10部分:轻小型起重设备；

——第11部分:机械式停车设备；

——第12部分:浮式起重机。

本部分为GB/T 31052的第3部分。

本部分按照GB/T 1.1—2009给出的规则起草。

本部分由中国机械工业联合会提出。

本部分由全国起重机械标准化技术委员会(SAC/TC 227)归口。

本部分负责起草单位:北京建筑机械化研究院、中国建筑科学研究院建筑机械化研究分院。

本部分参加起草单位:北京市建设机械与材料质量监督检验站、北京正和工程装备服务股份有限公司、沈阳三洋建筑机械有限公司、哈尔滨东建机械制造有限公司、抚顺永茂建筑机械有限公司、浙江省建设机械集团有限公司、湖北江汉建筑工程机械有限公司、江苏正兴建设机械有限公司、长沙中联重工科技发展股份有限公司、广西建工集团建筑机械制造有限责任公司、浙江虎霸建设机械有限公司、徐州建机工程机械有限公司、中国新兴建设开发总公司、广东省建筑科学研究院、北京城建五建设集团有限公司、中铁建设集团有限公司、河北建设集团有限公司、江苏中建达丰机械租赁有限公司、山东大汉建设机械有限公司。

本部分主要起草人:罗文龙、姚金柯、王凯晖、史洪泉、李国威、樊滨、孙田、方仙兵、文朝辉、王兴杰、邓小芹、姜渭、周志勇、王建军、杨杰、肖鸣、沈宏志、陈吉申、史建锋、段文轩、康与宙、靳义新。

起重机械　检查与维护规程
第3部分:塔式起重机

1　范围

GB/T 31052的本部分规定了塔式起重机(以下简称"塔机")在移装及使用过程中所需进行的检查与维护方面的基本要求。本部分与GB/T 31052.1结合使用。

本部分适用于GB/T 31052.1—2014附录A所规定的塔式起重机。

2　规范性引用文件

下列文件对于本文件的应用是必不可少的。凡是注日期的引用文件,仅注日期的版本适用于本文件。凡是不注日期的引用文件,其最新版本(包括所有的修改单)适用于本文件。

GB/T 5031　塔式起重机

GB 5144　塔式起重机安全规程

GB/T 5972　起重机　钢丝绳　保养、维护、安装、检验和报废

GB/T 6974.3　起重机　术语　第3部分:塔式起重机

GB/T 23723.3　起重机　安全使用　第3部分:塔式起重机

GB/T 28264　起重机械　安全监控管理系统

GB/T 28758　起重机　检查人员的资格要求

GB/T 31052.1—2014　起重机械　检查与维护规程　第1部分:总则

JGJ 332　建筑塔式起重机安全监控系统应用技术规程

3　术语和定义

GB/T 6974.3和GB/T 31052.1界定的以及下列术语和定义适用于本文件。

3.1

移装　re-erection

塔机从一个使用场地拆卸、运输、检查维护后到另一使用场地再安装架设的全过程。

4　一般要求

4.1　检查人员和维护人员应符合GB/T 23723.3、GB/T 28758的要求并具有相应的资格或经过授权。

4.2　塔机使用中应按使用说明书的规定进行检查,且不低于本部分要求。检查结果应采用零故障记录制度并有检查人员的签字。记录保存应符合GB/T 31052.1的规定。

4.3　检查人员应根据检查中发现缺陷的影响程度提出处置的期限。

4.4　在安装架设前,检查人员应对照安装拆卸方案对作业条件(作业环境、待装设备、吊装设备、人员装备、应急救援物资及装备等)进行检查确认。有影响安全的不一致时,应立即知会相关人员进行调整,对涉及重大原则性的调整应重新编制安装拆卸方案并按规定程序审批。

4.5 在安装架设前,检查人员应对塔机基础施工方出具的基础验收资料(含预埋件合格证明)进行查验,确认基础的制作符合使用说明书或由专业人员专门设计的基础文件要求,对钢筋混凝土基础还应确定养护期达到预定要求。

4.6 在安装架设前,检查人员应对照说明书对预埋结构与塔身连接平面的倾斜度进行复验。倾斜度超差时,应由专业人员根据具体情况出具通过审批的处理措施并记录在案。

4.7 塔机拥有者应根据每台塔机的具体特点及施工现场实际工作状况制定相应的维护方案(塔机技术文件已明确免予维护的部件可不包含在维护方案内),塔机的维护分为计划性维护、非计划性维护和紧急维护。

4.8 维护过程中产生的固体废弃物应集中收储;剩余或废弃的润滑油(脂)等应用容器盛装并妥善处置。

5 检查

5.1 日常检查

每个工作班次开始作业前应进行日常检查,检查项目不低于附录 A 的规定。

5.2 定期检查

塔机拥有者应根据每台塔机的具体特点和使用状况确定相应的检查要求,检查项目和周期不低于附录 A 的规定。

5.3 特殊检查

塔机在发生 GB/T 31052.1—2014 中 5.3.1 规定的情况后应进行特殊检查,相应检查项目、方法可参见附录 B 进行。

5.4 检查方法

塔机的检查方法应采用 GB/T 31052.1—2014 中 5.4 规定的目测检查、无损检测、功能试验、空载试验、额定载荷试验、动载试验、静载试验,具体选用的方法见附录 A 和附录 B。

5.5 检查记录及检查报告

检查记录及检查报告应符合 GB/T 31052.1 的规定。

6 维护

6.1 计划性维护

6.1.1 日常维护

6.1.1.1 塔机在每班前应进行日常维护。

6.1.1.2 日常维护的内容至少包含:

a) 清理基础、轨道上的垃圾、冰雪及其他障碍物;

b) 清理基础积水、结构上的积水;

c) 清理各个工作机构部位上的油污、杂物等;

d) 清洁司机室玻璃;

e) 根据表 A.1 中日常检查的结果进行相应维护。

6.1.2 定期维护

6.1.2.1 通则

塔机应由专业维护人员进行定期维护。定期维护包括周、月、季、年、移装、停用维护、停用后的复工维护。

6.1.2.2 周维护

周维护至少包含日常维护及以下内容：

a） 清理司机室、平衡臂、回转上下支座上的油污杂物等；

b） 清理机构排绳轮、轮轴上的油污，并进行注油和润滑；

c） 润滑各滑轮、滚轮、导向轮、轴承、铰接轴；

d） 润滑机构卷筒支座、测速齿圈、开式齿轮、起升钢丝绳防扭装置。

6.1.2.3 月维护

月维护至少包含周维护及以下内容：

a） 紧固各部分连接螺栓，包括塔身等钢结构连接螺栓、各机构机座连接螺栓、回转支承连接螺栓、各电气接线端子的连接螺栓、卷筒钢丝绳压板、钢丝绳夹、附着架调节螺栓等；

b） 清理、润滑钢丝绳；

c） 清洁清理底架、基础节、爬升架（框）平台、臂架、塔身上的油污及杂物；

d） 清理接触器、继电器、开关的触点，清除电箱内各电器元件上的尘土、积垢；

e） 清除电阻片、碳刷与滑环上的灰尘和污物；

f） 添加液力偶合器润滑油；

g） 添加减速箱润滑油；

h） 添加液压推动器液压油；

i） 添加制动泵站液压油，添加蓄能器气体；

j） 清理顶升液压油箱的滤网，添加或过滤更换液压油（爬升前）；

k） 润滑液压油缸球铰支座（爬升前）；

l） 润滑吊钩轴承；

m） 润滑行走台车竖轴及轴承；

n） 润滑回转支承滚道、齿圈；

o） 调整制动器制动间隙；

p） 调整皮带传动的张紧力；

q） 调整变幅钢丝绳垂度；

r） 调整碳刷压力及间隙；

s） 复测调整高度限位器、幅度限位器、角度限位器、运行行程限位器等安全装置；

t） 维护发动机；

u） 根据表 A.1 中定期检查的结果进行相应维护。

6.1.2.4 季维护

季维护至少包含月维护及以下内容：

a） 复测调整起重量限制器、力矩限制器等安全装置；

b） 测量电气系统的绝缘电阻，更换不合格器件；

c） 测量与调整塔机接地电阻；

d） 更换变质的制动器液压油，清理或更换磨损超限的制动片、盘等零件；

e） 调整、更换磨损超限的电机碳刷；

f) 过滤、更换润滑油(换季保养);

g) 更换破损、老化的线缆。

6.1.2.5 **年维护**

年维护至少包含季维护及以下内容:

a) 全面清理金属结构,对表面锈蚀部位进行防腐处理;

b) 清理联动台内部积尘,并进行润滑;

c) 润滑卷筒支座轴承;

d) 清洗减速器内部,更换失效的油封等;

e) 更换液力偶合器油;

f) 润滑电动机轴承。

6.1.2.6 **移装维护**

移装重新架设前应对塔机进行维护,维护内容至少包含年维护及以下内容:

a) 应对所有部件进行全面清理,表面锈蚀部位进行防腐处理;

b) 对达到报废标准或使用循环周期的零部件进行更换;

c) 对表 A.1 中检查发现需修复的零部件进行修复。

6.1.2.7 **停用前维护**

当预计塔机停用时间超出 1 个月时,至少应进行 6.1.2.3a)、b)内容维护。

6.1.2.8 **停用后的复工维护**

停用后复工应对塔机进行维护:

——塔机停用时间不超出 1 个月时,在复工前应按月维护要求进行维护;

——停用时间超出 1 个月少于 6 个月的塔机复工前按季维护要求进行维护;停用时间超过 6 个月的,停用期间至少每 6 个月进行 1 次维护,维护内容应根据具体情况由专业人员确定。

6.2 **非计划性维护**

6.2.1 依据日常检查、定期检查、特殊检查的结果,对表 A.1 中处置方式栏中除标识为"报废"以外的故障应进行维护后才可继续使用。

6.2.2 对表 A.1 备注栏标识的 C 类故障涉及结构焊缝的维修,若塔机处于已架设状态,维修时应保证该焊缝部位处于受力最小且受压应力状态,并采取适当措施以保证维修过程中不发生次生灾害。

6.2.3 对表 A.1 备注栏标识的 B 类故障的维修应在被维修部位不承受外载的状态下进行,并采取适当措施以保证维修过程中不发生次生灾害。

6.2.4 结构焊缝的维修应从制造商或专业人员处获取原焊材书面信息,确保维修用焊材不低于原焊材性能,材料的替换和维修工艺应获得制造商或专业人员的书面许可。

6.2.5 焊缝的维修应记入设备档案,司机每班开机前对其进行检查确认无变动。同一焊缝反复维修达到 3 次且不能判别原因时,应将该部件报废。

6.3 **紧急维护**

在日常检查、定期检查中发现表 A.1 备注栏标识的 A 类故障时,塔机应立即停用并根据应急预案进行紧急维修加固后整机拆除或更换故障部件。

6.4 维护结果验证

对计划性维护和非计划性维护,完成维护的项目应根据具体情况采用空载试验或额定载荷试验的方法进行相应的验证,验证合格后才能恢复使用。

6.5 维护记录

维护记录应符合 GB/T 31052.1 的规定。

7 检查与维护的安全预防措施

塔机检查维护前和检查维护中除采取 GB/T 31052.1 要求的安全预防措施外还应:

——检查绝缘电阻时应对塔机上的电子设备进行防护;

——有防止工具、零散物料等从高处坠落的措施。

附 录 A
(规范性附录)
日常检查、定期检查项目、方法、内容及要求

日常检查和定期检查的项目、方法、内容及要求见表 A.1。

表 A.1

序号	项目		检查方法、内容及要求	处置方式	日常检查(每班)	定期检查					备注
						周期			移装	爬升前后	
						月检	季检	年检			
1	技术资料	随行文件	查验使用说明书、出厂合格证等随行文件未丢失	整改维护				○	○		
2		检查记录	查验之前的检查记录完整、无未处理缺陷					○	○		
3		维护记录	查验之前的维修记录完整、无未验证的维修					○	○		
4		设备档案	查验设备档案完整、无未处理的持续出现故障					○	○		
5	整机	安全距离	目测塔机与相邻塔机、障碍物、架空输电线等的安全距离符合 GB 5144 的规定	整改					○	○	
6		压重	目测重量(数量)与说明书相符	调整					○		
7			目测固定可靠,无移位		○	○	○	○	○	○	
8		基础	目测基础无积水及异常变动	调整	○	○	○	○	○	○	
9			目测(必要时用扳手)检查底架、塔身撑杆固定可靠无松动	调整	○	○	○	○	○	○	
10		塔身组成	目测基础节、加强节与标准节拼装与使用说明书相符	调整					○	○	
11		侧向垂直度	经纬仪测量塔身侧向垂直度符合 GB/T 5031 的规定	调整		○	○	○	○	○	
12		塔身悬高	爬升后的塔身悬臂高或独立高度未超出使用说明书(或特殊设计限制)的规定	调整					○	○	
13		平衡重	目测平衡重配置与臂长相匹配,固定可靠、无碎裂	调整					○		含平头塔空中变臂长
14		拉杆	目测拉杆组合与臂长组合相匹配	调整					○		

表 A.1（续）

序号	项目		检查方法、内容及要求	处置方式	日常检查（每班）	定期检查					备注
						周期			移装	爬升前后	
						月检	季检	年检			
15	整机	连接销轴	目测各连接销轴已按说明书要求锁定、采用开口销定位时，开口销已按规定张开	调整		○	○	○	○	○	塔身除外
16		螺栓连接[a]	目测各连接螺栓已按说明书要求拧紧、锁定无松动	调整	○	○	○	○	○	○	
17		晃动	空回转左右运行一圈无异常晃动与振动	维护	○	○	○	○	○	○	
18		现场整理	塔机上无可能坠落的杂物	调整	○	○	○	○	○	○	
19			电缆已按要求固定			○	○	○	○	○	
20	结构	底架	目测主梁结构无塑性变形	报废		○	○	○	○	○	A 类故障
21			目测（必要时用尖头手锤敲击法）焊缝无可见裂纹，有怀疑时用 20 倍放大镜或表面探伤	维修		○	○	○	○	○	C 类故障
22		塔身节[b]	目测主弦杆无塑性变形（局部微小凹坑除外）	报废	○	○	○	○	○	○	A 类故障
23			目测连接接头焊趾部位弦杆无可见裂纹，有怀疑时用 20 倍放大镜或表面探伤进行辅助检查		○	○	○	○	○	○	A 类故障
24			封闭管材组焊标准节，目测查验腹杆节点及踏步部位主弦杆无可见裂纹，有怀疑时用 20 倍放大镜或表面探伤进行辅助检查		○	○	○	○	○	○	A 类故障
25			对封闭管材组焊的标准节，用测厚仪测量弦杆及腹杆壁厚，锈蚀未超出原壁厚的 10%						○	○	出厂 4 年以上
26			目测标准节连接接头销轴孔横断面无颈缩变形			○	○	○	○	○	A 类故障
27			目测（必要时用游标卡尺）标准节连接接头连接孔椭圆最大方向与轴配合间隙不大于 H9/d9（销轴连接）、H11/h9（扭剪型高强螺栓连接）	维修					○	○	
28			目测腹杆无塑性变形（局部微小凹坑除外）、焊缝无可见裂纹		○	○	○	○	○	○	B 类故障
29			目测连接接头焊趾部位焊缝无裂纹，有怀疑时用 20 倍放大镜或表面探伤进行辅助检查		○	○	○	○	○	○	C 类故障

表 A.1（续）

序号	项目		检查方法、内容及要求	处置方式	日常检查（每班）	定期检查					备注
						周期			移装	爬升前后	
						月检	季检	年检			
30	结构	塔身节[b]	目测查验腹杆端头及踏步部位焊缝无可见裂纹，有怀疑时用 20 倍放大镜或表面探伤进行辅助检查	维修	○	○	○	○	○	○	C 类故障
31			起重臂停在爬升时的方位角，目测塔身无影响降塔爬升的扭转变形	调整、更换				○	○	○	
32			目测各连接销轴已按说明书要求锁定、采用开口销定位时，开口销已按规定张开	调整	○	○	○	○	○	○	
33		附着[c]	目测结构形式、水平距离和垂直间距符合说明书或特殊设计文件规定	调整					○	○	
34			目测结构无变动、连接紧固无松动	维护	○	○	○	○	○	○	
35		爬升架（框）	目测油缸安装座、换步卡板座等主要部位焊缝无可见裂纹，有怀疑时用 20 倍放大镜或表面探伤进行辅助检查	维修						○	C 类故障
36			目测检查导轮（导向块）与塔身间隙、嵌合量及标准节接口阶差状况，保证爬升状态导向无脱离趋势	调整、更换						○	
37			目测下支座与塔身按规定连接、紧固与锁定	维护						○	
38			防脱装置齐全有效							○	
39		上、下支座	用扳手检查回转支承连接螺栓无松动	调整		○	○	○	○	○	
40			目测（必要时用压铅法）开式齿轮磨损在允许范围内	维修		○	○	○	○		
41			目测（必要时用尖头手锤敲击法）上、下支座各筋板焊缝无可见裂纹	维修或报废		○	○	○	○	○	C 类故障
42			目测塔身连接座、回转塔身（塔顶）连接座各焊缝的焊趾部位主肢无可见裂纹，有怀疑时用 20 倍放大镜或表面探伤进行辅助检查	报废	○	○	○	○	○	○	A 类故障

表 A.1（续）

序号	项目		检查方法、内容及要求	处置方式	日常检查（每班）	定期检查					备注
						周期			移装	爬升前后	
						月检	季检	年检			
43	结构	上、下支座	目测塔身连接座、回转塔身(塔顶)连接座各焊缝的焊趾部位焊缝无可见裂纹,有怀疑时用20倍放大镜或表面探伤进行辅助检查	维修	○	○	○	○	○	○	C类故障
44			目测查验螺栓孔附近上、下支座翼缘板无塑性变形	报废		○	○	○	○	○	A类故障
45			对半封闭式上、下支座,用测厚仪测量主受力板壁厚,锈蚀未超出原壁厚的10%					○	○		出厂4年以上
46			目测已按说明书要求与塔身可靠连接	维护					○	○	
47		回转塔身、塔顶（A字架）	目测主弦杆无塑性变形或开裂	报废	○	○	○	○	○	○	A类故障
48			目测腹杆无塑性变形、焊缝无可见裂纹	维修	○	○	○	○	○	○	B类故障
49			目测(必要时用游标卡尺)接头轴孔横断面无颈缩变形	报废				○	○		
50			目测连接耳板焊缝的焊趾部位主肢无可见裂纹,有怀疑时用20倍放大镜或表面探伤进行辅助检查		○	○	○	○	○	○	A类故障
51			目测连接耳板焊缝的焊趾部位焊缝无可见裂纹,有怀疑时用20倍放大镜或表面探伤进行辅助检查	维修	○	○	○	○	○	○	C类故障
52			目测(必要时用游标卡尺)连接接头连接孔椭圆最大方向与轴配合间隙不大于H13/h13(销轴连接)、H11/h9(扭剪型高强螺栓连接)						○		
53		臂架节	目测主弦杆无塑性变形	报废		○	○	○	○		A类故障
54			目测腹杆无塑性变形、焊缝无可见裂纹	维修		○	○	○	○		B类故障
55			目测连接销轴轴端定位板焊缝无可见裂纹			○	○	○	○		C类故障
56			目测(必要时用测厚仪)臂架小车轨道踏面磨损最深处不超出相应弦杆壁厚的25%	报废				○	○		出厂4年以上
57			用测厚仪测量弦杆壁厚,锈蚀未超出原壁厚的10%								
58			目测(必要时用游标卡尺)接头轴孔横断面无颈缩变形	报废		○	○	○	○		A类故障

表 A.1（续）

序号	项目		检查方法、内容及要求	处置方式	日常检查（每班）	定期检查					备注
						周期			移装	爬升前后	
						月检	季检	年检			
59	结构	臂架节	目测(必要时用游标卡尺)连接接头销轴孔变形椭圆最大方向与轴配合间隙不大于 H13/h13	维修					○		
60		前、后拉杆(板)	目测(必要时用游标卡尺)接头轴孔横断面无颈缩变形	报废		○	○	○	○		A 类故障
61			目测连接耳板焊缝的焊趾部位焊缝无可见裂纹,有怀疑时用 20 倍放大镜或表面探伤进行辅助检查	维修					○		
62		平衡臂	目测主弦杆无塑性变形	报废		○	○	○	○		A 类故障
63			目测腹杆无塑性变形、焊缝无可见裂纹	维修		○	○	○	○		B 类故障
64			目测(必要时用游标卡尺)接头轴孔横断面无颈缩变形	报废		○	○	○	○		A 类故障
65			目测连接耳板焊缝的焊趾部位焊缝无可见裂纹,有怀疑时用 20 倍放大镜或表面探伤进行辅助检查	维修	○	○	○	○	○		B 类故障
66			目测(必要时用游标卡尺)标准节连接接头连接孔椭圆最大方向与轴配合间隙不大于 H13/h13 (销轴连接)、H11/h9 (扭剪型高强螺栓连接)						○		
67	机构	起升机构 变幅机构 回转机构 运行机构	机构装配完整无缺损,紧固无松动	维修		○	○	○	○	○	
68			目测(必要时用尖头手锤敲击法)箱体及卷筒支座无可见裂纹			○	○	○	○		
69			各传动机构及运动部位润滑良好	维护		○	○	○	○		
70			制动部件完整,未达到 GB 5144 的报废条件	维修		○	○	○	○		
71			空运转无异常噪声、制动动作可靠	维护	○	○	○	○	○		
72			箱体、液压马达、泵、油路无渗漏	维修		○	○	○	○		内燃机驱动
73			内燃机按说明书检查无异常			○	○	○	○		
74			运行机构支承轮失效保护装置无变动			○	○	○	○		
75			抗风防滑装置无缺损、无可见裂纹		○	○	○	○	○		

表 A.1（续）

序号	项目		检查方法、内容及要求	处置方式	日常检查（每班）	定期检查 周期 月检	季检	年检	移装	爬升前后	备注
76	机构	爬升液压系统	目测安全阀固定可靠，无泄漏	维护						○	
77	机构	爬升液压系统	泵站内液压油充足且未变质	维护						○	
78	机构	爬升液压系统	油缸空载运行 2～3 个全行程，确认系统中无空气，油缸伸缩平稳无震颤	维护						○	
79	机构	爬升液压系统	在油缸全伸状态，用油压表对液压系统溢流阀调定压力和油缸能力进行确认。溢流阀调定压力按式估算。$p \leqslant 1.1\ G/A \leqslant 1.1 p_{泵}$[d]	维护						○	
80	机构	架设系统	目测钢丝绳滑轮系统正常、制动装置无异常	维护					○		快速架设塔机
81	关键零部件	吊钩	目测(必要时用游标卡尺)未达到 GB 5144 规定的报废条件	报废		○	○	○	○		
82	关键零部件	吊钩	目测吊钩螺母固定无变化	维护		○	○	○	○		
83	关键零部件	吊钩	目测防脱钩装置完整有效	维护	○	○	○	○	○		
84	关键零部件	小车	目测承载结构无塑性变形	维修		○	○	○	○		
85	关键零部件	小车	目测钢丝绳防脱槽装置、小车防断绳保护装置、防坠落保护装置完好且符合 GB/T 5031 的规定	维护		○	○	○	○		
86	关键零部件	小车	对无侧轮偏心牵引小车、应按 GB/T 5031 规定验证防坠落保护装置的有效性	维修					○		
87	关键零部件	钢丝绳	目测起升、变幅钢丝绳已按规定保养，未达到 GB/T 5972 的报废规定	报废	○	○	○	○	○	○	
88	关键零部件	钢丝绳	目测钢丝绳穿绕正确，绳端固定符合要求	调整					○		
89	关键零部件	钢丝绳	目测吊钩最低位时安全圈数符合 GB/T 5031 的规定	调整					○	○	
90	关键零部件	滑轮与卷筒	目测钢丝绳防脱槽装置完好且符合 GB/T 5031 的规定	维护		○	○	○	○		
91	关键零部件	滑轮与卷筒	目测滑轮运转灵活、轮缘无破损	维修或报废		○	○	○	○		
92	关键零部件	滑轮与卷筒	目测磨损等未达到 GB 5144 报废的规定	报废		○	○	○	○		
93	关键零部件	车轮	目测车轮运转灵活、未达到 GB 5144 的报废规定	维修或报废				○	○		

表 A.1(续)

序号	项目		检查方法、内容及要求	处置方式	日常检查(每班)	定期检查					备注
						周期			移装	爬升前后	
						月检	季检	年检			
94	电控系统	电缆(线)	目测电缆(线)固定、防护可靠,无老化与破损	维护		○	○	○	○		
95		连接	目测电缆(线)接头紧固无松动			○	○	○	○		
96		器件	目测电气器件上无积尘			○	○	○	○		
97		绝缘	测量线路对地绝缘电阻符合 GB/T 5031 的规定				○	○	○		
98		供电	输入电压、漏电保护开关容量、压降满足设备要求						○		
99		电气保护	目测电气器件无缺损,线路无跨接			○	○	○	○		
100	安全防护	起重量限制器	按 GB/T 5031 方法验证精度符合其规定	维护			○	○	○		
101		起重力矩限制器	按 GB/T 5031 方法验证精度符合其规定			○	○	○	○		
102		行程限制器	空载运行试验幅度、高度、行走及回转限位动作灵敏有效		○	○	○	○	○	○	
103		避雷保护	用接地电阻仪测量塔机接地电阻,阻值应符合 GB/T 5031 的规定				○	○	○		春秋两季
104		急停保护	操作检查急停保护开关灵敏有效		○	○	○	○	○	○	
105		障碍灯	目测障碍灯指示正常,符合 GB 5144 的规定		○	○	○	○	○	○	
106		风速仪	目测风速仪风杯转动无卡阻,显示仪显示正常		○	○	○	○	○	○	臂根铰点高度大于 50 m
107		超速保护	目测超速保护开关完好并输出正常		○	○	○	○	○	○	动臂变幅
108		防臂架后翻装置	目测防止臂架向后倾翻的装置零部件完整、位置无变动			○	○	○	○		
109		缓冲器及端部止挡	目测缓冲器及端部止挡零部件完整、位置设置符合 GB/T 5031 的规定			○	○	○	○		

表 A.1（续）

序号	项目		检查方法、内容及要求	处置方式	日常检查（每班）	定期检查					备注
						周期			移装	爬升前后	
						月检	季检	年检			
110	安全防护	安全监控管理系统	目测参数设置与塔机配置相符，功能与性能符合 JGJ 332 及 GB/T 28264 的要求	维护		○	○	○	○		
111		通道与走台	目测塔机各安全通道、走台、工作平台已按说明书要求装设、固定可靠，连接（耳）板（座）无影响安全的缺陷			○	○	○	○	○	
112		标志与标牌	目测塔机标志与标牌清晰、无缺失，设置符合 GB/T 5031 的规定			○	○	○	○	○	

[a] 每班至少应检查：最底部 3 节（无撑杆独立安装）、撑杆固定点上下各 2 节（有撑杆独立安装）、最上一道附着点下 1 节、上 2 节（附着使用）的连接螺栓，其余部位至少应每周巡查到一次。

[b] 每班至少应检查：最底部 3 节（无撑杆独立安装）、撑杆固定点上下各 2 节（有撑杆独立安装）、最上一道附着点下 1 节、上 2 节（附着使用）结构及连接销轴，其余部位至少应每周巡查到一次。

[c] 每班至少应检查：最上一道附着。

[d] 式中：p——溢流阀调定压力，单位为兆帕（MPa）；G——爬升重力，单位为牛顿（N）；A——油缸无杆腔面积，单位为平方毫米（mm^2）；$p_{泵}$——油泵额定压力，单位为兆帕（MPa）。

附　录　B
（资料性附录）
特殊检查项目、方法、内容及要求

特殊检查的项目(状况示例)、方法、内容及要求见表 B.1。

表 B.1

序号	项目（状况示例）		检查方法、内容及要求	备注
1	设备变化	更换安全装置	按 GB/T 5031 规定方法对更换的安全装置进行试验确认	
2		在承载结构上进行焊接	按焊接部位受力最危险原则选取吊载位置，进行 110%动载试验(30 次循环)及 125%静载试验确认	
3		与原设计不一致的结构部件替换	按替换部件受力最危险原则选取吊载位置，进行 110%动载试验(30 次循环)及 125%静载试验确认	
4		机构维修或更换	确认安全装置、制动性能后，分别进行 30 次循环空载试验、额定载荷试验对机构性能确认	
5		电控系统维修或更换	分别进行 30 次循环空载和额定载荷的控制(调速)性能试验，并对安全装置有效性进行确认	
6		动力源维修或更换	目测查验或空载试验	
7		钢丝绳更换	比对合格证与使用说明书确认型号、规格；目测穿绕无误；空载试验确认相应限位装置调整符合 GB/T 5031 的要求	
8	超出正常工作环境条件	极端天气条件(如暴风雨等)	总体目测无危及检查人员安全的危险后，对基础、结构、电控系统、安全防护按附录 A 年检要求进行检查。确认后，分别进行 30 次循环空载试验、额定载荷试验再确认。运转试验操作宜在楼面(地面)通过有线遥控进行	
9		7 度裂度及以上地震	总体目测无危及检查人员安全的危险后，对整机按附录 A 年检要求进行检查。确认后，分别进行 30 次循环空载试验、额定载荷试验再确认。运转试验操作宜在楼面(地面)通过有线遥控进行	
10		基础被扰动(基础改变)	按附录 A 检查侧向垂直度，超差调整后补查塔身结构	
11		火灾	对受影响部位在确认结构强度、刚性未受热影响后按附录 A 年检要求进行检查处置	
12		水灾	按附录 A 检查侧向垂直度及电控系统，超差调整后补查塔身结构	
13		强雷电	目测检查电控系统无烧损后功能测试正常	
14		突然卸载、撞击等非正常运行情况	对受影响结构按附录 A 月检要求进行检查处置	
15	其他	冬停复工	按附录 A 中月检要求进行检查确认，对封闭管材应特别检查确认无冻胀、冻裂损伤	
16		停用后再次启用前	因工程延误造成塔机停用，停用期间每月检查基础无变动、结构连接件无缺损，复工前按附录 A 中年检要求进行	

ICS 53.020.20
J 80

中华人民共和国国家标准

GB/T 31052.4—2017

起重机械　检查与维护规程
第4部分：臂架起重机

Lifting appliances—Code of inspection and maintenance—
Part 4:Jib cranes

2017-05-12 发布　　2017-12-01 实施

中华人民共和国国家质量监督检验检疫总局
中国国家标准化管理委员会　发布

前　　言

GB/T 31052《起重机械　检查与维护规程》分为以下12个部分：

——第1部分：总则；

——第2部分：流动式起重机；

——第3部分：塔式起重机；

——第4部分：臂架起重机；

——第5部分：桥式和门式起重机；

——第6部分：缆索起重机；

——第7部分：桅杆起重机；

——第8部分：铁路起重机；

——第9部分：升降机；

——第10部分：轻小型起重设备；

——第11部分：机械式停车设备；

——第12部分：浮式起重机。

本部分为GB/T 31052的第4部分。

本部分按照GB/T 1.1—2009给出的规则起草。

本部分由中国机械工业联合会提出。

本部分由全国起重机械标准化技术委员会(SAC/TC 227)归口。

本部分负责起草单位：上海振华重工(集团)股份有限公司、交通运输部水运科学研究院、北京起重运输机械设计研究院。

本部分参加起草单位：大连华锐重工集团股份有限公司、武桥重工集团股份有限公司、武汉理工大学、宜昌市微特电子设备有限责任公司、上海海事大学、湖南中铁五新重工有限公司。

本部分主要起草人：李恭川、张德文、赵春晖、俞海辉、吴越、赵溦、李森、高玮珺、朱昌彪、王苹、王志良、许建耀、肖汉斌、聂道静、董达善、张维友。

起重机械　检查与维护规程 第4部分:臂架起重机

1　范围

GB/T 31052 的本部分规定了臂架起重机在使用过程中应进行的检查与维护方面的基本要求。

本部分适用于 GB/T 31052.1—2014 附录 A 所规定的臂架起重机(以下简称"起重机")。

2　规范性引用文件

下列文件对于本文件的应用是必不可少的。凡是注日期的引用文件,仅注日期的版本适用于本文件。凡是不注日期的引用文件,其最新版本(包括所有的修改单)适用于本文件。

GB/T 5972　起重机　钢丝绳　保养、维护、检验和报废

GB/T 6067.1—2010　起重机械安全规程　第1部分:总则

GB/T 10051.2　起重吊钩　第2部分:锻造吊钩技术条件

GB/T 10051.3　起重吊钩　第3部分:锻造吊钩使用检查

GB/T 31052.1—2014　起重机械　检查与维护规程　第1部分:总则

3　术语和定义

GB/T 31052.1 界定的术语和定义适用于本文件。

4　一般要求

检查和维护的一般要求应符合 GB/T 31052.1—2014 中第4章的规定。

5　检查

5.1　日常检查

应根据每台起重机的具体特点确定日常检查项目和检查要求,且不应低于附录 A 的规定。

5.2　定期检查

根据起重机的使用特点,确定定期检查的周期为周检、月检、季检和年检。

根据每台起重机的工作级别、工作环境及使用状态确定定期检查项目、检查要求和检查周期,且不应低于附录 A 的规定。

5.3　特殊检查

5.3.1　起重机在发生 GB/T 31052.1—2014 中 5.3.1 规定的情况时应进行特殊检查。

5.3.2　特殊检查应按附录 B 的规定进行。

5.4　检查方法

起重机的检查方法应采用 GB/T 31052.1—2014 中 5.4 规定的目测检查、无损检测、功能试验、空载试验、载荷试验、静载试验、动载试验和稳定性试验,具体选用的方法见附录 A 和附录 B。

5.5 检查记录及检查报告

起重机检查应有检查记录,内容至少包括附录 A 或附录 B 的检查项目,并应符合GB/T 31052.1—2014 中 5.5 的规定。

对定期检查发现的不合格项及特殊检查应出具检查报告,格式参见附录 C,内容至少应包括GB/T 31052.1—2014 中附录 B 的规定。

6 维护

6.1 计划性维护

根据每台起重机的工作级别、工作环境及使用状态,确定计划性维护的内容和周期。其内容至少应包括:

——电动机的碳刷和换向器的清理;
——减速器空气滤清器滤芯的更换;
——减速器的润滑;
——开式齿轮的润滑;
——联轴器的润滑;
——轴承的润滑;
——钢丝绳或起重用短环链的润滑;
——回转支承的润滑;
——液压系统滤芯、滤网的更换;
——液压油、润滑油的更换;
——电缆卷筒集电器的清理、零部件的紧固和/或更换;
——吊具转锁的更换;
——制动衬垫的更换;
——内燃机机油滤清器、燃油滤清器、空气滤清器的更换;
——结构表面除锈及涂装;
——缆绳及拉索系统紧固和/或更换;
——起重量限制器、力矩限制器的校准;
——电气元件的清洁和紧固。

6.2 非计划性维护

非计划性维护应在发生故障后或依据日常检查、定期检查、特殊检查的结果,确定需要维修、保养的内容和要求,并加以实施。

6.3 维护结果验证

对起重机完成维护的项目,在恢复使用前,应对其功能进行相应的验证。

6.4 维护记录

起重机维护应有维护记录,格式参见附录 D,内容至少应包括 GB/T 31052.1—2014 中 6.4 的规定。

7 检查与维护的安全预防措施

检查与维护的安全预防措施,应符合 GB/T 31052.1—2014 中第 7 章的规定。

附　录　A
（规范性附录）
日常检查和定期检查项目、方法、内容及要求

日常检查和定期检查项目、方法、内容及要求见表 A.1。

表 A.1

序号	检查项目		检查方法、内容及要求	处置方式	日常检查	定期检查周期				备注
						周检	月检	季检	年检	
1	技术文件	随行文件	检查随行图纸、使用说明书、出厂合格证应完整	整改完善					○	
2	技术文件	检查记录	检查以往的检查记录应完整、无未处理的缺陷	整改完善					○	
3	技术文件	维护记录	检查以往的维护记录应完整、无未验证的维护	整改完善					○	
4	技术文件	其他档案	检查设备安装、改造、维修、注册登记等其他档案	整改完善					○	
5	整机	作业环境	目测检查起重机作业环境应无影响作业安全的因素	按企业管理制度和操作规程处理	○	○	○	○	○	
6	整机	外观	目测检查起重机各处应无垃圾、杂物、遗漏工具等	清洁	○	○	○	○	○	
7	整机	外观	目测检查起重机各处应无积油、积水	清洁		○	○	○	○	
8	整机	外观	目测检查起重机各部分表面应无严重的锈蚀、脱漆、损伤等缺陷	防腐/修理				○	○	
9	整机	车轮承载情况	目测检查起重机的各个车轮应无悬空现象	调整/修理					○	
10	整机	起重机跨度	测量起重机跨度偏差应符合相关起重机产品标准的规定	调整/修理					○	
11	金属结构	门架、转台、人字架、高塔柱、臂架系统、台车架、平衡梁、机构支座、维修起重机支架等	目测检查起重机门架、转台、人字架、高塔柱、臂架系统、台车架、平衡梁、机构支座、维修吊支架等金属结构的锈蚀、裂纹和塑性变形，并应符合 GB/T 6067.1—2010 中 3.9 的规定	防腐/修理/更换			○	○	○	
12	金属结构	结构焊缝	目测检查主要受力结构件焊缝应无可见的裂纹	修理			○	○	○	

表 A.1(续)

序号	检查项目		检查方法、内容及要求	处置方式	日常检查	定期检查周期				备注
						周检	月检	季检	年检	
13	连接件	主要受力结构件、安全装置连接件	目测检查主要受力结构件、回转支承及安全装置的连接铰轴和螺栓应无缺损,无松动	维护				○	○	
14	连接件	机构、电气元件连接件	目测检查电动机、减速器、制动器、联轴器、安全防护装置等机构部件的连接螺栓应无缺损,无松动	维护			○	○	○	
15	机构	起升机构	通过空载试验检查起升机构应无异常声响和振动,运行平稳	维护	○	○	○	○	○	
16	机构	运行机构	通过空载试验检查运行机构应无异常声响、振动	维护	○	○	○	○	○	
17	机构	运行机构	目测检查应无影响起重机使用的歪斜跑偏、啃轨等	调整/更换			○	○	○	
18	机构	回转机构	通过空载试验检查回转机构应无异常声响、振动	维护		○	○	○	○	
19	机构	变幅机构	通过空载试验检查变幅机构应无异常声响、振动	维护		○	○	○	○	
20	机构	起重机供电装置	通过空载试验检查起重机供电装置应无异常声响、振动	维护			○	○	○	
21	机构	吊具机构	通过空载试验检查吊具机构应无异常声响、振动,转动灵活无卡阻	维护			○	○	○	
22	机构	机载电梯	通过空载试验检查电梯应无异常声响、振动	维护			○	○	○	
23	机构	葫芦	通过空载试验检查葫芦应无异常声响、振动	维护			○	○	○	
24	关键零部件	吊具	检查吊具焊缝及吊具结构应无影响安全的磨损及变形、且应无异响	修理/更换			○	○	○	
25	关键零部件	吊具	目测检查吊具销轴应无松动、脱出,轴端固定装置应安全有效	紧固/修理/更换			○	○	○	
26	关键零部件	吊具	目测检查吊钩闭锁装置、吊钩螺母防松装置应有效	调整/修理/更换			○	○	○	
27	关键零部件	吊具	通过功能试验,检查抓斗开闭应自如,平衡装置应灵活、无卡死现象,结构应无裂纹和严重的磨损及变形	调整/修理/更换		○	○	○	○	
28	关键零部件	吊具	目测检查抓斗的梨形接头和C型卸扣应无裂纹、过度磨损,且应润滑充分	润滑/修理/更换	○	○	○	○	○	
29	关键零部件	吊具	敲击检测电磁吸盘悬挂可靠,电气连接无松动	紧固/调整			○	○	○	

表 A.1(续)

序号	检查项目		检查方法、内容及要求	处置方式	日常检查	定期检查周期				备注
						周检	月检	季检	年检	
30	关键零部件	吊具	按 GB/T 10051.2 和 GB/T 10051.3 规定的方法检查锻造吊钩的表面裂纹、变形、磨损、腐蚀,并应符合其要求	修理/更换				○	○	
31			目测检查集装箱吊具上架和吊具连接转锁应可靠	调整/更换	○	○	○	○	○	适用于集装箱起重机
32			目测检查集装箱吊具伸缩臂架滑动表面、滑轨的润滑状况应良好	润滑/更换	○	○	○	○	○	适用于集装箱起重机
33			目测检查集装箱吊具液压系统应无漏油现象,油箱油位应正常	紧固/加油	○	○	○	○	○	适用于集装箱起重机
34			目测检查集装箱吊具导板应无损坏	修理/更换	○	○	○	○	○	适用于集装箱起重机
35		钢丝绳	按照 GB/T 5972 规定的方法检查钢丝绳,并应符合其要求	更换		○	○	○	○	
36			目测检查钢丝绳应无明显的机械损伤	修理/更换		○	○	○	○	
37			目测检查卷筒及滑轮上钢丝绳应无跳槽或脱槽等现象	紧固/调整	○	○	○	○	○	
38			目测检查钢丝绳端部固定情况应满足相应要求	紧固/调整		○	○	○	○	
39		起重用短环链	目测检查起重用短环链应无爬链、卡链现象	调整		○	○	○	○	
40			目测检查起重用短环链应符合 GB/T 6067.1—2010 中 4.2.3.2和4.2.3.3 的规定	更换			○	○	○	
41		卷筒	目测检查卷筒应符合 GB/T 6067.1—2010 中 4.2.4 的规定	更换				○	○	
42		滑轮	目测检查滑轮应符合 GB/T 6067.1—2010 中 4.2.5 的规定	修理/更换				○	○	
43			目测检查滑轮应转动灵活、无异响	润滑/调整				○	○	
44			目测检查滑轮防脱绳装置应安全有效	修理/更换				○	○	

表 A.1(续)

序号	检查项目		检查方法、内容及要求	处置方式	日常检查	定期检查周期				备注
						周检	月检	季检	年检	
45	关键零部件	制动器	目测检查各转动、摆动点润滑应充分润滑	润滑/调整		○	○	○	○	
46			空载试验检查制动器应工作正常	维护	○	○	○	○	○	
47			目测检查制动器应符合 GB/T 6067.1—2010 中 4.2.6.7 的有关规定	更换			○	○	○	
48		车轮	目测检查车轮轮缘、踏面的磨损、变形应符合 GB/T 6067.1—2010 中 4.2.7 的规定	更换				○	○	
49		联轴器	目测检查联轴器应无缺损、无松动、无漏油,运行中无异常振动和响声	紧固/调整/修理/更换		○	○	○	○	
50		减速器	目测检查运转中的减速器应无异响、无异常振动、无漏油和过热现象,减速器安装螺栓无松动	紧固/修理			○	○	○	
51			目测检查油位应在要求范围内	加油			○	○	○	
52		开式齿轮	目测检查轮齿塑性变形、裂纹、折断;齿面剥落、点蚀、胶合;齿根磨损情况,应符合 GB/T 6067.1—2010 中 4.2.8 的规定	更换			○	○	○	
53			目测检查齿轮装配应无松动,传动应无异响	调整/紧固		○	○	○	○	
54		轴承	目测检查轴承应无异响、无异常过热	更换				○	○	
55		回转支承/滚轮	目测和功能试验检查回转支承/滚轮应无异响、无异常过热	紧固/调整/修理/更换				○	○	
56		润滑系统	目测检查润滑系统应工作正常、无堵塞、无泄漏	维护			○	○	○	
57		司机室	目测检查司机室连接部位应无脱焊、松动和裂纹	紧固/修理			○	○	○	
58			目测检查司机室内应无裸露的带电体,室内地面应绝缘良好	修理/更换		○	○	○	○	
59			目测检查司机室门、窗、玻璃、刮水器、防护栏及门锁,应无缺损;门、窗、玻璃应清洁、视线清晰	清洁/更换		○	○	○	○	
60			目测检查移动司机室的悬挂装置应安全可靠	紧固/修理		○	○	○	○	

表 A.1（续）

序号	检查项目		检查方法、内容及要求	处置方式	日常检查	定期检查周期				备注
						周检	月检	季检	年检	
61	电控系统	供电电源	目测检查供电电源应工作正常	维护	○	○	○	○	○	
62		中心集电器	确保断电状况下，目测检查各接线端子松动情况，碳刷与滑环应接触良好	维护			○	○	○	
63			确保断电状况下，目测检查滑环碳刷磨损情况，清除碳刷磨损后的粉末	清洁/更换			○	○	○	
64		高压开关柜	目测检查柜门关紧状况，主开关位置指示器指示应正确，开关柜不能有异味异响，带电指示器应工作正常	维护		○	○	○	○	
65			确保断电及已放电情况下，检查活门操作机构动作是否灵活，断路器手车和接地开关之间联锁机构是否正常	维护					○	
66		变压器	目测检查线圈、引线和温控控制箱外观，检查所有温度控制的线路是否正常	维护				○	○	
67			目测检查绝缘子、分接联接片、端子板及其他绝缘零件的表面是否清洁	清洁				○	○	
68			目测检查电力电缆与连接铜排之间的螺栓连接、分接点的螺栓连接是否牢固	维护/紧固				○	○	
69		操纵装置	目测检查各按钮开关应灵活有效，各指示灯应工作正常	维护		○	○	○	○	
70			目测检查各机构操纵手柄应灵活、无卡阻，零位手感明确	维护		○	○	○	○	
71			目测检查遥控装置及手电门外壳不应破损，控制按钮标识、功能应正确齐全；同一区域多台遥控器操作的起重机，应通过功能试验检查遥控器无同频干扰现象	维护		○	○	○	○	

表 A.1(续)

序号	检查项目		检查方法、内容及要求	处置方式	日常检查	定期检查周期				备注
						周检	月检	季检	年检	
72	电控系统	控制装置	目测检查各按钮应灵活有效,操纵杆下部绝缘保护应无破损	修理/更换			○	○	○	
73			目测检查各机构操纵手柄应灵活、无卡阻,挡位手感明确,零位锁有效	调整/更换	○	○	○	○	○	
74			目测检查遥控装置及手电门外壳应无破损,控制按钮应标识清晰、正确,功能正常	修理/更换		○	○	○	○	
75		馈电装置	目测检查带电指示装置应齐全有效;软电缆防护层应无严重老化、破损,鼓包,电缆收放设施应齐全有效;集电器应接触可靠	调整/修理/更换				○	○	
76		电动机	测量电动机绝缘电阻,对接地电阻应符合各产品标准的规定	修理				○	○	
77			目测检查电动机滑环应无烧痕,碳刷磨损及压力适当,接线端是否松动	调整/更换					○	
78			目测检查、清洁电机风冷通风系统的滤网	清洁/更换				○	○	
79		总电源开关	目测检查总电源开关应功能正常	调整/更换			○	○	○	
80		控制柜/台及电气设施	目测检查控制柜门开关应灵活且门锁可靠	调整/更换			○	○	○	
81			目测检查控制柜内电气线路及元器件应无过热、烧焦、融化痕迹;元器件应无外表破损;罩壳应无掉落	更换			○	○	○	
82			目测检查电气连接及接地应可靠,线缆无严重龟裂、破损	调整/更换			○	○	○	
83			目测检查各段线路线标应清晰,接线无松动	清洁/紧固			○	○	○	
84			通过功能试验,检查线路应无过热,检查绝缘电阻、接地电阻应符合 GB/T 6067.1 的要求	修理/更换					○	
85			通过功能试验,检查各接线柱、接触器、继电器应接触良好;目测检查灭弧装置应齐全	调整/更换				○	○	

表 A.1（续）

序号	检查项目		检查方法、内容及要求	处置方式	日常检查	定期检查周期				备注
						周检	月检	季检	年检	
86	电控系统	制动电阻	目测检查制动电阻有无融化现象	维护				○	○	
87			测量电阻片和地之间的绝缘电阻	测量				○	○	
88		通讯	通过功能试验，检查主机与中央控制室的通讯应畅通	维护	○	○	○	○	○	
89		照明	目测检查照明装置应无缺损，工作和照度正常	修理/更换	○	○	○	○	○	
90		空调系统	目测检查空调工作应正常	维护	○	○	○	○	○	
91	液压系统		目测检查液压系统应工作正常，无异响、过热等现象	维护		○	○	○	○	
92			目测检查液压油箱油位	维护		○	○	○	○	
93			测量油箱加热器加热前后绝缘电阻	测量				○	○	在低温环境作业前检查
94			露天布置的管系，目测检查防腐胶带有无破损或脱落	检查/修复			○	○	○	
95			目测检查油液品质	测试/更换				○	○	
96			打开油箱底部排油口，检查油液中是否有水	排水/维护				○	○	
97			目测检查空滤器内干燥剂(若空滤器内含干燥剂)	检查/更换	○	○	○	○	○	
98			目测检查密封件、液压管路是否泄漏	更换				○	○	密封件和液压油视起重机使用情况确定更换时间，最长不超过 2 年；软管根据制造商推荐的时间更换

表 A.1(续)

序号	检查项目		检查方法、内容及要求	处置方式	日常检查	定期检查周期				备注
						周检	月检	季检	年检	
99	液压系统		目测检查电磁阀插头指示灯是否能正常显示	检查/更换				○	○	
100			目测检查液压元件的标牌是否脱落	整改完善					○	
101			检测蓄能器充气压力是否满足要求	检测/充气			○	○	○	
102			检查液压箱、阀块、液压阀、液压缸是否清洁	清洗					○	视使用状况确定清洗维护周期,油箱每次换油后需清洗
103	气动系统		目测检查气动系统应无泄漏	紧固/修理	○	○	○	○	○	
104			目测检查气动系统应工作正常,无异响	维护					○	
105	安全防护装置	起升高度限制器	通过目测和功能试验,检查起升高度限制器应固定可靠、功能有效	紧固/更换	○	○	○	○	○	
106		极限起升高度限制器	通过功能试验,检查极限起升高度限制器应固定可靠、功能有效	紧固/更换			○	○	○	
107		变幅限制器	通过功能试验,检查变幅限制器应固定可靠、功能有效	紧固/更换			○	○	○	
108		运行行程限位器	通过功能试验,检查运行行程限位器应固定可靠、功能有效	紧固/更换	○	○	○	○	○	
109		回转限位	通过目测和功能试验,检查回转限位应固定可靠、功能有效	紧固/更换		○	○	○	○	
110		回转锁定装置	目测检查回转锁定装置应无变形、缺损、松动、功能有效	紧固/更换				○	○	
111		防碰撞装置	通过目测和功能试验,检查防碰撞装置应无损坏,且功能有效	紧固/更换			○	○	○	
112		缓冲器与端部止挡	目测检查缓冲器应无变形、损坏;端部止挡应无变形、开焊	紧固/修理/更换			○	○	○	
113		起重量限制器	目测检查起重量限制器应固定可靠、功能有效	紧固/更换	○	○	○	○	○	

表 A.1(续)

序号	检查项目		检查方法、内容及要求	处置方式	日常检查	定期检查周期				备注
						周检	月检	季检	年检	
114	安全防护装置	起重力矩限制器	通过功能试验，检查起重力矩限制器应工作正常、重量显示和保护功能准确可靠、误差在允许范围内	维护/测试					○	
115		极限力矩限制器	通过功能试验，检查极限力矩限制器应固定可靠、功能有效	维护/测试					○	
116		超速保护装置	目测检查超速保护装置应无缺失	维护					○	
117		抗风防滑装置	目测检查防风拉索应连接可靠、功能有效	紧固/调整				○	○	
118			目测检查锚定装置应连接可靠、功能有效	紧固/修理				○	○	
119			目测检查工作状态时使用的抗风防滑装置应固定可靠、功能有效	紧固/修理			○	○	○	
120		联锁保护	目测检查联锁装置应无缺损、短接、绑扎等现象	调整/更换	○	○	○	○	○	
121			通过功能试验，检查电气联锁装置应正常可靠	修理/更换			○	○	○	
122		接地保护	目测检查接地装置应完好，功能有效	修理/更换			○	○	○	
123		电气保护	通过目测和功能试验，检查短路、失压、零位、过流等电气保护应无缺损	更换					○	
124		安全监控管理系统	目测检查安全监控管理系统应工作正常	调整/修理	○	○	○	○	○	
125		急停开关	触动紧急停止开关，起重机应立即停机。急停开关不应自动复位。手动复位后，再重新启动，起重机应能恢复正常运行	修理/更换				○	○	
126		声光报警装置	通过功能试验，检查声光报警装置应工作正常	调整/更换			○	○	○	
127		标记和警示标志	目测检查起重机标牌、吨位牌、安全警示标志应清晰、无缺失	清洁/更换	○	○	○	○	○	
128		通道、平台、斜梯、直梯、栏杆	目测检查通道、平台、斜梯、直梯栏杆应完好且牢固	紧固/修理				○	○	
129		防护罩、防雨罩	目测检查各旋转部位的防护罩及防雨罩应牢固、齐全、无破损	紧固/修理				○	○	
130		风速仪及风速报警器	目测检查风速仪及风速报警器应正常工作	调整/更换					○	

表 A.1(续)

序号	检查项目		检查方法、内容及要求	处置方式	日常检查	定期检查周期				备注
						周检	月检	季检	年检	
131	安全防护装置	避雷针	目测检查避雷针连接应牢固,接线应无松动	紧固					○	
132		轨道清扫器	目测检查轨道清扫器与轨道的间隙应为 5 mm～10 mm	调整/更换				○	○	
133		松绳检测装置	目测检查松绳检测装置应无损坏,工作正常、功能有效	调整/修理				○	○	
134		消防器材	目测检查消防器材的存放位置应正确,灭火器在有效期内	调整/更换	○	○	○	○	○	
135		航空障碍指示灯	目测检查航空障碍指示灯应无损坏、无松动,工作正常有效	紧固/更换			○	○	○	

附 录 B
（规范性附录）
特殊检查项目、方法、内容及要求

特殊检查的条件、检查项目、方法、内容及要求见表 B.1。

表 B.1

序号	特殊检查的条件	检查项目	检查方法、内容及要求	处置方式	备注
1	安全防护装置型式或规格改变	安全防护装置	针对被改变的安全防护装置，其检查方法、内容及要求应按附录 A 的相应规定执行	按附录 A 的相应规定	
2	额定载荷改变	机构、金属结构	通过静载试验、动载试验、稳定性试验检查起重机各项性能应满足使用要求	加固机构和金属结构/减小起重机性能参数	
3	主要受力结构件截面特性或材质改变	金属结构	通过静载试验，检查被改变的金属结构应满足设计要求	加固金属结构	
4	起升机构型式或规格改变	起升机构	通过动载试验，检查起重机各项性能应满足设计要求	更换起升机构/调整起重机性能参数	
5	控制系统型式或规格改变	控制系统	通过功能试验，检查起重机的控制性能应满足设计要求	按附录 A 的相应规定	
6	动力源型式或规格改变	动力源	针对被改变的动力源或其元件，其检查方法、内容及要求应按附录 A 的相应规定执行	按附录 A 的相应规定	
7	钢丝绳或起重用短环链规格改变	钢丝绳或起重用短环链	目测检查钢丝绳与卷筒、滑轮的匹配情况，并满足 GB/T 5972 的相应要求；通过载荷试验检查链条和链轮的啮合情况	按附录 A 的相应规定	
8	吊具型式或规格改变	吊具规格	通过功能试验，检查吊具规格的改变应满足设计要求	按附录 A 的相应规定	
9	海浪或水灾侵袭	机械零部件、电控系统	针对被海浪或水灾侵袭的机械零部件、电控系统，其检查方法、内容及要求应按附录 A 的相应规定执行	按附录 A 的相应规定	
10	风速超出设计范围	风速仪、抗风防滑装置、金属结构	针对风速仪、抗风防滑装置、受风载的金属结构，其检查方法、内容及要求应按附录 A 的相应规定执行	按附录 A 的相应规定	

表 B.1(续)

序号	特殊检查的条件	检查项目	检查方法、内容及要求	处置方式	备注
11	地震烈度超出设计范围	附录 A 的所有年检项目	按附录 A 的年检规定	按附录 A 的相应规定	
12			通过功能试验、载荷试验、静载试验、动载试验,检查起重机各项性能应满足设计要求	按附录 A 的相应规定	
13	基础沉降	运行机构及金属结构	通过目测检查、功能试验或/和载荷试验,检查受基础沉降、位移影响的项目,应符合附录 A 的相应要求	维护/按企业管理制度和操作规程处理	
14	超载	机构、金属结构	针对受影响的机构及金属结构,其检查方法、内容及要求应按附录 A 的相应规定执行	按附录 A 的相应规定	
15			通过静载试验、动载试验,检查起重机各项性能应满足设计要求	修复机构和金属结构	
16	安全制动器动作对机构造成非正常冲击的急停	起升机构/变幅机构	通过载荷试验,检查起升机构/变幅机构其零部件的各项性能应满足使用要求	按附录 A 的相应规定	
17	撞击事故	主要受力结构件、各机构	目测检查主要受力结构件、各机构应完好,并通过功能试验、载荷试验和动载试验,检查起重机各项性能应满足使用要求	按附录 A 的相应规定	
18	火灾	主要受力结构件、各机构、电控系统等	通过目测检查、功能试验或/和载荷试验,检查受火灾影响的项目,应符合附录 A 的相应要求	按附录 A 的相应规定	
19	设备停用一年及以上再次投入使用前	附录 A 的所有年检项目	按附录 A 的年检规定	按附录 A 的相应规定	
在进行动载或静载试验之前,应确保起重机满足试验条件					

附　录　C
（资料性附录）
检　查　报　告

检查报告格式参见表 C.1。

表 C.1

编号：

<table>
<tr><td>检查类别</td><td colspan="4">定期检查□</td><td colspan="2">特殊检查 □</td></tr>
<tr><td>设备编号</td><td colspan="4"></td><td>设备名称</td><td></td></tr>
<tr><td rowspan="2">使用单位</td><td>名　　称</td><td colspan="3"></td><td>地　　址</td><td></td></tr>
<tr><td>设备负责人</td><td colspan="3"></td><td>联系电话</td><td></td></tr>
<tr><td>制造单位</td><td colspan="4"></td><td>出厂编号</td><td></td></tr>
<tr><td>规格型号</td><td colspan="2"></td><td>制造日期</td><td></td><td>使用登记证编号</td><td></td></tr>
<tr><td>主要参数</td><td colspan="6">起重量：______t　幅度：______m　起升高度：______m　工作级别：____</td></tr>
<tr><td rowspan="2">检查单位</td><td>名称</td><td colspan="3"></td><td>维保合同
起止日期</td><td></td></tr>
<tr><td>地址</td><td colspan="3"></td><td rowspan="2">工作环境</td><td rowspan="2">露天□　非露天□　易爆□
高温□　粉尘□　其他□</td></tr>
<tr><td>检查地点</td><td colspan="4"></td></tr>
</table>

<table>
<tr><td colspan="11">检查情况</td></tr>
<tr><td rowspan="2">序号</td><td rowspan="2">检查项目</td><td rowspan="2">检查结果</td><td rowspan="2">原因及处置建议</td><td colspan="2">记录编号</td><td colspan="2">定期检查日期</td><td rowspan="2">检查
周期</td><td rowspan="2">检查
人员</td><td rowspan="2">检查
日期</td></tr>
<tr><td>检查</td><td>维护</td><td>上次</td><td>下次</td></tr>
<tr><td></td><td></td><td></td><td></td><td></td><td></td><td></td><td></td><td></td><td></td><td></td></tr>
<tr><td></td><td></td><td></td><td></td><td></td><td></td><td></td><td></td><td></td><td></td><td></td></tr>
<tr><td></td><td></td><td></td><td></td><td></td><td></td><td></td><td></td><td></td><td></td><td></td></tr>
<tr><td></td><td></td><td></td><td></td><td></td><td></td><td></td><td></td><td></td><td></td><td></td></tr>
<tr><td></td><td></td><td></td><td></td><td></td><td></td><td></td><td></td><td></td><td></td><td></td></tr>
<tr><td></td><td></td><td></td><td></td><td></td><td></td><td></td><td></td><td></td><td></td><td></td></tr>
<tr><td></td><td></td><td></td><td></td><td></td><td></td><td></td><td></td><td></td><td></td><td></td></tr>
<tr><td></td><td></td><td></td><td></td><td></td><td></td><td></td><td></td><td></td><td></td><td></td></tr>
<tr><td></td><td></td><td></td><td></td><td></td><td></td><td></td><td></td><td></td><td></td><td></td></tr>
<tr><td>备注</td><td colspan="10"></td></tr>
<tr><td colspan="2">项目主管</td><td colspan="2"></td><td colspan="2">报告日期</td><td colspan="5"></td></tr>
</table>

附 录 D
（资料性附录）
维 护 记 录

维护记录格式参见表 D.1。

表 D.1

编号：

<table>
<tr><td>维护工作类别</td><td colspan="4">保养□</td><td colspan="3">维修 □</td></tr>
<tr><td>设备编号</td><td colspan="3"></td><td colspan="2">设备名称</td><td colspan="2"></td></tr>
<tr><td rowspan="2">使用单位</td><td>名　　称</td><td colspan="2"></td><td colspan="2">地　　址</td><td colspan="2"></td></tr>
<tr><td>设备负责人</td><td colspan="2"></td><td colspan="2">联系电话</td><td colspan="2"></td></tr>
<tr><td>制造单位</td><td colspan="3"></td><td colspan="2">出厂编号</td><td colspan="2"></td></tr>
<tr><td>规格型号</td><td></td><td>制造日期</td><td></td><td colspan="2">使用登记证编号</td><td colspan="2"></td></tr>
<tr><td>主要参数</td><td colspan="7">起重量：______t　幅度：______m　起升高度：______m　工作级别：______</td></tr>
<tr><td rowspan="2">维护单位</td><td>名称</td><td colspan="2"></td><td colspan="2">维保合同
起止日期</td><td colspan="2"></td></tr>
<tr><td>地址</td><td colspan="2"></td><td colspan="2" rowspan="2">工作环境</td><td colspan="2" rowspan="2">露天□　非露天□　易爆□
高温□　粉尘□　其他□</td></tr>
<tr><td>维护地点</td><td colspan="3"></td></tr>
<tr><td colspan="8">维护情况</td></tr>
<tr><td>序号</td><td>维护项目及内容</td><td colspan="2">维护方法</td><td>维护结果</td><td>结果验证说明</td><td>维护人员</td><td>维护日期</td></tr>
<tr><td></td><td></td><td colspan="2"></td><td></td><td></td><td></td><td></td></tr>
<tr><td></td><td></td><td colspan="2"></td><td></td><td></td><td></td><td></td></tr>
<tr><td></td><td></td><td colspan="2"></td><td></td><td></td><td></td><td></td></tr>
<tr><td></td><td></td><td colspan="2"></td><td></td><td></td><td></td><td></td></tr>
<tr><td></td><td></td><td colspan="2"></td><td></td><td></td><td></td><td></td></tr>
<tr><td></td><td></td><td colspan="2"></td><td></td><td></td><td></td><td></td></tr>
<tr><td></td><td></td><td colspan="2"></td><td></td><td></td><td></td><td></td></tr>
<tr><td></td><td></td><td colspan="2"></td><td></td><td></td><td></td><td></td></tr>
<tr><td></td><td></td><td colspan="2"></td><td></td><td></td><td></td><td></td></tr>
<tr><td>备注</td><td colspan="7"></td></tr>
<tr><td>项目主管</td><td colspan="3"></td><td colspan="2">记录日期</td><td colspan="2"></td></tr>
</table>

参 考 文 献

[1] GB/T 3811—2008 起重机设计规范

[2] GB/T 5905—2011 起重机 试验规范和程序

[3] GB/T 6974.1—2008 起重机 术语 第1部分:通用术语

[4] GB/T 8923(所有部分) 涂覆涂料前钢材表面处理 表面清洁度的目视评定

[5] GB/T 17495—2009 港口门座起重机

[6] GB/T 18453—2001 起重机 维护手册 第1部分:总则

[7] GB/T 20303.4—2006 起重机 司机室 第4部分:臂架起重机

[8] GB/T 20776—2006 起重机械分类

[9] GB/T 20947—2007 起重用短环链 T级(T、DAT和DT型)高精度葫芦链

[10] GB/T 23723.1—2009 起重机 安全使用 第1部分:总则

[11] GB/T 23723.4—2010 起重机 安全使用 第4部分:臂架起重机

[12] GB/T 23724.1—2009 起重机 检查 第1部分:总则

[13] GB/T 24809.4—2009 起重机 对机构的要求 第4部分:臂架起重机

[14] GB/T 24810.4—2009 起重机 限制器和指示器 第4部分:臂架起重机

[15] JT 400—1999 港口门座起重机安全规程

ICS 53.020.20
J 80

中华人民共和国国家标准

GB/T 31052.5—2015

起重机械　检查与维护规程 第5部分：桥式和门式起重机

Lifting appliances—Code of inspection and maintenance—Part 5：Bridge and gantry cranes

2015-12-10 发布　　2016-07-01 实施

中华人民共和国国家质量监督检验检疫总局
中国国家标准化管理委员会　发布

前　言

GB/T 31052《起重机械　检查与维护规程》分为以下 12 个部分：

——第 1 部分：总则；

——第 2 部分：流动式起重机；

——第 3 部分：塔式起重机；

——第 4 部分：臂架起重机；

——第 5 部分：桥式和门式起重机；

——第 6 部分：缆索起重机；

——第 7 部分：桅杆起重机；

——第 8 部分：铁路起重机；

——第 9 部分：升降机；

——第 10 部分：轻小型起重设备；

——第 11 部分：机械式停车设备；

——第 12 部分：浮式起重机。

本部分为 GB/T 31052 的第 5 部分。

本部分按照 GB/T 1.1—2009 给出的规则起草。

本部分由中国机械工业联合会提出。

本部分由全国起重机械标准化技术委员会(SAC/TC 227)归口。

本部分负责起草单位：上海宝松重型机械工程(集团)有限公司、北京起重运输机械设计研究院、国家起重运输机械质量监督检验中心。

本部分参加起草单位：上海振华重工(集团)股份有限公司、大连华锐重工集团股份有限公司、德马格起重机械(上海)有限公司、科尼起重机设备(上海)有限公司、宁波市凹凸重工有限公司、大连博瑞重工有限公司、卫华集团有限公司、武桥重工集团股份有限公司、郑州新大方重工科技有限公司、南京起重机械总厂有限公司、天津起重设备有限公司、北京万桥兴业机械有限公司、青岛港国际股份有限公司港机分公司、新乡市起重设备厂有限责任公司、江西起重机械总厂、无锡华东重型机械股份有限公司、江苏华澄重工有限公司、江苏三马起重机械制造有限公司、黑龙江富锦富华起重机有限公司。

本部分主要起草人：陶华强、陈福泉、陈瑞明、林夫奎、朱新敖、吕新民、须雷、谢伟、冯仕海、赵学明、刘元利、孙明尧、谢军、陈浩、李本宏、张秀坤、袁付春、王德连、刘传贺、刘晓生、张化伦、王志刚、徐志宏、张雪峰。

起重机械　检查与维护规程
第5部分:桥式和门式起重机

1　范围

GB/T 31052的本部分规定了桥式和门式起重机在使用过程中应进行的检查与维护方面的基本要求。

本部分适用于GB/T 31052.1—2014附录A所规定的桥式和门式起重机(以下简称“起重机”)。

2　规范性引用文件

下列文件对于本文件的应用是必不可少的。凡是注日期的引用文件,仅注日期的版本适用于本文件。凡是不注日期的引用文件,其最新版本(包括所有的修改单)适用于本文件。

GB/T 5972　起重机　钢丝绳　保养、维护、安装、检验和报废

GB 6067.1—2010　起重机械安全规程　第1部分:总则

GB/T 10051.2　起重吊钩　第2部分:锻造吊钩技术条件

GB/T 10051.3　起重吊钩　第3部分:锻造吊钩使用检查

GB/T 10051.13　起重吊钩　第13部分:叠片式吊钩技术条件

GB/T 10051.14　起重吊钩　第14部分:叠片式吊钩使用检查

GB 26469—2011　架桥机安全规程

GB/T 31052.1—2014　起重机械　检查与维护规程　第1部分:总则

3　术语和定义

GB/T 31052.1—2014界定的术语和定义适用于本文件。

4　一般要求

检查和维护的一般要求应符合GB/T 31052.1—2014中第4章的规定。

5　检查

5.1　日常检查

应根据每台起重机的具体特点确定日常检查项目和检查要求,且不应低于附录A的规定。

5.2　定期检查

根据起重机的使用特点,确定定期检查的周期为周检、月检、季检和年检。

根据每台起重机的工作级别、工作环境及使用状态确定定期检查项目、检查要求和检查周期,且不应低于附录A的规定。对于吊运熔融金属等危险物品的起重机,应适当缩短检查周期。

5.3 特殊检查

5.3.1 起重机在发生 GB/T 31052.1—2014 中 5.3.1 规定的情况时应进行特殊检查。

5.3.2 特殊检查应按附录 B 的规定。

5.4 检查方法

起重机的检查方法应采用 GB/T 31052.1—2014 中 5.4 规定的目测检查、无损检测、功能试验、空载试验、载荷试验、动载试验、静载试验、稳定性试验，具体选用的方法见附录 A 和附录 B。

5.5 检查记录及检查报告

起重机检查应有检查记录，内容至少包括附录 A 或附录 B 的检查项目，并应符合 GB/T 31052.1—2014 中 5.5 的规定。

对定期检查发现的不合格项及特殊检查均应出具检查报告，格式参见附录 C，内容至少应包括GB/T 31052.1—2014 中附录 B 的规定。

6 维护

6.1 计划性维护

根据每台起重机的工作级别、工作环境及使用状态，确定计划性维护的内容和周期。其内容至少应包括：

——减速器润滑油、透气孔空气滤清器滤芯的更换；

——开式齿轮的润滑；

——联轴器的润滑；

——轴承的润滑；

——钢丝绳或起重用短环链的润滑；

——液压系统滤芯、滤网的更换；

——液压油、机油的更换；

——张紧带的更换；

——发动机机油滤清器滤芯、燃油滤清器滤芯、空气滤清器滤芯的更换；

——高压电缆卷筒集电器的清理、零部件的紧固和/或更换；

——集装箱吊具旋锁锁销的更换。

6.2 非计划性维护

非计划性维护应在发生故障后或依据日常检查、定期检查、特殊检查的结果，确定需要维修、保养的内容和要求，并加以实施。

6.3 维护结果验证

对起重机完成维护的项目，在恢复使用前，应对其功能进行相应的验证。

6.4 维护记录

起重机维护应有维护记录，格式参见附录 D，内容至少应包括 GB/T 31052.1—2014 中 6.4 的规定。

7 检查与维护的安全预防措施

检查与维护的安全预防措施，应符合 GB/T 31052.1—2014 中第 7 章的有关规定。

附　录　A
（规范性附录）
日常检查和定期检查项目、方法、内容及要求

日常检查和定期检查项目、方法、内容及要求见表 A.1。

表 A.1

序号	检查项目		检查方法、内容及要求	建议处置方式	检查周期					备注
					日	周	月	季	年	
1	技术文件	随行文件	检查随行图纸、使用说明书、出厂合格证应完整	整改完善					○	
2	技术文件	检查记录	检查以往的检查记录应完整、无未处理的缺陷	整改完善					○	
3	技术文件	维护记录	检查以往的维护记录应完整、无未验证的维护	整改完善					○	
4	技术文件	其他档案	检查设备安装、改造、维修、注册登记等其他档案	整改完善					○	
5	整机	作业环境	目测检查起重机作业环境应无影响作业安全的因素	按企业管理制度和操作规程处理	○	○	○	○	○	
6	整机	外观	目测检查起重机各处应无垃圾、杂物、遗漏工具等	清洁	○	○	○	○	○	
7	整机	外观	目测检查起重机各处应无积油、积水	清洁		○	○	○	○	
8	整机	外观	目测检查起重机各部分表面应无严重的锈蚀、脱漆、损伤等缺陷	防腐/修理				○	○	
9	整机	车轮承载情况	目测检查起重机的各个车轮应无悬空现象	调整/修理			○	○	○	
10	整机	起重机跨度	测量起重机跨度偏差应符合相关起重机产品标准的规定	调整/修理					○	
11	整机	小车架感应电压	测量小车架上的感应电压在非工作状态下不应超过交流 30 V，直流 70 V	调整			○	○	○	适用于绝缘桥式起重机
12	整机	三级绝缘电阻	用 1 000 V 绝缘电阻表（兆欧表）测量吊钩和钢丝绳（或动滑轮组）、起升机构和小车架、小车架和桥架之间的绝缘电阻值，其每级绝缘在温度 20 ℃～25 ℃，且相对湿度不大于 85%时的电阻值不应小于 1 MΩ	调整			○	○	○	适用于绝缘桥式起重机

表 A.1（续）

序号	检查项目		检查方法、内容及要求	建议处置方式	检查周期					备注
					日	周	月	季	年	
13	金属结构	主梁、端梁、导梁、支腿、联系梁、小车架、台车架、平衡梁、机构支座、维修吊支架等	目测检查起重机主梁、端梁、导梁、支腿、联系梁、小车架、台车架、平衡梁、机构支座、维修吊支架等金属结构的锈蚀、裂纹和塑性变形，并应符合 GB 6067.1—2010 中 3.9 的规定	防腐/修理/更换				○	○	
14		结构焊缝	目测检查主要受力结构件焊缝应无可见的裂纹	修理				○	○	
15	连接件	主要受力结构件、安全装置连接件	目测检查主要受力结构件及安全装置的连接铰轴和螺栓应无缺损，无松动	更换/调整					○	
16		机构、电器元件连接件	目测检查电动机、减速箱、制动器、联轴器、电控箱等机构部件的连接螺栓应无缺损，无松动	调整/更换			○	○	○	
17	机构	起升机构	通过空载试验检查起升机构应无异常声响、振动，运行平稳	维护		○	○	○	○	
18		起重机运行机构	通过空载试验检查起重机运行机构应无异常声响、振动	维护		○	○	○	○	
19			目测检查应无影响起重机使用的歪斜跑偏、啃轨等	调整/更换			○	○	○	
20		小车运行机构	通过空载试验检查小车运行机构应无异常声响、振动	维护		○	○	○	○	
21			目测检查小车应无影响使用的歪斜跑偏、啃轨等	调整/更换			○	○	○	
22		回转机构	通过空载试验检查回转机构应无异常声响、振动	维护		○	○	○	○	
23		变幅机构	通过空载试验检查变幅机构应无异常声响、振动	维护		○	○	○	○	
24		伸缩机构	通过空载试验检查伸缩机构应无异常声响、振动	维护		○	○	○	○	
25		起重机供电装置	通过空载试验检查起重机供电装置应无异常声响、振动	维护			○	○	○	
26		小车供电装置	通过空载试验检查小车供电装置应无异常声响、振动	维护			○	○	○	
27		吊具机构	通过空载试验检查吊具机构应无异常声响、振动，转动灵活无卡阻	维护			○	○	○	
28		润滑系统	目测检查润滑系统应工作正常、无堵塞、无泄漏	维护			○	○	○	
29		横移机构	通过空载试验检查横移机构应无异常声响、振动	维护			○	○	○	
30		机载电梯	通过空载试验检查电梯应无异常声响、振动	维护			○	○	○	

表 A.1（续）

序号	检查项目		检查方法、内容及要求	建议处置方式	检查周期					备注
					日	周	月	季	年	
31	机构	葫芦	通过空载试验检查葫芦应无异常声响、振动	维护			○	○	○	
32	关键零部件	吊具	检查吊具焊缝及吊具结构应无影响安全的磨损及变形、且应无异响	修理/更换			○	○	○	
33			目测检查吊具销轴应无松动、脱出，轴端固定装置应安全有效	紧固/修理/更换			○	○	○	
34			目测检查吊钩闭锁装置、吊钩螺母防松装置应有效	调整/修理/更换			○	○	○	
35			通过功能试验，检查抓斗开闭应自如，平衡装置应灵活、无卡死现象，结构应无裂纹和严重的磨损及变形	调整/修理/更换		○	○	○	○	
36			目测检查抓斗的梨形接头和C型卸扣应无裂纹、过度磨损，且应润滑充分	润滑/修理/更换	○	○	○	○	○	
37			敲击检测电磁吸盘悬挂可靠，电气连接无松动	紧固/调整			○	○	○	
38			按GB/T 10051.2和GB/T 10051.3规定的方法检查锻造吊钩的表面裂纹、变形、磨损、腐蚀，并应符合其要求	修理/更换				○	○	
39			检查吊具焊缝及吊具结构的磨损及变形情况应符合GB 26469—2011中4.1的规定	修理/更换			○	○	○	适用于架桥机
40			空载试验检查料耙的工作性能应正常	维护			○	○	○	适用于料耙起重机
41			空载试验检查夹钳的工作性能应正常	维护			○	○	○	适用于夹钳起重机
42			目测检查夹钳钳体应无裂纹和严重变形	修理/更换		○	○	○	○	适用于夹钳起重机
43			目测检查吊叉结构、起重横梁结构和焊缝应无裂纹和塑性变形	修理/更换		○	○	○	○	适用于铸造起重机、料箱起重机
44			按GB/T 10051.13和GB/T 10051.14规定的方法检查叠片式吊钩的表面应无裂纹、无严重变形，铆钉应无松动、钩片间隙应正常，钩口衬瓦应无明显磨损、裂纹和塑性变形	紧固/调整/修理/更换				○	○	适用于铸造起重机、料箱起重机
45			目测检查吊具上架和吊具连接旋锁应可靠	调整/更换	○	○	○	○	○	适用于岸边集装箱起重机
46			目测检查吊具伸缩臂架滑动表面、滑轨的润滑状况应良好	润滑/更换	○	○	○	○	○	适用于岸边集装箱起重机

表 A.1（续）

序号	检查项目		检查方法、内容及要求	建议处置方式	检查周期					备注
					日	周	月	季	年	
47	关键零部件	吊具	目测检查吊具液压系统应无漏油现象，油箱油位应正常	紧固/加油	○	○	○	○	○	适用于岸边集装箱起重机
48			目测检查吊具导板应无损坏	修理/更换	○	○	○	○	○	适用于岸边集装箱起重机
49		钢丝绳	按照 GB/T 5972 规定的方法检查钢丝绳，并应符合其要求	更换			○	○	○	
50			目测检查钢丝绳应无明显的机械损伤	修理/更换		○	○	○	○	
51			目测检查卷筒及滑轮上钢丝绳应无跳槽或脱槽等现象	紧固/调整	○	○	○	○	○	
52			目测检查钢丝绳端部固定情况应满足相应要求	紧固/调整			○	○	○	
53			目测检查钢丝绳表面不应有明显露出的断丝	修理/更换			○	○	○	适用于防爆梁式起重机、防爆桥式起重机
54		起重用短环链	目测检查起重用短环链应无爬链、卡链现象	调整		○	○	○	○	
55			目测检查起重用短环链应符合 GB 6067.1—2010 中 4.2.3.2 和 4.2.3.3 的规定	更换			○	○	○	
56		卷筒	目测检查卷筒应符合 GB 6067.1—2010 中 4.2.4.5 的规定	更换				○	○	
57		滑轮	目测检查滑轮应符合 GB 6067.1—2010 中 4.2.5 的规定	修理/更换				○	○	
58			目测检查滑轮应转动灵活	润滑/调整				○	○	
59			目测检查滑轮防脱绳装置应安全有效	修理/更换				○	○	
60		制动器	目测检查各转动、摆动点润滑应满足相应要求	润滑/调整		○	○	○	○	
61			空载试验检查起升机构制动器应工作正常	维护	○	○	○	○	○	
62			目测检查制动器应符合 GB 6067.1—2010 中 4.2.6.7 的有关规定	更换			○	○	○	
63		车轮	目测检查车轮轮缘、踏面的磨损、变形应符合 GB 6067.1—2010 中 4.2.7 的规定	更换				○	○	
64		轮胎	目测检查轮胎表面应无鼓包、严重裂纹	更换	○	○	○	○	○	
65			目测检查轮胎的充气压力应满足设计要求	充气		○	○	○	○	

表 A.1(续)

序号	检查项目		检查方法、内容及要求	建议处置方式	检查周期					备注
					日	周	月	季	年	
66	关键零部件	联轴器	目测检查联轴器应无缺损、无松动、无漏油,运行中无异常振动和异常响声	紧固/调整/修理/更换		○	○	○	○	
67		减速器	目测检查运转中的减速器应无异响、无异常振动、无漏油和过热现象	紧固/修理			○	○	○	
68			目测检查油位应在要求范围内	加油			○	○	○	
69		起升机构开式齿轮	目测检查轮齿塑性变形、裂纹、折断;齿面剥落、点蚀、胶合;齿根磨损情况,应符合 GB 6067.1—2010 中 4.2.8 的规定	更换				○	○	
70			目测检查齿轮装配应无松动,传动应无异响	调整/紧固		○	○	○	○	
71		排绳装置	目测检查排绳装置应工作正常,滑移无卡阻,螺栓无松动	调整/紧固			○	○	○	
72		托绳装置	目测检查托绳装置应工作正常,运行平稳,托绳有效	调整				○	○	适用于岸边集装箱起重机、造船门式起重机、卸船机、架桥机
73		柔性铰(轴)	目测检查柔性铰(轴)应润滑充分,无卡阻,运行无异响	润滑/修理				○	○	
74		轴承	目测检查轴承应无异响、无异常温升	更换				○	○	
75		小车轨道	测量轨道接头间隙、轨道高低差应符合相应产品标准的规定	调整					○	
76			目测检查轨道应无裂纹、严重磨损等现象	更换			○	○	○	
77			目测检查轨道压板组件应无缺损、松动	紧固/更换			○	○	○	
78		司机室	目测检查司机室连接部位应无脱焊、松动和裂纹	紧固/修理			○	○	○	
79			目测检查司机室内应无裸露的带电体,室内地面应绝缘良好	修理/更换		○	○	○	○	
80			目测检查司机室门、窗、玻璃、雨刮器、防护栏及门锁,应无缺损;门、窗、玻璃应清洁、视线清晰	清洁/更换		○	○	○	○	
81			目测检查移动司机室的悬挂装置应安全可靠	紧固/修理		○	○	○	○	

表 A.1（续）

序号	检查项目		检查方法、内容及要求	建议处置方式	检查周期					备注
					日	周	月	季	年	
82	电控系统	供电电源	目测检查供电电源应工作正常	维护	○	○	○	○	○	
83		控制装置	目测检查各按钮应灵活有效，操纵杆下部绝缘保护应无破损	修理/更换		○	○	○	○	
84			目测检查各机构操纵手柄应灵活、无卡阻，挡位手感明确，零位锁有效	调整/更换	○	○	○	○	○	
85			目测检查遥控装置及手电门外壳应无破损，控制按钮应标识清晰、正确，功能正常	修理/更换		○	○	○	○	
86		馈电装置	目测检查带电指示装置应齐全有效；软电缆防护层应无严重老化、破损、鼓包，电缆收放措施应齐全有效；集电器应接触可靠	调整/修理/更换				○	○	
87		电动机	测量电动机绝缘电阻应符合各产品标准的规定	修理				○	○	
88			目测检查电动机滑环应无烧痕，碳刷磨损及压力适当	调整/更换					○	
89		总电源开关	目测检查总电源开关应功能正常	调整/更换			○	○	○	
90		控制柜/台及电气设施	目测检查控制柜门开关应灵活且门锁可靠	调整/更换			○	○	○	
91			目测检查控制柜内电气线路及元器件应无过热、烧焦、融化痕迹；元器件应无外表破损；罩壳应无掉落	更换			○	○	○	
92			目测检查电气联接及接地应可靠，线缆无严重龟裂、破损	调整/更换			○	○	○	
93			目测检查各段线路线标应清晰，接线无松动	清洁/紧固					○	
94			通过功能试验，检查线路应无过热，检查绝缘电阻、接地电阻应符合要求	修理/更换					○	
95			通过功能试验，检查各接线柱、接触器、继电器应接触良好；目测检查灭弧装置应齐全	调整/更换				○	○	
96		通讯	通过功能试验，检查主机与中央控制室的通讯应畅通	维护	○	○	○	○	○	
97		照明	目测检查照明装置应无缺损	修理/更换	○	○	○	○	○	
98		空调系统	目测检查电气室和司机室的空调工作应正常	维护		○	○	○	○	

表 A.1(续)

序号	检查项目		检查方法、内容及要求	建议处置方式	检查周期					备注
					日	周	月	季	年	
99	液压系统		目测检查液压系统应无泄漏	紧固/修理	○	○	○	○	○	
100			目测检查液压系统应工作正常,无异响、过热等现象	维护			○	○	○	
101	气动系统		目测检查气动系统应无泄漏	紧固/修理	○	○	○	○	○	
102			目测检查气动系统应工作正常,无异响	维护					○	
103	燃油系统		目测检查燃油系统应无泄漏	紧固/修理	○	○	○	○	○	
104			检查发动机机油、冷却液和燃油的液位应符合要求,目测检查发动机的运转应无异响,排气无异常	加油/修理			○	○	○	
105	全防护装置	起升高度限制器	通过功能试验,检查起升高度限制器应固定可靠、功能有效	紧固/更换	○	○	○	○	○	
106		二级起升高度限制器	通过功能试验,检查二级起升高度限制器应固定可靠、功能有效	紧固/更换			○	○	○	
107		运行行程限位器	通过功能试验,检查运行行程限位器应固定可靠、功能有效	紧固/更换	○	○	○	○	○	
108		回转限位	通过功能试验,检查回转限位应固定可靠、功能有效	紧固/更换		○	○	○	○	
109		回转锁定装置	目测检查回转锁定装置应无变形、缺损、松动	紧固/更换				○	○	
110		防碰撞装置	目测检查防碰撞装置应无变形、损坏,且功能有效	紧固/更换			○	○	○	
111		缓冲器与端部止挡	目测检查缓冲器应无变形、损坏;端部止挡应无变形、开焊	紧固/修理/更换				○	○	
112		偏斜指示器或限制器	通过功能试验,检查偏斜指示器或限制器应有效	紧固/更换				○	○	
113		起重量限制器	通过功能试验,检查起重量限制器应固定可靠、功能有效	紧固/更换					○	
114		起重力矩限制器	通过功能试验,检查起重力矩限制器应固定可靠、功能有效	紧固/更换					○	
115		极限力矩限制器	通过功能试验,检查极限力矩限制器应固定可靠、功能有效	紧固/更换					○	
116		超速保护装置	目测检查超速保护装置应无缺失	更换					○	
117		抗风防滑装置	目测检查防风拉索应连接可靠、功能有效	紧固/调整				○	○	
118			目测检查锚定装置应连接可靠、功能有效	紧固/修理				○	○	
119			目测检查工作状态时使用的抗风防滑装置安装应固定可靠、功能有效	紧固/修理			○	○	○	

表 A.1（续）

序号	检查项目		检查方法、内容及要求	建议处置方式	检查周期					备注
					日	周	月	季	年	
120	安全防护装置	防倾翻安全钩	目测检查安全钩应无变形、缺损、松动	紧固/更换				○	○	
121		联锁保护	目测检查联锁装置应无缺损、短接、绑扎等现象	调整/更换		○	○	○	○	
122			通过功能试验，检查电气联锁装置应正常可靠	修理/更换			○	○	○	
123		接地保护	目测检查接地装置应完好，功能有效	修理/更换			○	○	○	
124		电气保护	目测检查短路、失压、零位、过流等电气保护应无缺损	更换					○	
125		安全监控管理系统	目测检查安全监控管理系统各控制单元应工作正常	调整/修理	○	○	○	○	○	
126		急停开关	触动紧急停止开关，起重机应立即停机。急停开关不应自动复位。手动复位后，再重新启动，起重机应能恢复正常运行	修理/更换				○	○	
127		声光报警装置	通过功能试验，检查声光报警装置应工作正常	调整/更换			○	○	○	
128		绝缘失效自动声光报警装置	通过功能试验，检查绝缘失效自动声光报警装置应工作正常	调整/更换			○	○	○	适用于绝缘桥式起重机
129		标记和警示标志	目测检查起重机标牌、吨位牌、安全警示标志应清晰、无缺失	清洁/更换	○	○	○	○	○	
130		楼梯、阶梯、平台、走道、栏杆	目测检查楼梯、阶梯、平台、走道、栏杆应完好且牢固	紧固/修理					○	
131		防护罩、防雨罩	目测检查各旋转部位的防护罩及防雨罩应牢固、齐全、无破损	紧固/修理					○	
132		检修吊笼	目测检查检修吊笼应无损坏，连接应无松动，防护有效	紧固/修理					○	
133		风速仪及风速报警器	目测检查风速仪及风速报警器应正常工作	调整/更换					○	
134		避雷针	目测检查避雷针连接应牢固，接线应无松动	紧固					○	
135		导电滑触线防护装置	目测检查导电滑触线防护装置应齐全无损坏	修理/更换					○	
136		轨道清扫器	目测检查轨道清扫器与轨道的间隙应为 5 mm～10 mm	调整/更换				○	○	
137		松绳检测装置	目测检查松绳检测装置应无损坏，工作正常有效	调整/修理				○	○	

表 A.1(续)

序号	检查项目		检查方法、内容及要求	建议处置方式	检查周期					备注
					日	周	月	季	年	
138	安全防护装置	防辐射热装置	目测检查防辐射热装置应连接牢固、完好	紧固/修理				○	○	适用于冶金起重机
139		消防器材	目测检查消防器材的存放位置应正确,灭火器在有效期内	调整/更换	○	○	○	○	○	
140		航空障碍指示灯	目测检查航空障碍指示灯应无损坏、无松动,工作正常有效	紧固/更换			○	○	○	

附　录　B
（规范性附录）
特殊检查项目、方法、内容及要求

特殊检查的条件、检查项目、方法、内容及要求见表 B.1。

表 B.1

序号	特殊检查的条件	检查项目	检查方法、内容及要求	建议处置方式	备注
1	安全防护装置型式或规格改变	安全防护装置	针对被改变的安全防护装置，其检查方法、内容及要求应按附录 A 的相应规定执行	按附录 A 的相应规定	
2	额定载荷改变	机构、金属结构	通过静载试验、动载试验检查起重机各项性能应满足使用要求	加固机构和金属结构/减小起重机性能参数	
3	主要受力结构件截面特性或材质改变	金属结构	针对被改变的金属结构，其检查方法、内容及要求应按附录 A 的相应规定执行	按附录 A 的相应规定	
4			通过静载试验，检查被改变的金属结构应满足设计要求	加固金属结构	
5	起升机构型式或规格改变	起升机构	针对被改变的机构或其零部件，其检查方法、内容及要求应按附录 A 的相应规定执行	按附录 A 的相应规定	
6			通过动载试验检查起重机各项性能应满足设计要求	更换起升机构/减小起重机性能参数	
7	控制系统型式或规格改变	控制系统	针对被改变的控制系统或其元件，其检查方法、内容及要求应按附录 A 的相应规定执行	按附录 A 的相应规定	
8			通过功能试验检查起重机的控制性能应满足设计要求	按附录 A 的相应规定	
9	动力源型式或规格改变	动力源	针对被改变的动力源或其元件，其检查方法、内容及要求应按附录 A 的相应规定执行	按附录 A 的相应规定	
10	钢丝绳或起重用短环链性能改变	钢丝绳或起重用短环链	目测检查钢丝绳与卷筒、滑轮的匹配情况，并满足 GB/T 5972的相应要求；通过载荷试验检查链条和链轮的啮合性能	按附录 A 的相应规定	
11	固定吊具改变	机构、金属结构	通过静载试验、动载试验检查起重机各项性能应满足使用要求	加固机构和金属结构/减小起重机性能参数	

表 B.1（续）

序号	特殊检查的条件	检查项目	检查方法、内容及要求	建议处置方式	备注
12	海浪或水灾侵袭	机械零部件、电控系统	针对被海浪或水灾侵袭的机械零部件、电控系统，其检查方法、内容及要求应按附录 A 的相应规定执行	按附录 A 的相应规定	
13	风速超出设计范围	风速仪、抗风防滑装置、金属结构	针对风速仪、抗风防滑装置、受风载的金属结构，其检查方法、内容及要求应按附录 A 的相应规定执行	按附录 A 的相应规定	
14	地震烈度超出设计范围	附录 A 的所有年检项目	按附录 A 的年检规定	按附录 A 的相应规定	
15			通过功能试验、载荷试验、静载试验、动载试验检查起重机各项性能应满足设计要求	按附录 A 的相应规定	
16	基础沉降	起重机运行机构及金属结构	通过目测检查、功能试验或/和载荷试验检查受基础沉降影响的项目，应符合附录 A 的相应要求	维护 / 按企业管理制度和操作规程处理	
17	超载	机构、金属结构	针对受影响的机构及金属结构，其检查方法、内容及要求应按附录 A 的相应规定执行	按附录 A 的相应规定	
18			通过静载试验、动载试验检查起重机各项性能应满足设计要求	修复机构和金属结构	
19	挂舱	机构、金属结构	针对受影响的机构及金属结构，其检查方法、内容及要求应按附录 A 的相应规定执行	按附录 A 的相应规定	适用于岸边集装箱起重机、卸船机
20			通过静载试验、动载试验检查起重机各项性能应满足设计要求	修复机构和金属结构	
21	安全制动器动作对机构造成非正常冲击的急停	起升机构	通过载荷试验检查起升机构及其零部件的各项性能应满足使用要求	按附录 A 的相应规定	
22	撞击事故	主要受力结构件、各机构	目测检查主要受力结构件、各机构应完好，并通过功能试验、载荷试验、动载试验检查起重机各项性能应满足使用要求	按附录 A 的相应规定	
23	火灾	主要受力结构件、各机构、电控系统	通过目测检查、功能试验或/和载荷试验检查受火灾影响的项目，应符合附录 A 的相应要求	按附录 A 的相应规定	
24	设备停用一年及以上再次投入使用前	附录 A 的所有年检项目	按附录 A 的年检规定	按附录 A 的相应规定	

注：在进行动载或静载试验之前，应确保起重机满足试验条件。

附　录　C
（资料性附录）
检　查　报　告

检查报告格式参见表C.1。

表 C.1

编号：

<table>
<tr><td>检查类别</td><td colspan="4">定期检查 □　　　　　　　特殊检查 □</td></tr>
<tr><td>设备编号</td><td colspan="2"></td><td>设备名称</td><td></td></tr>
<tr><td rowspan="2">使用单位</td><td>名　　称</td><td></td><td>地　　址</td><td></td></tr>
<tr><td>设备负责人</td><td></td><td>联系电话</td><td></td></tr>
<tr><td>制造单位</td><td colspan="2"></td><td>出厂编号</td><td></td></tr>
<tr><td>规格型号</td><td></td><td>制造日期　</td><td>使用登记证编号</td><td></td></tr>
<tr><td>主要参数</td><td colspan="4">起重量：______t　跨度：______m　起升高度：______m　工作级别：____</td></tr>
<tr><td rowspan="2">检查单位</td><td>名称</td><td></td><td>维保合同
起止日期</td><td></td></tr>
<tr><td>地址</td><td></td><td rowspan="2">工作环境</td><td rowspan="2">露天□　非露天□　易爆□
高温□　粉尘□　其他□</td></tr>
<tr><td>检查地点</td><td colspan="2"></td></tr>
</table>

<table>
<tr><td colspan="11">检查情况</td></tr>
<tr><td rowspan="2">序号</td><td rowspan="2">检查项目</td><td rowspan="2">检查结果</td><td rowspan="2">原因及处置建议</td><td colspan="2">记录编号</td><td colspan="2">定期检查日期</td><td rowspan="2">检查
周期</td><td rowspan="2">检查
人员</td><td rowspan="2">检查
日期</td></tr>
<tr><td>检查</td><td>维护</td><td>上次</td><td>下次</td></tr>
<tr><td></td><td></td><td></td><td></td><td></td><td></td><td></td><td></td><td></td><td></td><td></td></tr>
<tr><td></td><td></td><td></td><td></td><td></td><td></td><td></td><td></td><td></td><td></td><td></td></tr>
<tr><td></td><td></td><td></td><td></td><td></td><td></td><td></td><td></td><td></td><td></td><td></td></tr>
<tr><td></td><td></td><td></td><td></td><td></td><td></td><td></td><td></td><td></td><td></td><td></td></tr>
<tr><td></td><td></td><td></td><td></td><td></td><td></td><td></td><td></td><td></td><td></td><td></td></tr>
<tr><td></td><td></td><td></td><td></td><td></td><td></td><td></td><td></td><td></td><td></td><td></td></tr>
<tr><td></td><td></td><td></td><td></td><td></td><td></td><td></td><td></td><td></td><td></td><td></td></tr>
<tr><td></td><td></td><td></td><td></td><td></td><td></td><td></td><td></td><td></td><td></td><td></td></tr>
<tr><td></td><td></td><td></td><td></td><td></td><td></td><td></td><td></td><td></td><td></td><td></td></tr>
<tr><td>备注</td><td colspan="10"></td></tr>
<tr><td colspan="2">项目主管</td><td colspan="3"></td><td colspan="2">报告日期</td><td colspan="4"></td></tr>
</table>

附 录 D
（资料性附录）
维 护 记 录

维护记录格式参见表 D.1。

表 D.1

编号：

<table>
<tr><td colspan="2">维护工作类别</td><td colspan="3">保养 □</td><td colspan="3">维修 □</td></tr>
<tr><td colspan="2">设备编号</td><td colspan="3"></td><td>设备名称</td><td colspan="2"></td></tr>
<tr><td colspan="2" rowspan="2">使用单位</td><td>名　　称</td><td colspan="2"></td><td>地　　址</td><td colspan="2"></td></tr>
<tr><td>设备负责人</td><td colspan="2"></td><td>联系电话</td><td colspan="2"></td></tr>
<tr><td colspan="2">制造单位</td><td colspan="3"></td><td>出厂编号</td><td colspan="2"></td></tr>
<tr><td colspan="2">规格型号</td><td></td><td>制造日期</td><td></td><td>使用登记证编号</td><td colspan="2"></td></tr>
<tr><td colspan="2">主要参数</td><td colspan="6">起重量：______t　跨度：______m　起升高度：______m　工作级别：____</td></tr>
<tr><td colspan="2" rowspan="2">维护单位</td><td>名称</td><td colspan="2"></td><td>维保合同
起止日期</td><td colspan="2"></td></tr>
<tr><td>地址</td><td colspan="2"></td><td rowspan="2">工作环境</td><td colspan="2" rowspan="2">露天□　非露天□　易爆□
高温□　粉尘□　其他□</td></tr>
<tr><td colspan="2">维护地点</td><td colspan="3"></td></tr>
<tr><td colspan="8">维护情况</td></tr>
<tr><td>序号</td><td>维护项目及内容</td><td colspan="2">维护方法</td><td>维护结果</td><td>结果验证说明</td><td>维护人员</td><td>维护日期</td></tr>
<tr><td></td><td></td><td colspan="2"></td><td></td><td></td><td></td><td></td></tr>
<tr><td></td><td></td><td colspan="2"></td><td></td><td></td><td></td><td></td></tr>
<tr><td></td><td></td><td colspan="2"></td><td></td><td></td><td></td><td></td></tr>
<tr><td></td><td></td><td colspan="2"></td><td></td><td></td><td></td><td></td></tr>
<tr><td></td><td></td><td colspan="2"></td><td></td><td></td><td></td><td></td></tr>
<tr><td></td><td></td><td colspan="2"></td><td></td><td></td><td></td><td></td></tr>
<tr><td></td><td></td><td colspan="2"></td><td></td><td></td><td></td><td></td></tr>
<tr><td></td><td></td><td colspan="2"></td><td></td><td></td><td></td><td></td></tr>
<tr><td></td><td></td><td colspan="2"></td><td></td><td></td><td></td><td></td></tr>
<tr><td>备注</td><td colspan="7"></td></tr>
<tr><td colspan="2">项目主管</td><td colspan="3"></td><td>记录日期</td><td colspan="2"></td></tr>
</table>

参 考 文 献

［1］ GB/T 3811—2008 起重机设计规范
［2］ GB/T 5905—2011 起重机 试验规范和程序
［3］ GB/T 10183.1—2010 起重机 车轮及大车和小车轨道公差 第1部分:总则
［4］ GB/T 14405—2011 通用桥式起重机
［5］ GB/T 14406—2011 通用门式起重机
［6］ GB/T 18453—2001 起重机 维护手册 第1部分:总则
［7］ GB/T 20776—2006 起重机械分类
［8］ GB/T 20947—2007 起重用短环链 T级(T、DAT和DT型)高精度葫芦链

ICS 53.020.20
J 80

中华人民共和国国家标准

GB/T 31052.6—2016

起重机械　检查与维护规程
第6部分:缆索起重机

Lifting appliances—Code of inspection and maintenance—
Part 6:Cable cranes

2016-10-13 发布　　2017-05-01 实施

中华人民共和国国家质量监督检验检疫总局
中国国家标准化管理委员会　发布

前　言

GB/T 31052《起重机械　检查与维护规程》分为以下12个部分：

——第1部分：总则；
——第2部分：流动式起重机；
——第3部分：塔式起重机；
——第4部分：臂架起重机；
——第5部分：桥式和门式起重机；
——第6部分：缆索起重机；
——第7部分：桅杆起重机；
——第8部分：铁路起重机；
——第9部分：升降机；
——第10部分：轻小型起重设备；
——第11部分：机械式停车设备；
——第12部分：浮式起重机。

本部分为GB/T 31052的第6部分。

本部分按照GB/T 1.1—2009给出的规则起草。

本部分由中国机械工业联合会提出。

本部分由全国起重机械标准化技术委员会(SAC/TC 227)归口。

本部分负责起草单位：杭州国电大力机电工程有限公司。

本部分参加起草单位：中国水利水电夹江水工机械有限公司、武桥重工集团股份有限公司。

本部分主要起草人：舒双元、洪诚、曾文、张建钢。

起重机械 检查与维护规程 第6部分:缆索起重机

1 范围

GB/T 31052的本部分规定了缆索起重机在使用过程中应进行的检查与维护方面的基本要求,不包含缆索起重机在出厂检验、安装、拆卸等过程中的检查维护要求。

本部分适用于GB/T 31052.1—2014中附录A所规定的缆索起重机(以下简称“缆机”)。

2 规范性引用文件

下列文件对于本文件的应用是必不可少的。凡是注日期的引用文件,仅注日期的版本适用于本文件。凡是不注日期的引用文件,其最新版本(包括所有的修改单)适用于本文件。

GB 755 旋转电机 定额和性能

GB/T 5972 起重机 钢丝绳 保养、维护、检验和报废

GB 6067.1—2010 起重机械安全规程 第1部分:总则

GB/T 10051.2 起重吊钩 第2部分:锻造吊钩技术条件

GB/T 10051.3 起重吊钩 第3部分:锻造吊钩使用检查

GB/T 28756 缆索起重机

GB/T 31052.1—2014 起重机械 检查与维护规程 第1部分:总则

3 术语和定义

GB/T 28756和GB/T 31052.1界定的以及下列术语和定义适用于本文件。

3.1

锚固端 fix point

固定式或辐射式缆索起重机中,其承载索固定不移动的一端。

4 一般要求

检查和维护的一般要求应符合GB/T 31052.1—2014中第4章的规定。

5 检查

5.1 日常检查

应根据缆机的类型特点和使用工况确定日常检查项目和检查要求,且不应低于附录A的规定。

5.2 定期检查

根据缆机的使用特点,确定定期检查的周期为周检、月检、半年检和年检。

根据每台缆机的工作级别、工作环境及使用状态确定定期检查项目、检查要求和检查周期,且不应低于附录A的规定。

5.3 特殊检查

5.3.1 缆机在发生 GB/T 31052.1—2014 中 5.3.1 规定的情况时应进行特殊检查。

5.3.2 特殊检查按附录 B 的规定。

5.4 检查方法

缆机的检查方法应采用 GB/T 31052.1—2014 中 5.4 规定的目测检查、无损检测、功能试验、空载试验、载荷试验、动载试验、静载试验，具体选用的方法见附录 A、附录 B。

5.5 检查记录及检查报告

缆机检查应有检查记录，内容至少包括附录 A 或附录 B 的检查项目，并应符合 GB/T 31052.1—2014 中 5.5 的规定。

对定期检查发现的不合格项及特殊检查，均应出具检查报告，格式参见附录 C，内容至少应包括 GB/T 31052.1—2014 中附录 B 的规定。

6 维护

6.1 计划性维护

根据每台缆机的工作级别、工作环境及使用状态，确定计划性维护的内容和周期，且不应低于附录 D 的规定。

6.2 非计划性维护

非计划性维护应在发生故障后或依据日常检查、定期检查、特殊检查的结果，确定需要维修、保养的内容和要求，并加以实施。

6.3 维护结果验证

对缆机进行参数调整、易损件更换、零部件维修等项目后，在恢复缆机使用前，应对其功能进行相应的验证。

6.4 维护记录

缆机的维护应有维护记录，格式参见附录 E，内容至少应包括 GB/T 31052.1—2014 中 6.4 的规定。

7 检查与维护的安全预防措施

检查与维护的安全预防措施，应符合 GB/T 31052.1—2014 中第 7 章的规定。

附　录　A
（规范性附录）
日常检查和定期检查项目、方法、内容及要求

日常检查和定期检查的项目、方法、内容及要求见表 A.1。

表 A.1

序号	检查项目		检查方法、内容及要求	处置方式	日常检查	定期检查周期				备注
						周检	月检	半年检	年检	
1	技术文件	随行文件	检查随行图纸、使用说明书、出厂合格证，应完整	整改完善					○	
2	技术文件	检查记录	检查以往的检查记录，应完整、无未处理的缺陷	整改完善					○	
3	技术文件	维护记录	检查以往的维护记录，应完整、无未验证的维护	整改完善					○	
4	技术文件	其他档案	检查设备安装、改造、维修、注册登记等其他档案，应完整	整改完善					○	
5	整机	作业环境	目测检查缆机作业环境，应无影响作业安全的因素	按企业管理制度和操作规程处理	○	○	○	○	○	
6	整机	外观	目测检查缆机各处，应无垃圾、杂物、遗漏工具等	清洁	○	○	○	○	○	
7	整机	外观	目测检查缆机各部分表面，应无严重的锈蚀、脱漆、损伤等缺陷	防腐/修理			○	○	○	
8	整机	承载索垂度	测量缆机承载索满载或空载的垂度应符合产品说明书的规定	调整					○	
9	整机	牵引绳及承马绳上支垂度	测量牵引绳及承马绳的上支垂度符合产品说明书的要求	调整				○	○	新绳安装后一周内调整
10	金属结构	主要结构	目测检查缆机各主要承载构件[如车(塔)架、锚固支架、拉板、小车架、台车架、平衡梁、机构支座等]的锈蚀情况、有无裂纹和塑性变形情况，并按 GB 6067.1—2010 中 3.9 的规定执行	防腐/修理/更换			○	○	○	
11	金属结构	焊　缝	目测检查主要受力结构件焊缝，应无可见的裂纹，必要时进行无损检测	修理			○	○	○	
12	连接件	主要结构件的连接	检查主要结构件的连接铰轴和螺栓，应无缺损，无松动等	调整				○	○	新机安装后一个月内
13	连接件	机构部件的连接件	检查电动机、减速箱、制动器等部件的连接螺栓应无缺损，无松动	调整				○	○	新机安装后一个月内

表 A.1（续）

序号	检查项目		检查方法、内容及要求	处置方式	日常检查	定期检查周期				备注
						周检	月检	半年检	年检	
14	机构	起升机构	检查起升机构，应无异常声响、振动，运行平稳	维护	○	○	○	○	○	
15	机构	牵引机构	检查牵引机构，应无异常声响、振动	维护	○	○	○	○	○	
16	机构	牵引机构	目测检查牵引机构摩擦块的磨损量及磨损均匀性，应满足产品使用说明书的要求	更换			○	○	○	
17	机构	大车运行机构	检查大车运行机构，应无异常声响、振动现象	维护	○	○	○	○	○	
18	机构	大车运行机构	目测检查，应无影响缆机使用的歪斜跑偏、啃轨等现象	调整/更换			○	○	○	
19	机构	大车运行机构	目测检查车轮轮缘、踏面的磨损、变形等应符合 GB 6067.1—2010 中 4.2.7 的规定	更换				○	○	
20	关键零部件	吊具	检查吊具结构和焊缝，应无裂纹和塑性变形；无影响安全的磨损；吊具使用时无异响	修理/更换			○	○	○	
21	关键零部件	吊具	目测检查销轴轴端固定，应安全有效，销轴无卡滞现象	紧固/修理/更换			○	○	○	
22	关键零部件	吊具	检查吊具上的各联接螺栓，应无松动	紧固/修理/更换			○	○	○	
23	关键零部件	吊具	目测检查吊钩闭锁装置、吊钩螺母防松装置，应有效	调整/修理/更换			○	○	○	
24	关键零部件	吊具	按 GB/T 10051.2 和 GB/T 10051.3 规定的方法检查钩体的表面裂纹、变形、磨损、腐蚀，并应符合其要求	修理/更换				○	○	
25	关键零部件	承马	目测检查承马的运行正常，行走轮及各托辊转动灵活，磨损正常	调整/更换	○	○	○	○	○	
26	关键零部件	承马	目测检查承马的开闭工作正常，各托辊转动灵活，磨损正常	调整/更换	○	○	○	○	○	适用固定张开式承马
27	关键零部件	承马	目测检查承马在承载索上固定完好，无相对滑移现象	调整	○	○	○	○	○	适用固定张开式承马
28	关键零部件	承马	每个承马定期移位一次	调整			○	○	○	适用固定张开式承马
29	关键零部件	承马	目测检查各承马运行时无较明显的打滑现象，各承马分布是否均匀	调整	○	○	○	○	○	
30	关键零部件	承马	目测检查承马各易损件的磨损情况	更换		○	○	○	○	

表 A.1(续)

序号	检查项目		检查方法、内容及要求	处置方式	日常检查	定期检查周期				备注
						周检	月检	半年检	年检	
31	关键零部件	承载索	检查承载索的润滑情况	加油			○	○	○	
32			检查承载索表面有无意外损伤、有无断丝情况,特别是有无相邻断丝情况	修补		○	○	○	○	
33			检查承载索两固定端有无意外损伤、松动和滑移情况	修理/调整			○	○	○	
34		钢丝绳	按照 GB/T 5972 规定的方法检查钢丝绳,并应符合其要求;特种钢丝绳按厂家的有关要求进行检查	更换		○	○	○	○	
35			目测检查钢丝绳端部固定情况,应满足相应要求	紧固/调整		○	○	○	○	
36		卷筒	目测检查卷筒表面的磨损情况和有无裂纹等缺陷,卷筒的磨损情况,并按 GB 6067.1—2010 中 4.2.4.5 的规定处理	修理/更换				○	○	
37			检查卷筒联轴器的磨损符合产品说明书的要求	更换				○	○	如有
38			在空载和满载情况下,检查盘式制动器的制动盘轴向窜动量符合要求	调整			○	○	○	如设有安全制动器
39		钢滑轮和尼龙滑轮(托辊)	目测检查滑轮应符合 GB 6067.1—2010 中 4.2.5 的规定	修理/更换			○	○	○	
40			目测检查尼龙滑轮(托棍)的磨损深度,必要时更换滑轮	更换			○	○	○	
41			目测检查滑轮轴承润滑情况,应转动灵活	润滑/调整		○	○	○	○	
42			目测检查滑轮防脱绳装置应安全有效	修理/更换		○	○	○	○	
43		大车车轮	检查大车车轮的润滑情况以及车轮是否有异响发热现象	润滑/修理/更换		○	○	○	○	
44		小车车轮	检查小车车轮的润滑情况以及车轮是否有异响发热现象	润滑/修理/更换		○	○	○	○	
45		制动器	目测检查制动摩擦片与制动盘(制动轮)之间的间隙是否满足要求	调整		○	○	○	○	
46			通过功能性试验,检查在额定载荷下,制动器的性能是否正常有效	调整				○	○	
47			目测检查制动摩擦片的磨损及污染情况	清洁/更换		○	○	○	○	
48			目测检查制动轮(盘)有无裂纹及污染情况	清洁/更换		○	○	○	○	

表 A.1(续)

序号	检查项目		检查方法、内容及要求	处置方式	日常检查	定期检查周期				备注
						周检	月检	半年检	年检	
49	关键零部件	制动器	目测检查各转动、摆动点润滑,应满足相应要求	润滑/调整		○	○	○	○	
50			目测检查制动器应符合 GB 6067.1—2010 中 4.2.6.7 的有关规定	更换			○	○	○	
51		联轴器	目测检查联轴器应无缺损、无松动,运行中无异常振动和响声	紧固/调整/润滑/更换		○	○	○	○	
52		减速器	减速器的润滑油,应符合减速器的要求	更换				○	○	
53			目测检查运转中的减速器应无异响、无异常振动、过热现象	紧固/修理			○	○	○	
54			目测检查油位应在要求范围内	加油			○	○	○	
55			目测检查减速器的齿面磨损状况	更换				○	○	
56			目测检查减速器强制润滑的状况	修理/更换				○	○	
57		排绳装置	目测检查排绳装置应工作正常,无卡阻,连接无松动	调整/紧固		○	○	○	○	
58			目测检查链条的张紧是否合适,卡接是否可靠及链条的磨损情况	调整/紧固			○	○	○	
59			目测传动系统润滑应正常	加油		○	○	○	○	
60		轴承	目测检查轴承应无异响、无异常温升、润滑良好	更换			○	○	○	
61		锚固端	目测检查锚固结构与基础的连接,应无松动等情况	修理/更换			○	○	○	适用固定和辐射式缆机
62			目测检查锚固端和运动部件工作状态,应正常	修理/更换			○	○	○	适用固定和辐射式缆机
63		司机室	目测检查司机室连接部位应无脱焊、松动和裂纹	紧固/修理			○	○	○	
64			目测检查司机室内应无裸露的带电体,室内绝缘设施应良好	修理/更换		○	○	○	○	
65	电控系统	供电电源	检查供电电源电压是否正常,供电变压器工作是否正常	维护	○	○	○	○	○	
66		操控装置	检查各按钮应灵活有效	修理/更换	○	○	○	○	○	有异常及时更换
67			检查各机构操纵手柄应灵活、无卡阻,零位锁有效	调整/更换	○	○	○	○	○	
68		馈电装置	电缆卷筒应运转正常,电缆收放设施应齐全有效,电缆防护层应无严重老化、破损、鼓包等现象	调整/修理/更换				○	○	

表 A.1(续)

序号	检查项目		检查方法、内容及要求	处置方式	日常检查	定期检查周期				备注
						周检	月检	半年检	年检	
69	电控系统	电动机	测量电动机绝缘电阻应符合相关标准的规定	修理				○	○	
70			检查电动机运转声音应正常，温升应正常	修理	○	○	○	○	○	
71			对直流电动机目测检查电动机整流子应无明显烧痕，碳刷磨损程度应符合要求，电动机火花应符合 GB 755 的规定	调整/更换				○	○	
72		总电源开关	目测检查总电源开关应功能正常	调整/更换		○	○	○	○	
73		控制柜及电气设施	目测检查控制柜门开关应灵活且门锁可靠	调整/更换			○	○	○	
74			目测检查控制柜内电气线路及元器件应无过热、烧焦、融化痕迹；元器件应无外表破损；罩壳应无掉落	更换			○	○	○	
75			目测检查电气联接及接地应可靠，线缆有无严重龟裂、破损现象	调整/更换			○	○	○	
76			目测检查各段线路线标应清晰，接线无松动	清洁/紧固				○	○	
77			通过功能试验，检查线路应无过热，检查绝缘电阻、接地电阻应符合要求	修理/更换				○	○	
78			通过功能试验，检查各接触器、继电器应接触良好；目测检查灭弧装置应齐全	调整/更换				○	○	
79			检查防雷及浪涌保护器是否正常	维护			○	○	○	
80		通讯	通过功能试验，检查系统各部分间工作应正常	维护	○	○	○	○	○	
81		照明	目测检查照明装置工作应正常	修理/更换	○	○	○	○	○	
82		空调系统	目测检查电气室和司机室的空调工作应正常	维护		○	○	○	○	
83	液压系统		目测检查液压系统应无泄漏	紧固/修理	○	○	○	○	○	
84			目测检查液压系统应工作正常，无异响、过热等现象	维护			○	○	○	

表 A.1（续）

序号	检查项目		检查方法、内容及要求	处置方式	日常检查	定期检查周期				备注
						周检	月检	半年检	年检	
85	安全防护装置	起升高度限制器	通过功能试验，检查起升高度限制器应固定可靠、功能正常有效	紧固/更换	○	○	○	○	○	
86		小车行程限制器	通过功能试验，检查牵引小车行程限制器应固定可靠、功能正常有效	紧固/更换	○	○	○	○	○	
87		大车行程限制器	通过功能试验，检查运行行程限制器应固定可靠、功能正常有效	紧固/更换	○	○	○	○	○	
88		位置编码器	通过功能试验，检查各位置编码器显示准确、功能正常有效	紧固/更换	○	○	○	○	○	
89		排绳、挡绳装置接近开关	通过功能试验，检查各接近开关动作准确、功能正常有效	紧固/更换	○	○	○	○	○	
90		各制动器行程开关	通过功能试验，检查各制动器行程开关动作准确，功能正常有效	紧固/更换	○	○	○	○	○	
91		夹轨器保护	通过功能试验，检查夹轨器保护功能正常有效	修理/更换	○	○	○	○	○	
92		主副车偏斜指示	通过功能试验，检查偏斜指示应正常、保护有效	紧固/更换	○	○	○	○	○	
93		重量传感器	通过功能试验，检查重量传感器固定可靠、测量准确、保护功能有效	紧固/更换	○	○	○	○	○	
94		超速保护装置	目测检查超速保护装置应无缺失	更换	○	○	○	○	○	
95		联锁保护	通过功能试验，检查电气联锁功能应正常可靠	修理/更换	○	○	○	○	○	
96		接地保护	目测检查接地装置应完好，功能有效	修理/更换	○	○	○	○	○	
97		电气保护	目测检查短路、失压、零位、过流、超温等电气保护元器件应完好有效	更换		○	○	○	○	
98		安全监控管理系统	目测检查安全监控管理系统各控制单元应工作正常	调整/修理	○	○	○	○	○	
99		急停开关	按下紧急停止开关，缆机应立即停机。急停开关不应自动复位。手动复位后，再重新启动，缆机应能恢复正常运行	修理/更换	○	○	○	○	○	
100		大车行走预警装置	通过功能试验，检查大车行走预警装置应工作正常	调整/更换	○	○	○	○	○	
101		标记和警示标志	目测检查缆机标牌、吨位牌、安全警示标志应清晰、无缺失	清洁/更换	○	○	○	○	○	

表 A.1(续)

序号	检查项目		检查方法、内容及要求	处置方式	日常检查	定期检查周期				备注
						周检	月检	半年检	年检	
102	安全防护装置	风速仪	目测检查风速仪应显示准确,报警功能正常	调整/更换			○	○	○	
103		避雷针	目测检查避雷针连接应牢固,接线应无松动	紧固	○	○	○	○	○	
104		航空障碍指示灯	目测检查航空障碍指示灯应无损坏、无松动,工作正常有效	紧固/更换			○	○	○	
105		缓冲器与端部止挡	目测检查缓冲器应无变形、损坏;端部止挡应无变形、开焊	紧固/修理/更换	○	○	○	○	○	
106		轨道清扫器	目测检查轨道清扫器与轨道的间隙应为 5 mm~10 mm	调整/更换			○	○	○	
107		防护罩、防雨罩	目测检查各旋转部位的防护罩及防雨罩应牢固、齐全、无破损	紧固/修理	○	○	○	○	○	
108		楼梯、阶梯、平台、走道、栏杆	目测检查楼梯、阶梯、平台、走道、栏杆应完好且牢固	紧固/修理	○	○	○	○	○	
109		消防器材	目测检查消防器材的存放位置应正确,灭火器在有效期内	调整/更换	○	○	○	○	○	

附　录　B
（规范性附录）
特殊检查项目、方法、内容及要求

特殊检查的条件、检查项目、方法、内容及要求见表 B.1。

表 B.1

序号	特殊检查的条件	检查项目	检查方法、内容及要求	处置方式	备注
1	安全防护装置形式或规格改变	安全防护装置	针对被改变的安全防护装置，其检查方法、内容及要求应按附录 A 的相应规定执行	按附录 A 的相应规定	
2	主要受力结构件截面特性或材质改变	金属结构	针对被改变的金属结构，其检查方法、内容及要求应按附录 A 的相应规定执行	按附录 A 的相应规定	
3			通过静载试验，检查被改变的金属结构应满足设计要求	加固金属结构	
4	控制系统形式或规格改变	控制系统	针对被改变的控制系统或其元件，其检查方法、内容及要求应按附录 A 的相应规定执行	按附录 A 的相应规定	
5			通过功能试验检查缆机的控制性能应满足设计要求	按附录 A 的相应规定	
6	钢丝绳规格性能改变	钢丝绳	目测检查钢丝绳安全系数是否满足设计要求，与卷筒、滑轮的匹配情况，并满足 GB/T 5972 的相应要求	按附录 A 的相应规定	
7	风速超出设计范围	风速仪、抗风防滑装置、金属结构、承载索	针对风速仪、抗风防滑装置、受风载的金属结构，其检查方法、内容及要求应按附录 A 的相应规定执行	按附录 A 的相应规定	
8	地震烈度超出设计范围	附录 A 的所有年检项目	按附录 A 的年检规定	按附录 A 的相应规定	
9			通过功能试验、载荷试验、静载试验、动载试验检查缆机各项性能应满足设计要求	按附录 A 的相应规定	
10	基础沉降	缆机运行机构及金属结构、承载索	通过目测检查、功能试验或/和载荷试验检查受基础沉降影响的项目，应符合附录 A 的相应要求	维护/按企业管理制度和操作规程处理	

表 B.1（续）

序号	特殊检查的条件	检查项目	检查方法、内容及要求	处置方式	备注
11	超载	机构、金属结构、承载索、钢丝绳	针对受影响的机构及金属结构，其检查方法、内容及要求应按附录 A 的相应规定执行	按附录 A 的相应规定	
12			通过静载试验、动载试验检查缆机各项性能应满足设计要求	修复机构和金属结构	
13	安全制动器动作对机构造成非正常冲击的急停	起升机构、承载索、钢丝绳	通过载荷试验检查起升机构及其零部件的各项性能应满足使用要求	按附录 A 的相应规定	
14	撞击事故	主要受力结构件、各机构、承载索、钢丝绳	目测检查主要受力结构件、各机构应完好，并通过功能试验、载荷试验、动载试验检查缆机各项性能应满足使用要求	按附录 A 的相应规定	
15	火灾	主要受力结构件、各机构、承载索、钢丝绳、电控系统	通过目测检查、功能试验或/和载荷试验检查受火灾影响的项目，应符合附录 A 的相应要求	按附录 A 的相应规定	
在进行动载或静载试验之前，应确保缆机满足试验条件					

附 录 C
（资料性附录）
检 查 报 告

检查报告格式参见表C.1。

表 C.1

编号：

检查类别	定期检查 □				特殊检查 □
设备编号				设备名称	
使用单位	名　　称			地　　址	
	设备负责人			联系电话	
制造单位				出厂编号	
规格型号		制造日期		使用登记证编号	
主要参数	起重量：______t　跨度：______m　起升高度：______m　工作级别：______				
检查单位	名称			维保合同起止日期	
	地址			检查地点	

检查情况										
序号	检查项目	检查结果	原因及处置建议	记录编号		定期检查日期		检查周期	检查人员	检查日期
				检查	维护	上次	下次			
备注										
项目主管				报告日期						

附 录 D
(规范性附录)
计划性维护项目、周期

计划性维护的项目、周期见表 D.1。

表 D.1

序号	维护项目	处置方式	维护周期					备注
			日	周	月	半年	年	
1	主索	润滑			○	○	○	
2	工作钢丝绳	润滑			○	○	○	
3	拉板滑动轴承	润滑		○	○	○	○	自润滑轴承除外
4	夹轨器润滑点	润滑			○	○	○	
5	终端限位开关销轴	润滑		○	○	○	○	
6	电动机轴承	补充油				○	○	或 2 000 h
7	齿式联轴器	补充油			○	○	○	更换/6 月
8	卷筒联轴器	补充油			○	○	○	
9	制动器活动铰轴	润滑		○	○	○	○	
10	制动器液压油	更换					○	更换/年 或按产品使用说明书
11	液压系统液压油	更换					○	更换/年 或按产品使用说明书
12	各类减速器	补充油				○	○	更换/5 000 h
13	各类工作轴承	润滑		○	○	○	○	
14	安全制动器液压油	更换					○	首次 6 个月
15	丝杆表面	润滑		○	○	○	○	
16	丝杆螺母	润滑			○	○	○	
17	链条	润滑	○	○	○	○	○	
18	承马	润滑						按产品使用说明书
19	开式齿轮	润滑	○	○	○	○	○	
20	液压系统滤芯、滤网	更换				○	○	
21	清除电控箱内电器 元件上的尘土、积垢	清理			○	○	○	
22	电阻片、碳刷与滑环上的 灰尘和污物	清除		○	○	○	○	
23	操作台内部清洁	清理			○	○	○	
24	电气柜内部清洁	清理			○	○	○	
25	电气系统的绝缘电阻	测量、更换				○	○	
26	碳刷压力及间隙	调整			○	○	○	

附　录　E
（资料性附录）
维　护　记　录

维护记录格式参见表 E.1。

表 E.1

编号：

维护工作类别	保养 □			维修 □	
设备编号				设备名称	
使用单位	名　　称			地　　址	
	设备负责人			联系电话	
制造单位				出厂编号	
规格型号		制造日期		使用登记证编号	
主要参数	起重量：______t　跨度：______m　起升高度：______m　工作级别：______				
维护单位	名称			维保合同起止日期	
	地址			维护地点	

维护情况						
序号	维护项目及内容	维护方法	维护结果	结果验证说明	维护人员	维护日期
备注						
项目主管			记录日期			

参 考 文 献

[1] GB/T 3811—2008 起重机设计规范
[2] GB/T 5905—2011 起重机 试验规范和程序
[3] GB/T 9075 索道用钢丝绳检验和报废规范
[4] GB/T 10183.1—2010 起重机 车轮及大车和小车轨道公差 第1部分:总则
[5] GB/T 18453—2001 起重机 维护手册 第1部分:总则
[6] GB/T 20776—2006 起重机械分类
[7] GB/T 20947—2007 起重用短环链 T级(T、DAT和DT型)高精度葫芦链

ICS 53.020.20
J 80

中华人民共和国国家标准

GB/T 31052.7—2016

起重机械　检查与维护规程
第7部分:桅杆起重机

**Lifting appliances—Code of inspection and maintenance—
Part 7:Derrick cranes**

2016-02-24 发布　　2016-09-01 实施

中华人民共和国国家质量监督检验检疫总局
中国国家标准化管理委员会　发布

前　　言

GB/T 31052《起重机械　检查与维护规程》分为 12 个部分：

——第 1 部分：总则；

——第 2 部分：流动式起重机；

——第 3 部分：塔式起重机；

——第 4 部分：臂架起重机；

——第 5 部分：桥式和门式起重机；

——第 6 部分：缆索起重机；

——第 7 部分：桅杆起重机；

——第 8 部分：铁路起重机；

——第 9 部分：升降机；

——第 10 部分：轻小型起重设备；

——第 11 部分：机械式停车设备；

——第 12 部分：浮式起重机。

本部分为 GB/T 31052 的第 7 部分。

本部分按照 GB/T 1.1—2009 给出的规则起草。

本部分由中国机械工业联合会提出。

本部分由全国起重机械标准化技术委员会(SAC/TC 227)归口。

本部分负责起草单位：华电郑州机械设计研究院有限公司、北京起重运输机械设计研究院。

本部分参加起草单位：武桥重工集团股份有限公司、浙江合建重工科技股份有限公司、中国能源建设集团湖南省火电建设公司。

本部分主要起草人：郭志康、王明勤、王令怡、陈瑞明、李太周、胡水根、王继东、熊壮、陈敏兆、杨建平。

起重机械　检查与维护规程
第7部分：桅杆起重机

1　范围

GB/T 31052的本部分规定了桅杆起重机在使用过程中应进行的检查与维护方面的基本要求。

本部分适用于GB/T 31052.1—2014附录A所规定的桅杆起重机(以下简称“起重机”)。

2　规范性引用文件

下列文件对于本文件的应用是必不可少的。凡是注日期的引用文件，仅注日期的版本适用于本文件。凡是不注日期的引用文件，其最新版本(包括所有的修改单)适用于本文件。

GB/T 5972　起重机　钢丝绳　保养、维护、安装、检验和报废

GB 6067.1—2010　起重机械安全规程　第1部分：总则

GB/T 10051.2　起重吊钩　第2部分：锻造吊钩技术条件

GB/T 10051.3　起重吊钩　第3部分：锻造吊钩使用检查

GB/T 10051.13　起重吊钩　第13部分：叠片式吊钩技术条件

GB/T 10051.14　起重吊钩　第14部分：叠片式吊钩使用检查

GB/T 26558　桅杆起重机

GB/T 31052.1—2014　起重机械　检查与维护规程　第1部分：总则

3　术语和定义

GB/T 26558和GB/T 31052.1界定的术语和定义适用于本文件。

4　一般要求

检查和维护的一般要求应符合GB/T 31052.1—2014中第4章的规定。

5　检查

5.1　日常检查

根据每台起重机的具体特点确定日常检查项目和检查要求，且不应低于附录A的规定。

5.2　定期检查

根据起重机的使用特点，确定定期检查的周期为周检、月检、季检和年检。

根据每台起重机的工作级别、工作环境及使用状态，确定定期检查项目、检查要求和检查周期，且不应低于附录A的规定。

5.3　特殊检查

5.3.1　起重机在发生GB/T 31052.1—2014中5.3.1规定的情况时应进行特殊检查。

5.3.2 特殊检查应按附录 B 的规定执行。

5.4 检查方法

起重机的检查方法应采用 GB/T 31052.1—2014 中 5.4 规定的目测检查、无损检测、功能试验、空载试验、载荷试验、静载试验、动载试验,具体选用的方法见附录 A 和附录 B。

5.5 检查记录及检查报告

起重机检查应有检查记录,内容至少包括附录 A 或附录 B 的检查项目,并应符合 GB/T 31052.1—2014 中 5.5 的规定。

定期检查发现不合格项及特殊检查时均应出具检查报告,格式参见附录 C,内容至少应包括GB/T 31052.1—2014 中附录 B 的规定。

6 维护

6.1 计划性维护

根据每台起重机的工作级别、工作环境及使用状态,确定计划性维护的内容和周期。其内容至少应包括:

——减速器润滑油、透气孔空气滤清器滤芯的更换;

——开式齿轮的润滑;

——联轴器的润滑;

——轴承的润滑;

——钢丝绳的润滑;

——液压系统滤芯、滤网的更换;

——液压油、机油的更换;

——发动机机油滤清器滤芯、燃油滤清器滤芯、空气滤清器滤芯的更换;

——电缆卷筒集电器和整机回转集电器的清理、零部件的紧固和/或更换;

——缆绳及拉索系统紧固和/或更换;

——地锚紧固和/或更换;

——电气元器件的清洁和紧固。

6.2 非计划性维护

非计划性维护应在发生故障后或依据日常检查、定期检查、特殊检查的结果,确定需要维修、保养的内容和要求,并加以实施。

6.3 维护结果验证

起重机完成维护的项目,在恢复使用前,应对其进行相应的验证。

6.4 维护记录

起重机维护应有维护记录,格式参见附录 D,内容至少应包括 GB/T 31052.1—2014 中 6.4 的规定。

7 检查与维护的安全预防措施

检查与维护的安全预防措施应符合 GB/T 31052.1—2014 中第 7 章的规定。

附　录　A
（规范性附录）
日常检查和定期检查项目、方法、内容及要求

日常检查和定期检查项目、方法、内容及要求见表 A.1。

表 A.1

序号	检查项目		检查方法、内容及要求	处置方式	日常检查	定期检查周期				备注
						周检	月检	季检	年检	
1	技术文件	随行文件	检查随行图纸、使用说明书、出厂合格证应完整	整改完善					○	
2	技术文件	检查记录	检查以往的检查记录应完整、无未处理的缺陷	整改完善					○	
3	技术文件	维护记录	检查以往的维护记录应完整、无未验证的维护	整改完善					○	
4	技术文件	其他档案	检查设备安装、改造、维修、注册登记等其他档案	整改完善					○	
5	整机	作业环境	目测检查起重机作业环境应无影响作业安全的因素	按企业管理制度和操作规程处理	○	○	○	○	○	
6	整机	外观	目测检查起重机各处应无垃圾、杂物、遗漏工具等	清洁	○	○	○	○	○	
7	整机	外观	目测检查起重机各处应无积油、积水	清洁		○	○	○	○	
8	整机	外观	目测检查起重机各部分表面应无严重的锈蚀、脱漆、损伤等缺陷	防腐/修理				○	○	
9	金属结构	桅杆、臂架、回转盘、回转支承、基座、地梁、系梁、斜撑、地锚、台车架、机构支座等	目测检查起重机桅杆、臂架、回转盘、回转支承、基座、顶部枢轴、地梁、系梁、斜撑、地锚、台车架、机构支座等金属结构的锈蚀、裂纹和塑性变形，并应符合 GB 6067.1—2010 中 3.9 的规定。目测检查直立桅杆的垂直度	防腐/修理/更换				○	○	
10	金属结构	结构焊缝	目测检查主要受力结构件焊缝应无可见的裂纹	修理/更换				○	○	

表 A.1（续）

序号	检查项目		检查方法、内容及要求	处置方式	日常检查	定期检查周期				备注
						周检	月检	季检	年检	
11	连接件	主要受力结构件及安全装置的连接件	目测检查主要受力结构件及安全装置的连接铰轴、连接板和螺栓应无缺损，无松动	更换/调整			○	○	○	
12	连接件	机构、电气元件连接件	目测检查电动机、减速箱、制动器、联轴器、电气控制箱等机构部件的连接螺栓应无缺损，无松动	调整/更换			○	○	○	
13	机构	起升机构	通过空载试验检查起升机构应无异常声响、振动，运行平稳	维护	○	○	○	○	○	
14	机构	变幅机构	通过空载试验检查变幅机构应无异常声响、振动，运行平稳	维护	○	○	○	○	○	
15	机构	回转机构	通过空载试验检查起重机回转机构应无异常声响、振动	维护	○	○	○	○	○	
16	机构	回转机构	目测检查起重各个支承轮应无悬空现象	调整/修理			○	○	○	
17	机构	牵引机构	通过空载试验检查牵引机构应无异常声响、振动	维护	○	○	○	○	○	
18	机构	起重机供电装置	通过空载试验检查起重机供电装置应无异常声响、振动	维护			○	○	○	
19	机构	缆绳和拉索系统	目测检查缆绳、拉索及耳环应无缺损，无松动，偏角符合设计要求，张紧装置正常	维护/更换			○	○	○	
20	机构	润滑系统	目测检查润滑系统应工作正常、无堵塞、无泄漏	维护			○	○	○	
21	关键零部件	吊具	检查吊具焊缝及吊具结构应无影响安全的磨损及变形，且应无异响	修理/更换			○	○	○	
22	关键零部件	吊具	目测检查吊具销轴应无松动、脱出，轴端固定装置应安全有效	紧固/修理/更换			○	○	○	
23	关键零部件	吊具	目测检查吊钩闭锁装置、吊钩螺母防松装置应有效	调整/修理/更换	○	○	○	○	○	
24	关键零部件	吊具	按 GB/T 10051.2 和 GB/T 10051.3 规定的方法检查锻造吊钩的表面裂纹、变形、磨损、腐蚀，并应符合其要求	修理/更换				○	○	
25	关键零部件	吊具	目测检查吊叉结构、起重横梁结构应无裂纹、塑性变形，焊缝应无裂纹	修理/更换		○	○	○	○	
26	关键零部件	吊具	按 GB/T 10051.13 和 GB/T 10051.14 规定的方法检查叠片式吊钩的表面应无裂纹、无严重变形，铆钉应无松动，钩片间隙应正常，钩口衬瓦应无明显磨损、裂纹和塑性变形	紧固/调整/修理/更换				○	○	

表 A.1(续)

序号	检查项目		检查方法、内容及要求	处置方式	日常检查	定期检查周期 周检	月检	季检	年检	备注
27	关键零部件	吊具	目测检查吊具连接旋锁应可靠	调整/更换	○	○	○	○	○	
28			目测检查吊具液压系统应无漏油现象,油箱油位应正常	紧固/加油	○	○	○	○	○	
29			目测检查吊具其他零部件应无损坏	修理/更换	○	○	○	○	○	
30		钢丝绳	按照 GB/T 5972 规定的方法检查钢丝绳,并应符合其要求	更换			○	○	○	
31			目测检查钢丝绳应无明显的机械损伤	更换		○	○	○	○	
32			目测检查卷筒上钢丝绳应缠绕正常、无乱绳现象	调整	○	○	○	○	○	
33			目测检查钢丝绳端部固定情况应满足相应要求	紧固/调整			○	○	○	
34		卷筒	目测检查卷筒应符合 GB 6067.1—2010 中 4.2.4 的规定	更换				○	○	
35		滑轮	目测检查滑轮应符合 GB 6067.1—2010 中 4.2.5 的规定	修理/更换				○	○	
36			目测检查滑轮应转动灵活	润滑/调整				○	○	
37			目测检查滑轮防脱绳装置应安全有效	修理/更换				○	○	
38		制动器	目测检查各转动、摆动点润滑应满足相应要求	润滑/调整		○	○	○	○	
39			空载试验检查各制动器应工作正常	维护	○	○	○	○	○	
40			起重机可 360°回转时,检查非工作状态制动器应分离可靠	调整	○	○	○	○	○	
41			目测检查制动器应符合 GB 6067.1—2010 中 4.2.6.7 的规定	更换			○	○	○	
42		支承轮	目测检查支承轮轮缘、踏面的磨损、变形应符合 GB 6067.1—2010 中 4.2.7 的规定	更换				○	○	
43		联轴器	目测检查联轴器应无缺损、无松动、无漏油,运行中无异常振动和异常响声	紧固/调整/修理/更换		○	○	○	○	
44		减速器	目测检查运转中的减速器应无异响、无异常振动、无漏油和过热现象	紧固/修理			○	○	○	
45			目测检查油位应在要求范围内	加油			○	○	○	

表 A.1(续)

序号	检查项目		检查方法、内容及要求	处置方式	日常检查	定期检查周期				备注
						周检	月检	季检	年检	
46	关键零部件	起升机构、变幅机构、牵引机构及回转机构开式齿轮	目测检查起升机构、变幅机构、牵引机构及回转机构轮齿塑性变形、裂纹、折断;齿面剥落、点蚀、胶合;检查齿面磨损情况,应符合 GB 6067.1—2010 中 4.2.8 的规定	更换				○	○	
47	关键零部件	起升机构、变幅机构、牵引机构及回转机构开式齿轮	目测检查齿轮装配应无松动,传动应无异响	调整/紧固		○	○	○	○	
48	关键零部件	排绳装置	目测检查排绳装置应工作正常,滑移无卡阻,螺栓无松动	调整/紧固			○	○	○	
49	关键零部件	托绳装置	目测检查托绳装置应工作正常,运行平稳,托绳有效	调整			○	○	○	
50	关键零部件	柔性铰(轴)	目测检查柔性铰(轴)应润滑充分,无卡阻,运行无异响	润滑/修理				○	○	
51	关键零部件	轴承	目测检查轴承应无异响、无异常温升	润滑/更换				○	○	
52	关键零部件	回转轨道	测量轨道接头间隙、轨道高低差、轨距应符合相应产品标准的规定	调整				○	○	
53	关键零部件	回转轨道	目测检查轨道应无裂纹、严重磨损等现象	更换			○	○	○	
54	关键零部件	回转轨道	目测检查轨道压板组件应无缺损、松动	紧固/更换			○	○	○	
55	关键零部件	司机室	目测检查司机室连接部位应无脱焊、松动和裂纹	紧固/修理			○	○	○	
56	关键零部件	司机室	目测检查司机室内应无裸露的带电体,室内地面应绝缘良好	修理/更换		○	○	○	○	
57	关键零部件	司机室	目测检查司机室门、窗、玻璃、雨刮器、防护栏及门锁,应无缺损;门、窗、玻璃应清洁、视线清晰	清洁/更换		○	○	○	○	
58	电控系统	供电电源	目测检查供电电源应工作正常	维护	○	○	○	○	○	
59	电控系统	控制装置	目测检查各按钮应灵活有效,操纵杆下部绝缘保护应无破损	修理/更换	○	○	○	○	○	
60	电控系统	控制装置	目测检查各机构操纵手柄应灵活、无卡阻,档位手感明确,零位锁有效	调整/更换	○	○	○	○	○	
61	电控系统	控制装置	目测检查遥控装置及按钮装置外壳应无破损,控制按钮应标识清晰、正确,功能正常	修理/更换	○	○	○	○	○	
62	电控系统	馈电装置	目测检查带电指示装置应齐全有效;软电缆防护层应无严重老化、破损、鼓包,电缆收放措施应齐全有效;集电器应接触可靠	调整/修理/更换				○	○	

表 A.1（续）

序号	检查项目		检查方法、内容及要求	处置方式	日常检查	定期检查周期				备注
						周检	月检	季检	年检	
63	电控系统	电动机	测量电动机绝缘电阻应符合各产品标准的规定	修理				○	○	
64			目测检查电动机滑环应无烧痕，碳刷磨损及压力适当	调整/更换					○	
65		总电源开关	目测检查总电源开关应功能正常	调整/更换			○	○	○	
66		控制柜/台及电气设施	目测检查控制柜门开关应灵活且门锁可靠	调整/更换			○	○	○	
67			目测检查控制柜内电气线路及元器件应无过热、烧焦、融化痕迹；元器件应无外表破损；罩壳应无掉落	更换			○	○	○	
68			目测检查电气联接及接地应可靠，线缆无严重龟裂、破损	调整/更换			○	○	○	
69			目测检查各段线路线标应清晰，接线无松动	清洁/紧固				○	○	
70			按照 GB/T 26558 中规定的方法检查绝缘电阻、接地电阻应符合要求	修理/更换				○	○	
71			检查各接线柱、接触器、继电器应接触良好，目测检查灭弧装置应齐全	调整/更换				○	○	
72		通信	通过功能试验，检查主机与中央控制室的通讯应畅通	维护	○	○	○	○	○	
73		照明、信号	目测检查照明、信号装置应无缺损	修理/更换	○	○	○	○	○	
74		空调系统	目测检查电气室空调工作应正常	维护		○	○	○	○	
75	液压系统		目测检查液压系统应无泄漏	紧固/修理	○	○	○	○	○	
76			目测检查液压系统应工作正常，无异响、过热等现象	维护			○	○	○	
77	燃油系统		目测检查燃油系统应无泄漏	紧固/修理	○	○	○	○	○	
78			检查发动机机油、冷却液和燃油的液位应符合要求，目测检查发动机的运转应无异响，排气无异常	加油/修理			○	○	○	

表 A.1(续)

序号	检查项目		检查方法、内容及要求	处置方式	日常检查	定期检查周期				备注
						周检	月检	季检	年检	
79	安全防护装置	起升高度限制器	通过功能试验,检查起升高度限制器应固定可靠、功能有效	紧固/更换	○	○	○	○	○	
80		回转限位	通过功能试验,检查回转限位应固定可靠、功能有效	紧固/更换		○	○	○	○	
81		回转锁定装置	目测检查回转锁定装置应无变形、缺损、松动	紧固/更换				○	○	
82		防碰撞装置	目测检查防碰撞装置应无变形、损坏,且功能有效	紧固/更换			○	○	○	
83		缓冲器与端部止挡	目测检查缓冲器应无变形、损坏;端部止挡应无变形、开焊	紧固/修理/更换				○	○	
84		起升绳偏角限制器	通过功能试验,检查起升绳偏角限制器应固定可靠、功能有效	紧固/更换					○	
85		起重量限制器	通过功能试验,检查起重量限制器应固定可靠、功能有效	紧固/更换					○	
86		起重力矩限制器	通过功能试验,检查起重力矩限制器应固定可靠、功能有效	紧固/更换					○	
87		超速保护装置	目测检查超速保护装置应工作正常无缺失	更换					○	
88		防倾翻安全装置	目测检查防倾翻安全装置应无变形、缺损、松动	紧固/更换				○	○	
89		联锁保护装置	通过功能试验,检查联锁保护装置应正常可靠	修理/更换			○	○	○	
90		接地保护	目测检查接地装置应完好,功能有效	修理/更换			○	○	○	
91		电气保护	目测检查短路、失压、零位、过流等电气保护应无缺损	更换				○	○	
92		安全监控管理系统	目测检查安全监控管理系统各控制单元应工作正常	调整/修理	○	○	○	○	○	
93		急停开关	触动紧急停止开关,起重机应立即停机。急停开关不应自动复位。手动复位后,再重新启动,起重机应能恢复正常运行	修理/更换		○	○	○	○	
94		声光报警装置	通过功能试验,检查声光报警装置应工作正常	调整/更换			○	○	○	
95		标记和警示标志	目测检查起重机标牌、吨位牌、安全警示标志应清晰、无缺失	清洁/更换	○	○	○	○	○	
96		楼梯、阶梯、平台、走道、栏杆	目测检查楼梯、阶梯、平台、走道、栏杆应完好且牢固	紧固/修理					○	
97		防护罩、防雨罩	目测检查各旋转部位的防护罩及防雨罩应牢固、齐全、无破损	紧固/修理					○	

表 A.1（续）

序号	检查项目		检查方法、内容及要求	处置方式	日常检查	定期检查周期				备注
						周检	月检	季检	年检	
98	安全防护装置	风速仪及风速报警器	目测检查风速仪及风速报警器应正常工作	调整/更换				○	○	
99		避雷针	目测检查避雷针连接应牢固，接线应无松动	紧固					○	
100		轨道清扫器	目测检查轨道清扫器与轨道的间隙应为 5 mm～10 mm	调整/更换				○	○	
101		消防器材	目测检查消防器材的存放位置应正确，灭火器在有效期内	调整/更换	○	○	○	○	○	
102		航空障碍指示灯	目测检查航空障碍指示灯应无损坏、无松动，工作正常有效	紧固/更换			○	○	○	

附 录 B
（规范性附录）
特殊检查项目、方法、内容及要求

特殊检查的条件、检查项目、方法、内容及要求见表B.1。

表 B.1

序号	特殊检查的条件	检查项目	检查方法、内容及要求	处置方式	备注
1	安全防护装置形式或规格改变	安全防护装置	针对被改变的安全防护装置，其检查方法、内容及要求应按附录A的相应规定执行	按附录A的相应规定	
2	额定载荷改变	机构、金属结构	按照新的起重性能表，通过静载试验、动载试验检查起重机各项性能应满足使用要求	加固机构和金属结构/减小起重机性能参数	
3	主要受力结构件改变	金属结构	针对被改变的金属结构，其检查方法、内容及要求应按附录A的相应规定执行	按附录A的相应规定	
4			通过静载试验，检查被改变的金属结构应满足设计要求	加固金属结构	
5	起升机构形式或规格改变	起升机构	针对被改变的机构或其零部件，其检查方法、内容及要求应按附录A的相应规定执行	按附录A的相应规定	
6			通过动载试验检查起重机各项性能应满足设计要求	更换起升机构/减小起重机性能参数	
7	控制系统形式或规格改变	控制系统	针对被改变的控制系统或其元件，其检查方法、内容及要求应按附录A的相应规定执行	按附录A的相应规定	
8			通过功能试验检查起重机的控制性能应满足设计要求	按附录A的相应规定	
9	动力源形式或规格改变	动力源	针对被改变的动力源或其元件，其检查方法、内容及要求应按附录A的相应规定执行	按附录A的相应规定	
10	钢丝绳性能改变	钢丝绳	目测检查钢丝绳与卷筒、滑轮的匹配情况，并满足GB/T 5972的相应要求	按附录A的相应规定	

表 B.1（续）

序号	特殊检查的条件	检查项目	检查方法、内容及要求	处置方式	备注
11	固定吊具改变	机构、金属结构	通过静载试验、动载试验检查起重机各项性能应满足使用要求	加固机构和金属结构/减小起重机性能参数	
12	海浪或水灾侵袭	机械零部件、电控系统	针对被海浪或水灾侵袭的机械零部件、电控系统，其检查方法、内容及要求应按附录 A 的相应规定执行	按附录 A 的相应规定	
13	风速超出设计范围	风速仪、抗风防滑装置、金属结构	针对风速仪、抗风防滑装置、受风载的金属结构，其检查方法、内容及要求应按附录 A 的相应规定执行	按附录 A 的相应规定	
14	地震烈度超出设计范围	附录 A 的所有年检项目	按附录 A 的年检规定	按附录 A 的相应规定	
15			通过功能试验、载荷试验、静载试验、动载试验检查起重机各项性能应满足设计要求	按附录 A 的相应规定	
16	基础沉降	起重机金属结构	目测检查整机金属结构的裂纹、塑性变形应符合 GB 6067.1—2010 中 3.9 的规定。 直立桅杆垂直度、臂架直线度应满足设计要求	修理/更换	
17	超载	机构、金属结构	针对受影响的机构及金属结构，其检查方法、内容及要求应按附录 A 的相应规定执行	按附录 A 的相应规定	
18			通过静载试验、动载试验检查起重机各项性能应满足设计要求	修复机构和金属结构	
19	撞击事故	主要受力结构件、各机构	目测检查主要受力结构件、各机构应完好，并通过功能试验、载荷试验、动载试验检查起重机各项性能应满足使用要求	按附录 A 的相应规定	
20	火灾	主要受力结构件、各机构、电控系统	通过目测检查、功能试验或/和载荷试验检查受火灾影响的项目，应符合附录 A 的相应要求	按附录 A 的相应规定	
21	设备停用一年及以上再次投入使用前	附录 A 的所有年检项目	按附录 A 的年检规定	按附录 A 的相应规定	

注：在进行动载试验或静载试验之前，应确保起重机满足试验条件。

附　录　C
(资料性附录)
检 查 报 告

检查报告格式参见表C.1。

表 C.1

编号：

<table>
<tr><td>检查类别</td><td colspan="5">定期检查 □</td><td colspan="5">特殊检查 □</td></tr>
<tr><td>设备编号</td><td colspan="3"></td><td colspan="3">设备名称</td><td colspan="4"></td></tr>
<tr><td rowspan="2">使用单位</td><td>名　　称</td><td colspan="2"></td><td colspan="3">地　　址</td><td colspan="4"></td></tr>
<tr><td>设备负责人</td><td colspan="2"></td><td colspan="3">联系电话</td><td colspan="4"></td></tr>
<tr><td>制造单位</td><td colspan="3"></td><td colspan="3">出厂编号</td><td colspan="4"></td></tr>
<tr><td>规格型号</td><td></td><td>制造日期</td><td></td><td colspan="3">使用登记证编号</td><td colspan="4"></td></tr>
<tr><td>主要参数</td><td colspan="10">起重量：______t　工作幅度：______m　起升高度：______m　工作级别：______</td></tr>
<tr><td rowspan="2">检查单位</td><td>名称</td><td colspan="2"></td><td colspan="3">维保合同
起止日期</td><td colspan="4"></td></tr>
<tr><td>地址</td><td colspan="2"></td><td colspan="3" rowspan="2">工作环境</td><td colspan="4" rowspan="2">露天□　非露天□　易爆□
高温□　粉尘□　其他□</td></tr>
<tr><td>检查地点</td><td colspan="3"></td></tr>
<tr><td colspan="11">检查情况</td></tr>
<tr><td rowspan="2">序号</td><td rowspan="2">检查项目</td><td rowspan="2">检查结果</td><td rowspan="2">原因及处置建议</td><td colspan="2">记录编号</td><td colspan="2">定期检查日期</td><td rowspan="2">检查
周期</td><td rowspan="2">检查
人员</td><td rowspan="2">检查
日期</td></tr>
<tr><td>检查</td><td>维护</td><td>上次</td><td>下次</td></tr>
<tr><td></td><td></td><td></td><td></td><td></td><td></td><td></td><td></td><td></td><td></td><td></td></tr>
<tr><td></td><td></td><td></td><td></td><td></td><td></td><td></td><td></td><td></td><td></td><td></td></tr>
<tr><td></td><td></td><td></td><td></td><td></td><td></td><td></td><td></td><td></td><td></td><td></td></tr>
<tr><td></td><td></td><td></td><td></td><td></td><td></td><td></td><td></td><td></td><td></td><td></td></tr>
<tr><td></td><td></td><td></td><td></td><td></td><td></td><td></td><td></td><td></td><td></td><td></td></tr>
<tr><td></td><td></td><td></td><td></td><td></td><td></td><td></td><td></td><td></td><td></td><td></td></tr>
<tr><td></td><td></td><td></td><td></td><td></td><td></td><td></td><td></td><td></td><td></td><td></td></tr>
<tr><td></td><td></td><td></td><td></td><td></td><td></td><td></td><td></td><td></td><td></td><td></td></tr>
<tr><td></td><td></td><td></td><td></td><td></td><td></td><td></td><td></td><td></td><td></td><td></td></tr>
<tr><td></td><td></td><td></td><td></td><td></td><td></td><td></td><td></td><td></td><td></td><td></td></tr>
<tr><td>备注</td><td colspan="10"></td></tr>
<tr><td colspan="2">项目主管</td><td colspan="2"></td><td colspan="2">报告日期</td><td colspan="5"></td></tr>
</table>

附　录　D
（资料性附录）
维 护 记 录

维护记录格式参见表D.1。

表 D.1

编号：

<table>
<tr><td>维护工作类别</td><td colspan="3">保养 □</td><td colspan="4">维修 □</td></tr>
<tr><td>设备编号</td><td colspan="3"></td><td colspan="2">设备名称</td><td colspan="2"></td></tr>
<tr><td rowspan="2">使用单位</td><td>名　　称</td><td colspan="2"></td><td colspan="2">地　　址</td><td colspan="2"></td></tr>
<tr><td>设备负责人</td><td colspan="2"></td><td colspan="2">联系电话</td><td colspan="2"></td></tr>
<tr><td>制造单位</td><td colspan="3"></td><td colspan="2">出厂编号</td><td colspan="2"></td></tr>
<tr><td>规格型号</td><td></td><td>制造日期</td><td></td><td colspan="2">使用登记证编号</td><td colspan="2"></td></tr>
<tr><td>主要参数</td><td colspan="7">起重量：____t　工作幅度：____m　起升高度：______m　工作级别：______</td></tr>
<tr><td rowspan="2">维护单位</td><td>名称</td><td colspan="2"></td><td colspan="2">维保合同
起止日期</td><td colspan="2"></td></tr>
<tr><td>地址</td><td colspan="2"></td><td colspan="2" rowspan="2">工作环境</td><td colspan="2" rowspan="2">露天□　非露天□　易爆□
高温□　粉尘□　其他□</td></tr>
<tr><td>维护地点</td><td colspan="3"></td></tr>
<tr><td colspan="8">维护情况</td></tr>
<tr><td>序号</td><td>维护项目及内容</td><td colspan="2">维护方法</td><td>维护结果</td><td>结果验证说明</td><td>维护人员</td><td>维护日期</td></tr>
<tr><td></td><td></td><td colspan="2"></td><td></td><td></td><td></td><td></td></tr>
<tr><td></td><td></td><td colspan="2"></td><td></td><td></td><td></td><td></td></tr>
<tr><td></td><td></td><td colspan="2"></td><td></td><td></td><td></td><td></td></tr>
<tr><td></td><td></td><td colspan="2"></td><td></td><td></td><td></td><td></td></tr>
<tr><td></td><td></td><td colspan="2"></td><td></td><td></td><td></td><td></td></tr>
<tr><td></td><td></td><td colspan="2"></td><td></td><td></td><td></td><td></td></tr>
<tr><td></td><td></td><td colspan="2"></td><td></td><td></td><td></td><td></td></tr>
<tr><td></td><td></td><td colspan="2"></td><td></td><td></td><td></td><td></td></tr>
<tr><td></td><td></td><td colspan="2"></td><td></td><td></td><td></td><td></td></tr>
<tr><td>备注</td><td colspan="7"></td></tr>
<tr><td>项目主管</td><td colspan="3"></td><td>记录日期</td><td colspan="3"></td></tr>
</table>

参 考 文 献

[1] GB/T 3811—2008 起重机设计规范
[2] GB/T 5905—2011 起重机 试验规范和程序
[3] GB/T 10183.1—2010 起重机 车轮及大车和小车轨道公差 第1部分:总则
[4] GB/T 18453—2001 起重机 维护手册 第1部分:总则
[5] GB/T 20776—2006 起重机械分类

ICS 53.020.20
J 80

GB

中华人民共和国国家标准

GB/T 31052.9—2016

起重机械　检查与维护规程
第9部分：升降机

**Lifting appliances—Code of inspection and maintenance—
Part 9: Lifters**

2016-10-13发布　　2017-05-01实施

中华人民共和国国家质量监督检验检疫总局
中国国家标准化管理委员会　发布

前　　言

GB/T 31052《起重机械　检查与维护规程》分为以下 12 个部分：

——第 1 部分：总则；

——第 2 部分：流动式起重机；

——第 3 部分：塔式起重机；

——第 4 部分：臂架起重机；

——第 5 部分：桥式和门式起重机；

——第 6 部分：缆索起重机；

——第 7 部分：桅杆起重机；

——第 8 部分：铁路起重机；

——第 9 部分：升降机；

——第 10 部分：轻小型起重设备；

——第 11 部分：机械式停车设备；

——第 12 部分：浮式起重机。

本部分为 GB/T 31052 的第 9 部分。

本部分按照 GB/T 1.1—2009 给出的规则起草。

本部分由中国机械工业联合会提出。

本部分由全国起重机械标准化技术委员会(SAC/TC 227)归口。

本部分负责起草单位：杭州国电机械设计研究院有限公司、北京起重运输机械设计研究院。

本部分参加起草单位：北京建筑机械化研究院、中国水电建设集团夹江水工机械有限公司、宁波市特种设备检验研究院、北京正和工程装备服务股份有限公司、中国电力科学研究院、湖北省咸宁三合机电制业有限责任公司、华电郑州机械设计研究院有限公司、福建省特种设备检验研究院、宁波市三崎起重机械有限公司。

本部分主要起草人：沈寿林、蒋树文、倪佳、陈瑞明、田广范、杨芳、岑志波、陈云龙、缪谦、万名炎、陈书铭、刘季能、俞仁其。

起重机械　检查与维护规程
第9部分:升降机

1　范围

GB/T 31052 的本部分规定了升降机在使用过程中应进行的检查与维护方面的基本要求。

本部分适用于 GB/T 31052.1—2014 附录 A 所规定的升降机,其中包括升船机、启闭机、简易升降机、施工升降机、钢索式液压提升装置、电站提滑模装置等产品。

2　规范性引用文件

下列文件对于本文件的应用是必不可少的。凡是注日期的引用文件,仅注日期的版本适用于本文件。凡是不注日期的引用文件,其最新版本(包括所有的修改单)适用于本文件。

GB 4208—2008　外壳防护等级(IP 代码)

GB/T 5972　起重机　钢丝绳　保养、维护、安装、检验和报废

GB 6067.1—2010　起重机械安全规程　第 1 部分:总则

GB/T 14627—2011　液压式启闭机

GB 26557—2011　吊笼有垂直导向的人货两用施工升降机

GB 28755—2012　简易升降机安全规程

GB/T 31052.1—2014　起重机械　检查与维护规程　第 1 部分:总则

DL/T 5019—1994　水利水电工程启闭机制造、安装及验收规范

JB/T 9008.2　钢丝绳电动葫芦　第 2 部分:试验方法

JB/T 12215—2015　钢丝绳卷扬提升式垂直升船机

3　术语和定义

GB/T 31052.1 界定的术语和定义适用于本文件。

4　一般要求

检查与维护的一般要求应符合 GB/T 31052.1—2014 中第 4 章的规定。

5　检查

5.1　日常检查

根据升降机的具体使用情况,确定日常检查项目和检查要求,且不应低于附录 A 的规定。

5.2　定期检查

根据每台升降机的特点、工作级别、工作环境及使用状态,确定定期检查项目、检查要求和检查周期,且不应低于附录 A 的规定。

5.3　特殊检查

升降机在发生 GB/T 31052.1—2014 中 5.3.1 所规定的情况时,应进行特殊检查。特殊检

查的项目和要求不应低于附录 B 的规定。

5.4 检查方法

根据升降机的特点，按 GB/T 31052.1—2014 中 5.4 的规定选用检查方法。具体检查方法见附录 A 和附录 B。

升船机的静载试验和动载试验应按照 JB/T 12215—2015 中 6.3 规定的方法进行。

5.5 检查记录及检查报告

升降机检查应有检查记录，内容至少包含附录 A 或附录 B 的检查项目，并应符合 GB/T 31052.1—2014 中 5.5.2 的规定。

对定期检查发现的不合格项及特殊检查均应出具检查报告，格式参见附录 C，内容至少应包括GB/T 31052.1—2014 中附录 B 的规定。

6 维护

6.1 计划性维护

6.1.1 一般要求

根据每台升降机的工作级别、工作环境及使用状态，确定计划性维护项目。其内容不应少于附录 D 的规定。

6.1.2 特殊要求

6.1.2.1 对于移装重新架设前的施工升降机，其维护项目至少包含表 D.4 中项目及以下内容：

a) 应对所有部件进行全面清理，表面锈蚀部位进行防腐处理；

b) 对达到报废标准或使用循环周期的零部件进行更换。

6.1.2.2 对于停用期间的施工升降机维护要求如下：

a) 停用时间不超过 1 个月时，在启用前应根据具体情况进行维护；

b) 停用时间超过 1 个月且少于 6 个月时，启用前按表 D.4 中维护项目进行；

c) 停用时间超过 6 个月时，其间至少每 6 个月进行一次维护，维护内容应根据具体情况确定；启用前按表 D.4 中维护项目进行。

6.2 非计划性维护

非计划性维护应符合 GB/T 31052.1—2014 中 6.2 的规定。

6.3 维护结果验证

维护结果验证应符合 GB/T 31052.1—2014 中 6.3 的规定。

6.4 维护记录

升降机维护应有维护记录，格式参见附录 E，内容至少应包括 GB/T 31052.1—2014 中 6.4 的规定。

7 检查与维护的安全预防措施

7.1 一般要求

检查与维护的安全预防措施，应符合 GB/T 31052.1—2014 中第 7 章的有关规定。

7.2 特殊要求

7.2.1 升船机的特殊要求如下：

a） 升船机进行检查维护前，应使承船厢、平衡重、工作闸门处于锁定状态；

b） 升船机进行维护时，应使上、下闸首前防撞系统处于工作状态，交通指挥系统必须显示停航状态。

7.2.2 施工升降机的特殊要求如下：

a） 对于双笼施工升降机，当一个吊笼进行检查维护时，另一个吊笼严禁作业；

b） 在维护检查时，吊笼最大速度不应大于 0.7 m/s。

附　录　A
(规范性附录)
日常检查和定期检查项目、方法、内容及要求

A.1　升船机日常检查和定期检查的项目、方法、内容及要求见表 A.1。

A.2　启闭机日常检查和定期检查的项目、方法、内容及要求见表 A.2。

A.3　简易升降机日常检查和定期检查的项目、方法、内容及要求见表 A.3。

A.4　施工升降机日常检查和定期检查的项目、方法、内容及要求见表 A.4。

A.5　钢索式液压提升装置日常检查和定期检查的项目、方法、内容及要求见表 A.5。

A.6　电站提滑模装置日常检查和定期检查的项目、方法、内容及要求见表 A.6。

表 A.1　升船机日常检查和定期检查的项目、方法、内容及要求

序号	检查项目		检查方法、内容及要求	处置方式	日常检查	定期检查周期		备注
						季检	年检	
1	技术文件	随行文件	检查随行图纸、使用说明书、出厂合格证应完整	整改完善			○	
2		检查记录	检查以往的检查记录应完整、无未处理的缺陷	整改完善			○	
3		维护记录	检查以往的维护记录应完整、无未验证的维护	整改完善			○	
4		其他档案	检查设备安装、改造、维修等其他档案应齐全	整改完善			○	
5	整机	标识	目测检查标牌、安全标志应齐全、清晰	维护	○	○	○	
6		作业环境	目测检查设备作业环境应无影响作业安全的因素	按企业管理制度和操作规程处理	○	○	○	
7			目测检查设备各处应无垃圾、杂物、遗漏工具等	清洁	○	○	○	
8			目测检查设备各处应无漏油、积水	清洁/维修	○	○	○	
9		外观	目测检查设备表面应无严重的锈蚀、脱漆、损伤等缺陷	防腐/修理	○	○	○	
10		轨道	目测检查设备的各导向、夹紧、顶紧装置应无卡轨现象	清洁/维修		○	○	

表 A.1（续）

序号	检查项目		检查方法、内容及要求	处置方式	日常检查	定期检查周期		备注
						季检	年检	
11	金属结构	承船厢结构	目测检查系船柱、护弦等附属装置应无损坏现象	修理		○	○	
12		闸门及门槽结构	目测检查闸门封水情况良好，止水橡皮应无损坏，锁定装置工作可靠，结构件无明显变形	维护	○	○	○	
13	平衡重装置	平衡重块	目测检查配重块表面防腐情况良好	修理		○	○	
14		平衡链	目测检查平衡链应运行顺畅，无卡阻，钢丝绳表面应状况良好	维修		○	○	
15	连接件	连接螺栓、螺母、垫片	目测检查卷筒、滑轮等主要受力构件的连接件应无缺损、无松动	紧固/更换		○	○	
16			目测检查安全装置、电动机、减速器等传动件的连接件应无缺损、无松动	紧固/更换		○	○	
17	机构	主提升机构	目测检查全行程运行应无异常声响、振动，运行平稳，停位准确，制动系统运行可靠	维护	○	○	○	
18		锁定机构	目测检查锁定机构有无变形、损坏	维护			○	
19		对接密封机构	目测检查密封框推出、收回平稳，密封性能良好	维护			○	
20		稀油润滑系统	目测检查稀油润滑系统应外观完好、无损坏，各连接处无松动、无漏油；滤芯无堵塞、油品清洁度满足要求、油脂无碳化	维修		○	○	
21		干油润滑系统	目测检查干油润滑系统应外观完好、无损坏、各连接处无松动、无漏油、无堵塞	维修		○	○	
22		充泄水系统	目测检查充泄水系统应外观完好、无损坏，管路无泄漏、无异常振动	维修		○	○	
23	关键零部件	钢丝绳	按照 GB/T 5972 规定的方法检查钢丝绳，并应符合其要求	维修			○	
24			目测检查钢丝绳固定情况应无松动	紧固/调整		○	○	

表 A.1(续)

序号	检查项目		检查方法、内容及要求	处置方式	日常检查	定期检查周期		备注
						季检	年检	
25	关键零部件	钢丝绳	目测检查钢丝绳应无松弛	调整			○	
26			目测检查钢丝绳表面润滑剂应无干燥或变质	保养		○	○	
27		卷筒	目测检查卷筒应符合 GB 6067.1—2010 中 4.2.4.5 的规定	更换			○	
28		滑轮	目测检查滑轮应符合 GB 6067.1—2010 中 4.2.5.3 的规定	更换			○	
29		制动系统	目测检查制动片、制动盘磨损量应符合 GB 6067.1—2010 中 4.2.6.7 的规定,制动器摩擦片、制动盘应清洁,无浮锈、油脂、水等减摩材料	更换/清洁		○	○	
30		同步轴、联轴器	目测检查联轴器运行中无异常振动和异常响声,扭矩传感器应工作正常	维修		○	○	
31		减速器	目测检查运转中的减速器应无异响、无异常振动	维修		○	○	
32			目测检查润滑油油位应正常	调整		○	○	
33	电控系统	供、配电系统(含 UPS)	目测检查供、配电系统及双路供电电源自动切换功能应正常	维护			○	
34		电缆、线标	目测检查电缆防护层应无严重老化、破损、鼓包,接头无松动,电缆收放措施应齐全有效	维护			○	
35			目测检查电缆周边应无较大干扰源	清理			○	
36			目测检查线标应清晰	维护			○	
37			目测检查接线箱外观应无严重的锈蚀、脱漆、损伤、积水	清理/更换			○	
38		屏、柜	目测检查屏、柜内电气线路及元器件应无过热、烧焦、融化痕迹	更换			○	
39		计算机集控系统	通过功能试验,检查通讯和硬连接切换功能应正常	维护			○	
40			通过功能试验,检查现地自动控制、手动控制均应正常使用	维护			○	
41			通过功能试验,检查热备应功能正常	维护			○	

表 A.1（续）

序号	检查项目		检查方法、内容及要求	处置方式	日常检查	定期检查周期		备注
						季检	年检	
42	电控系统	视频监控系统	目测检查监控设备应表面清洁、无破损，监控画面应清晰	清洁/维修		○	○	
43	电控系统	检测系统	目测检查各检测元件（内置式除外）及其支架应无破损，采集的数据应在测量范围内	维护			○	
44	电控系统	检测系统	目测检查采集的高程、水位、水深、位置等测量值与实际值应无较大偏差	维护		○	○	
45	电控系统	交通指挥系统	目测检查，设备应无损坏	维护	○	○	○	
46	电控系统	消防及报警系统	目测检查，消防装备、器材配置齐全、标识应清晰，消防器材应在有效期	维护			○	
47	液压系统	泵站及管路	目测检查应无异常振动、无异响、无异常温升	维护			○	
48	液压系统	泵站及管路	目测检查各部件连接处应无松动、漏油、锈蚀	紧固/更换		○	○	
49	液压系统	泵站及管路	目测检查油箱液位应在正常工作范围内	调整			○	
50	液压系统	泵站及管路	目测检查过滤器滤芯应无堵塞，空气滤清器滤芯颜色变化应符合要求	清洁/更换			○	
51	液压系统	泵站及管路	目测检查过滤网应无堵塞，无破损或锈蚀	清洁/更换			○	
52	液压系统	泵站及管路	目测检查管路应无变形、损伤，软管应无膨胀	更换		○	○	
53	液压系统	泵站及管路	目测检查液压油应无乳化、氧化	清洁/更换		○	○	
54	液压系统	液压缸	目测检查液压缸应无渗漏、损伤、锈蚀，镀层应无剥落	维修			○	
55	液压系统	液压缸	目测检查油缸安装螺栓应无松动	紧固			○	
56	液压系统	液压缸	目测检查各运动件表面应保持清洁	保养			○	
57	安全防护装置	限位装置	目测检查限位装置应固定可靠；通过功能试验，检查限位装置应功能有效	维修			○	
58	安全防护装置	防撞装置	目测检查防撞装置应无变形、损坏	维修			○	
59	安全防护装置	超载保护装置	目测检查超载保护装置无损坏	维修			○	

表 A.1(续)

序号	检查项目		检查方法、内容及要求	处置方式	日常检查	定期检查周期		备注
						季检	年检	
60	安全防护装置	超速保护装置	目测检查超速保护装置无损坏	维修			○	
61		导向装置、顶紧装置	目测检查导向、顶紧装置无变形、无损坏	维修			○	
62		锁定装置	目测检查对接锁定装置无变形、无损坏	维修			○	
63		船舶探测仪	目测检查船舶探测仪应固定可靠、无损坏	维护			○	
64		绝缘、接地、防雷保护	目测检查绝缘、接地性能应正常,防雷保护装置应完好、无缺损	维修			○	
65		电气保护	目测检查短路、失压、零位、过流等电气保护装置应功能正常	更换			○	
66		急停	通过功能试验,检查急停开关应功能正常	维修			○	非运行状态下进行
67		声、光报警装置	通过功能试验,检查声光报警装置应工作正常	维护			○	
68		疏散通道、护栏	目测检查连接螺栓应无缺损、无松动	维护			○	
69		防护罩、防雨罩	目测检查各旋转部位的防护罩及防雨罩应牢固、齐全、无破损	维护		○	○	
70		联锁保护	目测检查联锁装置应无缺损、短接、绑扎等现象	维护		○	○	
71			通过功能试验,检查电气联锁装置应正常可靠	调整/更换		○	○	

表 A.2 启闭机日常检查和定期检查的项目、方法、内容及要求

序号	检查项目		检查方法、内容及要求	处置方式	日常检查	定期检查周期			备注
						月检	季检	年检	
1	技术文件	随行文件	检查随行图纸、使用说明书、出厂合格证应完整	整改完善				○	
2		检查记录	检查以往的检查记录应完整、无未处理的缺陷	整改完善				○	
3		维护记录	检查以往的维护记录应完整、无未验证的维护	整改完善				○	
4		其他档案	检查设备安装、改造、维修、使用登记等其他档案应齐全	整改完善				○	
5 6	整机	作业环境	目测检查设备作业环境应无影响作业安全的因素	按企业管理制度和操作规程处理	○	○	○	○	
7		外观	目测检查设备各处应无垃圾、杂物、遗漏工具等	清洁	○	○	○	○	
8			目测检查设备各处应无积油、积水	清洁	○	○	○	○	
9			目测检查设备表面应无严重的锈蚀、脱漆、损伤等缺陷	防腐/修理	○	○	○	○	
10		安全	目测检查各报警装置应工作正常	修理	○	○	○	○	
11			目测检查设备附近应无易燃、易爆物品	清理	○	○	○	○	
12			目测检查设备出入口应无障碍物	清理	○	○	○	○	
13			目测检查灭火设施应完好无损并符合国家消防法的相关规定	修理/更换	○	○	○	○	
14		车轮承载情况	目测检查设备的各个车轮应无悬空和啃轨现象	调整	○	○	○	○	适用移动式启闭机
15		启闭机跨度	目测检查启闭机跨度偏差应符合相关产品标准的规定	调整/修理				○	适用移动式启闭机

表 A.2（续）

序号	检查项目		检查方法、内容及要求	处置方式	日常检查	定期检查周期			备注
						月检	季检	年检	
16	金属结构	门架、机架、小车架	目测检查门架主梁的上拱度应符合 DL/T 5019—1994 中 7.2 的规定	修理/更换				○	
17			目测检查结构的主要受力部分的焊缝或板材应无可见裂纹	修理				○	
18	连接件	连接螺栓	目测检查主要受力构件、安全装置、电动机、减速器等的连接螺栓应无缺损、无松动	紧固/更换				○	
19	机构	起升机构	通过空载试验，检查起升机构应无异常声响、振动，运行平稳	维护	○		○	○	
20			目测检查油缸应无渗漏；启闭机自动复位功能应有效	维护/更换		○	○	○	适用于液压式启闭机
21			目测检查双吊点液压启闭机自动纠偏功能应有效	维护/更换		○	○	○	适用于自动纠偏功能的双吊点液压启闭机
22			目测检查螺杆直线度应符合 DL/T 5019—1994 中 6.1.1 的规定；目测检查电动驱动运行应平稳、传动皮带应无打滑现象	维护/更换			○	○	适用于螺杆式启闭机
23			目测检查双吊点启闭机同步性，同步升降应无卡阻	维护/更换		○	○	○	
24		行走机构	通过空载试验，检查运行机构应无异常声响、振动	维护			○	○	适用于移动式启闭机
25			目测检查设备应无影响使用的歪斜跑偏、啃轨等	调整			○	○	

表 A.2（续）

序号	检查项目		检查方法、内容及要求	处置方式	日常检查	定期检查周期			备注
						月检	季检	年检	
26	机构	回转机构	通过空载试验，检查回转机构应无异常声响、振动	维护			○	○	如带回转吊
27		启闭机供电装置	通过空载试验，检查起重机供电装置应无异常声响、振动	维护		○	○	○	
28		小车供电装置	通过空载试验，检查小车供电装置应无异常声响、振动	维护		○	○	○	适用于双向移动式启闭机
29		润滑系统	目测检查润滑系统应工作正常、无堵塞、无泄漏	维护			○	○	
30	关键零部件	吊具	目测检查吊具焊缝及吊具结构应无影响安全的磨损及变形、且应无异响	修理/更换		○	○	○	
31			目测检查吊具销轴应无松动、脱出，轴端固定装置应安全有效	紧固/修理/更换		○	○	○	
32			目测检查起重吊钩闭锁装置、吊钩螺母防松装置应有效	修理/更换		○	○	○	
33			目测检查锻造吊钩(吊叉)、横梁的表面应无裂纹、变形、磨损、腐蚀	修理/更换			○	○	
34			目测检查吊板应无裂纹、变形、腐蚀	修理/更换			○	○	
35		钢丝绳	目测检查钢丝绳，并应符合 GB/T 5972 的要求	更换			○	○	
36			目测检查钢丝绳应无明显的机械损伤	修理/更换		○	○	○	
37			目测检查卷筒及滑轮上钢丝绳应无跳槽或脱槽等现象	紧固/调整	○	○	○	○	
38			目测检查钢丝绳端部固定情况，应无松动现象	紧固/调整		○	○	○	
39			目测检查钢丝绳表面润滑剂应无干燥或变质	保养				○	

表 A.2(续)

序号	检查项目		检查方法、内容及要求	处置方式	日常检查	定期检查周期			备注
						月检	季检	年检	
40	关键零部件	卷筒	目测检查卷筒应符合 GB 6067.1—2010 中 4.2.4.5 的规定	修理/更换				○	
41		滑轮	目测检查滑轮应符合 GB 6067.1—2010 中 4.2.5.3 的规定	修理/更换				○	
42			目测检查滑轮应转动灵活	润滑/调整			○	○	
43			目测检查滑轮防脱绳装置应安全有效	修理/更换			○	○	
44		制动器	目测检查各转动、摆动点应转动灵活	润滑/调整			○	○	
45			通过空载试验,检查起升机构制动器应工作正常	维护	○	○	○	○	
46			目测检查制动器应符合 GB 6067.1—2010 中 4.2.6.7 的有关规定	更换			○	○	
47		液压自动抓梁	通过功能试验,检查液压穿退销到位信号应正常	修理/维护	○	○	○	○	
48			目测检查泵站应无渗漏	修理/维护	○	○	○	○	
49			目测检查电缆插头应接触良好,无渗漏	修理/维护	○	○	○	○	
50		机械自动抓梁	目测检查检查抓梁挂脱钩应活动自如	修理/维护	○	○	○	○	
51		车轮	目测检查车轮轮缘、踏面的磨损、变形应符合 GB 6067.1—2010 中 4.2.7 的规定	更换			○	○	适用于移动式启闭机
52		丝杆	目测检查丝杆的外表,应无磕、碰、伤、腐蚀现象	维护/更换		○	○	○	适用于螺杆式启闭机
53		蜗轮传动	目测检查传动零件应运转平稳、无异常声音、发热和箱体漏油现象	修理/更换			○	○	
54			目测检查箱体润滑油的油位和油质应符合规定要求	加油/更换			○	○	

表 A.2（续）

序号	检查项目		检查方法、内容及要求	处置方式	日常检查	定期检查周期			备注
						月检	季检	年检	
55	关键零部件	联轴器	目测检查联轴器应无缺损、无松动、无漏油，运行中无异常振动和异常响声	紧固/调整/修理/更换		○	○	○	
56		减速器	目测检查运转中的减速器应无异响、无异常振动、无漏油和过热现象	维修		○	○	○	
57			目测检查油位应在要求范围内	加油			○	○	
58		开式传动齿轮	目测检查开式传动齿轮的表面磨损情况，应符合 GB 6067.1—2010 中 4.2.8 的规定	保养/调整/维修			○	○	
59			目测检查齿轮装配应无松动，传动应无异响	调整/紧固			○	○	
60			目测检查开式传动齿轮的润滑脂应无干燥或变质	保养/维护		○	○	○	
61		轴承	目测检查轴承应无异响、无异常温升	更换			○	○	
62		小车轨道	目测检查轨道接头间隙、轨道高低差，应符合 DL/T 5019—1994 中 7.2 的规定	调整				○	
63			目测检查轨道应无裂纹、严重磨损等现象	更换			○	○	
64			目测检查轨道压板组件应无缺损、松动	紧固/更换			○	○	
65		司机室	目测检查司机室连接部位应无脱焊、松动和裂纹	紧固/修理			○	○	
66			目测检查司机室内应无裸露的带电体，室内地面应绝缘良好	修理/更换			○	○	
67			目测检查司机室门、窗、玻璃、刮水器、防护栏及门锁，应无缺损；门、窗、玻璃应清洁、视线清晰	清洁/更换			○	○	
68			目测检查移动司机室的悬挂装置应安全可靠	紧固/修理			○	○	

表 A.2(续)

序号	检查项目		检查方法、内容及要求	处置方式	日常检查	定期检查周期			备注
						月检	季检	年检	
69	电控系统	供电电源	目测检查供电电源应工作正常	维护	○	○	○	○	
70		控制装置	目测检查各按钮应灵活有效，操纵杆下部绝缘保护应无破损	修理/更换		○	○	○	
71			目测检查各机构操纵手柄应灵活、无卡阻，挡位手感明确，零位锁应有效	调整/更换	○	○	○	○	
72			目测检查遥控装置及手电门外壳应无破损，控制按钮标识清晰、正确，功能正常	修理/更换		○	○	○	
73		馈电装置	目测检查电缆防护层应无严重老化、破损、鼓包，电缆收放措施应齐全有效；集电器应接触可靠	维护/更换			○	○	
74		电动机	目测检查电动机绝缘电阻应符合各产品标准的规定	维修			○	○	
75			目测检查电动机滑环应无烧痕，碳刷磨损及压力应适当	调整/更换				○	
76		总电源开关	目测检查总电源开关应功能正常	修理/更换		○	○	○	
77		紧急停止开关	目测检查紧急停止开关应功能正常	修理/更换		○	○	○	
78		控制柜(台)及电气设施	目测检查控制柜门开关应灵活且门锁可靠	调整/更换		○	○	○	
79			目测检查控制柜内电气线路及元器件应无过热、烧焦、融化痕迹；元器件应无外表破损；罩壳应无掉落	更换		○	○	○	
80			目测检查电气连接及接地应可靠，线缆应无严重龟裂、破损	调整/更换		○	○	○	
81			目测检查各段线路线标应清晰，接线应无松动	清洁/紧固				○	
82			通过功能试验，检查线路应无过热，检查绝缘电阻、接地电阻应符合要求	修理/更换				○	
83			通过功能试验，检查各接线柱、接触器、继电器应接触良好	调整/更换			○	○	

表 A.2（续）

序号	检查项目		检查方法、内容及要求	处置方式	日常检查	定期检查周期			备注
						月检	季检	年检	
84	电控系统	通讯	通过功能试验，检查主机与中央控制室的通讯应畅通	维护	○	○	○	○	
85		照明	目测检查照明装置应无缺损	修理/更换	○	○	○	○	
86		空调系统	目测检查电气室和司机室的空调工作应正常	维护			○	○	
87	液压系统	液压站及管路	目测检查液压系统液压元件、密封件应无损坏、老化及超期使用现象	维护/更换			○	○	适用于液压启闭机
88			目测检查液压系统应无异常振动、杂音和温升过高等现象	维护/更换			○	○	
89			目测检查阀件、管路、油箱及液压系统应无渗漏油现象	修理/维护		○	○	○	
90			目测检查过滤器滤芯应无堵塞，空气滤清器滤芯颜色变化应符合要求	清洁/更换			○		
91			目测检查过滤网应无堵塞，无破损或锈蚀	清洁/更换			○		
92			目测检查管路应无变形、损伤，软管应无膨胀、老化	更换		○	○		
93			目测检查液压油应无乳化、氧化；液压油污染度等级应符合 GB/T 14627—2011 中 6.1.3 的要求	清洁/更换			○		
94		液压缸	目测检查液压缸应无渗漏、损伤、锈蚀，涂层应无剥落	维修			○		
95			目测检查油缸安装螺栓应无松动	紧固			○		
96			目测检查各运动件表面应保持清洁	保养			○		
97			目测检查活塞杆直线度应符合 GB/T 14627—2011 中 6.4.4 的要求	修理/更换			○	○	

表 A.2(续)

序号	检查项目		检查方法、内容及要求	处置方式	日常检查	定期检查周期			备注
						月检	季检	年检	
98	安全防护装置	起升高度限制器	通过功能试验，检查起升高度限制器应固定可靠、功能有效	紧固/更换	○	○	○	○	
99		二级起升高度限制器	通过功能试验，检查二级起升高度限制器应固定可靠、功能有效	紧固/更换		○	○	○	如有二级上升限位
100		运行行程限位器	通过功能试验，检查运行行程限位器应固定可靠、功能有效	紧固/更换	○	○	○	○	
101		回转限位	通过功能试验，检查回转限位应固定可靠、功能有效	紧固/更换		○	○	○	如带回转吊
102		缓冲器与端部止挡	目测检查缓冲器应无变形、损坏；端部止挡应无变形、开焊	维修/更换			○	○	
103		载荷限制器	通过功能试验，检查载荷限制器应固定可靠，功能有效	紧固/更换				○	
104		极限力矩限制器	通过功能试验，检查极限力矩限制器应固定可靠、功能有效	紧固/更换				○	
105		开度计	目测检查开度应显示正常(有显示时)，无异常报警；通过功能试验，检查开度计应有效	维修/更换			○		
106		超速保护装置	目测检查超速保护装置应无缺失，功能有效	维修/更换				○	如有超速保护装置
107		联锁保护	通过功能试验，检查电气联锁装置应有效	调整/更换			○	○	
108			目测检查联锁装置应无缺损、短接、绑扎等现象	修理/更换	○	○	○	○	
109		接地保护	目测检查接地装置应完好，功能有效，应满足 GB 6067.1—2010 中 8.8 的规定	修理/更换			○	○	
110		绝缘电阻	检测绝缘电阻，应满足 GB 6067.1—2010 中8.9 的规定	修理				○	
111		电气保护	目测检查短路、失压、零位、过流等电气保护应无缺损	更换				○	

表 A.2（续）

序号	检查项目		检查方法、内容及要求	处置方式	日常检查	定期检查周期			备注
						月检	季检	年检	
112	安全防护装置	急停开关	目测检查紧急停止开关，应有效	修理/更换			○	○	
113		声光报警装置	通过功能试验，检查声光报警装置应工作正常	调整/更换			○	○	
114		标记和警示标志	目测检查启闭机标牌、吨位牌、安全警示标志应清晰、无缺失	清洁/更换	○	○	○	○	
115		楼梯、阶梯、平台、走道、栏杆	目测检查楼梯、阶梯、平台、走道、栏杆应完好且牢固	紧固/修理				○	
116		防护罩、防雨罩	目测检查各旋转部位的防护罩及防雨罩应牢固、齐全、无破损	紧固/修理				○	
117		检修吊笼	目测检查检修吊笼应无损坏，连接应无松动，防护有效	紧固/修理				○	
118		风速仪及风速报警	目测检查风速仪及风速报警应连接牢固、完好，通过功能试验应功能有效	紧固/修理			○	○	
119		避雷针	目测检查避雷针连接应牢固，接线应无松动	紧固				○	
120		轨道清扫器	目测检查轨道清扫器与轨道的间隙应为 5 mm～10 mm	调整/更换			○	○	
121		消防器材	目测检查消防器材的存放位置应正确，灭火器应在有效期内	调整/更换	○	○	○	○	
122		航空障碍指示灯	目测检查航空障碍指示灯应无损坏、无松动，工作正常有效	紧固/更换		○	○	○	
123		防风装置	目测检查防风装置应连接牢固、完好	紧固/修理/更换				○	

表 A.3 简易升降机日常检查和定期检查的项目、方法、内容及要求

序号	检查项目		检查方法、内容及要求	处置方式	日常检查	定期检查周期		备注
						月检	年检	
1	技术文件	随行文件	检查随行图纸、使用说明书、出厂合格证应完整	整改完善			○	
2		检查记录	检查以往的检查记录应完整、无未处理的缺陷	整改完善			○	
3		维护记录	检查以往的维护记录应完整、无未验证的维护	整改完善			○	
4		其他档案	检查设备安装、改造、维修、注册登记等其他档案	整改完善			○	
5	整机	作业环境	目测检查简易升降机作业环境应无影响作业安全的因素	按企业管理制度和操作规程处理	○	○	○	
6		标记、标牌与安全标志	目测检查简易升降机标记、标牌、安全警示标志、安全使用须知标志应清晰、无缺失	清洁/更换	○	○	○	
7		外观	目测检查简易升降机各处应无垃圾、杂物、遗漏工具等	清洁	○	○	○	
8			目测检查简易升降机各处应无积油、积水	清洁		○	○	
9			目测检查简易升降机各部分表面应无严重的锈蚀、脱漆、损伤等缺陷	防腐/修理	○	○	○	
10	机房和检修平台	通道	目测检查通向机房、滑轮间和底坑的通道应畅通，永久性照明应完好	清理/修理/更换	○	○	○	
11		检修空间和环境	目测检查机房和检修平台应不得用来作为升降机以外的其他用途，机房应通风良好，门窗无破损，机房门开闭灵活、锁定可靠	清理/修理/更换	○	○	○	
12		照明和电源插座	目测检查机房和检修平台的固定照明和电源插座应无损坏、松动，工作正常有效	紧固/调整/修理/更换		○	○	
13		消防设施	目测检查消防设施的存放位置应正确，灭火器在有效期内	调整/更换	○	○	○	

表 A.3（续）

序号	检查项目		检查方法、内容及要求	处置方式	日常检查	定期检查周期		备注
						月检	年检	
14	井道	封闭	目测检查除必要的开口外井道应完全封闭	封闭	○	○	○	
15		井道壁、底板和顶板	目测检查井道壁、底板和顶板应无明显变形、损坏等影响安全使用的缺陷	修理		○	○	
16		照明和电源插座	目测检查井道照明和电源插座应无损坏、松动，工作正常有效	修理/更换		○	○	
17		底坑停止装置	通过功能试验，检查底坑的停止装置应工作正常，其型式应符合 GB 28755—2012 中 9.8.2 的要求	修理/更换		○	○	
18		底坑爬梯	目测检查底坑爬梯应完好且牢固	紧固/修理		○	○	
19		检修门和活板门	目测检查检修门和活板门应无破损，相应的门锁应无缺损	紧固/修理/更换	○	○	○	
20			目测检查检修门和活板门的门锁应锁定可靠，门的开启方向和门锁的锁定方式应符合 GB 28755—2012 中5.1.2.2.2 和 5.1.2.2.3 的要求，通过功能试验，检查电气联锁装置应工作正常，其型式应符合 GB 28755—2012 中 8.5 的要求	调整/修理/更换		○	○	
21	金属结构	货厢和货厢门	目测检查货厢和货厢门应无明显变形、损坏等影响安全使用的缺陷	调整/修理/更换	○	○	○	
22			目测检查货厢门关闭后，门扇之间及门扇与立柱、门楣和地坎之间的间隙应不大于 10 mm	调整		○	○	
23			通过功能试验，检查货厢门的电气联锁装置应工作正常，其型式应符合 GB 28755—2012 中 8.5 的要求	调整/修理/更换	○	○	○	

表 A.3（续）

序号	检查项目		检查方法、内容及要求	处置方式	日常检查	定期检查周期		备注
						月检	年检	
24	金属结构	货厢和货厢门	目测检查货厢门应开闭灵活、无卡阻、脱离导轨等现象	调整/修理	○	○	○	
25			目测检查货厢门机械锁定装置应锁定可靠	修理/更换	○	○	○	
26			目测检查货厢顶部栏杆应完好且牢固	紧固/修理		○	○	
27		对重或平衡重	目测检查对重或平衡重的金属框架或拉杆应无损坏	调整/修理		○	○	
28			目测检查对重或平衡重块应固定可靠、无缺损	紧固/更换		○	○	
29		导向装置	目测检查导向装置及其固定支架应固定牢固	紧固/修理		○	○	
30			目测检查导向装置不应有裂纹、严重磨损及变形等影响安全使用的缺陷	修理/更换		○	○	
31			目测检查两导向装置顶面间距偏差和接头台阶应符合 GB 28755—2012 中 6.3.4 的要求	调整			○	
32			目测检查导向装置顶面与导靴(或导轮)工作面之间的水平间隙不应大于 5 mm	调整			○	
33	驱动装置	电动葫芦	目测检查电动葫芦及其承重梁应固定可靠,无损坏	紧固/修理/更换		○	○	强制式简易升降机
34			通过空载试验,检查电动葫芦应无异常声响、振动,运行平稳	维护/修理	○	○	○	强制式简易升降机
35			目测检查导绳装置应工作正常	调整/更换		○	○	强制式简易升降机
36			通过功能试验,检查断火限位器应动作可靠、功能有效	调整/修理/更换		○	○	强制式简易升降机
37		曳引机	目测检查曳引机及其承重梁应应固定可靠,无损坏	紧固/修理/更换		○	○	曳引式简易升降机
38			通过空载试验,检查曳引机应无异常声响、振动,运行平稳	维护/修理	○	○	○	曳引式简易升降机
39			目测检查曳引轮轮槽不应有严重磨损、裂纹等缺陷	更换		○	○	曳引式简易升降机

表 A.3（续）

序号	检查项目		检查方法、内容及要求	处置方式	日常检查	定期检查周期		备注
						月检	年检	
40	驱动装置	液压泵站	通过空载试验，检查液压泵站应无异常声响、振动，运行平稳	维护/修理	○	○	○	直接作用液压式简易升降机
41			通过功能试验，检查安全阀的调定压力不应超过额定工作载荷时压力的120%	调整/修理			○	直接作用液压式简易升降机
42			目测检查压力表应固定可靠、功能有效	紧固/调整		○	○	直接作用液压式简易升降机
43	关键零部件	层门	目测检查层门关闭时，门扇之间、门扇与立柱或地坎之间的间隙不应大于 10 mm	调整		○	○	
44			目测检查每个层门的地坎与货厢入口边缘的间隙不应大于 35 mm	调整		○	○	
45			按 GB 28755—2012 中 7.1.4 中规定的方法测量门缝间隙，并应符合其要求	调整		○	○	
46			目测检查每个层门应无明显变形、损坏等影响安全使用的缺陷	调整/修理/更换	○	○	○	
47			目测检查每个层门应开闭灵活、无卡阻、脱离导轨等现象	调整/修理	○	○	○	
48			通过功能试验，检查每个层门的电气联锁装置应工作正常，其型式应符合 GB 28755—2012 中 8.5 的要求	调整/修理/更换	○	○	○	
49	关键零部件	层门	目测检查每个层门的机械联锁装置应锁定可靠、工作正常	调整/修理/更换	○	○	○	
50			目测检查每个层门上紧急开锁装置应固定可靠、功能有效	紧固/调整/更换		○	○	
51			通过功能试验，检查货厢门驱动层门时，层门应符合 GB 28755—2012 中 7.1.8 的要求	调整/修理/更换		○	○	

表 A.3(续)

序号	检查项目		检查方法、内容及要求	处置方式	日常检查	定期检查周期		备注
						月检	年检	
52	关键零部件	吊钩	目测检查吊钩应符合 GB 6067.1—2010 中 4.2.2 的要求	调整/修理/更换		○	○	
53		齿轮和齿条	目测检查齿轮和齿条应符合 GB 28755—2012 中 7.5 的要求	调整/更换		○	○	齿轮齿条式简易升降机
54		钢丝绳	目测检查钢丝绳应符合 GB 28755—2012 中 7.3.4.3 的规定	调整/更换		○	○	
55			目测检查钢丝绳端部固定情况应满足相应要求	紧固/调整		○	○	
56		起重用链条	目测检查起重用链条应无爬链、卡链现象	调整		○	○	
57			目测检查起重用链条应符合 GB 6067.1—2010 中 4.2.3 的要求	更换		○	○	
58		卷筒	目测检查卷筒应符合 GB 6067.1—2010 中 4.2.4 的要求	更换		○	○	
59		滑轮	目测检查滑轮应符合 GB 6067.1—2010 中 4.2.5 的要求	更换		○	○	
60		制动器	通过空载试验,检查制动器应工作正常	维护	○	○	○	
61			目测检查制动器应符合 GB 6067.1—2010 中 4.2.6.7 的相应规定	更换		○	○	
62		减速器	目测检查运转中的减速器应无异响、异常振动、漏油和过热现象	紧固/修理		○	○	
63			目测检查油位应在要求范围内	加油		○	○	
64	电控系统	供电电源	目测检查供电电源应工作正常	维护	○	○	○	
65		电气保护	目测检查断错相、短路、失压、过流、过载等电气保护应无缺损	修理/更换		○	○	

表 A.3（续）

序号	检查项目		检查方法、内容及要求	处置方式	日常检查	定期检查周期		备注
						月检	年检	
66	电控系统	接地保护	目测检查接地装置应完好，功能有效	修理/更换		○	○	
67		声光报警装置	通过功能试验，检查声光报警装置应工作正常	调整/更换	○	○	○	
68		电缆	目测检查电缆防护层应无严重老化、破损、鼓包	调整/修理/更换		○	○	
69		电动机	目测检查电动机绝缘电阻应符合各产品标准的要求	修理			○	
70			目测检查电动机滑环应无烧痕，碳刷磨损及压力适当	调整/更换		○	○	
71		总电源开关	目测检查总电源开关应功能正常	调整/更换		○	○	
72		楼层召唤按钮	通过功能试验，检查各召唤按钮及停止装置应动作灵活、功能正确	调整/更换	○	○	○	
73		控制柜及电气设施	目测检查控制柜门开关应灵活且门锁可靠	调整/更换	○	○	○	
74			目测检查控制柜内电气线路及元器件应无过热、烧焦、融化痕迹；元器件应无外表破损；罩壳应无掉落	更换	○	○	○	
75			目测检查电气连接及接地应可靠，线缆无严重龟裂、破损	调整/更换		○	○	
76			目测检查各段线路线标应清晰，接线无松动	清洁/紧固		○	○	
77			测量绝缘电阻、接地电阻应符合相应标准的要求	修理/更换			○	
78	液压系统	液压油	目测检查液压油应无乳化、氧化	更换			○	直接作用液压式简易升降机
79		滤油器	目测检查滤油器应无污损、堵塞	清洁/更换			○	直接作用液压式简易升降机
80		液压油箱	目测检查液压油箱应固定可靠、无变形、漏油现象	紧固/修理/更换	○	○	○	直接作用液压式简易升降机
81			目测检查油箱液位应在正常工作范围内	调整		○	○	直接作用液压式简易升降机

表 A.3(续)

序号	检查项目		检查方法、内容及要求	处置方式	日常检查	定期检查周期		备注
						月检	年检	
82	液压系统	液压油缸	目测检查液压油缸应无变形、裂纹、渗油、漏油现象,底座应固定可靠	紧固/修理/更换		○	○	直接作用液压式简易升降机
83		液压管道及管件	目测检查液压管道应无变形、裂纹、渗油、漏油现象,管件应固定可靠	紧固/修理/更换	○	○	○	直接作用液压式简易升降机
84	安全防护装置	停层保护装置	通过空载(必要时载荷)试验,检查停层保护装置应动作灵活、功能有效	调整/修理/更换		○	○	
85		下行超速保护装置	通过空载试验,检查下行超速保护装置应动作灵活、功能有效	调整/修理/更换		○	○	
86		超载保护装置	通过功能试验,检查超载保护装置应动作灵活、功能有效	调整/修理/更换		○	○	
87		防运行阻碍保护装置	通过功能试验,检查防运行阻碍保护装置应动作灵活、功能有效	调整/修理/更换		○	○	
88		限位开关	通过功能试验,检查限位开关应固定可靠、功能有效	紧固/更换		○	○	
89		极限开关	通过功能试验,检查极限开关应固定可靠、功能有效	紧固/更换		○	○	
90		缓冲器	目测检查缓冲器应固定可靠,无变形、损坏	紧固/更换		○	○	
91		停止装置	通过功能试验,检查停止装置应固定可靠、功能有效	紧固/修理/更换	○	○	○	
92		检修运行装置	通过功能试验,检查检修运行装置应固定可靠、功能有效	紧固/修理/更换		○	○	
93		液压管路限流或切断装置	通过功能试验,检查液压管路限流或切断装置应功能有效,无漏油、连接松动等现象	紧固/修理/更换			○	直接作用液压式简易升降机

表 A.4 施工升降机日常检查和定期检查的项目、方法、内容及要求

序号	检查项目		检查方法、内容及要求	处置方式	日常检查	定期检查					备注
						周期			加节后	移装	
						月检	季检	年检			
1	技术文件	随行文件	查验使用说明书、出厂合格证等随机文件完整未丢失	整改完善				○		○	
2	技术文件	检查记录	查验之前的检查记录完整、无未处理缺陷	整改完善				○		○	
3	技术文件	维护记录	查验之前的维修记录完整、无未验证的维修	整改完善				○		○	
4	技术文件	其他档案	查验安装、改造、维修、注册登记等档案，应完整齐全	整改完善				○		○	
5	整机	作业环境	目测检查与相邻设备、障碍物、架空输电线等的安全距离应符合相关规定；目测检查吊笼及对重运行通道空间内应无任何障碍物	调整	○	○	○	○	○	○	
6	整机	层门	目测检查各停层处设置的层门，层门应不得向吊笼通道一侧开启	调整				○	○	○	
7	整机	层门	目测检查(用钢卷尺)吊笼门框外缘与层站边缘的水平距离在装载和卸载时应不大于 50 mm	调整				○	○	○	
8	整机	层门	目测检查(用钢卷尺)全高度层门在正常作业时，关闭的吊笼门与关闭的层门间的水平距离应不大于 150 mm；低高度层门应符合 GB 26557—2011 中 5.5.3.9 的要求	调整				○	○	○	
9	整机	层门	目测检查各停层处层门门锁装置应符合 GB 26557—2011 中 5.5.5.1 和 5.5.5.2 的规定，层门未关，吊笼不能启动，且层门不能从楼层一侧打开	调整	○	○	○	○	○	○	
10	整机	层门	目测检查(用钢卷尺)全高度层门开口的净高度不应小于 2 m，在特殊情况下，当建筑物入口的净高度小于2 m 时，则允许降低层门开口的高度，但任何情况下层门开口的净高度均不应小于 1.8 m；低高度层门应符合 GB 26557—2011 中 5.5.3.9 的要求	调整				○	○	○	

表 A.4(续)

序号	检查项目		检查方法、内容及要求	处置方式	日常检查	定期检查					备注
						周期			加节后	移装	
						月检	季检	年检			
11	整机	标志及外观	目测检查整机标志牌、载重量、操作规程、安全警示标志应清晰、无缺损,且应固定在施工升降机易于观察位置	维护		○	○	○		○	
12			目测检查在操作位置上表示控制元件的用途和动作方向的标识应清晰	完善		○	○	○		○	
13			目测检查在明显位置的限制最多载人数量及限制最大载荷的标识应醒目; 目测检查要求专职司机操作的标识应醒目; 目测检查要求货物不得集中堆放的标识应醒目; 目测检查“非经许可严禁入内”的标识应明显; 目测检查货用施工升降机不允许载人的标识应明显	完善		○	○	○		○	
14			目测检查设备应整洁,各处应无垃圾、杂物,无严重脱漆、锈蚀、变形、损伤等缺陷	维护/维修		○	○	○		○	
15			目测检查对重安全色应清晰且标明质量	维护				○		○	
16		基础、底架、围栏	目测检查基础应无积水、沉降、掩埋及异常变动	调整/维护	○	○	○	○		○	
17			目测(必要时用扳手)检查底架连接螺栓应无缺失、松动失效,底架、围栏撑杆应固定可靠无松动			○	○	○		○	
18			当为钢梁基础时,目测检查钢梁应无明显变形弯曲,与底架连接可靠	维修		○	○	○		○	
19		导轨架	目测检查导轨架基础节、加强节、转换节、标准节拼装与使用应符合设计要求或特殊安装方案要求	调整/更换				○	○	○	

表 A.4（续）

<table>
<tr><th rowspan="3">序号</th><th colspan="2" rowspan="3">检查项目</th><th rowspan="3">检查方法、内容及要求</th><th rowspan="3">处置方式</th><th rowspan="3">日常检查</th><th colspan="5">定期检查</th><th rowspan="3">备注</th></tr>
<tr><th colspan="3">周期</th><th rowspan="2">加节后</th><th rowspan="2">移装</th></tr>
<tr><th>月检</th><th>季检</th><th>年检</th></tr>
<tr><td>20</td><td rowspan="10">整机</td><td rowspan="2">导轨架</td><td>用经纬仪测量导轨架垂直度应符合以下规定：<table><tr><td>导轨架高度 h
m</td><td>$h\leqslant70$</td><td>$70<h\leqslant100$</td><td>$100<h\leqslant150$</td><td>$150<h\leqslant200$</td><td>$h\geqslant200$</td></tr><tr><td>垂直度偏差
mm</td><td>不大于架设高度的1/1 000</td><td>$\leqslant70$</td><td>$\leqslant90$</td><td>$\leqslant110$</td><td>$\leqslant130$</td></tr></table></td><td>调整</td><td>○</td><td>○</td><td>○</td><td>○</td><td>○</td><td>○</td><td></td></tr>
<tr><td>21</td><td>目测检查导轨架自由悬高应不超出设计要求的规定</td><td>调整</td><td></td><td></td><td></td><td>○</td><td>○</td><td>○</td><td></td></tr>
<tr><td>22</td><td rowspan="6">吊笼</td><td>目测检查吊笼不允许当做对重使用</td><td>维护</td><td></td><td></td><td></td><td></td><td>○</td><td>○</td><td></td></tr>
<tr><td>23</td><td>目测检查吊笼主要受力构件应无明显变形、无可见裂纹、开焊，可用20倍放大镜或磁粉探伤进行辅助检查</td><td>更换</td><td></td><td>○</td><td>○</td><td>○</td><td></td><td>○</td><td></td></tr>
<tr><td>24</td><td>目测检查封闭式吊笼应有紧急出口，打开活板门时，吊笼不应启动</td><td>维护</td><td></td><td>○</td><td>○</td><td>○</td><td></td><td>○</td><td></td></tr>
<tr><td>25</td><td>目测检查吊笼翻板门，应翻转灵活，功能正常，无开焊、变形</td><td>维修</td><td></td><td>○</td><td>○</td><td>○</td><td></td><td>○</td><td></td></tr>
<tr><td>26</td><td>目测检查操作位置司机视野应开阔，易于观察</td><td>维护</td><td>○</td><td>○</td><td>○</td><td>○</td><td>○</td><td>○</td><td></td></tr>
<tr><td>27</td><td>目测检查吊笼内应有照明，控制装置处的照度应不小于50 lx</td><td>维护</td><td></td><td>○</td><td>○</td><td>○</td><td></td><td>○</td><td></td></tr>
<tr><td>28</td><td rowspan="2">连接螺栓</td><td>目测（必要时用扳手）检查各机构、电器处连接螺栓无缺失、松动失效</td><td>维护</td><td>○</td><td>○</td><td>○</td><td>○</td><td>○</td><td>○</td><td></td></tr>
<tr><td>29</td><td>目测（必要时用扳手）检查各结构处连接螺栓应按照设计要求紧固，安装方向符合要求，无缺失、松动失效现象，目测检查重要构件连接螺栓的强度等级应不低于8.8级</td><td>维护</td><td></td><td>○</td><td>○</td><td>○</td><td>○</td><td>○</td><td></td></tr>
</table>

表 A.4(续)

序号	检查项目		检查方法、内容及要求	处置方式	日常检查	定期检查					备注
						周期			加节后	移装	
						月检	季检	年检			
30	整机	连接销轴	目测检查各连接销轴应按设计要求锁定;采用开口销定位时,开口销应按规定张开	调整		○	○	○	○	○	
31	整机	运行平稳性	目测检查吊笼空载上、下运行一次,应无异常震动、晃动及异响	维护	○	○	○	○	○	○	
32	金属结构	附墙架	目测检查附墙架应固定可靠,附墙架间距及附墙距离、角度等应符合设计要求或特殊设计要求	调整		○	○	○	○	○	
33	金属结构	附墙架	目测检查附墙架金属结构应完好无损,无明显变形、无可见裂纹、开焊,可用20倍放大镜或磁粉探伤进行辅助检查	维修		○	○	○	○	○	
34	金属结构	附墙架	目测各连接件和紧固件应符合相关要求	维护		○	○	○	○	○	
35	金属结构	标准节	目测检查主弦钢管应无变形	更换		○	○	○	○	○	
36	金属结构	标准节	目测检查腹杆连接部位应无可见裂纹、开焊(必要时用尖头手锤敲击法检查),可用20倍放大镜或磁粉探伤进行辅助检查	维修		○	○	○	○	○	
37	金属结构	标准节	用测厚仪测量主弦钢管壁厚,锈蚀不应超出原壁厚的25%	更换						○	出厂3年以上,安装、加节前进行
38	金属结构	导轨、导轨架	目测检查导轨、导轨架应无任何扭曲变形、开焊,且应固定牢固	维修		○	○	○	○	○	
39	金属结构	导轨、导轨架	通过空载试验,对重上下运行应平稳、无卡滞	维修	○	○	○	○	○	○	

表 A.4（续）

序号	检查项目		检查方法、内容及要求	处置方式	日常检查	定期检查					备注
						周期			加节后	移装	
						月检	季检	年检			
40	传动系统	齿条、齿轮	目测检查齿条固定应牢固可靠，磨损均匀，表面无啃齿现象	更换		○	○	○	○	○	
41			用深度尺测量相邻两齿条对接处，沿齿高方向阶差不应大于 0.3 mm	调整		○	○	○	○	○	
42			目测检查齿轮应磨损均匀，与齿条啮合良好，齿侧间隙应符合相关要求(必要时用压铅法测量)	调整		○	○	○	○	○	
43		减速器	目测检查减速器应固定牢固、可靠	维护		○	○	○		○	
44			目测检查减速器箱体应无可见裂纹，无漏油等现象	更换		○	○	○		○	
45			目测检查油位应在规定范围内	维护			○	○		○	
46			通过试运行，减速器应无异响、无异常震动、无过热等现象	维护	○	○	○	○		○	
47		传动板	目测检查传动板连接应可靠、牢固，各传动部件应润滑良好	维护	○	○	○	○		○	
48		防护罩	目测检查各旋转、运动部位的防护罩以及防砸护板等应齐全、完好，固定可靠	维护		○	○	○	○	○	
49	导向系统	吊笼导向	目测检查吊笼导向滚轮磨损应均匀正常，滚轮轴应固定可靠	调整		○	○	○	○	○	
50		对重导向	目测检查对重导向滚轮或滑靴应固定可靠，磨损正常	调整		○	○	○	○	○	
51		电缆滑车导向	目测检查电缆滑车导向滚轮磨损应正常，滚轮轴应固定可靠	调整		○	○	○	○	○	

表 A.4(续)

序号	检查项目		检查方法、内容及要求	处置方式	日常检查	定期检查					备注
						周期			加节后	移装	
						月检	季检	年检			
52	关键零部件	对重及钢丝绳	目测检查悬挂对重用钢丝绳绳端固定应符合GB 26557—2011 中 5.7.3.2.1.6 的要求,穿绕正确,张力平衡装置有效;悬挂对重用钢丝绳不应少于 2 根,且相互独立	调整		○	○	○	○	○	
53			目测检查悬挂对重用钢丝绳应无明显机械损伤	更换		○	○	○	○	○	
54			目测检查对重防脱轨保护装置应完好有效	维护		○	○	○	○	○	
55			目测检查当有施工空间或通道在对重下方时,应设有防止对重坠落的安全防护措施,当对重有填充物时,填充物应固定,不能窜动	维护				○	○	○	
56		随行电缆及滑车、电缆导向架	目测检查电缆应完好,无严重扭曲变形、破损、老化等现象	更换	○	○	○	○	○	○	
57			通过空载试验,电缆滑车运行应平稳,无阻碍,导向架无损坏;无电缆滑车时应设置电缆储桶,电缆导向架应防止随行电缆缠绕,并引导电缆进入电缆储桶	维护	○	○	○	○	○	○	
58			目测检查电缆导向架数量及安装位置应符合设计要求	维护		○	○	○	○	○	
59		滑轮、卷筒	目测检查滑轮防跳槽装置应安全有效	维护		○	○	○	○	○	
60			目测检查滑轮应无开裂、变形、破损超限等缺陷,且连接可靠	更换		○	○	○	○	○	

表 A.4（续）

序号	检查项目		检查方法、内容及要求	处置方式	日常检查	定期检查 周期 月检	定期检查 周期 季检	定期检查 周期 年检	定期检查 加节后	定期检查 移装	备注
61	关键零部件	滑轮、卷筒	目测检查卷筒上钢丝绳应只缠绕 1 层（自动缠绕系统允许绕 2 层）；留在卷筒上的钢丝绳应不少于 2 圈	维护		○	○	○	○	○	
62	关键零部件	安装吊杆	目测检查安装吊杆应无变形损坏，固定可靠	维修				○	○	○	
63	关键零部件	制动器	目测检查制动器手动释放装置应齐全有效	维护	○	○	○	○		○	
64	关键零部件	制动器	目测检查制动片、制动盘磨损量应符合 GB 6067.1—2010 中 4.2.6.7 的规定	更换		○	○	○		○	
65	关键零部件	制动器	通过空载试验检查制动器灵敏可靠	维护	○	○	○	○		○	
66	电控系统	供电电源、电源箱	目测检查供电电源总开关应功能正常，目测检查电源箱仪表应完好，功能正常、门、锁齐全	维护	○	○	○	○		○	
67	电控系统	控制柜（台）	目测检查控制柜（台）操作指示和警告标志应清楚，操作按钮、仪表功能应正常	维护	○	○	○	○		○	
68	电控系统	电气柜	目测检查相序和断相保护器、超载保护器应齐全，其功能应有效	维护		○	○	○		○	
69	电控系统	电气柜	用电阻仪测量电气及电气元件（部分电子元器件除外）对地绝缘电阻不应小于 0.5 MΩ	维护		○	○	○		○	
70	电控系统	电气柜	目测检查各主要电器元件（如变频器）应无异常情况，各单元应无老化、变色、异味等	维护		○	○	○		○	
71	电控系统	电气柜	用电阻仪测量电气线路的对地绝缘电阻不应小于 1 MΩ	维护		○	○	○		○	
72	电控系统	电气柜	目测检查电气器件上应无影响性能的积尘	清洁		○	○	○		○	
73	电控系统	电缆（线）	目测检查供电电缆及电线应无老化、破损、变形损坏	更换		○	○	○	○	○	

表 A.4(续)

序号	检查项目		检查方法、内容及要求	处置方式	日常检查	定期检查					备注
						周期			加节后	移装	
						月检	季检	年检			
74	电控系统	电动机	用电阻测量仪测量电动机绝缘电阻应符合各产品标准的规定,电动机温升应正常	维护			○	○		○	
75	电控系统	安全滑导线	目测检查各部应完好,无损坏,运行正常	维护			○	○	○	○	如有
76	电控系统	无线遥控	通过功能试验,检查无线遥控应功能正常	维护			○	○	○	○	如有
77	电控系统	无线呼叫、停层	通过功能试验,检查无线呼叫、停层应功能正常	维护		○	○	○	○	○	如有
78	电控系统	安全监控管理系统	目测检查安全监控管理其参数设置与设备配置应相符,经试验其精度应符合相关要求	维护		○	○	○	○	○	如有
79	安全防护装置	限位开关	通过功能试验,检查上下行程限位开关,应固定可靠,功能灵敏正常,且能自动复位;安装位置符合相关要求	维护	○	○	○	○	○	○	
80	安全防护装置	极限开关	通过功能试验,触碰到极限开关时设备应能立即停机;极限开关必须是独立的、不能自动复位型的,当手动复位后重新启动,设备应能向反方向正常运行;上、下极限开关的安装位置应保证吊笼在与其他机械停止装置接触前,切断动力供应,使吊笼停止	维护	○	○	○	○	○	○	
81	安全防护装置	急停开关	触动急停开关(含便携式控制装置上的急停开关),设备应能立即停机;急停开关不应自动复位,手动复位后,重新启动,设备应能正常运行	维护	○	○	○	○	○	○	
82	安全防护装置	超载检测装置	目测检查超载检测装置应完好;通过功能试验,检查超载检测装置应灵敏准确;若动力中断,超载检测装置的所有数据和指示刻度应能保留	维护		○	○	○		○	如有
83	安全防护装置	缓冲装置	目测检查缓冲器应无变形损坏,功能有效	维护		○	○	○		○	
84	安全防护装置	声光电报警装置	通过功能试验,检查声、光、电等报警装置应工作正常	维护	○	○	○	○		○	
85	安全防护装置	端部止挡装置(防冒顶装置)	目测检查导轨架顶部应有防止吊笼冒顶的止挡装置或措施,且功能有效	维护		○	○	○	○		

表 A.4（续）

序号	检查项目		检查方法、内容及要求	处置方式	日常检查	定期检查					备注
						周期			加节后	移装	
						月检	季检	年检			
86	安全防护装置	联锁保护装置	通过功能试验，检查围栏门与吊笼的电气联锁安全开关应完好，围栏门开启时，吊笼不应有升降动作；检查机械联锁装置应完好无损，无绑扎等现象，只有当吊笼在导轨架底部规定位置时，围栏门与吊笼入口门才能开启；当在吊笼顶部进行控制操作，则吊笼内或遥控装置均不起作用；通过功能试验，检查吊笼停止后 2 s 内操作，吊笼不得启动	维护		○	○	○	○		
87		接地保护	目测检查接地装置应完好，用接地电阻测试仪测量金属结构及电气设备的金属外壳接地电阻值应小于 4 Ω	维护			○	○			
88		安全钩与挡块	目测检查防止吊笼与导轨架脱离的安全钩应完好有效	维护		○	○	○			
89			目测检查防止防坠安全器输出端齿轮脱离齿条的挡块应完好有效	维护		○	○	○		○	
90			目测检查防止电缆滑车与导轨架脱离的安全钩应完好有效	维护		○	○	○		○	
91		防坠安全器	目测检查防坠安全器应在有效的检验期限内使用，有效标定期不应超过 1 年，安全器的寿命不应超过 5 年	更换		○	○	○		○	
92			通过功能试验，检查是否工作正常，动作应灵敏可靠；空载坠落试验每 3 个月一次；额定载荷试验每 6 个月一次	更换			○	○		○	
93		破断阀	通过功能试验，检查破断阀应工作正常，动作应灵敏可靠	更换			○	○		○	如有
94		防松绳装置	目测检查对重防松绳开关，当钢丝绳出现松绳或断绳时，开关应能切断电路，吊笼应能停止运行	维护		○	○	○	○	○	

表 A.5 钢索式液压提升装置日常检查和定期检查的项目、方法、内容及要求

序号	检查项目		检查方法、内容及要求	处置方式	日常检查	定期检查周期			备注
						月检	季检	年检	
1	技术文件	随行文件	随行图纸，使用说明书(含液压系统图、电气接线图、控制系统图，调试方法)，出厂合格证应完整	整改完善				○	
2		检查记录	以往的检查记录应完整、无未处理的缺陷	整改完善				○	
3		维护记录	以往的维护记录应完整、无未验证的维护	整改完善				○	
4		其他档案	检查设备安装、改造、维修等其他档案应齐全	整改完善				○	
5	整机	作业环境	目测检查设备作业环境应无影响作业安全的因素	按企业管理制度和操作规程处理	○	○	○	○	
6		外观	目测检查设备各处、吊架处应无垃圾、杂物、遗漏工具等	清洁	○	○	○	○	
7			目测检查设备各处应无积油、积水	清理	○	○	○	○	
8			目测检查设备表面应无严重的锈蚀、脱漆等缺陷	防腐/修理			○	○	
9		标识	目测检查设备标牌、警示牌、安全色应清晰	调整				○	
10	关键零部件	钢绞线	目测检查钢绞线存在机械损伤、锈蚀严重或者在自由状态下发生弯折时禁止使用	更换	○	○	○	○	安装后检查
11		卡爪	目测检查卡爪牙完好率应大于80%，背锥面不应有可见裂纹	更换	○	○	○	○	安装后检查
12		卡紧机构	目测检查卡紧机构应无锈蚀，开爪机构动作灵活；卡座锥孔应无影响使用的变形	维修	○	○	○	○	安装后检查
13		连接件	目测检查千斤顶吊挂组件、下锚头及吊耳等连接件应无锈蚀、变形	维修	○	○	○	○	安装后检查

表 A.5(续)

序号	检查项目		检查方法、内容及要求	处置方式	日常检查	定期检查周期			备注
						月检	季检	年检	
14	液压系统	液压缸	目测检查液压缸应无渗漏、损伤、锈蚀,镀层应无剥落	维修			○	○	
15		液压泵站及管路	通过空载试验,检查操作按钮有效,换向阀应有换向动作,相应执行液压缸应有活塞伸、缩和自动运行、开爪等动作	调整	○	○	○	○	安装后检查
16			目测检查液压管路、接头、泵、阀组等元件不应漏油	维修			○	○	
17			目测检查各阀、接头处的标识应正确、清晰	维修				○	
18			目测检查液压系统应无异常振动、无异响、无异常温升	维修	○	○	○	○	安装后检查
19	电控系统	电器元件及电气配线	目测检查电器机械固定应当牢固,无松动;绝缘材料性能应当良好,无破损、无变质;触头等部位电气连接应当可靠,无接触不良	维修			○	○	
			目测检查穿线管路应当有良好的防雨、防油污和防腐性	维修				○	
20		线路绝缘	目测检查电动机及电器元件(电子元器件除外)的对地绝缘电阻应不小于 0.5 MΩ,电气线路的对地绝缘电阻应不小于 1 MΩ	维修				○	安装后检查
21			目测检查外壳防护等级,应符合 GB 4208—2008 中防水和防灰尘要求的 IP 分类等级规定	维修				○	
22		总电源开关	目测检查供电电源总开关出线端不应连接与设备无关的电气设备	维修	○	○	○	○	安装后检查
23	安全防护装置	起重量限制器	通过空载试验,检查压力传感器或者压力继电器等元件在起升重量超过设定值时,应能切断上升运行(可做下降方向的运动)	维修	○	○	○	○	安装后检查
24		紧急停止开关	空载试验检查应能够切断液压泵站的动力源,停止系统运行	维修	○	○	○	○	安装后检查

表 A.5(续)

序号	检查项目		检查方法、内容及要求	处置方式	日常检查	定期检查周期			备注
						月检	季检	年检	
25	安全防护装置	联锁保护	空载试验检查上、下承载机构无法实现同时开启功能,并应在电气控制系统中的上、下承载机构相应控制逻辑中,设置互锁程序	维修	○	○	○	○	安装后检查
26		电气报警	通过空载试验模拟测试,检查过载荷、油液污染、电机故障等声、光报警提示功能应正常	维修	○	○	○	○	安装后检查

表 A.6 电站提滑模装置日常检查和定期检查的项目、方法、内容及要求

序号	检查项目		检查方法、内容及要求	处置方式	日常检查	定期检查周期			备注
						月检	季检	年检	
1	技术文件	随行文件	随行图纸,使用说明书(含液压系统图、电气接线图、控制系统图,调试方法),出厂合格证应完整	整改完善				○	
2		检查记录	以往的检查记录应完整、无未处理的缺陷	整改完善				○	
3		维护记录	以往的维护记录应完整、无未验证的维护	整改完善				○	
4		其他档案	检查设备安装、改造、维修等其他档案应齐全	整改完善				○	
5	整机	作业环境	目测检查设备作业环境应无影响作业安全的因素	按企业管理制度和操作规程处理	○	○	○	○	
6		外观	目测检查设备各处应无垃圾、杂物、遗漏工具等	清洁	○	○	○	○	
7			目测检查设备各处应无积油、积水	清理	○	○	○	○	
8			目测检查设备表面应无严重的锈蚀、脱漆等缺陷	防腐/修理			○	○	
9		标识	目测检查设备标牌、警示牌、安全色应清晰	调整				○	

表 A.6（续）

序号	检查项目		检查方法、内容及要求	处置方式	日常检查	定期检查周期			备注
						月检	季检	年检	
10	金属结构	模板系统	目测检查模板外观应无变形；焊缝应无裂纹，连接螺栓应无缺损，无松动	维修	○	○	○	○	
11		操作平台	目测检查辐射梁应无变形，连接螺栓应无缺损无松动	维修	○	○	○	○	
12		提升架	目测检查架体应无变形；焊缝应无裂纹，连接螺栓应无缺损、无松动	维修	○	○	○	○	
13		吊脚手架	目测检查架体应无变形；焊缝应无裂纹，连接螺栓应无缺损、无松动	维修	○	○	○	○	
14		中心鼓圈	目测检查结构应无变形；焊缝应无裂纹，连接螺栓应无缺损、无松动	维修	○	○	○	○	
15		中心井架	目测检查架体应无变形；焊缝应无裂纹，连接螺栓应无缺损、无松动	维护	○	○	○	○	
16	模板提升系统	电动机	目测检查电机应无异响、无过热	维修			○	○	
17		减速器	目测检查运转中的减速器应无异响、无异常振动、无漏油和过热现象	维修		○	○	○	
18			目测检查油位应在要求范围内	加油			○	○	
19		提升螺杆螺母系统	目测检查螺杆应无异常磨损、折弯，螺纹副旋动顺利	维修		○	○	○	
20		液压泵站	目测检查泵站应无渗漏油、无异常	维修			○	○	
21		液压油缸	目测检查千斤顶应无渗油、漏油	维修			○	○	
22		液压管路	目测检查液压管路、接头、泵、阀组等元件应无漏油	维修			○	○	
23			目测检查各阀、接头处的标识应正确、清晰	维修				○	
24	平台收分系统	水平收分螺杆螺母系统	目测检查螺杆应无异常磨损、折弯，螺纹副旋动顺利	维修		○	○	○	

表 A.6(续)

序号	检查项目		检查方法、内容及要求	处置方式	日常检查	定期检查周期			备注
						月检	季检	年检	
25	中心提升系统	吊笼	目测检查吊笼应无变形;焊缝应无裂纹,连接螺栓应无缺损、无松动;卸料机构卸料自如	维修		○	○	○	
26		制动器	目测检查运行制动器应能保证吊笼运行制动,满足使用要求	维修/更换	○	○	○	○	
27		钢丝绳	目测检查卷筒上钢丝绳应排列整齐	维修	○	○	○	○	
28			目测检查钢丝绳端部固定情况应满足相应要求	维修			○	○	
29			目测检查钢丝绳外观应无劣化和机械损伤	维修/更换	○	○	○	○	
30			按照 GB/T 5972 规定的方法和要求检查钢丝绳	维修/更换			○	○	
31		卷筒	目测检查卷筒槽应平整光洁、无损伤钢丝绳缺陷	维修			○	○	
32			按照 GB 6067.1—2010 中 4.2.4.5 的要求目测卷筒的裂纹或筒壁磨损情况	更换			○	○	
33		滑轮及滑轮组	目测检查滑轮应转动灵活	维修		○	○	○	
34			目测检查滑轮防脱绳装置应无损坏、松动和变形	维修		○	○	○	
35			目测检查滑轮应满足 GB 6067.1—2010 中 4.2.5.3 的要求	更换			○	○	
36		卷扬机	目测检查卷扬机应工作正常,无异常噪声及温升	维修		○	○	○	
37		操纵装置	目测检查遥控装置或手持操纵装置外壳应无破损,控制按钮标识、功能应正确、齐全	维修		○	○	○	
38		小抱杆	目测检查小抱杆应工作正常,无异常噪声及摆动	维修		○	○	○	

表 A.6（续）

序号	检查项目		检查方法、内容及要求	处置方式	日常检查	定期检查周期			备注
						月检	季检	年检	
39	电控系统	馈电装置	目测检查带电指示装置应齐全有效；软电缆防护层应无严重老化、破损，电缆收放措施应齐全有效；集电器应接触可靠	维修			○	○	
40		接地	按照 JB/T 9008.2 中规定的方法检查接地电阻应不大于 10 Ω	维修		○	○	○	
41		绝缘性能	目测检查主回路、控制回路（低压控制除外）常温绝缘电阻应不小于 1.0 MΩ	维修		○	○	○	
42		总电源开关	目测检查总电源开关应功能正常	维修	○	○	○	○	
43		控制箱及电气设施	目测检查控制箱门开关应灵活且门锁可靠	调整		○	○	○	
44			目测检查控制箱内电器线路及元器件应无过热、烧焦、融化痕迹；元器件应无外表破损；罩壳应无掉落	维修		○	○	○	
45			目测检查各段线路线标应清晰，接线无松动、老化、破损；通过功能试验，检查线路应无过热	维修		○	○	○	
46			通过功能试验，检查各接线柱、接触器、继电器接触良好；目测检查灭弧装置应齐全	维修		○	○	○	
47	安全防护装置	起重量限制器	目测检查起重量限制器应显示正常（有显示时），无异常报警；并通过功能试验，检查起重量限制器应有效	维修	○	○	○	○	
48		紧急停止开关	通过功能试验，检查急停开关应有效	维修	○	○	○	○	
49		起升高度限位器	通过功能试验，检查限位开关应灵敏可靠，限位开关动作时，吊笼最高点与中心井架最高点距离应保证300 mm 以上	维修	○	○	○	○	
50			通过功能试验，检查限位开关应灵敏可靠	维修	○	○	○	○	

附　录　B

（规范性附录）

特殊检查条件、项目、方法、内容及要求

B.1　升船机特殊检查的条件、项目、方法、内容及要求见表 B.1。

B.2　启闭机特殊检查的条件、项目、方法、内容及要求见表 B.2。

B.3　简易升降机特殊检查的条件、项目、方法、内容及要求见表 B.3。

B.4　施工升降机特殊检查的条件、项目、方法、内容及要求见表 B.4。

B.5　钢索式液压提升装置特殊检查的条件、项目、方法、内容及要求见表 B.5。

B.6　电站提滑模装置特殊检查的条件、项目、方法、内容及要求见表 B.6。

表 B.1　升船机特殊检查的条件、检查项目、方法、内容及要求

序号	特殊检查的条件	检查项目	检查方法、内容及要求	处置方式	备注
1	安全防护装置型式或规格改变	安全防护装置	针对被改变的安全防护装置，其检查方法、内容及要求应按附录 A 中 A.1 的相应规定执行	按 A.1 的相应规定	
2	主要受力结构件截面特性或材质改变	金属结构	针对被改变的金属结构，其检查方法、内容及要求应按 A.1 的相应规定执行	按 A.1 的相应规定	
			通过静载试验，检查被改变的金属结构应满足使用要求	加固金属结构	
3	控制系统或元件变更	控制系统	针对被改变的控制系统或其元件，其检查方法内容及要求应按 A.1 的相应规定执行	按 A.1 的相应规定	
			通过功能试验检查设备的控制性能应满足使用要求	按 A.1 的相应规定	
4	地震烈度超出设计范围	A.1 的所有年检项目	按 A.1 的年检规定	按 A.1 的相应规定	
			通过功能试验、静载试验、动载试验检查升船机各项性能应满足使用要求	按 A.1 的相应规定	

表 B.1(续)

序号	特殊检查的条件	检查项目	检查方法、内容及要求	处置方式	备注
5	火灾	受灾害的部件	针对受火灾影响的项目,其检查方法、内容及要求应按 A.1 的相应规定执行	按 A.1 的相应规定	
6	水灾	受灾害的部件	针对被水灾侵袭的部件,其检查方法、内容及要求应按 A.1 的相应规定执行	按附录 A.1 年检的规定	
7	因急停等造成非正常冲击	主提升机、平衡重系统、承船厢结构	通过功能试验,检查主提升机、平衡重系统、承船厢结构及其零部件的各项性能应满足使用要求	按 A.1 的相应规定 其中,承船厢结构目测检查主纵梁、主横梁焊缝应无裂纹	
8	设备停用 1 年及以上再次投入使用前	A.1 的所有年检项目	按 A.1 的年检规定	按 A.1 的相应规定	

表 B.2　启闭机特殊检查的条件、检查项目、方法、内容及要求

序号	特殊检查的条件	检查项目	检查方法、内容及要求	处置方式	备注
1	安全防护装置型式或规格改变	安全防护装置	针对被改变的安全防护装置,其检查方法、内容及要求应按 A.2 的相应规定执行	按 A.2 的相应规定	
2	额定载荷改变	机构、金属结构	通过设计验证、静载试验、动载试验检查设备各项性能应满足设计及相关规范要求	加固(或更换部分)机构和金属结构	
3	主要受力结构件严重锈蚀或截面特性或材质改变	金属结构	针对严重锈蚀的金属结构,检测其截面有效板厚与原设计的差别,应进行设计验证	加固(或更换)金属结构	
4			针对被改变的金属结构,其检查方法、内容及要求应按 A.2 的相应规定执行	按 A.2 的相应规定	
5			通过静载试验,检查被改变的金属结构应满足设计要求	加固金属结构	

表 B.2(续)

序号	特殊检查的条件	检查项目	检查方法、内容及要求	处置方式	备注
6	起升机构零、部件型式或规格改变	起升机构	针对被改变的机构或其零部件,其检查方法、内容及要求应按 A.2 的相应规定执行	按 A.2 的相应规定	
7			通过动载试验检查设备各项性能应满足设计要求	按 A.2 的相应规定	
8	控制系统型式或规格改变	控制系统	针对被改变的控制系统或其元件,其检查方法内容及要求应按 A.2 的相应规定执行	按 A.2 的相应规定	
9			通过功能试验检查设备的控制性能应满足设计要求	按 A.2 的相应规定	
10	动力源型式或规格改变	动力源	针对被改变的控制系统或其元件,其检查方法内容及要求应按 A.2 的相应规定执行	按 A.2 的相应规定	
			通过功能试验检查设备的控制性能应满足设计要求	按 A.2 的相应规定	
11	钢丝绳性能改变	钢丝绳	通过设计验证检查钢丝绳安全性,目测检查钢丝绳与卷筒、滑轮的匹配情况,并应满足 GB/T 5972 的要求	按 A.2 的相应规定	
12	水灾侵袭	机械零部件、电控系统	针对被水灾侵袭的机械零部件、电控系统,其检查方法、内容及要求应按 A.2 的相应规定执行	按 A.2 的相应规定	
13	风速超出设计范围	风速仪、金属结构、防风装置	针对风速仪、受风载的金属结构、防风装置,其检查方法、内容及要求应按 A.2 的相应规定执行	按 A.2 的相应规定	适用于移动式启闭机
14	地震烈度超出设计范围	A.2 的所有年检项目	按 A.2 的年检规定	按 A.2 的相应规定	
15			通过功能试验、载荷试验、静载试验、动载试验检查启闭机设备各项性能应满足设计要求	按 A.2 的相应规定	
16	基础沉降	启闭机运行机构及金属结构	通过目测检查、功能试验或/和载荷试验检查受基础沉降影响的项目,应符合 A.2 的相应要求	维护/按企业管理制度和操作规程处理	

表 B.2（续）

序号	特殊检查的条件	检查项目	检查方法、内容及要求	处置方式	备注
17	超载	机构、金属结构	针对起升机构和金属结构，其检查方法、内容及要求应按 A.2 的相应规定执行	按 A.2 的相应规定	
18			通过静载试验、动载试验检查设备各项性能应满足设计要求	修复机构和金属结构	
19		轨道	其检查方法、内容及要求应按 A.2 的相应规定执行	修复/更换	适用于移动式启闭机
20	起升机构超速	机构、金属结构	针对起升机构和金属结构，其检查方法、内容及要求应按 A.2 的相应规定执行	按 A.2 的相应规定	
21			通过静载试验、动载试验检查设备各项性能应满足设计要求	修复机构和金属结构	
22	安全制动器动作对机构造成非正常冲击的急停	起升机构、金属结构	通过载荷试验检查起升机构及其零部件、金属结构的各项性能应满足使用要求	按 A.2 的相应规定	
23	防风装置、行走限位等失效，造成撞击	行走机构、金属结构	通过载荷试验检查行走机构及其零部件、金属结构的各项性能应满足使用要求	按 A.2 的相应规定	适用于移动式启闭机
24	火灾	主要受力结构件、各机构、电控系统	通过目测检查、功能试验或/和载荷试验检查受火灾影响的项目，应符合 A.2 的相应规定	按 A.2 的相应规定	
25	设备停用 1 年及以上再次投入使用前	A.2 的所有年检项目	按 A.2 的年检规定	按 A.2 的相应规定	
在进行动载或静载试验之前，应确保启闭机满足试验条件					

表 B.3 简易升降机特殊检查的条件、检查项目、方法、内容及要求

序号	特殊检查的条件	检查项目	检查方法、内容及要求	处置方式	备注
1	安全防护装置型式或规格改变	安全防护装置	针对被改变的安全防护装置，其检查方法、内容及要求应按 A.3 的相应规定执行	按 A.3 的相应规定	
2	额定载荷改变	井道、金属结构、驱动装置、安全防护装置	通过核查土建证明、载荷试验、静载试验、动载试验检查升降机各项性能应满足使用要求	增强井道、金属结构、驱动装置、安全防护装置的性能参数	
3	层站数改变	关键零部件	针对被改变的层站，其检查方法、内容及要求应按 A.3 的相应规定执行	按 A.3 的相应规定	
4	驱动装置型式或规格改变	驱动装置	针对被改变的驱动装置或其零部件，其检查方法、内容及要求应按 A.3 的相应规定执行	按 A.3 的相应规定	
5			通过动载试验检查升降机各项性能应满足设计要求	更换起升机构/减小升降性能参数	
6	控制系统型式或规格改变	电控系统	针对被改变的控制系统或其元件，其检查方法、内容及要求应按 A.3 的相应规定执行	按 A.3 的相应规定	
7			通过功能试验检查升降机的控制性能应满足设计要求	按 A.3 的相应规定	
8	钢丝绳或起重用链条性能改变	钢丝绳或起重用链条	目测检查钢丝绳与卷筒、滑轮的匹配情况，并满足相应标准的规定；通过载荷试验检查链条和链轮的啮合性能	按 A.3 的相应规定	
9	水灾侵袭	关键零部件、电控系统	针对被海浪或水灾侵袭的关键零部件、电控系统，其检查方法、内容及要求应按 A.3 的相应规定执行	按 A.3 的相应规定	
10	地震烈度超出设计范围	A.3 的所有年检项目	按 A.3 的年检规定	按 A.3 的相应规定	
11			通过功能试验、载荷试验、静载试验、动载试验检查升降机各项性能应满足设计要求	按 A.3 的相应规定	
12	基础沉降	井道、机房和检修平台、金属结构	通过目测检查、功能试验和/或载荷试验检查受基础沉降影响的项目，应符合 A.3 的相应要求	调整升降机性能参数/按企业管理制度和操作规程处理	

表 B.3（续）

序号	特殊检查的条件	检查项目	检查方法、内容及要求	处置方式	备注
13	超载	金属结构、驱动装置	针对受影响的金属结构、驱动装置，其检查方法、内容及要求应按 A.3 的相应规定执行	按 A.3 的相应规定	
14			通过静载试验、动载试验，检查升降机各项性能应满足设计要求	修复主机承重梁、金属结构、驱动装置/减小升降机性能参数	
15	撞击事故	金属结构、关键零部件	目测检查金属结构、关键零部件应完好，并通过功能试验、载荷试验、动载试验检查升降机各项性能应满足使用要求	按 A.3 的相应规定	
16	火灾	A.3 的所有年检项目	通过目测检查、功能试验或/和载荷试验，检查受火灾影响的项目，应符合 A.3 的相应要求	按 A.3 的相应规定	
17	设备停用一年及以上再次投入使用前	A.3 的所有年检项目	按 A.3 的年检规定	按 A.3 的相应规定	
在进行动载或静载试验之前，应确保简易升降机满足试验条件					

表 B.4　施工升降机特殊检查的条件、检查项目、方法、内容及要求

序号	特殊检查的条件	检查项目	检查方法、内容及要求	处置方式	备注
1	安全防护装置型式或规格改变	安全防护装置	按 A.4 及 GB 26557—2011 中 6.3 规定方法对更换的安全防护装置进行试验确认	按 A.4 的相应规定	
2	在承载结构上进行焊接	焊接部位金属结构	通过进行静载、动载的试验，检查确认该结构部位满足设计要求	加固金属结构	
3	与原设计不一致的主要受力结构部件的替换	被替换的金属结构	通过进行静载、动载的试验，检查确认替换的主要结构受力部位满足设计要求	加固金属结构	
4	控制系统改变	控制系统	进行空载和额定载荷动载的试验，检查确认控制（调速）性能、安全装置满足设计要求	按 A.4 的相应规定	

表 B.4(续)

序号	特殊检查的条件	检查项目	检查方法、内容及要求	处置方式	备注
5	动力源更换或改变形式	动力源	按 A.4 年检要求进行检查	按 A.4 的相应规定	
6	额定载荷改变	机构、金属结构	通过静载试验、动载试验检查各项性能满足设计要求	按 A.4 的相应规定	
7	极端天气条件(如:暴风雨、强雷电等)	基础、结构、电控系统、安全防护装置	总体目测评估无危及检查人员安全的危险后,对基础、结构、电控系统、安全防护按 A.4 年检要求进行检查。通过进行功能试验、空载试验、额定载荷试验检查各项性能满足设计要求。试验操作宜在楼面(地面)通过有线或无线遥控进行	按 A.4 的相应规定	
8	地震烈度超出设计范围	A.4 中所有年检项目	总体目测评估无危及检查人员安全的危险后,对整机按 A.4 年检要求进行检查。通过进行功能试验、空载试验、额定载荷试验检查各项性能满足设计要求。试验操作宜在楼面(地面)通过有线或无线遥控进行	按 A.4 的相应规定	
9	基础被扰动或改变	基础	按 A.4 检查垂直度,检查基础沉降,通过荷载试验检查结构及各项性能满足设计要求	加固基础、调整垂直度	
10	火灾	主要受力结构、各机构、电控系统	目测受影响的主要受力结构件、各机构、电控系统,在确认结构强度未受热影响后按 A.4 的要求进行检查处置	按 A.4 的相应规定	
11	水灾	基础、导轨架、电控系统	按 A.4 检查基础沉降、导轨架垂直度及电控系统,调整维护后检查结构、机构腐蚀情况	按 A.4 的相应规定	
12	突然急停、下滑、卡滞、安全制动器动作、外力撞击等非正常运行情况	金属结构、机构	对受影响的金属结构及机构按 A.4 月检要求进行检查处置	按 A.4 的相应规定	
13	突然卸载	金属结构、机构	对机构、金属结构按 A.4 年检要求进行检查。通过进行功能试验、空载试验、额定载荷试验检查各项性能满足设计要求	按 A.4 的相应规定	

表 B.4（续）

序号	特殊检查的条件	检查项目	检查方法、内容及要求	处置方式	备注
14	冬停复工	A.4 中所有月检项目	按 A.4 中月检要求进行检查确认，对导轨架标准节应特别检查确认无冻胀、冻裂损伤	按 A.4 的相应规定	
15	设备停用 1 年以上再次启用前	A.4 中所有年检项目	因工程延误造成停用，复工前按 A.4 中年检规定	按 A.4 的相应规定	

表 B.5　钢索式液压提升装置特殊检查的条件、检查项目、方法、内容及要求

序号	特殊检查的条件	检查项目	检查方法、内容及要求	处置方式	备注
1	主要承载部件改变	关键零部件	对更换的部件进行单项试验，满足试验要求； 并通过联机进行整机静载、动载试验，检查确认该部件满足设计要求	按 A.5 的相应规定	卡爪、承载钢索、吊架
2	与原设计不一致的主要受力结构部件的改变	金属结构	通过进行静载、动载的试验，检查确认替换的主要结构受力部位满足设计要求	按 A.5 的相应规定	
3	液压系统维修或更换	液压系统	进行空载、额定载荷、动载的试验，检查确认安全阀、液压锁止机构性能满足设计要求	按 A.5 的相应规定	
4	电控系统维修或更换	电控系统	进行空载试验，检查确认控制功能、安全系统满足设计要求	按 A.5 的相应规定	
5	水灾侵袭	受侵害的部件	检查基础沉降、电控系统、液压系统，调整维护后检查结构、机构腐蚀情况；通过外观检查、空载试验、额定载荷试验检查各项功能正常	按 A.5 的相应规定	
6	地震烈度超出设计范围	A.5 的所有年检项目	总体目测评估无危及检查人员安全的危险后，对整机按要求进行检查。通过进行功能试验、空载试验、额定载荷试验检查各项性能满足设计要求。试验操作宜在地面通过有线或无线遥控进行	按 A.5 的相应规定	
7	火灾	受火灾影响的项目	目测受影响的主要结构受力件、各机构、电控系统，通过外观检查、空载试验、额定载荷试验检查各项功能	按 A.5 的相应规定	

表 B.5（续）

序号	特殊检查的条件	检查项目	检查方法、内容及要求	处置方式	备注
8	极端天气条件(如：暴风雨、强雷电等)	A.5 的所有年检项目	总体目测评估无危及检查人员安全的危险后，对基础、结构、电控系统、液压系统、安全防护按 A.5 年检要求进行检查。通过进行外观检查、空载试验、额定载荷试验检查各项性能满足设计要求。试验操作宜在地面通过有线或无线遥控进行	按 A.5 的相应规定	
9	设备停用 1 年及以上再次投入使用前	A.5 的所有年检项目	按 A.5 的年检规定	按 A.5 的相应规定	

表 B.6　电站提滑模装置特殊检查的条件、检查项目、方法、内容及要求

序号	特殊检查的条件	检查项目	检查方法、内容及要求	处置方式	备注
1	安全防护装置改变	安全防护装置	针对被改变的安全防护装置，其检查方法、内容及要求应按 A.6 的相应规定执行	按 A.6 的相应规定	
2	在承载结构上进行焊接	焊接	通过进行静载、动载的试验，检查确认该结构部位满足设计要求	按 A.6 的相应规定	
3	与原设计不一致的主要受力结构部件的替换	金属结构	通过进行静载、动载的试验，检查确认替换的主要结构受力部位满足设计要求	按 A.6 的相应规定	
4	机构维修或更换	机构	进行空载和额定载荷动载的试验，检查确认安全装置、制动性能满足设计要求	按 A.6 的相应规定	
5	液压系统维修或更换	液压系统	进行空载、额定载荷、动载的试验，检查确认安全阀、液压锁止机构性能满足设计要求	按 A.6 的相应规定	
6	电控系统维修或更换	电控系统	进行空载和额定载荷动载的试验，检查确认控制(调速)性能、安全装置满足设计要求	按 A.6 的相应规定	

表 B.6(续)

序号	特殊检查的条件	检查项目	检查方法、内容及要求	处置方式	备注
7	动力源更换或改变形式	动力源	按 A.6 年检要求进行检查	按 A.6 的相应规定	
8	水灾侵袭	受侵害的部件	按 A.6 检查基础沉降、导轨架垂直度及电控系统，调整维护后检查结构、机构腐蚀情况	按 A.6 的相应规定	
9	地震烈度超出设计范围	A.6 的所有年检项目	总体目测评估无危及检查人员安全的危险后，对整机按 A.6 年检要求进行检查。通过进行功能试验、空载试验、额定载荷试验检查各项性能满足设计要求	按 A.6 的相应规定	
10	火灾	受火灾影响的项目	目测受影响的主要结构受力件、各机构、电控系统，通过外观检查、空载试验、额定载荷试验检查各项功能	按 A.6 的相应规定	
11	极端天气条件(如：暴风雨、强雷电等)	A.6 的所有年检项目	总体目测评估无危及检查人员安全的危险后，对基础、结构、电控系统、安全防护按 A.6 年检要求进行检查。通过进行功能试验、空载试验、额定载荷试验检查各项性能满足设计要求	按 A.6 的相应规定	
12	突然急停、下滑、卡滞、安全制动器动作、外力撞击等非正常运行情况	A.6 的所有年检项目	对受影响结构按 A.6 月检要求进行检查处置；必要时通过进行功能试验、空载试验、额定载荷试验检查各项性能满足设计要求	按 A.6 的相应规定	
13	设备停用 1 年及以上再次投入使用前	A.6 的所有年检项目	按 A.6 的年检规定	按 A.6 的相应规定	

附 录 C
(资料性附录)
检 查 报 告

检查报告格式参见表C.1。

表C.1 检查报告

编号：

<table>
<tr><td colspan="2">检查类别</td><td colspan="2">定期检查 □ 特殊检查 □</td><td colspan="7">检查依据</td></tr>
<tr><td colspan="2">设备编号</td><td colspan="2"></td><td colspan="3">设备名称</td><td colspan="4"></td></tr>
<tr><td colspan="2" rowspan="2">使用单位</td><td>名 称</td><td></td><td colspan="3">地 址</td><td colspan="4"></td></tr>
<tr><td>设备负责人</td><td></td><td colspan="3">联系电话</td><td colspan="4"></td></tr>
<tr><td colspan="2">制造单位</td><td colspan="2"></td><td colspan="3">出厂编号</td><td colspan="4"></td></tr>
<tr><td>规格型号</td><td></td><td>制造日期</td><td></td><td colspan="3">使用登记证编号</td><td colspan="4"></td></tr>
<tr><td colspan="2">主要参数</td><td colspan="9">注：根据升降机的类型填写主要参数</td></tr>
<tr><td colspan="2" rowspan="2">检查单位</td><td>名称</td><td></td><td colspan="3">维保合同
起止日期</td><td colspan="4"></td></tr>
<tr><td>地址</td><td></td><td colspan="3" rowspan="2">工作环境</td><td colspan="4" rowspan="2">露天□ 非露天□ 易爆□
高温□ 粉尘□ 其他□</td></tr>
<tr><td colspan="2">检查地点</td><td colspan="2"></td></tr>
<tr><td colspan="11">检查情况</td></tr>
<tr><td rowspan="2">序号</td><td rowspan="2">检查项目</td><td rowspan="2">检查结果</td><td rowspan="2">原因及处置建议</td><td colspan="2">记录编号</td><td colspan="2">定期检查日期</td><td rowspan="2">检查周期</td><td rowspan="2">检查人员</td><td rowspan="2">检查日期</td></tr>
<tr><td>检查</td><td>维护</td><td>上次</td><td>下次</td></tr>
<tr><td></td><td></td><td></td><td></td><td></td><td></td><td></td><td></td><td></td><td></td><td></td></tr>
<tr><td></td><td></td><td></td><td></td><td></td><td></td><td></td><td></td><td></td><td></td><td></td></tr>
<tr><td></td><td></td><td></td><td></td><td></td><td></td><td></td><td></td><td></td><td></td><td></td></tr>
<tr><td></td><td></td><td></td><td></td><td></td><td></td><td></td><td></td><td></td><td></td><td></td></tr>
<tr><td></td><td></td><td></td><td></td><td></td><td></td><td></td><td></td><td></td><td></td><td></td></tr>
<tr><td></td><td></td><td></td><td></td><td></td><td></td><td></td><td></td><td></td><td></td><td></td></tr>
<tr><td></td><td></td><td></td><td></td><td></td><td></td><td></td><td></td><td></td><td></td><td></td></tr>
<tr><td></td><td></td><td></td><td></td><td></td><td></td><td></td><td></td><td></td><td></td><td></td></tr>
<tr><td></td><td></td><td></td><td></td><td></td><td></td><td></td><td></td><td></td><td></td><td></td></tr>
<tr><td>备注</td><td colspan="10"></td></tr>
<tr><td colspan="2">项目主管</td><td colspan="2"></td><td colspan="3">报告日期</td><td colspan="4"></td></tr>
</table>

附 录 D
（规范性附录）
计划性维护项目

D.1 升船机计划性维护的项目见表 D.1。

D.2 启闭机计划性维护的项目见表 D.2。

D.3 简易升降机计划性维护的项目见表 D.3。

D.4 施工升降机计划性维护的项目见表 D.4。

D.5 钢索式液压提升装置计划性维护的项目见表 D.5。

D.6 电站提滑模装置计划性维护的项目见表 D.6。

表 D.1 升船机计划性维护的项目

序号	维护项目
1	轴承的润滑
2	钢丝绳的保养
3	联轴器的润滑
4	干油润滑系统润滑脂的补充
5	卷筒、滑轮等主要受力构件的连接件的紧固
6	安全装置、电动机、减速器等传动件的连接件的紧固
7	液压系统滤芯、滤网的清洁及更换
8	液压油的检查及更换
9	稀油润滑系统润滑油的检查及更换

表 D.2 启闭机计划性维护的项目

序号	维护项目
1	润滑油的检查及更换
2	轴承的润滑
3	钢丝绳的润滑
4	制动器摩擦片的更换
5	泵站滤芯或滤网的清洁或更换
6	液压油的检查及更换
7	各连接紧固件的紧固
8	开式齿轮的润滑
9	电缆卷筒张力的调整

表 D.3　简易升降机计划性维护的项目

序号	维护项目
1	减速器润滑油的更换
2	轴承的润滑
3	钢丝绳的润滑
4	液压泵站滤油器的更换
5	液压油的更换
6	各连接紧固件的紧固
7	导向装置的润滑
8	齿轮、齿条的润滑

表 D.4　施工升降机计划性维护的项目

序号	维护项目
1	各个工作机构部位上、标准节、吊笼顶部、滑轮上的油泥等的清理
2	钢丝绳的清理、保养、张紧调整
3	围栏门、门配重、对重的滑道等部位的润滑
4	各滑轮、滚轮、导向轮、轴承、铰接轴等的润滑
5	齿轮、齿条的润滑
6	电缆滑车轨道的润滑
7	导轨架立管的润滑
8	防坠安全器及限速器的检定与更换
9	减速器润滑油的检定与更换
10	制动器、摩擦片、盘等的调整与更换
11	碳刷压力及间隙的调整
12	标准节、附墙架等各连接螺栓的紧固
13	其他主要零部件的润滑与调整
14	安全保护装置、电气保护装置的调整
15	整机接地电阻测量的调整
16	电气系统的绝缘电阻测量的调整
17	破损、老化线缆的包扎、更换
18	磨损超限的电机碳刷的调整、更换
19	减速器内部的清洗及油封的更换
20	电动机轴承的润滑
21	金属结构的防腐处理

表 D.5　钢索式液压提升装置计划性维护的项目

序号	维护项目
1	钢绞线的鉴定和更换
2	卡爪的鉴定和更换
3	千斤顶吊挂组件、下锚头及吊耳等主要受力构件的紧固
4	液压管路、接头、泵、阀组等液压连接件的紧固
5	液压系统滤芯、滤网的清洁及更换
6	液压油的检查及更换

表 D.6　电站提滑模装置计划性维护的项目

序号	维护项目
1	轴承的润滑
2	钢丝绳的润滑
3	卷筒、滑轮等主要受力构件的连接件的紧固
4	安全装置、电动机、减速器等传动件的连接件的紧固
5	液压系统滤芯、滤网的清洁及更换
6	液压油、机油的检查及更换

附　录　E
（资料性附录）
维护记录

维护记录格式参见表 E.1。

表 E.1　维护记录

编号：

<table>
<tr><td colspan="2">维护工作类别</td><td colspan="4">保养 □</td><td colspan="3">维修 □</td></tr>
<tr><td colspan="2">设备编号</td><td colspan="3"></td><td colspan="2">设备名称</td><td colspan="2"></td></tr>
<tr><td colspan="2" rowspan="2">使用单位</td><td>名　称</td><td colspan="2"></td><td colspan="2">地　址</td><td colspan="2"></td></tr>
<tr><td>设备负责人</td><td colspan="2"></td><td colspan="2">联系电话</td><td colspan="2"></td></tr>
<tr><td colspan="2">制造单位</td><td colspan="3"></td><td colspan="2">出厂编号</td><td colspan="2"></td></tr>
<tr><td colspan="2">规格型号</td><td></td><td>制造日期</td><td></td><td colspan="2">使用登记证编号</td><td colspan="2"></td></tr>
<tr><td colspan="2">主要参数</td><td colspan="7">注：根据升降机的类型填写主要参数</td></tr>
<tr><td colspan="2" rowspan="2">维护单位</td><td>名称</td><td colspan="2"></td><td colspan="2">维保合同
起止日期</td><td colspan="2"></td></tr>
<tr><td>地址</td><td colspan="2"></td><td colspan="2" rowspan="2">工作环境</td><td colspan="2" rowspan="2">露天□　非露天□　易爆□
高温□　粉尘□　其他□</td></tr>
<tr><td colspan="2">维护地点</td><td colspan="3"></td></tr>
<tr><td colspan="9">维护情况</td></tr>
<tr><td>序号</td><td>维护项目及内容</td><td colspan="3">维护方法</td><td>维护结果</td><td>结果验证说明</td><td>维护人员</td><td>维护日期</td></tr>
<tr><td></td><td></td><td colspan="3"></td><td></td><td></td><td></td><td></td></tr>
<tr><td></td><td></td><td colspan="3"></td><td></td><td></td><td></td><td></td></tr>
<tr><td></td><td></td><td colspan="3"></td><td></td><td></td><td></td><td></td></tr>
<tr><td></td><td></td><td colspan="3"></td><td></td><td></td><td></td><td></td></tr>
<tr><td></td><td></td><td colspan="3"></td><td></td><td></td><td></td><td></td></tr>
<tr><td></td><td></td><td colspan="3"></td><td></td><td></td><td></td><td></td></tr>
<tr><td></td><td></td><td colspan="3"></td><td></td><td></td><td></td><td></td></tr>
<tr><td></td><td></td><td colspan="3"></td><td></td><td></td><td></td><td></td></tr>
<tr><td>备注</td><td colspan="8"></td></tr>
<tr><td colspan="2">项目主管</td><td colspan="3"></td><td colspan="2">记录日期</td><td colspan="2"></td></tr>
</table>

ICS 53.020.20
J 80

中华人民共和国国家标准

GB/T 31052.10—2016

起重机械　检查与维护规程　第10部分：轻小型起重设备

Lifting appliances—Code of inspection and maintenance—Part 10: Series lifting equipment

2016-02-24 发布　　2016-09-01 实施

中华人民共和国国家质量监督检验检疫总局
中国国家标准化管理委员会　发布

前　　言

GB/T 31052《起重机械　检查与维护规程》分为以下12个部分：

——第1部分：总则；

——第2部分：流动式起重机；

——第3部分：塔式起重机；

——第4部分：臂架起重机；

——第5部分：桥式和门式起重机；

——第6部分：缆索起重机；

——第7部分：桅杆起重机；

——第8部分：铁路起重机；

——第9部分：升降机；

——第10部分：轻小型起重设备；

——第11部分：机械式停车设备；

——第12部分：浮式起重机。

本部分为GB/T 31052的第10部分。

本部分按照GB/T 1.1—2009给出的规则起草。

本部分由中国机械工业联合会提出。

本部分由全国起重机械标准化技术委员会(SAC/TC 227)归口。

本部分负责起草单位：北京起重运输机械设计研究院、国家起重运输机械质量监督检验中心。

本部分参加起草单位：中国电力科学研究院、科尼起重机设备(上海)有限公司、德马格起重机械(上海)有限公司、南京起重机械总厂有限公司、卫华集团有限公司、江阴凯澄起重机械有限公司、浙江双鸟机械有限公司、江西起重机械总厂、天津起重设备有限公司、北京双泰气动设备有限公司、南京今明机械工程有限公司、河南电力博大科技有限公司。

本部分主要起草人：陈瑞明、赵春晖、王顺亭、缪谦、须雷、谢伟、李本宏、孙明尧、胡纲、张吉均、刘晓生、延绪强、周文川、钱贵宝、侯东红。

起重机械　检查与维护规程
第10部分：轻小型起重设备

1　范围

GB/T 31052的本部分规定了轻小型起重设备在使用过程中应进行的检查与维护方面的基本要求。

本部分适用于GB/T 31052.1—2014中附录A所规定的轻小型起重设备(以下简称“设备”)。

2　规范性引用文件

下列文件对于本文件的应用是必不可少的。凡是注日期的引用文件，仅注日期的版本适用于本文件。凡是不注日期的引用文件，其最新版本(包括所有的修改单)适用于本文件。

GB/T 5972　起重机　钢丝绳　保养、维护、安装、检验和报废

GB 6067.1—2010　起重机械安全规程　第1部分：总则

GB/T 10051.2　起重吊钩　第2部分：锻造吊钩技术条件

GB/T 10051.3　起重吊钩　第3部分：锻造吊钩使用检查

GB/T 31052.1—2014　起重机械　检查与维护规程　第1部分：总则

3　术语和定义

GB/T 31052.1界定的术语和定义适用于本文件。

4　一般要求

检查与维护的一般要求应符合GB/T 31052.1—2014中第4章的规定。

5　检查

5.1　日常检查

应根据每台设备的具体特点确定日常检查项目和检查要求，且不应低于附录A的规定。

5.2　定期检查

根据设备的使用特点，确定定期检查的周期为月检、季检和年检。

根据每台设备的工作级别、工作环境及使用状态确定定期检查项目、检查要求和检查周期，且不应低于附录A的规定。对于吊运熔融金属等危险物品的设备，应适当缩短检查周期。

5.3　特殊检查

5.3.1　设备在发生GB/T 31052.1—2014中5.3.1所规定的情况时应进行特殊检查。

5.3.2　特殊检查应按附录B的规定。

5.4　检查方法

设备的检查方法应采用GB/T 31052.1—2014中5.4规定的目测检查、无损检测、功能试

验、空载试验、载荷试验、动载试验、静载试验、稳定性试验,具体选用方法见附录A和附录B。

5.5 检查记录及检查报告

设备检查应有检查记录,内容至少包括附录A或附录B的检查项目,并应符合GB/T 31052.1—2014中5.5的规定。

对定期检查发现的不合格项及特殊检查均应出具检查报告,格式参见附录C,内容至少应包括GB/T 31052.1—2014中附录B的规定。

6 维护

6.1 计划性维护

根据每台设备的工作级别、工作环境及使用状态,确定计划性维护的内容和周期。其内容至少应包括:

——减速器润滑油的更换;

——开式齿轮的润滑;

——轴承的润滑;

——钢丝绳或起重用短环链的润滑;

——三联件的维护(气动葫芦);

——液压系统滤芯及滤网的更换(大型抱杆和牵张设备);

——液压油、机油的更换(大型抱杆和牵张设备);

——发动机机油滤清器滤芯、燃油滤清器滤芯、空气滤清器滤芯的更换(大型抱杆和牵张设备);

——消音器的清洁(气动葫芦);

——电器元件的清洁和紧固。

6.2 非计划性维护

非计划性维护应在发生故障后或依据日常检查、定期检查、特殊检查的结果,确定需要维修、保养的内容和要求,并加以实施。

6.3 维护结果验证

对设备完成维护的项目,在恢复使用前,应对其功能进行相应的验证。

6.4 维护记录

设备维护应有维护记录,格式参见附录D,内容至少应包括GB/T 31052.1—2014中6.4的规定。

7 检查与维护的安全预防措施

检查与维护的安全预防措施,应符合GB/T 31052.1—2014中第7章的有关规定。

附　录　A
（规范性附录）
日常检查和定期检查项目、方法、内容及要求

A.1　钢丝绳电动葫芦、环链电动葫芦、气动葫芦、防爆电动葫芦、带式电动葫芦、悬臂起重机的日常检查和定期检查项目、方法、内容及要求见表 A.1。

A.2　抱杆的日常检查和定期检查项目、方法、内容及要求见表 A.2。

A.3　牵张设备的日常检查和定期检查项目、方法、内容及要求见表 A.3。

表 A.1

序号	项目		检查方法、内容及要求	处置方式	周期				备注
					日检	月检	季检	年检	
1	技术文件	随行文件	检查随行图纸、使用说明书、出厂合格证应完整	整改完善				○	
2	技术文件	检查记录	检查以往的检查记录应完整、无未处理的缺陷	整改完善				○	
3	技术文件	维护记录	检查以往的维护记录应完整、无未验证的维护	整改完善				○	
4	技术文件	其他档案	检查设备安装、改造、维修、注册登记等其他档案	整改完善				○	
5	整机	作业环境	目测检查设备作业环境应无影响作业安全的因素	按企业管理制度和操作规程处理	○	○	○	○	
6	整机	外观	目测检查设备各处应无垃圾、杂物、遗漏工具等	清洁	○	○	○	○	
7	整机	外观	目测检查设备各处应无积油、积水	清洁		○	○	○	
8	整机	外观	目测检查设备表面应无严重的锈蚀、脱漆、损伤等缺陷	防腐/修理		○	○	○	
9	整机	车轮承载情况	目测检查设备的各个车轮应无悬空现象	调整				○	
10	金属结构	葫芦外壳、小车架	目测检查设备外壳、小车架应无塑性变形，主要受力结构件焊缝应无可见裂纹	修理/更换				○	
11	金属结构	立柱、悬臂	目测检查立柱、悬臂应无塑性变形，主要受力结构件焊缝应无可见裂纹	修理/更换				○	适用于悬臂起重机
12	金属结构	小车轨道	目测检查小车轨道翼缘厚度不应低于标准翼缘厚度的 90%	更换				○	适用于悬臂起重机

表 A.1(续)

序号	项目		检查方法、内容及要求	处置方式	周期				备注
					日检	月检	季检	年检	
13	连接件	连接螺栓	目测检查主要受力构件、安全装置、电动机、减速器等的连接螺栓应无缺损、无松动	紧固/更换				○	
14	机构	起升机构	通过空载试验检查起升机构应无异常声响、振动,运行平稳	维护	○	○	○	○	
15		小车运行机构	通过空载试验检查运行机构应无异常声响、振动	维护	○	○	○	○	
16			目测检查设备应无影响使用的歪斜跑偏、啃轨等	调整/更换			○	○	
17		回转机构	通过空载试验检查回转机构应无异常声响、振动	维护	○	○	○	○	适用于柱式悬臂起重机
18		小车供电装置	通过空载试验检查小车供电装置应无异常声响、振动	维护			○	○	
19	关键零部件	起重吊钩	目测检查起重吊钩应能自由旋转,固定螺栓应无松动	修理/更换		○	○	○	
20			目测检查起重吊钩闭锁装置、吊钩螺母防松装置应有效	修理/更换		○	○	○	
21			按 GB/T 10051.2、GB/T 10051.3 规定的方法检查锻造吊钩的表面裂纹、变形、磨损、腐蚀,并应符合其要求	修理/更换				○	
22		钢丝绳	按照 GB/T 5972 规定的方法检查钢丝绳,并应符合其要求	更换			○	○	
23			目测检查钢丝绳应无明显的机械损伤	修理/更换		○	○	○	
24			目测检查卷筒及滑轮上的钢丝绳应缠绕正常、无乱绳现象	修理	○	○	○	○	
25			目测检查钢丝绳端部固定情况应满足相应要求	紧固/调整		○	○	○	
26			目测检查钢丝绳表面不应有明显露出的断丝	修理/更换		○	○	○	适用于防爆钢丝绳电动葫芦
27		起重用短环链	目测检查起重用短环链应无爬链、卡链现象	调整		○	○	○	
28			目测检查起重用短环链应符合 GB 6067.1—2010 中 4.2.3.2 和4.2.3.3的规定	更换			○	○	
29		卷筒	目测检查卷筒应符合 GB 6067.1—2010 中 4.2.4.5 的规定	更换				○	
30		滑轮	目测检查滑轮应符合 GB 6067.1—2010 中 4.2.5.3 的规定	更换			○	○	
31			目测检查滑轮应转动灵活	润滑/调整			○	○	
32			目测检查滑轮防脱绳装置应安全有效	修理/更换			○	○	

表 A.1（续）

序号	项目		检查方法、内容及要求	处置方式	周期				备注
					日检	月检	季检	年检	
33	关键零部件	起升制动器	目测检查设备起升制动下滑量，应小于每分钟起升距离的 1/100，且不应大于 200 mm	调整/维修				○	
34			目测检查起升制动器的磨损情况，锥形制动器应能通过调整达到转子窜动行程要求；盘式制动器的制动衬垫磨损量应符合GB 6067.1—2010 中 4.2.6.7 的规定	更换			○	○	
35		车轮	目测检查车轮轮缘、踏面的磨损、变形应符合 GB 6067.1—2010 中 4.2.7 的规定	更换			○	○	
36		联轴器	目测检查联轴器运行中无异常振动和异常响声	修理/更换			○	○	
37		减速器	目测检查运转中的减速器应无异响、无异常振动、无漏油和过热现象	维修		○	○	○	
38			目测检查油位应在要求范围内	加油		○	○	○	
39		导绳器	目测检查空钩下降时，钢丝绳应能自由地从导绳器出绳口排出，导绳器导向滑块应滑动顺畅	保养		○	○	○	适用于钢丝绳电动葫芦
40		链轮	通过载荷试验目测检查链轮与链条的啮合正常	维修				○	适用于环链电动葫芦、环链气动葫芦
41		导链装置	目测检查空钩运行时，链条应能自由地从导链装置导进排出	维修		○	○	○	适用于环链电动葫芦、环链气动葫芦
42		轴承	目测检查轴承应无异响、无异常温升	润滑/更换			○	○	
43	电控系统	供电电源	目测检查供电电源应工作正常	维护	○	○	○	○	
44		控制装置	目测检查遥控装置及按钮装置外壳不应破损，控制按钮标识清晰、正确，功能正常	修理/更换	○	○	○	○	
45		馈电装置	目测检查电缆防护层应无严重老化、破损、鼓包，电缆收放措施应齐全有效；集电器应接触可靠	维护/更换			○	○	
46		电动机	测量电动机绝缘电阻应符合各产品标准的规定	维修			○	○	

表 A.1(续)

序号	项目		检查方法、内容及要求	处置方式	周期				备注
					日检	月检	季检	年检	
47	电控系统	总电源开关	目测检查总电源开关应功能正常	修理/更换		○	○	○	
48	电控系统	控制柜(台)及电气设施	目测检查控制柜内电气线路及元器件应无过热、烧焦、融化痕迹;元器件应无外表破损;罩壳应无掉落	更换		○	○	○	
49	电控系统	控制柜(台)及电气设施	目测检查电气联接及接地应可靠,线缆无严重龟裂、破损	调整/更换				○	
50	电控系统	控制柜(台)及电气设施	目测检查各段线路线标应清晰,接线无松动	清洁/紧固				○	
51	电控系统	控制柜(台)及电气设施	通过功能试验,检查线路应无过热,检查绝缘电阻应符合要求	修理/更换				○	
52	电控系统	控制柜(台)及电气设施	目测检查各接线柱、接触器、继电器应接触良好	调整/更换			○	○	
53	气动系统	马达油雾器	目测检查马达油雾器,应保证油雾器供油量	保养			○	○	适用于气动葫芦
54	气动系统	供气系统	目测检查压力表气压应正常、系统无漏气现象	保养	○	○	○	○	适用于气动葫芦
55	气动系统	消音器	目测检查消音器应功能正常	维修/更换			○	○	适用于气动葫芦
56	安全防护装置	起升高度限制器	通过功能试验,检查起升高度限制器应固定可靠、功能有效	紧固/更换	○	○	○	○	
57	安全防护装置	二级起升高度限制器	通过功能试验,检查二级起升高度限制器应固定可靠、功能有效	紧固/更换				○	如有二级上升限位
58	安全防护装置	运行行程限位器	通过功能试验,检查运行行程限位器应固定可靠、功能有效	紧固/更换	○	○	○	○	
59	安全防护装置	回转限位	通过功能试验,检查回转限位应固定可靠、功能有效	紧固/更换			○	○	适用于悬臂起重机
60	安全防护装置	缓冲器与端部止挡	目测检查缓冲器应无变形、损坏;端部止挡应无变形、开焊	维修/更换		○	○	○	适用于悬臂起重机
61	安全防护装置	起重量限制器	通过功能试验,检查起重量限制器应固定可靠,功能有效	紧固/更换				○	
62	安全防护装置	超速保护装置	目测检查超速保护装置应无缺失	维修/更换				○	如有超速保护装置
63	安全防护装置	联锁保护	通过功能试验,检查电气联锁保护装置应有效	调整/更换		○	○	○	
64	安全防护装置	联锁保护	目测检查联锁装置应无缺损、短接、绑扎等现象	修理/更换		○	○	○	

表 A.1（续）

序号	项目		检查方法、内容及要求	处置方式	周期				备注
					日检	月检	季检	年检	
65	安全防护装置	接地保护	目测检查接地装置应完好，功能有效	修理/更换		○	○	○	
66		电气保护	目测检查短路、失压、零位、过流等电气保护应无缺损	更换				○	
67		急停开关	触动紧急停止开关，设备应立即停机。急停开关不应自动复位。手动复位后，然后重新启动，设备应能恢复正常运行	修理/更换			○	○	
68		声光报警装置	通过功能试验，检查声光报警装置应工作正常	调整/更换		○	○	○	
69		标记和警示标志	目测检查设备标牌、吨位牌、安全警示标志应清晰、无缺失	清洁/更换	○	○	○	○	
70		防护罩、防雨罩	目测检查各旋转部位的防护罩及防雨罩应牢固、齐全、无破损	紧固/修理				○	
71		防辐射热装置	目测检查防辐射热装置应连接牢固、完好	紧固/修理			○	○	如有防辐射热装置

表 A.2

序号	项目		检查方法、内容及要求	处置方式	周期				备注
					日检	月检	季检	年检	
1	技术文件	随行文件	检查随行图纸，使用说明书、出厂合格证应完整	整改完善				○	
2		检查记录	检查以往的检查记录应完整、无未处理的缺陷	整改完善				○	
3		维护记录	检查以往的维护记录应完整、无未验证的维护	整改完善				○	
4		其他档案	检查设备安装、改造、维修、注册登记等其他档案	整改完善				○	
5	整机	金属基础	目测检查基础安装应符合说明书或设计要求	维护					座地抱杆、组装后检查
6		防腐	目测检查金属结构的防腐应完整，无破损现象	防腐/维修			○	○	
7		焊接	目测检查焊缝无开裂、裂纹现象	修理/更换	○	○	○	○	组装前检查
8		底脚	目测检查底脚铰接接触良好，转动灵活；底脚基础应符合设计要求	维护					组装时检查

表 A.2(续)

序号	项目		检查方法、内容及要求	处置方式	周期				备注
					日检	月检	季检	年检	
9	整机	连接绳索	目测检查抱杆上设置的起重、变幅等钢丝绳索应有固定连接位置,并保证有足够的连接空间。所有连接或承力绳索,应保证使用中与结构架体不发生干涉	维护					组装时检查
10	整机	腰箍	a) 目测检查腰箍数量、布置应满足设计要求; b) 目测检查腰箍与结构主体间隙应满足设计要求; c) 目测检查腰箍采用的连接形式(刚性连接、柔性连接)应满足设计要求	维护					组装时检查
11	整机	拉线	目测检查抱杆正常使用时,拉线调整设备应有避免意外松动或跑线的安全防护措施,连接地锚坑位置及埋深应满足施工要求	维护	○	○	○	○	组装时检查
12	结构	整体结构	金属抱杆组装完成后,使用经纬仪检查抱杆的横向变形不应超过 $L/1\ 000$(L 为组装后的抱杆全长)	维护					组装时检查
13	结构	标准节	a) 目测检查每节均应顺利装配; b) 目测检查标准节满足互换性,接高时对接应平顺; c) 目测检查抱杆各标准节组合时,每根主材的错位偏差应满足设计要求; d) 目测检查抱杆主体结构允许偏差应满足图纸设计要求	修理/更换					组装时检查
14	连接件	铆钉连接和螺栓连接	目测检查铆钉和螺栓应无缺损、无松动	维修		○	○	○	组装时检查
15	连接件	销轴	目测检查销轴连接无异常,表面应无锈蚀、损伤等缺陷	维修		○	○	○	组装后检查
16	机构	起升机构	通过空载试验检查起升机构应无异常声响、振动,运行平稳	查找具体原因后处理	○	○	○	○	
17	机构	变幅机构	通过空载试验检查变幅机构应无异常声响、振动	查找具体原因后处理	○	○	○	○	
18	机构	回转机构	通过空载试验检查回转机构应无异常声响、振动,运行平稳	查找具体原因后处理	○	○	○	○	

表 A.2（续）

序号	项目		检查方法、内容及要求	处置方式	周期				备注
					日检	月检	季检	年检	
19	关键零部件	棘轮棘爪	目测检查棘轮棘爪应无变形、裂纹、断爪现象	更换	○	○	○	○	组装后检查
20		钢丝绳	按 GB/T 5972 规定的方法检查钢丝绳，并应符合其要求	更换		○	○	○	
21			目测检查卷筒及滑轮上的钢丝绳应绳缠绕正常、无乱绳现象，目测检查钢丝绳外观应无劣化和机械损伤	维护/更换	○	○	○	○	
22			目测检查钢丝绳端部固定情况应满足相应要求	紧固	○	○	○	○	
23		起重吊钩	目测检查起重吊钩应能自由旋转，固定螺栓应无松动	保养/维修	○	○	○	○	
24			目测检查起重吊钩闭锁装置、吊钩螺母防松装置应有效	保养/维修	○	○	○	○	
25			按 GB/T 10051.2、GB/T 10051.3 规定的方法检查锻造吊钩的表面裂纹、变形、磨损、腐蚀，并符合其要求	修理/更换	○	○	○	○	
26		卷筒	目测检查卷筒应符合 GB 6067.1—2010 中 4.2.4.5 的要求	更换	○	○	○	○	
27		滑轮	目测检查铸铁滑轮应无裂纹、损坏	更换	○	○	○	○	
28			目测检查滑轮应转动灵活	润滑/调整	○	○	○	○	
29			目测检查滑轮组防脱绳装置应安全有效	修理/更换	○	○	○	○	
30			目测检查滑轮应符合 GB 6067.1—2010 中 4.2.5.3 的规定	更换		○	○	○	
31		制动器	空载试验检查起升机构制动器应工作正常	修理/更换	○	○	○	○	
32			目测检查制动器应符合 GB 6067.1—2010 中 4.2.6.7 的相关规定	更换	○	○	○	○	
33	电控系统	供电电源	目测检查供电电源应正常	修理	○	○	○	○	
34		控制装置	目测检查控制按钮标识清晰、正确，功能正常	修理/更换			○	○	组装后检查
35	液压系统		顶升液压缸应具有可靠的平衡阀或液压锁，平衡阀或液压锁与液压缸之间不应用软管连接	维护					组装后检查
36			目测检查液压系统应工作正常，无异响、泄漏、过热等现象		○	○	○	○	

表 A.2(续)

序号	项目		检查方法、内容及要求	处置方式	周期				备注
					日检	月检	季检	年检	
37	安全防护装置	起升高度限制器	通过功能试验,检查起升高度限制器应固定可靠、功能有效	紧固/更换	○	○	○	○	组装后检查
38		起重量限制器	通过功能试验,检查起重量限制器应固定可靠、功能有效	紧固/更换				○	组装后检查
39		起重力矩限制器	通过功能试验,检查起重力矩限制器应固定可靠、功能有效	紧固/更换				○	组装后检查
40		幅度限位装置	通过功能试验,检查幅度限位装置功能应有效	修理/更换				○	组装后检查
41		接地保护	目测检查接地装置应完好,功能有效	修理/更换	○	○	○	○	组装后检查
42		急停开关	触动紧急停止开关,设备应立即停机。急停开关不应自动复位。手动复位后,然后重新启动,设备应能恢复正常运行	修理/更换			○	○	
43		联锁保护	通过功能试验,检查电气联锁保护装置应有效	调整/更换		○	○	○	
44			目测检查联锁保护装置应无缺损、短接、绑扎等现象	修理/更换	○	○	○	○	
45		电气保护	目测检查短路、失压、零位、过流等电气保护应无缺损	更换		○	○	○	
46		防雨罩	目测检查各旋转部位的防护罩应牢固、齐全、无破损	紧固/更换			○	○	
47		风速仪及风速报警器	目测检查风速仪及风速报警器应正常工作	修理/更换	○	○	○	○	
48		声光报警装置	通过功能试验,检查声光报警装置应工作正常	调整/更换		○	○	○	
49	试验	载荷试验	对被试验抱杆施加与100%的轴向载荷相适应的拉力并保持20 min后卸载,测量被试验抱杆变形量不应大于 $L/1\,000$(L 为抱杆全长)	维护				○	组装后检查
50		动载试验	对被试验抱杆施加与110%的轴向载荷相适应的拉力并保持10 min后卸载,测量被试验抱杆变形量不应大于 $L/600$(L 为抱杆全长)	维护				○	组装后检查

表 A.3

序号	项目		检查方法、内容及要求	处置方式	周期				备注
					日检	月检	季检	年检	
1	技术文件	随行文件	检查随行图纸，使用说明书、出厂合格证应完整	整改完善				○	
2	技术文件	检查记录	检查以往的检查记录应完整、无未处理的缺陷	整改完善				○	
3	技术文件	维护记录	检查以往的维护记录应完整、无未验证的维护	整改完善				○	
4	技术文件	其他档案	检查设备安装、改造、维修、注册登记等其他档案	整改完善				○	
5	整机	标牌	目测检查标牌内容应清晰，固定无松动现象	维护		○	○	○	
6	整机	外观	目测检查设备表面应无锈蚀、脱漆、损伤、老化、松动、渗漏等缺陷	维护				○	
7	整机	张力波动	目测检查持续工作时张力波动值不应超过调定值的 10%	维护	○	○	○	○	张力机工作时
8	整机	噪声	检查噪声不应超过 105 dB	维护	○	○	○	○	工作时
9	整机	运行	检查连续不间断工作时间不应小于 2 h	维护			○	○	
10	整机	锚固	目测检查最大张力(或牵引力)工作时，应无滑移现象	维护	○	○	○	○	工作时
11	整机	安全性	目测检查张力机停机时，应无爬行、跑线现象	维护	○	○	○	○	张力机工作时
12	整机	安全性	目测检查牵引机在事故状态下应能快速制动	维护	○	○	○	○	牵引机工作时
13	关键零部件	卷筒	目测检查各组卷筒应能单独控制；卷筒外壳应无变形、裂纹；卷筒焊缝应无裂纹、开裂；卷筒槽表面应平整光洁，无损伤导线(张力机)/牵引绳(牵引机)的缺陷；工作时卷筒不应有异响	维护		○	○	○	
14	关键零部件	导线轴架	目测检查表面应无塑性变形、裂纹，焊缝应无裂纹、开裂现象；尾部张力宜平稳，张力波动不应造成导线在张力机进线侧跳槽或在线轴上摩擦；制动装置应灵敏、可靠；锚固装置应牢固、可靠	维护	○	○	○	○	张力机工作时
15	关键零部件	制动器	目测检查制动装置应灵敏、可靠	修理/更换	○	○	○	○	张力机工作时
16	关键零部件	钢丝绳卷绕装置	目测检查装置应无塑性变形、裂纹，焊缝应无裂纹、开裂现象，锚固连接板应无明显磨损；检查和牵引机一体的钢丝绳卷绕装置，其线盘应装卸容易，更换方便；钢丝绳卷绕装置应能正、反两个方向送出钢丝绳并保持足够的拉力，且与牵引机速度同步；钢丝绳卷绕装置支架应能够自动升降	修理/更换	○	○	○	○	牵引机工作时

表 A.3(续)

序号	项目		检查方法、内容及要求	处置方式	周期				备注
					日检	月检	季检	年检	
17	控制系统	液压系统	目测检查液压系统应工作正常,无异响、泄漏、过热等现象	维护	○	○	○	○	
18		油温	目测检查液压系统温度不应超过 80 ℃	维护	○	○	○	○	工作时
19		操作	目测检查操作手柄应灵敏可靠	维护	○	○	○	○	工作时
20		制动	目测检查液压系统的自锁装置,在系统出现故障或失压时应能快速制动,液压系统的工作、停止和调速应能实现与制动系统联动	维护	○	○	○	○	工作时
21		牵引力预调	目测检查牵引力预调应有效可靠	维护	○	○	○	○	牵引机工作时
22		保护装置	a) 液压系统过载时,系统应能自动停止牵引作业; b) 液压系统失压自锁装置应有效可靠	维护		○	○	○	
23	试验	空载试验	启动牵引机等牵引设备,目测检查张力机在额定放线速度下运转 1 h,制动器及各部件应正常	维护				○	适用于张力机
24			空载情况下启动牵引机,在 75%的最大牵引速度下运转 1 h,进行正反转及制动操作,检查转向及制动应正常;空载情况下启动牵引机,在最大牵引速度下运转 1 h,检查各部件应正常	维护				○	适用于牵引机
25		载荷试验	启动牵引机等牵引设备,在额定张力和额定放线速度下连续试验,累计放线距离不应小于 2 000 m,检查张力机各项性能应符合技术要求	维护				○	适用于张力机
26			在额定牵引力和额定牵引速度下连续不间断试验 2 h,检查牵引机各项能性应符合技术要求	维护				○	适用于牵引机
27		最大张力试验	启动牵引机等牵引设备,调节张力达到张力机最大张力,慢速牵引,在牵引过程中进行 6 次制动试验,累计放线距离不应少于 300 m。检查张力机各项性能应符合技术要求	维护				○	适用于张力机
28		牵引机过载试验	通过改变张力机张力或重物的重力达到 1.2 倍牵引机的额定牵引力,慢速牵引,在牵引过程中进行快速制动,并停留 1 min,检查牵引卷筒应无反向转动或牵引钢丝绳在卷筒上应无反向相对滑移现象	维护				○	适用于牵引机
29		最大牵引速度试验	通过调整变量泵排量、变速箱换挡手柄及再调节发动机油门,使牵引机达到最大牵引速度。逐渐增加牵引机的牵引力,直到发动机转速要下降时停止增加牵引力,记录牵引速度和相应的牵引力,重复 3 次,检查其平均值不应小于牵引机的标定值	维护				○	适用于牵引机

附　录　B
（规范性附录）
特殊检查项目、方法、内容及要求

特殊检查的条件、检查项目、方法、内容及要求见表 B.1。

表 B.1

序号	特别检查的条件	检查项目	检查方法、内容及要求	处置方式	备注
1	安全防护装置型式或规格改变	安全防护装置	针对被改变的安全防护装置，其检查方法、内容及要求应按附录 A 的相应规定执行	按附录 A 的相应规定	
2	额定载荷改变	机构、金属结构	通过静载试验、动载试验检查设备各项性能应满足使用要求	加固机构和金属结构/减小设备性能参数	
3	主要受力结构件截面特性或材质改变	金属结构	针对被改变的金属结构，其检查方法、内容及要求应按附录 A 的相应规定执行	按附录 A 的相应规定	
4			通过静载试验，检查被改变的金属结构应满足设计要求	加固金属结构	
5	起升机构型式或规格改变	起升机构	针对被改变的机构或其零部件，其检查方法、内容及要求应按附录 A 的相应规定执行	按附录 A 的相应规定	
6			通过动载试验检查设备各项性能应满足设计要求	更换起升机构/减小设备起升性能参数	
7	控制系统型式或规格改变	控制系统	针对被改变的控制系统或其元件，其检查方法内容及要求应按附录 A 的相应规定执行	按附录 A 的相应规定	
8			通过功能试验检查设备的控制性能应满足设计要求	按附录 A 的相应规定	
9	动力源型式或规格改变	动力源	针对被改变的动力源或其元件，其检查方法、内容及要求应按附录 A 的相应规定执行	按附录 A 的相应规定	
10	钢丝绳或起重用短环链性能改变	钢丝绳或起重用短环链	目测检查钢丝绳与卷筒、滑轮的匹配情况，并应满足 GB/T 5972的要求；通过载荷试验检查链条和链轮的啮合性能	按附录 A 的相应规定	
11	底盘、基座和支撑结构变化	底盘、基座和支撑结构	通过静载试验检查底盘、基座和支撑结构满足要求	按附录 A 的相应规定	适用于抱杆

表 B.1（续）

序号	特别检查的条件	检查项目	检查方法、内容及要求	处置方式	备注
12	海浪或水灾侵袭	机械零部件、电控系统	针对被海浪或水灾侵袭的机械零部件、电控系统，其检查方法、内容及要求应按附录 A 的相应规定执行	按附录 A 的相应规定	适用于抱杆、牵张设备
13	风速超出设计范围	风速仪、金属结构	针对风速仪、受风载的金属结构，其检查方法、内容及要求应按附录 A 的相应规定执行	按附录 A 的相应规定	适用于抱杆、牵张设备
14	地震烈度超出设计范围	附录 A 的所有年检项目	按附录 A 的年检规定	按附录 A 的相应规定	
15			通过功能试验、载荷试验、静载试验、动载试验检查起重机各项性能应满足设计要求	按附录 A 的相应规定	
16	超载	机构、金属结构	针对起升机构和金属结构，其检查方法、内容及要求应按附录 A 的相应规定执行	按附录 A 的相应规定	
17			通过静载试验、动载试验检查设备各项性能应满足设计要求	修复机构和金属结构	
18	安全制动器动作对机构造成非正常冲击的急停	起升机构	通过载荷试验检查起升机构及其零部件的各项性能应满足使用要求	按附录 A 的相应规定	
19	火灾	主要受力结构件、各机构、电控系统	通过目测检查、功能试验或/和载荷试验检查受火灾影响的项目，应符合附录 A 的相应规定	按附录 A 的相应规定	
20	设备停用 1 年及以上再次投入使用前	附录 A 的所有年检项目	按附录 A 的年检规定	按附录 A 的相应规定	

注：在进行动载或静载试验之前，应确保设备满足试验条件。

附　录　C
（资料性附录）
检查报告

检查报告格式参见表 C.1。

表 C.1

编号：

检查类别	定期检查 □			特殊检查 □	
设备编号				设备名称	
使用单位	名　称			地　址	
	设备负责人			联系电话	
制造单位				出厂编号	
规格型号		制造日期		使用登记证编号	
主要参数	起重量：______t　起升高度：______m　工作级别：____				
检查单位	名称			维保合同起止日期	
	地址			工作环境	露天□　非露天□　易爆□ 高温□　粉尘□　其他□
检查地点					

检查情况										
序号	检查项目	检查结果	原因及处置建议	记录编号		定期检查日期		检查周期	检查人员	检查日期
				检查	维护	上次	下次			
备注										
项目主管				报告日期						

附 录 D
(资料性附录)
维护记录

维护记录格式参见表 D.1。

表 D.1

编号：

<table>
<tr><td>维护工作类型</td><td colspan="3">保养 □</td><td colspan="3">维修 □</td></tr>
<tr><td>设备编号</td><td colspan="3"></td><td>设备名称</td><td colspan="2"></td></tr>
<tr><td rowspan="2">使用单位</td><td>名　　称</td><td colspan="2"></td><td>地　　址</td><td colspan="2"></td></tr>
<tr><td>设备负责人</td><td colspan="2"></td><td>联系电话</td><td colspan="2"></td></tr>
<tr><td>制造单位</td><td colspan="3"></td><td>出厂编号</td><td colspan="2"></td></tr>
<tr><td>规格型号</td><td></td><td>制造日期</td><td></td><td>使用登记证编号</td><td colspan="2"></td></tr>
<tr><td>主要参数</td><td colspan="6">起重量：______t　起升高度：______m　工作级别：____</td></tr>
<tr><td rowspan="2">维护单位</td><td>名称</td><td colspan="2"></td><td>维保合同
起止日期</td><td colspan="2"></td></tr>
<tr><td>地址</td><td colspan="2"></td><td rowspan="2">工作环境</td><td colspan="2" rowspan="2">露天□　非露天□　易爆□
高温□　粉尘□　其他□</td></tr>
<tr><td>维护地点</td><td colspan="3"></td></tr>
<tr><td colspan="7">维护情况</td></tr>
<tr><td>序号</td><td>维护项目及内容</td><td>维护方法</td><td>维护结果</td><td>结果验证说明</td><td>维护人员</td><td>维护日期</td></tr>
<tr><td></td><td></td><td></td><td></td><td></td><td></td><td></td></tr>
<tr><td></td><td></td><td></td><td></td><td></td><td></td><td></td></tr>
<tr><td></td><td></td><td></td><td></td><td></td><td></td><td></td></tr>
<tr><td></td><td></td><td></td><td></td><td></td><td></td><td></td></tr>
<tr><td></td><td></td><td></td><td></td><td></td><td></td><td></td></tr>
<tr><td></td><td></td><td></td><td></td><td></td><td></td><td></td></tr>
<tr><td></td><td></td><td></td><td></td><td></td><td></td><td></td></tr>
<tr><td></td><td></td><td></td><td></td><td></td><td></td><td></td></tr>
<tr><td></td><td></td><td></td><td></td><td></td><td></td><td></td></tr>
<tr><td>备注</td><td colspan="6"></td></tr>
<tr><td>项目主管</td><td colspan="2"></td><td>记录日期</td><td colspan="3"></td></tr>
</table>

参 考 文 献

[1] GB/T 3811—2008 起重机设计规范

[2] GB/T 5905—2011 起重机 试验规范和程序

[3] GB/T 18453—2001 起重机 维护手册 第1部分:总则

[4] GB/T 20776—2006 起重机械分类

[5] GB/T 20947—2007 起重用短环链 T级(T、DAT和DT型)高精度葫芦链

[6] JB/T 5317 环链电动葫芦

[7] JB/T 9008.1 钢丝绳电动葫芦 第1部分:型式与基本参数、技术条件

[8] JB/T 10222 防爆钢丝绳电动葫芦

ICS 53.020.20
J 80

中华人民共和国国家标准

GB/T 31052.11—2015

起重机械　检查与维护规程
第11部分:机械式停车设备

Lifting appliances—Code of inspection and maintenance—
Part 11: Mechanical parking systems

2015-10-13 发布　　　　2016-05-01 实施

中华人民共和国国家质量监督检验检疫总局
中国国家标准化管理委员会　发布

前　言

GB/T 31052《起重机械　检查与维护规程》分为以下 12 个部分：

——第 1 部分：总则；

——第 2 部分：流动式起重机；

——第 3 部分：塔式起重机；

——第 4 部分：臂架起重机；

——第 5 部分：桥式和门式起重机；

——第 6 部分：缆索起重机；

——第 7 部分：桅杆起重机；

——第 8 部分：铁路起重机；

——第 9 部分：升降机；

——第 10 部分：轻小型起重设备；

——第 11 部分：机械式停车设备；

——第 12 部分：浮式起重机。

本部分为 GB/T 31052 的第 11 部分。

本部分按照 GB/T 1.1—2009 给出的规则起草。

本部分由中国机械工业联合会提出。

本部分由全国起重机械标准化技术委员会(SAC/TC 227)归口。

本部分负责起草单位：上海市特种设备监督检验技术研究院、北京起重运输机械设计研究院、中国重型机械工业协会停车设备工作委员会。

本部分参加起草单位：浙江镭蒙机械设备有限公司、北京航天汇信科技有限公司、大洋泊车股份有限公司、青岛茂源金属集团有限公司、杭州友佳精密机械有限公司、深圳怡丰自动化科技有限公司、山东天辰智能停车设备有限公司、江苏启良停车设备有限公司、大连天鹿重工有限公司、上海久银车库工程有限公司、上海赐宝停车设备制造有限公司、上海协岛机电设备工程有限公司、浙江子华停车设备有限公司。

本部分主要起草人：俞中建、石晓宇、明艳华、徐彬、周洁、马景山、王志武、龚文、刘志勇、姚伟平、徐卫军、刘健、钱惠君、王刚、李正吾、蒋玲华、朱国民、洪开江。

起重机械　检查与维护规程
第11部分:机械式停车设备

1　范围

GB/T 31052的本部分规定了机械式停车设备在使用过程中应进行的检查与维护的基本要求。

本部分适用于GB/T 31052.1—2014附录A所规定的机械式停车设备。

2　规范性引用文件

下列文件对于本文件的应用是必不可少的。凡是注日期的引用文件,仅注日期的版本适用于本文件。凡是不注日期的引用文件,其最新版本(包括所有的修改单)适用于本文件。

GB/T 5972　起重机　钢丝绳　保养、维护、安装、检验和报废

GB 17907—2010　机械式停车设备　通用安全要求

GB/T 31052.1—2014　起重机械　检查与维护规程　第1部分:总则

JB/T 10546—2014　汽车专用升降机

3　术语和定义

GB/T 31052.1界定的术语和定义适用于本文件。

4　一般要求

检查和维护的一般要求应符合GB/T 31052.1－2014中第4章的规定。

5　检查

5.1　日常检查

应根据各类机械式停车设备的具体特点和使用频繁程度确定日常检查项目和检查要求,且不应低于附录A中表A.1的规定。

5.2　定期检查

根据机械式停车设备的使用特点,定期检查周期可分为月检、季检和年检。检查项目、检查要求和检查周期不应低于附录A中表A.1的规定。

5.3　特殊检查

5.3.1　机械式停车设备在发生下列情况时应进行特殊检查:

a)　当设备发生下列变化时:

——更换新的安全防护装置;

——额定载荷发生变化;

——更换机构;

——承受载荷的机械或结构部件改变；
——控制系统改变，包括改变控制位置和方式(含控制程序的改变)；
——设备或人为原因造成重大损车事故并损坏设备。

b) 当外界环境发生下列变化时：
——极端天气条件(如暴风雨等)；
——Ⅵ度烈度及以上的地震；
——发生超载、撞击等非正常情况；
——基础发生变化；
——火灾、水灾。

c) 停用1年后再次启动使用前。

5.3.2 特殊检查的条件、检查项目、方法、内容及要求应按附录B的规定。

5.4 检查方法

5.4.1 机械式停车设备的目测检查、无损检测和功能试验应采用GB/T 31052.1—2014中5.4规定的方法。

5.4.2 空载试验应按以下要求进行：根据各类机械式停车设备产品标准的要求，在空载下，选取车位完成模拟存取车动作，以检查是否存在异常和缺陷。

5.4.3 额定载荷试验应按下列步骤进行：

a) 根据各产品标准的要求选取试验车位数量，并按前、后轮轮压比为6:4的规定加额定载荷；
b) 每个所选试验车位完成一个出、入库动作循环；
c) 在试验过程中检查机械式停车设备的操作和控制功能。

5.4.4 超载试验应按下列步骤进行：

a) 根据各产品标准的要求选取试验车位数量，并按前、后轮轮压比为6:4的规定加1.1倍额定载荷；
b) 每个所选试验车位完成出、入库动作一个循环；
c) 在试验过程中检查各机构功能及情况，并记录运行情况、试验数据。

5.5 检查记录及检查报告

机械式停车设备检查应有检查记录，内容至少包含附录A和附录B的检查项目，并应符合GB/T 31052.1—2014中5.5的规定。

对定期检查发现的不合格项及特殊检查均应出具检查报告，格式参见附录C，内容至少应包括GB/T 31052.1—2014中附录B的规定。

6 维护

6.1 计划性维护

应根据各类机械式停车设备的特点确定计划性维护内容，包括清洁、润滑、紧固、调整、防腐以及易损件的更换等，至少应包括如下内容：

——减速器润滑油的更换(免维护的除外)；
——轴承的更换；
——油封的更换；

——开式齿轮的润滑；
——钢丝绳、链条、链轮、螺杆的润滑、调整；
——液压系统滤芯及滤网的更换；
——液压油、机油的更换；
——各连接件的紧固；
——安全防护装置、电气保护装置的调整或更换。

6.2 非计划性维护

非计划性维护应在发生故障后或依据日常检查、定期检查、特殊检查的结果，确定需要维修、保养的内容和要求，并加以实施。

6.3 维护结果验证

对机械式停车设备完成维护的项目，在恢复使用前，应进行相应的验证。

6.4 维护记录

机械式停车设备维护应有维护记录，维护记录参见附录D，内容至少应包含GB/T 31052.1—2014中6.4的规定。

7 检查与维护的安全预防措施

机械式停车设备在检查和维护时的安全预防措施，应符合GB/T 31052.1—2014中第7章的相关规定。

附 录 A
（规范性附录）
日常检查和定期检查项目、方法、内容及要求

机械式停车设备的日常检查和定期检查项目、方法、内容及要求见表 A.1。

表 A.1

序号	项目		检查方法、内容及要求	处置方式	周期				备注
					日检	月检	季检	年检	
1	技术文件和资料	随行文件	检查随行图纸、使用说明书、出厂合格证应完整	整改完善				○	
2		检查记录	检查以往的检查记录应完整、无未处理的缺陷	整改完善				○	
3		维护记录	检查以往的维护记录应完整、无未验证的维护	整改完善				○	
4		其他档案	检查设备安装、改造、维修、注册登记等其他档案	整改完善				○	
5	整机	安全标志	目测检查标牌、安全标志应齐全、清晰	更换/维护	○	○	○	○	
6		底坑	目测检查底坑应无积水、杂物等影响设备运行的物质	保养/清除		○	○	○	
7		连接件	目测检查主要受力结构件、部件、各机构的连接件，应无缺损，无松动	更换/调整		○	○	○	
8		可靠性	空载试验，每套控制单元完成一次存取车，应无异常振动、噪声	停机调整	○	○	○	○	
9		周围环境	在排除其他干扰的情况下，测量停车设备产生的噪声，噪声值应符合各产品标准的规定	维修/调整			○	○	
10		照明	检查设备照明应符合 GB 17907—2010 中 B.2 的规定	更换/维修	○	○	○	○	
11	金属结构	立柱、横梁和纵梁等主要受力结构件	测量金属结构的垂直度、平行度、对角线长度应分别符合各产品标准的规定	校正/调整				○	
12			目测检查各结构焊缝应无裂纹	维修			○	○	
13			目测检查主要受力结构件应无明显塑性变形	维修			○	○	
14			目测检查主要受力结构件应无锈蚀现象	维修			○	○	

表 A.1(续)

序号	项目		检查方法、内容及要求	处置方式	周期				备注
					日检	月检	季检	年检	
15	关键零部件	导轨	目测检查导轨应固定牢固、接头平整	维修		○	○	○	
16			测量导轨接头的间隙应符合各产品标准的规定	维修			○	○	
17		搬运器、载车板	目测检查搬运器、载车板应清洁	保养	○	○	○	○	
18			目测检查搬运器、载车板应无明显变形和损伤	维修		○	○	○	
19			测量搬运器或载车板停车表面与出入口地面之间的距离应符合 GB 17907—2010 中 5.3.1.2 的规定	调整			○	○	
20		钢丝绳	按照 GB/T 5972 规定的方法检查钢丝绳,并应符合其要求	保养或更换	○	○	○	○	
21		卷筒	目测检查应无明显变形,钢丝绳尾端防松或自紧装置应无缺损,无松动	维修		○	○	○	
22			目测检查应符合 GB 17907—2010 中 5.4.2.8 的规定(必要时可采用无损检测检查裂纹情况)	更换			○	○	
23		滑轮	目测检查应符合 GB 17907—2010 中 5.4.2.9 的规定(必要时可采用无损检测检查裂纹情况)	更换			○	○	
24		层门	目测或测量检查应符合 JB/T 10546—2014 中 5.2.7 的规定	维修		○	○	○	
25		链条	目测检查防脱措施应有效	维修	○	○	○	○	
26			目测检查应符合 GB 17907—2010 中 5.4.3.3 的规定	更换		○	○	○	
27		起升用螺杆/螺母	通过空载试验检查运转应动作灵活、无卡阻	调整		○	○	○	
28			目测检查应无裂纹	更换		○	○	○	
29			目测检查防止尖锐物和异物进入的装置应无缺损,无松动	维护			○	○	
30			目测检查螺杆两端止挡装置应无缺损,无松动	维护			○	○	
31			通过空载试验检查载车板到达终点后起升螺杆副应有足够的安全缓冲行程	调整			○	○	
32			目测检查防止载车板落地后对螺杆副直接冲击的装置应无缺损,无松动	维护			○	○	

表 A.1（续）

序号	项目		检查方法、内容及要求	处置方式	周期				备注
					日检	月检	季检	年检	
33	关键零部件	制动系统	通过空载试验检查制动器应工作正常	调整或更换		○	○	○	不适用于三合一电动机
34			目测检查制动摩擦面应无影响制动性能的缺陷或油污	维护或更换			○	○	
35			目测检查(或无损检测)制动器应无裂纹	更换		○	○	○	
36			测量制动衬垫厚度磨损应低于原厚度的 50%	更换		○	○	○	
37			目测检查弹簧应无塑性变形	更换		○	○	○	
38			测量小轴或轴孔直径磨损应低于原直径的 5%	更换			○	○	
39			目测检查(或无损检测)制动轮应无裂纹	更换			○	○	
40			测量制动轮轮缘厚度磨损应低于原厚度的 20%	更换			○	○	
41			测量修圆后轮缘的减薄量应低于 20%	更换			○	○	
42		回转盘	设有定位装置的回转盘，目测检查在升降或回转位置定位装置应有效	维修/更换		○	○	○	
43			空载试验，运行应平稳、可靠	维修/调整		○	○	○	
44		出入口处栅栏门	如设有时，目测检查应运行正常	维修		○	○	○	
45		工作区围栏	目测检查应完整、无损坏，连接处无松动	维修	○	○	○	○	
46	液压系统	过压保护	通过功能试验检查安全保护装置应有效	调整或维修		○	○	○	
47		液压油	目测检查油缸、管路、接头应无松动、无漏油、无异响、无过热现象，液位在正常范围内，油质符合要求	维修			○	○	

表 A.1（续）

序号	项目		检查方法、内容及要求	处置方式	周期				备注
					日检	月检	季检	年检	
48	电控系统	供电电源	目测检查供电电源应工作正常	维修	○	○	○	○	
49		总断路器	通过功能试验检查总断路器应功能正常	维修				○	
50		电气元件、电线电缆及电气配线	目测检查断路器、熔断器、相序开关、接触器、中间继电器、热继电器等电气元件应完好，触点无接触不良；导线接头、连接端子固定可靠；配线及绝缘层无污损、老化，无接触不良及导线裸露现象	维护		○	○	○	
51		控制柜	目测检查电控箱应干燥清洁，柜门应开关灵活，防护良好；可编程控制器、变频器应有良好的通风散热；电气线路及元器件应无过热、烧焦、融化痕迹、无破损	维护		○	○	○	
52		电动机保护	目测检查手动复位的过载保护器应功能有效	维修			○	○	
53		接地保护	目测检查装置应完好，功能有效	更换/维修			○	○	
54		电气保护	目测检查短路、失压、缺相及错相等电气保护应无缺损	更换			○	○	
55			目测检查电气连接及接地应可靠，导线无老化、破损	维护				○	
56			测试动力电路导线和保护接地电路之间施加 500 V(d.c.)时，绝缘电阻不小于1 MΩ	维护				○	
57		操作装置	目测检查操作装置应整洁，按钮及指示灯应无缺损，指示信号和开关应正常，应无失灵失控现象	维护	○	○	○	○	

表 A.1(续)

序号	项目		检查方法、内容及要求	处置方式	周期				备注
					日检	月检	季检	年检	
58	安全防护装置	紧急停止开关	触动紧急停止开关,设备应立即停机。紧急停止开关不应自动复位,手动复位后,重新启动,设备应能恢复正常运行	维修	○	○	○	○	
59		防止超限运行装置	通过功能试验模拟操作,在垂直方向上查看限位开关和超程限位开关,水平方向上查看限位开关和/或超程限位开关,应可靠有效	维修		○	○	○	
60		汽车长、宽、高限制装置	通过功能试验模拟超过适停汽车尺寸时,设备不应动作,并应报警	维修		○	○	○	
61		阻车装置	目测检查阻车装置应无缺损,无松动	维修		○	○	○	
62		人车误入检测装置	通过功能试验模拟人车误入状态,目测人车误入检测装置应可靠有效	维修		○	○	○	
63		汽车位置检测装置	通过功能试验,检查汽车未停在搬运器或载车板上的正确位置时,停车设备不应运行	维修		○	○	○	
64		出入口门(栅栏门)联锁保护装置	如出入口设有门或围栏时,通过功能试验模拟动作,联锁保护装置功能应可靠有效	维修		○	○	○	
65		自动门防夹装置	通过功能试验,检查自动门防夹装置应可靠有效	维修		○	○	○	
66		防重叠自动检测装置	通过功能试验,检查防重叠检测装置应可靠有效	维修		○	○	○	
67		防坠落装置	通过功能试验,检查防坠落装置应可靠有效	维修		○	○	○	

表 A.1(续)

序号	项目		检查方法、内容及要求	处置方式	周期				备注
					日检	月检	季检	年检	
68	安全防护装置	警示装置	通过功能试验,检查警示装置应能发出声或光报警信号	维修	○	○	○	○	
69		轨道端部止挡装置	目测检查轨道端部止挡装置应无变形、缺损、开焊	维修		○	○	○	
70		缓冲器	目测检查缓冲器应无缺损、无松动	维修			○	○	
71		松绳(链)检测装置	通过功能试验检查松(断)绳(链)检测装置应可靠有效	维修		○	○	○	
72		安全钳-限速器	通过功能试验,检查人车共乘式汽车专用升降机的安全钳和限速器应可靠有效	维修		○	○	○	适用于汽车专用升降机
73		紧急联络装置	通过功能试验,检查人车共乘式汽车专用升降机的升降搬运器内设有的紧急联络装置应有效	维修	○	○	○	○	
74		运转限制装置	通过功能试验,检查转换区里有无人员出入的光电装置应有效(有管理人员确认安全时,可不设此装置)	维修		○	○	○	
75		控制联锁功能	通过功能试验,检查汽车存取由几个控制点启动时,联锁功能应正常	维修		○	○	○	
76		超载限制器	通过功能试验,检查超载限制器应可靠有效	维修		○	○	○	
77		载车板锁定装置	通过功能试验,检查载车板锁定装置应可靠有效	维修		○	○	○	

附　录　B
（规范性附录）
特殊检查项目、方法、内容及要求

机械式停车设备特殊检查的条件、检查项目、方法、内容及要求见表 B.1。

表 B.1

序号	特殊检查的条件	检查项目	检查方法、内容及要求	处置方式	备注
1	安全防护装置型式或规格改变	安全防护装置	针对被改变的安全防护装置，其检查方法、内容及要求应按附录 A 的相应规定执行	按附录 A 的相应规定	
2	额定载荷改变	机构、金属结构	通过超载试验检查机械式停车设备各项性能应满足使用要求	加固机构和金属结构	
3	主要受力结构件截面特性或材质改变	金属结构	针对被改变的金属结构，其检查方法、内容及要求应按附录 A 的相应规定执行	按附录 A 的相应规定	
			通过超载试验，检查被改变的金属结构应满足设计要求	加固金属结构	
4	机构型式改变	机构、零部件	针对被改变的机构或其零部件，其检查方法、内容及要求应按附录 A 的相应规定执行	按附录 A 的相应规定	
5			通过超载试验检查机械式停车设备各项性能应满足设计要求	更换机构	
6	控制方式改变	控制系统	针对被改变的控制系统或其元件，其检查方法、内容及要求应按附录 A 的相应规定执行	按附录 A 的相应规定	
			通过功能试验检查机械式停车设备的控制性能应满足设计要求	按附录 A 的相应规定	
7	动力源改变	动力源	针对被改变的动力源或其元件，其检查方法、内容及要求应按附录 A 的相应规定执行	按附录 A 的相应规定	
8	钢丝绳或起升链条性能改变	钢丝绳或起升链条	目测检查钢丝绳与卷筒、滑轮的匹配情况，并满足 GB/T 5972 的相应要求；通过载荷试验检查链条和链轮的啮合性能	按附录 A 的相应规定	
9	水灾侵袭	机械零部件、电控系统	针对被水灾侵袭的机械零部件、电控系统，其检查方法、内容及要求应按附录 A 的相应规定执行	按附录 A 的相应规定	
10	Ⅵ度烈度及以上的地震	附录 A 的所有年检项目	按附录 A 的年检规定	按附录 A 的相应规定	
11			通过功能试验、额定载荷试验、超载试验检查机械式停车设备各项性能应满足设计要求	按附录 A 的相应规定	

表 B.1(续)

序号	特殊检查的条件	检查项目	检查方法、内容及要求	处置方式	备注
12	超载	机构、金属结构	针对受影响的机构及金属结构,其检查方法、内容及要求应按附录 A 的相应规定执行	按附录 A 的相应规定	
13			通过超载试验检查机械式停车设备各项性能应满足设计要求	修复机构和金属结构	
14	火灾	主要受力结构件、各机构、电气系统	通过目测检查、功能试验或/和额定试验检查受火灾影响的项目,应符合附录 A 的相应要求	按附录 A 的相应规定	
15	设备停用 1 年再次投入使用前	附录 A 的所有年检项目	按附录 A 的年检规定	按附录 A 的相应规定	

附　录　C
（资料性附录）
检查报告

机械式停车设备的检查报告格式参见表 C.1。

表 C.1

编号：

<table>
<tr><td>检查类别</td><td colspan="4">定期检查 □</td><td colspan="2">特殊检查 □</td></tr>
<tr><td>设备编号</td><td colspan="4"></td><td>设备名称</td><td></td></tr>
<tr><td rowspan="2">使用单位</td><td colspan="2">名　　称</td><td colspan="2"></td><td>地　　址</td><td></td></tr>
<tr><td colspan="2">设备负责人</td><td colspan="2"></td><td>联系电话</td><td></td></tr>
<tr><td>制造单位</td><td colspan="4"></td><td>出厂编号</td><td></td></tr>
<tr><td>规格型号</td><td colspan="2"></td><td>制造日期</td><td></td><td>使用登记证编号</td><td></td></tr>
<tr><td>主要参数</td><td colspan="6">车位数：________；适停车辆尺寸：________</td></tr>
<tr><td rowspan="2">检查单位</td><td>名称</td><td colspan="3"></td><td>维保合同
起止日期</td><td></td></tr>
<tr><td>地址</td><td colspan="3"></td><td rowspan="2">工作环境</td><td rowspan="2">露天□　非露天□
高温□　其他□</td></tr>
<tr><td>检查地点</td><td colspan="4"></td></tr>
<tr><td colspan="7">检查情况</td></tr>
</table>

<table>
<tr><td rowspan="2">序号</td><td rowspan="2">检查项目</td><td rowspan="2">检查结果</td><td rowspan="2">原因及处置建议</td><td colspan="2">记录编号</td><td colspan="2">定期检查日期</td><td rowspan="2">检查
周期</td><td rowspan="2">检查
人员</td><td rowspan="2">检查
日期</td></tr>
<tr><td>检查</td><td>维护</td><td>上次</td><td>下次</td></tr>
<tr><td></td><td></td><td></td><td></td><td></td><td></td><td></td><td></td><td></td><td></td><td></td></tr>
<tr><td></td><td></td><td></td><td></td><td></td><td></td><td></td><td></td><td></td><td></td><td></td></tr>
<tr><td></td><td></td><td></td><td></td><td></td><td></td><td></td><td></td><td></td><td></td><td></td></tr>
<tr><td></td><td></td><td></td><td></td><td></td><td></td><td></td><td></td><td></td><td></td><td></td></tr>
<tr><td></td><td></td><td></td><td></td><td></td><td></td><td></td><td></td><td></td><td></td><td></td></tr>
<tr><td></td><td></td><td></td><td></td><td></td><td></td><td></td><td></td><td></td><td></td><td></td></tr>
<tr><td></td><td></td><td></td><td></td><td></td><td></td><td></td><td></td><td></td><td></td><td></td></tr>
<tr><td></td><td></td><td></td><td></td><td></td><td></td><td></td><td></td><td></td><td></td><td></td></tr>
<tr><td></td><td></td><td></td><td></td><td></td><td></td><td></td><td></td><td></td><td></td><td></td></tr>
<tr><td>备注</td><td colspan="10"></td></tr>
<tr><td>项目主管</td><td colspan="3"></td><td>报告日期</td><td colspan="6"></td></tr>
</table>

附　录　D
(资料性附录)
维护记录

机械式停车设备的维护记录格式参见表 D.1。

表 D.1

编号：

<table>
<tr><td>维护工作类别</td><td colspan="3">保养 □</td><td colspan="2">维修 □</td></tr>
<tr><td>设备编号</td><td colspan="3"></td><td>设备名称</td><td></td></tr>
<tr><td rowspan="2">使用单位</td><td>名　称</td><td colspan="2"></td><td>地　址</td><td></td></tr>
<tr><td>设备负责人</td><td colspan="2"></td><td>联系电话</td><td></td></tr>
<tr><td>制造单位</td><td colspan="3"></td><td>出厂编号</td><td></td></tr>
<tr><td>规格型号</td><td></td><td>制造日期</td><td></td><td>使用登记证编号</td><td></td></tr>
<tr><td>主要参数</td><td colspan="5">车位数：________；适停车辆尺寸：________</td></tr>
<tr><td rowspan="2">维护单位</td><td>名称</td><td colspan="2"></td><td>维保合同
起止日期</td><td></td></tr>
<tr><td>地址</td><td colspan="2"></td><td rowspan="2">工作环境</td><td rowspan="2">露天□　非露天□
高温□　其他□</td></tr>
<tr><td>维护地点</td><td colspan="3"></td></tr>
</table>

<table>
<tr><td colspan="7">维护情况</td></tr>
<tr><td>序号</td><td>维护项目</td><td>维护方法</td><td>维护结果</td><td>结果验证说明</td><td>维护人员</td><td>维护日期</td></tr>
<tr><td></td><td></td><td></td><td></td><td></td><td></td><td></td></tr>
<tr><td></td><td></td><td></td><td></td><td></td><td></td><td></td></tr>
<tr><td></td><td></td><td></td><td></td><td></td><td></td><td></td></tr>
<tr><td></td><td></td><td></td><td></td><td></td><td></td><td></td></tr>
<tr><td></td><td></td><td></td><td></td><td></td><td></td><td></td></tr>
<tr><td></td><td></td><td></td><td></td><td></td><td></td><td></td></tr>
<tr><td></td><td></td><td></td><td></td><td></td><td></td><td></td></tr>
<tr><td></td><td></td><td></td><td></td><td></td><td></td><td></td></tr>
<tr><td></td><td></td><td></td><td></td><td></td><td></td><td></td></tr>
<tr><td>备注</td><td colspan="6"></td></tr>
<tr><td colspan="2">项目主管</td><td></td><td>记录日期</td><td colspan="3"></td></tr>
</table>

ICS 53.020.20
J 80

中华人民共和国国家标准

GB/T 33080—2016

塔式起重机安全评估规程

Safety assessment code for tower cranes

2016-10-13 发布　　2017-05-01 实施

中华人民共和国国家质量监督检验检疫总局
中国国家标准化管理委员会　发布

前　　言

本标准按照GB/T 1.1—2009给出的规则起草。

本标准由中国机械工业联合会提出。

本标准由全国起重机械标准化技术委员会(SAC/TC 227)、全国质量监管重点产品检验方法标准化技术委员会(SAC/TC 374)共同归口。

本标准负责起草单位:上海市建筑科学研究院。

本标准参加起草单位:上海市建筑科学研究院(集团)有限公司、上海宝达工程机械有限公司、湖北江汉建筑工程机械有限公司、广州特种设备检测研究院、山东大汉建设机械有限公司、国家建筑城建机械质量监督检验中心、北京市建设机械与材料质量监督检验站、上海庞源机械租赁股份有限公司、马鞍山方圆支承股份有限公司、浙江省建设机械集团有限公司、徐州建机工程机械有限公司、上海市建筑科学研究院科技发展有限公司、北京建筑机械化研究院、江西中天机械有限公司。

本标准主要起草人:郑军、穆铭豪、何振础、文朝辉、马俊、康与宙、王华斌、王凯辉、蒙智峰、陈永继、戴永奋、俞宏智、王建军、赵光耀、靳义新、王景龙、汪明明、王纲居、孙艳秋、罗斌飞、叶南祥。

塔式起重机安全评估规程

1 范围

本标准规定了 GB/T 6974.3 所定义的塔式起重机(以下简称"塔机")的安全评估方法。

本标准适用于建筑施工在用塔机,其他用途的在用塔机可参照执行。

2 规范性引用文件

下列文件对于本文件的应用是必不可少的。凡是注日期的引用文件,仅注日期的版本适用于本文件。凡是不注日期的引用文件,其最新版本(包括所有的修改单)适用于本文件。

GB/T 5031 塔式起重机

GB 5144 塔式起重机安全规程

GB/T 6974.3 起重机 术语 第 3 部分:塔式起重机

JB/T 6061 无损检测 焊缝磁粉检测

JB/T 6062 无损检测 焊缝渗透检测

JB/T 10559 起重机械无损检测 钢焊缝超声检测

3 术语和定义

GB/T 5031 及 GB/T 6974.3 界定的以及下列术语和定义适用于本文件。

3.1

安全评估 safety assessment

对设备结构、机械零部件的磨损、腐蚀、裂纹、变形等情况进行检查与测量,对整机运行状况与承载能力进行试验,判断其可正常使用、降级使用或不可使用的活动。

3.2

降级使用 degrade application

因设备结构、机械零部件或安全性能不能达到原设计要求,经安全评估,降低了设备使用技术参数或限制部分使用功能的情况。降级使用分为轻度降级使用与重度降级使用两种。

4 安全评估方法

4.1 总则

塔机安全评估的主要内容包括资料检查、解体检查、运行试验及整机评定,具体如下:

a) 资料检查范围包括设备技术文件和安全技术档案。对标识不全、无使用维护记录、无法追溯制造信息或无使用、改造、维修信息的塔机,不应进行安全评估。

b) 解体检查包括结构、机械主要零部件、安全装置及电气系统的检查。解体检查的重点是结构,在进行全面目测检查的基础上,按本规程要求检查其腐蚀、磨损、裂纹、变形等情况。对机械主要零部件、安全装置及电气系统,检查的重点是外观状态。

c) 运行试验应包括试验前检查及载荷试验,需要时应进行结构应力测试。运行试验主要检查机构、安全装置的运行状况及整机承载能力。

d) 整机评定结论分为“合格”“降级使用”“不合格”三种，应在综合设备检测检查情况的基础上确定。

4.2 安全评估条件

4.2.1 安全评估现场

现场应满足以下条件方可进行评估：

a) 环境温度为－15 ℃～＋40 ℃；

b) 运行试验时风速不大于 8.3 m/s，塔身垂直度检测时风速不大于 3.0 m/s；

c) 电源电压误差不超过额定电压的±10%；

d) 试验塔机的基础或轨道应满足设计要求；

e) 解体检查应在塔机安装前进行，检查时重要结构件应拆卸分离，零部件的摆放位置应便于检查；

f) 运行试验时塔机应装配完毕，能正常运转，并有适当的试验载荷。

4.2.2 安全评估用仪器

安全评估用仪器应满足塔机检测检查的需要，其功能应正常，且经检定/校准合格。塔机安全评估常用仪器参见附录 A。

4.3 资料检查

应核查以下资料：

a) 制造许可证、产品合格证、产品使用说明书等出厂文件；

b) 历次检查及安全评估报告；

c) 维护保养记录、维修记录、事故情况及处理记录等；

d) 需要时应提供型式检验报告、有关的设计资料。

4.4 解体检查

4.4.1 结构腐蚀与磨损检查

4.4.1.1 检查部位

在全面目测筛选的基础上，至少应包括以下检查部位：

a) 起重臂主弦杆和轨道；

b) 塔身节主弦杆；

c) 塔顶主弦杆根部；

d) 爬升套架主弦杆及横梁；

e) 其他构件的可疑部位。

4.4.1.2 检查数量

在全面目测筛选的基础上，检查数量应符合以下要求：

a) 水平变幅塔机抽检起重臂节数量不少于总数的 70%，且应包括有拉杆连接点的起重臂节及中间 2 节起重臂节，平头式塔机还应包括根部 2 节起重臂，每节起重臂轨道至少检测 2 处。动臂变幅塔机起重臂节抽检数量不少于总数的 50%，每节主弦杆至少检测 2 处，水平变幅塔机起重臂的非轨道主弦杆抽检数量不少于总数的 20%，其中每节主弦杆至少检测1处。

b) 主弦杆为开口截面的塔身节抽检数量不少于总数的10%，主弦杆为封闭型腔的塔身节抽检数量不少于总数的20%，每节塔身节至少检测1处。

c) 塔顶主弦杆根部抽检不少于2处。

d) 爬升套架主弦杆及横梁至少各检测1处。

e) 目测发现的可疑部位，则全数检查。

f) 检查发现有构件达到报废指标时，相应部位应修复或报废，并应按上述规定数量加倍抽查，必要时全数检查。

4.4.1.3 检查方法

应对规定的检查部位去除油漆、浮锈后用仪器测量结构厚度等，并与设备技术文件等规定的尺寸比较。

4.4.1.4 判断方法

结构及零件腐蚀与磨损的判断应按设备技术文件及国家有关标准的规定进行，其判断值宜采用最大腐蚀值与磨损量；当未作规定时，应按表1进行判断。

表1 结构腐蚀与磨损检查的判断

检查项目	判断指标	判断结果
水平变幅塔机起重臂踏面磨损[a]	$\Delta \leqslant 15\%$	合格
	$15\% < \Delta \leqslant 20\%$	轻度降级
	$20\% < \Delta \leqslant 25\%$	重度降级
	$\Delta > 25\%$	报废
主弦杆[b]及其他重要金属结构件腐蚀	$\Delta \leqslant 6\%$	合格
	$6\% < \Delta \leqslant 8\%$	轻度降级
	$8\% < \Delta \leqslant 10\%$	重度降级
	$\Delta > 10\%$	报废
走道、通道、护栏等防护措施，其他一般结构件[c]	$\Delta \leqslant 12\%$	合格
	$\Delta > 12\%$	修复或更换

注：Δ——壁厚腐蚀与磨损尺寸占公称尺寸的百分比。

[a] 对平头式塔机踏面判断指标宜按表中数值的80%选取。

[b] 除起重臂踏面外的其他部位。

[c] 其他一般结构件经现场确定，不直接影响安全的，可适当放宽判断指标。

4.4.2 结构裂纹检查

4.4.2.1 检查部位

在全面目测筛选的基础上，至少应包括以下检查部位：

a) 回转支承座与塔身节，回转平台与回转塔身、起重臂、平衡臂连接构件的焊缝；回转支承座筋板焊缝；起重臂根部连接构件焊缝；起重臂与拉杆连接构件焊缝；

b） 底架、塔身节连接螺栓套筒与主弦杆焊缝及爬升踏步与主弦杆焊缝；

c） 塔顶根部连接处焊缝；

d） 其他焊缝的可疑部位；

e） 结构母材在近焊缝位置热影响区或应力集中区的可疑部位；

f） 母材的其他可疑部位。

4.4.2.2 检查数量

在全面目测筛选的基础上，检查数量应符合以下要求：

a） 回转支承座与塔身节，回转平台与回转塔身、起重臂、平衡臂连接构件的焊缝，回转支承座筋板焊缝，起重臂根部连接构件焊缝，起重臂与拉杆连接构件等焊缝抽检数量各位置不少于1处；

b） 底架抽检1处，塔身节抽检数量不少于总数的10%，每节至少检测1处；

c） 塔顶根部连接处焊缝抽检数量不少于1处；

d） 目测发现的其他焊缝及母材的可疑部位，则全数检查；

e） 检查发现有构件达到报废指标时，同类构件应按上述规定数量加倍抽查。

4.4.2.3 检查方法

应对规定的部位去除油漆和浮锈，采用磁粉、渗透等方法进行表面或近表面检测，或采用超声波等方法进行内部缺陷检测。

4.4.2.4 判断方法

采用磁粉或渗透方法进行焊缝表面或近表面裂纹的检测，焊缝应达到 JB/T 6061 或 JB/T 6062中规定的1级要求；熔透焊缝用超声波进行内部检测，焊缝按其重要程度及受力特征分类，检测结果应符合 JB/T 10559 规定等级的合格要求，否则应修复或报废。必要时也可根据结构及焊缝的特征选择其他合适的无损检测方法，并根据相应的标准判断。

结构母材按 JB/T 10559 检测时应无裂纹。

4.4.3 结构变形检查

4.4.3.1 检查部位

在全面目测筛选的基础上，至少应包括以下检查部位：

a） 塔身节、起重臂主弦杆；

b） 塔顶、爬升套架主弦杆；

c） 主要承载构件的其他明显变形部位。

4.4.3.2 检查数量

在全面目测筛选的基础上，检查数量应符合以下要求：

a） 对塔身节、起重臂节的可疑部位进行全部检查，未见异常时，随机抽查塔身节2节、起重臂节2节，每节测量1处主弦杆变形；

b） 对塔顶、爬升套架的可疑部位进行检查；

c） 对目测发现明显变形的主要承载构件进行全数检查；

d） 检查发现有构件达到报废指标时，相应部位应修复或报废，同类构件应按上述规定数量加倍抽查。

4.4.3.3 检查方法

应采用仪器分别测量规定部位的轴线相对中心线最大偏差值等，必要时测量构件横截面的变形。

4.4.3.4 判断方法

结构变形检查的判断应按设备技术文件进行，判断值宜采用最大测量值；当设备技术文件未作规定时，应按表2进行判断。主要受力构件失稳应报废。

表2 结构变形检查的判断

检查项目	判断指标	判断结果
主弦杆[a]	$\delta \leqslant 1/1\,000$	合格
	$1/1\,000 < \delta \leqslant 2/1\,000$	轻度降级
	$2/1\,000 < \delta \leqslant 3/1\,000$	重度降级
	$\delta > 3/1\,000$	报废
塔身及动臂式起重臂腹杆[b]	$\delta \leqslant 1.5/1\,000$	合格
	$1.5/1\,000 < \delta \leqslant 10/1\,000$，数量不超过9%，且不发生在相邻的杆件上	轻度降级
	$10/1\,000 < \delta \leqslant 18/1\,000$，数量不超过9%，且不发生在相邻的杆件上	重度降级
	$\delta > 18/1\,000$	报废
水平变幅起重臂腹杆	$\delta \leqslant 2/1\,000$	合格
	$2/1\,000 < \delta \leqslant 15/1\,000$，数量不超过12%，且不发生在相邻的杆件上	轻度降级
	$15/1\,000 < \delta \leqslant 30/1\,000$，数量不超过12%，且不发生在相邻的杆件上	重度降级
	$\delta > 30/1\,000$	报废
δ——结构杆件轴线偏离中心线的最大值与杆件长度的比值。		
[a] 如构件横截面变形超过5%，判断指标宜从严控制。 [b] 在腹杆检查中，若横腹杆与斜腹杆规格相同，可以适当放宽横腹杆变形的判断指标，但不应超过指标限值的15%。		

4.4.4 销轴及轴孔磨损与变形检查

4.4.4.1 检查部位

检查部位应为主要承载构件有明显磨损或变形的销轴及轴孔，重点检查承受交变载荷的部位，如起重臂铰点、销轴连接的标准节铰点、塔顶根部铰点等。

4.4.4.2 检查数量

对目测发现明显磨损或变形的部位进行全数检查。

4.4.4.3 检查方法

应采用仪器测量销轴及轴孔的实际尺寸，并与设备技术文件等规定的尺寸比较。

4.4.4.4 判断方法

销轴及轴孔磨损与变形的检查判断应按设备技术文件进行，判断值宜采用最大测量值，当未作规定时，应按表3进行判断。

表3 销轴及轴孔磨损或变形检查的判断

检查项目	判断指标	判断结果
起重臂及塔顶部件[b]	单个轴孔或销轴磨损及变形相对值≤4%，且绝对值≤1.5 mm 配对轴孔与销轴磨损及变形[a] 相对值≤6%，且绝对值≤2.2 mm	合格
	单个轴孔或销轴磨损及变形相对值>4%，或绝对值>1.5 mm 配对轴孔与销轴磨损及变形相对值>6%，或绝对值>2.2 mm	报废
标准节部件	单个轴孔或销轴磨损及变形相对值≤2%，且绝对值≤0.6 mm 配对轴孔与销轴磨损及变形相对值≤3%，且绝对值≤0.8 mm	合格
	单个轴孔或销轴磨损及变形相对值>2%，或绝对值>0.6 mm 配对轴孔与销轴磨损及变形相对值>3%，或绝对值>0.8 mm	报废
拉杆及其他单向受力部件	单个轴孔或销轴磨损及变形相对值≤5%，且绝对值≤2.2 mm 配对轴孔与销轴磨损及变形相对值≤7%，且绝对值≤3.3 mm	合格
	单个轴孔或销轴磨损及变形相对值>5%，或绝对值>2.2 mm 配对轴孔与销轴磨损及变形相对值>7%，或绝对值>3.3 mm	报废
[a] 配对轴孔与销轴磨损及变形判断值为轴孔磨损变形与销轴磨损变形的绝对数值之和。 [b] 平头式塔机起重臂销轴及轴孔磨损与变形判断指标宜按表中数值的80%选取。		

4.4.5 机械主要零部件、安全装置及电气系统检查

4.4.5.1 检查部件

应包括以下检查部件：

a) 机械主要零部件，包括制动器、联轴节、减速机、钢丝绳、卷筒、滑轮与导轮、吊钩组等；

b) 安全装置，包括起重力矩限制器、起重量限制器、行程限位装置及止挡装置、钢丝绳防脱装置、小车断绳保护装置、小车防坠落装置、风速仪、夹轨器、缓冲器、清轨板等；

c) 电气系统，包括电气控制箱、电气元件、电气线路、电源线缆等。

4.4.5.2 检查数量

应对机械主要零部件、安全装置及电气系统的可疑部位进行检查，检查发现有不合格时，应加强对同类部件的检查。

4.4.5.3 检查方法

目测与功能试验为主，必要时结合仪器测量进行检查。机械主要零部件与安全装置检查的重点是外观状态；电气系统检查的重点是电气线路的老化情况与绝缘性能。

4.4.5.4 判断方法

外观目测检查应无异常情况，否则应按GB 5144、GB/T 5031等标准的要求并结合设备技

术文件做进一步检查，不合格时应修复或更换。

4.5 运行试验

4.5.1 试验前检查

运行试验前应先按相关标准的规定对塔机安装后的结构、机械零部件的连接固定情况、电气系统及安全装置等进行检查，检查不合格的塔机不应进行运行试验。

4.5.2 载荷试验及结构挠度测试

塔机空载试验、起重力矩试验、最大起重量试验、动载试验、静载试验及起重臂根部铰点位移测试应符合表4的要求。对于降级使用的塔机，额定载荷应按降级后的载荷选取。

表4 载荷试验及结构挠度测试方法及要求

<table>
<tr><th>试验项目</th><th>试验工况</th><th>试验方法</th><th>试验要求</th></tr>
<tr><td>空载试验</td><td>空载</td><td>进行起升、回转、变幅、行走等操作，覆盖相应动作的最小至最大行程</td><td>操作系统、控制系统、连锁装置动作准确、灵活；
无漏油现象，各机构动作平稳，无爬行及异常振颤、冲击、噪声等现象</td></tr>
<tr><td>起重力矩试验</td><td>起吊最大起重量的40%～80%，在该吊重相应的最大幅度</td><td rowspan="2">起升：吊重在全部起升高度内，以额定起升速度进行起升、下降。在起升、下降过程中进行不少于三次的正常制动；
变幅：吊重在最小幅度和相应于该吊重的最大幅度之间以额定速度进行两个方向的变幅；
回转：吊重以额定速度进行左右回转；
行走：起重臂垂直于轨道，以额定速度往复行走。吊重离地500 mm，全行程行走或单向行走距离不小于20 m</td><td rowspan="2">各机构运转正常；
吊重无静态下滑，空中再起动时无瞬时下滑；
力矩限制器符合规定要求；
起重量限制器符合规定要求</td></tr>
<tr><td>最大起重量试验</td><td>起吊最大起重量，在该吊重相应的最大幅度</td></tr>
<tr><td>动载试验</td><td>最大幅度相应额定起重量的110%</td><td>起升：在起升全程范围内以额定速度进行起升、下降；
变幅：吊重在最小幅度和相应于该吊重的最大幅度之间以额定速度进行两个方向的变幅；
回转：以额定速度进行左右回转；
行走：以额定速度往复行走。臂架垂直于轨道，吊重离地500 mm左右，往返运行不小于20 m</td><td>试验时各机构应运转灵活，制动应可靠。卸载后机构及结构各部件无松动和损坏等异常现象</td></tr>
<tr><td>静载试验</td><td>最大幅度相应额定起重量的125%</td><td>起升额定载荷，离地100 mm～200 mm停稳后，逐次加载至125%，停留10 min后观察载荷离地高度的变化</td><td>试验时应制动可靠；卸载后起重机不应出现可见裂纹、永久变形、连接松动及其他对起重机性能和安全有影响的损坏</td></tr>
<tr><td>起重臂根部铰点位移测试</td><td>起吊额定起重量，在该吊重相应的最大幅度时</td><td>吊重变幅至相应的最大幅度，测量塔身与起重臂连接处的水平静位移</td><td>水平静位移值符合GB/T 5031的要求</td></tr>
</table>

4.5.3 应力测试

4.5.3.1 适用场合

主要承载构件经过改造、主要技术参数发生变化的塔机，或经检查存在一定结构损伤、需要对塔机的承载能力作精确评估时，可进行结构应力测试。

应力测试前塔机应按4.5.2进行载荷试验及结构挠度测试，且试验结果符合要求。

4.5.3.2 测试工况

测试工况应按GB/T 5031的要求选取。对于降级使用的塔机，试验载荷应按降级后的载荷选取。

4.5.3.3 应力测试点

应力测试点应选择在结构受力的较大部位，宜计算或参照型式检验报告等资料确定，同时结合解体检查结果在结构的磨损、锈蚀及损伤较大的部位增加测试点。若检测应力在危险应力区内，应增加相应部位应力检测点的数量。

4.5.3.4 结构强度判定

结构实际应力由应力测试值与自重应力合成得出，自重应力可通过计算等方法求出。安全评估人员应根据检测结果，结合整机实际工作状况对结构承载能力做出判定。

4.6 整机评定

4.6.1 整机评定方法

根据塔机的解体检查和运行试验的状况，整机评定结论按表5确定。

表5 安全评估状况与整机评定结论

安全评估状况	整机评定结论
同时符合下列情况： ——安装的已安全评估部件中，解体检查项目全部合格； ——运行试验合格； ——若进行结构应力测试，承载能力符合要求	合格
同时符合下列情况： ——安装的已安全评估部件中，解体检查有指标达到降级要求； ——按降级后的载荷，运行试验合格； ——若进行结构应力测试，按降级后的载荷试验，承载能力符合要求	降级使用 降级程度宜按解体检查及运行试验中降级幅度最大的项目确定
符合下列情况之一： ——解体检查有指标达到报废要求，且相关部件不能修复、替代或取消的； ——运行试验有项目不合格； ——若进行结构应力测试，承载能力不符合要求	不合格

4.6.2 降级使用规定

塔机降级使用分为轻度降级使用与重度降级使用两种，降级使用的参数宜符合表6的规定。

表 6　降级使用的参数

降级程度	起重力矩及最大起重量	最大独立高度	平衡重
轻度降级	降为原设计值的 75%～90%	根据检测检查情况确定	根据降级情况，参照使用说明书或制造商的技术要求调整
重度降级	降为原设计值的 60%～75%		

4.7　安全评估标识

安全评估后应对易混淆的主要承载构件进行标识。标识应具有唯一性，并置于明显且易于保护的部位。设备产权单位与使用单位负有保护安全评估标识的责任。

降级使用的塔机，应在设备技术档案中做补充说明，在设备铭牌处对降级后的允许起重力矩、最大起重量、最大独立高度等参数进行标识，以防误用。

5　安全评估报告

安全评估报告至少应包含以下内容：

a)　安全评估单位名称、地址、安全评估日期；

b)　安全评估委托单位名称、安全评估地址；

c)　安全评估设备产品信息及安装信息；

d)　安全评估标准及方法；

e)　安全评估仪器信息；

f)　安全评估结论与建议；

g)　安全评估人员、报告审核及批准人员签章；

h)　各安全评估项目及合格判定，必要时可加注说明或附图等；

i)　其他技术规范或标准要求所规定的内容。

附　录　A
（资料性附录）
塔式起重机安全评估常用仪器

塔机安全评估常用仪器见表 A.1。

表 A.1　塔机安全评估常用仪器

序号	仪器名称	精度或分辨率
1	超声波无损探伤仪	水平<1%，垂直<5%
2	磁粉裂纹检测仪	可清晰完整地显示 A 型标准试片上的刻槽
3	静态应变测试仪	1%
4	动态应变测试仪	2%
5	绝缘电阻测试仪	−2%～+2%
6	超声波测厚仪	−0.5%～+0.5%
7	接地电阻测试仪	−2%～+2%
8	万用表(电压、电流、电阻)	−2%～+2%
9	称量吊秤	−1%～+1%
10	游标卡尺	0.02 mm
11	钢直尺	Ⅱ级
12	卷尺	<10″
13	塞尺	Ⅱ级
14	经纬仪	Ⅱ级
15	风速仪	−0.1 m/s～+0.1 m/s
16	温度计	−0.1 ℃～+0.1 ℃
17	秒表	0.1 s
18	钢丝绳探伤仪	—

ICS 53.020.20
J 80

中华人民共和国国家标准

GB/T 33082—2016

机械式停车设备　使用与操作安全要求

Mechanical parking systems—Safety requirements for the application and operation

2016-10-13 发布　　2017-05-01 实施

中华人民共和国国家质量监督检验检疫总局
中国国家标准化管理委员会　发布

前　　言

本标准按照GB/T 1.1—2009给出的规则起草。

本标准由中国机械工业联合会提出。

本标准由全国起重机械标准化技术委员会(SAC/TC 227)归口。

本标准负责起草单位:镭蒙机电股份有限公司、北京起重运输机械设计研究院、国家起重运输机械质量监督检验中心。

本标准参加起草单位:北京航天汇信科技有限公司、江苏启良停车设备有限公司、山东天辰智能停车设备有限公司、上海市特种设备监督检验技术研究院、杭州友佳精密机械有限公司、深圳中集天达空港设备有限公司、深圳怡丰自动化科技有限公司、大洋泊车股份有限公司、安徽鸿路钢结构(集团)股份有限公司、陕西隆翔停车设备集团有限公司、江苏普腾停车设备有限公司、青岛茂源金属集团有限公司、广西建工集团建筑机械制造有限责任公司、山起重型机械股份公司、浙江子华停车设备科技股份有限公司、上海禾通涌源停车设备有限公司、南京市特种设备安全监督检验研究院、浙江巨人控股有限公司。

本标准主要起草人:周洁、吴国法、石晓宇、马景山、钱惠君、刘健、龚文、姚伟平、傅荣锋、徐卫军、王志武、许明金、冯小隆、马明初、车明群、林永、徐新民、洪开江、沈坚、丁树庆、俞天明。

机械式停车设备　使用与操作安全要求

1　范围

本标准规定了 GB/T 26476 所定义的机械式停车设备的使用与操作安全要求。

本标准适用于 GB/T 26559 中规定的下列类别机械式停车设备：

a）　升降横移类机械式停车设备；

b）　简易升降类机械式停车设备；

c）　平面移动类机械式停车设备；

d）　巷道堆垛类机械式停车设备；

e）　垂直升降类机械式停车设备；

f）　垂直循环类机械式停车设备；

g）　水平循环类机械式停车设备；

h）　多层循环类机械式停车设备；

i）　汽车专用升降机。

2　规范性引用文件

下列文件对于本文件的应用是必不可少的。凡是注日期的引用文件，仅注日期的版本适用于本文件。凡是不注日期的引用文件，其最新版本（包括所有的修改单）适用于本文件。

GB/T 26476　机械式停车设备　术语

GB/T 26559　机械式停车设备　分类

GB/T 31052.11　起重机械　检查与维护规程　第 11 部分：机械式停车设备

GB 50067　汽车库、修车库、停车场设计防火规范

3　术语和定义

GB/T 26476 界定的以及下列术语和定义适用于本文件。

3.1

用户　user

机械式停车设备的运营使用单位。

3.2

操作人员　operator

经过相应培训并取得资格的、负责操作机械式停车设备的人员。

3.3

存车人　parking personnel

驾驶适停汽车驶入（出）机械式停车设备转换区或工作区的人。

3.4

使用说明书　service instruction

制造商提供的包含机械式停车设备(以下简称停车设备)产品名称、型号、基本参数、主要结构、性能和使用、操作、维修、保养与贮存等方法,以及保护操作者和产品的安全措施的指导性文件。

4　安全管理要求

4.1　用户应建立停车设备的安全管理制度,其内容至少应包括:

a)　安全管理人员、操作人员的职责;

b)　安全操作规程;

c)　日常、定期检查制度;

d)　维修保养制度;

e)　意外事件或/和事故的应急处理制度。

4.2　用户应建立完整、准确的安全技术档案,其内容至少应包括:

a)　停车设备出厂随行文件及资料;

b)　停车设备检查记录;

c)　停车设备维护记录;

d)　停车设备故障与事故的记录。

5　人员要求

5.1　总则

停车设备应有安全管理人员和操作人员。

5.2　安全管理人员

5.2.1　职责

安全管理人员的职责,至少应包括以下内容:

a)　管理停车设备安全技术档案;

b)　检查和纠正停车设备使用中的违章行为;

c)　编制检查及维护计划并且组织落实。

安全管理人员应被赋予执行所有职责的必要权力,特别是在其认为继续操作可能产生危险时,安全管理人员拥有停止停车设备运行及相关操作的权力。

5.2.2　基本要求

安全管理人员应具备以下条件:

a)　年满20周岁;

b)　通过专业技术培训,具有停车设备安全技术和管理知识;

c)　身体健康,无妨碍从事本岗位工作的疾病和生理缺陷;

d)　具有1年以上(含1年)停车设备操作或机电设备管理工作的经历。

5.3　操作人员

5.3.1　职责

按照使用说明书和安全制度的要求,操作停车设备。

5.3.2 基本要求

操作人员应具备以下条件：

a) 年满18周岁；

b) 通过专业技术培训，具有停车设备安全技术知识和实际操作技能；

c) 身体健康，无妨碍从事本岗位工作的疾病和生理缺陷。

6 使用与操作安全要求

6.1 使用环境安全要求

6.1.1 停车设备所处的环境温度、湿度、电源条件等应满足使用说明书中规定的要求。

6.1.2 装有停车设备的室内环境，有可能出现因汽车尾气等有害气体滞留而造成人员危险的，应采取良好的通风措施。

6.1.3 停车设备车道、库前等待区域、出入口附近以及人员出入的地方，其照明应达到充分的照度以确保安全。

6.1.4 停车设备设有操作室时，操作室内的照明照度不应低于75 lx。

6.1.5 停车设备设有机房时，机房内的照明照度不应低于75 lx。

6.1.6 停车设备维护所需的照明装置应完好。

6.1.7 停车设备的消防要求应符合GB 50067中的相关规定。

6.2 使用安全要求

6.2.1 应在停车设备出入口附近的明显位置标出适停汽车的尺寸、质量及其他注意事项。

6.2.2 应在明显位置标出存车人应遵守的注意事项，必要时，应以口头方式传达给存车人。

6.2.3 应保证停车设备库前等待区域畅通。

6.2.4 不应在停车设备内吸烟或用火。

6.2.5 停车设备出现故障时，应立即停止使用。

6.2.6 对停车设备进行保洁作业时，停车设备不应运行。

6.2.7 不允许与停车设备管理无关的人员进入转换区或工作区。

6.2.8 用户应按GB/T 31052.11的规定对停车设备进行检查与维护。

6.2.9 用户不应擅自改动或拆除停车设备的安全防护装置。

6.2.10 当出现使用说明书认定的极端天气条件(如地震，暴风雨等)时，应暂时停止使用停车设备。

6.2.11 停车设备具有下列情况情形之一时，用户应当及时予以报废：

a) 存在严重事故隐患，无改造、维修价值的；

b) 达到规定的设计使用年限或者报废条件的。

6.2.12 存车人在停放汽车时，应遵循以下事项：

a) 主动了解存(取)车注意事项；

b) 主动接受停车设备操作人员的引导和指挥，按停车设备入(出)库引导系统及操作员的要求驶入(出)转换区或工作区；

c) 进入升降平台前，应确认升降平台已经停稳并与出入口地面平层；

d) 谨慎驾车驶入(出)转换区或工作区；

e) 汽车停放到位后，应将发动机熄火并拉紧手刹，收回后视镜，闭锁汽车门；

f) 离开转换区或工作区后，不应返回转换区或工作区。

6.3 操作安全要求

6.3.1 除规定的操作人员外，其他人员不应擅自操作停车设备。

6.3.2 每个工作班次开始操作前应对停车设备进行日常检查，检查项目应符合 GB/T 31052.11 的要求。

6.3.3 操作人员应严格按使用说明书要求的操作规程作业。

6.3.4 操作人员不应允许非适停汽车进入转换区或工作区。

6.3.5 在操作停车设备前，操作人员应确认停车设备内部及辅助设备没有可能引起意外事故的人和物，以及其他不安全的因素存在。

6.3.6 设备运行过程中，操作人员应监视设备运行情况，不应擅离操作现场。

6.3.7 不应在故障状态下强行运行停车设备。

6.3.8 操作时，不应允许任何人员通过或站在升降机(载车板)等其他起升或运动部件的下方。

6.3.9 车内乘客不应进入转换区或工作区。

6.3.10 非人车共乘式停车设备，汽车停放到位后，存车人应立即离开。

7 应急措施

7.1 停车设备出现异常情况时，操作人员应立即按下紧急停止开关。排除异常情况、确认安全、紧急停止开关手动复位后，才能重新启动设备。

7.2 在作业过程中发现事故隐患或者其他不安全因素时，应当立即向运营使用单位有关负责人报告。

7.3 在紧急状况时，操作人员应以人员的安全为第一，采取恰当的处理措施。

7.4 设备发生故障无法使用时，应立即通知维护人员，由维护人员排除故障。

7.5 人车共乘式停车设备在运行过程中突然停止时，存车人应使用搬运器内的紧急联络装置与操作人员联系，等待救助，不应自行走出车外，以免发生事故。

7.6 停车设备一旦发生事故，应立即停止设备运行，采取有效的应急措施，保护好事故现场，并报告安全管理人员及有关主管部门。停车设备重新运转时，应按 GB/T 31052.11 的规定进行检查和试运行。

ICS 53.020.20
J 80

中华人民共和国国家标准

GB/T 36697—2018

铸造起重机报废条件

Discard qualification for ladle crane

2018-09-17 发布

2019-04-01 实施

国家市场监督管理总局
中国国家标准化管理委员会 发布

前　言

本标准按照 GB/T 1.1—2009 给出的规则起草。

本标准由中国机械工业联合会提出。

本标准由全国起重机械标准化技术委员会(SAC/TC 227)归口。

本标准负责起草单位:太原重型机械集团工程技术研发有限公司、北京起重运输机械设计研究院有限公司、太原科技大学、国家起重运输机械质量监督检验中心。

本标准参加起草单位:北京起重运输机械设计研究院河南分院、大连华锐重工集团股份有限公司、河南省矿山起重机有限公司、科尼起重设备(上海)有限公司、太原钢铁(集团)有限公司、河南卫华机械工程研究院有限公司、法兰泰克重工股份有限公司、山起重型机械股份公司、宁波市凹凸重工有限公司、重庆起重机厂有限责任公司、江西起重机械总厂、河南巨人起重机集团有限公司、宝山钢铁股份有限公司、上海金艺检测技术有限公司、宝钢股份武钢有限公司。

本标准主要起草人:顾翠云、尚洪、徐格宁、赵春晖、申昌宏、王顺亭、顾红泽、陶天华、连晋华、林夫奎、刘焕江、须雷、曾令、任海涛、周继红、王首成、董青、王久元、吴军、袁秀峰、刘永庆、赵学明、罗祯利、刘晓生、高征、陈贤波、李继承、陈驰中、阎少泉、于万成、阎颖、王照峰。

铸造起重机报废条件

1 范围

本标准规定了铸造起重机的报废条件及评价方法。

本标准适用于吊运熔融金属的起重机。

2 规范性引用文件

下列文件对于本文件的应用是必不可少的。凡是注日期的引用文件，仅注日期的版本适用于本文件。凡是不注日期的引用文件，其最新版本(包括所有的修改单)适用于本文件。

GB/T 3811 起重机设计规范

GB/T 5972 起重机 钢丝绳 保养、维护、检验和报废

GB/T 6067.1—2010 起重机械安全规程 第1部分：总则

GB/T 6974.1 起重机 术语 第1部分：通用术语

GB/T 6974.5 起重机 术语 第5部分：桥式和门式起重机

GB/T 14405—2011 通用桥式起重机

GB/T 14711—2013 中小型旋转电机通用安全要求

GB/T 30024 起重机 金属结构能力验证

3 术语和定义

GB/T 6974.1 和 GB/T 6974.5 界定的以及下列术语和定义适用于本文件。

3.1

主体结构件 main structure

其失效将导致整机丧失使用功能的起重机主要承载结构(主梁和端梁)。

3.2

设计寿命 design life

基于起重机初始设计要求的载荷循环数、载荷谱条件下的许用工作时间。

3.3

使用寿命 service life

在实际工作循环数、载荷谱条件下，起重机从投入使用至达到报废条件的实际工作时间。

3.4

剩余寿命 remaining life

起重机从当前时间到其报废为止的工作时间，即使用寿命与已使用时间的差值。

4 报废条件

4.1 整机报废条件

4.1.1 设计寿命计算

铸造起重机总工作循环次数应按 GB/T 3811 的规定进行选取。主炼钢生产线上铸造起重

机设计寿命的计算方法参见附录 A。

4.1.2 使用寿命影响因素

影响铸造起重机使用寿命的主要因素包括:构造形式、载荷状态、设计应力、制造工艺、安装质量、轨道误差、工作环境、操作方式、维护保养等。

轨道接头缺陷对使用寿命影响较大,其影响程度参见附录 B。

4.1.3 整机报废原则

主体结构件的报废决定整机的报废。机械零部件、电气元器件、安全防护装置等主要零部件具有可更换性,不决定整机的报废。

4.1.4 整机报废判定准则

铸造起重机达到下列条件之一时,应报废:

a) 起重机主体结构件达到报废条件时;

b) 起重机主体结构件预期剩余寿命小于 18 个月时。

4.2 主要零部件报废条件

与铸造起重机安全运行直接关联的主要零部件达到报废条件时,应及时更换,不应影响铸造起重机的安全性能。

主要零部件的报废条件应按附录 C 的规定执行。

5 整机报废评价方法

5.1 总则

铸造起重机整机报废可采用下列方法进行评价:

a) 主体结构件报废限值条件评价法;

b) 主体结构件剩余寿命报废评价法。

5.2 主体结构件报废限值条件评价方法

5.2.1 主体结构件报废条件

5.2.1.1 塑性变形

当主体结构件产生塑性变形,致使工作机构不能正常地安全运行时,应报废。

5.2.1.2 静态刚性

当铸造起重机小车起吊额定载荷位于跨中,与载荷试验时的原始下挠值(或设计计算下挠值)相比,主梁下挠值增加量达到或超过跨度的 0.15/1 000 时,应报废。

5.2.1.3 稳定性

5.2.1.3.1 主梁的水平方向弯曲值、上翼缘板的水平偏斜值、腹板的垂直偏斜值等检测值达到或超过 GB/T 14405—2011 中 5.7 规定值的 140%时,不准许修复,应报废。

5.2.1.3.2 主梁腹板的局部翘曲值达到或超过 GB/T 14405—2011 中 5.7 规定值的 140%时,如不能修复,应报废。

5.2.1.4 裂纹

5.2.1.4.1 对于主梁跨中 1/5 长度范围内,在承受拉应力的下翼缘板或腹板上距离下翼缘板1/5 高度范围内,母材出现与主梁长度方向夹角大于 45°的目测可见裂纹时,不准许修复,应报废。

5.2.1.4.2 主梁承受非对称循环交变应力，根据应力循环特性均值 $r=0.28$，最大应力 σ_{max}（疲劳许用应力 $[\sigma_{rt}]$）、焊接构件应力集中情况等级、材料的断裂韧性 K_C、几何修正系数 Y 按式(D.6)计算得出的临界裂纹长度见表1。应力越大，临界裂纹长度越小。

表1 铸造起重机常用结构临界裂纹长度

材料	工作级别	断裂韧性 K_C MPa$\sqrt{m}$	几何修正系数 Y		焊接构件应力集中情况等级	疲劳许用应力 $[\sigma_{rt}]$ MPa	临界裂纹长度 a_1 mm	
			中心裂纹	边缘裂纹			中心裂纹	边缘裂纹
Q235	E6	129	1	1.12	K0	228.0	101	81
					K1	208.2	122	97
					K2	181.3	161	128
					K3	136.6	283	226
Q345		92.7			K0	239.7	47	37
					K1	218.0	57	45
					K2	188.6	76	61
					K3	140.7	138	110
Q235	E7	129			K0	193.3	141	113
					K1	175.6	171	136
					K2	152.4	228	181
					K3	113.8	409	326
Q345		92.7			K0	201.7	67	53
					K1	182.5	82	65
					K2	157.5	110	87
					K3	116.6	201	160
Q235	E8	129			K0	162.9	199	159
					K1	148.0	241	192
					K2	127.4	326	260
					K3	94.4	594	473
Q345		92.7			K0	168.8	96	76
					K1	152.9	117	93
					K2	131.0	159	127
					K3	96.4	294	234

注1：中心裂纹——板内区域的裂纹。
注2：边缘裂纹——板边区域的裂纹。
注3：焊接构件应力集中情况等级参见 GB/T 3811—2008 的 5.8.3 及附录 O。

5.2.1.4.3 对于5.2.1.4.1规定外的其他主要受力部分母材和焊缝的裂纹,应根据受力情况和裂纹情况采取阻止措施,并采取加强或改变应力分布等措施修复。如果不能修复或同一位置修复超过三次,应报废。当裂纹达到表1的临界裂纹长度时,应停止使用。

5.2.1.5 **构件腐蚀**

主要受力构件发生腐蚀时,应进行检查、测量和强度核算。当主要受力构件断面腐蚀达设计厚度的10%时,如不能修复,应报废。

主要受力构件的连接处发生腐蚀时,应进行检查、测量和强度核算。当连接处的强度不能满足设计要求时,应进行修复。如不能修复,应报废。

5.2.1.6 **铰轴孔磨损**

端梁上的轴孔因磨损变形,在任意方向上的直径大于设计直径的7%时,如不能修复,应报废。

5.2.2 **主体结构件报废条件评价方法**

5.2.2.1 **塑性变形**

起升机构起吊额定载荷,按产品使用说明书的规定,进行铸造起重机运行机构、小车运行机构、起升机构的联合动作,检查是否存在因主梁、端梁的塑性变形导致各机构不能正常起动、运行和停止。

5.2.2.2 **静态刚性**

根据GB/T 14405—2011中6.9.4规定的方法测量主梁下挠值。

5.2.2.3 **稳定性**

根据GB/T 14405—2011中6.2.3.1规定的方法测量主梁水平方向弯曲值,根据GB/T 14405—2011中5.7规定的方法测量主梁上翼缘板的水平偏斜值、腹板的垂直偏斜值、主梁腹板的局部翘曲值。

5.2.2.4 **裂纹**

应采用适宜的检测方法检查主体结构件母材及焊缝是否存在裂纹,以及裂纹尺寸、位置、方向等参数:

a) 目视或借助望远镜、照相机、窥视镜、视频系统等辅助设备进行观察,或采用声发射方法检测;

b) 根据具体位置选择无损检测方法:

——磁粉检测MT:主体结构件表面及近表面裂纹检测;

——渗透检测PT:主体结构件表面、近表面及开口处裂纹检测;

——超声检测UT:主体结构件及焊缝内部裂纹检测;

——射线检测RT:主体结构件及焊缝内部裂纹检测。

5.2.2.5 **构件腐蚀**

清除构件表面锈蚀层,测量母材断面厚度,将母材厚度实测值与设计值进行对比,得出母材厚度锈蚀比值,测量三次取平均值。

5.2.2.6 **铰轴孔磨损**

对端梁上的轴孔磨损量进行检查和测量,将轴孔在任意方向上的直径实测值与设计值进行比较，得出轴孔直径增加量，测量三次取平均值。

5.3 主体结构件剩余寿命报废评价方法

5.3.1 确定铸造起重机的设计寿命可以采用下列方法：

a） 设计文件应明确设计寿命，设计文件由制造商提供；

b） 参照附录 A 计算设计寿命。

5.3.2 主体结构件设计寿命应根据工作循环数和载荷谱数据的获取方式按表 2 的规定折减。折减后的设计寿命为折减系数乘以设计寿命。

表 2 铸造起重机设计寿命折减系数

序号	数据获取方式	折减系数
1	铸造起重机带有安全监控管理系统，该系统在使用时能够自动采集工作循环数和载荷谱，且操作人员无法关闭该系统	1.0
2	根据铸造起重机工艺流程，计算工作循环数和载荷谱	0.9
3	根据生产线年产量数据，估算工作循环数和载荷谱	0.8

5.3.3 当起重机已使用时间达到设计寿命的 50％时，应进行首次剩余寿命评估，评价方法见附录 D。剩余寿命的下次评估时间可按已使用时间达到上次剩余寿命评价结果的 50％递推确定，也可由用户根据评估结果和起重机使用工况采取其他更安全的处理方式。

6 报废后的处置

对于达到报废条件的起重机，使用单位至少应采取下列措施：

a） 解体、消除其功能，并保留解体前、后的照片或视频；

b） 办理注销登记手续。

附　录　A
(资料性附录)
铸造起重机设计寿命计算方法

A.1　铸造起重机设计寿命计算方法

铸造起重机的一个工作循环是指从地面起吊一个物品起,到开始起吊下一个物品时止,包括起升机构升降、起重机运行、小车运行及正常的停歇在内的一个完整的工作过程。对于主炼钢生产线上的一台特定的铸造起重机,在每个工艺流程之内的工作循环数、每天完成的工艺流程数、每年工作天数均为固定的情况下,按式(A.1)和式(A.2)计算每天工作循环数 N_d 以及载荷谱系数 K_p:

$$N_d = N_{Q1} + N_{Q2} \quad \cdots\cdots(A.1)$$

$$K_p = \frac{N_{Q1}}{N_d}\left(\frac{m_{Q1}}{m_Q}\right)^3 + \frac{N_{Q2}}{N_d}\left(\frac{m_{Q2}}{m_Q}\right)^3 \quad \cdots\cdots(A.2)$$

式中:

m_{Q1}——满包质量,单位为千克(kg);

m_{Q2}——空包质量,单位为千克(kg);

N_{Q1}——每天起吊满包的次数;

N_{Q2}——每天起吊空包的次数;

m_Q——额定起重量,单位为千克(kg)。

当主体结构件的设计应力与按 GB/T 3811—2008 中表 33 规定的拉伸和压缩疲劳许用应力的基本值计算得到的疲劳许用应力一致时,按 GB/T 3811—2008 中表 1、表 3 的规定选取相应工作级别的起重机工作循环总次数 C_T。当载荷谱系数 K_p、每天工作循环次数 N_d、每年工作天数 t_d 确定的情况下,可以由工作循环总次数按式(A.3)折算成工作年数 T:

$$T = \frac{C_T}{N_d \times t_d} \quad \cdots\cdots(A.3)$$

设计应力的大小直接影响铸造起重机的设计寿命,而设计寿命决定使用寿命的固有属性。降低设计应力可以延长铸造起重机的设计寿命。

A.2　铸造起重机设计寿命计算示例

已知:一台工作级别为 A8、额定起重量 $m_Q=125$ t 的铸造起重机,空钢包自重 $m_{Q2}=45$ t,每天起吊空包次数 $N_{Q2}=60$,满包重量 $m_{Q1}=125$ t,每天起吊满包次数 $N_{Q1}=70$,每年工作天数 $t_d=350$。

按式(A.1)和式(A.2)计算每天工作循环次数 N_d、载荷谱系数 K_p:

$$N_d = N_{Q1} + N_{Q2} = 70 + 60 = 130(次)$$

$$K_p = \frac{N_{Q1}}{N_d}\left(\frac{m_{Q1}}{m_Q}\right)^3 + \frac{N_{Q2}}{N_d}\left(\frac{m_{Q2}}{m_Q}\right)^3 = \frac{70}{130}\left(\frac{125}{125}\right)^3 + \frac{60}{130}\left(\frac{45}{125}\right)^3 = 0.56$$

根据 GB/T 3811—2008 的表 2,K_p 在 0.5～1.0 对应载荷状态级别为 Q4;根据

GB/T 3811—2008 的表 3，载荷状态级别 Q4、工作级别 A8 对应起重机使用等级为 U6；根据 GB/T 3811—2008 的表 1，使用等级为 U6 对应起重机总工作循环次数 $5.00\times10^5 \leqslant C_T \leqslant 1.00\times10^6$，则可认为：

——$K_p=0.5$ 时，对应 $C_T=1.00\times10^6$；

——$K_p=1.0$ 时，对应 $C_T=5.00\times10^5$。

当 $K_p=0.56$ 时，按照 $K_p\times C_T=$常数可计算出对应的总循环次数 $C_T=8.93\times10^5$，按式(A.3)计算的设计寿命为：

$$T=\frac{8.93\times10^5}{130\times350}=19.63\text{（年）}$$

附　录　B
(资料性附录)
铸造起重机使用寿命影响因素

B.1　总则

铸造起重机使用寿命受构造形式、载荷状态、设计应力、制造工艺、安装质量、轨道误差、工作环境、操作方式、维护保养等综合因素影响。使用单位应按 GB/T 28264 的规定设置安全监控管理系统,按 GB/T 10183.1 的规定控制轨道公差,按 GB/T 31052.1、GB/T 31052.5 的规定进行检查与维护。

B.2　轨道接头状态对疲劳剩余寿命的影响度 *D*

起重机轨道接头高低差和间隙产生的运行冲击系数按 GB/T 22437.1—2008 的式(D.10)和式(D.11) 计算,也可按 GB/T 3811—2008 的式(9)进行计算。

剩余寿命的影响度 D 按式(B.1)计算:

$$D=\frac{L_1-L_2}{L_1} \qquad \cdots\cdots (B.1)$$

式中:

L_1——轨道接头无缺陷情况下疲劳剩余寿命,单位为循环次数;

L_2——轨道接头有缺陷情况下疲劳剩余寿命,单位为循环次数。

起重机运行轨道接头有缺陷情况下,轨道接头高低差、运行冲击系数及对疲劳剩余寿命的影响度 D 见表 B.1。

轨道接头高低差的增大引起运行冲击系数的增大,从而导致疲劳剩余寿命影响度的提高。

表 B.1　轨道接头轨道高低差、运行冲击系数及对疲劳剩余寿命的影响度 *D*

轨道接头高低差/mm		1	2	3	4	5	6	7	8	9	10
GB/T 3811—2008 式(9)	运行冲击系数 ϕ_4	1.18	1.21	1.23	1.25	1.27	1.29	1.30	1.32	1.33	1.34
	疲劳剩余寿命的影响度	0.24	0.32	0.37	0.43	0.45	0.48	0.50	0.52	0.55	0.57
GB/T 22437.1—2008 式(D.10)	运行冲击系数 ϕ_4	1.06	1.13	1.19	1.25	1.31	1.37	1.43	1.49	1.55	1.60
	疲劳剩余寿命的影响度 D	0.23	0.37	0.51	0.60	0.68	0.72	0.77	0.80	0.84	0.86

附　录　C
（规范性附录）
铸造起重机主要零部件报废条件

C.1　卷筒

卷筒出现下列情况之一时，应报废：

a）影响性能的表面缺陷，如裂纹等；

b）筒壁磨损量达到原壁厚的 20%；

c）绳槽有缺损或不正常磨损。

C.2　滑轮

滑轮出现下列情况之一时，应报废：

a）影响性能的表面缺陷，如裂纹等；

b）轮槽不均匀磨损量达到 3 mm；

c）轮槽壁厚磨损量达到原壁厚的 20%；

d）因磨损使轮槽底部直径减少量达到钢丝绳直径的 40%；

e）轮毂与轴承、轴与轴承出现明显滑移、间隙或位移，无法修复时。

C.3　钢丝绳组件

C.3.1　起升机构任意一根钢丝绳达到报废条件时，应更换同一起升机构所有的钢丝绳。

C.3.2　钢丝绳的报废条件应符合 GB/T 5972 的规定，其中断丝数在 GB/T 5972 规定的基础上折减 50%。

C.3.3　钢丝绳用楔形接头、普通套环、重型套环、压板、钢丝绳夹座等连接件，当出现下列情况之一时不准许修复，应报废：

a）表面裂纹；

b）绳槽表面磨损量达到钢丝绳直径的 5%；

c）轴孔磨损量达到设计直径的 5%；

d）明显塑性变形。

C.4　制动器

C.4.1　驱动装置、制动弹簧、传动构件、制动衬垫应按 GB/T 6067.1—2010 中 4.2.6.7 的规定进行报废。

C.4.2　推动器出现下列情况之一时，应报废：

——液压系统严重漏油，致使压力不足影响正常工作；

——对地绝缘电阻低于 1 MΩ。

C.4.3　制动轮（盘）出现下列情况之一时，应报废：

a）影响性能的表面裂纹等缺陷；

b) 起升机构的制动轮制动面厚度磨损量达原厚度25%,其他机构的制动轮制动面厚度磨损量达原厚度40%;

c) 起升机构的制动盘制动面厚度磨损量达到1.5 mm,其他机构的制动盘制动面厚度磨损量达到2 mm;

d) 轮(盘)面凹凸不平度达到1.5 mm。

C.5 减速器

C.5.1 箱体

箱体出现下列情况之一时,应报废:

a) 裂纹;

b) 严重漏油影响正常使用,无法修复时。

C.5.2 传动齿轮

传动齿轮出现下列情况之一时,应报废:

a) 轮齿塑性变形造成齿面的峰或谷比理论齿形高于或低于轮齿模数的20%;轮齿折断大于或等于齿宽的1/5,轮齿裂纹大于或等于齿宽的1/8;轮齿的裂纹未达到报废标准时,应设法除掉,制止发展,对于起升机构除外;

b) 对于起升机构:齿面点蚀面积达到轮齿工作面积的25%,或20%以上点蚀坑最大尺寸达到0.1模数,或20%的点蚀坑深度达到0.05模数;

c) 对于除起升机构外的其他机构:齿面点蚀面积达到轮齿工作面积的50%,或20%以上点蚀坑最大尺寸达0.2模数,或20%以上的点蚀坑深度达到0.15模数;

d) 齿面胶合面积达工作齿面面积的20%及胶合沟痕的深度达0.1模数;

e) 齿面剥落判定准则与齿面点蚀的判断准则相同;

f) 对于起升机构的齿轮齿根两侧磨损量之和达到0.05模数,对于其他机构齿轮齿根两侧磨损量之和达到0.15模数。

C.6 轴类零件

轴类零件主要包括起升机构钢丝绳平衡杠杆铰轴、滑轮轴、卷筒轴、吊钩轴、吊叉轴、传动轴等,当出现下列情况之一时不准许修复,应报废:

a) 表面裂纹;

b) 平衡杠杆铰轴、吊钩轴、吊叉轴表面磨损量达到设计直径的3%;

c) 明显塑性变形。

C.7 联轴器

联轴器出现下列情况之一时,应报废:

a) 主要受力零件出现裂纹;

b) 齿式联轴器轮齿断裂;

c) 齿式联轴器齿厚磨损量:对于起升机构达到齿厚的10%,其他机构达到齿厚的20%;

d) 万向联轴器十字轴轴向窜动达到1 mm;

e) 万向联轴器的花键磨损量达到原齿厚的10%;

f） 卷筒联轴器磨损量指针达到规定极限值。

C.8 叠片式吊钩

C.8.1 叠片式吊钩出现下列情况之一时，应报废：

a） 表面裂纹；

b） 吊钩的危险断面及钩颈处有塑性变形，或每一钩片侧向变形的弯曲半径小于板厚的10倍；

c） 危险断面的磨损量达到设计尺寸的5%；

d） 钩片之间间隙大于1.5 mm，或铆钉、柱销松动，无法修复时；

e） 钩片板材金相组织发生明显变化，或蠕变。

C.8.2 板钩衬套磨损量达到设计尺寸的50%时，衬套应报废。

C.9 吊叉

吊叉出现下列情况之一时，应报废：

a） 表面裂纹；

b） 轴孔磨损量达到设计直径的5%；

c） 明显塑性变形；

d） 主要受力板材金相组织发生明显变化，或蠕变。

C.10 起重横梁

起重横梁出现下列情况之一时，应报废：

a） 主要受力板材和焊缝出现表面裂纹，不能修复时；

b） 轴孔磨损量达到设计直径的5%；

c） 盖板和腹板出现塑性变形，板面侧向变形超过板材厚度；

d） 主要受力板材金相组织发生明显变化，或蠕变。

C.11 锻造吊钩

锻造吊钩出现下列情况之一时，应报废：

a） 表面裂纹；

b） 钩口的开口尺寸超过使用前基本尺寸的10%；

c） 钩身的扭转变形角度达到10°；

d） 钩柄产生塑性变形；

e） 危险断面的磨损量达到设计尺寸的5%；

f） 钩柄直径腐蚀达到设计直径的5%。

C.12 吊钩横梁

吊钩横梁出现下列情况之一时，应报废：

a） 表面裂纹；

b） 磨损量达到设计尺寸的3%；

c) 明显塑性变形。

C.13 钢丝绳平衡杠杆

钢丝绳平衡杠杆出现下列情况之一时,应报废:

a) 表面裂纹;

b) 轴孔磨损量达到设计直径的5%;

c) 厚度减小量达到设计尺寸的5%;

d) 明显塑性变形。

C.14 小车架

小车架出现下列情况之一时,如不能修复应报废:

a) 对于起升机构减速器下箱体与小车架焊接为一体的结构,因变形导致变速齿轮不能正常啮合,或减速器箱体严重漏油;

b) 对于小车架母材和焊缝的裂纹,应根据受力情况和裂纹情况采取阻止措施,并采取加强或改变应力分布等措施修复,如不能修复或同一位置修复超过三次,应报废;

c) 当小车架产生塑性变形,致使工作机构不能正常地安全运行。

C.15 电动机

电动机出现下列情况之一时,如不能修复应报废:

a) 电动机转子断条;

b) 线圈(绕组)短路或断路;

c) 电动机外壳或基座有影响安全的裂纹;

d) 电动机定子与转子发生扫膛;

e) 在正常使用条件下,电动机绝缘电阻下降,冷态未达1 MΩ,热态未达0.69 MΩ;

f) 在正常使用条件下,电动机工作时过热现象严重,经常超过GB/T 14711—2013中表7规定的温度限值。

C.16 起重量限制器(含电子秤的超载功能)

起重量限制器(含超载功能)出现下列情况之一时,如不能修复应报废:

a) 在规定的载荷情况下,不能发出正确的报警或停车信号;

b) 起重量限制器系统精度低于5%,经调整后仍无法达到5%。

附　录　D
（规范性附录）
铸造起重机剩余寿命评价方法

D.1　总则

铸造起重机主体结构件疲劳剩余寿命评价方法包含有裂纹情况和无裂纹情况。对于无裂纹情况，采用基于名义应力的结构细部疲劳寿命评估方法；对于有裂纹情况，采用基于断裂力学-疲劳累积损伤的疲劳寿命评估方法。

D.2　疲劳危险点的位置

铸造起重机金属结构疲劳失效多发于疲劳性能薄弱、应力最大或应力集中处。通过对铸造起重机金属结构的理论计算、有限元分析和模型梁试验，确定应定期检测的疲劳危险截面上的疲劳危险点，见图 D.1。

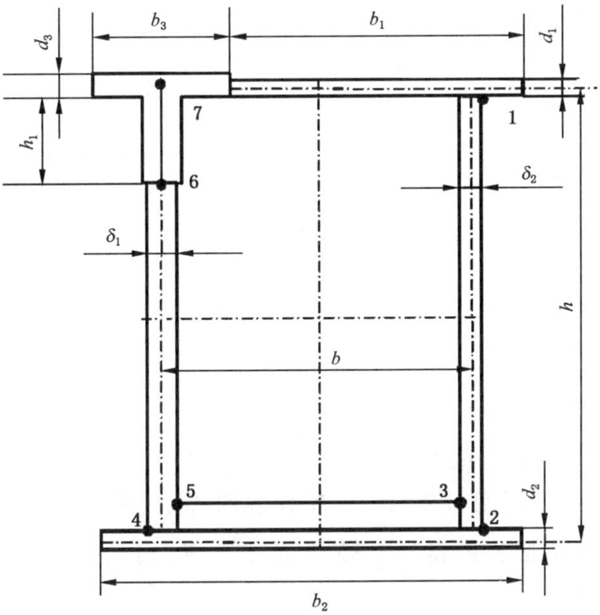

图 D.1　主梁疲劳危险点

D.3　无裂纹情况

D.3.1　疲劳强度 $\Delta\sigma-N$ 曲线

基于名义应力的结构细部疲劳强度按构件的非焊接件、焊缝接头形式、加载方向进行分类。以 $\Delta\sigma-N$ 曲线表征金属结构焊接接头的疲劳强度。其中，特征疲劳强度 $\Delta\sigma_c$ 为在恒定应力范围下的应力循环次数为 2×10^6 次，可靠性概率为 $P_s=97.7\%$（平均值减去由正态分布和单边检验得到的两个标准差）时的疲劳强度，如图 D.2 所示。

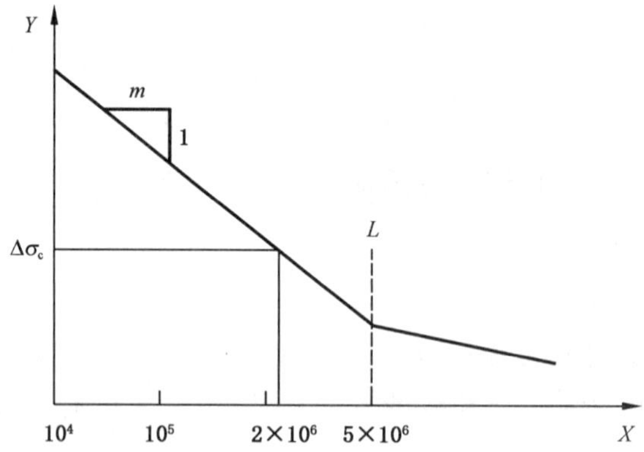

a） 双斜率折线

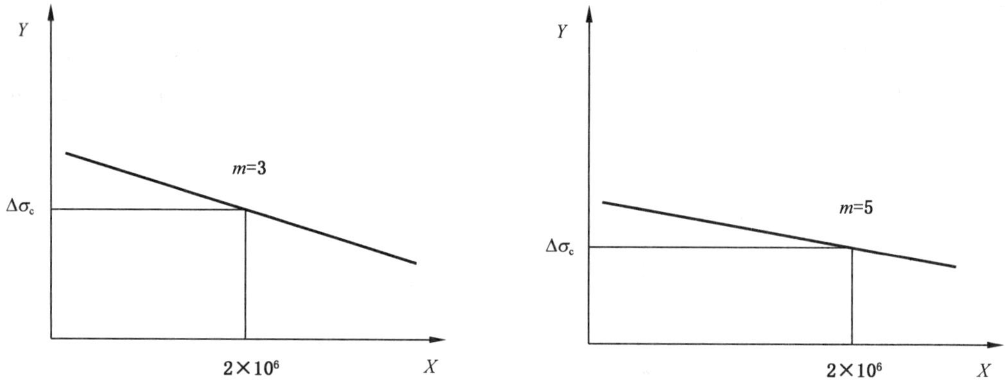

b） 单斜率直线

说明：

L ——恒定应力范围的疲劳极限；

m ——疲劳强度曲线的斜率常数；

X ——lgN；

Y ——lg$\Delta\sigma$。

在 lg/lg 表示法中，该曲线的斜率为$-1/m$。

图 D.2 $\Delta\sigma-N$ 曲线和 $\Delta\sigma_c$ 示图

金属结构母材和焊接接头的特征疲劳强度 $\Delta\sigma_c$ 值以及 $\Delta\sigma-N$ 曲线的斜率常数 m 按 GB/T 30024的规定选取。

D.3.2 使用寿命计算

根据疲劳危险点焊接接头的 $\Delta\sigma-N$ 曲线，使用寿命按式(D.1)计算：

$$N=\frac{C}{\Delta\sigma^m} \quad \cdots\cdots\cdots\cdots(D.1)$$

式中：

N ——使用寿命(总循环次数)；

$\Delta\sigma$ ——名义应力变程；

C ——常数，见表 D.1 和表 D.2。

表 D.1 具有双斜率折线的常数 C

名义应力变程 $\Delta\sigma$		具有双斜率折线的常数 C	
特征疲劳强度 $\Delta\sigma_c$ MPa	5×10^6 循环次数下的疲劳强度 MPa	循环次数小于 L 点的 $\Delta\sigma-N$ 曲线	循环次数大于 L 点的 $\Delta\sigma-N$ 曲线
		$m=3$	$m=5$
40	29.5	1.28×10^{11}	1.11×10^{14}
45	33.2	1.82×10^{11}	2.00×10^{14}
50	36.8	2.50×10^{11}	3.39×10^{14}
56	41.3	3.51×10^{11}	5.98×10^{14}
63	46.4	5.00×10^{11}	1.08×10^{15}
71	52.3	7.16×10^{11}	1.96×10^{15}
80	58.9	1.02×10^{12}	3.56×10^{15}
90	66.3	1.46×10^{12}	6.41×10^{15}
100	73.7	2.00×10^{12}	1.09×10^{16}
112	82.5	2.81×10^{12}	1.91×10^{16}
125	92.1	3.91×10^{12}	3.31×10^{16}
140	103.2	5.49×10^{12}	5.84×10^{16}
180	132.6	1.17×10^{13}	2.05×10^{17}

表 D.2 具有单斜率直线的常数 C

名义应力变程 $\Delta\sigma$		具有单斜率直线的常数 C
特征疲劳强度 $\Delta\sigma_c$ MPa	5×10^6 循环次数下的疲劳强度 MPa	$m=5$
63	52.45	1.98×10^{15}
71	59.11	3.61×10^{15}
80	66.60	6.55×10^{15}
90	74.93	1.18×10^{16}
100	83.26	2.00×10^{16}
112	93.25	3.52×10^{16}
125	104.07	6.10×10^{16}
140	116.56	1.08×10^{17}
160	133.21	2.10×10^{17}
180	149.86	3.78×10^{17}
200	166.51	6.40×10^{17}

表 D.2 (续)

名义应力变程 $\Delta\sigma$		具有单斜率直线的常数 C
特征疲劳强度 $\Delta\sigma_c$ MPa	5×10^6 循环次数下的疲劳强度 MPa	$m=5$
225	187.32	1.15×10^{18}
250	208.14	1.95×10^{18}
280	233.11	3.44×10^{18}
315	262.25	6.20×10^{18}

D.3.3 疲劳剩余寿命计算

疲劳剩余寿命按式(D.2)计算。

$$N_f = N - N_y \qquad \cdots\cdots(D.2)$$

式中：

N_f ——疲劳剩余寿命，单位为循环次数；

N_y ——已使用的时间，单位为循环次数。

注：对于应力范围保持不变的常幅疲劳，可按上述方法进行疲劳寿命计算；对于变幅疲劳，可结合 Palmgren-Miner 线性累积损伤进行疲劳寿命计算。

D.4 有裂纹情况

D.4.1 疲劳危险点处应力谱的获取

铸造起重机金属结构疲劳危险点各工作循环过程中的第一主应力-时间历程按式(D.3)、式(D.4)及式(D.5)进行计算。采用雨流计数法获取该起重机金属结构疲劳危险点的双参应力谱，包括应力均值谱和应力幅值谱。

铸造起重机金属结构疲劳危险点的正应力按式(D.3)计算：

$$\sigma = 1.15\left(\frac{M_y}{W_x} + \frac{M_x}{W_y}\right) \qquad \cdots\cdots(D.3)$$

式中：

σ ——疲劳危险点的正应力(拉应力为正，压应力为负)，单位为兆帕(MPa)；

M_y、M_x ——分别为疲劳危险点所在截面对 y、x 轴的弯矩，单位为牛毫米(N·mm)；

W_y、W_x ——分别为疲劳危险点所在截面对 y、x 轴的抗弯截面模量，单位为立方毫米(mm^3)。

铸造起重机金属结构疲劳危险点的切应力按式(D.4)计算：

$$\tau = \frac{FS_x}{I_x\delta} \qquad \cdots\cdots(D.4)$$

式中：

τ ——疲劳危险点的切应力，单位为兆帕(MPa)；

F ——疲劳危险点所处截面的剪力，单位为牛顿(N)；

S_x ——疲劳危险点所处截面的静矩，单位为立方毫米(mm^3)；

I_x ——疲劳危险点所处截面的惯性矩，单位为四次方毫米(mm^4)；

δ ——腹板厚度,单位为毫米(mm)。

在多轴复杂应力状态下,疲劳裂纹通常发生在应力三维度最大处,裂纹扩展方向为最大拉应力(即第一主应力)垂直方向,因此应将疲劳危险点的正应力及切应力按式(D.5)转换为第一主应力:

$$\sigma_1=\frac{\sigma}{2}+\sqrt{\left(\frac{\sigma}{2}\right)^2+\tau^2} \qquad \cdots\cdots(\text{D.5})$$

式中:

σ_1——疲劳危险点的第一主应力,单位为兆帕(MPa)。

起重机金属结构疲劳危险点的应力谱应从所有工作循环的应力-时间历程中获取。

D.4.2 疲劳剩余寿命计算

在给定载荷作用下,根据线弹性断裂判定准则,结构件发生疲劳断裂时的临界裂纹长度 a_1 按式(D.6) 计算:

$$a_1=\frac{1}{\pi}\left(\frac{K_C}{Y\sigma_{\max}}\right)^2 \qquad \cdots\cdots(\text{D.6})$$

式中:

K_C ——材料的断裂韧性;

Y ——几何修正系数,对于中心裂纹,$Y=1$;对于边缘裂纹,$Y=1.12$。

为消除平均应力的影响,根据等效损伤原则,采用式(D.7)将所有幅值应力转化为循环特性 $r=0$ 下的应力变程 $\Delta\sigma_0$:

$$\begin{cases}1=\dfrac{\sigma_{ra}}{\sigma_{-1}}+\dfrac{\sigma_{rm}}{\sigma_b}\\ \Delta\sigma_0=\dfrac{2\left(\sigma_{ra}+\dfrac{\sigma_{-1}}{\sigma_b}\sigma_{rm}\right)}{1+\dfrac{\sigma_{-1}}{\sigma_b}}\end{cases} \qquad \cdots\cdots(\text{D.7})$$

式中:

σ_{-1}——$r=-1$ 时的材料疲劳极限,单位为兆帕(MPa);

σ_b ——材料的抗拉极限,单位为兆帕(MPa);

σ_{rm} ——循环特性 r 时的应力均值,单位为兆帕(MPa);

σ_{ra} ——循环特性为 r 时的应力幅值,单位为兆帕(MPa);

$\Delta\sigma_0$——循环特性 $r=0$ 下的应力变程。

当载荷为变幅载荷时,根据等寿命原则,采用 Miner 应力幅等效法,按式(D.8)将变幅载荷转化为等幅载荷:

$$\sigma=\sqrt[m]{\sum a_i\sigma_{ri}^m} \qquad \cdots\cdots(\text{D.8})$$

式中:

a_i ——各级应力幅与循环次数 N_f 的比值;

σ_{ri} ——各级应力幅值。

起重机主体结构疲劳剩余寿命按式(D.9)进行计算:

$$N_f=\begin{cases}\dfrac{1}{C_c\ (Y\Delta\sigma_0\sqrt{\pi})^{m_c}(0.5m_c-1)}\left(\dfrac{1}{a_0^{0.5m_c-1}}-\dfrac{1}{a_1^{0.5m_c-1}}\right) & m_c\neq 2\\ \dfrac{1}{C_c\ (Y\Delta\sigma_0\sqrt{\pi})^2}\ln(a_1/a_0) & m_c=2\end{cases}\qquad\cdots\cdots\cdots(\text{D.9})$$

式中：

a_0 ——初始裂纹长度；

a_1 ——临界裂纹长度；

C_c、m_c ——裂纹扩展速率参数，见表 D.3。

表 D.3 材料性能参数表

材料	屈服强度 MPa	抗拉强度 MPa	裂纹扩展门槛值 ΔK_{th} ($R=0$) MPa$\sqrt{m}$	断裂韧性 K_C MPa$\sqrt{m}$	裂纹扩展速率参数	
					$C_c\times10^{-13}$	m_c
Q235	235	370	5.96	129	2.61	3
Q345	345	470	6.04	92.7	1.06	4.66

参 考 文 献

[1] GB/T 10183.1 起重机 车轮及大车和小车轨道公差 第1部分:总则

[2] GB/T 22437.1—2008 起重机 载荷与载荷组合的设计原则 第1部分:总则

[3] GB/T 28264 起重机械 安全监控管理系统

[4] GB/T 31052.1 起重机械 检查与维护规程 第1部分:总则

[5] GB/T 31052.5 起重机械 检查与维护规程 第5部分:桥式和门式起重机

ICS 53.020.20
J 80

中华人民共和国国家标准

GB/T 41510—2022

起重机械安全评估规范　通用要求

Safety assessment rules for lifting appliances—General requirements

2022-07-11 发布　　2023-02-01 实施

国家市场监督管理总局
国家标准化管理委员会　发布

前　　言

本文件按照GB/T 1.1—2020《标准化工作导则　第1部分:标准化文件的结构和起草规则》的规定起草。

本文件与GB/T 6067(所有部分)《起重机械安全规程》、GB/T 28264《起重机械　安全监控管理系统》等标准共同构成起重机械安全使用的国家标准体系。

请注意本文件的某些内容可能涉及专利。本文件的发布机构不承担识别专利的责任。

本文件由中国机械工业联合会提出。

本文件由全国起重机械标准化技术委员会(SAC/TC 227)归口。

本文件起草单位:北京起重运输机械设计研究院有限公司、大连理工大学、北京科正平工程技术检测研究院有限公司、北京起重运输机械设计研究院有限公司河南分院、河南省矿山起重机有限公司、太原重工股份有限公司、浙江省特种设备科学研究院、太原科技大学、宁夏天地奔牛银起设备有限公司、宁波市特种设备检验研究院、中铁科工集团有限公司、上海市特种设备监督检验技术研究院、广东省特种设备检测研究院、中联重科股份有限公司、大连华锐重工起重机有限公司、南京市特种设备安全监督检验研究院、徐州重型机械有限公司、中船第九设计研究院工程有限公司、法兰泰克重工股份有限公司、新乡市起重设备厂有限责任公司、江西起重机械总厂有限公司、科尼起重机设备(上海)有限公司、河南卫华重型机械股份有限公司、江西华伍制动器股份有限公司、微特技术有限公司、抚顺永茂建筑机械有限公司、上海共久电气有限公司。

本文件主要起草人:王欣、林夫奎、尚洪、林卫国、须雷、李军、蒋剑锋、徐格宁、赵春晖、姚天富、陶天华、王建儿、李晓钢、刘恩频、姜晓军、罗贤智、李文杰、胡静波、胡海鹏、朱靖、袁秀峰、陈瑞明、滕儒民、刘传贺、朱瑸、高宁、聂福全、杜军华、聂道静、闫利军、王照岳、邵宸。

起重机械安全评估规范　通用要求

1　范围

本文件规定了起重机械安全评估通用的目的、对象、方式和程序、职责与能力、方法、综合判定及处置措施、安全评估报告。

本文件适用于塔式起重机、流动式起重机、臂架起重机、桥式和门式起重机及缆索起重机，其他类型的起重机械可参照执行。

2　规范性引用文件

下列文件中的内容通过文中的规范性引用而构成本文件必不可少的条款。其中，注日期的引用文件，仅该日期对应的版本适用于本文件；不注日期的引用文件，其最新版本(包括所有的修改单)适用于本文件。

GB/T 3323.1　焊缝无损检测　射线检测　第1部分:X和伽玛射线的胶片技术

GB/T 3323.2　焊缝无损检测　射线检测　第2部分:使用数字化探测器的X和伽玛射线技术

GB/T 3811　起重机设计规范

GB/T 5972　起重机　钢丝绳　保养、维护、检验和报废

GB/T 6067(所有部分)　起重机械安全规程

GB/T 6974.1　起重机　术语　第1部分:通用术语

GB/T 20863.1　起重机　分级　第1部分:总则

GB/T 22437.1—2018　起重机　载荷与载荷组合的设计原则　第1部分:总则

GB/T 26951　焊缝无损检测　磁粉检测

GB/T 26952　焊缝无损检测　焊缝磁粉检测　验收等级

GB/T 26953　焊缝无损检测　焊缝渗透检测　验收等级

GB/T 30024—2020　起重机　金属结构能力验证

JB/T 10559　起重机械无损检测　钢焊缝超声检测

3　术语和定义

GB/T 6974.1 界定的以及下列术语和定义适用于本文件。

3.1

起重机械安全评估　safety assessment of lifting appliances

专业技术人员通过安全技术档案审核、现场检查、试验和数据采集、剩余寿命理论估算等方法，对起重机械的结构、机构、液压、电气及其零部件等可能存在的安全隐患进行分析判断，对起重机械的安全状态做出综合性评价的活动。

3.2

降级使用　degrade application

经安全评估,起重机械的安全性能不能达到设计要求,需降低起重机械使用技术参数或限制部分使用功能的情况。

3.3

安全等级　safety class

经安全评估后所确定的起重机械安全级别。

3.4

重要结构件　principal structural member

起重机械金属结构的主要受力构件,因其失效会导致起重机械不安全的结构件。

3.5

关键零部件　critical component

因其失效会导致起重机械不安全的零部件。

3.6

设计寿命　design life

基于起重机械初始设计要求,并考虑工作循环次数以及预期工况的预设载荷谱条件下预估的许用工作时间。

3.7

使用寿命　service life

在实际工作循环数、载荷谱条件下,起重机械从投入使用至达到报废条件的实际工作时间。

3.8

剩余寿命　remaining life

起重机械从当前时间到其报废为止的工作时间。

注:为使用寿命与已使用时间的差值。

3.9

维护　maintenance

为使起重机械保持或恢复到能执行其规定功能的状态而进行的一系列工作。

注:维护分为计划性维护和非计划性维护。维护工作包括保养和维修。

4　安全评估目的、对象、方式和程序

4.1　评估目的

以起重机械安全使用为主要目标,查找起重机械可能存在的安全隐患,分析判断安全隐患的影响程度,综合评价起重机械的安全状态,提出合理可行的安全应对措施,指导影响起重机械安全的危险源(影响起重机械安全的危险根源,包括起重机械本体缺陷、环境危险、违规操作等)监控和事故预防,降低事故发生率,减少损失。

4.2　评估对象

有下列情况之一时,应进行起重机械安全评估工作:

a)　发现有重要结构件或关键零部件损伤;

b)　接近/达到/超过设计寿命;

c) 发生影响起重机械安全的事故；
d) 受极端环境影响，如暴风、重大地震等，存在安全隐患；
e) 影响起重机械安全的故障频发；
f) 起重机械工作状况明显恶化；
g) 使用单位有需求；
h) 安全监督管理部门认为有必要。

4.3 评估方式

起重机械安全评估分为现状评估、预测评估和综合评估。具体内容如下：

a) 现状评估是通过安全技术档案审核、现场检查、数据采集、试验验证等工作，了解起重机械现状的完好状态以及存在的危害、缺陷和损伤等不安全因素，并分析原因及其对起重机械安全使用的影响；
b) 预测评估是在现状评估基础上，根据后期的作业使用情况，进一步分析危害、缺陷和损伤的变化趋势和速度，预测对起重机械安全可能造成的危害和影响；
c) 综合评估是根据现状评估和预测评估情况，综合评价起重机械的整体情况，并通过分析构件缺陷、损伤以及材料性能退化的状态、原因及变化趋势，提出起重机械综合评估结论和整机安全等级。

4.4 评估程序

起重机械安全评估程序主要包括安全评估方案编制、安全技术档案审核、现场检查与数据采集及试验、剩余寿命理论估算、整机综合评判和安全评估报告编制，工作程序见图 1。具体要求如下：

a) 在安全评估前，应根据所评估起重机械的实际情况及本文件规范的内容编制详细的安全评估方案；
b) 安全技术档案审核范围包括起重机械技术文件及使用、检查、维护、改造、故障、事故等记录；
c) 现场检查与数据采集及试验包括重要结构件和机械、液压、电气、安全防护装置等关键零部件的目测检查、无损检测、载荷试验和应力测试(如需要)，目测检查应包括对重要结构件、关键零部件的腐蚀、磨损、裂纹、变形等情况检查，无损检测应包括对重要结构件和关键零部件的裂纹与焊缝质量检测，载荷试验应包括对整机承载能力及机构、液压、电气和安全防护装置的运行状况、性能与功能的测试，结构应力测试应至少包括重要结构件的静态和动态测试；
d) 剩余寿命理论估算应包括采用累积损伤等适用的估算方法，对整机、机构、关键零部件、重要结构件估算剩余寿命；
e) 整机综合评判应结合安全技术档案的审核情况、现场检查与数据采集及试验结果、剩余寿命理论估算结果，按本文件的规定，判定起重机械安全等级，给出安全评估结论；
f) 整机综合评判后，按第 8 章内容编制安全评估报告。

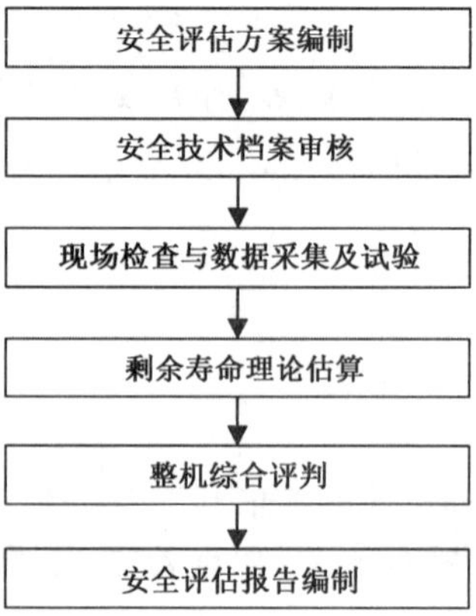

图 1　安全评估工作程序

5　职责与能力

5.1　委托单位

委托单位应是起重机械的使用方、产权方、制造方、第三方(如监管部门、司法机关)中的任意方。委托单位应提供所评估起重机械在使用过程中的相关作业数据、事故情况、改造、重大修理等可能影响评估内容、结论的相关技术资料。

5.2　安全评估机构

安全评估机构应具备独立、公正开展安全评估的资源条件(包括人员、试验检验仪器等),及有效实施的质量保证体系。

5.3　安全评估人员

安全评估人员应至少满足以下条件:

a)　具有所评估起重机械的设计、制造、安装、检验等一项或多项专业技术知识和经验的综合能力;

b)　熟悉有关法律法规和标准;

c)　掌握起重机械安全评估程序和方法;

d)　能够判定所评估起重机械的安全性,并能给出保证起重机械安全运行的措施建议。

6　安全评估方法

6.1　安全技术档案审核

起重机械的安全评估应根据实际情况,审核以下技术文件及记录:

a)　起重机械相关文件,包括法定资质文件、产品质量证明文件、产品使用说明书、维护说明书、安装拆卸说明书等;

b)　起重机械基本信息,包括主要技术参数(如额定起重量、工作级别、载荷状态级别、设计寿命等)、使用单位、制造单位、出厂日期、规格型号等;

c)　历次安全评估报告;

d)　作业使用记录、安全监控数据;

e)　检查与维护记录,包括日常检查记录、定期检查记录、保养记录、维修记录、零部件更换记录、测试记录、试验记录、事故和故障情况及处理记录等;

f） 后期的载荷作业与使用情况；

g） 型式试验报告及有关的设计技术资料。

6.2 现场检验与试验

6.2.1 环境条件

现场检验与试验时，环境条件应满足相关产品的标准要求及测试要求。

6.2.2 检验仪器

检验与试验仪器仪表的精度等级应满足安全评估需求，且应按规定进行检定或校准。

6.2.3 检验与试验项目

6.2.3.1 目测检查

6.2.3.1.1 检查对象

6.2.3.1.1.1 检查项目

对所有可能影响起重机械安全使用的重要结构件、关键零部件、安全防护装置都应进行检查，重要结构件与连接举例见表1，关键零部件举例见表2，安全防护装置举例见表3。除此之外，检查还应包括：

a） 受损零部件，包括外观可见裂纹、严重锈蚀、磨损、变形等情况；

b） 工作异常的结构、机构、液压、电气部件；

c） 维护记录中显示反复失效与故障频繁的零部件；

d） 上一次安全评估报告提出的需要重点关注的零部件；

e） 根据6.1的审核结果提出的需要重点检查检测的零部件；

f） 其他异常零部件。

表1 重要结构件与连接举例

起重机类型及其他	重要结构件
塔式起重机	起重臂、平衡臂、塔顶、转台、塔身、底架、拉杆、顶升套架
流动式起重机	臂架、转台、车架、履带架、支腿
臂架起重机	臂架、拉杆、桅杆、人字架、转台、立柱、门架、平衡梁
桥式和门式起重机	主梁、端梁、小车架、刚/柔支腿、平衡梁、起重横梁、马鞍架
缆索起重机	支撑结构
重要结构件的连接	焊缝、螺栓、销轴

表2 关键零部件举例

分类	关键零部件
机械	取物装置（如吊钩、抓斗、吊杆等）、起重用短环链（包括链条与链轮等）、钢丝绳、滑轮、卷筒、减速器、制动装置、联轴器、车轮、滚轮、回转支承、开式齿轮、排绳装置、柔性铰装置、钢丝绳平衡装置、起重葫芦
液压	主回路上的泵、方向控制阀、压力控制阀、流量控制阀、安全阀、马达、油缸、管路与接头、蓄能器

表 2 关键零部件举例(续)

分类	关键零部件
电气	电动机、发动机、发电机、集电器、接触器、指示器、断路器、继电器、控制器、电阻器、控制柜、控制电源、操纵装置、电控线缆、调速装置、触摸屏、变频器
气动	主回路上的气动泵、气动马达、气动控制阀、气室、储气筒、制动软管
通用性部件	司机室、平台、梯子、栏杆、轨道

表 3 安全防护装置举例

起重机械类型	安全防护装置
塔式起重机	起重量限制器、起重力矩限制器、起升高度限位器、下降深度限位器、运行行程限位器、幅度限位器、幅度指示器、联锁保护安全装置、防后倾装置、极限力矩限制装置、回转限位器、回转锁定装置、防碰撞装置、缓冲器、抗风防滑(锚定)装置(行走式)、风速仪、轨道清扫器(行走式)、端部止挡(行走或变幅)、防护罩、防小车坠落保护装置、小车断绳保护装置、检修平台、作业报警装置、航空警戒灯
流动式起重机	起重力矩限制器、起升高度限位器、下降深度限位器、幅度限位器、幅度指示器、水平仪、防后倾装置、风速仪、垂直支腿回缩锁定装置、回转锁定装置、作业报警装置、防护罩、航空警戒灯、角度限制器、倒退报警装置
臂架起重机	起重量限制器、起重力矩限制器、极限力矩限制装置、起升高度限位器、下降深度限位器、运行行程限位器、幅度限位器、幅度指示器、防后倾装置、回转锁定装置、防碰撞装置、缓冲器、端部止挡、联锁保护安全装置、抗风防滑(锚定)装置、风速仪、轨道清扫器、作业报警装置(大车运行)、防护罩、航空警戒灯
桥式和门式起重机	起重量限制器、起升高度限位器、下降深度限位器、运行行程限位器、联锁保护安全装置、缓冲器、抗风防滑(锚定)装置、风速仪、防倾翻安全钩、轨道清扫器、端部止挡(运行机构)、导电滑线的防护装置、作业报警装置、防护罩、防碰撞装置、检修平台、行走纠偏装置
缆索起重机	起重量限制器、起升高度限位器、下降深度限位器、运行行程限位器、缓冲器、端部止挡(运行机构)、抗风防滑(锚定)装置、风速仪、轨道清扫器、防护罩
起重葫芦	起重量限制器、起升高度限位器、下降深度限位器

6.2.3.1.1.2 抽检原则

对于重要结构件和关键零部件检查部位的长度、面积、体积较大的情况,应依据有关标准或制造单位提供的技术文件中规定的抽检方法,进行抽样检查,也可由委托单位与评估机构双方约定。如没有相关规定时,重要结构件和关键零部件的目测检查可采取如下抽检原则:

a) 目测有明显腐蚀、磨损、变形、裂纹的关键部位应全数检查;

b) 销轴和销轴孔抽检数量不应少于总数量的 20%,且不应少于 4 个;

c) 螺栓和螺栓孔抽检数量不应少于相应部位总数量的 20%,且不应少于 20 个;

d) 重要结构件的整体变形应全数检查,至少应包括 6.2.3.1.1.1 中的重要结构件;

e) 液压系统主油路上的动力元件、控制元件和执行元件宜全数检查;

f） 制动装置应全数检查；

g） 电气中的电阻器、控制柜、接触器、断路器宜全数检查；

h） 安全防护装置应根据 GB/T 6067(所有部分)以及各产品标准的规定全数检查；

i） 每根钢丝绳的抽检长度不应少于绳长的 50%，检测位置不应少于 3 处，且分布在经常工作范围内；

j） 钢丝绳固定端应全数检查。

6.2.3.1.2 检查方法

应按表 4 的规定检查起重机械重要结构件和关键零部件外观上的腐蚀、磨损、可见裂纹、变形、油漆剥落、老化等情况，如：

a） 检测腐蚀部位的腐蚀面积与腐蚀厚度；

b） 检测磨损部位的磨损面积与磨损厚度；

c） 检测可见裂纹的长度、深度和方向；

d） 检测变形时，应测量实际轴线相对设计轴线的最大偏差值，必要时测量构件横截面的变形。

表 4 检查内容

检查项目	检查内容
重要结构件	腐蚀、磨损、可见裂纹、变形、油漆剥落
重要结构件连接	腐蚀、磨损、可见裂纹、变形
机械关键零部件	腐蚀、磨损、可见裂纹、变形、卡滞、油漆剥落、缺失状况
液压关键零部件	腐蚀、泄漏
电气关键零部件	老化、接触性能
安全防护装置	腐蚀、磨损、变形、缺失状况

6.2.3.1.3 检查结果判定

应根据表 5 的规定，对各检查对象进行安全判定。表 5 中未列出的其他检测项目判定指标，根据GB/T 3811、GB/T 6067(所有部分)及各类起重机的安全评估标准、报废标准和产品标准的规定，以及制造单位的技术文件确定各项检测指标值。若指标值在多个文件中规定不一致时，按其中最严格的规定执行。对没有相关规定的检测指标值，可由安全评估机构在具有充分计算和数据依据的基础上来确定。

表 5 目测检查的安全判定

部件名称	检查项目	判定指标	判定结果
钢丝绳	腐蚀、磨损、变形与断丝	达到 GB/T 5972 规定的报废条件时	不符合
		对于吊运炽热金属、熔融金属或者危险品的起重机械用钢丝绳的报废断丝数达到 GB/T 5972 所规定的钢丝绳断丝数的一半时	
		防爆起重机钢丝绳有断丝时	
		除上述情况	符合

表 5 目测检查的安全判定(续)

部件名称	检查项目	判定指标	判定结果
GB/T 6067(所有部分)规定的部件	腐蚀、磨损、可见裂纹、变形	达到 GB/T 6067(所有部分)规定的报废条件	不符合
		未达到 GB/T 6067(所有部分)规定的报废条件	符合
其他零部件	裂纹	有明显可见裂纹,使结构不能正常安全承载	不符合
		除上述情况	符合
	腐蚀与磨损	单件断面减薄厚度比[a]≥10%,且影响安全使用	不符合
		除上述情况	符合
	泄漏	有泄漏,且使液压系统不能正常安全运行	不符合
		除上述情况	符合
[a] 断面减薄厚度比是减薄的厚度与厚度公称尺寸的比值。			

6.2.3.2 无损检测

6.2.3.2.1 检测对象

6.2.3.2.1.1 检测项目

检测对象见 6.2.3.1.1 中的重要结构件和焊缝连接及关键零部件。

6.2.3.2.1.2 抽检原则

对于重要结构件和关键零部件检测部位的长度、面积、体积较大的情况,应依据有关标准或制造单位提供的技术文件中规定的抽检方法,进行抽样检测,也可由委托单位与评估机构双方约定。如没有相关规定时,重要结构件和关键零部件的无损检测可采取如下抽检原则:

a) 异常部位应全数检测;

b) 容易出现裂纹的受拉焊缝抽检长度不应少于总长度的 20%,且不应少于 3 处。

6.2.3.2.2 检测方法

应采用磁粉、渗透等方法检测表面缺陷,应采用超声波或射线照相等方法检测内部缺陷。

6.2.3.2.3 检测结果判定

应根据表 6 的规定,对各检测对象进行安全判定。

表 6 无损检测的安全判定

检测项目	判定指标	判定结果
焊缝质量与裂纹	不符合 GB/T 6067(所有部分)规定的焊缝质量或不符合无损检测标准规定[a]	不符合
	符合 GB/T 6067(所有部分)规定的焊缝质量,且符合无损检测标准规定[a]	符合
单件裂纹	存在裂纹,不能正常安全承载	不符合
	除上述情况	符合
[a] 磁粉检测应符合 GB/T 26951 和 GB/T 26952 的规定,渗透检测应符合 GB/T 26953 的规定,超声波检测应符合 JB/T 10559 的规定,射线检测应符合 GB/T 3323.1 和 GB/T 3323.2 的规定。		

6.2.3.3 载荷试验

6.2.3.3.1 载荷试验主要验证结构的承载能力,机构、液压、电气、安全防护装置的运行状态、运行性能与各项功能。

6.2.3.3.2 载荷试验包括空载试验和额定载荷试验。机构在更换后，还应进行1.1倍额定载荷的动载试验。重要结构件在改造或重大修理后，还应进行1.25倍额定载荷的静载试验。

6.2.3.3.3 试验前应先按相应产品标准的规定对整机结构、机械零部件的连接固定情况、液压系统、电气系统及安全防护装置等进行检查，确认是否满足载荷试验条件。

6.2.3.3.4 试验程序应符合相应产品试验规范规定。对于降级使用的起重机械，试验载荷应按降级后的载荷选取。

6.2.3.3.5 必要时，对整机进行静刚性测试。

6.2.3.3.6 起重机械的空载试验、额定载荷试验、动载试验和静载试验及静刚性测试，应符合相应产品标准要求。如有一项未达到标准要求，则判定此项试验或测试不合格。

6.2.3.4 应力测试

6.2.3.4.1 通则

主要技术参数发生变化、重要结构件经过改造、重大修理的起重机械，或经检查存在一定结构损伤、需要对整机承载能力做精确评估时，应进行结构应力测试。

6.2.3.4.2 测试工况与测试点

测试工况应按相应起重机械试验标准的要求选取。对于降级使用的起重机械，试验载荷按降级后的载荷选取。应力测试可与载荷试验同时进行。

需要进行应力测试的构件应根据6.2.3.1、6.2.3.2、6.2.3.3的检验试验结果及6.2.3.4.1确定，应力测试点应根据实际情况选择布置在危险应力区。危险应力区宜包括以下2种类型：

a) **均匀高应力区**（该区应力达到屈服应力时，会引起结构件的塑性变形）；

b) **应力集中区**（该区内屈服应力的出现不会引起结构件整体的塑性变形，但应力集中会影响结构件的疲劳寿命，如孔洞、尖角、焊缝等截面剧变处）。

测试点布置举例见表7，同时结合结构检查结果在磨损、锈蚀、裂纹及变形较大的部位增加测试点。若检测应力在危险应力区内，应增加相应部位应力检测点的数量。

表7 测试点布置举例

起重机类型	测试点布置部位
塔式起重机	**起重臂、平衡臂、塔身**：根部、变截面、变径截面 **转台**：与回转支承连接主截面、变板厚主截面
流动式起重机	**臂架**：根部、变截面、变径/变板厚截面 **转台**：与回转支承连接主截面、变板厚主截面 **底盘**：与回转支承连接的主截面 **支腿**：与车架连接的主截面
臂架起重机	**臂架**：根部、变截面、变径/变板厚截面 **转台**：与回转支承连接主截面、变板厚主截面 **立柱**：根部、与回转支承/回转车轮连接的主截面 **门座**：与上部构件连接截面、变截面、轴线转折截面 **大车运行平衡梁**：销轴连接截面、变截面、轴线转折截面
桥式和门式起重机	**主梁**：跨中截面、与刚腿连接截面、变板厚截面、主梁端部的变截面 **端梁**：与主梁连接截面 **刚腿**：与主梁连接截面、变截面、变板厚截面、与平衡梁连接截面 **柔腿**：与平衡梁连接截面 **大车运行平衡梁**：销轴连接截面、变截面、轴线转折截面
缆索起重机	**支撑结构**：根部、变截面

6.2.3.4.3 结构应力安全判定

结构应力安全判定按 GB/T 3811 提供的极限状态设计方法进行。结构应力是自重应力和起升载荷应力的合成,其中自重应力可通过计算等方法得出,起升载荷的应力测试数据应在试验载荷静置平稳后采集。在计算均匀高应力区的结构应力时,自重与起升载荷的分项安全系数按 GB/T 22437.1—2018 选取(额定载荷测试工况按载荷组合 A 选取,本体拆装测试工况按载荷组合 C 选取)。在计算应力集中区的结构应力时,自重与起升载荷的分项安全系数见表 8。结构应力的安全评定应按表 8 的规定。

表 8 结构应力的安全判定

测试工况	均匀高应力区		应力集中区		判定指标	安全判定结果
	自重分项安全系数	起升载荷分项安全系数	自重分项安全系数	起升载荷分项安全系数		
额定载荷测试工况	按 GB/T 22437.1—2018 的表 4 选取	1.34	1.00	1.00	$\sigma > \lim\sigma$	不符合
					$\sigma \leqslant \lim\sigma$	符合
本体拆装测试工况[a]	按 GB/T 22437.1—2018 的表 4 选取	1.10	1.00	1.00	$\sigma > \lim\sigma$	不符合
					$\sigma \leqslant \lim\sigma$	符合
σ ——结构应力,单位为牛每平方毫米(N/mm^2)。 $\lim\sigma$ ——极限设计应力,根据 GB/T 3811 提供的方法计算,单位为牛每平方毫米(N/mm^2)。						
[a] 表示诸如流动起重机自起臂或落臂的非作业拆装工况。						

6.3 剩余寿命理论估算

6.3.1 设计寿命、使用寿命与剩余寿命

本文件采用线性累积损伤理论进行剩余寿命估算。

整机、机构、机械零件及结构件的设计寿命在起重机械设计时确定,与载荷/应力状态级别和工作级别有关,应由制造单位提供,也可根据使用场合通过 GB/T 3811 进行估算。表 9 中的与设计寿命相关参数按 GB/T 20863.1 的规定确定。

表 9 与设计寿命有关参数

名称	与设计寿命相关参数
整机	使用等级 U,载荷/应力状态级别 Q_p,载荷/应力谱系数 K_p,工作级别 A
零部件	使用等级 U,载荷/应力状态级别 Q_{cp},载荷/应力谱系数 K_{cp},工作级别 A_c

如果实际载荷/应力谱系数与设计时预期的载荷/应力谱系数不同,则实际使用寿命与设计寿命不同,但对于同一个工作级别,具有公式(1)的关系。

$$K_p N_Q = K_{pt} N_{Qt} \qquad (1)$$

式中:

K_p ——设计载荷/应力谱系数;

N_Q ——设计寿命(工作循环次数);

K_{pt} ——实际载荷/应力谱系数;

N_{Qt} ——实际使用寿命(工作循环次数)。

估算剩余寿命时,如果未来的载荷/应力谱系数与实际载荷/应力谱系数相同,则按公式(2)进行计算。否则,应从损伤度角度按 6.3.2～6.3.5 的规定估算。

$$N_y = N_{Qt} - N_{Qu} \qquad (2)$$

式中：

N_y ——剩余寿命；

N_{Qt} ——实际使用寿命；

N_{Qu} ——已使用的寿命。

6.3.2 整机剩余寿命的理论估算

起重机械的一个工作循环是指从起吊一个物品起，到开始起吊下个物品时止，包括各机构运行及正常停歇在内的一个完整工作过程。多个工作循环次数构成起重机械的使用寿命。

根据累积损伤原理，起重机械每次作业，由于工作载荷的作用，会对整机造成损伤。则起重机械工作时累积的损伤度按公式(3)计算。

$$D_{Qu}=f_{Qu1}\frac{K_{pu}N_{Qu}}{K_pN_Q} \quad\cdots\cdots(3)$$

式中：

D_{Qu}——起重机械实际工作时累积的损伤度；

f_{Qu1}——放大系数，考虑起重机械实际工作载荷记录和估计的不确定性，按表10选取；

K_{pu}——起重机械已发生的载荷谱系数，按公式(4)计算。

$$K_{pu}=\sum\frac{P_{Qui}{}^{m}n_{Qui}}{P_{Qmax}{}^{m}N_{Qu}} \quad\cdots\cdots(4)$$

式中：

P_{Qui} ——起重机械的实际起升载荷，单位为千牛(kN)；

n_{Qui} ——起重机械起吊实际工作载荷 P_{Qui} 对应已发生的工作循环次数；

m ——幂指数，取 $m=3$；

P_{Qmax}——最大额定起升载荷，单位为千牛(kN)；

N_{Qu} ——起重机械已发生的总工作循环次数，$N_{Qu}=\sum n_{Qui}$。

表10 放大系数 f_1

序号	作业数据记录方法	f_1
1	基于系统或计数器自动记录的连续作业数据	1.0
2	基于专门的、主观记录的离散作业数据	1.1
3	基于使用现场有记录的生产数据估计的作业数据	1.2
4	基于使用现场无记录的生产数据估计的作业数据	1.3

起重机械的剩余损伤度按公式(5)计算。

$$D_{Qy}=1-D_{Qu} \quad\cdots\cdots(5)$$

式中：

D_{Qy}——起重机械的剩余损伤度；

D_{Qu}——起重机械实际工作时累积的损伤度。

如果剩余损伤度 $D_{Qy}\leqslant 0$，则表明起重机械工作寿命已到期。如果 $D_{Qy}>0$，则起重机械的剩余寿命按公式(6)计算。

$$N_{Qy}\leqslant\frac{K_pN_Q}{f_{Qy1}K_{py}}D_{Qy} \quad\cdots\cdots(6)$$

式中：

N_{Qy}——起重机械剩余工作循环次数；

f_{Qy1}——放大系数，考虑起重机械剩余工作载荷记录和估计的不确定性，按表10选取；

K_{py}——起重机械剩余工作载荷谱系数,如果未知,可取 $K_{py}=K_{pu}$;

D_{Qy}——起重机械剩余损伤度。

K_p、N_Q 与公式(1)相同。

起重机械剩余寿命年限按公式(7)计算,估算示例参见附录A。

$$T_{Qy}=\frac{N_{Qy}}{n_{Qy}} \quad\cdots\cdots(7)$$

式中:

T_{Qy}——起重机械剩余寿命年限,单位为年(a);

N_{Qy}——起重机械剩余工作循环次数;

n_{Qy}——起重机械剩余工作平均的每年工作循环次数,如果未知,可按已发生的平均每年工作循环次数取值。

6.3.3 机构剩余寿命的理论估算

机构的寿命由工作循环次数表示。在起重机械一个工作循环内,各机构可能经受不同的工作循环次数,这与该起重机械实际动作需求有关。

与起重机械剩余寿命估算原理相同,当工作载荷作用在机构上时,会对机构造成损伤,累积的损伤度按公式(8)计算。

$$D_{Mu}=f_{Mu1}\frac{K_{cpu}N_{Mu}}{K_{cp}N_M} \quad\cdots\cdots(8)$$

式中:

D_{Mu}——机构实际工作时累积的损伤度;

f_{Mu1}——放大系数,考虑机构实际工作载荷记录和估计的不确定性,见表10;

K_{cpu}——机构实际工作载荷谱系数,按公式(9)计算;

N_{Mu}——机构已发生的总工作循环次数,$N_{Mu}=\sum n_{Mui}$;

K_{cp}——机构设计寿命与对应的载荷谱系数,见6.3.1;

N_M——机构工作级别对应的载荷谱系数为1时的工作循环次数。

$$K_{cpu}=\sum\frac{P_{Mui}{}^m n_{Mui}}{P_{Mmax}{}^m N_{Mu}} \quad\cdots\cdots(9)$$

式中:

P_{Mui}——机构实际工作载荷,单位为千牛(kN);

n_{Mui}——机构实际工作载荷 P_{Mui} 对应已发生的工作循环次数;

m——幂指数,取 $m=3$;

P_{Mmax}——机构最大工作载荷,单位为千牛(kN)。

机构的剩余损伤度按公式(10)计算。

$$D_{My}=1-D_{Mu} \quad\cdots\cdots(10)$$

式中:

D_{My}——机构的剩余损伤度;

D_{Mu}——机构实际工作时累积的损伤度。

如果剩余损伤度 $D_{My}\leqslant 0$,则表明机构寿命已到期。如果 $D_{My}>0$,则机构的剩余寿命按公式(11)计算。

$$N_{My}\leqslant\frac{N_M K_{cp}}{f_{My1}K_{cpy}}D_{My} \quad\cdots\cdots(11)$$

式中:

N_{My}——机构剩余工作循环次数;

D_{My}——机构剩余损伤度；

f_{My1}——放大系数，考虑机构后期工作载荷记录和估计的不确定性，按表10选取；

K_{cpy}——机构剩余工作载荷谱系数，如果未知，可取 $K_{cpy}=K_{cpu}$。

N_M、K_{cp}与公式(8)相同。

机构的剩余寿命年限可按公式(12)计算。

$$T_{My}=\frac{N_{My}}{n_{My}} \quad \cdots\cdots(12)$$

式中：

T_{My}——机构的剩余寿命年限，单位为年(a)；

N_{My}——机构剩余工作循环次数；

n_{My}——机构剩余工作的平均每年工作循环次数，如果未知，可按已发生的平均每年工作循环次数取值。

6.3.4 机械零件剩余寿命的理论估算

当机械零件存在疲劳破坏的可能时，按6.3.4估算剩余寿命。

机械零件的寿命由工作循环次数表示。在起重机械一个工作循环内，机械零件可能经受多个应力循环，这与其在该起重机械中的具体位置有关。如果记录有机械零部件的应力历程，可通过雨流计数法对应力进行分级，并统计各分级下的应力循环次数。

与起重机械剩余寿命估算原理相同，机械零件在工作载荷作用下引起的应力，会对其造成损伤，累积的损伤度按公式(13)计算。

$$D_{Cu}=f_{Cu1}\frac{K_{cpu}N_{Cu}}{K_{cp}N_C} \quad \cdots\cdots(13)$$

式中：

D_{Cu}——机械零件实际工作时累积的损伤度；

f_{Cu1}——放大系数，考虑机械零件实际工作载荷记录和估计的不确定性，按表10选取；

K_{cpu}——机械零件实际工作应力谱系数，按公式(14)计算；

N_{Cu}——机械零件已发生的总工作循环次数，$N_{Cu}=\sum n_{Cui}$；

K_{cp}——机械零件设计寿命与对应的应力谱系数，见6.3.1；

N_C——机械零件工作级别对应的应力谱系数为1时的工作循环次数。

$$K_{cp}=\sum\frac{\sigma_{Cui}{}^{c}n_{Cui}}{\sigma_{Cmax}{}^{c}N_{Cu}} \quad \cdots\cdots(14)$$

式中：

σ_{Cui}——机械零件实际工作应力，单位为牛每平方毫米(N/mm²)；

n_{Cui}——机械零件实际工作应力 σ_{Cui} 对应已发生的工作循环次数；

c——幂指数，与有关材料的性能，机械零件的种类、形状和尺寸，表面粗糙度以及腐蚀程度等有关，由试验得出，可按GB/T 3811的计算公式得到；

σ_{Cmax}——机械零件的最大工作应力，单位为牛每平方毫米(N/mm²)。

机械零件的剩余损伤度按公式(15)计算。

$$D_{Cy}=1-D_{Cu} \quad \cdots\cdots(15)$$

式中：

D_{Cy}——机械零件的剩余损伤度；

D_{Cu}——机械零件实际工作时累积的损伤度。

如果剩余损伤度 $D_{Cy}\leqslant 0$，则表明机械零件寿命已到期。如果 $D_{Cy}>0$，则机械零件的剩余寿命按公式(16)计算。

$$N_{Cy} \leqslant \frac{N_C K_{cp}}{f_{Cy1} K_{cpy}} D_{Cy} \qquad \cdots\cdots(16)$$

式中：

N_{Cy}——机械零件剩余工作循环次数；

D_{Cy}——机械零件剩余损伤度；

f_{Cy1}——放大系数，考虑机械零件剩余工作应力记录和估计的不确定性，按表10选取；

K_{cpy}——机械零件剩余工作应力谱系数。

N_C、K_{cp}与公式(13)相同。

机械零件剩余寿命年限可按公式(17)计算。

$$T_{Cy} = \frac{N_{Cy}}{n_{Cy}} \qquad \cdots\cdots(17)$$

式中：

T_{Cy}——机械零件剩余寿命年限，单位为年(a)；

N_{Cy}——机械零件剩余工作循环次数；

n_{Cy}——机械零件剩余工作平均每年工作循环次数，如果未知，可按已发生的平均每年工作循环次数取值。

6.3.5 结构件剩余寿命的理论估算

当结构件存在疲劳破坏的可能时，按6.3.5估算剩余寿命。

结构件的寿命由应力循环次数表示。与机械零件相同，在起重机械一个工作循环内，结构件可能经受多个应力循环(如多次往复变幅带来的臂架多次应力循环)，这与结构件在该起重机械中的具体位置有关。本文件采用应力幅法估算结构件的寿命，估算涉及的应力为名义应力。名义应力是母材中临近潜在裂纹位置的、按材料纯弹性强度理论计算的应力，不考虑局部应力集中效应。

结构件的应力幅按公式(18)计算。

$$\Delta\sigma = |\sigma_{max} - \sigma_{min}| \qquad \cdots\cdots(18)$$

式中：

$\Delta\sigma$——结构件的应力幅，单位为牛每平方毫米(N/mm²)；

σ_{max}——结构件在一个应力循环内的最大应力，拉为"+"，压为"−"，单位为牛每平方毫米(N/mm²)；

σ_{min}——结构件在一个应力循环内的最小应力，拉为"+"，压为"−"，单位为牛每平方毫米(N/mm²)。

结构件上工作载荷作用引起的结构应力，会对其造成损伤，累积的损伤度按公式(19)计算。

$$D_{Su} = f_{Su1} \left(\frac{\Delta\hat{\sigma}}{\Delta\sigma_c / \gamma_{mf}} \right)^m s_{mu} \qquad \cdots\cdots(19)$$

式中：

D_{Su}——结构件实际工作时累积的损伤度；

f_{Su1}——放大系数，考虑结构件实际工作应力记录和估计的不确定性，按表10选取；

$\Delta\hat{\sigma}$——结构件的最大工作应力幅，单位为牛每平方毫米(N/mm²)；

$\Delta\sigma_c$——结构特征疲劳强度，单位为牛每平方毫米(N/mm²)；

γ_{mf}——疲劳强度抗力系数，按表11选取；

s_{mu}——结构件实际应力历程参数，按公式(20)计算。

$$s_{mu} = K_{cpu} \frac{N_{Su}}{N_{ref}} \qquad \cdots\cdots(20)$$

式中：

N_{Su} ——结构件已发生的总工作循环次数，$N_{Su}=\sum n_{Sui}$；

N_{ref} ——结构特征疲劳强度 $\Delta\sigma_c$ 能够达到的工作循环次数，$N_{ref}=2\times10^6$；

K_{cpu} ——结构件实际工作应力谱系数，按公式(21)计算。

$$K_{cpu}=\sum\frac{\Delta\sigma_{Sui}{}^m n_{Sui}}{\Delta\hat{\sigma}^m N_{su}} \qquad \cdots\cdots(21)$$

式中：

$\Delta\sigma_{Sui}$——结构件实际工作应力，单位为牛每平方毫米(N/mm^2)；

n_{Sui} ——结构件实际工作应力 $\Delta\sigma_{Sui}$ 对应已发生的工作循环次数；

m ——幂指数。

m、$\Delta\sigma_c$ 根据应力所处的结构细节，按 GB/T 30024—2020 的附录 D 确定。

表 11 疲劳强度抗力系数 γ_{mf}

可接近性	失效-安全构件	失效-非安全构件	
		对人员无危险	对人员有危险
易接近的接头细节	1.0	1.10	1.20
难接近的接头细节	1.05	1.15	1.25
注 1：失效-安全构件是指那些失效后果较小的构件，例如某一构件的局部失效不会导致整个结构失效或载荷坠落。 注 2：失效-非安全构件是指结构中某一构件的失效将会迅速导致整个结构失效或载荷坠落。			

结构件的剩余损伤度按公式(22)计算。

$$D_{Sy}=1-D_{Su} \qquad \cdots\cdots(22)$$

式中：

D_{Sy}——结构件的剩余损伤度；

D_{Su}——结构件实际工作时累积的损伤度。

如果剩余损伤度 $D_{Sy}\leqslant0$，则表明结构件寿命已到期。如果 $D_{Sy}>0$，则剩余寿命按公式(23)计算。

$$N_{Sy}\leqslant\frac{N_{ref}}{f_{Sy1}K_{cpy}}\left(\frac{\Delta\sigma_c/\gamma_{mf}}{\Delta\hat{\sigma}}\right)^m D_{Sy} \qquad \cdots\cdots(23)$$

式中：

N_{Sy} ——结构件剩余工作循环次数；

D_{Sy} ——结构件剩余损伤度；

f_{Sy1} ——放大系数，考虑结构件剩余工作应力记录和估计的不确定性，按表 10 选取；

K_{cpy} ——结构件剩余工作应力谱系数，如果未知，可取 $K_{cpy}=K_{cpu}$。

N_{ref}、m、$\Delta\sigma_c$、γ_{mf}、$\Delta\hat{\sigma}$ 与公式(19)～公式(21)相同。

结构件剩余寿命年限可按公式(24)计算，估算示例参见附录 A。

$$T_{Sy}=\frac{N_{Sy}}{n_{Sy}} \qquad \cdots\cdots(24)$$

式中：

T_{Sy}——结构件的剩余寿命，单位为年(a)；

N_{Sy}——结构件剩余工作循环次数；

n_{Sy} ——结构件剩余工作的平均每年工作循环次数，如果未知，可按已发生的平均每年工作循环次数取值。

7 综合判定及处置措施

7.1 综合评定方法

根据安全技术档案审核、现场检查、数据采集与试验的状况,结合剩余寿命理论估算结果,将整机安全等级分为4个等级:Ⅰ级(合格)、Ⅱ级(基本合格)、Ⅲ级(降级使用)、Ⅳ级(不合格)。整机安全等级与评估结论评定应按表12的规定。

表12 整机安全等级与评估结论评定

安全评估状况	整机安全等级	整机评估结论
同时符合下列情况: a) 现场检查项目全部合格; b) 载荷试验合格; c) 若进行结构应力测试,结构应力应满足要求; d) 整机剩余寿命应超过1年; e) 若进行机构、机械关键零部件和重要结构件剩余寿命估算,剩余寿命均应超过1年(不包含1年内需要更换的易损件)	Ⅰ级 (合格)	可以继续使用
同时符合下列情况: a) 现场检查有不合格项,但通过修复或更换后,满足起重机械安全性能; b) 载荷试验合格; c) 若进行结构应力测试,结构应力应满足要求; d) 修复、更换后的整机剩余寿命应超过1年; e) 若进行机构、机械关键零部件和重要结构件剩余寿命估算,剩余寿命均应超过1年(不包含1年内需要更换的易损件)	Ⅱ级 (基本合格)	评估中提出的零部件修复、更换后,可以继续使用
同时符合下列情况: a) 现场检查有不合格项,但通过修复或更换后,满足起重机械降级后的安全性能; b) 降级后的载荷试验合格; c) 按降级后的载荷进行结构应力测试,结构应力应满足要求; d) 降级后的整机剩余寿命应超过1年; e) 若进行机构、机械关键零部件和重要结构件剩余寿命估算,剩余寿命均应超过1年(不包含1年内需要更换的易损件)	Ⅲ级 (降级使用)	可以降级使用,降级程度宜按现场检验与试验中降级幅度最大的项目确定
符合下列情况之一: a) 重要结构件中的主要受力构件失去整体稳定性; b) 现场检查有不合格项,不能修复或无法更换,致使整机不能安全使用; c) 载荷试验有不合格项目,致使整机不能安全使用; d) 若进行结构应力测试,结构应力不能满足要求; e) 整机或重要结构件中有一项剩余寿命未超过1年,且无法修复或更换,致使整机不能安全使用	Ⅳ级 (不合格)	不能继续使用,按整机报废处理

7.2 降级使用规定

起重机械降级使用分为轻度降级与重度降级使用两种,降级使用的参数宜符合表13的规定。

表 13　降级使用的参数

降级程度	起重力矩或额定起重量	备注
轻度降级	降为设计值的75%～90%	安全防护装置和起重能力标识做相应调整；平衡重或配重根据降级情况，参照使用说明书或制造单位的技术要求调整
重度降级	降为设计值的75%以下	

7.3　整机报废规定

7.3.1　整机报废条件

起重机械存在下列情况之一时，应报废：

a）　达到表12规定的报废要求；

b）　达到起重机械报废标准的规定；

c）　达到国家其他政策规定的报废要求。

7.3.2　整机报废后处置

起重机械整机报废应遵循经济、安全、低碳、环保、回收利用等原则，由有相应资质的单位，对整机进行解体、压扁或拆除等处置，消除其功能。不应出售和移装使用报废的起重机械。

8　安全评估报告

安全评估报告应至少包括以下内容：

a）　起重机械基本信息，包括使用单位、制造单位、出厂日期、规格型号及主要技术参数等；

b）　安全评估依据；

c）　安全评估仪器仪表；

d）　安全技术档案审核情况概述；

e）　现场检查、数据采集与试验情况（包括目测检查、无损检测、载荷试验、应力测试等）、检测数据记录、各检查项目合格判定结果、起重机械现状总结，必要时可加注说明或附图等；

f）　剩余寿命的理论估算结果；

g）　安全评估结论与建议，评估建议应包括下一次安全评估的年限和后期作业需要重点关注的重要结构件与关键零部件及相应部位。下一次安全评估的年限可按相应剩余寿命的理论结果的50%确定。

安全评估报告格式参见附录B。

附 录 A
(资料性)
起重机械剩余寿命估算

A.1 生产工艺固定的桥式起重机整机剩余寿命估算示例

1 台工作级别为 A7,额定起重量 P_{Qmax}为 100 t 的通用桥式起重机,每年的生产工艺流程基本固定,每年的工作情况记录见表 A.1,估算工作 20 年后该起重机的剩余寿命。

表 A.1 每年工作记录统计

起重量 P_{Qi}/t	100	90	80	60	40	20	10	合计
循环次数 n_i	4.5×10^3	7.5×10^3	6×10^3	4.5×10^3	3.5×10^3	3×10^3	2.5×10^3	31.5×10^3

起重机已发生的载荷谱系数按公式(4)计算为:

$$K_{pu}=\sum\frac{P_{Qui}{}^{m}n_{Qui}}{P_{Qmax}{}^{m}N_{Qu}}$$
$$=\frac{100^3\times4.5+90^3\times7.5+80^3\times6+60^3\times4.5+40^3\times3.5+20^3\times3+10^3\times2.5)\times10^3}{100^3\times31.5\times10^3}$$
$$=0.453$$

根据 GB/T 20863.1—2021 中表 4 的规定,工作级别为 A7、载荷谱系数 $K_p=1$ 时的满载工作循环次数 $N_Q=5\times10^5$。同一工作级别下的 K_pN_Q 为恒定值,由此实际载荷谱系数为 0.453 时的使用寿命按公式(1)计算为:$N_{Qt}=\frac{1\times5\times10^5}{0.453}=1.1\times10^6$ 次。

考虑工作记录不是自动记录,根据表 10 的规定,实际工作的放大系数 $f_{Qu1}=1.1$,则起重机实际工作时累积的损伤度按公式(3)计算为:

$$D_{Qu}=f_{Qu1}\frac{K_{pu}N_{Qu}}{K_pN_Q}=1.1\times\frac{0.453\times31.5\times10^3\times20}{1\times5\times10^5}=0.628$$

剩余损伤度按公式(5)计算为:$D_{Qy}=1-D_{Qu}=1-0.628=0.372$

因每年的生产工艺基本固定,则载荷谱系数不变,$K_{py}=K_{pu}=0.453$,按公式(6)计算出工作 20 年后的剩余工作循环次数为:

$$N_{Qy}\leqslant\frac{K_pN_Q}{f_{Qy1}K_{py}}D_{Qy}=\frac{1\times5\times10^5}{1.1\times0.453}\times0.372=3.7\times10^5\text{ 次}$$

因载荷谱系数不变,剩余工作循环次数也可由使用寿命和已发生的工作循环次数差值得到,结果与上面的相同。

$$N_{Qy}\leqslant\frac{N_{Qt}-f_{Qu1}N_{Qu}}{f_{Qy1}}=\frac{1.1\times10^6-1.1\times31.5\times10^3\times20}{1.1}=3.7\times10^5$$

按平均每年工作循环次数 $n_{Qy}=2.1\times10^4$ 估算,工作 20 年后的剩余工作年限按公式(7)计算为:

$$T_{Qy}=\frac{N_{Qy}}{n_{Qy}}=\frac{3.7\times10^5}{2.1\times10^4}=17.6\text{ 年}$$

A.2 生产工艺发生变化的桥式起重机整机剩余寿命估算示例

以 A.1 为例,但工作 15 年后,工艺流程发生了变化,起重机的工作强度和频次加大,见表 A.2,估算工作 20 年后该起重机的剩余寿命。

表 A.2　工作 15 年后的每年工作记录统计

起重量 P_{Qi}/t	100	90	80	60	40	20	10	合计
循环次数 n_i	7×10^3	9×10^3	6×10^3	5×10^3	3×10^3	2×10^3	1×10^3	33×10^3

根据表 A.1 工作 15 年和表 A.2 工作 15 年后的每年工作记录进行统计，将表 A.1 的各项工作循环次数乘以 15 年，表 A.2 的各项工作循环次数乘以 5 年，各项求和，得到工作 20 年的总工作记录统计，见表 A.3。

表 A.3　工作 20 年的总工作记录统计

起重量 P_{Qi}/t	100	90	80	60	40	20	10	合计
循环次数 n_i	10.3×10^4	15.8×10^4	12×10^4	9.25×10^4	6.75×10^4	5.5×10^4	4.25×10^4	63.8×10^4

起重机已发生的载荷谱系数按公式(4)计算为：

$$K_{pu}=\sum\frac{P_{Qui}{}^{m}n_{Qui}}{P_{Qmax}{}^{m}N_{Qu}}$$

$$=\frac{(100^3\times10.3+90^3\times15.8+80^3\times12+60^3\times9.25+40^3\times6.75+20^3\times5.5+10^3\times4.25)\times10^4}{100^3\times63.8\times10^4}$$

$$=0.477$$

根据 GB/T 20863.1—2021 中表 4 的规定，工作级别为 A7、载荷谱系数 $K_p=1$ 时的满载工作循环次数 $N_Q=5\times10^5$。同一工作级别下的 K_pN_Q 为恒定值，由此实际载荷谱系数为 0.477 时的使用寿命按公式(1)计算为：$N_{Qt}=\dfrac{1\times5\times10^5}{0.477}=1.05\times10^6$。

起重机实际工作时累积的损伤度按公式(3)计算为：

$$D_{Qu}=f_{Qu1}\frac{K_{pu}N_{Qu}}{K_pN_Q}=1.1\times\frac{0.477\times63.8\times10^4}{1\times5\times10^5}=0.7$$

剩余损伤度按公式(5)为 $D_{Qy}=1-D_{Qu}=1-0.7=0.3$

工作 20 年后的工作情况与工作 15 年后相同，即两者载荷谱系数相同，工作 15 年后的载荷谱系数为：

$$K_{py}=\sum\frac{P_{Qui}{}^{m}n_{Qui}}{P_{Qmax}{}^{m}N_{Qu}}$$

$$=\frac{(100^3\times7+90^3\times9+80^3\times6+60^3\times5+40^3\times3+20^3\times2+10^3\times1)\times10^3}{100^3\times33\times10^3}$$

$$=0.543$$

根据工作 15 年后的载荷谱系数，按公式(6)计算出工作 20 年后的剩余工作循环次数为：

$$N_{Qy}\leqslant\frac{K_pN_Q}{f_{Qy1}K_{py}}D_{Qy}=\frac{1\times5\times10^5}{1.1\times0.543}\times0.3=2.5\times10^5$$

由于未来的载荷谱系数与实际工作的载荷谱系数不同，不能由使用寿命减去实际发生的工作循环次数获得剩余工作循环次数。因为未来载荷谱系数加大，工作强度和频次增加，估算出的工作循环次数就会较小，寿命会降低，即$(1.05\times10^6-1.1\times63.8\times10^4)/1.1=3.5\times10^5>2.5\times10^5$。

按工作 15 年后的年均工作次数估算，工作 20 年后的剩余工作年限按公式(7)计算为：

$$T_{Qy}=\frac{N_{Qy}}{n_{Qy}}=\frac{2.5\times10^5}{33\times10^3}=6.1\text{ 年}$$

从 A.1 和 A.2 的结果看出，由于载荷谱系数发生变化，工作循环次数也会随之产生变化。因此，不能简单地由使用寿命减去已发生的工作循环次数获得剩余工作循环次数，而应按损伤度方式估算剩余寿命。

A.3 门座起重机整机剩余寿命估算示例

1 台 50 t 门座起重机，额定起重量见表 A.4，工作级别为 A5，每年的工作记录见表 A.5，已工作 15 年，即将移到另一作业区，根据生产工艺推算载荷谱系数为 0.8，平均每年工作次数约 7×10^3 次，估算工作 15 年后该起重机的剩余寿命。

表 A.4 额定起重量表

工作幅度/m	30～50	50～60	70～80	80～90
额定起重量 P_{Qmaxi}/t	50	40	20	15

表 A.5 每年的工作记录

工作幅度/m	30～50	30～50	30～50	50～60	50～60	50～60	70～80	80～90	合计
起重量 P_{Qi}/t	50	40	30	40	30	20	15	15	—
循环次数 n_i	0.7×10^3	1.1×10^3	0.8×10^3	0.7×10^3	0.65×10^3	0.4×10^3	0.3×10^3	0.3×10^3	4.95×10^3

门座起重机的额定起重量随幅度变化而不同，整机载荷谱系数的计算与额定起重量不变的桥式起重机略有不同，公式分母中代入的最大起重量是各幅度下的额定起重量。

起重机已发生的载荷谱系数按公式(4)计算为：

$$\begin{aligned}K_{pu}&=\sum\frac{P_{Qui}{}^m n_{Qui}}{P_{Qmaxi}{}^m N_{Qu}}\\&=\frac{50^3\times0.7\times10^3}{50^3\times4.95\times10^3}+\frac{40^3\times1.1\times10^3}{50^3\times4.95\times10^3}+\frac{30^3\times0.8\times10^3}{50^3\times4.95\times10^3}+\frac{40^3\times0.7\times10^3}{40^3\times4.95\times10^3}\\&\quad+\frac{30^3\times0.65\times10^3}{40^3\times4.95\times10^3}+\frac{20^3\times0.4\times10^3}{40^3\times4.95\times10^3}+\frac{15^3\times0.3\times10^3}{20^3\times4.95\times10^3}+\frac{15^3\times0.3\times10^3}{15^3\times4.95\times10^3}\\&=0.583\end{aligned}$$

根据 GB/T 20863.1—2021 中表 4 的规定，工作级别为 A5、载荷谱系数 $K_p=1$ 时的满载工作循环次数 $N_Q=1.25\times10^5$。

考虑工作记录不是自动记录，根据表 10 的规定，实际工作的放大系数 $f_{qu1}=1.1$，则起重机实际工作时累积的损伤度按公式(3)计算为：

$$D_{Qu}=f_{Qu1}\frac{K_{pu}N_{Qu}}{K_pN_Q}=1.1\times\frac{0.583\times4.95\times10^3\times15}{1\times1.25\times10^5}=0.381$$

剩余损伤度按公式(5)计算为：$D_{Qy}=1-D_{Qu}=1-0.381=0.619$

考虑未来工作次数需根据生产工艺推算，根据表 10 的规定，实际工作的放大系数 $f_{Qy1}=1.2$，按公式(6)计算出工作 15 年后的剩余工作循环次数为：

$$N_{Qy}\leqslant\frac{K_pN_Q}{f_{Qy1}K_{py}}D_{Qy}=\frac{1\times1.25\times10^5}{1.2\times0.8}\times0.619=8.1\times10^4$$

按未来平均每年工作循环次数 $n_{Qy}=7\times10^3$ 估算，工作 15 年后的剩余工作年限按公式(7)

计算为：

$$T_{Qy}=\frac{N_{Qy}}{n_{Qy}}=\frac{8.1\times10^4}{7\times10^3}=11.6\text{ 年}$$

A.4 门座起重机结构剩余寿命估算示例

以 A.3 为例，记录 1 年的转台底板变厚度处的焊缝附近结构的应力历程。通过雨流计数法，获得 8 级结构应力幅和相应工作循环次数，结构应力谱分级见表 A.6。变厚度处的焊缝为对接焊缝，厚板斜坡比例为 1∶4，焊缝质量等级为 C 级，板厚分别为 $t_1=40$ mm，$t_2=60$ mm。如果应力谱系数不变，估算该处结构工作 15 年后该起重机结构的剩余寿命。

表 A.6 结构应力谱分级

结构应力幅/MPa	144	126	108	90	72	54	36	18	合计
应力循环次数	0.78×10^3	0.9×10^3	1.5×10^3	0.9×10^3	0.7×10^3	0.6×10^3	0.6×10^3	0.5×10^3	6.48×10^3

根据变厚度处的焊缝形式，按 GB/T 30024—2020 中附录 D 的规定，其焊缝形式和应力方向符合结构细节序号为 3.5 的形式，见表 A.7。

表 A.7 焊缝形式

结构细节序号	$\Delta\sigma_c$，$\Delta\tau_c$ N/mm²	结构细节	要求
3.5	$m=3$	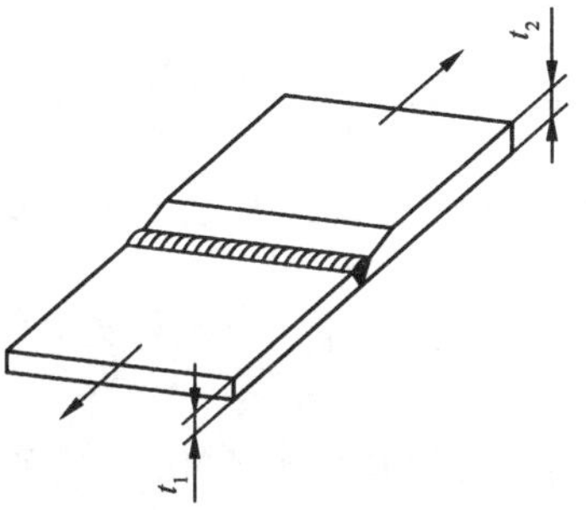 非对称支撑对接接头，正应力交叉穿过焊缝	基本条件： ——充分熔透 ——具有一般残余应力的构件 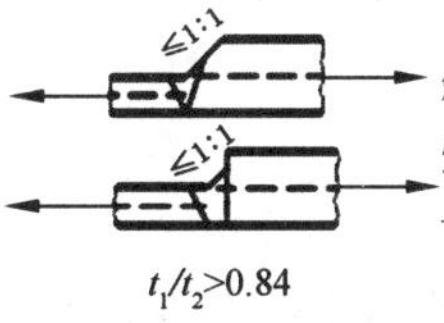 斜度≤1∶1 焊接材料或 母材中的斜度 特殊条件： ——具有较大残余应力的构件（如具有抑制收缩的接头构件） 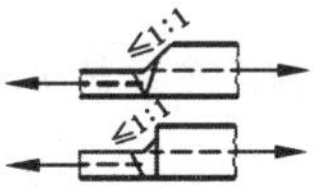 -2 NC ——$0.84\geqslant t_1/t_2>0.74$ −1 NC ——$0.74\geqslant t_1/t_2>0.63$ −2 NC ——$0.63\geqslant t_1/t_2>0.50$ −3 NC ——$0.50\geqslant t_1/t_2>0.40$ −4 NC
	100	对接焊缝，质量等级 B* 级	
	90	对接焊缝，质量等级 B 级	
	80	对接焊缝，质量等级 C 级	

根据已知条件，焊缝为对接焊缝，质量等级为 C 级，按表 A.7 的规定，对应的特征疲劳强度

为80 MPa,幂指数 $m=3$。但由于存在较大的残余应力,对照表 A.7 的要求说明,两板板厚比值 $t_1/t_2=40/60=0.67$,需要对特征疲劳强度降低 2 级(−2NC)。根据 GB/T 30024—2020 附录 E 中表 E.1 的规定,可得 80 MPa 降低 2 级的特征疲劳强度为 $\Delta\sigma_c=63$ MPa。

按表 11 的规定,本条所述的结构细节属于难接近的接头细节,失效后是非安全构件,对人员有危险,则取疲劳强度抗力系数 $\gamma_{mf}=1.25$。

结构件实际工作应力谱系数按公式(21)计算为:

$$K_{cpu}=\sum\frac{\Delta\sigma_{Sui}{}^{m}n_{Sui}}{\Delta\hat{\sigma}^{m}N_{su}}$$

$$=\frac{(144^3\times0.78+126^3\times0.9+108^3\times1.5+90^3\times0.9)\times10^3}{120^3\times6.48\times10^3}$$

$$+\frac{(72^3\times0.7+54^3\times0.6+36^3\times0.6+18^3\times0.5)\times10^3}{144^3\times6.48\times10^3}$$

$$=0.364$$

结构件实际应力历程参数 s_{mu} 按公式(20)计算为:

$$s_{mu}=K_{cpu}\frac{N_{Su}}{N_{ref}}=0.364\times\frac{6.48\times10^3\times15}{2\times10^6}=0.018$$

考虑到只连续自动记录 1 年的应力历程,其他各年的应力未自动记录,而是基于每年相同的载荷记录进行估算,根据表 10 的规定,实际工作的放大系数 $f_{Su1}=1.1$,则结构件的实际工作时累积的损伤度按公式(19)计算为:

$$D_{Su}=f_{Su1}\left(\frac{\Delta\hat{\sigma}}{\Delta\sigma_c/\gamma_{mf}}\right)^m s_{mu}=1.1\times\left(\frac{144}{63/1.25}\right)^3\times0.018=0.461$$

结构件的剩余损伤度按公式(22)计算为:$D_{Sy}=1-D_{Su}=1-0.461=0.539$

如果按实际应力谱系数估算剩余寿命,$K_{cpy}=K_{cpu}=0.461$,实际工作的放大系数 $f_{Sy1}=1.1$,则结构件的剩余工作循环次数按公式(23)计算为:

$$N_{Sy}\leqslant\frac{N_{ref}}{f_{Sy1}K_{cpy}}\left(\frac{\Delta\sigma_c/\gamma_{mf}}{\Delta\hat{\sigma}}\right)^m D_{Sy}=\frac{2\times10^6}{1.1\times0.364}\times\left(\frac{63/1.25}{144}\right)^3\times0.539=11.5\times10^4$$

如果按未来平均每年工作循环次数与实际年均工作次数相同,工作 15 年后的结构件剩余工作年限按公式(24)计算为:

$$T_{Sy}=\frac{N_{Sy}}{n_{Sy}}=\frac{11.5\times10^4}{6.48\times10^3}=17.7\text{ 年}$$

A.3 中,如果载荷谱系数不变,按公式(6)计算出工作 15 年后的剩余工作循环次数为:

$$N_{Qy}\leqslant\frac{K_pN_Q}{f_{Qy1}K_{py}}D_{Qy}=\frac{1\times1.25\times10^5}{1.1\times0.583}\times0.619=12.1\times10^4$$

如果按实际年均工作次数作为未来年均工作次数,工作 15 年后的剩余工作年限按公式(7)计算为:

$$T_{Qy}=\frac{N_{Qy}}{n_{Qy}}=\frac{12.1\times10^4}{4.95\times10^3}=24.4\text{ 年}$$

可以看出,整机和结构的剩余寿命是有差别的。因为整机的剩余寿命仅是基于作业载荷循环估算,而一个作业载荷循环下可能存在多个应力循环,相同作业载荷下,不同部位的应力幅大小也会不同,这些因素在整机剩余寿命估算中并未考虑,但在结构的剩余寿命估算中有所考虑,并且还考虑了结构接头细节特征质量对寿命的影响,因此结构的剩余寿命估算将更为准确。如果条件具备,应进行结构剩余寿命估算。整机的剩余寿命估算结果相对粗略,但也具有参考价值。

附　录　B
（资料性）
起重机械安全评估报告格式

起重机械安全评估报告格式见表 B.1。

表 B.1　起重机械安全评估报告格式

报告编号：

<table>
<tr><td>委托单位名称</td><td colspan="3"></td></tr>
<tr><td>使用单位名称</td><td colspan="3"></td></tr>
<tr><td>使用地点</td><td colspan="3"></td></tr>
<tr><td>委托单位联系人</td><td></td><td>委托单位联系电话</td><td></td></tr>
<tr><td>制造单位名称</td><td colspan="3"></td></tr>
<tr><td>改造(重大修理)单位名称</td><td colspan="3"></td></tr>
<tr><td>起重机械名称</td><td></td><td>类型</td><td></td></tr>
<tr><td>规格型号</td><td></td><td>设备代号</td><td></td></tr>
<tr><td>产品编号</td><td></td><td>单位内部编号</td><td></td></tr>
<tr><td>出厂日期</td><td></td><td>投入使用日期</td><td></td></tr>
<tr><td>主要技术参数</td><td colspan="3"></td></tr>
<tr><td>评估依据</td><td colspan="3"></td></tr>
<tr><td>评估采用的仪器仪表</td><td colspan="3"></td></tr>
<tr><td>安全技术档案审核情况</td><td colspan="3"></td></tr>
<tr><td>现场检查、数据采集与试验情况</td><td colspan="3"></td></tr>
<tr><td>剩余寿命的理论估算情况</td><td colspan="3"></td></tr>
<tr><td>主要问题描述</td><td colspan="3">（本次评估发现的主要问题）</td></tr>
<tr><td>评估结论</td><td colspan="3">1.整机安全等级与评估结论

2.整机安全评估建议</td></tr>
<tr><td>备注</td><td colspan="3"></td></tr>
<tr><td colspan="3">评估组长(签字)
评估组员(签字)
日期：</td><td rowspan="3">(评估机构专用章或公章)
日期：</td></tr>
<tr><td colspan="3">审核人(签字)日期：</td></tr>
<tr><td colspan="3">批准人(签字)日期：</td></tr>
</table>

参 考 文 献

[1] GB/T 20863.1—2021 起重机 分级 第1部分:总则
[2] GB/T 25196—2018 起重机 设计工作周期的监控
[3] GB/T 31052.1—2014 起重机械 检查与维护规程 第1部分:总则
[4] GB/T 36697—2018 铸造起重机报废条件

附件　未收录的起重机械相关标准

未收录的起重机械相关标准

序号	标准编号	标准名称
国家标准		
基础方法		
1	GB/T 4307—2005	起重吊钩　术语
2	GB/T 6974.6—2016	起重机　术语　第6部分:铁路起重机
3	GB/T 6974.16—1986	起重机械名词术语　冶金起重机
4	GB/T 6974.18—1986	起重机械名词术语　港口起重机
5	GB/T 6974.19—1986	起重机械名词术语　集装箱起重机
6	GB/T 29562.1—2013	起重机械用电动机能效测试方法　第1部分:YZP系列变频调速三相异步电动机
7	GB/T 29562.2—2013	起重机械用电动机能效测试方法　第2部分:YZR/YZ系列三相异步电动机
8	GB/T 29562.3—2013	起重机械用电动机能效测试方法　第3部分:锥形转子三相异步电动机
9	GB/T 30028—2013	电动葫芦能效测试方法
10	GB/T 30221—2013	工业制动器能效测试方法
11	GB/T 30222—2013	起重机械用电力驱动起升机构能效测试方法
12	GB/T 30223—2013	起重机械用电力驱动运行机构能效测试方法
13	GB/T 31050—2014	冶金起重机能效测试方法
设计规范、安全规程和技术要求		
14	GB/T 5973—2006	钢丝绳用楔形接头
15	GB/T 5974.1—2006	钢丝绳用普通套环
16	GB/T 5974.2—2006	钢丝绳用重型套环
17	GB/T 5975—2006	钢丝绳用压板
18	GB/T 5976—2006	钢丝绳夹
19	GB/T 10051.1—2010	起重吊钩　第1部分:力学性能、起重量、应力及材料

(续)

序号	标准编号	标准名称
20	GB/T 10051.2—2010	起重吊钩　第 2 部分:锻造吊钩技术条件
21	GB/T 10051.3—2010	起重吊钩　第 3 部分:锻造吊钩使用检查
22	GB/T 10051.4—2010	起重吊钩　第 4 部分:直柄单钩毛坯件
23	GB/T 10051.5—2010	起重吊钩　第 5 部分:直柄单钩
24	GB/T 10051.6—2010	起重吊钩　第 6 部分:直柄双钩毛坯件
25	GB/T 10051.7—2010	起重吊钩　第 7 部分:直柄双钩
26	GB/T 10051.8—2010	起重吊钩　第 8 部分:吊钩横梁毛坯件
27	GB/T 10051.9—2010	起重吊钩　第 9 部分:吊钩横梁
28	GB/T 10051.10—2010	起重吊钩　第 10 部分:吊钩螺母
29	GB/T 10051.11—2010	起重吊钩　第 11 部分:吊钩螺母防松板
30	GB/T 10051.12—2010	起重吊钩　第 12 部分:吊钩闭锁装置
31	GB/T 10051.13—2010	起重吊钩　第 13 部分:叠片式吊钩技术条件
32	GB/T 10051.14—2010	起重吊钩　第 14 部分:叠片式吊钩使用检查
33	GB/T 10051.15—2010	起重吊钩　第 15 部分:叠片式单钩
34	GB/T 18874.1—2002	起重机　供需双方应提供的资料　第 1 部分:总则
35	GB/T 18874.3—2018	起重机　供需双方应提供的资料　第 3 部分:塔式起重机
36	GB/T 18874.4—2009	起重机　供需双方应提供的资料　第 4 部分:臂架起重机
37	GB/T 18874.5—2002	起重机　供需双方应提供的资料　第 5 部分:桥式和门式起重机
38	GB/T 20946—2007	起重用短环链　验收总则
39	GB/T 20947—2007	起重用短环链　T 级(T、DAT 和 DT 型)高精度葫芦链
40	GB/T 24813—2018	带安全闭锁装置的 8 级钢制锻造起重吊钩
41	GB/T 24814—2009	起重用短环链　吊链等用 4 级普通精度链

（续）

序号	标准编号	标准名称
42	GB/T 24815—2009	起重用短环链　吊链等用6级普通精度链
43	GB/T 24816—2017	一般起重用钢制短环链　吊链用8级中等精度链条
44	GB/T 27546—2011	起重机械　滑轮
45	GB/T 29560—2013	门座起重机
使用维护		
46	GB/T 20305—2006	起重用钢制圆环校准链　正确使用和维护导则
47	GB/T 22166—2008	非校准起重圆环链和吊链　使用和维护
48	GB/T 31052.8—2016	起重机械　检查与维护规程　第8部分:铁路起重机
行业标准		
基础方法		
1	JB/T 4030.1—2013	汽车起重机和轮胎起重机试验规范　第1部分:作业可靠性试验
2	JB/T 4030.2—2013	汽车起重机和轮胎起重机试验规范　第2部分:行驶可靠性试验
3	JB/T 4030.3—2013	汽车起重机和轮胎起重机试验规范　第3部分:液压系统试验
4	JB/T 9008.1—2014	钢丝绳电动葫芦　第1部分:型式与基本参数、技术条件
5	JB/T 9008.2—2015	钢丝绳电动葫芦　第2部分:试验方法
6	JB/T 10170—2013	流动式起重机　起升机构试验规范
7	JB/T 10559—2018	起重机械无损检测　钢焊缝超声检测
8	JB/T 12985—2016	流动式起重机　行走机构试验规范
设计规范、安全规程和技术要求		
9	JB/T 1306—2008	电动单梁起重机
10	JB/T 2603—2008	电动悬挂起重机

（续）

序号	标准编号	标准名称
11	JB/T 3695—2008	电动葫芦桥式起重机
12	JB/T 4315—2020	起重机械电控设备
13	JB/T 5242—2013	流动式起重机回转机构试验规范
14	JB/T 5317—2016	环链电动葫芦
15	JB/T 5663—2008	电动葫芦门式起重机
16	JB/T 5897—2014	防爆桥式起重机
17	JB/T 6128—2008	水电站门式起重机
18	JB/T 6391.1—2010	滑接输电装置　第1部分:绝缘防护型滑接输电装置
19	JB/T 6391.2—2010	滑接输电装置　第2部分:刚体滑接输电导轨装置
20	JB/T 6392—2008	起重机车轮
21	JB/T 6406—2006	电力液压鼓式制动器
22	JB/T 6748—2013	起重机控制台
23	JB/T 7017—1993	起重机用液压缓冲器
24	JB/T 7019—2013	工业制动器　制动轮和制动盘
25	JB/T 7020—2006	电力液压盘式制动器
26	JB/T 7021—2006	鼓式制动器连接尺寸
27	JB/T 7685—2006	电磁鼓式制动器
28	JB/T 7688.1—2008	冶金起重机技术条件　第1部分:通用要求
29	JB/T 7688.2—2008	冶金起重机技术条件　第2部分:料箱起重机
30	JB/T 7688.3—2008	冶金起重机技术条件　第3部分:锻造起重机
31	JB/T 7688.4—2013	冶金起重机技术条件　第4部分:板坯搬运起重机
32	JB/T 7688.5—2012	冶金起重机技术条件　第5部分:铸造起重机
33	JB/T 7688.6—2008	冶金起重机技术条件　第6部分:淬火起重机

（续）

序号	标准编号	标准名称
34	JB/T 7688.7—2008	冶金起重机技术条件　第7部分:料耙起重机
35	JB/T 7688.8—2015	冶金起重机技术条件　第8部分:均热炉夹钳起重机
36	JB/T 8437—2016	起重机械无线遥控装置
37	JB/T 8521.1—2007	编织吊索安全性　第1部分:一般用途合成纤维扁平吊装带
38	JB/T 8521.2—2007	编织吊索安全性　第2部分:一般用途合成纤维圆形吊装带
39	JB/T 8905—2018	起重机用三支点减速器
40	JB/T 8906—2014	悬臂起重机
41	JB/T 8907—2013	绝缘桥式起重机
42	JB/T 8909—2013	简易升降类机械式停车设备
43	JB/T 8910—2013	升降横移类机械式停车设备
44	JB/T 9003—2004	起重机用三合一减速器
45	JB/T 9006—2013	起重机　卷筒
46	JB/T 9737—2013	流动式起重机　液压油　固体颗粒污染等级、测量和选用
47	JB/T 10215—2020	垂直循环类机械式停车设备
48	JB/T 10219—2011	防爆梁式起重机
49	JB/T 10222—2011	防爆电动葫芦
50	JB/T 10474—2015	巷道堆垛类机械式停车设备
51	JB/T 10475—2015	垂直升降类机械式停车设备
52	JB/T 10545—2016	平面移动类机械式停车设备
53	JB/T 10546—2014	汽车专用升降机
54	JB/T 10603—2006	电力液压推动器
55	JB/T 10816—2007	起重机用底座式硬齿面减速器
56	JB/T 10817—2007	起重机用三支点硬齿面减速器

（续）

序号	标准编号	标准名称
57	JB/T 10833—2017	起重机用聚氨酯缓冲器
58	JB/T 10917—2008	钳盘式制动器
59	JB/T 11156—2020	塔式起重机　机构技术条件
60	JB/T 11157—2011	塔式起重机　钢结构制造与检验
61	JB/T 11209—2011	流动式起重机　滑轮
62	JB/T 11455—2013	多层循环类机械式停车设备
63	JB/T 11864—2014	长期堵转力矩电动机式电缆卷筒
64	JB/T 11865—2014	塔式起重机车轮技术条件
65	JB/T 11866—2014	塔式起重机用限矩型液力耦合器
66	JB/T 11963—2014	气动葫芦
67	JB/T 12477—2018	起重机用底座式减速器
68	JB/T 12478—2018	起重机用立式减速器
69	JB/T 12479—2018	起重机用套装式减速器
70	JB/T 12576—2015	轮胎起重机
71	JB/T 12664—2016	起重机定子调压调速控制装置
72	JB/T 12745—2016	电动葫芦　能效限额
73	JB/T 12880—2016	起重机械用不锈钢电阻器
74	JB/T 12982—2016	电磁圆盘式制动器
75	JB/T 12984—2016	起重机抗风制动装置
76	JB/T 12987—2016	起重机　弹簧缓冲器
77	JB/T 12988—2016	起重机　橡胶缓冲器
78	JB/T 12989—2016	起重机械用变频器
79	JB/T 13312—2018	工业制动器　能效限额

（续）

序号	标准编号	标准名称
80	JB/T 13357—2018	起重机械用制动电动机　能效限额
81	JB/T 13479—2018	工业制动器　制动衬垫
82	JB/T 13480—2018	起重机用主令控制器
83	JB/T 13481—2018	起重机用抓斗
84	JB/T 13622—2018	机械式停车设备三合一减速器
85	JB/T 13915—2020	塔式起重机　高强度螺栓的预紧与防松
86	JB/T 13988—2020	防爆门式起重机
87	JB/T 14198—2022	气动葫芦桥式起重机
88	JB/T 14199—2022	起重机用单边支撑硬齿面减速器
89	JB/T 14200—2022	洁净环境用电动葫芦
90	JB/T 14201—2022	洁净环境用桥式起重机
91	JB/T 14255—2022	流动式起重机用纤维绳索